现行建筑施工规范大全

（含条文说明）

第 1 册

地基与基础·施工技术

本社编

中国建筑工业出版社

图书在版编目（CIP）数据

现行建筑施工规范大全(含条文说明). 第1册 地基与
基础·施工技术/本社编. —北京：中国建筑工业出版社，
2014.2

ISBN 978-7-112-16107-2

Ⅰ.①现… Ⅱ.①本… Ⅲ.①建筑工程-工程施工-建
筑规范-中国 Ⅳ.①TU711

中国版本图书馆 CIP 数据核字（2013）第 270402 号

责任编辑：丁洪良 李翰伦
责任校对：陈晶晶

现行建筑施工规范大全

（含条文说明）

第1册

地基与基础·施工技术

本社编

*

中国建筑工业出版社出版、发行（北京西郊百万庄）

各地新华书店、建筑书店经销

北京红光制版公司制版

北京中科印刷有限公司印刷

*

开本：787×1092毫米 1/16 印张：136 插页：1 字数：4900千字
2014年7月第一版 2014年7月第一次印刷

定价：288.00元

ISBN 978-7-112-16107-2

（24879）

出　版　说　明

　　《现行建筑设计规范大全》、《现行建筑结构规范大全》、《现行建筑施工规范大全》缩印本（以下简称《大全》），自 1994 年 3 月出版以来，深受广大建筑设计、结构设计、工程施工人员的欢迎。2006 年我社又出版了与《大全》配套的三本《条文说明大全》。但是，随着科研、设计、施工、管理实践中客观情况的变化，国家工程建设标准主管部门不断地进行标准规范制订、修订和废止的工作。为了适应这种变化，我社将根据工程建设标准的变更情况，适时地对《大全》缩印本进行调整、补充，以飨读者。

　　鉴于上述宗旨，我社近期组织编辑力量，全面梳理现行工程建设国家标准和行业标准，参照工程建设标准体系，结合专业特点，并在认真调查研究和广泛征求读者意见的基础上，对 2009 年出版的设计、结构、施工三本《大全》和配套的三本《条文说明大全》进行了重大修订。

　　新版《大全》将《条文说明大全》和原《大全》合二为一，即像规范单行本一样，把条文说明附在每个规范之后，这样做的目的是为了更加方便读者理解和使用规范。

　　由于规范品种越来越多，《大全》体量愈加庞大，本次修订后决定按分册出版，一是可以按需购买，二是检索、携带方便。

　　《现行建筑设计规范大全》分 4 册，共收录标准规范 193 本。

　　《现行建筑结构规范大全》分 4 册，共收录标准规范 168 本。

　　《现行建筑施工规范大全》分 5 册，共收录标准规范 304 本。

　　需要特别说明的是，由于标准规范处在一个动态变化的过程中，而且出版社受出版发行规律的限制，不可能在每次重印时对《大全》进行修订，所以在全面修订前，《大全》中有可能出现某些标准规范没有替换和修订的情况。为使广大读者放心地使用《大全》，我社在网上提供查询服务，读者可登录我社网站查询相关标准规范的制订、全面修订、局部修订等信息。

为不断提高《大全》质量、更加方便查阅，我们期待广大读者在使用新版《大全》后，给予批评、指正，以便我们改进工作。请随时登录我社网站，留下宝贵的意见和建议。

中国建筑工业出版社

2013 年 10 月

欲查询《大全》中规范变更情况，或有意见和建议：请登录中国建筑出版在线网站（book. cabplink. com）。登录方法见封底。

目　录

1　地　基　与　基　础

2　施　工　技　术

附：总目录

1

地 基 与 基 础

中华人民共和国国家标准

工程测量规范

Code for engineering surveying

GB 50026—2007

主编部门：中国有色金属工业协会
批准部门：中华人民共和国建设部
施行日期：2008年5月1日

中华人民共和国建设部
公　告

第 744 号

建设部关于发布国家标准
《工程测量规范》的公告

现批准《工程测量规范》为国家标准，编号为 GB 50026—2007，自 2008 年 5 月 1 日起实施。其中，第 5.3.43(1)、7.1.7、7.5.6、10.1.10 条（款）为强制性条文，必须严格执行。原《工程测量规范》GB 50026—93 同时废止。

本规范由建设部标准定额研究所组织中国计划出版社出版发行。

中华人民共和国建设部
二○○七年十月二十五日

前　言

本规范是根据建设部建标〔2002〕85 号文《关于印发"2001～2002 年度工程建设标准制订、修订计划"的通知》要求，由主编单位中国有色金属工业西安勘察设计研究院会同国内有色冶金、石油、化工、水利、电力、机械、航务、城建等行业的勘察、设计、科研单位组成修订组，对原国家标准《工程测量规范》GB 50026—93 进行全面修订而成。

修订过程中，开展了专题研究，调查总结了近年来国内外工程测量的实践经验，吸收了该领域的有关科研和技术发展的成果，并以多种方式在全国范围内广泛征求修改意见，经修订组多次讨论、反复修改，先后形成了初稿、征求意见稿、送审稿，最后经审查定稿。

修订后，本规范共有 10 章 7 个附录，增加了术语和符号、地下管线测量两章内容和附录 A 精度要求较高工程的中误差评定方法。删去了绘图与复制一章。

修订新增的主要内容包括：

1. 卫星定位测量；
2. GPS 拟合高程测量；
3. 纸质地形图数字化；
4. 数字高程模型（DEM）；
5. 桥梁施工测量；
6. 隧道施工测量；
7. 地下工程变形监测；
8. 桥梁变形监测；

9. 滑坡监测。

删去的主要内容包括：

1. 三角点造标要求；
2. 因瓦尺基线丈量和 2m 横基尺视差法测距的要求。

补充调整的主要内容包括：

1. 将三角网、三边网、边角网测量，合并统称为三角形网测量；
2. 将灌注桩、界桩与红线测量的内容并入工业与民用建筑施工测量。

规范以电子记录、计算机成图、计算机数据处理为修编主线，并同时保留手工测量作业的方法。

本规范中以黑体字标志的条文为强制性条文，必须严格执行。本规范由建设部负责管理和对强制性条文的解释，中国有色金属工业西安勘察设计研究院负责具体技术内容的解释。在执行过程中，请各单位结合工程实践，认真总结经验，如发现需要修改或补充之处，请将意见和建议寄中国有色金属工业西安勘察设计研究院（地址：陕西省西安市西影路 46 号，邮政编码：710054），以便今后修订时参考。

本规范主编单位、参编单位和主要起草人：

主 编 单 位：中国有色金属工业西安勘察设计研究院

参 编 单 位：深圳市勘察测绘院有限公司
西安长庆科技工程有限责任公司
北京国电华北电力工程有限公司
中国化学工程南京岩土工程公司

机械工业勘察设计研究院

中交第二航务工程勘察设计院

西北综合勘察设计研究院

湖南省电力勘测设计院

主要起草人：王百发　牛卓立　郭渭明

（以下按姓氏笔画为序）

丁吉峰　王双龙　王　博　刘广盈

何　军　杨雷生　张　潇　周美玉

郝埃俊　徐柏松　翁向阳　褚世仙

目　录

目　　次

1 总　　则

1.0.1 为了统一工程测量的技术要求，做到技术先进、经济合理，使工程测量产品满足质量可靠、安全适用的原则，制定本规范。

1.0.2 本规范适用于工程建设领域的通用性测量工作。

1.0.3 本规范以中误差作为衡量测绘精度的标准，并以二倍中误差作为极限误差。对于精度要求较高的工程，可按附录 A 的方法评定观测精度。

注：本规范条文中的中误差、闭合差、限差及较差，除特别标明外，通常采用省略正负号表示。

1.0.4 工程测量作业所使用的仪器和相关设备，应做到及时检查校正，加强维护保养、定期检修。

1.0.5 对工程中所引用的测量成果资料，应进行检核。

1.0.6 各类工程的测量工作，除应符合本规范的规定外，尚应符合国家现行有关标准的规定。

2　术语和符号

2.1　术　　语

2.1.1 卫星定位测量　satellite positioning

利用两台或两台以上接收机同时接收多颗定位卫星信号，确定地面点相对位置的方法。

2.1.2 卫星定位测量控制网　satellite positioning control network

利用卫星定位测量技术建立的测量控制网。

2.1.3 三角形网　triangular network

由一系列相连的三角形构成的测量控制网。它是对已往三角网、三边网和边角网的统称。

2.1.4 三角形网测量　triangular control network survey

通过测定三角形网中各三角形的顶点水平角、边的长度，来确定控制点位置的方法。它是对已往三角测量、三边测量和边角网测量的统称。

2.1.5 2″级仪器　2″ class instrument

2″级仪器是指一测回水平方向中误差标称为 2″ 的测角仪器，包括全站仪、电子经纬仪、光学经纬仪。1″级仪器和 6″级仪器的定义方法相似。

2.1.6 5mm 级仪器　5mm class instrument

5mm 级仪器是指当测距长度为 1km 时，由电磁波测距仪器的标称精度公式计算的测距中误差为 5mm 的仪器，包括测距仪、全站仪。1mm 级仪器和 10 mm 级仪器的定义方法相似。

2.1.7 数字地形图　digital topographic map

将地形信息按一定的规则和方法采用计算机生成和计算机数据格式存储的地形图。

2.1.8 纸质地形图　paper topographic map

将地形信息直接用符号、注记及等高线表示并绘制在纸质或聚酯薄膜上的正射投影图。

2.1.9 变形监测　deformation monitoring

对建（构）筑物及其地基、建筑基坑或一定范围内的岩体及土体的位移、沉降、倾斜、挠度、裂缝和相关影响因素（如地下水、温度、应力应变等）进行监测，并提供变形分析预报的过程。

2.2　符　　号

A——GPS 接收机标称的固定误差；

a——电磁波测距仪器标称的固定误差；

B——GPS 接收机标称的比例误差系数、隧道开挖面宽度；

b——电磁波测距仪器标称的比例误差系数；

C——照准差；

D——电磁波测距边长度、GPS-RTK 参考站到检查点的距离、送变电线路档距；

D_g——测距边在高斯投影面上的长度；

D_H——测区平均高程面上的测距边长度；

D_P——测线的水平距离；

D_0——归算到参考椭球面上的测距边长度；

d——GPS 网相邻点间的距离、灌注桩的桩径；

DS05、DS1、DS3——水准仪型号；

f_β——方位角闭合差；

H——水深、建（构）筑物的高度、安装测量管道垂直部分长度、桥梁索塔高度、隧道埋深；

H_m——测距边两端点的平均高程；

H_p——测区的平均高程；

h——高差、建筑施工的沉井高度、地下管线的埋深、隧道高度；

h_d——基本等高距；

h_m——测区大地水准面高出参考椭球面的高差；

i——水准仪视准轴与水准管轴的夹角；

K——大气折光系数；

L——水准测段或路线长度、天车或起重机轨道长度、桥的总长、桥的跨径、隧道两开挖洞口间长度、监测体或监测断面距隧道开挖工作面的前后距离；

l——测点至线路中桩的水平距离、桥梁所跨越的江（河流、峡谷）的宽度；

M——测图比例尺分母、中误差；

M_w——高差全中误差；

M_Δ——高差偶然中误差；

m——中误差；

m_D——测距中误差；

m_H——地下管线重复探查的平面位置中误差；

m_V——地下管线重复探查的埋深中误差；

m_α——方位角中误差；

m_β——测角中误差；

N——附合路线或闭合环的个数；

n——测站数、测段数、边数、基线数、三角形个数、建筑物结构的跨数；

P——测量的权；

R——地球平均曲率半径；

R_A——参考椭球体在测距边方向法截弧的曲率半径；

R_m——测距边中点处在参考椭球面上的平均曲率半径；

S——边长、斜距、两相邻细部点间的距离、转点桩至中桩的距离；

T——边长相对中误差分母；

W——闭合差；

W_x、W_y、W_z——坐标分量闭合差；

W_f、W_g、W_j、W_b——分别为方位角条件、固定角条件、角—极条件、边（基线）条件自由项的限差；

y_m——测距边两端点横坐标的平均值；

α——垂直角、地面倾角、比例系数；

δ_h——对向观测的高差较差；

$\delta_{1,2}$——测站点 1 向照准点 2 观测方向的方向改化值；

Δ——测段往返高差不符值；

Δd——长度较差；

ΔH——复查点位与原点位的埋深较差；

ΔS——复查点位与原点位间的平面位置偏差；

$\Delta \alpha$——补偿式自动安平水准仪的补偿误差；

μ——单位权中误差；

σ——基线长度中误差、度盘和测微器位置变换值。

3 平面控制测量

3.1 一般规定

3.1.1 平面控制网的建立，可采用卫星定位测量、导线测量、三角形网测量等方法。

3.1.2 平面控制网精度等级的划分，卫星定位测量控制网依次为二、三、四等和一、二级，导线及导线网依次为三、四等和一、二、三级，三角形网依次为二、三、四等和一、二级。

3.1.3 平面控制网的布设，应遵循下列原则：

　　1 首级控制网的布设，应因地制宜，且适当考虑发展；当与国家坐标系统联测时，应同时考虑联测方案。

　　2 首级控制网的等级，应根据工程规模、控制网的用途和精度要求合理确定。

　　3 加密控制网，可越级布设或同等级扩展。

3.1.4 平面控制网的坐标系统，应在满足测区内投影长度变形不大于 2.5cm/km 的要求下，作下列选择：

　　1 采用统一的高斯投影 3°带平面直角坐标系统。

　　2 采用高斯投影 3°带，投影面为测区抵偿高程面或测区平均高程面的平面直角坐标系统；或任意带，投影面为 1985 国家高程基准面的平面直角坐标系统。

　　3 小测区或有特殊精度要求的控制网，可采用独立坐标系统。

　　4 在已有平面控制网的地区，可沿用原有的坐标系统。

　　5 厂区内可采用建筑坐标系统。

3.2 卫星定位测量

（Ⅰ）卫星定位测量的主要技术要求

3.2.1 各等级卫星定位测量控制网的主要技术指标，应符合表 3.2.1 的规定。

表 3.2.1 卫星定位测量控制网的主要技术要求

等级	平均边长（km）	固定误差 A（mm）	比例误差系数 B（mm/km）	约束点间的边长相对中误差	约束平差后最弱边相对中误差
二等	9	≤10	≤2	≤1/250000	≤1/120000
三等	4.5	≤10	≤5	≤1/150000	≤1/70000
四等	2	≤10	≤10	≤1/100000	≤1/40000
一级	1	≤10	≤20	≤1/40000	≤1/20000
二级	0.5	≤10	≤40	≤1/20000	≤1/10000

3.2.2 各等级控制网的基线精度，按（3.2.2）式计算。

$$\sigma = \sqrt{A^2 + (B \cdot d)^2} \qquad (3.2.2)$$

式中　σ——基线长度中误差（mm）；

　　　A——固定误差（mm）；

　　　B——比例误差系数（mm/km）；

　　　d——平均边长（km）。

3.2.3 卫星定位测量控制网观测精度的评定，应满足下列要求：

　　1 控制网的测量中误差，按（3.2.3-1）式计算；

$$m = \sqrt{\frac{1}{3N}\left[\frac{WW}{n}\right]} \qquad (3.2.3-1)$$

式中　m——控制网的测量中误差（mm）；

　　　N——控制网中异步环的个数；

　　　n——异步环的边数；

　　　W——异步环环线全长闭合差（mm）。

　　2 控制网的测量中误差，应满足相应等级控制网的基线精度要求，并符合（3.2.3-2）式的规定。

$$m \leqslant \sigma \qquad (3.2.3-2)$$

（Ⅱ）卫星定位测量控制网的设计、选点与埋石

3.2.4 卫星定位测量控制网的布设，应符合下列要求：

　　1 应根据测区的实际情况、精度要求、卫星状况、接收机的类型和数量以及测区已有的测量资料进行综合设计。

　　2 首级网布设时，宜联测 2 个以上高等级国家控制点或地方坐标系的高等级控制点；对控制网内的长边，宜构成大地四边形或中点多边形。

　　3 控制网应由独立观测边构成一个或若干个闭合环或附合路线；各等级控制网中构成闭合环或附合路线的边数不宜多于 6 条。

　　4 各等级控制网中独立基线的观测总数，不宜少于必要观测基线数的 1.5 倍。

　　5 加密网应根据工程需要，在满足本规范精度要求的前提下可采用比较灵活的布网方式。

　　6 对于采用 GPS-RTK 测图的测区，在控制网的布设中应顾及参考站点的分布及位置。

3.2.5 卫星定位测量控制点位的选定，应符合下列要求：

　　1 点位应选在土质坚实、稳固可靠的地方，同时要有利于加密和扩展，每个控制点至少应有一个通视方向。

　　2 点位应选在视野开阔，高度角在 15°以上的范围内，应无障碍物；点位附近不应有强烈干扰接收卫星信号的干扰源或强烈反射卫星信号的物体。

　　3 充分利用符合要求的旧有控制点。

3.2.6 控制点埋石应符合附录 B 的规定，并绘制点之记。

（Ⅲ）GPS 观测

3.2.7 GPS 控制测量作业的基本技术要求，应符合表 3.2.7 的规定。

表 3.2.7　GPS 控制测量作业的基本技术要求

等　　级		二等	三等	四等	一级	二级
接收机类型		双频	双频或单频	双频或单频	双频或单频	双频或单频
仪器标称精度		10mm+2ppm	10mm+5ppm	10mm+5ppm	10mm+5ppm	10mm+5ppm
观测量		载波相位	载波相位	载波相位	载波相位	载波相位
卫星高度角（°）	静态	≥15	≥15	≥15	≥15	≥15
	快速静态	—	—	—	≥15	≥15
有效观测卫星数	静态	≥5	≥5	≥4	≥4	≥4
	快速静态	—	—	—	≥5	≥5
观测时段长度（min）	静态	30～90	20～60	15～45	10～30	10～30
	快速静态	—	—	—	10～15	10～15
数据采样间隔（s）	静态	10～30	10～30	10～30	10～30	10～30
	快速静态	—	—	—	5～15	5～15
点位几何图形强度因子 PDOP		≤6	≤6	≤6	≤8	≤8

3.2.8 对于规模较大的测区，应编制作业计划。

3.2.9 GPS 控制测量测站作业，应满足下列要求：

　　1 观测前，应对接收机进行预热和静置，同时应检查电池的容量、接收机的内存和可储存空间是否充足。

　　2 天线安置的对中误差，不应大于 2mm；天线高的量取应精确至 1mm。

　　3 观测中，应避免在接收机近旁使用无线电通信工具。

　　4 作业同时，应做好测站记录，包括控制点点

名、接收机序列号、仪器高、开关机时间等相关的测站信息。

（Ⅳ）GPS 测量数据处理

3.2.10 基线解算，应满足下列要求：

　　1 起算点的单点定位观测时间，不宜少于 30min。

　　2 解算模式可采用单基线解算模式，也可采用多基线解算模式。

　　3 解算成果，应采用双差固定解。

3.2.11 GPS 控制测量外业观测的全部数据应经同步环、异步环和复测基线检核，并应满足下列要求：

　　1 同步环各坐标分量闭合差及环线全长闭合差，应满足（3.2.11-1）～（3.2.11-5）式的要求：

$$W_x \leqslant \frac{\sqrt{n}}{5}\sigma \qquad (3.2.11\text{-}1)$$

$$W_y \leqslant \frac{\sqrt{n}}{5}\sigma \qquad (3.2.11\text{-}2)$$

$$W_z \leqslant \frac{\sqrt{n}}{5}\sigma \qquad (3.2.11\text{-}3)$$

$$W = \sqrt{W_x^2 + W_y^2 + W_z^2} \qquad (3.2.11\text{-}4)$$

$$W \leqslant \frac{\sqrt{3n}}{5}\sigma \qquad (3.2.11\text{-}5)$$

式中　n——同步环中基线边的个数；

　　　W——同步环环线全长闭合差（mm）。

　　2 异步环各坐标分量闭合差及环线全长闭合差，应满足（3.2.11-6）～（3.2.11-10）式的要求：

$$W_x \leqslant 2\sqrt{n}\sigma \qquad (3.2.11\text{-}6)$$

$$W_y \leqslant 2\sqrt{n}\sigma \qquad (3.2.11\text{-}7)$$

$$W_z \leqslant 2\sqrt{n}\sigma \qquad (3.2.11\text{-}8)$$

$$W = \sqrt{W_x^2 + W_y^2 + W_z^2} \qquad (3.2.11\text{-}9)$$

$$W \leqslant 2\sqrt{3n}\sigma \qquad (3.2.11\text{-}10)$$

式中　n——异步环中基线边的个数；

　　　W——异步环环线全长闭合差（mm）。

　　3 复测基线的长度较差，应满足（3.2.11-11）式的要求：

$$\Delta d \leqslant 2\sqrt{2}\,\sigma \qquad (3.2.11\text{-}11)$$

3.2.12 当观测数据不能满足检核要求时，应对成果进行全面分析，并舍弃不合格基线，但应保证舍弃基线后，所构成异步环的边数不应超过 3.2.4 条第 3 款的规定。否则，应重测该基线或有关的同步图形。

3.2.13 外业观测数据检验合格后，应按 3.2.3 条对 GPS 网的观测精度进行评定。

3.2.14 GPS 测量控制网的无约束平差，应符合下列规定：

　　1 应在 WGS-84 坐标系中进行三维无约束平差。并提供各观测点在 WGS-84 坐标系中的三维坐标、各基线向量三个坐标差观测值的改正数、基线长度、基线方位及相关的精度信息等。

　　2 无约束平差的基线向量改正数的绝对值，不应超过相应等级的基线长度中误差的 3 倍。

3.2.15 GPS 测量控制网的约束平差，应符合下列规定：

　　1 应在国家坐标系或地方坐标系中进行二维或三维约束平差。

　　2 对于已知坐标、距离或方位，可以强制约束，也可加权约束。约束点间的边长相对中误差，应满足表 3.2.1 中相应等级的规定。

　　3 平差结果，应输出观测点在相应坐标系中的二维或三维坐标、基线向量的改正数、基线长度、基线方位角等，以及相关的精度信息。需要时，还应输出坐标转换参数及其精度信息。

　　4 控制网约束平差的最弱边边长相对中误差，应满足表 3.2.1 中相应等级的规定。

3.3　导 线 测 量

（Ⅰ）导线测量的主要技术要求

3.3.1 各等级导线测量的主要技术要求，应符合表 3.3.1 的规定。

表 3.3.1　导线测量的主要技术要求

等级	导线长度（km）	平均边长（km）	测角中误差（"）	测距中误差（mm）	测距相对中误差	测回数 1"级仪器	测回数 2"级仪器	测回数 6"级仪器	方位角闭合差（"）	导线全长相对闭合差
三等	14	3	1.8	20	1/150000	6	10	—	$3.6\sqrt{n}$	≤1/55000
四等	9	1.5	2.5	18	1/80000	4	6	—	$5\sqrt{n}$	≤1/35000
一级	4	0.5	5	15	1/30000	—	2	4	$10\sqrt{n}$	≤1/15000
二级	2.4	0.25	8	15	1/14000	—	1	3	$16\sqrt{n}$	≤1/10000
三级	1.2	0.1	12	15	1/7000	—	1	2	$24\sqrt{n}$	≤1/5000

　　注：1　表中 n 为测站数。

　　　　2　当测区测图的最大比例尺为 1:1000 时，一、二、三级导线的导线长度、平均边长可适当放长，但最大长度不应大于表中规定相应长度的 2 倍。

3.3.2 当导线平均边长较短时，应控制导线边数不超过表3.3.1相应等级导线长度和平均边长算得的边数；当导线长度小于表3.3.1规定长度的1/3时，导线全长的绝对闭合差不应大于13cm。

3.3.3 导线网中，结点与结点、结点与高级点之间的导线段长度不应大于表3.3.1中相应等级规定长度的0.7倍。

（Ⅱ）导线网的设计、选点与埋石

3.3.4 导线网的布设应符合下列规定：

1 导线网用作测区的首级控制时，应布设成环形网，且宜联测2个已知方向。

2 加密网可采用单一附合导线或结点导线网形式。

3 结点间或结点与已知点间的导线段宜布设成直伸形状，相邻边长不宜相差过大，网内不同环节上的点也不宜相距过近。

3.3.5 导线点位的选定，应符合下列规定：

1 点位应选在土质坚实、稳固可靠、便于保存的地方，视野应相对开阔，便于加密、扩展和寻找。

2 相邻点之间应通视良好，其视线距障碍物的距离，三、四等不宜小于1.5m；四等以下宜保证便于观测，以不受旁折光的影响为原则。

3 当采用电磁波测距时，相邻点之间视线应避开烟囱、散热塔、散热池等发热体及强电磁场。

4 相邻两点之间的视线倾角不宜过大。

5 充分利用旧有控制点。

3.3.6 导线点的埋石应符合附录B的规定。三、四等点应绘制点之记，其他控制点可视需要而定。

（Ⅲ）水平角观测

3.3.7 水平角观测所使用的全站仪、电子经纬仪和光学经纬仪，应符合下列相关规定：

1 照准部旋转轴正确性指标：管水准器气泡或电子水准器长气泡在各位置的读数较差，1″级仪器不应超过2格，2″级仪器不应超过1格，6″级仪器不应超过1.5格。

2 光学经纬仪的测微器行差及隙动差指标：1″级仪器不应大于1″，2″级仪器不应大于2″。

3 水平轴不垂直于垂直轴之差指标：1″级仪器不应超过10″，2″级仪器不应超过15″，6″级仪器不应超过20″。

4 补偿器的补偿要求，在仪器补偿器的补偿区间，对观测成果应能进行有效补偿。

5 垂直微动旋转使用时，视准轴在水平方向上不产生偏移。

6 仪器的基座在照准部旋转时的位移指标：1″级仪器不应超过0.3″，2″级仪器不应超过1″，6″级仪器不应超过1.5″。

7 光学（或激光）对中器的视轴（或射线）与竖轴的重合度不应大于1mm。

3.3.8 水平角观测宜采用方向观测法，并符合下列规定：

1 方向观测法的技术要求，不应超过表3.3.8的规定。

表3.3.8 水平角方向观测法的技术要求

等级	仪器精度等级	光学测微器两次重合读数之差（″）	半测回归零差（″）	一测回内2C互差（″）	同一方向值各测回较差（″）
四等及以上	1″级仪器	1	6	9	6
	2″级仪器	3	8	13	9
一级及以下	2″级仪器		12	18	12
	6″级仪器		18		24

注：1 全站仪、电子经纬仪水平角观测时不受光学测微器两次重合读数之差指标的限制。

2 当观测方向的垂直角超过±3°的范围时，该方向2C互差可按相邻测回同方向进行比较，其值应满足表中一测回内2C互差的限值。

2 当观测方向不多于3个时，可不归零。

3 当观测方向多于6个时，可进行分组观测。分组观测应包括两个共同方向（其中一个为共同零方向）。其两组观测角之差，不应大于同等级测角中误差的2倍。分组观测的最后结果，应按等权分组观测进行测站平差。

4 各测回间应配置度盘。度盘配置应符合附录C的规定。

5 水平角的观测值应取各测回的平均数作为测站成果。

3.3.9 三、四等导线的水平角观测，当测站只有两个方向时，应在观测总测回中以奇数测回的度盘位置观测导线前进方向的左角，以偶数测回的度盘位置观测导线前进方向的右角。左右角的测回数为总测回数的一半。但在观测右角时，应以左角起始方向为准变换度盘位置，也可用起始方向的度盘位置加上左角的概值在前进方向配置度盘。

左角平均值与右角平均值之和与360°之差，不应大于本规范表3.3.1中相应等级导线测角中误差的2倍。

3.3.10 水平角观测的测站作业，应符合下列规定：

1 仪器或反光镜的对中误差不应大于2mm。

2 水平角观测过程中，气泡中心位置偏离整置中心不宜超过1格。四等及以上等级的水平角观测，当观测方向的垂直角超过±3°的范围时，宜在测回间重新整置气泡位置。有垂直轴补偿器的仪器，可不受此款的限制。

3 如受外界因素（如震动）的影响，仪器的补偿器无法正常工作或超出补偿器的补偿范围时，应停止观测。

4 当测站或照准目标偏心时，应在水平角观测前或观测后测定归心元素。测定时，投影示误三角形的最长边，对于标石、仪器中心的投影不应大于5mm，对于照准标志中心的投影不应大于10mm。投影完毕后，除标石中心外，其他各投影中心均应描绘两个观测方向。角度元素应量至15′，长度元素应量至1mm。

3.3.11 水平角观测误差超限时，应在原来度盘位置上重测，并应符合下列规定：

1 一测回内2C互差或同一方向值各测回较差超限时，应重测超限方向，并联测零方向。

2 下半测回归零差或零方向的2C互差超限时，应重测该测回。

3 若一测回中重测方向数超过总方向数的1/3时，应重测该测回。当重测的测回数超过总测回数的1/3时，应重测该站。

3.3.12 首级控制网所联测的已知方向的水平角观测，应按首级网相应等级的规定执行。

3.3.13 每日观测结束，应对外业记录手簿进行检查，当使用电子记录时，应保存原始观测数据，打印输出相关数据和预先设置的各项限差。

（Ⅳ）距 离 测 量

3.3.14 一级及以上等级控制网的边长，应采用中、短程全站仪或电磁波测距仪测距，一级以下也可采用普通钢尺量距。

3.3.15 本规范对中、短程测距仪器的划分，短程为3km以下，中程为3～15km。

3.3.16 测距仪器的标称精度，按（3.3.16）式表示。

$$m_D = a + b \times D \qquad (3.3.16)$$

式中　m_D——测距中误差（mm）；
　　　a——标称精度中的固定误差（mm）；
　　　b——标称精度中的比例误差系数（mm/km）；
　　　D——测距长度（km）。

3.3.17 测距仪器及相关的气象仪表，应及时校验。当在高海拔地区使用空盒气压表时，宜送当地气象台（站）校准。

3.3.18 各等级控制网边长测距的主要技术要求，应符合表3.3.18的规定。

表3.3.18　测距的主要技术要求

平面控制网等级	仪器精度等级	每边测回数		一测回读数较差（mm）	单程各测回较差（mm）	往返测距较差（mm）
		往	返			
三等	5mm级仪器	3	3	≤5	≤7	≤2(a+b×D)
	10mm级仪器	4	4	≤10	≤15	
四等	5mm级仪器	2	2	≤5	≤7	
	10mm级仪器	3	3	≤10	≤15	
一级	10mm级仪器	2	—	≤10	≤15	
二、三级	10mm级仪器	1	—	≤10	≤15	

注：1　测回是指照准目标一次，读数2～4次的过程。
　　2　困难情况下，边长测距可采取不同时间段测量代替往返观测。

3.3.19 测距作业，应符合下列规定：

1 测站对中误差和反光镜对中误差不应大于2mm。

2 当观测数据超限时，应重测整个测回，如观测数据出现分群时，应分析原因，采取相应措施重新观测。

3 四等及以上等级控制网的边长测量，应分别量取两端点观测始末的气象数据，计算时应取平均值。

4 测量气象元素的温度计宜采用通风干湿温度计，气压表宜选用高原型空盒气压表；读数前应将温度计悬挂在离开地面和人体1.5m以外阳光不能直射的地方，且读数精确至0.2℃；气压表应置平，指针不应滞阻，且读数精确至50Pa。

5 当测距边用电磁波测距三角高程测量方法测定的高差进行修正时，垂直角的观测和对向观测高差较差要求，可按本规范第4.3.2条和4.3.3条中五等电磁波测距三角高程测量的有关规定放宽1倍执行。

3.3.20 每日观测结束，应对外业记录进行检查。当使用电子记录时，应保存原始观测数据，打印输出相关数据和预先设置的各项限差。

3.3.21 普通钢尺量距的主要技术要求，应符合表3.3.21的规定。

表3.3.21　普通钢尺量距的主要技术要求

等级	边长量距较差相对误差	作业尺数	量距总次数	定线最大偏差（mm）	尺段高差较差（mm）	读定次数	估读值至（mm）	温度读数值至（C°）	同尺各次或同段各尺的较差（mm）
二级	1/20000	1～2	2	50	≤10	3	0.5	0.5	≤2
三级	1/10000	1～2	2	70	≤10	3	0.5	0.5	≤3

注：1　量距边长应进行温度、坡度和尺长改正。
　　2　当检定钢尺时，其相对误差不应大于1/100000。

3.3.22 当观测数据中含有偏心测量成果时，应首先进行归心改正计算。

3.3.23 水平距离计算，应符合下列规定：

1 测量的斜距，须经气象改正和仪器的加、乘常数改正后才能进行水平距离计算。

2 两点间的高差测量，宜采用水准测量。当采用电磁波测距三角高程测量时，其高差应进行大气折光改正和地球曲率改正。

3 水平距离可按（3.3.23）式计算：

$$D_P = \sqrt{S^2 - h^2} \qquad (3.3.23)$$

式中　D_P——测线的水平距离（m）；

　　　S——经气象及加、乘常数等改正后的斜距（m）；

　　　h——仪器的发射中心与反光镜的反射中心之间的高差（m）。

3.3.24 导线网水平角观测的测角中误差，应按（3.3.24）式计算：

$$m_\beta = \sqrt{\frac{1}{N}\left[\frac{f_\beta f_\beta}{n}\right]} \qquad (3.3.24)$$

式中　f_β——导线环的角度闭合差或附合导线的方位角闭合差（″）；

　　　n——计算 f_β 时的相应测站数；

　　　N——闭合环及附合导线的总数。

3.3.25 测距边的精度评定，应按（3.3.25-1）、（3.3.25-2）式计算；当网中的边长相差不大时，可按（3.3.25-3）式计算网的平均测距中误差。

1 单位权中误差：

$$\mu = \sqrt{\frac{[Pdd]}{2n}} \qquad (3.3.25-1)$$

式中　d——各边往、返测的距离较差（mm）；

　　　n——测距边数；

　　　P——各边距离的先验权，其值为 $\frac{1}{\sigma_D^2}$，σ_D 为测距的先验中误差，可按测距仪器的标称精度计算。

2 任一边的实际测距中误差：

$$m_{Di} = \mu\sqrt{\frac{1}{P_i}} \qquad (3.3.25-2)$$

式中　m_{Di}——第 i 边的实际测距中误差（mm）；

　　　P_i——第 i 距离测量的先验权。

3 网的平均测距中误差：

$$m_{Di} = \sqrt{\frac{[dd]}{2n}} \qquad (3.3.25-3)$$

式中　m_{Di}——平均测距中误差（mm）。

3.3.26 测距边长度的归化投影计算，应符合下列规定：

1 归算到测区平均高程面上的测距边长度，应按（3.3.26-1）式计算：

$$D_H = D_P\left(1 + \frac{H_P - H_m}{R_A}\right) \qquad (3.3.26-1)$$

式中　D_H——归算到测区平均高程面上的测距边长度（m）；

　　　D_P——测线的水平距离（m）；

　　　H_P——测区的平均高程（m）；

　　　H_m——测距边两端点的平均高程（m）；

　　　R_A——参考椭球体在测距边方向法截弧的曲率半径（m）。

2 归算到参考椭球面上的测距边长度，应按（3.3.26-2）式计算：

$$D_0 = D_P\left(1 - \frac{H_m + h_m}{R_A + H_m + h_m}\right) \qquad (3.3.26-2)$$

式中　D_0——归算到参考椭球面上的测距边长度（m）；

　　　h_m——测区大地水准面高出参考椭球面的高差（m）。

3 测距边在高斯投影面上的长度，应按（3.3.26-3）式计算：

$$D_g = D_0\left(1 + \frac{y_m^2}{2R_m^2} + \frac{\Delta y^2}{24R_m^2}\right) \qquad (3.3.26-3)$$

式中　D_g——测距边在高斯投影面上的长度（m）；

　　　y_m——测距边两端点横坐标的平均值（m）；

　　　R_m——测距边中点处在参考椭球面上的平均曲率半径（m）；

　　　Δy——测距边两端点横坐标的增量（m）。

3.3.27 一级及以上等级的导线网计算，应采用严密平差法；二、三级导线网，可根据需要采用严密或简化方法平差。当采用简化方法平差时，成果表中的方位角和边长应采用坐标反算值。

3.3.28 导线网平差时，角度和距离的先验中误差，可分别按3.3.24条和3.3.25条中的方法计算，也可用数理统计等方法求得的经验公式估算先验中误差的值，并用以计算角度及边长的权。

3.3.29 平差计算时，对计算略图和计算机输入数据应进行仔细校对，对计算结果应进行检查。打印输出的平差成果，应包含起算数据、观测数据以及必要的中间数据。

3.3.30 平差后的精度评定，应包含有单位权中误差、点位误差椭圆参数或相对点位误差椭圆参数、边长相对中误差或点位中误差等。当采用简化平差时，平差后的精度评定，可作相应简化。

3.3.31 内业计算中数字取位，应符合表 3.3.31 的规定。

表 3.3.31　内业计算中数字取位要求

等级	观测方向值及各项修正数（″）	边长观测值及各项修正数（m）	边长与坐标（m）	方位角（″）
三、四等	0.1	0.001	0.001	0.1
一级及以下	1	0.001	0.001	1

3.4 三角形网测量

（Ⅰ）三角形网测量的主要技术要求

3.4.1 各等级三角形网测量的主要技术要求，应符合表 3.4.1 的规定。

表 3.4.1 三角形网测量的主要技术要求

等级	平均边长（km）	测角中误差（″）	测边相对中误差	最弱边边长相对中误差	测回数			三角形最大闭合差（″）
					1″级仪器	2″级仪器	6″级仪器	
二等	9	1	≤1/250000	≤1/120000	12	—	—	3.5
三等	4.5	1.8	≤1/150000	≤1/70000	6	9	—	7
四等	2	2.5	≤1/100000	≤1/40000	4	6	—	9
一级	1	5	≤1/40000	≤1/20000	—	2	4	15
二级	0.5	10	≤1/20000	≤1/10000	—	1	2	30

注：当测区测图的最大比例尺为 1∶1000 时，一、二级网的平均边长可适当放长，但不应大于表中规定长度的 2 倍。

（Ⅱ）三角形网的设计、选点与埋石

3.4.4 作业前，应进行资料收集和现场踏勘，对收集到的相关控制资料和地形图（以 1∶10000～1∶100000 为宜）应进行综合分析，并在图上进行网形设计和精度估算，在满足精度要求的前提下，合理确定网的精度等级和观测方案。

3.4.5 三角形网的布设，应符合下列要求：

1 首级控制网中的三角形，宜布设为近似等边三角形。其三角形的内角不应小于 30°；当受地形条件限制时，个别角可放宽，但不应小于 25°。

2 加密的控制网，可采用插网、线形网或插点等形式。

3 三角形网点位的选定，除应符合本规范 3.3.5 条 1～4 款的规定外，二等网视线距障碍物的距离不宜小于 2m。

3.4.6 三角形网点位的埋石应符合附录 B 的规定，二、三、四等点应绘制点之记，其他控制点可视需要而定。

（Ⅲ）三角形网观测

3.4.7 三角形网的水平角观测，宜采用方向观测法。二等三角形网也可采用全组合观测法。

3.4.8 三角形网的水平角观测，除满足 3.4.1 条外，其他要求按本章第 3.3.7 条、3.3.8 条及 3.3.10～3.3.13 条执行。

3.4.9 二等三角形网测距边的边长测量除满足第 3.4.1 条和表 3.4.9 外，其他技术要求按本章第 3.3.14～3.3.17 条及 3.3.19 条、3.3.20 条执行。

3.4.2 三角形网中的角度宜全部观测，边长可根据需要选择观测或全部观测；观测的角度和边长均应作为三角形网中的观测量参与平差计算。

3.4.3 首级控制网定向时，方位角传递宜联测 2 个已知方向。

表 3.4.9 二等三角形网边长测量主要技术要求

平面控制网等级	仪器精度等级	每边测回数		一测回读数较差（mm）	单程各测回较差（mm）	往返较差（mm）
		往	返			
二等	5mm 级仪器	3	3	≤5	≤7	≤2(a+b·D)

注：1 测回是指照准目标一次，读数 2～4 次的过程。

　　2 根据具体情况，测边可采取不同时间段测量代替往返观测。

3.4.10 三等及以下等级的三角形网测距边的边长测量，除满足 3.4.1 条外，其他要求按本章第 3.3.14～3.3.20 条执行。

3.4.11 二级三角形网的边长也可采用钢尺量距，按本章 3.3.21 条执行。

（Ⅳ）三角形网测量数据处理

3.4.12 当观测数据中含有偏心测量成果时，应首先进行归心改正计算。

3.4.13 三角形网的测角中误差，应按（3.4.13）式计算：

$$m_\beta = \sqrt{\frac{[WW]}{3n}} \qquad (3.4.13)$$

式中　m_β——测角中误差（″）；

　　　　W——三角形闭合差（″）；

　　　　n——三角形的个数。

3.4.14 水平距离计算和测边精度评定按本章 3.3.23 条和 3.3.25 条执行。

3.4.15 当测区需要进行高斯投影时，四等及以上等

级的方向观测值，应进行方向改化计算。四等网也可采用简化公式。

方向改化计算公式：

$$\delta_{1,2}=\frac{\rho}{6R_{\mathrm{m}}^2}(x_1-x_2)(2y_1+y_2)$$

$$(3.4.15-1)$$

$$\delta_{2,1}=\frac{\rho}{6R_{\mathrm{m}}^2}(x_2-x_1)(y_1+2y_2)$$

$$(3.4.15-2)$$

方向改化简化计算公式：

$$\delta_{1,2}=-\delta_{2,1}=\frac{\rho}{2R_{\mathrm{m}}^2}(x_1-x_2)y_{\mathrm{m}}$$

$$(3.4.15-3)$$

式中　$\delta_{1,2}$——测站点 1 向照准点 2 观测方向的方向改化值（″）；

$\delta_{2,1}$——测站点 2 向照准点 1 观测方向的方向改化值（″）；

x_1、y_1，x_2、y_2——1、2 两点的坐标值（m）；

R_{m}——测距边中点处在参考椭球面上的平均曲率半径（m）；

y_{m}——1、2 两点的横坐标平均值（m）。

3.4.16 高山地区二、三等三角形网的水平方向观测，如果垂线偏差和垂直角较大，其水平方向观测值应进行垂线偏差的修正。

3.4.17 测距边长度的归化投影计算，按本章第 3.3.26 条执行。

3.4.18 三角形网外业观测结束后，应计算网的各项条件闭合差。各项条件闭合差不应大于相应的限值。

1 角—极条件自由项的限值。

$$W_{\mathrm{j}}=2\frac{m_\beta}{\rho}\sqrt{\sum\cot^2\beta}$$

$$(3.4.18-1)$$

式中　W_{j}——角—极条件自由项的限值；

m_β——相应等级的测角中误差（″）；

β——求距角。

2 边（基线）条件自由项的限值。

$$W_{\mathrm{b}}=2\sqrt{\frac{m_\beta^2}{\rho^2}\sum\cot^2\beta+\left(\frac{m_{S_1}}{S_1}\right)^2+\left(\frac{m_{S_2}}{S_2}\right)^2}$$

$$(3.4.18-2)$$

式中　W_{b}——边（基线）条件自由项的限值；

$\frac{m_{S_1}}{S_1}$、$\frac{m_{S_2}}{S_2}$——起始边边长相对中误差。

3 方位角条件自由项的限值。

$$W_{\mathrm{f}}=2\sqrt{m_{\alpha1}^2+m_{\alpha2}^2+nm_\beta^2}$$

$$(3.4.18-3)$$

式中　W_{f}——方位角条件自由项的限值（″）；

$m_{\alpha1}$、$m_{\alpha2}$——起始方位角中误差（″）；

n——推算路线所经过的测站数。

4 固定角自由项的限值。

$$W_{\mathrm{g}}=2\sqrt{m_{\mathrm{g}}^2+m_\beta^2}$$

$$(3.4.18-4)$$

式中　W_{g}——固定角自由项的限值（″）；

m_{g}——固定角的角度中误差（″）。

5 边—角条件的限值。

三角形中观测的一个角度与由观测边长根据各边平均测距相对中误差计算所得的角度限差，应按下式进行检核：

$$W_{\mathrm{r}}=2\sqrt{2\left(\frac{m_{\mathrm{D}}}{D}\rho\right)^2(\cot^2\alpha+\cot^2\beta+\cot\alpha\cot\beta)+m_\beta^2}$$

$$(3.4.18-5)$$

式中　W_{r}——观测角与计算角的角值限差（″）；

$\frac{m_{\mathrm{D}}}{D}$——各边平均测距相对中误差；

α、β——三角形中观测角之外的另两个角；

m_β——相应等级的测角中误差（″）。

6 边—极条件自由项的限值。

$$W_{\mathrm{z}}=2\rho\frac{m_{\mathrm{D}}}{D}\sqrt{\sum\alpha_{\mathrm{W}}^2+\sum\alpha_{\mathrm{f}}^2}$$

$$(3.4.18-6)$$

$$\alpha_{\mathrm{W}}=\cot\alpha_i+\cot\beta_i$$

$$(3.4.18-7)$$

$$\alpha_{\mathrm{f}}=\cot\alpha_i\pm\cot\beta_{i-1}$$

$$(3.4.18-8)$$

式中　W_{z}——边—极条件自由项的限值（″）；

α_{W}——与极点相对的外围边两端的两底的余切函数之和；

α_{f}——中点多边形中与极点相连的辐射边两侧的相邻底角的余切函数之和；四边形中内辐射边两侧的相邻底角的余切函数之和以及外侧的两辐射边的相邻底角的余切函数之差；

i——三角形编号。

3.4.19 三角形网平差时，观测角（或观测方向）和观测边长均应视为观测值参与平差，角度和距离的先验中误差，应按本规范第 3.4.13 条和 3.3.25 条中的方法计算，也可用数理统计等方法求得的经验公式估算先验中误差的值，并用以计算角度（或方向）及边长的权。平差计算按本章第 3.3.29~3.3.30 条执行。

3.4.20 三角形网内业计算中数字取位，二等应符合表 3.4.20 的规定，其余各等级应符合本规范表 3.3.31 的规定。

表 3.4.20　三角形网内业计算中数字取位要求

等级	观测方向值及各项修正数（″）	边长观测值及各项修正数（m）	边长与坐标（m）	方位角（″）
二等	0.01	0.0001	0.001	0.01

4　高程控制测量

4.1　一般规定

4.1.1 高程控制测量精度等级的划分，依次为二、

三、四、五等。各等级高程控制宜采用水准测量，四等及以下等级可采用电磁波测距三角高程测量，五等也可采用 GPS 拟合高程测量。

4.1.2 首级高程控制网的等级，应根据工程规模、控制网的用途和精度要求合理选择。首级网应布设成环形网，加密网宜布设成附合路线或结点网。

4.1.3 测区的高程系统，宜采用 1985 国家高程基准。在已有高程控制网的地区测量时，可沿用原有的高程系统；当小测区联测有困难时，也可采用假定高程系统。

4.1.4 高程控制点间的距离，一般地区应为 1～3km，工业厂区、城镇建筑区宜小于 1km。但一个测区及周围至少应有 3 个高程控制点。

4.2 水 准 测 量

4.2.1 水准测量的主要技术要求，应符合表 4.2.1 的规定。

表 4.2.1　水准测量的主要技术要求

等级	每千米高差全中误差（mm）	路线长度（km）	水准仪型号	水准尺	观 测 次 数		往返较差、附合或环线闭合差	
					与已知点联测	附合或环线	平地（mm）	山地（mm）
二等	2	—	DS1	因瓦	往返各一次	往返各一次	$4\sqrt{L}$	—
三等	6	≤50	DS1	因瓦	往返各一次	往一次	$12\sqrt{L}$	$4\sqrt{n}$
			DS3	双面		往返各一次		
四等	10	≤16	DS3	双面	往返各一次	往一次	$20\sqrt{L}$	$6\sqrt{n}$
五等	15	—	DS3	单面	往返各一次	往一次	$30\sqrt{L}$	

　注：1　结点之间或结点与高级点之间，其路线的长度，不应大于表中规定的 0.7 倍。

　　　2　L 为往返测段、附合或环线的水准路线长度（km）；n 为测站数。

　　　3　数字水准仪测量的技术要求和同等级的光学水准仪相同。

4.2.2 水准测量所使用的仪器及水准尺，应符合下列规定：

　1 水准仪视准轴与水准管轴的夹角 i，DS1 型不应超过 15″；DS3 型不应超过 20″。

　2 补偿式自动安平水准仪的补偿误差 $\Delta\alpha$ 对于二等水准不应超过 0.2″，三等不应超过 0.5″。

　3 水准尺上的米间隔平均长与名义长之差，对于因瓦水准尺，不应超过 0.15mm；对于条形码尺，不应超过 0.10mm；对于木质双面水准尺，不应超过 0.5mm。

4.2.3 水准点的布设与埋石，除满足 4.1.4 条外还应符合下列规定：

　1 应将点位选在土质坚实、稳固可靠的地方或稳定的建筑物上，且便于寻找、保存和引测；当采用数字水准仪作业时，水准路线还应避开电磁场的干扰。

　2 宜采用水准标石，也可采用墙水准点。标志及标石的埋设应符合附录 D 的规定。

　3 埋设完成后，二、三等点应绘制点之记，其他控制点可视需要而定。必要时还应设置指示桩。

4.2.4 水准观测，应在标石埋设稳定后进行。各等级水准观测的主要技术要求，应符合表 4.2.4 的规定。

表 4.2.4　水准观测的主要技术要求

等级	水准仪型号	视线长度（m）	前后视的距离较差（m）	前后视的距离较差累积（m）	视线离地面最低高度（m）	基、辅分划或黑、红面读数较差（mm）	基、辅分划或黑、红面所测高差较差（mm）
二等	DS1	50	1	3	0.5	0.5	0.7
三等	DS1	100	3	6	0.3	1.0	1.5
	DS3	75				2.0	3.0
四等	DS3	100	5	10	0.2	3.0	5.0
五等	DS3	100	近似相等	—	—		

　注：1　二等水准视线长度小于 20m 时，其视线高度不应低于 0.3m。

　　　2　三、四等水准采用变动仪器高度观测单面水准尺时，所测两次高差较差，应与黑面、红面所测高差之差的要求相同。

　　　3　数字水准仪观测，不受基、辅分划或黑、红面读数较差指标的限制，但测站两次观测的高差较差，应满足表中相应等级基、辅分划或黑、红面所测高差较差的限值。

4.2.5 两次观测高差较差超限时应重测。重测后，对于二等水准应选取两次异向观测的合格结果，其他等级则应将重测结果与原测结果分别比较，较差均不超过限值时，取三次结果的平均数。

4.2.6 当水准路线需要跨越江河（湖塘、宽沟、洼地、山谷等）时，应符合下列规定：

1 水准作业场地应选在跨越距离较短、土质坚硬、密实便于观测的地方；标尺点须设立木桩。

2 两岸测站和立尺点应对称布设。当跨越距离小于200m时，可采用单线过河；大于200m时，应采用双线过河并组成四边形闭合环。往返较差、环线闭合差应符合表4.2.1的规定。

3 水准观测的主要技术要求，应符合表4.2.6的规定。

表4.2.6 跨河水准测量的主要技术要求

跨越距离（m）	观测次数	单程测回数	半测回远尺读数次数	测回差（mm）		
				三等	四等	五等
<200	往返各一次	1	2			
200～400	往返各一次	2	3	8	12	25

注：1 一测回的观测顺序：先读近尺，再读远尺；仪器搬至对岸后，不动焦距先读远尺，再读近尺。

2 当采用双线观测时，两条跨河视线长度宜相等，两岸岸上长度宜相等，并大于10m；当采用单向观测时，可分别在上午、下午各完成半数工作量。

4 当跨越距离小于200m时，也可采用在测站上变换仪器高度的方法进行，两次观测高差较差不应超过7mm，取其平均值作为观测高差。

4.2.7 水准测量的数据处理，应符合下列规定：

1 当每条水准路线分测段施测时，应按（4.2.7-1）式计算每千米水准测量的高差偶然中误差，其绝对值不应超过本章表4.2.1中相应等级每千米高差全中误差的1/2。

$$M_{\Delta} = \sqrt{\frac{1}{4n}\left[\frac{\Delta\Delta}{L}\right]} \qquad (4.2.7\text{-}1)$$

式中　M_{Δ}——高差偶然中误差（mm）；

　　　Δ——测段往返高差不符值（mm）；

　　　L——测段长度（km）；

　　　n——测段数。

2 水准测量结束后，应按（4.2.7-2）式计算每千米水准测量高差全中误差，其绝对值不应超过本章表4.2.1中相应等级的规定。

$$M_{W} = \sqrt{\frac{1}{N}\left[\frac{WW}{L}\right]} \qquad (4.2.7\text{-}2)$$

式中　M_{W}——高差全中误差（mm）；

　　　W——附合或环线闭合差（mm）；

　　　L——计算各W时，相应的路线长度（km）；

　　　N——附合路线和闭合环的总个数。

3 当二、三等水准测量与国家水准点附合时，高山地区除应进行正常位水准面不平行修正外，还应进行其重力异常的归算修正。

4 各等级水准网，应按最小二乘法进行平差并计算每千米高差全中误差。

5 高程成果的取值，二等水准应精确至0.1mm，三、四、五等水准应精确至1mm。

4.3 电磁波测距三角高程测量

4.3.1 电磁波测距三角高程测量，宜在平面控制点的基础上布设成三角高程网或高程导线。

4.3.2 电磁波测距三角高程测量的主要技术要求，应符合表4.3.2的规定。

表4.3.2 电磁波测距三角高程测量的主要技术要求

等级	每千米高差全中误差（mm）	边长（km）	观测方式	对向观测高差较差（mm）	附合或环形闭合差（mm）
四等	10	≤1	对向观测	$40\sqrt{D}$	$20\sqrt{\sum D}$
五等	15	≤1	对向观测	$60\sqrt{D}$	$30\sqrt{\sum D}$

注：1 D为测距边的长度（km）。

2 起迄点的精度等级，四等应起迄于不低于三等水准的高程点上，五等应起迄于不低于四等的高程点上。

3 路线长度不应超过相应等级水准路线的长度限值。

4.3.3 电磁波测距三角高程观测的技术要求，应符合下列规定：

1 电磁波测距三角高程观测的主要技术要求，应符合表4.3.3的规定。

表4.3.3 电磁波测距三角高程观测的主要技术要求

等级	垂直角观测				边长测量	
	仪器精度等级	测回数	指标差较差（″）	测回较差（″）	仪器精度等级	观测次数
四等	2″级仪器	3	≤7″	≤7″	10mm级仪器	往返各一次
五等	2″级仪器	2	≤10″	≤10″	10mm级仪器	往一次

注：当采用2″级光学经纬仪进行垂直角观测时，应根据仪器的垂直角检测精度，适当增加测回数。

2 垂直角的对向观测，当直觇完成后应即刻迁站进行返觇测量。

3 仪器、反光镜或觇牌的高度，应在观测前后各量测一次并精确至 1mm，取其平均值作为最终高度。

4.3.4 电磁波测距三角高程测量的数据处理，应符合下列规定：

1 直返觇的高差，应进行地球曲率和折光差的改正。

2 平差前，应按本章（4.2.7-2）式计算每千米高差全中误差。

3 各等级高程网，应按最小二乘法进行平差并计算每千米高差全中误差。

4 高程成果的取值，应精确至 1mm。

4.4 GPS 拟合高程测量

4.4.1 GPS 拟合高程测量，仅适用于平原或丘陵地区的五等及以下等级高程测量。

4.4.2 GPS 拟合高程测量宜与 GPS 平面控制测量一起进行。

4.4.3 GPS 拟合高程测量的主要技术要求，应符合下列规定：

1 GPS 网应与四等或四等以上的水准点联测。联测的 GPS 点，宜分布在测区的四周和中央。若测区为带状地形，则联测的 GPS 点应分布于测区两端及中部。

2 联测点数，宜大于选用计算模型中未知参数个数的 1.5 倍，点间距宜小于 10km。

3 地形高差变化较大的地区，应适当增加联测的点数。

4 地形趋势变化明显的大面积测区，宜采取分区拟合的方法。

5 GPS 观测的技术要求，应按本规范 3.2 节的有关规定执行；其天线高应在观测前后各量测一次，取其平均值作为最终高度。

4.4.4 GPS 拟合高程计算，应符合下列规定：

1 充分利用当地的重力大地水准面模型或资料。

2 应对联测的已知高程点进行可靠性检验，并剔除不合格点。

3 对于地形平坦的小测区，可采用平面拟合模型；对于地形起伏较大的大面积测区，宜采用曲面拟合模型。

4 对拟合高程模型应进行优化。

5 GPS 点的高程计算，不宜超出拟合高程模型所覆盖的范围。

4.4.5 对 GPS 点的拟合高程成果，应进行检验。检测点数不少于全部高程点的 10% 且不少于 3 个点；高差检验，可采用相应等级的水准测量方法或电磁波测距三角高程测量方法进行，其高差较差不应大于

$30\sqrt{D}$mm（D 为检查路线的长度，单位为 km）。

5 地 形 测 量

5.1 一 般 规 定

5.1.1 地形图测图的比例尺，根据工程的设计阶段、规模大小和运营管理需要，可按表 5.1.1 选用。

表 5.1.1 测图比例尺的选用

比例尺	用 途
1：5000	可行性研究、总体规划、厂址选择、初步设计等
1：2000	可行性研究、初步设计、矿山总图管理、城镇详细规划等
1：1000	初步设计、施工图设计；城镇、工矿总图管理；竣工验收等
1：500	

注：1 对于精度要求较低的专用地形图，可按小一级比例尺地形图的规定进行测绘或利用小一级比例尺地形图放大成图。

　　2 对于局部施测大于 1：500 比例尺的地形图，除另有要求外，可按 1：500 地形图测量的要求执行。

5.1.2 地形图可分为数字地形图和纸质地形图，其特征按表5.1.2分类。

表 5.1.2 地形图的分类特征

特征	分　类	
	数字地形图	纸质地形图
信息载体	适合计算机存取的介质等	纸质
表达方法	计算机可识别的代码系统和属性特征	线划、颜色、符号、注记等
数学精度	测量精度	测量及图解精度
测绘产品	各类文件：如原始文件、成果文件、图形信息数据文件等	纸图、必要时附细部点成果表
工程应用	借助计算机及其外部设备	几何作图

5.1.3 地形的类别划分和地形图基本等高距的确定，应分别符合下列规定：

1 应根据地面倾角（α）大小，确定地形类别。

平坦地：$\alpha < 3°$；

丘陵地：$3° \leqslant \alpha < 10°$；

山地：$10° \leqslant \alpha < 25°$；

高山地：$\alpha \geqslant 25°$。

2 地形图的基本等高距，应按表 5.1.3 选用。

表 5.1.3　地形图的基本等高距（m）

地形类别	比　例　尺			
	1：500	1：1000	1：2000	1：5000
平坦地	0.5	0.5	1	2
丘陵地	0.5	1	2	5
山　地	1	1	2	5
高山地	1	2	2	5

注：1　一个测区同一比例尺，宜采用一种基本等高距。
　　2　水域测图的基本等深距，可按水底地形倾角所比照地形类别和测图比例尺选择。

5.1.4　地形测量的区域类型，可划分为一般地区、城镇建筑区、工矿区和水域。

5.1.5　地形测量的基本精度要求，应符合下列规定：

1　地形图图上地物点相对于邻近图根点的点位中误差，不应超过表 5.1.5-1 的规定。

表 5.1.5-1　图上地物点的点位中误差

区域类型	点位中误差（mm）
一般地区	0.8
城镇建筑区、工矿区	0.6
水域	1.5

注：1　隐蔽或施测困难的一般地区测图，可放宽50％。
　　2　1：500 比例尺水域测图、其他比例尺的大面积平坦水域或水深超出 20m 的开阔水域测图，根据具体情况，可放宽至 2.0mm。

2　等高（深）线的插求点或数字高程模型格网点相对于邻近图根点的高程中误差，不应超过表 5.1.5-2 的规定。

表 5.1.5-2　等高（深）线插求点或数字高程模型格网点的高程中误差

	地形类别	平坦地	丘陵地	山地	高山地
一般地区	高程中误差(m)	$\frac{1}{3}h_d$	$\frac{1}{2}h_d$	$\frac{2}{3}h_d$	$1h_d$
水域	水底地形倾角 α	$\alpha<3°$	$3°\leqslant\alpha<10°$	$10°\leqslant\alpha<25°$	$\alpha\geqslant25°$
	高程中误差(m)	$\frac{1}{2}h_d$	$\frac{2}{3}h_d$	$1h_d$	$\frac{3}{2}h_d$

注：1　h_d 为地形图的基本等高距（m）。
　　2　对于数字高程模型，h_d 的取值应以模型比例尺和地形类别按表 5.1.3 取用。
　　3　隐蔽或施测困难的一般地区测图，可放宽50％。
　　4　当作业困难、水深大于 20m 或工程精度要求不高时，水域测图可放宽 1 倍。

3　工矿区细部坐标点的点位和高程中误差，不应超过表5.1.5-3的规定。

表 5.1.5-3　细部坐标点的点位和高程中误差

地物类别	点位中误差(cm)	高程中误差(cm)
主要建(构)筑物	5	2
一般建(构)筑物	7	3

4　地形点的最大点位间距，不应大于表 5.1.5-4 的规定。

表 5.1.5-4　地形点的最大点位间距（m）

比　例　尺		1：500	1：1000	1：2000	1：5000
一般地区		15	30	50	100
水域	断面间	10	20	40	100
	断面上测点间	5	10	20	50

注：水域测图的断面间距和断面的测点间距，根据地形变化和用图要求，可适当加密或放宽。

5　地形图上高程点的注记，当基本等高距为 0.5m 时，应精确至 0.01m；当基本等高距大于 0.5m 时，应精确至 0.1m。

5.1.6　地形图的分幅和编号，应满足下列要求：

1　地形图的分幅，可采用正方形或矩形方式。

2　图幅的编号，宜采用图幅西南角坐标的千米数表示。

3　带状地形图或小测区地形图可采用顺序编号。

4　对于已施测过地形图的测区，也可沿用原有的分幅和编号。

5.1.7　地形图图式和地形图要素分类代码的使用，应满足下列要求：

1　地形图图式，应采用现行国家标准《1：500 1：1000 1：2000 地形图图式》GB/T 7929 和《1：5000 1：10000 地形图图式》GB/T 5791。

2　地形图要素分类代码，宜采用现行国家标准《1：500 1：1000 1：2000 地形图要素分类与代码》GB 14804和《1：5000 1：10000 1：25000 1：50000 1：100000地形图要素分类与代码》GB/T 15660。

3　对于图式和要素分类代码的不足部分可自行补充，并应编写补充说明。对于同一个工程或区域，应采用相同的补充图式和补充要素分类代码。

5.1.8　地形测图，可采用全站仪测图、GPS-RTK 测图和平板测图等方法，也可采用各种方法的联合作业模式或其他作业模式。在网络 RTK 技术的有效服务区作业，宜采用该技术，但应满足本规范地形测量的基本要求。

5.1.9　数字地形测量软件的选用，宜满足下列要求：

1　适合工程测量作业特点。

2　满足本规范的精度要求、功能齐全、符号规范。

3　操作简便、界面友好。

4　采用常用的数据、图形输出格式。对软件特有的线型、汉字、符号，应提供相应的库文件。

　　5　具有用户开发功能。

　　6　具有网络共享功能。

5.1.10　计算机绘图所使用的绘图仪的主要技术指标，应满足大比例尺成图精度的要求。

5.1.11　地形图应经过内业检查、实地的全面对照及实测检查。实测检查量不应少于测图工作量的 10%，检查的统计结果，应满足表 5.1.5-1～5.1.5-3 的规定。

5.2　图根控制测量

5.2.1　图根平面控制和高程控制测量，可同时进行，也可分别施测。图根点相对于邻近等级控制点的点位中误差不应大于图上 0.1mm，高程中误差不应大于基本等高距的 1/10。

5.2.2　对于较小测区，图根控制可作为首级控制。

5.2.3　图根点点位标志宜采用木（铁）桩，当图根点作为首级控制或等级点稀少时，应埋设适当数量的标石。

5.2.4　解析图根点的数量，一般地区不宜少于表5.2.4 的规定。

表 5.2.4　一般地区解析图根点的数量

测图比例尺	图幅尺寸（cm）	解析图根点数量（个）		
		全站仪测图	GPS-RTK 测图	平板测图
1：500	50×50	2	1	8
1：1000	50×50	3	1～2	12
1：2000	50×50	4	2	15
1：5000	40×40	6	3	30

　　注：表中所列数量，是指施测该幅图可利用的全部解析控制点数量。

5.2.5　图根控制测量内业计算和成果的取位，应符合表 5.2.5 的规定。

表 5.2.5　内业计算和成果的取位要求

各项计算修正值（"或 mm）	方位角计算值（"）	边长及坐标计算值（m）	高程计算值（m）	坐标成果（m）	高程成果（m）
1	1	0.001	0.001	0.01	0.01

（Ⅰ）图根平面控制

5.2.6　图根平面控制，可采用图根导线、极坐标法、边角交会法和 GPS 测量等方法。

5.2.7　图根导线测量，应符合下列规定：

　　1　图根导线测量，宜采用 6″级仪器 1 测回测定水平角。其主要技术要求，不应超过表 5.2.7 的规定。

表 5.2.7　图根导线测量的主要技术要求

导线长度（m）	相对闭合差	测角中误差（"）		方位角闭合差（"）	
		一般	首级控制	一般	首级控制
≤α×M	≤1/(2000×α)	30	20	$60\sqrt{n}$	$40\sqrt{n}$

　　注：1　α 为比例系数，取值宜为 1，当采用 1：500、1：1000 比例尺测图时，其值可在 1～2 之间选用。

　　　　2　M 为测图比例尺的分母；但对于工矿区现状图测量，不论测图比例尺大小，M 均应取值为 500。

　　　　3　隐蔽或施测困难地区导线相对闭合差可放宽，但不应大于 1/(1000×α)。

　　2　在等级点下加密图根控制时，不宜超过 2 次附合。

　　3　图根导线的边长，宜采用电磁波测距仪器单向施测，也可采用钢尺单向丈量。

　　4　图根钢尺量距导线，还应符合下列规定：

　　　　1）对于首级控制，边长应进行往返丈量，其较差的相对误差不应大于 1/4000。

　　　　2）量距时，当坡度大于 2%、温度超过钢尺检定温度范围 ±10℃ 或尺长修正大于 1/10000 时，应分别进行坡度、温度和尺长的修正。

　　　　3）当导线长度小于规定长度的 1/3 时，其绝对闭合差不应大于图上 0.3mm。

　　　　4）对于测定细部坐标点的图根导线，当长度小于 200m 时，其绝对闭合差不应大于 13cm。

5.2.8　对于难以布设附合导线的困难地区，可布设成支导线。支导线的水平角观测可用 6″级经纬仪施测左、右角各 1 测回，其圆周角闭合差不应超过 40″。边长应往返测定，其较差的相对误差不应大于 1/3000。导线平均边长及边数，不应超过表 5.2.8 的规定。

表 5.2.8　图根支导线平均边长及边数

测图比例尺	平均边长（m）	导线边数
1：500	100	3
1：1000	150	3
1：2000	250	4
1：5000	350	4

5.2.9　极坐标法图根点测量，应符合下列规定：

　　1　宜采用 6″级全站仪或 6″级经纬仪加电磁波测距仪，角度、距离 1 测回测定。

　　2　观测限差，不应超过表 5.2.9-1 的规定。

表 5.2.9-1　极坐标法图根点测量限差

半测回归零差（"）	两半测回角度较差（"）	测距读数较差（mm）	正倒镜高程较差（m）
≤20	≤30	≤20	≤h_d/10

　　注：h_d 为基本等高距（m）。

3 测设时,可与图根导线或二级导线一并测设,也可在等级控制点上独立测设。独立测设的后视点,应为等级控制点。

4 在等级控制点上独立测设时,也可直接测定图根点的坐标和高程,并将上、下两半测回的观测值取平均值作为最终观测成果,其点位误差应满足本章第5.2.1条的要求。

5 极坐标法图根点测量的边长,不应大于表5.2.9-2的规定。

表5.2.9-2　极坐标法图根点测量的最大边长

比例尺	1∶500	1∶1000	1∶2000	1∶5000
最大边长（m）	300	500	700	1000

6 使用时,应对观测成果进行充分校核。

5.2.10 图根解析补点,可采用有校核条件的测边交会、测角交会、边角交会或内外分点等方法。当采用测边交会和测角交会时,其交会角应在30°～150°之间,观测限差应满足表5.2.9-1的要求。分组计算所得坐标较差,不应大于图上0.2mm。

5.2.11 GPS图根控制测量,宜采用GPS-RTK方法直接测定图根点的坐标和高程。GPS-RTK方法的作业半径不宜超过5km,对每个图根点均应进行同一参考站或不同参考站下的两次独立测量,其点位较差不应大于图上0.1mm,高程较差不应大于基本等高距的1/10。其他技术要求应按本章第5.3.10～5.3.15条的有关规定执行。

（Ⅱ）图根高程控制

5.2.12 图根高程控制,可采用图根水准、电磁波测距三角高程等测量方法。

5.2.13 图根水准测量,应符合下列规定:

1 起算点的精度,不应低于四等水准高程点。

2 图根水准测量的主要技术要求,应符合表5.2.13的规定。

表5.2.13　图根水准测量的主要技术要求

每千米高差全中误差（mm）	附合路线长度（km）	水准仪型号	视线长度（m）	观测次数		往返较差、附合或环线闭合差（mm）	
				附合或闭合路线	支水准路线	平　地	山　地
20	≤5	DS10	≤100	往一次	往返各一次	$40\sqrt{L}$	$12\sqrt{n}$

注:1　L为往返测段、附合或环线水准路线的长度（km）;n为测站数。
　　2　当水准路线布设成支线时,其路线长度不应大于2.5km。

5.2.14 图根电磁波测距三角高程测量,应符合下列规定:

1 起算点的精度,不应低于四等水准高程点。

2 图根电磁波测距三角高程的主要技术要求,应符合表5.2.14的规定。

3 仪器高和觇标高的量取,应精确至1mm。

表5.2.14　图根电磁波测距三角高程的主要技术要求

每千米高差全中误差（mm）	附合路线长度（km）	仪器精度等级	中丝法测回数	指标差较差（″）	垂直角较差（″）	对向观测高差较差（mm）	附合或环形闭合差（mm）
20	≤5	6″级仪器	2	25	25	$80\sqrt{D}$	$40\sqrt{\Sigma D}$

注:D为电磁波测距边的长度（km）。

5.3　测绘方法与技术要求

（Ⅰ）全站仪测图

5.3.1 全站仪测图所使用的仪器和应用程序,应符合下列规定:

1 宜使用6″级全站仪,其测距标称精度,固定误差不应大于10mm,比例误差系数不应大于5ppm。

2 测图的应用程序,应满足内业数据处理和图形编辑的基本要求。

3 数据传输后,宜将测量数据转换为常用数据格式。

5.3.2 全站仪测图的方法,可采用编码法、草图法或内外业一体化的实时成图法等。

5.3.3 当布设的图根点不能满足测图需要时,可采用极坐标法增设少量测站点。

5.3.4 全站仪测图的仪器安置及测站检核,应符合下列要求:

1 仪器的对中偏差不应大于5mm,仪器高和反光镜高的量取应精确至1mm。

2 应选择较远的图根点作为测站定向点,并施测另一图根点的坐标和高程,作为测站检核。检核点的平面位置较差不应大于图上0.2mm,高程较差不应大于基本等高距的1/5。

3 作业过程中和作业结束前,应对定向方位进行检查。

5.3.5 全站仪测图的测距长度，不应超过表5.3.5的规定。

表5.3.5　全站仪测图的最大测距长度

比　例　尺	最大测距长度（m）	
	地物点	地形点
1：500	160	300
1：1000	300	500
1：2000	450	700
1：5000	700	1000

5.3.6 数字地形图测绘，应符合下列要求：

　　1 当采用草图法作业时，应按测站绘制草图，并对测点进行编号。测点编号应与仪器的记录点号相一致。草图的绘制，宜简化标示地形要素的位置、属性和相互关系等。

　　2 当采用编码法作业时，宜采用通用编码格式，也可使用软件的自定义功能和扩展功能建立用户的编码系统进行作业。

　　3 当采用内外业一体化的实时成图法作业时，应实时确立测点的属性、连接关系和逻辑关系等。

　　4 在建筑密集的地区作业时，对于全站仪无法直接测量的点位，可采用支距法、线交会法等几何作图方法进行测量，并记录相关数据。

5.3.7 当采用手工记录时，观测的水平角和垂直角宜读记至秒，距离宜读记至cm，坐标和高程的计算（或读记）宜精确至1cm。

5.3.8 全站仪测图，可按图幅施测，也可分区施测。按图幅施测时，每幅图应测出图廓线外5mm；分区施测时，应测出区域界线外图上5mm。

5.3.9 对采集的数据应进行检查处理，删除或标注作废数据、重测超限数据、补测错漏数据。对检查修改后的数据，应及时与计算机联机通信，生成原始数据文件并做备份。

（Ⅱ）GPS-RTK测图

5.3.10 作业前，应搜集下列资料：

　　1 测区的控制点成果及GPS测量资料。

　　2 测区的坐标系统和高程基准的参数，包括：参考椭球参数，中央子午线经度，纵、横坐标的加常数，投影面正常高，平均高程异常等。

　　3 WGS-84坐标系与测区地方坐标系的转换参数及WGS-84坐标系的大地高基准与测区的地方高程基准的转换参数。

5.3.11 转换关系的建立，应符合下列规定：

　　1 基准转换，可采用重合点求定参数（七参数或三参数）的方法进行。

　　2 坐标转换参数和高程转换参数的确定宜分别进行；坐标转换位置基准应一致，重合点的个数不少于4个，且应分布在测区的周边和中部；高程转换可采用拟合高程测量的方法，按本规范4.4节的有关规定执行。

　　3 坐标转换参数也可直接应用测区GPS网二维约束平差所计算的参数。

　　4 对于面积较大的测区，需要分区求解转换参数时，相邻分区应不少于2个重合点。

　　5 转换参数宜采取多种点组合方式分别计算，再进行优选。

5.3.12 转换参数的应用，应符合下列规定：

　　1 转换参数的应用，不应超越原转换参数的计算所覆盖的范围，且输入参考站点的空间直角坐标，应与求取平面和高程转换参数（或似大地水准面）时所使用的原GPS网的空间直角坐标成果相同，否则，应重新求取转换参数。

　　2 使用前，应对转换参数的精度、可靠性进行分析和实测检查。检查点应分布在测区的中部和边缘。检测结果，平面较差不应大于5cm，高程较差不应大于$30\sqrt{D}$mm（D为参考站到检查点的距离，单位为km）；超限时，应分析原因并重新建立转换关系。

　　3 对于地形趋势变化明显的大面积测区，应绘制高程异常等值线图，分析高程异常的变化趋势是否同测区的地形变化相一致。当局部差异较大时，应加强检查，超限时，应进一步精确求定高程拟合方程。

5.3.13 参考站点位的选择，应符合下列规定：

　　1 应根据测区面积、地形地貌和数据链的通信覆盖范围，均匀布设参考站。

　　2 参考站站点的地势应相对较高，周围无高度角超过15°的障碍物和强烈干扰接收卫星信号或反射卫星信号的物体。

　　3 参考站的有效作业半径，不应超过10km。

5.3.14 参考站的设置，应符合下列规定：

　　1 接收机天线应精确对中、整平。对中误差不应大于5mm；天线高的量取应精确至1mm。

　　2 正确连接天线电缆、电源电缆和通信电缆等；接收机天线与电台天线之间的距离，不宜小于3m。

　　3 正确输入参考站的相关数据，包括：点名、坐标、高程、天线高、基准参数、坐标高程转换参数等。

　　4 电台频率的选择，不应与作业区其他无线电通信频率相冲突。

5.3.15 流动站的作业，应符合下列规定：

　　1 流动站作业的有效卫星数不宜少于5个，PDOP值应小于6，并应采用固定解成果。

　　2 正确的设置和选择测量模式、基准参数、转换参数和数据链的通信频率等，其设置应与参考站相一致。

3 流动站的初始化，应在比较开阔的地点进行。

4 作业前，宜检测 2 个以上不低于图根精度的已知点。检测结果与已知成果的平面较差不应大于图上 0.2mm，高程较差不应大于基本等高距的 1/5。

5 数字地形图的测绘，按本节 5.3.6 条执行。

6 作业中，如出现卫星信号失锁，应重新初始化，并经重合点测量检查合格后，方能继续作业。

7 结束前，应进行已知点检查。

8 每日观测结束，应及时转存测量数据至计算机并做好数据备份。

5.3.16 分区作业时，各应测出界线外图上 5mm。

5.3.17 不同参考站作业时，流动站应检测一定数量的地物重合点。点位较差不应大于图上 0.6mm，高程较差不应大于基本等高距的 1/3。

5.3.18 对采集的数据应进行检查处理，删除或标注作废数据、重测超限数据、补测错漏数据。

（Ⅲ）平 板 测 图

5.3.19 平板测图，可选用经纬仪配合展点器测绘法、大平板仪测绘法。

5.3.20 地形原图的图纸，宜选用厚度为 0.07～0.10mm，伸缩率小于 0.2‰的聚酯薄膜。

5.3.21 图廓格网线绘制和控制点的展点误差，不应大于 0.2mm。图廓格网的对角线、图根点间的长度误差，不应大于 0.3mm。

5.3.22 平板测图所用的仪器和工具，应符合下列规定：

1 视距常数范围应在 100±0.1 以内。

2 垂直度盘指标差，不应超过 2′。

3 比例尺尺长误差，不应超过 0.2mm。

4 量角器半径，不应小于 10cm，其偏心差不应大于 0.2mm。

5 坐标展点器的刻划误差，不应超过 0.2mm。

5.3.23 当解析图根点不能满足测图需要时，可增补少量图解交会点或视距支点。图解补点应符合下列规定：

1 图解交会点，必须选多余方向作校核，交会误差三角形内切圆直径应小于 0.5mm，相邻两线交角应在 30°～150°之间。

2 视距支点的长度，不宜大于相应比例尺地形点最大视距长度的 2/3，并应往返测定，其较差不应大于实测长度的 1/150。

3 图解交会点、视距支点的高程测量，其垂直角应 1 测回测定。由两个方向观测或往、返观测的高程较差，在平地不应大于基本等高距的 1/5，在山地不应大于基本等高距的 1/3。

5.3.24 平板测图的视距长度，不应超过表 5.3.24 的规定。

表 5.3.24 平板测图的最大视距长度

比例尺	最大视距长度（m）			
	一般地区		城镇建筑区	
	地物	地形	地物	地形
1：500	60	100	—	70
1：1000	100	150	80	120
1：2000	180	250	150	200
1：5000	300	350		

注：**1** 垂直角超过±10°范围时，视距长度应适当缩短；平坦地区成像清晰时，视距长度可放长 20%。

2 城镇建筑区 1：500 比例尺测图，测站点至地物点的距离应实地丈量。

3 城镇建筑区 1：5000 比例尺测图不宜采用平板测图。

5.3.25 平板测图时，测站仪器的设置及检查，应符合下列要求：

1 仪器对中的偏差，不应大于图上 0.05mm。

2 以较远一点标定方向，另一点进行检核，其检核方向线的偏差不应大于图上 0.3mm，每站测图过程中和结束前应注意检查定向方向。

3 检查另一测站点的高程，其较差不应大于基本等高距的 1/5。

5.3.26 测图时，每幅图应测出图廓线外 5mm。

5.3.27 纸质地形图绘制的主要技术要求，按本节第 5.3.38～5.3.44 条执行。

5.3.28 图幅的接边误差不应大于本章表 5.1.5-1 和表 5.1.5-2 规定值的 $2\sqrt{2}$ 倍，小于规定值时，可平均配赋；超过规定值时，应进行实地检查和修改。

5.3.29 纸质地形图的内外业检查，应按本章 5.1.11 条的规定执行。

（Ⅳ）数字地形图的编辑处理

5.3.30 数字地形图编辑处理软件的应用，应符合下列规定：

1 首次使用前，应对软件的功能、图形输出的精度进行全面测试。满足本规范要求和工程需要后，方能投入使用。

2 使用时，应严格按照软件的操作要求作业。

5.3.31 观测数据的处理，应符合下列规定：

1 观测数据应采用与计算机联机通信的方式，转存至计算机并生成原始数据文件；数据量较少时也可采用键盘输入，但应加强检查。

2 应采用数据处理软件，将原始数据文件中的控制测量数据、地形测量数据和检测数据进行分离（类），并分别进行处理。

3 对地形测量数据的处理，可增删和修改测点的编码、属性和信息排序等，但不得修改测量数据。

4 生成等高线时，应确定地性线的走向和断裂线的封闭。

5.3.32 地形图要素应分层表示。分层的方法和图层的命名对同一工程宜采用统一格式，也可根据工程需要对图层部分属性进行修改。

5.3.33 使用数据文件自动生成的图形或使用批处理软件生成的图形，应对其进行必要的人机交互式图形编辑。

5.3.34 数字地形图中各种地物、地貌符号、注记等的绘制、编辑，可按本节第 5.3.38～5.3.44 条的要求进行。当不同属性的线段重合时，可同时绘出，并采用不同的颜色分层表示（对于打印输出的纸质地形图可择其主要表示）。

5.3.35 数字地形图的分幅，除满足本章第 5.1.6 条外，还应满足下列要求：

1 分区施测的地形图，应进行图幅裁剪。分幅裁剪时（或自动分幅裁剪后），应对图幅边缘的数据进行检查、编辑。

2 按图幅施测的地形图，应进行接图检查和图边数据编辑。图幅接边误差应符合本节第 5.3.28 条的规定。

3 图廓及坐标格网绘制，应采用成图软件自动生成。

5.3.36 数字地形图的编辑检查，应包括下列内容：

1 图形的连接关系是否正确，是否与草图一致、有无错漏等。

2 各种注记的位置是否适当，是否避开地物、符号等。

3 各种线段的连接、相交或重叠是否恰当、准确。

4 等高线的绘制是否与地性线协调、注记是否适宜、断开部分是否合理。

5 对间距小于图上 0.2mm 的不同属性线段，处理是否恰当。

6 地形、地物的相关属性信息赋值是否正确。

5.3.37 数字地形图编辑处理完成后，应按相应比例尺打印地形图样图，并按本章第 5.1.11 条的规定进行内外业检查和绘图质量检查。外业检查可采用GPS-RTK 法，也可采用全站仪测图法。

（Ⅴ）纸质地形图的绘制

5.3.38 轮廓符号的绘制，应符合下列规定：

1 依比例尺绘制的轮廓符号，应保持轮廓位置的精度。

2 半依比例尺绘制的线状符号，应保持主线位置的几何精度。

3 不依比例尺绘制的符号，应保持其主点位置的几何精度。

5.3.39 居民地的绘制，应符合下列规定：

1 城镇和农村的街区、房屋，均应按外轮廓线准确绘制。

2 街区与道路的衔接处，应留出 0.2mm 的间隔。

5.3.40 水系的绘制，应符合下列规定：

1 水系应先绘桥、闸，其次绘双线河、湖泊、渠、海岸线、单线河，然后绘堤岸、陡岸、沙滩和渡口等。

2 当河流遇桥梁时应中断；单线沟渠与双线河相交时，应将水涯线断开，弯曲交于一点。当两双线河相交时，应互相衔接。

5.3.41 交通及附属设施的绘制，应符合下列规定：

1 当绘制道路时，应先绘铁路，再绘公路及大车路等。

2 当实线道路与虚线道路、虚线道路与虚线道路相交时，应实部相交。

3 当公路遇桥梁时，公路和桥梁应留出 0.2mm 的间隔。

5.3.42 等高线的绘制，应符合下列规定：

1 应保证精度，线划均匀、光滑自然。

2 当图上的等高线遇双线河、渠和不依比例尺绘制的符号时，应中断。

5.3.43 境界线的绘制，应符合下列规定：

1 凡绘制有国界线的地形图，必须符合国务院批准的有关国境界线的绘制规定。

2 境界线的转角处，不得有间断，并应在转角上绘出点或曲折线。

5.3.44 各种注记的配置，应分别符合下列规定：

1 文字注记，应使所指示的地物能明确判读。一般情况下，字头应朝北。道路河流名称，可随现状弯曲的方向排列。各字侧边或底边，应垂直或平行于线状物体。各字间隔尺寸应在 0.5mm 以上；远间隔的也不宜超过字号的 8 倍。注字应避免遮断主要地物和地形的特征部分。

2 高程的注记，应注于点的右方，离点位的间隔应为 0.5mm。

3 等高线的注记字头，应指向山顶或高地，字头不应朝向图纸的下方。

5.3.45 外业测绘的纸质原图，宜进行着墨或映绘，其成图应墨色黑实光润、图面整洁。

5.3.46 每幅图绘制完成后，应进行图面检查和图幅接边、整饰检查，发现问题及时修改。

5.4 纸质地形图数字化

5.4.1 纸质地形图的数字化，可采用图形扫描仪扫描数字化法或数字化仪手扶跟踪数字化法。

5.4.2 选用的图形扫描仪或数字化仪的主要技术指标，应满足大比例尺成图的基本精度要求。

5.4.3 扫描数字化的软件系统，应具备下列基本

功能:

1 图纸定向和校正。

2 数据采集和编码输入。

3 数据的计算、转（变）换和编辑。

4 图形的实时显示、检查和修改。

5 点、线、面状地形符号的绘制。

6 地形图要素的分层管理。

7 格栅数据的运算（包括灰度值变换、格栅图像的平移和格栅图像的组合等）。

8 坐标转换。

9 线状格栅数据的细化。

10 格栅数据的自动跟踪矢量化。

11 人机交互式矢量化。

5.4.4 手扶跟踪数字化的软件系统，应具备本章第 5.4.3 条第 1~6 款的基本功能。

5.4.5 数字化图中的地形、地物要素和各种注记的图层设置及属性表示，应满足用户要求和数据入库需要。

5.4.6 纸质地形图数字化对原图的使用，应符合下列规定:

1 原图的比例尺不应小于数字化地形图的比例尺。

2 原图宜采用聚酯薄膜底图；当无法获取聚酯薄膜底图时，在满足用户用图要求的前提下，也可选用其他纸质图。

3 图纸平整、无褶皱，图面清晰。

4 对原图纸或扫描图像的变形，应进行修正。

5.4.7 图纸、图像的定向，应符合下列规定:

1 宜选用内图廓的四角坐标点或格网点作为定向点。

2 定向点不应少于 4 点，位置应分布均匀、合理。

3 当地形图变形较大时，应适当增加图纸定向点。

4 定向完成后，应作格网检查。其坐标值与理论坐标值的较差，不应大于图上 0.3mm。

5 数字化仪采集数据的作业过程中和结束时，还应对图纸作定向检查。

5.4.8 地形图要素的数字化，应符合下列规定:

1 对图纸中有坐标数据的控制点和建（构）筑物的细部坐标点的点位绘制，不得采用数字化的方式而应采用输入坐标的方式进行；无坐标数据的控制点可不绘制。

2 图廓及坐标格网的绘制，应采用输入坐标的方法由绘图软件按理论值自动生成，不得采用数字化方式产生。

3 原图中地形、地物符号与现行图式不相符时，应采用现行图式规定的符号。

4 点状符号、线状符号和地貌、植被的填充符

号的绘制，应采用绘图软件生成；各种注记的位置应与符号相协调，重叠时可进行交互式编辑调整。

5 等高线、地物线等线条的数字化，应采用线跟踪法。采样间隔合理、线划粗细均匀、线条连续光滑。

5.4.9 每幅图数字化完成后，应进行图幅接边和图边数据编辑；接边完成后，应输出检查图。

5.4.10 检查图与原图比较，点状符号及明显地物点的偏差不宜大于图上 0.2mm，线状符号的误差不宜大于图上 0.3mm。

5.5 数字高程模型（DEM）

5.5.1 数字高程模型的数据源，宜采用数字地形图的等高线数据，也可采用野外实测的数据或对原有纸质地形图数字化的数据。

5.5.2 数字高程模型建立的主要技术要求，应符合下列规定:

1 比例尺的确定，宜根据工程的需要，按本章表 5.1.1 选择，但不应大于数据源的比例尺。

2 数字高程模型格网点的高程中误差，应满足本章表5.1.5-2的要求。

3 数字高程模型的格网间距，应符合表 5.5.2 的规定。

表 5.5.2 数字高程模型的格网间距

比例尺	1:500	1:1000	1:2000	1:5000
格网间距（m）	2.5	2.5 或 5	5	10

4 数字高程模型的分幅及编号，应满足本章 5.1.6 条的要求。

5 数字高程模型的构建，宜采用不规则三角网法，也可采用规则格网法，或者二者混合使用。

6 规则格网点、特征点及边界线的数据应完整。

7 数字高程模型表面应平滑，且应充分反映地形地貌的特征。

5.5.3 采用不规则三角网法构建模型时，应符合下列规定:

1 确定并完整连接地性线、断裂线、边界线等特征线。

2 以同一特征线上相邻两点的连线，作为构建三角形的必要条件。

3 构建三角形宜使三角形的边长尽可能接近等边、三角形的边长之和最小或三角形外接圆的半径最小。

4 当采用等高线数据构建三角网时，宜将等高线作为特征线处理，并满足本条第 1~3 款的规定。

5 不规则三角网点数据，宜通过插值处理生成规则的格网点数据。

5.5.4 采用规则格网法构建模型时，应符合下列规定:

1 根据离散点数据插求格网点高程，可采用插值法、曲面拟合法，也可二者混合使用。

2 格网点的高程，也可由等高线数据插求。

3 特征线两侧的离散点，不应同时用于同一插值或拟合方程的建立。

5.5.5 建立数字高程模型作业时，应符合下列规定：

1 对新购置的软件，应进行全面测试。满足本规范要求和工程需要后，方能投入使用。

2 使用时，应严格按照软件的操作要求作业。

3 数字高程模型的建立，可按图幅进行，也可分区建立。其数据源覆盖范围，不应小于图廓线或分区线外图上 20mm。

4 一个数字高程模型应只有一个封闭的外边界线，但其内部的道路、建筑物、水域、地形突变等断裂线，均应独立连成内边界线；不同的内边界线可以相邻，但不得相交。

5 对构建模型的数据源，作业时应进行粗差检验与剔除。可通过模型与数字地形图等高线数据叠合对比的方法进行检查。对发现的不合理之处，应及时进行处理；必要时，应适当增补高程点，并重新构建模型。

6 必要时，可对构建的数字高程模型进行模型优化。

7 接边范围的数据，应有适当的重叠。

5.5.6 数字高程模型接边，应满足下列要求：

1 同名格网点的高程应一致。

2 相邻格网点的平面坐标应连续，且高程变化符合地形连续的总特征。

3 用实测数据所建立的数字高程模型的接边误差，不应大于表 5.1.5-2 规定的 2 倍；小于规定值时，可平均配赋，超过规定值时，应进行检查和修改。

5.5.7 数字高程模型建立后应进行检查，并符合下列规定：

1 对用实测数据建立的数字高程模型，应进行外业实测检查并统计精度。每个图幅的检测点数，不应少于 20 点，且均匀分布。模型的高程中误差，按（5.5.7）式计算，其值不应大于本章表 5.1.5-2 的规定。

$$M_h = \sqrt{\frac{[\Delta h_i \Delta h_i]}{n}} \tag{5.5.7}$$

式中 M_h——模型的高程中误差（m）；

n——检查点个数；

Δh_i——检测高程与模型高程的较差（m）。

2 对以数字地形图产品和纸质地形图数字化作为数据源所建立的数字高程模型，宜采用数字高程模型的高程与数据源同名点高程比较的方法进行检查。

5.6 一般地区地形测图

5.6.1 一般地区宜采用全站仪或 GPS-RTK 测图，也可采用平板测图。

5.6.2 各类建（构）筑物及其主要附属设施均应进行测绘。居民区可根据测图比例尺大小或用图需要，对测绘内容和取舍范围适当加以综合。临时性建筑可不测。

建（构）筑物宜用其外轮廓表示，房屋外廓以墙角为准。当建（构）筑物轮廓凸凹部分在 1∶500 比例尺图上小于 1mm 或在其他比例尺图上小于 0.5mm 时，可用直线连接。

5.6.3 独立性地物的测绘，能按比例尺表示的，应实测外廓，填绘符号；不能按比例尺表示的，应准确表示其定位点或定位线。

5.6.4 管线转角部分，均应实测。线路密集部分或居民区的低压电力线和通信线，可选择主干线测绘；当管线直线部分的支架、线杆和附属设施密集时，可适当取舍；当多种线路在同一杆柱上时，应择其主要表示。

5.6.5 交通及附属设施，均应按实际形状测绘。铁路应测注轨面高程，在曲线段应测注内轨面高程；涵洞应测注洞底高程。

1∶2000 及 1∶5000 比例尺地形图，可适当舍去车站范围内的附属设施。小路可选择测绘。

5.6.6 水系及附属设施，宜按实际形状测绘。水渠应测注渠顶边高程；堤、坝应测注顶部及坡脚高程；水井应测注井台高程；水塘应测注塘顶边及塘底高程。当河沟、水渠在地形图上的宽度小于 1mm 时，可用单线表示。

5.6.7 地貌宜用等高线表示。崩塌残蚀地貌、坡、坎和其他地貌，可用相应符号表示。山顶、鞍部、凹地、山脊、谷底及倾斜变换处，应测注高程点。露岩、独立石、土堆、陡坎等，应注记高程或比高。

5.6.8 植被的测绘，应按其经济价值和面积大小适当取舍，并应符合下列规定：

1 农业用地的测绘按稻田、旱地、菜地、经济作物地等进行区分，并配置相应符号。

2 地类界与线状地物重合时，只绘线状地物符号。

3 梯田坎的坡面投影宽度在地形图上大于 2mm 时，应实测坡脚；小于 2mm 时，可量注比高。当两坎间距在 1∶500 比例尺地形图上小于 10mm、在其他比例尺地形图上小于 5mm 时或坎高小于基本等高距的 1/2 时，可适当取舍。

4 稻田应测出田间的代表性高程，当田埂宽在地形图上小于 1mm 时，可用单线表示。

5.6.9 地形图上各种名称的注记，应采用现有的法定名称。

5.7 城镇建筑区地形测图

5.7.1 城镇建筑区宜采用全站仪测图，也可采用平板测图。

5.7.2 各类的建（构）筑物、管线、交通等及其相应附属设施和独立性地物的测量，应按本章第5.6.2～5.6.5条执行。

5.7.3 房屋、街巷的测量，对于1∶500和1∶1000比例尺地形图，应分别实测；对于1∶2000比例尺地形图，小于1m宽的小巷，可适当合并；对于1∶5000比例尺地形图，小巷和院落连片的，可合并测绘。

街区凸凹部分的取舍，可根据用图的需要和实际情况确定。

5.7.4 各街区单元的出入口及建筑物的重点部位，应测注高程点；主要道路中心在图上每隔5cm处和交叉、转折、起伏变换处，应测注高程点；各种管线的检修井、电力线路、通信线路的杆（塔），架空管线的固定支架，应测出位置并适当测注高程点。

5.7.5 对于地下建（构）筑物，只可测量其出入口和地面通风口的位置和高程。

5.7.6 小城镇的测绘，可按本规范5.6节的要求执行。街巷的取舍，可按5.7.3条的要求适当放宽。

5.8 工矿区现状图测量

5.8.1 工矿区现状图测量，宜采用全站仪测图。测图比例尺，宜采用1∶500或1∶1000。

5.8.2 建（构）筑物宜测量其主要细部坐标点及有关元素。细部坐标点的取舍，应根据工矿区建（构）筑物的疏密程度和测图比例尺确定。建（构）筑物细部坐标点测量的位置可按表5.8.2选取。

表5.8.2 建（构）筑物细部坐标点测量的位置

类 别		坐 标	高 程	其他要求
建（构）筑物	矩形	主要墙角	主要墙外角、室内地坪	
	圆形	圆心	地面	注明半径、高度或深度
	其他	墙角、主要特征点	墙外角、主要特征点	
地下管道		起、终、转、交叉点的管道中心	地面、井台、井底、管顶、下水测出入口管底或沟底	经委托方开挖后施测
架空管道		起、终、转、交叉点的支架中心	起、终、转、交叉点、变坡点的基座面或地面	注明通过铁路、公路的净空高
架空电力线路、电信线路		铁塔中心、起、终、转、交叉点杆柱的中心	杆（塔）的地面或基座面	注明通过铁路、公路的净空高
地下电缆		起、终、转、交叉点的井位或沟道中心，入地处、出地处	起、终、转、交叉点、入地点、出地点、变坡点的地面和电缆面	经委托方开挖后施测

续表5.8.2

类 别	坐 标	高 程	其他要求
铁 路	车档、岔心、进厂房处、直线部分每50m一点	车档、岔心、变坡点、直线段每50m一点、曲线内轨每20m一点	
公 路	干线交叉点	变坡点、交叉点、直线段每30～40m一点	
桥梁、涵洞	大型的四角点，中型的中心线两端点，小型的中心点	大型的四角点，中型的中心线两端点，小型的中心点、涵洞进出口底部高	

注：1 建（构）筑物轮廓凸凹部分大于0.5m时，应丈量细部尺寸。

2 厂房门宽度大于2.5m时或能通行汽车时，应实测位置。

5.8.3 细部坐标点的测量，应符合下列规定：

1 细部坐标宜采用全站仪极坐标法施测，细部高程可采用水准测量或电磁波测距三角高程的方法施测。测量精度应满足本章表5.1.5-3的要求。成果取值，应精确至1cm。

2 细部坐标点的检核，可采用丈量间距或全站仪对边测量的方法进行。两相邻细部坐标点间，反算距离与检核距离的较差，不应超过表5.8.3的规定。

表5.8.3 反算距离与检核距离较差的限差

类 别	主要建（构）筑物	一般建（构）筑物
较差的限差（cm）	7+S/2000	10+S/2000

注：S为两相邻细部点间的距离（cm）。

3 细部坐标点的综合信息，宜在点或地物的属性中进行表述。当不采用属性表述时，应对细部坐标点进行分类编号，并编制细部坐标点成果表；当细部坐标点的密度不大时，可直接将细部坐标或细部高程注记于图上。

5.8.4 对于工矿区其他地形、地物的测量，可按本章第5.6节和第5.7节的有关规定执行。

5.8.5 工矿区应绘制现状总图。当有特殊需要或现状总图中图面负载较大且管线密集时，可分类绘制专业图。其绘制要求，按本规范第9.2.4～9.2.8条的技术要求执行。

5.9 水域地形测量

5.9.1 水深测量可采用回声测深仪、测深锤或测深杆等测深工具。测深点定位可采用GPS定位法、无线电定位法、交会法、极坐标法、断面索法等。

测深点宜按横断面布设，断面方向宜与岸线（或主流方向）相垂直。

5.9.2 水深测量方法应根据水下地形状况、水深、流速和测深设备合理选择。测深点的深度中误差，不应超过表 5.9.2 的规定。

表 5.9.2　测深点深度中误差

水深范围 (m)	测深仪器 或工具	流　速 (m/s)	测点深度中误差 (m)
0～4	宜用测深杆	—	0.10
0～10	测深锤	< 1	0.15
1～10	测深仪	—	0.15
10～20	测深仪或测深锤	< 0.5	0.20
> 20	测深仪		$H×1.5\%$

注：1　H 为水深（m）。

　　2　水底树林和杂草丛生水域不适合使用回声测深仪。

　　3　当精度要求不高、作业特殊困难、用测深锤测深流速大于表中规定或水深大于 20m 时，测点深度中误差可放宽 1 倍。

5.9.3 水域地形测量与陆上地形测量应互相衔接。作业应充分利用岸上经检查合格的控制点；当控制点的密度不能满足工程需要时，应布设适当数量的控制点。

5.9.4 在水下环境不明的区域进行水域地形测量时，必须了解测区的礁石、沉船、水流和险滩等水下情况。作业中，如遇有大风、大浪，应停止水上作业。

5.9.5 水尺的设置应能反映全测区内水面的瞬时变化，并应符合下列规定：

　　1　水尺的位置，应避开回流、壅水、行船和风浪的影响，尺面应顺流向岸。

　　2　一般地段 1.5～2.0km 设置一把水尺。山区峡谷、河床复杂、急流滩险河段及海域潮汐变化复杂地段，300～500m 设置一把水尺。

　　3　河流两岸水位差大于 0.1m 时，应在两岸设置水尺。

　　4　测区范围不大且水面平静时，可不设置水尺，但应于作业前后测量水面高程。

　　5　当测区距离岸边较远且岸边水位观测数据不足以反映测区水位时，应增设水尺。

5.9.6 水位观测的技术要求，应符合下列规定：

　　1　水尺零点高程的联测，不低于图根水准测量的精度。

　　2　作业期间，应定期对水尺零点高程进行检查。

　　3　水深测量时的水位观测，宜提前 10min 开始推迟 10min 结束；作业中，应按一定的时间间隔持续观测水尺，时间间隔应根据水情、潮汐变化和测图精度要求合理调整，以 10～30min 为宜；水面波动较大时，宜读取峰、谷的平均值，读数精确至 1cm。

　　4　当水位的日变化小于 0.2m 时，可于每日作业前后各观测一次水位，取其平均值作为水面高程。

5.9.7 水深测量宜采用有模拟记录的测深仪或具有模拟记录的数字测深仪进行作业，并应符合下列

规定：

　　1　工作电压与额定电压之差，直流电源不应超过 10%，交流电源不应超过 5%。

　　2　实际转速与规定转速之差不应超出±1%，超出时应加修正。

　　3　电压与转速调整后，应在深、浅水处作停泊与航行检查，当有误差时，应绘制误差曲线图予以修正。

　　4　测深仪换能器可安装在距船头 1/3～1/2 船长处，入水深度以 0.3～0.8m 为宜。入水深度应精确量至 1cm。

　　5　定位中心应与测深仪换能器中心设置在一条垂线上，其偏差不得超过定位精度的 1/3，否则应进行偏心改正。

　　6　每次测量前后，均应在测区平静水域进行测深比对，并求取测深仪的总改正数。比对可选用其他测深工具进行。对既有模拟记录又有数字记录的测深仪进行检查时，应使数字记录与模拟记录一致，二者不一致时以模拟记录为准。

　　7　测深过程应实测水温及水中含盐度，并进行深度改正。

　　8　测量过程中船体前后左右摇摆幅度不宜过大。当风浪引起测深仪记录纸上的回声线波形起伏值，在内陆水域大于 0.3m，海域大于 0.5m 时，宜暂停测深作业。

5.9.8 测深点的水面高程，应根据水位观测值进行时间内插和位置内插，当两岸水位差较大时，还应进行横比降改正。

5.9.9 交会法、极坐标法定位，应符合下列规定：

　　1　测站点的精度，不应低于图根点的精度。

　　2　作业中和结束前，均应对起始方向进行检查，其允许偏差，经纬仪应小于 1′，平板仪宜为图上 0.3mm，超限时应予改正。

　　3　交会法定位的交会角宜控制在 30°～150° 之间。

5.9.10 断面索法定位，索长的相对误差应小于 1/200。

5.9.11 无线电定位，应根据仪器的实际精度、测区范围、精度要求及地形特征合理配置岸台；岸台的个数及分布，应满足水域地形测图的需要。

5.9.12 GPS 定位宜采用 GPS-RTK 或 GPS-RTD (DGPS) 方式；当定位精度符合工程要求时，也可采用后处理差分技术。定位的主要技术要求，应符合下列规定：

　　1　参考站点位的选择和设置，应符合本章第 5.3.13 条和第 5.3.14 条的规定，作业半径可放宽至 20km。

　　2　船台的流动天线，应牢固地安置在船侧较高处并与金属物体绝缘，天线位置宜与测深仪换能器处

于同一垂线上。

3 流动接收机作业的有效卫星数不宜少于 5 个，PDOP 值应小于 6。

4 GPS-RTK 流动接收机的测量模式、基准参数、转换参数和数据链的通信频率等，应与参考站相一致，并应采用固定解成果。

5 每日水深测量作业前、结束后，应将流动 GPS 接收机安置在控制点上进行定位检查；作业中，发现问题应及时进行检验和比对。

6 定位数据与测深数据应同步，否则应进行延时改正。

5.9.13 当采用 GPS-RTK 定位时，也可采用无验潮水深测量方式，但天线高应量至换能器底部并精确至 1cm，其他技术要求除符合本章第 5.9.12 条的规定外还应符合本规范中 4.4 节的有关规定。

5.9.14 测深过程中或测深结束后，应对测深断面进行检查。检查断面与测深断面宜垂直相交，检查点数不应少于 5%。检查断面与测深横断面相交处，图上 1mm 范围内水深点的深度较差，不应超过表 5.9.14 的规定。

表 5.9.14 深度检查较差的限差

水深 H（m）	$H \leqslant 20$	$H > 20$
深度检查较差的限差（m）	0.4	$0.02 \times H$

5.10 地形图的修测与编绘

（Ⅰ）地形图的修测

5.10.1 地形图修测前应进行实地踏勘，确定修测范围，并制订修测方案。如修测的面积超过原图总面积的 1/5，应重新进行测绘。

5.10.2 地形图修测的图根控制，应符合下列规定：

1 应充分利用经检查合格的原有邻近图根点；高程应从邻近的高程控制点引测。

2 局部修测时，测站点坐标可利用原图已有坐标的地物点按内插法或交会法确定，检核较差不应大于图上 0.2mm。

3 局部地区少量的高程补点，也可利用 3 个固定的地物高程点作为依据进行补测，其高程较差不得超过基本等高距的 1/5，并应取用平均值。

4 当地物变动面积较大、周围地物关系控制不足，应补设图根控制。

5.10.3 地形图的修测，应符合下列规定：

1 新测地物与原有地物的间距中误差，不得超过图上 0.6mm。

2 地形图的修测方法，可采用全站仪测图法和支距法等。

3 当原有地形图图式与现行图式不符时，应以现行图式为准。

4 地物修测的连接部分，应从未变化点开始施测；地貌修测的衔接部分应施测一定数量的重合点。

5 除对已变化的地形、地物修测外，还应对原有地形图上已有地物、地貌的明显错误或粗差进行修正。

6 修测完成后，应按图幅将修测情况作记录，并绘制略图。

5.10.4 纸质地形图的修测，宜将原图数字化再进行修测；如在纸质地形图上直接修测，应符合下列规定：

1 修测时宜用实测原图或与原图等精度的复制图。

2 当纸质图图廓伸缩变形不能满足修测的质量要求时，应予以修正。

3 局部地区地物变动不大时，可利用经过校核，位置准确的地物点进行修测。使用图解法修测后的地物不应再作为修测新地物的依据。

（Ⅱ）地形图的编绘

5.10.5 地形图的编绘，应选用内容详细、现势性强、精度高的已有资料，包括图纸、数据文件、图形文件等进行编绘。

5.10.6 编绘图应以实测图为基础进行编绘，各种专业图应以地形图为基础结合专业要求进行编绘；编绘图的比例尺不应大于实测图的比例尺。

5.10.7 地形图编绘作业，应符合下列规定：

1 原有资料的数据格式应转换成同一数据格式。

2 原有资料的坐标、高程系统应转换成编绘图所采用的系统。

3 地形图要素的综合取舍，应根据编绘图的用途、比例尺和区域特点合理确定。

4 编绘图应采用现行图式。

5 编绘完成后，应对图的内容、接边进行检查，发现问题应及时修改。

6 线 路 测 量

6.1 一 般 规 定

6.1.1 本章适用于铁路、公路、架空索道、各种自流和压力管线及架空送电线路工程的通用性测绘工作。

6.1.2 线路控制测量的坐标系统和高程基准，分别按本规范第 3.1.4 条和 4.1.3 条中的规定选用。

6.1.3 线路的平面控制，宜采用导线或 GPS 测量方法，并靠近线路贯通布设。

6.1.4 线路的高程控制，宜采用水准测量或电磁波测距三角高程测量方法，并靠近线路布设。

6.1.5 平面控制点的点位，宜选在土质坚实、便于观测、易于保存的地方。高程控制点的点位，应选在施工干扰区的外围。平面和高程控制点的点位，应根据需要埋设标石。

6.1.6 线路测图的比例尺，可按表 6.1.6 选用。

表 6.1.6 线路测图的比例尺

线路名称	带状地形图	工点地形图	纵断面图		横断面图	
			水平	垂直	水平	垂直
铁路	1∶1000 1∶2000 1∶5000	1∶200 1∶500	1∶1000 1∶2000 1∶10000	1∶100 1∶200 1∶1000	1∶100 1∶200	1∶100 1∶200
公路	1∶2000 1∶5000	1∶200 1∶500 1∶1000	1∶2000 1∶5000	1∶100 1∶200	1∶100 1∶200	1∶100 1∶200
架空索道	1∶2000 1∶5000	1∶500	1∶2000 1∶5000	1∶500	—	—
自流管线	1∶1000 1∶2000	1∶500	1∶1000 1∶2000	1∶100 1∶200	—	—
压力管线	1∶2000 1∶5000	1∶500	1∶2000 1∶5000	1∶500	—	—
架空送电线路	—	1∶200 1∶500	1∶5000	1∶500	—	—

注：1 1∶200 比例尺的工点地形图，可按对 1∶500 比例尺地形测图的技术要求测绘。
  2 当架空送电线路通过市区的协议区或规划区时，应根据当地规划部门的要求，施测 1∶1000 或 1∶2000 比例尺的带状地形图。
  3 当架空送电线路需要施测横断面图时，水平和垂直比例尺宜选用 1∶200 或 1∶500。

6.1.7 当线路与已有的道路、管道、送电线路等交叉时，应根据需要测量交叉角、交叉点的平面位置和高程及净空高或负高。

6.1.8 纵断面图图标格式中平面图栏内的地物，可根据需要实测位置、高程及必要的高度。

6.1.9 所有线路的起点、终点、转角点和铁路、公路的曲线起点、终点，均应埋设固定桩。

6.1.10 线路施工前，应对其定测线路进行复测，满足要求后方可放样。

6.2 铁路、公路测量

6.2.1 高速公路和一级公路的控制测量。平面控制可采用 GPS 测量和导线测量等方法，按本规范第 3.2 节、3.3 节中的有关规定执行，导线总长可放宽一倍；高程控制应布设成附合路线，按本规范第 4.2 节中四等水准测量的有关规定执行。

6.2.2 铁路、二级及以下等级公路的平面控制测量，应符合下列规定：

1 平面控制测量可采用导线测量方法。导线的起点、终点及每间隔不大于 30km 的点上，应与高等级控制点联测检核；当联测有困难时，可分段增设 GPS 控制点。

2 导线测量的主要技术要求，应符合表 6.2.2 的规定。

表 6.2.2 铁路、二级及以下等级公路导线测量的主要技术要求

导线长度（km）	边长（m）	仪器精度等级	测回数	测角中误差（″）	测距相对中误差	联测检核	
						方位闭合差（″）	相对闭合差
≤30	400～600	2″级仪器	1	12	≤1/2000	$24\sqrt{n}$	≤1/2000
		6″级仪器		20		$40\sqrt{n}$	

注：表中 n 为测站数。

3 分段增设 GPS 控制点时，其测量的主要技术要求，按本规范 3.2 节的规定执行。

6.2.3 铁路、二级及以下等级公路的高程控制测量，应符合下列规定：

1 高程控制测量的主要技术要求，应符合表 6.2.3 的规定。

表 6.2.3 铁路、二级及以下等级公路高程控制测量的主要技术要求

等级	每千米高差全中误差（mm）	路线长度（km）	往返较差、附合或环线闭合差（mm）
五等	15	30	$30\sqrt{L}$

注：L 为水准路线长度（km）。

2 水准路线应每隔 30km 与高等级水准点联测一次。

6.2.4 定测放线测量，应符合下列规定：

1 作业前，应收集初测导线或航测外控点的测量成果，并应对初测高程控制点逐一检测。高程检测较差不应超过 $30\sqrt{L}$ mm（L 为检测路线长度，单位为 km）。

2 放线测量应根据图纸上定线线位，采用极坐标法、拨角法、支距法或 GPS-RTK 法进行。

3 交点的水平角观测，正交点 1 测回，副交点 2 测回。副交点水平角观测的角值较差不应大于表 6.2.4-1 的规定。

表 6.2.4-1 副交点测回间角值较差的限差

仪器精度等级	副交点测回间角值较差的限差（″）
2″级仪器	15
6″级仪器	20

4 线路中线测量，应与初测导线、航测外控点或 GPS 点联测。联测间隔宜为 5km，特殊情况下不应大于 10km。线路联测闭合差不应大于表 6.2.4-2 的规定。

表 6.2.4-2　中线联测闭合差的限差

线路名称	方位角闭合差(″)	相对闭合差
铁路、一级及以上公路	$30\sqrt{n}$	1/2000
二级及以下公路	$60\sqrt{n}$	1/1000

注：n 为测站数；计算相对闭合差时，长度采用初、定测闭合环长度。

6.2.5 定测中线桩位测量，应符合下列规定：

1 线路中线上，应设立线路起终点桩、千米桩、百米桩、平曲线控制桩、桥梁或隧道轴线控制桩、转点桩和断链桩，并应根据竖曲线的变化适当加桩。

2 线路中线桩的间距，直线部分不大于 50m，平曲线部分宜为 20m。当铁路曲线半径大于 800m 且地势平坦时，其中线桩间距可为 40m。当公路曲线半径为 30～60m 或缓和曲线长度为 30～50m 时，其中线桩间距不应大于 10m；对于公路曲线半径小于 30m、缓和曲线长度小于 30m 或回头曲线段，其中线桩间距均不应大于 5m。

3 中线桩位测量误差，直线段不应超过表 6.2.5-1 的规定；曲线段不应超过表 6.2.5-2 的规定。

表 6.2.5-1　直线段中线桩位测量限差

线路名称	纵向误差(m)	横向误差(cm)
铁路、一级及以上公路	$\dfrac{S}{2000}+0.1$	10
二级及以下公路	$\dfrac{S}{1000}+0.1$	10

注：S 为转点桩至中线桩的距离 (m)。

表 6.2.5-2　曲线段中线桩位测量闭合差限差

线路名称	纵向相对闭合差		横向闭合差(cm)	
	平地	山地	平地	山地
铁路、一级及以上公路	1/2000	1/1000	10	10
二级及以下公路	1/1000	1/500	10	15

4 断链桩应设立在线路的直线段，不得在桥梁、隧道、平曲线、公路立交或铁路车站范围内设立。

5 中线桩的高程测量，应布设成附合路线，其闭合差不应超过 $50\sqrt{L}$ mm（L 为附合路线长度，单位为 km）。

6.2.6 横断面测量的误差，不应超过表 6.2.6 的规定。

表 6.2.6　横断面测量的限差

线路名称	距离(m)	高程(m)
铁路、一级及以上公路	$\dfrac{l}{100}+0.1$	$\dfrac{h}{100}+\dfrac{l}{200}+0.1$
二级及以下公路	$\dfrac{l}{50}+0.1$	$\dfrac{h}{50}+\dfrac{l}{100}+0.1$

注：1　l 为测点至线路中线桩的水平距离（m）。
　　2　h 为测点至线路中线桩的高差（m）。

6.2.7 施工前应复测中线桩，当复测成果与原测成果的较差符合表 6.2.7 的限差规定时，应采用原测成果。

表 6.2.7　中线桩复测与原测成果较差的限差

线路名称	水平角(″)	距离相对中误差	转点横向误差(mm)	曲线横向闭合差(cm)	中线桩高程(cm)
铁路、一级及以上公路	≤30	≤1/2000	每 100m 小于 5，点间距大于等于 400m 小于 20	≤10	≤10
二级及以下公路	≤60	≤1/1000	每 100m 小于 10	≤10	≤10

6.3　架空索道测量

6.3.1 架空索道的平面控制测量，宜采用导线测量，也可采用 GPS 测量方法。

6.3.2 导线测量的相对闭合差，不应大于 1/1000；方位角闭合差，不应超过 $30\sqrt{n}$（方位角闭合差单位为 ″，n 为测站数）。

6.3.3 当架空索道起点至转角点或转角点间的距离大于 1km 时，应增加方向点。方向点偏离直线，应在 180°±20″ 以内。

6.3.4 架空索道的起点、终点、转点和方向点的高程测量，可采用图根水准或图根电磁波测距三角高程测量方法。

6.3.5 纵断面测量，在转角点及方向点之间应进行附合。其距离相对闭合差不应大于 1/300，高程闭合差不应超过 $0.1\sqrt{n}$（高程闭合差单位为 m，n 为测站数）。山脊、山顶的纵断面点，不应少于 3 点；山谷、沟底，可适当简化。

6.3.6 当线路走向与等高线平行时，线路附近的陡峭地段，应视需要加测横断面。

6.4　自流和压力管线测量

6.4.1 自流和压力管线平面控制测量，可采用 GPS-RTK 测量方法或导线测量方法。

当采用 GPS-RTK 测量方法时，应符合下列 1～4

款规定；当采用导线测量方法时，应符合下列 5～7
款规定。

1 应沿线路每隔 10km 布设（或成对布设）GPS
控制点，并埋设标石。标石的埋设规格，应符合附录
B 的规定。

2 所有 GPS 控制点宜沿线路贯通布设。

3 GPS 控制点测量，应采用 GPS 静态测量模式
进行观测，并符合本规范第 3.2 节的有关规定。

4 线路其他控制点，可采用 GPS-RTK 定位方
式测量，并满足本规范第 5.2.11 条的规定。

5 导线测量的主要技术要求，应符合表 6.4.1
的规定。

表 6.4.1 自流和压力管线导线测量的主要技术要求

导线长度（km）	边长（km）	测角中误差（″）	联测检核		适用范围
			方位角闭合差（″）	相对闭合差	
≤30	<1	12	$24\sqrt{n}$	1/2000	压力管线
≤30	<1	20	$40\sqrt{n}$	1/1000	自流管线

注：n 为测站数。

6 导线的起点、终点及每间隔不大于 30km 的
点上，应与高等级平面控制点联测。当导线联测有困
难时，可分段测设 GPS 控制点作为检核。

7 导线点宜埋设在管道线路附近且在施工干扰
区的外围。管道线路的起点、终点和转角点也可作为
导线点。

6.4.2 自流和压力管线高程控制测量，应符合下列
规定：

1 水准测量和电磁波测距三角高程测量的主要
技术要求，应符合表 6.4.2 的规定；

**表 6.4.2 自流和压力管线高程控制测量的
主要技术要求**

等级	每千米高差全中误差（mm）	路线长度（km）	往返较差、附合或环线闭合差（mm）	适用范围
五等	15	30	$30\sqrt{L}$	自流管线
图根	20	30	$40\sqrt{L}$	压力管线

注：1 L 为路线长度（km）。
　　2 作业时，根据需要压力管线的高程控制精度可放
　　宽 1～2 倍执行。

2 GPS 拟合高程测量，应符合本规范第 4.4 节
的相关规定。

6.4.3 自流和压力管线的中线测量，应符合下列
规定：

1 当管道线路相邻转角点间的距离大于 1km 或
不通视时，应加测方向点。

2 线路的起点、终点、转角点和方向点的位置

和高程应实测，并符合下列规定：

　1) 当采用极坐标法测量时，角度、距离 1 测
　　回测定，距离读数较差应小于 20mm；高
　　程可采用变化镜高的方法各测一次，两次
　　所测高差较差不应大于 0.2m。

　2) 当采用 GPS-RTK 测量时，每点应观测两
　　次，两次测量的纵、横坐标及高程的较差
　　均不应大于 0.2m。

3 当管道线路的转弯为曲线时，应实测线路偏
角，计算曲线元素，测设曲线的起点、中点和终点。

4 断链桩应设置在管道线路的直线段，不得设
置在穿跨越段或曲线段。断链桩上应注明管道线路来
向和去向的里程。

6.4.4 管线的断面测量，应符合下列规定：

1 纵断面测量时，在转角点与转角点之间或转
角点与方向点之间应进行附合。其距离相对闭合差不
应大于 1/500，高程闭合差不应超过 $0.2\sqrt{n}$（高程闭
合差单位为 m，n 为测站数）。

2 纵断面测量的相邻断面点间距，不应大于图
上 5cm；在地形变化处应加测断面点，局部高差小于
0.5m 的沟坎可舍去；当线路通过河流、水塘、道路
或其他管道时也应加测断面点。

3 横断面测量的相邻断面点间距，不应大于图
上 2cm。

6.5 架空送电线路测量

6.5.1 架空送电线路的选线，应根据批准的路径方
案，配合设计实地选定。当线路通过协议区和相关地
物比较密集的地段时，应进行必要的联测和相关地
物、地貌测量。

6.5.2 定线测量，应符合下列规定：

1 方向点偏离直线，应在 $180°±1'$ 以内。

2 定线方式可采用直接定线或间接定线。直接
定线可采用正倒镜分中法；间接定线，可采用钢尺量
距的矩形法、等腰三角形法。

3 定线测量的主要技术要求，应符合表 6.5.2
的规定。

表 6.5.2 定线测量的主要技术要求

定线方式	仪器精度等级	仪器对中误差	管水准气泡偏离值	正倒镜定点差	距离相对误差
直接定线	6″级仪器	≤3mm	≤1 格	每 100m 不大于 60mm	—
间接定线	6″级仪器	≤3mm	≤1 格	每 10m 不大于 3mm	≤1/2000

注：钢尺量距应往返进行，当量距边小于 20m 或大于 80m
时，应适当提高测量精度。

4 定线桩之间距离测量的相对误差，同向观测不应大于 1/200，对向观测不应大于 1/150；大跨越档间距，宜采用电磁波测距，测距相对中误差不应大于 1/D（D 为档距，单位为 m）。

5 定线桩之间对向观测的高差较差，不应大于 0.1S（高差较差单位为 m，S 为以 100m 为单位的桩间距离）；大跨越档高差测量，宜采用图根电磁波测距三角高程。

6 定线也可采用导线测量法或用 GPS-RTK 方法直接放线。

6.5.3 纵断面测量，应符合下列规定：

1 纵断面测量的视距长度，不宜大于 300m，距离的相对误差不应大于 1/200，垂直角较差不应大于 1′。超过 300m 时，宜采用电磁波测距方法。

2 断面点的间距不宜大于 50m，地形变化处应适当加测点；独立山头不应少于 3 个断面点。

3 在送电导线的对地距离可能有危险影响的地段，应适当加密断面点。

4 在线路经过山谷、深沟等不影响送电导线对地距离安全之处，纵断面线可中断。

5 送电导线排列较宽的线路，当边线的地面高出实测中心线地面 0.5m 时，应施测边线纵断面。

6 纵断面图图标格式中平面图栏内的地物测量，除满足本章第 6.1.8 条的要求外，还应进行线路走廊内的植被测量。

6.5.4 杆（塔）位桩，宜用邻近的控制桩进行定位，其测量精度应满足本节第 6.5.2 条第 1、4、5 款的要求。

6.5.5 在杆（塔）定位过程中，还应进行下列内容的测量：

1 有危险影响的中线、边线点。

2 有危险影响的被交叉跨（穿）越物的位置和高程。

3 当送电线路通过或接近斜坡、陡岸、高大建（构）筑物时，应按设计需要施测风偏横断面或风偏危险点。

4 线路的直线偏离度和转角。

5 当设计需要时，应施测杆（塔）基断面图和地形图。

6.5.6 杆（塔）施工前，应对杆（塔）位桩或直线桩进行复测，并满足下列要求：

1 桩间距的相对误差，不应大于 1/100。

2 所测高差与原成果较差，不应大于本节第 6.5.2 条第 5 款规定的 1.5 倍。

3 直线偏离度、线路转角的复测成果与原成果的较差，不应大于 1′30″。

6.5.7 10kV 以下架空送电线路测量，其主要技术要求可适当放宽；500kV 及以上等级的架空送电线路测量，宜采用摄影测量和 GPS 测量方法。

7 地下管线测量

7.1 一般规定

7.1.1 本章适用于埋设在地下的各类管道、各种电缆的调查和测绘。

7.1.2 地下管线测量的对象包括：给水、排水、燃气、热力管道；各类工业管道；电力、通信电缆。

7.1.3 地下管线测量的坐标系统和高程基准，宜与原有基础资料相一致。平面和高程控制测量，可根据测区范围大小及工程要求，分别按本规范第 3 章和第 4 章有关规定执行。

7.1.4 地下管线测量成图比例尺，宜选用 1：500 或 1：1000，长距离专用管线可选用 1：2000～1：5000。

7.1.5 地下管线图的测绘精度，应满足实际地下管线的线位与邻近地上建（构）筑物、道路中心线或相邻管线的间距中误差不超过图上 0.6 mm。

7.1.6 作业前，应充分收集测区原有的地下管线施工图、竣工图、现状图和管理维修资料等。

7.1.7 地下管线的开挖、调查，应在安全的情况下进行。电缆和燃气管道的开挖，必须有专业人员的配合。下井调查，必须确保作业人员的安全，且应采取防护措施。

7.2 地下管线调查

7.2.1 地下管线调查，可采用对明显管线点的实地调查、隐蔽管线点的探查、疑难点位开挖等方法确定管线的测量点位。对需要建立地下管线信息系统的项目，还应对管线的属性做进一步的调查。

7.2.2 隐蔽管线点探查的水平位置偏差 ΔS 和埋深较差 ΔH，应分别满足（7.2.2-1）、（7.2.2-2）式的要求。

$$\Delta S \leqslant 0.10 \times h \qquad (7.2.2\text{-}1)$$

$$\Delta H \leqslant 0.15 \times h \qquad (7.2.2\text{-}2)$$

式中 h——管线埋深（cm），当 $h<100$cm 时，按 100cm 计。

7.2.3 管线点，宜设置在管线的起止点、转折点、分支点、变径处、变坡处、交叉点、变材点、出（入）地口、附属设施中心点等特征点上；管线直线段的采点间距，宜为图上 10～30cm；隐蔽管线点，应明显标识。

7.2.4 地下管线的调查项目和取舍标准，宜根据委托方要求确定，也可依管线疏密程度、管径大小和重要性按表 7.2.4 确定。

表 7.2.4 地下管线调查项目和取舍标准

管线类型		埋深		断面尺寸		材质	取舍要求	其他要求
		外顶	内底	管径	宽×高			
给水		*	—	*	—	*	内径≥50mm	—
排水	管道	—	*	*	—	*	内径≥200mm	注明流向
	方沟	—	*	—	*	*	方沟断面≥300mm×300mm	
燃气		*	—	*	—	*	干线和主要支线	注明压力
热力	直埋	*	—	*	—	*	干线和主要支线	注明流向
	沟道	—	*	—	*	*	全测	
工业管道	自流						工艺流程线不测	自流管道 注明流向
	压力	*	—	*	—	*		
电力	直埋	*	—	*	—	*	电压≥380V	注明电压
	沟道	—	*	—	*	*	全测	注明电缆根数
通信	直埋	*	—	*	—	*	干线和主要支线	—
	管块	*	—	*	—	*	全测	注明孔数

注：1 * 为调查或探查项目。

    2 管道材质主要包括：钢、铸铁、钢筋混凝土、混凝土、石棉水泥、陶土、PVC塑料等。沟道材质主要包括：砖石、管块等。

7.2.5 在明显管线点上，应查明各种与地下管线有关的建（构）筑物和附属设施。

7.2.6 对隐蔽管线的探查，应符合下列规定：

    1 探查作业，应按仪器的操作规定进行。

    2 作业前，应在测区的明显管线点上进行比对，确定探查仪器的修正参数。

    3 对于探查有困难或无法核实的疑难管线点，应进行开挖验证。

    4 对隐蔽管线点探查结果，应采用重复探查和开挖验证的方法进行质量检验，并分别满足下列要求：

        1）重复探查的点位应随机抽取，点数不宜少于探查点总数的 5%，并分别按（7.2.6-1）、（7.2.6-2）式计算隐蔽管线点的平面位置中误差 m_H 和埋深中误差 m_V，其数值不应超过本规范 7.2.2 条限差的 1/2。

隐蔽管线点的平面位置中误差：

$$m_H = \sqrt{\frac{[\Delta S_i \Delta S_i]}{2n}} \qquad (7.2.6-1)$$

隐蔽管线点的埋深中误差：

$$m_V = \sqrt{\frac{[\Delta H_i \Delta H_i]}{2n}} \qquad (7.2.6-2)$$

式中 ΔS_i——复查点位与原点位间的平面位置偏差（cm）；

    ΔH_i——复查点位与原点位的埋深较差（cm）；

    n——复查点数。

        2）开挖验证的点位应随机抽取，点数不宜少

于隐蔽管线点总数的 1%，且不应少于 3 个点；所有点的平面位置误差和埋深误差，不应超过 7.2.2 条的规定。

7.3 地下管线施测

7.3.1 图根控制测量，按本规范第 5.2 节的规定执行。

7.3.2 管线点相对于邻近控制点的测量点位中误差不应大于 5cm，测量高程中误差不应大于 2cm。

7.3.3 地下管线图测量，包括管线线路、管线附属设施和地上相关的主要建（构）筑物等。

7.3.4 管线点的平面坐标宜采用全站仪极坐标法施测，高程可采用水准测量或电磁波测距三角高程测量的方法施测；管线点也可采用 GPS-RTK 方法施测。点位的调查编号应与测量点号相一致或对应。

7.3.5 管线附属设施以及地上相关的主要建（构）筑物、道路、围墙等的测量，应按本规范第 5.3.1～5.3.18 条执行。

7.4 地下管线图绘制

7.4.1 地下管线应绘制综合管线图。当线路密集或工程需要时，还应绘制专业管线图。

7.4.2 地下管线图的图幅与编号，宜与测区原有地形图保持一致。也可采用现行设计图幅尺寸 A_0、A_1、A_2 等。

7.4.3 地下管线图的图式和要素分类代码，应符合下列规定：

    1 地下管线图图式，应采用国家标准《1：500

1∶1000　1∶2000 地形图图式》GB/T 7929。

2　地下管线及其附属设施的要素分类代码，应采用国家标准《1∶500　1∶1000　1∶2000 地形图要素分类与代码》GB 14804。

3　对于图式和要素分类代码中的不足部分，应进行补充。补充的图式和代码，可根据工程总图、给排水、热力、燃气、电力、电信等专业的国家标准或行业标准中的相关部分进行确定。

7.4.4　测绘软件和绘图仪的选用，应分别符合本规范第 5.1.9 条和 5.1.10 条的规定。

7.4.5　数字地下管线图的编辑处理，应符合下列规定：

1　综合管线图，宜分色、分层表示。

2　管线图上高程点的注记，应精确至 0.01m。

3　管线图的编辑处理，应按本规范第 5.3.30～5.3.34 条和 5.3.36 条的相关规定执行。

7.4.6　纸质地下管线图的绘制，应满足下列要求：

1　管线图的绘制，应符合本规范第 5.3.38～5.3.41 条的相关规定。

2　综合管线图，可分色表示。

3　管线的起点、分支点、转折点及终点的细部坐标、高程及管径等，宜注记在图上。坐标和高程的注记，应精确至 0.01m。当图面的负荷较大时，可编制细部坐标成果表并在图上注记分类编号。但对同一个工程或同一区域，应采用同一种方法。

4　直立排列或密集排列的管线，可用一条线上分别注记各管线代号的方法表示；当密集管线需要分别表示时，如图上间距小于 0.2mm，应按压力管线让自流管线，分支管线让主干管线，小管径管线让大管径管线，可弯曲管线让不易弯曲管线的原则，将避让管线偏移，绘图间距宜为 0.2mm。根据需要，管线局部可绘制放大图。

5　同专业管线立体相交时，宜绘出上方的管线，下方的管线两侧各断开 0.2mm；不同专业管线相交时不应断开。

6　管沟的绘制，宜用双线表示，双线间距为 2.5mm；当管沟宽度大于图上 2.5mm 时，应按实际宽度比例绘制；管沟尺寸应在图上标注。

7.5　地下管线信息系统

7.5.1　地下管线信息系统，可按城镇大区域建立，也可按居民小区、校园、医院、工厂、矿山、民用机场、车站、码头等独立区域建立，必要时还可按管线的专业功能类别如供油、燃气、热力等分别建立。

7.5.2　地下管线信息系统，应具有以下基本功能：

1　管线图数据库的建库、数据库管理和数据交换。

2　管线数据和属性数据的输入和编辑。

3　管线数据的检查、更新和维护。

4　管线系统的检索查询、统计分析、量算定位和三维观察。

5　用户权限的控制。

6　网络系统的安全监测与安全维护。

7　数据、图表和图形的输出。

8　系统的扩展功能。

7.5.3　地下管线信息系统的建立，应包括以下内容。

1　地下管线图库和地下管线空间信息数据库。

2　地下管线属性信息数据库。

3　数据库管理子系统。

4　管线信息分析处理子系统。

5　扩展功能管理子系统。

7.5.4　地下管线信息的要素标识码，可按现行国家标准《城市地理要素—城市道路、道路交叉口、街坊、市政工程管线编码结构规则》GB/T 14395 的规定执行；地下管线信息的分类编码，可按国家现行标准《城市地下管线探测技术规程》CJJ 61 J271 的相关规定执行。不足部分，可根据其编码规则扩展和补充。

7.5.5　地下管线信息系统建立后，应根据管线的变化情况和用户要求进行定期维护、更新。

7.5.6　当需要对地下管线信息系统的软、硬件进行更新或升级时，必须进行相关数据备份，并确保在系统和数据安全的情况下进行。

8　施 工 测 量

8.1　一 般 规 定

8.1.1　本章适用于工业与民用建筑、水工建筑物、桥梁及隧道的施工测量。

8.1.2　施工测量前，应收集有关测量资料，熟悉施工设计图纸，明确施工要求，制定施工测量方案。

8.1.3　大中型的施工项目，应先建立场区控制网，再分别建立建筑物施工控制网；小规模或精度高的独立施工项目，可直接布设建筑物施工控制网。

8.1.4　场区控制网，应充分利用勘察阶段的已有平面和高程控制网。原有平面控制网的边长，应投影到测区的主施工高程面上，并进行复测检查。精度满足施工要求时，可作为场区控制网使用。否则，应重新建立场区控制网。

8.1.5　新建立的场区平面控制网，宜布设为自由网。控制网的观测数据，不宜进行高斯投影改化，可将观测边长归算到测区的主施工高程面上。

新建场区控制网，可利用原控制网中的点组（由三个或三个以上的点组成）进行定位。小规模场区控制网，也可选用原控制网中一个点的坐标和一个边的方位进行定位。

8.1.6　建筑物施工控制网，应根据场区控制网进行定位、定向和起算；控制网的坐标轴，应与工程设计所采用的主副轴线一致；建筑物的±0高程面，应根据场区水准点测设。

8.1.7 控制网点，应根据设计总平面图和施工总布置图布设，并满足建筑物施工测设的需要。

8.2 场区控制测量

（Ⅰ）场区平面控制网

8.2.1 场区平面控制网，可根据场区的地形条件和建（构）筑物的布置情况，布设成建筑方格网、导线及导线网、三角形网或GPS网等形式。

8.2.2 场区平面控制网，应根据工程规模和工程需要分级布设。对于建筑场地大于1km²的工程项目或重要工业区，应建立一级或一级以上精度等级的平面控制网；对于场地面积小于1km²的工程项目或一般性建筑区，可建立二级精度的平面控制网。

场区平面控制网相对于勘察阶段控制点的定位精度，不应大于5cm。

8.2.3 控制网点位，应选在通视良好、土质坚实、便于施测、利于长期保存的地点，并应埋设相应的标石，必要时还应增加强制对中装置。标石的埋设深度，应根据地冻线和场地设计标高确定。

8.2.4 建筑方格网的建立，应符合下列规定：

1 建筑方格网测量的主要技术要求，应符合表8.2.4-1的规定。

表8.2.4-1 建筑方格网的主要技术要求

等级	边长（m）	测角中误差（″）	边长相对中误差
一级	100～300	5	≤1/30000
二级	100～300	8	≤1/20000

2 方格网点的布设，应与建（构）筑物的设计轴线平行，并构成正方形或矩形格网。

3 方格网的测设方法，可采用布网法或轴线法。当采用布网法时，宜增测方格网的对角线；当采用轴线法时，长轴线的定位点不得少于3个，点位偏离直线应在180°±5″以内，短轴线应根据长轴线定向，其直角偏差应在90°±5″以内。水平角观测的测角中误差不应大于2.5″。

4 方格网点应埋设顶面为标志板的标石，标石埋设应符合附录E的规定。

5 方格网的水平角观测可采用方向观测法，其主要技术要求应符合表8.2.4-2的规定。

表8.2.4-2 水平角观测的主要技术要求

等级	仪器精度等级	测角中误差（″）	测回数	半测回归零差（″）	一测回内2C互差（″）	各测回方向较差（″）
一级	1″级仪器	5	2	≤6	≤9	≤6
	2″级仪器	5	3	≤8	≤13	≤9
二级	2″级仪器	8	2	≤12	≤18	≤12
	6″级仪器	8	4	≤18		≤24

6 方格网的边长宜采用电磁波测距仪器往返观测各1测回，并应进行气象和仪器加、乘常数改正。

7 观测数据经平差处理后，应将测量坐标与设计坐标进行比较，确定归化数据，并在标石标志板上将点位归化至设计位置。

8 点位归化后，必须进行角度和边长的复测检查。角度偏差值，一级方格网不应大于90°±8″，二级方格网不应大于90°±12″；距离偏差值，一级方格网不应大于$D/25000$，二级方格网不应大于$D/15000$（D为方格网的边长）。

8.2.5 当采用导线及导线网作为场区控制网时，导线边长应大致相等，相邻边的长度之比不宜超过1:3，其主要技术要求应符合表8.2.5的规定。

8.2.6 当采用三角形网作为场区控制网时，其主要技术要求应符合表8.2.6的规定。

表8.2.5 场区导线测量的主要技术要求

等级	导线长度（km）	平均边长（m）	测角中误差（″）	测距相对中误差	测回数		方位角闭合差（″）	导线全长相对闭合差
					2″级仪器	6″级仪器		
一级	2.0	100～300	5	1/30000	3	—	$10\sqrt{n}$	≤1/15000
二级	1.0	100～200	8	1/14000	2	4	$16\sqrt{n}$	≤1/10000

注：n为测站数。

表 8.2.6　场区三角形网测量的主要技术要求

| 等级 | 边长（m） | 测角中误差（"） | 测边相对中误差 | 最弱边边长相对中误差 | 测回数 | | 三角形最大闭合差（"） |
					2"级仪器	6"级仪器	
一级	300～500	5	≤1/40000	≤1/20000	3	—	15
二级	100～300	8	≤1/20000	≤1/10000	2	4	24

8.2.7 当采用 GPS 网作为场区控制网时，其主要技术要求应符合表 8.2.7 的规定。

表 8.2.7　场区 GPS 网测量的主要技术要求

等级	边长（m）	固定误差 A（mm）	比例误差系数 B（mm/km）	边长相对中误差
一级	300～500	≤5	≤5	≤1/40000
二级	100～300			≤1/20000

8.2.8 场区导线网、三角形网及 GPS 网测量的其他技术要求，可按本规范第 3 章的有关规定执行。

（Ⅱ）场区高程控制网

8.2.9 场区高程控制网，应布设成闭合环线、附合路线或结点网。

8.2.10 大中型施工项目的场区高程测量精度，不应低于三等水准。其主要技术要求，应按本规范第 4.2 节的有关规定执行。

8.2.11 场区水准点，可单独布设在场地相对稳定的区域，也可设置在平面控制点的标石上。水准点间距宜小于 1km，距离建（构）筑物不宜小于 25m，距离回填土边线不宜小于 15m。

8.2.12 施工中，当少数高程控制点标石不能保存时，应将其高程引测至稳固的建（构）筑物上，引测的精度，不应低于原高程点的精度等级。

8.3　工业与民用建筑施工测量

（Ⅰ）建筑物施工控制网

8.3.1 建筑物施工控制网，应根据建筑物的设计形式和特点，布设成十字轴线或矩形控制网。施工控制网的定位应符合本章 8.1.6 条的规定，民用建筑施工控制网也可根据建筑红线定位。

8.3.2 建筑物施工平面控制网，应根据建筑物的分布、结构、高度、基础埋深和机械设备传动的连接方式、生产工艺的连续程度，分别布设一级或二级控制网。其主要技术要求，应符合表 8.3.2 的规定。

表 8.3.2　建筑物施工平面控制网的主要技术要求

等　级	边长相对中误差	测角中误差
一级	≤1/30000	$7''/\sqrt{n}$
二级	≤1/15000	$15''/\sqrt{n}$

注：n 为建筑物结构的跨数。

8.3.3 建筑物施工平面控制网的建立，应符合下列规定：

1 控制点，应选在通视良好、土质坚实、利于长期保存、便于施工放样的地方。

2 控制网加密的指示桩，宜选在建筑物行列线或主要设备中心线方向上。

3 主要的控制网点和主要设备中心线端点，应埋设固定标桩。

4 控制网轴线起始点的定位误差，不应大于 2cm；两建筑物（厂房）间有联动关系时，不应大于 1cm，定位点不得少于 3 个。

5 水平角观测的测回数，应根据表 8.3.2 中测角中误差的大小，按表 8.3.3 选定。

表 8.3.3　水平角观测的测回数

仪器精度等级 ＼ 测角中误差	2.5"	3.5"	4.0"	5"	10"
1"级仪器	4	3	2	—	—
2"级仪器	6	5	4	3	1
6"级仪器	—	—	—	4	3

6 矩形网的角度闭合差，不应大于测角中误差的 4 倍。

7 边长测量宜采用电磁波测距的方法，作业的主要技术要求应符合本规范表 3.3.18 的相关规定。二级网的边长测量也可采用钢尺量距，作业的主要技术要求应符合本规范表 3.3.21 的规定。

8 矩形网应按平差结果进行实地修正，调整到设计位置。当增设轴线时，可采用现场改点法进行配赋调整；点位修正后，应进行矩形网角度的检测。

8.3.4 建筑物的围护结构封闭前，应根据施工需要将建筑物外部控制转移至内部。内部的控制点，宜设置在浇筑完成的预埋件上或预埋的测量标板上。引测的投点误差，一级不应超过 2mm，二级不应超过 3mm。

8.3.5 建筑物高程控制，应符合下列规定：

1 建筑物高程控制，应采用水准测量。附合路线闭合差，不应低于四等水准的要求。

2 水准点可设置在平面控制网的标桩或外围的固定地物上，也可单独埋设。水准点的个数，不应少于 2 个。

3 当场地高程控制点距离施工建筑物小于 200m

项　　目	内　　容		允许偏差（mm）
轴线竖向投测	每层		3
	总高 H（m）	$H \leqslant 30$	5
		$30 < H \leqslant 60$	10
		$60 < H \leqslant 90$	15
		$90 < H \leqslant 120$	20
		$120 < H \leqslant 150$	25
		$150 < H$	30
标高竖向传递	每层		±3
	总高 H（m）	$H \leqslant 30$	±5
		$30 < H \leqslant 60$	±10
		$60 < H \leqslant 90$	±15
		$90 < H \leqslant 120$	±20
		$120 < H \leqslant 150$	±25
		$150 < H$	±30

时，可直接利用。

8.3.6 当施工中高程控制点标桩不能保存时，应将其高程引测至稳固的建筑物或构筑物上，引测的精度，不应低于四等水准。

（Ⅱ）建筑物施工放样

8.3.7 建筑物施工放样，应具备下列资料：

1　总平面图。

2　建筑物的设计与说明。

3　建筑物的轴线平面图。

4　建筑物的基础平面图。

5　设备的基础图。

6　土方的开挖图。

7　建筑物的结构图。

8　管网图。

9　场区控制点坐标、高程及点位分布图。

8.3.8 放样前，应对建筑物施工平面控制网和高程控制点进行检核。

8.3.9 测设各工序间的中心线，宜符合下列规定：

1　中心线端点，应根据建筑物施工控制网中相邻的距离指标桩以内分法测定。

2　中心线投点，测角仪器的视线应根据中心线两端点决定；当无可靠校核条件时，不得采用测设直角的方法进行投点。

8.3.10 在施工的建（构）筑物外围，应建立线板或轴线控制桩。线板应注记中心线编号，并测设标高。线板和轴线控制桩应注意保存。必要时，可将控制轴线标示在结构的外表面上。

8.3.11 建筑物施工放样，应符合下列要求：

1　建筑物施工放样、轴线投测和标高传递的偏差，不应超过表 8.3.11 的规定。

表 8.3.11　建筑物施工放样、轴线投测和标高传递的允许偏差

项　　目	内　　容		允许偏差（mm）
基础桩位放样	单排桩或群桩中的边桩		±10
	群　桩		±20
各施工层上放线	外廓主轴线长度 L（m）	$L \leqslant 30$	±5
		$30 < L \leqslant 60$	±10
		$60 < L \leqslant 90$	±15
		$90 < L$	±20
	细部轴线		±2
	承重墙、梁、柱边线		±3
	非承重墙边线		±3
	门窗洞口线		±3

2　施工层标高的传递，宜采用悬挂钢尺代替水准尺的水准测量方法进行，并应对钢尺读数进行温度、尺长和拉力改正。

传递点的数目，应根据建筑物的大小和高度确定。规模较小的工业建筑或多层民用建筑，宜从 2 处分别向上传递，规模较大的工业建筑或高层民用建筑，宜从 3 处分别向上传递。

传递的标高较差小于 3mm 时，可取其平均值作为施工层的标高基准，否则，应重新传递。

3　施工层的轴线投测，宜使用 2″级激光经纬仪或激光铅直仪进行。控制轴线投测至施工层后，应在结构平面上按闭合图形对投测轴线进行校核。合格后，才能进行本施工层上的其他测设工作；否则，应重新进行投测。

4　施工的垂直度测量精度，应根据建筑物的高度、施工的精度要求、现场观测条件和垂直度测量设备等综合分析确定，但不应低于轴线竖向投测的精度要求。

5　大型设备基础浇筑过程中，应及时监测。当发现位置及标高与施工要求不符时，应立即通知施工人员，及时处理。

8.3.12 结构安装测量的精度，应分别满足下列要求：

1　柱子、桁架和梁安装测量的偏差，不应超过表 8.3.12-1 的规定。

表 8.3.12-1　柱子、桁架和梁安装测量的允许偏差

测量内容		允许偏差（mm）
钢柱垫板标高		±2
钢柱 ±0 标高检查		±2
混凝土柱（预制）±0 标高检查		±3
柱子垂直度检查	钢柱牛腿	5
	柱高 10m 以内	10
	柱高 10m 以上	$H/1000$，且 $\leqslant 20$
桁架和实腹梁、桁架和钢架的支承结点间相邻高差的偏差		±5
梁间距		±3
梁面垫板标高		±2

注：H 为柱子高度（mm）。

2　构件预装测量的偏差，不应超过表 8.3.12-2 的规定。

表 8.3.12-2　构件预装测量的允许偏差

测量内容	测量的允许偏差（mm）
平台面抄平	±1
纵横中心线的正交度	$±0.8\sqrt{l}$
预装过程中的抄平工作	±2

注：l 为自交点起算的横向中心线长度的米数。长度不足 5m 时，以 5m 计。

3　附属构筑物安装测量的偏差，不应超过表 8.3.12-3 的规定。

表 8.3.12-3　附属构筑物安装测量的允许偏差

测量项目	测量的允许偏差（mm）
栈桥和斜桥中心线的投点	±2
轨面的标高	±2
轨道跨距的丈量	±2
管道构件中心线的定位	±5
管道标高的测量	±5
管道垂直度的测量	$H/1000$

注：H 为管道垂直部分的长度（mm）。

8.3.13　设备安装测量的主要技术要求，应符合下列规定：

1　设备基础竣工中心线必须进行复测，两次测量的较差不应大于 5mm。

2　对于埋设有中心标板的重要设备基础，其中心线应由竣工中心线引测，同一中心标点的偏差不应超过 ±1mm。纵横中心线应进行正交度的检查，并调整横向中心线。同一设备基准中心线的平行偏差或同一生产系统的中心线的直线度应在 ±1mm 以内。

3　每组设备基础，均应设立临时标高控制点。标高控制点的精度，对于一般的设备基础，其标高偏差，应在 ±2mm 以内；对于与传动装置有联系的设备基础，其相邻两标高控制点的标高偏差，应在 ±1mm 以内。

8.4　水工建筑物施工测量

8.4.1　水工建筑物施工平面控制网的建立，应满足下列要求：

1　施工平面控制网，可采用 GPS 网、三角形网、导线及导线网等形式；首级施工平面控制网等级，应根据工程规模和建筑物的施工精度要求按表 8.4.1-1 选用。

表 8.4.1-1　首级施工平面控制网等级的选用

工程规模	混凝土建筑物	土石建筑物
大型工程	二等	二 或 三等
中型工程	三等	三 或 四等
小型工程	四等 或 一级	一级

2　各等级施工平面控制网的平均边长，应符合表 8.4.1-2 的规定。

表 8.4.1-2　水工建筑物施工平面控制网的平均边长

等级	二等	三等	四等	一级
平均边长(m)	800	600	500	300

3　施工平面控制网宜按两级布设。控制点的相邻点位中误差，不应大于 10mm。对于大型的、有特殊要求的水工建筑物施工项目，其最末级平面控制点相对于起始点或首级网点的点位中误差不应大于 10mm。

4　施工平面控制测量的其他技术要求，应符合本规范第 3 章的有关规定。

8.4.2　水工建筑物施工高程控制网的建立，应满足下列要求：

1　施工高程控制网，宜布设成环形或附合路线；其精度等级的划分，依次为二、三、四、五等。

2　施工高程控制网等级的选用，应符合表 8.4.2 的规定。

表 8.4.2　施工高程控制网等级的选用

工程规模	混凝土建筑物	土石建筑物
大型工程	二等 或 三等	三
中型工程	三	四
小型工程	四	五

3 施工高程控制网的最弱点相对于起算点的高程中误差，对于混凝土建筑物不应大于 10mm，对于土石建筑物不应大于 20mm。根据需要，计算时应顾及起始数据误差的影响。

4 施工高程控制测量的其他技术要求，应符合本规范第 4 章的有关规定。

8.4.3 水工建筑物施工控制网应定期复测，复测精度与首次测量精度相同。

8.4.4 填筑及混凝土建筑物轮廓点的施工放样偏差，不应超过表 8.4.4 的规定。

表 8.4.4 填筑及混凝土建筑物轮廓点施工放样的允许偏差

建筑材料	建筑物名称	允许偏差（mm）	
		平面	高程
混凝土	主坝、厂房等各种主要水工建筑物	±20	±20
	各种导墙及井、洞衬砌	±25	±20
	副坝、围堰心墙、护坦、护坡、挡墙等	±30	±30
土石料	碾压式坝（堤）边线、心墙、面板堆石坝等	±40	±30
	各种坝（堤）内设施定位、填料分界线等	±50	±50

注：允许偏差是指放样点相对于邻近控制点的偏差。

8.4.5 建筑物混凝土浇筑及预制构件拼装的竖向测量偏差，不应超过表 8.4.5 的规定。

表 8.4.5 建筑物竖向测量的允许偏差

工程项目	相邻两层对接中心线的相对允许偏差（mm）	相对基础中心线的允许偏差（mm）	累计偏差（mm）
厂房、开关站等的各种构架、立柱	±3	$H/2000$	±20
闸墩、栈桥墩、船闸、厂房等侧墙	±5	$H/1000$	±30

注：H 为建（构）筑物的高度（mm）。

8.4.6 水工建筑物附属设施安装测量的偏差，不应超过表 8.4.6 的规定。

表 8.4.6 水工建筑物附属设施安装测量的允许偏差

设备种类	细部项目	允许偏差（mm）		备注
		平面	高程（差）	
压力钢管安装	始装节管口中心位置	±5	±5	相对钢管轴线和高程基点
	有连接的管口中心位置	±10	±10	
	其他管口中心位置	±15	±15	
平面闸门安装	轨间间距	−1～+4		相对门槽中心线
弧形门、人字门安装		±2	±3	相对安装轴线
天车、起重机轨道安装	轨距	±5	—	一条轨道相对于另一条轨道
	平行轨道相对高差	—	±10	
	轨道坡度	—	$L/1500$	

注：1 L 为天车、起重机轨道长度（mm）。

2 垂直构件安装，同一铅垂线上的安装点点位中误差不应大于 ±2mm。

8.5 桥梁施工测量

（Ⅰ）桥梁控制测量

8.5.1 桥梁施工项目，应建立桥梁施工专用控制网。对于跨越宽度较小的桥梁，也可利用勘测阶段所布设的等级控制点，但必须经过复测，并满足桥梁控制网的等级和精度要求。

8.5.2 桥梁施工控制网等级的选择，应根据桥梁的结构和设计要求合理确定，并符合表 8.5.2 的规定。

表 8.5.2 桥梁施工控制网等级的选择

桥长 L（m）	跨越的宽度 l（m）	平面控制网的等级	高程控制网的等级
$L>5000$	$l>1000$	二等 或 三等	二等
$2000 \leqslant L \leqslant 5000$	$500 \leqslant l \leqslant 1000$	三等 或 四等	三等
$500<L<2000$	$200<l<500$	四等 或 一级	四等
$L \leqslant 500$	$l \leqslant 200$	一级	四等 或 五等

注：1 L 为桥的总长。

2 l 为跨越的宽度指桥梁所跨越的江、河、峡谷的宽度。

8.5.3 桥梁施工平面控制网的建立，应符合下列规定：

1 桥梁施工平面控制网，宜布设成自由网，并根据线路测量控制点定位。

2 控制网可采用 GPS 网、三角形网和导线网等形式。

3 控制网的边长，宜为主桥轴线长度的 0.5～1.5 倍。

4 当控制网跨越江河时，每岸不少于 3 点，其中轴线上每岸宜布设 2 点。

5 施工平面控制测量的其他技术要求，应符合本规范第 3 章的有关规定。

8.5.4 桥梁施工高程控制网的建立，应符合下列规定：

1 两岸的水准测量路线，应组成一个统一的水准网。

2 每岸水准点不应少于 3 个。

3 跨越江河时，根据需要，可进行跨河水准测量。

4 施工高程控制测量的其他技术要求，应符合本规范第 4 章的有关规定。

8.5.5 桥梁控制网在使用过程中应定期检测，检测精度与首次测量精度相同。

（Ⅱ）桥梁施工放样

8.5.6 桥梁施工放样前，应熟悉施工设计图纸，并根据桥梁设计和施工的特点，确定放样方法。平面位置放样宜采用极坐标法、多点交会法等，高程放样宜采用水准测量方法。

8.5.7 桥梁基础施工测量的偏差，不应超过表 8.5.7 的规定。

表 8.5.7 桥梁基础施工测量的允许偏差

类　别		测量内容	测量允许偏差（mm）
灌注桩		基础桩桩位	40
	排架桩桩位	顺桥纵轴线方向	20
		垂直桥纵轴线方向	40
沉桩	群桩桩位	中间桩	$d/5$，且≤100
		外缘桩	$d/10$
	排架桩桩位	顺桥纵轴线方向	16
		垂直桥纵轴线方向	20
沉井	顶面中心、底面中心	一般	$h/125$
		浮式	$h/125+100$
垫层		轴线位置	20
		顶面高程	0～−8

注：1　d 为桩径（mm）。
　　2　h 为沉井高度（mm）。

8.5.8 桥梁下部构造施工测量的偏差，不应超过表 8.5.8 的规定。

表 8.5.8 桥梁下部构造施工测量的允许偏差

类　别	测量内容		测量允许偏差（mm）
承台	轴线位置		6
	顶面高程		±8
墩台身	轴线位置		4
	顶面高程		±4
墩、台帽或盖梁	轴线位置		4
	支座位置		2
	支座处顶面高程	简支梁	±4
		连续梁	±2

8.5.9 桥梁上部构造施工测量的偏差，不应超过表 8.5.9 的规定。

表 8.5.9 桥梁上部构造施工测量的允许偏差

类　别	测量内容		测量允许偏差（mm）
梁、板安装	支座中心位置	梁	2
		板	4
	梁板顶面纵向高程		±2
悬臂施工梁	轴线位置	跨距小于或等于 100m 的	4
		跨距大于 100m 的	$L/25000$
	顶面高程	跨距小于或等于 100m 的	±8
		跨距大于 100m 的	$±L/12500$
		相邻节段高差	4
主拱圈安装	轴线横向位置	跨距小于或等于 60m 的	4
		跨距大于 60m 的	$L/15000$
	拱圈高程	跨距小于或等于 60m 的	±8
		跨距大于 60m 的	$±L/7500$
腹拱安装	轴线横向位置		4
	起拱线高程		±8
	相邻块件高差		2
钢筋混凝土索塔	塔柱底水平位置		4
	倾斜度		$H/7500$，且≤12
	系梁高程		±4
钢梁安装	钢梁中线位置		4
	墩台处梁底高程		±4
	固定支座顺桥向位置		8

注：1　L 为跨径（mm）。
　　2　H 为索塔高度（mm）。

8.6 隧道施工测量

8.6.1 隧道工程施工前，应熟悉隧道工程的设计图纸，并根据隧道的长度、线路形状和对贯通误差的要求，进行隧道测量控制网的设计。

8.6.2 隧道工程的相向施工中线在贯通面上的贯通误差，不应大于表 8.6.2 的规定。

表 8.6.2 隧道工程的贯通限差

类 别	两开挖洞口间长度（km）	贯通误差限差（mm）
横 向	$L < 4$	100
	$4 \leqslant L < 8$	150
	$8 \leqslant L < 10$	200
高程	不限	70

注：作业时，可根据隧道施工方法和隧道用途的不同，当贯通误差的调整不会显著影响隧道中线几何形状和工程性能时，其横向贯通限差可适当放宽 $1 \sim 1.5$ 倍。

8.6.3 隧道控制测量对贯通中误差的影响值，不应大于表 8.6.3 的规定。

表 8.6.3 隧道控制测量对贯通中误差影响值的限值

两开挖洞口间的长度（km）	横向贯通中误差（mm）				高程贯通中误差（mm）	
	洞外控制测量	洞内控制测量		竖井联系测量	洞外	洞内
		无竖井的	有竖井的			
$L < 4$	25	45	35	25	25	25
$4 \leqslant L < 8$	35	65	55	35		
$8 \leqslant L < 10$	50	85	70	50		

8.6.4 隧道洞外平面控制测量的等级，应根据隧道的长度按表 8.6.4 选取。

表 8.6.4 隧道洞外平面控制测量的等级

洞外平面控制网类别	洞外平面控制网等级	测角中误差（″）	隧道长度 L（km）
GPS 网	二 等	—	$L > 5$
	三 等	—	$L \leqslant 5$
三角形网	二 等	1.0	$L > 5$
	三 等	1.8	$2 < L \leqslant 5$
	四 等	2.5	$0.5 < L \leqslant 2$
	一 级	5	$L \leqslant 0.5$
导线网	三 等	1.8	$2 < L \leqslant 5$
	四 等	2.5	$0.5 < L \leqslant 2$
	一 级	5	$L \leqslant 0.5$

8.6.5 隧道洞内平面控制测量的等级，应根据隧道两开挖洞口间长度按表 8.6.5 选取。

表 8.6.5 隧道洞内平面控制测量的等级

洞内平面控制网类别	洞内导线网测量等级	导线测角中误差（″）	两开挖洞口间长度 L（km）
导线网	三 等	1.8	$L \geqslant 5$
	四 等	2.5	$2 \leqslant L < 5$
	一 级	5	$L < 2$

8.6.6 隧道洞外、洞内高程控制测量的等级，应分别依洞外水准路线的长度和隧道长度按表 8.6.6 选取。

表 8.6.6 隧道洞外、洞内高程控制测量的等级

高程控制网类别	等 级	每千米高差全中误差（mm）	洞外水准路线长度或两开挖洞口间长度 S（km）
水准网	二 等	2	$S > 16$
	三 等	6	$6 < S \leqslant 16$
	四 等	10	$S \leqslant 6$

8.6.7 隧道洞外平面控制网的建立，应符合下列规定：

　　1 控制网宜布设成自由网，并根据线路测量的控制点进行定位和定向。

　　2 控制网可采用 GPS 网、三角形网或导线网等形式，并沿隧道两洞口的连线方向布设。

　　3 隧道的各个洞口（包括辅助坑道口），均应布设两个以上且相互通视的控制点。

　　4 隧道洞外平面控制测量的其他技术要求，应符合本规范第 3 章的有关规定。

8.6.8 隧道洞内平面控制网的建立，应符合下列规定：

　　1 洞内的平面控制网宜采用导线形式，并以洞口投点（插点）为起始点沿隧道中线或隧道两侧布设成直伸的长边导线或狭长多环导线。

　　2 导线的边长宜近似相等，直线段不宜短于 200m，曲线段不宜短于 70m；导线边距离洞内设施不小于 0.2m。

　　3 当双线隧道或其他辅助坑道同时掘进时，应分别布设导线，并通过横洞连成闭合环。

　　4 当隧道掘进至导线设计边长的 $2 \sim 3$ 倍时，应进行一次导线延伸测量。

　　5 对于长距离隧道，可加测一定数量的陀螺经纬仪定向边。

　　6 当隧道封闭采用气压施工时，对观测距离必须作相应的气压改正。

　　7 洞内导线测量的其他技术要求，应符合本规范 3.3 节的有关规定。

8.6.9 隧道高程控制测量，应符合下列规定：

1 隧道洞内、外的高程控制测量，宜采用水准测量方法。

2 隧道两端的洞口水准点、相关洞口水准点（含竖井和平洞口）和必要的洞外水准点，应组成闭合或往返水准路线。

3 洞内水准测量应往返进行，且每隔 200～500m 应设立一个水准点。

4 隧道高程控制测量的其他技术要求，应符合本规范第 4 章的有关规定。

8.6.10 隧道竖井联系测量的方法，应根据竖井的大小、深度和结构合理确定，并符合下列规定：

1 作业前，应对联系测量的平面和高程起算点进行检核。

2 竖井联系测量的平面控制，宜采用光学投点法、激光准直投点法、陀螺经纬仪定向法或联系三角形法；对于开口较大、分层支护开挖的较浅竖井，也可采用导线法（或称竖直导线法）。

3 竖井联系测量的高程控制，宜采用悬挂钢尺或钢丝导入的水准测量方法。

8.6.11 隧道洞内施工测量，应符合下列规定：

1 隧道的施工中线，宜根据洞内控制点采用极坐标法测设。当掘进距离延伸到 1～2 个导线边（直线不宜短于 200m、曲线部分不宜短于 70m）时，导线点应同时延伸并测设新的中线点。

2 当较短隧道采用中线法测量时，其中线点间距，直线段不宜小于 100m，曲线段不宜小于 50m。

3 对于大型掘进机械施工的长距离隧道，宜采用激光指向仪、激光经纬仪或陀螺仪导向，也可采用其他自动导向系统，其方位应定期校核。

4 隧道衬砌前，应对中线点进行复测检查并根据需要适当加密。加密时，中线点间距不宜大于 10m，点位的横向偏差不应大于 5mm。

8.6.12 施工过程中，应对隧道控制网定期复测。

8.6.13 隧道贯通后，应对贯通误差进行测定，并在调整段内进行中线调整。

8.6.14 当隧道内可能出现瓦斯气体时，必须采取安全可靠的防爆措施，并须使用防爆型测量仪器。

9 竣工总图的编绘与实测

9.1 一般规定

9.1.1 建筑工程项目施工完成后，应根据工程需要编绘或实测竣工总图。竣工总图，宜采用数字竣工图。

9.1.2 竣工总图的比例尺，宜选用 1：500；坐标系统、高程基准、图幅大小、图上注记、线条规格，应与原设计图一致；图例符号，应采用现行国家标准

《总图制图标准》GB/T 50103。

9.1.3 竣工总图应根据设计和施工资料进行编绘。当资料不全无法编绘时，应进行实测。

9.1.4 竣工总图编绘完成后，应经原设计及施工单位技术负责人审核、会签。

9.2 竣工总图的编绘

9.2.1 竣工总图的编绘，应收集下列资料：

1 总平面布置图。

2 施工设计图。

3 设计变更文件。

4 施工检测记录。

5 竣工测量资料。

6 其他相关资料。

9.2.2 编绘前，应对所收集的资料进行实地对照检核。不符之处，应实测其位置、高程及尺寸。

9.2.3 竣工总图的编制，应符合下列规定：

1 地面建（构）筑物，应按实际竣工位置和形状进行编制。

2 地下管道及隐蔽工程，应根据回填前的实测坐标和高程记录进行编制。

3 施工中，应根据施工情况和设计变更文件及时编制。

4 对实测的变更部分，应按实测资料编制。

5 当平面布置改变超过图上面积 1/3 时，不宜在原施工图上修改和补充，应重新编制。

9.2.4 竣工总图的绘制，应满足下列要求：

1 应绘出地面的建（构）筑物、道路、铁路、地面排水沟渠、树木及绿化地等。

2 矩形建（构）筑物的外墙角，应注明两个以上点的坐标。

3 圆形建（构）筑物，应注明中心坐标及接地处半径。

4 主要建筑物，应注明室内地坪高程。

5 道路的起终点、交叉点，应注明中心点的坐标和高程；弯道处，应注明交角、半径及交点坐标；路面，应注明宽度及铺装材料。

6 铁路中心线的起终点、曲线交点，应注明坐标；曲线上，应注明曲线的半径、切线长、曲线长、外矢矩、偏角等曲线元素；铁路的起终点、变坡点及曲线的内轨轨面应注明高程。

7 当不绘制分类专业图时，给水管道、排水管道、动力管道、工艺管道、电力及通信线路等在总图上的绘制，还应符合 9.2.5 条～9.2.7 条的规定。

9.2.5 给水排水管道专业图的绘制，应满足下列要求：

1 给水管道，应绘出地面给水建筑物及各种水处理设施和地上、地下各种管径的给水管线及其附属设备。

对于管道的起终点、交叉点、分支点，应注明坐标；变坡处应注明高程；变径处应注明管径及材料；不同型号的检查井应绘制详图。当图上按比例绘制管道结点有困难时，可用放大详图表示。

2 排水管道，应绘出污水处理构筑物、水泵站、检查井、跌水井、水封井、雨水口、排出水口、化粪池以及明渠、暗渠等。检查井，应注明中心坐标、出入口管底高程、井底高程、井台高程；管道，应注明管径、材质、坡度；对不同类型的检查井，应绘出详图。

3 给水排水管道专业图上，还应绘出地面有关建（构）筑物、铁路、道路等。

9.2.6 动力、工艺管道专业图的绘制，应满足下列要求：

1 应绘出管道及有关的建（构）筑物。管道的交叉点、起终点，应注明坐标、高程、管径和材质。

2 对于沟道敷设的管道，应在适当地方绘制沟道断面图，并标注沟道的尺寸及各种管道的位置。

3 动力、工艺管道专业图上，还应绘出地面有关建（构）筑物、铁路、道路等。

9.2.7 电力及通信线路专业图的绘制，应满足下列要求：

1 电力线路，应绘出总变电所、配电站、车间降压变电所、室内外变电装置、柱上变压器、铁塔、电杆、地下电缆检查井等；并应注明线径、送电导线数、电压及送变电设备的型号、容量。

2 通信线路，应绘出中继站、交接箱、分线盒（箱）、电杆、地下通信电缆人孔等。

3 各种线路的起终点、分支点、交叉点的电杆应注明坐标；线路与道路交叉处应注明净空高。

4 地下电缆，应注明埋设深度或电缆沟的沟底高程。

5 电力及通信线路专业图上，还应绘出地面有关建（构）筑物、铁路、道路等。

9.2.8 当竣工总图中图面负载较大但管线不甚密集时，除绘制总图外，可将各种专业管线合并绘制成综合管线图。综合管线图的绘制，也应满足本章第9.2.5～9.2.7条的要求。

9.3 竣工总图的实测

9.3.1 竣工总图的实测，宜采用全站仪测图及数字编辑成图的方法。成图软件和绘图仪的选用，应分别满足本规范第5.1.9条和5.1.10条的要求。

9.3.2 竣工总图中建（构）筑物细部点的点位和高程中误差，应满足本规范表5.1.5-3的规定。

9.3.3 竣工总图的实测，应在已有的施工控制点上进行。当控制点被破坏时，应进行恢复。

9.3.4 对已收集的资料应进行实地对照检核。满足要求时应充分利用，否则应重新测量。

9.3.5 竣工总图实测的其他技术要求，应按本规范

第5.8节的有关规定执行。

10 变 形 监 测

10.1 一 般 规 定

10.1.1 本章适用于工业与民用建（构）筑物、建筑场地、地基基础、水工建筑物、地下工程建（构）筑物、桥梁、滑坡等的变形监测。

10.1.2 重要的工程建（构）筑物，在工程设计时，应对变形监测的内容和范围做出统筹安排，并应由监测单位制定详细的监测方案。首次观测，宜获取监测体初始状态的观测数据。

10.1.3 变形监测的等级划分及精度要求，应符合表10.1.3的规定。

表 10.1.3　变形监测的等级划分及精度要求

等级	垂直位移监测		水平位移监测	适 用 范 围
	变形观测点的高程中误差（mm）	相邻变形观测点的高差中误差（mm）	变形观测点的点位中误差（mm）	
一等	0.3	0.1	1.5	变形特别敏感的高层建筑、高耸构筑物、工业建筑、重要古建筑、大型坝体、精密工程设施、特大型桥梁、大型直立岩体、大型坝区地壳变形监测等
二等	0.5	0.3	3.0	变形比较敏感的高层建筑、高耸构筑物、工业建筑、古建筑、特大型和大型桥梁、大中型坝体、直立岩体、高边坡、重要工程设施、重大地下工程、危害性较大的滑坡监测等
三等	1.0	0.5	6.0	一般性的高层建筑、多层建筑、工业建筑、高耸构筑物、直立岩体、高边坡、深基坑、一般地下工程、危害性一般的滑坡监测、大型桥梁等
四等	2.0	1.0	12.0	观测精度要求较低的建（构）筑物、普通滑坡监测、中小型桥梁等

注：1 变形观测点的高程中误差和点位中误差，是指相对于邻近基准点的中误差。

2 特定方向的位移中误差，可取表中相应等级点位中误差的 $1/\sqrt{2}$ 作为限值。

3 垂直位移监测，可根据需要按变形观测点的高程中误差或相邻变形观测点的高差中误差，确定监测精度等级。

10.1.4 变形监测网的网点，宜分为基准点、工作基点和变形观测点。其布设应符合下列要求：

1 基准点，应选在变形影响区域之外稳固可靠的位置。每个工程至少应有 3 个基准点。大型的工程项目，其水平位移基准点应采用带有强制归心装置的观测墩，垂直位移基准点宜采用双金属标或钢管标。

2 工作基点，应选在比较稳定且方便使用的位置。设立在大型工程施工区域内的水平位移监测工作基点宜采用带有强制归心装置的观测墩，垂直位移监测工作基点可采用钢管标。对通视条件较好的小型工程，可不设立工作基点，在基准点上直接测定变形观测点。

3 变形观测点，应设立在能反映监测体变形特征的位置或监测断面上，监测断面一般分为：关键断面、重要断面和一般断面。需要时，还应埋设一定数量的应力、应变传感器。

10.1.5 监测基准网，应由基准点和部分工作基点构成。监测基准网应每半年复测一次；当对变形监测成果发生怀疑时，应随时检核监测基准网。

10.1.6 变形监测网，应由部分基准点、工作基点和变形观测点构成。监测周期，应根据监测体的变形特征、变形速率、观测精度和工程地质条件等因素综合确定。监测期间，应根据变形量的变化情况适当调整。

10.1.7 各期的变形监测，应满足下列要求：

1 在较短的时间内完成。

2 采用相同的图形（观测路线）和观测方法。

3 使用同一仪器和设备。

4 观测人员相对固定。

5 记录相关的环境因素，包括荷载、温度、降水、水位等。

6 采用统一基准处理数据。

10.1.8 变形监测作业前，应收集相关水文地质、岩土工程资料和设计图纸，并根据岩土工程地质条件、工程类型、工程规模、基础埋深、建筑结构和施工方法等因素，进行变形监测方案设计。

方案设计，应包括监测的目的、精度等级、监测方法、监测基准网的精度估算和布设、观测周期、项目预警值、使用的仪器设备等内容。

10.1.9 每期观测前，应对所使用的仪器和设备进行检查、校正，并做好记录。

10.1.10 每期观测结束后，应及时处理观测数据。当数据处理结果出现下列情况之一时，必须即刻通知建设单位和施工单位采取相应措施：

1 变形量达到预警值或接近允许值。

2 变形量出现异常变化。

3 建（构）筑物的裂缝或地表的裂缝快速扩大。

10.2 水平位移监测基准网

10.2.1 水平位移监测基准网，可采用三角形网、导线网、GPS 网和视准轴线等形式。当采用视准轴线时，轴线上或轴线两端应设立校核点。

10.2.2 水平位移监测基准网宜采用独立坐标系统，并进行一次布网。必要时，可与国家坐标系统联测。狭长形建筑物的主轴线或其平行线，应纳入网内。大型工程布网时，应充分顾及网的精度、可靠性和灵敏度等指标。

10.2.3 基准网点位，宜采用有强制归心装置的观测墩。观测墩的制作与埋设，应符合本规范附录 B 中 B.3 的规定。

10.2.4 水平位移监测基准网的主要技术要求，应符合表 10.2.4 的规定。

表 10.2.4 水平位移监测基准网的主要技术要求

等级	相邻基准点的点位中误差 (mm)	平均边长 L(m)	测角中误差 (″)	测边相对中误差	水平角观测测回数	
					1″级仪器	2″级仪器
一等	1.5	≤300	0.7	≤1/300000	12	—
		≤200	1.0	≤1/200000	9	—
二等	3.0	≤400	1.0	≤1/200000	9	—
		≤200	1.8	≤1/100000	6	9
三等	6.0	≤450	1.8	≤1/100000	6	9
		≤350	2.5	≤1/80000	4	6
四等	12.0	≤600	2.5	≤1/80000	4	6

注：1 水平位移监测基准网的相关指标，是基于相应等级相邻基准点的点位中误差的要求确定的。

2 具体作业时，也可根据监测项目的特点在满足相邻基准点的点位中误差要求前提下，进行专项设计。

3 GPS 水平位移监测基准网，不受测角中误差和水平角观测测回数指标的限制。

10.2.5 监测基准网的水平角观测，宜采用方向观测法。其技术要求应符合本规范第 3.3.8 条的规定。

10.2.6 监测基准网边长，宜采用电磁波测距。其主要技术要求，应符合表 10.2.6 的规定。

表 10.2.6　测距的主要技术要求

等级	仪器精度等级	每边测回数		一测回读数较差（mm）	单程各测回较差（mm）	气象数据测定的最小读数		往返较差（mm）
		往	返			温度（℃）	气压（Pa）	
一等	1mm 级仪器	4	4	1	1.5			
二等	2mm 级仪器	3	3	3	4	0.2	50	≤2 $(a+b\times D)$
三等	5mm 级仪器	2	2	5	7			
四等	10mm 级仪器	4	—	8	10			

注：1　测回是指照准目标一次，读数 2～4 次的过程。
　　2　根据具体情况，测边可采取不同时间段代替往返观测。
　　3　测量斜距，须经气象改正和仪器的加、乘常数改正后才能进行水平距离计算。
　　4　计算测距往返较差的限差时，a、b 分别为相应等级所使用仪器标称的固定误差和比例误差系数，D 为测量斜距（km）。

10.2.7　对于三等以上的 GPS 监测基准网，应采用双频接收机，并采用精密星历进行数据处理。

10.2.8　水平位移监测基准网测量的其他技术要求，按本规范第 3 章的有关规定执行。

10.3　垂直位移监测基准网

10.3.1　垂直位移监测基准网，应布设成环形网并采用水准测量方法观测。

10.3.2　基准点的埋设，应符合下列规定：

　　1　应将标石埋设在变形区以外稳定的原状土层内，或将标志镶嵌在裸露基岩上。

　　2　利用稳固的建（构）筑物，设立墙水准点。

　　3　当受条件限制时，在变形区内也可埋设深层钢管标或双金属标。

　　4　大型水工建筑物的基准点，可采用平洞标志。

　　5　基准点的标石规格，可根据现场条件和工程需要，按本规范附录 D 进行选择。

10.3.3　垂直位移监测基准网的主要技术要求，应符合表 10.3.3 的规定。

表 10.3.3　垂直位移监测基准网的主要技术要求

等级	相邻基准点高差中误差（mm）	每站高差中误差（mm）	往返较差或环线闭合差（mm）	检测已测高差较差（mm）
一等	0.3	0.07	$0.15\sqrt{n}$	$0.2\sqrt{n}$
二等	0.5	0.15	$0.30\sqrt{n}$	$0.4\sqrt{n}$
三等	1.0	0.30	$0.60\sqrt{n}$	$0.8\sqrt{n}$
四等	2.0	0.70	$1.40\sqrt{n}$	$2.0\sqrt{n}$

注：表中 n 为测站数。

10.3.4　水准观测的主要技术要求，应符合表 10.3.4 的规定。

表 10.3.4　水准观测的主要技术要求

等级	水准仪型号	水准尺	视线长度（m）	前后视的距离较差（m）	前后视的距离较差累积（m）	视线离地面最低高度（m）	基本分划、辅助分划读数较差（mm）	基本分划、辅助分划所测高差较差（mm）
一等	DS05	因瓦	15	0.3	1.0	0.5	0.3	0.4
二等	DS05	因瓦	30	0.5	1.5	0.5	0.3	0.4
三等	DS05	因瓦	50	2.0	3	0.3	0.5	0.7
	DS1	因瓦	50	2.0	3	0.3	0.5	0.7
四等	DS1	因瓦	75	5.0	8	0.2	1.0	1.5

注：1　数字水准仪观测，不受基、辅分划读数较差指标的限制，但测站两次观测的高差较差，应满足表中相应等级基、辅分划所测高差较差的限值。

　　2　水准路线跨越江河时，应进行相应等级的跨河水准测量，其指标不受该表的限制，按本规范第 4 章的规定执行。

10.3.5　观测使用的水准仪和水准标尺，应符合本规范第 4.2.2 条的规定，DS05 级水准仪视准轴与水准管轴的夹角不得大于 $10''$。

10.3.6　起始点高程，宜采用测区原有高程系统。较小规模的监测工程，可采用假定高程系统；较大规模的监测工程，宜与国家水准点联测。

10.3.7 水准观测的其他技术要求，应符合本规范第4章的有关规定。

10.4 基本监测方法与技术要求

10.4.1 变形监测的方法，应根据监测项目的特点、精度要求、变形速率以及监测体的安全性等指标，按表10.4.1选用。也可同时采用多种方法进行监测。

表10.4.1 变形监测方法的选择

类 别	监测方法
水平位移监测	三角形网、极坐标法、交会法、GPS测量、正倒垂线法、视准线法、引张线法、激光准直法、精密测（量）距、伸缩仪法、多点位移计、倾斜仪等
垂直位移监测	水准测量、液体静力水准测量、电磁波测距三角高程测量等
三维位移监测	全站仪自动跟踪测量法、卫星实时定位测量（GPS-RTK）法、摄影测量法等
主体倾斜	经纬仪投点法、差异沉降法、激光准直法、垂线法、倾斜仪、电垂直梁等
挠度观测	垂线法、差异沉降法、位移计、挠度计等
监测体裂缝	精密测（量）距、伸缩仪、测缝计、位移计、摄影测量等
应力、应变监测	应力计、应变计

10.4.2 当采用三角形网测量时，其技术要求应符合本规范10.2节的相关规定。

10.4.3 交会法、极坐标法的主要技术要求，应符合下列规定：

　　1 用交会法进行水平位移监测时，宜采用三点交会法；角交会法的交会角，应在60°~120°之间，边交会法的交会角，宜在30°~150°之间。

　　2 用极坐标法进行水平位移监测时，宜采用双测站极坐标法，其边长应采用电磁波测距仪测定。

　　3 测站应采用有强制对中装置的观测墩，变形观测点，可埋设安置反光镜或觇牌的强制对中装置或其他固定照准标志。

10.4.4 视准线法的主要技术要求，应符合下列规定：

　　1 视准线两端的延长线外，宜设立校核基准点。

　　2 视准线应离开障碍物1m以上。

　　3 各测点偏离视准线的距离，不应大于2cm；采用小角法时可适当放宽，小角角度不应超过30″。

　　4 视准线测量，可选用活动觇牌法或小角度法。

当采用活动觇牌法观测时，监测精度宜为视准线长度的1/100000；当采用小角度法观测时，监测精度应按（10.4.4）式估算：

$$m_s = m_\beta L/\rho \qquad (10.4.4)$$

式中　m_s——位移中误差（mm）；

　　　m_β——测角中误差（″）；

　　　L——视准线长度（mm）；

　　　ρ——206265″。

　　5 基准点、校核基准点和变形观测点，均应采用有强制对中装置的观测墩。

　　6 当采用活动觇牌法观测时，观测前应对觇牌的零位差进行测定。

10.4.5 引张线法的主要技术要求，应符合下列规定：

　　1 引张线长度大于200m时，宜采用浮托式。

　　2 引张线两端，可设置倒垂线作为校核基准点，也可将校核基准点设置在两端山体的平洞内。

　　3 引张线宜采用直径为$\phi 0.8 \sim \phi 1.2$mm的不锈钢丝。

　　4 观测时，测回较差不应超过0.2mm。

10.4.6 正、倒垂线法的主要技术要求，应符合下列规定：

　　1 应根据垂线长度，合理确定重锤重量或浮子的浮力。

　　2 垂线宜采用直径为$\phi 0.8 \sim \phi 1.2$mm的不锈钢丝或因瓦丝。

　　3 单段垂线长度不宜大于50m。

　　4 需要时，正倒垂可结合布设。

　　5 测站应采用有强制对中装置的观测墩。

　　6 垂线观测可采用光学垂线坐标仪，测回较差不应超过0.2mm。

10.4.7 激光测量的主要技术要求，应符合下列规定：

　　1 激光器（包括激光经纬仪、激光导向仪、激光准直仪等）宜安置在变形区影响之外或受变形影响较小的区域。激光器应采取防尘、防水措施。

　　2 安置激光器后，应同时在激光器附近的激光光路上，设立固定的光路检核标志。

　　3 整个光路上应无障碍物，光路附近应设立安全警示标志。

　　4 目标板（或感应器），应稳固设立在变形比较敏感的部位并与光路垂直；目标板的刻划，应均匀、合理。观测时应将接收到的激光光斑，调至最小、最清晰。

10.4.8 当采用水准测量方法进行垂直位移监测时，应符合下列规定：

　　1 垂直位移监测网的主要技术要求，应符合表10.4.8的规定。

表 10.4.8　垂直位移监测网的主要技术要求

等级	变形观测点的高程中误差（mm）	每站高差中误差（mm）	往返较差、附合或环线闭合差（mm）	检测已测高差较差（mm）
一等	0.3	0.07	$0.15\sqrt{n}$	$0.2\sqrt{n}$
二等	0.5	0.15	$0.30\sqrt{n}$	$0.4\sqrt{n}$
三等	1.0	0.30	$0.60\sqrt{n}$	$0.8\sqrt{n}$
四等	2.0	0.70	$1.40\sqrt{n}$	$2.0\sqrt{n}$

注：表中 n 为测站数。

　　2　水准观测的主要技术要求，应符合本规范 10.3.4 条的规定。

10.4.9　静力水准测量，应满足下列要求：

　　1　静力水准观测的主要技术要求，应符合表 10.4.9 的规定。

表 10.4.9　静力水准观测的主要技术要求

等级	仪器类型	读数方式	两次观测高差较差（mm）	环线及附合路线闭合差（mm）
一等	封闭式	接触式	0.15	$0.15\sqrt{n}$
二等	封闭式、敞口式	接触式	0.30	$0.30\sqrt{n}$
三等	敞口式	接触式	0.60	$0.60\sqrt{n}$
四等	敞口式	目视式	1.40	$1.40\sqrt{n}$

注：表中 n 为高差个数。

　　2　观测前，应对观测头的零点差进行检验。

　　3　应保持连通管路无压折，管内液体无气泡。

　　4　观测头的圆气泡应居中。

　　5　两端测站的环境温度不宜相差过大。

　　6　仪器对中误差不应大于 2mm，倾斜度不应大于 10′。

　　7　宜采用两台仪器对向观测，也可采用一台仪器往返观测。液面稳定后，方能开始测量；每观测一次，应读数 3 次，取其平均值作为观测值。

10.4.10　电磁波测距三角高程测量，宜采用中点单觇法，也可采用直返觇法。其主要技术要求应符合下列规定：

　　1　垂直角宜采用 1″级仪器中丝法对向观测各 6 测回，测回间垂直角较差不应大于 6″。

　　2　测距长度宜小于 500m，测距中误差不应超过 3mm。

　　3　觇标高（仪器高），应精确量至 0.1mm。

　　4　必要时，测站观测前后各测量一次气温、气压，计算时加入相应改正。

10.4.11　主体倾斜和挠度观测，应符合下列规定：

　　1　可采用监测体顶部及其相应底部变形观测点的相对水平位移值计算主体倾斜。

　　2　可采用基础差异沉降推算主体倾斜值和基础的挠度。

　　3　重要的直立监测体的挠度观测，可采用正倒垂线法、电垂直梁法。

　　4　监测体的主体倾斜率和按差异沉降推算主体倾斜值，按本规范附录 F 的公式计算；按差异沉降推算基础相对倾斜值和基础挠度，按本规范附录 G 的公式计算。

10.4.12　当监测体出现裂缝时，应根据需要进行裂缝观测并满足下列要求：

　　1　裂缝观测点，应根据裂缝的走向和长度，分别布设在裂缝的最宽处和裂缝的末端。

　　2　裂缝观测标志，应跨裂缝牢固安装。标志可选用镶嵌式金属标志、粘贴式金属片标志、钢尺条、坐标格网板或专用量测标志等。

　　3　标志安装完成后，应拍摄裂缝观测初期的照片。

　　4　裂缝的量测，可采用比例尺、小钢尺、游标卡尺或坐标格网板等工具进行；量测应精确至 0.1mm。

　　5　裂缝的观测周期，应根据裂缝变化速度确定。裂缝初期可每半个月观测一次，基本稳定后宜每月观测一次，当发现裂缝加大时应及时增加观测次数，必要时应持续观测。

10.4.13　全站仪自动跟踪测量的主要技术要求，应符合下列规定：

　　1　测站应设立在基准点或工作基点上，并采用有强制对中装置的观测台或观测墩；测站视野应开阔无遮挡，周围应设立安全警示标志；应同时具有防水、防尘设施。

　　2　监测体上的变形观测点宜采用观测棱镜，距离较短时也可采用反射片。

　　3　数据通信电缆宜采用光缆或专用数据电缆，并应安全敷设，连接处应采取绝缘和防水措施。

　　4　作业前应将自动观测成果与人工测量成果进行比对，确保自动观测成果无误后，方能进行自动监测。

　　5　测站和数据终端设备应备有不间断电源。

　　6　数据处理软件，应具有观测数据自动检核、超限数据自动处理、不合格数据自动重测，观测目标被遮挡时，可自动延时观测处理和变形数据自动处理、分析、预报和预警等功能。

10.4.14　当采用摄影测量方法时，应满足下列要求：

　　1　应根据监测体的变形特点、监测规模和精度要求，合理选用作业方法，可采用时间基线视差法、立体摄影测量方法或实时数字摄影测量方法等。

2 监测点标志，可采用十字形或同心圆形，标志的颜色应使影像与标志背景色调有明显的反差，可采用黑、白、黄色或两色相间。

3 像控点应布设在监测体的四周；当监测体的景深较大时，应在景深范围内均匀布设。像控点的点位精度不宜低于监测体监测精度的1/3。

当采用直接线性变换法解算待定点时，一个像对的控制点宜布设6～9个；当采用时间基线视差法时，一个像对宜布设4个以上控制点。

4 对于规模较大、监测精度要求较高的监测项目，可采用多标志、多摄站、多相片及多量测的方法进行。

5 摄影站，应设置在带有强制归心装置的观测墩上。对于长方形的监测体，摄影站宜布设在与物体长轴相平行的一条直线上，并使摄影主光轴垂直于被摄物体的主立面；对于圆柱形监测体，摄影站可均匀布设在与物体中轴线等距的周围。

6 多像对摄影时，应布设像对间起连接作用的标志点。

7 变形摄影测量的其他技术要求，应满足现行国家标准《工程摄影测量规范》GB 50167 的有关规定。

10.4.15 当采用卫星实时定位测量（GPS-RTK）方法时，其主要技术要求应符合下列规定：

1 应设立永久性固定参考站作为变形监测的基准点，并建立实时监控中心。

2 参考站，应设立在变形区之外或受变形影响较小的地势较高区域，上部天空应开阔，无高度角超过10°的障碍物，且周围无 GPS 信号反射物（大面积水域、大型建构物），及无高压线、电视台、无线电发射站、微波站等干扰源。

3 流动站的接收天线，应永久设置在监测体的变形观测点上，并采取保护措施。接收天线的周围无高度角超过10°的障碍物。变形观测点的数目应依具体的监测项目和监测体的结构灵活布设。接收卫星数量不应少于5颗，并采用固定解成果。

4 数据通信，对于长期的变形监测项目宜采用光缆或专用数据电缆通信，对于短期的监测项目也可采用无线电数据链通信。

10.4.16 应力、应变监测的主要技术要求，应符合下列规定：

1 监测点，应根据设计要求和工程需要合理布设。

2 传感器应具有足够的强度、抗腐蚀性和耐久性，并具有抗震和抗冲击性能；传感器的量程宜为设计最大压力的 1.2 倍，其精度应满足工程监控的要求；连接电缆应采用耐酸碱、防水、绝缘的专用电缆。

3 传感器埋设前，应进行密封性检验、力学性能检验和温度性能检验，满足要求后方能使用。

4 传感器应密实埋设，其承压面应与受力方向垂直；连接电缆应进行编号。

5 传感器预埋稳定后，方能测定静态初始值。

6 应力、应变监测周期，宜与变形监测周期同步。

10.5 工业与民用建筑变形监测

10.5.1 工业与民用建筑变形监测项目，应根据工程需要按表 10.5.1 选择。

表 10.5.1 工业与民用建筑变形监测项目

项 目		主要监测内容	备 注
场地		垂直位移	建筑施工前
基坑	支护边坡 不降水	垂直位移	回填前
		水平位移	
	支护边坡 降水	垂直位移	降水期
		水平位移	
		地下水位	
	地基	基坑回弹	基坑开挖期
		分层地基土沉降	主体施工期、竣工初期
		地下水位	降水期
建筑物	基础变形	基础沉降	主体施工期、竣工初期
		基础倾斜	
	主体变形	水平位移	竣工初期
		主体倾斜	
		建筑裂缝	发现裂缝初期
		日照变形	竣工后

10.5.2 拟建建筑场地的沉降观测，应在建筑施工前进行。变形观测，可采用四等监测精度，点位间距，宜为 30～50m。

10.5.3 基坑的变形监测，应符合下列规定：

1 基坑变形监测的精度，不宜低于三等。

2 变形观测点的点位，应根据工程规模、基坑深度、支护结构和支护设计要求合理布设。普通建筑基坑，变形观测点点位宜布设在基坑的顶部周边，点位间距以 10～20m 为宜；较高安全监测要求的基坑，变形观测点点位宜布设在基坑侧壁的顶部和中部；变形比较敏感的部位，应加测关键断面或埋设应力和位移传感器。

3 水平位移监测可采用极坐标法、交会法等；垂直位移监测可采用水准测量方法、电磁波测距三角高程测量方法等。

4 基坑变形监测周期，应根据施工进程确定。当开挖速度或降水速度较快引起变形速率较大时，应增加观测次数；当变形量接近预警值或有事故征兆时，应持续观测。

5 基坑开始开挖至回填结束前或在基坑降水期间，还应对基坑边缘外围1～2倍基坑深度范围内或受影响的区域内的建（构）筑物、地下管线、道路、地面等进行变形监测。

10.5.4 对于开挖面积较大、深度较深的重要建（构）筑物的基坑，应根据需要或设计要求进行基坑回弹观测，并符合下列规定：

1 回弹变形观测点，宜布设在基坑的中心和基坑中心的纵横轴线上能反映回弹特征的位置；轴线上距离基坑边缘外的2倍坑深处，也应设置回弹变形观测点。

2 观测标志，应埋入基底面下10～20cm。其钻孔必须垂直，并应设置保护管。

3 基坑回弹变形观测精度等级，宜采用三等。

4 回弹变形观测点的高程，宜采用水准测量方法，并在基坑开挖前、开挖后及浇灌基础前，各测定1次。对传递高程的辅助设备，应进行温度、尺长和拉力等项修正。

10.5.5 重要的高层建筑或大型工业建（构）筑物，应根据工程需要或设计要求，进行地基土的分层垂直位移观测，并符合下列规定：

1 地基土分层垂直位移观测点位，应布设在建（构）筑物的地基中心附近。

2 观测标志埋设的深度，最浅层应埋设在基础底面下50cm；最深层应超过理论上的压缩层厚度。

3 观测标志，应由内管和保护管组成，内管顶部应设置半球状的立尺标志。

4 地基土的分层垂直位移观测宜采用三等精度，且应在基础浇灌前开始；观测的周期，宜符合本规范第10.5.8条第3款的规定。

10.5.6 地下水位监测，应符合下列规定：

1 监测孔（井）的布设，应顾及施工区至河流（湖、海）的距离、施工区地下水位、周边水域水位等因素。

2 监测孔（井）的建立，可采用钻孔加井管进行，也可直接利用区域内的水井。

3 水位量测，宜与沉降观测同步，但不得少于沉降观测的次数。

10.5.7 工业与民用建（构）筑物的水平位移测量，应符合下列规定：

1 水平位移变形观测点，应布设在建（构）筑物的下列部位：

    1）建筑物的主要墙角和柱基上以及建筑沉降缝的顶部和底部。

    2）当有建筑裂缝时，还应布设在裂缝的两边。

    3）大型构筑物的顶部、中部和下部。

2 观测标志宜采用反射棱镜、反射片、照准觇牌或变径垂直照准杆。

3 水平位移观测周期，应根据工程需要和场地的工程地质条件综合确定。

10.5.8 工业与民用建（构）筑物的沉降观测，应符合下列规定：

1 沉降观测点，应布设在建（构）筑物的下列部位：

    1）建（构）筑物的主要墙角及沿外墙每10～15m处或每隔2～3根柱基上。

    2）沉降缝、伸缩缝、新旧建（构）筑物或高低建（构）筑物接壤处的两侧。

    3）人工地基和天然地基接壤处、建（构）筑物不同结构分界处的两侧。

    4）烟囱、水塔和大型储藏罐等高耸构筑物基础轴线的对称部位，且每一构筑物不得少于4个点。

    5）基础底板的四角和中部。

    6）当建（构）筑物出现裂缝时，布设在裂缝两侧。

2 沉降观测标志应稳固埋设，高度以高于室内地坪（±0面）0.2～0.5m为宜。对于建筑立面后期有贴面装饰的建（构）筑物，宜预埋螺栓式活动标志。

3 高层建筑施工期间的沉降观测周期，应每增加1～2层观测1次；建筑物封顶后，应每3个月观测一次，观测一年。如果最后两个观测周期的平均沉降速率小于0.02mm/日，可以认为整体趋于稳定，如果各点的沉降速率均小于0.02mm/日，即可终止观测。否则，应继续每3个月观测一次，直至建筑物稳定为止。

工业厂房或多层民用建筑的沉降观测总次数，不应少于5次。竣工后的观测周期，可根据建（构）筑物的稳定情况确定。

10.5.9 建（构）筑物的主体倾斜观测，应符合下列规定：

1 整体倾斜观测点，宜布设在建（构）筑物竖轴线或其平行线的顶部和底部，分层倾斜观测点宜分层布设高低点。

2 观测标志，可采用固定标志、反射片或建（构）筑物的特征点。

3 观测精度，宜采用三等水平位移观测精度。

4 观测方法，可采用经纬仪投点法、前方交会法、正锤线法、激光准直法、差异沉降法、倾斜仪测记法等。

10.5.10 当建（构）筑物出现裂缝且裂缝不断发展时，应进行建筑裂缝观测。裂缝观测，应满足本规范10.4.12条的要求。

10.5.11 当建（构）筑物因日照引起的变形较大或工程需要时，应进行日照变形观测且符合下列规定：

1 变形观测点，宜设置在监测体受热面不同的高度处。

2 日照变形的观测时间，宜选在夏季的高温天进行。一般观测项目，可在白天时间段观测，从日出前开始定时观测，至日落后停止。

3 在每次观测的同时，应测出监测体向阳面与背阳面的温度，并测定即时的风速、风向和日照强度。

4 观测方法，应根据日照变形的特点、精度要求、变形速率以及建（构）筑物的安全性等指标确定，可采用交会法、极坐标法、激光准直法、正倒垂线法等。

10.6 水工建筑物变形监测

10.6.1 水工建筑物及其附属设施的变形监测项目和内容，应根据水工建筑物结构及布局、基坑深度、水库库容、地质地貌、开挖断面和施工方法等因素综合确定。监测内容应在满足工程需要和设计要求的基础上，可按表10.6.1选择。

表 10.6.1 水工建筑物变形监测项目

阶段	项 目	主要监测内容
施工期	高边坡开挖稳定性监测	水平位移、垂直位移、挠度、倾斜、裂缝
	堆石体监测	水平位移、垂直位移
	结构物监测	水平位移、垂直位移、挠度、倾斜、接缝、裂缝
	临时围堰监测	水平位移、垂直位移、挠度
	建筑物基础沉降观测	垂直位移
	近坝区滑坡监测	水平位移、垂直位移、深层位移
运行期	坝体：混凝土坝	水平位移、垂直位移、挠度、倾斜、坝体表面接缝、裂缝、应力、应变等
	坝体：土石坝	水平位移、垂直位移、挠度、倾斜、裂缝等
	坝体：灰坝、尾矿坝	水平位移、垂直位移
	坝体：堤坝	水平位移、垂直位移
	涵闸、船闸	水平位移、垂直位移、挠度、裂缝、张合变形等
	库首区、库区：滑坡体	水平位移、垂直位移、深层位移、裂缝
	库首区、库区：地质软弱层	
	库首区、库区：跨断裂(断层)	
	库首区、库区：高边坡	

10.6.2 施工期变形监测的精度要求，不应超过表10.6.2的规定。

表 10.6.2 施工期变形监测的精度要求

项目名称	位移量中误差(mm)		备 注
	平面	高程	
高边坡开挖稳定性监测	3	3	岩石边坡
	5	5	岩土混合或土质边坡
堆石体监测	5	5	
结构物监测	根据设计要求确定		
临时围堰监测	5	10	
建筑物基础沉降观测	—	3	
裂缝观测	1	—	混凝土构筑物、大型金属构件
	3	—	其他结构
近坝区滑坡监测	3	3	岩体滑坡体
	5～6	5	岩土混合或土质滑坡体

注：1 临时围堰位移量中误差是指相对于围堰轴线，裂缝观测是指相对于观测线，其他项目是指相对于工作基点而言。

2 垂直位移观测，应采用水准测量；受客观条件限制时，也可采用电磁波测距三角高程测量。

10.6.3 混凝土水坝变形监测的精度要求，不应超过表10.6.3的规定。

表 10.6.3 混凝土水坝变形监测的精度要求

项 目			测量中误差
水平位移(mm)	坝体	重力坝、支墩坝	1.0
		拱坝 径向	2.0
		拱坝 切向	1.0
	坝基	重力坝、支墩坝	0.3
		拱坝 径向	1.0
		拱坝 切向	0.5
垂 直 位 移(mm)			1.0
挠度(mm)			0.3
倾斜(″)	坝体		5.0
	坝基		1.0
坝体表面接缝、裂缝(mm)			0.2

注：1 中小型混凝土水坝的水平位移监测精度，可放宽1倍执行；土石坝，可放宽2倍执行。

2 中小型水坝的垂直位移监测精度，小型混凝土水坝不应超过2mm，中型土石坝不应超过3mm，小型土石坝不应超过5mm。

10.6.4 水坝坝体变形观测点的布设，应符合下列规定：

1 坝体的变形观测点，宜沿坝轴线的平行线布设。点位宜设置在坝顶和其他能反映坝体变形特征的部位；在关键断面、重要断面及一般断面上，应按断面走向相应布点。

2 混凝土坝每个坝段，应至少设立 1 个变形观测点；土石坝变形观测点，可均匀布设，点位间距不应超过 50m。

3 有廊道的混凝土坝，可将变形观测点布设在基础廊道和中间廊道内。

4 水平位移与垂直位移变形观测点，可共用同一桩位。

10.6.5 水坝的变形监测周期，应符合下列规定：

1 坝体施工过程中，应每半个月或每个月观测 1 次。

2 坝体竣工初期，应每个月观测 1 次；基本稳定后，宜每 3 个月观测 1 次。

3 土坝宜在每年汛前、汛后各观测 1 次。

4 当出现下列情况之一时，应及时增加观测次数：

1）水库首次蓄水或蓄水排空。

2）水库达到最高水位或警戒水位。

3）水库水位发生骤变。

4）位移量显著增大。

5）对大坝变形影响较大的高低温气象天气。

6）库区发生地震。

10.6.6 灰坝、尾矿坝的变形监测，可根据水坝的技术要求适当放宽执行。

10.6.7 堤坝工程在施工期和运行期的变形监测内容、精度和观测周期，应根据堤防工程的级别、堤形、设计要求和水文、气象、地形、地质等条件合理确定。

10.6.8 大型涵闸除进行位移监测外，还应进行闸门、闸墙的张合变形监测。监测中误差不应超过 1.0mm。大型涵闸的变形观测点，应布设在闸墙两边和闸门附近等位置。

10.6.9 库首区、库区地质缺陷、跨断裂及地震灾害监测，应符合下列规定：

1 库首区、库区地质缺陷监测的对象包括滑坡体、地质软弱层、施工形成的高边坡等。其监测项目、点位布设和观测周期，按本章 10.9 节的有关规定执行。

2 跨断裂及地震灾害监测，应结合地震台网的分布及区域地质资料进行，并满足下列要求：

1）监测点位，应布设在地质断裂带的两侧；点位间距，根据需要合理确定。必要时还应进行平洞监测。

2）变形监测宜采用三角形网、GPS 网、水准测量、精密测（量）距、裂缝观测等方法。重要监测项目，变形观测点的点位和高程中误差不应超过 1.0mm；普通监测项目，精度可适当放宽。

3）监测周期，应按不同监测区域的重要性和危害程度分别确定。对于重要的、变形速率较快的监测体，宜每周观测 1 次；变形速率较小时，其监测周期可适当加大。

10.7 地下工程变形监测

10.7.1 地下工程变形监测项目和内容，应根据埋深、地质条件、地面环境、开挖断面和施工方法等因素综合确定。监测内容应根据工程需要和设计要求，按表 10.7.1 选择。应力监测和地下水位监测选项，应满足工程监控和变形分析的需要。

表 10.7.1 地下工程变形监测项目

阶段	项 目			主要监测内容
地下工程施工阶段	地下建（构）筑物基坑	支护结构	位移监测	支护结构水平侧向位移、垂直位移
				立柱水平位移、垂直位移
			挠度监测	桩墙挠曲
			应力监测	桩墙侧向水土压力和桩墙内力、支护结构界面上侧向压力、水平支撑轴力
		地基	位移监测	基坑回弹、分层地基土沉降
			地下水	基坑内外地下水位
	地下建（构）筑物	结构、基础	位移监测	主要柱基、墩台的垂直位移、水平位移、倾斜
				连续墙水平侧向位移、垂直位移、倾斜
				建筑裂缝
				底板垂直位移
			挠度监测	桩墙（墙体）挠曲、梁体挠度
			应力监测	侧向地层抗力及地基反力、地层压力、静水压力及浮力

续表 10.7.1

阶段	项目			主要监测内容
地下工程施工阶段	地下隧道	隧道结构	位移监测	隧道拱顶下沉、隧道底面回弹、衬砌结构收敛变形
				衬砌结构裂缝
				围岩内部位移
			挠度监测	侧墙挠曲
			地下水	地下水位
			应力监测	围岩压力及支护间应力、锚杆内力和抗拔力、钢筋格栅拱架内力及外力、衬砌内应力及表面应力
	受影响的地面建（构）筑物、地表沉陷、地下管线	地表面地面建（构）筑物地下管线	位移监测	地表沉陷
				地面建筑物水平位移、垂直位移、倾斜
				地面建筑裂缝
				地下管线水平位移、垂直位移
				土体水平位移
			地下水	地下水位
地下工程运营阶段	地下建（构）筑物	结构、基础	位移监测	主要柱基、墩台的垂直位移、水平位移、倾斜
				连续墙水平侧向位移、垂直位移、倾斜
				建筑裂缝
				底板垂直位移
			挠度监测	连续墙挠曲、梁体挠度
			地下水	地下水位
	地下隧道	结构、基础	位移监测	衬砌结构变形
				衬砌结构裂缝
				拱顶下沉
				底板垂直位移
			挠度监测	侧墙挠曲

10.7.2 地下工程变形监测的精度，应根据工程需要和设计要求合理确定，并符合下列规定：

　　1 重要地下建（构）筑物的结构变形和地基基础变形，宜采用二等精度；一般的结构变形和基础变形，可采用三等精度。

　　2 重要的隧道结构、基础变形，可采用三等精度；一般的结构、基础变形，可采用四等精度。

　　3 受影响的地面建（构）筑物的变形监测精度，应符合表10.1.3的规定。地表沉陷和地下管线变形的监测精度，不低于三等。

10.7.3 地下工程变形监测的周期，应符合下列规定：

　　1 地下建（构）筑物的变形监测周期应根据埋深、岩土工程条件、建筑结构和施工进度确定。

　　2 隧道变形监测周期，应根据隧道的施工方法、支护衬砌工艺、横断面的大小以及隧道的岩土工程条件等因素合理确定。

　　当采用新奥法施工时，新设立的拱顶下沉变形观测点，其初始观测值应在隧道下次掘进爆破前获取。变形观测周期，应符合表10.7.3-1的规定。

表 10.7.3-1　新奥法施工拱顶下沉变形监测的周期

阶段	0～15 天	16～30 天	31～90 天	＞90 天
周期	每日观测1～2次	每2日观测1次	每周观测1～2次	每月观测1～3次

　　当采用盾构法施工时，对不良地质构造、断层和衬砌结构裂缝较多的隧道断面的变形监测周期，在变形初期宜每天观测1次，变形相对稳定后可适当延长，稳定后可终止观测。

　　3 对于基坑周围建（构）筑物的变形监测，应在基坑开始开挖或降水前进行初始观测，回填完成后可终止观测。其变形监测宜与基坑变形监测同步。

　　4 对于受隧道施工影响的地面建（构）筑物、

地表、地下管线等的变形监测，应在开挖面距前方监测体 $H+h$（H 为隧道埋深，单位为 m；h 为隧道高度，单位为 m）时进行初始观测。观测初期，宜每天观测 1～2 次，相对稳定后可适当延长监测周期，恢复稳定后可终止观测。

当采用新奥法施工时，其他地面建（构）筑物、地表沉陷的观测周期应符合表 10.7.3-2 的规定。

表 10.7.3-2 新奥法施工地面建（构）筑物、地表沉陷的观测周期

监测体或监测断面距开挖工作面的前、后距离	$L<2B$	$2B \leqslant L<5B$	$L \geqslant 5B$
周　　　期	每日观测 1～2 次	每 2 日观测 1 次	每周观测 1 次

注：1 表中 L 为监测体或监测断面距开挖工作面的前、后距离，单位为 m；B 为开挖面宽度，单位为 m。
　　2 新奥法施工时，当地面建（构）筑物、地表沉陷观测 3 个月后，可根据变形情况将观测周期调整为每月观测 1 次，直到恢复稳定为止。

5 地下工程施工期间，当监测体的变形速率明显增大时，应及时增加观测次数；当变形量接近预警值或有事故征兆时，应持续观测。

6 地下工程在运营初期，第一年宜每季度观测一次，第二年宜每半年观测一次，以后宜每年观测 1 次，但在变形显著时，应及时增加观测次数。

10.7.4 地下工程基坑变形监测的主要技术要求，应符合本规范第 10.5.3 条第 1～4 款的规定；应力监测的计量仪表，应满足测试要求的精度；基坑回弹、分层地基土和地下水位的监测，应分别符合本规范第 10.5.4～10.5.6 条的规定。

10.7.5 地下建（构）筑物的变形监测，应符合下列规定：

1 水平位移观测的基准点，宜布设在地下建（构）筑物的出入口附近或地下工程的隧道内的稳定位置。工作基点，应设置在底板的稳定区域且不少于 3 点；变形观测点，应布设在变形比较敏感的柱基、墩台和梁体上；水平位移观测，宜采用交会法、视准线法等。

2 垂直位移观测的基准点，应选在地下建（构）筑物的出入口附近不受沉降影响的区域，也可将基准点选在地下工程的隧道横洞内，必要时应设立深层钢管标，基准点个数不应少于 3 点；变形观测点应布设在主要的柱基、墩台、地下连续墙墙体、地下建筑底板上；垂直位移观测宜采用水准测量方法或静力水准测量方法，精度要求不高时也可采用电磁波测距三角高程测量方法。

10.7.6 隧道的变形监测，应符合下列规定：

1 隧道的变形监测，应对距离开挖面较近的隧道断面、不良地质构造、断层和衬砌结构裂缝较多的隧道断面的变形进行监测。

2 隧道内的基准点，应埋设在变形区外相对稳定的地方或隧道横洞内。必要时，应设立深层钢管标。

3 变形观测点应按断面布设。当采用新奥法施工时，其断面间距宜为 10～50m，点位应布设在隧道的顶部、底部和两腰，必要时可加密布设，新增设的监测断面宜靠近开挖面。当采用盾构法施工时，监测断面应选择并布设在不良地质构造、断层和衬砌结构裂缝较多的部位。

4 隧道拱顶下沉和底面回弹，宜采用水准测量方法。

5 衬砌结构收敛变形，可采用极坐标法测量，也可采用收敛计进行监测。

10.7.7 地下建筑物的建筑裂缝观测，按本规范第 10.4.12 条的要求执行。

10.7.8 地下建（构）筑物、地下隧道在施工和运营初期，还应对受影响的地面建（构）筑物、地表、地下管线等进行同步变形测量，并符合下列规定：

1 地面建（构）筑物的垂直位移变形观测点应布设在建筑物的主要柱基上，水平位移变形观测点宜布设在建筑物外墙的顶端和下部等变形敏感的部位。点位间距以 15～20m 为宜。

2 地表沉陷变形观测点应布设在地下工程的变形影响区内。新奥法隧道施工时，地表沉陷变形观测点，应沿隧道地面中线呈横断面布设，断面间距宜为 10～50m，两侧的布点范围宜为隧道深度的 2 倍，每个横断面不少于 5 个变形观测点。

3 变形区内的燃气、上水、下水和热力等地下管线的变形观测点，宜设立在管顶或检修井的管道上。变形观测点可采用抱箍式和套筒式标志；当不能在管线上直接设点时，可在管线周围土体中埋设位移传感器间接监测管线的变形。

4 变形观测宜采用水准测量方法、极坐标法、交会法等。

10.7.9 地下工程变形监测的各种传感器，应布设在不良地质构造、断层、衬砌结构裂缝较多和其他变形敏感的部位，并与水平位移和垂直位移变形观测点相协调；应力、应变监测的主要技术要求，应符合本规范第 10.4.16 条的规定。

10.7.10 地下工程运营期间，变形监测的内容可适当减少，监测周期也可相应延长，但必须满足运营安全监控的需要。其主要技术要求与施工期间相同。

10.8 桥梁变形监测

10.8.1 桥梁变形监测的内容，应根据桥梁结构类型按表 10.8.1 选择。

表 10.8.1　桥梁变形监测项目

类型	施工期主要监测内容	运营期主要监测内容
梁式桥	桥墩垂直位移 悬臂法浇筑的梁体水平、垂直位移 悬臂法安装的梁体水平、垂直位移 支架法浇筑的梁体水平、垂直位移	桥墩垂直位移 桥面水平、垂直位移
拱桥	桥墩垂直位移 装配式拱圈水平、垂直位移	桥墩垂直位移 桥面水平、垂直位移
悬索桥斜拉桥	索塔倾斜、塔顶水平位移、塔基垂直位移 主缆线性形变（拉伸变形） 索夹滑动位移 梁体水平、垂直位移 散索鞍相对转动 锚碇水平、垂直位移	索塔倾斜、垂直位移 桥面水平、垂直位移
桥梁两岸边坡	桥梁两岸边坡水平、垂直位移	桥梁两岸边坡水平、垂直位移

10.8.2　桥梁变形监测的精度，应根据桥梁的类型、结构、用途等因素综合确定，特大型桥梁的监测精度，不宜低于二等，大型桥梁不宜低于三等，中小型桥梁可采用四等。

10.8.3　变形监测可采用 GPS 测量、极坐标法、精密测（量）距、导线测量、前方交会法、正垂线法、电垂直梁法、水准测量等。

10.8.4　大型桥梁的变形监测，必要时应同步观测梁体和桥墩的温度、水位和流速、风力和风向。

10.8.5　桥梁变形观测点的布设，应满足下列要求：

　　1　桥墩的垂直位移变形观测点，宜沿桥墩的纵、横轴线布设在外边缘，也可布设在墩面上。每个桥墩的变形观测点数，视桥墩大小布设 1～4 点。

　　2　梁体和构件的变形观测点，宜布设在其顶板上。每块箱梁或板块，宜按左、中、右分别布设三点；构件的点位宜布设在其1/4、1/2、3/4处。

　　悬臂法浇筑或安装梁体的变形观测点，宜沿梁体纵向轴线或两侧边缘分别布设在每段梁体的前端和后端。

　　支架法浇筑梁体的变形观测点，可沿梁体纵向轴线或两侧边缘布设在每个桥墩和墩间梁体的1/2、1/4处。

　　装配式拱架的变形观测点，可沿拱架纵向轴线布设在每段拱架的两端和拱架的1/2处。

　　3　索塔垂直位移变形观测点，宜布设在索塔底部的四角；索塔倾斜变形观测点，宜在索塔的顶部、中部和下部并沿索塔横向轴线对称布设。

　　4　桥面变形观测点，应在桥墩（索塔）和墩间均匀布设，点位间距以 10～50m 为宜。大型桥梁，应沿桥面的两侧布点。

　　5　桥梁两岸边坡变形观测点，宜成排布设在边坡的顶部、中部和下部，点位间距以 10～20m 为宜。

10.8.6　桥梁施工期的变形监测周期，应根据桥梁的类型、施工工序、设计要求等因素确定。

10.8.7　桥梁运营期的变形监测，每年应观测 1 次。也可在每年的夏季和冬季各观测 1 次。当洪水、地震、强台风等自然灾害发生时，应适当增加观测次数。

10.9　滑坡监测

10.9.1　滑坡监测的内容，应根据滑坡危害程度或防治工程等级，按表 10.9.1 选择。

表 10.9.1　滑坡监测内容

类型	阶段	主要监测内容
滑坡	前期	地表裂缝
	整治期	地表的水平位移和垂直位移、深部钻孔测斜、土体或岩体应力、水位
	整治后	地表的水平位移和垂直位移、深部钻孔测斜、地表倾斜、地表裂缝、土体或岩体应力、水位

注：滑坡监测，必要时还应监测区域的降雨量和进行人工巡视。

10.9.2　滑坡监测的精度，不应超过表 10.9.2 的规定。

表 10.9.2　滑坡监测的精度要求

类型	水平位移监测的点位中误差（mm）	垂直位移监测的高程中误差（mm）	地表裂缝的观测中误差（mm）
岩质滑坡	6	3.0	0.5
土质滑坡	12	10	5

10.9.3　滑坡水平位移观测，可采用交会法、极坐标法、GPS 测量和多摄站摄影测量方法；深层位移观测，可采用深部钻孔测斜方法。垂直位移观测，可采用水准测量和电磁波测距三角高程测量方法。地表裂缝观测，可采用精密测（量）距方法。

10.9.4　滑坡监测变形观测点位的布设，应符合下列规定：

　　1　对已明确主滑方向和滑动范围的滑坡，监测网可布设成十字形和方格形，其纵向应沿主滑方向，横向应垂直于主滑方向；对主滑方向和滑动范围不明确的滑坡，监测网宜布设成放射形。

　　2　点位应选在地质、地貌的特征点上。

　　3　单个滑坡体的变形观测点不宜少于 3 点。

　　4　地表变形观测点，宜采用有强制对中装置的墩标，困难地段也应设立固定照准标志。

10.9.5　滑坡监测周期，宜每月观测一次。并可根据旱、雨季或滑移速度的变化进行适当调整。

邻近江河的滑坡体，还应监测水位变化。水位监测次数，不应少于变形观测的次数。

10.9.6 滑坡整治后的监测期限，当单元滑坡内所有监测点三年内变化不显著并预计若干年内周边环境无重大变化时，可适当延长监测周期或结束阶段性监测。

10.9.7 工程边坡和高边坡监测的点位布设，可根据边坡的高度，按上中下成排布点。其监测方法、监测精度和监测周期与滑坡监测的基本要求一致。

10.10 数据处理与变形分析

10.10.1 对变形监测的各项原始记录，应及时整理、检查。

10.10.2 监测基准网的数据处理，应符合下列规定：

  1 观测数据的改正计算、检核计算和数据处理方法，按本规范第 3、4 章的相关规定执行。

  2 规模较大的网，还应对观测值、坐标和高程值、位移量进行精度评定。

  3 监测基准网平差的起算点，必须是经过稳定性检验合格的点或点组。监测基准网点位稳定性的检验，可采用下列方法进行：

    1) 采用最小二乘测量平差的检验方法。复测的平差值与首次观测的平差值较差 Δ，在满足 (10.10.2) 式要求时，可认为点位稳定。

$$\Delta < 2\mu\sqrt{2Q} \qquad (10.10.2)$$

式中 Δ——平差值较差的限值；

    μ——单位权中误差；

    Q——权系数。

    2) 采用数理统计检验方法。

    3) 采用 1)、2) 项相结合的方法。

10.10.3 变形监测网观测数据的改正计算和检核计算，应符合本节 10.10.2 条第 1、2 款的规定；监测网的数据处理，可采用最小二乘法进行平差。

10.10.4 变形监测数据处理中的数值取位要求，应符合表 10.10.4 的规定。

表 10.10.4 数据处理中的数值取位要求

等级	方向值 (″)	边长 (mm)	坐标 (mm)	高程 (mm)	水平位移量 (mm)	垂直位移量 (mm)
一、二等	0.01	0.1	0.1	0.01	0.1	0.01
三、四等	0.10	1.0	1.0	0.10	1.0	0.10

10.10.5 监测项目的变形分析，对于较大规模的或重要的项目，宜包括下列内容；较小规模的项目，至少应包括本条第 1~3 款的内容。

  1 观测成果的可靠性。

  2 监测体的累计变形量和两相邻观测周期的相对变形量分析。

  3 相关影响因素（荷载、气象和地质等）的作用分析。

  4 回归分析。

  5 有限元分析。

10.10.6 变形监测项目，应根据工程需要，提交下列有关资料：

  1 变形监测成果统计表。

  2 监测点位置分布图；建筑裂缝位置及观测点分布图。

  3 水平位移量曲线图；等沉降曲线图（或沉降曲线图）。

  4 有关荷载、温度、水平位移量相关曲线图；荷载、时间、沉降量相关曲线图；位移（水平或垂直）速率、时间、位移量曲线图。

  5 其他影响因素的相关曲线图。

  6 变形监测报告。

附录 A 精度要求较高工程的中误差评定方法

A.0.1 对于精度要求较高的工程，且多余观测数小于 20 时，可按本附录的方法评定观测精度。

A.0.2 评定对象的中误差，应按 (A.0.2) 式计算：

$$\sigma = K_M m \qquad (A.0.2)$$

式中 σ——评定对象的中误差（母体中误差估值）；

    K_M——观测中误差修正系数；

    m——由观测数据计算的中误差（子样中误差）。

A.0.3 评定对象的中误差值，应满足 (A.0.3) 式要求：

$$\sigma \leqslant \sigma_0 \qquad (A.0.3)$$

式中 σ_0——本规范规定的评定对象的中误差值。

A.0.4 观测中误差修正系数，应根据多余观测个数 n 按表 A.0.4 选取。

表 A.0.4 观测中误差修正系数表

多余观测个数（或自由度）n	K_M 值
1	2.22
2	1.47
3	1.29
4	1.20
5	1.15
6	1.12
7	1.10
8	1.08
9	1.07
10	1.05
11	1.04
12	1.04
13	1.03
14	1.02
15	1.02
16	1.01

续表 A.0.4

多余观测个数（或自由度）n	K_M 值
17	1.01
18	1.01
19	1.00
20	1

附录 B 平面控制点标志及
标石的埋设规格

B.1 平面控制点标志

B.1.1 二、三、四等平面控制点标志可采用磁质或金属等材料制作，其规格如图 B.1.1 和图 B.1.2 所示。

B.1.2 一、二级平面控制点及三级导线点、埋石图根点等平面控制点标志可采用 $\phi14\sim\phi20$mm、长度为 $30\sim40$cm 的普通钢筋制作，钢筋顶端应锯"十"字标记，距底端约 5cm 处应弯成勾状。

B.2 平面控制点标石埋设

B.2.1 二、三等平面控制点标石规格及埋设结构图，如图 B.2.1 所示，柱石与盘石间应放 $1\sim2$cm 厚粗砂，两层标石中心的最大偏差不应超过 3mm。

B.2.2 四等平面控制点可不埋盘石，柱石高度应适当加大。

B.2.3 一、二级平面控制点标石规格及埋设结构图，如图 B.2.3 所示。

B.2.4 三级导线点、埋石图根点的标石规格及埋设，可参照图 B.2.3 略缩小或自行设计。

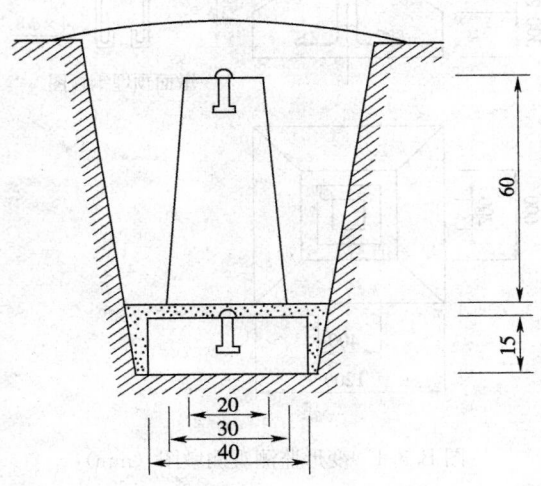

图 B.2.1 二、三等平面控制点
标石埋设图（cm）

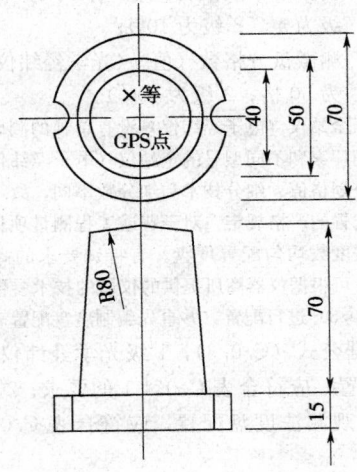

图 B.1.1 磁质标志图（mm）

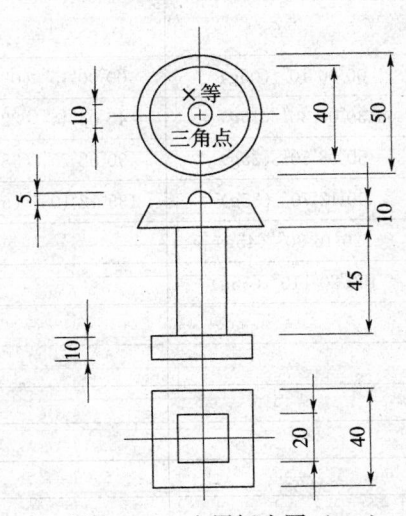

图 B.1.2 金属标志图（mm）

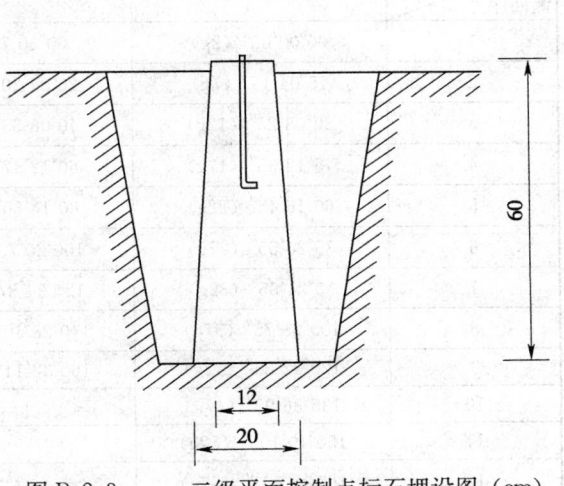

图 B.2.3 一、二级平面控制点标石埋设图（cm）

B.3 变形监测观测墩结构图

B.3.1 变形监测观测墩制作规格，如图B.3.1所示。

B.3.2 墩面尺寸可根据强制归心装置尺寸确定。

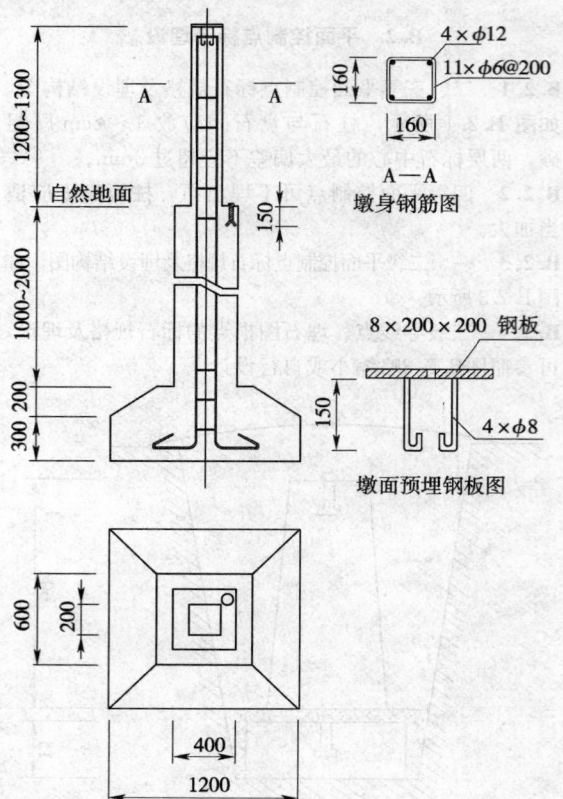

图 B.3.1 变形监测观测墩图（mm）

附录C 方向观测法度盘和测微器位置变换计算公式

C.0.1 光学经纬仪、编码式测角法和增量式测角法全站仪（或电子经纬仪）在进行方向法多测回观测时，应配置度盘。

C.0.2 采用动态式测角系统的全站仪或电子经纬仪不需进行度盘配置。

C.0.3 度盘和测微器位置变换计算公式：

$$\sigma = \frac{180°}{m}(j-1) + i(j-1) + \frac{\omega}{m}\left(j-\frac{1}{2}\right)$$

(C.0.3)

式中 σ——度盘和测微器位置变换值（° ′ ″）；

m——测回数；

j——测回序号；

i——度盘最小间隔分划值（光学经纬仪的1″级为4′，2″级为10′）；

ω——测微盘分格数（值）（光学经纬仪的1″级为60格；2″级为600″）。

注：由于全站仪（电子经纬仪）没有单独的测微器，且不同厂家和不同型号的全站仪（电子经纬仪）度盘的分划格值、细分技术和细分数不同，故不做测微器配置的严格规定，对于普通工程测量项目，只要求按度数均匀配置度盘。有特殊要求的高精度项目，可根据仪器商所提供的仪器的技术参数按公式（C.0.3）进行配置，并事先编制度盘配置表。

C.0.4 根据公式（C.0.3），1″级光学经纬仪方向观测法度盘配置，应符合表C.0.4-1的要求；2″级光学经纬仪方向观测法度盘配置，应符合表C.0.4-2的要求。

表 C.0.4-1　1″级光学经纬仪方向观测度盘配置表

测回序号＼测回数	12	9	6	4
1	00°00′05″ (2g)	00°00′7″ (3g)	00°00′10″ (05g)	00°00′15″ (08g)
2	15°04′15″ (7g)	20°04′20″ (10g)	30°04′30″ (15g)	45°04′45″ (22g)
3	30°08′25″ (12g)	40°08′33″ (17g)	60°08′50″ (25g)	90°08′75″ (38g)
4	45°12′35″ (17g)	60°12′47″ (23g)	90°12′70″ (35g)	135°12′105″ (52g)
5	60°16′45″ (22g)	80°16′60″ (30g)	120°16′90″ (45g)	—
6	75°20′55″ (27g)	100°20′73″ (37g)	150°20′110″ (55g)	—
7	90°24′65″ (32g)	120°24′87″ (43g)	—	—
8	105°28′75″ (37g)	140°28′100″ (50g)	—	—
9	120°32′85″ (42g)	160°32′113″ (57g)	—	—
10	135°36′95″ (47g)	—	—	—
11	150°40′105″ (52g)	—	—	—
12	165°44′115″ (57g)	—	—	—

表 C. 0. 4-2　2″级光学经纬仪方向观测度盘配置表

测回数 测回序号	9	6	3	2
1	00°00′33″	00°00′50″	00°01′40″	00°02′30″
2	20°11′40″	30°12′30″	60°15′00″	90°17′30″
3	40°22′47″	60°24′10″	120°28′20″	—
4	60°33′53″	90°35′50″	—	—
5	80°45′00″	120°47′30″	—	—
6	100°56′07″	150°59′10″	—	—
7	120°07′13″	—	—	—
8	140°18′20″	—	—	—
9	160°29′27″	—	—	—
10	—	—	—	—
11	—	—	—	—
12	—	—	—	—

附录 D　高程控制点标志
及标石的埋设规格

D. 1　高程控制点标志

D. 1. 1　二、三、四等水准点标志可采用磁质或金属等材料制作，其规格如图 D. 1. 1-1 和图 D. 1. 1-2 所示。

D. 1. 2　三、四等水准点及四等以下高程控制点也可利用平面控制点点位标志。

D. 1. 3　墙脚水准点标志制作和埋设规格结构图，如图 D. 1. 3 所示。

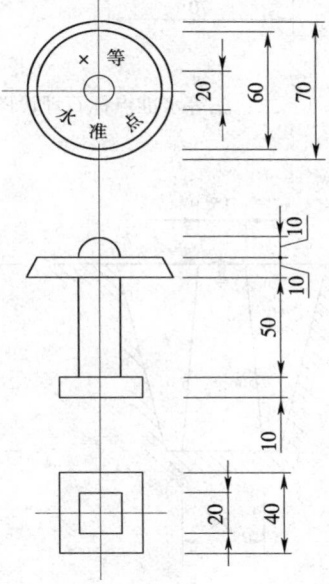

图 D. 1. 1-2　金属标志图（mm）

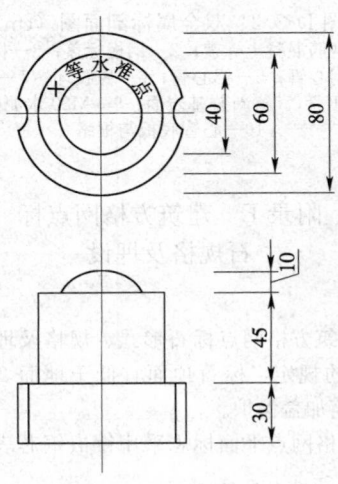

图 D. 1. 1-1　磁质标志图（mm）

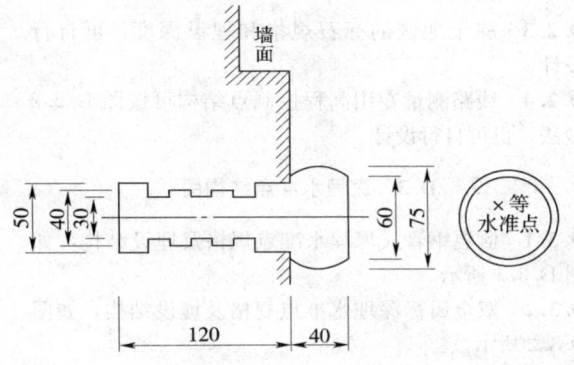

图 D. 1. 3　墙角水准点标志图（mm）

D.2 水准点标石埋设

D.2.1 二、三等水准点标石规格及埋设结构，如图 D.2.1 所示。

D.2.2 四等水准点标石的埋设规格结构，如图 D.2.2 所示。

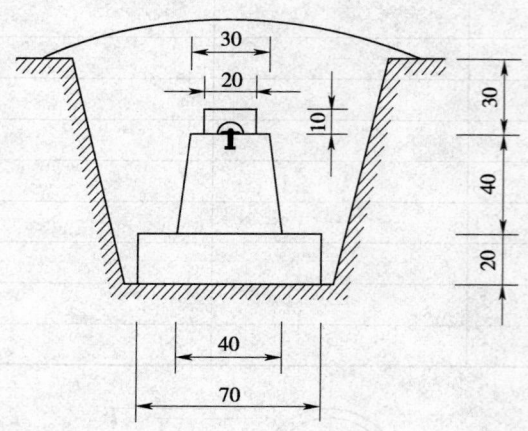

图 D.2.1 二、三等水准点标石埋设图（cm）

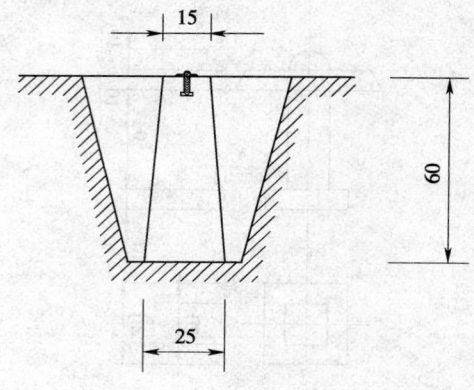

图 D.2.2 四等水准点标石埋设图（cm）

D.2.3 冻土地区的标石规格和埋设深度，可自行设计。

D.2.4 线路测量专用高程控制点结构可按图 D.2.2 做法，也可自行设计。

D.3 深埋水准点结构图

D.3.1 测温钢管式深埋水准点规格及埋设结构，如图 D.3.1 所示。

D.3.2 双金属标深埋水准点规格及埋设结构，如图 D.3.2 所示。

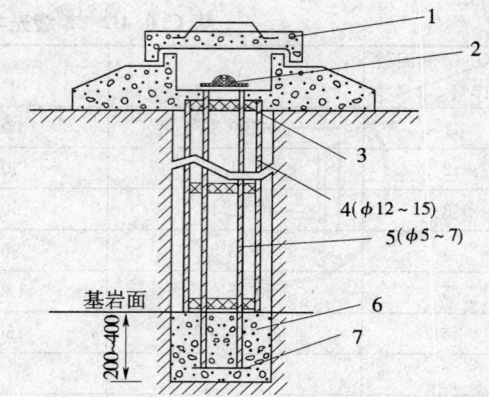

图 D.3.1 测温钢管标剖面图（cm）

1—标盖；2—标心（有测温孔）；3—橡胶环；4—钻孔保护钢管；5—心管（钢管）；6—混凝土（或 M20 水泥砂浆）；7—心管封底钢板与根络

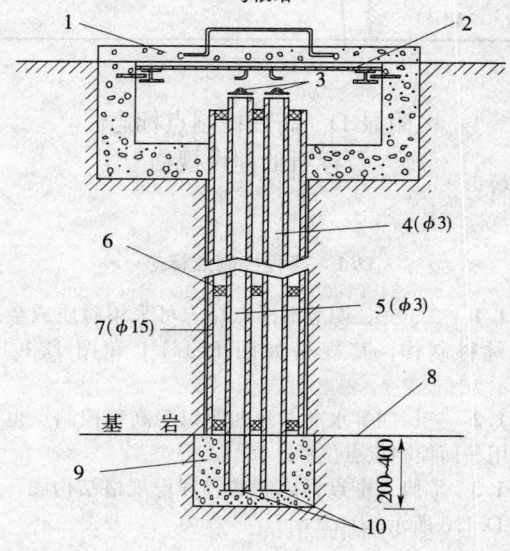

图 D.3.2 双金属标剖面图（cm）

1—钢筋混凝土标盖；2—钢板标盖；3—标心；4—钢心管；5—铝心管；6—橡胶环；7—钻孔保护钢管；8—新鲜基岩面；9—M20 水泥砂浆；10—心管底板与根络

附录 E 建筑方格网点标石规格及埋设

E.0.1 建筑方格网点标石形式、规格及埋设应符合图 E.0.1 的规定，标石顶面宜低于地面 20～40cm，并砌筑井筒加盖保护。

E.0.2 方格网点平面标志采用镶嵌铜芯表示，铜芯直径应为 1～2mm。

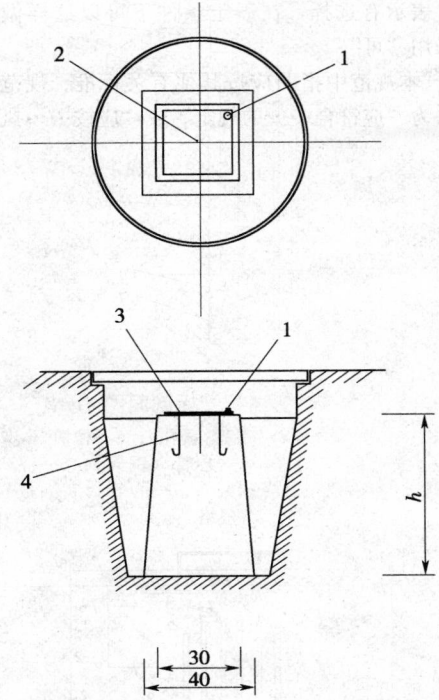

图 E.0.1 建筑方格网点标志规格、
形式及埋设图（cm）

1—ϕ20mm 铜质半圆球高程标志；2—ϕ1～ϕ2mm 铜芯
平面标志；3—200mm×200mm×5mm 标志钢板；

4—钢筋爪；

h—为埋设深度，根据地冻线和场地平整的设计高程确定

附录 F　建（构）筑物主体倾斜率和 按差异沉降推算主体 倾斜值的计算公式

F.0.1　建（构）筑物主体的倾斜率，应按（F.0.1）
式计算。

$$i = \tan\alpha = \frac{\Delta D}{H} \qquad (F.0.1)$$

式中　i——主体的倾斜率；

ΔD——建（构）筑物顶部观测点相对于底部观
测点的偏移值（m）；

H——建（构）筑物的高度（m）；

α——倾斜角（°）。

F.0.2　按差异沉降推算主体的倾斜值，应按
（F.0.2）式计算。

$$\Delta D = \frac{\Delta S}{L} H \qquad (F.0.2)$$

式中　ΔD——倾斜值（m）；

ΔS——基础两端点的沉降差（m）；

L——基础两端点的水平距离（m）；

H——建（构）筑物的高度（m）。

附录 G　基础相对倾斜值和 基础挠度计算公式

G.0.1　基础相对倾斜值，应按（G.0.1）式进行
计算。

$$\Delta S_{AB} = \frac{S_A - S_B}{L} \qquad (G.0.1)$$

式中　ΔS_{AB}——基础相对倾斜值；

S_A、S_B——倾斜段两端观测点 A、B 的沉降量
（m）；

L——A、B 间的水平距离（m）。

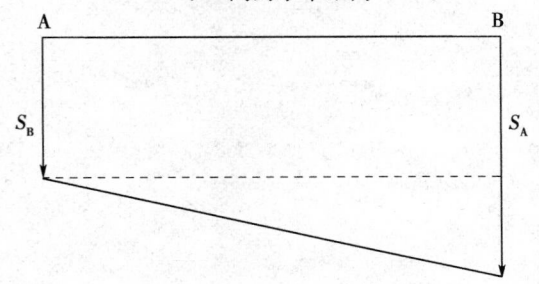

附图 G.0.1　基础的相对倾斜

G.0.2　基础挠度，应按（G.0.2）式计算。

$$f_C = \Delta S_{BC} - \frac{L_1}{L_1 + L_2}\Delta S_{AB} \qquad (G.0.2)$$

式中　f_C——基础挠度（m）；

ΔS_{BC}——B、C 两点的沉降差（m）；

ΔS_{AB}——A、B 两点的沉降差（m）；

L_1——B、C 两点间的水平距离（m）；

L_2——A、C 两点间的水平距离（m）。

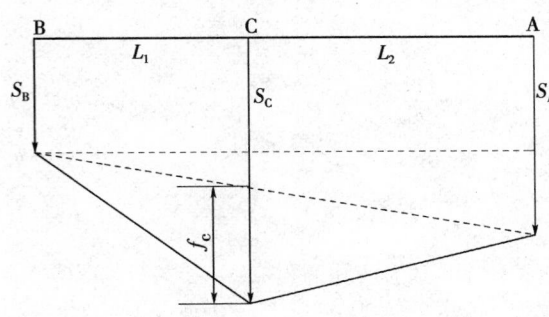

附图 G.0.2　基础的挠度

本规范用词说明

1　为便于在执行本规范条文时区别对待，对要
求严格程度不同的用词说明如下：

1）表示很严格，非这样做不可的用词：

正面词采用"必须",反面词采用"严禁"。

2）表示严格,在正常情况下均应这样做的用词:
　　正面词采用"应",反面词采用"不应"或"不得"。

3）表示允许稍有选择,在条件许可时首先应这样做的用词:

正面词采用"宜",反面词采用"不宜";

表示有选择,在一定条件下可以这样做的用词,采用"可"。

2 本规范中指明应按其他有关标准、规范执行的写法为"应符合……的规定"或"应按……执行"。

中华人民共和国国家标准

工 程 测 量 规 范

GB 50026—2007

条 文 说 明

目　　次

1 总 则

1.0.1 本规范是在《工程测量规范》GB 50026—93（以下简称《93规范》）的基础上修订而成的。

《93规范》执行以来，对保证工程测量作业质量，促进测绘事业的发展，起到了应有的作用。十多年来，测绘技术、仪器设备、作业手段发生了很大的变化，因此，在维持《93规范》总体框架基本不变的情况下，对其进行了一次全面修订。增加和补充了已发展成熟的新技术和新经验，调整或删除了《93规范》中某些已不适当、不确切的条款，按新的规范编写规定修改了体例，并与有关规范进行了协调。修订主要体现原则性的和全国通用性的技术要求。因地制宜的具体细节和技术指标，留给相关的行业标准和地方标准规定。

1.0.2 工程建设通常包括勘察、设计、施工、生产运营和维护管理等阶段，每个阶段都需要进行相应的测绘工作。

当工程测量需要采用摄影测量方法时，可按现行国家标准《工程摄影测量规范》GB 50167 执行。

1.0.3 关于工程测量的精度衡量标准：

1 根据偶然中误差出现的规律，以二倍中误差作为极限误差时，其误差出现的或然率不大于 5%，这样规定是合理的。

2 对精度要求较高的工程，且多余观测数较少时，可采用附录 A 中数理统计方法计算测量精度，说明如下：

根据数理统计原理中子样中误差与母体方差的 χ^2 分布关系，

有
$$\sigma = m\sqrt{\frac{n}{\chi^2}} \qquad (1)$$

令
$$K_M = \sqrt{\frac{n}{\chi^2}} \qquad (2)$$

则有
$$\sigma = K_M m \qquad (3)$$

式中 σ——母体中误差估值（评定对象的中误差）；

K_M——子样中误差的修正系数；

m——子样中误差（由观测数据计算的中误差）；

n——多余观测个数。

令规范规定的中误差为 σ_0，则母体中误差估值小于或等于规范规定的中误差的概率为：

$$P(\sigma \leqslant k\sigma_0) = P = 1 - \alpha \qquad (4)$$

或
$$P(\sigma > k\sigma_0) = 1 - P = \alpha \qquad (5)$$

式中 α 称为显著水平，$1 - \alpha$ 称为置信水平或置信概率。α 在数理统计理论中一般的取值为 0.1、0.05 和 0.001。

但 α 的这种取值，跟工程测量的实际观测特点不尽一致。工程测量是用少量的观测个数算得的中误差

（子样中误差）与规范规定的中误差（母体中误差 σ_0）进行比较，判别其是否达到要求。

在正态分布的概率统计中，小于 1 倍中误差（即 $k = 1$）的概率为 0.68268；则 $\alpha = 1 - 0.68268 = 0.31732$。

在 χ^2 检验中，对测量中误差置信概率的取值，应与正态分布的检验相同，即其右尾的 σ 也应为 0.31732。

按（2）式计算的 K_M 结果见表 1。

表 1 置信概率为 0.68268 的 K_M 值及归算值

自由度（或多余观测个数）n	K_M 值	K_M 归算值
1	2.4461	2.2244
2	1.6186	1.4718
3	1.4151	1.2868
4	1.3218	1.2020
5	1.2675	1.1526
6	1.2316	1.1200
7	1.2059	1.0966
8	1.1865	1.0789
9	1.1712	1.0650
10	1.1588	1.0538
11	1.1486	1.0444
12	1.1399	1.0366
13	1.1324	1.0298
14	1.1260	1.0239
15	1.1203	1.0188
16	1.1153	1.0142
17	1.1107	1.0101
18	1.1067	1.0064
19	1.1030	1.0030
20	1.0997	1
40	1.0649	—
100	1.0382	—
500	1.0159	—
∞	1	—

从表 1 可以看出，只有当 n 为无穷大时，K_M 为 1。也就是说由观测数据统计的子样中误差等于估算的母体中误差，除此之外，所有由观测数据统计的子样中误差均需要修正。

但从测量的角度，多余观测数不可能是无穷多，通常认为多余观测数为 20 以上时，子样中误差等于估算的母体中误差（其差异小于 10%）。即 $n = 20$ 时，令 $K_M = 1$，按比例将多余观测数小于 20 的 K_M 值进

行归算，见表 1 第 3 列的 K_M 归算值，取其小数两位作为附录 A 表 A.0.4 的修正系数。

现以由 8 个三角形构成的某四等三角形网为例，说明附录 A 表 A.0.4 的应用。

如果按 8 个三角形闭合差算得的测角中误差 m_β 为 2.3″（其测角的多余观测数为 8＜20），则其母体中误差的估算值为：$\sigma = K_M m = 1.19 \times 2.3″ = 2.48″ < 2.5″$，即满足四等三角形网对测角中误差的要求。如果 m_β 为 2.4″，则 $\sigma = 2.59″ > 2.5″$ 不能满足四等三角形网对测角中误差的要求。

1.0.4 测量仪器是工程测量的主要工具，其良好的运行状态对工程测量作业至关重要，所以本规范要求对测量仪器和相关设备要加强维护保养、定期检修。

2 术语和符号

2.1 术 语

2.1.1 卫星定位测量的概念，主要是面向多元化的全球空间卫星定位系统而提出的，如美国的 GPS、俄罗斯的 GLONASS 和欧洲的 GALILEO 等卫星导航定位系统，不仅仅局限于美国的 GPS。

工程测量主要采用载波相位观测值进行相对定位。

2.1.2 卫星定位测量控制网，是对应用空间卫星定位技术建立的工程控制网的统称。

2.1.3、2.1.4 本次修订引入三角形网和三角形网测量的统一概念，是对已往的三角网、三边网、边角网的概念综合，也是因为纯粹的三角网、三边网已极少应用，所以不再严加区分。

三角形网测量的含义相对《93 规范》中边角网测量的概念有所拓展，即要将所有观测的角度、边长观测值作为观测量看待。

2.1.5 关于测角仪器的分级与命名。

已往工程测量规范的编写，对测角仪器一直沿用我国光学经纬仪的系列划分方法，即划分为 DJ05、DJ1、DJ2、DJ6 等。随着全站仪、电子经纬仪的普及应用，这一划分方法已显得不够全面。为了规范编写的方便，本次修订采用了大家对常规测量仪器的习惯称谓，并跟原来的划分方法保持一致，在概念上略作拓展。即，测角的 1″、2″、6″ 级仪器分别包括全站仪、电子经纬仪和光学经纬仪，分别命名为 1″ 级仪器、2″ 级仪器和 6″ 级仪器。

对于其他精度的仪器，如，3″、5″ 等类型，使用时，按"就低不就高"的原则归类。

2.1.6 关于测距仪器的分级与命名。

本次修订时，取消了《93 规范》对测距仪按每千米标称的测距中误差 m_D 的三级（Ⅰ、Ⅱ、Ⅲ）划分方法，而采用按测距仪器的标称精度直接表示，并

分为 1mm 级仪器、5mm 级仪器和 10mm 级仪器三个类别。由于 20mm 级的仪器已不再生产，作业中也很少使用，故取消了该级别的定义。对精度要求较高的测量项目，有时会采用 1mm、2mm 的测距仪器，其含义是相同的。

将《93 规范》中测距仪的概念拓展为测距仪器，使其涵盖电磁波测距仪和全站仪。

2.1.7 本规范数字地形图的概念涵盖内外业一体化数字测图数字成图所获得的数字地形图（即数字线划图，Digital Line Graphic，缩写 DLG ）和经原图数字化所获得的数字地形图（即栅格地形图，Digital Raster Graphic，缩写 DRG）两种类型。

2.1.8 纸质地形图的概念是对传统平板测图、手工描图所获得的地形图产品的概括。

2.1.9 变形监测是对变形测量概念的拓展，主要是为了扩大工程测量作业者的服务领域，也是全面进行变形分析和变形监测预报的需要，故增加了应力、应变、地下水、环境温度等监测项目和监测内容。

2.2 符 号

关于固定误差和比例误差系数的符号说明：

符号 A、B 适用于公式 $\sigma = \sqrt{A^2 + B^2 \cdot D^2}$，符号 a、b 适用于公式 $\sigma = a + b \cdot D$，二者是两种不同的精度表达式。

3 平面控制测量

3.1 一 般 规 定

3.1.1 卫星定位测量技术以其精度高、速度快、全天候、操作简便而著称，已被广泛应用于测绘领域，故本规范将卫星定位测量技术列为平面控制网建立的首选方法。

鉴于 GPS 特指美国的卫星定位系统——The Global Position System；俄罗斯的 GLONASS 卫星定位系统也于 1996 年 1 月 18 日正式起用；欧盟委员会 2002 年 3 月 26 日最终通过启动 GALILEO 研制发射计划，准备于 2008 年正式建成世界上第一个民用卫星导航系统。目前，我国也建立了北斗一号卫星导航定位系统。导航卫星定位系统领域将出现多元化或多极化的格局。故本规范初步引入卫星定位测量概念，代替单一的 GPS 测量。关于 GPS 测量部分依然称之为 GPS 测量。

根据工程测量部门现时的情况和发展趋势，首级网大多采用卫星定位测量控制网，加密网较多采用导线或导线网形式。三角形网用于建立大面积控制或控制网加密已较少使用。所以本章按卫星定位测量、导线测量和三角形网测量的顺序编写。

3.1.2 将卫星定位测量控制网精度等级纳入工程测量的统一体系，精度等级的划分与传统的三角形网（三角网、三边网、边角网）精度等级划分方法相同，依次为二、三、四等和一、二级。导线及导线网测量精度等级的划分不变，依然为三、四等和一、二、三级。

要说明的是，从本章内容和章节的编排上，不采用《93 规范》该章按工序编写的方式，改用按作业方法进行分类的模式。即由原来一般规定，设计、选点、造标与埋石，水平角观测，距离测量，内业计算等的编排，改为 3.1 一般规定、3.2 卫星定位测量、3.3 导线测量、3.4 三角形网测量等。调整的目的是基于可操作性的考虑，另外从作业方法的编排上也体现了选择各种测量手段的主次之分，这也是根据工程应用情况确定的，也体现了测量作业方法的发展与应用趋势。

3.1.3 随着科学技术的发展，测量仪器和计算手段都得到了相应的提高。因此，工程控制网不再强调逐级布网。只要满足工程的精度要求，各等级均可作为测区的首级控制网。当测区已有高等级控制网时，可越级布网。

3.1.4 满足测区内投影所引起的长度变形不大于 2.5cm/km，是建立或选择平面坐标系统的前提条件。因为每千米长度变形为 2.5cm 时，即其相对中误差为 1/40000。这样的长度变形，可满足大部分建设工程施工放样测量精度不低于 1/20000 的要求。经过近 30 年的应用，该指标已成为建立区域控制网的基本原则。在此基础上，对坐标系统的选择，要求首先考虑采用统一的高斯投影 3°带平面直角坐标系统，与国家坐标系统相一致；其次，可采用高斯投影 3°带，投影面为测区抵偿高程面或测区平均高程面的平面直角坐标系统；再次，可采用任意带，投影面为 1985 国家高程基准面的平面直角坐标系统；特殊要求的工程，也可采用建筑坐标系或独立坐标系统。

常用的大地坐标系地球椭球基本参数如下：

1 1980 年西安坐标系的地球椭球基本几何参数。

长半轴 $a=6378140$m

短半轴 $b=6356755.2882$m

扁　率 $\alpha=1/298.257$

第一偏心率平方 $e^2=0.00669438499959$

第二偏心率平方 $e'^2=0.00673950181947$

2 1954 年北京坐标系的地球椭球基本几何参数。

长半轴 $a=6378245$m

短半轴 $b=6356863.0188$m

扁　率 $\alpha=1/298.3$

第一偏心率平方 $e^2=0.006693421622966$

第二偏心率平方 $e'^2=0.006738525414683$

3 WGS-84 大地坐标系的地球椭球基本几何

参数。

长半轴 $a=6378137$m

短半轴 $b=6356752.3142$m

扁　率 $\alpha=1/298.257223563$

第一偏心率平方 $e^2=0.00669437999013$

第二偏心率平方 $e'^2=0.006739496742227$

3.2　卫星定位测量

（Ⅰ）卫星定位测量的主要技术要求

3.2.1 卫星定位测量控制网主要技术要求的确定，是从工程测量对相应等级的大型工程控制网的基本技术要求出发，并以三角形网的基本指标为依据制定的，也是为了使卫星定位测量的应用具有良好的可操作性而提出的。

3.2.2 相邻点的基线长度中误差公式中的固定误差 A 和比例误差系数 B，与接收机厂家给出的精度公式（$\sigma=a+b$ppm$\times D$）中的 a、b 含义相似。厂家给出的公式和规范中（3.2.2）式是两种类型的精度计算公式，应用上各有其特点。基线长度中误差公式主要应用于控制网的设计和外业观测数据的检核。

3.2.3 卫星定位测量控制网外业观测精度的评定，应按异步环的实际闭合差进行统计计算。这里采用全中误差的计算方法，来衡量控制网的实际观测精度，网的全中误差不应超过基线长度中误差的理论值。

（Ⅱ）卫星定位测量控制网的设计、选点与埋石

3.2.4 卫星定位测量控制网布设的技术要求：

1 卫星定位测量控制网的设计是一个综合设计的过程，首先应明确工程项目对控制网的基本精度要求，然后才能确定控制网或首级控制网的基本精度等级。最终精度等级的确立还应考虑测区现有测绘资料的精度情况、计划投入的接收机的类型、标称精度和数量、定位卫星的健康状况和所能接收的卫星数量，同时还应兼顾测区的道路交通状况和避开强烈的卫星信号干扰源等。

2 由于卫星定位测量所获得的是空间基线向量或三维坐标向量，属于其相应的空间坐标系（如 GPS WGS-84 坐标系），故应将其转换至国家坐标系或地方独立坐标系方能使用。为了实现这种转换，要求联测若干个旧有控制点以求得坐标转换参数。故规定联测 2 个以上高等级国家平面控制点或地方坐标系的高等级控制点。

对控制网内的长边，宜构成大地四边形或中点多边形的规定，主要是为了保证控制网进行约束平差后坐标精度的均匀性，也是为了减少尺度比误差的影响。

3 规范课题组对 $m\times n$ 环组成的连续网形进行了研究，结果见表 2。

表 2 控制网最简闭合环的边数分析

最简闭合环的基线数	网的平均可靠性指标	平均可靠性指标满足1/3时的条件	图 形	备 注
3	$\dfrac{2}{3+\dfrac{1}{n}+\dfrac{1}{m}}$	不限		三边形 点数:$nm+n+m+1$ 总观测独立基线数:$3nm+n+m$ 环数:$2nm$ 必要基线数:$nm+n+m$ 多余观测数:$2nm$
4	$\dfrac{1}{2+\dfrac{1}{n}+\dfrac{1}{m}}$	$n=m\geqslant2$		四边形 点数:$nm+n+m+1$ 总观测独立基线数:$2nm+n+m$ 环数:nm 必要基线数:$nm+n+m$ 多余观测数:nm
5	$\dfrac{3}{7+\dfrac{3}{n}+\dfrac{3}{m}}$	$n=m\geqslant3$		五边形 点数:$(nm+n+m+1)4/3$ 总观测独立基线数:$(nm+n+m)2/3$ 环数:nm 必要基线数:$(nm+n+m)4/3$ 多余观测数:nm
6	$\dfrac{1}{3+\dfrac{2}{m}+\dfrac{1}{n}}$	$n=m=\infty$		六边形 点数:$2nm+2n+m+1$ 总观测独立基线数:$3nm+2n+m$ 环数:nm 必要基线数:$2nm+2n+m$ 多余观测数:nm
8	$\dfrac{1}{4+\dfrac{2}{n}+\dfrac{2}{m}}$	无法满足		八边形 n 表示列数，m 表示行数 点数:$3nm+2n+2m+1$ 总观测独立基线数:$4nm+2n+2m$ 环数:nm 必要基线数:$3nm+2n+2m$ 多余观测数:nm
10	$\dfrac{1}{5+\dfrac{2}{n}+\dfrac{3}{m}}$	无法满足		十边形 点数:$4nm+3n+2m+1$ 总观测独立基线数:$5nm+3n+2m$ 环数:nm 必要基线数:$4nm+3n+2m$ 多余观测数:nm

从表 2 中可以看出，3 条边的网型、4 条边 $n=m$ $\geqslant2$ 的网型、5 条边 $n=m\geqslant3$ 的网型、6 条边无限大的网型都能达到要求。8 条边、10 条边的网型规模不管多大均无法满足网的平均可靠性指标为 1/3 的要求。故规定卫星定位测量控制网中构成闭合环或附合路线的边数以 6 条为限值。简言之，如果异步环中独立基线数太多，将导致这一局部的相关观测基线可靠性降低。

4 由于卫星定位测量过程中，要受到各种外界因素的影响，有可能产生粗差和各种随机误差。因此，要求由非同步独立观测边构成闭合环或附合路线，就是为了对观测成果进行质量检查，以保证成果可靠并恰当评定精度。

在一些规范和专业教科书中，各有观测时段数、施测时段数、重复设站数、平均重复设站数、重复测量的最少基线数、重复测量的基线占独立确定的基线总数的百分数等不同概念和技术指标的规定，且在观测基线数的计算中均涉及 GPS 网点数、接收机台数、平均重复设站数、平均可靠性指标等四项因素；工程应用上也显得比较繁琐、条理不清。

规范课题组研究认为：GPS 控制网的工作量与接收机台数不相关。

若采用符号：N_p——GPS 网点数；K_i——接收机台数；N_r——平均重复设站数。

全网总的站点数为 $N_p \cdot N_r$；全网的观测时段数为 $\dfrac{N_p N_r}{K_i}$；K_i 台接收机观测一个时段的独立观测基线数为 $K_i - 1$ 条。

则全网的独立观测基线数为：

$$S = \frac{N_p N_r}{K_i}(K_i - 1) \qquad (6)$$

由于网的必要观测基线数为 $N_p - 1$（此处仅以自由网的情形讨论）。

则多余独立观测基线数为：

$$N_多 = S - (N_p - 1) \qquad (7)$$

网的平均可靠性指标为：

$$\tau = \frac{N_多}{S} = \frac{S - (N_p - 1)}{S}$$

即

$$\tau = 1 - \frac{N_p - 1}{S} \qquad (8)$$

可将公式（8）转换为：$S = \dfrac{N_p - 1}{1 - \tau} \qquad (9)$

工程控制网通常取 1/3 为网的可靠性指标，即有

$$S = 1.5(N_p - 1) \qquad (10)$$

故，规定全网独立观测基线总数，不宜少于必要观测基线数的 1.5 倍。必要观测基线数为网点数减 1。作业时，应准确把握以保证控制网的可靠性。

5 由于 GPS-RTK 测图对参考站点位的选择有具体要求，所以在布设首级控制网时，应顾及参考站点位的分布和观测条件的满足。

3.2.5 关于控制点点位的选定：

1 卫星定位测量控制网的点位之间原则上不要求通视，但考虑到在使用其他测量仪器对控制网进行加密或扩展时的需要，故提出控制网布设时，每个点至少应与一个以上的相邻点通视。

2 卫星高度角的限制主要是为了减弱对流层对定位精度的影响，由于随着卫星高度的降低，对流层影响愈显著，测量误差随之增大。因此，卫星高度角一般都规定大于 15°。

定位卫星信号本身是很微弱的，为了保证接收机能够正常工作及观测成果的可靠性，故应注意避开周围的电磁波干扰源。

如果接收机同时接收来自卫星的直接信号和很强的反射信号，会造成解算结果不可靠或出现错误，这种影响称为多路径效应。为了减少观测过程中的多路径效应，故提出控制点位要远离强烈反射卫星接收信号的物体。

3 符合要求的旧有控制点就是指满足卫星定位测量的外部环境条件、满足网形和点位要求的旧有控制点。

3.2.6 布设在高层建筑物顶部的点位，其标石要求浇筑在楼板的混凝土面上。内部骨架可采用在楼板上钉入 3～4 个钢钉或膨胀螺栓，再绑扎钢筋。标石底部四周要求采取防漏措施。

（Ⅲ）GPS 观测

3.2.7 关于 GPS 控制测量作业的基本技术要求：

1 GPS 定位有绝对定位和相对定位两种形式，本规范所指的定位方式为相对定位。

依据测距的原理，GPS 定位可划分为伪距法定位、载波相位测量定位和 GPS 差分定位等。本章的 GPS 定位特指载波相位测量定位，测地型接收机目前主要采用载波相位观测值等进行相对定位。

2 GPS 定位卫星使用两种或两种以上不同频率的载波，即 L_1 载波、L_2 载波等；只能接收 L_1 载波的接收机称为单频接收机，能同时接收 L_1 载波和 L_2 载波的接收机称为双频接收机。利用双频技术可以建立较为严密的电离层修正模型，通过改正计算，可以消除或减弱电离层折射对观测量的影响，从而获得很高的精度，这便是后者的优点。对于前者，虽然可以利用导航电文所提供的参数，对观测量进行电离层影响修正，但由于修正模型尚不完善，故精度较差。

对一般的工程控制网，单频接收机便能满足精度要求。试验证明，当基线边超过 8km 时，双频接收机的精度尤为显著。故，规定二等网采用双频接收机。

3 GPS 卫星有两种星历，即卫星广播星历和精密星历。

通常我们所直接接收到的星历便是卫星广播星历，它是一种外推星历或者说预估星历。虽然在 GPS 卫星广播星历中给出了卫星钟差的预报值，但误差较大。可见卫星广播星历的精度相对不高，但通常可满足工程测量的需要。

对于有特殊精度要求的工程控制网，例如高精度变形监测网，需采用精密星历处理观测数据，才能获得更高的基线测量精度。

4 工程控制网的建立，可采用静态和快速静态两种 GPS 作业模式。

根据工程控制网的应用特点，规定了建立四等以上工程控制网时，需采用静态定位。为了快速求解整周未知数，要求每次至少观测 5 颗卫星。

由于快速静态定位对直接观测基线不构成闭合图形，可靠性较差。所以，规定仅在一、二级采用。

5 观测时段的长度和数据采样间隔的限制，是为了获得足够的数据量。足够的数据量有利于整周未知数的解算、周跳的探测与修复和观测精度的提高。

由于接收机的性能和功能在不断的提高和完善，对接收时段长度的要求也不尽相同，故本规范不做严格的规定。

6 GPS定位的精度因子通常包括：平面位置精度因子 HDOP，高程位置精度因子 VDOP，空间位置精度因子 PDOP，接收机钟差精度因子 TDOP，几何精度因子 GDOP 等。

用户接收机普遍采用空间位置精度因子（又称图形强度因子）PDOP 值，来直观地计算并显示所观测卫星的几何分布状况。其值的大小与观测卫星在空间的几何分布变化有关。所测卫星高度角越小，分布范围越大，PDOP 值越小。实际观测中，为了减弱大气折射的影响，卫星高度角不能过低。在满足 15°高度角的前提下，PDOP 值越小越好。

为了保证观测精度，四等及以上等级限定为 PDOP≤6，一、二级限定为 PDOP≤8。

作业过程中，如受外界条件影响，持续出现观测卫星的几何分布图形很差，即 PDOP 值不能满足规范的要求时，则要求暂时中断观测并做好记录；待条件满足要求时，可继续观测；如果经过短时等待，依然无法满足要求时，则需要考虑重新布点。

7 由于工程控制网边长相对较短（二等网的平均边长也不超过 10km），卫星信号在传播中所经过的大气状况较为相似，即同步观测中，经电离层折射改正后的基线向量长度的残差小于 $1×10^{-6}$。若采用双频接收机时，其残差会更小。加之在测站上所测定的气象数据，有一定局限性。因此，作业时可不观测相关气象数据。

3.2.8 GPS测量作业计划的编制仅限于规模较大的测区，其目的是为了进行统一的组织协调。编制预报表时所需测区中心的概略经纬度，可从小比例尺地图上量取并精确至分。小测区则无需进行此项工作。

3.2.9 关于 GPS 控制测量的测站作业：

1 接收机预热和静置的目的，是为了让接收机自动搜索并锁定卫星，并对机内的卫星广播星历进行更替，同时也是为了使机内的电子元件运转稳定。随着接收机制造技术的进一步完善，本条对预热和静置的时间不做统一规定，应根据接收机的品牌及性能具体掌握。

2 关于天线安置对中误差和天线高量取的规定，主要是为了减少人为误差对测量精度的影响，通常情况下都应该满足这一要求。

本条只提供了量取天线高的限差要求，由于当前 GPS 接收机天线类型的多样化，则天线高量取部位各不相同，因此，作业前应熟悉所使用的 GPS 接收机的操作说明，并严格按其要求量取。

3 由于 GPS 接收机数据采集的高度自动化，其记录载体不同于常规测量，人们容易忽视数据采集过程的其他操作。如果不严格执行各项操作或人工记录有误，如点名、点号混淆将给数据处理造成麻烦，天线高量错也将影响成果质量，以致造成超限返工。因此，应认真做好测站记录。

（Ⅳ）GPS 测量数据处理

3.2.10 关于基线的解算：

1 基线解算时，起算点在 WGS-84 坐标系中的坐标精度，将会影响基线解算结果的精度。单点定位是直接获取已知点在 WGS-84 坐标系中已知坐标的方法。理论计算和试验表明：用 30min 单点定位结果的平均值作为起算数据，可以满足 $1×10^{-6}$ 相对定位的精度要求。

2 多基线解算模式和单基线解算模式的主要区别是，前者顾及了同步观测图形中独立基线之间的误差相关性，后者没有顾及。大多数商业化软件基线解算只提供单基线解算模式，在精度上也能满足工程控制网的要求。因此，规定两种解算模式都是可以采用的。

3 由于基线长度的不同，观测时间长短和获得的数据量将不同，所以，解算整周期模糊度的能力不同。能获得全部模糊度参数整数解的结果，称为双差固定解；只能获得双差模糊度参数实数解的结果，称为双差浮点解；对于较长的基线，浮点解也不能得到好的结果，只能用三差分相位解，称为三差解。

基于对工程控制网质量和可靠性的要求，规定基线解算结果应采用双差固定解。

3.2.11 外业观测数据的检核，包括同步环、异步环和复测基线的检核，分别说明如下：

1 由同步观测基线组成的闭合环称为同步环。同步环闭合差理论上应为零。但由于观测时同步环基线间不能做到完全同步，即观测的数据量不同，以及基线解算模型的不完善，即模型的解算精度或模型误差而引起同步环闭合差不为零。因此，应对同步环闭合差进行检验。

2 由独立基线组成的闭合环称为异步环。异步环闭合差的检验是 GPS 控制网质量检核的主要指标。计算公式是按误差传播规律确定的，并取 2 倍中误差作为异步环闭合差的限差。

3 重复测量的基线称为复测基线。其长度较差也是按误差传播规律确定的，并取 2 倍中误差作为复测基线的限差。

以上三项检核计算中 σ 的取值，按本规范（3.2.2）式计算。

3.2.12 在异步环检核和复测基线比较检核中，允许舍去超限基线而不予重测或补测，但舍去超限基线后，异步环中所含独立基线边数不宜多于 6 条，反之就需重测。

3.2.14 关于无约束平差的说明：

1 无约束平差的目的，是为了提供GPS网平差后的WGS-84坐标系三维坐标，同时也是为了检验GPS网本身的精度及基线向量之间有无明显的系统误差和粗差。

2 无约束平差在WGS-84坐标系中进行。通常以一个控制点的三维坐标作为起算数据进行平差计算，实为单点位置约束平差或最小约束平差，它与完全无约束的亏秩自由网平差是等价的，因此称之为无约束平差。起算点坐标可选用控制点30min的单点定位结果（规范第3.2.10条）或已知控制点的GPS坐标。

3 基线向量改正数的绝对值限差的提出，是为了对基线观测量进行粗差检验。即基线向量各坐标分量改正数的绝对值，不应超过相应等级的基线长度中误差σ的3倍。超限时，认为该基线或邻近基线含有粗差，应采用软件提供的自动方法或人工方法剔除含有粗差的基线，并符合规范3.2.12条的规定。

3.2.15 关于约束平差的说明：

1 约束平差的目的，是为了获取GPS网在国家或地方坐标系的控制点坐标数据；这里的地方坐标系是指除标准国家坐标系统以外的其他坐标系统，即本规范3.1.4条2～5所采用的坐标系统。

2 约束平差是以国家或地方坐标系的某些控制点的坐标、边长和坐标方位角作为约束条件进行平差计算。必要时，还应顾及GPS网与地面网之间的转换参数。

3 对已知条件的约束，可采用强制约束，也可采用加权约束。

强制约束，是指所有已知条件均作为固定值参与平差计算，不需顾及起算数据的误差。它要求起算数据应有很好的精度且精度比较均匀。否则，将引起GPS网发生扭曲变形，显著降低网的精度。

加权约束，是指顾及所有或部分已知约束数据的起始误差，按其不同的精度加权约束，并在平差时进行适当的修正。定权时，应使权的大小与约束值精度相匹配。否则，也会引起GPS网的变形，或失去约束的意义。

平差时，在约束点间的边长相对中误差满足本规范表3.2.1相应等级要求的前提下，如果约束平差后最弱边的相对中误差也满足相应的要求，可以认为网平差结果是合格的。

4 对已知条件的约束，有三维约束和二维约束两种模式。三维约束平差的约束条件是控制点的三维大地坐标或三维直角坐标、空间边长、大地方位角；二维约束平差的约束条件是控制点的平面坐标、水平距离和坐标方位角。

3.3 导 线 测 量

（Ⅰ）导线测量的主要技术要求

3.3.1 对导线测量的主要技术要求说明如下：

1 随着全站仪在我国的普及应用，工程测量部门对中小规模的控制测量大部分采用导线测量的方法。基于控制测量的技术现状和应用趋势的考虑，本规范修订时，维持《93规范》导线测量精度等级的划分和主要技术要求不变，将导线测量方法排列在三角形网测量之前。

导线测量的主要技术要求，是根据多数工程测量单位历年来实践经验、理论公式估算以及《78规范》科研课题试验验证，基于以下条件确定的：

1）三、四等导线的测角中误差，采用同等级三角形网测量的测角中误差值m_β。

2）导线点的密度应比三角形网密一些，故三、四等导线的平均边长S，采用同等级三角形网平均边长的0.7倍左右。

3）测距中误差，是按以往中等精度电磁波测距仪器标称精度估算值制定的，近年来电磁波测距仪器的精度都相应提高，该指标是容易满足的。

4）设计导线时，中间最弱点点位中误差采用50mm；起始误差$m_{起}$和测量误差$m_{测}$对导线中点的影响按"等影响"处理。

2 关于导线长度规定的说明：

对于导线中点（最弱点）：$m_{起中}=m_{测中}=\dfrac{50}{\sqrt{2}}$ (11)

最弱点点位中误差：$m_{最弱}^2=m_{起中}^2+m_{测中}^2$ (12)

由于中点的测量误差包含纵向误差和横向误差两部分，即

$$m_{测中}^2=m_{纵中}^2+m_{横中}^2 \qquad (13)$$

附合于高级点间的等边直伸导线，平差后中点纵横向误差可按（14）式、（15）式计算：

$$m_{纵中}=\frac{1}{2}m_D\sqrt{n} \qquad (14)$$

$$m_{横中}=0.35m_\beta[S]\sqrt{5+n} \qquad (15)$$

式中　n——导线边数；

　　　$[S]$——导线总长。

所求的导线长度的理论公式为：

$$\frac{0.1225m_\beta^2}{S}[S]^3$$
$$+0.6125m_\beta^2[S]^2+\frac{0.25m_D^2}{S}[S]-1250=0$$

(16)

分别将各等级的m_β、S及m_D值代入（16）式，解出$[S]$，即得导线长度。

3 关于相对闭合差限差的说明：

理论和计算证明：附合导线中点和终点的误差比

值，横向误差为 1：4，纵向误差、起始数据的误差均为 1：2。

则有，导线终点的总误差 $M_终$ 的理论公式为：

$$M_终 = \sqrt{4m_纵^2 + 16m_横^2 + 4m_起^2} \quad (17)$$

取 2 倍导线终点的总误差作为限值。

则，导线全长相对闭合差为：

$$1/T = 2M_终 / [S] \quad (18)$$

按 1～3 款计算，并适当取舍整理，得出导线测量的主要技术要求如规范表 3.3.1。

以上导线测量的主要技术要求，与《78 规范》科研课题在某测区的试验报告所提指标基本相符。

4 由于本规范 3.3.9 条规定：当三、四等导线测量的测站只有 2 个方向时，须观测左右角。故，将三等导线 2″级仪器的观测测回数规定为 10 测回，以便左右角各观测 5 测回（三等三角形网测量的水平角观测测回数 2″级仪器为 9 测回）。

5 注 2 中，一、二、三级导线平均边长和总长放长的条件，是测区不再可能施测 1：500 比例尺的地形图。按 1：1000 估算，其点位中误差放大一倍，故平均边长相应放长一倍。

3.3.2 关于导线长度小于规定长度 1/3 时，全长绝对闭合差不应大于 13cm 的说明：

根据理论公式验证，直伸导线平差后，导线终点的总误差和导线中点的点位中误差的关系为：

$$M_终 = Km_中 \quad (19)$$

则导线全长的相对闭合差为：

$$1/T = 2M_终 / [S] = 2Km_中 / [S] \quad (20)$$

当附合导线长度小于规范表 3.3.1 所规定长度 1/3 时，导线全长的最大相对闭合差，不能满足规范的最低要求。此时，要求以导线终点的总误差 $M_终$ 来衡量。按起算误差和测量误差等影响、测角误差和测距误差等影响考虑，则 K 为 $\sqrt{7}$；因 $m_中$ 为 5cm，根据 (19) 式，则 $M_终$ 约等于 13cm。

3.3.3 从较常用的导线网形出发，当最弱点的中误差与单一附合导线最弱点中误差近似相等时，经过计算，各图形结点间、结点与高级点间长度约为附合导线长度的 0.5～0.75 倍，本规范取用 0.7 倍来限制结点间、结点与高级点间的导线长度。

（Ⅱ）导线网的设计、选点与埋石

3.3.4 导线网的布设要求：

1 首级网布设成环形网的要求，主要是基于首级控制应能有效地控制整个测区并且点位分布均匀而提出的。

2 直伸布网，主要指导线网中结点与已知点之间、结点与结点之间的导线段宜布设成直伸形式；直伸布网时，测边误差不会影响横向误差，测角误差不会影响纵向误差。这样可使纵横向误差保持最小，导线的长度最短，测边和测角的工作量最少；这是构网

的原则，作业时应尽量直伸布网。

3 导线相邻边长不宜相差过大（一般不宜超过 1：3 的比例），主要是为了减少因望远镜调焦所引起的视准轴误差对水平角观测的影响。

4 不同环节的导线点相距较近时，相互之间的相对误差较大。

3.3.5 导线点的选定：

1 关于视线距离障碍物的垂距，《93 规范》的测距部分规定为测线"应离开地面或障碍物 1.3m 以上"，选点部分则规定为三、四等视线不宜小于 1.5m，本次修订均采用 1.5m；另外《93 规范》测角部分关于通视情况的描述用"视线"一词，测距部分描述则用"测线"一词，本次修订均采用视线。

2 相邻两点之间的视线倾角不宜过大的规定，是因为当视线倾角较大或两端高差相对较大时，高差的测量误差将对导线的水平距离产生较大的影响。

由本规范 (3.3.23) 式，测距边的中误差可表示为：

$$m_D^2 = \left(\frac{S}{D}m_S\right)^2 + \left(\frac{h}{D}m_h\right)^2 \quad (21)$$

式中 h ——测距边两端的高差；

S ——测距边的长度；

D ——测距边平距的长度；

m_D ——测距边的中误差；

m_S ——测距中误差；

m_h ——高差中误差。

由 (21) 式可以看出：测距边两端高差越大，高差中误差 m_h 对测距边的中误差 m_D 影响也越大。因而，本规范提出测距边视线倾角不能太大的要求。

（Ⅲ）水平角观测

3.3.7 水平角观测仪器作业前检验。

水平角观测所用的仪器是以 1″级、2″级和 6″级仪器为基础，根据实际的检查需要和相关仪器的精度，分别规定出不同的指标。

本条增加了全站仪、电子经纬仪的相关检验要求，其中包括电子气泡和补偿器的检验等。

对具有补偿器（单轴补偿、双轴补偿或三轴补偿）的全站仪、电子经纬仪的检验可不受本条前 3 款相关检验指标的限制，但应确保在仪器的补偿区间（通常在 3′左右），补偿器对观测成果能够进行有效补偿。

光学（或激光）对中器的视轴（或射线）与竖轴的重合度指标，是指仪器高度在 0.8m 至 1.5m 时的检验残差不应大于 1mm。

3.3.8 水平角方向观测法的技术要求。

1 关于表 3.3.8 中部分观测指标的说明：

1）2C 互差的限差。仪器视准轴误差 C 和横轴误差 i，对同一方向盘左观测值减盘右观测值的影响公式为：

$$L-R=\frac{2C}{\cos\alpha}+2i\tan\alpha \qquad (22)$$

当垂直角 $\alpha=0$ 时，$L-R=2C$。即只有视线水平时，$L-R$ 才等于 2 倍照准差，因此，$2C$ 的较差受垂直角的影响为：

$$\begin{aligned}\Delta_{2C} &= \left(\frac{2C}{\cos\alpha_1}+2i\tan\alpha_1\right)-\left(\frac{2C}{\cos\alpha_2}+2i\tan\alpha_2\right)\\ &= 2C\left(\frac{1}{\cos\alpha_1}-\frac{1}{\cos\alpha_2}\right)+2i(\tan\alpha_1-\tan\alpha_2)\\ &\approx C\frac{\alpha_1^2-\alpha_2^2}{\rho^2}+2i\tan\Delta\alpha \qquad (23)\end{aligned}$$

对于 $2''$ 级仪器，$2C$ 可校正到小于 $30''$，即 $C\leqslant 15''$，这时（23）式右端第一项取值较小。例如：$\alpha_1=5°$，$\alpha_2=0°$ 时，$C\frac{\alpha_1^2-\alpha_2^2}{\rho^2}=0.12''$，当 $\alpha_1=10°$，$\alpha_2=0°$ 时，$C\frac{\alpha_1^2-\alpha_2^2}{\rho^2}=0.46''$。可见，此值与一测回内 $2C$ 互差限差 $13''$ 相比是较小的，因此（23）式第二项才是影响 $2C$ 较差变化的主项。

对于 $2''$ 级仪器，一般要求 $i\leqslant 15''$，但是由于测角仪器水平轴不便于外业校正，所以若 i 角较大时，也得用于外业。

i 角对 $2C$ 较差的影响，见表 3。

表 3　i 角对 $2C$ 较差的影响值 $2i\tan\Delta\alpha$

i \ α	$5°$	$10°$	$15°$
$15''$	$2.6''$	$5.3''$	$8.0''$
$20''$	$3.5''$	$7.1''$	$10.7''$

由表列数值可知，对 $2C$ 互差即使允许放宽 30% 或 50%，有时还显得不够合理，但是若再放宽此限值，则对于 i 角较小的仪器又显得太宽，失去限差的意义。因此，规范表 3.3.8 注释规定：当观测方向的垂直角超过 $\pm3°$ 时，该方向 $2C$ 互差可按相邻测回同方向进行比较。

2）当采用 $2''$ 级仪器观测一级及以下等级控制网时，由于测角精度要求较低、边长较短、成像清晰，因此对相应的观测指标适当放宽。

3）全站仪、电子经纬仪用于水平角观测时，其主要技术要求同本条表 3.3.8，但不受光学测微器两次重合读数之差指标的限制。

2 观测方向不多于 3 个时可不归零的要求，是根据历年来的实践经验确定的。由于方向数少，观测时间短，不归零对观测精度影响不大。相反，归零观测也会增加观测的工作量，因此没有必要。

3 观测方向超过 6 个时，可进行分组观测的要求，是由于方向数多，测站的观测时间会相应加长，气象等观测条件变化较大，各项观测限差不容易满足要求。因此，宜采用分组观测的方法进行。

4 当应用全站仪、电子经纬仪进行角度测量时，

通常应进行度盘配置。因为电子测角可分为三种方法，即编码法、动态法和增量法。前两种属于绝对法测角，后一种属于相对法测角。不论是采用编码度盘还是光栅度盘，度盘的分划误差都是电子测角仪器测角误差的主要影响因素。只有采用动态法测角系统的仪器在测量中不需要配置度盘，因为该方法已有效地消除了度盘的分划误差。目前工程类的全站仪、电子经纬仪很少采用动态法测角系统，故规定应配置度盘。

3.3.9 当三、四等导线测量的测站只有两个方向时，须观测左右角，且要求配置度盘。但对于三等导线用 $2''$ 级仪器观测并按附录 C 公式计算度盘配置时，其结果如表 4。其配置尾数全为 $30''$，容易产生系统性差错，故观测时应注意适当调整度盘的尾数值配置。

表 4　$2''$ 级光学经纬仪的度盘配置

测回序号 j	σ
1	$0°0'30''$
2	$18°11'30''$
3	$36°22'30''$
4	$54°33'30''$
5	$72°44'30''$
6	$90°55'30''$
7	$109°06'30''$
8	$127°17'30''$
9	$145°28'30''$
10	$163°39'30''$

3.3.10 关于测站的技术要求：

1 增加仪器、反光镜（或觇牌）用脚架直接在点位上整平对中时，对中误差不应大于 2mm 的限制，以减少人为误差的影响。

2 由于本规范各等级水平角观测的限差是基于视线水平的条件下规定的。当观测方向的垂直角超过 $\pm3°$ 时，竖轴的倾斜误差对水平角观测影响较大，故要求在测回间重新整置气泡位置，观测限差还应满足 3.3.8 条第 1 款的规定。

另外，测回间对气泡位置的整置，即可通过调节竖轴的不同倾斜方位，使仪器误差在各测回间水平角的平均数中有所削弱。

具有垂直轴补偿器的仪器（补偿范围一般为 3'），它对观测的水平角可以进行自动改正，故不受此款的限制；作业时，应注意补偿器处于开启状态。

3 剧烈震动下，补偿器无法正常工作，故应停止观测。即便关闭补偿器，也无法获得好的观测结果。

4 鉴于工程测量作业中有时需要进行偏心观测，对归心元素测定的各项精度指标，都是在保证水平角

观测精度的前提下提出的，测定时也是容易达到的。

3.3.12 对已知方向的联测精度，宜采用与所布设首级网的等级相同，不必采用过高的精度，更不必采用与联测已知点相同的精度。

3.3.13 增加了对电子记录和全站仪内存记录的要求。

（Ⅳ）距 离 测 量

3.3.14 由于测距仪器在生产中已得到广泛的应用，几乎取代了因瓦尺和钢尺量距。本次修订考虑到不同生产单位的装备水平，仍保留了低等级控制网边长量距的规定，但将钢尺量距的应用等级较《93 规范》降低一级。

本次修订取消了因瓦尺测距和 2m 横基尺视差法测距的内容。

3.3.16 仪器厂家多采用固定误差和比例误差来直观表示测距仪器的精度。本规范修订时删去了测距仪器分级的内容，改用仪器的标称精度直接表示。

3.3.17 本规范修订时删去了测距仪器检校的具体内容，它属于仪器检定的范畴。但在高海拔地区作业时，对辅助工具送当地气象台（站）的检验校正是很有必要的。

3.3.18 测距的主要技术要求，是根据多数工程测量部门历年来的工程实践经验，基于以下条件制定的：

1 一测回读数较差是根据各等级仪器每千米标称精度规定的。

2 单程各测回较差为一测回较差乘以 $\sqrt{2}$。

3 往返较差的限差，取相应距离仪器标称精度的 2 倍。

4 仪器的精度等级和测回数，是根据相应等级平面控制网要求达到的测距精度而作出的规定。

3.3.19 测距边用垂直角进行平距改正时，垂直角的观测误差将对水平距离的精度产生影响。由高差测定误差 m_h 引起水平距离改正数的中误差 m_D 为：

$$m_D = \frac{h}{S} m_h \tag{24}$$

按（24）式分析，通常 h 之值远比 S 之值小得多，故其高程误差影响水平距离改正的中误差则更微小。本规范 4.3.2 条五等电磁波测距三角高程测量每千米高差中误差仅为 15mm，故本条规定其垂直角的观测和对向观测高差较差放宽一倍，是完全能保证测距边精度的。

3.3.20 增加对电子记录和电子测角仪器内存记录的要求。

3.3.21 关于钢尺量距的说明：

1 普通钢尺量距在施工测量中的应用还很普遍，所以保留这部分内容，并采用量距一词，以示区分。

2 本规范表 3.3.1 中导线测量的主要技术要求，是针对电磁波测距而设计的技术规格。若导线边长采

用普通钢尺量距，钢尺丈量较差的相对误差并不能代表规范表 3.3.1 中测距相对中误差。但根据各工程测量单位的实际作业经验，量距较差相对误差与导线全长相对闭合差的关系，其比例约为 1：2。因此，表3.3.21 可分别适用于二、三级导线边长的量距工作。

本次修订将《93 规范》钢尺量距的应用等级降低一级，即限定在二、三级。并在主要技术要求中明确了应用等级的划分。主要是由于测距类的仪器已经很普及，尤其是全站仪的应用，加之电磁波测距三角高程已广泛用于四等水准测量。所以，不提倡将钢尺量距用于一级导线的边长测量。明确应用等级的目的，主要是为了方便使用。

（Ⅴ）导线测量数据处理

3.3.22 偏心观测在工程测量中已较少使用。使用时，归心改正按（25）式或（26）式计算。

1 当偏心距离 $e \leqslant 0.3m$ 时，可按近似公式计算。

$$\Delta D_e = -e \cdot \cos\theta - e' \cos\theta' \tag{25}$$

式中 ΔD_e——归心改正值；

e——测站偏心值；

e'——镜站偏心值；

θ——测站偏心角；

θ'——镜站偏心角。

2 当偏心距 $e > 0.3m$ 时，根据余弦定理，水平距离按下式计算。

$$D = \sqrt{e^2 + S^2 - 2eS\cos\theta} \tag{26}$$

式中 D——归化后的水平距离；

e——偏心距；

S——测量水平距离；

θ——偏心角。

3.3.23 水平距离计算公式说明如下：

1 当边长 $S \leqslant 15km$ 时，其弧长与弦长之间差异较小，由图 1，根据余弦定理，有

$$D_0^2 = 2R^2 - 2R^2 \cos\theta \tag{27}$$

则

$$\cos\theta = 1 - \frac{D_0^2}{2R^2} \tag{28}$$

又

$$S^2 = (R+H_1)^2 + (R+H_2)^2 - 2(R+H_1)(R+H_2)\cos\theta \tag{29}$$

令两点间的高差

$$h = H_1 - H_2 \tag{30}$$

则，归算到参考椭球面上的水平距离严密计算公式为：

$$D_0 = \sqrt{\frac{(S+h)(S-h)}{\left(1+\frac{H_1}{R}\right)\left(1+\frac{H_2}{R}\right)}} \tag{31}$$

归算到测区平均高程面 H_0 上的水平距离严密计算公式为：

$$D_H = \sqrt{\frac{(S+h)(S-h)}{\left(1+\frac{H_1-H_0}{R+H_0}\right)\left(1+\frac{H_2-H_0}{R+H_0}\right)}} \tag{32}$$

式中 D_H——归化到测区平均高程面上的水平距离

（m）；

S——经气象及加、乘常数等改正后的斜距（m）；

D_0——归化到参考椭球面上的水平距离（m）；

H_1、H_2——分别为仪器的发射中心与反光镜的反射中心的高程值（m）；

h——仪器的发射中心与反光镜的反射中心之间的高差（m）；

H_0——测区平均高程面的高程（m）；

R——地球平均曲率半径（m）。

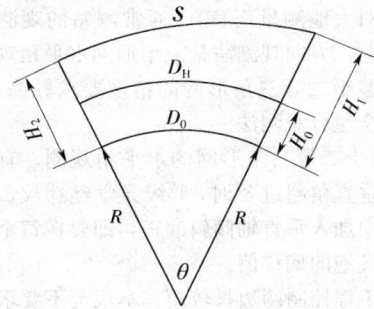

图 1 观测边长归化计算

（32）式可以看作是水平距离计算的通用严密公式。应用时，当 H_0 为 0 时，其计算结果为参考椭球面上的水平距离；当 H_0 取测区平均高程面的高程时，其结果为测区平均高程面上的水平距离；当 H_0 取测区抵偿高程面的高程时，其结果为测区抵偿高程面上的水平距离；当 H_0 取测线两端的平均高程时，其结果为测线的水平距离。

2 如令（32）式的分母为

$$K=\sqrt{\left(1+\frac{H_1-H_0}{R+H_0}\right)\left(1+\frac{H_2-H_0}{R+H_0}\right)} \quad (33)$$

则有

$$D_p=\frac{1}{K}\sqrt{S^2-h^2} \quad (34)$$

通过计算，当 H_0 为测线两端的平均高程时，$K\approx1$，其误差小于 10^{-8}。

则测线的水平距离计算公式可表示为：

$$D_p=\sqrt{S^2-h^2} \quad (35)$$

要说明的是，在上面公式的推导中，椭球高是以正常高代替，椭球高只有在高等级大地测量中才用到。由于工程测量控制网边长较短、控制面积较小，椭球高和正常高之间的差别通常忽略不计。

3.3.26 本条给出了测距长度归化到不同投影面的计算公式。在作业时，应根据本规范 3.1.4 条对平面控制网的坐标系统选择的不同而取用不同的公式。

3.3.27 关于严密平差和近似平差方法的选用。根据历年来各工程测量单位的实践经验，对一级及以上精度等级的平面控制网，只有采用严密平差法才能满足其精度要求。对二级及以下精度等级的平面控制网，由于其精度要求较低一些，允许有一定的灵活性，不

作严格的要求。

3.3.28 关于先验权计算。控制网平差时，需要估算角度及边长先验中误差的值，并用于计算其先验权的值。根据实践经验，采用经典的计算公式或数理统计的经验公式估算先验中误差，用于平差迭代计算，其最终平差结果是一样的，二者都是可行的办法。

3.3.30 根据历年来的实践经验，本条列出了一些必要的精度评定项目，需要时，作业者还可以增加更细致的精度评定项目。

3.3.31 内业计算中数字取位的要求，是为了保证提交成果的精度。

3.4 三角形网测量

（Ⅰ）三角形网测量的主要技术要求

3.4.1 随着全站仪、电子经纬仪在工程测量单位的广泛应用，角度和距离测量已不再像以前那么困难，现在的外业观测不仅灵活且很方便。就布网而言，纯粹的三角网、三边网已极少应用。所以，本规范修订时引入三角形网测量的统一概念，对已往的三角网、三边网、边角网不再严加区分，将所有的角度、边长观测值均作为观测量看待。三角形网测量的精度指标，也是基于原三角网和三边网的相关指标制定。具体指标的确立，是根据工程测量单位完成的工程控制网统计资料并顾及不同行业的测量技术要求，在综合分析的基础上确定的，说明如下：

1 关于测角中误差和测回数。

本规范对二、三、四等三角形网测量的测角中误差仍分别沿用我国经典的 1.0″、1.8″、2.5″ 的划分方法。

水平角观测的测回数是根据工程测量单位的统计结果确定的，见表 5。

表 5 水平角观测中误差与测回数统计表

	1″级			2″级	
测回数	测角中误差（″）	网的个数	测回数	测角中误差（″）	网的个数
3	0.90～1.66	4	1	5.00	1
4	0.89～2.40	8	3	2.40	2
6	0.80～1.70	17	4	1.55～2.10	4
8	0.85～1.68	3	6	1.30～2.50	9
9	0.55～1.79	26	8	1.90～2.20	5
10	1.01	1	9	0.95～1.80	6
12	0.40～1.02	7	9	2.12	1
			12	1.17～1.64	2

2 关于平面控制网的基本精度。

工程平面控制网的基本精度，应使四等以下的各级平面控制网的最弱边边长（或最弱点点位）中误差不大于 1：500 或 1：1000 比例尺地形图上 0.1mm。即，中误差相当于实地的 5cm 或 10cm。因此，本规

范取四等三角形网最弱边边长中误差为 5cm。

就一般工程施工放样而言，通常要求新设建筑物与相邻已有建筑物的相关位置误差（或相对于主轴线的位置误差）小于 10～20cm；对于改、扩建厂的施工图设计，通常要求测定主要地物点的解析坐标，其点位相对于邻近图根点的点位中误差为 5～10cm。因此，本规范所规定的控制网精度规格，是可以满足大比例尺测图并兼顾一般施工放样需要的。

3 关于测边相对中误差和最弱边边长相对中误差的精度系列。

测边相对中误差的精度系列，沿用《93 规范》三边测量测距相对中误差精度系列；最弱边边长相对中误差的精度系列，沿用《93 规范》三角测量最弱边边长相对中误差精度系列。三角形网集两种精度系列于一体，不仅完全保证控制网的精度符合相应等级的精度要求，而且在工程作业中更容易实现。

4 关于各等级三角形网的平均边长。

根据一些工程测量单位的作业经验和对工程施工单位的调查走访认为，四等三角形网的平均边长为 2km，最弱边边长相对中误差不低于 1/40000，即相对点位中误差为 5cm，这样密度和精度的网，可以满足一般工程施工放样的需要。故，本规范四等三角形网的平均边长规定为 2km。其余各等级的平均边长，基本上按相邻两等级之比约为 2∶1 的比例确定，即有：三等为 4.5km，二等为 9km，一级为 1km，二级为 0.5km。

5 本规范表 3.4.1 注释中平均边长适当放长的条件，是测区不再可能施测 1∶500 比例尺的地形图。按 1∶1000 比例尺地形图估算，其点位中误差放大一倍，故平均边长相应放长一倍。

3.4.2 三角形网测量概念的提出，就是将所有的角度、边长观测值均作为观测量看待，所以均应参加平差计算。

（Ⅱ）三角形网的设计、选点与埋石

3.4.4 随着测绘科技的发展和作业技术手段的提高，工程测量已不再强调逐级布网，但应重视在满足工程项目基本精度要求的情况下，合理确定网的精度等级和观测方案，也允许在满足精度要求的前提下，采用比较灵活的布网方式。

3.4.5 关于三角形网设计、选点内容修订的几点说明：

1 由于工程测量单位在对三角形网加密时，现已很少采用插网、线性网或插点等形式，所以规范修订时取消了插网、线性网或插点的具体技术要求，仅保留相关概念和方法，同时也是为了表明不提倡这三种加密方式，可采用其他更容易、更方便、更灵活、更经济的方式加密，比如 GPS 方法和导线测量方法。

2 规范修订时，取消了《93 规范》采用线性锁

布设一、二级小三角的内容。主要是因为线性锁加密方法，现时几乎没有作业者采用。

3 规范修订时，取消了《93 规范》建造觇标的相应条款，是因为目前的工程测量单位在工程项目的实施中很少建造觇标，同时造标也会增加工程成本。故，通常情况下不主张建造觇标。如需要建造，可参考相关国家标准或行业标准进行。

（Ⅲ）三角形网观测

3.4.7 由于工程控制网的平均边长较短，成像清晰、稳定（相对大地测量而言），通常测站的观测时间也较短，因此，方向观测法是三角形网水平角观测的主要方法。鉴于二等三角形网的精度要求较高，因此，也可采用全组合观测法。

3.4.8 对于二等三角形网的水平角观测，有些规范要求：当垂直角超过 3°时，1″级光学经纬仪，要在方向观测值中加入垂直轴倾斜改正，即要在每个目标瞄准后读取气泡的偏移值。

鉴于工程控制网边长较短，本规范不要求进行此项改正，但观测过程中对光学经纬仪的气泡偏离值要求较严，也不允许超过 1 格（1″级仪器照准部旋转正确性指标检测值为不超过 2 格）。

3.4.9、3.4.10 由于导线测量的分级为三、四等和一、二、三级，故增加二等三角形网边长测量的技术要求，其余等级的边长测量则直接参见导线测量的相关条文。

（Ⅳ）三角形网测量数据处理

3.4.12 归心改正计算，可按本规范条文说明 3.3.22 条的公式计算。

3.4.15 增加了二、三、四等三角形网的方向观测值，应进行高斯投影方向改化的技术要求，并提供了方向改化的计算公式。即要求把椭球面上的方向观测值归化到高斯平面上，才能进行三角形网的平差计算（距离的归化投影计算也是如此，见本规范条文说明 3.3.26 条）。

3.4.16 关于垂线偏差的修正：

垂线偏差的修正，通常只有国家一、二等控制网才需要进行此项改正计算，对于国家三、四等控制网和工程测量控制网，一般不必进行。观测方向垂线偏差改正的计算公式如下：

$$\delta_u = (\eta \cos A - \xi \sin A) \cot z \quad (36)$$

$$\eta = u \sin \theta \quad (37)$$

$$\xi = u \cos \theta \quad (38)$$

式中 δ_u ——观测方向垂线偏差改正；

η ——垂线偏差的卯酉分量；

ξ ——垂线偏差的子午分量；

A ——以法线为准的大地方位角；

z ——照准方向的天顶距；

u——垂线偏差的弧度元素；

θ——垂线偏差的角度元素。

但在高山地区或垂线偏差较大的地区作业时，其垂线偏差分量 η、ξ 较大，照准方向的高度角也很大时，它对观测方向的影响接近或大于相应等级控制网的测角中误差，有的影响更大。近年来的一些研究成果表明，垂线偏差对山区三角形网水平方向和垂直角的影响不可忽视。故，规定对高山地区二、三等三角形网点的水平角观测值，应进行垂线偏差的修正是完全必要的。具体作业时，还应参考国家大地测量的相关规范进行。

3.4.18 各种几何条件的检验是衡量其整体观测质量的主要标准，其理由如下：

1 测站的外业观测的检查，只能反映出测站的内部符合精度，它仅能部分体现出观测质量，无法体现系统误差的影响，更不能反映整体三角形网的观测质量。

2 就单个三角形而言，其闭合差只能反映出该三角形的观测质量或测角精度。

3 对于整个三角形网，以三角形闭合差为数最多，因此按菲列罗公式（规范 3.4.13 条）计算出的测角中误差，是衡量三角形网整体测角精度的主要指标。但当三角形的个数较少时，其可靠性就不是很高。

4 对三角形网所构成的各种几何条件的检验，是衡量其整体观测质量的充分条件。不满足时，应及时检查处理或进行粗差剔除，然后才能进行控制网的整体解算。

由于计算机的普及应用，本次修订时取消了有关对数形式的检验计算公式。

3.4.19 三角形网的平差计算，不再强调起始边或起算边的概念，故将其按观测值处理。

4 高程控制测量

4.1 一般规定

4.1.1 高程控制测量精度等级的划分，仍然沿用《93 规范》的等级系列。

对于电磁波测距三角高程测量适用的精度等级，《93 规范》是按四等设计的，但未明确表述它的地位。本次修订予以确定。

本次修订初步引入 GPS 拟合高程测量的概念和方法，现说明如下：

1 从上世纪 90 年代以来，GPS 拟合高程测量的理论、方法和应用均有很大的进展。

2 从工程测量的角度看，GPS 高程测量应用的方法仍然比较单一，仅局限在拟合的方法上，实质上是 GPS 平面控制测量的一个副产品。就其方法本身

而言，可归纳为插值和拟合两类，但本次修订不严格区分它的数学含义，统称为"GPS 拟合高程测量"。

3 从统计资料看（表 9），GPS 拟合高程测量所达到的精度有高有低，不尽相同，本次修订将其定位在五等精度，比较适中安全。

4.1.2 区域高程控制测量首级网等级的确定，一般根据工程规模或控制面积、测图比例尺或用途及高程网的布设层次等因素综合考虑，本规范不作具体规定。

本次修订虽然在 4.1.1 条明确了电磁波测距三角高程测量和 GPS 拟合高程测量的地位，但在应用上还应注意：

1 四等电磁波测距三角高程网应由三等水准点起算（见条文 4.3.2 条注释）。

2 GPS 拟合高程测量是基于区域水准测量成果，因此，其不能用于首级高程控制。

4.1.3 根据国测［1987］365 号文规定采用"1985 国家高程基准"，其高程起算点是位于青岛的"中华人民共和国水准原点"，高程值为 72.2604m。1956 年黄海平均海水面及相应的水准原点高程值为 72.289m，两系统相差 -0.0286m。对于一般地形测图来说可采用该差值直接换算。但对于高程控制测量，由于两种系统的差值并不是均匀的，其受施测路线所经过地区的重力、气候、路线长度、仪器及测量误差等不同因素的影响，须进行具体联测确定差值。

本条"高程系统"的含义不是大地测量中正常高系统、正高系统等意思。

假定高程系统宜慎用。

4.1.4 高程控制点数量及间距的规定，是根据历年来工程测量部门的实践经验总结出来的，便于使用且经济合理。

4.2 水准测量

4.2.1 关于水准测量的主要技术要求：

1 本规范水准测量采用每千米高差全中误差的精度系列与现行国家标准《国家一、二等水准测量规范》GB 12897 和《国家三、四等水准测量规范》GB 12898 相同。虽然这一系列对工程测量来讲并不一定恰当适宜，但从水准测量基本精度指标的协调统一出发，本规范未予变动。

五等水准是因工程需要而对水准测量精度系列的补充，其每千米高差全中误差仍沿用《93 规范》的指标。

2 本条所规定的附合水准路线长度，在按级布设时，其最低等级的最弱点高程中误差为 3cm 左右（已考虑起始数据误差影响）。

3 本条中的附合或环线四等水准测量，工测部门都采用单程一次测量。实践证明是能达到规定精度的；因为四等水准与三等水准使用的仪器、视线长度、操

作方法等基本相同，只有单程和往返的区别；按此估算，四等水准单程观测是能达到规定精度指标的。

4 关于山地水准测量的限差。

在山地进行三、四等水准测量时，由于受客观条件的限制，其往返较差、附合或环线闭合差的限值可适当放宽，分别为 $\pm 15\sqrt{L}$ 和 $\pm 25\sqrt{L}$。但实测中，其限差常以测站数 n 来衡量，为此将上述限差转换为每站中误差的限差，通常每千米按 16 站计算，即

$$L=\frac{n}{16} \tag{39}$$

则

三等限差　$\Delta=\pm 15\sqrt{L}=\pm 15\sqrt{\frac{n}{16}}\approx\pm 4\sqrt{n}$
$$\tag{40}$$

四等限差　$\Delta=\pm 25\sqrt{L}=\pm 25\sqrt{\frac{n}{16}}\approx\pm 6\sqrt{n}$
$$\tag{41}$$

5 结点间或高级点间的路线长度，是基于以下两种图形进行推论的。

图 2 中，"⊙"表示高级点，"·"表示最弱点（由于图形的对称性，图中未标出全部最弱点）。

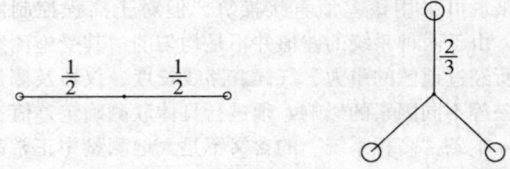

图 2　单一附合路线和最简结点网

推论可知：附合水准路线的最弱点在路线的中部，结点网的最弱点位于每个环节的 3/4 处。欲使两种图形最弱点的高程中误差相等，结点网的各环节长度应为单一附合水准路线长度的 2/3 倍。

故本规范表 4.2.1 的注 1 中，采用 0.7 倍的指标。

4.2.2 关于水准测量所使用的仪器及水准尺：

1 本次修订补充了，三等水准测量所使用的补偿式自动安平水准仪的补偿误差 $\Delta\alpha$ 不应超过 $0.5''$，数字水准仪条形码尺米间隔平均长与名义长之差，不应超过 0.10mm 的要求。

2 对于水准仪的视准轴与水准管轴的夹角 i，水准尺的米间隔平均长与名义长之差的限值，仍采用《93 规范》的指标。

以上两款中的相关检验指标是根据多年来实践经验得出的，也与仪器的等级相适应，同时也是作业中应当满足的。

4.2.4 水准观测的主要技术指标，是基于不同型号的水准仪和不同类型的水准尺，按水准观测的误差理论进行分析推算，并结合历年来工程测量单位的实践经验，补充、调整而成的。

规范修订将数字水准仪归类于相应等级的光学水准仪中，并按相应等级的要求作业。

4.2.6 由于交通、水利等国家基础建设的快速发展，跨河水准在工程测量中的应用越来越多，故本次修订增加跨河水准测量内容。

跨河水准测量的主要技术要求，是根据我国航务测量部门长期的经验总结制定的。

对于工程测量单位较少涉及的大型跨越项目（跨越距离>400m），其技术要求，可参考相关国家标准或行业标准执行。必要时，在满足工程精度要求的前提下，也可单独制定跨河水准测量方案。

4.2.7 关于水准测量数据处理的精度评定公式：

水准测量的精度评定，通常采用（42）、（43）两个公式计算。

$$M_\Delta=\pm\sqrt{\frac{1}{4n}\left[\frac{\Delta\Delta}{L}\right]} \tag{42}$$

$$M_w=\pm\sqrt{\frac{1}{N}\left[\frac{WW}{L}\right]} \tag{43}$$

（42）式是利用测段的往返高差不符值来推求水准观测中误差，主要反映了测段间偶然误差的影响，因此称为水准测量每千米高差的偶然中误差。

（43）式是利用环线的闭合差来推求水准观测中误差，反映了偶然误差和系统误差的综合影响，因此称为水准测量每千米高差的全中误差。

4.3　电磁波测距三角高程测量

4.3.2 电磁波测距三角高程测量的主要技术要求：

1 直返觇观测每千米高差中误差。

1）直返觇观测每千米高差中误差的计算公式为：

$$m_{hkm}=\pm\sqrt{\left[\frac{1}{2}(\sin\alpha\cdot m_S)^2+\frac{1}{2\rho^2}(S\cdot\cos\alpha\cdot m_\alpha)^2+\left(\frac{S^2}{4R}\cdot m_{\Delta k}\right)^2+m_G^2\right]}/S\cos\alpha \tag{44}$$

式中　m_{hkm} ——直返觇观测每千米高差中误差；

α ——垂直角；

S ——电磁波三角高程测量斜距；

R ——地球曲率半径；

m_G ——仪器和觇标的量高中误差；

$m_{\Delta k}$ ——直返觇折光系数之差的中误差。

2）各项误差估算：

测距误差：m_s 对高差的影响与垂直角 α 的大小有关，一般中、短程电磁波测距仪器的测距精度 m_s 为 5+5ppm×D，由于测距精度高，因此它对高差精度的影响很小。

测角误差：垂直角观测误差 m_α 对高差的影响随边长 S 的增加而增大，这一影响比测边误差的影响要大得多。为了削减其影响，主要从两方面考虑，一是控制边长不要太长，本规范规定不要超过 1km。二是增加垂直角的测回数，提高测角精度。

测角误差估算如下：

设　　　$m_{正镜}=m_{倒镜}=m_{半测回}$ （45）

则，指标差中误差和指标差较差中误差为：

$$m_{指标差}=\sqrt{\frac{1}{4}m_{正镜}^2+\frac{1}{4}m_{倒镜}^2}=\frac{m_{半测回}}{\sqrt{2}} \qquad (46)$$

$$m_{指标差较差}=\sqrt{2}m_{指标差}=m_{半测回} \qquad (47)$$

垂直角一测回测角中误差和测回较差的中误差为：

$$m_{垂直角一测回}=\sqrt{\frac{1}{4}m_{正镜}^2+\frac{1}{4}m_{倒镜}^2}=\frac{m_{半测回}}{\sqrt{2}} \qquad (48)$$

$$m_{测回较差}=\sqrt{2}m_{垂直角一测回}=m_{半测回} \qquad (49)$$

垂直角 n 测回测角中误差为：

$$m_{垂直角n测回}=\frac{m_{半测回}}{\sqrt{2n}} \qquad (50)$$

根据本规范 4.3.3 条中指标差较差和垂直角较差的规定限差，即，四等为 7″，五等为 10″。则相应的 $m_{半测回}$ 值，四等为 3.5″，五等为 5″。四等 3 测回观测的测角中误差为 1.43″，五等 2 测回观测的测角中误差为 2.5″。该推算结果和 1985 年在广东珠海地区的实验结果是吻合的，多年来的工程实践证明，也是容易达到的。

这里需要提出的是，2″级全站仪和电子经纬仪的垂直角观测精度通常为 2″，2″级光学经纬仪的垂直角观测精度相对较低，且不同厂家的仪器差别较大，所以，当采用 2″级光学经纬仪进行垂直角测量时，应根据仪器的垂直角检测精度适当增加测回数，以 3～6 测回为宜。

大气折光影响的误差：垂直角采用对向观测，而且又在尽量短的时间内进行，大气折光系数的变化是较小的，因此，即刻进行的对向观测可以很好地抵消大气折光的影响。但实际上，无论采取何种措施，大气折光系数不可能完全一样，直觇和返觇时的 K 值总会有一定差值，所以，对向观测时 $m_{\Delta k}$ 应是直返觇大气折光系数 K 值之差的影响。

根据在河南信阳市郊区平坦地的电磁波测距三角高程测量试验研究资料，计算出 1h、0.5h、15min 折光系数变化的影响如表 6 所示。

表 6 折光系数的变化对高差平均值和高差较差的影响

时间间隔	1h	0.5h	15min
$m_{(k_1-k_2)}$	0.06833	0.02416	0.00854
$m_{\left(\frac{k_1+k_2}{2}\right)}$	0.16524	0.05842	0.02065

注：$m_{(k_1-k_2)}$ 用于对直返觇高差平均值影响的误差估算，$m_{\left(\frac{k_1+k_2}{2}\right)}$ 用于对直返觇高差较差影响的误差估算。

仪器和觇标的量高误差：作业时仪器高和觇标高各量两次并精确至 1mm，其中误差按 1～2mm 计。

顾及以上四种主要误差的影响，即测距中误差取

5+5ppm×D；垂直角观测中误差，四等取 2″，五等取 3″；折光系数按 1h 变化估计；仪器和觇标的量高中误差取 2mm，可推算出电磁波测距三角高程对向观测的每千米高差中误差（见表 7）。

表 7 电磁波测距三角高程测量对向观测的每千米高差中误差

距离（km）	0.2	0.4	0.6	0.8	1.0	1.2	1.4	1.6
m_{hkm}（mm） 四等	5.5	5.4	6.0	6.8	7.6	8.4	9.3	10
m_{hkm}（mm） 五等	6.5	7.3	8.4	9.6	11	12	13	14

从表 7 验算可看出，边长为 1km 时，每千米高差测量中误差四等可达 7.6mm、五等可达 11mm，若再顾及其他系统误差的影响，如垂线偏差等，则要满足四等 10mm、五等 15mm 是不困难的。

2 电磁波测距三角高程测量的对向观测高差较差。

1）一些试验和工程项目证明：用四等水准测量的往返较差 20mm$\sqrt{L}$ 要求电磁波测距三角高程测量的对向观测较差是很难达到的。试验结果统计见表 8，其较差取 30$\sqrt{D}$。

表 8 电磁波测距三角高程测量对向观测高差较差

地区	项目	边数	边长（km）最大	边长（km）最小	较差大于±30$\sqrt{D}$ 边数	较差大于±30$\sqrt{D}$ 百分比	备注
珠海	试验项目	62	<1		3	4.8	
西南某矿区	试验项目	61	1.83	0.05	5	8.2	其中两条边大于 1km
迁安	工程项目	70	0.92	0.14	4	5.7	
西南某矿区	工程项目	126	—	—	2	1.5	

从表 8 可看出：对于±30$\sqrt{D}$ 的限差要求，也有相当比例的直返觇较差超限。

2）大气折光对直返觇较差的影响比对高差平均值的影响大 2～3 倍（表 6）。

3）垂线偏差对直返觇较差也有一定影响。

顾及以上三点，本规范将四等对向观测高差较差放宽至±40$\sqrt{D}$；五等相应调整为±60$\sqrt{D}$。

3 附合或环形闭合差。

由于对向观测高差平均值能较好地抵消大气折光的影响，并顾及其他影响因素，本规范表 4.3.2 中附合或环形闭合差规定为：四等±20$\sqrt{\sum D}$，五等±30$\sqrt{\sum D}$，即和四、五等水准测量的限差相一致。

4 有些学者认为："三角高程测量的误差大致与距离成正比，因此其'权'应为距离平方的倒数，不能简单的套用水准测量的精度估算与限差规定的形式。"

修订组认为，本次规范修订正式将电磁波测距三角高程测量应用于四五等高程控制测量，因此其主要技术指标，如每千米高差全中误差、附合或环线闭合差必须与水准高程控制测量相一致。

至于观测权的问题，需在水准测量和电磁波测距三角高程测量混合平差时考虑。

4.3.3 为了减少大气折光对电磁波测距三角高程测量精度的影响（参见表6），要求即刻迁站进行返觇测量，这样整个测线的环境条件相对稳定，折光系数变化不大，取往返高差的平均值可削弱折光差的影响。

4.3.4 由于电磁波测距三角高程测量，大多是在平面控制点的基础上布设的。测距边超过200m时，地球曲率和折光差对高差将产生影响，因此，本条1款规定应进行此项改正计算。

4.4 GPS拟合高程测量

4.4.1 关于GPS拟合高程测量和应用等级的确定：

由于我国采用的是正常高高程系统，我们所应用的高程是相对似大地水准面的高程值，而GPS高程是相对于椭球面的高程值，为大地高。二者之间的差值为高程异常。因此，确定高程异常值，是GPS拟合高程测量的必要环节。高程异常的确定方法，一般分为数学模型拟合法和用地球重力场模型直接求算。对于一般工程测量单位而言，由于无法获得必要的重力数据，主要是根据联测的水准资料利用一定的数学模型拟合推求似大地水准面。

1 GPS高程数学模型拟合法。

大地高 H 与正常高 h 的关系为：

$$h = H - \xi \tag{51}$$

$$\xi = f(x, y) \tag{52}$$

式中 ξ —— 高程异常拟合函数。

高程异常拟合函数，应根据工程规模、测区的起伏状况和高程异常的变化情况选择合理的拟合形式。除了平面拟合、曲面拟合和表9第3栏中的拟合形式外，还有自然三次样条函数、几何模型法、附加参数法、相邻点间高程异常差法、附加已有重力模型法、神经网络法等。方法的选择，在满足本规范精度要求的前提下，不做具体规定。

2 GPS拟合高程精度统计。

国内部分工程项目GPS拟合高程精度统计资料，见表9。

表9 GPS拟合高程精度统计表

测区	面积（km²）	拟合类型	结点个数	检查点数	中误差（mm）
遵化测区	10×12	平面拟合	3~4	10~9	8~10
		二次曲面	6	7	7~14
王滩试验	170	多项式	10	17	14
		多面函数	10	17	15
某地	50×10	曲面样条	6~18	108~96	73~76
		二次多项式	6~18	108~96	80~189
		加权平均	6~18	108~96	205~273
海心岛	37	平面模型	6	6	11
		二次曲面	6	6	12
		多重曲面	6	6	12
汕头特区	—	二次曲面	9	10	22
		二次曲面	9	5（拟合区外）	290
某地	100	最佳三点平面	6~8	10~8	25~38
		二次多项式	6~8	10~8	26~33
		多面函数	6~8	10~8	22~34
海莱	140	—	外围5点中部3点	13	3
		—	外围8点	13	3
		—	东部8点西部0点	13	4
某地	—	多面函数	3~6	19~22	15~25
鲁西南	300	平面拟合	4~10	15~9	16~31
		平面相关	4~10	15~9	16~33
		二次多项式	6~7	13~12	17~18

注：部分工程实例来自1992~2003年国内公开发表的刊物。

从表 9 看出，少部分测区拟合精度较差，大多数测区可达到四等精度。本规范初次引入 GPS 拟合高程测量，为了稳妥安全，定位在五等精度。

4.4.3 GPS 拟合高程测量的主要技术要求：

1 由于拟合区外部检查点的中误差显著增大，故要求联测点宜均匀分布在测区周围。

2 为了保证拟合高程测量的可靠性和进行粗差剔除并合理评定精度，故规定对联测点数的要求。

间距小于 10km 的要求，见 4.4.4 条的说明。

3 GPS 拟合高程测量一般在平原或丘陵地区使用，但对于高差变化较大的地区，由于重力异常的变化导致高程异常变化较大。故，要求增加联测点和检查点的数量。

4.4.4 关于 GPS 拟合高程计算：

1 对于似大地水准面的变化，通常认为受长、中、短波项的影响。长波 100km 以内曲面非常光滑；中波 20～100km 仅区域或局部发生变化；短波小于 20km 受地形起伏影响。因此，利用已有的重力大地水准面模型能改善长、中波的影响。短波影响靠联测点的密度来弥补，故 4.4.3 条规定联测点的点间距不大于 10km。

2 拟合高程模型的优化或多方案比较，是为了获取较好的拟合精度，这也是作业中普遍采用的方法。

3 对于超出拟合高程模型所覆盖范围的推算点，因缺乏必要的校核条件，所以在高程异常比较大的地方要慎用，并且要严格限制边长。

5 地 形 测 量

5.1 一般规定

5.1.1 地形图的比例尺，反映了用户对地形图精度和内容的要求，是地形测量的基本属性之一。地形图的比例尺，要求按设计阶段、规模大小和运营管理需要选用，主要基于以下因素考虑：

1 用图特点、用图细致程度、设计内容和地形复杂程度是选择地形图比例尺的主要因素。

对于比较简单的情况，应采用较小比例尺；对于综合性用图与专业用图，需兼顾多方面需要，通常提供较大比例尺图；对于分阶段设计的情况，通常初步设计选择较小比例尺，两阶段设计合用一种比例尺的，一般选取一种适中的比例尺（1：1000 或 1：2000）或按施工设计的要求选择比例尺。

2 建厂规模、占地面积是选择比例尺的重要因素。

小型厂矿或单体工程设计，其用图要求精度不一定很高，但要求较大的图面以能反映设计内容的细部，因此多选用较大比例尺。

3 1：500～1：5000 比例尺系列地形图，基本概括了工程测量的服务范畴。

目前，大量的 1：1000 比例尺地形图，已用于各专业的施工设计，所以 1：1000 比例尺地形图，应为施工设计的基本比例尺图。但是，还有不少厂矿企业或单项工程的施工设计，也采用 1：500 比例尺地形图，其主要原因在于：1：1000 比例尺的图面偏小，并不是因为其精度不够。对于工业厂区、城市市区，情况有所不同，由于精度要求高，内容也复杂，以 1：500 比例尺图居多。还有一些工厂区，采用 1：500 比例尺作为维修管理用图。至于小城镇和部分中等城市，测绘 1：1000 比例尺图已能满足需要。根据目前现状。本规范仍把 1：500 比例尺列为常用测图比例尺。对于大部分线路测量（如铁路、公路等）、矿山、地质勘探、大型工程项目的初步设计，1：2000 也是较常用的测图比例尺。1：5000 比例尺地形图，一般为规划设计用图的最大比例尺。

5.1.2 随着测绘科技的快速发展，地形图的概念有所拓展，本规范把地形图分为数字地形图和纸质地形图。地形图则是二者的统称。

本条按地形图的信息载体、表达方法、数学精度、成果成图的表现形式和用户对地形图的应用等五种特征区分数字地形图和纸质地形图。

5.1.3 关于地形类别的划分和基本等高距的选择：

1 大比例尺地形测量的地形类别划分，是根据工程建设用地对地面坡度的要求和工程用图的实际情况确定的。仍沿用《93 规范》的划分方法，即，平坦地 $\alpha < 3°$；丘陵地 $3° \leqslant \alpha < 10°$；山地 $10° \leqslant \alpha < 25°$；高山地 $\alpha \geqslant 25°$ 四类。

水域地形类别的划分与陆地相同，也按水底地形倾角分为四类（水底地形倾角可从小比例尺的水下地形图中获取）。

2 地形图的基本等高距，是以等高线的高程中误差的经验公式验算：

$$m_h = \frac{1}{4} h_d + \frac{0.8M}{1000} \tan\alpha \qquad (53)$$

式中 m_h ——等高线高程中误差；

h_d ——基本等高距；

M ——测图比例尺分母；

α ——地面倾角。

其中，等高线的高程中误差 m_h 的取值，对于常用的设计坡度，均不应大于基本等高距的 1/2；对于较大的设计坡段，也不应大于一倍基本等高距。

实际上，地形图对高程精度的要求，很大程度体现在基本等高距的选择问题上，在缓坡地 1：1000～1：5000 比例尺，多取基本等高距 h_d 为比例尺分母 M 的 $\frac{1}{2000}$，山地为 $\frac{1}{1000}$；1：500 比例尺的最小基本等高距为 0.5m。

基本等高距的规格，可保持与等高线的名义值没有较大出入，同时还考虑等高线不宜过密，规格不宜过多等因素。

5.1.4 区域类型划分是根据工程测量部门多年来的实践经验确定的并划分为：一般地区，城镇建筑区、工矿区和水域，《93 规范》认为其在施测方法和技术要求等方面均有所不同，但随着数字化测图的广泛应用，各区域类型受施测方法的影响已被弱化。本次修订仍沿用《93 规范》的区域类型划分方法。对于水域测量，考虑到其与陆地地形测量并没有实质性的区别，本次修订将水域测量和陆地地形测量的内容作了部分融合，并将一些主要技术指标列入本章的一般规定中。

5.1.5 关于地形测量的基本精度要求。

本条将《93 规范》中相关地形图精度的条款内容进行了归并，使结构层次更加清晰，易于作业者使用。

衡量地形图测量的技术指标主要有：地物点的点位中误差、等高线插求点的高程中误差、细部点的平面和高程中误差和地形点的最大点位间距等。

1 地形图图上地物点相对于邻近图根点的点位中误差，主要是根据用图需要和工程测量部门测图的实际情况确定的。

1）根据以往用户对地形图的使用情况，工矿区的改扩建项目对精度要求较高，一般的图面精度无法满足其要求；城镇居民小区的地形图主要用于规划红线，牵涉到拆迁问题，对地形图精度要求也较高；城镇居住区应保留的建筑，对新建建筑的制约比较强，则要求图面位置较准确，以满足新建建筑对楼位间安全距离的要求；非建筑区的设计内容受已有地物的制约因素较少，有较大的选择余地。城镇居住区的地形图，由于要提供给各部门使用，保留时间要求 10～20 年，且要求不断进行修、补测，故要求地形图的精度有所储备。

根据目前多数工程测量部门的实际情况，测图方法、作业手段都有很大的改进，地形点的实际精度也提高很多。从设计部门的使用情况看来，大部分要求的是电子版地形图，很少采用复制拼接、图上直尺量算等方法进行设计。

考虑到测图和用图部门自身和相互间的发展不完全平衡，本次修订对地形图的精度指标未作调整。

2）由于水域内的工程设施，一般多在 20m 水深范围内，而靠岸边的浅水区域，又多是施工重点，从工程需要出发，精度要求有所侧重。设计和施工要求近岸地形变化大的水域精度应高一些。大面积平坦区域与离岸线远的水域精度可放宽些。此外，1：500 比例尺测图或交会距离在图上大于 100cm 时，要达到较高精度比较困难，因此也应适当放宽。而对于采用 GPS 或其他较高精度仪器进行作业时，满足精度

要求是不成问题的。水域地形测量定位的试验值，见表 10。

表 10 水域地形测量定位精度的试验值

试验方法	比例尺	测点数	点位中误差（图上 mm）
前方交会陆上模拟	1：500	194	±0.80
前方交会常规作业	1：2000	204	±0.80；±1.20
经纬仪垂直角定位	1：5000	200	±1.20
全站仪极坐标测量陆上模拟	1：1000	300	±0.50
实时差分 DGPS 方式陆上模拟	1：1000	236	±0.80
RTK 方式陆上模拟	1：1000	433	±0.20
GPS 后差分处理	1：1000	225	±0.80

顾及水域地形测量作业中受其他因素的影响，本规范的水域地形测量定位的点位中误差确定为图上 1.5mm。

2 等高（深）线插求点的高程中误差，与工程设计应用高程数据进行土方预算、竖向设计、基础埋深设计等的关系较为密切。长期应用证明，本款指标是适宜的。加之数字测图的精度还会有所改善，满足该指标更是不成问题。

3 关于细部坐标点的点位中误差。

为了使设计或运营管理者应用原图时，能有足够的精度，并符合新设建筑与邻近已有建筑的相关位置误差小于 10～20cm 的要求，故确定工业建筑区主要建（构）筑物的细部点相对于邻近图根点的点位中误差，不应超过 5cm。

对于棱角不明显建（构）筑物，由于存在判别误差，其实测轴线和理论轴线（或理论中心）也存在误差。而对铁路、给水排水管道、架空线路等施工对象，其定位精度也是有区别的。因此，将诸如此类内容划归为一般建（构）筑物的细部点，其点位中误差规定为 7cm。

4 由于工程用图不但要使用等高线，而且还要使用施测的地形点，所以将地形测图地形点的最大点位间距作为地形图的基本指标之一。表 5.1.5-4 中规定的各种比例尺地形测图地形点的最大点位间距，是根据地面坡度、等高线曲率变化、等高线插求点的高程精度、测量误差综合确定的，相当于图上 2～3cm 的间距。

对于水域地形测图，由于水下地形的起伏状况难以直观判别，所以要求断面间距和断面上测点间距较陆地地形图间距密一些。通常，水下地貌垂直于岸线的地形变化远大于平行于岸线的地形变化，所以断面间距应大于测点间距。规范规定的断面间距和断面

上测点间距分别相当于图上 2cm 和 1cm。

5.1.6 地形图的分幅及编号方法，是工程测量部门历年来经验的总结，其形式简单，使用方便，已为广大用户和测量部门所接受。

5.1.8 地形测图方法的分类，是基于当前测绘新技术的发展水平和应用现状确定的。以往经纬仪配合测距仪的测图方法归类于全站仪测图。考虑到平板测图作业方法有些部门还在使用，故依然将其作为一种作业方法供选择。

GPS-RTK（Real Time Kinematic 又称载波相位差分）方法，是近十年来逐渐普及的一项新技术。其基本原理是：参考站实时地将测量的载波相位观测值、伪距观测值、参考站坐标等用无线电台实时传送给流动站，流动站将载波相位观测值进行差分处理，即得到参考站和流动站间的基线向量（ΔX，ΔY，ΔZ）；基线向量加上参考站坐标即为流动站 WGS-84 坐标系的坐标值，经坐标转换得出流动站在地方坐标系的坐标和高程值。

5.1.9 关于数字地形图软件的选用。

1 符号规范，是指成图软件的符号库应使用国家和各行业的标准图式符号去建立。目前，有些商用软件的符号库不完全符合标准或不能满足生产要求，如线状符号其线型在特征点间不连续，且使用的是离散线型，符号库中的符号不齐全，给用户的作业造成不便，这些都需要软件商进一步去改进。

2 网络共享功能的要求，主要是基于工程测量的发展和规模化经营、作业的考虑，对地形测量软件的开发和应用所提出的一个基本功能要求。正在使用的功能良好的软件，如不具备该项功能，应逐步开发完善。

5.1.11 地形图检查办法及检查工作量的要求，是历年来工程测量部门为了确保成图质量而总结出来的一套行之有效的办法。

5.2 图根控制测量

5.2.1 为了保证大比例尺地形图质量，图根点相对于邻近等级控制点的点位中误差不应大于图上 0.1mm，这是一个传统指标，主要是基于人工展点误差和眼睛分辨率的考虑。

5.2.4 关于图幅中解析图根点的数量。

平板测图图幅中解析图根点的数量，是为了保证在不同测站测图时以最大视距测得的地形点能够衔接。取最大视距长度的 0.7 倍作为半径求出单个图根点有效测图面积，再分别推算出各种比例尺每幅图最少图根点的个数（相当于困难类别Ⅰ类地区）。然后按两相邻困难类别梯度系数 0.75（概值）换算出困难类别Ⅲ类地区每幅图的图根点数量，见规范表 5.2.4 第 5 列。对于其他困难类别地区，作业者可按该方法进行推算。

对于全站仪测图，由于电磁波测距代替了视距测量，有效降低了对解析图根点密度的要求，表中数值约为平板测图所需解析图根点个数的 1/4。

GPS-RTK 测图对解析图根点的要求，主要是用于对系统的校正、检核或进行全站仪联合作业使用。

5.2.5 图根控制测量内业计算和成果的取位要求，是为了避免计算过程对观测精度的损失。

（Ⅰ） 图根平面控制

5.2.6 随着 GPS 接收机、全站仪的普及应用，图根平面控制的布设形式多采用图根导线、极坐标、边角交会、GPS 快速静态定位和 GPS-RTK 定位等。

规范修订时，考虑到图根三角测量已极少使用，故删去与其相关的内容。

5.2.7 关于图根导线测量的规定：

1 图根附合导线长度。

导线全长的最大相对闭合差的估算公式为：

$$\frac{1}{T} = \frac{2KM_2}{L} \tag{54}$$

式中 K——导线端点闭合差与导线中间点平差后点位中误差的比例系数；

L——导线全长；

M_2——导线中间点平差后的点位中误差。

根据 5.2.1 条"图根点相对于邻近等级控制点的点位中误差不应大于图上 0.1mm"的规定，则有实地误差

$$M_2 = 0.1M \tag{55}$$

式中 M——测图比例尺的分母。

按双等影响考虑，有 $K = \sqrt{7}$

令导线全长相对闭合差

$$\frac{1}{T} = \frac{1}{2000 \times \alpha} \tag{56}$$

由 (54) 式有

$$\frac{1}{2000 \times \alpha} = \frac{2\sqrt{7} \times 0.1M}{L}$$

则 $L = 1058\alpha M$（mm）$= 1.058\alpha M$（m） $\tag{57}$

所以本规范取附合导线长度为 $L = \alpha M$。

2 对于地形隐蔽和地物复杂的地区，布设一个层次的图根控制，其图根点数量往往难以满足要求，需要进行二次加密。由 5.2.1 条知，图根点的点位中误差不大于图上 0.1mm，因此，二次附合图根点相对于等级控制点的点位精度，可按 $0.1 \times \sqrt{2}$mm 估算，对地形图的精度影响不大。

3 关于图根钢尺量距导线。

1) 本条第 4 款第 2 项，对于钢尺丈量的边长，当温度、坡度、尺长三项中任何一项超限时，均应进

行修正；

2）本条第 4 款第 3、4 项的说明，参考本规范 3.3.2 条说明。

5.2.8 关于支导线边数的规定。

由于电磁波测距和钢尺量距两种方法所得边长的精度不等，故在相同精度要求的条件下，按直伸等边支导线推算端点的纵横向误差。

$$m_t = \sqrt{nm_s^2 + \lambda^2 L^2} \tag{58}$$

或

$$m_t' = \sqrt{n}\ (a + b \cdot D) \tag{59}$$

$$m_u = \frac{m_\beta}{\rho} \cdot L \sqrt{\frac{n+1.5}{3}} \tag{60}$$

式中 m_t——量距支导线端点的纵向中误差；

m_t'——测距支导线端点的纵向中误差；

m_u——支导线端点的横向中误差。

计算时，m_β 取 $20''$，m_s 取 $\frac{S}{2 \times 3000}$，$a + b \times D$ 取 $10 + 5ppm \times D$，λ 取 0.00005。

则支导线的推算和取用边数见表 11。

表 11　图根支导线边数的选取

比例尺	支导线端点点位中误差(m)	支导线边长(m)	量距支导线边数	测距支导线边数	规范取用边数
1:500	0.05	100	3.1	3.6	3
1:1000	0.1	150	4.1	4.6	3
1:2000	0.2	250	4.8	5.4	4
1:5000	0.5	350	7.6	8.1	4

5.2.9 关于极坐标法布设图根点。

图根点点位中误差按图上 0.1mm，测角中误差按 $20''$，测距中误差按 20mm 计。则，比例尺为 1:500 时，边长可达 450m；为 1:1000 时，边长可达 1000m。考虑一定的精度储备和作业方便，故极坐标法布设图根点的最大边长采用表 5.2.9-2 所列数据。

5.2.10 用交会法进行图根解析补点时，根据理论计算分析，当交会角在 $30° \sim 150°$ 之间，交会误差较小，交会补点的质量较高。

5.2.11 GPS-RTK 图根控制测量为本次规范修订的增加内容，其作业半径较 GPS-RTK 测图减半，主要是出于精度和作业方便的考虑。对图根点的两次独立测量，主要是出于成果安全可靠的考虑，因为该作业方法缺少必要的检核条件。同一参考站下的两次独立测量是指两个不同时段的测量。

（Ⅱ）图根高程控制

5.2.13 图根水准测量的技术要求，是根据每千米高差中误差为 20mm 进行设计，并参考历年来的实践经验制定的。

由于五等水准是因工程需要而对水准测量精度系列的补充（见本规范 4.2.1 条说明），就应用的普遍性而言，本条将图根水准起算点的精度，定位于四等水准高程点。

对于水准支线的布设，因其不能附合或闭合至高级点且精度较低，因此，本规范将路线长度缩短为附合路线长度的一半，即不大于 2.5km，并采用往返观测。

5.2.14 图根电磁波测距三角高程测量，其闭合差与 5.2.13 条 $40\sqrt{L}$ 相当，附合路线长度，通常也应与图根水准测量相当。

5.3　测绘方法与技术要求

（Ⅰ）全站仪测图

5.3.1 本条是对全站仪测图所用仪器和应用程序的基本规定，对电子手簿的采用未作具体要求。测图的应用程序，是指全站仪的基本功能程序，除满足测量的基本程序要求外，还应具有数据记录、存储、代码编辑、通信等功能，以满足内业数据处理和图形编辑的需要。采用常用数据格式的规定，主要是为了满足数据交换的需要。

5.3.2 本规范将全站仪测图（也称为野外数据采集）分为三种类型：即编码法、草图法和内外业一体的实时成图法。但随着全站仪外围配套设备的逐步完善，有些电子手簿、电子平板或掌上电脑可绘制基本的草图，此时草图的概念较人工绘制纸质草图已有所延伸。

5.3.3 全站仪增设测站点，主要是指采用极坐标法半测回测设的坐标点。当然，也可采用其他交会的方法增设。增设测站点的平面和高程精度，应高于地物、地形测绘的精度。支点的高程应往返观测检查。为避免出现粗差，作业时应注意对其他测站已测地物点的重复测量检查。

5.3.4 本条规定了全站仪测图测站安置和检核的基本要求，为新增内容。

5.3.5 关于全站仪测图的测距长度。

测点的观测中误差可按（61）式估算：

$$m_P = D\sqrt{\left(\frac{m_D}{D}\right)^2 + \left(\frac{m_\beta}{\rho}\right)^2} \tag{61}$$

式中 D——测点至测站的距离；

$\dfrac{m_D}{D}$——测距相对中误差，按 1/5000 综合考虑；

m_β——测角中误差，按 $45''$ 计。

当测点距离为 100m，则可计算出每百米测点点位中误差为 3cm；考虑到数据采集时，觇牌棱镜的对中偏差、测站点误差以及实测时的客观条件限制等因素，取规范表 5.3.5 的限值。

5.3.6 本条是全站仪测图三种作业方法的最基本要

求。无论采用何种方法，对于测点的属性、地形要素的连接关系和逻辑关系等均应在作业现场清楚记载。

本条第 4 款几何作图法是对全站仪测图法的补充。对几何作图法的测量数据可采用电子手簿、全站仪或人工白纸草图等形式记录。

5.3.8 测出界线外的目的，主要是为了地形图的拼接检查。

5.3.9 原始数据文件是十分重要的文件，应注意备份。数据编辑时，如数据记录有误，可修改测点编号、编码、排序等，但对于记录中的三维坐标、角度、距离等测量数据不能修改，应对错误数据进行检查分析，及时补测或返工重测。

（Ⅱ）GPS-RTK 测图

5.3.10 本条所列资料，是 GPS-RTK 测图应具备的基础性资料。不仅要收集控制点在国家或地方坐标系和高程系的坐标、高程，而且还应收集相应的 WGS-84 坐标系的坐标、高程资料，以便求算转换参数或验证转换参数。

对已有转换参数的测区，应尽量收集应用。

本条将国家高程基准以外的其他高程基准称为地方高程基准。

5.3.11 由于 GPS 接收机所获得的是 WGS-84 坐标系中的空间三维直角坐标，而我们通常所使用的是国家或地方坐标及正常高系统。两套系统之间的转换，是由基准转换、平面坐标转换和高程转换构成。

1 关于基准转换。

要将空间三维直角坐标转换到高斯平面，必须通过某一椭球面作为过渡。这种转换可采用三参数或七参数法实现。对于小于 80km×80km 测图范围，一般可采用三参数单点定位确定转换关系；较大测图区域宜采用七参数多点定位确定转换关系。

一般来说，地方坐标系采用平均高程面或补偿高程面作为投影面，这个投影面与区域椭球面不平行，因此，在确定区域椭球的元素和定位时，应尽可能使投影面与区域椭球面吻合。事实上，在区域椭球面确定方面存在不足，较多采用国家参考椭球参数，其实，在目前的条件下，采用国家参考椭球元素、WGS-84 椭球元素均是一种选择。

2 关于平面坐标转换。

依据原有的中央子午线的经度将地方参考椭球（区域椭球）大地坐标转换到高斯平面。为了保证转换坐标的起始数据与地方平面坐标系统的一致性，可在高斯平面坐标系内将 GPS 网进行平移和旋转来实现。确定平移、旋转和缩放四参数，不应少于 4 个已知点，并采用最小二乘法求解。

3 关于高程转换。

高程转换，可采用拟合高程测量的方法进行，其起算点的精度应采用图根以上的高程控制点精度。参见本规范 4.4 节的有关说明。

5.3.12 由于转换参数的质量与所用控制点的精度及分布有关，因此转换参数的使用具有区域性，仅适用于所用控制点圈定的范围及邻近区域，但其外推精度明显低于内插精度，故规定不应超越转换参数的计算所覆盖的范围。

对输入参考站点空间直角坐标的规定，是为了避免不同时期参考站点定位的 WGS-84 坐标差异对 GPS-RTK 测量造成影响。

5.3.13 有文献认为，在 15km 之内 GPS-RTK 数据处理的载波相位的整周模糊度能够得到固定解，定位精度达到厘米级。GPS 测量的高程中误差通常是平面中误差的 2 倍，且与到参考站之间的距离成正比关系。为保证工程测图的高程精度，将作业半径限定为 10km 较为适宜，即控制在短基线范围内。

5.3.15 由于 GPS-RTK 测量的浮动解成果精度极差，无法满足工程测图的要求，故规定必须采用固定解成果。

5.3.17 不同参考站作业时，要求检测一定数量的地物重合点。重合点点位较差的限差，取城镇建筑区地形测量的地物点点位中误差的值（见本规范表 5.1.5-1）；重合点高程较差的限差，取一般地区地形测量（平坦地）高程中误差的值（见本规范表 5.1.5-2）。

（Ⅲ）平 板 测 图

5.3.19 平板测图的概念，是指传统意义上的手工成图法，即采用经纬仪或平板仪确定方向和视距、在平板上展绘成图。常用的方法有：经纬仪配合量角器测绘法、大平板仪测绘法、经纬仪（或水准仪）配合小平板测绘法等。

5.3.20 用于绘图的聚酯薄膜，应满足一定的透明度和伸缩率等要求。故本条给出了选择聚酯薄膜时的主要技术指标。

5.3.21 图廓格网线绘制和控制点展点等误差的规定，是为了保证测图最终精度所必需的精度要求，也是展点仪、坐标仪（尺）等工具可以达到的指标。

5.3.22 由于平板测图所用仪器、工具的各项误差，将直接影响测图的最终精度，即一般地区为 0.8mm，城镇建筑、工矿区为 0.6mm。故，将展绘工具的误差限定在 0.2mm 是可行的。

5.3.23 由于解析补点的精度要低于图根点的精度，点位中误差按 0.3mm 估算。因此，图解交会点的误差三角形内切圆直径规定为 0.5mm 是适宜的，对于视距支点长度相应缩短也是必要的；对于图解补点的高程较差，适当放宽为平地基本等高距的 1/5、山地基本等高距的 1/3 是合理的。

5.3.24 根据平板测图的最大视距长度，推算点位中误差见表 12，可以看出本条所采用的限值是合适的，点位中误差基本满足规范表 5.1.5-1 的要求。

表 12 平板测图的最大视距长度和点位中误差

比例尺		1:500		1:1000		1:2000		1:5000	
	类别	地物	地形	地物	地形	地物	地形	地物	地形
一般地区	视距长度（m）	60	100	100	150	180	250	300	350
	点位中误差（m）	0.64	0.94	0.53	0.75	0.56	0.72	0.59	0.64
城镇建筑区	视距长度（m）	50（量距）	70	80	120	150	200	—	—
	点位中误差（m）	0.38	0.62	0.44	0.65	0.45	0.52	—	—

5.3.25 平板仪对中的偏差不应大于图上 0.05mm，当采用垂球对点时，也是容易达到的。测站上校核方向线的偏差不应大于图上 0.3mm，这是人眼可察觉到的图解误差的最小值。

5.3.26 根据实践经验，每幅图测出图廓外 5mm 是图幅接边所必须的，也是比较适宜的。

5.3.28 由于相邻两图幅接边处各自的中误差为 M，则，其较差为 $\sqrt{2}M$，限差为 $2\sqrt{2}M$。

（Ⅳ）数字地形图的编辑处理

5.3.30 近十年来，数字化成图软件发展迅速，但版本较杂，其输出结果也不尽相同，特别是在线型、图块的使用上，虽然输出纸图是一致的，但其电子版图却有许多差别，有些设计院反映，某些软件所生成的地形图使用不甚方便。如，在人机交互式绘图中往往出现点线不符、连接关系表示不明确、坎状物交叉处问题较多等。为此，规范修订对数字地形图的编辑处理给出了相关的具体要求，对数字地形图编辑处理软件的测试和使用作出了基本规定。

5.3.31 数据处理，是数字地形图绘制的重要环节。数据处理软件通常与成图软件为一体，组成数字地形图绘制系统。其基本功能是将采集的数据传输至计算机，并将不同记录格式的数据进行转换、分类、计算、编辑，为图形处理提供必要的绘图信息和数据源。

随着数字地形图的广泛应用，更加强调地形图各种属性信息的重要性。因此，地形、地物相关属性信息的编写赋值，是数字地形图编辑的一项重要内容。例如，有些数字地形图产品的等高线没有具体的高程赋值，给设计部门的应用造成一定的困难。

5.3.32 对地形图要素进行分层表示是十分必要的。基于目前现状，本规范对地形要素的分层等属性不作统一规定。

5.3.33、5.3.34 受成图软件功能的限制，在批量生成图形时，会出现一些符号、文字注记、高程注记、线条相互交叉重叠等现象；曲线拟合时，如拟合参数选取不当，也会使曲线失真等不符合本规范第 5.3.38～5.3.44 条要求的情况。因此，对所生成的图形还应进行全面的校对、检查和编辑处理。

5.3.35 关于数字地形图分幅。

1 根据成图需要进行分幅裁剪时，要求检查编辑每幅图的图边数据，避免出现以下情况：
1）点位（如控制点、地形点等）与注记分离；
2）点状符号（如独立地物、控制点、管线等符号）被裁分；
3）注记文字被裁分，出现注记不完整；
4）图边线条（或文字）被意外删除等。

2 图廓及坐标格网要求采用成图软件自动绘制。当个别格网需要编辑时，应采用坐标展绘。在计算机屏幕量取的图廓及格网坐标应和理论值一致。

5.3.36 数字地形图的编辑检查，类似于平板测图中的内业自检，是计算机成图不可缺少的一个过程。

5.3.37 图形编辑完成后，要求在绘图仪上按相应比例尺输出检查图，除对图面内容进行内外业检查外，还要求检查绘图质量。这里的绘图质量检查，主要是指图廓线的绘制精度检查。

（Ⅴ）纸质地形图的绘制

5.3.38～5.3.46 这里是对用手工完成地形图的绘制、原图着黑、映绘、清绘与刻绘等工作，而提出的绘图质量要求。

5.4 纸质地形图数字化

5.4.1 纸质地形图的数字化，是将原有的纸质地形图转化为数字地形图的过程。主要用于图纸的更新、修测、建立地形图数据库等。纸质地形图的数字化的方法主要有两种，即图形扫描仪扫描数字化法和数字化仪手扶跟踪数字化法。

图形扫描仪扫描数字化法，是将原有纸质地形图扫描为栅格图（又称为数字栅格图 DRG），通过矢量化后生成数字地形图（又称为数字线划图 DLG）的过程。其数字化速度较快，但在扫描过程中，会出现微小变形而降低精度。

数字化仪手扶跟踪数字化法，是通过数字化仪直接在原图上进行采点并生成数字地形图（DLG）的过程。其数字化精度较高，但速度较慢。

5.4.2 图形扫描仪的分辨率通常要求不小于每厘米 157 点。手扶跟踪数字化仪的分辨率通常要求不小于每厘米 394 线，精度不低于 0.127mm。

5.4.3、5.4.4 给出了数字化软件应具备的基本功能。

5.4.5 地形地物要素的图层分层和属性表示以满足用户需要为原则，同时宜兼顾建立地形图数据库的需要。在一个工程项目中，同一类地形要素的分层要求一致。

5.4.6 纸质地形图数字化后所获得的数字地形图的比例尺，要求与原图相同。也可将所获得的数字地形图缩为小比例尺的数字化图，但不能够将其放大为大比例尺数字地形图。

原图要尽可能选用经检查合格的聚酯薄膜底图。检查内容包括图面平整度、图廓方格网精度、四周接边精度和图纸变形情况。

5.4.7 图形扫描仪扫描数字化法的图像定向（即图像纠正）和数字化仪手扶跟踪数字化法的图纸定向，是数字化作业的重要环节。

定向点应选择具有理论坐标值的点位，其数量应根据原图检查情况合理确定。定向的误差来源主要是原图的综合误差（包括扫描图像的变形）和数字化综合误差。当定向检查点与理论值的差值较大时，应分析原因并适当增加图纸定向点，分区定向。

数字化仪作业过程中和结束时，对图纸定向点的检查是十分必要的，可以有效地防止数据采集过程中因图纸（图像）移位而发生差错。

5.4.8 为了保证纸质地形图数字化的质量，本条给出了地形图要素数字化的具体规定。

5.4.9、5.4.10 图幅接边和图边数据编辑是纸质地形图数字化作业的必要环节。对于数字化了的纸质地形图的检查方法，一般采用检查图与原图套合的方法进行。其误差来源考虑了图形输出误差 0.15mm；采点的点位误差 0.1mm，线状符号误差 0.2mm。故检查图与原图比较，数字化点状符号及明显地物点的平面位移中误差、线状符号的平面位移中误差分别规定为 0.2mm 和 0.3mm。

5.5 数字高程模型（DEM）

5.5.1 数字高程模型是大比例尺地形测量的一种新的数字图形产品。主要应用于铁路、公路、水利、电力、能源和工业与民用建筑等行业。

对工程测量数字高程模型的数据源说明如下：

1 拟生成数字高程模型的区域已经完成了数字地形图测量，则可将数字地形图的等高线数据（本规范 5.3（Ⅳ）的结果）作为数据源。

2 在未进行测量的区域，则可采用本规范 5.3（Ⅰ）、5.3（Ⅱ）的方法在野外直接采集作为数据源。

3 对于已有纸质地形图的地区，如果现势性很好，也可采用本规范 5.4 节纸质地形图数字化的等高线数据，作为数据源。

5.5.2 数字高程模型建立的主要技术要求：

1 数字高程模型是地形起伏形态的数字表达方

式，其在比例尺、高程中误差、分幅及编号等方面要求与地形测量一致。

2 关于数字高程模型格网间距（空间分辨率），取值太小会增加数据冗余，取值太大会损失内插精度。

当用地形测量的数据源建立数字高程模型时，如地形基本等高距用 h_d 表示，则格网间距 d 可表示为：

$$d = K \times h_d \times \cot\alpha \tag{62}$$

式中 α——地面倾角；

K——比例系数。

可以看出，格网间距与地形测量的比例尺、基本等高距和地面倾角等因素相关。数字高程模型的格网间距取值与地形测量地形点的最大点位间距比较见表 13。

表 13 格网点间距与地形图地形点间距比较表

比例尺		1：500	1：1000	1：2000	1：5000
常用基本等高距（m）		0.5	1	2	5
数字高程模型格网间距	实地长度（m）	2.5	2.5 或 5	5	10
	模型上长度（mm）	5	2.5 或 5	2.5	2
地形图地形点的最大点位间距	实地长度（m）	15	30	50	100
	图上长度（mm）	30	30	25	20

5.5.3 不规则三角网法构建模型，就是通过从不规则分布的离散点生成连续的三角形（面）来逼近地形表面。本条给出了采用三角网法构建数字高程模型的具体规定。

5.5.4 本条是格网法建模的具体规定。对于插值方法的选择需慎重，如果方法不当，则产生较大的误差。

5.5.5、5.5.6 这两条是对建立数字高程模型作业的基本规定和模型接边的基本要求。由于数字高程模型是地形测量的一种新产品，还需要各部门不断总结经验，使其更加完善。

5.5.7 由于建立数字高程模型的数据源分为实测数据源和通过以数字地形图产品和纸质地形图数字化作为数据源两类，而实测数据源并没有经过地形图的成图过程，故本条分别给出了检查的要求。

5.6 一般地区地形测图

5.6.2 对建（构）筑物轮廓凹凸较小的部分，可视为一直线看待，并用直线连接表示，主要是基于测图工作量和设计部门使用方便的考虑。

5.6.3 对于一些独立性地物，如水塔、烟囱、杆塔、在图上比较明显、重要而又不能按比例尺表示其外廓形状时，要求准确表示其定位点或定位线位置。

5.6.4 对于密集的线路，按选择要点的原则进行测绘。其目的是在满足用户需要的基础上，使图纸负载合理，清晰易读。

5.6.5 对于1：2000、1：5000比例尺地形图交通及附属设施的测绘，不可能像1：1000或1：500地形测图那样详细，因此可适当舍去车站范围内的次要附属设施，以突出交通线路为主要目标。

5.6.6 由于渠和塘的顶部有时难以区分出明显的界线，因此应选择测出其顶部的适当位置，以不对渠、塘的容积大小产生疑义为原则。

5.6.7 其他地貌是指山洞、独立石、土堆、坑穴等。

5.6.9 法定名称是指各级主管机关颁布的名称。名称的注记不得自行命名。

5.7 城镇建筑区地形测图

5.7.1 对于城镇建筑区1：500比例尺的地形测量，目前较多采用全站仪测图，故将其作为首选方法。当采用平板测图时，应注意：测站至主要建（构）筑物的距离宜使用钢尺或皮尺等工具丈量，不能采用视距测量。

5.7.3 对于街区凸凹部分的取舍，本规范没有给出具体规定，是因为如果规定街区或建筑区凹凸部分大于0.5m时应实测，则测绘内容太多。如果按照图上大于0.5mm的应施测表示，则城镇建筑区1：500测图，实地仅有25cm，统一规定起来比较困难。所以作业时，要求应根据用图的需要和实际情况确定。

5.7.4 高程点的注记位置和间距要求，主要是根据用户需要确定的。

5.7.6 由于小城镇规划设计和其他设计对地形图的要求有别于大、中城市，故规范对此作了放宽处理。

5.8 工矿区现状图测量

5.8.2 随着全站仪的普及应用，细部坐标测量已十分方便快捷，按表5.8.2进行细部测量，通常可满足工矿区现状图测量的需要。数字地形图已成为测绘部门的主要产品，对细部测量的要求是否简化还须进一步调查总结。

5.8.3 关于细部坐标和细部高程测量的相关说明如下：

1 长期实践证明，采用全站仪或经纬仪加电磁波测距仪施测细部点的坐标和高程，是完全可以满足细部点精度要求的。

2 反算距离与检核距离较差的限差，是根据以往经纬仪和钢尺量距施测细部坐标的统计资料确定的。反算距离与检核距离较差的大小，除与细部坐标点相对于邻近图根点的点位中误差有关外，还与施测细部点的两图根点之相对点位误差以及检核误差有

关。随着全站仪的普及应用，满足限差要求不成问题。

3 随着数字地形图在各行业的广泛应用，对地物属性的综合体现，显得尤为重要。故本款新增了对点或地物属性的要求。

5.8.4 工矿区现状图中的其他地形、地貌，是指测区内的普通或简易建（构）筑物及一般地形、地貌。

5.9 水域地形测量

5.9.1 采用GPS测量技术对测深点进行定位，已得到广泛的应用，目前的发展已相对成熟，本次修订将其初次引入。

回声测深仪包括单波速测深仪和多波速测深仪，二者的基本技术要求相同。

5.9.2 由于测深的相关工具和仪器所适应的深度范围分别为，测深杆0～4m，测深锤0～20m；测深仪1m以上。而测深杆测深在0～4m范围内，其较差为0.2～0.3m；测深锤测深，在流速不大，水深小于20m的情况下，其较差为0.3～0.5m；测深仪测深，在电压、转速正常情况下，测深精度为水深的1%～2%。据此估算出测深深度中误差，如表5.9.2。相关行业规范的指标，与其基本相符。

5.9.4 水上作业本身就具有一定的危险性，而在水下环境不明的区域进行作业时，须对潜在的危险有所把握，并作好安全应急措施。

5.9.5 水尺设置的原则：要使所设立的水尺对水位变化的范围能做到有效的控制，且相邻水尺的控制范围要有适当的重叠，水位观测资料要能充分反映全测区水位的变化。所以，当水尺的控制范围不能重叠时，应增设水尺。

5.9.6 为了与水深测量精度相匹配，并略高于其精度，因此对于水尺零点高程的联测，要求不低于图根水准测量精度的规定是适宜的。

5.9.7 强调使用模拟记录的目的，是为了及时发现测深粗差或减少测深粗差的影响。对测深仪作业规定说明如下：

1 对于工作时电压与额定电压及实际转速与规定转速之差的变动范围，这里仅作了一般性规定。作业时，还应以仪器说明书（鉴定书）为依据，适当调整。

2 换能器安装位置的规定，主要是要求尽量避免因船体运动（摇晃）而产生的干扰。船首附近受水流冲击影响较大，也容易在换能器底部产生气泡。故将换能器安装在距船头1/3～1/2船长处是比较合适的。

3 对于坡度变化较大的水下地形，如果定位中心与换能器中心偏移较大将导致所测的水深图失真，影响成图质量，因此必须进行偏心改正。

4 根据实践经验及有关资料，测船因风浪造成

的摇动大小，取决于风浪的强弱及测船的抗风性能，而测深仪记录纸上回声线的起伏变化可反映出其对测深的影响。当起伏变化不大时，风浪对测深精度影响不大，可正常作业。如记录纸上出现有 0.4～0.5m 的锯齿形变化时，实际水面浪高一般将超出其值 1～2 倍，此时船身大幅度摇动，直接造成换能器入水深度变化较大，引起测深误差较大。按海上和内河船舶的抗风能力，规定了内陆水域和海域不同的回声线波形起伏限值。

5.9.11 要求根据水域地形图的精度、无线电定位精度的预估和测区范围，合理配置岸台数量及位置。

5.9.12 GPS 测深点定位的主要技术要求：

1 技术要求主要是基于本规范第 3 章和本章 5.3 节的内容，并参考现行国家标准《海道测量规范》GB 12327、《水运工程测量规范》JTJ 203 等的相关规定而提出的，着重考虑了水深测量实际需要及目前 GPS 接收机的发展现状。

2 在控制点上对流动 GPS 接收机进行检验和比对时间的长短，以能判断 GPS 接收机可稳定接收数据并能测出（或解算出）坐标为原则。

3 由于 GPS 接收机与测深仪是两种类型的仪器，即 GPS 接收机用于点位测量，测深仪用于水深测量。两种仪器采集到的数据进入计算机时，必须保持同步。

5.9.13 由于 GPS-RTK 定位技术能实时获得测深仪换能器底部的三维坐标数据，波浪的上下波动对其高程数据影响不大，减去水深即可获得水底坐标高程数据。而船体的前后起伏或左右摆动对其垂直方向的测量数据有一定影响。因此，作业时要注意控制船体的平稳。

5.9.14 由于受多种因素的影响，对 20m 以下的水深测量，取不同深度测点深度中误差平均值的 $2\sqrt{2}$ 倍，即为 0.4m，作为比对较差的限值指标；对大于 20m 的水深测量，将前述 0.4m 的限值按 20m 水深折合成百分比误差，即为 $0.02 \times H$ （m）。本条为修订新增内容。

5.10 地形图的修测与编绘

（Ⅰ）地形图的修测

5.10.1～5.10.4 地形图的修测，是为了满足用户对地形图现势性的需要。作业时，应根据地形（地物、地貌）的变化情况和用户的要求，确定测区范围、制定测量方案。这里给出了地形图修测的具体规定。

（Ⅱ）地形图的编绘

5.10.5～5.10.7 编绘地形图主要是基于经济合理的考虑，将不同时期、不同比例尺的专业图和综合图进行统一编绘，生成新的满足用户需求的产品。这里给

出了地形图编绘的原则性规定。

6 线 路 测 量

6.1 一 般 规 定

6.1.1 本章是各种线路工程测量的通用性技术要求，可满足线路工程选线、定线和施工各阶段的需要。

6.1.3 规范修订增加了 GPS 测量方法，这种方法方便、快捷且能有效保证线路测量的精度。

6.1.5 对于控制点是否埋设标石，不做具体规定，可根据实际需要确定。这是因为如果初测和定测间隔时间较长，就应考虑埋设标石。如果初测和定测一并进行，则有的控制点可不埋设标石。在人烟稀少地区，即使初测和定测间隔时间较长，也可不埋设标石。反之，则应考虑控制点位的长期保存的问题。

6.1.6 线路测量的带状地形图，主要用于方案比较和纸上定线；工点地形图，主要用于站场、隧道口、桥涵、泵站、取水构筑物、杆塔基础等设计；纵横断面图，主要用于竖向设计和土方量计算。

对带状地形图和工点地形图的施测，采用何种比例尺，应根据所需精度、幅面长度、图面负荷（含地形、地貌及设计占用图幅的复杂程度）、经济合理等因素，综合考虑选用。

6.1.7～6.1.10 其是各种线路测量的共性要求，也是作业时都应满足的基本要求。

6.2 铁路、公路测量

6.2.1 考虑到所在的地区、线路位置要求同国家点附合有一定的困难，最弱点点位中误差可按满足 1/1000 （或 1/2000）比例尺测图的需要，故附合导线的长度在 3.3 节规定的基础上放宽一倍。

6.2.2 关于铁路、二级及以下等级公路的平面控制测量：

1 导线测量是铁路、公路线路测量的常用方法。为了使导线能得到可靠的检核和防止粗差，故提出联测要求。当导线联测有困难时，应预先用 GPS 测量方法进行控制点加密。

2 表 6.2.2 中导线测量主要技术要求的相关指标，较《93 规范》而言，作了适当的调整和完善。去掉了很少采用的真北观测方法和限差；测角中误差采用三级导线和图根导线的指标值。

根据实践和理论分析，为了减小导线的横向误差，应尽量减少转折角的个数，导线边则宜长些。但考虑到定线和地形测图的需要，导线平均边长限定在 400～600m 较为适宜。

6.2.3 关于铁路、二级及以下公路的高程控制测量。

根据本规范 4.2.1 条规定五等的每千米全中误差为 15mm。而线路端点高程中误差要满足 1/2000 比

例尺测图需要，取基本等高距的 1/20，即 $m_h = 10$cm。由中误差公式 $m_h = M_W \sqrt{L}$ 计算可得 $L = 44$km。为了留有一定的储备精度，并与平面控制的联测距离相协调，故规定水准路线应每隔 30km 与高等级水准点联测一次。

6.2.4 定测放线测量的技术要求：

1 由于定测与初测阶段有一定的时间间隔，对定测时所收集的控制点成果必须作相应的检测，确保定、初测成果的一致性。检测的精度要求与初测一致，即要求采用五等水准的精度。

2 极坐标法和 GPS-RTK 法定线，是目前较常用的方法。

3 对于交点的水平角观测，根据铁道部门的实践经验，确定正交点点位，有时会遇到各种障碍，直接设置仪器会比较困难，通常采用副交点观测代替。为防止误差累积，故规定副交点观测 2 测回。

4 铁路、一级及以上公路的测量限差相当于图根导线的指标，而二级及以下公路的限差比图根导线的指标还低一级，是容易达到的。

6.2.5 定测中线桩位测量的技术要求：

1 相关的中线桩，都是线路中线控制的必要桩位。

2 本款综合了铁路、公路行业对线路中线桩的间距要求。

3 对中线桩位测量的直线和曲线部分的限差，分别列表。其限差分为两档，即铁路、一级及以上公路列为一档，二级及以下公路列为另一档。

规范表 6.2.5-1 和表 6.2.5-2 中的相关精度指标，主要是基于传统的曲线测设方法制定的。此次修订仍采用这些精度指标，对于全站仪测设曲线也是很容易达到的。

传统方法进行曲线测设的纵向闭合差，主要由总偏角的测角误差、切线和弦长的丈量误差所构成，通常，总偏角的测角中误差将使计算的各项曲线要素产生同向误差，这种误差在曲线测设中互相抵消，切线和弦长丈量时的系统误差在纵向闭合差中影响甚微，偶然误差是影响纵向闭合差的主要因素。

4 断链桩应设在线路的直线段，本次修订突出这一要求。当然按作业习惯也可立在直线上的百米桩或 20m 整倍数的桩上，本规范不做严格要求。

5 中线桩位高程测量的限差，是按下式计算：

$$W = \pm 2 \sqrt{m_{起}^2 + m_{测}^2} \cdot \sqrt{L} \qquad (63)$$

当起算点中误差 $m_{起}$ 取用 15mm（五等水准）、测量中误差 $m_{测}$ 取用 20mm（图根水准）时，即有 $50\sqrt{L}$。

6.2.6 横断面测量限差公式，是依据误差理论统计出的实用表达式。

6.2.7 为保证线路工程质量，要求在施工前进行中线桩复测，并将复测数据与原测成果进行比较，改正超限的桩位，确保所有施工中线桩位置的准确性。

6.3 架空索道测量

6.3.1 随着测绘仪器设备的不断更新与发展，全站仪与 GPS 接收机已成为较常用的仪器装备，这里将其列为首选。当然，对精度要求不高的架空索道测量也可以选择其他测量设备。

6.3.2 按索道设计对施工要求，一般索道相邻支架间的偏角不许超过 ±30′；支架间距误差不超过架间距的 1/500。由此确定了架空索道导线测量的基本精度指标。

6.3.3 增加方向点主要是为了满足施工需要和通视要求。起点到转角点或转角点间距离大于 1km 时，方向点偏离直线不应超过 180°±20″ 的规定，较设计要求的 ±30′（见 6.3.2 条说明）有所提高，这主要是出于对载人索道和大型运输索道安全的考虑。

6.3.4 根据架空索道施工安装时，架顶、索底标高误差通常不超过 1/1000 架间距的要求，若测量限差采用测高误差与距离之比不低于 1/2000 考虑。则，图根水准和图根电磁波测距三角高程测量方法均可满足其对高程的精度要求。

6.3.5 对于架空索道的纵断面测量，保留了《93 规范》的基本指标，具体施测方法可根据现有条件选择。由于架空索道的杆塔通常设置在山脊、山顶部位，而在山谷、沟底设置的可能性小，故要求在山脊、山顶的断面点要密些，在山谷、沟底，可适当简化。

6.3.6 为了保证高程精度和提高杆塔位置设计的准确性，要求在线路走向与等高线平行的陡峭地段，根据需要加测横断面。

6.4 自流和压力管线测量

6.4.1 关于自流和压力管线平面控制测量。

1 管线平面控制测量的精度，对一般自流管线，根据多年来的实践经验，其纵向误差达到 1/500，就能满足设计要求，故测量精度提高一倍，规定为 1/1000；压力管线设计要求稍高，规定为 1/2000。

2 修订增加了 GPS-RTK 定位的方法，给出了对控制点的布设要求。成对布设 GPS 点且要求互相通视的目的，是为了 GPS-RTK 的作业检核，也是为了后续使用其他常规仪器作业的考虑；成对布设 GPS 点的数量，可根据工程需要确定。如后续作业使用 GPS-RTK 定位方法，则要求每隔 10km 布设一个控制点，作为 GPS-RTK 参考站；GPS-RTK 作业的检核，可采用同一参考站或不同参考站下的两次独立测量进行。

3 长距离管线的导线测量的主要技术指标，是根据管线平面控制测量的精度（本条说明 1 款）要求进行了细化。并参照铁路、公路对线路控制的规定，增加了每隔30km附合一次的要求。

6.4.2 关于自流和压力管线高程控制测量。

1 管线高程控制测量的精度，对压力管线，采用图根水准可满足精度要求；自流管线对高程的精度要求稍高些，规定采用五等水准测量。

2 水准测量和电磁波测距三角高程测量是五等和图根高程控制测量的基本作业方法。为了和平面控制测量相一致，规定附合路线长度为30km。

3 GPS拟合高程测量的精度，可满足自流和压力管线的要求。

6.4.3 本条综合了长距离输水、输气、输油等管线的中线测量要求，并结合长期的实践经验给出了相关技术指标。就目前的测量设备水平而言，该规定是容易达到的。

6.4.4 本条给出了管线断面测量的具体要求。地形变化处是断面的特征点，因而要求加测断面点。

6.5 架空送电线路测量

6.5.1 架空送电线路的选线，是根据不同的电压等级和不同的地段，在各种不同的比例尺地形图上进行方案设计（一般为1∶5万～1∶1万），并经相关部门批准，才能进行实地选线。对线路通过协议区和相关地物比较密集的地段，为了保证线路的安全，要求进行必要的联测和相关地物、地貌测量。

6.5.2 关于架空送电线路的定线测量说明如下：

1 对于方向点偏离直线的精度，根据一般设计要求，杆塔偏离直线相差$3'$～$4'$时，所引起的垂直于线路方向的水平负荷、放电间隙的改变及绝缘子串的歪斜程度是允许的。从施工工艺来看，当偏离$1'$时，相邻杆塔的绝缘子串的歪斜是用肉眼观察不出来的。取其较高要求，方向点偏离直线不应超过$1'$。

2 经综合试验分析，正倒镜分中法延伸直线，其精度受仪器对中误差、置平误差、目标偏斜误差和照准误差等的影响。采用规范规定的指标，基本上能满足定线误差不超过$180°\pm1'$的精度要求。但在前视过长或后视过短时，则应从严掌握。

3 对于间接定线，根据间接定线的方向偏差不大于$1'$的要求，

则

$$m_U = \frac{L \times 60''}{2\rho} \qquad (64)$$

取桩间距为300m，有$m_U = 0.043$m。

根据电力部门的试验论证，当采用四边形时，量距精度估算公式为：

$$m_L = \frac{1}{2}\sqrt{m_U^2 + m_A^2} \qquad (65)$$

式中 m_A——量距边起始点的横向误差，取值为0.016m。

将m_U和m_A数值代入(65)式，得$m_L = 0.02$m。

由不同丈量距离算得的相对中误差列于表14。可以看出，当采用钢尺量距时，相对中误差大于1/4000时，就需采取必要的量距措施，才能达到精度要求。

表14　不同距离算得的相对中误差

L (m)	20	40	60	80	100
m_L/L	1/1000	1/2000	1/3000	1/4000	1/5000

根据试验证明，当丈量长度小于20m时，求得的延伸直线也很难满足精度要求。

因此，规范规定丈量长度大于80m或丈量长度小于20m时，应适当提高测量精度。

4 定线桩之间距离测量的相对误差，是根据500kV架空送电线路确定的裕度值不大于1m的规定，并在各项误差概略分析的基础上推算的。对于大档距，要求采用电磁波测距，其测距精度为$1/D$（D为档距，单位为m），即实地档距中误差为1m。

6.5.3 断面测量的技术要求：

1 断面测量的精度要求是和定线桩之间的距离和高差测量精度相匹配的。

2 断面点的选取，直接与设计排位有关。设计排位，与送电导线弧垂变化的对地面安全距离、杆塔类型及地形、地物的变化特征等因素有关。

对于山区送电线路，杆塔位通常立在山头制高点或附近位置，要求不应少于3个断面点以反映地形变化；送电导线的最大弧垂处，如对应地形为深凹山谷，断面点可少测或不测。

3 在送电导线对地安全距离的危险地段或在离杆塔位1/4档距内地形高差变化较大的区段，由于送电导线轨迹对地切线变化较大，则要求加测断面点。

4 对于送电导线排列较宽的线路，边线断面施测的位置，由设计人员确定。通常，当送电线路与所通过的缓坡、梯田、沟渠、堤坝交叉角较小时，如边线对应中线高出0.5m以上的地形、地物，要求施测边线断面。

5 由于线路施工后，其走廊内植被将保持，因此应在断面测量的平面图上注明植被名称、高度及界限。线路交叉跨越的相对关系也应在图上绘出。

6.5.4 根据现行国家标准《110～500kV架空送电线路施工及验收规范》GB 50233中的相关规定，以相邻直线桩为基准，其横线路方向偏差不大于50mm。定位时若跳桩或远距离定杆（塔）位，按直线精度要求，满足不了上述规定，故本条要求在就近桩位测定杆（塔）位置。

6.5.5 在杆（塔）位排定后，对于送电导线排列较宽的线路，当对地构成危险时，不仅要测中线与被交叉跨（穿）越物的位置和高程，还要施测边线与被交叉跨（穿）越物的位置和高程。

由于送电导线的风偏摆动，可能对地面安全构成

威胁，故规范要求施测风偏横断面或风偏危险点。

6.5.7 10kV 以下的架空送电线路一般为单杆，距地面较近，送电导线横向跨度也较小。测量时，其技术要求可适当放宽。对于 500kV 及以上电压等级的架空送电线路，由于投资大，为了降低工程造价，选择最优路径方案，建设单位一般要求采用数字摄影及 GPS 测量等技术。

7 地下管线测量

7.1 一 般 规 定

7.1.1 本条确定地下管线测量的适用范围。其中调查的含义，是指在收集已有管线资料的基础上，采用对明显管线点实地调查、隐蔽管线点探查、疑难管线点位开挖等方法，查明地下管线的相对关系及相关属性，并将管线特征点标示在地面上的过程。测绘的含义，是指对已查明标示出的地下管线点及附属设施进行测量，并编绘综合、专业地下管线图的过程。地下管线测量，是调查和测绘全过程的统称。地下管线信息系统，是在地下管线测量的基础上建立的一个集基础资料、应用、管理于一体的综合信息系统。

地下管线测量为规范修订新增的内容。

7.1.2 地下管线分为地下管道和地下电缆两类，不包括地下人防巷道。地下管道有给水、排水、燃气、热力和工业管道，其中排水管道还可分为雨水、污水及雨污合流管道；工业管道主要包括油管、化工管、通风管、压缩空气、氧气、氮气、氯气和二氧化碳等管道；地下电缆有电力和电信，其中电信包括电话、广播、有线电视和各种光缆等。

7.1.3 地下管线测量成果作为规划、建设、管理部门的重要资料，是与其他已有基础资料结合应用的，因此坐标系统和高程基准应与原有主要基础资料保持一致，其控制测量作业方法与本规范 3、4 章相同。

7.1.4 地下管线测量的成图比例尺，主要是基于地下管线测量是在相应比例尺地形图基础上附加更多的内容和信息，所以管线图的比例尺是按该地区地形图最大比例尺确定。对于道路与建筑物密集的建成区，直接选用 1/500 比例尺。对于长距离专用管线，在满足变更、维护与安全运营需要的基础上兼顾整体性，适当放小比例尺至 1/2000~1/5000。

7.1.5 地下管线图的测绘精度，与城镇建筑区、工矿区地形图图上地物点相对于邻近图根点的点位中误差不大于 0.6mm 的要求相一致（见本规范 5.1.5 条 1 款）。

7.1.6 对原有地下管线资料的收集整理是很重要的环节。从地下管线测量工程实践来看，首先是现状调绘。即，将已有地下管线情况根据竣工资料、设计图纸或其他变更维修资料标示在已有的大比例尺地形图

上，作为野外实际调查的参考和有关属性说明的依据，减少实地作业的盲目性。对部分埋设年代早或资料不全的管线，甚至可采取请当时参与设计、施工或其他熟悉情况的人指导，将管线大致位置标注在图上。这些做法均会有效提高实际调查的效率。

7.1.7 本条对下井调查与管线开挖提出安全性要求，实际作业人员必须时刻提高安全防范意识。

7.2 地下管线调查

7.2.1 地下管线调查的方法主要包括，实地踏勘、仪器探查和疑难点位开挖等方法。对明显管线点如各种窨井、阀门井、消防栓等一系列的附属设施，可以进行实地开井核查和量测；对隐蔽管线点如埋设在地下的各种管道、电缆等，采用探测仪器进行搜索定位和定深；对用探测仪器无法查清的隐蔽管线段，可以采用开挖的方法查明。

7.2.2 由于目前普遍使用的管线探测仪器多是以电磁场原理为基础设计的，埋深越大探测误差越大。实际作业时，不同地段信号干扰因素及施测人员的操作熟练程度也影响探查的精度，所以对其精度过细的划分意义不大。探查的精度公式是以仪器的基本精度指标为依据，结合长期的实践经验确定的。

7.2.3 关于管线点设置的要求。通常对所有的明显管线特征部位，都要求设点；对隐蔽管线点，要以明显标识为原则；在标明所有特征点基础上，对直线段适当加测管线点，对曲线段加密增设管线点，以能用管线点拟合出来的走向与实际管线线路相符合为原则。

7.2.4 地下管线调查需查明的内容和取舍标准，是以满足多数用户对地下管线图的使用要求为基础，以既能把握主体管线的来龙去脉，又能剔除次要管线对管线总体走向与连接关系的干扰为原则确定的。并要求做到经济、合理、实用。具体作业时，对管线的最终取舍，应结合管线测量项目的性质并根据不同工程规模、特点、管线疏密程度等，以满足委托方要求为准。

7.2.5 管线测量的目的是为管线的使用、规划和建设服务的，其相关的建（构）筑物和附属设施段是管线维护、扩展、变更的主要部位，故要求查明。

7.2.6 隐蔽管线探查的技术要求：

　　1 由于探查仪器的类型与探查方法较多，操作程序也不尽相同。为保证探查的有效精度，故要求作业人员应严格执行所使用仪器的操作规定。

　　2 由于地区差异、探测人员的操作习惯与作业经验，都会引起系统性探查误差。故要求在作业区明显管线点上进行探查结果的比对，以确定探查的有效方法和仪器的修正参数。

　　3 由于探查技术发展与探查设备性能的局限性，如在管线埋设过深、密集且纵横交错、信号受干扰较

大等部位会出现很难核实管线点的现象，对此要求采用开挖的方法进行验证。

4 为保证探查成果精度与质量，采用重复探查和开挖验证的方法对隐蔽管线点的探查成果进行质量检验。

对于开挖验证方法的采用，尚存在争议。一种意见认为，既然无损伤探查技术已经成熟，通过重复探查并进行精度统计基本能反映管线探查的精度，若再于明显管线点附近进行探查验证后就无需进行开挖验证。另一种意见认为，探查仪器精度和稳定性在不断提高，对管线走向明显不存在疑难的部位，可以不进行开挖验证；但对存在疑难点的部位必须进行开挖验证。

7.3 地下管线施测

7.3.2 对于明显管线点，要求按主要建（构）筑物细部坐标点的测量精度施测（见本规范表 5.1.5-3），对于隐蔽管线探查点，采用该精度也不会造成探查精度的损失。

7.3.4 本条规定了管线施测的基本方法，其中 GPS-RTK 法是管线点测量的新方法。管线点调查编号与测量点号的相一致或对应，是防止管线探查成果出现粗差的有效措施。

7.4 地下管线图绘制

7.4.1 对于一般地下管线测量项目，要求绘制综合管线图。即，将各种专业管线与沿管线两侧的主要建（构）筑物等表示在同一张图上。对于密集的管线线路或工程需要时，要求分专业绘制管线图。即，将不同的专业管线和沿管线两侧的建（构）筑物等分别绘制在不同的专业管线图上。

7.4.2 一般工程项目的分幅与编号，通常要求与原有地形图一致，即采用本规范 5.1.6 条的规定；单一的管线测量项目，通常是以表示管线的连续性为主，也可采用现行设计图幅。

7.4.3 本条要求对地下管线图的图式和要素分类代码，首先采用现行国家标准，对不足部分，可采用相关专业的行业规定或惯用符号补充表示，并在项目技术报告书中予以说明。

7.4.5 综合管线图要求分层分色表示，主要是基于成图的需要和用户使用方便。

7.4.6 纸质管线图绘制技术要求的提出，是考虑到纸质管线图尚在应用，其应用现状与纸质地形图相似。

7.5 地下管线信息系统

7.5.1 地下管线信息系统，是工程测量在信息管理领域的延伸。近年来，此类项目在国内已逐步展开。本次修订将其纳入，并给出了一些原则性的规定，有

待在今后的工程实践中进一步总结和完善。

本章所指的地下管线信息系统，是基于数字地下管线图和相应的管线属性数据成果，建立的一种区域性或专业性的独立系统。对已具有信息管理系统的行业或区域，可将本系统作为完整的子系统纳入或链接到其信息库。

7.5.2、7.5.3 地下管线信息系统的建立，只能是一个基础的或基本的框架，其应用领域将随着用户认识水平的不断提高和需求的不断增加，系统的服务功能还需要进一步的扩展，如，管理方案和事故处理方案的制定，标准管网设备库和管线辅助设施的管理等。

7.5.4 为了使地下管线信息系统能够与其他信息管理系统相兼容，故应该使用统一的标准编码与标识。对不足部分，应根据其编码规则结合行业的特点进行扩展和补充。

7.5.5 只有对地下管线信息系统进行不断的维护和更新，才能保持其现势性，也才能为用户提供更精良的信息服务。

7.5.6 确保系统和数据安全，是系统的软、硬件进行更新或升级的前提条件。

8 施 工 测 量

8.1 一 般 规 定

8.1.1 本条是施工测量的适用范围，其中桥梁和隧道施工测量为新增内容。

8.1.3 施工控制网通常分为场区控制网和建筑物施工控制网，后者是在前者或勘察阶段的控制网基础上建立起来的。对于规模较小的单体项目或当项目间无刚性联接时，可根据实际情况，减少施工控制网的布网层次，直接布设建筑物施工控制网。

8.1.4 对勘察阶段控制网的充分利用，主要是基于全局和经济的考虑。投影到施工高程面的要求，主要是为了施工时对已知坐标和边长使用方便。

8.1.5 新建的场区施工控制网不同于原有控制网下的加密网，其性质是自由网。这里所谓的自由网，主要是指控制网的平差计算要独立进行，不受上级控制网或起始数据的影响。亦即，坐标系统是一致的或延续的，但其精度或自身精度是独立的。

要求利用原控制网的点组对新建的场区施工控制网进行定位。点组定位的含义，是指定位后各点剩余误差的平方和最小。小规模场区控制网，可简化定位。

工程项目的施工区一般较小，为避免施工控制网的长度变形对施工放样的影响，可将观测边长归算到测区的主施工高程面上，没有必要进行高斯投影。

8.2 场区控制测量

（Ⅰ）场区平面控制网

8.2.2 场区控制网的分级布设，不是逐级控制或加密的意思。即，一级和二级的关系只有精度的高低之分，没有先后之分。具体作业时，要根据工程规模和工程需要选择合适的精度等级。

为使新建的场区控制网与勘察阶段的控制网相协调，故本条规定场区控制网相对于勘察阶段控制点的定位精度，不应大于 5cm。

8.2.3 控制网点位作为施工定位的依据，将在一定的时期内使用，只有这些点位标志完好无损，才能确保定位测量的正确性。标石的埋设深度，应考虑埋至比较坚实的原状土或冻土层下。由于埋设在设计回填范围内的控制点将无法保留，所以要求标石的埋设依场地设计标高确定。

8.2.4 关于建筑方格网的建立说明如下：

1 由于一般性建筑物定位的点位中误差 $m_{点} \leqslant$ 10mm，而点位误差则受场区控制点的起算误差和放样误差的共同影响，即：

$$m_{点}^2 = m_{控}^2 + m_{放}^2 \tag{66}$$

规定放样中误差 $m_{放}$ 为 6mm，则，$m_{控} = 8mm$

若 $$m_{控}^2 = m_s^2 + \frac{m_\beta^2}{\rho^2} S^2 \tag{67}$$

在边角误差等影响下有：

$$m_{控}^2 = 2m_s^2 \tag{68}$$

或 $$m_{控}^2 = 2\frac{m_\beta^2}{\rho^2} S^2 \tag{69}$$

则 $$m_s = m_{控}/\sqrt{2} = 5.66mm$$

控制点间的平均距离为 200m，则，测距相对中误差为：

$m_s/S = 5.66/200000 = 1/35400$，取 $m_s/S = 1/30000$

由（69）式，有 $$m_\beta = \frac{m_{控}\rho}{\sqrt{2}S} \tag{70}$$

则 $$m_\beta = 5.8'', 取 m_\beta = 5''$$

基于以上估算，确定了一级方格网的基本指标，二级方格网的基本指标是在此基础上，作适当调整确定的。

2 布网法是目前较普遍采用的敷设建筑方格网的方法。其特点是一次整体布网，经统一平差后求得各点的坐标最或是值，然后改正至设计坐标位置。规模较大的网，增测对角线有利于提高网的强度和加强检核。

轴线法的特点，是先测设控制轴线（相当于较高一级的施工控制），再将方格网分割成几个大矩形。规范规定轴交角的观测精度为 2.5''，其目的是为了减小整个网形的扭曲。

3 方格网水平角观测相对勘察阶段的控制网，其测回数略有增加，观测限差提高一个级别。

4 为了确保点位归化的正确性，要求对方格网的角度和边长进行复测检查。复测检查的偏差限值，分别取其相应等级的测角中误差和边长中误差的 $\sqrt{2}$ 倍。

8.2.5 基于施工项目对场区控制网的要求和方格网的基本精度指标，从保证相邻最弱点精度出发，规范给出了场区导线网的基本要求，其主要指标和本规范 3.3 节要求是一致的。

8.2.6 三角形网的技术指标，是基于相邻最弱点的点位中误差为 10mm（施工要求）提出的。以二级三角形网为例，其边长为 200m，最弱边长相对中误差为 1/20000。根据（70）式，其测角中误差为：

$$m_\beta = \frac{m_{点}\rho}{\sqrt{2}S} = \frac{10 \times 206265}{\sqrt{2} \times 200000} \approx 8''$$

8.2.7 GPS 场区控制网边长和边长相对中误差指标与三角形网相同。但对边长较短的控制网，应注意观测方法，否则相对精度难以满足要求。

（Ⅱ）场区高程控制网

8.2.10 在通常的施工放样中，要求工业场地和城镇拟建区场地平整、建筑物基坑、排水沟、下水管道等的竖向相对误差不应大于 ±10mm。因此，要求场区的高程控制网不低于三等水准测量精度。

8.3 工业与民用建筑施工测量

（Ⅰ）建筑物施工控制网

8.3.2 建筑物施工平面控制网是建筑物施工放样的基本控制。其主要技术指标应依据建筑设计的施工限差，建筑物的分布、结构、高度和机械设备传动的连接方式、生产工艺的连续程度等情况推算出测设精度指标。

建筑限差，是施工点位相对纵横轴线偏离值的限值。在现行国家标准《建筑工程施工质量验收统一标准》GB 50300 及各专业工程施工质量验收规范 GB 50202～GB 50209 等规范中，对建筑施工限差，均作了明确的规定。其中，对地脚螺栓中心线允许偏差 $\Delta_{限} = \pm 5mm$ 的精度要求最高。故，建筑物（或工业厂房）控制网的精度按此限差进行推算。

取限差的 1/2 作为地脚螺栓纵向和横向位移的中误差 m 为 2.5mm。

则 $$m^2 = m_{控}^2 + m_{放}^2 + m_{安}^2 \tag{71}$$

按现行国家标准《混凝土结构施工及验收规范》GB 50204 第 4.2.6 条规定，预埋地脚螺栓的安装允许偏差 $\Delta_{安} = \pm 2mm$（对定位线而言），取限差的 1/2 作为地脚螺栓安装中误差 $m_{安} = 1mm$。

通常取定位线放样中误差 $m_{放} = 1.5mm$，则可根据（71）式推导出控制线（两相对控制点的连线）的

中误差 $m_{控}=1.73$ mm。

若控制线纵向误差（相邻两列线间的长度误差）和横向误差（相邻两行线间的偏移误差）都应等于或小于控制线的测量误差，即：

$$m_{纵}=m_{横} \leqslant m_{控} \tag{72}$$

就工业厂房而论，其特点是：行线之间的间距一般为 6～24m，列线间距为 18～48m，列线跨距大于行线跨距。若列线跨数多，其控制线就长，建筑物控制的精度就应高。

(72) 式是 1 个列线跨数（单跨）的情形。当列线跨数为 n 时，有：

$$m_{S_i}=m_{纵} \times \sqrt{n} \tag{73}$$

则相对中误差为：

$$\frac{m_{S_i}}{S_i \cdot n}=\frac{m_{纵}}{S_i \sqrt{n}} \tag{74}$$

通常工业厂房的列线间距为 18～48m 取 $S_i=30$m，跨数为 1～5 跨取 $n=3$，则相对中误差为 1/30000；建筑物控制网的测角中误差为：

$$m_{\beta}=\frac{m_{横} \cdot \rho}{S_i} \tag{75}$$

列线间最长跨距 $S_i=48$m，当 $n=1$ 时，测角中误差：

$$m_{\beta}=1.73 \times 206265''/48000=7.43''，取 m_{\beta}=7''$$

根据以上推算结果，确定了一级建筑物施工控制网主要技术指标，取边长相对中误差和测角中误差的 2 倍作为二级网的主要技术指标值。

8.3.3 建筑物施工控制网水平角观测的测回数，是根据本规范 8.3.2 条算出不同列线跨数的测角中误差如表 15，并取用 2.5″、3.5″、4.0″、5″、10″作为区间，规定出相应的测回数。

表 15 建筑物（厂房）施工控制网测角中误差

列线跨数		$n=1$	$n=2$	$n=3$	$n=4$	$n=5$
测角中误差	一级	7.0″	4.9″	4.0″	3.5″	3.1″
	二级	15″	10.6″	8.7″	7.5″	6.7″

8.3.4 根据施工测量的工序，建筑物的围护结构封闭前，将外部控制转移至内部，以便日后内部继续施工的需要。其引测时规定的投点误差，一般都能做到。

8.3.5 本次修订将建筑物高程控制的精度，明确为不低于四等，主要是基于建筑规模的大小、建筑结构的复杂程度和建筑物的高度等因素综合确定的。

（Ⅱ）建筑物施工放样

8.3.7 施工放样应具备的资料，是施工测量部门经过历年实践总结出来的，是施工测量人员应具备的基本资料。

8.3.8 复测校核施工控制点的目的，是为了防止和避免点位变化给施工放样带来错误。

8.3.9 有关各工序间中心线测设的作法和注意事项，是根据施工测量部门的经验总结出来的。

8.3.10 在建筑物外围建立线板或轴线控制桩的目的，一是便利施工，二是容易保存。

建筑物的控制轴线一般包括：建筑物的外廓轴线，伸缩缝、沉降缝两侧轴线，电梯间、楼梯间两侧轴线，单元、施工流水段分界轴线等。

8.3.11 关于建筑物施工放样说明如下：

1 建筑物施工放样允许偏差值的规定，是依据建筑工程各专业工程施工质量验收规范 GB 50202～GB 50209 等的施工要求限差，取其 0.4 倍作为测量放样的允许偏差，较《93 规范》按测量元素（角度和距离）确定放样的技术要求有所改进。

对采用 0.4 倍的施工限差作为测量允许偏差，推论如下：

设总误差由两个独立的单因素误差组成，则中误差的关系为：

$$m_{总}^2=m_1^2+m_2^2=m_2^2\left(1+\frac{m_1^2}{m_2^2}\right)$$

令

$$\frac{m_1^2}{m_2^2}=\kappa$$

则

$$m_2=\frac{1}{\sqrt{1+\kappa}} \cdot m_{总}=Bm_{总} \tag{76}$$

$$m_1=\sqrt{\frac{\kappa}{1+\kappa}} \cdot m_{总}=Am_{总} \tag{77}$$

当 κ 为不同值时，相应的 A、B 值如表 16。

表 16 误差分配系数表

κ	0	0.2	0.4	0.6	0.8	1.0	2	5	10	∞
A	0	0.41	0.53	0.61	0.67	0.71	0.81	0.91	0.95	1
B	1	0.91	0.85	0.79	0.75	0.71	0.58	0.41	0.30	0

按施工测量的习惯做法，采用 $\kappa=0.2$ 时误差的比例关系比较适中，可将测量误差对放样误差的影响限定在一个较小的合理范围，即

$$m_{测量} \approx 0.4 m_{总} \tag{78}$$

$$m_{其他} \approx 0.9 m_{总} \tag{79}$$

2 施工层的标高传递较差，是按每层的标高允许偏差确定的。

8.3.12 结构安装测量的精度，是根据国标建筑工程各专业工程施工质量验收规范和施工测量部门所提供的数据确定的，并经历年来实践验证是可行的（参见本规范 8.3.2 条文说明）。

8.3.13 设备安装测量，主要指大型设备的整体安装测量。以校核和测定设备基础中心线和基础标高为主要测量内容。

8.4 水工建筑物施工测量

8.4.1 施工平面控制网是施工放样的基础，对施工

平面控制网的建立说明如下:

1 根据多年施工测量的实践,不同规模的工程,应该采用不同等级的施工控制网做到经济合理。

2 由于水工建筑物控制网往往受地形约束较大,一级网点往往离建筑物轴线较远,通常须用高精度导线或交会法加密,这样可使首级网点受地形制约较小些,有可能选出图形好、精度高的网形。因此,本规范提出,施工平面控制网宜按两级布设。

3 对施工控制网,由于平均边长较本规范第3章相应缩短,而其控制点的相邻点位中误差要求不应大于10mm。根据这些条件,对测角或测距精度需要进行专门估算,其基本方法与本规范第3章相同。

大型的、有特殊要求的水工建筑物施工项目,其通常以点位中误差作为平面控制网的精度衡量指标,其首级网的点位中误差一般规定为5~10mm。也同时提倡布设一个级别的全面网并进行整体平差。为了防止布网梯级过多,导致最末一级的点位中误差不能满足施工需要,故提出"最末级平面控制点相对于起始点或首级网点的点位中误差不应大于10mm"的要求。

8.4.2 首级高程控制网的等级选择,是根据水利枢纽工程的特点、坝体的类型和工程规模确定的。精度指标是根据水利部门长期的施工经验确定的。

8.4.3 由于水利工程建设周期较长,所以规定对施工控制网应定期复测,以确定控制点的变化情况,保证各阶段测量成果正确、可靠。

8.4.4 关于填筑及混凝土建筑物轮廓点放样测量的允许偏差。其是参照国家现行标准《水电水利工程施工测量规范》DL/T 5173对本规范相关内容进行修订的,将《93规范》的原点位中误差指标改为允许偏差值,并对个别指标做了适当调整。

8.4.6 水工建筑物附属设施的安装测量偏差,是参照国家现行标准《水电水利工程施工测量规范》DL/T 5173和《水利水电工程施工测量规范》SL 52制定的。

8.5 桥梁施工测量

(Ⅰ) 桥梁控制测量

8.5.1 桥梁控制精度要求与桥梁长度和墩间最大跨距有关。根据桥梁施工单位的经验统计,一般对于跨越宽度大于500m的桥梁,需要建立桥梁施工专用控制网;对于500m以下跨越宽度的桥梁,当勘察阶段控制网的相对中误差不低于1:20000时,即可利用原有等级控制点,但必须经过复测方能作为桥梁施工控制点使用。

8.5.2 桥梁平面和高程测量控制网等级的选取,是参照国家现行标准《新建铁路工程测量规范》TB

10101和《公路桥涵施工技术规范》JTJ 041中桥梁施工测量的有关规定,并结合本规范第3章的基本技术指标确定的。

公路桥梁施工,一般要求桥墩中心线在桥轴线方向上的测量点位中误差不应大于15mm。铁路桥梁施工,一般要求主桥轴线长度测量中误差不应大于10mm。

对于大桥、特大桥,在完成控制网的图上设计及精度、可靠性估算后,顾及经济实用因素,对其精度等级可作适当调整。

8.5.5 由于桥梁施工周期较长,施工环境比较复杂,控制点位有可能发生位移,因此,定期检测是必要的。

(Ⅱ) 桥梁施工放样

8.5.6 采用极坐标法、交会法放样平面位置和水准测量方法放样高程,是较常用的放样方法。具体作业时,在满足放样精度要求的前提下,也可以灵活采用其他作业方法。

8.5.7~8.5.9 采用桥梁施工允许偏差的0.4倍(见8.3.11条说明),作为桥梁施工测量的精度指标。表17是根据国家现行标准《公路桥涵施工技术规范》JTJ 041和《公路工程质量检验评定标准》JTJ 071统计出的桥梁施工允许偏差。

表17 桥梁施工允许偏差统计(mm)

基 础			
灌注桩	桩位	基础桩	100
		排架桩	顺桥纵轴线方向	50
			垂直桥纵轴线方向	100
沉桩	桩位	群桩	中间桩	$d/2$ 且不大于250
			外缘桩	$d/4$
		排架桩	顺桥纵轴线方向	40
			垂直桥纵轴线方向	50
沉井	顶、底面中心偏位	一般	1/50 井高
		浮式	1/50 井高+250
垫层	轴线位移		50
	顶面高程		0,-20
下 部 构 造			
承台	轴线偏位		15
	顶面高程		±20
墩台身	轴线偏位		10
	顶面高程		±10

下部构造			
墩、台帽或盖梁	轴线偏位		10
	支座位置		5
	支座处顶面高程	简支梁	±10
		连续梁	±5
上部构造			
梁、板安装	支座中心偏位	梁	5
		板	10
	梁板顶面纵向高程		+8，−5
悬臂施工梁	轴线偏位	$L\leqslant100m$	10
		$L>100m$	$L/10000$
	顶面高程	$L\leqslant100m$	±20
		$L>100m$	$±L/5000$
	相邻节段高差		10
主拱圈安装	轴线横向偏位	$L\leqslant60m$	10
		$L>60m$	$L/6000$
	拱圈高程	$L\leqslant60m$	±20
		$L>60m$	$±L/3000$

上部构造		
腹拱安装	轴线横向偏位	10
	起拱线高程	±20
	相邻块件高差	5
钢筋混凝土索塔	塔柱底水平偏位	10
	倾斜度	$H/3000$，且$\leqslant30$
	系梁高程	±10
钢梁安装	钢梁中线偏位	10
	墩台处梁底标高	±10
	固定支座顺桥向偏差	20

注：d 为桩径、L 为跨径、H 为索塔高度，单位均为 mm。

8.6 隧道施工测量

8.6.1 隧道控制网的设计，是隧道施工测量前期工作的重要内容，其主要包括洞外、洞内控制网的网形设计、贯通误差分析和精度估算，并根据所使用的仪器设备制定作业方案。

8.6.2 国内有关隧道施工测量的横向贯通误差和高程贯通误差统计见表18及表19：

表18 横向贯通误差统计

行业规范名称 ＼ 横向贯通限差（mm）	100	150	200	300	400	500
《新建铁路工程测量规范》TB 10101—99	$L<4$	$4\leqslant L<8$	$8\leqslant L<10$	$10\leqslant L<13$	$13\leqslant L<17$	$17\leqslant L<20$
《公路勘测规范》JTJ 061—99	—	$L<3$	$3\leqslant L<6$	$L>6$	—	—
《水电水利工程施工测量规范》DL/T 5173—2003	$L<5$	$5\leqslant L<10$				
《水工建筑物地下开挖工程施工技术规范》DL/T 5099—1999	$L\leqslant4$	$4\leqslant L<8$				
《水利水电工程施工测量规范》SL 52—93	$1\leqslant L<4$	$4\leqslant L<8$				

表19 高程贯通误差统计

行业规范名称 ＼ 高程贯通限差（mm）	50	70	75
《新建铁路工程测量规范》TB 10101—99	$L<4$ $4\leqslant L<20$		
《公路勘测规范》JTJ 061—99	—	$L<3$ $3\leqslant L<6$ $L\geqslant6$	
《水电水利工程施工测量规范》DL/T 5173—2003	$L<5$		$5\leqslant L<10$
《水工建筑物地下开挖工程施工技术规范》DL/T 5099—1999	$L\leqslant4$	$4\leqslant L<8$	
《水利水电工程施工测量规范》SL 52—93	$1\leqslant L<4$	$4\leqslant L<8$	

注：原《铁路测量技术规则》TBJ 101—85 规定隧道高程贯通误差为70mm。

从统计表中可以看出，不同规范对贯通误差的要求既有共同性，也有差异性。本规范表8.6.2中所选取的精度指标，主要基于两方面考虑：其一是因为贯通误差是隧道施工的一项关键指标，所以本规范在选取贯通误差限差时，稍趋严格一点。其二，经过统计资料及长期实践证明，满足规范要求不会给测量工作带来很大的困难，随着GPS接收机、全站仪在隧道施工中的广泛应用和高精度陀螺经纬仪的使用，达到此限差是不困难的。

8.6.3 关于隧道控制测量对贯通中误差影响值的确定：

由于隧道的纵向贯通误差，对隧道工程本身的影响不大，而横向贯通误差的影响将比较显著，故以下仅讨论对横向贯通误差的影响。

1 平面控制测量总误差对横向贯通中误差的影响主要由四个方面引起，即洞外控制测量的误差、洞内相向开挖两端支导线测量的误差、竖井联系测量的误差。将该四项误差按等影响考虑，则：

$$m_{洞外} = m_{竖井} = \sqrt{\frac{1}{4} m_总} \qquad (80)$$

$$m_{洞内} = \sqrt{2} \times \sqrt{\frac{1}{4} m_总} \qquad (81)$$

2 无竖井时，为了与第 1 款保持一致，且洞外的观测条件较好，这里对 $m_外$ 仍取 $\sqrt{\frac{1}{4} m_总}$，则洞内控制测量在贯通面上的影响为：

$$m_{洞内} = \sqrt{m_总^2 - m_{洞外}^2} \qquad (82)$$

$$m_{洞内} = \sqrt{\frac{3}{4}} m_总 \qquad (83)$$

8.6.4~8.6.6 隧道平面和高程测量控制网等级的选取，是参照铁路、公路、水利等行业标准中关于隧道测量的有关规定，并结合本规范 3、4 章的基本技术指标确定的。

对于大中型隧道工程，还需进行贯通中误差的估算，使其满足规范表 8.6.3 的要求。

本规范不要求洞内高程控制测量的等级与洞外相一致，在满足贯通高程中误差的基础上，洞内、洞外的高程精度可适当调剂。

8.6.7 隧道洞外平面控制测量宜布设成自由网，因为自由网能很好的保持控制网的图形结构与精度，不至于因起算点的误差导致控制网变形。

8.6.8 关于隧道洞内平面控制网的建立：

1 由于受到隧道形状和空间的限制，洞内的平面控制网，只能以导线的形式进行布设，对于短隧道，可布设单一的直伸长边导线。对于较长隧道可布设成狭长多环导线。狭长多环导线有多种布网形式，其中洞内多边形导线一般应用较多。

2 导线边长在直线段不宜短于 200m，是基于仪器和前、后视觇标的对中误差对测角精度的影响不大于 1/2 的测角中误差推算而得的；导线边长在曲线段不宜短于 70m，是基于线路设计规范中的最小曲线半径、隧道施工断面宽度及导线边距壁不小于 0.2m 等参数估算而得。在实际作业时，应根据隧道的设计文件、施工方法、洞内环境及采用的测量设备，按实际条件布设尽可能长的导线边。

3 双线隧道通过横洞将导线连成闭合环的目的，主要是为了加强检核，是否参与网的整体平差视具体情况而定。

4 气压施工的目的，是通过加压防止渗水和塌方。由于气压变化较大，必须对观测距离进行气压改正。

8.6.10 由于洞内的坐标系统、高程系统必须与洞外一致，因而要进行洞内、洞外的联系测量。联系测量的目的，是为了获得洞内导线的起算坐标、方位和高程。竖井联系测量只是洞内、洞外联系测量的一个途径。随着测绘技术和仪器设备的发展，竖井联系测量有较多的方法可供选择，无论采用哪种方法，都应满足 8.6.3 条中隧道贯通对竖井联系测量的基本精度要求。

8.6.11 隧道的施工中线，主要是用于指导隧道开挖和衬砌放样。

8.6.12 在隧道掘进过程中，由于施工爆破、岩层或土体应力的变化等原因，可能会使控制点产生位移，所以要定期进行复测。

8.6.13 隧道贯通后，应及时测定贯通误差，包括：横向贯通误差、纵向贯通误差、高程贯通误差及贯通总误差，并对最终的贯通结果和估算的贯通误差进行对比分析，总结经验，以便指导日后的隧道测量工作。

关于隧道中线的调整，应在未衬砌地段（调线地段）进行调整。调线地段的开挖初砌，均应按调整后的中线和高程进行放样。

8.6.14 由于隧道内可能出现瓦斯气体，所以常规的电子测量仪器是不能使用的，必须使用防爆型测量仪器，并采取安全可靠的有效防护措施。必要时，须要求瓦斯监测员一同前往配合作业。

9 竣工总图的编绘与实测

9.1 一般规定

9.1.1~9.1.3 竣工总图与一般的地形图不完全相同，主要是为了反映设计和施工的实际情况，是以编绘为主。当编绘资料不全时，需要实测补充或全面实测。为了使实测竣工总图能与原设计图相协调，因此，其坐标系统、高程基准、测图比例尺、图例符号等，应与施工设计图相同。

采用数字竣工图要求的提出，主要是考虑到设计、施工图多数采用数字图形式，也是考虑到用户对竣工总图的方便使用和将来的补充完善。

9.2 竣工总图的编绘

9.2.1、9.2.2 完整充分的收集、整理已有的设计、施工和验收资料，是编绘竣工总图的首要任务。与实地的对照检查，是为确定资料的完整性、正确性和需要实测补充的范围。

9.2.3 由于竣工总图基本上是一种设计图的再现，因此，图的编制内容及深度也基本上和设计图一致，本条是竣工总图编制的基本原则。

9.2.4 本次修订对竣工总图的绘制，按三种情况进行分类。即，简单项目，只绘制一张总图；复杂项目，除绘制总图外，还应绘制给水排水管道专业图、动力工艺管道专业图、电力及通信线路专业图等；较复杂项目，除绘制总图外，可将相关专业图合并绘制成综合管线图。

本条是简单项目竣工总图的绘制要求，是根据历年来的编绘经验确定的。

9.2.5 给水管道的各种水处理设施，主要包括：水源井、泵房、水塔、水池、消防设施等；地上、地下各种管径的给水管线及其附属设备，主要包括：检查井、水封井、水表、各种阀门等。

9.2.6 动力管道主要包括：热力管道、煤气管道等；工艺管道主要包括：输送各种化学液体、气体的管道；管道的构筑物主要包括：地沟、支架、各种阀门，涨缩圈以及锅炉房、烟囱、煤场等。

9.2.7 电力及通信线路主要包括：地上、地下敷设的电力电信线和电缆。地上敷设方式包括：塔杆架设、沿建（构）筑物架设、多层管桥架设等；地下敷设方式包括直埋、地沟、管沟、管块等。

9.2.8 综合管线图是对地上、地下各种专业管线在同一图中进行综合表示。当管道密集处及交叉处在平面图上无法清楚表示其相互关系时，可采用剖面图表示，必要时，也可以采用立体图表示。总之，以清晰表示为原则。

9.3 竣工总图的实测

9.3.1~9.3.5 当竣工总图无法编绘时，应采用实测的方法进行。本节给出了竣工总图实测的基本原则和主要技术要求。

10 变 形 监 测

10.1 一 般 规 定

10.1.1 本章是为了满足工程建设领域对变形监测的需要而编制的。修订时，增加了一些新的测量方法和物理的监测方法，也将《93规范》中变形测量一词引伸为变形监测。

为了对监测体的变形情况有更全面准确的把握，使监测数据基本能反映监测体变化的真实情况，反映变形量（位移量和沉降量的统称）与相关变形因子间的物理关系或统计关系，找出监测体的变形规律，合理地解释监测体的各种变化现象，比较准确地评价监测体的安全态势，并提供较为准确的分析预报，是变形监测的目的。

10.1.2 建（构）筑物在施工期和运营期的变形监测，是建设项目的一个必要环节，能及时地为项目的施工安全和运营安全提供监测预报。因此，对重要的建（构）筑物，要求在项目的设计阶段对变形监测的内容、范围和必要监测设施的位置做出统筹安排，也应由监测单位制定详细的监测方案。

初始状态的观测数据，是指监测体未受任何变形影响因子作用或变形影响因子没有发生变化的原始状态的观测值。该状态是首次变形观测的理想时机，但实际作业时，由于受各种条件的限制较难把握，因此，首次观测的时间，应选择尽量达到或接近监测体的初始状态，以便获取监测体变形全过程的数据。变形影响因子，是对变形影响因素的细化，它是导致监测体产生变形的主要原因，也是变形分析的主要参数。

10.1.3 关于变形监测的等级划分及精度要求：

1 变形监测的精度等级，是按变形观测点的水平位移点位中误差、垂直位移的高程中误差或相邻形观测点的高差中误差的大小来划分的。它是根据我国变形监测的经验，并参考国外规范有关变形监测的内容确定的。其中，相邻点高差中误差指标，是为了适合一些只要求相对沉降量的监测项目而规定的。

2 变形监测分为四个精度等级，一等适用于高精度变形监测项目、二、三等适用于中等精度变形监测项目，四等适用于低精度的变形监测项目。

变形监测的精度指标值，是综合了设计和相关施工规范已确定了的允许变形量的1/20作为测量精度值，这样，在允许变形范围之内，可确保建（构）筑物安全使用，且每个周期的观测值能反映监测体的变形情况。

3 重大地下工程，是指开挖面较大、地质条件复杂和环境变形敏感的地下工程，其他则为一般地下工程。

10.1.4 变形监测点的分类，是按照变形监测精度要求高的特点，以及标志的作用和要求不同确定的，本规范将其分为三种：

1 基准点是变形监测的基准，点位要具有更高的稳定性，且须建立在变形区以外的稳定区域。其平面控制点位，一般要有强制归心装置。

2 工作基点是作为高程和坐标的传递点使用，在观测期间要求稳定不变。其平面控制点位，也要具有强制归心装置。

3 变形观测点，直接埋设在能反映监测体变形特征的部位或监测断面两侧。要求结构合理、设置牢固、外形美观、观测方便且不影响监测体的外观和使用。

监测断面，是根据监测体的基础地质条件、建筑结构的复杂程度和对监测体安全所起作用的重要性进行划分的。

10.1.5 监测基准网布设的目的，主要是为了建立变形监测的基准体系。复测的目的，是为了检验基准点的稳定性和可靠性。

基准体系的建立，是确定监测体变形量大小的依据。但由于自然条件的变化，人为破坏等原因，不可避免地有个别点位会发生变化，为了验证基准网点的稳定性,对其进行定期复测是必要的,复测时间间隔的长短,要根据点位稳定程度或自然条件的变化情况来确定。

10.1.6 变形监测网的布设,是为了直接获取监测体的变形量。变形监测周期,应根据监测体的特性、变形速率、变形影响因子的变化和观测精度等综合确定。当监测体的变形受多因子影响时,以其作用最短的周期为监测周期。

监测周期并非一成不变,作业过程中要依据监测体变形量的变化情况适当调整,以确保监测结果和监测预报的适时准确。

通常,当最后的三个较长监测周期的变形量小于观测精度时,可视监测体为稳定状态。

10.1.7 本条是各期变形监测的作业原则,主要为了将观测中的系统误差减到最小,从而达到保障监测精度的目的。

10.1.10 变形监测的目的是及时掌握监测体的变形情况,确保监测体在施工或运营期间安全,并提供准确的安全预报。所以,一旦观测成果出现本条所指的3种异常情形,要求即刻通知建设单位和施工单位,及时采取相应措施,防止工程事故发生。

常见的建(构)筑物的地基变形允许值,参考表20。其他类型的监测项目的变形允许值,可参考相关的设计规范,或由设计部门确定。变形监测的变形量预警值,通常取允许变形值的75%。

表20 建筑物的地基变形允许值

变 形 特 征	地基土类别	
	中、低压缩性土	高压缩性土
砌体承重结构基础的局部倾斜	0.002	0.003
工业与民用建筑相邻柱基的沉降差 (1)框架结构 (2)砌体墙填充的边排柱 (3)当基础不均匀沉降时不产生附加应力的结构	0.002l 0.0007l 0.005l	0.003l 0.001l 0.005l
单层排架结构(柱距为6m)柱基的沉降量(mm)	(120)	200
桥式吊车轨面的倾斜(按不调整轨道考虑) 纵向 横向		0.004 0.003
多层和高层建筑的整体倾斜 $H \leqslant 24$ $24 < H \leqslant 60$ $60 < H \leqslant 100$ $H > 100$		0.004 0.003 0.0025 0.002
体型简单的高层建筑基础的平均沉降量(mm)		200

续表20

变 形 特 征	地基土类别	
	中、低压缩性土	高压缩性土
高耸结构基础的倾斜 $H \leqslant 20$ $20 < H \leqslant 50$ $50 < H \leqslant 100$ $100 < H \leqslant 150$ $150 < H \leqslant 200$ $200 < H \leqslant 250$		0.008 0.006 0.005 0.004 0.003 0.002
高耸结构基础的沉降量(mm) $H \leqslant 100$ $100 < H \leqslant 200$ $200 < H \leqslant 250$		400 300 200

注: 1 本表引用自现行国家标准《建筑地基基础设计规范》GB 50007。

2 表中数值,为建筑物地基实际最终变形允许值。

3 有括号的数值,仅适用于中压缩性土。

4 l 为相邻柱基的中心距离,单位为 mm;H 为自室外地面起算的建筑物高度,单位为 m。

5 倾斜,指基础倾斜方向两端点的沉降差与其距离的比值。

6 局部倾斜,指砌体承重结构沿纵向 6~10m 内,基础两点的沉降差与其距离的比值。

10.2 水平位移监测基准网

10.2.1 三角形网是变形监测基准网常用的布网形式,其图形强度、可靠性和观测精度都较高,可满足各种精度的变形监测对基准网的要求。GPS 定位技术在变形监测基准网的建立中,正在发挥着越来越重要的作用。导线网以其布网形式灵活见长,但其检核条件较少,常用于困难条件下低等级监测基准网的建立。视准轴线是最简单的监测基准网,但须在轴线上或轴线两端设立检核点。

10.2.2 水平位移监测基准网的布设:

1 由于变形监测是以单纯测定监测体的变形量为目的,因此,采用独立坐标系统即可满足要求。

2 由于变形监测区域面积一般较小,采用一次布网形式,其点位精度比较均匀,有利于保证基准网的布网精度。

3 将狭长形建筑物的主轴线或其平行线纳入网内,是监测基准网布网的典型做法。

4 大型工程布网时,应充分顾及网的精度、可靠性和灵敏度等指标的规定为新增内容,主要是基于大型工程监测精度要求较高、内容较多、监测周期较长的考虑。

10.2.3 由于监测基准网的边长较短,观测精度和点位的稳定性要求较高，采用有强制归心装置的观测墩是较为普遍的做法。

10.2.4 水平位移监测基准网测量的主要技术要求：

1 相邻基准点的点位中误差，是制定相关技术指标的依据。它也和表10.1.3中变形观测点的点位中误差系列数值相同。但变形观测点的点位中误差，是指相对于邻近基准点而言；而基准点的点位中误差，是相对相邻基准点而言。

理论上，监测基准网的精度应采用高于或等于监测网的精度，但如果提高监测基准网点的精度，无疑会给高精度观测带来困难，加大工程成本。故，采用相同的点位中误差系列数值。换句话说，监测基准网的点位精度和监测点的点位精度要求是相同的。

2 关于水平位移变形监测基准网的规格。

为了让变形监测的精度等级（水平位移）一、二、三、四等和工程控制网的精度等级系列一、二、三、四等相匹配或相一致，仍然取 0.7″、1.0″、1.8″和2.5″作为相应等级的测角精度序列，取1/300000、1/200000、1/100000 和 1/80000 作为相应等级的测边相对中误差精度序列，取 12、9、6、4 测回作为相应等级的测回数序列，取 1.5mm、3.0mm、6mm 和12mm 作为相应等级的点位中误差的精度序列。

根据纵横向误差计算点位中误差的公式：

$$m_{点} = L\sqrt{\left(\frac{m_\beta}{\rho}\right)^2 + \left(\frac{1}{T}\right)^2} \quad (84)$$

式中　L——平均边长；

　　　m_β——测角中误差；

　　　T——边长相对中误差分母。

可推算出监测基准网相应等级的平均边长，如表21。

表 21　水平位移监测基准网精度规格估算

等级	相邻基准点的点位中误差(mm)	测角中误差(″)	测边相对中误差	平均边长计算值(m)	平均边长取值(m)
一等	1.5	0.7	≤1/300000	315	300
		1.0	≤1/200000	215	200
二等	3.0	1.0	≤1/200000	431	400
		1.8	≤1/100000	226	200
三等	6.0	1.8	≤1/100000	452	450
		2.5	≤1/80000	345	350
四等	12.0	2.5	≤1/80000	689	600

要说明的是，相应等级监测网的平均边长是保证点位中误差的一个基本指标。布网时，监测网的平均边长可以缩短，但不能超过该指标，否则点位中误差将无法满足。平均边长指标也可以理解为相应等级监测网平均边长的限值。以四等网为例，其平均边长最

多可以放长至 600m，反之点位中误差将达不到12.0mm 的监测精度要求。

3 关于水平角观测测回数。

对于测角中误差为 1.8″和 2.5″的水平位移监测基准网的测回数，采用相应等级工程控制网的传统要求，见本规范第 3 章。

对于测角中误差为 0.7″和 1.0″的水平位移监测基准网的测回数，分别规定为 12 测回和 9 测回（1″级仪器），主要是由于变形监测网边长较短，目标成像清晰，加之采用强制对中装置，根据理论分析并结合工程测量部门长期的变形监测基准网的观测经验，制定出相应等级的测回数。其较《93 规范》的测回数有所减少，例如一等网的观测，规定为采用 1″级仪器，测角中误差为 0.7″时，测回数为 12 测回。工程实践也证明，测回数在 12 测回以上时，测回数的增加，对测角精度的影响很小。

另外，在国家大地测量中，测角中误差为 0.7″时，将 1″级仪器的测回数规定为：三角网 21 测回，导线网 15 测回；本次修订将监测基准网的测回数规定为 12 测回，其较国家导线测量的测回数 15 略少。

测角中误差为 1.0″时，在国家大地测量中，将 1″级仪器的测回数规定为：三角网 15 测回，导线网 10 测回；在本规范第 3 章中，将 1″级仪器的测回数规定为 12 测回。本次修订将监测基准网的测回数规定为 9 测回，其与国家导线测量的测回数 10 接近，较《93 规范》的测回数降低一个级别。

注：测回数，是按全组合法折算成方向法的测回数。

4 当水平位移监测基准网设计成 GPS 网时，须满足表10.2.4中相应等级的相邻基准点的点位中误差的精度要求，基准网边长的设计须和观测精度相匹配。

10.2.6 对于三、四等监测基准网，采用与本规范第 3 章相同的电磁波测距精度系列，即 5mm 级仪器和 10mm 级仪器，补充了一、二等监测基准网的 1mm 级和 2mm 级仪器的测距精度系列。考虑到监测基准网的精度较高，对测回数作了适当调整。

10.2.7 三等以上的 GPS 监测基准网，只有采用精密星历进行数据处理，才能满足相应的精度要求。

10.3　垂直位移监测基准网

10.3.2 本条给出了不同类型基准点的埋设要求，作业时，可根据工程的类型、监测周期的长短和监测网精度的高低合理选择。

10.3.3 关于垂直位移监测基准网的主要技术要求：

1 相邻基准点的高差中误差，是制定相关技术指标的依据。它也是和表 10.1.3中变形观测点的高程中误差系列数值相同。但变形观测点的高程中误差，是指相对于邻近基准点而言，它与相邻基准点的高差中误差概念不同。

2 每站高差中误差，采用本规范传统的系列数值，经多年的工程实践证明是合理可行的，其保证了各级监测网的观测精度。

3 取水准观测的往返较差或环线闭合差为每站高差中误差的 $2\sqrt{n}$ 倍，取检测已测高差较差为每站高差中误差的 $2\sqrt{2}\sqrt{n}$ 倍，作为各自的限值，其中 n 为站数。

10.3.4 水准观测的主要技术要求，是参考了现行国家标准《国家一、二等水准测量规范》GB 12897、《国家三、四等水准测量规范》GB 12898 和本规范 4.2 节水准测量的相关要求制定的。

10.4 基本监测方法与技术要求

10.4.1 本条列出了不同监测类别的变形监测方法。具体应用时，要根据监测项目的特点、精度要求、变形速率以及监测体的安全性等指标，综合选用。本次修订增加了一些新的观测方法和物理的监测方法。

10.4.2、10.4.3 三角形网、交会法、极坐标法，是水平位移观测常采用的方法。

10.4.4 视准线法主要用于单一方向水平位移测量，本条给出了作业的具体要求。

10.4.5 引张线法适用于单一方向水平位移测量，对其主要构成和要求说明如下：

1 引张线分为有浮托的引张线和无浮托的引张线。它由端点装置、测点装置、测线及保护管等组成。固定端装置包括定位卡、固定栓；加力端包括定位卡、滑轮和重锤等。要求对所有金属材料做防锈处理，或重要部件如 V 型槽、滑轮等要求采用不锈钢材制作。

2 有浮托的引张线的测点装置包括水箱、浮船、读数尺及测点保护箱；无浮托的引张线则无水箱、浮船。

3 测线一般采用 0.8～1.2mm 的不锈钢丝。测线越长，所需拉力越大，所选钢丝的极限拉力应为所需拉力的 2 倍以上。40～80kg 的拉力，适用于 200～600m 长度的引张线。

10.4.6 正、倒垂线法，是大坝水平位移观测行之有效的方法。该方法也可在高层建筑物的主体挠度观测中采用。对正倒垂线的主要构成和要求分别说明如下：

1 正垂线由悬线装置、不锈钢丝或不锈因瓦丝、带止动叶片的重锤、阻尼箱、防锈抗冻液体、观测墩、强制对中基座、安全保护观测室等组成。

悬挂点应考虑换线及调整方便且必须保证换线前后位置不变；观测墩宜采用带有强制对中底盘的钢筋混凝土墩，必要时可建观测室加以保护；不锈钢丝或不锈因瓦丝的极限拉力应大于重锤重量的 2 倍；在竖井、野外等易受风影响的地方，应设置直径大于 100mm 的防风管。

重锤重量一般按（85）式确定：

$$W > 20(1 + 0.02L) \tag{85}$$

式中　W——重锤重量（kg）；

　　　　L——测线长度（m）。

2 倒垂线由固定锚块、无缝钢管保护管、不锈钢丝或不锈因瓦丝、浮体组（浮筒）、防锈抗冻液体（变压油）、观测墩、强制对中基座、安全保护观测室等组成。

钻孔保护管宜采用经防锈处理的无缝钢管，壁厚宜在 6.5～8mm，内径大于 100mm；观测墩宜采用带有强制对中底盘的钢筋混凝土墩，必要时可建观测室加以保护；不锈钢丝或不锈因瓦丝的极限拉力应大于浮子浮力的 3 倍。

浮体组宜采用恒定浮力式，也可是非恒定浮力式。浮子的浮力一般按（86）式确定：

$$P > 200(1 + 0.01L) \tag{86}$$

式中　P——重锤重量（N）；

　　　　L——测线长度（m）。

10.4.7 激光测量技术，在变形监测项目中有所应用。基于安全的考虑，要求在光路附近设立安全警示标志。

10.4.9 本条给出了静力水准测量作业的具体要求，为新增加内容。取表 10.3.3 中水准观测每站高差中误差系列数值的 2 倍，作为静力水准两次观测高差较差的限值。取表 10.3.3 中水准观测的往返较差、附合或环线闭合差，作为静力水准观测的环线及附合路线的闭合差。静力水准测量仪器的种类比较多，作业时应严格按照仪器的操作手册进行测量。

10.4.10 电磁波测距三角高程测量，可用于较低精度（三、四等）的垂直位移监测。

10.4.11 本条给出了主体倾斜和挠度观测的常用方法和计算公式。对其中电垂直梁法说明如下：

1 电垂直梁法的设备是由安装在被监测物体上的专用支架（加工）、专用电垂直梁倾斜仪传感器、专用电缆、读数仪等组成。

2 安装电垂直梁倾斜仪传感器的支架时，应注意仪器测程的有效性。

3 用专用电垂直梁倾斜仪传感器直接测量被监测物体的相对转角时，应根据结构的几何尺寸换算出被监测部位的位移量。

4 电垂直梁法观测的技术要求，可按产品手册进行。

10.4.12 裂缝观测主要是测定监测体上裂缝的位置和裂缝的走向、长度、宽度及其变化情况，其是变形监测的重要手段之一。裂缝的变化情况，可局部反映监测体的稳定性或治理的效果。裂缝观测要细心进行，尽量减少不规范量测所带来的影响。

10.4.13 自动跟踪测量全站仪是全站仪系列中的高端产品，在大型工程中已得到较为广泛的应用。反射片通常用于较短的距离测量，其精度可满足普通精度的变形监测的需要。鉴于变形监测的重要性，要求数据通信稳定、可靠，故数据电缆以光缆或专用电缆为宜。

10.4.14 摄影测量，是变形监测较常使用的方法之一，无论是对单体建筑物的变形监测，还是较大面积的山体滑坡监测，都有所应用。为了使用方便，修订增加编写了摄影测量的主要技术要求，其他相关规定，参见现行国家标准《工程摄影测量规范》GB 50167。

10.4.15 卫星实时定位（GPS-RTK）技术，主要适用于变形量大、需要连续监测、适时处理数据、即时预报的监测项目。

10.4.16 应力、应变监测是属于物理的监测方法，为规范新增内容。本条给出了应力、应变传感器的必要性能、检验要求和埋设规定。

10.5 工业与民用建筑变形监测

10.5.1 本条给出了工业与民用建筑在施工和运营期间对建筑场地、建筑基坑、建筑主体进行变形监测的主要内容。

10.5.2 拟建建筑场地的沉降观测，主要是为了确定建筑场地的稳定性。通常采用水准测量的方法，确定地面沉陷、地面裂缝或场地滑坡等的稳定性。

10.5.3 基坑支护结构的安全，是建筑物基础施工的重要保证。基坑的变形监测，具体反映了基坑支护结构的变化情况，并为其安全使用提供准确的预报。

根据经验，通常将基坑开挖深度的4‰，作为基坑顶部侧向位移的施工监测预警值。监测精度通常采用二、三等。

10.5.4 由于地面大量卸载，原来的土体平衡被打破，基坑的回弹量较大，故会发生基坑底面的"爆底"或"鼓底"现象。所以，基坑的回弹对重要建（构）筑物的影响不容忽视。对基坑回弹观测，目前认识较统一，即测定大型深埋基础在地基土卸载后相对于开挖前基坑内外影响范围内的回弹量。本条给出了回弹观测的具体规定。

10.5.5 地基土分层观测，就是测定高层或大型建筑物地基内部各分层土的沉降量、沉降速率以及有效压缩层的厚度。

观测标志的埋设深度，最深应超过地基土的理论压缩层厚度（根据工程地质资料确定），否则将失去土的分层沉降观测的意义。

10.5.6 地下水位的变化，也是影响建筑物沉降变化的重要因素。故，对地下水位变化比较频繁的地区或受季节、周边环境（江、河等）水位变化影响较大的地区，要进行地下水位监测。本条为新增内容。

当地下水位的变化，成为影响建筑物沉降的主要因素时（如基坑降水或潮汐），要及时根据地下水位

的变化调整沉降观测周期。

10.5.8 关于建（构）筑物的沉降观测周期和终止观测的沉降稳定指标：

1 建（构）筑物沉降观测的时间长短，以全面反映整个沉降过程为宜。

2 对于建（构）筑物沉降观测，广大作业人员和建设单位，都希望规范能给出一个恰当的终止观测的稳定指标值。

经规范组调研，不同地域的指标有所差异，基本上在 $0.01\sim0.04$mm/日之间。为稳妥，规范修订采用相对较严的 0.02mm/日，作为统一的终止观测稳定指标值。

3 修订增加建筑物封顶后每3个月观测一次并持续观测一年的要求，主要是考虑多数建筑物在封顶后一年大多都可进行竣工验收且建筑物的沉降趋于稳定（日沉降速率小于 0.02mm/日）。

10.5.9 建（构）筑物的主体倾斜观测，是指测定其顶部和相应底部观测点的相对偏移值。本条给出了采用水平位移观测方法测定建（构）筑物主体倾斜的具体规定。当建（构）筑物整体刚度较好时，也可采用基础差异沉降推算主体倾斜的方法，参见本规范10.4.11条的相关规定。

10.5.11 日照变形量与日照强度和建筑的类型、结构及材料相关，周期性变化较为显著，对建筑结构的抗弯、抗扭、抗拉性能均有一定影响。因此，应对特殊需要的建（构）筑物进行日照变形观测。本条给出了日照变形观测的具体要求。

10.6 水工建筑物变形监测

10.6.1 本条给出了水工建筑物的开挖场地、围堰、坝体、涵闸、船闸和库首区、库区，在施工和运营期间的主要监测内容。

本规范将工矿企业的灰坝、尾矿坝等也归在此类（见本规范10.6.6条），监测内容可参照选取、监测精度可适当放宽。

就水工建筑物的变形监测而言，本规范提倡采用自动化监测手段。目前，在国内多个大型水工建筑物的施工和运营中都有所采用且效果良好。但对一些关键部位的自动化监测设施，在应用初期，有必要采用与人工测读同步进行的方法，以便得到完整、准确、可靠的监测数据。

10.6.2 施工期变形监测是为保证施工安全而进行的阶段性变形监测。监测内容和监测精度是参照国家现行标准《水电水利工程施工测量规范》DL/T 5173 和《水利水电工程施工测量规范》SL 52—93 对本规范相关内容进行修订的，并对个别指标做了适当调整。

10.6.3 混凝土水坝变形监测的精度要求，是在《93规范》的基础上，参照国家现行标准《混凝土坝安全

监测技术规范》DL/T 5178 综合制定的，并增加了挠度观测的精度要求。

10.6.4 本条是水坝变形观测点布设的基本要求，监测断面及观测点的布置，宜遵循少而精的原则。

10.6.5 水坝的变形监测周期，是根据我国大坝施工和大坝安全监测的长期实践经验制定的。

本条对《93 规范》的相关内容作了细化处理，可操作性更强。

在第 4 款中所列几种情况，是大坝变形的最敏感时期，要求增加观测次数，以取得完整有效的分析数据，也可对主体工程设计作进一步验证。

10.6.6 由于灰坝、尾矿坝是用来集中堆放工业废渣、废料等污染物的，虽然规模不大，但其对环境的危害性较大，故提出要对坝体的安全性进行监测。变形监测可参照水坝的主要技术要求放宽执行。

10.6.7 堤坝工程属土坝或夹防渗心墙，变形监测的精度要求一般相对较低。具体监测精度可根据堤防工程的级别、堤形、设计要求和水文、气象、地形、地质等条件综合确定。

10.6.8 大型涵闸监测的精度指标，是参照混凝土坝变形监测的精度要求确定的。

10.6.9 库区地质缺陷、跨断裂及地震灾害的监测，是为确保水利枢纽工程安全运行而进行的一项重要监测工作，主要是为了分析评价水库蓄水对周围环境的影响和周围环境的变化对水库运行的影响等，根据影响的程度将其分为重要监测项目和普通监测项目。本条是库首区、库区地质缺陷、跨断裂及地震灾害监测的原则性规定。

10.7 地下工程变形监测

10.7.1 地下工程主要是指位于地下的大型工业与民用建筑工程，包括地下商场、地下车库、地下仓库、地下车站及隧道等工程项目。

地下工程所处的环境条件与地面工程全然不同，由于自然地质现象的复杂性、多样性，地下工程变形监测对于指导施工、修正设计和保证施工安全及营运安全等方面具有重要意义。实践表明，如对地下建筑物和地下隧道的变形控制不力，将出现围岩迅速松弛，极易发生冒顶塌方或地表有害下沉，并危及地表建（构）筑物的安全。

地下工程变形监测，一般分为施工阶段变形监测和运营阶段变形监测。本条按这两个阶段分别给出了相关的监测项目和主要监测内容。

10.7.2 地下建（构）筑物和隧道的结构、基础变形，与其埋设深度、开挖跨度、围岩类别、支护类型、施工方法等因素有关。由于水土压力的变化，势必要对地面的建（构）筑物及地下的管线设施，造成影响。本条对相关的监测项目分别给出了不同的监测精度要求。

地下建（构）筑物的监测精度，通常较地面同类建（构）筑物提高一个监测精度等级。

隧道监测精度，主要是根据铁路、公路隧道设计和施工规范中初期支护相对位移允许值，并结合隧道工程变形监测的特点综合确定的。

受影响的地面建（构）筑物的变形监测精度，是根据该建（构）筑物的重要性和变形的敏感性来确定的。

10.7.3 地下工程变形监测周期与埋深、地质条件、环境条件、施工方法、变形量、变形速率和监测点距开挖面的距离等因素有关。就不同监测体分别说明如下：

1　由于地下建（构）筑物的多样性和岩土工程条件的复杂性，因此，变形监测周期要根据具体情况并配合施工进度确定。

2　常见的隧道施工方法有新奥法和盾构法两种，根据施工工艺的不同，分别给出了不同的监测周期要求。

对于盾构法施工的隧道，由于隧道的管片衬砌支护和隧道掘进几乎同时进行，管片背后的注浆也能及时的跟进，该施工工艺的整体安全性较好。因此，只需对不良地质构造、断层和衬砌结构裂缝较多的隧道断面进行变形监测。

3　基坑开挖或基坑降水，会破坏周围建（构）筑物基础的土体平衡，因此要对相关建（构）筑物进行变形监测，变形监测的周期要求与基坑的安全监测同步进行。

4　隧道的掘进，会对隧道上方的地面建（构）筑物造成影响，特别是采用新奥法掘进工艺。首次观测要求在影响即将发生前进行，即在开挖面距前方监测体 $H+h$（H 为隧道埋深，h 为隧道高度）前进行初始观测。

5　第 5、6 两款的要求，与对地面建（构）筑物的监测要求相同，也符合变形监测的基本原则。

10.7.5、10.7.6 地下建（构）筑物和隧道变形监测的变形观测点布设和观测要求：

1　地下工程基准点的布设和地面的要求有所不同，根据地下工程的特点，分别给出了地下建（构）筑物和隧道基准点的布设要求。

2　地下建（构）筑物的变形观测点要求布设在主要的柱基、墩台、地下连续墙墙体、地下建筑底板上，隧道的变形观测点要求按断面布设在顶部、底部和两腰，这些都是监测体上的基本特征点。规范对新奥法的断面间距提出了具体要求（10～50m），由于盾构法施工工艺的整体安全性较好，故不做具体规定，只要求对不良地质构造、断层和衬砌结构裂缝较多部位的断面进行监测。

3　变形观测方法与地面的基本相同。收敛计适用于隧道衬砌结构收敛变形测量，作业时应注意其精度须满足位移监测的要求。

10.7.8 本条对受影响的不同对象，如地面建（构）筑物、地表、地下管线等的点位布设分别给出了具体要求。地下管线变形观测点采用抱箍式和套筒式标志，主要是防止对监测体造成破坏；当不能在管线上直接设点时（如燃气管道），可在管线周围土体中埋设位移传感器间接监测。

10.7.9 地下工程变形监测布设各种物理监测传感器（应力、应变传感器和位移计、压力计等）的目的，主要是为了监测不良地质构造、断层、衬砌结构裂缝较多部位和其他变形敏感部位的内部（深层）压力、内应力和位移的变化情况，为进一步治理和防范提供依据。

10.7.10 在地下工程运营期间，各种位移的变化进入相对缓慢的阶段，因此，变形监测的内容可适当减少，监测周期也可相应延长。

10.8 桥梁变形监测

10.8.1 桥梁的种类较多，主要以梁式桥、拱桥、悬索桥、斜拉桥为主。十多年来，我国各种桥梁的建设速度发展很快，桥梁的变形监测是桥梁施工安全和运营安全必不可少的内容。本条按桥梁的类型分别列出了施工期和运营期的主要监测项目。本节为规范新增内容。

10.8.2 特大型、大型、中小型桥梁的划分方法，可参考相关公路、铁路桥梁设计和施工规范的划分方法确定，本规范不再另行规定。

10.8.3 GPS测量、极坐标法、精密测（量）距、导线测量、前方交会法和水准测量是桥梁变形监测的常用方法。正垂线法和电垂直梁法分别见本规范第10.4.6条和第10.4.11条的相关说明。

10.8.4 温度因素是分析研究大桥结构及基础变形不可缺少的条件。因此，对重要的特大型桥梁有必要建立与变形监测同步的温度量测系统，以便掌握大桥及其基础内的温度分布与温度变化规律。水位和流速、风力和风向等是引起桥梁变形的外界因素。

10.8.5 本条针对桥型、桥式、桥梁结构的不同，结合本规范表10.8.1的监测内容，分别给出了桥墩、梁体和构件（悬臂法浇筑或安装梁体、支架法浇筑梁体、装配式拱架）、索塔、桥面、桥梁两岸边坡等不同类型的变形点位布设要求，这些都是桥梁变形监测的重要特征部位。

10.8.6 由于各种类型桥梁的施工工艺流程差别较大，建设周期也不同、跨越的形式不同（江河、沟谷）很难做出统一的要求。因此，本规范对桥梁施工期的变形监测周期，不做具体规定。

10.8.7 对桥梁运营期的变形监测，要求每年观测1次或每年的夏季和冬季各观测1次。这是保证桥梁安全运营的常规要求。洪水、地震、强台风等自然灾害

的发生，会对桥梁的安全构成威胁，因此，要求在此阶段适当增加观测次数。

10.9 滑坡监测

10.9.1 滑坡是一种对工程安全有严重威胁的不良地质作用和地质灾害，可能造成重大人身伤亡和经济损失，并产生严重后果。因此，规范修订增加了滑坡监测的内容。

本条按三个阶段（前期、整治期、整治后）分别给出了主要的监测内容。降雨和山洪是山体滑坡的主要诱发因素，因此，降雨期间，有必要密切关注滑坡的动向。

10.9.2 本条按滑坡体的性质，将其分为岩质滑坡和土质滑坡两种，分别按水平位移、垂直位移和地表裂缝给出了相应的监测精度指标。

10.9.3 本条给出了滑坡监测的常用方法。当滑坡体的滑移速度较快时，也可采用其他自动化程度较高的方法。

10.9.4 滑坡监测变形观测点的布设方法和点位要求，是为了准确掌握滑坡体的整体滑移情况而制定的，也是根据滑坡监测部门多年来的工程经验总结出来的。

10.9.5 由于旱季发生滑坡的可能性较少、雨季则较多，因此，旱季可减少观测次数，雨季则要求增加观测次数。

江河水位变化会对邻近江河的滑坡体产生影响。因此，要求在滑坡监测时，要同时观测邻近的江河水位。

10.9.6 单元滑坡内所有监测点三年内变化不显著，可认为滑坡体已相对稳定。在周围环境无大变化时，可减少监测次数或结束阶段性监测。

10.9.7 边坡稳定性监测，可为工程的安全施工和运营提供重要保证。本规范将其纳入滑坡监测的范畴一并编写，其主要技术要求是一致的。

10.10 数据处理与变形分析

10.10.2 关于监测基准网的数据处理：

1 观测数据的改正计算和检核计算是数据处理的首要步骤。

2 良好的观测数据，是变形监测的质量保证。规模较大的网，由于观测数据量较大，很难直接判断观测质量的高低，因此，要求进行精度评定。精度评定，可采用本规范第3、4章的相关方法或其他数理统计方法。

3 基准网平差的起算点，要求是稳定可靠的点或点组。最小二乘测量平差检验法是点位稳定性检验的常用方法。本规范提倡采用其他更好的、更可靠的统计检验方法。

10.10.3 监测基准网和变形监测网，只是构网内涵

的不同，没有等级的差异，二者的观测方法和精度要求是完全等同的（参见本规范第 10.2.4 条和 10.3.3 条的说明），故其数据处理方法也是相同的。

10.10.5 本条是根据目前国内外变形分析的理论并结合监测工程的要求确定。其中的观测成果可靠性分析、累计变形量和两相邻观测周期的相对变形量分析、相关影响因素的作用分析是变形分析的基本内容，要求所有的监测项目都应该做到。回归分析和有限元分析是对较大规模或重要的监测项目的要求。

通过准确全面的变形分析，可对监测体的变形情况做出恰当的物理解释。

10.10.6 将《93 规范》中按水平位移测量和垂直位移测量分别提交资料的要求，改为按监测工程项目提交资料。

其他影响因素的相关曲线图主要有：位移量、降雨量与时间关系曲线图、位移量与降雨量相关曲线图、位移量与地下水动态相关曲线图、深部位移量曲线图等。

中华人民共和国国家标准

复合地基技术规范

Technical code for composite foundation

GB/T 50783—2012

主编部门：浙 江 省 住 房 和 城 乡 建 设 厅
批准部门：中华人民共和国住房和城乡建设部
施行日期：２０１２ 年 １２ 月 １ 日

中华人民共和国住房和城乡建设部
公　告

第 1486 号

住房城乡建设部关于发布国家标准
《复合地基技术规范》的公告

　　现批准《复合地基技术规范》为国家标准，编号为 GB/T 50783‑2012，自 2012 年 12 月 1 日起实施。

　　本规范由我部标准定额研究所组织中国计划出版社出版发行。

中华人民共和国住房和城乡建设部

2012 年 10 月 11 日

前　言

　　本规范是根据住房和城乡建设部《关于印发〈2009 年工程建设标准规范制订、修订计划〉的通知》（建标〔2009〕88 号）的要求，由浙江大学和浙江中南建设集团有限公司会同有关单位共同编制完成的。

　　本规范在编制过程中，编制组经广泛调查研究，认真总结实践经验，参考有关国内外先进标准，并在广泛征求意见的基础上，最后经审查定稿。

　　本规范共分 17 章和 1 个附录。主要技术内容是：总则、术语和符号、基本规定、复合地基勘察要点、复合地基计算、深层搅拌桩复合地基、高压旋喷桩复合地基、灰土挤密桩复合地基、夯实水泥土桩复合地基、石灰桩复合地基、挤密砂石桩复合地基、置换砂石桩复合地基、强夯置换墩复合地基、刚性桩复合地基、长‑短桩复合地基、桩网复合地基、复合地基监测与检测要点等。

　　本规范由住房和城乡建设部负责管理，由浙江大学负责具体技术内容的解释。执行过程中如有意见或建议，请寄送浙江大学《复合地基技术规范》管理组（地址：杭州余杭塘路 388 号浙江大学紫金港校区安中大楼 B416 室，邮政编码：310058），以供今后修订时参考。

　　本 规 范 主 编 单 位：浙江大学
　　　　　　　　　　　　　浙江中南建设集团有限公司
　　本 规 范 参 编 单 位：同济大学
　　　　　　　　　　　　　天津大学
　　　　　　　　　　　　　长安大学
　　　　　　　　　　　　　太原理工大学
　　　　　　　　　　　　　湖南大学
　　　　　　　　　　　　　福建省建筑科学研究院
　　　　　　　　　　　　　中国铁道科学研究院深圳研究设计院
　　　　　　　　　　　　　浙江省建筑设计研究院
　　　　　　　　　　　　　中国水电顾问集团华东勘察设计研究院
　　　　　　　　　　　　　广厦建设集团有限责任公司
　　　　　　　　　　　　　中国铁建港航局集团有限公司
　　　　　　　　　　　　　甘肃土木工程科学研究院
　　　　　　　　　　　　　吉林省建筑设计院有限责任公司
　　　　　　　　　　　　　湖北省建筑科学研究设计院
　　　　　　　　　　　　　中国兵器工业北方勘察设计研究院
　　　　　　　　　　　　　武汉谦诚建设集团有限公司
　　　　　　　　　　　　　浙江省东阳第三建筑工程有限公司
　　　　　　　　　　　　　现代建筑设计集团上海申元岩土工程有限公司
　　　　　　　　　　　　　河北省建筑科学研究院

　　本规范主要起草人员：龚晓南　水伟厚　王长科
　　　　　　　　　　　　　王占雷　白纯真　叶观宝
　　　　　　　　　　　　　刘国楠　刘吉福　刘世明
　　　　　　　　　　　　　刘兴旺　刘志宏　陈昌富

陈振建　陈　磊　李　斌　　本规范主要审查人员：张苏民　张　雁　钱力航
张雪婵　林炎飞　郑　刚　　　　　　　　　　　　刘松玉　汪　稔　张建民
周　建　郭泽猛　施祖元　　　　　　　　　　　　陆　新　陆耀忠　周质炎
袁内镇　章建松　葛忻声　　　　　　　　　　　　高玉峰　倪士坎　徐一骐
童林明　谢永利　滕文川

目　次

Contents

1 总　则

1.0.1 为在复合地基设计、施工和质量检验中贯彻国家的技术经济政策，做到保证质量、保护环境、节约能源、安全适用、经济合理和技术先进，制定本规范。

1.0.2 本规范适用于复合地基的设计、施工及质量检验。

1.0.3 复合地基的设计、施工及质量检验，应综合分析场地工程地质和水文地质条件、上部结构和基础形式、荷载特征、施工工艺、检验方法和环境条件等影响因素，注重概念设计，遵循因地制宜、就地取材、保护环境和节约资源的原则。

1.0.4 复合地基的设计、施工及质量检验，除应符合本规范外，尚应符合国家现行有关标准的规定。

2　术语和符号

2.1　术　语

2.1.1 复合地基　composite foundation

天然地基在地基处理过程中，部分土体得到增强，或被置换，或在天然地基中设置加筋体，由天然地基土体和增强体两部分组成共同承担荷载的人工地基。

2.1.2 桩体复合地基　pile composite foundation

以桩作为地基中的竖向增强体并与地基土共同承担荷载的人工地基，又称竖向增强体复合地基。根据桩体材料特性的不同，可分为散体材料桩复合地基、柔性桩复合地基和刚性桩复合地基。

2.1.3 散体材料桩复合地基　granular column composite foundation

以砂桩、砂石桩和碎石桩等散体材料桩作为竖向增强体的复合地基。

2.1.4 柔性桩复合地基　flexible pile composite foundation

以柔性桩作为竖向增强体的复合地基。如水泥土桩、灰土桩和石灰桩等。

2.1.5 刚性桩复合地基　rigid pile composite foundation

以摩擦型刚性桩作为竖向增强体的复合地基。如钢筋混凝土桩、素混凝土桩、预应力管桩、大直径薄壁筒桩、水泥粉煤灰碎石桩（CFG桩）、二灰混凝土桩和钢管桩等。

2.1.6 深层搅拌复合地基　deep mixing column composite foundation

以深层搅拌桩作为竖向增强体的复合地基。

2.1.7 高压旋喷桩复合地基　jet grouting column composite foundation

以高压旋喷桩作为竖向增强体的复合地基。

2.1.8 夯实水泥土桩复合地基　compacted cement-soil column composite foundation

将水泥和素土按一定比例拌和均匀，夯填到桩孔内形成具有一定强度的夯实水泥土桩，由夯实水泥土桩和被挤密的桩间土形成的复合地基。

2.1.9 灰土挤密桩复合地基　compacted lime-soil column composite foundation

由填夯形成的灰土桩和被挤密的桩间土形成的复合地基。

2.1.10 石灰桩复合地基　lime column composite foundation

以生石灰为主要黏结材料形成的石灰桩作为竖向增强体的复合地基。

2.1.11 挤密砂石桩复合地基　compacted stone column composite foundation

采用振冲法或振动沉管法等工法在地基中设置砂石桩，在成桩过程中桩间土被挤密或振密。由砂石桩和被挤密的桩间土形成的复合地基。

2.1.12 置换砂石桩复合地基　replaced stone column composite foundation

采用振冲法或振动沉管法等工法在饱和黏性土地基中设置砂石桩，在成桩过程中只有置换作用，桩间土未被挤密或振密。由砂石桩和桩间土形成的复合地基。

2.1.13 强夯置换墩复合地基　dynamic-replaced stone column composite foundation

将重锤提到高处使其自由下落形成夯坑，并不断向夯坑回填碎石等坚硬粗粒料，在地基中形成密实置换墩体。由墩体和墩间土形成的复合地基。

2.1.14 混凝土桩复合地基　concrete pile composite foundation

以摩擦型混凝土桩作为竖向增强体的复合地基。

2.1.15 钢筋混凝土桩复合地基　reinforced-concrete pile composite foundation

以摩擦型钢筋混凝土桩作为竖向增强体的复合地基。

2.1.16 长-短桩复合地基　long and short pile composite foundation

以长桩和短桩共同作为竖向增强体的复合地基。

2.1.17 桩网复合地基　pile-reinforced earth composite foundation

在刚性桩复合地基上铺设加筋垫层形成的人工地基。

2.1.18 复合地基置换率　replacement ratio of composite foundation

复合地基中桩体的横截面积与该桩体所承担的复合地基面积的比值。

2.1.19 荷载分担比　load distribution ratio

复合地基中桩体承担的荷载与桩间土承担的荷载的比值。

2.1.20 桩土应力比　stress ratio of pile to soil

复合地基中桩体上的平均竖向应力和桩间土上的平均竖向应力的比值。

2.2　符　号

2.2.1 几何参数：

a——桩帽边长；

A——单桩承担的地基处理面积；

A_p——单桩（墩）截面积；

D——基础埋置深度；

d——桩（墩）体直径；

d_e——单根桩分担的地基处理面积的等效圆直径；

h——复合地基加固区的深度；

h_1——垫层厚度；

h_2——垫层之上最小设计填土厚度；

l——桩长；

l_i——第 i 层土的厚度；

m——复合地基置换率；

S——桩间距；

u_p——桩（墩）的截面周长。

2.2.2 作用和作用效应：

E——强夯置换法的单击夯击能；

p_{cz}——软弱下卧层顶面处地基土的自重压力值；

p_k——相应于荷载效应标准组合时，作用在复合地基上的平均压力值；

p_{kmax}——相应于荷载效应标准组合时,作用在基础底面边缘处复合地基上的最大压力值;

p_z——荷载效应标准组合时,软弱下卧层顶面处的附加压力值;

Δp_i——第 i 层土的平均附加应力增量;

Q——刚性桩桩顶附加荷载;

Q_n^g——桩侧负摩阻力引起的下拉荷载标准值;

s——复合地基沉降量;

s_1——复合地基加固区复合土层压缩变形量;

s_2——加固区下卧土层压缩变形量;

T_t——荷载效应标准组合时最危险滑动面上的总剪切力;

T_s——最危险滑动面上的总抗剪切力。

2.2.3 抗力和材料性能:

c_u——饱和黏性土不排水抗剪强度;

D_{r1}——地基挤密后要求砂土达到的相对密实度;

E_p——桩体压缩模量;

E_s——桩间土压缩模量;

$\overline{E}_s$——地基变形计算深度范围内土的压缩模量当量值;

E_{sp}——复合地基压缩模量;

e_0——地基处理前土体的孔隙比;

e_1——地基挤密后要求达到的孔隙比;

e_{max}——砂土的最大孔隙比;

e_{min}——砂土的最小孔隙比;

f_a——复合地基经深度修正后的承载力特征值;

f_{az}——软弱下卧层顶面处经深度修正后的地基承载力特征值;

f_{cu}——桩体抗压强度平均值;

f_{sk}——桩间土地基承载力特征值;

f_{spk}——复合地基承载力特征值;

I_p——塑性指数;

q_p——桩(墩)端土地基承载力特征值;

q_{si}——第 i 层土的桩(墩)侧摩阻力特征值;

R_a——单桩竖向抗压承载力特征值;

T——加筋体抗拉强度设计值;

σ_{ru}——桩周土所能提供的最大侧限力;

φ——填土的摩擦角,黏性土取综合摩擦角;

γ_{cm}——桩帽之上填土的平均重度;

γ_d——土的干重度;

γ_{dmax}——击实试验确定的最大干重度;

γ_m——基础底面以上土的加权平均重度;

γ_s——桩间土体重度;

γ_{sp}——加固土层重度。

2.2.4 计算系数:

A_i——第 i 层土附加应力系数沿土层厚度的积分值;

K——安全系数;

K_p——被动土压力系数;

k_p——复合地基中桩体实际竖向抗压承载力的修正系数;

k_s——复合地基中桩间土地基实际承载力的修正系数;

n——桩土应力比;

λ_p——桩体竖向抗压承载力发挥系数;

λ_s——桩间土承载力发挥系数;

α——桩端土承载力折减系数;

β_p——桩体竖向抗压承载力修正系数;

β_s——桩间土地基承载力修正系数;

ψ_p——刚性桩桩体压缩经验系数;

ψ_s——沉降计算经验系数;

ψ_{s1}——复合地基加固区复合土层压缩变形量计算经验系数;

ψ_{s2}——复合地基加固区下卧土层压缩变形量计算经验系数;

ξ——挤密砂石桩桩间距修正系数;

η——桩体强度折减系数;

λ_c——挤密桩孔底填料压实系数。

3 基 本 规 定

3.0.1 复合地基设计前,应具备岩土工程勘察、上部结构及基础设计和场地环境等有关资料。

3.0.2 复合地基设计应根据上部结构对地基处理的要求、工程地质和水文地质条件、工期、地区经验和环境保护要求等,提出技术上可行的方案,经过技术经济比较,选用合理的复合地基形式。

3.0.3 复合地基设计应进行承载力和沉降计算,其中用于填土路堤和柔性面层堆场等工程的复合地基除应进行承载力和沉降计算外,尚应进行稳定分析;对位于坡地、岸边的复合地基均应进行稳定分析。

3.0.4 在复合地基设计中,应根据各类复合地基的荷载传递特性,保证复合地基中桩体和桩间土在荷载作用下能够共同承担荷载。

3.0.5 复合地基中由桩周土和桩端土提供的单桩竖向承载力和桩身承载力,均应符合设计要求。

3.0.6 复合地基应按上部结构、基础和地基共同作用的原理进行设计。

3.0.7 复合地基设计应符合下列规定:

1 宜根据建筑物的结构类型、荷载大小及使用要求,结合工程地质和水文地质条件、基础形式、施工条件、工期要求及环境条件进行综合分析,并进行技术经济比较,选用一种或几种可行的复合地基方案。

2 对大型和重要工程,应对已选用的复合地基方案,在有代表性的场地上进行相应的现场试验或试验性施工,并应检验设计参数和处理效果,通过分析比较选择和优化设计方案。

3 在施工过程中应进行监测,当监测结果未达到设计要求时,应及时查明原因,并应修改设计或采用其他必要措施。

3.0.8 对工后沉降控制较严的复合地基应按沉降控制的原则进行设计。

3.0.9 复合地基上宜设置垫层。垫层设置范围、厚度和垫层材料,应根据复合地基的形式、桩土相对刚度和工程地质条件等因素确定。

3.0.10 复合地基应保证安全施工,施工中应重视环境效应,并应遵循信息化施工原则。

3.0.11 复合地基勘察和设计中应评价及处理场地中水、土等对所用钢材、混凝土和土工合成材料等的腐蚀性。

4 复合地基勘察要点

4.0.1 对根据初步勘察或附近场地地质资料和地基处理经验初步确定采用复合地基处理方案的场地,进一步勘察前应搜集附近场地的地质资料及地基处理经验,并应结合工程特点和设计要求,明确勘察任务和重点。

4.0.2 控制性勘探孔的深度应满足复合地基沉降计算的要求;需验算地基稳定性时,勘探孔布置和勘察孔深度应满足稳定性验算的需要。

4.0.3 拟采用复合地基的场地,其岩土工程勘察应包括下列内容:

1 查明场地地形、地貌和周边环境,并评价地基处理对附近建(构)筑物、管线等的影响。

2 查明勘探深度内土的种类、成因类型、沉积时代及土层空间分布。

3 查明大粒径块石、地下洞穴、植物残体、管线、障碍物等可能影响复合地基中增强体施工的因素，对地基处理工程有影响的多层含水层应分层测定其水位，软弱黏性土层宜根据地区土质，查明其灵敏度。

4 应查明拟采用的复合地基中增强体的侧摩阻力、端阻力及土的压缩曲线和压缩模量，对柔性桩(墩)应查明未经修正的桩端土地基承载力。对软黏土地基应查明土体的固结系数。

5 对需要进行稳定分析的复合地基应查明黏性土层土体的抗剪强度指标以及土体不排水抗剪强度。

6 复合地基中增强体施工对加固区土体挤密或扰动程度较高时，宜测定增强体施工后加固区土体的压缩性指标和抗剪强度指标。

7 路堤、堤坝、堆场工程的复合地基应查明填料或堆料的种类、重度、直接快剪强度指标等。

8 应根据拟采用复合地基中增强体类型按表4.0.3的要求查明地质参数。

表4.0.3 不同增强体类型需查明的参数

序号	增强体类型	需查明的参数
1	深层搅拌桩	含水量，pH值，有机质含量，地下水和土的腐蚀性，黏性土的塑性指数和超固结度
2	高压旋喷桩	pH值，有机质含量，地下水和土的腐蚀性，黏性土的超固结度
3	灰土挤密桩	地下水位，含水量，饱和度，干密度，最大干密度，最优含水量，湿陷性黄土的湿陷性类别(自重)湿陷系数、湿陷起始压力及场地湿陷性评价其他湿陷性土的湿陷程度、地基的湿陷等级
4	夯实水泥土桩	地下水位，含水量，pH值，有机质含量，地下水和土的腐蚀性，用于湿陷性地基时参考灰土挤密桩
5	石灰桩	地下水位，含水量，塑性指数
6	挤密砂石桩	砂土、粉土的黏粒含量，液化评价，天然孔隙比，最大孔隙比，最小孔隙比，标准贯入击数
7	置换砂石桩	软黏土的含水量，不排水抗剪强度，灵敏度
8	强夯置换墩	软黏土的含水量，不排水抗剪强度，灵敏度，标准贯入或动力触探击数，液化评价
9	刚性桩	地下水和土的腐蚀性，不排水抗剪强度，软黏土的超固结度，灌注桩尚应测定软黏土的含水量

5 复合地基计算

5.1 荷载计算

5.1.1 复合地基设计时，所采用的荷载效应最不利组合与相应的抗力限值应符合下列规定：

1 按复合地基承载力确定复合地基受荷载作用面积及埋深，传至复合地基面上的荷载效应应按正常使用极限状态下荷载效应的标准组合，相应的抗力应采用复合地基承载力特征值。

2 计算复合地基变形时，传至复合地基面上的荷载效应应按正常使用极限状态下荷载效应的准永久组合，不应计入风荷载和地震作用，相应的限值应为复合地基变形允许值。

3 复合地基稳定分析中，传至复合地基面上的荷载效应应按正常使用极限状态下荷载效应的标准组合，相应的抗力应用复合地基中增强体和地基土体抗剪强度标准值进行计算。

5.1.2 正常使用极限状态下，荷载效应组合的设计值应按下列规定采用：

1 对于标准组合，荷载效应组合的设计值(S_{k1})应按下式计算：

$$S_{k1} = S_{Gk} + S_{Q1k} + \sum_{i=2}^{n} \psi_{ci} S_{Qik} \quad (5.1.2\text{-}1)$$

式中：S_{Gk}——按永久荷载标准值计算的荷载效应值；

S_{Q1k}——按起控制性作用的可变荷载标准值计算的荷载效应值；

S_{Qik}——按其他可变荷载标准值计算的荷载效应值；

ψ_{ci}——其他可变荷载的标准组合值系数，按现行国家标准《建筑结构荷载规范》GB 50009的有关规定取值。

2 对于准永久组合，荷载效应组合的设计值(S_{k2})应按下式计算：

$$S_{k2} = S_{Gk} + \sum_{i=1}^{n} \psi_{qi} S_{Qik} \quad (5.1.2\text{-}2)$$

式中：S_{Qik}——按可变荷载标准值计算的荷载效应值；

ψ_{qi}——可变荷载的准永久组合值系数，按现行相关荷载规范取值。

5.1.3 作用在复合地基上的压力应符合下列规定：

1 轴心荷载作用时：

$$p_k \leqslant f_a \quad (5.1.3\text{-}1)$$

式中：p_k——相应于荷载效应标准组合时，作用在复合地基上的平均压力值(kPa)；

f_a——复合地基经深度修正后的承载力特征值(kPa)。

2 偏心荷载作用时，作用在复合地基上的压力除应符合公式5.1.3-1的要求外，尚应符合下式要求：

$$p_{kmax} \leqslant 1.2 f_a \quad (5.1.3\text{-}2)$$

式中：p_{kmax}——相应于荷载效应标准组合时，作用在基础底面边缘处复合地基上的最大压力值(kPa)。

5.2 承载力计算

5.2.1 复合地基承载力特征值应通过复合地基竖向抗压载荷试验或综合桩体竖向抗压载荷试验和桩间土地基竖向抗压载荷试验，并结合工程实践经验综合确定。初步设计时，复合地基承载力特征值也可按下列公式估算：

$$f_{spk} = k_p \lambda_p m R_a / A_p + k_s \lambda_s (1-m) f_{sk} \quad (5.2.1\text{-}1)$$

$$f_{spk} = \beta_p m R_a / A_p + \beta_s (1-m) f_{sk} \quad (5.2.1\text{-}2)$$

$$\beta_p = k_p \lambda_p \quad (5.2.1\text{-}3)$$

$$\beta_s = k_s \lambda_s \quad (5.2.1\text{-}4)$$

$$m = d^2 / d_e^2 \quad (5.2.1\text{-}5)$$

式中：A_p——单桩截面积(m^2)；

R_a——单桩竖向抗压承载力特征值(kN)；

f_{sk}——桩间土地基承载力特征值(kPa)；

m——复合地基置换率；

d——桩体直径(m)；

d_e——单根桩分担的地基处理面积的等效圆直径(m)；

k_p——复合地基中桩体实际竖向抗压承载力的修正系数，与施工工艺、复合地基置换率、桩间土的工程性质、桩类型等因素有关，宜按地区经验取值；

k_s——复合地基中桩间土地基实际承载力的修正系数，与桩间土的工程性质、施工工艺、桩体类型等因素有关，宜按地区经验取值；

λ_p——桩体竖向抗压承载力发挥系数，反映复合地基破坏时桩体竖向抗压承载力发挥度，宜按地区经验取值；

λ_s——桩间土地基承载力发挥系数，反映复合地基破坏时桩间地基承载力发挥度，宜按桩间土的工程性质、地区经验取值；

β_p——桩体竖向抗压承载力修正系数，宜综合复合地基中桩体实际竖向抗压承载力和复合地基破坏时桩体的竖

向抗压承载力发挥度,结合工程经验取值;

β_s——桩间土地基承载力修正系数,宜综合复合地基中桩间土地基实际承载力和复合地基破坏时桩间土地基承载力发挥度,结合工程经验取值。

5.2.2 复合地基竖向增强体采用柔性桩和刚性桩时,柔性桩和刚性桩的竖向抗压承载力特征值应通过单桩竖向抗压载荷试验确定。初步设计时,由桩周土和桩端土的抗力可能提供的单桩竖向抗压承载力特征值应按公式(5.2.2-1)计算;由桩体材料强度可能提供的单桩竖向抗压承载力特征值应按公式(5.2.2-2)计算。

$$R_a = u_p \sum_{i=1}^{n} q_{si} l_i + \alpha q_p A_p \quad (5.2.2-1)$$

$$R_a = \eta f_{cu} A_p \quad (5.2.2-2)$$

式中:R_a——单桩竖向抗压承载力特征值(kN);

A_p——单桩截面积(m^2);

u_p——桩的截面周长(m);

n——桩长范围内所划分的土层数;

q_{si}——第 i 层土的桩侧摩阻力特征值(kPa);

l_i——桩长范围内第 i 层土的厚度(m);

q_p——桩端土地基承载力特征值(kPa);

α——桩端土地基承载力折减系数;

f_{cu}——桩体抗压强度平均值(kPa);

η——桩体强度折减系数。

5.2.3 复合地基竖向增强体采用散体材料桩时,散体材料桩竖向抗压承载力特征值应通过单桩竖向抗压载荷试验确定。初步设计时,散体材料桩竖向抗压承载力特征值可按下式估算:

$$R_a = \sigma_{ru} K_p A_p \quad (5.2.3)$$

式中:R_a——单桩竖向抗压承载力特征值(kN);

A_p——单桩截面积(m^2);

σ_{ru}——桩周土所能提供的最大侧限力(kPa);

K_p——被动土压力系数。

5.2.4 复合地基处理范围以下存在软弱下卧层时,下卧层承载力应按下式验算:

$$p_z + p_{cz} \leqslant f_{az} \quad (5.2.4)$$

式中:p_z——荷载效应标准组合时,软弱下卧层顶面处的附加压力值(kPa);

p_{cz}——软弱下卧层顶面处地基土的自重压力值(kPa);

f_{az}——软弱下卧层顶面处经深度修正后的地基承载力特征值(kPa)。

5.2.5 当采用长-短桩复合地基时,复合地基承载力特征值可按下式计算:

$$f_{spk} = \beta_{p1} m_1 R_{a1}/A_{p1} + \beta_{p2} m_2 R_{a2}/A_{p2} + \beta_s (1 - m_1 - m_2) f_{sk} \quad (5.2.5)$$

式中:A_{p1}——长桩的单桩截面积(m^2);

A_{p2}——短桩的单桩截面积(m^2);

R_{a1}——长桩单桩竖向抗压承载力特征值(kN);

R_{a2}——短桩单桩竖向抗压承载力特征值(kN);

f_{sk}——桩间土地基承载力特征值(kPa);

m_1——长桩的面积置换率;

m_2——短桩的面积置换率;

β_{p1}——长桩竖向抗压承载力修正系数,宜综合复合地基中长桩实际竖向抗压承载力和复合地基破坏时长桩竖向抗压承载力发挥度,结合工程经验取值;

β_{p2}——短桩竖向抗压承载力修正系数,宜综合复合地基中短桩实际竖向抗压承载力和复合地基破坏时短桩竖向抗压承载力发挥度,结合工程经验取值;

β_s——桩间土地基承载力修正系数,宜综合复合地基中桩间土地基实际承载力和复合地基破坏时桩间土地基承载力发挥度,结合工程经验取值。

5.2.6 复合地基承载力的基础宽度承载力修正系数应取 0;基础埋深的承载力修正系数应取 1.0。修正后的复合地基承载力特征值(f_a)应按下式计算:

$$f_a = f_{spk} + \gamma_m (D - 0.5) \quad (5.2.6)$$

式中:f_{spk}——复合地基承载力特征值(kPa);

γ_m——基础底面以上土的加权平均重度(kN/m^3),地下水位以下取浮重度;

D——基础埋置深度(m),在填方整平地区,可自填土地面标高算起,但填土在上部结构施工完成后进行时,应从天然地面标高算起。

5.3 沉降计算

5.3.1 复合地基的沉降由垫层压缩变形量、加固区复合土层压缩变形量(s_1)和加固区下卧土层压缩变形量(s_2)组成。当垫层压缩变形量小,且在施工期已基本完成时,可忽略不计。复合地基沉降可按下式计算:

$$s = s_1 + s_2 \quad (5.3.1)$$

式中:s_1——复合地基加固区复合土层压缩变形量(mm);

s_2——加固区下卧土层压缩变形量(mm)。

5.3.2 复合地基加固区复合土层压缩变形量(s_1)宜根据复合地基类型分别按下列公式计算:

1 散体材料桩复合地基和柔性桩复合地基,可按下列公式计算:

$$s_1 = \psi_{s1} \sum_{i=1}^{n} \frac{\Delta p_i}{E_{spi}} l_i \quad (5.3.2-1)$$

$$E_{spi} = m E_{pi} + (1 - m) E_{si} \quad (5.3.2-2)$$

式中:Δp_i——第 i 层土的平均附加应力增量(kPa);

l_i——第 i 层土的厚度(mm);

m——复合地基置换率;

ψ_{s1}——复合地基加固区复合土层压缩变形量计算经验系数,根据复合地基类型、地区实测资料及经验确定;

E_{spi}——第 i 层复合土体的压缩模量(kPa);

E_{pi}——第 i 层桩体压缩模量(kPa);

E_{si}——第 i 层桩间土压缩模量(kPa),宜按当地经验取值,如无经验,可取天然地基压缩模量。

2 刚性桩复合地基可按下式计算:

$$s_1 = \psi_p \frac{Ql}{E_p A_p} \quad (5.3.2-3)$$

式中:Q——刚性桩桩顶附加荷载(kN);

l——刚性桩桩长(mm);

E_p——桩体压缩模量(kPa);

A_p——单桩截面积(m^2);

ψ_p——刚性桩桩体压缩经验系数,宜综合考虑刚性桩长细比、桩端刺入量,根据地区实测资料及经验确定。

5.3.3 复合地基加固区下卧土层压缩变形量(s_2),可按下式计算:

$$s_2 = \psi_{s2} \sum_{i=1}^{n} \frac{\Delta p_i}{E_{si}} l_i \quad (5.3.3)$$

式中:Δp_i——第 i 层土的平均附加应力增量(kPa);

l_i——第 i 层土的厚度(mm);

E_{si}——基础底面下第 i 层土的压缩模量(kPa);

ψ_{s2}——复合地基加固区下卧土层压缩变形量计算经验系数,根据复合地基类型地区实测资料及经验确定。

5.3.4 作用在复合地基加固区下卧层顶部的附加压力宜根据复合地基类型采用不同方法。对散体材料桩复合地基宜采用压力扩散法计算,对刚性桩复合地基宜采用等效实体法计算,对柔性桩复合地基,可根据桩土模量比大小分别采用等效实体法或压力扩散法计算。

5.3.5 当采用长-短桩复合地基时,复合地基的沉降应由垫层压缩量、加固区复合土层压缩变形量(s_1)和加固区下卧土层压缩变形量(s_2)组成。加固区复合土层压缩变形量(s_1)应由短桩范围内复合土层压缩变形量(s_{11})和短桩以下只有长桩部分复合土层压缩变形量(s_{12})组成。垫层压缩量小，且在施工期已基本完成时，可忽略不计。长-短桩复合地基的沉降宜按下式计算：

$$s = s_{11} + s_{12} + s_2 \qquad (5.3.5)$$

5.3.6 长-短复合地基中短桩范围内复合土层压缩变形量(s_{11})和短桩以下只有长桩部分复合土层压缩变形量(s_{12})可按本规范公式(5.3.2-1)计算，加固区下卧土层压缩变形量(s_2)可按本规范公式(5.3.3)计算。短桩范围内第 i 层复合土体的压缩模量(E_{spi})，可按下式计算：

$$E_{spi} = m_1 E_{p1i} + m_2 E_{p2i} + (1 - m_1 - m_2) E_{si} \qquad (5.3.6)$$

式中：E_{p1i}——第 i 层长桩桩体压缩模量(kPa)；

$\qquad E_{p2i}$——第 i 层短桩桩体压缩模量(kPa)；

$\qquad m_1$——长桩的面积置换率；

$\qquad m_2$——短桩的面积置换率；

$\qquad E_{si}$——第 i 层桩间土压缩模量(kPa)，宜按当地经验取值，无经验时，可取天然地基压缩模量。

5.4 稳 定 分 析

5.4.1 在复合地基稳定分析中，所采用的稳定分析方法、计算参数、计算参数的测定方法和稳定安全系数取值应相互匹配。

5.4.2 复合地基稳定分析可采用圆弧滑动总应力法进行分析。稳定安全系数应按下式计算：

$$K = \frac{T_s}{T_f} \qquad (5.4.2)$$

式中：T_f——荷载效应标准组合时最危险滑动面上的总剪切力(kN)；

$\qquad T_s$——最危险滑动面上的总抗剪切力(kN)；

$\qquad K$——安全系数。

5.4.3 复合地基竖向增强体应深入设计要求安全度对应的危险滑动面下至少2m。

5.4.4 复合地基稳定分析方法宜根据复合地基类型合理选用。

6 深层搅拌桩复合地基

6.1 一 般 规 定

6.1.1 深层搅拌桩可采用喷浆搅拌法或喷粉搅拌法施工。深层搅拌桩复合地基可用于处理正常固结的淤泥与淤泥质土、素填土、软塑～可塑黏性土、松散～中密粉细砂、稍密～中密粉土、松散～稍密中粗砂及黄土等地基。当地基土的天然含水量小于30%或黄土含水量小于25%时，不宜采用喷粉搅拌法。

含大孤石或障碍物较多且不易清除的杂填土、硬塑及坚硬的黏性土、密实的砂土，以及地下水呈流动状态的土层，不宜采用深层搅拌桩复合地基。

6.1.2 深层搅拌桩复合地基用于处理泥炭土、有机质含量较高的土、塑性指数(I_p)大于25的黏土、地下水的pH值小于4和地下水具有腐蚀性，以及无工程经验的地区时，应通过现场试验确定其适用性。

6.1.3 深层搅拌桩可与堆载预压法及刚性桩联合应用。

6.1.4 确定处理方案前应搜集拟处理区域内详尽的岩土工程资料。

6.1.5 设计前应进行拟处理土的室内配比试验，应针对现场拟处理土层的性质，选择固化剂和外掺剂类型及其掺量。固化剂为水泥的水泥土强度宜取90d龄期试块的立方体抗压强度平均值。

6.2 设 计

6.2.1 固化剂宜选用强度等级为42.5级及以上的水泥或其他类型的固化剂。固化剂掺入比应根据设计要求的固化土强度经室内配比试验确定。喷浆搅拌法的水泥浆水灰比应根据施工时的可喷性和不同的施工机械合理选用。外掺剂可根据设计要求和土质条件选用具有早强、缓凝、减水以及节省水泥等作用的材料，且应避免污染环境。

6.2.2 深层搅拌桩的长度应根据上部结构对承载力和变形的要求确定，并宜穿透软弱土层到达承载力相对较高的土层。为提高抗滑稳定性而设置的搅拌桩，其桩长应深入加固后最危险滑弧以下至少2m。

设计桩长应根据施工机械的能力确定。喷浆搅拌法的加固深度不宜大于20m；喷粉搅拌法的加固深度不宜大于15m。搅拌桩的桩径不应小于500mm。

6.2.3 深层搅拌桩复合地基承载力特征值应通过复合地基竖向抗压载荷试验或根据综合桩体竖向抗压载荷试验和桩间土地基竖向抗压载荷试验测定。初步设计时也可按本规范公式 5.2.1-2 估算，其中 β_1 宜按当地经验取值，无经验时可取 0.85～1.00，设置垫层时应取低值；β_2 宜按当地经验取值，当桩端土未经修正的承载力特征值大于桩周土地基承载力特征值的平均值时，可取 0.10～0.40，差值大时应取低值；当桩端土未经修正的承载力特征值小于或等于桩周土地基承载力特征值的平均值时，可取 0.50～0.95，差值大时或填土路堤和柔性面层堆场及设置垫层时应取高值；处理后桩间土地基承载力特征值(f_{sk})，可取天然地基承载力特征值。

6.2.4 单桩竖向抗压承载力特征值应通过现场竖向抗压载荷试验确定。初步设计时也可按本规范公式(5.2.2-1)和公式(5.2.2-2)进行估算，并应取其中较小值，其中 f_{cu} 应为90d龄期的水泥土立方体试块抗压强度平均值；喷粉深层搅拌法 η 可取 0.20～0.30，喷浆深层搅拌法 η 可取 0.25～0.33。

6.2.5 采用深层搅拌桩复合地基宜在基础和复合地基之间设置垫层。垫层厚度可取 150mm～300mm。垫层材料可选用中砂、粗砂、级配砂石等，最大粒径不宜大于20mm。填土路堤和柔性面层堆场下垫层中宜设置一层或多层水平加筋体。

6.2.6 深层搅拌桩复合地基中的桩长超过10m时，可采用变掺量设计。

6.2.7 深层搅拌桩的平面布置可根据上部结构特点及对地基承载力和变形的要求，采用正方形、等边三角形等布桩形式。桩可只在基础平面范围内布置，独立基础下的桩数不宜少于3根。

6.2.8 当深层搅拌桩处理深度以下存在软弱下卧层时，应按本规范第5.2.4条的有关规定进行下卧层承载力验算。

6.2.9 深层搅拌桩复合地基沉降应按本规范第5.3.1条～第5.3.4条的有关规定进行计算。计算采用的附加应力应从基础底面起算。复合土层的压缩模量可按本规范公式(5.3.2-2)计算，其中 E_p 可取桩体水泥土强度的100倍～200倍，桩较短或桩体强度较低者可取低值，桩较长或桩体强度较高者可取高值。

6.3 施 工

6.3.1 深层搅拌桩施工现场应预先平整，应清除地上和地下的障碍物。遇有明浜、池塘及洼地时，应抽水和清淤，应回填黏性土料并应夯实，不得回填杂填土或生活垃圾。

6.3.2 深层搅拌桩施工前应根据设计进行工艺性试桩，数量不得少于2根。当桩周为成层土时，对于软弱土层宜增加搅拌次数或增加水泥掺量。

6.3.3 深层搅拌桩的喷浆(粉)量和搅拌深度应采用经国家计量部门认证的监测仪器进行自动记录。

6.3.4 搅拌头翼片的枚数、宽度与搅拌轴的垂直夹角,搅拌头的回转数,搅拌头的提升速度应相互匹配。加固深度范围内土体任何一点均应搅拌 20 次以上。搅拌头的直径应定期复核检查,其磨耗量不得大于 10mm。

6.3.5 成桩应采用重复搅拌工艺,全桩长上下至少重复搅拌一次。

6.3.6 深层搅拌桩施工时,停浆(灰)面应高于桩顶设计标高 300mm~500mm。在开挖基础时,应将搅拌桩顶端施工质量较差的桩段用人工挖除。

6.3.7 施工中应保持搅拌桩机底盘水平和导向架竖直,搅拌桩垂直度的允许偏差为 1%;桩位的允许偏差为 50mm;成桩直径和桩长不得小于设计值。

6.3.8 深层搅拌桩施工应根据喷浆搅拌法和喷粉搅拌法施工设备的不同,按下列步骤进行:

　　1 深层搅拌机械就位、调平。
　　2 预搅下沉至设计加固深度。
　　3 边喷浆(粉)、边搅拌提升直至预定的停浆(灰)面。
　　4 重复搅拌下沉至设计加固深度。
　　5 根据设计要求,喷浆(粉)或仅搅拌提升至预定的停浆(灰)面。
　　6 关闭搅拌机械。

Ⅰ　喷浆搅拌法

6.3.9 施工前应确定灰浆泵输浆量、灰浆经输浆管到达搅拌机喷浆口的时间和起吊设备提升速度等施工参数,宜用流量泵控制输浆速度,注浆泵出口压力应保持在 0.4MPa~0.6MPa,并应使搅拌提升速度与输浆速度同步,同时应根据设计要求通过工艺性成桩试验确定施工工艺。

6.3.10 所使用的水泥应过筛,制备好的浆液不得离析,泵送应连续。拌制水泥浆液的罐数、水泥和外掺剂用量以及泵送浆液的时间等,应有专人记录。

6.3.11 搅拌机喷浆提升的速度和次数应符合施工工艺的要求,并应有专人记录。

6.3.12 当水泥浆液到达出浆口后,应喷浆搅拌 30s,应在水泥浆与桩端土充分搅拌后,再开始提升搅拌头。

Ⅱ　喷粉搅拌法

6.3.13 喷粉施工前应仔细检查搅拌机械、供粉泵、送气(粉)管路、接头和阀门的密封性、可靠性。送气(粉)管路的长度不宜大于 60m。

6.3.14 搅拌头每旋转一周,其提升高度不得超过 16mm。

6.3.15 成桩过程中因故停止喷粉,应将搅拌头下沉至停灰面以下 1m 处,并应待恢复喷粉时再喷粉搅拌提升。

6.3.16 需在地基土天然含水量小于 30% 土层中喷粉成桩时,应采用地面注水搅拌工艺。

6.4　质量检验

6.4.1 深层搅拌桩施工过程中应随时检查施工记录和计量记录,并应对照规定的施工工艺对每根桩进行质量评定,应对固化剂用量、桩长、搅拌头转数、提升速度、复搅次数、复搅深度以及停浆处理方法等进行重点检查。

6.4.2 深层搅拌桩的施工质量检验数量应符合设计要求,并应符合下列规定:

　　1 成桩 7d 后,应采用浅部开挖桩头,深度宜超过停浆(灰)面下 0.5m,应目测检查搅拌的均匀性,并应量测成桩直径。
　　2 成桩 28d 后,应用双管单动取样器钻取芯样做抗压强度检验和桩体标准贯入检验。
　　3 成桩 28d 后,可按本规范附录 A 的有关规定进行单桩竖向抗压载荷试验。

6.4.3 深层搅拌桩复合地基工程验收时,应按本规范附录 A 的有关规定进行复合地基竖向抗压载荷试验。载荷试验应在桩体强度满足试验荷载条件,并宜在成桩 28d 后进行。检验数量应符合设计要求。

6.4.4 基槽开挖后,应检验桩位、桩数与桩顶质量,不符合设计要求时,应采取有效补强措施。

7　高压旋喷桩复合地基

7.1　一般规定

7.1.1 高压旋喷桩复合地基适用于处理软塑~可塑的黏性土、粉土、砂土、黄土、素填土和碎石土等地基。当土中含有较多大直径块石、大量植物根茎或有机质含量较高时,不宜采用。

7.1.2 高压旋喷桩复合地基用于既有建筑地基加固时,应搜集既有建筑的历史和现状资料、邻近建筑物和地下埋设物等资料。设计时应采取避免桩体水泥土未固化时强度降低对既有建筑物的不良影响的措施。

7.1.3 高压旋喷桩可采用单管法、双管法和三管法施工。

7.1.4 高压旋喷桩复合地基方案确定后,应结合工程情况进行现场试验、试验性施工或根据工程经验确定施工参数及工艺。

7.2　设　　计

7.2.1 高压旋喷形成的加固体强度和范围,应通过现场试验确定。当无现场试验资料时,亦可按相似土质条件的工程经验确定。

7.2.2 旋喷桩主要用于承受竖向荷载时,其平面布置可根据上部结构和基础特点确定。独立基础下的桩数不宜少于 3 根。

7.2.3 高压旋喷桩复合地基承载力特征值应通过现场复合地基竖向抗压载荷试验确定。初步设计时也可按本规范公式(5.2.1-2)估算,其中 β_s 可取 1.0,β_p 可根据试验或类似土质条件工程经验确定,当无试验资料或经验时,β_p 可取 0.1~0.5,承载力较低时应取低值。

7.2.4 高压旋喷桩单桩竖向抗压承载力特征值应通过现场载荷试验确定。初步设计时也可按本规范公式(5.2.2-1)和公式(5.2.2-2)进行估算,并应取其中较小值,其中 f_{cu} 为 28d 龄期的水泥土立方体试块抗压强度平均值;η 可取 0.33。

7.2.5 采用高压旋喷桩复合地基宜在基础和复合地基之间设置垫层。垫层厚度可取 100mm~300mm,其材料可选用中砂、粗砂、级配砂石等,最大粒径不宜大于 20mm。填土路堤和柔性面层堆场下垫层中宜设置一层或多层水平加筋体。

7.2.6 当高压旋喷桩复合地基处理深度以下存在软弱下卧层时,应按本规范第 5.2.4 条的有关规定进行下卧层承载力验算。

7.2.7 高压旋喷桩复合地基沉降应按本规范第 5.3.1 条~第 5.3.4 条的有关规定进行计算。计算采用的附加应力应从基础底面起算。

7.3　施　　工

7.3.1 施工前应根据现场环境和地下埋设物位置等情况,复核设计孔位。

7.3.2 高压旋喷桩复合地基的注浆材料应采用水泥,可根据需要加入适量的外加剂和掺和料。

7.3.3 高压旋喷水泥土桩施工应按下列步骤进行:

　　1 高压旋喷机械就位、调平。
　　2 贯入喷射管至设计加固深度。
　　3 喷射注浆,边喷射、边提升,根据设计要求,喷射提升直至预定的停喷面。
　　4 拔管及冲洗,移位或关闭施工机械。

7.3.4 对需要局部扩大加固范围或提高强度的部位,可采取复喷措施。处理既有建筑物地基时,应采取速凝浆液、跳孔喷射等措施。

7.4 质 量 检 验

7.4.1 高压旋喷桩施工过程中应随时检查施工记录和计量记录，并应对照规定的施工工艺对每根桩进行质量评定。

7.4.2 高压旋喷桩复合地基检测与检验可根据工程要求和当地经验采用开挖检查、取芯、标准贯入、载荷试验等方法进行检验，并应结合工程测试及观测资料综合评价加固效果。

7.4.3 检验点布置应符合下列规定：

  1 有代表性的桩位。

  2 施工中出现异常情况的部位。

  3 地基情况复杂，可能对高压喷射注浆质量产生影响的部位。

7.4.4 高压旋喷桩复合地基工程验收时，应按本规范附录 A 的有关规定进行复合地基竖向抗压载荷试验。载荷试验应在桩体强度满足试验荷载条件，并宜在成桩 28d 后进行。检验数量应符合设计要求。

8 灰土挤密桩复合地基

8.1 一 般 规 定

8.1.1 灰土挤密桩复合地基适用于填土、粉土、粉质黏土、湿陷性黄土和非湿陷性黄土、黏土以及其他可进行挤密处理的地基。

8.1.2 采用灰土挤密桩处理地基时，应使地基土的含水量达到或接近最优含水量。地基土的含水量小于 12% 时，应先对地基土进行增湿，再进行施工。当地基土的含水量大于 22% 或含有不可穿越的砂砾夹层时，不宜采用。

8.1.3 对于缺乏灰土挤密法地基处理经验的地区，应在地基处理前，选择有代表性的场地进行现场试验，并应根据试验结果确定设计参数和施工工艺，再进行施工。

8.1.4 成孔挤密施工，可采用沉管、冲击、爆扩等方法。当采用预钻孔夯扩挤密时，应加强施工控制，并应确保夯扩直径达到设计要求。

8.1.5 孔内填料宜采用素土或灰土，也可采用水泥土等强度较高的填料。对非湿陷性地基，也可采用建筑垃圾、砂砾等作为填料。

8.2 设 计

8.2.1 挤密桩孔宜按正三角形布置，孔距可取桩径的 2.0 倍~2.5 倍，也可按下式计算：

$$S = 0.95 \sqrt{\frac{\bar{D}_e \gamma_{dmax}}{\bar{D}_e \gamma_{dmax} - \gamma_{dm}}} d \qquad (8.2.1)$$

式中：S——灰土挤密桩桩间距(m)；

  d——灰土挤密桩体直径(m)，宜为 0.35m~0.45m；

  γ_{dm}——地基挤密前各层土的平均干重度(kN/m³)；

  γ_{dmax}——击实试验确定的最大干重度(kN/m³)；

  $\bar{D}_e$——成孔后，3 个孔之间土的平均挤密系数。

8.2.2 灰土挤密桩桩间土最小挤密系数(D_{emin})应满足承载力及变形的要求，对湿陷性土还应满足消除湿陷性的要求。桩间土最小挤密系数(D_{emin})宜根据当地的建筑经验确定，无建筑经验时，可根据地基处理的设计技术要求，经试验确定，也可按下式计算：

$$D_{emin} = \frac{\gamma_{d0}}{\gamma_{dmax}} \qquad (8.2.2)$$

式中：D_{emin}——桩间土最小挤密系数；

  γ_{d0}——挤密填料后，3 个孔形心点部位的干重度(kN/m³)。

8.2.3 桩孔间距较大且超过 3 倍的桩孔直径时，设计不宜计入桩间土的挤密影响，宜按置换率设计，或进行单桩复合地基试验确定。

8.2.4 挤密孔的深度应大于压缩层厚度，且不应小于 4m。建筑工程基础外的处理宽度应大于或等于处理深度的 1/2；填土路基和柔性面层堆场荷载作用面外的处理宽度应大于或等于处理深度的 1/3。

8.2.5 当挤密处理深度不超过 12m 时，不宜采用预钻孔，挤密孔的直径宜为 0.35m~0.45m。当挤密孔深度超过 12m 时，宜在下部采用预钻孔，成孔直径宜为 0.30m 以下；也可全部采用预钻孔，孔径不宜大于 0.40m，应在填料回填过程中进行孔内强夯挤密，挤密后填料孔直径应达到 0.60m 以上。

8.2.6 灰土挤密桩复合地基承载力应通过复合地基竖向抗压载荷试验确定。初步设计时，复合地基承载力特征值也可按本规范公式(5.2.1-1)或公式(5.2.1-2)估算。

8.2.7 灰土挤密桩复合地基处理范围以下存在软弱下卧层时，应按本规范第 5.2.4 条的有关规定进行下卧层承载力验算。

8.2.8 灰土挤密桩复合地基沉降，应按本规范第 5.3.1 条~第 5.3.4 条的有关规定进行计算。

8.2.9 灰土的配合比宜采用 3∶7 或 2∶8(体积比)，含水量应控制在最优含量±2% 以内，石灰应为熟石灰。

8.2.10 当地基承载力特征值以及变形不满足要求时，应在灰土桩中加入强度较高的材料，不宜用缩小桩孔间距的方法提高承载力。在非湿陷性地区当承载力要求较小，挤密桩孔间距较大时，则不宜计入桩间土的挤密作用。

8.3 施 工

8.3.1 灰土挤密桩施工应间隔分批进行，桩孔完成后应及时夯填。进行地基局部处理时，应由外向里施工。

8.3.2 挤密桩孔底在填料前应夯实，填料时宜分层回填夯实，其压实系数(λ_c)不应小于 0.97。

8.3.3 填料用素土时，宜采用纯净黄土，也可选用黏土、粉质黏土等，土中不得含有有机质，不宜采用塑性指数大于 17 的黏土，不得使用耕土或杂填土，冬季施工时严禁使用冻土。

8.3.4 灰土挤密桩施工应预留 0.5m~0.7m 的松动层，冬季在零度以下施工时，宜增大预留松动层厚度。

8.3.5 夯填施工前，应进行不少于 3 根桩的夯填试验，并应确定合理的填料数量及夯击能量。

8.3.6 灰土挤密桩复合地基施工完成后，应挖除上部扰动层，基底下应设置厚度不小于 0.5m 的灰土或土垫层，湿陷性土不宜用透水材料作垫层。

8.3.7 桩孔中心点位置的允许偏差为桩距设计值的 5%，桩孔垂直度允许偏差为 1.5%。

8.4 质 量 检 验

8.4.1 灰土挤密桩施工过程中应随时检查施工记录和计量记录，并应对照规定的施工工艺对每根桩进行质量评定。

8.4.2 施工人员应及时抽样检查孔内填料的夯实质量，检查数量应由设计单位根据工程情况提出具体要求。对重要工程尚应分层取样测定挤密土及孔内填料的湿陷性及压缩性。

8.4.3 灰土挤密桩复合地基工程验收时，应按本规范附录 A 的有关规定进行复合地基竖向抗压载荷试验。检验数量应符合设计要求。

8.4.4 在湿陷性土地区，对特别重要的项目尚应进行现场浸水载荷试验。

9 夯实水泥土桩复合地基

9.1 一 般 规 定

9.1.1 夯实水泥土桩复合地基适用于处理深度不超过 10m，在地下水位以上为黏性土、粉土、粉细砂、素填土、杂填土等适合成桩并能挤密的地基。

9.1.2 夯实水泥土桩可采用沉管、冲击等挤土成孔法施工，也可采用洛阳铲、螺旋钻等非挤土成孔法施工。

9.1.3 夯实水泥土桩复合地基设计前，可根据工程经验，选择水泥品种、强度等级和水泥土配合比，并可初步确定夯实水泥土材料的抗压强度设计值。缺乏经验时，应预先进行配合比试验。

9.2 设 计

9.2.1 夯实水泥土桩复合地基的处理深度应根据工程特点、设计要求和地质条件综合确定。初步设计时，处理深度应满足地基主要受力层天然地基承载力计算的需要。

9.2.2 确定夯实水泥土桩桩端持力层时，除应符合地基处理设计计算要求外，尚应符合下列规定：

 1 桩端持力层厚度不宜小于 1.0m。

 2 应无明显软弱下卧层。

 3 桩端全断面进入持力层的深度，对碎石土、砂土不宜小于桩径的 0.5 倍，对粉土、黏性土不宜小于桩径的 2 倍。

 4 当进入持力层的深度无法满足要求时，桩端阻力特征值设计值应折减。

9.2.3 夯实水泥土桩的平面布置，宜综合考虑基础形状、尺寸和上部结构荷载传递特点，并应均匀布置。

 夯实水泥土桩可布置在基础底面范围内，当地层较软弱、均匀性较差或工程有特殊要求时，可在基础外设置护桩。

9.2.4 夯实水泥土桩桩径宜根据施工工具和施工方法确定，宜取 300mm～600mm，桩中心距不宜大于桩径的 5 倍。

9.2.5 夯实水泥土桩的桩顶宜铺设厚度为 100mm～300mm 的垫层，垫层材料宜选用最大粒径不大于 20mm 的中砂、粗砂、石屑、级配砂石等。

9.2.6 夯实水泥土桩复合地基承载力特征值应通过复合地基竖向抗压载荷试验确定，初步设计时，也可按本规范公式（5.2.1-2）估算。其中 β_p 可取 1.00，β_s 采用非挤土成孔可取 0.80～1.00，β_s 采用挤土成孔时可取 0.95～1.10。

9.2.7 夯实水泥土桩单桩竖向抗压承载力特征值应通过单桩竖向抗压载荷试验确定，初步设计时也可按本规范公式（5.2.2-1）和公式（5.2.2-2）进行估算，并应取其中较小值。

9.2.8 夯实水泥土桩复合地基的沉降应按本规范第 5.3.1 条～第 5.3.4 条的有关规定进行计算。沉降计算经验系数应根据地区沉降观测资料及经验确定，无地区经验时可采用现行国家标准《建筑地基基础设计规范》GB 50007 规定的数值。其中 E_{spi} 宜按当地经验取值，也可按本规范公式（5.3.2-2）估算。

9.2.9 夯实水泥土材料的配合比根据工程要求、土料性质、施工工艺及采用的水泥品种、强度等级，由配合比试验确定，水泥与土的体积比宜取 1：5～1：8。

9.3 施 工

9.3.1 施工前应根据设计要求，进行工艺性试桩，数量不得少于 2 根。

9.3.2 水泥应符合设计要求的种类及规格。

9.3.3 土料宜采用黏性土、粉土、粉细砂及渣土，土料中的有机物质含量不得超过 5%，不得含有冻土或膨胀土，使用前应过孔径为 10mm～20mm 的筛。

9.3.4 水泥土混合料配合比应符合设计要求，含水量与最优含水量的允许偏差为±2%，并应采取搅拌均匀的措施。

 当用机械搅拌时，搅拌时间不应少于 1min，当用人工搅拌时，拌和次数不应少于 3 遍。混合料拌和后应在 2h 内用于成桩。

9.3.5 成桩宜采用桩体夯实机，宜选用梨形或锤底为盘形的夯

锤，锤体直径与桩孔直径之比宜取 0.7～0.8，锤体质量应大于 120kg，夯锤每次提升高度，不应低于 700mm。

9.3.6 夯实水泥土桩施工步骤应为成孔—分层夯实—封顶—夯实。成孔完成后，向孔内填料前孔底应夯实。填料频率与落锤频率应协调一致，并应均匀填料，严禁突击填料。每回填料厚度应根据夯锤质量经现场夯填试验确定，桩体的压实系数（λ_c）不应小于 0.93。

9.3.7 桩位允许偏差，对满堂布桩为桩径的 0.4 倍；条基布桩为桩径的 0.25 倍；桩孔垂直度允许偏差为 1.5%；桩径的允许偏差为±20mm；桩孔深度不应小于设计深度。

9.3.8 施工时桩顶应高出桩顶设计标高 100mm～200mm，垫层施工前应将高于设计标高的桩头凿除，桩面应水平、完整。

9.3.9 成孔及成桩质量监测应设专人负责，并应做好成孔、成桩记录，发现问题应及时进行处理。

9.3.10 桩顶垫层材料不得含有植物残体、垃圾等杂物，铺设厚度应均匀，铺平后应振实或夯实，夯填度不应大于 0.9。

9.4 质量检验

9.4.1 夯实水泥土桩施工过程中应随时检查施工记录和计量记录，并应对照规定的施工工艺对每根桩进行质量评定。

9.4.2 桩体夯实质量的检查，应在成桩过程中随时随机抽取，检验数量应由设计单位根据工程情况提出具体要求。

 密实度的检测可在夯实水泥土桩桩体内取样测定干密度或以轻型圆锥动力触探击数（N_{10}）判断桩体夯实质量。

9.4.3 夯实水泥土桩复合地基工程验收时，复合地基承载力检验应采用单桩复合地基竖向抗压载荷试验。对重要或大型工程，尚应进行多桩复合地基竖向抗压载荷试验。

9.4.4 复合地基竖向抗压载荷试验应符合本规范附录 A 的有关规定。

10 石灰桩复合地基

10.1 一般规定

10.1.1 石灰桩复合地基适用于处理饱和黏性土、淤泥、淤泥质土、素填土和杂填土等土层；用于地下水位以上的土层时，应根据土层天然含水量增加掺和料的含水量并减少生石灰用量，也可采取土层浸水等措施。

10.1.2 对重要工程或缺少经验的地区，施工前应进行桩体材料配比、成桩工艺及复合地基竖向抗压载荷试验。桩体材料配合比试验应在现场地基土中进行。

10.1.3 竖向承载的石灰桩复合地基承载力特征值取值不宜大于 160kPa，当土质较好并采取措施保证桩体强度时，经试验后可适当提高。

10.1.4 石灰桩复合地基与基础间可不设垫层，当地基需要排水通道时，基础下可设置厚度为 200mm～300mm 的垫层，填土路基及柔性面层堆场下垫层宜加厚。垫层宜采用中粗砂、级配砂石等。垫层内可设置土工格栅或土工布。

10.1.5 深厚软弱土中进行浅层处理的石灰桩复合地基沉降及下卧承载力计算，可计入加固层的减载效应，当采用粉煤灰、炉渣掺和料时，石灰桩体的饱和重度可取 13kN/m³。加固土层重度可按下式计算：

$$\gamma_{sp}=13m+(1-m)\gamma_s \qquad (10.1.5)$$

式中：γ_{sp}——加固土层重度（kN/m³）；

 γ_s——桩间土体重度（kN/m³）；

 m——复合地基置换率。

10.2 设　计

10.2.1 石灰桩的固化剂应采用生石灰,掺和料宜采用粉煤灰、火山灰、炉渣等工业废料。生石灰与掺和料的配合比宜根据地质情况确定,生石灰与掺和料的体积比可选用 1:1 或 1:2,对于淤泥、淤泥质土等软土宜增加生石灰用量,桩顶附近生石灰用量不宜过大。当掺石膏和水泥时,掺和量应为生石灰用量的 3%~10%。

10.2.2 石灰桩成桩时,宜用土封口,封口高度不宜小于 500mm,封口材料应夯实,封口标高应略高于原地面。石灰桩桩顶施工标高应高出设计桩顶标高 100mm 以上。

10.2.3 石灰桩成孔直径应根据设计要求及所选用的成孔方法确定,宜为 300mm~400mm;可按等边三角形或矩形布桩;桩中心距可取成孔直径的 2 倍~3 倍。石灰桩可仅布置在基础底面下,当基底土的承载力特征值小于 70kPa 时,宜在基础以外布置 1 排~2 排围护桩。

10.2.4 采用人工洛阳铲成孔时,桩长不宜大于 6m;采用机械成孔管外投料时,桩长不宜大于 8m;螺旋钻、机动洛阳铲成孔及管内投料时,可适当增加桩长。

10.2.5 石灰桩桩端宜选在承载力较高的土层中。在深厚的软弱地基中,当石灰桩桩端未落在承载力较高的土层中时,应减少上部结构重心相对于基础形心的偏心,并应加强上部结构及基础的刚度。

10.2.6 石灰桩的深度应根据岩土工程勘察资料及上部结构设计要求确定。下卧层承载力及地基的变形,应按现行国家标准《建筑地基基础设计规范》GB 50007 的有关规定验算。

10.2.7 石灰桩复合地基承载力特征值应通过复合地基竖向抗压载荷试验或综合桩体竖向抗压载荷试验和桩间土地基竖向抗压载荷试验,并结合工程实践经验综合确定,试验数量不应少于 3 点。初步设计时,复合地基承载力特征值也可按本规范公式(5.2.1-2)估算,其中 β_p 和 β_s 均应取 1.0;处理后桩间土承载力特征值可取天然地基承载力特征值的 1.05 倍~1.20 倍,土体软弱时应取高值;计算桩截面面积时直径应乘以 1.0~1.2 的经验系数,土体软弱时应取高值;单桩竖向抗压承载力特征值取桩体抗压比例界限对应的荷载值,应由单桩竖向抗压载荷试验确定,初步设计时可取 350kPa~500kPa,土体软弱时应取低值。

10.2.8 处理后地基沉降应按现行国家标准《建筑地基基础设计规范》GB 50007 的有关规定进行计算。沉降计算经验系数(ψ_s)可按地区沉降观测资料及经验确定。

石灰桩复合土层的压缩模量宜通过桩体及桩间土压试验确定,初步设计时可按本规范公式(5.3.2-2)计算。桩间土压缩模量可取天然地基压缩模量的 1.1 倍~1.3 倍,土软弱时应取高值。

10.3 施　工

10.3.1 石灰应选用新鲜生石灰块,有效氧化钙含量不宜低于 70%,粒径不应大于 70mm,消石灰含粉量不宜大于 15%。

10.3.2 掺和料应保持适当的含水量,使用粉煤灰或炉渣时含水量宜控制在 30%。无经验时宜进行成桩工艺试验,宜通过试验确定密实度的施工控制指标。

10.3.3 石灰桩施工可采用洛阳铲或机械成孔。机械成孔可分为沉管和螺旋钻成孔。成桩时可采用人工夯实、机械夯实、沉管反插、螺旋反压等工艺。填料时应分段压(夯)实,人工夯实时每段填料厚度不应大于 400mm。管外投料或人工成孔填料时应采取降低地下水渗入孔内的速度的措施,成孔后填料前应排除孔底积水。

10.3.4 施工顺序宜由外围或两侧向中间进行。在软土中宜间隔成桩。

10.3.5 施工前应做好场区排水设施。

10.3.6 进入场地的生石灰应采取防水、防雨、防风、防火措施,宜随用随进。

10.3.7 施工应建立完善的施工质量和施工安全管理制度,并应根据不同的施工工艺制定相应的技术保证措施,应及时做好施工记录,并应监督成桩质量,同时应进行施工阶段的质量检验等。

10.3.8 石灰桩施工时应采取防止冲孔伤人的措施。

10.3.9 桩位允许偏差为桩径的 0.5 倍。

10.4 质量检验

10.4.1 石灰桩施工过程中应随时检查施工记录和计量记录,并应对照规定的施工工艺对每根桩进行质量评定。

10.4.2 石灰桩复合地基检测与检验可根据工程要求和当地经验采用开挖检查、静力触探或标准贯入、竖向抗压载荷试验等方法进行检验,并应结合工程测试及观测资料综合评价加固效果。施工检测宜在施工后 7d~10d 进行。

10.4.3 采用静力触探或标准贯入试验检测时,检测部位应为桩中心及桩间土,应每两点为一组。检测组数应符合设计要求。

10.4.4 石灰桩复合地基工程验收时,应按本规范附录 A 的有关规定进行复合地基竖向抗压载荷试验。载荷试验应在桩体强度满足试验荷载条件,且在成桩 28d 后进行。检验数量应符合设计要求。

11　挤密砂石桩复合地基

11.1　一般规定

11.1.1 挤密砂石桩复合地基适用于处理松散的砂土、粉土、粉质黏土等土层,以及人工填土、粉煤灰等可挤密土层。

11.1.2 挤密砂石桩宜根据场地和工程条件选用沉管、振冲、锤击夯扩等方法施工。

11.1.3 挤密砂石桩复合地基勘察应提供场地土的天然孔隙比、最大孔隙比、最小孔隙比、标准贯入击数,以及砂石桩填料的来源和性质等资料,并应根据荷载要求和地区经验推荐地基土被挤密后要求达到的相对密实度。

11.2　设　计

11.2.1 挤密砂石桩复合地基处理范围应根据建筑物的重要性和场地条件确定,应大于荷载作用面范围,扩大的范围宜为基础外缘 1 排~3 排桩距。对可液化地基,在基础外缘扩大的宽度不应小于可液化土层厚度的 1/2。

11.2.2 挤密砂石桩宜采用等边三角形或正方形布置。挤密砂石桩直径应根据地基土质情况、成桩方式和成桩设备等因素确定,宜采用 300mm~1200mm。

11.2.3 挤密砂石桩的间距应根据场地情况、上部结构荷载形式和大小通过现场试验确定,并应符合下列规定:

　　1 采用振冲法成孔的挤密砂石桩,桩间距宜结合所采用的振冲器功率大小确定。30kW 的振冲器布桩间距可采用 1.3m~2.0m;55kW 的振冲器布桩间距可采用 1.4m~2.5m;75kW 的振冲器布桩间距可采用 1.5m~3.0m。上部荷载大时,宜采用较小的间距,上部荷载小时,宜采用较大的间距。

　　2 采用振动沉管法成桩时,对粉土和砂土地基,桩间距不宜大于砂石桩直径的 4.5 倍。初步设计时,挤密砂石桩的间距也可根据挤密后要求达到的孔隙比按下列公式估算:

等边三角形布置:

$$S = 0.95\xi d \sqrt{\frac{1+e_0}{e_0-e_1}} \qquad (11.2.3-1)$$

正方形布置:

$$S = 0.89\xi d \sqrt{\frac{1+e_0}{e_0-e_1}} \qquad (11.2.3-2)$$

$$e_1 = e_{\max} - D_{r1}(e_{\max} - e_{\min}) \qquad (11.2.3\text{-}3)$$

式中：S——桩间距（m）；

d——桩体直径（m）；

ξ——挤密砂石桩桩间距修正系数，当计入振动下沉密实作用时，可取 $1.1 \sim 1.2$，不计入振动下沉密实作用时，可取 1.0；

e_0——地基处理前土体的孔隙比，可按原状土样试验确定，也可根据动力或静力触探等试验确定；

e_1——地基挤密后要求达到的孔隙比；

D_{r1}——地基挤密后要求砂土达到的相对密实度；

$e_{\max}$——砂土的最大孔隙比；

$e_{\min}$——砂土的最小孔隙比。

11.2.4 挤密砂石桩桩长可根据工程要求和场地地质条件通过计算确定，并应符合下列规定：

1 松散或软弱地基土层厚度不大时，砂石桩宜穿透该土层。

2 松散或软弱地基土层厚度较大时，对按稳定性控制的工程，挤密砂石桩长度应大于设计要求安全度相对应的最危险滑动面以下 2.0m；对按变形控制的工程，挤密砂石桩桩长应能满足处理后地基变形量不超过建（构）筑物的地基变形允许值，并应满足软弱下卧层承载力的要求。

3 对可液化的地基，砂石桩桩长应按现行国家标准《建筑抗震设计规范》GB 50011 的有关规定执行。

4 桩长不宜小于4m。

11.2.5 挤密砂石桩桩孔内的填料量应通过现场试验确定，估算时可按设计桩孔体积乘以 $1.2 \sim 1.4$ 的增大系数。施工中地面有下沉或隆起现象时，填料量应根据现场具体情况进行增减。

11.2.6 挤密砂石桩复合地基承载力特征值，应通过现场复合地基竖向抗压载荷试验确定。初步设计时可按本规范公式（5.2.1-2）估算，其中 β_p 和 β_s 宜按当地经验取值。挤密砂石桩复合地基承载力特征值，也可根据单桩和处理后桩间土地基承载力特征值按下式估算：

$$f_{\mathrm{spk}} = mf_{\mathrm{pk}} + (1-m)f_{\mathrm{sk}} \qquad (11.2.6)$$

式中：f_{spk}——挤密砂石桩复合地基承载力特征值（kPa）；

f_{pk}——桩体竖向抗压承载力特征值（kPa），由单桩竖向抗压载荷试验确定；

f_{sk}——桩间土地基承载力特征值（kPa），由桩间土地基竖向抗压载荷试验确定；

m——复合地基置换率。

11.2.7 挤密砂石桩复合地基沉降可按本规范第 5.3.1 条~第 5.3.4 条的有关规定进行计算。建筑工程尚应符合现行国家标准《建筑地基基础设计规范》GB 50007 的有关规定。其中复合地基压缩模量也可按下式计算：

$$E_{\mathrm{spi}} = [1 + m(n-1)]E_{\mathrm{si}} \qquad (11.2.7)$$

式中：E_{spi}——第 i 层复合土体的压缩模量（MPa）；

E_{si}——第 i 层桩间土压缩模量（MPa），宜按当地经验取值，无经验时，可取天然地基压缩模量；

n——桩土应力比，宜按现场实测资料确定，无实测资料时，可取 $2 \sim 3$，桩间土强度低取大值，桩间土强度高取小值。

11.2.8 桩体材料宜选用碎石、卵石、角砾、圆砾、粗砂、中砂或石屑等硬质材料，不宜选用风化易碎的石料，含泥量不得大于 5%。对振冲法成桩，填料粒径宜按振冲器功率确定：30kW 振冲器宜为 20mm~80mm；55kW 振冲器宜为 30mm~100mm；75kW 振冲器宜为 40mm~150mm。当采用沉管法成桩时，最大粒径不宜大于 50mm。

11.2.9 砂石桩顶部宜铺设一层厚度为 300mm~500mm 的碎石垫层。

11.3 施 工

11.3.1 挤密砂石桩施工机械和型号应根据所选用施工方法、地基土性质和处理深度等因素确定。

11.3.2 施工前应进行成桩工艺和成桩挤密试验。当成桩质量不能满足设计要求时，应调整设计与施工的有关参数，并应重新进行试验和设计。

11.3.3 振冲施工可根据设计荷载大小、原状土强度、设计桩长等条件选用不同功率的振冲器，升降振冲器的机械可用起重机、自行车架式施工平车或其他合适的设备，施工设备应配有电流、电压和留振时间自动信号仪表。

11.3.4 施工现场应设置泥水排放系统，或组织运浆车辆将泥浆运至预先安排的存放地点，并宜设置沉淀池重复使用上部清水；在施工期间可同时采取降水措施。

11.3.5 密实电流、填料量和留振时间施工参数应根据现场地质条件和施工要求确定，并应在施工时随时监测。

11.3.6 振动沉管成桩法施工应根据沉管和挤密情况控制填砂石量、提升幅度与速度、挤密次数与时间、电机的工作电流等。选用的桩尖结构应保证顺利出料和有效挤压桩孔内砂石料；当采用活瓣桩靴时，对砂石和粉土地基宜选用尖锥型；一次性桩尖可采用混凝土锥型桩尖。

11.3.7 挤密砂石桩施工应控制成桩速度，必要时应采取防挤土措施。

11.3.8 挤密砂石桩施工后，应将基底标高下的松散层挖除或夯压密实，应随后铺设并压实碎石垫层。

11.4 质量检验

11.4.1 挤密砂石桩施工过程中应随时检查施工记录和计量记录，并应对照规定的施工工艺对每根桩进行质量评定。施工过程中应检查成孔深度、砂石用量、留振时间和密实电流强度等；对沉管法还应检查套管往复挤压振冲次数与时间、套管升降幅度与速度、每次填砂石量等项记录。

11.4.2 对桩体可采用动力触探试验检测，对桩间土可采用标准贯入、静力触探、动力触探或其他原位测试等方法进行检测。桩间土质量的检测位置应在等边三角形或正方形的中心。检验数量应由设计单位根据工程情况提出具体要求。

11.4.3 挤密砂石桩复合地基工程验收时，应按本规范附录 A 的有关规定进行复合地基竖向抗压载荷试验。检验数量应由设计单位根据工程情况提出具体要求。

11.4.4 挤密砂石桩复合地基工程验收时间，对砂土和杂填土地基，宜在施工 7d 后进行，对粉土地基，宜在施工 14d 后进行。

12 置换砂石桩复合地基

12.1 一般规定

12.1.1 置换砂石桩复合地基适用于处理饱和黏性土地基和饱和黄土地基，可按施工方法分为振动水冲（振冲）置换碎石桩复合地基和沉管置换砂石桩复合地基。

12.1.2 采用振动水冲法设置砂（碎）石桩时，土体不排水抗剪强度不宜小于 20kPa，且灵敏度不宜大于 4。施工前应通过现场试验确定其适宜性。

12.1.3 置换砂石桩复合地基上应铺设排水碎石垫层。

12.2 设 计

12.2.1 设计前应掌握待加固土层的分布、抗剪强度、上部结构对地基变形的要求，以及当地填料性质和来源、施工机具性能等资料。

12.2.2 砂石桩的布置方式可采用等边三角形、正方形或矩形布置。

12.2.3 砂石桩的加固范围应通过稳定分析确定。对建筑基础宜在基底范围外加 1 排～3 排围扩桩。

12.2.4 砂石桩桩长宜穿透软弱土层，最小桩长不宜小于 4.0m。

12.2.5 振冲法施工的砂（碎）石桩设计直径宜根据振冲器的功率、土层性质通过成桩试验确定，也可根据经验选用。采用沉管法施工时，成桩直径应根据沉管直径确定。

砂石桩复合地基的面积置换率 m 可采用 0.15～0.30，布桩间距可根据桩的直径和面积置换率进行计算。

12.2.6 置换砂石桩复合地基承载力特征值应通过复合地基竖向抗压载荷试验确定。初步设计时，也可按本规范公式(5.2.1-2)估算，其中 β_p 和 β_s 均应取 1.0。

12.2.7 当桩体材料的内摩擦角在 38°左右时，置换砂石桩单桩竖向抗压承载力特征值可按下式计算：

$$R_a/A_p = 20.8c_u/K \quad (12.2.7)$$

式中：R_a——单桩竖向抗压承载力特征值；

A_p——单桩截面积；

c_u——饱和黏性土不排水抗剪强度；

K——安全系数。

12.2.8 置换砂石桩复合地基沉降可按本规范第 5.3.1 条～第 5.3.4 条的规定进行计算，并应符合现行国家标准《建筑地基基础设计规范》GB 50007 的有关规定，其中复合地基压缩模量可按本规范公式(5.3.2-2)计算。

12.2.9 桩体材料可用碎石、卵石、砾石、中粗砂等硬质材料。

12.2.10 置换砂石桩复合地基上应设置厚度为 300mm～500mm 的排水砂石（碎石）垫层。

12.3 施 工

12.3.1 置换砂石桩可采用振冲、振动沉管、锤击沉管或静压沉管法施工。施工单位应采取避免施工过程对周边环境的不利影响的措施。

12.3.2 施工前应进行成桩工艺试验。当成桩质量不能满足设计要求时，应调整施工参数，并应重新进行试验。

12.3.3 振冲施工可根据设计桩径大小、原状土强度、设计桩长等条件选用不同功率的振冲器。升降振冲器的机械可用起重机、自行井架式施工平车或其他合适的设备。施工过程应有电流、电压、填料量及留振时间的记录。

12.3.4 振冲施工现场应设置泥水排放系统，并组织运浆车辆将泥浆运至预先安排的存放地点，并宜设置沉淀池重复使用上部清水。

12.3.5 沉管法施工应根据设计桩径选择沉管直径，按沉管和形成密实桩体的需要控制填砂石量、提升速度、复打挤压次数和时间、电机的工作电流等，应选用出料顺利和有效挤压桩孔内砂石料的桩尖结构。当采用活瓣式桩靴时，宜选用尖锥型；一次性桩尖可采用混凝土锥型桩尖。在饱和软土中沉管法施工宜采用跳打方式施工。

12.3.6 砂石桩施工后，应将场地表面约 1.0m 的松散桩体挖除或夯压密实，应随后铺设并压实碎石垫层。

12.4 质量检验

12.4.1 振冲法施工过程中应检查成孔深度、砂石用量、留振时间和密实电流强度等；对沉管法应检查套管往复挤压振冲次数与时间、套管升降幅度与速度、每次填砂石量等项记录。

12.4.2 置换砂石桩复合地基的桩体可采用动力触探试验进行施工质量检验；对桩间土可采用十字板剪切、静力触探或其他原位测试方法等进行施工质量检验。桩间土质量的检测位置应在桩位等

边三角形或正方形的中心。检验数量应由设计单位根据工程情况提出具体要求。

12.4.3 置换砂石桩复合地基工程验收时，应按本规范附录 A 的有关规定进行复合地基竖向抗压载荷试验。载荷试验检验数量应符合设计要求。

12.4.4 复合地基竖向抗压载荷试验应待地基中超静孔隙水压力消散后进行。

13 强夯置换墩复合地基

13.1 一般规定

13.1.1 强夯置换墩复合地基适用于加固高饱和度粉土、软塑～流塑的黏性土、有软弱下卧层的填土等地基。

13.1.2 强夯置换应经现场试验确定其适用性和加固效果。

13.1.3 当强夯置换墩施工对周围环境的噪声、振动影响超过有关规定时，不宜选用强夯置换墩复合地基方案。需采用时应采取隔震、降噪措施。

13.2 设 计

13.2.1 强夯置换墩试验方案应根据工程设计要求和地质条件，先初步确定强夯置换参数，进行现场试夯，然后根据试夯场地监测和检测结果及其与夯前测试数据对比，检验置换墩长度和加固效果，再确定方案可行性和工程施工采用的强夯置换工艺、参数。

13.2.2 强夯置换墩复合地基的设计应包括下列内容：

1 强夯置换深度。

2 强夯置换处理的范围。

3 墩体材料的选择与计量。

4 夯击能、夯锤参数、落距。

5 夯点的夯击击数、收锤标准、两遍夯击之间的时间间隔。

6 夯点平面布置形式。

7 强夯置换墩复合地基的变形和承载力要求。

8 周边环境保护措施。

9 现场监测和质量控制措施。

10 施工垫层。

11 检测方法、参数、数量等要求。

13.2.3 强夯置换处理范围应大于建筑物基础范围，每边超出基础外缘的宽度宜为基底下设计处理深度的 1/3～1/2，且不宜小于 3m。当要求消除地基液化时，在基础外缘扩大宽度不应小于基底下可液化土层厚度的 1/2，且不宜小于 5m。对独立柱基，可采用柱下单点夯。

13.2.4 夯坑填料可采用块石、碎石、矿渣、工业废渣、建筑垃圾等坚硬粗颗粒材料，粒径大于 300mm 的颗粒含量不宜超过全重的 30%。

13.2.5 强夯置换有效加固深度为墩长和墩底压密土厚度之和，应根据现场试验或当地经验确定。在缺少试验资料或经验时，强夯置换深度应符合表 13.2.5 的规定。

表 13.2.5 强夯置换深度

夯击能(kN·m)	置换深度(m)	夯击能(kN·m)	置换深度(m)
3000	3～4	12000	8～9
6000	5～6	15000	9～10
8000	6～7	18000	10～11

13.2.6 夯点的夯击击数应通过现场试夯确定，试夯应符合下列要求：

1 墩长应达到设计墩长。

2 在起锤可行条件下,应多夯击少喂料,起锤困难时每次喂料宜为夯坑深度的 1/3～1/2。

3 累计夯沉量不应小于设计墩长的 1.5 倍～2.0 倍。

4 强夯置换墩收锤条件应符合表 13.2.6 的规定。

表 13.2.6 强夯置换墩收锤条件

单击夯击能 E(kN·m)	最后两击平均夯沉量(mm)
$E<4000$	50
$4000 \leqslant E<6000$	100
$6000 \leqslant E<8000$	150
$8000 \leqslant E<12000$	200
$12000 \leqslant E<15000$	250
$E \geqslant 15000$	300

13.2.7 夯击击数应根据地基土的性质确定,可采用点夯 1 遍～2 遍。对于渗透性较差的细颗粒土,夯击击数可适当增加,应最后再以低能量满夯 1 遍～2 遍,满夯可采用轻锤或低落距锤多次夯击,锤印搭接 1/3。

13.2.8 两遍夯击之间应有一定的时间间隔,间隔时间应取决于土中超静孔隙水压力的消散时间及挤密效果。当缺少实测资料时,可根据地基土的渗透性确定,对于渗透性较差的黏性土地基,间隔时间不应少于 2 周～4 周,对于渗透性好的地基可连续夯击。

13.2.9 夯点间距应根据荷载特点、墩体长度、墩体直径及基础形式等选定。墩体的计算直径可取夯锤直径的 1.1 倍～1.4 倍。

13.2.10 起夯面标高、夯坑回填方式和夯后标高应根据基础埋深和试夯时所测得的夯沉量确定。

13.2.11 墩顶应铺设一层厚度不小于 300mm 的压实垫层,垫层材料的粒径不宜大于 100mm。

13.2.12 确定软黏性土和墩间土硬层厚度小于 2m 的饱和粉土地基中强夯置换复合地基承载力特征值时,其竖向抗压承载力应通过现场单墩竖向抗压载荷试验确定。饱和粉土地基经强夯置换后墩间土能形成 2m 以上厚度硬层时,其竖向抗压承载力应通过单墩复合地基竖向抗压载荷试验确定。

13.2.13 强夯置换复合地基沉降可按本规范第 5.3.1 条～第 5.3.4 条的有关规定进行计算,并应符合现行国家标准《建筑地基基础设计规范》GB 50007 的有关规定。夯后有效加固深度范围内土层的变形模量应采用单墩载荷试验或单墩复合地基载荷试验确定的变形模量计算。

13.2.14 强夯置换墩未穿透软弱土层时,应按本规范公式(5.2.4)验算软弱下卧层承载力。

13.3 施 工

13.3.1 夯锤应根据土质情况、置换深度、加固要求和施工设备确定。夯锤质量可取 10t～60t。夯锤宜采用圆柱形,锤底面积宜按土层的性质确定,锤底静接地压力值可取 80kPa～300kPa。锤底面宜对称设置若干个与其顶面贯通的排气孔或侧面设置排气凹槽,孔径或槽径可取 250mm～400mm。

13.3.2 施工机械宜采用带有自动脱钩装置的履带式起重机或其他专用设备。采用履带式起重机时,可在臂杆端部设置辅助门架,或采取其他防止落锤时机械倾覆的安全措施。

13.3.3 夯坑内或场地积水宜及时排除。当场地地下水位较高,夯坑底积水影响施工时,应采取降低地下水位的措施。

13.3.4 强夯置换墩施工应按下列步骤进行:

1 应清理平整施工场地,当地表土松软机械无法走动时,宜铺设一定厚度的碎石或矿渣垫层。

2 应确定夯点位置,并应测量场地高程。

3 起重机应就位,夯锤应置于夯点位置。

4 应测量夯前锤顶高程或夯点周围地面高程。

5 应将夯锤起吊至预定高度,并应开启脱钩装置,应待夯锤脱钩自由下落后,放下吊钩,并应测量锤顶高程。在夯击过程中,当夯坑底面出现过大倾斜时,应向坑内较低处抛填料,整平夯坑,当夯点周围软土挤出影响施工时,应随时清理并在夯点周围铺垫填料,继续施工。

6 应按"由内而外,先中间后四周"和"单向前进"的原则完成全部夯点的施工,当周边有需要保护的建构筑物时,应由邻近建筑物开始夯击并逐渐向远处移动,当隆起过大时宜隔行跳打,收锤困难时宜分次夯击。

7 应推平场地,并应用低能量满夯,同时应将场地表层松土夯实,并应测量夯后场地高程。

8 应铺设垫层,并应分层碾压密实。

13.3.5 施工过程中应有专人负责下列监测工作:

1 夯前检查夯锤的重量和落距,确保单击夯击能符合设计要求。

2 夯前对夯点放线进行复核,夯完后检查夯坑位置,发现存在偏差或漏夯时,应及时纠正或补夯。

3 按设计要求检查每个夯点的夯击击数、每击的夯沉量和填料量。

4 施工前应查明周边地面及地下建(构)筑物的位置及标高等基本资料,当强夯置换施工所产生的振动对邻近建(构)筑物或设备会产生有害影响时,应进行振动监测,必要时应采取挖隔振沟等隔振或防振措施。

13.3.6 施工过程中的各项参数及相关情况应详细记录。

13.4 质 量 检 验

13.4.1 强夯置换墩施工过程中应随时检查施工记录和填料计量记录,并应对照规定的施工工艺对每个墩进行质量评定。不符合设计要求时应补夯或采取其他有效措施。

13.4.2 强夯置换施工中和结束后宜采用开挖检查、钻探、动力触探等方法,检验墩体直径和墩长。

13.4.3 强夯置换墩复合地基工程验收时,承载力检验除应采用单墩或单墩复合地基竖向抗压载荷试验外,尚应采用动力触探、多道瞬态面波法等检测地层承载力与密度随深度的变化。单墩竖向抗压载荷试验和单墩复合地基竖向抗压载荷试验应符合本规范附录 A 的有关规定,对缓变型 p-s 曲线承载力特征值应按相对变形值 $s/b=0.010$ 确定。

13.4.4 强夯置换墩复合地基的承载力检验,应在施工结束并间隔一定时间后进行,对粉土不宜少于 21d,黏性土不宜少于 28d。检验数量应由设计单位根据场地复杂程度和建筑物的重要性提出具体要求,检测点应在墩间和墩体均有布置。

14 刚性桩复合地基

14.1 一般规定

14.1.1 刚性桩复合地基适用于处理黏性土、粉土、砂土、素填土和黄土等土层。对淤泥、淤泥质土地基应按地区经验或现场试验确定其适用性。

14.1.2 刚性桩复合地基中的桩体可采用钢筋混凝土桩、素混凝土桩、预应力管桩、大直径薄壁筒桩、水泥粉煤灰碎石桩(CFG桩)、二灰混凝土桩和钢管桩等刚性桩。钢筋混凝土桩和素混凝土桩应包括现浇、预制、实体、空心,以及异形桩等。

14.1.3 刚性桩复合地基中的刚性桩应采用摩擦型桩。

14.2 设 计

14.2.1 刚性桩可只在基础范围内布置。桩的中心与基础边缘的距离不宜小于桩径的1倍；桩的边缘与基础边缘的距离，条形基础不宜小于75mm；其他基础形式不宜小于150mm。用于填土路堤和柔性面层堆载中时，布桩范围尚应考虑稳定性要求。

14.2.2 选择桩长时宜使桩端穿过压缩性相对较高的土层，进入压缩性相对较低的土层。

14.2.3 桩距应根据基础形式、复合地基承载力、土性、施工工艺、周围环境条件等确定。

14.2.4 刚性桩复合地基与基础之间应设置垫层，厚度宜取100mm～300mm，桩竖向抗压承载力高、桩径或桩距大时应取高值。垫层材料宜用中砂、粗砂、级配良好的砂石或碎石、灰土等，最大砂石粒径不宜大于30mm。

14.2.5 复合地基承载力特征值应通过复合地基竖向抗压载荷试验或综合单桩竖向抗压载荷试验和桩间土地基竖向抗压载荷试验确定。初步设计时也可按本规范公式(5.2.1-2)估算，其中 β_p 和 β_s 宜结合具体工程按地区经验进行取值，无地区经验时，β_p 可取 1.00，β_s 可取 0.65～0.90。

14.2.6 单桩竖向抗压承载力特征值(R_a)应通过现场载荷试验确定。初步设计时，可按本规范公式(5.2.2-1)估算由桩周土和桩端土的抗力可能提供的单桩竖向抗压承载力特征值，并应按本规范公式(5.2.2-2)验算桩身承载力。其中 α 可取 1.00，f_{cu} 应为桩体材料试块抗压强度平均值，η 可取 0.33～0.36，灌注桩或长桩时应用低值，预制桩时应取高值。

14.2.7 基础埋深较大时，尚应计及复合地基承载力经深度修正后导致桩顶增加的荷载，可根据地区桩土分担比经验值，计算单桩实际分担的荷载，可按本规范第14.2.6条的规定验算桩体强度。

14.2.8 刚性桩复合地基沉降宜按本规范第5.3.1条～第5.3.4条的有关规定进行计算。

沉降计算经验系数应根据当地沉降观测资料及经验确定，无经验时，宜符合表14.2.8规定的数值。

表14.2.8 沉降计算经验系数(ψ_s)

$\bar{E}_s$(MPa)	2.5	4.0	7.0	15.0	20.0
ψ_s	1.1	1.0	0.7	0.4	0.2

注：$\bar{E}_s$ 为地基变形计算深度范围内土的压缩模量当量值。

14.2.9 地基变形计算深度范围内土的压缩模量当量值，应按下式计算：

$$\bar{E}_s = \frac{\sum_{i=1}^{n} A_i}{\sum_{i=1}^{n} \frac{A_i}{E_{si}}} \tag{14.2.9}$$

式中：A_i——第 i 层土附加应力系数沿土层厚度的积分值；

$\bar{E}_{si}$——基础底面下第 i 层土的计算压缩模量(MPa)，桩长范围内的复合土层按复合土层的压缩模量取值。

14.3 施 工

14.3.1 刚性桩复合地基中刚性桩的施工，可根据现场条件及工程特点选用振动沉管灌注成桩、长螺旋钻与管内泵压混合料灌注成桩、泥浆护壁钻孔灌注成桩、锤击与静压预制成桩。当软土较厚且布桩较密，或周边环境有严格要求时，不宜选用振动沉管灌注成桩法。

14.3.2 各种成桩工艺除应符合现行行业标准《建筑桩基技术规范》JGJ 94 的有关规定外，尚应符合下列规定：

1 施工前应按设计要求在室内进行配合比试验，施工时应按配合比配置混合料。

2 沉管灌注成桩施工拔管速度应匀速，宜控制在 1.5m/min～2m/min，遇淤泥或淤泥质土时，拔管速度应取低值。

3 桩顶超灌高度不应小于0.5m。

4 成桩过程中，应抽样做混合料试块，每台机械一天应做一组(3块)试块，进行标准养护，并应测定其立方体抗压强度。

14.3.3 挖土和截桩时应注意对桩体及桩间土的保护，不得造成桩体开裂、桩间土扰动等。

14.3.4 垫层铺设宜采用静力压实法，当基础底面下桩间土的含水量较小时，也可采用动力夯实法，夯实后的垫层厚度与虚铺厚度的比值不得大于0.9。

14.3.5 施工桩体垂直度允许偏差为1%；对满堂布桩基础，桩位允许偏差为桩径的0.40倍；对条形基础，桩位允许偏差为桩径的0.25倍；对单排布桩位允许偏差应符合现行国家标准《建筑地基基础工程施工质量验收规范》GB 50202 的有关规定。

14.3.6 当周边环境对变形有严格要求时，成桩过程应采取减少对周边环境的影响的措施。

14.4 质 量 检 验

14.4.1 刚性桩施工过程中应随时检查施工记录，并应对照规定的施工工艺对每根桩进行质量评定。检查内容应为混合料坍落度、桩数、桩位偏差、垫层厚度、夯填度和桩体试块抗压强度。

14.4.2 桩体完整性应采用低应变动力测试检测，检验数量应由设计单位根据工程情况提出具体要求。

14.4.3 刚性桩复合地基工程验收时，承载力检验应符合下列规定：

1 应按本规范附录A的有关规定进行复合地基竖向抗压载荷试验。

2 有经验时，应分别进行单桩竖向抗压载荷试验和桩间土地基竖向抗压载荷试验，并可按本规范公式(5.2.1-2)计算复合地基承载力。

3 检验数量应符合设计要求。

14.4.4 素混凝土桩复合地基、水泥粉煤灰碎石桩复合地基、二灰混凝土桩复合地基竖向抗压载荷试验和单桩竖向抗压载荷试验，应在桩体强度满足加载要求，且施工结束28d后进行。

15 长-短桩复合地基

15.1 一 般 规 定

15.1.1 长-短桩复合地基适用于深厚淤泥、淤泥质土、黏性土、粉土、砂土、湿陷性黄土、可液化土等土层。

15.1.2 长-短桩复合地基的竖向增强体应由长桩和短桩组成，其中长桩宜采用刚性桩；短桩宜采用柔性桩或散体材料桩。

15.1.3 长-短桩复合地基中长桩宜支承在较好的土层上，短桩宜穿过浅层最软弱土层。

15.2 设 计

15.2.1 长-短桩复合地基的单桩竖向抗压承载力特征值应按现场单桩竖向抗压载荷试验确定，初步设计时可根据采用桩型按本规范的有关规定计算。

15.2.2 长-短桩复合地基承载力特征值可按本规范第5.2.5条的有关规定确定。

15.2.3 当短桩桩端位于软弱土层时，应按本规范公式(5.2.4)验算短桩桩端的复合地基承载力。

15.2.4 短桩桩端的复合地基承载力特征值可按本规范公式(5.2.1-1)或公式(5.2.1-2)估算，其中 m 应为长桩的置换率。

15.2.5 长-短桩复合地基沉降可按本规范第5.3.5条的有关规定进行计算。

15.2.6 长-短桩复合地基与基础间应设置垫层。垫层厚度可根据桩底持力层、桩间土性质、场地载荷情况综合确定，宜为100mm～

300mm。垫层材料宜采用最大粒径不大于 20mm 的中砂、粗砂、级配良好的砂石等。

15.2.7 长-短桩复合地基中桩的中心距应根据土质条件、复合地基承载力及沉降要求,以及施工工艺等综合确定,宜取桩径的 3 倍～6 倍;当长桩或短桩采用刚性桩,且采用挤土工艺成桩时,桩的最小中心距尚应符合本规范第 14.2.3 条的有关规定。短桩宜在各长桩中间及周边均匀布置。

15.3 施　工

15.3.1 长、短桩的施工顺序应根据所采用桩型的施工工艺、加固机理、挤土效应等确定。

15.3.2 长-短桩复合地基桩的施工应符合本规范有关同桩型桩施工的规定。

15.3.3 桩施工垂直度允许偏差为 1%。桩位允许偏差应符合现行国家标准《建筑地基基础工程施工质量验收规范》GB 50202 的有关规定。

15.3.4 垫层材料应通过级配试验进行试配。垫层厚度、铺设范围和夯填度应符合设计要求。

15.3.5 垫层施工不得在浸水条件下进行,当地下水位较高影响施工时,应采取降低地下水位的措施。

15.3.6 铺设垫层前应保证预留约 200mm 的土层,并应待铺设垫层时再人工开挖到设计标高。垫层底面应在同一标高上,深度不同时,应挖成阶梯或斜坡搭接,并也按先深后浅的顺序施工,搭接处应夯实。垫层竣工验收合格后,应及时进行基础施工与回填。

15.4 质量检验

15.4.1 长-短桩复合地基中长桩和短桩施工过程中应随时检查施工记录,并也对照规定的施工工艺对每根桩进行质量评定。

15.4.2 长-短桩复合地基中单桩质量检验应按本规范同桩型单桩质量检验有关规定进行。

15.4.3 长-短桩复合地基工程验收时,承载力检验应符合下列规定:

1 应按本规范附录 A 的有关规定进行复合地基竖向抗压载荷试验。

2 有经验时,应分别进行长桩竖向抗压载荷试验、短桩竖向抗压载荷试验和桩间土地基竖向抗压载荷试验,并可按本规范公式(5.2.5)计算复合地基承载力。

3 检验数量应符合设计要求。

16　桩网复合地基

16.1　一般规定

16.1.1 桩网复合地基适用于处理黏性土、粉土、砂土、淤泥、淤泥质土地基,也可用于处理新近填土、湿陷性土和欠固结淤泥等地基。

16.1.2 桩网复合地基应由刚性桩、桩帽、加筋层及垫层构成,可用于填土路堤、柔性面层堆场和机场跑道等构筑物的地基加固与处理。

16.1.3 设计前应通过勘察查明土层的分布和基本性质、各土层桩侧摩阻力和桩端阻力,以及判断土层的固结状态和湿陷性等特性。

16.1.4 桩的竖向抗压承载力应通过试桩绘制 p-s 曲线确定,并应作为设计的依据。

16.1.5 桩型可采用预制桩、就地灌注素混凝土桩、套管灌注桩等,应根据施工可行性、经济性等因素综合比较确定桩型。

16.1.6 桩网复合地基的桩间距、桩帽尺寸、加筋层的性能、垫层及填土层厚度,应根据地质条件、设计荷载和试桩结果综合分析确定。

16.2　设　计

16.2.1 桩径宜取 200mm～500mm,加固土层厚、软土性质差时宜取较大值。

16.2.2 桩网复合地基宜按正方形布桩,桩间距应根据设计荷载、单桩竖向抗压承载力计算确定,方案设计时可取桩径或边长的 5 倍～8 倍。

16.2.3 单桩竖向抗压承载力应通过试桩确定,在方案设计和初步设计阶段,单桩的竖向抗压承载力特征值应按现行行业标准《建筑桩基技术规范》JGJ 94 的有关规定计算。

16.2.4 当桩需要穿过松散填土层、欠固结软土层、自重湿陷性土层时,设计计算应计及负摩阻力的影响;单桩竖向抗压承载力特征值、桩体强度验算应符合下列规定:

1 对于摩擦型桩,可取中性点以上侧阻力为零,可按下式验算桩的抗压承载力特征值:

$$R_\text{a} \geqslant Ap_\text{k} \tag{16.2.4-1}$$

式中:R_a——单桩竖向抗压承载力特征值(kN),只记中性点以下部分侧阻值及端阻值;

p_k——相应于荷载效应标准组合时,作用在地基上的平均压力值(kPa);

A——单桩承担的地基处理面积(m²)。

2 对于端承型桩,应计及负摩擦引起基桩的下拉荷载 Q_n^g,并可按下式验算桩的竖向抗压承载力特征值:

$$R_\text{a} \geqslant Ap_\text{k} + Q_\text{n}^\text{g} \tag{16.2.4-2}$$

式中:Q_n^g——桩侧负摩阻力引起的下拉荷载标准值(kN),按现行行业标准《建筑桩基技术规范》JGJ 94 的有关规定计算。

3 桩身强度应符合本规范公式(5.2.2-2)的要求,其中 f_cu 应为桩体材料试块抗压强度平均值,η 可取 0.33～0.36,灌注桩或长桩时应用低值,预制桩应取高值。

16.2.5 桩网复合地基承载力特征值应通过复合地基竖向抗压载荷试验或综合桩体竖向抗压载荷试验和桩间土地基竖向抗压载荷试验,并应结合工程实践经验综合确定。当处理松散填土层、欠固结软土层、自重湿陷性土等有明显工后沉降的地基时,应根据单桩竖向抗压载荷试验结果,计及负摩阻力影响,确定复合地基承载力特征值。

16.2.6 当采用本规范公式(5.2.1-2)确定复合地基承载力特征值时,其中 β_p 可取 1.0;当加固桩属于端承型桩时,β_s 可取 0.1～0.4,当加固桩属于摩擦型桩时,β_s 可取 0.5～0.9,当处理对象为松散填土层、欠固结软土层、自重湿陷性土等有明显工后沉降的地基时,β_s 可取 0。

16.2.7 正方形布桩时,可采用正方形桩帽,桩帽上边缘应设 20mm 宽的 45°倒角。

16.2.8 采用钢筋混凝土桩帽时,其强度等级不应低于 C25,桩帽的尺寸和强度应符合下列规定:

1 桩帽面积与单桩处理面积之比宜取 15%～25%。

2 桩帽以上填土高度,应根据垫层厚度、土拱计算高度确定。

3 在荷载基本组合条件下,桩帽的截面承载力应满足抗弯和抗冲剪强度要求。

4 钢筋净保护层厚度宜取 50mm。

16.2.9 采用正方形布桩和正方形桩帽时,桩帽之间的土拱高度可按下式计算:

$$h = 0.707(S-a)/\tan\varphi \tag{16.2.9}$$

式中：h——土拱高度（m）；

   S——桩间距（m）；

   a——桩帽边长（m）；

   φ——填土的摩擦角，黏性土取综合摩擦角（°）。

16.2.10 桩帽以上的最小填土设计高度应按下式计算：

$$h_2 = 1.2(h - h_1) \qquad (16.2.10)$$

式中：h_2——垫层之上最小填土设计高度（m）；

   h_1——垫层厚度（m）。

16.2.11 加筋层设置在桩帽顶部，加筋的经纬方向宜分别平行于布桩的纵横方向，应选用双向抗拉性强、低蠕变性、耐老化型的土工格栅类材料。

16.2.12 当桩与地基土共同作用形成复合地基时，桩帽上部加筋体性能应按边坡稳定需要确定。当处理松散填土层、欠固结软土层、自重湿陷性土等有明显工后沉降的地基时，加筋体的性能应符合下列规定：

  1 加筋体的抗拉强度设计值（T）可按下式计算：

$$T \geqslant \frac{1.35\gamma_{cm} h(S^2 - a^2)\sqrt{(S-a)^2 + 4\Delta^2}}{32\Delta a}$$

$$(16.2.12-1)$$

式中：T——加筋体抗拉强度设计值（kN/m）；

   γ_{cm}——桩帽之上填土的平均重度（kN/m³）；

   Δ——加筋体的下垂高度（m），可取桩间距的 1/10，最大不宜超过 0.2m。

  2 加筋体的强度和对应的应变率应与允许下垂高度值相匹配，宜选取加筋体设计抗拉强度对应应变率为 4%～6%，蠕变应变率应小于 2%。

  3 当需要铺设双层加筋体时，两层加筋应选同种材料，铺设竖向距离宜取 0.1m～0.2m，两层加筋体之间应铺设垫层同种材料，两层加筋体的抗拉强度宜按下式计算：

$$T = T_1 + 0.6T_2 \qquad (16.2.12-2)$$

式中：T——加筋体抗拉强度设计值（kN/m）；

   T_1——桩帽之上第一层加筋体的抗拉强度设计值（kN/m）；

   T_2——第二层加筋体的抗拉强度设计值（kN/m）。

16.2.13 垫层应铺设在加筋体之上，应选用碎石、卵石、砾石，最小粒径应大于加筋体的孔径，最大粒径应小于 50mm；垫层厚度（h_1）宜取 200mm～300mm。

16.2.14 垫层之上的填土材料可选用碎石、无黏性土、砂质土等，不得采用塑性指数大于 17 的黏性土、垃圾土、混有有机质或淤泥的土类。

16.2.15 桩网复合地基沉降（s）由加固区复合土层压缩变形量（s_1）、加固区下卧土层压缩变形量（s_2），以及桩帽以上垫层和土层的压缩变形量（s_3）组成，宜按下式计算：

$$s = s_1 + s_2 + s_3 \qquad (16.2.15)$$

16.2.16 各沉降分量可按下列规定取值：

  1 加固区复合土层压缩变形量（s_1），可按本规范公式（5.3.2-1）计算，当采用刚性桩时可忽略不计。

  2 加固区下卧土层压缩变形量（s_2），可按本规范公式（5.3.3）计算，需计及桩侧负摩阻力时，桩底土层沉降计算荷载应计入下拉荷载 Q_g^n。

  3 桩土共同作用形成复合地基时，桩帽以上垫层和填土层的变形应在施工期完成，在计算工后沉降时可忽略不计。

  4 处理松散填土层、欠固结软土层、自重湿陷性土等有明显工后沉降的地基时，桩帽以上的垫层和土层的压缩变形量（s_3）可按下式计算：

$$s_3 = \frac{\Delta(S-a)(S+2a)}{2S^2} \qquad (16.2.16)$$

16.3 施 工

16.3.1 预制桩可选用打入法或静压法沉桩，灌注桩可选用沉管灌注、长螺旋钻孔灌注、长螺旋压浆灌注、钻孔灌注等施工方法。

16.3.2 持力层位置和设计桩长应根据地质资料和试桩结果确定，灌注桩施工应根据揭示的地层和工艺试桩结果综合判断控制施工桩长。饱和黏土地层预制桩沉桩施工时，应以设计桩长控制为主，工艺试桩确定的收锤标准或压桩力控制为辅的方法控制施工桩长。

16.3.3 饱和软土地层挤土桩施工应选择合适的施工顺序，并应减少挤土效应，应加强对相邻已施工桩及施工场地周围环境的监测。

16.3.4 加筋层的施工应符合下列要求：

  1 材料的运输、储存和铺设应避免阳光曝晒。

  2 应选用较大幅宽的加筋体，两幅拼接时接头强度不应小于原有强度的 70%；接头宜布置在桩帽上，重叠宽度不得小于 300mm。

  3 铺设时地面应平整，不得有尖锐物体。

  4 加筋体铺设应平整，应用编织袋装砂（土）压住。

  5 加筋体的经纬方向与桩的纵横方向应相同。

16.3.5 桩帽宜现浇，预制时，应采取对中措施。桩帽之间应采用砂土、石屑等回填。

16.3.6 加筋体之上铺设的垫层应选用强度较高的碎石、卵砾石填料，不得混有泥土和石屑，碎石最小粒径应大于加筋体孔径，应铺设平整。铺设厚度小于 300mm 时，可不作碾压，300mm 以上时应分层静压压实。

16.3.7 垫层以上的填土，应分层压实，压实度应达到设计要求。

16.4 质 量 检 验

16.4.1 桩网复合地基中桩、桩帽和加筋网的施工过程中，应随时检查施工记录，并应对照规定的施工工艺逐项进行质量评定。

16.4.2 桩的质量检验，应符合下列规定：

  1 就地灌注桩应在成桩 28d 后进行质量检验，预制桩宜在施工 7d 后检验。

  2 应挖出所有桩头检验桩数，并应随机选取 5% 的桩检验桩位、桩距和桩径。

  3 应随机选取总桩数的 10% 进行低应变试验，并应检验桩体完整性和桩长。

  4 应随机选取总桩数的 0.2%，且每个单体工程不应少于 3 根桩进行静载试验。

  5 对灌注桩的质量存疑时，应进行抽芯检验，并应检查完整性、桩长和混凝土的强度。

16.4.3 桩的质量标准应符合下列规定：

  1 桩位和桩距的允许偏差为 50mm，桩径允许偏差为 ±5%。

  2 低应变检测Ⅲ类或好于Ⅱ类桩应超过被检验数的 70%。

  3 桩长的允许偏差为 ±200mm。

  4 静载试验单桩竖向抗压承载力极限值不应小于设计单桩竖向抗压承载力特征值的 2 倍。

  5 抽芯试验的抗压强度不应小于设计混凝土强度的 70%。

16.4.4 加筋体的检测与检验应包括下列内容：

  1 各向抗拉强度，以及与抗拉强度设计值对应的材料应变率。

  2 材料的单位面积重量、幅宽、厚度、孔径尺寸等。

  3 抗老化性能。

  4 对于不了解性能的新材料，应测试在拉力等于 70% 设计抗拉强度条件下的蠕变性能。

17 复合地基监测与检测要点

17.1 一般规定

17.1.1 复合地基设计内容应包括监测和检测要求。

17.1.2 施工单位应综合复合地基监测和检测情况评价地基处理效果,指导施工,调整设计。

17.2 监测

17.2.1 采用复合地基的工程应进行监测,并应监测至监测指标达到稳定标准。

17.2.2 监测设计人员应根据工程情况、监测目的、监测要求等制定监测实施方案,选择合理的监测仪器、仪器安装方法,采取妥当的仪器保护措施,遵循合理的监控流程。

17.2.3 监测设计人员应根据工程具体情况设计监测断面或监测点、监测项目、监测手段、监测数量、监测周期和监测频率等。

17.2.4 监测人员应根据施工进度采取合适的监测频率,并应根据施工、指标变化和环境变化等情况,动态调整监控频率。

17.2.5 复合地基应进行沉降监测,重要工程、试验工程、新型复合地基等宜监测桩土荷载分担情况。填土路堤和柔性面层堆场等工程的复合地基除应监测地表沉降,稳定性差的工程还应监测侧向位移,沉降缓慢时宜监测孔隙水压力,可监测分层沉降。

17.2.6 采用复合地基处理的坡地、岸边应监测侧向位移,宜监测地表沉降。

17.2.7 对周围环境可能产生挤压等不利影响的工程,应监测地表沉降、侧向位移,软黏土土层宜监测孔隙水压力。对周围环境振动显著时,应进行振动监测。

17.2.8 监测时应记录施工、周边环境变化等情况。监测结果应及时反馈给设计、施工。

17.3 检测

17.3.1 复合地基检测内容应根据工程特点确定,宜包括复合地基承载力、变形参数、增强体质量、桩间土和下卧土层变化等。复合地基检测内容和要求应由设计单位根据工程具体情况确定,并应符合下列规定:

    1 复合地基检测应注重竖向增强体质量检验。

    2 具有挤密效果的复合地基,应检测桩间土挤密效果。

17.3.2 设计人员应调查和收集被检测工程的岩土工程勘察资料、地基基础设计及施工资料,了解施工工艺和施工中出现的异常情况等。

17.3.3 施工人员应根据检测目的、工程特点和调查结果,选择检测方法,制订检测方案,宜采用不少于两种检测方法进行综合质量检验,并应符合先简后繁、先粗后细、先面后点的原则。

17.3.4 抽检比例、质量评定等均应以检验批为基准,同一检验批的复合地基地质条件应相近,设计参数和施工工艺应相同,应根据工程特点确定抽检比例,但每个检验批的检验数量不得小于3个。

17.3.5 复合地基检测应在竖向增强体及其周围土体物理力学指标基本稳定后进行,地基处理施工完毕至检测的间隔时间可根据工程特点确定。

17.3.6 复合地基检测抽检位置的确定应符合下列规定:

    1 施工出现异常情况的部位。

    2 设计认为重要的部位。

    3 局部岩土特性复杂可能影响施工质量的部位。

    4 当采用两种或两种以上检测方法时,应根据前一种方法的检测结果确定后一种方法的检测位置。

    5 同一检验批的抽检位置宜均匀分布。

17.3.7 当检测结果不满足设计要求时,应查找原因,必要时应采用原检测方法或准确度更高的检测方法扩大抽检,扩大抽检的数量宜按不满足设计要求的检测点数加倍扩大抽检。

附录 A 竖向抗压载荷试验要点

A.0.1 本试验要点适用于单桩(墩)竖向抗压载荷试验、单桩(墩)复合地基竖向抗压载荷试验和多桩(墩)复合地基竖向抗压载荷试验。

A.0.2 进行竖向抗压载荷试验前,应采用合适的检测方法对复合地基桩(墩)施工质量进行检验,必要时应对桩(墩)间土进行检验,应根据检验结果确定竖向抗压载荷试验点。

A.0.3 单桩(墩)竖向抗压载荷试验承压板面积应等于受检桩(墩)截面积,复合地基平板载荷试验的承压板面积应等于受检桩(墩)所承担的处理面积,桩(墩)的中心或多桩(墩)的形心应与承压板形心保持一致,且形状宜与受检桩(墩)布桩形式匹配。承压板可采用钢板或混凝土板,其结构和刚度应保证最大荷载下承压板不翘曲和不开裂。

A.0.4 试坑底宽不应小于承压板宽度或直径的3倍,基准梁及加荷平台支点(或锚桩)宜设在试坑以外,且与承压板边的净距不应小于承压板宽度或直径,并不应小于2m。竖向桩(墩)顶面标高应与设计标高相适应,应采取避免地基土扰动和含水量变化的措施。在地下水位以下进行试验时,应事先将水位降至试验标高以下,安装设备,并应待水位恢复后再进行加荷试验。

A.0.5 找平桩(墩)的中粗砂厚度不宜大于20mm。复合地基平板载荷试验应在承压板下设50mm~150mm的中粗砂垫层。有条件时,复合地基平板载荷试验垫层厚度、材料宜与设计相同,垫层应在整个试坑内铺设并夯压至设计夯实度。

A.0.6 当采用1台以上千斤顶加载时,千斤顶规格、型号应相同,合力应与承压板中心在同一铅垂线上,且应并联同步工作。加载时最大工作压力不应大于油泵、压力表及油管额定工作压力的80%。荷载量测宜采用荷载传感器直接测定,传感器的测量误差为±1%,应采用自动稳压装置,每级荷载在维持过程中变化幅度应小于该级荷载增量的10%,应在承压板两个方向对称安装4个位移量测仪表。

A.0.7 最大试验荷载宜按预估的极限承载力且不小于设计承载力特征值的2.67倍确定。加载分级不应少于8级。正式试验前宜按最大试验荷载的5%~10%预压,垫层较厚时宜增大预压荷载,并应卸载至零后再正式试验。加载反力应为最大试验荷载的1.20倍,采用压重平台反力装置时应在试验前一次均匀堆载完毕。

A.0.8 每级加载后,应按间隔10、10、10、15、15min,以后每级30min测读一次沉降,当连续2h的沉降速率不大于0.1mm/h时,可加下一级荷载。

处理软黏土地基的柔性桩多桩复合地基竖向抗压载荷试验、散体材料桩(墩)复合地基竖向抗压载荷试验时,可根据经验适当放大相对稳定标准。

A.0.9 单桩(墩)竖向抗压载荷试验出现下列情况之一时,可终止试验:

    1 在某级荷载下,s-$\lg t$曲线尾部出现明显向下曲折。

    2 在某级荷载下的沉降量大于前级沉降量的2倍,并经24h沉降速率未能达到相对稳定标准。

    3 在某级荷载下的沉降量大于前级沉降量的5倍,且总沉降量不小于40mm。

    4 相对沉降大于或等于0.10,且不小于100mm。

5 总加载量已经达到预定的最大试验荷载。

6 为设计提供依据的试验桩,应加载至破坏。

A.0.10 复合地基竖向抗压载荷试验出现以下情况之一时,可终止试验:

1 承压板周围隆起或产生破坏性裂缝。

2 在某级荷载下的沉降量大于前级沉降量的 2 倍,并经 24h 沉降速率未能达到相对稳定标准。

3 在某荷载下的沉降量大于前级沉降量的 5 倍,p-s 曲线出现陡降段,且总沉降量不小于承压板边长(直径)的 4%。

4 相对沉降大于或等于 0.10。

5 总加载量已经达到预定的最大试验荷载。

A.0.11 卸载级数可为加载级数的 1/2,应等量进行,每卸一级,应间隔 30min,读记回弹量,待卸完全部荷载后应间隔 3h 读记总回弹量。

A.0.12 单桩(墩)竖向抗压极限承载力可按下列方法综合确定:

1 可取第 A.0.9 条第 1 款~第 3 款对应荷载前级荷载。

2 p-s 曲线为缓变型时,可采用总沉降或相对沉降确定,总沉降或相对沉降应根据桩(墩)类型、地区或行业经验、工程特点等确定,总沉降可取 40mm~60mm,直径大于 800mm 时相对沉降可取 0.05~0.07,长细比大于 80 的柔性桩、散体材料桩宜取大值。

A.0.13 单桩(墩)竖向抗压承载力特征值,可按下列方法综合确定:

1 刚性桩单桩(墩)p-s 曲线比例界限荷载不大于极限荷载的 1/2 时,刚性桩竖向抗压承载力特征值可取比例界限荷载。

2 刚性桩单桩(墩)p-s 曲线比例界限荷载大于极限荷载的 1/2 时,刚性桩竖向抗压承载力特征值可取极限荷载除以安全系数 2。

A.0.14 复合地基极限荷载可取本规范第 A.0.10 条第 1 款~第 3 款对应荷载前级荷载。单点承载力特征值可按下列方法综合确定:

1 极限荷载应除以 2~3 的安全系数,安全系数取值应根据行业或地区经验、工程特点确定。

2 p-s 曲线为缓变型时,可采用相对沉降确定,按照相对沉降确定的承载力特征值不应大于最大试验荷载的 1/2。相对沉降值应根据桩(墩)类型、地区或行业经验、工程特点等确定,并应符合下列规定:

1)散体材料桩(墩)可取 0.010~0.020,桩间土压缩性高时取大值;

2)石灰桩可取 0.010~0.015;

3)灰土挤密桩可取 0.008;

4)深层搅拌桩、旋喷桩可取 0.005~0.010,桩间土为淤泥时取小值;

5)夯实水泥土桩可取 0.008~0.01;

6)刚性桩可取 0.008~0.01。

A.0.15 一个检验批参加统计的试验点不应少于 3 点,承载力极差不超过平均值的 30% 时,可取其平均值作为承载力特征值。

当极差超过平均值的 30% 时,应分析原因,并结合工程具体情况综合确定,必要时可增加试验点数量。

本规范用词说明

1 为便于在执行本规范条文时区别对待,对要求严格程度不同的用词说明如下:

1)表示很严格,非这样做不可的:
正面词采用"必须",反面词采用"严禁";

2)表示严格,在正常情况下均应这样做的:
正面词采用"应",反面词采用"不应"或"不得";

3)表示允许稍有选择,在条件许可时首先应这样做的:
正面词采用"宜",反面词采用"不宜";

4)表示有选择,在一定条件下可以这样做的,采用"可"。

2 条文中指明应按其他有关标准执行的写法为:"应符合……的规定"或"应按……执行"。

引用标准名录

《建筑地基基础设计规范》GB 50007
《建筑结构荷载规范》GB 50009
《建筑抗震设计规范》GB 50011
《建筑地基基础施工质量验收规范》GB 50202
《建筑桩基技术规范》JGJ 94

中华人民共和国国家标准

复合地基技术规范

GB/T 50783—2012

条 文 说 明

制 订 说 明

《复合地基技术规范》GB/T 50783—2012，经住房和城乡建设部 2012 年 10 月 11 日以第 1486 号公告批准发布。

本规范制定过程中，编制组进行了广泛的调查研究，总结了我国复合地基设计、施工和质量检验的实践经验，同时参考了国外先进技术法规、技术标准，通过试验以及实践经验给出了设计和施工重要技术参数。

为便于广大设计、施工、科研、学校等单位有关人员在使用本标准时能正确理解和执行条文规定，《复合地基技术规范》编制组按章、节、条顺序编制了本标准的条文说明，对条文规定的目的、依据以及执行中需注意的有关事项进行了说明。但是，本条文说明不具备与标准正文同等的法律效力，仅供使用者作为理解和把握标准规定的参考。

目　次

1 总 则

1.0.1 根据在地基中设置增强体的方向不同，复合地基可分为竖向增强体复合地基和水平向增强体复合地基两大类，考虑到水平向增强体复合地基工程实践积累较少，本规范未包含水平向增强体复合地基，只包括常用的各种竖向增强体复合地基。

1.0.2 随着地基处理技术和复合地基理论的发展，近些年来，复合地基技术在我国房屋建筑（包括高层建筑）、高等级公路、铁路、堆场、机场、堤坝等土木工程建设中得到广泛应用。本规范邀请建筑、公路、铁路、市政、机场、堤坝等土木工程领域从事复合地基设计、施工的专家编写，总结了上述土木工程领域应用复合地基的经验。本规范适用于建筑、交通、铁道、水利、市政等工程中复合地基的设计、施工及质量检验。

1.0.3 岩土问题分析应详细了解场地工程地质和水文地质条件，了解土层形成年代和成因，掌握土的工程性质，运用土力学基本概念，结合工程经验，进行计算分析。由于岩土工程分析中计算条件的模糊性和信息的不完全性，单纯力学计算不能解决实际问题，需要岩土工程师在计算分析结果和工程经验类比的基础上综合判断，所以复合地基设计注重概念设计。复合地基设计应在充分了解功能要求和掌握必要资料的基础上，通过设计条件的概化，先定性分析，再定量分析，从技术方法的适宜性和有效性、施工的可操作性、质量的可控制性、环境限制和可能产生的负面影响，以及经济性等多方面进行论证，然后选择一个或几个方案，进行必要的计算和验算，通过比较分析，逐步完善设计。

2 术语和符号

2.1 术 语

2.1.1 复合地基是一个新概念。20 世纪 60 年代国外开始采用碎石桩加固地基，并将加固后地基称为复合地基。改革开放后，我国引进碎石桩等许多地基处理新技术，同时引进了复合地基概念。复合地基最初是指采用碎石桩加固形成的人工地基，随着复合地基技术在我国土木工程建设中推广应用，复合地基理论得到很大的发展。随着搅拌桩加固技术在工程中的应用，发展了水泥土桩复合地基的概念。碎石桩是散体材料桩，水泥土桩是黏结材料桩。水泥土桩复合地基的应用促进了柔性桩复合地基理论发展。随着混凝土桩复合地基的应用，形成刚性桩复合地基概念，复合地基概念得到进一步的发展。如果将由碎石桩等散体材料桩形成的人工地基称为狭义复合地基，则将包括散体材料桩、各种刚度的黏结材料桩形成的人工地基，以及各种形式的长-短桩复合地基称为广义复合地基。随着复合地基概念的发展和复合地基技术应用的扩大，发展形成了广义复合地基理论。本规范是基于广义复合地基理论编写的。

2.1.4、2.1.5 桩的刚柔是相对的，不能只由桩体模量确定。桩的刚柔主要与桩土模量比和桩的长细比有关，可按桩土相对刚度来进行分类。桩土相对刚度可按下式计算：

$$K = \sqrt{\frac{E_p}{G_s}} \frac{r}{l} \tag{1}$$

式中：E_p——桩体压缩模量（MPa）；

G_s——桩间土剪切模量（MPa）；

l——桩长（m）；

r——桩体半径（m）。

有人建议当 K 大于 1 时可视为刚性桩，小于 1 时可视为柔性桩。在工程上刚性桩和柔性桩没有严格的界限。

2.1.17 工程设计人员应重视桩网复合地基和桩承堤的区别。在桩承堤中荷载通过拱作用和土工格栅加筋垫层作用，加筋垫层下桩间土不直接参与承担荷载，荷载全部由桩承担。桩承堤中的桩应是端承刚性桩。桩网复合地基中加筋垫层下桩间土直接参与承担荷载，荷载由桩和桩间土共同承担，桩网复合地基中的桩应是摩擦型桩。本规范将桩网复合地基和桩承堤的设计统一起来，也可应用于桩承堤设计和施工。

2.1.20 桩土应力比是均值概念。在荷载作用下，桩间土地基和桩体上的应力不可能是均匀分布的。因此，定点测量可能带来较大误差。桩土应力比的影响因素很多，如桩土模量比、置换率、荷载形式与荷载水平、作用时间，以及基础刚度等。在复合地基设计中将桩土应力比作为设计参数较难把握。

3 基 本 规 定

3.0.2 复合地基形式很多，合理选用复合地基形式可以取得较好的社会效益和经济效益。复合地基形式选用应遵守下列原则：

1 坚持具体工程具体分析和因地制宜的选用原则。根据场地工程地质条件、工程类型、荷载水平，以及使用要求，进行综合分析，还应考虑充分利用地方材料，合理选用复合地基形式。

2 散体材料桩复合地基主要适用于在设置桩体过程中桩间土能够振密挤密，桩间土的强度能得到较大提高的砂性土地基。对饱和软黏土地基，采用散体材料桩复合地基加固，加固后承载力提高幅度不大，而且可能产生较大的工后沉降，应慎用。

3 对深厚软土地基，为了减小复合地基的沉降量，应采用较长的桩体，尽量减小加固区下卧土层的压缩量。可采用刚度较大的桩体形成复合地基，也可采用长-短桩复合地基。

3.0.3 本条强调对位于坡地、岸边的各类工程中的复合地基，以及填土路堤和柔性面层堆场等工程中的复合地基除应进行承载力和沉降计算外，还非常有必要进行稳定分析。满足规范规程中地基承载力要求的并不一定能满足地基稳定性要求。

3.0.4 复合地基中桩和桩间土共同直接承担荷载是形成复合地基的必要条件，在复合地基设计中要充分重视，予以保证。在荷载作用下，桩体和桩间土是否能够共同直接承担上部结构传来的荷载是有条件的，即复合地基的形成是有条件的，下面作简要分析（图 1）。

图 1 中 $E_p > E_{s1}, E_p > E_{s2}, E_p > E_{s3}$ 散体材料桩在荷载作用下产生侧向鼓胀变形，能够保证桩体和桩间土共同直接承担上部结构传来的荷载。因此当竖向增强体为散体材料桩时，各种情况均可满足桩和桩间土共同直接承担上部荷载。然而，当竖向增强体为黏结材料桩时情况就不同了。不设垫层，桩端落在可压缩层[图 1(a)]，荷载作用下，桩和桩间土沉降量相同，则可保证桩和桩间土共同直接承担荷载。桩落在不可压缩层上，在基础下设置一定厚度的柔性垫层[图 1(b)]，在荷载作用下，通过基础下柔性垫层的协调，也可保证桩和桩间土共同承担荷载。但需要注意分析柔性垫层对桩和桩间土的差异变形的协调能力，以及桩和桩间土之间可能产生的最大差异变形两者的关系。如果桩和桩间土之间可能产生的最大差异变形超过柔性垫层对桩和桩间土的差异变形的协调能力，那么虽然在基础下设置了一定厚度的柔性垫层，在荷载作用下，也不能保证桩和桩间土始终共同直接承担荷载。当桩落在不可压缩层上，而且未设置垫层[图 1(c)]，在荷载作用下，开始

时桩和桩间土中的竖向应力大小大致上按两者的模量比分配,但是随着土体产生蠕变,土中应力不断减小,而桩中应力逐渐增大,荷载逐渐向桩上转移。若 $E_p \gg E_{s1}$,则桩间土承担的荷载比例极小。特别是遇到地下水位下降等情况,桩间土体进一步压缩,桩间土可能不再承担荷载。在这种情况下桩与桩间土难以共同直接承担荷载,也就是说桩和桩间土不能形成复合地基以共同承担上部荷载。当复合地基中增强体穿透最薄弱土层,落在相对好的土层上[图 1(d)],$E_{s3} > E_{s1}$,在这种情况下,应重视 E_p、E_{s1} 和 E_{s3} 三者之间的关系,保证在荷载作用下桩和桩间土通过变形协调共同承担荷载。因此采用黏结材料桩,特别是刚性桩形成的复合地基需要重视复合地基形成条件分析。

在实际工程中如果桩和桩间土不能满足复合地基形成条件,而以复合地基理念进行设计是不安全的。把不能直接承担荷载的桩间土地基承载力计算在内,高估了复合地基承载能力,降低了安全度,可能造成工程事故,应引起设计人员的充分重视。

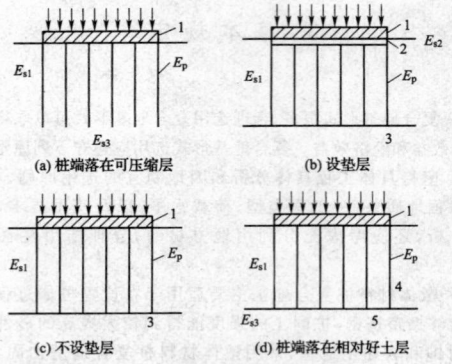

(a) 桩端落在可压缩层　　(b) 设垫层

(c) 不设垫层　　(d) 桩端落在相对好土层

图 1　复合地基形成条件示意

1—刚性基础;2—垫层;3—不可压缩层;4—软弱土层;5—相对好土层;
E_p—桩体压缩模量;E_{s1}—桩间土压缩模量;
E_{s2}—垫层压缩模量;E_{s3}—下卧层压缩模量

3.0.6 复合地基设计中一定要重视上部结构、基础和复合地基的共同作用。复合地基是通过一定的沉降量使桩和桩间土共同承担荷载,设计中要重视沉降可能对上部结构产生的不良影响。

基础刚度对复合地基的破坏模式、承载力和沉降有重要影响。一般情况下,当处于极限状态时,混凝土基础下桩体复合地基中桩先发生破坏,而填土路堤和柔性面层堆场下桩体复合地基中桩间土先发生破坏。混凝土基础下桩体复合地基承载力大于填土路堤和柔性面层堆场下桩体复合地基承载力。荷载水平相同时,混凝土基础下桩体复合地基的沉降小于填土路堤和柔性面层堆场下桩体复合地基的沉降。

为了探讨基础刚度对复合地基性状的影响,吴慧明采用现场试验研究和数值分析方法对基础刚度对复合地基性状的影响作了分析(图 2)。试验内容包括:①原状土地基承载力试验;②单桩竖向抗压承载力试验;③刚性板下复合地基承载力试验(置换率 m=15%);④原地堆砂荷载下复合地基承载力试验(置换率 m=15%)。试验研究表明基础刚度对复合地基性状影响明显,主要结论如下:

1　原地堆砂荷载下和刚性板下桩体复合地基的破坏模式不同。当荷载不断增大时,原地堆砂荷载下复合地基中土体先产生破坏,而刚性板下复合地基中桩体先产生破坏。

2　在相同的条件下,原地堆砂荷载下复合地基的沉降量比刚性板下复合地基沉降要大,而承载力要小。

3　复合地基各种参数都相同的情况下,复合地基的桩土荷载分担比随基础刚度变小而减小,也就是说混凝土基础下复合地基中桩体承担的荷载比例要比填土路堤和柔性面层堆场下复合地基中桩体承担的荷载比例大。

4　为了提高填土路堤和柔性面层堆场下复合地基桩土荷载分担比,提高复合地基承载力,减小复合地基沉降,可在复合地基上设置刚度较大的垫层,如灰土垫层,土工格栅碎石垫层等。

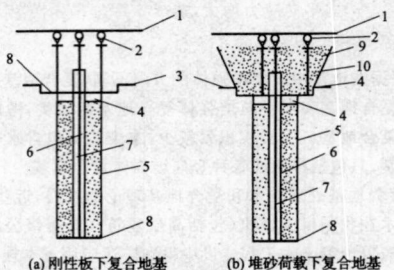

(a) 刚性板下复合地基　　(b) 堆砂荷载下复合地基

图 2　现场模型试验的示意

1—基准梁;2—百分表;3—原地面;4—传感器;5—水泥土桩;
6—PVC 管;7—钢筋;8—钢板;9—砂;10—木斗

3.0.8 按沉降控制设计理论是近年发展的新理念,对复合地基设计更有意义。下面先介绍按沉降控制设计理论,然后再讨论复合地基按沉降控制设计。

按沉降控制设计是相对于按承载力控制设计而言的。事实上无论按承载力控制设计还是按沉降控制设计都要满足承载力的要求和小于某一沉降量的要求。按沉降控制设计和按承载力控制设计的区别在于:在按承载力控制设计中,宜先按符合承载力要求进行设计,然后再验算沉降量是否满足要求。如果地基承载力不能满足要求,或验算沉降量不能满足要求,再修改设计方案。而在按沉降控制设计中,宜先按满足沉降要求进行设计,然后再验算承载力是否满足要求。下面通过一实例分析说明按沉降控制设计的思路。例如:某工程采用浅基础时地基是稳定的,但沉降量达500mm,不能满足要求。现采用 250mm×250mm 方桩,桩长 15m。布桩 200 根时沉降量为 50mm,布桩 150 根时沉降为 70mm,布桩 100 根时沉降为 120mm,布桩 50 根时沉降量 250mm(图 3)。若设计要求的沉降量小于 150mm,则布桩大于 90 根即可满足要求。从该例可看出按沉降量控制设计的实质及设计思路。

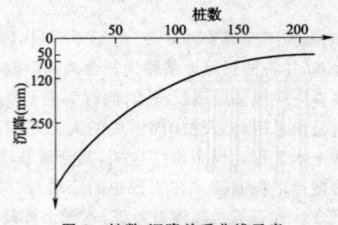

图 3　桩数-沉降关系曲线示意

桩数与相应的沉降量之间的关系,实际上也可以反映工程费用与相应的沉降量之间的关系。减小沉降量意味着增加工程费用。于是按沉降控制设计可以合理控制工程费用。按沉降控制设计思路特别适用于深厚软弱地基上复合地基设计。

按沉降控制设计要求设计人员更好地掌握沉降计算理论,总结工程经验,提高沉降计算精度,进行优化设计。

3.0.9 在混凝土基础下的复合地基上设置垫层和在填土路堤和柔性面层堆场下的复合地基上设置垫层性状和要求是不同的。是否设置垫层和垫层厚度应通过技术、经济综合分析后确定。

混凝土基础下复合地基上的垫层宜采用 100mm～500mm 的砂石垫层[图 4(a)],当桩土相对刚度较小时取小值。由于砂石垫层的存在,桩间土单元 A1 中的附加应力比桩间土单元 A2 中的大,而桩体单元 B1 中的竖向应力比桩体单元 B2 中的小。也就是说设置垫层可减小桩土荷载分担比。另外,由于砂石垫层的存在,桩间土单元 A1 中的水平向应力比桩间土单元 A2 中的要大,桩体单元 B1 中的水平向应力比桩体单元 B2 也要大。由此可得出:由于砂石垫层的存在,使桩体单元 B1 中的最大剪应力比桩体单元 B2 中的要小得多。换句话说,砂石垫层的存在使桩体上端部分中竖向应力减小,水平向应力增大,造成该部分桩体中剪应力减小,有效改善了桩体的受力状态。

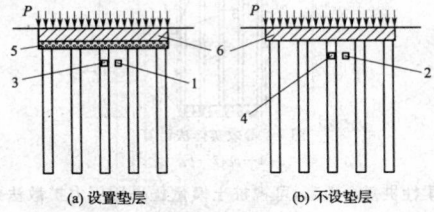

图 4 混凝土基础下复合地基示意
1—桩间土单元 A1;2—桩间土单元 A2;3—桩体单元 B1;
4—桩体单元 B2;5—砂石垫层;6—刚性基础

从上面的分析可以看到,混凝土基础下复合地基中设置砂石垫层,一方面可以增加桩间土承担荷载的比例,充分利用桩间土地基承载能力;另一方面可以改善桩体上端的受力状态,这对低强度桩复合地基是很有意义的。

混凝土基础下采用黏结材料桩复合地基形式时,视桩土相对刚度大小决定在复合地基上是否设置垫层。桩土相对刚度较大,而且桩体强度较小时,应设置垫层。通过设置柔性垫层可有效减小桩土应力比,改善接近桩顶部分桩体的受力状态。混凝土基础下黏结材料桩复合地基桩土相对刚度较小,或桩体强度足够时,也可不设置垫层。混凝土基础下设置砂石垫层对复合地基性状的影响程度与垫层厚度有关。以桩土荷载分担比为例,垫层厚度愈厚,桩土荷载分担比愈小。但当垫层厚度达到一定数值后,仍继续增加,桩土荷载分担比并不会继续减小。

与混凝土基础下设置柔性砂石垫层作用相反,在填土路堤和柔性面层堆场下的复合地基上设置刚度较大的垫层,可有效增加桩体承担荷载的比例,发挥桩的承载能力,提高复合地基承载力,有效减小复合地基的沉降。可采用灰土垫层、土工格栅加筋垫层、碎石垫层等。

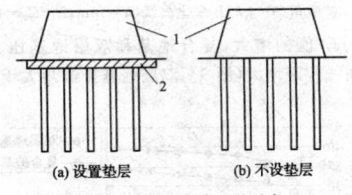

图 5 路堤下复合地基示意
1—路堤;2—土工格栅加筋垫层

4 复合地基勘察要点

4.0.1 根据附近场地已有地质资料或初步勘察成果确定是否采用复合地基方案及可能的增强体类型,因此本规范中勘察要点主要针对详勘阶段或补充阶段勘察。为了增强勘察工作的针对性和目的性,勘察要求可由设计人员制订或确认。

4.0.2 承受竖向荷载的复合地基控制性勘探孔深度,对中~低压缩性土可取地基附加应力小于或等于上覆土层有效自重应力 20% 的深度,对高压缩性土可取地基附加应力小于或等于上覆土层有效自重应力 10% 的深度。需验算地基稳定性的工程勘探孔深度应超过最危险滑动面 5m 或穿透软弱土层进入硬土层 3m。

4.0.3 软黏土含水量高于 70%,不排水抗剪强度小于 15kPa 时,

散体材料桩(墩)或灌注桩扩孔严重,采用这些桩(墩)时需要测定软黏土的含水量和不排水抗剪强度。

采用水泥作为黏结材料的桩会受腐蚀性地下水、腐蚀性土的腐蚀,水泥与地基土拌和时水泥的黏结质量受有机质含量、土体 pH 的影响。因此,采用水泥作为黏结材料的桩应查明地下水、土的腐蚀性,水泥与地基土拌和时应查明地基土的有机质含量、pH 值等。

欠固结软黏土对采用深层搅拌桩、高压旋喷桩、刚性桩的复合地基有影响,因此,应查明软黏土的超固结比。

填土路堤和柔性面层堆场下复合地基应进行稳定分析,应查明稳定分析需要的抗剪强度指标,包括荷载填料的抗剪强度指标。刚度较大基础下的水泥土桩复合地基、填土路堤和柔性面层堆场等工程的复合地基可能需要进行固结分析,应查明软黏土的固结系数。

5 复合地基计算

5.2 承载力计算

5.2.1 本规范公式(5.2.1-1)中 k_p 反映复合地基中桩体实际竖向抗压承载力与自由单桩竖向抗压承载力之间的差异,与施工工艺、复合地基置换率、桩间土工程性质、桩体类型等因素有关,多数情况下可能稍大于 1.0,一般情况下可取 $k_p=1.0$;k_s 反映复合地基中桩间土地基实际承载力与天然地基承载力之间的差异,与桩间土的工程性质、施工工艺、桩体类型等因素有关,多数情况下大于 1.0,特别在可挤密地基中进行挤土桩施工后,桩间土地基实际承载力比天然地基承载力有较大幅度提高。λ_p 反映复合地基破坏时桩体竖向抗压承载力发挥程度,混凝土基础下复合地基中桩体竖向抗压承载力发挥系数(λ_p)可取 1.0,而填土路堤和柔性面层堆场下的 λ_p 取值宜小于 1.0。λ_s 反映复合地基破坏时桩间土地基承载力的发挥程度,混凝土基础下复合地基中桩间土地基承载力发挥系数(λ_s)取值宜小于 1.0,而填土路堤和柔性面层堆场下 λ_s 可取 1.0。

本规范公式(5.2.1-2)中 β_p 综合反映了复合地基中桩体实际竖向抗压承载力与自由单桩竖向抗压承载力之间的差异,以及复合地基破坏时桩体竖向抗压承载力发挥程度,$\beta_p=k_p\lambda_p$;β_s 综合反映了复合地基中桩间土地基实际承载力与天然地基承载力之间的差异,以及复合地基破坏时桩间土地基承载力发挥程度,$\beta_s=k_s\lambda_s$。

单根桩分担的地基处理面积的等效圆直径(d_e)的具体计算方法如下:对等边三角形布桩,$d_e=1.05s$;正方形布桩,$d_e=1.13s$;矩形布桩 $d_e=1.13\sqrt{s_1 s_2}$,其中 s、s_1、s_2 分别为桩间距、纵向间距和横向间距。

5.2.2 采用本规范公式(5.2.2-1)计算由桩周土和桩端土的抗力提供的单桩竖向抗压承载力特征值和采用本规范公式(5.2.2-2)计算由桩体材料强度提供的单桩竖向抗压承载力特征值时,应重视下述几点:

1 采用本规范公式(5.2.2-1)计算由桩周土和桩端土的抗力提供的单桩竖向抗压承载力特征值时,对柔性桩应重视桩的有效长度。当实际桩长大于桩的有效桩长时,应按有效桩长计算单桩竖向抗压承载力特征值。桩的有效桩长与桩土相对刚度有关。

2 采用本规范公式(5.2.2-2)计算由桩体材料强度提供的单桩竖向抗压承载力特征值时,应重视对各种刚性桩和柔性桩参数的物理意义和取值大小的差异。

3 刚性桩复合地基设计中宜使由本规范公式(5.2.2-2)计算得到的单桩竖向抗压承载力特征值大于由本规范公式(5.2.2-1)计算得到的单桩竖向抗压承载力特征值,以满足长期工作条件下,

由于土体蠕变等因素造成桩土荷载分担比增大。

　　4　柔性桩复合地基设计中应力求由本规范公式(5.2.2-1)计算得到的单桩竖向抗压承载力特征值和由本规范公式(5.2.2-2)计算得到的单桩竖向抗压承载力特征值接近，以取得较好经济效益。

5.2.3　散体材料桩的竖向抗压承载力主要取决于桩周土所能提供的侧限力。计算桩周土所能提供的侧限力的计算方法很多，如Brauns(1978)计算式、圆孔扩张理论计算式、WongH. Y. (1975)计算式、Hughes 和 Withers(1974)计算式，以及经验公式等。对重要工程建议多种计算式估算，结合工程经验合理选用桩周土所能提供的侧限力。

5.3　沉降计算

5.3.4　当复合地基加固区下卧土层压缩性较大时，复合地基沉降主要来自加固区下卧土层的压缩。复合地基加固区下卧土层压缩变形量(s_2)计算中，作用在复合地基加固区下卧层顶部的附加压力较难计算。作用在复合地基加固区下卧层顶面上的附加压力宜根据复合地基类型分别按下列公式计算：

　　对散体材料桩复合地基宜采用压力扩散法(见图6)，可按下式计算：

$$N = LBp_0 \tag{2}$$

$$p_z = \frac{LBp_0}{(a_0 + 2h\tan\theta)(b_0 + 2h\tan\theta)} \tag{3}$$

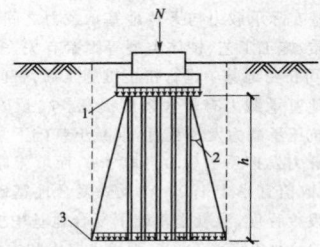

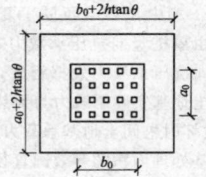

图 6　压力扩散法计算
1—p_0；2—θ；3—p_z

　　对刚性桩复合地基宜采用等效实体法(见图7)，可按下式计算：

$$p_z = \frac{LBp_0 - (2a_0 + 2b_0)hf}{LB} \tag{4}$$

式中：p_z——荷载效应标准组合时，软弱下卧层顶面处的附加压力值(kPa)；
　　　　L——矩形基础底边的长度(m)；
　　　　B——矩形基础或条形基础底边的宽度(m)；
　　　　h——复合地基加固区的深度(m)；
　　　　a_0——基础长度方向桩的外包尺寸(m)；
　　　　b_0——基础宽度方向桩的外包尺寸(m)；
　　　　p_0——复合地基加固区顶部的附加压力(kPa)；
　　　　θ——压力扩散角(°)；
　　　　f——复合地基加固区桩侧摩阻力(kPa)。

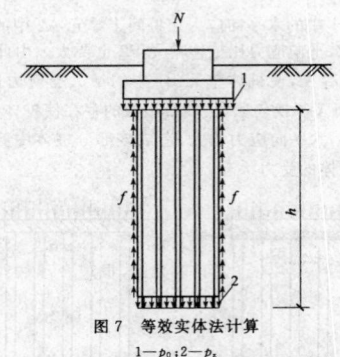

图 7　等效实体法计算
1—p_0；2—p_z

　　对柔性桩复合地基，可视桩土模量比采用压力扩散法或等效实体法计算。

　　采用压力扩散法计算较困难的是压力扩散角的合理选用。研究表明：虽然公式(3)同双层地基中压力扩散法计算第二层土上的附加应力计算式形式相同，但要重视复合地基中压力扩散角与双层地基中压力扩散角数值是不同的。

　　杨慧(2000)采用有限元法分析比较了复合地基和双层地基中压力扩散情况。在分析中将作用在复合地基加固区下卧层顶部和双层地基两层土界面上荷载作用面对应范围内的竖向应力取平均值，并依此平均值计算压力扩散角。计算中复合地基加固区深度和双层地基上一层厚度相同，取 $h = 10\text{m}$。复合地基加固区下卧层土体和双层地基下一层土体模量相同，取 $E_2 = 5\text{MPa}$，复合地基加固体和双层地基上一层土体模量相同，为 E_1；首先讨论压力扩散角(θ)随 h/B 的变化情况，B 为基础宽度。当 $E_1/E_2 = 1.0$ 时，此时复合地基和双层地基均蜕化成均质地基。复合地基和双层地基压力扩散角随 h/B 的变化曲线重合(图8)。

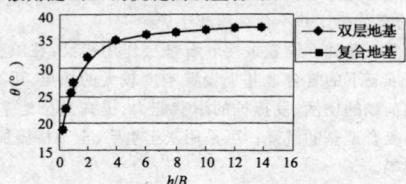

图 8　扩散角(θ)与 h/B 变化曲线($h = 10\text{m}$，$E_1/E_2 = 1.0$)

　　随着 E_1/E_2 值的增大，复合地基和双层地基压力扩散角随 h/B 的变化曲线差距增大(图9)，双层地基扩散角大于复合地基的扩散角。

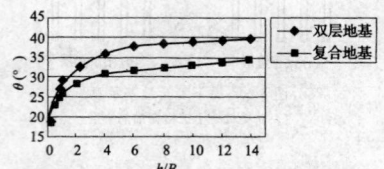

图 9　扩散角(θ)与 h/B 变化曲线($h = 10\text{m}$，$E_1/E_2 = 1.4$)

　　取 $h = 10\text{m}$，$E_2 = 5\text{MPa}$，$h/B = 1.0$，分析扩散角随模量比(E_1/E_2)变化关系(图10)，发现，双层地基中压力扩散角随着模量比的增大而迅速增大，复合地基的扩散角随着模量比的增大稍有减小。

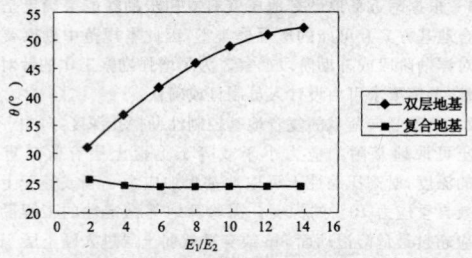

图 10　扩散角(θ)与模量比(E_1/E_2)关系曲线

根据前面分析，在荷载作用下双层地基与复合地基中附加应力场分布及变化规律有着较大的差别，将复合地基认为双层地基，低估了深层土层中的附加应力值，在工程上是偏不安全的。采用压力扩散法计算作用在加固区下卧土层上的附加应力时，需要重视压力扩散角的合理选用。

研究表明：采用等效实体法计算作用在加固区下卧土层上的附加应力，误差主要来自侧摩阻力(f)的合理选用。当桩土相对刚度较大时，选用误差可能较小。当桩土相对刚度较小时，侧摩阻力(f)变化范围很大，f选值比较困难，很难合理估计其平均值。事实上，将加固体作为一分离体，两侧面上剪应力分布是非常复杂的。采用侧摩阻力的概念是一种近似，应用等效实体法计算作用在加固区下卧土层上的附加应力时，需要重视f的合理取值。

当桩土相对刚度较大时，采用等效实体法计算作用在加固区下卧土层上的附加应力时误差可能较小，而当桩土相对刚度较小时，采用压力扩散法计算作用在加固区下卧土层上的附加应力时误差可能较小。建议采用上述两种方法进行计算，然后通过比较分析，并结合工程经验，作出判断。

5.4 稳 定 分 析

5.4.1 复合地基稳定分析中强调采用的稳定分析方法、分析中的计算参数、计算参数的测定方法、稳定性安全系数取值四者应相互匹配非常重要。岩土工程中稳定分析方法很多，所用计算参数也多。以饱和黏性土为例，抗剪强度指标有有效应力指标和总应力指标两类，也可直接测定土的不排水抗剪强度。采用不同试验方法测得的抗剪强度指标值，或不排水抗剪强度值是有差异的。甚至取土器不同也可造成较大差异。对灵敏度较大的软黏土，采用薄壁取土器取样试验得到的抗剪强度指标值比一般取土器取的大30%左右。在岩土工程稳定分析中取的安全系数值一般是特定条件下的经验总结。目前不少规程规范，特别是商用岩土工程稳定分析软件中不重视上述四者相匹配的原则，采用再好的岩土工程稳定分析方法也难以取得客观的分析结果，失去进行稳定分析的意义，有时会酿成工程事故，应予以充分重视。

5.4.4 复合地基稳定分析方法宜根据复合地基类型合理选用。

对散体材料桩复合地基，稳定分析中最危险滑动面上的总剪切力可由传至复合地基面上的总荷载确定，最危险滑动面上的总抗剪切力计算中，复合地基加固区强度指标可采用复合土体综合抗剪强度指标，也可分别采用桩和桩间土的抗剪强度指标；未加固区可采用天然地基土体抗剪强度指标。

对柔性桩复合地基可采用上述散体材料桩复合地基稳定分析方法。在分析时，应视桩体模量比对抗力的贡献进行折减。

对刚性桩复合地基，最危险滑动面上的总剪切力可只考虑传至复合地基桩间土地基面上的荷载，最危险滑动面上的总抗剪切力计算中，只可考虑复合地基加固区桩间土和未加固区天然土体对抗力的贡献，稳定安全系数可通过综合考虑桩体类型、复合地基置换率、工程地质条件、桩持力层情况等因素确定。稳定分析中没有考虑由刚性桩承担的荷载产生的滑动力和刚性桩抵抗滑动的贡献。由于没有考虑由刚性桩承担的荷载产生的滑动力的效应可能比刚性桩抵抗滑动的贡献要大，稳定分析安全系数应适当提高。

6 深层搅拌桩复合地基

6.1 一 般 规 定

6.1.1 深层搅拌桩是适用于加固饱和黏性土和粉土等地基的一种较常用的地基加固方法。它是利用水泥作为固化剂通过特制的搅拌机械，就地边钻进搅拌、边向软土中喷射浆液或雾状粉体，将软土固化成为具有整体性、水稳性和一定强度的水泥加固土，提高地基稳定性，增大加固土体变形模量。以深层搅拌桩与桩间土构成复合地基。

根据施工方法的不同，它可分为喷浆搅拌法和喷粉搅拌法两种。前者是用固化剂浆液和地基土搅拌，后者是用固化剂粉体和地基土搅拌。

水泥浆搅拌法是美国在第二次世界大战后研制成功的，称为Mixed-in-Place Pile(简称 MIP 法)，当时桩径为 0.30m～0.40m，桩长为10m～12m。1953年日本引进此法，1967年日本港湾技术研究所土工部研制石灰搅拌施工机械，1974年起又研制水泥搅拌固化法 Clay Mixing Consolidation(简称 CMC 工法)，并接连开发出机械规格和施工效率各异的搅拌机械。这些机械都具有偶数个搅拌轴(二轴、四轴、六轴、八轴)，搅拌叶片的直径最大可达1.25m，一次加固面积达9.50m²。

目前，日本有海上和陆上两种施工机械。陆上的机械为双轴搅拌机，成孔直径为1000mm，最大钻深达40m。而海上施工机械有多种类型，成孔的最大直径为2000mm，最多的搅拌轴有8根(2×4，即一次成孔8个)，最大的钻孔深度为70m(自水面向下算起)。

1978年，国内开始研究并于年底制造出我国第一台 SJB-1 型双搅拌轴中心管输浆的搅拌机械，1980年初在上海软土地基加固工程中首次获得成功。1980年开发了单搅拌轴和叶片输浆型搅拌机，1981年开发了我国第一代深层水泥拌和船。该机双头拌和，叶片直径达1.2m，间距可自行调控，施工中各项参数可监控。1992年首次试制成搅拌斜桩的机械，最大加固深度达26m，最大斜度为19.6°。2002年为配合 SMW 工法上海又研制出两种三轴钻孔搅拌机(ZKD65-3 型和 ZKD85-3 型)，钻孔深度达 27m～30m，钻孔直径为 650mm～850mm。目前上海又研发了四轴深层搅拌机，搅拌成孔的直径为700mm，钻孔深度达25.2m，型钢插入深度24m，成墙厚度1.3m。

目前国内部分水泥浆搅拌机的机械技术参数参见表1和表2。

表 1　水泥浆搅拌机技术参数(1)

水泥浆搅拌机类型		SJB-30	SJB-40	GZB-600	DJB-14D
搅拌机	搅拌轴数量(根)	2	2	1	1
	搅拌叶片外径(mm)	700	700	600	500
	转速(r/min)	43	43	50	60
	电动机功率(kW)	2×30	2×40	2×30	2×22
起吊设备	提升能力(kN)	>100	>100	150	50
	提升高度(m)	>14	>14	14	19.5
	提升速度(m/min)	0.20～1.00	0.20～1.00	0.60～1.00	0.95～1.20
	接地压力(kPa)	60	60	60	40
固化剂制备系统	灰浆拌制台数×容量(L)	2×200	2×200	2×500	2×200
	灰浆泵型	HB6-3	HB6-3	AP-15-B	UBJ₂
	灰浆泵量(L/min)	50	50	281	33
	灰浆泵工作压力(kPa)	1500	1500	1400	1500
	集料斗容量(L)	400	400	180	—
技术指标	一次加固面积(m²)	0.71	0.71	0.28	0.20
	最大加固深度(m)	10～12	15～18	10～16	19
	效率(m/台班)	40～50	40～50	60	100
	总质量(t)	4.5	4.7	12.0	4.0

表 2　水泥浆搅拌机技术参数(2)

水泥浆搅拌机类型		GDP-72	GDPG-72	ZKD65-3	ZDK85-3
搅拌机	搅拌轴数量(根)	2	2	3	3
	搅拌叶片外径(mm)	700	700	650	850
	转速(r/min)	46.0	46.0	17.6	16.0
	电动机功率(kW)	2×37	2×37	2×45	2×75

续表 2

水泥浆搅拌机类型		GDP-72	GDPG-72	ZKD65-3	ZDK85-3
起吊设备	提升能力(kN)	>150	>150	250	250
	提升高度(m)	23	23	30	30
	提升速度(m/min)	0.64~1.12	0.37~1.16	轴中心距	轴中心距
	接地压力(kPa)	38		450mm	600mm
移动系统	移动方式	步履	滚筒	履带	履带
	纵向行程(m)	1.2	5.5	—	—
	横向行程(m)	0.7	4.0	—	—
技术指标	一次加固面积(m²)	0.71	0.71	0.87	1.50
	最大加固深度(m)	18	18	30	27
	效率(m/台班)	100~120	100~120		
	总重量(t)	16	16		

喷粉搅拌法(Dry Jet Mixing Method,简称 DJM 法)最早由瑞典人 Kjeld Paus 于 1967 年提出了使用石灰搅拌桩加固 15m 深度范围内软土地基的设想,并于 1971 年瑞典 Linden-Ali Mat 公司在现场制成第一根石灰粉和软土搅拌成的桩。1974 年获得粉喷技术专利。生产出的专用机械成桩直径 500mm,加固深度 15m。

我国于 1983 年用 DP100 型汽车钻改装成国内第一台粉体喷射搅拌机,并使用石灰作为固化剂,应用于铁路涵洞加固。1986 年使用水泥作为固化剂,应用于房屋建筑的软土地基加固。1987 年研制成 GPP-5 型步履式粉喷机,成桩直径 500mm,加固深度 12.5m,其性能指标可参见表 3。当前国内搅拌机械的成桩直径一般为 500mm~700mm,深度可达 15m。

表 3　GPP-5 型喷粉搅拌机技术性能

搅拌机	搅拌轴规格(mm)	108×108×(7500+5500)		储料量(kg)	2000
	搅拌翼外径(mm)	500	YP-1型粉体喷射机	最大送粉压力(MPa)	0.5
	转速(r/min)	正(反)28、50、92		送粉管直径(mm)	50
	转矩(kN·m)	4.9、8.6		最大送粉量(kg/min)	100
	电动机功率(kW)	30		外形规格	2.70×1.82×2.46
起吊设备	井架结构高度(m)	14(门型-3级)	技术参数	一次加固面积(m²)	0.20
	提升力(kN)	78.4		最大加固深度(m)	12.5
	提升速度(m/min)	0.48、0.80、1.47		总重量(t)	9.25
	接地压力(kPa)	34		移动方式	液压步履

近十多年来,在珠江三角洲、长江三角洲等沿海软土地基中,水泥土搅拌法被广泛应用,这些工程中有沪甬、沪杭、深广等高速公路工程,港口码头、防汛墙、水池等市政工程,以及建(构)筑物(如大型油罐)的软土地基加固等工程。

存在流动地下水的饱和松散砂土中施工水泥土搅拌法,固化剂在尚未硬结时易被流动的地下水冲掉,加固效果受影响,施工质量较难控制。

地基土的天然含水量小于 30%时,喷粉搅拌法施工不能使水泥充分水化,影响加固效果。

冬期施工时,应考虑负温对处理效果的影响。

6.1.2 搅拌桩用于特殊地基土及无工程经验的地区时,需采取针对性措施,以控制加固效果。因此,应通过现场试验(包括室内配比试验)确定其适用性。

水泥与有机质土搅拌会阻碍水泥水化反应,影响水泥土的强度增长。在有机质地基土中采用水泥土搅拌法,宜采取提高水泥掺量,添加磷石膏(水泥中加磷石膏 5%后可使水泥土强度提高 2 倍~4 倍)等措施。

当黏土的塑性指数(I_P)大于 25 时,施工中容易在搅拌头叶片上形成泥团,无法使固化剂与土拌和。在塑性指数(I_P)大于 25 的黏土地基土中采用搅拌桩时,宜调整钻头叶片、喷浆系统和施工工艺等。

地下水的 pH 值小于 4 时,水中的酸性物质与水泥发生反应,对水泥具有结晶性侵蚀,会使水泥出现开裂、崩解而丧失强度,加固效果较差。在地下水的 pH 值小于 4 的地基土中采用水泥土搅拌法,宜采取掺加石灰,选用耐酸性水泥等措施。

6.1.3 近年来,搅拌桩与其他方法的联合应用得到了很大发展,如搅拌桩与刚性桩的联合应用(劲芯搅拌桩、刚-柔性桩复合地基、长-短桩复合地基等)。

其中,针对高速公路建设特点提出了长板-短桩工法(简称 D-M 工法)(图 11),该工法是由长的竖向排水体(砂井、袋装砂井、塑料排水板)、短的搅拌桩(浆喷桩、粉喷桩)和垫层组成。

长板-短桩工法的提出是为了发挥预压排水固结法和水泥土搅拌桩法的自身优点,克服其处理深厚软基的不足。该工法的特点是将高速公路填土施工和预压的过程作为路基处理的过程,充分利用填土荷载加速路基沉降,以达到减小工后沉降的目的。该工法适用于填方路堤下(或存在预压荷载的地基,如油罐地基)软土层厚度大于 10m 的深厚淤泥、淤泥质土及冲填土等饱和黏性土的地基处理。特别适用于地表存在薄层硬壳层和深部软土存在连续薄砂层的地基。

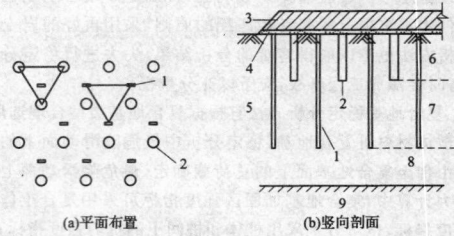

(a)平面布置　　(b)竖向剖面

图 11　长板-短桩工法模式

1—塑料排水板;2—水泥土桩;3—填土路基;4—垫层;5—软土层;6—复合层;7—固结层;8—未加固层;9—非软弱层

在采用长板-短桩工法处理深厚软土地基时,根据长板与短桩的作用机理与特点,在地基剖面上可划分为:①水泥土搅拌桩复合地基层(简称复合层);②预压排水固结层(简称固结层);③未加固处理的原状软土层(简称未加固层)。

长板-短桩工法处理软土路基的特点为:

1 搅拌桩解决了浅部路基的稳定性。

2 排水板解决了下卧层的排水固结。

3 充分利用高速公路路堤的填土期作为预压期。

4 对深厚软土长板和短桩的施工质量容易得到保证。

5 可以协调桥头段和一般路段相邻之间的工后沉降速率。

6 特别适用于深厚软土路基的处理。

7 具有可观的经济效益。

6.1.4 对拟采用搅拌桩的工程,应搜集拟处理区域内详尽的岩土工程资料,包括:

1 填土层的组成:特别是大块物质(石块和树根等)的尺寸和含量,大块石对搅拌桩施工速度有很大的影响,所以应清除大块石再施工。

2 土的含水量：当固化剂配方相同时，其强度随土样天然含水量的降低而增大。试验表明，当土的含水量在 50%～85% 范围内变化时，含水量每降低 10%，水泥土强度可提高 30%。

3 有机质含量：有机质含量较高会阻碍水泥水化反应，影响水泥土的强度增长。故对有机质含量较高的明、暗浜填土及冲填土应予慎重考虑。为提高水泥土强度宜增加水泥掺入量、添加磷石膏。对生活垃圾的填土不应采用搅拌桩加固。

4 水质分析：对地下水的 pH 值以及硫酸盐含量等进行分析，以判断对水泥侵蚀性的影响。

6.1.5 水泥土的强度随龄期的增长而增大，在龄期超过 28d 后，强度仍有明显增长，故对承重搅拌桩试块国内外都取 90d 龄期为标准龄期。从抗压强度试验得知，在其他条件相同时，不同龄期的水泥土抗压强度间关系大致如下：

$$f_{cu7} = (0.47 \sim 0.63) f_{cu28}$$

$$f_{cu14} = (0.62 \sim 0.80) f_{cu28}$$

$$f_{cu60} = (1.15 \sim 1.46) f_{cu28}$$

$$f_{cu90} = (1.43 \sim 1.80) f_{cu28}$$

$$f_{cu90} = (2.37 \sim 3.73) f_{cu7}$$

$$f_{cu60} = (1.73 \sim 2.82) f_{cu14}$$

上述 f_{cu7}、f_{cu14}、f_{cu28}、f_{cu60}、f_{cu90} 分别为 7d、14d、28d、60d、90d 龄期的水泥土抗压强度。

当龄期超过三个月后，水泥土强度增长缓慢。180d 的水泥土强度为 90d 的 1.25 倍，而 180d 后水泥土强度增长仍未终止。

6.2 设 计

6.2.1 固化剂掺入比应根据设计要求的固化土强度经室内配比试验确定，目前国内大部分均采用水泥作为固化剂材料。采用水泥为固化剂时，水泥掺入比可取 10%～20%。喷浆搅拌法的水泥浆水灰比应根据施工时的可喷性和不同的施工机械合理选用，宜取 0.45～0.60。外掺剂可根据设计要求和土质条件选用具有早强、缓凝、减水以及节省水泥等作用的材料，且应避免污染环境。

当其他条件相同时，在同一土层中水泥掺入比不同，水泥土强度将不同。当水泥掺入比大于 10% 时，水泥土强度可达 0.3MPa～2.0MPa。水泥土的抗压强度随其相应的水泥掺入比的增加而增大，且具有较好的相关性，经回归分析，可得到两者呈幂函数关系，其关系可按下式确定：

$$\frac{f_{cu1}}{f_{cu2}} = \left(\frac{a_{w1}}{a_{w2}} \right)^{1.77} \tag{5}$$

式中：f_{cu1}——水泥掺入比为 a_{w1} 的水泥土抗压强度(kPa)；
f_{cu2}——水泥掺入比为 a_{w2} 的水泥土抗压强度(kPa)。

上式成立的条件是 $a_w = 10\% \sim 20\%$。

水泥强度等级直接影响水泥土的强度，水泥强度等级提高 10 级，水泥土抗压强度约增大 20%～30%。如达到相同强度，水泥强度等级提高 10 级可降低水泥掺入比 2%～3%。

常用的早强(速凝)剂有：三乙醇胺、氯化钠、碳酸钠、水玻璃。掺入量宜分别取水泥重量的 0.05%、2.00%、0.50%、2.00%。缓凝剂有：石膏、磷石膏。石膏兼有缓凝和早强作用，其掺入量宜取水泥重量的 2.00%。磷石膏掺入量宜取水泥重量的 5.00%。减水剂有：木质素磺酸钙，其掺入量宜取水泥重量的 0.20%，其对水泥土强度的增长影响不大。可节省水泥的掺料有：粉煤灰、高炉矿渣。当掺入与水泥等量的粉煤灰后，水泥土强度可提高 10% 左右，故在加固软土时掺粉煤灰不仅可消耗工业废料，还可对水泥土强度有所提高。

6.2.2 从承载力角度看提高置换率比增加桩长的效果更好，但增加桩长有利于减少沉降。为了充分发挥桩间土的承载力和复合地基的潜力，应使由土的抗力确定的单桩竖向抗压承载力与由桩体强度所确定的单桩竖向抗压承载力接近，并使后者略大于前者较为安全和经济。当桩端穿越软弱土层到达承载力相对较高的土层

时，有利于控制沉降。搅拌桩长度宜超过危险滑弧，在软弱土层中可利用搅拌桩桩体的力学性能提高抗滑稳定性。

6.2.3 β_p 和 β_s 是反映桩土共同作用的参数。刚性基础下铺设垫层会降低桩体竖向抗压承载力的发挥度。桩体强度对 β_s 也有影响，即使桩端是硬土，当桩体强度很低时，桩体压缩变形依然很大，此时桩间土就承受较大荷重，β_s 值可能大于 0.5。

确定 β_s 值还应根据工程对沉降要求而有所不同。当工程对沉降要求控制较严时，即使桩端是软土，β_s 值也应小取，这样较为安全；当工程对沉降要求控制较低时，即使桩端是硬土，β_s 值也可取大值，这样较为经济。

6.2.4 本规范公式(5.2.2-1)中第 i 层土的桩侧摩阻力特征值(q_{si})是对现场竖向抗压载荷试验结果和已有工程经验的总结，对淤泥可取 4kPa～7kPa，对淤泥质土可取 6kPa～12kPa，对流塑状态的黏性土可取 10kPa～15kPa，对可塑状态的黏性土可取 12kPa～18kPa，对稍密砂土可取 15kPa～20kPa，对中密砂土可取 20kPa～25kPa；桩端土地基承载力特征值(q_p)可按现行国家标准《建筑地基基础设计规范》GB 50007 的有关规定确定；桩端土地基承载力折减系数(α)可取 0.4～0.6，承载力高时取低值。本规范公式(5.2.2-2)中 f_{cu} 为与搅拌桩桩体水泥土配比相同的室内加固土试块(边长为 70.7mm 的立方体，也可采用边长为 50mm 的立方体)在标准养护条件下 90d 龄期的立方体抗压强度平均值；桩体强度折减系数(η)是一个与工程经验以及拟建工程性质密切相关的参数，工程经验包括对施工队伍素质、施工质量、室内强度试验、实际加固强度，以及对实际工程加固效果等情况的掌握。拟建工程性质包括地质条件、上部结构对地基的要求，以及工程的重要性等，目前在设计中喷粉搅拌法可取 0.20～0.30，喷浆搅拌法可取 0.25～0.33。

对本规范公式(5.2.2-1)和公式(5.2.2-2)进行分析可以看出，当桩体强度足够时，相同桩长桩的竖向抗压承载力相近，而不同桩长桩的竖向抗压承载力明显不同。此时桩的竖向抗压承载力由地基土支持力[公式(5.2.2-1)]控制，增加桩长可提高桩的竖向抗压承载力。当桩体强度有限时，承载力受桩体强度[公式(5.2.2-2)]控制。对某一地区的搅拌桩，其桩体强度是有一定限制的，也就是说，搅拌桩从承载力角度，存在一有效桩长，单桩竖向抗压承载力在一定程度上并不随桩长的增加而增大。但当软弱土层较厚，从减少地基的沉降量方面考虑，应设计较长桩长，原则上，桩长应穿透软弱土层以达到下卧强度较高的土层或以地基变形控制。

6.2.5 在混凝土基础和水泥土搅拌桩之间设置垫层，能调整桩和桩间土的荷载分担作用，有利于桩间土地基承载力的发挥。在桩头的抗压强度大于基底的压应力而不至于被压坏时，桩顶面积范围内可不铺设垫层，使混凝土基础直接与搅拌桩接触，有利于桩侧摩阻力的发挥。

6.2.6 根据室内模型试验和搅拌桩的加固机理分析，其桩体轴向应力自上而下逐渐减小，其最大轴力位于桩顶 3 倍桩径范围内。因此，在搅拌桩单桩设计中，为节省固化剂材料和提高施工效率，设计时可采用沿桩长变掺量的施工工艺。现有工程实践证明，这种变掺量的设计方法能获得良好的技术经济效果。在变掺量设计中，在全桩水泥总掺量不变的前提下，桩体上部 1/3 桩长范围内可增加水泥掺量及搅拌次数，桩体下部 1/3 桩长范围内可减少水泥掺量。通过改变搅拌直径也可达到同样目的。

6.2.7 水泥土桩的布置形式对加固效果有很大影响，宜根据工程地质特点和上部结构要求采用柱状、壁状、格栅状和块状以及长-短桩相结合等不同加固形式。

1 柱状：每隔一定距离打设一根水泥土桩，形成柱状加固形式，适用于单层工业厂房独立柱基础和多层房屋条形基础下的地基加固，它可充分发挥桩体强度与桩侧摩阻力。柱状处理可采用正方形或等边三角形布桩形式，其总桩数可按下式计算：

$$n = mA/A_p \tag{6}$$

式中:n——总桩数;

    A——基础底面积(m^2);

    m——面积置换率;

    A_p——单桩截面积(m^2)。

    2 壁状:将相邻桩体部分重叠搭接成为壁状加固形式,适用于建筑物长高比大、刚度小、对不均匀沉降比较敏感的多层房屋条形基础下的地基加固。

    3 格栅状:它是纵横两个方向的相邻桩体搭接而形成的加固形式。适用于上部结构单位面积荷载大和对不均匀沉降要求控制严格的工程。

    4 长-短桩相结合:当地质条件复杂,同一建筑物坐落在两类不同性质的地基土上时,可在长桩间插入短桩或用3m左右的短桩与相邻长桩连成壁状或格栅状,以调整和减小不均匀沉降量。

搅拌桩形成的桩体在无侧限情况下可保持直立,在轴向力作用下又有一定的压缩性,因此在设计时可仅在上部结构基础范围内布桩,不必像散体材料桩一样在基础外设置护桩。

对于一般建筑物,都是在满足强度要求的条件下以沉降控制的,应采用下列沉降控制设计思路:

    1 根据地层结构进行地基沉降计算,由建筑物对变形的要求确定加固深度,即选择施工桩长。

    2 根据土质条件、固化剂掺量、室内配比试验资料和现场工程经验选择桩体强度和固化剂掺入量及有关施工参数。

    3 根据桩体强度的大小及桩的断面尺寸,由本规范公式(5.2.2-1)或公式(5.2.2-2)计算单桩竖向抗压承载力。

    4 根据单桩竖向抗压承载力和上部结构要求达到的复合地基承载力,由本规范公式(5.2.1-2)计算桩土面积置换率。

    5 根据桩土面积置换率和基础形式进行布桩,桩只在基础平面范围内布置。

6.2.8 搅拌桩加固设计中往往以群桩形式出现,群桩中各桩与单桩的工作状态迥然不同。试验结果表明,双桩竖向抗压承载力小于两根单桩竖向抗压承载力之和;双桩沉降量大于单桩沉降量。可见,当桩距较小时,由于应力重叠产生群桩效应。因此,在设计时当搅拌桩的置换率较大($m>20\%$)且非单行排列,桩端下又存在较软弱的土层时,应将桩与桩间土视为一个假想的实体基础,以验算软弱下卧层的地基强度。

6.3 施　　工

6.3.1 国产搅拌头大都采用双层(或多层)十字杆型。这类搅拌头切削和搅拌加固软土十分合适,对块径大于100mm的石块、树根和生活垃圾等大块物的切割能力较差,即使将搅拌头作加固处理后能穿过块石层,但施工效率较低,机械磨损严重。因此,施工前应先挖除大块物再填素土,增加的工程量不大,但施工效率却可大大提高。

6.3.2 施工前应确定搅拌机械的灰浆泵输浆量、灰浆经输浆管到搅拌机喷浆(粉)口的时间和起吊设备提升速度等施工参数,并根据设计要求通过工艺性成桩试验,确定搅拌桩的配比、喷搅次数和水泥掺量等各项参数和施工工艺。为提高相对软弱土层中的搅拌桩体强度,应适当增加搅拌次数和固化剂掺量。

6.3.4 搅拌机施工时,搅拌次数越多,则拌和越均匀,水泥土强度也越高,但施工效率降低。试验证明,当加固范围内土体任一点的水泥土经过20次的拌和,其强度即可达到较高值。搅拌次数(N)由下式计算:

$$N = \frac{h \cdot \cos\beta \cdot \sum Z_n}{V} \tag{7}$$

式中:h——搅拌叶片的宽度(m);

    β——搅拌叶片与搅拌轴的垂直夹角(°);

    $\sum Z$——搅拌叶片的总枚数;

    n——搅拌头的回转数(r/min);

    V——搅拌头的提升速度(m/min)。

6.3.6 根据搅拌法实际施工经验,在施工到顶端300mm～500mm,因上覆土压力较小,搅拌质量较差。因此,其场地整平标高应比设计确定的基底标高再高出300mm～500mm,桩制作时仍施工到地面,待开挖基坑时,再将上部300mm～500mm的桩体质量较差的桩段挖去。

根据现场实践表明,当搅拌桩作为承重桩进行基坑开挖时,桩顶和桩体已有一定的强度,若用机械开挖基坑,往往容易碰撞损坏桩顶,因此基底标高以上300mm宜采用人工开挖,以围扩桩头质量。

6.3.8 在预(复)搅下沉时,也可采用喷浆(粉)的施工工艺。

Ⅰ 喷浆搅拌法

6.3.9 每一个搅拌施工现场,由于土质差异,固化品种不同,因而搅拌加固质量有较大的差别。所以在正式搅拌施工前,均应按施工组织设计确定的搅拌施工工艺,制作数根试桩,再最后确定水泥浆的水灰比、泵送时间、搅拌机提升速度和复搅深度等参数。

6.3.10 制桩质量的优劣直接关系到地基处理的加固效果。其中的关键是注浆量、注浆与搅拌的均匀程度。因此,施工中应严格控制喷浆提升速度。

施工中要有专人负责制桩记录,对每根桩的编号、固化剂用量、成桩过程(下沉、喷浆提升和复搅与等时间)进行详细记录,质检员应根据记录,对照标准施工工艺,对每根桩进行质量评定。喷浆量及搅拌深度的控制,直接影响成桩质量,采用经国家计量部门认证的监测仪器进行自动记录,可有效控制成桩质量。

6.3.11 搅拌桩施工检查是检查搅拌桩施工质量和判明事故原因的基本依据,因此对每一延米的施工情况均应如实及时记录,不得事后回忆补记。

6.3.12 由于固化剂从灰浆泵到达出口需通过较长的输浆管,应考虑固化剂浆液到达桩端的流动时间。可通过试打桩后再确定其输送时间。

Ⅱ 喷粉搅拌法

6.3.13 粉喷桩机利用压缩空气通过固化剂供给机的特殊装置,经过高压软管和搅拌轴(中空的)将固化剂粉输送到搅拌叶片背后的喷粉口喷出,旋转到半周的另一搅拌叶片把土与固化剂搅拌混合在一起。这样周而复始地搅拌、喷射、提升,在土体内形成一个搅拌成桩体,而与固化剂材料分离出的空气通过搅拌轴周围的空隙上升到地面释放掉。粉体喷射机(俗称灰罐)位置与搅拌机的施工距离超过60m时,送粉管的阻力增大,送粉量不易稳定。

6.3.14 粉喷桩机一般均已考虑提升速度与搅拌头转速的匹配,在不同的提升速度下,钻头每提升不超过16mm搅拌一圈,从而保证成桩搅拌的均匀性。但每次搅拌时,桩体将出现极薄软弱结构面,这对承受水平剪力是不利的。可通过复搅的方法来提高桩体的均匀性,消除软弱结构面,提高桩体抗剪强度。

6.3.16 含水量小于30%地基土中成桩往往是指地基浅部较薄的硬壳层,不是主要处理土层,成桩时如不及时在地面浇水,将地下水位以上区段的桩体水化不完全,造成桩体强度降低。

6.4 质量检验

6.4.1 按搅拌桩的特点,对固化剂用量、桩长、搅拌头转数和提升速度、复搅次数和复搅深度、停浆处理等的控制应在施工过程中进行。施工全过程的施工监理可有效控制搅拌桩的施工质量。对每根制成的搅拌桩须随时进行检查;对不合格的桩应根据其位置和数量等具体情况,分别采取补桩或加强附近工程桩等措施。

6.4.2 搅拌桩的施工质量检验应符合下列规定:

    1 本条措施属自检范围。各施工机组应对成桩质量随时检查,及时发现问题,及时处理。开挖检查仅仅是浅部桩头部位,目测其成桩大致情况,例如成桩直径、搅拌均匀程度等。检查量可取总桩数的5%左右。

2 用钻孔方法连续取出搅拌桩桩芯，可直观地检验桩体强度和搅拌的均匀性。钻芯取样，制成试块，进行桩体实际强度测定。为保证试块尺寸，钻孔直径不宜小于 108mm。在钻芯取样的同时，可在不同深度进行标准贯入检验，通过标贯值判定桩体质量。检验数量根据工程情况确定，用于交通工程和建筑工程可有不同标准，一般可取施工总桩数的 1%～2%，且不少于 3 根。

3 单桩竖向抗压载荷试验宜在成桩 28d 后进行。检验数量根据工程情况确定，一般可取施工总桩数的 1%，且不少于 3 根。

6.4.3 深层搅拌桩复合地基竣工验收时，复合地基竖向抗压载荷试验检验数量可取总桩数的 0.5%～1.0%，且每项单体工程不应少于 3 点。

6.4.4 搅拌桩施工时，由于各种因素的影响，有可能不符合设计要求。只有基槽开挖后测放了建筑物轴线或基础范围后，才能对偏位桩的数量、部位和程度进行分析和确定补救措施。因此，搅拌桩的施工验收工作宜在开挖基槽后进行。

7 高压旋喷桩复合地基

7.1 一般规定

7.1.1 实践表明，高压旋喷桩复合地基对软塑～可塑黏性土、粉土、砂土、黄土、素填土和碎石土等地基都有良好的处理效果。但对于硬黏性土，含有较多的块石或大量植物根茎的地基，因喷射流可能受到阻挡或削弱，冲击破碎力急剧下降，切削范围减小，影响处理效果。而对于含有过多有机质的土层，其处理效果取决于固结体的化学稳定性。鉴于上述几种土组成复杂、差异悬殊，高压喷射注浆处理的效果差别较大，不能一概而论，原则上不宜采用高压旋喷桩复合地基，实在要采用，应进行现场试验确定适用性。对于湿陷性黄土地基，因当前试验资料和施工实例较少，亦应预先进行现场试验。对地下水流速过大或已涌水的防水工程，由于工艺、机具和瞬时速凝材料等方面的原因，应慎重使用，必要时应通过现场试验确定。高压喷射注浆处理深度较大，我国建筑地基高压喷射注浆处理深度目前已达 30m 以上。

7.1.2 在制订高压旋喷桩复合地基方案时，应搜集和掌握各种基本资料。主要是：岩土工程勘察资料（土层和基岩的性状，标准贯入击数，土的物理力学性质，地下水的埋藏条件、渗透性和水质成分等）、建筑物结构受力特性资料、施工现场和邻近建筑的四周环境资料、地下管道和其他埋设物资料及类似土层条件下使用的工程经验等。高压喷射注浆处理地基时，在浆液未硬化前，有效喷射范围内的地基因受到扰动而强度降低，容易产生附加沉降，因此在即有建筑附近施工时，应防止浆液凝固硬化前建筑物的附加下沉。通常采用控制施工速度、顺序和加快浆液凝固时间等方法防止或减小附加沉降。

7.1.3 高压旋喷桩施工可采用下列工法：

1 单管法：喷射高压水泥浆液一种介质。

2 双管法：喷射高压水泥浆液和压缩空气两种介质。

3 三管法：喷射高压水流、压缩空气及水泥浆液三种介质。

7.1.4 高压旋喷桩的施工参数应根据土质条件、加固要求通过试验或根据工程经验确定，并在施工中严格加以控制。单管法及双管法的高压水泥浆和三管法高压水的压力应大于 20MPa。

7.2 设计

7.2.1 旋喷桩的直径除浅层可用开挖的方法确定之外，深部的直径无法用准确的方法确定，因此只能使用半经验的方法。根据国内外施工经验，其设计直径宜符合表 4 规定的数值。

表 4 旋喷桩设计直径（m）

土质	方法	单管法	双管法	三管法
黏性土	0<N<5	0.5～0.8	0.8～1.2	1.2～1.8
	6<N<10	0.4～0.7	0.7～1.1	1.0～1.6
砂土	0<N<10	0.6～1.0	1.0～1.4	1.5～2.0
	11<N<20	0.5～0.9	0.9～1.3	1.2～1.8
	21<N<30	0.4～0.8	0.8～1.2	0.9～1.5

注：表中 N 为标准贯入击数。

7.2.3 高压旋喷桩复合地基承载力通过现场复合地基竖向抗压载荷试验方法确定，误差较小。

7.3 施工

7.3.1 高压旋喷桩复合地基施工前，应对照设计图纸核实设计孔位处有无妨碍施工和影响安全的障碍物，如有应与有关单位协商清除、搬移障碍物或更改设计孔位。

7.3.2 水泥浆中所用的外加剂或掺和料的用量，应根据水泥土的特点通过室内配比试验或现场试验确定。当有足够实践经验时，可按经验确定。

7.3.4 在不改变喷射参数的条件下，对同一标高的土层作重复喷射时，能扩大加固范围，提高固结体强度。在实际工作中，喷喷桩通常在底部和顶部进行复喷，以增大承载力，确保处理质量。

7.4 质量检验

7.4.1 按高压喷喷桩的特点，对喷射轴转速、提升速度、喷浆量、桩长、回浆量等的控制应在施工过程中进行。施工全过程的施工监理可有效控制旋喷桩的施工质量。对每根制成的旋喷桩须随时进行检查；对不合格的桩应根据其位置和数量等具体情况，采取补救措施。

7.4.2 在严格控制高压喷喷桩复合地基施工参数的基础上，根据具体情况选定质量检验方法。钻孔取芯是检验单孔固结体质量的常用方法，选用时需以不破坏固结体和有代表性为前提，可以在 28d 后取芯或在未凝以前取芯（软弱黏性土地基）。在有经验的情况下也可以选用标准贯入和静力触探试验进行检验。竖向抗压载荷试验是地基处理后检验地基承载力的良好方法。

7.4.3 检验点的位置应重点布置在有代表性的加固区。对喷射注浆时出现过异常现象和地质复杂的地段亦应检验。

7.4.4 高压旋喷桩复合地基的强度离散性大，在软弱黏性土中，强度增长速度较慢。质量检验宜在喷射注浆后 28d 进行，以防由于固结体强度不高时，桩体因检验而受到破坏，影响检验的可靠性。检验数量根据工程情况确定，一般可取施工总桩数的 0.5%～1.0%，且每项单体工程不应少于 3 点。

8 灰土挤密桩复合地基

8.1 一般规定

8.1.1 灰土挤密桩复合地基中灰土挤密桩有置换作用，但主要是挤密作用。在灰土挤密桩成桩过程中对桩间土施加横向挤压力，挤密桩间土以改变其物理力学性质，并与分层夯实的桩体共同形成复合地基。因此，灰土挤密桩复合地基的核心是对桩间土的挤密。在湿陷性黄土地区，它是一种常用的消除黄土湿陷性提高地基承载力的方法，也适用于处理深度较大、垂直方向处理困难的欠固结土。

8.1.2 当需处理的地基土的含水量在最优含水量附近时，桩间土的挤密效果较好。参考普通的室内击实试验结果，略低于最优含水量时,挤密效果最好。当整个处理深度范围内地基土含水量小于12%,桩间土挤密效果不好或施工很困难,应预先采取注水等增湿措施。当含水量较大时,成孔困难、挤密效果差,不宜直接选用。若工程需要一定要选用时,应采取必要的措施,如对土体进行"吸湿"处理,并增强孔内填料的强度。在遇到施工机械无法穿越的地层时,其应用也受到限制,在这类场地不宜采用。

8.1.3 对于有此类施工经验地区的一般建筑物,了解场地的岩土工程条件以及一些必要的物理力学指标,并掌握建(筑)物的使用情况,按本节的条文规定进行设计计算,可以满足设计要求,只需在施工结束后进行检测就可以,这与现行国家标准《湿陷性黄土地区建筑规范》GB 50025 的要求是一致的。对于比较重要的建(构)筑物和缺乏工程经验的地区,则应在地基处理前,在现场选用有代表性的场地进行试验性施工,根据实际的试验结果对设计参数及施工参数进行调整。

8.1.4 挤密成孔可根据设计要求、现场环境、地基土性质等情况,选用沉管、冲击、爆扩等方法,以上方法均在成孔过程中实现了对桩间土的挤密作用,施工质量易控制,便于现场质量监督。预钻孔夯扩挤密是近年在陕西、甘肃等地区采取的挤密施工,成孔采用螺旋钻孔、冲击钻孔等取土的成孔方法,因而其成孔过程对桩间土没有挤密作用,而在夯填桩体材料时对桩间土产生横向挤密作用。夯填桩径是否达到设计要求是直接判定挤密效果的方法。该法由于挤密效果控制较困难,质量基本由施工控制,因此使用时,应加大检测工作量。目前爆扩法成孔应用较少。

8.1.5 根据大量的试验研究和工程实践,满足施工质量要求的灰土,其防水、隔水性能不如素土(指符合一般施工质量要求的素土),但孔内回填灰土(或其他强度高的填料),对于提高复合地基承载力效果明显。湿陷性场地桩体严禁采用透水性高的填料。当地基处理对承载力要求不高,桩体填料可采用素土;要较大幅度提高承载力时,桩体材料可采用灰土、水泥土等,或可采用素混凝土。对于非自重湿陷性土,夯扩桩内可夯填建筑垃圾、砂砾等材料以提高承载力。此类工程在陕西、山西等地亦有成功经验。

8.2 设　计

8.2.1 灰土挤密桩复合地基的布孔原则和桩心距的确定方法,参考现行国家标准《湿陷性黄土地区建筑规范》GB 50025 的规定。

8.2.2 最小挤密系数对于湿陷性黄土地基,甲类、乙类建筑应大于 0.88,丙类及以下建筑应大于 0.84。其他地区无经验可参考时,应根据处理要求经试验确定,以达到设计所要求的处理效果,但应保证沉降和承载力的要求,湿陷性黄土地区则应满足消除湿陷性的要求。

8.2.3 桩间距超过 3 倍桩孔直径时,桩间土挤密效果较差。因此,设计时不再考虑桩间土的挤密作用,仅考虑置换作用。

8.2.4 处理深度小于4m时用挤密法不经济,且处理效果也不显著。处理范围,除了考虑地基变形的要求外,对湿陷性黄土尚应考虑消除湿陷性的要求,对路基和建筑物要求不同。以上主要是湿陷性黄土地区的施工经验,其他地区仍需积累经验。

8.2.5 挤密深度以 12m 为界,是由我国目前常用的施工机械能处理的深度一般为 12m 确定的,随着施工机械能力增加,此值亦可增大。采用非预钻孔挤密法效果优于采用预钻孔,非预钻孔在成孔过程中周围土体已经挤密,孔内回填时对周围土体进行二次挤密。

在整个挤密施工中,成孔过程就能完成绝大部分挤密任务。如果采用全部预钻孔施工,成孔时对周围土体无挤密作用,整个挤密发生在孔内回填的过程中,要求回填夯实的能量较大,应满足回挤挤密所需的能量要求,桩间土挤密效果完全由夯填桩孔施工控制,实际上是"夯扩"的概念,对施工单位要求较高,应加强对此类地基的检测工作。

8.2.6 采用复合地基竖向抗压载荷试验确定灰土挤密桩复合地基的承载力比较可靠。采用本规范公式(5.2.1-1)或公式(5.2.1-2)估算复合地基承载力需要工程经验的积累,式中参数合理选用是关键。

8.2.9 孔内回填灰土在最优含水量附近时,夯填效果好。为防止灰土吸水产生膨胀,灰土采用熟石灰,不得使用生石灰拌和土料,拌和的灰土宜当日使用完毕。石灰中的活性氧化物愈多,灰土的强度愈高,使用前应用清水充分熟化,储存时间不宜超过三个月。

8.3 施　工

8.3.1 挤密施工间隔分批及时夯填,可以使挤密地基均匀有效,提高处理效果。在局部处理时,应由外向里施工,否则挤密不好,影响处理效果。在整片处理时,从外缘开始分行、分批、间隔,在整个拟处理场地范围内均匀分布,逐步加密进行施工。

8.3.4 不同的挤密方法应预留不同的松动层厚度。

8.3.5 施工参数的确定直接影响处理效果,因此本条规定通过夯填试验,确定合理的施工参数,以保证夯填质量,并为施工监督提供依据。对预钻孔挤密法,通过夯填试验确定桩径是否达到设计要求尤为重要。

8.4 质量检验

8.4.1 灰土挤密桩复合地基的质量控制应在施工过程中进行。施工过程可有效控制成孔深度、直径,分层填料数量和夯击情况等。对每根灰土挤密桩和桩间土挤密情况随时进行检查,如发现不合格情况,应采取补救措施。

8.4.2 对灰土挤密桩复合地基,孔内填料的质量检验尤其重要。对于湿陷性黄土不仅要检测密实度,还应对处理范围内的湿陷性消除情况进行检测,且应保证检测的数量。对预钻孔挤密地基,尚需重点检测桩体直径。

8.4.4 对于乙类以上的建筑物,在现场进行载荷试验或原位测试非常必要,且需在处理深度范围内取样测定挤密土体及孔内填料的湿陷性及压缩性,保证湿陷性消除且密实度达到要求。对特别重要的项目,还应进行现场浸水载荷试验以确保工程质量。用探井的方式取原状土样能反映现场实际情况,确保检测的有效性。

9 夯实水泥土桩复合地基

9.1 一般规定

9.1.1 根据桩的受力情况,桩体最大应力在桩顶下3倍～5倍桩径范围内,此处以下应力变小。桩的最小长度不宜太短,桩长不宜小于2.5m。夯实水泥土桩的强度高于散体材料桩,低于刚性桩,当桩体过长时,其技术经济指标不佳,故推荐桩长在10m以内,且桩端应进入相对硬土层。

夯实水泥土桩复合地基主要用于地下水位以上地基土的处理。如果遇到浅层土有少量滞水、但可疏干的情况,对孔底进行处理后,也可采用该工艺。

对湿陷性黄土地基,应经过现场试验,评价是否消除湿陷性,以便设定合理参数。夯实水泥土桩成桩对桩间土有一定挤密效果,但不明显,桩体起到置换作用。因此,处理湿陷性黄土时宜采用挤土成孔工艺或加大置换率。

9.1.2 为避免人工成孔造成的孔径大小不均、上大下小、垂直度保证率低、场地混乱、不安全、劳动强度大等问题,应尽可能采用螺旋钻等机械成孔,使桩的施工机械化、现代化、标准化。

9.1.3 水泥土桩桩体强度与加固时所用的水泥品种、标号、掺量、被加固土性质,以及养护龄期等因素有关。不同的施工工艺可以得到不同的桩体密实度，从而影响桩体强度，夯实水泥土桩桩体强度可达到 3MPa～5MPa，特殊的土层中，桩体强度可达到 3MPa～6MPa，工程中可结合实践经验确定。

9.2 设　计

9.2.3 夯实水泥土桩是一种具有一定压缩性的柔性桩，在正常置换率的情况下，荷载大部分由桩承担，通过侧摩阻力和端阻力传至深层土中。在桩和土共同承担荷载的过程中，土的高压力区增大，从而提高了地基承载力，减少地基沉降变形，所以在基础边线内布桩，就能满足上部建筑物荷载对复合地基的要求。一般桩边到基础边线的距离宜为 100mm～300mm。如果新建场地与即有建筑物相邻，或新建建筑物的基础埋深大于原有建筑物基础深度，或新建建筑物中高低建筑物规模差异大且基础埋深差别大时，可在基础外适量布设抗滑桩或护桩。

9.2.4 夯实水泥土桩桩径一般为 300mm～600mm，多数为350mm～400mm；面积置换率一般为 5%～15%。

9.2.5 夯实水泥土桩的强度一般为 3MPa～6MPa，也可根据当地经验取值，其变形模量远大于土的变形模量，设置垫层主要是为了调整基底压力分布，使桩间土地基承载力得以充分发挥。当设计桩体承担较多的荷载时，垫层厚度取小值，反之，取大值。垫层材料不宜选用粒径大于 20mm 的粗粒散体材料。

9.2.6 夯实水泥土桩和桩周土在外荷载作用下构成复合地基，载荷试验是确定复合地基承载力和变形参数最可靠的方法。同一场地处理面积较大时或缺少经验时，应先进行复合地基竖向抗压载荷试验，按试验取得的参数进行设计，使设计合理并且经济。

9.2.7 夯实水泥土桩工艺由于规定先夯实孔底，成桩过程中分层夯实，其 q_p 的取值常沿用灌注桩干作业条件下给定的桩端阻力参数，可根据地区经验确定，也可选用岩土工程勘察报告提供的参数。

本规范公式（5.2.2-2）中 f_{cu} 为与桩体水泥土配比相同的室内加固土块块（边长为 70.7mm 的立方体）在标准养护条件下 28d 龄期的立方体抗压强度平均值。水泥土为脆性材料，而且其均匀性不如混凝土，加之施工工艺的不同，所以在验算桩体承载力时，应对水泥土标准强度值进行不同程度的折减，作为水泥土强度的设计值，桩体强度折减系数（η）可取 0.33。

9.2.8 夯实水泥土桩复合地基的沉降由复合土层压缩变形量和加固区下卧土层压缩变形量两部分组成。由于缺少系统的现场沉降监测资料，基本思路仍采用分层总和法，按现行国家标准《建筑地基基础设计规范》GB 50007 的有关规定执行。复合土层压缩模量的计算，采用载荷试验沉降曲线类比法。

9.2.9 夯实水泥土桩施工工艺、材料配合比决定着桩体的均匀度和密实度，这是决定桩体强度的主要因素。

9.3 施　工

9.3.1 对重要工程、规模较大工程、岩土工程地质条件复杂的场地以及缺乏经验场地，在正式施工前应选择有代表性场地进行工艺性试验施工，并进行必要的测试，检验设计参数、处理效果和施工工艺的合理性和适用性。

9.3.2 水泥是水泥土桩的主要材料，其强度及安定性是影响桩体的主要因素。因此应对水泥按规定进行复检，复检合格后方可使用。

9.3.4 夯实水泥土桩混合料在配制时，如土料含水量过大，需风干或另掺加其他含水量较小的土料或换土。含水量过小应适量加水，拌和好的混合料含水量与最优含水量允许偏差为±2%。在现场可按"一攥成团，一捏即散"的原则对混合料的含水量进行鉴别。配制时间超过 2h 的混合料严禁使用。

9.3.6 夯实水泥土桩复合地基的质量好坏关键在于桩体是否密

实、均匀，由于夯实水泥土桩夯实机械的夯锤质量及起落高度一定，夯击能为常数，桩体质量保证率较高。而人工夯实，受人的体能影响，夯锤质量小，起落高度不一致，桩体质量的保证率较低。本规范中夯实水泥土桩适用于夯实成桩的设计与施工，一般情况下不宜采用人工夯实方法。为减轻劳动强度，夯实水泥土桩水泥土配合料也应尽量采用机械搅拌。

夯实水泥土桩的强度，一部分为水泥胶结体的强度，另一部分为夯实后密实度增加而提高的强度，桩体的夯实系数小于 0.93 时，桩体强度明显降低。

夯实水泥土桩一般桩长较短，端阻力较大。因此，孔底应夯实，夯实击数不应少于 3 击。若孔底含水量较高，可先填入少量碎石或干拌混凝土，再夯实。

夯实填料时，每次填料量不应过多，否则影响桩体的密实性及均匀性。严禁超厚和突击填料，一般每击填料控制送料厚度为50mm～80mm。

9.3.8 控制成桩桩顶标高，首先是为保证桩顶质量；其次防止在桩体达到设计高度后，不能及时停止送料，造成浪费和环境污染。

9.3.10 垫层铺设宜分层进行，每层铺设应均匀，如铺设的散体材料含水量低，可适当加水，以保证密实质量。

9.4 质量检验

9.4.2 根据夯实水泥土桩成桩和桩体硬化特点，桩体夯实质量的检查应在成桩后 2h 内进行，随时随机抽取。抽检数量根据工程情况确定，一般可取总桩数的 2%，且不少于 6 根。检验方法可采用取土测定法检测桩体材料的干密度，也可采用轻型圆锥动力触探试验检测桩体材料的 N_{10} 击数，相关试要符合下列规定：

1 采用环刀取样测定其干密度，质量标准可按设计压实系数（λ_c）评定，压实系数一般为 0.93，也可按表 5 规定的数值。

表 5　不同配比下桩体最小干密度（g/cm³）

土料种类＼水泥与土的体积比	1:5	1:6	1:7	1:8
粉细砂	1.72	1.71	1.71	1.67
粉　土	1.69	1.69	1.69	1.69
粉质黏土	1.58	1.58	1.58	1.57

2 采用轻型圆锥动力触探试验检测桩体夯实质量时，宜先进行现场试验，以确定具体要求，试验方法应按现行国家标准《岩土工程勘察规范》GB 50021 有关规定，成桩 2h 内轻型圆锥动力触探击数（N_{10}）不应小于 40 击。

9.4.3 本条强调工程竣工验收检验，应该采用单桩复合地基或多桩复合地基竖向抗压载荷试验。

9.4.4 夯实水泥土桩复合地基竖向抗压载荷试验数量根据工程情况确定，一般可取总桩数的 0.5%～1%，且每个单体工程不少于 3 点。

夯实水泥土桩复合地基静载试验 p-s 曲线多为抛物线状，根据 p-s 曲线确定复合地基承载力特征值的原则是：

当 p-s 曲线上极限荷载能确定，其值大于对应比例界限荷载值的 2 倍时，复合地基承载力特征值可取比例界限；当 p-s 曲线上极限荷载能确定，而其值小于对应的比例界限荷载值的 2 倍时，复合地基承载力特征值可取极限荷载的 1/2；当比例界限、极限荷载都不能确定时，夯实水泥土桩按相对变形值 $s/b = 0.006$～0.010（b 为载荷板宽度或直径）所对应的荷载确定复合地基承载力特征值，桩端土层为砂卵石等硬质土层时 s/b 取小值，桩端土层为可塑等软质土层时 s/b 取大值，但复合地基承载力特征值不应大于最大加载值的一半。

10 石灰桩复合地基

10.1 一般规定

10.1.1 石灰桩是以生石灰为主要固化剂与粉煤灰或火山灰、炉渣、矿渣、黏性土等掺和料按一定的比例均匀混合后,在桩孔中经机械或人工分层振压或夯实所形成的密实桩体。为提高桩体强度,还可掺加石膏、水泥等外加剂。

石灰桩的主要作用机理是通过生石灰的吸水膨胀挤密桩周土,继而经过离子交换和胶凝反应使桩间土强度提高。同时桩体生石灰与活性掺和料经过水化、胶凝反应,使桩体具有 0.3MPa～1.0MPa 的抗压强度。

石灰桩属可压缩的低黏结强度桩,能与桩间土共同作用形成复合地基。

由于生石灰的吸水膨胀作用,特别适用于新填土和淤泥的加固,生石灰吸水后还可使淤泥产生自重固结。形成一定强度后的石灰桩与经加固的桩间土结合为一体,使桩间土欠固结状态得到改善。

石灰桩与灰土桩不同,可用于地下水位以下的土层,用于地下水位以上的土层时,如土中含水量过低,则生石灰水化反应不充分,桩体强度较低,甚至不能硬化。此时采取减少生石灰用量或增加掺和料含水量的办法,经实践证明是有效的。

石灰桩复合地基不适用于处理饱和粉土、砂类土、硬塑及坚硬的黏性土,含大孤石或障碍物较多且不易清除的杂填土等土层。

10.1.2 石灰桩可就地取材,各地生石灰、掺和料及土质均有差异,在无经验的地区应进行材料配比试验。由于生石灰膨胀作用,其强度与侧限有关,因此配比试验宜在现场地基土中进行。

10.1.3 石灰桩桩体强度与土的强度有密切关系。土强度高时,对桩的约束大,生石灰膨胀时可增加桩体密度,提高桩体强度;反之当土的强度较低时,桩体强度也相应降低。石灰桩在软土中的桩体强度多在 0.3MPa～1.0MPa 之间,强度较低,其复合地基承载力不超过 160kPa,多在 120kPa～160kPa 之间。如土的强度较高,复合地基承载力可提高。同时应当注意,在强度高的土中,如生石灰用量过大,则会破坏土的结构,综合加固效果不好。

10.1.4 石灰桩属可压缩性桩,一般情况下桩顶可不设垫层。石灰桩根据不同的掺和料有不同的渗透系数,数值为 10^{-3} cm/s～10^{-5} cm/s,可作为竖向排水通道。

10.1.5 石灰桩的掺和料为轻质的粉煤灰或炉渣,生石灰块的重度约为 10kN/m³,石灰桩体饱和后重度为 13kN/m³。以轻质的石灰桩置换土,复合土层的自重较轻,特别是石灰桩复合地基的置换率较大时,减载效应明显。复合土层自重减轻即是减少了桩底下卧层软土的附加应力,以附加应力的减少值反推上部荷载减少的对应值是一个可观的数值。这种减载效应对减少软土变形作用很大。同时考虑石灰的膨胀对桩底土的预压作用,石灰桩底下卧层的变形较常规计算小,经过湖北、广东地区四十余个工程沉降实测结果的对比(人工洛阳铲成孔、桩长 6m 以内,条形基础简化为筏基计算),变形较常规计算有明显减小。由于各地情况不同,统计数量有限,应以当地经验为主。

10.2 设计

10.2.1 块状生石灰经测试其孔隙率为 35%～39%,掺和料的掺入数量理论上至少应能充满生石灰块的孔隙,以降低造价,减少由于生石灰膨胀作用产生的内耗。

生石灰与粉煤灰、炉渣、火山灰等活性材料可以发生水化反应,生成不溶于水的水化物,同时使用工业废料也符合国家环保政策。

在淤泥中增加生石灰用量有利于淤泥的固结,桩顶附近减少

生石灰用量可减少生石灰膨胀引起的地面隆起,同时桩体强度较高。当生石灰用量超过总体积的 30% 时,桩体强度下降,但对软土的加固效果较好,经过工程实践及试验总结,生石灰与掺和料的体积比为 1:1 或 1:2 较合理,土质软弱时采用 1:1。

桩体材料加入少量的石膏或水泥可以提高桩体强度,当地下水渗透较严重或为提高桩顶强度时,可适量加入。

10.2.2 由于石灰桩的膨胀作用,桩体上覆压力不够时,易引起桩顶土隆起,增加沉降,因此其封口高度不宜小于 500mm,以保证一定的上覆压力。为了防止地面水早期渗入桩顶,导致桩体强度降低,其封口标高应略高于原地面。

10.2.3 试验表明,石灰桩宜采用细而密的布桩方式,这样可以充分发挥生石灰的膨胀挤密效应,但桩径过小则施工速度受影响。目前人工成孔的桩径以 300mm 为宜,机械成孔以 350mm 左右为宜。

过去的习惯是将基础以外也布置数排石灰桩,如此则造价剧增,试验表明在一般的软土中,围扩桩对提高复合地基承载力的作用不大。在承载力很低的淤泥或淤泥质土中,基础外围增加 1 排～2 排围扩桩有利于对淤泥的加固,可以提高地基的整体稳定性,同时围扩桩可将土中大孔隙挤密,起止水作用,可提高内排桩的施工质量。

10.2.4 洛阳铲成孔桩长不宜超过 6m,指的是人工成孔,如用机动洛阳铲可适当加长。机械成孔管外投料时,如桩长过长,则不能保证成桩直径,特别在易缩孔的软土中,桩长只能控制在 6m 以内,不缩孔时,桩长可控制在 8m 以内。

10.2.5 大量工程实践证明,复合土层沉降仅为桩长的 0.5%～0.8%,沉降主要来自于桩底下卧层,因此宜将桩端置于承载力较高的土层中。

正如本规范第 10.1.5 条说明中所述,石灰桩具有减载和预压作用,因此在深厚的软土中刚度好的建筑物有可能使用"悬浮桩"。无地区经验时,应进行大压板载荷试验,确定加固深度。

10.2.7 试验研究证明,当石灰桩复合地基荷载达到其承载力特征值时,具有下列特征:

1 沿桩长范围内各点桩和土的相对位移很小(2mm 以内),桩土变形协调。

2 土的接触压力接近桩间土地基承载力特征值,即桩间土发挥度系数为 1.0。

3 桩顶接触压力达到桩体比例界限,桩顶出现塑性变形。

4 桩土应力比趋于稳定,其值为 2.5～5.0。

5 桩土的接触压力可采用平均压力进行计算。

基于以上特征,可按常规的面积比方法计算复合地基承载力。在置换率计算中,桩径除考虑膨胀作用外,尚应考虑桩周 20mm 左右厚的硬壳层,故计算桩径取成孔直径的 1.1 倍～1.2 倍。

桩间土地基承载力与置换率、生石灰掺量以及成孔方式等因素有关。

试验检测表明生石灰对桩周厚 0.3 倍桩径左右的环状土体显示了明显的加固效果,强度提高系数达 1.4～1.6,圆环以外的土体加固效果不明显。因此,桩间土地基承载力可按下式计算:

$$f_{sk} = \left[\frac{(k-1)d^2}{A_e(1-m)} + 1 \right] f_{ak} \tag{8}$$

式中:f_{ak}——天然地基承载力特征值;

k——桩边土强度提高系数,软土取 1.4～1.6;

A_e——一根桩分担的地基处理面积;

m——复合地基置换率;

d——桩径。

按上式计算得到的桩间土地基承载力特征值约为天然地基承载力特征值的 1.05 倍～1.20 倍。

10.2.8 如前所述石灰桩桩体强度与桩间土强度有对应关系,桩体压缩模量也随桩间土模量的不同而变化,此大彼大,此小彼小,

鉴于这种对应性质，复合地基桩土应力比的变化范围缩小。经大量测试，桩土应力比的范围为 2.0～5.0，大多为 3.0～4.0，桩间土压缩模量的提高系数可取 1.1～1.3，土软弱时取高值。

石灰桩桩体压缩模量可用环刀取样，作室内压缩试验求得。

10.3 施　工

10.3.1 生石灰块的膨胀率大于生石灰粉，同时生石灰易污染环境。为了使生石灰与掺和料反应充分，应将块状生石灰粉碎，其粒径 30mm～50mm 为佳，最大不宜超过 70mm。

10.3.2 掺和料含水量过少则不易夯实，过大时在地下水位以下易引起冲孔（放炮）。

石灰桩体密实度是质量控制的重要指标，由于周围土的侧向约束力不同，配合比也不同，桩体密实度的定量控制指标难以确定，桩体密实度的控制宜根据施工工艺的不同凭经验控制。无经验的地区应进行成桩工艺试验。成桩 7d～10d 后用轻型圆锥动力触探击数（N_{10}）进行对比检测，选择适合的工艺。

10.3.3 管外投料或人工成孔时，孔内往往存水，此时应采用小型软轴水泵或潜水泵排干孔内水，方能向孔内投料。

在向孔内投料的过程中如孔内渗水严重，则影响夯实（压实）桩的质量，此时应采用降水或打围扩桩隔水的措施。

石灰桩施工中的冲孔（放炮）现象应引起重视。其主要原因在于孔内进水或存水使生石灰与水迅速反应，其温度高达 200℃～300℃，空气遇热膨胀，不易夯实，桩体孔隙大，孔隙内空气在高温下迅速膨胀，将上部夯实的桩体冲出孔口。此时应采取减少掺和料含水量，排干孔内积水或降水，加强夯实等措施，确保安全。

10.4 质量检验

10.4.2 石灰桩加固软土的机理分为物理加固和化学加固两个作用，物理加固作用（吸水、膨胀）的完成时间较短，一般情况下 7d 以内均可完成。此时桩体的直径和密度已定型，在夯实力和生石灰膨胀力作用下，7d～10d 桩体已具有一定的强度。而石灰桩的化学作用则速度缓慢，桩体强度的增长可延续 3 年甚至 5 年。考虑到施工的需要，目前将一个月龄期的强度视为桩体设计强度，7d～10d 龄期的强度约为设计强度的 60% 左右。

龄期 7d～10d 时，石灰桩体内部仍维持较高的温度（30℃～50℃），采用静力触探检测时应考虑温度对探头精度的影响。

桩体质量的施工检测可采用静力触探或标准贯入试验。检测部位应为桩中心及桩间土，每两点为一组。检测组数可取总桩数的 1%。

10.4.3、10.4.4 大量的检测结果证明，石灰桩复合地基在整个受力阶段，都是受变形控制的，其 p-s 曲线呈缓变型。石灰桩复合地基中的桩土具有良好的协同工作特征，土的变形控制着复合地基的变形。所以石灰桩复合地基的允许变形应与天然地基的标准相近。

在取得载荷试验与静力触探检测对比经验的条件下，也可采用静力触探估算复合地基承载力。关于桩体强度的确定，可取 $0.1p_s$ 为桩体比例界限，这是桩体取样在试验机上作抗压试求得比例极限与原位静力触探 p_s 值对比的结果。但仅适用于掺和料为粉煤灰、炉渣的情况。

地下水位以下的桩底存在动水压力，夯实效果也不如桩的中上部，因此底部桩体强度较低。桩的顶部由于上覆压力有限，桩体强度也有所降低。因此石灰桩的桩体强度沿桩长变化，中部最高，顶部及底部较差。试验证明当底部桩体具有一定强度时，由于化学反应的结果，其后期强度可以提高，但当 7d～10d 贯入阻力很小（p_s<1MPa）时，其后期强度的提高有限。

石灰桩复合地基工程验收时，复合地基竖向抗压载荷试验数量可按地基处理面积每 1000m² 左右布置一个点，且每一单体工程不应少于 3 点。

11 挤密砂石桩复合地基

11.1 一般规定

11.1.1、11.1.2 碎石桩、砂桩和砂石混合料桩总称为砂石桩，是指采用振动、沉管或水冲等方式在地基中成孔后，再将碎石、砂或砂石混合料挤压入已成的孔中，形成大直径的砂石体所构成的密实桩体。视加固地基土体在成桩过程中的可压密性，可分为挤密砂石桩和置换砂石桩两大类。挤密砂石桩在成桩过程中地基土体被挤密，形成的砂石桩和被挤密的桩间土使复合地基承载力得到很大提高，压缩模量也得到很大提高。置换砂石桩复合地基承载力提高幅度不大，且桩后沉降较大。挤密砂石桩成桩过程中除逐层振密外，近年发展了多种采用锤击夯扩碎石桩的施工方法。填料除碎石、砂石和砂以外，还有采用矿渣和其他工业废料。在采用工业废料作为填料时，除重视其力学性质外，尚应分析对环境可能产生的影响。挤密砂石桩法主要靠成桩过程中桩周围土的密度增大，从而使地基的承载能力提高，压缩性降低，因此，挤密砂石桩复合地基适用于一切可压密的需加固地基，如松散的砂土地基、粉土地基、可液化地基，非饱和的素填土地基、黄土地基、填土地基等。

国内外的工程实践经验也证明，不管是采用振冲法，还是沉管法，挤密砂石桩法处理砂土及填土地基效果都比较显著，并均已得到广泛应用。国内外（国外主要是日本）一般认为当处理黏粒（小于 0.074mm 的细颗粒）含量小于 10% 的砂土、粉土地基时，挤密效应显著，而我国浙江绍兴等地的工程实践表明，黏粒含量小于 10% 并不是一个严格的界限，在黏粒含量接近 20% 时，地基挤密效果仍较显著。因此，在采用挤密砂石桩法处理黏粒含量较高的砂性土地基时，应通过现场试验确定其适用性。砂石桩处理可液化地基的有效性已为国内不少实际地震和试验研究成果所证实。

11.1.3 采用挤密砂石桩法处理软土地基除应按本规范第 4 章要求进行岩土工程勘察外，针对挤密砂石桩复合地基的特点，本条还提出了应该补充的一些设计和施工所需资料。砂石桩填料用量大，并有一定的技术规格要求，故应预先勘察确定取料场及储量、材料的性能、运距等。

11.2 设　计

11.2.1 考虑到基底压力会向基础范围外的地基中扩散，而且外围的 1 排～3 排桩挤密效果较差，因此本条规定挤密砂石桩处理范围要超出基础外缘 1 排～3 排桩距。原地基越松散则应加宽越多。重要的建筑以及荷载较大的情况应加宽多些。

挤密砂石桩法用于处理液化地基，应确保建筑物的安全使用。基础外需处理宽度目前尚无统一的标准，但总体认为，在基础外布桩对建筑物是有利的。按美国经验，基础外需处理宽度取处理深度，但根据日本和我国有关单位的模型试验认为应取处理深度的 2/3。另外，由于基础压力的影响，使地基土的有效压力增加，抗液化能力增强，故这一宽度可适当降低。同时根据日本挤密砂石桩处理的地基经过地震考验的结果，发现需处理的宽度也比处理深度的 2/3 小，据此规定每边放宽不宜小于处理深度的 1/2。

11.2.2 挤密砂石桩的设计内容包括桩位布置、桩距、处理范围、灌砂石量及需处理地基的承载力、沉降或稳定验算。

挤密砂石桩的平面布置可采用等边三角形或正方形。砂性土地基主要靠砂石桩的挤密提高桩周土的密度，所以采用等边三角形更有利，可使地基挤密较为均匀。

挤密砂石桩直径的大小取决于施工方法、设备、桩管的大小和地基土的条件。采用振冲法施工的挤密砂石桩直径宜为 800mm～1200mm，与振冲器的功率和地基土条件有关，一般振冲器功率大、地基土松散时，成桩直径大；采用沉管法施工的砂石桩直径与桩管的大小和地基土条件有关，目前使用的桩管直径一般为300mm～800mm，但也有小于200mm或大于800mm的。小直径桩管挤密质量较均匀但施工效率低，大直径桩管需要较大的机械能力，工效高。采用过大的桩径，一根桩要承担的挤密面积大，通过一个孔要填入的砂料多，不易使桩周土挤密均匀。沉管法施工时，设计成桩直径与套管直径比不宜大于1.5，主要考虑振动挤压时较大的扩孔会对地基土产生较大扰动，不利于保证成桩质量。另外，成桩时间长、效率低给施工也会带来困难。

11.2.3 挤密砂石桩处理松砂地基的效果受地层、土质、施工机械、施工方法、填料的性质和数量、桩的排列和间距等多种因素的影响，较为复杂。国内外虽然已有不少实践，也进行过一些试验研究，积累了一些资料和经验，但是有关设计参数如桩距、灌砂石量以及施工质量的控制等仍需通过施工前的现场试验才能确定。

对采用振冲法成孔的砂石桩，桩间距宜根据上部结构荷载和场地情况通过现场试验，并结合所采用的振冲器功率大小确定。

对采用沉管法施工的砂石桩，桩距一般可控制在3.0倍～4.5倍桩径之内。合理的桩径取决于具体的机械能力和地层土质条件。当合理的桩距和桩的排列布置确定后，一根桩所承担的处理范围即可确定。土层通过减小土的孔隙，把原土层的密度提高到要求的密度，孔隙要减小的数量可通过计算得出。这样可以设想只要灌入的砂石料能把需要减小的孔隙都充填起来，那么土层的密度也就能够达到预期的数值。据此，如果假定地层挤密是均匀的，同时挤密前后土的固体颗粒体积不变，即可推导出本条所列的桩距计算公式。

对粉土和砂土地基，本条公式的推导是假设地面标高施工后和施工前没有变化。实际上，很多工程都采用振动沉管施工，施工时对地基有振密和挤密双重作用，而且地面下沉，施工后地面平均下沉量可达100mm～300mm，甚至达到500mm。因此，当采用振动沉管法施工砂石桩时，桩距可适当增大，修正系数建议取1.10～1.20。

地基挤密要求达到的密实度是从满足建筑地基的承载力、变形或防止液化的需要而定的，原地基土的密实度可通过钻探取样试验，也可通过标准贯入、静力触探等原位测试结果与有关指标的相关关系确定。各相关关系可通过试验求得，也可参考当地或其他可靠的资料。

这种计算桩距的方法，除了假定条件不完全符合实际外，砂石桩的实际直径也较难确定。因而有的资料把砂石桩体积改为灌砂石量，即只控制砂石量，不必注意桩的直径如何。其实两者基本上是一样的。

桩间距与要求的复合地基承载力与桩和原地基土的承载力有关。如按要求的承载力算出的置换率过高、桩距过小，不易施工时，则应考虑增大桩径和桩距。在满足上述要求条件下，桩距宜适当大些，可避免施工时对原地基土过大扰动，影响处理效果。

11.2.4 挤密砂石桩的长度，应根据地基的稳定和沉降验算确定，为保证稳定，挤密砂石桩长度应超过设计要求安全度相对应的最危险滑动面以下2.0m；当软土层厚度不大时，桩长宜超过整个松散或软弱土层。标准贯入和静力触探沿深度的变化曲线也是确定桩长的重要资料。

对可液化的砂层，为保证处理效果，桩长宜穿透可液化层，如可液化层过深，则应按现行国家标准《建筑抗震设计规范》GB 50011有关规定确定。

另外，砂石桩单桩竖向抗压载荷试验表明，砂石桩桩体在受荷过程中，在桩顶以下4倍桩径范围内将发生侧向膨胀，因此设计深度应大于主要受荷深度，且不宜小于4倍桩径。鉴于采用振冲法施工挤密砂石桩平均直径约1000mm，因此规定挤密砂石桩桩长不宜小于4m。

建筑物地基差异沉降若过大，则会使建筑物受到损坏。为了减少其差异沉降，可分区采用不同桩长进行加固，用以调整差异沉降。

11.2.5 挤密砂石桩桩孔内的填料量应通过现场试验确定。考虑到挤密砂石桩沿深度不会完全均匀，同时可能侧向鼓胀，另外，填料在施工中还会有所损失等，因而实际设计灌砂石量要比计算砂石量大一些。根据地层及施工条件的不同增加量约为计算量的20%～40%。

11.2.6 挤密砂石桩复合地基中桩间土经振密、挤密后，其承载力提高较大，因此本规范公式(11.2.6)中桩间土地基承载力应采用处理后桩间土地基承载力特征值，并且宜通过现场载荷试验或根据当地经验确定。

11.2.7 挤密砂石桩复合地基沉降可按本规范第5.3.1条～第5.3.4条的有关规定进行计算，其中复合地基压缩模量可按本规范公式(5.3.2-2)计算，但考虑到砂石桩桩体压缩模量的影响因素较多且难以确定，所以本条建议采用本规范公式(11.2.7)计算挤密砂石桩复合地基压缩模量。

11.2.8 关于砂石桩用料的要求，对于砂土地基，只要比原土层砂质好同时易于施工即可，应注意就地取材。按照各有关资料的要求最好用级配较好的中、粗砂，当然也可用砂砾及碎石，但不宜选用风化易碎的石料。

对振冲法成桩，填料粒径与振冲器功率有关，功率大，填料的最大粒径也应可适当增大。

对沉管法成桩，填料中最大粒径取决于桩管直径和桩尖的构造，以能顺利出料为宜，本条规定最大不应超过50mm。

考虑有利于排水，同时保证具有较高的强度，规定砂石桩用料中小于0.005mm的颗粒含量（即含泥量）不能超过5%。

11.2.9 砂石桩顶采用碎石垫层一方面起水平排水的作用，有利于施工后土层加快固结，更大的作用是可以起到明显的应力扩散作用，降低基底层砂石桩分担的荷载，减少砂石桩侧向变形，从而提高复合地基承载力，减少地基变形。如局部基础下有较薄的软土，应考虑加大垫层厚度。

11.3 施　工

11.3.1 挤密砂石桩施工机械，应根据其施工能力与处理深度相匹配的原则选用。目前国内主要的砂石桩施工机械类型有：

1　振冲法施工采用的振冲器，常用功率为30、55kW和75kW三种类型。选用时，应考虑设计荷载的大小、工期、工地电源容量及地基土天然强度的高低等因素。

2　沉管法施工机械主要有振动式砂石桩机和锤击式砂石桩机两类。除专用机械外，也可利用一般的打桩机改装。

采用垂直上下振动的机械施工的方法称为振动沉管成桩法，振动沉管成桩法的处理深度可达25m，若采取适当措施，最大还可以加深到约40m；用锤击式机械施工成桩的方法称为锤击沉管成桩法，锤击沉管成桩法的处理深度可达10m。砂石桩机通常包括桩架、桩管及桩尖、提升装置、挤密装置（振动锤或冲击锤）、上料设备及检测装置等部分。为了使砂石桩机配有高压空气或水的喷射装置，同时配有自动记录桩管贯入深度、提升量、压入量、管内砂石位置及变化（灌砂石及排砂石量），以及电机电流变化等检测装置。国外有的设备还装有自动控制装置，根据地层阻力的变化自动控制灌砂石量并保证均匀挤密，全面达到设计标准。

11.3.2 地基处理效果常因施工机具、施工工艺与参数，以及所处理地层的不同而不同，工程中常遇到设计与实际不符或者处理质量不能达到设计要求的情况，因此本条规定施工前应进行现场成桩试验，以检验设计方案和设计参数，确定施工工艺和技术参数（包括填砂石量、提升速度、挤压时间等）。现场成桩试验数：正三角形布桩，至少7根（中间1根，周围6根）；正方形布桩，至少9根（按三排三列布9桩）。

11.3.3 采用振冲法施工时，30kW功率的振冲器每台机组约需电源容量75kW，成桩直径约800mm，桩长不宜超过8m；75kW功率的振冲器每台机组约需电源容量 100kW，成桩直径可达 900mm～1200mm，桩长不宜超过 20m。在邻近既有建筑物场地施工时，为减小振动对建筑物的影响，宜用功率较小的振冲器。

为保证施工质量，电压、密实电流、留振时间要符合要求，因此，施工设备应配备相应的自动信号仪表，以便及时掌握数据。

11.3.4 振冲施工有泥水从孔内排出。为防止泥水漫流地表污染环境，或者排入地下排水系统而淤积堵塞管路，施工时应设置沉淀池，用泥浆泵将排出的泥水集中抽入池内，宜重复使用上部清水。沉淀后的泥浆可用运浆车辆运至预先安排的存放地点。

11.3.5 振冲施工可按下列步骤进行：

1 清理施工场地，布置桩位。

2 施工机具就位，使振冲器对准桩位。

3 启动供水泵和振冲器，水压可用 200kPa～600kPa，水量可用 200L/min～400L/min，将振冲器缓慢沉入土中，造孔速度宜为 0.5m/min～2.0m/min，直至达到设计深度，记录振冲器经各深度的水压、电流和留振时间。

4 造孔后边提升振冲器投料边冲水直至孔口，再放至孔底，重复两三次扩大孔径并使孔内泥浆变稀，开始填料制桩。

5 大功率振冲器投料可不提升孔口，小功率振冲器下料困难时，可将振冲器沉入填料中进行振密制桩，当电流达到规定的密实电流值和规定的留振时间后，将振冲器提升 300mm～500mm。

6 重复以上步骤，自下而上逐段制作桩体直至孔口，记录各段深度的填料量、最终电流值和留振时间，并均应符合设计规定。

7 关闭振冲器和水泵。

振冲法施工中，密实电流、填料量和留振时间是重要的施工质量控制参数，因此，施工过程中应注意：

1 控制加料振密过程中的密实电流。密实电流是指振冲器固定在某深度上振动一定时间（称为留振时间）后的稳定电流，注意不要把振冲器刚接触填料的瞬间电流值作为密实电流。为达到所要求的挤密效果，每段桩体振捣挤密终止条件是要求其密实电流值超过某规定值：30kW 振冲器为 45A～55A；55kW 振冲器为 75A～85A；75kW 振冲器为 80A～95A。

2 控制好填料量。施工中加填料要遵循"少量多次"的原则，既要勤加料，每批又不宜加得太多。而且注意制作最深处桩体的填料量可占整根桩填料量的 1/4～1/3。这是因为初始阶段加的料有一部分从孔口向孔底下落过程中粘在孔壁上，只有少量落在孔底；另外，振冲过程中的压力水有可能造成孔底超深，使孔底填料数量超过正常用量。

3 保证有一段留振时间。即振冲器不升也不降，保持继续振动和水冲，使振冲器把桩孔扩大或把周围填料挤密。留振时间一般可较短；当回填砂石料慢、地基软弱时，留振时间较长。

11.3.6 振动沉管法施工，成桩应按下列步骤进行：

1 移动桩机及导向架，把桩管及桩尖对准桩位。

2 启动振动锤，把桩管下到预定的深度。

3 向桩管内投入规定数量的砂石料（根据经验，为提高施工效率，装砂石也可在桩管下到便于装料的位置时进行）。

4 把桩管提升一定的高度（下砂石顺利时提升高度不超过 1m～2m），提升时桩尖自动打开，桩管内的砂石料流入孔内。

5 降落桩管，利用振动及桩尖的挤压作用使砂石密实。

6 重复 4、5 两工序，桩管上下运动，砂石料不断补充，砂石桩不断升高。

7 桩管提至地面，砂石桩完成。

施工中，电机工作电流的变化反映挤密程度及效率。电流达到一定不变值，继续挤压将不会产生挤密效果。然而施工中不可能及时进行效果检测，因此按成桩过程的各项参数对施工进行控制是重要环节，应予以重视，有关记录是质量检验的重要资料。

11.3.7 挤密砂石桩施工时，间隔进行（跳打），并宜从外侧向中间推进；在邻近既有建（构）筑物施工时，为了减少对邻近既有建

（构）筑物的振动影响，应背离建（构）筑物方向进行。

砂石桩施工完毕，当设计或施工投砂量不足时地面会下沉，当投料过多时地面会隆起，同时表层 0.5m～1.0m 常呈松散状态。如遇到地面隆起过高也说明填砂石量不适当。实际观测资料证明，砂石在达到密实状态后进一步承受挤压又会变松，从而降低处理效果。遇到这种情况应注意适当减少填砂石量。

施工场地土层可能不均匀，土质多变，处理效果不能直接看到，也不能立即测出。为保证施工质量，在土层变化的条件下施工质量也能达到标准，应在施工中进行详细的观测和记录。

11.3.8 砂石桩桩顶部施工时，由于上覆压力较小，因而对桩体的约束力较小，桩顶形成一个松散层，加载前应加以处理（挖除或碾压）才能减少沉降量，有效地发挥复合地基作用。

11.4 质 量 检 验

11.4.1 对振冲法，应详细记录成桩过程中振冲器在各深度时的水压、电流和留振时间，以及填料量，这些是施工控制的重要手段；而对沉管法，填料量是施工控制的重要依据，再结合抽检便可以较好地作出质量评价。

11.4.2 挤密砂石桩处理地基最终是要满足承载力、变形和抗液化的要求，标准贯入、静力触探以及动力触探可直接提供检测资料，所以本条规定可用这些测试方法检测砂石桩及其周围土的挤密效果。

应在桩位布置的等边三角形或正方形中心进行砂石桩处理效果检测，因为该处挤密效果较差。只要该处挤密达到要求，其他位置就一定会满足要求。此外，由该处检测的结果还可判明桩间距是否合理。

检测数量可取不少于桩孔总数的 2%。

如处理可液化地层时，可用标准贯入击数来衡量砂性土的抗液化性，使砂石桩处理后的地基实测标准贯入击数大于临界贯入击数。这种液化判别方法只考虑了桩间土的抗液化能力，未考虑砂石桩的作用，因而在设计上是偏于安全的。

11.4.3 复合地基竖向抗压载荷试验数量可取总桩数的 0.5%，且每个单体建筑不应少于 3 点。

11.4.4 由于在制桩过程中原状土的结构受到不同程度的扰动，强度会有所降低，饱和土地基在桩的周围一定范围内，土中孔隙水压力上升。待休置一段时间后，超孔隙水压力会消散，强度会逐渐恢复，恢复期的长短视土的性质而定。原则上，应待超静孔隙水压力消散后进行检验。根据实际工程经验规定对粉土地基为 14d，对砂土地基和杂填土地基可适当减少。对非饱和土地基不存在此问题，在桩施工后 3d～5d 即可进行。

12 置换砂石桩复合地基

12.1 一 般 规 定

12.1.1 当加固地基土体在成桩过程中不可压密时，如在饱和黏性土地基中设置砂石桩，形成的复合地基承载力的提高主要来自砂石桩的置换作用。

采用振冲法施工时填料一般为碎石、卵石。采用沉管法施工时填料一般为碎石、卵石、中粗砂或砂石混合料，也可采用对环境无污染的坚硬矿渣和其他工业废料。置换砂石桩法适用于处理饱和黏土和饱黄土地基。

采用置换砂石桩复合地基加固软黏土地基，国内外有较多的工程实例，有成功的经验，也有失败的教训。由于软黏土含水量高、透水性差，形成砂石桩时很难发挥挤密效果，其主要作用是通过置换与软黏土构成复合地基，同时形成排水通道利于软土的排

水固结。由于碎石桩的单桩竖向抗压承载力大小主要取决于桩周土的侧限力，而软土抗剪强度低，因此碎石桩单桩竖向抗压承载力小。采用砂石桩处理软土地基承载力提高幅度相对较小。虽然通过提高置换率可以提高复合地基承载力，但成本较高。另外在工作荷载作用下，地基土产生排水固结，砂石桩复合地基工后沉降较大，这点往往得不到重视而酿成工程事故。置换砂石桩法用于处理软土地基应慎重。用置换砂石桩处理饱和软黏土地基，最好先预压。

12.1.2 一般认为置换砂石桩法用振冲法处理软土地基，被加固的主要土层十字板强度不宜小于 20kPa，被加固的主要土层强度较低时，易造成串孔，成桩困难，但近年来在珠江三角洲地区采用振冲法施工大粒径碎石桩处理十字板强度小于 10kPa 的软土取得成功，所用碎石粒径达 200mm。也有采用袋装（土工布制成）砂石桩和竹笼砂石桩形成置换砂石桩复合地基。

12.1.3 采用置换砂石桩复合地基加固软黏土地基时，砂石桩是良好的排水通道。为了加快地基土体排水固结，应铺设排水碎石垫层，与砂石桩形成良好的排水系统。地基土体排水固结，地基承载力提高，但产生较大沉降。置换砂石桩复合地基如不经过预压，工后沉降较大，对工后沉降要求严格的工程慎用。

12.2 设　　计

12.2.1 采用置换砂石桩法处理软土地基除应按本规范第 4 章要求进行岩土工程勘察外，设计和施工还需要掌握地基的不排水抗剪强度。上部结构对地基的变形要求是考核置换砂石桩能否满足要求的重要指标。

　　施工机械关系到设计参数的选择、工期和施工可行性，设计前应加以考虑。

　　所需的填料性质也关系到设计参数的选择，并且要有足够的来源。填料的价格涉及工程造价和地基处理方案的比选，因此事先应进行了解。

12.2.2 本条规定了置换砂石桩的平面布置方式。对于大面积加固，一般采用等边三角形布置，这种布置形式在同样的面积置换率下桩的间距最大，施工处理后地基刚度也比较均匀，当采用振冲法施工，可以最大限度避免串孔；对于单独基础或条形基础等小面积加固，一般采用正方形或矩形布置，这种布置比较方便在小面积基础上均匀布置砂石桩。

12.2.3 对于小面积加固，基础附加应力扩散影响范围有限，并且由于砂石桩的应力集中作用应力扩散范围较均质地基更小。因此，单独基础砂石桩不必超出基础范围，条形基础砂石桩可布置在基础范围内或适当超出基础范围。对于加固面积较大的筏板式、十字交叉基础，基础附加应力扩散影响范围较大，而柔性基础往往有侧向稳定要求，故需在基础范围外加 1 排～3 排围护桩。

12.2.4 为了控制置换砂石桩复合地基的变形，一般情况下桩应穿透软弱土层到达相对硬层。当软弱土层很厚，桩穿过整个软弱土层所需桩长过大，施工效率很低，且造价过高无法实现，这时桩长应按地基变形计算来控制。存在地基稳定问题时，桩长应满足稳定分析要求。

　　关于最小桩长，根据室内外试验结果，散体材料桩在承受竖向荷载时从桩顶向下约 4.0 倍桩径范围内产生侧向膨胀。振冲砂石桩用于置换加固，桩径一般为 0.8m，沉管砂石桩则多为 0.4m～0.6m。另外，若所需桩长很短说明要加固的软土层很薄，这时采用垫层法等其他浅层处理方法可能更有效。故规定最小桩长不宜小于 4.0m。

12.2.5 采用振冲法施工时砂石桩的成桩直径与振冲器的功率有关。通常认为当振冲器功率为 30kW 时，砂石桩的成桩直径为 800mm 左右，55kW 时为 1000mm 左右，75kW 时为 1500mm 左右。

面积置换率与复合地基的强度和变形控制直接相关，面积置换率太小，加固效果不明显。如天然地基承载力特征值为 50kPa 的软土，面积置换率 0.15 的砂石桩复合地基承载力为 70kPa 左右。但面积置换率过高会给施工带来很大困难，采用振冲法施工容易窜孔，采用沉管法施工挤土效应很大，当面积置换率大于 0.25 施工已感到困难，因此，推荐面积置换率取 0.15～0.30。

12.2.6 复合地基承载力特征值原则上应通过复合地基竖向抗压载荷试验确定。有工程经验的场地或初步设计时可按本规范推荐的方法进行设计。已有的实测数据表明，无论是采用振冲法还是沉管法施工，桩间饱和软土在制桩刚结束时由于施工扰动其强度有不同程度降低，但经过一段时间强度会恢复甚至有所提高，因此按本规范公式（5.2.1-2）估算，β_p 和 β_s 均应取 1.0。

12.2.7 置换砂石桩单桩竖向抗压承载力主要取决于桩周土的侧限力，估算方法不少，当桩体材料的内摩擦角在 38° 左右时，单桩竖向抗压承载力特征值可按本规范公式（12.2.7）计算。也可采用圆孔扩张理论或其他方法计算桩周土的侧限力，然后得到单桩竖向抗压承载力。

12.2.9 置换砂石桩填料总体要求是采用级配较好的碎石、卵石、中粗砂或砂砾，以及它们的混合料，采用振冲法施工时一般用碎石、卵石作为填料。无论哪种施工方法都不宜选用风化易碎的石料。当有材质坚硬的矿渣也可作为填料使用。关于填料粒径：振冲法成桩 30kW 振冲器 20mm～80mm，55kW 振冲器 30mm～100mm，75kW 振冲器 40mm～150mm；沉管法成桩，最大粒径不宜大于 50mm。填料含泥量不宜超过 5%。

　　振冲法施工填料最大粒径与振冲器功率有关，振冲器功率大，填料的最大粒径也可适当增大。对同一功率的振冲器，被加固土体的强度越低所用填料的粒径可越大。

　　沉管法施工填料级配和最大粒径对桩体的密实有明显的影响，建议填料最大粒径不应超过 50mm。

12.2.10 置换砂石桩复合地基设置碎石垫层一方面起水平排水作用，有利于施工后加快土层固结，更大的作用在于碎石垫层可以起到明显的应力扩散作用，降低基底砂石桩分担的荷载，并使该处桩周土合理承担附加应力增大其对桩体的约束，减少砂石桩侧向变形，从而提高复合地基承载力，减少地基变形。

12.3 施　　工

12.3.1 置换砂石桩施工机械，应根据其施工能力与处理深度相匹配的原则选用。目前国内主要的砂石桩施工机械类型有：

　　1 振冲法施工采用的振冲器，常用功率为 30、55kW 和 75kW 三种类型。选用时，应考虑设计荷载的大小、工期、工地电源容量及地基土天然强度的高低等因素。

　　2 沉管法施工机械主要有振动式砂石桩机和锤击式砂石桩机。除专用机械外，也可利用一般的打桩机改装。

　　采用垂直上下振动施工的方法称为振动沉管成桩法，振动沉管成桩法的处理深度可达 25m，若采取适当措施，最大处理深度可达约 40m；用锤击式机械施工成桩的方法称为锤击沉管成桩法，锤击沉管处理深度可达 20m。

　　选用成桩施工机械还要考虑不同机械施工过程对周边环境的不利影响，如采用振冲机械施工需评价振动和泥浆排放的影响。

12.3.2 地基处理效果常因施工机具、施工工艺与参数，以及所处理地层的不同而不同，工程中常遇到设计与实际不符或者处理质量不能达到设计要求的情况，因此本条规定施工前应进行现场成桩试验，以检验设计方案和设计参数，确定施工工艺和技术参数（包括填砂石量、提升速度、挤压时间等）。现场成桩试验桩数：正三角形布桩，至少 7 根（中间 1 根，周围 6 根）；正方形布桩，至少 9 根（按三排三列布 9 根桩）。

12.3.3 采用振冲法施工时，30kW 功率的振冲器每台机组约需电源容量 75kW，桩长不宜超过 8m；75kW 功率的振冲器每台机组约需电源容量 100kW，桩长不宜超过 20m。一定功率的振冲器，施工桩长过大施工效率将明显降低，例如 30kW 振冲器制作 9m 长的桩，7m～9m 这段桩的制作时间占总制桩时间的 39%。在邻近既有建筑物场地施工时，为减小振动对建筑物的影响，宜用功率较小的振冲器。

振冲法施工中，密实电流、填料量和留振时间是重要的施工质量控制参数，因此，施工过程中应注意：

1 控制加料振密过程中的密实电流。密实电流是指振冲器固定在某深度上振动一定时间（称为留振时间）后的稳定电流，注意不要将把振冲器刚接触填料的瞬间电流值作为密实电流。为达到所要求的挤密效果，每段制桩振捣密实终止条件是要求其密实电流值超过某规定值：30kW 振冲器为 45A～55A；55kW 振冲器为 75A～85A；75kW 振冲器为 80A～95A。

2 控制好填料量。施工中加填料要遵循"少量多次"的原则，既要勤加料，每批又不宜加得太多。注意制作最深处桩体的填料量可占整根桩填料量的 1/4～1/3。这是因为初始阶段加的料有一部分从孔口向孔底下落过程中粘在孔壁上，只有少量落在孔底；另外，振冲过程中的压力水有可能造成孔底超深，使孔底填料数量超过正常用量。

3 保证有一段留振时间，即振冲器不升也不降，保持继续振动和水冲，使振冲器把桩孔扩大或把周围填料挤密。留振时间可较短，回填砂石料慢、地基软弱时，留振时间较长。

12.3.4 振冲施工有泥水从孔内排出。为防止泥水漫流地表污染环境，或者排入地下排水系统而淤积堵塞管路，施工时应设置沉淀池，用泥浆泵将排出的泥水集中抽入池内，宜重复使用上部清水。沉淀后的泥浆可用运浆车辆运至预先安排的存放地点。

12.3.5 沉管法施工，应按下列步骤进行：

1 移动桩机及导向架，把桩管及桩尖对准桩位。

2 启动振动锤或桩锤，把桩管下到预定的深度。

3 向桩管内投入规定数量的砂石料（根据施工试验经验，为提高施工效率，装砂石也可在桩管下到便于装料的位置时进行）。

4 把桩管提升一定的高度（下砂石顺利提升高度不超过 1m～2m），提升时桩尖自动打开，桩管内的砂石料流入孔内。

5 降落桩管，利用振动及桩尖的挤压作用使砂石密实。

6 重复 4、5 两工序，桩管上下运动，砂石料不断补充，砂石桩不断升高。

7 桩管提至地面，砂石桩完成。

施工中，电机工作电流的变化反映密实程度及效率。电流达到一定不变值，继续挤压将不会产生挤密效果。然而施工中不可能及时进行效果检测，因此按成桩过程的各项参数对施工进行控制是重要环节，应予以重视，有关记录是质量检验的重要资料。

砂石桩施工时，应间隔进行（跳打），并宜由外侧向中间推进；在邻近既有建（构）筑物邻近施工时，为了减少对邻近既有建（构）筑物的振动影响，应背离建（构）筑物方向进行。

砂石桩施工完毕，当设计或施工投砂量不足时地面会下沉，当投料过多时地面会隆起，同时表层 0.5m～1.0m 常呈松散状态。如遇到地面隆起过高也说明填砂石量不适当。实际观测资料证明，砂石在达到密实状态后进一步承受挤压又会变松，从而降低处理效果。遇到这种情况应注意适当减少填砂石量。

施工场地土层可能不均匀，土质多变，处理效果不能直接看到，也不能立即测出。为保证施工质量，在土层变化的条件下施工质量也能达到标准，应在施工中进行详细的观测和记录。

12.3.6 砂石桩顶部施工时，由于上覆压力较小，因而对桩体的约束力较小，桩顶形成一个松散层，加载前应加以处理（挖除或碾压）才能减少沉降量，有效发挥复合地基作用。

12.4 质量检验

12.4.1 对振冲法，应详细记录成桩过程中振冲器在各深度时的

水压、电流和留振时间，以及填料量，这些是施工控制的重要手段；而对沉管法，套管往复挤压振冲次数与时间、套管升降幅度和速度、每次填砂石料量等是判断砂石桩施工质量的重要依据，再结合抽检便可以较好地作出质量评价。

12.4.2 置换砂石桩复合地基的砂石桩可以用动力触探检测其密实度，采用十字板、静力触探等方法检测处理后桩间土的性状。桩间土应在桩位布置的等边三角形或正方形中心进行砂石桩处理效果检测，因为该处排水距离远，施工过程产生的超静孔隙水压消散最慢，处理后强度恢复或提高也需要更长时间。此外，由该处检测的结果还可判明桩间距是否合理。检测数量根据工程情况由设计单位提出，可取桩数的 1%～2%。

12.4.3 载荷试验数量由设计单位根据工程情况提出具体要求，一般可取桩数的 0.5%～1%，且每个单体工程不少于 3 点。

12.4.4 由于在制桩过程中原状土的结构受到不同程度的扰动，强度会有所降低，土中孔隙水压力上升。待休置一段时间后，超孔隙水压力会消散，强度会逐渐恢复，恢复期的长短视土的性质而定。原则上，应待超孔隙水压力消散后进行检验。黏土中超静孔隙水压的消散需要的时间较长，根据实际工程经验一般规定为 28d。

13 强夯置换墩复合地基

13.1 一般规定

13.1.1、13.1.2 强夯置换的加固效果与地质条件、夯击能量、施工工艺、置换材料等有关，采用强夯置换墩复合地基加固具有加固效果显著、施工工期短、施工费用低等优点，目前已广泛用于堆场、公路、机场、港口、石油化工等工程的软土地基加固。采用强夯置换墩复合地基加固可较大幅度提高地基承载力，减少沉降。有关强夯置换加固机理的研究在不断深入，已取得了一批研究成果。目前，强夯置换工程应用夯击能已经达到 18000kN·m，但还没有一套成熟的设计计算方法。也有个别工程因设计、施工不当，处理后出现沉降量或差异沉降较大的情况。因此，特别强调采用强夯置换法前，应在施工现场有代表性的场地进行试夯或试验性施工，确定其适用性和处理效果。精心设计、精心施工，以达到预定加固效果。

强夯置换的碎石墩是一种散体材料墩体，在提高强度的同时，为桩间土提供了排水通道，有利于地基土的固结。墩体上设置垫层的主要作用是使墩体与墩间土共同发挥承载作用，同时垫层也起到排水作用。

13.1.3 强夯置换施工，往往夯击能量较大，强大的冲击除能造成场地四周地层较大的振动外，还伴随有较大的噪声，因此周边环境是否允许是考虑该法可行性时必须注意的因素。

13.2 设计

13.2.1 试夯是强夯置换墩处理的重要环节，试夯方案的完善与否直接影响到后续的施工过程和加固效果。试夯过程不但要确定施工参数，还要反馈信息校正设计，所以要进行加固效果的各项测试。

13.2.2 设计内容应在施工图纸中明确，才能确保现场的施工效果。对施工过程中出现的异常情况，相关各方应加强沟通，结合工程实际情况调整设计参数。

墩体布置是否合理直接影响夯实效果，可根据上部荷载的要求进行选择。对于大面积加固区域，可采用正方形、等边三角形、正方形加梅花点布置。对于工业和民用建筑，可以根据柱网或承重墙的位置布置夯点。

13.2.3 由于基础的应力扩散作用和抗震设防需要，强夯置换处理范围应大于建筑物基础范围，具体放大范围可根据建筑结构类

型和重要性等因素确定。对于一般建筑物,每边超出基础外缘的宽度宜为基础下设计处理深度的1/3～1/2,并不宜小于3m。对可液化地基,根据现行国家标准《建筑抗震设计规范》GB 50011的有关规定,扩大范围不应小于可液化土层厚度的1/2,并不应小于5m;对独立柱基,当柱基面积不大于夯墩面积时,可采用柱下单点夯,一柱一墩。

13.2.4 墩体材料块石过大过多,容易在墩体中留下比较大的孔隙,在建筑物使用过程中容易使墩间软土挤入孔隙,导致局部沉,所以本条强调了对墩体填料粒径的要求。

13.2.5 强夯置换深度是选择该方法进行地基处理的重要依据,又是反映强夯处理效果的重要参数。对于淤泥等黏性土,置换墩应尽量加长。大量的工程实例证明,置换墩体是散体材料,没有沉管等导向工具的话,很少有强夯置换墩体能完全穿透软土层,着底在较好土层上。而对于厚度比较大的饱和粉土、粉砂土,因墩下土在施工中密度会增大,强度也有所提高,故在满足地基变形和稳定性要求的条件下,可不穿透该土层。

强夯置换的加固原理相当于下列三者之和:强夯置换=强夯(加密)＋碎石墩＋特大直径排水井。因此,墩间和墩下的粉土或黏性土通过排水与加密,其性状得到改善。本条明确了强夯置换有效加固深度为墩长和墩底压密土厚度之和,应根据现场试验或当地经验确定。墩底压密土厚度一般为1m～2m。单击夯击能大小的选择与地基土的类别有关,粉土、黏性土的夯击能选择应当比砂性土要大。此外,结构类型、上部荷载大小、处理深度和墩体材料也是选择单击夯击能的重要参考因素。

实际上有效加固深度影响因素很多,除夯锤重和落距外,夯击击数、锤底单位压力、地基土性质、不同土层厚度和埋藏顺序以及地下水位等都与加固深度有密切的关系。鉴于有效加固深度问题的复杂性,且目前尚无适用的计算式,所以本条规定有效加固深度应根据现场试夯或当地经验确定。

考虑到设计人员选择地基处理方法的需要,有必要提出有效加固深度,特别是墩长的预估方法。针对高饱和度粉土、软塑～流塑的黏性土、有软弱下卧层的填土等细颗粒土地基(实际工程多为表层有2m～6m的粗粒料回填,下卧3m～15m淤泥或淤泥质土),根据全国各地50余项工程或项目实测资料的归纳总结(见图12),并广泛征求意见,提出了强夯置换主夯击能与置换深度的建议值(见表13.2.5)。图12中也绘出了现行行业标准《建筑地基处理技术规范》JGJ 79—2002条文说明中的18个工程数据。初步选择时也可以根据地层条件选择墩长,然后参照本图选择强夯置换的能级,而后必须通过试夯确定。同时考虑到近年来,沿海和内陆高填方场地地基采用10000kN·m以上能级强夯法的工程越来越多,积累了大量实测资料,将单击夯击能范围扩展到了18000kN·m,可满足当前绝大多数工程的需要。

需要注意的是表13.2.5中的能级为主夯能级。对于强夯置换法,为了增加置换墩的长度,工艺设计的一套能级中第一遍(工程中叫主夯)的能级最大,第二遍次之或与第一遍相同。每一遍施工填料后都会产生或长或短的夯墩。实践证明,主夯夯点的置换墩长要比后续几遍大。因此,工程中所讲的夯墩长度指的是主夯夯点的夯墩长度。对于强夯置换法,主夯击能指的是第一遍夯击能,是决定置换墩长度的夯击能,即决定有效加固深度的夯击能。

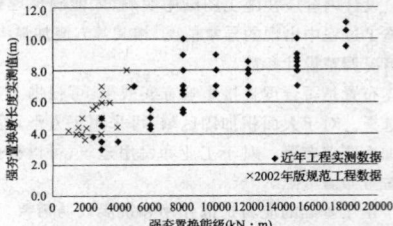

图12 强夯置换主夯击能级与置换墩长实测值

13.2.6 夯击击数对于强夯设计来说是一个非常重要的参数,往往根据工程的具体情况,如压缩层厚度、土质条件、容许沉降量等进行选择。当土体的压缩层越厚、渗透系数越小,同时含水量较高时,需要的夯击击数就越多。国内外目前一般采用8击～20击。总之,夯击击数应通过现场试夯确定,以夯墩的竖向压缩量最大,而夯坑周围隆起量最小为原则。如果隆起量过大,表明夯击效率降低,则夯击击数适当减少。此外,还应考虑施工方便,不会因夯坑过深而导致起锤困难等情况的发生。

累计夯沉量指单个夯点全部夯击数各夯沉量的总和。累计夯沉量为设计墩长的1.5倍～2.0倍是个最低限值,其目的是为了保证墩体的密实度,与充盈系数的概念有些相似,此处以长度比代替体积比,工程实测中该比值往往很大。

13.2.11 强夯置换复合地基上垫层主要是为了使地基土承受的荷载均匀分布,也与墩体的散体材料一起形成排水通道。粒径不宜大于100mm是为了使垫层具有更好的密实度,便于压实。

13.2.12 本条规定实际上是指在软弱地基土,如淤泥等土体中不应考虑墩间土的作用。强夯置换墩法在国外亦称为动力置换与混合法(Dynamic replacement and mixing method),因为墩体在形成过程中大量的墩体材料与墩间土混合,越浅处混合得越多,可与墩体共同组成复合地基,但目前由于实际施工的不利因素,往往混合作用不强,墩间的淤泥等软土性质改善不够,因此目前暂不考虑墩间土地基承载力较为稳妥,也偏于安全。实际工程中,强夯置换墩地基浅层的承载力往往都能满足要求,大部分工程是按照变形控制进行设计,因此此处建议不考虑软黏土地基上墩间土地基承载力。

如山东某工程采用12000kN·m的强夯置换工艺(第一、二遍为12000kN·m,第三遍为6000kN·m)进行处理,大致地层分布如下:0～2.2m为杂填土,2.2m～3.6m为淤泥质粉质黏土,3.6m～8.1m为吹填砂土,8.1m～13.0m为淤泥质粉细砂,13.0m以下为强风化花岗岩。试验载荷板的尺寸为7.1m×7.1m,板面积为50.4m²,堆载量为31000kN。柔性承压板的中心位于第三遍夯点位置,承压板四角分别放置于第一、二遍夯点1/4面积位置。试验在钻探、动力触探和瑞利波测试的基础上又进行了以下测试工作:①载荷板沉降观测;②土压力观测;③孔隙水压力观测;④分层沉降观测;⑤深层水平位移观测;⑥载荷板板底土体竖向变形观测(水平测斜仪);⑦载荷板周边土体隆起变形观测。

测试结果发现在附加压力达到600kPa时,平均沉降量为62mm,深度4m以下土体水平位移为2mm,荷载对周边土体挤密作用小。夯后墩间土地基承载力特征值不小于300kPa,压缩模量不小于20MPa。地基变形较为均匀,碎石置换墩承担荷载的60%～80%,即载荷板所承受的荷载绝大部分传递至强夯置换墩上,因此软黏土地基静载试验时暂不考虑墩间土地基承载力是符合实际受力情况的。

13.3 施 工

13.3.1 夯锤质量应根据处理深度要求和起重机起重能力进行选择。夯锤底面形式是否合理也在一定程度上影响地基处理效果。锤底面积可按土的性质确定。为了提高夯击效果,锤底应对称设置若干与其顶面贯通的排气孔,以利于夯锤着地时坑底空气迅速排出和起锤时减小坑底的负压力。

13.3.3 本条主要是为了在夯坑内或场地地表形成硬层,以支承起重设备,确保机械设备通行和顺利施工,同时还可以增加地下水和地表面的距离,防止夯坑内积水。

13.3.4 当夯坑过深而发生起锤困难时停夯,向坑内填料至坑深的1/3～1/2,如此重复直至满足规定的夯击击数及控制标准,从而完成一个墩体的夯击。

13.3.5 本条要求施工过程由专人监测，是由下列原因决定的：

1 若落距未达到设计要求，将影响单击夯击能。落距计算应从起夯面算至落锤时的锤底高度。

2 由于强夯置换过程中容易造成夯点变位，所以应及时复核。

3 夯击击数、夯沉量和填料量对加固效果有着直接的影响，应严加监测。

4 当场地周围有对振动敏感的精密仪器、设备、建筑物或有其他需要时宜进行振动监测。测点布置应根据监测目的和现场情况确定，可在振动强度较大区域内的建筑物基础或地面上布设观测点，并对其振动速度峰值和主振频率进行监测，具体控制标准及监测方法可参照现行国家标准《爆破安全规程》GB 6722 执行。对于居民区、工业集中区，振动可能影响人居环境，宜参照现行国家标准《城市区域环境振动标准》GB 10070 和《城市区域环境振动测量方法》GB 10071 的有关规定执行。经监测，振动超过规范允许值时可采取减振隔振措施。施工时，在作业区一定范围设置安全禁戒，防止非作业人员、车辆误入作业区而受到伤害。

5 在噪声保护要求较高区域内用锤击法沉桩或其他需要时可进行噪声监测。噪声的控制标准和监测方法可按现行国家标准《建筑施工场界环境噪声排放标准》GB 12523 的有关规定执行。

13.3.6 由于强夯置换施工的特殊性，施工过程中难以直接检验其效果，所以本条强调对施工过程的记录。

13.4 质量检验

13.4.1 强夯置换施工中所采用的参数应满足设计要求，并根据监测结果判断加固效果。未能达到设计要求的加固效果时应及时采取补救措施。

13.4.2 强夯置换墩的直径和墩长较难精确测量，宜采用开挖检查、钻探、动力触探等方法，并通过综合分析确定。墩长的检验数量不宜少于墩点数的 3%。

13.4.4 由于复合地基的强度会随着时间延长而逐步恢复和提高，所以本条指出应在施工结束一段时间后进行承载力的检验。其间隔时间可根据墩间土、墩体材料的性质确定。

承载力检验的数量应根据场地复杂程度和建筑物的重要性确定，对于简单场地上的一般建筑物，每个建筑地基的载荷试验检验点不应少于 3 点；对于复杂场地或重要建筑地基应增加检验点数。强夯置换复合地基竖向抗压载荷试验检验和置换墩长检验数量均不应少于墩点数的 1‰，且不应少于 3 点。

14 刚性桩复合地基

14.1 一般规定

14.1.1 实际上刚性桩复合地基适用于可以设置刚性桩的各类地基。刚性桩复合地基既适用于工业厂房、民用建筑，也适用于堆场及道路工程。

14.1.2 本规范中刚性桩包括各类实体、空心和异型的钢筋混凝土桩和素混凝土桩，钢管桩等。

水泥粉煤灰碎石桩复合地基（CFG 桩复合地基）是由水泥、粉煤灰、碎石、石屑或砂加水拌和而成的混凝土，经钻孔或沉管施工工艺，在地基中形成具有一定黏结强度的低强度混凝土桩。

二灰混凝土桩的桩体材料由水泥、粉煤灰、石灰、石子、砂和水等组成，采用沉管法施工。

14.1.3 在使用过程中，通过桩与土变形协调使桩与土共同承担

荷载是复合地基的本质和形成条件。由于端承型桩几乎没有沉降变形，只能通过垫层协调桩土相对变形，不可知因素较多，如地下水位下降引起地基沉降，由于各种原因，当基础与桩间土上垫层脱开后，桩间土将不再承担荷载。因此，本规范指出刚性桩复合地基中刚度桩应为摩擦型桩，对端承型桩进行限制。

14.2 设 计

14.2.3 当刚性桩复合地基中的桩体穿越深厚软土时，如采用挤土成桩工艺（如沉管灌注成桩），桩距过小易产生明显的挤土效应，一方面容易引起周围环境变化，另一方面，挤土作用易产生桩挤断、偏位等情况，影响复合地基的承载性能。

采用挤土工艺成桩（一般指沉管施工工艺）时，桩的中心距应符合表 6 的规定。

表 6 桩的最小中心距

土的类别	最小中心距	
	一般情况	排数超过 2 排，桩数超过 9 根的群桩情况
穿越深厚软土	3.5d	4.0d
其他土层	3.0d	3.5d

注：表中 d 为桩管外径；采用非挤土工艺成桩，桩中心距不宜小于 3d。

桩长范围内有饱和粉土、粉细砂、淤泥、淤泥质土，采用长螺旋钻中心压灌成桩时，宜采用大桩距。

14.2.4 垫层设置的详细介绍见本规范第 3.0.9 条条文说明。

14.2.5 复合地基承载力由桩的竖向抗压承载力和桩间土地基承载力两部分组成。由于桩刚度不同，两者对承载力的贡献不可能完全同步。一般情况下桩间土地基承载力发挥要小一些。式中 β_s 反映这一情况。β_s 的影响因素很多，桩土模量比较大时，β_s 取值较小；建筑混凝土基础下垫层较厚时，β_s 取值较大；建筑混凝土基础下复合地基 β_s 取值较路堤基础下复合地基小；桩的持力层较好时，β_s 取值较小。β_s 取值应通过综合分析确定。

14.2.6 按本规范公式（5.2.2-1）估算由桩周土和桩端土的抗力可能提供的单桩竖向抗压承载力特征值，考虑到刚性桩刚度一般较大，桩端土地基承载力折减系数（α）可取 1.00。

对水泥粉煤灰碎石桩、二灰混凝土桩等有关规范刚性桩提出桩体强度应符合下式规定：

$$f_{cu} \geqslant 3\frac{R_a}{A_p} \tag{9}$$

式中：f_{cu}——桩体试块标准养护 28d 的立方体（边长 150mm）抗压强度平均值（kPa）；

R_a——单桩竖向抗压承载力特征值（kN）；

A_p——单桩截面积（m²）。

有关桩基规范对钢筋混凝土桩桩体强度提出应符合下式规定：

$$f_c \geqslant \frac{R_a}{\psi_c A_p} \tag{10}$$

式中：f_c——混凝土轴心抗压强度设计值（kPa），按现行国家标准《混凝土结构设计规范》GB 50010 的有关规定取值；

A_p——单桩截面积（m²）；

ψ_c——桩工作条件系数，预制桩取 0.75，灌注桩取 0.6～0.7（水下灌注桩、沉管灌注桩或长桩时用低值）。当桩体的施工质量有充分保证时，可以适当提高，但不得超过 0.8。

混凝土轴心抗压强度标准值（f_{ck}）与立方体抗压强度标准值（f_{cu}）之间的关系在现行国家标准《混凝土结构设计规范》GB 50010 中有详细说明，$f_{ck} = 0.88\alpha_1\alpha_2 f_{cu}$，$\alpha_1$ 为棱柱强度与立方体强度的比值，C50 及以下普通混凝土取 0.76，高强混凝

土 C80 取 0.82,中间按线性插值,α_2 为 C40 以上混凝土考虑脆性折减系数,C40 取 1.00,高强混凝土 C80 取 0.87,中间按线性插值。经计算 f_{ck} 与 f_{cu} 的大致关系为 $f_{ck}=0.67f_{cu}$。按现行国家标准《混凝土结构设计规范》GB 50010 规定,混凝土轴心抗压强度设计值(f_c)与混凝土轴心抗压强度标准值(f_{ck})之间的关系为 $f_c=f_{ck}/1.4$。结合上面分析将公式(10)表示为 $0.67f_{cu}/1.4 \geqslant R_a/\psi_c A_p$,代入相关的参数发现公式(10)与公式(9)基本一致。

因此本规范中,刚性桩按公式(5.2.2-2)估算由桩体材料强度可能提供的单桩竖向抗压承载力特征值时,其中桩体强度折减系数(η)建议取 0.33~0.36。灌注桩或长桩时用低值,预制桩取高值。

14.4 质量检验

14.4.2 采用低应变动力测试检测桩体完整性时,检测数量可取不少于总桩数的 10%。

14.4.3 刚性桩复合地基工程验收时,检验数量由设计单位根据工程情况提出具体要求。一般情况下,复合地基竖向抗压载荷试验数量对于建筑工程为总桩数的 0.5%~1.0%,对于交通工程为总桩数的 0.2%,对于堆场工程为总桩数的 0.1%,且每个单体工程的试验数量不应少于 3 点。单桩竖向抗压载荷试验数量为总桩数的 0.5%,且每个单体工程的试验数量不应少于 3 点。

15 长-短桩复合地基

15.1 一般规定

15.1.2 长-短桩复合地基中长桩常采用刚性桩,如钻孔或沉管灌注桩、钢管桩、大直径现浇混凝土筒桩或预制桩(包括预制方桩、先张法预应力混凝土管桩)等;短桩常采用柔性桩或散体材料桩,如深层搅拌桩、高压旋喷桩、石灰桩以及砂石桩等。

长-短桩复合地基上部置换率高、刚度大,下部置换率低、刚度小,与荷载作用下地基上部附加应力大,下部附加应力小相适应。

长-短桩复合地基长桩和短桩的置换率是根据上部结构荷载大小、单桩竖向抗压承载力、沉降控制等要求综合确定的。

短桩选用种类与浅层土性有关。

15.1.3 长桩的持力层选择是复合地基沉降控制的关键因素,大量工程实践表明,选择较好土层作为持力层可明显减少沉降,但应避免长桩成为端承桩,否则不利于发挥桩间土及短桩的作用,甚至造成破坏。

15.2 设 计

15.2.1、15.2.2 长-短桩复合地基工作机理复杂,因此,其承载力特征值应通过现场复合地基竖向抗压载荷试验来确定。在初步设计时,按本规范公式(5.2.5)计算复合地基承载力时需要参照当地工程经验,选取适当的 β_{p1}、β_{p2} 和 β_s。这三个系数的概念是,当复合地基加载至承载能力极限状态时,长桩、短桩及桩间土相对于其各自极限承载力的发挥程度,不能理解为工作荷载下三者的荷载分担比。

对 β_{p1}、β_{p2} 和 β_s 取值的主要影响因素有基础刚度,长桩、短桩和桩间土三者间的模量比,长桩面积置换率和短桩面积置换率,长桩和短桩的长度,垫层厚度,场地土的分层及土的工程性质等。

当长-短桩复合地基上的基础刚度较大时,一般情况下,β_s 小于 β_{p2},β_{p2} 小于 β_{p1}。此时,长桩如采用刚性桩,其承载力一般能够完全发挥,β_{p1} 可近似取 1.00,β_{p2} 可取 0.70~0.95,β_s 可取 0.50~

0.90。垫层较厚有利于发挥桩间土地基承载力和柔性短桩竖向抗压承载力,故垫层厚度较大时 β_s 和 β_{p2} 可取较高值。当刚性长桩面积置换率较小时,有利于发挥桩间土地基承载力和柔性短桩竖向抗压承载力,β_s 和 β_{p2} 可取较高值。长-短桩复合地基设计时应注重概念设计。

对填土路堤和柔性面层堆场下的长-短桩复合地基,一般情况下,β_s 大于 β_{p2},β_{p2} 大于 β_{p1}。垫层刚度对桩的竖向抗压承载力发挥系数影响较大。若垫层能有效防止刚性桩过多刺入垫层,则 β_{p1} 可取较高值。

15.2.3 在短桩的桩端平面,复合地基承载力产生突变,当短桩桩端位于软弱土层时,应验算此深度的软弱下卧层承载力,这也是确定短桩桩长的一个关键因素(另一关键因素是复合地基的沉降控制要求)。短桩桩端平面的附加压力值可根据短桩的类型,由其荷载扩散或传递机理确定。对散体材料桩或柔性桩,按压力扩散法确定,对刚性桩采用等效实体法计算。

15.2.5 复合地基沉降采用分层总合法计算时,主要作了两个假设:①长-短桩复合地基中的附加应力分布计算采用均质土地基的计算方法,不考虑长、短桩的存在对附加应力分布的影响;②在复合地基产生沉降时,忽略长、短桩与桩间土之间因刚度、长度不同产生的相对滑移,采用复合压缩模量来考虑桩的作用。

上述假设带来的误差通过复合土层压缩量计算经验系数来调整。在计算时,需要根据当地经验,选择适当的经验系数。

15.2.6 为充分发挥桩间土地基承载力和短桩竖向抗压承载力,垫层厚度不宜过小,但垫层厚度过大时,既不利于长桩竖向抗压承载力发挥,又增加成本,因此根据经验,建议垫层厚度采用 100mm~300mm。

垫层材料多为中砂、粗砂、级配良好的砂石等,不宜选用卵石。

15.2.7 如果长-短桩复合地基中长桩为刚性桩、短桩为柔性桩,为了充分发挥柔性桩的作用,使刚性长桩与柔性短桩共同作用形成复合地基,要合理选择刚性桩的桩距。对挤土型刚性桩,应严格控制布桩密度,特别是对于深厚软土地区,应尽量减少成桩施工对桩间土的扰动。

15.3 施 工

15.3.1 长桩与短桩的施工顺序可遵守下列原则:

1 挤土桩应先于非挤土桩施工。如果施工非挤土桩,当挤土桩施工时,挤土效应易使已经施工的非挤土桩偏位、断裂甚至上浮,深厚软土地基上这样施工的后果尤为严重。

2 当两种桩型均为挤土桩时,长桩宜先于短桩施工。如先施工短桩,长桩施工时易使短桩上浮,影响其端阻力的发挥。

15.3.5 当基础底面桩间土含水量较大时,应进行试验确定是否采用动力夯实法,避免桩间土地基承载力降低,出现弹簧土现象。对较干的砂石材料,虚铺后可适当洒水再进行碾压或夯实。

15.3.6 基础埋深较浅时宜采用人工开挖,基础埋深较深时,可先采用机械开挖,并严格均衡开挖,留一定深度采用人工开挖,以围扩桩头质量。

16 桩网复合地基

16.1 一般规定

16.1.1 桩网复合地基适用于有较大工后沉降的场地,特别适用于新近沉海地区软土、新近填筑的深厚杂填土、液化粉细砂层和湿陷性土层的地基处理。当桩土共同作用形成复合地基时,桩网复合地基的工作机理与刚性桩复合地基基本一致。当处理新近填土、湿陷性土和欠固结淤泥等地基时,工后沉降较大,桩间土不能与桩共同作用承担上覆荷载,桩帽以上的填土荷载、使用荷载通过填土层、垫层和加筋层共同作用形成土拱,将桩帽以上的荷载全部转移到桩帽由桩承担。此时桩网地基是填土路堤下桩承堤的一种形式。

16.1.2 桩网复合地基一般用于填土路堤、柔性面层的堆场和机场跑道等构筑物的地基加固,已广泛应用于桥头路基、高速公路、高速铁路和机场跑道等严格控制工后沉降的工程,具有施工进度快、质量易于控制等特点。

16.1.3 当采用桩网复合地基时,还应着重明加固土层的固结状态、震陷性和湿陷性等特性,判断是否会发生较大的工后沉降。对于大面积新近填土的软土层、未完成自重固结的新近填土层、可液化的粉细砂层和湿陷性土层,均有可能产生较大的工后沉降。在该类地层采用刚性桩复合地基时,应按本规范桩网复合地基的规定和要求进行设计和施工。

16.1.4 桩网复合地基以桩承担大部分或全部桩顶以上的填土荷载和使用荷载,桩的竖向抗压承载力、变形性能直接影响复合地基的承载力和变形性状,所以该类地基在正式施工前应进行现场试桩,确定桩的竖向抗压承载力和 $p\text{-}s$ 曲线。

16.1.5 桩网复合地基中的桩可采用刚性桩,也可选用低强度桩。实际上采用低强度桩时布桩间距较密,桩顶不需要设置荷载传递所需的桩帽、加筋层,对填土层高度也无严格要求,在形式上与桩网复合地基不一致。所以,桩网复合地基中的桩普遍指的是刚性桩。

刚性桩的形式有多种,应根据施工可行性和经济性比选桩型。在饱和软黏土层,不宜采用沉管灌注桩;采用打(压)入预制桩时,应采取合理的施工顺序和必要的孔压消散措施。填土、粉细砂、湿陷性等松散的土层宜采用挤土桩。

塑料套管桩是专门开发用于桩网复合地基的一种塑料套管就地灌注混凝土桩,桩径为 150mm~250mm,先由专门的机具将带铁靴的塑料套管压入地基土层中,后灌注混凝土,桩帽可一次浇筑,具有施工速度快、饱和软土地层施工影响小等特点。

16.1.6 为了充分发挥桩网复合地基刚性桩桩体强度,宜采用较大的布桩间距。但是,加大桩间距时,需加大桩长、增加桩帽尺寸和配筋量,加筋体应具有更高的性能,以及加大填土高度以满足土拱高度要求,结果有可能导致总体造价升高。所以,应综合地质条件、桩的竖向抗压承载力、填土高度等要求,确定桩间距、桩帽尺寸、加筋层和垫层及填土层厚度。

16.2 设 计

16.2.1 应该根据桩的设计承载力、桩型和施工可行性等因素选用经济合理的桩径,根据国内的施工经验,就地灌注桩的桩径不宜小于300mm,预应力管桩直径宜选 300mm~400mm,桩体强度较低的桩型可以选用较大的桩径。桩穿过原位十字板强度小于10kPa的软弱土层时,应考虑压曲影响。

16.2.2 正方形布桩并采用正方形桩帽时,桩帽和加筋层的设计计算较方便。同时加筋层的经向或纬向正交于填方边坡走向时,加筋层对增强边界稳定性最有利。三角形布桩一般采用圆形桩帽,采取等代边长参照正方形桩帽设计方法。

根据实际工程统计,桩网复合地基的桩中心间距与桩径之比大多在5~8之间。当桩的竖向抗压承载力高时,应选较大的间距桩径比。但 3.0m 以上的布桩间距较少见。过大桩间距会导致桩帽造价升高,加筋体的性能要求提高,以及填土总厚度加大,在实际工程中不一定是合理方案。

16.2.3 单桩竖向抗压承载力应通过试桩确定,在方案设计和初步设计阶段,可根据勘察资料采用现行行业标准《建筑桩基技术规范》JGJ 94 规定的方法按下式计算:

$$R_a = u_p \sum_{i=1}^{n} q_{si} l_i + q_p A_p \tag{11}$$

式中:u_p——桩的截面周长(m);

$\quad n$——桩长范围内所划分的土层数;

$\quad q_{si}$——第 i 层土的桩侧摩阻力特征值(kPa);

$\quad l_i$——第 i 层土的厚度(m);

$\quad q_p$——桩端土地基承载力特征值(kPa)。

16.2.4 参照现行行业标准《建筑桩基技术规范》JGJ 94 中第5.4.4 条计算下拉荷载(Q_g^n)。计算时要注意负摩阻力取标准值。

16.2.5 当处理松散填土层、欠固结软土层、自重湿陷性土等有明显工后沉降的地基时,桩间土的沉陷是一个较缓慢的发展过程,复合地基的载荷试验不能反映桩间土下沉导致不能承担荷载的客观事实,所以不建议采用复合地基竖向抗压载荷试验确定该类地质条件下的桩网复合地基承载力。桩网复合地基主要由桩承担上覆荷载,用桩的单桩竖向抗压载荷试验确定单桩竖向抗压承载力特征值,推算复合地基承载力更为恰当。

对于有工后沉降的桩网复合地基,载荷试验确定的单桩竖向抗压承载力应扣除负摩擦引起的下拉荷载。注意下拉荷载为标准值,当采用特征值计算时应乘以系数2。

16.2.6 当复合地基中的桩和桩间土的相对沉降较小时,桩间土能发挥作用承担一部分上覆荷载,桩网复合地基的工作机理与刚性桩复合地基一致,属于复合地基的一种形式,β_p 和 β_s 按刚性桩复合地基的规定取值。当桩和桩间土有较大的相对沉降时,不应考虑桩间土分担荷载的作用,β_p 取 1.0,β_s 取 0。

16.2.7 当采用圆形桩帽时,可采用面积相等的原理换算圆形桩帽的等效边长(a_0)。等效边长按下式计算:

$$a_0 = \frac{\sqrt{\pi}}{2} d_0 \tag{12}$$

式中:d_0——圆形桩帽的直径(m)。

16.2.8 桩帽宜采用现浇,可以保证对中和桩顶与桩帽紧密接触。当采用预制桩帽时,一般在预制桩帽的下侧面设置大于桩径的凹槽,安装时对中桩位。桩帽面积与单桩处理面积之比宜取15%~25%。当桩径为 300mm~400mm 时,桩帽之间的最大净间距宜取 1.0m~2.0m。方案设计时,可预估需要的上覆填土厚度为最大间距的1.5倍。

桩帽作为结构构件,采用荷载基本组合验算截面抗弯和抗冲剪承载力(图13)。

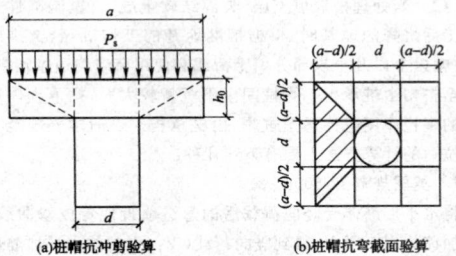

(a)桩帽抗冲剪验算　　　　(b)桩帽抗弯截面验算

图 13 桩帽计算示意

桩帽抗冲剪按下列公式计算:

$$V_s / u_m h_0 \leqslant 0.7 \beta_{hp} f_t / \eta \tag{13}$$

$$V_s = P_s a^2 - (\tan 45° h_0 + d)^2 P_s / 4 \tag{14}$$

$$u_m = 2(d/2 + \tan 45° h_0 / 2)\pi \tag{15}$$

式中:V_s——桩帽上作用的最大冲剪力(kN);

$\quad P_s$——相应于荷载效应基本组合时,作用在桩帽上的压力值(kPa);

$\quad \beta_{hp}$——冲切高度影响系数,取 1.0;

$\quad f_t$——混凝土轴心抗拉强度(kPa);

$\quad \eta$——影响系数,取 1.25。

桩帽截面抗弯承载力按下列公式计算:

$$M_R \geqslant M \tag{16}$$

$$M = \frac{1}{2}P_s d\left(\frac{a-d}{2}\right)^2 + \frac{2}{3}P_s\left(\frac{a-d}{2}\right)^3 \quad (17)$$

式中：M_R——截面抗弯承载力（kN·m）；

M——桩帽截面弯矩（kN·m）。

16.2.9 当处理松散填土层、欠固结软土层、自重湿陷性土等有明显工后沉降的地基时,确定土拱高度是桩网地基填土高度设计的前提,也是计算确定加筋体的依据。实用的土拱计算方法主要有英国规范法、日本细则法和北欧规范法等。

英国规范 BS 8006 法根据 Hewlett、Low 和 Randolph 等人的研究成果,假定土体在压力作用下形成的土拱为半球拱。提出了桩网土拱临界高度的概念,认为路堤的填土高度超过临界高度 $[H_c = 1.4(S-a)]$ 时,才能产生完整的土拱效应。该规定忽视了路堤填土材料的性质,在对路堤填料有严格限制的条件下,英国规范的方法方便实用。

北欧规范法引用了 Carlsson 的研究成果,假定桩网复合地基平面土拱的形式为三角形楔体,顶角为 30°。可计算得土拱高度为 $H_c = 1.87(S-a)$。

日本细则法采用了应力扩散的概念,同样假定桩网复合地基平面土拱的形式为三角形楔体,顶角为 2φ,φ 为材料的内摩擦角,黏性土取综合内摩擦角(图 14)。

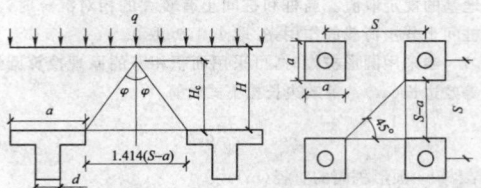

图 14　土拱高度计算示意

桩网复合地基采用间距为 S 的正方形布桩,正方形桩帽边长为 a,土拱高度计算应考虑桩帽之间最大的间距,$H_c = 0.707(S-a)/\tan\varphi$。当 $\varphi = 30°$ 时,$H_c = 1.22(S-a)$;日本细则法另外规定土拱高度计算取 1.2 的安全系数,设计取值时 $H_c = 1.46(S-a)$。

目前各国采用的规范方法略有不同,但是考虑到路堤填料规定的差异,各国关于土拱高度计算方法实质上差异较小。

16.2.12 当处理松散填土层、欠固结软土层、自重湿陷性土等有明显工后沉降的地基时,根据桩网地基的工作机理,土拱产生之后,桩帽以上以及土拱部分填土荷载和使用荷载均通过土拱作用,传递至桩帽由桩承担。当桩间土上下沉量较大时,拱下土体通过加筋体的提拉作用也传递至桩帽,由桩承担。目前国外规范关于加筋体拉力的计算方法主要有下列几种:

1　英国规范 BS8006 法。

将水平加筋体受竖向荷载后的悬链线近似看成双曲线,假设水平加筋体之下脱空,得到竖向荷载(W_T)引起的水平加筋体张拉力(T)按下式计算:

$$T = \frac{W_T(S-a)}{2a}\sqrt{1 + \frac{1}{6\varepsilon}} \quad (18)$$

式中：S——桩间距(m);

a——桩帽宽度(m);

ε——水平加筋体应变;

W_T——作用在水平加筋体上的土体重量(kN);

当 $H > 1.4(S-a)$ 时,W_T 按下列公式计算:

$$W_T = \frac{1.4S\gamma(S-a)}{S^2 - a^2}\left[S^2 - a^2\left(\frac{C_c a}{H}\right)^2\right] \quad (19)$$

对于端承桩:

$$C_c = 1.95H/a - 0.18 \quad (20)$$

对于摩擦桩及其他桩:

$$C_c = 1.5H/a - 0.07 \quad (21)$$

式中：H——填土高度(m);

γ——土的重度(kN/m³);

C_c——成拱系数。

2　北欧规范法。

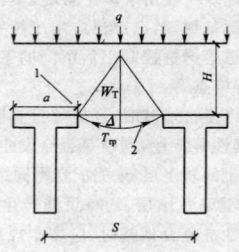

图 15　加筋体计算

1—路堤;2—水平加筋体

北欧规范法的计算模式采用了三角形楔形土拱的假设(图 15),不考虑外荷载的影响,则二维平面时的土楔重量(W_{T2D})按下式计算:

$$W_{T2D} = \frac{(S-a)^2}{4\tan 15°}\gamma \quad (22)$$

该方法中水平加筋体张拉力的计算采用了索膜理论,也假定加筋体下面脱空,得到二维平面时的加筋体张拉力(T_{rp2D})可按下式计算:

$$T_{rp2D} = W_{T2D}\left(\frac{S-a}{8\Delta}\right)\sqrt{1 + \frac{16\Delta^2}{(S-a)^2}} \quad (23)$$

式中：Δ——加筋体的最大挠度(m)。

瑞典 Rogheck 等考虑了三维效应,得到三维情况下土楔重量(W_{T3D})可按下式计算:

$$W_{T3D} = \left(1 + \frac{S-a}{2}\right)W_{T2D} \quad (24)$$

则三维情况下水平加筋体的张拉力(T_{rp3D})可按下式计算:

$$T_{rp3D} = \left(1 + \frac{S-a}{2}\right)T_{rp2D} \quad (25)$$

3　日本细则法。

日本细则法考虑拱下三维楔形土体的重量,假定加筋体为矢高 Δ 的抛物线,土拱下土体荷载均布作用在加筋体上,推导出加筋体张拉力可按下式计算:

$$W = \frac{1}{2}h\gamma\left(S^2 - \frac{1}{4}a^2\right) \quad (26)$$

格栅上的均布荷载:

$$q = \frac{W}{2(S-a)a} \quad (27)$$

加筋体的张力:

$$T_{max} = \sqrt{H^2 + \left(\frac{q\Delta}{2}\right)^2} \quad (28)$$

$$H = q(S-a)^2/8\Delta \quad (29)$$

式中：h——土拱的计算高度(m);

W——土拱土体的重量(kN)。

4　本规范方法。

本规范采用应力扩散角确定的土拱高度,考虑空间效应计算加筋体张拉力(图 16)。

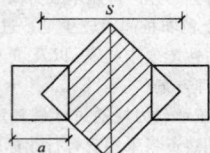

图 16　加筋体计算平面示意

土拱设计高度 $h = 1.2H_c$,$H_c = 0.707(S-a)/\tan\varphi$(图 16)。

加筋体张力产生的向上的分力承担图中阴影部分楔体土的重量，假定加筋体的下垂高度为 Δ，变形近似于三角形，土荷载的分项系数取 1.35，则加筋体张力可按下式计算：

$$T \geqslant \frac{1.35\gamma h(S^2 - a^2)\ \sqrt{(S-a)^2 + 4\Delta^2}}{32\Delta a} \qquad (30)$$

5 不同方法计算结果的对比。

此处以一个算例，对比上述不同规范计算土拱高度和加筋拉力的结果。算例中：布桩间距 2.0m，桩帽尺寸 1.0m，填土内摩擦角 35°、30°和 25°三种情况，填土的重度取 20kN/m³，填土的总高度大于 2.5m，加筋体最大允许下垂 0.1m。土拱的高度和加筋体的拉力分别按照不同的规范方法计算，结果列于表 7。

表 7 不同规范土拱高度和加筋体拉力计算比较

采用方法		英国规范 BS8006 法	北欧规范法	日本细则法	本规范方法
$\varphi = 35°$	土拱高度(m)	1.68	2.24	1.45	1.45
	加筋拉力(kN/m)	64.10	101.90	49.90	58.30
$\varphi = 30°$	土拱高度(m)	1.68	2.24	1.76	1.76
	加筋拉力(kN/m)	64.10	101.90	60.70	69.40
$\varphi = 25°$	土拱高度(m)	1.68	2.24	2.18	2.18
	加筋拉力(kN/m)	64.10	101.90	75.20	85.32

在本规范确定总填土厚度时，考虑了 20%的安全余量。能够保证桩网复合地基形成完整的土拱，不至于在路面产生波浪形的差异沉降。工程实际和模型试验都表明，增加加筋层数能够有效地减小土拱高度。但是，目前这方面还没有定量的计算方法，建议采用有限元等数值方法和足尺模型试验确定多层加筋土土拱高度。

加筋层材料应选用土工格栅、复合土工布等具有铺设简便、造价便宜、材料性能适应性好等特点的土工聚合物材料。宜选用尼龙、涤纶、聚酯材料的经编型、高压聚乙烯和交联高压聚乙烯材料等拉伸型土工格栅，或该类材料的复合土工材料。热压型聚苯烯、低密度聚乙烯等制成的土工格栅强度较低、延伸性大、蠕变性明显，不宜采用。玻纤土工格栅强度很高，但是破坏时应变率较小，一般情况下也不适用。

桩与地基土共同作用形成复合地基时，桩帽上部加筋按边坡稳定要求设计。加筋层数和强度均应该由该稳定计算的结果确定。多层加筋也可以解决单层加筋强度不够的问题。从桩网加筋起桩间土兜作用的机理分析，选择两层加筋时，两层筋材应尽量靠近。但是贴合会减少加筋体与垫层材料的摩擦力，要求之间有 10cm 左右的间距，所填的材料应与垫层相同。由于两层加筋体所处的位置不同，实际产生的变形量也不同，所以强度发挥也不同。两层相同性质的加筋体，上层筋材发挥的拉力只有下层的 60%左右。

加筋体的允许下垂量与地基的允许工后沉降有关，也关系到加筋体的强度性能。当工后沉降控制严格时，允许下垂量 Δ 取小值。规定的加筋体下垂量越小，加筋体的强度要求就越高。所以，一般情况下本规范推荐按桩帽间距的 10%。

16.2.13 当桩间土发生较大沉降时，加筋体和桩间土可能脱开，为了避免垫层材料漏到加筋层之下，填料的最小粒径不应小于加筋体的孔径尺寸。如果加筋体的孔径较大，垫层材料粒径不能满足要求时，可在加筋层之上铺设土工布，或者采用复合型的土工格栅。

16.2.15、16.2.16 当复合地基中的桩和桩间土发生较大相对沉降时，导致桩帽以上荷载通过土拱作用转移至桩帽，根据土体体积不变的原理，推导出形成稳定土拱所致的地面沉降量 s_3 的计算公式(16.2.16)。在实际工作中往往更关心工后沉降，桩网复合地基的工后沉降主要由桩受荷后的沉降和桩间土下沉而产生的地面沉降组成，所以控制加筋层的下垂量，对于控制工后沉降有重要

作用。

16.3 施 工

16.3.2 在饱和软土地层施工打入桩、压桩时，随着打入或压入地层的桩数增加，会引起软土层中超静孔隙水压力升高，导致打桩或压桩的阻力减小，很难实现施工初期确定的收锤标准和压桩力标准。所以本条规定"饱和黏土地层预制桩沉桩施工时，应以设计桩长控制为主，工艺试桩确定的收锤标准或压桩力控制为辅的方法控制施工桩长。"在工艺试桩过程中，应记录在不同地层、设计桩长时的贯入量或压桩力，结合桩的载荷试验结果，总结出收锤标准和压桩力控制标准。对于成孔就地灌注桩，主要根据钻孔揭示的土层判断持力层来控制桩长。

16.3.3 饱和软土地层采用挤土桩施工时，可以采取较长间隔时间跳打、由中间往两侧施工等办法，减小超静孔隙水压力升高对成桩质量和周边环境的影响。必要时在饱和软土层中插塑料排水板或打设砂井等竖向排水通道，促使超静孔隙水压力消散。

16.3.4 聚合物土工材料在紫外线强烈曝晒下，都会有一定的强度损失，即发生老化现象。所以在材料的运输、储存和铺设过程中，应尽量避免阳光曝晒。

加筋层的接头可采用锁扣连接、拼接或缝接，加筋层接头的强度不应低于材料抗拉强度设计值的 70%。

16.3.5 现浇桩帽施工时，要注意桩帽和桩的对中，桩头与桩帽的连接，必要时可在桩顶设构造钢筋与桩帽连接。预制桩帽一定要有可靠的对中措施，安装时桩帽和桩对中、两者密贴。桩帽之间土压实困难，故应采用砂土、石屑等回填。

16.3.6 当加筋层以上铺设碎石垫层时，采用振动碾压很容易损伤加筋层。垫层应用强度高、变形小的填料，铺设平整后可不作压实处理。

16.4 质 量 检 验

16.4.4 土工合成加筋体抗老化性能测试采用现行国家标准《塑料实验室光源暴露试验方法 第 2 部分：氙弧灯》GB/T 16422.2 光照老化试验的有关规定。光照老化法是指氙弧灯光照辐射强度 55W/m²，照射 150h，测试加筋体的拉伸强度不小于原有强度的 70%。加筋体的其他检测与检验按照现行行业标准《公路工程土工合成材料试验规程》JTG E50 的有关规定和要求进行试验。

17 复合地基监测与检测要点

17.2 监 测

17.2.1 复合地基技术目前还处于半理论、半经验状态，应重视监测，利用监测成果指导施工、完善设计。

17.2.2 不少工程事故归因于监控流程不通畅，宜成立以建设管理单位代表为组长包括监理、设计、监测、施工等各方的监控小组，遵循合理可行的监控流程，这对于发挥施工监控的作用，保证工程质量十分必要。

17.2.5 上海地区采用沉降控制桩复合地基的部分工程长期监测表明，桩承担荷载逐渐增加，桩间土承担荷载逐渐减少。因此，对重要工程、试验工程、新型复合地基工程等应监测桩土荷载分担情况。

17.2.8 应根据施工进度、周边环境等判断监测指标是否合理，工程事故通常伴随地面裂缝或隆起等，因此合理分析监测数据，监测时应记录施工、周边环境变化等情况。

17.3 检 测

17.3.1 当荷载大小、荷载作用范围、荷载类型、地基处理方案等

不同时,检测内容有所不同,应根据工程特点确定主要检测内容。填土路堤和柔性面层堆场等工程的复合地基往往受地基稳定性和沉降控制,应注重检测竖向增强体质量。

17.3.3 检测方案宜包括以下内容:工程概况、检测方法及其依据的标准、抽样方案、所需的机械或人工配合、试验周期等。

复合地基检测方法有平板载荷试验、钻芯法、动力触探试验、土工试验、低应变、高应变、声波透射法等,应根据检测目的和工程特点选择合适的检测方法(表8)。

表8 适宜的检测和监测方法

被 检 体	PLT	BCM	SPT	DPT	CPT	LSM	HSM
桩间土	√	—	√	√	√	—	—
桩端持力层	—	√	√	√	—	—	—
挤密砂石桩及其复合地基	√	—	—	√	—	—	—
置换砂石桩及其复合地基	√	—	—	√	—	—	—
强夯置换墩及其复合地基	√	—	—	√	—	—	—
深层搅拌桩及其复合地基	√	√	—	—	—	—	—
高压旋喷桩及其复合地基	√	√	—	—	—	—	—
素土挤密桩及其复合地基	√	—	—	√	—	—	—
灰土挤密桩及其复合地基	√	—	—	√	—	—	—
夯实水泥土桩及其复合地基	√	√	—	—	—	—	—
石灰桩及其复合地基	√	—	—	√	—	—	—
灌注桩及其复合地基	√	√	—	—	—	√	√
预制桩及其复合地基	√	√	—	—	—	√	√

注:表中 PLT 为平板载荷试验,BCM 为钻芯法,SPT 为标准贯入试验,DPT 为圆锥动力触探,CPT 为静力触探,LSM 为低应变,HSM 为高应变。

散体材料桩或抗压强度较低的深层搅拌桩、高压旋喷桩采用平板载荷试验难以反映复合地基深处的加固效果,宜采用标准贯入、钻芯(胶结桩)、动力触探等手段检查桩长、桩间土、桩体质量。由于钻芯法适用深度小,难以反映灌注桩缩径、断裂等缺陷,所以小直径刚性桩应采用低应变、高应变或静载试验进行检测。复合地基检测方法和数量宜由设计单位根据工程具体情况确定。由静载试验检测散体材料桩、柔性桩复合地基浅层的承载力以及刚性桩复合地基的承载力。对于柔性桩复合地基,单桩竖向抗压载荷试验比复合地基竖向抗压载荷试验更易检测桩体质量。

17.3.5 为真实反映工程地基实际加固效果,应待竖向增强体及其周围土体物理力学指标稳定后进行质量检验。地基处理施工完毕至检测的间隔时间受地基处理方法、施工工艺、地质条件、荷载特点等影响,应根据工程特点具体确定。

不加填料振冲挤密处理地基,间歇时间可取 7d～14d;振冲桩复合地基,对粉质黏土间歇时间可取 21d～28d,对粉土间歇时间可取 14d～21d;砂石桩复合地基,对饱和黏性土应待孔压消散后进行,间歇时间不小于 28d,对粉土、砂土和杂填土地基,不宜少于 7d;水泥土桩复合地基间歇时间不应小于 28d;强夯置换墩复合地基间歇时间可取 28d;灌注桩复合地基间歇时间不宜小于 28d;黏性土地基中的预制桩复合地基间歇时间不宜小于 14d。

17.3.7 验证检测应符合以下规定:

1 可根据平板载荷试验结果,综合分析评价动力触探试验等地基承载力检测结果。

2 地基浅部缺陷可采用开挖验证。

3 桩体或接头存在缺陷的预制桩可采用高应变法进行验证。

4 可采用钻芯法、高应变法验证低应变法检测结果。

5 对于声波透射法检测结果有异议时,可重新检测或在同一根桩进行钻芯法验证。

6 可在同一根桩增加钻孔验证钻芯法检测结果。

7 可采用单桩竖向抗压载荷试验验证高应变法单桩竖向抗压承力检验结果。

扩大抽检的数量宜按不满足设计要求的点数加倍扩大抽检:

1 平板载荷试验、单桩竖向抗压承载力检测或钻芯法抽检结果不满足设计要求时,应按不满足设计要求的数量加倍扩大抽检。

2 采用低应变法抽检桩体完整性所发现的Ⅲ、Ⅳ类桩之和大于

抽检桩数的 20%时,应按原抽检比例扩大抽检。两次抽检的Ⅲ、Ⅳ类桩之和仍大于抽检桩数 20%时,该批桩应全部检测。Ⅲ、Ⅳ类桩之和不大于抽检桩数 20%时,应研究处理方案或扩大抽检的方法和数量。

3 采用高应变法和声波透射法抽检桩体完整性所发现的Ⅲ、Ⅳ类桩之和大于抽检桩数的 20%时,应按原抽检比例扩大抽检。当Ⅲ、Ⅳ类桩之和不大于抽检桩数的 20%时,应研究处理方案或扩大抽检的方法和数量。

4 动力触探等方法抽检孔数超过 30%不满足设计要求时,应按不满足设计要求的孔数加倍扩大抽检,或适当增加平板载荷试验数量。

附录A 竖向抗压载荷试验要点

A.0.1 复合地基采用的桩往往与桩基础的桩不同,前者有时采用散体材料桩、柔性桩,后者均采用刚性桩,相应的载荷试验方法应有区别。

A.0.3 单桩(墩)复合地基竖向抗压载荷试验的承压板可用圆形或方形,多桩(墩)复合地基竖向抗压载荷试验的承压板可用方形或矩形。

A.0.5 垫层的材料、厚度等对复合地基的承载力影响较大,承压板底面以下可铺设 50mm 的中、粗砂垫层,桩(墩)顶范围内的垫层厚度为 100mm～150mm(桩体强度高时取大值)。垫层厚度对桩土荷载分担比和复合地基 p-s 曲线影响很大,有条件时应采用设计要求的垫层材料、厚度进行试验。为尽量接近工程实际的侧向约束条件、减少垫层受压流动和压缩产生的沉降,垫层应在整个试坑内铺设并夯至设计密实度。

A.0.6 采用并联于千斤顶油路的压力表或压力传感器测定油压,根据千斤顶率定曲线换算荷载时,压力表精度应优于或等于 0.4 级。

A.0.7 按照本规范第 A.0.15 条确定一个检验批承载力特征值的做法,3 点中,2 点承载力特征值的试验值为设计承载力特征值的 0.9 倍,一点为 1.2 倍时最易出现误判现象。为避免误判,试验荷载(P)应符合下式要求:

$$P \geqslant \frac{2.4 R_{sp} n}{n-1} \tag{31}$$

式中:P——最大试验荷载(kN);

　　　R_{sp}——承压板覆盖范围设计承载力特征值(kN);

　　　n——破坏时的加载级数。

采用 8 级荷载时,P 为 R_{sp} 的 2.75 倍;采用 10 级时,P 为 R_{sp} 的 2.67 倍。为避免 p-s 曲线承载力偏小的试验点过少,加载分级宜大于 8 级。

预压的目的是减少接触空隙及垫层压缩量。垫层较厚时,垫层本身的压缩量较大,对确定地基承载力可能产生误导,因此建议增大预压荷载。

A.0.8 处理对象为软黏土地基,散体材料桩(墩)复合地基、柔性桩复合地基承载板宽度(直径)大于 2m 时,达到沉降稳定标准的时间较长,应适当放宽稳定标准以缩短试验时间。深圳规定当总加载量超过设计荷载时,沉降速率小于 0.25mm/h 时可以加下一级荷载;国家现行标准《上海市地基处理技术规范》DG/TJ 08—40 对碎(砂)石桩、强夯置换墩复合地基,稳定标准取 0.25mm/h;国家现行标准《火力发电厂振冲法地基处理技术规范》DL/T 5101、《石油化工钢储罐地基处理技术规范》SH/T 3083 对饱和黏性土地基中的振冲桩或砂石桩复合地基竖向抗压载荷试验稳定标准取 0.25mm/h。

A.0.9、A.0.10 相对沉降为总沉降与承压板宽度或直径之比。载荷试验确定承载力特征值的相对沉降是根据大量载荷试验承

力特征值对应的相对沉降统计分析得到的,起源于其他方法确定的承载力特征值,没有具体的物理意义,与上部结构的容许变形、实际变形均无必然联系。即使承压板尺寸与基础尺寸相同,由于荷载作用时间不同测定的沉降也与实际沉降不同,载荷试验只是测定承载力,不能代替沉降验算;另外,不同行业、不同增强体类型相对沉降差别较大,可操作性差。为减少需要采用相对沉降确定承载力特征值的概率,对终止试验的相对沉降由现行国家标准《岩土工程勘察规范》GB 50021 中规定的 0.06 增大至 0.10。

A.0.12～A.0.14 散体材料桩、柔性桩复合地基采用比例界限对应的荷载确定承载力特征值往往严重偏小,应用价值不大,本规范未采用。

单桩竖向抗压极限承载力对应的总沉降、相对沉降主要参考现行行业标准《建筑基桩检测技术规范》JGJ 106,并考虑散体材料桩(墩)、柔性桩桩体压缩性较大的特点。

散体材料桩(墩)与桩(墩)间土变形协调,复合地基形状与天

然地基类似,参考天然地基取值。淤泥地基中深层搅拌桩、高压旋喷桩竖向抗压承载力受桩体强度限制,桩体破坏时沉降较小,因此采用较小的相对沉降。复合地基承载力特征值对应的相对沉降参考表 9 规定的数值。

复合地基承载力特征值也可按下式计算:

$$f_{spk} = \frac{mf_{puk} + \beta(1-m)f_{suk}}{K_c} \tag{32}$$

式中:f_{spk}——复合地基承载力特征值(kPa);

β——桩间土地基承载力折减系数;

f_{puk}——桩竖向抗压极限承载力标准值(kPa);

f_{suk}——桩间土地基极限承载力标准值(kPa);

K_c——综合安全系数。

除散体材料桩(墩)外,综合安全系数 K_c 必然大于 2,因此复合地基承载力特征值取极限承载力除以 2～3 的安全系数。

表 9　复合地基承载力特征值对应相对沉降标准

国家现行标准	砂石桩	强夯置换墩	CFG 桩、素混凝土桩、夯实水泥土桩	高压旋喷桩	深层搅拌桩、劲性搅拌桩	石灰桩、柱锤冲扩桩	灰土挤密桩	刚柔性桩
建筑地基处理技术规范 JGJ 79	黏性土为主 0.015,粉土、砂土为主 0.010	黏性土为主 0.015,粉土、砂土为主 0.010	卵石、圆砾、密实中粗砂为主 0.008,黏性土、粉土为主 0.010	0.060	0.060	0.012	0.008	—
建筑地基基础检测规范 DBJ 15—60	黏性土为主 0.013,粉土、砂土为主 0.009	黏性土、粉质黏土为主 0.010	同 JGJ 79	黏性土、粉质黏土为主 0.007	黏性土、粉质黏土为主 0.005,小区道路 0.010	—	—	—
建筑地基处理技术规范 DBJ 15—38	同 JGJ 79	—	0.010～0.015	0.006～0.010,多桩取高值,淤泥等软黏土取低值	—	—	—	—
深圳地区地基处理技术规范 SJG 04—96	—	—	0.015～0.020	0.006～0.010	0.006～0.010	—	—	—
上海地基处理技术规范 DGTJ 08—40	0.070(极限承载力)			0.050(极限承载力)		—	—	—
石油化工钢储罐地基处理技术规范 SH/T 3083	黏性土为主 0.020,粉土、砂土为主 0.015	—	—	—	—	0.010～0.015	0.008	—
CM 三维高强复合地基技术规程 苏 JG/T 021	—	—	—	—	—	—	—	0.008
劲性搅拌桩技术规程 DB 29—102	—	—	—	—	0.006	—	—	—
火力发电厂振冲法地基处理技术规范 DL/T 5101	黏性土为主 0.020,粉土、砂土为主 0.015	—	—	—	—	—	—	—
水电水利工程振冲法地基处理技术规范 DL/T 5214	黏性土、粉土为主 0.015,砂土为主 0.010	—	—	—	—	—	—	—
港口工程碎石桩复合地基设计与施工规程 JTJ 246	黏性土为主 0.015,粉土、砂土为主 0.010	—	—	—	—	—	—	—

中华人民共和国行业标准

建筑地基处理技术规范

Technical code for ground treatment of buildings

JGJ 79—2012

批准部门：中华人民共和国住房和城乡建设部
施行日期：２０１３年６月１日

中华人民共和国住房和城乡建设部
公 告

第 1448 号

住房城乡建设部关于发布行业标准
《建筑地基处理技术规范》的公告

现批准《建筑地基处理技术规范》为行业标准，编号为 JGJ 79－2012，自 2013 年 6 月 1 日起实施。其中，第 3.0.5、4.4.2、5.4.2、6.2.5、6.3.2、6.3.10、6.3.13、7.1.2、7.1.3、7.3.2、7.3.6、8.4.4、10.2.7 条为强制性条文，必须严格执行。原行业标准《建筑地基处理技术规范》JGJ 79－2002 同时废止。

本规范由我部标准定额研究所组织中国建筑工业出版社出版发行。

中华人民共和国住房和城乡建设部
2012 年 8 月 23 日

前　　言

根据住房和城乡建设部《关于印发〈2009 年工程建设标准规范制订、修订计划〉的通知》（建标［2009］88 号）的要求，规范编制组经广泛调查研究，认真总结实践经验，参考有关国际标准和国外先进标准，与国内相关规范协调，并在广泛征求意见的基础上，修订了《建筑地基处理技术规范》JGJ 79－2002。

本规范主要技术内容是：1. 总则；2. 术语和符号；3. 基本规定；4. 换填垫层；5. 预压地基；6. 压实地基和夯实地基；7. 复合地基；8. 注浆加固；9. 微型桩加固；10. 检验与监测。

本规范修订的主要技术内容是：1. 增加处理后的地基应满足建筑物承载力、变形和稳定性要求的规定；2. 增加采用多种地基处理方法综合使用的地基处理工程验收检验的综合安全系数的检验要求；3. 增加地基处理采用的材料，应根据场地环境类别符合耐久性设计的要求；4. 增加处理后的地基整体稳定分析方法；5. 增加加筋垫层设计验算方法；6. 增加真空和堆载联合预压处理的设计、施工要求；7. 增加高夯击能的设计参数；8. 增加复合地基承载力考虑基础深度修正的有粘结强度增强体桩身强度验算方法；9. 增加多桩型复合地基设计施工要求；10. 增加注浆加固；11. 增加微型桩加固；12. 增加检验与监测；13. 增加复合地基增强体单桩静载荷试验要点；14. 增加处理后地基静载荷试验要点。

本规范中以黑体字标志的条文为强制性条文，必须严格执行。

本规范由住房和城乡建设部负责管理和对强制性条文的解释，由中国建筑科学研究院负责具体技术内容的解释。执行过程中如有意见或建议，请寄送中国建筑科学研究院（地址：北京市北三环东路 30 号 邮政编码：100013）。

本 规 范 主 编 单 位：中国建筑科学研究院

本 规 范 参 编 单 位：机械工业勘察设计研究院
湖北省建筑科学研究设计院
福建省建筑科学研究院
现代建筑设计集团上海申元岩土工程有限公司
中化岩土工程股份有限公司
中国航空规划建设发展有限公司
天津大学
同济大学
太原理工大学
郑州大学综合设计研究院

本规范主要起草人员：滕延京　张永钧　闫明礼
张　峰　张东刚　袁内镇
侯伟生　叶观宝　白晓红
郑　刚　王亚凌　水伟厚
郑建国　周同和　杨俊峰

本规范主要审查人员：顾国荣　周国钧　顾晓鲁
徐张建　张丙吉　康景文
梅全亭　滕文川　肖自强
潘凯云　黄　新

目　次

Contents

1 总 则

1.0.1 为了在地基处理的设计和施工中贯彻执行国家的技术经济政策，做到安全适用、技术先进、经济合理、确保质量、保护环境，制定本规范。

1.0.2 本规范适用于建筑工程地基处理的设计、施工和质量检验。

1.0.3 地基处理除应满足工程设计要求外，尚应做到因地制宜、就地取材、保护环境和节约资源等。

1.0.4 建筑工程地基处理除应符合本规范外，尚应符合国家现行有关标准的规定。

2 术语和符号

2.1 术 语

2.1.1 地基处理 ground treatment, ground improvement

提高地基承载力，改善其变形性能或渗透性能而采取的技术措施。

2.1.2 复合地基 composite ground, composite foundation

部分土体被增强或被置换，形成由地基土和竖向增强体共同承担荷载的人工地基。

2.1.3 地基承载力特征值 characteristic value of subsoil bearing capacity

由载荷试验测定的地基土压力变形曲线线性变形段内规定的变形所对应的压力值，其最大值为比例界限值。

2.1.4 换填垫层 replacement layer of compacted fill

挖除基础底面下一定范围内的软弱土层或不均匀土层，回填其他性能稳定、无侵蚀性、强度较高的材料，并夯压密实形成的垫层。

2.1.5 加筋垫层 replacement layer of tensile reinforcement

在垫层材料内铺设单层或多层水平向加筋材料形成的垫层。

2.1.6 预压地基 preloaded ground, preloaded foundation

在地基上进行堆载预压或真空预压，或联合使用堆载和真空预压，形成固结压密后的地基。

2.1.7 堆载预压 preloading with surcharge of fill

地基上堆加荷载使地基土固结压密的地基处理方法。

2.1.8 真空预压 vacuum preloading

通过对覆盖于竖井地基表面的封闭薄膜内抽真空排水使地基土固结压密的地基处理方法。

2.1.9 压实地基 compacted ground, compacted fill

利用平碾、振动碾、冲击碾或其他碾压设备将填土分层密实处理的地基。

2.1.10 夯实地基 rammed ground, rammed earth

反复将夯锤提到高处使其自由落下，给地基以冲击和振动能量，将地基土密实处理或置换形成密实墩体的地基。

2.1.11 砂石桩复合地基 composite foundation with sand-gravel columns

将碎石、砂或砂石混合料挤压入已成的孔中，形成密实砂石竖向增强体的复合地基。

2.1.12 水泥粉煤灰碎石桩复合地基 composite foundation with cement-fly ash-gravel piles

由水泥、粉煤灰、碎石等混合料加水拌合在土中灌注形成竖向增强体的复合地基。

2.1.13 夯实水泥土桩复合地基 composite foundation with rammed soil-cement columns

将水泥和土按设计比例拌合均匀，在孔内分层夯实形成竖向增强体的复合地基。

2.1.14 水泥土搅拌桩复合地基 composite foundation with cement deep mixed columns

以水泥作为固化剂的主要材料，通过深层搅拌机械，将固化剂和地基土强制搅拌形成竖向增强体的复合地基。

2.1.15 旋喷桩复合地基 composite foundation with jet grouting

通过钻杆的旋转、提升，高压水泥浆由水平方向的喷嘴喷出，形成喷射流，以此切割土体并与土拌合形成水泥土竖向增强体的复合地基。

2.1.16 灰土桩复合地基 composite foundation with compacted soil-lime columns

用灰土填入孔内分层夯实形成竖向增强体的复合地基。

2.1.17 柱锤冲扩桩复合地基 composite foundation with impact displacement columns

用柱锤冲击方法成孔并分层夯扩填料形成竖向增强体的复合地基。

2.1.18 多桩型复合地基 composite foundation with multiple reinforcement of different materials or lengths

采用两种及两种以上不同材料增强体，或采用同一材料、不同长度增强体加固形成的复合地基。

2.1.19 注浆加固 ground improvement by permeation and high hydrofracture grouting

将水泥浆或其他化学浆液注入地基土层中，增强土颗粒间的联结，使土体强度提高、变形减少、渗透性降低的地基处理方法。

2.1.20 微型桩 micropile

用桩工机械或其他小型设备在土中形成直径不大于 300mm 的树根桩、预制混凝土桩或钢管桩。

2.2 符　号

2.2.1 作用和作用效应

E——强夯或强夯置换夯击能；

p_c——基础底面处土的自重压力值；

p_{cz}——垫层底面处土的自重压力值；

p_k——相应于作用的标准组合时，基础底面处的平均压力值；

p_z——相应于作用的标准组合时，垫层底面处的附加压力值。

2.2.2 抗力和材料性能

D_r——砂土相对密实度；

D_{r1}——地基挤密后要求砂土达到的相对密实度；

d_s——土粒相对密度（比重）；

e——孔隙比；

e_0——地基处理前的孔隙比；

e_1——地基挤密后要求达到的孔隙比；

e_{max}、e_{min}——砂土的最大、最小孔隙比；

f_{ak}——天然地基承载力特征值；

f_{az}——垫层底面处经深度修正后的地基承载力特征值；

f_{cu}——桩体试块（边长 150mm 立方体）标准养护 28d 的立方体抗压强度平均值，对水泥土可取桩体试块（边长 70.7mm 立方体）标准养护 90d 的立方体抗压强度平均值；

f_{sk}——处理后桩间土的承载力特征值；

f_{spa}——深度修正后的复合地基承载力特征值；

f_{spk}——复合地基的承载力特征值；

k_h——天然土层水平向渗透系数；

k_s——涂抹区的水平向渗透系数；

q_p——桩端端阻力特征值；

q_s——桩周土的侧阻力特征值；

q_w——竖井纵向通水量，为单位水力梯度下单位时间的排水量；

R_a——单桩竖向承载力特征值；

T_a——土工合成材料在允许延伸率下的抗拉强度；

T_p——相应于作用的标准组合时单位宽度土工合成材料的最大拉力；

U——固结度；

$\overline{U}_t$——t 时间地基的平均固结度；

w_{op}——最优含水量；

α_p——桩端端阻力发挥系数；

β——桩间土承载力发挥系数；

θ——压力扩散角；

λ——单桩承载力发挥系数；

λ_c——压实系数；

ρ_d——干密度；

ρ_{dmax}——最大干密度；

ρ_c——黏粒含量；

ρ_w——水的密度；

τ_{ft}——t 时刻，该点土的抗剪强度；

τ_{f0}——地基土的天然抗剪强度；

$\Delta\sigma_z$——预压荷载引起的该点的附加竖向应力；

φ_{cu}——三轴固结不排水压缩试验求得的土的内摩擦角；

$\overline{\eta}_k$——桩间土经成孔挤密后的平均挤密系数。

2.2.3 几何参数

A——基础底面积；

A_e——一根桩承担的处理地基面积；

A_p——桩的截面积；

b——基础底面宽度、塑料排水带宽度；

d——桩的直径；

d_e——一根桩分担的处理地基面积的等效圆直径、竖井的有效排水直径；

d_p——塑料排水带当量换算直径；

l——基础底面长度；

l_p——桩长；

m——面积置换率；

s——桩间距；

z——基础底面下换填垫层的厚度；

δ——塑料排水带厚度。

3　基　本　规　定

3.0.1 在选择地基处理方案前，应完成下列工作：

1 搜集详细的岩土工程勘察资料、上部结构及基础设计资料等；

2 结合工程情况，了解当地地基处理经验和施工条件，对于有特殊要求的工程，尚应了解其他地区相似场地上同类工程的地基处理经验和使用情况等；

3 根据工程的要求和采用天然地基存在的主要问题，确定地基处理的目的和处理后要求达到的各项技术经济指标等；

4 调查邻近建筑、地下工程、周边道路及有关管线等情况；

5 了解施工场地的周边环境情况。

3.0.2 在选择地基处理方案时，应考虑上部结构、基础和地基的共同作用，进行多种方案的技术经济比较，选用地基处理或加强上部结构与地基处理相结合的方案。

3.0.3 地基处理方法的确定宜按下列步骤进行：

1 根据结构类型、荷载大小及使用要求，结合地形地貌、地层结构、土质条件、地下水特征、环境情况和对邻近建筑的影响等因素进行综合分析，初步选出几种可供考虑的地基处理方案，包括选择两种或多种地基处理措施组成的综合处理方案；

　　2 对初步选出的各种地基处理方案，分别从加固原理、适用范围、预期处理效果、耗用材料、施工机械、工期要求和对环境的影响等方面进行技术经济分析和对比，选择最佳的地基处理方法；

　　3 对已选定的地基处理方法，应按建筑物地基基础设计等级和场地复杂程度以及该种地基处理方法在本地区使用的成熟程度，在场地有代表性的区域进行相应的现场试验或试验性施工，并进行必要的测试，以检验设计参数和处理效果。如达不到设计要求时，应查明原因，修改设计参数或调整地基处理方案。

3.0.4 经处理后的地基，当按地基承载力确定基础底面积及埋深而需要对本规范确定的地基承载力特征值进行修正时，应符合下列规定：

　　1 大面积压实填土地基，基础宽度的地基承载力修正系数应取零；基础埋深的地基承载力修正系数，对于压实系数大于 0.95、黏粒含量 $\rho_c \geqslant 10\%$ 的粉土，可取 1.5，对于干密度大于 2.1t/m³ 的级配砂石可取 2.0；

　　2 其他处理地基，基础宽度的地基承载力修正系数应取零，基础埋深的地基承载力修正系数应取 1.0。

3.0.5 处理后的地基应满足建筑物地基承载力、变形和稳定性要求，地基处理的设计尚应符合下列规定：

　　1 经处理后的地基，当在受力层范围内仍存在软弱下卧层时，应进行软弱下卧层地基承载力验算；

　　2 按地基变形设计或应作变形验算且需进行地基处理的建筑物或构筑物，应对处理后的地基进行变形验算；

　　3 对建造在处理后的地基上受较大水平荷载或位于斜坡上的建筑物及构筑物，应进行地基稳定性验算。

3.0.6 处理后地基的承载力验算，应同时满足轴心荷载作用和偏心荷载作用的要求。

3.0.7 处理后地基的整体稳定分析可采用圆弧滑动法，其稳定安全系数不应小于 1.30。散体加固材料的抗剪强度指标，可按加固体材料的密实度通过试验确定；胶结材料的抗剪强度指标，可按桩体断裂后滑动面材料的摩擦性能确定。

3.0.8 刚度差异较大的整体大面积基础的地基处理，宜考虑上部结构、基础和地基共同作用进行地基承载力和变形验算。

3.0.9 处理后的地基应进行地基承载力和变形评价、处理范围和有效加固深度内地基均匀性评价，以及复合地基增强体的成桩质量和承载力评价。

3.0.10 采用多种地基处理方法综合使用的地基处理工程验收检验时，应采用大尺寸承压板进行载荷试验，其安全系数不应小于 2.0。

3.0.11 地基处理所采用的材料，应根据场地类别符合有关标准对耐久性设计与使用的要求。

3.0.12 地基处理施工中应有专人负责质量控制和监测，并做好施工记录；当出现异常情况时，必须及时会同有关部门妥善解决。施工结束后应按国家有关规定进行工程质量检验和验收。

4　换填垫层

4.1　一般规定

4.1.1 换填垫层适用于浅层软弱土层或不均匀土层的地基处理。

4.1.2 应根据建筑体型、结构特点、荷载性质、场地土质条件、施工机械设备及填料性质和来源等综合分析后，进行换填垫层的设计，并选择施工方法。

4.1.3 对于工程量较大的换填垫层，应按所选用的施工机械、换填材料及场地的土质条件进行现场试验，确定换填垫层压实效果和施工质量控制标准。

4.1.4 换填垫层的厚度应根据置换软弱土的深度以及下卧土层的承载力确定，厚度宜为 0.5m～3.0m。

4.2　设　计

4.2.1 垫层材料的选用应符合下列要求：

　　1 砂石。宜选用碎石、卵石、角砾、圆砾、砾砂、粗砂、中砂或石屑，并应级配良好，不含植物残体、垃圾等杂质。当使用粉细砂或石粉时，应掺入不少于总重量 30% 的碎石或卵石。砂石的最大粒径不宜大于 50mm。对湿陷性黄土或膨胀土地基，不得选用砂石等透水性材料。

　　2 粉质黏土。土料中有机质含量不得超过 5%，且不得含有冻土或膨胀土。当含有碎石时，其最大粒径不宜大于 50mm。用于湿陷性黄土或膨胀土地基的粉质黏土垫层，土料中不得夹有砖、瓦或石块等。

　　3 灰土。体积配合比宜为 2：8 或 3：7。石灰宜选用新鲜的消石灰，其最大粒径不得大于 5mm。土料宜选用粉质黏土，不宜使用块状黏土，且不得含有松软杂质，土料应过筛且最大粒径不得大于 15mm。

　　4 粉煤灰。选用的粉煤灰应满足相关标准对腐蚀性和放射性的要求。粉煤灰垫层上宜覆土 0.3m～0.5m。粉煤灰垫层中采用掺加剂时，应通过试验确定其性能及适用条件。粉煤灰垫层中的金属构件、管网应采取防腐措施。大量填筑粉煤灰时，应经场地地下水和土壤环境的不良影响评价合格后，方可使用。

　　5 矿渣。宜选用分级矿渣、混合矿渣及原状矿渣等高炉重矿渣。矿渣的松散重度不应小于 11kN/m³，有机质及含泥总量不得超过 5%。垫层设计、施工前应对所选用的矿渣进行试验，确认性能稳定并满足腐蚀性和放射性安全的要求。对易受酸、碱影响的基础或地下管网不得采用矿渣垫层。大量填筑矿渣时，应经场地地下水和土壤环境的不良影响评价合格后，方可使用。

6 其他工业废渣。在有充分依据或成功经验时，可采用质地坚硬、性能稳定、透水性强、无腐蚀性和无放射性危害的其他工业废渣材料，但应经过现场试验证明其经济技术效果良好且施工措施完善后方可使用。

7 土工合成材料加筋垫层所选用土工合成材料的品种与性能及填料，应根据工程特性和地基土质条件，按照现行国家标准《土工合成材料应用技术规范》GB 50290 的要求，通过设计计算并进行现场试验后确定。土工合成材料应采用抗拉强度较高、耐久性好、抗腐蚀的土工带、土工格栅、土工格室、土工垫或土工织物等土工合成材料。垫层填料宜用碎石、角砾、砾砂、粗砂、中砂等材料，且不宜含氯化钙、碳酸钠、硫化物等化学物质。当工程要求垫层具有排水功能时，垫层材料应具有良好的透水性。在软土地基上使用加筋垫层时，应保证建筑物稳定并满足允许变形的要求。

4.2.2 垫层厚度的确定应符合下列规定：

1 应根据需置换软弱土（层）的深度或下卧土层的承载力确定，并应符合下式要求：

$$p_z + p_{cz} \leqslant f_{az} \qquad (4.2.2-1)$$

式中：p_z——相应于作用的标准组合时，垫层底面处的附加压力值（kPa）；

p_{cz}——垫层底面处土的自重压力值（kPa）；

f_{az}——垫层底面处经深度修正后的地基承载力特征值（kPa）。

2 垫层底面处的附加压力值 p_z 可分别按式（4.2.2-2）和式（4.2.2-3）计算：

1） 条形基础

$$p_z = \frac{b(p_k - p_c)}{b + 2z\tan\theta} \qquad (4.2.2-2)$$

2） 矩形基础

$$p_z = \frac{bl(p_k - p_c)}{(b + 2z\tan\theta)(l + 2z\tan\theta)} \qquad (4.2.2-3)$$

式中：b——矩形基础或条形基础底面的宽度（m）；

l——矩形基础底面的长度（m）；

p_k——相应于作用的标准组合时，基础底面处的平均压力值（kPa）；

p_c——基础底面处土的自重压力值（kPa）；

z——基础底面下垫层的厚度（m）；

θ——垫层（材料）的压力扩散角（°），宜通过试验确定。无试验资料时，可按表4.2.2采用。

表 4.2.2　土和砂石材料压力扩散角 θ（°）

换填材料 z/b	中砂、粗砂、砾砂、 圆砾、角砾、石屑、 卵石、碎石、矿渣	粉质黏土、 粉煤灰	灰土
0.25	20	6	28
$\geqslant 0.50$	30	23	

注：1 当 $z/b < 0.25$ 时，除灰土取 $\theta = 28°$ 外，其他材料均取 $\theta = 0°$，必要时宜由试验确定；

2 当 $0.25 < z/b < 0.5$ 时，θ 值可以内插；

3 土工合成材料加筋垫层其压力扩散角宜由现场静载荷试验确定。

4.2.3 垫层底面的宽度应符合下列规定：

1 垫层底面宽度应满足基础底面应力扩散的要求，可按下式确定：

$$b' \geqslant b + 2z\tan\theta \qquad (4.2.3)$$

式中：b'——垫层底面宽度（m）；

θ——压力扩散角，按本规范表4.2.2取值；当 $z/b < 0.25$ 时，按表4.2.2中 $z/b = 0.25$ 取值。

2 垫层顶面每边超出基础底边缘不应小于300mm，且从垫层底面两侧向上，按当地基坑开挖的经验及要求放坡。

3 整片垫层底面的宽度可根据施工的要求适当加宽。

4.2.4 垫层的压实标准可按表4.2.4选用。矿渣垫层的压实系数可根据满足承载力设计要求的试验结果，按最后两遍压实的压陷差确定。

表 4.2.4　各种垫层的压实标准

施工方法	换填材料类别	压实系数 λ_c
碾压 振密 或夯实	碎石、卵石	$\geqslant 0.97$
	砂夹石（其中碎石、卵石 占全重的 30%~50%）	
	土夹石（其中碎石、卵石占 全重的 30%~50%）	
	中砂、粗砂、砾砂、角砾、 圆砾、石屑	
	粉质黏土	$\geqslant 0.97$
	灰土	$\geqslant 0.95$
	粉煤灰	$\geqslant 0.95$

注：1 压实系数 λ_c 为土的控制干密度 ρ_d 与最大干密度 ρ_{dmax} 的比值；土的最大干密度宜采用击实试验确定；碎石或卵石的最大干密度可取 2.1t/m³ ~ 2.2t/m³；

2 表中压实系数 λ_c 系使用轻型击实试验测定土的最大干密度 ρ_{dmax} 时给出的压实控制标准，采用重型击实试验时，对粉质黏土、灰土、粉煤灰及其他材料压实标准应为压实系数 $\lambda_c \geqslant 0.94$。

4.2.5 换填垫层的承载力宜通过现场静载荷试验确定。

4.2.6 对于垫层下存在软弱下卧层的建筑，在进行地基变形计算时应考虑邻近建筑物基础荷载对软弱下卧层顶面应力叠加的影响。当超出原地面标高的垫层或换填材料的重度高于天然土层重度时，宜及时换填，并应考虑其附加荷载的不利影响。

4.2.7 垫层地基的变形由垫层自身变形和下卧层变形组成。换填垫层在满足本规范第 4.2.2 条～4.2.4 条的条件下，垫层地基的变形可仅考虑其下卧层的变形。对地基沉降有严格限制的建筑，应计算垫层自身的变形。垫层下卧层的变形量可按现行国家标准《建筑地基基础设计规范》GB 50007 的规定进行计算。

4.2.8 加筋土垫层所选用的土工合成材料尚应进行材料强度验算：

$$T_p \leqslant T_a \qquad (4.2.8)$$

式中：T_a——土工合成材料在允许延伸率下的抗拉强度（kN/m）；

T_p——相应于作用的标准组合时，单位宽度的土工合成材料的最大拉力（kN/m）。

4.2.9 加筋土垫层的加筋体设置应符合下列规定：

　　1 一层加筋时，可设置在垫层的中部；

　　2 多层加筋时，首层筋材距垫层顶面的距离宜取 30% 垫层厚度，筋材层间距宜取 30%～50% 的垫层厚度，且不应小于 200mm；

　　3 加筋线密度宜为 0.15～0.35。无经验时，单层加筋宜取高值，多层加筋宜取低值。垫层的边缘应有足够的锚固长度。

4.3 施 工

4.3.1 垫层施工应根据不同的换填材料选择施工机械。粉质黏土、灰土垫层宜采用平碾、振动碾或羊足碾，以及蛙式夯、柴油夯。砂石垫层等宜用振动碾。粉煤灰垫层宜采用平碾、振动碾、平板振动器、蛙式夯。矿渣垫层宜采用平板振动器或平碾，也可采用振动碾。

4.3.2 垫层的施工方法、分层铺填厚度、每层压实遍数宜通过现场试验确定。除接触下卧软土层的垫层底部应根据施工机械设备及下卧层土质条件确定厚度外，其他垫层的分层铺填厚度宜为 200mm～300mm。为保证分层压实质量，应控制机械碾压速度。

4.3.3 粉质黏土和灰土垫层土料的施工含水量宜控制在 $w_{op} \pm 2\%$ 的范围内，粉煤灰垫层的施工含水量宜控制在 $w_{op} \pm 4\%$ 的范围内。最优含水量 w_{op} 可通过击实试验确定，也可按当地经验选取。

4.3.4 当垫层底部存在古井、古墓、洞穴、旧基础、暗塘时，应根据建筑物对不均匀沉降的控制要求予以处理，并经检验合格后，方可铺填垫层。

4.3.5 基坑开挖时应避免坑底土层受扰动，可保留 180mm～220mm 厚的土层暂不挖去，待铺填垫层前再由人工挖至设计标高。严禁扰动垫层下的软弱土层，应防止软弱垫层被践踏、受冻或受水浸泡。在碎石或卵石垫层底部宜设置厚度为 150mm～300mm 的砂垫层或铺一层土工织物，并应防止基坑边坡塌土混入垫层中。

4.3.6 换填垫层施工时，应采取基坑排水措施。除砂垫层宜采用水撼法施工外，其余垫层施工均不得在浸水条件下进行。工程需要时应采取降低地下水位的措施。

4.3.7 垫层底面宜设在同一标高上，如深度不同，坑底土层应挖成阶梯或斜坡搭接，并按先深后浅的顺序进行垫层施工，搭接处应夯压密实。

4.3.8 粉质黏土、灰土垫层及粉煤灰垫层施工，应符合下列规定：

　　1 粉质黏土及灰土垫层分段施工时，不得在柱基、墙角及承重窗间墙下接缝；

　　2 垫层上下两层的缝距不得小于 500mm，且接缝处应夯压密实；

　　3 灰土拌合均匀后，应当日铺填夯压；灰土夯压密实后，3d 内不得受水浸泡；

　　4 粉煤灰垫层铺填后，宜当日压实，每层验收后应及时铺填上层或封层，并应禁止车辆碾压通行；

　　5 垫层施工竣工验收合格后，应及时进行基础施工与基坑回填。

4.3.9 土工合成材料施工，应符合下列要求：

　　1 下铺地基土层顶面应平整；

　　2 土工合成材料铺设顺序应先纵向后横向，且应把土工合成材料张拉平整、绷紧，严禁有皱折；

　　3 土工合成材料的连接宜采用搭接法、缝接法或胶接法，接缝强度不应低于原材料抗拉强度，端部应采用有效方法固定，防止筋材拉出；

　　4 应避免土工合成材料暴晒或裸露，阳光暴晒时间不应大于 8h。

4.4 质 量 检 验

4.4.1 对粉质黏土、灰土、砂石、粉煤灰垫层的施工质量可选用环刀取样、静力触探、轻型动力触探或标准贯入试验等方法进行检验；对碎石、矿渣垫层的施工质量可采用重型动力触探试验等进行检验。压实系数可采用灌砂法、灌水法或其他方法进行检验。

4.4.2 换填垫层的施工质量检验应分层进行，并应在每层的压实系数符合设计要求后铺填上层。

4.4.3 采用环刀法检验垫层的施工质量时，取样点应选择位于每层垫层厚度的 2/3 深度处。检验点数量，条形基础下垫层每 10m～20m 不应少于 1 个点，独立柱基、单个基础下垫层不应少于 1 个点，其他基础下垫层每 50m² ～100m² 不应少于 1 个点。采用标准贯入试验或动力触探法检验垫层的施工质量时，每分层平面上检验点的间距不应大于 4m。

4.4.4 竣工验收应采用静载荷试验检验垫层承载力，且每个单体工程不宜少于 3 个点；对于大型工程应按单体工程的数量或工程划分的面积确定检验点数。

4.4.5 加筋垫层中土工合成材料的检验应符合下列要求：

   1 土工合成材料质量应符合设计要求，外观无破损、无老化、无污染；

   2 土工合成材料应可张拉、无皱折、紧贴下承层，锚固端应锚固牢靠；

   3 上下层土工合成材料搭接缝应交替错开，搭接强度应满足设计要求。

5 预 压 地 基

5.1 一 般 规 定

5.1.1 预压地基适用于处理淤泥质土、淤泥、冲填土等饱和黏性土地基。预压地基按处理工艺可分为堆载预压、真空预压、真空和堆载联合预压。

5.1.2 真空预压适用于处理以黏性土为主的软弱地基。当存在粉土、砂土等透水、透气层时，加固区周边应采取确保膜下真空压力满足设计要求的密封措施。对塑性指数大于 25 且含水量大于 85% 的淤泥，应通过现场试验确定其适用性。加固土层上覆盖有厚度大于 5m 以上的回填土或承载力较高的黏性土层时，不宜采用真空预压处理。

5.1.3 预压地基应预先通过勘察查明土层在水平和竖直方向的分布、层理变化，查明透水层的位置、地下水类型及水源补给情况等。并应通过土工试验确定土层的先期固结压力、孔隙比与固结压力的关系、渗透系数、固结系数、三轴试验抗剪强度指标，通过原位十字板试验确定土的抗剪强度。

5.1.4 对重要工程，应在现场选择试验区进行预压试验，在预压过程中应进行地基竖向变形、侧向位移、孔隙水压力、地下水位等项目的监测并进行原位十字板剪切试验和室内土工试验。根据试验区获得的监测资料确定加载速率控制指标，推算土的固结系数、固结度及最终竖向变形等，分析地基处理效果，对原设计进行修正，指导整个场区的设计与施工。

5.1.5 对堆载预压工程，预压荷载应分级施加，并确保每级荷载下地基的稳定性；对真空预压工程，可采用一次连续抽真空至最大压力的加载方式。

5.1.6 对主要以变形控制设计的建筑物，当地基土经预压所完成的变形量和平均固结度满足设计要求时，方可卸载。对以地基承载力或抗滑稳定性控制设计的建筑物，当地基土经预压后其强度满足建筑物地基承载力或稳定性要求时，方可卸载。

5.1.7 当建筑物的荷载超过真空预压的压力，或建筑物对地基变形有严格要求时，可采用真空和堆载联合预压，其总压力宜超过建筑物的竖向荷载。

5.1.8 预压地基加固应考虑预压施工对相邻建筑物、地下管线等产生附加沉降的影响。真空预压地基加固区边线与相邻建筑物、地下管线等的距离不宜小于 20m，当距离较近时，应对相邻建筑物、地下管线等采取保护措施。

5.1.9 当受预压时间限制，残余沉降或工程投入使用后的沉降不满足工程要求时，在保证整体稳定条件下可采用超载预压。

5.2 设 计

Ⅰ 堆 载 预 压

5.2.1 对深厚软黏土地基，应设置塑料排水带或砂井等排水竖井。当软土层厚度较小或软土层中含较多薄粉砂夹层，且固结速率能满足工期要求时，可不设置排水竖井。

5.2.2 堆载预压地基处理的设计应包括下列内容：

   1 选择塑料排水带或砂井，确定其断面尺寸、间距、排列方式和深度；

   2 确定预压区范围、预压荷载大小、荷载分级、加载速率和预压时间；

   3 计算堆载荷载作用下地基土的固结度、强度增长、稳定性和变形。

5.2.3 排水竖井分普通砂井、袋装砂井和塑料排水带。普通砂井直径宜为 300mm～500mm，袋装砂井直径宜为 70mm～120mm。塑料排水带的当量换算直径可按下式计算：

$$d_p = \frac{2(b+\delta)}{\pi} \qquad (5.2.3)$$

式中：d_p——塑料排水带当量换算直径（mm）；

    b——塑料排水带宽度（mm）；

    δ——塑料排水带厚度（mm）。

5.2.4 排水竖井可采用等边三角形或正方形排列的平面布置，并应符合下列规定：

   1 当等边三角形排列时，

$$d_e = 1.05l \qquad (5.2.4-1)$$

   2 当正方形排列时，

$$d_e = 1.13l \qquad (5.2.4-2)$$

式中：d_e——竖井的有效排水直径；

    l——竖井的间距。

5.2.5 排水竖井的间距可根据地基土的固结特性和预定时间内所要求达到的固结度确定。设计时，竖井的间距可按井径比 n 选用（$n=d_e/d_w$，d_w 为竖井直径，对塑料排水带可取 $d_w=d_p$）。塑料排水带或袋装砂井的间距可按 $n=15～22$ 选用，普通砂井的间距可按 $n=6～8$ 选用。

5.2.6 排水竖井的深度应符合下列规定：

1 根据建筑物对地基的稳定性、变形要求和工期确定;

2 对以地基抗滑稳定性控制的工程,竖井深度应大于最危险滑动面以下 2.0m;

3 对以变形控制的建筑工程,竖井深度应根据在限定的预压时间内需完成的变形量确定;竖井宜穿透受压土层。

5.2.7 一级或多级等速加载条件下,当固结时间为 t 时,对应总荷载的地基平均固结度可按下式计算:

$$\bar{U}_t = \sum_{i=1}^{n} \frac{\dot{q}_i}{\sum \Delta p} \left[(T_i - T_{i-1}) - \frac{\alpha}{\beta} e^{-\beta t} (e^{\beta T_i} - e^{\beta T_{i-1}}) \right]$$

(5.2.7)

式中:$\bar{U}_t$——t 时间地基的平均固结度;

$\dot{q}_i$——第 i 级荷载的加载速率(kPa/d);

$\sum \Delta p$——各级荷载的累加值(kPa);

T_{i-1},T_i——分别为第 i 级荷载加载的起始和终止时间(从零点起算)(d),当计算第 i 级荷载加载过程中某时间 t 的固结度时,T_i 改为 t;

α、β——参数,根据地基土排水固结条件按表 5.2.7 采用。对竖井地基,表中所列 β 为不考虑涂抹和井阻影响的参数值。

表 5.2.7 α 和 β 值

排水固结条件 参数	竖向排水固结 $\bar{U}_z > 30\%$	向内径向排水固结	竖向和向内径向排水固结(竖井穿透受压土层)	说　明
α	$\frac{8}{\pi^2}$	1	$\frac{8}{\pi^2}$	$F_n = \frac{n^2}{n^2-1}\ln(n) - \frac{3n^2-1}{4n^2}$ c_h——土的径向排水固结系数(cm²/s); c_v——土的竖向排水固结系数(cm²/s); H——土层竖向排水距离(cm); $\bar{U}_z$——双面排水土层或固结应力均匀分布的单面排水土层平均固结度
β	$\frac{\pi^2 c_v}{4H^2}$	$\frac{8c_h}{F_n d_e^2}$	$\frac{8c_h}{F_n d_e^2} + \frac{\pi^2 c_v}{4H^2}$	

5.2.8 当排水竖井采用挤土方式施工时,应考虑涂抹对土体固结的影响。当竖井的纵向通水量 q_w 与天然土层水平向渗透系数 k_h 的比值较小,且长度较长时,尚应考虑井阻影响。瞬时加载条件下,考虑涂抹和井阻影响时,竖井地基径向排水平均固结度可按下列公式计算:

$$\bar{U}_r = 1 - e^{-\frac{8c_h}{Fd_e^2}t}$$

(5.2.8-1)

$$F = F_n + F_s + F_r$$ (5.2.8-2)

$$F_n = \ln(n) - \frac{3}{4} \quad n \geq 15$$ (5.2.8-3)

$$F_s = \left[\frac{k_h}{k_s} - 1 \right] \ln s$$ (5.2.8-4)

$$F_r = \frac{\pi^2 L^2}{4} \frac{k_h}{q_w}$$ (5.2.8-5)

式中:$\bar{U}_r$——固结时间 t 时竖井地基径向排水平均固结度;

k_h——天然土层水平向渗透系数(cm/s);

k_s——涂抹区土的水平向渗透系数,可取 $k_s = (1/5 \sim 1/3)k_h$(cm/s);

s——涂抹区直径 d_s 竖井直径 d_w 的比值,可取 $s = 2.0 \sim 3.0$,对中等灵敏黏性土取低值,对高灵敏黏性土取高值;

L——竖井深度(cm);

q_w——竖井纵向通水量,为单位水力梯度下单位时间的排水量(cm³/s)。

一级或多级等速加荷条件下,考虑涂抹和井阻影响时竖井穿透受压土层地基的平均固结度可按式(5.2.7)计算,其中,$\alpha = \frac{8}{\pi^2}$,$\beta = \frac{8c_h}{Fd_e^2} + \frac{\pi^2 c_v}{4H^2}$。

5.2.9 对排水竖井未穿透受压土层的情况,竖井范围内土层的平均固结度和竖井底面以下受压土层的平均固结度,以及通过预压完成的变形量均应满足设计要求。

5.2.10 预压荷载大小、范围、加载速率应符合下列规定:

1 预压荷载大小应根据设计要求确定;对于沉降有严格限制的建筑,可采用超载预压法处理,超载量大小应根据预压时间内要求完成的变形量通过计算确定,并宜使预压荷载下受压土层各点的有效竖向应力大于建筑物荷载引起的相应点的附加应力;

2 预压荷载顶面的范围应不小于建筑物基础外缘的范围;

3 加载速率应根据地基土的强度确定;当天然地基的强度满足预压荷载下地基的稳定性要求时,可一次性加载;如不满足应分级逐渐加载,待前期预压荷载下地基土的强度增长满足下一级荷载下地基的稳定性要求时,方可加载。

5.2.11 计算预压荷载下饱和黏性土地基中某点的抗剪强度时,应考虑土体原来的固结状态。对正常固结饱和黏性土地基,某点某一时间的抗剪强度可按下式计算:

$$\tau_{ft} = \tau_{f0} + \Delta \sigma_z \cdot U_t \tan \varphi_{cu}$$ (5.2.11)

式中:τ_{ft}——t 时刻,该点土的抗剪强度(kPa);

τ_{f0}——地基土的天然抗剪强度(kPa);

$\Delta \sigma_z$——预压荷载引起的该点的附加竖向应力

（kPa）；

　　U_t——该点土的固结度；

　　φ_{cu}——三轴固结不排水压缩试验求得的土的内摩擦角（°）。

5.2.12 预压荷载下地基最终竖向变形量的计算可取附加应力与土自重应力的比值为 0.1 的深度作为压缩层的计算深度，可按式（5.2.12）计算：

$$s_f = \xi \sum_{i=1}^{n} \frac{e_{0i} - e_{1i}}{1 + e_{0i}} h_i \qquad (5.2.12)$$

式中：s_f——最终竖向变形量（m）；

　　e_{0i}——第 i 层中点土自重应力所对应的孔隙比，由室内固结试验 e-p 曲线查得；

　　e_{1i}——第 i 层中点土自重应力与附加应力之和所对应的孔隙比，由室内固结试验 e-p 曲线查得；

　　h_i——第 i 层土层厚度（m）；

　　ξ——经验系数，可按地区经验确定。无经验时对正常固结饱和黏性土地基可取 ξ = 1.1～1.4；荷载较大或地基软弱土层厚度大时应取较大值。

5.2.13 预压处理地基应在地表铺设与排水竖井相连的砂垫层，砂垫层应符合下列规定：

　　1 厚度不应小于 500mm；

　　2 砂垫层砂料宜用中粗砂，黏粒含量不应大于 3％，砂料中可含有少量粒径不大于 50mm 的砾石；砂垫层的干密度应大于 1.5t/m³，渗透系数应大于 1×10⁻² cm/s。

5.2.14 在预压区边缘应设置排水沟，在预压区内宜设置与砂垫层相连的排水盲沟，排水盲沟的间距不宜大于 20m。

5.2.15 砂井的砂料应选用中粗砂，其黏粒含量不应大于 3％。

5.2.16 堆载预压处理地基设计的平均固结度不宜低于 90％，且应在现场监测的变形速率明显变缓时方可卸载。

Ⅱ　真空预压

5.2.17 真空预压处理地基应设置排水竖井，其设计应包括下列内容：

　　1 竖井断面尺寸、间距、排列方式和深度；

　　2 预压区面积和分块大小；

　　3 真空预压施工工艺；

　　4 要求达到的真空度和土层的固结度；

　　5 真空预压和建筑物荷载下地基的变形计算；

　　6 真空预压后的地基承载力增长计算。

5.2.18 排水竖井的间距可按本规范第 5.2.5 条确定。

5.2.19 砂井的砂料应选用中粗砂，其渗透系数应大于 1×10⁻² cm/s。

5.2.20 真空预压竖向排水通道宜穿透软土层，但不应进入下卧透水层。当软土层较厚、且以地基抗滑稳定性控制的工程，竖向排水通道的深度不应小于最危险滑动面下 2.0m。对以变形控制的工程，竖井深度应根据在限定的预压时间内需完成的变形量确定，且宜穿透主要受压土层。

5.2.21 真空预压区边缘应大于建筑物基础轮廓线，每边增加量不得小于 3.0m。

5.2.22 真空预压的膜下真空度应稳定地保持在 86.7kPa（650mmHg）以上，且应均匀分布，排水竖井深度范围内土层的平均固结度应大于 90％。

5.2.23 对于表层存在良好的透气层或在处理范围内有充足水源补给的透水层，应采取有效措施隔断透气层或透水层。

5.2.24 真空预压固结度和地基强度增长的计算可按本规范第 5.2.7 条、第 5.2.8 条和第 5.2.11 条计算。

5.2.25 真空预压地基最终竖向变形可按本规范第 5.2.12 条计算。ξ 可按当地经验取值，无当地经验时，ξ 可取 1.0～1.3。

5.2.26 真空预压地基加固面积较大时，宜采取分区加固，每块预压面积应尽可能大且呈方形，分区面积宜为 20000m²～40000m²。

5.2.27 真空预压地基加固可根据加固面积的大小、形状和土层结构特点，按每套设备可加固地基 1000m²～1500m² 确定设备数量。

5.2.28 真空预压的膜下真空度应符合设计要求，且预压时间不宜低于 90d。

Ⅲ　真空和堆载联合预压

5.2.29 当设计地基预压荷载大于 80kPa，且进行真空预压处理地基不能满足设计要求时可采用真空和堆载联合预压地基处理。

5.2.30 堆载体的坡肩线宜与真空预压边线一致。

5.2.31 对于一般软黏土，上部堆载施工宜在真空预压膜下真空度稳定地达到 86.7kPa（650mmHg）且抽真空时间不少于 10d 后进行。对于高含水量的淤泥类土，上部堆载施工宜在真空预压膜下真空度稳定地达到 86.7kPa（650mmHg）且抽真空 20d～30d 后可进行。

5.2.32 当堆载较大时，真空和堆载联合预压应采用分级加载，分级数应根据地基土稳定计算确定。分级加载时，应待前期预压荷载下地基的承载力增长满足下一级荷载下地基的稳定性要求时，方可增加堆载。

5.2.33 真空和堆载联合预压时地基固结度和地基承载力增长可按本规第 5.2.7 条、5.2.8 条和 5.2.11 条计算。

5.2.34 真空和堆载联合预压最终竖向变形可按本规范第 5.2.12 条计算，ξ 可按当地经验取值，无当地经验时，ξ 可取 1.0～1.3。

5.3 施 工

Ⅰ 堆载预压

5.3.1 塑料排水带的性能指标应符合设计要求，并应在现场妥善保护，防止阳光照射、破损或污染。破损或污染的塑料排水带不得在工程中使用。

5.3.2 砂井的灌砂量，应按井孔的体积和砂在中密状态时的干密度计算，实际灌砂量不得小于计算值的95%。

5.3.3 灌入砂袋中的砂宜用干砂，并应灌制密实。

5.3.4 塑料排水带和袋装砂井施工时，宜配置深度检测设备。

5.3.5 塑料排水带需接长时，应采用滤膜内芯带平搭接的连接方法，搭接长度宜大于200mm。

5.3.6 塑料排水带施工所用套管应保证插入地基中的带子不扭曲。袋装砂井施工所用套管内径应大于砂井直径。

5.3.7 塑料排水带和袋装砂井施工时，平面井距偏差不应大于井径，垂直度允许偏差应为±1.5%，深度应满足设计要求。

5.3.8 塑料排水带和袋装砂井砂袋埋入砂垫层中的长度不应小于500mm。

5.3.9 堆载预压加载过程中，应满足地基承载力和稳定控制要求，并应进行竖向变形、水平位移及孔隙水压力的监测，堆载预压加载速率应满足下列要求：

1 竖井地基最大竖向变形量不应超过15mm/d；

2 天然地基最大竖向变形量不应超过10mm/d；

3 堆载预压边缘处水平位移不应超过5mm/d；

4 根据上述观测资料综合分析、判断地基的承载力和稳定性。

Ⅱ 真空预压

5.3.10 真空预压的抽气设备宜采用射流真空泵，真空泵空抽吸力不应低于95kPa。真空泵的设置应根据地基预压面积、形状、真空泵效率和工程经验确定，每块预压区设置的真空泵不应少于两台。

5.3.11 真空管路设置应符合下列规定：

1 真空管路的连接应密封，真空管路中应设置止回阀和截门；

2 水平向分布滤水管可采用条状、梳齿状及羽毛状等形式，滤水管布置宜形成回路；

3 滤水管应设在砂垫层中，上覆砂层厚度宜为100mm～200mm；

4 滤水管可采用钢管或塑料管，应外包尼龙纱或土工织物等滤水材料。

5.3.12 密封膜应符合下列规定：

1 密封膜应采用抗老化性能好、韧性好、抗穿刺性能强的不透气材料；

2 密封膜热合时，宜采用双热合缝的平搭接，搭接宽度应大于15mm；

3 密封膜宜铺设三层，膜周边可采用挖沟埋膜、平铺并用黏土覆盖压边、围埝沟内及膜上覆水等方法进行密封。

5.3.13 地基土渗透性强时，应设置黏土密封墙。黏土密封墙宜采用双排搅拌桩，搅拌桩直径不宜小于700mm；当搅拌桩深度小于15m时，搭接宽度不宜小于200mm；当搅拌桩深度大于15m时，搭接宽度不宜小于300mm；搅拌桩成桩搅拌应均匀，黏土密封墙的渗透系数应满足设计要求。

Ⅲ 真空和堆载联合预压

5.3.14 采用真空和堆载联合预压时，应先抽真空，当真空压力达到设计要求并稳定后，再进行堆载，并继续抽真空。

5.3.15 堆载前，应在膜上铺设编织布或无纺布等土工编织布保护层。保护层上铺设100mm～300mm厚砂垫层。

5.3.16 堆载施工时可采用轻型运输工具，不得损坏密封膜。

5.3.17 上部堆载施工时，应监测膜下真空度的变化，发现漏气应及时处理。

5.3.18 堆载加载过程中，应满足地基稳定性设计要求，对竖向变形、边缘水平位移及孔隙水压力的监测应满足下列要求：

1 地基向加固区外的侧移速率不应大于5mm/d；

2 地基竖向变形速率不应大于10mm/d；

3 根据上述观察资料综合分析、判断地基的稳定性。

5.3.19 真空和堆载联合预压除满足本规范第5.3.14条～第5.3.18条规定外，尚应符合本规范第5.3节"Ⅰ堆载预压"和"Ⅱ真空预压"的规定。

5.4 质量检验

5.4.1 施工过程中，质量检验和监测应包括下列内容：

1 对塑料排水带应进行纵向通水量、复合体抗拉强度、滤膜抗拉强度、滤膜渗透系数和等效孔径等性能指标现场随机抽样测试；

2 对不同来源的砂井和砂垫层砂料，应取样进行颗粒分析和渗透性试验；

3 对以地基抗滑稳定性控制的工程，应在预压区内预留孔位，在加载不同阶段进行原位十字板剪切试验和取土进行室内土工试验；加固前的地基土检测，应在打设塑料排水带之前进行；

4 对预压工程，应进行地基竖向变形、侧向位移和孔隙水压力等监测；

5 真空预压、真空和堆载联合预压工程，除应进行地基变形、孔隙水压力监测外，尚应进行膜下真空度和地下水位监测。

5.4.2 预压地基竣工验收检验应符合下列规定：

1 排水竖井处理深度范围内和竖井底面以下受压土层，经预压所完成的竖向变形和平均固结度应满足设计要求；

2 应对预压的地基土进行原位试验和室内土工试验。

5.4.3 原位试验可采用十字板剪切试验或静力触探，检验深度不应小于设计处理深度。原位试验和室内土工试验，应在卸载 3d~5d 后进行。检验数量按每个处理分区不少于 6 点进行检测，对于堆载斜坡处应增加检验数量。

5.4.4 预压处理后的地基承载力应按本规范附录 A 确定。检验数量按每个处理分区不应少于 3 点进行检测。

6 压实地基和夯实地基

6.1 一般规定

6.1.1 压实地基适用于处理大面积填土地基。浅层软弱地基以及局部不均匀地基的换填处理应符合本规范第 4 章的有关规定。

6.1.2 夯实地基可分为强夯和强夯置换处理地基。强夯处理地基适用于碎石土、砂土、低饱和度的粉土与黏性土、湿陷性黄土、素填土和杂填土等地基；强夯置换适用于高饱和度的粉土与软塑~流塑的黏性土地基上对变形要求不严格的工程。

6.1.3 压实和夯实处理后的地基承载力应按本规范附录 A 确定。

6.2 压实地基

6.2.1 压实地基处理应符合下列规定：

1 地下水位以上填土，可采用碾压法和振动压实法，非黏性土或黏粒含量少、透水性较好的松散填土地基宜采用振动压实法。

2 压实地基的设计和施工方法的选择，应根据建筑物体型、结构与荷载特点、场地土层条件、变形要求及填料等因素确定。对大型、重要或场地地层条件复杂的工程，在正式施工前，应通过现场试验确定地基处理效果。

3 以压实土作为建筑地基持力层时，应根据建筑结构类型、填料性能和现场条件等，对拟压实的填土提出质量要求。未经检验，且不符合质量要求的压实填土，不得作为建筑地基持力层。

4 对大面积填土的设计和施工，应验算并采取有效措施确保大面积填土自身稳定性、填土下原地基

的稳定性、承载力和变形满足设计要求；应评估对邻近建筑物及重要市政设施、地下管线等的变形和稳定的影响；施工过程中，应对大面积填土和邻近建筑物、重要市政设施、地下管线等进行变形监测。

6.2.2 压实填土地基的设计应符合下列规定：

1 压实填土的填料可选用粉质黏土、灰土、粉煤灰、级配良好的砂土或碎石土，以及质地坚硬、性能稳定、无腐蚀性和无放射性危害的工业废料等，并应满足下列要求：

1）以碎石土作填料时，其最大粒径不宜大于 100mm；

2）以粉质黏土、粉土作填料时，其含水量宜为最优含水量，可采用击实试验确定；

3）不得使用淤泥、耕土、冻土、膨胀土以及有机质含量大于 5% 的土料；

4）采用振动压实法时，宜降低地下水位到振实面下 600mm。

2 碾压法和振动压实法施工时，应根据压实机械的压实性能，地基土性质、密实度、压实系数和施工含水量等，并结合现场试验确定碾压分层厚度、碾压遍数、碾压范围和有效加固深度等施工参数。初步设计可按表 6.2.2-1 选用。

表 6.2.2-1 填土每层铺填厚度及压实遍数

施工设备	每层铺填厚度（mm）	每层压实遍数
平碾（8t~12t）	200~300	6~8
羊足碾（5t~16t）	200~350	8~16
振动碾（8t~15t）	500~1200	6~8
冲击碾压（冲击势能 15kJ~25kJ）	600~1500	20~40

3 对已经回填完成且回填厚度超过表 6.2.2-1 中的铺填厚度，或粒径超过 100mm 的填料含量超过 50% 的填土地基，采用较高性能的压实设备或采用夯实法进行加固。

4 压实填土的质量以压实系数 λ_c 控制，并应根据结构类型和压实填土所在部位按表 6.2.2-2 的要求确定。

表 6.2.2-2 压实填土的质量控制

结构类型	填土部位	压实系数 λ_c	控制含水量（%）
砌体承重结构和框架结构	在地基主要受力层范围以内	≥0.97	$w_{op}±2$
	在地基主要受力层范围以下	≥0.95	
排架结构	在地基主要受力层范围以内	≥0.96	
	在地基主要受力层范围以下	≥0.94	

注：地坪垫层以下及基础底面标高以上的压实填土，压实系数不应小于 0.94。

5 压实填土的最大干密度和最优含水量，宜采用击实试验确定，当无试验资料时，最大干密度可按下式计算：

$$\rho_{dmax} = \eta \frac{\rho_w d_s}{1 + 0.01 w_{op} d_s}$$ （6.2.2）

式中：ρ_{dmax}——分层压实填土的最大干密度（t/m³）；

η——经验系数，粉质黏土取 0.96，粉土取 0.97；

ρ_w——水的密度（t/m³）；

d_s——土粒相对密度（比重）（t/m³）；

w_{op}——填料的最优含水量（%）。

当填料为碎石或卵石时，其最大干密度可取 2.1t/m³～2.2t/m³。

6 设置在斜坡上的压实填土，应验算其稳定性。当天然地面坡度大于 20% 时，应采取防止压实填土可能沿坡面滑动的措施，并应避免雨水沿斜坡排泄。当压实填土阻碍原地表水畅通排泄时，应根据地形修筑雨水截水沟，或设置其他排水设施。设置在压实填土区的上、下水管道，应采取严格防渗、防漏措施。

7 压实填土的边坡坡度允许值，应根据其厚度、填料性质等因素，按照填土自身稳定性、填土下原地基的稳定性的验算结果确定，初步设计时可按表 6.2.2-3 的数值确定。

8 冲击碾压法可用于地基冲击碾压、土石混填或填石路基分层碾压、路基冲击增强补压、旧砂石（沥青）路面冲压和旧水泥混凝土路面冲压等处理；其冲击设备、分层填料的虚铺厚度、分层压实的遍数等的设计应根据土质条件、工期要求等因素综合确定，其有效加固深度宜为 3.0m～4.0m，施工前应进行试验段施工，确定施工参数。

表 6.2.2-3 压实填土的边坡坡度允许值

填土类型	边坡坡度允许值（高宽比）		压实系数（λ_c）
	坡高在 8m 以内	坡高为 8m～15m	
碎石、卵石	1:1.50～1:1.25	1:1.75～1:1.50	0.94～0.97
砂夹石（碎石卵石占全重 30%～50%）	1:1.50～1:1.25	1:1.75～1:1.50	
土夹石（碎石卵石占全重 30%～50%）	1:1.50～1:1.25	1:2.00～1:1.50	
粉质黏土，黏粒含量 $\rho_c \geq 10\%$ 的粉土	1:1.75～1:1.50	1:2.25～1:1.75	

注：当压实填土厚度 H 大于 15m 时，可设计成台阶或者采用土工格栅加筋等措施，验算满足稳定性要求后进行压实填土的施工。

9 压实填土地基承载力特征值，应根据现场静载荷试验确定，或可通过动力触探、静力触探等试验，并结合静载荷试验结果确定；其下卧层顶面的承载力应满足本规范式（4.2.2-1）、式（4.2.2-2）和式（4.2.2-3）的要求。

10 压实填土地基的变形，可按现行国家标准《建筑地基基础设计规范》GB 50007 的有关规定计算，压缩模量应通过处理后地基的原位测试或土工试验确定。

6.2.3 压实填土地基的施工应符合下列规定：

1 应根据使用要求、邻近结构类型和地质条件确定允许加载量和范围，并按设计要求均衡分步施加，避免大量快速集中填土。

2 填料前，应清除填土层底面以下的耕土、植被或软弱土层等。

3 压实填土施工过程中，应采取防雨、防冻措施，防止填料（粉质黏土、粉土）受雨水淋湿或冻结。

4 基槽内压实时，应先压实基槽两边，再压实中间。

5 冲击碾压法施工的冲击碾压宽度不宜小于 6m，工作面较窄时，需设置转弯车道，冲压最短直线距离不宜少于 100m，冲压边角及转弯区域应采用其他措施压实；施工时，地下水位应降低到碾压面以下 1.5m。

6 性质不同的填料，应采取水平分层、分段填筑，并分层压实；同一水平层，应采用同一填料，不得混合填筑；填方分段施工时，接头部位如不能交替填筑，应按 1:1 坡度分层留台阶；如能交替填筑，则应分层相互交替搭接，搭接长度不小于 2m；压实填土的施工缝，各层应错开搭接，在施工缝的搭接处，应适当增加压实遍数；边角及转弯区域应采取其他措施压实，以达到设计标准。

7 压实地基施工场地附近有对振动和噪声环境控制要求时，应合理安排施工工序和时间，减少噪声与振动对环境的影响，或采取挖减振沟等减振和隔振措施，并进行振动和噪声监测。

8 施工过程中，应避免扰动填土下卧的淤泥或淤泥质土层。压实填土施工结束检验合格后，应及时进行基础施工。

6.2.4 压实填土地基的质量检验应符合下列规定：

1 在施工过程中，应分层取样检验土的干密度和含水量；每 50m²～100m² 面积内应设不少于 1 个检测点，每一个独立基础下，检测点不少于 1 个点，条形基础每 20 延米设检测点不少于 1 个点，压实系数不得低于本规范表 6.2.2-2 的规定；采用灌水法或灌砂法检测的碎石土干密度不得低于 2.0t/m³。

2 有地区经验时，可采用动力触探、静力触探、标准贯入等原位试验，并结合干密度试验的对比结果进行质量检验。

3 冲击碾压法施工宜分层进行变形量、压实系数等土的物理力学指标监测和检测。

4 地基承载力验收检验，可通过静载荷试验并结合动力触探、静力触探、标准贯入等试验结果综合判定。每个单体工程静载荷试验不应少于 3 点，大型工程可按单体工程的数量或面积确定检验点数。

6.2.5 压实地基的施工质量检验应分层进行。每完成一道工序，应按设计要求进行验收，未经验收或验收不合格时，不得进行下一道工序施工。

6.3 夯 实 地 基

6.3.1 夯实地基处理应符合下列规定：

1 强夯和强夯置换施工前，应在施工现场有代表性的场地选取一个或几个试验区，进行试夯或试验性施工。每个试验区面积不宜小于 20m×20m，试验区数量应根据建筑场地复杂程度、建筑规模及建筑类型确定。

2 场地地下水位高，影响施工或夯实效果时，应采取降水或其他技术措施进行处理。

6.3.2 强夯置换处理地基，必须通过现场试验确定其适用性和处理效果。

6.3.3 强夯处理地基的设计应符合下列规定：

1 强夯的有效加固深度，应根据现场试夯或地区经验确定。在缺少试验资料或经验时，可按表 6.3.3-1 进行预估。

表 6.3.3-1 强夯的有效加固深度（m）

单击夯击能 E（kN·m）	碎石土、砂土等粗颗粒土	粉土、粉质黏土、湿陷性黄土等细颗粒土
1000	4.0～5.0	3.0～4.0
2000	5.0～6.0	4.0～5.0
3000	6.0～7.0	5.0～6.0
4000	7.0～8.0	6.0～7.0
5000	8.0～8.5	7.0～7.5
6000	8.5～9.0	7.5～8.0
8000	9.0～9.5	8.0～8.5
10000	9.5～10.0	8.5～9.0
12000	10.0～11.0	9.0～10.0

注：强夯法的有效加固深度应从最初起夯面算起；单击夯击能 E 大于 12000kN·m 时，强夯的有效加固深度应通过试验确定。

2 夯点的夯击次数，应根据现场试夯的夯击次数和夯沉量关系曲线确定，并应同时满足下列条件：

　　1）最后两击的平均夯沉量，宜满足表 6.3.3-2 的要求，当单击夯击能 E 大于 12000kN·m 时，应通过试验确定；

表 6.3.3-2 强夯法最后两击平均夯沉量（mm）

单击夯击能 E（kN·m）	最后两击平均夯沉量不大于（mm）
E<4000	50
4000≤E<6000	100
6000≤E<8000	150
8000≤E<12000	200

　　2）夯坑周围地面不应发生过大的隆起；

　　3）不因夯坑过深而发生提锤困难。

3 夯击遍数应根据地基土的性质确定，可采用点夯（2～4）遍，对于渗透性较差的细颗粒土，应适当增加夯击遍数；最后以低能量满夯 2 遍，满夯可采用轻锤或低落距锤多次夯击，锤印搭接。

4 两遍夯击之间，应有一定的时间间隔，间隔时间取决于土中超静孔隙水压力的消散时间。当缺少实测资料时，可根据地基土的渗透性确定，对于渗透性较差的黏性土地基，间隔时间不应少于（2～3）周；对于渗透性好的地基可连续夯击。

5 夯击点位置可根据基础底面形状，采用等边三角形、等腰三角形或正方形布置。第一遍夯击点间距可取夯锤直径的（2.5～3.5）倍，第二遍夯击点应位于第一遍夯击点之间。以后各遍夯击点间距可适当减小。对处理深度较深或单击夯击能较大的工程，第一遍夯击点间距宜适当增大。

6 强夯处理范围应大于建筑物基础范围，每边超出基础外缘的宽度宜为基底下设计处理深度的 1/2～2/3，且不应小于 3m；对可液化地基，基础边缘的处理宽度，不应小于 5m；对湿陷性黄土地基，应符合现行国家标准《湿陷性黄土地区建筑规范》GB 50025 的有关规定。

7 根据初步确定的强夯参数，提出强夯试验方案，进行现场试夯。应根据不同土质条件，待试夯结束一周至数周后，对试夯场地进行检测，并与夯前测试数据进行对比，检验强夯效果，确定工程采用的各项强夯参数。

8 根据基础埋深和试夯时所测得的夯沉量，确定起夯面标高、夯坑回填方式和夯后标高。

9 强夯地基承载力特征值应通过现场静载荷试验确定。

10 强夯地基变形计算，应符合现行国家标准《建筑地基基础设计规范》GB 50007 有关规定。夯后有效加固深度内土的压缩模量，应通过原位测试或土工试验确定。

6.3.4 强夯处理地基的施工，应符合下列规定：

1 强夯夯锤质量宜为 10t～60t，其底面形式宜采用圆形，锤底面积宜按土的性质确定，锤底静接地压力值宜为 25kPa～80kPa，单击夯击能高时，取高值，单击夯击能低时，取低值，对于细颗粒土宜取低值。锤的底面宜对称设置若干个上下贯通的排气孔，孔径宜为 300mm～400mm。

2 强夯法施工，应按下列步骤进行：

1）清理并平整施工场地；

2）标出第一遍夯点位置，并测量场地高程；

3）起重机就位，夯锤置于夯点位置；

4）测量夯前锤顶高程；

5）将夯锤起吊到预定高度，开启脱钩装置，夯锤脱钩自由下落，放下吊钩，测量锤顶高程；若发现因坑底倾斜而造成夯锤歪斜时，应及时将坑底整平；

6）重复步骤 5），按设计规定的夯击次数及控制标准，完成一个夯点的夯击；当夯坑过深，出现提锤困难，但无明显隆起，而尚未达到控制标准时，宜将夯坑回填至与坑顶齐平后，继续夯击；

7）换夯点，重复步骤 3）～6），完成第一遍全部夯点的夯击；

8）用推土机将夯坑填平，并测量场地高程；

9）在规定的间隔时间后，按上述步骤逐次完成全部夯击遍数；最后，采用低能量满夯，将场地表层松土夯实，并测量夯后场地高程。

6.3.5 强夯置换处理地基的设计，应符合下列规定：

1 强夯置换墩的深度应由土质条件决定。除厚层饱和粉土外，应穿透软土层，到达较硬土层上，深度不宜超过 10m。

2 强夯置换的单击夯能应根据现场试验确定。

3 墩体材料可采用级配良好的块石、碎石、矿渣、工业废渣、建筑垃圾等坚硬粗颗粒材料，且粒径大于 300mm 的颗粒含量不宜超过 30%。

4 夯点的夯击次数应通过现场试夯确定，并应满足下列条件：

1）墩底穿透软弱土层，且达到设计墩长；

2）累计夯沉量为设计墩长的（1.5～2.0）倍；

3）最后两击的平均夯沉量可按表 6.3.3-2 确定。

5 墩位布置宜采用等边三角形或正方形。对独立基础或条形基础可根据基础形状与宽度作相应布置。

6 墩间距应根据荷载大小和原状土的承载力选定，当满堂布置时，可取夯锤直径的（2～3）倍。对独立基础或条形基础可取夯锤直径的（1.5～2.0）倍。墩的计算直径可取夯锤直径的（1.1～1.2）倍。

7 强夯置换处理范围应符合本规范第 6.3.3 条第 6 款的规定。

8 墩顶应铺设一层厚度不小于 500mm 的压实垫层，垫层材料宜与墩体材料相同，粒径不宜大

于 100mm。

9 强夯置换设计时，应预估地面抬高值，并在试夯时校正。

10 强夯置换地基处理试验方案的确定，应符合本规范第 6.3.3 条第 7 款的规定。除应进行现场静载荷试验和变形模量检测外，尚应采用超重型或重型动力触探等方法，检查置换墩着底情况，以及地基土的承载力与密度随深度的变化。

11 软黏性土中强夯置换地基承载力特征值应通过现场单墩静载荷试验确定；对于饱和粉土地基，当处理后形成 2.0m 以上厚度的硬层时，其承载力可通过现场单墩复合地基静载荷试验确定。

12 强夯置换地基的变形宜按单墩静载荷试验确定的变形模量计算加固区的地基变形，对墩下地基土的变形可按置换墩材料的压力扩散角计算传至墩下土层的附加应力，按现行国家标准《建筑地基基础设计规范》GB 50007 的有关规定计算确定；对饱和粉土地基，当处理后形成 2.0m 以上厚度的硬层时，可按本规范第 7.1.7 条的规定确定。

6.3.6 强夯置换处理地基的施工应符合下列规定：

1 强夯置换夯锤底面宜采用圆形，夯锤底静接地压力值宜大于 80 kPa。

2 强夯置换施工应按下列步骤进行：

1）清理并平整施工场地，当表层土松软时，可铺设 1.0m～2.0m 厚的砂石垫层；

2）标出夯点位置，并测量场地高程；

3）起重机就位，夯锤置于夯点位置；

4）测量夯前锤顶高程；

5）夯击并逐击记录夯坑深度；当夯坑过深，起锤困难时，应停夯，向夯坑内填料直至与坑顶齐平，记录填料数量；工序重复，直至满足设计的夯击次数及质量控制标准，完成一个墩体的夯击；当夯点周围软土挤出，影响施工时，应随时清理，并宜在夯点周围铺垫碎石后，继续施工；

6）按照"由内而外、隔行跳打"的原则，完成全部夯点的施工；

7）推平场地，采用低能量满夯，将场地表层松土夯实，并测量夯后场地高程；

8）铺设垫层，分层碾压密实。

6.3.7 夯实地基宜采用带有自动脱钩装置的履带式起重机，夯锤的质量不应超过起重机械额定起重量。履带式起重机应在臂杆端部设置辅助门架或采取其他安全措施，防止起落锤时，机架倾覆。

6.3.8 当场地表层土软弱或地下水位较高，宜采用人工降低地下水位或铺填一定厚度的砂石材料的施工措施。施工前，宜将地下水位降低至坑底面以下 2m。施工时，坑内或场地积水应及时排除。对细颗粒土，尚应采取晾晒等措施降低含水量。当地基土的含水量

低，影响处理效果时，宜采取增湿措施。

6.3.9 施工前，应查明施工影响范围内地下构筑物和地下管线的位置，并采取必要的保护措施。

6.3.10 当强夯施工所引起的振动和侧向挤压对邻近建构筑物产生不利影响时，应设置监测点，并采取挖隔振沟等隔振或防振措施。

6.3.11 施工过程中的监测应符合下列规定：

1 开夯前，应检查夯锤质量和落距，以确保单击夯击能量符合设计要求。

2 在每一遍夯击前，应对夯点放线进行复核，夯完后检查夯坑位置，发现偏差或漏夯应及时纠正。

3 按设计要求，检查每个夯点的夯击次数、每击的夯沉量、最后两击的平均夯沉量和总夯沉量、夯点施工起止时间。对强夯置换施工，尚应检查置换深度。

4 施工过程中，应对各项施工参数及施工情况进行详细记录。

6.3.12 夯实地基施工结束后，应根据地基土的性质及所采用的施工工艺，待土层休止期结束后，方可进行基础施工。

6.3.13 强夯处理后的地基竣工验收，承载力检验应根据静载荷试验、其他原位测试和室内土工试验等方法综合确定。强夯置换后的地基竣工验收，除应采用单墩静载荷试验进行承载力检验外，尚应采用动力触探等查明置换墩着底情况及密度随深度的变化情况。

6.3.14 夯实地基的质量检验应符合下列规定：

1 检查施工过程中的各项测试数据和施工记录，不符合设计要求时应补夯或采取其他有效措施。

2 强夯处理后的地基承载力检验，应在施工结束后间隔一定时间进行，对于碎石土和砂土地基，间隔时间宜为(7~14)d；粉土和黏性土地基，间隔时间宜为(14~28)d；强夯置换地基，间隔时间宜为28d。

3 强夯地基均匀性检验，可采用动力触探试验或标准贯入试验、静力触探试验等原位测试，以及室内土工试验。检验点的数量，可根据场地复杂程度和建筑物的重要性确定，对于简单场地上的一般建筑物，按每400m²不少于1个检测点，且不少于3点；对于复杂场地或重要建筑地基，每300m²不少于1个检验点，且不少于3点。强夯置换地基，可采用超重型或重型动力触探试验等方法，检查置换墩着底情况及承载力与密度随深度的变化，检验数量不应少于墩点数的3%，且不少于3点。

4 强夯地基承载力检验的数量，应根据场地复杂程度和建筑物的重要性确定，对于简单场地上的一般建筑，每个建筑地基载荷试验检验点不应少于3点；对于复杂场地或重要建筑地基应增加检验点数。检测结果的评价，应考虑夯点和夯间位置的差异。强夯置换地基单墩载荷试验数量不应少于墩点数的1%，且不少于3点；对饱和粉土地基，当处理后墩间土能形成2.0m以上厚度的硬层时，其地基承载力可通过现场单墩复合地基静载荷试验确定，检验数量不应少于墩点数的1%，且每个建筑载荷试验检验点不应少于3点。

7 复合地基

7.1 一般规定

7.1.1 复合地基设计前，应在有代表性的场地上进行现场试验或试验性施工，以确定设计参数和处理效果。

7.1.2 对散体材料复合地基增强体应进行密实度检验；对有粘结强度复合地基增强体应进行强度及桩身完整性检验。

7.1.3 复合地基承载力的验收检验应采用复合地基静载荷试验，对有粘结强度的复合地基增强体尚应进行单桩静载荷试验。

7.1.4 复合地基增强体单桩的桩位施工允许偏差：对条形基础的边桩沿轴线方向应为桩径的$\pm 1/4$，沿垂直轴线方向应为桩径的$\pm 1/6$，其他情况桩位的施工允许偏差应为桩径的$\pm 40\%$；桩身的垂直度允许偏差应为$\pm 1\%$。

7.1.5 复合地基承载力特征值应通过复合地基静载荷试验或采用增强体静载荷试验结果和其周边土的承载力特征值结合经验确定，初步设计时，可按下列公式估算：

1 对散体材料增强体复合地基应按下式计算：

$$f_{spk} = [1 + m(n-1)]f_{sk} \quad (7.1.5-1)$$

式中：f_{spk}——复合地基承载力特征值（kPa）；

f_{sk}——处理后桩间土承载力特征值（kPa），可按地区经验确定；

n——复合地基桩土应力比，可按地区经验确定；

m——面积置换率，$m = d^2/d_e^2$；d 为桩身平均直径（m），d_e 为一根桩分担的处理地基面积的等效圆直径（m）；等边三角形布桩 $d_e = 1.05s$，正方形布桩 $d_e = 1.13s$，矩形布桩 $d_e = 1.13\sqrt{s_1 s_2}$，s、s_1、s_2 分别为桩间距、纵向桩间距和横向桩间距。

2 对有粘结强度增强体复合地基应按下式计算：

$$f_{spk} = \lambda m \frac{R_a}{A_p} + \beta(1-m)f_{sk} \quad (7.1.5-2)$$

式中：λ——单桩承载力发挥系数，可按地区经验取值；

R_a——单桩竖向承载力特征值（kN）；

A_p——桩的截面积（m²）；

β——桩间土承载力发挥系数，可按地区经验取值。

3 增强体单桩竖向承载力特征值可按下式估算：

$$R_a = u_p \sum_{i=1}^{n} q_{si} l_{pi} + \alpha_p q_p A_p \quad (7.1.5\text{-}3)$$

式中：u_p ——桩的周长（m）；

q_{si} ——桩周第 i 层土的侧阻力特征值（kPa），可按地区经验确定；

l_{pi} ——桩长范围内第 i 层土的厚度（m）；

α_p ——桩端端阻力发挥系数，应按地区经验确定；

q_p ——桩端端阻力特征值（kPa），可按地区经验确定；对于水泥搅拌桩、旋喷桩应取未经修正的桩端地基土承载力特征值。

7.1.6 有粘结强度复合地基增强体桩身强度应满足式（7.1.6-1）的要求。当复合地基承载力进行基础埋深的深度修正时，增强体桩身强度应满足式（7.1.6-2）的要求。

$$f_{cu} \geqslant 4 \frac{\lambda R_a}{A_p} \quad (7.1.6\text{-}1)$$

$$f_{cu} \geqslant 4 \frac{\lambda R_a}{A_p} \left[1 + \frac{\gamma_m(d-0.5)}{f_{spa}} \right] \quad (7.1.6\text{-}2)$$

式中：f_{cu} ——桩体试块（边长 150mm 立方体）标准养护 28d 的立方体抗压强度平均值（kPa），对水泥土搅拌桩应符合本规范第 7.3.3 条的规定；

γ_m ——基础底面以上土的加权平均重度（kN/m³），地下水位以下取有效重度；

d ——基础埋置深度（m）；

f_{spa} ——深度修正后的复合地基承载力特征值（kPa）。

7.1.7 复合地基变形计算应符合现行国家标准《建筑地基基础设计规范》GB 50007 的有关规定，地基变形计算深度应大于复合土层的深度。复合土层的分层与天然地基相同，各复合土层的压缩模量等于该层天然地基压缩模量的 ζ 倍，ζ 值可按下式确定：

$$\zeta = \frac{f_{spk}}{f_{ak}} \quad (7.1.7)$$

式中：f_{ak} ——基础底面下天然地基承载力特征值（kPa）。

7.1.8 复合地基的沉降计算经验系数 ψ_s 可根据地区沉降观测资料统计值确定，无经验取值时，可采用表 7.1.8 的数值。

表 7.1.8 沉降计算经验系数ψ_s

$\overline{E}_s$（MPa）	4.0	7.0	15.0	20.0	35.0
ψ_s	1.0	0.7	0.4	0.25	0.2

注：$\overline{E}_s$ 为变形计算深度范围内压缩模量的当量值，应按下式计算：

$$\overline{E}_s = \frac{\sum_{i=1}^{n} A_i + \sum_{j=1}^{m} A_j}{\sum_{i=1}^{n} \frac{A_i}{E_{si}} + \sum_{j=1}^{m} \frac{A_j}{E_{sj}}} \quad (7.1.8)$$

式中：A_i ——加固土层第 i 层土附加应力系数沿土层厚度的积分值；

A_j ——加固土层下第 j 层土附加应力系数沿土层厚度的积分值。

7.1.9 处理后的复合地基承载力，应按本规范附录 B 的方法确定；复合地基增强体的单桩承载力，应按本规范附录 C 的方法确定。

7.2 振冲碎石桩和沉管砂石桩复合地基

7.2.1 振冲碎石桩、沉管砂石桩复合地基处理应符合下列规定：

1 适用于挤密处理松散砂土、粉土、粉质黏土、素填土、杂填土等地基，以及用于处理可液化地基。饱和黏土地基，如对变形控制不严格，可采用砂石桩置换处理。

2 对大型的、重要的或场地地层复杂的工程，以及对于处理不排水抗剪强度不小于 20kPa 的饱和黏性土和饱和黄土地基，应在施工前通过现场试验确定其适用性。

3 不加填料振冲挤密法适用于处理黏粒含量不大于 10% 的中砂、粗砂地基，在初步设计阶段宜进行现场工艺试验，确定不加填料振密的可行性，确定孔距、振密电流值、振冲水压力、振后砂层的物理力学指标等施工参数；30kW 振冲器振密深度不宜超过 7m，75kW 振冲器振密深度不宜超过 15m。

7.2.2 振冲碎石桩、沉管砂石桩复合地基设计应符合下列规定：

1 地基处理范围应根据建筑物的重要性和场地条件确定，宜在基础外缘扩大（1～3）排桩。对可液化地基，在基础外缘扩大宽度不应小于基底下可液化土层厚度的 1/2，且不应小于 5m。

2 桩位布置，对大面积满堂基础和独立基础，可采用三角形、正方形、矩形布桩；对条形基础，可沿基础轴线采用单排布桩或对称轴线多排布桩。

3 桩径可根据地基土质情况、成桩方式和成桩设备等因素确定，桩的平均直径可按每根桩所用填料量计算。振冲碎石桩桩径宜为 800mm～1200mm；沉管砂石桩桩径宜为 300mm～800mm。

4 桩间距应通过现场试验确定，并应符合下列规定：

1） 振冲碎石桩的桩间距应根据上部结构荷载大小和场地土层情况，并结合所采用的振冲器功率大小综合考虑；30kW 振冲器布桩间距可采用 1.3m～2.0m；55kW 振冲器布桩间距可采用 1.4m～2.5m；75kW 振冲器布桩间距可采用 1.5m～3.0m；不加填料振冲挤密孔距可为 2m～3m；

2）沉管砂石桩的桩间距，不宜大于砂石桩直径的 4.5 倍；

初步设计时，对松散粉土和砂土地基，应根据挤密后要求达到的孔隙比确定，可按下列公式估算：

等边三角形布置

$$s = 0.95\xi d \sqrt{\frac{1+e_0}{e_0-e_1}} \qquad (7.2.2-1)$$

正方形布置

$$s = 0.89\xi d \sqrt{\frac{1+e_0}{e_0-e_1}} \qquad (7.2.2-2)$$

$$e_1 = e_{max} - D_{r1}(e_{max}-e_{min}) \qquad (7.2.2-3)$$

式中：s——砂石桩间距（m）；

d——砂石桩直径（m）；

ξ——修正系数，当考虑振动下沉密实作用时，可取 1.1～1.2；不考虑振动下沉密实作用时，可取 1.0；

e_0——地基处理前砂土的孔隙比，可按原状土样试验确定，也可根据动力或静力触探等对比试验确定；

e_1——地基挤密后要求达到的孔隙比；

e_{max}、e_{min}——砂土的最大、最小孔隙比，可按现行国家标准《土工试验方法标准》GB/T 50123 的有关规定确定；

D_{r1}——地基挤密后要求砂土达到的相对密实度，可取 0.70～0.85。

5 桩长可根据工程要求和工程地质条件，通过计算确定并应符合下列规定：

1）当相对硬土层埋深较浅时，可按相对硬层埋深确定；

2）当相对硬土层埋深较大时，应按建筑物地基变形允许值确定；

3）对按稳定性控制的工程，桩长应不小于最危险滑动面以下 2.0m 的深度；

4）对可液化的地基，桩长应按要求处理液化的深度确定；

5）桩长不宜小于 4m。

6 振冲桩桩体材料可采用含泥量不大于 5% 的碎石、卵石、矿渣或其他性能稳定的硬质材料，不宜使用风化易碎的石料。对 30kW 振冲器，填料粒径宜为 20mm～80mm；对 55kW 振冲器，填料粒径宜为 30mm～100mm；对 75kW 振冲器，填料粒径宜为 40mm～150mm。沉管桩桩体材料可用含泥量不大于 5% 的碎石、卵石、角砾、圆砾、砾砂、粗砂、中砂或石屑等硬质材料，最大粒径不宜大于 50mm。

7 桩顶和基础之间宜铺设厚度为 300mm～

500mm 的垫层，垫层材料宜用中砂、粗砂、级配砂石和碎石等，最大粒径不宜大于 30mm，其夯填度（夯实后的厚度与虚铺厚度的比值）不应大于 0.9。

8 复合地基的承载力初步设计可按本规范 (7.1.5-1) 式估算，处理后桩间土承载力特征值，可按地区经验确定，如无经验时，对于一般黏性土地基，可取天然地基承载力特征值，松散的砂土、粉土可取原天然地基承载力特征值的（1.2～1.5）倍；复合地基桩土应力比 n，宜采用实测值确定，如无实测资料时，对于黏性土可取 2.0～4.0，对于砂土、粉土可取 1.5～3.0。

9 复合地基变形计算应符合本规范第 7.1.7 条和第 7.1.8 条的规定。

10 对处理堆载场地地基，应进行稳定性验算。

7.2.3 振冲碎石桩施工应符合下列规定：

1 振冲施工可根据设计荷载的大小、原土强度的高低、设计桩长等条件选用不同功率的振冲器。施工前应在现场进行试验，以确定水压、振密电流和留振时间等各种施工参数。

2 升降振冲器的机械可用起重机、自行井架式施工平车或其他合适的设备。施工设备应配有电流、电压和留振时间自动信号仪表。

3 振冲施工可按下列步骤进行：

1）清理平整施工场地，布置桩位；

2）施工机具就位，使振冲器对准桩位；

3）启动供水泵和振冲器，水压宜为 200kPa～600kPa，水量宜为 200L/min～400L/min，将振冲器徐徐沉入土中，造孔速度宜为 0.5m/min～2.0m/min，直至达到设计深度；记录振冲器经各深度的水压、电流和留振时间；

4）造孔后边提升振冲器，边冲水直至孔口，再放至孔底，重复（2～3）次扩大孔径并使孔内泥浆变稀，开始填料制桩；

5）大功率振冲器投料可不提出孔口，小功率振冲器下料困难时，可将振冲器提出孔口填料，每次填料厚度不宜大于 500mm；将振冲器沉入填料中进行振密制桩，当电流达到规定的密实电流值和规定的留振时间后，将振冲器提升 300mm～500mm；

6）重复以上步骤，自下而上逐段制作桩体直至孔口，记录各段深度的填料量、最终电流值和留振时间；

7）关闭振冲器和水泵。

4 施工现场应事先开设泥水排放系统，或组织好运浆车辆将泥浆运至预先安排的存放地点，应设置沉淀池，重复使用上部清水。

5 桩体施工完毕后，应将顶部预留的松散桩体挖除，铺设垫层并压实。

6 不加填料振冲加密宜采用大功率振冲器，造孔速度宜为 8m/min～10m/min，到达设计深度后，宜将射水量减至最小，留振至密实电流达到规定时，上提 0.5m，逐段振密直至孔口，每米振密时间约 1min。在粗砂中施工，如遇下沉困难，可在振冲器两侧增焊辅助水管，加大造孔水量，降低造孔水压。

7 振密孔施工顺序，宜沿直线逐点逐行进行。

7.2.4 沉管砂石桩施工应符合下列规定：

1 砂石桩施工可采用振动沉管、锤击沉管或冲击成孔等成桩法。当用于消除粉细砂及粉土液化时，宜用振动沉管成桩法。

2 施工前应进行成桩工艺和成桩挤密试验。当成桩质量不能满足设计要求时，应调整施工参数后，重新进行试验或设计。

3 振动沉管成桩法施工，应根据沉管和挤密情况，控制填砂石量、提升高度和速度、挤压次数和时间、电机的工作电流等。

4 施工中应选用能顺利出料和有效挤压桩孔内砂石料的桩尖结构。当采用活瓣桩靴时，对砂土和粉土地基宜选用尖锥形；一次性桩尖可采用混凝土锥形桩尖。

5 锤击沉管成桩法施工可采用单管法或双管法。锤击法挤密应根据锤击能量，控制分段的填砂石量和成桩的长度。

6 砂石桩桩孔内材料填料量，应通过现场试验确定，估算时，可按设计桩孔体积乘以充盈系数确定，充盈系数可取1.2～1.4。

7 砂石桩的施工顺序：对砂土地基宜从外围或两侧向中间进行。

8 施工时桩位偏差不应大于套管外径的 30%，套管垂直度允许偏差应为±1%。

9 砂石桩施工后，应将表层的松散层挖除或夯压密实，随后铺设并压实砂石垫层。

7.2.5 振冲碎石桩、沉管砂石桩复合地基的质量检验应符合下列规定：

1 检查各项施工记录，如有遗漏或不符合要求的桩，应补桩或采取其他有效的补救措施。

2 施工后，应间隔一定时间方可进行质量检验。对粉质黏土地基不宜少于 21d，对粉土地基不宜少于 14d，对砂土和杂填土地基不宜少于 7d。

3 施工质量的检验，对桩体可采用重型动力触探试验；对桩间土可采用标准贯入、静力触探、动力触探或其他原位测试等方法；对消除液化的地基检验应采用标准贯入试验。桩间土质量的检测位置应在等边三角形或正方形的中心。检验深度不应小于处理地基深度，检测数量不应少于桩孔总数的 2%。

7.2.6 竣工验收时，地基承载力检验应采用复合地基静载荷试验，试验数量不应少于总桩数的 1%，且每个单体建筑不应少于 3 点。

7.3 水泥土搅拌桩复合地基

7.3.1 水泥土搅拌桩复合地基处理应符合下列规定：

1 适用于处理正常固结的淤泥、淤泥质土、素填土、黏性土（软塑、可塑）、粉土（稍密、中密）、粉细砂（松散、中密）、中粗砂（松散、稍密）、饱和黄土等土层。不适用于含大孤石或障碍物较多且不易清除的杂填土、欠固结的淤泥和淤泥质土、硬塑及坚硬的黏性土、密实的砂类土，以及地下水渗流影响成桩质量的土层。当地基土的天然含水量小于 30%（黄土含水量小于 25%）时不宜采用粉体搅拌法。冬期施工时，应考虑负温对处理地基效果的影响。

2 水泥土搅拌桩的施工工艺分为浆液搅拌法（以下简称湿法）和粉体搅拌法（以下简称干法）。可采用单轴、双轴、多轴搅拌或连续成槽搅拌形成柱状、壁状、格栅状或块状水泥土加固体。

3 对采用水泥土搅拌桩处理地基，除应按现行国家标准《岩土工程勘察规范》GB 50021 要求进行岩土工程详细勘察外，尚应查明拟处理地基土层的pH 值、塑性指数、有机质含量、地下障碍物及软土分布情况、地下水位及其运动规律等。

4 设计前，应进行处理地基土的室内配比试验。针对现场拟处理地基土层的性质，选择合适的固化剂、外掺剂及其掺量，为设计提供不同龄期、不同配比的强度参数。对竖向承载的水泥土强度宜取 90d 龄期试块的立方体抗压强度平均值。

5 增强体的水泥掺量不应小于 12%，块状加固时水泥掺量不应小于加固天然土质量的 7%；湿法的水泥浆水灰比可取 0.5～0.6。

6 水泥土搅拌桩复合地基宜在基础和桩之间设置褥垫层，厚度可取 200mm～300mm。褥垫层材料可选用中砂、粗砂、级配砂石等，最大粒径不宜大于 20mm。褥垫层的夯填度不应大于 0.9。

7.3.2 水泥土搅拌桩用于处理泥炭土、有机质土、pH 值小于 4 的酸性土、塑性指数大于 25 的黏土，或在腐蚀性环境中以及无工程经验的地区使用时，必须通过现场和室内试验确定其适用性。

7.3.3 水泥土搅拌桩复合地基设计应符合下列规定：

1 搅拌桩的长度，应根据上部结构对地基承载力和变形的要求确定，并应穿透软弱土层到达地基承载力相对较高的土层；当设置的搅拌桩同时为提高地基稳定性时，其桩长应超过危险滑弧以下不少于 2.0m；干法的加固深度不宜大于 15m，湿法加固深度不宜大于 20m。

2 复合地基的承载力特征值，应通过现场单桩或多桩复合地基静载荷试验确定。初步设计时可按本规范式（7.1.5-2）估算，处理后桩间土承载力特征值 f_{sk}（kPa）可取天然地基承载力特征值；桩间土承载力发挥系数 β，对淤泥、淤泥质土和流塑状软土等

处理土层，可取 0.1～0.4，对其他土层可取 0.4～
0.8；单桩承载力发挥系数 λ 可取 1.0。

 3 单桩承载力特征值，应通过现场静载荷试验
确定。初步设计时可按本规范式（7.1.5-3）估算，
桩端端阻力发挥系数可取 0.4～0.6；桩端端阻力特
征值，可取桩端土未修正的地基承载力特征值，并应
满足式（7.3.3）的要求，应使由桩身材料强度确定
的单桩承载力不小于由桩周土和桩端土的抗力所提供
的单桩承载力。

$$R_a = \eta f_{cu} A_p \qquad (7.3.3)$$

式中：f_{cu}——与搅拌桩桩身水泥土配比相同的室内
     加固土试块，边长为 70.7mm 的立方
     体在标准养护条件下 90d 龄期的立方
     体抗压强度平均值（kPa）；
    η——桩身强度折减系数，干法可取 0.20～
     0.25；湿法可取 0.25。

 4 桩长超过 10m 时，可采用固化剂变掺量设
计。在全长桩身水泥总掺量不变的前提下，桩身上部
1/3 桩长范围内，可适当增加水泥掺量及搅拌次数。

 5 桩的平面布置可根据上部结构特点及对地基
承载力和变形的要求，采用柱状、壁状、格栅状或块
状等加固形式。独立基础下的桩数不宜少于 4 根。

 6 当搅拌桩处理范围以下存在软弱下卧层时，
应按现行国家标准《建筑地基基础设计规范》GB
50007 的有关规定进行软弱下卧层地基承载力验算。

 7 复合地基的变形计算应符合本规范第 7.1.7
条和第 7.1.8 条的规定。

7.3.4 用于建筑物地基处理的水泥土搅拌桩施工设
备，其湿法施工配备注浆泵的额定压力不宜小于
5.0MPa；干法施工的最大送粉压力不应小
于 0.5MPa。

7.3.5 水泥土搅拌桩施工应符合下列规定：

 1 水泥土搅拌桩施工现场施工前应予以平整，
清除地上和地下的障碍物。

 2 水泥土搅拌桩施工前，应根据设计进行工艺
性试桩，数量不得少于 3 根，多轴搅拌施工不得少于
3 组。应对工艺试桩的质量进行检验，确定施工
参数。

 3 搅拌头翼片的枚数、宽度、与搅拌轴的垂直
夹角、搅拌头的回转数、提升速度应相互匹配，干法
搅拌时钻头每转一圈的提升（或下沉）量宜为 10mm
～15mm，确保加固深度范围内土体的任何一点均能
经过 20 次以上的搅拌。

 4 搅拌桩施工时，停浆（灰）面应高于桩顶设
计标高 500mm。在开挖基坑时，应将桩顶以上土层
及桩顶施工质量较差的桩段，采用人工挖除。

 5 施工中，应保持搅拌桩机底盘的水平和导向
架的竖直，搅拌桩的垂直度允许偏差和桩位偏差应满
足本规范第 7.1.4 条的规定；成桩直径和桩长不得小

于设计值。

 6 水泥土搅拌桩施工应包括下列主要步骤：

 1）搅拌机械就位、调平；

 2）预搅下沉至设计加固深度；

 3）边喷浆（或粉），边搅拌提升直至预定的停
  浆（或灰）面；

 4）重复搅拌下沉至设计加固深度；

 5）根据设计要求，喷浆（或粉）或仅搅拌提
  升直至预定的停浆（或灰）面；

 6）关闭搅拌机械。

 在预（复）搅下沉时，也可采用喷浆（粉）的施
工工艺，确保全桩长上下至少再重复搅拌一次。

 对地基土进行干法咬合加固时，如复搅困难，可
采用慢速搅拌，保证搅拌的均匀性。

 7 水泥土搅拌湿法施工应符合下列规定：

 1）施工前，应确定灰浆泵输浆量、灰浆经输
  浆管到达搅拌机喷浆口的时间和起吊设备
  提升速度等施工参数，并应根据设计要求，
  通过工艺性成桩试验确定施工工艺；

 2）施工中所使用的水泥应过筛，制备好的浆
  液不得离析，泵送浆应连续进行。拌制水
  泥浆液的罐数、水泥和外掺剂用量以及泵
  送浆液的时间应记录；喷浆量及搅拌深度
  应采用经国家计量部门认证的监测仪器进
  行自动记录；

 3）搅拌机喷浆提升的速度和次数应符合施工
  工艺要求，并设专人进行记录；

 4）当水泥浆液到达出浆口后，应喷浆搅拌
  30s，在水泥浆与桩端土充分搅拌后，再开
  始提升搅拌头；

 5）搅拌机预搅下沉时，不宜冲水，当遇到硬
  土层下沉太慢时，可适量冲水；

 6）施工过程中，如因故停浆，应将搅拌头下
  沉至停浆点以下 0.5m 处，待恢复供浆时，
  再喷浆搅拌提升；若停机超过 3h，宜先拆
  卸输浆管路，并妥加清洗；

 7）壁状加固时，相邻桩的施工时间间隔不宜
  超过 12h。

 8 水泥土搅拌干法施工应符合下列规定：

 1）喷粉施工前，应检查搅拌机械、供粉泵、
  送气（粉）管路、接头和阀门的密封性、
  可靠性，送气（粉）管路的长度不宜大
  于 60m；

 2）搅拌头每旋转一周，提升高度不得超
  过 15mm；

 3）搅拌头的直径应定期复核检查，其磨耗量
  不得大于 10mm；

 4）当搅拌头到达设计桩底以上 1.5m 时，应开
  启喷粉机提前进行喷粉作业；当搅拌头提

升至地面下 500mm 时，喷粉机应停止喷粉；

    5）成桩过程中，因故停止喷粉，应将搅拌头下沉至停灰面以下 1m 处，待恢复喷粉时，再喷粉搅拌提升。

7.3.6 水泥土搅拌桩干法施工机械必须配置经国家计量部门确认的具有能瞬时检测并记录出粉体计量装置及搅拌深度自动记录仪。

7.3.7 水泥土搅拌桩复合地基质量检验应符合下列规定：

    1 施工过程中应随时检查施工记录和计量记录。

    2 水泥土搅拌桩的施工质量检验可采用下列方法：

      1）成桩 3d 内，采用轻型动力触探（N_{10}）检查上部桩身的均匀性，检验数量为施工总桩数的 1%，且不少于 3 根；

      2）成桩 7d 后，采用浅部开挖桩头进行检查，开挖深度宜超过停浆（灰）面下 0.5m，检查搅拌的均匀性，量测成桩直径，检查数量不少于总桩数的 5%。

    3 静载荷试验宜在成桩 28d 后进行。水泥土搅拌桩复合地基承载力检验应采用复合地基静载荷试验和单桩静载荷试验，验收检验数量不少于总桩数的 1%，复合地基静载荷试验数量不少于 3 台（多轴搅拌为 3 组）。

    4 对变形有严格要求的工程，应在成桩 28d 后，采用双管单动取样器钻取芯样作水泥土抗压强度检验，检验数量为施工总桩数的 0.5%，且不少于 6 点。

7.3.8 基槽开挖后，应检验桩位、桩数与桩顶桩身质量，如不符合设计要求，应采取有效补强措施。

7.4 旋喷桩复合地基

7.4.1 旋喷桩复合地基处理应符合下列规定：

    1 适用于处理淤泥、淤泥质土、黏性土（流塑、软塑和可塑）、粉土、砂土、黄土、素填土和碎石土等地基。对土中含有较多的大直径块石、大量植物根茎和高含量的有机质，以及地下水流速较大的工程，应根据现场试验结果确定其适应性。

    2 旋喷桩施工，应根据工程需要和土质条件选用单管法、双管法和三管法；旋喷桩加固体形状可分为柱状、壁状、条状或块状。

    3 在制定旋喷桩方案时，应搜集邻近建筑物和周边地下埋设物等资料。

    4 旋喷桩方案确定后，应结合工程情况进行现场试验，确定施工参数及工艺。

7.4.2 旋喷桩加固体强度和直径，应通过现场试验确定。

7.4.3 旋喷桩复合地基承载力特征值和单桩竖向承载力特征值应通过现场静载荷试验确定。初步设计

时，可按本规范式（7.1.5-2）和式（7.1.5-3）估算，其桩身材料强度尚应满足式（7.1.6-1）和式（7.1.6-2）要求。

7.4.4 旋喷桩复合地基的地基变形计算应符合本规范第 7.1.7 条和第 7.1.8 条的规定。

7.4.5 当旋喷桩处理地基范围以下存在软弱下卧层时，应按现行国家标准《建筑地基基础设计规范》GB 50007 的有关规定进行软弱下卧层地基承载力验算。

7.4.6 旋喷桩复合地基宜在基础和桩顶之间设置褥垫层。褥垫层厚度宜为 150mm～300mm，褥垫层材料可选用中砂、粗砂和级配砂石等，褥垫层最大粒径不宜大于 20mm。褥垫层的夯填度不应大于 0.9。

7.4.7 旋喷桩的平面布置可根据上部结构和基础特点确定，独立基础下的桩数不应少于 4 根。

7.4.8 旋喷桩施工应符合下列规定：

    1 施工前，应根据现场环境和地下埋设物的位置等情况，复核旋喷桩的设计孔位。

    2 旋喷桩的施工工艺及参数应根据土质条件、加固要求，通过试验或根据工程经验确定。单管法、双管法高压水泥浆和三管法高压水的压力应大于 20MPa，流量应大于 30L/min，气流压力宜大于 0.7MPa，提升速度宜为 0.1 m/min～0.2m/min。

    3 旋喷注浆，宜采用强度等级为 42.5 级的普通硅酸盐水泥，可根据需要加入适量的外加剂及掺合料。外加剂和掺合料的用量，应通过试验确定。

    4 水泥浆液的水灰比宜为 0.8～1.2。

    5 旋喷桩的施工工序为：机具就位、贯入喷射管、喷射注浆、拔管和冲洗等。

    6 喷射孔与高压注浆泵的距离不宜大于 50m。钻孔位置的允许偏差应为 ±50mm。垂直度允许偏差应为 ±1%。

    7 当喷射注浆管贯入土中，喷嘴达到设计标高时，即可喷射注浆。在喷射注浆参数达到规定值后，随即按旋喷的工艺要求，提升喷射管，由下而上旋转喷射注浆。喷射管分段提升的搭接长度不得小于 100mm。

    8 对需要局部扩大加固范围或提高强度的部位，可采用复喷措施。

    9 在旋喷注浆过程中出现压力骤然下降、上升或冒浆异常时，应查明原因并及时采取措施。

    10 旋喷注浆完毕，应迅速拔出喷射管。为防止浆液凝固收缩影响桩顶高程，可在原孔位采用冒浆回灌或第二次注浆等措施。

    11 施工中应做好废泥浆处理，及时将废泥浆运出或在现场短期堆放后作土方运出。

    12 施工中应严格按照施工参数和材料用量施工，用浆量和提升速度应采用自动记录装置，并做好各项施工记录。

7.4.9 旋喷桩质量检验应符合下列规定：

1 旋喷桩可根据工程要求和当地经验采用开挖检查、钻孔取芯、标准贯入试验、动力触探和静载荷试验等方法进行检验；

2 检验点布置应符合下列规定：

　1）有代表性的桩位；

　2）施工中出现异常情况的部位；

　3）地基情况复杂，可能对旋喷桩质量产生影响的部位。

3 成桩质量检验点的数量不少于施工孔数的2%，并不应少于6点；

4 承载力检验宜在成桩28d后进行。

7.4.10 竣工验收时，旋喷桩复合地基承载力检验应采用复合地基静载荷试验和单桩静载荷试验。检验数量不得少于总桩数的1%，且每个单体工程复合地基静载荷试验的数量不得少于3台。

7.5 灰土挤密桩和土挤密桩复合地基

7.5.1 灰土挤密桩、土挤密桩复合地基处理应符合下列规定：

1 适用于处理地下水位以上的粉土、黏性土、素填土、杂填土和湿陷性黄土等地基，可处理地基的厚度宜为3m～15m；

2 当以消除地基土的湿陷性为主要目的时，可选用土挤密桩；当以提高地基土的承载力或增强其水稳性为主要目的时，宜选用灰土挤密桩；

3 当地基土的含水量大于24%、饱和度大于65%时，应通过试验确定其适用性；

4 对重要工程或在缺乏经验的地区，施工前应按设计要求，在有代表性的地段进行现场试验。

7.5.2 灰土挤密桩、土挤密桩复合地基设计应符合下列规定：

1 地基处理的面积：当采用整片处理时，应大于基础或建筑物底层平面的面积，超出建筑物外墙基础底面外缘的宽度，每边不宜小于处理土层厚度的1/2，且不应小于2m；当采用局部处理时，对非自重湿陷性黄土、素填土和杂填土等地基，每边不应小于基础底面宽度的25%，且不应小于0.5m；对自重湿陷性黄土地基，每边不应小于基础底面宽度的75%，且不应小于1.0m。

2 处理地基的深度，应根据建筑场地的土质情况、工程要求和成孔及夯实设备等综合因素确定。对湿陷性黄土地基，应符合现行国家标准《湿陷性黄土地区建筑规范》GB 50025 的有关规定。

3 桩孔直径宜为300mm～600mm。桩孔宜按等边三角形布置，桩孔之间的中心距离，可为桩孔直径的（2.0～3.0）倍，也可按下式估算：

$$s = 0.95d\sqrt{\frac{\bar{\eta}_c \rho_{dmax}}{\bar{\eta}_c \rho_{dmax} - \bar{\rho}_d}} \quad (7.5.2\text{-}1)$$

式中：s——桩孔之间的中心距离（m）；

　　　d——桩孔直径（m）；

　　　ρ_{dmax}——桩间土的最大干密度（t/m³）；

　　　$\bar{\rho}_d$——地基处理前土的平均干密度（t/m³）；

　　　$\bar{\eta}_c$——桩间土经成孔挤密后的平均挤密系数，不宜小于0.93。

4 桩间土的平均挤密系数 $\bar{\eta}_c$，应按下式计算：

$$\bar{\eta}_c = \frac{\bar{\rho}_{d1}}{\rho_{dmax}} \quad (7.5.2\text{-}2)$$

式中：$\bar{\rho}_{d1}$——在成孔挤密深度内，桩间土的平均干密度（t/m³），平均试样数不应少于6组。

5 桩孔的数量可按下式估算：

$$n = \frac{A}{A_e} \quad (7.5.2\text{-}3)$$

式中：n——桩孔的数量；

　　　A——拟处理地基的面积（m²）；

　　　A_e——单根土或灰土挤密桩所承担的处理地基面积（m²），即：

$$A_e = \frac{\pi d_e^2}{4} \quad (7.5.2\text{-}4)$$

式中：d_e——单根桩分担的处理地基面积的等效圆直径（m）。

6 桩孔内的灰土填料，其消石灰与土的体积配合比，宜为2∶8或3∶7。土料宜选用粉质黏土，土料中的有机质含量不应超过5%，且不得含有冻土、渣土垃圾粒径不应超过15mm。石灰可选用新鲜的消石灰或生石灰粉，粒径不应大于5mm。消石灰的质量应合格，有效 CaO+MgO 含量不得低于60%。

7 孔内填料应分层回填夯实，填料的平均压实系数 $\bar{\lambda}_c$ 不应低于0.97，其中压实系数最小值不应低于0.93。

8 桩顶标高以上应设置300mm～600mm厚的褥垫层。垫层材料可根据工程要求采用2∶8或3∶7灰土、水泥土等。其压实系数均不应低于0.95。

9 复合地基承载力特征值，应按本规范第7.1.5条确定。初步设计时，可按本规范式（7.1.5-1）进行估算。桩土应力比应按试验或地区经验确定。灰土挤密桩复合地基承载力特征值，不宜大于处理前天然地基承载力特征值的2.0倍，且不宜大于250kPa；对土挤密桩复合地基承载力特征值，不宜大于处理前天然地基承载力特征值的1.4倍，且不宜大于180kPa。

10 复合地基的变形计算应符合本规范第7.1.7条和第7.1.8条的规定。

7.5.3 灰土挤密桩、土挤密桩施工应符合下列规定：

1 成孔应按设计要求、成孔设备、现场土质和周围环境等情况，选用振动沉管、锤击沉管、冲击或钻孔等方法；

2 桩顶设计标高以上的预留覆盖土层厚度，宜符合下列规定：

1）沉管成孔不宜小于 0.5m；

2）冲击成孔或钻孔夯扩法成孔不宜小于 1.2m。

3 成孔时，地基土宜接近最优（或塑限）含水量，当土的含水量低于 12% 时，宜对拟处理范围内的土层进行增湿，应在地基处理前（4~6）d，将需增湿的水通过一定数量和一定深度的渗水孔，均匀地浸入拟处理范围内的土层中，增湿土的加水量可按下式估算：

$$Q = v \bar{\rho}_d (w_{op} - \overline{w}) k \qquad (7.5.3)$$

式中：Q——计算加水量（t）；

v——拟加固土的总体积（m³）；

$\bar{\rho}_d$——地基处理前土的平均干密度（t/m³）；

w_{op}——土的最优含水量（%），通过室内击实试验求得；

$\overline{w}$——地基处理前土的平均含水量（%）；

k——损耗系数，可取 1.05~1.10。

4 土料有机质含量不应大于 5%，且不得含有冻土和膨胀土，使用时应过 10mm~20mm 的筛，混合料含水量应满足最优含水量要求，允许偏差为 ±2%，土料和水泥应拌合均匀；

5 成孔和孔内回填夯实应符合下列规定：

1）成孔和孔内回填夯实的施工顺序，当整片处理地基时，宜从里（或中间）向外间隔（1~2）孔依次进行，对大型工程，可采取分段施工；当局部处理地基时，宜从外向里间隔（1~2）孔依次进行；

2）向孔内填料前，孔底应夯实，并应检查桩孔的直径、深度和垂直度；

3）桩孔的垂直度允许偏差应为 ±1%；

4）孔中心距允许偏差应为桩距的 ±5%；

5）经检验合格后，应按设计要求，向孔内分层填入筛好的素土、灰土或其他填料，并应分层夯实至设计标高。

6 铺设灰土垫层前，应按设计要求将桩顶标高以上的预留松动土层挖除或夯（压）密实；

7 施工过程中，应有专人监督成孔及回填夯实的质量，并应做好施工记录；如发现地基土质与勘察资料不符，应立即停止施工，待查明情况或采取有效措施处理后，方可继续施工；

8 雨期或冬期施工，应采取防雨或防冻措施，防止填料受雨水淋湿或冻结。

7.5.4 灰土挤密桩、土挤密桩复合地基质量检验应符合下列规定：

1 桩孔质量检验应在成孔后及时进行，所有桩孔均需检验并作出记录，检验合格或经处理后方可进行夯填施工。

2 应随机抽样检测夯后桩长范围内灰土或土填料的平均压实系数 $\bar{\lambda}_c$，抽检的数量不应少于桩总数

的 1%，且不得少于 9 根。对灰土桩桩身强度有怀疑时，尚应检验消石灰与土的体积配合比。

3 应抽样检验处理深度内桩间土的平均挤密系数 $\bar{\eta}_c$，检测探井数不应少于总桩数的 0.3%，且每项单体工程不得少于 3 个。

4 对消除湿陷性的工程，除应检测上述内容外，尚应进行现场浸水静载荷试验，试验方法应符合现行国家标准《湿陷性黄土地区建筑规范》GB 50025 的规定。

5 承载力检验应在成桩后 14d~28d 后进行，检测数量不应少于总桩数的 1%，且每项单体工程复合地基静载荷试验不应少于 3 点。

7.5.5 竣工验收时，灰土挤密桩、土挤密桩复合地基的承载力检验应采用复合地基静载荷试验。

7.6 夯实水泥土桩复合地基

7.6.1 夯实水泥土桩复合地基处理应符合下列规定：

1 适用于处理地下水位以上的粉土、黏性土、素填土和杂填土等地基，处理地基的深度不宜大于 15m；

2 岩土工程勘察应查明土层厚度、含水量、有机质含量等；

3 对重要工程或在缺乏经验的地区，施工前应按设计要求，选择地质条件有代表性的地段进行试验性施工。

7.6.2 夯实水泥土桩复合地基设计应符合下列规定：

1 夯实水泥土桩宜在建筑物基础范围内布置；基础边缘距离最外一排桩中心的距离不宜小于 1.0 倍桩径；

2 桩长的确定：当相对硬土层埋藏较浅时，应按相对硬土层的埋藏深度确定；当相对硬土层的埋藏较深时，可按建筑物地基的变形允许值确定；

3 桩孔直径宜为 300mm~600mm；桩孔宜按等边三角形或方形布置，桩间距可为桩孔直径的（2~4）倍；

4 桩孔内的填料，应根据工程要求进行配比试验，并应符合本规范第 7.1.6 条的规定；水泥与土的体积配合比宜为 1:5~1:8；

5 孔内填料应分层回填夯实，填料的平均压实系数 $\bar{\lambda}_c$ 不应低于 0.97，压实系数最小值不应低于 0.93；

6 桩顶标高以上应设置厚度为 100mm~300mm 的褥垫层；垫层材料可采用粗砂、中砂或碎石等，垫层材料最大粒径不宜大于 20mm；褥垫层的夯填度不应大于 0.9；

7 复合地基承载力特征值应按本规范第 7.1.5 条规定确定；初步设计时可按公式（7.1.5-2）进行估算；桩间土承载力发挥系数 β 可取 0.9~1.0；单桩承载力发挥系数 λ 可取 1.0；

8 复合地基的变形计算应符合本规范第7.1.7条和第7.1.8条的有关规定。

7.6.3 夯实水泥土桩施工应符合下列规定:

1 成孔应根据设计要求、成孔设备、现场土质和周围环境等,选用钻孔、洛阳铲成孔等方法。当采用人工洛阳铲成孔工艺时,处理深度不宜大于6.0m。

2 桩顶设计标高以上的预留覆盖土层厚度不宜小于0.3m。

3 成孔和孔内回填夯实应符合下列规定:

1) 宜选用机械成孔和夯实;

2) 向孔内填料前,孔底应夯实;分层夯填时,夯锤落距和填料厚度应满足夯填密实度的要求;

3) 土料有机质含量不应大于5%,且不得含有冻土和膨胀土,混合料含水量应满足最优含水量要求,允许偏差应为±2%,土料和水泥应拌合均匀;

4) 成孔经检验合格后,按设计要求,向孔内分层填入拌合好的水泥土,并应分层夯实至设计标高。

4 铺设垫层前,应按设计要求将桩顶标高以上的预留土层挖除。垫层施工应避免扰动基底土层。

5 施工过程中,应有专人监理成孔及回填夯实的质量,并应做好施工记录。如发现地基土质与勘察资料不符,应立即停止施工,待查明情况或采取有效措施处理后,方可继续施工。

6 雨期或冬期施工,应采取防雨或防冻措施,防止填料受雨水淋湿或冻结。

7.6.4 夯实水泥土桩复合地基质量检验应符合下列规定:

1 成桩后,应及时抽样检验水泥土桩的质量;

2 夯填桩体的干密度质量检验应随机抽样检测,抽检的数量不应少于总桩数的2%;

3 复合地基静载荷试验和单桩静载荷试验检验数量不应少于桩总数的1%,且每项单体工程复合地基静载荷试验检验数量不应少于3点。

7.6.5 竣工验收时,夯实水泥土桩复合地基承载力检验应采用单桩复合地基静载荷试验和单桩静载荷试验;对重要或大型工程,尚应进行多桩复合地基静载荷试验。

7.7 水泥粉煤灰碎石桩复合地基

7.7.1 水泥粉煤灰碎石桩复合地基适用于处理黏性土、粉土、砂土和自重固结已完成的素填土地基。对淤泥质土应按地区经验或通过现场试验确定其适用性。

7.7.2 水泥粉煤灰碎石桩复合地基设计应符合下列规定:

1 水泥粉煤灰碎石桩,应选择承载力和压缩模量相对较高的土层作为桩端持力层。

2 桩径:长螺旋钻中心压灌、干成孔和振动沉管成桩宜为350mm～600mm;泥浆护壁钻孔成桩宜为600mm～800mm;钢筋混凝土预制桩宜为300mm～600mm。

3 桩间距应根据基础形式、设计要求的复合地基承载力和变形、土性及施工工艺确定:

1) 采用非挤土成桩工艺和部分挤土成桩工艺,桩间距宜为(3～5)倍桩径;

2) 采用挤土成桩工艺和墙下条形基础单排布桩的桩间距宜为(3～6)倍桩径;

3) 桩长范围内有饱和粉土、粉细砂、淤泥、淤泥质土层,采用长螺旋钻中心压灌成桩施工中可能发生窜孔时宜采用较大桩距。

4 桩顶和基础之间应设置褥垫层,褥垫层厚度宜为桩径的40%～60%。褥垫材料宜采用中砂、粗砂、级配砂石和碎石等,最大粒径不宜大于30mm。

5 水泥粉煤灰碎石桩可只在基础范围内布桩,并可根据建筑物荷载分布、基础形式和地基土性状,合理确定布桩参数:

1) 内筒外框结构内筒部位可采用减小桩距、增大桩长或桩径布桩;

2) 对相邻柱荷载水平相差较大的独立基础,应按变形控制确定桩长和桩距;

3) 筏板厚度与跨距之比小于1/6的平板式筏基、梁的高跨比大于1/6且板的厚跨比(筏板厚度与梁的中心距之比)小于1/6的梁板式筏基,应在柱(平板式筏基)和梁(梁板式筏基)边缘每边外扩2.5倍板厚的面积范围内布桩;

4) 对荷载水平不高的墙下条形基础可采用墙下单排布桩。

6 复合地基承载力特征值应按本规范第7.1.5条规定确定。初步设计时,可按式(7.1.5-2)估算,其中单桩承载力发挥系数λ和桩间土承载力发挥系数β应按地区经验取值,无经验时λ可取0.8～0.9;β可取0.9～1.0;处理后桩间土的承载力特征值f_{sk},对非挤土成桩工艺,可取天然地基承载力特征值,对挤土成桩工艺,一般黏性土可取天然地基承载力特征值;松散砂土、粉土可取天然地基承载力特征值的(1.2～1.5)倍,原土强度低的取大值。按式(7.1.5-3)估算单桩承载力时,桩端端阻力发挥系数α_p可取1.0;桩身强度应满足本规范第7.1.6条的规定。

7 处理后的地基变形计算应符合本规范第7.1.7条和第7.1.8条的规定。

7.7.3 水泥粉煤灰碎石桩施工应符合下列规定:

1 可选用下列施工工艺:

1) 长螺旋钻孔灌注成桩:适用于地下水位以上的黏性土、粉土、素填土、中等密实以上的砂土地基；

2）长螺旋钻中心压灌成桩：适用于黏性土、粉土、砂土和素填土地基，对噪声或泥浆污染要求严格的场地可优先选用；穿越卵石夹层时应通过试验确定适用性；

3）振动沉管灌注成桩：适用于粉土、黏性土及素填土地基；挤土造成地面隆起量大时，应采用较大桩距施工；

4）泥浆护壁成孔灌注成桩，适用于地下水位以下的黏性土、粉土、砂土、填土、碎石土及风化岩层等地基；桩长范围和桩端有承压水的土层应通过试验确定其适应性。

2 长螺旋钻中心压灌成桩施工和振动沉管灌注成桩施工应符合下列规定：

1）施工前，应按设计要求在试验室进行配合比试验；施工时，按配合比配制混合料；长螺旋钻中心压灌成桩施工的坍落度宜为160mm～200mm，振动沉管灌注成桩施工的坍落度宜为30mm～50mm；振动沉管灌注成桩后桩顶浮浆厚度不宜超过200mm；

2）长螺旋钻中心压灌成桩施工钻至设计深度后，应控制提拔钻杆时间，混合料泵送量应与拔管速度相配合，不得在饱和砂土或饱和粉土层内停泵待料；沉管灌注成桩施工拔管速度宜为 1.2m/min～1.5m/min，如遇淤泥质土，拔管速度应适当减慢；当遇有松散饱和粉土、粉细砂或淤泥质土，当桩距较小时，宜采取隔桩跳打措施；

3）施工桩顶标高宜高出设计桩顶标高不少于0.5m；当施工作业面高出桩顶设计标高较大时，宜增加混凝土灌注量；

4）成桩过程中，应抽样做混合料试块，每台机械每台班不应少于一组。

3 冬期施工时，混合料入孔温度不得低于5℃，对桩头和桩间土应采取保温措施；

4 清土和截桩时，应采用小型机械或人工剔除等措施，不得造成桩顶标高以下桩身断裂或桩间土扰动；

5 褥垫层铺设宜采用静力压实法，当基础底面下桩间土的含水量较低时，也可采用动力夯实法，夯填度不应大于0.9；

6 泥浆护壁成孔灌注成桩和锤击、静压预制桩施工，应符合现行行业标准《建筑桩基技术规范》JGJ 94 的规定。

7.7.4 水泥粉煤灰碎石桩复合地基质量检验应符合下列规定：

1 施工质量检验应检查施工记录、混合料坍落度、桩数、桩位偏差、褥垫层厚度、夯填度和桩体试块抗压强度等；

2 竣工验收时，水泥粉煤灰碎石桩复合地基承载力检验应采用复合地基静载荷试验和单桩静载荷试验；

3 承载力检验宜在施工结束 28d 后进行，其桩身强度应满足试验荷载条件；复合地基静载荷试验和单桩静载荷试验的数量不应少于总桩数的 1%，且每个单体工程的复合地基静载荷试验的试验数量不应少于 3 点；

4 采用低应变动力试验检测桩身完整性，检查数量不低于总桩数的 10%。

7.8 柱锤冲扩桩复合地基

7.8.1 柱锤冲扩桩复合地基适用于处理地下水位以上的杂填土、粉土、黏性土、素填土和黄土等地基；对地下水位以下饱和土层处理，应通过现场试验确定其适用性。

7.8.2 柱锤冲扩桩处理地基的深度不宜超过 10m。

7.8.3 对大型的、重要的或场地复杂的工程，在正式施工前，应在有代表性的场地进行试验。

7.8.4 柱锤冲扩桩复合地基设计应符合下列规定：

1 处理范围应大于基底面积。对一般地基，在基础外缘应扩大（1～3）排桩，且不应小于基底下处理土层厚度的 1/2；对可液化地基，在基础外缘扩大的宽度，不应小于基底下可液化土层厚度的 1/2，且不应小于 5m；

2 桩位布置宜为正方形和等边三角形，桩距宜为 1.2m～2.5m 或取桩径的（2～3）倍；

3 桩径宜为 500mm～800mm，桩孔内填料量应通过现场试验确定；

4 地基处理深度：对相对硬土层埋藏较浅地基，应达到相对硬土层深度；对相对硬土层埋藏较深地基，应按下卧层地基承载力及建筑物地基的变形允许值确定；对可液化地基，应按现行国家标准《建筑抗震设计规范》GB 50011 的有关规定确定；

5 桩顶部应铺设 200mm～300mm 厚砂石垫层，垫层的夯填度不应大于 0.9；对湿陷性黄土，垫层材料应采用灰土，满足本规范第 7.5.2 条第 8 款的规定。

6 桩体材料可采用碎砖三合土、级配砂石、矿渣、灰土、水泥混合土等，当采用碎砖三合土时，其体积比可采用生石灰：碎砖：黏性土为 1：2：4，当采用其他材料时，应通过试验确定其适用性和配合比；

7 承载力特征值应通过现场复合地基静载荷试验确定；初步设计时，可按式（7.1.5-1）估算，置换率 m 宜取 0.2～0.5；桩土应力比 n 应通过试验确定或按地区经验确定；无经验值时，可取 2～4；

8 处理后地基变形计算应符合本规范第 7.1.7 条和第 7.1.8 条的规定；

9 当柱锤冲扩桩处理深度以下存在软弱下卧层时，应按现行国家标准《建筑地基基础设计规范》GB 50007 的有关规定进行软弱下卧层地基承载力验算。

7.8.5 柱锤冲扩桩施工应符合下列规定：

1 宜采用直径 300mm～500mm、长度 2m～6m、质量 2t～10t 的柱状锤进行施工。

2 起重机具可用起重机、多功能冲扩桩机或其他专用机具设备。

3 柱锤冲扩桩复合地基施工可按下列步骤进行：

1）清理平整施工场地，布置桩位。

2）施工机具就位，使柱锤对准桩位。

3）柱锤冲孔：根据土质及地下水情况可分别采用下列三种成孔方式：

　① 冲击成孔：将柱锤提升一定高度，自由下落冲击土层，如此反复冲击，接近设计成孔深度时，可在孔内填少量粗骨料继续冲击，直到孔底被夯密实；

　② 填料冲击成孔：成孔时出现缩颈或塌孔时，可分次填入碎砖和生石灰块，边冲击边将填料挤入孔壁及孔底，当孔底接近设计成孔深度时，夯入部分碎砖挤密桩端土；

　③ 复打成孔：当塌孔严重难以成孔时，可提锤反复冲击至设计孔深，然后分次填入碎砖和生石灰块，待孔内生石灰吸水膨胀、桩间土性质有所改善后，再进行二次冲击复打成孔。

当采用上述方法仍难以成孔时，也可以采用套管成孔，即用柱锤边冲孔边将套管压入土中，直至桩底设计标高。

4）成桩：用料斗或运料车将拌合好的填料分层填入桩孔夯实。当采用套管成孔时，边分层填料夯实，边将套管拔出。锤的质量、锤长、落距、分层填料量、分层夯填度、夯击次数和总填料量等，应根据试验或按当地经验确定。每个桩孔应夯填至桩顶设计标高以上至少 0.5m，其上部桩孔宜用原地基土夯封。

5）施工机具移位，重复上述步骤进行下一根桩施工。

4 成孔和填料夯实的施工顺序，宜间隔跳打。

7.8.6 基槽开挖后，应晾槽拍底或振动压路机碾压后，再铺设垫层并压实。

7.8.7 柱锤冲扩桩复合地基的质量检验应符合下列规定：

1 施工过程中应随时检查施工记录及现场施工情况，并对照预定的施工工艺标准，对每根桩进行质量评定；

2 施工结束后 7d～14d，可采用重型动力触探或标准贯入试验对桩身及桩间土进行抽样检验，检验数量不应少于冲扩桩总数的 2%，每个单体工程桩身及桩间土总检验点数均不应少于 6 点；

3 竣工验收时，柱锤冲扩桩复合地基承载力检验应采用复合地基静载荷试验；

4 承载力检验数量不应少于总桩数的 1%，且每个单体工程复合地基静载荷试验不应少于 3 点；

5 静载荷试验应在成桩 14d 后进行；

6 基槽开挖后，应检查桩位、桩径、桩数、桩顶密实度及槽底土质情况。如发现漏桩、桩位偏差过大、桩头及槽底土质松软等质量问题，应采取补救措施。

7.9　多桩型复合地基

7.9.1 多桩型复合地基适用于处理不同深度存在相对硬层的正常固结土，或浅层存在欠固结土、湿陷性黄土、可液化土等特殊土，以及地基承载力和变形要求较高的地基。

7.9.2 多桩型复合地基的设计应符合下列原则：

1 桩型及施工工艺的确定，应考虑土层情况、承载力与变形控制要求、经济性和环境要求等综合因素；

2 对复合地基承载力贡献较大或用于控制复合土层变形的长桩，应选择相对较好的持力层；对处理欠固结土的增强体，其桩长应穿越欠固结土层；对消除湿陷性土的增强体，其桩长宜穿过湿陷性土层；对处理液化土的增强体，其桩长宜穿过可液化土层；

3 如浅部存在有较好持力层的正常固结土，可采用长桩与短桩的组合方案；

4 对浅部存在软土或欠固结土，宜先采用预压、压实、夯实、挤密方法或低强度桩复合地基等处理浅层地基，再采用桩身强度相对较高的长桩进行地基处理；

5 对湿陷性黄土应按现行国家标准《湿陷性黄土地区建筑规范》GB 50025 的规定，采用压实、夯实或土桩、灰土桩等处理湿陷性，再采用桩身强度相对较高的长桩进行地基处理；

6 对可液化地基，可采用碎石桩等方法处理液化土层，再采用有粘结强度桩进行地基处理。

7.9.3 多桩型复合地基单桩承载力应由静载荷试验确定，初步设计可按本规范第 7.1.6 条规定估算；对施工扰动敏感的土层，应考虑后施工桩对已施工桩的影响，单桩承载力予以折减。

7.9.4 多桩型复合地基的布桩宜采用正方形或三角形间隔布置，刚性桩宜在基础范围内布桩，其他增强体布桩应满足液化土地基和湿陷性黄土地基对不同性质土质处理范围的要求。

7.9.5 多桩型复合地基垫层设置，对刚性长、短桩复合地基宜选择砂石垫层，垫层厚度宜取对复合地基承载力贡献大的增强体直径的1/2；对刚性桩与其他材料增强体桩组合的复合地基，垫层厚度宜取刚性桩直径的1/2；对湿陷性的黄土地基，垫层材料应采用灰土，垫层厚度宜为300mm。

7.9.6 多桩型复合地基承载力特征值，应采用多桩复合地基静载荷试验确定，初步设计时，可采用下列公式估算：

1 对具有粘结强度的两种桩组合形成的多桩型复合地基承载力特征值：

$$f_{spk} = m_1 \frac{\lambda_1 R_{a1}}{A_{p1}} + m_2 \frac{\lambda_2 R_{a2}}{A_{p2}} + \beta(1 - m_1 - m_2) f_{sk}$$

$$(7.9.6-1)$$

式中：m_1、m_2——分别为桩1、桩2的面积置换率；

λ_1、λ_2——分别为桩1、桩2的单桩承载力发挥系数；应由单桩复合地基试验按等变形准则或多桩复合地基静载荷试验确定，有地区经验时也可按地区经验确定；

R_{a1}、R_{a2}——分别为桩1、桩2的单桩承载力特征值（kN）；

A_{p1}、A_{p2}——分别为桩1、桩2的截面面积（m^2）；

β——桩间土承载力发挥系数；无经验时可取0.9~1.0；

f_{sk}——处理后复合地基桩间土承载力特征值（kPa）。

2 对具有粘结强度的桩与散体材料桩组合形成的复合地基承载力特征值：

$$f_{spk} = m_1 \frac{\lambda_1 R_{a1}}{A_{p1}} + \beta[1 - m_1 + m_2(n-1)] f_{sk}$$

$$(7.9.6-2)$$

式中：β——仅由散体材料桩加固处理形成的复合地基承载力发挥系数；

n——仅由散体材料桩加固处理形成复合地基的桩土应力比；

f_{sk}——仅由散体材料桩加固处理后桩间土承载力特征值（kPa）。

7.9.7 多桩型复合地基面积置换率，应根据基础面积与该面积范围内实际的布桩数量进行计算，当基础面积较大或条形基础较长时，可用单元面积置换率替代。

1 当按图7.9.7（a）矩形布桩时，$m_1 = \dfrac{A_{p1}}{2 s_1 s_2}$，$m_2 = \dfrac{A_{p2}}{2 s_1 s_2}$；

2 当按图7.9.7（b）三角形布桩且 $s_1 = s_2$ 时，$m_1 = \dfrac{A_{p1}}{2 s_1^2}$，$m_2 = \dfrac{A_{p2}}{2 s_1^2}$。

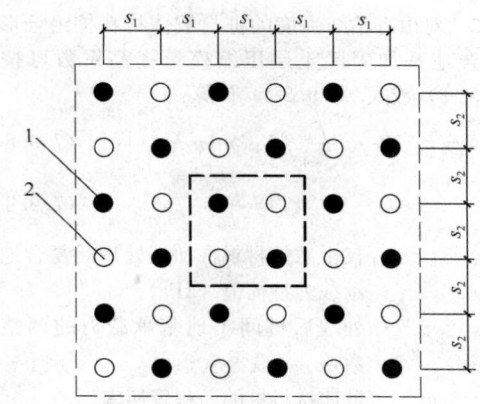

图7.9.7（a） 多桩型复合地基矩形布
桩单元面积计算模型
1—桩1；2—桩2

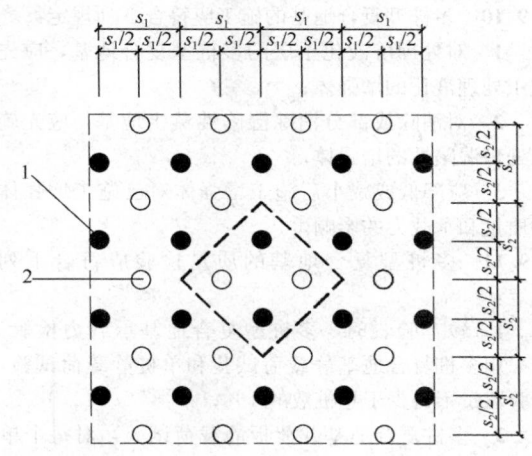

图7.9.7（b） 多桩型复合地基三角形布
桩单元面积计算模型
1—桩1；2—桩2

7.9.8 多桩型复合地基变形计算可按本规范第7.1.7条和第7.1.8条的规定，复合土层的压缩模量可按下列公式计算：

1 有粘结强度增强体的长短桩复合加固区、仅长桩加固区土层压缩模量提高系数分别按下列公式计算：

$$\zeta_1 = \frac{f_{spk}}{f_{ak}} \qquad (7.9.8-1)$$

$$\zeta_2 = \frac{f_{spk1}}{f_{ak}} \qquad (7.9.8-2)$$

式中：f_{spk1}、f_{spk}——分别为仅由长桩处理形成复合地基承载力特征值和长短桩复合地基承载力特征值（kPa）；

ζ_1、ζ_2——分别为长短桩复合地基加固土层压缩模量提高系数和仅由长桩处理形成复合地基加固土层压缩模量提高系数。

2 对由有粘结强度的桩与散体材料桩组合形成的复合地基加固区土层压缩模量提高系数可按式（7.9.8-3）或式（7.9.8-4）计算：

$$\zeta_1 = \frac{f_{spk}}{f_{spk2}}[1+m(n-1)]\alpha \qquad (7.9.8-3)$$

$$\zeta_1 = \frac{f_{spk}}{f_{ak}} \qquad (7.9.8-4)$$

式中：f_{spk2}——仅由散体材料桩加固处理后复合地基承载力特征值（kPa）；

α——处理后桩间土地基承载力的调整系数，$\alpha = f_{sk}/f_{ak}$；

m——散体材料桩的面积置换率。

7.9.9 复合地基变形计算深度应大于复合地基土层的厚度，且应满足现行国家标准《建筑地基基础设计规范》GB 50007 的有关规定。

7.9.10 多桩型复合地基的施工应符合下列规定：

1 对处理可液化土层的多桩型复合地基，应先施工处理液化的增强体；

2 对消除或部分消除湿陷性黄土地基，应先施工处理湿陷性的增强体；

3 应降低或减小后施工增强体对已施工增强体的质量和承载力的影响。

7.9.11 多桩型复合地基的质量检验应符合下列规定：

1 竣工验收时，多桩型复合地基承载力检验，应采用多桩复合地基静载荷试验和单桩静载荷试验，检验数量不得少于总桩数的 1%；

2 多桩复合地基载荷板静载荷试验，对每个单体工程检验数量不得少于 3 点；

3 增强体施工质量检验，对散体材料增强体的检验数量不应少于其总桩数的 2%，对具有粘结强度的增强体，完整性检验数量不应少于其总桩数的 10%。

8 注 浆 加 固

8.1 一 般 规 定

8.1.1 注浆加固适用于建筑地基的局部加固处理，适用于砂土、粉土、黏性土和人工填土等地基加固。加固材料可选用水泥浆液、硅化浆液和碱液等固化剂。

8.1.2 注浆加固设计前，应进行室内浆液配比试验和现场注浆试验，确定设计参数，检验施工方法和设备。

8.1.3 注浆加固应保证加固地基在平面和深度连成一体，满足土体渗透性、地基土的强度和变形的设计要求。

8.1.4 注浆加固后的地基变形计算应按现行国家标准《建筑地基基础设计规范》GB 50007 的有关规定进行。

8.1.5 对地基承载力和变形有特殊要求的建筑地基，注浆加固宜与其他地基处理方法联合使用。

8.2 设 计

8.2.1 水泥为主剂的注浆加固设计应符合下列规定：

1 对软弱地基土处理，可选用以水泥为主剂的浆液及水泥和水玻璃的双液型混合浆液；对有地下水流动的软弱地基，不应采用单液水泥浆液。

2 注浆孔间距宜取 1.0m～2.0m。

3 在砂土地基中，浆液的初凝时间宜为 5min～20min；在黏性土地基中，浆液的初凝时间宜为（1～2）h。

4 注浆量和注浆有效范围，应通过现场注浆试验确定；在黏性土地基中，浆液注入率宜为 15%～20%；注浆点上覆土层厚度应大于 2m。

5 对劈裂注浆的注浆压力，在砂土中，宜为 0.2MPa～0.5MPa；在黏性土中，宜为 0.2MPa～0.3MPa。对压密注浆，当采用水泥砂浆浆液时，坍落度宜为 25mm～75mm，注浆压力宜为 1.0MPa～7.0MPa。当采用水泥水玻璃双液快凝浆液时，注浆压力不应大于 1.0MPa。

6 对人工填土地基，应采用多次注浆，间隔时间应按浆液的初凝试验结果确定，且不应大于 4h。

8.2.2 硅化浆液注浆加固设计应符合下列规定：

1 砂土、黏性土宜采用压力双液硅化注浆；渗透系数为（0.1～2.0）m/d 的地下水位以上的湿陷性黄土，可采用无压或压力单液硅化注浆；自重湿陷性黄土宜采用无压单液硅化注浆；

2 防渗注浆加固用的水玻璃模数不宜小于 2.2，用于地基加固的水玻璃模数宜为 2.5～3.3，且不溶于水的杂质含量不应超过 2%；

3 双液硅化注浆用的氧化钙溶液中的杂质含量不得超过 0.06%，悬浮颗粒含量不得超过 1%，溶液的 pH 值不得小于 5.5；

4 硅化注浆的加固半径应根据孔隙比、浆液黏度、凝固时间、灌浆速度、灌浆压力和灌浆量等试验确定；无试验资料时，对粗砂、中砂、细砂、粉砂和黄土可按表 8.2.2 确定；

表 8.2.2 硅化法注浆加固半径

土的类型及加固方法	渗透系数 （m/d）	加固半径 （m）
粗砂、中砂、细砂 （双液硅化法）	2～10	0.3～0.4
	10～20	0.4～0.6
	20～50	0.6～0.8
	50～80	0.8～1.0

续表8.2.2

土的类型及加固方法	渗透系数 (m/d)	加固半径 (m)
粉砂（单液硅化法）	0.3～0.5	0.3～0.4
	0.5～1.0	0.4～0.6
	1.0～2.0	0.6～0.8
	2.0～5.0	0.8～1.0
黄土（单液硅化法）	0.1～0.3	0.3～0.4
	0.3～0.5	0.4～0.6
	0.5～1.0	0.6～0.8
	1.0～2.0	0.8～1.0

5 注浆孔的排间距可取加固半径的 1.5 倍；注浆孔的间距可取加固半径的 (1.5～1.7) 倍；最外侧注浆孔位超出基础底面宽度不得小于 0.5m；分层注浆时，加固层厚度可按注浆管带孔部分的长度上下各 25%加固半径计算；

6 单液硅化法应采用浓度为 10%～15%的硅酸钠，并掺入 2.5%氯化钠溶液；加固湿陷性黄土的溶液用量，可按下式估算：

$$Q = V\bar{n}d_{N1}\alpha \qquad (8.2.2-1)$$

式中：Q——硅酸钠溶液的用量（m^3）；

V——拟加固湿陷性黄土的体积（m^3）；

$\bar{n}$——地基加固前，土的平均孔隙率；

d_{N1}——灌注时，硅酸钠溶液的相对密度；

α——溶液填充孔隙的系数，可取 0.60～0.80。

7 当硅酸钠溶液浓度大于加固湿陷性黄土所要求的浓度时，应进行稀释，稀释加水量可按下式估算：

$$Q' = \frac{d_N - d_{N1}}{d_{N1} - 1} \times q \qquad (8.2.2-2)$$

式中：Q'——稀释硅酸钠溶液的加水量（t）；

d_N——稀释前，硅酸钠溶液的相对密度；

q——拟稀释硅酸钠溶液的质量（t）。

8 采用单液硅化法加固湿陷性黄土地基，灌注孔的布置应符合下列规定：

1) 灌注孔间距：压力灌注宜为 0.8m～1.2m；溶液无压力自渗宜为 0.4m～0.6m；

2) 对新建建（构）筑物和设备基础的地基，应在基础底面下按等边三角形满堂布孔，超出基础底面外缘的宽度，每边不得小于 1.0m；

3) 对既有建（构）筑物和设备基础的地基，应沿基础侧向布孔，每侧不宜少于 2 排；

4) 当基础底面宽度大于 3m 时，除应在基础下每侧布置 2 排灌注孔外，可在基础两侧布置斜向基础底面中心以下的灌注孔或在其台阶上布置穿透基础的灌注孔。

8.2.3 碱液注浆加固设计应符合下列规定：

1 碱液注浆加固适用于处理地下水位以上渗透系数为 (0.1～2.0) m/d 的湿陷性黄土地基，对自重湿陷性黄土地基的适应性应通过试验确定；

2 当 100g 干土中可溶性和交换性钙镁离子含量大于 10mg·eq 时，可采用灌注氢氧化钠一种溶液的单液法；其他情况可采用灌注氢氧化钠和氯化钙双液灌注加固；

3 碱液加固地基的深度应根据地基的湿陷类型、地基湿陷等级和湿陷性黄土层厚度，并结合建筑物类别与湿陷事故的严重程度等综合因素确定；加固深度宜为 2m～5m；

1) 对非自重湿陷性黄土地基，加固深度可为基础宽度的 (1.5～2.0) 倍；

2) 对Ⅱ级自重湿陷性黄土地基，加固深度可为基础宽度的 (2.0～3.0) 倍。

4 碱液加固土层的厚度 h，可按下式估算：

$$h = l + r \qquad (8.2.3-1)$$

式中：l——灌注孔长度，从注液管底部到灌注孔底部的距离（m）；

r——有效加固半径（m）。

5 碱液加固地基的半径 r，宜通过现场试验确定。当碱液浓度和温度符合本规范第 8.3.3 条规定时，有效加固半径与碱液灌注量之间，可按下式估算：

$$r = 0.6\sqrt{\frac{V}{nl \times 10^3}} \qquad (8.2.3-2)$$

式中：V——每孔碱液灌注量（L），试验前可根据加固要求达到的有效加固半径按式 (8.2.3-3) 进行估算；

n——拟加固土的天然孔隙率。

r——有效加固半径（m），当无试验条件或工程量较小时，可取 0.4m～0.5m。

6 当采用碱液加固既有建（构）筑物的地基时，灌注孔的平面布置，可沿条形基础两侧或单独基础周边各布置一排。当地基湿陷性较严重时，孔距宜为 0.7m～0.9m；当地基湿陷较轻时，孔距宜为 1.2m～2.5m；

7 每孔碱液灌注量可按下式估算：

$$V = \alpha\beta\pi r^2(l+r)n \qquad (8.2.3-3)$$

式中：α——碱液充填系数，可取 0.6～0.8；

β——工作条件系数，考虑碱液流失影响，可取 1.1。

8.3 施 工

8.3.1 水泥为主剂的注浆施工应符合下列规定：

1 施工场地应预先平整，并沿钻孔位置开挖沟槽和集水坑；

2 注浆施工时，宜采用自动流量和压力记录仪，并应及时进行数据整理分析。

3 注浆孔的孔径宜为 70mm～110mm，垂直度允许偏差应为±1%。

4 花管注浆法施工可按下列步骤进行：

1）钻机与注浆设备就位；

2）钻孔或采用振动法将花管置入土层；

3）当采用钻孔法时，应从钻杆内注入封闭泥浆，然后插入孔径为 50mm 的金属花管；

4）待封闭泥浆凝固后，移动花管自下而上或自上而下进行注浆。

5 压密注浆施工可按下列步骤进行：

1）钻机与注浆设备就位；

2）钻孔或采用振动法将金属注浆管压入土层；

3）当采用钻孔法时，应从钻杆内注入封闭泥浆，然后插入孔径为 50mm 的金属注浆管；

4）待封闭泥浆凝固后，捅去注浆管的活络堵头，提升注浆管自下而上或自上而下进行注浆。

6 浆液黏度应为 80s～90s，封闭泥浆 7d 后 70.7mm×70.7mm×70.7mm 立方体试块的抗压强度应为 0.3MPa～0.5MPa。

7 浆液宜用普通硅酸盐水泥。注浆时可部分掺用粉煤灰，掺入量可为水泥重量的 20%～50%。根据工程需要，可在浆液拌制时加入速凝剂、减水剂和防析水剂。

8 注浆用水 pH 值不得小于 4。

9 水泥浆的水灰比可取 0.6～2.0，常用的水灰比为 1.0。

10 注浆的流量可取（7～10）L/min，对充填型注浆，流量不宜大于 20L/min。

11 当用花管注浆和带有活堵头的金属管注浆时，每次上拔或下钻高度宜为 0.5m。

12 浆体应经过搅拌机充分搅拌均匀后，方可压注，注浆过程中应不停缓慢搅拌，搅拌时间应小于浆液初凝时间。浆液在泵送前应经过筛网过滤。

13 水温不得超过 30℃～35℃，盛浆桶和注浆管路在注浆体静止状态不得暴露于阳光下，防止浆液凝固；当日平均温度低于 5℃或最低温度低于－3℃的条件下注浆时，应采取措施防止浆液冻结。

14 应采用跳孔间隔注浆，且先外围后中间的注浆顺序。当地下水流速较大时，应从水头高的一端开始注浆。

15 对渗透系相同的土层，应先注浆封顶，后由下而上进行注浆，防止浆液上冒。如土层的渗透系数随深度而增大，则应自下而上注浆。对互层地层，应先对渗透性或孔隙率大的地层进行注浆。

16 当既有建筑地基进行注浆加固时，应对既有建筑及其邻近建筑、地下管线和地面的沉降、倾斜、位移和裂缝进行监测。并应采用多孔间隔注浆和缩短浆液凝固时间等措施，减少既有建筑基础因注浆而产生的附加沉降。

8.3.2 硅化浆液注浆施工应符合下列规定：

1 压力灌浆溶液的施工步骤应符合下列规定：

1）向土中打入灌注管和灌注溶液，应自基础底面标高起向下分层进行，达到设计深度后，应将管拔出，清洗干净方可继续使用；

2）加固既有建筑物地基时，应采用沿基础侧向先外排，后内排的施工顺序；

3）灌注溶液的压力值由小逐渐增大，最大压力不宜超过 200kPa。

2 溶液自渗的施工步骤，应符合下列规定：

1）在基础侧向，将设计布置的灌注孔分批或全部打入或钻至设计深度；

2）将配好的硅酸钠溶液满注灌注孔，溶液面宜高出基础底面标高 0.50m，使溶液自行渗入土中；

3）在溶液自渗过程中，每隔 2h～3h，向孔内添加一次溶液，防止孔内溶液渗干。

3 待溶液量全部注入土中后，注浆孔宜用体积比为 2:8 灰土分层回填夯实。

8.3.3 碱液注浆施工应符合下列规定：

1 灌注孔可用洛阳铲、螺旋钻成孔或用带有尖端的钢管打入土中成孔，孔径宜为 60mm～100mm，孔中应填入粒径为 20mm～40mm 的石子到注液管下端标高处，再将内径 20mm 的注液管插入孔中，管底以上 300mm 高度内应填入粒径为 2mm～5mm 的石子，上部宜用体积比为 2:8 灰土填入夯实。

2 碱液可用固体烧碱或液体烧碱配制，每加固 1m³ 黄土宜用氢氧化钠溶液 35kg～45kg。碱液浓度不应低于 90g/L；双液加固时，氯化钙溶液的浓度为 50 g/L～80g/L。

3 配溶液时，应先放水，而后徐徐放入碱块或浓碱液。溶液加碱量可按下列公式计算：

1）采用固体烧碱配制每 1m³ 浓度为 M 的碱液时，每 1m³ 水中的加碱量应符合下式规定：

$$G_s = \frac{1000M}{P} \qquad (8.3.3-1)$$

式中：G_s ——每 1m³ 碱液中投入的固体烧碱量（g）；

M ——配制碱液的浓度（g/L）；

P —— 固体烧碱中，NaOH 含量的百分数（%）。

2）采用液体烧碱配制每 1m³ 浓度为 M 的碱液时，投入的液体烧碱体积 V_1 和加水量 V_2 应符合下列公式规定：

$$V_1 = 1000 \frac{M}{d_N N} \qquad (8.3.3-2)$$

$$V_2 = 1000 \left(1 - \frac{M}{d_N N}\right) \qquad (8.3.3-3)$$

式中：V_1——液体烧碱体积（L）；

V_2——加水的体积（L）；

d_N——液体烧碱的相对密度；

N——液体烧碱的质量分数。

4 应将桶内碱液加热到 90℃ 以上方能进行灌注，灌注过程中，桶内溶液温度不应低于 80℃。

5 灌注碱液的速度，宜为（2～5）L/min。

6 碱液加固施工，应合理安排灌注顺序和控制灌注速率。宜采用隔（1～2）孔灌注，分段施工，相邻两孔灌注的间隔时间不宜少于 3d。同时灌注的两孔间距不应小于 3m。

7 当采用双液加固时，应先灌注氢氧化钠溶液，待间隔8h～12h后，再灌注氯化钙溶液，氯化钙溶液用量宜为氢氧化钠溶液用量的 1/2～1/4。

8.4 质量检验

8.4.1 水泥为主剂的注浆加固质量检验应符合下列规定：

1 注浆检验应在注浆结束 28d 后进行。可选用标准贯入、轻型动力触探、静力触探或面波等方法进行加固地层均匀性检测。

2 按加固土体深度范围每间隔 1m 取样进行室内试验，测定土体压缩性、强度或渗透性。

3 注浆检验点不应少于注浆孔数的 2%～5%。检验点合格率小于 80% 时，应对不合格的注浆区实施重复注浆。

8.4.2 硅化注浆加固质量检验应符合下列规定：

1 硅酸钠溶液灌注完毕，应在 7d～10d 后，对加固的地基土进行检验；

2 应采用动力触探或其他原位测试检验加固地基的均匀性；

3 工程设计对土的压缩性和湿陷性有要求时，尚应在加固土的全部深度内，每隔 1m 取土样进行室内试验，测定其压缩性和湿陷性；

4 检验数量不应少于注浆孔数的 2%～5%。

8.4.3 碱液加固质量检验应符合下列规定：

1 碱液加固施工应做好施工记录，检查碱液浓度及每孔注入量是否符合设计要求。

2 开挖或钻孔取样，对加固土体进行无侧限抗压强度试验和水稳性试验。取样部位应在加固土体中部，试块数不少于 3 个，28d 龄期的无侧限抗压强度平均值不得低于设计值的 90%。将试块浸泡在自来水中，无崩解。当需要查明加固土体的外形和整体性时，可对有代表性加固土体进行开挖，量测其有效加固半径和加固深度。

3 检验数量不应少于注浆孔数的 2%～5%。

8.4.4 **注浆加固处理后地基的承载力应进行静载荷试验检验。**

8.4.5 静载荷试验应按附录 A 的规定进行，每个单体建筑的检验数量不应少于 3 点。

9 微型桩加固

9.1 一般规定

9.1.1 微型桩加固适用于既有建筑地基加固或新建建筑的地基处理。微型桩按桩型和施工工艺，可分为树根桩、预制桩和注浆钢管桩等。

9.1.2 微型桩加固后的地基，当桩与承台整体连接时，可按桩基础设计；桩与基础不整体连接时，可按复合地基设计。按桩基设计时，桩顶与基础的连接应符合现行行业标准《建筑桩基技术规范》JGJ 94 的有关规定；按复合地基设计时，应符合本规范第 7 章的有关规定，褥垫层厚度宜为 100mm～150mm。

9.1.3 既有建筑地基基础采用微型桩加固补强，应符合现行行业标准《既有建筑地基基础加固技术规范》JGJ 123 的有关规定。

9.1.4 根据环境的腐蚀性、微型桩的类型、荷载类型（受拉或受压）、钢材的品种及设计使用年限，微型桩中钢构件或钢筋的防腐构造应符合耐久性设计的要求。钢构件或预制桩钢筋保护层厚度不应小于 25mm，钢管砂浆保护层厚度不应小于 35mm，混凝土灌注桩钢筋保护层厚度不应小于 50mm；

9.1.5 软土地基微型桩的设计施工应符合下列规定：

1 应选择较好的土层作为桩端持力层，进入持力层深度不宜小于 5 倍的桩径或边长；

2 对不排水抗剪强度小于 10kPa 的土层，应进行试验性施工；并应采用护筒或永久套管包裹水泥浆、砂浆或混凝土；

3 应采取间隔施工、控制注浆压力和速度等措施，减小微型桩施工期间的地基附加变形，控制基础不均匀沉降及总沉降量；

4 在成孔、注浆或压桩施工过程中，应监测相邻建筑和边坡的变形。

9.2 树根桩

9.2.1 树根桩适用于淤泥、淤泥质土、黏性土、粉土、砂土、碎石土及人工填土等地基处理。

9.2.2 树根桩加固设计应符合下列规定：

1 树根桩的直径宜为 150mm～300mm，桩长不宜超过 30m，对新建建筑宜采用直桩型或斜桩网状布置。

2 树根桩的单桩竖向承载力应通过单桩静载荷试验确定。当无试验资料时，可按本规范式（7.1.5-3）估算。当采用水泥浆二次注浆工艺时，桩侧阻力可乘 1.2～1.4 的系数。

3 桩身材料混凝土强度不应小于 C25，灌注材料可用水泥浆、水泥砂浆、细石混凝土或其他灌浆料，也可用碎石或细石充填再灌注水泥浆或水泥砂浆。

4 树根桩主筋不应少于 3 根，钢筋直径不应小于 12mm，且宜通长配筋。

5 对高渗透性土体或存在地下洞室可能导致的胶凝材料流失，以及施工和使用过程中可能出现桩孔变形与移位，造成微型桩的失稳与扭曲时，应采取土层加固等技术措施。

9.2.3 树根桩施工应符合下列规定：

1 桩位允许偏差宜为±20mm；桩身垂直度允许偏差应为±1%。

2 钻机成孔可采用天然泥浆护壁，遇粉细砂层易塌孔时应加套管。

3 树根桩钢筋笼宜整根吊放。分节吊放时，钢筋搭接焊缝长度双面焊不得小于 5 倍钢筋直径，单面焊不得小于 10 倍钢筋直径，施工时，应缩短吊放和焊接时间；钢筋笼应采用悬挂或支撑的方法，确保灌浆或浇注混凝土时的位置和高度。在斜桩中组装钢筋笼时，应采用可靠的支撑和定位方法。

4 灌注施工时，应采用间隔施工、间歇施工或添加速凝剂等措施，以防止相邻桩孔移位和窜孔。

5 当地下水流速较大可能导致水泥浆、砂浆或混凝土流失影响灌注质量时，应采用永久套管、护筒或其他保护措施。

6 在风化或有裂隙发育的岩层中灌注水泥浆时，为避免水泥浆向周围岩体的流失，应进行桩孔测试和预灌浆。

7 当通过水下浇注管或带孔钻杆或管状承重构件进行浇注混凝土或水泥砂浆时，水下浇注管或带孔钻杆的末端应埋入泥浆中。浇注过程应连续进行，直到顶端溢出浆体的黏稠度与注入浆体一致时为止。

8 通过临时套管灌注水泥浆时，钢筋的放置应在临时套管拔出之前完成，套管拔出过程中应每隔 2m 施加灌浆压力。采用管材作为承重构件时，可通过其底部进行灌浆。

9 当采用碎石或细石充填再注浆工艺时，填料应经清洗，投入量不应小于计算桩孔体积的 0.9 倍，填灌时应同时用注浆管注水清孔。一次注浆时，注浆压力宜为 0.3MPa～1.0MPa，由孔底使浆液逐渐上升，直至浆液溢出孔口再停止注浆。第一次注浆浆液初凝时，方可进行二次及多次注浆，二次注浆水泥浆压力宜为 2MPa～4MPa。灌浆过程结束后，灌浆管中应充满水泥浆并维持灌浆压力一定时间。拔除注浆管后应立即在桩顶填充碎石，并在 1m～2m 范围内补充注浆。

9.2.4 树根桩采用的灌注材料应符合下列规定：

1 具有较好的和易性、可塑性、黏聚性、流动性和自密实性；

2 当采用管送或泵送混凝土或砂浆时，应选用

圆形骨料；骨料的最大粒径不应大于纵向钢筋净距的 1/4，且不应大于 15mm；

3 对水下浇注混凝土配合比，水泥含量不应小于 375kg/m³，水灰比应小于 0.6；

4 水泥浆的制配，应符合本规范第 9.4.4 条的规定，水泥宜采用普通硅酸盐水泥，水灰比不宜大于 0.55。

9.3 预 制 桩

9.3.1 预制桩适用于淤泥、淤泥质土、黏性土、粉土、砂土和人工填土等地基处理。

9.3.2 预制桩桩体可采用边长为 150mm～300mm 的预制混凝土方桩，直径 300mm 的预应力混凝土管桩，断面尺寸为 100mm～300mm 的钢管桩和型钢等，施工除应满足现行行业标准《建筑桩基技术规范》JGJ 94 的规定外，尚应符合下列规定：

1 对型钢微型桩应保证压桩过程中计算桩体材料最大应力不超过材料抗压强度标准值的 90%；

2 对预制混凝土方桩或预应力混凝土管桩，所用材料及预制过程（包括连接件）、压桩力、接桩和截桩等，应符合现行行业标准《建筑桩基技术规范》JGJ 94 的有关规定；

3 除用于减小桩身阻力的涂层外，桩身材料以及连接件的耐久性应符合现行国家标准《工业建筑防腐蚀设计规范》GB 50046 的有关规定。

9.3.3 预制桩的单桩竖向承载力应通过单桩静载荷试验确定；无试验资料时，初步设计可按本规范式 (7.1.5-3) 估算。

9.4 注浆钢管桩

9.4.1 注浆钢管桩适用于淤泥质土、黏性土、粉土、砂土和人工填土等地基处理。

9.4.2 注浆钢管桩单桩承载力的设计计算，应符合现行行业标准《建筑桩基技术规范》JGJ 94 的有关规定；当采用二次注浆工艺时，桩侧摩阻力特征值取值可乘以 1.3 的系数。

9.4.3 钢管桩可采用静压或植入等方法施工。

9.4.4 水泥浆的制备应符合下列规定：

1 水泥浆的配合比应采用经认证的计量装置计量，材料掺量符合设计要求；

2 选用的搅拌机应能够保证搅拌水泥浆的均匀性；在搅拌槽和注浆泵之间应设置存储池，注浆前应进行搅拌以防止浆液离析和凝固。

9.4.5 水泥浆灌注应符合下列规定：

1 应缩短桩孔成孔和灌注水泥浆之间的时间间隔；

2 注浆时，应采取措施保证桩长范围内完全灌满水泥浆；

3 灌注方法应根据注浆泵和注浆系统合理选用，

注浆泵与注浆孔口距离不宜大于30m；

　　4 当采用桩身钢管进行注浆时，可通过底部一次或多次灌浆；也可将桩身钢管加工成花管进行多次灌浆；

　　5 采用花管灌浆时，可通过花管进行全长多次灌浆，也可通过花管及阀门进行分段灌浆，或通过互相交错的后注浆管进行分步灌浆。

9.4.6 注浆钢管桩钢管的连接应采用套管焊接，焊接强度与质量应满足现行国家标准《建筑地基基础工程施工质量验收规范》GB 50202 的要求。

9.5 质 量 检 验

9.5.1 微型桩的施工验收，应提供施工过程有关参数，原材料的力学性能检验报告，试件留置数量及制作养护方法，混凝土和砂浆等抗压强度试验报告，型钢、钢管和钢筋笼制作质量检查报告。施工完成后尚应进行桩顶标高和桩位偏差等检验。

9.5.2 微型桩的桩位施工允许偏差，对独立基础、条形基础的边桩沿垂直轴线方向应为±1/6桩径，沿轴线方向应为±1/4桩径，其他位置的桩应为±1/2桩径；桩身的垂直度允许偏差应为±1%。

9.5.3 桩身完整性检验宜采用低应变动力试验进行检测。检测桩数不得少于总桩数的10%，且不得少于10根。每个柱下承台的抽检桩数不应少于1根。

9.5.4 微型桩的竖向承载力检验应采用静载荷试验，检验桩数不得少于总桩数的1%，且不得少于3根。

10　检验与监测

10.1 检　验

10.1.1 地基处理工程的验收检验应在分析工程的岩土工程勘察报告、地基基础设计及地基处理设计资料，了解施工工艺和施工中出现的异常情况等后，根据地基处理的目的，制定检验方案，选择检验方法。当采用一种检验方法的检测结果具有不确定性时，应采用其他检验方法进行验证。

10.1.2 检验数量应根据场地复杂程度、建筑物的重要性以及地基处理施工技术的可靠性确定，并满足处理地基的评价要求。在满足本规范各种处理地基的检验数量，检验结果不满足设计要求时，应分析原因，提出处理措施。对重要的部位，应增加检验数量。

10.1.3 验收检验的抽检位置应按下列要求综合确定：

　　1 抽检点宜随机、均匀和有代表性分布；

　　2 设计人员认为的重要部位；

　　3 局部岩土特性复杂可能影响施工质量的部位；

　　4 施工出现异常情况的部位。

10.1.4 工程验收承载力检验时，静载荷试验最大加载量不应小于设计要求的承载力特征值的2倍。

10.1.5 换填垫层和压实地基的静载荷试验的压板面积不应小于1.0m²；强夯地基或强夯置换地基静载荷试验的压板面积不宜小于2.0m²。

10.2 监　测

10.2.1 地基处理工程应进行施工全过程的监测。施工中，应有专人或专门机构负责监测工作，随时检查施工记录和计量记录，并按照规定的施工工艺对工序进行质量评定。

10.2.2 堆载预压工程，在加载过程中应进行竖向变形量、水平位移及孔隙水压力等项目的监测。真空预压应进行膜下真空度、地下水位、地面变形、深层竖向变形和孔隙水压力等监测。真空预压加固区周边有建筑物时，还应进行深层侧向位移和地表边桩位移监测。

10.2.3 强夯施工应进行夯击次数、夯沉量、隆起量、孔隙水压力等项目的监测；强夯置换施工尚应进行置换深度的监测。

10.2.4 当夯实、挤密、旋喷桩、水泥粉煤灰碎石桩、柱锤冲扩桩、注浆等方法施工可能对周边环境及建筑物产生不良影响时，应对施工过程的振动、噪声、孔隙水压力、地下管线和建筑物变形进行监测。

10.2.5 大面积填土、填海等地基处理工程，应对地面变形进行长期监测；施工过程中还应对土体位移和孔隙水压力等进行监测。

10.2.6 地基处理工程施工对周边环境有影响时，应进行邻近建（构）筑物竖向及水平位移监测、邻近地下管线监测以及周围地面变形监测。

10.2.7 处理地基上的建筑物应在施工期间及使用期间进行沉降观测，直至沉降达到稳定为止。

附录A　处理后地基静载荷试验要点

A.0.1 本试验要点适用于确定换填垫层、预压地基、压实地基、夯实地基和注浆加固等处理后地基承压板应力主要影响范围内土层的承载力和变形参数。

A.0.2 平板静载荷试验采用的压板面积应按需检验土层的厚度确定，且不应小于1.0m²，对夯实地基不宜小于2.0m²。

A.0.3 试验基坑宽度不应小于承压板宽度或直径的3倍。应保持试验土层的原状结构和天然湿度。宜在拟试压表面用粗砂或中砂层找平，其厚度不超过20mm。基准梁及加荷平台支点（或锚桩）宜设在试坑以外，且与承压板边的净距不应小于2m。

A.0.4 加荷分级不应少于8级。最大加载量不应小于设计要求的2倍。

A.0.5 每级加载后，按间隔10min、10min、10min、

15min、15min，以后为每隔 0.5h 测读一次沉降量，当在连续 2h 内，每小时的沉降量小于 0.1mm 时，则认为已趋稳定，可加下一级荷载。

A.0.6 当出现下列情况之一时，即可终止加载，当满足前三种情况之一时，其对应的前一级荷载定为极限荷载：

　　1 承压板周围的土明显地侧向挤出；

　　2 沉降 s 急骤增大，压力-沉降曲线出现陡降段；

　　3 在某一级荷载下，24h 内沉降速率不能达到稳定标准；

　　4 承压板的累计沉降量已大于其宽度或直径的 6%。

A.0.7 处理后的地基承载力特征值确定应符合下列规定：

　　1 当压力-沉降曲线上有比例界限时，取该比例界限所对应的荷载值。

　　2 当极限荷载小于对应比例界限的荷载值的 2 倍时，取极限荷载值的一半。

　　3 当不能按上述两款要求确定时，可取 $s/b = 0.01$ 所对应的荷载，但其值不应大于最大加载量的一半。承压板的宽度或直径大于 2m 时，按 2m 计算。

　　注：s 为静载荷试验承压板的沉降量；b 为承压板宽度。

A.0.8 同一土层参加统计的试验点不应少于 3 点，各试验实测值的极差不超过其平均值的 30% 时，取该平均值作为处理地基的承载力特征值。当极差超过平均值的 30% 时，应分析极差过大的原因，需要时应增加试验数量并结合工程具体情况确定处理后地基的承载力特征值。

附录 B　复合地基静载荷试验要点

B.0.1 本试验要点适用于单桩复合地基静载荷试验和多桩复合地基静载荷试验。

B.0.2 复合地基静载荷试验用于测定承压板下应力主要影响范围内复合土层的承载力。复合地基静载荷试验承压板应具有足够刚度。单桩复合地基静载荷试验的承压板可用圆形或方形，面积为一根桩承担的处理面积；多桩复合地基静载荷试验的承压板可用方形或矩形，其尺寸按实际桩数所承担的处理面积确定。单桩复合地基静载荷试验桩的中心（或形心）应与承压板中心保持一致，并与荷载作用点相重合。

B.0.3 试验应在桩顶设计标高进行。承压板底面以下宜铺设粗砂或中砂垫层，垫层厚度可取 100mm～150mm。如采用设计的垫层厚度进行试验，试验承压板的宽度对独立基础和条形基础应采用基础的设计宽度，对大型基础试验有困难时应考虑承压板尺寸和垫层厚度对试验结果的影响。垫层施工的夯填度应满足设计要求。

B.0.4 试验标高处的试坑宽度和长度不应小于承压板尺寸的 3 倍。基准梁及加荷平台支点（或锚桩）宜设在试坑以外，且与承压板边的净距不应小于 2m。

B.0.5 试验前应采取防水和排水措施，防止试验场地地基土含水量变化或地基土扰动，影响试验结果。

B.0.6 加载等级可分为（8～12）级。测试前为校核试验系统整体工作性能，预压荷载不得大于总加载量的 5%。最大加载压力不应小于设计要求承载力特征值的 2 倍。

B.0.7 每加一级荷载前后均应各读记承压板沉降量一次，以后每 0.5h 读记一次。当 1h 内沉降量小于 0.1mm 时，即可加下一级荷载。

B.0.8 当出现下列现象之一时可终止试验：

　　1 沉降急剧增大，土被挤出或承压板周围出现明显的隆起；

　　2 承压板的累计沉降量已大于其宽度或直径的 6%；

　　3 当达不到极限荷载，而最大加载压力已大于设计要求压力值的 2 倍。

B.0.9 卸载级数可为加载级数的一半，等量进行，每卸一级，间隔 0.5h，读记回弹量，待卸完全部荷载后间隔 3h 读记总回弹量。

B.0.10 复合地基承载力特征值的确定应符合下列规定：

　　1 当压力-沉降曲线上极限荷载能确定，而其值不小于对应比例界限的 2 倍时，可取比例界限；当其值小于对应比例界限的 2 倍时，可取极限荷载的一半；

　　2 当压力-沉降曲线是平缓的光滑曲线时，可按相对变形值确定，并应符合下列规定：

　　　1) 对沉管砂石桩、振冲碎石桩和柱锤冲扩桩复合地基，可取 s/b 或 s/d 等于 0.01 所对应的压力；

　　　2) 对灰土挤密桩、土挤密桩复合地基，可取 s/b 或 s/d 等于 0.008 所对应的压力；

　　　3) 对水泥粉煤灰碎石桩或夯实水泥土桩复合地基，对以卵石、圆砾、密实粗中砂为主的地基，可取 s/b 或 s/d 等于 0.008 所对应的压力；对以黏性土、粉土为主的地基，可取 s/b 或 s/d 等于 0.01 所对应的压力；

　　　4) 对水泥土搅拌桩或旋喷桩复合地基，可取 s/b 或 s/d 等于 0.006～0.008 所对应的压力，桩身强度大于 1.0MPa 且桩身质量均匀时可取高值；

　　　5) 对有经验的地区，可按当地经验确定相对变形值，但原地基土为高压缩性土层时，相对变形值的最大值不应大于 0.015；

6）复合地基荷载试验，当采用边长或直径大于 2m 的承压板进行试验时，b 或 d 按 2m 计；

7）按相对变形值确定的承载力特征值不应大于最大加载压力的一半。

注：s 为静载荷试验承压板的沉降量；b 和 d 分别为承压板宽度和直径。

B.0.11 试验点的数量不应少于 3 点，当满足其极差不超过平均值的 30% 时，可取其平均值为复合地基承载力特征值。当极差超过平均值的 30% 时，应分析离差过大的原因，需要时应增加试验数量，并结合工程具体情况确定复合地基承载力特征值。工程验收时应视建筑物结构、基础形式综合评价，对于桩数少于 5 根的独立基础或桩数少于 3 排的条形基础，复合地基承载力特征值应取最低值。

附录 C　复合地基增强体单桩静载荷试验要点

C.0.1　本试验要点适用于复合地基增强体单桩竖向抗压静载荷试验。

C.0.2　试验应采用慢速维持荷载法。

C.0.3　试验提供的反力装置可采用锚桩法或堆载法。当采用堆载法加载时应符合下列规定：

1　堆载支点施加于地基的压应力不宜超过地基承载力特征值；

2　堆载的支墩位置以不对试桩和基准桩的测试产生较大影响确定，无法避开时应采取有效措施；

3　堆载量大时，可利用工程桩作为堆载支点；

4　试验反力装置的承重能力应满足试验加载要求。

C.0.4　堆载支点以及试桩、锚桩、基准桩之间的中心距离应符合现行国家标准《建筑地基基础设计规范》GB 50007 的规定。

C.0.5　试压前应对桩头进行加固处理，水泥粉煤灰碎石桩等强度高的桩，桩顶宜设置带水平钢筋网片的混凝土桩帽或采用钢护筒桩帽，其混凝土宜提高强度等级和采用早强剂。桩帽高度不宜小于 1 倍桩的直径。

C.0.6　桩帽下复合地基增强体单桩的桩顶标高及地基土标高应与设计标高一致，加固桩头前应凿成平面。

C.0.7　百分表架设位置宜在桩顶标高位置。

C.0.8　开始试验的时间、加载分级、测读沉降量的时间、稳定标准及卸载观测等应符合现行国家标准《建筑地基基础设计规范》GB 50007 的有关规定。

C.0.9　当出现下列条件之一时可终止加载：

1　当荷载-沉降（$Q\text{-}s$）曲线上有可判定极限承载

力的陡降段，且桩顶总沉降量超过 40mm；

2　$\dfrac{\Delta s_{n+1}}{\Delta s_n} \geqslant 2$，且经 24h 沉降尚未稳定；

3　桩身破坏，桩顶变形急剧增大；

4　当桩长超过 25m，$Q\text{-}s$ 曲线呈缓变形时，桩顶总沉降量大于 60mm～80mm；

5　验收检验时，最大加载量不应小于设计单桩承载力特征值的 2 倍。

注：Δs_n——第 n 级荷载的沉降增量；Δs_{n+1}——第 $n+1$ 级荷载的沉降增量。

C.0.10　单桩竖向抗压极限承载力的确定应符合下列规定：

1　作荷载-沉降（$Q\text{-}s$）曲线和其他辅助分析所需的曲线；

2　曲线陡降段明显时，取相应于陡降段起点的荷载值；

3　当出现本规范第 C.0.9 条第 2 款的情况时，取前一级荷载值；

4　$Q\text{-}s$ 曲线呈缓变型时，取桩顶总沉降量 s 为 40mm 所对应的荷载值；

5　按上述方法判断有困难时，可结合其他辅助分析方法综合判定；

6　参加统计的试桩，当满足其极差不超过平均值的 30% 时，设计可取其平均值为单桩极限承载力；极差超过平均值的 30% 时，应分析离差过大的原因，结合工程具体情况确定单桩极限承载力；需要时应增加试桩数量。工程验收时应视建筑物结构、基础形式综合评价，对于桩数少于 5 根的独立基础或桩数少于 3 排的条形基础，应取最低值。

C.0.11　将单桩极限承载力除以安全系数 2，为单桩承载力特征值。

本规范用词说明

1　为便于在执行本规范条文时区别对待，对要求严格程度不同的用词如下：

1）表示很严格，非这样做不可的：

正面词采用"必须"；反面词采用"严禁"；

2）表示严格，在正常情况下均应这样做的：

正面词采用"应"；反面词采用"不应"或"不得"；

3）表示允许稍有选择，在条件许可时首先应这样做的：

正面词采用"宜"；反面词采用"不宜"；

4）表示有选择，在一定条件下可以这样做的，采用"可"。

2　条文中指明应按其他有关标准执行时的写法为："应符合……的规定"或"应按……执行"。

引用标准名录

1 《建筑地基基础设计规范》GB 50007
2 《建筑抗震设计规范》GB 50011
3 《岩土工程勘察规范》GB 50021
4 《湿陷性黄土地区建筑规范》GB 50025
5 《工业建筑防腐蚀设计规范》GB 50046
6 《土工试验方法标准》GB/T 50123
7 《建筑地基基础工程施工质量验收规范》GB 50202
8 《土工合成材料应用技术规范》GB 50290
9 《建筑桩基技术规范》JGJ 94
10 《既有建筑地基基础加固技术规范》JGJ 123

中华人民共和国行业标准

建筑地基处理技术规范

JGJ 79—2012

条 文 说 明

修 订 说 明

《建筑地基处理技术规范》JGJ 79－2012，经住房和城乡建设部 2012 年 8 月 23 日以第 1448 号公告批准、发布。

本规范是在《建筑地基处理技术规范》JGJ 79－2002 的基础上修订而成，上一版的主编单位是中国建筑科学研究院，参编单位是冶金建筑研究总院、陕西省建筑科学研究设计院、浙江大学、同济大学、湖北省建筑科学研究设计院、福建省建筑科学研究院、铁道部第四勘测设计院（上海）、河北工业大学、西安建筑科技大学、铁道部科学研究院，主要起草人员是张永钧、（以下按姓氏笔画为序）王仁兴、王吉望、王恩远、平湧潮、叶观宝、刘毅、刘惠珊、张峰、杨灿文、罗宇生、周国钧、侯伟生、袁勋、袁内镇、涂光祉、闫明礼、康景俊、滕延京、潘秋元。本次修订的主要技术内容是：1. 处理后的地基承载力、变形和稳定性的计算原则；2. 多种地基处理方法综合处理的工程检验方法；3. 地基处理材料的耐久性设计；4. 处理后的地基整体稳定性分析方法；5. 加筋垫层下卧层承载力验算方法；6. 真空和堆载联合预压处理的设计和施工要求；7. 高能级强夯的设计参数；8. 有粘结强度复合地基增强体桩身强度验算；9. 多桩型复合地基设计施工要求；10. 注浆加固；11. 微型桩加固；12. 检验与监测；13. 复合地基增强体单桩静载荷试验要点；14. 处理后地基静载荷试验要点。

本规范修订过程中，编制组进行了广泛深入的调查研究，总结了我国工程建设建筑地基处理工程的实践经验，同时参考了国外先进标准，与国内相关标准协调，通过调研、征求意见及工程试算，对增加和修订内容的讨论、分析、论证，取得了重要技术参数。

为便于广大设计、施工、科研和学校等单位有关人员在使用本规范时能正确理解和执行条文规定，《建筑地基处理技术规范》编制组按章、节、条顺序编制了本规范的条文说明，对条文规定的目的、依据以及执行中需注意的有关事项进行了说明，还着重对强制性条文的强制性理由做了解释。但是，本条文说明不具备与规范正文同等的法律效力，仅供使用者作为理解和把握规范规定的参考。

目　次

1 总 则

1.0.1 我国大规模的基本建设以及可用于建设的土地减少，需要进行地基处理的工程大量增加。随着地基处理设计水平的提高、施工工艺的改进和施工设备的更新，我国地基处理技术有了很大发展。但由于工程建设的需要，建筑使用功能的要求不断提高，需要地基处理的场地范围进一步扩大，用于地基处理的费用在工程建设投资中所占比重不断增大。因此，地基处理的设计和施工必须认真贯彻执行国家的技术经济政策，做到安全适用、技术先进、经济合理、确保质量和保护环境。

1.0.2 本规范适用于建筑工程地基处理的设计、施工和质量检验，铁路、交通、水利、市政工程的建（构）筑物地基可根据工程的特点采用本规范的处理方法。

1.0.3 因地制宜、就地取材、保护环境和节约资源是地基处理工程应该遵循的原则，符合国家的技术经济政策。

2 术语和符号

2.1 术 语

2.1.2 本规范所指复合地基是指建筑工程中由地基土和竖向增强体形成的复合地基。

3 基 本 规 定

3.0.1 本条规定是在选择地基处理方案前应完成的工作，其中强调要进行现场调查研究，了解当地地基处理经验和施工条件，调查邻近建筑、地下工程、管线和环境情况等。

3.0.2 大量工程实例证明，采用加强建筑物上部结构刚度和承载能力的方法，能减少地基的不均匀变形，取得较好的技术经济效果。因此，本条规定对于需要进行地基处理的工程，在选择地基处理方案时，应同时考虑上部结构、基础和地基的共同作用，尽量选用加强上部结构和处理地基相结合的方案，这样既可降低地基处理费用，又可收到满意的效果。

3.0.3 本条规定了在确定地基处理方法时宜遵循的步骤。着重指出在选择地基处理方案时，宜根据各种因素进行综合分析，初步选出几种可供考虑的地基处理方案，其中强调包括选择两种或多种地基处理措施组成的综合处理方案。工程实践证明，当岩土工程条件较为复杂或建筑物对地基要求较高时，采用单一的地基处理方法，往往满足不了设计要求或造价较高，而由两种或多种地基处理措施组成的综合处理方法可

能是最佳选择。

地基处理是经验性很强的技术工作。相同的地基处理工艺，相同的设备，在不同成因的场地上处理效果不尽相同；在一个地区成功的地基处理方法，在另一个地区使用，也需根据场地的特点对施工工艺进行调整，才能取得满意的效果。因此，地基处理方法和施工参数确定时，应进行相应的现场试验或试验性施工，进行必要的测试，以检验设计参数和处理效果。

3.0.4 建筑地基承载力的基础宽度、基础埋深修正是建立在浅基础承载力理论上，对基础宽度和基础埋深所能提高的地基承载力设计取值的经验方法。经处理的地基由于其处理范围有限，处理后增强的地基性状与自然环境下形成的地基性状有所不同，处理后的地基，当按地基承载力确定基础底面积及埋深而需要对本规范确定的地基承载力特征值进行修正时，应分析工程具体情况，采用安全的设计方法。

1 压实填土地基，当其处理的面积较大（一般应视处理宽度大于基础宽度的 2 倍），可按现行国家标准《建筑地基基础设计规范》GB 50007 规定的土性要求进行修正。

这里有两个问题需要注意：首先，需修正的地基承载力应是基础底面经检验确定的承载力，许多工程进行修正的地基承载力与基础底面确定的承载力并不一致；其次，这些处理后的地基表层及以下土层的承载力并不一致，可能存在表层高以下土层低的情况。所以如果地基承载力验算考虑了深度修正，应在地基主要持力层满足要求条件下才能进行。

2 对于不满足大面积处理的压实地基、夯实地基以及其他处理地基，基础宽度的地基承载力修正系数取零，基础埋深的地基承载力修正系数取 1.0。

复合地基由于其处理范围有限，增强体的设置改变了基底压力的传递路径，其破坏模式与天然地基不同。复合地基承载力的修正的研究成果还很少，为安全起见，基础宽度的地基承载力修正系数取零，基础埋深的地基承载力修正系数取 1.0。

3.0.5 本条为强制性条文。对处理后的地基应进行的设计计算内容给出规定。

处理地基的软弱下卧层验算，对压实、夯实、注浆加固地基及散体材料增强体复合地基等应按压力扩散角，按现行国家标准《建筑地基基础设计规范》GB 50007 的方法验算，对有粘结强度的增强体复合地基，按其荷载传递特性，可按实体深基础法验算。

处理后的地基应满足建筑物承载力、变形和稳定性要求。稳定性计算可按本规范第 3.0.7 条的规定进行，变形计算应符合现行国家标准《建筑地基基础设计规范》GB 50007 的有关规定。

3.0.6 偏心荷载作用下，对于换填垫层、预压地基、压实地基、夯实地基、散体桩复合地基、注浆加固等处理后地基可按现行国家标准《建筑地基基础设计规

范》GB 50007 的要求进行验算，即满足：

当轴心荷载作用时

$$P_k \leqslant f'_a \tag{1}$$

当偏心荷载作用时

$$P_{kmax} \leqslant 1.2 f'_a \tag{2}$$

式中：f'_a 为处理后地基的承载力特征值。

对于有一定粘结强度增强体复合地基，由于增强体布置不同，分担偏心荷载时增强体上的荷载不同，应同时对桩、土作用的力加以控制，满足建筑物在长期荷载作用下的正常使用要求。

3.0.7 受较大水平荷载或位于斜坡上的建筑物及构筑物，当建造在处理后的地基上时，或由于建筑物及构筑物建造在处理后的地基上，而邻近地下工程施工改变了原建筑物地基的设计条件，建筑物地基存在稳定问题时，应进行建筑物整体稳定分析。

采用散体材料进行地基处理，其地基的稳定可采用圆弧滑动法分析，已得到工程界的共识；对于采用具有胶结强度的材料进行地基处理，其地基的稳定性分析方法还有不同的认识。同时，不同的稳定分析的方法其保证工程安全的最小稳定安全系数的取值不同。采用具有胶结强度的材料进行地基处理，其地基整体失稳是增强体断裂，并逐渐形成连续滑动面的破坏现象，已得到工程的验证。

本次修订规范组对处理地基的稳定分析方法进行了专题研究。在《软土地基上复合地基整体稳定计算方法》专题报告中，对同一工程案例采用传统的复合地基稳定计算方法、英国加筋土及加筋填土规范计算方法、考虑桩体弯曲破坏的可使用抗剪强度计算方法、桩在滑动面发挥摩擦力的计算方法、扣除桩分担荷载的等效荷载法等进行了对比分析，提出了可采用考虑桩体弯曲破坏的等效抗剪强度计算方法、扣除桩分担荷载的等效荷载法和英国 BS8006 方法综合评估软土地基上复合地基的整体稳定性的建议。并提出了不同计算方法对应不同最小安全系数取值的建议。

采用 geoslope 计算软件的有限元强度折减法对某一实际工程采用砂桩复合地基加固以及采用刚性桩加固进行了稳定性分析对比。砂桩的抗剪强度指标由砂桩的密实度确定，刚性桩的抗剪强度指标由桩折断后的材料摩擦系数确定。对比分析结果说明，采用刚性桩加固计算的稳定安全系数与采用考虑桩体弯曲破坏的等效抗剪强度计算方法的结果较接近；同时其结果说明，如果考虑刚性桩折断，采用材料摩擦性质确定抗剪强度指标，刚性桩加固后的稳定安全系数与砂桩复合地基加固接近（不考虑砂桩排水固结作用）。计算中刚性桩加固的桩土应力比在不同位置分别为堆载平台面处 7.3～8.4，坡面处 5.8～6.4。砂桩复合地基加固，当砂桩的内摩擦角取 30°，不考虑砂桩排水固结作用的稳定安全系数为 1.06；考虑砂桩排水固

结作用的稳定安全系数为 1.29。采用 CFG 桩复合地基加固，CFG 桩断裂后，材料间摩擦系数取 0.55，折算内摩擦角取 29°，计算的稳定安全系数为 1.05。

本次修订规定处理后的地基上建筑物稳定分析可采用圆弧滑动法，其稳定安全系数不应小于 1.30。散体加固材料的抗剪强度指标，可按加固体的密实度通过试验确定，这是常用的方法。胶结材料抵抗水平荷载和弯矩的能力较弱，其对整体稳定的作用（这里主要指具有胶结强度的竖向增强体），假定其桩体完全断裂，按滑动面材料的摩擦性能确定抗剪强度指标，对工程验算是安全的。

规范修订组的验算结果表明，采用无配筋的竖向增强体地基处理，其提高稳定安全性的能力是有限的。工程需要时应配置钢筋，增加增强体的抗剪强度；或采用设置抗滑构件的方法满足稳定安全性要求。

3.0.8 刚度差异较大的整体大面积基础其地基反力分布不均匀，且结构对地基变形有较高要求，所以其地基处理设计，宜根据结构、基础和地基共同作用结果进行地基承载力和变形验算。

3.0.9 本条是地基处理工程的验收检验的基本要求。

换填垫层、预压地基、压实地基、夯实地基和注浆加固地基的检测，主要通过静载荷试验、静力和动力触探、标准贯入或土工试验等检验处理地基的均匀性和承载力。对于复合地基，不仅要做上述检验，还应对增强体的质量进行检验，需要时可采用钻芯取样进行增强体强度复核。

3.0.10 本条是对采用多种地基处理方法综合使用的地基处理工程验收检验方法的要求。采用多种地基处理方法综合使用的地基处理工程，每一种方法处理后的检验由于其检验方法的局限性，不能代表整个处理效果的检验，地基处理工程完成后应进行整体处理效果的检验（例如进行大尺寸承压板载荷试验）。

3.0.11 地基处理采用的材料，一方面要考虑地下土、水环境对其处理效果的影响，另一方面应符合环境保护要求，不应对地基土和地下水造成污染。地基处理采用材料的耐久性要求，应符合有关规范的规定。现行国家标准《工业建筑防腐蚀设计规范》GB 50046 对工业建筑材料的防腐蚀问题进行了规定，现行国家标准《混凝土结构设计规范》GB 50010 对混凝土的防腐蚀和耐久性提出了要求，应遵照执行。对水泥粉煤灰碎石桩复合地基的增强体以及微型桩材料，应根据表 1 规定的混凝土结构暴露的环境类别，满足表 2 的要求。

表 1　混凝土结构的环境类别

环境类别	条　件
一	室内干燥环境； 无侵蚀性静水浸没环境

环境类别	条 件
二a	室内潮湿环境； 非严寒和非寒冷地区的露天环境； 非严寒和非寒冷地区的与无侵蚀性的水或土壤直接接触的环境； 严寒和寒冷地区的冰冻线以下与无侵蚀性的水或土壤直接接触的环境
二b	干湿交替环境； 水位频繁变动环境； 严寒和寒冷地区的露天环境； 严寒和寒冷地区冰冻线以上与无侵蚀性的水或土壤直接接触的环境
三a	严寒和寒冷地区冬季水位变动区环境； 受除冰盐影响环境； 海风环境
三b	盐渍土环境； 受除冰盐作用环境； 海岸环境
四	海水环境
五	受人为或自然的侵蚀性物质影响的环境

注：1 室内潮湿环境是指构件表面经常处于结露或湿润状态的环境；
  2 严寒和寒冷地区的划分应符合现行国家标准《民用建筑热工设计规范》GB 50176 的有关规定；
  3 海岸环境和海风环境宜根据当地情况，考虑主导风向及结构所处迎风、背风部位等因素的影响，由调查研究和工程经验确定；
  4 受除冰盐影响环境是指受到除冰盐盐雾影响的环境；受除冰盐作用环境是指被除冰盐溶液溅射的环境以及使用除冰盐地区的洗车房、停车楼等建筑；
  5 暴露的环境是指混凝土结构表面所处的环境。

表2　结构混凝土材料的耐久性基本要求

环境等级	最大水胶比	最低强度等级	最大氯离子含量（%）	最大碱含量（kg/m³）
一	0.60	C20	0.30	不限制
二a	0.55	C25	0.20	3.0
二b	0.50（0.55）	C30（C25）	0.15	
三a	0.45（0.50）	C35（C30）	0.15	3.0
三b	0.40	C40	0.10	

注：1 氯离子含量系指其占胶凝材料总量的百分比；
  2 预应力构件混凝土中的最大氯离子含量为 0.06%；其最低混凝土强度等级宜按表中的规定提高两个等级；
  3 素混凝土构件的水胶比及最低强度等级的要求可以适当放松；
  4 有可靠工程经验时，二类环境中的最低强度等级可降低一个等级；
  5 处于严寒和寒冷地区二b、三a类环境中的混凝土应使用引气剂，并可采用括号中的有关参数；
  6 当使用非碱活性骨料时，对混凝土中的碱含量可不作限制。

3.0.12 地基处理工程是隐蔽工程。施工技术人员应掌握所承担工程的地基处理目的、加固原理、技术要求和质量标准等，才能根据场地情况和施工情况及时调整施工工艺和施工参数，实现设计要求。地基处理工程同时又是经验性很强的技术工作，根据场地勘测资料以及建筑物的地基要求进行设计，在现场实施中仍有许多与场地条件和设计要求不符合的情况，要求及时解决。地基处理工程施工结束后，必须按国家有关规定进行质量检验和验收。

4 换 填 垫 层

4.1 一 般 规 定

4.1.1 软弱土层系指主要由淤泥、淤泥质土、冲填土、杂填土或其他高压缩性土层构成的地基。在建筑地基的局部范围内有高压缩性土层时，应按局部软弱土层处理。

换填垫层适用于处理各类浅层软弱地基。当在建筑范围内上层软弱土较薄时，则可采用全部置换处理。对于较深厚的软弱土层，当仅用垫层局部置换上层软弱土层时，下卧软弱土层在荷载作用下的长期变形可能依然很大。例如，对较深厚的淤泥或淤泥质土类软弱地基，采用垫层仅置换上层软土后，通常可提高持力层的承载力，但不能解决由于深层土质软弱而造成地基变形量大对上部建筑物产生的有害影响；或者对于体型复杂、整体刚度差、或对差异变形敏感的建筑，均不应采用浅层局部换填的处理方法。

对于建筑范围内局部存在松填土、暗沟、暗塘、古井、古墓或拆除旧基础后的坑穴，可采用换填垫层进行地基处理。在这种局部的换填处理中，保持建筑地基整体变形均匀是换填应遵循的最基本的原则。

4.1.3 大面积换填处理，一般采用大型机械设备，场地条件应满足大型机械对下卧土层的施工要求，地下水位高时应采取降水措施，对分层土的厚度、压实效果及施工质量控制标准等均应通过试验确定。

4.1.4 开挖基坑后，利用分层回填夯压，也可处理较深的软弱土层。但换填基坑开挖过深，常因地下水位高，需要采用降水措施；坑壁放坡占地面积大或边坡需要支护及因此易引起邻近地面、管网、道路与建筑的沉降变形破坏；再则施工土方量大、弃土多等因素，常使处理工程费用增高、工期拖长、对环境的影响增大等。因此，换填法的处理深度通常控制在 3m 以内较为经济合理。

大面积填土产生的大范围地面负荷影响深度较深，地基压缩变形量大，变形延续时间长，与换填垫层浅层处理地基的特点不同，因而大面积填土地基的设计施工按照本规范第 6 章有关规定执行。

4.2 设 计

4.2.1 砂石是良好的换填材料，但对具有排水要求的砂垫层宜控制含泥量不大于3%；采用粉细砂作为换填材料时，应改善材料的级配状况，在掺加碎石或卵石使其颗粒不均匀系数不小于5并拌合均匀后，方可用于铺填垫层。

石屑是采石场筛选碎石后的细粒废弃物，其性质接近于砂，在各地使用作为换填材料时，均取得了很好的成效。但应控制好含泥量及含粉量，才能保证垫层的质量。

黏土难以夯压密实，故换填时应避免采用作为换填材料，在不得已选用上述土料回填时，也应掺入不少于30%的砂石并拌合均匀后，方可使用。当采用粉质黏土大面积换填并使用大型机械夯压时，土料中的碎石粒径可稍大于50mm，但不宜大于100mm，否则将影响垫层的夯压效果。

灰土强度随土料中黏粒含量增高而加大，塑性指数小于4的粉土中黏粒含量太少，不能达到提高灰土强度的目的，因而不能用于拌合灰土。灰土所用的消石灰应符合优等品标准，储存期不超过3个月，所含活性CaO和MgO越高则胶结力越强。通常灰土的最佳含灰率约为CaO+MgO总量的8%。石灰应消解(3～4)d并筛除生石灰块后使用。

粉煤灰可分为湿排灰和调湿灰。按其燃烧后形成玻璃体的粒径分析，应属粉土的范畴。但由于含有CaO、SO$_3$等成分，具有一定的活性，当与水作用时，因具有胶凝作用的火山灰反应，使粉煤灰垫层逐渐获得一定的强度与刚度，有效地改善了垫层地基的承载能力及减小变形的能力。不同于抗地震液化能力较低的粉土或粉砂，由于粉煤灰具有一定的胶凝作用，在压实系数大于0.9时，即可以抵抗7度地震液化。用于发电的燃煤常伴生有微量放射性同位素，因而粉煤灰亦有时有弱放射性。作为建筑物垫层的粉煤灰应按照现行国家标准《建筑材料放射性核素限量》GB 6566的有关规定作为安全使用的标准，粉煤灰含碱性物质，回填后碱性成分在地下水中溶出，使地下水具弱碱性，因此应考虑其对地下水的影响并应对粉煤灰垫层中的金属构件、管网采取一定的防腐措施。粉煤灰垫层上宜覆盖0.3m～0.5m厚的黏性土，以防干灰飞扬，同时减少碱性对植物生长的不利影响，有利于环境绿化。

矿渣的稳定性是其是否适用于作换填垫层材料的最主要性能指标，原冶金部试验结果证明，当矿渣中CaO的含量小于45%及FeS与MnS的含量约为1%时，矿渣不会产生硅酸盐分解和铁锰分解，排渣时不浇石灰水，矿渣也就不会产生石灰分解，则该类矿渣性能稳定，可用于换填。对中、小型垫层可选用8mm～40mm与40mm～60mm的分级矿渣或0mm～60mm的混合矿渣；较大面积换填时，矿渣最大粒径不宜大于200mm或大于分层铺填厚度的2/3。与粉煤灰相同，对用于换填垫层的矿渣，同样要考虑放射性、对地下水和环境的影响及对金属管网、构件的影响。

土工合成材料（Geosynthetics）是近年来随着化学合成工业的发展而迅速发展起来的一种新型土工材料，主要由涤纶、尼龙、腈纶、丙纶等高分子化合物，根据工程的需要，加工成具有弹性、柔性、高抗拉强度、低延伸率、透水、隔水、反滤性、抗腐蚀性、抗老化性和耐久性的各种类型的产品。如土工格栅、土工格室、土工垫、土工带、土工网、土工膜、土工织物、塑料排水带及其他土工合成材料等。由于这些材料的优异性能及广泛的适用性，受到工程界的重视，被迅速推广应用于河、海岸护坡、堤坝、公路、铁路、港口、堆场、建筑、矿山、电力等领域的岩土工程中，取得了良好的工程效果和经济效益。

用于换填垫层的土工合成材料，在垫层中主要起加筋作用，以提高地基土的抗拉和抗剪强度、防止垫层被拉断裂和剪切破坏、保持垫层的完整性、提高垫层的抗弯刚度。因此利用土工合成材料加筋的垫层有效地改变了天然地基的性状，增大了压力扩散角，降低了下卧土层的压力，约束了地基侧向变形，调整了地基不均匀变形，增大地基的稳定性并提高地基的承载力。由于土工合成材料的上述特点，将其用于软弱黏性土、泥炭、沼泽地区修建道路、堆场等取得了较好的成效，同时在部分建筑、构筑物的加筋垫层中应用，也取得了一定的效果。根据理论分析、室内试验以及工程实测的结果证明采用土工合成材料加筋垫层的作用机理为：（1）扩散应力，加筋垫层刚度较大，增大了压力扩散角，有利于上部荷载扩散，降低垫层底面压力；（2）调整不均匀沉降，由于加筋垫层的作用，加大了压缩层范围内地基的整体刚度，有利于调整基础的不均匀沉降；（3）增大地基稳定性，由于加筋垫层的约束，整体上限制了地基土的剪切、侧向挤出及隆起。

采用土工合成材料加筋垫层时，应根据工程荷载的特点、对变形、稳定性的要求和地基土的工程性质、地下水性质及土工合成材料的工作环境等，选择土工合成材料的类型、布置形式及填料品种，主要包括：（1）确定所需土工合成材料的类型、物理性质和主要的力学性质如允许抗拉强度及相应的伸长率、耐久性与抗腐蚀性等；（2）确定土工合成材料在垫层中的布置形式、间距及端部的固定方式；（3）选择适用的填料与施工方法等。此外，要通过验证、保证土工合成材料在垫层中不被拉断和拔出失效。同时还要检验垫层地基的强度和变形以确保满足设计的要求。最后通过静载荷试验确定垫层地基的承载能力。

土工合成材料的耐久性与老化问题，在工程界均有较多的关注。由于土工合成材料引入我国为时不久，目前未见在工程中老化而影响耐久性。英国已有近一百年的使用历史，效果较好。合成材料老化的主要因素：紫外线照射、60℃～80℃的高温或氧化等。在岩土工程中，由于土工合成材料是埋在地下的土层中，上述三个影响因素皆极微弱，故土工合成材料能满足常规建筑工程中的耐久性需要。

在加筋土垫层中，主要由土工合成材料承受拉应力，所以要求选用高强度、低徐变性、延伸率适宜的材料，以保证垫层及下卧层土体的稳定性。在软弱土层采用土工合成材料加筋垫层，由合成材料承受上部荷载产生的应力远高于软弱土中的应力，因此一旦由于合成材料超过极限强度产生破坏，随之荷载转移而由软弱土承受全部外荷，势将大大超过软弱土的极限强度，而导致地基的整体破坏；进而地基的失稳将会引起上部建筑产生较大的沉降，并使建筑结构造成严重的破坏。因此用于加筋垫层中的土工合成材料必须留有足够的安全系数，而绝不能使其受力后的强度等参数处于临界状态，以免导致严重的后果。

4.2.2 垫层设计应满足建筑地基的承载力和变形要求。首先垫层能换除基础下直接承受建筑荷载的软弱土层，代之以能满足承载力要求的垫层；其次荷载通过垫层的应力扩散，使下卧层顶面受到的压力满足小于或等于下卧层承载能力的条件；再者基础持力层被低压缩性的垫层代换，能大大减少基础的沉降量。因此，合理确定垫层厚度是垫层设计的主要内容。通常根据土层的情况确定需要换填的深度，对于浅层软土厚度不大的工程，应置换掉全部软弱土。对需换填的软弱土层，首先应根据垫层的承载力确定基础的宽度和基底压力，再根据垫层下卧层的承载力，设置垫层的厚度，经本规范式（4.2.2-1）复核，最后确定垫层厚度。

下卧层顶面的附加压力值可以根据双层地基理论进行计算，但这种方法仅限于条形基础均布荷载的计算条件。也可以将双层地基视作均质地基，按均质连续各向同性半无限直线变形体的弹性理论计算。第一种方法计算比较复杂，第二种方法的假定又与实际双层地基的状态有一定误差。最常用的是扩散角法，按本规范式（4.2.2-2）或式（4.2.2-3）计算的垫层厚度虽比按弹性理论计算的结果略偏安全，但由于计算方法比较简便，易于理解又便于接受，故而在工程设计中得到了广泛的认可和使用。

压力扩散角应随垫层材料及下卧土层的力学特性差异而定，可按双层地基的条件来考虑。四川及天津曾先后对上硬下软的双层地基进行了现场静载荷试验及大量模型试验，通过实测软弱下卧层顶面的压力反算上部垫层的压力扩散角，根据模型试验实测压力，在垫层厚度等于基础宽度时，计算的压力扩散角均小于30°，而直观破裂角为30°。同时，对照耶戈洛夫双

层地基应力理论计算值，在较安全的条件下，验算下卧层承载力的垫层破坏的扩散角与实测土的破裂角相当。因此，采用理论计算值时，扩散角最大取30°。对小于30°的情况，以理论计算值为基础，求出不同垫层厚度时的扩散角 θ。根据陕西、上海、北京、辽宁、广东、湖北等地的垫层试验，对于中砂、粗砂、砾砂、石屑的变形模量均在30MPa～45MPa的范围，卵石、碎石的变形模量可达35MPa～80MPa，而矿渣则可达到35MPa～70MPa。这类粗颗粒垫层材料与下卧的较软土层相比，其变形模量比值均接近或大于10，扩散角最大取30°；而对于其他常换换填材料的细粒土或粉煤灰垫层，碾压后变形模量可达到13MPa～20MPa，与粉质黏土垫层类似，该类垫层材料的变形模量与下卧较软土层的变形模量比值显著小于粗粒土垫层的比值，则可比较安全地按3来考虑，同时按理论值计算出扩散角 θ。灰土垫层则根据北京的试验及北京、天津、西北等地经验，按一定压实要求的3∶7或2∶8灰土28d强度考虑，取 θ 为28°。因此，参照现行国家标准《建筑地基基础设计规范》GB 50007给出不同垫层材料的压力扩散角。

土夹石、砂夹石垫层的压力扩散角宜依据土与石、砂与石的配比，按静载荷试验结果确定，有经验时也可按地区经验选取。

土工合成材料加筋垫层一般用于 z/b 较小的薄垫层。对土工带加筋垫层，设置一层土工筋带时，θ 宜取26°；设置两层及以上土工筋带时，θ 宜取35°。

利用太原某现场工程加筋垫层原位静载荷试验，对土工带加筋垫层的压力扩散角进行验算。试验中加筋垫层土为碎石，粒径10mm～30mm，垫层尺寸为2.3m×2.3m×0.3m，基础底面尺寸为1.5m×1.5m。土工带加筋采用两种土工筋带：TG玻塑复合筋带（A型，极限抗拉强度 $\sigma_b = 94.3$ MPa）和CPE钢塑复合筋带（B型，极限抗拉强度 $\sigma_b = 139.4$ MPa）。根据不同的加筋参数和加筋材料，将此工程分为10种工况进行计算。具体工况参数如表3所示。以沉降为1.5%基础宽度处的荷载值作为基础底面处的平均压力值，垫层底面处的附加压力值为58.3kPa。基础底面处垫层土的自重压力值忽略不计。由式（4.2.2-3）分别计算加筋碎石垫层的压力扩散角值，结果列于表3。

表3 工况参数及压力扩散角

试验编号	A1	A2	A3	A4	A5	A6	A7	B6	B7	B8
加筋层数	1	1	1	1	1	2	2	2	2	2
首层间距（cm）	5	10	10	10	20	5	5	5	5	5

续表3

试验编号	A1	A2	A3	A4	A5	A6	A7	B6	B7	B8
层间距 (cm)	—	—	—	—	—	10	15	10	15	20
LDR (%)	33.3	50.0	33.3	25.0	33.3	33.3	33.3	33.3	33.3	33.3
$q_{0.015B}$ (kPa)	87.5	86.3	84.7	83.2	84.0	100.9	97.6	90.6	88.3	85.6
θ (°)	29.3	28.4	27.1	26.7	26.5	38.2	36.3	31.6	29.9	27.8

注：LDR—加筋线密度；$q_{0.015B}$—沉降为 1.5% 基础宽度处的荷载值；θ—压力扩散角。

收集了太原地区 7 项土工带加筋垫层工程，按照表 4.2.2 给出的压力扩散角取值验算是否满足式 (4.2.2-1) 要求。7 项工程概况描述如下，工程基本参数和压力扩散角取值列于表 4。验算时，太原地区从地面到基础底面土的重度加权平均值取 $\gamma_m=19\text{kN}/\text{m}^3$，加筋垫层重度碎石取 $21\text{kN}/\text{m}^3$，砂石取 $19.5\text{kN}/\text{m}^3$，灰土取 $16.5\text{kN}/\text{m}^3$，所用土工筋带均为 TG 玻塑复合筋带（A 型），η_d 取 1.5。验算结果列于表 5。

表 4 土工带加筋工程基本参数

工程编号	$L×B$ (m)	d (m)	z (m)	N	$B×h$ (mm)	U (m)	H (m)	LDR (%)	θ (°)
1	46.0×17.9	2.83	2.5	2	25×2.5	0.5	0.5	0.20	35
2	93.5×17.5	2.80	1.2	2	25×2.5	0.4	0.4	0.17	35
3	40.5×22.5	2.70	2.5	2	25×2.5	0.8	0.8	0.20	35
4	78.4×16.7	2.78	1.8	2	25×2.5	0.8	0.8	0.20	35
5	60.8×14.9	2.73	1.5	2	25×2.5	0.6	0.6	0.19	35
6	40.0×17.5	5.43	2.5	2	25×2.5	1.7	0.8	0.33	35
7	71.1×13.6	2.50	1.0	1	25×2.5	0.5	—	0.17	26

注：L—基础长度；B—基础宽度；d—基础埋深；z—垫层厚度；N—加筋层数；h—加筋带厚度；U—首层加筋间距；H—加筋间距；其他同表 3。

表 5 加筋垫层下卧层承载力计算

工程编号	p_k (kPa)	p_c (kPa)	p_z (kPa)	p_{cz} (kPa)	p_z+p_{cz} (kPa)	f_{azk} (kPa)	深度修正部分的承载力 (kPa)	f_{az} (kPa)	实测沉降 最大沉降 (mm)	实测沉降 最小沉降 (mm)	实测沉降 平均沉降 (mm)
1	140	53.8	67.0	102.5	169.5	70	137.6	207.6	10.0	7.0	8.3
2	140	53.2	77.8	73.0	150.8	80	99.75	179.75	—	—	—
3	220	51.3	146.7	82.8	229.5	150	105.5	255.5	72	63	67.5
4	150	52.8	81.8	87.9	169.7	80	116.25	196.25	8.7	7.0	7.9
5	130	51.9	66.2	81.1	147.3	80	106.25	186.25	4.2	3.5	3.9
6	260	103.3	120.2	151.9	272.1	120	211.75	331.75	—	—	—
7	140	47.5	85.1	67.0	152.1	90	85.5	175.5	—	—	—

1—山西省机电设计研究院 13 号住宅楼（6 层砖混，砂石加筋）；

2—山西省体委职工住宅楼（6 层砖混，灰土加筋）；

3—迎泽房管所住宅楼（9 层底框，碎石加筋）；

4—文化苑 E-4 号住宅楼（7 层砖混，砂石加筋）；

5—文化苑 E-5 号住宅楼（6 层砖混，砂石加筋）；

6—山西省交通干部学校综合教学楼（13 层框剪，砂石加筋）；

7—某机关职工住宅楼（6 层砖混，砂石加筋）。

4.2.3 确定垫层宽度时，除应满足应力扩散的要求外，还应考虑侧面土的强度条件，保证垫层应有足够的宽度，防止垫层材料向侧边挤出而增大垫层的竖向变形量。当基础荷载较大，或对沉降要求较高，或垫层侧边土的承载力较差时，垫层宽度应适当加大。

垫层顶面每边超出基础底边应大于 $z\tan\theta$，且不得小于 300mm，如图 1 所示。

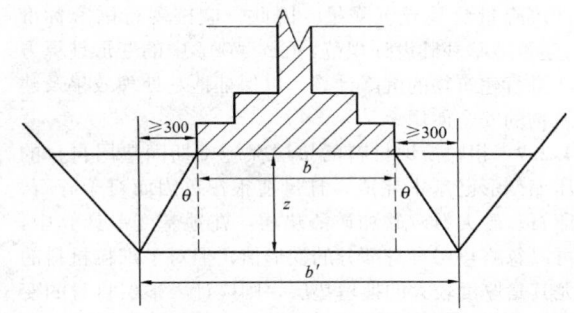

图 1 垫层宽度取值示意

4.2.4 矿渣垫层的压实指标，由于干密度试验难于操作，误差较大。所以其施工的控制标准按目前的经验，在采用 8t 以上的平碾或振动碾施工时可按最后两遍压实的压陷差小于 2mm 控制。

4.2.5 经换填处理后的地基，由于理论计算方法尚不够完善，或由于较难选取有代表性的计算参数等原因，而难于通过计算准确确定地基承载力，所以，本条强调经换填垫层处理的地基其承载力宜通过试验、尤其是通过现场原位试验确定。对于按现行国家标准《建筑地基基础设计规范》GB 50007 设计等级为丙级的建筑物及一般的小型、轻型或对沉降要求不高的工程，在无试验资料或经验时，当施工达到本规范要求的压实标准后，初步设计时可以参考表 6 所列的承载力特征值取用。

表 6　垫层的承载力

换填材料	承载力特征值 f_{ak} (kPa)
碎石、卵石	200～300
砂夹石（其中碎石、卵石占全重的 30%～50%）	200～250
土夹石（其中碎石、卵石占全重的 30%～50%）	150～200
中砂、粗砂、砾砂、圆砾、角砾	150～200
粉质黏土	130～180
石屑	120～150
灰土	200～250
粉煤灰	120～150
矿渣	200～300

注：压实系数小的垫层，承载力特征值取低值，反之取高值；原状矿渣垫层取低值，分级矿渣或混合矿渣垫层取高值。

4.2.6 我国软黏土分布地区的大量建筑物沉降观测及工程经验表明，采用换填垫层进行局部处理后，往往由于软弱下卧层的变形，建筑物地基仍将产生过大的沉降量及差异沉降量。因此，应按现行国家标准《建筑地基基础设计规范》GB 50007 中的变形计算方法进行建筑物的沉降计算，以保证地基处理效果及建筑物的安全使用。

4.2.7 粗粒换填材料的垫层在施工期间垫层自身的压缩变形已基本完成，且量值很小。因而对于碎石、卵石、砂夹石、砂和矿渣垫层，在地基变形计算中，可以忽略垫层自身部分的变形值；但对于细粒材料的尤其是厚度较大的换填垫层，则应计入垫层自身的变形，有关垫层的模量应根据试验或当地经验确定。在无试验资料或经验时，可参照表 7 选用。

表 7　垫层模量（MPa）

垫层材料	模量	
	压缩模量 E_s	变形模量 E_0
粉煤灰	8～20	—
砂	20～30	—
碎石、卵石	30～50	—
矿渣	—	35～70

注：压实矿渣的 E_0/E_s 比值可按 1.5～3.0 取用。

下卧层顶面承受换填材料本身的压力超过原天然土层压力较多的工程，地基下卧层将产生较大的变形。如工程条件许可，宜尽早换填，以使由此引起的大部分地基变形在上部结构施工之前完成。

4.2.9 加筋线密度为加筋带宽度与加筋带水平间距的比值。

对于土工加筋带端部可采用图 2 说明的胞腔式固定方法。

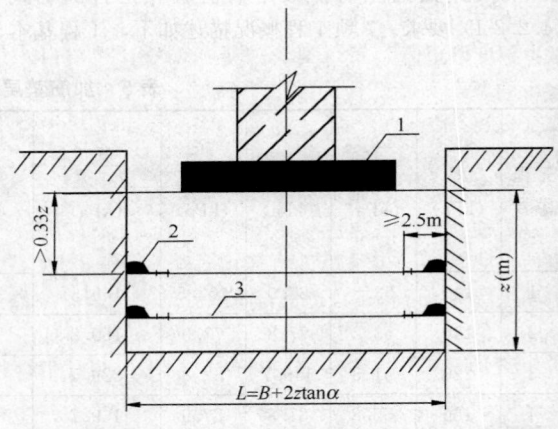

图 2　胞腔式固定方法
1—基础；2—胞腔式砂石袋；3—筋带；z—加筋垫层厚度

工程案例分析：

场地条件：场地土层第一层为杂填土，厚度 0.7m～0.8m，在试验时已挖去；第二层为饱和粉土，作为主要受力层，其天然重度为 18.9kN/m³，土粒相对密度 2.69，含水量 31.8%，干重度 14.5kN/m³，孔隙比 0.881，饱和度 96%，液限 32.9%，塑限 23.7%，塑性指数 9.2，液性指数 0.88，压缩模量 3.93MPa。根据现场原土的静力触探和静载荷试验，结合本地区经验综合确定饱和粉土层的承载力特征值为 80kPa。

工程概况：矩形基础，建筑物基础平面尺寸为 60.8m×14.9m，基础埋深 2.73m。基础底面处的平均压力 p_k 取 130kPa。基础底部为软弱土层，需进行处理。

处理方法一：采用砂石进行换填，从地面到基础底面土的重度加权平均值取 19kN/m³，砂石重度取 19.5kN/m³。基础埋深的地基承载力修正系数取

1.0。假定 $z/B=0.25$，如垫层厚度 z 取 3.73m，按本规范 4.2.2 条取压力扩散角 20°。计算得基础底面处的自重应力 p_c 为 51.9kPa，垫层底面处的自重应力 p_{cz} 为 124.6kPa，则垫层底面处的附加压力值 p_z 为 63.3kPa，垫层底面处的自重应力与附加压力之和为 187.9kPa，承载力深度修正值为 115.0kPa，垫层底面处土经深度修正后的承载力特征值为 195.0kPa，满足式（4.2.2-1）要求。

处理方法二：采用加筋砂石垫层。加筋材料采用 TG 玻塑复合筋带（极限抗拉强度 σ_b＝94.3MPa），筋带宽、厚分别为 25mm 和 2.5mm。两层加筋，首层加筋间距拟采用 0.6m，加筋带层间距拟采用 0.4m，加筋线密度拟采用 17%。压力扩散角取 35°。砂石垫层参数同上。基础底面处的自重应力 p_c 为 51.9kPa，假定垫层厚度为 1.5m，按式（4.2.2-3）计算加筋垫层底面处的附加压力值 p_z 为 66.6kPa，垫层底面处的自重应力 p_{cz} 为 81.2kPa，垫层底面处的自重应力与附加压力之和为 147.8kPa，计算得承载力深度修正值为 72.7kPa，垫层底面处土经深度修正后的承载力特征值为 152.7kPa＞147.8kPa，满足式（4.2.2-1）要求。由式（4.2.3）计算可得垫层底面最小宽度为 16.9m，取 17m。该工程竣工验收后，观测到的最终沉降量为 3.9mm，满足变形要求。

两种处理方法进行对比，可知，使用加筋垫层，可使垫层厚度比仅采用砂石换填时减少 60%。采用加筋垫层可以降低工程造价，施工更方便。

4.3 施 工

4.3.1 换填垫层的施工参数应根据垫层材料、施工机械设备及设计要求等通过现场试验确定，以求获得最佳密实效果。对于存在软弱下卧层的垫层，应针对不同施工机械设备的重量、碾压强度、振动力等因素，确定垫层底层的铺填厚度，使既能满足该层的压密条件，又能防止扰动下卧软弱土的结构。

4.3.3 为获得最佳密实效果，宜采用垫层材料的最优含水量 w_{op} 作为施工控制含水量。对于粉质黏土和灰土，现场可控制在最优含水量 w_{op} ±2% 的范围内；当使用振动碾压时，可适当放宽下限范围值，即控制在最优含水量 w_{op} 的 -6%～+2% 范围内。最优含水量可按现行国家标准《土工试验方法标准》GB/T 50123 中轻型击实试验的要求求得。在缺乏试验资料时，也可近似取液限值的 60%；或按照经验采用塑限 w_p ±2% 的范围值作为施工含水量的控制值，粉煤灰垫层不应采用浸水饱和施工法，其施工含水量应控制在最优含水量 w_{op} ±4% 的范围内。若土料湿度过大或过小，应分别予以晾晒、翻松、掺加吸水材料或洒水湿润以调整土料的含水量。对于砂石料则可根据施工方法不同按经验控制适宜的施工含水量，即当用平板式振动器时可取 15%～20%；当用平碾或蛙式

夯时可取 8%～12%；当用插入式振动器时宜为饱和。对于碎石及卵石应充分浇水湿透后夯压。

4.3.4 对垫层底部的下卧层中存在的软硬不均匀点，要根据其对垫层稳定及建筑物安全的影响确定处理方法。对不均匀沉降要求不高的一般性建筑，当下卧层中不均匀点范围小，埋藏很深，处于地基压缩层范围以外，且四周土层稳定时，对该不均匀点可不做处理。否则，应予挖除并根据与周围土质及密实度均匀一致的原则分层回填并夯压密实，以防止下卧层的不均匀变形对垫层及上部建筑产生危害。

4.3.5 垫层下卧层为软弱土层时，因其具有一定的结构强度，一旦被扰动则强度大大降低，变形大量增加，将影响到垫层及建筑的安全使用。通常的做法是，开挖基坑时应预留厚约 200mm 的保护层，待做好铺填垫层的准备后，对保护层挖一段随即用换填材料铺填一段，直到完成全部垫层，以保护下卧土层的结构不被破坏。按浙江、江苏、天津等地的习惯做法，在软弱下卧层顶面设置厚 150mm～300mm 的砂垫层，防止粗粒换填材料挤入下卧层时破坏其结构。

4.3.7 在同一栋建筑下，应尽量保持垫层厚度相同；对于厚度不同的垫层，应防止垫层厚度突变；在垫层较深部位施工时，应注意控制该部位的压实系数，以防止或减少由于地基处理厚度不同所引起的差异变形。

为保证灰土施工控制的含水量不致变化，拌合均匀后的灰土应在当日使用，灰土夯实后，在短时间内水稳性及硬化均较差，易受水浸而膨胀疏松，影响灰土的夯压质量。

粉煤灰分层碾压验收后，应及时铺填上层或封层，防止干燥或扰动使碾压层松胀密实度下降及扬起粉尘污染。

4.3.9 在地基土层表面铺设土工合成材料时，保证地基土层顶面平整，防止土工合成材料被刺穿、顶破。

4.4 质 量 检 验

4.4.1 垫层的施工质量检验可利用轻型动力触探或标准贯入试验法检验。必须首先通过现场试验，在达到设计要求压实系数的垫层试验区内，测得标准的贯入深度或击数，然后再以此作为控制施工压实系数的标准，进行施工质量检验。利用传统的贯入试验进行施工质量检验必须在有经验的地区通过对比试验确定检验标准，再在工程中实施。检验砂垫层使用的环刀容积不应小于 200cm³，以减少其偶然误差。在粗粒土垫层中的施工质量检验，可设置纯砂检验点，按环刀取样法检验，或采用灌水法、灌砂法进行检验。

4.4.2 换填垫层的施工必须在每层密实度检验合格后再进行下一工序施工。

4.4.3 垫层施工质量检验点的数量因各地土质条件

和经验不同而不同。本条按天津、北京、河南、西北等大部分地区多数单位的做法规定了条基、独立基础和其他基础面积的检验点数量。

4.4.4 竣工验收应采用静载荷试验检验垫层质量，为保证静载荷试验的有效影响深度不小于换填垫层处理的厚度，静载荷试验压板的面积不应小于 1.0m²。

5 预压地基

5.1 一般规定

5.1.1 预压处理地基一般分为堆载预压、真空预压和真空～堆载联合预压三类。降水预压和电渗排水预压在工程上应用甚少，暂未列入。堆载预压分塑料排水带或砂井地基堆载预压和天然地基堆载预压。通常，当软土层厚度小于 4.0m 时，可采用天然地基堆载预压处理，当软土层厚度超过 4.0m 时，为加速预压过程，应采用塑料排水带、砂井等竖井排水预压处理地基。对真空预压工程，必须在地基内设置排水竖井。

本条提出适用于预压地基处理的土类。对于在持续荷载作用下体积会发生很大压缩，强度会明显增长的土，这种方法特别适用。对超固结土，只有当土层的有效上覆压力与预压荷载所产生的应力水平明显大于土的先期固结压力时，土层才会发生明显的压缩。竖井排水预压对处理泥炭土、有机质土和其他次固结变形占很大比例的土处理后仍有较大的次固结变形，应考虑对工程的影响。当主固结变形与次固结变形相比所占比例较大时效果明显。

5.1.2 当需加固的土层有粉土、粉细砂或中粗砂等透水、透气层时，对加固区采取的密封措施一般有打设黏性土密封墙、开挖换填和垂直铺设密封膜穿过透水透气层等方法。对塑性指数大于 25 且含水量大于 85% 的淤泥，采用真空预压处理后的地基土强度有时仍然较低，因此，对具体的场地，需通过现场试验确定真空预压加固的适用性。

5.1.3 通过勘察查明土层的分布、透水层的位置及水源补给等，这对预压工程很重要，如对于黏土夹粉砂薄层的"千层糕"状土层，它本身具有良好的透水性，不必设置排水竖井，仅进行堆载预压即可取得良好的效果。对真空预压工程，查明处理范围内有无透水层（或透气层）及水源补给情况，关系到真空预压的成败和处理费用。

5.1.4 对重要工程，应预先选择代表性地段进行预压试验，通过试验区获得的竖向变形与时间关系曲线，孔隙水压力与时间关系曲线等推算土的固结系数。固结系数是预压工程地基固结计算的主要参数，可根据前期荷载所推算的固结系数预计后期荷载下地基不同时间的变形并根据实测值进行修正，这样就可以得到更符合实际的固结系数。此外，由变形与时间曲线可推算出预压荷载下地基的最终变形、预压阶段不同时间的固结度等，为卸载时间的确定、预压效果的评价以及指导全场的设计与施工提供主要依据。

5.1.6 对预压工程，什么情况下可以卸载，这是工程上关心的问题，特别是对变形控制严格的工程，更加重要。设计时应根据所计算的建筑物最终沉降量并对照建筑物使用期间的允许变形值，确定预压期间应完成的变形量，然后按照工期要求，选择排水竖井直径、间距、深度和排列方式、确定预压荷载大小和加载历时，使在预定工期内通过预压完成设计所要求的变形量，使卸载后的残余变形满足建筑物允许变形要求。对排水井穿透压缩土层的情况，通过不太长时间的预压可满足设计要求，土层的平均固结度一般可达 90% 以上。对排水竖井未穿透受压土层的情况，应分别使竖井深度范围土层和竖井底面以下受压土层的平均固结度和所完成的变形量满足设计要求。这样要求的原因是，竖井底面以下受压土层属单向排水，如土层厚度较大，则固结较慢，预压期间所完成的变形较小，难以满足设计要求，为提高预压效果，应尽可能加深竖井深度，使竖井底面以下受压土层厚度减小。

5.1.7 当建筑物的荷载超过真空压力且建筑物对地基的承载力和变形有严格要求时，应采用真空-堆载联合预压法。工程实践证明，真空预压和堆载预压效果可以叠加，条件是两种预压必须同时进行，如某工程 47m×54m 面积真空和堆载联合预压试验，实测的平均沉降结果如表 8 所示。某工程预压前后十字板强度的变化如表 9 所示。

表 8 实测沉降值

项　目	真空预压	加 30kPa 堆载	加 50kPa 堆载
沉降（mm）	480	680	840

表 9 预压前后十字板强度（kPa）

深度（m）	土　质	预压前	真空预压	真空-堆载预压
2.0～5.8	淤泥夹淤泥质粉质黏土	12	28	40
5.8～10.0	淤泥质黏土夹粉质黏土	15	27	36
10.0～15.0	淤泥	23	28	33

5.1.8 由于预压加固地基的范围一般较大，其沉降对周边有一定影响，应有一定安全距离；距离较近时应采取保护措施。

5.1.9 超载预压可减少处理工期，减少工后沉降量。工程应用时应进行试验性施工，在保证整体稳定条件下实施。

5.2 设　计

I　堆载预压

5.2.1　本条中提出对含较多薄粉砂夹层的软土层，可不设置排水竖井。这种土层通常具有良好的透水性。表 10 为上海石化总厂天然地基上 $10000m^3$ 试验油罐经 148d 充水预压的实测和推算结果。

该罐区的土层分布为：地表约 4m 的粉质黏土（"硬壳层"）其下为含粉砂薄层的淤泥质黏土，呈"千层糕"状构造。预计固结较快，地基未作处理，经 148d 充水预压后，固结度达 90% 左右。

表 10　从实测 s-t 曲线推算的 β、s_f 等值

测点	2 号	5 号	10 号	13 号	16 个测点平均值	罐中心
实测沉降 s_t (cm)	87.0	87.5	79.5	79.4	84.2	131.9
β (1/d)	0.0166	0.0174	0.0174	0.0151	0.0159	0.0188
最终沉降 s_f (cm)	93.4	93.6	84.9	85.1	91.0	138.9
瞬时沉降 s_d (cm)	26.4	22.4	23.5	23.7	25.2	38.4
固结度 $\overline{U}$ (%)	90.4	91.4	91.5	88.6	89.7	93.0

土层的平均固结度普遍表达式 $\overline{U}$ 如下：

$$\overline{U} = 1 - \alpha e^{-\beta t} \qquad (3)$$

式中 α、β 为和排水条件有关的参数，β 值与土的固结系数、排水距离等有关，它综合反映了土层的固结速率。从表 10 可看出罐区土层的 β 值较大。对照砂井地基，如台州电厂煤场砂井地基 β 值为 0.0207 (1/d)，而上海炼油厂油罐天然地基 β 值为 0.0248 (1/d)。它们的值相近。

5.2.3　对于塑料排水带的当量换算直径 d_p，虽然许多文献都提供了不同的建议值，但至今还没有结论性的研究成果，式 (5.2.3) 是著名学者 Hansbo 提出的，国内工程上也普遍采用，故在规范中推荐使用。

5.2.5　竖井间距的选择，应根据地基土的固结特性、预定时间内所要求达到的固结度以及施工影响等通过计算、分析确定。根据我国的工程实践，普通砂井之井径比取 6～8，塑料排水带或袋装砂井之井径比取

15～22，均取得良好的处理效果。

5.2.6　排水竖井的深度，应根据建筑物对地基的稳定性、变形要求和工期确定。对以变形控制的建筑，竖井宜穿透受压土层。对受压土层深厚，竖井很长的情况，虽然考虑井阻影响后，土层径向排水平均固结度随深度而减小，但井阻影响程度取决于竖井的纵向通水量 q_w 与天然土层水平向渗透系数 k_h 的比值大小和竖井深度等。对于竖井深度 $L = 30m$，井径比 $n = 20$，径向排水固结时间因子 $T_h = 0.86$，不同比值 q_w/k_h 时，土层在深度 $z = 1m$ 和 $30m$ 处根据 Hansbo (1981) 公式计算之径向排水平均固结度 $\overline{U}_r$ 如表 11 所示。

表 11　Hansbo (1981) 公式计算之径向排水平均固结度 $\overline{U}_r$

z (m) \ q_w/k_h (m²)	300	600	1500
1	0.91	0.93	0.95
30	0.45	0.63	0.81

由表可见，在深度 30m 处，土层之径向排水平均固结度仍较大，特别是当 q_w/k_h 较大时。因此，对深厚受压土层，在施工能力可能时，应尽可能加深竖井深度，这对加速土层固结，缩短工期是很有利的。

5.2.7　对逐渐加载条件下竖井地基平均固结度的计算，本规范采用的是改进的高木俊介法，该公式理论上是精确解，而且无需先计算瞬时加载条件下的固结度，再根据逐渐加载条件进行修正，而是两者合并计算出修正后的平均固结度，而且公式适用于多种排水条件，可应用于考虑井阻及涂抹作用的径向平均固结度计算。

算例：

已知：地基为淤泥质黏土层，固结系数 $c_h = c_v = 1.8 \times 10^{-3} cm^2/s$，受压土层厚 20m，袋装砂井直径 $d_w = 70mm$，袋装砂井为等边三角形排列，间距 $l = 1.4m$，深度 $H = 20m$，砂井底部为不透水层，砂井打穿受压土层。预压荷载总压力 $p = 100kPa$，分两级等速加载，如图 3 所示。

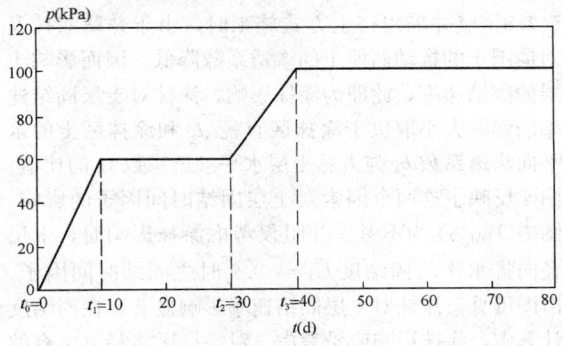

图 3　加载过程

求：加荷开始后 120d 受压土层之平均固结度（不考虑竖井井阻和涂抹影响）。

计算：

受压土层平均固结度包括两部分：径向排水平均固结度和向上竖向排水平均固结度。按公式（5.2.7）计算，其中 α、β 由表 5.2.7 知：

$$\alpha = \frac{8}{\pi^2} = 0.81$$

$$\beta = \frac{8c_h}{F_n d_e^2} + \frac{\pi^2 c_v}{4H^2}$$

根据砂井的有效排水圆柱体直径 $d_e = 1.05l = 1.05 \times 1.4 = 1.47$m

径井比 $n = d_e/d_w = 1.47/0.07 = 21$，则

$$F_n = \frac{n^2}{n^2-1}\ln(n) - \frac{3n^2-1}{4n^2}$$
$$= \frac{21^2}{21^2-1}\ln(21) - \frac{3 \times 21^2 - 1}{4 \times 21^2}$$
$$= 2.3$$

$$\beta = \frac{8 \times 1.8 \times 10^{-3}}{2.3 \times 147^2} + \frac{3.14^2 \times 1.8 \times 10^{-3}}{4 \times 2000^2}$$
$$= 2.908 \times 10^{-7}(1/\text{s})$$
$$= 0.0251(1/\text{d})$$

第一级荷载的加荷速率　$\dot{q}_1 = 60/10 = 6$kPa/d

第二级荷载的加荷速率　$\dot{q}_2 = 40/10 = 4$kPa/d

固结度计算：

$$\overline{U}_t = \sum \frac{\dot{q}_i}{\sum \Delta p}\left[(T_i - T_{i-1}) - \frac{\alpha}{\beta}e^{-\beta t}(e^{\beta T_i} - e^{\beta T_{i-1}})\right]$$

$$= \frac{\dot{q}_1}{\sum \Delta p}\left[(t_1 - t_0) - \frac{\alpha}{\beta}e^{-\beta t}(e^{\beta t_1} - e^{\beta t_0})\right]$$
$$+ \frac{\dot{q}_2}{\sum \Delta p}\left[(t_3 - t_2) - \frac{\alpha}{\beta}e^{-\beta t}(e^{\beta t_3} - e^{\beta t_2})\right]$$

$$= \frac{6}{100}\left[(10-0) - \frac{0.81}{0.0251}e^{-0.0251 \times 120}(e^{0.0251 \times 10} - e^0)\right]$$
$$+ \frac{4}{100}\left[(40-30) - \frac{0.81}{0.0251}\right.$$
$$\left. e^{-0.0251 \times 120}(e^{0.0251 \times 40} - e^{0.0251 \times 30})\right]$$
$$= 0.93$$

5.2.8 竖井采用挤土方式施工时，由于井壁涂抹及对周围土的扰动而使土的渗透系数降低，因而影响土层的固结速率，此即为涂抹影响。涂抹对土层固结速率的影响大小取决于涂抹区直径 d_s 和涂抹区土的水平向渗透系数 k_s 与天然土层水平渗透系数 k_h 的比值。图 4 反映了这两个因素对土层固结时间因子的影响，图中 $T_{h90}(s)$ 为不考虑井阻仅考虑涂抹影响时，土层径向排水平均固结度 $\overline{U}_r = 0.9$ 时之固结时间因子。由图可见，涂抹对土层固结速率影响显著，在固结度计算中，涂抹影响应予考虑。对涂抹区直径 d_s，有的文献取 $d_s = (2 \sim 3)d_m$，其中，d_m 为竖井施工套管横

截面积当量直径。对涂抹区土的渗透系数，由于土被扰动的程度不同，愈靠近竖井，k_s 愈小。关于 d_s 和 k_s 大小还有待进一步积累资料。

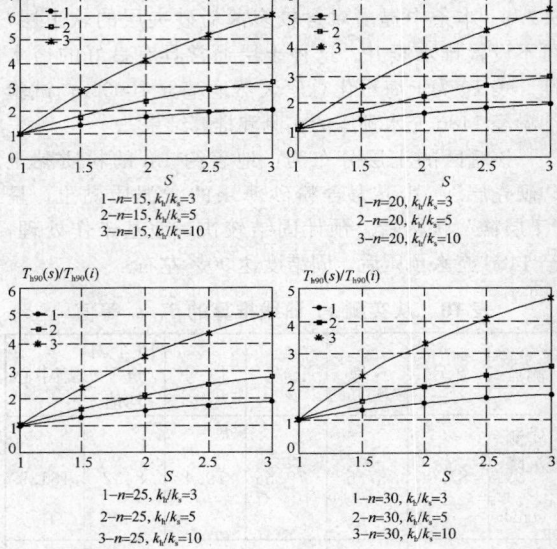

图 4　涂抹对土层固结速率的影响

如不考虑涂抹仅考虑井阻影响，即 $F = F_n + F_r$，由反映井阻影响的参数 F_r 的计算式可见，井阻大小取决于竖井深度和竖井纵向通水量 q_w 与天然土层水平向渗透系数 k_h 的比值。如以竖井地基径向平均固结度达到 $\overline{U}_r = 0.9$ 为标准，则可求得不同竖井深度，不同井径比和不同 q_w/k_h 比值时，考虑井阻影响（$F = F_n + F_r$）和理想井条件（$F = F_n$）之固结时间因子 $T_{h90}(r)$ 和 $T_{h90}(i)$。比值 $T_{h90}(r)/T_{h90}(i)$ 与 q_w/k_h 的关系曲线见图 5。

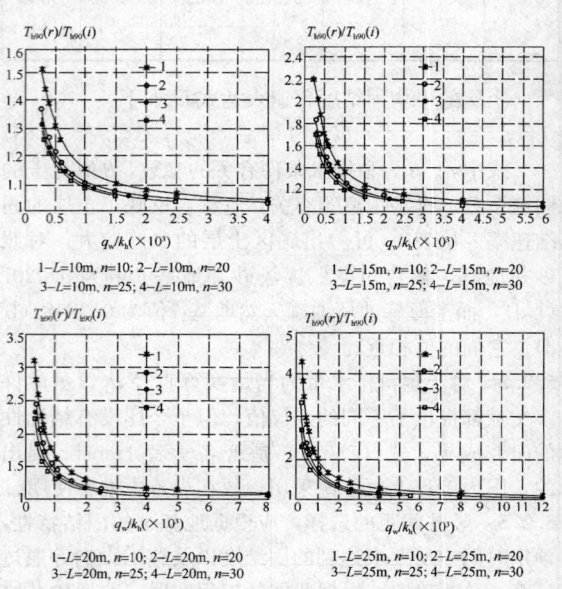

图 5　井阻对土层固结速率的影响

由图可知，对不同深度的竖井地基，如以 $T_{h90}(r)/T_{h90}(i) \leqslant 1.1$ 作为可不考虑井阻影响的标准，则可得到相应的 q_w/k_h 值，因而可得到竖井所需要的通水量 q_w 理论值，即竖井在实际工作状态下应具有的纵向通水量值。对塑料排水带来说，它不同于实验室按一定实验标准测定的通水量值。工程上所选用的通过实验测定的产品通水量应比理论通水量高。设计中如何选用产品的纵向通水量是工程上所关心而又很复杂的问题，它与排水带深度、天然土层和涂抹后土渗透系数、排水带实际工作状态和工期要求等很多因素有关。同时，在预压过程中，土层的固结速率也是不同的，预压初期土层固结较快，需通过塑料排水带排出的水量较大，而塑料排水带的工作状态相对较好。关于塑料排水带的通水量问题还有待进一步研究和在实际工程中积累更多的经验。

对砂井，其纵向通水量可按下式计算：

$$q_w = k_w \cdot A_w = k_w \cdot \pi d_w^2/4 \qquad (4)$$

式中，k_w 为砂料渗透系数。作为具体算例，取井径比 $n=20$；袋装砂井直径 $d_w=70\text{mm}$ 和 100mm 两种；土层渗透系数 $k_h=1\times10^{-6}\text{cm/s}$、$5\times10^{-7}\text{cm/s}$、$1\times10^{-7}\text{cm/s}$ 和 $1\times10^{-8}\text{cm/s}$，考虑井阻影响时的时间因子 $T_{h90}(r)$ 与理想井时间因子 $T_{h90}(i)$ 的比值列于表12，相应的 q_w/k_h 列于表13中。从表的计算结果看，对袋装砂井，宜选用较大的直径和较高的砂料渗透系数。

表 12　井阻时间因子 $T_{h90}(r)$ 与理想井时间因子 $T_{h90}(i)$ 的比值

砂井砂料渗透系数 (cm/s)	土层渗透系数 (cm/s)	袋装砂井直径 (mm) 70 砂井深度 (m) 10	20	100 10	20
1×10^{-2}	1×10^{-6}	3.85	12.41	2.40	6.60
	5×10^{-7}	2.43	6.71	1.70	3.80
	1×10^{-7}	1.29	2.14	1.14	1.56
	1×10^{-8}	1.03	1.11	1.01	1.06
5×10^{-2}	1×10^{-6}	1.57	3.29	1.28	2.12
	5×10^{-7}	1.29	2.14	1.14	1.56
	1×10^{-7}	1.06	1.23	1.03	1.11
	1×10^{-8}	1.01	1.02	1.00	1.01

表 13　q_w/k_h（m²）

砂井砂料渗透系数 (cm/s)	土层渗透系数 (cm/s)	袋装砂井直径 (mm) 70	100
1×10^{-2}	1×10^{-6}	38.5	78.5
	5×10^{-7}	77.0	157.0
	1×10^{-7}	385.0	785.0
	1×10^{-8}	3850.0	7850.0
5×10^{-2}	1×10^{-6}	192.3	392.5
	5×10^{-7}	384.6	785.0
	1×10^{-7}	1923.0	3925.0
	1×10^{-8}	19230.0	39250.0

算例：

已知：地基为淤泥质黏土层，水平向渗透系数 $k_h=1\times10^{-7}\text{cm/s}$，$c_v=c_h=1.8\times10^{-3}\text{cm}^2/\text{s}$，袋装砂井直径 $d_w=70\text{mm}$，砂料渗透系数 $k_w=2\times10^{-2}\text{cm/s}$，涂抹区土的渗透系数 $k_s=1/5\times k_h=0.2\times10^{-7}\text{cm/s}$。取 $s=2$，袋装砂井为等边三角形排列，间距 $l=1.4\text{m}$，深度 $H=20\text{m}$，砂井底部为不透水层，砂井打穿受压土层。预压荷载总压力 $p=100\text{kPa}$，分两级等速加载，如图3所示。

求：加载开始后120d受压土层之平均固结度。

计算：

袋装砂井纵向通水量

$$q_w = k_w \times \pi d_w^2/4$$

$$= 2\times10^{-2} \times 3.14 \times 7^2/4 = 0.769 \text{ cm}^3/\text{s}$$

$$F_n = \ln(n) - 3/4 = \ln(21) - 3/4 = 2.29$$

$$F_r = \frac{\pi^2 L^2}{4} \frac{k_h}{q_w} = \frac{3.14^2 \times 2000^2}{4} \times \frac{1\times10^{-7}}{0.769} = 1.28$$

$$F_s = \left(\frac{k_h}{k_s} - 1\right)\ln s = \left(\frac{1\times10^{-7}}{0.2\times10^{-7}} - 1\right)\ln 2 = 2.77$$

$$F = F_n + F_r + F_s = 2.29 + 1.28 + 2.77 = 6.34$$

$$\alpha = \frac{8}{\pi^2} = 0.81$$

$$\beta = \frac{8c_h}{Fd_e^2} + \frac{\pi^2 c_v}{4H^2}$$

$$= \frac{8\times1.8\times10^{-3}}{6.34\times147^2} + \frac{3.14^2 \times 1.8\times10^{-3}}{4\times2000^2}$$

$$= 1.06\times10^{-7} \text{ (l/s)} = 0.0092 \text{ (l/d)}$$

$$\overline{U}_t = \frac{\dot{q}_1}{\sum \Delta p}\left[(t_1 - t_0) - \frac{\alpha}{\beta}e^{-\beta t}(e^{\beta t_1} - e^{\beta t_0})\right]$$

$$+ \frac{\dot{q}_2}{\sum \Delta p}\left[(t_3 - t_2) - \frac{\alpha}{\beta}e^{-\beta t}(e^{\beta t_3} - e^{\beta t_2})\right]$$

$$= \frac{6}{100}\left[(10-0)-\frac{0.81}{0.0092}\right.$$

$$e^{-0.0092\times120}(e^{0.0092\times10}-e^0)\Big]$$

$$+\frac{4}{100}\left[(40-30)-\frac{0.81}{0.0092}\right.$$

$$e^{-0.0092\times120}(e^{0.0092\times40}-e^{0.0092\times30})\Big]$$

$$=0.68$$

5.2.9 对竖井未穿透受压土层的地基，当竖井底面以下受压土层较厚时，竖井范围土层平均固结度与竖井底面以下土层的平均固结度相差较大，预压期间所完成的固结变形量也因之相差较大，如若将固结度按整个受压土层平均，则与实际固结度沿深度的分布不符，且掩盖了竖井底面以下土层固结缓慢，预压期间完成的固结变形量小，建筑物使用以后剩余沉降持续时间长等实际情况。同时，按整个受压土层平均，使竖井范围土层固结度比实际降低而影响稳定分析结果。因此，竖井范围与竖井底面以下土层的固结度和相应的固结变形应分别计算，不宜按整个受压土层平均计算。

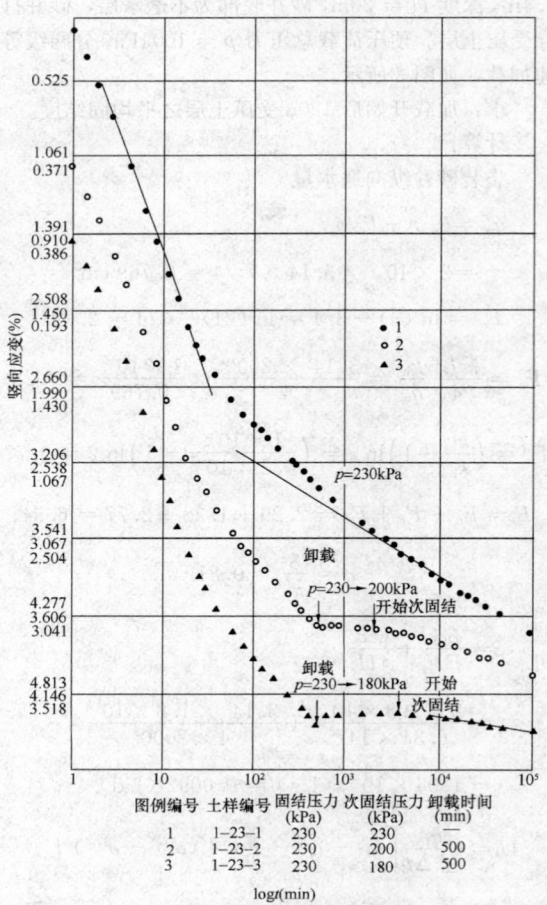

图 6　某工程淤泥质黏土的室内试验结果

5.2.11 饱和软黏土根据其天然固结状态可分成正常固结土、超固结土和欠固结土。显然，对不同固结状态的土，在预压荷载下其强度增长是不同的，由于超固结土和欠固结土强度增长缺乏实测资料，本规范暂未能提出具体预计方法。

对正常固结饱和黏性土，本规范所采用的强度计算公式已在工程上得到广泛的应用。该法模拟了压应力作用下土体排水固结引起的强度增长，而不模拟剪缩作用引起的强度增长，它可直接用十字板剪切试验结果来检验计算值的准确性。该式可用于竖井地基有效固结压力法稳定分析。

$$\tau_{ft} = \tau_{f0} + \Delta\sigma_z \cdot U_t \tan\varphi_{cu} \tag{5}$$

式中 τ_{f0} 为地基土的天然抗剪强度，由计算点土的自重应力和三轴固结不排水试验指标 φ_{cu} 计算或由原位十字板剪切试验测定。

5.2.12 预压荷载下地基的变形包括瞬时变形、主固结变形和次固结变形三部分。次固结变形大小和土的性质有关。泥炭土、有机质土或高塑性黏性土土层，次固结变形较显著，而其他土则所占比例不大，如忽略次固结变形，则受压土层的总变形由瞬时变形和主固结变形两部分组成。主固结变形工程上通常采用单向压缩分层总和法计算，这只有当荷载面积的宽度或直径大于受压土层的厚度时才较符合计算条件，否则应对变形计算值进行修正以考虑三向压缩的效应。但研究结果表明，对于正常固结或稍超固结土地基，三向修正是不重要的。因此，仍可按单向压缩计算。经验系数 ξ 考虑了瞬时变形和其他影响因素，根据多项工程实测资料推算，正常固结黏性土地基的 ξ 值列于表 14。

表 14　正常固结黏性土地基的 ξ 值

序号	工程名称	固结变形量 s_c (cm)	最终竖向变形量 s_f (cm)	经验系数 $\xi = s_f/s_c$	备注
1	宁波试验路堤	150.2	209.2	1.38	砂井地基，s_f 由实测曲线推算
2	舟山冷库	104.8	132.0	1.32	砂井预压，压力 $p = 110$kPa
3	广东某铁路路堤	97.5	113.0	1.16	—
4	宁波栎社机场	102.9	111.0	1.08	袋装砂井预压，此为场道中心点 ξ 值，道边点 $\xi = 1.11$
5	温州机场	110.8	123.6	1.12	袋装砂井预压，此为场道中心点 ξ 值，道边点 $\xi = 1.07$

序号	工程名称		固结变形量 s_c (cm)	最终竖向变形量 s_f (cm)	经验系数 $\xi = s_f/s_c$	备 注
6	上海金山油罐	罐中心	100.5	138.9	1.38	10000m³ 油罐 p = 164.3kPa，天然地基充水预压。罐边缘沉降为 16 个测点平均值，s_f 由实测曲线推算
		罐边缘	65.8	91.0	1.38	
7	上海油罐	罐中心	76.2	111.1	1.46	20000m³ 油罐，p = 210kPa，罐边缘沉降为 12 个测点平均值，s_f 由实测曲线推算
		罐边缘	63.0	76.3	1.21	
8	帕斯科克拉炼油厂油罐		18.3	24.4	1.33	p = 210kPa，s_f 为实测值
9	格兰岛油罐		48.3	53.4	1.10	s_c、s_f 均为实测值
			47.0	53.4	1.13	

5.2.16 预压地基大部分为软土地基，地基变形计算仅考虑固结变形，没有考虑荷载施加后的次固结变形。对于堆载预压工程的卸载时间应从安全性考虑，其固结度不宜少于 90%，现场检测的变形速率应有明显变缓趋势才能卸载。

Ⅱ 真空预压

5.2.17 真空预压处理地基必须设置塑料排水带或砂井，否则难以奏效。交通部第一航务工程局曾在现场做过试验，不设置砂井，抽气两个月，变形仅几个毫米，达不到处理目的。

5.2.19 真空度在砂井内的传递与井料的颗粒组成和渗透性有关。根据天津的资料，当井料的渗透系数 k = $1×10^{-2}$cm/s 时，10m 长的袋装砂井真空度降低约 10%，当砂井深度超过 10m 时，为了减小真空度沿深度的损失，对砂井砂料应有更高的要求。

5.2.21 真空预压效果与预压区面积大小及长宽比等有关。表 15 为天津新港现场预压试验的实测结果。

表 15 预压区面积大小影响

预压区面积（m²）	264	1250	3000
中心点沉降量（mm）	500	570	740~800

此外，在真空预压区边缘，由于真空度会向外部扩散，其加固效果不如中部，为了使预压区加固效果比较均匀，预压区应大于建筑物基础轮廓线，并不小

于 3.0m。

5.2.22 真空预压的效果和膜内真空度大小关系很大，真空度越大，预压效果越好。如真空度不高，加上砂井井阻影响，处理效果将受到较大影响。根据国内许多工程经验，膜内真空度一般都能达到 86.7kPa（650mmHg）以上。这也是真空预压应达到的基本真空度。

5.2.25 对堆载预压工程，由于地基将产生体积不变的向外的侧向变形而引起相应的竖向变形，所以，按单向压缩分层总和法计算固结变形后尚应乘 1.1~1.4 的经验系数 ξ 以反映地基向外侧向变形的影响。对真空预压工程，在抽真空过程中将产生向内的侧向变形，这是因为抽真空时，孔隙水压力降低，水平方向增加了一个向负压源的压力 $\Delta\sigma_3 = -\Delta u$，考虑到其对变形的减少作用，将堆载预压的经验系数适当减小。根据《真空预压加固软土地基技术规程》JTS 147-2-2009 推荐的 ξ 的经验值，取 1.0~1.3。

5.2.28 真空预压加固软土地基应进行施工监控和加固效果检测，满足卸载标准时方可卸载。真空预压加固卸载标准可按下列要求确定：

1 沉降-时间曲线达到收敛，实测地面沉降速率连续 5d~10d 平均沉降量小于或等于 2mm/d；

2 真空预压所需的固结度宜大于 85%~90%，沉降要求严格时取高值；

3 加固时间不少于 90d；

4 对工后沉降有特殊要求时，卸载时间除需满足以上标准外，还需通过计算剩余沉降量来确定卸载时间。

Ⅲ 真空和堆载联合预压

5.2.29 真空和堆载联合预压加固，二者的加固效果可以叠加，符合有效应力原理，并经工程试验验证。真空预压是逐渐降低土体的孔隙水压力，不增加总应力条件下增加土体有效应力；而堆载预压是增加土体总应力和孔隙水压力，并随着孔隙水压力的逐渐消散而使有效应力逐渐增加。当采用真空-堆载联合预压时，既抽真空降低孔隙水压力，又通过堆载增加总应力。开始时抽真空使土中孔隙水压力降低有效应力增大，经不长时间（7d~10d）在土体保持稳定的情况下堆载，使土体产生正孔隙水压力，并与抽真空产生的负孔隙水压力叠加。正负孔隙水压力的叠加，转化的有效应力为消散的正、负孔隙水压力绝对值之和。现以瞬间加荷为例，对土中任一点 m 的应力转化加以说明。m 点的深度为地面下 h_m，地下水位假定与地面齐平，堆载引起 m 点的总应力增量为 $\Delta\sigma_1$，土的有效重度 γ'，水重度 γ_w，大气压力 p_a，抽真空土中 m 点大气压力逐渐降低至 p_n，时间的固结度为 U_1，不同时间土中 m 点总应力和有效应力如表 16 所示。

表 16 土中任意点 (m) 有效应力-孔隙
水压力随时间转换关系

情况	总应力 σ	有效应力 σ'	孔隙水压力 u
$t = 0$ （未抽真空 未堆载）	σ_0	$\sigma'_0 = \gamma' h_m$	$u_0 = \gamma_w h_m + p_a$
$0 \leqslant t \leqslant \infty$ （既抽真空 又堆载）	$\sigma_t = $ $\sigma_0 + \Delta\sigma_1$	$\sigma'_t = \gamma' h_m +$ $[(p_a - p_n)$ $+ \Delta\sigma_1]U_1$	$u_t = \gamma' h_m + p_n +$ $[(p_a - p_n)$ $+ \Delta\sigma_1](1 - U_1)$
$t \to \infty$ （既抽真空 又堆载）	$\sigma_t = $ $\sigma_0 + \Delta\sigma_1$	$\sigma'_t = \gamma' h_m +$ $(p_a - p_n) + \Delta\sigma_1$	$u = \gamma_w h_m + p_a$

5.2.34 目前真空-堆载联合预压的工程，经验系数 ξ 尚缺少资料，故仍按真空预压的参数推算。

5.3 施 工

Ⅰ 堆 载 预 压

5.3.6 塑料排水带施工所用套管应保证插入地基中的带子平直、不扭曲。塑料排水带的纵向通水量除与侧压力大小有关外，还与排水带的平直、扭曲程度有关。扭曲的排水带将使纵向通水量减小。因此施工所用套管应采用菱形断面或出口段扁矩形断面，不应全长都采用圆形断面。

袋装砂井施工所用套管直径宜略大于砂井直径，主要是为了减小对周围土的扰动范围。

5.3.9 对堆载预压工程，当荷载较大时，应严格控制加载速率，防止地基发生剪切破坏或产生过大的塑性变形。工程上一般根据竖向变形、边桩水平位移和孔隙水压力等监测资料按一定标准控制。最大竖向变形控制每天不超过 10mm～15mm，对竖井地基取高值，天然地基取低值；边桩水平位移每天不超过 5mm。孔隙水压力的控制，目前尚缺少经验。对分级加载的工程（如油罐充水预压），可将测点的观测资料整理成每级荷载下孔隙水压力增量累加值 $\Sigma\Delta u$ 与相应荷载增量累加值 $\Sigma\Delta p$ 关系曲线（$\Sigma\Delta u \Sigma\Delta p$ 关系曲线）。对连续逐渐加载工程，可将测点孔压 u 与观测时间相应的荷载 p 整理成 u-p 曲线。当以上曲线斜率出现陡增时，认为该点已发生剪切破坏。

应当指出，按观测资料进行地基稳定性控制是一项复杂的工作，控制指标取决于多种因素，如地基土的性质、地基处理方法、荷载大小以及加载速率等。软土地基的失稳通常经历从局部剪切破坏到整体剪切破坏的过程，这个过程要有数天时间。因此，应对孔隙水压力、竖向变形、边桩水平位移等观测资料进行综合分析，密切注意它们的发展趋势，这是十分重要

的。对铺设有土工织物的堆载工程，要注意突发性的破坏。

Ⅱ 真 空 预 压

5.3.11 由于各种原因射流真空泵全部停止工作，膜内真空度随之全部卸除，这将直接影响地基预压效果，并延长预压时间，为避免膜内真空度在停泵后很快降低，在真空管路中应设置止回阀和截门。当预计停泵时间超过 24h 时，则应关闭截门。所用止回阀及截门都应符合密封要求。

5.3.12 密封膜铺三层的理由是，最下一层和砂垫层相接触，膜容易被刺破，最上一层膜易受环境影响，如老化、刺破等，而中间一层膜是最安全最起作用的一层膜。膜的密封有多种方法，就效果来说，以膜上全面覆水最好。

Ⅲ 真空和堆载联合预压

5.3.15～5.3.17 堆载施工应保护真空密封膜，采取必要的保护措施。

5.3.18 堆载施工应在整体稳定的基础上分级进行，控制标准暂按堆载预压的标准控制。

5.4 质 量 检 验

5.4.1 对于以抗滑稳定性控制的重要工程，应在预压区内预留孔位，在堆载不同阶段进行原位十字板剪切试验和取土进行室内土工试验，根据试验结果验算下一级荷载地基的抗滑稳定性，同时也检验地基处理效果。

在预压期间应及时整理竖向变形与时间、孔隙水压力与时间等关系曲线，并推算地基的最终竖向变形、不同时间的固结度以分析地基处理效果，并为确定卸载时间提供依据。工程上往往利用实测变形与时间关系曲线按以下公式推算最终竖向变形量 s_f 和参数 β 值：

$$s_f = \frac{s_3(s_2 - s_1) - s_2(s_3 - s_2)}{(s_2 - s_1) - (s_3 - s_2)} \tag{6}$$

$$\beta = \frac{1}{t_2 - t_1}\ln\frac{s_2 - s_1}{s_3 - s_2} \tag{7}$$

式中 s_1、s_2、s_3 为加荷停止后时间 t_1、t_2、t_3 相应的竖向变形量，并取 $t_2 - t_1 = t_3 - t_2$。停荷后预压时间延续越长，推算的结果越可靠。有了 β 值即可计算出受压土层的平均固结系数，也可计算出任意时间的固结度。

利用加载停歇时间的孔隙水压力 u 与时间 t 的关系曲线按下式可计算出参数 β：

$$\frac{u_1}{u_2} = e^{\beta(t_2 - t_1)} \tag{8}$$

式中 u_1、u_2 为相应时间 t_1、t_2 的实测孔隙水压力值。β 值反映了孔隙水压力测点附近土体的固结速率，而按式（7）计算的 β 值则反映了受压土层的平均固结

速率。

5.4.2 本条是预压地基的竣工验收要求。检验预压所完成的竖向变形和平均固结度是否满足设计要求；原位试验检验和室内土工试验预压后的地基强度是否满足设计要求。

6 压实地基和夯实地基

6.1 一般规定

6.1.1 本条对压实地基的适用范围作出规定，浅层软弱地基以及局部不均匀地基换填处理应按照本规范第 4 章的有关规定执行。

6.1.2 夯实地基包括强夯和强夯置换地基，本条对强夯和强夯置换法的适用范围作出规定。

6.1.3 压实、夯实地基的承载力确定应符合本规范附录 A 的要求。

6.2 压实地基

6.2.1 压实填土地基包括压实填土及其下部天然土层两部分，压实填土地基的变形也包括压实填土及其下部天然土层的变形。压实填土需通过设计，按设计要求进行分层压实，对其填料性质和施工质量有严格控制，其承载力和变形需满足地基设计要求。

压实机械包括静力碾压，冲击碾压，振动碾压等。静力碾压压实机械是利用碾轮的重力作用；振动式压路机是通过振动作用使被压土层产生永久变形而密实。碾压和冲击作用的冲击式压路机其碾轮分为：光碾、槽碾、羊足碾和轮胎碾等。光碾压路机压实的表面平整光滑，使用最广，适用于各种路面、垫层、飞机场道面和广场等工程的压实。槽碾、羊足碾单位压力较大，压实层厚，适用于路基、堤坝的压实。轮胎式压路机轮胎气压可调节，可增减压重，单位压力可变，压实过程有揉搓作用，使压实土层均匀密实且不伤路面，适用于道路、广场等垫层的压实。

近年来，开山填谷、炸山填海、围海造田、人造景观等大面积填土工程越来越多，填土边坡最大高度已经达到 100 多米，大面积填方压实地基的工程案例很多，但工程事故也不少，应引起足够的重视。包括填方下的原天然地基的承载力、变形和稳定性要经过验算并满足设计要求后才可以进行填土的填筑和压实，一般情况下应进行基底处理。同时，应重视大面积填方工程的排水设计和半挖半填地基上建筑物的不均匀变形问题。

6.2.2 本条为压实填土地基的设计要求。

1 利用当地的土、石或性能稳定的工业废渣作为压实填土的填料，既经济，又省工省时，符合因地制宜、就地取材和保护环境、节约资源的建设原则。

工业废渣粘结力小，易于流失，露天填筑时宜采

用黏性土包边护坡，填筑顶面宜用 0.3m～0.5m 厚的粗粒土封闭。以粉质黏土、粉土作填料时，其含水量宜为最优含水量，最优含水量的经验参数值为 20%～22%，可通过击实试验确定。

2 对于一般的黏性土，可用 8t～10t 的平碾或 12t 的羊足碾，每层铺土厚度 300mm 左右，碾压 8 遍～12 遍。对饱和黏土进行表面压实，可考虑适当的排水措施以加快土体固结。对于淤泥及淤泥质土，一般应予挖除或者结合碾压进行挤淤充填，先堆土、块石和片石等，然后用机械压入置换和挤出淤泥，堆积碾压分层进行，直到把淤泥挤出、置换完毕为止。

采用粉质黏土和黏粒含量 $\rho_c \geqslant 10\%$ 的粉土作填料时，填料的含水量至关重要。在一定的压实功下，填料在最优含水量时，干密度可达最大值，压实效果最好。填料的含水量太大，容易压成"橡皮土"，应将其适当晾干后再分层夯实；填料的含水量太小，土颗粒之间的阻力大，则不易压实。当填料含水量小于 12% 时，应将其适当增湿。压实填土施工前，应在现场选取有代表性的填料进行击实试验，测定其最优含水量，用以指导施工。

粗颗粒的砂、石等材料具透水性，而湿陷性黄土和膨胀土遇水反应敏感，前者引起湿陷，后者引起膨胀，二者对建筑物都会产生有害变形。为此，在湿陷性黄土场地和膨胀土场地进行压实填土的施工，不得使用粗颗粒的透水性材料作填料。对主要由炉渣、碎砖、瓦块组成的建筑垃圾，每层的压实遍数一般不少于 8 遍。对含炉灰等细颗粒的填土，每层的压实遍数一般不少于 10 遍。

3 填土粗骨料含量高时，如果其不均匀系数小（例如小于 5）时，压实效果较差，应选用压实功大的压实设备。

4 有些中小型工程或偏远地区，由于缺乏击实试验设备，或由于工期和其他原因，确无条件进行击实试验，在这种情况下，允许按本条公式（6.2.2-1）计算压实填土的最大干密度，计算结果与击实试验数值不一定完全一致，但可按当地经验作比较。

土的最大干密度试验有室内试验和现场试验两种，室内试验应严格按照现行国家标准《土工试验方法标准》GB/T 50123 的有关规定，轻型和重型击实设备应严格限定其使用范围。以细颗粒土作填料的压实填土，一般采用环刀取样检验其质量。而以粗颗粒砂石作填料的压实填土，当室内试验结果不能正确评价现场土料的最大干密度时，不能按照检验细颗粒土的方法采用环刀取样，应在现场对土料作不同击实功下的击实试验（根据土料性质取不同含水量），采用灌水法和灌砂法测定其密度，并按其最大干密度作为控制干密度。

6 压实填土边坡设计应控制坡高和坡比，而边坡的坡比与其高度密切相关，如土性指标相同，边坡

越高，坡角越大，坡体的滑动势就越大。为了提高其稳定性，通常将坡比放缓，但坡比太缓，压实的土方量则大，不一定经济合理。因此，坡比不宜太缓，也不宜太陡，坡高和坡比应有一合适的关系。本条表6.2.2-3的规定吸收了铁路、公路等部门的有关资料和经验，是比较成熟的。

7 压实填土由于其填料性质及其厚度不同，它们的边坡坡度允许值也有所不同。以碎石等为填料的压实填土，在抗剪强度和变形方面要好于以粉质黏土为填料的压实填土，前者，颗粒表面粗糙，阻力较大，变形稳定快，且不易产生滑移，边坡坡度允许值相对较大；后者，阻力较小，变形稳定慢，边坡坡度允许值相对较小。

8 冲击碾压技术源于20世纪中期，我国于1995年由南非引入。目前我国国产的冲击压路机数量已达数百台。由曲线为边而构成的正多边形冲击轮在位能落差与行驶动能相结合下对工作面进行静压、揉搓、冲击，其高振幅、低频率冲击碾压使工作面下深层土石的密实度不断增加，受冲压土体逐渐接近于弹性状态，是大面积土石方工程压实技术的新发展。与一般压路机相比，考虑上料、摊铺、平整的工序等因素其压实土石的效率提高（3~4）倍。

9 压实填土的承载力是设计的重要参数，也是检验压实填土质量的主要指标之一。在现场通常采用静载荷试验或其他原位测试进行评价。

10 压实填土的变形包括压实填土层变形和下卧土层变形。

6.2.3 本条为压实填土的施工要求。

1 大面积压实填土的施工，在有条件的场地或工程，应首先考虑采用一次施工，即将基础底面以下和以上的压实填土一次施工完毕后，再开挖基坑及基槽。对无条件一次施工的场地或工程，当基础超出±0.00标高后，也宜将基础底面以上的压实填土施工完毕，避免在主体工程完工后，再施工基础底面以上的压实填土。

2 压实填土层底面下卧层的土质，对压实填土地基的变形有直接影响，为消除隐患，铺填料前，首先应查明并清除场地内填土层底面以下耕土和软弱土层。压实设备选定后，应在现场通过试验确定分层填料的虚铺厚度和分层压实的遍数，取得必要的施工参数后，再进行压实填土的施工，以确保压实填土的施工质量。压实设备施工对下卧层的饱和土体易产生扰动时可在填土底部设置碎石盲沟。

冲击碾压施工应考虑对居民、建（构）筑物等周围环境可能带来的影响。可采取以下两种减振隔振措施：①开挖宽0.5m、深1.5m左右的隔振沟进行隔振；②降低冲击压路机的行驶速度，增加冲击遍数。

在斜坡上进行压实填土，应考虑压实填土沿斜坡滑动的可能，并应根据天然地面的实际坡度验算其稳定性。当天然地面坡度大于20%时，填料前，宜将斜坡的坡面挖出若干台阶，使压实填土与斜坡坡面紧密接触，形成整体，防止压实填土向下滑动。此外，还应将斜坡顶面以上的雨水有组织地引向远处，防止雨水流向压实的填土内。

3 在建设期间，压实填土场地阻碍原地表水的畅通排泄往往很难避免，但遇到此种情况时，应根据当地地形及时修筑雨水截水沟、排水盲沟等，疏通排水系统，使雨水或地下水顺利排走。对填土高度较大的边坡应重视排水对边坡稳定性的影响。

设置在压实填土场地的上、下水管道，由于材料及施工等原因，管道渗漏的可能性很大，应采取必要的防渗漏措施。

6 压实填土的施工缝各层应错开搭接，不宜在相同部位留施工缝。在施工缝处应适当增加压实遍数。此外，还应避免在工程的主要部位或主要承重部位留施工缝。

7 振动监测：当场地周围有对振动敏感的精密仪器、设备、建筑物等或有其他需要时宜进行振动监测。测点布置应根据监测目的和现场情况确定，一般可在振动强度较大区域内的建筑物基础或地面上布设观测点，并对其振动速度峰值和主振频率进行监测，具体控制标准及监测方法可参照现行国家标准《爆破安全规程》GB 6722执行。对于居民区、工业集中区等受振动可能影响人居环境时可参照现行国家标准《城市区域环境振动标准》GB 10070和《城市区域环境振动测量方法》GB/T 10071要求执行。

噪声监测：在噪声保护要求较高区域内可进行噪声监测。噪声的控制标准和监测方法可按现行国家标准《建筑施工场界环境噪声排放标准》GB 12523执行。

8 压实填土施工结束后，当不能及时施工基础和主体工程时，应采取必要的保护措施，防止压实填土表层直接日晒或受雨水浸泡。

6.2.4 压实填土地基竣工验收应采用静载荷试验检验填土地基承载力，静载荷试验点宜选择通过静力触探试验或轻便触探等原位试验确定的薄弱点。当采用静载荷试验检验压实填土的承载力时，应考虑压板尺寸与压实填土厚度的关系。压实填土厚度大，承压板尺寸也要相应增大，或采取分层检验。否则，检验结果只能反映上层或某一深度范围内压实填土的承载力。为保证静载荷试验的有效性，静载荷试验承压板的边长或直径不应小于压实地基检验厚度的1/3，且不应小于1.0m。当需要检验压实填土的湿陷性时，应采用现场浸水载荷试验。

6.2.5 压实填土的施工必须在上道工序满足设计要求后再进行下道工序施工。

6.3 夯实地基

6.3.1 强夯法是反复将夯锤（质量一般为10t~60t）

提到一定高度使其自由落下（落距一般为 10m～40m），给地基以冲击和振动能量，从而提高地基的承载力并降低其压缩性，改善地基性能。强夯置换法是采用在夯坑内回填块石、碎石等粗颗粒材料，用夯锤连续夯击形成强夯置换墩。

由于强夯法具有加固效果显著、适用土类广、设备简单、施工方便、节省劳力、施工期短、节约材料、施工文明和施工费用低等优点，我国自 20 世纪 70 年代引进此法后迅速在全国推广应用。大量工程实例证明，强夯法用于处理碎石土、砂土、低饱和度的粉土与黏性土、湿陷性黄土、素填土和杂填土等地基，一般均能取得较好的效果。对于软土地基，如果未采取辅助措施，一般来说处理效果不好。强夯置换法是 20 世纪 80 年代后期开发的方法，适用于高饱和度的粉土与软塑～流塑的黏性土等地基上对变形控制要求不严的工程。

强夯法已在工程中得到广泛的应用，有关强夯机理的研究也在不断深入，并取得了一批研究成果。目前，国内强夯工程应用夯击能已经达到 18000kN·m，在软土地区开发的降水低能级强夯和在湿陷性黄土地区普遍采用的增湿强夯，解决了工程中地基处理问题，同时拓宽了强夯法应用范围，但还没有一套成熟的设计计算方法。因此，规定强夯施工前，应在施工现场有代表性的场地上进行试夯或试验性施工。

6.3.2 强夯置换法具有加固效果显著、施工期短、施工费用低等优点，目前已用于堆场、公路、机场、房屋建筑和油罐等工程，一般效果良好。但个别工程因设计、施工不当，加固后出现下沉较大或墩体与墩间土下沉不等的情况。因此，特别强调采用强夯置换法前，必须通过现场试验确定其适用性和处理效果，否则不得采用。

6.3.3 强夯地基处理设计应符合下列规定：

1 强夯法的有效加固深度既是反映处理效果的重要参数，又是选择地基处理方案的重要依据。强夯法创始人梅那（Menard）曾提出下式来估算影响深度 H(m)：

$$H \approx \sqrt{Mh} \tag{9}$$

式中：M——夯锤质量（t）；

h——落距（m）。

国内外大量试验研究和工程实测资料表明，采用上述梅那公式估算有效加固深度将会得出偏大的结果。从梅那公式中可以看出，其影响深度仅与夯锤重和落距有关。而实际上影响有效加固深度的因素很多，除了夯锤重和落距以外，夯击次数、锤底单位压力、地基土性质、不同土层的厚度和埋藏顺序以及地下水位等都与加固深度有着密切的关系。鉴于有效加固深度问题的复杂性，以及目前尚无适用的计算式，所以本款规定有效加固深度应根据现场试夯或当地经验确定。

考虑到设计人员选择地基处理方法的需要，有必要提出有效加固深度的预估方法。由于梅那公式估算值较实测值大，国内外相继发表了一些文章，建议对梅那公式进行修正，修正系数范围值大致为 0.34～0.80，根据不同土类选用不同修正系数。虽然经过修正的梅那公式与未修正的梅那公式相比较有了改进，但是大量工程实践表明，对于同一类土，采用不同能量夯击时，其修正系数并不相同。单击夯击能越大时，修正系数越小。对于同一类土，采用一个修正系数，并不能得到满意的结果。因此，本规范不采用修正后的梅那公式，继续保持列表的形式。表 6.3.3-1 中将土类分成碎石土、砂土等粗颗粒土和粉土、黏性土、湿陷性黄土等细颗粒土两类，便于使用。上版规范单击夯击能范围为 1000kN·m～8000kN·m，近年来，沿海和内陆高填土场地地基采用 10000kN·m 以上能级强夯法的工程越来越多，积累了一定实测资料，本次修订，将单击夯击能范围扩展为 1000kN·m～12000kN·m，可满足当前绝大多数工程的需要。8000kN·m 以上各能级对应的有效加固深度，是在工程实测资料的基础上，结合工程经验制定。单击夯击能大于 12000kN·m 的有效加固深度，工程实测资料较少，待积累一定量数据后，再总结推荐。

2 夯击次数是强夯设计中的一个重要参数，对于不同地基土来说夯击次数也不同。夯击次数应通过现场试夯确定，常以夯坑的压缩量最大、夯坑周围隆起量最小为确定的原则。可从现场试夯得到的夯击次数和有效夯沉量关系曲线确定，有效夯沉量是指夯沉量与隆起量的差值，其与夯沉量的比值为有效夯实系数。通常有效夯实系数不宜小于 0.75。但要满足最后两击的平均夯沉量不大于本款的有关规定。同时夯坑周围地面不发生过大的隆起。因为隆起量太大，有效夯实系数变小，说明夯击效率降低，则夯击次数要适当减少，不能为了达到最后两击平均夯沉量控制值，而在夯坑周围 1/2 夯点间距内出现太大隆起量的情况下，继续夯击。此外，还要考虑施工方便，不能因夯坑过深而发生起锤困难的情况。

3 夯击遍数应根据地基土的性质确定。一般来说，由粗颗粒土组成的渗透性强的地基，夯击遍数可少些。反之，由细颗粒土组成的渗透性弱的地基，夯击遍数要求多些。根据我国工程实践，对于大多数工程采用夯击遍数 2 遍～4 遍，最后再以低能量满夯 2 遍，一般均能取得较好的夯击效果。对于渗透性弱的细颗粒土地基，可适当增加夯击遍数。

必须指出，由于表层土是基础的主要持力层，如处理不好，将会增加建筑物的沉降和不均匀沉降。因此，必须重视满夯的夯实效果，除了采用 2 遍满夯、每遍（2～3）击外，还可采用轻锤或低落距锤多次夯击，锤印搭接等措施。

4 两遍夯击之间应有一定的时间间隔，以利于土中超静孔隙水压力的消散。所以间隔时间取决于超静孔隙水压力的消散时间。但土中超静孔隙水压力的消散速率与土的类别、夯点间距等因素有关。有条件时在试夯前埋设孔隙水压力传感器，通过试夯确定超静孔隙水压力的消散时间，从而决定两遍夯击之间的间隔时间。当缺少实测资料时，间隔时间可根据地基土的渗透性按本条规定采用。

5 夯击点布置是否合理与夯实效果有直接的关系。夯击点位置可根据基底平面形状进行布置。对于某些基础面积较大的建筑物或构筑物，为便于施工，可按等边三角形或正方形布置夯点；对于办公楼、住宅建筑等，可根据承重墙位置布置夯点，一般可采用等腰三角形布点，这样保证了横向承重墙以及纵墙和横墙交接处墙基下均有夯击点；对于工业厂房来说也可按柱网来设置夯击点。

夯击点间距的确定，一般根据地基土的性质和要求处理的深度而定。对于细颗粒土，为便于超静孔隙水压力的消散，夯点间距不宜过小。当要求处理深度较大时，第一遍的夯点间距更不宜过小，以免夯击时在浅层形成密实层而影响夯击能往深层传递。此外，若各夯点之间的距离太小，在夯击时上部土体易向侧向已夯成的夯坑中挤出，从而造成坑壁坍塌，夯锤歪斜或倾倒，而影响夯实效果。

6 由于基础的应力扩散作用和抗震设防需要，强夯处理范围应大于建筑物基础范围，具体放大范围可根据建筑结构类型和重要性等因素考虑确定。对于一般建筑物，每边超出基础外缘的宽度宜为基底下设计处理深度的 1/2~2/3，并不宜小于 3m。对可液化地基，根据现行国家标准《建筑抗震设计规范》GB 50011 的规定，扩大范围应超过基础底面下处理深度的 1/2，并不应小于 5m；对湿陷性黄土地基，尚应符合现行国家标准《湿陷性黄土地区建筑规范》GB 50025 有关规定。

7 根据上述初步确定的强夯参数，提出强夯试验方案，进行现场试夯，并通过测试，与夯前测试数据进行对比，检验强夯效果，并确定工程采用的各项强夯参数，若不符合使用要求，则应改变设计参数。在进行试夯时也可采用不同设计参数的方案进行比较，择优选用。

8 在确定工程采用的各项强夯参数后，还应根据试夯所测得的夯沉量、夯坑回填方式、夯前夯后场地标高变化，结合基础埋深，确定起夯标高。夯前场地标高宜高出基础底标高 0.3m~1.0m。

9 强夯地基承载力特征值的检测除了现场静载试验外，也可根据地基土性质，选择静力触探、动力触探、标准贯入试验等原位测试方法和室内土工试验结果结合静载试验结果综合确定。

6.3.4 本条是强夯处理地基的施工要求：

1 根据要求处理的深度和起重机的起重能力选择强夯锤质量。我国至今采用的最大夯锤质量已超过 60t，常用的夯锤质量为 15t~40t。夯锤底面形式是否合理，在一定程度上也会影响夯击效果。正方形锤具有制作简单的优点，但在使用时也存在一些缺点，主要是起吊时由于夯锤旋转，不能保证前后几次夯击的夯坑重合，故常出现锤角与夯坑侧壁相接触的现象，因而使一部分夯击能消耗在坑壁上，影响了夯击效果。根据工程实践，圆形锤或多边形锤不存在此缺点，效果较好。锤底面积可按土的性质确定，锤底静接地压力值可取 25kPa~80kPa，锤底静接地压力值应与夯击能相匹配，单击夯击能高时取大值，单击夯击能低时取小值。对粗颗粒土和饱和度低的细颗粒土，锤底静接地压力取值大时，有利于提高有效加固深度；对于饱和细颗粒土宜取较小值。为了提高夯击效果，锤底应对称设置不少于 4 个与其顶面贯通的排气孔，以利于夯锤着地时坑底空气迅速排出和起锤时减小坑底的吸力。排气孔的孔径一般为 300mm~400mm。

2 当最后两击夯沉量尚未达到控制标准，地面无明显隆起，而因为夯坑过深出现起夯困难时，说明地基土的压缩性仍较高，还可以继续夯击。但由于夯锤与夯坑壁的摩擦阻力加大和锤底接触面出现负压的原因，继续夯击，需要频繁挖锤，施工效率降低，处理不当会引起安全事故。遇到此种情况时，应将夯坑回填后继续夯击，直至达到控制标准。

6.3.5 强夯置换处理地基设计应符合下列规定：

1 将上版规范规定的置换深度不宜超过 7m，修改为不宜超过 10m，是根据国内置换夯击能从 5000kN·m 以下，提高到 10000kN·m，甚至更高，在工程实测基础上确定的。国外置换深度有达到 12m，锤的质量超过 40t 的工程实例。

对淤泥、泥炭等黏性软弱土层，置换墩应穿透软土层，着底在较好土层上，因墩底竖向应力较墩间土高，如果墩底仍在软弱土中，墩底较高竖向应力而产生较多下沉。

对深厚饱和粉土、粉砂，墩身可不穿透该层，因墩下土在施工中密度变大，强度提高有保证，故可允许不穿透该层。

强夯置换的加固原理为下列三者之和：

强夯置换＝强夯（加密）＋碎石墩＋特大直径排水井

因此，墩间和墩下的粉土或黏性土通过排水与加密，其密度及状态可以改善。由此可知，强夯置换的加固深度由两部分组成，即置换墩长度和墩下加密范围。墩下加密范围，因资料有限目前尚难确定，应通过现场试验逐步积累资料。

2 单击夯击能应根据现场试验决定，但在可行性研究或初步设计时可按图 7 中的实线（平均值）与虚线（下限）所代表的公式估计。

较适宜的夯击能　　$\overline{E} = 940(H_1 - 2.1)$　　(10)

夯击能最低值　　$E_w = 940(H_1 - 3.3)$　　(11)

式中：H_1——置换墩深度（m）。

初选夯击能宜在 $\overline{E}$ 与 E_w 之间选取，高于 $\overline{E}$ 则可能浪费，低于 E_w 则可能达不到所需的置换深度。图 7 是国内外 18 个工程的实际置换墩深度汇总而来，由图中看不出土性的明显影响，估计是因强夯置换的土类多限于粉土与淤泥质土，而这类土在施工中因液化或触变，抗剪强度都很低之故。

强夯置换宜选取同一夯击能中锤底静压力较高的锤施工，图 7 中两根虚线间的水平距离反映出在同一夯击能下，置换深度却有不同，这一点可能多少反映了锤底静压力的影响。

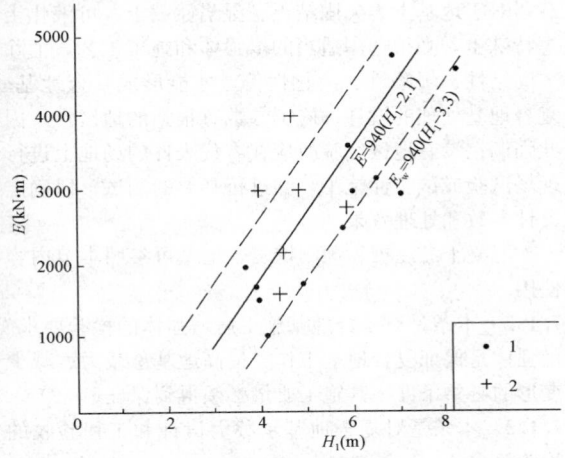

图 7　夯击能与实测置换深度的关系

1—软土；2—黏土、砂

3 墩体材料级配不良或块石过多过大，均易在墩中留下大孔，在后续墩施工或建筑物使用过程中使墩间土挤入孔隙，下沉增加，因此本条强调了级配和大于 300mm 的块石总量不超出填料总重的 30%。

4 累计夯沉量指单个夯点在每一击下夯沉量的总和，累计夯沉量为设计墩长的 (1.5～2) 倍以上，主要是保证置换墩的密实度与着底，实际是充盈系数的概念，此处以长度比代替体积比。

9 强夯置换时地面不可避免要抬高，特别在饱和黏性土中，根据现有资料，隆起的体积可达填入体积的大半，这主要是因为黏性土在强夯置换中密度改变较粉土少，虽有部分软土挤入置换墩孔隙中，或因填料吸水而降低一些含水量，但隆起的体积还是可观的，应在试夯时仔细记录，做出合理的估计。

11 规定强夯置换后的地基承载力对粉土中的置换地基按复合地基考虑，对淤泥或流塑的黏性土中的置换墩则不考虑墩间土的承载力，按单墩静载荷试验的承载力除以单墩加固面积取为加固后的地基承载力，主要是考虑：

　　1）淤泥或流塑软土中强夯置换国内有个别不

成功的先例，为安全起见，须等有足够工程经验后再行修正，以利于此法的推广应用。

　　2）某些国内工程因单墩承载力已够，而不再考虑墩间土的承载力。

　　3）强夯置换法在国外亦称为"动力置换与混合"法（Dynamic replacement and mixing method），因为墩体填料为碎石或砂砾时，置换墩形成过程中大量填料与墩间土混合，越浅处混合的越多，因而墩间土已非原来的土而是一种混合土，含水量与密实度改善很多，可与墩体共同组成复合地基，但目前由于对填料要求与施工操作尚未规范化，填料中块石过多，混合作用不强，墩间的淤泥等软土性质改善不够，因此不考虑墩间土的承载力较为稳妥。

12 强夯置换处理后的地基情况比较复杂。不考虑墩间土作用地基变形计算时，如果采用的单墩静载荷试验的载荷板尺寸与夯锤直径相同时，其地基的主要变形发生在加固区，下卧土层的变形较小，但墩的长度较小时应计算下卧土层的变形。强夯置换处理地基的建筑物沉降观测资料较少，各地应根据地区经验确定变形计算参数。

6.3.6 本条是强夯置换处理地基的施工要求：

1 强夯置换夯锤可选用圆柱形，锤底静接地压力值可取 80kPa～200kPa。

2 当表土松软时应铺设一层厚为 1.0m～2.0m 的砂石施工垫层以利施工机具运转。随着置换墩的加深，被挤出的软土渐多，夯点周围地面渐高，先铺的施工垫层在向夯坑中填料时往往被推入坑中成了填料，施工层越来越薄，因此，施工中须不断地在夯点周围加厚施工垫层，避免地面松软。

6.3.7 本条是对夯实法施工所用起重设备的要求。国内用于夯实法地基处理施工的起重机械以改装后的履带式起重机为主，施工时一般在臂杆端部设置门字形或三角形支架，提高起重能力和稳定性，降低起落夯锤时机架倾覆的安全事故发生的风险，实践证明，这是一种行之有效的办法。但同时也出现改装后的起重机实际起重量超过设备出厂额定最大起重量的情况，这种情况不利于施工安全，因此，应予以限制。

6.3.8 当场地表土软弱或地下水位高的情况，宜采用人工降低地下水位，或在表层铺填一定厚度的松散性材料。这样做的目的是在地表形成硬层，确保机械设备通行和施工，又可加大地下水和地表面的距离，防止夯击时夯坑积水。当砂土、湿陷性黄土的含水量低，夯击时，表层松散层较厚，形成的夯坑很浅，以致影响有效加固深度时，可采取表面洒水、钻孔注水等人工增湿措施。对回填地基，当可采用夯实法处理时，如果具备分层回填条件，应该选择采用分层回填方式进行回填，回填厚度尽可能控制在强夯法相应能级所对应的有效加固深度范围之内。

6.3.10 对振动有特殊要求的建筑物，或精密仪器设备等，当强夯产生的振动和挤压有可能对其产生有害影响时，应采取隔振或防振措施。施工时，在作业区一定范围设置安全警戒，防止非作业人员、车辆误入作业区而受到伤害。

6.3.11 施工过程中应有专人负责监测工作。首先，应检查夯锤质量和落距，因为若夯锤使用过久，往往因底面磨损而使质量减少，落距未达设计要求，也将影响单击夯击能；其次，夯点放线错误情况常有发生，因此，在每遍夯击前，均应对夯点放线进行认真复核；此外，在施工过程中还必须认真检查每个夯点的夯击次数，量测每击的夯沉量，检查每个夯点的夯击起止时间，防止出现少夯或漏夯，对强夯置换尚应检查置换墩长度。

由于强夯施工的特殊性，施工中所采用的各项参数和施工步骤是否符合设计要求，在施工结束后往往很难进行检查，所以要求在施工过程中对各项参数和施工情况进行详细记录。

6.3.12 基础施工必须在土层休止期满后才能进行，对黏性土地基和新近人工填土地基，休止期更显重要。

6.3.13 强夯处理后的地基竣工验收时，承载力的检验除了静载试验外，对细颗粒土尚应选择标准贯入试验、静力触探试验等原位检测方法和室内土工试验进行综合检测评价；对粗颗粒土尚应选择标准贯入试验、动力触探试验等原位检测方法进行综合检测评价。

强夯置换处理后的地基竣工验收时，承载力的检验除了单墩静载试验或单墩复合地基静载试验外，尚应采用重型或超重型动力触探、钻探检测置换墩的墩长、着底情况、密度随深度的变化情况，达到综合评价目的。对饱和粉土地基，尚应检测墩间土的物理力学指标。

6.3.14 本条是夯实地基竣工验收检验的要求。

1 夯实地基的质量检验，包括施工过程中的质量监测及夯后地基的质量检验，其中前者尤为重要。所以必须认真检查施工过程中的各项测试数据和施工记录，若不符合设计要求时，应补夯或采取其他有效措施。

2 经强夯和强夯置换处理的地基，其强度是随着时间增长而逐步恢复和提高的，因此，竣工验收质量检验应在施工结束间隔一定时间后方能进行。其间隔时间可根据土的性质而定。

3、4 夯实地基静载荷试验和其他原位测试、室内土工试验检验点的数量，主要根据场地复杂程度和建筑物的重要性确定。考虑到场地土的不均匀性和测试方法可能出现的误差，本条规定了最少检验点数。

对强夯地基，应考虑夯间土和夯击点土的差异。当需要检验夯实地基的湿陷性时，应采用现场浸水载荷试验。

国内夯实地基采用波速法检测，评价夯后地基土的均匀性，积累了许多工程资料。作为一种辅助检测评价手段，应进一步总结，与动力触探试验或标准贯入试验、静力触探试验等原位测试结果验证后使用。

7 复合地基

7.1 一般规定

7.1.1 复合地基强调由地基土和增强体共同承担荷载，对于地基土为欠固结土、湿陷性黄土、可液化土等特殊土，必须选用适当的增强体和施工工艺，消除欠固结性、湿陷性、液化性等，才能形成复合地基。复合地基处理的设计、施工参数有很强的地区性，因此强调在没有地区经验时应在有代表性的场地上进行现场试验或试验性施工，并进行必要的测试，以确定设计参数和处理效果。

混凝土灌注桩、预制桩复合地基可参照本节内容使用。

7.1.2 本条是对复合地基施工后增强体的检验要求。增强体是保证复合地基工作、提高地基承载力、减少变形的必要条件，其施工质量必须得到保证。

7.1.3 本条是对复合地基承载力设计和工程验收的检验要求。

复合地基承载力的确定方法，应采用复合地基静载荷试验的方法。桩体强度较高的增强体，可以将荷载传递到桩端土层。当桩长较长时，由于静载荷试验的载荷板宽度较小，不能全面反映复合地基的承载特性。因此单纯采用单桩复合地基静载荷试验的结果确定复合地基承载力特征值，可能会由于试验的载荷板面积或由于褥垫层厚度对复合地基静载荷试验结果产生影响。对有粘结强度增强体复合地基的增强体进行单桩静载荷试验，保证增强体桩身质量和承载力，是保证复合地基满足建筑物地基承载力要求的必要条件。

7.1.4 本条是复合地基增强体施工桩位允许偏差和垂直度的要求。

7.1.5 复合地基承载力的计算表达式对不同的增强体大致可分为两种：散体材料桩复合地基和有粘结强度增强体复合地基。本次修订分别给出其估算时的设计表达式。对散体材料桩复合地基计算时桩土应力比 n 应按试验取值或按地区经验取值。但应指出，由于地基土的固结条件不同，在长期荷载作用下的桩土应力比与试验条件时的结果有一定差异，设计时应充分考虑。处理后的桩间土承载力特征值与原土强度、类型、施工工艺密切相关，对于可挤密的松散砂土、粉土，处理后的桩间土承载力会比原土承载力有一定幅度的提高；而对于黏性土特别是饱和黏性土，施工后有一定时间的休止恢复期，过后桩间土承载力特征值可达到原土承载力；对于高灵敏性的土，由于休止期较长，设计时桩间土承载力特征值宜采用小于原土承载力特征值的设计参数。对有粘结强度增强体复合地基，本次修订根据试验结果增加了增强体单桩承载力发挥系数和桩间土承载力发挥系数，其基本依据是，在复合地基静载荷试验中取 s/b 或 s/d 等于 0.01 确定复合地基承载力时，地基土和单桩承载力发挥系数的试验结果。一般情况下，复合地基设计有褥垫层时，地基土承载力的发挥是比较充分的。

应该指出，复合地基承载力设计时取得的设计参数可靠性对设计的安全度有很大影响。当有充分试验资料作依据时，可直接按试验的综合分析结果进行设计。对刚度较大的增强体，在复合地基静载荷试验取 s/b 或 s/d 等于 0.01 确定复合地基承载力以及增强体单桩静载荷试验确定单桩承载力特征值的情况下，增强体单桩承载力发挥系数为 0.7～0.9，而地基土承载力发挥系数为 1.0～1.1。对于工程设计的大部分情况，采用初步设计的估算值进行施工，并要求施工结束后达到设计要求，设计人员的地区工程经验非常重要。首先，复合地基承载力设计中增强体单桩承载力发挥和桩间土承载力发挥与桩、土相对刚度有关，相同褥垫层厚度条件下，相对刚度差值越大，刚度大的增强体在加荷初始发挥较小，后期发挥较大；其次，由于采用勘察报告提供的参数，其对单桩承载力和天然地基承载力在相同变形条件下的富余程度不同，使得复合地基工作时增强体单桩承载力发挥和桩间土承载力发挥存在不同的情况，当提供的单桩承载力和天然地基承载力存在较大的富余值，增强体单桩承载力发挥系数和桩间土承载力发挥系数均可达到 1.0，复合地基承载力载荷试验检验结果也能满足设计要求。同时复合地基承载力载荷试验是短期荷载作用，应考虑长期荷载作用的影响。总之，复合地基设计要根据工程的具体情况，采用相对安全的设计。初步设计时，增强体单桩承载力发挥系数和桩间土承载力发挥系数的取值范围在 0.8～1.0 之间，增强体单桩承载力发挥系数取高值时桩间土承载力发挥系数应取低值，反之，增强体单桩承载力发挥系数取低值时桩间土承载力发挥系数应取高值。所以，没有充分的地区经验时应通过试验确定设计参数。

桩端端阻力发挥系数 α_p 与增强体的荷载传递性质、增强体长度以及桩土相对刚度密切相关。桩长过长影响桩端承载力发挥时应取较低值；水泥土搅拌桩其荷载传递受搅拌土的性质影响应取 0.4～0.6；其他情况可取 1.0。

7.1.6 复合地基增强体的强度是保证复合地基工作的必要条件，必须保证其安全度。在有关标准材料的

可靠度设计理论基础上，本次修订适当提高了增强体材料强度的设计要求。对具有粘结强度的复合地基增强体应按建筑物基础底面作用在增强体上的压力进行验算，当复合地基承载力验算需要进行基础埋深的深度修正时，增强体桩身强度验算应按基底压力验算。本次修订给出了验算方法。

7.1.7 复合地基沉降计算目前仍以经验方法为主。本次修订综合各种复合地基的工程经验，提出以分层总和法为基础的计算方法。各地可根据地区土的工程特性、工法试验结果以及工程经验，采用适宜的方法，以积累工程经验。

7.1.8 由于采用复合地基的建筑物沉降观测资料较少，一直沿用天然地基的沉降计算经验系数。各地使用对复合土层模量较低时符合性较好，对于承载力提高幅度较大的刚性桩复合地基出现计算值小于实测值的现象。现行国家标准《建筑地基基础设计规范》GB 50007 修订组通过对收集到的全国 31 个 CFG 桩复合地基工程沉降观测资料分析，得出地基的沉降计算经验系数与沉降计算深度范围内压缩模量当量值的关系。

7.2 振冲碎石桩和沉管砂石桩复合地基

7.2.1 振冲碎石桩对不同性质的土层分别具有置换、挤密和振动密实等作用。对粘性土主要起到置换作用，对砂土和粉土除置换作用外还有振实挤密作用。在以上各种土中都要在振冲孔内加填碎石回填料，制成密实的振冲桩，而桩间土则受到不同程度的挤密和振密。桩和桩间土构成复合地基，使地基承载力提高，变形减少，并可消除土层的液化。在中、粗砂层中振冲，由于周围砂能自行塌入孔内，也可以采用不加填料进行原地振冲加密的方法。这种方法适用于较纯净的中、粗砂层，施工简便，加密效果好。

沉管砂石桩是指采用振动或锤击沉管等方式在软弱地基中成孔后，再将砂、碎石或砂石混合料通过桩管挤压入已成的孔中，在成桩过程中逐层挤密、振密，形成大直径的砂石体所构成的密实桩体。沉管砂石桩用于处理松散砂土、粉土、可挤密的素填土及杂填土地基，主要靠桩的挤密和施工中的振动作用使桩周围土的密度增大，从而使地基的承载能力提高，压缩性降低。

国内外的实际工程经验证明，不管是采用振冲碎石桩、还是沉管砂石桩，其处理砂土及填土地基的挤密、振密效果都比较显著，均已得到广泛应用。

振冲碎石桩和沉管砂石桩用于处理软土地基，国内外也有较多的工程实例。但由于软黏土含水量高、透水性差，碎（砂）石桩很难发挥挤密效用，其主要作用是通过置换与黏性土形成复合地基，同时形成排水通道加速软土的排水固结。碎（砂）石桩单桩承载力主要取决于桩周土的侧限压力。由于软黏土抗剪强

度低，且在成桩过程土中桩周土体产生的超孔隙水压力不能迅速消散，天然结构受到扰动将导致其抗剪强度进一步降低，造成桩周土对碎（砂）石桩产生的侧限压力较小，碎（砂）石桩的单桩承载力较低，如置换率不高，其提高承载力的幅度较小，很难获得可靠的处理效果。此外，如不经过预压，处理后地基仍将发生较大的沉降，难以满足建（构）筑物的沉降允许值。工程中常用预压措施（如油罐充水）解决部分工后沉降。所以，用碎（砂）石桩处理饱和软黏土地基，应按建筑结构的具体条件区别对待，宜通过现场试验后再确定是否采用。据此本条指出，在饱和黏土地基上对变形控制要求不严的工程才可采用砂石桩置换处理。

对于塑性指数较高的硬黏性土、密实砂土不宜采用碎（砂）石桩复合地基。如北京某电厂工程，天然地基承载力 $f_{ak}＝200kPa$，基底土层为粉质黏土，采用振冲碎石桩，加固后桩土应力比 $n＝0.9$，承载力没有提高（见图8）。

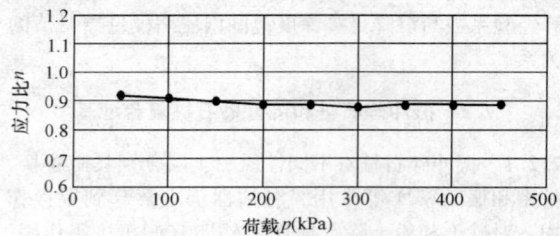

图8 北京某工程桩土应力比随荷载的变化

对大型的、重要的或场地地层复杂的工程以及采用振冲法处理不排水强度不小于20kPa的饱和黏性土和饱和黄土地基，在正式施工前应通过现场试验确定其适用性是必要的。不加填料振冲挤密处理砂土地基的方法应进行现场试验确定其适用性，可参照本节规定进行施工和检验。

振冲碎石桩、沉管砂石桩广泛应用于处理可液化地基，其承载力和变形计算采用复合地基计算方法，可按本节内容设计和施工。

7.2.2 本条是振冲碎石桩、沉管砂石桩复合地基设计的规定。

1 本款规定振冲碎石桩、沉管砂石桩处理地基要超出基础一定宽度，这是基于基础的压力向基础外扩散，需要侧向约束条件保证。另外，考虑到基础下靠外边的（2～3）排桩挤密效果较差，应加宽（1～3）排桩。重要的建筑以及要求荷载较大的情况应加宽更多。

振冲碎石桩、沉管砂石桩法用于处理液化地基，必须确保建筑物的安全使用。基础外的处理宽度目前尚无统一的标准。美国经验取等于处理的深度，但根据日本和我国有关单位的模型试验得到结果为应处理深度的2/3。另由于基础压力的影响，使地基土的有效压力增加，抗液化能力增大。根据日本用挤密桩处理的地基经过地震检验的结果，说明需处理的宽度也比处理深度的2/3小，据此定出每边放宽不宜小于处理深度的1/2。同时不应小于5m。

2 振冲碎石桩、沉管砂石桩的平面布置多采用等边三角形或正方形。对于砂土地基，因靠挤密桩周土提高密度，所以采用等边三角形更有利，它使地基挤密较为均匀。考虑基础形式和上部结构的荷载分布等因素，工程中还可根据建筑物承载力和变形要求采用矩形、等腰三角形等布桩形式。

3 采用振冲法施工的碎石桩直径通常为0.8m～1.2m，与振冲器的功率和地基土条件有关，一般振冲器功率大、地基土松散时，成桩直径大，砂石桩直径可按每根桩所用填料量计算。

振动沉管法成桩直径的大小取决于施工设备桩管的大小和地基土的条件。目前使用的桩管直径一般为300mm～800mm，但也有小于300mm或大于800mm的。小直径桩管挤密质量较均匀但施工效率低；大直径桩管需要较大的机械能力，工效高，采用过大的桩径，一根桩要承担的挤密面积大，通过一个孔要填入的砂石料多，不易使桩周土挤密均匀。沉管法施工时，设计成桩直径与套管直径比不宜大于1.5。另外，成桩时间长，效率低给施工也会带来困难。

4 振冲碎石桩、沉管砂石桩的间距应根据复合地基承载力和变形要求以及对原地基土要达到的挤密要求确定。

5 关于振冲碎石桩、沉管砂石桩的长度，通常根据地基的稳定和变形验算确定，为保证稳定，桩长应达到滑动弧面之下，当软土层厚度不大时，桩长宜超过整个松软土层。标准贯入和静力触探沿深度的变化特性也是提供确定桩长的重要资料。

对可液化的砂层，为保证处理效果，一般桩长应穿透液化层，如可液化层过深，则应按现行国家标准《建筑抗震设计规范》GB 50011有关规定确定。

由于振冲碎石桩、沉管砂石桩在地面下1m～2m深度的土层处理效果较差，碎（砂）石桩的设计长度应大于主要受荷深度且不宜小于4m。

当建筑物荷载不均匀或地基主要压缩层不均匀，建筑物的沉降存在一个沉降差，当差异沉降过大，则会使建筑物受到损坏。为了减少其差异沉降，可分区采用不同桩长进行加固，用以调整差异沉降。

7 振冲碎石桩、沉管砂石桩桩身材料是散体材料，由于施工的影响，施工后的表层土需挖除或密实处理，所以碎（砂）石桩复合地基设置垫层是有益的。同时垫层起水平排水的作用，有利于施工后加快土层固结；对独立基础等小基础碎石垫层还可以起到明显的应力扩散作用，降低碎（砂）石桩和桩周围土的附加应力，减少桩体的侧向变形，从而提高复合地基承载力，减少地基变形量。

垫层铺设后需压实,可分层进行,夯填度(夯实后的垫层厚度与虚铺厚度的比值)不得大于 0.9。

8 对砂土和粉土采用碎(砂)石桩复合地基,由于成桩过程对桩间土的振密或挤密,使桩间土承载力比天然地基承载力有较大幅度的提高,为此可用桩间土承载力调整系数来表达。对国内采用振冲碎石桩 44 个工程桩间土承载力调整系数进行统计见图 9。从图中可以看出,桩间土承载力调整系数在 1.07~3.60,有两个工程小于 1.2。桩间土承载力调整系数与原土天然地基承载力相关,天然地基承载力低时桩间土承载力调整系数大。在初步设计估算松散粉土、砂土复合地基承载力时,桩间土承载力调整系数可取 1.2~1.5,原土强度低取大值,原土强度高取小值。

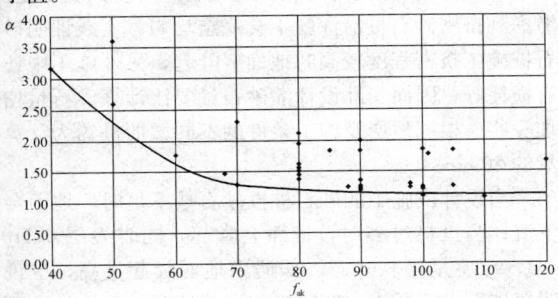

图 9　桩间土承载力调整系数 α 与原土
承载力 f_{ak} 关系统计图

9 由于碎(砂)石桩向深层传递荷载的能力有限,当桩长较大时,复合地基的变形计算,不宜全桩长范围加固土层压缩模量采用统一的放大系数。桩长超过 12d 以上的加固土层压缩模量的提高,对于砂土粉土宜按挤密后桩间土的模量取值;对于黏性土不宜考虑挤密效果,但有经验时可按排水固结后经检验的桩间土的模量取值。

7.2.3 本条为振冲碎石桩施工的要求。

1 振冲施工选用振冲器要考虑设计荷载、工期、工地电源容量及地基土天然强度等因素。30kW 功率的振冲器每台机组约需电源容量 75kW,其制成的碎石桩径约 0.8m,桩长不宜超过 8m,因其振动力小,桩长超过 8m 加密效果明显降低;75kW 振冲器每台机组需要电源电量 100kW,桩径可达 0.9m~1.5m,振冲深度可达 20m。

在邻近有已建建筑物时,为减小振动对建筑物的影响,宜用功率较小的振冲器。

为保证施工质量,电压、加密电流、留振时间要符合要求。如电源电压低于 350V 则应停止施工。使用 30kW 振冲器密实电流一般为 45A~55A;55kW 振冲器密实电流一般为 75A~85A;75kW 振冲器密实电流为 80A~95A。

2 升降振冲器的机具一般常用 8t~25t 汽车吊,可振冲 5m~20m 桩长。

3 要保证振冲桩的质量,必须控制好密实电流、填料量和留振时间三方面的指标。

首先,要控制加料振密过程中的密实电流。在成桩时,不能把振冲器刚接触填料的一瞬间的电流值作为密实电流。瞬时电流值有时可高达 100A 以上,但只要把振冲器停住不下降,电流值立即变小。可见瞬时电流并不真正反映填料的密实程度。只有让振冲器在固定深度上振动一定时间(称为留振时间)而电流稳定在某一数值,这一稳定电流才能代表填料的密实程度。要求稳定电流值超过规定的密实电流值,该段桩体才算制作完毕。

其次,要控制好填料量。施工中加填料不宜过猛,原则上要"少吃多餐",即要勤加料,但每批不宜加得太多。值得注意的是在制作最深处桩体时,为达到规定密实电流所需的填料远比制作其他部分桩体多。有时这段桩体的填料量可占整根桩总填料量的 1/4~1/3。这是因为开始阶段加的料有相当一部分从孔口向孔底下落过程中被黏留在某些深度的孔壁上,只有少量能落到孔底。另一个原因是如果控制不当,压力水有可能造成超深,从而使孔底填料量剧增。第三个原因是孔底遇到了事先不知的局部软弱土层,这也能使填料数量超过正常用量。

4 振冲施工有泥水从孔内返出。砂石类土返泥水较少,黏土层返泥水量大,这些泥水不能漫流在基坑内,也不能直接排入到地下排污管和河道中,以免引起对环境的有害影响,为此在场地上必须事先开设排泥水沟系统和做好沉淀池。施工时用泥浆泵将返出的泥水集中抽入池内,在城市施工,当泥水量不大时可外运。

5 为了保证桩顶部的密实,振冲前开挖基坑时应在桩顶高程以上预留一定厚度的土层。一般 30kW 振冲器应留 0.7m~1.0m,75kW 应留 1.0m~1.5m。当基槽不深时可振冲后开挖。

6 在有些砂层中施工,常要连续快速提升振冲器,电流始终可保持加密电流值。如广东新沙港水中吹填的中砂,振前标贯击数为(3~7)击,设计要求振冲后不小于 15 击,采用正三角形布孔,桩距 2.54m,加密电流 100A,经振冲后达到大于 20 击,14m 厚的砂层完成一孔约需 20min。又如拉各都坝基,水中回填中、粗砂,振前 N_{10} 为 10 击,相对密实度 D_r 为 0.11,振后 N_{10} 大于 80 击,$D_r = 0.9$,孔距 2.0m,孔深 7m,全孔振冲时间 4min~6min。

7.2.4 本条为沉管砂石桩施工的要求。

1 沉管法施工,应选用与处理深度相适应的机械。可用的施工机械类型很多,除专用机械外还可利用一般的打桩机改装。目前所用机械主要可分为两类,即振动沉管桩机和锤击沉管桩机。

用垂直上下振动的机械施工的称为振动沉管成桩

法，用锤击式机械施工成桩的称为锤击沉管成桩法，锤击沉管成桩法的处理深度可达 10m。桩机通常包括桩机架、桩管及桩尖、提升装置、挤密装置（振动锤或冲击锤）、上料设备及检测装置等部分。为了使桩管容易打入，高能量的振动沉管桩机配有高压空气或水的喷射装置，同时配有自动记录桩管贯入深度、提升量、压入量、管内砂石位置及变化（灌砂石及排砂石量），以及电机电流变化等检测装置。有的设备还装有计算机，根据地层阻力的变化自动控制灌砂石量并保证沿深度均匀挤密并达到设计标准。

2 不同的施工机具及施工工艺用于处理不同的地层会有不同的处理效果。常遇到设计与实际情况不符或者处理质量不能达到设计要求的情况，因此施工前在现场的成桩试验具有重要的意义。

通过现场成桩试验，检验设计要求和确定施工工艺及施工控制标准，包括填砂石量、提升高度、挤压时间等。为了满足试验及检测要求，试验桩的数量应不少于（7~9）个。正三角形布置至少要 7 个（即中间 1 个周围 6 个）；正方形布置至少要 9 个（3 排 3 列每排每列各 3 个）。如发现问题，则应及时会同设计人员调整设计或改进施工。

3 振动沉管法施工，成桩步骤如下：

1）移动桩机及导向架，把桩管及桩尖对准桩位；

2）启动振动锤，把桩管下到预定的深度；

3）向桩管内投入规定数量的砂石料（根据施工试验的经验，为了提高施工效率，装砂石也可在桩管下到便于装料的位置时进行）；

4）把桩管提升一定的高度（下砂石顺利时提升高度不超过 1m~2m），提升时桩尖自动打开，桩管内的砂石料流入孔内；

5）降落桩管，利用振动及桩尖的挤压作用使砂石密实；

6）重复 4）、5）两工序，桩管上下运动，砂石料不断补充，砂石桩不断增高；

7）桩管提至地面，砂石桩完成。

施工中，电机工作电流的变化反映挤密程度及效率。电流达到一定不变值，继续挤压将不会产生挤密效果。施工中不可能及时进行效果检测，因此按成桩过程的各项参数对施工进行控制是重要的环节，必须予以重视，有关记录是质量检验的重要资料。

4 对于黏性土地基，当采用活瓣桩靴时宜选用平底型，以便于施工时顺利出料。

5 锤击沉管法施工有单管法和双管法两种，但单管法难以发挥挤密作用，故一般宜用双管法。

双管法的施工根据具体条件选定施工设备，其施工成桩过程如下：

1）将内外管安放在预定的桩位上，将用作桩塞的砂石投入外管底部；

2）以内管做锤冲击砂石塞，靠摩擦力将外管打入预定深度；

3）固定外管将砂石塞压入土中；

4）提内管并向外管内投入砂石料；

5）边提外管边用内管将管内砂石冲出挤压土层；

6）重复 4）、5）步骤；

7）待外管拔出地面，砂石桩完成。

此法优点是砂石的压入量可随意调节，施工灵活。

其他施工控制和检测记录参照振动沉管法施工的有关规定。

6 砂石桩桩孔内的填料量应通过现场试验确定。考虑到挤密砂石桩沿深度不会完全均匀，实践证明砂石桩施工挤密程度较高时地面要隆起，另外施工中还有损耗等，因而实际设计灌砂石量要比计算砂石量增加一些。根据地层及施工条件的不同增加量约为计算量的 20%~40%。

当设计或施工的砂石桩投砂石量不足时，地面会下沉；当投料过多时，地面会隆起，同时表层 0.5m~1.0m 常呈松软状态。如遇到地面隆起过高，也说明填砂石量不适当。实际观测资料证明，砂石在达到密实状态后进一步承受挤压又会变松，从而降低处理效果。遇到这种情况应注意适当减少填砂石量。

施工场地土层可能不均匀，土质多变，处理效果不能直接看到，也不能立即测出。为了保证施工质量，使在土层变化的条件下施工质量也能达到标准，应在施工中进行详细的观测和记录。观测内容包括桩管下沉随时间的变化；灌砂石量预定数量与实际数量；桩管提升和挤压的全过程（提升、挤压、砂桩高度的形成随时间的变化）等。有自动检测记录仪器的砂石桩机施工中可以直接获得有关的资料，无此设备时须由专人测读记录。根据桩管下沉时间曲线可以估计土层的松软变化随时掌握投料数量。

7 以挤密为主的砂石桩施工时，应间隔（跳打）进行，并宜由外侧向中间推进；对黏性土地基，砂石桩主要起置换作用，为了保证设计的置换率，宜从中间向外围或隔排施工；在既有建（构）筑物邻近施工时，为了减少对邻近既有建（构）筑物的振动影响，应背离建（构）筑物方向进行。

9 砂石桩桩顶部施工时，由于上覆压力较小，因而对桩体的约束力较小，桩顶形成一个松散层，施工后应加以处理（挖除或碾压）。

7.2.5 本条为碎石桩、砂石桩复合地基的检验要求。

1 检查振冲施工各项施工记录，如有遗漏或不符合规定要求的桩或振冲点，应补做或采取有效的补救措施。

振动沉管砂石桩应在施工期间及施工结束后，检查砂石桩的施工记录，包括检查套管往复挤压振动次数与时间、套管升降幅度和速度、每次填砂石料量等项施工记录。砂石桩施工的沉管时间、各深度段的填砂石量、提升及挤压时间等是施工控制的重要手段，这些资料可以作为评估施工质量的重要依据，再结合抽检便可以较好地作出质量评价。

2 由于在制桩过程中原状土的结构受到不同程度的扰动，强度会有所降低，饱和土地基在桩周围一定范围内，土的孔隙水压力上升。待休置一段时间后，孔隙水压力会消散，强度会逐渐恢复，恢复期的长短是根据土的性质而定。原则上应待孔压消散后进行检验。黏性土孔隙水压力的消散需要的时间较长，砂土则很快。根据实际工程经验规定对饱和黏土不宜小于 28d，粉质黏土不宜小于 21d，粉土、砂土和杂填土可适当减少。

3 碎（砂）石桩处理地基最终是要满足承载力、变形或抗液化的要求，标准贯入、静力触探以及动力触探可直接反映施工质量并提供检测资料，所以本条规定可用这些测试方法检测碎（砂）石桩及其周围土的挤密效果。

应在桩位布置的等边三角形或正方形中心进行碎（砂）石桩处理效果检测，因为该处挤密效果较差。只要该处挤密达到要求，其他位置就一定会满足要求。此外，由该处检测的结果还可判明桩间距是否合理。

如处理可液化地层时，可按标准贯入击数来衡量砂性土的抗液化性，使碎（砂）石桩处理后的地基实测标准贯入击数大于临界贯入击数。这种液化判别方法只考虑了桩间土的抗液化能力，而未考虑碎（砂）石桩的作用，因而在设计上是偏于安全的。碎（砂）石桩处理后的地基液化评价方法应进一步研究。

7.3 水泥土搅拌桩复合地基

7.3.1 水泥土搅拌法是利用水泥等材料作为固化剂通过特制的搅拌机械，就地将软土和固化剂（浆液或粉体）强制搅拌，使软土硬结成具有整体性、水稳性和一定强度的水泥加固土，从而提高地基土强度和增大变形模量。根据固化剂掺入状态的不同，它可分为浆液搅拌和粉体喷射搅拌两种。前者是用浆液和地基土搅拌，后者是用粉体和地基土搅拌。

水泥土搅拌法加固软土技术具有其独特优点：1）最大限度地利用了原土；2）搅拌时无振动、无噪声和无污染，对周围原有建筑物及地下沟管影响很小；3）根据上部结构的需要，可灵活地采用柱状、壁状、格栅状和块状等加固形式。

水泥固化剂一般适用于正常固结的淤泥与淤泥质土、黏性土、粉土、素填土（包括冲填土）、饱和黄土、粉砂以及中粗砂、砂砾（当加固粗粒土时，应注意有无明显的流动地下水）等地基加固。

根据室内试验，一般认为用水泥作加固料，对含有高岭石、多水高岭石、蒙脱石等黏土矿物的软土加固效果较好；而对含有伊利石、氯化物和水铝石英等矿物的黏性土以及有机质含量高、pH 值较低的酸性土加固效果较差。

掺合料可以添加粉煤灰等。当黏土的塑性指数 I_p 大于 25 时，容易在搅拌头叶片上形成泥团，无法完成水泥土的拌和。当地基土的天然含水量小于 30% 时，由于不能保证水泥充分水化，故不宜采用干法。

在某些地区的地下水中含有大量硫酸盐（海水渗入地区），因硫酸盐与水泥发生反应时，对水泥土具有结晶性侵蚀，会出现开裂、崩解而丧失强度。为此应选用抗硫酸盐水泥，使水泥土中产生的结晶膨胀物质控制在一定的数量范围内，以提高水泥土的抗侵蚀性能。

在我国北纬 40°以南的冬季负温条件下，冰冻对水泥土的结构损害甚微。在负温时，由于水泥与黏土矿物的各种反应减弱，水泥土的强度增长缓慢（甚至停止）；但正温后，随着水泥水化等反应的继续深入，水泥土的强度可接近标准养护强度。

随着水泥土搅拌机械的研发与进步，水泥土搅拌法的应用范围不断扩展。特别是 20 世纪 80 年代末期引进日本 SMW 法以来，多头搅拌工艺推广迅速，大功率的多头搅拌机可以穿透中密粉土及粉细砂、稍密中粗砂和砾砂，加固深度可达 35m。大量用于基坑截水帷幕、被动区加固、格栅状帷幕解决液化、插芯形成新的增强体等。对于硬塑、坚硬的黏性土，含孤石及大块建筑垃圾的土层，机械能力仍然受到限制，不能使用水泥土搅拌法。

当拟加固的软弱地基为成层土时，应选择最弱的一层土进行室内配比试验。

采用水泥作为固化剂材料，在其他条件相同时，在同一土层中水泥掺入比不同时，水泥土强度将不同。由于块状加固对于水泥土的强度要求不高，因此为了节约水泥，降低成本，根据工程需要可选用 32.5 级水泥，7%～12% 的水泥掺量。水泥掺入比大于 10% 时，水泥土强度可达 0.3MPa～2MPa 以上。一般水泥掺入比 α_w 采用 12%～20%，对于型钢水泥土搅拌桩（墙），由于其水灰比较大（1.5～2.0）为保证水泥土的强度，应选用不低于 42.5 级的水泥，且掺量不少于 20%。水泥土的抗压强度随其相应的水泥掺入比的增加而增大，但因场地土质与施工条件的差异，掺入比的提高与水泥土增加的百分比是不完全一致的。

水泥强度直接影响水泥土的强度，水泥强度等级提高 10MPa，水泥土强度 f_{cu} 约增大 20%～30%。

外掺剂对水泥土强度有着不同的影响。木质素磺酸钙对水泥土强度的增长影响不大，主要起减水作用；三乙醇胺、氯化钙、碳酸钠、水玻璃和石膏等材料对水泥土强度有增强作用，其效果对不同土质和不同水泥掺入比又有所不同。当掺入与水泥等量的粉煤灰后，水泥土强度可提高 10％左右。故在加固软土时掺入粉煤灰不仅可消耗工业废料，水泥土强度还可有所提高。

水泥土搅拌桩用于竖向承载时，很多工程未设置褥垫层，考虑到褥垫层有利于发挥桩间土的作用，在有条件时仍以设置褥垫层为好。

水泥土搅拌形成水泥土加固体，用于基坑工程围护挡墙、被动区加固、防渗帷幕等的设计、施工和检测等可参照本节规定。

7.3.2 对于泥炭土、有机质含量大于 5％或 pH 值小于 4 的酸性土，如前述水泥在上述土层有可能不凝固或发生后期崩解。因此，必须进行现场和室内试验确定其适用性。

7.3.3 本条是对水泥土搅拌桩复合地基设计的规定。

1 对软土地区，地基处理的任务主要是解决地基的变形问题，即地基设计是在满足强度的基础上以变形控制的，因此，水泥土搅拌桩的桩长应通过变形计算来确定。实践证明，若水泥土搅拌桩能穿透软弱土层到达强度相对较高的持力层，则沉降量是很小的。

对某一场地的水泥土桩，其桩身强度是有一定限制的，也就是说，水泥土桩从承载力角度，存在有效桩长，单桩承载力在一定程度上并不随桩长的增加而增大。但当软弱土层较厚，从减少地基的变形量方面考虑，桩长应穿透软弱土层到达下卧强度较高之土层，在深厚淤泥及淤泥质土层中应避免采用"悬浮"桩型。

2 在采用式 (7.1.5-2) 估算水泥土搅拌桩复合地基承载力时，桩间土承载力折减系数 β 的取值，本次修订中作了一些改动，当基础下加固土层为淤泥、淤泥质土和流塑状软土时，考虑到上述土层固结程度差，桩间土难以发挥承载作用，所以 β 取 0.1～0.4，固结程度好或设置褥垫层时可取高值。其他土层可取 0.4～0.8，加固土层强度高或设置褥垫层时取高值，桩端持力层土层强度高时取低值。确定 β 值时还应考虑建筑物对沉降的要求以及桩端持力层土层性质，当桩端持力层强度高或建筑物对沉降要求严时，β 应取低值。

桩周第 i 层土的侧阻力特征值 q_{si}(kPa)，对淤泥可取 4kPa～7kPa；对淤泥质土可取 6kPa～12kPa；对软塑状态的黏性土可取 10kPa～15kPa；对可塑状态的黏性土可以取 12kPa～18kPa；对稍密砂类土可取 15kPa～20kPa；对中密砂类土可取 20kPa～25kPa。

桩端地基土未经修正的承载力特征值 q_p (kPa)，可按现行国家标准《建筑地基基础设计规范》GB 50007 的有关规定确定。

桩端天然地基土的承载力折减系数 α_p，可取 0.4～

0.6，天然地基承载力高时取低值。

3 式 (7.3.3-1) 中，桩身强度折减系数 η 是一个与工程经验以及拟建工程的性质密切相关的参数。工程经验包括对施工队伍素质、施工质量、室内强度试验与实际加固强度比值以及对实际工程加固效果等情况的掌握。拟建工程性质包括工程地质条件、上部结构对地基的要求以及工程的重要性等。参考日本的取值情况以及我国的经验，干法施工时 η 取 0.2～0.25，湿法施工时 η 取 0.25。

由于水泥土强度有限，当水泥土强度为 2MPa 时，一根直径 500mm 的搅拌桩，其单桩承载力特征值仅为 120kN 左右，因此复合地基承载力受水泥土强度的控制，当桩中心距为 1m 时，其特征值不宜超过 200kPa，否则需要加大置换率，不一定经济合理。

水泥土的强度随龄期的增长而增大，在龄期超过 28d 后，强度仍有明显增长，为了降低造价，对承重搅拌桩试块国内外都取 90d 龄期为标准龄期。对起支挡作用承受水平荷载的搅拌桩，考虑开挖工期影响，水泥土强度标准可取 28d 龄期为标准龄期。从抗压强度试验得知，在其他条件相同时，不同龄期的水泥土抗压强度间关系大致呈线性关系，其经验关系式如下：

$$f_{cu7} = (0.47 \sim 0.63) f_{cu28}$$
$$f_{cu14} = (0.62 \sim 0.80) f_{cu28}$$
$$f_{cu60} = (1.15 \sim 1.46) f_{cu28}$$
$$f_{cu90} = (1.43 \sim 1.80) f_{cu28}$$
$$f_{cu90} = (2.37 \sim 3.73) f_{cu7}$$
$$f_{cu90} = (1.73 \sim 2.82) f_{cu14}$$

上式中 f_{cu7}、f_{cu14}、f_{cu28}、f_{cu60}、f_{cu90} 分别为 7d、14d、28d、60d、90d 龄期的水泥土抗压强度。

当龄期超过三个月后，水泥土强度增长缓慢。180d 的水泥土强度为 90d 的 1.25 倍，而 180d 后水泥土强度增长仍未终止。

4 采用桩上部或全长复搅以及桩上部增加水泥用量的变掺量设计，有益于提高单桩承载力，也可节省造价。

5 路基、堆场下应通过验算在需要的范围内布桩。柱状加固可采用正方形、等边三角形等形式布桩。

7 水泥土搅拌桩复合地基的变形计算，本次修订作了较大修改，采用了第 7.1.7 条规定的计算方法，计算结果与实测值符合较好。

7.3.4 国产水泥土搅拌机配备的泥浆泵工作压力一般小于 2.0MPa，上海生产的三轴搅拌设备配备的泥浆泵的额定压力为 5.0MPa，其成桩质量较好。用于建筑物地基处理，在某些地层条件下，深层土的处理效果不好（例如深度大于 10.0m），处理后地基变形较大，限制了水泥土搅拌桩在建筑工程地基处理中的应用。从设备能力评价水泥土成桩质量，主要有三个因素决定：搅拌次数、喷浆压力、喷浆量。国产水泥土搅拌机的转速低，搅拌次数靠降低提升速度或复搅解决，而对于喷浆压力、喷浆量两个因素对成桩质量的影响有相关性，当喷浆压力一定时，喷浆量大的成桩质量好；当喷浆量一定时，喷浆压力大的成桩质量好。所以提高国产水泥土搅拌机配备能力，是保证水泥土搅拌桩成桩质量的重要条件。本次修订对建筑工程地基处理采用的水泥土搅拌机配备能力提出了最低要求。为了满足这个条件，水泥土搅拌机配备的泥浆泵工作压力不宜小于 5.0MPa。

干法施工，日本生产的 DJM 粉体喷射搅拌机械，空气压缩机容量为 10.5m³/min，喷粉空压机工作压力一般为 0.7MPa。我国自行生产的粉喷桩施工机械，空气压缩机容量较小，喷粉空压机工作压力均小于等于 0.5MPa。

所以，适当提高国产水泥土搅拌机械的设备能力，保证搅拌桩的施工质量，对于建筑地基处理非常重要。

7.3.5 国产水泥土搅拌机的搅拌头大都采用双层（多层）十字杆形或叶片螺旋形。这类搅拌头切削和搅拌加固软土十分合适，但对块径大于 100mm 的石块、树根和生活垃圾等大块物的切割能力较差，即使将搅拌头作了加强处理后已能穿过块石层，但施工效率较低，机械磨损严重。因此，施工时应予以挖除后再填素土为宜，增加的工程量不大，但施工效率却可大大提高。如遇有明浜、池塘及洼地时应抽水和清淤，回填土料并予以压实，不得回填生活垃圾。

搅拌桩施工时，搅拌次数越多，则拌和越为均匀，水泥土强度也越高，但施工效率就降低。试验证明，当加固范围内土体任一点的水泥土每遍经过 20 次的拌合，其强度即可达到较高值。每遍搅拌次数 N 由下式计算：

$$N = \frac{h\cos\beta\Sigma Z}{V}n \qquad (12)$$

式中：h——搅拌叶片的宽度（m）；
β——搅拌叶片与搅拌轴的垂直夹角（°）；
ΣZ——搅拌叶片的总枚数；
n——搅拌头的回转数（rev/min）；
V——搅拌头的提升速度（m/min）。

根据实际施工经验，搅拌法在施工到顶端 0.3m～0.5m 范围时，因上覆土压力较小，搅拌质量较差。因此，其场地整平标高应比设计确定的桩顶标高再高出 0.3m～0.5m，桩制作时仍施工到地面。待开挖基坑时，再将上部 0.3m～0.5m 的桩身质量较差的桩段挖去。根据现场实践表明，当搅拌桩作为承重桩进行基坑开挖时，桩身水泥土已有一定的强度，若用机械开挖基坑，往往容易碰撞损坏桩顶，因此基底标高以上 0.3m 宜采用人工开挖，以保护桩头质量。

水泥土搅拌桩施工前应进行工艺性试成桩，提供提钻速度、喷灰（浆）量等参数，验证搅拌均匀程度及成桩直径，同时了解下钻及提升的阻力情况、工作效率等。

湿法施工应注意以下事项：

1） 每个水泥土搅拌桩的施工现场，由于土质有差异、水泥的品种和标号不同、因而搅拌加固质量有较大的差别。所以在正式搅拌桩施工前，均应按施工组织设计确定的搅拌施工工艺制作数根试桩，再最后确定水泥浆的水灰比、泵送时间、搅拌机提升速度和复搅深度等参数。

制桩质量的优劣直接关系到地基处理的效果。其中的关键是注浆量、水泥浆与软土搅拌的均匀程度。因此，施工中应严格控制喷浆提升速度 V，可按下式计算：

$$V = \frac{\gamma_d Q}{F\gamma\alpha_w(1+\alpha_c)} \qquad (13)$$

式中：V——搅拌头喷浆提升速度（m/min）；
γ_d、γ——分别为水泥浆和土的重度（kN/m³）；
Q——灰浆泵的排量（m³/min）；
α_w——水泥掺入比；
α_c——水泥浆水灰比；
F——搅拌桩截面积（m²）。

2） 由于搅拌机械通常采用定量泵输送水泥浆，转速大多又是恒定的，因此灌入地基中的水泥量完全取决于搅拌机的提升速度和复搅次数，施工过程中不能随意变更，并应保证水泥浆能定量不间断供应。采用自动记录是为了降低人为干扰施工质量，目前市售的记录仪必须有国家计量部门的认证。严禁采用由施工单位自制的记录仪。

由于固化剂从灰浆泵到达搅拌机出浆口需通过较长的输浆管，必须考虑水泥浆到达桩端的泵送时间。一般可通过试打桩确定其输送时间。

3） 凡成桩过程中，由于电压过低或其他原因造成停机使成桩工艺中断时，应将搅拌机下沉至停浆点以下 0.5m，等恢复供浆时再喷浆提升继续制桩；凡中途停止输浆 3h 以上者，将会使水泥浆在整个输浆管路中凝固，因此必须排清全部水泥浆，清洗管路。

4） 壁状或块状加固宜采用湿法，水泥土的终凝时间约为 24h，所以需要相邻单桩搭接施工的时间间隔不宜超过 12h。

5） 搅拌机预搅下沉时不宜冲水，当遇到硬土层下沉太慢时，方可适量冲水，但应考虑冲水对桩身强度的影响。

6） 壁状加固时，相邻桩的施工时间间隔不宜超过 12h。如间隔时间太长，与相邻桩无法搭接时，应采取局部补桩或注浆等补强措施。

干法施工应注意以下事项:

1) 每个场地开工前的成桩工艺试验必不可少,由于制桩喷灰量与土性、孔深、气流量等多种因素有关,故应根据设计要求逐步调试,确定施工有关参数(如土层的可钻性、提升速度等),以便正式施工时能顺利进行。施工经验表明送粉管路长度超过60m后,送粉阻力明显增大,送粉量也不易稳定。

2) 由于干法喷粉搅拌不易严格控制,所以要认真操作粉体自动计量装置,严格控制固化剂的喷入量,满足设计要求。

3) 合格的粉喷桩机一般均已考虑提升速度与搅拌头转速的匹配,钻头均约每搅拌一圈提升15mm,从而保证成桩搅拌的均匀性。但每次搅拌时,桩体将出现极薄软弱结构面,这对承受水平剪力是不利的。一般可通过复搅的方法来提高桩体的均匀性,消除软弱结构面,提高桩体抗剪强度。

4) 定时检查成桩直径及搅拌的均匀程度。粉喷桩桩长大于10m时,其底部喷粉阻力较大,应适当减慢钻机提升速度,以确保固化剂的设计喷入量。

5) 固化剂从料罐到喷灰口有一定的时间延迟,严禁在没有喷粉的情况进行钻机提升作业。

7.3.6 喷粉量是保证成桩质量的重要因素,必须进行有效测量。

7.3.7 本条是对水泥土搅拌桩施工质量检验的要求。

1 国内的水泥土搅拌桩大多采用国产的轻型机械施工,这些机械的质量控制装置较为简陋,施工质量的保证很大程度上取决于机组人员的素质和责任心。因此,加强全过程的施工监理,严格检查施工记录和计量记录是控制施工质量的重要手段,检查重点为水泥用量、桩长、搅拌头转数和提升速度、复搅次数和复搅深度、停浆处理方法等。

3 水泥土搅拌桩复合地基承载力的检验应进行单桩或多桩复合地基静载荷试验和单桩静载荷试验。检测分两个阶段,第一阶段为施工前为设计提供依据的承载力检测,试验数量每单项工程不少于3根,如单项工程中地质情况不均匀,应加大试验数量。第二阶段为施工完成后的验收检验,数量为总桩数的1%,每单项工程不少于3根。上述两个阶段的检验均不可少,应严格执行。对重要的工程,对变形要求严格时宜进行多桩复合地基静载荷试验。

4 对重要的、变形要求严格的工程或经触探和静载荷试验检验后对桩身质量有怀疑时,应在成桩28d后,采用双管单动取样器钻取芯样作水泥土抗压强度检验。水泥搅拌桩的桩身质量检验目前尚无成熟的方法,特别是对常用的直径500mm干法桩遇到的困难更大,采用钻芯法检测时应采用双管单动取样器,避免过大扰动芯样使检验失真。当钻芯困难时,可采用单桩竖向抗压静载荷试验的方法检测桩身质量,加载量宜为(2.5~3.0)倍单桩承载力特征值,卸载后挖开桩头,检查桩头是否破坏。

7.4 旋喷桩复合地基

7.4.1 由于旋喷注浆使用的压力大,因而喷射流的能量大、速度快。当它连续和集中地作用在土体上,压应力和冲蚀等多种因素便在很小的区域内产生效应,对从粒径很小的细粒土到含有颗粒直径较大的卵石、碎石土,均有很大的冲击和搅动作用,使注入的浆液和土拌合凝固为新的固结体。实践表明,该法对淤泥、淤泥质土、流塑或软塑黏性土、粉土、砂土、黄土、素填土和碎石土等地基都有良好的处理效果。但对于硬黏性土,含有较多的块石或大量植物根茎的地基,因喷射流可能受到阻挡或削弱,冲击破碎力急剧下降,切削范围小或影响处理效果。而对于含有过多有机质的土层,则其处理效果取决于固结体的化学稳定性。鉴于上述几种土的组成复杂、差异悬殊,旋喷桩处理的效果差别较大,不能一概而论,故应根据现场试验结果确定其适用程度。对于湿陷性黄土地基,因当前试验资料和施工实例较少,亦应预先进行现场试验。旋喷注浆处理深度较大,我国建筑地基旋喷注浆处理深度目前已达30m以上。

高压喷射有旋喷(固结体为圆柱状)、定喷(固结体为壁状)、和摆喷(固结体为扇状)等3种基本形状,它们均可用下列方法实现。

1) 单管法:喷射高压水泥浆液一种介质;

2) 双管法:喷射高压水泥浆液和压缩空气两种介质;

3) 三管法:喷射高压水流、压缩空气及水泥浆液等三种介质。

由于上述3种喷射流的结构和喷射的介质不同,有效处理范围也不同,以三管法最大,双管法次之,单管法最小。定喷和摆喷注浆常用双管法和三管法。

在制定旋喷注浆方案时,应搜集和掌握各种基本资料。主要是:岩土工程勘察(土层和基岩的性状,标准贯入击数,土的物理力学性质,地下水的埋藏条件、渗透性和水质成分等)资料;建筑物结构受力特性资料;施工现场和邻近建筑的四周环境资料;地下管道和其他埋设物资料及类似土层条件下使用的工程经验等。

旋喷注浆有强化地基和防漏的作用,可用于既有建筑和新建工程的地基处理、地下工程及堤坝的截水、基坑封底、被动区加固、基坑侧壁防止漏水或减小基坑位移等。对地下水流速过大或已涌水的防水工程,由于工艺、机具和瞬时速凝材料等方面的原因,应慎重使用，并应通过现场试验确定其适用性。

7.4.2 旋喷桩直径的确定是一个复杂的问题，尤其是深部的直径，无法用准确的方法确定。因此，除了浅层可以用开挖的方法验证之外，只能用半经验的方法加以判断、确定。根据国内外的施工经验，初步设计时，其设计直径可参考表 17 选用。当无现场试验资料时，可参照相似土质条件的工程经验进行初步设计。

表 17　旋喷桩的设计直径（m）

土质	方法 N	单管法	双管法	三管法
黏性土	$0<N<5$	$0.5\sim0.8$	$0.8\sim1.2$	$1.2\sim1.8$
	$6<N<10$	$0.4\sim0.7$	$0.7\sim1.1$	$1.0\sim1.6$
砂土	$0<N<10$	$0.6\sim1.0$	$1.0\sim1.4$	$1.5\sim2.0$
	$11<N<20$	$0.5\sim0.9$	$0.9\sim1.3$	$1.2\sim1.8$
	$21<N<30$	$0.4\sim0.8$	$0.8\sim1.2$	$0.9\sim1.5$

注：表中 N 为标准贯入击数。

7.4.3 旋喷桩复合地基承载力应通过现场静载荷试验确定。通过公式计算时，在确定折减系数 β 和单桩承载力方面均可能有较大的变化幅度，因此只能用作估算。对于承载力较低时 β 取低值，是出于减小变形的考虑。

7.4.8 本条为旋喷桩的施工要求。

1 施工前，应对照设计图纸核实设计孔位处有无妨碍施工和影响安全的障碍物。如遇有上水管、下水管、电缆线、煤气管、人防工程、旧建筑基础和其他地埋设物等障碍物影响施工时，则应与有关单位协商清除或搬移障碍物或更改设计孔位。

2 旋喷桩的施工参数应根据土质条件、加固要求通过试验或根据工程经验确定，加固土体每立方的水泥掺入量不宜少于 300kg。旋喷注浆的压力大，处理地基的效果好。根据国内实际工程中应用实例，单管法、双管法及三管法的高压水泥浆流或高压水射流的压力应大于 20MPa，流量大于 30L/min，气流的压力以空气压缩机的最大压力为限，通常在 0.7MPa 左右，提升速度可取 0.1m/min～0.2m/min，旋转速度宜取 20r/min。表 18 列出建议的旋喷桩的施工参数，供参考。

表 18　旋喷桩的施工参数一览表

旋喷施工方法	单管法	双管法	三管法
适用土质	砂土、黏性土、黄土、杂填土、小粒径砂砾		
浆液材料及配方	以水泥为主材，加入不同的外加剂后具有速凝、早强、抗腐蚀、防冻等特性，常用水灰比1:1，也可适用化学材料		

续表 18

旋喷施工方法		单管法	双管法	三管法
旋喷施工参数	水 压力（MPa）	—	—	25
	流量（L/min）	—	—	$80\sim120$
	喷嘴孔径(mm) 及个数	—	—	$2\sim3$ ($1\sim2$)
	空气 压力（MPa）	—	0.7	0.7
	流量（m³/min）	—	$1\sim2$	$1\sim2$
	喷嘴间隙(mm) 及个数	—	$1\sim2$ ($1\sim2$)	$1\sim2$ ($1\sim2$)
	浆液 压力（MPa）	25	25	25
	流量（L/min）	$80\sim120$	$80\sim120$	$80\sim150$
	喷嘴孔径(mm) 及个数	$2\sim3$ (2)	$2\sim3$ ($1\sim2$)	$10\sim20$ ($1\sim2$)
	灌浆管外径(mm)	$\phi42$ 或 $\phi45$	$\phi42$、$\phi50$、$\phi75$	$\phi75$ 或 $\phi90$
	提升速度(cm/min)	$15\sim25$	$7\sim20$	$5\sim20$
	旋转速度(r/min)	$16\sim20$	$5\sim16$	$5\sim16$

近年来旋喷注浆技术得到了很大的发展，利用超高压水泵（泵压大于 50MPa）和超高压水泥浆泵（水泥浆压力大于 35MPa），辅以低压空气，大大提高了旋喷桩的处理能力。在软土中的切割直径可超过 2.0m，注浆体的强度可达 5.0MPa，有效加固深度可达 60m。所以对于重要的工程以及对变形要求严格的工程，应选择较强设备能力进行施工，以保证工程质量。

3 旋喷注浆的主要材料为水泥，对于无特殊要求的工程宜采用强度等级为 42.5 级及以上普通硅酸盐水泥。根据需要，可在水泥浆中分别加入适量的外加剂和掺合料，以改善水泥浆液的性能，如早强剂、悬浮剂等。所用外加剂或掺合剂的数量，应根据水泥土的特点通过室内配比试验或现场试验确定。当有足够实践经验时，亦可按经验确定。旋喷注浆的材料还可选用化学浆液。因费用昂贵，只有少数工程应用。

4 水泥浆液的水灰比越小，旋喷注浆处理地基的承载力越高。在施工中因注浆设备的原因，水灰比太小时，喷射有困难，故水灰比通常取 0.8～1.2，生产实践中常用 0.9。由于生产、运输和保存等原因，有些水泥厂的水泥成分不够稳定，质量波动较大，可导致水泥浆液凝固时间过长，固结强度降低。因此事先应对各批水泥进行检验，合格后才能使用。对拌制水泥浆的用水，只要符合混凝土拌合标准即可使用。

6 高压泵通过高压橡胶软管输送高压浆液至钻机上的注浆管，进行喷射注浆。若钻机和高压水泵的距离过远，势必要增加高压橡胶软管的长度，使高压喷射流的沿程损失增大，造成实际喷射压力降低的后果。因此钻机与高压泵的距离不宜过远，在大面积场地施工时，为了减少沿程损失，则应搬动高压泵保持与钻机的距离。

实际施工孔位与设计孔位偏差过大时，会影响加固效果。故规定孔位偏差值应小于 50mm，并且必须保持钻孔的垂直度。实际孔位、孔深和每个钻孔内的地下障碍物、洞穴、涌水、漏水及与岩土工程勘察报告不符等情况均应详细记录。土层的结构和土质种类对加固质量关系更为密切，只有通过钻孔过程详细记录地质情况并了解地下情况后，施工时才能因地制宜及时调整工艺和变更喷射参数，达到良好的处理效果。

7 旋喷注浆均自下而上进行。当注浆管不能一次提升完成而需分数次卸管时，卸管后喷射的搭接长度不得小于 100mm，以保证固结体的整体性。

8 在不改变喷射参数的条件下，对同一标高的土层作重复喷射时，能加大有效加固范围和提高固结体强度。复喷的方法根据工程要求决定。在实际工作中，旋喷桩通常在底部和顶部进行复喷，以增大承载力和确保处理质量。

9 当旋喷注浆过程中出现下列异常情况时，需查明原因并采取相应措施：

1）流量不变而压力突然下降时，应检查各部位的泄漏情况，并应拔出注浆管，检查密封性能。

2）出现不冒浆或断续冒浆时，若系土质松软则视为正常现象，可适当进行复喷；若系附近有空洞、通道，则应不提升注浆管继续注浆直至冒浆为止或拔出注浆管待浆液凝固后重新注浆。

3）压力稍有下降时，可能系注浆管被击穿或有孔洞，使喷射能力降低。此时应拔出注浆管进行检查。

4）压力陡增超过最高限值、流量为零、停机后压力仍不变动时，则可能系喷嘴堵塞。应拔管疏通喷嘴。

10 当旋喷注浆完毕后，或在喷射注浆过程中因故中断，短时间（小于或等于浆液初凝时间）内不能继续喷浆时，均应立即拔出注浆管清洗备用，以防浆液凝固后拔不出管来。为防止因浆液凝固收缩，产生加固地基与建筑基础不密贴或脱空现象，可采用超高喷射（旋喷处理地基的顶面超过建筑基础底面，其超高量大于收缩高度）、冒浆回灌或第二次注浆等措施。

11 在城市施工中泥浆管理直接影响文明施工，

必须在开工前做好规划，做到有计划地堆放或废浆及时排出现场，保持场地文明。

12 应在专门的记录表格上做好自检，如实记录施工的各项参数和详细描述喷射注浆时的各种现象，以便判断加固效果并为质量检验提供资料。

7.4.9 应在严格控制施工参数的基础上，根据具体情况选定质量检验方法。开挖检查法简单易行，通常在浅层进行，但难以对整个固结体的质量作全面检查。钻孔取芯是检验单孔固结体质量的常用方法，选用时需以不破坏固结体和有代表性为前提，可以在 28d 后取芯。标准贯入和静力触探在有经验的情况下也可以应用。静载荷试验是建筑地基处理后检验地基承载力的方法。压水试验通常在工程有防渗漏要求时采用。

检验点的位置应重点布置在有代表性的加固区，对旋喷注浆时出现过异常现象和地质复杂的地段亦应进行检验。

每个建筑工程旋喷注浆处理后，不论其大小，均应进行检验。检验量为施工孔数的 2%，并且不应少于 6 点。

旋喷注浆处理地基的强度离散性大，在软弱黏性土中，强度增长速度较慢。检验时间应在喷射注浆后 28d 进行，以防由于固结体强度不高时，因检验而受到破坏，影响检验的可靠性。

7.5 灰土挤密桩和土挤密桩复合地基

7.5.1 灰土挤密桩、土挤密桩复合地基在黄土地区广泛采用。用灰土或土分层夯实的桩体，形成增强体，与挤密的桩间土一起组成复合地基，共同承受基础的上部荷载。当以消除地基土的湿陷性为主要目的时，桩孔填料可选用素土；当以提高地基的承载力为主要目的时，桩孔填料应采用灰土。

大量的试验研究资料和工程实践表明，灰土挤密桩、土挤密桩复合地基用于处理地下水位以上的粉土、黏性土、素填土、杂填土等地基，不论是消除土的湿陷性还是提高承载力都是有效的。

基底下 3m 内的素填土、杂填土，通常采用土（或灰土）垫层或强夯等方法处理；大于 15m 的土层，由于成孔设备限制，一般采用其他方法处理，本条规定可处理地基的厚度为 3m～15m，基本上符合目前陕西、甘肃和山西等省的情况。

当地基土的含水量大于 24%、饱和度大于 65% 时，在成孔和拔管过程中，桩孔及其周边土容易缩颈和隆起，挤密效果差，应通过试验确定其适用性。

7.5.2 本条是灰土挤密桩、土挤密桩复合地基的设计要求。

1 局部处理地基的宽度超出基础底面边缘一定范围，主要在于保证应力扩散，增强地基的稳定性，防止基底下被处理的土层在基础荷载作用下受水浸湿时产生侧向挤出，并使处理与未处理接触面的土体保持稳定。

整片处理的范围大，既可以保证应力扩散，又可防止水从侧向渗入未处理的下部土层引起湿陷，故整片处理兼有防渗隔水作用。

2 处理的厚度应根据现场土质情况、工程要求和成孔设备等因素综合确定。当以降低土的压缩性、提高地基承载力为主要目的时，宜对基底下压缩层范围内压缩系数 α_{1-2} 大于 0.40MPa^{-1} 或压缩模量小于 6MPa 的土层进行处理。

3 根据我国湿陷性黄土地区的现有成孔设备和成孔方法，成孔的桩孔直径可为 300mm～600mm。桩孔之间的中心距离通常为桩孔直径的 2.0 倍～3.0 倍，保证对土体挤密和消除湿陷性的要求。

4 湿陷性黄土为天然结构，处理湿陷性黄土与处理填土有所不同，故检验桩间土的质量用平均挤密系数 $\overline{\eta}_c$ 控制，而不用压实系数控制。平均挤密系数是在成孔挤密深度内，通过取土样测定桩间土的平均干密度与其最大干密度的比值而获得，平均干密度的取样自桩顶向下 0.5m 起，每 1m 不应少于 2 点（1组），即：桩孔外 100mm 处 1 点，桩孔之间的中心距 (1/2 处) 1 点。当桩长大于 6m 时，全部深度内取样点不应少于 12 点（6 组）；当桩长小于 6m 时，全部深度内的取样点不应少于 10 点（5 组）。

6 为防止填入桩孔内的灰土吸水后产生膨胀，不得使用生石灰与土拌合，而应用消解后的石灰与黄土或其他黏性土拌合，石灰富含钙离子，与土混合后产生离子交换作用，在较短时间内便成为凝硬材料，因此拌合后的灰土放置时间不可太长，并宜于当日使用完毕。

7 由于桩体是用松散状态的素土（黏性土或黏质粉土）、灰土经夯实而成，桩体的夯实质量可用土的干密度表示，土的干密度大，说明夯实质量好，反之，则差。桩体的夯实质量一般通过测定全部深度内土的干密度确定，然后将其换算为平均压实系数进行评定。桩体土的干密度取样：自桩顶向下 0.5m 起，每 1m 不应少于 2 点（1组），即桩孔内距桩孔边缘 50mm 处 1 点，桩孔中心（即 1/2）处 1 点，当桩长大于 6m 时，全部深度内的取样点不应少于 12 点（6 组），当桩不足 6m 时，全部深度内的取样点不应少于 10 点（5 组）。桩体土的平均压实系数 $\overline{\lambda}_c$，是根据桩孔全部深度内的平均干密度与室内击实试验求得填料（素土或灰土）在最优含水量状态下的最大干密度的比值，即 $\overline{\lambda}_c = \overline{\rho}_{d0} / \rho_{dmax}$，式中 $\overline{\rho}_{d0}$ 为桩孔全部深度内的填料（素土或灰土），经分层夯实的平均干密度 (t/m³)；ρ_{dmax} 为桩孔内的填料（素土或灰土），通过击实试验求得最优含水量状态下的最大干密度 (t/m³)。

原规范规定桩孔内填料的平均压实系数 $\overline{\lambda}_c$ 均不应小于 0.96，本次修订改为填料的平均压实系数 $\overline{\lambda}_c$

均不应小于 0.97，与现行国家标准《湿陷性黄土地区建筑规范》GB 50025 的要求一致。工程实践表明只要填料的含水量和夯锤锤重合适，是完全可以达到这个要求的。

8 桩孔回填夯实结束后，在桩顶标高以上应设置 300mm～600mm 厚的垫层，一方面可使桩顶和桩间土找平，另一方面保证应力扩散，调整桩土的应力比，并对减小桩身应力集中也有良好作用。

9 为确定灰土挤密桩、土挤密桩复合地基承载力特征值应通过现场复合地基静载荷试验确定，或通过灰土桩或土桩的静载荷试验结果和桩周土的承载力特征值根据经验确定。

7.5.3 本条是灰土挤密桩、土挤密桩复合地基的施工要求。

1 现有成孔方法包括沉管（锤击、振动）和冲击等方法，但都有一定的局限性，在城市或居民较集中的地区往往限制使用，如锤击沉管成孔，通常允许在新建场地使用，故选用上述方法时，应综合考虑设计要求、成孔设备或成孔方法、现场土质和对周围环境的影响等因素。

2 施工灰土挤密桩时，在成孔或拔管过程中，对桩孔（或桩顶）上部土层有一定的松动作用，因此施工前应根据选用的成孔设备和施工方法，在基底标高以上预留一定厚度的土层，待成孔和桩孔回填夯实结束后，将其挖除或按设计规定进行处理。

3 拟处理地基土的含水量对成孔施工与桩间土的挤密至关重要。工程实践表明，当天然土的含水量小于 12% 时，土呈坚硬状态、成孔挤密困难，且设备容易损坏；当天然土的含水量等于或大于 24%，饱和度大于 65% 时，桩孔可能缩颈，桩孔周围的土容易隆起，挤密效果差；当天然土的含水量接近最优（或塑限）含水量时，成孔施工速度快，桩间土的挤密效果好。因此，在成孔过程中，应掌握好拟处理地基土的含水量。最优含水量是成孔挤密施工的理想含水量，而现场土质往往并非恰好是最优含水量，如只允许在最优含水量状态下进行成孔施工，小于最优含水量的土便需要加水增湿，大于最优含水量的土则要采取晾干等措施，这样施工很麻烦，而且不易掌握准确和加水均匀。因此，当拟处理地基土的含水量低于 12% 时，宜按公式 (7.5.3) 计算的加水量进行增湿。对含水量介于 12%～24% 的土，只要成孔施工顺利、桩孔不出现缩颈，桩间土的挤密效果符合设计要求，不一定要采取增湿或晾干措施。

5 成孔和孔内回填夯实的施工顺序，习惯做法是从外向里间隔（1～2）孔进行，但施工到中间部位，桩孔往往打不下去或桩孔周围地面明显隆起。为此本条定为对整片处理，宜从里（或中间）向外间隔（1～2）孔进行。对大型工程可采取分段施工，对局部处理，宜从外向里间隔（1～2）孔进行。局部处理的范围小，且多为独立基础及条形基础，从外向里对桩间土的挤密有好处，也不致出现类似整片处理桩孔打不下去的情况。

6 施工过程的振动会引起地表土层的松动，基础施工后应对松动土层进行处理。

7 施工记录是验收的原始依据。必须强调施工记录的真实性和准确性，且不得任意涂改。为此应选择有一定业务素质的相关人员担任施工记录，这样才能确保做好施工记录。桩孔的直径与成孔设备或成孔方法有关，成孔设备或成孔方法如已选定，桩孔直径基本上固定不变，桩孔深度按设计规定，为防止施工出现偏差，在施工过程中应加强监督，采取随机抽样的方法进行检查。

8 土料和灰土受雨水淋湿或冻结，容易出现"橡皮土"，且不易夯实。当雨期或冬期选择灰土挤密桩处理地基时，应采取防雨或防冻措施，保护灰土不受雨水淋湿或冻结，以确保施工质量。

7.5.4 本条为灰土挤密桩、土挤密桩复合地基的施工质量检验要求：

1 为保证灰土桩复合地基的质量，在施工过程中应抽样检验施工质量，对检验结果应进行综合分析或综合评价。

2、3 桩孔夯填质量检验，是灰土挤密桩、土挤密桩复合地基质量检验的主要项目。宜采用开挖探井取样法检测。规范对抽样检验的数量作了规定。由于挖探井取土样对桩体和桩间土均有一定程度的扰动及破坏，因此选点应具有代表性，并保证检验数据的可靠性。对灰土桩桩身强度有疑义时，可对灰土取样进行含灰比的检测。取样结束后，其探井应分层回填夯实，压实系数不应小于 0.94。

4 对需消除湿陷性的重要工程，应按现行国家标准《湿陷性黄土地区建筑规范》GB 50025 的方法进行现场浸水静载荷试验。

5 关于检测灰土桩复合地基承载力静载荷试验的时间，本规范规定应在成桩后（14～28）d，主要考虑桩体强度的恢复与发展需要一定的时间。

7.6 夯实水泥土桩复合地基

7.6.1 由于场地条件的限制，需要一种施工周期短、造价低、施工文明、质量容易控制的地基处理方法。中国建筑科学研究院地基所在北京等地旧城区危改小区工程中开发的夯实水泥土桩地基处理技术，经过大量室内、原位试验和工程实践，已在北京、河北等地多层房屋地基处理工程中广泛应用，产生了巨大的社会经济效益，节省了大量建筑资金。

目前，由于施工机械的限制，夯实水泥土桩适用于地下水位以上的粉土、素填土、杂填土和黏性土等地基。采用人工洛阳铲成孔时，处理深度宜小于 6m，主要是由于施工工艺决定。

7.6.2 本条是夯实水泥土桩复合地基设计的要求。

1 夯实水泥土桩复合地基主要用于多层房屋地基处理，一般情况可仅在基础内布桩，地质条件较差或工程有特殊要求时，可在基础外设置护桩。

2 对相对硬土层埋藏较深地基，桩的长度应按建筑物地基的变形允许值确定，主要是强调采用夯实水泥土桩法处理的地基，如存在软弱下卧层时，应验算其变形，按允许变形控制设计。

3 常用的桩径为 300mm～600mm。可根据所选用的成孔设备或成孔方法确定。选用的夯锤应与桩径相适应。

4 夯实水泥土强度主要由土的性质、水泥品种、水泥强度等级、龄期、养护条件等控制。特别规定夯实水泥土设计强度应采用现场土料和施工采用的水泥品种、标号进行混合料配比设计使桩体强度满足本规范第 7.1.6 条的要求。

夯实水泥土配比强度试验应符合下列规定：

1）试验采用的击实试模和击锤如图 10 所示，尺寸应符合表 19 规定。

表 19 击实试验主要部件规格

锤质量 （kg）	锤底直径 （mm）	落高 （mm）	击实试模 （mm）
4.5	51	457	150×150×150

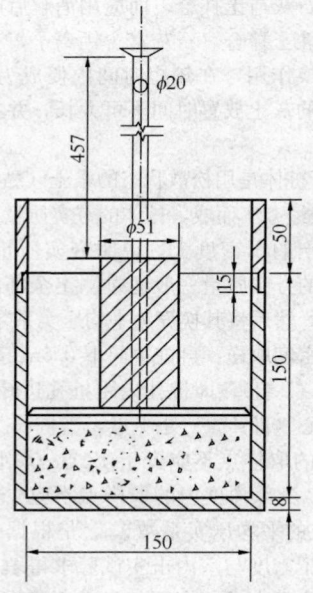

图 10 击实试验主要部件示意

2）试样的制备应符合现行国家标准《土工试验方法标准》GB/T 50123 的有关规定。水泥和过筛土料应按土料最优含水量拌合均匀。

3）击实试验应按下列步骤进行：

在击实试模内壁均匀涂一薄层润滑油，

称量一定量的试样，倒入试模内，分四层击实，每层击数由击实密度控制。每层高度相等，两层交界处的土面应刨毛。击实完成时，超出击实试模顶的试样用刮刀削平。称重并计算试样成型后的干密度。

4) 试块脱模时间为 24h，脱模后必须在标准养护条件下养护 28d，按标准试验方法作立方体强度试验。

6 夯实水泥土的变形模量远大于土的变形模量。设置褥垫层，主要是为了调整基底压力分布，使荷载通过垫层传到桩和桩间土上，保证桩间土承载力的发挥。

7 采用夯实水泥土桩法处理地基的复合地基承载力应按现场复合地基静载荷试验确定，强调现场试验对复合地基设计的重要性。

8 本条提出的计算方法已有数幢建筑的沉降观测资料验证是可靠的。

7.6.3 本条是夯实水泥土桩施工的要求：

1 在旧城危改工程中，由于场地环境条件的限制，多采用人工洛阳铲、螺旋钻机成孔方法，当土质较松软时采用沉管、冲击等方法挤土成孔，可收到良好的效果。

3 混合料含水量是决定桩体夯实密度的重要因素，在现场实施时应严格控制。用机械夯实时，因锤重，夯实功大，宜采用土料最佳含水量 $w_{op}-(1\%\sim2\%)$，人工夯实时宜采用土料最佳含水量 $w_{op}+(1\%\sim2\%)$，均应由现场试验确定。各种成孔工艺均可能使孔底存在部分扰动和虚土，因此夯填混合料前应将孔底土夯实，有利于发挥桩端阻力，提高复合地基承载力。为保证桩顶的桩体强度，现场施工时均要求桩体夯填高度大于桩顶设计标高 200mm～300mm。

4 褥垫层铺设要求夯填度小于 0.90，主要是为了减少施工期地基的变形量。

5 夯实水泥土桩处理地基的优点之一是在成孔时可以逐孔检验土层情况是否与勘察资料相符合，不符合时可及时调整设计，保证地基处理的质量。

7.6.4 对一般工程，主要应检查施工记录、检测处理深度内桩体的干密度。目前检验干密度的手段一般采用取土和轻便触探等手段。如检验不合格，应视工程情况处理并采取有效的补救措施。

7.6.5 本条强调工程的竣工验收检验。

7.7 水泥粉煤灰碎石桩复合地基

7.7.1 水泥粉煤灰碎石桩是由水泥、粉煤灰、碎石、石屑或砂加水拌和形成的高粘结强度桩（简称CFG 桩），桩、桩间土和褥垫层一起构成复合地基。

水泥粉煤灰碎石桩复合地基具有承载力提高幅度大，地基变形小等特点，适用范围较大。就基础形式而言，既可适用于条形基础、独立基础，也可适用于箱基、筏基；在工业厂房、民用建筑中均有大量应用。就土性而言，适用于处理黏性土、粉土、砂土和正常固结的素填土等地基。对淤泥质土应通过现场试验确定其适用性。

水泥粉煤灰碎石桩不仅用于承载力较低的地基，对承载力较高（如承载力 $f_{ak}=200kPa$）但变形不能满足要求的地基，也可采用水泥粉煤灰碎石桩处理，以减少地基变形。

目前已积累的工程实例，用水泥粉煤灰碎石桩处理承载力较低的地基多用于多层住宅和工业厂房。比如南京浦镇车辆厂厂南生活区 24 幢 6 层住宅楼，原地基土承载力特征值为 60kPa 的淤泥质土，经处理后复合地基承载力特征值达 240kPa，基础形式为条基，建筑物最终沉降多在 40mm 左右。

对一般黏性土、粉土或砂土，桩端具有好的持力层，经水泥粉煤灰碎石桩处理后可作为高层建筑地基，如北京华亭嘉园 35 层住宅楼，天然地基承载力特征值 f_{ak} 为 200kPa，采用水泥粉煤灰碎石桩处理后建筑物沉降在 50mm 以内。成都某建筑 40 层、41 层，高度为 119.90m，强风化泥岩的承载力特征值 f_{ak} 为 320kPa，采用水泥粉煤灰碎石桩处理后，承载力和变形均满足设计和规范要求，并且经受住了汶川"5·12"大地震的考验。

近些年来，随着其在高层建筑地基处理广泛应用，桩体材料组成和早期相比有所变化，主要由水泥、碎石、砂、粉煤灰和水组成，其中粉煤灰为Ⅱ～Ⅲ级细灰，在桩体混合料中主要提高混合料的可泵性。

混凝土灌注桩、预制桩作为复合地基增强体，其工作性状与水泥粉煤灰碎石桩复合地基接近，可参照本节规定进行设计、施工和检测。对预应力管桩桩顶可采取设置混凝土桩帽或采用高于增强体强度等级的混凝土灌芯的技术措施，减少桩顶的刺入变形。

7.7.2 水泥粉煤灰碎石桩复合地基设计应符合下列规定：

1 桩端持力层的选择

水泥粉煤灰碎石桩应选择承载力和压缩模量相对较高的土层作为桩端持力层。水泥粉煤灰碎石桩具有较强的置换作用，其他参数相同，桩越长、桩的荷载分担比（桩承担的荷载占总荷载的百分比）越高。设计时须将桩端落在承载力和压缩模量相对高的土层上，这样可以很好地发挥桩的端阻力，也可避免场地岩性变化大可能造成建筑物的不均匀沉降。桩端持力层承载力和压缩模量越高，建筑物沉降稳定也越快。

2 桩径

桩径与选用施工工艺有关，长螺旋钻中心压灌、干成孔和振动沉管成桩宜取 350mm～600mm；泥浆护壁钻孔灌注素混凝土成桩宜取 600mm～800mm；钢筋混凝土预制桩宜取 300mm～600mm。

其他条件相同，桩径越小桩的比表面积越大，单方混合料提供的承载力高。

3 桩距

桩距应根据设计要求的复合地基承载力、建筑物控制沉降量、土性、施工工艺等综合考虑确定。

设计的桩距首先要满足承载力和变形量的要求。从施工角度考虑，尽量选用较大的桩距，以防止新打桩对已打桩的不良影响。

就土的挤（振）密性而言，可将土分为：

1）挤（振）密效果好的土，如松散粉细砂、粉土、人工填土等；

2）可挤（振）密土，如不太密实的粉质黏土；

3）不可挤（振）密土，如饱和软黏土或密实度很高的黏性土，砂土等。

施工工艺可分为两大类：一是对桩间土产生扰动或挤密的施工工艺，如振动沉管打桩机成孔制桩，属挤土成桩工艺。二是对桩间土不产生扰动或挤密的施工工艺，如长螺旋钻灌注成桩，属非挤土（或部分挤土）成桩工艺。

对不可挤密土和挤土成桩工艺宜采用较大的桩距。

在满足承载力和变形要求的前提下，可以通过改变桩长来调整桩距。采用非挤土、部分挤土成桩工艺施工（如泥浆护壁钻孔灌注桩、长螺旋钻灌注桩），桩距宜取（3～5）倍桩径；采用挤土成桩工艺施工（如预制桩和振动沉管打桩机施工）和墙下条基单排布桩桩距可适当加大，宜取（3～6）倍桩径。桩长范围内有饱和粉土、粉细砂、淤泥、淤泥质土层，为防止施工发生窜孔、缩颈、断桩，减少新打桩对已打桩的不良影响，宜采用较大桩距。

4 褥垫层

桩顶和基础之间应设置褥垫层，褥垫层在复合地基中具有如下的作用：

1）保证桩、土共同承担荷载，它是水泥粉煤灰碎石桩形成复合地基的重要条件。

2）通过改变褥垫厚度，调整桩垂直荷载的分担，通常褥垫越薄桩承担的荷载占总荷载的百分比越高。

3）减少基础底面的应力集中。

4）调整桩、土水平荷载的分担，褥垫层越厚，土分担的水平荷载占总荷载的百分比越大，桩分担的水平荷载占总荷载的百分比越小。对抗震设防区，不宜采用厚度过薄的褥垫层设计。

5）褥垫层的设置，可使桩间土承载力充分发挥，作用在桩间土表面的荷载在桩侧的土单元体产生竖向和水平向附加应力，水平向附加应力作用在桩表面具有增大侧阻的作用，在桩端产生的竖向附加应力对提高单桩承载力是有益的。

5 水泥粉煤灰碎石桩可只在基础内布桩，应根据建筑物荷载分布、基础形式、地基土性状，合理确定布桩参数：

1）对框架核心筒结构形式，核心筒和外框柱宜采用不同布桩参数，核心筒部位荷载水平高，宜强化核心筒荷载影响部位布桩，相对弱化外框柱荷载影响部位布桩；通常核心筒外扩一倍板厚范围，为防止筏板发生冲切破坏需足够的净反力，宜减小桩距或增大桩径，当桩端持力层较厚时最好加大桩长，提高复合地基承载力和复合土层模量；对设有沉降缝或防震缝的建筑物，宜在沉降缝或防震缝部位，采用减小桩距、增加桩长或加大桩径布桩，以防止建筑物发生较大相向变形。

2）对于独立基础地基处理，可按变形控制进行复合地基设计。比如，天然地基承载力100kPa，设计要求经处理后复合地基承载力特征值不小于300kPa。每个独立基础下的承载力相同，都是300kPa。当两个相邻柱荷载水平相差较大的独立基础，复合地基承载力相等时，荷载水平高的基础面积大，影响深度深，基础沉降大；荷载水平低的基础面积小，影响深度浅，基础沉降小；柱间沉降差有可能不满足设计要求。柱荷载水平差异较大时应按变形控制进行复合地基设计。由于水泥粉煤灰碎石桩复合地基承载力提高幅度大，柱荷载水平高的宜采用较高承载力要求确定布桩参数；可以有效地减少基础面积、降低造价，更重要的是基础间沉降差容易控制在规范限值之内。

3）国家标准《建筑地基基础设计规范》GB 50007 中对于地基反力计算，当满足下列条件时可按线性分布：

① 当地基土比较均匀；

② 上部结构刚度比较好；

③ 梁板式筏基梁的高跨比或平板式筏基板的厚跨比不小于1/6；

④ 相邻柱荷载及柱间距的变化不超过20%。地基反力满足线性分布假定时，可在整个基础范围均匀布桩。

若筏板厚度与跨距之比小于1/6，梁板式基础，梁的高跨比大于1/6且板的厚跨比（筏板厚度与梁的中心距之比）小于1/6时，基底压力不满足线性分布假定。不宜采用均匀布桩，应主要在柱边（平板式筏基）和梁边（梁板式筏基）外扩2.5倍板厚的面积范围布桩。

需要注意的是，此时的设计基底压力应按布桩区的面积重新计算。

4） 与散体桩和水泥土搅拌桩不同，水泥粉煤灰碎石桩复合地基承载力提高幅度大，条形基础下复合地基设计，当荷载水平不高时，可采用墙下单排布桩。此时，水泥粉煤灰碎石桩施工对桩位在垂直于轴线方向的偏差应严格控制，防止过大的基础偏心受力状态。

6 水泥粉煤灰碎石桩复合地基承载力特征值，应按第7.1.5条规定确定。初步设计时也可按本规范式（7.1.5-2）、式（7.1.5-3）估算。桩身强度应符合第7.1.6条的规定。

《建筑地基处理技术规范》JGJ 79-2002 规定，初步设计时复合地基承载力按下式估算：

$$f_{spk} = m\frac{R_a}{A_p} + \beta(1-m)f_{sk} \qquad (14)$$

即假定单桩承载力发挥系数为1.0。根据中国建筑科学研究院地基所多年研究，采用本规范式（7.1.5-2）更为符合实际情况，式中 λ 按当地经验取值，无经验时可取 0.8～0.9，褥垫层的厚径比小时取大值；β 按当地经验取值，无经验时可取 0.9～1.0，厚径比大时取大值。

单桩竖向承载力特征值应通过现场静载荷试验确定。初步设计时也可按本规范式（7.1.5-3）估算，q_{si} 应按地区经验确定；q_p 可按现行国家标准《建筑地基基础设计规范》GB 50007 的有关规定确定；桩端阻力发挥系数 α_p 可取 1.0。

当承载力考虑基础埋深的深度修正时，增强体桩身强度还应满足本规范式（7.1.6-2）的规定。这次修订考虑了如下几个因素：

1） 与桩基不同，复合地基承载力可以作深度修正，基础两侧的超载越大（基础埋深越大），深度修正的数量也越大，桩承受的竖向荷载越大，设计的桩体强度应越高。

2） 刚性桩复合地基，由于设置了褥垫层，从加荷一开始，就存在一个负摩擦区，因此，桩的最大轴力作用点不在桩顶，而是在中性点处，即中性点处的轴力大于桩顶的受力。

综合以上因素，对《建筑地基处理技术规范》JGJ 79-2002 中桩体试块（边长15cm立方体）标准养护28d抗压强度平均值不小于 $3R_a/A_p$（R_a 为单桩承载力特征值，A_p 为桩的截面面积）的规定进行了调整，桩身强度适当提高，保证桩体不发生破坏。

7 水泥粉煤灰碎石桩复合地基的变形计算应按现行国家标准《建筑地基基础设计规范》GB 50007

的有关规定执行。但有两点需作说明：

1） 复合地基的分层与天然地基分层相同，当荷载接近或达到复合地基承载力时，各复合土层的压缩模量可按该层天然地基压缩模量的 ζ 倍计算。工程中应由现场试验测定的 f_{spk} 和基础底面下天然地基承载力 f_{ak} 确定。若无试验资料时，初步设计可由地质报告提供的地基承载力特征值 f_{ak}，以及计算得到的满足设计承载力和变形要求的复合地基承载力特征值 f_{spk}，按式（7.1.7-1）计算 ζ。

2） 变形计算经验系数 ψ_s，对不同地区可根据沉降观测资料统计确定，无地区经验时可按表7.1.8取值，表7.1.8根据工程实测沉降资料统计进行了调整，调整了当量模量大于15.0MPa的变形计算经验系数。

3） 复合地基变形计算过程中，在复合土层范围内，压缩模量很高时，满足下式要求后：

$$\Delta s_n' \leqslant 0.025 \sum_{i=1}^{n} \Delta s_i' \qquad (15)$$

若计算到此为止，桩端以下土层的变形量没有考虑，因此，计算深度必须大于复合土层厚度，才能满足现行国家标准《建筑地基基础设计规范》GB 50007 的有关规定。

7.7.3 本条是对施工的要求：

1 水泥粉煤灰碎石桩的施工，应根据设计要求和现场地基土的性质、地下水埋深、场地周边是否有居民、有无对振动反应敏感的设备等多种因素选择施工工艺。这里给出了四种常用的施工工艺：

1） 长螺旋钻干成孔灌注成桩，适用于地下水位以上的黏性土、粉土、素填土、中等密实以上的砂土以及对噪声或泥浆污染要求严格的场地。

2） 长螺旋钻中心压灌灌注成桩，适用于黏性土、粉土、砂土；对含有卵石夹层场地，宜通过现场试验确定其适用性。北京某工程卵石粒径不大于60mm，卵石层厚度不大于4m，卵石含量不大于30%，采用长螺旋钻施工工艺取得了成功。目前城区施工对噪声或泥浆污染要求严格，可优先选用该工法。

3） 振动沉管灌注成桩，适用于粉土、黏性土及素填土地基及对振动和噪声污染要求不严格的场地。

4） 泥浆护壁成孔灌注成桩，适用于地下水位以下的黏性土、粉土、砂土、填土、碎石土及风化岩层。

若地基土是松散的饱和粉土、粉细砂，以消除液化和提高地基承载力为目的，此时应选择振动沉管桩机施工；振动沉管灌注成桩属挤土成桩工艺，对桩间土有挤（振）密效应。但振动沉管灌注成桩工艺难以穿透厚的硬土层、砂层和卵石层等。在饱和黏性土中成桩，会造成地表隆起，已打桩被挤断，且振动和噪声污染严重，在城中居民区施工受到限制。在夹有硬的黏性土时，可采用长螺旋钻机引孔，再用振动沉管打桩机制桩。

长螺旋钻干成孔灌注成桩适用于地下水位以上的黏性土、粉土、素填土、中等密实以上的砂土，属非挤土（或部分挤土）成桩工艺，该工艺具有穿透能力强、无振动、低噪声、无泥浆污染等特点，但要求桩长范围内无地下水，以保证成孔时不塌孔。

长螺旋钻中心压灌成桩工艺，是国内近几年来使用比较广泛的一种工艺，属非挤土（或部分挤土）成桩工艺，具有穿透能力强、无泥皮、无沉渣、低噪声、无振动、无泥浆污染、施工效率高及质量容易控制等特点。

长螺旋钻孔灌注成桩和长螺旋钻中心压灌成桩工艺，在城市居民区施工，对周围居民和环境的影响较小。

对桩长范围和桩端有承压水的土层，应选用泥浆护壁成孔灌注成桩工艺。当桩端具有高水头承压水采用长螺旋钻中心压灌成桩或振动沉管灌注成桩，承压水沿着桩体渗流，把水泥和细骨料带走，桩体强度严重降低，导致发生施工质量事故。泥浆护壁成孔灌注成桩，成孔过程消除了发生渗流的水力条件，成桩质量容易保障。

2 振动沉管灌注成桩和长螺旋钻中心压灌成桩施工除应执行国家现行有关规定外，尚应符合下列要求：

1）振动沉管施工应控制拔管速度，拔管速度太快易造成桩径偏小或缩颈断桩。

为考察拔管速度对成桩桩径的影响，在南京浦镇车辆厂工地做了三种拔管速度的试验：拔管速度为1.2m/min时，成桩后开挖测桩径为380mm（沉管为φ377管）；拔管速度为2.5m/min，沉管拔出地面后，约0.2m³的混合料被带到地表，开挖后测桩径为360mm；拔管速度为0.8m/min时，成桩后发现桩顶浮浆较多。经大量工程实践认为，拔管速率控制在1.2m/min～1.5m/min是适宜的。

2）长螺旋钻中心压灌成桩施工

长螺旋钻中心压灌成桩施工，选用的钻机钻杆顶部必须有排气装置，当桩端土为饱和粉土、砂土、卵石且水头较高时宜选用下开式钻头。基础埋深较大时，宜在基坑开挖后的工作面上施工，工作面宜高出设计桩顶标高300mm～500mm，工作面土较软时应采取相应施工措施（铺碎石、垫钢板等），保证桩机正常施工。基坑较浅在地表打桩或部分开挖空孔打桩

时，应加大保护桩长，并严格控制桩位偏差和垂直度；每方混合料中粉煤灰掺量宜为70kg～90kg，坍落度应控制在160mm～200mm，保证施工中混合料的顺利输送。如坍落度太大，易产生泌水、离析，泵压作用下，骨料与砂浆分离，导致堵管。坍落度太小，混合料流动性差，也容易造成堵管。

应杜绝在泵送混合料前提拔钻杆，以免造成桩端处存在虚土或桩端混合料离析、端阻力减小。提拔钻杆中应连续泵料，特别是在饱和砂土、饱和粉土层中不得停泵待料，避免造成混合料离析、桩身缩径和断桩。

桩长范围有饱和粉土、粉细砂和淤泥、淤泥质土，当桩距较小时，新打桩钻进时长螺旋叶片对已打桩周边土剪切扰动，使土结构强度破坏，桩周土侧向约束力降低，处于流动状态的桩体侧向溢出、桩顶下沉，亦即发生所谓窜孔现象。施工时须对已打桩桩顶标高进行监控，发现已打桩桩顶下沉时，正在施工的桩提钻至窜孔土部位停止提钻继续压料，待已打桩混合料上升至桩顶时，在施桩继续泵料提钻至设计标高。为防止窜孔发生，除设计采用大桩长大桩距外，可采用隔桩跳打措施。

3）施工中桩顶标高应高出设计桩顶标高，留有保护桩长。

4）成桩过程中，抽样做混合料试块，每台机械一天应做一组（3块）试块（边长为150mm的立方体），标准养护，测定其28d立方体抗压强度。

3 冬期施工时，应采取措施避免混合料在初凝前受冻，保证混合料入孔温度大于5℃，根据材料加热难易程度，一般优先加热拌合水，其次是加热砂和石混合料，但温度不宜过高，以免造成混合料假凝无法正常泵送，泵送管路也应采取保温措施。施工完清除保护土层和桩头后，应立即对桩间土和桩头采用草帘等保温材料进行覆盖，防止桩间土冻胀而造成桩体拉断。

4 长螺旋钻中心压灌成桩施工中存在钻孔弃土。对弃土和保护土层采用机械、人工联合清运时，应避免机械设备超挖，并应预留至少200mm用人工清除，防止造成桩头断裂和扰动桩间土层。对软土地区，为防止发生断桩，也可根据地区经验在桩顶一定范围配置适量钢筋。

5 褥垫层材料可为粗砂、中砂、级配砂石或碎石，碎石粒径宜为5mm～16mm，不宜选用卵石。当基础底面桩间土含水量较大时，应避免采用动力夯实法，以防扰动桩间土。对基底土为较干燥的砂石时，虚铺后可适当洒水再行碾压或夯实。

电梯井和集水坑斜面部位的桩，桩顶须设置褥垫层，不得直接和基础的混凝土相连，防止桩顶承受较大水平荷载。工程中一般做法见图11。

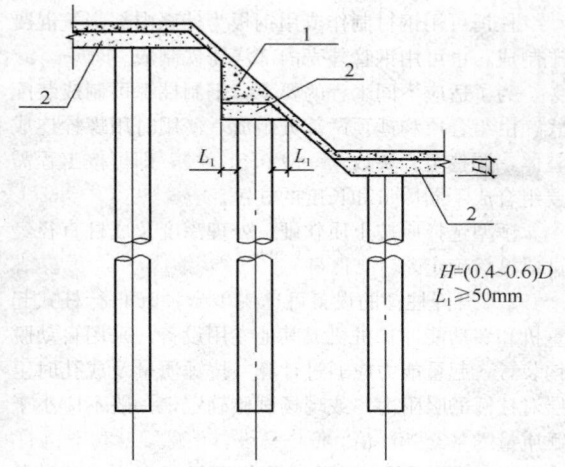

图 11 井坑斜面部位褥垫层做法示意图
1—素混凝土垫层；2—褥垫层

7.7.4 本条是对水泥粉煤灰碎石桩复合地基质量检验的规定。

7.8 柱锤冲扩桩复合地基

7.8.1 柱锤冲扩桩复合地基的加固机理主要有以下四点：

1 成孔及成桩过程中对原土的动力挤密作用；

2 对原地基土的动力固结作用；

3 冲扩桩充填置换作用（包括桩身及挤入桩间土的骨料）；

4 碎砖三合土填料生石灰的水化和胶凝作用（化学置换）。

上述作用依不同土类而有明显区别。对地下水位以上杂填土、素填土、粉土及可塑状态黏性土、黄土等，在冲孔过程中成孔质量较好，无塌孔及缩颈现象，孔内无积水，成桩过程中地面不隆起甚至下沉，经检测孔底及桩间土在成孔及成桩过程中得到挤密，试验表明挤密土影响范围约为（2～3）倍桩径。而对地下水位以下饱和土层冲孔时塌孔严重，有时甚至无法成孔，在成桩过程中地面隆起严重，经检测桩底及桩间土挤密效果不明显，桩身质量也较难保证，因此对上述土层应慎用。

7.8.2 近年来，随着施工设备能力的提高，处理深度已超过 6m，但不宜大于 10m，否则处理效果不理想。对于湿陷性黄土地区，其地基处理深度及复合地基承载力特征值，可按当地经验确定。

7.8.3 柱锤冲扩桩复合地基，多用于中、低层房屋或工业厂房。因此对大型、重要的工程以及场地条件复杂的工程，在正式施工前应进行成桩试验及试验性施工。根据现场试验取得的资料进行设计，制定施工方案。

7.8.4 本条是柱锤冲扩桩复合地基的设计要求：

1 地基处理的宽度应超过基础边缘一定范围，主要作用在于增强地基的稳定性，防止基底下被处理土层在附加应力作用下产生侧向变形，因此原天然土层越软，加宽的范围应越大。通常按压力扩散角 $\theta = 30°$ 来确定加固范围的宽度，并不少于（1～3）排桩。

用柱锤冲扩桩法处理可液化地基应适当加大处理宽度。对于上部荷载较小的室内非承重墙及单层砖房可仅在基础范围内布桩。

2 对于可塑状态黏性土、黄土等，因靠冲扩桩的挤密来提高桩间土的密实度，所以采用等边三角形布桩有利，可使地基挤密均匀。对于软黏土地基，主要靠置换。考虑到施工方便，以正方形或等边三角形的布桩形式最为常用。

桩间距与设计要求的复合地基承载力、原地基土的性质有关，根据经验，桩距一般可取 1.2m～2.5m 或取桩径的（2～3）倍。

3 柱锤冲扩桩桩径设计应考虑下列因素：

1） 柱锤直径：现已经形成系列，常用直径为 300mm～500mm，如 $\phi377$ 公称锤，就是 377mm 直径的柱锤。

2） 冲孔直径：它是冲头达到设计深度时，地基被冲击成孔的直径，对于可塑状态黏性土其成孔直径往往比锤直径要大。

3） 桩径：它是桩身填料夯实后的平均直径，比冲孔直径大，如 $\phi377$ 柱锤夯实后形成的桩径可达 600mm～800mm。因此，桩径不是一个常数，当土层松软时，桩径就大，当土层较密时，桩径就小。

设计时一般先根据经验假设桩径，假设时应考虑柱锤规格、土质情况及复合地基的设计要求，一般常用 $d = 500mm～800mm$，经试成桩后再确定设计桩径。

4 地基处理深度的确定应考虑：1）软弱土层厚度；2）可液化土层厚度；3）地基变形等因素。限于设备条件，柱锤冲扩桩法适用于 10m 以内的地基处理，因此当软弱土层较厚时应进行地基变形和下卧层地基承载力验算。

5 柱锤冲扩桩法是从地下向地表进行加固，由于地表侧向约束小，加之成桩过程中桩间土隆起造成桩顶及槽底土质松动，因此为保证地基处理效果及扩散基底压力，对低于槽底的松散桩头及松软桩间土应予以清除，换填砂石垫层，采用振动压路机或其他设备压实。

6 桩体材料推荐采用以拆房为主组成的碎砖三合土，主要是为了降低工程造价，减少杂土丢弃对环境的污染。有条件时也可以采用级配砂石、矿渣、灰土、水泥混合土等。当采用其他材料缺少足够的工程经验时，应经试验确定其适用性和配合比等有关参数。

碎砖三合土的配合比（体积比）除设计有特殊要求外，一般可采用 1∶2∶4（生石灰∶碎砖∶黏性土）对地下水位以下流塑状态松软土层，宜适当加大碎砖及生石灰用量。碎砖三合土中的石灰宜采用块状生石灰，CaO 含量应在 80% 以上。碎砖三合土中的土料，尽量选用就地基坑开挖出的黏性土料，不应含有机物料（如油毡、苇草、木片等），不应使用淤泥质土、盐渍土和冻土。土料含水量对桩身密实度影响较大，因此应采用最佳含水量进行施工，考虑实际施工时土料来源及成分复杂，根据大量工程实践经验，采用目力鉴别即手握成团、落地开花即可。

为了保证桩身均匀及触探试验的可靠性，碎砖粒径不宜大于 120mm，如条件容许碎砖粒径控制在 60mm 左右最佳，成桩过程中严禁使用粒径大于 240mm 砖料及混凝土块。

7 柱锤冲扩三合土，桩身密实度及承载力因受桩间土影响而较离散，因此规范规定应按复合地基静载荷试验确定其承载力。初步设计时也可按本规范式（7.1.5-1）进行估算，该式是根据桩和桩间土通过刚性基础共同承担上部荷载而推导出来的。式中桩土应力比 n 是根据部分静载荷试验资料而实测出来的，在无实测资料时可取 2～4，桩间土承载力低时取大值。加固后桩间土承载力 f_{sk} 应根据土质条件及设计要求确定，当天然地基承载力特征值 $f_{ak} \geqslant 80kPa$ 时，可取加固前天然地基承载力进行估算；对于新填沟坑、杂填土等松软土层，可按当地经验或经现场试验根据重型动力触探平均击数 $\overline{N}_{63.5}$ 参考表 20 确定。

表 20　桩间土 $\overline{N}_{63.5}$ 和 f_{sk} 关系表

$\overline{N}_{63.5}$	2	3	4	5	6	7
f_{sk} (kPa)	80	110	130	140	150	160

注：1　计算 $\overline{N}_{63.5}$ 时应去掉 10% 的极大值和极小值，当触探深度大于 4m 时，$N_{63.5}$ 应乘以 0.9 折减系数；
　　2　杂填土及饱和松软土层，表中 f_{sk} 应乘以 0.9 折减系数。

8 加固后桩间土压缩模量可按当地经验或根据加固后桩间土重型动力触探平均击数 $\overline{N}_{63.5}$ 参考表 21 选用。

表 21　桩间土 E_s 和 $\overline{N}_{63.5}$ 关系表

$\overline{N}_{63.5}$	2	3	4	5	6
E_s (kPa)	4.0	6.0	7.0	7.5	8.0

7.8.5 本条是柱锤冲扩桩复合地基的施工要求：

1 目前采用的系列柱锤如表 22 所示：

表 22　柱锤明细表

序号	规　格			锤底形状
	直径（mm）	长度（m）	质量（t）	
1	325	2～6	1.0～4.0	凹形底
2	377	2～6	1.5～5.0	凹形底
3	500	2～6	3.0～9.0	凹形底

注：封顶或拍底时，可采用质量 2t～10t 的扁平重锤进行。

柱锤可用钢材制作或用钢板为外壳内部浇筑混凝土制成，也可用钢管外壳内部浇铸铁制成。

为了适应不同工程的要求，钢制柱锤可制成装配式，由组合块和锤顶两部分组成，使用时用螺栓连成整体，调整组合块数（一般 0.5t/块），即可按工程需要组合成不同质量和长度的柱锤。

锤型选择应按土质软硬、处理深度及成桩直径经试成桩后确定。

2 升降柱锤的设备可选用 10t～30t 自行杆式起重机和多功能冲扩机或其他专用设备，采用自动脱钩装置，起重能力应通过计算（按锤质量及成孔时土层对柱锤的吸附力）或现场试验确定，一般不应小于锤质量的（3～5）倍。

3 场地平整、清除障碍物是机械作业的基本条件。当加固深度较深，柱锤长度不够时，也可采取先挖出一部分土，然后再进行冲扩施工。

柱锤冲扩桩法成孔方式有如下三种：

1）冲击成孔：最基本的成孔工艺，条件是冲孔时孔内无明水、孔壁直立、不塌孔、不缩颈。

2）填料冲击成孔：当冲击成孔出现塌孔或缩颈时，采用本法。这时的填料与成桩填料不同，主要目的是吸收孔壁附近地基中的水分，密实孔壁，使孔壁直立、不塌孔、不缩颈。碎砖及生石灰能够显著降低土壤中的水分，提高桩间土承载力，因此填料冲击成孔时应采用碎砖及生石灰块。

3）二次复打成孔：当采用填料冲击成孔施工工艺也不能保证孔壁直立、不塌孔、不缩颈时，应采用本方案。在每一次冲扩时，填料以碎砖、生石灰为主，根据土质不同采用不同配比，其目的是吸收土壤中水分，改善原土性状，第二次复打成孔后要求孔壁直立、不塌孔，然后边填料边夯实形成桩体。

套管成孔可解决塌孔及缩颈问题，但其施工工艺较复杂，因此只在特殊情况下使用。

桩体施工的关键是分层填料量、分层夯实厚度及总填料量。

施工前应根据试成桩及设计要求的桩径和桩长进行确定。填料充盈系数不宜小于 1.5。

每根桩的施工记录是工程质量管理的重要环节，所以必须设专门技术人员负责记录工作。

要求夯填至桩顶设计标高以上，主要是为了保证桩顶密实度。当不能满足上述要求时，应进行面层夯实或采用局部换填处理。

7.8.6 柱锤冲扩桩法夯击能量较大，易发生地面隆起，造成表层桩和桩间土出现松动，从而降低处理效果，因此成孔及填料夯实的施工顺序宜间隔进行。

7.8.7 本条是柱锤冲扩桩复合地基的质量检验要求：

1 柱锤冲扩桩质量检验程序：施工中自检、竣工后质检部门抽检、基槽开挖后验槽三个环节。对质量有怀疑的工程桩，应采用重型动力触探进行自检。实践证明这是行之有效的，其中施工单位自检尤为重要。

2 采用柱锤冲扩桩处理的地基，其承载力是随着时间增长而逐步提高的，因此要求在施工结束后休止14d再进行检验，实践证明这样方便施工也是偏于安全的，对非饱和土和粉土休止时间可适当缩短。

桩身及桩间土密实度检验宜采用重型动力触探进行。检验点应随机抽样并经设计或监理认定，检测点不少于总桩数的2%且不少于6组（即同一检测点桩身及桩间土分别进行检验）。当土质条件复杂时，应加大检验数量。

柱锤冲扩桩复合地基质量评定主要包括地基承载力及均匀程度。复合地基承载力与桩身及桩间土动力触探击数的相关关系应经对比试验按当地经验确定。

6 基槽开挖检验的重点是桩顶密实度及槽底土质情况。由于柱锤冲扩桩施工工艺的特点是冲孔后自下而上成桩，即由下往上对地基进行加固处理，由于顶部上覆压力小，容易造成桩顶及槽底土质松动，而这部分又是直接持力层，因此应加强对桩顶特别是槽底以下1m厚范围内土质的检验，检验方法根据土质情况可采用轻便触探或动力触探进行。桩位偏差不宜大于1/2桩径。

7.9 多桩型复合地基

7.9.1 本节涉及的多桩型复合地基内容仅对由两种桩型处理形成的复合地基进行了规定，两种以上桩型的复合地基设计、施工与检测应通过试验确定其适用性和设计、施工参数。

7.9.2 本条为多桩型复合地基的设计原则。采用多桩型复合地基处理，一般情况下场地土具有特殊性，采用一种增强体处理后达不到设计要求的承载力或变形要求，而采用一种增强体处理特殊性土，减少其特殊性的工程危害，再采用另一种增强体处理使之达到设计要求。

多桩型复合地基的工作特性，是在等变形条件下的增强体和地基土共同承担荷载，必须通过现场试验确定设计参数和施工工艺。

7.9.3 工程中曾出现采用水泥粉煤灰碎石桩和静压高强预应力管桩组合的多桩型复合地基，采用了先施工挤土的静压高强预应力管桩，后施工排土的水泥粉煤灰碎石桩的施工方案，但通过检测发现预制桩单桩承载力与理论计算值存在较大差异，分析原因，系桩端阻力与同场地高强预应力管桩相比有明显下降所

致，水泥粉煤灰碎石桩的施工对已施工的高强预应力管桩桩端上下一定范围灵敏度相对较高的粉土及桩端粉砂产生了扰动。因此，对类似情况，应充分考虑后施工桩对已施工增强体或桩体承载力的影响。无地区经验时，应通过试验确定方案的适用性。

7.9.4 本条为建筑工程采用多桩型复合地基处理的布桩原则。处理特殊土，原则上应扩大处理面积，保证处理地基的长期稳定性。

7.9.5 根据近年来复合地基理论研究的成果，复合地基的垫层厚度与增强体直径、间距、桩间土承载力发挥和复合地基变形控制等有关，褥垫层过厚会形成较深的负摩阻区，影响复合地基增强体承载力的发挥；褥垫层过薄复合地基增强体水平受力过大，容易损坏，同时影响复合地基桩间土承载力的发挥。

7.9.6 多桩型复合地基承载力特征值应采用多桩复合地基承载力静载荷试验确定，初步设计时的设计参数应根据地区经验取用，无地区经验时，应通过试验确定。

7.9.7 面积置换率的计算，当基础面积较大时，实际的布置桩距对理论计算采用的置换率的影响很小，因此当基础面积较大或条形基础较长时，可以单元面积置换率替代。

7.9.8 多桩型复合地基变形计算在理论上可将复合地基的变形分为复合土层变形与下卧土层变形，分别计算后相加得到，其中复合土层的变形计算采用的方法有假想实体法、桩身压缩法、应力扩散法、有限元法等，下卧土层的变形计算一般采用分层总和法。理论研究与实测表明，大多数复合地基的变形计算的精度取决于下卧土层的变形计算精度，在沉降计算经验系数确定后，复合土层底面附加应力的计算取值是关键。该附加应力随上述复合地基沉降计算的方法不同而存在较大的差异，即使采用应力扩散一种方法，也因应力扩散角的取值不同计算结果不同。对多桩型复合地基，复合土层变形及下卧土层顶面附加应力的计算将更加复杂。

工程实践中，本条涉及的多桩复合地基承载力特征值 f_{spk} 可由多桩复合地基静载荷试验确定，但由其中的一种桩处理形成的复合地基承载力特征值 f_{spk1} 的试验，对已施工完成的多桩型复合地基而言，具有一定的难度，有经验时可采用单桩载荷试验结果结合桩间土的承载力特征值计算确定。

多桩型复合地基承载力、变形计算工程实例：

1 工程概况

某工程高层住宅22栋，地下车库与主楼地下室基本连通。2号住宅楼为地下2层地上33层的剪力墙结构，裙房采用框架结构，筏形基础，主楼地基采用多桩型复合地基。

2 地质情况

基底地基土层分层情况及设计参数如表23。

表 23　地基土层分布及其参数

层号	类别	层底深度 （m）	平均 厚度 （m）	承载力 特征值 （kPa）	压缩 模量 （MPa）	压缩性 评价
6	粉土	−9.3	2.1	180	13.3	中
7	粉质黏土	−10.9	1.5	120	4.6	高
7−1	粉土	−11.9	1.2	120	7.1	中
8	粉土	−13.8	2.5	230	16.0	低
9	粉砂	−16.1	3.2	280	24.0	低
10	粉砂	−19.4	3.3	300	26.0	低
11	粉土	−24.0	4.5	280	20.0	低
12	细砂	−29.6	5.6	310	28.0	低
13	粉质黏土	−39.5	9.9	310	12.4	中
14	粉质黏土	−48.4	9.0	320	12.7	中
15	粉质黏土	−53.5	5.1	340	13.5	中
16	粉质黏土	−60.5	6.9	330	13.1	中
17	粉质黏土	−67.7	7.0	350	13.9	中

考虑到工程经济性及水泥粉煤灰碎石桩施工可能造成对周边建筑物的影响，采用多桩型长短桩复合地基。长桩选择第 12 层细砂为持力层，采用直径 400mm 的水泥粉煤灰碎石桩，混合料强度等级 C25，桩长 16.5m，设计单桩竖向受压承载力特征值为 R_a ＝690kN；短桩选择第 10 层细砂为持力层，采用直径 500mm 泥浆护壁素凝土钻孔灌注桩，桩身混凝土强度等级 C25，桩长 12m，设计单桩竖向承载力特征值为 R_a ＝600kN；采用正方形布桩，桩间距 1.25m。

要求处理后的复合地基承载力特征值 $f_{ak} \geqslant$ 480kPa，复合地基桩平面布置如图 12。

3　复合地基承载力计算

1）单桩承载力

水泥粉煤灰碎石桩、素混凝土灌注桩单桩承载力计算参数见表 24。

表 24　水泥粉煤灰碎石桩钻孔灌注桩侧阻力
和端阻力特征值一览表

层号	3	4	5	6	7	7−1	8	9	10	11	12	13
q_{sia} （kPa）	30	18	28	23	18	28	27	32	36	32	38	33
q_{pa} （kPa）									450	450	500	480

水泥粉煤灰碎石桩单桩承载力特征值计算结果 R_1 ＝690kN，钻孔灌注桩单桩承载力计算结果 R_2 ＝600kN。

2）复合地基承载力

$$f_{spk} = m_1 \frac{\lambda_1 R_{a1}}{A_{p1}} + m_2 \frac{\lambda_2 R_{a2}}{A_{p2}} + \beta(1 - m_1 - m_2) f_{sk}$$

(16)

式中：$m_1 = 0.04$；$m_2 = 0.064$；

$\quad\lambda_1 = \lambda_2 = 0.9$；

$\quad R_{a1} = 690\text{kN}$、$R_{a2} = 600\text{kN}$；

$\quad A_{P1} = 0.1256$，$A_{P2} = 0.20$；

$\quad \beta = 1.0$；

$\quad f_{sk} = f_{ak} = 180\text{kPa}$（第 6 层粉土）。

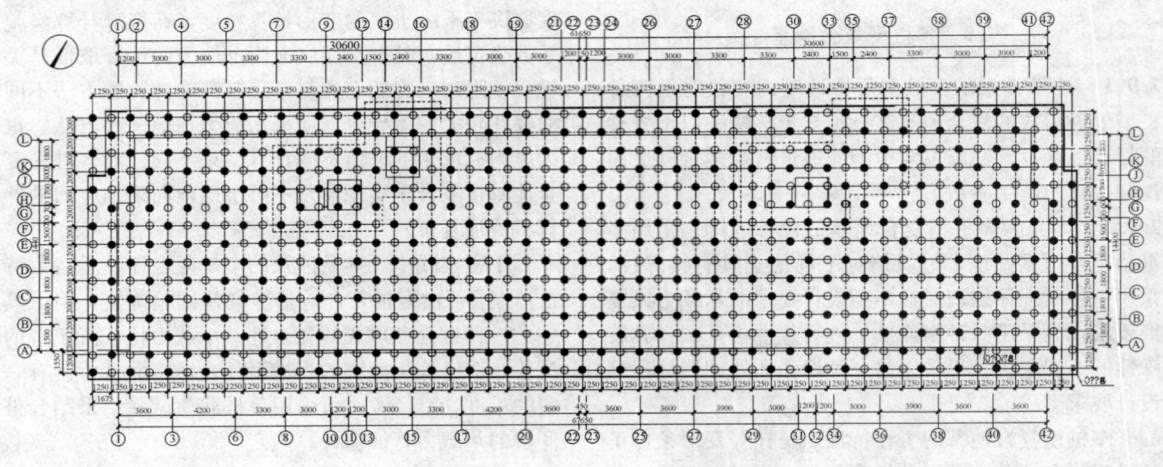

图 12　多桩型复合地基平面布置

复合地基承载力特征值计算结果为 f_{spk} ＝536.17kPa，复合地基承载力满足设计要求。

4　复合地基变形计算

已知，复合地基承载力特征值 f_{spk} ＝536.17kPa，计算复合土层模量系数还需计算单独由水泥粉煤灰碎石桩（长桩）加固形成的复合地基承载力特征值。

$$f_{spk1} = 0.04 \times 0.9 \times 690/0.1256$$
$$+ 1.0 \times (1 - 0.04) \times 180$$
$$= 371\text{kN}$$

(17)

复合土层上部由长、短桩与桩间土层组成，土层模量提高系数为：

$$\zeta_1 = \frac{f_{spk}}{f_{ak}} = 536.17/180 = 2.98 \quad (18)$$

复合土层下部由长桩（CFG桩）与桩间土层组成，土层模量提高系数为：

$$\zeta_2 = \frac{f_{spk1}}{f_{ak}} = 371/180 = 2.07 \quad (19)$$

复合地基沉降计算深度，按建筑地基基础设计规范方法确定，本工程计算深度：自然地面以下67.0m，计算参数如表25。

表25 复合地基沉降计算参数

计算层号	土类名称	层底标高(m)	层厚(m)	压缩模量(MPa)	计算压缩模量值(MPa)	模量提高系数(ζ_i)
6	粉土	-9.3	2.1	13.3	35.9	2.98
7	粉质黏土	-10.9	1.5	4.6	12.4	2.98
7-1	粉土	-11.9	1.2	7.1	19.2	2.98
8	粉土	-13.8	2.5	16.0	43.2	2.98
9	粉砂	-16.1	3.2	24.0	64.8	2.98
10	粉砂	-19.4	3.3	26.0	70.2	2.98
11	粉土	-24.0	4.5	20.0	54.0	2.07
12	细砂	-29.6	5.6	28.0	58.8	2.07
13	粉质黏土	-39.5	9.9	12.4	12.4	1.0
14	粉质黏土	-48.40	9.0	12.7	12.7	1.0
15	粉质黏土	-53.5	5.1	13.5	13.5	1.0
16	粉质黏土	-60.5	6.9	13.1	13.1	1.0
17	粉质黏土	-67.7	7.0	13.9	13.9	1.0

按本规范复合地基沉降计算方法计算的总沉降量值：$s = 185.54$mm

取地区经验系数 $\psi_s = 0.2$

沉降量预测值：$s = 37.08$mm

5 复合地基承载力检验

1）四桩复合地基静载荷试验

采用2.5m×2.5m方形钢制承压板，压板下铺中砂找平层，试验结果见表26。

表26 四桩复合地基静载荷试验结果汇总表

编号	最大加载量(kPa)	对应沉降量(mm)	承载力特征值(kPa)	对应沉降量(mm)
第1组（f1）	960	28.12	480	8.15
第2组（f2）	960	18.54	480	6.35
第3组（f3）	960	27.75	480	9.46

2）单桩静载荷试验

采用堆载配重方法进行，结果见表27。

表27 单桩静载荷试验结果汇总表

桩型	编号	最大加载量(kN)	对应沉降量(mm)	极限承载力(kN)	特征值对应的沉降量(mm)
CFG桩	d1	1380	5.72	1380	5.05
	d2	1380	10.20	1380	2.45
	d3	1380	14.37	1380	3.70
素混凝土灌注桩	d4	1200	8.31	1200	3.05
	d5	1200	9.95	1200	2.41
	d6	1200	9.39	1200	3.28

三根水泥粉煤灰碎石桩的桩竖向极限承载力统计值为1380kN，单桩竖向承载力特征值为690kN。三根素混凝土灌注桩的单桩竖向承载力统计值为1200kN，单桩竖向承载力特征值为600kN。

表26中复合地基试验承载力特征值对应的沉降量均较小，平均仅为8mm，远小于本规范按相对变形法对应的沉降量 $0.008×2000 = 16$mm，表明复合地基承载力尚没有得到充分发挥。这一结果将导致沉降计算时，复合土层模量系数被低估，实测结果小于预测结果。

表27中可知，单桩承载力达到承载力特征值2倍时，沉降量一般小于10mm，说明桩承载力尚有较大的富裕，单桩承载力特征值并未得到准确体现，这与复合地基上述结果相对应。

6 地基沉降量监测结果

图13为采用分层沉降标监测方法测得的复合地

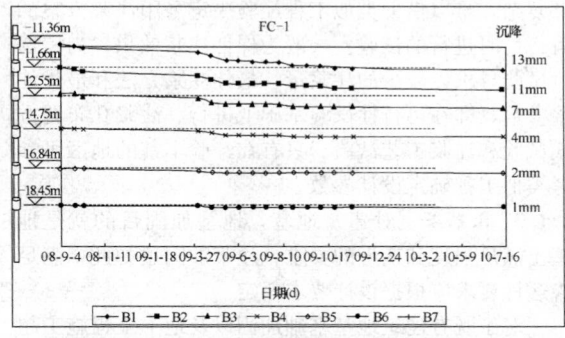

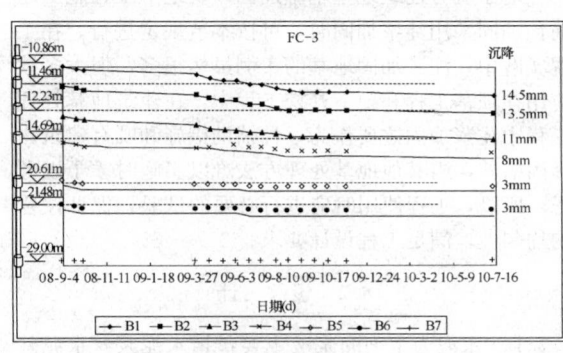

图13 分层沉降变形曲线

基沉降结果，基准沉降标位于自然地面以下 40m。由于结构封顶后停止降水，水位回升导致沉降标失灵，未能继续进行分层沉降监测。

"沉降-时间曲线"显示沉降发展平稳，结构主体封顶时的复合土层沉降量约为 12mm～15mm，假定此时已完成最终沉降量的 50%～60%，按此结果推算最终沉降量应为 20mm～30mm，小于沉降量预测值 37.08mm。

7.9.11 多桩型复合地基的载荷板尺寸原则上应与计算单元的几何尺寸相等。

8 注 浆 加 固

8.1 一 般 规 定

8.1.1 注浆加固包括静压注浆加固、水泥搅拌注浆加固和高压旋喷注浆加固等。水泥搅拌注浆加固和高压旋喷注浆加固可参照本规范第 7.3 节、第 7.4 节。

对建筑地基，选用的浆液主要为水泥浆液、硅化浆液和碱液。注浆加固过程中，流动的浆液具有一定的压力，对地基土有一定的渗透力和劈裂作用，其适用的土层较广。

8.1.2 由于地质条件的复杂性，要针对注浆加固目的，在注浆加固设计前进行室内浆液配比试验和现场注浆试验是十分必要的。浆液配比的选择也应结合现场注浆试验，试验阶段可选择不同浆液配比。现场注浆试验包括注浆方案的可行性试验、注浆孔布置方式试验和注浆工艺试验三方面。可行性试验是当地基条件复杂，难以借助类似工程经验决定采用注浆方案的可行性时进行的试验。一般为保证注浆效果，尚需通过试验寻求以较少的注浆量，最佳注浆方法和最优注浆参数，即在可行性试验基础上进行、注浆孔布置方式试验和注浆工艺试验。只有在经验丰富的地区可参考类似工程确定设计参数。

8.1.3、8.1.4 对建筑地基，地基加固目的就是地基土满足强度和变形的要求，注浆加固也如此，满足渗透性要求应根据设计要求而定。

对于既有建筑地基基础加固以及地下工程施工超前预加固采用注浆加固时，可按本节规定进行。在工程实践中，注浆加固地基的实例虽然很多，但大多数应用在坝基工程和地下开挖工程中，在建筑地基处理工程中注浆加固主要作为一种辅助措施和既有建筑物加固措施，当其他地基处理方法难以实施时才予以考虑。所以，工程使用时应进行必要的试验，保证注浆的均匀性，满足工程设计要求。

8.2 设 计

8.2.1 水泥为主剂的浆液主要包括水泥浆、水泥砂浆和水泥水玻璃浆。

水泥浆液是地基治理、基础加固工程中常用的一种胶结性好、结石强度高的注浆材料，一般施工要求水泥浆的初凝时间既能满足浆液设计的扩散要求，又不至于被地下水冲走，对渗透系数大的地基还需尽可能缩短初、终凝时间。

地层中有较大裂隙、溶洞，耗浆量很大或有地下水活动时，宜采用水泥砂浆，水泥砂浆由水灰比不大于 1.0 的水泥浆掺砂配成，与水泥浆相比有稳定性好、抗渗能力强和析水率低的优点，但流动性小，对设备要求较高。

水泥水玻璃浆广泛用于地基、大坝、隧道、桥墩、矿井等建筑工程，其性能取决于水泥浆水灰比、水玻璃浓度和加入量、浆液养护条件。

对填土地基，由于其各向异性，对注浆量和方向不好控制，应采用多次注浆施工，才能保证工程质量。

8.2.2 硅化注浆加固的设计要求如下：

1 硅化加固法适用于各类砂土、黄土及一般黏性土。通常将水玻璃及氯化钙先后用下部具有细孔的钢管压入土中，两种溶液在土中相遇后起化学反应，形成硅酸胶填充在孔隙中，并胶结土粒。对渗透系数 $k=(0.10～2.00)m/d$ 的湿陷性黄土，因土中含有硫酸钙或碳酸钙，只需用单液硅化法，但通常加氯化钠溶液作为催化剂。

单液硅化法加固湿陷性黄土地基的灌注工艺有两种。一是压力灌注，二是溶液自渗（无压）。压力灌注溶液的速度快，扩散范围大，灌注溶液过程中，溶液与土接触初期，尚未产生化学反应，在自重湿陷性严重的场地，采用此法加固既有建筑物地基，附加沉降可达 300mm 以上，对既有建筑物显然是不允许的。故本条规定，压力灌注可用于加固自重湿陷性场地上拟建的设备基础和构筑物的地基，也可用于加固非自重湿陷性黄土场地上既有建筑物和设备基础的地基。因为非自重湿陷性黄土有一定的湿陷起始压力，基底附加应力不大于湿陷起始压力或虽大于湿陷起始压力但数值不大时，不致出现附加沉降，并已为大量工程实践和试验研究资料所证明。

压力灌注需要用加压设备（如空压机）和金属灌注管等，成本相对较高，其优点是加固范围较大，不只是可加固基础侧向，而且可加固既有建筑物基础底面以下的部分土层。

溶液自渗的速度慢，扩散范围小，溶液与土接触初期，对既有建筑物和设备基础的附加沉降很小（10mm～20mm），不超过建筑物地基的允许变形值。

此工艺是在 20 世纪 80 年代初发展起来的，在现场通过大量的试验研究，采用溶液自渗加固了大厚度自重湿陷性黄土场地上既有建筑物和设备基础的地基，控制了建筑物的不均匀沉降及裂缝继续发展，并恢复了建筑物的使用功能。

溶液自渗的灌注孔可用钻机或洛阳铲成孔，不需要用灌注管和加压等设备，成本相对较低，含水量不大于 20%、饱和度不大于 60% 的地基土，采用溶液自渗较合适。

2 水玻璃的模数值是二氧化硅与氧化钠（百分率）之比，水玻璃的模数值愈大，意味着水玻璃中含 SiO_2 的成分愈多。因为硅化加固主要是由 SiO_2 对土的胶结作用，所以以水玻璃模数值的大小直接影响加固土的强度。试验研究表明，模数值 $\dfrac{SiO_2\%}{Na_2O\%}$ 小时，偏硅酸钠溶液加固土的强度很小，完全不适合加固土的要求，模数值在 2.5～3.0 范围内的水玻璃溶液，加固土的强度可达最大值，模数值超过 3.3 以上时，随着模数值的增大，加固土的强度反而降低，说明 SiO_2 过多对土的强度有不良影响，因此本条规定采用单液硅化加固湿陷性黄土地基，水玻璃的模数值宜为 2.5～3.3。湿陷性黄土的天然含水量较小，孔隙中一般无自由水，采用浓度（10%～15%）低的硅酸钠（俗称水玻璃）溶液注入土中，不致被孔隙中的水稀释，此外，溶液的浓度低，黏滞度小，可灌性好，渗透范围较大，加固土的无侧限抗压强度可达 300kPa 以上，并对降低加固土的成本有利。

3 单液硅化加固湿陷性黄土的主要材料为液体水玻璃（即硅酸钠溶液），其颜色多为透明或稍许混浊，不溶于水的杂质含量不得超过规定值。

6 加固湿陷性黄土的溶液用量，按公式（8.2.2-1）进行估算，并可控制工程总预算及硅酸钠溶液的总消耗量，溶液填充孔隙的系数是根据已加固的工程经验得出的。

7 从工厂购进的水玻璃溶液，其浓度通常大于加固湿陷性黄土所要求的浓度，相对密度多为 1.45 或大于 1.45，注入土中时的浓度宜为 10%～15%，相对密度为 1.13～1.15，故需要按式（8.2.2-2）计算加水量，对浓度高的水玻璃溶液进行稀释。

8 加固既有建（构）筑物和设备基础的地基，不可能直接在基础底面下布置灌注孔，而只能在基础侧向（或周边）布置灌注孔，因此基础底面下的土层难以达到加固要求，对基础侧向地基土进行加固，可以防止侧向挤出，减小地基的竖向变形，每侧布置一排灌注孔加固土体很难连成整体，故本条规定每侧布置灌注孔不宜少于 2 排。

当基础底面宽度大于 3m 时，除在基础每侧布置 2 排灌注孔外，是否需要布置斜向基础底面的灌注孔，可根据工程具体情况确定。

8.2.3 碱液注浆加固的设计要求如下：

1 为提高地基承载力在自重湿陷性黄土地区单独采用注浆加固的较少，而且加固深度不足 5m。为防止采用碱液加固施工期间既有建筑物地基产生附加沉降，本条规定，在自重湿陷性黄土场地，当采用碱液法加固时，应通过试验确定其可行性，待取得经验后再逐步扩大其应用范围。

2 室内外试验表明，当 100g 干土中可溶性和交换性钙镁离子含量不少于 10mg·eq 时，灌入氢氧化钠溶液都可得到较好的加固效果。

氢氧化钠溶液注入土中后，土粒表层会逐渐发生膨胀和软化，进而发生表面的相互溶合和胶结（钠铝硅酸盐类胶结），但这种溶合胶结是非水稳性的，只有在土粒周围存在有 $Ca(OH)_2$ 和 $Mg(OH)_2$ 的条件下，才能使这种胶结构成为强度高且具有水硬性的钙铝硅酸盐络合物。这些络合物的生成将使土粒牢固胶结，强度大大提高，并且具有充分的水稳性。

由于黄土中钙、镁离子含量一般都较高（属于钙、镁离子饱和土），故采用单液加固已足够。如钙、镁离子含量较低，则需考虑采用碱液与氯化钙溶液的双液法加固。为了提高碱液加固黄土的早期强度，也可适当注入一定量的氯化钙溶液。

3 碱液加固深度的确定，关系到加固效果和工程造价，要保证加固效果良好而造价又低，就需要确定一个合理的加固深度。碱液加固法适宜于浅层加固，加固深度不宜超过 4m～5m。过深除增加施工难度外，造价也较高。当加固深度超过 5m 时，应与其他加固方法进行技术经济比较后，再行决定。

位于湿陷性黄土地基上的基础，浸水后产生的湿陷量可分为由附加压力引起的湿陷以及由饱和自重压力引起的湿陷，前者一般称为外荷湿陷，后者称为自重湿陷。

有关浸水载荷试验资料表明，外荷湿陷与自重湿陷影响深度是不同的。对非自重湿陷性黄土地基只存在外荷湿陷。当其基底压力不超过 200kPa 时，外荷湿陷影响深度约为基础宽度的（1.0～2.4）倍，但 80%～90% 的外荷湿陷量集中在基底下 $1.0b$～$1.5b$ 的深度范围内，其下所占的比例很小。对自重湿陷性黄土地基，外荷湿陷影响深度则为 $2.0b$～$2.5b$，在湿陷影响深度下限处土的附加压力与饱和自重压力的比值为 0.25～0.36，其值较一般确定压缩层下限标准 0.2（对一般土）或 0.1（对软土）要大得多，故外荷湿陷影响深度小于压缩层深度。

位于黄土地基上的中小型工业与民用建筑物，其基础宽度多为 1m～2m。当基础宽度为 2m 或 2m 以上时，其外荷湿陷影响深度将超过 4m，为避免加固深度过大，当基础较宽，也即外荷湿陷影响深度较大时，加固深度可减少到 $1.5b$～$2.0b$，这时可消除 80%～90% 的外荷湿陷量，从而大大减轻湿陷的危害。

对自重湿陷性黄土地基，试验研究表明，当地基属于自重湿陷不敏感或不很敏感类型时，如浸水范围小，外荷湿陷将占到总湿陷的 87%～100%，自重湿陷将不产生或产生的不充分。当基底压力不超过

200kPa 时，其外荷湿陷影响深度为 $2.0b\sim2.5b$，故本规范建议，对于这类地基，加固深度为 $2.0b\sim3.0b$，这样可基本消除地基的全部外荷湿陷。

4 试验表明，碱液灌注过程中，溶液除向四周渗透外，还向灌注孔上下各外渗一部分，其范围约相当于有效加固半径 r。但灌注孔以上的渗出范围，由于溶液温度高，浓度也相对较大，故土体硬化快，强度高；而灌注孔以下部分，则因溶液温度和浓度都已降低，故强度较低。因此，在加固厚度计算时，可将孔下部渗出范围略去，而取 $h=l+r$，偏于安全。

5 每一灌注孔加固后形成的加固土体可近似看做一圆柱体，这圆柱体的平均半径即为有效加固半径。灌液过程中，水分渗透距离远较加固范围大。在灌注孔四周，溶液温度高，浓度也相对较大；溶液往四周渗透中，溶液的浓度和温度都逐渐降低，故加固体强度也相应由高到低。试验结果表明，无侧限抗压强度一距离关系曲线近似为一抛物线，在加固柱体外缘，由于土的含水量增高，其强度比未加固的天然土还低。灌液试验中一般可取加固后无侧限抗压强度高于天然土无侧限抗压强度平均值 50% 以上的土体为有效加固体，其值大约在 $100\text{kPa}\sim150\text{kPa}$ 之间。有效加固体的平均半径即为有效加固半径。

从理论上讲，有效加固半径随溶液灌注量的增大而增大，但实际上，当溶液灌注超过某一定数量后，加固体积并不与灌注量成正比，这是因为外渗范围过大时，外围碱液浓度大大降低，起不到加固作用。因此存在一个较经济合理的加固半径。试验表明，这一合理半径一般为 $0.40\text{m}\sim0.50\text{m}$。

6 碱液加固一般采用直孔，很少采用斜孔。如灌注孔紧贴基础边缘。则有一半加固体位于基底以下，已起到承托基础的作用，故一般只需沿条形基础两侧或单独基础周边各布置一排孔即可。如孔距为 $1.8r\sim2.0r$，则加固体连成一体，相当于在原基础两侧或四周设置了桩与周围未加固土体组成复合地基。

7 湿陷性黄土的饱和度一般在 $15\%\sim77\%$ 范围内变化，多数在 $40\%\sim50\%$ 左右，故溶液充填土的孔隙时不可能全部取代原有水分，因此充填系数取 $0.6\sim0.8$。举例如下，如加固 1.0m^3 黄土，设其天然孔隙率为 50%，饱和度为 40%，则原有水分体积为 0.2m^3。当碱液充填系数为 0.6 时，则 1.0m^3 土中注入碱液为 $(0.3\times0.6\times0.5)\text{m}^3$，孔隙将被溶液全部充满，饱和度达 100%。考虑到溶液注入过程中可能将取代原有土粒周围的部分弱结合水，这时可取充填系数为 0.8，则注入碱液量为 $(0.4\times0.8\times0.5)\text{m}^3$，将有 0.1m^3 原有水分被挤出。

考虑到黄土的大孔隙性质，将有少量碱液顺大孔隙流失，不一定能均匀地向四周渗透，故实际施工时，应使碱液灌注量适当加大，本条建议取工作条件系数为 1.1。

8.3 施 工

8.3.1 本条为水泥为主剂的注浆施工的基本要求。在实际施工过程中，常出现如下现象：

1 冒浆：其原因有多种，主要有注浆压力大、注浆段位置埋深浅、有孔隙通道等，首先应查明原因，再采用控制性措施：如降低注浆压力，或采用自流式加压；提高浆液浓度或掺砂，加入速凝剂；限制注浆量，控制单位吸浆量不超过 $30\text{L/min}\sim40\text{L/min}$；堵塞冒浆部位，对严重冒浆部位先灌混凝土盖板，后注浆。

2 窜浆：主要由于横向裂隙发育或孔距小；可采用跳孔间隔注浆方式；适当延长相邻两序孔间施工时间间隔；如窜浆孔为待注孔，可同时并联注浆。

3 绕塞返浆：主要有注浆段孔壁不完整、橡胶塞压缩量不足、上段注浆时裂隙未封闭或注浆后待凝时间不够，水泥强度过低等原因。实际注浆过程中严格按要求尽量增加等待时间。另外还有漏浆、地面抬升、埋塞等现象。

8.3.2 本条为硅化注浆施工的基本要求。

1 压力灌注溶液的施工步骤除配溶液等准备工作外，主要分为打灌注管和灌注溶液。通常自基础底面标高起向下分层进行，先施工第一加固层，完成后再施工第二加固层，在灌注溶液过程中，应注意观察溶液有无上冒（即冒出地面）现象，发现溶液上冒应立即停止灌注，分析原因，采取措施，堵塞溶液不出现上冒后，再继续灌注。打灌注管及连接胶皮管时，应精心施工，不得摇动灌注管，以免灌注管壁与土接触不严，形成缝隙，此外，胶皮管与灌注管连接完毕后，还应将灌注管上部及其周围 0.5m 厚的土层进行夯实，其干密度不得小于 1.60g/cm^3。

加固既有建筑物地基，在基础侧向应先施工外排，后施工内排，并间隔 1 孔~3 孔进行打灌注管和灌注溶液。

2 溶液自渗的施工步骤除配溶液与压力灌注相同外，打灌注孔及灌注溶液与压力灌注有所不同，灌注孔直接钻（或打）至设计深度，不需分层施工，可用钻机或洛阳铲成孔，采用打管成孔时，孔成后应将管拔出，孔径一般为 $60\text{mm}\sim80\text{mm}$。

溶液自渗不需要灌注管及加压设备，而是通过灌注孔直接渗入欲加固的土层中，在自渗过程中，溶液无上冒现象，每隔一定时间向孔内添加一次溶液，防止溶液渗干。硅酸钠溶液配好后，如不立即使用或停放一定时间后，溶液会产生沉淀现象，灌注时，应再将其搅拌均匀。

3 不论是压力灌注还是溶液自渗，计算溶液量全部注入土中后，加固土体中的灌注孔均宜用 2:8 灰土分层回填夯实。

硅化注浆施工时对既有建筑物或设备基础进行沉

降观测，可及时发现在灌注硅酸钠溶液过程中是否会引起附加沉降以及附加沉降的大小，便于查明原因，停止灌注或采取其他处理措施。

8.3.3 本条为碱液注浆施工的基本要求。

1 灌注孔直径的大小主要与溶液的渗透量有关。如土质疏松，由于溶液渗透快，则孔径宜小。如孔径过大，在加固过程中，大量溶液将渗入灌注孔下部，形成上小下大的蒜头形加固体。如土的渗透性弱，而孔径较小，就将使溶液渗入缓慢，灌注时间延长，溶液由于在输液管中停留时间长，热量散失，将使加固体早期强度偏低，影响加固效果。

2 固体烧碱质量一般均能满足加固要求，液体烧碱及氯化钙在使用前均应进行化学成分定量分析，以便确定稀释到设计浓度时所需的加水量。

室内试验结果表明，用风干黄土加入相当于干土质量 1.12% 的氢氧化钠并拌合均匀制取试块，在常温下养护 28d 或在 40℃～100℃ 高温下养护 2h，然后浸水 20h，测定其无侧限抗压强度可达 166kPa～446kPa。当拌合用的氢氧化钠含量低于干土质量 1.12% 时，试块浸水后即崩解。考虑到碱液在实际灌注过程中不可能分布均匀，因此一般按干土质量 3% 比例配料，湿陷性黄土干密度一般为 1200kg/m³～1500kg/m³，故加固每 1m³ 黄土约需 NaOH 量为 35kg～45kg。

碱液浓度对加固土强度有一定影响，试验表明，当碱液浓度较低时加固强度增长不明显，较合理的碱液浓度宜为 90g/L～100g/L。

3 由于固体烧碱中仍含有少量其他成分杂质，故配置碱液时应按纯 NaOH 含量来考虑。式（8.3.3-1）中忽略了由于固体烧碱投入后引起的溶液体积的少许变化。现将该式应用举例如下：

设固体烧碱中含纯 NaOH 为 85%，要求配置碱液浓度为 120g/L，则配置每立方米碱液所需固体烧碱量为：

$$G_s = 1000 \times \frac{M}{P} = 1000 \times \frac{0.12}{85\%} \qquad (20)$$
$$= 141.2 \text{kg}$$

采用液体烧碱配置每立方米浓度为 M 的碱液时，液体烧碱体积与所加的水的体积之和为 1000L，在 1000L 溶液中，NaOH 溶质的量为 1000M，一般化工厂生产的液体烧碱浓度以质量分数（即质量百分浓度）表示者居多，故施工中用比重计测出液体碱烧相对密度 d_N，并已知其质量分数为 N 后，则每升液体烧碱中 NaOH 溶质含量即为 $G_S = d_N V_1 N$，故 $V_1 = \frac{G_S}{d_N N} = \frac{1000M}{d_N N}$，相应水的体积为 $V_2 = 1000 - V_1 = 1000 \left(1 - \frac{M}{d_N N}\right)$。

举例如下：设液体烧碱的质量分数为 30%，相对密度为 1.328，配制浓度为 100g/L 碱液时，每立方米溶液中所加的液体烧碱量为：

$$V_1 = 1000 \times \frac{M}{d_N N}$$
$$= 1000 \times \frac{0.1}{1.328 \times 30\%} = 251 \text{L} \qquad (21)$$

4 碱液灌注前加温主要是为了提高加固土体的早期强度。在常温下，加固强度增长很慢，加固 3d 后，强度才略有增长。温度超过 40℃ 以上时，反应过程可大大加快，连续加温 2h 即可获得较高强度。温度愈高，强度愈大。试验表明，在 40℃ 条件下养护 2h，比常温下养护 3d 的强度提高 2.87 倍，比 28d 常温养护提高 1.32 倍。因此，施工时应将溶液加热到沸腾。加热可用煤、炭、木柴、煤气或通入锅炉蒸气，因地制宜。

5 碱液加固与硅化加固的施工工艺不同之处在于后者是加压灌注（一般情况下），而前者是无压自流灌注，因此一般渗透速度比硅化法慢。其平均灌注速度在 1L/min～10L/min 之间，以 2L/min～5L/min 速度效果最好。灌注速度超过 10L/min，意味着土中存有孔洞或裂隙，造成溶液流失；当灌注速度小于 1L/min 时，意味着溶液灌不进，如排除灌注管被杂质堵塞的因素，则表明土的可灌性差。当土中含水量超过 28% 或饱和度超过 75% 时，溶液就很难注入，一般应减少灌注量或另行采取其他加固措施以进行补救。

6 在灌液过程中，由于土体被溶液中携带的大量水分浸湿，立即变软，而加固强度的形成尚需一定时间。在加固土强度形成以前，土体在基础荷载作用下由于浸湿软化将使基础产生一定的附加下沉，为减少施工中产生过大的附加下沉，避免建筑物产生新的危害，应采取跳孔灌注并分段施工，以防止浸湿区连成一片。由于 3d 龄期强度可达到 28d 龄期强度的 50% 左右，故规定相邻两孔灌注时间间隔不少于 3d。

7 采用 $CaCl_2$ 与 NaOH 的双液法加固地基时，两种溶液在土中相遇即反应生成 $Ca(OH)_2$ 与 NaCl。前者将沉淀在土粒周围而起到胶结与填充的双重作用。由于黄土是钙、镁离子饱和土，故一般只采用单液法加固。但如要提高加固土强度，也可考虑用双液法。施工时如两种溶液先后采用同一容器，则在碱液灌注完成后应将容器中的残留碱液清洗干净，否则，后注入的 $CaCl_2$ 溶液将在容器中立即生成白色的 $Ca(OH)_2$ 沉淀物，从而使注液管堵塞，不利于溶液的渗入，为避免 $CaCl_2$ 溶液在土中置换过多的碱液中的钠离子，规定两种溶液间隔灌注时间不应少于 8h～12h，以便使先注入的碱液与被加固土体有较充分的反应时间。

施工中应注意安全操作，并备工作服、胶皮手套、风镜、围裙、鞋罩等。皮肤如沾上碱液，应立即用 5% 浓度的硼酸溶液冲洗。

8.4 质量检验

8.4.1 对注浆加固效果的检验要针对不同地层条件采用相适应的检测方法，并注重注浆前后对比。对水泥为主剂的注浆加固的检测时间有明确的规定，土体强度有一个增长的过程，故验收工作应在施工完毕28d以后进行。对注浆加固效果的检验，加固地层的均匀性检测十分重要。

8.4.2 硅化注浆加固应在施工结束7d后进行，重点检测均匀性。对压缩性和湿陷性有要求的工程应取土试验，判定是否满足设计要求。

8.4.3 碱液加固后，土体强度有一个增长的过程，故验收工作应在施工完毕28d以后进行。

碱液加固工程质量的判定除以沉降观测为主要依据外，还应对加固土体的强度、有效加固半径和加固深度进行测定。有效加固半径和加固深度目前只能实地开挖测定。强度则可通过钻孔或开挖取样测定。由于碱液加固土的早期强度是不均匀的，一般应在有代表性的加固土体中部取样，试样的直径和高度均为50mm，试块数应不少于3个，取其强度平均值。考虑到后期强度还将继续增长，故允许加固土28d龄期的无侧限抗压强度的平均值可不低于设计值的90%。

如采用触探法检验加固质量，宜采用标准贯入试验；如采用轻便触探易导致钻杆损坏。

8.4.4 本条为注浆加固地基承载力的检验要求。注浆加固处理后的地基进行静载荷试验检验承载力，是保证建筑物安全的承载力确定方法。

9 微型桩加固

9.1 一般规定

9.1.1 微型桩（Micropiles）或迷你桩（Mini piles），是小直径的桩，桩体主要由压力灌注的水泥浆、水泥砂浆或细石混凝土与加筋材料组成，依据其受力要求加筋材可为钢筋、钢棒、钢管或型钢等。微型桩可以是竖直或倾斜，或排或交叉网状配置，交叉网状配置之微型桩由于其桩群形如树根状，故亦被称为树根桩（Root pile）或网状树根桩（Reticulated roots pile），日本简称为RRP工法。

行业标准《建筑桩基技术规范》JGJ 94把直径或边长小于250mm的灌注桩、预制混凝土桩、预应力混凝土桩，钢管桩、型钢桩等称为小直径桩，本规范将桩身截面尺寸小于300mm的压入（打入、植入）小直径桩纳入微型桩的范围。

本次修订纳入了目前我国工程界应用较多的树根桩、小直径预制混凝土方桩与预应力混凝土管桩、注浆钢管桩，用于狭窄场地的地基处理工程。

微型桩加固后的承载力和变形计算一般情况采用

桩基础的设计原则；由于微型桩断面尺寸小，在共同变形条件下地基土参与工作，在有充分试验依据条件下可按刚性桩复合地基进行设计。微型桩的桩身配筋率较高，桩身承载力可考虑筋材的作用；对注浆钢管桩、型钢微型桩等计算桩身承载力时，可以仅考虑筋材的作用。

9.1.2 微型桩加固工程目前主要应用在场地狭小、大型设备不能施工的情况，对大量的改扩建工程具有其适用性。设计时应按桩与基础的连接方式分别按桩基础或复合地基设计，在工程中应按地基变形的控制条件采用。

9.1.4 水泥浆、水泥砂浆和混凝土保护层的厚度的规定，参照了国内外其他技术标准对水下钢材设置保护层的相关规定。增加一定腐蚀厚度的做法已成为与设置保护层方法并行选择的方法，可根据设计施工条件、经济性等综合确定。

欧洲标准（BS EN14199：2005）对微型桩用型钢（钢管）由于腐蚀造成的损失厚度，见表28。

表28 土中微型桩用钢材的损失厚度（mm）

设计使用年限	5 年	25 年	50 年	75 年	100 年
原状土（砂土、淤泥、黏土、片岩）	0.00	0.30	0.60	0.90	1.20
受污染的土体和工业地基	0.15	0.75	1.50	2.25	3.00
有腐蚀性的土体（沼泽、湿地、泥炭）	0.20	1.00	1.75	2.50	3.25
非挤压无腐蚀性土体（黏土、片岩、砂土、淤泥）	0.18	0.70	1.20	1.70	2.20
非挤压有腐蚀性土体（灰、矿渣）	0.50	2.00	3.25	4.50	5.75

9.1.5 本条对软土地基条件下施工的规定，主要是为了保证成桩质量和在进行既有建筑地基加固工程的注浆过程中，对既有建筑的沉降控制及地基稳定性控制。

9.2 树根桩

9.2.1 树根桩作为微型桩的一种，一般指具有钢筋笼，采用压力灌注混凝土、水泥浆或水泥砂浆形成的直径小于300mm的灌注桩，也可采用投石压浆方法形成的直径小于300mm的钢管混凝土灌注桩。近年来，树根桩复合地基应用于特殊土地区建筑工程的地基处理已经获得了较好的处理效果。

9.2.2 工程实践表明，二次注浆对桩侧阻力的提高系数与桩直径、桩侧土质情况、注浆材料、注浆量和注浆压力、方式等密切相关，提高系数一般可达1.2～2.0，本规范建议取1.2～1.4。

9.2.4 本条对骨料粒径的规定主要考虑可灌性要求，对混凝土水泥用量及水灰比的要求，主要考虑水下灌注混凝土的强度、质量和可泵送性等。

9.3 预 制 桩

9.3.1～9.3.3 本节预制桩包括预制混凝土方桩、预应力混凝土管桩、钢管桩和型钢等，施工方法包括静压法、打入法和植入法等，也包含了传统的锚杆静压法和坑式静压法。近年来的工程实践中，有许多采用静压桩形成复合地基应用于高层建筑的成功实例。鉴于静压桩施工质量容易保证，且经济性较好，静压微型桩复合地基加固方法得到了较快的推广应用。微型预制桩的施工质量应重点注意保证打桩、开挖过程中桩身不产生开裂、破坏和倾斜。对型钢、钢管作为桩身材料的微型桩，还应考虑其耐久性。

9.4 注浆钢管桩

9.4.1 注浆钢管桩是在静压钢管桩技术基础上发展起来的一种新的加固方法，近年来注浆钢管桩常用于新建工程的桩基或复合地基施工质量事故的处理，具有施工灵活、质量可靠的特点。基坑工程中，注浆钢管桩大量应用于复合土钉的超前支护，本节条文可作为其设计施工的参考。

9.4.2 二次注浆对桩侧阻力的提高系数除与桩侧土体类型、注浆材料、注浆量和注浆压力、方式等密切相关外，桩直径为影响因素之一。一般来说，相同压力形成的桩周压密区厚度相等，小直径桩侧阻力增加幅度大于同材料相对直径较大的桩，因此，本条桩侧阻力增加系数与树根桩的规定有所不同，提高系数1.3为最小值，具体取值可根据试验结果或经验确定。

9.4.3 施工方法包含了传统的锚杆静压法和坑式静压法，对新建工程，注浆钢管桩一般采用钻机或洛阳铲成孔，然后植入钢管再封孔注浆的工艺，采用封孔注浆施工时，应具有足够的封孔长度，保证注浆压力的形成。

9.4.4 本条与第9.4.5条关于水泥浆的条款适用于其他的微型桩施工。

9.5 质 量 检 验

9.5.1～9.5.4 微型桩的质量检验应按桩基础的检验要求进行。

10 检验与监测

10.1 检 验

10.1.1 本条强调了地基处理工程的验收检验方法的确定，必须通过对岩土工程勘察报告、地基基础设计及地基处理设计资料的分析，了解施工工艺和施工中出现的异常情况等后确定。同时，对检验方法的适用性以及该方法对地基处理的处理效果评价的局限性应有足够认识，当采用一种检验方法的检验结果具有不确定性时，应采用另一种检验方法进行验证。

处理后地基的检验内容和检验方法选择可参见表29。

表 29　处理后地基的检验内容和检验方法

处理地基类型		承载力			处理后地基的施工质量和均匀性							复合地基增强体或微型桩的成桩质量						
		复合地基静载荷试验	增强体单桩静载荷试验	处理后地基承载力静载荷试验	干密度	轻型动力触探	标准贯入	动力触探	静力触探	土工试验	十字板剪切试验	桩身强度或干密度	静力触探	标准贯入	动力触探	低应变试验	钻芯法	探井取样法
换填垫层				√	√	△	△	△	△									
预压地基				√					△	√	√							
压实地基				√	√	△	△	△										
强夯地基				√			△	△	△									
强夯置换地基				√				△	△									
复合地基	振冲碎石桩	√	○				△	△						√	√			
	沉管砂石桩	√	○				△	△						√	√			
	水泥搅拌桩	√	√						△					△		△	○	○
	旋喷桩	√	√						△					△		△	○	○
	灰土挤密桩	√	○				△		△					△	△		○	
	土挤密桩	√	○	√			△					√		△	△			○
	夯实水泥土桩	√	√	○					○			√					○	

处理地基类型		承载力			处理后地基的施工质量和均匀性							复合地基增强体或微型桩的成桩质量						
检测方法 / 检测内容		复合地基静载荷试验	增强体单桩静载荷试验	处理后地基承载力静载荷试验	干密度	轻型动力触探	标准贯入	动力触探	静力触探	土工试验	十字板剪切试验	桩身强度或干密度	静力触探	标准贯入	动力触探	低应变试验	钻芯法	探井取样法
复合地基	水泥粉煤灰碎石桩	√	√	○			○	○	○	○						√	○	
	柱锤冲扩桩	√	○				√	√		△				√	√		○	
	多桩型	√	○	○			√	√	△								○	
注浆加固				√		√												
微型桩加固			√	○								√				√	○	

注: 1 处理后地基的施工质量包括预压地基的抗剪强度、夯实地基的夯间土质量、强夯置换地基墩体着底情况消除液化或消除湿陷性的处理效果、复合地基桩间土处理后的工程性质等。

2 处理后地基的施工质量和均匀性检验应涵盖整个地基处理面积和处理深度。

3 √ 为应测项目，是指该检验项目应该进行检验；

△ 为可选测项目，是指该检验项目为应测项目在大面积检验使用的补充，应在对比试验结果基础上使用；

○ 为该检验内容仅在其需要时进行的检验项目。

4 消除液化或消除湿陷性的处理效果、复合地基桩间土处理后的工程性质等检验仅在存在这种情况时进行。

5 应测项目、可选测项目以及需要时进行的检验项目中两种或多种检验方法检验内容相同时，可根据地区经验选择其中一种方法。

现场检验的操作和数据处理应按国家有关标准的要求进行。对钻芯取样检验和触探试验的补充说明如下：

1 钻芯取样检验：

1）应采用双管单动钻具，并配备相应的孔口管、扩孔器、卡簧、扶正器及可捞取松软渣样的钻具。混凝土桩应采用金刚石钻头，水泥土桩可采用硬质合金钻头。钻头外径不宜小于 101mm。混凝土芯样直径不宜小于 80mm。

2）钻芯孔垂直度允许偏差应为 ±0.5%，应使用扶正器等确保钻芯孔的垂直度。

3）水泥土桩钻芯孔宜位于桩半径中心附近，应采用低转速，采用较小的钻头压力。

4）对桩底持力层的钻探深度应满足设计要求，且不宜小于 3 倍桩径。

5）每回次进尺宜控制在 1.2m 内。

6）抗压芯样试件每孔不应少于 6 个，抗压芯样应采用保鲜袋等进行密封，避免晾晒。

2 触探试验检验：

1）圆锥动力触探和标准贯入试验，可用于散体材料桩、柔性桩、桩间土检验，重型动力触探、超重型动力触探可以评价强夯置换墩着底情况。

2）触探杆应顺直，每节触探杆相对弯曲宜小于 0.5%。

3）试验时，应采用自由落锤，避免锤击偏心和晃动，触探孔倾斜度允许偏差应为 ±2%，每贯入 1m，应将触探杆转动一圈半。

4）采用触探试验结果评价复合地基竖向增强体的施工质量时，宜对单个增强体的试验结果进行统计评价；评价竖向增强体间土体加固效果时，应对触探试验结果按照单位工程进行统计；需要进行深度修正时，修正后再统计；对单位工程，宜采用平均值作为单孔土层的代表值，再用单孔土层的代表值计算该土层的标准值。

10.1.2 本条规定地基处理工程的检验数量应满足本规范各种处理地基的检验数量的要求，检验结果不满足设计要求时，应分析原因，提出处理措施。对重要的部位，应增加检验数量。

不同基础形式，对检验数量和检验位置的要求应有不同。每个独立基础、条形基础应有检验点；满堂基础一般应均匀布置检验点。对检验结果的评价也视不同基础部位，以及其不满足设计要求时的后果给予不同的评价。

10.1.3 验收检验的抽检点宜随机分布，是指对地基处理工程整体处理效果评价的要求。设计人员认为重要部位、局部岩土特性复杂可能影响施工质量的部位、施工出现异常情况的部位的检验，是对处理工程是否满足设计要求的补充检验。两者应结合，缺一不可。

10.1.4 工程验收承载力检验静载荷试验最大加载量不应小于设计承载力特征值的2倍，是处理工程承载力设计的最小安全度要求。

10.1.5 静载荷试验的压板面积对处理地基检验的深度有一定影响，本条提出对换填垫层和压实地基、强夯地基或强夯置换地基静载荷试验的压板面积的最低要求。工程应用时应根据具体情况确定。

10.2 监 测

10.2.1 地基处理是隐蔽工程，施工时必须重视施工质量监测和质量检验方法。只有通过施工全过程的监督管理才能保证质量，及时发现问题采取措施。

10.2.2 对堆载预压工程，当荷载较大时，应严格控制堆载速率，防止地基发生整体剪切破坏或产生过大塑性变形。工程上一般通过竖向变形、边桩位移及孔隙水压力等观测资料按一定标准进行控制。控制值的大小与地基土的性能、工程类型和加荷方式有关。

应当指出，按照控制指标进行现场观测来判定地基稳定性是综合性的工作，地基稳定性取决于多种因素，如地基土的性质、地基处理方法、荷载大小以及加荷速率等。软土地基的失稳通常从局部剪切破坏发展到整体剪切破坏，期间需要有数天时间。因此，应对竖向变形、边桩位移和孔隙水压力等观测资料进行综合分析，研究它们的发展趋势，这是十分重要的。

10.2.3 强夯施工时的振动对周围建筑物的影响程度与土质条件、夯击能量和建筑物的特性等因素有关。为此，在强夯时有时需要沿不同距离测试地表面的水平振动加速度，绘成加速度与距离的关系曲线。工程中应通过检测的建筑物反应加速度以及对建筑物的振动反应对人的适应能力综合确定安全距离。

根据国内目前的强夯采用的能量级，强夯振动引起建筑物损伤影响距离由速度、振动幅度和地面加速度确定，但对人的适应能力则不然，因人而异，与地质条件密切相关。影响范围内的建（构）筑物采取防振或隔振措施，通常在夯区周围设置隔振沟。

10.2.4 在软土地基中采用夯实、挤密桩、旋喷桩、水泥粉煤灰碎石桩、柱锤冲扩桩和注浆等方法进行施工时，会产生挤土效应，对周边建筑物或地下管线产生影响，应按要求进行监测。

在渗透性弱，强度低的饱和软黏土地基中，挤土效应会使周围地基土体受到明显的挤压并产生较高的超静孔隙水压力，使桩周土体的侧向挤出、向上隆起现象比较明显，对邻近的建（构）筑物、地下管线等将产生有害的影响。为了保护周围建筑物和地下管线，应在施工期间有针对性地采取监测措施，并有效

合理地控制施工进度和施工顺序，使施工带来的种种不利影响减小到最低程度。

挤土效应中孔隙水压力增长是引起土体位移的主要原因。通过孔隙水压力监测可掌握场地地质条件下孔隙水压力增长与消散的规律，为调整施工速率、设置释放孔、设置隔离措施、开挖地面防震沟、设置袋装砂井和塑料排水板等提供施工参数。

施工时的振动对周围建筑物的影响程度与土质条件、需保护的建筑物、地下设施和管线等的特性有关。振动强度主要有三个参数：位移、速度和加速度，而在评价施工振动的危害性时，建议以速度为主，结合位移和加速度值参照现行国家标准《爆破安全规程》GB 6722 的进行综合分析比较，然后作出判断。通过监测不同距离的振动速度和振动主频，根据建（构）物类型来判断施工振动对建（构）筑物是否安全。

10.2.5 为保证大面积填方、填海等地基处理工程地基的长期稳定性应对地面变形进行长期监测。

10.2.6 本条是对处理施工有影响的周边环境监测的要求。

1 邻近建（构）筑物竖向及水平位移监测点应布置在基础类型、埋深和荷载有明显不同处及沉降缝、伸缩缝、新老建（构）筑物连接处的两侧、建（构）筑物的角点、中点；圆形、多边形的建（构）筑物宜沿纵横轴线对称布置；工业厂房监测点宜布置在独立柱基上。倾斜监测点宜布置在建（构）筑物角点或伸缩缝两侧承重柱（墙）上。

2 邻近地下管线监测点宜布置在上水、煤气管处、窨井、阀门、抽气孔以及检查井等管线设备处、地下电缆接头处、管线端点、转弯处；影响范围内有多条管线时，宜根据管线年份、类型、材质、管径等情况，综合确定监测点，且宜在内侧和外侧的管线上布置监测点；地铁、雨污水管线等重要市政设施、管线监测点布置方案应征求等有关管理部门的意见；当无法在地下管线上布置直接监测点时，管线上地表监测点的布置间距宜为 15m～25m。

3 周边地表监测点宜按剖面布置，剖面间距宜为 30m～50m，宜设置在场地每侧边中部；每条剖面线上的监测点宜由内向外先密后疏布置，且不宜少于5个。

10.2.7 本条规定建筑物和构筑物地基进行地基处理，应对地基处理后的建筑物和构筑物在施工期间和使用期间进行沉降观测。沉降观测终止时间应符合设计要求，或按国家现行标准《工程测量规范》GB 50026 和《建筑变形测量规范》JGJ 8 的有关规定执行。

中华人民共和国行业标准

型钢水泥土搅拌墙技术规程

Technical specification for soil mixed wall

JGJ/T 199—2010

批准部门：中华人民共和国住房和城乡建设部
施行日期：2 0 1 0 年 1 0 月 1 日

中华人民共和国住房和城乡建设部
公　告

第 514 号

关于发布行业标准
《型钢水泥土搅拌墙技术规程》的公告

现批准《型钢水泥土搅拌墙技术规程》为行业标准，编号为 JGJ/T 199 - 2010，自 2010 年 10 月 1 日起实施。

本规程由我部标准定额研究所组织中国建筑工业出版社出版发行。

中华人民共和国住房和城乡建设部

2010 年 3 月 15 日

前　言

根据住房和城乡建设部《关于印发〈2008 年工程建设标准规范制订、修订计划（第一批）〉的通知》（建标[2008]102 号）的要求，规程编制组经广泛调查研究，认真总结有关国际标准和国外先进标准，并在广泛征求意见的基础上，制定本规程。

本规程主要技术内容是：1. 总则；2. 术语和符号；3. 基本规定；4. 设计；5. 施工；6. 质量检查与验收；以及相关附录。

本规程由住房和城乡建设部负责管理，由上海现代建筑设计（集团）有限公司负责具体技术内容的解释。在执行过程中，如有意见或建议请寄送上海现代建筑设计（集团）有限公司（地址：上海市石门二路 258 号；邮编：200041）。

本规程主编单位： 上海现代建筑设计（集团）有限公司

浙江环宇建设集团有限公司

本规程参编单位： 中国建筑科学研究院

华东建筑设计研究院有限公司

天津大学

同济大学建筑设计研究院

上海万康机械施工有限公司

绍兴市星宇地基基础有限公司

上海广大基础工程有限公司

上海强劲基础工程有限公司

上海申元岩土工程有限公司

本规程主要起草人员： 高承勇　王卫东　桂业琨
刘文革　梁志荣　陈绍炳
钱力航　周国勇　宋青君
朱玉明　郑　刚　贾　坚
陈　凡　朱其良　吴国明
宋伟民　翁其平　刘　畅
刘传平　刘陕南　章兆雄
沈　健　李忠诚　丁良浩
谢小林　金　喜　金伟光
邸国恩　陈荣斌　胡晓虎
童宏伟

本规程主要审查人员： 叶可明　宋二祥　袁内镇
王建华　周国钧　吴永红
李耀良　林　靖　周杜鑫
章履远

目 次

Contents

1 总　则

1.0.1 为了在型钢水泥土搅拌墙基坑支护工程中做到安全可靠、技术先进、经济合理、确保质量及保护环境，制定本规程。

1.0.2 本规程适用于填土、淤泥质土、黏性土、粉土、砂性土、饱和黄土等地层建筑物（构筑物）和市政工程基坑支护中型钢水泥土搅拌墙的设计、施工和质量检查与验收。对淤泥、泥炭土、有机质土以及地下水具有腐蚀性和无工程经验的地区，必须通过现场试验确定其适用性。

1.0.3 型钢水泥土搅拌墙的设计与施工应综合考虑工程地质与水文地质、周边环境条件与要求；重视地方经验，因地制宜，并与地基加固、基坑降水和土方开挖等相结合，合理选择型钢水泥土搅拌墙的工艺参数；强化施工质量控制与管理，确保基坑和主体结构施工的安全，并满足周边环境保护的要求。

1.0.4 本规程规定了型钢水泥土搅拌墙的设计、施工和质量检查与验收的基本技术要求。当本规程与国家法律、行政法规的规定相抵触时，应按国家法律、行政法规的规定执行。

1.0.5 型钢水泥土搅拌墙的设计、施工及质量检查与验收除应符合本规程外，尚应符合国家现行有关标准的规定。

2　术语和符号

2.1　术　语

2.1.1 基坑支护　retaining and protecting for excavation

为保证地下主体结构施工和基坑及周边环境的安全，对基坑采取的临时性支挡、加固与地下水控制等措施。

2.1.2 型钢水泥土搅拌墙　soil mixed wall

在连续套接的三轴水泥土搅拌桩内插入型钢形成的复合挡土截水结构。

2.1.3 三轴水泥土搅拌桩　soil-cement pile mixed by three shafts

以水泥作为固化主剂，通过三轴搅拌机将固化剂和地基土强制搅拌，使地基土硬化成具有连续性、抗渗性和一定强度的桩体。

2..1.4 截水帷幕　waterproof curtain

用于阻隔或减少地下水通过基坑侧壁与基底流入基坑而设置的幕墙状竖向截水体。

2.1.5 套接一孔法施工　mixing with one shaft overlap

在三轴水泥土搅拌桩施工中，先施工的搅拌桩与

后施工的搅拌桩有一孔重复搅拌搭接的施工方式。

2.1.6 减摩材料　friction reducing agent

当型钢水泥土搅拌墙中型钢需回收时，为减少拔除时的摩阻力而涂抹在内插型钢表面的材料。

2.1.7 外加剂　admixture

为改善水泥土搅拌桩水泥土的性能或保证施工质量，在水泥浆液中掺加的化学物质。

2.2　符　号

2.2.1 抗力和材料性能

f ——型钢的抗弯强度设计值；

f_v ——型钢的抗剪强度设计值；

τ ——水泥土抗剪强度设计值；

τ_{ck} ——水泥土抗剪强度标准值。

2.2.2 作用和作用效应

M_k ——作用于型钢水泥土搅拌墙的弯矩标准值；

V_k ——作用于型钢水泥土搅拌墙的剪力标准值；

V_{1k} ——作用于型钢与水泥土之间单位深度范围内的错动剪力标准值；

V_{2k} ——作用于水泥土墙最薄弱截面处单位深度范围内的剪力标准值；

q_k ——作用于型钢水泥土搅拌墙的计算截面处的侧压力强度标准值；

τ_1 ——作用于型钢与水泥土之间的错动剪应力设计值；

τ_2 ——作用于水泥土墙最薄弱截面处的局部剪应力设计值。

2.2.3 几何参数

b ——相邻搅拌桩中心间距；

D ——搅拌桩设计直径；

d_{e1} ——型钢翼缘处水泥土墙体的有效厚度；

d_{e2} ——水泥土最薄弱截面处墙体的有效厚度；

I ——型钢沿弯矩作用方向的毛截面惯性矩；

L_1 ——相邻型钢翼缘之间的净距；

L_2 ——水泥土相邻最薄弱截面的净距；

S ——型钢计算剪应力处以上毛截面对中和轴的面积矩；

t_w ——型钢腹板厚度；

W ——型钢沿弯矩作用方向的截面模量。

2.2.4 计算系数

γ_0 ——支护结构重要性系数。

3　基　本　规　定

3.0.1 型钢水泥土搅拌墙作为基坑支护结构，其设计原则、勘察要求、荷载作用、承载力与变形计算和稳定性验算等应符合现行行业标准《建筑基坑支护技术规程》JGJ 120 的有关规定。

3.0.2 型钢水泥土搅拌墙的水泥土搅拌桩所用水泥

宜采用普通硅酸盐水泥。内插型钢可采用焊接型钢或轧制型钢。

3.0.3 型钢水泥土搅拌墙施工前应掌握施工区域的地质资料，查明周边环境、不良地质现象及地下障碍物，并应编制施工组织设计。

3.0.4 型钢水泥土搅拌墙应分阶段进行质量检验，检验程序和组织应符合现行国家标准《建筑工程施工质量验收统一标准》GB 50300 的有关规定；质量检验标准除应符合本规程有关规定外，尚应符合现行国家标准《建筑地基基础工程施工质量验收规范》GB 50202 的有关规定。

3.0.5 型钢水泥土搅拌墙基坑工程施工期间，包括内插型钢拔除时，应对支护结构和周边环境进行监测。监测要求应符合现行国家标准《建筑基坑工程监测技术规范》GB 50497 的有关规定。

4 设 计

4.1 一般规定

4.1.1 型钢水泥土搅拌墙中三轴水泥土搅拌桩的直径宜采用 650mm、850mm、1000mm；内插的型钢宜采用 H 型钢。

4.1.2 型钢水泥土搅拌墙的选型应根据基坑开挖深度、周边环境条件、场地工程地质和水文地质条件、基坑形状与规模、支撑或锚杆体系的设置等综合确定。

4.1.3 型钢水泥土搅拌墙应根据支护结构的特性、基坑的使用要求、周边环境条件、施工条件以及地基土的物理力学性质、地下水条件等因素进行设计计算。设计计算尚应分别符合基坑分层开挖、设置支撑或锚杆、地下主体结构分层施工与换撑等施工期的各种工况。

4.1.4 型钢水泥土搅拌墙的计算变形容许值应根据周边环境条件和基坑开挖深度综合确定。

4.1.5 型钢水泥土搅拌墙中的三轴水泥土搅拌桩和型钢应符合下列要求：

1 搅拌桩 28d 龄期无侧限抗压强度不应小于设计要求且不宜小于 0.5MPa。

2 水泥宜采用强度等级不低于 P·O 42.5 级的普通硅酸盐水泥，材料用量和水灰比应结合土质条件和机械性能等指标通过现场试验确定，并宜符合表 4.1.5 的规定。计算水泥用量时，被搅拌土体的体积可按搅拌桩单桩圆形截面面积与深度的乘积计算。在型钢依靠自重和必要的辅助设备可插入到位的前提下水灰比宜取小值。

3 在填土、淤泥质土等特别软弱的土中以及在较硬的砂性土、砂砾土中，钻进速度较慢时，水泥用量宜适当提高。

表 4.1.5 三轴水泥土搅拌桩材料用量和水灰比

土质条件	单位被搅拌土体中的材料用量		水灰比
	水泥（kg/m³）	膨润土（kg/m³）	
黏性土	≥360	0～5	1.5～2.0
砂性土	≥325	5～10	1.5～2.0
砂砾土	≥290	5～15	1.2～2.0

4 内插型钢宜采用 Q235B 级钢和 Q345B 级钢，规格、型号及有关要求宜按国家现行标准《热轧 H 型钢和部分 T 型钢》GB/T 11263 和《焊接 H 型钢》YB 3301 选用。

4.1.6 型钢水泥土搅拌墙中的三轴水泥土搅拌桩可作为截水帷幕，搅拌桩应采用套接一孔法施工。其抗渗性能应满足墙体自防渗要求，在砂性土中搅拌桩施工宜外加膨润土。

4.1.7 型钢水泥土搅拌墙中型钢的间距和平面布置形式应根据计算确定，常用的内插型钢布置形式可采用密插型、插二跳一型和插一跳一型（图 4.1.7）三种。

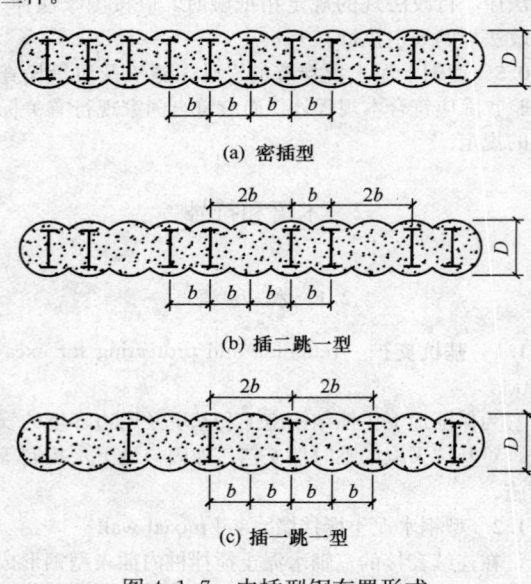

(a) 密插型

(b) 插二跳一型

(c) 插一跳一型

图 4.1.7 内插型钢布置形式

4.2 设计计算

4.2.1 型钢水泥土搅拌墙支护结构的计算与验算应包括下列内容：

1 内力和变形计算；

2 整体稳定性验算；

3 抗倾覆稳定性验算；

4 坑底抗隆起稳定性验算；

5 抗渗流稳定性验算；

6 基坑外土体变形估算。

4.2.2 型钢水泥土搅拌墙的墙体计算抗弯刚度，只应计算内插型钢的截面刚度。在进行支护结构内力和变形计算以及基坑抗隆起、抗倾覆、整体稳定性等各项稳定性分析时，支护结构的深度应取型钢的插入深度，不应计入型钢端部以下水泥土搅拌桩的作用。

4.2.3 水泥土搅拌桩的入土深度，除应满足型钢的插入要求之外，尚应满足基坑抗渗流稳定性的要求。

4.2.4 型钢水泥土搅拌墙内插型钢的截面承载力应按下列规定验算：

1 作用于型钢水泥土搅拌墙的弯矩全部由型钢承担，并应符合下式规定：

$$\frac{1.25\gamma_0 M_k}{W} \leqslant f \qquad (4.2.4\text{-}1)$$

式中：γ_0 ——支护结构重要性系数，按照现行行业标准《建筑基坑支护技术规程》JGJ 120取值；

M_k ——作用于型钢水泥土搅拌墙的弯矩标准值（N·mm）；

W ——型钢沿弯矩作用方向的截面模量（mm³）；

f ——型钢的抗弯强度设计值（N/mm²）。

2 作用于型钢水泥土搅拌墙的剪力全部由型钢承担，并应符合下式规定：

$$\frac{1.25\gamma_0 V_k S}{I t_w} \leqslant f_v \qquad (4.2.4\text{-}2)$$

式中：V_k ——作用于型钢水泥土搅拌墙的剪力标准值（N）；

S ——型钢计算剪应力处以上毛截面对中和轴的面积矩（mm³）；

I ——型钢沿弯矩作用方向的毛截面惯性矩（mm⁴）；

t_w ——型钢腹板厚度（mm）；

f_v ——型钢的抗剪强度设计值（N/mm²）。

4.2.5 型钢水泥土搅拌墙应对水泥土搅拌桩桩身局部受剪承载力进行验算。局部受剪承载力应包括型钢与水泥土之间的错动受剪承载力和水泥土最薄弱截面处的局部受剪承载力，并应按以下规定进行验算：

1 型钢与水泥土之间的错动受剪承载力［图4.2.5（a）］应按下列公式进行计算：

$$\tau_1 \leqslant \tau \qquad (4.2.5\text{-}1)$$

$$\tau_1 = \frac{1.25\gamma_0 V_{1k}}{d_{e1}} \qquad (4.2.5\text{-}2)$$

$$V_{1k} = q_k L_1 / 2 \qquad (4.2.5\text{-}3)$$

$$\tau = \frac{\tau_{ck}}{1.6} \qquad (4.2.5\text{-}4)$$

式中：τ_1 ——作用于型钢与水泥土之间的错动剪应力设计值（N/mm²）；

V_{1k} ——作用于型钢与水泥土之间单位深度范围内的错动剪力标准值（N/mm）；

q_k ——作用于型钢水泥土搅拌墙计算截面处的侧压力强度标准值（N/mm²）；

L_1 ——相邻型钢翼缘之间的净距（mm）；

d_{e1} ——型钢翼缘处水泥土墙体的有效厚度（mm）；

τ ——水泥土抗剪强度设计值（N/mm²）；

τ_{ck} ——水泥土抗剪强度标准值（N/mm²），可取搅拌桩 28d 龄期无侧限抗压强度的1/3。

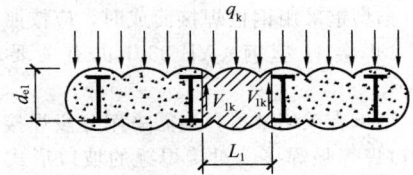

（a） 型钢与水泥土间错动受剪承载力验算图

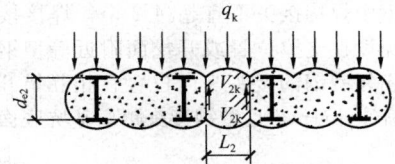

（b） 水泥土最薄弱截面局部受剪承载力验算图

图 4.2.5 搅拌桩局部受剪承载力计算示意

2 在型钢间隔设置时，水泥土搅拌桩最薄弱截面的局部受剪承载力［图4.2.5（b）］应按下列公式进行计算：

$$\tau_2 \leqslant \tau \qquad (4.2.5\text{-}5)$$

$$\tau_2 = \frac{1.25\gamma_0 V_{2k}}{d_{e2}} \qquad (4.2.5\text{-}6)$$

$$V_{2k} = q_k L_2 / 2 \qquad (4.2.5\text{-}7)$$

式中：τ_2 ——作用于水泥土最薄弱截面处的局部剪应力设计值（N/mm²）；

V_{2k} ——作用于水泥土最薄弱截面处单位深度范围内的剪力标准值（N/mm）；

L_2 ——水泥土相邻最薄弱截面的净距（mm）；

d_{e2} ——水泥土最薄弱截面处墙体的有效厚度（mm）。

4.3 构 造

4.3.1 型钢水泥土搅拌墙中的搅拌桩应符合下列规定：

1 当搅拌桩达到设计强度，且龄期不小于 28d 后方可进行基坑开挖；

2 搅拌桩的入土深度宜比型钢的插入深度深0.5m～1.0m；

3 搅拌桩体的垂直度不应大于 1/200。

4.3.2 型钢水泥土搅拌墙中内插劲性芯材宜采用 H 型钢，H 型钢截面型号宜按下列规定选用：

1 当搅拌桩直径为 650mm 时，内插 H 型钢截面宜采用 H500×300、H500×200；

2 当搅拌桩直径为 850mm 时，内插 H 型钢截面宜采用 H700×300；

3 当搅拌桩直径为 1000mm 时，内插 H 型钢截面宜采用 H800×300、H850×300。

4.3.3 型钢水泥土搅拌墙中内插型钢应符合下列规定：

1 内插型钢的垂直度不应大于 1/200。

2 当型钢采用钢板焊接而成时，应按照现行行业标准《焊接 H 型钢》YB 3301 的有关要求焊接成型。

3 型钢宜采用整材；当需采用分段焊接时，应采用坡口焊等强焊接。对接焊缝的坡口形式和要求应符合现行行业标准《建筑钢结构焊接技术规程》JGJ 81 的有关规定，焊缝质量等级不应低于二级。单根型钢中焊接接头不宜超过 2 个，焊接接头的位置应避免设在支撑位置或开挖面附近等型钢受力较大处；相邻型钢的接头竖向位置宜相互错开，错开距离不宜小于 1m，且型钢接头距离基坑底面不宜小于 2m。

4 对于周边环境条件要求较高，桩身在粉土、砂性土等透水性较强的土层中或对搅拌桩抗裂和抗渗要求较高时，宜增加型钢插入密度。

5 型钢水泥土搅拌墙的转角部位宜插型钢。

6 除环境条件有特殊要求外，内插型钢宜预先采取减摩措施，并除拔回收。

4.3.4 型钢水泥土搅拌墙的顶部应设置封闭的钢筋混凝土冠梁。冠梁宜与第一道支撑的腰梁合二为一。冠梁的高度和宽度应由设计计算确定，计算时应考虑型钢穿过对冠梁截面的削弱影响，同时应满足起拔型钢时的需要，并应符合下列规定：

1 冠梁截面高度不应小于 600mm，截面宽度宜比搅拌桩直径大 350mm。

2 内插型钢应锚入冠梁，冠梁主筋应避开型钢设置。型钢顶部高出冠梁顶面不应小于 500mm，型钢与冠梁间的隔离材料应采用不易压缩的材料。

3 冠梁的箍筋宜采用四肢箍，直径不宜小于 8mm，间距不应大于 200mm；在冠梁与支撑交点位置，箍筋宜适当加密。由于内插型钢而未能设置封闭箍筋的部位宜在型钢翼缘外侧设置封闭箍筋予以加强。

4.3.5 型钢水泥土搅拌墙支护体系的腰梁应符合下列规定：

1 型钢水泥土搅拌墙可采用型钢（或组合型钢）腰梁或钢筋混凝土腰梁，并结合钢管支撑、型钢（或组合型钢）支撑、钢筋混凝土支撑等内支撑体系或锚杆体系设置。

2 型钢水泥土搅拌墙支护体系的腰梁宜完整、

封闭，并与支撑体系连成整体。钢筋混凝土腰梁在转角处应按刚节点进行处理，并通过构造措施确保腰梁体系连接的整体性。

3 钢腰梁或钢筋混凝土腰梁应采用托架（或牛腿）和吊筋与内插型钢连接。水泥土搅拌桩、H 型钢与钢腰梁之间的空隙应用钢楔块或高强度等级细石混凝土填实。

4.3.6 当采用竖向斜撑并需支撑在型钢水泥土搅拌墙冠梁上时，应在内插型钢与冠梁之间设置竖向抗剪构件。

4.3.7 在型钢水泥土搅拌墙中搅拌桩桩径变化处或型钢插入密度变化处，搅拌桩桩径较大区段或型钢插入密度较大区段宜作适当延伸过渡。

4.3.8 型钢水泥土搅拌墙与其他形式支护结构连接处，应采取有效措施确保基坑的截水效果。

5 施 工

5.1 施 工 设 备

5.1.1 三轴水泥土搅拌桩施工应根据地质条件和周边环境条件、成桩深度、桩径等选用不同形式和不同功率的三轴搅拌机，与其配套的桩架性能参数应与搅拌机的成桩深度相匹配，钻杆及搅拌叶片构造应满足在成桩过程中水泥和土能充分搅拌的要求。

5.1.2 三轴搅拌机应符合以下规定：

1 搅拌驱动电机应具有工作电流显示功能；

2 应具有桩架垂直度调整功能；

3 主卷扬机应具有无级调速功能；

4 采用电机驱动的主卷扬机应有电机工作电流显示，采用液压驱动的主卷扬机应有油压显示；

5 桩架立柱下部搅拌轴应有定位导向装置；

6 在搅拌深度超过 20m 时，应在搅拌轴中部位置的立柱导向架上安装移动式定位导向装置。

5.1.3 注浆泵的工作流量应可调节，其额定工作压力不宜小于 2.5MPa，并应配置计量装置。

5.2 施 工 准 备

5.2.1 基坑工程实施前，应掌握工程的性质与用途、规模、工期、安全与环境保护要求等情况，并应结合调查得到的施工条件、地质状况及周围环境条件等因素编制施工组织设计。

5.2.2 水泥土搅拌桩施工前，对施工场地及周围环境进行调查应包括机械设备和材料的运输路线、施工场地、作业空间、地下障碍物的状况等。对影响水泥土搅拌桩成桩质量及施工安全的地质条件（包含地层构成、土性、地下水等）必须详细调查。

5.2.3 施工现场应先进行场地平整，清除搅拌桩施工区域的表层硬物和地下障碍物，遇明浜、暗塘或低洼地等不良地质条件时应抽水、清淤、回填素土并分层夯实。现场道路的承载能力应满足桩机和起重机平稳行走的要求。

5.2.4 水泥土搅拌桩施工前，应按照搅拌桩位布置图进行测量放样并复核验收。根据确定的施工顺序，安排型钢、配套机具、水泥等物资的放置位置。

5.2.5 根据型钢水泥土搅拌墙的轴线开挖导向沟，应在沟槽边设置搅拌桩定位型钢，并应在定位型钢上标出搅拌桩和型钢插入位置。

5.2.6 若采用现浇的钢筋混凝土导墙，导墙宜筑于密实的土层上，并高出地面 100mm，导墙净距应比水泥土搅拌桩设计直径宽 40mm～60mm。

5.2.7 搅拌桩机和供浆系统应预先组装、调试，在试运转正常后方可开始水泥土搅拌桩施工。

5.2.8 施工前应通过成桩试验确定搅拌下沉和提升速度、水泥浆液水灰比等工艺参数及成桩工艺；测定水泥浆从输送管到达搅拌机喷浆口的时间。当地下水有侵蚀性时，宜通过试验选用合适的水泥。

5.2.9 型钢定位导向架和竖向定位的悬挂构件应根据内插型钢的规格尺寸制作。

5.3 水泥土搅拌桩施工

5.3.1 水泥土搅拌桩施工时桩机就位应对中，平面允许偏差应为 ±20mm，立柱导向架的垂直度不应大于 1/250。

5.3.2 搅拌下沉速度宜控制在 0.5m/min～1m/min，提升速度宜控制在 1m/min～2m/min，并保持匀速下沉或提升。提升时不应在孔内产生负压造成周边土体的过大扰动，搅拌次数和搅拌时间应能保证水泥土搅拌桩的成桩质量。

5.3.3 对于硬质土层，当成桩有困难时，可采用预先松动土层的先行钻孔套打方式施工。

5.3.4 浆液泵送量应与搅拌下沉或提升速度相匹配，保证搅拌桩中水泥掺量的均匀性。

5.3.5 搅拌机头在正常情况下应上下各一次对土体进行喷浆搅拌，对含砂量大的土层，宜在搅拌桩底部 2m～3m 范围内上下重复喷浆搅拌一次。

5.3.6 水泥浆液应按设计配比和拌浆机操作规定拌制，并应通过滤网倒入具有搅拌装置的贮浆桶或贮浆池，采取防止浆液离析的措施。在水泥浆液的配比中可根据实际情况加入相应的外加剂，各种外加剂的用量均宜通过配比试验及成桩试验确定。

5.3.7 三轴水泥土搅拌桩施工过程中，应严格控制水泥用量，宜采用流量计进行计量。因搁置时间过长产生初凝的浆液，应作为废浆处理，严禁使用。

5.3.8 施工时如因故停浆，应在恢复喷浆前，将搅拌机头提升或下沉 0.5m 后再喷浆搅拌施工。

5.3.9 水泥土搅拌桩搭接施工的间隔时间不宜大于 24h，当超过 24h 时，搭接施工时应放慢搅拌速度。

若无法搭接或搭接不良，应作为冷缝记录在案，并应经设计单位认可后，在搭接处采取补救措施。

5.3.10 采用三轴水泥土搅拌桩进行土体加固时，在加固深度范围以上的土层被扰动区采用低掺量水泥回掺加固。

5.3.11 若长时间停止施工，应对压浆管道及设备进行清洗。

5.3.12 搅拌机头的直径不应小于搅拌桩的设计直径。水泥土搅拌桩施工过程中，搅拌机头磨损量不应大于 10mm。

5.3.13 搅拌桩施工时可采用在螺旋叶片上开孔、添加外加剂或其他辅助措施，以避免黏土附着在钻头叶片上。

5.3.14 型钢水泥土搅拌墙施工过程中应按本规程附录 A 填写每组桩成桩记录表及相应的报表。

5.4 型钢的插入与回收

5.4.1 型钢宜在搅拌桩施工结束后 30min 内插入，插入前应检查其平整度和接头焊缝质量。

5.4.2 型钢的插入必须采用牢固的定位导向架，在插入过程中应采取措施保证型钢垂直度。型钢插入到位后应用悬挂构件控制型钢顶标高，并与已插好的型钢牢固连接。

5.4.3 型钢宜依靠自重插入，当型钢插入有困难时可采用辅助措施下沉。严禁采用多次重复起吊型钢并松钩下落的插入方法。

5.4.4 拟拔除回收的型钢，插入前应先在干燥条件下除锈，再在其表面涂刷减摩材料。完成涂刷后的型钢，在搬运过程中应防止碰撞和强力擦挤。减摩材料如有脱落、开裂等现象应及时修补。

5.4.5 型钢拔除前水泥土搅拌墙与主体结构地下室外墙之间的空隙必须回填密实。在拆除支撑和腰梁时应将残留在型钢表面的腰梁限位或支撑抗剪构件、电焊疤等清除干净。型钢起拔宜采用专用液压起拔机。

5.5 环境保护

5.5.1 型钢水泥土搅拌墙施工前，应掌握下列周边环境资料：

    1 邻近建筑物（构筑物）的结构、基础形式及现状；

    2 被保护建筑物（构筑物）的保护要求；

    3 邻近管线的位置、类型、材质、使用状况及保护要求。

5.5.2 对环境保护要求高的基坑工程，宜选择挤土量小的搅拌机头，并应通过试成桩及其监测结果调整施工参数。当邻近保护对象时，搅拌下沉速度宜控制在 0.5m/min～0.8m/min，提升速度宜控制在 1m/min 内；喷浆压力不宜大于 0.8MPa。

5.5.3 施工中产生的水泥土浆，可集积在导向沟内或现场临时设置的沟槽内，待自然固结后方可外运。

5.5.4 周边环境条件复杂、支护要求高的基坑工程，型钢不宜回收。

5.5.5 对需回收型钢的工程，型钢拔出后留下的空隙应及时注浆填充，并应编制包括浆液配比、注浆工艺、拔除顺序等内容的专项方案。

5.5.6 在整个施工过程中，应对周边环境及基坑支护体系进行监测。

6 质量检查与验收

6.1 一般规定

6.1.1 型钢水泥土搅拌墙的质量检查与验收应分为施工期间过程控制、成墙质量验收和基坑开挖期检查三个阶段。

6.1.2 型钢水泥土搅拌墙施工期间过程控制的内容应包括：验证施工机械性能，材料质量，检查搅拌桩和型钢的定位、长度、标高、垂直度，搅拌桩的水灰比、水泥掺量，搅拌下沉与提升速度，浆液的泵压、泵送量与喷浆均匀度，水泥土试样的制作，外加剂掺量，搅拌桩施工间歇时间及型钢的规格，拼接焊缝质量等。

6.1.3 在型钢水泥土搅拌墙的成墙质量验收时，主要应检查搅拌桩体的强度和搭接状况、型钢的位置偏差等。

6.1.4 基坑开挖期间应检查开挖面墙体的质量，腰梁和型钢的密贴状况以及渗漏水情况等。

6.1.5 采用型钢水泥土搅拌墙作为支护结构的基坑工程，其支撑（或锚杆）系统、土方开挖等分项工程的质量验收应按国家现行标准《建筑地基基础工程施工质量验收规范》GB 50202 和《建筑基坑支护技术规程》JGJ 120 等有关规定执行。

6.2 检查与验收

6.2.1 浆液拌制选用的水泥、外加剂等原材料的检验项目及技术指标应符合设计要求和国家现行有关标准的规定。

　　检查数量：按批检查。

　　检验方法：查产品合格证及复试报告。

6.2.2 浆液水灰比、水泥掺量应符合设计和施工工艺要求，浆液不得离析。

　　检查数量：按台班检查，每台班不应少于3次。

　　检验方法：浆液水灰比应用比重计抽查；水泥掺量应用计量装置检查。

6.2.3 焊接 H 型钢焊缝质量应符合设计要求和现行行业标准《焊接 H 型钢》YB 3301 和《建筑钢结构焊接技术规程》JGJ 81 的有关规定。H 型钢的允许偏差应符合表 6.2.3 的规定，检查记录时可采用本规

程附录 B 的样式进行填写。

表 6.2.3 H 型钢允许偏差

序号	检查项目	允许偏差（mm）	检查数量	检查方法
1	截面高度	±5.0	每根	用钢尺量
2	截面宽度	±3.0	每根	用钢尺量
3	腹板厚度	−1.0	每根	用游标卡尺量
4	翼缘板厚度	−1.0	每根	用游标卡尺量
5	型钢长度	±50	每根	用钢尺量
6	型钢挠度	$L/500$	每根	用钢尺量

注：表中 L 为型钢长度。

6.2.4 水泥土搅拌桩施工前，当缺少类似土性的水泥土强度数据或需通过调节水泥用量、水灰比以及外加剂的种类和数量以满足水泥土强度设计要求时，应进行水泥土强度室内配比试验，测定水泥土 28d 无侧限抗压强度。试验用的土样，应取自水泥土搅拌桩所在深度范围内的土层。当土层分层特征明显、土性差异较大时，宜分别配置水泥土试样。

6.2.5 基坑开挖前应检验水泥土搅拌桩的桩身强度，强度指标应符合设计要求。水泥土搅拌桩的桩身强度宜采用浆液试块强度试验确定，也可以采用钻取桩芯强度试验确定。桩身强度检测方法应符合下列规定：

　　1 浆液试块强度试验应取刚搅拌完成而尚未凝固的水泥土搅拌桩浆液制作试块，每台班应抽检 1 根桩，每根桩不应少于 2 个取样点，每个取样点应制作 3 件试块。取样点应设置在基坑坑底以上1m 范围内和坑底以上最软弱土层处的搅拌桩内。试块应及时密封水下养护 28d 后进行无侧限抗压强度试验。

　　2 钻取桩芯强度试验应采用地质钻机并选择可靠的取芯钻具，钻取搅拌桩施工后 28d 龄期的水泥土芯样，钻取的芯样应立即密封并及时进行无侧限抗压强度试验。抽检数量不应少于总桩数的 2%，且不得少于 3 根。每根桩的取芯数量不宜少于 5 组，每组不宜少于 3 件试块。芯样应在全桩长范围内连续钻取的桩芯上选取，取样点应沿桩长不同深度和不同土层处的 5 点，且在基坑坑底附近应设取样点。钻取桩芯得到的试块强度，宜根据钻取桩芯过程中芯样的情况，乘以 1.2～1.3 的系数。钻孔取芯完成后的空隙应注浆填充。

　　3 当能够建立静力触探、标准贯入或动力触探等原位测试结果与浆液试块强度试验或钻取桩芯强度试验结果的对应关系时，也可采用原位试验检验桩身强度。

6.2.6 水泥土搅拌桩成桩质量检验标准应符合表 6.2.6 的规定。

表 6.2.6 水泥土搅拌桩成桩质量检验标准　　　　　　　　表 6.2.7 型钢插入允许偏差

序号	检查项目	允许偏差或允许值	检查数量	检查方法
1	桩底标高	+50mm	每根	测钻杆长度
2	桩位偏差	50mm	每根	用钢尺量
3	桩径	±10mm	每根	用钢尺量钻头
4	施工间歇	<24h	每根	查施工记录

序号	检查项目	允许偏差或允许值	检查数量	检查方法
1	型钢顶标高	±50mm	每根	水准仪测量
2	型钢平面位置	50mm（平行于基坑边线）	每根	用钢尺量
		10mm（垂直于基坑边线）	每根	用钢尺量
3	形心转角	3°	每根	量角器测量

6.2.7 型钢插入允许偏差应符合表 6.2.7 的规定。

6.2.8 型钢水泥土搅拌墙验收的抽检数量不宜少于总桩数的 5%，记录表样式可采用本规程附录 C。

附录 A 型钢水泥土搅拌墙施工记录表

表 A 型钢水泥土搅拌墙施工记录表

编号：

工程名称		分项工程		钻机型号		搅拌桩直径（m）	
施工单位		外加剂名称		水泥强度等级及批号		场地地面标高（m）	

序号	桩位编号	设计桩长（m）	工作时间			搅拌下沉喷浆		搅拌提升喷浆		水泥用量（kg/m³）	试样编号	水泥浆量（m³）	水灰比	H 型钢		插 H 型钢		备注
			开始时间	结束时间	合计（min）	时间（min）	深度（m）	时间（min）	深度（m）					顶标高（m）	长度（m）	开始时间	结束时间	

班组长：　　　　　　质检员：　　　技术负责人：　　　监理工程师：　　　　　　年 月 日

附录 B H型钢检查记录表

表 B H型钢检查记录表

施工单位：　　　　　　　　　　　　　　　　　　　　　　　　　　　　　　　　　　　编号：

序号	型钢编号	长度偏差（mm）	对接焊缝质量	型钢挠度	截面高度（mm）	截面宽度（mm）	腹板厚度（mm）	翼缘板厚度（mm）	备注
1									
2									
3									
4									
5									
6									
7									
8									
9									
10									
11									
12									
13									
14									
15									

质检员：　　　　　　　　　　　　　　监理工程师：　　　　　　　　　　　　　　年　月　日

附录 C 型钢水泥土搅拌墙施工验收记录表

表 C 型钢水泥土搅拌墙施工验收记录表

编号：

工程名称		施工单位	
桩　号		验收日期	
搅拌桩顶标高（m）		桩体强度	
设计直径（mm）		设计桩长（m）	
成桩直径（mm）		实际桩长（m）	
出现的问题及处理方法			
型钢规格（mm）		型钢插入底标高（m）	
型钢对接焊缝质量		型钢平面位置偏差（mm）	
检查意见			
验收意见			
施工单位	专职质检员： 技术负责人： 年　月　日	监理单位	监理工程师： 年　月　日

1—4—12

本规程用词说明

1 为了便于在执行本规程条文时区别对待，对于要求严格程度不同的用词说明如下：

1）表示很严格，非这样做不可的：
正面词采用"必须"，反面词采用"严禁"；

2）表示严格，在正常情况下均应这样做的：
正面词采用"应"，反面词采用"不应"或"不得"；

3）表示允许稍有选择，在条件允许时首先应这样做的：
正面词采用"宜"，反面词采用"不宜"；

4）表示有选择，在一定条件下可以这样做的，采用"可"。

2 条文中指明应按其他有关标准执行的写法为："应符合……的规定"或"应按……执行"。

引用标准名录

1 《建筑地基基础工程施工质量验收规范》GB 50202

2 《建筑工程施工质量验收统一标准》GB 50300

3 《建筑基坑工程监测技术规范》GB 50497

4 《热轧 H 型钢和部分 T 型钢》GB/T 11263

5 《建筑钢结构焊接技术规程》JGJ 81

6 《建筑基坑支护技术规程》JGJ 120

7 《焊接 H 型钢》YB 3301

中华人民共和国行业标准

型钢水泥土搅拌墙技术规程

JGJ/T 199—2010

条 文 说 明

制 订 说 明

《型钢水泥土搅拌墙技术规程》JGJ/T 199 - 2010，经住房和城乡建设部 2010 年 3 月 15 日以第 514 号公告批准、发布。

本规程制订过程中，编制组对国内型钢水泥土搅拌墙技术进行了调查，全面总结了已有的工程经验，开展了室内模型试验和现场试验。

为便于广大设计、施工、科研、学校等单位有关人员在使用本规程时能正确理解和执行条文规定，《型钢水泥土搅拌墙技术规程》编制组按章、节、条顺序编制了本规程的条文说明，对条文说明规定的目的、依据以及执行中需注意的有关事项进行了说明。但是，本条文说明不具备与规程正文同等的法律效力，仅供使用者作为理解和把握规程规定的参考。

目　次

1 总　则

1.0.1 型钢水泥土搅拌墙作为基坑工程的一种支护结构形式，是我国从日本通过技术引进（SMW工法）结合中国实际消化吸收、再创新的工程技术，该技术已在上海、天津等软土地区得到较广泛的应用，国内越来越多的地区也开始采用该技术。但国内目前尚没有该技术统一的专项标准，由于各地区土层地质条件的差异，其设计和施工方法不尽相同，且缺乏相应的检验要求，使得型钢水泥土搅拌墙的设计、施工水平参差不齐，有些甚至影响了基坑的安全。为使型钢水泥土搅拌墙技术的设计、施工和检验规范化，做到安全可靠、技术先进、经济合理、确保质量及保护环境，制定本规程。

1.0.2 本条规定明确了规程的适用范围，型钢水泥土搅拌墙一般适用于填土、淤泥质土、黏性土、粉土、砂性土、饱和黄土等地层。对于杂填土地层，施工前需清除地下障碍物；对于粗砂、砂砾等粗粒砂性土地层，应注意有无明显的流动地下水，以防止固化剂尚未硬化时流失而影响工程质量。

在无工程经验及特殊地层地区，必须通过现场试验确定型钢水泥土搅拌墙的适用性。淤泥、泥炭土、有机质土、地下水具有腐蚀性的地层中含有影响搅拌桩固化剂硬化的成分，会对搅拌桩的质量造成不利的影响，因此，须通过现场试验确定型钢水泥土搅拌墙的可行性和适用性；对湿陷性土、冻土、膨胀土、盐渍土等特殊土，本规程尚不能考虑其固有的特殊性质的影响，其特殊性质的影响需根据地区经验加以考虑，并通过现场试验确定型钢水泥土搅拌墙的适用性后，方可按本规程的相关内容进行设计与施工。

作为截水帷幕和土体加固的三轴水泥土搅拌桩的施工和质量检查与验收，可参照执行本规程的相关规定。

1.0.3 型钢水泥土搅拌墙仅为基坑工程中的一个分项，其设计、施工和质量检查与验收应纳入整个基坑工程的范畴中，必须与基坑工程的其他分项（包括地基加固、基坑降水、支护体系和土方开挖等）相结合，并结合工程地方经验，综合考虑工程地质条件、水文地质条件、主体结构与基坑情况、周边环境条件与要求、工程造价等因素，切实做到精心设计、精心施工，确保基坑工程和主体结构的施工安全，满足周边环境保护的要求。

3　基本规定

3.0.1 型钢水泥土搅拌墙是以内插型钢作为主要受力构件，三轴水泥土搅拌桩作为截水帷幕的复合挡土

截水结构。套接一孔法（图1）是指在连续的三轴水泥土搅拌桩中有一个孔是完全重叠的施工工法。

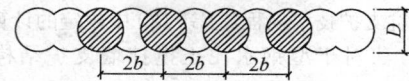

图1　套接一孔法示意

型钢水泥土搅拌墙技术1994年首次应用于上海静安寺环球商场基坑工程，自1997年在上海东方明珠国际会议中心基坑工程中应用后，开始大量应用于基坑工程。经过多年的消化吸收和推广应用，在我国应用型钢水泥土搅拌墙作为基坑支护结构的地区逐渐增多，从沿海大部分软土地区到内陆部分城市都有应用。本规程编制过程中进行了广泛的调研，收集了全国各地共46项型钢水泥土搅拌墙应用案例。工程案例涉及上海、浙江、江苏、天津、北京、福建、武汉等省市，所在地区的土质条件多种多样。从案例反映的情况来看，型钢水泥土搅拌墙技术在我国的应用范围越来越广，适用于填土、淤泥质土、黏性土、粉土、砂性土、饱和黄土等地层。

目前国内也有四轴水泥土搅拌桩施工设备，日本有五轴水泥土搅拌桩施工设备，当其施工工艺与本规程中相关规定类似，并有地区经验时也可以采用。

型钢水泥土搅拌墙作为基坑支护结构是基坑支挡结构的一部分，应遵照现行行业标准《建筑基坑支护技术规程》JGJ 120中规定，采用弹性支点法进行支护结构受力与变形计算（图2），并进行稳定性计算。

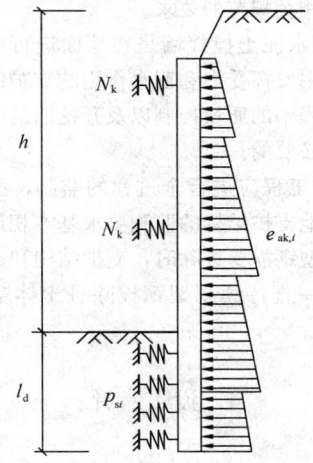

图2　板式支护体系弹性支点法计算示意

N_k——按荷载标准组合计算的轴向拉力值或轴向压力值；

p_{si}——土对挡土构件的分布反力；

$e_{ak,i}$——主动土压力强度标准值

本规程编制期间先后收集到的46项全国范围内的工程实例，挑选出18个有现场变形实测数据且土层资料较为完整的工程，采用《建筑基坑支护技术规程》JGJ 120中关于支护结构的计算模式与计算方法

进行了复算工作。变形计算值与实测值的比较结果（图3）表明二者总体上较为吻合。表明目前采用《建筑基坑支护技术规程》JGJ 120 中规定的计算模式和计算方法对于型钢水泥土搅拌墙支护结构是适用的。

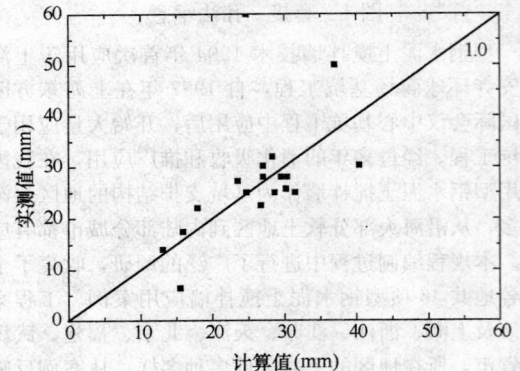

图 3 变形计算值与实测值比较（18 个工程）

3.0.2 目前，工程中多采用普通硅酸盐水泥进行三轴水泥土搅拌桩的施工，相关经验积累都是建立在此基础上的。我国幅员辽阔，各地土层条件差异较大，若在工程中采用其他品种的水泥，应通过室内和现场试验确定施工参数，积累经验。

内插型钢多采用标准型号的型钢，也有工程中采用非标准的焊接型钢，但需要通过设计计算来确定非标准型钢的具体参数，并满足各种工况下型钢受力、变形计算和相关规范的要求。

3.0.4 型钢水泥土搅拌墙是在地面进行施工，在基坑开挖过程中发挥受力和截水作用的支护结构，因此加强施工过程中的质量控制以及开挖前的质量检查与验收工作是必要的。

3.0.5 基坑工程应进行全过程的监测，型钢水泥土搅拌墙与其他支护结构的监测要求基本相同，不同点在于当内插型钢需要拔除时，支护结构和周边环境的监测工作应一直持续到型钢拔除且土体空隙处理完毕后。

4 设 计

4.1 一 般 规 定

4.1.1 型钢水泥土搅拌墙技术从日本引进，日本常用的三轴水泥土搅拌桩设备有 550 和 850 两个系列，其中 550 系列中水泥土搅拌桩直径有 550mm、600mm、650mm 三种，850 系列中有 850mm 和 900mm 两种，每种直径对应相应的水泥土搅拌桩施工设备。国内引进的机械设备多为直径 650mm 和 850mm 两种，经过改进，还有施工直径达到 1000mm 的国产化机械设备，目前国内工程中大量应用的多为

650mm、850mm 和 1000mm 三种。

4.1.2 型钢水泥土搅拌墙的适用开挖深度与支护结构变形控制要求、场地土质条件、搅拌桩直径、内插型钢密度以及水泥土强度等因素有关。增加内插型钢的刚度、密度和提高水泥土强度，可以提高型钢水泥土搅拌墙的适用开挖深度。

型钢水泥土搅拌墙的设计在满足安全的前提下，应充分考虑到经济合理和方便施工，以取得最大的经济效益。同一个基坑，有时可以采用不同的支护结构设计方案，如选择直径较小的搅拌桩，通过增加插入型钢的密度、增加基坑内支撑的设置和增加其他加固措施等来弥补。

型钢水泥土搅拌墙是挡土和截水复合支护结构。基坑开挖过程中如发生较大侧向变形，可能会导致水泥土搅拌桩开裂，不仅影响其截水效果，甚至会削弱水泥土抗剪能力，给基坑工程带来安全隐患。出于基坑工程的质量和安全性的考虑，型钢水泥土搅拌墙的适用深度宜结合支护结构的稳定性、承载能力和变形控制要求综合确定。

上海地区土质软弱，浅层以黏性土为主。根据近几年完成的众多工程实例，在建筑基坑常规支撑设置下，搅拌桩直径为 650mm 的型钢水泥土搅拌墙适用于开挖深度不大于 8.0m 的基坑；搅拌桩直径为 850mm 的型钢水泥土搅拌墙适用于开挖深度不大于 11.0m 的基坑；搅拌桩直径为 1000mm 的型钢水泥土搅拌墙适用于开挖深度不大于 13.0m 的基坑。但在市政基坑中，也有通过增加支撑道数，而加大开挖深度的例子。

另外，在收集到的各地工程案例中，型钢水泥土搅拌墙结合锚杆体系的工程案例相对很少，设计人员在相关的构造和适用性方面应注重地方经验的积累，综合比较后采用。

4.1.3 型钢水泥土搅拌墙同时具有挡土和截水的作用，支护结构本身占用的场地空间较小，内插型钢可以回收重复利用。适宜在场地狭窄、严禁遗留刚性地下障碍物或经济效益显著的情况下采用。

4.1.4 基坑支护结构都应根据基坑周围环境保护要求确定变形控制指标，型钢水泥土搅拌墙的变形控制还应满足内插型钢拔除回收等的要求。基坑开挖过程中应避免发生较大变形造成水泥土开裂，影响其截水效果以及对水泥土抗剪能力的削弱。

4.1.5 型钢水泥土搅拌墙中三轴水泥土搅拌桩和内插型钢都应根据设计要求和工艺特点确定相应的材料及其合理用量。

1 水泥土搅拌桩的桩身强度

三轴水泥土搅拌桩的强度是工程中矛盾比较集中的问题。实际应用中往往出现这样的问题：设计要求高，需要达到 1.0MPa，现场施工难以达到，而且采用不同方法进行强度检验时得出的结果往往差异较

大，但工程实践中也出现过部分低于设计强度要求的基坑工程也可以顺利实施，没有产生水泥土的局部剪切破坏。针对这个问题，本规程编制组从多方面对三轴水泥土搅拌桩的强度问题进行了研究。

从设计角度，型钢水泥土搅拌墙应进行素水泥土段的错动受剪承载力和薄弱面局部受剪承载力计算，通过对本规程编制过程中收集到的 46 项工程实例进行计算，得到了水泥土的受剪承载力要求；根据水泥土的抗压强度和抗剪强度的换算关系，可以得出水泥土的最小抗压强度指标；经过三维有限元分析复核，得出在开挖深度 10m 左右的基坑工程中，水泥土搅拌桩的桩身强度不宜低于 0.5MPa。

从施工角度，本规程编制组分别在上海、苏州、武汉、宁波、天津等地进行了三轴水泥土搅拌桩的现场试验，采用常规的施工工艺和参数分别单独打设了 5 根连续套接的三轴水泥土搅拌桩，对不同龄期三轴水泥土搅拌桩进行不同方法的强度检测，得到实测强度的第一手资料。

从检测角度，在上述试验场地，分别采用室内试验、原位试验、浆液试块强度试验、钻取桩芯强度试验等方法分别对 7d、14d 和 28d 的三轴水泥土搅拌桩进行了桩身强度检测。经过分析与判断，5 个试验工程的水泥土搅拌桩 28d 取芯强度值都在 0.40MPa 以上，考虑取芯过程中对芯样的损伤，对取芯试块强度乘以系数 1.2～1.3（平均 1.25）作为水泥土搅拌桩的强度，则三轴水泥土搅拌桩的最低强度指标也基本上在 0.5MPa 左右。

因此，从设计、施工和检测角度可以得出，软弱土层中开挖深度 10m 左右基坑工程，水泥土的无侧限抗压强度不宜低于 0.5MPa。在实际工程设计中，特别是在基坑开挖深度较深、土层较为软弱的情况下，设计人员应根据土层条件、开挖深度和型钢间距进行素水泥土段的受剪承载力计算，依据设计计算的结果提出具体的水泥土搅拌桩的强度要求。

2 水泥土搅拌桩采用的水泥

水泥强度是影响水泥土搅拌桩强度的重要因素，日本的三轴水泥土搅拌桩施工多采用高炉水泥，其 28d 龄期的抗压强度达到 61.0MPa，基本上接近我国 P62.5 级硅酸盐水泥的强度要求。我国的工程实践中三轴水泥土搅拌桩施工多采用 P·O42.5 级普通硅酸盐水泥。当土层软弱、开挖较深或对三轴水泥土搅拌桩的桩身强度有较高要求时，也可以采用更高强度等级的水泥。

3 水泥土搅拌桩中的水泥用量、水灰比控制和膨润土

三轴水泥土搅拌桩的水泥用量和水灰比直接关系到三轴水泥土搅拌桩的桩身强度和施工质量。对于不同的土层条件，三轴水泥土搅拌桩的水泥用量和水灰比控制都不尽相同。编制组结合日本成熟的经验综合

考虑国内的主要土层条件、施工水平和施工现状，提出了具有普遍意义的水泥用量和水灰比控制指标。水泥用量宜根据不同的土质条件、施工效率及型钢的插入综合确定，当土质条件存在差异时，水泥用量也应有所差异。当水泥用量相同时，淤泥质黏土的加固强度明显低于砂性土。目前，国内以黏性土为主的地区，三轴水泥土搅拌桩多采用 20％ 的水泥掺入比，被搅拌土体的质量按照 1800kg/m³ 计算，单位加固土体的水泥用量即为 360kg。由于施工机械的原因，当在较硬的土层中施工时，钻进速度较慢，需要适当提高水泥浆液用量保证搅拌桩机的正常运作。当水泥浆液注入量过多时，由于水泥土搅拌桩中的含水量增多，反而会降低强度和防水性能。

水泥浆应根据地质条件、施工条件不同确定合适的配合比。水泥浆液的水灰比不仅影响水泥土搅拌桩的强度和防水性能，也影响到注浆泵的压送能力以及黏性土中水泥土搅拌桩的均一性和工作效率。在施工条件允许范围内，水灰比越小，搅拌桩的强度及防水性能越好。膨润土的加入可以改善水泥浆液的黏稠度，有助于提高水泥土搅拌桩的搅拌均匀性，增强成桩后的桩体抗渗透性能。

由于我国幅员辽阔，各个地区施工水平和施工机械能力存在差异，实际应用中各项材料用量还需要根据实际情况进行适当的调整，并积累地区经验，确定合理、适用、可行的控制指标。

4 水泥用量的计算

三轴水泥土搅拌桩单幅桩由 3 个圆形截面搭接组成。对于首开幅，单幅桩的被搅拌土体体积应为 3 个圆形截面面积与深度的乘积；采用套接一孔法连续施工时，后续单幅桩的被搅拌土体体积应为 2 个圆形截面面积与深度的乘积，圆形相互搭接的部分应重复计算。

4.1.6 三轴水泥土搅拌桩除作为型钢水泥土搅拌墙的一部分外，也可以单独用作与其他支护结构结合的截水帷幕、水利工程中永久性截水帷幕以及地基加固等，其设计要求应分别遵照相应规范的规定，一般情况下渗透系数宜达到 $1×10^{-7}$ cm/s。一般情况下基坑工程中不进行截水帷幕渗透系数的专项检测，根据工程实践经验，当水泥土搅拌桩桩体搅拌均匀且满足设计强度要求时，其抗渗能力也可以达到要求。对于重大工程和永久性截水帷幕，应根据设计要求进行渗透性试验，确定截水效果。

4.1.7 型钢水泥土搅拌墙中的内插型钢应均匀布置，工程实践中内插型钢的间距不宜超过 2b，即"跳一"布置。当出现特殊情况，需要增大内插型钢间距时，应验算水泥土搅拌桩的局部受剪承载力。

4.2 设 计 计 算

4.2.1 型钢水泥土搅拌墙作为基坑支护结构，其设

计计算方法应遵照现行行业标准《建筑基坑支护技术规程》JGJ 120 中的相关规定。有经验时，土体变形估算也可以采用有限元数值模拟的方法进行。

4.2.2 型钢水泥土搅拌墙是由三轴水泥土搅拌桩和内插型钢组成的，起到既挡土又截水的双重功效，在型钢水泥土搅拌墙的设计中型钢和水泥土的相互作用是个值得探讨的问题。我国型钢水泥土搅拌墙之所以能够在大量工程中广泛采用，其中很重要的原因就是内插型钢在基坑工程结束后可以回收重复利用，大大降低了工程造价。但需要回收的型钢表面要涂上减摩材料以降低型钢与水泥土间的粘结力，这直接影响了型钢与水泥土之间的相互作用。

针对型钢与水泥土的组合刚度问题，编制组采用不同截面和含钢量的水泥土结合型钢的组合梁进行了室内模型试验，试验中采用不同的加载方式对涂减摩材料和不涂减摩材料的组合梁分别进行了试验，通过量测挠度的方式，得出组合梁的刚度，并与单独型钢的刚度进行对比分析。主要试验研究成果如下：

1 在正常工作条件下，当墙体变位较小时，水泥土对墙体的刚度提高作用是显著的，水泥土对型钢水泥土搅拌墙的刚度有提高作用。按照不考虑水泥土刚度提高作用求得的墙体变位值比适当考虑水泥土刚度提高作用求得的墙体变位值大。

2 墙体趋于弯曲破坏时，在弯曲破坏发生处，型钢与水泥土的粘结会完全破坏，此时，型钢单独受力，当在型钢上涂刷减摩材料时，型钢与水泥土的粘结破坏现象更为明显。故验算承载能力极限状态下型钢水泥土搅拌墙的受弯承载力时，不应考虑水泥土的贡献。

3 不同含钢量的型钢水泥土组合梁其破坏模式有所不同，含钢量较低的大截面组合梁由于有水泥土的约束，其破坏形式为加载平面内的弯曲破坏；相反，含钢量较高的小截面梁中水泥土的约束则相对较弱，其破坏模式更多为加载平面外的失稳破坏，因此加载过程中水泥土的约束对型钢水泥土搅拌墙刚度的发挥及稳定性有着重要作用。

根据本次试验工作和国内外研究成果，从基坑工程安全角度出发，采用承载能力极限状态进行型钢水泥土搅拌墙的受力计算中不考虑水泥土的作用。

4.2.3 型钢水泥土搅拌墙是复合挡土截水结构，水泥土搅拌桩作为截水体系应深入到基底以下一定深度。当基坑工程遇到承压水问题时，水泥土搅拌桩除应满足基坑开挖到底时基坑抗渗流稳定性外，还应结合基坑工程总体设计满足承压水处理的要求，截断或部分截断承压含水层。当截断承压水需要加深三轴水泥土搅拌桩时，深度宜控制在 30m 以内；超过 30m 时，宜采用接钻杆的方式进行施工。

4.2.4 型钢水泥土搅拌墙作为支护结构的一种，其内力与变形设计应遵照现行行业标准《建筑基坑支护

技术规程》JGJ 120 中的有关规定，M_k、V_k 分别是采用弹性支点法进行计算得到的作用于型钢水泥土搅拌墙的弯矩和剪力。进行承载力计算时，可根据包络图取最大值，作用内力应分别乘以支护结构重要性系数（γ_0）和设计分项系数（1.25）。

4.2.5 基坑外侧水土压力作用下，型钢水泥土搅拌墙的素水泥土段需要承担局部剪应力，应进行型钢边缘之间素水泥土段的错动受剪承载力和受剪截面面积最小的最薄弱面受剪承载力验算。根据型钢间水泥土抗剪破坏模式，最大剪应力出现在坑外水土压力最大的区域，一般位于开挖面位置。

在大多数工程中的局部受剪承载力验算时，型钢与水泥土之间的错动受剪承载力作为控制指标，水泥土最薄弱面受剪承载力验算作为校核。在进行型钢与水泥土间错动受剪承载力计算时，d_{e1} 应取迎坑面型钢边缘至迎土面水泥土搅拌桩边缘的距离，基坑开挖过程中为避免迎坑面水泥土掉落伤人，多将型钢外侧的水泥土剥落。

对水泥土抗剪强度标准值 τ_c 与 28d 无侧限抗压强度 q_u 换算关系，原冶金部建筑研究总院 SMW 工法研究组的研究成果如下：当垂直压应力 $\sigma_0 = 0$ 和 $q_u = 1MPa \sim 5MPa$ 时，水泥土的抗剪强度 $\tau_c = (0.3 \sim 0.45)q_u$，当 σ_0 较小时，$\tau_c < q_u/2$；当 σ_0 较大时，$\tau_c \approx q_u/2$。而日本标准根据试验得到的抗剪强度和单轴抗压强度的关系，当 $q_u < 3MPa$ 时，抗剪强度 $\tau_c > q_u/3$。当抗压强度 $q_u < 3MPa$ 时，抗剪强度 τ_c 可一律取为 $q_u/3$。

虽然目前工程中搅拌桩的取芯强度普遍不高，但从实际应用情况来看，工程均可以安全实施，并未因为局部抗剪不足而发生破坏。综合以上国内外的研究成果以及型钢水泥土搅拌墙技术的实际应用情况，水泥土抗剪强度标准值 τ_c 取 $q_u/3$ 是合理的。与行业标准《建筑基坑支护技术规程》JGJ 120 中对于支护结构的设计安全水准的相关规定相统一，在确保总安全系数为 2 的前提下，进行水泥土的抗剪计算时考虑 1.6 的材料抗力分项系数以及 1.25 的荷载分项系数。

4.3 构　造

4.3.1 当在工期紧张等情况下满足不了水泥土搅拌墙龄期达到 28d 要求时，可通过加早强剂等特殊措施保证水泥土搅拌墙在土方开挖时的强度满足设计要求。

4.3.2 型钢水泥土搅拌墙是水泥土与型钢等劲性芯材的组合结构，芯材宜采用型钢等抗弯强度较高的劲性材料。工程中常用 H488×300×11×18、H500×200×10×16、H700×300×13×24、H800×300×14×26 的标准 H 型钢，经过计算也有采用如 H700×300×12×14、H850×300×16×24 的非标准型钢。目前也有个别工程采用了钢管、拉森板桩、混凝土桩

等作内插劲性材料。

4.3.3 现行国家标准《热扎 H 型钢和部分 T 型钢》GB/T 11263 规定了热扎 H 型钢的尺寸、外形、重量及允许偏差、技术要求、试验方法、检验规则、包装、标志及质量证明书。本规程的内插型钢可按现行国家标准《热扎 H 型钢和部分 T 型钢》GB/T 11263 取用热扎型钢。

行业标准《焊接 H 型钢》YB 3301 规定了焊接 H 型钢梁的型号、尺寸、外形、重量及允许偏差、技术要求、焊接工艺方法等。标准还对焊接 H 型钢梁的焊缝作了明确的要求，即钢板对接焊缝及 H 型钢的角焊缝的质量检查，可参照现行国家标准《钢焊缝手工超声波探伤方法和探伤结果分级》GB/T 11345。行业标准《焊接 H 型钢》YB 3301 未规定事宜，应按行业标准《建筑钢结构焊接技术规程》JGJ 81 有关规定执行。

不同开挖深度的基坑，设计对型钢规格和长度要求不尽相同。一般情况下，内插型钢宜采用整材，当特定条件下型钢需采用分段焊接时，为达到分段型钢焊接质量的可控性以及施工的规范化，确保支护结构的安全，本规程规定分段型钢焊接应采用坡口焊接，焊接等级不低于二级。考虑到型钢现场焊接以及二级焊缝抽检率仅为 20% 的因素，本条文另外对型钢焊接作了具体要求。单根型钢中焊接接头数量、焊接位置，以及相邻型钢的接头竖向位置错开等要求由设计人员根据工程的实际情况确定，焊接接头的位置应避免在型钢受力较大处（如支撑位置或开挖面附近）设置。

基坑转角部位（特别是阳角处）由于水、土侧压力作用受力集中，变形较大，宜插型钢增强墙体刚度，转角处的型钢宜按基坑边线角平分线方向插入（图 4）。

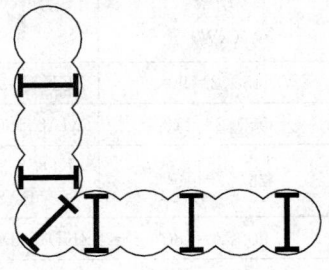

图 4　型钢水泥土搅拌墙转
角位置内插型钢构造

4.3.4 在板式支护体系中，冠梁对提高围护体系的整体性，并使围护桩和支撑体系形成共同受力的稳定结构体系具有重要作用（图 5）。当采用型钢水泥土搅拌墙时，由于桩身由两种刚度相差较大的材料组成，冠梁作用的重要性更加突出。

1　为便于型钢拔除，型钢需锚入冠梁，并高于冠梁顶部一定高度。一般该高度值不应小于 500mm，根据具体情况略有差异；同时，型钢顶端不宜高于自然地面。

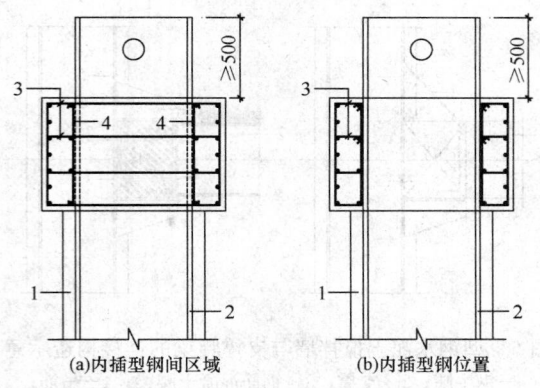

图 5　型钢水泥土搅拌墙冠梁配筋构造示意
1—水泥土搅拌桩；2—H 型钢；3—冠梁
小封闭箍筋；4—拉筋

2　型钢整个截面锚入冠梁，为便于今后拔除，冠梁和型钢之间采用一定的材料隔离，因此型钢对冠梁截面的削弱是不能忽略的。

综合上述两个方面的因素，对于型钢水泥土搅拌墙的冠梁，必须保证一定的宽度和高度，同时在构造上也应有一定的加强措施。

冠梁与型钢的接触处，一般需采用一定的隔离材料。若隔离材料在围护受力后产生较大的压缩变形，对控制基坑总的变形量是不利的。因此，一般采用不易压缩的材料如油毡等。

冠梁的箍筋直径和间距由计算确定，一般采用四肢箍。对于因内插型钢导致箍筋不能封闭的部位，宜在型钢翼缘部位外侧设置小封闭箍筋构成小边梁以加强。

4.3.5 在型钢水泥土搅拌墙基坑的支护体系中，支撑与腰梁的连接、腰梁与型钢的连接以及钢腰梁的拼接，特别是后两者是保证整个腰梁支撑体系的整体性的关键。应对节点的构造充分重视，节点构造应严格按设计图纸施工。钢支撑杆件的拼接一般应满足等强度的要求，但在实际工程中钢腰梁的拼接受现场施工条件限制，很难达到这一要求，应在构造上对拼接方式予以加强，如附加缀板、设置加劲肋板等。同时，应尽量减少钢腰梁的接头数量，拼接位置也尽量放在腰梁受力较小的部位。

支撑腰梁应与型钢水泥土搅拌墙进行可靠连接，图 6 为工程实践中采用的两种连接构造，供参考。

当基坑面积较大，需分块开挖，或在市政工程狭长形基坑中，常碰到腰梁不能统一形成整体就需部分先开挖的情况（所谓"开口基坑"），这时对于支撑体系尤其是钢腰梁的设置有一些需要特别注意的地方：

1　当采用水平斜支撑体系时，应考虑沿腰梁长度方向的水平力作用对型钢水泥土搅拌墙的影响，一般不应直接利用墙体型钢传递水平力，以免造成型钢和水泥土之间的纵向拉裂，对墙体抗渗产生不利影响。应根据设计计算结果在型钢和腰梁之间设置抗剪构件。

2　当基坑转角处支撑体系采用水平斜撑时，需考

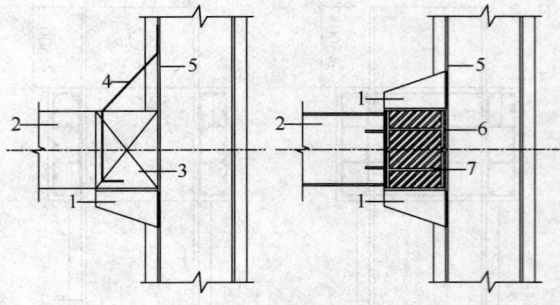

图 6　型钢水泥土搅拌墙与支撑腰梁的连接构造示意

1—钢牛腿；2—支撑；3—钢筋混凝土腰梁；4—吊筋；
5—内插型钢；6—高强度细石混凝土填实；7—钢腰梁

虑双向水平力对支撑体系的作用，应采取加强措施防止腰梁和支撑的移位失稳。腰梁在转角处应设在同一水平面上，并有可靠的构造措施连成整体。腰梁与墙体的接触面宜用钢楔块或高强度的细石混凝土嵌填密实，使腰梁与墙体型钢间可以均匀传递水平剪切力。当与斜撑相连的腰梁长度不足以传递计算水平力时，除在腰梁和型钢间设置抗剪构件外，还应结合采用合理的基坑开挖措施，以确保支撑水平分力的可靠传递。

　　3　当内支撑采用钢支撑且需要预加轴力时，应按计算确定预加的轴力大小，防止预加轴力过大引起型钢水泥土搅拌墙向基坑外侧变形而影响周边环境安全。

4.3.6　当基坑内支撑体系中采用斜撑时，需考虑支撑竖向分力产生的冠梁沿型钢向上的剪力，并在型钢与冠梁之间设置抗剪构件（如抗剪角钢、栓钉等）。

4.3.7　当型钢水泥土搅拌墙中搅拌桩桩径发生变化，或型钢插入密度发生改变，为防止支护结构刚度的突变对整体支护结构受力不利，宜将较大直径的搅拌桩或型钢插入密度较大的区段作适当延伸过渡。

4.3.8　当采用型钢水泥土搅拌墙与其他支护结构（如地下连续墙等）共同作为支护结构时，在两种支护结构连接处（图7）应采取高压喷射注浆等截水措施。

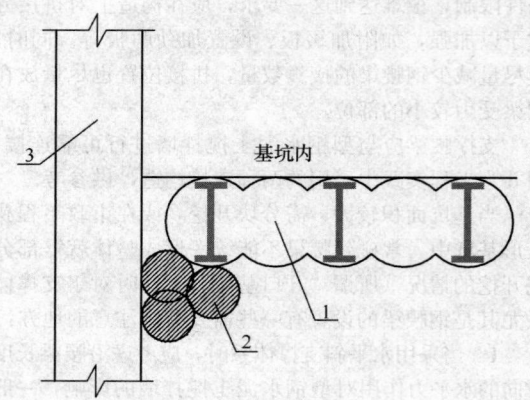

图 7　型钢水泥土搅拌墙与其他
形式支护结构的连接示意
1—型钢水泥土搅拌墙；2—高压喷射注浆
填充截水；3—其他支护结构

5　施　工

5.1　施　工　设　备

5.1.1　三轴搅拌机有螺旋式和螺旋叶片式两种搅拌机头，搅拌转速也有高低两挡转速（高速挡 35r/min～40r/min 和低速挡 16r/min）。砂性土及砂砾性土中施工时宜采用螺旋式搅拌机头，黏性土中施工时宜采用螺旋叶片式搅拌机头。

　　在实际工程施工中，型钢水泥土搅拌墙的施工深度取决于三轴搅拌桩机的施工能力，一般情况下施工深度不超过45m。为了保证施工安全，当搅拌深度超过30m时，宜采用钻杆连接方法施工（加接长杆施工的搅拌桩水泥用量可根据试验确定）。国内常用三轴水泥土搅拌桩施工设备参见表1。

表 1　国内常用三轴水泥土搅拌桩施工设备参考表

	序　号	型　号	桩架高度 (m)	成桩长度 (m)
桩机	1	SPA135 柴油履带式桩机	33	25
	2	SF808 电液式履带式桩机	36	28
	3	SF558 电液式履带式桩机	30	22
	4	D36.5 步履式桩机	36.5	36
	5	DH608 步履式桩机	34.4	27.7
	6	JB180 步履式桩机	39	32
	7	JB250 步履式桩机	45	38
	8	LTZJ42.5 步履式桩机	42.5	42.5

	常用桩径 (mm)	功率 (kW)	型　号	
三轴动力头	650	45×2＝90	ZKD-65-3 MAC-120	
		55×2＝110	MAC-150 PAS-150	
	850	75×2＝150	ZKD-85-3 MAC-200 PAS-200	
		90×2＝180	ZKD85-3A MAC-240	
		75×3＝225	ZKD85-3B	
	1000	75×3＝225	ZKD100-3	
		90×3＝270	ZKD100-3A	

	型　号	流量（L/min）			
		1	2	3	4
注浆泵	BW-250	250	145	90	45
	BW-320	320	230	165	90
	BW-120	120	—	—	—
	BW-200	200	—	—	—

　　注：表中成桩长度是指不接加长杆时的最大施工长度。

5.1.2 本条要求三轴搅拌桩机所具备的功能是保证水泥土搅拌桩成墙质量的基本条件。图8为三轴搅拌桩机构造示意。

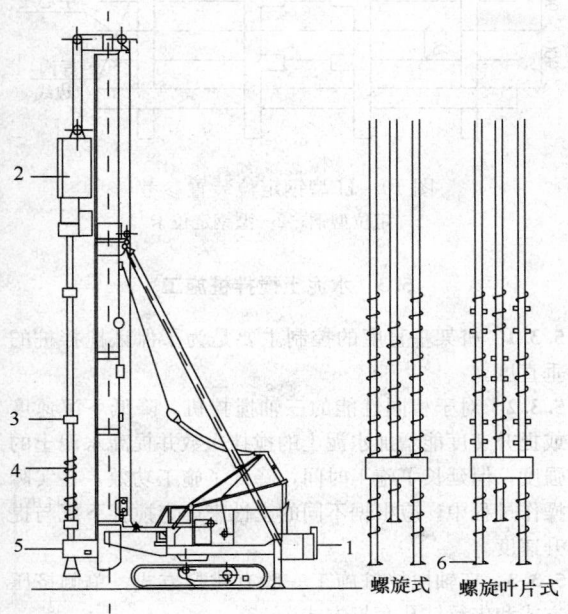

图8　三轴搅拌桩机构造示意
1—桩架；2—动力头；3—连接装置；
4—钻杆；5—支承架；6—钻头

5.1.3 注浆泵应保证其实际流量与搅拌机的喷浆钻进下沉或喷浆提升速度相匹配，使水泥掺量在水泥土桩中均匀分配。下沉喷浆工艺的喷浆压力比提升喷浆工艺要高，在实际施工中喷浆压力大小应根据土质特性来控制，常控制在 0.8MPa～1.0MPa。一般来说，配备具有较高工作压力的注浆泵，其故障发生相对较少，施工效率也较高。

配置计量装置的目的是控制总的水泥用量满足设计要求，为了保证搅拌桩的均匀性，操作人员应根据进尺来调整水泥浆的泵送量。

5.2　施　工　准　备

5.2.1 本条涉及范围较广，为此作如下说明：

1　充分了解工程的目的和型钢水泥土搅拌桩墙的用途。

2　充分理解设计的要求、即水泥土搅拌桩的精度和质量标准等。

3　根据地质条件、工程的规模和工期决定机械设备类型、数量及人员配置。

4　选购材料、制定运输与贮存计划。

5　根据上述1～4条，结合施工条件、环境保护要求、安全、经济性等因素，制定切实可行的方案。

6　施工计划要随实际状况的变化作适当的调整，具有一定的灵活性。

5.2.2 进行现场调查时，预先整理好调查范围，进行对照确认。表2列举了现场调查项目的内容。

表2　现场调查项目的内容

调查项目	具体内容	调查确认的内容
一般事项	工程概要	工程名称、工程地点、发包方、设计监理方、施工方、工程规模
周边状况	通行道路	道路宽，交通范围、高度限制；
	运输出入口	宽、高、坡度可否旋转；
	近邻协议	协议内容（作业日，时间、振动、噪声限制）；
	周边环境	相邻地界，邻近设施，到作业场所的距离；
	地下水井	周边地下水的应用情况、水质
场地状况	场地	施工范围，机械设备的组装、解体场所，机械设备作业场所，材料堆场，材料运输通路，弃土堆场，地基承载力（必要时地基加固），平整度，降雨时的状况；
	地下障碍物及埋设物、地上障碍物	有无地下埋设水管和今后的管线规划，有无旧水井、防空洞、旧构筑物的残余，有无架空线；
	其他	有无树木等突出物
地质条件	地质柱状图、土性	地质钻孔位置，各种土层物理力学指标（无侧限抗压强度等、含水量、渗透系数等），颗粒分析，有无有机质土等特殊土；
	地下水	地下水位，水位的变化，有无承压水和承压水的水头大小，有无地下水流及状况
与相邻构筑物的关系	地上构筑物	离工程位置最近点的距离，结构与基础情况；
	地下构筑物	离工程位置最近点的距离，构筑物的深度和位置，构筑物材质状况；
	设备	有无对振动有敏感的精密仪器和设备

续表 2

调查项目	具体内容	调查确认的内容
关联事项	地下主体结构情况	施工目的,设计意图,和桩体位置的关系,基坑开挖程序
用水用电	用水用电	供水能力(水管直径、水量),有无动力用电源、功率
其他	施工困难之处	施工有困难的部位,开挖后易渗水的部位,施工管理达不到标准的部位,其他

5.2.5 定位型钢设置应牢固,搅拌桩位置和型钢插入位置标志要清晰。导向沟开挖和定位型钢设置见图9和表3。

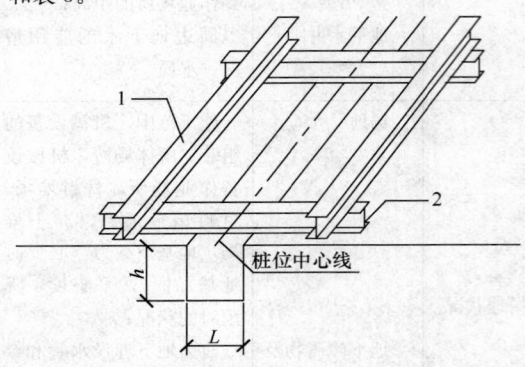

图 9 导向沟开挖和定位型钢设置参考
1—上定位型钢;2—下定位型钢

表 3 搅拌桩直径与各参数关系参考表

搅拌桩直径(mm)	h (m)	L (m)	上定位型钢		下定位型钢	
			规格	长度(m)	规格	长度(m)
650	1~1.5	1.0	H300×300	8~12	H200×200	2.5
850	1~1.5	1.2	H350×350	8~12	H200×200	2.5
1000	1~1.5	1.4	H400×400	8~12	H200×200	2.5

5.2.8 在正式施工前,按施工组织设计中的水泥浆液配合比与水泥土搅拌桩成墙工艺进行试成桩,是确定不同地质条件下适合的成桩工艺,确保工程质量的重要途径。通过试成桩确定实际成桩步骤、水泥浆液的水灰比、注浆泵工作流量、三轴搅拌机头下沉或提升速度及复搅速度,对地质条件复杂或重要工程是必需的。

5.2.9 H型钢定位装置详见图10。

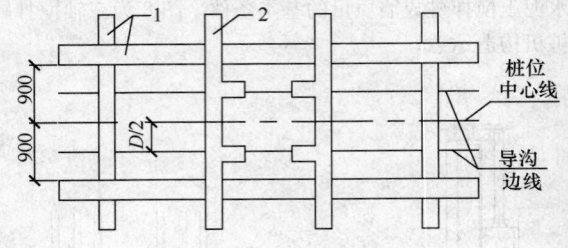

图 10 H 型钢定位装置参考
1—定位型钢;2—型钢定位卡

5.3 水泥土搅拌桩施工

5.3.1 桩架垂直度的控制主要是为了保证搅拌桩的垂直度。

5.3.2 对于相同性能的三轴搅拌机,降低下沉速度或提升速度能增加水泥土的搅拌次数并提高水泥土的强度,但延长了施工时间,降低了施工功效。在实际操作过程中,应根据不同的土性来确定搅拌下沉与提升速度。

5.3.3 三轴搅拌桩施工一般有跳打方式、单侧挤压方式和先行钻孔套打方式。

1 跳打方式

该方式适用于 N(标贯基数)值30以下的土层,是常用的施工顺序(图11)。先施工第一单元,然后施工第二单元,第三单元的 A 轴和 C 轴插入到第一单元的 C 轴及第二单元的 A 轴孔中,两端完全重叠。依此类推,施工完成水泥土搅拌桩。

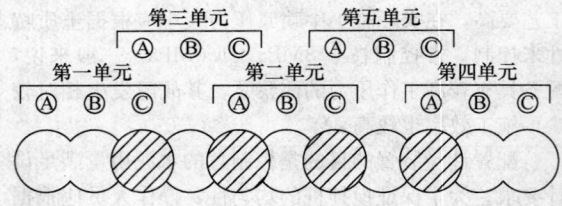

图 11 跳打方式施工顺序

2 单侧挤压方式

该方式适用于 N 值30以下的土层。受施工条件的限制,搅拌桩机无法来回行走或搅拌桩转角处常用这种施工顺序(图12),先施工第一单元,第二单元的 A 轴插入第一单元的 C 轴中,边孔重叠施工,依此类推,施工完成水泥土搅拌桩。

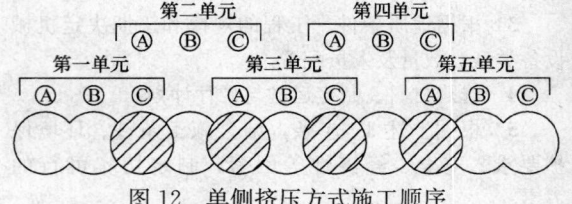

图 12 单侧挤压方式施工顺序

3 先行钻孔套打方式

适用于 N 值 30 以上的硬质土层，在水泥土搅拌桩施工时，用装备有大功率减速机的钻孔机，先行施工如图 13 所示的 a1、a2、a3 等孔，局部松散硬土层。然后用三轴搅拌机用跳打或单侧挤压方式施工完成水泥土搅拌桩。搅拌桩直径与先行钻孔直径关系参见表 4。先行钻孔施工松动土层时，可加入膨润土等外加剂加强孔壁稳定性。

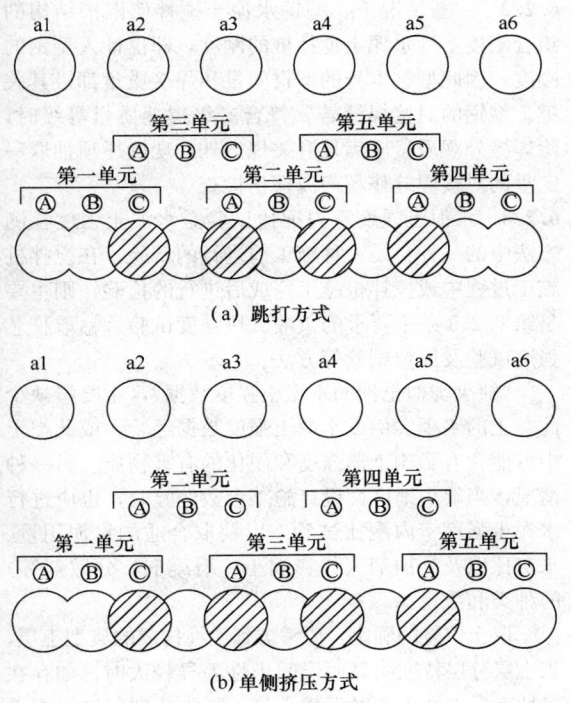

图 13　先行钻孔套打方式

表 4　搅拌桩直径与先行钻孔直径关系表（mm）

搅拌桩直径	650	850	1000
先行钻孔直径	400～650	500～850	700～1000

5.3.4 在实际工程中，水泥土搅拌桩的质量问题突出反映在搅拌不均匀，局部区域水泥含量太少、甚至没有，导致土方开挖后发生渗水。为了保证水泥土搅拌桩中水泥掺量的均匀性与水泥强度指标，施工时的注浆量与搅拌下沉（提升）速度必须匹配，以保证水泥掺量的均匀性。

5.3.5 在砂性较重的土层中施工搅拌桩，为避免底部堆积过厚的砂层，利于型钢插入，可在底部重复喷浆搅拌（图 14）。图中 T 按常规的下沉与提升速度确定。

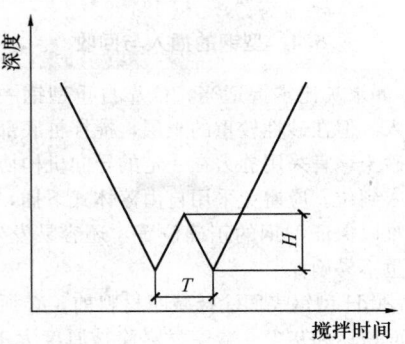

图 14　水泥土搅拌桩搅拌工艺

5.3.6 在水泥浆液的配制过程中可根据实际需要加入相对应的外加剂：

1　膨润土

加入膨润土能防止水泥浆液的离析。在易坍塌土层可防止孔壁坍塌，并能防止孔壁渗水，减小在硬土层的搅拌阻力。

2　增黏剂

加入了增黏剂的水泥浆液主要用于渗透性高及易坍塌的地层中。

3　缓凝剂

施工工期长或者芯材插入时需抑制初期强度的情况下使用缓凝剂。

4　分散剂

分散剂能分散水泥土中的微小粒子，在黏性土地基中能提高水泥浆液与土的搅拌性能，从而提高水泥土的成桩质量；钻孔阻力较大的地基，分散剂能使水泥土的流动性变大，能改善施工操作性。由此能降低废土量，利于 H 型钢插入，提高清洗粘附在搅拌钻杆上水泥土的能力。但是对于均等粒度的砂性或砂砾地层，水泥浆液或水泥土的黏性很低，要注意水泥浆液发生水分流失的情况。

5　早强剂

早强剂能提高水泥土早期强度，并且对后期强度无显著影响。其主要作用在于加速水泥水化速度，促进水泥土早期强度的发展。现市场上已有掺入早强剂的水泥。

5.3.10 当采用三轴水泥土搅拌桩进行土体加固时，加固有效范围往往位于基坑底附近区域，而搅拌桩施工从地面开始搅拌至加固范围的底部，导致加固范围以上的土体因搅拌也被扰动，因此宜对加固范围以上部分土体进行低掺量加固（掺量约为 8%～10%），这对控制基坑变形是有利的。

5.3.13 水泥土搅拌桩在黏性土层施工时，黏土易粘在搅拌头的叶片上，与叶片一起旋转，影响搅拌效果，俗称"糊钻"。对此可使用添加外加剂（如分散剂），增加钻头上刮刀数量，及经常清理钻头与螺旋叶片上黏土的方法处理。在螺旋叶片上开孔的主要目的是减少黏土的粘附面积，从而减小粘附力。

5.4 型钢的插入与回收

5.4.3 如水灰比掌握适当，依靠自重型钢一般都能顺利插入。但在砂性较重的土层，搅拌桩底部易堆积较厚的砂土，宜采用静力在一定的导向机构协助下将型钢插入到位。应避免采用自由落体式下插，这种方式不仅难以保证型钢的正确位置，还容易发生偏转，垂直度也不易确保。

5.4.4 在 H 型钢表面涂抹减摩材料前，必须清除 H 型钢表面铁锈和灰尘。减摩材料涂抹厚度大于 1mm，并涂抹均匀，以确保减摩材料层的粘结质量。

5.4.5 将型钢表面的腰梁限位或支撑抗滑构件、焊疤等清除干净是为了使型钢能顺利拔出。

5.5 环境保护

5.5.2 螺旋式和螺旋叶片式搅拌机头在施工过程中能通过螺旋效应排土，因此挤土量较小。与双轴水泥土搅拌桩和高压旋喷桩相比，三轴水泥土搅拌桩施工过程中的挤土效应相对较小，对周边环境的影响较小。

条文中推荐的参数是根据试成桩时的实测结果而提出的，一些环境保护要求高的工程宜通过试验来确定相应参数。

5.5.4 型钢回收过程中，不论采取何种方式来减少对周边环境的影响，影响还是存在的。因此，对周边环境保护要求特别高的工程，以不拔为宜。

6 质量检查与验收

6.1 一般规定

6.1.1 型钢水泥土搅拌墙质量检查与验收的三个阶段能全面控制和反映型钢水泥土搅拌墙的施工质量。三个阶段中，第一阶段为施工过程的质量控制，是确保整桩及搅拌墙质量的基础，应把好每道工序关，严格按操作规程及相应标准检查，随时纠正不符要求的操作。第二阶段为抽查，按本规程的相应要求实施，如有不符合要求的，应与设计配合，采取补救措施后，方能进行下阶段工作。第三阶段是开挖时的检查，主要是墙体渗漏、型钢偏位等，如严重或偏位过多，也应采取措施及时处置。

6.1.5 为与现行国家标准《建筑工程施工质量验收统一标准》GB 50300 衔接，型钢水泥土搅拌墙基坑支护工程可划分为型钢水泥土搅拌墙、土方开挖、钢或钢筋混凝土支撑系统三个分项工程。具体操作时把型钢水泥土搅拌墙、土方开挖、钢或钢筋混凝土支撑系统归入"有支护土方"子分部工程中参与验收。

6.2 检查与验收

6.2.2 水泥土搅拌桩在型钢水泥土搅拌墙围护结构

中起到止水、承受水土压力在型钢间产生的剪力的作用，同时水泥土还能有效地控制型钢的侧移和扭转，提高结构的整体稳定性，使型钢的强度能够充分发挥，因而水泥土必须具有一定的强度。而决定强度的主要因素是水泥掺量及水灰比，相对而言，水灰比的检查相对容易些（可以用比重计检查，一般为 1.5～2.0，当土质较干时，浆液相对密度可适当降低）。水泥掺量的检查除了整根桩的用量需满足设计要求外，尚应检查其均匀性。

6.2.3 一般情况下，型钢水泥土搅拌墙围护结构的组合刚度不计水泥土搅拌桩的刚度，即仅计入型钢的刚度，因此型钢本身的型材质量和焊接质量都极其关键。型钢的对接焊缝若要符合二级焊缝质量等级时，除焊缝外观质量应满足有关规定外，现场还须抽取一定量的对接焊缝作超声波探伤检查。

6.2.4 水泥土强度室内配比试验是水泥土强度检测方法中的一种，是一种施工前进行的试验。在搅拌桩施工过程中或搅拌桩施工完成后进行的检验，则主要是第 6.2.5 条中要求的浆液试块强度试验、钻取桩芯强度试验及原位试验等方法。

"缺少类似土性的水泥土强度数据"，主要指缺少此类土的工程实例或水泥土强度数据经验，或此类土中可能含有影响土体强度和硬化的有害物质。另一种情况，当缺少地区性设计施工参数经验时，也应进行水泥土强度室内配比试验，以获取合适的水泥用量、水灰比以及外加剂（如膨润土、缓凝剂、分散剂等）的种类和数量。

取土位置的确定，要考虑到土性构成的典型土层，当土层分层特征明显而层间土性差异较大时，如存在黏性土、砂性土、淤泥质土等，则应分别配置水泥土试样。进行水泥土强度室内配比试验时，应同时测试土的物理特性（湿重度、含水量、颗粒分析曲线等），还应进行土的力学特性（强度、压缩性等）试验。

衡量水泥土的强度特性，一般以水泥土 28d 无侧限抗压强度值为标准。由现场采取土样并根据实际施工中使用的水灰比、水泥掺量进行的室内配比试验，得出的强度值一般会偏高，这与其搅拌均匀程度、实际水泥用量（无泛浆量）、养护条件等因素有关。因此其强度试验值难以完全反映在地下经过现场搅拌成型的水泥土搅拌桩实际强度。

目前水泥土的室内物理、力学试验尚未形成统一的操作规程，一般是利用现有的土工试验仪器和砂浆、混凝土试验仪器，按照土工、砂浆（或混凝土）的试验操作规程进行试验。试样制备应采用原状土样（不应采用风干土样）。水泥土试块宜取边长为 70.7mm 的立方体。为便于与钻取桩芯强度试验等作对比，水泥土试块也可制成直径 100mm、高径比 1:1 的圆柱体。

6.2.5 型钢水泥土搅拌墙中的水泥土搅拌桩应进行

桩身强度检测。检测方法宜采用浆液试块强度试验，现场采取搅拌桩一定深度处的水泥土混合浆液，浆液应立即密封并进行水下养护，于28d龄期进行无侧限抗压强度试验。当进行浆液试块强度试验存在困难时，也可以在28d龄期时进行钻取桩芯强度试验，钻取的芯样应取自搅拌桩的不同深度，芯样应立即密封并及时进行无侧限抗压强度试验。

实际工程中，当能够建立原位试验结果与浆液试块强度试验或钻取桩芯强度试验结果的对应关系时，也可采用浆液试块强度试验或钻取桩芯强度试验结合原位试验方法综合检验桩身强度，此时部分浆液试块强度试验或钻取桩芯强度试验可用原位试验代替。

条文中确定搅拌桩取样数量时，每根桩或单桩系指三轴搅拌机经过一次成桩工艺形成的一幅三头搅拌桩，包括三个搭接的单头。

型钢水泥土搅拌墙作为基坑围护结构的一种形式，实际应用已经有10多年的历史，但国内对于三轴水泥土搅拌桩的强度及其检测方法的研究相对不足，认识上还存在相当的分歧。这主要表现在：

首先，目前工程中对搅拌桩强度的争议较大，各种规范的要求也不统一，而工程实践中通过钻取桩芯强度试验得到的搅拌桩强度值普遍较低，特别是比一般规范、手册中要求的数值要低。

其次，国内尚无专门的水泥土搅拌桩检测技术规范，虽然相关规范对搅拌桩的强度及检测都有一些相应的要求，但这些要求并不统一、不系统且不全面。

在搅拌桩的强度试验中，几种方法都存在不同程度的缺陷，浆液试块强度试验不能真实地反映桩身全断面在场地内一定深度土层中的养护条件；钻孔取芯对芯样有一定破坏，检测出的无侧限抗压强度值离散性较大，且数值偏低；原位试验目前还缺乏大量的对比数据来建立搅拌桩强度与试验值之间的关系。

另一方面，相比国外特别是日本，目前国内对水泥土搅拌桩的施工过程质量控制还比较薄弱，如为保证施工时墙体的垂直度，从而使墙体有较好的完整性，需校验钻机的纵横垂直度；带计重装置的每立方米注浆量是保证墙体完整性和施工质量的重要施工过程控制参数，需要在施工中加强检测；以上这些还未有效地建立起来。因此，为了保证水泥土搅拌桩的施工质量和工程安全，对其强度进行检测是必不可少的重要手段。

1 浆液试块强度试验

在搅拌桩施工过程中采取浆液进行浆液试块强度试验，是在搅拌桩刚搅拌完成、水泥土处于流动状态时，及时沿桩长范围进行取样，采用浸水养护一定龄期后，通过单轴无侧限抗压强度试验，获取试块的强度试验值。

浆液试块强度试验应采用专用的取浆装置获取搅拌桩一定深度处的浆液，严禁取用桩顶泛浆和搅拌头带出的浆液。取得的水泥土混合浆液应制备于专用的

封闭养护罐中浸水养护，浆液灌装前宜在养护罐内壁涂抹薄层黄油以便于将来脱模，养护温度宜保持与取样点的土层温度相近。养护罐的脱模尺寸及试验样块制备、养护龄期达到后进行无侧限抗压强度试验等，可参照第6.2.4条条文说明中水泥土强度室内配比试验的方法和要求进行。

浆液试块强度试验采取搅拌桩一定深度处尚未凝固的水泥土浆液，主要目的是为了克服钻孔取芯强度检测过程中不可避免的强度损失，使强度试验更具可操作性和合理性。目前在日本一般将取样器固定于型钢上，并将型钢插入刚刚搅拌完成的搅拌桩内获取浆液。

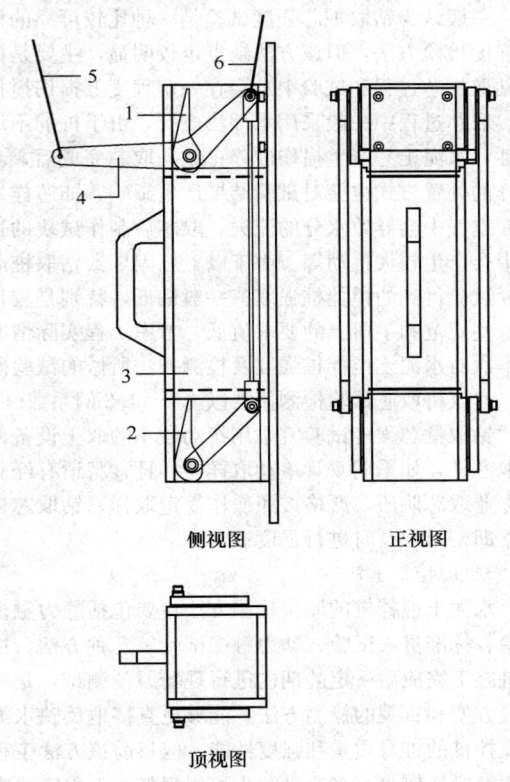

侧视图　　　　正视图

顶视图

图15　水泥土浆液取样装置示意
1—上盖板；2—下盖板；3—养护罐；4—控制摆杆；
5—牵引绳A；6—牵引绳B

图15是一种简易的水泥土浆液取样装置示意。原理很简单，取样装置附着于三轴搅拌桩机的搅拌头并送达取样点指定标高。送达过程由拉紧牵引绳B使得上下盖板打开，此时取样器处于敞开状态，保证水泥土浆液充分灌入，就位后由牵引绳A拉动控制摆杆关闭上下盖板，封闭取样罐，使浆液密封于取样罐中，取样装置随搅拌头提升至地面后可取出取样罐，得到浆液。整个过程操作也较方便。

浆液试块强度试验对施工中的搅拌桩没有损伤，成本较低，操作过程也较简便，且试块质量较好，试验结果离散性小。目前在日本普遍采用此方法（钻取桩芯强度试验方法一般很少用），作为搅拌桩强度检验和施工

质量控制的手段。随着各地型钢水泥土搅拌墙的广泛应用和浆液取样装置的完善普及，宜加以推广发展。

2　钻取桩芯强度试验

钻取桩芯强度试验为在搅拌桩达到一定龄期后，通过地质钻机，连续钻取全桩长范围内的桩芯，并对取样点芯样进行无侧限抗压强度试验。取样点应取沿桩长不同深度和不同土层处的 5 点，以反映桩深不同处的水泥土强度，在基坑坑底附近处设取样点。钻取桩芯宜采用直径不小于 $\phi110$ 的钻头，试块宜直接采用圆柱体，直径即为所取的桩芯芯样直径，宜采用 1：1 的高径比。

一般认为钻取桩芯强度试验是一种比较可靠的桩身强度检验方法，但该方法缺点也较明显，主要是由于钻取桩芯过程和试验中总会在一定程度上损伤搅拌桩；取芯过程中一般采用水冲法成孔，由于桩的不均匀性，水泥土易产生损伤破碎；钻孔取芯完成后，对芯样的处置方式也会对试验结果产生影响，如芯样暴露在空气中会导致水分的流失，取芯后制作试块的过程中会产生较大扰动等。由于以上原因导致钻取桩芯强度试验得到的搅拌桩强度值一般偏低，特别是较目前一些规范和手册上的要求值低，考虑工程实际情况和本次对水泥土搅拌桩强度及检测方法所做的试验研究，建议将取芯试验检测值乘以 1.2～1.3 的系数。

钻取桩芯强度试验宜采用扰动较小的取土设备来获取芯样，如采用双管单动取样器，且宜聘请有经验的专业取芯队伍，严格按照操作规定取样，钻取芯样应立即密封并及时进行强度试验。

3　原位试验

水泥土搅拌桩的原位检测方法主要包括静力触探试验、标准贯入试验、动力触探试验等几种方法。搅拌桩施工完成后一定龄期内进行现场原位测试，是一种较方便和直观的检测方法，能够更直接地反映水泥土搅拌桩的桩身质量和强度性能，但目前该方法工程应用经验还较少，需要进一步积累资料，工程实践中宜结合浆液试块或钻取桩芯强度试验综合检验水泥土搅拌桩强度。

静力触探试验轻便、快捷，能较好地检测水泥土桩身强度沿深度的变化，但静力触探试验最大的问题是当探头因遇到搅拌桩内的硬块时或因探杆刚度较小而易发生探杆倾斜。因此，确保探杆的垂直度很重要，建议试验时采用杆径较大的探杆，试验过程中也可采用测斜探头来控制探杆的垂直度。

标准贯入试验和动力触探试验在试验仪器、工作原理方面相似，都是以锤击数作为水泥土搅拌桩强度的评判标准。标准贯入试验除了能较好地检测水泥土桩身强度外，尚能取出搅拌桩芯样，直观地鉴别水泥土桩身的均匀性。

4　水泥土搅拌桩强度及检测方法试验研究

为配合本次规程的编制，编制组专门组织力量，

在上海、天津、武汉、宁波、苏州等地，共进行了 6 个场地的水泥土搅拌桩强度试验，每个场地均专门打设 5 根三轴水泥土搅拌桩，采取套接一孔施工工艺，不插型钢，深度一般在 15m～25m 之间，桩径为 $\phi850$ 或 $\phi1000$。在专门施工的三轴水泥土搅拌桩内分别进行了 7d、14d、28d 龄期条件下的钻取桩芯强度试验和多种现场原位试验（静力触探试验、标准贯入试验、重型动力触探试验等），部分试验在搅拌施工过程中采取浆液进行了浆液试块强度试验。以下从 3 个方面对本次试验结果进行介绍。

1）浆液试块强度试验

为配合本次规程编制，在上海解放大厦工程场地专门进行了浆液试块强度和钻取桩芯试块强度的对比试验，表 5 为取芯与取浆液单轴抗压强度对比。

表 5　水泥土取芯与取浆液单轴抗压强度对比

水泥土龄期 （d）	取浆液强度 平均值 （MPa）	取芯强度 平均值 （MPa）	取浆强度值/ 取芯强度值
7	0.19	0.12	1.6
14	0.34	0.21	1.6
28	0.54	0.41	1.3

通过试验可以得出以下结论：

从试验结果看，28d 取浆试块强度平均值为 0.54MPa，同时进行的 28d 取芯试块强度平均值为 0.41MPa，取浆强度值与取芯强度值二者的比值在 1.3 ～1.6 之间。可见，由于取芯过程中对芯样的损伤而使试验强度值偏低。考虑到上海地方标准《地基处理技术规范》与《基坑工程设计规程》的条文说明中允许对双轴搅拌桩的取芯强度试验值乘以补偿系数（约 1.1～1.4），综合分析，如考虑取芯过程中对芯样的损伤，同时又适当考虑安全储备，对取芯试块强度乘以系数 1.2～1.3 作为水泥土搅拌桩的强度是合适的。

取浆强度试验结果相对于取芯强度试验结果比较均匀、离散性小，更加接近于搅拌桩的实际强度。

由于取浆试块强度检测方法是通过专用设备获取搅拌桩施工后一定深度且尚未凝固的水泥土浆液，不会对搅拌桩桩身的强度和止水性能带来损伤，是值得推广的一种方法。

取浆试验现场操作方便，但取浆试验需要在浆液获取后进行养护，养护条件可能与搅拌桩现场条件存在一定差别，需要进一步规范和制定相应的标准。

2）钻取桩芯强度试验

在上海、天津、宁波、苏州、武汉等地共 6 个工程进行了现场取芯试验，其中武汉地区试验由于取芯过程中芯样破坏较为严重，芯样基本不成形，未纳入分析统计。表 6 为各地水泥土搅拌桩钻取桩芯试块单轴抗压强度一览表。

表 6　各地水泥土搅拌桩钻取桩芯
试块单轴抗压强度一览表

背景工程	钻芯试块抗压强度平均值（MPa）		
	7d	14d	28d
上海市半淞园路电力电缆隧道工程	0.13	—	0.44
上海市解放日报大厦工程	0.12	0.21	0.41
苏州轨道交通 1 号线钟南街站	0.17	0.41	0.78
天津高银 Metropolitan 中央商务区	0.48	4.33	6.40
宁波市福庆路—宁穿路城市道路工程	0.06	—	0.49

通过对上述地区进行搅拌桩取芯强度试验可以得出以下结论：

取芯强度试验是搅拌桩强度检测的常规方法，但由于取芯强度试验周期长，取芯过程中试样扰动较大，并且水泥土搅拌凝固后变得松脆等因素影响，导致取样和试块制作的困难增大，取芯试验强度损失较大，试验结果一般偏小。

由表 6 可见，各地水泥土搅拌桩 28d 取芯强度值为 0.41MPa～6.40MPa，试验结果离散性较大，但一般强度值都在 0.40MPa 以上。如果考虑试验误差，去掉试验值最高的天津高银中央商务区工程试验结果和最低的上海市解放日报大厦工程试验结果，28d 强度平均值为 0.57MPa。搅拌桩强度较目前一般规范和手册上要求的强度值要低。考虑到日本搅拌桩 28d 强度控制值采用 0.50MPa，将目前普遍要求的 28d 无侧限抗压强度值适当降低是合适的。

以上 5 个不同地区工程水泥土搅拌桩 28d 取芯强度值都在 0.40MPa 以上，考虑取芯过程中对芯样的损伤，结合上述对取浆与取芯强度试验的对比，对取芯试块强度值乘以系数 1.2～1.3（平均 1.25）作为水泥土搅拌桩的强度，则工程实际中，对搅拌桩 28d 龄期的无侧限抗压强度取值可定为不小于 0.50MPa。

通过试验发现，水泥土强度不但与龄期有关，还与土层性质有关，在同等条件下，粉质黏土搅拌的水泥土试块强度较粉土、粉砂搅拌的水泥土试块强度低。搅拌桩套打区域与非套打区域的强度未检测到有明显差异。

3）现场原位试验

表 7、表 8、表 9 分别为在上海、天津、宁波、苏州、武汉等地工程进行的静力触探、标准贯入和重型触探三种现场原位试验结果的统计表。

表 7　各地水泥土桩静力触探比贯入
阻力 P_s 平均值一览表

背景工程	静力触探比贯入阻力 P_s 平均值（MPa）		
	7d	14d	28d
上海市半淞园路电力电缆隧道工程	1.60	—	4.25
上海市解放日报大厦工程	2.00	3.00	3.90
苏州轨道交通 1 号线钟南街站	2.68	4.78	—
武汉葛洲坝国际广场工程	2.84		

表 8　各地水泥土桩标准贯入击数平均值一览表

背景工程	标准贯入击数平均值（击）		
	7d	14d	28d
上海市半淞园路电力电缆隧道工程	7.9		12.7
上海市解放日报大厦工程	5.7	10.4	13.4
苏州轨道交通 1 号线钟南街站	18.7	26.2	
武汉葛洲坝国际广场工程	11.5		18.0
宁波市福庆路—宁穿路城市道路工程	14.5		16.2

表 9　各地水泥土桩重型动力触探击数平均值一览表

背景工程	重型动力触探击数平均值（击）		
	7d	14d	28d
上海市半淞园路电力电缆隧道工程	6.0		10.0
苏州轨道交通 1 号线钟南街站	9.4	11.9	
武汉葛洲坝国际广场工程	6.6		9.5
宁波市福庆路—宁穿路城市道路工程	5.3		7.8

对搅拌桩进行的现场原位试验结果总结如下：

静力触探试验轻便、快捷，能较直观地反映水泥土搅拌桩桩体的成桩质量和强度特性。标准贯入试验和重型动力触探试验在试验仪器、工作原理方面相似，都是以锤击数作为水泥土搅拌桩强度的评判标准。静力触探、标准贯入和重型动力触探三种原位试验都能比较直观地反应搅拌桩的成桩质量和强度特性。

从试验过程和试验结果看，在上海等软土地区可以进行水泥土搅拌桩 7d、14d 和 28d 龄期的静力触探试验、标准贯入试验和重型动力触探试验。相对来说，标准贯入试验和重型动力触探试验人为因素影响较多一些，误差相对较大，试验精度稍差一些。

基于在上海、天津、苏州、武汉、宁波等地进行的静力触探试验、标准贯入试验和重型动力触探试验发现，随着搅拌桩龄期的增加，静力触探比贯入阻力、标准贯入试验和重型动力触探试验的锤击数都相应增加，规律性较好，这三种方法都可以作为搅拌桩强度检测的辅助方法。

目前静力触探、标准贯入和重型动力触探三种原位试验工程应用经验还较少，尚未建立原位试验结果与搅拌桩强度值之间的对应关系，需要进一步积累资料。

5 搅拌桩强度与渗透系数

型钢水泥土搅拌墙中的水泥土搅拌桩不仅仅起到截水作用，同时还作为受力构件，只是在设计计算中，未考虑其刚度作用。因此，对水泥土搅拌桩的强度指标和渗透系数都需确保满足要求。

根据型钢水泥土搅拌墙的实际工程经验和室内试验结果，当水泥土搅拌桩的强度能得到保证，渗透系数一般在 10^{-7} cm/s 量级，基本上处于不透水的情况。目前型钢水泥土搅拌墙工程和水泥土搅拌桩单作隔水的工程中出现的一些漏水情况，往往是由于基坑变形产生裂缝或水泥土搅拌桩搭接不好引起的。同时，通过室内渗透试验测得的渗透系数一般与实际桩体的渗透系数相差较大。因此，本条重点强调工程中应检测水泥土搅拌桩的桩身强度，如水泥土搅拌桩单独用作与其他支护结构结合的截水帷幕、水利工程中永久性截水帷幕隔水，也可根据设计要求和工程重要性单独进行渗透试验。

6.2.6、6.2.7 表 6.2.6 和表 6.2.7 中关于标高规定的允许偏差中"一"表示在设计标高以下，即"一50mm"表示比设计标高低 50mm，相反"+50mm"表示在设计标高以上 50mm。

6.2.8 该条是指对整个工程的质量进行验收。在执行时，建议抽查验收的桩号与桩体强度抽查时的桩号一致。

中华人民共和国行业标准

建筑工程水泥-水玻璃双液注浆技术规程

Technical specification for cement-silicate grouting
in building engineering

JGJ/T 211—2010

批准部门：中华人民共和国住房和城乡建设部
施行日期：2 0 1 0 年 9 月 1 日

中华人民共和国住房和城乡建设部
公 告

第 541 号

关于发布行业标准《建筑工程水泥-水玻璃双液注浆技术规程》的公告

现批准《建筑工程水泥-水玻璃双液注浆技术规程》为行业标准，编号为 JGJ/T 211 - 2010，自 2010 年 9 月 1 日起实施。

本规程由我部标准定额研究所组织中国建筑工业出版社出版发行。

中华人民共和国住房和城乡建设部

2010 年 4 月 14 日

前　言

根据住房和城乡建设部《关于印发〈2008 年工程建设标准规范制订、修订计划（第一批）〉的通知》（建标［2008］102 号）的要求，规程编制组经广泛调查研究，认真总结实践经验，参考有关国际标准和国外先进标准，并在广泛征求意见的基础上，制定本规程。

本规程的主要技术内容是：1. 总则；2. 术语和符号；3. 基本规定；4. 原材料；5. 浆液的制备；6. 施工机具；7. 软弱地层注浆加固；8. 注浆堵水防渗；9. 竣工资料和工程验收；附录 A. 水泥-水玻璃双液注浆施工及验收表。

本规程由住房和城乡建设部负责管理，由湖南省建筑工程集团总公司和湖南省第六工程有限公司负责具体技术内容的解释。执行过程中如有意见或建议，请寄送湖南省建筑工程集团总公司（地址：湖南省长沙市芙蓉南路 1 段 788 号，邮政编码：410004）。

本规程主编单位： 湖南省建筑工程集团总公司
湖南省第六工程有限公司

本规程参编单位： 中南大学
煤炭科学研究总院建井研究分院
湖南省先进建材与结构工程技术研究中心
湖南省建筑施工技术研究所
湖南省第三工程有限公司
湖南省第四工程有限公司
湖南省第五工程有限公司
湖南省城建职业技术学院
湖南宏禹水利水电岩土工程有限公司
湖南核工业岩土工程勘察设计研究院
湖南省电力勘测设计院

本规程主要起草人员： 周海兵　刘运武　陈　浩
黄友汉　张可能　赵　波
熊君放　牛建东　孙　林
高岗荣　黄海军　贺茉莉
莫志柏　周玉明　方东升
郭秋菊　朱　林　戴习东
彭琳娜　罗银燕　肖　燎

本规程主要审查人员： 刘宝琛　邝健政　杨春来
陈火炎　韩忠存　黄树勋
田乃和　王贻苏　吴　平
杨承愻　余志武　朱祖熹

目　次

Contents

1 总　则

1.0.1 为规范建筑工程水泥-水玻璃双液注浆技术要求，做到技术先进、经济合理、安全适用、确保工程质量，制定本规程。

1.0.2 本规程适用于以水泥-水玻璃（C-S）为注浆浆液，实施软弱地层加固、注浆堵水防渗等建筑工程双液注浆的设计、施工和验收。

1.0.3 建筑工程水泥-水玻璃双液注浆设计、施工、验收等，除应符合本规程外，尚应符合国家现行有关标准的规定。

2　术语和符号

2.1　术　语

2.1.1 注浆　grouting

将配制好的浆液，经专用压送设备将其注入地层，在压力作用下对地层进行充填、渗透、挤密或劈裂，浆液经胶凝或固化后，达到加固地层和防渗堵漏等目的的一种施工工艺。

2.1.2 水泥-水玻璃双液注浆　cement-silicate grout

以水泥、水玻璃为主剂（必要时加入添加剂），将两者按一定比例分别泵送混合后注入地层的注浆过程。

2.1.3 浆液密度　grouts density

单位体积浆液中注浆材料的质量与体积的比值。

2.1.4 浆液浓度　grouts concentration

溶质质量与浆液质量的比值。水泥浆采用水灰比（W/C）表示，水玻璃浓度采用波美度（°Bé）表示。

2.1.5 凝胶时间　setting time

浆液从全部成分混合时起至不能流动为止所需要的时间。

2.1.6 固结体强度　strength of consolidation body

浆液在试验室条件下配制的样品，经标准强度试验测得的强度值。强度试验包括单轴抗压强度、抗折（或抗剪）强度和抗拉强度试验。

2.1.7 软弱地层　soft soil stratum or weak stratum

岩土力学指标、渗透性等达不到设计和施工的要求，需进行加固的地层。

2.1.8 渗透注浆　permeation grouting

在压力作用下，浆液通过渗透填充土的孔隙和岩石的裂隙，排挤出孔隙和裂隙中的水和气体，而基本上不改变土和岩石的结构和体积的一种注浆方式。

2.1.9 劈裂注浆　splitting grouting

在压力作用下，浆液克服地层的初始应力和抗拉强度，引起岩石和土体结构的破坏和扰动，使其沿垂直于小主应力的平面劈裂，或使地层中原有的裂隙或孔隙胀开，并使浆液充填裂隙或孔隙的一种注浆方式。

2.2　符　号

C_c——土的压缩指数；

d——注浆管直径；

d_g——土颗粒相对密度（比重）；

e——土体的孔隙比；

e_0——初始孔隙比；

e_1——注浆后的孔隙比；

f——加压系数；

h——地面至注浆段的深度；

H——地基覆盖层厚度；

k——渗透系数；

l——注浆管长；

L——须加固段长度；

p_0——压缩临塑荷载；

p_e——容许注浆压力；

p_1——地下水压力；

R——浆液扩散半径；

v——浆液流速；

w_0——天然含水量；

w_P——土的塑限含水量；

α——有效注浆系数；

β——损失系数；

γ——土的重度；

γ_1——浆液重度；

η——不完全充填系数；

λ——沿程阻力系数；

λ_1——与地层性质有关的系数；

σ_t——土的抗拉强度。

3　基　本　规　定

3.0.1 水泥-水玻璃双液注浆前，应分析工程场地的岩土工程勘察、上部结构和基础设计及施工等资料，调查邻近建（构）筑物基础、地下工程和管线分布等施工场地的环境情况，并宜取得结构或基础隐患的评价分析报告。

3.0.2 对岩土的分类应符合现行国家标准《岩土工程勘察规范》GB 50021 和《土的工程分类标准》GB 50145 的规定。采用水泥-水玻璃双液注浆设计和施工时，应取得岩土层的颗粒级配、含水量、密度、孔隙比、渗透性、强度、压缩性、承载力等指标。当无试验或经验指标时，土的孔隙比和渗透系数可按表3.0.2取值。

表 3.0.2　土的孔隙比和渗透系数

土　类	天然含水量 w_0（%）	孔隙比 e	渗透系数 k（mm/s）
填土	—	0.7～1.0	—

土类	天然含水量 w_0（%）	孔隙比 e	渗透系数 k（mm/s）
淤泥	—	>1.5	—
淤泥质土	—	1.0～1.5	—
黏土	26～29	0.7～0.8	<$1.2×10^{-5}$
	30～34	0.8～0.9	
	34～40	0.9～1.0	
粉质黏土	19～22	0.5～0.6	$1.2×10^{-5}$～$5.0×10^{-4}$
	23～25	0.6～0.7	
	26～29	0.7～0.8	
	30～34	0.8～0.9	
	34～40	0.9～1.0	
粉土	15～18	0.4～0.5	$5.0×10^{-4}$～$5.0×10^{-3}$
	19～22	0.5～0.6	
	23～25	0.6～0.7	
粉砂	15～18	0.5～0.6	$5.0×10^{-3}$～$1.2×10^{-2}$
	19～22	0.6～0.7	
	23～25	0.7～0.8	
细砂	15～18	0.4～0.5	$1.2×10^{-2}$～$5.0×10^{-2}$
	19～22	0.5～0.6	
	23～25	0.6～0.7	
中砂	15～18	0.4～0.5	$5.0×10^{-2}$～$2.4×10^{-1}$
	19～22	0.5～0.6	
	23～25	0.6～0.7	
粗砂	15～18	0.4～0.5	$2.4×10^{-1}$～0.6
	19～22	0.5～0.6	
	23～25	0.6～0.7	
砾砂	—	0.4～1.0	0.6～1.8
卵石	—	0.35～0.91	>$1.3×10^{-1}$

3.0.3 水泥-水玻璃双液注浆施工前，应通过试验性施工确定钻孔工艺、浆液配合比、注浆方法和工艺，并应符合下列规定：

1 水泥-水玻璃双液注浆试验孔的布置应选取具有代表性的地段。当地质条件复杂时，对不同水文地质和工程地质特征的地段，均宜设置试验孔。

2 注浆试验孔深度应大于设计孔深 1.0m，全孔取芯，并应详细记录地层分层情况和地层特性。

3 试验时，双液注浆应采用孔口封闭、自下而上的上行式孔内阻塞注浆；当注浆地层深度较深、地质条件复杂时，可采取自上而下的下行式注浆。注浆时，应由低压、较大注入量开始，至终压、较小注入量结束，且注浆终压应不小于设计压力。

4 当在软弱地层进行水泥-水玻璃双液注浆加固试验时，宜采用标准贯入进行检验。当在土层中进行堵水防渗注浆试验时，宜采用钻孔取芯结合注水试验进行检验；当在岩层中进行堵水防渗注浆试验时，宜采用钻孔取芯结合压水试验进行检验。

5 应及时整理、分析试验资料，优化工艺参数，确定不同水文地质特征地段的注浆材料、配合比、施工工艺等。

3.0.4 在炎热季节进行水泥-水玻璃双液注浆施工时，应采取防晒和降温措施；在寒冷季节进行水泥-水玻璃双液注浆施工时，机房和注浆管路应采取防冻措施。

4 原 材 料

4.0.1 水泥-水玻璃浆液应采用普通硅酸盐水泥配制。普通硅酸盐水泥的性能应符合现行国家标准《通用硅酸盐水泥》GB 175 的规定。

4.0.2 配制水泥-水玻璃浆液所采用的水玻璃模数应在 2.4～3.2 之间，其浓度不应小于 40°Bé。

4.0.3 配制水泥-水玻璃浆液所采用的拌合用水应符合现行行业标准《混凝土用水标准》JGJ 63 的有关规定。

4.0.4 配制水泥-水玻璃浆液时，可根据工程的实际需要，掺加粉煤灰、膨润土、矿渣微粉等掺合料及其他添加剂。

5 浆液的制备

5.0.1 水泥-水玻璃双液注浆材料应按浆液配比进行计量，且水泥等固相材料宜采用质量（重量）称量法进行计量，允许偏差应为±5%；水和添加剂可按体积进行计量，允许偏差应为±1%。

5.0.2 水泥浆应搅拌均匀，且搅拌时间不应小于 3min，并应测量水泥浆液密度。

5.0.3 集中制备水泥浆时，宜制备水灰比为 0.5 的水泥浆，且输送水泥浆的管道流速宜为 1.4m/s～2.0m/s。注浆前，应根据水泥-水玻璃双液注浆浆液设计配比对集中制备的水泥浆的水灰比进行调配。

5.0.4 水玻璃宜在使用前加水稀释到 20°Bé～35°Bé 备用，并应确保搅拌均匀。

5.0.5 水泥-水玻璃双液注浆浆液在使用前应过滤。浆液自制备至用完的时间不应超过其初凝时间，且不宜大于 2h。

5.0.6 水泥-水玻璃双液注浆浆液应保持在 5℃～40℃之间；用热水搅拌制备水泥-水玻璃双液注浆浆液时，拌合水的温度不得超过 40℃。

6 施 工 机 具

6.0.1 水泥-水玻璃双液注浆应根据注浆的方法和目的,选用地质钻机和其他成孔设备。

6.0.2 水泥-水玻璃双液注浆用制浆设备应根据所搅拌浆液的类型、注浆泵的排量确定,并应满足连续、均匀拌制的要求。制浆设备可选用搅拌机。

6.0.3 水泥-水玻璃双液注浆宜采用专用双液注浆泵,并应符合下列规定:

1 注浆泵的技术性能应与所注浆液的类型、浓度相适应;

2 注浆泵的额定工作压力应大于 1.5 倍的设计最大注浆压力;

3 注浆泵的排浆量应满足最大注入率和双液浆配比调整的要求。

6.0.4 水泥-水玻璃双液注浆管路应使浆液流动畅通,并应能承受至少 2 倍的设计注浆压力。注浆管可采用钻杆、花管、双重管等不同形式和规格的管材。

6.0.5 注浆泵出口和注浆孔口处均应安装压力表,且其使用压力应在压力表最大标称值的 1/4~3/4 之间。压力表与管路之间应设置隔浆装置。

6.0.6 水泥-水玻璃双液注浆用止浆塞应与所采用的注浆方式、方法、注浆压力及地质条件相适应,应有良好的膨胀和耐压性能,在最大注浆压力下应能可靠地封闭注浆孔段,并易于安装和卸除。

6.0.7 水泥-水玻璃双液注浆用混合器可设置在孔底或孔口。

7 软弱地层注浆加固

7.1 一 般 规 定

7.1.1 对软弱地层进行水泥-水玻璃双液注浆加固前,应进行水泥-水玻璃双液注浆加固方案的可行性论证。

7.1.2 水泥-水玻璃双液注浆方案确定后,应结合工程情况进行试验性施工,并根据试验结果调整水泥-水玻璃双液注浆设计参数和施工工艺。

7.2 设 计

7.2.1 软弱地层水泥-水玻璃双液注浆加固设计应根据软弱地层加固的目的和邻近建(构)筑物的状况确定强度和变形要求,并确定水泥-水玻璃双液注浆加固深度及范围。

7.2.2 软弱地层水泥-水玻璃双液注浆加固时,注浆孔的布置应符合下列规定:

1 应采用梅花形布置,注浆孔间距宜为浆液扩散半径的 0.8 倍~1.7 倍,排间距宜为孔距的 0.8 倍~

1.0 倍;

2 注浆孔深度应穿透软弱地层,并进入下一土层 0.5m~1.0m,或注浆加固深度应满足地基承载力和变形的要求。

7.2.3 软弱地层水泥-水玻璃双液注浆加固的注浆压力应根据注浆试验确定。

7.2.4 渗透注浆初步设计时,在无当地工程经验情况下,容许注浆压力可按下式计算:

$$p_e = p_1 + 1.015\lambda\gamma_1\frac{lv^2}{2d} + C \qquad (7.2.4)$$

式中:p_e ——容许注浆压力,MPa;

p_1 ——地下水压力,根据地下水位确定,MPa;

λ ——沿程阻力系数;

γ_1 ——浆液重度,kN/m³;

l ——注浆管长,m;

v ——浆液流速,m/s;

d ——注浆管直径,m;

C ——常数,可取 0.3MPa~0.5MPa。

7.2.5 劈裂注浆初步设计时,在无当地工程经验情况下,最小注浆压力可按下式计算:

$$p_{min} = \frac{\gamma h}{1000} + \sigma_t \qquad (7.2.5)$$

式中:p_{min} ——最小注浆压力,MPa;

h ——地面至注浆段的深度,m;

γ ——注浆地基的天然重度,kN/m³;

σ_t ——土的抗拉强度,可取 0.005MPa~0.040MPa。

7.2.6 软弱地层水泥-水玻璃双液注浆加固的注浆量应根据注浆类型、土的孔隙率和裂隙率及浆液充填程度,由试验确定。

7.2.7 渗透注浆初步设计时,在无当地工程经验情况下,注浆量可按下式计算:

$$Q = \frac{e}{1+e}\pi R^2 h\alpha(1+\beta) \qquad (7.2.7)$$

式中:Q ——注浆量,m³;

e ——土体孔隙比,可按本规程表 3.0.2 规定取值;

R ——浆液扩散半径,m;

h ——注浆段的长度,m;

α ——有效注浆系数,可按表 7.2.7 规定取值;

β ——损失系数,可取 0.3~0.5。

表 7.2.7 有效注浆系数 α

土的类型	浆液黏度		
	<2MPa·s	2MPa·s~4MPa·s	>4MPa·s
粗砂	1.0	1.0	0.9
中砂	1.0	0.9	0.8

7.2.8 劈裂注浆初步设计时,在无当地工程经验情况下,注浆量可按下列方法计算:

1 按照土的含水量确定注浆量

$$Q = V \frac{d_g}{1 + e_0} (w_0 - w_p) \cdot f \quad (7.2.8\text{-}1)$$

式中：Q——注浆量，m^3；

V——土体体积，m^3；

d_g——土颗粒相对密度；

e_0——初始孔隙比；

w_0——土的天然含水量；

w_p——土的塑限含水量；

f——加压系数，可采用 1.05～1.20。

2 按照土被压缩的难易程度为依据确定注浆量

$$Q = V \frac{C_c}{1 + e_1} f \lg \frac{p_0 + \Delta p}{p_0} \quad (7.2.8\text{-}2)$$

式中：Q——注浆量，m^3；

V——土体体积，m^3；

C_c——土的压缩指数；

p_0——压缩临塑荷载，MPa，

$$p_0 = \frac{\pi(c \cdot \cot\varphi + \gamma d)}{\cot\varphi - \frac{\pi}{2} + \varphi} + \gamma h;$$

$p_0 + \Delta p$——注浆压力，MPa；

e_1——注浆后的孔隙比；

f——加压系数，可根据现场情况，取 1.05～1.20；

φ——土体的摩擦角，°；

γ——土体重度，kN/m^3；

c——土体内聚力，MPa；

h——地面至注浆段的深度，m。

3 采用经验法

$$Q = C_1 V \quad (7.2.8\text{-}3)$$

式中：Q——注浆量，m^3；

C_1——经验系数，可取 0.1～0.3，应根据土体的加固要求确定，需要加固强度较高时取较大值；

V——土体体积，m^3。

7.2.9 软弱地层水泥-水玻璃双液注浆加固的注浆量初步设计值应综合考虑地层特性，取渗透注浆量和劈裂注浆量计算值中的较大值。

7.2.10 软弱地层水泥-水玻璃双液注浆加固时，注浆泵排量应控制在 10L/min～60L/min。

7.2.11 既有建筑物地基补强注浆孔的位置、孔距、排距和深度应根据现场注浆试验确定，并应在注浆的过程中实行动态施工，施工过程中应做好监测。

7.2.12 对于桩基的桩底和桩侧土采用水泥-水玻璃双液注浆加固时，应符合下列规定：

1 对于断桩，应沿桩侧布置注浆孔，采用双液浆封闭桩侧软弱土层；

2 对于桩端地层承载力或沉降不能满足设计要求的基桩，桩底以下地基的加固深度不宜小于桩径的

5 倍，且当桩径小于等于 0.8m 时，不宜小于 3m；当桩径大于 0.8m，不宜小于 5m；

3 对于摩擦桩承载力特征值或沉降不能满足设计要求的基桩，桩侧注浆范围应为距地面 3.0m～4.0m 至桩底以下 0.5m。

7.2.13 当采用水泥-水玻璃双液注浆作为地下室外墙渗水处理、结构补强前的辅助处理措施时，应符合下列规定：

1 注浆孔孔距应为 0.8m～1.0m；

2 处理范围应自地下室外墙至墙体外 0.5m～1.5m，深度控制到地下室底板下 0.2m～0.5m。

7.3 施 工

7.3.1 水泥-水玻璃双液注浆加固软弱地层时，注浆钻孔应符合下列规定：

1 可采用回转钻进、冲击钻进、冲击回转钻进和振动、射水钻进等钻孔方法；

2 钻孔孔位与设计孔位允许偏差应为±50mm；钻孔允许偏斜率应为 1‰；钻孔孔径应大于注浆管外径 60mm 以上；钻孔的有效深度宜超过设计钻孔深度 0.3m；

3 应选取部分注浆孔作为先导孔，且先导孔数量宜为总孔数的 3%～5%，先导孔宜采取芯样，并核对地层岩土特性；若地层岩土特性有变化时，应补充土工试验和原位测试来确定岩土参数；

4 钻进时应详细记录孔位、孔深、地层变化和漏浆、掉钻等特殊情况及其处理措施。

7.3.2 软弱地层水泥-水玻璃双液注浆可采用预埋注浆管方式注浆和直接采用钻杆注浆。采用预埋注浆管方式时，注浆钻孔完成后，应及时埋设塑料管、金属管等注浆管。

7.3.3 水泥浆与水玻璃的混合位置（混合器位置）应根据浆液的初凝时间确定。初凝时间大于 2min 时，宜在孔口混合；初凝时间小于 2min 时，应在孔内或孔底混合。

7.3.4 水泥-水玻璃浆液的配制应符合下列规定：

1 应根据设计浆液配比，单独配制纯水泥浆液和适当浓度的水玻璃；

2 水泥浆水灰比可取 1.5:1～0.5:1，水泥浆液和水玻璃液体积比宜为 1:0.1～1:1。需要添加粉煤灰时，宜先配制水泥粉煤灰浆液或水玻璃粉煤灰浆液。

7.3.5 软弱地层水泥-水玻璃双液注浆时，应根据注浆压力变化及浆液扩散情况调整水灰比、水玻璃浓度、纯水泥浆与水玻璃体积比。

7.3.6 软弱地层水泥-水玻璃双液注浆止浆方式应根据注浆工艺要求确定；浅孔注浆时宜选择孔口封闭法，深孔注浆时宜选择孔内封闭法。

7.3.7 软弱地层水泥-水玻璃双液注浆应根据不同的

地质条件和工程要求，选用全孔一次注浆法、自上而下的下行式注浆法、自下而上的上行式注浆法等。

7.3.8 软弱地层水泥-水玻璃双液注浆应连续进行，因故中断时，间断时间应小于浆液的初凝时间。

7.3.9 定量注浆时，每段注浆量达到设计注浆量后方可结束注浆。当采用以注浆压力为控制指标时，注浆压力达到设计压力后，可结束注浆。当注浆后经检测达不到设计要求时，应调整设计注浆量，并及时补浆。

7.4 质量检验

7.4.1 软弱地层水泥-水玻璃双液注浆加固宜根据设计要求采用静载试验、标贯试验，或采用静力触探法、动力触探法等方法进行检验，并应结合实际效果综合评价加固效果。

7.4.2 检验点应布置在下列部位：

1 有代表性的孔位；

2 施工中出现异常情况的部位；

3 地基情况复杂，可能对注浆质量产生影响的部位。

7.4.3 检验点的数量应满足软弱地层水泥-水玻璃双液注浆加固设计要求。当设计无具体要求时，检验点的数量宜为施工孔数的 1％，且不宜少于 3 点。

7.4.4 质量检验应在注浆固结体强度达 75％或注浆结束 7d 后进行。

7.4.5 软弱地层水泥-水玻璃双液注浆质量检查结果满足设计要求的承载力和注浆固结体强度的 90％以上，注浆质量可认为合格。

8 注浆堵水防渗

8.1 一般规定

8.1.1 水泥-水玻璃双液注浆堵水防渗设计前应进行技术可行性论证。

8.1.2 水泥-水玻璃双液注浆堵水防渗注浆过程中应对受注地层连续监测，并应观测地面或邻近的建（构）筑物的变形情况，并应严格控制变形值，且其值不得超过设计规定。

8.1.3 一般工程水泥-水玻璃双液注浆堵水防渗应进行试验性施工，重要工程水泥-水玻璃双液注浆堵水防渗应进行专门的注浆试验。

8.2 设 计

8.2.1 水泥-水玻璃双液注浆堵水防渗应根据地层的分布、厚度、透水性等工程部位的地质条件，明确注浆目的和工程要求并确定注浆的部位和结构形式、技术参数、设计要求等。

8.2.2 堵水防渗设置帷幕时，应设置先导孔。先导孔应在先注排或主排注浆孔中布置，也可在一序孔中选取。

8.2.3 水泥-水玻璃双液注浆堵水防渗设计应符合下列规定：

1 在粗砂层或砾砂层中注浆堵水防渗时，必须根据工程设计要求确定防渗标准。

2 浆液的扩散半径应考虑地层的渗透性，并应通过注浆试验确定。对于卵石层，扩散半径可取 1.0m～3.0m；对于砂层，扩散半径可取 0.5m～1.0m。

3 应根据工程施工状况选择注浆孔的布置方式、孔距和排距。渗透注浆时，根据被注土体的深度及要求达到的标准，孔距宜为 1.0m～2.5m；劈裂注浆时，孔距宜为 1.5m～3.0m。

4 注浆压力宜通过现场试验确定。对于松散地层，注浆压力宜为 0.3MPa～1.0MPa；对于淤泥质土和粉质黏土，注浆压力宜为 0.2MPa～1.5MPa；对于中细砂层，注浆压力宜为 0.6MPa～3.0MPa。

5 水泥浆与水玻璃浆液的体积比应根据室内试验确定，可取为 1：0.1～1：1。

6 水泥-水玻璃双液注浆宜在相对静水条件下进行。在应急处理、特殊条件下或动水条件下施工时，应采取适当减小水泥浆与水玻璃浆液体积比等防止浆液在动水条件下流失的措施；必要时，应进行注浆试验确定注浆工艺、施工参数及浆液配合比。

8.3 施 工

8.3.1 用于堵水防渗的双液注浆钻孔应符合下列规定：

1 松散地层的注浆孔宜采用冲击式或回转钻机钻进，也可采用跟管钻进或直接插管。当采用泥浆护壁钻进时，应对注浆段进行冲洗。

2 孔位允许偏差应为 100mm，孔深应符合设计规定，并应做好施工记录。

3 注浆孔直径不应小于 45mm。

4 垂直孔或顶角小于 5°的注浆孔，孔底的允许偏差应符合表 8.3.1 的规定。钻孔偏差值超过设计规定时，应及时纠偏并采取补救措施。

表 8.3.1 注浆孔孔底允许偏差（m）

孔 深		<20	20～30	30～40	40～50	>50
允许偏差	单排孔	0.25	0.45	0.5	0.6	0.8
	二或三排孔	0.25	0.50	0.55	0.7	1.0

注：注浆孔的顶角大于 5°时的注浆孔孔底的偏差可根据实际情况按表 8.3.1 中规定适当放宽一级。

5 钻孔过程中应详细记录岩性变化、掉钻、塌孔、钻速变化、回水颜色变化、漏水、涌水等情况。

6 钻孔遇有洞穴、塌孔或掉块难以钻进时，可先进行注浆处理，再钻进；出现漏水或涌水时，应查明情况，分析原因，经处理后再行钻进。

7 钻孔完成后，孔口应妥善保护，防止污水倒灌和异物落入。

8.3.2 在粉质黏土层中进行堵水防渗注浆时，一序孔注浆前可不进行冲洗。

8.3.3 堵水防渗注浆浆液的配制应符合下列规定：

1 水泥浆液水灰比应根据试验确定，宜选用单一水灰比，宜选择 0.7：1～1：1；

2 水玻璃应根据配比按比例添加，且误差不应大于 5%；

3 水泥浆液搅拌采用低速搅拌机时，搅拌时间应大于 3min；

4 水泥浆液制备后，应测定水泥浆液密度，且与设计浆液密度的误差不应大于 5%。

8.3.4 堵水防渗水泥-水玻璃双液注浆应根据设计要求选用全孔一次性注浆、自上而下下行式孔内堵塞注浆或自下而上上行式孔内注浆。

8.3.5 在砂层、卵石层或其他松散地层中进行帷幕注浆时，宜采用自下而上上行式注浆法，一序孔段长宜为 0.3m～0.5m，二序孔段长可根据注浆量及注浆效果增长，但不得超过 1.0m，且注浆压力应适当增大。

8.3.6 堵水防渗注浆孔的终孔段透水率和单位注浆量大于设计规定值时，应加大注浆孔深度。

8.3.7 堵水防渗注浆过程中发生冒浆、漏浆时，应采用嵌缝、表面封堵、间歇注浆等处理措施。注浆过程中发生串浆时，若串浆孔具备注浆条件，应一泵一孔同时进行注浆；否则，应堵塞串浆孔。待串浆孔注浆结束后，应扫孔、冲洗串浆孔。

8.3.8 堵水防渗注浆应连续进行；因故中断时，应在冲洗钻孔后方可恢复注浆；当无法冲洗或冲洗无效时，则应先进行扫孔，再恢复注浆。恢复注浆后，注入量较中断前下降较大，并在短时间内停止吸浆时，应采取补救措施。

8.3.9 堵水防渗水泥-水玻璃双液注浆结束标准应为注浆压力达到设计值。

8.4 质量检验

8.4.1 堵水防渗水泥-水玻璃双液注浆检查孔的压水试验或注水试验应在注浆结束 14d 后进行。

8.4.2 堵水防渗水泥-水玻璃双液注浆检验点应布置在不同水文地质特征地段的钻孔轴线上，其数量不应少于注浆孔数的 3%～5%，每地段内不应少于 1 个。

8.4.3 堵水防渗水泥-水玻璃双液注浆检查孔应进行取芯，并应进行地质编录、照相，岩心应妥善保管。

8.4.4 堵水防渗水泥-水玻璃双液注浆中，应对检查孔全部资料进行系统整理，编制钻孔柱状图，整理的资料应能反映注浆后的地质条件改变情况。

8.4.5 堵水防渗水泥-水玻璃双液注浆质量检查结果

满足设计要求的单位吸水率或渗透系数的 95% 以上，注浆质量可认为合格。

8.4.6 堵水防渗水泥-水玻璃双液注浆检查孔施工完成后，应根据具体情况采取下列措施：

1 凡质量不合格部分，除应进行检查孔补充注浆外，尚应具体分析所在部位情况，必要时应进行补充钻孔和注浆处理；

2 检查孔检查合格后，应进行封孔处理。

9 竣工资料和工程验收

9.1 竣 工 资 料

9.1.1 建筑工程双液注浆工程竣工资料和报告应包括原始资料、成果资料、工程质量检验报告、工程竣工报告及工程技术总结等。

9.1.2 水泥-水玻璃双液注浆加固工程原始资料和成果资料应包括下列内容：

1 岩土工程详细勘察报告；

2 注浆方案设计；

3 注浆施工组织设计；

4 施工单位和试验或检测单位资质证书；

5 注浆施工记录表；

6 钻孔、注浆孔施工记录表；

7 注浆材料送检报告和合格证书；

8 注浆材料试验报告；

9 静载法、标贯实验、静力触探法、动力触探法和取样法的试验或检测报告。

9.1.3 水泥-水玻璃双液注浆堵水防渗工程原始资料和成果资料应包括下列内容：

1 岩土工程详细勘察报告；

2 注浆方案设计；

3 注浆施工组织设计；

4 施工单位和试验或检测单位资质证书；

5 注浆施工记录表；

6 钻孔、注浆孔施工记录表；

7 注浆材料送检报告和合格证书；

8 注浆材料检验报告；

9 检查孔岩芯柱状图；

10 检查孔压水试验成果一览表。

9.2 工 程 验 收

9.2.1 建筑工程双液注浆工程应按现行国家标准《建筑工程施工质量验收统一标准》GB 50300 规定的程序进行施工质量验收，并按本规程附录 A 进行记录。

9.2.2 工程验收的内容应包括：

1 设计图纸和设计变更记录；

2 施工方案；

3 材料质量合格证书和试验检验合格报告；
4 施工记录；
5 隐蔽工程验收记录；
6 见证取样试验记录；
7 注浆效果检测试验报告；
8 工程竣工报告；
9 施工照片或录像资料。

附录 A 水泥-水玻璃双液注浆施工及验收表

表 A-1 注浆施工记录表

第 页 共 页

高程：　孔号：　钻孔深度：　钻孔角度：

年 月 日

孔段	时间（时 分）			工作内容	注浆参数				注入量		情况说明
	起始	终止	间隔（min）		水灰比	配合比	注浆量（L）	注浆压力（MPa）	耗灰量（kg）	水玻璃量（kg）	

材料消耗　水泥：　t　水玻璃：　t　掺合料：

备注说明（水玻璃浓度°Bé，凝胶时间 min，注浆速度 L/min）：

建设方：　监理：　施工班长：　施工记录员：

表 A-2 钻孔、注浆孔施工记录表

工程名称：　　孔号：　钻孔序号：

年 月 日

钻孔施工方法	钻孔直径（mm）	钻孔深度（m）	下注浆管直径（mm）	下注浆管深度（m）	备注

示意图：

建设方：　监理：　施工班长：　施工记录员：

表 A-3 软弱地层加固注浆检验批质量验收记录表

单位（子单位）工程名称				
分部（子分部）工程名称		验收部位		
施工单位		项目经理		
分包单位		分包项目经理		
施工执行标准名称及编号				

检查项目			要求	施工单位检查评定记录	监理（建设）单位验收记录
主控项目	1 原材料检验	水泥	设计要求		
		粉煤灰：细度 烧失量（%）	不粗于同时使用的水泥		
			%	<3	
		水玻璃：模数	2.4～3.2		
		其他化学浆液	设计要求		
	2	注浆体强度	设计要求		
	3	地基承载力	设计要求		
一般项目	1	各种注浆材料称量误差（%）	<3		
	2	注浆孔位（mm）	±20		
	3	注浆孔深（mm）	±100		
	4	注浆压力与设计压力之比（%）	±10		

施工单位检查评定结果	专业工长（施工员）		施工班组长	
	项目专业质量检查员：			年 月 日

监理(建设)单位验收结论	
	专业监理工程师： (建设单位项目专业技术负责人)： 年 月 日

表 A-4 堵水、防渗注浆检验批质量验收记录表

单位（子单位）工程名称				
分部（子分部）工程名称		验收部位		
施工单位		项目经理		
分包单位		分包项目经理		
施工执行标准名称及编号				

检查项目		要求	施工单位检查评定记录	监理（建设）单位验收记录
主控项目	1 原材料及配合比	设计要求		
	2 注浆效果	设计要求		
一般项目	1 注浆孔数量、间距、孔深、角度			
	2 压力和进浆量控制			
	3 注浆范围			
	4 注浆渗透系数	设计要求		

施工单位检查评定结果	专业工长（施工员）		施工班组长	
	项目专业质量检查员：			年 月 日

监理（建设）单位验收结论	
	专业监理工程师： (建设单位项目专业技术负责人)： 年 月 日

本规程用词说明

1 为便于在执行本规程条文时区别对待，对要求严格程度不同的用词说明如下：

1）表示很严格、非这样做不可的：
正面词采用"必须"，反面词采用"严禁"；

2）表示严格，在正常情况下均应这样做的：
正面词采用"应"，反面词采用"不应"或"不得"；

3）表示允许稍有选择，在条件许可时，首先应这样做的：

正面词采用"宜"，反面词采用"不宜"；

4）表示有选择，在一定条件下可以这样做的，采用"可"。

2 条文中指明应按其他有关标准执行的写法为："应符合……的规定"或"应按……执行"。

引用标准名录

1 《岩土工程勘察规范》GB 50021
2 《土的工程分类标准》GB 50145
3 《建筑工程施工质量验收统一标准》GB 50300
4 《通用硅酸盐水泥》GB 175
5 《混凝土用水标准》JGJ 63

中华人民共和国行业标准

建筑工程水泥-水玻璃双液注浆技术规程

JGJ/T 211—2010

条 文 说 明

制 订 说 明

《建筑工程水泥-水玻璃双液注浆技术规程》JGJ/T 211-2010，经住房和城乡建设部 2010 年 4 月 14 日以第 541 号公告批准、发布。

本规程制订过程中，编制组进行了广泛的调查研究，总结了我国工程建设水泥-水玻璃双液注浆技术的实践经验，同时参考了国内外相关技术标准，通过试验取得了重要技术参数。

为便于广大设计、施工、科研、学校等单位有关人员在使用本规程时能正确理解和执行条文规定，《建筑工程水泥-水玻璃双液注浆技术规程》编制组按章、节、条顺序编制了本规程的条文说明，对条文规定的目的、依据以及执行中需注意的有关事项进行了说明。但是，本条文说明不具备与规程正文同等的法律效力，仅供使用者作为理解和把握规程规定的参考。

目 次

1 总 则

1.0.1 以水泥-水玻璃为主要浆液的双液注浆技术，因其具有用料普通、来源广、价格低廉、污染较轻，且操作简便、快速有效等特点，在国内外建筑工程中已被大量采用，取得了诸多成熟经验，亦有若干科研成果。尤其在当今基础工程处理和事故、疑难工程治理时被广泛应用且甚受欢迎。但是到目前为止，国内建筑工程行业尚没有相应的技术规程，这与工程实际所需不符。为此，遵循"技术可行、经济合理"的方针，总结工程施工经验和科学研究成果，在侧重实际应用、确保工程质量的前提下，提出并编制本规程。

1.0.2 建筑工程双液注浆采用的注浆材料有多种，应用范围亦较广。本规程仅涉及水泥、水玻璃为主的双液注浆；注浆范围亦注重于软弱地层加固、注浆堵水、防渗等。伴随工程实践的日益拓展和科学研究的不断深入，规程执行后，经工程实践的检验，总结其发展成果再对其相关内容修改、补充和完善。

1.0.3 本规程涉及的技术内容与现行的若干标准、规程等规范性文件存在着必要的联系。因此，在执行过程中，应与现行国家或行业标准、规程等配套使用。

3 基 本 规 定

3.0.1 为了保证施工质量，实施双液注浆前，应该取得施工和设计的详细资料。

3.0.2 注浆浆液配比的选择和注浆效果，与所注地层的特性关联密切。针对双液注浆工程的特点，本条明确规定了岩土勘察应取得土层的孔隙比、土层的渗透系数，为确定地层的可注性、注浆量等提供设计依据。表中数据是总结注浆工程实例和有关资料取得。对于没有取得相关地层参数的情况下，可参考表中数据取值。

3.0.3 永久性建（构）筑物基础处理工程在施工前须进行注浆试验。针对不同水文、工程地质条件，选取适合的钻孔工艺及合理的注浆方法，并通过室内浆材配比试验及现场注浆试验，确定适合不同区段水文地质条件下浆液配比和注浆工艺，为优化设计及后续施工提供依据。

    1 试验孔原则上每隔 10m～30m 布置一孔，当地质条件复杂时，须保证具有不同水文地质特征地段至少有一组试验孔；

    3 试验工艺的选择应根据工程的具体要求和地层结构选取相应的注浆方法，一般采用孔口封闭、自下而上孔内阻塞分段注浆，当被注地层深度较深、施工难度较大时，也可采取自上而下分段注浆；

    4 后续施工参数的选取一般参照注浆试验的参

数选取，因此，在注浆过程中应对试验参数进行整理和分析，优化注浆参数。

4 原 材 料

4.0.1 注浆时，应根据注浆的目的和环境水的腐蚀性等因素，选择符合现行国家标准《通用硅酸盐水泥》GB 175 规定的普通硅酸盐水泥。实施双液注浆宜优先采用普通硅酸盐水泥，因为水玻璃与普通硅酸盐水泥反应的活性较好，而与矿渣水泥的反应活性不很理想；在充填注浆时，对活性及强度要求不高，可用矿渣硅酸盐水泥、火山灰质硅酸盐水泥等，但效果不及普通硅酸盐水泥。

4.0.2 水玻璃模数表示其所含二氧化硅与氧化钠摩尔数的比值，其数值大小对固结体质量影响较大。模数高时，二氧化硅含量高，固结体强度随之增高，浆液胶凝时间随之减小；模数小时，二氧化硅含量低，固结体强度低。总结大量实际工程常用的水玻璃模数，本规程取 2.4～3.2，以适应不同地域、不同工程中的需要。

    水玻璃溶液浓度用"波美度"（°Bé）表示。其浓度的高低对固结体性能颇具影响，浓度低，固结体强度低；浓度太高，黏度增加，浆液可注性差。本规程根据工程需要和经济适用的要求，建议采用原材料浓度为 40°Bé 以上的水玻璃。但在实际应用时，需分批经室内试验并检验其效果后决定其具体数值并根据需要稀释使用。在通常条件下，最好选用以工业纯碱为原料生产的水玻璃，其性能比较稳定；以土碱和元明粉（Na_2SO_4）生产的水玻璃其性能不太稳定，建议慎重采用。

4.0.3 由于各地的水质有差别，为了保证注浆工程的质量，本条对双液注浆的拌合用水进行了规定。

5 浆液的制备

5.0.3 依据工程实践经验，该条文明确了集中制浆站输送浆液所采用的水灰比。为防止浆液在输送过程中离析、沉淀堵塞管路，又不因此产生过大的摩阻力和温升，根据实践经验又规定了对输送浆液流速的基本要求。

5.0.4 实际工程中，水玻璃浓度在使用前应进行稀释。

5.0.5 考虑到浆液中可能存有渣子，它不仅影响注浆效果，而且易引发注浆泵故障等，故增加了对浆液过滤的要求。

6 施 工 机 具

6.0.1 对于双液注浆施工的设备和机具，实际工程中是多种多样的。根据注浆方式不同，可选用回转钻进、冲击钻进、冲击回转钻进和振动射水钻进等成孔方式选择成孔设备。

6.0.2 该条仅对搅拌机的性能选择提出了要求，而没有列举出具体的机型。拌制塑性屈服强度大于 20Pa 的膏状浆液，就必须采用搅拌机。另外，为了能保证连续地进行灌注，搅拌机的拌合能力还应与注浆泵的排量相适应。

6.0.3 注入双液浆，注浆泵应优先选用专用的双液注浆泵，其注浆压力稳定，且便于控制。可以更好地实现双液浆的配合比，如选用代用注浆泵，应满足双液注浆的技术要求。

6.0.4 注浆管承压能力的规定，目的是保证注浆管路和施工人员的安全。

6.0.5 压力表的准确性至关重要，它将直接影响到注浆压力的控制和注浆的效果。为了防止浆液进入压力表和延长压力表的使用寿命，本条文提出了"压力表与管路之间应设有隔浆装置"，隔浆可用塑料薄膜等实现。

6.0.6 通常使用的止浆塞有螺杆挤压胶球式、气胀或水胀胶囊式，还有孔口封闭器等。在第四系地层中使用止浆塞，应通过试验确定其有效性。

6.0.7 根据双液注浆的目的和注入浆液的凝胶时间，可采用浆液孔底混合和孔口混合。浆液凝胶时间较快，地下动水流和挤密注浆时，可采用孔底混合；浆液凝胶时间长，浆液扩散半径要求较大时，可采用孔口混合。混合器的结构和长度应能保证双液浆混合均匀。

7 软弱地层注浆加固

7.1 一般规定

7.1.1 根据注浆法的种类（双泵单管、双泵双管、单泵双管、单泵单管等几种形式）的不同及工程需要和土质条件、加固形状（如柱状、条状和块状），选择合理的加固方案。对方案的可行性分析时应包括：

1 基础的特性；
2 场地工程地质、水文地质和周边环境分析；
3 注浆方法选用条件等工程技术内容。

7.1.2 注浆方案确定后，由于地层和加固机理的不同，应结合工程情况进行现场试验或试验性施工来确定施工参数及工艺；在工程技术条件相似或技术要求相差不多的情况下，可类比其他工程经验，确定施工参数及工艺。

7.2 设 计

7.2.1 注浆加固软弱地层时，其承载力和变形的要求取决于主体结构的要求和对邻近建筑物的影响，并

根据附加应力的扩散和变形、稳定性的校核，确定注浆加固的深度及范围。

7.2.2 对于软弱地层加固注浆，工程上常采用等距布置或梅花形布置。由于加固的区域或目的的不同，也可以采用其他方式，如长条形的注浆加固。给出的注浆孔间距和排间距为初步设计时选用。其值为浆液扩散半径的（0.8～1.7）倍，注浆孔深度应考虑地基附加应力及地基软弱层验算的要求，原则上应穿透软弱层。

7.2.3 在注浆前，在注浆场地进行注浆试验，通过注浆试验来确定注浆压力。渗透注浆可以根据注浆试验曲线确定注浆压力。

7.2.4 当地层采用渗透注浆时，初步设计时的注浆压力可根据本条的经验公式确定。

7.2.5 当地层采用劈裂注浆时，给出的最小注浆压力是考虑地层应力和土体抗拉强度确定的。公式中土体抗拉强度 σ_t 可取 5kPa～40kPa。

7.2.6 渗透注浆效果好坏取决于渗透半径内体积土的孔隙充填程度和固结程度。充填率越高，注浆的效果越好。劈裂注浆的注浆量与注浆范围内浆脉的多少有关，浆脉越多，注浆量也越多，注浆效果也越好，但浆液有个最佳注浆量。压密注浆的注浆量和浆泡的直径有关。压密范围越大，要求的浆泡直径也越大。但在不产生劈裂的条件下，浆泡直径是很有限的，注浆量亦有限。一般应根据试验确定。

7.2.7 在没有进行注浆试验时，渗透注浆的注浆量可根据本条列出的公式进行计算，计算得出的注浆量需要通过注浆试验核定。浆液损失系数 β 一般取值为 0.3～0.5。

7.2.8 对于劈裂注浆，在没有注浆试验和经验参数时，可用本条所列公式进行计算。在含水量较大的地层中注浆时，可采用公式（7.2.8-1）进行计算；在压缩性较大的土层中注浆时，采用公式（7.2.8-2）进行计算。

7.2.10 注浆泵排量是为了控制注浆速度，在渗透性较好的地层中，注浆泵排量可取较大值；在渗透性较差的地层中，应取较小值。

7.2.12 桩底以下地基加固深度应满足现行国家标准《岩土工程勘察规范》GB 50021 及《建筑地基基础设计规范》GB 50007 的要求。根据现行国家标准《建筑地基基础设计规范》GB 50007 的规定，直径小于800mm 的桩定义为小直径桩，直径大于或等于800mm 的桩定义为大直径桩。桩底以下地基加固深度是按现行国家标准《建筑地基基础设计规范》GB 50007 提出的，对于摩擦桩，一般应在全桩周加固，对于长径比大于 20 的桩，其摩阻力在地面下 3m～4m 至桩底以下 0.5m 作用较大，因而注浆段应覆盖或超过此范围。

7.2.13 在地下室外墙进行加固前，可用水泥-水玻

璃浆液对墙外土体进行注浆，增强地下室墙体外侧土体的强度或者在墙体外形成止水带，然后可采用其他方法对地下室外墙结构进行补强。

7.3 施　工

7.3.1　在注浆前，应选取一部分注浆孔作为先导孔，进一步了解所注地层的岩土特性，必要时测试相关参数，同时进行试验性注浆以确定注浆施工参数。施工中，应根据钻进的施工记录调整注浆参数，并采取必要的措施，以确保注浆效果。

7.3.2　注浆管可采用塑料管或金属管，一般一次性注浆采用塑料管，分层注浆宜采用金属管；若地层复杂，深层注浆时，可直接采用钻杆注浆。

7.3.3　为了保持浆液的流动性和黏度，依据浆液的凝胶时间对双液的混合点进行了规定，由于水泥-水玻璃浆液的凝胶时间很短，在施工中常加入缓凝剂来调节浆液的凝胶时间，一般加入水泥用量 1%～3% 可使浆液的凝胶时间控制在 5min～30min 之间。初凝时间在 2min～5min，宜在出泵后孔口混合；初凝时间小于 2min 时，应采用双管孔底混合。

7.3.4　工厂生产的水玻璃经稀释后方可使用，所以必须单独配制合适浓度的水玻璃。以强度等级 42.5 的普通硅酸盐水泥和稀释过的水玻璃为主要制浆材料，一般采用水灰比（1～0.5）：1 的水泥浆，水泥浆液和水玻璃液体体积比 1：0.1～1：1，浆液浓度由稀到浓。

7.3.5　当注浆压力保持不变，注入率持续减少时，或当注入率不变而压力持续升高时，不得改变水灰比。当某一比级浆液的注入量已达 300L 以上或注入时间已达 1h，而注浆压力和注入率均无改变或改变不显著时，应改浓一级。当注入率大于 30L/min 时，可根据具体情况越级变浓。

7.3.6　在浅孔中一般情况下使用孔口封闭法（浅孔：一般指其深度为 10m 以内的孔）；有特殊要求的注浆施工，浅孔也可采用孔内封闭法。

7.3.7　注浆孔的注浆段长小于 6m 时，宜采用全孔一次注浆法；大于 6m 时，可采用自上而下分段注浆法、自下而上分段注浆、综合注浆法或孔口封闭注浆法等。

7.3.8　双液注浆的凝胶时间较短，为了保持浆液的流动性和稳定性，注浆过程须一次性完成。

7.3.9　本条从注浆量和注浆压力两个方面对注浆的结束标准进行了规定，为了保证注浆质量，对注浆未达到注浆效果的应进行补注。

7.4 质量检验

7.4.1　注浆效果的检验，常用标贯或动力触探法。静载试验法虽检验效果较好，但需在注浆结束后 28d 进行，取样试验会由于浆液扩散的不均匀性等因素影响效果评价，但可做参照。

7.4.2　由于软弱地层水泥-水玻璃双液注浆质量检查在不同的工程场地和地质条件下，其检验方法不同，所以检验点的布置也不同。

7.4.3　设计单位应根据工程场地条件明确规定注浆检验点的布置位置和数量。

7.4.4　双液注浆应在固结体有一定的强度时才可进行质量检验，如无试验资料，以时间控制为准。

7.4.5　对于软弱地层水泥-水玻璃双液注浆质量检验，当检验点 90% 以上达到设计要求的承载力时则认为注浆质量合格。

8　注浆堵水防渗

8.1 一般规定

8.1.1　应根据堵水防渗工程的实际情况，对现有的方法（普通水泥注浆、防渗墙、钢板桩等）以及堵水防渗的标准，工期和是否是临时或者永久性堵水防渗等进行技术经济对比，来确定双液注浆的可行性。

8.1.2　双液注浆的施工监测主要针对已有建（构）筑物的防渗堵漏施工，应进行变形监测。如基坑堵水、边坡注浆加固、既有建筑物基础的补强加固时，应进行动态施工，施工过程应加强监测。

8.1.3　在注浆中，为了了解地层情况、选择注浆参数与注浆施工工艺，应进行试验性注浆施工，并将试验孔布置在一序孔中，以确定注浆参数，指导后续注浆施工。

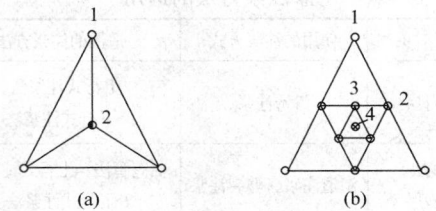

图 1　三角形布孔法
(a) 1—注浆孔；2—检查孔；
(b) 1——序孔；2—二序孔；3—三序孔；4—检查孔

8.2 设　计

8.2.3　注浆设计时，其参数应满足下列要求：

2　浆液的扩散半径跟地层的渗透系数有关，一般应根据现场试验确定。现场注浆试验常采用三角形（图 1）和矩形或方形布孔法（图 2），通过钻孔取芯、压水或注水试验检查和评价浆液的扩散半径。

3　压密注浆的孔距是根据被注土体的深度及要求达到的密实度等确定，一般的孔距为 1.8m～3.0m；劈裂注浆的孔距控制在 1.5m～3.0m；渗透注浆孔距宜为 1.0m～2.5m，第一序孔距可适当增大。

4　注浆压力是注浆过程中的一个重要参数，压

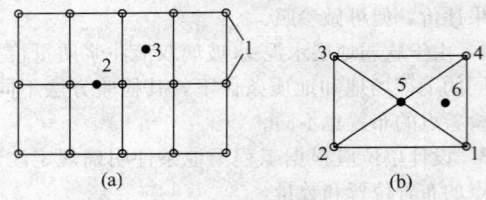

图 2　矩形或方形布孔法

（a）1—注浆孔；2—试井；3—检查孔

（b）1～4—序孔；5—二序孔；6—检查孔

力过低，浆液携带的能量小，达不到注浆要求的扩散半径；压力过高将使地表出现冒浆现象，浪费注浆材料。本条根据工程实例对注浆压力进行了规定，实际施工中，注浆压力宜通过现场注浆试验确定，一般情况下，后序注浆孔应适当提高注浆压力。

5　一般情况下，水泥浆与水玻璃浆液体积比可为 1：0.1～1：1；特殊情况下，应根据具体情况，进行配合比室内试验，地层可注性差时可适当降低水玻璃的掺量。

6　在应急处理或特殊条件下及在动水条件下，为防止浆液在动水条件下流失，采用预填砂卵石等粗骨料或其他惰性材料，降低地下水的渗透，然后再用水泥-水玻璃浆液进行注浆，如果工程比较重要时，则要求进行注浆试验确定注浆工艺、施工参数及浆材配合比。水泥-水玻璃双液注浆用于堵水防渗时，应根据注浆工程的目的、水文地质条件、工程重要性等，按表 1 选择注浆方法。

表 1　水泥-水玻璃双液注浆堵水防渗注浆方法的选用

注浆对象	使用的注浆方式	适用的注浆方法
卵石层	渗透注浆	上行式注浆法、下行式注浆法
中砂层、粗砂层	渗透注浆、劈裂注浆	袖阀管法、上行式注浆法、下行式注浆法
粉细砂层	渗透注浆、劈裂注浆	袖阀管法、上行式注浆法、下行式注浆法
粉质黏土层	劈裂注浆、压密注浆	袖阀管法、上行式注浆法、下行式注浆法
动水封堵	采用水泥-水玻璃等速凝材料，必要时在浆液中掺入砂石等粗粒料	

8.3　施　工

8.3.1　注浆钻孔应满足下列要求：

1　本条提出堵水防渗注浆中常遇见的松散地层的常用钻孔方法。在有泥浆护壁的钻孔中，为了浆液能更好地渗透到地层中去，在注浆前应对钻孔进行分段冲洗。

2　条文中"允许偏差应为 100mm"，系对任何方向而言。

3　使用同一种方法钻进，孔径小时进尺快，成本低，并且注浆时浆液流动速度快，可以减少浆液在钻孔内的沉淀，从而可减少发生射浆管在注浆孔内被凝住的事故。目前由于金刚石钻头和硬质合金钻头日益推广使用，也为小口径钻孔创造了条件。

4　原则上应进行孔斜测量，但应如何测量未做规定，便于施工单位视工程实际情况自行制定。若钻孔偏斜超过设计要求且纠偏无效时，须采取补救措施，例如重钻一孔或在其旁边设一个检查孔。检查孔一方面可检查注浆质量，一方面也可作为补强孔，弥补原注浆孔偏斜过大的缺点。顶角大于 5° 的斜孔孔底最大允许偏差值"适当放宽"的尺度，宜根据工程具体情况确定，且不应大于设计孔距。

5　便于在注浆时可以采用有针对性的技术措施，确保注浆质量。若一旦发生质量问题，也便于检查处理。

7　妥加保护的目的是防止杂物或工具掉入孔内影响注浆质量和妨碍以后钻进。

8.3.2　在粉质黏土为主的地段，堵水防渗注浆孔不进行特殊冲洗，而采用高压注浆方法解决。

8.3.3　浆液配制应符合下列规定：

1　在实际注浆工程中，水灰比宜选择 0.7：1～1：1，水灰比太低，浆液很难注入地层，水灰比太高不能满足固结体强度要求，具体配制应根据现场注浆试验确定。

8.3.4　注浆段长小于 6m 时，可采用全孔一次注浆法；大于 6m 时，可采用自上而下分段注浆法、自下而上分段注浆法、综合注浆法或孔口封闭注浆法。

8.3.5　在砂砾、卵石层或其他松散地层中采用自下而上分段注浆法时，注浆段长度宜采用 0.3m～0.5m，特殊情况下可适当缩减或加长，但不得大于 1.0m；注浆段的长度因故超过 1.0m，对该段宜采取补救措施。

8.3.6　堵水防渗注浆孔的终孔段透水率和单位注浆量大于设计规定值时，应加大钻孔深度，使钻孔钻至透水率小或者不透水层或者进行加密注浆处理。

8.3.8　恢复注浆时，应使用开始注浆时比级的浆液进行注入，如注入率与中断前相近，即可采用中断前浆液的比级继续注；如注入率较中断前减少较多，须逐级加浓浆液继续注；如注入率较中断前减少很多，且在短时间内停止吸浆，应采取补救措施。

8.4　质量检验

8.4.2　检查孔一般布置在不同水文地质特征的地段，且数量不少于注浆孔数的 3%～5%，是为了准确了解注浆地层的地质资料和水文资料，便于准确地检验注浆效果。

8.4.3 便于在注浆时可以采用有针对性的技术措施，确保注浆质量。若一旦发生质量问题，也便于查究处理。

8.4.4 对检查孔的资料进行系统整理，编制钻孔柱状图，以方便对注浆效果综合评估。

8.4.5 注浆质量检查的指标选择单位吸水率，或者渗透系数，由设计人根据设计目的明确。

8.4.6 检查孔工作量完成后，应根据具体情况进行下列处理：

1 对质量不合格的注浆孔，可利用检查孔进行补注，并应分析质量不合格的部位，对检查孔补注还不能满足质量要求时，应进行补注；

2 检查孔检查合格后，应用水泥砂浆将钻孔封填密实，孔口压齐抹平。

中华人民共和国行业标准

高压喷射扩大头锚杆技术规程

Technical specification for underreamed anchor by jet grouting

JGJ/T 282—2012

批准部门：中华人民共和国住房和城乡建设部
施行日期：2 0 1 2 年 1 1 月 1 日

中华人民共和国住房和城乡建设部
公　告

第 1378 号

关于发布行业标准《高压喷射扩大
头锚杆技术规程》的公告

现批准《高压喷射扩大头锚杆技术规程》为行业标准，编号为 JGJ/T 282-2012，自 2012 年 11 月 1 日起实施。

本规程由我部标准定额研究所组织中国建筑工业

出版社出版发行。

2012 年 5 月 16 日

前　言

根据住房和城乡建设部《关于印发〈2010 年工程建设标准规范制订、修订计划〉的通知》（建标〔2010〕43 号）的要求，规程编制组经广泛调查研究、认真总结实践经验，参考有关国内标准，并在广泛征求意见的基础上，编制本规程。

本规程的主要技术内容是：1 总则；2 术语和符号；3 基本规定；4 设计；5 施工和工程质量检验；6 试验。

本规程由住房和城乡建设部负责管理，由深圳钜联锚杆技术有限公司负责具体技术内容的解释。执行过程中如有意见或建议，请寄送深圳钜联锚杆技术有限公司（地址：深圳市福田区莲花路香丽大厦丽梅阁4D，邮政编码：518034）。

本 规 程 主 编 单 位：深圳钜联锚杆技术有限公司

标力建设集团有限公司

本 规 程 参 编 单 位：中国水利水电科学研究院

华中科技大学

苏州市能工基础工程有限

责任公司

中冶建筑研究总院有限公司

深圳市勘察研究院有限公司

广东省工程勘察院

广东省基础工程公司

武汉市人防建筑设计研究院

本规程主要起草人员：曾庆义　杨晓阳　黎克强

汪小刚　朱仁贵　陈宝弟

王玉杰　郑俊杰　施鸣升

杨　松　刘　钟　周洪涛

蒋　鹏　王　军　邵孟新

王少敏　王立明　李　宏

本规程主要审查人员：陈祥福　徐祯祥　钱力航

苏自约　顾晓鲁　王群依

李　虹　刘国楠　郭明田

刘建华　张杰青　贾建华

目 次

Contents

1 总　则

1.0.1 为规范高压喷射扩大头锚杆的设计、施工，做到技术先进、安全适用、经济合理和确保质量，制定本规程。

1.0.2 本规程适用于土层锚固高压喷射扩大头锚杆的设计、施工、检验与试验。

1.0.3 高压喷射扩大头锚杆的设计与施工，应综合考虑场地周边环境、工程地质和水文地质条件、建筑物结构类型和性质等因素，有效地利用扩大头锚杆的力学性能。

1.0.4 高压喷射扩大头锚杆的设计、施工、检验与试验，除应符合本规程的规定外，尚应符合国家现行有关标准的规定。

2　术语和符号

2.1　术　语

2.1.1 高压喷射扩大头锚杆　underreamed anchor by jet grouting
采用高压流体在锚孔底部按设计长度对土体进行喷射切割扩孔并灌注水泥浆或水泥砂浆，形成直径较大的圆柱状注浆体的锚杆。

2.1.2 锚头　anchor head
锚杆杆体出露在锚孔孔口以外连接外部承载构件的外端头及其连接件。

2.1.3 锚杆杆体　anchor tendon
连接外部承载构件和注浆体并传递拉力的杆件。

2.1.4 自由段　free anchor length
杆体不与注浆体和地层粘结，能自由变形的部分。

2.1.5 锚固段　fixed anchor length
杆体锚固于注浆体实现力的传递的部分。

2.1.6 注浆体　grouting body
由灌注于锚孔内的水泥浆或水泥砂浆凝结而成的固结体。

2.1.7 锚固体　anchorage body
锚固段注浆体与嵌固注浆体的土体所组成的受力共同体。

2.1.8 永久性锚杆　permanent anchor
设计使用期超过2年的锚杆。

2.1.9 临时性锚杆　temporary anchor
设计使用期不超过2年的锚杆。

2.1.10 预应力锚杆　prestressed anchor
施加预应力以期获得较小的工后变形的锚杆。

2.1.11 非预应力锚杆　non-prestressed anchor
不施加预应力的锚杆。

2.1.12 位移控制锚杆　controlled displacement anchor
扩大头深埋于不受基坑边坡开挖影响的稳定地层中、从锚头到扩大头或承载体之间全长为自由段、工作位移主要由自由段杆体的弹性性能控制的锚杆。

2.1.13 可回收锚杆（又称可拆芯锚杆）　removable anchor
在达到设计使用期后可从地层中收回杆体的锚杆。

2.1.14 回转型锚杆（又称U形锚杆）　U-shape anchor
杆体绕承载体回转，使其两个端头同时出露并锁定的锚杆。

2.1.15 抗浮锚杆　anti-floating anchor
设置于建（构）筑物基础底部，用以抵抗地下水对建（构）筑物基础上浮力的锚杆。

2.1.16 锚杆倾角　angle of anchor
锚杆轴线与水平面之间的夹角。

2.1.17 承载体　load bearing body
在回转型锚杆中，作为杆体回转支点并直接承受杆体压力的部件。

2.1.18 合页夹形承载体　hinge shape bearing plate
置于锚孔扩大头后可使其两翼张开增大承压面积的承载体。

2.1.19 张拉锁定值　lock-off load
锚杆杆体张拉后锁定完成时的拉力值。

2.1.20 锚杆抗拔力极限值　ultimate bearing capacity
锚杆在轴向拉力作用下达到破坏状态前或出现不适于继续受力的变形时所对应的最大拉力值。

2.1.21 锚杆抗拔力特征值　designed bearing capacity
锚杆极限抗拔力标准值除以抗拔安全系数后的值。

2.1.22 锚杆基本试验　basic test
为确认锚杆设计参数和施工工艺，在工程锚杆正式施工前进行的现场锚杆极限抗拔力试验。

2.1.23 锚杆验收试验　acceptance test
为确认工程锚杆是否符合设计要求，在工程锚杆施工后进行的锚杆抗拔力试验。

2.1.24 锚杆蠕变试验　creep test
确定锚杆在不同加荷等级的恒定荷载作用下位移随时间变化规律的试验。

2.1.25 锚杆位移　anchor displacement
锚杆试验时锚头处测得的沿锚杆轴线方向的位移。

2.1.26 锚固体整体稳定性　overall stability of anchorage body
全部或任一局部区域内所有锚杆同时受力达到抗拔力特征值时，锚固体整体保持稳定的能力。

2.2　符　号

A_s——锚杆杆体的截面面积；

c——土体的黏聚力；

D_1——锚杆钻孔直径；

D_2——锚杆扩大头直径；

E_s——锚杆杆体弹性模量；

F_m——整根钢绞线所能承受的最大力；

F_{py}——整根钢绞线的设计力；

f_{ptk}、f_{py}——钢绞线和热处理钢筋的抗拉强度标准值、设计值；

f_{yk}、f_y——预应力混凝土用螺纹钢筋和普通热轧钢筋的抗拉强度标准值、设计值；

f_{mg}——锚固段注浆体与地层的摩阻强度标准值；

f_{ms}——锚固段注浆体与锚杆杆体的粘结强度标准值；

K——锚杆抗拔安全系数，即锚固段注浆体与地层的抗拔安全系数；

K_a、K_p、K_0——土体的主动土压力系数、被动土压力系数、静止土压力系数；

K_F——抗浮锚杆稳定安全系数；

K_s——锚杆杆体与注浆体的粘结安全系数；

K_t——锚杆杆体的抗拉断综合安全系数；

k_T——锚杆杆体的轴向刚度系数；

L_c——锚杆杆体的变形计算长度；

L_D、L_d、L_f——锚杆的扩大头长度、非扩大头锚固段长度、自由段长度；

N_k——锚杆拉力标准值；

P——锚杆试验时对锚杆施加的荷载值；

p_D——扩大头前端土体对扩大头的抗力强度值；

S、S_e、S_p——锚杆的总位移、弹性位移、塑性位移；

T_{ak}——锚杆抗拔力特征值；

T_{uk}——锚杆抗拔力极限值；

α——锚杆倾角；

ζ——当锚杆采用 2 根或 2 根以上钢筋或钢绞线时，钢筋或钢绞线与注浆体的粘结强度降低系数；

ξ——锚杆在拉力作用下扩大头向前位移时反映土的挤密效应的侧压力系数；

ψ——扩大头长度对钢筋或钢绞线与扩大头注浆体粘结强度的影响系数；

φ、φ'——土体的内摩擦角、有效内摩擦角。

3 基 本 规 定

3.0.1 高压喷射扩大头锚杆的设计使用年限应与所

服务的建（构）筑物的设计使用年限相同，防腐保护等级和构造应符合本规程第 4.3 节的规定。

3.0.2 高压喷射扩大头锚杆的监测和维护管理应符合所服务的建（构）筑物的相关要求。

3.0.3 锚杆的扩大头不应设在下列地层中：

1 有机质土；

2 淤泥或淤泥质土；

3 未经压实或改良的填土。

3.0.4 高压喷射扩大头锚杆的设计和施工应在搜集岩土工程勘察、工程场地和环境条件、主体建（构）筑物设计施工条件等方面资料的基础上进行，主要工作内容应符合下列规定：

1 搜集地层岩土的工程特性指标、地下水的分布状况、锚固地层的地层结构和整体稳定性、锚固地层对施工方法的适应性、地下水的腐蚀性等岩土工程条件；

2 搜集邻近场地的交通设施、地下管线、地下构筑物分布和埋深、相邻建（构）筑物现状、基础形式和埋深，以及水、电、材料供应条件等工程场地和环境条件资料；

3 搜集拟建建（构）筑物的平面布置图、基础或地下室的平面图和剖面图、基坑开挖图等资料；

4 搜集施工机械的设备条件、动力条件、施工机械的进出场及现场运行条件、建（构）筑物基础施工条件或方案等有关施工资料。

3.0.5 锚杆设计时，所采用的作用效应组合应符合所服务的建（构）筑物的相关要求。

4 设 计

4.1 一 般 规 定

4.1.1 高压喷射扩大头锚杆的抗拔安全系数以及锚杆杆体与注浆体之间的粘结安全系数，应根据锚杆破坏的危害程度和锚杆的使用年限，按表 4.1.1 确定。

表 4.1.1 锚杆安全系数

等级	锚杆破坏的危害程度	锚杆抗拔安全系数 K		杆体与注浆体粘结安全系数 K_s	
		临时锚杆	永久锚杆	临时锚杆	永久锚杆
Ⅰ	危害大，且会造成公共安全问题	2.0	2.2	1.8	2.0
Ⅱ	危害较大，但不致造成公共安全问题	1.8	2.0	1.6	1.8
Ⅲ	危害较轻，且不致造成公共安全问题	1.6	2.0	1.4	1.6

4.1.2 锚杆的抗拔力极限值应根据现场基本试验确定。

4.1.3 设计文件应规定扩大头的设计长度、直径和施工工艺参数，应规定锚杆抗拔力特征值和张拉锁定值，并应规定锚杆的防腐等级。

4.1.4 锚杆锚头与外部承载构件的梁、板、台座的连接以及相关结构的尺寸和配筋应符合现行国家标准《混凝土结构设计规范》GB 50010 和《建筑地基基础设计规范》GB 50007 的规定。

4.2 材 料

4.2.1 高压喷射扩大头锚杆杆体采用的钢绞线应符合下列规定：

1 用于制作预应力锚杆杆体的钢绞线、环氧涂层钢绞线、无粘结钢绞线，应符合现行国家标准《预应力混凝土用钢绞线》GB/T 5224 的规定；预应力钢绞线的抗拉强度标准值 f_{ptk}、抗拉强度设计值 f_{py} 或整根钢绞线的设计力 F_{py} 应按本规程附录 A 表 A.0.1～表 A.0.3 的规定取值；

2 可回收锚杆和回转型锚杆杆体可采用无粘结钢绞线；

3 预应力钢绞线不应有接头。

4.2.2 高压喷射扩大头锚杆杆体采用的钢筋应符合下列规定：

1 锚杆抗拔力较大时宜采用预应力混凝土用螺纹钢筋或热处理钢筋。预应力混凝土用螺纹钢筋和热处理钢筋的力学性能指标应按本规程附录 A 表 A.0.4 和表 A.0.5 的规定取值；

2 锚杆抗拔力较小时可采用 HRB400 级或 HRB335 级钢筋。钢筋抗拉强度标准值 f_{yk} 和设计值 f_y 应按本规程附录 A 表 A.0.6 的规定取值；

3 锚杆杆体的连接应能承受杆体的极限抗拉力。

4.2.3 注浆材料采用的水泥应符合下列规定：

1 宜采用普通硅酸盐水泥，其质量应符合现行国家标准《通用硅酸盐水泥》GB 175 的规定；有防腐要求时可采用抗硫酸盐水泥，不宜采用高铝水泥；

2 应采用强度等级不低于 42.5 的水泥。

4.2.4 注浆材料所采用的水应符合下列规定：

1 拌合用水宜采用饮用水；当采用其他水源时，应经过试验确认对水泥浆体和杆体材料无害；

2 拌合用水的水质应符合现行行业标准《混凝土用水标准》JGJ 63，拌合水中酸、有机物和盐类等对水泥浆体和杆体有害的物质含量不得超标，不得影响水泥正常凝结和硬化。

4.2.5 注浆材料所采用的细骨料应符合下列规定：

1 采用水泥砂浆时，应选用最大颗粒小于 2.0mm 的砂；

2 砂的含泥量按重量计不得大于 3%；砂中云母、有机质、硫化物和硫酸盐等有害物质的含量，按总重量计不得大于 1%。

4.2.6 可回收锚杆和回转型锚杆可采用合页夹形承载体、网筋注浆复合承载体、高分子聚酯纤维增强模塑料承载体或钢板承载体。锚杆施工前，对承载体应进行基本试验，承载体的承载能力应符合本规程表 4.1.1 锚杆抗拔安全系数的要求。

4.2.7 锚具应符合下列规定：

1 预应力筋用锚具、夹具和连接器的性能，均应符合现行国家标准《预应力筋用锚具、夹具和连接器》GB/T 14370 的规定；

2 预应力锚具的锚固力不应小于预应力杆体极限抗拉力的 95%，且实测达到极限抗拉力时的杆体总应变值不应小于 2%。

4.2.8 承压板和承载构件应符合下列规定：

1 承压板和承载构件的强度和构造必须满足锚杆极限抗拔力要求，以及锚具和结构物的连接构造要求；

2 承压板宜由钢板制作。

4.2.9 锚杆自由段应设置杆体隔离套管，套管内应充填防腐润滑油脂。套管材料应符合下列规定：

1 应具有足够的强度和柔韧性，在加工和安装的过程中不易损坏；

2 应具有防水性和化学稳定性，对杆体材料无不良影响；

3 应具有防腐蚀性，与水泥浆和防腐润滑油脂接触无不良反应；

4 不影响杆体的弹性变形。

4.2.10 杆体自由段隔离套管内所充填的防腐润滑油脂和无粘结钢绞线的防腐材料应满足现行行业标准《无粘结预应力筋专用防腐润滑脂》JG/T 3007 的技术要求。防腐材料在锚杆的设计使用期限内，应符合下列规定：

1 应保持防腐性能和物理稳定性；

2 应具有防水性和化学稳定性，不得与周围介质和相邻材料发生不良反应；

3 不得对锚杆自由段的变形产生限制和不良影响；

4 在规定的工作温度内和张拉过程中，不得开裂、变脆或成为流体。

4.2.11 锚杆锚固段和自由段设置的杆体定位器应采用钢、塑料或其他对杆体无害的材料制成，不得采用木质材料。定位器的形状和大小不得影响注浆浆液的自由流动。

4.2.12 注浆管应具有足够的内径和耐压能力，能保证浆液压至钻孔的底部，并满足施工工艺参数的要求。

4.3 防 腐

4.3.1 地层介质对锚杆的腐蚀性评价，可根据环境类型、锚杆所处地层的渗透性、地下水位变化状态和地层介质中腐蚀成分的含量按照现行国家标准《岩土工程勘察规范》GB 50021分为微、弱、中、强四个腐蚀等级。抗浮锚杆和其他长期处于最低地下水位以下的锚杆可按长期浸水处理，边坡和基坑支护锚杆应按干湿交替处理。

4.3.2 强或中等腐蚀环境中的永久性锚杆和强腐蚀环境中的临时性锚杆应采用Ⅰ级防腐构造；弱腐蚀环境中的永久性锚杆和中等腐蚀环境中的临时性锚杆应采用Ⅱ级防腐构造；微腐蚀环境中的永久性锚杆和弱腐蚀环境中的临时性锚杆应采用Ⅲ级防腐构造。微腐蚀环境的临时性锚杆可不采取专门的防腐构造。

4.3.3 锚杆Ⅰ级防腐构造（图4.3.3）应符合下列规定：

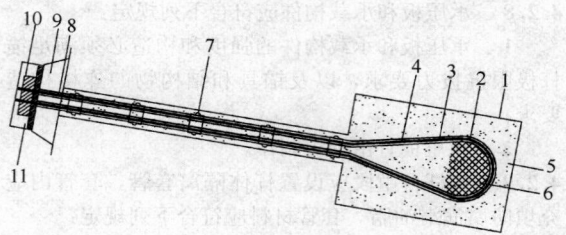

图 4.3.3　Ⅰ级防腐锚杆构造

1—扩大头；2—锚杆杆体；3—套管；4—防腐油脂；5—注浆体；6—承载体；7—杆体定位器；8—水密性构造；9—承载构件；10—锚具；11—锚具罩

1 杆体应全部用套管或防腐涂层密封保护，应与地层介质完全隔离；杆体与套管的间隙应充填防腐油脂，必要时可采用双重套管密封保护；

2 杆体套管或防腐涂层应延伸进入过渡管或外部承载构件并应采用水密性接缝或构造；

3 锚头应采用锚具罩封闭保护；锚具罩应采用钢材或塑料制作，锚具罩应完全罩住锚具、垫板和杆体尾端，与混凝土支承面的接缝应采用水密性接缝。

4.3.4 锚杆Ⅱ级防腐构造应符合下列规定：

1 预应力锚杆（图4.3.4-1），杆体自由段应采用套管密封保护与地层介质隔离，杆体与套管的间隙

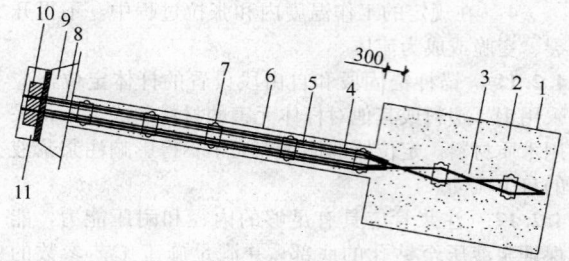

图 4.3.4-1　Ⅱ级防腐预应力锚杆构造

1—扩大头；2—注浆体；3—锚杆杆体；4—套管；5—防腐油脂；6—自由段；7—杆体定位器；8—水密性构造；9—承载构件；10—锚具；11—锚具罩

应充填防腐油脂；扩大头段依靠注浆体保护，保护层厚度不应小于100mm；自由段套管应延伸进入过渡管或承载构件并应采用水密性接缝或构造；自由段套管与扩大头段注浆体的搭接长度不应小于300mm。

2 非预应力锚杆（图4.3.4-2），扩大头段杆体依靠注浆体保护，保护层厚度不应小于100mm；非扩大头段杆体应采用防腐涂层保护，且注浆体保护层厚度不应小于20mm；防腐涂层应进入承载构件并应采用水密性接缝或构造；防腐涂层进入扩大头的搭接长度不应小于300mm。

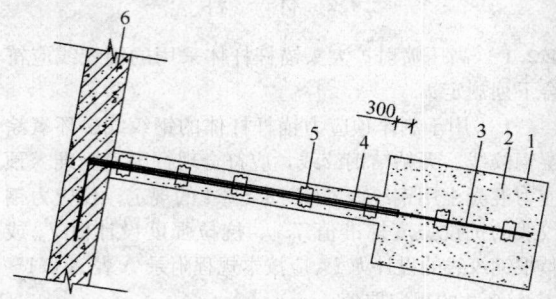

图 4.3.4-2　Ⅱ级防腐非预应力锚杆构造

1—扩大头；2—注浆体；3—锚杆杆体；4—杆体防腐涂层；5—杆体定位器；6—承载构件

4.3.5 锚杆Ⅲ级防腐构造应符合下列规定：

1 锚头位于地面或坡面的锚杆，锚头至地下水位变幅最低点和冻融最深点以下2m范围内的锚杆杆体，应采用内充防腐油脂的套管密封保护，或采用防腐涂层保护；套管或防腐涂层应延伸进入过渡管或外部承载构件并采用水密性接缝或构造；

2 锚头位于地下室底板的锚杆，锚头至地下室底板底面以下2m范围内的锚杆杆体，应采用内充防腐油脂的套管密封保护，或采用防腐涂层保护；套管或防腐涂层应延伸进入过渡管或底板混凝土并应采用水密性接缝或构造。

4.3.6 扩大头注浆体应针对地层介质中腐蚀成分的类别按现行国家标准《工业建筑防腐蚀设计规范》GB 50046的规定采用能抗耐地层介质腐蚀的水泥或掺入耐腐蚀材料。

4.3.7 永久性锚杆锚头防腐保护应符合下列规定：

1 预应力锚杆在预应力张拉作业完成后，应及时进行保护；

2 需调整拉力的锚杆，应采用可调节拉力的锚具，锚具和承压板应采用锚具罩封闭，锚具罩内应填充防腐油脂；

3 不需调整拉力的锚杆，锚具和承压板可采用混凝土封闭，封锚混凝土保护层最小厚度不应小于50mm，封锚混凝土与承载构件之间应设置锚筋或钢丝网。

4.3.8 临时性锚杆锚头防腐保护应符合下列规定：

1 在腐蚀环境中，锚具和承压板应装设锚具

罩，锚具罩内应充填防腐油脂；

2 在非腐蚀环境中，外露锚具和承压板可采用防腐涂层保护。

4.3.9 防腐涂层的材料和厚度应符合现行国家标准《工业建筑防腐蚀设计规范》GB 50046 的规定。

4.3.10 在正常使用期间若锚杆防腐体系发生破坏或失效，应及时采取有效的修补措施。

4.4 抗浮锚杆

4.4.1 抗浮锚杆可根据建（构）筑物结构和荷载特点采用非预应力锚杆或预应力锚杆，锚杆的防腐构造等级应根据地层介质的腐蚀性和锚杆类别按本规程第 4.3.1 条和第 4.3.2 条的规定采用。

4.4.2 Ⅰ级防腐等级的抗浮锚杆，可采用回转型预应力钢绞线锚杆（图 4.4.2），钢绞线应采用无粘结钢绞线或有外套保护管的无粘结钢绞线。

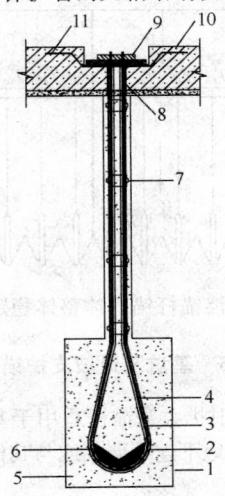

图 4.4.2 Ⅰ级防腐抗浮预应力钢绞线锚杆构造

1—扩大头；2—锚杆杆体；3—套管；4—防腐油脂；5—注浆体；6—合页夹形承载体；7—杆体定位器；8—水密性构造；9—锚具；10—地下室底板；11—附加筋

4.4.3 Ⅱ级防腐等级的抗浮锚杆，可采用非预应力钢筋锚杆（图 4.4.3-1）或预应力钢绞线锚杆（图 4.4.3-2）。

4.4.4 Ⅲ级防腐等级的抗浮锚杆，可采用非预应力钢筋锚杆（图 4.4.4-1）或预应力钢绞线锚杆（图 4.4.4-2）。

4.4.5 非预应力钢筋锚杆杆体材料可采用普通螺纹钢筋或预应力混凝土用螺纹钢筋。钢筋伸入混凝土梁板内的锚固长度应符合现行国家标准《混凝土结构设计规范》GB 50010 的要求，钢筋伸入混凝土内的垂直长度不应小于基础梁高度或板厚度的一半，且不应小于 300mm。钢筋直径较大不宜弯折时，可采用锚板锚固在梁板混凝土内。预应力混凝土用螺纹钢筋严禁采用焊接接长，其杆体定位器严禁采用焊接安装。

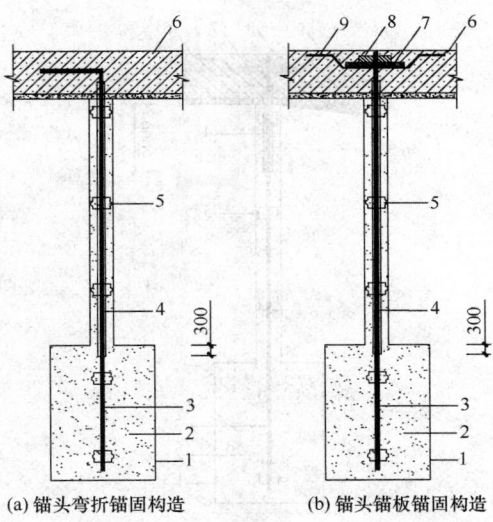

(a) 锚头弯折锚固构造 　　(b) 锚头锚板锚固构造

图 4.4.3-1 Ⅱ级防腐抗浮非预应力钢筋锚杆构造

1—扩大头；2—注浆体；3—锚杆杆体；4—杆体防腐涂层；5—杆体定位器；6—地下室底板；7—锚板；8—锚具；9—附加筋

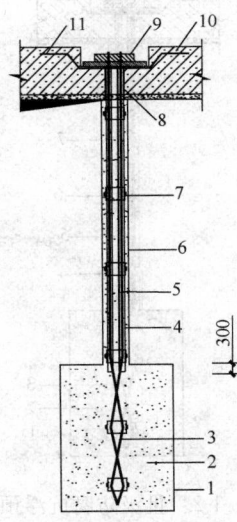

图 4.4.3-2 Ⅱ级防腐抗浮预应力钢绞线锚杆构造

1—扩大头；2—注浆体；3—锚杆杆体；4—套管；5—防腐油脂；6—自由段；7—杆体定位器；8—水密性构造；9—锚具；10—地下室底板；11—附加筋

4.4.6 预应力锚杆的锚头可采用混凝土封闭，封闭应符合底板结构的防水要求。

4.4.7 抗浮锚杆的平面布置，应根据浮力大小的区域变化和底板结构形式确定，并可考虑减小底板（梁）弯矩和厚度的要求。

4.4.8 抗浮锚杆的长度不宜小于 6m，扩大头长度不宜小于 2m，锚杆间距不应小于 2m。锚杆长度和间距应满足锚固体整体稳定性要求。

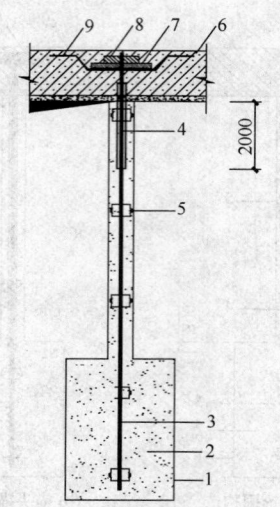

图 4.4.4-1　Ⅲ级防腐抗浮非预应力钢筋锚杆构造

1—扩大头；2—注浆体；3—锚杆杆体；4—杆体防腐涂层；5—杆体定位器；6—地下室底板；7—锚板；8—锚具；9—附加筋

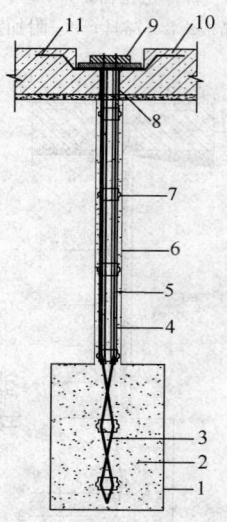

图 4.4.4-2　Ⅲ级防腐抗浮预应力
钢绞线锚杆构造

1—扩大头；2—注浆体；3—锚杆杆体；4—套管；5—防腐油脂；6—自由段；7—杆体定位器；8—水密性构造；9—锚具；10—地下室底板；11—附加筋

4.4.9　地下室整体和任一局部区域抗浮锚杆的抗拔力均应满足抵抗浮力的要求，其根数 n 按式（4.4.9-1）计算：

$$n \geqslant \frac{F_w - W}{T_{ak}} \qquad (4.4.9\text{-}1)$$

式中：F_w——作用于地下室整体或某一局部区域的浮力（kN）；

W——地下室整体或某一局部区域内抵抗浮

力的建筑物总重量（不包括活荷载）（kN）；

T_{ak}——单根抗浮锚杆的抗拔力特征值（kN）。

地下室整体和任一局部区域锚固体还均应满足锚固体整体稳定性要求，可按式（4.4.9-2）验算：

$$K_F = \frac{W' + W}{F_w} \geqslant 1.05 \qquad (4.4.9\text{-}2)$$

式中：K_F——抗浮稳定安全系数；

W'——地下室整体或某一局部区域内锚固范围土体的有效重量（kN）。锚固范围的深度可按锚杆底部破裂面以上范围计算，破裂角可取30°；平面范围可按地下室周边锚杆的包络面积计算，或取该局部区域周边锚杆与相邻锚杆的中分线（图4.4.9）。

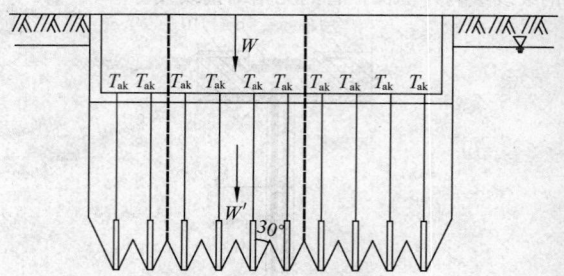

图 4.4.9　抗浮锚杆锚固体整体稳定计算示意图

4.5　基坑及边坡支护锚杆

4.5.1　高压喷射扩大头锚杆适用于基坑及边坡支护锚拉排桩、锚拉地下连续墙，或与其他支护结构联合使用。

4.5.2　锚杆扩大头应设置于具有一定埋深的稍密或稍密以上的碎石土、砂土、粉土以及可塑或可塑状态以上的黏性土中。

4.5.3　锚杆的布置应避免对相邻建（构）筑物的基础产生不良影响。

4.5.4　临时性锚杆应采用预应力钢绞线锚杆；永久性锚杆根据使用要求和地质条件，可选用非预应力锚杆或预应力锚杆（图4.5.4）。

4.5.5　锚杆的倾角不宜小于20°，且不应大于45°。

4.5.6　锚杆自由段的长度应按穿过潜在破裂面之后不小于锚孔孔口到基坑底距离的要求来确定，可按式（4.5.6）计算（图4.5.6），且不应小于10m；当扩大头前端有软土时，锚杆自由段长度还应完全穿过软土层。

$$L_f = \frac{(h_1 + h_2)\sin\left(45° - \dfrac{\varphi}{2}\right)}{\sin\left(45° + \dfrac{\varphi}{2} + \alpha\right)} + h_1 \qquad (4.5.6)$$

式中：L_f——锚杆自由段长度；

h_1——锚杆锚头中点至基坑底面的距离（m）；

h_2——净土压力零点（主动土压力等于被动土压力）到基坑底面的深度（m）；

φ——土体的内摩擦角（°）；对非均质土，可取净土压力零点至地面各土层的厚度加权平均值。

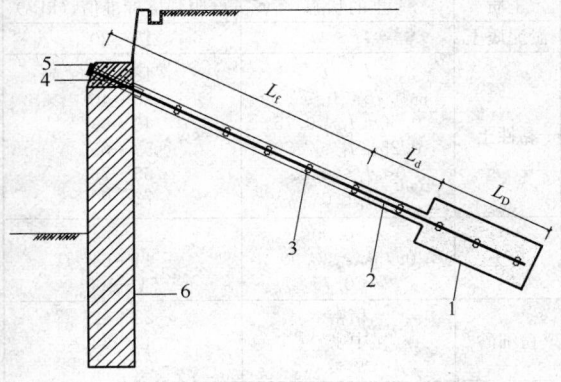

(a) 基坑支护锚杆

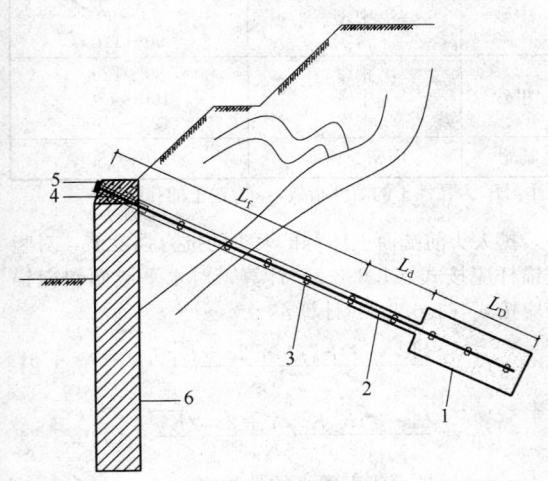

(b) 边坡支护锚杆

图 4.5.4 支护锚杆结构示意

1—扩大头；2—锚杆杆体；3—杆体定位器；4—过渡管；5—锚头；6—支护桩；

L_f—自由段；L_d—非扩大头锚固段；L_D—扩大头段

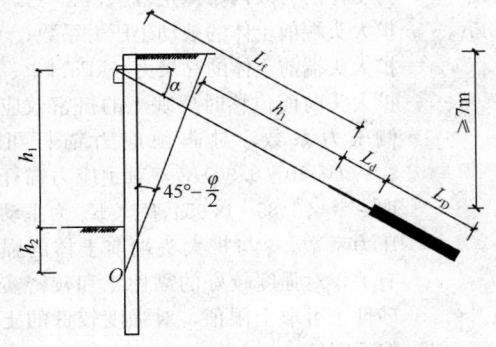

图 4.5.6 锚杆自由段长度计算简图

4.5.7 扩大头长度宜为 2m～6m，应按本规程第 4.6.5 条的规定计算确定；锚固段总长度（含扩大

长度）宜为 6m～10m，普通锚固段长度宜为 1m～4m。扩大头最小埋深不应小于 7m。

4.5.8 锚杆间距应符合下列规定：

　　1 水平间距不应小于 1.8m，竖向间距不应小于 3m；

　　2 扩大头的水平净距不应小于扩大头直径的 1 倍，且不应小于 1.0m，竖向净距不应小于扩大头直径的 2 倍；

　　3 当间距较小时，应加大锚杆长度、加大扩大头埋深，并将扩大头合理错开布置。

4.5.9 锚杆的长度、埋深和间距应满足锚固体稳定性要求。

4.5.10 对于允许位移较小、位移控制较严格的支护工程或其关键部位，或已建基坑及边坡支护工程出现位移过大或地面开裂等情况需进行加固时，应按位移控制的要求设计位移控制锚杆。

4.5.11 位移控制锚杆的结构布置应符合下列规定：

　　1 扩大头应设置在基坑开挖影响范围以外的稳定地层之中；

　　2 扩大头应设置于较密实的砂土、粉土或强度较高、压缩性较低的黏性土中；

　　3 锚头至扩大头应全长设置为自由段。

4.5.12 位移控制锚杆扩大头的设置除应符合本规程第 4.5.5～4.5.11 条的规定以外，尚应符合下列规定：

　　1 扩大头前端有软土层时，前端面到软土的距离不应小于扩大头直径的 7 倍；

　　2 扩大头前端面到潜在滑裂面的距离不应小于扩大头直径的 12 倍，扩大头的埋深不应小于扩大头直径的 15 倍；

　　3 基坑坡体土质条件较差时，可将扩大头设置在基坑底高程之下。

4.5.13 位移控制锚杆应按Ⅰ级安全等级设计，且在计算土压力时应根据控制位移的要求和土层力学条件，按位移与土压力的对应关系选取土压力值，必要时可取静止土压力值。

4.5.14 张拉锁定时，位移控制锚杆最大张拉荷载应为抗拔力特征值的 1.2 倍。

4.5.15 回转型锚杆杆体可采用无粘结钢绞线，承载体可采用合页夹形承载体、网筋注浆复合型承载体。

4.5.16 基坑及边坡支护锚杆除抗拔力应满足支护体系结构计算的要求外，锚杆锚固体尚应满足整体稳定性要求。锚固体整体稳定性验算可按本规程附录 B 执行，稳定安全系数不应小于 1.5。

4.6 锚杆结构设计计算

4.6.1 高压喷射扩大头锚杆的拉力应根据所服务的建（构）筑物的结构状况，按照国家现行标准《建筑

结构荷载规范》GB 50009、《混凝土结构设计规范》
GB 50010、《建筑边坡工程技术规范》GB 50330 和
《建筑基坑支护技术规程》JGJ 120 确定。

4.6.2 扩大头直径应根据土质和施工工艺参数通过
现场试验确定；无试验资料时，可按表 4.6.2 选用，
或者根据类似地质条件的施工经验选用，施工时应通
过现场试验或试验性施工验证。

表 4.6.2 高压喷射扩大头锚杆扩大头直径参考值

土　质		扩大头直径 D_2（m）		
		水泥浆扩孔	水和水泥浆扩孔	水和水泥浆复喷扩孔
黏性土	$0.5 \leqslant I_L < 0.75$	0.4～0.7	0.6～0.9	0.7～1.1
	$0.25 \leqslant I_L < 0.5$	—	0.5～0.8	0.6～1.0
	$0 \leqslant I_L < 0.25$	—	0.4～0.7	0.45～0.9
砂土	$0 < N < 10$	0.6～1.0	1.0～1.4	1.1～1.6
	$11 < N < 20$	0.5～0.8	0.9～1.3	1.0～1.5
	$21 < N < 30$	0.4～0.8	0.8～1.0	0.9～1.4
砾砂	$N < 30$	0.4～0.9	0.6～1.0	0.7～1.2

注：1　I_L 为黏性土液性指数，N 为标准贯入锤击数；
　　2　扩孔压力（25～30）MPa；喷嘴移动速度（10～25）
　　　　cm/min；转速（5～15）r/min。

4.6.3 高压喷射扩大头锚杆的抗拔力极限值与土
质、扩大头埋深、扩大头尺寸和施工工艺有关，应通
过现场原位基本试验按本规程第 6.2.7 条的规定确
定；无试验资料时，可按式（4.6.3-1）估算，但实
际施工时必须经过现场基本试验验证确定。

$$T_{uk} = \pi \left[D_1 L_d f_{mg1} + D_2 L_D f_{mg2} + \frac{(D_2^2 - D_1^2) p_D}{4} \right]$$
（4.6.3-1）

式中：T_{uk}——锚杆抗拔力极限值（kN）；
　　　D_1——锚杆钻孔直径（m）；
　　　D_2——扩大头直径（m）；
　　　L_d——锚杆普通锚固段的计算长度（m）。对
　　　　　　非预应力锚杆，取实际长度减去两倍
　　　　　　扩大头直径；对预应力锚杆取 $L_d = 0$；
　　　L_D——扩大头长度（m）；
　　　f_{mg1}——锚杆普通锚固段注浆体与土层间的摩
　　　　　　阻强度标准值（kPa），通过试验确定；
　　　　　　无试验资料时，可按表 4.6.3 取值；
　　　f_{mg2}——扩大头注浆体与土层间的摩阻强度标准
　　　　　　值（kPa），通过试验确定；无试验资料

时，可按表 4.6.3 取值；
　　　p_D——扩大头前端面土体对扩大头的抗力强
　　　　　　度值（kPa）。

表 4.6.3 注浆体与土层间的极限摩阻强度标准值

土质	土的状态	摩阻强度标准值（kPa）
淤泥质土		16～20
黏性土	$I_L > 1$	18～30
	$0.75 < I_L \leqslant 1$	30～40
	$0.50 < I_L \leqslant 0.75$	40～53
	$0.25 < I_L \leqslant 0.50$	53～65
	$0 < I_L \leqslant 0.25$	65～73
	$I_L < 0$	73～90
粉土	$e > 0.90$	22～44
	$0.75 < e \leqslant 0.90$	44～64
	$e < 0.75$	64～100
粉细砂	稍密	22～42
	中密	42～63
	密实	63～85
中砂	稍密	54～74
	中密	74～90
	密实	90～120
粗砂	稍密	80～120
	中密	100～130
	密实	120～150
砾砂	中密、密实	140～180

注：I_L 为黏性土的液性指数，e 为粉土的孔隙比。

　　扩大头前端面土体对扩大头的抗力强度值，对竖
直锚杆应按式（4.6.3-2）计算；对水平或倾斜向锚
杆应按式（4.6.3-3）计算：

$$p_D = \frac{(K_0 - \xi) K_p \gamma h + 2c \sqrt{K_p}}{1 - \xi K_p}$$
（4.6.3-2）

$$p_D = \frac{(1 - \xi) K_0 K_p \gamma h + 2c \sqrt{K_p}}{1 - \xi K_p}$$
（4.6.3-3）

式中：γ——扩大头上覆土体的重度（kN/m³）；
　　　h——扩大头上覆土体的厚度（m）；
　　　K_0——扩大头端前土体的静止土压力系数，可
　　　　　　由试验确定；无试验资料时，可按有关
　　　　　　地区经验取值，或取 $K_0 = 1 - \sin\varphi'$（φ'
　　　　　　为土体的有效内摩擦角）；
　　　K_p——扩大头端前土体的被动土压力系数；
　　　c——扩大头端前土体的黏聚力（kPa）；
　　　ξ——扩大头向前位移时反映土的挤密效应的
　　　　　　侧压力系数，对非预应力锚杆可取
　　　　　　$\xi = (0.50 \sim 0.90) K_a$，对预应力锚杆可
　　　　　　取 $\xi = (0.85 \sim 0.95) K_a$，$K_a$ 为主动土
　　　　　　压力系数。ξ 与扩大头端前土体的强度
　　　　　　有关，对强度较好的黏性土和较密实的
　　　　　　砂性土可取上限值，对强度较低的土应
　　　　　　取下限值。

4.6.4 锚杆抗拔力特征值应按下式确定：

$$T_{ak} = \frac{T_{uk}}{K} \geqslant N_k$$
（4.6.4）

式中：T_{ak}——锚杆抗拔力特征值（kN）；

T_{uk}——锚杆抗拔力极限值（kN）；

K——锚杆抗拔安全系数，按本规程表 4.1.1 取值；

N_k——荷载效应标准组合计算的锚杆拉力标准值（kN）。

4.6.5 扩大头长度尚应符合注浆体与杆体间的粘结强度安全要求，应按下式计算：

$$L_D \geqslant \frac{K_s T_{ak}}{n \pi d \zeta f_{ms} \psi} \qquad (4.6.5)$$

式中：K_s——杆体与注浆体的粘结安全系数，按本规程表 4.1.1 取值；

T_{ak}——锚杆抗拔力特征值（kN）；

L_D——锚杆扩大头的长度（m），当杆体自由段护套管或防腐涂层进入到扩大头内时，应取实际扩大头长度减去搭接长度；

d——杆体钢筋直径或单根钢绞线的直径（mm）；

f_{ms}——杆体与扩大头注浆体的极限粘结强度标准值（MPa），通过试验确定；当无试验资料时，可按本规程表 4.6.5 取值；

ζ——采用 2 根或 2 根以上钢筋或钢绞线时，粘结强度降低系数，竖直锚杆取 0.6～0.85；水平或倾斜向锚杆取 1.0；

ψ——扩大头长度对粘结强度的影响系数，按第 4.6.6 条取值；

n——钢筋的根数或钢绞线股数。

表 4.6.5　杆体与注浆体的极限粘结强度标准值

粘结材料	粘结强度标准值 f_{ms}（MPa）
水泥浆或水泥砂浆注浆体与螺纹钢筋	1.2～1.8
水泥浆或水泥砂浆注浆体与钢绞线	1.8～2.4

注：水泥强度等级不低于 42.5，水灰比 0.4～0.6。

4.6.6 扩大头长度对粘结强度的影响系数 ψ，应由试验确定；无试验资料时，可按表 4.6.6 取值。

表 4.6.6　扩大头长度对粘结强度的 影响系数 ψ 建议值

锚固地层	土		层	
扩大头长度（m）	2～3	3～4	4～5	5～6
粘结强度影响系数 ψ	1.6	1.5	1.4	1.3

4.6.7 扩大头长度不能满足第 4.6.5 条规定或采用无粘结杆体时，可在扩大头长度范围内杆体上设置一个或多个承载体。承载体的承载力和数量应通过锚杆

基本试验确定，其安全系数不应小于表 4.1.1 中锚杆抗拔安全系数 K。

4.6.8 锚杆杆体的截面面积应符合下列公式规定：

$$A_s \geqslant \frac{K_t T_{ak}}{f_y} \qquad (4.6.8-1)$$

$$A_s \geqslant \frac{K_t T_{ak}}{f_{py}} \qquad (4.6.8-2)$$

式中：K_t——锚杆杆体的抗拉断综合安全系数，应根据锚杆的使用期限和防腐等级确定，临时性锚杆取 $K_t=1.1～1.2$，永久性锚杆取 $K_t=1.5～1.6$（其中，一级防腐应取上限值，二级防腐应取中值，三级防腐和三级以下应取下限值）；

T_{ak}——锚杆的抗拔力特征值（kN）；

f_y、f_{py}——预应力混凝土用螺纹钢筋和普通热轧钢筋的抗拉强度设计值、钢绞线和热处理钢筋的抗拉强度设计值（kPa）。

4.6.9 锚杆的轴向刚度系数应由试验确定。当无试验资料时可按下式估算：

$$k_T = \frac{A_s E_s}{L_c} \qquad (4.6.9)$$

式中：k_T——锚杆的轴向刚度系数（kN/m）；

A_s——锚杆杆体的截面面积（m^2）；

E_s——锚杆杆体的弹性模量（kN/m^2）；

L_c——锚杆杆体的变形计算长度(m)，可取 $L_c = L_f～L_f+L_d$。

4.7　初始预应力

4.7.1 高压喷射扩大头锚杆用于建筑物抗浮的预应力锚杆时，其初始预应力（张拉锁定值）应根据建筑物工作条件下地下水位变幅、地基承载能力和锚头承载结构状况等因素按预期的预应力值确定。

4.7.2 高压喷射扩大头锚杆用于基坑和边坡支护的预应力锚杆时，其初始预应力应根据地层条件和支护结构变形要求确定，宜取抗拔力特征值的 60%～85%。

5　施工和工程质量检验

5.1　一般规定

5.1.1 高压喷射扩大头锚杆施工所用的原材料和施工设备的主要技术性能应符合现行国家标准《工业建筑防腐蚀设计规范》GB 50046 和设计要求。

5.1.2 施工前应根据设计要求和地质条件进行现场工艺试验，调整和确定合适的工艺参数，检验扩大头直径和锚杆抗拔力。

5.1.3 扩大头直径的检验可采用下列方法：

1 有条件时可在相同地质单元或土层中进行扩孔试验，通过现场量测和现场开挖量测；

2 在正式施工前，应在锚杆设计位置进行试验性施工，计量水泥浆灌浆量，通过灌浆量计算扩大头直径；

3 在施工中应对每一根工程锚杆现场实时计量水泥浆灌浆量并通过灌浆量计算扩大头直径。

5.1.4 扩大头的位置和长度应根据达到设计要求的高压喷射压力和提升速度的起始和终止位置计算。

5.1.5 高压喷射扩大头锚杆施工采用的钻机宜具有自动监测记录钻头钻进和提升速度、钻头深度以及扩孔过程中水或浆的压力和流量的功能，在施工过程中应对每一根锚杆全过程监测记录钻头深度、钻头钻进和提升速度、水或浆的压力和流量等数据，应按本规程第5.1.3条第3款和第5.1.4条计算扩大头位置、长度和直径。

5.1.6 试验锚杆达到28d龄期或浆体强度达到设计强度的80%后，应进行基本试验以检验抗拔力。扩大头直径的检测结果与抗拔力检测结果应反馈给设计人，必要时应调整有关设计参数。

5.1.7 工程锚杆达到28d龄期或浆体强度达到设计强度的80%后，应进行抗拔力验收试验以检验锚杆施工质量。当扩大头直径和长度的检测结果与抗拔力验收试验的检测结果不符时，应以抗拔力验收试验的结论为判定标准。

5.2 杆 体 制 作

5.2.1 高压喷射扩大头锚杆杆体原材料的制作应符合下列规定：

1 杆体原材料上不应带有可能影响其与注浆体有效粘结或影响锚杆使用寿命的有害物质；受有害物质污染的杆体原材料不得使用；

2 钢筋、钢绞线或钢丝应采用切割机切断，不得采用电弧切割；

3 加工完成的杆体在储存、搬运、安放时，应避免机械损伤、介质侵蚀和污染。

5.2.2 钢筋锚杆杆体的制作应符合下列规定：

1 制作前钢筋应平直、除锈；

2 普通螺纹钢筋接长可采用焊接或机械连接；当采用双面焊接时，焊缝长度不应小于5倍钢筋直径；预应力混凝土用螺纹钢筋接长应采用专用连接器；

3 沿杆体轴线方向每隔1.0m～2.0m应设置一个杆体定位器，注浆管应与杆体绑扎牢固，绑扎材料不宜采用镀锌材料；

4 当锚杆的杆体采用预应力混凝土用螺纹钢筋时，严禁在杆体上进行任何电焊操作。

5.2.3 钢绞线或高强钢丝锚杆杆体的制作应符合下列规定：

1 钢绞线或高强钢丝应清除锈斑，下料长度应考虑钻孔深度和张拉锁定长度，应确保有效长度不小于设计长度；

2 钢绞线或高强钢丝应平直排列，应在杆体全长范围沿杆体轴线方向每隔1.0m～1.5m设置一个定位器，注浆管应与杆体绑扎牢固，绑扎材料不宜采用镀锌材料。

5.2.4 回转型锚杆杆体的制作应符合下列规定：

1 用作可回收锚杆的回转型锚杆，杆体材料可采用无粘结钢绞线；用作腐蚀环境中的永久性锚杆，杆体材料应采用无粘结钢绞线，必要时应采用有外套保护管的无粘结钢绞线；

2 采用网筋注浆复合承载体时，网筋设置长度不应小于扩大头长度，并应包围杆体回转段四周；采用合页夹形承载体时应保证合页夹与钢绞线可靠连接且合页夹进入扩大头后能自由张开；采用聚酯纤维承载体时，无粘结钢绞线应绕承载体弯曲成U形，并应采用钢带与承载体绑扎牢固；采用钢板承载体时，挤压锚固件应与钢板可靠连接；

3 安装承载体时，不得损坏钢绞线的防腐油脂和外包塑料（HDPE或PP）软管。

5.2.5 锚杆杆体的储存应符合下列规定：

1 杆体制作完成后应尽早使用，不宜长期存放；

2 制作完成的杆体不得露天存放，宜存放在干燥清洁的场所。应避免机械损伤或油渍溅落在杆体上；

3 当存放环境相对湿度超过85%时，杆体外露部分应进行防潮处理；

4 对存放时间较长的杆体，在使用前应进行严格检查。

5.3 钻 孔

5.3.1 高压喷射扩大头锚杆钻孔应符合下列规定：

1 钻孔前，应根据设计要求和地层条件，定出孔位，作出标记；

2 锚杆水平、垂直方向的孔距误差不应大于100mm；钻头直径不应小于设计钻孔直径3mm；

3 钻孔角度偏差不应大于2°；

4 锚杆钻孔的深度不应小于设计长度，且不宜大于设计长度500mm。

5.3.2 在不会出现塌孔和涌砂流土的稳定地层中，对于竖直向锚杆可采用钻杆钻孔；对于下列各种情形均应采用套管护壁钻孔：

1 存在不稳定地层；

2 存在受扰动易出现涌砂流土的粉土；

3 存在易塌孔的砂层；

4 存在易缩颈的淤泥等软土地层；

5 水平或水平向倾斜锚杆；

6 回转型锚杆。

5.4 扩 孔

5.4.1 高压喷射扩大头锚杆的高压喷射扩孔施工工艺参数应根据土质条件和扩大头直径通过试验或工程经验确定，正式施工前应进行试验性施工验证，并应在施工中严格控制。

5.4.2 扩孔的喷射压力不应小于 20MPa，喷嘴给进或提升速度可取（10～25）cm/min，喷嘴转速可取（5～15）r/min。

5.4.3 用于扩孔的水应符合本规程第 4.2.4 条的要求。

5.4.4 高压喷射注浆的水泥，宜采用强度等级不低于 42.5 的普通硅酸盐水泥。

5.4.5 水泥浆液的水灰比应按工艺和设备要求确定，可取 1.0～1.5。

5.4.6 连接高压注浆泵和钻机的输送高压喷射液体的高压管的长度不宜大于 50m。

5.4.7 当喷射注浆管贯入锚孔中，喷嘴达到设计扩大头位置时，可按设计规定的工艺参数进行高压喷射扩孔。喷管应均匀旋转、均匀提升或下沉，由上而下或由下而上进行高压喷射扩孔。喷射管分段提升或下沉的搭接长度不得小于 100mm。

5.4.8 高压喷射扩孔可采用水或水泥浆。采用水泥浆液扩孔工艺时，应至少上下往返扩孔两遍；采用清水扩孔工艺时，最后还应采用水泥浆液扩孔一遍。

5.4.9 在高压喷射扩孔过程中出现压力骤然下降或上升时，应查明原因并应及时采取措施，恢复正常后方可继续施工。

5.4.10 施工中应严格按照施工参数施工，应按本规程附录 C.0.1 的表格由钻机自动监测记录并按本规程附录 C.0.2 的表格做好各项记录。

5.5 杆 体 安 放

5.5.1 高压喷射扩大头锚杆扩孔完成后，应立即取出喷管并将锚杆杆体放入锚孔到设计深度。采用套管护壁钻孔时，应在杆体放入钻孔到设计深度后再将套管拔出。

5.5.2 锚杆杆体的安放应符合下列规定：

1 在杆体放入锚孔前，应检查杆体的长度和加工质量，确保满足设计要求；

2 安放杆体时，应防止扭结和弯曲；注浆管宜随杆体一同放入锚孔，注浆管到孔底的距离不应大于 300mm；

3 安放杆体时，不得损坏防腐层，不得影响正常的注浆作业；杆体安放后，不得随意敲击，不得悬挂重物；

4 锚杆杆体插入孔内的深度不应小于设计长度，杆体角度偏差不应大于 2%。

5.6 注 浆

5.6.1 高压喷射扩大头锚杆注浆应符合下列规定：

1 向下倾斜或竖向的锚杆注浆，注浆管的出浆口至孔底的距离不应大于 300mm，浆液应自下而上连续灌注，且应确保从孔内顺利排水、排气；

2 向上倾斜的锚杆注浆，应在孔口设置密封装置，将排气管端口设于孔底，注浆管的出浆口应设在离密封装置约 50cm 处；

3 注浆设备的浆液生产能力应能满足计划量的需要，额定压力应能满足注浆要求，采用的注浆管应能在 1h 内完成单根锚杆的连续注浆；

4 注浆后不得随意敲击杆体，也不得在杆体上悬挂重物。

5.6.2 注浆材料应根据设计要求确定，材料性质不得对杆体产生不良影响。宜采用水灰比为 0.4～0.6 的纯水泥浆。采用水泥砂浆时，应进行现场配比试验，检验其浆液的流动性和浆体强度能否达到设计和施工工艺的要求。

5.6.3 注浆浆液应搅拌均匀，随拌随用，并应在初凝前用完。应采取防止石块、杂物混入浆液的措施。

5.6.4 当孔口溢出浆液或排气管排出的浆液与注入浆液颜色和浓度一致时，方可停止注浆。

5.6.5 锚固段注浆体的抗压强度不应小于 20MPa，浆体强度检验用的试块数量，若单日施工的锚杆数量不足 30 根，则每累计 30 根锚杆不应少于一组；若单日施工的锚杆数量超过 30 根，则每天不应少于一组。每组试块的数量不应少于 6 个。

5.7 张拉和锁定

5.7.1 高压喷射扩大头锚杆采用预应力锚杆时，其张拉和锁定应符合下列规定：

1 锚杆承载构件的承压面应平整，并与锚杆轴线方向垂直；

2 锚杆张拉前应对张拉设备进行标定；

3 锚杆张拉应在同批次锚杆验收试验合格后，且承载构件的混凝土抗压强度值不低于设计要求时进行；

4 锚杆正式张拉前，应取 10%～20% 抗拔力特征值 T_{ak} 对锚杆预张拉 1 次～2 次，每次均应松开锚具工具夹片调平钢绞线后重新安装夹片，使杆体完全平直，各部位接触紧密；

5 锚杆应采用符合现行国家标准《预应力筋用锚具、夹具和连接器》GB/T 14370 和设计要求的锚具。

5.7.2 锚杆张拉至 $1.10T_{ak}$～$1.20T_{ak}$ 时，对砂性土层应持荷 10min，对黏性土层应持荷 15min，然后卸荷至设计要求的张拉锁定值进行锁定。锚杆张拉荷载的分级和位移观测时间应按表 5.7.2 的规定。

表 5.7.2 锚杆张拉荷载分级和位移观测时间

荷载分级	位移观测时间（min）		加荷速率（kN/min）
	岩层、砂土层	黏性土层	
$0.10T_{ak} \sim 0.20T_{ak}$	2	2	不大于 100
$0.50T_{ak}$	5	5	
$0.75T_{ak}$	5	5	
$1.00T_{ak}$	5	10	不大于 50
$1.10T_{ak} \sim 1.20T_{ak}$	10	15	

注：T_{ak}——锚杆抗拔力特征值。

5.7.3 抗浮预应力锚杆锁定时间的确定，应考虑现场条件和后续主体结构施工对预应力值的影响。

5.7.4 基坑支护预应力锚杆的锁定，应在该层锚杆孔口高程以下土方开挖之前完成。

5.8 工程质量检验

5.8.1 高压喷射扩大头锚杆原材料的质量检验应包括下列内容：

1 原材料出厂合格证；
2 材料现场抽检试验报告；
3 锚杆浆体强度等级检验报告。

5.8.2 锚杆的抗拔力检验应按照本规程第 6.4 节验收试验的规定进行。抗拔力验收试验的数量不应小于工程锚杆总数的 5% 且不少于 3 根。锚杆验收试验出现不合格锚杆时，应增加锚杆试验数量，增加的锚杆试验根数应为不合格锚杆的 3 倍。

5.8.3 锚杆的质量检验应符合表 5.8.3 的规定。

表 5.8.3 锚杆工程质量检验标准

项目	序号	检查项目	允许偏差或允许值	检查方法
主控项目	1	锚杆杆体插入长度（mm）	+100 −30	用钢尺量
	2	锚杆拉力特征值（kN）	设计要求	现场抗拔试验
	3	扩孔压力（MPa）	±10%	钻机自动监测记录或现场监测
	4	喷嘴给进和提升速度（cm/min）	±10%	钻机自动监测记录或现场监测
	5	扩大头长度（mm）	±100	钻机自动监测记录或现场监测
	6	扩大头直径（mm）	≥1.0 倍设计直径	钻机自动监测记录

续表 5.8.3

项目	序号	检查项目	允许偏差或允许值	检查方法
一般项目	1	锚杆位置（mm）	100	用钢尺量
	2	钻孔倾斜度（°）	±2	测斜仪等
	3	浆体强度（MPa）	设计要求	试样送检
	4	注浆量（L）	大于理论计算浆量	检查计量数据
	5	杆体总长度（m）	不小于设计长度	用钢尺量

5.8.4 锚杆工程验收应提交下列资料：

1 原材料出厂合格证、原材料现场抽检试验报告、水泥浆或水泥砂浆试块抗压强度等级试验报告；
2 按本规程附录 C 的内容和格式提供的钻机自动监测记录和锚杆工程施工记录；
3 锚杆验收试验报告；
4 隐蔽工程检查验收记录；
5 设计变更报告；
6 工程重大问题处理文件；
7 竣工图。

5.9 不合格锚杆处理

5.9.1 对抗拔力不合格的锚杆，应废弃或降低标准使用。

5.9.2 锚杆抗拔力验收试验出现不合格锚杆时，在不影响结构整体受力的条件下，可分区按力学效用相同的不合格锚杆占总量的比率推算锚杆实际总抗拔力与设计总抗拔力的差值，按不小于差值的原则增补锚杆。

6 试 验

6.1 一 般 规 定

6.1.1 高压喷射扩大头锚杆的最大试验荷载不宜大于锚杆杆体极限承载力的 80%。

6.1.2 试验用计量仪表（压力表、测力计、位移计）应满足测试要求的精度和量程。

6.1.3 试验用加荷装置（千斤顶、油泵）的额定压力应满足最大试验荷载的要求。

6.1.4 锚杆抗拔试验应在注浆体满 28d 龄期或注浆体强度达到设计强度 80% 后进行。

6.2 基 本 试 验

6.2.1 高压喷射扩大头锚杆应进行现场基本试验以确定锚杆的抗拔力极限值。

6.2.2 锚杆基本试验采用的地层条件、杆体材料、锚杆参数和施工工艺应与工程锚杆相同，且试验数量不应少于 3 根。为得出锚固体的抗拔力极限值，避免杆体先行断裂，当杆体强度不能满足本规程第 6.1.1 条时，可加大杆体的截面面积。

6.2.3 锚杆基本试验应采用分级循环加荷，加荷等级和位移观测时间应符合表 6.2.3 的规定。

6.2.4 锚杆基本试验出现下列情况之一时，可判定锚杆破坏：

　　1 后一级荷载产生的锚头位移增量达到或超过前一级荷载产生的位移增量的 2 倍；

　　2 锚头位移持续增长；

　　3 锚杆杆体破坏。

表 6.2.3 锚杆基本试验循环加荷等级和观测时间

	初始荷载	—	—		10			
预应力锚杆加荷量 $\dfrac{P}{A_s f_{ptk}}$（%）或 $\dfrac{P}{A_s f_{yk}}$（%）	第一循环	10	—	—	30			10
	第二循环	10	—	40		30		10
	第三循环	10	30	40	50	40	30	10
	第四循环	10	40	50	60	50	40	10
	第五循环	10	50	60	70	60	50	10
	第六循环	10	60	70	80	70	60	10
观测时间（min）		5	5	5	10	5	5	5

注：1　第五循环前加荷速率为 100kN/min，第六循环的加荷速率为 50kN/min；

　　2　在每级加荷观测时间内，测读位移不应少于 3 次；

　　3　在每级加荷观测时间内，锚头位移增量小于 0.1mm 时，可施加下一级荷载，否则应延长观测时间，直至锚头位移增量在 2h 内小于 2.0mm 时，方可施加下一级荷载。

6.2.5 锚杆基本试验结果宜按荷载与对应的锚头位移列表整理，并按本规程附录 D 绘制锚杆荷载-位移（P-S）曲线、锚杆荷载-弹性位移（P-S_e）曲线和锚杆荷载-塑性位移（P-S_p）曲线。

6.2.6 单根锚杆抗拔力极限值应取破坏荷载的前一级荷载。在最大试验荷载下未达到本规程第 6.2.4 条规定的破坏标准时，锚杆的抗拔力极限值应取最大试验荷载。

6.2.7 当每组试验锚杆抗拔力极限值的极差与平均值的比值不大于 0.3 时，应取平均值的 95% 与最小值之间的较大者作为锚杆抗拔力极限值。当极差与平均值的比值大于 0.3 时，可增加试验锚杆数量，分析极差过大的原因，结合工程具体情况确定抗拔力极限值。

6.3 蠕 变 试 验

6.3.1 对用于塑性指数大于 17 的土层中的高压喷射扩大头锚杆，应进行蠕变试验。进行蠕变试验的锚杆不得少于 3 根。

6.3.2 锚杆蠕变试验的加荷等级和观测时间应符合表 6.3.2 的规定。在观测时间内荷载应保持恒定。

表 6.3.2 锚杆蠕变试验的加荷等级和观测时间

加荷等级	观测时间（min）	
	临时性锚杆	永久性锚杆
$0.25T_{ak}$	—	10
$0.50T_{ak}$	10	30
$0.75T_{ak}$	30	60
$1.00T_{ak}$	60	120
$1.25T_{ak}$	90	240
$1.50T_{ak}$	120	360

6.3.3 在每级荷载下按时间 1、2、3、4、5、10、15、20、30、45、60、75、90、120、150、180、210、240、270、300、330、360min 记录蠕变量。

6.3.4 试验结果可按荷载-时间-蠕变量整理，并按本规程附录 E 绘制蠕变量-时间对数（S-lg$t$）曲线。蠕变率可由下式计算：

$$K_e = \frac{S_2 - S_1}{\lg t_2 - \lg t_1} \quad (6.3.4)$$

式中：S_1——t_1 时所测得的蠕变量；

　　　　S_2——t_2 时所测得的蠕变量。

6.3.5 锚杆在最后一级荷载作用下的蠕变率不应大于 2.0mm/对数周期。

6.4 验 收 试 验

6.4.1 永久性的高压喷射扩大头锚杆最大试验荷载不应小于锚杆抗拔力特征值的 1.5 倍；临时性锚杆的最大试验荷载不应小于锚杆抗拔力特征值的 1.2 倍。

6.4.2 验收试验应分级加荷，初始荷载宜取锚杆抗拔力特征值的 10%，分级加荷值宜取锚杆抗拔力特征值的 50%、75%、1.00 倍、1.20 倍、1.35 倍和 1.50 倍。

6.4.3 验收试验中，每级荷载的稳定时间均不应小于 5min，最后一级荷载的稳定时间应为 10min，并应记录每级荷载下的位移增量。如在上述稳定时间内锚头位移增量不超过 1.0mm，可认为锚头位移收敛稳定；否则该级荷载应再维持 50min，并在 20、30、40、50 和 60min 时记录锚杆位移增量。

6.4.4 加荷至最大试验荷载并观测 10min，待位移稳定后即卸荷，然后加荷至锁定荷载锁定。试验结果应按本规程附录 F 绘制荷载-位移（P-S）曲线。

6.4.5 对预应力锚杆,当符合下列要求时,应判定验收合格:

    1 在最大试验荷载下所测得的弹性位移量,应大于该荷载下杆体自由段长度理论弹性伸长值的60%(非位移控制锚杆)或80%(位移控制锚杆),且小于锚头到扩大头之间杆体长度的理论弹性伸长值;

    2 在最后一级荷载作用下锚头位移应收敛稳定。

6.4.6 对非预应力锚杆,当符合下列要求时,应判定验收合格:

    1 在抗拔力特征值荷载下所测得的位移量应小于锚杆工作位移允许值;

    2 在最后一级荷载作用下锚头位移应收敛稳定。

附录 A 锚杆杆体材料力学性能

A.0.1 1×2 结构钢绞线的力学性能应符合表 A.0.1 的规定。

表 A.0.1 1×2 结构钢绞线力学性能

钢绞线结构	钢绞线公称直径 D_n (mm)	钢绞线参考截面面积 A_s (mm²)	抗拉强度标准值 f_{ptk} (MPa)	抗拉强度设计值 f_{py} (MPa)	整根钢绞线的最大力 F_m (kN)	整根钢绞线的设计力 F_{py} (kN)
1×2	5.00	9.82	1570	1110	15.4	10.9
			1720	1220	16.9	12.0
			1860	1320	18.3	13.0
			1960	1400	19.2	13.7
	5.80	13.2	1570	1110	20.7	14.6
			1720	1220	22.7	16.1
			1860	1320	24.6	17.5
			1960	1400	25.9	18.5
	8.00	25.1	1470	1040	36.9	26.0
			1570	1110	39.4	27.9
			1720	1220	43.2	30.6
			1860	1320	46.7	33.2
			1960	1400	49.2	35.1
	10.00	39.3	1470	1040	57.8	40.7
			1570	1110	61.7	43.6
			1720	1220	67.6	47.9
			1860	1320	73.1	52.0
			1960	1400	77.0	54.9
	12.00	56.5	1470	1040	83.1	58.6
			1570	1110	88.7	62.7
			1720	1220	97.2	68.9
			1860	1320	105.0	74.7

注:钢绞线公称直径指钢绞线外接圆直径的名义尺寸。

A.0.2 1×3 结构钢绞线的力学性能应符合表 A.0.2 的规定。

表 A.0.2 1×3 结构钢绞线力学性能

钢绞线结构	钢绞线公称直径 D_n (mm)	钢绞线参考截面面积 A_s (mm²)	抗拉强度标准值 f_{ptk} (MPa)	抗拉强度设计值 f_{py} (MPa)	整根钢绞线的最大力 F_m (kN)	整根钢绞线的设计力 F_{py} (kN)
1×3	6.20	19.8	1570	1110	31.1	22.0
			1720	1220	34.1	24.2
			1860	1320	36.8	26.1
			1960	1400	38.8	27.7
	6.50	21.2	1570	1110	33.3	23.5
			1720	1220	36.5	25.9
			1860	1320	39.4	28.0
			1960	1400	41.6	29.7
	8.60	37.7	1470	1040	55.4	39.1
			1570	1110	59.2	41.9
			1720	1220	64.8	45.9
			1860	1320	70.1	49.6
			1960	1400	73.9	52.7
	8.74	38.6	1570	1110	60.6	42.8
			1670	1180	64.5	45.7
			1860	1320	71.8	51.0
	10.80	58.9	1470	1040	86.6	61.1
			1570	1110	92.5	65.4
			1720	1220	101.0	71.6
			1860	1320	110.0	78.1
			1960	1400	115.0	82.0
	12.90	84.8	1470	1040	125.0	88.1
			1570	1110	133.0	94.0
			1720	1220	146.0	103.5
			1860	1320	158.0	112.2
			1960	1400	166.0	118.4
(1×3)I	8.74	38.6	1570	1110	60.6	42.8
			1670	1180	64.5	45.7
			1860	1320	71.8	51.0

注:(1×3)I结构为用 3 根刻痕钢丝捻制的钢绞线。

A.0.3 1×7 结构钢绞线的力学性能应符合表 A.0.3 的规定。

表 A.0.3　1×7 结构钢绞线力学性能

钢绞线结构	钢绞线公称直径 D_n (mm)	钢绞线参考截面面积 A_s (mm²)	抗拉强度标准值 f_{ptk} (MPa)	抗拉强度设计值 f_{py} (MPa)	整根钢绞线的最大力 F_m (kN)	整根钢绞线的设计力 F_{py} (kN)
1×7	9.50	54.8	1720	1220	94.3	66.9
			1860	1320	102.0	72.4
			1960	1400	107.0	76.3
	11.10	74.2	1720	1220	128.0	90.8
			1860	1320	138.0	98.0
			1960	1400	145.0	103.4
	12.70	98.7	1720	1220	170.0	120.5
			1860	1320	184.0	130.6
			1960	1400	193.0	137.6
	15.20	140.0	1470	1040	206.0	145.2
			1570	1110	220.0	155.5
			1670	1180	234.0	165.7
			1720	1220	241.0	170.9
			1860	1320	260.0	184.6
			1960	1400	274.0	195.4
	15.70	150.0	1770	1220	266.0	188.6
			1860	1320	279.0	198.1
	17.80	191.0	1720	1220	327.0	231.8
			1860	1320	353.0	250.6
(1×7)C	12.70	112.0	1860	1320	208.0	147.7
	15.20	165.0	1820	1290	300.0	213.0
	18.00	223.0	1720	1220	384.0	272.3

注：(1×7) C 结构为用 7 根刻痕钢丝捻制又经模拔的钢绞线。

A.0.4　预应力混凝土用螺纹钢筋的力学特性应符合表 A.0.4 的规定。

表 A.0.4　预应力混凝土用螺纹钢筋力学特性

级别	屈服强度 f_y (MPa)	抗拉强度标准值 f_{yk} (MPa)	断后伸长率 A (%)	最大力下总伸长率 A_{gt} (%)	应力松弛性能 初始应力	应力松弛性能 1000h 后应力松弛率 (%)
	不小于					
PSB785	785	980	7			
PSB830	830	1030	6	3.5	0.8f_y	≤3
PSB930	930	1080	6			
PSB1080	1080	1230	6			

注：预应力混凝土用螺纹钢筋抗拉强度设计值采用表中屈服强度除以 1.2。

A.0.5　热处理钢筋的力学特性应符合表 A.0.5 的规定。

表 A.0.5　热处理钢筋力学特性

钢筋种类	钢筋直径 d (mm)	抗拉强度标准值 f_{ptk} (MPa)	抗拉强度设计值 f_{py} (MPa)
40Si2Mn	6		
48Si2Mn	8.2	1470	1040
45Si2Cr	10		

A.0.6　普通螺纹钢筋的力学特性应符合表 A.0.6 的规定。

表 A.0.6　普通螺纹钢筋力学特性

	钢筋种类	钢筋直径 d (mm)	抗拉强度标准值 f_{yk} (MPa)	抗拉强度设计值 f_y (MPa)
热轧钢筋	HRB335 (20MnSi)	6~50	335	300
	HRB400 (20MnSiV、20MnSiNb、20MnTi)	6~50	400	360
	RRB400 (K20MnSi)	8~40	400	360

附录 B　支护锚杆锚固体整体稳定性验算

B.0.1　单排锚杆支护的整体稳定性验算可采用 Kranz 方法（图 B.0.1），由锚固体中心 c 向挡土结构下端假设支点 b 连成一条直线，并假设 bc 线为深部滑动线，再通过 c 点垂直向上作直线 cd，这样 abcd 块体上除作用有自重 W 外，还作用有 E_a、E_1 和 Q。当块体处于平衡状态时，可利用力多边形求得锚杆承受的最大拉力 R_{max}，其水平分力 $R_{h,max}$ 与锚杆抗拔力特征值的水平分力之比为整体稳定性安全系数。

锚杆最大拉力的水平分为 $R_{h,max}$ 也可根据图 B.0.1 (c) 所示的力平衡关系按下列公式求得（砂性土层时，c＝0）：

$$E_{rh} = [W - (E_{ah} - E_{1h})\tan\delta]\tan(\varphi - \theta) \quad (B.0.1-1)$$

$$R_{h,max} = \frac{E_{ah} - E_{1h} + E_{rh}}{1 + \tan\alpha\tan(\varphi - \theta)} \quad (B.0.1-2)$$

式中：W——深层滑动线上部的土重；

E_{ah}——挡土结构上端至挡土结构假设支点间所受的主动土压力的水平分力；

E_{1h}——假设的锚固壁面上所受的主动土压力的水平分力；

δ——墙与土间的摩擦角；

φ——土的内摩擦角；

θ——深层滑动线的倾角；

α——锚杆倾角。

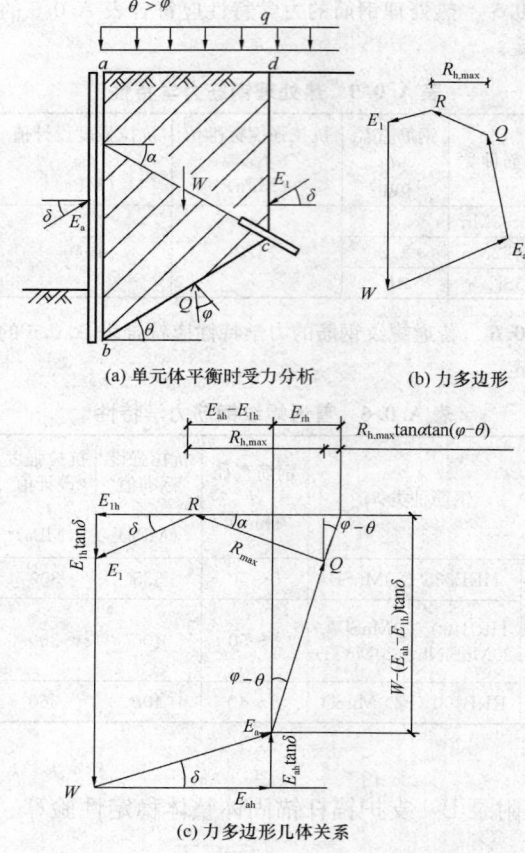

(a) 单元体平衡时受力分析　　(b) 力多边形

(c) 力多边形几体关系

图 B.0.1　单排锚杆锚固体整体稳定性验算示意

B.0.2　双排锚杆支护的整体稳定性验算可采用 Kranz 方法（图 B.0.2），上排锚杆锚固体在下排锚杆

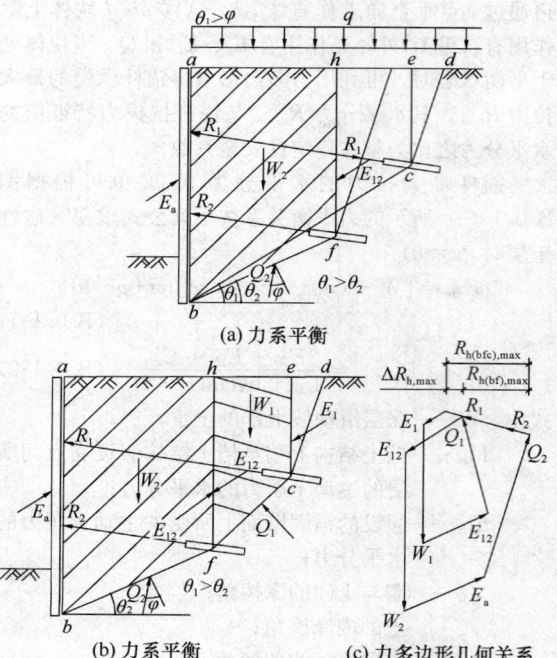

(a) 力系平衡

(b) 力系平衡　　　(c) 力多边形几何关系

图 B.0.2　双排锚杆锚固体整体稳定性验算示意

锚固体滑动楔体的外侧，滑动面 bc 的倾角比下排锚杆滑动面 bf 的倾角大（$\theta_1 > \theta_2$）。此时整体稳定性安全系数可按下列公式计算：

$$F_{bc} = \frac{R_{h(bc),max}}{P_{0(1h)} + P_{0(2h)}} \tag{B.0.2-1}$$

$$F_{bf} = \frac{R_{h(bf),max}}{P_{0(2h)}} \tag{B.0.2-2}$$

$$F_{bfc} = \frac{R_{h(bfc),max}}{P_{0(1h)} + P_{0(2h)}} \tag{B.0.2-3}$$

$$F'_{bf} = \frac{R_{h(bf),max}}{P_{0(1h)} + P_{0(2h)}} \tag{B.0.2-4}$$

附录 C　高压喷射扩大头锚杆施工记录表

C.0.1　高压喷射扩大头锚杆施工钻机自动监测记录表格宜符合表 C.0.1 的规定。

表 C.0.1　高压喷射扩大头锚杆钻机
自动监测记录表

工程名称：　　　锚杆编号：　　日期：　年　月　日

时间	深度 (m)	钻进/提升 速度 (cm/min)	转速 (r/min)	压力 (MPa)	流量 (L/min)
扩大头长度 (m)			钻孔总深度 (m)		
扩大头直径 (m)			总灌浆量 (L)		

业主（监理）：___ 质检员：___ 机长：___

C.0.2　高压喷射扩大头锚杆施工记录表格宜符合表 C.0.2 的规定。

表 C.0.2　高压喷射扩大头锚杆施工记录表

工程名称：

锚杆编号	开钻时间	终孔时间	钻孔深度(m)	钻头直径(mm)	一次扩孔（水）					二次扩孔（水）					浆液扩孔 水灰比：						下锚		注浆 水灰比：	
					压力(MPa)	开喷深度(m)	开喷时间	停喷时间	停喷深度(m)	压力(MPa)	开喷深度(m)	开喷时间	停喷时间	停喷深度(m)	压力(MPa)	开喷深度(m)	开喷时间	停喷时间	停喷深度(m)	水泥用量(包)	下锚时间	锚杆部长	起止时间	注浆量(L)

业主（监理）：　　　　　质检员：　　　　　机长：　　　　　记录：

附录 D　锚杆基本试验曲线

D.0.1　锚杆基本试验荷载-位移曲线宜符合图 D.0.1 的规定。

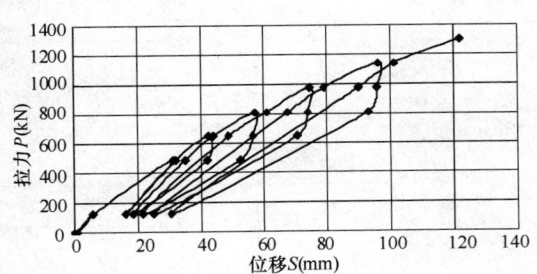

图 D.0.1　荷载-位移曲线

D.0.2　锚杆基本试验荷载-弹性位移、荷载-塑性位移曲线宜符合图 D.0.2 的规定。

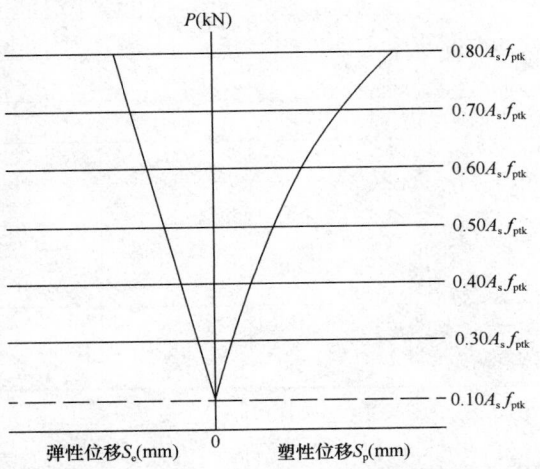

图 D.0.2　荷载-弹性位移、荷载-塑性位移曲线

附录 E　锚杆蠕变试验曲线

E.0.1　锚杆蠕变试验曲线宜符合图 E.0.1 的规定。

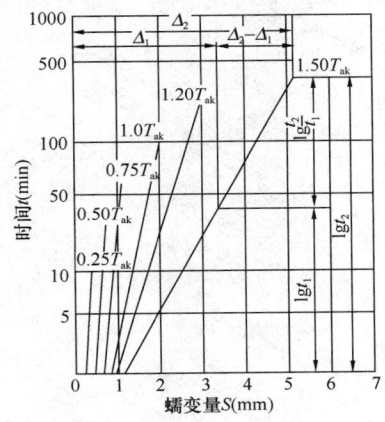

图 E.0.1　锚杆蠕变试验曲线

附录 F　锚杆验收试验曲线

F.0.1　锚杆验收试验曲线宜符合图 F.0.1 的规定。

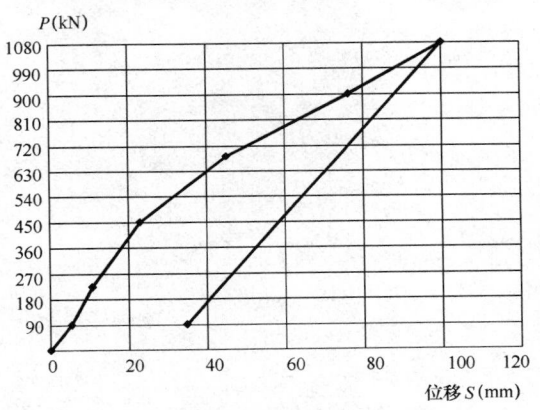

图 F.0.1　锚杆验收试验曲线

本规程用词说明

1　为便于执行本规程条文时区别对待，对要求严格程度不同的用词说明如下：

1）表示很严格，非这样做不可的：

正面词采用"必须"，反面词采用"严禁"；

2）表示严格，在正常情况下均应这样做的：

正面词采用"应"，反面词采用"不应"或"不得"；

3）表示允许稍有选择，在条件许可时首先应这样做的：

正面词采用"宜"，反面词采用"不宜"；

4）表示有选择，在一定条件下可以这样做的，采用"可"。

2　条文中指明应按其他有关标准执行的写法为："应符合……的规定"或"应按……执行"。

引用标准名录

1　《建筑地基基础设计规范》GB 50007

2　《建筑结构荷载规范》GB 50009

3　《混凝土结构设计规范》GB 50010

4　《岩土工程勘察规范》GB 50021

5　《工业建筑防腐蚀设计规范》GB 50046

6　《建筑边坡工程技术规范》GB 50330

7　《通用硅酸盐水泥》GB 175

8　《预应力混凝土用钢绞线》GB/T 5224

9　《预应力筋用锚具、夹具和连接器》GB/T 14370

10　《混凝土用水标准》JGJ 63

11　《建筑基坑支护技术规程》JGJ 120

12　《无粘结预应力筋专用防腐润滑脂》JG/T 3007

中华人民共和国行业标准

高压喷射扩大头锚杆技术规程

JGJ/T 282—2012

条 文 说 明

制 订 说 明

《高压喷射扩大头锚杆技术规程》JGJ/T 282-
2012 经住房和城乡建设部 2012 年 5 月 16 日以第
1378 号文批准、发布。

本规程编制过程中，编制组进行了扩大头锚杆的
现状与发展、基于可靠度指标的安全系数研究、扩大
头锚杆的力学机制和计算方法、钢绞线粘结强度和扩
大头锚杆受力机制数值模拟等的调查、试验和研究，
总结了我国工程建设的相关实践经验，同时参考了国
内有关锚杆设计的主要标准，取得了重要技术参数。

为便于广大设计、施工、科研、学校等单位有关
人员在使用本规程时能正确理解和执行条文规定，
《高压喷射扩大头锚杆技术规程》编制组按章、节、
条顺序编制了本规程的条文说明，对条文规定的目
的、依据以及执行中须注意的有关事项进行了说明。
但是，本条文说明不具备与规程正文同等的法律效
力，仅供使用者作为理解和把握规程规定的参考。

目　　次

1 总 则

1.0.1 高压喷射扩大头锚杆作为一种新型的锚固结构,抗拔力大,位移小,可靠性高,安全性好,可以降低工程造价,提高安全水平,符合我国节能降耗的产业政策方向。

1.0.2 高压喷射扩大头锚杆适用于工业与民用建筑、水利水电、市政工程、城市地铁轨道交通、地下空间资源开发等建设工程的基础抗浮、基坑支护和边坡支护工程。

1.0.4 本规程未明确处,按现行国家标准和相关行业标准执行。

3 基 本 规 定

3.0.1 本条所述设计使用年限,对抗浮锚杆,应与锚杆所连接的主体建筑物的设计使用年限相同;对边坡支护锚杆,应与边坡的设计使用年限相同;对基坑支护锚杆,应与基坑的设计使用年限相同。

3.0.2 锚杆的监测和维护管理,对基坑和边坡支护锚杆应按照基坑和边坡的要求执行;对抗浮锚杆应按照锚杆所连接的主体建筑物的要求执行。

4 设 计

4.1 一 般 规 定

4.1.1 本条规定将杆体与注浆体粘结安全系数和注浆体与地层抗拔安全系数分别处理。杆体和注浆体属于人工材料,其力学参数的离散性比地层土体小,为达到相同的可靠度要求,杆体与注浆体的粘结安全系数比注浆体与地层抗拔的安全系数小。

4.1.3 扩大头的直径、长度和抗拔力与施工工艺参数密切相关,设计文件明确规定有关施工工艺参数有利于施工管理和质检人员现场监督检查,控制工程质量。

4.2 材 料

4.2.1 可回收锚杆和回转型锚杆杆体规定采用无粘结钢绞线。当工程小且有条件时,也可以在现场对裸线进行加工,外套软管宜采用高密度聚乙烯(HDPE)软管或聚丙烯(PP)软管,不得采用聚氯乙烯(PVC)软管。高密度聚乙烯软管和聚丙烯软管均具有耐腐蚀、内壁光滑、强度高、韧性好、重量轻等特点,但聚丙烯的使用环境温度不得低于0℃;而聚氯乙烯软管强度较低,高温和低温时化学稳定性差,易脆化、老化。防腐油脂应满足设计和有关规范要求。

除修复的情况外,钢绞线不得连接。在修复时若须对钢绞线进行连接,应采取可靠的连接方式并经过试验验证。

4.2.3 为了加快注浆体的凝结,必要时可使用早强水泥,但不推荐在制备水泥浆时添加早强剂。不宜采用高铝水泥是因其后期强度降低较大。

4.2.6 网筋注浆复合承载体和合页夹形承载体具有弹性,承载体大,与注浆体大范围结合成一体,可较好地避免应力集中、安装和回收卡死等不良现象,优于传统的块状承载体,适合于扩大头可回收锚杆和回转型锚杆。

承载体是制约锚杆抗拔力的重要因素之一,施工前应针对承载体进行锚杆的基本试验,检验承载体的承载能力是否达到锚杆抗拔安全系数 K 的要求。

4.2.10 为避免套管端口密封不严、漏浆,或者套管破损引起漏浆而影响自由段的自由变形,自由段杆体应涂以润滑油脂或防腐油脂后再安装套管。

4.3 防 腐

4.3.1 钢材长期浸泡在水中时,由于氧溶入较少,不易发生化学反应,故钢材不易被腐蚀;相反,处于干湿交替状态的钢材,由于氧溶入较多,易发生电化学反应,钢材易被腐蚀。边坡和基坑支护锚杆,由于坡体和坡面水环境复杂,水位变化频繁复杂,锚杆易被腐蚀。

4.3.3 防腐问题是永久性锚杆应用的一个突出难题。对Ⅰ级防腐锚杆,采用套管或防腐涂层密封保护使锚杆杆体与地层介质完全隔离,是根本解决办法。为了避免端口的问题,可采用回转型锚杆,杆体在地层中全长被套管封闭,与地层没有任何接触,使地层介质无法接触杆体。对于钢筋锚杆,应对钢筋与地层接触的全部外表面采用防腐涂层保护,与地层介质完全隔离。

4.3.4 Ⅱ级防腐锚杆通常是依靠注浆体保护。《岩土锚杆(索)技术规程》CECS 22:2005第6.3节规定,Ⅱ级防腐的永久性锚杆杆体水泥浆保护层厚度不应小于20mm,临时性锚杆不应小于10mm。《建筑桩基技术规范》JGJ 94 2008第4.1.2条规定,主筋的混凝土保护层厚度不应小于35mm,水下灌注混凝土不得小于50mm。本条规定扩大头段的注浆体保护层厚度不应小于100mm,比上述两规范提高了一倍以上。扩大头段杆体的保护层厚度可根据扩大头直径和杆体的倾斜允许值计算,不能满足本条要求时,应增大扩大头直径或控制杆体倾斜。钢筋锚杆非扩大头的保护层厚度采用圆盘状定位器(或称对中支架)控制,其边沿宽度应大于要求的保护层厚度。

4.3.7 封锚混凝土为二次浇筑,设置锚筋或钢丝网可防止混凝土保护层开裂、脱落。

4.4 抗浮锚杆

4.4.3 钢筋伸入混凝土梁、板内的锚固部分可以弯折，见图 4.4.3-1a，其垂直长度应满足第 4.4.5 条要求。钢筋可以采用锚板锚固在梁、板混凝土内，见图 4.4.3-1b，锚板可通过附加筋与梁板主筋连成整体，锚具可采用专用锚具。

4.4.9 式(4.4.9-1)参照《南京地区建筑地基基础设计规范》DGJ32/J 12 - 2005 第 9.2.4 条，与南京地区抗浮桩的计算保持一致。当锚杆布置短而密时，可能会出现"群锚现象"。群锚现象的力学原因是相邻的锚杆锚固区土体主要受力范围的重叠引起应力的有害叠加，从而使锚杆共同作用时的抗拔力低于这些锚杆单独作用时的抗拔力之和。群锚效应与锚杆间距、长度和地层性状等有关，还与锚杆的拉力大小有关。因此，在布置锚杆时应注意其间距和长度的合理性，当锚杆短而密时应进行锚固体整体稳定性验算。

4.5 基坑及边坡支护锚杆

4.5.2 锚杆扩大头的埋深和所在土层的土质情况是影响锚杆抗拔力和锚固体稳定性的两个主要因素，在设计时应予以充分重视。

4.5.6 本条对自由段最小长度的规定，是为了确保锚固体的稳定安全和减小基坑位移。在适当的范围内，自由段越长，锚固体埋置越深远，安全性越好。锚固段最好设置在基坑开挖变形影响范围以外的土层中，本条以潜在滑裂面以外沿锚杆轴线方向自由段的长度不小于孔口到基坑底深度的距离作为标准，基坑开挖的影响已相对比较小了。若有软土，自由段尚应完全穿过软土。如果自由段过短，锚固段设置在基坑开挖变形影响范围内，锚固体将随基坑开挖而移动，对基坑坡体的位移控制和稳定安全不利。用式(4.5.6)计算时，对分层土内摩擦角可按厚度加权平均取值。

4.5.8 扩大头锚杆单根抗拔力较大，其间距应比普通锚杆适当加大。

4.5.9 整体稳定性验算若不能满足要求，应加大锚杆长度和扩大头埋深、加大间距。

4.5.10 当周边环境对基坑位移要求严格时，支护结构设计应以位移控制为设计条件。普通预应力锚杆自由段短，没有穿过基坑开挖变形影响范围，基坑下挖时锚固段会随基坑坡体一起位移。普通锚杆锚固段太长，在受力过程中随着应力向锚固段后端传递而发生较大的位移，因此，普通预应力锚杆是不能严格控制基坑位移的。采用扩大头锚杆，一是设置足够长的自由段，以完全穿过基坑变形影响范围（工程实践中，当周边建筑物对位移敏感时，可以将扩大头设置在基坑底高程以下，完全不受基坑开挖的影响）；二

是采用很短的锚固段长度（一般仅以 4m～6m 长度的扩大头为锚固段），消除或显著减小锚杆工作期间由于应力传递产生的位移；三是采用较大的拉力进行预张拉后再锁定，以消除或减小锚杆工作期间锚固体范围土体的变形，这样，可以使基坑的位移基本上由锚杆自由段的弹性所控制，这个变形是可计算的和可控制的。

4.5.11 基坑边坡坡体可分为滑裂区、滑裂松动区和变形影响区，位移控制锚杆的布置应使自由段穿过这三个区域，将扩大头布置在不受基坑开挖和变形影响的稳定地层之中，且要求土质较好，以确保扩大头基本不发生位移，成为一个相对固定的锚固点。本条第 1 款规定应以扩大头设置在变形影响区以外为原则，当基坑坡体土质较差、变形影响区较大时，应将扩大头设置在基坑底面高程以下。

扩大头到锚头之间全长设置为自由段，实现扩大头到锚头之间"点到点"的弹性拉结和力的传递，将荷载直接传递给扩大头，避免由于锚固段应力峰值的向后迁移而出现不可测、不可控制的附加位移。

4.5.12 扩大头前端软土层对扩大头的位移是有影响的，根据数值模拟研究并参考相关资料，这个距离为 7 倍～12 倍扩大头直径。基坑坡体土质较差，如淤泥或淤泥质土，基坑开挖变形影响范围很远，应将扩大头设置在基坑底高程以下，以避免基坑变形的影响。

4.5.13 主动土压力和被动土压力都是以较大的位移量为前提的，当位移控制值较小时，实际土压力值将与主动土压力和被动土压力有差异。

4.5.14 张拉荷载比普通锚杆提高是为了尽量减小锚固段土体的后期变形。

4.5.15 扩大头直径比普通锚固段直径大很多，对于回转型可回收锚杆，采用网筋注浆复合型承载体和合页夹形承载体可适当地在孔内利用弹性张开，回转半径大，回收方便，锚固体的受力条件好，比普通的 U 形槽承载体更好。

4.5.16 支护锚杆锚固体的整体稳定性验算方法，可参考 Kranz 方法。一般资料推荐的安全系数为 1.2～1.5，本条规定不小于 1.5。

4.6 锚杆结构设计计算

4.6.2 扩大头直径与土质、设备能力和施工工法参数有关。

4.6.3 扩大头锚杆的抗拔力值与土质、扩大头埋深和扩大头尺寸有关。本条计算公式根据《扩大头锚杆的力学机制和计算方法》（《岩土力学》VoL. 31 No. 5：1359-1367），其中 ξ 的取值参考了表 1、表 2 和表 3 所列多个实际工程的经验数据和数值模拟研究结果（表 3）。

表 1　扩大头锚杆抗拔力计算值与工程试验对比（支护锚杆）

| 工程项目 | 扩大头锚杆设计参数 | | | | | | ξ系数取值 | 规程公式计算值（kN） | 抗拔力设计值（kN） | 基本试验值（kN） | 验收试验最大拉力（kN） |
	自由段长度（m）	普通锚固段长度（m）	普通锚固段直径（m）	扩大头长度（m）	扩大头直径（m）	扩大头上覆土厚（m）					
太原新湖滨基坑支护工程锚杆类型 MG1	17.0	4.0	0.13	6.0	0.8	12.2	0.90	1975.42	890	≥1400	—
太原新湖滨基坑支护工程锚杆类型 MG2	13.0	4.0	0.13	6.0	0.8	15.7	0.90	2465.58	980	—	1080
太原新湖滨基坑支护工程锚杆类型 MG3	13.0	4.0	0.13	6.0	0.8	18.4	0.90	2678.81	980	—	1080
太原新湖滨基坑支护工程锚杆类型 MG4	17.0	4.0	0.13	6.0	0.8	12.2	0.90	1975.42	750	—	—
太原新湖滨基坑支护工程锚杆类型 MG5	13.0	4.0	0.13	6.0	0.8	15.6	0.90	2458.29	980	—	1080
青岛奥帆赛场 31 号地基坑支护 1 号试验锚杆	16.0	5.0	0.13	5.0	0.8	10.2	0.90	1948.36	—	1406（1500 钢绞线断裂）	—
青岛奥帆赛场 31 号地基坑支护 2 号试验锚杆	13.0	5.0	0.13	5.0	0.8	8.9	0.90	1854.19	—	≥1250	—
青岛奥帆赛场 31 号地基坑支护 3 号试验锚杆	16.0	5.0	0.13	5.0	0.8	10.2	0.90	1948.36	—	≥1250	—
广州市轨道交通五号线基坑 1 号试验锚杆	10.0	7.0	0.13	5.0	0.8	9.5	0.80	1600.51	—	≥920	—
广州市轨道交通五号线基坑 3 号试验锚杆	18.0	7.0	0.13	5.0	0.8	14.0	0.80	1797.46	—	≥920	—
深圳盐田蓝郡广场基坑 1 剖面锚杆	10.0	5.0	0.13	5.0	0.5	9.4	0.90	949.81	680	≥1000	816

工程项目	扩大头锚杆设计参数						ξ系数取值	规程公式计算值(kN)	抗拔力设计值(kN)	基本试验值(kN)	验收试验最大拉力(kN)
	自由段长度(m)	普通锚固段长度(m)	普通锚固段直径(m)	扩大头长度(m)	扩大头直径(m)	扩大头上覆土厚(m)					
深圳盐田蓝郡广场基坑2剖面锚杆	10.0	5.0	0.13	5.0	0.5	12.4	0.90	1109.72	680	≥1000	816
深圳福民佳园基坑支护工程锚杆	8.0	12.0	0.13	5.0	0.8	10.6	0.80	1749.02	850	—	1020
惠州华贸中心基坑EP7—181号试验锚杆	10.0	4.0	0.14	4.0	0.4	9.0	0.95	716.77	670	1302（钢绞线断裂）	—
惠州华贸中心基坑EP7—182号试验锚杆	10.0	4.0	0.14	4.0	0.4	9.0	0.95	716.77	670	≥1042	—
惠州华贸中心基坑EP7—183号试验锚杆	10.0	4.0	0.14	4.0	0.4	9.0	0.95	716.77	670	≥1042	—
深圳丹平快速公路下沉段基坑支护A区剖面	10.0	4.0	0.13	4.0	0.4	11.5	0.95	1132.75	700	—	840
深圳丹平快速公路下沉段基坑支护B区剖面	10.0	3.0	0.13	3.0	0.6	7.5	0.95	1128.70	600	—	720
深圳丹平快速公路下沉段基坑支护D区剖面	10.0	4.0	0.13	4.0	0.6	9.5	0.95	1373.06	550	—	660
深圳万通物流中心基坑支护4号基本试验锚杆	16.0	5.0	0.13	5.0	0.5	13.9	0.95	1638.68	850	≥1240	—
深圳万通物流中心基坑支护5号基本试验锚杆	16.0	5.0	0.13	5.0	0.5	13.9	0.95	1638.68	850	≥1240	—
深圳万通物流中心基坑支护6号基本试验锚杆	18.0	5.0	0.13	5.0	0.5	14.75	0.95	1678.87	850	≥1240	—

工程项目	扩大头锚杆设计参数						ξ系数取值	规程公式计算值(kN)	抗拔力设计值(kN)	基本试验值(kN)	验收试验最大拉力(kN)
	自由段长度(m)	普通锚固段长度(m)	普通锚固段直径(m)	扩大头长度(m)	扩大头直径(m)	扩大头上覆土厚(m)					
深圳警备区司令部住宅楼基坑支护1剖面锚杆	10.0	2.0	013	6.0	0.5	11.7	0.90	1015.88	570	—	684
深圳警备区司令部住宅楼基坑支护2剖面锚杆	10.0	0	—	6.0	0.5	10.4	0.90	964.31	570	—	684
深圳警备区司令部住宅楼基坑支护3剖面锚杆	10.0	2.0	0.13	6.0	0.5	11.7	0.90	1015.88	730	—	876
深圳警备区司令部住宅楼基坑支护4剖面锚杆	9.0	0	—	6.0	0.5	11.7	0.90	995.97	570	—	684
深圳警备区司令部住宅楼基坑支护5剖面锚杆	10.0	0	—	6.0	0.5	11.2	0.90	983.79	570	—	684
天津市梅江湾综合服务楼基坑支护	10.0	5.0	0.13	4.0	0.8	10.2	0.90	1707.34	600	—	720
苏州中翔小商品市场三期基坑支护工程施工	13.0	9.0	0.15	3.0	0.8	9.1	0.95	1025.30	600	≥960	720
苏州名宇商务广场基坑支护工程（可回收锚杆试验）	6.0	12.0	0.15	3.0	0.8	8.6	0.85	869.57	450	≥720	540
江苏平江新城定销房基坑支护工程	10.0	7.0	0.15	3.0	0.8	10.2	0.95	950.41	500	≥800	600
苏州市吴中人防806工程	8.0	12.0	0.15	3.0	0.8	11.5	0.90	921.85	550	≥800	600

表 2　扩大头锚杆抗拔力计算值与工程试验对比（抗浮锚杆）

工程项目	扩大头锚杆设计参数					ξ系数取值	规程公式计算值（kN）	抗拔力设计值（kN）	基本试验值（kN）	验收试验最大拉力（kN）
	普通锚固段长度（m）	普通锚固段直径（m）	扩大头长度（m）	扩大头直径（m）	扩大头上覆土厚度（m）					
深圳盛世鹏城扩大头抗浮锚杆工程	4.0	0.15	4.0	0.55	4.0	0.90	887.89	300	700（钢筋屈服）	450
广州逸泉山庄扩大头抗浮锚杆工程	4.0	0.15	3.0	0.6	4.0	0.60	573.92	225	—	450
深圳观澜芷峪澜湾花园扩大头抗浮锚杆工程	8.0	0.15	3.0	0.8	8.0	0.80	1130.83	400	—	800
苏州百购商业广场抗浮锚杆工程	0	0.15	4.0	0.6	6.0	0.90	852.37	360	≥720	540
苏州高铁商务酒店抗浮锚杆工程	0	0.15	3.0	0.6	9.0	0.80	795.26	300	≥600	450
苏州红鼎湾小区抗浮锚杆工程	0	0.15	2.0	0.8	7.0	0.95	1472.52	700	≥1400	1050
吴中区姜家小区动迁房抗浮锚杆工程	0	0.15	3.0	0.8	9.0	0.70	1498.62	450	≥900	675
南环新村解危改造工程抗浮锚杆工程	0	0.15	2.0	0.8	7.0	0.90	822.67	350	≥700	525

表 3　扩大头锚杆抗拔力计算值与数值模拟结果对比（竖向锚杆）

验证工况	扩大头锚杆验证工况参数						ξ系数取值	规程公式计算值（kN）	数值模拟结果（kN）	相对误差
	自由段长度（m）	普通锚固段长度（m）	普通锚固段直径（m）	扩大头段长度（m）	扩大头段直径（m）	扩大头上覆土厚度（m）				
验证工况一	6.0	4.0	0.12	4.0	0.6	10.0	0.75	1081.6	1200	9.87%
验证工况二	6.0	—		4.0	1.2	6.0	0.75	1071.0	1300	17.62%
验证工况三	4.0	—		2.0	1.6	4.0	—	679.2	740	8.22%
验证工况四	6.0	4.0	0.12	4.0	0.6	10.0	0.50	476.9	640	25.48%
验证工况五	6.0			4.0	0.6	6.0	0.50	397.0	404	1.73%
验证工况六	4.0			2.0	1.6	4.0	0.50	938.4	980	4.24%
验证工况七	6.0	4.0	0.12	4.0	0.6	10.0	0.60	578.9	800	27.64%
验证工况八	6.0	—		4.0	0.6	6.0	0.60	423.9	520	18.48%
验证工况九	4.0	—		2.0	1.6	4.0	0.60	940.7	1080	12.90%

4.6.5 本条参照《岩土锚杆（索）技术规程》CECS22：2005 第7.5.1条。式（4.6.5）中没有考虑普通锚固段注浆体与锚杆杆体的粘结作用，偏于安全。由于扩大头的特点，杆体有明显的抛物线形下坠，对水平或倾斜向锚杆取 $\zeta = 1.0$。表4.6.5数据在《岩土锚杆（索）技术规程》CECS22：2005 表7.5.1-3的基础上参考钢绞线粘结强度试验的结果（表4）降低40%得来，适用于水灰比为 0.4～0.6 的水泥浆或水泥砂浆（水泥强度等级不低于42.5）。

表4　钢绞线与水泥浆注浆体粘结强度试验数据

试件编号	锚固长度	0.025mm 滑移力（kN）	粘结强度（MPa）	最大拉力（kN）	粘结强度极限值（MPa）	衬垫材料
1	$10D_n$	5	0	22.5	3.10	
2	$20D_n$	25.3	1.74	37.8	2.61	
3	$20D_n$	26.4	1.82	38.3	2.64	
4	$20D_n$	26.1	1.80	36.4	2.51	木板
5	$30D_n$	31.7	1.46	43.8	1.99	
6	$40D_n$	41.8	1.44	80.7	2.78	
7	$60D_n$	61.2	1.41	117.7	2.70	

注：1　钢绞线公称直径 D_n 为 15.20mm，抗拉强度标准值 1860MPa；

　　2　注浆体采用强度等级 42.5 的普通硅酸盐水泥，水灰比 0.5；

　　3　注浆体直径 150mm；

　　4　为避免应力不均匀，水泥浆注浆体试件受拉端与钢模之间加入了衬垫木板。

4.6.6 本条规定参考《岩土锚杆（索）技术规程》CECS22：2005 第7.5.2条。

4.6.7 锚杆承载体的承载力目前尚没有可靠的通用计算公式，应通过现场基本试验确定。

4.6.8 国内涉及锚杆的主要现行标准《建筑边坡工程技术规范》GB 50330、《建筑基坑支护技术规程》JGJ 120 和《岩土锚杆（索）技术规程》CECS22 对杆体截面面积的设计计算有一些差异。本条抗拉断综合安全系数 K_t 包含特征值与设计值的换算以及锚杆耐久防腐等方面因素。抗拔桩对钢筋的耐久防腐保护一般是通过限制桩身混凝土裂缝开展宽度来抵抗地下介质的侵蚀，锚杆对钢材的耐久防腐保护一般是采取必要的防腐构造并通过增加钢材的截面面积预留一定的表层腐蚀裕量来抵抗地下介质的侵蚀。钢筋受侵蚀后会在表面形成一层薄的氧化层，该氧化层具有抗耐外部介质侵蚀的作用。对临时性锚杆，本条取 $K_t = 1.1～1.2$，是考虑本规程第4.5.4条的规定，临时性锚杆杆体材料一般采用钢绞线，而钢绞线的标准强度与设计强度还有1.4倍的安全储备。

4.7　初始预应力

4.7.1　各个工程的地下水位变幅与所需抗浮力之比

值相差很大，很难有一个统一的范围，锚杆的初始预应力值（张拉锁值）应根据具体工程情况确定，本条不作具体规定。

4.7.2　用于支护的预应力锚杆的初始预应力值，现行各规程的规定相差较大。《建筑基坑支护技术规程》JGJ 120－1999 规定，锚杆预应力值（锁定值）宜为锚杆轴向受拉承载力设计值的 50%～65%。《岩土锚杆（索）技术规程》CECS 22：2005 规定，对位移控制要求较高的工程，初始预应力值（张拉锁定值）宜为锚杆拉力设计值；对位移控制要求较低的工程宜为锚杆拉力设计值的 75%～90%。本条规定 60%～85% 是基于工程经验和以下原则：

　　1　初始预应力值（张拉锁定值）宜尽量高，以提高预应力锚杆的效率，并控制位移；

　　2　预应力锚杆锁定以后，基坑的开挖意味着锚杆荷载的增加，因此预应力锚杆的初始预应力值也不能过高，以保证在荷载增加或变化的各种工况下，锚杆的工作拉力值不超过其抗拔力特征值。

5　施工和工程质量检验

5.1　一般规定

5.1.1　高压喷射扩大头锚杆施工应采用专用设备，这是确保工程质量的基础。

5.1.2　扩大头直径和锚杆抗拔力与地层条件、设备能力和施工工艺有关，因此，在正式施工前应进行现场试验。

5.1.3　扩大头直径的现场开挖量测可在较浅的相同地质单元或土层中进行。扩大头直径的试验检验除本条规定的两种方法之外，有条件时还可以采用其他可靠的方法。

5.1.5　高压喷射扩大头锚杆施工质量应根据设计要求的工艺参数进行过程控制，钻机具备自动监测记录的功能，可较好地确保施工监测记录客观、真实、可靠。

5.1.6　目前所能进行的扩大头直径检测大多为间接方法，抗拔力检测为直接方法，因此当两者出现矛盾时应以抗拔力检测结果为依据调整有关设计参数（如扩大头直径、长度、抗拔力计算参数等）。

5.2　杆　体　制　作

5.2.1　钢锚杆杆体尤其是钢绞线不得采用电焊等高温方式熔断。钢绞线的力学性能对表面的机械损伤非常敏感，应避免擦刮、碰撞、锤击等，否则应报废。

5.2.2　杆体定位器是杆体获得注浆体保护层厚度的必要条件，对永久性钢筋锚杆，定位器的布置间距应取 1.0m，其他情况可取 1.0m～1.5m。当杆体采用预应力混凝土用螺纹钢筋时，严格禁止采用任何电焊操作，哪怕在杆体上轻轻点焊，也对杆体强度有较大损伤，必须杜绝。

5.2.3 钢绞线的下料长度应考虑承载构件、张拉长度的要求，在设计长度的基础上留有足够的富余量。因预应力扩大头锚杆自由段较长，杆体定位器应在包括自由段的全长范围内设置。

5.2.4 因钢塑U形承载体存在卡死的风险，水平向或水平倾斜向锚杆应优先采用网筋注浆复合承载体或合页夹形承载体。

5.3 钻 孔

5.3.2 采用套管护壁钻孔，对后续杆体安放有利，因此，除土层稳定的竖向锚杆以外，均推荐采用套管护壁钻孔；对回转型锚杆，因杆体安放时对孔壁有挤压作用，应采用套管护壁钻孔。

5.4 扩 孔

5.4.1 高压喷射扩孔的施工参数中压力、提升速度、扩孔遍数是最重要的工艺参数，应予以足够的重视。在通过试验或工程经验初步确定之后，在正式施工前应进行试验性施工验证，在施工中应严格按经试验确定的参数执行。

5.4.4 有工期要求时，可采用同强度等级的早强水泥，但不推荐掺入速凝剂、早强剂等外加剂。

5.4.5 水泥浆液的水灰比不宜太低，以免影响高压喷射扩孔的效果。

5.4.6 高压管长度不宜太长，以免产生较大的压力损失，影响高压喷射扩孔效果。

5.4.7 目前的设备能力，喷管长度一般为2m左右，当扩大头设计长度大于2m时，须分段扩孔。为保证整个扩大头段的连续性，施工时进行适当的搭接是必要的。

5.4.9 在扩孔施工过程中，压力骤降或骤升都属于不正常情况，应立即停止作业，查明原因，排除故障，恢复正常后才能恢复扩孔作业。

5.4.10 高压喷射扩孔是一个过程，实现过程控制是保障质量的重要手段。因此，按附录C如实准确地记录各项数据，是质量管理的一个重要环节。

5.5 杆 体 安 放

5.5.1 扩孔完成后，应立即取出喷管并迅速将杆体放入锚孔直到设计深度，以免浆液沉淀和凝固导致增加杆体放入的难度。采用套管钻孔的，应在杆体放入到位后立即取出套管，以免增加套管取出的难度。

5.6 注 浆

5.6.1 注浆的目的是将钻孔和扩孔的泥浆和较稀的水泥浆置换出来，因此，注浆管的出浆口插入孔底并且保持连续不断地灌注是非常重要的。

5.6.2 注浆浆液不能过稀，以确保能将泥浆和较稀的水泥浆置换出来，形成强度较高的注浆体。有条件进行水泥砂浆注浆时，砂浆的水灰比在满足可注性的条件下应尽量小，具体根据注浆设备性能确定。

5.7 张拉和锁定

5.7.1 锚杆张拉和锁定是锚杆施工的最后一道工序，对台座、锚具的检查控制是十分必要的。由于扩大头锚杆的自由段一般较长，应重视在正式张拉前取10%～20%抗拔力特征值进行的预张拉。为调平摆正自由段，必要时还可以在预张拉过程卸下千斤顶重新安装夹片。

5.7.2 锁定时，为了达到设计要求的张拉锁定值，锁定荷载应高于张拉锁定值，根据经验一般可取张拉锁定值的1.10倍～1.15倍，必要时可采用拉力传感器和油压千斤顶现场对比测试确定。

5.7.3 在主体结构施工期间，结构竖向荷载（包括建筑物的自重、上覆土重以及其他恒载）的增加对预应力锚杆的锁定是有影响的，设计时应充分考虑，确定合理的锁定时间和张拉锁定值。

5.8 工程质量检验

5.8.4 高压喷射扩大头锚杆施工质量应严格进行过程控制，钻机自动监测记录是客观和真实的，旁站监督是必要的。

5.9 不合格锚杆处理

5.9.1 不合格锚杆是废弃还是降低标准使用，不仅与该锚杆的力学性能有关，还应考虑锚杆的布置情况。

6 试 验

6.1 一 般 规 定

6.1.1 杆体的极限承载力按其标准强度计算。当杆体所采用的钢绞线根数较少且自由段摆平调直较好时，各根钢绞线受力较均匀，对不用于工程的试验锚杆可取90%极限承载力为最大试验荷载。

6.2 基 本 试 验

6.2.2 锚杆极限抗拔力试验的主要目的是确定锚固体的抗拔承载力和验证锚杆设计施工工艺参数的合理性，因而锚杆的破坏应控制在锚固体与土体之间。由于杆体的设计是可控因素，适当增加锚杆杆体截面面积，可以避免试验时杆体承载力的不足。

6.2.3 表6.2.3循环试验加荷等级在《岩土锚杆（索）技术规程》CECS 22：2005的基础上，根据实践经验并参照国外有关地层锚杆标准（草案）的有关规定，对试验加荷的步距进行了一些调整，在各循环的各个加荷等级中以使后一级步距不大于前一级步距。

6.2.7 极差为本组试验中最大值与最小值之差。当某组试验锚杆试验结果的离散性较小，平均值的95％已小于该组试验的最小值时，则应取最小值作为其抗拔力极限值。

<h2 style="text-align:center">6.4 验 收 试 验</h2>

6.4.5 本规程规定的扩大头锚杆的自由段长度较长，自由段变形的影响因素较多，因此，对非位移控制锚杆本条规定将实测弹性位移应超过自由段长度理论弹性伸长值的比例定为60％；对位移控制锚杆，弹性位移能充分自由地展开是重要的，故仍规定为80％。

6.4.6 与预应力锚杆不同，非预应力锚杆试验位移与工作位移是一致的，因此，对非预应力锚杆应以锚杆总位移量作为是否合格的判定依据之一。

中华人民共和国行业标准

组合锤法地基处理技术规程

Technical specification for ground treatment of combination hammer

JGJ/T 290—2012

批准部门：中华人民共和国住房和城乡建设部
施行日期：2 0 1 3 年 1 月 1 日

中华人民共和国住房和城乡建设部
公 告

第 1477 号

住房城乡建设部关于发布行业标准
《组合锤法地基处理技术规程》的公告

现批准《组合锤法地基处理技术规程》为行业标准，编号为 JGJ/T 290-2012，自 2013 年 1 月 1 日起实施。

本标准由我部标准定额研究所组织中国建筑工业出版社出版发行。

中华人民共和国住房和城乡建设部

2012 年 9 月 26 日

前 言

根据住房和城乡建设部《关于印发〈2008 工程建设标准规范制订、修订计划（第一批）〉的通知》（建标〔2008〕102 号）的要求，规程编制组经广泛调查研究，认真总结实践经验，参考有关国际标准和国外先进标准，并在广泛征求意见的基础上，编制本规程。

本规程的主要技术内容有：1. 总则；2. 术语和符号；3. 基本规定；4. 设计；5. 施工；6. 质量检验。

本规程由住房和城乡建设部负责管理，由江西中恒建设集团有限公司负责具体技术内容的解释。在执行过程中如有意见或建议，请寄送江西中恒建设集团有限公司（地址：南昌市小蓝经济技术开发区富山东大道 1211 号，邮政编码：330200）。

本 规 程 主 编 单 位：江西中恒建设集团有限公司
江西中煤建设集团有限公司

本 规 程 参 编 单 位：江西省建设工程安全质量监督管理局
南昌市建设工程质量监督站
江西省建筑设计研究总院
中国瑞林工程技术有限公司
南昌市建筑设计研究院有限公司
江西省华杰建筑设计有限公司
同济大学
江西省商业建筑设计院

南昌大学设计研究院
华东交通大学土木建筑学院
江西环球建筑设计院
景德镇建筑设计院
江西省土木建筑学会混凝土结构专业委员会
江西省建设工程勘察设计协会岩土专业委员会
江西基业科技有限公司
太原理工大学建筑与土木工程学院
郑州大学综合设计研究院
黑龙江省寒地建筑科学研究院
同济大学建筑设计研究院南昌分院

本规程主要起草人员：刘献刚　徐升才　钱　勇
刘小檀　周庆荣　李大浪
戴征志　郑有明　姜国荣
高康伶　贾益刚　陈水生
张慧娥　熊　武　熊晓明
吴敏捷　邵忠心　乐　平
庄渭川　周同和　白晓红
叶观宝　王吉良

本规程主要审查人员：高大钊　钱力航　裴　捷
刘小敏　顾泰昌　康景文
刘松玉　杨泽平　曾马荪
肖利平　黎　曦

目　　次

Contents

1 总　则

1.0.1 为在组合锤法处理地基的设计、施工及质量检验中做到安全适用、技术先进、经济合理、确保质量、保护环境、节约资源，制定本规程。

1.0.2 本规程适用于建设工程中采用组合锤法处理地基的设计、施工及质量检验。

1.0.3 组合锤法处理地基的设计、施工及质量检验，应综合分析地基土性、地下水埋藏条件、施工技术及环境等因素，并应结合地方经验，因地制宜。

1.0.4 组合锤法处理地基的设计、施工及质量检验除应符合本规程外，尚应符合国家现行有关标准的规定。

2　术语和符号

2.1　术　语

2.1.1 复合地基　composite foundation

部分土体被增强或被置换，形成由地基土和竖向增强体共同承担荷载的人工地基。

2.1.2 组合锤　combination hammer

三种不同直径、高度和重量的夯锤，即柱锤、中锤与扁锤的总称。

2.1.3 组合锤法复合地基　composite foundation by combination hammer

采用组合锤法对地基土进行挤密夯实或置换，形成夯实或置换墩体与墩间土共同组成的，以提高地基承载力和改善地基土工程性质的复合地基。

2.1.4 组合锤挤密法　compaction method with combination hammer

先采用柱锤对需处理的地基土冲击达到一定的深度或达到停锤标准后，用场地原地基土进行回填夯实，然后依次采用中锤、扁锤夯实土体，最终形成上大下小的挤密增强墩体。

2.1.5 组合锤置换法　replacement method with combination hammer

先采用柱锤对需处理的地基土冲击达到一定的深度或达到停锤标准后，用建筑废骨料、工业废渣骨料、砂土、砾石、碎石或块石、C10 或 C15 混凝土和水泥土等材料进行回填夯实，然后依次采用中锤、扁锤夯实土体，最终形成上大下小的置换增强墩体。

2.1.6 间歇期　interval period

组合锤法地基处理施工过程中，相邻两遍夯击之间或施工完成至验收检验的中间间隔时间。

2.1.7 置换率　replacement ratio

单墩横截面积与该置换墩体分担的地基处理面积的比值。

2.1.8 柱锤动压当量　equivalent dynamic pressure of column-hammer

柱锤的单击夯击能除以柱锤的锤底面积所得的值。

2.1.9 柱锤单击夯击能　single rammed energy of column-hammer

柱锤重量与落距的乘积。

2.1.10 柱锤　column-hammer

锤质量为 90t～150t，落距为 10m 时，锤的静压力值为 $60kN/m^2$～$135kN/m^2$ 的一种长圆柱形或倒圆锥台形的强夯锤。

2.1.11 中锤　mid-height column hammer

锤质量为 90t～150t，落距为 10m 时，锤的静压力值为 $25kN/m^2$～$50kN/m^2$ 的一种圆柱形强夯锤。

2.1.12 扁锤　flat hammer

锤质量为 90t～100t，落距为 10m 时，锤的静压力值为 $15kN/m^2$～$24kN/m^2$ 的一种扁圆砣形普通强夯锤。

2.2　符　号

A_i、A_j——第 i、j 层土的附加应力系数沿该土层厚度的积分值；

A_p——墩体横截面积；

d——基础埋置深度；

E_{si}——第 i 层土的压缩模量；

E_{spi}、E_{sj}——复合地基土层、下卧土层计算模量；

$\overline{E}_s$——复合地基沉降计算深度范围内压缩模量的当量值；

f_{ak}——组合锤法复合地基顶面墩间土原地基承载力特征值；

f_{cu}——墩体立方体试块在标准养护条件和龄期下的无侧限抗压强度平均值；

f_{sk}——处理后墩间土承载力特征值；

f_{spa}——经深度修正后的复合地基承载力特征值；

f_{spk}——复合地基承载力特征值；

l_{pi}——墩长范围内第 i 层土的厚度；

m——复合地基面积置换率；

n——复合地基墩土承载力比；

p_0——相应于作用的准永久组合时基础底面处的附加压力；

q_{si}——墩周第 i 层土的侧阻力特征值；

q_p——墩端阻力特征值；

R_a——组合锤法单墩竖向承载力特征值；

R_a——由墩体强度确定的单墩墩体承载力；

s——复合地基最终变形量；

u_p——墩平均周长；

z_i、z_{i-1}——基础底面至第 i 层、第 $i-1$ 层土底面的距离；

α_p——墩端阻力发挥系数；

$\overline{\alpha}_i$、$\overline{\alpha}_{i-1}$ ——基础底面计算点至第 i 层、第 $i-1$ 层土底面范围内的平均附加应力系数;

β ——墩间土承载力发挥系数;

λ ——单墩承载力发挥系数;

γ_m ——基础底面以上土的加权平均重度;

ζ_i ——基础底面下第 i 计算土层模量系数;

ψ_{sp} ——复合地基变形计算经验系数。

3 基 本 规 定

3.0.1 组合锤法处理地基可分为组合锤挤密法和组合锤置换法,并应符合下列规定:

1 组合锤挤密法适用于处理碎石土、砂土、粉土、湿陷性黄土、含水量低的素填土、以粗骨料为主的杂填土以及大面积山区丘陵地带填方区域的地基;

2 组合锤置换法适用于处理饱和的杂填土、淤泥或淤泥质土、软塑或流塑状态的黏性土和含水量高的粉土以及低洼填方区域的地基。

3.0.2 在组合锤处理地基设计前,应进行下列工作:

1 搜集详细的岩土工程勘察资料、上部结构及基础设计资料等;

2 了解当地施工条件及相似场地上同类工程的地基处理经验和使用情况;

3 根据工程的要求确定地基处理的目的和要求达到的技术指标;

4 调查邻近建筑、地下工程、道路、管线等周边环境情况。

3.0.3 组合锤法处理地基设计前应通过现场试验或试验性施工和必要的测试确定其适用性和处理效果,并根据检测数据确定设计和施工参数。施工现场试验区的个数应根据建筑场地复杂程度、建筑规模、类型和有无类似工程经验确定,宜为 2 个~3 个。

3.0.4 试验完工后,应采用静载荷试验确定单墩承载力特征值或单墩复合地基承载力特征值,并应选用重型动力触探法、标准贯入法、钻芯法或瑞利波法等,检查置换墩着底情况及承载力与密度随深度的变化。单墩静载荷试验应符合本规程附录 A 的规定。

3.0.5 采用组合锤法处理的地基应进行变形验算。

3.0.6 对建造在经组合锤法处理的地基上、受较大水平荷载或位于斜坡上的建(构)筑物,应按现行国家标准《建筑地基基础设计规范》GB 50007 的相关规定进行地基稳定性验算。

3.0.7 当单幢建筑物或结构单元的基础落在岩土性质有差异的地层上时,应采取措施以减少差异沉降。

3.0.8 对于现行国家标准《建筑地基基础设计规范》GB 50007 规定需要进行地基变形计算的建(构)筑物,经地基处理后,应在施工及使用期间进行沉降观测,直至沉降达到稳定为止,并应按本规程附录 B 的

规定提供组合锤法地基处理工程的沉降观测记录。

4 设 计

4.0.1 组合锤法的有效加固深度应根据现场试夯或当地经验确定,初步设计时可按表 4.0.1 进行预估。

表 4.0.1 组合锤法复合地基的有效加固深度

柱锤动压当量 （kJ/m²）	有效加固深度（m）	
	碎石、砂等粗颗粒土	粉土、黏性土、湿陷性黄土等细颗粒土
800	8~9	7~8
900	9~10	8~9
1000	10~11	9~10
1100	11~12	10~11
1200	12~13	11~12
1300	13~14	12~13
1400	14~15	13~14

注:表中有效加固深度应从初始起夯面算起。

4.0.2 组合锤法的墩位布置宜根据基底平面形状和宽度,采用等边三角形、等腰三角形或正方形布置。墩宜布置在柱下和墙下。

4.0.3 墩间距设计应根据上部荷载大小、基底平面形状和宽度、复合地基承载力要求、土体挤密条件及墩体材料等,并考虑柱锤施工挤土效应的影响,通过计算确定,初步设计时,可取柱锤直径的(1.5~3.0)倍。

4.0.4 增强墩体为散体材料的组合锤法处理范围应大于建筑物基础范围,每边超出基础外缘的宽度宜为基底下设计处理深度的 1/2~2/3,并不宜小于 3.0m。

4.0.5 墩体材料可采用砂土、黏性土或残积土。对上部荷载较大或对不均匀沉降要求较高、土体含水量较大时,宜按就近取材原则选用砂土、角砾、圆砾、碎石、块石、工业废渣骨料、建筑废骨料等粗颗粒材料;当要求单墩承载力特征值大于 1000kN 时,宜采用灰土、水泥土或混凝土。所选用的工业废渣应符合国家现行有关腐蚀性和放射性安全标准的要求。

4.0.6 当墩体采用灰土、水泥土或混凝土时,其配合比应通过试验确定。墩顶应铺设厚度大于 300mm 压实垫层。垫层材料宜采用级配较好的粗砂、砾砂或碎石,其最大粒径不宜大于 35mm。

4.0.7 置换墩的长度应根据地基土性质、动压当量和单墩或复合地基承载力确定。对于埋深较浅且厚度较薄的软土层,置换墩应穿透该土层。

4.0.8 组合锤法单墩承载力应通过现场载荷试验确定,对有粘结强度的增强体,初步设计时可采用下列方法估算:

1 墩周土和墩端土对墩的支承作用形成的竖向承载力特征值应按下式计算:

$$R_a = u_p \sum_{i=1}^{n} q_{si} l_{pi} + \alpha_p q_p A_p \quad (4.0.8-1)$$

式中：R_a——组合锤法单墩竖向承载力特征值（kN）；

u_p——墩平均周长（m）；

q_{si}——墩周第 i 层土的侧阻力特征值（kPa），应按地区经验确定；

l_{pi}——墩长范围内第 i 层土的厚度（m），墩总长可按工程经验估算；

α_p——墩端阻力发挥系数，应按地区经验取 0.2～1.0；

q_p——墩端阻力特征值（kPa），可按现行国家标准《建筑地基基础设计规范》GB 50007 的有关规定确定；

A_p——墩体横截面积（m²），墩体计算直径可取组合锤的平均直径。

2 由墩体强度确定的单墩墩体承载力应符合下式规定：

$$\lambda R_a \leqslant 0.25 f_{cu} A_p \quad (4.0.8-2)$$

式中：R_a——由墩体强度确定的单墩墩体承载力（kN）；

f_{cu}——墩体立方体试块在标准养护条件和龄期下的无侧限抗压强度平均值（kPa）；

λ——单墩承载力发挥系数，宜按试验或地区经验取 0.8～1.0。

4.0.9 当需要对复合地基承载力进行深度修正时，灰土、水泥土或混凝土墩体的强度应符合下式规定：

$$f_{cu} \geqslant 4 \frac{\lambda R_a}{A_p} \left[1 + \frac{\gamma_m (d - 0.5)}{f_{spa}} \right] \quad (4.0.9)$$

式中：γ_m——基础底面以上土的加权平均重度（kN/m³），地下水位以下取浮重度；

d——基础埋置深度（m）；

f_{spa}——经深度修正后的复合地基承载力特征值（kPa）。

4.0.10 组合锤法复合地基承载力特征值应通过复合地基载荷试验或组合锤法单墩载荷试验和墩间土地基载荷试验并结合工程实践经验综合确定。初步设计时，可按下列方法估算：

1 墩体采用散体材料时复合地基承载力特征值宜按下式计算：

$$f_{spk} = [1 + m(n-1)] f_{sk} \quad (4.0.10-1)$$

式中：f_{spk}——复合地基承载力特征值（kPa）；

m——复合地基面积置换率，计算时墩截面积按可采用组合锤平均截面积；

n——复合地基墩土承载力比，宜按试验或地区经验取 2.0～4.0；

f_{sk}——处理后墩间土承载力特征值（kPa），应由试验确定；无试验资料时可根据经验确定或取天然地基承载力特征值。

2 墩体采用有粘结强度的材料时复合地基承载

力特征值宜按下式计算：

$$f_{spk} = \lambda m \frac{R_a}{A_p} + \beta (1 - m) f_{sk} \quad (4.0.10-2)$$

式中：β——墩间土承载力发挥系数，宜根据墩间土的工程性质、墩体类型等因素及地区经验取 0.6～1.0。

4.0.11 组合锤法复合地基受力范围内存在软弱下卧层时，应验算下卧层的地基承载力。验算方法宜采用应力扩散角法，应力扩散角宜取处理前地基土内摩擦角的 $1/2 \sim 2/3$。

4.0.12 组合锤法复合地基的变形计算深度应大于加固土层的厚度（图 4.0.12），并应符合现行国家标准《建筑地基基础设计规范》GB 50007 有关计算深度的规定。最终变形量的计算应按下式进行：

$$s = \psi_{sp} \sum_{i=1}^{n} \frac{p_0}{\zeta_i \overline{E}_{si}} (z_i \overline{\alpha}_i - z_{i-1} \overline{\alpha}_{i-1}) \quad (4.0.12)$$

式中：s——复合地基变形量（mm）；

ψ_{sp}——复合地基变形计算经验系数，宜根据地区变形观测资料经验确定，无地区经验时可根据变形计算深度范围内压缩模量的当量值（$\overline{E}_s$）按表 4.0.12 取值。压缩模量的当量值（$\overline{E}_s$）可按本规程第 4.0.13 条确定；

p_0——相应于作用的准永久组合时基础底面处的附加压力（kPa）；

ζ_i——基础底面下第 i 计算土层模量系数，加固土层可按本规程第 4.0.14 条确定，加固土层以下取 1.0；

E_{si}——第 i 层土的压缩模量（MPa），应取处理前土的自重压力至土的自重压力与附加压力之和的压力段计算；

z_i、z_{i-1}——基础底面至第 i 层土、第 $i-1$ 层土底面的距离（m）；

$\overline{\alpha}_i$、$\overline{\alpha}_{i-1}$——基础底面计算点至第 i 层土、第 $i-1$ 层土底面范围内平均附加应力系数，可按本规程附录 C 采用。

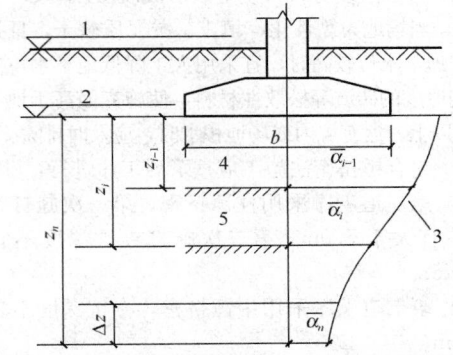

图 4.0.12 基础沉降计算的分层示意

1—地面标高；2—基底标高；3—平均附加应力系数 $\overline{\alpha}$ 曲线；

4—第 $i-1$ 层；5—第 i 层

表 4.0.12　复合地基变形计算经验系数 ψ_{sp}

$\overline{E}_s$ (MPa) 经验系数 ψ_{sp}	4.0	7.0	15.0	20.0	30.0
ψ_{sp}	1.00	0.70	0.40	0.25	0.20

4.0.13 复合地基变形计算深度范围内压缩模量的当量值 ($\overline{E}_s$)，应按下式计算：

$$\overline{E}_s = \frac{\sum A_i + \sum A_j}{\sum\limits_{i=1}^{n} \dfrac{A_i}{E_{spi}} + \sum\limits_{j=1}^{m} \dfrac{A_j}{E_{sj}}} \quad (4.0.13)$$

式中：A_i、A_j——复合土层第 i 层、下卧土层第 j 层的附加应力系数沿土层厚度的积分值；

E_{spi}、E_{sj}——复合土层第 i 层、下卧土层第 j 层的压缩模量，其中复合土层压缩模量计算应符合本规程第 4.0.14 条的规定。

4.0.14 组合锤法复合土层各分层压缩模量可按下列公式计算：

$$E_{spi} = \zeta_i E_{si} \quad (4.0.14-1)$$
$$\zeta_i = f_{spk}/f_{ak} \quad (4.0.14-2)$$

式中：f_{ak}——组合锤法复合地基顶面墩间土原地基承载力特征值（kPa）。

4.0.15 经组合锤法处理后的地基，墙下条形基础应采用钢筋混凝土扩展基础，柱下独立基础应采用钢筋混凝土柱下扩展基础或柱下条形基础。墙下条形扩展基础、柱下扩展基础和柱下条形基础的配筋、构造要求及抗弯、抗剪、抗冲切算方法，应按现行国家标准《建筑地基基础设计规范》GB 50007 的规定执行。

5 施 工

5.0.1 施工场地土的承载力应满足设备行走和施工操作要求，当其承载力特征值小于 60kPa 或不符合设备行走和施工操作要求时，可在表层铺填 0.5m～2.0m 厚的松散性材料，使地表形成硬层。

5.0.2 当场地为黏性土、填土、淤泥质软土，且强度较低，地下水位较高时，宜采用人工降低地下水位或铺填一定厚度的砖渣等松散性材料，使施夯面高于地下水位 2m 以上。遇有坑内或场地积水时，应及时排除。

5.0.3 组合锤挤密法施工应按下列工序进行：

　　1 第一道工序采用柱锤挤密，第一次施打夯坑深度不宜大于 5.0m，第二次施打夯坑深度不宜大于 3.0m；

　　2 第二道工序采用中锤挤密，夯坑深度不宜大于 1.5m；

　　3 第三道工序采用扁锤挤密夯实，夯坑深度不宜大于 0.5m；

　　4 最后进行全场地满夯，第一次采用夯击能

1000kN·m～2000kN·m 连续夯击二击；第二次采用夯击能 500kN·m～900kN·m 夯击一击，夯印搭接大于 1/3 扁锤底面直径。

5.0.4 组合锤挤密法施工夯击次数应根据地基土的性质确定，并应符合下列规定：

　　1 第一道工序柱锤点夯（1～2）次；

　　2 第二道工序中锤夯击（1～2）次；

　　3 第三道工序扁锤低能量满夯 2 次；

　　4 每次的夯击数及停夯标准，均应满足试验区试验确定的施工参数要求。

5.0.5 组合锤置换法施工时应按下列工序进行：

　　1 第一道工序采用柱锤点夯（1～2）次，形成夯坑后，采用试夯确定的置换料回填；

　　2 第二道工序采用中锤夯击（1～2）次，形成夯坑后，采用试夯确定的置换料回填；

　　3 第三道工序采用扁锤低能量满夯 2 次；

　　4 每次的夯击数、夯坑深度和停锤标准均应满足试验区试验确定的施工参数要求。

5.0.6 组合锤法施工的停锤标准应同时符合下列规定：

　　1 夯坑周围地面不应有大于 100mm 的隆起；不因夯坑过深而发生提锤困难；

　　2 应根据土质情况及承载力要求调整停锤标准，当最后两击的平均夯沉量分别为柱锤（200±40）mm、中锤、扁锤（100±20）mm 时可停锤；

　　3 累计夯沉量宜为设计墩长的（1.5～2.0）倍。

5.0.7 两遍夯击之间应有间歇期，间歇期应根据土中超静孔隙水压力消散时间的实测资料确定。当缺少实测资料时，可根据地基土的渗透性确定，对于渗透系数小于 10^{-5} cm/s 的黏性土地基，间歇期不应少于 7d。

5.0.8 施工过程中应有质检员负责下列工作：

　　1 应收集夯前各层地基土的原位检测和土工试验等数据，并检查夯锤质量、锤底面积和落距，确保夯击能和动压当量符合设计要求；

　　2 每一道工序、每一次夯击前，应复核夯点位置，夯完后检查夯坑位置，发现偏差或漏夯应及时纠正；

　　3 应按设计要求和试夯数据，检查每个夯点的夯击次数和夯坑深度，测量最后两击的夯沉量，并做好检查测量的记录，对组合锤置换尚应检查置换深度；

　　4 收锤时应检查最后两击平均夯沉量是否满足要求；

　　5 按本规程附录 D 的规定记录施工全过程的各项参数及工况。

5.0.9 组合锤法地基处理施工结束后，应进行质量检测，并验收合格后方可进行下一道工序。

5.0.10 施工完成后，墩顶标高不应低于基础垫层底标高 200mm。基坑（槽）开挖宜采取局部开挖的方式，开挖至垫层的设计底面标高后，应及时清除松散

土体并施工垫层。

5.0.11 经组合锤法处理后的地基，在基础施工完成后，应按现行国家标准《建筑地基基础工程施工质量验收规范》GB 50202 的相关规定及时分层回填夯实。

6 质 量 检 验

6.0.1 经组合锤法处理后的地基竣工验收时，承载力检验应采用单墩载荷试验或单墩复合地基载荷试验。当采用重型动力触探、标准贯入、钻芯和瑞利波等方法检查置换墩着底情况及承载力与密度随深度的变化状况时，应符合本规程附录 E 的规定。

6.0.2 质量检测应在施工结束间隔一定时间后进行；对粉土和黏性土地基间歇期不宜少于 28d，对碎石土和砂土地基间歇期宜为 14d。

6.0.3 竣工验收时，承载力检验的数量，应根据场地复杂程度和建筑物的重要性确定，每个建筑的载荷试验点数不应少于墩点数的 1%，且不应少于 3 点；当墩点数在 100 点以内时，不应少于 2 点；当墩点数在 50 点以内时，不应少于 1 点。置换墩着底情况及承载力与密度随深度变化情况的检测总数量不应少于墩点数的 1%。

6.0.4 质量检验宜按"先墩身质量检验，后静载荷试验"的顺序进行。发现测试数据不满足设计要求时，应及时补夯或采取其他有效措施处理。对采取补夯或其他措施处理后的工程，应进行补充检验和重新组织验收。

6.0.5 组合锤法复合地基处理工程竣工验收时，应提交下列资料：

1 试夯成果报告及现场夯点平面布置图；

2 施工组织设计；

3 施工记录和施工监测记录；

4 载荷试验和动力触探等检测报告；

5 其他施工资料。

附录 A 组合锤法处理地基单墩载荷试验要点

A.0.1 本试验要点适用于组合锤法处理地基的单墩载荷试验。

A.0.2 试验前应防止试验场地地基土含水量发生变化或地基土受到扰动。

A.0.3 承压板底面标高应与墩顶设计标高相一致。承压板底面下宜铺设粗砂或中砂找平垫层。试验标高处的试坑宽度和长度不应小于承压板尺寸的 3 倍。

A.0.4 试验的承压板可采用圆形或方形，应具有足够的刚度。尺寸按组合锤锤底面积的平均值确定。墩的中心（或形心）应与承压板中心重合，并与加荷的

千斤顶（两台及两台以上）合力中心重合。

A.0.5 最大加载量不应小于设计要求压力值的 2.2 倍；加载等级可分为 8 级～12 级；正式加载前应进行预压，预压值宜为分级荷载的 2 倍，预压持续 1h 后卸载开始试验。

A.0.6 试验应采用维持荷载法。每级荷载加载后，按间隔 10min、10min、10min、15min、15min 测读一次沉降量，以后每隔 30min 测读一次沉降量。当连续 2h 内每小时的沉降量小于 0.1mm 时，即可加下一级荷载。

A.0.7 当出现下列现象之一时可终止加载：

1 沉降急剧增大，土被挤出或承压板周围出现明显的隆起；

2 承压板的累计沉降量已大于其宽度或直径的 6%；

3 当达不到极限荷载，而最大加载压力已大于设计要求压力值的 2.2 倍；

4 沉降急剧增大，荷载～沉降曲线出现陡降段；

5 在某一级荷载作用下，24h 内沉降速率未达到稳定。

A.0.8 卸载级数可为加载级数的一半，等量进行，每卸一级，间隔 0.5h，读记回弹量，待卸完全部荷载后间隔 3h 读记总回弹量。

A.0.9 当荷载～沉降曲线上极限荷载能确定，而其值不小于对应比例界限的 2 倍时，单墩承载力特征值可取比例界限；当其值小于对应比例界限的 2 倍时，单墩承载力特征值可取极限荷载的一半。

A.0.10 当统计的试验数据满足其值差不大于平均值的 30%时，可取其平均值为单墩承载力特征值。

附录 B 组合锤法处理地基工程沉降观测记录表

表 B 组合锤法处理地基工程沉降观测记录表

工程名称：_____ 标准点高程：_____

测点	第 次 年 月 日			第 次 年 月 日		
	初测高程（mm）	高程	沉降量（mm）		高程	沉降量（mm）	
			本次	累计		本次	累计

续表B

测点	第　次		年　月　日	第　次	年　月　日	
	初测高程 （mm）	高程	沉降量（mm）	高程	沉降量（mm）	
			本次　累计		本次	累计
平均沉降量						
工程进度						
测点布置	示意图					

附录C　附加应力系数 α、平均附加应力系数 $\bar{\alpha}$

C.0.1 矩形面积上均布荷载下角点的附加应力系数 α、平均附加应力系数 $\bar{\alpha}$ 应按表 C.0.1-1、表 C.0.1-2 确定。

C.0.2 矩形面积上三角形分布荷载下角点的附加应力系数 α、平均附加应力系数 $\bar{\alpha}$ 应按表 C.0.2 确定。

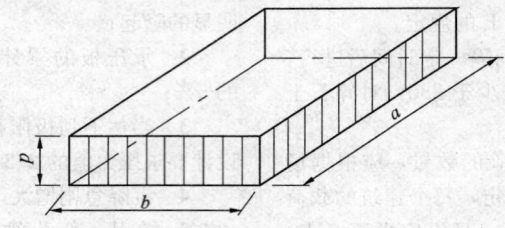

表 C.0.1-1　矩形面积上均布荷载作用下角点附加应力系数 α

z/b \ a/b	1.0	1.2	1.4	1.6	1.8	2.0	3.0	4.0	5.0	6.0	10.0	条形
0.0	0.250	0.250	0.250	0.250	0.250	0.250	0.250	0.250	0.250	0.250	0.250	0.250
0.2	0.249	0.249	0.249	0.249	0.249	0.249	0.249	0.249	0.249	0.249	0.249	0.249
0.4	0.240	0.242	0.243	0.243	0.244	0.244	0.244	0.244	0.244	0.244	0.244	0.244
0.6	0.223	0.228	0.230	0.232	0.232	0.233	0.234	0.234	0.234	0.234	0.234	0.234
0.8	0.200	0.207	0.212	0.215	0.216	0.218	0.220	0.220	0.220	0.220	0.220	0.220
1.0	0.175	0.185	0.191	0.195	0.198	0.200	0.203	0.204	0.204	0.204	0.205	0.205
1.2	0.152	0.163	0.171	0.176	0.179	0.182	0.187	0.188	0.189	0.189	0.189	0.189
1.4	0.131	0.142	0.151	0.157	0.161	0.164	0.171	0.173	0.174	0.174	0.174	0.174
1.6	0.112	0.124	0.133	0.140	0.145	0.148	0.157	0.159	0.160	0.160	0.160	0.160
1.8	0.097	0.108	0.117	0.124	0.129	0.133	0.143	0.146	0.147	0.148	0.148	0.148
2.0	0.084	0.095	0.103	0.110	0.116	0.120	0.131	0.135	0.136	0.137	0.137	0.137
2.2	0.073	0.083	0.092	0.098	0.104	0.108	0.121	0.125	0.126	0.127	0.128	0.128
2.4	0.064	0.073	0.081	0.088	0.093	0.098	0.111	0.116	0.118	0.118	0.119	0.119
2.6	0.057	0.065	0.072	0.079	0.084	0.089	0.102	0.107	0.110	0.111	0.112	0.112
2.8	0.050	0.058	0.065	0.071	0.076	0.080	0.094	0.100	0.102	0.104	0.105	0.105
3.0	0.045	0.052	0.058	0.064	0.069	0.073	0.087	0.093	0.096	0.097	0.099	0.099
3.2	0.040	0.047	0.053	0.058	0.063	0.067	0.081	0.087	0.090	0.092	0.093	0.094
3.4	0.036	0.042	0.048	0.053	0.057	0.061	0.075	0.081	0.085	0.086	0.088	0.089
3.6	0.033	0.038	0.043	0.048	0.052	0.056	0.069	0.076	0.080	0.082	0.084	0.084
3.8	0.030	0.035	0.040	0.044	0.048	0.052	0.065	0.072	0.075	0.077	0.080	0.080
4.0	0.027	0.032	0.036	0.040	0.044	0.048	0.060	0.067	0.071	0.073	0.076	0.076
4.2	0.025	0.029	0.033	0.037	0.041	0.044	0.056	0.063	0.067	0.070	0.072	0.073
4.4	0.023	0.027	0.031	0.034	0.038	0.041	0.053	0.060	0.064	0.066	0.069	0.070
4.6	0.021	0.025	0.028	0.032	0.035	0.038	0.049	0.056	0.061	0.063	0.066	0.067
4.8	0.019	0.023	0.026	0.029	0.032	0.035	0.046	0.053	0.058	0.060	0.064	0.064
5.0	0.018	0.021	0.024	0.027	0.030	0.033	0.043	0.050	0.055	0.057	0.061	0.062
6.0	0.013	0.015	0.017	0.020	0.022	0.024	0.033	0.039	0.043	0.046	0.051	0.052
7.0	0.009	0.011	0.013	0.015	0.016	0.018	0.025	0.031	0.035	0.038	0.043	0.045
8.0	0.007	0.009	0.010	0.011	0.013	0.014	0.020	0.025	0.028	0.031	0.037	0.039
9.0	0.006	0.007	0.008	0.009	0.011	0.011	0.016	0.020	0.024	0.026	0.032	0.035
10.0	0.005	0.006	0.007	0.007	0.008	0.009	0.013	0.017	0.020	0.022	0.028	0.032
12.0	0.003	0.004	0.005	0.005	0.006	0.006	0.009	0.012	0.014	0.017	0.022	0.026
14.0	0.002	0.003	0.003	0.004	0.004	0.005	0.007	0.009	0.011	0.013	0.018	0.023
16.0	0.002	0.002	0.003	0.003	0.003	0.004	0.005	0.007	0.009	0.010	0.014	0.020
18.0	0.001	0.002	0.002	0.002	0.003	0.003	0.004	0.006	0.007	0.008	0.012	0.018
20.0	0.001	0.001	0.002	0.002	0.002	0.002	0.004	0.005	0.006	0.007	0.010	0.016
25.0	0.001	0.001	0.001	0.001	0.001	0.002	0.002	0.003	0.004	0.004	0.007	0.013
30.0	0.001	0.001	0.001	0.001	0.001	0.001	0.002	0.002	0.003	0.003	0.005	0.011
35.0	0.000	0.000	0.001	0.001	0.001	0.001	0.001	0.001	0.002	0.002	0.004	0.009
40.0	0.000	0.000	0.000	0.000	0.001	0.001	0.001	0.001	0.001	0.002	0.003	0.008

注：a—矩形均布荷载长度（m）；b—矩形均布荷载宽度（m）；z—计算点离基础底面或桩端平面垂直距离（m）。

表 C.0.1-2 矩形面积上均布荷载作用下角点平均附加应力系数$\bar{\alpha}$

z/b \ a/b	1.0	1.2	1.4	1.6	1.8	2.0	2.4	2.8	3.2	3.6	4.0	5.0	10.0
0.0	0.2500	0.2500	0.2500	0.2500	0.2500	0.2500	0.2500	0.2500	0.2500	0.2500	0.2500	0.2500	0.2500
0.2	0.2496	0.2497	0.2497	0.2498	0.2498	0.2498	0.2498	0.2498	0.2498	0.2498	0.2498	0.2498	0.2498
0.4	0.2474	0.2479	0.2479	0.2481	0.2483	0.2483	0.2484	0.2485	0.2485	0.2485	0.2485	0.2485	0.2485
0.6	0.2423	0.2437	0.2444	0.2448	0.2451	0.2452	0.2454	0.2455	0.2455	0.2455	0.2455	0.2455	0.2456
0.8	0.2346	0.2372	0.2387	0.2395	0.2400	0.2403	0.2407	0.2408	0.2409	0.2409	0.2410	0.2410	0.2410
1.0	0.2252	0.2291	0.2313	0.2326	0.2335	0.2340	0.2346	0.2349	0.2351	0.2352	0.2352	0.2353	0.2353
1.2	0.2149	0.2199	0.2229	0.2248	0.2260	0.2268	0.2278	0.2282	0.2285	0.2286	0.2287	0.2288	0.2289
1.4	0.2043	0.2102	0.2140	0.2146	0.2180	0.2191	0.2204	0.2211	0.2215	0.2217	0.2218	0.2220	0.2221
1.6	0.1939	0.2006	0.2049	0.2079	0.2099	0.2113	0.2130	0.2138	0.2143	0.2146	0.2148	0.2150	0.2152
1.8	0.1840	0.1912	0.1960	0.1994	0.2018	0.2034	0.2055	0.2066	0.2073	0.2077	0.2079	0.2082	0.2084
2.0	0.1746	0.1822	0.1875	0.1912	0.1980	0.1958	0.1982	0.1996	0.2004	0.2009	0.2012	0.2015	0.2018
2.2	0.1659	0.1737	0.1793	0.1833	0.1862	0.1883	0.1911	0.1927	0.1937	0.1943	0.1947	0.1952	0.1955
2.4	0.1578	0.1657	0.1715	0.1757	0.1789	0.1812	0.1843	0.1862	0.1873	0.1880	0.1885	0.1890	0.1895
2.6	0.1503	0.1583	0.1642	0.1686	0.1719	0.1745	0.1779	0.1799	0.1812	0.1820	0.1825	0.1832	0.1838
2.8	0.1433	0.1514	0.1574	0.1619	0.1654	0.1680	0.1717	0.1739	0.1753	0.1763	0.1769	0.1777	0.1784
3.0	0.1369	0.1449	0.1510	0.1556	0.1592	0.1619	0.1658	0.1682	0.1698	0.1708	0.1715	0.1725	0.1733
3.2	0.1310	0.1390	0.1450	0.1497	0.1533	0.1562	0.1602	0.1628	0.1645	0.1657	0.1664	0.1675	0.1685
3.4	0.1256	0.1334	0.1394	0.1441	0.1478	0.1508	0.1550	0.1577	0.1595	0.1607	0.1616	0.1628	0.1639
3.6	0.1205	0.1282	0.1342	0.1389	0.1427	0.1456	0.1500	0.1528	0.1548	0.1561	0.1570	0.1583	0.1595
3.8	0.1158	0.1234	0.1293	0.1340	0.1378	0.1408	0.1452	0.1482	0.1502	0.1516	0.1526	0.1541	0.1554
4.0	0.1114	0.1189	0.1248	0.1294	0.1332	0.1362	0.1408	0.1438	0.1459	0.1474	0.1485	0.1500	0.1516
4.2	0.1073	0.1147	0.1205	0.1251	0.1289	0.1319	0.1365	0.1396	0.1418	0.1434	0.1445	0.1462	0.1479
4.4	0.1035	0.1107	0.1164	0.1210	0.1248	0.1279	0.1325	0.1357	0.1379	0.1396	0.1407	0.1425	0.1444
4.6	0.1000	0.1107	0.1127	0.1172	0.1209	0.1240	0.1287	0.1319	0.1342	0.1359	0.1371	0.1390	0.1410
4.8	0.0967	0.1036	0.1091	0.1136	0.1173	0.1204	0.1250	0.1283	0.1307	0.1324	0.1337	0.1357	0.1379
5.0	0.0935	0.1003	0.1057	0.1102	0.1139	0.1169	0.1216	0.1249	0.1273	0.1291	0.1304	0.1325	0.1348
5.2	0.0906	0.0972	0.1026	0.1070	0.1106	0.1136	0.1183	0.1217	0.1241	0.1259	0.1273	0.1295	0.1320
5.4	0.0878	0.0943	0.0996	0.1039	0.1075	0.1105	0.1152	0.1186	0.1210	0.1229	0.1243	0.1265	0.1292
5.6	0.0852	0.0916	0.0968	0.1010	0.1046	0.1076	0.1122	0.1156	0.1181	0.1200	0.1215	0.1238	0.1266
5.8	0.0828	0.0890	0.0941	0.0983	0.1018	0.1047	0.1094	0.1128	0.1153	0.1172	0.1187	0.1211	0.1240
6.0	0.0805	0.0866	0.0916	0.0957	0.0991	0.1021	0.1067	0.1101	0.1126	0.1146	0.1161	0.1185	0.1216
6.2	0.0783	0.0842	0.0891	0.0932	0.0966	0.0995	0.1041	0.1075	0.1101	0.1120	0.1136	0.1161	0.1193
6.4	0.0762	0.0820	0.0869	0.0909	0.0942	0.0971	0.1016	0.1050	0.1076	0.1096	0.1111	0.1137	0.1171
6.6	0.0742	0.0799	0.0847	0.0886	0.0919	0.0948	0.0993	0.1027	0.1053	0.1073	0.1088	0.1114	0.1149
6.8	0.0723	0.0779	0.0826	0.0865	0.0898	0.0926	0.0970	0.1004	0.1030	0.1050	0.1066	0.1092	0.1129
7.0	0.0705	0.0761	0.0806	0.0844	0.0877	0.0904	0.0949	0.0982	0.1008	0.1028	0.1044	0.1071	0.1109
7.2	0.0688	0.0742	0.0787	0.0825	0.0857	0.0884	0.0928	0.0962	0.0987	0.1008	0.1023	0.1051	0.1090
7.4	0.0672	0.0725	0.0769	0.0806	0.0838	0.0865	0.0908	0.0942	0.0967	0.0988	0.1004	0.1031	0.1071
7.6	0.0656	0.0709	0.0752	0.0789	0.0820	0.0846	0.0889	0.0922	0.0948	0.0968	0.0984	0.1012	0.1054
7.8	0.0642	0.0693	0.0736	0.0771	0.0802	0.0828	0.0871	0.0904	0.0929	0.0950	0.0966	0.0994	0.1036
8.0	0.0627	0.0678	0.0720	0.0755	0.0785	0.0811	0.0853	0.0886	0.0912	0.0932	0.0948	0.0976	0.1020
8.2	0.0614	0.0663	0.0705	0.0739	0.0769	0.0795	0.0837	0.0869	0.0894	0.0914	0.0931	0.0959	0.1004
8.4	0.0601	0.0649	0.0690	0.0724	0.0754	0.0779	0.0820	0.0852	0.0878	0.0893	0.0914	0.0943	0.0973
8.6	0.0588	0.0636	0.0676	0.0710	0.0739	0.0764	0.0805	0.0836	0.0862	0.0882	0.0898	0.0927	0.0959
8.8	0.0576	0.0623	0.0663	0.0696	0.0724	0.0749	0.0790	0.0821	0.0846	0.0866	0.0882	0.0912	0.0959
9.2	0.0554	0.0599	0.0637	0.0670	0.0697	0.0721	0.0761	0.0792	0.0817	0.0837	0.0853	0.0882	0.0931
9.6	0.0533	0.0577	0.0614	0.0645	0.0672	0.0696	0.0734	0.0765	0.0789	0.0809	0.0825	0.0855	0.0905
10.0	0.0514	0.0556	0.0592	0.0622	0.0649	0.0672	0.0710	0.0739	0.0763	0.0783	0.0799	0.0829	0.0880
10.4	0.0496	0.0537	0.0572	0.0601	0.0627	0.0649	0.0686	0.0716	0.0739	0.0759	0.0775	0.0804	0.0857
10.8	0.0479	0.0519	0.0553	0.0581	0.0606	0.0628	0.0664	0.0693	0.0717	0.0736	0.0751	0.0781	0.0834
11.2	0.0463	0.0502	0.0535	0.0563	0.0587	0.0609	0.0664	0.0672	0.0695	0.0714	0.0730	0.0759	0.0813
11.6	0.0448	0.0486	0.0518	0.0545	0.0569	0.0590	0.0625	0.0652	0.0675	0.0694	0.0709	0.0738	0.0793
12.0	0.0435	0.0471	0.0502	0.0529	0.0552	0.0573	0.0606	0.0634	0.0656	0.0674	0.0690	0.0719	0.0774
12.8	0.0409	0.0444	0.0474	0.0499	0.0521	0.0541	0.0573	0.0599	0.0621	0.0639	0.0654	0.0682	0.0739
13.6	0.0387	0.0420	0.0448	0.0472	0.0493	0.0512	0.0543	0.0568	0.0589	0.0607	0.0621	0.0649	0.0707
14.4	0.0367	0.0398	0.0425	0.0488	0.0468	0.0486	0.0516	0.0540	0.0561	0.0577	0.0592	0.0619	0.0677
15.2	0.0349	0.0379	0.0404	0.0426	0.0446	0.0463	0.0492	0.0515	0.0535	0.0551	0.0565	0.0592	0.0650
16.0	0.0332	0.0361	0.0385	0.0407	0.0425	0.0442	0.0469	0.0492	0.0511	0.0527	0.0540	0.0567	0.0625
18.0	0.0297	0.0323	0.0345	0.0364	0.0381	0.0396	0.0422	0.0442	0.0460	0.0475	0.0487	0.0512	0.0570
20.0	0.0269	0.0292	0.0312	0.0330	0.0345	0.0359	0.0383	0.0402	0.0418	0.0432	0.0444	0.0468	0.0524

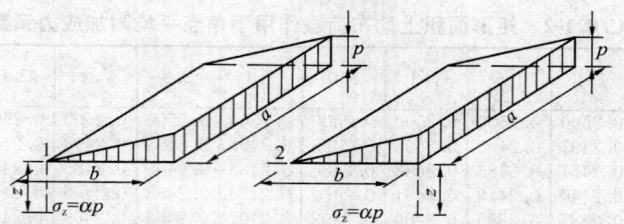

表 C.0.2 矩形面积上三角形分布荷载作用下角点的附加应力系数 α 与平均附加应力系数 $\bar{\alpha}$

z/b	0.2 点1 α	0.2 点1 $\bar{\alpha}$	0.2 点2 α	0.2 点2 $\bar{\alpha}$	0.4 点1 α	0.4 点1 $\bar{\alpha}$	0.4 点2 α	0.4 点2 $\bar{\alpha}$	0.6 点1 α	0.6 点1 $\bar{\alpha}$	0.6 点2 α	0.6 点2 $\bar{\alpha}$	z/b
0.0	0.0000	0.0000	0.2500	0.2500	0.0000	0.0000	0.2500	0.2500	0.0000	0.0000	0.2500	0.2500	0.0
0.2	0.0223	0.0112	0.1821	0.2161	0.0280	0.0140	0.2115	0.2308	0.0296	0.0148	0.2165	0.2333	0.2
0.4	0.0269	0.0179	0.1094	0.1810	0.0420	0.0245	0.1604	0.2084	0.0487	0.0270	0.1781	0.2153	0.4
0.6	0.0259	0.0207	0.0700	0.1505	0.0448	0.0308	0.1165	0.1851	0.0560	0.0355	0.1405	0.1966	0.6
0.8	0.0232	0.0217	0.0480	0.1277	0.0421	0.0340	0.0853	0.1640	0.0553	0.0405	0.1093	0.1787	0.8
1.0	0.0201	0.0217	0.0346	0.1104	0.0375	0.0351	0.0638	0.1461	0.0508	0.0430	0.0852	0.1624	1.0
1.2	0.0171	0.0212	0.0260	0.0970	0.0324	0.0351	0.0491	0.1312	0.0450	0.0439	0.0673	0.1480	1.2
1.4	0.0145	0.0204	0.0202	0.0865	0.0278	0.0344	0.0386	0.1187	0.0392	0.0436	0.0540	0.1356	1.4
1.6	0.0123	0.0195	0.0160	0.0779	0.0238	0.0333	0.0310	0.1082	0.0339	0.0427	0.0440	0.1247	1.6
1.8	0.0105	0.0186	0.0130	0.0709	0.0204	0.0321	0.0254	0.0993	0.0294	0.0415	0.0363	0.1153	1.8
2.0	0.0090	0.0178	0.0108	0.0650	0.0176	0.0308	0.0211	0.0917	0.0255	0.0401	0.0304	0.1071	2.0
2.5	0.0063	0.0157	0.0072	0.0538	0.0125	0.0276	0.0140	0.0769	0.0183	0.0365	0.0205	0.0908	2.5
3.0	0.0046	0.0140	0.0051	0.0458	0.0092	0.0248	0.0100	0.0661	0.0135	0.0330	0.0148	0.0786	3.0
5.0	0.0018	0.0097	0.0019	0.0289	0.0036	0.0175	0.0038	0.0424	0.0054	0.0236	0.0056	0.0476	5.0
7.0	0.0009	0.0073	0.0010	0.0211	0.0019	0.0133	0.0019	0.0311	0.0028	0.0180	0.0029	0.0352	7.0
10.0	0.0005	0.0053	0.0004	0.0150	0.0009	0.0097	0.0010	0.0222	0.0014	0.0133	0.0014	0.0253	10.0

z/b	0.8 点1 α	0.8 点1 $\bar{\alpha}$	0.8 点2 α	0.8 点2 $\bar{\alpha}$	1.0 点1 α	1.0 点1 $\bar{\alpha}$	1.0 点2 α	1.0 点2 $\bar{\alpha}$	1.2 点1 α	1.2 点1 $\bar{\alpha}$	1.2 点2 α	1.2 点2 $\bar{\alpha}$	z/b
0.0	0.0000	0.0000	0.2500	0.2500	0.0000	0.0000	0.2500	0.2500	0.0000	0.0000	0.2500	0.2500	0.0
0.2	0.0301	0.0151	0.2178	0.2339	0.0304	0.0152	0.2182	0.2341	0.0305	0.0153	0.2184	0.2342	0.2
0.4	0.0517	0.0280	0.1844	0.2175	0.0531	0.0285	0.1870	0.2184	0.0539	0.0288	0.1881	0.2187	0.4
0.6	0.6210	0.0376	0.1520	0.2011	0.0654	0.0388	0.1575	0.2030	0.0673	0.0394	0.1602	0.2039	0.6
0.8	0.0637	0.0440	0.1232	0.1852	0.0688	0.0459	0.1311	0.1883	0.0720	0.0470	0.1355	0.1899	0.8
1.0	0.0602	0.0476	0.0996	0.1704	0.0666	0.0502	0.1086	0.1746	0.0708	0.0518	0.1143	0.1769	1.0
1.2	0.0546	0.0492	0.0807	0.1571	0.0615	0.0525	0.0901	0.1621	0.0664	0.0546	0.0962	0.1649	1.2
1.4	0.0483	0.0495	0.0661	0.1451	0.0554	0.0534	0.0751	0.1507	0.0606	0.0559	0.0817	0.1541	1.4
1.6	0.0424	0.0490	0.0547	0.1345	0.0492	0.0533	0.0628	0.1405	0.0545	0.0561	0.0696	0.1443	1.6
1.8	0.0371	0.0480	0.0457	0.1252	0.0435	0.0525	0.0534	0.1313	0.0487	0.0556	0.0596	0.1354	1.8
2.0	0.0324	0.0467	0.0387	0.1169	0.0384	0.0513	0.0456	0.1232	0.0434	0.0547	0.0513	0.1274	2.0
2.5	0.0236	0.0429	0.0265	0.1000	0.0284	0.0478	0.0318	0.1063	0.0326	0.0513	0.0365	0.1107	2.5
3.0	0.0176	0.0392	0.0192	0.0871	0.0214	0.0439	0.0233	0.0931	0.0249	0.0476	0.0270	0.0976	3.0
5.0	0.0071	0.0285	0.0074	0.0576	0.0088	0.0324	0.0091	0.0624	0.0104	0.0356	0.0108	0.0661	5.0
7.0	0.0038	0.0219	0.0038	0.0427	0.0047	0.0251	0.0047	0.0465	0.0056	0.0277	0.0056	0.0496	7.0
10.0	0.0019	0.0162	0.0019	0.0308	0.0023	0.0186	0.0024	0.0336	0.0028	0.0207	0.0028	0.0359	10.0

a/b	1.4				1.6				1.8				a/b
点	1		2		1		2		1		2		点
系数 / z/b	α	$\bar{\alpha}$	α	$\bar{\alpha}$	α	$\bar{\alpha}$	α	$\bar{\alpha}$	α	$\bar{\alpha}$	α	$\bar{\alpha}$	数系 / z/b
0.0	0.0000	0.0000	0.2500	0.2500	0.0000	0.0000	0.2500	0.2500	0.0000	0.0000	0.2500	0.2500	0.0
0.2	0.0305	0.0153	0.2185	0.2343	0.0306	0.0153	0.2185	0.2343	0.0306	0.0153	0.2185	0.2343	0.2
0.4	0.0543	0.0289	0.1886	0.2189	0.0545	0.0290	0.1889	0.2190	0.0546	0.0290	0.1891	0.2190	0.4
0.6	0.0684	0.0397	0.1616	0.2043	0.0690	0.0399	0.1625	0.2046	0.0649	0.0400	0.1630	0.2047	0.6
0.8	0.0739	0.0476	0.1381	0.1907	0.0751	0.0480	0.1396	0.1912	0.0759	0.0482	0.1405	0.1915	0.8
1.0	0.0735	0.0528	0.1176	0.1781	0.0753	0.0534	0.1202	0.1789	0.0766	0.0538	0.1215	0.1794	1.0
1.2	0.0698	0.0560	0.1007	0.1666	0.0721	0.0568	0.1037	0.1678	0.0738	0.0574	0.1055	0.1684	1.2
1.4	0.0644	0.0575	0.0864	0.1562	0.0672	0.0586	0.0897	0.1576	0.0692	0.0594	0.0921	0.1585	1.4
1.6	0.0586	0.0580	0.0743	0.1467	0.0616	0.0594	0.0780	0.1484	0.0639	0.0603	0.0806	0.1494	1.6
1.8	0.0528	0.0578	0.0644	0.1381	0.0560	0.0593	0.0681	0.1400	0.0585	0.0604	0.0709	0.1413	1.8
2.0	0.0474	0.0570	0.0560	0.1303	0.0507	0.0587	0.0596	0.1324	0.0533	0.0599	0.0625	0.1338	2.0
2.5	0.0362	0.0540	0.0405	0.1139	0.0393	0.0560	0.0440	0.1163	0.0419	0.0575	0.0469	0.1180	2.5
3.0	0.0280	0.0503	0.0303	0.1008	0.0307	0.0525	0.0333	0.1033	0.0331	0.0541	0.0359	0.1052	3.0
5.0	0.0120	0.0382	0.0123	0.0690	0.0135	0.0403	0.0139	0.0714	0.0148	0.0421	0.0154	0.0734	5.0
7.0	0.0064	0.0299	0.0066	0.0520	0.0073	0.0318	0.0074	0.0541	0.0081	0.0333	0.0083	0.0558	7.0
10.0	0.0033	0.0224	0.0032	0.0379	0.0037	0.0239	0.0037	0.0395	0.0041	0.0252	0.0042	0.0409	10.0

a/b	2.0				3.0				4.0				a/b
点	1		2		1		2		1		2		点
系数 / z/b	α	$\bar{\alpha}$	α	$\bar{\alpha}$	α	$\bar{\alpha}$	α	$\bar{\alpha}$	α	$\bar{\alpha}$	α	$\bar{\alpha}$	数系 / z/b
0.0	0.0000	0.0000	0.2500	0.2500	0.0000	0.0000	0.2500	0.2500	0.0000	0.0000	0.2500	0.2500	0.0
0.2	0.0306	0.0153	0.2185	0.2343	0.0306	0.0153	0.2186	0.2343	0.0306	0.0153	0.2186	0.2343	0.2
0.4	0.0547	0.0290	0.1892	0.2191	0.0548	0.0290	0.1894	0.2192	0.0549	0.0291	0.1894	0.2192	0.4
0.6	0.0696	0.0401	0.1633	0.2048	0.0701	0.0402	0.1638	0.2050	0.0702	0.0402	0.1639	0.2050	0.6
0.8	0.0764	0.0483	0.1412	0.1917	0.0773	0.0486	0.1423	0.1920	0.0776	0.0487	0.1424	0.1920	0.8
1.0	0.0774	0.0540	0.1225	0.1797	0.0790	0.0545	0.1244	0.1803	0.0794	0.0546	0.1248	0.1803	1.0
1.2	0.0749	0.0577	0.1069	0.1689	0.0774	0.0584	0.1096	0.1697	0.0779	0.0586	0.1103	0.1699	1.2
1.4	0.0707	0.0599	0.0937	0.1591	0.0739	0.0609	0.0973	0.1603	0.0748	0.0612	0.0982	0.1605	1.4
1.6	0.0656	0.0609	0.0826	0.1502	0.0697	0.0623	0.0870	0.1517	0.0708	0.0626	0.0882	0.1521	1.6
1.8	0.0604	0.0611	0.0730	0.1422	0.0652	0.0628	0.0782	0.1441	0.0666	0.0633	0.0797	0.1445	1.8
2.0	0.0553	0.0608	0.0649	0.1348	0.0607	0.0629	0.0707	0.1371	0.0624	0.0634	0.0726	0.1377	2.0
2.5	0.0440	0.0586	0.0491	0.1193	0.0504	0.0614	0.0559	0.1223	0.0529	0.0623	0.0585	0.1233	2.5
3.0	0.0352	0.0554	0.0380	0.1067	0.0419	0.0589	0.0451	0.1104	0.0449	0.0600	0.0482	0.1116	3.0
5.0	0.0161	0.0435	0.0167	0.0749	0.0214	0.0480	0.0221	0.0797	0.0248	0.0500	0.0256	0.0817	5.0
7.0	0.0089	0.0347	0.0091	0.0572	0.0124	0.0391	0.0126	0.0619	0.0152	0.0414	0.0154	0.0642	7.0
10.0	0.0046	0.0263	0.0046	0.0403	0.0066	0.0302	0.0066	0.0462	0.0084	0.0325	0.0083	0.0485	10.0

续表 C.0.2

a/b 点 系数 z/b	6.0 1 α	6.0 1 ᾱ	6.0 2 α	6.0 2 ᾱ	8.0 1 α	8.0 1 ᾱ	8.0 2 α	8.0 2 ᾱ	10.0 1 α	10.0 1 ᾱ	10.0 2 α	10.0 2 ᾱ	a/b 点 数系 z/b
0.0	0.0000	0.0000	0.2500	0.2500	0.0000	0.0000	0.2500	0.2500	0.0000	0.0000	0.2500	0.2500	0.0
0.2	0.0306	0.0153	0.2186	0.2343	0.0306	0.0153	0.2186	0.2343	0.0306	0.0153	0.2186	0.2343	0.2
0.4	0.0549	0.0291	0.1894	0.2192	0.0549	0.0291	0.1894	0.2192	0.0549	0.0291	0.1894	0.2192	0.4
0.6	0.0702	0.0402	0.1640	0.2050	0.0702	0.0402	0.1640	0.2050	0.0702	0.0402	0.1640	0.2050	0.6
0.8	0.0776	0.0487	0.1426	0.1921	0.0776	0.0487	0.1426	0.1921	0.0776	0.0487	0.1426	0.1921	0.8
1.0	0.0795	0.0546	0.1250	0.1804	0.0796	0.0546	0.1250	0.1804	0.0796	0.0546	0.1250	0.1804	1.0
1.2	0.0782	0.0587	0.1105	0.1700	0.0783	0.0587	0.1105	0.1700	0.0783	0.0587	0.1105	0.1700	1.2
1.4	0.0752	0.0613	0.0986	0.1606	0.0752	0.0613	0.0987	0.1606	0.0753	0.0613	0.0987	0.1606	1.4
1.6	0.0714	0.0628	0.0887	0.1523	0.0715	0.0628	0.0888	0.1523	0.0715	0.0628	0.0889	0.1523	1.6
1.8	0.0673	0.0635	0.0805	0.1447	0.0675	0.0635	0.0806	0.1448	0.0675	0.0635	0.0808	0.1448	1.8
2.0	0.0634	0.0637	0.0734	0.1380	0.0636	0.0638	0.0736	0.1380	0.0636	0.0638	0.0738	0.1380	2.0
2.5	0.0543	0.0627	0.0601	0.1237	0.0547	0.0628	0.0604	0.1238	0.0548	0.0628	0.0605	0.1239	2.5
3.0	0.0469	0.0607	0.0504	0.1123	0.0474	0.0609	0.0509	0.1124	0.0476	0.0609	0.0511	0.1125	3.0
5.0	0.0283	0.0515	0.0290	0.0833	0.0296	0.0519	0.0303	0.0837	0.0301	0.0521	0.0309	0.0839	5.0
7.0	0.0186	0.0435	0.0190	0.0663	0.0204	0.0442	0.0207	0.0671	0.0212	0.0445	0.0216	0.0674	7.0
10.0	0.0111	0.0349	0.0111	0.0509	0.0128	0.0359	0.0130	0.0520	0.0139	0.0364	0.0141	0.0526	10.0

C.0.3 圆形面积上均布荷载下中点的附加应力系数 α、平均附加应力系数 $\bar\alpha$ 应按表 C.0.3 确定。

表 C.0.3 圆形面积上均布荷载作用下中点的附加应力系数 α 与平均附加应力系数 $\bar\alpha$

z/r	圆形 α	圆形 ᾱ
0.0	1.000	1.000
0.1	0.999	1.000
0.2	0.992	0.998
0.3	0.976	0.993
0.4	0.949	0.986
0.5	0.911	0.974
0.6	0.864	0.960
0.7	0.811	0.942
0.8	0.756	0.923
0.9	0.701	0.901
1.0	0.647	0.878
1.1	0.595	0.855
1.2	0.547	0.831
1.3	0.502	0.808
1.4	0.461	0.784
1.5	0.424	0.762
1.6	0.390	0.739
1.7	0.360	0.718

续表 C.0.3

z/r	圆形 α	圆形 ᾱ
1.8	0.332	0.697
1.9	0.307	0.677
2.0	0.285	0.658
2.1	0.264	0.640
2.2	0.245	0.623
2.3	0.229	0.606
2.4	0.210	0.590
2.5	0.200	0.574
2.6	0.187	0.560
2.7	0.175	0.546
2.8	0.165	0.532
2.9	0.155	0.519
3.0	0.146	0.507
3.1	0.138	0.495
3.2	0.130	0.484
3.3	0.124	0.473
3.4	0.117	0.463
3.5	0.111	0.453
3.6	0.106	0.443
3.7	0.101	0.434
3.8	0.096	0.425
3.9	0.091	0.417

z/r	圆形	
	α	$\bar{\alpha}$
4.0	0.087	0.409
4.1	0.083	0.401
4.2	0.079	0.393
4.3	0.076	0.386
4.4	0.073	0.379
4.5	0.070	0.372
4.6	0.067	0.365
4.7	0.064	0.359
4.8	0.062	0.353
4.9	0.059	0.347
5.0	0.057	0.341

C.0.4 圆形面积上三角形分布荷载下边点的附加应力系数 α、平均附加应力系数 $\bar{\alpha}$ 应按表 C.0.4 确定。

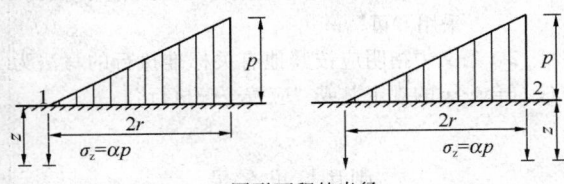

r——圆形面积的半径

表 C.0.4　圆形面积上三角形分布荷载作用下边点的附加应力系数 α 与平均附加应力系数 $\bar{\alpha}$

点系数 z/r	1		2	
	α	$\bar{\alpha}$	α	$\bar{\alpha}$
0.0	0.000	0.000	0.500	0.500
0.1	0.016	0.008	0.465	0.483
0.2	0.031	0.016	0.433	0.466
0.3	0.044	0.023	0.403	0.450
0.4	0.054	0.030	0.376	0.435
0.5	0.063	0.035	0.349	0.420
0.6	0.071	0.041	0.324	0.406
0.7	0.078	0.045	0.300	0.393
0.8	0.083	0.050	0.279	0.380
0.9	0.088	0.054	0.258	0.368
1.0	0.091	0.057	0.238	0.356
1.1	0.092	0.061	0.221	0.344
1.2	0.093	0.063	0.205	0.333
1.3	0.092	0.065	0.190	0.323
1.4	0.091	0.067	0.177	0.313
1.5	0.089	0.069	0.165	0.303
1.6	0.087	0.070	0.154	0.294
1.7	0.085	0.071	0.144	0.286
1.8	0.083	0.072	0.134	0.278
1.9	0.080	0.072	0.126	0.270
2.0	0.078	0.073	0.117	0.263
2.1	0.075	0.073	0.110	0.255
2.2	0.072	0.073	0.104	0.249
2.3	0.070	0.073	0.097	0.242

点系数 z/r	1		2	
	α	$\bar{\alpha}$	α	$\bar{\alpha}$
2.4	0.067	0.073	0.091	0.236
2.5	0.064	0.072	0.086	0.230
2.6	0.062	0.072	0.081	0.225
2.7	0.059	0.071	0.078	0.219
2.8	0.057	0.071	0.074	0.214
2.9	0.055	0.070	0.070	0.209
3.0	0.052	0.070	0.067	0.204
3.1	0.050	0.069	0.064	0.200
3.2	0.048	0.069	0.061	0.196
3.3	0.046	0.068	0.059	0.192
3.4	0.045	0.067	0.055	0.188
3.5	0.043	0.067	0.053	0.184
3.6	0.041	0.066	0.051	0.180
3.7	0.040	0.065	0.048	0.177
3.8	0.038	0.065	0.046	0.173
3.9	0.037	0.064	0.043	0.170
4.0	0.036	0.063	0.041	0.167
4.2	0.033	0.062	0.038	0.161
4.4	0.031	0.061	0.034	0.155
4.6	0.029	0.059	0.031	0.150
4.8	0.027	0.058	0.029	0.145
5.0	0.025	0.057	0.027	0.140

附录 D　组合锤挤密和组合锤置换施工记录

表 D　组合锤挤密和组合锤置换施工记录

起重机型号：＿＿＿　　　　夯锤重量(t)：＿＿＿

夯击日期：　年　月　日

技术负责人：＿＿＿工(队)长：＿＿＿

最后两击平均下沉量控制为＿＿＿ mm

夯锤尺寸(m)：＿＿＿落距(m)：＿＿＿记录人：＿＿＿＿

工序	遍数	1		2		3		4	
		本次	累计	本次	累计	本次	累计	本次	累计
第□工序									
第□工序									
第□工序									
第□工序									

续表 D

工序	遍数	1		2		3		4	
		本次	累计	本次	累计	本次	累计	本次	累计
第□工序									
第□工序									

注：表中夯沉量按 mm 计。

附录 E 组合锤法处理地基工程的墩体质量检验方法

表 E 组合锤法处理地基工程的墩体质量检验方法

序号	检验方法	墩体材料
1	标准贯入试验	砂土、粉土及黏性土
2	静力触探试验	黏性土、粉土和砂土
3	轻型动力触探	贯入深度小于 4m 的黏性土；黏性土与粉土组成的混合土
4	重型动力触探	砂土和碎石土
5	超重型动力触探	粒径较大或密实的碎石土
6	钻芯法	胶结材料
7	瑞利波法	各类材料

本规程用词说明

1 为便于在执行本规程条文时区别对待，对要求严格程度不同的用词说明如下：

1） 表示很严格，非这样做不可的用词：

正面词采用"必须"，反面词采用"严禁"；

2） 表示严格，在正常情况下均应这样做的用词：

正面词采用"应"，反面词采用"不应"或"不得"；

3） 表示允许稍有选择，在条件许可时首先应这样做的用词：

正面词采用"宜"，反面词采用"不宜"；

4） 表示有选择，在一定条件下可以这样做的，采用"可"。

2 条文中指明应按其他有关标准执行的写法为"应符合……的规定"或"应按……执行"。

引用标准名录

1 《建筑地基基础设计规范》GB 50007

2 《建筑地基基础工程施工质量验收规范》GB 50202

中华人民共和国行业标准

组合锤法地基处理技术规程

JGJ/T 290—2012

条 文 说 明

制 订 说 明

《组合锤法地基处理技术规程》JGJ/T 290 - 2012，经住房和城乡建设部 2012 年 9 月 26 日以第 1477 号公告批准、发布。

本规程制订过程中，编制组开展了专题研究，调查、研究和总结了组合锤法处理地基的工程实验及工程施工经验，参考国外同类技术的标准规范，取得了重要技术参数。

为便于广大设计、施工、科研等单位有关人员在使用本规程时能正确理解和执行条文规定，《组合锤法地基处理技术规程》编制组按章、节、条顺序编制了本规程的条文说明，对条文规定的目的、依据以及执行中需注意的有关事项进行了说明。由于本条文说明不具备与规程正文同等的法律效力，仅供使用者作为理解和把握规程规定的参考。

目　次

1 总 则

1.0.1 随着地基处理施工工艺不断的改进和施工设备的更新，我国地基处理技术得以快速发展。对于大多数不良地基，经过地基处理后，一般均能满足建筑工程的要求。本规程编制的目的是保证组合锤法处理地基技术在设计、施工及质量检验中认真贯彻执行国家的技术标准和经济政策，做到安全适用、技术先进、经济合理、确保质量、保护环境和节约资源。

1.0.2 组合锤法处理地基技术（原名为超深挤密强夯法），在工业与民用建筑的地基处理、基坑与边坡支护工程中得到广泛应用，取得了明显的技术效果和显著的经济及社会效益。同时在交通公路、铁路、机场、港口、码头等软土地基处理工程和水利堤坝的加固及防渗工程中也得到了广泛的使用。大量的工程施工实践证明，本规程可适用于建设工程中采用组合锤法处理地基的设计、施工和质量检验。

1.0.3 组合锤法处理地基技术不仅采用了组合锤法地基处理技术，同时运用了砂石桩、灰土挤密桩及水泥搅拌桩等复合地基的原理。制定本条规定的依据是大量的工程实测资料，所以按本规程进行设计、施工及质量检验时，应重视地方经验，因地制宜，并应综合分析地基土的性质、地下水埋藏条件、施工技术及环境等因素，达到技术先进可靠和节约资源的目的。

2 术语和符号

2.1.3 组合锤法处理地基技术是采用柱锤、中锤和扁锤分别对地基土深层、中层和表层的不断夯击，破坏了原来土体中固相颗粒的组合结构，进行结构重组，迫使土体中固相颗粒紧密排列，挤出气相体，形成排水通道。同时迫使液相水压力产生由稳定——产生孔隙水压力——再稳定的变化过程。从而达到对地基土进行加固的最终目的。只有这样，这些被加固的增强体和周围的土体的抗压及抗剪强度才能得到迅速提高，才能共同承担基础传递的荷载，形成组合锤法复合地基。

2.1.4 组合锤法处理地基技术根据现场岩土工程条件和设计要求，分为组合锤挤密法和组合锤置换法两种。

组合锤挤密法是分别采用柱锤、中锤和扁锤不断夯击施工场地的原土，使其分层挤密压实形成上大下小的楔形墩体，实现提高地基土强度的目的。作为回填置换的原土可以是场地自身符合要求的土，也可以是新近回填的黏性土、粉土、残积土、砂土等。这些土体可作为回填置换料的前提条件是：①土体含水量不大；②处理后单墩抗压强度平均值和地基承载力一般在 200kPa 以内；③回填时地下水位不宜过高。

2.1.5 组合锤置换法是分别采用柱锤、中锤和扁锤按规定次序夯击场地原土形成夯坑，然后向夯坑回填其他硬骨料作置换料，最终由夯实置换料形成上大下小的楔形墩体，与周边被挤密后的土体共同形成强度高、压缩性低的复合土体。置换料视承载力大小或其他要求可以采用工业废骨料、建筑废骨料、砂土、碎石土及具有一定级配的大粒径块石等。只有在特殊情况下，才采用水泥土或强度等级为 C10、C15 等的混凝土作为置换料。

建筑废骨料是指拆除建（构）筑物所产生的碎砖瓦，破碎的砂浆和混凝土块体等废物料。但不含木块、纤维板、废纸屑和纸质板等有机物建筑垃圾。

工业废骨料是指工业窑炉冶炼或煅烧产生的废料，如废矿渣、粉煤灰等。用于组合锤法处理地基的置换料的工业废骨料应符合国家现行有关腐蚀性和放射性安全标准的要求。

2.1.6 两遍夯击之间应有一定的时间间隔，以利于土中超静孔隙水压力的消散。间歇时间一般取决于超静孔隙水压力的消散时间。由于土中超静孔隙水压力的消散速率与土的类别、夯点间距、夯击状况等因素有关。如果有条件在试夯时埋设孔隙水压力传感器，通过试夯确定超静孔隙水压力的消散时间，以决定两遍夯击之间和施工完成至验收检验之间的间歇期。当缺少实测资料时，也可根据地基土的渗透性相关规定结合工程施工经验采用。

2.1.8 锤的底面积、锤的静压力值和锤的动压当量对强夯的效果影响较大，当锤的重量确定后，是互成反比的：锤面积过小，静压力值和动压当量过大，导致夯锤对地基土的作用以冲切力为主。相反，锤底面积过大，静压力值和动压当量偏小（即单击面积夯击能偏小），单位面积上的冲击能则过小，对地基强夯的影响就不大。目前国内普通强夯锤的静压力值一般常采用 $20kN/m^2 \sim 40kN/m^2$。组合锤法地基处理中柱锤的静压力值采用 $60kN/m^2 \sim 135kN/m^2$，动压当量采用 $600kJ/m^2 \sim 1350kJ/m^2$。中锤的静压力值则采用 $25kN/m^2 \sim 50kN/m^2$，动压当量采用 $250kJ/m^2 \sim 500kJ/m^2$，与国内普通强夯锤的经验静压力值相接近。

3 基 本 规 定

3.0.1 组合锤挤密法特别适用于大面积山坡填方区域的地基处理工程，组合锤置换法则特别适用于大面积的江河湖海塘区域的地基处理工程。

两种处理方法选用原则应根据土体性质和状态、含水量大小、地下水位高低及承载力要求等确定。一般情况下，利用场地原土作为回填料进行夯实挤密形成增强体就能满足设计要求时，可选用挤密法。若遇高饱和度的杂填土、黏性土、粉土、淤泥或淤泥质土或地下水位偏高时，夯实挤密效果不明显，且施工时易产生吸锤和土体严重隆起现象时，就不能采用挤密法，而应选用置换法。

组合锤置换法置换料的选用应根据下列原则进行：

1 墩体承载力的设计：置换料能满足墩体承载力的要求；

2 透水性能：以利于形成排水通道；

3 就地取材：以利节约造价及环保节能。

当场地的填土厚度大于 15.0m、场地的淤泥或淤泥质土厚度大于 7.0m、工程复合地基承载力特征值（f_{ak}）大于 350kPa 时，必须先对置换方案进行现场试验区施工和检验，以确定该方法的适宜性和经济性。

强夯施工中，在夯锤落地的瞬间，一部分动能转换为冲击波，从夯点以波的形式向外传播，引起地表振动。当振动强度达到一定数量时，会引起地表和建（构）筑物的不同程度的损伤和破坏，产生振动和噪声等影响环境的公害。根据这一情况，本规程规定城区内和周边环境条件不允许时，不宜采用组合锤法地基处理技术。同时，根据编制组多年跟踪调查研究，对振动敏感的建筑物的最小间距可定为 10m。

3.0.2 本条规定了在组合锤法处理地基方案设计前应完成的工作，强调应进行现场调查研究，了解当地地基处理经验和施工条件，调查邻近建筑、地下工程、管线和环境条件等前期工作。索取和深入了解工程地质勘察资料和工程设计的资料。

对于有特殊要求的工程，应在了解当地类似场地处理经验的基础上，深入分析研究以前处理过的相类似工程的设计、施工经验及检测结果等资料，综合确定设计参数。

3.0.3 现场试验区施工的目的：一是评价选用的地基处理方法是否可行；二是确定组合锤法处理地基技术的各项施工技术参数。现场试夯施工首先按照设计要求选定试夯方案，然后选择 2 个～3 个代表性场地进行试夯区施工。施工结束后，对现场试夯按规定进行检测，并与夯前的测试数据进行分析对比。判定组合锤法地基处理的适宜性和处理效果，确定地基处理采用的各项施工参数。一个试验区的面积不宜小于 20m×20m，但对于处理面积小且单位工程面积不大的情况下，可会同设计和建设方研究，适当减小试验区的个数和一个试验区的面积。

3.0.4 现场试夯区的处理效果，不能以观察来评价。所有的施工技术参数均必须以现场检测的数据为准。其中单墩复合地基和单墩承载力特征值应采用静荷载试验。有效加固深度宜采用动力触探试验和室内土工试验，取得处理前后的触探击数随深度变化的规律。本规程推荐采用重型动力触探法、标准贯入法、钻芯法和瑞利波法等试验方法，检查置换墩着底的情况及

承载力与密度随深度的变化情况。这些方法能直接客观反映出墩体质量和着底的深度，单墩静载荷试验应符合本规程附录 A 的规定。

3.0.6、3.0.7 对于山地丘陵地带，经挖填平整后的建（构）筑物，基础常常坐落在不同的地质单元上，或者坐落在原来的斜坡上，易产生建（构）筑物沉降差异以至建（构）筑物造成倾斜和失稳现象。在这种情况下，可对岩土性质存在差异的地层超挖 2m，然后进行整体回填夯实，或加强上部结构整体刚度等措施以减少差异沉降，并应按现行国家标准《建筑地基基础设计规范》GB 50007 的相关规定进行地基稳定性验算。

4 设 计

4.0.1 经过长期强夯理论的研究和各种强夯工程施工实践得出：地基土的有效加固深度和影响深度是两个不同的概念。前者是反映处理效果的主要参数和选择地基处理方案的重要依据，后者是研究夯击能够影响到的深度。有效加固深度越大，对处理后地基的强度和稳定性越有利。

为了确定地基土的有效加固深度，国内外学者进行了大量试验研究和工程实践。强夯法发明人梅那的估算公式得出的有效加固深度往往会得出偏大的结果。这是因为除锤重和落距外，地基土的性质、厚度、埋藏顺序、地下水位和锤底压力等都与有效加固深度有着直接的关联。因此迄今为止还不能得到有效加固深度准确的计算公式。考虑到设计人员选择使用组合锤法处理地基技术的需要，本规程未采用修正后的梅那公式计算的方法，而是采用了长期以来组合锤法地基施工经验和工程检测数据分析统计得到的有效加固深度经验值，供初步设计时选择。

柱锤是通过减小锤底接地面积、增加锤体密度和锤高并保证锤重不变，按照施工工艺要求，采用不同的浇铸材料进行设计制作，使该锤静接地压力值和动压力当量与采用大其 3 倍～4 倍能量的普通夯锤相当，即通过较小的夯击能，达到中等甚至高能级的夯击效果。通过大量的试验和工程实践可以得出如下结论：在一定的条件下，动压当量越大，则有效加固深度越深。

江西省景德镇某小区填土厚度 0.8m～22.0m，在组合锤法复合地基处理后，经过静载荷试验和重型动探检测，其复合地基承载力特征值大于 180kPa，有效加固深度最深达 16.1m；江西新建县某小区场地为松散～稍密的素填黏性土、千枚岩块和少量的粉质黏土组成，在采用组合锤法地基处理后，对 1#、2#、3# 现场试验区进行了标准贯入试验、静载试验和重型动探检测，检测结果表明：组合锤法有效加固深度最大达 12.0m，等于最大的填土厚度。

4.0.2 对满堂基础，夯实置换墩点宜根据基底平面形状布置成等边三角形、等腰三角形或正方形等，布置间距按照本规程第4.0.3条规定执行，对独立柱基，可在基底下面作均匀相应的布置，对条形基础，可按条基线性布置。

4.0.3 组合锤法处理地基设计一般是按照上部荷载和基底平面形状等来确定墩数及墩间距，当单墩间距较大时，就必须加强上部结构和基础的刚度，以避免发生不均匀沉降或基础的局部开裂。

4.0.4 由于基础压力的扩散作用，散体材料组合锤法地基处理范围应大于建筑物基础范围，具体放大范围应根据建筑物结构类型和重要性等因素确定。对于一般建筑物，每边超出基础外缘的宽度宜为基底下设计处理深度的1/2～2/3，并不宜小于3m。

4.0.5 组合锤法地基在上部荷载不是特别大或没有其他要求时，一般按照就地取材、保护环境的原则，采用符合要求的原土为墩体材料。即现场回填的砂土、黏性土或风化残积类土等。当上部荷载要求较大或出现其他因素时，墩体材料宜采用级配良好的块石、碎石、工业废渣骨料、建筑废渣骨料等坚硬颗粒材料。当要求单墩承载力大于1000kN时，则宜选用灰土、水泥土或混凝土材料作墩体材料。

4.0.7 对埋置深度较浅且厚度较薄的软土层，置换墩体应穿透该软土层，达到下部相对较硬的土层上，否则在墩底较大的应力作用下，墩体会发生较大的下沉。因此，为了有效减小沉降，复合地基中增强体设置一般都穿透薄弱的土层，落在相对较好的土层上。

对于埋置深度较浅且深厚饱和的粉土、粉砂等软土层时，虽然置换墩体不能穿透该软土层，但经强力夯击，置换墩底部软土体在施工过程中密实度变大，并经软弱下卧层验算，若承载力满足要求则可不必穿透该软土层。

4.0.8 组合锤法单墩承载力设计时，其单墩承载力应通过现场载荷试验确定，所有的估算或其他方法得出的组合锤法单墩承载力均必须与现场载荷试验确定的结果相符合。否则，必须以现场载荷试验结果来最终确定该工程的组合锤法单墩承载力。

本规程采用两个组合锤法单墩承载力的估算公式。并明确规定该公式是初步设计时的估算公式，只用于有粘结强度的增强体，不能用于散体材料增强体。

公式（4.0.8-1）中 α_p 墩端阻力发挥系数可根据地区经验或相关资料分析统计取0.2～1.0，该系数主要与墩端土的工程性质相关，墩端土为淤泥、淤泥质土的软弱土层时，取低值，墩端土为坚硬岩土层时取高值，中间性质的土层按经验取插值。

公式（4.0.8-2）中 f_{cu} 墩体抗压强度平均值系墩体立方体试块在标准养护条件和规定的龄期下的抗压强度的平均值。其中混凝土试块为150mm×150mm

×150mm，水泥土试块为70.7mm×70.7mm×70.7mm。龄期为混凝土28d，水泥土90d，依据工程试验资料的分析统计和工程经验，获得抗压强度平均值如下：对水泥土置换墩取值不低于400kPa，对混凝土置换墩取值不低于600kPa，灰土置换墩取值不低于300kPa。

4.0.9 需要对复合地基承载力进行基础埋深的深度修正时，应按公式（4.0.9）对灰土、水泥土或混凝土墩体强度进行验算。

4.0.10 组合锤法复合地基承载力特征值，应通过复合地基载荷试验确定，同时考虑到复合地基承载力载荷试验工作量大、成本高、工期长等因素，本规程同时规定，应通过组合锤法单墩载荷试验和墩间土地基载荷试验并结合工程实践经验综合确定。本条特别强调：所有的估算或其他方法得出的组合锤法复合地基承载力特征值，均必须符合现场复合地基载荷试验或单墩载荷试验和墩间土地基载荷试验确定的结果。否则，应以现场复合地基载荷试验或组合锤单墩载荷试验和墩间土地基载荷试验确定的结果作为该工程组合锤法复合地基承载力特征值。强调现场试验对复合地基设计的重要性。

本规程规定，初步设计时，可按墩体采用散体材料时和墩体采用有粘结强度的材料时的两种估算方法。

其中公式（4.0.10-1）中 n 为复合地基墩土应力比（承载力），本规程规定，宜按试验或地区经验取2.0～4.0。墩土承载力比，主要由墩体承载力和墩间土承载力决定的，视墩体材料、墩体类型、破坏时单墩承载力发挥度及墩间土工程性质而定。墩体为碎石、砾石，破坏时单墩承载力发挥度高，复合地基置换率高的取大值，相反取小值。

公式（4.0.10-2）中 β 为墩间土承载力发挥系数，宜按墩间土的工程性质、墩体类型和墩间土地基破坏时的承载力发挥度及结合地区经验取0.6～1.0。墩间土工程性质好，墩体材料为混凝土刚体墩时，承载力发挥度高，取大值，相反取小值。中间状态可在0.6～1.0按经验取插值。

4.0.11 在验算下卧层地基承载力时，验算方法宜采用应力扩散角法。由于处理后的地基土的内摩擦角不易确定。因此，本规程根据经验规定应力扩散角可取处理前内摩擦角的1/2～2/3。

5 施 工

5.0.1 组合锤法复合地基施工时，一般采用的吊机为10t～15t，夯锤为9t～15t，对于地表土软弱的施工场地，当地表土承载力特征值小于60kPa时，宜在表层铺填一定厚度的松散的干硬性材料，使地表形成硬层，以保证设备行走和施工。当吊机和夯锤重量超过上述情况时，地表土承载力特征值应相应提高，并以满足设备行走和施工为准。

5.0.2 当地表水和地下水位较高时，宜采用人工降水的办法，使地下水位低于施工面。其主要是避免在夯击过程中出现夯坑积水、翻砂现象，以致夯击的地基土无法形成排水通道，阻碍土体的排水固结进程，从而影响夯击的效果。

5.0.3 本条文是对组合锤挤密法施工工序作出的原则性规定。具体的施工参数应按现场试验性施工确定的参数执行。

5.0.4 组合锤挤密法的夯击次数应根据地基土的性质确定。并根据组合锤法地基处理的施工工艺特点，按照深层挤密、中层挤密与浅层密实的工序，选用不同的夯击次数，对于粗颗粒土夯击次数取小值，细颗粒土夯击次数取大值。

5.0.5 本条文是对组合锤置换法的施工工序作出的原则性规定。具体的施工参数应按现场试验性施工确定的参数执行。

5.0.7 两遍夯击之间的间歇期取决于土中超静孔隙水压力的消散时间。本规程按现行行业标准《建筑地基处理技术规范》JGJ 79 的规定执行。有条件时，应在试夯前、夯击过程中进行孔隙水压力测试，得出超静孔隙水压力的消散时间，以确定两遍夯击的最佳时间间隔。当回填土选用渗透性好的中粗砂、砾砂地基时，由于超静孔隙水消散快，所以只需间歇 1d～2d 就可夯击或连续夯击，对于渗透性差的黏性土地基，其间歇期一般不应少于 7d，否则对处理效果将产生较大影响。

夯击过程中及夯击后，进行孔隙水压力测试可以达到下列目的：

    1 研究夯击的影响深度和范围；

    2 确定夯击能，每一夯点的击数以及夯击点的间距；

    3 测量孔隙水压力的消散速度，以便确定两遍夯击的间隔时间。

一般情况下，对于现场拟处理地基的回填土或置换料为粉质黏土或中粗砂时，在施工过程中，出于工期等因素的考虑，间歇期一般为 1d～7d，此举对于处理中粗砂、砾砂地基影响不大，但对于粉质黏性土地基，则会有较大的影响。

5.0.8 在施工中安排专人作施工记录，这是由组合锤法地基施工工艺的特殊性决定的。施工工艺的各项参数是根据现场试夯施工过程中实测获取的，其施工步骤也是根据试夯效果确认后由设计规定的。所以，施工前不但要明确规定组合锤法地基施工专人监测工作的内容，同时明确规定派专人对施工全过程做好各项参数和施工情况的详细记录。因为当施工工序进入下一工序时就无法监测记录到已完成的前一工序的相关参数和施工情况，施工结束后不能事后补做检查监测施工步骤及参数的记录，因此本规程要求在施工过程中应派人专职负责对各项参数和施工步骤进行详细完整的检查和记录。

5.0.9 根据国家工程验收的规定，工程的上道工序验收不合格，不能进入下一道工序的施工。本规程规定组合锤法地基处理施工结束后，应按规定程序对该子分部工程进行施工验收，合格后才能进行基础工程的施工。这样做可以对保证组合锤法处理地基的施工质量起到促进和保证作用。

5.0.10 基底埋置深度应在墩顶以下 0.2m～0.5m 处，这是因为采用组合锤法进行地基处理时，表层 0.2m～0.5m 地基土受到横向波的振动作用，夯锤起锤时表土会松动，同时墩体夯实过程中地表土会有一定的隆起。故在进行基础设计时，必须将基底埋置于 0.3m 以下，以确保工程的安全。

6 质量检验

6.0.1 施工质量检测包括施工前现场试夯载荷试验、施工过程中的质量检测和工程竣工验收的质量检验。施工过程中的质量检测指施工全过程中对施工相关参数的检测和施工步骤的检查记录，主要目的是检查施工过程中不符合参数要求的质量问题，进而提出补夯或其他整改措施，保证达到组合锤法地基的处理效果。竣工验收的质量检验，是指施工结束后，在达到检测的间隔期后，对组合锤法地基按规定进行载荷试验和其他试验。其中本规程特别强调：经组合锤法处理后的地基竣工时，应采用单墩载荷试验或单墩复合地基载荷试验。

由于地基土的复杂性和不定性，往往会出现土性和施工工艺的偏离现象，这种偏离会导致施工过程相关参数的偏离，造成承载力等参数达不到设计的要求。本规程规定：对这种情况，施工方应认真进行现场分析研究，提出补夯整改措施。并按整改方案进行补夯，以达到各项参数的设计要求。对处理后的工程还应进行补检和验收，合格后才能进入下道工序施工。

6.0.2 组合锤法地基处理技术是在强夯和强夯置换的基础上发展而来的，它与强夯地基一样，经处理后，地基强度是随着时间增长而逐步提高的。为了客观真实地评价处理后地基土的承载力，竣工验收的质量检验应在施工结束间隔一定时间后方可进行。土的间歇期长短是根据土的性质而定的，本规程按工程实践经验，对粉土、黏性土间歇期不宜少于 28d，对于碎石土、砂土间歇期宜为 14d。

6.0.3 组合锤法地基质量检验的数量，主要是根据场地复杂程度和建筑物的重要性确定的。本规程的规定基本上和现行行业标准《建筑地基处理技术规范》JGJ 79 相关规定保持一致。

组合锤法地基承载力检验数量，是以每个单位建筑物工程的地基（即采用同一种施工方法，同期施工的单位建筑地基）为单位，按照总墩点数的1‰且不少于3点进行抽检，当墩点数在100点以内时，不应少于2点，当墩点数在50点以内时，不应少于1点。

　　这是充分考虑了单体建筑物荷载越大时，布置的墩点数量越多，墩点检测的频率相应也就越大的原则。

6.0.5　本规程明确了组合锤法复合地基处理工程竣工必备资料的要求，施工单位应提供本规程规定的五个方面的资料。

中华人民共和国行业标准

建筑基坑支护技术规程

Technical specification for retaining and protection of
building foundation excavations

JGJ 120—2012

批准部门：中华人民共和国住房和城乡建设部
施行日期：２０１２年１０月１日

中华人民共和国住房和城乡建设部
公　告

第 1350 号

关于发布行业标准《建筑基坑
支护技术规程》的公告

现批准《建筑基坑支护技术规程》为行业标准，编号为 JGJ 120 - 2012，自 2012 年 10 月 1 日起实施。其中，第 3.1.2、8.1.3、8.1.4、8.1.5、8.2.2 条为强制性条文，必须严格执行。原行业标准《建筑基坑支护技术规程》JGJ 120 - 99 同时废止。

本规程由我部标准定额研究所组织中国建筑工业出版社出版发行。

中华人民共和国住房和城乡建设部
2012 年 4 月 5 日

前　　言

根据原建设部《〈关于印发二○○四年度工程建设城建、建工行业标准制订、修订计划〉的通知》（建标〔2004〕66 号）的要求，规程编制组经广泛调查研究，认真总结实践经验，参考有关国际标准和国外先进标准，并在广泛征求意见的基础上，修订了《建筑基坑支护技术规程》JGJ 120 - 99。

本规程主要技术内容是：基本规定、支挡式结构、土钉墙、重力式水泥土墙、地下水控制、基坑开挖与监测。

本次修订的主要技术内容是：1. 调整和补充了支护结构的几种稳定性验算；2. 调整了部分稳定性验算表达式；3. 强调了变形控制设计原则；4. 调整了选用土的抗剪强度指标的规定；5. 新增了双排桩结构；6. 改进了不同施工工艺下锚杆粘结强度取值的有关规定；7. 充实了内支撑结构设计的有关规定；8. 新增了支护与主体结构结合及逆作法；9. 新增了复合土钉墙；10. 引入了土钉墙土压力调整系数；11. 充实了各种类型支护结构构造与施工的有关规定；12. 强调了地下水资源的保护；13. 改进了降水设计方法；14. 充实了截水设计与施工的有关规定；15. 充实了地下水渗透稳定性验算的有关规定；16. 充实了基坑开挖的有关规定；17. 新增了应急措施；18. 取消了逆作拱墙。

本规程中以黑体字标志的条文为强制性条文，必须严格执行。

本规程由住房和城乡建设部负责管理和对强制性条文的解释，由中国建筑科学研究院负责具体技术内容的解释。执行过程中如有意见或建议，请寄送中国建筑科学研究院地基基础研究所（地址：北京市北三环东路 30 号，邮编：100013）。

本规程主编单位：中国建筑科学研究院
本规程参编单位：中冶建筑研究总院有限公司
　　　　　　　　华东建筑设计研究院有限公司
　　　　　　　　同济大学
　　　　　　　　深圳市勘察研究院有限公司
　　　　　　　　福建省建筑科学研究院
　　　　　　　　机械工业勘察设计研究院
　　　　　　　　广东省建筑科学研究院
　　　　　　　　深圳市住房和建设局
　　　　　　　　广州市城乡建设委员会
　　　　　　　　中国岩土工程研究中心

本规程主要起草人员：杨　斌　黄　强　杨志银
　　　　　　　　　　王卫东　杨生贵　杨　敏
　　　　　　　　　　左怀西　刘小敏　侯伟生
　　　　　　　　　　白生翔　朱玉明　张　炜
　　　　　　　　　　冯　禄　徐其功　李荣强
　　　　　　　　　　陈如桂　魏章和

本规程主要审查人员：顾晓鲁　顾宝和　张旷成
　　　　　　　　　　丁金粟　程良奎　袁内镇
　　　　　　　　　　桂业琨　钱力航　刘国楠
　　　　　　　　　　秦四清

目　　次

Contents

1 总 则

1.0.1 为了在建筑基坑支护设计、施工中做到安全适用、保护环境、技术先进、经济合理、确保质量，制定本规程。

1.0.2 本规程适用于一般地质条件下临时性建筑基坑支护的勘察、设计、施工、检测、基坑开挖与监测。对湿陷性土、多年冻土、膨胀土、盐渍土等特殊土或岩石基坑，应结合当地工程经验应用本规程。

1.0.3 基坑支护设计、施工与基坑开挖，应综合考虑地质条件、基坑周边环境要求、主体地下结构要求、施工季节变化及支护结构使用期等因素，因地制宜、合理选型、优化设计、精心施工、严格监控。

1.0.4 基坑支护工程除应符合本规程的规定外，尚应符合国家现行有关标准的规定。

2 术语和符号

2.1 术 语

2.1.1 基坑 excavations

为进行建（构）筑物地下部分的施工由地面向下开挖出的空间。

2.1.2 基坑周边环境 surroundings around excavations

与基坑开挖相互影响的周边建（构）筑物、地下管线、道路、岩土体与地下水体的统称。

2.1.3 基坑支护 retaining and protection for excavations

为保护地下主体结构施工和基坑周边环境的安全，对基坑采用的临时性支挡、加固、保护与地下水控制的措施。

2.1.4 支护结构 retaining and protection structure

支挡或加固基坑侧壁的结构。

2.1.5 设计使用期限 design workable life

设计规定的从基坑开挖到预定深度至完成基坑支护使用功能的时段。

2.1.6 支挡式结构 retaining structure

以挡土构件和锚杆或支撑为主，或仅以挡土构件为主的支护结构。

2.1.7 锚拉式支挡结构 anchored retaining structure

以挡土构件和锚杆为主的支挡式结构。

2.1.8 支撑式支挡结构 strutted retaining structure

以挡土构件和支撑为主的支挡式结构。

2.1.9 悬臂式支挡结构 cantilever retaining structure

仅以挡土构件为主的支挡式结构。

2.1.10 挡土构件 structural member for earth retaining

设置在基坑侧壁并嵌入基坑底面的支挡式结构竖向构件。例如，支护桩、地下连续墙。

2.1.11 排桩 soldier pile wall

沿基坑侧壁排列设置的支护桩及冠梁组成的支挡式结构部件或悬臂式支挡结构。

2.1.12 双排桩 double-row-piles wall

沿基坑侧壁排列设置的由前、后两排支护桩和梁连接成的刚架及冠梁组成的支挡式结构。

2.1.13 地下连续墙 diaphragm wall

分槽段用专用机械成槽、浇筑钢筋混凝土所形成的连续地下墙体。亦可称为现浇地下连续墙。

2.1.14 锚杆 anchor

由杆体（钢绞线、预应力螺纹钢筋、普通钢筋或钢管）、注浆固结体、锚具、套管所组成的一端与支护结构构件连接，另一端锚固在稳定岩土体内的受拉杆件。杆体采用钢绞线时，亦可称为锚索。

2.1.15 内支撑 strut

设置在基坑内的由钢筋混凝土或钢构件组成的用以支撑挡土构件的结构部件。支撑构件采用钢材、混凝土时，分别称为钢内支撑、混凝土内支撑。

2.1.16 冠梁 capping beam

设置在挡土构件顶部的将挡土构件连为整体的钢筋混凝土梁。

2.1.17 腰梁 waling

设置在挡土构件侧面的连接锚杆或内支撑杆件的钢筋混凝土梁或钢梁。

2.1.18 土钉 soil nail

植入土中并注浆形成的承受拉力与剪力的杆件。例如，钢筋杆体与注浆固结体组成的钢筋土钉，击入土中的钢管土钉。

2.1.19 土钉墙 soil nailing wall

由随基坑开挖分层设置的、纵横向密布的土钉群、喷射混凝土面层及原位土体所组成的支护结构。

2.1.20 复合土钉墙 composite soil nailing wall

土钉墙与预应力锚杆、微型桩、旋喷桩、搅拌桩中的一种或多种组成的复合型支护结构。

2.1.21 重力式水泥土墙 gravity cement-soil wall

水泥土桩相互搭接成格栅或实体的重力式支护结构。

2.1.22 地下水控制 groundwater control

为保证支护结构、基坑开挖、地下结构的正常施工，防止地下水变化对基坑周边环境产生影响所采用的截水、降水、排水、回灌等措施。

2.1.23 截水帷幕 curtain for cutting off drains

用以阻隔或减少地下水通过基坑侧壁与坑底流入

基坑和控制基坑外地下水位下降的幕墙状竖向截水体。

2.1.24 落底式帷幕 closed curtain for cutting off drains

底端穿透含水层并进入下部隔水层一定深度的截水帷幕。

2.1.25 悬挂式帷幕 unclosed curtain for cutting off drains

底端未穿透含水层的截水帷幕。

2.1.26 降水 dewatering

为防止地下水通过基坑侧壁与坑底流入基坑，用抽水井或渗水井降低基坑内外地下水位的方法。

2.1.27 集水明排 open pumping

用排水沟、集水井、泄水管、输水管等组成的排水系统将地表水、渗漏水排泄至基坑外的方法。

2.2 符 号

2.2.1 作用和作用效应

E_{ak}、E_{pk}——主动土压力、被动土压力标准值；

G——支护结构和土的自重；

J——渗透力；

M——弯矩设计值；

M_k——作用标准组合的弯矩值；

N——轴向拉力或轴向压力设计值；

N_k——作用标准组合的轴向拉力值或轴向压力值；

p_{ak}、p_{pk}——主动土压力强度、被动土压力强度标准值；

p_0——基础底面附加压力的标准值；

p_s——分布土反力；

p_{s0}——分布土反力初始值；

P——预加轴向力；

q——降水井的单井流量；

q_0——均布附加荷载标准值；

s——降水引起的建筑物基础或地面的固结沉降量；

s_d——基坑地下水位的设计降深；

S_d——作用组合的效应设计值；

S_k——作用标准组合的效应或作用标准值的效应；

u——孔隙水压力；

V——剪力设计值；

V_k——作用标准组合的剪力值；

v——挡土构件的水平位移。

2.2.2 材料性能和抗力

C——正常使用极限状态下支护结构位移或建筑物基础、地面沉降的限值；

c——土的黏聚力；

E_c——锚杆的复合弹性模量；

E_m——锚杆固结体的弹性模量；

E_s——锚杆杆体或支撑的弹性模量或土的压缩模量；

f_{cs}——水泥土开挖龄期时的轴心抗压强度设计值；

f_{py}——预应力筋的抗拉强度设计值；

f_y——普通钢筋的抗拉强度设计值；

k——土的渗透系数；

R_k——锚杆或土钉的极限抗拔承载力标准值；

q_{sk}——土与锚杆或土钉的极限粘结强度标准值；

q_0——单井出水能力；

R_d——结构构件的抗力设计值；

R——影响半径；

γ——土的天然重度；

γ_{cs}——水泥土墙的重度；

γ_w——地下水的重度；

φ——土的内摩擦角。

2.2.3 几何参数

A——构件的截面面积；

A_p——预应力筋的截面面积；

A_s——普通钢筋的截面面积；

b——截面宽度；

d——桩、锚杆、土钉的直径或基础埋置深度；

h——基坑深度或构件截面高度；

H——潜水含水层厚度；

l_d——挡土构件的嵌固深度；

l_0——受压支撑构件的长度；

M——承压水含水层厚度；

r_w——降水井半径；

β——土钉墙坡面与水平面的夹角；

α——锚杆、土钉的倾角或支撑轴线与水平面的夹角。

2.2.4 设计参数和计算系数

k_s——土的水平反力系数；

k_R——弹性支点轴向刚度系数；

K——安全系数；

K_a——主动土压力系数；

K_p——被动土压力系数；

m——土的水平反力系数的比例系数；

α——支撑松弛系数；

γ_F——作用基本组合的综合分项系数；

γ_0——支护结构重要性系数；

ζ——坡面倾斜时的主动土压力折减系数；

λ——支撑不动点调整系数；

μ——墙体材料的抗剪断系数；

ψ_w——沉降计算经验系数。

3 基 本 规 定

3.1 设 计 原 则

3.1.1 基坑支护设计应规定其设计使用期限。基坑支护的设计使用期限不应小于一年。

3.1.2 基坑支护应满足下列功能要求:

1 保证基坑周边建(构)筑物、地下管线、道路的安全和正常使用;

2 保证主体地下结构的施工空间。

3.1.3 基坑支护设计时,应综合考虑基坑周边环境和地质条件的复杂程度、基坑深度等因素,按表3.1.3采用支护结构的安全等级。对同一基坑的不同部位,可采用不同的安全等级。

表 3.1.3 支护结构的安全等级

安全等级	破 坏 后 果
一级	支护结构失效、土体过大变形对基坑周边环境或主体结构施工安全的影响很严重
二级	支护结构失效、土体过大变形对基坑周边环境或主体结构施工安全的影响严重
三级	支护结构失效、土体过大变形对基坑周边环境或主体结构施工安全的影响不严重

3.1.4 支护结构设计时应采用下列极限状态:

1 承载能力极限状态

1)支护结构构件或连接因超过材料强度而破坏,或因过度变形而不适于继续承受荷载,或出现压屈、局部失稳;

2)支护结构和土体整体滑动;

3)坑底因隆起而丧失稳定;

4)对支挡式结构,挡土构件因坑底土体丧失嵌固能力而推移或倾覆;

5)对锚拉式支挡结构或土钉墙,锚杆或土钉因土体丧失锚固能力而拔动;

6)对重力式水泥土墙,墙体倾覆或滑移;

7)对重力式水泥土墙、支挡式结构,其持力土层因丧失承载能力而破坏;

8)地下水渗流引起的土体渗透破坏。

2 正常使用极限状态

1)造成基坑周边建(构)筑物、地下管线、道路等损坏或影响其正常使用的支护结构位移;

2)因地下水位下降、地下水渗流或施工因素而造成基坑周边建(构)筑物、地下管线、道路等损坏或影响其正常使用的土体变形;

3)影响主体地下结构正常施工的支护结构位移;

4)影响主体地下结构正常施工的地下水渗流。

3.1.5 支护结构、基坑周边建筑物和地面沉降、地下水控制的计算和验算应采用下列设计表达式:

1 承载能力极限状态

1)支护结构构件或连接因超过材料强度或过度变形的承载能力极限状态设计,应符合下式要求:

$$\gamma_0 S_d \leqslant R_d \qquad (3.1.5\text{-}1)$$

式中:γ_0——支护结构重要性系数,应按本规程第3.1.6条的规定采用;

S_d——作用基本组合的效应(轴力、弯矩等)设计值;

R_d——结构构件的抗力设计值。

对临时性支护结构,作用基本组合的效应设计值应按下式确定:

$$S_d = \gamma_F S_k \qquad (3.1.5\text{-}2)$$

式中:γ_F——作用基本组合的综合分项系数,应按本规程第3.1.6条的规定采用;

S_k——作用标准组合的效应。

2)整体滑动、坑底隆起失稳、挡土构件嵌固段推移、锚杆与土钉拔动、支护结构倾覆与滑移、土体渗透破坏等稳定性计算和验算,均应符合下式要求:

$$\frac{R_k}{S_k} \geqslant K \qquad (3.1.5\text{-}3)$$

式中:R_k——抗滑力、抗滑力矩、抗倾覆力矩、锚杆和土钉的极限抗拔承载力等土的抗力标准值;

S_k——滑动力、滑动力矩、倾覆力矩、锚杆和土钉的拉力等作用标准值的效应;

K——安全系数。

2 正常使用极限状态

由支护结构水平位移、基坑周边建筑物和地面沉降等控制的正常使用极限状态设计,应符合下式要求:

$$S_d \leqslant C \qquad (3.1.5\text{-}4)$$

式中:S_d——作用标准组合的效应(位移、沉降等)设计值;

C——支护结构水平位移、基坑周边建筑物和地面沉降的限值。

3.1.6 支护结构构件按承载能力极限状态设计时,作用基本组合的综合分项系数不应小于1.25。对安全等级为一级、二级、三级的支护结构,其结构重要性系数分别不应小于1.1、1.0、0.9。各类稳定性安全系数应按本规程各章的规定取值。

3.1.7 支护结构重要性系数与作用基本组合的效应设计值的乘积（$\gamma_0 S_d$）可采用下列内力设计值表示：

弯矩设计值

$$M = \gamma_0 \gamma_F M_k \qquad (3.1.7-1)$$

剪力设计值

$$V = \gamma_0 \gamma_F V_k \qquad (3.1.7-2)$$

轴向力设计值

$$N = \gamma_0 \gamma_F N_k \qquad (3.1.7-3)$$

式中：M——弯矩设计值（kN·m）；

M_k——作用标准组合的弯矩值（kN·m）；

V——剪力设计值（kN）；

V_k——作用标准组合的剪力值（kN）；

N——轴向拉力设计值或轴向压力设计值（kN）；

N_k——作用标准组合的轴向拉力或轴向压力值（kN）。

3.1.8 基坑支护设计应按下列要求设定支护结构的水平位移控制值和基坑周边环境的沉降控制值：

1 当基坑开挖影响范围内有建筑物时，支护结构水平位移控制值、建筑物的沉降控制值应按不影响其正常使用的要求确定，并应符合现行国家标准《建筑地基基础设计规范》GB 50007 中对地基变形允许值的规定；当基坑开挖影响范围内有地下管线、地下构筑物、道路时，支护结构水平位移控制值、地面沉降控制值应按不影响其正常使用的要求确定，并应符合现行相关标准对其允许变形的规定；

2 当支护结构构件同时用作主体地下结构构件时，支护结构水平位移控制值不应大于主体结构设计对其变形的限值；

3 当无本条第 1 款、第 2 款情况时，支护结构水平位移控制值应根据地区经验按工程的具体条件确定。

3.1.9 基坑支护应按实际的基坑周边建筑物、地下管线、道路和施工荷载等条件进行设计。设计中应提出明确的基坑周边荷载限值、地下水和地表水控制等基坑使用要求。

3.1.10 基坑支护设计应满足下列主体地下结构的施工要求：

1 基坑侧壁与主体地下结构的净空间和地下水控制应满足主体地下结构及其防水的施工要求；

2 采用锚杆时，锚杆的锚头及腰梁不应妨碍地下结构外墙的施工；

3 采用内支撑时，内支撑及腰梁的设置应便于地下结构及其防水的施工。

3.1.11 支护结构按平面结构分析时，应按基坑各部位的开挖深度、周边环境条件、地质条件等因素划分设计计算剖面。对每一计算剖面，应按其最不利条件进行计算。对电梯井、集水坑等特殊部位，宜单独划分计算剖面。

3.1.12 基坑支护设计应规定支护结构各构件施工顺序及相应的基坑开挖深度。基坑开挖各阶段和支护结构使用阶段，均应符合本规程第 3.1.4 条、第 3.1.5 条的规定。

3.1.13 在季节性冻土地区，支护结构设计应根据冻胀、冻融对支护结构受力和基坑侧壁的影响采取相应的措施。

3.1.14 土压力及水压力计算、土的各类稳定性验算时，土、水压力的分、合算方法及相应的土的抗剪强度指标类别应符合下列规定：

1 对地下水位以上的黏性土、黏质粉土，土的抗剪强度指标应采用三轴固结不排水抗剪强度指标 c_{cu}、φ_{cu} 或直剪固结快剪强度指标 c_{cq}、φ_{cq}，对地下水位以上的砂质粉土、砂土、碎石土，土的抗剪强度指标应采用有效应力强度指标 c'、φ'；

2 对地下水位以下的黏性土、黏质粉土，可采用土压力、水压力合算方法；此时，对正常固结和超固结土，土的抗剪强度指标应采用三轴固结不排水抗剪强度指标 c_{cu}、φ_{cu} 或直剪固结快剪强度指标 c_{cq}、φ_{cq}，对欠固结土，宜采用有效自重压力下预固结的三轴不固结不排水抗剪强度指标 c_{uu}、φ_{uu}；

3 对地下水位以下的砂质粉土、砂土和碎石土，应采用土压力、水压力分算方法；此时，土的抗剪强度指标应采用有效应力强度指标 c'、φ'，对砂质粉土，缺少有效应力强度指标时，也可采用三轴固结不排水抗剪强度指标 c_{cu}、φ_{cu} 或直剪固结快剪强度指标 c_{cq}、φ_{cq} 代替，对砂土和碎石土，有效应力强度指标 φ' 可根据标准贯入试验实测击数和水下休止角等物理力学指标取值；土压力、水压力采用分算方法时，水压力可按静水压力计算；当地下水渗流时，宜按渗流理论计算水压力和土的竖向有效应力；当存在多个含水层时，应分别计算各含水层的水压力；

4 有可靠的地方经验时，土的抗剪强度指标尚可根据室内、原位试验得到的其他物理力学指标，按经验方法确定。

3.1.15 支护结构设计时，应根据工程经验分析判断计算参数取值和计算分析结果的合理性。

3.2 勘察要求与环境调查

3.2.1 基坑工程的岩土勘察应符合下列规定：

1 勘探点范围应根据基坑开挖深度及场地的岩土工程条件确定；基坑外宜布置勘探点，其范围不宜小于基坑深度的 1 倍；当需要采用锚杆时，基坑外勘探点的范围不宜小于基坑深度的 2 倍；当基坑外无法布置勘探点时，应通过调查取得相关勘察资料并结合场地内的勘察资料进行综合分析；

2 勘探点应沿基坑边布置，其间距宜取 15m～25m；当场地存在软弱土层、暗沟或岩溶等复杂地质条件时，应加密勘探点并查明其分布和工程特性；

3 基坑周边勘探孔的深度不宜小于基坑深度的2倍；基坑面以下存在软弱土层或承压水含水层时，勘探孔深度应穿过软弱土层或承压水含水层；

4 应按现行国家标准《岩土工程勘察规范》GB 50021 的规定进行原位测试和室内试验并提出各层土的物理性质指标和力学指标；对主要土层和厚度大于 3m 的素填土，应按本规程第 3.1.14 条的规定进行抗剪强度试验并提出相应的抗剪强度指标；

5 当有地下水时，应查明各含水层的埋深、厚度和分布，判断地下水类型、补给和排泄条件；有承压水时，应分层测量其水头高度；

6 应对基坑开挖与支护结构使用期内地下水位的变化幅度进行分析；

7 当基坑需要降水时，宜采用抽水试验测定各含水层的渗透系数与影响半径；勘察报告中应提出各含水层的渗透系数；

8 当建筑地基勘察资料不能满足基坑支护设计与施工要求时，应进行补充勘察。

3.2.2 基坑支护设计前，应查明下列基坑周边环境条件：

1 既有建筑物的结构类型、层数、位置、基础形式和尺寸、埋深、使用年限、用途等；

2 各种既有地下管线、地下构筑物的类型、位置、尺寸、埋深等；对既有供水、污水、雨水等地下输水管线，尚应包括其使用状况及渗漏状况；

3 道路的类型、位置、宽度、道路行驶情况、最大车辆荷载等；

4 基坑开挖与支护结构使用期内施工材料、施工设备等临时荷载的要求；

5 雨期时的场地周围地表水汇流和排泄条件。

3.3 支护结构选型

3.3.1 支护结构选型时，应综合考虑下列因素：

1 基坑深度；

2 土的性状及地下水条件；

3 基坑周边环境对基坑变形的承受能力及支护结构失效的后果；

4 主体地下结构和基础形式及其施工方法、基坑平面尺寸及形状；

5 支护结构施工工艺的可行性；

6 施工场地条件及施工季节；

7 经济指标、环保性能和施工工期。

3.3.2 支护结构应按表 3.3.2 选型。

表 3.3.2　各类支护结构的适用条件

结构类型		适用条件	
	安全等级	基坑深度、环境条件、土类和地下水条件	
支挡式结构	锚拉式结构	适用于较深的基坑	1 排桩适用于可采用降水或截水帷幕的基坑 2 地下连续墙宜同时用作主体地下结构外墙，可同时用于截水 3 锚杆不宜用在软土层和高水位的碎石土、砂土层中 4 当邻近基坑有建筑物地下室、地下构筑物等，锚杆的有效锚固长度不足时，不应采用锚杆 5 当锚杆施工会造成基坑周边建（构）筑物的损害或违反城市地下空间规划等规定时，不应采用锚杆
	支撑式结构	适用于较深的基坑	
	悬臂式结构	适用于较浅的基坑	
	一级二级三级		
	双排桩	当锚拉式、支撑式和悬臂式结构不适用时，可考虑采用双排桩	
	支护结构与主体结构结合的逆作法	适用于基坑周边环境条件很复杂的深基坑	
土钉墙	单一土钉墙	适用于地下水位以上或降水的非软土基坑，且基坑深度不宜大于12m	当基坑潜在滑动面内有建筑物、重要地下管线时，不宜采用土钉墙
	二级三级		
	预应力锚杆复合土钉墙	适用于地下水位以上或降水的非软土基坑，且基坑深度不宜大于15m	
	水泥土桩复合土钉墙	用于非软土基坑时，基坑深度不宜大于12m；用于淤泥质土基坑时，基坑深度不宜大于6m；不宜用在高水位的碎石土、砂土层中	
	微型桩复合土钉墙	适用于地下水位以上或降水的基坑，用于非软土基坑时，基坑深度不宜大于12m；用于淤泥质土基坑时，基坑深度不宜大于6m	
重力式水泥土墙	二级三级	适用于淤泥质土、淤泥基坑，且基坑深度不宜大于7m	
放坡	三级	1 施工场地满足放坡条件 2 放坡与上述支护结构形式结合	

注：1 当基坑不同部位的周边环境条件、土层性状、基坑深度等不同时，可在不同部位分别采用不同的支护形式；
　　2 支护结构可采用上、下部以不同结构类型组合的形式。

3.3.3 采用两种或两种以上支护结构形式时，其结合处应考虑相邻支护结构的相互影响，且应有可靠的过渡连接措施。

3.3.4 支护结构上部采用土钉墙或放坡、下部采用支挡式结构时，上部土钉墙应符合本规程第 5 章的规定，支挡式结构应考虑上部土钉墙或放坡的作用。

3.3.5 当坑底以下为软土时，可采用水泥土搅拌桩、高压喷射注浆等方法对坑底土体进行局部或整体加固。水泥土搅拌桩、高压喷射注浆加固体可采用格栅或实体形式。

3.3.6 基坑开挖采用放坡或支护结构上部采用放坡时，应按本规程第 5.1.1 条的规定验算边坡的滑动稳定性，边坡的圆弧滑动稳定安全系数（K_s）不应小于 1.2。放坡坡面应设置防护层。

3.4 水平荷载

3.4.1 计算作用在支护结构上的水平荷载时，应考虑下列因素：

1 基坑内外土的自重（包括地下水）；

2 基坑周边既有和在建的建（构）筑物荷载；

3 基坑周边施工材料和设备荷载；

4 基坑周边道路车辆荷载；

5 冻胀、温度变化及其他因素产生的作用。

3.4.2 作用在支护结构上的土压力应按下列规定确定：

1 支护结构外侧的主动土压力强度标准值、支护结构内侧的被动土压力强度标准值宜按下列公式计算（图3.4.2）：

1）对地下水位以上或水土合算的土层

$$p_{ak} = \sigma_{ak} K_{a,i} - 2c_i \sqrt{K_{a,i}} \qquad (3.4.2-1)$$

$$K_{a,i} = \tan^2 \left(45° - \frac{\varphi_i}{2} \right) \qquad (3.4.2-2)$$

$$p_{pk} = \sigma_{pk} K_{p,i} + 2c_i \sqrt{K_{p,i}} \qquad (3.4.2-3)$$

$$K_{p,i} = \tan^2 \left(45° + \frac{\varphi_i}{2} \right) \qquad (3.4.2-4)$$

式中：p_{ak}——支护结构外侧，第 i 层土中计算点的主动土压力强度标准值（kPa）；当 $p_{ak} < 0$ 时，应取 $p_{ak} = 0$；

σ_{ak}、σ_{pk}——分别为支护结构外侧、内侧计算点的土中竖向应力标准值（kPa），按本规程第 3.4.5 条的规定计算；

$K_{a,i}$、$K_{p,i}$——分别为第 i 层土的主动土压力系数、被动土压力系数；

c_i、φ_i——分别为第 i 层土的黏聚力（kPa）、内摩擦角（°）；按本规程第 3.1.14 条的规定取值；

p_{pk}——支护结构内侧，第 i 层土中计算点的被动土压力强度标准值（kPa）。

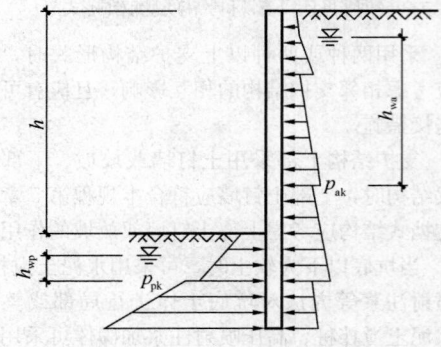

图 3.4.2 土压力计算

2）对于水土分算的土层

$$p_{ak} = (\sigma_{ak} - u_a) K_{a,i} - 2c_i \sqrt{K_{a,i}} + u_a$$

$$(3.4.2-5)$$

$$p_{pk} = (\sigma_{pk} - u_p) K_{p,i} + 2c_i \sqrt{K_{p,i}} + u_p$$

$$(3.4.2-6)$$

式中：u_a、u_p——分别为支护结构外侧、内侧计算点的水压力（kPa）；对静止地下水，按本规程第 3.4.4 条的规定取值；当采用悬挂式截水帷幕时，应考虑地下水从帷幕底向基坑内的渗流对水压力的影响。

2 在土压力影响范围内，存在相邻建筑物地下墙体等稳定界面时，可采用库仑土压力理论计算界面内有限滑动楔体产生的主动土压力，此时，同一土层的土压力可采用沿深度线性分布形式，支护结构与土之间的摩擦角宜取零。

3 需要严格限制支护结构的水平位移时，支护结构外侧的土压力宜取静止土压力。

4 有可靠经验时，可采用支护结构与土相互作用的方法计算土压力。

3.4.3 对成层土，土压力计算时的各土层计算厚度应符合下列规定：

1 当土层厚度较均匀、层面坡度较平缓时，宜取邻近勘察孔的各土层厚度，或同一计算剖面内各土层厚度的平均值；

2 当同一计算剖面内各勘察孔的土层厚度分布不均时，应取最不利勘察孔的各土层厚度；

3 对复杂地层且距勘探孔较远时，应通过综合分析土层变化趋势后确定土层的计算厚度；

4 当相邻土层的土性接近，且对土压力的影响可以忽略不计或有利时，可归并为同一计算土层。

3.4.4 静止地下水的水压力可按下列公式计算：

$$u_a = \gamma_w h_{wa} \qquad (3.4.4-1)$$

$$u_p = \gamma_w h_{wp} \qquad (3.4.4-2)$$

式中：γ_w——地下水重度（kN/m³），取 $\gamma_w = 10$kN/m³；

h_{wa}——基坑外侧地下水位至主动土压力强度计算点的垂直距离（m）；对承压水，地下水位取测压管水位；当有多个含水层时，应取计算点所在含水层的地下水位；

h_{wp}——基坑内侧地下水位至被动土压力强度计算点的垂直距离（m）；对承压水，地下水位取测压管水位。

3.4.5 土中竖向应力标准值应按下式计算：

$$\sigma_{ak} = \sigma_{ac} + \sum \Delta\sigma_{k,j} \qquad (3.4.5-1)$$

$$\sigma_{pk} = \sigma_{pc} \qquad (3.4.5-2)$$

式中：σ_{ac}——支护结构外侧计算点，由土的自重产生的竖向总应力（kPa）；

σ_{pc}——支护结构内侧计算点，由土的自重产生的竖向总应力（kPa）；

$\Delta\sigma_{k,j}$——支护结构外侧第 j 个附加荷载作用下计算点的土中附加竖向应力标准值（kPa），应根据附加荷载类型，按本规程第 3.4.6 条～第 3.4.8 条计算。

3.4.6 均布附加荷载作用下的土中附加竖向应力标准值应按下式计算（图 3.4.6）：

$$\Delta\sigma_{k} = q_{0} \qquad (3.4.6)$$

式中：q_{0}——均布附加荷载标准值（kPa）。

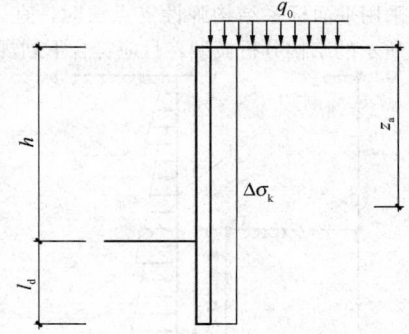

图 3.4.6　均布竖向附加荷载作用下的土中附加竖向应力计算

3.4.7 局部附加荷载作用下的土中附加竖向应力标准值可按下列规定计算：

1 对条形基础下的附加荷载（图 3.4.7a）：

当 $d + a/\tan\theta \leqslant z_{a} \leqslant d + (3a + b)/\tan\theta$ 时

$$\Delta\sigma_{k} = \frac{p_{0}b}{b + 2a} \qquad (3.4.7\text{-}1)$$

式中：p_{0}——基础底面附加压力标准值（kPa）；

d——基础埋置深度（m）；

b——基础宽度（m）；

a——支护结构外边缘至基础的水平距离（m）；

θ——附加荷载的扩散角（°），宜取 $\theta = 45°$；

z_{a}——支护结构顶面至土中附加竖向应力计算点的竖向距离。

当 $z_{a} < d + a/\tan\theta$ 或 $z_{a} > d + (3a + b)/\tan\theta$ 时，取 $\Delta\sigma_{k} = 0$。

2 对矩形基础下的附加荷载（图 3.4.7a）：

当 $d + a/\tan\theta \leqslant z_{a} \leqslant d + (3a + b)/\tan\theta$ 时

$$\Delta\sigma_{k} = \frac{p_{0}bl}{(b + 2a)(l + 2a)} \qquad (3.4.7\text{-}2)$$

式中：b——与基坑边垂直方向上的基础尺寸（m）；

l——与基坑边平行方向上的基础尺寸（m）。

当 $z_{a} < d + a/\tan\theta$ 或 $z_{a} > d + (3a + b)/\tan\theta$ 时，取 $\Delta\sigma_{k} = 0$。

3 对作用在地面的条形、矩形附加荷载，按本条第 1、2 款计算土中附加竖向应力标准值 $\Delta\sigma_{k}$ 时，应取 $d = 0$（图 3.4.7b）。

3.4.8 当支护结构顶部低于地面，其上方采用放坡或土钉墙时，支护结构顶面以上土体对支护结构的作用宜按库仑土压力理论计算，也可将其视作附加荷

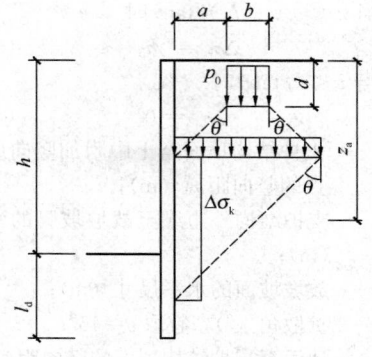

(a) 条形或矩形基础

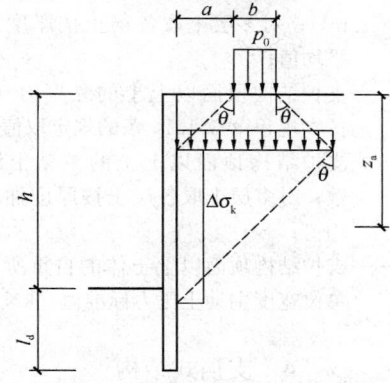

(b) 作用在地面的条形或矩形附加荷载

图 3.4.7　局部附加荷载作用下的土中附加竖向应力计算

并按下列公式计算土中附加竖向应力标准值（图 3.4.8）：

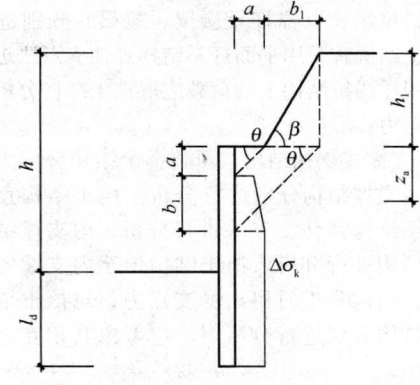

图 3.4.8　支护结构顶部以上采用放坡或土钉墙时土中附加竖向应力计算

1 当 $a/\tan\theta \leqslant z_{a} \leqslant (a + b_{1})/\tan\theta$ 时

$$\Delta\sigma_{k} = \frac{\gamma h_{1}}{b_{1}}(z_{a} - a) + \frac{E_{ak1}(a + b_{1} - z_{a})}{K_{a}b_{1}^{2}}$$

$$(3.4.8\text{-}1)$$

$$E_{ak1} = \frac{1}{2}\gamma h_{1}^{2}K_{a} - 2ch_{1}\sqrt{K_{a}} + \frac{2c^{2}}{\gamma}$$

$$(3.4.8\text{-}2)$$

2 当 $z_a > (a+b_1)/\tan\theta$ 时

$$\Delta\sigma_k = \gamma h_1 \qquad (3.4.8\text{-}3)$$

3 当 $z_a < a/\tan\theta$ 时

$$\Delta\sigma_k = 0 \qquad (3.4.8\text{-}4)$$

式中：z_a——支护结构顶面至土中附加竖向应力计算点的竖向距离（m）；

a——支护结构外边缘至放坡坡脚的水平距离（m）；

b_1——放坡坡面的水平尺寸（m）；

θ——扩散角（°），宜取 $\theta=45°$；

h_1——地面至支护结构顶面的竖向距离（m）；

γ——支护结构顶面以上土的天然重度（kN/m³）；对多层土取各层土按厚度加权的平均值；

c——支护结构顶面以上土的黏聚力（kPa）；按本规程第 3.1.14 条的规定取值；

K_a——支护结构顶面以上土的主动土压力系数；对多层土取各层土按厚度加权的平均值；

E_{ak1}——支护结构顶面以上土体的自重所产生的单位宽度主动土压力标准值（kN/m）。

4 支挡式结构

4.1 结 构 分 析

4.1.1 支挡式结构应根据结构的具体形式与受力、变形特性等采用下列分析方法：

1 锚拉式支挡结构，可将整个结构分解为挡土结构、锚拉结构（锚杆及腰梁、冠梁）分别进行分析；挡土结构宜采用平面杆系结构弹性支点法进行分析；作用在锚拉结构上的荷载应取挡土结构分析时得出的支点力；

2 支撑式支挡结构，可将整个结构分解为挡土结构、内支撑结构分别进行分析；挡土结构宜采用平面杆系结构弹性支点法进行分析；内支撑结构可按平面结构进行分析，挡土结构传至内支撑的荷载应取挡土结构分析时得出的支点力；对挡土结构和内支撑结构分别进行分析时，应考虑其相互之间的变形协调；

3 悬臂式支挡结构、双排桩，宜采用平面杆系结构弹性支点法进行分析；

4 当有可靠经验时，可采用空间结构分析方法对支挡式结构进行整体分析或采用结构与土相互作用的分析方法对支挡式结构与基坑土体进行整体分析。

4.1.2 支挡式结构应对下列设计工况进行结构分析，并应按其中最不利作用效应进行支护结构设计：

1 基坑开挖至坑底时的状况；

2 对锚拉式和支撑式支挡结构，基坑开挖至各

层锚杆或支撑施工面时的状况；

3 在主体地下结构施工过程中需要以主体结构构件替换支撑或锚杆的状况；此时，主体结构构件应满足替换后各设计工况下的承载力、变形及稳定性要求；

4 对水平内支撑式支挡结构，基坑各边水平荷载不对等的各种状况。

4.1.3 采用平面杆系结构弹性支点法时，宜采用图 4.1.3-1 所示的结构分析模型，且应符合下列规定：

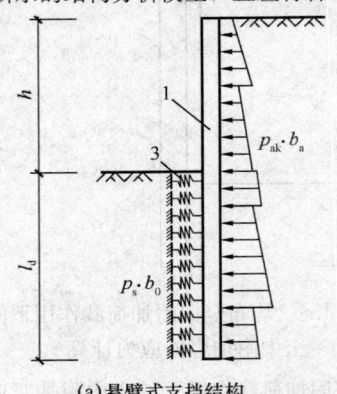

(a)悬臂式支挡结构

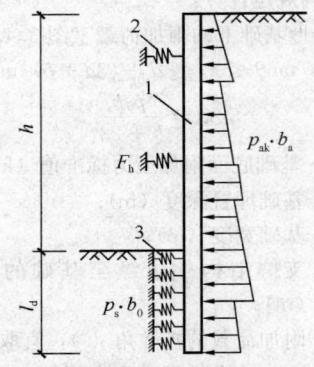

(b)锚拉式支挡结构或支撑式支挡结构

图 4.1.3-1 弹性支点法计算
1—挡土结构；2—由锚杆或支撑简化而成的弹性支座；
3—计算土反力的弹性支座

1 主动土压力强度标准值可按本规程第 3.4 节的有关规定确定；

2 土反力可按本规程第 4.1.4 条确定；

3 挡土结构采用排桩时，作用在单根支护桩上的主动土压力计算宽度应取排桩间距，土反力计算宽度（b_0）应按本规程第 4.1.7 条确定（图 4.1.3-2）；

4 挡土结构采用地下连续墙时，作用在单幅地下连续墙上的主动土压力计算宽度和土反力计算宽度（b_0）应取包括接头的单幅墙宽度；

5 锚杆和内支撑对挡土结构的约束作用应按弹性支座考虑，并应按本规程第 4.1.8 条确定。

4.1.4 作用在挡土构件上的分布土反力应符合下列规定：

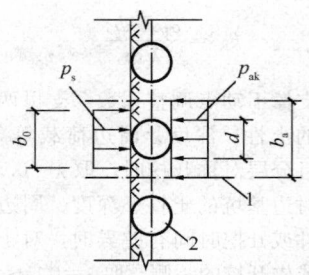

(a) 圆形截面排桩计算宽度

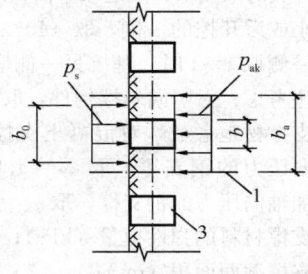

(b) 矩形或工字形截面排桩计算宽度

图 4.1.3-2　排桩计算宽度
1—排桩对称中心线；2—圆形桩；
3—矩形桩或工字形桩

1　分布土反力可按下式计算：

$$p_s = k_s v + p_{s0} \qquad (4.1.4-1)$$

2　挡土构件嵌固段上的基坑内侧土反力应符合下列条件，当不符合时，应增加挡土构件的嵌固长度或取 $P_{sk} = E_{pk}$ 时的分布土反力。

$$P_{sk} \leqslant E_{pk} \qquad (4.1.4-2)$$

式中：p_s——分布土反力（kPa）；

k_s——土的水平反力系数（kN/m³），按本规程第 4.1.5 条的规定取值；

v——挡土构件在分布土反力计算点使土体压缩的水平位移值（m）；

p_{s0}——初始分布土反力（kPa）；挡土构件嵌固段上的基坑内侧初始分布土反力可按本规程公式（3.4.2-1）或公式（3.4.2-5）计算，但应将公式中的 p_{ak} 用 p_{s0} 代替、σ_{ak} 用 σ_{pk} 代替、u_a 用 u_p 代替，且不计 $(2c_i \sqrt{K_{a,i}})$ 项；

P_{sk}——挡土构件嵌固段上的基坑内侧土反力标准值（kN），通过按公式（4.1.4-1）计算的分布土反力得出；

E_{pk}——挡土构件嵌固段上的被动土压力标准值（kN），通过按本规程公式（3.4.2-3）或公式（3.4.2-6）计算的被动土压力强度标准值得出。

4.1.5　基坑内侧土的水平反力系数可按下式计算：

$$k_s = m(z - h) \qquad (4.1.5)$$

式中：m——土的水平反力系数的比例系数（kN/

m⁴），按本规程第 4.1.6 条确定；

z——计算点距地面的深度（m）；

h——计算工况下的基坑开挖深度（m）。

4.1.6　土的水平反力系数的比例系数宜按桩的水平荷载试验及地区经验取值，缺少试验和经验时，可按下列经验公式计算：

$$m = \frac{0.2\varphi^2 - \varphi + c}{v_b} \qquad (4.1.6)$$

式中：m——土的水平反力系数的比例系数（MN/m⁴）；

c、φ——分别为土的黏聚力（kPa）、内摩擦角（°），按本规程第 3.1.14 条的规定确定；对多层土，按不同土层分别取值；

v_b——挡土构件在坑底处的水平位移量（mm），当此处的水平位移不大于 10mm 时，可取 $v_b = 10$mm。

4.1.7　排桩的土反力计算宽度应按下列公式计算（图 4.1.3-2）：

对圆形桩

$$b_0 = 0.9(1.5d + 0.5) \qquad (d \leqslant 1\text{m})$$
$$\qquad (4.1.7-1)$$
$$b_0 = 0.9(d + 1) \qquad (d > 1\text{m})$$
$$\qquad (4.1.7-2)$$

对矩形桩或工字形桩

$$b_0 = 1.5b + 0.5 \qquad (b \leqslant 1\text{m}) \quad (4.1.7-3)$$
$$b_0 = b + 1 \qquad (b > 1\text{m}) \quad (4.1.7-4)$$

式中：b_0——单根支护桩上的土反力计算宽度（m）；当按公式（4.1.7-1）～公式（4.1.7-4）计算的 b_0 大于排桩间距时，b_0 取排桩间距；

d——桩的直径（m）；

b——矩形桩或工字形桩的宽度（m）。

4.1.8　锚杆和内支撑对挡土结构的作用力应按下式确定：

$$F_h = k_R(v_R - v_{R0}) + P_h \qquad (4.1.8)$$

式中：F_h——挡土结构计算宽度内的弹性支点水平反力（kN）；

k_R——挡土结构计算宽度内弹性支点刚度系数（kN/m）；采用锚杆时可按本规程第 4.1.9 条的规定确定，采用内支撑时可按本规程第 4.1.10 条的规定确定；

v_R——挡土构件在支点处的水平位移值（m）；

v_{R0}——设置锚杆或支撑时，支点的初始水平位移值（m）；

P_h——挡土结构计算宽度内的法向预加力（kN）；采用锚杆或竖向斜撑时，取 $P_h = P \cdot \cos\alpha \cdot b_a/s$；采用水平对撑时，取

$P_h = P \cdot b_a / s$；对不预加轴向压力的支撑，取 $P_h = 0$；采用锚杆时，宜取 $P = 0.75 N_k \sim 0.9 N_k$，采用支撑时，宜取 $P = 0.5 N_k \sim 0.8 N_k$；

P——锚杆的预加轴向拉力值或支撑的预加轴向压力值（kN）；

α——锚杆倾角或支撑仰角（°）；

b_a——挡土结构计算宽度（m），对单根支护桩，取排桩间距，对单幅地下连续墙，取包括接头的单幅墙宽度；

s——锚杆或支撑的水平间距（m）；

N_k——锚杆轴向拉力标准值或支撑轴向压力标准值（kN）。

4.1.9 锚拉式支挡结构的弹性支点刚度系数应按下列规定确定：

1 锚拉式支挡结构的弹性支点刚度系数宜通过本规程附录 A 规定的基本试验按下式计算：

$$k_R = \frac{(Q_2 - Q_1) b_a}{(s_2 - s_1) s} \qquad (4.1.9-1)$$

式中：Q_1、Q_2——锚杆循环加荷或逐级加荷试验中 $(Q\text{-}s)$ 曲线上对应锚杆锁定值与轴向拉力标准值的荷载值（kN）；对锁定前进行预张拉的锚杆，应取循环加荷试验中在相当于预张拉荷载的加载量下卸载后的再加载曲线上的荷载值；

s_1、s_2——$(Q\text{-}s)$ 曲线上对应于荷载为 Q_1、Q_2 的锚头位移值（m）；

s——锚杆水平间距（m）。

2 缺少试验时，弹性支点刚度系数也可按下式计算：

$$k_R = \frac{3 E_s E_c A_p A b_a}{[3 E_c A l_f + E_s A_p (l - l_f)] s} \qquad (4.1.9-2)$$

$$E_c = \frac{E_s A_p + E_m (A - A_p)}{A} \qquad (4.1.9-3)$$

式中：E_s——锚杆杆体的弹性模量（kPa）；

E_c——锚杆的复合弹性模量（kPa）；

A_p——锚杆杆体的截面面积（m²）；

A——注浆固结体的截面面积（m²）；

l_f——锚杆的自由段长度（m）；

l——锚杆长度（m）；

E_m——注浆固结体的弹性模量（kPa）。

3 当锚杆腰梁或冠梁的挠度不可忽略不计时，应考虑梁的挠度对弹性支点刚度系数的影响。

4.1.10 支撑式支挡结构的弹性支点刚度系数宜通过对内支撑结构整体进行线弹性结构分析得出的支点力与水平位移的关系确定。对水平对撑，当支撑腰梁或冠梁的挠度可忽略不计时，计算宽度内弹性支点刚度系数可按下式计算：

$$k_R = \frac{\alpha_R E A b_a}{\lambda l_0 s} \qquad (4.1.10)$$

式中：λ——支撑不动点调整系数：支撑两对边基坑的土性、深度、周边荷载等条件相近，且分层对称开挖时，取 $\lambda = 0.5$；支撑两对边基坑的土性、深度、周边荷载等条件或开挖时间有差异时，对土压力较大或先开挖的一侧，取 $\lambda = 0.5 \sim 1.0$，且差异大时取大值，反之取小值；对土压力较小或后开挖的一侧，取 $(1 - \lambda)$；当基坑一侧取 $\lambda = 1$ 时，基坑另一侧应按固定支座考虑；对竖向斜撑构件，取 $\lambda = 1$；

α_R——支撑松弛系数，对混凝土支撑和预加轴向压力的钢支撑，取 $\alpha_R = 1.0$，对不预加轴向压力的钢支撑，取 $\alpha_R = 0.8 \sim 1.0$；

E——支撑材料的弹性模量（kPa）；

A——支撑截面面积（m²）；

l_0——受压支撑构件的长度（m）；

s——支撑水平间距（m）。

4.1.11 结构分析时，按荷载标准组合计算的变形值不应大于按本规程第 3.1.8 条确定的变形控制值。

4.2 稳定性验算

4.2.1 悬臂式支挡结构的嵌固深度（l_d）应符合下式嵌固稳定性的要求（图 4.2.1）：

$$\frac{E_{pk} a_{pl}}{E_{ak} a_{al}} \geqslant K_e \qquad (4.2.1)$$

式中：K_e——嵌固稳定安全系数；安全等级为一级、二级、三级的悬臂式支挡结构，K_e 分别不应小于 1.25、1.2、1.15；

E_{ak}、E_{pk}——分别为基坑外侧主动土压力、基坑内侧被动土压力标准值（kN）；

a_{al}、a_{pl}——分别为基坑外侧主动土压力、基坑内侧被动土压力合力作用点至挡土构件底端的距离（m）。

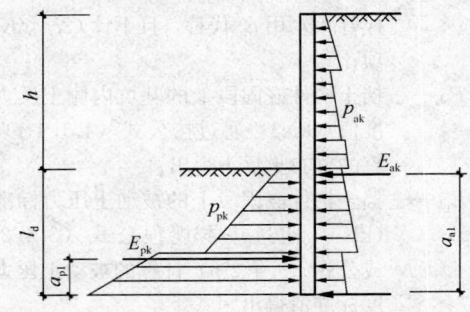

图 4.2.1 悬臂式结构嵌固稳定性验算

4.2.2 单层锚杆和单层支撑的支挡式结构的嵌固深度（l_d）应符合下式嵌固稳定性的要求（图 4.2.2）：

$$\frac{E_{pk}a_{p2}}{E_{ak}a_{a2}} \geqslant K_e \qquad (4.2.2)$$

式中：K_e——嵌固稳定安全系数；安全等级为一级、二级、三级的锚拉式支挡结构和支撑式支挡结构，K_e 分别不应小于 1.25、1.2、1.15；

a_{a2}、a_{p2}——基坑外侧主动土压力、基坑内侧被动土压力合力作用点至支点的距离（m）。

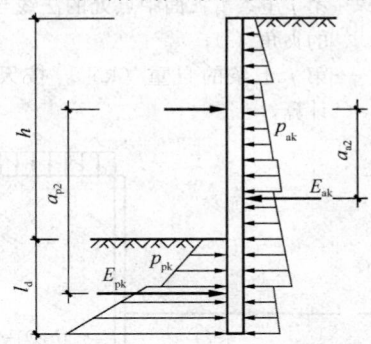

图 4.2.2　单支点锚拉式支挡结构和支撑式支挡结构的嵌固稳定性验算

4.2.3　锚拉式、悬臂式支挡结构和双排桩应按下列规定进行整体滑动稳定性验算：

1　整体滑动稳定性可采用圆弧滑动条分法进行验算；

2　采用圆弧滑动条分法时，其整体滑动稳定性应符合下列规定（图 4.2.3）：

$$\min\{K_{s,1}, K_{s,2}, \cdots, K_{s,i}, \cdots\} \geqslant K_s$$
$$(4.2.3\text{-}1)$$

$$K_{s,i} = \frac{\sum\{c_j l_j + [(q_j b_j + \Delta G_j)\cos\theta_j - u_j l_j]\tan\varphi_j\} + \sum R'_{k,k}[\cos(\theta_k + \alpha_k) + \psi_v]/s_{x,k}}{\sum(q_j b_j + \Delta G_j)\sin\theta_j}$$
$$(4.2.3\text{-}2)$$

式中：K_s——圆弧滑动稳定安全系数；安全等级为一级、二级、三级的支挡式结构，K_s 分别不应小于 1.35、1.3、1.25；

$K_{s,i}$——第 i 个圆弧滑动体的抗滑力矩与滑动力矩的比值；抗滑力矩与滑动力矩之比的最小值宜通过搜索不同圆心及半径的所有潜在滑动圆弧确定；

c_j、φ_j——分别为第 j 土条滑弧面处土的黏聚力（kPa）、内摩擦角（°），按本规程第 3.1.14 条的规定取值；

b_j——第 j 土条的宽度（m）；

θ_j——第 j 土条滑弧面中点处的法线与垂直面的夹角（°）；

l_j——第 j 土条的滑弧长度（m），取 $l_j = b_j / \cos\theta_j$；

q_j——第 j 土条上的附加分布荷载标准值

（kPa）；

ΔG_j——第 j 土条的自重（kN），按天然重度计算；

u_j——第 j 土条滑弧面上的水压力（kPa）；采用落底式截水帷幕时，对地下水位以下的砂土、碎石土、砂质粉土，在基坑外侧，可取 $u_j = \gamma_w h_{wa,j}$，在基坑内侧，可取 $u_j = \gamma_w h_{wp,j}$；滑弧面在地下水位以上或对地下水位以下的黏性土，取 $u_j = 0$；

γ_w——地下水重度（kN/m³）；

$h_{wa,j}$——基坑外侧第 j 土条滑弧面中点的压力水头（m）；

$h_{wp,j}$——基坑内侧第 j 土条滑弧面中点的压力水头（m）；

$R'_{k,k}$——第 k 层锚杆在滑动面以外的锚固段的极限抗拔承载力标准值与锚杆杆体受拉承载力标准值（$f_{ptk}A_p$）的较小值（kN）；锚固段的极限抗拔承载力应按本规程第 4.7.4 条的规定计算，但锚固段应取滑动面以外的长度；对悬臂式、双排桩支挡结构，不考虑 $\sum R'_{k,k}[\cos(\theta_k + \alpha_k) + \psi_v]/s_{x,k}$ 项；

α_k——第 k 层锚杆的倾角（°）；

θ_k——滑弧面在第 k 层锚杆处的法线与垂直面的夹角（°）；

$s_{x,k}$——第 k 层锚杆的水平间距（m）；

ψ_v——计算系数；可按 $\psi_v = 0.5\sin(\theta_k + \alpha_k)\tan\varphi$ 取值；

φ——第 k 层锚杆与滑弧交点处土的内摩擦角（°）。

3　当挡土构件底端以下存在软弱下卧土层时，整体稳定性验算滑动面中应包括由圆弧与软弱土层层面组成的复合滑动面。

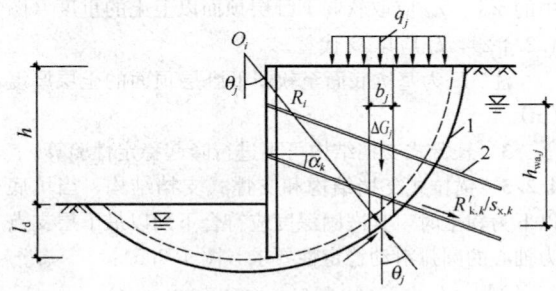

图 4.2.3　圆弧滑动条分法整体稳定性验算
1—任意圆弧滑动面；2—锚杆

4.2.4　支挡式结构的嵌固深度应符合下列坑底隆起稳定性要求：

1　锚拉式支挡结构和支撑式支挡结构的嵌固深度应符合下列规定（图 4.2.4-1）：

$$\frac{\gamma_{m2} l_d N_q + c N_c}{\gamma_{m1}(h + l_d) + q_0} \geqslant K_b \qquad (4.2.4\text{-}1)$$

$$N_q = \tan^2\left(45° + \frac{\varphi}{2}\right) e^{\pi \tan \varphi} \qquad (4.2.4\text{-}2)$$

$$N_c = (N_q - 1)/\tan \varphi \qquad (4.2.4\text{-}3)$$

式中：K_b——抗隆起安全系数；安全等级为一级、二级、三级的支护结构，K_b 分别不应小于 1.8、1.6、1.4；

γ_{m1}、γ_{m2}——分别为基坑外、基坑内挡土构件底面以上土的天然重度（kN/m³）；对多层土，取各层土按厚度加权的平均重度；

l_d——挡土构件的嵌固深度（m）；

h——基坑深度（m）；

q_0——地面均布荷载（kPa）；

N_c、N_q——承载力系数；

c、φ——分别为挡土构件底面以下土的黏聚力（kPa）、内摩擦角（°），按本规程第 3.1.14 条的规定取值。

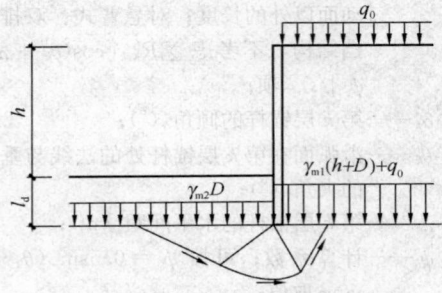

图 4.2.4-1 挡土构件底端平面下土的
隆起稳定性验算

2 当挡土构件底面以下有软弱下卧层时，坑底隆起稳定性的验算部位尚应包括软弱下卧层。软弱下卧层的隆起稳定性可按公式（4.2.4-1）验算，但式中的 γ_{m1}、γ_{m2} 应取软弱下卧层顶面以上土的重度（图 4.2.4-2），l_d 应以 D 代替。

注：D 为基坑底面至软弱下卧层顶面的土层厚度（m）。

3 悬臂式支挡结构可不进行隆起稳定性验算。

4.2.5 锚拉式支挡结构和支撑式支挡结构，当坑底以下为软土时，其嵌固深度应符合下列以最下层支点为轴心的圆弧滑动稳定性要求（图 4.2.5）：

$$\frac{\sum \left[c_j l_j + (q_j b_j + \Delta G_j) \cos \theta_j \tan \varphi_j \right]}{\sum (q_j b_j + \Delta G_j) \sin \theta_j} \geqslant K_r$$

$$(4.2.5)$$

式中：K_r——以最下层支点为轴心的圆弧滑动稳定安全系数；安全等级为一级、二级、三级的支挡式结构，K_r 分别不应小于 2.2、1.9、1.7；

c_j、φ_j——分别为第 j 土条在滑弧面处土的黏聚力

（kPa）、内摩擦角（°），按本规程第 3.1.14 条的规定取值；

l_j——第 j 土条的滑弧长度（m），取 $l_j = b_j / \cos \theta_j$；

q_j——第 j 土条顶面上的竖向压力标准值（kPa）；

b_j——第 j 土条的宽度（m）；

θ_j——第 j 土条滑弧面中点处的法线与垂直面的夹角（°）；

ΔG_j——第 j 土条的自重（kN），按天然重度计算。

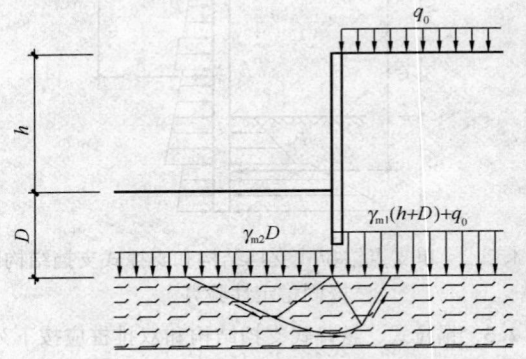

图 4.2.4-2 软弱下卧层的隆起稳定性验算

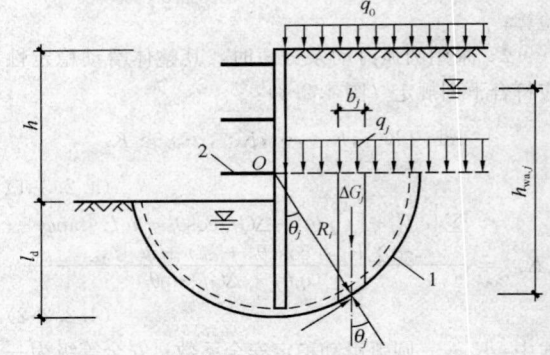

图 4.2.5 以最下层支点为轴心的圆弧
滑动稳定性验算
1—任意圆弧滑动面；2—最下层支点

4.2.6 采用悬挂式截水帷幕或坑底以下存在水头高于坑底的承压水含水层时，应按本规程附录 C 的规定进行地下水渗透稳定性验算。

4.2.7 挡土构件的嵌固深度除应满足本规程第 4.2.1 条~第 4.2.6 条的规定外，对悬臂式结构，尚不宜小于 0.8h；对单支点支挡式结构，尚不宜小于 0.3h；对多支点支挡式结构，尚不宜小于 0.2h。

注：h 为基坑深度。

4.3 排 桩 设 计

4.3.1 排桩的桩型与成桩工艺应符合下列要求：

1 应根据土层的性质、地下水条件及基坑周边

环境要求等选择混凝土灌注桩、型钢桩、钢管桩、钢板桩、型钢水泥土搅拌桩等桩型;

2 当支护桩施工影响范围内存在对地基变形敏感、结构性能差的建筑物或地下管线时,不应采用挤土效应严重、易塌孔、易缩径或有较大振动的桩型和施工工艺;

3 采用挖孔桩且成孔需要降水时,降水引起的地层变形应满足周边建筑物和地下管线的要求,否则应采取截水措施。

4.3.2 混凝土支护桩的正截面和斜截面承载力应符合下列规定:

1 沿周边均匀配置纵向钢筋的圆形截面支护桩,其正截面受弯承载力宜按本规程第 B.0.1 条的规定进行计算;

2 沿受拉区和受压区周边局部均匀配置纵向钢筋的圆形截面支护桩,其正截面受弯承载力宜按本规程第 B.0.2 条~第 B.0.4 条的规定进行计算;

3 圆形截面支护桩的斜截面承载力,可用截面宽度为 $1.76r$ 和截面有效高度为 $1.6r$ 的矩形截面代替圆形截面后,按现行国家标准《混凝土结构设计规范》GB 50010 对矩形截面斜截面承载力的规定进行计算,但其剪力设计值应按本规程第 3.1.7 条确定,计算所得的箍筋截面面积应作为支护桩圆形箍筋的截面面积;

4 矩形截面支护桩的正截面受弯承载力和斜截面受剪承载力,应按现行国家标准《混凝土结构设计规范》GB 50010 的有关规定进行计算,但其弯矩设计值和剪力设计值应按本规程第 3.1.7 条确定。

注:r 为圆形截面半径。

4.3.3 型钢、钢管、钢板支护桩的受弯、受剪承载力应按现行国家标准《钢结构设计规范》GB 50017 的有关规定进行计算,但其弯矩设计值和剪力设计值应按本规程第 3.1.7 条确定。

4.3.4 采用混凝土灌注桩时,对悬臂式排桩,支护桩的桩径宜大于或等于 600mm;对锚拉式排桩或支撑式排桩,支护桩的桩径宜大于或等于 400mm;排桩的中心距不宜大于桩直径的 2.0 倍。

4.3.5 采用混凝土灌注桩时,支护桩的桩身混凝土强度等级、钢筋配置和混凝土保护层厚度应符合下列规定:

1 桩身混凝土强度等级不宜低于 C25;

2 纵向受力钢筋宜选用 HRB400、HRB500 钢筋,单桩的纵向受力钢筋不宜少于 8 根,其净间距不应小于 60mm;支护桩顶部设置钢筋混凝土构造冠梁时,纵向钢筋伸入冠梁的长度宜取冠梁厚度;冠梁按结构受力构件设置时,桩身纵向受力钢筋伸入冠梁的锚固长度应符合现行国家标准《混凝土结构设计规范》GB 50010 对钢筋锚固的有关规定;当不能满足锚固长度的要求时,其钢筋末端可采取机械锚固

措施;

3 箍筋可采用螺旋式箍筋;箍筋直径不应小于纵向受力钢筋最大直径的 1/4,且不应小于 6mm;箍筋间距宜取 100mm~200mm,且不应大于 400mm 及桩的直径;

4 沿桩身配置的加强箍筋应满足钢筋笼起吊安装要求,宜选用 HPB300、HRB400 钢筋,其间距宜取 1000mm~2000mm;

5 纵向受力钢筋的保护层厚度不应小于 35mm;采用水下灌注混凝土工艺时,不应小于 50mm;

6 当采用沿截面周边非均匀配置纵向钢筋时,受压区的纵向钢筋根数不应少于 5 根;当施工方法不能保证钢筋的方向时,不应采用沿截面周边非均匀配置纵向钢筋的形式;

7 当沿桩身分段配置纵向受力主筋时,纵向受力钢筋的搭接应符合现行国家标准《混凝土结构设计规范》GB 50010 的相关规定。

4.3.6 支护桩顶部应设置混凝土冠梁。冠梁的宽度不宜小于桩径,高度不宜小于桩径的 0.6 倍。冠梁钢筋应符合现行国家标准《混凝土结构设计规范》GB 50010 对梁的构造配筋要求。冠梁用作支撑或锚杆的传力构件或按空间结构设计时,尚应按受力构件进行截面设计。

4.3.7 在有主体建筑地下管线的部位,冠梁宜低于地下管线。

4.3.8 排桩桩间土应采取防护措施。桩间土防护措施宜采用内置钢筋网或钢丝网的喷射混凝土面层。喷射混凝土面层的厚度不宜小于 50mm,混凝土强度等级不宜低于 C20,混凝土面层内配置的钢筋网的纵横向间距不宜大于 200mm。钢筋网或钢丝网宜采用横向拉筋与两侧桩体连接,拉筋直径不宜小于 12mm,拉筋锚固在桩内的长度不宜小于 100mm。钢筋网宜采用桩间土内打入直径不小于 12mm 的钢筋钉固定,钢筋钉打入桩间土中的长度不宜小于排桩净间距的 1.5 倍且不应小于 500mm。

4.3.9 采用降水的基坑,在有可能出现渗水的部位应设置泄水管,泄水管应采取防止土颗粒流失的反滤措施。

4.3.10 排桩采用素混凝土桩与钢筋混凝土桩间隔布置的钻孔咬合桩形式时,支护桩的桩径可取 800mm~1500mm,相邻桩咬合长度不宜小于 200mm。素混凝土桩应采用塑性混凝土或强度等级不低于 C15 的超缓凝混凝土,其初凝时间宜控制在 40h~70h 之间,坍落度宜取 12mm~14mm。

4.4 排桩施工与检测

4.4.1 排桩的施工应符合现行行业标准《建筑桩基技术规范》JGJ 94 对相应桩型的有关规定。

4.4.2 当排桩桩位邻近的既有建筑物、地下管线、

地下构筑物对地基变形敏感时，应根据其位置、类型、材料特性、使用状况等相应采取下列控制地基变形的防护措施：

1 宜采取间隔成桩的施工顺序；对混凝土灌注桩，应在混凝土终凝后，再进行相邻桩的成孔施工；

2 对松散或稍密的砂土、稍密的粉土、软土等易坍塌或流动的软弱土层，对钻孔灌注桩宜采取改善泥浆性能等措施，对人工挖孔桩宜采取减小每节挖孔和护壁的长度、加固孔壁等措施；

3 支护桩成孔过程出现流砂、涌泥、塌孔、缩径等异常情况时，应暂停成孔并及时采取有针对性的措施进行处理，防止继续塌孔。

4 当成孔过程中遇到不明障碍物时，应查明其性质，且在不会危害既有建筑物、地下管线、地下构筑物的情况下方可继续施工。

4.4.3 对混凝土灌注桩，其纵向受力钢筋的接头不宜设置在内力较大处。同一连接区段内，纵向受力钢筋的连接方式和连接接头面积百分率应符合现行国家标准《混凝土结构设计规范》GB 50010 对梁类构件的规定。

4.4.4 混凝土灌注桩采用分段配置不同数量的纵向钢筋时，钢筋笼制作和安放时应采取控制非通长钢筋竖向定位的措施。

4.4.5 混凝土灌注桩采用沿桩截面周边非均匀配置纵向受力钢筋时，应按设计的钢筋配置方向进行安放，其偏转角度不得大于 $10°$。

4.4.6 混凝土灌注桩设有预埋件时，应根据预埋件用途和受力特点的要求，控制其安装位置及方向。

4.4.7 钻孔咬合桩的施工可采用液压钢套管全长护壁、机械冲抓成孔工艺，其施工应符合下列要求：

1 桩顶应设置导墙，导墙宽度宜取 3m～4m，导墙厚度宜取 0.3m～0.5m；

2 相邻咬合桩应按先施工素混凝土桩、后施工钢筋混凝土桩的顺序进行；钢筋混凝土桩应在素混凝土桩初凝前，通过成孔时切割部分素混凝土桩身形成与素混凝土桩的互相咬合，但应避免过早切割；

3 钻机就位及吊设第一节钢套管时，应采用两个测斜仪贴附在套管外壁并用经纬仪复核套管垂直度，其垂直度允许偏差应为 0.3‰；液压套管应正反扭动加压下切；抓斗在套管内取土时，套管底部应始终位于抓土面下方，且抓土面与套管底的距离应大于 1.0m。

4 孔内虚土和沉渣应清除干净，并用抓斗夯实孔底；灌注混凝土时，套管应随混凝土浇筑逐段提拔；套管应垂直提拔，阻力过大时应转动套管同时缓慢提拔。

4.4.8 除有特殊要求外，排桩的施工偏差应符合下列规定：

1 桩位的允许偏差应为 50mm；

2 桩垂直度的允许偏差应为 0.5%；

3 预埋件位置的允许偏差应为 20mm；

4 桩的其他施工允许偏差应符合现行行业标准《建筑桩基技术规范》JGJ 94 的规定。

4.4.9 冠梁施工时，应将桩顶浮浆、低强度混凝土及破碎部分清除。冠梁混凝土浇筑采用土模时，土面应修理整平。

4.4.10 采用混凝土灌注桩时，其质量检测应符合下列规定：

1 应采用低应变动测法检测桩身完整性，检测桩数不宜少于总桩数的 20%，且不得少于 5 根；

2 当根据低应变动测法判定的桩身完整性为Ⅲ类或Ⅳ类时，应采用钻芯法进行验证，并应扩大低应变动测法检测的数量。

4.5 地下连续墙设计

4.5.1 地下连续墙的正截面受弯承载力、斜截面受剪承载力应按现行国家标准《混凝土结构设计规范》GB 50010 的有关规定进行计算，但其弯矩、剪力设计值应按本规程第 3.1.7 条确定。

4.5.2 地下连续墙的墙体厚度宜根据成槽机的规格，选取 600mm、800mm、1000mm 或 1200mm。

4.5.3 一字形槽段长度宜取 4m～6m。当成槽施工可能对周边环境产生不利影响或槽壁稳定性较差时，应取较小的槽段长度。必要时，宜采用搅拌桩对槽壁进行加固。

4.5.4 地下连续墙的转角处或有特殊要求时，单元槽段的平面形状可采用 L 形、T 形等。

4.5.5 地下连续墙的混凝土设计强度等级宜取 C30～C40。地下连续墙用于截水时，墙体混凝土抗渗等级不宜小于 P6。当地下连续墙同时作为主体地下结构构件时，墙体混凝土抗渗等级应满足现行国家标准《地下工程防水技术规范》GB 50108 等相关标准的要求。

4.5.6 地下连续墙的纵向受力钢筋应沿墙身两侧均匀配置，可按内力大小沿墙体纵向分段配置，但通长配置的纵向钢筋不应小于总数的 50%；纵向受力钢筋宜选用 HRB400、HRB500 钢筋，直径不宜小于 16mm，净间距不宜小于 75mm。水平钢筋及构造钢筋宜选用 HPB300 或 HRB400 钢筋，直径不宜小于 12mm，水平钢筋间距宜取 200mm～400mm。冠梁按构造设置时，纵向钢筋伸入冠梁的长度宜取冠梁厚度。冠梁按结构受力构件设置时，墙身纵向受力钢筋伸入冠梁的锚固长度应符合现行国家标准《混凝土结构设计规范》GB 50010 对钢筋锚固的有关规定。当不能满足锚固长度的要求时，其钢筋末端可采取机械锚固措施。

4.5.7 地下连续墙纵向受力钢筋的保护层厚度，在基坑内侧不宜小于 50mm，在基坑外侧不宜小于

70mm。

4.5.8 钢筋笼端部与槽段接头之间、钢筋笼端部与相邻墙段混凝土面之间的间隙不应大于 150mm，纵向钢筋下端 500mm 长度范围内宜按 1：10 的斜度向内收口。

4.5.9 地下连续墙的槽段接头应按下列原则选用：

　　1　地下连续墙宜采用圆形锁口管接头、波纹管接头、楔形接头、工字形钢接头或混凝土预制接头等柔性接头；

　　2　当地下连续墙作为主体地下结构外墙，且需要形成整体墙体时，宜采用刚性接头；刚性接头可采用一字形或十字形穿孔钢板接头、钢筋承插式接头等；当采取地下连续墙顶设置通长冠梁、墙壁内侧槽段接缝位置设置结构壁柱、基础底板与地下连续墙刚性连接等措施时，也可采用柔性接头。

4.5.10 地下连续墙墙顶应设置混凝土冠梁。冠梁宽度不宜小于墙厚，高度不宜小于墙厚的 0.6 倍。冠梁钢筋应符合现行国家标准《混凝土结构设计规范》GB 50010 对梁的构造配筋要求。冠梁用作支撑或锚杆的传力构件或按空间结构设计时，尚应按受力构件进行截面设计。

4.6　地下连续墙施工与检测

4.6.1 地下连续墙的施工应根据地质条件的适应性等因素选择成槽设备。成槽施工前应进行成槽试验，并应通过试验确定施工工艺及施工参数。

4.6.2 当地下连续墙邻近的既有建筑物、地下管线、地下构筑物对地基变形敏感时，地下连续墙的施工应采取有效措施控制槽壁变形。

4.6.3 成槽施工前，应沿地下连续墙两侧设置导墙，导墙宜采用混凝土结构，且混凝土强度等级不宜低于 C20。导墙底面不宜设置在新近填土上，且埋深不宜小于 1.5m。导墙的强度和稳定性应满足成槽设备和顶拔接头管施工的要求。

4.6.4 成槽前，应根据地质条件进行护壁泥浆材料的试配及室内性能试验，泥浆配比应按试验确定。泥浆拌制后应贮存 24h，待泥浆材料充分水化后方可使用。成槽时，泥浆的供应及处理设备应满足泥浆使用量的要求，泥浆的性能应符合相关技术指标的要求。

4.6.5 单元槽段宜采用间隔一个或多个槽段的跳幅施工顺序。每个单元槽段，挖槽分段不宜超过 3 个。成槽时，护壁泥浆液面应高于导墙底面 500mm。

4.6.6 槽段接头应满足混凝土浇筑压力对其强度和刚度的要求。安放槽段接头时，应紧贴槽段垂直缓慢沉放至槽底。遇到阻碍时，槽段接头应在清除障碍后入槽。混凝土浇灌过程中应采取防止混凝土产生绕流的措施。

4.6.7 地下连续墙有防渗要求时，应在吊放钢筋笼前，对槽段接头和相邻墙段混凝土面用刷槽器等方法进行清刷，清刷后的槽段接头和混凝土面不得夹泥。

4.6.8 钢筋笼制作时，纵向受力钢筋的接头不宜设置在受力较大处。同一连接区段内，纵向受力钢筋的连接方式和连接接头面积百分率应符合现行国家标准《混凝土结构设计规范》GB 50010 对板类构件的规定。

4.6.9 钢筋笼应设置定位垫块，垫块在垂直方向上的间距宜取 3m～5m，在水平方向上宜每层设置 2 块～3 块。

4.6.10 单元槽段的钢筋笼宜整体装配和沉放。需要分段装配时，宜采用焊接或机械连接，钢筋接头的位置宜选在受力较小处，并应符合现行国家标准《混凝土结构设计规范》GB 50010 对钢筋连接的有关规定。

4.6.11 钢筋笼应根据吊装的要求，设置纵横向起吊桁架；桁架主筋宜采用 HRB400 级钢筋，钢筋直径不宜小于 20mm，且应满足吊装和沉放过程中钢筋笼的整体性及钢筋笼骨架不产生塑性变形的要求。钢筋连接点出现位移、松动或开焊时，钢筋笼不得入槽，应重新制作或修整完好。

4.6.12 地下连续墙应采用导管法浇筑混凝土。导管拼接时，其接缝应密闭。混凝土浇筑时，导管内应预先设置隔水栓。

4.6.13 槽段长度不大于 6m 时，混凝土宜采用两根导管同时浇筑；槽段长度大于 6m 时，混凝土宜采用三根导管同时浇筑。每根导管分担的浇筑面积应基本均等。钢筋笼就位后应及时浇筑混凝土。混凝土浇筑过程中，导管埋入混凝土面的深度宜在 2.0m～4.0m 之间，浇筑液面的上升速度不宜小于 3m/h。混凝土浇筑面宜高于地下连续墙设计顶面 500mm。

4.6.14 除有特殊要求外，地下连续墙的施工偏差应符合现行国家标准《建筑地基基础工程施工质量验收规范》GB 50202 的规定。

4.6.15 冠梁的施工应符合本规程第 4.4.9 条的规定。

4.6.16 地下连续墙的质量检测应符合下列规定：

　　1　应进行槽壁垂直度检测，检测数量不得小于同条件下总槽段数的 20%，且不应少于 10 幅；当地下连续墙作为主体地下结构构件时，应对每个槽段进行槽壁垂直度检测；

　　2　应进行槽底沉渣厚度检测，当地下连续墙作为主体地下结构构件时，应对每个槽段进行槽底沉渣厚度检测；

　　3　应采用声波透射法对墙体混凝土质量进行检测，检测墙段数量不宜少于同条件下总墙段数的 20%，且不得少于 3 幅，每个检测墙段的预埋超声波管数不应少于 4 个，且宜布置在墙身截面的四边中点处；

　　4　当根据声波透射法判定的墙身质量不合格时，应采用钻芯法进行验证；

5 地下连续墙作为主体地下结构构件时，其质量检测尚应符合相关标准的要求。

4.7 锚 杆 设 计

4.7.1 锚杆的应用应符合下列规定：

1 锚拉结构宜采用钢绞线锚杆；承载力要求较低时，也可采用钢筋锚杆；当环境保护不允许在支护结构使用功能完成后锚杆杆体滞留在地层内时，应采用可拆芯钢绞线锚杆；

2 在易塌孔的松散或稍密的砂土、碎石土、粉土、填土层，高液性指数的饱和黏性土层，高水压力的各类土层中，钢绞线锚杆、钢筋锚杆宜采用套管护壁成孔工艺；

3 锚杆注浆宜采用二次压力注浆工艺；

4 锚杆锚固段不宜设置在淤泥、淤泥质土、泥炭、泥炭质土及松散填土层内；

5 在复杂地质条件下，应通过现场试验确定锚杆的适用性。

4.7.2 锚杆的极限抗拔承载力应符合下式要求：

$$\frac{R_k}{N_k} \geqslant K_t \qquad (4.7.2)$$

式中：K_t——锚杆抗拔安全系数；安全等级为一级、二级、三级的支护结构，K_t 分别不应小于1.8、1.6、1.4；

N_k——锚杆轴向拉力标准值（kN），按本规程第4.7.3条的规定计算；

R_k——锚杆极限抗拔承载力标准值（kN），按本规程第4.7.4条的规定确定。

4.7.3 锚杆的轴向拉力标准值应按下式计算：

$$N_k = \frac{F_h s}{b_a \cos \alpha} \qquad (4.7.3)$$

式中：N_k——锚杆轴向拉力标准值（kN）；

F_h——挡土构件计算宽度内的弹性支点水平反力（kN），按本规程第4.1节的规定确定；

s——锚杆水平间距（m）；

b_a——挡土结构计算宽度（m）；

α——锚杆倾角（°）。

4.7.4 锚杆极限抗拔承载力应按下列规定确定：

1 锚杆极限抗拔承载力应通过抗拔试验确定，试验方法应符合本规程附录A的规定。

2 锚杆极限抗拔承载力标准值也可按下式估算，但应通过本规程附录A规定的抗拔试验进行验证：

$$R_k = \pi d \sum q_{sk,i} l_i \qquad (4.7.4)$$

式中：d——锚杆的锚固体直径（m）；

l_i——锚杆的锚固段在第 i 土层中的长度（m）；
锚固段长度为锚杆在理论直线滑动面以

外的长度，理论直线滑动面按本规程第4.7.5条的规定确定；

$q_{sk,i}$——锚固体与第 i 土层的极限粘结强度标准值（kPa），应根据工程经验并结合表4.7.4取值。

表 4.7.4 锚杆的极限粘结强度标准值

土的名称	土的状态或密实度	q_{sk}（kPa）	
		一次常压注浆	二次压力注浆
填土		16～30	30～45
淤泥质土		16～20	20～30
黏性土	$I_L>1$	18～30	25～45
	$0.75<I_L\leqslant1$	30～40	45～60
	$0.50<I_L\leqslant0.75$	40～53	60～70
	$0.25<I_L\leqslant0.50$	53～65	70～85
	$0<I_L\leqslant0.25$	65～73	85～100
	$I_L\leqslant0$	73～90	100～130
粉土	$e>0.90$	22～44	40～60
	$0.75\leqslant e\leqslant0.90$	44～64	60～90
	$e<0.75$	64～100	80～130
粉细砂	稍密	22～42	40～70
	中密	42～63	75～110
	密实	63～85	90～130
中砂	稍密	54～74	70～100
	中密	74～90	100～130
	密实	90～120	130～170
粗砂	稍密	80～130	100～140
	中密	130～170	170～220
	密实	170～220	220～250
砾砂	中密、密实	190～260	240～290
风化岩	全风化	80～100	120～150
	强风化	150～200	200～260

注：**1** 采用泥浆护壁成孔工艺时，应按表中取低值后再根据具体情况适当折减；

2 采用套管护壁成孔工艺时，可取表中的高值；

3 采用扩孔工艺时，可在表中数值基础上适当提高；

4 采用二次压力分段劈裂注浆工艺时，可在表中二次压力注浆数值基础上适当提高；

5 当砂土中的细粒含量超过总质量的30%时，表中数值应乘以0.75；

6 对有机质含量为5%～10%的有机质土，应按表取值后适当折减；

7 当锚杆锚固段长度大于16m时，应对表中数值适当折减。

3 当锚杆锚固段主要位于黏土层、淤泥质土层、填土层时，应考虑土的蠕变对锚杆预应力损失的影响，并应根据蠕变试验确定锚杆的极限抗拔承载力。锚杆的蠕变试验应符合本规程附录 A 的规定。

4.7.5 锚杆的非锚固段长度应按下式确定，且不应小于 5.0m（图 4.7.5）：

$$l_f \geqslant \frac{(a_1 + a_2 - d\tan\alpha)\sin\left(45° - \frac{\varphi_m}{2}\right)}{\sin\left(45° + \frac{\varphi_m}{2} + \alpha\right)} + \frac{d}{\cos\alpha} + 1.5$$

$$(4.7.5)$$

式中：l_f——锚杆非锚固段长度（m）；

α——锚杆倾角（°）；

a_1——锚杆的锚头中点至基坑底面的距离（m）；

a_2——基坑底面至基坑外侧主动土压力强度与基坑内侧被动土压力强度等值点 O 的距离（m）；对成层土，当存在多个等值点时应按其中最深的等值点计算；

d——挡土构件的水平尺寸（m）；

φ_m——O 点以上各土层按厚度加权的等效内摩擦角（°）。

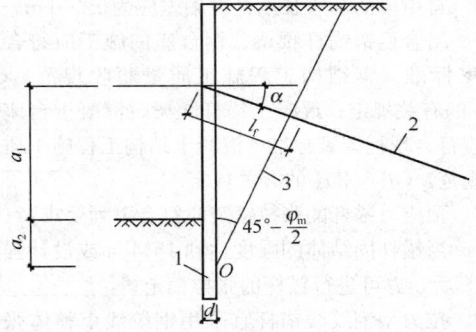

图 4.7.5　理论直线滑动面
1—挡土构件；2—锚杆；3—理论直线滑动面

4.7.6 锚杆杆体的受拉承载力应符合下式规定：

$$N \leqslant f_{py} A_p \qquad (4.7.6)$$

式中：N——锚杆轴向拉力设计值（kN），按本规程第 3.1.7 条的规定计算；

f_{py}——预应力筋抗拉强度设计值（kPa）；当锚杆杆体采用普通钢筋时，取普通钢筋的抗拉强度设计值；

A_p——预应力筋的截面面积（m²）。

4.7.7 锚杆锁定值宜取锚杆轴向拉力标准值的（0.75～0.9）倍，且应与本规程第 4.1.8 条中的锚杆预加轴向拉力值一致。

4.7.8 锚杆的布置应符合下列规定：

1 锚杆的水平间距不宜小于 1.5m；对多层锚杆，其竖向间距不宜小于 2.0m；当锚杆的间距小于 1.5m 时，应根据群锚效应对锚杆抗拔承载力进行折减或改变相邻锚杆的倾角；

2 锚杆锚固段的上覆土层厚度不宜小于 4.0m；

3 锚杆倾角宜取 15°～25°，不应大于 45°，不应小于 10°；锚杆的锚固段宜设置在强度较高的土层内；

4 当锚杆上方存在天然地基的建筑物或地下构筑物时，宜避开易塌孔、变形的土层。

4.7.9 钢绞线锚杆、钢筋锚杆的构造应符合下列规定：

1 锚杆成孔直径宜取 100mm～150mm；

2 锚杆自由段的长度不应小于 5m，且应穿过潜在滑动面并进入稳定土层不小于 1.5m；钢绞线、钢筋杆体在自由段应设置隔离套管；

3 土层中的锚杆锚固段长度不宜小于 6m；

4 锚杆杆体的外露长度应满足腰梁、台座尺寸及张拉锁定的要求；

5 锚杆杆体用钢绞线应符合现行国家标准《预应力混凝土用钢绞线》GB/T 5224 的有关规定；

6 钢筋锚杆的杆体宜选用预应力螺纹钢筋、HRB400、HRB500 螺纹钢筋；

7 应沿锚杆杆体全长设置定位支架；定位支架应能使相邻定位支架中点处锚杆杆体的注浆固结体保护层厚度不小于 10mm，定位支架的间距宜根据锚杆杆体的组装刚度确定，对自由段宜取 1.5m～2.0m；对锚固段宜取 1.0m～1.5m；定位支架应能使各根钢绞线相互分离；

8 锚具应符合现行国家标准《预应力筋用锚具、夹具和连接器》GB/T 14370 的规定；

9 锚杆注浆应采用水泥浆或水泥砂浆，注浆固结体强度不宜低于 20MPa。

4.7.10 锚杆腰梁可采用型钢组合梁或混凝土梁。锚杆腰梁应按受弯构件设计。锚杆腰梁的正截面、斜截面承载力，对混凝土腰梁，应符合现行国家标准《混凝土结构设计规范》GB 50010 的规定；对型钢组合腰梁，应符合现行国家标准《钢结构设计规范》GB 50017 的规定。当锚杆锚固在混凝土冠梁上时，冠梁应按受弯构件设计。

4.7.11 锚杆腰梁应根据实际约束条件按连续梁或简支梁计算。计算腰梁内力时，腰梁的荷载应取结构分析时得出的支点力设计值。

4.7.12 型钢组合腰梁可选用双槽钢或双工字钢，槽钢之间或工字钢之间应用缀板焊接为整体构件，焊缝连接应采用贴角焊。双槽钢或双工字钢之间的净间距应满足锚杆杆体平直穿过的要求。

4.7.13 采用型钢组合腰梁时，腰梁应满足在锚杆集中荷载作用下的局部受压稳定与受扭稳定的构造要求。当需要增加局部受压和受扭稳定性时，可在型钢翼缘端口处配置加劲肋板。

4.7.14 混凝土腰梁、冠梁宜采用斜面与锚杆轴线垂直的梯形截面；腰梁、冠梁的混凝土强度等级不宜低于 C25。采用梯形截面时，截面的上边水平尺寸不宜小于 250mm。

4.7.15 采用楔形钢垫块时，楔形钢垫块与挡土构件、腰梁的连接应满足受压稳定性和锚杆垂直分力作用下的受剪承载力要求。采用楔形现浇混凝土垫块时，混凝土垫块应满足抗压强度和锚杆垂直分力作用下的受剪承载力要求，且其强度等级不宜低于 C25。

4.8 锚杆施工与检测

4.8.1 当锚杆穿过的地层附近存在既有地下管线、地下构筑物时，应在调查或探明其位置、尺寸、走向、类型、使用状况等情况后再进行锚杆施工。

4.8.2 锚杆的成孔应符合下列规定：

1 应根据土层性状和地下水条件选择套管护壁、干成孔或泥浆护壁成孔工艺，成孔工艺应满足孔壁稳定性要求；

2 对松散和稍密的砂土、粉土、碎石土、填土、有机质土、高液性指数的饱和黏性土宜采用套管护壁成孔工艺；

3 在地下水位以下时，不宜采用干成孔工艺；

4 在高塑性指数的饱和黏性土层成孔时，不宜采用泥浆护壁成孔工艺；

5 当成孔过程中遇不明障碍物时，在查明其性质前不得钻进。

4.8.3 钢绞线锚杆和钢筋锚杆杆体的制作安装应符合下列规定：

1 钢绞线锚杆杆体绑扎时，钢绞线应平行、间距均匀；杆体插入孔内时，应避免钢绞线在孔内弯曲或扭转；

2 当锚杆杆体选用 HRB400、HRB500 钢筋时，其连接宜采用机械连接、双面搭接焊、双面帮条焊；采用双面焊时，焊缝长度不应小于杆体钢筋直径的 5 倍；

3 杆体制作和安放时应除锈、除油污、避免杆体弯曲；

4 采用套管护壁工艺成孔时，应在拔出套管前将杆体插入孔内；采用非套管护壁成孔时，杆体应匀速推送至孔内；

5 成孔后应及时插入杆体及注浆。

4.8.4 钢绞线锚杆和钢筋锚杆的注浆应符合下列规定：

1 注浆液采用水泥浆时，水灰比宜取 0.5～0.55；采用水泥砂浆时，水灰比宜取 0.4～0.45，灰砂比宜取 0.5～1.0，拌合用砂宜选用中粗砂；

2 水泥浆或水泥砂浆内可掺入提高注浆固结体早期强度或微膨胀的外加剂，其掺入量宜按室内试验确定；

3 注浆管端部至孔底的距离不宜大于 200mm；注浆及拔管过程中，注浆管口应始终埋入注浆液面内，应在水泥浆液从孔口溢出后停止注浆；注浆后

液面下降时，应进行孔口补浆；

4 采用二次压力注浆工艺时，注浆管应在锚杆末端 $l_a/4～l_a/3$ 范围内设置注浆孔，孔间距宜取 500mm～800mm，每个注浆截面的注浆孔宜取 2 个；二次压力注浆液宜采用水灰比 0.5～0.55 的水泥浆；二次注浆管应固定在杆体上，注浆管的出浆口应有逆止构造；二次压力注浆应在水泥浆初凝后、终凝前进行，终止注浆的压力不应小于 1.5MPa；

注：l_a 为锚杆的锚固段长度。

5 采用二次压力分段劈裂注浆工艺时，注浆宜在固结体强度达到 5MPa 后进行，注浆管的出浆孔宜沿锚固段全长设置，注浆应由内向外分段依次进行；

6 基坑采用截水帷幕时，地下水位以下的锚杆注浆应采取孔口封堵措施；

7 寒冷地区在冬期施工时，应对注浆液采取保温措施，浆液温度应保持在 5℃以上。

4.8.5 锚杆的施工偏差应符合下列要求：

1 钻孔孔位的允许偏差应为 50mm；

2 钻孔倾角的允许偏差应为 3°；

3 杆体长度不应小于设计长度；

4 自由段的套管长度允许偏差应为 ±50mm。

4.8.6 组合型钢锚杆腰梁、钢台座的施工应符合现行国家标准《钢结构工程施工质量验收规范》GB 50205 的有关规定；混凝土锚杆腰梁、混凝土台座的施工应符合现行国家标准《混凝土结构工程施工质量验收规范》GB 50204 的有关规定。

4.8.7 预应力锚杆的张拉锁定应符合下列要求：

1 当锚杆固结体的强度达到 15MPa 或设计强度的 75% 后，方可进行锚杆的张拉锁定；

2 拉力型钢绞线锚杆宜采用钢绞线束整体张拉锁定的方法；

3 锚杆锁定前，应按本规程表 4.8.8 的检测值进行锚杆预张拉；锚杆张拉应平缓加载，加载速率不宜大于 $0.1N_k$/min；在张拉值下的锚杆位移和压力表压力应能保持稳定，当锚头位移不稳定时，应判定此根锚杆不合格；

4 锁定时的锚杆拉力应考虑锁定过程的预应力损失量；预应力损失量宜通过对锁定前、后锚杆拉力的测试确定；缺少测试数据时，锁定时的锚杆拉力可取锁定值的 1.1 倍～1.15 倍；

5 锚杆锁定应考虑相邻锚杆张拉锁定引起的预应力损失，当锚杆预应力损失严重时，应进行再次锁定；锚杆出现锚头松弛、脱落、锚具失效等情况时，应及时进行修复并对其进行再次锁定；

6 当锚杆需要再次张拉锁定时，锚具外杆体长度和完好程度应满足张拉要求。

4.8.8 锚杆抗拔承载力的检测应符合下列规定：

1 检测数量不应少于锚杆总数的 5%，且同一土层中的锚杆检测数量不应少于 3 根；

2 检测试验应在锚固段注浆固结体强度达到15MPa或达到设计强度的75%后进行；

3 检测锚杆应采用随机抽样的方法选取；

4 抗拔承载力检测值应按表4.8.8确定；

5 检测试验应按本规程附录A的验收试验方法进行；

6 当检测的锚杆不合格时，应扩大检测数量。

表4.8.8　锚杆的抗拔承载力检测值

支护结构的安全等级	抗拔承载力检测值与轴向拉力标准值的比值
一级	≥1.4
二级	≥1.3
三级	≥1.2

4.9　内支撑结构设计

4.9.1　内支撑结构可选用钢支撑、混凝土支撑、钢与混凝土的混合支撑。

4.9.2　内支撑结构选型应符合下列原则：

1　宜采用受力明确、连接可靠、施工方便的结构形式；

2　宜采用对称平衡性、整体性强的结构形式；

3　应与主体地下结构的结构形式、施工顺序协调，应便于主体结构施工；

4　应利于基坑土方开挖和运输；

5　需要时，可考虑内支撑结构作为施工平台。

4.9.3　内支撑结构应综合考虑基坑平面形状及尺寸、开挖深度、周边环境条件、主体结构形式等因素，选用有立柱或无立柱的下列内支撑形式：

1　水平对撑或斜撑，可采用单杆、桁架、八字形支撑；

2　正交或斜交的平面杆系支撑；

3　环形杆系或环形板系支撑；

4　竖向斜撑。

4.9.4　内支撑结构宜采用超静定结构。对个别次要构件失效会引起结构整体破坏的部位宜设置冗余约束。内支撑结构的设计应考虑地质和环境条件的复杂性、基坑开挖步序的偶然变化的影响。

4.9.5　内支撑结构分析应符合下列原则：

1　水平对撑与水平斜撑，应按偏心受压构件进行计算；支撑的轴向压力应取支撑间距内挡土构件的支点力之和；腰梁或冠梁应按以支撑为支座的多跨连续梁计算，计算跨度可取相邻支撑点的中心距；

2　矩形基坑的正交平面杆系支撑，可分解为纵横两个方向的结构单元，并分别按偏心受压构件进行计算；

3　平面杆系支撑、环形杆系支撑，可按平面杆系结构采用平面有限元法进行计算；计算时应考虑基坑不同方向上的荷载不均匀性；建立的计算模型中，约束支座的设置应与支护结构实际位移状态相符，内支撑结构边界向基坑外位移处应设置弹性约束支座，向基坑内位移处不应设置支座，与边界平行方向应根据支护结构实际位移状态设置支座；

4　内支撑结构应进行竖向荷载作用下的结构分析；设有立柱时，在竖向荷载作用下内支撑结构宜按空间框架计算，当作用在内支撑结构上的竖向荷载较小时，内支撑结构的水平构件可按连续梁计算，计算跨度可取相邻立柱的中心距；

5　竖向斜撑应按偏心受压杆件进行计算；

6　当有可靠经验时，宜采用三维结构分析方法，对支撑、腰梁与冠梁、挡土构件进行整体分析。

4.9.6　内支撑结构分析时，应同时考虑下列作用：

1　由挡土构件传至内支撑结构的水平荷载；

2　支撑结构自重；当支撑作为施工平台时，尚应考虑施工荷载；

3　当温度改变引起的支撑结构内力不可忽略不计时，应考虑温度应力；

4　当支撑立柱下沉或隆起量较大时，应考虑支撑立柱与挡土构件之间差异沉降产生的作用。

4.9.7　混凝土支撑构件及其连接的受压、受弯、受剪承载力计算应符合现行国家标准《混凝土结构设计规范》GB 50010的规定；钢支撑结构构件及其连接的受压、受弯、受剪承载力及各类稳定性计算应符合现行国家标准《钢结构设计规范》GB 50017的规定。支撑的承载力计算应考虑施工偏心误差的影响，偏心距取值不宜小于支撑计算长度的1/1000，且对混凝土支撑不宜小于20mm，对钢支撑不宜小于40mm。

4.9.8　支撑构件的受压计算长度应按下列规定确定：

1　水平支撑在竖向平面内的受压计算长度，不设置立柱时，应取支撑的实际长度；设置立柱时，应取相邻立柱的中心间距；

2　水平支撑在水平平面内的受压计算长度，对无水平支撑杆件交汇的支撑，应取支撑的实际长度；对有水平支撑杆件交汇的支撑，应取与支撑相交的相邻水平支撑杆件的中心间距；当水平支撑杆件的交汇点不在同一水平面内时，水平平面内的受压计算长度宜取与支撑相交的相邻水平支撑杆件中心间距的1.5倍；

3　对竖向斜撑，应按本条第1、2款的规定确定受压计算长度。

4.9.9　预加轴向压力的支撑，预加力值宜取支撑轴向压力标准值的（0.5～0.8）倍，且应与本规程第4.1.8条中的支撑预加轴向压力一致。

4.9.10　立柱的受压承载力可按下列规定计算：

1　在竖向荷载作用下，内支撑结构按框架计算时，立柱应按偏心受压构件计算；内支撑结构的水平构件按连续梁计算时，立柱可按轴心受压构件计算；

2 立柱的受压计算长度应按下列规定确定：

1) 单层支撑的立柱、多层支撑底层立柱的受压计算长度应取底层支撑至基坑底面的净高度与立柱直径或边长的 5 倍之和；

2) 相邻两层水平支撑间的立柱受压计算长度应取此两层水平支撑的中心间距；

3 立柱的基础应满足抗压和抗拔的要求。

4.9.11 内支撑的平面布置应符合下列规定：

1 内支撑的布置应满足主体结构的施工要求，宜避开地下主体结构的墙、柱；

2 相邻支撑的水平间距应满足土方开挖的施工要求；采用机械挖土时，应满足挖土机械作业的空间要求，且不宜小于 4m；

3 基坑形状有阳角时，阳角处的支撑应在两边同时设置；

4 当采用环形支撑时，环梁宜采用圆形、椭圆形等封闭曲线形式，并应按使环梁弯矩、剪力最小的原则布置辐射支撑；环形支撑宜采用与腰梁或冠梁相切的布置形式；

5 水平支撑与挡土构件之间应设置连接腰梁；当支撑设置在挡土构件顶部时，水平支撑应与冠梁连接；在腰梁或冠梁上支撑点的间距，对钢腰梁不宜大于 4m，对混凝土梁不宜大于 9m；

6 当需要采用较大水平间距的支撑时，宜根据支撑冠梁、腰梁的受力和承载力要求，在支撑端部两侧设置八字斜撑杆与冠梁、腰梁连接，八字斜撑杆宜在主撑两侧对称布置，且斜撑杆的长度不宜大于 9m，斜撑杆与冠梁、腰梁之间的夹角宜取 45°～60°；

7 当设置支撑立柱时，临时立柱应避开主体结构的梁、柱及承重墙；对纵横双向交叉的支撑结构，立柱宜设置在支撑的交汇点处；对用作主体结构柱的立柱，立柱在基坑支护阶段的负荷不得超过主体结构的设计要求；立柱与支撑端部及立柱之间的间距应根据支撑构件的稳定要求和竖向荷载的大小确定，且对混凝土支撑不宜大于 15m，对钢支撑不宜大于 20m；

8 当采用竖向斜撑时，应设置斜撑基础，且应考虑与主体结构底板施工的关系。

4.9.12 支撑的竖向布置应符合下列规定：

1 支撑与挡土构件连接处不应出现拉力；

2 支撑应避开主体地下结构底板和楼板的位置，并应满足主体地下结构施工对墙、柱钢筋连接长度的要求；当支撑下方的主体结构楼板在支撑拆除前施工时，支撑底面与下方主体结构楼板间的净距不宜小于 700mm；

3 支撑至坑底的净高不宜小于 3m；

4 采用多层水平支撑时，各层水平支撑宜布置在同一竖向平面内，层间净高不宜小于 3m。

4.9.13 混凝土支撑的构造应符合下列规定：

1 混凝土的强度等级不应低于 C25；

2 支撑构件的截面高度不宜小于其竖向平面内计算长度的 1/20；腰梁的截面高度（水平尺寸）不宜小于其水平方向计算跨度的 1/10，截面宽度（竖向尺寸）不应小于支撑的截面高度；

3 支撑构件的纵向钢筋直径不宜小于 16mm，沿截面周边的间距不宜大于 200mm；箍筋的直径不宜小于 8mm，间距不宜大于 250mm。

4.9.14 钢支撑的构造应符合下列规定：

1 钢支撑构件可采用钢管、型钢及其组合截面；

2 钢支撑受压杆件的长细比不应大于 150，受拉杆件长细比不应大于 200；

3 钢支撑连接宜采用螺栓连接，必要时可采用焊接连接；

4 当水平支撑与腰梁斜交时，腰梁上应设置牛腿或采用其他能够承受剪力的连接措施；

5 采用竖向斜撑时，腰梁和支撑基础上应设置牛腿或采用其他能够承受剪力的连接措施；腰梁与挡土构件之间应采用能够承受剪力的连接措施；斜撑基础应满足竖向承载力和水平承载力要求。

4.9.15 立柱的构造应符合下列规定：

1 立柱可采用钢格构、钢管、型钢或钢管混凝土等形式；

2 当采用灌注桩作为立柱基础时，钢立柱锚入桩内的长度不宜小于立柱长边或直径的 4 倍；

3 立柱长细比不宜大于 25；

4 立柱与水平支撑的连接可采用铰接；

5 立柱穿过主体结构底板的部位，应有有效的止水措施。

4.9.16 混凝土支撑构件的构造，应符合现行国家标准《混凝土结构设计规范》GB 50010 的有关规定。钢支撑构件的构造，应符合现行国家标准《钢结构设计规范》GB 50017 的有关规定。

4.10 内支撑结构施工与检测

4.10.1 内支撑结构的施工与拆除顺序，应与设计工况一致，必须遵循先支撑后开挖的原则。

4.10.2 混凝土支撑的施工应符合现行国家标准《混凝土结构工程施工质量验收规范》GB 50204 的规定。

4.10.3 混凝土腰梁施工前应将排桩、地下连续墙等挡土构件的连接表面清理干净，混凝土腰梁应与挡土构件紧密接触，不得留有缝隙。

4.10.4 钢支撑的安装应符合现行国家标准《钢结构工程施工质量验收规范》GB 50205 的规定。

4.10.5 钢腰梁与排桩、地下连续墙等挡土构件间隙的宽度宜小于 100mm，并应在钢腰梁安装定位后，用强度等级不低于 C30 的细石混凝土填充密实或采用其他可靠连接措施。

4.10.6 对预加轴向压力的钢支撑，施加预压力时应符合下列要求：

1 对支撑施加压力的千斤顶应有可靠、准确的计量装置；

2 千斤顶压力的合力点应与支撑轴线重合，千斤顶应在支撑轴线两侧对称、等距放置，且应同步施加压力；

3 千斤顶的压力应分级施加，施加每级压力后应保持压力稳定10min后方可施加下一级压力；预压力加至设计规定值后，应在压力稳定10min后，方可按设计预压力值进行锁定；

4 支撑施加压力过程中，当出现焊点开裂、局部压曲等异常情况时应卸除压力，在对支撑的薄弱处进行加固后，方可继续施加压力；

5 当监测的支撑压力出现损失时，应再次施加预压力。

4.10.7 对钢支撑，当夏期施工产生较大温度应力时，应及时对支撑采取降温措施。当冬期施工降温产生的收缩使支撑端头出现空隙时，应及时用铁楔将空隙楔紧或采用其他可靠连接措施。

4.10.8 支撑拆除应在替换支撑的结构构件达到换撑要求的承载力后进行。当主体结构底板和楼板分块浇筑或设置后浇带时，应在分块部位或后浇带处设置可靠的传力构件。支撑的拆除应根据支撑材料、形式、尺寸等具体情况采用人工、机械和爆破等方法。

4.10.9 立柱的施工应符合下列要求：

1 立柱桩混凝土的浇筑面宜高于设计桩顶500mm；

2 采用钢立柱时，立柱周围的空隙应用碎石回填密实，并宜辅以注浆措施；

3 立柱的定位和垂直度宜采用专门措施进行控制，对格构柱、H型钢柱，尚应同时控制转向偏差。

4.10.10 内支撑的施工偏差应符合下列要求：

1 支撑标高的允许偏差应为30mm；

2 支撑水平位置的允许偏差应为30mm；

3 临时立柱平面位置的允许偏差应为50mm，垂直度的允许偏差应为1/150。

4.11 支护结构与主体结构的结合及逆作法

4.11.1 支护结构与主体结构可采用下列结合方式：

1 支护结构的地下连续墙与主体结构外墙相结合；

2 支护结构的水平支撑与主体结构水平构件相结合；

3 支护结构的竖向支承立柱与主体结构竖向构件相结合。

4.11.2 支护结构与主体结构相结合时，应分别按基坑支护各设计状况与主体结构各设计状况进行设计。与主体结构相关的构件之间的结点连接、变形协调与防水构造应满足主体结构的设计要求。按支护结构设计时，作用在支护结构上的荷载除应符合本规程第

3.4节、第4.9节的规定外，尚应同时考虑施工时的主体结构自重及施工荷载；按主体结构设计时，作用在主体结构外墙上的土压力宜采用静止土压力。

4.11.3 地下连续墙与主体结构外墙相结合时，可采用单一墙、复合墙或叠合墙结构形式，其结合应符合下列要求（图4.11.3）：

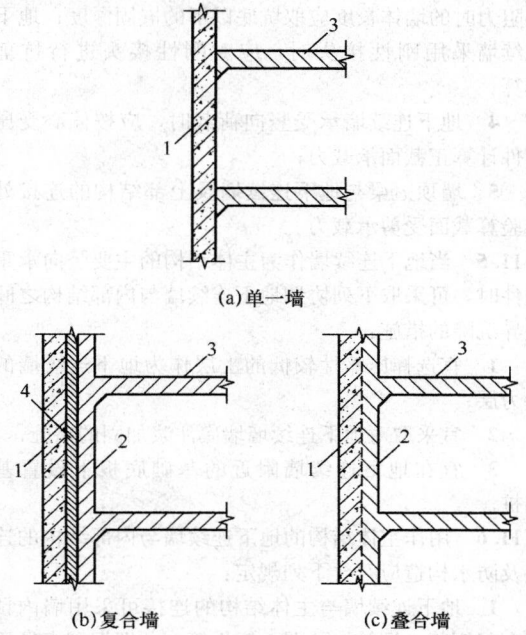

(a) 单一墙

(b) 复合墙　　　　(c) 叠合墙

图4.11.3 地下连续墙与主体结构
外墙结合的形式

1—地下连续墙；2—衬墙；3—楼盖；4—衬垫材料

1 对于单一墙，永久使用阶段应按地下连续墙承担全部外墙荷载进行设计；

2 对于复合墙，地下连续墙内侧应设置混凝土衬墙；地下连续墙与衬墙之间的结合面应按不承受剪力进行构造设计，永久使用阶段水平荷载作用下的墙体内力宜按地下连续墙与衬墙的刚度比例进行分配；

3 对于叠合墙，地下连续墙内侧应设置混凝土衬墙；地下连续墙与衬墙之间的结合面应按承受剪力进行连接构造设计，永久使用阶段地下连续墙与衬墙应按整体考虑，外墙厚度应取地下连续墙与衬墙厚度之和。

4.11.4 地下连续墙与主体结构外墙相结合时，主体结构各设计状况下地下连续墙的计算分析应符合下列规定：

1 水平荷载作用下，地下连续墙应按以楼盖结构为支承的连续板或连续梁进行计算，结构分析尚应考虑与支护阶段地下连续墙内力、变形叠加的工况；

2 地下连续墙应进行裂缝宽度验算；除特殊要求外，应按现行国家标准《混凝土结构设计规范》GB 50010的规定，按环境类别选用不同的裂缝控制等级及最大裂缝宽度限值；

3 地下连续墙作为主要竖向承重构件时，应分别按承载能力极限状态和正常使用极限状态验算地下连续墙的竖向承载力和沉降量；地下连续墙的竖向承载力宜通过现场静载荷试验确定；无试验条件时，可按钻孔灌注桩的竖向承载力计算公式进行估算，墙身截面有效周长应取与周边土体接触部分的长度，计算侧阻力时的墙体长度应取坑底以下的嵌固深度；地下连续墙采用刚性接头时，应对刚性接头进行抗剪验算；

4 地下连续墙承受竖向荷载时，应按偏心受压构件计算正截面承载力；

5 墙顶冠梁与地下连续墙及上部结构的连接处应验算截面受剪承载力。

4.11.5 当地下连续墙作为主体结构的主要竖向承重构件时，可采取下列协调地下连续墙与内部结构之间差异沉降的措施：

1 宜选择压缩性较低的土层作为地下连续墙的持力层；

2 宜采取对地下连续墙墙底注浆加固的措施；

3 宜在地下连续墙附近的基础底板下设置基础桩。

4.11.6 用作主体结构的地下连续墙与内部结构的连接及防水构造应符合下列规定：

1 地下连续墙与主体结构的连接可采用墙内预埋弯起钢筋、钢筋接驳器、钢板等，预埋钢筋直径不宜大于 20mm，并应采用 HPB300 钢筋；连接钢筋直径大于 20mm 时，宜采用钢筋接驳器连接；无法预埋钢筋或埋设精度无法满足设计要求时，可采用预埋钢板的方式；

2 地下连续墙墙段间的竖向接缝宜设置防渗和止水构造；有条件时，可在墙体内侧接缝处设扶壁式构造柱或框架柱；当地下连续墙内侧设有构造衬墙时，应在地下连续墙与衬墙间设置排水通道；

3 地下连续墙与结构顶板、底板的连接接缝处，应按地下结构的防水等级要求，设置刚性止水片、遇水膨胀橡胶止水条或预埋注浆管注浆止水等构造措施。

4.11.7 水平支撑与主体结构水平构件相结合时，支护阶段用作支撑的楼盖的计算分析应符合下列规定：

1 应符合本规程第 4.9 节的有关规定；

2 当楼盖结构兼作为施工平台时，应按水平和竖向荷载同时作用进行计算；

3 同层楼板面存在高差的部位，应验算该部位构件的受弯、受剪、受扭承载能力；必要时，应设置可靠的水平向转换结构或临时支撑等措施；

4 结构楼板的洞口及车道开口部位，当洞口两侧的梁板不能满足传力要求时，应采用设置临时支撑等措施；

5 各层楼盖设结构分缝或后浇带处，应设置水

平传力构件，其承载力应通过计算确定。

4.11.8 水平支撑与主体结构水平构件相结合时，主体结构各设计状况下主体结构楼盖的计算分析应考虑与支护阶段楼盖内力、变形叠加的工况。

4.11.9 当楼盖采用梁板结构体系时，框架梁截面的宽度，应根据梁柱节点位置框架梁主筋穿过的要求，适当大于竖向支承立柱的截面宽度。当框架梁宽度在梁柱节点位置不能满足主筋穿过的要求时，在梁柱节点位置应采取梁的宽度方向加腋、环梁节点、连接环板等措施。

4.11.10 竖向支承立柱与主体结构竖向构件相结合时，支护阶段立柱和立柱桩的计算分析除应符合本规程第 4.9.10 条的规定外，尚应符合下列规定：

1 立柱及立柱桩的承载力与沉降计算时，立柱及立柱桩的荷载应包括支护阶段施工的主体结构自重及其所承受的施工荷载，并应按其安装的垂直度允许偏差考虑竖向荷载偏心的影响；

2 在主体结构底板施工前，立柱基础之间及立柱与地下连续墙之间的差异沉降不宜大于 20mm，且不宜大于柱距的 1/400。

4.11.11 在主体结构的短暂与持久设计状况下，宜考虑立柱基础之间的差异沉降及立柱与地下连续墙之间的差异沉降引起的结构次应力，并应采取防止裂缝产生的措施。立柱桩采用钻孔灌注桩时，可采用后注浆措施减小立柱桩的沉降。

4.11.12 竖向支承立柱与主体结构竖向构件相结合时，一根结构柱位置宜布置一根立柱及立柱桩。当一根立柱无法满足逆作施工阶段的承载力与沉降要求时，也可采用一根结构柱位置布置多根立柱和立柱桩的形式。

4.11.13 与主体结构竖向构件结合的立柱的构造应符合下列规定：

1 立柱应根据支护阶段承受的荷载要求及主体结构设计要求，采用格构式钢立柱、H 型钢立柱或钢管混凝土立柱等形式；立柱桩宜采用灌注桩，并应尽量利用主体结构的基础桩；

2 立柱采用角钢格构柱时，其边长不宜小于 420mm；采用钢管混凝土柱时，钢管直径不宜小于 500mm；

3 外包混凝土形成主体结构框架柱的立柱，其形式与截面应与地下结构梁板和柱的截面与钢筋配置相协调，其节点构造应保证结构整体受力与节点连接的可靠性；立柱应在地下结构底板混凝土浇筑完后，逐层在立柱外侧浇筑混凝土形成地下结构框架柱；

4 立柱与水平构件连接节点的抗剪钢筋、栓钉或钢牛腿等抗剪构造应根据计算确定；

5 采用钢管混凝土立柱时，插入立柱桩的钢管的混凝土保护层厚度不应小于 100mm。

4.11.14 地下连续墙与主体结构外墙相结合时，地

下连续墙的施工应符合下列规定：

1 地下连续墙成槽施工应采用具有自动纠偏功能的设备；

2 地下连续墙采用墙底后注浆时，可将墙段折算成截面面积相等的桩后，按现行行业标准《建筑桩基技术规范》JGJ 94 的有关规定确定后注浆参数，后注浆的施工应符合该规范的有关规定。

4.11.15 竖向支承立柱与主体结构竖向构件相结合时，立柱及立柱桩的施工除应符合本规程第4.10.9条规定外，尚应符合下列要求：

1 立柱采用钢管混凝土柱时，宜通过现场试充填试验确定钢管混凝土柱的施工工艺与施工参数；

2 立柱桩采用后注浆时，后注浆的施工应符合现行行业标准《建筑桩基技术规范》JGJ 94 有关灌注桩后注浆施工的规定。

4.11.16 主体结构采用逆作法施工时，应在地下各层楼板上设置用于垂直运输的孔洞。楼板的孔洞应符合下列规定：

1 同层楼板上需要设置多个孔洞时，孔洞的位置应考虑楼板作为内支撑的受力和变形要求，并应满足合理布置施工运输的要求；

2 孔洞宜尽量利用主体结构的楼梯间、电梯井或无楼板处等结构开口；孔洞的尺寸应满足土方、设备、材料等垂直运输的施工要求；

3 结构楼板上的运输预留孔洞、立柱预留孔洞部位，应验算水平支撑力和施工荷载作用下的应力和变形，并应采取设置边梁或增强钢筋配置等加强措施；

4 对主体结构逆作施工后需要封闭的临时孔洞，应根据主体结构对孔洞处二次浇筑混凝土的结构连接要求，预先在洞口周边设置连接钢筋或抗剪预埋件等结构连接措施；有防水要求的洞口应设置刚性止水片、遇水膨胀橡胶止水条或预埋注浆管注浆止水等构造措施。

4.11.17 逆作的主体结构的梁、板、柱，其混凝土浇筑应采用下列措施：

1 主体结构的梁板等构件宜采用支模法浇筑混凝土；

2 由上向下逐层逆作主体结构的墙、柱时，墙、柱的纵向钢筋预先埋入下方土层内的钢筋连接段应采取防止钢筋污染的措施，与下层墙、柱钢筋的连接应符合现行国家标准《混凝土结构设计规范》GB 50010 对钢筋连接的规定；浇筑下层墙、柱混凝土前，应将已浇筑的上层墙、柱混凝土的结合面及预留连接钢筋、钢板表面的泥土清除干净；

3 逆作浇筑各层墙、柱混凝土时，墙、柱的模板顶部宜做成向上开口的喇叭形，且上层梁板在柱、墙节点处宜预留墙、柱的混凝土浇捣孔；墙、柱混凝土与上层墙、柱的结合面应浇筑密实、无收缩裂缝；

4 当前后两次浇筑的墙、柱混凝土结合面可能出现裂缝时，宜在结合面处的模板上预留充填裂缝的压力注浆孔。

4.11.18 与主体结构结合的地下连续墙、立柱及立柱桩，其施工偏差应符合下列规定：

1 除有特殊要求外，地下连续墙的施工偏差应符合现行国家标准《建筑地基基础工程施工质量验收规范》GB 50202 的规定；

2 立柱及立柱桩的平面位置允许偏差应为 10mm；

3 立柱的垂直度允许偏差应为 1/300；

4 立柱桩的垂直度允许偏差应为 1/200。

4.11.19 竖向支承立柱与主体结构竖向构件相结合时，立柱及立柱桩的检测应符合下列规定：

1 应对全部立柱进行垂直度与柱位进行检测；

2 应采用敲击法对钢管混凝土立柱进行检验，检测数量应大于立柱总数的20%；当发现立柱缺陷时，应采用声波透射法或钻芯法进行验证，并扩大敲击法检测数量。

4.11.20 与支护结构结合的主体结构构件的设计、施工、检测，应符合本规程第4.5节、第4.6节、第4.9节、第4.10节的有关规定。

4.12 双排桩设计

4.12.1 双排桩可采用图4.12.1所示的平面刚架结构模型进行计算。

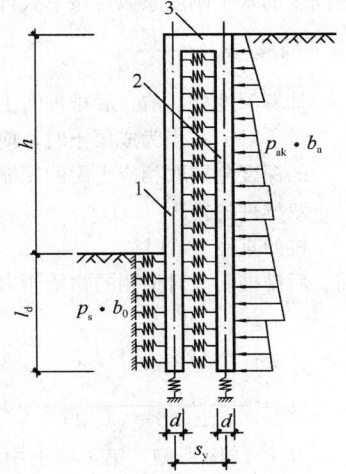

图 4.12.1 双排桩计算
1—前排桩；2—后排桩；3—刚架梁

4.12.2 采用图4.12.1的结构模型时，作用在后排桩上的主动土压力应按本规程第3.4节的规定计算，前排桩嵌固段上的土反力应按本规程第4.1.4条确定，作用在单根后排支护桩上的主动土压力计算宽度应取排桩间距，土反力计算宽度应按本规程第4.1.7条的规定取值（图4.12.2）。前、后排桩间土对桩侧的压力可按下式计算：

$$p_c = k_c \Delta v + p_{c0} \qquad (4.12.2)$$

式中：p_c——前、后排桩间土对桩侧的压力（kPa）；可按作用在前、后排桩上的压力相等考虑；

　　　k_c——桩间土的水平刚度系数（kN/m^3）；

　　　Δv——前、后排桩水平位移的差值（m）；当其相对位移减小时为正值；当其相对位移增加时，取 $\Delta v = 0$；

　　　p_{c0}——前、后排桩间土对桩侧的初始压力（kPa），按本规程第 4.12.4 条计算。

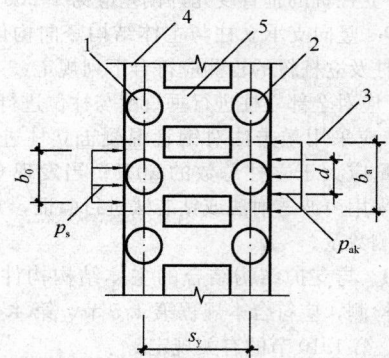

图 4.12.2　双排桩桩顶连梁及计算宽度
1—前排桩；2—后排桩；3—排桩对称
中心线；4—桩顶冠梁；5—刚架梁

4.12.3　桩间土的水平刚度系数可按下式计算：

$$k_c = \frac{E_s}{s_y - d} \qquad (4.12.3)$$

式中：E_s——计算深度处，前、后排桩间土的压缩模量（kPa）；当为成层土时，应按计算点的深度分别取相应土层的压缩模量；

　　　s_y——双排桩的排距（m）；

　　　d——桩的直径（m）。

4.12.4　前、后排桩间土对桩侧的初始压力可按下列公式计算：

$$p_{c0} = (2\alpha - \alpha^2) p_{ak} \qquad (4.12.4\text{-}1)$$

$$\alpha = \frac{s_y - d}{h \tan(45 - \varphi_m/2)} \qquad (4.12.4\text{-}2)$$

式中：p_{ak}——支护结构外侧，第 i 层土中计算点的主动土压力强度标准值（kPa），按本规程第 3.4.2 条的规定计算；

　　　h——基坑深度（m）；

　　　φ_m——基坑底面以上各土层按厚度加权的等效内摩擦角平均值（°）；

　　　α——计算系数，当计算的 α 大于 1 时，取 $\alpha = 1$。

4.12.5　双排桩的嵌固深度（l_d）应符合下式嵌固稳定性的要求（图 4.12.5）：

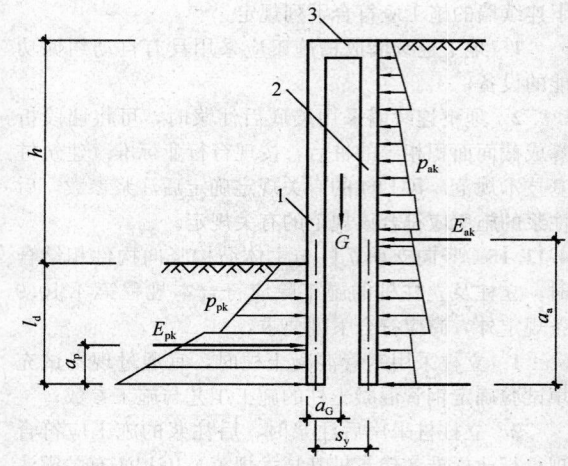

图 4.12.5　双排桩抗倾覆稳定性验算
1—前排桩；2—后排桩；3—刚架梁

$$\frac{E_{pk} a_p + G a_G}{E_{ak} a_a} \geqslant K_e \qquad (4.12.5)$$

式中：K_e——嵌固稳定安全系数；安全等级为一级、二级、三级的双排桩，K_e 分别不应小于 1.25、1.2、1.15；

　　E_{ak}、E_{pk}——分别为基坑外侧主动土压力、基坑内侧被动土压力标准值（kN）；

　　a_a、a_p——分别为基坑外侧主动土压力、基坑内侧被动土压力合力作用点至双排桩底端的距离（m）；

　　　G——双排桩、刚架梁和桩间土的自重之和（kN）；

　　　a_G——双排桩、刚架梁和桩间土的重心至前排桩边缘的水平距离（m）。

4.12.6　双排桩排距宜取 $2d \sim 5d$。刚架梁的宽度不应小于 d，高度不宜小于 $0.8d$，刚架梁高度与双排桩排距的比值宜取 $1/6 \sim 1/3$。

4.12.7　双排桩结构的嵌固深度，对淤泥质土，不宜小于 $1.0h$；对淤泥，不宜小于 $1.2h$；对一般黏性土、砂土，不宜小于 $0.6h$。前排桩端宜置于桩端阻力较高的土层。采用泥浆护壁灌注桩时，施工时的孔底沉渣厚度不应大于 50mm，或应采用桩底后注浆加固沉渣。

4.12.8　双排桩应按偏心受压、偏心受拉构件进行支护桩的截面承载力计算，刚架梁应根据其跨高比按普通受弯构件或深受弯构件进行截面承载力计算。双排桩结构的截面承载力和构造应符合现行国家标准《混凝土结构设计规范》GB 50010 的有关规定。

4.12.9　前、后排桩与刚架梁节点处，桩的受拉钢筋与刚架梁受拉钢筋的搭接长度不应小于受拉钢筋锚固长度的 1.5 倍，其节点构造尚应符合现行国家标准《混凝土结构设计规范》GB 50010 对框架顶层端节点的有关规定。

5 土 钉 墙

5.1 稳定性验算

5.1.1 土钉墙应按下列规定对基坑开挖的各工况进行整体滑动稳定性验算：

1 整体滑动稳定性可采用圆弧滑动条分法进行验算。

2 采用圆弧滑动条分法时，其整体滑动稳定性应符合下列规定（图5.1.1）：

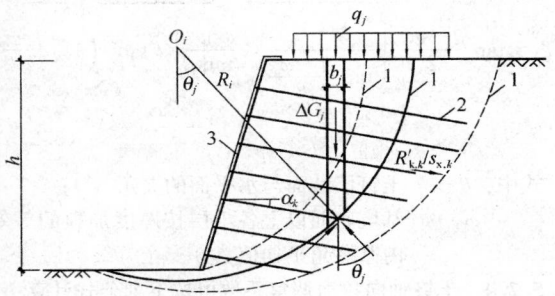

(a)土钉墙在地下水位以上

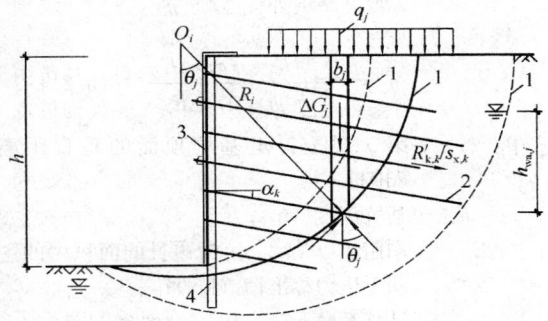

(b)水泥土桩或微型桩复合土钉墙

图 5.1.1 土钉墙整体滑动稳定性验算
1—滑动面；2—土钉或锚杆；3—喷射混凝土面层；
4—水泥土桩或微型桩

$$\min\{K_{s,1}, K_{s,2}\cdots, K_{s,i}, \cdots\} \geqslant K_s$$
(5.1.1-1)

$$K_{s,i} = \frac{\sum[c_jl_j + (q_jb_j + \Delta G_j)\cos\theta_j\tan\varphi_j] + \sum R'_{k,k}[\cos(\theta_k + \alpha_k) + \psi_v]/s_{x,k}}{\sum(q_jb_j + \Delta G_j)\sin\theta_j}$$
(5.1.1-2)

式中：K_s——圆弧滑动稳定安全系数；安全等级为二级、三级的土钉墙，K_s 分别不应小于 1.3、1.25；

$K_{s,i}$——第 i 个圆弧滑动体的抗滑力矩与滑动力矩的比值；抗滑力矩与滑动力矩之比的最小值宜通过搜索不同圆心及半径的所有潜在滑动圆弧确定；

c_j、φ_j——分别为第 j 土条滑弧面处土的黏聚力（kPa）、内摩擦角（°），按本规程第

3.1.14 条的规定取值；

b_j——第 j 土条的宽度（m）；

θ_j——第 j 土条滑弧面中点处的法线与垂直面的夹角（°）；

l_j——第 j 土条的滑弧长度（m），取 $l_j = b_j/\cos\theta_j$；

q_j——第 j 土条上的附加分布荷载标准值（kPa）；

ΔG_j——第 j 土条的自重（kN），按天然重度计算；

$R'_{k,k}$——第 k 层土钉或锚杆在滑动面以外的锚固段的极限抗拔承载力标准值与杆体受拉承载力标准值（$f_{yk}A_s$ 或 $f_{ptk}A_p$）的较小值（kN）；锚固段的极限抗拔承载力应按本规程第5.2.5条和第4.7.4条的规定计算，但锚固段应取圆弧滑动面以外的长度；

α_k——第 k 层土钉或锚杆的倾角（°）；

θ_k——滑弧面在第 k 层土钉或锚杆处的法线与垂直面的夹角（°）；

$s_{x,k}$——第 k 层土钉或锚杆的水平间距（m）；

ψ_v——计算系数；可取 $\psi_v = 0.5\sin(\theta_k + \alpha_k)\tan\varphi$；

φ——第 k 层土钉或锚杆与滑弧交点处土的内摩擦角（°）。

3 水泥土桩复合土钉墙，在需要考虑地下水压力的作用时，其整体稳定性应按本规程公式（4.2.3-1）、公式（4.2.3-2）验算，但 $R'_{k,k}$ 应按本条的规定取值。

4 当基坑面以下存在软弱下卧土层时，整体稳定性验算滑动面中应包括由圆弧与软弱土层层面组成的复合滑动面。

5 微型桩、水泥土桩复合土钉墙，滑弧穿过其嵌固段的土条可适当考虑桩的抗滑作用。

5.1.2 基坑底面下有软土层的土钉墙结构应进行坑底隆起稳定性验算，验算可采用下列公式（图5.1.2）。

$$\frac{\gamma_{m2}DN_q + cN_c}{(q_1b_1 + q_2b_2)/(b_1 + b_2)} \geqslant K_b \quad (5.1.2-1)$$

$$N_q = \tan^2\left(45° + \frac{\varphi}{2}\right)e^{\pi\tan\varphi} \quad (5.1.2-2)$$

$$N_c = (N_q - 1)/\tan\varphi \quad (5.1.2-3)$$

$$q_1 = 0.5\gamma_{m1}h + \gamma_{m2}D \quad (5.1.2-4)$$

$$q_2 = \gamma_{m1}h + \gamma_{m2}D + q_0 \quad (5.1.2-5)$$

式中：K_b——抗隆起安全系数；安全等级为二级、三级的土钉墙，K_b 分别不应小于 1.6、1.4；

q_0——地面均布荷载（kPa）；

γ_{m1}——基坑底面以上土的天然重度（kN/

m³）；对多层土取各层土按厚度加权的平均重度；

h——基坑深度（m）；

γ_{m2}——基坑底面至抗隆起计算平面之间土层的天然重度（kN/m³）；对多层土取各层土按厚度加权的平均重度；

D——基坑底面至抗隆起计算平面之间土层的厚度（m）；当抗隆起计算平面为基坑底平面时，取$D=0$；

N_c、N_q——承载力系数；

c、φ——分别为抗隆起计算平面以下土的黏聚力（kPa）、内摩擦角（°），按本规程第3.1.14条的规定取值；

b_1——土钉墙坡面的宽度（m）；当土钉墙坡面垂直时取$b_1=0$；

b_2——地面均布荷载的计算宽度（m），可取$b_2=h$。

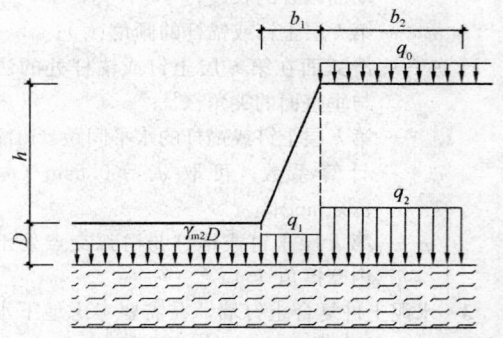

图 5.1.2 基坑底面下有软土层的土钉
墙隆起稳定性验算

5.1.3 土钉墙与截水帷幕结合时，应按本规程附录C的规定进行地下水渗透稳定性验算。

5.2 土钉承载力计算

5.2.1 单根土钉的极限抗拔承载力应符合下式规定：

$$\frac{R_{k,j}}{N_{k,j}} \geq K_t \qquad (5.2.1)$$

式中：K_t——土钉抗拔安全系数；安全等级为二级、三级的土钉墙，K_t分别不应小于1.6、1.4；

$N_{k,j}$——第j层土钉的轴向拉力标准值（kN），应按本规程第5.2.2条的规定计算；

$R_{k,j}$——第j层土钉的极限抗拔承载力标准值（kN），应按本规程第5.2.5条的规定确定。

5.2.2 单根土钉的轴向拉力标准值可按下式计算：

$$N_{k,j} = \frac{1}{\cos\alpha_j}\zeta\eta_j p_{ak,j} s_{x,j} s_{z,j} \qquad (5.2.2)$$

式中：$N_{k,j}$——第j层土钉的轴向拉力标准值（kN）；

α_j——第j层土钉的倾角（°）；

ζ——墙面倾斜时的主动土压力折减系数，可按本规程第5.2.3条确定；

η_j——第j层土钉轴向拉力调整系数，可按本规程公式（5.2.4-1）计算；

$p_{ak,j}$——第j层土钉处的主动土压力强度标准值（kPa），应按本规程第3.4.2条确定；

$s_{x,j}$——土钉的水平间距（m）；

$s_{z,j}$——土钉的垂直间距（m）。

5.2.3 坡面倾斜时的主动土压力折减系数可按下式计算：

$$\zeta = \tan\frac{\beta-\varphi_m}{2}\left(\frac{1}{\tan\frac{\beta+\varphi_m}{2}} - \frac{1}{\tan\beta}\right) \Big/ \tan^2\left(45° - \frac{\varphi_m}{2}\right)$$

$$(5.2.3)$$

式中：β——土钉墙坡面与水平面的夹角（°）；

φ_m——基坑底面以上各土层按厚度加权的等效内摩擦角平均值（°）。

5.2.4 土钉轴向拉力调整系数可按下列公式计算：

$$\eta_j = \eta_a - (\eta_a - \eta_b)\frac{z_j}{h} \qquad (5.2.4-1)$$

$$\eta_a = \frac{\sum(h - \eta_b z_j)\Delta E_{aj}}{\sum(h - z_j)\Delta E_{aj}} \qquad (5.2.4-2)$$

式中：z_j——第j层土钉至基坑顶面的垂直距离（m）；

h——基坑深度（m）；

ΔE_{aj}——作用在以$s_{x,j}$、$s_{z,j}$为边长的面积内的主动土压力标准值（kN）；

η_a——计算系数；

η_b——经验系数，可取0.6～1.0；

n——土钉层数。

5.2.5 单根土钉的极限抗拔承载力应按下列规定确定：

1 单根土钉的极限抗拔承载力应通过抗拔试验确定，试验方法应符合本规程附录D的规定。

2 单根土钉的极限抗拔承载力标准值也可按下式估算，但应通过本规程附录D规定的土钉抗拔试验进行验证：

$$R_{k,j} = \pi d_j \Sigma q_{sk,i} l_i \qquad (5.2.5)$$

式中：d_j——第j层土钉的锚固体直径（m）；对成孔注浆土钉，按成孔直径计算，对打入钢管土钉，按钢管直径计算；

$q_{sk,i}$——第j层土钉与第i土层的极限粘结强度标准值（kPa）；应根据工程经验并结合表5.2.5取值；

l_i——第j层土钉滑动面以外的部分在第i土

层中的长度（m），直线滑动面与水平面的夹角取 $\frac{\beta+\varphi_m}{2}$。

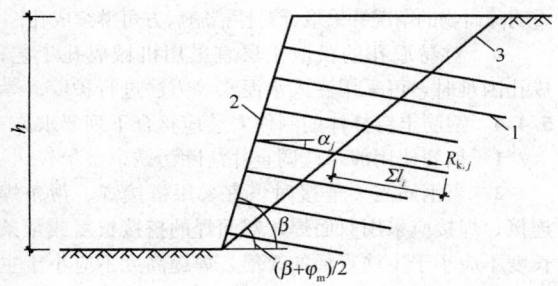

图 5.2.5 土钉抗拔承载力计算
1—土钉；2—喷射混凝土面层；3—滑动面

3 对安全等级为三级的土钉墙，可按公式（5.2.5）确定单根土钉的极限抗拔承载力。

4 当按本条第（1~3）款确定的土钉极限抗拔承载力标准值大于 $f_{yk}A_s$ 时，应取 $R_{k,j}=f_{yk}A_s$。

表 5.2.5 土钉的极限粘结强度标准值

土的名称	土的状态	q_{sk}（kPa）	
		成孔注浆土钉	打入钢管土钉
素填土		15~30	20~35
淤泥质土		10~20	15~25
黏性土	$0.75<I_L\leqslant1$	20~35	20~40
	$0.25<I_L\leqslant0.75$	30~45	40~55
	$0<I_L\leqslant0.25$	45~60	55~70
	$I_L\leqslant0$	60~70	70~80
粉土		40~60	50~90
砂土	松散	35~50	50~65
	稍密	50~65	65~80
	中密	65~80	80~100
	密实	80~100	100~120

5.2.6 土钉杆体的受拉承载力应符合下列规定：

$$N_j \leqslant f_y A_s \qquad (5.2.6)$$

式中：N_j——第 j 层土钉的轴向拉力设计值（kN），按本规程第 3.1.7 的规定计算；
f_y——土钉杆体的抗拉强度设计值（kPa）；
A_s——土钉杆体的截面面积（m²）。

5.3 构　造

5.3.1 土钉墙、预应力锚杆复合土钉墙的坡比不宜大于 1：0.2；当基坑较深、土的抗剪强度较低时，宜取较小坡比。对砂土、碎石土、松散填土，确定土钉墙坡度时应考虑开挖时坡面的局部自稳能力。微型桩、水泥土桩复合土钉墙，应采用微型桩、水泥土桩与土钉墙面层贴合的垂直墙面。

注：土钉墙坡比指其墙面垂直高度与水平宽度的比值。

5.3.2 土钉墙宜采用洛阳铲成孔的钢筋土钉。对易塌孔的松散或稍密的砂土、稍密的粉土、填土，或易缩径的软土宜采用打入式钢管土钉。对洛阳铲成孔或钢管土钉打入困难的土层，宜采用机械成孔的钢筋土钉。

5.3.3 土钉水平间距和竖向间距宜为 1m~2m；当基坑较深、土的抗剪强度较低时，土钉间距应取小值。土钉倾角宜为 5°~20°。土钉长度应按各层土钉受力均匀、各土钉拉力与相应土钉极限承载力的比值相近的原则确定。

5.3.4 成孔注浆型钢筋土钉的构造应符合下列要求：

1 成孔直径宜取 70mm~120mm；

2 土钉钢筋宜选用 HRB400、HRB500 钢筋，钢筋直径宜取 16mm~32mm；

3 应沿土钉全长设置对中定位支架，其间距宜取 1.5m~2.5m，土钉钢筋保护层厚度不宜小于 20mm；

4 土钉孔注浆材料可采用水泥浆或水泥砂浆，其强度不宜低于 20MPa。

5.3.5 钢管土钉的构造应符合下列要求：

1 钢管的外径不宜小于 48mm，壁厚不宜小于 3mm；钢管的注浆孔应设置在钢管末端 $l/2$~$2l/3$ 范围内；每个注浆截面的注浆孔宜取 2 个，且应对称布置，注浆孔的孔径宜取 5mm~8mm，注浆孔外应设置保护倒刺；

2 钢管的连接采用焊接时，接头强度不应低于钢管强度；钢管焊接可采用数量不少于 3 根、直径不小于 16mm 的钢筋沿截面均匀分布拼焊，双面焊接时钢筋长度不应小于钢管直径的 2 倍。

注：l 为钢管土钉的总长度。

5.3.6 土钉墙高度不大于 12m 时，喷射混凝土面层的构造应符合下列要求：

1 喷射混凝土面层厚度宜取 80mm~100mm；

2 喷射混凝土设计强度等级不宜低于 C20；

3 喷射混凝土面层中应配置钢筋网和通长的加强钢筋，钢筋网宜采用 HPB300 级钢筋，钢筋直径宜取 6mm~10mm，钢筋间距宜取 150mm~250mm；钢筋网间的搭接长度应大于 300mm；加强钢筋的直径宜取 14mm~20mm；当充分利用土钉杆体的抗拉强度时，加强钢筋的截面面积不应小于土钉杆体截面面积的 1/2。

5.3.7 土钉与加强钢筋宜采用焊接连接，其连接应满足承受土钉拉力的要求；当在土钉拉力作用下喷射混凝土面层的局部受冲切承载力不足时，应采用设置承压钢板等加强措施。

5.3.8 当土钉墙后存在滞水时，应在含水层部位的墙面设置泄水孔或采取其他疏水措施。

5.3.9 采用预应力锚杆复合土钉墙时，预应力锚杆应符合下列要求：

1 宜采用钢绞线锚杆；

2 用于减小地面变形时，锚杆宜布置在土钉墙的较上部位；用于增强面层抵抗土压力的作用时，锚杆应布置在土压力较大及墙背土层较软弱的部位；

3 锚杆的拉力设计值不应大于土钉墙墙面的局部受压承载力；

4 预应力锚杆应设置自由段，自由段长度应超过土钉墙坡体的潜在滑动面；

5 锚杆与喷射混凝土面层之间应设置腰梁连接，腰梁可采用槽钢腰梁或混凝土腰梁，腰梁与喷射混凝土面层应紧密接触，腰梁规格应根据锚杆拉力设计值确定；

6 除应符合上述规定外，锚杆的构造尚应符合本规程第4.7节有关构造的规定。

5.3.10 采用微型桩垂直复合土钉墙时，微型桩应符合下列要求：

1 应根据微型桩施工工艺对土层特性和基坑周边环境条件的适用性选用微型钢管桩、型钢桩或灌注桩等桩型；

2 采用微型桩时，宜同时采用预应力锚杆；

3 微型桩的直径、规格应根据对复合墙面的强度要求确定；采用成孔后插入微型钢管桩、型钢桩的工艺时，成孔直径宜取130mm～300mm，对钢管，其直径宜取48mm～250mm，对工字钢，其型号宜取 I10～I22，孔内应灌注水泥浆或水泥砂浆并充填密实；采用微型混凝土灌注桩时，其直径宜取200mm～300mm；

4 微型桩的间距应满足土钉墙施工时桩间土的稳定性要求；

5 微型桩伸入坑底的长度宜大于桩径的5倍，且不应小于1m；

6 微型桩应与喷射混凝土面层贴合。

5.3.11 采用水泥土桩复合土钉墙时，水泥土桩应符合下列要求：

1 应根据水泥土桩施工工艺对土层特性和基坑周边环境条件的适用性选用搅拌桩、旋喷桩等桩型；

2 水泥土桩伸入坑底的长度宜大于桩径的2倍，且不应小于1m；

3 水泥土桩应与喷射混凝土面层贴合；

4 桩身28d无侧限抗压强度不宜小于1MPa；

5 水泥土桩用作截水帷幕时，应符合本规程第7.2节对截水的要求。

5.4 施工与检测

5.4.1 土钉墙应按土钉层数分层设置土钉、喷射混凝土面层、开挖基坑。

5.4.2 当有地下水时，对易产生流砂或塌孔的砂土、粉土、碎石土等土层，应通过试验确定土钉施工工艺及其参数。

5.4.3 钢筋土钉的成孔应符合下列要求：

1 土钉成孔范围内存在地下管线等设施时，应在查明其位置并避开后，再进行成孔作业；

2 应根据土层的性状选用洛阳铲、螺旋钻、冲击钻、地质钻等成孔方法，采用的成孔方法应能保证孔壁的稳定性、减小对孔壁的扰动；

3 当成孔遇不明障碍物时，应停止成孔作业，在查明障碍物的情况并采取针对性措施后方可继续成孔；

4 对易塌孔的松散土层宜采用机械成孔工艺；成孔困难时，可采用注入水泥浆等方法进行护壁。

5.4.4 钢筋土钉杆体的制作安装应符合下列要求：

1 钢筋使用前，应调直并清除污锈；

2 当钢筋需要连接时，宜采用搭接焊、帮条焊连接；焊接应采用双面焊，双面焊的搭接长度或帮条长度不应小于主筋直径的5倍，焊缝高度不应小于主筋直径的0.3倍；

3 对中支架的截面尺寸应符合对土钉杆体保护层厚度的要求，对中支架可选用直径6mm～8mm的钢筋焊制；

4 土钉成孔后应及时插入土钉杆体，遇塌孔、缩径时，应在处理后再插入土钉杆体。

5.4.5 钢筋土钉的注浆应符合下列要求：

1 注浆材料可选用水泥浆或水泥砂浆；水泥浆的水灰比宜取0.5～0.55；水泥砂浆的水灰比宜取0.4～0.45，同时，灰砂比宜取0.5～1.0，拌合用砂宜选用中粗砂，按重量计的含泥量不得大于3%；

2 水泥浆或水泥砂浆应拌合均匀，一次拌合的水泥浆或水泥砂浆应在初凝前使用；

3 注浆前应将孔内残留的虚土清除干净；

4 注浆应采用将注浆管插至孔底、由孔底注浆的方式，且注浆管端部至孔底的距离不宜大于200mm；注浆及拔管时，注浆管出浆口应始终埋入注浆液面内，应在新鲜浆液从孔口溢出后停止注浆；注浆后，当浆液液面下降时，应进行补浆。

5.4.6 打入式钢管土钉的施工应符合下列要求：

1 钢管端部应制成尖锥状；钢管顶部宜设置防止施打变形的加强构造；

2 注浆材料应采用水泥浆；水泥浆的水灰比宜取0.5～0.6；

3 注浆压力不宜小于0.6MPa；应在注浆至钢管周围出现返浆后停止注浆；当不出现返浆时，可采用间歇注浆的方法。

5.4.7 喷射混凝土面层的施工应符合下列要求：

1 细骨料宜选用中粗砂，含泥量应小于3%；

2 粗骨料宜选用粒径不大于20mm的级配砾石；

3 水泥与砂石的重量比宜取1:4～1:4.5，砂率宜取45%～55%，水灰比宜取0.4～0.45；

4 使用速凝剂等外加剂时，应通过试验确定外加剂掺量；

5 喷射作业应分段依次进行，同一分段内应自下而上均匀喷射，一次喷射厚度宜为30mm～80mm；

6 喷射作业时，喷头应与土钉墙面保持垂直，其距离宜为0.6m～1.0m；

7 喷射混凝土终凝 2h 后应及时喷水养护；

8 钢筋与坡面的间隙应大于 20mm；

9 钢筋网可采用绑扎固定；钢筋连接宜采用搭接焊，焊缝长度不应小于钢筋直径的 10 倍；

10 采用双层钢筋网时，第二层钢筋网应在第一层钢筋网被喷射混凝土覆盖后铺设。

5.4.8 土钉墙的施工偏差应符合下列要求：

1 土钉位置的允许偏差应为 100mm；

2 土钉倾角的允许偏差应为 3°；

3 土钉杆体长度不应小于设计长度；

4 钢筋网间距的允许偏差应为 ±30mm；

5 微型桩桩位的允许偏差应为 50mm；

6 微型桩垂直度的允许偏差应为 0.5%。

5.4.9 复合土钉墙中预应力锚杆的施工应符合本规程第 4.8 节的有关规定。微型桩的施工应符合现行行业标准《建筑桩基技术规范》JGJ 94 的有关规定。水泥土桩的施工应符合本规程第 7.2 节的有关规定。

5.4.10 土钉墙的质量检测应符合下列规定：

1 应对土钉的抗拔承载力进行检测，土钉检测数量不宜少于土钉总数的 1%，且同一土层中的土钉检测数量不应少于 3 根；对安全等级为二级、三级的土钉墙，抗拔承载力检测值分别不应小于土钉轴向拉力标准值的 1.3 倍、1.2 倍；检测土钉应采用随机抽样的方法选取；检测试验应在注浆固结体强度达到 10MPa 或达到设计强度的 70% 后进行，应按本规程附录 D 的试验方法进行；当检测的土钉不合格时，应扩大检测数量；

2 应进行土钉墙面层喷射混凝土的现场试块强度试验，每 500m² 喷射混凝土面积的试验数量不应少于一组，每组试块不应少于 3 个；

3 应对土钉墙的喷射混凝土面层厚度进行检测，每 500m² 喷射混凝土面积的检测数量不应少于一组，每组的检测点不应少于 3 个；全部检测点的面层厚度平均值不应小于厚度设计值，最小厚度不应小于厚度设计值的 80%；

4 复合土钉墙中的预应力锚杆，应按本规程第 4.8.8 条的规定进行抗拔承载力检测；

5 复合土钉墙中的水泥土搅拌桩或旋喷桩用作截水帷幕时，应按本规程第 7.2.14 条的规定进行质量检测。

6 重力式水泥土墙

6.1 稳定性与承载力验算

6.1.1 重力式水泥土墙的滑移稳定性应符合下式规定（图 6.1.1）：

$$\frac{E_{pk} + (G - u_m B)\tan\varphi + cB}{E_{ak}} \geqslant K_{sl} \quad (6.1.1)$$

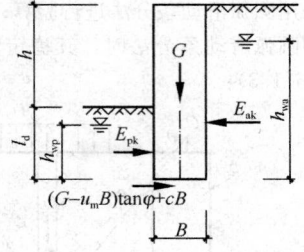

图 6.1.1 滑移稳定性验算

式中：K_{sl}——抗滑移安全系数，其值不应小于 1.2；

E_{ak}、E_{pk}——分别为水泥土墙上的主动土压力、被动土压力标准值（kN/m），按本规程第 3.4.2 条的规定确定；

G——水泥土墙的自重（kN/m）；

u_m——水泥土墙底面上的水压力（kPa）；水泥土墙底位于含水层时，可取 $u_m = \gamma_w (h_{wa} + h_{wp})/2$，在地下水位以上时，取 $u_m = 0$；

c、φ——分别为水泥土墙底面下土层的黏聚力（kPa）、内摩擦角（°），按本规程第 3.1.14 条的规定取值；

B——水泥土墙的底面宽度（m）；

h_{wa}——基坑外侧水泥土墙底处的压力水头（m）；

h_{wp}——基坑内侧水泥土墙底处的压力水头（m）。

6.1.2 重力式水泥土墙的倾覆稳定性应符合下式规定（图 6.1.2）：

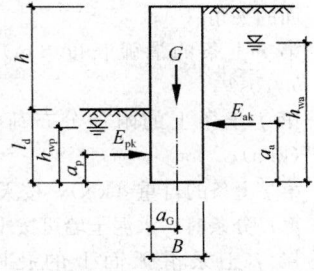

图 6.1.2 倾覆稳定性验算

$$\frac{E_{pk}a_p + (G - u_m B)a_G}{E_{ak}a_a} \geqslant K_{ov} \quad (6.1.2)$$

式中：K_{ov}——抗倾覆安全系数，其值不应小于 1.3；

a_a——水泥土墙外侧主动土压力合力作用点至墙趾的竖向距离（m）；

a_p——水泥土墙内侧被动土压力合力作用点至墙趾的竖向距离（m）；

a_G——水泥土墙自重与墙底水压力合力作用点至墙趾的水平距离（m）。

6.1.3 重力式水泥土墙应按下列规定进行圆弧滑动稳定性验算：

1 可采用圆弧滑动条分法进行验算；

2 采用圆弧滑动条分法时，其稳定性应符合下列规定（图6.1.3）：

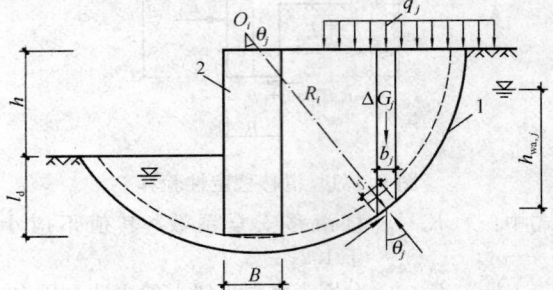

图 6.1.3　整体滑动稳定性验算

$$\min\{K_{s,1}, K_{s,2}, \cdots, K_{s,i} \cdots\} \geqslant K_s$$
(6.1.3-1)

$$K_{s,i} = \frac{\sum\{c_j l_j + [(q_j b_j + \Delta G_j)\cos\theta_j - u_j l_j]\tan\varphi_j\}}{\sum(q_j b_j + \Delta G_j)\sin\theta_j}$$
(6.1.3-2)

式中：K_s——圆弧滑动稳定安全系数，其值不应小于1.3；

$K_{s,i}$——第 i 个圆弧滑动体的抗滑力矩与滑动力矩的比值；抗滑力矩与滑动力矩之比的最小值宜通过搜索不同圆心及半径的所有潜在滑动圆弧确定；

c_j、φ_j——分别为第 j 土条滑弧面处土的黏聚力（kPa）、内摩擦角（°）；按本规程第3.1.14条的规定取值；

b_j——第 j 土条的宽度（m）；

θ_j——第 j 土条滑弧面中点处的法线与垂直面的夹角（°）；

l_j——第 j 土条的滑弧长度（m）；取 $l_j = b_j/\cos\theta_j$；

q_j——第 j 土条上的附加分布荷载标准值（kPa）；

ΔG_j——第 j 土条的自重（kN），按天然重度计算；分条时，水泥土墙可按土体考虑；

u_j——第 j 土条滑弧面上的孔隙水压力（kPa）；对地下水位以下的砂土、碎石土、砂质粉土，当地下水是静止的或渗流水力梯度可忽略不计时，在基坑外侧，可取 $u_j = \gamma_w h_{wa,j}$，在基坑内侧，可取 $u_j = \gamma_w h_{wp,j}$；滑弧面在地下水位以上或对地下水位以下的黏性土，取 $u_j = 0$；

γ_w——地下水重度（kN/m³）；

$h_{wa,j}$——基坑外侧第 j 土条滑弧面中点的压力水头（m）；

$h_{wp,j}$——基坑内侧第 j 土条滑弧面中点的压力水头（m）。

3 当墙底以下存在软弱下卧土层时，稳定性验算的滑动面中应包括由圆弧与软弱土层层面组成的复合滑动面。

6.1.4 重力式水泥土墙，其嵌固深度应符合下列坑底隆起稳定性要求：

1 隆起稳定性可按本规程公式（4.2.4-1）～公式（4.2.4-3）验算，但公式中 γ_{m1} 应取基坑外墙底面以上土的重度，γ_{m2} 应取基坑内墙底面以上土的重度，l_d 应取水泥土墙的嵌固深度，c、φ 应取水泥土墙底面以下土的黏聚力、内摩擦角；

2 当重力式水泥土墙底面以下有软弱下卧层时，隆起稳定性验算的部位应包括软弱下卧层，此时，公式（4.2.4-1）～公式（4.2.4-3）中的 γ_{m1}、γ_{m2} 应取软弱下卧层顶面以上土的重度，l_d 应以 D 代替。

注：D 为坑底至软弱下卧层顶面的土层厚度（m）。

6.1.5 重力式水泥土墙墙体的正截面应力应符合下列规定：

1 拉应力：
$$\frac{6M_i}{B^2} - \gamma_{cs} z \leqslant 0.15 f_{cs}$$
(6.1.5-1)

2 压应力：
$$\gamma_0 \gamma_F \gamma_{cs} z + \frac{6M_i}{B^2} \leqslant f_{cs}$$
(6.1.5-2)

3 剪应力：
$$\frac{E_{aki} - \mu G_i - E_{pki}}{B} \leqslant \frac{1}{6} f_{cs}$$
(6.1.5-3)

式中：M_i——水泥土墙验算截面的弯矩设计值（kN·m/m）；

B——验算截面处水泥土墙的宽度（m）；

γ_{cs}——水泥土墙的重度（kN/m³）；

z——验算截面至水泥土墙顶的垂直距离（m）；

f_{cs}——水泥土开挖龄期时的轴心抗压强度设计值（kPa），应根据现场试验或工程经验确定；

γ_F——荷载综合分项系数，按本规程第3.1.6条取用；

E_{aki}、E_{pki}——分别为验算截面以上的主动土压力标准值、被动土压力标准值（kN/m），可按本规程第3.4.2条的规定计算；验算截面在坑底以上时，取 $E_{pk,i} = 0$；

G_i——验算截面以上的墙体自重（kN/m）；

μ——墙体材料的抗剪断系数，取 0.4～0.5。

6.1.6 重力式水泥土墙的正截面应力验算应包括下列部位：

1 基坑面以下主动、被动土压力强度相等处；

2 基坑底面处；

3 水泥土墙的截面突变处。

6.1.7 当地下水位高于坑底时，应按本规程附录 C 的规定进行地下水渗透稳定性验算。

6.2 构 造

6.2.1 重力式水泥土墙宜采用水泥土搅拌桩相互搭接成格栅状的结构形式，也可采用水泥土搅拌桩相互搭接成实体的结构形式。搅拌桩的施工工艺宜采用喷浆搅拌法。

6.2.2 重力式水泥土墙的嵌固深度，对淤泥质土，不宜小于 $1.2h$，对淤泥，不宜小于 $1.3h$；重力式水泥土墙的宽度，对淤泥质土，不宜小于 $0.7h$，对淤泥，不宜小于 $0.8h$。

注：h 为基坑深度。

6.2.3 重力式水泥土墙采用格栅形式时，格栅的面积置换率，对淤泥质土，不宜小于 0.7；对淤泥，不宜小于 0.8；对一般黏性土、砂土，不宜小于 0.6。格栅内侧的长宽比不宜大于 2。每个格栅内的土体面积应符合下式要求：

$$A \leqslant \delta \frac{cu}{\gamma_m} \qquad (6.2.3)$$

式中：A——格栅内的土体面积（m^2）；

δ——计算系数；对黏性土，取 $\delta=0.5$；对砂土、粉土，取 $\delta=0.7$；

c——格栅内土的黏聚力（kPa），按本规程第 3.1.14 条的规定确定；

u——计算周长（m），按图 6.2.3 计算；

γ_m——格栅内土的天然重度（kN/m³）；对多层土，取水泥土墙深度范围内各层土按厚度加权的平均天然重度。

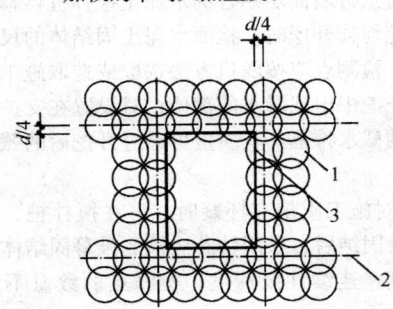

图 6.2.3 格栅式水泥土墙
1—水泥土桩；2—水泥土桩中心线；3—计算周长

6.2.4 水泥土搅拌桩的搭接宽度不宜小于 150mm。

6.2.5 当水泥土墙兼作截水帷幕时，应符合本规程第 7.2 节对截水的要求。

6.2.6 水泥土墙体的 28d 无侧限抗压强度不宜小于 0.8MPa。当需要增强墙体的抗拉性能时，可在水泥土桩内插入杆筋。杆筋可采用钢筋、钢管或毛竹。杆筋的插入深度宜大于基坑深度。杆筋应锚入面板内。

6.2.7 水泥土墙顶面宜设置混凝土连接面板，面板厚度不宜小于 150mm，混凝土强度等级不宜低

于 C15。

6.3 施工与检测

6.3.1 水泥土搅拌桩的施工应符合现行行业标准《建筑地基处理技术规范》JGJ 79 的规定。

6.3.2 重力式水泥土墙的质量检测应符合下列规定：

1 应采用开挖方法检测水泥土搅拌桩的直径、搭接宽度、位置偏差；

2 应采用钻芯法检测水泥土搅拌桩的单轴抗压强度、完整性、深度。单轴抗压强度试验的芯样直径不应小于 80mm。检测桩数不应少于总桩数的 1%，且不应少于 6 根。

7 地下水控制

7.1 一般规定

7.1.1 地下水控制应根据工程地质和水文地质条件、基坑周边环境要求及支护结构形式选用截水、降水、集水明排方法或其组合。

7.1.2 当降水会对基坑周边建（构）筑物、地下管线、道路等造成危害或对环境造成长期不利影响时，应采用截水方法控制地下水。采用悬挂式帷幕时，应同时采用坑内降水，并宜根据水文地质条件结合坑外回灌措施。

7.1.3 地下水控制设计应符合本规程第 3.1.8 条对基坑周边建（构）筑物、地下管线、道路等沉降控制值的要求。

7.1.4 当坑底以下有水头高于坑底的承压水时，各类支护结构均应按本规程第 C.0.1 条的规定进行承压水作用下的坑底突涌稳定性验算。当不满足突涌稳定性要求时，应对该承压水含水层采取截水、减压措施。

7.2 截 水

7.2.1 基坑截水应根据工程地质条件、水文地质条件及施工条件等，选用水泥土搅拌桩帷幕、高压旋喷或摆喷注浆帷幕、地下连续墙或咬合式排桩。支护结构采用排桩时，可采用高压旋喷或摆喷注浆与排桩相互咬合的组合帷幕。对碎石土、杂填土、泥炭质土、泥炭、pH 值较低的土或地下水流速较大时，水泥土搅拌桩帷幕、高压喷射注浆帷幕宜通过试验确定其适用性或外加剂品种及掺量。

7.2.2 当坑底以下存在连续分布、埋深较浅的隔水层时，应采用落底式帷幕。落底式帷幕进入下卧隔水层的深度应满足下式要求，且不宜小于 1.5m：

$$l \geqslant 0.2\Delta h - 0.5b \qquad (7.2.2)$$

式中：l——帷幕进入隔水层的深度（m）；

Δh——基坑内外的水头差值（m）；

b——帷幕的厚度（m）。

7.2.3 当坑底以下含水层厚度大而需采用悬挂式帷幕时，帷幕进入透水层的深度应满足本规程第 C.0.2 条、第 C.0.3 条对地下水从帷幕底绕流的渗透稳定性要求，并应对帷幕外地下水位下降引起的基坑周边建（构）筑物、地下管线沉降进行分析。

7.2.4 截水帷幕在平面布置上应沿基坑周边闭合。当采用沿基坑周边非闭合的平面布置形式时，应对地下水沿帷幕两端绕流引起的渗流破坏和地下水位下降进行分析。

7.2.5 采用水泥土搅拌桩帷幕时，搅拌桩直径宜取 450mm～800mm，搅拌桩的搭接宽度应符合下列规定：

　　1 单排搅拌桩帷幕的搭接宽度，当搅拌深度不大于 10m 时，不应小于 150mm；当搅拌深度为 10m～15m 时，不应小于 200mm；当搅拌深度大于 15m 时，不应小于 250mm；

　　2 对地下水位较高、渗透性较强的地层，宜采用双排搅拌桩截水帷幕；搅拌桩的搭接宽度，当搅拌深度不大于 10m 时，不应小于 100mm；当搅拌深度为 10m～15m 时，不应小于 150mm；当搅拌深度大于 15m 时，不应小于 200mm。

7.2.6 搅拌桩水泥浆液的水灰比宜取 0.6～0.8。搅拌桩的水泥掺量宜取土的天然质量的 15%～20%。

7.2.7 水泥土搅拌桩帷幕的施工应符合现行行业标准《建筑地基处理技术规范》JGJ 79 的有关规定。

7.2.8 搅拌桩的施工偏差应符合下列要求：

　　1 桩位的允许偏差应为 50mm；

　　2 垂直度的允许偏差应为 1%。

7.2.9 采用高压旋喷、摆喷注浆帷幕时，注浆固结体的有效半径宜通过试验确定；缺少试验时，可根据土的类别及其密实程度、高压喷射注浆工艺，按工程经验采用。摆喷注浆的喷射方向与摆喷点连线的夹角宜取 10°～25°，摆动角度宜取 20°～30°。水泥土固结体的搭接宽度，当注浆孔深度不大于 10m 时，不应小于 150mm；当注浆孔深度为 10m～20m 时，不应小于 250mm；当注浆孔深度为 20m～30m 时，不应小于 350mm。对地下水位较高、渗透性较强的地层，可采用双排高压喷射注浆帷幕。

7.2.10 高压喷射注浆水泥浆液的水灰比宜取 0.9～1.1，水泥掺量宜取土的天然质量的 25%～40%。

7.2.11 高压喷射注浆应按水泥土固结体的设计有效半径与土的性状确定喷射压力、注浆流量、提升速度、旋转速度等工艺参数，对较硬的黏性土、密实的砂土和碎石土宜取较小提升速度、较大喷射压力。当缺少类似土层条件下的施工经验时，应通过现场试验确定施工工艺参数。

7.2.12 高压喷射注浆帷幕的施工应符合下列要求：

　　1 采用与排桩咬合的高压喷射注浆帷幕时，应先进行排桩施工，后进行高压喷射注浆施工；

　　2 高压喷射注浆的施工作业顺序应采用隔孔分序方式，相邻孔喷射注浆的间隔时间不宜小于 24h；

　　3 喷射注浆时，应由下而上均匀喷射，停止喷射的位置宜高于帷幕设计顶面 1m；

　　4 可采用复喷工艺增大固结体半径、提高固结体强度；

　　5 喷射注浆时，当孔口的返浆量大于注浆量的 20% 时，可采用提高喷射压力等措施；

　　6 当因浆液渗漏而出现孔口不返浆的情况时，应将注浆管停置在不返浆处持续喷射注浆，并宜同时采用从孔口填入中粗砂、注浆液掺入速凝剂等措施，直至出现孔口返浆；

　　7 喷射注浆后，当浆液析水、液面下降时，应进行补浆；

　　8 当喷射注浆因故中途停喷后，继续注浆时应与停喷前的注浆体搭接，其搭接长度不应小于 500mm；

　　9 当注浆孔邻近既有建筑物时，宜采用速凝浆液进行喷射注浆；

　　10 高压旋喷、摆喷注浆帷幕的施工尚应符合现行行业标准《建筑地基处理技术规范》JGJ 79 的有关规定。

7.2.13 高压喷射注浆的施工偏差应符合下列要求：

　　1 孔位的允许偏差应为 50mm；

　　2 注浆孔垂直度的允许偏差应为 1%。

7.2.14 截水帷幕的质量检测应符合下列规定：

　　1 与排桩咬合的高压喷射注浆、水泥土搅拌桩帷幕，与土钉墙面层贴合的水泥土搅拌桩帷幕，应在基坑开挖前或开挖时，检测水泥土固结体的尺寸、搭接宽度；检测点应按随机方法选取或选取施工中出现异常、开挖中出现漏水的部位；对设置在支护结构外侧单独的截水帷幕，其质量可通过开挖后的截水效果判断；

　　2 对施工质量有怀疑时，可在搅拌桩、高压喷射注浆液固结后，采用钻芯法检测帷幕固结体的单轴抗压强度、连续性及深度；检测点的数量不应少于 3 处。

7.3 降　　水

7.3.1 基坑降水可采用管井、真空井点、喷射井点等方法，并宜按表 7.3.1 的适用条件选用。

表 7.3.1　各种降水方法的适用条件

方法	土类	渗透系数 (m/d)	降水深度 (m)
管井	粉土、砂土、碎石土	0.1～200.0	不限

方法	土类	渗透系数 (m/d)	降水深度 (m)
真空井点	黏性土、粉土、砂土	0.005~20.0	单级井点<6 多级井点<20
喷射井点	黏性土、粉土、砂土	0.005~20.0	<20

7.3.2 降水后基坑内的水位应低于坑底 0.5m。当主体结构有加深的电梯井、集水井时，坑底应按电梯井、集水井底面考虑或对其另行采取局部地下水控制措施。基坑采用截水结合坑外减压降水的地下水控制方法时，尚应规定降水井水位的最大降深值和最小降深值。

7.3.3 降水井在平面布置上应沿基坑周边形成闭合状。当地下水流速较小时，降水井宜等间距布置；当地下水流速较大时，在地下水补给方向宜适当减小降水井间距。对宽度较小的狭长形基坑，降水井也可在基坑一侧布置。

7.3.4 基坑地下水位降深应符合下式规定：

$$s_i \geqslant s_d \qquad (7.3.4)$$

式中：s_i——基坑内任一点的地下水位降深（m）；
$\quad s_d$——基坑地下水位的设计降深（m）。

7.3.5 当含水层为粉土、砂土或碎石土时，潜水完整井的地下水位降深可按下式计算（图 7.3.5-1、图 7.3.5-2）：

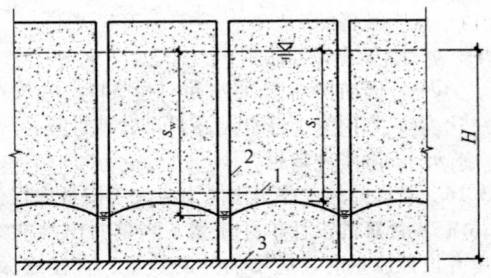

图 7.3.5-1　潜水完整井地下水位降深计算
1—基坑面；2—降水井；3—潜水含水层底板

$$s_i = H - \sqrt{H^2 - \sum_{j=1}^{n} \frac{q_j}{\pi k} \ln \frac{R}{r_{ij}}} \qquad (7.3.5)$$

式中：s_i——基坑内任一点的地下水位降深（m）；基坑内各点中最小的地下水位降深可取各个相邻降水井连线上地下水位降深的最小值，当各降水井的间距和降深相同时，可取任一相邻降水井连线中点的地下水位降深；
$\quad H$——潜水含水层厚度（m）；
$\quad q_j$——按干扰井群计算的第 j 口降水井的单井流量（m³/d）；
$\quad k$——含水层的渗透系数（m/d）；

R——影响半径（m），应按现场抽水试验确定；缺少试验时，也可按本规程公式（7.3.7-1）、公式（7.3.7-2）计算并结合当地工程经验确定；
$\quad r_{ij}$——第 j 口井中心至地下水位降深计算点的距离（m）；当 $r_{ij} > R$ 时，应取 $r_{ij} = R$；
$\quad n$——降水井数量。

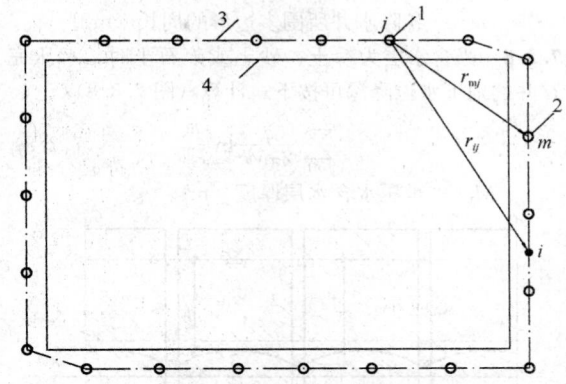

图 7.3.5-2　计算点与降水井的关系
1—第 j 口井；2—第 m 口井；3—降水井所围面积的边线；4—基坑边线

7.3.6 对潜水完整井，按干扰井群计算的第 j 个降水井的单井流量可通过求解下列 n 维线性方程组计算：

$$s_{w,m} = H - \sqrt{H^2 - \sum_{j=1}^{n} \frac{q_j}{\pi k} \ln \frac{R}{r_{jm}}} \quad (m = 1, \cdots, n)$$

$$(7.3.6)$$

式中：$s_{w,m}$——第 m 口井的井水位设计降深（m）；
$\quad r_{jm}$——第 j 口井中心至第 m 口井中心的距离（m）；当 $j=m$ 时，应取降水井半径 r_w；当 $r_{jm} > R$ 时，应取 $r_{jm} = R$。

7.3.7 当含水层为粉土、砂土或碎石土，各降水井所围平面形状近似圆形或正方形且各降水井的间距、降深相同时，潜水完整井的地下水位降深也可按下列公式计算：

$$s_i = H - \sqrt{H^2 - \frac{q}{\pi k} \sum_{j=1}^{n} \ln \frac{R}{2r_0 \sin \dfrac{(2j-1)\pi}{2n}}}$$

$$(7.3.7-1)$$

$$q = \frac{\pi k (2H - s_w) s_w}{\ln \dfrac{R}{r_w} + \sum_{j=1}^{n-1} \ln \dfrac{R}{2r_0 \sin \dfrac{j\pi}{n}}} \qquad (7.3.7-2)$$

式中：q——按干扰井群计算的降水井单井流量（m³/d）；
$\quad r_0$——井群的等效半径（m）；井群的等效半径应按各降水井所围多边形与等效圆的周长相等确定，取 $r_0 = u/(2\pi)$；当 $r_0 > R/$

$(2\sin((2j-1)\pi/2n))$时,公式(7.3.7-1)中应取$r_0=R/(2\sin((2j-1)\pi/2n))$;当$r_0>R/(2\sin(j\pi/n))$时,公式(7.3.7-2)中应取$r_0=R/(2\sin(j\pi/n))$;

j——第j口降水井;

s_w——井水位的设计降深(m);

r_w——降水井半径(m);

u——各降水井所围多边形的周长(m)。

7.3.8 当含水层为粉土、砂土或碎石土时,承压完整井的地下水位降深可按下式计算(图7.3.8):

$$s_i = \sum_{j=1}^{n} \frac{q_j}{2\pi Mk} \ln \frac{R}{r_{ij}} \qquad (7.3.8)$$

M——承压水含水层厚度(m)。

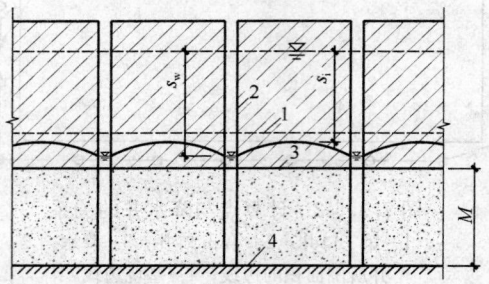

图7.3.8 承压水完整井地下水位降深计算
1—基坑面;2—降水井;3—承压水含水层顶板;
4—承压水含水层底板

7.3.9 对承压完整井,按干扰井群计算的第j个降水井的单井流量可通过求解下列n维线性方程组计算:

$$s_{w,m} = \sum_{j=1}^{n} \frac{q_j}{2\pi Mk} \ln \frac{R}{r_{jm}} \quad (m=1,\cdots,n)$$

$$(7.3.9)$$

7.3.10 当含水层为粉土、砂土或碎石土,各降水井所围平面形状近似圆形或正方形且各降水井的间距、降深相同时,承压完整井的地下水位降深也可按下列公式计算:

$$s_i = \frac{q}{2\pi Mk} \sum_{j=1}^{n} \ln \frac{R}{2r_0 \sin \dfrac{(2j-1)\pi}{2n}}$$

$$(7.3.10-1)$$

$$q = \frac{2\pi Mks_w}{\ln \dfrac{R}{r_w} + \sum\limits_{j=1}^{n-1} \ln \dfrac{R}{2r_0 \sin \dfrac{j\pi}{n}}} \qquad (7.3.10-2)$$

式中:r_0——井群的等效半径(m);井群的等效半径应按各降水井所围多边形与等效圆的周长相等确定,取$r_0=u/(2\pi)$;当$r_0>R/(2\sin((2j-1)\pi/2n))$时,公式(7.3.10-1)中应取$r_0=R/(2\sin((2j-1)\pi/2n))$;当$r_0>R/(2\sin(j\pi/n))$时,公式(7.3.10-2)中应取$r_0=R/(2\sin(j\pi/n))$。

7.3.11 含水层的影响半径宜通过试验确定。缺少试验时,可按下列公式计算并结合当地经验取值:

1 潜水含水层

$$R = 2s_w \sqrt{kH} \qquad (7.3.11-1)$$

2 承压水含水层

$$R = 10s_w \sqrt{k} \qquad (7.3.11-2)$$

式中:R——影响半径(m);

s_w——井水位降深(m);当井水位降深小于10m时,取$s_w=10$m;

k——含水层的渗透系数(m/d);

H——潜水含水层厚度(m)。

7.3.12 当基坑降水影响范围内存在隔水边界、地表水体或水文地质条件变化较大时,可根据具体情况,对按本规程第7.3.5条~第7.3.10条计算的单井流量和地下水位降深进行适当修正或采用非稳定流方法、数值法计算。

7.3.13 降水井间距和井水位设计降深,除应符合公式(7.3.4)的要求外,尚应根据单井流量和单井出水能力并结合当地经验确定。

7.3.14 真空井点降水的井间距宜取0.8mm~2.0m;喷射井点降水的井间距宜取1.5m~3.0m;当真空井点、喷射井点的井口至设计降水水位的深度大于6m时,可采用多级井点降水,多级井点上下级的高差宜取4m~5m。

7.3.15 降水井的单井设计流量可按下式计算:

$$q = 1.1\frac{Q}{n} \qquad (7.3.15)$$

式中:q——单井设计流量;

Q——基坑降水总涌水量(m³/d),可按本规程附录E中相应条件的公式计算;

n——降水井数量。

7.3.16 降水井的单井出水能力应大于按本规程公式(7.3.15)计算的设计单井流量。当单井出水能力小于单井设计流量时,应增加井的数量、直径或深度。各类井的单井出水能力可按下列规定取值:

1 真空井点出水能力可取36 m³/d~60m³/d;

2 喷射井点出水能力可按表7.3.16取值;

表7.3.16 喷射井点的出水能力

外管直径(mm)	喷射管		工作水压力(MPa)	工作水流量(m³/d)	设计单井出水流量(m³/d)	适用含水层渗透系数(m/d)
	喷嘴直径(mm)	混合室直径(mm)				
38	7	14	0.6~0.8	112.8~163.2	100.8~138.2	0.1~5.0
68	7	14	0.6~0.8	110.4~148.8	103.2~138.2	0.1~5.0
100	10	20	0.6~0.8	230.4	259.2~388.8	5.0~10.0
162	19	40	0.6~0.8	720.0	600.0~720.0	10.0~20.0

3 管井的单井出水能力可按下式计算：

$$q_0 = 120\pi r_s l \sqrt[3]{k} \qquad (7.3.16)$$

式中：q_0——单井出水能力（m^3/d）；

r_s——过滤器半径（m）；

l——过滤器进水部分的长度（m）；

k——含水层渗透系数（m/d）。

7.3.17 含水层的渗透系数应按下列规定确定：

1 宜按现场抽水试验确定；

2 对粉土和黏性土，也可通过原状土样的室内渗透试验并结合经验确定；

3 当缺少试验数据时，可根据土的其他物理指标按工程经验确定。

7.3.18 管井的构造应符合下列要求：

1 管井的滤管可采用无砂混凝土滤管、钢筋笼、钢管或铸铁管。

2 滤管内径应按满足单井设计流量要求而配置的水泵规格确定，宜大于水泵外径 50mm。滤管外径不宜小于 200mm。管井成孔直径应满足填充滤料的要求。

3 井管与孔壁之间填充的滤料宜选用磨圆度好的硬质岩石成分的圆砾，不宜采用棱角形石渣料、风化料或其他黏质岩石成分的砾石。滤料规格宜满足下列要求：

1）砂土含水层

$$D_{50} = 6d_{50} \sim 8d_{50} \qquad (7.3.18-1)$$

式中：D_{50}——小于该粒径的填料质量占总填粒质量50%所对应的填料粒径（mm）；

d_{50}——含水层中小于该粒径的土颗粒质量占总土颗粒质量 50%所对应的土颗粒粒径（mm）。

2）d_{20} 小于 2mm 的碎石土含水层

$$D_{50} = 6d_{20} \sim 8d_{20} \qquad (7.3.18-2)$$

式中：d_{20}——含水层中小于该粒径的土颗粒质量占总土颗粒质量 20%所对应的土颗粒粒径（mm）。

3）对 d_{20} 大于或等于 2mm 的碎石土含水层，宜充填粒径为 10mm～20mm 的滤料。

4）滤料的不均匀系数应小于 2。

4 采用深井泵或深井潜水泵抽水时，水泵的出水量应根据单井出水能力确定，水泵的出水量应大于单井出水能力的 1.2 倍。

5 井管的底部应设置沉砂段，井管沉砂段长度不宜小于 3m。

7.3.19 真空井点的构造应符合下列要求：

1 井管宜采用金属管，管壁上渗水孔宜按梅花状布置，渗水孔直径宜取 12mm～18mm，渗水孔的孔隙率应大于 15%，渗水段长度应大于 1.0m；管壁外应根据土层的粒径设置滤网；

2 真空井管的直径应根据单井设计流量确定，

井管直径宜取 38mm～110mm；井的成孔直径应满足填充滤料的要求，且不宜大于 300mm；

3 孔壁与井管之间的滤料宜采用中粗砂，滤料上方应使用黏土封堵，封堵至地面的厚度应大于 1m。

7.3.20 喷射井点的构造应符合下列要求：

1 喷射井点过滤器的构造应符合本规程第 7.3.19 条第 1 款的规定；喷射器混合室直径可取 14mm，喷嘴直径可取 6.5mm；

2 井的成孔直径宜取 400mm～600mm，井孔应比滤管底部深 1m 以上；

3 孔壁与井管之间填充滤料的要求应符合本规程第 7.3.19 条第 3 款的规定；

4 工作水泵可采用多级泵，水泵压力宜大于 2MPa。

7.3.21 管井的施工应符合下列要求：

1 管井的成孔施工工艺应适合地层特点，对不易塌孔、缩颈的地层宜采用清水钻进；钻孔深度宜大于降水井设计深度 0.3m～0.5m；

2 采用泥浆护壁时，应在钻进到孔底后清除孔底沉渣并立即置入井管、注入清水，当泥浆比重不大于 1.05 时，方可投入滤料；遇塌孔时不得置入井管，滤料填充体积不应小于计算量的 95%；

3 填充滤料后，应及时洗井，洗井应直至过滤器及滤料滤水畅通，并应抽水检验井的滤水效果。

7.3.22 真空井点和喷射井点的施工应符合下列要求：

1 真空井点和喷射井点的成孔工艺可选用清水或泥浆钻进、高压水套管冲击工艺（钻孔法、冲孔法或射水法），对不易塌孔、缩颈的地层也可选用长螺旋钻机成孔；成孔深度宜大于降水井设计深度 0.5m～1.0m；

2 钻进到设计深度后，应注水冲洗钻孔、稀释孔内泥浆；滤料填充应密实均匀，滤料宜采用粒径为 0.4mm～0.6mm 的纯净中粗砂；

3 成井后应及时洗孔，并应抽水检验井的滤水效果；抽水系统不应漏水、漏气；

4 抽水时的真空度应保持在 55kPa 以上，且抽水不应间断。

7.3.23 抽水系统在使用期的维护应符合下列要求：

1 降水期间应对井水位和抽水量进行监测，当基坑侧壁出现渗水时，应检查井的抽水效果，并采取有效措施；

2 采用管井时，应对井口采取防护措施，井口宜高于地面 200mm 以上，应防止物体坠入井内；

3 冬季负温环境下，应对抽排水系统采取防冻措施。

7.3.24 抽水系统的使用期应满足主体结构的施工要求。当主体结构有抗浮要求时，停止降水的时间应满足主体结构施工期的抗浮要求。

7.3.25 当基坑降水引起的地层变形对基坑周边环境

产生不利影响时，宜采用回灌方法减少地层变形量。回灌方法宜采用管井回灌，回灌应符合下列要求：

1 回灌井应布置在降水井外侧，回灌井与降水井的距离不宜小于 6m；回灌井的间距应根据回灌水量的要求和降水井的间距确定；

2 回灌井宜进入稳定水面不小于 1m，回灌井过滤器应置于渗透性强的土层中，且宜在透水层全长设置过滤器；

3 回灌水量应根据水位观测孔中的水位变化进行控制和调节，回灌后的地下水位不应高于降水前的水位。采用回灌水箱时，箱内水位应根据回灌水量的要求确定；

4 回灌用水应采用清水，宜用降水井抽水进行回灌；回灌水质应符合环境保护要求。

7.3.26 当基坑面积较大时，可在基坑内设置一定数量的疏干井。

7.3.27 基坑排水系统的输水能力应满足基坑降水的总涌水量要求。

7.4 集 水 明 排

7.4.1 对坑底汇水、基坑周边地表汇水及降水井抽出的地下水，可采用明沟排水；对坑底渗出的地下水，可采用盲沟排水；当地下室底板与支护结构间不能设置明沟时，也可采用盲沟排水。

7.4.2 排水沟的截面应根据设计流量确定，排水沟的设计流量应符合下式规定：

$$Q \leqslant V/1.5 \qquad (7.4.2)$$

式中：Q——排水沟的设计流量（m³/d）；
　　　V——排水沟的排水能力（m³/d）。

7.4.3 明沟和盲沟的坡度不宜小于 0.3%。采用明沟排水时，沟底应采取防渗措施。采用盲沟排出坑底渗出的地下水时，其构造、填充料及其密实度应满足主体结构的要求。

7.4.4 沿排水沟宜每隔 30m～50m 设置一口集水井；集水井的净截面尺寸应根据排水流量确定。集水井应采取防渗措施。

7.4.5 基坑坡面渗水宜采用渗水部位插入导水管排出。导水管的间距、直径及长度应根据渗水量及渗水土层的特性确定。

7.4.6 采用管道排水时，排水管道的直径应根据排水量确定。排水管的坡度不宜小于 0.5%。排水管道材料可选用钢管、PVC 管。排水管道上宜设置清淤孔，清淤孔的间距不宜大于 10m。

7.4.7 基坑排水设施与市政管网连接口之间应设置沉淀池。明沟、集水井、沉淀池使用时应排水畅通并应随时清理淤积物。

7.5 降水引起的地层变形计算

7.5.1 降水引起的地层压缩变形量可按下式计算：

$$s = \psi_{\mathrm{w}} \sum \frac{\Delta \sigma'_{zi} \Delta h_i}{E_{si}} \qquad (7.5.1)$$

式中：s——计算剖面的地层压缩变形量（m）；

　　　ψ_{w}——沉降计算经验系数，应根据地区工程经验取值，无经验时，宜取 $\psi_{\mathrm{w}} = 1$；

　　　$\Delta \sigma'_{zi}$——降水引起的地面下第 i 土层的平均附加有效应力（kPa）；对黏性土，应取降水结束时土的固结度下的附加有效应力；

　　　Δh_i——第 i 层土的厚度（m）；土层的总计算厚度应按渗流分析或实际土层分布情况确定；

　　　E_{si}——第 i 层土的压缩模量（kPa）；应取土的自重应力至自重应力与附加有效应力之和的压力段的压缩模量。

7.5.2 基坑外土中各点降水引起的附加有效应力宜按地下水稳定渗流分析方法计算；当符合非稳定渗流条件时，可按地下水非稳定渗流计算。附加有效应力也可根据本规程第 7.3.5 条、第 7.3.6 条计算的地下水位降深，按下列公式计算（图 7.5.2）：

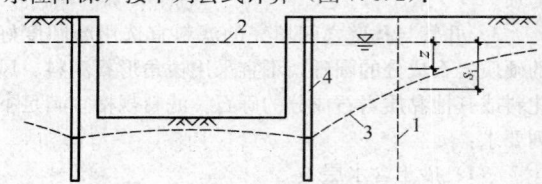

图 7.5.2　降水引起的附加有效应力计算
1—计算剖面 1；2—初始地下水位；
3—降水后的水位；4—降水井

1 第 i 土层位于初始地下水位以上时

$$\Delta \sigma'_{zi} = 0 \qquad (7.5.2-1)$$

2 第 i 土层位于降水后水位与初始地下水位之间时

$$\Delta \sigma'_{zi} = \gamma_{\mathrm{w}} z \qquad (7.5.2-2)$$

3 第 i 土层位于降水后水位以下时

$$\Delta \sigma'_{zi} = \lambda_i \gamma_{\mathrm{w}} s_i \qquad (7.5.2-3)$$

式中：γ_{w}——水的重度（kN/m³）；

　　　z——第 i 层土中点至初始地下水位的垂直距离（m）；

　　　λ_i——计算系数，应按地下水渗流分析确定，缺少分析数据时，也可根据当地工程经验取值；

　　　s_i——计算剖面对应的地下水位降深（m）。

7.5.3 确定土的压缩模量时，应考虑土的超固结比对压缩模量的影响。

8 基坑开挖与监测

8.1 基 坑 开 挖

8.1.1 基坑开挖应符合下列规定：

1 当支护结构构件强度达到开挖阶段的设计强度时，方可下挖基坑；对采用预应力锚杆的支护结构，应在锚杆施加预加力后，方可下挖基坑；对土钉墙，应在土钉、喷射混凝土面层的养护时间大于 2d 后，方可下挖基坑；

2 应按支护结构设计规定的施工顺序和开挖深度分层开挖；

3 锚杆、土钉的施工作业面与锚杆、土钉的高差不宜大于 500mm；

4 开挖时，挖土机械不得碰撞或损害锚杆、腰梁、土钉墙面、内支撑及其连接件等构件，不得损害已施工的基础桩；

5 当基坑采用降水时，应在降水后开挖地下水位以下的土方；

6 当开挖揭露的实际土层性状或地下水情况与设计依据的勘察资料明显不符，或出现异常现象、不明物体时，应停止开挖，在采取相应处理措施后方可继续开挖；

7 挖至坑底时，应避免扰动基底持力土层的原状结构。

8.1.2 软土基坑开挖除应符合本规程第 8.1.1 条的规定外，尚应符合下列规定：

1 应按分层、分段、对称、均衡、适时的原则开挖；

2 当主体结构采用桩基础且基础桩已施工完成时，应根据开挖面下软土的性状，限制每层开挖厚度，不得造成基础桩偏位；

3 对采用内支撑的支护结构，宜采用局部开槽方法浇筑混凝土支撑或安装钢支撑；开挖到支撑作业面后，应及时进行支撑的施工；

4 对重力式水泥土墙，沿水泥土墙方向应分区段开挖，每一开挖区段的长度不宜大于 40m。

8.1.3 当基坑开挖面上方的锚杆、土钉、支撑未达到设计要求时，严禁向下超挖土方。

8.1.4 采用锚杆或支撑的支护结构，在未达到设计规定的拆除条件时，严禁拆除锚杆或支撑。

8.1.5 基坑周边施工材料、设施或车辆荷载严禁超过设计要求的地面荷载限值。

8.1.6 基坑开挖和支护结构使用期内，应按下列要求对基坑进行维护：

1 雨期施工时，应在坑顶、坑底采取有效的截排水措施；对地势低洼的基坑，应考虑周边汇水区域地面径流向基坑汇水的影响；排水沟、集水井应采取防渗措施；

2 基坑周边地面宜作硬化或防渗处理；

3 基坑周边的施工用水应有排放措施，不得渗入土体内；

4 当坑体渗水、积水或有渗流时，应及时进行疏导、排泄、截断水源；

5 开挖至坑底后，应及时进行混凝土垫层和主体地下结构施工；

6 主体地下结构施工时，结构外墙与基坑侧壁之间应及时回填。

8.1.7 支护结构或基坑周边环境出现本规程第 8.2.23 条规定的报警情况或其他险情时，应立即停止开挖，并应根据危险产生的原因和可能进一步发展的破坏形式，采取控制或加固措施。危险消除后，方可继续开挖。必要时，应对危险部位采取基坑回填、地面卸土、临时支撑等应急措施。当危险由地下水管道渗漏、坑体渗水造成时，应及时采取截断渗漏水源、疏排渗水等措施。

8.2 基坑监测

8.2.1 基坑支护设计应根据支护结构类型和地下水控制方法，按表 8.2.1 选择基坑监测项目，并应根据支护结构的具体形式、基坑周边环境的重要性及地质条件的复杂性确定监测点部位及数量。选用的监测项目及其监测部位应能够反映支护结构的安全状态和基坑周边环境受影响的程度。

表 8.2.1 基坑监测项目选择

监测项目	支护结构的安全等级		
	一级	二级	三级
支护结构顶部水平位移	应测	应测	应测
基坑周边建（构）筑物、地下管线、道路沉降	应测	应测	应测
坑边地面沉降	应测	应测	宜测
支护结构深部水平位移	应测	应测	选测
锚杆拉力	应测	应测	选测
支撑轴力	应测	应测	选测
挡土构件内力	应测	宜测	选测
支撑立柱沉降	应测	宜测	选测
挡土构件、水泥土墙沉降	应测	宜测	选测
地下水位	应测	应测	选测
土压力	宜测	选测	选测
孔隙水压力	宜测	选测	选测

注：表内各监测项目中，仅选择实际基坑支护形式所含有的内容。

8.2.2 安全等级为一级、二级的支护结构，在基坑开挖过程与支护结构使用期内，必须进行支护结构的水平位移监测和基坑开挖影响范围内建（构）筑物、地面的沉降监测。

8.2.3 支挡式结构顶部水平位移监测点的间距不宜大于 20m，土钉墙、重力式挡墙顶部水平位移监测点的间距不宜大于 15m，且基坑各边的监测点不应少于 3 个。基坑周边有建筑物的部位、基坑各边中部及地质条件较差的部位应设置监测点。

8.2.4 基坑周边建筑物沉降监测点应设置在建筑物的结构墙、柱上，并应分别沿平行、垂直于坑边的方向上布设。在建筑物邻基坑一侧，平行于坑边方向上的测点间距不宜大于 15m。垂直于坑边方向上的测点，宜设置在柱、隔墙与结构缝部位。垂直于坑边方向上的布点范围应能反映建筑物基础的沉降差。必要时，可在建筑物内部布设测点。

8.2.5 地下管线沉降监测，当采用测量地面沉降的间接方法时，其测点应布设在管线正上方。当管线上方为刚性路面时，宜将测点设置于刚性路面下。对直埋的刚性管线，应在管线节点、竖井及其两侧等易破裂处设置测点。测点水平间距不宜大于 20m。

8.2.6 道路沉降监测点的间距不宜大于 30m，且每条道路的监测点不应少于 3 个。必要时，沿道路宽度方向可布设多个测点。

8.2.7 对坑边地面沉降、支护结构深部水平位移、锚杆拉力、支撑轴力、立柱沉降、挡土构件沉降、水泥土墙沉降、挡土构件内力、地下水位、土压力、孔隙水压力进行监测时，监测点应布设在邻近建筑物、基坑各边中部及地质条件较差的部位，监测点或监测面不宜少于 3 个。

8.2.8 坑边地面沉降监测点应设置在支护结构外侧的土层表面或柔性地面上。与支护结构的水平距离宜在基坑深度的 0.2 倍范围以内。有条件时，宜沿坑边垂直方向在基坑深度的（1～2）倍范围内设置多个测点，每个监测面的测点不宜少于 5 个。

8.2.9 采用测斜管监测支护结构深部水平位移时，对现浇混凝土挡土构件，测斜管应设置在挡土构件内，测斜管深度不应小于挡土构件的深度；对土钉墙、重力式挡墙，测斜管应设置在紧邻支护结构的土体内，测斜管深度不宜小于基坑深度的 1.5 倍。测斜管顶部应设置水平位移监测点。

8.2.10 锚杆拉力监测宜采用测量锚杆杆体总拉力的锚头压力传感器。对多层锚杆支挡式结构，宜在同一剖面的每层锚杆上设置测点。

8.2.11 支撑轴力监测点宜设置在主要支撑构件、受力复杂和影响支撑结构整体稳定性的支撑构件上。对多层支撑支挡式结构，宜在同一剖面的每层支撑上设置测点。

8.2.12 挡土构件内力监测点应设置在最大弯矩截面处的纵向受拉钢筋上。当挡土构件采用沿竖向分段配置钢筋时，应在钢筋截面面积减小且弯矩较大部位的纵向受拉钢筋上设置测点。

8.2.13 支撑立柱沉降监测点宜设置在基坑中部、支撑交汇处及地质条件较差的立柱上。

8.2.14 当挡土构件下部为软弱持力土层，或采用大倾角锚杆时，宜在挡土构件顶部设置沉降监测点。

8.2.15 当监测地下水位下降对基坑周边建筑物、道路、地面等沉降的影响时，地下水位监测点应设置在降水井或截水帷幕外侧且宜尽量靠近被保护对象。基坑内地下水位的监测点可设置在基坑内或相邻降水井之间。当有回灌井时，地下水位监测点应设置在回灌井外侧。水位观测管的滤管应设置在所测含水层内。

8.2.16 各类水平位移观测、沉降观测的基准点应设置在变形影响范围外，且基准点数量不应少于两个。

8.2.17 基坑各监测项目采用的监测仪器的精度、分辨率及测量精度应能反映监测对象的实际状况。

8.2.18 各监测项目应在基坑开挖前或测点安装后测得稳定的初始值，且次数不应少于两次。

8.2.19 支护结构顶部水平位移的监测频次应符合下列要求：

1 基坑向下开挖期间，监测不应少于每天一次，直至开挖停止后连续三天的监测数值稳定；

2 当地面、支护结构或周边建筑物出现裂缝、沉降，遇到降雨、降雪、气温骤变，基坑出现异常的渗水或漏水，坑外地面荷载增加等各种环境条件变化或异常情况时，应立即进行连续监测，直至连续三天的监测数值稳定；

3 当位移速率大于前次监测的位移速率时，则应进行连续监测；

4 在监测数值稳定期间，应根据水平位移稳定值的大小及工程实际情况定期进行监测。

8.2.20 支护结构顶部水平位移之外的其他监测项目，除应根据支护结构施工和基坑开挖情况进行定期监测外，尚应在出现下列情况时进行监测，直至连续三天的监测数值稳定。

1 出现本规程第 8.2.19 条第 2、3 款的情况时；

2 锚杆、土钉或挡土构件施工时，或降水井抽水等引起地下水位下降时，应进行相邻建筑物、地下管线、道路的沉降观测。

8.2.21 对基坑监测有特殊要求时，各监测项目的测点布置、量测精度、监测频度等应根据实际情况确定。

8.2.22 在支护结构施工、基坑开挖期间以及支护结构使用期内，应对支护结构和周边环境的状况随时进行巡查，现场巡查时应检查有无下列现象及其发展情况：

1 基坑外地面和道路开裂、沉陷；

2 基坑周边建（构）筑物、围墙开裂、倾斜；

3 基坑周边水管漏水、破裂，燃气管漏气；

4 挡土构件表面开裂；

5 锚杆锚头松动，锚具夹片滑动，腰梁及支座变形，连接破损等；

6 支撑构件变形、开裂；

7 土钉墙土钉滑脱，土钉墙面层开裂和错动；

8 基坑侧壁及截水帷幕渗水、漏水、流砂等；

9 降水井抽水异常，基坑排水不通畅。

8.2.23 基坑监测数据、现场巡查结果应及时整理和反馈。当出现下列危险征兆时应立即报警：

1 支护结构位移达到设计规定的位移限值；

2 支护结构位移速率增长且不收敛；

3 支护结构构件的内力超过其设计值；

4 基坑周边建（构）筑物、道路、地面的沉降达到设计规定的沉降、倾斜限值；基坑周边建（构）筑物、道路、地面开裂；

5 支护结构构件出现影响整体结构安全性的损坏；

6 基坑出现局部坍塌；

7 开挖面出现隆起现象；

8 基坑出现流土、管涌现象。

附录 A 锚杆抗拔试验要点

A.1 一 般 规 定

A.1.1 试验锚杆的参数、材料、施工工艺及其所处的地质条件应与工程锚杆相同。

A.1.2 锚杆抗拔试验应在锚固段注浆固结体强度达到 15MPa 或达到设计强度的 75% 后进行。

A.1.3 加载装置（千斤顶、油压系统）的额定压力必须大于最大试验压力，且试验前应进行标定。

A.1.4 加载反力装置的承载力和刚度应满足最大试验荷载的要求，加载时千斤顶应与锚杆同轴。

A.1.5 计量仪表（位移计、压力表）的精度应满足试验要求。

A.1.6 试验锚杆宜在自由段与锚固段之间设置消除自由段摩阻力的装置。

A.1.7 最大试验荷载下的锚杆杆体应力，不应超过其极限强度标准值的 0.85 倍。

A.2 基 本 试 验

A.2.1 同一条件下的极限抗拔承载力试验的锚杆数量不应少于 3 根。

A.2.2 确定锚杆极限抗拔承载力的试验，最大试验荷载不应小于预估破坏荷载，且试验锚杆的杆体截面面积应符合本规程第 A.1.7 条对锚杆杆体应力的规定。必要时，可增加试验锚杆的杆体截面面积。

A.2.3 锚杆极限抗拔承载力试验宜采用多循环加载法，其加载分级和锚头位移观测时间应按表 A.2.3 确定。

表 A.2.3 多循环加载试验的加载分级与锚头位移观测时间

循环次数	分级荷载与最大试验荷载的百分比（%）						
	初始荷载	加载过程			卸载过程		
第一循环	10	20	40	50	40	20	10
第二循环	10	30	50	60	50	30	10
第三循环	10	40	60	70	60	40	10

续表 A.2.3

循环次数	分级荷载与最大试验荷载的百分比（%）						
	初始荷载	加载过程			卸载过程		
第四循环	10	50	70	80	70	50	10
第五循环	10	60	80	90	80	60	10
第六循环	10	70	90	100	90	70	10
观测时间（min）		5	5	10	5	5	5

A.2.4 当锚杆极限抗拔承载力试验采用单循环加载法时，其加载分级和锚头位移观测时间应按本规程表 A.2.3 中每一循环的最大荷载及相应的观测时间逐级加载和卸载。

A.2.5 锚杆极限抗拔承载力试验，其锚头位移测读和加卸载应符合下列规定：

1 初始荷载下，应测读锚头位移基准值 3 次，当每间隔 5min 的读数相同时，方可作为锚头位移基准值；

2 每级加、卸载稳定后，在观测时间内测读锚头位移不应少于 3 次；

3 在每级荷载的观测时间内，当锚头位移增量不大于 0.1mm 时，可施加下一级荷载；否则应延长观测时间，并应每隔 30min 测读锚头位移 1 次，当连续两次出现 1h 内的锚头位移增量小于 0.1mm 时，可施加下一级荷载；

4 加至最大试验荷载后，当未出现本规程第 A.2.6 条规定的终止加载情况，且继续加载后满足本规程第 A.1.7 条对锚杆杆体应力的要求时，宜继续进行下一循环加载，加卸载的各分级荷载增量宜取最大试验荷载的 10%。

A.2.6 锚杆试验中遇下列情况之一时，应终止继续加载：

1 从第二级加载开始，后一级荷载产生的单位荷载下的锚头位移增量大于前一级荷载产生的单位荷载下的锚杆位移增量的 5 倍；

2 锚头位移不收敛；

3 锚杆杆体破坏。

A.2.7 多循环加载试验应绘制锚杆的荷载-位移（Q-s）曲线、荷载-弹性位移（Q-s_e）曲线和荷载-塑性位移（Q-s_p）曲线。锚杆的位移不应包括试验反力装置的变形。

A.2.8 锚杆极限抗拔承载力标准值应按下列方法确定：

1 锚杆的极限抗拔承载力，在某级试验荷载下出现本规程第 A.2.6 条规定的终止继续加载情况时，应取终止加载时的前一级荷载值；未出现时，应取终止加载时的荷载值；

2 参加统计的试验锚杆，当极限抗拔承载力的极差不超过其平均值的 30% 时，锚杆极限抗拔承载力标准值可取平均值；当级差超过平均值的 30% 时，宜增加试验锚杆数量，并应根据级差过大的原因，按实际情况重新进行统计后确定锚杆极限抗拔承载力标准值。

A.3 蠕 变 试 验

A.3.1 蠕变试验的锚杆数量不应少于三根。

A.3.2 蠕变试验的加载分级和锚头位移观测时间应按表 A.3.2 确定。在观测时间内荷载必须保持恒定。

表 A.3.2 蠕变试验的加载分级与锚头位移观测时间

加载分级	$0.50N_k$	$0.75N_k$	$1.00N_k$	$1.20N_k$	$1.50N_k$
观测时间 t_2（min）	10	30	60	90	120
观测时间 t_1（min）	5	15	30	45	60

注：表中 N_k 为锚杆轴向拉力标准值。

A.3.3 每级荷载按时间间隔 1min、5min、10min、15min、30min、45min、60min、90min、120min 记录蠕变量。

A.3.4 试验时应绘制每级荷载下锚杆的蠕变量-时间对数（s-$\lg t$）曲线。蠕变率应按下式计算：

$$k_c = \frac{s_2 - s_1}{\lg t_2 - \lg t_1} \quad \text{(A.3.4)}$$

式中：k_c——锚杆蠕变率；

s_1——t_1 时间测得的蠕变量（mm）；

s_2——t_2 时间测得的蠕变量（mm）。

A.3.5 锚杆的蠕变率不应大于 2.0mm。

A.4 验 收 试 验

A.4.1 锚杆抗拔承载力检测试验，最大试验荷载不应小于本规程第 4.8.8 条规定的抗拔承载力检测值。

A.4.2 锚杆抗拔承载力检测试验可采用单循环加载法，其加载分级和锚头位移观测时间应按表 A.4.2 确定。

表 A.4.2 单循环加载试验的加载分级与锚头位移观测时间

最大试验荷载	分级荷载与锚杆轴向拉力标准值 N_k 的百分比（%）						
$1.4N_k$	加载	10	40	60	80	100	120	140
	卸载	10	30	50	80	100	120	
$1.3N_k$	加载	10	40	60	80	100	120	130
	卸载	10	30	50	80	100	120	
$1.2N_k$	加载	10	40	60	80	100	—	120
	卸载	10	30	50	80	100	—	
观测时间（min）		5	5	5	5	5	5	10

A.4.3 锚杆抗拔承载力检测试验，其锚头位移测读和加、卸载应符合下列规定：

1 初始荷载下，应测读锚头位移基准值 3 次，当每间隔 5min 的读数相同时，方可作为锚头位移基准值；

2 每级加、卸载稳定后，在观测时间内测读锚头位移不应少于 3 次；

3 当观测时间内锚头位移增量不大于 1.0mm 时，可视为位移收敛；否则，观测时间应延长至 60min，并应每隔 10min 测读锚头位移 1 次；当该 60min 内锚头位移增量小于 2.0mm 时，可视为锚头位移收敛，否则视为不收敛。

A.4.4 锚杆试验中遇本规程第 A.2.6 条规定的终止继续加载情况时，应终止继续加载。

A.4.5 单循环加载试验应绘制锚杆的荷载-位移（Q-s）曲线。锚杆的位移不应包括试验反力装置的变形。

A.4.6 检测试验中，符合下列要求的锚杆应判定合格：

1 在抗拔承载力检测值下，锚杆位移稳定或收敛；

2 在抗拔承载力检测值下测得的弹性位移量应大于杆体自由段长度理论弹性伸长量的 80%。

附录 B 圆形截面混凝土支护桩的正截面受弯承载力计算

B.0.1 沿周边均匀配置纵向钢筋的圆形截面钢筋混凝土支护桩，其正截面受弯承载力应符合下列规定（图 B.0.1）：

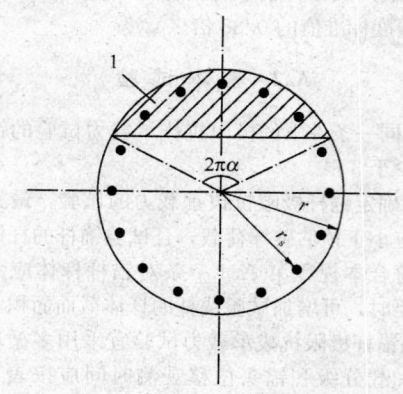

图 B.0.1 沿周边均匀配置纵向钢筋的圆形截面
1—混凝土受压区

$$M \leqslant \frac{2}{3} f_c A r \frac{\sin^3 \pi\alpha}{\pi} + f_y A_s r_s \frac{\sin \pi\alpha + \sin \pi\alpha_t}{\pi}$$

(B.0.1-1)

$$\alpha f_c A \left(1 - \frac{\sin 2\pi\alpha}{2\pi\alpha}\right) + (\alpha - \alpha_t) f_y A_s = 0$$

(B.0.1-2)

$$\alpha_t = 1.25 - 2\alpha \quad \text{(B.0.1-3)}$$

式中：M——桩的弯矩设计值（kN·m），按本规程
　　　　　　第3.1.7的规定计算；

　　　f_c——混凝土轴心抗压强度设计值（kN/m²）；
　　　　　　当混凝土强度等级超过C50时，f_c应以
　　　　　　$\alpha_1 f_c$代替，当混凝土强度等级为C50时，
　　　　　　取$\alpha_1 = 1.0$，当混凝土强度等级为C80
　　　　　　时，取$\alpha_1 = 0.94$，其间按线性内插法
　　　　　　确定；

　　　　A——支护桩截面面积（m²）；

　　　　r——支护桩的半径（m）；

　　　　α——对应于受压区混凝土截面面积的圆心角
　　　　　　（rad）与2π的比值；

　　　f_y——纵向钢筋的抗拉强度设计值（kN/m²）；

　　　A_s——全部纵向钢筋的截面面积（m²）；

　　　r_s——纵向钢筋重心所在圆周的半径（m）；

　　　α_t——纵向受拉钢筋截面面积与全部纵向钢筋
　　　　　　截面面积的比值，当$\alpha > 0.625$时，取
　　　　　　$\alpha_t = 0$。

注：本条适用于截面内纵向钢筋数量不少于6根的
情况。

B.0.2　沿受拉区和受压区周边局部均匀配置纵向钢
筋的圆形截面钢筋混凝土支护桩，其正截面受弯承载
力应符合下列规定（图B.0.2）：

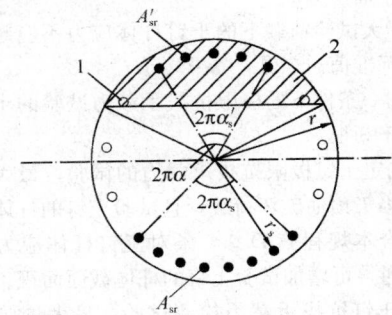

图 B.0.2　沿受拉区和受压区周边局
部均匀配置纵向钢筋的圆形截面
1—构造钢筋；2—混凝土受压区

$$M \leqslant \frac{2}{3} f_c Ar \frac{\sin^3 \pi\alpha}{\pi} + f_y A_{sr} r_s \frac{\sin \pi\alpha_s}{\pi\alpha_s}$$
$$+ f_y A'_{sr} r_s \frac{\sin \pi\alpha'_s}{\pi\alpha'_s} \qquad \text{(B.0.2-1)}$$

$$\alpha f_c A \left(1 - \frac{\sin 2\pi\alpha}{2\pi\alpha}\right) + f_y (A'_{sr} - A_{sr}) = 0$$
$$\text{(B.0.2-2)}$$

$$\cos \pi\alpha \geqslant 1 - \left(1 + \frac{r_s}{r} \cos \pi\alpha_s\right) \xi_b$$
$$\text{(B.0.2-3)}$$

$$\alpha \geqslant \frac{1}{3.5} \qquad \text{(B.0.2-4)}$$

式中：　α——对应于混凝土受压区截面面积的圆心
　　　　　　角（rad）与2π的比值；

　　　α_s——对应于受拉钢筋的圆心角（rad）与2π
　　　　　　的比值；α_s宜取$1/6 \sim 1/3$，通常可
　　　　　　取0.25；

　　　α'_s——对应于受压钢筋的圆心角（rad）与2π
　　　　　　的比值，宜取$\alpha'_s \leqslant 0.5\alpha$；

　A_{sr}、A'_{sr}——分别为沿周边均匀配置在圆心角$2\pi\alpha_s$、
　　　　　　$2\pi\alpha'_s$内的纵向受拉、受压钢筋的截面
　　　　　　面积（m²）；

　　　ξ_b——矩形截面的相对界限受压区高度，应
　　　　　　按现行国家标准《混凝土结构设计规
　　　　　　范》GB 50010的规定取值。

　　注：本条适用于截面受拉区内纵向钢筋数量不少
于3根的情况。

B.0.3　沿受拉区和受压区周边局部均匀配置的纵向
钢筋数量，宜使按本规程公式（B.0.2-2）计算的α
大于1/3.5，当$\alpha < 1/3.5$时，其正截面受弯承载力应
符合下列规定：

$$M \leqslant f_y A_{sr} \left(0.78r + r_s \frac{\sin \pi\alpha_s}{\pi\alpha_s}\right) \quad \text{(B.0.3)}$$

B.0.4　沿圆形截面受拉区和受压区周边实际配置的
均匀纵向钢筋的圆心角应分别取为 $2\dfrac{n-1}{n}\pi\alpha_s$ 和 2
$\dfrac{m-1}{m}\pi\alpha'_s$。配置在圆形截面受拉区的纵向钢筋，其
按全截面面积计算的配筋率不宜小于0.2%和
$0.45f_t/f_y$的较大值。在不配置纵向受力钢筋的圆周
范围内应设置周边纵向构造钢筋，纵向构造钢筋直径
不应小于纵向受力钢筋直径的1/2，且不应小于
10mm；纵向构造钢筋的环向间距不应大于圆截面的
半径和250mm的较小值。

　　注：1　n、m为受拉区、受压区配置均匀纵向钢
　　　　　　筋的根数；
　　　　2　f_t为混凝土抗拉强度设计值。

附录C　渗透稳定性验算

C.0.1　坑底以下有水头高于坑底的承压水含水层，
且未用截水帷幕隔断其基坑内外的水力联系时，承压
水作用下的坑底突涌稳定性应符合下式规定（图
C.0.1）：

$$\frac{D\gamma}{h_w \gamma_w} \geqslant K_h \qquad \text{(C.0.1)}$$

式中：K_h——突涌稳定安全系数；K_h不应小于1.1；

　　　D——承压水含水层顶面至坑底的土层厚度
　　　　　　（m）；

　　　γ——承压水含水层顶面至坑底土层的天然
　　　　　　重度（kN/m³）；对多层土，取按土层
　　　　　　厚度加权的平均天然重度；

　　　h_w——承压水含水层顶面的压力水头高度（m）；

　　　γ_w——水的重度（kN/m³）。

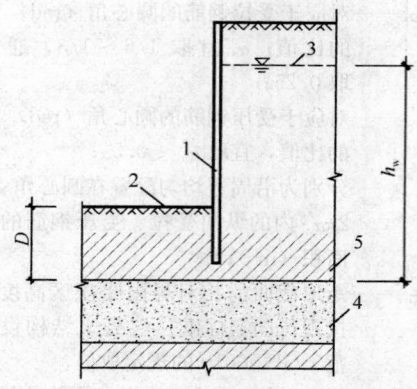

图 C.0.1　坑底土体的突涌稳定性验算
1—截水帷幕；2—基底；3—承压水测管水位；
4—承压水含水层；5—隔水层

C.0.2 悬挂式截水帷幕底端位于碎石土、砂土或粉土含水层时，对均质含水层，地下水渗流的流土稳定性应符合下式规定（图 C.0.2），对渗透系数不同的非均质含水层，宜采用数值方法进行渗流稳定性分析。

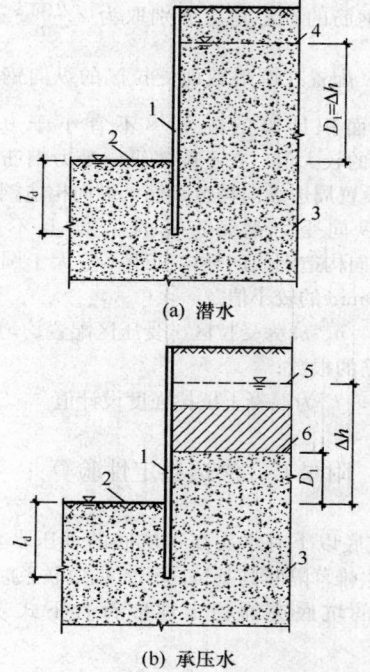

(a) 潜水

(b) 承压水

图 C.0.2　采用悬挂式帷幕截水时的流土稳定性验算
1—截水帷幕；2—基坑底面；3—含水层；
4—潜水水位；5—承压水测管水位；
6—承压水含水层顶面

$$\frac{(2l_{\mathrm{d}}+0.8D_1)\gamma'}{\Delta h \gamma_{\mathrm{w}}} \geqslant K_{\mathrm{f}} \qquad (\text{C.0.2})$$

式中：K_{f}——流土稳定性安全系数；安全等级为一、二、三级的支护结构，K_{f} 分别不应小于 1.6、1.5、1.4；

l_{d}——截水帷幕在坑底以下的插入深度（m）；

D_1——潜水面或承压水含水层顶面至基坑底面的土层厚度（m）；

γ'——土的浮重度（kN/m³）；

Δh——基坑内外的水头差（m）；

γ_{w}——水的重度（kN/m³）。

C.0.3 坑底以下为级配不连续的砂土、碎石土含水层时，应进行土的管涌可能性判别。

附录 D　土钉抗拔试验要点

D.0.1 试验土钉的参数、材料、施工工艺及所处的地质条件应与工程土钉相同。

D.0.2 土钉抗拔试验应在注浆固结体强度达到10MPa 或达到设计强度的 70%后进行。

D.0.3 加载装置（千斤顶、油压系统）的额定压力必须大于最大试验压力，且试验前应进行标定。

D.0.4 加荷反力装置的承载力和刚度应满足最大试验荷载的要求，加载时千斤顶应与土钉同轴。

D.0.5 计量仪表（位移计、压力表）的精度应满足试验要求。

D.0.6 在土钉墙面层上进行试验时，试验土钉应与喷射混凝土面层分离。

D.0.7 最大试验荷载下的土钉杆体应力不应超过其屈服强度标准值。

D.0.8 同一条件下的极限抗拔承载力试验的土钉数量不应少于 3 根。

D.0.9 确定土钉极限抗拔承载力的试验，最大试验荷载不应小于预估破坏荷载，且试验土钉的杆体截面面积应符合本规程第 D.0.7 条对土钉杆体应力的规定。必要时，可增加试验土钉的杆体截面面积。

D.0.10 土钉抗拔承载力检测试验，最大试验荷载不应小于本规程第 5.4.10 条规定的抗拔承载力检测值。

D.0.11 确定土钉极限抗拔承载力的试验和土钉抗拔承载力检测试验可采用单循环加载法，其加载分级和土钉位移观测时间应按表 D.0.11 确定。

表 D.0.11　单循环加载试验的加载分级与
土钉位移观测时间

观测时间（min）		5	5	5	5	5	10
加载量与最大试验荷载的百分比（%）	初始荷载	—	—	—	—	—	10
	加载	10	50	70	80	90	100
	卸载	10	20	50	80	90	

注：单循环加载试验用于土钉抗拔承载力检测时，加至最大试验荷载后，可一次卸载至最大试验荷载的 10%。

D.0.12 土钉极限抗拔承载力试验，其土钉位移测读和加卸载应符合下列规定：

1 初始荷载下，应测读土钉位移基准值 3 次，当每间隔 5min 的读数相同时，方可作为土钉位移基准值；

2 每级加、卸载稳定后，在观测时间内测读土钉位移不应少于 3 次；

3 在每级荷载的观测时间内，当土钉位移增量不大于 0.1mm 时，可施加下一级荷载；否则应延长观测时间，并应每隔 30min 测读土钉位移 1 次；当连续两次出现 1h 内的土钉位移增量小于 0.1mm 时，可施加下一级荷载。

D.0.13 土钉抗拔承载力检测试验，其土钉位移测读和加、卸载应符合下列规定：

1 初始荷载下，应测读土钉位移基准值 3 次，当每间隔 5min 的读数相同时，方可作为土钉位移基准值；

2 每级加、卸载稳定后，在观测时间内测读土钉位移不应少于 3 次；

3 当观测时间内土钉位移增量不大于 1.0mm 时，可视为位移收敛；否则，观测时间应延长至 60min，并应每隔 10min 测读土钉位移 1 次；当该 60min 内土钉位移增量小于 2.0mm 时，可视为土钉位移收敛，否则视为不收敛。

D.0.14 土钉试验中遇下列情况之一时，应终止继续加载：

1 从第二级加载开始，后一级荷载产生的单位荷载下的土钉位移增量大于前一级荷载产生的单位荷载下的土钉位移增量的 5 倍；

2 土钉位移不收敛；

3 土钉杆体破坏。

D.0.15 试验应绘制土钉的荷载-位移（Q-s）曲线。土钉的位移不应包括试验反力装置的变形。

D.0.16 土钉极限抗拔承载力标准值应按下列方法确定：

1 土钉的极限抗拔承载力，在某级试验荷载下出现本规程 D.0.14 条规定的终止继续加载情况时，应取终止加载时的前一级荷载值；未出现时，应取终止加载时的荷载值；

2 参加统计的试验土钉，当满足其级差不超过平均值的 30% 时，土钉极限抗拔承载力标准值可取平均值；当级差超过平均值的 30% 时，宜增加试验土钉数量，并应根据级差过大的原因，按实际情况重新进行统计后确定土钉极限抗拔承载力标准值。

D.0.17 检测试验中，在抗拔承载力检测值下，土钉位移稳定或收敛应判定土钉合格。

附录 E　基坑涌水量计算

E.0.1 群井按大井简化时，均质含水层潜水完整井的基坑降水总涌水量可按下式计算（图 E.0.1）：

$$Q = \pi k \frac{(2H - s_d)s_d}{\ln\left(1 + \dfrac{R}{r_0}\right)} \qquad (\text{E.0.1})$$

式中：Q——基坑降水总涌水量（m³/d）；
　　　k——渗透系数（m/d）；
　　　H——潜水含水层厚度（m）；
　　　s_d——基坑地下水位的设计降深（m）；
　　　R——降水影响半径（m）；
　　　r_0——基坑等效半径（m）；可按 $r_0 = \sqrt{A/\pi}$ 计算；
　　　A——基坑面积（m²）。

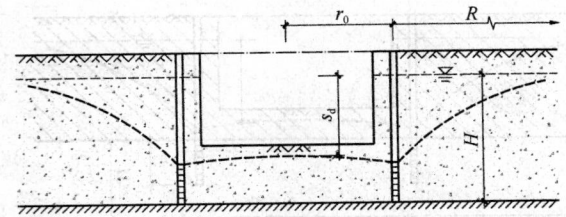

图 E.0.1　均质含水层潜水完整井的基坑涌水量计算

E.0.2 群井按大井简化时，均质含水层潜水非完整井的基坑降水总涌水量可按下列公式计算（图 E.0.2）：

$$Q = \pi k \frac{H^2 - h^2}{\ln\left(1 + \dfrac{R}{r_0}\right) + \dfrac{h_m - l}{l}\ln\left(1 + 0.2\dfrac{h_m}{r_0}\right)} \qquad (\text{E.0.2-1})$$

$$h_m = \frac{H + h}{2} \qquad (\text{E.0.2-2})$$

式中：h——降水后基坑内的水位高度（m）；
　　　l——过滤器进水部分的长度（m）。

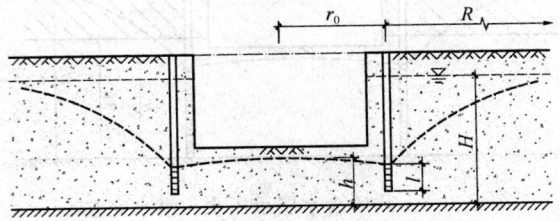

图 E.0.2　均质含水层潜水非完整井的基坑涌水量计算

E.0.3 群井按大井简化时，均质含水层承压水完整井的基坑降水总涌水量可按下式计算（图 E.0.3）：

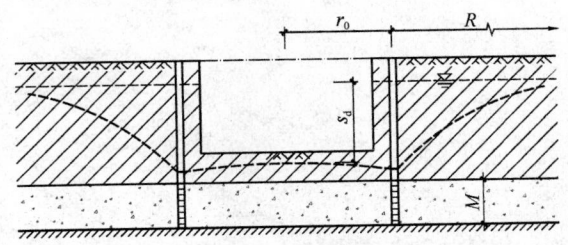

图 E.0.3　均质含水层承压水完整井的基坑涌水量计算

$$Q = 2\pi k \frac{Ms_d}{\ln\left(1+\dfrac{R}{r_0}\right)} \qquad \text{(E.0.3)}$$

式中：M——承压水含水层厚度（m）。

E.0.4 群井按大井简化时，均质含水层承压水非完整井的基坑降水总涌水量可按下式计算（图 E.0.4）：

$$Q = 2\pi k \frac{Ms_d}{\ln\left(1+\dfrac{R}{r_0}\right)+\dfrac{M-l}{l}\ln\left(1+0.2\dfrac{M}{r_0}\right)}$$
$$\text{(E.0.4)}$$

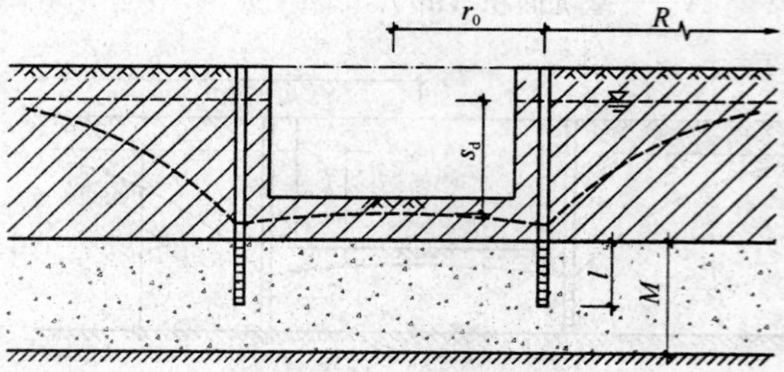

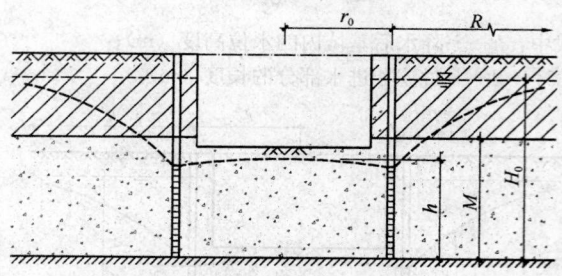

图 E.0.4　均质含水层承压水非完整井的
基坑涌水量计算

E.0.5 群井按大井简化时，均质含水层承压水—潜水完整井的基坑降水总涌水量可按下式计算（图 E.0.5）：

$$Q = \pi k \frac{(2H_0-M)M-h^2}{\ln\left(1+\dfrac{R}{r_0}\right)} \qquad \text{(E.0.5)}$$

式中：H_0——承压水含水层的初始水头。

图 E.0.5　均质含水层承压水—潜水完整
井的基坑涌水量计算

本规程用词说明

1　为便于在执行本规程条文时区别对待，对要求严格程度不同的用词说明如下：

　　1）表示很严格，非这样做不可的：
　　　　正面词采用"必须"，反面词采用"严禁"；
　　2）表示严格，在正常情况下均应这样做的：
　　　　正面词采用"应"，反面词采用"不应"或"不得"；
　　3）表示允许稍有选择，在条件许可时首先应这样做的：
　　　　正面词采用"宜"，反面词采用"不宜"；
　　4）表示有选择，在一定条件下可以这样做的，采用"可"。

2　条文中指明应按其他有关标准执行的写法为："应符合……的规定"或"应按……执行"。

引用标准名录

1　《建筑地基基础设计规范》GB 50007
2　《混凝土结构设计规范》GB 50010
3　《钢结构设计规范》GB 50017
4　《岩土工程勘察规范》GB 50021
5　《地下工程防水技术规范》GB 50108
6　《建筑地基基础工程施工质量验收规范》GB 50202
7　《混凝土结构工程施工质量验收规范》GB 50204
8　《钢结构工程施工质量验收规范》GB 50205
9　《预应力混凝土用钢绞线》GB/T 5224
10　《预应力筋用锚具、夹具和连接器》GB/T 14370
11　《建筑地基处理技术规范》JGJ 79
12　《建筑桩基技术规范》JGJ 94

中华人民共和国行业标准

建筑基坑支护技术规程

JGJ 120—2012

条 文 说 明

修 订 说 明

《建筑基坑支护技术规程》JGJ 120‑2012，经住房和城乡建设部 2012 年 4 月 5 日以第 1350 号公告批准、发布。

本规程是在《建筑基坑支护技术规程》JGJ120‑99 基础上修订而成，上一版的主编单位是中国建筑科学研究院，参编单位是深圳市勘察研究院、福建省建筑科学研究院、同济大学、冶金部建筑研究总院、广州市建筑科学研究院、江西省新大地建设监理公司、北京市勘察设计研究院、机械部第三勘察研究院、深圳市工程质量监督检验总站、重庆市建筑设计研究院、肇庆市建设工程质量监督站，主要起草人是黄强、杨斌、李荣强、侯伟生、杨敏、杨志银、陈新余、陈如桂、刘小敏、胡建林、白生翔、张在明、刘金砺、魏章和、李子新、李瑞茹、王铁宏、郑生庆、张昌定。本次修订的主要技术内容是：1. 调整和补充了支护结构的几种稳定性验算；2. 调整了部分稳定性验算表达式；3. 强调了变形控制设计原则；4. 调整了选用土的抗剪强度指标的规定；5. 新增了双排桩结构；6. 改进了不同施工工艺下锚杆粘结强度取值的有关规定；7. 充实了内支撑结构设计的有关规定；8. 新增了支护与主体结构结合及逆作法；9. 新增了复合土钉墙；10. 引入了土钉墙土压力调整系数；11. 充实了各种类型支护结构构造与施工的有关规定；12. 强调了地下水资源的保护；13. 改进了降水设计方法；14. 充实了截水设计与施工的有关规定；15. 充实了地下水渗透稳定性验算的有关规定；16. 充实了基坑开挖的有关规定；17. 新增了应急措施；18. 取消了逆作拱墙。

本规程修订过程中，编制组进行了国内基坑支护应用情况的调查研究，总结了我国工程建设中基坑支护领域的实践经验，同时参考了国外先进技术法规、技术标准，通过试验、工程验证及征求意见取得了本规程修订技术内容的有关重要技术参数。

为便于广大设计、施工、科研、学校等单位有关人员在使用本规程时能正确理解和执行条文规定，《建筑基坑支护技术规程》编制组按章、节、条顺序编制了本规程的条文说明，对条文规定的目的、依据以及执行中需注意的有关事项进行了说明，还着重对强制性条文的强制性理由作了解释。但是，本条文说明不具备与规程正文同等的法律效力，仅供使用者作为理解和把握规程规定的参考。

目　　次

1 总　则

1.0.1　本规程在《建筑基坑支护技术规程》JGJ 120-99（以下简称原规程）基础上修订，原规程是我国第一本建筑基坑支护技术标准，自 1999 年 9 月 1 日施行以来，对促进我国各地区在基坑支护设计方法与施工技术上的规范化，提高基坑工程的设计施工质量起到了积极作用。基坑工程在建筑行业内是属于高风险的技术领域，全国各地基坑工程事故的发生率虽然逐年减少，但仍不断地出现。不合理的设计与低劣的施工质量是造成这些基坑事故的主要原因。基坑工程中保证环境安全与工程安全，提高支护技术水平，控制施工质量，同时合理地降低工程造价，是从事基坑工程工作的技术与管理人员应遵守的基本原则。

　　基坑支护在功能上的一个显著特点是，它不仅用于为主体地下结构的施工创造条件和保证施工安全，更为重要的是要保护周边环境不受到危害。基坑支护在保护环境方面的要求，对城镇地域尤为突出。对此，工程建设及监理单位、基坑支护设计施工单位乃至工程建设监督管理部门应该引起高度关注。

1.0.2　本条明确了本规程的适用范围。本规程的规定限于临时性基坑支护，支护结构是按临时性结构考虑的，因此，规程中有关结构和构造的规定未考虑耐久性问题，荷载及其分项系数按临时作用考虑。地下水控制的一些方法也是仅按适合临时性措施考虑的。一般土质地层是指全国范围内第四纪全新世 Q_4 与晚更新世 Q_3 沉积土中，除去某些具有特殊物理力学及工程特性的特殊土类之外的各种土类地层。现行国家标准《岩土工程勘察规范》GB 50021 中定义的有些特殊土是属于适用范围以内的，如软土、混合土、填土、残积土，但是对湿陷性土、多年冻土、膨胀土等特殊土，本规程中采用的土压力计算与稳定分析方法等尚不能考虑这些土固有的特殊性质的影响。对这些特殊土地层，应根据地区经验在充分考虑其特殊性质对基坑支护的影响后，再按本规程的相关内容进行设计与施工。对岩质地层，因岩石压力的形成机理与土质地层不同，本规程未涉及岩石压力的计算，但有关支护结构的内容，岩石地层的基坑支护可以参照。本规程未涵盖的其他内容，应通过专门试验、分析并结合实际经验加以解决。

1.0.4　基坑支护技术涉及岩土与结构的多门学科及技术，对结构工程领域的混凝土结构、钢结构等，对岩土工程领域的桩、地基处理方法、岩土锚固、地下水渗流等，对湿陷性黄土、多年冻土、膨胀土、盐渍土、岩石基坑等和按抗震要求设计时，需要同时采用相应规范。因此，在应用本规程时，尚应根据具体的问题，遵守其他相关规范的要求。

3　基本规定

3.1　设计原则

3.1.1　基坑支护是为主体结构地下部分施工而采取的临时措施，地下结构施工完成后，基坑支护也就随之完成其用途。由于支护结构的使用期短（一般情况在一年之内），因此，设计时采用的荷载一般不需考虑长期作用。如果基坑开挖后支护结构的使用持续时间较长，荷载可能会随时间发生改变，材料性能和基坑周边环境也可能会发生变化。所以，为了防止人们忽略由于延长支护结构使用期而带来的荷载、材料性能、基坑周边环境等条件的变化，避免超越设计状况，设计时应确定支护结构的使用期限，并应在设计文件中给出明确规定。

　　支护结构的支护期限规定不小于一年，除考虑主体地下结构施工工期的因素外，也是考虑到施工季节对支护结构的影响。一年中的不同季节，地下水位、气候、温度等外界环境的变化会使土的性状及支护结构的性能随之改变，而且有时影响较大。受各种因素的影响，设计预期的施工季节并不一定与实际施工的季节相同，即使对支护结构使用期不足一年的工程，也应使支护结构一年四季都能适用。因而，本规程规定支护结构使用期限应不小于一年。

　　对大多数建筑工程，一年的支护期能满足主体地下结构的施工周期要求，对有特殊施工周期要求工程，应该根据实际情况延长支护期限并应对荷载、结构构件的耐久性等设计条件作相应考虑。

3.1.2　基坑支护工程是为主体结构地下部分的施工而采取的临时性措施。因基坑开挖涉及基坑周边环境安全，支护结构除满足主体结构施工要求外，还需满足基坑周边环境要求。支护结构的设计和施工应把保护基坑周边环境安全放在重要位置。本条规定了基坑支护应具有的两种功能。首先基坑支护应具有防止基坑的开挖危害周边环境的功能，这是支护结构的首要的功能。其次，应具有保证工程自身主体结构施工安全的功能，应为主体地下结构施工提供正常施工的作业空间及环境，提供施工材料、设备堆放和运输的场地、道路条件，隔断基坑内外地下水、地表水以保证地下结构和防水工程的正常施工。该条规定的目的，是明确基坑支护工程不能为了考虑本工程项目的要求和利益，而损害环境和相邻建（构）筑物所有权人的利益。

3.1.3　安全等级表 3.1.3 仍维持了原规程对支护结构安全等级的原则性划分方法。本规程依据国家标准《工程结构可靠性设计统一标准》GB 50153-2008 对结构安全等级确定的原则，以破坏后果严重程度，将支护结构划分为三个安全等级。对基坑支护而言，破坏后果具体表现为支护结构破坏、土体过大变形对基坑周边环境及主体结构施工安全的影响。支护结构的安全等级，主要反映在设计时支护结构及其构件的重要性系数和各种稳定性安全系数的取值上。

本规程对支护结构安全等级采用原则性划分方法而未采用定量划分方法，是考虑到基坑深度、周边建筑物距离及埋深、结构及基础形式、土的性状等因素对破坏后果的影响程度难以用统一标准界定，不能保证普遍适用，定量化的方法对具体工程可能会出现不合理的情况。

设计者及发包商在按本规程表 3.1.3 的原则选用支护结构安全等级时应掌握的原则是：基坑周边存在受影响的重要既有住宅、公共建筑、道路或地下管线等时，或因场地的地质条件复杂、缺少同类地质条件下相近基坑深度的经验时，支护结构破坏、基坑失稳或过大变形对人的生命、经济、社会或环境影响很大，安全等级应定为一级。当支护结构破坏、基坑过大变形不会危及人的生命、经济损失轻微、对社会或环境的影响不大时，安全等级可定为三级。对大多数基坑，安全等级应该定为二级。

对内支撑结构，当基坑一侧支撑失稳破坏会殃及基坑另一侧支护结构因受力改变而使支护结构形成连续倒塌时，相互影响的基坑各边支护结构应取相同的安全等级。

3.1.4 依据国家标准《工程结构可靠性设计统一标准》GB 50153-2008 的规定并结合基坑工程自身的特殊性，本条对承载能力极限状态与正常使用极限状态这两类极限状态在基坑支护中的具体表现形式进行了归类，目的是使工程技术人员能够对基坑支护各类结构的各种破坏形式有一个总体认识，设计时对各种破坏模式和影响正常使用的状态进行控制。

3.1.5 本条的极限状态设计方法的通用表达式依据国家标准《工程结构可靠性设计统一标准》GB 50153-2008 而定，是本规程各章各种支护结构统一的设计表达式。

对承载能力极限状态，由材料强度控制的结构构件的破坏类型采用极限状态设计法，按公式（3.1.5-1）给出的表达式进行设计计算和验算，荷载效应采用荷载基本组合的设计值，抗力采用结构构件的承载力设计值并考虑结构构件的重要性系数。涉及岩土稳定性的承载能力极限状态，采用单一安全系数法，按公式（3.1.5-3）给出的表达式进行计算和验算。本规程的修订，对岩土稳定性的承载能力极限状态问题恢复了传统的单一安全系数法，一是由于新制定的国家标准《工程结构可靠性设计统一标准》GB 50153-2008 中明确提出了可以采用单一安全系数法，不会造成与基本规范不协调统一的问题；二是由于国内岩土工程界目前仍普遍认可单一安全系数法，单一安全系数法适于岩土工程问题。

以支护结构水平位移限值等为控制指标的正常使用极限状态的设计表达式也与有关结构设计规范保持一致。

3.1.6 原规程的荷载综合分项系数取 1.25，是依据原国家标准《建筑结构荷载规范》GBJ 9-87 而定的。但随着我国建筑结构可靠度设计标准的提高，国家标准《建筑结构荷载规范》GB 50009-2001 已将永久荷载、可变荷载的分项系数调高，对由永久荷载效应控制的永久荷载分项系数取 $\gamma_G = 1.35$。各结构规范也均相应对此进行了调整。由于本规程对象是临时性支护结构，在修订时，也研究讨论了荷载分项系数如何取值问题。如荷载综合分项系数由 1.25 调为 1.35，这样将会大大增加支护结构的工程造价。在征求了国内一些专家、学者的意见后，认为还是维持原规程的规定为好，支护结构构件按承载能力极限状态设计时的作用基本组合综合分项系数 γ_F 仍取 1.25。其理由如下：其一，支护结构是临时性结构，一般来说，支护结构使用时间不会超过一年，正常施工条件下最长的工程也小于两年，在安全储备上与主体建筑结构应有所区别。其二，荷载综合分项系数的调高只影响支护结构构件的承载力设计，如增加挡土构件的截面配筋、锚杆的钢绞线数量等，并未提高有关岩土的稳定性安全系数，如圆弧滑动稳定性、隆起稳定性、锚杆抗拔力、倾覆稳定性等，而大部分基坑工程事故主要还是岩土类型的破坏形式。为避免与《工程结构可靠性设计统一标准》GB 50153 及《建筑结构荷载规范》GB 50009-2001 的荷载分项系数取值不一致带来的不统一问题，其系数称为荷载综合分项系数，荷载综合分项系数中包括了临时性结构对荷载基本组合下的调整。

支护结构的重要性系数，遵循《工程结构可靠性设计统一标准》GB 50153 的规定，对安全等级为一级、二级、三级的支护结构可分别取 1.1、1.0 及 0.9。当需要提高安全标准时，支护结构的重要性系数可以根据具体工程的实际情况取大于上述数值。

3.1.7 本规程的结构构件极限状态设计表达式（3.1.5-1）在具体应用到各种结构构件的承载力计算时，将公式中的荷载基本组合的效应设计值 S_d 与结构构件的重要性系数 γ_0 相乘后，用内力设计值代替。这样在各章的结构构件承载力计算时，各具体表达式或公式中就不再出现重要性系数 γ_0，因为 γ_0 已含在内力设计值中了。根据内力的具体意义，其设计值可为弯矩设计值 M、剪力设计值 V 或轴向拉力、压力设计值 N 等。公式（3.1.7-1）~公式（3.1.7-3）中，弯矩值 M_k、剪力值 V_k 及轴向拉力、压力值 N_k 按荷载标准组合计算。对于作用在支护结构上的土压力荷载的标准值，当按朗肯或库仑方法计算时，土性参数黏聚力 c、摩擦角 φ 及土的重度 γ 按本规程第 3.1.15 条的规定取值，朗肯土压力荷载的标准值按本规程第

3.3.4 条的有关公式计算。

3.1.8 支护结构的水平位移是反映支护结构工作状况的直观数据，对监控基坑与基坑周边环境安全能起到相当重要的作用，是进行基坑工程信息化施工的主要监测内容。因此，本规程规定应在设计文件中提出明确的水平位移控制值，作为支护结构设计的一个重要指标。本条对支护结构水平位移控制值的取值提出了三点要求：第一，是支护结构正常使用的要求，应根据本条第 1 款的要求，按基坑周边建筑、地下管线、道路等环境对象对基坑变形的适应能力及主体结构设计施工的要求确定，保护基坑周边环境的安全与正常使用。由于基坑周边环境条件的多样性和复杂性，不同环境对象对基坑变形的适应能力及要求不同，所以，目前还很难定出统一的、定量的限值以适合各种情况。如支护结构位移和周边建筑物沉降限值按统一标准考虑，可能会出现有些情况偏严、有些情况偏松的不合理地方。目前还是由设计人员根据工程的实际条件，具体问题具体分析确定较好。所以，本规程未给出正常使用要求下具体的支护结构水平位移控制值和建筑物沉降控制值。支护结构水平位移控制值和建筑物沉降控制值如何定的合理是个难题，今后应对此问题开展深入具体的研究工作，积累试验、实测数据，进行理论分析研究，为合理确定支护结构水平位移控制值打下基础。同时，本款提出支护结构水平位移控制值和环境保护对象沉降控制值应符合现行国家标准《建筑地基基础设计规范》GB 50007 中对地基变形允许值的要求及相关规范对地下管线、地下构筑物、道路变形的要求，在执行时会存在沉降值是从建筑物等建设时还是从基坑支护施工前开始度量的问题，按这些规范要求应从建筑物等建设时算起，但基坑周边建筑物等从建设到基坑支护施工前这段时间又可能缺少地基变形的数据，存在操作上的困难，需要工程相关人员斟酌掌握。第二，当支护结构构件同时用作主体地下结构构件时，支护结构水平位移控制值不应大于主体结构设计对其变形的限值的规定，是主体结构设计对支护结构构件的要求。这种情况有时在采用地下连续墙和内支撑结构时会作为一个控制指标。第三，当基坑周边无需要保护的建筑物等时，设计文件中也要设定支护结构水平位移控制值，这是出于控制支护结构承载力和稳定性等达到极限状态的要求。实测位移是检验支护结构受力和稳定状态的一种直观方法，岩土失稳或结构破坏前一般会产生一定的位移量，通常变形速率增长且不收敛，而在出现位移速率增长前，会有较大的累积位移量。因此，通过支护结构位移从某种程度上能反映支护结构的稳定状况。由于基坑支护破坏形式和土的性质的多样性，难以建立稳定极限状态与位移的定量关系，本规程没有规定此情况下的支护结构水平位移控制值，而应根据地区经验确定。国内一些地方基坑支护技术标准根据

当地经验提出了支护结构水平位移的量化要求，如：北京市地方标准《建筑基坑支护技术规程》DB 11/489-2007 中规定，"当无明确要求时，最大水平变形限值：一级基坑为 0.002h，二级基坑为 0.004h，三级基坑为 0.006h。"深圳市标准《深圳地区建筑深基坑支护技术规范》SJG 05-96 中规定，当无特殊要求时的支护结构最大水平位移允许值见表 1：

表 1　支护结构最大水平位移允许值

安全等级	支护结构最大水平位移允许值（mm）	
	排桩、地下连续墙、坡率法、土钉墙	钢板桩、深层搅拌
一级	0.0025h	—
二级	0.0050h	0.0100h
三级	0.0100h	0.0200h

注：表中 h 为基坑深度（mm）。

新修订的深圳市标准《深圳地区建筑深基坑支护技术规范》对支护结构水平位移控制值又作了一定调整，如表 2 所示：

表 2　支护结构顶部最大水平位移允许值（mm）

安全等级	排桩、地下连续墙加内支撑支护	排桩、地下连续墙加锚杆支护，双排桩，复合土钉墙	坡率法，土钉墙或复合土钉墙，水泥土挡墙，悬臂式排桩，钢板桩等
一级	0.002h 与 30mm 的较小值	0.003h 与 40mm 的较小值	
二级	0.004h 与 50mm 的较小值	0.006h 与 60mm 的较小值	0.01h 与 80mm 的较小值
三级		0.01h 与 80mm 的较小值	0.02h 与 100mm 的较小值

注：表中 h 为基坑深度（mm）。

湖北省地方标准《基坑工程技术规程》DB 42/159-2004 中规定，"基坑监测项目的监控报警值，如设计有要求时，以设计要求为依据，如设计无具体要求时，可按如下变形量控制：

重要性等级为一级的基坑，边坡土体、支护结构水平位移（最大值）监控报警值为 30mm；重要性等级为二级的基坑，边坡土体、支护结构水平位移（最大值）监控报警值为 60mm。"

3.1.9 本条有两个含义：第一，防止设计的盲目性。基坑支护的首要功能是保护周边环境（建筑物、地下管线、道路等）的安全和正常使用，同时基坑周边建筑物、地下管线、道路又对支护结构产生附加荷载、对支护结构施工造成障碍，管线中地下水的渗漏会降低土的强度。因此，支护结构设计必须要针对情况选

择合理的方案，支护结构变形和地下水控制方法要按基坑周边建筑物、地下管线、道路的变形要求进行控制，基坑周边建筑物、地下管线、道路、施工荷载对支护结构产生的附加荷载、对施工的不利影响等因素要在设计时仔细地加以考虑。第二，设计中应提出明确的基坑周边荷载限值、地下水和地表水控制等基坑使用要求，这些设计条件和基坑使用要求应作为重要内容在设计文件中明确体现，支护结构设计总平面图、剖面图上应准确标出，设计说明中应写明施工注意事项，以防止在支护结构施工和使用期间的实际状况超过这些设计条件，从而酿成安全事故和恶果。

3.1.10 基坑支护的另一个功能是提供安全的主体地下结构施工环境。支护结构的设计与施工除应保护基坑周边环境安全外，还应满足主体结构施工及使用对基坑的要求。

3.1.11 支护结构简化为平面结构模型计算时，沿基坑周边的各个竖向平面的设计条件常常是不同的。除了各部位基坑深度、周边环境条件及附加荷载可能不同外，地质条件的变异性是支护结构不同于上部结构的一个很重要的特性。自然形成的成层土，各土层的分布及厚度往往在基坑尺度的范围内就存在较大的差异。因而，当基坑深度、周边环境及地质条件存在差异时，这些差异对支护结构的土压力荷载的影响不可忽略。本条强调了按基坑周边的实际条件划分设计与计算剖面的原则和要求，具体划分为多少个剖面根据工程的实际情况来确定，每一个剖面也应按剖面内的最不利情况取设计计算参数。

3.1.12 由于基坑支护工程具有基坑开挖与支护结构施工交替进行的特点，所以，支护结构的计算应按基坑开挖与支护结构的实际过程分工况计算，且设计计算的工况应与实际施工的工况相一致。大多数情况下，基坑开挖到坑底时内力与变形最大，但少数情况下，支护结构某构件的受力状况不一定随开挖进程是递增的，也会出现开挖过程某个中间工况的内力最大。设计文件中应指明支护结构各构件施工顺序及相应的基坑开挖深度，以防止在基坑开挖过程中，未按设计工况完成某项施工内容就开挖到下一步基坑深度，从而造成基坑超挖。由于基坑超挖使支护结构实际受力状态大大超过设计要求而使基坑垮塌的实际工程事故，其教训是十分惨痛的。

3.1.14 本条对各章土压力、土的各种稳定性验算公式中涉及的土的抗剪强度指标的试验方法进行了归纳并作出统一规定。因为土的抗剪强度指标随排水、固结条件及试验方法的不同有多种类型的参数，不同试验方法做出的抗剪强度指标的结果差异很大，计算和验算时不能任意取用，应采用与基坑开挖过程土中孔隙水的排水和应力路径基本一致的试验方法得到的指标。由于各章有关公式很多，在各个公式中一一指明其试验方法和指标类型难免重复累赘，因此，在这里

作出统一说明，应用具体章节的公式计算时，应与此对照，防止误用。

根据土的有效应力原理，理论上对各种土均采用水土分算方法计算土压力更合理，但实际工程应用时，黏性土的孔隙水压力计算问题难以解决，因此对黏性土采用总应力法更为实用，可以通过将土与水作为一体的总应力强度指标反映孔隙水压力的作用。砂土采用水土分算计算土压力是可以做到的，因此本规程对砂土采用水土分算方法。原规程对粉土是按水土合算方法，本规程修订改为黏质粉土用水土合算，砂质粉土用水土分算。

根据土力学中有效应力原理，土的抗剪强度与有效应力存在相关关系，也就是说只有有效抗剪强度指标才能真实地反映土的抗剪强度。但在实际工程中，黏性土无法通过计算得到孔隙水压力随基坑开挖过程的变化情况，从而也就难以采用有效应力法计算支护结构的土压力、水压力和进行基坑稳定性分析。从实际情况出发，本条规定在计算土压力与进行土的稳定分析时，黏性土应采用总应力法。采用总应力法时，土的强度指标按排水条件是采用不排水强度指标还是固结不排水强度指标应根据基坑开挖过程的应力路径和实际排水情况确定。由于基坑开挖过程是卸载过程，基坑外侧的土中总应力是小主应力减小，大主应力不增加，基坑内侧的土中竖向总应力减小，同时，黏性土在剪切过程可看作是不排水的。因此认为，土压力计算与稳定性分析时，均采用固结快剪较符合实际情况。

对于地下水位以下的砂土，可认为剪切过程水能排出而不出现超静水压力。对静止地下水，孔隙水压力可按水头高度计算。所以，采用有效应力方法并取相应的有效强度指标较为符合实际情况，但砂土难以用三轴剪切试验与直接剪切试验得到原状土的抗剪强度指标，要通过其他方法测得。

土的抗剪强度指标试验方法有三轴剪切试验与直接剪切试验。理论上讲，用三轴试验更科学合理，但目前大量工程勘察仅提供了直接剪切试验的抗剪强度指标，致使采用直接剪切试验强度指标设计计算的基坑工程为数不少，在支护结构设计上积累了丰富的工程经验。从目前的岩土工程试验技术的实际发展状况看，直接剪切试验尚会与三轴剪切试验并存，不会被三轴剪切试验完全取代。同时，相关的勘察规范也未对采用哪种抗剪强度试验方法作出明确规定。因此，为适应目前的现实状况，本规程采用了上述两种试验方法均可选用的处理办法。但从发展的角度，应提倡用三轴剪切试验强度指标，但应与已有成熟工程应用经验的直接剪切试验指标进行对比。目前，在缺少三轴剪切试验强度指标的情况下，用直接剪切试验强度指标计算土压力和验算土的稳定性是符合我国现实情况的。

为避免个别工程勘察项目抗剪强度试验数据粗糙对直接取用抗剪强度试验参数所带来的设计不安全或不合理，选取土的抗剪强度指标时，尚需将剪切试验的抗剪强度指标与土的其他室内与原位试验的物理力学参数进行对比分析，判断其试验指标的可靠性，防止误用。当抗剪强度指标与其他物理力学参数的相关性较差，或岩土勘察资料中缺少符合实际基坑开挖条件的试验方法的抗剪强度指标时，在有经验时应结合类似工程经验和相邻、相近场地的岩土勘察试验数据并通过可靠的综合分析判断后合理取值。缺少经验时，则应取偏于安全的试验方法得出的抗剪强度指标。

3.2　勘察要求与环境调查

3.2.1　本条提出的是除常规建筑物勘察之外，针对基坑工程的特殊勘察要求。建筑基坑支护的岩土工程勘察通常在建筑物岩土工程勘察过程中一并进行，但基坑支护设计和施工对岩土勘察的要求有别于主体建筑的要求，勘察的重点部位是基坑外对支护结构和周边环境有影响的范围，而主体建筑的勘察孔通常只需布置在基坑范围以内。目前，大多数基坑工程使用的勘察报告，其勘察钻孔均在基坑内，只能根据这些钻孔的地质剖面代替基坑外的地层分布情况。当场地土层分布较均匀时，采用基坑内的勘察孔是可以的，但土层分布起伏大或某些软弱土层仅局部存在时，会使基坑支护设计的岩土依据与实际情况偏离，从而造成基坑工程风险。因此，有条件的场地应按本条要求增设勘察孔，当建筑物岩土工程勘察不能满足基坑支护设计施工要求时应进行补充勘察。

当基坑面以下有承压含水层时，由于在基坑开挖后坑内土自重压力的减少，如承压水头高于基坑底面应考虑是否会产生含水层水压力作用下顶破上覆土层的突涌破坏。因此，基坑面以下存在承压含水层时，勘探孔深度应能满足测出承压含水层水头的需要。

3.2.2　基坑周边环境条件是支护结构设计的重要依据之一。城市内的新建建筑物周围通常存在既有建筑物、各种市政地下管线、道路等，而基坑支护的作用主要是保护其周边环境不受损害。同时，基坑周边即有建筑物荷载会增加作用在支护结构上的荷载，支护结构的施工也需要考虑周边建筑物地下室、地下管线、地下构筑物等的影响。实际工程中因对基坑周边环境因素缺乏准确了解或忽视而造成的工程事故经常发生，为了使基坑支护设计具有针对性，应查明基坑周边环境条件，并按这些环境条件进行设计，施工时应防止对其造成损坏。

3.3　支护结构选型

3.3.1、3.3.2　在本规程中，支挡式结构是由挡土构件和锚杆或支撑组成的一类支护结构体系的统称，其结构类型包括：排桩—锚杆结构、排桩—支撑结构、地下连续墙—锚杆结构、地下连续墙—支撑结构、悬臂式排桩或地下连续墙、双排桩等，这类支护结构都可用弹性支点法的计算简图进行结构分析。支挡式结构受力明确，计算方法和工程实践相对成熟，是目前应用最多也较为可靠的支护结构形式。支挡式结构的具体形式应根据本规程第3.3.1条、第3.3.2条中的选型因素和适用条件选择。锚拉式支挡结构（排桩—锚杆结构、地下连续墙—锚杆结构）和支撑式支挡结构（排桩—支撑结构、地下连续墙—支撑结构）易于控制水平变形，挡土构件内力分布均匀，当基坑较深或基坑周边环境对支护结构位移的要求严格时，常采用这种结构形式。悬臂式支挡结构顶部位移较大，内力分布不理想，但可省去锚杆和支撑，当基坑较浅且基坑周边环境对支护结构位移的限制不严格时，可采用悬臂式支挡结构。双排桩支挡结构是一种刚架结构形式，其内力分布特性明显优于悬臂式结构，水平变形也比悬臂式结构小得多，适用的基坑深度比悬臂式结构略大，但占用的场地较大，当不适合采用其他支护结构形式且在场地条件及基坑深度均满足要求的情况下，可采用双排桩支挡结构。

仅从技术角度讲，支撑式支挡结构比锚拉式支挡结构适用范围更宽，但内支撑的设置给后期主体结构施工造成很大障碍，所以，当能用其他支护结构形式时，人们一般不愿意首选内支撑结构。锚拉式支挡结构可以给后期主体结构施工提供很大的便利，但有些条件下是不适合使用锚杆的，本条列举了不适合采用锚拉式结构的几种情况。另外，锚杆长期留在地下，给相邻地域的使用和地下空间开发造成障碍，不符合保护环境和可持续发展的要求。一些国家在法律上禁止锚杆侵入红线之外的地下区域，但我国绝大部分地方目前还没有这方面的限制。

土钉墙是一种经济、简便、施工快速、不需大型施工设备的基坑支护形式。曾经一段时期，在我国部分省市，不管环境条件如何、基坑多深，几乎不受限制的应用土钉墙，甚至有人说用土钉墙支护的基坑深度能达到18m～20m。即使基坑周边既有浅基础建筑物很近时，也贸然采用土钉墙。一段时间内，土钉墙支护的基坑工程险情不断、事故频繁。土钉墙支护的基坑之所以在基坑坍塌事故中所占比例大，除去施工质量因素外，主要原因之一是在土钉墙的设计理论还不完善的现状下，将常规的经验设计参数用于基坑深度或土质条件超限的基坑工程中。目前的土钉墙设计方法，主要按土钉墙整体滑动稳定性控制，同时对单根土钉抗拔力控制，而土钉墙面层及连接按构造设计。土钉墙设计与支挡式结构相比，一些问题尚未解决或没有成熟、统一的认识。如：①土钉墙作为一种结构形式，没有完整的实用结构分析方法，工作状况下土钉拉力、面层受力问题没有得到解决。面层设计只能通过构造要求解决，本规程规定了面层构造要求，但限定在深度 12m 以内的非软土、无地下水条件下的基坑。②土钉墙位移计算问题没有得到根本解决。由于国内土钉墙的通常做法是土钉不施加预应力，只有在基坑有一定变形后土钉才会达到工作状态下的受力水平，因此，理论上土钉墙位移和沉降较大。当基坑周边变形影响范围内有建筑物等时，是不适合采用土钉墙支护的。

土钉墙与水泥土桩、微型桩及预应力锚杆组合形成的复合土钉墙，主要有下列几种形式：①土钉墙＋预应力锚杆；②土钉墙＋水泥土桩；③土钉墙＋水泥土桩＋预应力锚杆；④土钉墙＋微型桩＋预应力锚杆。不同的组合形式作用不同，应根据实际工程需要选择。

水泥土墙是一种非主流的支护结构形式，适用的土质条件较窄，实际工程应用也不广泛。水泥土墙一般用在深度不大的软土基坑。这种条件下，锚杆没有合适的锚固土层，不能提供足够的锚固力，内支撑又会增加主体地下结构施工的难度。这时，当经济、工期、技术可行性等的综合比较较优时，一般才会选择水泥土墙这种支护方式。水泥土墙一般采用搅拌桩，墙体材料是水泥土，其抗拉、抗剪强度较低。按梁式结构设计时性能很差，与混凝土材料无法相比。因此，只有按重力式结构设计时，才会具有一定优势。本规程对水泥土墙的规定，均指重力式结构。

水泥土墙用于淤泥质土、淤泥基坑时，基坑深度不宜大于 7m。由于按重力式设计，需要较大的墙宽。当基坑深度大于 7m 时，随基坑深度增加，墙的宽度、深度都太大，经济上、施工成本和工期都不合适，墙的深度不足会使墙位移、沉降，宽度不足，会使墙开裂甚至倾覆。

搅拌桩水泥土墙虽然也可用于黏性土、粉土、砂土等土类的基坑，但一般不如选择其他支护形式更优。特殊情况下，搅拌桩水泥土墙对这些土类还是可以用的。由于目前国内搅拌桩成桩设备的动力有限，土的密实度、强度较低时才能钻进和搅拌。不同成桩设备的最大钻进搅拌深度不同，新生产、引进的搅拌设备的能力也在不断提高。

3.4　水　平　荷　载

3.4.1　支护结构作为分析对象时，作用在支护结构上的力或间接作用为荷载。除土体直接作用在支护结构上形成土压力之外，周边建筑物、施工材料、设备、车辆等荷载虽未直接作用在支护结构上，但其作用通过土体传递到支护结构上，也对支护结构上土压力的大小产生影响。土的冻胀、温度变化也会使土压力发生改变。本条列出影响土压力的常见因素，其目的是为了在土压力计算时，要把各种影响因素考虑全。基坑周边建筑物、施工材料、设备、车辆等附加荷载传递到支护结构上的附加竖向应力的计算，本规程第 3.4.6 条、第 3.4.7 条给出了简化的具体计算公式。

3.4.2　挡土结构上的土压力计算是个比较复杂的问题，从土力学这门学科的土压力理论上讲，根据不同的计算理论和假定，得出了多种土压力计算方法，其中有代表性的经典理论如朗肯土压力、库仑土压力。由于每种土压力计算方法都有各自的适用条件与局限性，也就没有一种统一的且普遍适用的土压力计算方法。

由于朗肯土压力方法的假定概念明确，与库仑土压力理论相比具有能直接得出土压力的分布，从而适合结构计算的优点，受到工程设计人员的普遍接受。因此，原规程采用的是朗肯土压力。原规程施行后，经过十多年国内基坑工程应用的考验，实践证明是可行的，本规程将继续采用。但是，由于朗肯土压力是建立在半无限土体的假定之上，在实际基坑工程中基坑的边界条件有时不符合这一假定，如基坑邻近有建筑物的地下室时，支护结构与地下室之间是有限宽度的土体；再如，对排桩顶面低于自然地面的支护结构，是将桩顶以上土的自重化作均布荷载作用在桩顶平面上，然后再按朗肯公式计算土压力。但是当桩顶位置较低时，将桩顶以上土层的自重折算成荷载后计算的土压力会明显小于这部分土重实际产生的土压力。对于这类基坑边界条件，按朗肯土压力计算会有较大误差。所以，当朗肯土压力方法不能适用时，应考虑采用其他计算方法解决土压力的计算精度问题。

库仑土压力理论（滑动楔体法）的假定适用范围较广，对上面提到的两种情况，库仑方法能够计算出土压力的合力。但其缺点是如何解决成层土的土压力分布问题。为此，本规程规定在不符合按朗肯土压力计算条件下，可采用库仑方法计算土压力。但库仑方法在考虑墙背摩擦角时计算的被动土压力偏大，不应用于被动土压力的计算。

考虑结构与土相互作用的土压力计算方法，理论上更科学，从长远考虑该方法应是岩土工程中支挡结构计算技术的一个发展方向。从促进技术发展角度，对先进的计算方法不应加以限制。但是，目前考虑结构与土相互作用的土压力计算方法在工程应用上尚不够成熟，现阶段只有在有经验时才能采用，如方法使用不当反而会弄巧成拙。

总之，本规程考虑到适应实际工程特殊情况及土压力计算技术发展的需要，对土压力计算方法适当放宽，但同时对几种计算方法的适用条件也作了原则规定。本规程未采纳一些土力学书中的经验土压力方法。

本条各公式是朗肯土压力理论的主动、被动土压力计算公式。水土合算与水土分算时，其公式采用不同的形式。

3.4.3 天然形成的成层土,各土层的分布和厚度是不均匀的。为尽量使土压力的计算准确,应按土层分布和厚度的变化情况将土层沿基坑划分为不同的剖面分别计算土压力。但场地任意位置的土层标高及厚度是由岩土勘察相邻钻探孔的各土层层面实测标高及通过分析土层分布趋势,在相邻勘察孔之间连线而成。即使土层计算剖面划分的再细,各土层的计算厚度还是会与实际地层存在一定差异,本条规定的划分土层厚度的原则,其目的是要求做到计算的土压力不小于实际的土压力。

4 支挡式结构

4.1 结 构 分 析

4.1.1 支挡式结构应根据具体形式与受力、变形特性等采用下列分析方法:

第1~3款方法的分析对象为支护结构本身,不包括土体。土体对支护结构的作用视作荷载或约束。这种分析方法将支护结构看作杆系结构,一般都按线弹性考虑,是目前最常用和成熟的支护结构分析方法,适用于大部分支挡式结构。

本条第1款针对锚拉式支挡结构,是对如何将空间结构分解为两类平面结构的规定。首先将结构的挡土构件部分(如:排桩、地下连续墙)取作分析对象,按梁计算。挡土结构宜采用平面杆系结构弹性支点法进行分析。

由于挡土结构端部嵌入土中,土对结构变形的约束作用与通常结构支承不同,土的变形影响不可忽略,不能看作固支端。锚杆作为梁的支承,其变形的影响同样不可忽略,也不能作为铰支座或滚轴支座。因此,挡土结构按梁计算时,土和锚杆对挡土结构的支承应简化为弹性支座,应采用本节规定的弹性支点法计算简图。经计算分析比较,分别用弹性支点法和非弹性支座计算的挡土结构内力和位移相差较大,说明按非弹性支座进行简化是不合适的。

腰梁、冠梁的计算较为简单,只需以挡土结构分析时得出的支点力作为荷载,根据腰梁、冠梁的实际约束情况,按简支梁或连续梁算出其内力,将支点力转换为锚杆轴力。

本条第2款针对支撑式支挡结构,其结构的分解简化原则与锚拉式支挡结构相同。同样,首先将结构的挡土构件部分(如:排桩、地下连续墙)取作分析对象,按梁计算。挡土结构宜采用平面杆系结构弹性支点法进行分析。分解出的内支撑结构按平面结构进行分析,将挡土结构分析时得出的支点力作为荷载反向加至内支撑上,内支撑计算分析的具体要求见本规程第4.9节。值得注意的是,将支撑式支挡结构分解

为挡土结构和内支撑结构并分别独立计算时,在其连接处是应满足变形协调条件的。当计算的变形不协调时,应调整在其连接处简化的弹性支座的弹簧刚度等约束条件,直至满足变形协调。

本条第3款悬臂式支挡结构是支撑式和锚拉式支挡结构的特例,对挡土结构而言,只是将锚杆或支撑所简化的弹性支座取消即可。双排桩支挡结构按平面刚架简化,具体计算模型见本规程第4.12节。

本条第4款针对空间结构体系和针对支护结构与土为一体进行整体分析的两种方法。

实际的支护结构一般都是空间结构。空间结构的分析方法复杂,当有条件时,希望根据受力状态的特点和结构构造,将实际结构分解为简单的平面结构进行分析。本规程有关支挡式结构计算分析的内容主要是针对平面结构的。但会遇到一些特殊情况,按平面结构简化难以反映实际结构的工作状态。此时,需要按空间结构模型分析。但空间结构的分析方法复杂,不同问题要不同对待,难以作出细化的规定。通常,需要在有经验时,才能建立出合理的空间结构模型。按空间结构分析时,应使结构的边界条件与实际情况足够接近,这需要设计人员有较强的结构设计经验和水平。

考虑结构与土相互作用的分析方法是岩土工程中先进的计算方法,是岩土工程计算理论和计算方法的发展方向,但需要有可靠的理论依据和试验参数。目前,将该类方法对支护结构计算分析的结果直接用于工程设计中尚不成熟,仅能在已有成熟方法计算分析结果的基础上用于分析比较,不能滥用。采用该方法的前提是要有足够把握和经验。

传统和经典的极限平衡法可以手算,在许多教科书和技术手册中都有介绍。由于该方法的一些假定与实际受力状况有一定差别,且不能计算支护结构位移,目前已很少采用了。经与弹性支点法的计算对比,在有些情况下,特别是对多支点结构,两者的计算弯矩与剪力差别较大。本规程取消了极限平衡法计算支护结构的方法。

4.1.2 基坑支护结构的有些构件,如锚杆与支撑,是随基坑开挖过程逐步设置的,基坑需按锚杆或支撑的位置逐层开挖。支护结构设计状况,是指设计时就要拟定锚杆和支撑与基坑开挖的关系,设计好开挖与锚杆或支撑设置的步骤,对每一开挖过程支护结构的受力与变形状态进行分析。因此,支护结构施工和基坑开挖时,只有按设计的开挖步骤才能满足符合设计受力状况的要求。一般情况下,基坑开挖到基底时受力与变形最大,但有时也会出现开挖中间过程支护结构内力最大,支护结构构件的截面或锚杆抗拔力按开挖中间过程确定的情况。特别是,当用结构楼板作为支撑替代锚杆或支护结构的支撑时,此时支护结构构件的内力可能会是最大的。

4.1.3～4.1.10 这几条是对弹性支点法计算方法的规定。弹性支点法的计算要求，总体上保持了原规程的模式，主要在以下方面做了变动：

1 土的反力项由 $p_s = k_s v_s$ 改为 $p_s = k_s v_s + p_{s0}$，即增加了常数项 p_{s0}，同时，基坑面以下的土压力分布由不考虑该处的自重作用的矩形分布改为考虑土的自重作用的随深度线性增长的三角形分布。修改后，挡土结构嵌固段两侧的土压力之和没有变化，但按郎肯土压力计算时，基坑外侧基坑面上方和下方均采用主动土压力荷载，形式上直观、与其他章节表达统一、计算简化。

2 增加了挡土构件嵌固段的土反力上限值控制条件 $P_{sk} \leqslant E_{pk}$。由于土反力与土的水平反力系数的关系采用线弹性模型，计算出的土反力将随位移 v 增加线性增长。但实际上土的抗力是有限的，如采用摩尔－库仑强度准则，则不应超过被动土压力，即以 $P_{sk} = E_{pk}$ 作为土反力的上限。

3 计算土的水平反力系数的比例 m 值的经验公式（4.1.6），是根据大量实际工程的单桩水平载荷试验，按公式 $m = \left[\dfrac{H_{cr}}{x_{cr}}\right]^{\frac{5}{3}} / b_0 \cdot (EI)^{\frac{2}{3}}$，经与土层的 c、φ 值进行统计建立的。本次修订取消了按原规程公式（C.3.1）的计算方法，该公式引自《建筑桩基技术规范》JGJ 94，需要通过单桩水平荷载试验得到单桩水平临界荷载，实际应用中很难实现，因此取消。

4 排桩嵌固段土反力的计算宽度，将原规程的方形桩公式改为矩形桩公式，同时适用于工字形桩，比原规程的适用范围扩大。同时，对桩径或桩的宽度大于 1m 的情况，改用公式（4.1.7-2）和公式（4.1.7-4）计算。

5 在水平对撑的弹性支点刚度系数的计算公式中，增加了基坑两对边荷载不对称时的考虑方法。

4.2 稳定性验算

4.2.1、4.2.2 原规程对支挡式结构弹性支点法的计算过程的规定是：先计算挡土构件的嵌固深度，然后再进行结构计算。这样的计算方法使计算过程简化，省了某些验算内容。因为按原规程规定的方法确定挡土构件嵌固深度后，一些原本需要验算的稳定性问题自然满足要求了。但这样带来了一个问题，嵌固深度必须按原规程的计算方法确定，假如设计需要嵌固深度短一些，可能按此设计的支护结构会不能满足原规程未作规定的某种稳定性要求。另外对有些缺少经验的设计者，可能会误以为不需考虑这些稳定性问题，而忽视必要的土力学概念。从以上思路考虑，本规程将嵌固深度计算改为验算，可供设计选择的嵌固深度范围增大了，但同时也就需要增加各种稳定性验算的内容，使计算过程相对繁琐了。第4.2.1条是对悬臂结构嵌固深度验算的规定，是绕挡土构件底部转

动的整体极限平衡，控制的是挡土构件的倾覆稳定性。第4.2.2条对单支点结构嵌固深度验算的规定，是绕支点转动的整体极限平衡，控制的是挡土构件嵌固段的踢脚稳定性。悬臂结构绕挡土构件底部转动的力矩平衡和单支点结构绕支点转动的力矩平衡都是嵌固段土的抗力对转动点的抵抗力矩起稳定性控制作用，因此，其安全系数称为嵌固稳定安全系数。重力式水泥土墙绕墙底转动的力矩平衡，抵抗力矩中墙体重力占一定比例，因此其安全系数称为抗倾覆安全系数。双排桩绕挡土构件底部转动的力矩平衡，抵抗力矩包括嵌固段土的抗力对转动点的力矩和重力对转动点的力矩两部分，但由于嵌固段土的抗力作用在总的抵抗力矩中占主要部分，因此其安全系数也称为嵌固稳定安全系数 K_{em}。

4.2.3 锚拉式支挡结构的整体滑动稳定性验算公式（4.2.3-2）以瑞典条分法边坡稳定性计算公式为基础，在力的极限平衡关系上，增加了锚杆拉力对圆弧滑动体圆心的抗滑力矩项。极限平衡状态分析时，仍以圆弧滑动土体为分析对象，假定滑动面上土的剪力达到极限强度的同时，滑动面外锚杆拉力也达到极限拉力（正常设计情况下，锚杆极限拉力由锚杆与土之间的粘结力达到极限强度控制，但有时由锚杆杆体强度或锚杆注浆固结体对杆体的握裹力控制）。

滑弧稳定性验算应采用搜索的方法寻找最危险滑弧。由于目前程序计算已能满足在很短时间对圆心及圆弧半径以微小步长变化的所有滑动体完成搜索，所以不提倡采用经典教科书中先设定辅助线，然后在辅助线上寻找最危险滑弧圆心的简易方法。最危险滑弧的搜索范围限于通过挡土构件底端和在挡土构件下方的各个滑弧。因支护结构的平衡性和结构强度已通过结构分析解决，在截面抗剪强度满足剪应力作用下的抗剪要求后，挡土构件不会被剪断。因此，穿过挡土构件的各滑弧不需验算。

为了适用于地下水位以下的圆弧滑动体，并考虑到滑弧同时穿过砂土、黏性土的计算问题，对原规程整体滑动稳定性验算公式作了修改。此种情况下，在滑弧面上，黏性土的抗剪强度指标需要采用总应力强度指标，砂土的抗剪强度指标需要采用有效应力强度指标，并应考虑水压力的作用。公式（4.2.3-2）是通过将土骨架与孔隙水一起作为隔离体进行静力平衡分析的方法，可用于滑弧同时穿过砂土、黏性土的整体稳定性验算公式，与原规程公式相比增加了孔隙水压力一项。

4.2.4 对深度较大的基坑，当嵌固深度较小、土的强度较低时，土体从挡土构件底端以下向基坑内隆起挤出是锚拉式支挡结构和支撑式支挡结构的一种破坏模式。这是一种土体丧失竖向平衡状态的破坏模式，由于锚杆和支撑只能对支护结构提供水平方向的平衡

力，对隆起破坏不起作用，对特定基坑深度和土性，只能通过增加挡土构件嵌固深度来提高抗隆起稳定性。

本规程抗隆起稳定性的验算方法，采用目前常用的地基极限承载力的 Prandtl（普朗德尔）极限平衡理论公式，但 Prandtl 理论公式的有些假定与实际情况存在差异，具体应用有一定局限性。如：对无黏性土，当嵌固深度为零时，计算的抗隆起安全系数 K_{he} ＝0，而实际上在一定基坑深度内是不会出现隆起的。因此，当挡土构件嵌固深度很小时，不能采用该公式验算坑底隆起稳定性。

抗隆起稳定性计算是一个复杂的问题。需要说明的是，当按本规程抗隆起稳定性验算公式计算的安全系数不满足要求时，虽然不一定发生隆起破坏，但可能会带来其他不利后果。由于 Prandtl 理论公式忽略了支护结构底以下滑动区内土的重力对隆起的抵抗作用，抗隆起安全系数与滑移线深度无关，对浅部滑移体和深部滑移体得出的安全系数是一样的，与实际情况有一定偏差。基坑外挡土构件底部以上的土体重量简化为作用在该平面上的柔性均布荷载，并忽略了该部分土中剪应力对隆起的抵抗作用。对浅部滑移体，如果考虑挡土构件底端平面以上土中剪应力，抗隆起安全系数会有明显提高；当滑移体逐步向深层扩展时，虽然该剪应力抵抗隆起的作用在总抵抗力中所占比例随之逐渐减小，但滑动区内土的重力抵抗隆起的作用则会逐渐增加。如在抗隆起验算公式中考虑土中剪力对隆起的抵抗作用，挡土构件底端平面土中竖向应力将减小。这样，作用在挡土构件上的土压力也会相应增大，会降低支护结构的安全性。因此，本规程抗隆起稳定性验算公式，未考虑该剪应力的有利作用。

4.2.5 本条以最下层支点为转动轴心的圆弧滑动模式的稳定性验算方法是我国软土地区习惯采用的方法。特别是上海地区，在这方面积累了大量工程经验，实际工程中常常以这种方法作为挡土构件嵌固深度的控制条件。该方法假定破坏面为通过桩、墙底的圆弧形，以力矩平衡条件进行分析。现有资料中，力矩平衡的转动点有的取在最下道支撑或锚拉点处，有的取在开挖面处。本规程验算公式取转动点在最下道支撑或锚拉点处。在平衡力系中，桩、墙在转动点截面处的抗弯力矩在嵌固深度近于零时，会使计算结果出现反常情况，在正常设计的嵌固深度下，与总的抵抗力矩相比所占比例很小，因此在公式（4.2.5）中被忽略不计。

上海市标准《基坑工程设计规程》DBJ 08-61-97 中抗隆起分项系数的取值，对安全等级为一级、二级、三级的基坑分别取 2.5、2.0 和 1.7，工程实践表明，这些抗隆起分项系数偏大，很多工程都难以达到。新编制的上海基坑工程技术规范，根据几十个实际基坑工程抗隆起验算结果，拟将安全等级为一

级、二级、三级的支护结构抗隆起分项系数分别调整为 2.2、1.9 和 1.7。因此本规程参照上海规范，对安全等级为一级、二级、三级的支挡结构，其安全系数分别取 2.2、1.9 和 1.7。

4.2.6 地下水渗透稳定性的验算方法和规定，对本章支挡式结构和本规程其他章的复合土钉墙、重力式水泥土墙是相同的，故统一放在本规程附录。

4.3 排 桩 设 计

4.3.1 国内实际基坑工程中，排桩的桩型采用混凝土灌注桩的占绝大多数，但有些情况下，适合采用型钢桩、钢管桩、钢板桩或预制桩等，有时也可以采用 SMW 工法施工的内置型钢水泥土搅拌桩。这些桩型用作挡土构件时，与混凝土灌注桩的结构受力类型是相同的，可按本章支挡式支护结构进行设计计算。但采用这些桩型时，应考虑其刚度、构造及施工工艺上的不同特点，不能盲目使用。

4.3.2 圆形截面支护桩，沿受拉区和受压区周边局部均匀配置纵向钢筋的正截面受弯承载力计算公式中，因纵向受拉、受压钢筋集中配置在圆心角 $2\pi\alpha_s$、$2\pi\alpha_s'$ 内的做法很少采用，本次修订将原规程公式中集中配置钢筋有关项取消。同时，增加了圆形截面支护桩的斜截面承载力计算要求。由于现行国家标准《混凝土结构设计规范》GB 50010 中没有圆形截面的斜截面承载力计算公式，所以采用了将圆形截面等代成矩形截面，然后再按上述规范中矩形截面的斜截面承载力公式计算的方法，即"可用截面宽度 b 为 $1.76r$ 和截面有效高度 h_0 为 $1.6r$ 的矩形截面代替圆形截面后，按现行国家标准《混凝土结构设计规范》GB 50010 对矩形截面斜截面承载力的规定进行计算，此处，r 为圆形截面半径。等效成矩形截面的混凝土支护桩，应将计算所得的箍筋截面面积作为圆形箍筋的截面面积，且应满足该规范对梁的箍筋配置的要求。"

4.3.4 本条规定悬臂桩桩径不宜小于 600mm、锚拉式排桩与支撑式排桩桩径不宜小于 400mm，是通常情况下桩径的下限，桩径的选取主要还是应按弯矩大小与变形要求确定，以达到受力与桩承载力匹配，同时还要满足经济合理和施工条件的要求。特殊情况下，排桩间距的确定还要考虑桩间土的稳定性要求。根据工程经验，对大桩径或黏性土，排桩的净间距在 900mm 以内，对小桩径或砂土，排桩的净间距在 600mm 以内较常见。

4.3.5 该条对混凝土灌注桩的构造规定，以保证排桩作为混凝土构件的基本受力性能。有些情况下支护桩不宜采用非均匀配置纵向钢筋，如，采用泥浆护壁水下灌注混凝土成桩工艺而钢筋笼顶端低于泥浆面、钢筋笼顶与桩的孔口高差较大等难以控制钢筋笼方向的情况。

4.3.6 排桩冠梁低于地下管线是从后期主体结构施工上考虑的。因为，当排桩及冠梁高于后期主体结构各种地下管线的标高时，会给后续的施工造成障碍，需将其凿除。所以，排桩桩顶的设计标高，在不影响支护桩顶以上部分基坑的稳定与基坑外环境对变形的要求时，宜避开主体建筑地下管线通过的位置。一般情况，主体建筑各种管线引出接口的埋深不大，是容易做到的，但如果将桩顶降至管线以下，影响了支护结构的稳定或变形要求，则应首先按基坑稳定或变形要求确定桩顶设计标高。

4.3.7 冠梁是排桩结构的组成部分，应符合梁的构造要求。当冠梁上不设置锚杆或支撑时，冠梁可以仅按构造要求设计，按构造配筋。此时，冠梁的作用是将排桩连成整体，调整各个桩受力的不均匀性，不需对冠梁进行受力计算。当冠梁上设置锚杆或支撑时，冠梁起到传力作用，除需满足构造要求外，应按梁的内力进行截面设计。

4.3.9 泄水管的构造与规格应根据土的性状及地下水特点确定。一些实际工程中，泄水管采用长度不小于 300mm，内径不小于 40mm 的塑料或竹制管，泄水管外壁包裹土工布并按含水土层的粒径大小设置反滤层。

4.4 排桩施工与检测

4.4.1 基坑支护中支护桩的常用桩型与建筑桩基相同，主要桩型的施工要求在现行国家行业标准《建筑桩基技术规范》JGJ 94 中已作规定。因此，本规程仅对桩用于基坑支护时的一些特殊施工要求进行了规定，对桩的常规施工要求不再重复。

4.4.2 本条是对当桩的附近存在既有建筑物、地下管线等环境且需要保护时，应注意的一些桩的施工问题。这些问题处理不当，经常会造成基坑周边建筑物、地下管线等被损害的工程事故。因具体工程的条件不同，应具体问题具体分析，结合实际情况采取相应的有效保护措施。

4.4.3 支护桩的截面配筋一般由受弯或受剪承载力控制，为保证内力较大截面的纵向受拉钢筋的强度要求，接头不宜设置在该处。同一连接区段内，纵向受力钢筋的连接方式和连接接头面积百分率应符合现行国家标准《混凝土结构设计规范》GB 50010 对梁类构件的规定。

4.4.7 相互咬合形成竖向连续体的排桩是一种新型的排桩结构，是本次规程修订新增的内容。排桩采用咬合的形式，其目的是使排桩既能作为挡土构件，又能起到截水作用，从而不用另设截水帷幕。由于需要达到截水的效果，对咬合排桩的施工垂直度就有严格的要求，否则，当桩与桩之间产生间隙，将会影响截水效果。通常咬合排桩是采用钢筋混凝土桩与素混凝土桩相互搭接，由配有钢筋的桩承受土压力荷载，素混凝土桩只用于截水。目前，这种兼作截水的支护结构形式已在一些工程上采用，施工质量能够得到保证时，其截水效果是良好的。

液压钢套管护壁、机械冲抓成孔工艺是咬合排桩的一种形式，其施工要点如下：

1 在桩顶预先设置导墙，导墙宽度取（3～4）m，厚度取（0.3～0.5）m；

2 先施作素混凝土桩，并在混凝土接近初凝时施作与其相交的钢筋混凝土桩；

3 压入第一节钢套管时，在钢套管相互垂直的两个竖向平面上进行垂直度控制，其垂直度偏差不得大于 3‰；

4 抓土过程中，套管内抓斗取土与套管压入同步进行，抓土面在套管底面以上的高度应始终大于 1.0m；

5 成孔后，夯实孔底；混凝土浇筑过程中，浇筑混凝土与提拔套管同步进行，混凝土面应始终高于套管底面；套管应垂直提拔；提拔阻力大时，可转动套管并缓慢提拔。

4.4.9 冠梁通过传递剪力调整桩与桩之间力的分配，当锚杆或支撑设置在冠梁上时，通过冠梁将排桩上的土压力传递到锚杆与支撑上。由于冠梁与桩的连接处是混凝土两次浇筑的结合面，如该结合面薄弱或钢筋锚固不够时，会剪切破坏不能传递剪力。因此，应保证冠梁与桩结合面的施工质量。

4.5 地下连续墙设计

4.5.1 地下连续墙作为混凝土受弯构件，可直接按现行国家标准《混凝土结构设计规范》GB 50010 的有关规定进行截面与配筋设计，但因为支护结构与永久性结构的内力设计值取值规定不同，荷载分项系数不同，按上述规范的有关公式计算截面承载力时，内力应按本规程的有关规定取值。

4.5.2 目前地下连续墙在基坑工程中已有广泛的应用，尤其在深大基坑和环境条件要求严格的基坑工程，以及支护结构与主体结构相结合的工程。按现有施工设备能力，现浇地下连续墙最大墙厚可达1500mm，采用特制挖槽机械的薄层地下连续墙，最小墙厚仅 450mm。常用成槽机的规格为 600mm、800mm、1000mm 或 1200mm 墙厚。

4.5.3 对环境条件要求高、槽段深度较深，以及槽段形状复杂的基坑工程，应通过槽壁稳定性验算，合理划分槽段的长度。

4.5.9 槽段接头是地下连续墙的重要部件，工程中常用的施工接头如图 1、图 2 所示。

4.5.10 地下连续墙采用分幅施工，墙顶设置通长的冠梁将地下连续墙连成结构整体。冠梁宜与地下连续墙迎土面平齐，以避免凿除导墙，用导墙对墙顶以上挡土护坡。

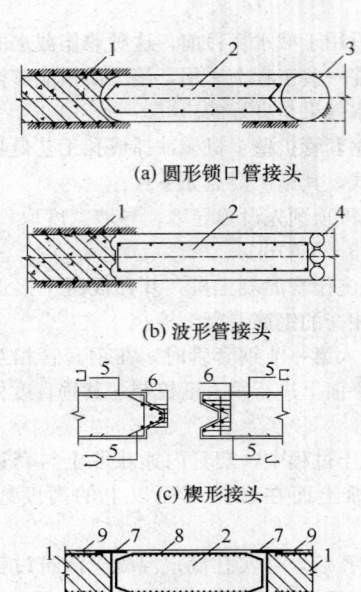

(a) 圆形锁口管接头

(b) 波形管接头

(c) 楔形接头

(d) 工字形型钢接头

图1　地下连续墙柔性接头
1—先行槽段；2—后续槽段；3—圆形锁扣管；
4—波形管；5—水平钢筋；6—端头纵筋；7—工
字钢接头；8—地下连续墙钢筋；9—止浆板

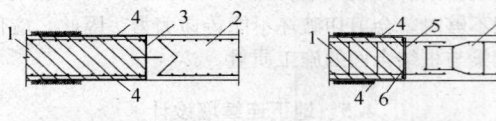

(a) 十字形穿孔钢板刚性接头　(b) 钢筋承插式接头

图2　地下连续墙刚性接头
1—先行槽段；2—后续槽段；3—十字钢板；
4—止浆片；5—加强筋；6—隔板

4.6　地下连续墙施工与检测

4.6.1　为了确保地下连续墙成槽的质量，应根据不同的深度情况、地质条件选择合适的成槽设备。在软土中成槽可采用常规的抓斗式成槽设备，当在硬土层或岩层中成槽施工时，可选用钻抓、抓铣结合的成槽工艺。成槽机宜配备有垂直度显示仪表和自动纠偏装置，成槽过程中利用成槽机上的垂直度仪表及自动纠偏装置来保证成槽垂直度。

4.6.2　当地下连续墙邻近既有建（构）筑物或对变形敏感的地下管线时，应根据相邻建筑物的结构和基础形式、相邻地下管线的类型、位置、走向和埋藏深度及场地的工程地质和水文地质特性等因素，按其允许变形要求采取相应的防护措施。如：

1　采取间隔成槽的施工顺序，并在浇筑的混凝土终凝后，进行相邻槽段的成槽施工；

2　对松散或稍密的砂土和碎石土、稍密的粉土、软土等易坍塌的软弱土层，地下连续墙成槽时，可采

取改善泥浆性质、槽壁预加固、控制单幅槽段宽度和挖槽速度等措施增强槽壁稳定性。

4.6.3　导墙是控制地下连续墙轴线位置及成槽质量的关键环节。导墙的形式有预制和现浇钢筋混凝土两种，现浇导墙较常用，质量易保证。现浇导墙形状有"L"、倒"L"、"〔"等形状，可根据地质条件选用。当土质较好时，可选用倒"L"形；采用"L"形导墙时，导墙背后应注意回填夯实。导墙上部宜与道路连成整体。当浅层土质较差时，可预先加固导墙两侧土体，并将导墙底部加深至原状土上。两侧导墙净距通常大于设计槽宽 40mm～50mm，以便于成槽施工。

导墙顶部可高出地面 100mm～200mm 以防止地表水流入导墙沟，同时为了减少地表水的渗透，墙侧应用密实的黏性土回填，不应使用垃圾及其他透水材料。导墙拆模后，应在导墙间加设支撑，可采用上下两道槽钢或木撑，支撑水平间距一般 2m 左右，并禁止重型机械在尚未达到强度的导墙附近作业，以防止导墙位移或开裂。

4.6.4　护壁泥浆的配比试验、室内性能试验、现场成槽试验对保证槽壁稳定性是很有必要的，尤其在松散或渗透系数较大的土层中成槽，更应注意适当增大泥浆黏度，调整好泥浆配合比。对槽底稠泥浆和沉淀渣土的清除可以采用底部抽吸同时上部补浆的方法，使底部泥浆比重降至 1.2，减少槽底沉渣厚度。当泥浆配比不合适时，可能会出现槽壁较严重的坍塌，这时应将槽段回填，调整施工参数后再重新成槽。有时，调整泥浆配比也能解决槽壁坍塌问题。

4.6.5　每幅槽段的长度，决定挖槽的幅数和次序。常用作法是：对三抓成槽的槽段，采用先抓两边后抓中间的顺序；相邻两幅地下连续墙槽段深度不一致时，先施工深的槽段，后施工浅的槽段。

4.6.6　地下连续墙水下浇筑混凝土时，因成槽时槽壁坍塌或槽段接头安放不到位等原因都会导致混凝土绕流，混凝土一旦形成绕流会对相邻幅槽段的成槽和墙体质量产生不良影响，因此在工程中要重视混凝土绕流问题。

4.6.10　当单元槽段的钢筋笼必须分段装配沉放时，上下段钢筋笼的连接在保证质量的情况下应尽量采用连接快速的方式。

4.6.14　因《建筑地基基础工程施工质量验收规范》GB 50202 已对地下连续墙施工偏差有详细、全面的规定，本规程不再对此进行规定。

4.7　锚杆设计

4.7.1　锚杆有多种类型，基坑工程中主要采用钢绞线锚杆，当设计的锚杆承载力较低时，有时也采用钢筋锚杆。有些地区也采用过自钻式锚杆，将钻杆留在孔内作为锚杆杆体。自钻式锚杆不需要预先成孔，与先成孔再置入杆体的钢绞线、钢筋锚杆相比，施工对

地层变形影响小，但其承载力较低，目前很少采用。从锚杆杆体材料上讲，钢绞线锚杆杆体为预应力钢绞线，具有强度高、性能好、运输安装方便等优点，由于其抗拉强度设计值是普通热轧钢筋的4倍左右，是性价比最好的杆体材料。预应力钢绞线锚杆在张拉锁定的可操作性、施加预应力的稳定性方面均优于钢筋。因此，预应力钢绞线锚杆应用最多、也最有发展前景。随着锚杆技术的发展，钢绞线锚杆又可细分为多种类型，最常用的是拉力型预应力锚杆，还有拉力分散型锚杆、压力型预应力锚杆、压力分散型锚杆，压力型锚杆可应用钢绞线回收技术，适应愈来愈引起人们关注的环境保护的要求。这些内容可参见中国工程建设标准化协会标准《岩土锚杆（索）技术规程》CECS 22：2005。

锚杆成孔工艺主要有套管护壁成孔、螺旋钻杆干成孔、浆液护壁成孔等。套管护壁成孔工艺下的锚杆孔壁松弛小、对土体扰动小、对周边环境的影响最小。工程实践中，螺旋钻杆成孔、浆液护壁成孔工艺锚杆承载力低、成孔施工导致周边建筑物地基沉降的情况时有发生。设计和施工时应根据锚杆所处的土质、承载力大小等因素，选定锚杆的成孔工艺。

目前常用的锚杆注浆工艺有一次常压注浆和二次压力注浆。一次常压注浆是浆液在自重压力作用下充填锚杆孔。二次压力注浆需满足两个指标，一是第二次注浆时的注浆压力，一般需不小于1.5MPa，二是第二次注浆时的注浆量。满足这两个指标的关键是控制浆液不从孔口流失。一般的做法是：在一次注浆液初凝后一定时间，开始进行二次注浆，或者在锚杆锚固段起点处设置止浆装置。可重复分段劈裂注浆工艺（袖阀管注浆工艺）是一种较好的注浆方法，可增加二次压力注浆量和沿锚固段的注浆均匀性，并可对锚杆实施多次注浆，但这种方法目前在工程中的应用还不普遍。

4.7.2 本次修订，锚杆长度设计采用了传统的安全系数法，锚杆杆体截面设计仍采用原规程的分项系数法。原规程中，锚杆承载力极限状态的设计表达式是采用分项系数法，其荷载分项系数、抗力分项系数和重要性系数三者的乘积在数值上相当于安全系数。其乘积，对于安全等级为一级、二级、三级的支护结构分别为1.7875、1.625、1.4625。实践证明，该安全储备是合适的。本次修订规定临时支护结构中的锚杆抗拔安全系数对于安全等级为一级、二级、三级的支护结构分别取1.8、1.6、1.4，与原规程取值相当。需要注意的是，当锚杆为永久结构构件时，其安全系数取值不能按照本规程的规定，需符合其他有关技术标准的规定。

4.7.4 本条强调了锚杆极限抗拔力应通过现场抗拔试验确定的取值原则。由于锚杆抗拔试验的目的是确定或验证在特定土层条件、施工工艺下锚固体与土体之间的粘结强度、锚杆长度等设计参数是否正确，因而试验时应使锚杆在极限承载力下，其破坏形式是锚杆摩阻力达到极限粘结强度时的拔出破坏，而不应是锚杆杆体被拉断。为防止锚杆体应力达到极限抗拉强度先于锚杆摩阻力达到极限粘结强度，必要时，试验锚杆可适当增加预应力筋的截面面积。

本次规程修订，从20多个地区共收集到500多根锚杆试验资料，对所收集资料进行了统计分析，并进行了不同成孔工艺、不同注浆工艺条件下锚杆抗拔承载力的专题研究。根据上述资料，对原规程表4.4.3进行了修订和扩充，形成本规程表4.7.4。需要注意的是，由于我国各地区相同土类的土性亦存在差异，施工水平也参差不齐，因此，使用该表数值时应根据当地经验和不同的施工工艺合理使用。二次高压注浆的注浆压力、注浆量、注浆方法（普通二次压力注浆和可重复分段压力注浆）的不同，均会影响土体与锚固体的实际极限粘结强度的数值。

4.7.5 锚杆自由段长度是锚杆杆体不受注浆固结体约束可自由伸长的部分，也就是杆体用套管与注浆固结体隔离的部分。锚杆的非锚杆段是理论滑动面以内的部分，与锚杆自由段有所区别。锚杆自由段应超过理论滑动面（大于非锚固段长度）。锚杆总长度为非锚固段长度加上锚固段长度。

锚杆的自由段长度越长，预应力损失越小，锚杆拉力越稳定。自由段长度过小，锚杆张拉锁定后的弹性伸长较小，锚具变形、预应力筋回缩等因素引起的预应力损失较大，同时，受支护结构位移的影响也越敏感，锚杆拉力会随支护结构位移有较大幅度增加，严重时锚杆会因杆体应力超过其强度发生脆性破坏。因此，锚杆的自由段长度除了满足本条规定外，尚需满足不小于5m的规定。自由段越长，锚杆拉力对锚头位移越不敏感。在实际基坑工程设计时，如计算的自由段较短，宜适当增加自由段长度。

4.7.8 锚杆布置是以排和列的群体形式出现的，如果其间距太小，会引起锚杆周围的高应力区叠加，从而影响锚杆抗拔力和增加锚杆位移，即产生"群锚效应"，所以本条规定了锚杆的最小水平间距和竖向间距。

为了使锚杆与周围土层有足够的接触应力，本条规定锚固体上覆土层厚度不宜小于4.0m，上覆土层厚度太小，其接触应力也小，锚杆与土的粘结强度会较低。当锚杆采用二次高压注浆时，上覆土层有一定厚度才能保证在较高注浆压力作用下注浆不会从地表溢出或流入地下管线内。

理论上讲，锚杆水平倾角越小，锚杆拉力的水平分力所占比例越大。但是锚杆水平倾角太小，会降低浆液向锚杆周围土层内渗透，影响注浆效果。锚杆水平倾角越大，锚杆拉力的水平分力所占比例越小，锚杆拉力的有效部分减小或需要更长的锚杆长度，也就越不经济。同时锚杆的竖向分力较大，对锚头连接要求更高并使挡土构件有向下变形的趋势。本条规定了适宜的水平倾角的范围值，设计时，应尽量使锚杆锚固段进入粘结强度较高土层的原则确定锚杆倾角。

锚杆施工时的塌孔、对地层的扰动，会引起锚杆上部土体的下沉，若锚杆之上存在建筑物、构筑物等，锚杆成孔造成的地基变形可能使其发生沉降甚至损坏，此类事故在实际工程中时有发生。因此，设置锚杆需避开易塌孔、变形的地层。

根据有关参考资料，当土层锚杆间距为 1.0m时，考虑群锚效应的锚杆抗拔力折减系数可取 0.8，锚杆间距在 1.0m～1.5m 之间时，锚杆抗拔力折减系数可按此内插。

4.7.11 腰梁是锚杆与挡土结构之间的传力构件。钢筋混凝土腰梁一般是整体现浇，梁的长度较长，应按连续梁设计。组合型钢腰梁需在现场安装拼接，每节一般按简支梁设计，腰梁较长时，则可按连续梁设计。

4.7.12 根据工程经验，在常用的锚杆拉力、锚杆间距条件下，槽钢的规格常在 [18～ [36 之间选用，工字钢的规格常在 I16～I32 之间选用。具体工程中锚杆腰梁规格取值与锚杆的设计拉力和锚杆间距有关，应根据按第 4.7.11 条规定计算的腰梁内力确定。锚杆的设计拉力或锚杆间距越大，内力越大，腰梁型钢的规格也就会越大。组合型钢腰梁的双型钢焊接为整体，可增加腰梁的整体稳定性，保证双型钢共同受力。

4.7.13 对于组合型钢腰梁，锚杆拉力通过锚具、垫板以集中力的形式作用在型钢上。当垫板厚度不够大时，在较大的局部压力作用下，型钢腹板会出现局部失稳，型钢翼缘会出现局部弯曲，从而导致腰梁失效，进而引起整个支护结构的破坏。因此，设计需考虑腰梁的局部受压稳定性。加强型钢腰梁的受扭承载力及局部受压稳定性有多种措施和方法，如：可在型钢翼缘端口、锚杆锚具位置处配置加劲肋（图 3），肋板厚度一般不小于 8mm。

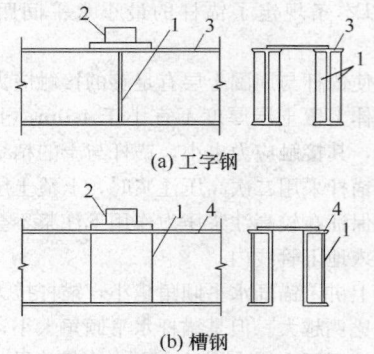

图 3　钢腰梁的局部加强构造形式
1—加强肋板；2—锚头；3—工字钢；4—槽钢

4.7.14 混凝土腰梁截面的上边水平尺寸不宜小于 250mm，是考虑到混凝土浇筑、振捣的施工要求而定。

4.7.15 组合型钢腰梁与挡土构件之间的连接构造，需有足够的承载力和刚度。连接构造一般不能有变形，或者变形相对于腰梁的变形可忽略不计。

4.8　锚杆施工与检测

4.8.2 锚杆成孔是锚杆施工的一个关键环节，主要应注意以下问题：①塌孔。造成锚杆杆体不能插入，使注浆液掺入杂物而影响固结体完整性和强度、影响握裹力和粘结强度，使钻孔周围土体塌落、建筑物基础下沉等。②遇障碍物。使锚杆达不到设计长度，如果碰到电力、通信、煤气管线等地下管线会使其损坏并酿成严重后果。③孔壁形成泥皮。在高塑性指数的饱和黏性土层及采用螺旋钻杆成孔时易出现这种情况，使粘结强度和锚杆抗拔力大幅度降低。④涌水涌砂。当采用帷幕截水时，在地下水位以下特别是承压水土层成孔会出现孔内向外涌水冒砂，造成无法成孔、钻孔周围土体坍塌、地面或建筑物基础下沉、注浆液被水稀释不能形成固结体、锚头部位长期漏水等。

4.8.7 锚杆张拉锁定时，张拉值大于锚杆轴向拉力标准值，然后将拉力在锁定值的（1.1～1.15）倍进行锁定。第一，是为了在锚杆锁定时对每根锚杆进行过程检验，当锚杆抗拔力不足时可事先发现，减少锚杆的质量隐患。第二，通过张拉可检验在设计荷载下锚杆各连接节点的可靠性。第三，可减小锁定后锚杆的预应力损失。

工程实测表明，锚杆张拉锁定后一般预应力损失较大，造成预应力损失的主要因素有土体蠕变、锚头及连接的变形、相邻锚杆影响等。锚杆锁定时的预应力损失约为 10%～15%。当采用的张拉千斤顶在锁定时不会产生预应力损失，则锁定时的拉力不需提高 10%～15%。

钢绞线多余部分宜采用冷切割方法切除，采用热切割时，钢绞线过热会使锚具夹片表面硬度降低，造成钢绞线滑动，降低锚杆预应力。当锚杆需要再次张拉锁定时，锚具外的杆体预留长度应满足张拉要求。确保锚杆不用再张拉时，冷切割的锚具外的杆体保留长度一般不小于 50mm，热切割时，一般不小于 80mm。

4.9　内支撑结构设计

4.9.1 钢支撑，不仅具有自重轻、安装和拆除方便、施工速度快、可以重复利用等优点，而且安装后能立即发挥支撑作用，对减小由于时间效应而产生的支护结构位移十分有效，因此，对形状规则的基坑常采用钢支撑。但钢支撑节点构造和安装相对复杂，需要具有一定的施工技术水平。

混凝土支撑是在基坑内现浇而成的结构体系，布置形式和方式基本不受基坑平面形状的限制，具有刚度大、整体性好、施工技术相对简单等优点，所以，应用范围较广。但混凝土支撑需要较长的制作和养护时间，制作后不能立即发挥支撑作用，需要达到一定的材料强度后，才能进行其下的土方开挖。此外，拆除混凝土支撑工作量大，一般需要采用爆破方法拆除，支撑材料不能重复使用，从而产生大量的废弃混凝土垃圾需要处理。

4.9.3 内支撑结构形式很多，从结构受力形式划分，可主要归纳为以下几类（图4）：①水平对撑或斜撑，包括单杆、桁架、八字形支撑。②正交或斜交的平面杆系支撑。③环形杆系或板系支撑。④竖向斜撑。每一类内支撑形式又可根据具体情况有多种布置形式。一般来说，对面积不大、形状规则的基坑常采用水平对撑或斜撑；对面积较大或形状不规则的基坑有时需采用正交或斜交的平面杆系支撑；对圆形、方形及近似圆形的多边形的基坑，为能形成较大开挖空间，可采用环形杆系或环形板系支撑；对深度较浅、面积较大基坑，可采用竖向斜撑，但需注意，在设置斜撑基础、安装竖向斜撑前，无撑支护结构应能够满足承载力、变形和整体稳定要求。对各类支撑形式，支护结构的布置要重视支撑体系总体刚度的分布，避免突变，尽可能使水平力作用中心与支撑刚度中心保持一致。

4.9.5 实际工程中支撑和冠梁及腰梁、排桩或地下

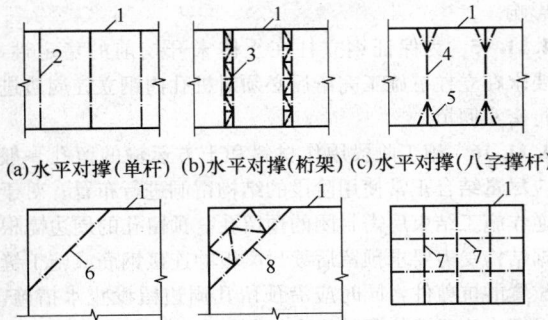

(a)水平对撑(单杆)　(b)水平对撑(桁架)　(c)水平对撑(八字撑杆)

(d)水平斜撑(单杆)　(e)水平斜撑(桁架)　(f)正交平面杆系支撑

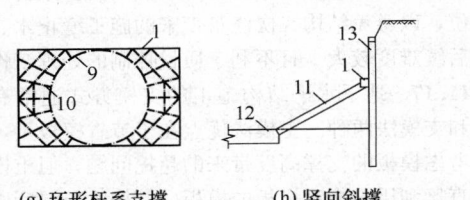

(g)环形杆系支撑　　　(h)竖向斜撑

图4　内支撑结构常用类型

1—腰梁或冠梁；2—水平单杆支撑；3—水平桁架支撑；4—水平支撑主杆；5—八字撑杆；6—水平角撑；7—水平正交支撑；8—水平斜交支撑；9—环形支撑；10—支撑杆；11—竖向斜撑；12—竖向斜撑基础；13—挡土构件

连续墙以及立柱等连接成一体并形成空间结构。因此，在一般情况下应考虑支撑体系在平面上各点的不同变形与排桩、地下连续墙的变形协调作用而优先采用整体分析的空间分析方法。但是，支护结构的空间分析方法由于建立模型相对复杂，部分模型参数的确定也没有积累足够的经验，因此，目前将空间支护结构简化为平面结构的分析方法和平面有限元法应用较为广泛。

4.9.6 温度变化会引起钢支撑轴力改变，但由于对钢支撑温度应力的研究较少，目前对此尚无成熟的计算方法。温度变化对钢支撑的影响程度与支撑构件的长度有较大的关系，根据经验，对长度超过40m的支撑，认为可考虑10%～20%的支撑内力变化。

目前，内支撑的计算一般不考虑支撑立柱与挡土构件之间、各支撑立柱之间的差异沉降，但支撑立柱下沉或隆起，会使支撑立柱与排桩、地下连续墙之间，立柱与立柱之间产生一定的差异沉降。当差异沉降较大时，在支撑构件上增加的偏心距，会使水平支撑产生次应力。因此，当预估或实测差异沉降较大时，应按此差异沉降量对内支撑进行计算分析并采取相应措施。

4.9.9 预加轴向压力可减小基坑开挖后支护结构的水平位移、检验支撑连接结点的可靠性。但如果预加轴向力过大，可能会使支挡结构产生反向变形、增大基坑开挖后的支撑轴力。根据以往的设计和施工经验，预加轴向力取支撑轴向压力标准值的（0.5～0.8）倍较合适。但特殊条件下，不一定受此限制。

4.9.14 钢支撑的整体刚度依赖于构件之间的合理连接，其构件的拼接尚应满足截面等强度的要求。常用的连接方法有螺栓连接和焊接。螺栓连接施工方便，速度快，但整体性不如焊接好。焊接一般在现场拼接，由于焊接条件差，对焊接技术水平要求较高。

4.11　支护结构与主体结构的结合及逆作法

4.11.1 主体工程与支护结构相结合，是指在施工期利用地下结构外墙或地下结构的梁、板、柱兼作基坑支护体系，不设置或仅设置部分临时基坑支护体系。它在变形控制、降低工程造价等方面具有诸多优点，是建设高层建筑多层地下室和其他多层地下结构的有效方法。将主体地下结构与支护结构相结合，其中蕴含巨大的社会、经济效益。支护结构与主体结构相结合的工程类型可采用以下几类：①地下连续墙"两墙合一"结合坑内临时支撑系统；②临时支护墙结合水平梁板体系取代临时内支撑；③支护结构与主体结构全面相结合。

4.11.2 利用地下结构兼作基坑支护结构时，施工期和使用期的荷载状况和结构状态均有较大的差别，因此需要分别进行设计和计算，同时满足各种情况下承载能力极限状态和正常使用极限状态的设计要求。

4.11.3 与主体结构相结合的地下连续墙在较深的基坑工程中较为普遍。通常情况下，采用单一墙时，基坑内部槽段接缝位置需设置钢筋混凝土壁柱，并留设隔潮层、设置砖衬墙。采用叠合墙时，地下连续墙墙体内表面需进行凿毛处理，并留设剪力槽和插筋等预埋措施，确保与内衬结构墙之间剪力的可靠传递。复合墙和叠合墙结构形式，在基坑开挖阶段，仅考虑地下连续墙作为基坑支护结构进行受力和变形计算；在正常使用阶段，考虑内衬钢筋混凝土墙体的复合或叠合作用。

4.11.5 地下连续墙多为矩形，与圆形的钻孔灌注桩相比，成槽过程中的槽底沉渣更加难以控制，因此对地下连续墙进行注浆加固是必要的。当地下连续墙承受较大的竖向荷载时，槽底注浆有利于地下连续墙与主体结构之间的变形协调。

4.11.6 地下连续墙的防水薄弱点在槽段接缝和地下连续墙与基础底板的连接位置，因此应设置必要的构造措施保证其连接和防水可靠性。

4.11.7、4.11.8 当采用梁板体系且结构开口较多时，可简化为仅考虑梁系的作用，进行在一定边界条件下，在周边水平荷载作用下的封闭框架的内力和变形计算，其计算结果是偏安全的。当梁板体系需考虑板的共同作用，或结构为无梁楼盖时，应采用平面有限元的方法进行整体计算分析，根据计算分析结果并结合工程概念和经验，合理确定结构构件的内力。

当主体地下水平结构需作为施工期的施工作业面，供挖土机、土方车以及吊车等重载施工机械进行施工作业时，此时水平构件不仅需承受坑外水土的侧向水平压力，同时还承受施工机械的竖向荷载。因此其构件的设计在满足正常使用阶段的结构受力及变形要求之外，尚需满足施工期水平向和竖向两种荷载共同作用下的受力和变形要求。

主体地下水平结构作为基坑施工期的水平支撑，需承受坑外传来的水土侧向压力。因此水平结构应具有直接的、完整的传力体系。如同层楼板面标高出现较大的高差时，应通过计算设置有效的转换结构以利于水平力的传递。另外，应在结构楼板出现较大面积的缺失区域以及地下各层水平结构梁板的结构分缝以及施工后浇带等位置，通过计算设置必要的水平支撑传力构件。

4.11.9 在主体地下水平结构与支护结构相结合的工程中，梁柱节点位置由于竖向支承钢立柱的存在，使得该位置框架梁钢筋穿越与钢立柱的矛盾十分突出，将框架梁截面宽度适当加大，以缓解梁柱节点位置钢筋穿越的难题。当钢立柱采用钢管混凝土柱，且框架梁截面宽度较小，框架梁钢筋无法满足穿越要求时，可采取环梁节点、加强连接环板或双梁节点等措施，以满足梁柱节点位置各个阶段的受力要求。

4.11.10～4.11.12 支护结构与主体结构相结合工程

中的竖向支承钢立柱和立柱桩一般尽量设置于主体结构柱位置，并利用结构柱下工程桩作为立柱桩，钢立柱则在基坑逆作阶段结束后外包混凝土形成主体结构劲性柱。

竖向支承立柱和立柱桩的位置和数量，要根据地下室的结构布置和制定的施工方案经计算确定，其承受的最大荷载，是地下室已修筑至最下一层，而地面上已修筑至规定的最高层数时的结构构件重量与施工超载的总和。除承载能力必须满足荷载要求外，钢立柱底部桩基础的主要设计控制参数是沉降量，目标是使相邻立柱以及立柱与地下连续墙之间的沉降差控制在允许范围内，以免结构梁板中产生过大附加应力，导致裂缝的发生。

型钢格构立柱是最常采用的钢立柱形式；在逆作阶段荷载较大并且主体结构允许的情况下也可采用钢管混凝土立柱。

立柱桩浇筑过程中，混凝土导管需要穿过钢立柱，如果角钢格构柱边长过小，导管上拔过程中容易被卡住；如果钢管立柱内径过小，则钢管内混凝土的浇捣质量难以保证，因此需要对角钢格构柱的最小边长和钢管混凝土立柱的钢管最小直径进行规定。

竖向支承钢立柱由于柱中心的定位误差、柱身倾斜、基坑开挖或浇筑柱身混凝土时产生位移等原因，会产生立柱中心偏离设计位置的情况，过大偏心不仅造成立柱承载能力的下降，而且也会给正常使用带来问题。施工中必须对立柱的定位精度严加控制，并应根据立柱允许偏差按偏心受压构件验算施工偏心的影响。

4.11.15 为保证钢立柱在土体未开挖前的稳定性，要求在立柱桩施工完毕后必须对桩孔内钢立柱周边进行密实回填。

4.11.16 施工阶段用作材料和土方运输的留孔一般应尽量结合正常使用阶段的结构留洞进行布置。对于逆作施工结束后需封闭的预留孔，预留孔的周边需根据结构受力要求预留后续封梁板的连接钢筋或施工缝位置的抗剪件，同时应沿预留孔周边留设止水措施，以解决施工缝位置的止水问题。

施工孔洞应尽量设置在正常使用阶段结构开口的部位，以避免结构二次浇筑带来的施工缝止水、抗剪等后续难度较大、且不利于质量控制的处理工作。

4.11.17 地下水平结构施工的支模方式通常有土模法和支模法两种。土模法优点在于节省模板量，且无需考虑模板的支撑高度带来的超挖问题，但土模法由于直接利用土作为梁板的模板，结构梁板混凝土自重的作用下，土模易发生变形进而影响梁板的平整度，不利于结构梁板施工质量的控制。因此，从保证永久结构的质量角度上，地下水平结构构件宜采用支模法施工，支护结构设计计算时，应计入采用支模法而带来的超挖量等因素。

逆作法的工艺特点决定地下部分的柱、墙等竖向结构均待逆作结束之后再施工，地下各层水平结构施工时必须预先留设好柱、墙竖向结构的连接钢筋以及浇捣孔。预留连接钢筋在整个逆作施工过程中须采取措施加以保护，避免潮气、施工车辆碰撞等因素作用下预留钢筋出现锈蚀、弯折。另外柱、墙施工时，应对二次浇筑的结合面进行清洗处理，对于受力大、质量要求高的结合面，可预留消除裂缝的压力注浆孔。

4.11.19 钢管混凝土立柱承受荷载水平高，但由于混凝土水下浇筑、桩与柱混凝土标号不统一等原因，施工质量控制的难度较高。为了确保施工质量满足设计要求，必须根据本条规定对钢管混凝土立柱进行严格检测。

4.12 双排桩设计

4.12.1~4.12.4 双排桩结构是本规程的新增内容。实际的基坑工程中，在某些特殊条件下，锚杆、土钉、支撑受到实际条件的限制而无法实施，而采用单排悬臂桩又难以满足承载力、基坑变形等要求或者采用单排悬臂桩造价明显不合理的情况下，双排桩刚架结构是一种可供选择的基坑支护结构形式。与常用的支挡式支护结构如单排悬臂桩结构、锚拉式结构、支撑式结构相比，双排桩刚架支护结构有以下特点：

　　1 与单排悬臂桩相比，双排桩为刚架结构，其抗侧移刚度远大于单排悬臂桩结构，其内力分布明显优于悬臂结构，在相同的材料消耗条件下，双排桩刚架结构的桩顶位移明显小于单排悬臂桩，其安全可靠性、经济合理性优于单排悬臂桩。

　　2 与支撑式支挡结构相比，由于基坑内不设支撑，不影响基坑开挖、地下结构施工，同时省去设置、拆除内支撑的工序，大大缩短了工期。在基坑面积很大、基坑深度不很大的情况下，双排桩刚架支护结构的造价常低于支撑式支挡结构。

　　3 与锚拉式支挡结构相比，在某些情况下，双排桩刚架结构可避免锚拉式支挡结构难以克服的缺点。如：①在拟设置锚杆的部位有已建地下结构、障碍物，锚杆无法实施；②拟设置锚杆的土层为高水头的砂层（有隔水帷幕），锚杆无法实施或实施难度、风险大；③拟设置锚杆的土层无法提供要求的锚固力；④拟设置锚杆的工程，地方法律、法规规定支护结构不得超出用地红线。此外，由于双排桩具有施工工艺简单、不与土方开挖交叉作业、工期短等优势，在可以采用悬臂桩、支撑式支挡结构、锚拉式支挡结构条件下，也应在考虑技术、经济、工期等因素并进行综合分析对比后，合理选用支护方案。

　　双排桩结构虽然已在少数实际工程中应用，但目前基坑支护规范中尚没有提出双排桩结构计算方法，使得一些设计者对如何设计双排桩还处于一种模糊状态。本规程根据以往的双排桩工程实例总结及通过模型试验与工程测试的研究，提出了一种双排桩的设计计算的简化实用方法。本结构分析模型，作用在结构两侧的荷载与单排桩相同，不同的是如何确定夹在前后排桩之间土体的反力与变形关系，这是解决双排桩计算模式的关键。本模型采用土的侧限约束假定，认为桩间土对前后排桩的土反力与桩间土的压缩变形有关，将桩间土看作水平向单向压缩体，按土的压缩模量确定水平刚度系数。同时，考虑基坑开挖后桩间土应力释放后仍存在一定的初始压力，计算土反力时应反映其影响，本模型初始压力按桩间土自重占滑动体自重的比值关系确定。按上述假定和结构模型，经计算分析的内力与位移随各种计算参数变化的规律较好，与工程实测的结果也较吻合。由于双排桩首次编入规程，为慎重起见，本规程只给出了前后排桩矩形布置的计算方法。

4.12.5 双排桩的嵌固稳定性验算问题与单排悬臂桩类似，应满足作用在后排桩上的主动土压力与作用在前排桩嵌固段上的被动土压力的力矩平衡条件。与单排桩不同的是，在双排桩的抗倾覆稳定性验算公式（4.12.4）中，是将双排桩与桩间土整体作为力的平衡分析对象，考虑了土与桩自重的抗倾覆作用。

4.12.6 双排桩的排距、刚架梁高度是双排桩设计的重要参数。根据本规程修订组的专项研究及相关文献的报道，排距过小受力不合理，排距过大刚架效果减弱，排距合理的范围为 $2d$~$5d$。双排桩顶部水平位移随刚架梁高度的增大而减小，但当梁高大于 $1d$ 时，再增大梁高桩顶水平位移基本不变了。因此，规定刚架梁高度不宜小于 $0.8d$，且刚架梁高度与双排桩排距的比值取 $1/6$~$1/3$ 为宜。

4.12.7 根据结构力学的基本原理及计算分析结果，双排桩刚架结构中的桩与单排桩的受力特点有较大的区别。锚拉式、支撑式、悬臂式排桩，在水平荷载作用下只产生弯矩和剪力。而双排桩刚架结构在水平荷载作用下，桩的内力除弯矩、剪力外，轴力不容忽视。前排桩的轴力为压力，后排桩的轴力为拉力。在其他参数不变的条件下，桩身轴力随着双排桩排距的减小而增大。桩身轴力的存在，使得前排桩发生向下的竖向位移，后排桩发生相对向上的竖向位移。前后排桩出现不同方向的竖向位移，正如普通刚架结构对相邻柱间的沉降差非常敏感一样，双排桩刚架结构前、后排桩沉降差对结构的内力、变形影响很大。通过对某一实例的计算分析表明，在其他条件不变的情况下，桩顶水平位移、桩身最大弯矩随着前、后排桩沉降差的增大基本呈线性增加。与前后排桩桩底沉降差为零相比，当前后排桩桩底沉降差与排距之比等于 0.002 时，计算的桩顶位移增加 24%，桩身最大弯矩增加 10%。后排桩由于全桩长范围有土的约束，向上的竖向位移很小。减小前排桩沉降的有效的措施有：桩端选择强度较高的土层、泥浆护壁钻孔桩需控制沉渣厚度、采用桩底后注浆技术等。

4.12.8 双排桩的桩身内力有弯矩、剪力、轴力，因此需按偏心受压、偏心受拉构件进行设计。双排桩刚架梁两端均有弯矩，在根据《混凝土结构设计规范》GB 50010 判别刚架梁是否属于深受弯构件时，按照连续梁考虑。

4.12.9 本规程的双排桩结构是指由相隔一定间距的前、后排桩及桩顶梁构成的刚架结构，桩顶与刚架梁的连接按完全刚接考虑，其受力特点类似于混凝土结构中的框架顶层，因此，该处的连接构造需符合框架顶层端节点的有关规定。

5 土 钉 墙

5.1 稳定性验算

5.1.1 土钉墙是分层开挖、分层设置土钉及面层形成的。每一开挖状况都可能是不利工况，也就需要对每一开挖工况进行土钉墙整体滑动稳定性验算。本条的圆弧滑动条分法保持原规程的方法，该方法在原规程颁布以来，一直广泛采用，大量工程应用证明是符合实际情况的，本次修订继续采用。由于本规程在设计方法上，对土的稳定性一类极限状态由分项系数表示法改为单一安全系数法，公式（5.1.1-2）在具体形式上与原规程公式不同，但公式的实质没变。

由于本章增加了复合土钉墙的内容，考虑到圆弧滑动条分法需要适用于复合土钉墙这一要求，公式（5.1.1-2）增加了锚杆作用下的抗滑力矩项，因锚杆和土钉对滑动稳定性的作用是一样的，公式中将锚杆和土钉的极限拉力用同一符号 $R'_{k,k}$ 表示。由于土钉墙整体稳定性验算采用的是极限平衡法，假定锚杆和土钉同时达到极限状态，与锚杆预加力无关，因而，验算公式中不含锚杆预应力项。

复合土钉墙中锚杆应施加预应力，预应力的大小应考虑土钉与锚杆的变形协调，土钉在基坑有一定变形发生后才受力，预应力锚杆随基坑变形拉力也会增长。土钉和锚杆同时达到极限状态是最理想的，选取锚杆长度和确定锚杆预加力时，应按此原则考虑。

在复合土钉墙中，微型桩、搅拌桩或旋喷桩对总抗滑力矩是有贡献的，但难以定量。对水泥土桩，其截面的抗剪强度不能按全部考虑。因为水泥土桩比土的刚度大的多，当水泥土桩达到强度极限时，土的抗剪强度还未充分发挥，而土达到极限强度时，水泥土桩在此之前已被剪断，即两者不能同时达到极限。对微型钢管桩，当土达到极限强度时，微型钢管桩是有上拔趋势的，而不是剪切强度控制。因此，尚不能定量给出水泥土桩、微型桩的抵抗力矩，需要考虑其作用时，只能根据经验和水泥土桩、微型桩的设计参数，适当考虑其抗滑作用。当无经验时，最好不考虑

其抗滑作用，当作安全储备来处理。

5.2 土钉承载力计算

5.2.1～5.2.4 按本规程公式（5.2.1）的要求确定土钉抗拔承载力，目的是控制单根土钉拔出或土钉杆体拉断所造成的土钉墙局部破坏。单根土钉拉力取分配到每根土钉的土钉墙墙面面积上的土压力，单根土钉抗拔承载力为图 5.2.5 所示的假定直线滑动面外土钉的抗拔承载力。由于土钉墙结构具有土与土钉共同工作的特性，受力状态复杂，目前尚没有研究清楚土钉的受力机理，土钉拉力计算方法也不成熟。因此，本节的土钉抗拔承载力计算方法只是近似的。

由于土钉墙墙面可以是倾斜的，倾斜墙面上的土压力比同样高度的垂直墙面上的土压力小。用朗肯方法计算时，需要按墙面倾斜情况对土压力进行修正。本规程采用的是对按垂直墙面计算的土压力乘以折减系数的修正方法。折减系数计算公式与原规程相同。

土压力沿墙面的分布形式，原规程直接采用朗肯土压力线性分布。原规程施行后，根据一些实际工程设计情况，人们发现按朗肯土压力线性分布计算土钉承载力时，往往土钉墙底部的土钉需要长度很长才能满足承载力要求。土钉墙底部的土钉过长，其承载力不一定能充分发挥，使土钉墙面层强度或土钉端部的连接强度成为控制条件，土钉墙面层或土钉端部连接会在土钉达到设计拉力前破坏。因此，一些实际工程设计中土钉墙底部土钉长度往往会做些折减。工程实际表明，适当减短土钉墙底部土钉长度后，并没有出现土钉被拔出破坏的现象。土钉长度计算不合理的问题主要原因在于所采用的朗肯土压力按线性分布是否合理。由于土钉墙墙面是柔性的，且分层开挖裸露面上土压力是零，建立新的力平衡使土压力向周围转移，墙面上的土压力则重新分布。为解决土钉计算长度不合理的问题，本次修订考虑了墙面上土压力会存在重分布的规律，对按朗肯公式计算的土压力线性分布进行了修正，即在计算每根土钉轴向拉力时，分别乘以由公式（5.2.4-1）和公式（5.2.4-2）给出的调整系数 η。每根土钉的轴向拉力调整系数 η 值是不同的，每根土钉乘以轴向拉力调整系数 η 后，各土钉轴向拉力之和与调整前的各土钉轴向拉力之和相等。该调整方法在概念上虽然可行，但存在一定近似性，还需要做进一步研究和试验工作，以使通过计算得到的土压力分布规律和数值与实际情况更接近。

5.2.5 本次修订对表 5.2.5 中土钉的极限粘结强度标准值在数值上作了一定调整，调整后的数值是根据原规程施行以来对大量实际工程土钉抗拔试验数据统计并结合已有的资料作出的。同时，表 5.2.5 中增加了打入式钢管土钉的极限粘结强度标准值。锚固体与土层之间的粘结强度大小与很多因素有关，主要包括土层条件、注浆工艺及注浆量、成孔工艺等，在采用

表 5.2.5 数值时，还应根据这些因素及施工经验合理选择。

5.2.6 土钉的承载力由以土的粘结强度控制的抗拔承载力和以杆体强度控制的受拉承载力两者的较小值决定。当土钉注浆固结体强度不足时，可能还会由固结体对杆体的握裹力控制。一般在确定了按土的粘结强度控制的土钉抗拔承载力后，再按本规程公式（5.2.6）配置杆体截面。

5.3 构　造

5.3.1～5.3.11 土钉墙和复合土钉墙的构造要求，是实际工程中总结的经验数据，应根据具体工程的土质、基坑深度、土钉拉力和间距等因素选用。

土钉采用洛阳铲成孔比较经济，同时施工速度快，对一般土层宜优先使用。打入式钢管土钉可以克服洛阳铲成孔时塌孔、缩径的问题，避免因塌孔、缩径带来的土体扰动和沉陷，对保护基坑周边环境有利，此时可以用打入式钢管土钉。机械成孔的钢筋土钉成本高，且土钉数量一般都很多，需要配备一定数量的钻机，只有在其他方法无法实施的情况下才适合采用。

5.4 施工与检测

5.4.1 土钉墙是分层分段施工形成的，每完成一层土钉和土钉位置以上的喷射混凝土面层后，基坑才能挖至下一层土钉施工标高。设计和施工都必须重视土钉墙这一形成特点。设计时，应验算每形成一层土钉并开挖至下一层土钉面标高时土钉墙的稳定性和土钉拉力是否满足要求。施工时，应在每层土钉及相应混凝土面层完成并达到设计要求的强度后才能开挖下一层土钉施工面以上的土方，挖土严禁超过下一层土钉施工面。超挖会造成土钉墙的受力状况超过设计状态。因超挖引起的基坑坍塌和位移过大的工程事故屡见不鲜。

5.4.3～5.4.6 本节钢筋土钉的成孔、制作和注浆要求，打入式钢管土钉的制作和注浆要求是多年来施工经验的总结，是保证施工质量的关键环节。

5.4.7 混凝土面层是土钉墙结构的重要组成部分之一，喷射混凝土的施工方法与现场浇筑混凝土不同，也是一项专门的施工技术，在隧道、井巷和洞室等地下工程应用普遍且技术成熟。土钉墙用于基坑支护工程，也采用了这一施工技术。本条规定了喷射混凝土施工的基本要求。按现有施工技术水平和常用操作程序，一般采用以下做法和要求：

1 混凝土喷射机设备能力的允许输送粒径一般需大于 25mm，允许输送水平距离一般不小于 100m，允许垂直距离一般不小于 30m；

2 根据喷射机工作风压和耗风量的要求，空压机耗风量一般需达到 9m³/min；

3 输料管的承受压力需不小于 0.8MPa；

4 供水设施需满足喷头水压不小于 0.2MPa 的要求；

5 喷射混凝土的回弹率不大于 15%；

6 喷射混凝土的养护时间根据环境的气温条件确定，一般为 3d～7d；

7 上层混凝土终凝超过 1h 后，再进行下层混凝土喷射，下层混凝土喷射时应先对上层喷射混凝土表面喷水。

5.4.10 土钉墙中，土钉群是共同受力、以整体作用考虑的。对单根土钉的要求不像锚杆那样受力明确，各自承担荷载。但土钉仍有必要进行抗拔力检测，只是对其离散性要求可比锚杆略放松。土钉抗拔检测是工程质量竣工验收依据，本条规定了试验数量和要求，试验方法见本规程附录 D。

抗压强度是喷射混凝土的主要指标，一般能反映施工质量的优劣。喷射混凝土试块最好采用在喷射混凝土板件上切取制作，它与实际比较接近。但由于在目前实际工程中受切割加工条件限制，因此，也就允许使用 150mm 的立方体无底试模，喷射混凝土制作试块。喷射混凝土厚度是质量控制的主要内容，喷射混凝土厚度的检测最好在施工中随时进行，也可喷射混凝土施工完成后统一检查。

6 重力式水泥土墙

6.1 稳定性与承载力验算

6.1.1～6.1.3 按重力式设计的水泥土墙，其破坏形式包括以下几类：①墙整体倾覆；②墙整体滑移；③沿墙体以外土中某一滑动面的土体整体滑动；④墙下地基承载力不足而使墙体下沉并伴随基坑隆起；⑤墙身材料的应力超过抗拉、抗压或抗剪强度而使墙体断裂；⑥地下水渗流造成的土体渗透破坏。重力式水泥土墙的设计，墙的嵌固深度和墙的宽度是两个主要设计参数，土体整体滑动稳定性、基坑隆起稳定性与嵌固深度密切相关，而基本与墙宽无关。墙的倾覆稳定性、墙的滑移稳定性不仅与嵌固深度有关，而且与墙宽有关。有关资料的分析研究结果表明，一般情况下，当墙的嵌固深度满足整体稳定条件时，抗隆起条件也会满足。因此，常常是整体稳定性条件决定嵌固深度下限。采用按整体稳定条件确定的嵌固深度，再按墙的抗倾覆条件计算墙宽，此墙宽一般自然能够同时满足抗滑移条件。

6.1.5 水泥土墙的上述各种稳定性验算基于重力式结构的假定，应保证墙为整体。墙体满足抗拉、抗压和抗剪要求是保证墙为整体条件。

6.1.6 在验算截面的选择上，需选择内力最不利的截面、墙身水泥土强度较低的截面，本条规定的计算截面，是应力较大处和墙体截面薄弱处，作为验算的重点部位。

6.2 构　造

6.2.3 水泥土墙常布置成格栅形，以降低成本、工期。格栅形布置的水泥土墙应保证墙体的整体性，设计时一般按土的置换率控制，即水泥土面积与水泥土墙的总面积的比值。淤泥土的强度指标差，呈流塑状，要求的置换率也较大，淤泥质土次之。同时要求格栅的格子长宽比不宜大于2。

格栅形水泥土墙，应限制格栅内土体所占面积。格栅内土体对四周格栅的压力可按谷仓压力的原理计算，通过公式（6.2.3）使其压力控制在水泥土墙承受范围内。

6.2.4 搅拌桩重力式水泥土墙靠桩与桩的搭接形成整体，桩施工应保证垂直度偏差要求，以满足搭接宽度要求。桩的搭接宽度不小于150mm，是最低要求。当搅拌桩较长时，应考虑施工时垂直度偏差问题，增加设计搭接宽度。

6.2.6 水泥土标准养护龄期为90d，基坑工程一般不可能等到90d养护期后再开挖，故设计时以龄期28d的无侧限抗压强度为标准。一些试验资料表明，一般情况下，水泥土强度随龄期的增长规律为，7d的强度可达标准强度的30%～50%，30d的强度可达标准强度的60%～75%，90d的强度为180d强度的80%左右，180d以后水泥土强度仍在增长。水泥强度等级也影响水泥土强度，一般水泥强度等级提高10后，水泥土的标准强度可提高20%～30%。

6.2.7 为加强整体性，减少变形，水泥土墙顶需设置钢筋混凝土面板，设置面板不但可便利后期施工，同时可防止因雨水从墙顶渗入水泥土格栅。

6.3 施工与检测

6.3.1、6.3.2 重力式水泥土墙由搅拌桩搭接组成格栅形式或实体式墙体，控制施工质量的关键是水泥土的强度、桩体的相互搭接、水泥土桩的完整性和深度。所以，主要检测水泥土固结体的直径、搭接宽度、位置偏差、单轴抗压强度、完整性及水泥土墙的深度。

7 地下水控制

7.1 一般规定

7.1.1 地下水控制方法包括：截水、降水、集水明排，地下水回灌不作为独立的地下水控制方法，但可作为一种补充措施与其他方法一同使用。仅从支护结构安全性、经济性的角度，降水可消除水压力从而降低作用在支护结构上的荷载，减少地下水渗透破坏的风险，降低支护结构施工难度等。但降水后，随之带

来对周边环境的影响问题。在有些地质条件下，降水会造成基坑周边建筑物、市政设施等的沉降而影响其正常使用甚至损坏。降水引起的基坑周边建筑物、市政设施等沉降、开裂、不能正常使用的工程事故时有发生。另外，有些城市地下水资源紧缺，降水造成地下水大量流失、浪费，从环境保护的角度，在这些地方采用基坑降水不利于城市的综合发展。为此，有的城市的地方政府已实施限制基坑降水的地方行政法规。

根据具体工程的特点，基坑工程可采用单一地下水控制方法，也可采用多种地下水控制方法相结合的形式。如悬挂式截水帷幕＋坑内降水，基坑周边控制降深的降水＋截水帷幕，截水或降水＋回灌，部分基坑边截水＋部分基坑边降水等。一般情况，降水或截水都要结合集水明排。

7.1.2～7.1.4 采用哪种地下水控制的方式是基坑周边环境条件的客观要求，基坑支护设计时应首先确定地下水控制方法，然后再根据选定的地下水控制方法，选择支护结构形式。地下水控制应符合国家和地方法规对地下水资源、区域环境的保护要求，符合基坑周边建筑物、市政设施保护的要求。当降水不会对基坑周边环境造成损害且国家和地方法规允许时，可优先考虑采用降水，否则应采用基坑截水。采用截水时，对支护结构的要求更高，增加排桩、地下连续墙、锚杆等的受力，需采取防止土的流砂、管涌、渗透破坏的措施。当坑底以下有承压水时，还要考虑坑底突涌问题。

7.2 截　水

7.2.1 水泥土搅拌桩、高压喷射注浆常用普通硅酸盐水泥，也可采用矿渣硅酸盐水泥、火山灰质硅酸盐水泥。需要注意的是，当地下水流速高时，需在水泥浆液中掺入适量的外加剂，如氯化钙、水玻璃、三乙醇胺或氯化钠等。由于不同地区，即使土的基本性状相同，但成分也会有所差异，对水泥的固结性产生不同影响。因此，当缺少实际经验时，水泥掺量和外加剂品种及掺量应通过试验确定。

7.2.2 落底式截水帷幕进入下卧隔水层一定长度，是为了满足地下水绕过帷幕底部的渗透稳定性要求。公式（7.2.2）是验算帷幕进入隔水层的长度能否满足渗透稳定性的经验公式。隔水层是相对的，相对所隔含水层而言其渗透系数较小。在有水头差时，隔水层内也会有水的渗流，也应满足渗流和渗透稳定性要求。

7.2.5、7.2.9 搅拌桩、旋喷桩帷幕一般采用单排或双排布置形式（图5），理论上，单排搅拌桩、旋喷桩帷幕只要桩体能够相互搭接、桩体连续、渗透系数小于 10^{-6} cm/s 是可以起到截水效果的，但受施工偏差制约，很难达到理想的搭接宽度要求。假设桩长

15m，设计搭接 200mm，当位置偏差为 50mm、垂直度偏差为 1‰ 时，则帷幕底部在平面上会偏差 200mm。此时，实际上桩之间就不能形成有效搭接。如桩的设计搭接过大，则桩的间距减小、桩的有效部分过少，造成浪费和增加工期。所以帷幕超过 15m 时，单排桩难免出现搭接不上的情况。图 5 中的双排桩帷幕形式可以克服施工偏差的搭接不足，对较深基坑双排桩帷幕比单排桩帷幕的截水效果要好得多。

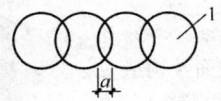
(a) 单排搅拌桩或旋喷桩帷幕

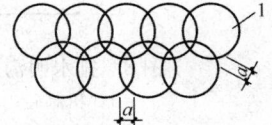
(b) 双排搅拌桩或旋喷桩帷幕

图 5　搅拌桩、旋喷桩帷幕平面布置形式
1—旋喷桩或搅拌桩

摆喷帷幕一般采用图 6 所示的平面布置形式。由于射流范围集中，摆喷注浆的喷射长度比旋喷注浆的喷射长度大，喷射范围内固结体的均匀性也更好。实际工程中高压喷射注浆帷幕采用单排布置时常采用摆喷形式。

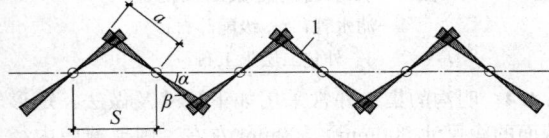

图 6　摆喷帷幕平面形式
1—摆喷帷幕

旋喷固结体的直径、摆喷固结体的半径受施工工艺、喷射压力、提升速度、土类和土性等因素影响，根据国内一些有关资料介绍，旋喷固结体的直径一般在表 3 的范围，摆喷固结体的半径约为旋喷固结体半径的 1.0～1.5 倍。

表 3　旋喷注浆固结体有效直径经验值

土类 \ 方法		单管法	二重管法	三重管法
黏性土	$0 < N \leqslant 5$	0.5～0.8	0.8～1.2	1.2～1.8
	$5 < N \leqslant 10$	0.4～0.7	0.7～1.1	1.0～1.6
砂土	$0 < N \leqslant 10$	0.6～1.0	1.0～1.4	1.5～2.0
	$10 < N \leqslant 20$	0.5～0.9	0.9～1.3	1.2～1.8
	$20 < N \leqslant 30$	0.4～0.8	0.8～1.2	0.9～1.5

注：N 为标准贯入试验锤击数。

图 7 是搅拌桩、高压喷射注浆与排桩常见的连接形式。高压喷射注浆与排桩组合的帷幕，高压喷射注浆可采用旋喷、摆喷形式。组合帷幕中支护桩与旋喷、摆喷桩的平面轴线关系应使旋喷、摆喷固结体受力后与支护桩之间有一定的压合面。

7.2.11　旋喷帷幕和摆喷帷幕一般采用双喷嘴喷射注

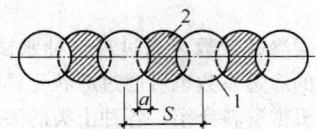
(a) 旋喷固结体或搅拌桩与排桩组合帷幕

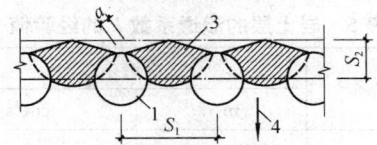
(b) 摆喷固结体与排桩组合帷幕

图 7　截水帷幕平面形式
1—支护桩；2—旋喷固结体或搅拌桩；
3—摆喷固结体；4—基坑方向

浆。与排桩咬合的截水帷幕，当采用半圆形、扇形摆喷时，一般采用单喷嘴喷射注浆。根据目前国内的设备性能，实际工程中常见的高压喷射注浆的施工工艺参数见表 4。

表 4　常用的高压喷射注浆工艺参数

工艺	水压 (MPa)	气压 (MPa)	浆压 (MPa)	注浆流量 (L/min)	提升速度 (m/min)	旋转速度 (r/min)
单管法			20～28	80～120	0.15～0.20	20
二重管法		0.7	20～28	80～120	0.12～0.25	20
三重管法	25～32	0.7	≥0.3	80～150	0.08～0.15	5～15

7.2.12　根据工程经验，在标准贯入锤击数 $N > 12$ 的黏性土、标准贯入锤击数 $N > 20$ 的砂土中，最好采用复喷工艺，以增大固结体半径、提高固结体强度。

7.3　降　水

7.3.15　基坑降水的总涌水量，可将基坑视作一口大井按概化的大井法计算。本规程附录 E 给出了均质含水层潜水完整井、均质含水层潜水非完整井、均质含水层承压水完整井、均质含水层承压水非完整井和均质含水层承压水—潜水完整井 5 种典型条件的计算公式。实际的含水层分布远非这样理想，按上述公式计算时应根据工程的实际水文地质条件进行合理概化。如，相邻含水层渗透系数不同时，可概化成一层含水层，其渗透系数可按各含水层厚度加权平均。当相邻含水层渗透系数相差很大时，有的情况下按渗透系数加权平均后的一层含水层计算会产生较大误差，这时反而不如只计算渗透系数大的含水层的涌水量与实际更接近。大井的井水位应取降水后的基坑水位，而不应取单井的实际井水位。这 5 个公式都是均质含水层、远离补给源条件下井的涌水量计算公式，其他边界条件的情况可以参照有关水文地质、工程地质手册。

7.3.17 含水层渗透系数可通过现场抽水试验测得，粉土和黏性土的渗透系数也可通过原状土样的室内渗透试验测得。根据资料介绍，各种土类的渗透系数的一般范围见表5：

表5 岩土层的渗透系数 k 的经验值

土的名称	渗透系数 k	
	m/d	cm/s
黏　土	<0.005	$<6 \times 10^{-6}$
粉质黏土	0.005～0.1	$6 \times 10^{-6} \sim 1 \times 10^{-4}$
黏质粉土	0.1～0.5	$1 \times 10^{-4} \sim 6 \times 10^{-4}$
黄　土	0.25～10	$3 \times 10^{-4} \sim 1 \times 10^{-2}$
粉　土	0.5～1.0	$6 \times 10^{-4} \sim 1 \times 10^{-3}$
粉　砂	1.0～5	$1 \times 10^{-3} \sim 6 \times 10^{-3}$
细　砂	5～10	$6 \times 10^{-3} \sim 1 \times 10^{-2}$
中　砂	10～20	$1 \times 10^{-2} \sim 2 \times 10^{-2}$
均质中砂	35～50	$4 \times 10^{-2} \sim 6 \times 10^{-2}$
粗　砂	20～50	$2 \times 10^{-2} \sim 6 \times 10^{-2}$
均质粗砂	60～75	$7 \times 10^{-2} \sim 8 \times 10^{-2}$
圆　砾	50～100	$6 \times 10^{-2} \sim 1 \times 10^{-1}$
卵　石	100～500	$1 \times 10^{-1} \sim 6 \times 10^{-1}$
无充填物卵石	500～1000	$6 \times 10^{-1} \sim 1 \times 10^{0}$

7.3.19 真空井点管壁外的滤网一般设两层，内层滤网采用30目～80目的金属网或尼龙网，外层滤网采用3目～10目的金属网或尼龙网；管壁与滤网间应留有间隙，可采用金属丝螺旋形缠绕在管壁上隔离滤网，并在滤网外缠绕金属丝固定。

7.3.20 喷射井点的常用尺寸参数：外管直径为73mm～108mm，内管直径为50mm～73mm，过滤器直径为89mm～127mm，井孔直径为400mm～600mm，井孔比滤管底部深1m以上。喷射井点的常用多级高压水泵，其流量为$50m^3/h \sim 80m^3/h$，压力为0.7MPa～0.8MPa。每套水泵可用于20根～30根井管的抽水。

7.4 集 水 明 排

7.4.1 集水明排的作用是：①收集外排坑底、坑壁渗出的地下水；②收集外排降雨形成的基坑内、外地表水；③收集外排降水井抽出的地下水。

7.4.3 图8是一种常用明沟的截面尺寸及构造。
　　盲沟常采用图9所示的截面尺寸及构造。排泄坑

底渗出的地下水时，盲沟常在基坑内纵横向布置，盲沟的间距一般取25m左右。盲沟内宜采用级配碎石充填，并在碎石外铺设两层土工布反滤层。

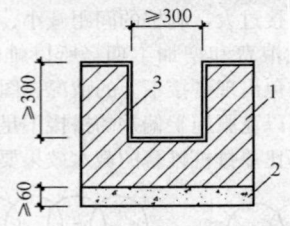

图8 排水明沟的截面及构造
1—机制砖；2—素混凝土垫层；3—水泥砂浆面层

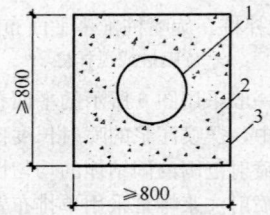

图9 排水盲沟的截面及构造
1—滤水管；2—级配碎石；
3—外包二层土工布

7.4.4 明沟的集水井常采用如下尺寸及做法：矩形截面的净尺寸500mm×500mm左右，圆形截面内径500mm左右；深度一般不小于800mm。集水井采用砖砌并用水泥砂浆抹面。
　　盲沟的集水井常采用如下尺寸及做法：集水井采用钢筋笼外填碎石滤料，集水井内径700mm左右，钢筋笼直径400mm左右，井的深度一般不小于1.2m。

7.4.5 导水管常用直径不小于50mm，长度不小于300mmPVC管，埋入土中的部分外包双层尼龙网。

7.5 降水引起的地层变形计算

7.5.1～7.5.3 降水引起的地层变形计算可以采用分层总和法。与建筑物地基变形计算时的分层总和法相比，降水引起的地层变形在有些方面是不同的。主要表现在以下方面：①附加压力作用下的建筑物地基变形计算，土中总应力是增加的。地基最终固结时，土中任意点的附加有效应力等于附加总应力，孔隙水压力不变。降水引起的地层变形计算，土中总应力基本不变。最终固结时，土中任意点的附加有效应力等于孔隙水压力的负增量。②地基变形计算，土中的最大附加有效应力在基础中点的纵轴上，基础范围内是附加应力的集中区域，基础以外的附加应力衰减很快。降水引起的地层变形计算，土中的最大附加有效应力在最大降深的纵轴上，也就是降水井的井壁处，附加应力随着远离降水井逐渐衰减。③地基变形计算，附

加应力从基底向下沿深度逐渐衰减。降水引起的地层变形计算，附加应力从初始地下水位向下沿深度逐渐增加。降水后的地下水位以下，含水层内土中附加有效应力也会发生改变。

计算建筑物地基变形时，按分层总和法计算出的地基变形量乘以沉降计算经验系数后的数值为地基最终变形量。沉降计算经验系数是根据大量工程实测数据统计出的修正系数，以修正直接按分层总和法计算的方法误差。降水引起的地层变形，直接按分层总和法计算的变形量与实测变形量也往往差异很大。由于缺少工程实测统计资料，暂时还无法给出定量的修正系数对计算结果进行修正。如采用现行国家标准《建筑地基基础设计规范》GB 50007中地基变形计算的沉降计算经验系数，则由于两者的土中附加应力产生的原因和附加应力分布规律不同，从理论上没有说服力，与实际情况也难以吻合。目前，降水引起的地层变形计算方法尚不成熟，只能在今后积累大量工程实测数据及进行充分研究后，再加以改进充实。现阶段，宜根据地区基坑降水工程的经验，结合计算与工程类比综合确定降水引起的地层变形量和分析降水对周边建筑物的影响。

8 基坑开挖与监测

8.1 基坑开挖

8.1.1 本条规定了基坑开挖的一般原则。锚杆、支撑或土钉是随基坑土方开挖分层设置的，设计将每设置一层锚杆、支撑或土钉后，再挖土至下一层锚杆、支撑或土钉的施工面作为一个设计工况。因此，如开挖深度超过下层锚杆、支撑或土钉的施工面标高时，支护结构受力及变形会超越设计状况。这一现象通常称作超挖。许多实际工程实践证明，超挖轻则引起基坑过大变形，重则导致支护结构破坏、坍塌，基坑周边环境受损，酿成重大工程事故。

施工作业面与锚杆、土钉或支撑的高差不宜大于500mm，是施工正常作业的要求。不同的施工设备和施工方法，对其施工面高度要求是不同的，可能的情况下应尽量减小这一高度。

降水前如开挖地下水位以下的土层，因地下水的渗流可能导致流砂、流土的发生，影响支护结构、周边环境的安全。降水后，由于土体的含水量降低，会使土体强度提高，也有利于基坑的安全与稳定。

8.1.2 软土基坑如果一步挖土深度过大或非对称、非均衡开挖，可能导致基坑内局部土体失稳、滑动，造成立柱桩、基础桩偏移。另外，软土的流变特性明显，基坑开挖到某一深度后，变形会随暴露时间增长。因此，软土地层基坑的支撑设置应先撑后挖并且越快越好，尽量缩短基坑每一步开挖时的无支

撑时间。

8.1.3～8.1.5 基坑支护工程属住房和城乡建设部《危险性较大的分部分项工程安全管理办法》建质[2009] 87号文中的危险性较大的分部分项工程范围，施工与基坑开挖不当会对基坑周边环境和人的生命安全酿成严重后果。基坑开挖面上方的锚杆、支撑、土钉未达到设计要求时向下超挖土方、临时性锚杆或支撑在未达到设计拆除条件时进行拆除、基坑周边施工材料、设施或车辆荷载超过设计地面荷载限值，至使支护结构受力超越设计状态，均属严重违反设计要求进行施工的行为。锚杆、支撑、土钉未按设计要求设置，锚杆和土钉注浆体、混凝土支撑和混凝土腰梁的养护时间不足而未达到开挖时的设计承载力，锚杆、支撑、腰梁、挡土构件之间的连接强度未达到设计强度，预应力锚杆、预加轴力的支撑未按设计要求施加预加力等情况均为未达到设计要求。当主体地下结构施工过程需要拆除局部锚杆或支撑时，拆除锚杆或支撑后支护结构的状态是应考虑的设计工况之一。拆除锚杆或支撑的设计条件，即以主体地下结构构件进行替换的要求或将基坑回填高度的要求等，应在设计中明确规定。基坑周边施工设施是指施工设备、塔吊、临时建筑、广告牌等，其对支护结构的作用可按地面荷载考虑。

8.2 基坑监测

8.2.1～8.2.20 由于地质条件可能与设计采用的土的物理、力学参数不符，且基坑支护结构在施工期和使用期可能出现土层含水量、基坑周边荷载、施工条件等自然因素和人为因素的变化，通过基坑监测可以及时掌握支护结构受力和变形状态、基坑周边受保护对象变形状态是否在正常设计状态之内。当出现异常时，以便采取应急措施。基坑监测是预防不测，保证支护结构和周边环境安全的重要手段。因支护结构水平位移和基坑周边建筑物沉降能直观、快速反应支护结构的受力、变形状态及对环境的影响程度，安全等级为一级、二级的支护结构均应对其进行监测，且监测应覆盖基坑开挖与支护结构使用期的全过程。根据支护结构形式、环境条件的区别，其他监测项目应视工程具体情况按本规程第8.2.1条的规定选择。

8.2.22、8.2.23 大量工程实践表明，多数基坑工程事故是有征兆的。基坑工程施工和使用期间及时发现异常现象和事故征兆并采取有效措施是防止事故发生的重要手段。不同的土质条件、支护结构形式、施工工艺和环境条件，基坑的异常现象和事故征兆会不一样，应能加以判别。当支护结构变形过大、变形不收敛、地面下沉、基坑出现失稳征兆等情况时，及时停止开挖并立即回填是防止事故发生和扩大的有效措施。

附录 B　圆形截面混凝土支护桩的正截面受弯承载力计算

B.0.1～B.0.4　挡土构件承受的荷载主要是水平力，一般轴向力可忽略，通常挡土构件按受弯构件考虑。对同时承受竖向荷载的情况，如设置竖向斜撑、大角度锚杆或顶部承受较大竖向荷载的排桩、地下连续墙，轴向力较大的双排桩等，则需要按偏心受压或偏心受拉构件考虑。

对最常见的沿截面周边均匀配置纵向受力钢筋的圆形截面混凝土桩，本规程按现行国家标准《混凝土结构设计规范》GB 50010，给出计算正截面受弯承载力的方法。对其他截面的混凝土桩，可按现行国家标准《混凝土结构设计规范》GB 50010 的有关规定计算正截面受弯承载力。

在混凝土支护桩截面设计时，沿截面受拉区和受压区周边局部均匀配筋这种非对称配筋形式有时是需要的，可以提高截面的受弯承载力或节省钢筋。对非对称配置纵向受力钢筋的情况，《混凝土结构设计规范》GB 50010 中没有对应的截面承载力计算公式。因此，本规程给出了沿受拉区和受压区周边局部均匀配筋时的正截面受弯承载力的计算方法。

附录 C　渗透稳定性验算

C.0.1、C.0.2　本规程公式（C.0.1）、公式（C.0.2）是两种典型渗流模型的渗透稳定性验算公式。其中公式（C.0.2）用于渗透系数为常数的均质含水层的渗透稳定性验算，公式（C.0.1）用于基底下有水平向连续分布的相对隔水层，而其下方为承压含水层的渗透稳定性验算（即所谓突涌）。如该相对隔水层顶板低于基底，其上方为砂土等渗透性较强的土层，其重量对相对隔水层起到压重的作用，所以，按公式（C.0.1）验算时，隔水层上方的砂土等应按天然重度取值。

中华人民共和国国家标准

锚杆喷射混凝土支护技术规范

Specifications for bolt-shotcrete support

GB 50086—2001

主编部门：原 国 家 冶 金 工 业 局
批准部门：中华人民共和国建设部
施行日期：２００１年１０月１日

关于发布国家标准《锚杆喷射混凝土
支护技术规范》的通知

建标〔2001〕158 号

根据原国家计委《一九九四年工程建设标准定额制订、修订计划》（计综合〔1994〕240 号）的要求，由原国家冶金工业局会同有关部门共同修订的《锚杆喷射混凝土支护技术规范》，经有关部门会审，批准为国家标准，编号为 GB 50086—2001，自 2001 年 10 月 1 日起施行，其中，1.0.3、3.0.2、4.1.4、4.1.5、4.1.11、4.3.1、4.3.3、5.3.5、7.5.5（4）、7.6.2、8.5.1（4）、9.1.1、9.1.2（1）为强制性条文，必须严格执行。自本规范施行之日起，原国家标准《锚杆喷射混凝土支护技术规范》GBJ 86—85 废止。

本规范由冶金工业部建筑研究总院负责具体解释工作，建设部标准定额研究所组织中国计划出版社出版发行。

中华人民共和国建设部
二〇〇一年七月二十日

前　言

本规范根据原国家计委《一九九四年工程建设标准定额制订、修订计划》（计综合〔1994〕240 号），由冶金部建筑研究总院负责，组织有关单位对国家标准《锚杆喷射混凝土支护技术规范》（GBJ 86—85）进行修订而成。

在修订过程中，规范修订组进行了比较广泛的调查研究，吸收了国内外锚杆喷射混凝土支护技术领域的新成果和新经验，组织了有关主要修订内容的专题讨论，最后于 1999 年 2 月由建设部主持召开专家审定会，审查定稿。

本规范共有十章、七个附录。包括：总则、术语和符号、围岩分级、锚喷支护设计、现场监控量测、光面爆破、锚杆施工、喷射混凝土施工、安全技术与防尘、质量检查与工程验收等。主要修订内容是：增加了边坡锚喷支护设计、浅埋土质隧洞锚喷支护设计、预应力锚杆试验和监测、自钻式锚杆设计与施工、湿法喷射混凝土施工、水泥裹砂、喷射混凝土施工。修改或增补了围岩分级、预应力锚杆设计、现场监控量测、锚杆施工等有关条款。

本规范由冶金部建筑研究总院（北京市海淀区西土城路 33 号，邮政编码：100088）归口管理并负责具体解释。

本规范的主编单位、参编单位和主要起草人名单：

主 编 单 位：冶金部建筑研究总院
参 编 单 位：煤炭科学研究院
　　　　　　　铁道部科学研究院
　　　　　　　水利部松辽水利委员会
　　　　　　　水利部东北勘测设计院
　　　　　　　重庆后勤工程学院
　　　　　　　海军工程设计研究局
　　　　　　　中国科学院地质与地球物理研究所
　　　　　　　北京有色冶金设计研究总院
　　　　　　　深圳地铁公司
　　　　　　　长江科学院
主要起草人：程良奎　段振西　刘启琛　郑颖人
　　　　　　　赵长海　苏自约　徐祯祥　王思敬
　　　　　　　张家识　车黎明　邹贵文　何益寿
　　　　　　　赵慧文　丁恩保　盛　谦

目 次

1 总　则

1.0.1 为使锚杆喷射混凝土支护(简称锚喷支护)工程的设计施工符合技术先进、经济合理、安全适用、确保质量的要求,特制定本规范。

1.0.2 本规范适用于矿山井巷、交通隧道、水工隧洞和各类洞室等地下工程锚喷支护的设计与施工。也适用于各类岩土边坡锚喷支护的施工。

1.0.3 锚喷支护的设计与施工,必须做好工程的地质勘察工作,因地制宜,正确有效地加固围岩,合理利用围岩的自承能力。

1.0.4 锚喷支护的设计与施工,除应遵守本规范外,尚应符合现行国家标准的有关规定。

2　术语、符号

2.1　术　语

2.1.1 初期支护　initial support

当设计要求隧洞的永久支护分期完成时,隧洞开挖后及时施工的支护,称为初期支护。

2.1.2 后期支护　Final support

隧洞初期支护完成后,经过一段时间,当围岩基本稳定,即隧洞周边相对位移和位移速度达到规定要求时,最后施工的支护,称为后期支护。

2.1.3 拱腰　haunch

隧洞拱顶至拱脚弧长的中点,称为拱腰。

2.1.4 隧洞周边位移　convergence of tunnel inner perimeter

隧洞周边相对应两点间距离的变化,称为隧洞周边位移。

2.1.5 锚固力　anchoring force

锚杆对围岩所产生的约束力,称为锚固力。

2.1.6 抗拔力　anti-pullforce

阻止锚杆从岩体中拔出的力,称为抗拔力。

2.1.7 润周　wetted perimeter

水土隧洞过水断面的周长,称为润周。

2.1.8 点荷载强度指数　point-loading strength index

直径50mm圆柱形标准试件径向加压时的点荷载强度。

2.1.9 系统锚杆　system bolt

为使围岩整体稳定,在隧洞周边上按一定格式布置的锚杆群,称为系统锚杆。

2.1.10 预应力锚杆　prestress anchor

由锚头、预应力筋、锚固体组成,利用预应力筋自由段(张拉段)的弹性伸长,对锚杆施加预应力,以提供所需的主动支护拉力的长锚杆。本规范所指的预应力锚杆系指预应力值大于200kN、长度大于8.0m的锚杆。

2.1.11 缝管锚杆　split set

将纵向开缝的薄壁钢管强行推入比其外径较小的钻孔中,借助钢管对孔壁的径向压力而起到摩擦锚固作用的锚杆。

2.1.12 水胀锚杆　swellex bolt

将用薄壁钢管加工成的异形空腔杆体送入钻孔中,通过向该杆件空腔高压注水,使其膨胀并与孔壁产生的摩擦力而起到锚固作用的锚杆。

2.1.13 自钻式锚杆　self-drilling bolt

将钻孔、注浆与锚固合为一体,中空钻杆即作为杆体的锚杆。

2.1.14 喷射混凝土　shotcrete

利用压缩高气或其他动力,将按一定配比制制的混凝土混合物沿管路高速送至喷头处,以较高速度垂直喷射于受喷面,依赖喷射过程中水泥与骨料的连续撞击,压密而形成的一种混凝土。

2.1.15 水泥裹砂喷射混凝土　send enveloped by cement(SEC)shotcrete

将按一定配比拌制而成的水泥裹砂砂浆和以粗骨料为主的混合料,分别用砂浆泵和喷射机输送至喷嘴附近相混合后,高速喷到受喷面上所形成的混凝土。

2.1.16 格栅钢架　reinforcing-bar truss

用钢筋焊接加工而成的桁架式支架。

2.2　符　号

2.2.1 抗力和材料性能

C——岩石滑动面上的粘结力

E_c——喷射混凝土的弹性模量

E_f——隧洞围岩变形模量

f_c——喷射混凝土抗压强度设计值

f_{cra}——喷射混凝土抗裂强度设计值

f_t——喷射混凝土抗拉强度设计值

f_{yk}、f_{ptk}——锚杆钢筋、钢绞线强度标准值

f_{yv}——锚杆钢筋抗剪强度设计值

f'_{ck}——施工阶段喷射混凝土试块应达到的平均抗压强度

f'_{ckmin}——施工阶段喷射混凝土同批 n 组试块抗压强度的最低值

f_r——岩石单轴饱和抗压强度

q_r——水泥结石体与钻孔孔壁或喷射混凝土与岩石间的粘结强度设计值

q_s——水泥结石体与钢筋、钢绞线间的粘结强度设计值

S——喷射混凝土抗压强度的标准差

V_{pm}——隧洞岩体纵波速度

V_{pr}——隧洞岩石纵波速度

γ——岩石重力密度

ν_r——围岩泊松比

2.2.2 作用和作用效应

G——不稳定岩石块体重量

N_t——锚杆轴向受拉承载力设计值

P_A——锚杆设计锚固力

$[P]$——喷射混凝土支护允许承受的内水压力值

S_m——隧洞岩体强度应力比

σ_1——垂直于隧洞轴线平面内的较大主应力

2.2.3 几何参数

A——锚杆预应力筋截面积

B——隧洞毛跨度

d——钢筋或钢绞线直径

D——钻孔直径

H——隧洞洞顶覆盖岩层厚度

h——喷射混凝土厚度

L_a——锚杆锚固段长度

R_w——过水隧洞的水力半径

r_0——支护后的隧洞半径

S_0——隧洞全断面的润周长

S_1——隧洞喷射混凝土的润周长

S_2——隧洞浇筑混凝土的润周长

2.2.4 计算系数

K——锚杆或预应力锚杆计算安全系数

K_1、K_2——喷射混凝土抗压强度合格判定系数

K_S——验算喷射混凝土对隧洞围岩不稳定块体抗力的安全系数

K_v——岩体完整性系数

n——隧洞壁综合糙率系数、锚杆根数、试块组数

n_1——隧洞喷射混凝土糙率系数

n_2——隧洞浇筑混凝土部位的糙率系数

ξ——粘结强度降低系数

3 围岩分级

3.0.1 锚喷支护工程的地质勘察工作应为围岩分级提供依据,并应贯穿工程建设始终。

3.0.2 围岩级别的划分,应根据岩石坚硬性、岩体完整性、结构面特征、地下水和地应力状况等因素综合确定。并应符合表 3.0.2 的规定。

3.0.3 岩体完整性指标用岩体完整性系数 K_v 表示,K_v 可按下式计算:

$$K_v = \left(\frac{V_{pm}}{V_{pr}}\right)^2 \qquad (3.0.3)$$

式中 V_{pm}——隧洞岩体实测的纵波速度(km/s);

V_{pr}——隧洞岩石实测的纵波速度(km/s)。

当无条件进行声波实测时,也可用岩体体积节理数 J_v,按表 3.0.3 确定 K_v 值。

表 3.0.3 J_v 与 K_v 对照表

J_v(条/m³)	<3	3~10	10~20	20~25	>25
K_v	>0.75	0.75~0.55	0.55~0.35	0.35~0.15	<0.15

3.0.4 围岩分级表(见本规范表 3.0.2)中的岩体强度应力比的计算应符合下列规定:

1 当有地应力实测数据时:

$$S_m = \frac{K_v f_r}{\sigma_1} \qquad (3.0.4-1)$$

式中 S_m——岩体强度应力比;

f_r——岩石单轴饱和抗压强度(MPa);

表 3.0.2 围岩分级

围岩级别	主要工程地质特征							毛洞稳定情况
	岩体结构	构造影响程度,结构面发育情况和组合状态	岩石强度指标		岩体声波指标		岩体强度应力比	
			单轴饱和抗压强度(MPa)	点荷载强度(MPa)	岩体纵波速度(km/s)	岩体完整性指标		
Ⅰ	整体状及层间结合良好的厚层状结构	构造影响轻微,偶有小断层。结构面不发育,仅有 2~3 组,平均间距大于 0.8m,以原生和构造节理为主,多数闭合,无泥质充填,不贯通。层间结合良好,一般不出现不稳定块体	>60	>2.5	>5	>0.75	—	毛洞跨度 5~10m 时,长期稳定,无碎块掉落
Ⅱ	同Ⅰ级围岩结构	同Ⅰ级围岩特征	30~60	1.25~2.5	3.7~5.2	>0.75	—	毛洞跨度 5~10m 时,围岩能较长时间(数月至数年)维持稳定,仅出现周部小块掉落
Ⅱ	块状结构和层间结合较好的中厚层或厚层状结构	构造影响较重,有少量断层。结构面较发育,一般为 3 组,平均间距 0.4~0.8m,以原生和构造节理为主,多数闭合,偶有泥质充填,贯通性较差,有少量软弱结构面。层间结合较好,偶有层间错动和层面张开现象	>60	>2.5	3.7~5.2	>0.5	—	

续表 3.0.2

围岩级别	主要工程地质特征							毛洞稳定情况
	岩体结构	构造影响程度，结构面发育情况和组合状态	岩石强度指标		岩体声波指标		岩体强度应力比	
			单轴饱和抗压强度（MPa）	点荷载强度（MPa）	岩体纵波速度（km/s）	岩体完整性指标		
Ⅲ	同Ⅰ级围岩结构	同Ⅰ级围岩特征	20～30	0.85～1.25	3.0～4.5	>0.75	>2	毛洞跨度5～10m时，围岩能维持一个月以上的稳定，主要出现局部掉块、塌落
	同Ⅱ级围岩块状结构和层间结合较好的中厚层或厚层状结构	同Ⅱ级围岩块状结构和层间结合较好的中厚层或厚层状结构特征	30～60	1.25～2.50	3.0～4.5	0.50～0.75	>2	
	层间结合良好的薄层和软硬岩互层结构	构造影响较重。结构面发育，一般为3组，平均间距0.2～0.4m，以构造节理为主，节理面多数闭合，少有泥质充填。岩层为薄层或以硬岩为主的软硬岩互层，层间结合良好，少见软弱夹层、层间错动和层面张开现象	>60(软岩,>20)	>2.50	3.0～4.5	0.30～0.50	>2	
	碎裂镶嵌结构	构造影响较重。结构面发育，一般为3组以上，平均间距0.2～0.4m，以构造节理为主，节理面多数闭合，少数有泥质充填，块体间牢固咬合	>60	>2.50	3.0～4.5	0.30～0.50	>2	
Ⅳ	同Ⅱ级围岩块状结构和层间结合较好的中厚层或厚层状结构	同Ⅱ级围岩块状结构和层间结合较好的中厚层或厚层状结构特征	10～30	0.42～1.25	2.0～3.5	0.50～0.75	>1	毛洞跨度5m时，围岩能维持数日到一个月的稳定，主要失稳形式为冒落或片帮
	散块状结构	构造影响严重，一般为风化卸荷带。结构面发育，一般为3组，平均间距0.4～0.8m，以构造节理、卸荷、风化裂隙为主，贯通性好，多数张开，夹泥，夹泥厚度一般大于结构面的起伏高度，咬合力弱，构成较多的不稳定块体	>30	>1.25	>2.0	>0.15	>1	
	层间结合不良的薄层、中厚层和软硬岩互层结构	构造影响严重。结构面发育，一般为3组以上，平均间距0.2～0.4m，以构造、风化节理为主，大部分微张(0.5～1.0mm)，部分张开(>1.0mm)，有泥质充填，层间结合不良，多数夹泥，层间错动明显	>30(软岩,>10)	>1.25	2.0～3.5	0.20～0.40	>1	
	碎裂状结构	构造影响严重，多数为断层影响带或强风化带。结构面发育，一般为3组以上，平均间距0.2～0.4m，大部分微张(0.5～1.0mm)，部分张开(>1.0mm)，有泥质充填，形成许多碎块体	>30	>1.25	2.0～3.5	0.20～0.40	>1	
Ⅴ	散体状结构	构造影响很严重，多数为破碎带、全强风化带、破碎带交汇部位。构造及风化节理密集，节理面及其组合杂乱，形成大量碎块体。块体间多数为泥质充填，甚至呈石夹土状或土夹石状	—	—	<2.0	—	—	毛洞跨度5m时，围岩稳定时间很短，约数小时至数日

注：1 围岩按定性分级与定量指标分级有差别时，一般应以低者为准。
    2 本表声波指标以孔测法测试值为准。如果用其他方法测试时，可通过对比试验，进行换算。
    3 层状岩体按单层厚度可划分为：
    厚层：大于0.5m;
    中厚层：0.1～0.5m;
    薄层：小于0.1m。
    4 一级条件下，确定围岩级别时，应以岩石单轴湿饱和抗压强度为准；当洞跨小于5m，服务年限小于10年的工程，确定围岩级别时，可采用点荷载强度指标代替岩块单轴饱和抗压强度指标，可不做岩体声波指标测试。
    5 测定岩石强度，做单轴抗压强度测定后，可不做点荷载强度测定。

K_v——岩体完整性系数；

σ_1——垂直洞轴线的较大主应力(kN/m^2)。

2 当无地应力实测数据时：

$$\sigma_1 = \gamma H \qquad (3.0.4\text{-}2)$$

式中 γ——岩体重力密度(kN/m^3)；

H——隧洞顶覆盖层厚度(m)。

3.0.5 对Ⅲ、Ⅳ级围岩，当地下水发育时，应根据地下水类型、水量大小、软弱结构面多少及其危害程度，适当降级。

3.0.6 对Ⅱ、Ⅲ、Ⅳ级围岩，当洞轴线与主要断层或软弱夹层的夹角小于30°时，应降一级。

4 锚喷支护设计

4.1 一般规定

4.1.1 锚喷支护的设计，宜采用工程类比法，必要时应结合监控量测法及理论验算法。

4.1.2 锚喷支护初步设计阶段，应根据地质勘察资料，按本规范表3.0.2的规定，初步确定围岩级别，并按表4.1.2-1和表4.1.2-2的规定，初步选择隧洞、斜井或竖井的锚喷支护类型和设计参数。

4.1.3 锚喷支护施工设计阶段，应做好工程的地质调查工作，绘制地质素描图或展示图，并标明不稳定块体的大小及其出露位置。实测围岩分级定量指标，按本规范表3.0.2的规定，详细划分围岩级别，并修正初步设计。

4.1.4 对Ⅳ、Ⅴ级围岩中毛洞跨度大于5m的工程，除应按照本规范表4.1.2-1的规定，选择初期支护的类型与参数外，尚应进行监控量测，以最终确定支护类型和参数。

4.1.5 对Ⅰ、Ⅱ、Ⅲ级围岩毛洞跨度大于15m的工程，除应按照本规范表4.1.2-1的规定，选择支护类型与参数外，尚应对围岩进行稳定性分析和验算；对Ⅲ级围岩，还应进行监控量测，以便最终确定支护类型和参数。

4.1.6 对围岩整体稳定性验算，可采用数值解法或解析解法；对局部可能失稳的围岩块体的稳定性验算，可采用块体极限平衡方法。

4.1.7 对边坡工程锚喷支护设计，应充分掌握工程的地质勘察资料，按不同的失稳破坏类型，采用极限平衡法、数值分析法等方法进行边坡稳定性分析计算。

表 4.1.2-1　隧洞和斜井的锚喷支护类型和设计参数

毛洞跨度 B(m) 围岩级别	$B \leqslant 5$	$5 < B \leqslant 10$	$10 < B \leqslant 15$	$15 < B \leqslant 20$	$20 < B \leqslant 25$
Ⅰ	不支护	50mm厚喷射混凝土	(1)80～100mm厚喷射混凝土 (2)50mm厚喷射混凝土，设置2.0～2.5m长的锚杆	100～150mm厚喷射混凝土，设置2.5～3.0m长的锚杆，必要时，配置钢筋网	120～150mm厚钢筋网喷射混凝土，设置3.0～4.0m长的锚杆
Ⅱ	50mm厚喷射混凝土	(1)80～100mm厚喷射混凝土 (2)50mm厚喷射混凝土，设置1.5～2.0m长的锚杆	(1)120～150mm厚喷射混凝土，必要时，配置钢筋网 (2)80～120mm厚喷射混凝土，设置2.0～2.5m长的锚杆，必要时，配置钢筋网	120～150mm厚钢筋网喷射混凝土，设置3.0～4.0m长的锚杆	150～200mm厚钢筋网喷射混凝土，设置5.0～6.0m长的锚杆，必要时，设置长度大于6.0m的预应力或非预应力锚杆
Ⅲ	(1)80～100mm厚喷射混凝土 (2)50mm厚喷射混凝土，设置1.5～2.0m长的锚杆	(1)120～150mm厚喷射混凝土，必要时，配置钢筋网 (2)80～100mm厚喷射混凝土，设置2.0～2.5m长的锚杆，必要时，配置钢筋网	100～150mm厚钢筋网喷射混凝土，设置3.0～4.0m长的锚杆	150～200mm厚钢筋网喷射混凝土，设置4.0～5.0m长的锚杆，必要时，设置长度大于5.0m的预应力或非预应力锚杆	—

续表 4.1.2-1

围岩级别 \ 毛洞跨度 B(m)	B≤5	5<B≤10	10<B≤15	15<B≤20	20<B≤25
IV	80～100mm 厚喷射混凝土,设置 1.5～2.0m 长的锚杆	100～150mm 厚钢筋网喷射混凝土,设置 2.0～2.5m 长的锚杆,必要时,采用仰拱	150～200mm 厚钢筋网喷射混凝土,设置 3.0～4.0m 长的锚杆,必要时,采用仰拱并设置长度大于 4.0m 的锚杆	—	—
V	120～150mm 厚钢筋网喷射混凝土,设置 1.5～2.0m 长的锚杆,必要时,采用仰拱	150～200mm 厚钢筋网喷射混凝土,设置 2.0～3.0m 长的锚杆,采用仰拱,必要时,加设钢架	—	—	—

注:1 表中的支护类型和参数,是指隧洞和倾角小于 30°的斜井的永久支护,包括初期支护与后期支护的类型和参数。
2 服务年限小于 10 年及洞跨小于 3.5m 的隧洞和斜井,表中的支护参数,可根据工程具体情况,适当减小。
3 复合衬砌的隧洞和斜井,初期支护采用表中的参数时,应根据工程的具体情况,予以减小。
4 陡倾斜岩层中的隧洞或斜井易失稳的一侧边墙和缓倾斜岩层中的隧洞或斜井顶部,应采用表中第(2)种支护类型和参数,其他情况下,两种支护类型和参数均可采用。
5 对高度大于 15.0m 的侧边墙,应进行稳定性验算。并根据验算结果,确定锚喷支护参数。

表 4.1.2-2 竖井锚喷支护类型和设计参数表

围岩级别 \ 竖井毛径 D(m)	D<25	5≤D<7
I	100mm 厚喷射混凝土,必要时,局部设置长 1.5～2.0m 的锚杆	100mm 厚喷射混凝土,设置长 1.5～2.5m 的锚杆,或 150mm 厚喷射混凝土
II	100～150mm 厚喷射混凝土,设置长 1.5～2.0m 的锚杆	100～150mm 厚钢筋网喷射混凝土,设置长 2.0～2.5m 的锚杆,必要时,加设混凝土圈梁
III	150～200mm 厚钢筋网喷射混凝土,设置长 1.5～2.0m 的锚杆,必要时,加设混凝土圈梁	150～200mm 厚钢筋网喷射混凝土,设置长 2.0～3.0m 的锚杆,必要时,加设混凝土圈梁

注:1 井壁采用锚喷做初期支护时,支护设计参数可适当减小。
2 III 级围岩中井筒深度超过 500m 时,支护设计参数应予以增大。

4.1.8 理论计算和监控设计所需围岩物理力学计算指标,应通过现场实测取得。计算用的岩体弹性模量、粘结力值,应根据实测弹性模量和粘结力的峰值乘以 0.6～0.8 的折减系数后确定。

当无实测数据时,各级围岩物理力学参数和岩体结构面的粘结力及内摩擦角,可采用表 4.1.8-1 和表 4.1.8-2 中的数值。

表 4.1.8-1 岩体物理力学参数

围岩级别	重力密度 γ (kN/m³)	抗剪断峰值强度		变形模量 E(GPa)	泊松比 ν
		内摩擦角 φ(°)	粘聚力 C(MPa)		
I	26.50	>60	>2.1	>33.0	>0.20
II		60～50	2.1～1.5	33.0～20.0	0.20～0.25
III	26.54～24.50	50～39	1.5～0.7	20.0～6.0	0.25～0.30
IV	24.50～22.50	39～27	0.7～0.4	6.0～1.4	0.30～0.35
V	<22.50	<27	<0.2	<1.3	<0.35

表 4.1.8-2 岩体结构面抗剪断峰值强度

序号	两侧岩体的坚硬程度及结构面的结合程度	内摩擦角 φ(°)	粘聚力 C(MPa)
1	坚硬岩,结合好	>37	>0.22
2	坚硬～较坚硬岩,结合好 较软岩,结合好	37～29	0.22～0.12
3	坚硬～较坚硬岩,结合差 较软岩～软岩,结合一般	29～19	0.12～0.08
4	较坚硬～较软岩,结合差～结合很差 软岩,结合差 软质岩的泥化面	19～13	0.08～0.05
5	较坚硬岩及全部软质岩,结合很差 软质岩泥化层本身	<13	<0.05

4.1.9 竖井锚喷支护设计除应按照本规范表 4.1.2-2 的规定确定支护类型和参数外,还应遵守下列规定:

1 罐道梁宜采用树脂锚杆或早强水泥浆锚杆固定;

2 支承罐道梁处及岩层陡倾斜时,支护应予加强;

3 设置混凝土圈梁时,加固围岩的锚杆应与圈梁连成一体。

4.1.10 下述情况的锚喷支护设计,还应遵守下列相应的规定:

1 隧洞交岔点、断面变化处、洞轴线变化段等特殊部位,均应加强支护结构;

2 对与喷射混凝土难以保证粘结的光滑岩面,应以锚杆或钢筋网喷射混凝土支护为主;

3 围岩较差地段的支护,必须向围岩较好地段适当延伸;

4 I、II、III 级围岩中的个别断层或不稳定块体,应进行局部加固;

5 如遇岩溶,应进行处理或局部加固;

6 对可能发生大体积围岩失稳或需对围岩提供较大支护力时,应采用预应力锚杆加固。

4.1.11 对下列地质条件的锚喷支护设计,应通过试验后确定:

1 膨胀性岩体;

2 未胶结的松散岩体;

3 有严重湿陷性的黄土层;

4 大面积淋水地段;

5 能引起严重腐蚀的地段;

6 严寒地区的冻胀岩体。

4.2 锚杆支护设计

4.2.1 锚杆设计应根据隧洞围岩地质情况、工程断面和使用条件等，分别选用下列类型的锚杆:

1 全长粘结型锚杆:普通水泥砂浆锚杆、早强水泥砂浆锚杆、树脂卷锚杆、水泥卷锚杆;

2 端头锚固型锚杆:机械锚固锚杆、树脂锚固锚杆、快硬水泥卷锚固锚杆;

3 摩擦型锚杆:缝管锚杆、楔管锚杆、水胀锚杆;

4 预应力锚杆;

5 自钻式锚杆。

4.2.2 全长粘结型锚杆设计应遵守下列规定:

1 杆体材料宜采用Ⅱ、Ⅲ级钢筋,钻孔直径为28~32mm的小直径锚杆的杆体材料宜采用Q235钢筋;

2 杆体钢筋直径宜为16~32mm;

3 杆体钢筋保护层厚度,采用水泥砂浆时不小于8mm,采用树脂时不小于4mm;

4 杆体直径大于32mm的锚杆,应采取杆体居中的构造措施;

5 水泥砂浆的强度等级不应低于M20;

6 对于自稳时间短的围岩,宜用树脂锚杆或早强水泥砂浆锚杆。

4.2.3 端头锚固型锚杆的设计应遵守下列规定:

1 杆体材料宜用Ⅱ级钢筋,杆体直径为16~32mm;

2 树脂锚固剂的固化时间不应大于10min,快硬水泥的终凝时间不应大于12min;

3 树脂锚杆锚头的锚固长度宜为200~250mm,快硬水泥卷锚杆锚头的锚固长度宜为300~400mm;

4 托板可用Q235钢,厚度不宜小于6mm,尺寸不宜小于150mm×150mm;

5 锚头的设计锚固力不应低于50kN;

6 服务年限大于5年的工程,应在杆体与孔壁间注满水泥砂浆。

4.2.4 摩擦型锚杆的设计应遵守下列规定:

1 缝管锚杆的管体材料宜用16锰或20锰硅钢,壁厚为2.0~2.5mm;楔管锚杆的管体材料可用Q235钢,壁厚为2.75~3.25mm;

2 缝管锚杆的外径为30~45mm,缝宽为13~18mm;楔管锚杆缝管段的外径为40~45mm,缝宽宜为10~18mm,圆管段内径不宜小于27mm;

3 钻孔直径应小于摩擦型锚杆的外径,其差值可按表4.2.4选取;

表4.2.4 缝管锚杆、楔管锚杆与钻孔的径差

岩石单轴饱和抗压强度(MPa)	径 差(mm)
>60	1.5~2.0
30~60	2.0~2.5
<30	2.5~3.5

4 宜采用碟形托板,材料为Q235钢,厚度不应小于4mm,尺寸不应小于120mm×120mm;

5 杆体极限抗拉力不宜小于120kN,挡环与管壁焊接处的

抗脱力不应小于80kN;

6 缝管锚杆的初锚固力不应小于25kN/m,当需要较高的初锚固力时,可采用带端头锚塞的缝管锚杆或楔管锚杆;

7 水胀式锚杆材料宜选用直径为48mm,壁厚2mm的无缝钢管,并加工成外径为29mm,前后端套管直径为35mm的杆体;

8 水胀式锚杆的托板材料、规格同摩擦型锚杆。

4.2.5 预应力锚杆的设计应遵守下列规定:

1 硬岩锚固宜采用拉力型锚杆;软岩锚固宜采用压力分散型或拉力分散型锚杆。

2 设计锚杆锚固体的间距应考虑锚杆相互作用的不利影响。

3 确定锚杆倾角应避开锚杆与水平面的夹角为−10°~+10°这一范围。

4 预应力筋材料宜用钢绞线、高强钢丝或高强精轧螺纹钢筋。对穿型锚杆及压力分散型锚杆的预应力筋应采用无粘结钢绞线。当预应力值较小或锚杆长度小于20m时,预应力筋也可采用Ⅱ级或Ⅲ级钢筋。

5 预应力筋的截面尺寸应按下列公式确定。

$$A = \frac{KN_t}{f_{ptk}} \qquad (4.2.5-1)$$

式中 A ——预应力筋的截面积(mm^2);

N_t ——锚杆轴向拉力设计值(kN);

f_{ptk} ——预应力筋抗拉强度标准值(N/mm^2);

K ——预应力筋截面设计安全系数,临时锚杆取1.6,永久锚杆取1.8。

6 预应力锚杆的锚固段灌浆体宜选用水泥浆或水泥砂浆等胶结材料,其抗压强度不宜低于30MPa。压力分散型锚杆锚固段灌浆体抗压强度不宜低于40MPa。

7 预应力锚杆的自由段长度不宜小于5.0m。

8 预应力锚杆采用粘结型锚固体时,锚固段长度可按下列公式计算,并取其中的较大值。

$$L_a = \frac{KN_t}{\pi D q_r} \qquad (4.2.5-2)$$

$$L_a = \frac{KN_t}{n \pi d \xi q_s} \qquad (4.2.5-3)$$

式中 L_a ——锚固段长度(mm);

N_t ——锚杆轴向拉力设计值(kN);

K ——安全系数,应按表4.2.5-3选取;

D ——锚固体直径(mm);

d ——单根钢筋或钢绞线直径(mm);

n ——钢绞线或钢筋根数;

q_r ——水泥结石体与岩石孔壁间的粘结强度设计值,取0.8倍标准值(表4.2.5-1);

q_s ——水泥结石体与钢绞线或钢筋间的粘结强度设计值,取0.8倍标准值(表4.2.5-2);

ξ ——采用2根或2根以上钢绞线或钢筋时,介面粘结强度降低系数,取0.60~0.85。

表4.2.5-1 岩石与水泥结石体之间的
粘结强度标准值(推荐)

岩石种类	岩石单轴饱和抗压强度(MPa)	岩石与水泥浆之间粘结强度标准值(MPa)
硬岩	>60	1.5~3.0
中硬岩	30~60	1.0~1.5
软岩	5~30	0.3~1.0

注:粘结长度小于6.0m。

表 4.2.5-2　钢筋、钢绞线与水泥浆之间的
粘结强度标准值(推荐)

类　型	粘结强度标准值(MPa)
水泥结石体与螺纹钢筋之间	2.0~3.0
水泥结石体与钢绞线之间	3.0~4.0

注：1　粘结长度小于 6.0m。
　　2　水泥结石体抗压强度标准值不小于 M30。

表 4.2.5-3　岩石预应力锚杆锚固体设计的安全系数

锚杆破坏后危害程度	最小安全系数	
	锚杆服务年限≤2 年	锚杆服务年限>2 年
危害轻微,不会构成公共安全问题	1.4	1.8
危害较大,但公共安全无问题	1.6	2.0
危害大,会出现公共安全问题	1.8	2.2

9　压力分散型或拉力分散型锚杆的单元锚杆锚固长度不宜小于 15 倍锚杆钻孔直径。

10　设计压力分散型锚杆,还应验算灌浆体轴向承压力。确定注浆体的轴心抗压强度应考虑局部受压与注浆体侧向约束的有利影响,一般由试验确定。

11　预应力锚具及联接锚杆杆体的受力部件,均应能承受 95% 的杆体极限抗拉力。

12　锚固段内的预应力筋每隔 1.5~2.0m 应设置隔离架。永久性的拉力型或拉力分散型锚杆锚固段内的预应力筋宜外套波形管,预应力筋的保护层厚度不应小于 20mm;临时性锚杆预应力筋的保护层厚度不应小于 10mm。

13　自由段内预应力筋宜采用带塑料套管的双重防腐,套管与孔壁间应灌满水泥砂浆或水泥净浆。

14　永久性预应力锚杆的拉力锁定值不小于拉力设计值,临时性预应力锚杆可等于或小于拉力设计值。

4.2.6　自钻式锚杆的设计应遵守下列规定：

1　自钻式锚杆杆体应采用厚壁无缝钢管制作,外表全长应具有标准的连接螺纹,并能任意切割和用套筒联接加长;

2　自钻式锚杆结构应包括中空杆体、垫板、螺母、联接套筒和钻头;

3　用于锚杆加长的联接套筒应与锚杆杆体具有同等强度。

4.2.7　系统锚杆布置应遵守下列规定：

1　在隧洞横断面上,锚杆应与岩体主结构面成较大角度布置;当主结构面不明显时,可与隧洞周边轮廓垂直布置。

2　在岩面上,锚杆宜呈菱形排列。

3　锚杆间距不宜大于锚杆长度的 1/2;Ⅳ、Ⅴ级围岩中的锚杆间距宜为 0.5~1.0m,并不得大于 1.25m。

4.2.8　拱腰以上局部锚杆的布置方向应有利于锚杆受拉,拱腰以下及边墙的局部锚杆布置方向应有利于提高抗滑力。

4.2.9　局部锚杆的锚固体应位于稳定岩体内。粘结型锚杆锚固体长度内的胶结材料与杆体间粘结摩阻力设计值和胶结材料与孔壁岩石间粘结摩阻力设计值均应大于锚杆杆体受拉承载力设计值。

4.3　喷射混凝土支护设计

4.3.1　喷射混凝土的设计强度等级不应低于 C15;对于竖井及重要隧洞和斜井工程,喷射混凝土的设计强度等级不应低于 C20;喷射混凝土 1d 龄期的抗压强度不应低于 5MPa。钢纤维喷射混凝土的设计强度等级不应低于 C20,其抗拉强度不应低于 2MPa,抗弯强度不应低于 6MPa。

不同强度等级喷射混凝土的设计强度应按表 4.3.1 采用。

表 4.3.1　喷射混凝土的强度设计值(MPa)

喷射混凝土强度等级 / 强度种类	C15	C20	C25	C30
轴心抗压	7.5	10.0	12.5	15.0
弯曲抗压	8.5	11.0	13.5	16.5
抗　拉	0.9	1.1	1.3	1.5

4.3.2　喷射混凝土的体积密度可取 2200kg/m³,弹性模量应按表 4.3.2 采用。喷射混凝土与围岩的粘结强度：Ⅰ、Ⅱ级围岩不应低于 0.8MPa,Ⅲ级围岩不应低于 0.5MPa。

喷射混凝土与围岩粘结强度试验方法应遵守本规范附录 A 的规定。

表 4.3.2　喷射混凝土的弹性模量(MPa)

喷射混凝土强度等级	弹性模量
C15	1.8×10^4
C20	2.1×10^4
C25	2.3×10^4
C30	2.5×10^4

4.3.3　喷射混凝土支护的厚度,最小不应低于 50mm,最大不宜超过 200mm。

4.3.4　含水岩层中的喷射混凝土支护厚度,最小不应低于 80mm。喷射混凝土的抗渗强度不应低于 0.8MPa。

4.3.5　Ⅰ、Ⅱ围岩中的隧洞工程,喷射混凝土对局部不稳定块体的抗冲切承载力可按下式验算：

$$KG \leqslant 0.6 f_t u_m h \qquad (4.3.5-1)$$

当喷层内配置钢筋网时,则其抗冲切承载力按下式计算：

$$KG \leqslant 0.3 f_t u_m h + 0.8 f_{yv} A_{svu} \qquad (4.3.5-2)$$

式中　G——不稳定岩面块体重量(N);

f_t——喷射混凝土抗拉强度设计值(MPa);

f_{yv}——钢筋抗剪强度设计值(MPa);

h——喷射混凝土厚度(mm);当 $h > 100mm$ 时,仍以 100mm 计算;

u_m——不稳定块体出露面的周边长度(mm);

A_{svu}——与冲切破坏锥体斜截面相交的全部钢筋截面积(mm²);

K——安全系数,取 2.0。

4.3.6　通过塑性流变岩体的隧洞或受采动影响的巷道及高速水流冲刷的隧洞,宜采用钢纤维喷射混凝土支护。

4.3.7　钢纤维喷射混凝土用的钢纤维应遵守下列规定：

1　普通碳素钢纤维的抗拉强度不得低于 380MPa;

2　钢纤维的直径宜为 0.3~0.5mm;

3　钢纤维的长度宜为 20~25mm,且不得大于 25mm;

4　钢纤维掺量宜为混合料重量的 3.0%~6.0%。

4.3.8　钢筋网喷射混凝土中钢筋网的设计应遵守下列规定：

1　钢筋网材料宜采用Ⅰ级钢筋,钢筋直径宜为 4~12mm;

2　钢筋间距宜为 150~300mm;

3　钢筋保护层厚度不应小于 20mm,水工隧洞的钢筋保护层厚度不应小于 50mm。

4.3.9　钢筋网喷射混凝土支护的厚度不应小于 100mm,且不宜大于 250mm。

4.3.10　对于下列情况,宜采用钢架喷射混凝土支护：

1　围岩自稳时间很短,在喷射混凝土或锚杆的支护作用发挥以前就要求工作面稳定时;

2　为了抑制围岩大的变形,需要增强支护抗力时。

4.3.11　钢架喷射混凝土支护的设计应遵守下列规定：

1　可缩性钢架宜选用 U 型钢钢架,刚性钢架宜用钢筋焊接成的格栅钢架;

2 采用可缩性钢架时，喷射混凝土层应在可缩性节点处设置伸缩缝。

3 钢架间距一般不大于 1.20m，钢架之间应设置纵向钢拉杆，钢架的立柱埋入地坪下的深度不应小于 250mm；

4 覆盖钢架的喷射混凝土保护层厚度不应小于 40mm。

4.4 特殊条件下的锚喷支护设计

（Ⅰ）浅埋隧洞锚喷支护设计

4.4.1 符合表 4.4.1 的浅埋岩石隧洞，宜采用锚杆钢筋网喷射混凝土作永久支护，必要时应加设格栅钢架，其参数可采用工程类比法并结合监控量测和理论计算确定。

表 4.4.1 宜采用锚喷支护的浅埋岩石隧洞条件

围岩级别	洞顶岩石层厚度	毛洞跨度（m）	水文地质条件
Ⅲ	0.5～1.0 倍洞径	<10	无地下水
Ⅳ	1.0～2.0 倍洞径	<10	无地下水
Ⅴ	2.0～3.0 倍洞径	<5	无地下水

4.4.2 对于Ⅳ、Ⅴ级围岩的浅埋隧洞，应设置仰拱，必要时，宜采用深层固结灌浆，设置长锚杆、超前锚杆或长管棚等方法加固地层。

4.4.3 对于表 4.4.3 中的浅埋岩石隧洞，其支护结构应考虑偏压对隧洞的影响，而作适当加强。

表 4.4.3 浅埋岩石隧洞考虑偏压影响条件

围岩级别	洞顶地表横向坡度	隧洞拱部至地表最小距离
Ⅲ	1：2.5	<1 倍洞径
Ⅳ	1：2.5	<2 倍洞径
Ⅴ	1：2.5	<3 倍洞径

4.4.4 覆土厚度大于 1 倍洞径的浅埋土质隧洞初期支护宜选用钢筋网喷射混凝土或钢架钢筋网喷射混凝土全封闭式支护型式。对于覆土小于 1 倍洞径的浅埋土质隧洞采用锚喷支护作初期支护时，其支护参数应通过现场试验及监控量测确定。对于厚淤泥质粘土或厚层含水粉细砂层等土层，未采取有效措施前不宜选用锚喷支护作初期支护。

4.4.5 浅埋土质隧洞锚喷支护结构类型和参数应根据土质条件、隧洞跨度、支护强度和支护刚度要求，采用计算方法确定，宜按表 4.4.5 的经验参数类比及现场监控量测验证。

表 4.4.5 浅埋土层隧洞初期支护结构类型和参数

地质条件＼洞跨	<5m	5～12m
无地下水，隧洞稳定性较好	喷层厚 150～250mm，钢筋网 ϕ6～10mm，网距 120mm×120mm	喷层厚 250～300mm，钢筋网 ϕ6～10mm，网距 120mm×120mm，钢架间距不大于 1000mm
无地下水，隧洞稳定性较差	喷层厚 250～300mm，钢筋网 ϕ6～10mm，网距 120mm×120mm，钢架间距 750～1000mm	喷层厚 300～350mm，双层钢筋网 ϕ6～10mm，网距 120mm×120mm，钢架间距不大于 750mm

4.4.6 计算浅埋土质隧洞初期支护参数时，其计算荷载包括下列内容：

1 永久性荷载：垂直土压力、侧向土压力及支护结构自重。

2 地面附加荷载。

4.4.7 浅埋土质隧洞采用钢架喷混凝土支护时，钢架应有足够的刚度和强度，应能承受 40～60kN/m² 的垂直土压力。

4.4.8 浅埋土质隧洞采用锚喷支护时，如地层稳定性差，宜采用土层注浆、超前导管、长管棚等地层预加固预支护方法。但注浆压力应通过试验确定，以保证周围建筑物安全。

（Ⅱ）塑性流变岩体中隧洞锚喷支护设计

4.4.9 位于变形量大且延续时间长的塑性流变岩体中的隧洞，宜采用圆形、椭圆形等曲线形断面。椭圆形断面隧洞的长轴宜与垂直于洞轴线平面内的较大主应力方向相一致。设计断面尺寸必须预留周边相对位移量。

4.4.10 塑性流变岩体中隧洞锚喷支护的设计应遵守下列规定：

1 采用分期支护。初期支护采用喷层厚度不大于 100mm 的锚喷支护，后期支护视具体情况采用锚喷支护或其他类型支护。

2 采用仰拱封底，形成封闭结构。

3 采用监控量测，根据量测数据，及时调整支护抗力。

（Ⅲ）老黄土隧洞锚喷支护设计

4.4.11 在老黄土中的隧洞，可采用钢筋网喷射混凝土作永久支护，必要时，用水泥砂浆锚杆加强。老黄土的主要物理力学指标应符合表 4.4.11 的规定。

表 4.4.11 老黄土物理力学指标

顺 序	项 目	单 位	指 标
1	天然容重	kg/m³	≥1700
2	天然含水率	%	12～19
3	塑性指数		≥10
4	粘聚力	MPa	≥0.06
5	内摩擦角	°	≥24
6	变形模量	MPa	90～150

4.4.12 采用锚喷支护的老黄土隧洞，洞跨不宜大于 6.5m，其断面应为圆形或马蹄形，曲墙的矢高不应小于弦长的 1/8，并应设置仰拱。

4.4.13 老黄土隧洞锚喷支护设计应遵守下列规定：

1 钢筋网喷射混凝土支护厚度宜为 100～150mm，应分两次施工。当需要水泥砂浆锚杆加强时，锚杆长度宜为 2.0～2.5m，杆体直径不宜大于 18mm，锚杆孔径不宜小于 60mm。

2 沿隧洞轴线每隔 5～10m 应设置环向伸缩缝，其宽度宜为 10～20mm。

3 锚喷支护设计，必须对地表水和洞内施工水提出处理措施。

（Ⅳ）水工隧洞锚喷支护设计

4.4.14 在Ⅰ、Ⅱ、Ⅲ级围岩中的水工隧洞，符合下列条件之一时，锚喷支护可作为后期支护。

1 围岩经过处理不透水，或外水压力高于内水压力，不会发生内水外渗；

2 隧洞虽有一定的渗水，但内水长期外渗不会危及岩体和山坡的稳定，也不会给邻近建筑物带来危害。

4.4.15 有压水工隧洞的锚喷支护，应按"围岩-支护"变形一致的原则，校核喷射混凝土支护的抗裂能力。对于圆形隧洞，当 $h/r_0<0.05$ 时，喷射混凝土支护允许承受的内水压力，可按下式计算：

$$[P] \leqslant f_{cra}\left[\frac{\frac{E_r}{E_c}(r_0+h)}{r_0(1+\nu_r)}+\frac{H}{r_0}\right] \quad (4.4.15)$$

式中 $[P]$——喷射混凝土支护允许承受的内水压力值（MPa）；

f_{cra}——喷射混凝土的抗裂强度设计值（MPa）；

E_c——喷射混凝土的弹性模量（MPa）；

E_r——围岩的变形模量（MPa）；

ν_r——围岩的泊松比；

r_0——支护后的隧洞半径（mm）；

h——喷射混凝土厚度（mm）；

H——隧洞洞顶覆盖岩层厚度（m）。

对于承受较高内水压的重要水工隧洞,宜通过水压试验,确定喷射混凝土支护的抗裂能力。

4.4.16 当地下水位较高或长期使用后隧洞可能放空时,设计中应校核锚喷支护在外水压力作用下的稳定性。

4.4.17 采用锚喷支护的永久过水隧洞允许的水流流速不宜超过8m/s;临时过水隧洞允许的水流流速不宜超过12m/s。

4.4.18 锚喷支护隧洞的糙率系数,可按下列公式计算:

$$n_1 = \frac{R_w^{\frac{1}{6}}}{17.72 \lg \frac{14.8 R_w}{\Delta}} \qquad (4.4.18\text{-}1)$$

式中 n_1——喷射混凝土支护的糙率系数;

R_w——水力半径(cm),对于圆形断面的隧洞,$R_w = \frac{D}{4}$(D为隧洞直径);

Δ——隧洞壁平均起伏差(cm)。

当喷射混凝土支护隧洞的底板使用浇筑混凝土时,应按下式计算支护的综合糙率系数:

$$n^2 S_0 = n_1^2 S_1 + n_2^2 S_2 \qquad (4.4.18\text{-}2)$$

式中 n——隧洞的综合糙率系数;

n_1——喷射混凝土糙率系数;

n_2——浇筑混凝土部位的糙率系数,宜取 $n_2 = 0.014$;

S_0——隧洞全断面的润周长(m);

S_1——喷射混凝土的润周长(m);

S_2——浇注混凝土的润周长(m)。

隧洞喷层表面的平均起伏差不应超过150mm。

4.4.19 锚喷支护的水工隧洞,喷射混凝土的厚度不应小于80mm,抗渗强度不应小于0.8MPa。

4.4.20 锚喷支护的水工隧洞,宜采用现浇混凝土做底拱,并应做好现浇混凝土与喷射混凝土的接缝处理。

(Ⅴ)受采动影响的巷道锚喷支护设计

4.4.21 受采动影响的煤层底板岩巷、电耙巷道和采矿进路,可采用锚喷支护。

4.4.22 受采动影响的巷道锚喷支护设计应遵守下列规定:

1 锚喷支护的类型和参数,可根据动压影响程度、围岩级别、巷道跨度和服务年限等因素,用工程类比法确定,宜采用锚杆钢筋网喷射混凝土,或锚杆钢筋网喷射混凝土—钢架等组合支护型式;

2 受动压影响严重,并能引起围岩较大变形时,宜采用摩擦型锚杆、钢纤维喷射混凝土或可缩性钢架等支护型式。

4.4.23 当巷道建成后较长时间才受采动影响时,锚喷支护宜先按静压受力状态要求设计,待动压到来之前,再行增强。用于增强的可缩性钢架,其结构构造应便于拆卸回收。

4.5 边坡锚喷支护设计

4.5.1 边坡锚喷支护设计,应综合考虑岩土性状,地下水、边坡高度、坡度、周边环境、坡顶建(构)筑物荷载、地震力及气候等因素。边坡锚杆的锚固力应由稳定性计算确定。锚杆锚固段应伸入边坡潜在滑移面以外。

4.5.2 永久性边坡宜采用预应力锚杆或预应力锚杆与非预应力锚杆相结合的支护类型。坡面宜采用厚度不小于10cm的配筋喷射混凝土防护。

4.5.3 边坡锚喷支护设计应包括防排水设计。坡面的喷射混凝土护层内应设置泄水孔。

4.5.4 下列边坡工程的锚喷支护设计应通过专家论证:

1 高度大于30m的岩石边坡和高度大于20m的土质边坡;

2 地质及环境条件复杂,稳定性极差的边坡工程;

3 滑坡区内的边坡工程;

4 一旦失稳破坏,后果极为严重的边坡工程。

5 现场监控量测

5.1 一般规定

5.1.1 实施现场监控量测的工程应按表5.1.1确定,并应将监控量测项目列入锚喷支护设计文件。

表5.1.1 隧洞进行现场监控量测的选定表

围岩分级 ＼ 跨度 B(m)	B≤5	5<B≤10	10<B≤15	15<B≤20	20<B≤25
Ⅰ	—	—	—	△	√
Ⅱ	—	—	△	√	√
Ⅲ	—	△	√	√	√
Ⅳ	—	√	√	√	√
Ⅴ	√	√	√	√	√

注:"√"者为应进行现场监控量测的隧洞。

"△"者为选择局部地段进行量测的隧洞。

5.1.2 现场监控量测的设计文件应根据隧洞的地质状况、支护类型及参数、工程环境、施工方法和其他有关条件制定。其内容应包括:量测项目及方法、量测仪器及设备、测点布置、量测程序、量测频率、数据处理及信息反馈方法。

5.1.3 现场监控量测宜由施工单位负责组织实施。根据设计文件的要求负责测点埋设,日常量测和数据处理工作,并及时进行信息反馈。

5.2 现场监控量测的内容与方法

5.2.1 实施现场监控量测的隧洞必须进行地质和支护状况观察、周边位移和拱顶下沉量测。对于具有特殊性质和要求的隧洞尚应进行围岩内部位移和松动区范围、围岩压力及两层支护间接触力、钢架结构受力、支护结构内力及锚杆内力等项目量测。现场监控量测记录表见本规范附录B。

5.2.2 隧洞开挖后应立即进行围岩状况的观察和记录,并进行工程地质特征的描述。支护完成后应进行喷层表面观察和记录。

5.2.3 现场监控量测的隧洞,若位于城市道路之下或邻近建筑物基础或开挖对地表有较大影响时,必须进行地表下沉量测及爆破震动影响监测。

5.2.4 各类量测点应安设在距开挖面1m范围之内,并应在工作面开挖后12h内和下一次开挖之前测取初读数。

5.2.5 每一项的量测间隔时间应根据该项目量测数据的稳定程度进行确定和调整。对于进行长期观察的隧洞,其后期量测间隔时间可根据工程的性质和要求确定。

5.2.6 各类量测仪器和工具的性能应准确可靠,长期稳定、保证精度和易于掌握。

5.3 现场监控量测的数据处理与反馈

5.3.1 现场监控量测的各类数据均应及时绘制成时态曲线(例如位移-时间曲线)。应注明施工工序和开挖面距量测断面的距离。

5.3.2 当位移时态曲线的曲率趋于平缓时,应对数据进行回归分析或其他数学方法分析,以推算最终位移值,确定位移变化规律。

5.3.3 隧洞周边的实测位移相对值或用回归分析推算的最终位移值均应小于表5.3.3所列数据值。当位移速度无明显下降,而此时实测位移相对值已接近表5.3.3中规定的数值,同时支护混凝土表面已出现明显裂缝;或者实测位移速度出现急剧增长时,必须立即采取补强措施,并改变施工程序或设计参数,必要时应立即停止开挖,进行施工处理。

表 5.3.3 隧洞周边允许位移相对值(%)

埋深(m) 围岩级别	<50	50~300	>300
Ⅲ	0.10~0.30	0.20~0.50	0.40~1.20
Ⅳ	0.15~0.50	0.40~1.20	0.80~2.00
Ⅴ	0.20~0.80	0.60~1.60	1.00~3.00

注：1 周边位移相对值系指两测点间实测位移累计值与两测点间距离之比。两测点间位移也称收敛值。
　　2 脆性围岩取表中较小值，塑性围岩取表中较大值。
　　3 本表适用于高跨比 0.8~1.2 的下列地下工程：
　　　Ⅲ级围岩跨度不大于 20m；
　　　Ⅳ级围岩跨度不大于 15m；
　　　Ⅴ级围岩跨度不大于 10m。
　　4 Ⅰ、Ⅱ级围岩中进行量测的地下工程，以及Ⅲ、Ⅳ、Ⅴ级围岩在表注 3 范围之外的地下工程应根据实测数据的综合分析或工程类比方法确定允许值。

5.3.4 经现场地质观察评定，认为在较大范围内围岩稳定性较好，同时实测位移远小于预计值而且稳定速度快，此时，可适当减小支护参数。

5.3.5 采用两次支护的地下工程，后期支护的施作，应在同时达到下列三项标准时进行：

1 隧洞周边水平收敛速度小于 0.2mm/d；拱顶或底板垂直位移速度小于 0.1mm/d；

2 隧洞周边水平收敛速度，以及拱顶或底板垂直位移速度明显下降；

3 隧洞位移相对值已达到总相对位移量的 90% 以上。

5.3.6 隧洞稳定的判据是后期支护施作后位移速度趋近于零，支护结构的外力和内力的变化速度也应趋近于零。

6 光面爆破

6.0.1 当用钻爆法开挖隧洞时，应采用光面爆破。施工时，必须编制爆破设计，按爆破图表和说明书严格施工，并根据爆破效果，及时修正有关参数。

6.0.2 光面爆破的参数应根据工程类比法或通过现场试炮确定。试炮用的爆破参数可按表 6.0.2 选用。

表 6.0.2 爆破参数

岩石种类	岩石单轴饱和抗压强度(MPa)	装药不偶合系数	周边眼间距(mm)	周边眼抵抗线(mm)	周边眼装药集中度(g/m)
硬 岩	>60	1.20~1.50	550~700 (450~600)	700~850	0.30~0.35
中硬岩	30~60	1.50~2.00	450~650 (400~500)	600~750	0.20~0.30
软 岩	<30	2.00~2.50	350~500 (300~400)	400~600	0.07~0.15

注：1 括号内为 30~36 直径的小炮眼数值。
　　2 本表适用范围：
　　　1)眼深 1.0~3.5m(小炮眼深度不应大于 1.5m)；
　　　2)炮眼直径 40~50mm；
　　　3)装药集中度仅适用于 2 号岩石硝铵炸药，当采用其他炸药时，应进行换算；
　　　4)小炮眼宜采用乳化炸药。
　　3 竖井爆破时，表中装药集中度数值增加 10%。

6.0.3 周边眼施工应符合下列要求：

1 洞轮廓线的眼距误差宜小于 50mm；

2 炮眼外偏斜率不应大于 50mm/m；

3 眼深误差不宜大于 100mm。

6.0.4 光面爆破应采用毫秒起爆方式。当雷管分段毫秒差小，造成震动波峰迭加时，应跳段使用。

6.0.5 开挖工作面的岩石爆破时，周边眼应采用低密度、低爆速、低猛度、高爆力的炸药，并应采用毫秒雷管或导爆索同时起爆。当炸药用量较多，对围岩影响较大时，可分段起爆。

6.0.6 周边眼宜采用小药卷连续装药结构或间隔装药结构；眼深小于 2m 时，可采用空气柱反向装药结构；在岩石较软时，亦可用导爆索束装药结构。

6.0.7 内圈炮眼的孔深大于 2.5m 时，内圈炮眼斜率应与周边眼相同。

6.0.8 爆破质量应符合下列要求：

1 眼痕率：硬岩不应小于 80%，中硬岩不应小于 50%；

2 软岩中隧洞周边成型应符合设计轮廓；

3 岩面不应有明显的爆震裂缝；

4 隧洞周边不应欠挖，平均线性超挖值应小于 150mm。

注：1 眼痕率为可见眼痕的炮眼个数与不包括底板的周边眼总数之比。
　　2 当炮眼眼痕大于孔长的 70%时，算一个可见眼痕炮眼。
　　3 平均线性超挖值为超挖横断面积与不包括洞底的设计开挖断面周长之比。

7 锚杆施工

7.1 一般规定

7.1.1 锚杆孔的施工应遵守下列规定：

1 钻锚杆孔前，应根据设计要求和围岩情况，定出孔位，做出标记。

2 锚杆孔距的允许偏差为 150mm，预应力锚杆孔距的允许偏差为 200mm。

3 预应力锚杆的钻孔轴线与设计轴线的偏差不应大于 3%，其他锚杆的钻孔轴线应符合设计要求。

4 锚杆孔深应符合下列要求：

　1)水泥砂浆锚杆孔深允许偏差宜为 50mm；

　2)树脂锚杆和快硬水泥卷锚杆的孔深不应小于杆体有效长度，且不应大于杆体有效长度 30mm；

　3)摩擦型锚杆孔深应比杆体长 10~50mm。

5 锚杆孔径应符合下列要求：

　1)水泥砂浆锚杆孔径应大于杆体直径 15mm；

　2)树脂锚杆和快硬水泥卷锚杆孔径宜为 42~50mm，小直径锚杆孔直径宜为 28~32mm；

　3)水胀式锚杆孔直径宜为 42~45mm；

　4)其他锚杆的孔径应符合设计要求。

7.1.2 锚杆安装前应做好下列检查工作：

1 锚杆原材料型号、规格、品种，以及锚杆各部件质量和技术性能应符合设计要求；

2 锚杆孔位、孔径、孔深及布置形式应符合设计要求；

3 孔内积水和岩粉应吹洗干净。

7.1.3 在Ⅳ、Ⅴ级围岩及特殊地质围岩中开挖隧洞，应先喷混凝土，再安装锚杆，并应在锚杆孔钻后及时安装锚杆杆体。

7.1.4 锚杆尾端的托板应紧贴壁面，未接触部位必须楔紧。锚杆杆体露出岩面的长度不应大于喷射混凝土的厚度。

7.1.5 对于不稳定的岩质边坡，应随边坡自上而下分阶段边开挖、边安设锚杆。

7.2 全长粘结型锚杆施工

7.2.1 水泥砂浆锚杆的原材料及砂浆配合比应符合下列要求：

1 锚杆杆体使用前应平直、除锈、除油；

2 宜采用中细砂，粒径不应大于 2.5mm，使用前应过筛；

3 砂浆配合比：水泥比砂宜为 1：1～1：2（重量比），水灰比宜为 0.38～0.45。

7.2.2 砂浆应拌和均匀，随拌随用。一次拌和的砂浆应在初凝前用完，并严防石块、杂物混入。

7.2.3 注浆作业应遵守下列规定：

1 注浆开始或中途停止超过 30min 时，应用水或稀水泥浆润滑注浆罐及其管路；

2 注浆时，注浆管应插至距孔底 50～100mm，随砂浆的注入缓慢匀速拔出；杆体插入后，若孔口无砂浆溢出，应及时补注。

7.2.4 杆体插入孔内长度不应小于设计规定的 95%。锚杆安装后，不得随意敲击。

7.3 端头锚固型锚杆施工

7.3.1 树脂锚杆的树脂卷贮存和使用应遵守下列规定：

1 树脂卷宜存放在阴凉、干燥和温度在 +5～25℃ 的防火仓库中。

2 树脂卷应在规定的贮存期内使用；使用前，应检查树脂卷质量，变质者，不得使用。超过使用期者，应通过试验，合格后方可使用。

7.3.2 树脂锚杆的安装应遵守下列规定：

1 锚杆安装前，施工人员应先用杆体量测孔深，做出标记，然后用锚杆杆体将树脂卷送至孔底；

2 搅拌树脂时，应缓慢推进锚杆杆体；

3 树脂搅拌完毕后，应立即在孔口处将锚杆杆体临时固定；

4 安装托板应在搅拌完毕 15min 后进行，当现场温度低于 5℃ 时，安装托板的时间可适当延长。

7.3.3 快硬水泥卷的贮存应严防受潮，不得使用受潮结块的水泥卷。

7.3.4 快硬水泥卷锚杆的安装除应遵守本规范第 7.3.2 条的规定外，尚应符合下列要求：

1 水泥卷浸水后，应立即用锚杆杆体送至孔底，并在水泥初凝前，将杆体送入，搅拌完毕；

2 连续搅拌水泥卷的时间宜为 30～60s；

3 安装托板和紧固螺帽必须在水泥石的强度达到 10MPa 后进行。

7.3.5 安装端头锚固型锚杆的托板时，螺帽的拧紧扭矩不应小于 100N·m。托板安装后，应定期检查其紧固情况，如有松动，及时处理。

7.4 摩擦型锚杆施工

7.4.1 缝管锚杆、楔管锚杆和水胀锚杆钻孔前，应检查钻头规格，确保孔径符合设计要求。

7.4.2 缝管锚杆的安装应遵守下列规定：

1 向钻孔内推入锚杆杆体，可使用风动凿岩机和专用连接器；

2 凿岩机的工作风压不应小于 0.4MPa；

3 锚杆杆体被推进过程中，应使凿岩机、锚杆杆体和钻孔中心线在同一轴线上；

4 锚杆杆体应全部推入钻孔。当托板抵紧壁面时，应立即停止推压。

7.4.3 楔管锚杆的安装除应遵守本规范第 7.4.2 条的规定外，还应符合下列要求：

1 安装顶锚下楔块时，伸入圆管段内之钢钎直径不应大于 26mm；

2 下楔块应推至要求部位，并与上楔块完全摱紧。

7.4.4 水胀锚杆安装应遵守下列规定：

1 锚杆应轻拿轻放，严禁损伤锚杆末端的注液嘴；

2 安装锚杆前，对安装系统进行全面检查，确保其良好的状态；

3 高压泵试运转，压力宜为 15～30MPa；

4 锚杆送入钻孔中，应使托板与岩面贴紧。

7.5 预应力锚杆施工

7.5.1 锚杆体的制作应遵守下列规定：

1 预应力筋表面不应有污物、铁锈或其他有害物质，并严格按设计尺寸下料。

2 锚杆体在安装前应妥善保护，以免腐蚀和机械损伤。

3 杆体制作时，应按设计规定安放套管隔离架、波形管、承载体、注浆管和排气管。杆体内的绑扎材料不宜采用镀锌材料。

7.5.2 钻孔应符合下列规定：

1 钻孔的孔深、孔径均应符合设计要求。钻孔深度不宜比规定值大 200mm 以上。钻头直径不应比规定的钻孔直径小 3.0mm 以上。

2 钻孔与锚杆预定方位的允许角度偏差为 1°～3°。

7.5.3 孔口承压垫座应符合下列要求：

1 钻孔孔口必须设有平整、牢固的承压垫座。

2 承压垫座的几何尺寸、结构强度必须满足设计要求，承压面应与锚孔轴线垂直。

7.5.4 锚杆的安装与灌浆应遵守下列规定：

1 预应力锚杆体在运输及安装过程中应防止明显的弯曲、扭转，并不得破坏隔离架、防腐套管、注浆管、排气导管及其他附件。

2 锚杆体放入锚孔前应清除钻孔内的石屑与岩粉；检查注浆管、排气管是否畅通，止浆器是否完好。

3 灌浆料可采用水灰比为 0.45～0.50 的纯水泥浆，也可采用灰砂比为 1：1，水灰比为 0.45～0.50 的水泥砂浆。

4 当使用自由段带套管的预应力筋时，宜在锚固段长度和自由段长度内采取同步灌浆。

5 当采用自由段无套管的预应力筋时，应进行两次灌浆。第一次灌浆时，必须保证锚固段长度内灌满，但浆液不得流入自由段。预应力筋张拉锚固后，应对自由段进行第二次灌浆。

6 永久性预应力锚杆应采用封孔灌浆，应用浆体灌满自由长度顶部的孔隙。

7 灌浆后，浆体强度未达到设计要求前，预应力筋不得受扰动。

7.5.5 锚杆张拉与锁定应遵守下列规定：

1 预应力筋张拉前，应对张拉设备进行率定。

2 预应力筋张拉应按规定程序进行，在编排张拉程序时，应考虑相邻锚孔预应力筋张拉的相互影响。

3 预应力筋正式张拉前，应取 20% 的设计张拉荷载，对其预张拉 1～2 次，使其各部位接触紧密，钢丝或钢绞线完全平直。

4 压力分散型或拉力分散型锚杆应按张拉设计要求先分别对单元锚杆进行张拉，当各单元锚杆在同等荷载条件下因自由段长度不等而引起的弹性伸长差得以补偿后，再同时张拉各单元锚杆。

5 预应力筋正式张拉时,应张拉至设计荷载的 105%～110%,再按规定值进行锁定。

6 预应力筋锁定后 48h 内,若发现预应力损失大于锚杆拉力设计值的 10%时,应进行补偿张拉。

7.5.6 灌浆材料达到设计强度时,方可切除外露的预应力筋,切口位置至外锚具的距离不应小于 100mm。

7.5.7 在软弱破碎和渗水量大的围岩中施作永久性预应力锚杆,施工前应根据需要对围岩进行固结灌浆处理。

7.6 预应力锚杆的试验和监测

7.6.1 预应力锚杆的基本试验应遵守下列规定:

1 基本试验锚杆数量不得少于 3 根。

2 基本试验所用的锚杆结构、施工工艺及所处的工程地质条件应与实际工程所采用的相同。

3 基本试验最大的试验荷载不宜超过锚杆杆体承载力标准值的 0.9 倍。

4 基本试验应采用分级循环加、卸载法。拉力型锚杆的起始荷载可为计划最大试验荷载的 10%,压力分散型或拉力分散型锚杆的起始荷载可为计划最大试验荷载的 20%。加荷等级与锚头位移测读间隔时间按本规范附录 C 确定。

5 锚杆破坏标准:

1)后一级荷载产生的锚头位移增量达到或超过前一级荷载产生位移增量的 2 倍时;

2)锚头位移不稳定;

3)锚杆杆体拉断。

6 试验结果宜按循环荷载与对应的锚头位移读数列表整理,并绘制锚杆荷载-位移(Q-s)曲线,锚杆荷载-弹性位移(Q-s_e)曲线和锚杆荷载-塑性位移(Q-s_p)曲线。

7 锚杆弹性变形不应小于自由段长度变形计算值的 80%,且不应大于自由段长度与 1/2 锚固段长度之和的弹性变形计算值。

8 锚杆极限承载力取破坏荷载的前一级荷载,在最大试验荷载下未达到规定的破坏标准时,锚杆极限承载力取最大试验荷载值。

7.6.2 预应力锚杆的验收试验应遵守下列规定:

1 验收试验锚杆数量不少于锚杆总数的 5%,且不得少于 3 根。

2 验收试验应分级加荷,起始荷载宜为锚杆拉力设计值的 30%,分级加荷值分别为拉力设计值的 0.5、0.75、1.0、1.2、1.33 和 1.5 倍,但最大试验荷载不能大于杆体承载力标准值的 0.8 倍。

3 验收试验中,当荷载每增加一级,均应稳定 5～10min,记录位移读数。最后一级试验荷载应维持 10min。如果在 1～10min 内,位移超过 1.0mm,则该级荷载应再维持 50min,并在 15、20、25、30、45 和 60min 时记录其位移量。

4 验收试验中,从 50%拉力设计值到最大试验荷载之间所测得的总位移量,应当超过该荷载范围自由段长度预应力筋理论弹性伸长值的 80%,且小于自由段长度与 1/2 锚固段长度之和的预应力筋的理论弹性伸长值。

5 最后一级荷载作用下的位移观测期内,锚头位移稳定或 2h 蠕变量不大于 2.0mm。

7.6.3 长期监测应符合下列要求:

1 永久性预应力锚杆及用于重要工程的临时性预应力锚杆,应对其预应力变化进行长期监测。

2 永久性预应力锚杆的监测数量不应少于锚杆数量 10%,临时性预应力锚杆的监测数量不应少于锚杆数量 5%。

3 预应力变化值不宜大于锚杆拉力设计值的 10%,必要可采取重复张拉或适当放松的措施以控制预应力值的变化。

7.7 自钻式锚杆的施工

7.7.1 自钻式锚杆安装前,应检查锚杆体中孔和钻头的水孔是否畅通,若有异物堵塞,应及时清理。

7.7.2 锚杆体钻进至设计深度后,应用水和空气洗孔,直至孔口返水或返气,方可将钻机和连接套卸下,并及时安装垫板及螺母,临时固定杆体。

7.7.3 锚杆灌浆料宜采用纯水泥浆或 1∶1 水泥砂浆,水灰比宜为 0.4～0.5。采用水泥砂浆时,砂子粒径不应大于 1.0mm。

7.7.4 灌浆应由杆体中孔灌入,水泥浆体强度达 5.0MPa 后,可上紧螺母。

8 喷射混凝土施工

8.1 原 材 料

8.1.1 应优先选用硅酸盐水泥或普通硅酸盐水泥,也可选用矿渣硅酸盐水泥或火山灰质硅酸盐水泥,必要时,采用特种水泥。水泥强度等级不应低于 32.5MPa。

8.1.2 应采用坚硬耐久的中砂或粗砂,细度模数宜大于 2.5。干法喷射时,砂的含水率宜控制在 5%～7%;当采用防粘料喷射机时,砂含水率可为 7%～10%。

8.1.3 应采用坚硬耐久的卵石或碎石,粒径不宜大于 15mm;当使用碱性速凝剂时,不得使用含有活性二氧化硅的石材。

8.1.4 喷射混凝土用的骨料级配宜控制在表 8.1.4 所给的范围内。

表 8.1.4 喷射混凝土骨料通过各筛径的累计重量百分数(%)

项　目 \ 骨料粒径(mm)	0.15	0.30	0.60	1.20	2.50	5.00	10.00	15.00
优	5～7	10～15	17～22	23～31	34～43	50～60	78～82	100
良	4～8	5～22	13～31	18～41	26～54	40～70	62～90	100

8.1.5 应采用符合质量要求的外加剂,掺外加剂后的喷射混凝土性能必须满足设计要求。在使用速凝剂前,应做与水泥的相容性试验及水泥净浆凝结效果试验,初凝不应大于 5min,终凝不应大于 10min;在采用其他类型的外加剂或几种外加剂复合使用时,也应做相应的性能试验和使用效果试验。

8.1.6 当工程需要采用外掺料时,掺量应通过试验确定,加外掺料后的喷射混凝土性能必须满足设计要求。

8.1.7 混合水中不应含有影响水泥正常凝结与硬化的有害杂质，不得使用污水及 pH 值小于 4 的酸性水和含硫酸盐量按 SO_4^- 计算超过混合用水重量 1% 的水。

8.2 施工机具

8.2.1 干法喷射混凝土机的性能应符合下列要求：
  1 密封性能良好，输料连续均匀；
  2 生产能力（混合料）为 3～5m³/h，允许输送的骨料最大粒径为 25mm；
  3 输送距离（混合料），水平不小于 100m，垂直不小于 30m。

8.2.2 湿法喷射混凝土机的性能应符合下列要求：
  1 密封性能良好，输料连续均匀；
  2 生产率大于 5m³/h，允许骨料最大粒径为 15mm；
  3 混凝土输料距离，水平不小于 30m，垂直不小于 20m；
  4 机旁粉尘小于 10mg/m³。

8.2.3 选用的空压机应满足喷射机工作风压和耗风量的要求；当工程需要选用单台空压机工作时，其排风量不应小于 9m³/min；压风进入喷射机前，必须进行油水分离。

8.2.4 混合料的搅拌宜采用强制式搅拌机。

8.2.5 输料管应能承受 0.8MPa 以上的压力，并应有良好的耐磨性能。

8.2.6 干法喷射混凝土施工供水设施应保证喷头处的水压为 0.15～0.20MPa。

8.3 混合料的配合比与拌制

8.3.1 混合料配合比应遵守下列规定：
  1 干法喷射水泥与砂、石之重量比宜为 1.0 : 4.0～1.0 : 4.5，水灰比宜为 0.40～0.45；湿法喷射水泥与砂、石之重量比宜为 1.0 : 3.5～1.0 : 4.0，水灰比宜为 0.42～0.50，砂率宜为 50%～60%。
  2 速凝剂或其他外加剂的掺量应通过试验确定。
  3 外掺料的添加量应符合有关技术标准的要求，并通过试验确定。

8.3.2 原材料按重量计，称量的允许偏差应符合下列规定：
  1 水泥和速凝剂均为 ±2%；
  2 砂、石均为 ±3%。

8.3.3 混合料搅拌时间应遵守下列规定：
  1 采用容量小于 400L 的强制式搅拌机时，搅拌时间不得少于 60s；
  2 采用自落式或滚筒式搅拌机时，搅拌时间不得少于 120s；
  3 采用人工搅拌时，搅拌次数不得少于 3 次；
  4 混合料掺有外加剂或外掺料时，搅拌时间应适当延长。

8.3.4 混合料在运输、存放过程中，应严防雨淋、滴水及大块石等杂物混入，装入喷射机前应过筛。

8.3.5 干混合料宜随拌随用。无速凝剂掺入的混合料，存放时间不应超过 2h，干混合料掺速凝剂后，存放时间不应超过 20min。

8.3.6 用于湿法喷射的混合料拌制后，应进行坍落度测定，其坍落度宜为 8～12cm。

8.4 喷射前的准备工作

8.4.1 喷射作业现场，应做好下列准备工作：
  1 拆除作业面障碍物、清除开挖面的浮石和墙脚的岩渣、堆积物；
  2 用高压风水冲洗受喷面；对遇水易潮解、泥化的岩层，则应用压风清扫岩面；
  3 埋设控制喷射混凝土厚度的标志；
  4 喷射机司机与喷射手不能直接联系时，应配备联络装置；
  5 作业区应有良好的通风和足够的照明装置。

8.4.2 喷射作业前，应对机械设备、风、水管路、输料管路和电缆线路等进行全面检查及试运转。

8.4.3 受喷面有滴水、淋水时，喷射前应按下列方法做好治水工作：
  1 有明显出水点时，可埋设导管排水；
  2 导水效果不好的含水岩层，可设盲沟排水；
  3 竖井淋帮水，可设截way水圈排水。

8.4.4 采用湿法喷射时，宜备有液态速凝剂，并应检查速凝剂的泵送及计量装置性能。

8.5 喷射作业

8.5.1 喷射作业应遵守下列规定：
  1 喷射作业应分段分片依次进行，喷射顺序应自下而上；
  2 素喷混凝土一次喷射厚度应按照表 8.5.1 选用；

表 8.5.1 素喷混凝土一次喷射厚度（mm）

喷射方法	部　　位	掺速凝剂	不掺速凝剂
干　法	边　墙	70～100	50～70
	拱　部	50～60	30～40
湿　法	边　墙	80～150	—
	拱　部	60～100	—

  3 分层喷射时，后一层喷射应在前一层混凝土终凝后进行，若终凝 1h 后再进行喷射时，应先用风水清洗喷层表面；
  4 喷射作业紧跟开挖工作面时，混凝土终凝到下一循环放炮时间，不应小于 3h。

8.5.2 喷射机司机的操作应遵守下列规定：
  1 作业开始时，应先送风，后开机，再给料；结束时，应待料喷完后，再关风；
  2 向喷射机供料应连续均匀；机器正常运转时，料斗内应保持足够的存料；
  3 喷射机的工作风压，应满足喷头处的压力在 0.1MPa 左右；
  4 喷射作业完毕或因故中断喷射时，必须将喷射机和输料管内的积料清除干净。

8.5.3 喷射手的操作应遵守下列规定：
  1 喷射手应经常保持喷头具良好的工作性能；
  2 喷头与受喷面应垂直，宜保持 0.60～1.00m 的距离；
  3 干法喷射时，喷射手应控制好水灰比，保持混凝土表面平整，呈湿润光泽，无干斑或滑移流淌现象。

8.5.4 喷射混凝土的回弹率，边墙不应大于 15%，拱部不应大于 25%。

8.5.5 竖井喷射作业应遵守下列规定：
  1 喷射机宜设置在地面；喷射机如置于井筒内时，应设置双层吊盘。
  2 采用管道下料时，混合料应随用随下。
  3 喷射与开挖单行作业时，喷射区段高宜与掘进段高相同，在每一段高内，可分成 1.50～2.00m 的小段，各小段的喷射作业应由下而上进行。

8.5.6 喷射混凝土养护应遵守下列规定：
  1 喷射混凝土终凝 2h 后，应喷水养护；养护时间，一般工程不得少于 7d，重要工程不得少于 14d。
  2 气温低于 +5℃ 时，不得喷水养护。

8.5.7 冬期施工应遵守下列规定：
  1 喷射作业区的气温不应低于 +5℃；
  2 混合料进入喷射机的温度不应低于 +5℃；
  3 喷射混凝土强度在下列数值时，不得受冻：
    1）普通硅酸盐水泥配制的喷射混凝土低于设计强度等级 30% 时；

2)矿渣水泥配制的喷射混凝土低于设计强度等级40%时。

8.6 钢纤维喷射混凝土施工

8.6.1 钢纤维喷射混凝土的原材料除应符合本规范的有关规定外,还应符合下列规定:

1 钢纤维长度偏差不应超过长度公称值的±5%。

2 钢纤维不得有明显的锈蚀和油渍及其他妨碍钢纤维与水泥粘结的杂质;钢纤维内含有的因加工不良造成的粘连片、铁屑及杂质的总重量不应超过钢纤维重量的1%。

3 水泥标号不宜低于425号。

4 骨料粒径不宜大于10mm。

8.6.2 钢纤维喷射混凝土施工除应遵守本章有关规定外,还应符合下列规定:

1 搅拌混合料时,宜采用钢纤维播料机往混合料中添加钢纤维,搅拌时间不宜小于180s。

2 钢纤维在混合料中应分布均匀,不得成团。

3 在钢纤维喷射混凝土的表面宜再喷射一层厚度为10mm的水泥砂浆,其强度等级不应低于钢纤维喷射混凝土的强度等级。

8.7 钢筋网喷射混凝土施工

8.7.1 喷射混凝土中钢筋网的铺设要遵守下列规定:

1 钢筋使用前应清除污锈;

2 钢筋网宜在岩面喷射一层混凝土后铺设,钢筋与壁面的间隙,宜为30mm;

3 采用双层钢筋网时,第二层钢筋网应在第一层钢筋网被混凝土覆盖后铺设;

4 钢筋网应与锚杆或其他锚定装置联结牢固,喷射时钢筋不得晃动。

8.7.2 钢筋网喷射混凝土作业除应符合本章有关规定外,还应符合下列规定:

1 开始喷射时,应减小喷头与受喷面的距离,并调节喷射角度,以保证钢筋与壁面之间混凝土的密实性;

2 喷射中如有脱落的混凝土被钢筋网架住,应及时清除。

8.8 钢架喷射混凝土施工

8.8.1 架设钢架应遵守下列规定:

1 安装前,应检查钢架制作质量是否符合设计要求;

2 钢架安装允许偏差,横向和高程均为±50mm,垂直度为±2℃;

3 钢架立柱入底板深度应符合设计要求,并不得置于浮渣上;

4 钢架与壁面之间必须搂紧,相邻钢架之间应连接牢幕。

8.8.2 钢架喷射混凝土施工除应符合本章有关规定外,还应遵守下列规定:

1 钢架与壁面之间的间隙必须用喷射混凝土充填密实;

2 喷射顺序,应先喷射钢架与壁面之间的混凝土,后喷射钢架之间的混凝土;

3 除可缩性钢架的可缩节点部位外,钢架应被喷射混凝土覆盖。

8.9 水泥裹砂喷射混凝土施工

8.9.1 水泥裹砂喷射混凝土施工所用设备除应遵守本规范第8.2节的规定外,还应符合下列要求:

1 砂浆输送泵宜选用液压双缸式、螺旋式或挤压式,也可采用单缸式。砂浆泵的性能应符合下列要求:

1)砂浆输送能力不应小于4m³/h;

2)砂浆输送能力在0~4m³/h内宜为无级可调;

3)砂浆输出压力应能保证施工过程中输料管叉管处砂浆的压力不小于0.3MPa;

4)使用单缸式砂浆输送泵时,应保证喷射作业时砂浆的输送脉冲间隔时间不超过0.4s。

2 砂浆拌制设备宜采用反向双转式或行星式水泥裹砂机,也可以采用强制式混凝土搅拌机。

8.9.2 水泥裹砂喷射混凝土的配合比除应遵守本规范第8.3节有关条文规定外,还应符合下列要求:

1 水泥用量宜为350~400kg/m³;

2 水灰比宜为0.4~0.52;

3 砂率为55%~70%;

4 裹砂砂浆内的含砂量宜为总砂量的50%~75%;

5 裹砂砂浆内的水泥用量宜为总水泥用量的90%;砂浆内宜掺高效减水剂。

8.9.3 水泥裹砂砂浆的拌制应遵守下列规定:

1 水泥裹砂造壳时的水灰比宜为0.2~0.3;造壳搅拌时间为60~150s;二次加水后的搅拌时间宜为30~90s;减水剂应在二次加水时加入搅拌机。

2 使用掺合料时,则掺合料应与水泥同时加入搅拌机。

8.9.4 混合料的拌制应遵守本规范第8.3节有关条文的规定。

8.9.5 水泥裹砂喷射混凝土作业除应遵守本规范第8.5节有关规定外,还应遵守下列规定:

1 作业开始时,喷射机先送风,砂浆泵按预定输送量送裹砂砂浆;待喷头开始喷出砂浆时,喷射机输送混合料。

2 调整砂浆泵的压力,使喷出的混凝土具有适宜的稠度。

3 喷射作业结束时,喷射机先停止送风后,砂浆泵停止输送砂浆,待喷头处没有物料喷出时,停止送风。

4 一次喷射厚度可按本规范表8.5.1的规定增加20%。

8.10 喷射混凝土强度质量的控制

8.10.1 重要工程的喷射混凝土施工,宜根据喷射混凝土现场28d龄期抗压强度的试验结果,按本规范附录D的格式绘制抗压强度质量图,控制喷射混凝土抗压强度。

8.10.2 喷射混凝土的匀质性,可以现场28d龄期喷射混凝土抗压强度的标准差和变异系数,按表8.10.2的控制水平表示。

表 8.10.2 喷射混凝土的匀质性指标

施工控制水平		优	良	及格	差
标准差 (MPa)	母体的离散	<4.5	4.5~5.5	>5.5~6.5	>6.5
	一次试验的离散	<2.2	2.2~2.7	>2.7~3.2	>3.2
变异系数 (%)	母体的离散	<15	15~20	>20~25	>25
	一次试验的离散	<7	7~9	>9~11	>11

8.10.3 喷射混凝土施工中应达到的平均抗压强度可按下式计算:

$$f_{ck} = f_c + S \qquad (8.10.3)$$

式中 f_{ck}——施工阶段喷射混凝土应达到的平均抗压强度(MPa);

f_c——喷射混凝土抗压强度设计值(MPa);

S——标准差(MPa)。

9 安全技术与防尘

9.1 安全技术

9.1.1 施工前,应认真检查和处理锚喷支护作业区的危石,施工机具应布置在安全地带。

9.1.2 在Ⅳ、Ⅴ围岩中进行锚喷支护施工时,应遵守下列规定:

  1 锚喷支护必须紧跟开挖工作面;

  2 应先喷后锚,喷射混凝土厚度不应小于50mm;喷射作业中,应有人随时观察围岩变化情况。

  3 锚杆施工宜在喷射混凝土终凝3h后进行。

9.1.3 施工中,应定期检查电源线路和设备的电器部件,确保用电安全。

9.1.4 喷射机、水箱、风包、注浆罐等应进行密封性能和耐压试验,合格后方可使用。

  喷射混凝土施工作业中,要经常检查出料弯头、输料管和管路接头等有无磨薄、击穿或松脱现象,发现问题,应及时处理。

9.1.5 处理机械故障时,必须使设备断电、停风。向施工设备送电、送风前,应通知有关人员。

9.1.6 喷射作业中处理堵管时,应将输料管顺直,必须紧按喷头,疏通管路的工作风压不得超过0.4MPa。

9.1.7 喷射混凝土施工用的工作台架应牢固可靠,并应设置安全栏杆。

9.1.8 向锚杆孔注浆时,注浆罐内应保持一定数量的砂浆,以防罐体放空,砂浆喷出伤人。处理管路堵塞前,应消除罐内压力。

9.1.9 非操作人员不得进入正进行施工的作业区。施工中,喷头和注浆管前方严禁站人。

9.1.10 施工操作人员的皮肤应避免与速凝剂、树脂胶泥直接接触,严禁树脂卷接触明火。

9.1.11 钢纤维喷射混凝土施工中,应采取措施,防止钢纤维扎伤操作人员。

9.1.12 检验锚杆锚固力应遵守下列规定:

  1 拉力计必须固定牢靠;

  2 拉拔锚杆时,拉力计前方或下方严禁站人;

  3 锚杆杆端一旦出现颈缩时,应及时卸荷。

9.1.13 水胀锚杆的安装应遵守下列规定:

  1 高压泵应设置防护罩。锚杆安装完毕,应将其撤移到安全无淋水处,防止放炮时被砸坏。

  2 搬运高压泵时,必须断电,严禁带电作业。

  3 在高压进水阀未关闭,回水阀未打开之前,不得撤离安装棒。

  4 安装锚杆时,操作人员手持安装棒应与锚杆孔轴线偏离一个角度。

9.1.14 预应力锚杆的施工安全应遵守下列规定:

  1 张拉预应力锚杆前,应对设备全面检查,并固定牢靠,张拉时孔口前方严禁站人;

  2 拱部或边墙进行预应力锚杆施工时,其下方严禁进行其他作业;

  3 对穿型预应力锚杆施工时,应有联络装置,作业中应密切联系;

  4 封孔水泥砂浆未达到设计强度的70%时,不得在锚杆端部悬挂重物或碰撞外锚具。

9.2 防 尘

9.2.1 喷射混凝土施工宜采用湿喷或水泥裹砂喷射工艺。

9.2.2 采用干法喷射混凝土施工时,宜采取下列综合防尘措施:

  1 在保证顺利喷射的条件下,增加骨料含水率;

  2 在距喷头3～4m处增加一个水环,用双水环加水;

  3 在喷射机或混合料搅拌处,设置集尘器或除尘器;

  4 在粉尘浓度较高地段,设置除尘水幕;

  5 加强作业区的局部通风;

  6 采用增粘剂等外加剂。

9.2.3 锚喷作业区的粉尘浓度不应大于10mg/m³。施工中,应按本规范附录E的技术要求测定粉尘浓度。测定次数,每半个月至少一次。

9.2.4 喷射混凝土作业人员,应采用个体防尘用具。

10 质量检查与工程验收

10.1 质量检查

10.1.1 原材料与混合料的检查应遵守下列规定:

  1 每批材料到达工地后,应进行质量检查,合格后方可使用。

  2 喷射混凝土的混合料和锚杆用的水泥砂浆的配合比以及拌和的均匀性,每工作班检查次数不得少于两次;条件变化时,应及时检查。

10.1.2 喷射混凝土抗压强度的检查应遵守下列规定:

  1 喷射混凝土必须做抗压强度试验;当设计有其他要求时,可增做相应的性能试验。

  2 检查喷射混凝土抗压强度所需的试块应在工程施工中抽样制取。试块数量,每喷射50～100m³混合料或混合料小于50m³的独立工程,不得少于一组,每组试块不得少于3个;材料或配合比变更时,应另作一组。

  3 检查喷射混凝土抗压强度的标准试块应在一定规格的喷射混凝土板件上切割制取。试块为边长100mm的立方体,在标准养护条件下养护28d,用标准试验方法测得的极限抗压强度,并乘以0.95的系数。

  喷射混凝土抗压强度标准试块可按本规范附录F所列方法进行制作。

  4 当不具备制作抗压强度标准试块条件时,也可采用下列方法制作试块,检查喷射混凝土抗压强度。

  1)按本规范附录F的要求喷制混凝土大板,在标准养护条件下养护7d后,用钻芯机在大板上钻取芯样的方法制作试块。芯样边缘至大板周边的最小距离不应小于

50mm。

芯样的加工与试验方法应符合《钻取芯样法测定结构混凝土抗压强度技术规程》YBJ 209 的有关要求。

2）亦可直接向边长为 150mm 的无底标准试模内喷射混凝土制作试块，其抗压强度换算系数，应通过试验确定。

5 采用立方体试块做抗压强度试验时，加载方向必须与试块喷射成型方向垂直。

10.1.3 喷射混凝土抗压强度的验收应符合下列规定：

1 同批喷射混凝土的抗压强度，应以同批内标准试块的抗压强度代表值来评定。

2 同组试块应在同块大板上切割制取，对有明显缺陷的试块，应予舍弃。

3 每组试块的抗压强度代表值为三个试块试验结果的平均值；当三个试块强度中的最大值或最小值之一与中间值之差超过中间值的 15% 时，可用中间值代表该组的强度；当三个试块强度中的最大值和最小值与中间值之差均超过中间值的 15%，该组试块不应作为强度评定的依据。

4 重要工程的合格条件为：

$$f'_{ck} - K_1 S_n \geq 0.9 f_c \qquad (10.1.3-1)$$

$$f'_{ckmin} \geq K_2 f_c \qquad (10.1.3-2)$$

5 一般工程的合格条件为：

$$f'_{ck} \geq f_c \qquad (10.1.3-3)$$

$$f'_{ckmin} \geq 0.85 f_c \qquad (10.1.3-4)$$

式中 f'_{ck}——施工阶段同批 n 组喷射混凝土试块抗压强度的平均值（MPa）；

f_c——喷射混凝土立方体抗压强度设计值（MPa）；

f'_{ckmin}——施工阶段同批 n 组喷射混凝土试块抗压强度的最小值（MPa）；

K_1、K_2——合格判定系数，按表 10.1.3 取值；

n——施工阶段每批喷射混凝土试块的抽样组数；

S_n——施工阶段同批 n 组喷射混凝土试块抗压强度的标准差（MPa）。

表 10.1.3 合格判定系数 K_1、K_2 值

n	10～14	15～24	≥25
K_1	1.70	1.65	1.60
K_2	0.90	0.85	0.85

当同批试块组数 $n < 10$ 时，可按 $f'_{ck} \geq 1.15 f_c$ 以及 $f'_{ckmin} \geq 0.95 f_c$ 验收。

6 喷射混凝土强度不符合要求时，应查明原因，采取补强措施。

注：同批试块是指原材料和配合比基本相同的喷射混凝土试块。

10.1.4 喷射混凝土厚度的检查应遵守下列规定：

1 喷层厚度可用凿孔法或其他方法检查。

2 各类工程喷层厚度检查断面的数量可按表 10.1.4 确定，但每一个独立工程检查数量不得少于一个断面；每一个断面的检查点，应从拱部中线起，每间隔 2～3m 设一个，但一个断面上，拱部不少于 3 个点，总计不应少于 5 个点。

3 合格条件为：每个断面上，全部检查孔处的喷层厚度 60% 以上不应小于设计厚度；最小值不应小于设计厚度的 50%；同时，检查孔处厚度的平均值不应小于设计厚度；对重要工程的拱墙喷层厚度的检查结果，应分别进行统计。

表 10.1.4 喷射混凝土厚度检查断面间距（m）

隧洞跨度	间距	竖井直径	间距
<5	40～50	<5	20～40
5～15	20～40	5～8	10～20
15～25	10～20	—	—

10.1.5 锚杆质量的检查应遵守下列规定：

1 检查端头锚固型和摩擦型锚杆质量必须做抗拔力试验。试验数量，每 300 根锚杆必须抽样一组；设计变更或材料变更时，应另做一组，每组锚杆不得少于 3 根。

2 锚杆质量合格条件为：

$$P_{An} \geq P_A \qquad (10.1.5-1)$$

$$P_{Amin} \geq 0.9 P_A \qquad (10.1.5-2)$$

式中 P_{An}——同批试件抗拔力的平均值（kN）；

P_A——锚杆设计锚固力（kN）；

P_{Amin}——同批试件抗拔力的最小值（kN）。

3 锚杆抗拔力不符合要求时，可用加密锚杆的方法予以补强。

4 全长粘结型锚杆，应检查砂浆密实度，注浆密实度大于 75% 方为合格。

10.1.6 预应力锚杆的质量检查应遵守下列规定：

1 检查是否有完整的锚杆性能试验与验收试验资料。

2 锚杆的性能试验结果应符合本规范第 7.6.1 条第 6 款和第 7 款的规定。

3 锚杆的验收试验结果应符合本规范第 7.6.2 条第 4 款和第 5 款的规定。

4 长期监测的预应力锚杆的预应力值变化应满足本规范第 7.6.3 条第 3 款规定要求。

10.1.7 锚喷支护外观与隧洞断面尺寸应符合下列要求：

1 断面尺寸符合设计要求；

2 无漏喷、离鼓现象；

3 无仍在扩展中或危及使用安全的裂缝；

4 有防水要求的工程，不得漏水；

5 锚杆尾端及钢筋网等不得外露。

10.2 工程验收

10.2.1 锚喷支护工程竣工后，应按设计要求和质量合格条件进行验收。

10.2.2 锚喷支护工程验收时，应提供下列资料：

1 原材料出厂合格证，工地材料试验报告，代用材料试验报告；

2 按本规范附录 G 的内容与格式提供锚喷支护施工记录；

3 喷射混凝土强度、厚度、外观尺寸及锚杆抗拔力等检查和试验报告，预应力锚杆的性能试验与验收试验报告；

4 施工期间的地质素描图；

5 隐蔽工程检查验收记录；

6 设计变更报告；

7 工程重大问题处理文件；

8 竣工图。

10.2.3 设计要求进行监控量测的工程，验收时应提交相应的报告与资料：

1 实际测点布置图；

2 测量原始记录表及整理汇总资料，现场监控量测记录表；

3 位移量测时态曲线图；

4 量测信息反馈结果记录。

附录 A 喷射混凝土与围岩粘结强度试验

A.0.1 喷射混凝土与围岩的粘结强度试验应在现场进行。当条件不具备时，亦可在试验室用岩块近似地测定其粘结强度。

A.0.2 喷射混凝土与围岩的粘结强度的试验可采用预留试件拉拔法或钻芯拉拔法。

A.0.3 当采用预留试件拉拔法时，试验应在隧洞的边墙或拱部进行。试件应为圆柱体，直径宜为 200～500mm，高可为 100mm。试验应符合下列步骤：

1 在预定试验部位，施工的喷层厚度应在 100mm 以上，其表面宜平整；

2 试件部位的混凝土喷射后，应立即用铲刀沿试件轮廓挖出宽 50mm 的槽，试件与四周的喷射混凝土应完全脱离，仅底面与围岩粘结；

3 试验前，应将钢拉杆埋入试件中心并用环氧树脂砂胶粘结，设计的钢拉杆，应使其抗拔力大于喷射混凝土与岩石的粘结力；

4 用适宜的拉拔设备将试件拉拔至破坏，根据拉拔力和粘结面积，进行粘结强度的计算。

A.0.4 当采用钻芯拉拔法时，应符合下列要求：

1 主要设备应采用混凝土钻芯机、拉拔器和测力计。

2 试验按下列步骤进行：

1）用金刚石钻机在工程欲测部位垂直钻进喷层并深入围岩数厘米，形成芯样；

2）将卡套插入芯样与围岩的空隙中，推压弹簧内套，使卡套卡紧芯样；

3）安装拉拔器与测力仪；

4）以每秒 20～40N 的速度缓慢加力，直到芯样断裂；

5）按下列公式计算喷射混凝土与围岩的粘结强度：

$$f_{ct} = \frac{P_c}{A_c} cos\alpha \qquad (A.0.4)$$

式中 f_{ct}——喷射混凝土与岩石的粘结强度（MPa）；

P_c——芯样拉断时的荷载（N）；

A_c——芯样断裂面积（mm²）；

α——断裂面与芯样横截面交角（°）。

A.0.5 喷射混凝土与岩石块的粘结强度试验应符合下列要求：

1 模板规格和形式：模板尺寸为 450mm×350mm×120mm（长×宽×高），其尺寸较小的一边为敞开状。

2 试件制作应符合下列规定：

1）在预定进行粘结强度试验的隧洞区段，选择厚约 50mm、长宽尺寸略小于模板尺寸的岩块；

2）将选择好的岩块置于模板内，在与实际结构相同的条件下喷上混凝土，喷射前，先用水冲洗岩块表面；

3）喷成后，在与实际结构物相同的条件下养护至 7d 龄期，用切割法去掉周边，加工成边长为 100mm 的立方体试块（其中岩块和混凝土的厚度各为 50mm 左右），养护至 28d 龄期，在岩块与混凝土结合面处，用劈裂法求得混凝土与岩块的粘结强度值。

附录 B 现场监控量测记录表

表 B 现场监控量测记录表

工程名称： 埋设日期：
量测项目名称： 开挖日期：
测点位置： 初读数日期：

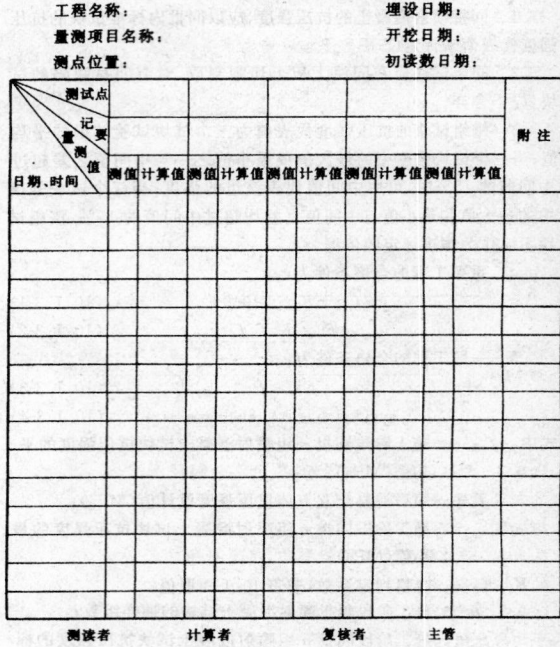

测读者： 计算者： 复核者： 主管

附录 C 预应力锚杆基本试验循环加卸荷等级与位移观测间隔时间表

表 C 锚杆基本试验循环加卸荷等级与位移观测间隔时间表

循环数\加荷标准	加荷量/计划最大试验荷载（%）							
第一循环	10	—	—	30	—	—	—	10
第二循环	10	30	—	50	—	—	30	10
第三循环	10	30	—	70	50	—	30	10
第四循环	10	30	—	80	70	—	30	10
第五循环	10	30	—	90	80	—	30	10
第六循环	10	30	—	100	90	—	30	10
观测时间（min）	5	5	5	5	5	5	5	5

注：1 在每级加荷等级观测时间内，测读锚头位移不应少于 3 次。

2 在每级加荷等级观测时间内，锚头位移小于 0.1mm 时，可施加下一级荷载，否则应延长观测时间，直至锚头位移增量在 2h 内小于 2.0mm 时，方可施加下一级荷载。

附录D 喷射混凝土强度质量控制图的绘制

D.0.1 喷射混凝土施工中的强度质量控制图应包括单次试验强度图、平均强度动态图和平均极差动态图(图D)。

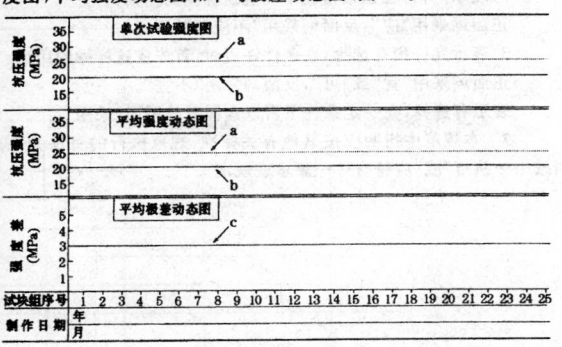

图D 喷射混凝土强度质量控制图
a—施工应达到的平均强度；b—设计强度等级；c—最大的平均极差

D.0.2 单次试验强度图绘制时，应将全部强度试验结果，按制取的先后顺序、标点绘制，图上有设计强度等级线和施工应达到的平均强度线作控制。

D.0.3 平均强度动态图绘制中，每个点所标绘的应是以前5组的平均强度，并应以设计强度等级线作下限。

D.0.4 平均级差动态图绘制时，每个点所标绘的应是前10组的平均极差值，并应以最大的平均极差作上限。

附录E 测定喷射混凝土粉尘的技术要求

E.0.1 测定粉尘应采用滤膜称量法。

E.0.2 测定粉尘时，其测点位置、取样数量可按表E.0.2进行布置。

表E.0.2 喷射混凝土粉尘测点位置和取样数量

测尘地点	测点位置	取样数(个)
喷头附近	距喷头5.0m,离底板1.5m,下风向设点	3
喷射机附近	距喷射机1.0m,离底板1.5m,下风向设点	3
洞内拌料处	距拌料处2.0m,离底板1.5m,下风向设点	3
喷射作业区	距洞跨中,离底板1.5m,作业区下风向设点	3

E.0.3 粉尘采样应在喷射混凝土作业正常、粉尘浓度稳定后进行。每一个试样的取样时间不得少于3min。

E.0.4 占总数80%及以上的测点试样的粉尘浓度，应达到本规范规定的标准，其他试样不得超过20mg/m³。

附录F 喷射混凝土抗压强度标准试块制作方法

F.0.1 标准试块应采用从现场施工的喷射混凝土板件上切割成要求尺寸的方法制作。模具尺寸为450mm×350mm×120mm(长×宽×高),其尺寸较小的一个边为敞开状。

F.0.2 标准试块制作应符合下列步骤：

1 在喷射作业面附近，将模具敞开一侧朝下，以80°(与水平面的夹角)左右置于墙脚。

2 先在模具外的边墙上喷射，待操作正常后，将喷头移至模具位置，由下而上，逐层向模具内喷满混凝土。

3 将喷满混凝土的模具移至安全地方，用三角抹刀刮平混凝土表面。

4 在隧洞内潮湿环境中养护1d后脱模。将混凝土大板移至试验室，在标准养护条件下养护7d,用切割机去掉周边和上表面(底面可不切割)后，加工成边长100mm的立方体试块。立方体试块的允许偏差：边长±1mm;直角≤2°。

F.0.3 加工后的边长为100mm的立方体试块继续在标准条件下养护至28d龄期，进行抗压强度试验。

附录G 锚喷支护施工记录

工程名称：_____ 围岩级别：_____
里程：_____至_____ 记录时间：___年___月___日___时
工程部位：_____ 记录者：_____

1 原材料、配合比

材料名称	型号·产地	试验报告编号·品质
砂		
石		
水泥		
速凝剂		
外掺料		
水		
钢筋		

喷射混凝土配合比(水泥：砂：石)：_____
速凝剂掺量：_____
外掺料掺量：_____
锚杆注浆配合比(水泥：砂)：_____
水灰比：_____

2 施工时间

锚喷部位开挖(放炮)：___月___日___时
喷射混凝土作业：___月___日___时起至___月___日___时止
锚杆安装：___月___日___时起至___月___日___时止

3 喷层厚度图

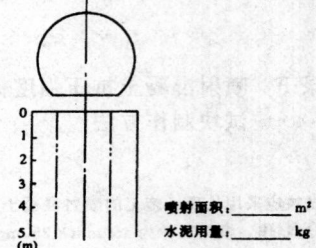

喷射面积：_____ m²
水泥用量：_____ kg

4 锚杆布置图

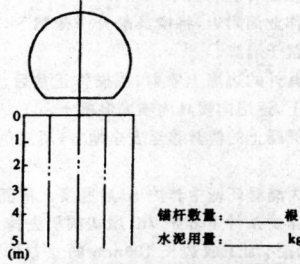

锚杆数量：_____ 根
水泥用量：_____ kg

5 其他（包括岩块、围岩坍塌等事件的时间、地点、过程、原因分析，以及锚喷作业中发生机械故障、堵管等事件的次数、原因和排除方法；其他需要记录的事项）。

_____

_____

_____

工程负责人：_____

中华人民共和国国家标准

锚杆喷射混凝土支护技术规范

GB 50086—2001

条 文 说 明

目 次

1 总 则

1.0.1、1.0.2 锚杆喷射混凝土支护(简称锚喷支护)已在国内地下工程中获得广泛应用,并收到了明显的技术经济效果。但是,由于国内没有一本完整的、统一的技术规范,锚喷支护工程设计保守,不适当地增加工程投资及设计、施工不当,工程质量低劣,危及安全使用的现象不乏其例,甚至出现隧洞工程片帮、冒顶,造成国家财产严重损失的事例也时有发生。制订本规范,是为了使锚喷支护的设计、施工和验收有一个全国统一的标准,符合技术先进、经济合理、安全适用、确保质量的要求,更好地推动地下工程建设的发展。

本规范主要适用于矿山巷道、竖井、斜井、铁路隧道、公路隧道、城市地铁、水工隧洞及各类地下工程的锚杆喷射混凝土初期支护和后期支护。也适用于边坡工程的锚杆喷射混凝土支护的施工。

1.0.3 锚杆喷射混凝土支护与传统支护不同,其主要作用在于主动加固围岩,发挥围岩的自支承能力。因此,锚喷支护的设计和施工,必须正确有效地运用锚喷支护的特性,遵循一整套与传统支护不同的原则。

做好工程的地质勘察工作,是锚喷支护设计施工的一条总原则。勘察可以为锚喷支护的设计、施工提供依据。加强施工过程中的地质调查,能为修改设计和指导施工提供信息。

由于地下工程和矿山井巷所通过的围岩地质条件错综复杂,正确的设计和合理的施工方法,必须根据当地的地质条件和工程要求来确定。因此,锚喷支护必须遵循因地制宜的原则,以达到经济合理和安全可靠的目的。

1.0.4 锚喷支护是一门综合性、多科性和边缘性强的工程技术,涉及到地质勘察、岩土力学混凝土材料、钢筋混凝土结构的设计施工、地下工程排水等技术领域,本规范不可能、也无必要包含锚喷支护工程设计施工可能涉及的所有技术规定。因此,本条规定除遵守本规范外,尚应符合现行有关国家标准的规定。

3 围岩分级

3.0.1、3.0.2 说明如下:

1 围岩分级的依据和适用范围。

1)围岩分级的依据和适用范围。本规范的围岩分级是以《锚杆喷射混凝土支护技术规范》GBJ 86 中的围岩分级为基础,并吸取了《工程岩体分级标准》GB 50218 的有关内容制订的,适用于隧道与地下工程锚喷支护设计与施工。

2)围岩等级划分。本规范把围岩分为Ⅰ～Ⅴ级,分别表示围岩为稳定、稳定性较好、中等稳定、稳定性差和不稳定五种状态。分级表中前三级基本上是整体稳定的围岩,围岩破坏形式主要是局部块体、层状体的塌落和片帮,产生的围岩压力主要是松动压力。后两级围岩则是整体不稳定的松散软弱围岩,大都会出现塑性状态,产生的围岩压力主要是形变压力。

本规范围岩分级采用了多因素定性和定量指标相结合的分级方法。虽然围岩分级(本规范表 3.0.2)中没有给出以岩体完整性系数与岩石单轴抗压强度的乘积为主要特征的岩体质量系数,但由于表 3.0.2 中给出了岩石单轴抗压强度和岩体完整性指标,所以,实际上也等于给出了岩体质量系数,并基本上以此作为分级的主要定量指标。

本规范的围岩分级中,考虑了岩体的完整性、结构面性状、岩石强度、地下水和地应力状况等自然地质因素。在定性方面考虑

了岩体完整性状态,定量方面则增添了岩体声波指标和岩体完整性系数。

2 围岩分级基本因素的考虑。

1)围岩完整性。岩体完整性是影响围岩稳定性的首要因素,它通常取决于岩体结构类型、地质构造影响与结构面发育情况。

(1)岩体结构类型。岩体是由不同地质成因的岩石组成的。从地质成因来说,岩体可概括为块状岩体与层状岩体。块状岩体指块状的火成岩与变质岩,层状岩体指沉积岩、沉积变质岩、喷出火成岩等具有原生成层的岩体。

在岩体结构类型划分中,考虑了岩体结构体的块度尺寸。本围岩分级中,块状岩体分为整体状结构、块状结构与散块状结构、碎裂镶嵌结构与碎裂状结构、散体状结构(见表1)。碎裂镶嵌与碎裂状结构,虽然块体大小相同,但其咬合程度不同,因而完整性不同。

表 1 块状岩体按结构体块度的划分

岩体结构类型	块度尺寸(以结构面平均间距表示)(m)
整体状结构	>0.8
块状结构与散块状结构	0.4～0.8
碎裂镶嵌与碎裂状结构	0.2～0.4
散体状结构	<0.2

层状岩体按其单层厚度分为厚层、中厚层与薄层,但层状岩体结构类型中按层间结构程度,又细分为层间结合良好、较好和不良的三种情况,此外,还增加了软硬岩互层岩体结构类型。

(2)构造影响程度和结构面发育情况。围岩分级(本规范表 3.0.2)中,按地质构造影响大小可分为影响轻微、较重、严重、很严重四级。

结构面发育情况包括节理裂隙或层面的密度(间距)、组数、贯通程度、闭合程度、充填情况和结合情况等。主结构面与洞轴线的不同交角关系,对拱部和边墙的稳定性可以有不同的影响。如主结构面为小于 30°的缓倾角时,拱部都采用以锚杆为主的支护型式。

软弱结构面及其组合关系,对围岩稳定性有重要影响。所谓软弱结构面,是指软弱夹层、破碎带、软弱泥化带、断层及夹泥层结构面等。软弱结构面的间距与组数,软弱结构面与洞轴线、临空面的不利组合以及由软弱结构面形成的可能滑移的不稳定块体的大小与数量,都会危及围岩的稳定程度。本规范表 3.0.2 中反映了上述因素对围岩稳定性分级的影响。

(3)岩体纵波速度与岩体完整性系数。岩体纵波速度 V_{pm} 能综合表达岩体质量,而岩体完整性系数 K_v 只能表示岩体的完整性,围岩分级(本规范表 3.0.2)中采用以岩体和岩石声波速度的平方比表示岩体完整性系数 K_v。表 3.0.2 中引用的各类围岩的 V_{pm} 和 K_v 数值,大致与国内外常用的数据相接近,尚需在今后实践中不断修正。

本规范围岩分级(表 3.0.2)中的声波速度测试规定采用孔测法。为测试方便起见,今后需开展锤击法测试的研究。

2)岩石强度。由于岩块强度可由室内试验获得,因此,围岩分级中一般采用岩石单轴饱和抗压强度(P_c)作为强度指标。该强度既考虑了地下水对岩石软化,又考虑了岩石的风化情况,同时,它与其他力学指标有较好的互换性,而且,试验方法简单可靠。

为了消除岩块加工的麻烦,对小型工程可采用点荷载强度代替单轴抗压强度。

按本规范围岩分级(表 3.0.2)中所给的单轴饱和抗压强度值,可将岩石分为 A、B、C、D、E 五级(见表2)。

表 2 岩石强度等级划分

岩石强度等级	单轴饱和抗压强度(MPa)	代表性岩石
A	>60	花岗岩,闪长岩,安山岩,玄武岩,流纹岩,晶质凝灰岩等坚硬火成岩类;片麻岩,片岩,大理岩,石英岩等变质岩
B	30～60	硅质、钙质胶结的砾岩,砂岩,硅质页岩,石灰岩,白云岩等沉积岩类
C	20～30	红色砂岩
D	10～30(整体状 10～20)	泥质页岩,泥灰岩,粘土岩,泥质砂岩和砾岩,绿泥石片岩,千枚岩,部分凝灰岩
E	<10	

实际上，与围岩稳定性直接有关的因素是岩体强度，但岩体强度需在现场测试，一般不容易做到。因此，在围岩分级中常引入岩体准抗压强度概念，以近似代替岩体强度。准抗压强度可用岩体完整性系数 K_v 与岩石单轴饱和抗压强度 R_c 的乘积表示。岩体完整性系数取决于岩体结构类型。因此，相同的岩石抗压强度相对于不同结构类型的岩体，其岩体准抗压强度是不同的。目前，围岩分级中，常用岩体准抗压强度作为分级指标。考虑到岩体完整性系数与岩体结构类型相对应，因此，在本规范围岩分级中，主要以岩体结构类型与岩石单轴饱和抗压强度不同组合确定围岩级别。

3.0.4 围岩分级表(本规范表 3.0.2)中考虑了地应力的影响，一般在Ⅰ、Ⅱ级围岩中，岩体强度较高，地应力对围岩稳定性基本无影响，可不予考虑，而在Ⅲ、Ⅳ级围岩中则需考虑。表征地应力影响的指标采用围岩强度应力比 S_m，见本规范公式(3.0.4-1)。

在本围岩分级中确定 S_m 时，参照了国外建议的岩石强度应力比(见表3)，即

$$S_r = \frac{f_t}{\sigma_1} = \frac{S_m}{K_v} \tag{1}$$

同时，根据对国内某些矿区和隧道的调查，一般埋深在300m以上时，显示出较明显的地压现象，支护破坏率增高。据此，我们把Ⅲ类围岩的 S_m 极限值定为2，Ⅳ类围岩的 S_m 极限值定为1。

表3 国外采用的岩石强度应力比 (f_t/σ_1) 分级

分类法	分级	低地应力	中地应力	强地应力
法国隧协		>4	2~4	<2
日本应用地质协会		>4	2~4	<2
前苏联顿巴斯矿区		>4	2.2~4	<2.2
日本国铁隧规		>6	4~6	2~4

3.0.5 在Ⅲ、Ⅳ、Ⅴ级围岩中，地下水是造成围岩失稳的重要因素之一，它可使岩石软化，强度降低；还可使软弱结构面泥化或冲走充填物，减少摩阻力，促使岩块滑动；地下水还可造成膨胀地压。

在Ⅰ、Ⅱ级围岩中，岩石坚硬，软弱结构面较少，本围岩分级中一般不再考虑地下水影响。但Ⅰ、Ⅱ级围岩中若有充泥的软弱结构面存在，有时要求对软弱结构面进行加固处理。因此Ⅲ、Ⅳ级围岩则应按地下水规模、岩石和结构面的软弱程度及地下水对围岩稳定性的危害大小，酌情降低围岩级别。

围岩中地下水的规模可分为四类：

渗——裂隙渗水；

滴——雨季时有滴水；

流——以裂隙泉形式，流量小于 10L/min；

涌——涌水，有一定压力，流量大于 10L/min。

3.0.6 在Ⅱ、Ⅲ、Ⅳ级围岩中，当存在断层或软弱夹层时，应审慎地选择洞轴线的方向，使其与断层或软弱夹层大角度相交。不然，当洞轴线与主要断层或软弱夹层交角较小时，则会影响隧洞的稳定性，当夹角小于30°时，则围岩级别应降低一级。

4 锚喷支护设计

4.1 一般规定

4.1.1 目前，地下工程中锚喷支护设计有工程类比法、监控量测法与理论验算法等三种方法，尤以工程类比法应用最广，通常在工程设计中占主导地位。因而，本条规定三种设计方法中以工程类比法为主。但考虑到某些地质复杂、经验不多的地下工程，单凭工程类比法不足以保证设计的可靠性和合理性，此时应结合其他的设计方法。

监控量测法是一种较为科学的设计方法，应当予以高度重视

和大力推广。本规范相应条文中规定，对不稳定的、稳定性差的软弱围岩或较大跨度的工程，应采用监控量测法。理论验算法既是当今地下工程支护设计中的一种辅助方法，又是今后设计的发展方向，但鉴于岩体力学参数难以准确确定以及在计算模式方面还存在一些问题，因而，通常只作为工程设计中的辅助手段。本规范相应条文中规定，对处在稳定性较好的围岩中的大跨度工程，锚喷支护设计应辅以理论验算。此外，无论何种情况下，凡可能出现局部失稳的围岩，都需要通过理论计算，进行局部加固。

4.1.2、4.1.3 在地下工程设计和施工中，必须十分强调做好地质勘察工作。地质勘察工作是工程选点、围岩分级和结构设计的基础，是指导施工的依据，尤其是采用锚喷支护的地下工程，要求充分利用围岩自身承载能力，更需要查明工程地质情况。

划分围岩级别通常分为两个阶段：勘察阶段初步划分围岩级别与施工阶段详细划分围岩级别。

勘察阶段初步划分围岩级别。主要内容是根据隧洞开挖前获得的地质资料选定洞轴线，并根据沿洞轴线的地质剖面图，按分级表中的定性指标与岩石强度，初步确定各段围岩级别。然后，根据初定的围岩级别及工程尺寸，按锚喷支护参数表(见本规范表4.1.2-1、表4.1.2-2)确定支护的类型和参数。

施工阶段详细划分围岩级别。主要内容是深入查明开挖地段的工程地质与水文地质情况，并进行围岩声波测试和岩石点荷载测试等工作；绘制沿洞轴线的综合地质素描图或展示图，标出围岩不稳定块体的出露位置和大小、滑塌方向；确定岩体强度应力比，详细地确定各段围岩级别，作为修正原设计支护类型和参数的依据。

本规范中"隧洞和斜井的锚喷支护类型和设计参数"(见表4.1.2-1)的编制，其基本依据是国内大量工程实践和各部门现行的技术规定。

围岩产状不同，结构面走向与洞轴线交角大小不同，对隧洞拱部和边墙稳定性影响也就不同。故支护参数表4.1.2-1对Ⅰ、Ⅱ、Ⅲ类围岩中一些不同跨度的隧洞，给出了两种支护参数，即对于缓倾角围岩中的隧洞拱部及急倾角围岩中的隧洞易失稳一侧的边墙，应优先采用锚杆支护类型，使支护设计既安全可靠，又经济合理。

从国内 112 个锚喷支护隧洞工程实例统计的情况来看，锚杆的长度，大体如表4所示。

表4 统计的锚杆长度(m)

围岩级别	毛洞跨度 $B(m)$				
	$B \leq 5$	$5 < B \leq 10$	$10 < B \leq 15$	$15 < B \leq 20$	$20 < B \leq 25$
Ⅰ	—	—	—	—	2~4
Ⅱ	—	1.5~2.5	2~3	2.5~3.0	1.5~4
Ⅲ	1~2	1.5~3.0	1.5~3.5	2~4	—
Ⅳ	1.5~2	2~3	2.5~3.5	2~4	—
Ⅴ	1.5~2.5	2~3	—	—	—

本规范"隧洞和斜井的锚喷支护类型和设计参数"(见表4.1.2-1)中不同围岩级别，不同隧洞跨度中选用的锚杆长度，大体上与工程实践相一致。但对Ⅱ、Ⅲ围岩中跨度大于15m并小于25m的洞室工程，必要时锚杆长度应大于表4中所给的数值或采用预应力锚杆，以确保工程的稳定性。

4.1.4 Ⅳ、Ⅴ级围岩和Ⅲ级围岩中跨度大于5m的工程，因地质条件复杂，容易出现事故，所以单靠工程类比法设计是不够的。本条文规定表明，Ⅳ级以下围岩的初期支护参数，可按照锚喷支护参数(见本规范表4.1.2-1)中给出的数值确定，而后期支护应根据监控量测法设计确定。并应注意，初期支护参数，应小于锚喷支护参数(表4.1.2-1)中的数值，因为表4.1.2-1中给出的数值是初期支护与后期支护之和。

4.1.5 本条规定对Ⅰ、Ⅱ、Ⅲ级围岩中跨度大于15m的工程，除按本规范表3.1.2-1选择锚喷支护参数外，还需对围岩稳定性

进行力学分析,最终确定支护设计参数。这是由于目前大跨度工程实例还不多,其次是大跨度隧洞围岩不稳定性增大,所以,为保证安全可靠和获得合理支护参数,有必要对围岩的稳定性进行力学验算或通过模型试验进行稳定性分析。

4.1.6 关于围岩整体稳定性验算,目前国内外尚无统一的标准。围岩应力状态计算方法也不统一,但多数人认为应以弹塑性理论为计算依据,若只按弹性理论进行围岩失稳验算是不合理的。因为不让围岩进入塑性,违反了现代支护理论的基本原则,即无法充分发挥围岩的自承能力。事实也表明,围岩出现一定范围的塑性,并不会失稳,反而能充分发挥围岩的自承能力,从而节省了锚喷支护工程量。因此,本条中规定围岩稳定性验算可采用以弹塑性理论为基础的数值解法或解析解法。由于岩体参数不易准确确定,因此,计算中不必过于追求高精度的计算模型和计算方法。也允许采用将弹性应力代入莫尔—库伦准则求塑性区的计算方法,这样求出的塑性区范围一般偏小,可乘以 1.1~1.4 的系数。

目前,尚无评定围岩稳定性的标准方法。但从理论分析可知,限制围岩受拉区、塑性区和松弛区的最大范围或隧洞周边的最大位移量,或洞周的最小支护抗力值,都能起到控制围岩失稳的作用,问题是其量值应为多少才合适,缺乏统一的标准,目前主要是依据设计人员的经验和参照过去的工程实例来确定。洞周的允许位移量亦可参考本规范表 5.3.3 来确定。

本条规定体现了围岩局部失稳采用局部加固的设计原则。设计人员根据施工阶段沿洞轴线地质展示图上标出的围岩不稳定块体的大小,采用锚喷支护参数(本规范表 4.1.2-1)中给出的支护参数,用块体极限平衡方法进行局部稳定性验算。荷载只考虑不稳定块体的自重,一般不计由地应力作用引起的围岩应力。这是因为应力重分布导致不稳定块体周边的应力降低,同时,由于地应力数值不易取得和不便计算。拱腰以上部位的不稳定块体,一般呈现塌落的形式失去稳定,因而不计结构面上的 C、φ 值;而拱腰以下部位的不稳定块体,则呈现滑落的形式,应计自重引起的摩擦力作用,有时还考虑结构面上的粘结力作用。

4.1.7 对边坡工程锚喷支护设计,应在充分掌握边坡的地质勘察资料的前提下,首先根据岩土性状和岩土结构特征等分析判断可能出现的失稳破坏类型,如平面滑动、圆弧滑动、楔体滑动和倾倒破坏等。

对于一般的边坡稳定问题,可采用极限平衡法求解。对于复杂的边坡稳定问题,可采用数值分析方法处理。边坡采用数值分析方法的合理性主要取决于计算模型及计算参数是否符合边坡的客观状况。数值分析方法能模拟边坡开挖程序和锚杆施作时机,反映施工过程诸因素的变化对边坡稳定性的影响,给出边坡开挖后的位移场和应力场。显示塑性区和拉应力区分布的部位,这些都为边坡的锚固设计提供重要依据。

4.1.8 由于现场测试中,存在着选取测点的代表性问题和岩体试件的尺寸效应等问题,设计中选用的 E、C、φ 值均较实测值低。尤其当围岩进入塑性破坏后,塑性区中 C、E 随之降低,靠近洞壁的 C、E 值降低多,而靠近弹塑性区交界处,C、E 值降低少。如果计算中不考虑塑性区中 C、E 值的这种变化,则应取 C、E 的平均值作为计算参数,其值通常可由设计人员及勘察人员,按实测值和现场实际情况商定。实践表明,塑性区中 φ 值降低不多,一般不再考虑折减。

在本条中还根据 1995 年颁布的现行国家标准《工程岩体分级标准》GB 50218 给出了各级围岩的力学指标及岩体结构面抗剪断峰值强度。

地应力或支护前洞壁的位移或释放荷载值,在条文中虽未作规定,但这两个数据都是计算中所必要的,无论在数值计算或分析计算中,都需要知道这两个数据。

对于重要工程,宜采用实测的地应力值。无实测条件时,垂直地应力可按覆盖层的厚度计算确定,侧压系数值可参照当地其他工程实测资料和该地区地质构造情况估计确定。

支护前洞壁位移或释放的荷载值,随施工方法的不同而不同,目前只能借助实测值和经验来确定。如果是实测值,还应考虑量测前已产生的位移和释放的荷载。目前,有些程序中以洞壁实测位移作为边界条件,这种计算方法更能反映实际情况。

对封闭式支护结构,如果计算中不考虑隧洞开挖和支护程序,则支护前洞壁位移值可以近似取仰拱封底前的洞壁位移值或略小于该位移值。

4.1.9 竖井通常是矿山开采的咽喉工程,一般服务年限较长,故在选用锚喷支护时,均采取审慎态度。鉴于目前Ⅳ、Ⅴ级围岩的竖井中,采用锚喷支护的实例不多,故在竖井锚喷支护类型及设计参数(本规范表 4.1.2-2)中,仅列入Ⅰ、Ⅱ、Ⅲ级围岩竖井锚喷支护类型与参数,而且,其支护参数均比同等横断面的隧洞有所增大。

4.1.10 本条规定主要是针对地下工程的特殊部位而言,体现了因地制宜、区别对待的设计原则,以确保工程设计既安全可靠、又经济合理。

1 隧洞交岔点、断面变化处等特殊部位,是应力比较集中的地方,加强其支护结构,以确保这些地段的稳定性。

2 喷射混凝土支护的作用,主要是依靠它与围岩表面的紧密粘结来保证其与围岩共同工作的。在光滑岩面上,这种粘结力就很小,因此,应采用以锚杆或钢筋网喷射混凝土为主的支护类型,以获得足够的支护抗力,有效地加固围岩。

3 围岩较差地段的支护应向围岩较好地段延伸一定长度,一般来说应延伸 1.0m 以上。

4.1.11 本条规定中提出的 6 种地质条件都不属于本规范围岩分级中的正常类型。一些试验表明,在膨胀性岩体中,采用锚喷支护与其他支护形式相结合的复合支护是行之有效的,采用锚喷支护作为复合支护的初期支护是适宜的。在其余 5 种情况下,采用锚喷支护尚无足够把握。总的来说,本条所述 6 种岩层采用锚喷支护都缺乏经验,因而,其设计需要经过试验后确定。

4.2 锚杆支护设计

4.2.1 本条规定中所列出的前 4 种锚杆类型是按锚杆的作用原理来划分的,后 1 种自钻式锚杆是本次修订规范时新增的。

全长粘结型锚杆是一种不能对围岩加预应力的被动型锚杆,适用于围岩变形量不大的各类地下工程的永久性系统支护。

端头锚固型锚杆,安装后可以立即提供支护抗力,并能对围岩施加不大于 100kN 的预应力,适用于裂隙性的坚硬岩体中的局部支护。

摩擦型锚杆,安装后可立即提供支护抗力,并能对围岩施加三向预应力,韧性好,适用于软弱破碎、塑性流变围岩及经受爆破震动的矿山巷道工程。

预应力锚杆能对围岩施加大于 200kN 的预应力,且能处理深部的稳定问题,适用于大跨度地下工程的系统支护及局部大的不稳定块体的支护。

自钻式锚杆,是一种具有钻进、注浆、锚固三位一体的锚杆,在复杂地层或需套管护壁钻进且工作空间狭小条件下,施工简便、锚固效果较好。

4.2.3 端头锚固型锚杆,国内目前有以下几种结构形式(见图1)。其中机械式锚固适用于硬岩或中硬岩;粘结式锚固除用于硬岩及中硬岩外,也可用于软岩。端头锚固型锚杆的作用主要取决于锚头的锚固强度。在锚杆型式选定后,其锚固强度是随围岩情况而变化的。因此,为了获得良好的支护效果,使用前,应在现场进行锚杆的拉拔试验,以检验所选定的锚头是否与围岩条件相适应。

由于地下水或潮湿空气的长期作用,端头锚固型锚杆的杆体和锚头易发生锈蚀,可使其锚固力减小或完全丧失。因此,服务年限大于 5 年的端头锚固型锚杆,应采取灌注水泥砂浆或其他防腐措施。

图 1 端头锚固型锚杆结构形式

粘结式锚固端的锚固剂，国内有树脂卷和快硬水泥卷两种。树脂锚固剂目前广泛采用 115 松香封端不饱和聚脂树脂。树脂与填料之比一般为 1:5～1:7，这种锚固剂的特点是固化时间短（由几十秒到几分钟），强度增长快（半小时强度可达 28d 强度的 65%～96%），强度高（最终强度达 60～120MPa）。因此，能及时提供支护能力。

快硬水泥卷锚固剂由硫铝酸盐水泥和双快型水泥配制而成，水泥卷内的装填密度为 1.14～1.48g/cm³，使浸水后的水灰比控制在 0.34～0.35 范围内。这种快硬水泥锚固剂，强度增长快（0.5～1.0h 强度可达 20MPa）。因此，快硬水泥卷锚杆也有能及时提供支护抗力的特点。

4.2.4 摩擦型锚杆，目前国内有全长摩擦型（缝管式）和局部摩擦型（楔管式）两种。摩擦型锚杆是一根沿纵向开缝的钢管，当它装入比其外径小 2～3mm 的钻孔时，钢管受到孔壁的约束力而收缩，同时，沿管体全长对孔壁施加弹性抗力，从而锚固其周围的岩体。这类锚杆的特点是安装后能立即提供支护抗力，有利于及时控制围岩变形；能对围岩施加三向预应力，使围岩处于压缩状态；而且，锚固力还能随时间而提高。

锚杆纵向开缝宽度规定为 13～18mm，是基于当锚杆打入比其外径小的钻孔时，开缝不会全闭合甚至重叠。

工程实践表明，当其他条件不变时，摩擦型锚杆的锚固力随锚杆与钻孔径差的加大而增高。要保证锚杆每米锚固长度的初锚固力不小于 25kN，径差常取 2～3mm。此外，当径差不变时，锚杆锚固力又同岩石的软硬程度密切相关，在硬岩中的锚固力远比在软岩中的为高。因此，对于硬岩、中硬岩和软岩，规定了不同的径差。

在某些特定条件下，需要提高摩擦型锚杆的初锚固力时，可采用带端头锚楔的缝管锚杆或楔管锚杆。工程实践表明，在硬岩条件下，采用带端头锚楔的缝管锚杆或楔管锚杆可使初锚固力增加 50kN 以上。

4.2.5 本条的预应力锚杆是指预拉力大于 200kN，长度大于 8.0m 的岩石锚杆。与非预应力锚杆相比，预应力锚杆有许多突出的优点。它能主动对围岩提供大的支护抗力，有效地抑制围岩位移；能提高软弱结构面和塌滑面处的抗剪强度；按一定规律布置的预应力锚杆群使锚固范围内的岩体形成压应力区而有利于围岩的稳定。此外这种锚杆施工中的张拉工艺，实际上是对每根工程锚杆的检验，有利于保证工程质量。因而近年来国内外在地下工程及边坡工程中预应力锚杆的应用获得迅速发展。这次规范修订中，将预应力锚杆设计、施工及试验监测作为重点充实的条款。

1 目前国内普遍采用的预应力锚杆是一种集中拉力型锚杆，大量的研究资料已经证实这种锚杆固定长度上的粘结应力分布是极不均匀的，固定段的最近端应力集中现象严重，随着荷载的增大，并在荷载传至固定长度最远端之前，杆体——灌浆体界面或者灌浆体——地层界面就会发生"粘脱"（debonding）。这种粘结作用逐步破坏的锚杆一般都会大大降低地层强度的利用率，特别在软岩和土层，当固定长度大于 8～10m 时，其承载力的增值很小或无任何增加。国内已开发出一种单孔复合锚固系统，即压力分散型或拉力分散型锚杆。这种锚固系统是在同一个钻孔中安装几个单元锚杆，而每个单元锚杆都有自己的杆体，自己的锚固长度，而且承受的荷载也是通过各自的张拉千斤顶施加的。由于组合成这类锚杆的单元锚杆锚固长度很小，所承受的荷载也小，锚固长度上的轴力和粘结应力分布都较均匀，不会产生逐步粘脱现象，从而能

最大限度地调用地层强度。从理论上讲，使用这类锚杆的整个锚固长度并无限制，锚杆承载力可随着整个锚固长度的增加而提高，适用于软岩或土体工程。特别是压力分散型锚杆，其单元锚杆的预应力筋采用无粘结钢绞线，在荷载作用下灌浆体受压，不易开裂，因而能大大提高锚杆的耐久性。

2 锚杆的倾角主要应考虑有利于地下工程与边坡的稳定性，一般锚杆轴线应与岩体主结构面或滑移面成大角度相交。

但是与水平面夹角为 −10°～＋10° 的区域不应作安设锚杆的范围。因为倾角接近水平的锚杆，注浆后灌浆体的沉淀和泌水现象，会影响锚杆的承载能力。

3 锚杆预应力筋采用钢绞线、钢丝或精轧螺纹钢筋是最为适合的。一是因为其抗拉强度远比 Ⅱ、Ⅲ 级钢筋高，可以大幅度降低锚杆的用钢量。二是当预拉力达到锚杆拉力设计值时，预应力筋产生的弹性伸长比 Ⅱ、Ⅲ 级钢筋大若干倍，这样当锚头松动或其他原因使预应力筋弹性伸长变小时，所引起的预应力损失要小得多。三是钢绞线、钢丝运输安装方便。即使在较狭窄的空间也可施工。对穿型锚杆应采用无粘结钢绞线，一方面可大大提高锚杆的耐久性，另一方面当锚杆长度上某部位出现岩体裂隙张开时可在整个长度上调整应力，而不会发生粘结型锚杆那样的应力集中和局部破坏。

4 规定锚杆的自由段长度不宜小于 5.0m，是为了使预应力筋在设定的张力作用下有较大的弹性伸长量，不致在锚杆使用过程中因锚头松动而引起预应力的显著衰减。

5 本条给出的安全系数 K 适用于预应力锚杆锚固段的设计。按锚杆破坏后影响程度和服务年限的长短给出了不同的安全系数，其取值主要考虑锚杆设计中的不确定因素及风险程度，其数值是参照国外有关标准及中国工程建设标准化协会标准《土层锚杆设计与施工规范》CECS 22 的有关条款的规定提出的。

6 处于地层中的预应力锚杆经常受到地下水（特别是含有腐蚀介质的地下水）的侵蚀，而在高应力作用下，预应力筋则会出现应力腐蚀。一般腐蚀和应力腐蚀交织在一起，国外已出现不少因腐蚀而导致锚杆破坏的实例。如法国米克斯坝，有几根 13000kN 承载力的锚杆仅使用几个月就发生断裂。锚杆的应力水平是杆体强度极限值的 67%。经多次试验的结论是，处于高拉伸应力状态下的锈蚀是破坏的主要原因。1986 年国际预应力协会（FIP）曾对 35 个锚杆断裂实例进行调查。其中永久锚杆占 69%，临时锚杆占 31%，锚杆使用期在 2 年内及 2 年以上发生腐蚀断裂的各占一半。由此可见，因腐蚀而引起的锚杆破坏是不能忽视的。

因此，本条规定永久性预应力锚杆预应力筋的保护层厚度不应小于 20mm，并宜外套波形管，一旦锚固段的水泥浆体出现开裂，波形管仍有阻隔地下水浸蚀的作用。

4.2.6 自钻式锚杆适用于钻孔过程易塌孔，而必须采用套管跟进的复杂地层。这种锚杆将钻孔、注浆及锚固等功能一体化，在隧道超前支护系统及高地应力，大变形巷道的变形控制等工程中均取得良好效果。

目前国产的自钻式锚杆的技术参数见表 5。

表 5 自钻式锚杆技术参数

型　号	R27N	R32N
直径/壁厚(mm)	27/6.0	32/6.0
抗拉强度(MPa)	680	680
抗拉力(kN)	280	320
重量(kg/m)	3.0	3.6
螺纹方向	左旋	左旋
标准长度(m)	2.0、3.0、4.0	
最大钻进深度(m)	>12	

4.2.7 锚杆与岩体主结构面成较大角度布置，则能穿过更多的结构面，有利于提高结构面上的抗剪强度，使锚杆间的岩块相互咬合，充分发挥锚杆加固围岩的作用。

系统锚杆的间距,除受围岩稳定条件及锚杆长度制约外,在稳定性较差的岩体中,为使支护紧跟掘进工作面,锚杆的纵向间距还受掘进进尺的影响。所以,锚杆纵向间距的选定,还要与所采用的施工方法相适应。系统锚杆主要对围岩起整体加固作用。根据工程经验,为使一定深度的围岩形成承载拱,锚杆长度必须大于锚杆间距的两倍。因此,规定系统锚杆的间距不宜大于锚杆长度的1/2。但是,在Ⅳ、Ⅴ类围岩中,当锚杆长度超过2.5m时,若仍按间距不大于1/2锚杆长度的规定,则锚杆间的岩块可能因咬合和联锁不良,而导致掉块或坠落。因此,还规定在Ⅳ、Ⅴ类围岩中,锚杆间距不得大于1.25m。

4.2.8 本条规定是为了充分发挥锚杆材料的作用,提供有效的支护抗力,阻止不稳定岩块的坠落。

4.2.9 粘结型锚头的破坏,在裂隙交割的坚硬岩体中,一般受胶结材料与杆体间的粘结强度控制,而在软弱的岩体中,有时则受胶结材料与岩面的粘结强度控制。故本条规定,粘结型锚固体锚入稳定岩体长度的确定应同时验算两种不同情况的粘结强度。

4.3 喷射混凝土支护设计

4.3.1 喷射混凝土强度等级是决定其力学性能和耐久性的重要指标,对支护结构的工作性能和使用效果关系重大。因此,本条文规定对于重要地下工程,喷射混凝土的强度等级不应低于C20,施工中只要遵守本规范的有关规定,一般均能达到设计要求的强度等级。由于地下工程与地面结构不同,喷射混凝土施工后要求具有较高的支护抗力,特别在软弱围岩中喷射混凝土早期强度至关重要。根据国内外对喷射混凝土早期强度的试验资料(见表6),本条规定在添加速凝剂条件下,喷射混凝土1d龄期的抗压强度不应低于5MPa。

国内外的试验资料表明,与不掺钢纤维的喷射混凝土相比,钢纤维喷射混凝土的抗拉强度约提高30%~60%,抗弯强度约提高30%~90%,故本条规定在掺入速凝剂的情况下,钢纤维喷射混凝土的强度等级不得低于C20,抗拉强度不得低于2MPa。

表6 喷射混凝土早期抗压强度(MPa)

测定单位	龄期(h)	3	8	24
日本(新奥法指南)		1.0~3.5	5.0~8.5	10.5~15.0
美国		3.5	8.4	10.6~21.0
中国(下坑隧道工程)			2.3~2.5	6.5~6.7
中国(冶金部建筑研究总院)			2.5	8.3

4.3.2 喷射混凝土的容重、静力弹性模量的规定值,是在综合分析国内有关单位的科学实验资料及工程质量检验数据基础上提出的。喷射混凝土与围岩的粘结力,不仅与混凝土强度等级有关,也与岩石强度和岩体的完整性有关。故本规范规定,对Ⅰ、Ⅱ级围岩,粘结强度不应小于0.8MPa,Ⅲ级围岩不应小于0.5MPa。对粘结强度作相应的规定,其目的是保证在围岩与喷射混凝土的结合面上能传递一定的拉应力和剪应力,有利于两者共同工作。

4.3.3 喷射混凝土的收缩较大,若其厚度小于50mm时,喷层中粗骨料的含量甚少,更容易引起收缩开裂。同时,喷层过薄也不足以抵抗岩块的移动,常出现局部开裂或剥落。近几年来,有关部门对喷射混凝土支护使用情况调查结果表明,喷射混凝土支护层产生局部开裂剥落者,其厚度多在50mm以下,也有30~40mm的。因此,本条规定喷射混凝土支护的最小厚度不应小于50mm。

根据锚喷支护原理,要求喷层具有一定的柔性。因此,规定喷射混凝土厚度一般不应超过200mm,特别在软弱围岩中作初期支护,喷层过厚,会产生过大的形变压力,易导致喷层出现破坏,这是不经济的。当喷层不能满足支护抗力要求时,可用锚杆或配筋予以加强。

4.3.4 在含水岩层中采用喷射混凝土支护,规定喷层设计厚度不应小于80mm。抗渗强度不应小于0.8MPa,是为了严格控制外水内渗,以保证良好的工作条件。

4.3.5 冲切强度公式适用于岩石与喷射混凝土粘结强度得到保证,且厚度不大于100mm的喷射混凝土层。因此,本条规定在Ⅰ、Ⅱ级围岩的隧洞中,薄层喷射混凝土对局部不稳定块体的抗力可按本规范公式(4.3.5-1)、(4.3.5-2)计算。当喷层厚度大于100mm或喷层与围岩粘结强度很低时,在局部不稳定块体作用下,喷层呈粘结破坏。这时,需设置锚杆,由喷层与锚杆共同承受不稳定块体的重量。

4.3.6 大量的试验资料表明,钢纤维喷射混凝土的一系列性能都优于普通喷射混凝土,特别是它具有良好的韧性(即从加荷开始直至试件完全破坏所作的总功,常以荷载-挠度曲线与横坐标轴所包络的面积表示),约比素喷混凝土提高10~50倍(图2),抗冲击能力约比素喷混凝土提高8~30倍。故规定在膨胀岩体隧洞和受采动影响的巷道中,宜采用钢纤维喷射混凝土支护。

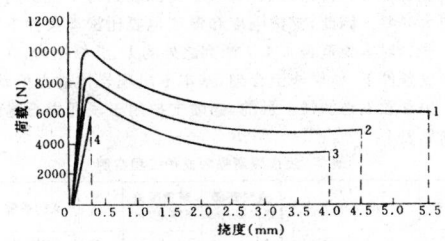

图2 钢纤维喷射混凝土小梁荷载一挠度曲线
1—钢纤维直径0.3mm,长25mm,体积掺量2%;2—钢纤维直径0.4mm,长25mm,体积掺量2%;3—钢纤维直径0.4mm,长25mm,体积掺量1.5%;4—素喷混凝土

4.3.7 本条说明如下:

1 钢纤维喷射混凝土的破坏,通常不是纤维被拉断,而是纤维从混凝土中被拔出,也就是说,钢纤维喷射混凝土增强性能主要是由纤维和混凝土基质的握裹力来决定的。因此,普通碳素钢纤维就能满足钢纤维的增强要求。

2 当纤维体积百分率不变时,纤维直径增大,则纤维在混凝土中的分布间距也随之增大;反之,纤维直径减小,纤维间距也随之减小。纤维间距越小,对混凝土裂缝扩展的约束能力也就越强,使混凝土的各种性能更能得到强化。但纤维直径过小,会使纤维添加和钢纤维混凝土的搅拌和施工发生困难。因此,钢纤维的直径以0.3~0.5mm为宜。

3 钢纤维的长度和掺量主要是由喷射混凝土的施工工艺决定。实践表明,纤维长度大于25mm,掺量超过干混合料重量6%时,搅拌的均匀性和喷射施工就要发生困难。主要表现为在搅拌时纤维容易绞结在喷射机中。因此,钢纤维长度不要超过25mm,掺量不宜大于干混合料重量的6%。

4.3.8 在一般情况下,地下工程喷射混凝土支护中配置钢筋网,其主要作用是提高喷射混凝土的整体性,防止收缩,使混凝土中的应力均匀分布,并提供一定的抗剪强度,有利于抵抗岩石塌落和承受冲击荷载。

1 钢筋网常按构造要求设计,故选用的钢筋直径宜为4~12mm。

2 实践表明,当钢筋间距小于150mm时,喷射混凝土回弹大,且钢筋与壁面之间易形成空洞,不能保证混凝土的密实性;当钢筋间距大于300mm时,则将大大削弱钢筋网在喷射混凝土中的作用,因此,规定钢筋的间距应为150~300mm。

3 钢筋保护层厚度不应小于20mm,这与普通钢筋混凝土的规定是一致的。由于在过水隧洞中,喷射混凝土要经受高速水流长期的、反复的冲刷作用,其表层容易磨蚀,因此,规定钢筋保护层厚度不应小于 50mm。

4.3.11 本条说明如下：

1 当围岩变形量小时，钢架可采用钢管或其他轻型钢材制成的刚性钢架；当围岩变形量大时，宜采用 U 型钢制成的可缩性钢架。在可缩性节点处，应能使其自由压缩，以适应钢架的柔性卸压作用，故不宜在联接节点处喷上混凝土。

2 设置钢架处，钢架保护层厚度小于 40mm 时，常引起喷层收缩开裂，从而恶化钢架使用条件，引起钢架腐蚀，故规定钢架保护层厚度不应小于 40mm。

3 规定钢架立柱埋入底板的深度不应小于水沟底面水平，是为了保证钢架的稳定性，而不致使其在侧压力作用下被挤向巷道中。

4.4 特殊条件下的锚喷支护设计

（Ⅰ）浅埋隧洞锚喷支护设计

4.4.1 本条主要针对覆盖岩层厚度为 1～3 倍洞跨的浅埋岩石隧洞而言，由于浅埋岩石隧洞的覆盖层不可能形成完整的支承环，支护结构主要承受岩体的松散压力，它比深埋条件下支护所承受的荷载更大一些。因此，支护刚度和厚度也要比深埋条件下的隧洞要大一些。对本规范表 4.4.1 所列之外的 Ⅰ、Ⅱ 级围岩，在类似埋深和跨度条件下，如果施工合理，基本不出现岩体过大松动，因而锚喷支护参数不必加强。目前，锚喷支护用于浅埋岩石隧洞的工程实例见表 7。

表 7 浅埋隧洞锚喷支护工程实例

工程名称	地质条件	隧洞断面宽×高(m)	洞顶覆盖层厚度(m)	支护参数
××洞库 AB 段	凝灰岩，大部为块状结构，属Ⅱ级围岩	13×7.7	13	锚杆与钢筋网喷射混凝土联合支护，喷层厚 80～100mm，锚杆 2.0m，钢筋直径 6～8mm
××Ⅱ线 2 号隧洞	砂岩和奥陶纪石灰岩，岩体破碎，断层宽 3～6m，节理产状零乱，属Ⅲ、Ⅳ级围岩	11×9	10	锚杆与钢筋网喷射混凝土联合支护，喷层厚 150mm，锚杆长 2.0～2.5m，网筋直径 18～22mm
下坑隧洞	严重风化的千枚岩，有地下水，属Ⅳ、Ⅴ级围岩	5.0×6.0	10～20	锚杆与钢筋网喷射混凝土联合支护，喷层厚 180mm，锚杆长 2.0～2.5m，网筋直径 8mm，仰拱 300mm
××村隧道	严重风化的石灰岩，属Ⅳ级围岩	17×10	5～30	锚杆与钢筋网喷射混凝土联合支护，喷层厚 200mm，锚杆长 3m，网筋直径 16mm，有仰拱

覆盖岩层厚度小于本规范表 4.4.1，洞跨超过本规范表 4.4.1 的浅埋隧洞，由于各种条件比较复杂和工程经验较少，本规范对这类浅埋隧洞采用锚喷支护未加限制，而是提出通过试验慎重确定。

4.4.2 浅埋隧洞的传统设计方法常采用浅部地压理论，即支护衬砌要承受上部覆盖的全部岩石重量。近年来，在一定条件下的浅埋岩石隧洞采用锚喷支护获得成功。但浅埋岩石隧洞围岩自支承能力的利用程度毕竟不同于深埋隧洞，在设计时务必采取审慎态度，其根本原则是不容许围岩出现较大的变形。本条中所有规定体现了采取适当增强支护刚度，提高支护能力，以控制围岩的变形和松动，保证隧洞的稳定。

4.4.3 本条规定浅埋岩石隧洞考虑偏压条件，是参照国内有关标准规定，结合锚喷支护的工作特点提出的，仅适用于采用锚喷支护的浅埋岩石隧洞。

4.4.4、4.4.5 最近 10 多年来，我国城市地铁和市政隧洞采用配筋喷射混凝土与拱架相结合做初期支护已积累了一些经验，本条是在这些工程经验基础上提出的。为了慎重起见，提出了覆土厚度不小于 1 倍洞径的浅埋土质隧洞前提条件。但实际上我国已有了小于 1 倍洞径覆土厚度的工程经验，因数量较少，且条件比较复杂，故本条提出"应通过现场试验及监控量测确定"。但在地下水排干有困难的地层、厚淤泥质粘土层、厚层含水粉细砂层等极不稳定地层，本条提出在未采取有效措施前不宜采用的限制。

浅埋土质隧洞采用锚喷支护，其锚杆作用不很明显，故第 4.4.5 条提出的主要支护形式是钢筋网喷混凝土和钢架-钢筋网喷混凝土，而且强调施作仰拱，形成封闭结构。及时封闭是维护浅埋土质隧洞稳定的要点之一。浅埋土质隧洞锚喷支护工程实例见表 8。

表 8 浅埋土质隧洞锚喷支护工程实例

工程名称	地质条件	隧洞断面宽×高(m)	洞顶覆盖厚度(m)	支护类型及参数
北京地铁复兴西区间隧道	粉细砂及砂砾石层松散，地下水在 −22m	6.0×5.4	9～12	喷层厚 300mm，钢筋网 ϕ6～10mm，间距 150mm×150mm 格栅拱架间距 750～1000mm 二次衬砌 350mm，仰拱封底
北京地铁双线区间隧道	亚粘土，粉细砂及砂砾石，无地下水	9.45×7.1	11	喷层厚 350mm，钢筋网 ϕ6～10mm，双层排列格栅拱架间距 500～750mm，二次衬砌 400mm，仰拱封底
北京复兴门折返线渡线	亚粉土，粉细砂及砂砾土层无地下水	14.86×11	11	喷层厚 400mm，钢筋网双层布置，格栅拱架间距 500mm，二次衬砌 450mm，仰拱封底

4.4.6 本条主要规定了设计锚喷支护参数时的荷载确定方法，主要考虑浅埋土质隧洞覆土难以形成稳定的支承环，因此垂直土压力应以全土柱计算，这是偏于安全的。

4.4.7 浅埋土质隧洞开挖工作面土体的自稳时间较短。而喷射混凝土强度增长要经过一个间隔时间，这段间隔时间的土体稳定要靠安装牢固的钢架支撑。因此，本条强调钢架应具有能承受 40～60kN/m² 荷载的支撑能力。

4.4.8 浅埋土质隧道施工时，会遇到各种不稳定地质条件，应该重视地层预加固和预支护方法。这方面国内外已有不少成熟的经验，包括土体注浆加固、超前锚杆和长管棚等方法。当然，在采用注浆加固地层时，应考虑深浅，地下管网多的特点，浆压力应通过试验确定。

（Ⅱ）塑性流变岩体中隧洞锚喷支护设计

4.4.9 隧洞断面形状要尽量做到与围岩压力分布相适应，塑性流变岩体一般是四周来压或有很大的水平压力。因此，在这类围岩中的隧洞断面宜采用圆形、椭圆形或马蹄形等断面形状。采用圆滑曲线的断面轮廓，可以减小应力集中引起的围岩破坏和增强喷层的结构作用。

在塑性流变岩体中开挖隧洞，一条基本原则是不使围岩发生有害松散的前提下，容许围岩产生较大的变形，以减小支护抗力，使锚喷支护达到经济合理，安全可靠。因此，在隧洞的设计中，断面尺寸应预留允许的周边收敛量。

4.4.10 塑性流变岩体的主要特点是在隧洞开挖后，围岩变形量大，延续时间长。在这种情况下，正如"围岩—支护"相互作用原理（图 3）所示的那样，若采用一次完成的刚性大的永久支护，对围岩过早地施加过强的约束力，会导致支护结构承受较大的荷载，甚至常出现弯曲破坏。

通过塑性流变岩体的隧洞，一般应分两次支护，即初期支护与后期支护。初期支护的作用是及时提供一定的支护抗力，使围岩不致发生松散破坏，同时，又允许围岩的塑性变形有一定发展，以充分发挥围岩的自支承作用。后期支护的作用是维持隧洞的长期稳定性，并满足防水及使用要求。

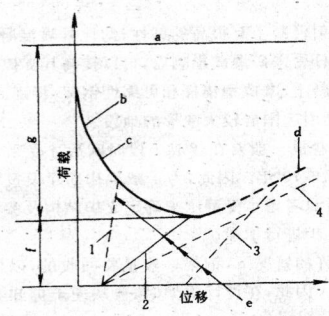

图 3　岩石特性曲线与支护特性曲线相互作用图
a—原始地应力；b—岩石特性曲线；c—岩石拱形成；d—岩石拱破坏；
e—支护特性曲线；f—支护承受部分；g—岩石拱承受部分；
1—太刚；2—适宜；3—太晚；4—太柔

显然，在塑性流变岩体中，采用柔性较大的薄层喷射混凝土加锚杆做初期支护，是十分理想的。但是，也必须指出，塑性流变岩体有明显的时间效应。如图 4 所示，在不同的时间阶段，岩体的应力-位移曲线是不同的。比较柔性的锚喷支护在 t_1、t_2 时，支护特性曲线与岩体特性曲线相交，说明两者能取得平衡。这时，支护结构承受较小的荷载，但却引起相当大的位移。当超过 t_2 时，两者特性曲线不得相交，并出现过度的支护变形，易使围岩松散。因而，必须适时地提高支护抗力，进行后期支护，使支护特性曲线在 t_3 时，与围岩特性曲线相交，以保证隧洞的长期稳定性。

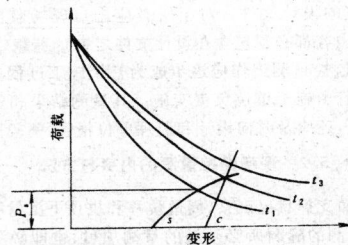

图 4　不同时间阶段围岩特性曲线与支护特性曲线的适应性
s—初期支护的特性曲线；c—后期支护的特性曲线；P_i—支护结构的抗力

在塑性流变岩体中开挖隧洞，由于岩体潜在应力的释放或岩体吸水膨胀，沿四周逐渐向隧洞内挤出。支护结构在一定程度上抑制了岩体的挤压膨胀，但若底部没有约束，围岩裸露，必然形成膨胀和应力释放的集中部位，产生底鼓。如底鼓不加控制，任其发展，常常造成隧洞墙脚内移和支护结构的严重破坏，这在实际工程中是屡见不鲜的。因而，必须设置抑拱，形成全封闭环，以提高支护抗力。

塑性流变岩体中的隧洞采用锚喷支护，如何根据不同时间阶段内围岩与支护的变形特性，调整支护抗力，使"围岩—支护"的变形协调发展，是以经济的支护结构取得隧洞稳定的关键。而要掌握围岩与支护变形的时间效应，最现实可行的办法是通过现场量测。

（Ⅲ）老黄土隧洞锚喷支护设计

4.4.11　老黄土具有湿陷性较小、强度较高的特点。在我国西北地区的老黄土土层中，已用锚喷支护成功地建成一些铁路隧道和地下洞室。通过现场量测和工程实践表明，它能及时支护土体，发挥土体自承作用，保持洞体稳定。

4.4.12　黄土地层有较明显的侧压力，其静止侧压力系数约为0.5左右。因此，隧洞应采用曲线形边墙。用锚喷支护的实例证明，当边墙曲率较大（矢高不应小于弦长的 1/8）并设置抑拱后，隧洞能较快地达到稳定。

4.4.13　本条规定是根据现有的几座穿过老黄土的隧洞，采用锚喷支护的成功经验提出的。当采用水泥砂浆锚杆时，要求孔径不宜小于 60mm，是为了增大砂浆与土层的粘结面积，以满足一定的

锚杆抗拔力的要求。

老黄土隧洞中的薄层喷射混凝土衬砌，如不设置伸缩缝，由于在喷射混凝土硬化过程中的自身收缩或使用过程中温度变化等原因所引起的应力，一旦大于喷射混凝土的抗拉强度，以及地层的不均匀沉陷，均会使衬砌出现裂缝，恶化隧洞的工作条件，故规定沿隧洞轴线每隔 5～10m 应设一道环向伸缩缝。

老黄土对于水的作用是很敏感的，在水的作用下，会很快解体而失去稳定。因此，锚喷支护设计时，就必须对地表水和洞内施工水提出处理措施，以保证施工的安全和洞体的稳定。

（Ⅳ）水工隧洞锚喷支护设计

4.4.14　水工隧洞不同于其他隧洞，它长期处在水的作用下工作，有的甚至在有较高压力水中工作，不仅承受较大的内水压力，还有防渗、抗冲刷等问题。所以，在水工隧洞中采用锚喷支护时，对其使用范围应有所限制。

工程实践和科学实验表明，水工隧洞锚喷支护承受内水压力及抗渗、抗冲刷等性能，主要取决于围岩性质。当围岩的变形模量为 $10×10^3$ MPa，洞跨为 10m，喷射混凝土的厚度为 200mm 时，锚喷支护的水工隧洞可以承受 0.5MPa 的内水压力（不考虑锚杆和钢筋网的作用），其中 80% 以上的内水压力由围岩承担。考虑水工隧洞的特殊工作条件，当锚喷支护作为后期支护时，仅限制在Ⅲ级以上（包括Ⅲ级）围岩中应用。对于Ⅳ、Ⅴ级围岩，由于完整性差，或岩质软弱，承载能力低，宜采用复合支护，即内水压力主要由现浇钢筋混凝土支护承担。而锚喷初期支护的主要作用是及时支护围岩，限制其有害变形的发展，防止围岩坍塌，保证施工安全。

在水工隧洞中，由于防渗不好，内水外渗，恶化了围岩地质条件，可能导致隧洞严重破坏。因此，对锚喷支护的水工隧洞，必须重视其防渗问题。

4.4.15　×××一级、××河一级、××镇和×××四个锚喷支护的水工隧洞水压试验表明（表9），内水压力是由围岩和支护共同承担的，锚喷支护符合弹性介质的薄壁圆管的工作原理。为此，可按"围岩—支护"变形一致的原则来计算支护的抗裂能力。对于洞跨超过 10m、内水压力大于 0.6MPa 的重要工程，其锚喷支护的设计尚缺乏经验，也缺乏运行资料，所以规定宜通过试验决定。

表 9　有压水工隧洞实测开裂压力与计算开裂压力（MPa）

工程名称	实测开裂压力	计算开裂压力
×××一级	0.66	0.58
××镇	0.89	0.84
××河一级	0.55	—
×××	0.80	0.35

4.4.16　外水压力是水工隧洞的主要荷载之一，锚喷支护也不例外，据×××一级电站和××镇电站试验资料，当外水压力为1.4～1.6MPa 时，喷层局部剥落，一般呈现粘结破坏。所以，当外水压力较高、隧洞使用中放空时，必须校核其稳定性。

外水压力值，可采用地下水位线以下的水柱高乘以相应的折减系数的方法估算（表10）。

表 10　外水压力折减系数

地下水活动分级	地下水活动情况	折减系数
1	无	0
2	微弱	0～0.25
3	显著	0.25～0.50
4	强烈	0.50～0.75
5	剧烈	0.75～1.00

喷射混凝土支护与围岩是互相紧密结合的两种不同的透水介质，在地下水位变幅小、补水和排水条件固定的情况下，在长期运行过程中将形成稳定的渗流场，所以，严格地说，这时作用在支护上的外水荷载是一种"场力"。

4.4.17　锚喷支护的引水隧洞和尾水隧洞的水流速度均不高，一

一般为 3～5m/s，只有导流隧洞和泄洪隧洞才有较高的流速。例如，星星哨水库泄洪洞的流速为 7m/s、××2 号泄洪洞的流速达 13.5m/s。

在泄洪隧洞和导流隧洞中，可根据围岩条件选择锚喷支护的允许流速，一般来说，围岩条件好，允许流速可适当提高，但不宜超过 12m/s，否则，有可能出现冲刷破坏或气蚀破坏。国外也有在 12m/s 左右的流速情况下锚喷支护发生破坏的实例，其破坏原因一般是由于处在较差的地质地段。因此，对于局部软弱的地质地段和采用较高流速的隧洞，都要采取结构措施，增强支护与围岩的整体性。

4.4.18 隧洞内壁面的平整程度对过流能力有显著影响。壁面过于粗糙，将使水头损失增大，降低隧洞的过流能力。喷射混凝土施作于凹凸不平的岩面上，有水通过时，摩阻损失增大。试验资料证明（表 11），喷射混凝土支护的摩阻特性是属于大糙度、非均匀糙率问题，可按 J·尼古拉兹公式估算其糙率系数。

表 11　喷射混凝土支护实测糙率与计算糙率

工程名称	壁面起伏差(mm)	计算的综合糙率	实测的综合糙率	开挖方式	支护情况
××哨一号洞	115	0.0248	0.0252	光面爆破	局部地段锚喷支护·大部分地段不支护·底板为现浇混凝土
××哨二号洞	115	0.0248	0.0249	光面爆破	全洞锚喷支护·底板现浇混凝土
×××	210	0.0274	0.0276	普通爆破	全洞锚喷支护·底板现浇混凝土

由糙率系数计算公式得知，若喷层表面的平均起伏差小于 150mm，则可明显减小糙率系数。根据××哨水工隧洞的施工经验，采用光面爆破开挖技术，壁面的平均起伏差可控制在 115mm 左右。

壁面平均起伏差可按下式计算：

$$\Delta = \Delta_起 + \Delta_伏 \qquad (2)$$

式中　$\Delta_起$、$\Delta_伏$——$(A_{max}-A_m)$ 和 (A_m-A_{min}) 开口环面积按边墙和拱部周长折算的平均厚度(mm)；

A_{ma} 和 A_{min}——分别为大于和小于 A_m 各断面的平均面积(m²)；

A_m——平均断面积(m²)。

采用锚喷支护的水工隧洞，为了减少水电能损失，在经济合理的条件下，可以按现浇混凝土支护具有相同水头损失的原则，适当增加隧洞的开挖断面。

4.4.19 鉴于水工隧洞防渗的特殊要求，故对喷射混凝土的抗渗指标提出了较高的要求。根据以往的经验，只要精心施工，注意改善施工工艺，这些规定指标是不难达到的。

4.4.20 采用锚喷支护的水工隧洞，一般底拱为现浇混凝土，这样，在两者的结合处往往形成透水通道，×××水电站隧洞水压试验资料证明，结合处渗出的水占整个隧洞渗水量的 25% 以上。因此，必须做好结缝的处理。根据×××水电站和××河一级水电站的隧洞施工经验，在施工中，应首先施作底拱的现浇混凝土，然后向边墙和拱部喷射混凝土。现浇混凝土与喷射混凝土应有足够的搭接长度，其结合处应进行凿毛处理，必要时，可对接缝进行灌浆。

（Ⅴ）受采动影响的巷道锚喷支护设计

4.4.21 受采动影响的巷道，是指煤矿和金属矿山中受采煤（采矿）爆破、采空及放顶等影响的主要巷道。对煤矿来说，是指服务年限在 5 年以上的底板岩巷，而不包括靠近采煤工作面的上、下顺槽和回风巷。

4.4.22 受采动影响巷道的支护结构及参数，主要根据受采动影响程度和服务年限来确定。受采动影响的巷道，承受动压的反复作用，应力集中严重，变形大。因此，在支护选择上应以锚杆、钢架为主，而不宜采用单一的喷射混凝土支护或钢筋网喷射混凝土支

护。

钢纤维喷射混凝土有很高的韧性，约比素喷混凝土高 10～50 倍。摩擦型锚杆受采矿爆破影响后，可以提高其支护抗力。因此，钢纤维喷射混凝土、摩擦型锚杆可缩性钢架，特别适用于受采动影响严重，并能引起围岩较大变形的地段。

4.4.23 煤矿巷道一般要在建成一段时间后才受动压影响，短则 1～2 年，长则 5～10 年。因此，为了减少初期建设投资，缩短建设周期，在初期可只考虑承受静压来确定支护结构及参数，待动压来之前，再对支护进行加强。

在条件允许的情况下，钢架一般是要回收的，以便重复使用，降低生产成本。因此，在设计钢架时，要从便于拆卸和回收出发，来考虑钢架的结构构造。

5　现场监控量测

5.1　一般规定

5.1.1 现场监控量测是一项技术含量较高的现场工作，它对工程设计的正确实施有着重要作用，因此，应该做出详尽的设计，在设计文件中应对整个量测程序作明确规定。本规范表 5.1.1 是在总括了各类地下工程现场试验的资料和经验后制定的，其制定的原则是：凡是跨度较大和围岩较差的地下工程，应进行现场监控量测；围岩好或特别好但跨度又很大的地下工程宜在局部地段进行量测，控制和监视局部不稳定块体的动态，以保证安全。

5.1.2 隧洞及地下工程的客观条件千变万化，因此每一工程应有与其条件相应的设计文件。对于所有应进行现场监控量测的工程，本条所列内容都必须包含在设计文件之中。

5.1.3 现场监控量测工作应逐步成为整个施工过程中一个重要环节，该工作宜由施工单位负责实施。其量测结果和资料除应及时指导施工外，还应及时向设计和监理单位报告。

5.2　现场监控量测的内容与方法

5.2.1 地质和支护状况观察、周边位移和拱顶下沉量测是根据设计要求进行量测的隧洞所必须做的量测项目，也即必测项目。地表下沉等量测项目是根据隧洞埋深、围岩状况以及设计文件特殊规定的内容进行选择的量测项目，也即选测项目。

5.2.2 开挖工作面的工程地质与水文地质观察与描述，对于判断围岩稳定性和预测开挖面前方的地质条件是十分重要的；初期支护状况的观察和裂缝描述，对于直接判断围岩和地下工程的稳定性以及支护参数的合理性也是必不可少的。因此，本项工作定为各类地下工程都应进行的现场量测项目。

5.2.3 对于城市浅埋隧洞等地下工程，由于行车路面、重要建筑物等对地表下沉数值有严格的要求，因此，本条规定必须进行地表下沉的监控量测，并应及时进行信息反馈，以利路面行车和建筑物的安全。

5.2.4 本条关于安设时机的要求是为获取围岩开挖初始阶段的变形动态数据。这部分数据在全部变形过程中占十分重要的地位。

5.2.5 量测数据的稳定程度可由数据的时态曲线进行判断。

5.3　现场监控量测的数据处理与反馈

5.3.1 绘制量测数据的时态曲线是数据处理的基本方法，也是竣工文件中必不可少的一部分。时间横坐标下的各类动态是综合分析的条件，尤其是当发生各种事故时，是分析原因的依据。

5.3.2 采用回归分析时，可在下列函数中选用：

1　对数函数，例如：

$$u = a \lg(1+t) \qquad (3)$$

$$u = a + \frac{b}{\lg(1+t)} \qquad (4)$$

2　指数函数，例如：

$$u = ae^{-b/t} \qquad (5)$$
$$u = a(1 - e^{-bt}) \qquad (6)$$

3 双曲函数,例如:

$$u = \frac{t}{bt} \qquad (7)$$

$$u = a\left[1 - \left(\frac{1}{1+bt}\right)^2\right] \qquad (8)$$

式中 a、b——回归常数;

t——初读数后的时间(d);

u——位移值(mm)。

5.3.3 本规范表 5.3.3 中所列数值是对做过现场监控量测的各类地下工程量测数据进行统计和分析后得到的,可作为实际应用的依据。另外,由于地质状况的多变性以及工程结构的复杂性,本表中的数值无法覆盖所有地下工程的实测位移值,因此,允许根据实测数据的综合分析进行适量的修正。

位移反常急剧增长的现象见图 5 所示,图(a)为正常曲线,(b)为反常曲线,当图中出现反弯点时必须立即向施工主管报告,采取措施。

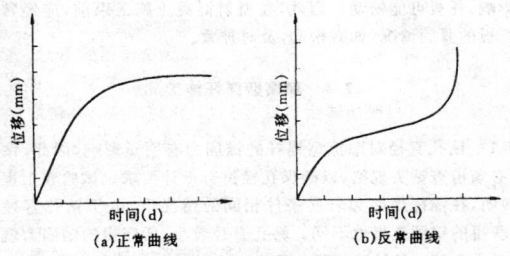

图 5 正常曲线与反常曲线

5.3.4 设计文件中对隧道围岩的记载来源于地质勘察资料,而这种资料是宏观的和粗略的,隧道内具体状况只能在开挖后才明确。因此当实际围岩与设计相差甚远,同时现场位移量测值经综合分析后认为围岩稳定性好,此时允许适当变更支护参数。

5.3.5 本条所列的三条标准是地下工程和围岩达到基本稳定的条件。其中位移速度是指至少 7d 观测的平均值,总位移量可由回归分析计算得到。

5.3.6 本条给出地下工程达到后期稳定状态的实测判据。后期支护是在一次支护达到基本稳定后施作的,因此后期支护以后,位移速度必须明显减少并且逐渐接近于零。若干进行长期观测的地下工程已证实了这一结论。具有流变或膨胀性质的围岩容易在支护-围岩接触处产生局部接触应力,因此有必要对其外力和结构内力的量测数据进行分析判断。

6 光面爆破

6.0.1 在隧洞开挖中,为了避免盲目施工,预先进行爆破设计是十分必要的。爆破设计内容包括:炮眼布置图、周边眼装药结构图、钻爆参数和文字说明等。由于地质条件经常变化和爆破器材的改变,因此,应该根据施工情况,随时修正有关参数,以获得良好的爆破效果。

6.0.2 光面爆破效果的好坏,取决于爆破参数的选取是否合理。一般应根据工程类比法或通过现场试炮确定。爆破参数主要是周边眼间距或抵抗线(或周边眼至内圈崩落眼的距离)及其比例关系,装药量集中度等。本规范表 6.0.2 给出了试炮时初选参数值范围。实践证明,这些因素是共同起作用的,只要通过现场几次爆破试验,并根据爆破效果调整这些参数,就会得到比较理想的爆破效果。

有条件时,也可在施工前进行爆破成缝试验,以求得合理的爆破参数。

6.0.3 为了保证隧洞成型好,周边眼的位置不应偏离轮廓线。实践表明,在软岩中,隧洞周边眼间距误差大于 100mm 时,爆破效果很差,因此,条文规定沿轮廓线的周边眼间距误差不宜大于 50mm。凿岩机的外形尺寸要求周边眼的位置与隧洞周壁之间有一空隙(一般 100mm),因而,它决定了周边眼必须有一个向外的偏角。偏角大,虽钻眼方便,但会造成较大的超挖。因此,偏角应控制在较小的范围内,一般以 2~3°,瑞典的臂式钻最优外偏角为 2.5°。国内常用的支架式凿岩机的钻孔外偏值可以控制在 30~50mm/m 的范围内。

经验表明,"长钎打短眼"的办法可以减小向外的偏斜率,有助于提高爆破面的平整度。

6.0.4 毫秒爆破可以提高爆破效果,减少对围岩的扰动。在隧洞内杂散电流较大的情况下,采用电力起爆有一定危险性,而非电起爆可不受此影响,并具有安全可靠和操作方便等优点。但非电雷管不具备防水性能,不能使用于有瓦斯的井下爆破作业。

实测得知,当分段起爆差小于 50~100ms 时,爆破震动波峰有叠加现象发生,增加对围岩的扰动,因此,应跳段起爆。但当跳段造成一段起爆药量过大、对围岩影响较大时,则应综合考虑。

在有瓦斯的隧洞中使用毫秒延期电雷管时,为防止瓦斯爆炸,最后一段的延续时间必须小于 130ms。

6.0.5 模型试验和工程实践表明,相邻炮眼同时起爆时,切向拉力叠加,拉裂岩石所需的药量较小。因此,强调周边眼应采用同段毫秒雷管或导爆索同时起爆。

6.0.6 为了确保隧洞周边炮眼具有良好的爆破效果,爆破以后能够形成设计所要求的周边轮廓和最大限度地减少对围岩的扰动,必须严格控制周边眼的装药量,并使爆力在炮眼全长上分布均衡,最终达到良好的爆破效果。

当孔深大于 2m 时,采用空气柱反向装药结构,爆破效果较差,而且不适于有瓦斯的井下作业。因此,条文规定当眼深小于 2m 时,可采用反向装药结构。

6.0.7 本条是光面爆破质量检验的直观标准,炮眼痕迹率最能反映爆破效果。鉴于在软岩中,炮眼残痕保留时间很短,故以成型好坏作为判断的依据。

由于隧洞在开挖过程中受各种因素的影响,开挖时必然会有一定的超挖值,按目前的施工水平,允许线性超挖值 150mm 的标准,需经努力才能达到。因此,规定平均线性超挖值应小于 150mm,计算线性超挖值时,不计入隧洞底板的数值。由于围岩坍塌而造成的超挖,不属于此范围之内。

7 锚杆施工

7.1 一般规定

7.1.1 本条说明如下:

1 由于地下工程开挖后岩面凹凸不平(指采用钻爆法开挖)以及围岩存在的节理裂隙,完全按设计在岩面上布置的锚杆孔位,有时眼位就可能落在岩面的突出点或裂隙处,致使开钻困难。在这种情况下,允许孔位有适当的误差。但是,为了保证锚杆加固围岩的效果,规范中对锚杆孔位的误差作了相应的规定。

2 摩擦型锚杆(缝管锚杆和楔管锚杆)的孔深应比杆体长 10~50mm,是为了使锚杆杆体全部推入钻孔中并使托板紧贴壁面,否则会影响锚固效果。

3 砂浆锚杆孔径大于杆体直径 15mm,是为了能有足够厚度的砂浆包裹杆体和砂浆与孔壁的粘结均匀,以保证所要求的锚固效果。

7.1.2 本条说明如下:

1 为了确保锚杆的锚固效果,在锚杆安装前一定要对钻孔质量进行检查,如发现与设计要求不符,就要及时采取补救措施,如加深锚杆孔(当偏斜角或孔位偏离设计要求太大时)等。

2 钻孔内若残存有积水、岩粉、碎屑或其他杂物,会影响注浆质量和妨碍杆体插入,也影响锚固效果。因此,锚杆安装前,必须清除孔内积水和岩粉等杂物。

7.1.3 在Ⅳ、Ⅴ级围岩和特殊地质围岩中掘进隧洞时,由于围岩自稳时间短,为保证作业安全和抑制围岩早期变形,应先在隧洞壁面喷上一层混凝土,然后钻孔安装锚杆和铺设钢筋网,再复喷混凝土。

在上述围岩中,由于岩层软弱破碎,钻孔施工后孔壁容易掉渣或产生变形,如不及时安装锚杆,就会使锚杆推不进去或推不到底。这一点对端头锚固型锚杆和摩擦型锚杆尤为重要。因此,规范规定在这类岩层中应做到钻孔施工以后及时安装杆体。

7.1.4 托板是锚杆传力和对围岩起加固作用的重要部件之一,如其不能紧贴或部分接触壁面,不仅严重影响锚杆的加固效果,也会使托板局部受压,出现应力集中而破坏。因此,条文中对托板安装作了严格的规定。

7.2 全长粘结型锚杆施工

7.2.1 砂浆的配合比直接影响着砂浆强度、注浆密实度和施工的顺利进行。条文中规定的配合比,一般均能满足砂浆的设计强度要求。若水灰比过小,可注性差,也容易堵管,影响注浆作业的进行;水灰比过大,杆体插入后,砂浆易往外流淌,孔内砂浆不饱满,影响锚固效果。

7.2.2、7.2.3 钻孔注浆的饱满程度,是确保锚杆安装质量的关键。规定注浆管应插至距孔底50~100mm,随砂浆的注入缓慢匀速拔出,就是为了避免拔管过快而造成孔内砂浆脱节,保证锚杆全长为足够饱满的砂浆所握裹。

7.2.4 砂浆锚杆安装后,在水泥砂浆强度较低时,随意敲击杆体,将影响砂浆与杆体和砂浆与孔壁的粘结强度,降低锚杆的锚固力,影响锚杆质量,易发生安全事故。

7.3 端头锚固型锚杆施工

7.3.1 树脂卷的原料虽然是易燃品或危险品,但制成药卷后,由于已掺入大量的惰性填料,其性能就比较稳定,无爆炸危险,不易自燃。运输和贮存一般按二级易燃物品的货物类型办理。

搬运时,包装箱和药卷包装材料必须牢固,要轻拿轻放,防止碰撞、摔打、挤压。树脂卷应贮存在温度为5~25℃的隔热通风的仓库内。工作场所附近禁止明火。夏季气温较高时,应避免用火车运输。

树脂卷在存放过程中有微量苯乙烯挥发,时间过长,会降低药卷质量。故在成品出厂时,均规定贮存期限,一般为三个月。过期者,必须进行试验,确保性能时,方可使用。

7.3.2 安装树脂锚杆的搅拌机具,可采用旋转式锚杆机、煤电钻或风动搅拌器。托板螺帽的安装可用专用安装器或风动搬手,以确保扭力在100N·m以上。

树脂锚杆安装过程中,必须将杆体推至孔底,才能达到锚固力。搅拌时,应缓慢猛搅,以迅速将凝固剂和树脂拌和均匀。根据试验,连续搅拌时间一般为30s。

树脂混合物虽然凝固和硬化快,但强度的增长必须有一个过程。安装顶部锚杆时,为了防止杆体下滑,搅拌完毕后,应立即在孔口处将杆体临时固定。

安装托板的目的,是为了对锚杆施加一定的预应力,压缩岩层,达到其锚固效果。但是,需要在树脂达到一定强度时,才能安装托板。树脂固化和强度的增长速度,随温度的提高而加快。实践表明,施工温度在5℃以上时,搅拌完毕后15min即可安装托板。当现场温度低于5℃时,可适当推迟安装时间。

7.3.3 快硬水泥卷的使用期是指从水泥出厂到水泥卷使用这段

时间,一般不超过6个月。过期水泥卷必须进行试验,技术性能满足设计要求时,才能使用。

水泥卷的外套由长纤维透水纸制作,透水性、吸湿性强,容易受潮结块。因此,水泥卷应使用塑料袋密封包装,并贮存在干燥仓库内,以确保质量。

7.3.4 快硬水泥卷锚杆为达到其锚固效果,安装时,要求水泥与水混合均匀,水灰比适宜。试验表明,水泥卷浸水时间为2.5min,当水面不冒气泡时,一般才能达到要求的水灰比。浸水后的水泥卷应立即用杆体送入孔底,连续搅拌时间为30~60s。当水泥卷浸水时间超过水泥终凝时间,水泥会发热、变硬,该水泥卷应予报废。

快硬水泥卷锚杆,从安装到水泥卷达到一定强度,即达到安装托板对锚杆所施加预应力值的要求,需要一定的时间。根据试验,这个时间约为水泥搅拌后20min左右。

7.3.5 规定安装端头锚固型锚杆的托板时,螺帽的拧紧扭矩不应小于100N·m,这是因为只有达到一定的拧紧扭矩,才能保证所要求的紧固效果。

端头锚固型锚杆安装以后,由于爆破震动和应力松弛等因素的影响,托板可能松动。因此,在喷射混凝土施工以前,应经常检查托板的紧固情况,如有松动,及时拧紧。

7.4 摩擦型锚杆施工

7.4.1 钻孔直径对摩擦型锚杆的锚固力有明显影响,因此,钻孔前,必须检查钻头规格,以确保孔径符合设计要求。试验和工程应用表明,在锚杆规格和岩层条件相同的情况下,由于钻孔直径不同,获得的锚固效果也不同。钻孔直径较小,所获得的锚固力就较高,反之亦然。但钻孔直径也不宜过小,否则会给锚杆推进造成困难,影响安装质量。

7.4.2 摩擦型锚杆目前常用凿岩机安装,这就要求凿岩机有足够的工作风压,以保证对锚杆有足够的推进力。实践表明,当工作风压小于0.4MPa时,推进速度缓慢,甚至推不进去。因此,规范作了凿岩机的工作风压不要低于0.4MPa的规定。

此外,对这种锚杆来说,用托板传递对岩层的预应力,是确保围岩三向受压的重要因素之一。因此,锚杆杆体应全部推入钻孔,并使托板抵紧壁面。为防止杆体尾端插环焊缝发生冲击破坏,规范规定托板抵紧壁面时,应立即停止推压。

7.4.3 楔管式锚杆的锚固力由缝管段的锚固力和圆管段端头的楔块式点锚固力组成。因此,安装时,端头上下楔块应完全楔紧,否则,将降低锚杆的锚固力。

7.4.4 水胀锚杆由薄壁钢管(无缝钢管φ48壁厚2mm)加工成的异型空腔杆件、端套、挡圈、注液咀和托盘等配套组成。为确保安装操作安全和质量,提出了一些规定和在安装前必须进行的全面检查,如考虑其整体结构强度,高压泵压力不宜超过30MPa,一般为15~30MPa。加压和初锚力的关系为:

在充液压力为10MPa时,平均初锚力为47.8kN;

在充液压力为15MPa时,平均初锚力为70.2kN;

在充液压力为18MPa时,平均初锚力为100kN;

在充液压力为25MPa时,平均初锚力为120kN。

在安装操作中,重点提出了注液咀的保护、杆体与注液器连接牢固,托板与岩面紧贴等,使之取得良好的效果。

7.5 预应力锚杆施工

7.5.1 擦伤、扭曲、切割、刻痕等造成的损坏会削弱预应力筋的性能,在高应力状态下工作时,易产生应力腐蚀,这种预应力筋应报废。

绑扎锚杆杆体时,不宜采用镀锌铁丝,以免产生化学腐蚀现象。

7.5.3 孔口承压垫座的平整程度,张拉设备各部件的接触状态,对预应力损失有很大影响。有些工程,在施工中由于承压垫座不平整,或者各部件间接触不良,锚杆锁定后,预应力很快下降,其数值达30%～50%。经采取整平措施后,预应力损失可控制在7%以内。

7.5.4 若使用自由段无套管的锚杆,只有在完成锚固段注浆,并对锚杆施加张拉荷载后,才能在锚杆自由段内灌浆。如果在张拉前对无套管的预应力筋进行灌浆,自由段内的预应力筋不能正常在外力作用下伸长,也就无法对锚杆施加预应力。

套管可采用塑料或其他无损于预应力钢材的材料。

此外,根据国际预应力混凝土协会(FIP)对35件锚杆腐蚀情况的调查,锚头附近(背面1.0m以内),即自由段顶部预应力筋腐蚀占19件,因此必须用浆体填满自由段长度顶部的孔隙。

为了保证封孔注浆密实饱满,应在孔口适当部位预留注浆孔和排气孔,必要时,还可采用膨胀水泥等措施。

7.5.5 压力分散型锚杆或拉力分散型锚杆均由若干单元锚杆组成。而各个单元锚杆的自由段长度是不相等的。为了使各单元锚杆受力相等,必须先对各单元锚杆分别张拉,当各单元锚杆在同等荷载条件下因自由段长度不等引起的弹性伸长差得到补偿后,方可同时张拉各单元锚杆。

7.5.6 如拟对锚杆进行二次补偿张拉,则预留的预应力筋长度,须满足再次张拉的要求。

7.5.7 在软弱破碎和渗水量大的围岩中,为了控制浆液损失,保证预应力筋的锚固质量,一般应对钻孔做不透水性试验。美国的标准规定,如果在10min后钻孔的渗透率超过0.49ml/mm(孔径)/m(孔深),则应对钻孔进行固结灌浆,然后重新钻孔。

7.6 预应力锚杆的试验和监测

7.6.1 预应力锚杆的基本试验是用来确定锚杆是否有足够的承载力,并检验锚杆的设计和施工方法能否满足工程要求。

在对锚杆加荷时,每一循环荷载中,不能将荷载降低到零,而只能退到起始荷载值,以保证试验设备对中。

锚杆试验用的液压千斤顶,在持荷时可根据需要反复泵油,这将能够补偿由于锚杆小位移或少量液压油渗漏造成的误差。

根据基本试验结果,必要时,应修改设计参数和施工方案。这包括增加锚杆数量,调整锚杆设计参数,修改锚杆施工方法等。

7.6.2 预应力锚杆的验收试验的规定与美国等国家关于预应力锚杆验收试验的规定是基本一致的。预应力锚杆的验收试验与基本试验结合在一起能够验证锚杆的承载力,检查预应力锚杆的工程质量。

荷载每增加一级,都应稳定一段时间以记录位移读数,稳定时间一般为5～10min。

7.6.3 目前,国内的锚杆荷载监测装置或荷载传感器的可靠性已不断提高,已较广泛地用于长期监测锚杆荷载的变化情况。

8 喷射混凝土施工

8.1 原材料

8.1.1 优先选用普通硅酸盐水泥,是因为它含有较多的 C_3A 和 C_3S,凝结时间较快,特别是与速凝剂有良好的相容性。当地下水含有硫酸盐腐蚀介质,可采用抗硫酸盐水泥。对混凝土有早强要求时,可采用铝酸盐水泥或其他早强水泥。

8.1.2 采用中粗砂及其细度模数大于2.5的规定,不仅是为了保证混凝土强度,也是为了减少粉尘和混凝土硬化后的收缩。砂子的含水率宜控制在5%～7%,主要是为了在干法喷射时减少材料搅拌时水泥的飞扬损失,降低粉尘,也有利于水泥的充分水化及混合料在喷头处遇水后易于混合均匀,减少回弹率和提高喷射混凝土强

度。

8.1.3 尽管目前国内的喷射机可使用最大粒径为25mm的粗骨料,但为了减少回弹率和混合料在管路内的堵塞,故规定最大骨料粒径不宜大于15mm。

当使用碱性速凝剂时,采用含有活性二氧化硅的石材作骨料,容易产生碱骨料反应,引起喷射混凝土的开裂破坏。因此,规范规定当使用碱性速凝剂时,不得使用含有活性二氧化硅的石材作骨料。

8.1.4 骨料级配对混合料在管路内的输送、混凝土的密实性及喷射中的回弹率都有重要影响。因此,本条规定了喷射混凝土的骨料级配区间。

8.1.5 为了加速喷射混凝土的凝结、硬化,提高其早期强度,减少喷射混凝土施工时的回弹率和因重力而引起的混凝土脱落,增大一次喷射厚度和缩短分层喷射的间隔时间,一般在喷射混凝土中加入速凝剂。速凝剂对于不同品种的水泥,其作用效果也不相同。因此,在使用前应做速凝剂与水泥的相容性试验。试验的主要项目为:水泥掺入速凝剂后的初终凝时间,早期强度和后期(28d)强度的保有率。

当前,喷射混凝土外加剂的类型和品种不断增加,如增粘剂等;几种外加剂如速凝剂与增粘剂,速凝剂与膨胀剂的复合使用也经常出现,为确保其使用后的良好性能和最佳效果,并防止某些负作用的发生,使用前,应进行必要的试验。

8.2 施工机具

8.2.1 喷射机是喷射混凝土施工中的主要设备。目前,国内已有多种干法喷射混凝土机的定型产品。这些不同型号的喷射机,各有其特点,可根据施工需要,选择使用。但是,为了保证喷射混凝土质量,减少施工中的回弹率和粉尘浓度,提高作业效率,喷射机的主要性能,应符合条文规定的要求。

8.2.2 湿拌混凝土喷射机(简称湿喷机)的明显优点是喷射混合料进入喷射机前已按规定加入拌和水,拌和均匀,水灰比能准确控制,有利于水泥的水化,因而施工中粉尘较小,回弹较少,混凝土均质性好,强度也较高,是今后喷射混凝土施工的发展方向。

我国现已研制成功的TK-961型湿喷机已在多座铁路隧道中用于湿喷混凝土施工,取得了良好效果,本条对湿法喷射混凝土机的性能要求,是为了保证喷射混凝土的质量和施工顺利进行。

8.2.3 喷射机所用的压缩空气,一般由地面空压机站或移动式空压机供给。风压与风量均应满足喷射混凝土施工要求。风压与风量不足,物料在管内的运动速度减慢,易产生堵管,影响喷射作业的顺利进行,也会减弱冲击捣实力,造成混凝土的密实性差。在实践中,当使用移动式空压机供气时,如排风量小于9m³/min,则作业中会因供气不足,影响喷射作业的正常进行,因此,本条规定,当使用移动式空压机供气时,其排风量不应小于9m³/min。

压风进入喷射机前应进行油水分离,以免压风中的油污进入喷射混凝土中,影响混凝土的质量。

8.2.5 在喷射混凝土施工中,输送干混合料用的输料管管壁要经受骨料的反复磨损和0.10～0.60MPa的压力。为了保证施工安全并满足正常进行喷射混凝土施工的要求,本条对输料软管的技术性能作出了相应的规定。

8.2.6 干法喷射用的混合水应有足够的压力,以保证压力水穿透料流,使水和水泥均匀混合。压力水一般由高位水池、水泵或加压水箱供给。

料流通过喷头时的压力,一般在0.10MPa左右。为此,喷头处的水压应为0.15～0.20MPa。

8.3 混合料的配合比与拌制

8.3.1 本条说明如下:

1 规定水泥与骨料配合比,这主要是考虑既满足喷射混凝土

的强度要求，又可减少回弹损失。当水泥用量增加时，喷射混凝土的强度提高，回弹减少。但是，水泥用量太高时，不仅不经济，也会增加混凝土的收缩。

2　规定砂率宜为 50%～60%，是综合考虑喷射混凝土的施工性能和力学性能后提出的。实践表明，当砂率低于 50%，管路易堵塞，回弹率高；若砂率高于 60%，则不仅会降低喷射混凝土强度，也会加大收缩。

3　对水灰比的规定，是为了有效地保证混凝土强度，并减少回弹和粉尘。

4　由于不同品种的速凝剂，对同一品种水泥的速凝效果不同；就是同一品种的速凝剂，对不同厂家生产的同一品种规格的水泥，也会有不同的速凝效果。此外，速凝剂掺量不当，不但影响速凝效果，也会影响混凝土的早期强度和后期强度。因此，规范规定，喷射混凝土中速凝剂的掺量，应根据速凝剂产品说明书中提供的掺量范围，通过试验确定其最佳掺量。

5　目前，用于喷射混凝土的外掺料主要是粉煤灰和硅粉，其目的主要是减少水泥用量和降低成本。但在不影响喷射混凝土强度的前提下，其掺量有一个最佳范围。因此，就必须通过试验来确定这一最佳值。

8.3.2、8.3.3　对喷射混凝土原材料的称量允许偏差及混合料搅拌时间作出规定，是为了保证喷射混凝土的匀质性。特别是加入速凝剂的混合料，均匀的拌和尤为重要，不然，将不仅影响喷射混凝土的速凝效果，也会使强度值有较大的离散。

8.3.4　干混合料如被雨水、滴水淋湿，混合料中的水泥就可能在喷射作业前提前产生预水化作用，造成凝结时间延长，混凝土强度降低。大块石等杂物混入混合料中，喷射施工中极易堵管，严重影响施工效率，浪费混凝土材料，给施工带来麻烦。因此，在本条对这些问题作了相应的规定。

8.3.5　由于砂、石中含有一定水分，掺入速凝剂的混合料，停放时间较长时，水泥会发生预水化作用，这不仅影响混凝土的速凝效果，使回弹率增大，而且，会导致混凝土后期强度明显降低。大量试验表明，混合料在掺速凝剂后，停放时间超过 20min 时，喷射混凝土早期与后期强度均有显著降低。因此，在施工中应尽量做到混合料随拌随用。

8.4　喷射前的准备工作

8.4.1　本条说明如下：

1　喷射作业前，应认真清除作业面墙脚或边坡底部的岩渣和回弹物料，以防止边墙或边坡混凝土喷层出现失脚现象（即墙脚或边坡底部岩面或土层未喷上混凝土）。喷层失脚，对穿针遇水膨胀或易潮解岩层或土层中的工程，会产生严重的不良后果。有的则产生岩层膨胀和喷层脱落，使支护结构逐步破坏。因此，喷射作业前，必须将墙脚或边坡底部的浮石、岩渣和其他堆积物清除干净，以确保全部作业面均被喷射混凝土覆盖。

2　对于光滑岩面，必要时进行凿毛，以保证喷射混凝土与岩面的粘结强度；对于特别突出的、应力集中的岩面，应进行凿除，以保证受力均衡。

3　工作台架应搭设牢固，并配有安全栏杆，其宽度应为 2.0m 左右，距作业面的距离应为 0.5～1.0m 左右，以保证喷射作业方便灵活和安全。

4　喷射作业前，应用高压风水（对遇水易泥化的岩面只能用压风）清洗受喷面（对土层受喷面，可不用清洗），是为了喷射混凝土与受喷面粘结牢固，保证喷射混凝土和地层良好的共同工作。

5　喷层厚度，是评价喷射混凝土支护工程质量的主要项目之一。实际工程中，往往发生因喷层过薄而引起混凝土开裂、离鼓和剥落现象。因此，施工中必须控制好喷层厚度。一般可利用外露于洞壁的锚杆尾端，或埋设标桩等方法来控制喷射混凝土厚度，也可在施工中用插杆子的办法随时检查喷层厚度。

8.4.2　喷射混凝土施工前，对喷射机及输料软管、皮带上料机、风水管路及其连接处进行检查和试运转，如有问题，可及时处理。这样，可保证施工顺利进行，防范施工事故。比如输料软管，在实践中曾多次遇到喷射作业一开始，输料软管就出现堵塞，经检查发现是软管内壁有水泥结块，这是因为前次喷射作业结束后未吹干净所致。因此，作业前，检查输料软管管壁是否有水泥结块（用锤子敲击疏通），就显得极为重要。

8.4.3　本条规定的几种治水措施，在实践中都是行之有效的。当地下水集中，就应该采用在出水点埋导水管或导水槽的方法，将水引离岩面，然后喷射混凝土。当岩层渗透水量较小、导水效果不好时，应先在渗漏集中的区域，钻深度不小于 1m 的集水孔，然后敷设以矿渣棉或无纺纤维布等材料做成的排水盲沟，将水集中后引入隧洞底板排水沟中。为了保证喷射混凝土和岩层有足够的粘结面积，盲沟最大宽度不要超过 500mm。

8.5　喷射作业

8.5.1　本条说明如下：

1　按规定区段进行喷射作业，有利于保证喷射混凝土支护的质量，并便于施工管理；喷射顺序自下而上，以免松散的回弹物料粘污尚未喷射的壁面。同时，还能起到下部喷层对上部喷层的支托作用，可减少或防止喷层的松脱和坠落。

2　工程实践表明，只有当壁面上形成 10mm 左右厚的塑性层后，粗骨料才能嵌入。为减少回弹损失，一次喷射的混凝土厚度不宜过薄。同时，一次喷射的厚度也不宜过大，否则，会影响喷射混凝土的粘结力与凝聚力，造成离层或因自重过大而坠落。因此，应按本规范表 8.5.1 中的要求，控制一次喷射的最大厚度。本条关于一次喷射厚度的规定是指素喷射混凝土而言；当为钢筋网喷射混凝土时，因为有钢筋网格的支托，一次喷射厚度可适当加大。

3　当喷射混凝土设计厚度超过本规范表 8.5.1 中所规定的一次喷射厚度要求时，就应该分层进行喷射。若混凝土未达到终凝就进行后一层喷射，可能会扰动前一层喷射混凝土结构；同时，当混凝土还未终凝时，混凝土与壁面的粘结力还很小，这时若进行后一层喷射，由于喷层厚度的加大，可能导致喷层离鼓甚至脱落，因此，本款规定，"后一层喷射应在前一层混凝土终凝后进行。"

4　工程实践表明，喷射混凝土终凝后 3h，紧靠喷射混凝土的工作面进行放炮时，混凝土的凝聚力及其与壁面的粘结力就足以能够抵抗爆破力对新喷混凝土区域范围的震动而不会导致混凝土离鼓、开裂或脱落。因此，本款作出了这一规定，以利缩短作业时间和加快工程进度。

8.5.2　本条说明如下：

1　本条第一款的规定是为避免喷射机司机操作失误，以防止混合料在输料管内积聚而造成堵管。

2　干法喷射时，为了保证通过喷头处加水拌和以后的混合料有稳定的水灰比，从而提高喷射混凝土的质量，减小回弹率和粉尘浓度，本条第二款规定了向喷射机供料应连续均匀，并保持喷射机料斗内有足够的存料。

3　大量的工程实践表明，喷射速度（即喷头出口处的工作风压）是影响喷射混凝土质量和回弹率的重要因素之一。当喷头处的工作风压为 0.1MPa 左右时，在其他影响因素符合规定的时候，喷射混凝土回弹率较小，强度较高，粉尘浓度较低。当风压过小，即喷射速度太小时，则由于喷射冲击力小，粗骨料不容易嵌入新鲜混凝土中，则回弹率高，也影响喷射混凝土强度；当风压过大，即喷射冲击力大时，回弹率也高，也使粉尘浓度增大。故本款作了相应的规定。

4　喷射混凝土干混合料是由水泥、砂、石混合而成，砂子一般含 5%～7% 的水分。试验表明，这种混合料存放 15min 就开始预水化，存放时间延长，预水化加剧，造成混合料结块。喷射作业完毕，如果残留在喷射机中的混合料结块，就会影响以后喷射机的正常使用,喷射作业过程中的震动会使粘结在喷射机中的水泥块掉落,造成堵管。因此,要求在喷射作业结束后,将喷射机中的积料清除干净是十分必要的。

8.5.3 本条说明如下:

1 喷射手应经常保持喷头具有良好的工作状态,主要是指水环出水眼的畅通和喷头各部件之间良好的密封,使之不漏水,从而保证干混合料在喷头处与水得到均匀地混合。

2 当喷头与受喷面垂直,喷头与受喷面的距离保持在0.60～1.00m的情况下进行喷射作业时,粗骨料易嵌入塑性砂浆层中。喷射冲击力适宜,表现为一次喷射厚度大,回弹率低,粉尘浓度小。但是,目前不少单位对这个问题,往往不够重视,偏离了这一技术要求,从而造成了回弹率高,粉尘浓度大,恶化了作业环境。因此,本款对此特别作了规定。

3 干法喷射混凝土的水灰比是在喷射作业过程中,由喷射手根据经验来控制的,主要是凭经验目测。若达到了规定中的要求,其水灰比一般在0.40～0.45左右,这对保证喷射混凝土的强度和密实性是有利的。

8.5.4 喷射混凝土施工中的回弹率,同喷射混凝土材料和水灰比,混合物喷射速度,喷头至受喷面的距离与角度及喷射手技术熟练程度等因素有关。而回弹率的高低对喷射混凝土质量、材料消耗、施工效率等都有重大影响。工程实践表明,只要正确的按有关规定施工和抓好全面施工质量管理,本条规定的边墙回弹率不应大于15%,拱部回弹率不应大于25%的指标是能够达到的。

8.5.5 本条说明如下:

1 竖井喷射混凝土施工作业时,由于空间狭小,为简化井筒中的布置,可将喷射机设置在地面。如果井筒太深,设备置于地面不能满足要求时,就要在井筒内设置双层吊盘,喷射机司机和喷射手分别在上、下吊盘上作业,从而确保施工安全和喷射作业顺利进行。

2 当喷射机置于井筒内吊盘上时,一般采用溜灰管下料。如果管道内积料过多,含有一定的水分的混合料会在管道内凝结,从而将管道堵死。因此,要求混合料随下随用,使管道保持畅通。

3 竖井施工时,每一掘进段的高度是由井壁围岩的稳定情况决定的。规定支护段高与掘进段高相同,有利于及时控制围岩变形。规定各分段段高为1.50～2.00m及自下而上进行作业,是基于喷射手在不借助于其他辅助设施的情况下能进行喷射作业和有利于提高喷射混凝土的质量。

8.5.6 喷射混凝土中由于砂率较高,水泥用量较大,以及掺用速凝剂,因而,其收缩变形要比现浇混凝土大。因此,喷射混凝土施工后,应对其保持较长时间的喷水养护。本条规定了养护的时间和不需进行养护的条件。

8.5.7 在低温下进行喷射混凝土作业,混凝土凝结时间显著延长,使一次喷射厚度减少,并使回弹率增大。同时,喷射混凝土在低温下硬化,强度增长缓慢。为了保证喷射作业具有良好的工作条件,混凝土在冬期施工中的强度能够得到正常发展,本条作出了作业区和混合料的温度不应低于+5℃的规定。

8.6 钢纤维喷射混凝土施工

8.6.1 本条说明如下:

1 在钢纤维喷射混凝土中混入过长的纤维,在搅拌和施工中容易成团,影响正常施工,若混入过短的纤维,则会影响钢纤维抵抗裂缝扩展的能力和钢纤维喷射混凝土抗拉强度的提高。因此,本款作出了钢纤维长度偏差不应超过长度公称值的±5%的规定。

2 钢纤维锈蚀严重或表面有过多的油渍,会影响钢纤维与混凝土基体的握裹力。而握裹力则是影响钢纤维增强效果的主要因素之一。钢纤维中混入过多的粘着片、杂质和铁屑,都会影响钢纤维增强性能的提高。因此,本款作出了其含量不应超过钢纤维总量1%的规定。

3 钢纤维喷射混凝土性能与纤维在混凝土基体中分布的情

况有关。有关试验表明,骨料粒径越大,纤维在混凝土基体中分布的均匀性就越差,从而对裂缝扩展的约束力就降低,因此,规范中作出了粗骨料粒径不应大于10mm的规定,以充分发挥钢纤维的增强作用。

8.6.2 钢纤维喷射混凝土混合料可使用强制式搅拌机或自落式搅拌机搅拌。

使用强制式搅拌机搅拌混合料,必须配合使用钢纤维播料机。播料机目前主要有电磁振动插播机和振动筛式播料机两种。播料机的作用是将钢纤维均匀添加到强制式搅拌机中与砂、石、水泥混合,边搅拌边添加钢纤维,以保证钢纤维在混合料中拌合分布均匀。

使用自落式搅拌机搅拌混合料时,可将纤维过筛后(一般通过15～20mm孔径的筛子)连同砂、石、水泥一起放进上料斗进入搅拌机内进行搅拌。

不论使用哪种搅拌方法,都要求钢纤维在混合料中分布均匀,不得有成团现象,以确保施工的顺利和混凝土质量。

8.7 钢筋网喷射混凝土施工

8.7.1 当采用普通凿岩爆破方法开挖隧洞时,岩面起伏差较大,在这种情况下,先喷上一层混凝土,再铺设钢筋网,既可保证岩层稳定性较差时的作业安全,又可减少围岩表面起伏差,便于使钢筋网与隧洞表面保持适宜的间隙。

采用双层钢筋网时,第一层钢筋网被混凝土覆盖后再铺设第二层钢筋网,有利于减少喷射作业过程中物料的回弹率,增加钢筋与壁面之间喷射混凝土的密实性。

8.7.2 开始向钢筋网喷射混凝土时,适当减少喷头至受喷面的距离,可提高喷射混凝土料流的冲击力,迫使受喷面上的混凝土挤入钢筋背面,以保证钢筋被混凝土完全包裹和混凝土喷层的密实性。

8.8 钢架喷射混凝土施工

8.8.1 架设钢架前应按照设计要求检查钢材品种和钢架结构形式,安设时,应按设计的间距进行架设。

架设钢架的关键是要保证钢架的稳定性,因此,要求钢架应埋入底板一定深度,钢架与壁面之间应楔紧,钢架之间必须连接牢靠。

8.8.2 钢架喷射混凝土作业的关键是保证钢架与壁面之间的混凝土充填密实,这就要求掌握好喷射方向和顺序。施工时,首先喷射钢架与壁面之间的混凝土,待钢架与壁面之间及钢架周围填满混凝土之后,再喷射钢架之间的混凝土。

8.9 水泥裹砂喷射混凝土施工

8.9.1 用于水泥裹砂喷射混凝土的砂浆泵可选用液压双缸式小型混凝土泵、螺旋式砂浆输送泵(也叫螺杆泵)、挤压式砂浆输送泵以及电动单缸砂浆输送泵。液压双缸泵体积较大、造价较高但性能稳定可靠;螺旋式或挤压式泵体积小、造价低,但主要零部件易受磨损需经常更换;电动单缸砂浆泵体积较小、造价也较低,性能可靠,但输送砂浆时,由于柱塞做的是往复运动,所以输送连续性稍差。

水泥裹砂喷射混凝土施工时,在相同的时间内,砂浆泵输送的砂浆重量与干喷机输送的干混合料的重量基本相同。而干喷机的出力通常确定为3～4m³/h,相应地,砂浆泵的出力要求能达到4m³/h。

水泥裹砂喷射混凝土是通过调整砂浆泵的输送量来控制喷出料的稠度。当干喷机输送干混合料的量发生变化时,砂浆泵输送砂浆的量亦应相应变化,从而保证喷出的混凝土有适宜的稠度。因此水泥裹砂喷射混凝土要求砂浆泵的出力在其额定的输送能力下必须是任意可调的。为达到这一要求,当采用电动螺杆泵、挤压泵或单缸泵时,它们的动力应为无级调速电机,以便通过调整电动机的转速来控制砂浆泵的输送量。

单缸砂浆泵是靠柱塞的往复运动来输送砂浆,因此砂浆的输送过程是间断的。砂浆输送的间隔时间可通过砂浆柱塞每分钟的往返次数计算出来。

8.9.2 在确定水泥裹砂喷射混凝土的施工配合比时,首先要确定出总配合比,然后分别确定砂浆的配合比和混合料的配合比。

总配合比的确定可采用普通混凝土配合比设计的"绝对体积法"。混凝土的含气量可取 3%～5%。首先根据喷层的强度要求确定一个水灰比;再根据砂子的粗细在 55%～70%范围内确定一个砂率;然后再确定单位用水量(混凝土拌和物的坍落度可取 3～5cm)。水灰比、砂率和单位用水量确定后便可计算出混凝土的总配合比。

裹砂砂浆内的含砂量是根据砂浆泵的输送性能通过试验确定的。应尽量取大值,以充分发挥裹砂法的优点。干混合料内通常含有 10%的水泥,其目的是为了减小混合料对输料管的磨损。当砂石表面含水较多时,会使混合料中的水泥变成稀浆,此时便不宜向混合料中加入水泥,而应将 100%的水泥全部用于拌制裹砂砂浆。当砂浆内的含砂量和含水量确定后,裹砂砂浆的配合比以及干混合料的配合比也就相应确定了。

8.9.3 裹砂砂浆的拌制程序有"三段法"和"两段法"。三段法是先将砂和一次搅拌用水加入搅拌机搅拌,使砂子表面充分湿润;再将水泥(包括掺合料)加入搅拌机进行搅拌(这一过程叫"造壳");造壳搅拌完成后将二次搅拌用水(总用水量减去造壳用水量)和减水剂加入搅拌机,拌制出水泥裹砂砂浆。两段法是将前两步合并为一步。即:将砂、一次搅拌用水和水泥(包括掺合料)同时投入搅拌机进行造壳搅拌,然后加入二次搅拌用水和减水剂拌制出水泥裹砂砂浆。当采用反向双转式或行星式混凝土搅拌机时可采用两段法;采用一般强制式搅拌机时宜采用三段法。

水泥裹砂法的造壳用水量是根据造壳水灰比确定的。在无试验资料论证的情况下,造壳水灰比可取 0.25,用裹砂砂浆内的水泥重量(包括掺合料)乘以造壳水灰比即为造壳用水量。用造壳用水量减去砂浆内的砂子的表面含水(当砂子吸水未达饱和状态时,这一数值为负值)即为一次搅拌用水量。

8.9.5 水泥裹砂喷射混凝土作业时砂浆泵的压力是根据喷射机的压力来确定的。假如喷射机每小时喷出 3m³ 混合料,则砂浆泵也应输出相对应的砂浆量。在喷射作业开始时,首先要使砂浆泵的输送量等于所需的砂浆匹配量,然后在此基础上根据喷出料的状态进行微调。

水泥裹砂喷射混凝土作业时,砂浆泵的输送量要随时根据干喷机输出量的变化而变化。砂浆泵司机要根据喷射手的要求调整砂浆的输送量。

8.10 喷射混凝土强度质量的控制

8.10.1 由于施工中多种因素的影响,喷射混凝土强度的离散性一般较大。但若原材料的选用、配料、搅拌和喷射施工,养护等环节均能按规定进行,就可生产出品质优良的喷射混凝土。施工中,在一个统计周期内,根据测试的喷射混凝土抗压强度(试验试块的应在 20 组以上),绘制质量控制图,有助于及时了解强度的变化情况,采取措施减小喷射混凝土强度的离散性。

例如某铁路隧道,由于采用强度质量控制图对喷射混凝土施工质量进行控制,做到及时发现问题,尽快采取对策,使锚喷支护的质量迅速提高。施工初期,标准差为±5.6MPa,变异系数为20.1%,施工水平仅为一般;一年后,标准差和变异系数分别下降到±3.3MPa 和 13.7%,施工控制水平达到了优良。

8.10.2 评价喷射混凝土的施工控制水平,主要参数是标准差和变异系数。

1 母体的离散可通过同批试块的强度值算出。

1)母体标准差

$$S_n = \sqrt{\frac{\sum_{i=1}^{n} f_{cki}'^2 - n f_{ck}'^2}{n-1}} \quad (9)$$

式中　S_n——母体标准差(MPa);

　　　n——试块组数;

　　　f_{cki}'——第 i 组试块抗压强度(MPa);

　　　f_{ck}'——n 组试块抗压强度的平均值(MPa)。

$$f_{ck}' = \frac{1}{n}\sum_{i=1}^{n} f_{cki}' \quad (10)$$

2)母体变异系数

$$V = \frac{S_n}{f_{ck}'} \times 100 \quad (11)$$

式中　V——变异系数(%)。

2 一次试验的离散,可通过同一工作班一次试验所得数据算出。

1)一次试验标准差

$$S_1 = \frac{1}{d} f_{ckm}' \quad (12)$$

式中　S_1——标准差(MPa);

　　　d——与组内试块个数有关的系数,按本规范表 8.10.2 选用;

　　　f_{ckm}'——一次试验中,各组试块极差的平均值(MPa);每组试块的极差为组内试块最高与最低强度值之差。

2)一次试验的变异系数

$$V_1 = \frac{S_1}{f_{ck1}'} \times 100 \quad (13)$$

式中　f_{ck1}'——一次试验中各组试块强度的平均值(MPa)。

喷射混凝土强度质量控制图中最大的平均极差 f_{ckmax}' 按下式计算:

$$f_{ckmax}' = f_{ck}' \cdot V_1 \cdot d \quad (14)$$

表 12　计算一次试验标准差的系数

试块个数	d	$1/d$	试块个数	d	$1/d$
2	1.128	0.887	7	2.704	0.370
3	1.693	0.591	8	2.847	0.351
4	2.059	0.486	9	2.970	0.337
5	2.326	0.430	10	3.078	0.325
6	2.543	0.395			

表 12 是根据我国喷射混凝土施工的实际质量状况,并参考国外用于现浇混凝土的强度控制参数而编制的。

8.10.3 喷射混凝土施工应达到的平均强度,即本规范公式(8.10.3)中计算的标准差 S 为现场实际统计的母体标准差。缺乏统计资料时,初期可根据本工程强度质量控制情况,参照本说明表 14 所列数值试选。

9 安全技术与防尘

9.1 安全技术

9.1.1 施工前,认真检查和处理作业区(顶板、两帮和工作面)的危石特别重要。以往由于危石未能全面清除,工伤事故屡见不鲜,设备工具被砸坏,故本条作了明确规定。

9.1.2 Ⅳ、Ⅴ级围岩稳定性差,隧洞开挖后自稳时间短(或极短),

易发生安全事故。因此，开挖后应及时支护，缩短空顶时间和空顶距离，以充分利用端部支承效应，减少开挖工作面附近围岩的扰动，保证锚喷支护作业区的安全。

采用先喷后锚，喷层厚度不小于 50mm，可及时封闭围岩，防止小岩块脱落，保护作业区人员的安全。同时也应有专人负责，随时观察围岩变化及时采取安全措施。

此外，根据实测资料，掺入速凝剂后喷射混凝土的早期抗压强度 3h 可达 1MPa 左右。因此，规定锚杆施工宜在喷射混凝土 3h 后进行，以保证施工安全。

9.1.3、9.1.4、9.1.5 说明如下：

1 地下工程所处的环境，空气湿度大，电源线路和设备的电气部分易受潮漏电，故应定期检查。

2 喷射机、水箱、风包和注浆罐等都属于承受压力的设备，以往由于使用前未做承压试验，曾发生过崩裂事故。至于出料弯头和输料管磨穿及管路联结处的松脱现象也时有发生，如不及时检查更换，是十分危险的。对于处理机械故障时，断电、停风和送电、送风时通知有关人员，这是必须做到的，多次的事故教训要吸取。故本条作了严格的规定。

9.1.6 喷射作业中，处理堵管是一项涉及到安全的大事，决不能草率行事。在处理堵管时应尽可能采取敲击法疏通。当用高压风吹通时，本条规定工作风压不应超过 0.4MPa，是因为若压力大，一旦管路疏通，堵塞物通过喷嘴时，冲击力很大，使喷头剧烈甩动，喷射手很难按住喷头，极易伤人。

处理堵管时，要顺直输料管，是为了减少管内阻力，确保处理堵管时的安全。

9.1.7、9.1.8、9.1.9 这 3 条规定都是针对锚喷支护施工中，最容易忽略的几个安全问题而提出的。如搭设施工台架时，往往只铺设面板而没有栏杆，这样就不能应付突然出现的情况；向锚杆孔注浆前，稍不注意罐内砂浆就会放空，结果插入钻孔中的注浆管将孔内砂浆喷出，很容易伤害作业人员；喷射作业时，在任何情况下，均规定喷头不得对人，严防喷射料流击伤人。因此，本规范在这 3 条中特别强调了这些容易被人们忽略的安全问题。

9.1.10 速凝剂和树脂对人体（皮肤、眼睛、手）有腐蚀，树脂还属可燃性物质。因此，条文中作了相应的规定。

9.1.11 钢纤维喷射混凝土施工中所用的钢纤维是直径为 0.3～0.5mm 的金属丝，其两端是针状较锋利，容易扎伤人。因此，在搅拌操作、上料喷射及处理回弹物时，应采取措施，防止钢纤维扎伤操作人员。

9.1.12 检验锚杆抗拔力时，所用的拉力计是依托在锚杆的尾端来进行拉拔作业的，因此，为了防止杆体突然拉断或锚杆丧失承载力，试验设备掉下伤人，规定拉拔器前方和下方严禁站人，以确保检验作业的安全。

9.1.13 这四条规定都是针对水胀锚杆在施工中，容易疏忽几个安全问题而提出的。如高压泵设置防护罩、高压胶管的防护，以及防止炮前等，均在过去时有发生，高压泵的移动或搬动，绝不许可带电作业；同时，也对操作中安装棒的使用作了规定，以确保安装锚杆时，操作人员的安全。

9.2 防　尘

9.2.2 喷射混凝土施工采用湿喷或水泥裹砂喷射工艺可有效减少粉尘。对于干喷工艺，一般在喷射机附近及喷头周围粉尘量较大，除采用综合防尘措施外，佩戴个体防护用品，也是减少粉尘对人体健康影响的有效措施。

9.2.3 喷射混凝土施工中产生的粉尘主要是水泥粉尘。砂石骨料中虽有细颗粒，但含量很少。经测定，喷射混凝土粉尘中游离二氧化硅含量一般在 10% 以下。因此，参照国内外的有关规定（见表 13 和表 14），规范中规定喷射混凝土施工时的粉尘浓度不应大于 10mg/m³。

表 13　国内容许的最高粉尘浓度（mg/m³）

游离二氧化硅含量(%)	煤炭	冶金	工业企业卫生标准(TJ 36)
>10	2	2	2
<10	10	10	6*
—			100**

注：表中的"*"为水泥粉尘，"**"为煤粉尘。

表 14　国外容许的最高粉尘浓度（mg/m³）

游离二氧化硅含量(%)	美国	瑞典	前苏联	日本	法国	英国	朝鲜
>10	2	2	2		2.4～0.65		2～5
<10	—	5	4	5	8	5	10
—	10*	10*		10		8**	

注：表中的"*"为水泥粉尘，"**"为煤粉尘。

10　质量检查与工程验收

10.1　质　量　检　查

10.1.1 为获得质量均匀的喷射混凝土和水泥砂浆，原材料准确称量，混合料搅拌的均匀性是很重要的。要求在每一工作班至少目测检查两次。施工中如遇气候骤变、机械故障或围岩塌方等突发性事件时，应及时对作用的原材料和拌和物进行检查。

10.1.2 抗压强度是喷射混凝土性能的主要指标，一般亦能反映喷射混凝土其他物理力学性能的优劣。因此，检查时通常只做抗压强度试验即可。某些重要工程，如水工隧洞、大型洞室还要了解喷射混凝土的抗拉强度与岩面的粘结强度、抗渗性能等，从而应增做相应的试验。

喷射混凝土标准试块的尺寸，考虑到所用骨料的最大粒径不宜大于 15mm，本规范规定为边长 100mm 的立方体。同时规定 28d 的极限抗压强度乘以 0.95 的系数，以与现行国家标准《混凝土结构工程施工及验收规范》GB 50204 取得一致。

10.1.3 喷射混凝土强度验收合格条件分为重要工程和一般工程两种情况。

一般工程的规定，其设计强度等级的保证率只有 50%。

重要工程规定，$f'_{ck} - K_1 S_n \geqslant 0.9 f_c$ 是主要条件，设计强度的保证率可达 95% 以上。考虑的主要方面有：

1 采用计量抽样检验方案。使之能以较少的检验数量，得到有关产品质量较多的信息。

2 采有母体标准未知的形式。这对于地下工程施工生产水平不易稳定，喷射混凝土强度质量易于波动的情况较为适用。

3 兼顾使用者、施工者的双方利益。在限制漏判概率的同时，也适当限制错判概率。

4 验收函数 $f'_{ck} - K_1 S_n$ 中的 K_1 值服从中心 t 分布规律。当试块组数一定时，K_1 值越大则错判概率愈大，而漏判概率愈小，验收标准愈严，可能造成工程费用的浪费；反之，K_1 愈小，验收标准愈宽，可能造成对结构物安全的影响。为保证漏判概率不随试块组数变，K_1 值的取值必将随试块组数的增加而减小。本规范表 10.1.3 即为漏判概率限制在 20% 左右所取得的 K_1 值，为简便计，分为三挡。

$f'_{ckmin} \geqslant K_2 f_c$ 是第一条件的补充。主要是控制分布曲线中，低强度一侧可能出现长尾的情况，以弥补其不足。

当样本统计数据同时符合本规范公式(10.1.3-1)、(10.1.3-2)或公式(10.1.3-3)、(10.1.3-4)的两个条件时，则认为该批喷射混凝土强度合格。

10.1.4 喷射混凝土厚度的检查常用钻眼法。钻眼检查的做法，宜在喷射混凝土施工完 8h 内用短钎杆钻孔。此时混凝土强度较低，易于实施，发现厚度不够，亦便于及时补喷。当用凿岩机钻眼，因混凝土与围岩粘结紧密，两者颜色相近而不易辨认喷层厚度时，可用酚酞试液涂抹孔壁，碱性混凝土表面呈红色。

规定的检查断面间距，当设计厚度为 100mm 时，与留取强度检查试块的工程量接近。若工程对喷层厚度有严格要求时，检查断面和钻孔数量可适当增加。

喷层厚度检查的合格条件，考虑到岩面本身有起伏，喷层是紧贴岩面的，而且要求做到表面圆顺，因此，不同部位喷层厚度相差的幅度比较大。根据一些开挖成型较好工程的实测结果统计，60%达到设计厚度，其余均不小于设计厚度的 1/2 的要求并不低。此时设计厚度的保证率为 60%。要达到这个要求，应配合采用光面爆破，加强施工管理。

10.1.5 锚杆质量的检查，包括长度、间距、角度、方向、抗拔力以及注浆密实度等，有的已在隐蔽工程检查中进行。锚杆的抗拔力与锚杆的型式、杆体材料、直径，以及围岩强度、钻孔的冲洗程度等因素有关，因此用它作为端头锚固和摩擦型锚杆质量的综合性指标。其抗拔力达到设计指标即为合格。

检验锚杆抗拔力时，应注意下列事项：

1 安装拉力计时，其作用线应与锚杆轴线同心；

2 加载应缓慢，匀速，拉拔至设计吨位时，即停止。设计无要求时不做破坏性试验；

3 拉力计应固定牢靠，并有安全保护措施。

10.1.6 本条说明如下：

1 锚喷支护工程完成后，应保证隧洞或竖井在使用期内设备的使用与安全和人员的正常通行，为此，规定断面尺寸必须符合设计要求。

2 工程竣工时，漏喷或喷层离鼓现象不加处理，则会导致水和湿气侵蚀围岩，使围岩软化或膨胀，造成喷层破坏，严重影响工程的可靠性。

3 工程验收时如发现喷层有正在扩展或危及使用安全的裂缝，则说明该工程是不稳定的，当然不能予以验收。

4 在锚杆和钢筋网喷射混凝土施工中，有时会出现锚杆尾部外露太长和钢筋网没有完全被喷层覆盖，这样不仅不美观，更重要的是锚杆杆体和钢筋会被锈蚀，最终有可能危及工程的使用与安全。因此，要求锚杆尾端和钢筋网不得外露，必须由喷层完全覆盖。

10.2 工 程 验 收

10.2.1 按设计要求和质量合格条件验收锚喷支护工程，是为了确保工程投入使用后，能长期满足安全使用的要求。

10.2.2 锚喷支护工程验收时，应提供 8 个方面的资料，以备工程使用过程中一旦出现问题可从有关资料中了解当时施工情况，分析原因，提出相应的处理措施。过去在地下工程锚喷支护工程验收时，有的施工单位提供资料不全因而出现问题时，分析原因，进行处理都很困难。为了纠正这种不良状况，规范中特别强调了工程验收时应提供的技术资料。

10.2.3 设计要求进行监控量测的工程，在验收时应提交相应的报告和有关资料，其中必须包括位移测量时态曲线图，该图对分析判断隧洞是否处于稳定，至关重要。

中华人民共和国国家标准

建筑边坡工程技术规范

Technical code for building slope engineering

GB 50330—2002

主编部门：重 庆 市 建 设 委 员 会
批准部门：中华人民共和国建设部
施行日期：2 0 0 2 年 8 月 1 日

关于发布国家标准《建筑边坡
工程技术规范》的通知

建标〔2002〕129 号

国务院各有关部门，各省、自治区建设厅，直辖市建委及有关部门，新疆生产建设兵团建设局，各有关协会：

　　根据建设部《关于印发〈二〇〇一～二〇〇二年度工程建设国家标准制订、修订计划〉的通知》（建标〔2002〕85 号）的要求，重庆市建设委员会会同有关部门共同制订了《建筑边坡工程技术规范》。我部组织有关部门对该规范进行了审查，现批准为国家标准，编号为 GB 50330—2002，自 2002 年 8 月 1 日起 施 行。其中，3.2.2、3.3.3、3.3.6、3.4.2、3.4.9、4.1.1、4.1.3、15.1.2、15.1.6、15.4.1 为强制性条文，必须严格执行。

　　本规范由建设部负责管理和对强制性条文的解释，重庆市设计院负责具体技术内容的解释，建设部标准定额研究所组织中国建筑工业出版社出版发行。

中华人民共和国建设部

2002 年 5 月 30 日

前　　言

　　本规范根据建设部《关于印发〈二〇〇一～二〇〇二年度工程建设国家标准制订、修订计划〉的通知》（建标〔2002〕85 号）的要求，以重庆市建设委员会为主编部门，由重庆市设计院会同 7 个单位共同编制完成。

　　本规范共有 16 章及 7 个附录，内容包括总则、术语、符号、基本规定、边坡工程勘察、边坡稳定性评价、边坡支护结构上的侧向岩土压力、锚杆（索）、锚杆（索）挡墙支护、岩石锚喷支护、重力式挡墙、扶壁式挡墙、坡率法、滑坡、危岩及崩塌防治、边坡变形控制、边坡工程施工、边坡工程质量检验、监测及验收等。

　　本规范是我国首次编制的建筑边坡工程技术规范。在编制过程中参考了国内外有关技术规范，采用了我国建筑边坡工程中诸多新的研究成果与设计、施工方法，经多方面征求意见，并反复讨论和修改后，审查定稿。

　　本规范将来可能需要进行局部修订，有关局部修订的信息和条文内容将刊登在《工程建设标准化》杂志上。

　　本规范以黑体字标识的条文为强制性条文，必须严格执行。

　　为了提高规范质量，请各单位在执行本标准的过程中，注意总结经验，积累资料，随时将有关意见和建议反馈给重庆市设计院（重庆市渝中区人和街 31 号，邮编 400015），以供今后修订时参考。

　　本规范主编单位、参编单位和主要起草人

主 编 单 位：重庆市设计院

参 编 单 位：解放军后勤工程学院
　　　　　　　建设部综合勘察研究设计院
　　　　　　　中国科学院地质与地球物理研究所
　　　　　　　重庆市建筑科学研究院
　　　　　　　重庆交通学院
　　　　　　　重庆大学

主要起草人：郑生庆、郑颖人、李耀刚、陈希昌、黄家愉、方玉树、伍法权、周载阳、徐锡权、欧阳仲春、庄斌耀、张四平、贾金青

目　　次

1 总　则

1.0.1 为使建筑边坡（含人工边坡和自然边坡）工程的勘察、设计及施工工作规范化，做到安全适用、技术先进、经济合理、确保质量和保护环境，制定本规范。

1.0.2 建筑边坡工程应综合考虑工程地质、水文地质、各种作用、边坡高度、邻近建（构）筑物、环境条件、施工条件和工期等因素的影响，因地制宜，合理设计，精心施工。

1.0.3 本规范适用于建（构）筑物及市政工程的边坡工程，也适用于岩石基坑工程。对于软土、湿陷性黄土、冻土、膨胀土、其他特殊岩土和侵蚀性环境的边坡，尚应符合现行有关标准的规定。

1.0.4 本规范适用的建筑边坡高度，岩质边坡为30m以下，土质边坡为15m以下。超过上述高度的边坡工程，地质和环境条件很复杂的边坡工程应进行特殊设计。

1.0.5 本规范根据国家标准《建筑结构可靠度设计统一标准》GB50068—2001的基本原则，并按国家标准《建筑结构设计术语和符号标准》GBT50083—97的规定制定。

1.0.6 建筑边坡工程除应符合本规范的规定外，尚应符合现行国家标准《建筑结构荷载规范》GB50009、《建筑抗震设计规范》GB50011、《建筑地基基础设计规范》GB50007、《岩土工程勘察规范》GB50021和《混凝土结构设计规范》GB50010等有关标准的规定。

2　术语、符号

2.1　术　语

2.1.1　建筑边坡　building slope

在建（构）筑物场地或其周边，由于建（构）筑物和市政工程开挖或填筑施工所形成的人工边坡和对建（构）筑物安全或稳定有影响的自然边坡。在本规范中简称边坡。

2.1.2　边坡支护　slope retaining

为保证边坡及其环境的安全，对边坡采取的支挡、加固与防护措施。

2.1.3　边坡环境　slope environment

边坡影响范围内的岩土体、水系、建（构）筑物、道路及管网等的统称。

2.1.4　永久性边坡　permanent slope

使用年限超过2年的边坡。

2.1.5　临时性边坡　temporary slope

使用年限不超过2年的边坡。

2.1.6　锚杆（索）　anchor bar（rope）

将拉力传至稳定岩土层的构件。当采用钢绞线或高强钢丝束作杆体材料时，也可称为锚索。

2.1.7　锚杆挡墙支护　retaining wall with anchors

由锚杆（索）、立柱和面板组成的支护。

2.1.8　锚喷支护　anchor-plate retaining

由锚杆和喷射混凝土面板组成的支护。

2.1.9　重力式挡墙　gravity retaining wall

依靠自身重力使边坡保持稳定的构筑物。

2.1.10　扶壁式挡墙　counterfort retaining wall

由立板、底板、扶壁和墙后填土组成的支护。

2.1.11　坡率法　slope ratio method

通过调整、控制边坡坡率和采取构造措施保证边坡稳定的边坡治理方法。

2.1.12　工程滑坡　landslide due to engineering

因工程行为而诱发的滑坡。

2.1.13　危岩　dangerous rock

被结构面切割、在外营力作用下松动变形的岩体。

2.1.14　崩塌　collapse

危岩失稳坠落或倾倒的一种地质现象。

2.1.15　软弱结构面　weak structural plane

断层破碎带、软弱夹层、含泥或岩屑等结合程度很差、抗剪强度极低的结构面。

2.1.16　外倾结构面　out-dip structural plane

倾向坡外的结构面。

2.1.17　边坡塌滑区　landslipe zone of slope

计算边坡最大侧压力时潜在滑动面和控制边坡稳定的外倾结构面以外的区域。

2.1.18　等效内摩擦角　the equative angle of internal friction

考虑岩土粘聚力影响的假象内摩擦角，也称似内摩擦角。

2.1.19　信息施工法　construction method from information

根据施工现场的地质情况和监测数据，对地质结论、设计参数进行验证，对施工安全性进行判断并及时修正施工方案的施工方法。

2.1.20　动态设计法　method of information design

根据信息施工法和施工勘察反馈的资料，对地质结论、设计参数及设计方案进行再验证，如确认原设计条件有较大变化，及时补充、修改原设计的设计方法。

2.1.21　逆作法　topdown construction method

自上而下分阶开挖与支护的一种施工方法。

2.1.22　土层锚杆　anchored bar in soil

锚固于土层中的锚杆。

2.1.23　岩石锚杆　anchored bar in rock

锚固于岩层内的锚杆。

2.1.24 系统锚杆 system of anchor bars

为保证边坡整体稳定，在坡体上按一定格式设置的锚杆群。

2.1.25 坡顶重要建（构）筑物 important construction on top of slope

位于边坡坡顶上的破坏后果严重的永久性建（构）筑物。

2.2 符　号

2.2.1 作用和作用效应

e_{ok}——静止岩土压力标准值；

e_{ak}——主动岩土压力标准值；

e_{pk}——被动岩土压力标准值；

e_{hk}——侧向岩土压力水平分力标准值；

E_0——静止岩土压力合力设计值；

E_a——主动岩土压力合力设计值；

E_{pk}——被动岩土压力合力标准值；

E_{hk}——侧向岩土压力合力水平分力标准值；

G——挡墙每延米自重；

K_0——静止岩土压力系数；

K_a——主动岩土压力系数；

K_p——被动岩土压力系数；

H_{tk}——锚杆所受水平拉力标准值；

N_{ak}——锚杆所受轴向拉力标准值；

N_a——锚杆所受轴向拉力设计值。

2.2.2 材料性能和抗力

E——弹性模量；

K_v——岩石完整系数；

μ——岩土对挡墙基底的摩擦系数；

ν——泊松比；

c——岩土的粘聚力；

φ——岩土的内摩擦角；

c_s——结构面的粘聚力；

φ_s——结构面上的内摩擦角；

φ_e——岩土体等效内摩擦角；

γ——岩土的重力密度（简称重度）；

γ'——岩土的浮重度；

γ_{sat}——岩土的饱和重度；

δ——岩土对挡墙墙背的摩擦角；

f_{rb}——锚固体与岩土层粘结强度特征值；

f_b——锚筋与砂浆粘结强度设计值；

f_r——岩石天然单轴抗压强度；

f_t——混凝土抗拉强度设计值；

f_y——普通钢筋抗拉强度设计值；

f_{py}——预应力钢筋抗拉强度设计值；

f_v——锚筋抗剪强度设计值。

2.2.3 几何参数

b——挡墙基底的水平投影宽度；

H——边坡高度；

d——钢筋直径；

D——锚固体直径；

l_a——锚杆锚固段长度；

l_f——锚杆自由段长度；

a——锚杆倾角；挡墙墙背倾角；

α_0——挡墙基底倾角；

θ——边坡滑裂面倾角。

2.2.4 计算系数

γ_0——建筑边坡重要性系数；

γ_Q——荷载分项系数；

K_s——稳定性系数；

ξ_1、ξ_2、ξ_3、ξ_v、ξ_c——工作条件系数；

β_1——侧向静止岩土压力折减系数；

β_2——锚杆挡墙侧向岩土压力修正系数。

3　基本规定

3.1　建筑边坡类型

3.1.1 边坡分为土质边坡和岩质边坡。

3.1.2 岩质边坡的破坏形式应按表3.1.2划分。

表3.1.2　岩质边坡的破坏形式

破坏形式	岩体特征		破坏特征
滑移型	由外倾结构面控制的岩体	硬性结构面的岩体	沿外倾结构面滑移，分单面滑移与多面滑移
		软弱结构面的岩体	
	不受外倾结构面控制和无外倾结构面的岩体	整体状岩体，巨块状、块状岩体，碎裂状、散体状岩体	沿极软岩、强风化岩、碎裂结构或散体状岩体中最不利滑动面滑移
崩塌型	危岩		沿陡倾、临空的结构面塌滑；由内、外倾结构不利组合面切割，块体失稳倾倒；岩腔上岩体沿竖向结构面剪切破坏坠落

3.1.3 确定岩质边坡的岩体类型应考虑主要结构面与坡向的关系、结构面倾角大小和岩体完整程度等因素，并符合附录A的规定。

3.1.4 确定岩质边坡的岩体类型时，由坚硬程度不同的岩石互层组成且每层厚度小于5m的岩质边坡宜视为由相对软弱岩石组成的边坡。当边坡岩体由两层以上单层厚度大于5m的岩体组合时，可分段确定边坡类型。

3.2　边坡工程安全等级

3.2.1　边坡工程应按其损坏后可能造成的破坏后果（危及人的生命、造成经济损失、产生社会不良影响）的严重性、边坡类型和坡高等因素，根据表 3.2.1 确定安全等级。

表 3.2.1　　边坡工程安全等级

<table>
<tr><th colspan="2">边坡类型</th><th>边坡高度
H（m）</th><th>破坏后果</th><th>安全等级</th></tr>
<tr><td rowspan="10">岩质边坡</td><td rowspan="3">岩体类型
为Ⅰ或Ⅱ类</td><td rowspan="3">$H \leqslant 30$</td><td>很严重</td><td>一级</td></tr>
<tr><td>严重</td><td>二级</td></tr>
<tr><td>不严重</td><td>三级</td></tr>
<tr><td rowspan="7">岩体类型
为Ⅲ或Ⅳ类</td><td rowspan="2">$15 < H \leqslant 30$</td><td>很严重</td><td>一级</td></tr>
<tr><td>严重</td><td>二级</td></tr>
<tr><td rowspan="3">$H \leqslant 15$</td><td>很严重</td><td>一级</td></tr>
<tr><td>严重</td><td>二级</td></tr>
<tr><td>不严重</td><td>三级</td></tr>
<tr><td colspan="2"></td><td></td><td></td></tr>
<tr><td colspan="2"></td><td></td><td></td></tr>
<tr><td rowspan="6">土质边坡</td><td colspan="1" rowspan="2">$10 < H \leqslant 15$</td><td>很严重</td><td>一级</td></tr>
<tr><td>严重</td><td>二级</td></tr>
<tr><td colspan="1" rowspan="3">$H \leqslant 10$</td><td>很严重</td><td>一级</td></tr>
<tr><td>严重</td><td>二级</td></tr>
<tr><td>不严重</td><td>三级</td></tr>
</table>

注：1　一个边坡工程的各段，可根据实际情况采用不同的安全等级。

2　对危害性极严重、环境和地质条件复杂的特殊边坡工程，其安全等级应根据工程情况适当提高。

3.2.2　破坏后果很严重、严重的下列建筑边坡工程，其安全等级应定为一级：

1　由外倾软弱结构面控制的边坡工程；

2　危岩、滑坡地段的边坡工程；

3　边坡塌滑区内或边坡塌方影响区内有重要建（构）筑物的边坡工程。破坏后果不严重的上述边坡工程的安全等级可定为二级。

3.2.3　边坡塌滑区范围可按下式估算：

$$L = \frac{H}{\mathrm{tg}\theta} \qquad (3.2.3)$$

式中　L——边坡坡顶塌滑区边缘至坡底边缘的水平投影距离（m）；

H——边坡高度（m）；

θ——边坡的破裂角（°）。对于土质边坡可取 $45° + \varphi/2$，φ 为土体的内摩擦角；对于岩质边坡可按 6.3.4 确定。

3.3　设　计　原　则

3.3.1　边坡工程可分为下列两类极限状态：

1　承载能力极限状态：对应于支护结构达到承载力破坏、锚固系统失效或坡体失稳；

2　正常使用极限状态：对应于支护结构和边坡的变形达到结构本身或邻近建（构）筑物的正常使用限值或影响耐久性能。

3.3.2　边坡工程设计采用的荷载效应最不利组合应符合下列规定：

1　按地基承载力确定支护结构立柱（肋柱或桩）和挡墙的基础底面积及其埋深时，荷载效应组合应采用正常使用极限状态的标准组合，相应的抗力应采用地基承载力特征值；

2　边坡与支护结构的稳定性和锚杆锚固体与地层的锚固长度计算时，荷载效应组合应采用承载能力极限状态的基本组合，但其荷载分项系数均取 1.0，组合系数按现行国家标准的规定采用；

3　在确定锚杆、支护结构立柱、挡板、挡墙截面尺寸、内力及配筋时，荷载效应组合应采用承载能力极限状态的基本组合，并采用现行国家标准规定的荷载分项系数和组合值系数；支护结构的重要性系数 γ_0 按有关规范的规定采用，对安全等级为一级的边坡取 1.1，二、三级边坡取 1.0；

4　计算锚杆变形和支护结构水平位移与垂直位移时，荷载效应组合应采用正常使用极限状态的准永久组合，不计入风荷载和地震作用；

5　在支护结构抗裂计算时，荷载效应组合应采用正常使用极限状态的标准组合，并考虑长期作用影响；

6　抗震设计的荷载组合和临时性边坡的荷载组合应按现行有关标准执行。

3.3.3　永久性边坡的设计使用年限应不低于受其影响相邻建筑的使用年限。

3.3.4　边坡工程应按下列原则考虑地震作用的影响：

1　边坡工程的抗震设防烈度可采用地震基本烈度，且不应低于边坡破坏影响区内建筑物的设防烈度；

2　对抗震设防的边坡工程，其地震效应计算应按现行有关标准执行；岩石基坑工程可不作抗震计算；

3　对支护结构和锚杆外锚头等，应采取相应的抗震构造措施。

3.3.5　边坡工程的设计应包括支护结构的选型、计算和构造，并对施工、监测及质量验收提出要求。

3.3.6　边坡支护结构设计时应进行下列计算和验算：

1　支护结构的强度计算：立柱、面板、挡墙及其基础的抗压、抗弯、抗剪及局部抗压承载力以及锚杆杆体的抗拉承载力等均应满足现行相应标准的要求；

2　锚杆锚固体的抗拔承载力和立柱与挡墙基础的地基承载力计算；

3　支护结构整体或局部稳定性验算；

4 对变形有较高要求的边坡工程可结合当地经验进行变形验算，同时应采取有效的综合措施保证边坡和邻近建（构）筑物的变形满足要求；

5 地下水控制计算和验算；

6 对施工期可能出现的不利工况进行验算。

3.4 一般规定

3.4.1 边坡工程设计时应取得下列资料：

1 工程用地红线图，建筑平面布置总图以及相邻建筑物的平、立、剖面和基础图等；

2 场地和边坡的工程地质和水文地质勘察资料；

3 边坡环境资料；

4 施工技术、设备性能、施工经验和施工条件等资料；

5 条件类同边坡工程的经验。

3.4.2 一级边坡工程应采用动态设计法。应提出对施工方案的特殊要求和监测要求，应掌握施工现场的地质状况、施工情况和变形、应力监测的反馈信息，必要时对原设计做校核、修改和补充。

3.4.3 二级边坡工程宜采用动态设计法。

3.4.4 边坡支护结构型式可根据场地地质和环境条件、边坡高度以及边坡工程安全等级等因素，参照表3.4.4选定。

表 3.4.4　边坡支护结构常用型式

条件\结构类型	边坡环境	边坡高度 H（m）	边坡工程安全等级	说明
重力式挡墙	场地允许，坡顶无重要建（构）筑物	土坡，H≤8 岩坡，H≤10	一、二、三级	土方开挖后边坡稳定较差时不应采用
扶壁式挡墙	填方区	土坡 H≤10	一、二、三级	土质边坡
悬臂式支护		土层，H≤8 岩层，H≤10	一、二、三级	土层较差，或对挡墙变形要求较高时，不宜采用
板肋式或格构式锚杆挡墙支护		土坡 H≤15 岩坡 H≤30	一、二、三级	坡高较大或稳定性较差时宜采用逆作法施工。对挡墙变形有较高要求的土质边坡，宜采用预应力锚杆

续表

条件\结构类型	边坡环境	边坡高度 H（m）	边坡工程安全等级	说明
排桩式锚杆挡墙支护	坡顶建（构）筑物需要保护，场地狭窄	土坡 H≤15 岩坡 H≤30	一、二级	严格按逆作法施工。对挡墙变形有较高要求的土质边坡，应采用预应力锚杆
岩石锚喷支护		Ⅰ类岩坡 H≤30	一、二、三级	
		Ⅱ类岩坡 H≤30	二、三级	
		Ⅲ类岩坡 H≤15	二、三级	
坡率法	坡顶无重要建（构）筑物，场地有放坡条件	土坡，H≤10 岩坡，H≤25	一、二、三级	不良地质段，地下水发育区、流塑状土时不应采用

3.4.5 规模大、破坏后果很严重、难以处理的滑坡、危岩、泥石流及断层破碎带地区，不应修筑建筑边坡。

3.4.6 山区地区工程建设时宜根据地质、地形条件及工程要求，因地制宜设置边坡，避免形成深挖高填的边坡工程。对稳定性较差且坡高较大的边坡宜采用后仰放坡或分阶放坡。分阶放坡时水平台阶应有足够宽度，否则应考虑上阶边坡对下阶边坡的荷载影响。

3.4.7 当边坡坡体内洞室密集而对边坡产生不利影响时，应根据洞室大小、深度及与边坡的关系等因素采取相应的加强措施。

3.4.8 边坡工程的平面布置和立面设计应考虑对周边环境的影响，做到美化环境，体现生态保护要求。边坡坡面和坡脚应采取有效的保护措施，坡顶应设护栏。

3.4.9 下列边坡工程的设计及施工应进行专门论证：

1 超过本规范适用范围的建筑边坡工程；

2 地质和环境条件很复杂、稳定性极差的边坡工程；

3 边坡邻近有重要建（构）筑物、地质条件复杂、破坏后果很严重的边坡工程；

4 已发生过严重事故的边坡工程；

5 采用新结构、新技术的一、二级边坡工程。

3.4.10 在边坡的施工期和使用期，应控制不利于边坡稳定的因素产生和发展。不应随意开挖坡脚，防止坡顶超载。应避免地表水及地下水大量渗入坡体，并应对有利于边坡稳定的相关环境进行有效保护。

3.5 排水措施

3.5.1 边坡工程应根据实际情况设置地表及内部排水系统。

3.5.2 为减少地表水渗入边坡坡体内，应在边坡潜在塌滑区后缘设置截水沟。边坡表面应设地表排水系统，其设计应考虑汇水面积、排水路径、沟渠排水能力等因素。不宜在边坡上或边坡顶部设置沉淀池等可能造成渗水的设施，必须设置时应做好防渗处理。

3.5.3 地下排水措施宜根据边坡水文地质和工程地质条件选择，可选用大口径管井、水平排水管或排水截槽等。当排水管在地下水位以上时，应采取措施防止渗漏。

3.5.4 边坡工程应设泄水孔。对岩质边坡，其泄水孔宜优先设置于裂隙发育、渗水严重的部位。边坡坡脚、分级平台和支护结构前应设排水沟。当潜在破裂面渗水严重时，泄水孔宜深入至潜在滑裂面内。

3.5.5 泄水孔长或直径不宜小于100mm，外倾坡度不宜小于5%；间距宜为2～3m，并宜按梅花形布置。最下一排泄水孔应高于地面或排水沟底面不小于200mm。在地下水较多或有大股水流处，泄水孔应加密。

3.5.6 在泄水孔进水侧应设置反滤层或反滤包。反滤层厚度不应小于500mm，反滤包尺寸不应小于500mm×500mm×500mm；反滤层顶部和底部应设厚度不小于300mm的粘土隔水层。

3.6 坡顶有重要建（构）筑物的边坡工程设计

3.6.1 坡顶有重要建（构）筑物的边坡工程设计应符合下列规定：

1 应根据基础方案、构造作法和基础到边坡的距离等因素，考虑建筑物基础与边坡支护结构的相互作用；

2 当坡顶建筑物基础位于边坡潜在塌滑区时，应考虑建筑物基础传递的垂直荷载、水平荷载和弯矩对边坡支护结构强度和变形的影响；

3 基础邻近边坡边缘时，应考虑边坡对地基承载力和基础变形的影响，并对建筑物基础稳定性进行验算；

4 应考虑建筑基础和施工过程引起地下水变化造成的影响。

3.6.2 在已有重要建（构）筑物邻近新建永久性挖方边坡工程时，应采取下列措施防止边坡工程对建筑物产生不利影响：

1 不应使建（构）筑物的基础置于有临空且稳定性极差的外倾软弱结构面的岩体上和稳定性极差的土质边坡塌滑区外边缘；

2 无外倾软弱结构面的岩质边坡和土质边坡，支护结构底部外边缘到基础间应有一定的水平安全距

离，其值可根据不同计算方法综合比较并结合当地工程经验确定；

3 抗震设防烈度大于6度时，不宜使重要建（构）筑物基础位于高陡的边坡塌滑区边缘。当边坡坡顶塌滑区有荷载较大的高层建筑物时，边坡工程安全等级应适当提高。

3.6.3 在已建边坡坡顶附近新建重要建（构）筑物时，边坡支护结构和建筑物基础设计应符合下列规定：

1 新建建筑物的基础设计应满足3.6.2条的规定；

2 应避免新建高、重建（构）筑物产生的垂直荷载直接作用在边坡潜在塌滑体上；应采取桩基础、加深基础、增设地下室或降低边坡高度等措施，将建筑物的荷载传至边坡潜在破裂面以下足够深度的稳定岩土层内；

3 当新建建筑物的部分荷载作用于现有的边坡支护结构上而使后者的安全度和耐久性不满足要求时，尚应对现有支护结构进行加固处理，保证建筑物正常使用。

3.6.4 坡顶有建（构）筑物时，应按6.4.1条确定支护结构侧向岩土压力。

3.6.5 在已建挡墙坡脚新建建（构）筑物时，其基础和地下室等宜与边坡有一定的距离，避免对边坡稳定造成不利影响，否则应采取措施处理。

3.6.6 位于稳定土质或强风化岩层边坡坡顶的挡墙和建（构）筑物基础，其埋深和基础外边缘到坡顶边缘的水平距离应按现行有关标准的要求应进行局部稳定性验算。

4 边坡工程勘察

4.1 一般规定

4.1.1 一级建筑边坡工程应进行专门的岩土工程勘察；二、三级建筑边坡工程可与主体建筑勘察一并进行，但应满足边坡勘察的深度和要求。大型的和地质环境条件复杂的边坡宜分阶段勘察；地质环境复杂的一级边坡工程尚应进行施工勘察。

4.1.2 建筑边坡的勘探范围应包括不小于岩质边坡高度或不小于1.5倍土质边坡高度，以及可能对建（构）筑物有潜在安全影响的区域。控制性勘探孔的深度应穿过最深潜在滑动面进入稳定层不小于5m，并应进入坡脚地形剖面最低点和支护结构基底下不小于3m。

4.1.3 边坡工程勘察报告应包括下列内容：

1 在查明边坡工程地质和水文地质条件的基础上，确定边坡类别和可能的破坏形式；

2 提供验算边坡稳定性、变形和设计所需的计

算参数值；

3 评价边坡的稳定性，并提出潜在的不稳定边坡的整治措施和监测方案的建议；

4 对需进行抗震设防的边坡应根据区划提供设防烈度或地震动参数；

5 提出边坡整治设计、施工注意事项的建议；

6 对所勘察的边坡工程是否存在滑坡（或潜在滑坡）等不良地质现象，以及开挖或构筑的适宜性做出结论；

7 对安全等级为一、二级的边坡工程尚应提出沿边坡开挖线的地质纵、横剖面图。

4.1.4 地质环境条件复杂、稳定性较差的边坡宜在勘察期间进行变形监测，并宜设置一定数量的水文长观孔。

4.1.5 岩土的抗剪强度指标应根据岩土条件和工程实际情况确定，并与稳定性分析时所采用的计算方法相配套。

4.2 边 坡 勘 察

4.2.1 边坡工程勘察前应取得以下资料：

1 附有坐标和地形的拟建建（构）筑物的总平面布置图；

2 拟建建（构）筑物的性质、结构特点及可能采取的基础形式、尺寸和埋置深度；

3 边坡高度、坡底高程和边坡平面尺寸；

4 拟建场地的整平标高和挖方、填方情况；

5 场地及其附近已有的勘察资料和边坡支护型式与参数；

6 边坡及其周边地区的场地等环境条件资料。

4.2.2 分阶段进行勘察的边坡，宜在搜集已有地质资料的基础上先进行工程地质测绘。测绘工作宜查明边坡的形态、坡角、结构面产状和性质等，测绘范围应包括可能对边坡稳定有影响的所有地段。

4.2.3 边坡工程勘察应查明下列内容：

1 地形地貌特征；

2 岩土的类型、成因、性状、覆盖层厚度、基岩面的形态和坡度、岩石风化和完整程度；

3 岩、土体的物理力学性能；

4 主要结构面（特别是软弱结构面）的类型和等级、产状、发育程度、延伸程度、闭合程度、风化程度、充填状况、充水状况、组合关系、力学属性和临空面的关系；

5 气象、水文和水文地质条件；

6 不良地质现象的范围和性质；

7 坡顶邻近（含基坑周边）建（构）筑物的荷载、结构、基础形式和埋深，地下设施的分布和埋深。

4.2.4 边坡工程勘探宜采用钻探、坑（井）探和槽探等方法，必要时可辅以硐探和物探方法。

4.2.5 勘探线应垂直边坡走向布置，详勘的线、点间距可按表 4.2.5 或地区经验确定，且对每一单独边坡段勘探线不宜少于 2 条，每条勘探线不应少于 2 个勘探孔。

表 4.2.5   详勘的勘探线、点间距

边坡工程安全等级	勘探线间距（m）	勘探点间距（m）
一级	≤20	≤15
二级	20～30	15～20
三级	30～40	20～25

注：初勘的勘探线、点间距可适当放宽。

4.2.6 主要岩土层和软弱层应采集试样进行物理力学性能试验，土的抗剪强度指标宜采用三轴试验获取。每层岩土主要指标的试样数量：土层不应少于 6 个，岩石抗压强度不应少于 9 个。岩体和结构面的抗剪强度宜采用现场试验确定。

4.2.7 对有特殊要求的岩质边坡宜作岩体流变试验。

4.2.8 边坡岩土工程勘察工作中的探井、探坑和探槽等，在野外工作完成后应及时封填密实。

4.2.9 当需要时，可选部分钻孔埋设地下水和边坡的变形监测设备，其余钻孔应及时封堵。

4.3 气象、水文和水文地质条件

4.3.1 建筑边坡工程的气象资料收集、水文调查和水文地质勘察应满足下列要求：

1 收集相关气象资料、最大降雨强度和十年一遇最大降水量，研究降水对边坡稳定性的影响；

2 收集历史最高水位资料，调查可能影响边坡水文地质条件的工业和市政管线、江河等水源因素，以及相关水库水位调度方案资料；

3 查明对边坡工程产生重大影响的汇水面积、排水坡度、长度和植被等情况；

4 查明地下水类型和主要含水层分布情况；

5 查明岩体和软弱结构面中地下水情况；

6 调查边坡周围山洪、冲沟和河流冲淤等情况；

7 论证孔隙水压力变化规律和对边坡应力状态的影响。

4.3.2 建筑边坡勘察应提供必需的水文地质参数，在不影响边坡安全的条件下，可进行抽水试验、渗水试验或压水试验等。

4.3.3 建筑边坡勘察除应进行地下水力学作用和地下水物理、化学作用的评价以外，还宜考虑雨季和暴雨的影响。

4.4 危岩崩塌勘察

4.4.1 危岩崩塌勘察应在拟建建（构）筑物的可行性研究或初步勘察阶段进行。应查明危岩分布及产生崩塌的条件、危岩规模、类型、稳定性以及危岩崩塌危害的范围等，对崩塌危害做出工程建设适宜性的评价，并根据崩塌产生的机制提出防治建议。

4.4.2 危岩崩塌区工程地质测绘的比例尺宜选用 1:200～1:500，对危岩体和危岩崩塌方向主剖面的比例尺宜选用 1:200。

4.4.3 危岩崩塌区勘察应满足下列要求：

1 收集当地崩塌史（崩塌类型、规模、范围、方向和危害程度等）、气象、水文、工程地质勘察（含地震）、防治危岩崩塌的经验等资料；

2 查明崩塌区的地形地貌；

3 查明危岩崩塌区的地质环境条件。重点查明危岩崩塌区的岩体结构类型、结构面形状、组合关系、闭合程度、力学属性、贯通情况和岩性特征、风化程度以及下覆洞室等；

4 查明地下水活动状况；

5 分析危岩变形迹象和崩塌原因。

4.4.4 应根据危岩的破坏型式按单个危岩形态特征进行定性或定量评价，并提供相关图件，标明危岩分布、大小和数量。

4.4.5 危岩稳定性判定时应对张裂缝进行监测。对破坏后果严重的大型危岩，应结合监测结果对可能发生崩塌的时间、规模、方向、途径和危害范围做出预测。

4.5 边坡力学参数

4.5.1 岩体结构面的抗剪强度指标宜根据现场原位试验确定。试验应符合现行国家标准《工程岩体试验方法标准》GB/T 50266 的规定。当无条件进行试验时，对于二、三级边坡工程可按表 4.5.1 和反算分析等方法综合确定。

表 4.5.1　　　　结构面抗剪强度指标标准值

结构面类型		结构面结合程度	内摩擦角 φ (°)	粘聚力 c (MPa)
硬性 结构面	1	结合好	>35	>0.13
	2	结合一般	35～27	0.13～0.09
	3	结合差	27～18	0.09～0.05
软弱 结构面	4	结合很差	18～12	0.05～0.02
	5	结合极差（泥化层）	根据地区经验确定	

注：1　无经验时取表中的低值；
　　2　极软岩、软岩取表中较低值；
　　3　岩体结构面连通性差取表中的高值；
　　4　岩体结构面浸水时取表中较低值；
　　5　临时性边坡可取表中高值；
　　6　表中数值已考虑结构面的时间效应。

4.5.2 岩体结构面的结合程度可按表 4.5.2 确定。

表 4.5.2　　　　结构面的结合程度

结合程度	结构面特征
结合好	张开度小于 1mm，胶结良好，无充填； 张开度 1～3mm，硅质或铁质胶结
结合一般	张开度 1～3mm，钙质胶结； 张开度大于 3mm，表面粗糙，钙质胶结
结合差	张开度 1～3mm，表面平直，无胶结； 张开度大于 3mm，岩屑充填或岩屑夹泥质充填
结合很差、结合极差（泥化层）	表面平直光滑、无胶结； 泥质充填或泥夹岩屑充填，充填物厚度大于起伏差； 分布连续的泥化夹层； 未胶结的或强风化的小型断层破碎带

4.5.3 边坡岩体性能指标标准值可按地区经验确定。对于破坏后果严重的一级边坡应通过试验确定。

4.5.4 岩体内摩擦角可由岩块内摩擦角标准值按岩体裂隙发育程度乘以表 4.5.4 所列的折减系数确定。

表 4.5.4　　　　边坡岩体内摩擦角折减系数

边坡岩体特性	内摩擦角的折减系数
裂隙不发育	0.90～0.95
裂隙较发育	0.85～0.90
裂隙发育	0.80～0.85
碎裂结构	0.75～0.80

4.5.5 边坡岩体等效内摩擦角按当地经验确定。当无经验时，可按表 4.5.5 取值。

表 4.5.5　　　　边坡岩体等效内摩擦角标准值

边坡岩体类型	I	II	III	IV
等效内摩擦角 φ_e (°)	≥70	70～60	60～50	50～35

注：1　边坡高度较大时宜取低值，反之取高值；坚硬岩、较硬岩、较软岩和完整性好的岩体取高值，软岩、极软岩和完整性差的岩体取低值；
　　2　临时性边坡取表中高值；
　　3　表中数值已考虑时间效应和工作条件等因素。

4.5.6 土质边坡按水土合算原则计算时，地下水位以下的土宜采用土的自重固结不排水抗剪强度指标；按水土分算原则计算时，地下水位以下的土宜采用土的有效抗剪强度指标。

5 边坡稳定性评价

5.1 一 般 规 定

5.1.1 下列建筑边坡应进行稳定性评价：

1 选作建筑场地的自然斜坡；

2 由于开挖或填筑形成并需要进行稳定性验算

的边坡；

    3 施工期出现不利工况的边坡；

    4 使用条件发生变化的边坡。

5.1.2 边坡稳定性评价应在充分查明工程地质条件的基础上，根据边坡岩土类型和结构，综合采用工程地质类比法和刚体极限平衡计算法进行。

5.1.3 对土质较软、地面荷载较大、高度较大的边坡，其坡脚地面抗隆起和抗渗流等稳定性评价应按现行有关标准执行。

5.2　边坡稳定性分析

5.2.1 在进行边坡稳定性计算之前，应根据边坡水文地质、工程地质、岩体结构特征以及已经出现的变形破坏迹象，对边坡的可能破坏形式和边坡稳定性状态做出定性判断，确定边坡破坏的边界范围、边坡破坏的地质模型，对边坡破坏趋势作出判断。

5.2.2 边坡稳定性计算方法，根据边坡类型和可能的破坏形式，可按下列原则确定：

    1 土质边坡和较大规模的碎裂结构岩质边坡宜采用圆弧滑动法计算；

    2 对可能产生平面滑动的边坡宜采用平面滑动法进行计算；

    3 对可能产生折线滑动的边坡宜采用折线滑动法进行计算；

    4 对结构复杂的岩质边坡，可配合采用赤平极射投影法和实体比例投影法分析；

    5 当边坡破坏机制复杂时，宜结合数值分析法进行分析。

5.2.3 采用圆弧滑动法时，边坡稳定性系数可按下式计算：

$$K_s = \frac{\Sigma R_i}{\Sigma T_i} \qquad (5.2.3\text{-}1)$$

$$N_i = (G_i + G_{bi}) \cos\theta_i + P_{wi}\sin(\alpha_i - \theta_i)$$
$$(5.2.3\text{-}2)$$

$$T_i = (G_i + G_{bi}) \sin\theta_i + P_{wi}\cos(\alpha_i - \theta_i)$$
$$(5.2.3\text{-}3)$$

$$R_i = N_i \operatorname{tg}\varphi_i + c_i l_i \qquad (5.2.3\text{-}4)$$

式中 K_s——边坡稳定性系数；

    c_i——第 i 计算条块滑动面上岩土体的粘结强度标准值（kPa）；

    φ_i——第 i 计算条块滑动面上岩土体的内摩擦角标准值（°）；

    l_i——第 i 计算条块滑动面长度（m）；

    θ_i，α_i——第 i 计算条块底面倾角和地下水位面倾角（°）；

    G_i——第 i 计算条块单位宽度岩土体自重（kN/m）；

    G_{bi}——第 i 计算条块滑体地表建筑物的单位宽度自重（kN/m）；

    P_{wi}——第 i 计算条块单位宽度的动水压力（kN/m）；

    N_i——第 i 计算条块滑体在滑动面法线上的反力（kN/m）；

    T_i——第 i 计算条块滑体在滑动面切线上的反力（kN/m）；

    R_i——第 i 计算条块滑动面上的抗滑力（kN/m）。

5.2.4 采用平面滑动法时，边坡稳定性系数可按下式计算：

$$K_s = \frac{\gamma V\cos\theta \operatorname{tg}\varphi + Ac}{\gamma V\sin\theta} \qquad (5.2.4)$$

式中 γ——岩土体的重度（kN/m³）；

    c——结构面的粘聚力（kPa）；

    φ——结构面的内摩擦角（°）；

    A——结构面的面积（m²）；

    V——岩体的体积（m³）；

    θ——结构面的倾角（°）。

5.2.5 采用折线滑动法时，边坡稳定性系数可按下列方法计算：

    1 边坡稳定性系数按下式计算；

$$K_s = \frac{\Sigma R_i\psi_i\psi_{i+1}\cdots\psi_{n-1} + R_n}{\Sigma T_i\psi_i\psi_{i+1}\cdots\psi_{n-1} + T_n}, \ (i=1,\ 2,\ 3,\ \cdots,\ n-1)$$
$$(5.2.5\text{-}1)$$

$$\psi_i = \cos(\theta_i - \theta_{i+1}) - \sin(\theta_i - \theta_{i+1})\operatorname{tg}\varphi_i$$
$$(5.2.5\text{-}2)$$

式中 ψ_i——第 i 计算条块剩余下滑推力向第 $i+1$ 计算条块的传递系数。

    2 对存在多个滑动面的边坡，应分别对各种可能的滑动面组合进行稳定性计算分析，并取最小稳定性系数作为边坡稳定性系数。对多级滑动面的边坡，应分别对各级滑动面进行稳定性计算分析。

5.2.6 对存在地下水渗流作用的边坡，稳定性分析应按下列方法考虑地下水的作用：

    1 水下部分岩土体重度取浮重度；

    2 第 i 计算条块岩土体所受的动水压力 P_{wi} 按下式计算：

$$P_{wi} = \gamma_w V_i \sin\frac{1}{2}(\alpha_i + \theta_i) \qquad (5.2.6)$$

式中 γ_w——水的重度（kN/m³）；

    V_i——第 i 计算条块单位宽度岩土体的水下体积（m³/m）。

    3 动水压力作用的角度为计算条块底面和地下水位面倾角的平均值，指向低水头方向。

5.3 边坡稳定性评价

5.3.1 边坡工程稳定性验算时，其稳定性系数应不小于表 5.3.1 规定的稳定安全系数的要求，否则应对边坡进行处理。

表 5.3.1　边坡稳定安全系数

稳定安全 系数 计算方法　边坡工程安 全等级	一级 边坡	二级 边坡	三级 边坡
平面滑动法 折线滑动法	1.35	1.30	1.25
圆弧滑动法	1.30	1.25	1.20

注：对地质条件很复杂或破坏后果极严重的边坡工程，其
　　稳定安全系数宜适当提高。

6　边坡支护结构上的侧向岩土压力

6.1　一　般　规　定

6.1.1 侧向岩土压力分为静止岩土压力、主动岩土压力和被动岩土压力。当支护结构的变形不满足静止岩土压力、主动岩土压力或被动岩土压力产生条件时，应对侧向岩土压力进行修正。

6.1.2 侧向总岩土压力可采用总岩土压力公式直接计算或按岩土压力公式求和计算，侧向岩土压力和分布应根据支护类型确定。

6.2　侧向土压力

6.2.1 静止土压力标准值，可按下式计算：

$$e_{0ik} = (\sum_{j=1}^{i} \gamma_j h_j + q) K_{0i} \qquad (6.2.1)$$

式中　e_{0ik}——计算点处的静止土压力标准值(kN/m^2)；
　　　　γ_j——计算点以上第 j 层土的重度（kN/m^3）；
　　　　h_j——计算点以上第 j 层土的厚度（m）；
　　　　q——地面均布荷载（kN/m^2）；
　　　　K_{0i}——计算点处的静止土压力系数。

6.2.2 静止土压力系数宜由试验确定。当无试验条件时，对砂土可取 0.34～0.45，对粘性土可取 0.5～0.7。

6.2.3 根据平面滑裂面假定（图 6.2.3），主动土压力合力标准值可按下式计算：

$$E_{ak} = \frac{1}{2} \gamma H^2 K_a \qquad (6.2.3-1)$$

$$K_a = \frac{\sin(\alpha+\beta)}{\sin^2\alpha\sin^2(\alpha+\beta-\varphi-\delta)} \{ K_q [\sin(\alpha+\beta)\sin(\alpha-\delta)$$
$$+ \sin(\varphi+\delta)\sin(\varphi-\beta)]$$
$$+ 2\eta\sin\alpha\cos\varphi\cos(\alpha+\beta-\varphi-\delta)$$

$$-2\sqrt{K_q\sin(\alpha+\beta)\sin(\varphi-\beta)+\eta\sin\alpha\cos\varphi}$$
$$\times\sqrt{K_q\sin(\alpha-\delta)\sin(\varphi+\delta)+\eta\sin\alpha\cos\varphi}\}$$

$$(6.2.3-2)$$

$$K_q = 1 + \frac{2q\sin\alpha\cos\beta}{\gamma H\sin(\alpha+\beta)} \qquad (6.2.3-3)$$

$$\eta = \frac{2c}{\gamma H} \qquad (6.2.3-4)$$

式中　E_{ak}——主动土压力合力标准值（kN/m）；
　　　　K_a——主动土压力系数；
　　　　H——挡土墙高度（m）；
　　　　γ——土体重度（kN/m^3）；
　　　　c——土的粘聚力（kPa）；
　　　　φ——土的内摩擦角（°）；
　　　　q——地表均布荷载标准值（kN/m^2）；
　　　　δ——土对挡土墙墙背的摩擦角（°）；
　　　　β——填土表面与水平面的夹角（°）；
　　　　α——支挡结构墙背与水平面的夹角（°）；
　　　　θ——滑裂面与水平面的夹角（°）。

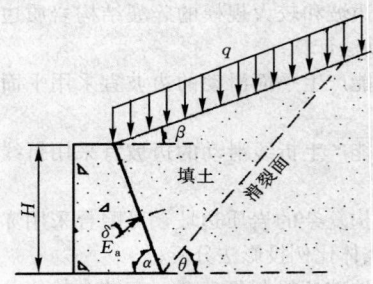

图 6.2.3　土压力计算

表 6.2.3　土对挡土墙墙背的摩擦角 δ

挡土墙情况	摩擦角 δ
墙背平滑，排水不良	$(0\sim0.33)\varphi$
墙背粗糙，排水良好	$(0.33\sim0.50)\varphi$
墙背很粗糙，排水良好	$(0.50\sim0.67)\varphi$
墙背与填土间不可能滑动	$(0.67\sim1.00)\varphi$

6.2.4 当墙背直立光滑、土体表面水平时，主动土压力标准值可按下式计算：

$$e_{aik} = (\sum_{j=1}^{i} \gamma_j h_j + q) K_{ai} - 2c_i\sqrt{K_{ai}} \quad (6.2.4)$$

式中　e_{aik}——计算点处的主动土压力标准值（kN/m^2），当 $e_{aik}<0$ 时取 $e_{aik}=0$；
　　　　K_{ai}——计算点处的主动土压力系数，取 $K_{ai}=tg^2(45°-\varphi_i/2)$；
　　　　c_i——计算点处土的粘聚力（kPa）；
　　　　φ_i——计算点处土的内摩擦角（°）。

6.2.5 当墙背直立光滑、土体表面水平时，被动土压力标准值可按下式计算：

$$e_{p'ik} = \left(\sum_{j=1}^{i}\gamma_j h_j + q\right)K_{pi} + 2c_i\sqrt{K_{pi}}$$

$$(6.2.5)$$

式中 $e_{p'ik}$ ——计算点处的被动土压力标准值(kN/m^2);

K_{pi} ——计算点处的被动土压力系数,取 $K_{pi}=tg^2(45° + (\varphi_i/2))$。

6.2.6 土中有地下水但未形成渗流时,作用于支护结构上的侧压力可按下列规定计算:

1 对砂土和粉土按水土分算原则计算;

2 对粘性土宜根据工程经验按水土分算或水土合算原则计算;

3 按水土分算原则计算时,作用在支护结构上的侧压力等于土压力和静止水压力之和,地下水位以下的土压力采用浮重度(γ')和有效应力抗剪强度指标(c'、φ')计算;

4 按水土合算原则计算时,地下水位以下的土压力采用饱和重度(γ_{sat})和总应力抗剪强度指标(c、φ)计算。

6.2.7 土中有地下水形成渗流时,作用于支护结构上的侧压力,除按 6.2.6 条计算外,尚应计算动水压力。

6.2.8 当挡墙后土体破裂面以内有较陡的稳定岩石坡面时,应视为有限范围填土情况计算主动土压力(图6.2.8)。有限范围填土时,主动土压力合力标准值可按下式计算:

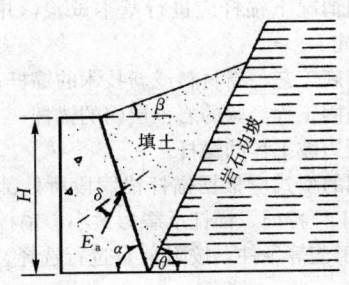

图 6.2.8 有限范围填土土
压力计算

$$E_{ak} = \frac{1}{2}\gamma H^2 K_a \qquad (6.2.8-1)$$

$$K_a = \frac{\sin(\alpha+\beta)}{\sin(\alpha-\delta+\theta-\delta_R)\sin(\theta-\beta)} \times$$

$$\left[\frac{\sin(\alpha+\theta)\sin(\theta-\delta_R)}{\sin^2\alpha} - \eta\frac{\cos\delta_R}{\sin\alpha}\right]$$

$$(6.2.8-2)$$

式中 θ ——稳定岩石坡面的倾角(°);

δ_R ——稳定且无软弱层的岩石坡面与填土间的摩擦角(°),宜根据试验确定。

当无试资料时,粘性土与粉土可取 $\delta_R = 0.33\varphi$,砂性土与碎石土可取 $\delta_R = 0.5\varphi$。

6.2.9 当坡顶作用有线性分布荷载、均布荷载和坡顶填土表面不规则时,在支护结构上产生的侧压力可按附录 B 简化计算。

6.3 侧向岩石压力

6.3.1 静止岩石压力标准值可按式(6.2.1)计算,静止岩石压力系数 K_0 可按下式计算:

$$K_0 = \frac{\nu}{1-\nu} \qquad (6.3.1)$$

式中 ν ——岩石泊松比,宜采用实测数据或当地经验数据。

6.3.2 对沿外倾结构面滑动的边坡,其主动岩石压力合力标准值可按下式计算:

$$E_{ak} = \frac{1}{2}\gamma H^2 K \qquad (6.3.2-1)$$

$$K_a = \frac{\sin(\alpha+\beta)}{\sin^2\alpha\sin(\alpha-\delta+\theta-\varphi_s)\sin(\theta-\beta)} \times$$

$$\left[K_q\sin(\alpha+\theta)\sin(\theta-\varphi_s) - \eta\sin\alpha\cos\varphi_s\right]$$

$$(6.3.2-2)$$

$$\eta = \frac{2c_s}{\gamma H} \qquad (6.3.2-3)$$

式中 θ ——外倾结构面倾角(°);

c_s ——外倾结构面粘聚力(kPa);

φ_s ——外倾结构面内摩擦角(°);

K_q ——系数,按式(6.2.3-3)计算;

δ ——岩石与挡墙背的摩擦角(°),取(0.33~0.5)φ。

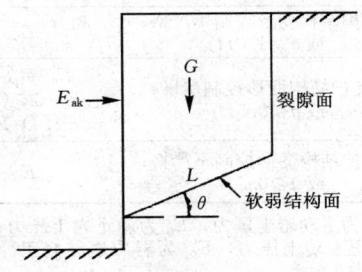

图 6.3.3 岩质边坡四边形滑裂时
侧向压力计算

其他符号详见图 6.2.3。

当有多组外倾结构面时,侧向岩压力应计算每组结构面的主动岩石压力并取其大值。

6.3.3 对沿缓倾的外倾软弱结构面滑动的边坡(图6.3.3),主动岩石压力合力标准值可按下式计算:

$$E_{ak} = Gtg(\theta-\varphi_s) - \frac{c_s L\cos\varphi_s}{\cos(\theta-\varphi_s)} \qquad (6.3.3)$$

式中 G——四边形滑裂体自重（kN/m）；

L——滑裂面长度（m）；

θ——缓倾的外倾软弱结构面的倾角（°）；

c_s——外倾软弱结构面的粘聚力（kPa）；

φ_s——外倾软弱结构面内摩擦角（°）。

6.3.4 侧向岩石压力和破裂角计算应符合下列规定：

1 对无外倾结构面的岩质边坡，以岩体等效内摩擦角按侧向土压力方法计算侧向岩压力；破裂角按 $45°+\varphi/2$ 确定，Ⅰ类岩体边坡可取 75°左右；

2 当有外倾硬性结构面时，侧向岩压力应分别以外倾硬性结构面的参数按 6.3.2 条的方法和以岩体等效内摩擦角按侧向土压力方法计算，取两种结果的较大值；除Ⅰ类边坡岩体外，破裂角取外倾结构面倾角和 $45°+\varphi/2$ 两者中的较小值；

3 当边坡沿外倾软弱结构面破坏时，侧向岩石压力按 6.3.2 条计算，破裂角取该外倾结构面的视倾角和 $45°+\varphi/2$ 两者中的较小者，同时应按本条 1 和 2 款进行验算。

6.3.5 当坡顶建筑物基础下的岩质边坡存在外倾软弱结构面时，边坡侧压力应按 6.4 节和 6.3.4 条两种情况分别计算，并取其中的较大值。

6.4 侧向岩土压力的修正

6.4.1 对支护结构变形有控制要求或坡顶有重要建（构）筑物时，可按下表确定支护结构上侧向岩土压力：

表 6.4.1 侧向岩土压力的修正

支护结构变形控制要求或坡顶重要建（构）筑物基础位置 a		侧向岩土压力修正方法
土质边坡	对支护结构变形控制严格，或 $a<0.5H$	E_o
	对支护结构变形控制较严格，或 $0.5H \leqslant a \leqslant 1.0H$	$E_a' = \dfrac{1}{2}(E_o+E_a)$
	对支护结构变形控制不严格，或 $a>1.0H$	E_a
岩质边坡	对支护结构变形控制严格，或 $a<0.5H$	$E_o' = \beta_1 E_o$ 且 $E_o' \geqslant (1.3 \sim 1.4)E_a$
	对支护结构变形控制不严格，或 $a \geqslant 0.5H$	E_a

注：1 E_a 为主动岩土压力，E_o 为静止岩石压力；E_a' 为修正主动土压力，E_o' 为岩质边坡修正静止岩石压力；

2 β_1 为岩质边坡静止岩石压力折减系数；

3 当基础浅埋时，H 取边坡高度；

4 当基础埋深较大，若基础周边与岩土间设有软性弹性材料隔离层或作了空位构造处理，能使基础垂直荷载传至边坡破裂面以下足够深度的稳定岩土层内，且基础水平荷载对边坡不造成较大影响，H 可从隔离层下端算至坡底，否则 H 按坡高计算；

5 基础埋深大于边坡高度且采用了注 4 的处理措施，基础的垂直荷载与水平荷载均不传给支护结构时，边坡支护结构侧压力可不考虑基础荷载的影响；

6 表中 a 为坡脚至坡顶重要建（构）筑物基础外边缘的水平距离。

6.4.2 岩质边坡静止侧压力的折减系数 β_1，可根据边坡岩体类别按下表确定：

表 6.4.2 岩质边坡静止侧压力折减系数 β_1

边坡岩体类型	Ⅰ	Ⅱ	Ⅲ	Ⅳ
静止岩石侧压力折减系数 β_1	0.30～0.45	0.40～0.55	0.50～0.65	0.65～0.85

注：当裂隙发育时取表中大值，裂隙不发育时取小值。

7 锚 杆（索）

7.1 一 般 规 定

7.1.1 锚杆（索）为拉力型锚杆，适用于岩质边坡、土质边坡、岩石基坑以及建（构）筑物锚固的设计、施工和试验。

7.1.2 锚杆使用年限应与所服务的建筑物使用年限相同，其防腐等级也应达到相应的要求。

7.1.3 永久性锚杆的锚固段不应设置在下列地层中：

1 有机质土，淤泥质土；

2 液限 $w_L>50\%$ 的土层；

3 相对密实度 $D_r<0.3$ 的土层。

7.1.4 下列情况下宜采用预应力锚杆：

1 边坡变形控制要求严格时；

2 边坡在施工期稳定性很差时（宜与排桩联合使用）。

7.1.5 下列情况下锚杆应进行基本试验，并应符合附录 C 的规定：

1 采用新工艺、新材料或新技术的锚杆；

2 无锚固工程经验的岩土层内的锚杆；

3 一级边坡工程的锚杆。

7.1.6 锚固的型式应根据锚杆锚固段所处部位的岩土层类型、工程特征、锚杆承载力大小、锚杆材料和长度、施工工艺等条件，按附录 D 进行选择。

7.2 设 计 计 算

7.2.1 锚杆的轴向拉力标准值和设计值可按下式计算：

$$N_{ak}=\frac{H_{tk}}{\cos\alpha} \qquad (7.2.1-1)$$

$$N_a=\gamma_Q N_{ak} \qquad (7.2.1-2)$$

式中 N_{ak}——锚杆轴向拉力标准值（kN）；

N_a——锚杆轴向拉力设计值（kN）；

H_{tk}——锚杆所受水平拉力标准值（kN）；

α——锚杆倾角（°）；

γ_Q——荷载分项系数，可取 1.30，当可变荷载较大时应按现行荷载规范确定。

7.2.2 锚杆钢筋截面面积应满足下式的要求：

$$A_s \geqslant \frac{\gamma_0 N_a}{\xi_2 f_y} \quad (7.2.2)$$

式中 A_s——锚杆钢筋或预应力钢绞线截面面积(m^2)；

ξ_2——锚筋抗拉工作条件系数，永久性锚杆取 0.69，临时性锚杆取 0.92；

γ_0——边坡工程重要性系数；

f_y，f_{py}——锚筋或预应力钢绞线抗拉强度设计值 (kPa)。

7.2.3 锚杆锚固体与地层的锚固长度应满足下式要求：

$$l_a \geqslant \frac{N_{ak}}{\xi_1 \pi D f_{rb}} \quad (7.2.3)$$

式中 l_a——锚固段长度(m)；尚应满足 7.4.1 条要求；

D——锚固体直径(m)；

f_{rb}——地层与锚固体粘结强度特征值 (kPa)，应通过试验确定，当无试验资料时可按表 7.2.3-1 和表 7.2.3-2 取值；

ξ_1——锚固体与地层粘结工作条件系数，对永久性锚杆取 1.00，对临时性锚杆取 1.33。

表 7.2.3-1 岩石与锚固体粘结强度特征值

岩石类别	f_{rb}值（kPa）	岩石类别	f_{rb}值（kPa）
极软岩	135~180	较硬岩	550~900
软 岩	180~380	坚硬岩	900~1300
较软岩	380~550		

注：1 表中数据适用于注浆强度等级为 M30；

2 表中数据仅适用于初步设计，施工时应通过试验检验；

3 岩体结构面发育时，取表中下限值；

4 表中岩石类别根据天然单轴抗压强度 f_r 划分：$f_r <5MPa$ 为极软岩，$5MPa \leqslant f_r <15MPa$ 为软岩，$15MPa \leqslant f_r <30MPa$ 为较软岩，$30MPa \leqslant f_r <60MPa$ 为较硬岩，$f_r \geqslant 60MPa$ 为坚硬岩。

表 7.2.3-2 土体与锚固体粘结强度特征值

土层种类	土的状态	f_{rb}值（kPa）
粘性土	坚硬	32~40
	硬塑	25~32
	可塑	20~25
	软塑	15~20
砂土	松散	30~50
	稍密	50~70
	中密	70~105
	密实	105~140
碎石土	稍密	60~90
	中密	80~110
	密实	110~150

注：1 表中数据适用于注浆强度等级为 M30；

2 表中数据仅适用于初步设计，施工时应通过试验检验。

7.2.4 锚杆钢筋与锚固砂浆间的锚固长度应满足下式要求：

$$l_a \geqslant \frac{\gamma_0 N_a}{\xi_3 n \pi d f_b} \quad (7.2.4)$$

式中 l_a——锚杆钢筋与砂浆间的锚固长度（m）；

d——锚杆钢筋直径（m）；

n——钢筋（钢绞线）根数（根）；

γ_0——边坡工程重要性系数；

f_b——钢筋与锚固砂浆间的粘结强度设计值（kPa），应由试验确定，当缺乏试验资料时可按表 7.2.4 取值；

ξ_3——钢筋与砂浆粘结强度工作条件系数，对永久性锚杆取 0.60，对临时性锚杆取 0.72。

表 7.2.4 钢筋、钢绞线与砂浆之间的粘结强度设计值 f_b(MPa)

锚杆类型	水泥浆或水泥砂浆强度等级		
	M25	M30	M35
水泥砂浆与螺纹钢筋间	2.10	2.40	2.70
水泥砂浆与钢绞线、高强钢丝间	2.75	2.95	3.40

注：1 当采用二根钢筋点焊成束的作法时，粘结强度应乘 0.85 折减系数；

2 当采用三根钢筋点焊成束的作法时，粘结强度应乘 0.7 折减系数；

3 成束钢筋的根数不应超过三根，钢筋截面总面积不应超过锚孔面积的 20%。当锚固段钢筋和注浆材料采用特殊设计，并经试验证锚固效果良好时，可适当增加锚杆钢筋用量。

7.2.5 锚杆的弹性变形和水平刚度系数应由锚杆试验确定。当无试验资料时，自由段无粘结的岩石锚杆水平刚度系数 K_h 可按下式估算：

$$K_h = \frac{A E_s}{l_f} \cos^2 \alpha \quad (7.2.5)$$

式中 K_h——锚杆水平刚度系数（kN/m）；

l_f——锚杆无粘结自由段长度（m）；

E_s——杆体弹性模量（kN/m^2）；

A——杆体截面面积（m^2）；

α——锚杆倾角（°）。

7.2.6 预应力岩石锚杆和全粘结岩石锚杆可按刚性拉杆考虑。

7.3 原 材 料

7.3.1 锚固工程原材料性能应符合现行有关产品标准的规定，应满足设计要求，方便施工，且材料之间不应产生不良影响。

7.3.2 灌浆材料性能应符合下列规定：

1 水泥宜使用普通硅酸盐水泥，必要时可采用抗硫酸盐水泥，其强度不应低于 42.5MPa；

2 砂的含泥量按重量计不得大于 3%，砂中云母、有机物、硫化物和硫酸盐等有害物质的含量按重量计不得大于 1%；

3 水中不应含有影响水泥正常凝结和硬化的有害物质，不得使用污水；

4 外加剂的品种和掺量应由试验确定；

5 浆体配制的灰砂比宜为 0.8~1.5，水灰比宜为 0.38~0.5；

6 浆体材料 28d 的无侧限抗压强度，用于全粘结型锚杆时不应低于 25MPa，用于锚索时不应低于 30MPa。

7.3.3 锚杆杆体材料的选用应符合附录 E 的要求，不宜采用镀锌钢材。

7.3.4 锚具及其使用应满足下列要求：

1 锚具应由锚环、夹片和承压板组成，应具有补偿张拉和松弛的功能；

2 预应力锚具和连接锚杆的部件，其承载能力不应低于锚杆杆体极限承载力的 95%；

3 预应力筋用锚具、夹具及连接器必须符合现行行业标准《预应力筋用锚具、夹具和连接器应用技术规程》JGJ85 的规定。

7.3.5 套管材料应满足下列要求：

1 具有足够的强度，保证其在加工和安装过程中不致损坏；

2 具有抗水性和化学稳定性；

3 与水泥砂浆和防腐剂接触无不良反应。

7.3.6 防腐材料应满足下列要求：

1 在锚杆使用年限内，应保持耐久性；

2 在规定的工作温度内或张拉过程中不得开裂、变脆或成为流体；

3 应具有化学稳定性和防水性，不得与相邻材料发生不良反应。

7.3.7 隔离架、导向帽和架线环应由钢、塑料或其他对杆体无害的材料组成，不得使用木质隔离架。

7.4 构造设计

7.4.1 锚杆总长度应为锚固段、自由段和外锚段的长度之和，并应满足下列要求：

1 锚杆自由段长度按外锚头到潜在滑裂面的长度计算；预应力锚杆自由段长度应不小于 5m，且应超过潜在滑裂面；

2 锚杆锚固段长度应按式 (7.2.3)、(7.2.4) 进行计算，并取其中大值。同时，土层锚杆的锚固段长度不应小于 4m，且不宜大于 10m；岩石锚杆的锚固段长度不应小于 3m，且不宜大于 45D 和 6.5m，或 55D 和 8m（对预应力锚索）；位于软质岩中的预应力锚索，可根据地区经验确定最大锚固长度。当计算锚固段长度超过上述数值时，应采取改善锚固段岩体质量、改变锚头构造或扩大锚固段直径等技术措施，提

高锚固力。

7.4.2 锚杆隔离架（对中支架）应沿锚杆轴线方向每隔 1~3m 设置一个，对土层应取小值，对岩层可取大值。

7.4.3 锚杆外锚头、台座、腰梁和辅助件等的设计应符合现行有关标准的规定。

7.4.4 当锚固段岩体破碎、渗水量大时，宜对岩体作固结灌浆处理。

7.4.5 永久性锚杆的防腐蚀处理应符合下列规定：

1 非预应力锚杆的自由段位于土层中时，可采用除锈、刷沥青船底漆、沥青玻纤布缠裹其层数不少于二层；

2 对采用钢绞线、精轧螺纹钢制作的预应力锚杆（索），其自由段可按本条 1 款进行防腐蚀处理后装入套管中；自由段套管两端 100~200mm 长度范围内用黄油充填，外绕扎工程胶布固定；

3 对位于无腐蚀性岩土层内的锚固段应除锈，砂浆保护层厚度应不小于 25mm；

4 对位于腐蚀性岩土层内的锚杆的锚固段和非锚固段，应采取特殊防腐蚀处理；

5 经过防腐蚀处理后，非预应力锚杆的自由段外端应埋入钢筋混凝土构件内 50mm 以上；对预应力锚杆，其锚头的锚具经除锈、涂防腐漆三度后应采用钢筋网罩、现浇混凝土封闭，且混凝土强度等级不低于 C30，厚度不应小于 100mm，混凝土保护层厚度不应小于 50mm。

7.4.6 临时性锚杆的防腐蚀可采取下列处理措施：

1 非预应力锚杆的自由段，可采用除锈后刷沥青防锈漆处理；

2 预应力锚杆的自由段，可采用除锈后刷沥青防锈漆或加套管处理；

3 外锚头可采用外涂防腐材料或外包混凝土处理。

7.5 施　　工

7.5.1 锚杆施工前应作好下列准备工作：

1 应掌握锚杆施工区建（构）筑物基础、地下管线等情况；

2 应判断锚杆施工对临近建筑物和地下管线的不良影响，并拟定相应预防措施；

3 应检验锚杆的制作工艺和张拉锁定方法与设备；

4 应确定锚杆注浆工艺并标定注浆设备；

5 应检查原材料的品种、质量和规格型号，以及相应的检验报告。

7.5.2 锚孔施工应符合下列规定：

1 锚孔定位偏差不宜大于 20mm；

2 锚孔偏斜度不应大于 5%；

3 钻孔深度超过锚杆设计长度应不小于 0.5m。

7.5.3 钻孔机械应考虑钻孔通过的岩土类型、成孔

条件、锚固类型、锚杆长度、施工现场环境、地形条件、经济性和施工速度等因素进行选择。

7.5.4 预应力锚杆锚头承压板及其安装应符合下列要求：

1 承压板应安装平整、牢固，承压面应与锚孔轴线垂直；

2 承压板底部的混凝土应填充密实，并满足局部抗压要求。

7.5.5 锚杆的灌浆应符合下列要求：

1 灌浆前应清孔，排放孔内积水；

2 注浆管宜与锚杆同时放入孔内，注浆管端头到孔底距离宜为 100mm；

3 浆体强度检验用试块的数量每 30 根锚杆不应少于一组，每组试块应不少于 6 个；

4 根据工程条件和设计要求确定灌浆压力，应确保浆体灌注密实。

7.5.6 预应力锚杆的张拉与锁定应符合下列规定：

1 锚杆张拉宜在锚固体强度大于 20MPa 并达到设计强度的 80% 后进行；

2 锚杆张拉顺序应避免相近锚杆相互影响；

3 锚杆张拉控制应力不宜超过 0.65 倍钢筋或钢绞线的强度标准值；

4 宜进行超过锚杆设计预应力值 1.05～1.10 倍的超张拉，预应力保留值应满足设计要求。

8 锚杆（索）挡墙支护

8.1 一般规定

8.1.1 锚杆挡墙可分为下列型式：

1 根据挡墙的结构型式可分为板肋式锚杆挡墙、格构式锚杆挡墙和排桩式锚杆挡墙；

2 根据锚杆的类型可分为非预应力锚杆挡墙和预应力锚杆（索）挡墙。

8.1.2 下列边坡宜采用排桩式锚杆挡墙支护：

1 位于滑坡区或切坡后可能引发滑坡的边坡；

2 切坡后可能沿外倾软弱结构面滑动，破坏后果严重的边坡；

3 高度较大、稳定性较差的土质边坡；

4 边坡塌滑区内有重要建筑物基础的Ⅳ类岩质边坡和土质边坡。

8.1.3 在施工期稳定性较好的边坡，可采用板肋式或格构式锚杆挡墙。

8.1.4 对填方锚杆挡墙，在设计和施工时应采取有效措施防止新填方土体造成的锚杆附加拉应力过大。高度较大的新填方边坡不宜采用锚杆挡墙方案。

8.2 设计计算

8.2.1 锚杆挡墙设计应包括下列内容：

1 侧向岩土压力计算；

2 挡墙结构内力计算；

3 立柱嵌入深度计算；

4 锚杆计算和构造设计；

5 挡板、立柱（肋柱或排桩）及其基础设计；

6 边坡变形控制设计；

7 整体稳定性分析；

8 施工方案建议和监测要求。

8.2.2 坡顶无建（构）筑物且不需进行边坡变形控制的锚杆挡墙，其侧向岩土压力可按下式计算：

$$E'_{ah} = E_{ah}\beta_2 \qquad (8.2.2)$$

式中 E'_{ah} ——侧向岩土压力合力水平分力修正值（kN）；

E_{ah} ——侧向主动岩土压力合力水平分力设计值（kN）；

β_2 ——锚杆挡墙侧向岩土压力修正系数，应根据岩土类别和锚杆类型按表 8.2.2 确定。

表 8.2.2 锚杆挡墙侧向岩土压力修正系数 β_2

锚杆类型 岩土类别	非预应力锚杆			预应力锚杆	
	土层锚杆	自由段为土层的岩石锚杆	自由段为岩层的岩石锚杆	自由段为土层时	自由段为岩层时
β_2	1.1～1.2	1.1～1.2	1.0	1.2～1.3	1.1

注：当锚杆变形计算值较小时取大值，较大时取小值。

8.2.3 确定岩土自重产生的锚杆挡墙侧压力分布，应考虑锚杆层数、挡墙位移大小、支护结构刚度和施工方法等因素，可简化为三角形、梯形或当地经验图形。

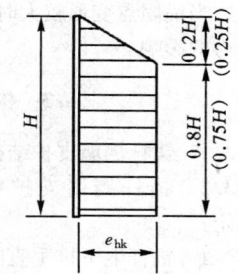

图 8.2.5 锚杆挡墙侧压力分布图
（括号内数值适用于土质边坡）

8.2.4 填方式锚杆挡墙和单排锚杆的土层锚杆挡墙的侧压力，可近似按库仑理论取为三角形分布。

8.2.5 对岩质边坡以及坚硬、硬塑状粘土和密实、中密砂土类边坡，当采用逆作法施工的、柔性结构的多层锚杆挡墙时，侧压力分布可近似按图 8.2.5 确定，图中 e_{hk} 按下式计算：

对岩质边坡：

$$e_{hk} = \frac{E_{hk}}{0.9H} \qquad (8.2.5-1)$$

对土质边坡：

$$e_{hk} = \frac{E_{hk}}{0.875H} \qquad (8.2.5-2)$$

式中 e_{hk} ——侧向岩土压力水平分力标准值（kN/m²）；

E_{hk}——侧向岩土压力合力水平分力标准值(kN/m);

H——挡墙高度(m)。

8.2.6 对板肋式和排桩式锚杆挡墙,立柱荷载设计值取立柱受荷范围内的最不利荷载组合值。

8.2.7 岩质边坡以及坚硬、硬塑状粘土和密实、中密砂土类边坡的锚杆挡墙,立柱和锚杆的水平分力可按下列规定计算:

1 立柱可按支承于刚性锚杆上的连续梁计算内力;当锚杆变形较大时立柱宜按支承于弹性锚杆上的连续梁计算内力;

2 根据立柱下端的嵌岩程度,可按铰结端或固定端考虑;当立柱位于强风化岩层以及坚硬、硬塑状粘土和密实、中密砂土边坡内时,其嵌入深度可按等值梁法计算。

8.2.8 除坚硬、硬塑状粘土和密实、中密砂土类外的土质边坡锚杆挡墙,结构内力宜按弹性支点法计算。当锚固点水平变形较小时,结构内力可按静力平衡法或等值梁法计算,可参见附录F。

8.2.9 根据挡板与立柱联结构造的不同,挡板可简化为支撑在立柱上的水平连续板、简支板或双铰拱板;设计荷载可取板所处位置的岩土压力值。岩质边坡挡墙或坚硬、硬塑状粘土和密实、中密砂土等且排水良好的挖方土质边坡挡墙,可根据当地的工程经验考虑两立柱间岩土形成的卸荷拱效应。

8.2.10 当锚固点变形较小时,钢筋混凝土格构式锚杆挡墙可简化为支撑在锚固点上的井字梁进行内力计算;当锚固点变形较大时,应考虑变形对格构式挡墙内力的影响。

8.3 构 造 设 计

8.3.1 锚杆挡墙支护结构立柱的间距宜采用2~8m。

8.3.2 锚杆挡墙支护中锚杆的布置应符合下列规定:

1 锚杆上下排垂直间距不宜小于2.5m,水平间距不宜小于2m;

2 当锚杆间距小于上述规定或锚固段岩土层稳定性较差时,锚杆宜采用长短相间的方式布置;

3 第一排锚杆锚固体上覆土层的厚度不宜小于4m,上覆岩层的厚度不宜小于2m;

4 第一锚点位置可设于坡顶下1.5~2m处;

5 锚杆的倾角宜采用10°~35°;

6 锚杆布置应尽量与边坡走向垂直,并应与结构面呈较大倾角相交;

7 立柱位于土层时宜在立柱底部附近设置锚杆。

8.3.3 立柱、挡板和格构梁的混凝土强度等级不应低于C20。

8.3.4 立柱的截面尺寸除应满足强度、刚度和抗裂要求外,还应满足挡板(或拱板)的支座宽度、锚杆钻孔和锚固等要求。肋柱截面宽度不宜小于300mm,

截面高度不宜小于400mm;钻孔桩直径不宜小于500mm,人工挖孔桩直径不宜小于800mm。

8.3.5 立柱基础应置于稳定的地层内,可采用独立基础、条形基础或桩基础等形式。

8.3.6 对永久性边坡,现浇挡板和拱板厚度不宜小于200mm。

8.3.7 锚杆挡墙立柱宜对称配筋;当第一锚点以上悬臂部分内力较大或柱顶设单锚时,可根据立柱的内力包络图采用不对称配筋作法。

8.3.8 格构梁截面尺寸应按强度、刚度和抗裂要求计算确定,且格构梁截面宽度和截面高度不宜小于300mm。

8.3.9 永久性锚杆挡墙现浇混凝土构件的温度伸缩缝间距不宜大于20~25m。

8.3.10 锚杆挡墙立柱的顶部宜设置钢筋混凝土构造连梁。

8.3.11 当锚杆挡墙的锚固区内有建(构)筑物基础传递的较大荷载时,除应验算挡墙的整体稳定性外,还应适当加长锚杆,并采用长短相间的设置方法。

8.4 施 工

8.4.1 排桩式锚杆挡墙和在施工期边坡可能失稳的板肋式锚杆挡墙,应采用逆作法进行施工。

8.4.2 对施工期处于不利工况的锚杆挡墙,应按临时性支护结构进行验算。

9 岩石锚喷支护

9.1 一 般 规 定

9.1.1 岩质边坡可采用锚喷支护。Ⅰ类岩质边坡宜采用混凝土锚喷支护;Ⅱ类岩质边坡宜采用钢筋混凝土锚喷支护;Ⅲ类边坡坡高不宜大于15m,且应采用钢筋混凝土锚喷支护。

9.1.2 下列边坡不应采用锚喷支护:

1 膨胀性岩石的边坡;

2 具有严重腐蚀性的边坡。

9.1.3 岩质边坡采用锚喷支护后,对局部不稳定块体尚应采取加强支护的措施。

9.2 设 计 计 算

9.2.1 岩质边坡采用锚喷支护时,整体稳定性计算应符合下列规定:

1 岩石侧压力可视为均匀分布,岩石压力水平分力标准值可按下式计算:

$$e_{hk} = \frac{E_{hk}}{H} \tag{9.2.1-1}$$

式中 e_{hk}——岩石侧向压力水平分力标准值(kN/m²);

E_{hk}——岩石侧向压力合力水平分力标准值（kN/m）；

H——边坡高度（m）。

2 锚杆所受水平拉力标准值可按下式计算：

$$H_{tk} = e_{hk} s_{xj} s_{yj} \qquad (9.2.1-2)$$

式中 s_{xj}——锚杆的水平间距（m）；

s_{yj}——锚杆的垂直间距（m）；

H_{tk}——锚杆所受水平拉力标准值（kN）。

9.2.2 采用锚喷支护边坡时，锚杆计算应符合 7.2.1～7.2.4 条的规定。

9.2.3 用锚杆加固局部不稳定块体时，锚杆抗力应满足下列要求：

1 加固受拉破坏的不稳定危岩块体，锚杆抗拉承载力应满足下式的要求：

$$\xi_2 A_s f_y \geqslant \gamma_0 \gamma_Q G_0 \qquad (9.2.3-1)$$

2 加固受剪破坏的不稳定危岩块体，锚杆抗剪承载力应满足下式的要求：

$$\xi_v A_s f_v + (G_2 \mathrm{tg}\varphi_s + c_s A) \geqslant \gamma_0 \gamma_Q G_1 \qquad (9.2.3-2)$$

式中 G_0——不稳定块体的自重（kN）；

G_1、G_2——分别为不稳定块体自重在平行和垂直于滑面方向的分力（kN）；

A_s——锚杆钢筋总截面积（m²）；

f_y——锚杆钢筋抗拉强度设计值（kPa）；

f_v——锚杆钢筋抗剪强度设计值（kPa）；

c_s——滑移面的粘聚力（kPa）；

φ_s——滑移面的内摩擦角（°）；

A——滑移面面积（m²）；

γ_0——边坡工程重要性系数；

γ_Q——荷载分项系数，可取 1.30，当可变荷载较大时应按现行荷载规范确定；

ξ_2——锚杆抗拉工作条件系数，永久性锚杆取 0.69，临时性锚杆取 0.92；

ξ_v——锚杆抗剪工作条件系数，取 0.6。

9.2.4 喷层对局部不稳定块体的抗拉承载力应按下式验算：

$$0.6 \xi_c f_t h u_r \geqslant \gamma_0 \gamma_Q G_0 \qquad (9.2.4)$$

式中 ξ_c——喷层工作条件系数，取 0.6；

f_t——喷射混凝土抗拉强度设计值（kPa），可按表 9.3.5 采用；

u_r——不稳定块体出露面的周边长度（m）；

h——喷层厚度（m），当 $h > 100\,\mathrm{mm}$ 时以 100mm 计算。

9.3 构造设计

9.3.1 岩面护层可采用喷射混凝土层、现浇混凝土板或格构梁等型式。

9.3.2 系统锚杆的设置应满足下列要求：

1 锚杆倾角宜为 10°～20°；

2 锚杆布置宜采用菱形排列，也可采用行列式排列；

3 锚杆间距宜为 1.25～3m，且不应大于锚杆长度的一半；对Ⅰ、Ⅱ类岩体边坡最大间距不得大于 3m，对Ⅲ类岩体边坡最大间距不得大于 2m；

4 应采用全粘结锚杆。

9.3.3 局部锚杆的布置应满足下列要求：

1 对受拉破坏的不稳定块体，锚杆应按有利于其抗拉的方向布置；

2 对受剪破坏的不稳定块体，锚杆宜逆向不稳定块体滑动方向布置。

9.3.4 喷射混凝土的设计强度等级不应低于 C20；喷射混凝土 1d 龄期的抗压强度不应低于 5MPa。

9.3.5 喷射混凝土的物理力学参数可按表 9.3.5 采用。

表 9.3.5　　喷射混凝土物理力学参数

喷射混凝强度等级 物理力学参数	C20	C25	C30
轴心抗压强度设计值（MPa）	10	12.5	15
弯曲抗压强度设计值（MPa）	11	13.5	16.5
抗拉强度设计值（MPa）	1.1	1.3	1.5
弹性模量（MPa）	2.1 ×10⁴	2.3 ×10⁴	2.5 ×10⁴
重度（kN/m³）	22.0		

9.3.6 喷射混凝土与岩面的粘结力，对整体状和块状岩体不应低于 0.7MPa，对碎裂状岩体不应低于 0.4MPa。喷射混凝土与岩面粘结力试验应遵守现行国家标准《锚杆喷射混凝土支护技术规范》GB50086 的规定。

9.3.7 喷射混凝土面板厚度不应小于 50mm，含水岩层的喷射混凝土面板厚度和钢筋网喷射混凝土面板厚度不应小于 100mm。Ⅲ类岩体边坡钢筋网喷射混凝土面板厚度和钢筋混凝土面板厚度不应小于 150mm。钢筋直径宜为 6～12mm，钢筋间距宜为 150～300mm，宜采用双层配筋，钢筋保护层厚度不应小于 25mm。

9.3.8 永久性边坡的现浇板厚度宜为 200mm，混凝土强度等级不应低于 C20。应采用双层配筋，钢筋直径宜为 8～14mm，钢筋间距宜为 200～300mm。面板与锚杆应有可靠连结。

9.3.9 面板宜沿边坡纵向每 20～25m 的长度分段设置竖向伸缩缝。

9.4 施　　工

9.4.1 Ⅲ类岩体的边坡应采用逆作法施工，Ⅱ类岩体的边坡可部分采用逆作法施工。

10 重力式挡墙

10.1 一般规定

10.1.1 根据墙背倾斜情况，重力式挡墙可分为俯斜式挡墙、仰斜式挡墙、直立式挡墙和衡重式挡墙以及其他形式挡墙。

10.1.2 采用重力式挡墙时，土质边坡高度不宜大于8m，岩质边坡高度不宜大于10m。

10.1.3 对变形有严格要求的边坡和开挖土石方危及边坡稳定的边坡不宜采用重力式挡墙，开挖土石方及相邻建筑物安全的边坡不应采用重力式挡墙。

10.1.4 重力式挡墙类型应根据使用要求、地形和施工条件综合考虑确定，对岩质边坡和挖方形成的土质边坡宜采用仰斜式，高度较大的土质边坡宜采用衡重式或仰斜式。

10.2 设计计算

10.2.1 当重力式挡墙墙背为平直面且坡顶地面无荷载时，侧向岩土压力可采用库仑三角形分布。

10.2.2 重力式挡墙设计时除应按 3.3.5 条的规定进行计算外，尚应进行抗滑移稳定性验算、抗倾覆稳定性验算。地基软弱时，还应进行地基稳定性验算。

10.2.3 重力式挡墙的抗滑移稳定性应按下式验算：

$$\frac{(G_n + E_{an})\mu}{E_{at} - G_t} \geqslant 1.3 \qquad (10.2.3)$$

$$G_n = G\cos\alpha_0$$

$$G_t = G\sin\alpha_0$$

$$E_{at} = E_a\sin(\alpha - \alpha_0 - \delta)$$

$$E_{an} = E_a\cos(\alpha - \alpha_0 - \delta)$$

式中 G——挡墙每延米自重（kN/m）；

E_a——每延米主动岩土压力合力（kN/m）；

α_0——挡墙基底倾角（°）；

α——挡墙墙背倾角（°）；

δ——岩土对挡墙墙背摩擦角（°），可按表 6.2.3 选用；

μ——岩土对挡墙基底的摩擦系数，宜由试验确定，也可按表 10.2.3 选用。

表 10.2.3 岩土对挡墙基底摩擦系数 μ

岩 土 类 别		摩擦系数 μ
粘性土	可 塑	0.20～0.25
	硬 塑	0.25～0.30
	坚 硬	0.30～0.40
粉 土		0.25～0.35
中砂、粗砂、砾砂		0.35～0.45
碎石土		0.40～0.50
极软岩、软岩、较软岩		0.40～0.60
表面粗糙的坚硬岩、较硬岩		0.65～0.75

10.2.4 重力式挡墙的抗倾覆稳定性应按下式验算：

$$\frac{Gx_0 + E_{az}x_f}{E_{ax}z_f} \geqslant 1.6 \qquad (10.2.4)$$

$$E_{ax} = E_a\sin(\alpha - \delta)$$

$$E_{az} = E_a\cos(\alpha - \delta)$$

$$x_f = b - z\,\mathrm{ctg}\,\alpha$$

$$z_f = z - b\,\mathrm{tg}\,\alpha_0$$

式中 z——岩土压力作用点至墙踵的高度（m）；

x_0——挡墙重心至墙趾的水平距离（m）；

b——基底的水平投影宽度（m）。

10.2.5 重力式挡墙的土质地基稳定性可采用圆弧滑动法验算，岩质地基稳定性可采用平面滑动法验算。地基稳定性验算应按 5 章的有关规定执行。

10.2.6 重力式挡墙的地基承载力和结构强度计算，应符合现行有关标准的规定。

10.3 构造设计

10.3.1 重力式挡墙材料可使用浆砌块石、条石或素混凝土。块石、条石的强度等级应不低于 MU30，混凝土的强度等级应不低于 C15。

10.3.2 重力式挡墙基底可做成逆坡。对土质地基，基底逆坡坡度不宜大于 0.1:1.0；对岩质地基，基底逆坡坡度不宜大于 0.2:1.0。

10.3.3 块、条石挡墙墙顶宽度不宜小于 400mm，素混凝土挡墙墙顶宽度不宜小于 300mm。

10.3.4 重力式挡墙的基础埋置深度，应根据地基稳定性、地基承载力、冻结深度、水流冲刷情况和岩石风化程度等因素确定。在土质地基中，基础最小埋置深度不宜小于 0.5～0.8m（挡墙较高时取大值，反之取小值）；在岩质地基中，基础埋置深度不宜小于 0.3m。基础埋置深度应从坡脚排水沟底起算。

10.3.5 重力式挡墙的伸缩缝间距，对条石、块石挡墙应采用 20～25m，对素混凝土挡墙应采用 10～15m。在地基性状和挡墙高度变化处应设沉降缝，缝宽应采用 20～30mm，缝中应填塞沥青麻筋或其他有弹性的防水材料，填塞深度不应小于 150mm。在挡墙拐角处，应适当加强构造措施。

10.3.6 挡墙后面的填土，应优先选择透水性较强的填料。当采用粘性土作填料时，宜掺入适量的碎石。不应采用淤泥、耕植土、膨胀性粘土等软弱有害的岩土体作为填料。

10.3.7 挡墙地基纵向坡度大于 5% 时，基底应做成台阶形。

10.4 施 工

10.4.1 浆砌块石、条石挡墙的施工必须采用座浆法，所用砂浆宜采用机械拌合。块石、条石表面应清洗干净，砂浆填塞应饱满，严禁干砌。

10.4.2 块石、条石挡墙所用石材的上下面应尽可能平整，块石厚度不应小于 200mm，外露面应用 M7.5 砂浆勾缝。应分层错缝砌筑，基底和墙趾台阶转折处不应有垂直通缝。

10.4.3 墙后填土必须分层夯实，选料及其密实度均应满足设计要求。

10.4.4 当填方挡墙墙后地面的横坡坡度大于 1∶6 时，应在进行地面粗糙处理后再填土。

10.4.5 重力式挡墙在施工前要做好地面排水工作，保持基坑和边坡坡面干燥。

11 扶壁式挡墙

11.1 一般规定

11.1.1 扶壁式挡墙适用于土质填方边坡，其高度不宜超过 10m。

11.1.2 扶壁式挡墙的基础应置于稳定的岩土层内，其埋置深度应符合 10.3.4 条的规定。

11.2 设计计算

11.2.1 扶壁式挡墙的计算除应符合 10.2.2 条的规定外，还应进行结构内力计算和配筋设计。

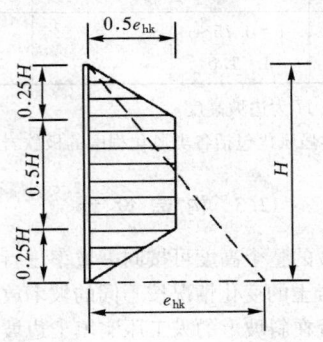

图 11.2.3 扶壁式挡墙侧向
压力分布图

11.2.2 挡墙侧向土压力宜按第二破裂面法进行计算。当不能形成第二破裂面时，可用墙踵下缘与墙顶内缘的连线或通过墙踵的竖向面作为假想墙背计算，取其中不利状态的侧向压力作为设计控制值。

11.2.3 计算立板内力时，侧向压力分布可按图 11.2.3 或根据当地经验图形确定。

11.2.4 对扶壁式挡墙，根据其受力特点可按下列简化模型进行内力计算：

    1 立板和墙踵板可根据边界约束条件按三边固定、一边自由的板或连续板进行计算；

    2 墙趾底板可简化为固定在立板上的悬臂板进

行计算；

    3 扶壁可简化为悬臂的 T 形梁进行计算，其中立板为梁的翼，扶壁为梁的腹板。

11.2.5 计算挡墙整体稳定性和立板内力时，可不考虑挡墙前底板以上土体的影响；在计算墙趾板内力时，应计算底板以上填土的自重。

11.2.6 挡墙结构应进行混凝土裂缝宽度的验算。迎土面裂缝宽度不应大于 0.2mm，背土面不应大于 0.3mm，并应符合现行国家标准《混凝土结构设计规范》GB50010 的有关规定。

11.3 构造设计

11.3.1 扶壁式挡墙的混凝土强度等级不应低于 C20，受力钢筋直径不应小于 12mm，间距不宜大于 250mm。混凝土保护层厚度不应小于 25mm。

11.3.2 扶壁式挡墙尺寸应根据强度和变形计算确定，并应符合下列规定：

    1 两扶壁之间的距离宜取挡墙高度的 1/3～1/2；

    2 扶壁的厚度宜取扶壁间距的 1/8～1/6，可采用 300～400mm；

    3 立板顶端和底板的厚度应不小于 200mm；

    4 立板在扶壁处的外伸长度，宜根据外伸悬臂固端弯矩与中间跨固端弯矩相等的原则确定，可取两扶壁净距的 0.35 倍左右。

11.3.3 扶壁式挡墙应根据其受力特点进行配筋设计，其配筋率、钢筋的搭接和锚固等应符合现行国家标准《混凝土结构设计规范》GB50010 的有关规定。

11.3.4 当挡墙受滑动稳定控制时，应采取提高抗滑能力的构造措施。宜在墙底下设防滑键，其高度应保证键前土体不被挤出。防滑键厚度应根据抗剪强度计算确定，且不应小于 300mm。

11.3.5 扶壁式挡墙位于纵向坡度大于 5% 的斜坡时，基底宜做成台阶形。

11.3.6 对软弱地基或填方地基，当地基承载力不满足设计要求时，应进行地基处理或采用桩基础方案。

11.3.7 扶壁式挡墙纵向伸缩缝间距宜采用 20～25m，并应符合 10.3.5 条的规定。

11.3.8 宜在不同结构单元处和地层性状变化处设置沉降缝。沉降缝与伸缩缝宜合并。

11.3.9 扶壁式挡墙的墙后填料质量和回填质量应符合 10.3.6 条的要求。

11.4 施 工

11.4.1 施工时应做好排水系统，避免水软化地基的不利影响，基坑开挖后应及时封闭。

11.4.2 施工时应清除填土中的草和树皮、树根等杂物。在墙身混凝土强度达到设计强度的 70% 后方可进行填土，填土应分层夯实。

11.4.3 扶壁间回填宜对称实施，施工时应控制填土对扶壁式挡墙的不利影响。

11.4.4 当挡墙墙后地面的横坡坡度大于1:6时，应在进行地面粗糙处理后再填土。

12 坡率法

12.1 一般规定

12.1.1 当工程条件许可时，应优先采用坡率法。

12.1.2 下列边坡不应采用坡率法：

　　1 放坡开挖对拟建或相邻建（构）筑物有不利影响的边坡；

　　2 地下水发育的边坡；

　　3 稳定性差的边坡。

12.1.3 坡率法可与锚杆（索）或锚喷支护等联合应用。

12.1.4 采用坡率法时应进行边坡环境整治，因势利导保持水系畅通。

12.1.5 高度较大的边坡应分级开挖放坡。分级放坡时应验算边坡整体的和各级的稳定性。

12.2 设计计算

12.2.1 土质边坡的坡率允许值应根据经验，按工程类比的原则并结合已有稳定边坡的坡率值分析确定。当无经验，且土质均匀良好、地下水贫乏、无不良地质现象和地质环境条件简单时，可按表12.2.1确定。

表 12.2.1　　土质边坡坡率允许值

边坡土体类别	状态	坡率允许值（高宽比）	
		坡高小于5m	坡高5~10m
碎石土	密实	1:0.35~1:0.50	1:0.50~1:0.75
	中密	1:0.50~1:0.75	1:0.75~1:1.00
	稍密	1:0.75~1:1.00	1:1.00~1:1.25
粘性土	坚硬	1:0.75~1:1.00	1:1.00~1:1.25
	硬塑	1:1.00~1:1.25	1:1.25~1:1.50

注：1　表中碎石土的充填物为坚硬或硬塑状态的粘性土；

　　2　对于砂土或充填物为砂土的碎石土，其边坡坡率允许值应按自然休止角确定。

12.2.2 在边坡保持整体稳定的条件下，岩质边坡开挖的坡率允许值应根据实际经验，按工程类比的原则并结合已有稳定边坡的坡率值分析确定。对无外倾软弱结构面的边坡，可按表12.2.2确定。

12.2.3 下列边坡的坡率允许值应通过稳定性分析计算确定：

　　1 有外倾软弱结构面的岩质边坡；

　　2 土质较软的边坡；

　　3 坡顶边缘附近有较大荷载的边坡；

　　4 坡高超过表12.2.1和表12.2.2范围的边坡。

12.2.4 填土边坡的坡率允许值应按现行有关标准执行，并结合地区经验确定。

12.2.5 土质边坡稳定性计算应考虑拟建建（构）筑物和边坡整治对地下水运动等水文地质条件的影响，以及由此而引起的对边坡稳定性的影响。

12.2.6 边坡稳定性计算应符合第5章的有关规定。

表 12.2.2　　岩质边坡坡率允许值

边坡岩体类型	风化程度	坡率允许值（高宽比）		
		$H<8m$	$8m{\leqslant}H<15m$	$15m{\leqslant}H<25m$
Ⅰ类	微风化	1:0.00~1:0.10	1:0.10~1:0.15	1:0.15~1:0.25
	中等风化	1:0.10~1:0.15	1:0.15~1:0.25	1:0.25~1:0.35
Ⅱ类	微风化	1:0.10~1:0.15	1:0.15~1:0.25	1:0.25~1:0.35
	中等风化	1:0.15~1:0.25	1:0.25~1:0.35	1:0.35~1:0.50
Ⅲ类	微风化	1:0.25~1:0.35	1:0.35~1:0.50	
	中等风化	1:0.35~1:0.50	1:0.50~1:0.75	
Ⅳ类	中等风化	1:0.50~1:0.75	1:0.75~1:1.00	
	强风化	1:0.75~1:1.0		

注：1　表中H为边坡高度；

　　2　Ⅳ类强风化包括各类风化程度的极软岩。

12.3 构造设计

12.3.1 边坡的整个高度可按同一坡率进行放坡，也可根据边坡岩土的变化情况按不同的坡率放坡。

12.3.2 设置在斜坡上的人工压实填土边坡应验算稳定性。分层填筑前应将斜坡的坡面修成若干台阶，使压实填土与斜坡面紧密接触。

12.3.3 边坡坡顶、坡面、坡脚和水平台阶应设排水系统，在坡顶外围应设截水沟。

12.3.4 当边坡表层有积水湿地、地下水渗出或地下水露头时，应根据实际情况设置外倾排水孔、盲沟排水、钻孔排水，以及在上游沿垂直地下水流向设置地下排水廊道以拦截地下水等导排措施。

12.3.5 对局部不稳定块体应清除，也可用锚杆或其他有效措施加固。

12.3.6 永久性边坡宜采用锚喷、浆砌片石或格构等构造措施护面。在条件许可时，宜尽量采用格构或其他有利于生态环境保护和美化的护面措施。临时性边坡可采用水泥砂浆护面。

12.4 施 工

12.4.1 边坡坡率法施工开挖应自上而下有序进行，并应保持两侧边坡的稳定，保证弃土、弃渣不导致边坡附加变形或破坏现象发生。

12.4.2 边坡工程在雨季施工时应做好水的排导和防护工作。

13 滑坡、危岩和崩塌防治

13.1 滑 坡 防 治

13.1.1 滑坡类型可按表 13.1.1 进行划分。

表 13.1.1 滑 坡 类 型

滑坡类型		诱发因素	滑体特征	滑动特征
工程滑坡	人工弃土滑坡切坡顺层滑坡切坡岩体滑坡	开挖坡脚、坡顶加载、施工用水等因素	由外倾且软弱的岩土坡面上填土构成；由层面外倾且较软弱的岩土体构成；由外倾软弱结构面控制稳定的岩体构成	弃土沿下卧层岩土层面或弃土体内滑动；沿外倾的下卧潜在滑面或土体内滑动；沿外倾、临空软弱结构面滑动
自然滑坡或工程古滑坡	堆积体古滑坡岩体顺层古滑坡土体顺层古滑坡	暴雨、洪水或地震等自然因素，或人为因素	由崩塌堆积体构成，已有古滑面；由顺层岩体构成，已有古滑面；由顺层土体构成，已有古滑面	沿外倾下卧岩土层古滑面或体内滑动；沿外倾软弱岩层、古滑面滑动；沿外倾土层古滑面或体内滑动

13.1.2 滑坡防治应符合下列规定：

1 在滑坡区或潜在滑坡区进行工程建设和滑坡整治时应执行以防为主，防治结合，先治坡，后建房的原则。应结合滑坡特性采取治坡与治水相结合的措施，合理有效地整治滑坡；

2 当滑坡体上有重要建（构）筑物时，滑坡防治应选择有利于减小坡体变形的方案，避免因滑体变形过大而危及建（构）筑物安全并保证其正常使用功能。

3 滑坡防治方案除满足滑坡整治要求外，尚应考虑支护结构与相邻建（构）筑物基础关系，并满足建筑功能要求。在滑坡区进行工程建设时，建筑物基础宜采用桩基础或桩锚基础等方案，将垂直荷载或水

平荷载直接传至稳定地层中，并应符合 3.6 节的有关规定。

4 滑坡治理尚应符合 3.3、3.4 和 3.5 节的有关规定。

5 滑坡治理应考虑滑坡类型、成因、工程地质和水文地质条件、滑坡稳定性、工程重要性、坡上建（构）筑物和施工影响等因素，分析滑坡的有利和不利因素、发展趋势及危害性，选取支挡和排水、减载、反压、灌浆、植被等措施，综合治理。

13.1.3 对滑坡工程应根据工程地质、水文地质、暴雨、洪水和防治方案等条件，采取有效的地表排水和地下排水措施。可采用在滑坡后缘外设置环形截水沟、滑坡体上设分级排水沟、裂隙封填以及坡面封闭等措施排放地表水，控制暴雨和洪水对滑体和滑面的浸蚀软化。需要时可采用设置地下横、纵向排水盲沟、廊道和水平排水孔等措施，拦截滑坡后缘地下渗水和排放深层地下水。

13.1.4 当发生工程滑坡时宜在滑坡前缘被动区用土石回填，及时反压，以提高滑坡的稳定性。

13.1.5 刷方减载应在滑坡的主滑段实施，严禁在滑坡的抗滑段减载。

13.1.6 对滑带注浆条件和注浆效果较好的滑坡，可采用注浆法改善滑带的力学特性。注浆法宜与其他抗滑措施联合使用。

13.1.7 滑坡整治时应根据滑坡稳定性、滑坡推力和岩土性状等因素，按表 3.4.4 合理选用抗滑桩、预应力锚索桩、锚杆挡墙或重力式挡墙等抗滑结构。

13.1.8 滑坡稳定性分析应按第 5 章有关规定执行。工程滑坡稳定安全系数应按表 5.3.1 确定；自然滑坡和工程古滑坡的稳定安全系数应按滑坡破坏后果严重性、稳定性状况和整治难度以及荷载组合等因素综合考虑，对破坏后果很严重的、难以处理的滑坡宜取 1.25，较易处理的滑坡可取 1.20；对破坏后果不严重的、难处理的滑坡宜取 1.10，较易处理的滑坡可取 1.05；对破坏后果严重的滑坡可取 1.15 左右。特殊荷载组合时，自然滑坡和工程占滑坡的稳定安全系数可根据现行有关标准和工程经验降低采用。

13.1.9 滑坡计算应考虑滑坡自重、滑坡体上建（构）筑物等的附加荷载、地下水及洪水的静水压力和动水压力以及地震作用等的影响，取荷载效应的最不利组合值作为滑坡的设计控制值。

13.1.10 滑面（带）的强度指标应考虑其岩土性状、滑坡稳定性、变形大小以及是否饱和等因素，根据试验值、反算值和经验值综合分析确定；但应与滑坡荷载组合和计算工况相对应。

13.1.11 滑坡支挡设计应符合下列规定：

1 抗滑支挡结构上滑坡推力的分布，可根据滑体性质和厚度等因素确定为三角形、矩形或梯形；

2 滑坡支挡设计应保证滑体不从支挡结构顶越

过和产生新的深层滑动。

13.1.12 滑坡推力设计值计算应符合下列规定：

1 当滑体具有多层滑面时，应分别计算各滑动面的滑坡推力，取最大的推力作为设计控制值，并应使每层滑坡均满足稳定要求；

2 选择平行滑动方向的断面不宜少于 3 条，其中一条应是主滑断面；

3 滑坡推力可按传递系数法由下式计算：

$$P_i = P_{i-1}\psi_{i-1} + \gamma_t T_i - R_i \qquad (13.1.12)$$

式中 P_i，P_{i-1}——分别为第 i 块、第 $i-1$ 块滑体的剩余下滑力设计值（kN），当 P_{i-1}、P_i 为负值时取 0；

γ_t——滑坡推力安全系数，对工程滑坡取 1.25，对自然滑坡和工程古滑坡的滑坡推力安全系数按 13.1.8 条确定。其他符号含义详见图 13.1.12 所示及本规范第 5 章。

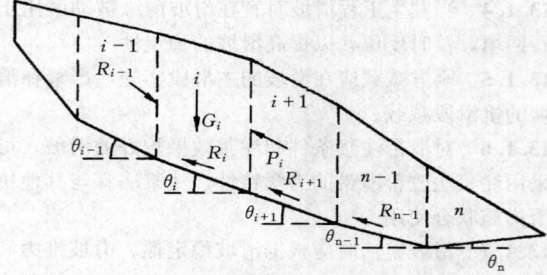

图 13.1.12 滑坡推力计算

13.1.13 滑坡治理施工应采用信息施工法，并应符合下列要求：

1 切坡必须采用自上而下分段跳槽的施工方式，严禁通长大断面开挖；

2 切坡不宜在雨季实施，应控制施工用水；

3 不宜采用普通爆破法施工；

4 各单项治理工程的施工程序应有利于施工期滑坡稳定和治理。

13.2 危岩和崩塌防治

13.2.1 危岩类型根据表 3.1.2 规定的破坏特征可分为塌滑型、坠落型和倾倒型。

13.2.2 危岩治理设计可采取工程类比法和理论计算法结合实施。危岩应根据危岩类型和破坏特征，按不同的计算模型进行计算。

13.2.3 危岩治理应根据危岩类型、破坏特征、工程地质和水文地质条件等因素采取下列综合措施：

1 可采用锚固技术对危岩进行加固处理；

2 对危岩裂隙可进行封闭、注浆；

3 悬挑的危岩、险石，宜即时清除；

4 对崖腔、空洞等应进行撑顶和镶补；

5 在崩塌区有水活动的地段，可设置拦截、疏

导地表水和地下水的排水系统；

6 可在崖脚设置拦石墙、落石槽和栏护网等遮挡、拦截构筑物。

13.2.4 对破坏后危及重要建（构）筑物安全的危岩治理除满足上述各要求外，对危岩边坡的整体支护尚应满足本规范的有关要求。

14 边坡变形控制

14.1 一般规定

14.1.1 需控制变形的一级边坡工程应采取设计、施工及监测等综合措施，并根据当地工程经验采取类比法实施。

14.1.2 边坡变形控制应满足下列要求：

1 工程行为引发的边坡过量变形和地下水的变化不应造成坡顶建（构）筑物开裂及其基础沉降差超过允许值；

2 支护结构基础置于土层地基时，地基变形不应造成邻近建（构）筑物开裂和影响基础桩的正常使用；

3 应考虑施工因素对支护结构变形的影响，变形产生的附加应力不得危及支护结构安全。

14.1.3 对边坡变形有较高要求时，应根据边坡周边环境的重要性、对变形的适应能力和岩土性状等因素，按当地经验确定边坡支护结构的变形允许值。

14.2 控制边坡变形的技术措施

14.2.1 需控制变形的边坡工程，应采取预应力锚杆（索）等受力后变形量较小的支护结构型式。

14.2.2 位于较软弱土质地基上的边坡工程，当支护结构地基变形不能满足设计要求时，应采取卸载、对地基和支护结构被动土压力区加固等处理措施。

14.2.3 存在临空的外倾软弱结构面的岩质边坡和土质边坡，支护结构的基础必须置于软弱面以下稳定的地层内。

14.2.4 当施工期边坡垂直变形较大时，应采用设置竖向支撑的支护结构方案。

14.2.5 对造成边坡变形增大的张开型岩石裂隙和软弱层面，可采用注浆加固。

14.2.6 边坡工程行为对相邻建（构）筑物可能引发较大变形或危害时，应加强监测，采取设计和施工措施，并应对建（构）筑物及其地基基础进行预加固处理。

14.2.7 稳定性较差的边坡开挖方案应按不利工况进行边坡稳定和变形验算，必要时采取措施增强施工期边坡稳定性。

14.2.8 锚杆施工应避免对相邻建（构）筑物地基基础造成损害。当水钻成孔可能诱发边坡和周边环境变形过大时，应采用无水成孔法。

15 边坡工程施工

15.1 一 般 规 定

15.1.1 边坡工程应根据其安全等级、边坡环境、工程地质和水文地质等条件编制施工方案，采取合理、可行、有效的措施保证施工安全。

15.1.2 对土石方开挖后不稳定或欠稳定的边坡，应根据边坡的地质特征和可能发生的破坏等情况，采取自上而下、分段跳槽、及时支护的逆作法或部分逆作法施工。严禁无序大开挖、大爆破作业。

15.1.3 不应在边坡潜在塌滑区超量堆载，危及边坡稳定和安全。

15.1.4 边坡工程的临时性排水措施应满足地下水、暴雨和施工用水等的排放要求，有条件时宜结合边坡工程的永久性排水措施进行。

15.1.5 边坡工程开挖后应及时按设计实施支护结构或采取封闭措施，避免长期裸露，降低边坡稳定性。

15.1.6 一级边坡工程施工应采用信息施工法。

15.2 施 工 组 织 设 计

15.2.1 边坡工程的施工组织设计应包括下列基本内容：

　　1 工程概况

　　边坡环境和邻近建（构）筑物基础概况、场区地形、工程地质与水文地质特点、施工条件、边坡支护结构特点和技术难点。

　　2 施工组织管理

　　组织机构图和职责分工，规章制度和落实合同工期。

　　3 施工准备

　　熟悉设计图、技术准备、施工所需的设备、材料进场、劳动力等计划。

　　4 施工部署

　　平面布置，边坡施工的分段分阶、施工程序。

　　5 施工方案

　　土石方和支护结构施工方案、附属构筑物施工方案、试验与监测。

　　6 施工进度计划

　　采用流水作业原理编制施工进度、网络计划和保证措施。

　　7 质量保证体系和措施

　　8 安全管理和文明施工

15.2.2 采用信息施工法时，边坡工程组织设计尚应反映信息施工法的特殊要求。

15.3 信 息 施 工 法

15.3.1 采用信息施工法时，准备工作应包括下列内容：

　　1 熟悉边坡工程环境资料，掌握工程地质和水文地质特点，了解影响边坡稳定性的地质特征和边坡破坏模式；

　　2 掌握设计意图和对施工的特殊要求，了解边坡支护结构特点和技术难点；

　　3 了解坡顶需保护的重要建（构）筑物基础和结构情况，必要时采取预加固措施；

　　4 收集同类边坡工程的施工经验；

　　5 参与制定和实施边坡支护结构、坡顶重要建（构）筑物的监测方案。

15.3.2 信息施工法应符合下列要求：

　　1 配合监测单位实施监测，掌握边坡工程监测情况；

　　2 编录施工现场揭示的地质现状与原地质资料的对比变化图，为地质施工勘察提供情况；

　　3 根据施工方案，按可能出现的不利工况进行边坡和支护结构强度、变形和稳定验算；

　　4 建立信息反馈制度，当监测值达到报警值和警戒值时，应即时向设计、监理、业主通报，并根据设计处理措施调整施工方案；

　　5 施工中出现险情时，应按 15.5 节的有关规定及时进行处理。

15.4 爆 破 施 工

15.4.1 岩石边坡开挖采用爆破法施工时，应采取有效措施避免爆破对边坡和坡顶建（构）筑物的震害。

15.4.2 当地质条件复杂、边坡稳定性差、爆破对坡顶建（构）筑物震害较严重时，宜部分或全部采用人工开挖方案。

15.4.3 边坡爆破施工应符合以下要求：

　　1 在爆破危险区应采取安全保护措施；

　　2 爆破前应对爆破影响区建（构）筑物作好监测点和建筑原有裂缝查勘记录；

　　3 爆破施工应符合边坡施工方案的开挖原则。当边坡开挖采用逆作法时，爆破应配合台阶施工；当普通爆破危害较大时，应采取控制爆破措施；

　　4 支护结构坡面爆破宜采用光面爆破法。为避免爆破破坏岩体的完整性，爆破坡面宜预留部分岩层采用人工挖掘修整；

　　5 爆破施工尚应满足现行有关标准的规定。

15.4.4 爆破影响区有建（构）筑物时，爆破产生的地面质点震动速度，对土坯房、毛石房屋不应大于 10mm/s，对一般砖房、非大型砌块建筑不应大于 20～30mm/s，对钢筋混凝土结构房屋不应大于 50mm/s。

15.4.5 对坡顶爆破影响范围内有重要建（构）筑物、稳定性较差的边坡，爆破震动效应宜通过爆破震动效应监测或试爆试验确定。

15.5 施工险情应急措施

15.5.1 边坡工程施工出现险情时，应做好边坡支护结构和边坡环境异常情况收集、整理及汇编等工作。

15.5.2 当边坡变形过大，变形速率过快，周边环境出现沉降开裂等险情时应暂停施工，根据险情原因选用如下应急措施：

1 坡脚被动区临时压重；

2 坡顶主动区卸土减载，并严格控制卸载程序；

3 做好临时排水、封面处理；

4 对支护结构临时加固；

5 对险情段加强监测；

6 尽快向勘察和设计等单位反馈信息，开展勘察和设计资料复审，按施工的现状工况验算。

15.5.3 边坡工程施工出现险情时，应查清原因，并结合边坡永久性支护要求制定施工抢险或更改边坡支护设计方案。

16 边坡工程质量检验、监测及验收

16.1 质 量 检 验

16.1.1 边坡支护结构的原材料质量检验应包括下列内容：

1 材料出厂合格证检查；

2 材料现场抽检；

3 锚杆浆体和混凝土的配合比试验，强度等级检验。

16.1.2 锚杆的质量验收应按附录 C 的规定执行。软土层锚杆质量验收应按现行有关标准执行。

16.1.3 灌注排桩可采取低应变动测法或其他有效方法检验。

16.1.4 钢筋位置、间距、数量和保护层厚度可采用钢筋探测仪复检，当对钢筋规格有怀疑时可直接凿开检查。

16.1.5 喷射混凝土护壁厚度和强度的检验应符合下列要求：

1 面板护壁厚度检测可用凿孔法或钻孔法，孔数量为每 100m² 抽检一组。芯样直径为 100mm 时，每组不应少于 3 个点；芯样直径为 50mm 时，每组不应少于 6 个点；

2 厚度平均值应大于设计厚度，最小值应不小于设计厚度的 90%；

3 直径 100mm 芯样经加工后，其抗压强度试验值可用作混凝土强度等级评定；直径为 50mm，芯样经加工后，其抗压强度试验结果的统计值，可供混凝土强度等级评定参考。

16.1.6 边坡工程质量检测报告应包括下列内容：

1 检测点分布图；

2 检测方法与仪器设备型号；

3 检测资料整理和分析；

4 检测结论。

16.2 监 测

16.2.1 边坡工程监测项目应考虑其安全等级、支护结构变形控制要求、地质和支护结构特点，根据表 16.2.1 进行选择。

表 16.2.1 边坡工程监测项目表

测 试 项 目	测点布置位置	边坡工程安全等级		
		一级	二级	三级
坡顶水平位移和垂直位移	支护结构顶部	应测	应测	应测
地表裂缝	墙顶背后 1.0H（岩质）~ 1.5H（土质）范围内	应测	应测	选测
坡顶建（构）筑物变形	边坡坡顶建筑物基础、墙面	应测	应测	选测
降雨、洪水与时间关系		应测	应测	选测
锚杆拉力	外锚头或锚杆主筋	应测	选测	可不测
支护结构变形	主要受力杆件	应测	选测	可不测
支护结构应力	应力最大处	选测	选测	可不测
地下水、渗水与降雨关系	出水点	应测	选测	可不测

注：1 在边坡塌滑区内有重要建（构）筑物，破坏后果严重时，应加强对支护结构的应力监测；

2 H 为挡墙高度。

16.2.2 边坡工程应由设计提出监测要求，由业主委托有资质的监测单位编制监测方案，经设计、监理和业主等共同认可后实施。方案应包括监测项目、监测目的、测试方法、测点布置、监测项目报警值、信息反馈制度和现场原始状态资料记录等内容。

16.2.3 边坡工程监测应符合下列规定：

1 坡顶位移观测，应在每一典型边坡段的支护结构顶部设置不少于 3 个观测点的观测网，观测位移量、移动速度和方向；

2 锚杆拉力和预应力损失监测，应选择有代表性的锚杆，测定锚杆（索）应力和预应力损失；

3 非预应力锚杆的应力监测根数不宜少于锚杆总数的 5%，预应力锚索的应力监测根数不应少于锚索总数的 10%，且不应少于 3 根；

4 监测方案可根据设计要求、边坡稳定性、周边环境和施工进程等因素确定。当出现险情时应加强监测；

5 一级边坡工程竣工后的监测时间不应少于二年。

16.2.4 边坡工程监测报告应包括下列内容：

1 监测方案；

2 监测仪器的型号、规格和标定资料；

3 监测各阶段原始资料和应力、应变曲线图；

4 数据整理和监测结果评述；

5 使用期监测的主要内容和要求。

16.3 验 收

16.3.1 边坡工程验收应取得下列资料：

1 施工记录和竣工图；

2 边坡工程与周围建（构）筑物位置关系图；

3 原材料出厂合格证，场地材料复检报告或委托试验报告；

4 混凝土强度试验报告、砂浆试块抗压强度等级试验报告；

5 锚杆抗拔试验报告；

6 边坡和周围建（构）筑物监测报告；

7 设计变更通知、重大问题处理文件和技术洽商记录。

附录 A 岩质边坡的岩体分类

表 A-1　　　岩质边坡的岩体分类

边坡岩体类型 \ 判定条件	岩体完整程度	结构面结合程度	结构面产状	直立边坡自稳能力
Ⅰ	完整	结构面结合良好或一般	外倾结构面或外倾不同结构面的组合线倾角＞75°或＜35°	30m 高边坡长期稳定，偶有掉块
Ⅱ	完整	同上	外倾结构面或外倾不同结构面的组合线倾角 35°～75°	15m 高边坡稳定，15～25m 高边坡欠稳定
Ⅱ	完整	结构面结合差	外倾结构面或外倾不同结构面的组合线倾角＞75°或＜35°	15m 高边坡稳定，15～25m 高边坡欠稳定
Ⅱ	较完整	结构面结合良好或一般或差	外倾结构面或外倾不同结构面的组合线的倾角＜35°，有内倾结构面	边坡出现局部塌落
Ⅲ	完整	结构面结合差	外倾结构面或外倾不同结构面的组合线倾角 35°～75°	8m 高边坡稳定，15m 高边坡欠稳定
Ⅲ	较完整	结构面结合良好或一般	同上	8m 高边坡稳定，15m 高边坡欠稳定

续表

边坡岩体类型 \ 判定条件	岩体完整程度	结构面结合程度	结构面产状	直立边坡自稳能力
Ⅲ	较完整	结合面结合差	外倾结构面或外倾不同结构面的组合线倾角＞75°或＜35°	8m 高边坡稳定，15m 高边坡欠稳定
Ⅲ	较完整（碎裂镶嵌）	结构面结合良好或一般	结构面无明显规律	8m 高边坡稳定，15m 高边坡欠稳定
Ⅳ	较完整	结构面结合差或很差	外倾结构面以层面为主，倾角多为 35°～75°	8m 高边坡不稳定
Ⅳ	不完整（散体、碎裂）	碎块间结合很差		8m 高边坡不稳定

注：1 边坡岩体分类中未含由外倾软弱结构面控制的边坡和倾倒崩塌型破坏的边坡；

　　2 Ⅰ类岩体为软岩、较软岩时，应降为Ⅱ类岩体；

　　3 当地下水发育时Ⅱ、Ⅲ类岩体可根据具体情况降低一档；

　　4 强风化岩和极软岩可划为Ⅳ类；

　　5 表中外倾结构面系指倾向与坡向的夹角小于 30°的结构面；

　　6 岩体完整程度按表 A-2 确定。

表 A-2　　　岩体完整程度划分

岩体完整程度	结构面发育程度		结构类型	完整性系数 K_v	岩体体积结构面数
	组数	平均间距（m）			
完整	1～2	＞1.0	整体状	＞0.75	＜3
较完整	2～3	1.0～0.3	厚层状结构、块状结构、层状结构和镶嵌碎裂结构	0.75～0.35	3～20
不完整	＞3	＜0.3	裂隙块状结构、碎裂结构、散体结构	＜0.35	＞20

注：1 完整性系数 $K_v = (V_R/V_P)^2$，V_R 为弹性纵波在岩体中的传播速度，V_P 为弹性纵波在岩块中的传播速度；

　　2 结构类型的划分应符合现行国家标准《岩土工程勘察规范》GB50021 表 A.0.4 的规定；镶嵌碎裂结构为碎裂结构中碎块较大且相互咬合、稳定性相对较好的一种类型；

　　3 岩体体积结构面数系指单位体积内的结构面数目（条/m³）。

附录 B 几种特殊情况下的侧向压力计算

B. 0. 1 距支护结构顶端 a 处作用有线分布荷载 Q_L 时，附加侧向压力分布可简化为等腰三角形（图 B. 0. 1）。最大附加侧向土压力标准值可按下式计算：

$$e_{h,max} = \left(\frac{2Q_L}{h}\right)\sqrt{K_a} \qquad (B. 0. 1)$$

式中 $e_{h,max}$——最大附加侧向压力标准值(kN/m^2)；

h——附加侧向压力分布范围（m），$h = a$ ($tg\beta - tg\varphi$)，$\beta = 45° + \varphi/2$；

Q_L——线分布荷载标准值（kN/m）；

K_a——主动土压力系数，$K = tg^2$ ($45° - \varphi/2$)。

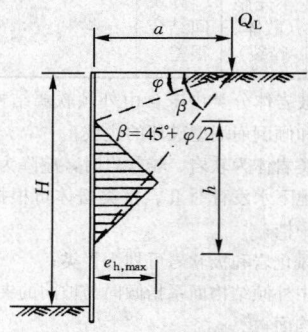

图 B. 0. 1 线荷载产生的附加侧向压力分布图

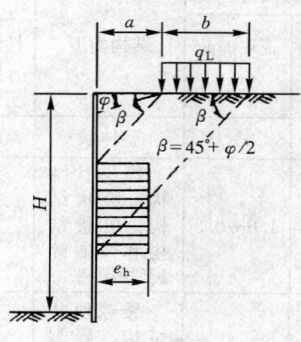

图 B. 0. 2 局部荷载产生的附加侧向压力分布图

B. 0. 2 距支护结构顶端 a 处作用有宽度 b 的均布荷载时，附加侧向土压力标准值可按下式计算：

$$e_{hk} = K_a \cdot q_L \qquad (B. 0. 2)$$

式中 e_{hk}——附加侧向土压力标准值（kN/m^2）；

K_a——主动土压力系数；

q_L——局部均布荷载标准值（kN/m^2）。附加侧向压力分布见图 B. 0. 2 所示。

B. 0. 3 当坡顶地面非水平时，支护结构上的主动土压力可按图 B. 0. 3 和下列规定进行计算：

1 图 B. 0. 3a 的情况，支护结构上的主动土压力可按下式计算：

$$e_a = \gamma z \cos\beta \frac{\cos\beta - \sqrt{\cos^2\beta - \cos^2\varphi}}{\cos\beta + \sqrt{\cos^2\beta - \cos^2\varphi}} \quad (B. 0. 3\text{-}1)$$

$$e'_a = K_a\gamma (z + h) - 2c\sqrt{K_a} \qquad (B. 0. 3\text{-}1)$$

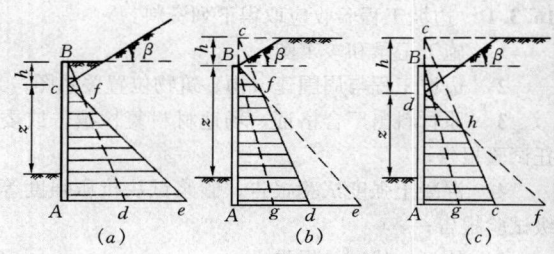

图 B. 0. 3 地面非水平时支护结构上主动土压力的近似计算

式中 β——地表斜坡面与水平面的夹角（°）；

c——土体的粘聚力（kPa）；

φ——土体的内摩擦角（°）；

γ——土体的重度（kN/m^3）；

K_a——主动土压力系数；

e_a，e'_a——侧向土压力（kN/m^2）；

z——计算点的深度（m）；

h——地表水平面与地表斜坡和支护结构相交点的距离（m）。

2 图 B. 0. 3b 的情况，计算支护结构上的侧向土压力时，可将斜面延长到 c 点，则 $BAdfB$ 为主动土压力的近似分布图形；

3 图 B. 0. 3c 的情形，可按图 B. 0. 3a 和图 B. 0. 3b 的方法叠加计算。

附录 C 锚杆试验

C. 1 一般规定

C. 1. 1 锚杆试验适用于岩土层中锚杆试验。软土层中锚杆试验应符合现行有关标准的规定。

C. 1. 2 加载装置（千斤顶、油泵）和计量仪表（压力表、传感器和位移计等）应在试验前进行计量检定合格，且应满足测试精度要求。

C. 1. 3 锚固体灌浆强度达到设计强度的 90% 后，可进行锚杆试验。

C. 1. 4 反力装置的承载力和刚度应满足最大试验荷载要求。

C. 1. 5 锚杆试验记录表格可参照表 C. 1. 5 制定。

表 C.1.5　　　　锚杆试验记录表

工程名称：

施工单位：

试验类别		试验日期		砂浆强度等级	设计
试验编号		灌浆日期			实际
岩土性状		灌浆压力		杆体材料	规格
锚固段长度		自由段长度			数量
钻孔直径		钻孔倾角			长度
序号	荷载(kN)	百分表位移（mm）			本级位移量（mm）	增量累计（mm）	备注
		1	2	3			

校核：　　　　　　　　　　　试验记录：

C.2　基 本 试 验

C.2.1　锚杆基本试验的地质条件、锚杆材料和施工工艺等应与工程锚杆一致。

C.2.2　基本试验时最大的试验荷载不宜超过锚杆杆体承载力标准值的 0.9 倍。

C.2.3　基本试验主要目的是确定锚固体与岩土层间粘结强度特征值、锚杆设计参数和施工工艺。试验锚杆的锚固长度和锚杆根数应符合下列规定：

　　1　当进行确定锚固体与岩土层间粘结强度特征值、验证杆体与砂浆间粘结强度设计值的试验时，为使锚固体与地层间首先破坏，可采取增加锚杆钢筋用量（锚固段长度取设计锚固长度）或减短锚固长度（锚固长度取设计锚固长度的 0.4~0.6 倍，硬质岩取小值）的措施；

　　2　当进行确定锚固段变形参数和应力分布的试验时，锚固段长度应取设计锚固长度；

　　3　每种试验锚杆数量均不应少于 3 根。

C.2.4　锚杆基本试验应采用循环加、卸荷法，并应符合下列规定：

　　1　每级荷载施加或卸除完毕后，应立即测读变形量；

　　2　在每次加、卸荷时间内应测读锚头位移二次，连续二次测读的变形量：岩石锚杆均小于 0.01mm，砂质土、硬粘性土中锚杆小于 0.1mm 时，可施加下一级荷载；

　　3　加、卸荷等级、测读间隔时间宜按表 C.2.4 确定。

表 C.2.4　　　锚杆基本试验循环加卸荷等级与位移观测间隔时间

加荷标准循环数	预估破坏荷载的百分数（%）											
	每级加载量				累计加载量		每级卸载量					
第一循环	10	20	20			50					20	20	10
第二循环	10	20	20	20		70				20	20	20	10
第三循环	10	20	20	20	20	90			20	20	20	20	10
第四循环	10	20	20	20	20	20	100	10	20	20	20	20	10
观测时间(min)	5	5	5	5	5	5		5	5	5	5	5	5

C.2.5　锚杆试验中出现下列情况之一时可视为破坏，应终止加载：

　　1　锚头位移不收敛，锚固体从岩土层中拔出或锚杆从锚固体中拔出；

　　2　锚头总位移量超过设计允许值；

　　3　土层锚杆试验中后一级荷载产生的锚头位移增量，超过上一级荷载位移增量的 2 倍。

C.2.6　试验完成后，应根据试验数据绘制荷载-位移（Q-s）曲线、荷载-弹性位移（Q-s_e）曲线和荷载-塑性位移（Q-s_p）曲线。

C.2.7　锚杆弹性变形不应小于自由段长度变形计算值的 80%，且不应大于自由段长度与 1/2 锚固段长度之和的弹性变形计算值。

C.2.8　锚杆极限承载力基本值取破坏荷载前一级的荷载值；在最大试验荷载作用下未达到 C.2.5 规定的破坏标准时，锚杆极限承载力取最大荷载值为基本值。

C.2.9　当锚杆试验数量为 3 根，各根极限承载力值的最大差值小于 30% 时，取最小值作为锚杆的极限承载力标准值；若最大差值超过 30%，应增加试验数量，按 95% 的保证概率计算锚杆极限承载力标准值。

　　锚固体与地层间极限粘结强度标准值除以 2.2~2.7（对硬质岩取大值，对软岩、极软岩和土取小值；当试验的锚固长度与设计长度相同时取小值，反之取大值）为粘结强度特征值。

C.2.10　基本试验的钻孔，应钻取芯样进行岩石力学性能试验。

C.3　验 收 试 验

C.3.1　锚杆验收试验的目的是检验施工质量是否达到设计要求。

C.3.2　验收试验锚杆的数量取每种类型锚杆总数的 5%（自由段位于Ⅰ、Ⅱ或Ⅲ类岩石内时取总数的 3%），且均不得少于 5 根。

C.3.3　验收试验的锚杆应随机抽样。质监、监理、业主或设计单位对质量有疑问的锚杆也应抽样作验收试验。

C.3.4 试验荷载值对永久性锚杆为 $1.1\xi_2 A_s f_y$；对临时性锚杆为 $0.95\xi_2 A_s f_y$。

C.3.5 前三级荷载可按试验荷载值的 20% 施加，以后按 10% 施加，达到试验荷载后观测 10min，然后卸荷到试验荷载的 0.1 倍并测出锚头位移。加载时的测读时间可按表 C.2.4 确定。

C.3.6 锚杆试验完成后应绘制锚杆荷载-位移（Q-s）曲线图。

C.3.7 满足下列条件时，试验的锚杆为合格：

  1 加载到设计荷载后变形稳定；

  2 符合 C.2.7 条规定。

C.3.8 当验收锚杆不合格时应按锚杆总数的 30% 重新抽检；若再有锚杆不合格时应全数进行检验。

C.3.9 锚杆总变形量应满足设计允许值，且应与地区经验基本一致。

附录 D 锚 杆 选 型

锚固型式特征 / 锚杆类别	材料	锚杆承载力设计值（kN）	锚杆长度（m）	应力状况	备 注
土层锚杆	钢筋（Ⅱ、Ⅲ级）	<450	<16	非预应力	锚杆超长时，施工安装难度较大
	钢绞线 高强钢丝	450~800	>10	预应力	锚杆超长时施工方便
	精轧螺纹钢筋	400~800	>10	预应力	杆体防腐性好，施工安装方便
岩层锚杆	钢筋（Ⅱ、Ⅲ级）	<450	<16	非预应力	锚杆超长时，施工安装难度较大
	钢绞线 高强钢丝	500~3000	>10	预应力	锚杆超长时施工方便
	精轧螺纹钢筋	400~1100	>10	预应力或非预应力	杆体防腐性好，施工安装方便

附录 E 锚 杆 材 料

E.0.1 锚杆材料可根据锚固工程性质、锚固部位和工程规模等因素，选择高强度、低松弛的普通钢筋、高强精轧螺纹钢筋、预应力钢丝或钢绞线。

E.0.2 锚杆材料的物理力学性能应符合下列规定：

  1 采用高强预应力钢丝时，其力学性能必须符合现行国家标准《预应力混凝土用钢丝》GB/T 5223 的规定；

  2 采用预应力钢绞线时，其力学性能必须符合现行国家标准《预应力混凝土用钢绞线》GB/T 5224 的规定，钢绞线的抗拉、抗压强度可参照表 E.0.2-1 选取；

  3 采用高强精轧螺纹钢筋时，其力学性能应符合表 E.0.2-2 及有关专门标准的规定。

表 E.0.2-1 钢绞线抗拉、抗压强度设计值（N/mm²）

种 类		抗拉强度设计值（f_y 或 f_{py}）	抗压强度设计值（f'_y 或 f'_{py}）
钢绞线	二股 $f_{ptk}=1720$	1170	360
	三股 $f_{ptk}=1720$	1170	360
	七股 $f_{ptk}=1860$	1260	360
	$f_{ptk}=1820$	1240	
	$(f_{ptk}=1770)$	(1200)	
	$f_{ptk}=1720$	1170	
	$(f_{ptk}=1670)$	(1130)	
	$(f_{ptk}=1570)$	(1070)	
	$(f_{ptk}=1470)$	(1000)	

表 E.0.2-2 精轧螺纹钢筋的物理力学性能

级别	牌号	公称直径（mm）	屈服强度 σ_s（MPa）	抗拉强度 σ_b（MPa）	伸长率 δ_s（%）	冷弯
540/835	40Si₂MnV 45SiMnV	18	≥540	≥835	≥10	$d=5a\ 90°$
		25				$d=6a90°$
		32				
		36			≥8	$d=7a90°$
		40				
735 935 (980)	K40Si₂MnV	18	≥735 (≥800)	≥935 (≥980)	≥8	$d=5a90°$
		25				$d=6a90°$
		32	≥735 (≥800)	≥935 (≥980)	≥7	$d=7a90°$

注：精轧螺纹钢拉强度设计值采用表中屈服强度。

附录 F　土质边坡的静力平衡法和等值梁法

F.0.1　对板肋式和桩锚式挡墙，当立柱（肋柱和桩）入土深度较小或坡脚土体较软弱时，可视立柱下端为自由端，按静力平衡法计算。当立柱入土深度较大或为岩层或坡脚土体较坚硬时，可视立柱下端为固定端，按等值梁法计算。

F.0.2　采用静力平衡法或等值梁计算立柱内力和锚杆水平分力时，应符合下列假定：

　　1　采用从上到下的逆作法施工；

　　2　假定上部锚杆施工后开挖下部边坡时，上部分的锚杆内力保持不变；

　　3　立柱在锚杆处为不动点。

F.0.3　采用静力平衡法计算时应符合下列规定：

　　1　锚杆水平分力可按下式计算：

$$H_{aj} = E_{aj} - E_{pj} - \sum_{i=1}^{j-1} H_{ai} \qquad (\text{F.0.3-1})$$

$$(j=1, 2, \cdots, n)$$

式中　H_{aj}——第 j 层锚杆水平分力设计值（kN）；

　　　H_{ai}——第 i 层锚杆水平分力设计值（kN）；

　　　E_{aj}——挡墙后主动土压力合力设计值（kN）；

　　　E_{pj}——坡脚地面以下挡墙前被动土压力合力设计值（立柱在坡脚地面以下岩土层内的被动侧向压力）（kN）；

　　　n——沿边坡高度范围内设置的锚杆总层数。

　　2　最小入土深度 D_{min} 可按下式计算确定：

$$E_{pK} b - E_{aK} a_n - \sum_{i=1}^{n} H_{aiK} a_{ai} = 0 \quad (\text{F.0.3-2})$$

式中　E_{aK}——挡墙后主动土压力合力标准值（kN）；

　　　E_{pK}——挡墙前被动土压力合力标准值（kN）；

　　　H_{aiK}——第 i 层锚杆水平合力标准值（kN）；

　　　a_n——E_{aK} 作用点到 H_{anK} 作用点的距离（m）；

　　　b——E_{pK} 作用点到 H_{anK} 作用点的距离（m）；

　　　a_{ai}——H_{aiK} 作用点到 H_{anK} 作用点的距离（m）。

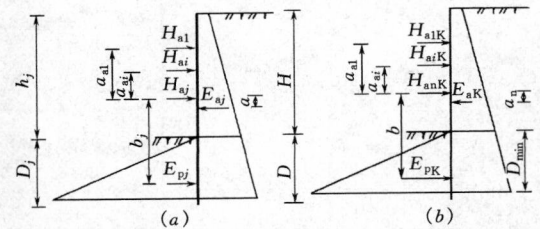

图 F.0.3　静力平衡法计算简图
（a）第 j 层锚杆水平分力；（b）立柱嵌入深度

　　3　立柱入土深度可按下式计算：

$$D = \xi D_{min} \qquad (\text{F.0.3-3})$$

式中　ξ——增大系数，对一、二、三级边坡分别为 1.50、1.40、1.30；

　　　D——立柱入土深度（m）；

　　　D_{min}——挡墙最低一排锚杆设置后，开挖高度为边坡高度时立柱的最小入土深度（m）。

　　4　立柱的内力可根据锚固力和作用于支护结构上侧压力按常规方法计算。

F.0.4　采用等值梁法计算时应符合下列规定：

　　1　坡脚地面以下立柱反弯点到坡脚地面的距离 Y_n 可按下式计算：

$$e_{aK} - e_{pK} = 0 \qquad (\text{F.0.4-1})$$

式中　e_{aK}——挡墙后主动土压力标准值（kN/m）；

　　　e_{pK}——挡墙前被动土压力标准值（kN/m）。

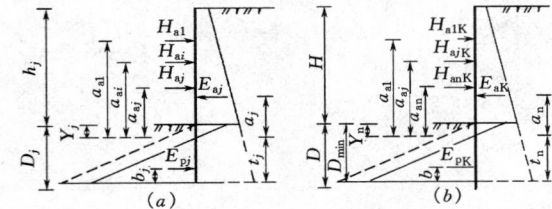

图 F.0.4　等值梁法计算简图
（a）第 j 层锚杆水平分力；（b）立柱嵌入深度

　　2　第 j 层锚杆的水平分力可按下式计算：

$$H_{aj} = \frac{E_{aj} a_j - \sum_{i=1}^{j-1} H_{ai} a_{ai}}{a_{aj}} \qquad (\text{F.0.4-2})$$

$$(j=1, 2, \cdots, n)$$

式中　a_j——E_{aj} 作用点到反弯点的距离（m）；

　　　a_{aj}——H_{aj} 作用点到反弯点的距离（m）；

　　　a_{ai}——H_{ai} 作用点到反弯点的距离（m）。

　　3　立柱的最小入土深度 D_{min} 可按下式计算确定：

$$D_{min} = Y_n + t_n \qquad (\text{F.0.4-3})$$

$$t_n = \frac{E_{pK} \cdot b}{E_{aK} - \sum_{i=1}^{n} H_{aiK}}$$

式中　b——E_{pK} 作用点到反弯点的距离（m）。

　　4　立柱设计嵌入深度可按式（F.0.3-3）计算。

　　5　立柱的内力可根据锚固力和作用于支护结构上的侧压力按常规方法计算。

F.0.5　计算挡墙后侧向压力时，在坡脚地面以上部分计算宽度应取立柱间的水平距离，在坡脚地面以下部分计算宽度对肋柱取 $1.5b+0.5$（其中 b 为肋柱宽度），对桩取 0.9（$1.5D+0.5$）（其中 D 为桩直径）。

F.0.6　挡墙前坡脚地面以下被动压力，应考虑墙前岩土层稳定性、地面是否无限等情况，按当地工程经验折减使用。

附录 G　本规范用词说明

G.0.1　为便于在执行本规范条文时区别对待，对要求严格程度不同的用词说明如下：

　　1　表示很严格，非这样做不可的用词：

　　　　正面词采用"必须"；反面词采用"严禁"。

　　2　表示严格，在正常情况下均应这样做的用词：

　　　　正面词采用"应"；反面词采用"不应"或"不得"。

　　3　表示允许稍有选择，在条件许可时首先应这样做的用词：

　　　　正面词采用"宜"或"可"；反面词采用"不宜"。

G.0.2　条文中指明必须按其他标准、规范执行的写法为"按……执行"或"应符合……的规定"。

中华人民共和国国家标准

建筑边坡工程技术规范

GB 50330—2002

条 文 说 明

目　次

1 总 则

1.0.1 山区建筑边坡支护技术，涉及工程地质、水文地质、岩土力学、支护结构、锚固技术、施工及监测等多门学科，边坡支护理论及技术发展也较快。但因勘察、设计、施工不当，已建的边坡工程中时有垮塌事故和浪费现象，造成国家和人民生命财产严重损失，同时遗留了一些安全度、耐久性及抗震性能低的边坡支护结构物。制定本规范的主要目的是使建筑边坡工程技术标准化，符合技术先进、经济合理、安全适用、确保质量、保护环境的要求，以保障建筑边坡工程建设健康发展。

1.0.3 本规范适用于建（构）筑物或市政工程开挖和填方形成的人工切坡，以及破坏后危及建（构）筑物安全的自然边坡、滑坡、危岩的支护设计。用于岩石基坑时，应按临时性边坡设计，其安全度、耐久性和有关构造可作相应调整。

本规范适用于岩质边坡及非软土类边坡。软土边坡有关抗隆起、抗渗流、边坡稳定、锚固技术、地下水处理、结构选型等是较特殊的问题，应按现行有关规范执行。

1.0.4 本条中岩质建筑边坡应用高度确定为30m、土质建筑边坡确定为15m，主要考虑到超过以上高度的边坡工程实例较少、工程经验不十分充足。超过以上高度的超高边坡支护设计，可参考本规范的原则作特殊设计。

1.0.6 边坡支护是一门综合性学科和边缘性强的工程技术，本规范难以全面反映地质勘察、地基及基础、钢筋混凝土结构及抗震设计等技术。因此，本条规定除遵守本规范外，尚应符合国家现行有关标准的规定。

3 基 本 规 定

3.1 建筑边坡类型

3.1.1 土与岩石不仅在力学参数值上存在很大的差异，其破坏模式、设计及计算方法等也有很大的差别，将边坡分为岩质边坡与土质边坡是必要的。

3.1.2 岩质边坡破坏型式的确定是边坡支护设计的基础。众所周知，不同的破坏型式应采用不同的支护设计。本规范宏观地将岩质边坡破坏形式确定为滑移型与崩塌型两大类。实际上这两类破坏型式是难以截然划分的，故支护设计中不能生般硬套，而应根据实际情况进行设计。

3.1.3 边坡岩体分类是边坡工程勘察的非常重要的内容，是支护设计的基础。本规范从岩体力学观点出发，强调结构面的控制作用，对边坡岩体进行侧重稳

定性的分类。建筑边坡高度一般不大于50m，在50m高的岩体自重作用下是不可能将中、微风化的软岩、较软岩、较硬岩及硬岩剪断的。也就是说中、微风化岩石的强度不是构成影响边坡稳定的重要因素，所以未将岩石强度指标作为分类的判定条件。

3.1.4 本条规定既考虑了安全又挖掘了潜力。

3.2 边坡工程安全等级

3.2.1～3.2.2 边坡工程安全等级是支护工程设计、施工中根据不同的地质环境条件及工程具体情况加以区别对待的重要标准。本条提出边坡安全等级分类的原则，除根据《建筑结构可靠度设计统一标准》按破坏后果严重性分为很严重、严重、不严重外，尚考虑了边坡稳定性因素（岩土类别和坡高）。从边坡工程事故原因分析看，高度大、稳定性差的边坡（土质软弱、滑坡区、外倾软弱结构面发育的边坡等）发生事故的概率较高，破坏后果也较严重，因此本条将稳定性很差的、坡高较大的边坡均划入一级边坡。

3.2.3 本条提出边坡塌滑区对土质边坡按$45+\varphi/2$考虑，对岩质边坡按6.3.5条考虑，作为坡顶有重要建（构）筑物时确定边坡工程安全等级的条件，也是边坡侧压力计算理论最大值时边坡滑裂面以外区域，并非岩土边坡稳定角以外的区域。例如砂土的稳定角为φ。

3.3 设 计 原 则

3.3.1 为保证支护结构的耐久性和防腐性达到正常使用极限状态功能的要求，需要进行抗裂计算的支护结构的钢筋混凝土构件的构造和抗裂应按现行有关规定执行。锚杆是承受高应力的受拉构件，其锚固砂浆的裂缝开展较大，计算一般难以满足规范要求，设计中应采取严格的防腐构造措施，保证锚杆的耐久性。

3.3.2 边坡工程设计的荷载组合，应按照《建筑结构荷载规范》与《建筑结构可靠度设计统一标准》执行，根据边坡工程结构受力特点，本规范采用了以下组合：

1 按支护结构承载力极限状态设计时，荷载效应组合应为承载能力极限状态的基本组合；

2 边坡变形验算时，仅考虑荷载的长期组合，不考虑偶然荷载的作用；

3 边坡稳定验算时，考虑边坡支护结构承受横向荷载为主的特点，采用短期荷载组合。

本规范与国家现行建筑地基基础设计规范的基本精神同步，涉及地基承载力和锚固体计算部分采用特征值（类同容许值）的概念，支护结构和锚筋及锚固设计与现行有关规范中上部结构一致，采用极限状态法。

3.3.4 建筑边坡抗震设防的必要性成为工程界的统一认识。城市中建筑边坡一旦破坏将直接危及到相邻

的建筑，后果极为严重，因此抗震设防的建筑边坡与建筑物的基础同样重要。本条提出在边坡设计中应考虑抗震构造要求，其构造应满足现行《抗震设计规范》中对梁的相应要求，当立柱竖向附加荷载较大时，尚应满足对柱的相应要求。

3.3.6 对边坡变形有较高要求的边坡工程，主要有以下几类：

1 重要建（构）筑物基础位于边坡塌滑区；

2 建（构）筑物主体结构对地基变形敏感，不允许地基有较大变形时；

3 预估变形值较大、设计需要控制变形的高大土质边坡。

影响边坡及支护结构变形的因素复杂，工程条件繁多，目前尚无实用的理论计算方法可用于工程实践。本规范7.2.5关于锚杆的变形计算，也只是近似的简化计算。在工程设计中，为保证上述类型的一级边坡满足正常使用极限状态条件，主要依据设计经验和工程类比及按本规范14章采用控制性措施解决。

当坡顶荷载较大（如建筑荷载等）、土质较软、地下水发育时边坡尚应进行地下水控制验算、坡底隆起、稳定性及渗流稳定性验算，方法可按国家现行有关规范执行。

由于施工爆破、雨水浸蚀及支护不及时等因素影响，施工期边坡塌方事故发生率较高，本条强调施工期各不利工况应作验算，施工组织设计应充分重视。

3.4 一般规定

3.4.2 动态设计法是本规范边坡支护设计的基本原则。当地质勘察参数难以准确确定、设计理论和方法带有经验性和类比性时，根据施工中反馈的信息和监控资料完善设计，是一种客观求实、准确安全的设计方法，可以达到以下效果：

1 避免勘察结论失误。山区地质情况复杂、多变，受多种因素制约，地质勘察资料准确性的保证率较低，勘察主要结论失误造成边坡工程失败的现象不乏其例。因此规定地质情况复杂的一级边坡在施工开挖中补充"施工勘察"，收集地质资料，查对核实原地质勘察结论。这样可有效避免勘察结论失误而造成工程事故。

2 设计者掌握施工开挖反映的真实地质特征、边坡变形量、应力测定值等，对原设计作校核和补充、完善设计，确保工程安全，设计合理。

3 边坡变形和应力监测资料是加快施工速度或排危应急抢险，确保工程安全施工的重要依据。

4 有利于积累工程经验，总结和发展边坡工程支护技术。

3.4.4 综合考虑场地地质条件、边坡重要性及安全等级、施工可行性及经济性、选择合理的支护设计方案是设计成功的关键。为便于确定设计方案，本条介绍了工程中常用的边坡支护型式。

3.4.5 建筑边坡场地有无不良地质现象是建筑物及建筑边坡选址首先必须考虑的重大问题。显然在滑坡、危岩及泥石流规模大、破坏后果严重、难以处理的地段规划建筑场地是难以满足安全可靠、经济合理的原则的，何况自然灾害的发生也往往不以人们的意志为转移。因此在规模大、难以处理的、破坏后果很严重的滑坡、危岩、泥石流及断层破碎带地区不应修筑建筑边坡。

3.4.6 稳定性较差的高大边坡，采用后仰放坡或分阶放坡方案，有利于减小侧压力，提高施工期的安全和降低施工难度。

3.4.7 当边坡坡体内及支护结构基础下洞室（人防洞室或天然溶洞）密集时，可能造成边坡工程施工期塌方或支护结构变形过大，已有不少工程教训，设计时应引起充分重视。

3.4.9 本条所指的"新结构、新技术"是指尚未被规范和有关文件认可的新结构、新技术。对工程中出现超过规范应用范围的重大技术难题，新结构、新技术的合理推广应用以及严重事故的正确处理，采用专门技术论证的方式可达到技术先进、确保质量、安全经济的良好效果。重庆、广州和上海等地区在主管部门领导下，采用专家技术论证方式在解决重大边坡工程技术难题和减少工程事故方面已取得良好效果。因此本规范推荐专门论证作法。

3.6 坡顶有重要建（构）筑物的边坡工程设计

3.6.1 坡顶建筑物基础与边坡支护结构的相互作用主要考虑建筑荷载传给支护结构对边坡稳定的影响，以及因边坡临空状使建筑物地基侧向约束减小后地基承载力相应降低及新施工的建筑基础和施工开挖期对边坡原有水系产生的不利影响。

3.6.2 在已有建筑物的相邻处开挖边坡，目前已有不少成功的工程实例，但危及建筑物安全的事故也时有发生。建筑物的基础与支护结构之间距离越近，事故发生的可能性越大，危害性越大。本条规定的目的是尽可能保证建筑物基础与支护结构间较合理的安全距离，减少边坡工程事故发生的可能性。确因工程需要时，但应采取相应措施确保勘察、设计和施工的可靠性。不应出现因新开挖边坡使原稳定的建筑基础置于稳定性极差的临空状外倾软弱结构面的岩体和稳定性极差的土质边坡塌滑区外边缘，造成高风险的边坡工程。

3.6.3 当坡顶建筑物基础位于边坡塌滑区，建筑物基础传来的垂直荷载、水平荷载及弯距部分作用于支护结构时，边坡支护结构强度、整体稳定和变形验算均应根据工程具体情况，考虑建筑物传来的荷载对边坡支护结构的作用。其中建筑水平荷载对边坡支护结构作用的定性及定量近视估算，可根据基础方案、构造作法、荷载大小、基础到边坡的距离、边坡岩土体性状等因素确定。建筑物传来的水平荷载由基础抗侧力、地基摩擦力及基础与边坡间坡体岩土抗力承担，当水平作用力大于上述抗力之和时由支护结构承担不平衡的水平力。

3.6.6 本条强调坡顶建（构）筑物基础荷载作用在边坡外边缘时除应计算边坡整体稳定外，尚应进行地基局部稳定性验算。

4 边坡工程勘察

4.1 一 般 规 定

4.1.1 为给边坡治理提供充分的依据，以达到安全、合理的整治边坡的目的，对边坡（特别是一些高边坡或破坏后果严重的边坡）进行专门性的岩土工程勘察是十分必要的。

当某边坡作为主体建筑的环境时要求进行专门性的边坡勘察，往往是不现实的，此时对于二、三级边坡也可结合对主体建筑场地勘察一并进行。岩土体的变异性一般都比较大，对于复杂的岩土边坡很难在一次勘察中就将主要的岩土工程问题全部查明；而且对于一些大型边坡，设计往往也是分阶段进行的。分阶段勘察是根据国家基本建设委员会（73）建革字第308号文精神，并考虑与设计工作相适应和我国的长期习惯作法。

当地质环境条件复杂时，岩土差异性就表现得更加突出，往往即使进行了初勘、详勘还不能准确的查明某些重要的岩土工程问题，这时进行施工勘察就很重要了。

4.1.2 建筑边坡的勘察范围理应包括可能对建（构）筑物有潜在安全影响的区域。但以往多数勘察单位在专门性的边坡勘察中也常常是范围偏小，将勘察范围局限在指定的边坡范围之内。

勘察孔进入稳定层的深度的确定，主要依据查明支护结构持力层性状，并避免在坡脚（或沟心）出现判层错误（将巨块石误判为基岩）等。

4.1.3 本条是对边坡勘察提出的理应做到的最基本要求。

4.1.4 监测工作的重要性是不言而喻的，尤其是对建筑而言，它是预防地质灾害的重要手段之一。以往由于多种原因对监测工作重视不够，产生突发性灾害的事例也是屡见不鲜的。因而规范特别强调要对地质环境条件复杂的工程安全等级为一级的边坡在勘察过程中应进行监测。

众所周知，水对边坡工程的危害是很大的，因而掌握地下水随季节的变化规律和最高水位等有关水文地质资料对边坡治理是很有必要的。对位于水体附近

或地下水发育等地段的边坡工程宜进行长期观测，至少应观测一个水文年。

4.1.5 不同土质、不同工况下，土的抗剪强度是不同的。所以土的抗剪强度指标应根据土质条件和工程实际情况确定。如土坡处于稳定状态，土的抗剪强度指标就应用抗剪断强度进行适当折减，若已经滑动则应采用残余抗剪强度；若土坡处于饱水状态，应用饱和状态下抗剪强度值等。

4.2 边 坡 勘 察

4.2.1～4.2.3 是对边坡勘察工作的具体要求，也是最基本要求。

4.2.4～4.2.5 是对边坡勘察中勘探工作的具体要求，边坡（含基坑边坡）勘察的重点之一是查明岩土体的性状。对岩质边坡而言，是查明边坡岩体中结构面的发育性状。用单一的直孔往往难以达到预期效果，采用多种手段，特别是斜孔、井槽、探槽对于查明陡倾结构是非常有效的。

边坡的破坏主要是重力作用下的一种地质现象其破坏方式主要是沿垂直于边坡方向的滑移失稳，故而勘察线应沿垂直边坡布置。

表4.2.5中勘探线、点间距是以能满足查明边坡地质环境条件需要而确定的。

4.2.6 本规范采用概率理论对测试数据进行处理，根据概率理论，最小数据量 n 由 $t_p = \sqrt{n} = \Delta r / \delta$ 确定。式中 t_p 为 t 分布的系数值，与置信水平 P_s 和自由度（$n-1$）有关。一般土体的性质指标变异性多为变异性很低～低，要较之岩体（变异性多为低～中等）为低。故土体6个测试数据（测试单值）基本能满足置信概率 $P_s = 0.95$ 时的精度要求，而岩体则需9个测试数据（测试单值）才能达到置信概率 $P_s = 0.95$ 时的精度要求。由于岩石三轴剪试验费用较高等原因，所以工作中可以根据地区经验确定岩体的 C、φ 值并应用测试资料作校核。

4.2.7 岩石（体）作为一种材料，具有在静载作用下随时间推移而出现强度降低的"蠕变效应"（或称"流变效应"）。岩石（体）流变试验在我国（特别是建筑边坡）进行得不是很多。根据研究资料表明，长期强度一般为平均标准强度的80%左右。对于一些有特殊要求的岩质边坡，从安全、经济的角度出发，进行"岩体流变"试验是必要的。

4.2.8～4.2.9 该两条是对边坡岩土体及环境保护的基本要求。

4.3 气象、水文和水文地质条件

4.3.1 大量的建筑边坡失稳事故的发生，无不说明了雨季、暴雨过程、地表径流及地下水对建筑边坡稳定性的重大影响，所以建筑边坡的工程勘察应满足各类建筑边坡的支护设计与施工的要求，并开展进一步

专门必要的分析评价工作，因此提供完整的气象、水文及水文地质条件资料，并分析其对建筑边坡稳定性的作用与影响是非常重要的。

4.3.2 必要的水文地质参数是边坡稳定性评价、预测及排水系统设计所必需的，为获取水文地质参数而进行的现场试验必须在确保边坡稳定的前提下进行。

4.3.3 本条要求在边坡的岩土勘察或专门的水文地质勘察中，对边坡岩土体或可能的支护结构由于地下水产生的侵蚀、矿物成分改变等物理、化学影响及影响程度进行调查研究与评价。另外，本条特别强调了雨季和暴雨过程的影响。对一级边坡或建筑边坡治理条件许可时，可开展降雨渗入对建筑边坡稳定性影响研究工作。

4.4 危岩崩塌勘察

4.4.1 在丘陵、山区选择场址和考虑建筑总平面布置时，首先必须判定山体的稳定性，查明是否存在产生危岩崩塌的条件。实践证明，这些问题如不在选择场址或可行性研究中及时发现和解决，会给经济建设造成巨大损失。因此，规范规定危岩崩塌勘察应在可行性研究或初步勘察阶段进行。工作中除应查明产生崩塌的条件及规模、类型、范围，预测其发展趋势，对崩塌区作为建筑场地的适宜性作出判断外，尚应根据危岩崩塌产生的机制有针对性地提出防治建议。

4.4.2、4.4.3、4.4.5 危岩崩塌勘察区的主要工作手段是工程地质测绘。工作中应着重分析、研究形成崩塌的基本条件，判断产生崩塌的可能性及其类型、规模、范围。预测发展趋势，对可能发生崩塌的时间、规模方向、途径、危害范围做出预测，为防治工程提供准确的工程勘察资料（含必要的设计参数）并提出防治方案。

4.4.4 不同破坏型式的危岩其支护方式是不同的。因而勘察中应按单个危岩确定危岩的破坏型式、进行稳定性评价，提供有关图件（平面图、剖面图或实体投影图）、提出支护建议。

4.5 边坡力学参数

4.5.1～4.5.3 岩土性质指标（包括结构面的抗剪强度指标）应通过测试确定。但当前并非所有工程均能做到。由于岩体（特别是结构面）的现场剪切试验费用较高、试验时间较长、试验比较困难等原因，规范参照《工程岩体分级标准》GB50218—94 表 C.0.2 并结合国内一些测试数据、研究成果及工程经验提出表 4.5.1 及表 4.5.2 供工程勘察设计人员使用。对破坏后果严重的一级岩质边坡应作测试。

4.5.4 岩石标准值是对测试值进行误差修正后得到反映岩石特点的值。由于岩体中或多或少都有结构面存在，其强度要低于岩石的强度。当前不少勘察单位

采用水利水电系统的经验，不加区分地将岩石的粘聚力 c 乘以 0.2，内摩擦系数（$\mathrm{tg}\varphi$）乘以 0.8 作为岩体的 c、φ。根据长江科学院重庆岩基研究中心等所作大量现场试验表明，岩石与岩体（尤其是较完整的岩体）的内摩擦角相差很微，而粘聚力 c 则变化较大。规范给出可供选用的系数。一般情况下粘聚力可取中小值，内摩擦角可取中高值。

4.5.5 岩体等效内摩擦角是考虑粘聚力在内的假想的"内摩擦角"，也称似内摩擦角或综合内摩擦角。可根据经验确定，也可由公式计算确定。常用的计算公式有多种，规范推荐以下公式是其中一种简便的公式。等效内摩擦角的计算公式推导如下：

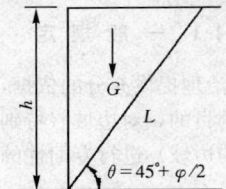

图 4.5.5-1

$$\tau = \sigma\mathrm{tg}\varphi + c，\ \text{或}\ \tau = \sigma\mathrm{tg}\varphi_d$$

则
$$\mathrm{tg}\varphi_d = \mathrm{tg}\varphi + \frac{c}{\sigma} = \mathrm{tg}\varphi + 2c/\gamma h\cos\theta$$

即
$$\varphi_d = \mathrm{arctg}\ (\mathrm{tg}\varphi + 2c/\gamma h\cos\theta)$$

式中 τ——剪应力；

σ——正应力；

θ——岩体破裂角，为 $45° + \varphi/2$。

岩体等效内摩擦角 φ_d 在工程中应用较广，也为广大工程技术人员所接受。可用来判断边坡的整体稳定性：当边坡岩体处于极限平衡状态时，即下滑力等于抗滑力

$$G\sin\theta = G\cos\theta\mathrm{tg}\varphi + cL = G\cos\theta\mathrm{tg}\varphi_d$$

则：$\mathrm{tg}\theta = \mathrm{tg}\varphi_d$

故当 $\theta < \varphi_d$ 时边坡整体稳定，反之则不稳定。

由图 4.5.5-2 知，只有 A 点才真正能代表等效内摩擦角。当正应力增大（如在边坡上堆载或边坡高度加高）则不安全，正应力减小（如在边坡上减载或边坡高度减低）则偏于安全。故在使用等效内摩擦角时，常常是将边坡最大高度作为计算高度来确定正应力 σ。

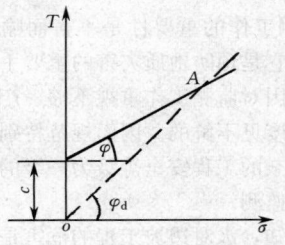

图 4.5.5-2

表 4.5.5 是根据大量边坡工程总结出的经验值，各地应在工程中不断积累经验。

需要说明的是：1）等效内摩擦角应用岩体 c、φ 值计算确定；2）由于边坡岩体的不均一性等，一般情况下，等效内摩擦角的计算边坡高度不宜超过 15m；不得超过 25m。3）考虑岩体的"流变效应"，计算出的等效内摩擦角尚应进行适当折减。

4.5.6 按照不同的工况选择不同的抗剪强度指标是为了使计算结果更加接近客观实际。

5 边坡稳定性评价

5.1 一般规定

5.1.1 施工期存在不利工况的边坡系指在建筑和边坡加固措施尚未完成的施工阶段可能出现显著变形或破坏的边坡。对于这些边坡，应对施工期不利工况条件下的边坡稳定性做出评价。

5.1.2 工程地质类比方法主要是依据工程经验和工程地质学分析方法，按照坡体介质、结构及其他条件的类比，进行边坡破坏类型及稳定性状态的定性判断。

边坡稳定性评价应包括下列内容：

1 边坡稳定性状态的定性判断；

2 边坡稳定性计算；

3 边坡稳定性综合评价；

4 边坡稳定性发展趋势分析。

5.2 边坡稳定性分析

5.2.1 边坡稳定性分析应遵循以定性分析为基础，以定量计算为重要辅助手段，进行综合评价的原则。因此，根据工程地质条件、可能的破坏模式以及已经出现的变形破坏迹象对边坡的稳定性状态做出定性判断，并对其稳定性趋势做出估计，是边坡稳定性分析的重要内容。

根据已经出现的变形破坏迹象对边坡稳定性状态做出定性判断时，应十分重视坡体后缘可能出现的微小张裂现象，并结合坡体可能的破坏模式对其成因作细致分析。若坡体侧边出现斜列裂缝，或在坡体中下部出现剪出或隆起变形时，可做出不稳定的判断。

5.2.2 岩质边坡稳定性计算时，在发育 3 组以上结构面，且不存在优势外倾结构面组的条件下，可以认为岩体为各向同性介质，在斜坡规模相对较大时，其破坏通常接近似圆弧滑面发生，宜采用圆弧滑动面条分法计算。对边坡规模较小、结构面组合关系较复杂的块体滑动破坏，采用赤平极射投影法及实体比例投影法较为方便。

5.2.5 本条推荐的计算方法为不平衡推力传递法，计算中应注意如下可能出现的问题：

1 当滑面形状不规则，局部凸起而使滑体较薄时，宜考虑从凸起部位剪出的可能性，可进行分段计算；

2 由于不平衡推力传递法的计算稳定系数实际上是滑坡最前部条块的稳定系数，若最前部条块划分过小，在后部传递力不大时，边坡稳定系数将显著地受该条块形状和滑面角度影响而不能客观地反映边坡整体稳定性状态。因此，在计算条块划分时，不宜将最下部条块分得太小；

3 当滑体前部滑面较缓，或出现反倾段时，自后部传递来的下滑力和抗滑力较小，而前部条块下滑力可能出现负值而使边坡稳定系数为负值，此时应视边坡为稳定状态；当最前部条块稳定系数不能较好地反映边坡整体稳定性时，可采用倒数第二条块的稳定性系数，或最前部 2 个条块稳定系数的平均值。

5.2.6 边坡地下水动水压力的严格计算应以流网为基础。但是，绘制流网通常是较困难的。考虑到用边坡中地下水位线与计算条块底面倾角的平均值作为地下水动水压力的作用方向具有可操作性，且可能造成的误差不会太大，因此可以采用第 5.2.6 规定的方法。

5.3 边坡稳定性评价

5.3.1 边坡稳定安全系数因所采用的计算方法不同，计算结果存在一定差别，通常圆弧法计算结果较平面滑动法和折线滑动法偏低。因此在依据计算稳定安全系数评价边坡稳定性状态时，评价标准应根据所采用的计算方法按表 5.3.1 分类取值。地质条件特殊的边坡，是指边坡高度较大或地质条件十分复杂的边坡，其稳定安全系数标准可按本规范表 5.3.1 的标准适当提高。

6 边坡支护结构上的侧向岩土压力

6.1 一般规定

6.1.1～6.1.2 当前，国内外对土压力的计算都采用著名的库仑公式与朗金公式，但上述公式基于极限平衡理论，要求支护结构发生一定的侧向变形。若挡墙的侧向变形条件不符合主动、静止或被动极限平衡状态条件时则需对侧向岩土压力进行修正，其修正系数可依据经验确定。

土质边坡的土压力计算应考虑如下因素：

1 土的物理力学性质（重力密度、抗剪强度、墙与土之间的摩擦系数等）；

2 土的应力历史和应力路径；

3 支护结构相对土体位移的方向、大小；

4 地面坡度、地面超载和邻近基础荷载；

5 地震荷载；

6 地下水位及其变化；

7 温差、沉降、固结的影响；

8 支护结构类型及刚度；

9 边坡与基坑的施工方法和顺序。

岩质边坡的岩石压力计算应考虑如下因素：

1 岩体的物理力学性质（重力密度、岩石的抗剪强度和结构面的抗剪强度）；

2 边坡岩体类别（包括岩体结构类型、岩石强度、岩体完整性、地表水浸蚀和地下水状况、岩体结构面产状、倾向坡外结构面的结合程度等）；

3 岩体内单个软弱结构面的数量、产状、布置形式及抗剪强度；

4 支护结构相对岩体位移的方向与大小；

5 地面坡度、地面超载和邻近基础荷载；

6 地震荷载；

7 支护结构类型及刚度；

8 岩石边坡与基坑的施工方法与顺序。

6.2 侧向土压力

6.2.1～6.2.5 按经典土压力理论计算静止土压力、主动与被动土压力。本条规定主动土压力可用库仑公式与朗金公式，被动土压力采用朗肯公式。一般认为，库仑公式计算主动土压力比较接近实际，但计算被动土压力误差较大；朗肯公式计算主动土压力偏于保守，但算被动土压力反而偏小。建议实际应用中，用库仑公式计算主动土压力，用朗肯公式计算被动土压力。

6.2.6～6.2.7 采用水土分算还是水土合算，是当前有争议的问题。一般认为，对砂土与粉土采用水土分算，粘性土采用水土合算。水土分算时采用有效应力抗剪强度；水土合算时采用总应力抗剪强度。对正常固结土，一般以室内自重固结下不排水指标求主动土压力；以不固结不排水指标求被动土压力。

6.2.8 本条主动土压力是按挡墙后有较陡的稳定岩石坡情况下导出的。设计中应当注意，锚杆应穿过表面强风化与十分破碎的岩体，使锚固区落在稳定的岩体中。

陡倾的岩层上的浅层土体十分容易沿岩层面滑落，而成为当前一种多发的滑坡灾害。因而稳定岩石坡面与填土间的摩擦角取值十分谨慎。本条中提出的建议值是经验值，设计者根据地区工程经验确定。

6.2.9 本条提出的一些特殊情况下的土压力计算公式，是依据土压力理论结合经验而确定的半经验公式。

6.3 侧向岩石压力

6.3.1 由实验室测得的岩块泊松比是岩石的泊松比，而不是岩体的泊松比，因而由此算得的是静止岩石侧压力系数。岩质边坡静止侧压力系数应按 6.4.1 条

修正。

6.3.2 岩体与土体不同，滑裂角为外倾结构面倾角，因而由此推出的岩石压力公式与库仑公式不同，当滑裂角 $\theta=45°+\varphi/2$ 时式（6.3.2）即为库仑公式。当岩体无明显结构面时或为破碎、散体岩体时 θ 角取 $45°+\varphi/2$。

6.3.3 有些岩体中存在外倾的软弱结构面，即使结构面倾角很小，仍可能产生四面楔体滑落，对滑落体的大小按当地实际情况确定。滑落体的稳定分析采用力多边形法验算。

6.3.4 本条给出滑移型岩质边坡各种条件下的侧向岩石压力计算方法，以及边坡侧压力和破裂角设计取值原则。

6.4 侧向岩土压力的修正

6.4.1～6.4.2 当坡肩有建筑物，挡墙的变形量较大时，将危及建筑物的安全及正常使用。为使边坡的变形量控制在允许范围内，根据建筑物基础与边坡外边缘的关系采用表 6.4.1 中的岩土侧压力修正值，其目的是使边坡仅发生较小变形，这样能保证坡顶建筑物的安全及正常使用。

岩质边坡修正静止岩石压力 E_0' 为静止岩石侧压力 E_0 乘以折减系数 β_1。由于岩质边坡开挖后产生微小变形时应力释放很快，并且岩体中结构面和裂隙也会造成静止岩石压力降低，工程中不存在理论上的静止侧压力，因此岩质边坡静止侧压力应进行修正。按表 6.4.2 折减后的岩石静止侧压力约为 $1/2(E_0+E_a)$，其中岩石强度高、完整性好的 I 类岩质边坡折减较多，而 II 类岩质边坡折减较少。

7 锚 杆 （索）

7.1 一般规定

7.1.1 锚杆是一种受拉结构体系，钢拉杆、外锚头、灌浆体、防腐层、套管和联接器及内锚头等组成。锚杆挡墙是由锚杆和钢筋混凝土肋柱及挡板组成的支挡结构物，它依靠锚固于稳定岩土层内锚杆的抗拔力平衡挡板处的土压力。近年来，锚杆技术发展迅速，在边坡支护、危岩锚定、滑坡整治、洞室加固及高层建筑基础锚固等工程中广泛应用，具有实用、安全、经济的特点。

7.1.4 当坡顶边缘附近有重要建（构）筑物时，一般不允许支护结构发生较大变形，此时采用预应力锚杆能有效控制支护结构及边坡的变形量，有利于建（构）筑物的安全。

对施工期稳定性较差的边坡，采用预应力锚杆减少变形同时增加边坡滑裂面上的正应力及阻滑力，有利于边坡的稳定。

7.2 设 计 计 算

7.2.2～7.2.4 锚杆设计宜先按式（7.2.2）计算所用锚杆钢筋的截面积，然后再用选定的锚杆钢筋面积按式（7.2.3）和式（7.2.4）确定锚固长度 l_a。

锚杆杆体与锚固体材料之间的锚固力一般高于锚固体与土层间的锚固力，因此土层锚杆锚固段长度计算结果一般均为 7.2.3 控制。

极软岩和软质岩中的锚固破坏一般发生于锚固体与岩层间，硬质岩中的锚固端破坏可发生在锚杆杆体与锚固体材料之间，因此岩石锚杆锚固段长度应分别按式 7.2.3 和 7.2.4 计算，取其中大值。

表 7.2.3-1 主要根据重庆及国内其他地方的工程经验，并结合国外有关标准而定的；表 7.2.3-2 数值主要参考《土层锚杆设计与施工规范》及国外有关标准确定。

锚杆设计顺序和内容可按图 7.2.1 进行设计。

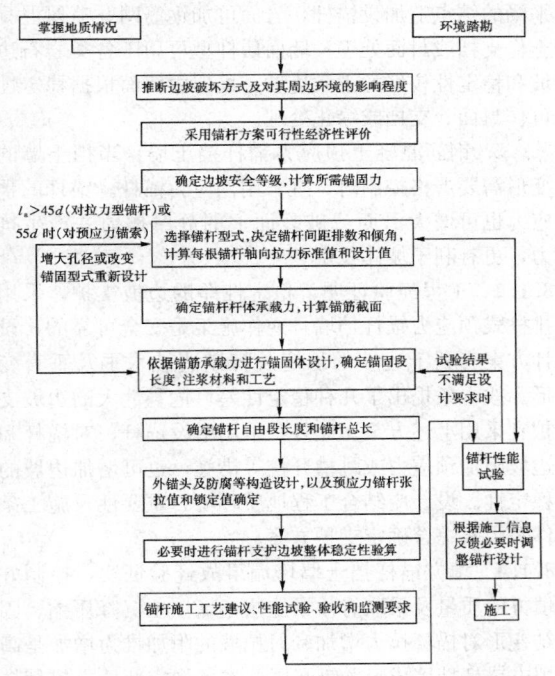

图 7.2.1 锚杆设计内容及顺序

7.2.5 自由段作无粘结处理的非预应力岩石锚杆受拉变形主要是非锚固段钢筋的弹性变形，岩石锚固段理论计算变形值或实测变形值均很小。根据重庆地区大量现场锚杆锚固段变形实测结果统计，砂岩、泥岩锚固性能较好，3 Φ 25 四级精轧螺纹钢，用 M30 级砂浆锚入整体结构的中风化泥岩中 2m 时，在 600kN 荷载作用下锚固段钢筋弹性变形仅为 1mm 左右。因此非预应力无粘结岩石锚杆的伸长变形主要是自由段钢筋的弹性变形，其水平刚度可近似按 7.2.5 估算。

7.2.6 预应力岩石锚杆由于预应力的作用效应，锚固段变形极小。当锚杆承受的拉力小于预应力值时，

整根预应力岩石锚杆受拉变形值都较小，可忽略不计。全粘结岩石锚杆的理论计算变形值和实测值也较小，可忽略不计，故可按刚性拉杆考虑。

7.3 原 材 料

7.3.3 对非预应力全粘结型锚杆，当锚杆承载力设计值低于 400kN 时，采用Ⅱ、Ⅲ级钢筋能满足设计要求，其构造简单，施工方便。承载力设计值较大的预应力锚杆，宜采用钢绞线或高强钢丝，首先是因为其抗拉强度远高于Ⅱ、Ⅲ级钢筋，能满足设计值要求，同时可大幅度地降低钢材用量；二是预应力锚索需要的锚具、张拉机具等配件有成熟的配套产品，供货方便；三是其产生的弹性伸长总量远高于Ⅱ、Ⅲ级钢，由锚头松动，钢筋松弛等原因引起的预应力损失值较小；四是钢绞线、钢丝运输、安装较粗钢筋方便，在狭窄的场地也可施工。高强精轧螺纹钢则实用于中级承载能力的预应力锚杆，有钢绞线和普通粗钢筋的类同优点，其防腐的耐久性和可靠性较高，处于水下、腐蚀性较强地层中的预应力锚杆宜优先采用。

镀锌钢材在酸性土质中易产生化学腐蚀，发生"氢脆"现象，故作此条规定。

7.3.4 锚具的构造应使每束预应力钢绞线可采用夹片方式锁定，张拉时可整根锚杆操作。锚具由锚头、夹片和承压板等组成，为满足设计使用目的，锚头应具有补偿张拉、松弛的功能，锚具型号及性能参数详见国家现行有关标准。

精轧螺纹粗钢筋的接长必须采用专用联接器，不得采用任何形式的焊接，钢筋下料应采用砂轮锯切割，严禁采用电焊切割，其有关技术要求详见《公路桥涵设计手册》中：预应力高强精轧螺纹粗钢筋设计施工暂行规定"。

7.4 构 造 设 计

7.4.1 本条规定锚固段设计长度取值的上限值和下限值，是为保证锚固效果安全、可靠，使计算结果与锚固段锚固体和地层间的应力状况基本一致并达到设计要求的安全度。

日本有关锚固工法介绍的锚固段锚固体与地层间锚固应力分布如图 7.4.1 所示。由于灌浆体与和岩土体和杆体的弹性特征值不一致，当杆体受拉后粘结应力并非沿纵向均匀分布，而是出现如图Ⅰ所示应力集中现象。当锚固段过长时，随着应力不断增加从靠近边坡面处锚固端开始，灌浆体与地层界面的粘结逐渐软化或脱开，此时可发生裂缝沿界面向深部发展现象，如图Ⅱ所示。随着锚固效应弱化，锚杆抗拔力并不与锚固长度增加成正比，如图Ⅲ所示。由此可见，计算采用过长的增大锚固长度，并不能有效提高锚固力，公式（7.2.3）应用必须限制计算长度的上限值，国外有关标准规定计算长度不超过 10m。

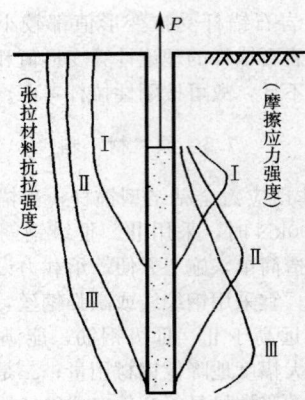

图 7.4.1 锚固应力分布图

注：Ⅰ—锚杆工作阶段应力分
布图；
Ⅱ—锚杆应力超过工作阶段，
变形增大时应力分布图；
Ⅲ—锚固段处于破坏阶段时
应力分布图。

反之，锚固段长度设计过短时，由于实际施工期
锚固区地层局部强度可能降低，或岩体中存在不利组
合结构面时，锚固段被拔出的危险性增大，为确保锚
固安全度的可靠性，国内外有关标准均规定锚固段构
造长度不得小于 3～4m。

大量的工程试验证实，在硬质岩和软质岩中，
中、小级承载力锚杆在工作阶段锚固段应力传递深度
约为 1.5～3.0m（12～20 倍钻孔直径），三峡工程锚
固于花岗岩中 3000kN 级锚索工作阶段应力传递深度
实测值约为 4.0m（约 25 倍孔径）。

综合以上原因，本规范根据大量锚杆试验结果及
锚固段设计安全度及构造需要，提出锚固段的设计计
算长度应满足本条要求。

7.4.4 在锚固段岩体破碎，渗水严重时，水泥固结
灌浆可达到密封裂隙，封阻渗水，保证和提高锚固性
能效果。

7.4.5 锚杆防腐处理的可靠性及耐久性是影响锚杆
使用寿命的重要因素之一，"应力腐蚀" 和 "化学腐
蚀" 双重作用将使杆体锈蚀速度加快，锚杆使用寿命
大大降低，防腐处理应保证锚杆各段均不出现杆体材
料局部腐蚀现象。

预应力锚杆防腐的处理方法也可采用：除锈→刷
沥青船底漆→涂钙基润滑脂后绕扎塑料布再涂润滑油
后→装入塑料套管→套管两端黄油充填。

8 锚杆（索）挡墙支护

8.1 一 般 规 定

8.1.1 本条列举锚杆挡墙的常用型式，此外还有竖
肋和板为预制构件的装配肋板式锚杆挡墙，下部为挖

方、上部为填方的组合锚杆挡墙。

根据地形、地质特征和边坡荷载等情况，各类锚
杆挡墙的方案特点和适用性如下：

1. 钢筋混凝土装配式锚杆挡土墙适用于填方
地段。

2. 现浇钢筋混凝土板肋式锚杆挡土墙适用于挖
方地段，当土方开挖后边坡稳定性较差时应采用 "逆
作法" 施工。

3. 排桩式锚杆挡土墙：适用于边坡稳定性很差、
坡肩有建（构）筑物等附加荷载地段的边坡。当采用
现浇钢筋混凝土板肋式锚杆挡土墙，还不能确保施工
期的坡体稳定时宜采用本方案。排桩可采用人工挖孔
桩、钻孔桩或型钢。排桩施工完后用 "逆作法" 施工
锚杆及钢筋混凝土挡板或拱板。

4. 钢筋混凝土格架式锚杆挡土墙：墙面垂直型
适用于稳定性、整体性较好的Ⅰ、Ⅱ类岩石边坡，在
坡面上现浇网格状的钢筋混凝土格架梁，竖向肋和水
平梁的结点上加设锚杆，岩面可加钢筋网并喷射混凝
土作支挡或封面处理；墙面后仰型可用于各类岩石边
坡和稳定性较好的土质边坡，格架内墙面根据稳定性
可作封面、支挡或绿化处理。

5. 钢筋混凝土预应力锚杆挡土墙：当挡土墙的
变形需要严格控制时，宜采用预应力锚杆。锚杆的预
应力也可增大滑面或破裂面上的静摩擦力并产生抗
力，更有利于坡体稳定。

8.1.2 工程经验证明，稳定性差的边坡支护，采用
排桩式预应力锚杆挡墙且逆作施工是安全可靠的，设
计方案有利于边坡的稳定及控制边坡水平及垂直变
形。故本条提出了几种稳定性差、危害性大的边坡支
护宜采用上述方案。此外，采用增设锚杆、对锚杆和
边坡施加预应力或跳槽开挖等措施，也可增加边坡的
稳定性。设计应结合工程地质环境、重要性及施工条
件等因素综合确定支护方案。

8.1.4 填方锚杆挡土墙垮塌事故经验证实，控制好
填方的质量及采取有效措施减小新填土沉降压缩、固
结变形对锚杆拉力增加和对挡墙的附加推力增加是高
填方锚杆挡墙成败关键。因此本条规定新填方锚杆挡
墙应作特殊设计，采取有效措施控制填方对锚杆拉力
增加过大的不利情况发生。当新填方边坡高度较大且
无成熟的工程经验时，不宜采用锚杆挡墙方案。

8.2 设 计 计 算

8.2.2 挡墙侧向压力大小与岩土力学性质、墙高、
支护结构型式及位移方向和大小等因素有关。根据挡
墙位移的方向及大小，其侧向压力可分为主动土压
力、静止土压力和被动土压力。由于锚杆挡墙构造特
殊，侧向压力的影响因素更为复杂，例如：锚杆变形
量大小、锚杆是否加预应力、锚杆挡土墙的施工方案
等都直接影响挡墙的变形，使土压力发生变化；同

时，挡土板、锚杆和地基间存在复杂的相互作用关系，因此目前理论上还未有准确的计算方法如实反映各种因素对锚杆挡墙的侧向压力的影响。从理论分析和实测资料看，土质边坡锚杆挡墙的土压力大于主动土压力，采用预应力锚杆挡墙时土压力增加更大，本规范采用土压力增大系数 β_s 来反映锚杆挡墙侧向压力的增大。岩质边坡变形小，应力释放较快，锚杆对岩体约束后侧向压力增大不明显，故对非预应力锚杆挡墙不考虑侧压力增大，预应力锚杆考虑 1.1 的增大值。

8.2.3~8.2.5 从理论分析和实测结果看，影响锚杆挡墙侧向压力分布图形的因素复杂，主要为填方或挖方、挡墙位移大小与方向、锚杆层数及弹性大小、是否采用逆施工方法、墙后岩土类别和硬软等情况。不同条件时分布图形可能是三角形、梯形或矩形，仅用侧向压力随深度成线性增加的三角形应力图已不能反映许多锚杆挡墙侧向压力的实际情况。本规范 8.2.5 条对满足特定条件时的应力分布图形作了梯形分布规定，与国内外工程实测资料和相关标准一致。主要原因为逆施工法的锚杆对边坡变形产生约束作用、支撑作用和岩石和硬土的竖向拱效应明显，使边坡侧向压力向锚固点传递，造成矩形应力分布图形，与有支撑时基坑土压力呈矩形、梯形分布图形类同。反之上述条件以外的非硬土边坡宜采用库仑三角形应力分布图形或地区经验图形。

8.2.7~8.2.8 锚杆挡墙与墙后岩土体是相互作用、相互影响的一个整体，其结构内力除与支护结构的刚度有关外，还与岩土体的变形有关，因此要准确计算是较为困难的。根据目前的研究成果，可按连续介质理论采用有限元、边界元和弹性支点法等方法进行较精确的计算。但在实际工程中，也可采用等值梁法或静力平衡法等进行近似计算。

在平面分析模型中弹性支点法根据连续梁理论，考虑支护结构与其后岩土体的变形协调，其计算结果较为合理，因此规范推荐此方法。等值梁法或静力平衡法假定开挖下部边坡时上部已施工的锚杆内力保持不变，并且在锚杆处为不动点，并不能反映挡墙实际受力特点。因锚杆受力后将产生变形，支护结构刚度也较小，属柔性结构。但在锚固点变形较小时其计算结果能满足工程需要，且其计算较为简单。因此对岩质边坡及较坚硬的土质边坡，也可作为近似计算方法。对较软弱土的边坡，宜采用弹性支点法或其他较精确的方法。

8.2.9 挡板为支承于竖肋上的连续板或简支板、拱构件，其设计荷载按板的位置及标高处的岩土压力值确定，这是常规的能保证安全的设计方法。大量工程实测值证实，挡土板的实际应力值存在小于设计值的情况，其主要原因是挡土板后的岩土存在拱效应，岩土压力部分荷载通过"拱作用"直接传至肋柱上，从

而减少作用在挡土板上荷载。影响"拱效应"的因素复杂，主要与岩土密实性、排水情况、挡板的刚度、施工方法和力学参数等因素有关。目前理论研究还不能做出定量的计算，一些地区主要是采取工程类比的经验方法，相同的地质条件、相同的板跨，采用定量的设计用料。本条按以上原则对于存在"拱效应"较强的岩石和土质密实且排水可靠的挖方挡墙，可考虑两肋间岩土"卸荷拱"的作用。设计者应根据地区工程经验考虑荷载减小效应。完整的硬质岩荷载减小效应明显，反之极软岩及密实性较高的土荷载减小效果稍差；对于软弱土和填方边坡，无可靠地区经验时不宜考虑"卸荷拱"作用。

8.3 构 造 设 计

8.3.2 锚杆轴线与水平面的夹角小于 10° 后，锚杆外端灌浆饱满度难以保证，因此建议夹角一般不小于 10°。由于锚杆水平抗拉力等于拉杆强度与锚杆倾角余弦值的乘积，锚杆倾角过大时锚杆有效水平拉力下降过多，同时将对锚肋作用较大的垂直分力，该垂直分力在锚肋基础设计时不能忽略，同时对施工期锚杆挡墙的竖向稳定不利，因此锚杆倾角宜为 10°~35°。

提出锚杆间距控制主要考虑到当锚杆间距过密时，由于"群锚效应"锚杆承载力将降低，锚固段应力影响区段土体被拉坏可能性增大。

由于锚杆每米直接费用中钻孔费所占比例较大，因此在设计中应适当减少钻孔量，采用承载力低而密的锚杆是不经济的，应选用承载力较高的锚杆，同时也可避免"群锚效应"不利影响。

8.3.4 本条提出现浇挡土板的厚度不宜小于 200mm 的要求，主要考虑现场立模和浇混凝土的条件较差，为保证混凝土质量的施工要求。

8.3.9 在岩壁上一次浇筑混凝土板的长度不宜过大，以避免当混凝土收缩时岩石的"约束"作用产生拉应力，导致挡土板开裂，此时宜采取减短浇筑长度等措施。

8.4 施 工

8.4.1 稳定性一般的高边坡，当采用大爆破、大开挖或开挖后不及时支护或存在外倾结构面时，均有可能发生边坡失稳和局部岩体塌方，此时应采用至上而下、分层开挖和锚固的逆施工法。

9 岩石锚喷支护

9.1 一 般 规 定

9.1.1~9.1.2 锚喷支护对岩质边坡尤其是Ⅰ、Ⅱ及Ⅲ类岩质边坡，锚喷支护具有良好效果且费用低廉，但喷层外表不佳；采用现浇钢筋混凝土板能改善美

观，因而表面处理包括喷射混凝土和现浇混凝土面板等。锚喷支护中锚杆起主要承载作用，面板用于限制锚杆间岩块的塌滑。

9.1.3 锚喷支护中锚杆有系统加固锚杆与局部加强锚杆两种类型。系统锚杆用以维持边坡整体稳定，采用按直线滑裂面的极限平衡法计算。局部锚杆用以维持不稳定块体，采用赤平投影法或块体平衡法计算。

9.2 设 计 计 算

9.2.1 本条说明每根锚杆轴向拉力标准值的计算，计算中主动岩石压力按均布考虑。

9.2.3 条文中说明锚杆对危岩抗力的计算，包括危岩受拉破坏时计算与受剪破坏时计算。

9.2.4 条文中还说明喷层对局部不稳定块体的抗力计算。上述计算公式均引自国家锚杆与喷射混凝土支护技术规范，只是采用了分项系数计算。分项系数之积与原规范中总安全系数相当。

9.3 构 造 设 计

9.3.2 锚喷支护要控制锚杆间的最大间距，以确保两根锚杆间的岩体稳定。锚杆最大间距显然与岩坡分类有关，岩坡分类等级越低，最大间距应当越小。

9.3.4 喷射混凝土应重视早期强度，通常规定 1 天龄期的抗压强度不应低于 5MPa。

9.3.6 边坡的岩面条件通常要比地下工程中的岩面条件差，因而喷射混凝土与岩面的粘结力约低于地下工程中喷射混凝土与岩面的粘结力。国家现行标准《锚杆喷射混凝土支护技术规范》GBJ86 的规定，Ⅰ、Ⅱ类围岩喷射混凝土土岩面粘结力不低于 0.8MPa；Ⅲ类围岩不低于 0.5MPa。本条规定整体状与块体岩体不应低与 0.7MPa；碎裂状岩体不应低于 0.4MPa。

9.4 施 工

9.4.1 Ⅰ、Ⅱ及Ⅲ类岩质边坡应尽量采用部分逆作法，这样既能确保工程开挖中的安全，又便于施工。但应注意，对未支护开挖段岩体的高度与宽度应依据岩体的破碎、风化程度作严格控制，以免施工中出现事故。

10 重力式挡墙

10.1 一 般 规 定

10.1.2 重力式挡墙基础底面大、体积大，如高度过大，则既不利于土地的开发利用，也往往是不经济的。当土质边坡高度大于 8m、岩质边坡高度大于 10m 时，上述状况已明显存在，故本条对挡墙高度作了限制。

10.1.3 一般情况下，重力式挡墙位移较大，难以满足对变形的严格要求。

挖方挡墙施工难以采用逆作法，开挖面形成后边坡稳定性相对较低，有时可能危及边坡稳定及相邻建筑物安全。因此本条对重力式挡墙适用范围作了限制。

10.1.4 墙型的选择对挡墙的安全与经济影响较大。在同等条件下，挡墙中主动土压力以仰斜最小，直立居中，俯斜最大，因此仰斜式挡墙较为合理。但不同的墙型往往使挡墙条件（如挡墙高度、填土质量）不同。故墙型应综合考虑多种因素而确定。

挖方边坡采用仰斜式挡墙时，墙背可与边坡坡面紧贴，不存在填方施工不便、质量受影响的问题，仰斜当是首选墙型。

挡墙高度较大时，土压力较大，降低土压力已成为突出问题，故宜采用衡重式或仰斜式。

10.2 设 计 计 算

10.2.1 挡墙设计中，岩土压力分布是一个重要问题。目前对岩土压力分布规律的认识尚不十分清楚。按朗金理论确定土压力分布可能偏于不安全。表面无均布荷载时，将岩土压力视为与挡墙同高的三角形分布的结果是岩土压力合力的作用点有所提高。

10.2.2～10.2.4 抗滑移稳定性及抗倾覆稳定性验算是重力式挡墙设计中十分重要的一环，式（10.2.3）及式（10.2.4）应得到满足。当抗滑移稳定性不满足要求时，可采取增大挡墙断面尺寸、墙底做成逆坡、换土做砂石垫层等措施使抗滑移稳定性满足要求。当抗倾覆稳定性不满足要求时，可采取增大挡墙断面尺寸、增长墙趾、改变墙背做法（如在直立墙背上做卸荷台）等措施使抗倾覆稳定性满足要求。

土质地基有软弱层时，存在着挡墙地基整体失稳破坏的可能性，故需进行地基稳定性验算。

10.3 构 造 设 计

10.3.1 条石、块石及素混凝土是重力式挡墙的常用材料，也有采用砖及其他材料的。

10.3.2 挡墙基底做成逆坡对增加挡墙的稳定性有利，但基底逆坡坡度过大，将导致墙踵陷入地基中，也会使保持挡墙墙身的整体性变得困难。为避免这一情况，本条对基底逆坡坡度作了限制。

10.4 施 工

10.4.4 本条规定是为了避免填方沿原地面滑动。填方基底处理办法有铲除草皮和耕植土、开挖台阶等。

11 扶壁式挡墙

11.1 一 般 规 定

11.1.1 扶壁式挡墙由立板、底板及扶壁（立板的肋）三部分组成，底板分为墙趾板和墙踵板。扶壁式挡墙适用于石料缺乏、地基承载力较低的填方边坡工程。一般采用现浇钢筋混凝土结构。扶壁式挡墙高度不宜超过 10m 的规定是考虑地基承载力、结构受力特点及经济等因素定的，一般高度为 6～10m 的填方边坡采用扶壁式挡墙较为经济合理。

11.1.2 扶壁式挡墙基础应置于稳定的地层内，这是挡墙稳定的前提。本条规定的挡墙基础埋置深度是参考国内外有关规范而定的，这是满足地基承载力、稳定和变形条件的构造要求。在实际工程中应根据工程地质条件和挡墙结构受力情况，采用合适的埋置深度，但不应小于本条规定的最小值。在受冲刷或受冻胀影响的边坡工程，还应考虑这些因素的不利影响，挡墙基础应在其影响之下的一定深度。

11.2 设计计算

11.2.1 扶壁式挡墙的设计内容主要包括边坡侧向土压力计算、地基承载力验算、结构内力及配筋、裂缝宽度验算及稳定性计算。在计算时应根据计算内容分别采用相应的荷载组合及分项系数。扶壁式挡墙外荷载一般包括墙后土体自重及坡顶地面活载。当受水或地震影响或坡顶附近有建筑物时，应考虑其产生的附加侧向土压力作用。

11.2.2 根据国内外模型试验及现场测试的资料，按库仑理论采用第二破裂面法计算侧向土压力较符合工程实际。但目前美国及日本等均采用通过墙踵的竖向面为假想墙背计算侧向压力。因此本条规定当不能形成第二破裂面时，可用墙踵下缘与墙顶内缘的连线作为假想墙及通过墙踵的竖向面为假想墙背计算侧向压力。同时侧向土压力计算应符合本规范 6 章的有关规定。

11.2.3 影响扶壁式挡墙的侧向压力分布的因素很多，主要包括墙后填土、支护结构刚度、地下水、挡墙变形及施工方法等，可简化为三角形、梯形或矩形。应根据工程具体情况，并结合当地经验确定符合实际的分布图形，这样结构内力计算才合理。

11.2.4 扶壁式挡墙是较复杂的空间受力结构体系，要精确计算是比较困难复杂的。根据扶壁式挡墙的受力特点，可将空间受力问题简化为平面问题近似计算。这种方法能反映构件的受力情况，同时也是偏于安全的。立板和墙踵板可简化为靠近底板部分为三边固定，一边自由的板及上部以扶壁为支承的连续板；墙趾底板可简化为固端在立板上的悬臂板进行计算；扶壁可简化为悬臂的 T 形梁，立板为梁的翼，扶壁为梁的腹板。

11.2.5 扶壁式挡墙基础埋深较小，墙趾处回填土往往难以保证夯填密实，因此在计算挡墙整体稳定及立板内力时，可忽略墙趾前底板以上土体的有利影响，但在计算墙趾板内力时则应考虑墙趾板以上土体的

重量。

11.2.6 扶壁式挡墙为钢筋混凝土结构，其受力较大时可能开裂，钢筋净保护层厚度较小，受水浸蚀影响较大。为保证扶壁式挡墙的耐久性，本条规定了扶壁式挡墙裂缝宽度计算的要求。

11.3 构造设计

11.3.1 本条根据现行国家标准《混凝土结构设计规范》GB50010 规定了扶壁式挡墙的混凝土强度等级、钢筋直径和间距及混凝土保护层厚度的要求。

11.3.2 扶壁式挡墙的尺寸应根据强度及刚度等要求计算确定，同时还应当满足锚固、连接等构造要求。本条根据工程实践经验总结得来。

11.3.3 扶壁式挡墙配筋应根据其受力特点进行设计。立板和墙踵板按板配筋，墙趾板按悬臂板配筋，扶壁按倒 T 形悬臂深梁进行配筋；立板与扶壁、底板与扶壁之间根据传力要求计算设计连接钢筋。宜根据立板、墙踵板及扶壁的内力大小分段分级配筋，同时立板、底板及扶壁的配筋率、钢筋的搭接和锚固等应符合现行国家标准《混凝土结构设计规范》GB50010 的有关规定。

11.3.4 在挡墙底部增设防滑键是提高挡墙抗滑稳定的一种有效措施。当挡墙稳定受滑动控制时，宜在墙底下设防滑键。防滑键应具有足够的抗剪强度，并保证键前土体足够抗力不被挤出。

11.3.5～11.3.6 挡墙基础是保证挡墙安全正常工作的十分重要的部分。实际工程中许多挡墙破坏都是地基基础设计不当引起的。因此设计时必须充分掌握工程地质及水文地质条件，在安全、可靠、经济的前提下合理选择基础形式，采取恰当的地基处理措施。当挡墙纵向坡度较大时，为减少开挖及挡墙高度，节省造价，在保证地基承载力的前提下可设计成台阶形。当地基为软土层时，可采用换土层法或采用桩基础等地基处理措施。不应将基础置于未经处理的地层上。

11.3.7 钢筋混凝土结构扶壁式挡墙因温度变化引起材料变形，增加结构的附加内力，当长度过长时可能使结构开裂。本条参照现行有关标准规定了伸缩缝的构造要求。

11.3.8 扶壁式挡墙对地基不均匀变形敏感，在不同结构单元及地层岩土性状变化时，将产生不均匀变形。为适应这种变化，宜采用沉降缝分成独立的结构单元。有条件时伸缩缝与沉降缝宜合并设置。

11.3.9 墙后填土直接影响侧向土压力，因此宜选用重度小、内摩擦角大的填料，不得采用物理力学性质不稳定、变异大的填料（如粘性土、淤泥、耕土、膨胀土、盐渍土及有机质土等特殊土）。同时，要求填料透水性强，易排水，这样可显著减小墙后侧向土压力。

11.4 施 工

11.4.1 本条规定在施工时应做好地下水、地表水及施工用水的排放工作，避免水软化地基，降低地基承载力。基坑开挖后应及时进行封闭和基础施工。

11.4.2～11.4.3 挡墙后填料应严格按设计要求就地选取，并应清除填土中的草、树皮树根等杂物。在结构达到设计强度的 70% 后进行回填。填土应分层压实，其压实度应满足设计要求。扶壁间的填土应对称进行，减小因不对称回填对挡墙的不利影响。挡墙泄水孔的反滤层应当在填筑过程中及时施工。

12 坡 率 法

12.1 一 般 规 定

12.1.1～12.1.4 本规范坡率法是指控制边坡高度和坡度，无需对边坡整体进行加固而自身稳定的一种人工边坡设计方法。坡率法是一种比较经济、施工方便的方法，对有条件的场地宜优先考虑选用。

坡率法适用于整体稳定条件下的岩层和土层，在地下水位低且放坡开挖时不会对相邻建筑物产生不利影响的条件下使用。有条件时可结合坡顶刷坡卸载，坡脚回填压脚的方法。

坡率法可与支护结构联合应用，形成组合边坡。例如当不具备全高放坡条件时，上段可采用坡率法，下段可采用支护结构以稳定边坡。

12.2 设 计 计 算

12.2.1～12.2.6 采用坡率法的边坡，原则上都应进行稳定性验算，但对于工程地质及水文地质条件简单的土质边坡和整体无外倾结构面的岩质边坡，在有成熟的地区经验时，可参照地区经验或表 12.2.1 或 12.2.2 确定。

12.3 构 造 设 计

12.3.1～12.3.6 在坡高范围内，不同的岩土层，可采用不同的坡率放坡。边坡设计应注意边坡环境的防护整治，边坡水系应因势利导保持畅通。考虑到边坡的永久性，坡面应采取保护措施，防止土体流失、岩层风化及环境恶化造成边坡稳定性降低。

13 滑坡、危岩和崩塌防治

13.1 滑 坡 防 治

13.1.1 本规范根据滑坡的诱发因素、滑体及滑动特征将滑坡分为工程滑坡和自然滑坡（含工程古滑坡）两大类，以此作为滑坡设计及计算的分类依据。对工程滑坡规范推荐采用与边坡工程类同的设计计算方法及有关参数和安全度；对自然滑坡则采用本章规定的与传统方法基本一致的方法。

滑坡根据运动方式、成因、稳定程度及规模等因素，还可分为推力式滑坡、牵引式滑坡、活滑坡、死滑坡、大中小型等滑坡。

13.1.2 对于潜在滑坡和未复活的滑坡，其滑动面岩土力学性能要优于滑坡产生后的情况，因此事先对滑坡采取预防措施所费的人力、物力要比滑坡产生后再设法整治的费用少得多，且可避免滑坡危害，这就是"以防为主，防治结合"的原则。

从某种意义上讲，无水不滑坡。因此治水是改善滑体土的物理力学性质的重要途径，是滑坡治本思想的体现。

当滑坡体上有重要建（构）物，滑坡治理除必须保证滑体的承载能力极限状态功能外，还应尽可能避免因支护结构的变形或滑坡体的再压缩变形等造成危及重要建（构）物正常使用功能状况发生，并应从设计方案上采取相应处理措施。

13.1.3～13.1.7 滑坡行为涉及的因素很多，针对性地选择处理措施综合考虑制定防治方案，达到较理想的效果。本条提出的一些治理措施是经过工程检验、得到广大工程技术人员认可的成功经验的总结。

13.1.11 滑坡支挡设计是一种结构设计，应遵循的规定很多，本条对作用于支挡结构上的外力计算作了一些规定。

滑坡推力分布图形受滑体岩土性状、滑坡类型、支护结构刚度等因素影响较大，规范难以给出各类滑坡的分布图形。从工程实测统计分析来看有以下特点，当滑体为较完整的块石、碎石类土时呈三角形分布，采用锚拉桩时滑坡推力图形宜取矩形，当滑体为粘土时呈矩形分布，当为介于两者间的滑体时呈梯形分布。设计者应根据工程情况和地区经验等因素，确定较合理的分布图形。

13.1.12 滑坡推力计算方法目前采用传递系数法，也是众多规范所推荐的方法，圆弧滑动的滑坡推力计算也按此法进行。

抗震设防时滑坡推力计算可按现行标准及《铁路工程抗震设计规范》GBJ111 的有关规定执行。本条滑坡推力为设计值，按此进行支挡结构计算时，不应再乘以荷载分项系数。

13.1.13 滑坡是一种复杂的地质现象，由于种种原因人们对它的认识有局限性、时效性。因此根据施工现场的反馈信息采用动态设计和信息法施工是非常必要的；条文中提出的几点要求，也是工程经验教训的总结。

13.2 危岩和崩塌防治

13.2.1～13.2.4 危岩崩塌的破坏机制及分类目前国

内外均在研究，但不够完善。本规范按危岩破坏特征分为塌滑型、倾倒型和坠落型三类，并根据危岩分类按其破坏特征建立计算模型进行计算。塌滑型危岩可采用边坡计算中的楔形体平衡法，倾倒型危岩可按重力式挡墙的抗倾和抗滑方法，坠落型危岩按结构面的抗剪强度核算法。条文中罗列的一些行之有效的治理办法，治理时应有针对性地选择一种或多种方法。

14 边坡变形控制

14.1 一般规定

14.1.1～14.1.3 支护结构变形控制等级应根据周边环境条件对边坡的要求确定可分为严格、较严格及不严格，如表 6.4.1 中所示。当坡顶附近有重要建（构）筑物时除应保证边坡整体稳定性外，还应保证变形满足设计要求。边坡的变形值大小与边坡高度、地质条件、水文条件、支护结构类型、施工开挖方案等因素相关，变形计算复杂且不够成熟，有关规范均未提出较成熟的计算方法，工程实践中只能根据地区经验，采用工程类比的方法，从设计、施工、变形监测等方面采取措施控制边坡变形。

同样，支护结构变形允许值涉及因素较多，难以用理论分析和数值计算确定，工程设计中可根据边坡条件按地区经验确定。

14.2 控制边坡变形的技术措施

14.2.2 当地基变形较大时，有关地基及被动土压力区加固方法按国家现行有关规范进行。

14.2.7 稳定性较差的岩土边坡（较软弱的土边坡，有外倾软弱结构面的岩石边坡，潜在滑坡等）开挖时，不利工况时边坡的稳定和变形控制应满足有关规定要求，避免出现施工事故，必要时应采取施工措施增强施工期的稳定性。

15 边坡工程施工

15.1 一般规定

15.1.1 地质环境条件复杂、稳定性差的边坡工程，其安全施工是建筑边坡工程成功的重要环节，也是边坡工程事故的多发阶段。施工方案应结合边坡的具体工程条件及设计基本原则，采取合理可行、行之有效的综合措施，在确保工程施工安全、质量可靠的前提下加快施工进度。

15.1.2 对土石方开挖后不稳定的边坡无序大开挖、大爆破造成事故的工程事例太多。采用"至上而下、分阶施工、跳槽开挖、及时支护"的逆施工法是成功经验的总结，应根据边坡的稳定条件选择安全的开挖方案。

15.2 施工组织设计

15.2.1 边坡工程施工组织设计是贯彻实施设计意图、执行规范，确保工程进度、工程质量，指导施工的主要技术文件，施工单位应认真编制，严格审查，实行多方会审制度。

15.3 信息施工法

15.3.1～15.3.2 信息施工法是将设计、施工、监测及信息反馈融为一体的现代化施工法。信息施工法是动态设计法的延伸，也是动态设计法的需要，是一种客观、求实的工作方法。地质情况复杂、稳定性差的边坡工程，施工期的稳定安全控制更为重要。建立监测网和信息反馈有利于控制施工安全，完善设计，是边坡工程经验总结和发展起来的先进施工方法，应当给予大力推广。

信息施工法的基本原则应贯穿于施工组织设计和现场施工的全过程，使监控网、信息反馈系统与动态设计和施工活动有机结合在一起，不断将现场水文地质变化情况反馈到设计和施工单位，以调整设计与施工参数，指导设计与施工。

信息施工法可根据其特殊情况或设计要求，将监控网的监测范围延伸至相邻建筑（构筑）物或周边环境，以便对边坡工程的整体或局部稳定做出准确判断，必要时采取应急措施，保障施工质量和顺利施工。

15.4 爆破施工

15.4.3 周边建筑物密集时，爆破前应对周边建筑原有变形及裂缝等情况作好详细勘查记录。必要时可以拍照、录像或震动监测。

中华人民共和国国家标准

复合土钉墙基坑支护技术规范

Technical code for composite soil nailing wall in
retaining and protection of excavation

GB 50739—2011

主编部门：山 东 省 住 房 和 城 乡 建 设 厅
批准部门：中华人民共和国住房和城乡建设部
施行日期：２ ０ １ ２ 年 ５ 月 １ 日

中华人民共和国住房和城乡建设部
公　告

第 1159 号

关于发布国家标准
《复合土钉墙基坑支护技术规范》的公告

　　现批准《复合土钉墙基坑支护技术规范》为国家标准，编号为 GB 50739－2011，自 2012 年 5 月 1 日起实施。其中，第 6.1.3 条为强制性条文，必须严格执行。

　　本规范由我部标准定额研究所组织中国计划出版社出版发行。

中华人民共和国住房和城乡建设部
二〇一一年九月十六日

前　　言

　　本规范是根据住房和城乡建设部《关于印发〈2009 年工程建设标准规范制订、修订计划（第一批）〉的通知》（建标〔2009〕88 号文）的要求，由济南大学和江苏省第一建筑安装有限公司会同中国京冶工程技术有限公司等 11 个单位共同编制完成。

　　本规范在编制过程中，编制组调查总结了近年来复合土钉墙基坑支护的实践经验，吸收了国内外相关科技成果，开展了多项专题研究并形成了专题研究报告。本规范的初稿、征求意见稿通过各种方式在全国范围内广泛征求了意见，并经多次编制工作会议讨论、反复修改后，形成送审稿，最后经审查定稿。

　　本规范共分 7 章和 2 个附录，主要内容包括总则、术语和符号、基本规定、勘察、设计、施工与检测、监测等。

　　本规范中以黑体字标志的条文为强制性条文，必须严格执行。

　　本规范由住房和城乡建设部负责管理和对强制性条文的解释，山东省住房和城乡建设厅负责日常管理，济南大学负责具体技术内容的解释。为了提高本规范的质量，请各单位在执行过程中，注意总结经验，积累资料，随时将有关意见和建议反馈给济南大学国家标准《复合土钉墙基坑支护技术规范》管理组（地址：山东省济南市济微路 106 号，邮政编码：250022），以供今后修订时参考。

　　本规范主编单位、参编单位、主要起草人和主要

审查人：

主 编 单 位：济南大学
　　　　　　　江苏省第一建筑安装有限公司

参 编 单 位：中国京冶工程技术有限公司
　　　　　　　同济大学
　　　　　　　中国科学院武汉岩土力学研究所
　　　　　　　昆山市建设工程质量检测中心
　　　　　　　济南鼎汇土木工程技术有限公司
　　　　　　　武汉市勘测设计研究院
　　　　　　　胜利油田胜利工程建设（集团）有限责任公司
　　　　　　　济南四建（集团）有限责任公司
　　　　　　　山东宁建建设集团有限公司
　　　　　　　南通市达欣工程股份有限公司
　　　　　　　山东鑫国基础工程有限公司

主要起草人：刘俊岩　杨志银　孔令伟　应惠清
　　　　　　　付文光　刘　燕　李象范　史春乐
　　　　　　　任　锋　马凤生　王　勇　杨育文
　　　　　　　顾浩声　张　军　原玉磊　鞠建中
　　　　　　　赵吉刚　杨根才　刘厚纯　刘　俭
　　　　　　　殷伯清　王庆军　沈　灏　曾剑峰

主要审查人：赵志缙　程良奎　宋二祥　桂业琨
　　　　　　　张旷成　高文生　王士川　吴才德
　　　　　　　刘小敏　焦安亮　冯晓腊

目　次

Contents

1 总　则

1.0.1 为使复合土钉墙基坑支护工程达到安全适用、技术先进、经济合理、质量可靠及保护环境的要求，制定本规范。

1.0.2 本规范适用于建筑与市政工程中复合土钉墙基坑支护工程的勘察、设计、施工、检测和监测。

1.0.3 复合土钉墙支护工程应综合考虑工程地质与水文地质条件、场地及周边环境限制要求、基坑规模与开挖深度、施工条件等因素的影响，并结合工程经验，合理设计、精心施工、严格检测和监测。

1.0.4 复合土钉墙基坑支护工程除应符合本规范外，尚应符合国家现行有关标准的规定。

2　术语和符号

2.1　术　语

2.1.1 土钉　soil nail

采用成孔置入钢筋或直接钻进、击入钢花管，并沿杆体全长注浆的方法形成的对原位土体进行加固的细长杆件。

2.1.2 土钉墙　soil nailing wall

由土钉群、被加固的原位土体、钢筋网混凝土面层等构成的基坑支护形式。

2.1.3 预应力锚杆　pre-stressed anchor

能将张拉力传递到稳定的岩土体中的一种受拉杆件，由锚头、杆体自由段和杆体锚固段组成。

2.1.4 截水帷幕　curtain for cutting off water

沿基坑侧壁连续分布，由水泥土桩相互咬合搭接形成，起隔水、超前支护和提高基坑稳定性作用的壁状结构。

2.1.5 微型桩　mini-sized pile

沿基坑侧壁断续分布，用于控制基坑变形、提高基坑稳定性的各种小断面竖向构件。

2.1.6 复合土钉墙　composite soil nailing wall

土钉墙与预应力锚杆、截水帷幕、微型桩中的一类或几类结合而成的基坑支护形式。

2.1.7 截水帷幕复合土钉墙　composite soil nailing wall with curtain for cutting off water

由截水帷幕与土钉墙结合而成的基坑支护形式。

2.1.8 预应力锚杆复合土钉墙　composite soil nailing wall with pre-stressed anchor

由预应力锚杆与土钉墙结合而成的基坑支护形式。

2.1.9 微型桩复合土钉墙　composite soil nailing wall with mini-sized pile

由微型桩与土钉墙结合而成的基坑支护形式。

2.2　符　号

2.2.1　土的物理力学指标

c——土的粘聚力；

d_s——坑底土颗粒的相对密度；

e——坑底土的孔隙比；

γ_1、γ_2——分别为地面、坑底至微型桩或截水帷幕底部各土层加权平均重度；

φ——土的内摩擦角。

2.2.2　几何参数

A——构件的截面面积；

d_j——第 j 根土钉直径；

H——基坑开挖深度；

h_j——第 j 根土钉与基坑底面的距离；

h_c——承压水层顶面至基坑底面的距离；

L_i——第 i 个土条在滑弧面上的弧长；

l_j——第 j 根土钉长度；

S_{xj}——第 j 根土钉与相邻土钉的平均水平间距；

S_{zj}——第 j 根土钉与相邻土钉的平均竖向间距；

t——微型桩或截水帷幕在基坑底面以下的深度；

α_j——第 j 根土钉与水平面之间的夹角；

α_{mj}——第 j 根预应力锚杆与水平面之间的夹角；

β——土钉墙坡面与水平面的夹角；

θ_i——第 i 个土条在滑弧面中点处的法线与垂直面的夹角；

θ_j——第 j 根土钉或预应力锚杆与滑弧面相交处，滑弧切线与水平面的夹角。

2.2.3　作用、作用效应及承载力

E_a——朗肯主动土压力；

f_{yj}——第 j 根土钉杆体材料抗拉强度设计值；

h_w——基坑内外的水头差；

i——渗流水力梯度；

i_c——基坑底面土体的临界水力梯度；

k_a——主动土压力系数；

N_{uj}——第 j 根土钉在稳定区（即滑移面外）所提供的摩阻力；

p——土钉长度中点所处深度位置的土体侧压力；

p_m——土钉长度中点所处深度位置由土体自重引起的侧压力；

p_q——土钉长度中点所处深度位置由地面及土体中附加荷载引起的侧压力；

P_{uj}——第 j 根预应力锚杆在稳定区（即滑移面外）的极限抗拔力；

P_w——承压水水头压力；

q_{sik}——第 i 层土体与土钉的粘结强度标准值；

q——地面及土体中附加荷载；

T_{jk}——土钉轴向荷载标准值；

T_{yj}——第 j 根土钉验收抗拔力；

T_m——土钉极限抗拔力；

W_i——第 i 个土条重量，包括作用在该土条上的各种附加荷载；

ζ——坡面倾斜时荷载折减系数；

τ_q——假定滑移面处相应龄期截水帷幕的抗剪强度标准值；

τ_y——假定滑移面处微型桩的抗剪强度标准值。

2.2.4 计算系数及其他

K_s——整体稳定性安全系数；

K_{s0}、K_{s1}、K_{s2}、

K_{s3}、K_{s4}——整体稳定性分项抗力系数，分别为土、土钉、预应力锚杆、截水帷幕及微型桩产生的抗滑力矩与土体下滑力矩比；

K_l——坑底抗隆起稳定性安全系数；

K_{w1}——抗渗流稳定性安全系数；

K_{w2}——抗突涌稳定性安全系数；

N_q、N_c——坑底抗隆起验算时的地基承载力系数；

ψ——土钉的工作系数；

η_1、η_2、

η_3、η_4——土钉、预应力锚杆、截水帷幕及微型桩组合作用折减系数。

3 基 本 规 定

3.0.1 复合土钉墙基坑支护安全等级的划分应符合现行行业标准《建筑基坑支护技术规程》JGJ 120 的有关规定。

3.0.2 复合土钉墙基坑支护可采用下列形式：

1 截水帷幕复合土钉墙。

2 预应力锚杆复合土钉墙。

3 微型桩复合土钉墙。

4 土钉墙与截水帷幕、预应力锚杆、微型桩中的两种及两种以上形式的复合。

3.0.3 复合土钉墙适用于黏土、粉质黏土、粉土、砂土、碎石土、全风化及强风化岩，夹有局部淤泥质土的地层中也可采用。地下水位高于基坑底时应采取降排水措施或选用具有截水帷幕的复合土钉墙支护。坑底存在软弱地层时应经地基加固或采取其他加强措施后再采用。

3.0.4 软土地层中基坑开挖深度不宜大于 6m，其他地层中基坑直立开挖深度不宜大于 13m，可放坡时基坑开挖深度不宜大于 18m。

3.0.5 复合土钉墙基坑支护方案应根据工程地质、水文地质条件、环境条件、施工条件以及使用条件等因素，通过工程类比和技术经济比较确定。

3.0.6 复合土钉墙基坑支护工程的使用期不应超过 1 年，且不应超过设计规定。超过使用期后应重新对基坑进行安全评估。

3.0.7 复合土钉墙基坑支护设计和验算采用的岩土性能指标应根据地质勘察报告、基坑降水、固结的情况，按相关参数试验方法并结合邻近场地的工程类比、现场试验、当地经验作出分析判断后合理取值。侧压力计算时，宜采用直剪固结快剪指标或三轴固结不排水剪切指标。稳定性验算时，饱和软黏土宜采用三轴不固结不排水剪切、直剪快剪指标或十字板剪切试验指标，粉土、砂性土、碎石土宜采用原位测试取得的有效应力指标，其他土层宜采用三轴固结不排水剪切或直剪固结快剪指标。

3.0.8 复合土钉墙应按照承载能力极限状态和正常使用极限状态两种极限状态进行设计。支护结构的构件强度、基坑稳定性、锚杆的抗拔力等应按承载能力极限状态进行验算，支护结构的位移计算、基坑周边环境的变形应按正常使用极限状态进行验算。

3.0.9 复合土钉墙用于对变形控制有严格要求的基坑支护时，应根据工程经验采用工程类比法，并结合数值法进行变形分析预测。

3.0.10 施工前，施工单位应按照审核通过的基坑工程设计方案，根据工程地质与水文地质条件、施工工艺、作业条件和基坑周边环境限制条件，编制专项施工方案。

3.0.11 复合土钉墙基坑支护工程应实施监测。监测单位应编制监测方案，并依据监测方案实施监测。设计和施工单位应及时掌握监测情况，并实施动态设计和信息化施工。

4 勘 察

4.0.1 基坑工程的岩土勘察和周边环境调查应与拟建建筑的岩土工程勘察同时进行。当已有勘察成果不能满足基坑工程设计和施工要求时，应补充基坑工程专项勘察。

4.0.2 基坑工程勘察的范围应根据基坑的复杂程度、设计要求和场地条件综合确定。勘察的平面范围宜超出基坑开挖边界线外开挖深度的 2 倍，且不宜小于土钉或锚杆估算长度的1.2倍。

4.0.3 勘探点宜沿基坑边线布置，基坑每边中间位置、基坑主要转角处、相邻重要建（构）筑物附近应布置勘探点，勘探点间距宜取 15m～25m。若地下存在障碍物或软土、饱和粉细砂、暗沟和暗塘等特殊地段以及岩溶地区应适当加密勘探点，查明其分布和工程特性。

4.0.4 勘探孔深度宜为基坑开挖深度的 2.0 倍～3.0 倍；基坑底面以下存在软弱土层或承压含水层时，勘探孔应穿过软弱土层或承压含水层。在勘探深度范围内如遇中等风化及微风化岩石时，可减小勘探孔深度。

钻入基坑底以下的砂土、粉土中的钻探孔应及时进行封堵。

4.0.5 主要土层的取样和原位测试数量应根据基坑安全等级、规模、土层复杂程度等确定。每一主要土层的原状土试样或原位测试数据不应少于6个(组),当土层差异性较大时,应增加取样或原位测试数量。

4.0.6 土的抗剪强度试验方法应根据复合土钉墙实际工作状况确定,且应与基坑工程设计计算所采用的指标要求相符合。

4.0.7 勘察阶段应查明地下水类型、地下水位、含水层埋深和厚度、相对不透水层埋深和厚度、与外界的水力联系、承压水头以及施工期间地下水变化等情况。必要时应进行现场试验,确定土层渗透系数和影响半径。

4.0.8 周边环境调查的内容应包括:

1 基坑开挖影响范围内既有建筑的层数、结构形式、基础形式与埋深及建成时间、沉降变形和损坏情况。

2 基坑开挖影响范围内的暗沟、暗塘、暗浜、老河道、轨道交通设施、地下人防设施及地下管线等的类型、空间尺寸、埋深及其重要性,贮水、输水等用水设施及其渗漏情况。必要时,可用坑探或工程物探方法查明。

3 场地周围地表水汇流和排泄条件。

4 场地周围道路的类型、位置及宽度、车辆最大荷载情况等。

5 场地周围堆载及其他与基坑工程设计、施工相关的信息。

4.0.9 勘察报告应包括下列主要内容:

1 对基坑工程影响深度范围内的岩土层埋藏条件、分布和特性作出综合分析评价。

2 阐明地下水的埋藏情况、类型、水位及其变化幅度、与地表水间的联系以及土层的渗流条件。

3 提供基坑工程影响范围内的各岩土层物理、力学试验指标的统计值和计算参数的建议值。

4 阐明填土、暗浜、地下障碍物等浅层不良地质现象分布情况,评价对基坑工程的影响,并对设计、施工提出建议。

5 分析评价地下水位变化对周边环境的影响以及施工过程中可能形成的流土、管涌、坑底突涌等现象,并对设计、施工提出建议。

6 对支护方案选型、地下水控制方法、环境保护和监测提出建议。

7 勘察成果文件应附下列图件:

1)勘探点平面布置图;

2)工程地质柱状图;

3)工程地质剖面图;

4)室内土(水)试验成果图表;

5)原位测试成果图表;

6)其他所需的成果图表,如暗浜分布、地下障碍物分布图等。

5 设 计

5.1 一 般 规 定

5.1.1 复合土钉墙基坑支护的设计应包括下列内容:

1 支护体系与各构件选型及布置。

2 支护构件设计。

3 基坑稳定性分析验算。

4 各构件及连接件的构造设计。

5 变形控制标准及周边环境保护要求。

6 地下水和地表水处理。

7 土方开挖要求。

8 施工工艺及技术要求。

9 质量检验和监测要求。

10 应急措施要求。

5.1.2 设计计算时可取单位长度按平面应变问题分析计算。

5.1.3 设计荷载除土压力、水压力外,还应包括邻近建筑、材料、机具、车辆等附加荷载。地面上的附加荷载应按实际作用值计取,实际值如小于20kPa,宜按20kPa的均布荷载计取。

5.1.4 设计计算时对邻近基坑侧壁的承台、地梁、集水坑、电梯井等坑中坑,应根据坑中坑的开挖深度确定基坑设计深度。

5.1.5 对缺乏类似工程经验的地层及安全等级为一级的基坑,土钉及预应力锚杆均应先进行基本试验,并根据试验结果对初步设计参数及施工工艺进行调整。

5.1.6 预应力锚杆抗拔承载力和杆体抗拉承载力验算应按现行行业标准《建筑基坑支护技术规程》JGJ 120的有关规定执行。

5.1.7 土钉与土体界面粘结强度 q_{sk} 宜按照附录A的方法通过抗拔基本试验确定;无试验资料或无类似经验时,可按表5.1.7初步取值。

表 5.1.7 土钉与土体之间粘结强度标准值 q_{sk} (kPa)

土的名称	土的状态	土钉
素填土	—	15~30
淤泥质土	—	10~20
黏性土	流塑	15~25
	软塑	20~35
	可塑	30~50
	硬塑	45~70
	坚硬	55~80
粉土	稍密	20~40
	中密	35~70
	密实	55~90

土的名称	土的状态	土钉
砂土	松散	25~50
	稍密	45~90
	中密	60~120
	密实	75~150

注：1 钻孔注浆土钉采用压力注浆或二次注浆时，表中数值可适当提高。

2 钢管注浆土钉在保证注浆质量及倒刺排距0.25m~1.0m时，外径48mm的钢管，土钉外径可按60mm~100mm计算，倒刺较密时可取较大值。

3 对于粉土，密实度相同，湿度越高，取值越低。

4 对于砂土，密实度相同，粉细砂宜取较低值，中砂宜取中值，粗砾砂宜取较高值。

5 土钉位于水位以下时宜取较低值。

5.1.8 土钉和锚杆的设置不应对既有建筑、地下管线以及邻近的后续工程造成损害。

5.1.9 季节性冻土地区应根据冻胀及冻融对复合土钉墙的不利影响采取相应的防护措施。

5.1.10 基坑需要降水时，应事先分析降水对周边环境产生的不良影响。

5.1.11 基坑内设置车道时，应验算车道边坡的稳定性，并采取必要的加固措施。

5.1.12 复合土钉墙除应满足基坑稳定性和承载力的要求外，尚应满足基坑变形的控制要求。当基坑周边环境对变形控制无特殊要求时，可依据地层条件、基坑安全等级按照表5.1.12确定复合土钉墙变形控制指标。

表5.1.12 复合土钉墙变形控制指标
（基坑最大侧向位移累计值）

地层条件	基坑安全等级		
	一级	二级	三级
黏性土、砂性土为主	0.3%H	0.5%H	0.7%H
软土为主	—	0.8%H	1.0%H

注：H——基坑开挖深度。

当基坑周边环境对变形控制有特殊要求时，复合土钉墙变形控制指标应同时满足周边环境对基坑变形的控制要求。

5.2 土钉长度及杆体截面确定

5.2.1 土钉长度及间距可按表5.2.1列出的经验值作初步选择，也可按本规范第5.2.2条~第5.2.5条的规定通过计算初步确定，再根据基坑整体稳定性验算结果最终确定。

表5.2.1 土钉长度与间距经验值

土的名称	土的状态	水平间距(m)	竖向间距(m)	土钉长度与基坑深度比
素填土	—	1.0~1.2	1.0~1.2	1.2~2.0
淤泥质土	—	0.8~1.2	0.8~1.2	1.5~3.0
黏性土	软塑	1.0~1.2	1.0~1.2	1.5~2.5
	可塑	1.2~1.5	1.2~1.5	1.0~1.5
	硬塑	1.4~1.8	1.4~1.8	0.8~1.2
	坚硬	1.8~2.0	1.8~2.0	0.5~1.0
粉土	稍密、中密	1.0~1.5	1.0~1.4	1.2~2.0
	密实	1.4~1.8	1.4~1.8	0.6~1.2
砂土	稍密、中密	1.2~1.6	1.0~1.4	1.2~2.0
	密实	1.4~1.8	1.4~1.8	0.6~1.0

5.2.2 单根土钉长度 l_j（图5.2.2）可按下列公式初步确定：

$$l_j = l_{zj} + l_{mj} \tag{5.2.2-1}$$

$$l_{zj} = \frac{h_j \sin\frac{\beta - \varphi_{ak}}{2}}{\sin\beta \sin\left(\alpha_j + \frac{\beta + \varphi_{ak}}{2}\right)} \tag{5.2.2-2}$$

$$l_{mj} = \sum l_{mi \cdot j} \tag{5.2.2-3}$$

$$\pi d_j \sum q_{sik} l_{mi \cdot j} \geqslant 1.4 T_{jk} \tag{5.2.2-4}$$

式中：l_j——第 j 根土钉长度；

l_{zj}——第 j 根土钉在假定破裂面内长度；

l_{mj}——第 j 根土钉在假定破裂面外长度；

h_j——第 j 根土钉与基坑底面的距离；

β——土钉墙坡面与水平面的夹角；

φ_{ak}——基坑底面以上各层土的内摩擦角标准值，可按不同土层厚度取加权平均值；

α_j——第 j 根土钉与水平面之间的夹角；

$l_{mi \cdot j}$——第 j 根土钉在假定破裂面外第 i 层土体中的长度；

q_{sik}——第 i 层土体与土钉的粘结强度标准值；

d_j——第 j 根土钉直径；

T_{jk}——计算土钉长度时第 j 根土钉的轴向荷载标准值，可按本规范第5.2.3条确定。

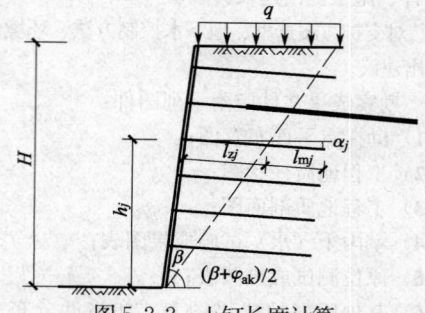

图5.2.2 土钉长度计算

H—基坑开挖深度；q—地面及土体中附加分布荷载

5.2.3 计算单根土钉长度时，土钉轴向荷载标准值 T_{jk}（图 5.2.2、图 5.2.3）可按下列公式计算：

$$T_{jk} = \frac{1}{\cos\alpha_j} \zeta p S_{xj} S_{zj} \qquad (5.2.3-1)$$

$$p = p_m + p_q \qquad (5.2.3-2)$$

式中：S_{xj}——第 j 根土钉与相邻土钉的平均水平间距；

S_{zj}——第 j 根土钉与相邻土钉的平均竖向间距；

ζ——坡面倾斜时荷载折减系数，可按本规范第 5.2.5 条确定；

p——土钉长度中点所处深度位置的土体侧压力；

p_m——土钉长度中点所处深度位置由土体自重引起的侧压力，可按图 5.2.3（b）求出；

p_q——土钉长度中点所处深度位置由地面及土体中附加荷载引起的侧压力，计算方法按现行行业标准《建筑基坑支护技术规程》JGJ 120 的有关规定执行。

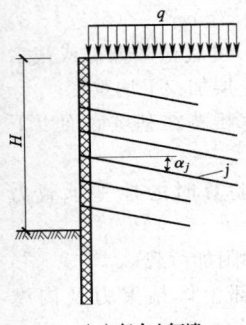

（a）复合土钉墙　　（b）土体自重引起的侧压力分布

图 5.2.3　土钉轴向荷载标准值计算

5.2.4 土体自重引起的侧压力峰值 $p_{m,max}$ 可按下列公式计算，且不宜小于 $0.2\gamma_{ml}H$：

$$p_{m,max} = \frac{8E_a}{7H} \qquad (5.2.4-1)$$

$$E_a = \frac{k_a}{2}\gamma_{ml}H^2 \qquad (5.2.4-2)$$

$$k_a = \tan^2\left(45° - \frac{\varphi_{ak}}{2}\right) \qquad (5.2.4-3)$$

式中：$P_{m,max}$——土体自重引起的侧压力峰值；

H——基坑开挖深度；

E_a——朗肯主动土压力；

γ_{ml}——基坑底面以上各土层加权平均重度，有地下水作用时应考虑地下水位变化造成的重度变化；

k_a——主动土压力系数。

5.2.5 坡面倾斜时的荷载折减系数 ζ 可按下列公式计算：

$$\zeta = \tan\frac{\beta-\varphi_{ak}}{2}\left(\frac{1}{\tan\frac{\beta+\varphi_{ak}}{2}} - \frac{1}{\tan\beta}\right) \Big/ \tan^2\left(45° - \frac{\varphi_{ak}}{2}\right)$$

$$(5.2.5)$$

5.2.6 土钉杆体截面面积 A_j 可按下列公式计算：

$$A_j \geqslant 1.15 T_{yj}/f_{yj} \qquad (5.2.6-1)$$

$$T_{yj} = \psi\pi d_j \sum q_{sik} l_{i,j} \qquad (5.2.6-2)$$

式中：A_j——第 j 根土钉杆体（钢筋、钢管）截面面积；

f_{yj}——第 j 根土钉杆体材料抗拉强度设计值；

T_{yj}——第 j 根土钉验收抗拔力；

$l_{i,j}$——第 j 根土钉在第 i 层土体中的长度；

ψ——土钉的工作系数，取 0.8～1.0。

5.3　基坑稳定性验算

5.3.1 复合土钉墙必须进行基坑整体稳定性验算。验算可考虑截水帷幕、微型桩、预应力锚杆等构件的作用。

5.3.2 基坑整体稳定性分析（图 5.3.2）可采用简化圆弧滑移面条分法，按本条所列公式进行验算。最危险滑裂面应通过试算搜索求得。验算时应考虑开挖过程中各工况，验算公式宜采用分项系数极限状态表达法。

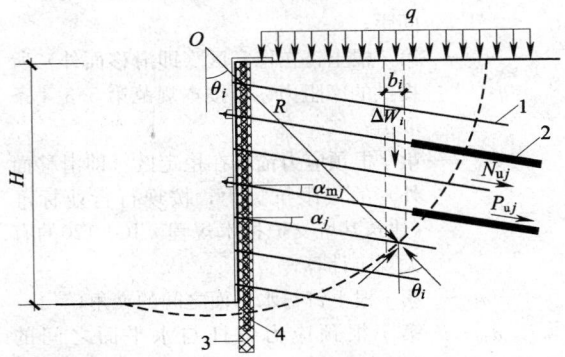

图 5.3.2　复合土钉墙稳定性分析计算

1—土钉；2—预应力锚杆；3—截水帷幕；4—微型桩

q—地面附加分布荷载；R—假定圆弧滑移面半径；b_i—第 i 个土条的宽度

$$K_{s0} + \eta_1 K_{s1} + \eta_2 K_{s2} + \eta_3 K_{s3} + \eta_4 K_{s4} \geqslant K_s$$

$$(5.3.2-1)$$

$$K_{s0} = \frac{\sum c_i L_i + \sum W_i \cos\theta_i \tan\varphi_i}{\sum W_i \sin\theta_i} \qquad (5.3.2-2)$$

$$K_{s1} = \frac{\sum N_{uj}\cos(\theta_j+\alpha_j) + \sum N_{uj}\sin(\theta_j+\alpha_j)\tan\varphi_j}{s_{xj}\sum W_i \sin\theta_i}$$

$$(5.3.2-3)$$

$$K_{s2} = \frac{\sum P_{uj}\cos(\theta_j+\alpha_{mj}) + \sum P_{uj}\sin(\theta_j+\alpha_{mj})\tan\varphi_i}{s_{2xj}\sum W_i \sin\theta_i}$$

$$(5.3.2-4)$$

$$k_{s3} = \frac{\tau_q A_3}{\sum W_i \sin\theta_i} \qquad (5.3.2-5)$$

$$k_{s4} = \frac{\tau_y A_4}{s_{4xj}\sum W_i \sin\theta_i} \qquad (5.3.2-6)$$

式中：K_s——整体稳定性安全系数，对应于基坑安全等级一、二、三级分别取 1.4、1.3、1.2；开挖过程中最不利工况下可乘以 0.9 的系数；

K_{s0}、K_{s1}、K_{s2}、

K_{s3}、K_{s4}——整体稳定性分项抗力系数,分别为土、土钉、预应力锚杆、截水帷幕及微型桩产生的抗滑力矩与土体下滑力矩比;

c_i、φ_i——第 i 个土条在滑弧面上的粘聚力及内摩擦角;

L_i——第 i 个土条在滑弧面上的弧长;

W_i——第 i 个土条重量,包括作用在该土条上的各种附加荷载;

θ_i——第 i 个土条在滑弧面中点处的法线与垂直面的夹角;

η_1、η_2、

η_3、η_4——土钉、预应力锚杆、截水帷幕及微型桩组合作用折减系数,可按本规范第 5.3.3 条取值;

s_{xj}——第 j 根土钉与相邻土钉的平均水平间距;

s_{2xj}、s_{4xj}——第 j 根预应力锚杆或微型桩的平均水平间距;

N_{uj}——第 j 根土钉在稳定区(即滑移面外)所提供的摩阻力,可按本规范第 5.3.4 条取值;

P_{uj}——第 j 根预应力锚杆在稳定区(即滑移面外)的极限抗拔力,按现行行业标准《建筑基坑支护技术规程》JGJ 120 的有关规定计算;

α_j——第 j 根土钉与水平面之间的夹角;

α_{mj}——第 j 根预应力锚杆与水平面之间的夹角;

θ_j——第 j 根土钉或预应力锚杆与滑弧面相交处,滑弧切线与水平面的夹角;

φ_j——第 j 根土钉或预应力锚杆与滑弧面交点处土的内摩擦角;

τ_q——假定滑移面处相应龄期截水帷幕的抗剪强度标准值,根据试验结果确定;

τ_y——假定滑移面处微型桩的抗剪强度标准值,可取桩体材料的抗剪强度标准值;

A_3、A_4——单位计算长度内截水帷幕或单根微型桩的截面积。

5.3.3 组合作用折减系数的取值应符合下列规定:

1 η_1 宜取 1.0。

2 $P_{uj} \leqslant 300kN$ 时,η_2 宜取 0.5~0.7,随着锚杆抗力的增加而减小。

3 截水帷幕与土钉墙复合作用时,η_3 宜取0.3~0.5,水泥土抗剪强度取值较高、水泥土墙厚度较大时,η_3 宜取较小值。

4 微型桩与土钉墙复合作用时,η_4 宜取 0.1~0.3,微型桩桩体材料抗剪强度取值较高、截面积较大时,η_4宜取较小值。基坑支护计算范围内主要土层均为硬塑状

黏性土等较硬土层时,η_4 取值可提高 0.1。

5 预应力锚杆、截水帷幕、微型桩三类构件共同复合作用时,组合作用折减系数不应同时取上限。

5.3.4 第 j 根土钉在稳定区的摩阻力 N_{uj} 应符合下式的规定:

$$N_{uj} = \pi d_j \sum q_{sik} l_{mi,j} \qquad (5.3.4)$$

5.3.5 K_s 在满足本规范第 5.3.2 条的同时,K_{s0}、K_{s1}、K_{s2}的组合应符合下式的规定:

$$K_{s0} + K_{s1} + 0.5K_{s2} \geqslant 1.0 \qquad (5.3.5)$$

5.3.6 复合土钉墙底部存在软弱黏性土时,应按地基承载力模式进行坑底抗隆起稳定性验算。

5.3.7 坑底抗隆起稳定性(图 5.3.7)可按下列公式进行验算:

$$\frac{\gamma_2 t N_q + c N_c}{\gamma_1 (H+t) + q} \geqslant K_l \qquad (5.3.7-1)$$

$$N_q = \exp(\pi \tan\varphi) \tan^2(45° + \varphi/2) \qquad (5.3.7-2)$$

$$N_c = (N_q - 1) / \tan\varphi \qquad (5.3.7-3)$$

式中:γ_1、γ_2——分别为地面、坑底至微型桩或截水帷幕底部各土层加权平均重度;

t——微型桩或截水帷幕在基坑底面以下的长度;

N_q、N_c——坑底抗隆起验算时的地基承载力系数;

q——地面及土体中附加荷载;

c、φ——支护结构底部土体粘聚力及内摩擦角;

K_l——坑底抗隆起稳定安全系数,对应于基坑安全等级二、三级时分别取 1.4、1.2。

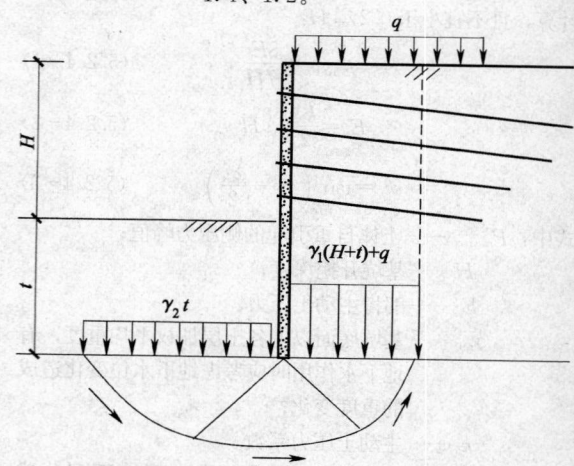

图 5.3.7 坑底抗隆起稳定性验算

5.3.8 有截水帷幕的复合土钉墙,基坑开挖面以下有砂土或粉土等透水性较强土层且截水帷幕没有穿透该土层时,应进行抗渗流稳定性验算。

5.3.9 抗渗流稳定性(图 5.3.9)可按下列公式进

行验算：

$$i_c/i \geqslant K_{w1} \quad (5.3.9-1)$$

$$i_c = (d_s-1)/(e+1) \quad (5.3.9-2)$$

$$i = h_w/(h_w+2t) \quad (5.3.9-3)$$

式中：i_c——基坑底面土体的临界水力梯度；

i——渗流水力梯度；

d_s——坑底土颗粒的相对密度；

e——坑底土的孔隙比；

h_w——基坑内外的水头差；

t——截水帷幕在基坑底面以下的长度；

K_{w1}——抗渗流稳定安全系数，对应基坑安全等级一、二、三级时宜分别取 1.50、1.35、1.20。

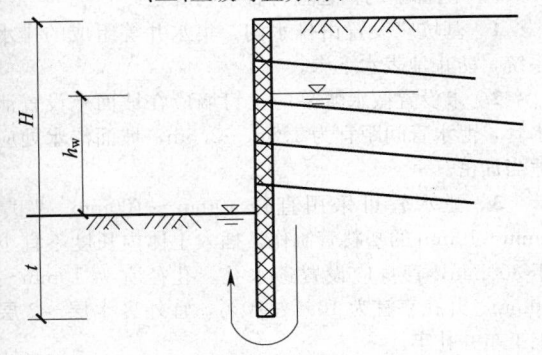

图 5.3.9 抗渗流稳定性验算

5.3.10 基坑底面以下存在承压水时（图 5.3.10），可按公式（5.3.10）进行抗突涌稳定性计算。当抗突涌稳定性验算不满足时，宜采取降低承压水等措施。

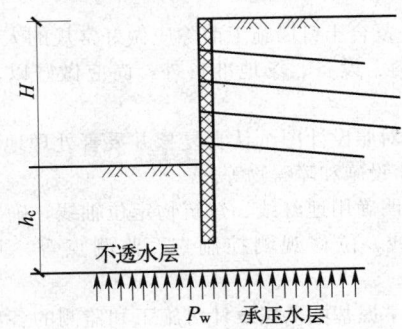

图 5.3.10 抗突涌稳定性验算

$$\gamma_{m2}h_c/P_w \geqslant K_{w2} \quad (5.3.10)$$

式中：γ_{m2}——不透水土层平均饱和重度；

h_c——承压水层顶面至基坑底面的距离；

P_w——承压水水头压力；

K_{w2}——抗突涌稳定性安全系数，宜取 1.1。

5.4 构 造 要 求

5.4.1 土钉墙的设计及构造应符合下列规定：

1 土钉墙墙面宜适当放坡。

2 竖向布置时土钉宜采用中部长上下短或上长下短布置形式。

3 平面布置时应减少阳角，阳角处土钉在相邻两个侧面宜上下错开或角度错开布置。

4 面层应沿坡顶向外延伸形成不少于 0.5m 的护肩，在不设置截水帷幕或微型桩时，面层宜在坡脚处向坑内延伸 0.3m～0.5m 形成护脚。

5 土钉排数不宜少于 2 排。

5.4.2 土钉的构造应符合下列规定：

1 应优先选用成孔注浆土钉。填土、软弱土及砂土等孔壁不易稳定的土层中可选用打入式钢花管注浆土钉。

2 土钉与水平面夹角宜为 5°～20°。

3 成孔注浆土钉的孔径宜为 70mm～130mm；杆体宜选用 HRB335 级或 HRB400 级钢筋，钢筋直径宜为 16mm～32mm；全长每隔 1m～2m 应设置定位支架。

4 钢管土钉杆体宜采用外径不小于 48mm、壁厚不小于 2.5mm 的热轧钢管制作。钢管上应沿杆长每隔 0.25m～1.0m 设置倒刺和出浆孔，孔径宜为 5mm～8mm，管口 2m～3m 范围内不宜设出浆孔。杆体底端头宜制成锥形，杆体接长宜采用帮条焊接，接头承载力不应低于杆体材料承载力。

5 注浆材料宜选用早强水泥或水泥浆中掺入早强剂，注浆体强度等级不宜低于 20MPa。

5.4.3 面层的构造应符合下列规定：

1 应采用钢筋网喷射混凝土面层。

2 面层混凝土强度等级不应低于 C20，终凝时间不宜超过 4h，厚度宜为 80mm～120mm。

3 面层中应配置钢筋网。钢筋网可采用 HPB300 级钢筋，直径宜为 6mm～10mm，间距宜为 150mm～250mm，搭接长度不宜小于 30 倍钢筋直径。

5.4.4 连接件的构造（图 5.4.4）应符合下列规定：

1 土钉之间应设置通长水平加强筋，加强筋宜采用 2 根直径不小于 12mm 的 HRB335 级或 HRB400 级钢筋。

2 喷射混凝土面层与土钉应连接牢固。可在土钉杆端两侧焊接钉头筋，并与面层内连接相邻土钉的加强筋焊接。

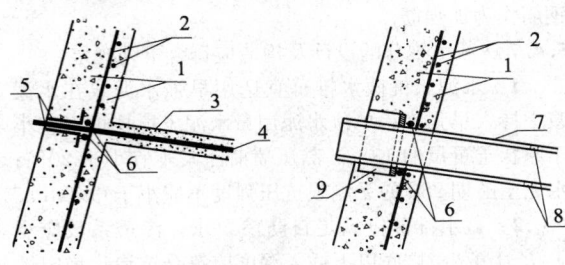

（a）钻孔注浆钉　　（b）打入式钢花管注浆钉

图 5.4.4 土钉与面层连接构造示意

1—喷射混凝土；2—钢筋网；3—钻孔；4—土钉杆体；
5—钉头筋；6—加强筋；7—钢管；8—出浆孔；
9—角钢或钢筋

5.4.5 预应力锚杆的设计及构造应符合下列规定:

1 锚杆杆体材料可采用钢绞线、HRB335 级、HRB400 级或 HRB500 级钢筋、精轧螺纹钢及无缝钢管。

2 竖向布置上预应力锚杆宜布设在基坑的中上部,锚杆间距不宜小于 1.5m。

3 钻孔直径宜为 110mm～150mm,与水平面夹角宜为 10°～25°。

4 锚杆自由段长度宜为 4m～6m,并应设置隔离套管;钻孔注浆预应力锚杆沿长度方向每隔 1m～2m 设一组定位支架。

5 锚杆杆体外露长度应满足锚杆张拉锁定的需要,锚具型号及尺寸、垫板截面刚度应能满足预应力值稳定的要求。

6 锚孔注浆宜采用二次高压注浆工艺,注浆体强度等级不宜低于 20MPa。

7 锚杆最大张拉荷载宜为锚杆轴向承载力设计值的 1.1 倍(单循环验收试验)或 1.2 倍(多循环验收试验),且不应大于杆体抗拉强度标准值的 80%。锁定值宜为锚杆承载力设计值的 60%～90%。

5.4.6 围檩的设计及构造应符合下列规定:

1 围檩应通长设置。不便于设置围檩时,也可采用钢筋混凝土承压板。

2 围檩宜采用混凝土结构,也可采用型钢结构。围檩应具有足够的强度和刚度。混凝土围檩的截面和配筋应通过设计计算确定,宽度不宜小于 400mm,高度不宜小于 250mm,混凝土强度等级不宜低于 C25。

3 承压板宜采用预制钢筋混凝土构件,尺寸和配筋应通过设计计算确定,长度、宽度不宜小于 800mm,厚度不宜小于 250mm。

4 围檩应与面层可靠连接,承压板安装前宜用水泥砂浆找平。

5 采用混凝土承压板时,面层内应配置 4 根～6 根直径16mm～20mm 的 HRB335 级或 HRB400 级变形钢筋作为加强筋。

5.4.7 截水帷幕的设计及构造应符合下列规定:

1 水泥土桩截水帷幕宜选用早强水泥或在水泥浆中掺入早强剂;单位水泥用量水泥土搅拌桩不宜小于原状土重量的 13%,高压喷射注浆不宜小于 20%;水泥土龄期 28d 的无侧限抗压强度不应小于 0.6MPa。

2 截水帷幕应满足自防渗要求,渗透系数应小于 0.01m/d。坑底以下插入深度应符合抗渗流稳定性要求,且不应小于 1.5m～2m。截水帷幕宜穿过透水层进入弱透水层 1m～2m。

3 相邻两根桩的地面搭接宽度不宜小于 150mm,且应保证相邻两根桩在桩底面处能够相互咬合。对桩间距、垂直度、桩径、桩位偏差等应提出控制要求。

5.4.8 微型桩的设计及构造应符合下列规定:

1 微型桩宜采用小直径混凝土桩、钢管、型钢等。

2 小直径混凝土桩、钢管、型钢等微型桩直径或等效直径宜取 100mm～300mm。

3 小直径混凝土桩、钢管、型钢等微型桩间距宜为 0.5m～2.0m,嵌固深度不宜小于 2m。桩顶上宜设置通长冠梁。

4 微型桩填充胶结物抗压强度等级不宜低于 20MPa。

5.4.9 防排水的构造应符合下列规定:

1 基坑应设置由排水沟、集水井等组成的排水系统,防止地表水下渗。

2 未设置截水帷幕的土钉墙应在坡面上设置泄水管,泄水管间距宜为 1.5m～2.5m,坡面渗水处应适当加密。

3 泄水管可采用直径 40mm～100mm、壁厚 5mm～10mm 的塑料管制作,插入土体内长度不宜小于 300mm,管身应设置透水孔,孔径宜为 10mm～20mm,开孔率宜为 10%～20%,宜外裹 1 层～2 层土工布并扎牢。

6 施 工 与 检 测

6.1 一 般 规 定

6.1.1 复合土钉墙施工前除应做好常规的人员、技术、材料、设备、场地准备外,尚应做好以下准备工作:

1 对照设计图纸认真复核并妥善处理地下、地上管线,设施和障碍物等。

2 明确用地红线、建筑物定位轴线,确定基坑开挖边线、位移观测控制点、监测点等,并妥善保护。

3 掌握基坑工程设计对施工和监测的各项技术要求及有关规范要求,编制专项施工方案,分析关键质量控制点和安全风险源,并提出相应的防治措施。

4 做好场区地面硬化和临时排水系统规划,临时排水不得破坏基坑边坡和相邻建筑的地基。检查场区内既有给水、排水管道,发现渗漏和积水应及时处理。雨季作业应加强对施工现场排水系统的检查和维护,保证排水通畅。

5 编制应急预案,做好抢险准备工作。

6.1.2 基坑周围临时设施的搭设以及建筑材料、构件、机具、设备的布置应符合施工现场平面布置图的要求,基坑周边地面堆载、动载严禁超过设计规定。

6.1.3 土方开挖应与土钉、锚杆及降水施工密切结合,开挖顺序、方法应与设计工况相一致;复合土钉墙施工必须符合"超前支护，分层分段，逐层施作，限时封闭，严禁超挖"的要求。

6.1.4 施工过程中，如发现地质条件、工程条件、场地条件与勘察、设计不符，周边环境出现异常等情况应及时会同设计单位处理；出现危险征兆，应立即启动应急预案。

6.2 复合土钉墙施工

6.2.1 复合土钉墙施工宜按以下流程进行：

　1 施作截水帷幕和微型桩。

　2 截水帷幕、微型桩强度满足后，开挖工作面，修整土壁。

　3 施作土钉、预应力锚杆并养护。

　4 铺设、固定钢筋网。

　5 喷射混凝土面层并养护。

　6 施作围檩，张拉和锁定预应力锚杆。

　7 进入下一层施工，重复第2款～第6款步骤直至完成。

6.2.2 截水帷幕的施工应符合下列规定：

　1 施工前，应进行成桩试验，工艺性试桩数量不应少于3根。应通过成桩试验确定注浆流量、搅拌头或喷浆头下沉和提升速度、注浆压力等技术参数，必要时应根据试桩参数调整水泥浆的配合比。

　2 水泥土桩应采取搭接法施工，相邻桩搭接宽度应符合设计要求。

　3 桩位偏差不应大于50mm，桩机的垂直度偏差不应超过0.5%。

　4 水泥土搅拌桩施工要求：

　1）宜采用喷浆法施工，桩径偏差不应大于设计桩径的4%。

　2）水泥浆液的水灰比宜按照试桩结果确定。

　3）应按照试桩确定的搅拌次数和提升速度提升搅拌头。喷浆速度应与提升速度相协调，应确保喷浆量在桩身长度范围内分布均匀。

　4）高塑性黏性土、含砂量较大及暗浜土层中，应增加喷浆搅拌次数。

　5）施工中如因故停浆，恢复供浆后，应从停浆点返回0.5m，重新喷浆搅拌。

　6）相邻水泥土搅拌桩施工间隔时间不应超过24h，如超过24h，应采取补强措施。

　7）若桩身插筋，宜在搅拌桩完成后8h内进行。

　5 高压喷射注浆施工要求：

　1）宜采用高压旋喷，高压旋喷可采用单管法、二重管法和三重管法，设计桩径大于800mm时宜用三重管法。

　2）高压喷射水泥浆液水灰比宜按照试桩结果确定。

　3）高压喷射注浆的喷射压力、提升速度、旋转速度、注浆流量等工艺参数应按照土层性状、水泥土固结体的设计有效半径等选择。

　4）喷浆管分段提升时的搭接长度不应小于100mm。

　5）在高压喷射注浆过程中出现压力陡增或陡降、冒浆量过大或不冒浆等情况时，应查明原因并及时采取措施。

　6）应采取隔孔分序作业方式，相邻孔作业间隔时间不宜小于24h。

6.2.3 微型桩施工应符合下列规定：

　1 桩位偏差不应大于50mm，垂直度偏差不应大于1.0%。

　2 成孔类微型桩孔内应充填密实，灌注过程中应防止钢管或钢筋笼上浮。

　3 桩的接头承载力不应小于母材承载力。

6.2.4 土钉施工应符合下列规定：

　1 注浆用水泥浆的水灰比宜为0.45～0.55，注浆应饱满，注浆量应满足设计要求。

　2 土钉施工中应做好施工记录。

　3 钻孔注浆法施工要求：

　1）成孔机具的选择要适应施工现场的岩土特点和环境条件，保证钻进和成孔过程中不引起塌孔；在易塌孔土层中，宜采用套管跟进成孔。

　2）土钉应设置对中架，对中架间距1000mm～2000mm，支架的构造不应妨碍注浆。

　3）钻孔后应进行清孔，清孔后应及时置入土钉并进行注浆和孔口封闭。

　4）注浆宜采用压力注浆。压力注浆时应设置止浆塞，注满后保持压力1min～2min。

　4 击入法施工要求：

　1）击入法施工宜选用气动冲击机械，在易液化土层中宜采用静力压入法或自钻式土钉施工工艺。

　2）钢管注浆土钉应采用压力注浆，注浆压力不宜小于0.6MPa，并应在管口设置止浆塞，注满后保持压力1min～2min。若不出现返浆时，在排除窜入地下管道或冒出地表等情况外，可采用间歇注浆的措施。

6.2.5 预应力锚杆的施工应符合下列规定：

　1 锚杆成孔设备的选择应考虑岩土层性状、地下水条件及锚杆承载力的设计要求，成孔应保证孔壁的稳定性。当无可靠工程经验时，可按下列要求选择成孔方法：

　1）不易塌孔的地层，宜采用长螺旋干作业钻进和清水钻进工艺，不宜采用冲洗液钻进工艺。

2）地下水位以上的含有石块的较坚硬土层及风化岩地层，宜采用气动潜孔锤钻进或气动冲击回转钻进工艺。

3）松散的可塑黏性土地层，宜采用回转挤密钻进工艺。

4）易塌孔的砂土、卵石、粉土、软黏土等地层及地下水丰富的地层，宜采用跟管钻进工艺或采用自钻式锚杆。

2 杆体应按设计要求安放套管、对中架、注浆管和排气管等构件，围檩应平整，垫板承压面应与锚杆轴线垂直。

3 锚固段注浆宜采用二次高压注浆法。第一次宜采用水泥砂浆低压注浆或重力注浆，灰砂比宜为 1：0.5～1：1、水灰比不宜大于 0.6；第二次宜采用水泥浆高压注浆，水灰比宜为 0.45～0.55，注浆时间应在第一次灌注的水泥砂浆初凝后即刻进行，注浆压力宜为 2.5MPa～5.0MPa。注浆管应与锚杆杆体一起插入孔底，管底距离孔底宜为 100mm～200mm。

4 锚杆张拉与锁定应符合下列规定：

1）锚固段注浆体及混凝土围檩强度应达到设计强度的 75%，且大于 15MPa 后，再进行锚杆张拉。

2）锚杆宜采用间隔张拉。正式张拉前，应取 10%～20% 的设计张拉荷载预张拉 1 次～2 次。

3）锚杆锁定时，宜先张拉至锚杆承载力设计值的 1.1 倍，卸荷后按设计锁定值进行锁定。

4）变形控制严格的一级基坑，锚杆锁定后 48h 内，锚杆拉力值低于设计锁定值的 80% 时，应进行预应力补偿。

6.2.6 混凝土面层施工应符合下列规定：

1 钢筋网应随土钉分层施工、逐层设置，钢筋保护层厚度不宜小于 20mm。

2 钢筋的搭接长度不应小于 30 倍钢筋直径；焊接连接可采用单面焊，焊缝长度不应小于 10 倍钢筋直径。

3 面层喷射混凝土配合比宜通过试验确定。

4 湿法喷射时，水泥与砂石的质量比宜为 1：3.5～1：4，水灰比宜为 0.42～0.50，砂率宜为 0.5～0.6，粗骨料的粒径不宜大于 15mm。

5 干法喷射时，水泥与砂石的质量比宜为 1：4～1：4.5，水灰比宜为 0.4～0.45，砂率宜为 0.4～0.5，粗骨料的粒径不宜大于 25mm。

湿法喷射的混合料坍落度宜为 80mm～120mm。干混合料宜随拌随用，存放时间不应超过 2h，掺入速凝剂后不应超过 20min。

6 喷射混凝土作业应与挖土协调，分段进行，

同一段内喷射顺序应自下而上。

7 当面层厚度超过 100mm 时，混凝土应分层喷射，第一层厚度不宜小于 40mm，前一层混凝土终凝后方可喷射后一层混凝土。

8 喷射混凝土施工缝结合面应清除浮浆层和松散石屑。

9 喷射混凝土施工 24h 后，应喷水养护，养护时间不应少于 7d；气温低于 +5℃ 时，不得喷水养护。

10 喷射混凝土冬期施工的临界强度，普通硅酸盐水泥配制的混凝土不得小于设计强度的 30%；矿渣水泥配制的混凝土不得小于设计强度的 40%。

6.3 降排水施工

6.3.1 降水井深度、水泵安放位置应与设计要求一致。设有截水帷幕的基坑工程，应待截水帷幕施工完成后方可坑内降水。

6.3.2 基坑降水应遵循"按需降水"的原则，水位应降至设计要求深度。

6.3.3 当设计采用降水方法提高坑底土体承载力时，应提前降水，提前时间应符合设计要求。

6.3.4 降水井停止使用后应及时进行封堵。

6.3.5 基坑内、外的排水系统应满足下列要求：

1 宜在基坑场地外侧设置排水沟、集水井等地表水排水系统，有截水帷幕时，排水系统应设置在截水帷幕外侧；排水系统距离基坑或截水帷幕外侧不宜小于 0.5m；排水沟、集水井应具有防渗措施。

2 基坑周边汇水面积较大或位于山地时，尚应考虑地表水的截排措施。

3 基坑内宜随开挖过程逐层设置临时排水系统。开挖至坑底后，宜在坑内设置排水沟、盲沟和集水坑，排水沟、盲沟和集水坑与基坑边距离不宜小于 0.5m。

4 基坑内、外的排水系统设计应能满足排水流量要求，保证排水畅通。

6.4 基 坑 开 挖

6.4.1 截水帷幕及微型桩应达到养护龄期和设计规定强度后，再进行基坑开挖。

6.4.2 基坑土方开挖分层厚度应与设计要求相一致，分段长度软土中不宜大于 15m，其他一般性土不宜大于 30m。基坑面积较大时，土方开挖宜分块分区、对称进行。

6.4.3 上一层土钉注浆完成后的养护时间应满足设计要求，当设计未提出具体要求时，应至少养护 48h 后，再进行下层土方开挖。预应力锚杆应在张拉锁定后，再进行下层土方开挖。

6.4.4 土方开挖后应在 24h 内完成土钉及喷射混凝土施工。对自稳能力差的土体宜采用二次喷射，初喷

应随挖随喷。

6.4.5 基坑侧壁应采用小型机具或铲锹进行切削清坡，挖土机械不得碰撞支护结构、坑壁土体及降排水设施。基坑侧壁的坡率应符合设计规定。

6.4.6 开挖后发现土层特征与提供地质报告不符或有重大地质隐患时，应立即停止施工并通知有关各方。

6.4.7 基坑开挖至坑底后应尽快浇筑基础垫层，地下结构完成后，应及时回填土方。

6.5 质 量 检 查

6.5.1 复合土钉墙基坑工程可划分为截水帷幕、微型桩、土钉墙、预应力锚杆、降排水、土方开挖等若干分项工程。土钉墙、预应力锚杆的工程质量检验应符合表 6.5.1 的规定，其他各分项工程质量检验标准宜根据检查内容按照现行国家标准《建筑地基基础工程施工质量验收规范》GB 50202 的相关规定执行。

表 6.5.1 土钉墙和锚杆质量检验标准

项	序	检 查 项 目	允许偏差或允许值
主控项目	1	土钉或锚杆杆体长度	土钉：±30mm，锚杆：杆体长度的 0.5%
	2	土钉验收抗拔力或锚杆抗拔承载力	设计要求
一般项目	1	土钉或锚杆位置	±100mm
	2	土钉或锚杆倾角	±2°
	3	成孔孔径	±10mm
	4	注浆体强度	设计要求
	5	注浆量	大于计算浆量
	6	混凝土面层钢筋网间距	±20mm
	7	混凝土面层厚度	平均厚度不小于设计值，最小厚度不小于设计值的 80%
	8	混凝土面层抗压强度	设计要求

6.5.2 施工前应检查原材料的品种、规格、型号以及相应的检验报告。

6.5.3 截水帷幕（水泥土桩）质量检查应符合下列规定：

1 施工前应对机械设备工作性能及计量设备进行检查。

2 施工过程应检查施工状况，检查内容应包括桩机垂直度、提升和下沉速度、注浆压力和速度、注浆量、桩长、桩的搭接长度等。

3 水泥土桩的施工质量检验应符合下列规定：

1） 桩直径、搭接长度：检查数量为总桩数的

2%，且不小于 5 根；

2） 采用钻孔取芯法检验桩体强度和墙身完整性。检查数量不宜少于总桩数的 1%，且不应少于 3 根。

4 检验点宜布置在以下部位：

1） 施工中出现异常情况的桩；

2） 地层情况复杂，可能对截水帷幕质量产生影响的桩；

3） 其他有代表性的桩。

6.5.4 微型桩质量检查应符合下列规定：

1 施工过程应检查施工状况，检查内容应包括桩机垂直度、桩截面尺寸、桩长、桩距等。

2 质量检验应检查桩身完整性，检查数量为总数的 10%，且不少于 3 根。

6.5.5 土钉墙质量检查应符合下列规定：

1 施工过程中应对土钉位置，成孔直径、深度及角度，土钉长度，注浆配比、压力及注浆量，墙面厚度及强度，土钉与面板的连接情况、钢筋网的保护层厚度等进行检查。

2 土钉墙检测应符合下列规定：

1） 土钉应通过抗拔试验检测抗拔承载力。抗拔试验应分为基本试验及验收试验。验收试验数量不宜少于土钉总数的 1%，且不应少于 3 根。

2） 墙面喷射混凝土厚度应采用钻孔检测，钻孔数宜每 200m² 墙面积一组，每组不应少于 3 点。

6.5.6 预应力锚杆质量检查应符合下列规定：

1 施工过程中应对预应力锚杆位置，钻孔直径、长度及倾角，自由段与锚固段长度，浆液配合比、注浆压力及注浆量，锚座几何尺寸，锚杆张拉值和锁定值等进行检查。

2 锚杆应采用抗拔验收试验检测抗拔承载力，试验数量不宜少于锚杆总数的 5%，且不应少于 3 根。验收试验时最大试验荷载应取轴向承载力设计值的 1.1 倍（单循环验收试验）或 1.2 倍（多循环验收试验）。

6.5.7 降排水工程质量检查应符合下列规定：

1 降水系统施工应检查井点（管）的位置、数量、深度、滤料的填灌情况及排水沟（管）的坡度、抽水状况等。

2 降水系统安装完毕后应进行试抽，检查管路连接质量、泵组的工作状态、井点的出水状况等。

6.5.8 土方开挖质量检查应符合下列规定：

1 土方开挖过程中应检查开挖的分层厚度、分段长度、边坡坡度和平整度。

2 土方开挖完成后，应对基坑坑底标高、基坑平面尺寸、边坡坡度、表面平整度、基底土性进行检查。

7 监　测

7.0.1 监测方案的编制和实施应符合现行国家标准《建筑基坑工程监测技术规范》GB 50497 的有关规定。

7.0.2 现场监测应采用仪器监测与巡视检查相结合的方法，基坑施工及使用期内应有专人进行巡视检查。

7.0.3 监测项目、监测报警值、监测频率应由基坑工程设计方提出。

7.0.4 当出现下列情况之一时，必须立即进行危险报警，并通知有关各方对基坑支护结构和周边环境中的保护对象采取应急措施。

　1 监测项目的内力及变形监测累计值达到报警值。

　2 复合土钉墙或周边土体的位移值突然明显增大或基坑出现流土、管涌、隆起、陷落或较严重的渗漏等。

　3 土钉、锚杆体系出现断裂、松弛或拔出的迹象。

　4 周边建筑的结构部分、周边地面出现较严重的突发裂缝或危害结构的变形裂缝。

　5 周边管线变形突然明显增长或出现裂缝、泄漏等。

　6 根据当地工程经验判断，出现其他必须进行危险报警的情况。

7.0.5 监测技术成果应包括当日报表、阶段性报告和总结报告。技术成果提供的内容应真实、准确、完整。技术成果应按时报送。

附录 A　土钉抗拔基本试验

A.0.1 基本试验用土钉均应采用非工作钉。

A.0.2 每一典型土层中基本试验土钉数量不应少于3根。

A.0.3 基本试验土钉宜设置 0.5m～1.0m 的自由段，其他条件（施工工艺、设计及施工参数等）应与工作土钉相同。

A.0.4 可按本规范式（5.2.6-2）预估土钉极限抗拔力 T_m。

A.0.5 选取土钉杆体材料时，应保证杆体设计抗拉力不小于 $1.25T_m$。

A.0.6 试验应在注浆体无侧限抗压强度达到 10MPa 后进行。

A.0.7 加载装置（千斤顶、油泵等）、计量仪表（压力表、测力计、位移计）等应在有效率定期内；千斤顶的额定负载宜为最大试验荷载的 1.2 倍～2.0 倍，计量仪表的量程应与之匹配；压力表精度不应低

于 0.4 级，位移计精度不应低于 0.01mm；试验装置应保证土钉与千斤顶同轴；反力装置（承压板或支座梁）应有足够的强度和刚度；位移计应远离千斤顶的反力点，避免受到影响。

A.0.8 荷载应逐级增加，加荷等级与观测时间宜符合表 A.0.8 的规定。每级加荷结束后，下级加荷前及中间时刻宜各测读钉头位移 1 次。

表 A.0.8　土钉抗拔基本试验加荷等级与观测时间

加荷等级	$0.1T_m$	$0.3T_m$	$0.6T_m$	$0.8T_m$	$0.9T_m$	$1.0T_m$	……	破坏
观测时间（min）	2	5	5	10	10	10		—

A.0.9 每级加荷观测时间内如钉头位移增量小于 1.0mm，可施加下一级荷载，否则应延长观测时间 15min；如增量仍大于 1.0mm，应再次延长观测时间 45min，并应分别在 15min、30min、45min、60min 时测读钉头位移。

A.0.10 试验荷载超过 T_m 后，宜按每级增量 $0.1T_m$ 继续加荷试验，直至破坏。

A.0.11 试验完成后，应按每级荷载及对应的钉头位移整理制表，绘制荷载—位移（$Q-S$）曲线。

A.0.12 出现下述情况之一时可判定土钉破坏并终止试验：

　1 后一级荷载产生的位移量超过前一级（第一、二级除外）荷载产生的位移量的 3 倍。

　2 钉头位移不稳定（延长观测时间 45min 内位移增量大于 2.0mm）。

　3 土钉杆体断裂。

　4 土钉被拔出。

A.0.13 单钉极限抗拔力应取破坏荷载的前一级荷载。

A.0.14 每组试验值极差不大于 30% 时，应取最小值作为极限抗拔力标准值；极差大于 30% 时，应增加试验数量，并应按 95% 保证概率计算极限抗拔力标准值。

A.0.15 根据土钉极限抗拔力标准值反算土钉与土体的粘结强度标准值 q_{sk}。

附录 B　土钉抗拔验收试验

B.0.1 验收试验土钉数量应为土钉总数的 1%，且不应少于 3 根。

B.0.2 试验应在注浆体无侧限抗压强度达到 10MPa 后进行。

B.0.3 加载装置（千斤顶、油泵等）、计量仪表（压力表、测力计、位移计）等应在有效率定期内；千斤顶的额定负载宜为最大试验荷载的 1.2 倍～2.0

倍，计量仪表的量程应与之匹配；压力表精度不应低于 0.4 级，位移计精度不应低于 0.01mm；试验装置应保证土钉与千斤顶同轴；反力装置（承压板或支座梁）应有足够的强度和刚度；位移计应远离千斤顶的反力点，避免受到影响。

B.0.4 试验土钉应与面层完全脱开，处于独立受力状态。

B.0.5 荷载应逐级增加，加荷等级与观测时间宜符合表 B.0.5 的规定。每级加荷结束后，下级加荷前及中间时刻宜各测读钉头位移 1 次。

表 B.0.5　土钉抗拔验收试验加荷等级与观测时间

加荷等级	$0.1T_y$	$0.5T_y$	$0.8T_y$	$1.0T_y$	$1.1T_y$	$0.1T_y$
观测时间（min）	2	5	10	10	10	2

B.0.6 每级加荷观测时间内如钉头位移增量小于 1.0mm，可施加下一级荷载，否则应延长观测时间 15min；如增量仍大于 1.0mm，应再次延长观测时间 45min，并分别在 15min、30min、45min、60min 时测读钉头位移。

B.0.7 试验完成后，应按每级荷载对应的钉头位移整理制表，绘制荷载—位移（$Q-S$）曲线。

B.0.8 出现下述情况之一时可判定土钉破坏：

　　1 后一级荷载产生的位移量超过前一级（第一级除外）荷载产生的位移量的 3 倍。

　　2 钉头位移不稳定（延长观测时间 45min 内位移增量大于 2.0mm）。

　　3 杆体断裂。

　　4 土钉被拔出。

B.0.9 土钉破坏或加载至 $1.1T_y$ 时位移稳定，应终止试验。

B.0.10 单钉抗拔力应取破坏荷载的前一级荷载，如没有破坏则应取最大试验荷载。

B.0.11 验收合格标准：检验批土钉平均抗拔力不应小于 T_y，且单钉抗拔力不应小于 $0.8T_y$。不能同时符合这两个条件则应判定为验收不合格。

B.0.12 验收不合格时，可抽取不合格数量 2 倍的样本扩大检验。将扩大抽检结果计入总样本后如仍不合格，则应判断该检验批产品不合格，并应对不合格部位采取相应的补救措施。

本规范用词说明

　　1　为便于在执行本规范条文时区别对待，对要求严格程度不同的用词说明如下：

　　　1）　表示很严格，非这样做不可的：

　　　　　正面词采用"必须"，反面词采用"严禁"；

　　　2）　表示严格，在正常情况下均应这样做的：

　　　　　正面词采用"应"，反面词采用"不应"或"不得"；

　　　3）　表示允许稍有选择，在条件许可时首先应这样做的：

　　　　　正面词采用"宜"，反面词采用"不宜"；

　　　4）　表示有选择，在一定条件下可以这样做的，采用"可"。

　　2　条文中指明应按其他有关标准执行的写法为："应符合……的规定"或"应按……执行"。

引用标准名录

《建筑地基基础工程施工质量验收规范》GB 50202
《建筑基坑工程监测技术规范》GB 50497
《建筑基坑支护技术规程》JGJ 120

复合土钉墙基坑支护技术规范

GB 50739—2011

条 文 说 明

制 定 说 明

《复合土钉墙基坑支护技术规范》GB 50739 - 2011 经住房和城乡建设部 2011 年 9 月 16 日以第 1159 号公告批准发布。

本规范编制过程中，编制组进行了广泛和深入的调查研究，总结了我国复合土钉墙基坑支护的勘察、设计、施工、检查、监测的实践经验，同时参考了国外先进的技术法规、技术标准。

为便于广大设计、施工、科研、学校等单位有关人员在使用本规范时能正确理解和执行条文规定，《复合土钉墙基坑支护技术规范》编制组按章、节、条顺序编制了本规范的条文说明，对条文规定的目的、依据以及执行中需要注意的有关事项进行了说明。但是，本条文说明不具备与规范正文同等的法律效力，仅供使用者作为理解和把握规范规定的参考。

目　次

1 总　则

1.0.4 本条规定除遵守本规范外，复合土钉墙基坑支护工程尚应符合国家现行有关标准的规定。与本规范有关的国家现行规范、规程主要有：

    1 《岩土工程勘察规范》GB 50021；

    2 《建筑地基基础设计规范》GB 50007；

    3 《建筑基坑工程监测技术规范》GB 50497；

    4 《建筑地基基础工程施工质量验收规范》GB 50202；

    5 《锚杆喷射混凝土支护技术规范》GB 50086；

    6 《建筑基坑支护技术规程》JGJ 120；

    7 《建筑桩基技术规范》JGJ 94；

    8 《建筑地基处理技术规范》JGJ 79；

    9 其他未列出的相关标准。

2　术语和符号

2.1　术　语

2.1.4 用作截水帷幕的水泥土桩主要有水泥土搅拌桩和高压喷射水泥土桩。

2.1.5 微型桩包括直径 100mm～300mm 的灌注桩（骨架可为钢筋笼、型钢、钢管等，胶结物可为混凝土、水泥砂浆、水泥净浆等）和各种材料及形式的预制构件，如小直径预制桩、木桩、型钢等。本规范考虑了微型桩对基坑整体稳定性的贡献。

2.1.6 复合土钉墙中强调以土钉为主要受力构件，整体稳定性主要由土和钉的共同作用提供，同时考虑预应力锚杆、截水帷幕、微型桩对整体稳定性的贡献。

3　基　本　规　定

3.0.1 作为基坑工程的专项技术标准之一，复合土钉墙基坑支护安全等级应与现行行业标准《建筑基坑支护技术规程》JGJ 120 相一致。《建筑基坑支护技术规程》JGJ 120 中规定，应综合考虑基坑周边环境状况、地质条件的复杂程度、基坑深度等因素，根据可能产生的破坏后果的严重程度，按表 1 采用基坑支护的安全等级。对基坑的不同侧壁可采用不同的安全等级。

表 1　基坑支护安全等级

安全等级	破　坏　后　果
一级	支护结构失效、土体失稳或基坑过大变形对基坑周边环境及主体结构施工的影响很严重

续表1

安全等级	破　坏　后　果
二级	支护结构失效、土体失稳或基坑过大变形对基坑周边环境及主体结构施工的影响严重
三级	支护结构失效、土体失稳或基坑过大变形对基坑周边环境及主体结构施工的影响不严重

3.0.2 复合土钉墙基坑支护的形式主要有下列七种形式（图 1）：

    1 截水帷幕复合土钉墙 [图 1 (a)]。

    2 预应力锚杆复合土钉墙 [图 1 (b)]。

    3 微型桩复合土钉墙 [图 1 (c)]。

    4 截水帷幕－预应力锚杆复合土钉墙 [图 1 (d)]。

    5 截水帷幕－微型桩复合土钉墙 [图 1 (e)]。

    6 微型桩－预应力锚杆复合土钉墙 [图 1 (f)]。

    7 截水帷幕－微型桩－预应力锚杆复合土钉墙 [图 1 (g)]。

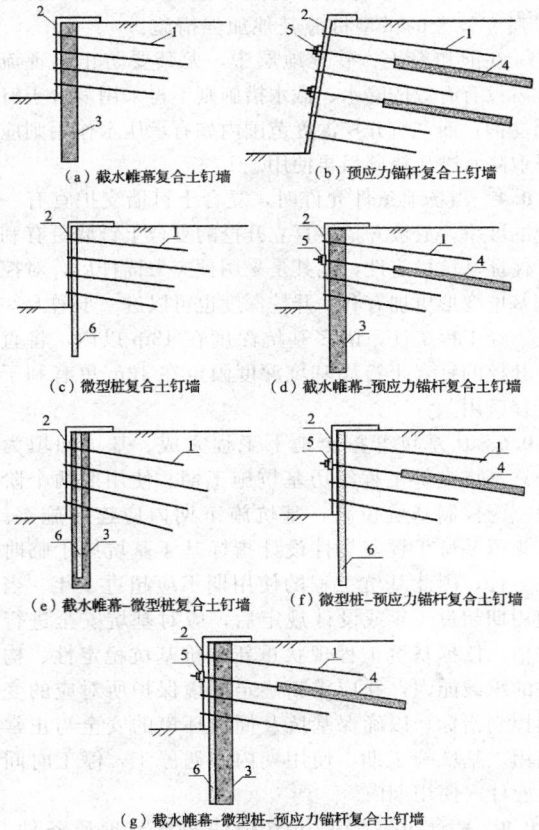

(a) 截水帷幕复合土钉墙　　(b) 预应力锚杆复合土钉墙

(c) 微型桩复合土钉墙　　(d) 截水帷幕-预应力锚杆复合土钉墙

(e) 截水帷幕-微型桩复合土钉墙　　(f) 微型桩-预应力锚杆复合土钉墙

(g) 截水帷幕-微型桩-预应力锚杆复合土钉墙

图 1　复合土钉墙基坑支护形式

1—土钉；2—喷射混凝土面层；3—截水帷幕；
4—预应力锚杆；5—围檩；6—微型桩

复合土钉墙支护方案的选型应综合考虑土质、地下水、周边环境以及现场作业条件，通过工程类比和技术经济比较后确定。有地下水影响时，宜采用有截水帷幕参与工作的复合土钉墙形式；周边环境对基坑变形有较高控制要求或基坑开挖深度较深时，宜采用有预应力锚杆参与工作的复合土钉墙形式；基坑侧壁土体自立性较差时，宜采用有微型桩参与工作的复合土钉墙形式；当受多种因素影响时，应根据具体情况采取多种组合构件共同参与工作的复合土钉墙形式。

3.0.3 复合土钉墙较一般土钉墙具有更广泛的适用性。截水帷幕在隔水的同时，对土体也起到了加固作用，增加了坑壁的自稳能力，因此较一般土钉墙，复合土钉墙更适用于地下水位浅、土体强度低、自立性差的地层中，在我国诸多软土地区较浅基坑（一般坑深不超过 5m～7m）中有广泛的工程实践，积累了丰富的经验。但在软土地层中采用复合土钉墙应满足一定的限制条件。许多工程实践表明，当基坑计算范围内存在厚度大于 5m 的流塑状土（当为淤泥和泥炭时厚度大于 2m）或坑底存在泥炭时不宜采用复合土钉墙支护；当坑底为淤泥和淤泥质土时应慎用复合土钉墙支护，如果采用，须对坑底软弱土层进行加固或采取设置强度较大的微型桩等其他加强措施。

在饱和粉土、砂土地层中，尤其要防止出现流砂，没有有效的降水、截水措施则不得采用复合土钉墙支护；而基坑开挖深度范围内如有承压水作用则应采取降水减压措施后再使用。

3.0.4 当场地条件允许时，复合土钉墙支护宜有一定的坡率，放坡开挖较直立开挖的复合土钉墙更有利于保证基坑稳定性，尤其是采用预应力锚杆后，对控制基坑变形更加有利，开挖深度也可以进一步增大。

经工程统计，诸多基坑深度在 13m 以内，将直立开挖的复合土钉墙基坑深度限定在 13m 更有利于工程应用。

3.0.6 从基坑开挖至地下工程完成、基坑回填为止，基坑支护工程经历基坑施工期、使用期两个阶段。为控制基坑位移，基坑施工期内应连续施工。本规范基坑工程安全性设计指标基于基坑属于临时性工程，因此基坑工程的使用期不应超过 1 年。当使用期超过 1 年或设计规定后，应对基坑安全进行评估，依据基坑工程现状重新评价基坑稳定性、构件的承载能力，并应重新确定环境保护所对应的变形控制指标，以确保基坑及周边环境的安全与正常使用。基坑施工期、使用期内如遇停工，停工时间也应计入使用期内。

3.0.9 复合土钉墙基坑支护的变形与地质条件、周边环境条件、施工工况以及基坑开挖深度、土钉长度、土钉注浆量、基坑单边长度、超前支护刚度等多方面因素有关，由于地质勘察所获得的数据还很难准确代表岩土层的全面情况，对岩土层和复合土钉墙本身所作的计算模型、计算假定等也不能完全准确代表实际状况，而施工过程中复合土钉墙受力又经常发生动态变化，因此目前对复合土钉墙基坑支护的变形进行计算是十分困难的。

复合土钉墙基坑支护的变形可用有限元等数值分析方法作出估算，但成果的可靠性难以评估。目前较成熟的复合土钉墙变形计算研究成果主要是根据监测资料反演取得的。一些重要的、大型基坑工程建立了数值分析模型，将已观测到的成果作为数据输入，据此预测下一步变化，如此反复，得出的预测值与实测较为接近。但是，由于建模的复杂性及早期预测的准确度较低等因素，这类方法目前未能普遍应用。近些年，不少学者致力于建立相对简单的经验公式对变形进行预测，取得了一定成果，但成果都是针对某地层、某地区取得的。

图 2 是上海市工程建设标准《基坑工程技术规范》DG/TJ08—61—2010 提出的上海地区估算复合土钉墙位移的经验公式。图中单排超前支护指单排水泥土搅拌桩（宽 0.7m），双排超前支护指双排水泥土搅拌桩（宽 1.2m）。

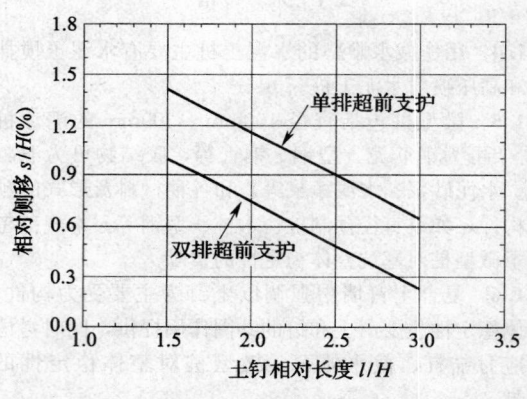

图 2　土钉支护位移估算

4　勘　　察

4.0.1 基坑工程勘察包括岩土勘察和周边环境调查两项工作，应与拟建建筑的岩土工程勘察同时进行。目前岩土工程勘察重点是建筑物轮廓线以内范围，着重基础持力层调查，较少单独进行基坑开挖边界以外范围的勘察，并经常忽略浅部土层的土层划分、取样试验、土性参数，而这些内容正是基坑工程设计、施工的重要依据。当已有勘察成果不能满足基坑工程设计和施工要求时，应补充基坑工程专项勘察。

勘察阶段须同时进行周边环境安全性调查工作。其目的一方面是评估基坑开挖和降水引起的变形对周边环境产生不利影响的可能性以及地下障碍物是否影响到土钉及锚杆施工，另一方面是避免钻探和土钉、锚杆成孔过程中损坏地下管线等设施。本章内容适用于土质岩土工程勘察。

4.0.2 基坑开挖及降水对周边环境的影响范围较广，开挖边界线外开挖深度的 1 倍~5 倍范围内均有可能受到影响，有时甚至更远，因此勘察的范围应根据基坑的复杂程度、设计要求、场地条件、周边环境条件等综合确定，但平面范围不宜小于基坑开挖边界线外开挖深度的 2 倍。考虑到土钉、锚杆的设置要求，平面范围也不宜小于土钉或锚杆估算长度的 1.2 倍。

由于受场地、周边环境的限制，基坑开挖线外的勘察主要以现场踏勘、调查和收集已有资料为主，必要时布置适量的勘探点。

4.0.4 我国发生的滑塌破坏的土钉墙及复合土钉墙实例的统计数据表明，勘察中忽略了软弱土夹层的存在是发生滑塌破坏的原因之一。因此勘察中应将软弱土夹层（特别是坑底附近的）划分出来。

4.0.6 土工试验应为基坑工程设计、施工提供符合实际情况的土性指标。勘察方应根据复合土钉墙设计计算、施工的要求，选择合适的试验方法（包括取样的方法等），提供的土性参数应综合考虑试验方法、工程经验，并与计算模型相匹配。

4.0.9 应明确提供基坑开挖影响范围内各地层的物理力学指标；有地下水时，应提供各含水层的渗透系数；存在承压水时，应分层提供水头高度。

5 设 计

5.1 一般规定

5.1.2 设计计算时可取单位长度按平面应变问题分析计算，也可按照空间协同作用理论分析计算。当采用空间协同作用理论时，复合土钉墙设计宜考虑时空效应对稳定性的不利影响，不宜考虑边角效应对稳定性的有利影响。

5.1.3 附加荷载包括基坑周边施工材料和机械设备荷载、邻近既有建筑荷载、周边道路车辆荷载等。对基坑周边土方运输车等重型车辆荷载、土方堆置荷载等应做必要的复核或荷载限制。

5.1.4 因为坑中坑设计和处理不当而造成的基坑事故屡有发生，故制定本条规定。坑中坑对复合土钉墙支护的局部稳定存在不利影响，进而可能引发基坑整体性破坏。

5.1.7 表 5.1.7 数据是根据大量抗拔试验结果反算出来的，试验时，土钉长度为 6m~12m；钻孔注浆土钉采用一次重力式注浆工艺，成孔直径 70mm~120mm。钢管注浆土钉均设置倒刺，倒刺排距 0.25m~1.0m，数量 2 个/m~4 个/m，注浆压力 0.6MPa~1.0MPa。反算时，假定钢管注浆土钉直径 80mm；钻孔注浆土钉如无明确要求则假定直径 100mm。

备注中的压力注浆指注浆压力大于 0.6MPa，二次注浆系指第二次采用高压注浆。

表 5.1.7 土钉与土体粘结强度标准值 q_{sk} 是以一定工艺为基础的统计值，也参考了相关规范和工程经验，给出的 q_{sk} 值是一个较宽泛的范围值。由于各地区地层特性差异和施工工艺区域性特点明显，q_{sk} 取值原则是在有地区经验情况下，应优先根据地区经验选取。

5.1.8 土钉及锚杆施工易造成水土流失，可能对周边环境产生不利影响，土钉及锚杆设置时应予以充分考虑；此外，基坑回填后土钉及锚杆残留在土体中，也可能会影响邻近地块的后续工程，必要时采用可回收式锚杆及土钉。

5.1.9 冻融对季节性冻土影响非常明显，季节性冻土区采用复合土钉基坑支护时，应考虑冻胀后土钉受力增大、基坑位移增加以及融化后土体强度降低等不利影响。有研究表明，在冻胀作用下土钉所受拉力会比初始拉力大 3 倍~5 倍，土钉拉力分布形式也将发生改变；同时喷射混凝土面层后的土压力增大，基坑位移增加并且解冻后不可恢复。考虑地下水的影响，尤其是在有渗水的情况下，复合土钉墙不宜设置短土钉；考虑冻融深度的影响，该范围内的土体强度和模量以及土钉与土体的界面粘结强度也应适度折减；设计和施工还应确保土钉钉头连接牢固，同时应加强基坑监测。

5.1.12 复合土钉墙基坑变形既受荷载作用下土体自身变形的影响，同时还受到周边环境变形控制的约束。受荷作用下土体自身变形的大小主要与荷载、土性、开挖深度等因素有关。复合土钉墙基坑在满足自身稳定的同时，还应考虑变形对周边环境的影响，满足周边环境对变形的控制要求。

变形控制指标是基坑正常变形的一个范围值，反映了基坑仍处于正常状态之中，是基坑变形设计的允许控制指标，超出该指标意味着基坑可能进入安全储备低、变形异常甚至进入危险工作状态。

确定非常准确的基坑变形控制指标是十分困难的。从我国复合土钉墙工程实践和现有的研究水平出发，编制组在对 202 个复合土钉墙基坑工程监测数据的分析基础上，结合工程经验和地方工程建设标准等提出了依据地层条件、基坑安全等级确定复合土钉墙变形控制指标的建议值。

对 202 个复合土钉墙基坑工程监测的统计情况分析结果表明，复合土钉墙侧向位移范围一般在 0.1%H~1.5%H（H 为基坑开挖深度）之间，软土中多数在 0.3%H~1.5%H 之间，一般土层中多数在 0.1%H~0.7%H 之间。

5.2 土钉长度及杆体截面确定

5.2.1 表 5.2.1 提供的土钉长度及间距主要是依据工程经验，用于初步选择复合土钉墙中土钉的设计参数。设计时须进行稳定性分析验算，根据验算结果再对土钉初选设计参数进行修改和调整。

表 5.2.1 给出的土钉长度与基坑深度比是一个范围值，基坑较浅时可取较大值，有预应力锚杆或截水帷幕时可取较小值。

5.2.3 图 5.2.3（b）是根据工程实测数据并考虑安全条件后简化的结果，通过假定土体侧压力总值等于朗肯主动土压力计算后得出。

假定土钉轴向荷载标准值的主要目的是为了估算土钉的长度与分布密度。

5.2.4 规定 $p_{m,max}$ 不宜小于 $0.2\gamma_{m1}H$ 的主要目的是避免局部土钉长度偏短。

5.2.5 ζ 是在一定假设条件下得到的半理论半经验系数，该假设条件是土压力水平向分布且作用在面层上。实际上，复合土钉墙的主动土压力并不作用在面层上，ζp 也不是作用在倾斜面上的主动土压力。

5.2.6 检验土钉施工质量的最好办法是对土钉进行全长现场抗拔试验，故应对抗拔力进行设计计算以便于工程检测。土钉验收抗拔力并非该土钉应承受的荷载，只是设计检验值，与计算单根土钉长度时假定的土钉轴向荷载标准值没有对应关系。

考虑到土体的变异性、施工水平的波动性及对成品土钉的保护，式（5.2.6-2）中引入了工作系数，其主要目的是防止过高评估土钉验收抗拔力在整体稳定中的作用。

5.3 基坑稳定性验算

5.3.1 一些文献中，把滑移面全部或部分穿过被土钉加固的土体时的破坏模式称为"内部稳定破坏"，完全不穿过时称为"外部整体稳定破坏"或"深部稳定破坏"。按本规范推荐的整体稳定性验算模型及公式，程序自动搜索最危险滑移面时，是不分"内外"的，搜索到的最危险滑移面，是土体、土钉及各复合构件提供的安全度之和为最小值的滑移面，如果此时土钉及各构件的贡献值为零，即为"外部整体稳定"模式。但经验与理论分析表明，土钉贡献值为零的情况不会出现，因为最危险滑移面至少要穿过最下一排或最长一排土钉，如图 3 曲线 1 所示。曲线 2 为"外部整体稳定"最危险滑移面，与曲线 1 相比，因位置后移导致滑弧长度增加，土体抗剪强度提供的安全度增加。土钉在滑弧外的长度 l_m 很小时，摩阻力 N_u 很小，N_u 对安全度的贡献，小于曲线 1 后移至曲线 2 时土体抗剪强度提供的安全度增量，故曲线 2 的安全度大于曲线 1，曲线 2 并非最危险滑移面。故本规范不采用"外部整体稳定"及"内部整体稳定"等概念。

整体稳定验算可计取止水帷幕、预应力锚杆及微型桩的作用，这是对大量工程实践统计的结果。如果不计取这些构件的作用，设计将过于保守，不仅与事

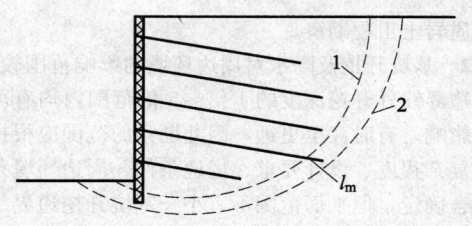

图 3 整体稳定性分析比较

实不符，且有些情况下（如在软弱土层中）设计计算很难达到一定的安全度，人为地限制了复合土钉墙技术的应用。当然，也不能过高估算这些复合构件的作用，如果这些复合构件（如微型桩或锚杆）起到了主导性作用，就已经不适用本规范推荐的整体稳定性验算公式了。验算公式中，通过设置组合作用折减系数，限制了这些复合构件的作用程度。

5.3.2 式（5.3.2-1）以在国内广泛使用、直观、易于理解的瑞典条分法作为理论基础，采用极限平衡法作为分析方法，认为截水帷幕、预应力锚杆、微型桩能够与土钉共同工作，计算时考虑这些复合构件的作用。

为便于研究，公式作了如下假定及简化：

1 破坏模式为圆弧滑移破坏；

2 土钉为最主要受力构件；

3 土钉、预应力锚杆只考虑抗拉作用，截水帷幕及微型桩只考虑抗剪作用，忽略这些构件的其他作用；

4 破坏时土钉与土体能够发挥全部作用，复合构件不能与土钉同时达到极限平衡状态，即不能发挥最大作用，也不能同时发挥较大作用，要按一定规则进行强度折减，构件强度越高、类型越多、组合状态越不利，则折减越大；

5 预应力锚杆拉力的法向分力与切向分力可同时达到极限值，但只是计取假定滑移面之后的锚固段提供的抗滑力矩；

6 滑移面穿过截水帷幕或微型桩时，平行于桩的正截面；

7 不考虑地震作用；

8 安全系数定义为滑移面的抗滑力矩与滑动力矩之比。

破裂面的形状不能事先确定，取决于坡面的几何形状、土体的性状、土钉参数及地面附加荷载等许多因素，采用圆弧形主要因为它与一些试验结果及大多数工程实践比较接近，且分析计算相对容易一些。在某些特殊情况下，圆弧滑动并非最佳，需要与其他破坏模式对比。例如，在深厚的软土地层，采用圆弧形可能会过高估计软土的被动土压力，如图 4（a）所示，土钉墙可能会沿着曲线 2 破坏而并非圆弧 1，因土质软弱，坑底的滑移面不会扩展到很远的地方；基坑上半部分为软弱土层、下半部分为坚硬土层，且层

面向基坑内顺层倾斜时，可能产生顺层滑动，破裂面为双折线或上曲下直的双线，如图 4（b）所示；土体中存在较薄弱的土层或薄夹层时，可能会产生沿薄弱面的滑动破坏，如图 4（c）所示。

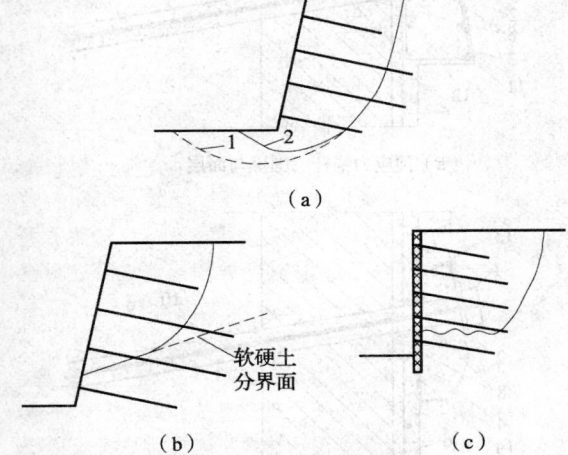

（a）

（b）　　　　　　（c）

图 4　特殊地质条件下的破坏模式

无试验资料或类似经验时，截水帷幕如采用深层搅拌法形成，可按表 2 取值［喷浆法、单轴、（2～4）喷、4 搅工艺］，工艺不同时可参考该表取值。高压喷射注浆法形成的水泥土截水帷幕抗剪强度可参考表 2，按水泥土设计抗压强度标准值的 15%～20% 取值，但最大不应超过 800kPa。

表 2　深层搅拌法水泥土抗剪强度标准值 τ_s

抗压强度（MPa）	0.5～1.0	1.0～1.5	1.5～2.0	≥2.0
抗剪强度（kPa）	100～250	150～300	200～400	400

5.3.3　式（5.3.2-1）是个半经验半理论公式，其中的组合作用折减系数根据实际工程反算而来。反算时，在国内外已实施的约 500 个复合土钉墙案例中，挑选了 202 个有代表性的进行了详细计算。思路为：通过对一些特殊案例（已塌方或变形很大的工程）的定性分析及定量计算，估算出折减系数的大致范围，然后再通过大量的案例（正常使用的工程），验证该范围的合理性。

组合作用折减系数 η 是经验值，根据大量失稳、濒临失稳及正常使用工程的监测数据反算而来。反算时作了如下假设：

1　基坑坍塌时支护体系达到了承载能力极限状态，略低于临界稳定，整体稳定安全系数 K_s 为 0.98～0.99。

2　基坑水平位移很大时，支护体系为正常使用极限状态，接近临界稳定，K_s 为 1.01～1.03。

3　正常使用时，土钉墙的位移量与整体稳定安全系数 K_s 之间大致存在着表 3 所示的经验关系。

表 3　土钉墙位移与整体稳定安全系数 K_s 关系

位移量级	很小	较小	一般	较大	很大
位移比（%）	<0.2	0.2～0.4	0.35～0.7	0.6～1.0	>1.0
位移（mm）	10～20	15～40	25～70	40～100	>100
K_s	>1.40	1.30～1.45	1.15～1.35	1.05～1.20	1.01～1.05

4　微型桩与土钉墙结合后整体性不如截水帷幕与土钉墙结合后整体性效果好。

5　预应力锚杆的组合作用折减系数取 0.5 时，作用效果与将其视为土钉相当。而预应力锚杆的作用效果应好于将之完全视为土钉。

提高截水帷幕及微型桩材料的抗剪强度、增大截面面积等会使复合构件自身抗剪能力得到较大提高，但复合土钉墙整体稳定性依靠地是土、土钉与复合构件的协同作用，复合构件自身抗剪能力提高的程度越大，复合土钉墙整体稳定性提高的程度越小，并不同比增长。

5.3.5　复合土钉墙的整体稳定性首先应由土与土钉的共同作用提供基本保证，设置复合构件的主要目的是隔水或减小变形、控制位移，同时对整体稳定性亦有贡献。本条规定保证了土钉是最主要受力构件，弱化了复合构件的抗力作用，从而保证了工程安全性及整体稳定性验算公式的适用性。

大量基坑监测数据统计结果表明，如满足以下条件，基坑位移不大：

1　截水帷幕单独或与微型桩组合作用时，$K_{s0}+K_{s1}\geqslant 0.86$。

2　微型桩单独作用时，$K_{s0}+K_{s1}\geqslant 0.97$。

3　预应力锚杆单独作用时，$K_{s0}+K_{s1}\geqslant 0.96$。

4　截水帷幕及微型桩分别与预应力锚杆组合或三者一起组合作用时，$K_{s0}+K_{s1}+0.5K_{s2}\geqslant 1.0$。

本条统一为式（5.3.5），是偏于安全的。

5.3.6　常用的基坑抗隆起稳定性分析模式主要有地基承载力模式及圆弧滑动模式。复合土钉墙的刚度及构件强度均较弱，很难形成转动中心，不宜采用圆弧滑动模式。

5.3.7　采用式（5.3.7-1）验算坑底抗隆起稳定性时，注意以下问题：

1　式（5.3.7-1）忽略了土钉及锚杆的抗剪作用。

2　坡面倾斜时可考虑倾斜区土体自重减轻的有利因素。

3　以下情况可计取 t：微型桩为直径大于

200mm 的钻孔混凝土桩、不小于 16 号的工字钢、预制桩或预应力管桩，间距不超过 4 倍桩径；插入不小于 12 号工字钢的水泥土墙；厚度不小于 1m 的水泥土墙等。

4 以下情况不宜计取 t：厚度小于 0.5m 的水泥土墙；微型桩为竹桩，直径不大于 48mm 的钢管及直径不大于 50mm 的木桩等。

5 坡脚附近有软弱土层的一级基坑，采用复合土钉墙支护很难满足抗隆起稳定性要求，故没有给出安全等级为一级的基坑抗隆起稳定安全系数指标。

5.4 构 造 要 求

5.4.1 从利于基坑稳定和控制变形考虑，土钉在竖向布置上不应采用上短下长布置形式。上下等长这种布置形式性价比不好，一般只在基坑较浅、坡角较大、土质较好及土钉较短时采用。上长下短这种布置形式有利于减小坑顶水平位移，但有时因上排土钉受到周边环境（如地下管线或障碍物）限制可能难以实施。中部长上下短这种布置形式性价比较好，宜优先选用。在这种布置形式中，第一排土钉对减少土钉墙位移有较大帮助，所以也不宜太短。

5.4.2 成孔注浆土钉施工质量容易保证，与土层摩阻力较高，应优先选用。

5.4.3、5.4.4 面层及连接件受力较小，一般按构造设计即可满足安全要求。

5.4.5 预应力锚杆间距小于 1.5m 时，为减小群锚效应，相邻锚杆可采用不同倾角、不同长度的布置方式。基坑阳角处两侧的预应力锚杆可斜向设置，使锚杆锚固段远离阳角，位于阳角滑移面之外。

本条还规定，预应力锚杆的自由段长度宜为 4m ～6m。控制预应力锚杆自由段长度是基于如下考虑：土钉对土体变形比预应力锚杆敏感，即较小的位移即可使土钉承受较大的荷载，为使土钉与预应力锚杆在相同位移下受力协调，应控制预应力锚杆变形不能太大；复合土钉墙中的预应力锚杆自由段长度 4m～6m 能够满足张拉伸长产生预应力的要求。

复合土钉墙基坑位移往往会引起预应力锚杆应力值增大。锚杆锁定时，应为基坑开挖变形后锚杆预应力的增长留有余地，故锁定值宜取锚杆轴向承载力设计值的 60%～90%。

5.4.6 钢筋混凝土围檩具有刚度大、与桩的结合紧密、锚杆预应力损失小等优点，因此宜优先选用。当采用钢围檩时，一定要保证钢围檩的刚度满足锚杆设计锁定值要求，截面应通过设计计算确定，并应充分考虑缺陷的影响。

围檩可按以锚杆为支点的多跨连续梁设计计算。

预应力锚杆与面层及围檩连接构造可参考图 5。

5.4.8 微型桩宜采用小直径混凝土桩、型钢及钢管

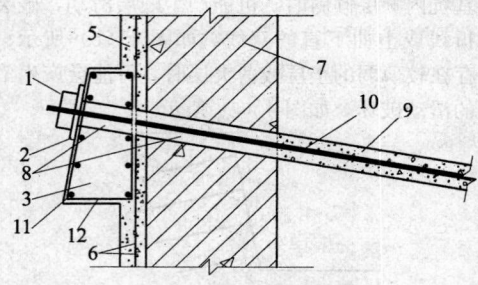

（a）预应力锚杆、围檩与面层

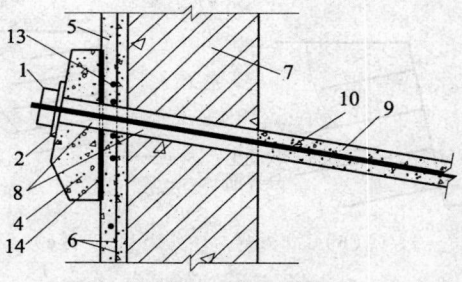

（b）预应力锚杆、承压板与面层

图 5 预应力锚杆与面层及围檩连接构造示意
1—锚具；2—钢垫板；3—围檩；4—承压板；5—喷射混凝土；6—钢筋网；7—土体、截水帷幕或微型桩；8—预留孔；9—钻孔；10—杆体；11—围檩主筋；12—围檩箍筋；13—加强筋；14—水泥砂浆

等，特殊情况下也可采用木桩、竹桩、管桩等。采用木桩、竹桩时桩间距宜适当减小。

6 施 工 与 检 测

6.1 一 般 规 定

6.1.1 位移观测控制点包括基准点和工作基点，基坑工程施工前应布设好位移观测控制点和监测点，并予以妥善保护。

水患是复合土钉墙基坑支护的"大敌"。雨水和施工用水下渗、旧管道渗漏等会使土体下滑力增大，抗剪强度降低，从而引发基坑坍塌事故，因此应做好场区的排水系统规划和地面硬化，地面排水坡度不宜小于 0.3%，并宜设置排水沟。

6.1.2 地面超载是复合土钉墙基坑支护的又一"大敌"。土方、材料、构件、机具的超载堆放，大型运输车辆随意改变行车路线等都易导致基坑坍塌事故的发生，因此，本条强调应按照施工现场平面布置图进行材料、构件、机具、设备的布置，而施工现场平面布置图应与基坑工程设计工况相一致。

6.1.3 本条为强制性条文。本条提出了复合土钉墙施工的 20 字方针，即"超前支护，分层分段，逐层施作，限时封闭，严禁超挖"，20 字方针是复合土钉

墙长期施工经验的总结。

为了控制地下水和限制基坑侧壁位移，保证基坑稳定，截水帷幕、微型桩应提前施工完成，达到规定强度后方可开挖基坑，即所谓"超前支护"。

基坑开挖所产生的地层位移受时空效应的影响，开挖暴露的面积越大，位移也越大，为控制位移，施工应按照设计工况分段、分层开挖，分层厚度应与土钉竖向间距一致。下层土的开挖应等到上层土钉注浆体强度达到设计强度的70%后方可进行。

每层开挖后应及时施作该层土钉并喷护面层，封闭临空面，减少基坑无土钉的暴露时间，即所谓"逐层施作，限时封闭"，一般情况下，应在1d内完成土钉安设和喷射混凝土面层；在淤泥质地层和松散地层中开挖基坑时，应在12h内完成土钉安设和喷射混凝土面层。

超挖是基坑工程的又一"大敌"。工程中因超挖而造成的基坑坍塌事故屡有发生，即使未造成基坑坍塌事故，基坑开挖期位移过大，也会使基坑使用期的安全度下降。因此，分层开挖时应严格控制每层开挖深度，协调好挖土与土钉施工的进度，严禁多层一起开挖或一挖到底。

6.2 复合土钉墙施工

6.2.1 本条规定的流程为截水帷幕—微型桩—预应力锚杆复合土钉墙形式的施工流程，其他组合形式的复合土钉墙施工流程应根据组合构件在此基础上取舍。

复合土钉墙是截水帷幕先施工还是微型桩先施工，应根据不同施工工艺确定，如果微型桩是非挤土桩，可以截水帷幕先施工，微型桩后施工；如果微型桩是挤土桩，则宜微型桩先施工，再施工截水帷幕。

6.2.2 水泥土桩止水帷幕的水泥掺量应符合设计要求，水泥浆液的水灰比宜按照试桩结果确定。一般双轴水泥土搅拌桩水灰比宜取0.5～0.6，三轴水泥土搅拌桩水灰比宜取1.0～1.5；高压喷射注浆水灰比宜取0.9～1.1。

水泥土搅拌桩施工时，双轴搅拌机钻头搅拌下沉速度不宜大于1.0m/min，喷浆搅拌时钻头的提升速度不宜大于0.5m/min；三轴搅拌机钻头的提升速度宜为1m/min～2m/min，搅拌下沉速度宜为0.5m/min～1m/min。

高压喷射注浆分高压旋喷、高压摆喷和高压定喷三种形式，因高压旋喷帷幕厚度大，止水和稳定性效果好，是目前复合土钉墙中采用的主要形式。高压喷射注浆可根据工程实际情况采用单管法、二重管法、三重管法。单管法及二重管法的高压液流压力一般大于20MPa，压力范围多为20MPa～30MPa。高压三重管比单管和二重管喷射直径大，高压水射流的压力可达40MPa左右，常用的压力范围为30MPa～40MPa；

低压水泥浆的注浆压力宜大于1MPa，气流压力不宜小于0.7MPa，提升速度宜为50mm/min～200mm/min，旋转速度宜为10r/min～20r/min。对于较硬的黏性土层、密实的砂土和碎石土层及较深处土层宜取较小的提升速度、较大的喷射压力。

高压喷射注浆过程中如出现异常情况，应及时查明原因并采取措施。当孔口返浆量大于注浆量的20%时，宜采取提高喷射压力、加快提升速度等措施。当因浆液渗漏而出现孔口不返浆时，宜在漏浆部位停止提升注浆管并进行补浆，注浆液中宜掺入速凝剂，同时采取从孔口填入中粗砂等措施，直至孔口返浆。

6.2.5 采用二次注浆的方法可以明显提高锚杆锚固力，但要掌握好二次高压注浆的时机。二次注浆的时间宜根据注浆工艺试验确定。

6.3 降排水施工

6.3.2 基坑降水会引起周边地表和建筑沉降，而且过量降水也不符合节约水资源的规定，因此基坑降水应遵循"按需降水"的原则。

6.3.5 为了保证排水通畅，防止雨水、施工用水等地表水漫坡流动或倒流回渗基坑，硬化后的场区地面排水坡度不宜小于0.3%，并宜设置排水沟。基坑内应设置排水沟、集水坑，及时排放积聚在基坑内的渗水和雨水。

6.4 基坑开挖

6.4.4 对自稳能力差的土体，如含水量高的黏性土、淤泥质土及松散砂土等开挖后应立即进行支护，初喷混凝土应随挖随喷。

6.4.7 基坑开挖至坑底后应及时浇筑基础垫层，在软土地区及时浇筑垫层尤其显得重要。根据软土地区淤泥和淤泥质土的特点，基坑垫层浇筑时间宜控制在2h以内，最迟不应超过4h。

7 监　测

7.0.2 巡视检查主要以目测为主，配以简单的工器具，巡视的检查方法速度快、周期短，可以及时弥补仪器监测的不足。基坑工程施工期间的各种变化具有时效性和突发性，加强巡视检查是预防基坑工程事故简便、经济而又有效的方法。通过巡视检查和仪器监测，可以定性、定量相结合，更加全面地分析基坑的工作状态，作出正确的判断。

7.0.3 复合土钉墙基坑工程监测是一个系统，系统内的各项目监测有着必然的、内在的联系。某一单项的监测结果往往不能揭示和反映基坑工程的整体情况，必须形成一个有效的、完整的、与设计施工工况相适应的监测系统并跟踪监测，才能通过监测项目之间的内在联系作出准确地分析、判断，因此监测项目的确定要做到重点量测、项目配套。

基坑工程设计方应根据地层特性和周边环境保护要求，对复合土钉墙进行必要的计算与分析后，结合当地的工程经验确定合适的监测报警值。

复合土钉墙基坑工程工作状态一般分为正常、异常和危险三种情况。异常是指监测对象受力或变形呈现出不符合一般规律的状态。危险是指监测对象的受力或变形呈现出低于结构安全储备、可能发生破坏的状态。

附录 A 土钉抗拔基本试验

1 基本试验是对试验土钉所采取的现场抗拔试验。目的是通过检测土钉极限抗拔力，从而确定土钉与岩土层之间的粘结强度，同时确定施工工艺、部分设计及施工参数，为设计提供依据。

2 较薄土层中可不进行基本试验。

附录 B 土钉抗拔验收试验

验收试验是对实际工作土钉所采用的现场抗拔试验，目的是通过检测土钉实际抗拔力能否达到验收抗拔力，从而判断土钉长度、注浆质量等施工质量，为工程验收提供依据。

中华人民共和国国家标准

建筑边坡工程鉴定与加固技术规范

Technical code for appraisal and reinforcement
of building slope

GB 50843—2013

主编部门：重 庆 市 城 乡 建 设 委 员 会
批准部门：中华人民共和国住房和城乡建设部
施行日期：２０１３ 年 ５ 月 １ 日

中华人民共和国住房和城乡建设部
公 告

第 1586 号

住房城乡建设部关于发布国家标准
《建筑边坡工程鉴定与加固技术规范》的公告

现批准《建筑边坡工程鉴定与加固技术规范》为国家标准，编号为 GB 50843 - 2013，自 2013 年 5 月 1 日起实施。其中，第 3.1.3、4.1.1、5.1.1、9.1.1 条为强制性条文，必须严格执行。

本规范由我部标准定额研究所组织中国建筑工业出版社出版发行。

中华人民共和国住房和城乡建设部
2012 年 12 月 25 日

前 言

根据住房和城乡建设部《关于印发〈2009 年工程建设标准规范制订、修订计划〉的通知》（建标［2009］88 号）的要求，规范编制组经广泛调查研究，认真总结实践经验，参考有关国内标准和国际标准，并在广泛征求意见的基础上，编制本规范。

本规范主要技术内容是：总则、术语和符号、基本规定、边坡加固工程勘察、边坡工程鉴定、边坡加固工程设计计算、边坡工程加固方法、边坡工程加固、监测和加固工程施工及验收。

本规范中以黑体字标志的条文为强制性条文，必须严格执行。

本规范由住房和城乡建设部负责管理和对强制性条文的解释，由重庆一建建设集团有限公司负责具体技术内容的解释。执行过程中如有意见或建议，请寄送重庆一建建设集团有限公司（地址：重庆市九龙坡区滩子口广厦城一号办公楼；邮政编码：400053）。

本规范主编单位：重庆一建建设集团有限公司
重庆市设计院

本规范参编单位：中国建筑技术集团有限公司

重庆市建筑科学研究院
中冶建筑研究总院有限公司
四川省建筑科学研究院
重庆大学
建设综合勘察研究设计院有限公司
重庆市建设工程勘察质量监督站
广厦建设集团有限责任公司

本规范主要起草人：郑生庆　陈希昌　汤启明
刘兴远　姚　刚　胡建林
何　平　林文修　周忠明
王德华　郭明田　董　勇
叶晓明　冉　艺　陈阁琳
何开明　周长安　廖乾章
王嘉琳　方玉树　张培文

本规范主要审查人：郑颖人　张苏民　薛尚铃
伍法权　陈跃熙　钱志雄
贾金青　唐秋元　康景文

目　次

Contents

1 总 则

1.0.1 为了在既有建筑边坡工程鉴定与加固中贯彻执行国家的技术经济政策，做到技术先进、安全可靠、经济合理、确保质量及保护环境，制定本规范。

1.0.2 本规范适用于岩质边坡高度为30m以下（含30m），土质边坡高度为15m以下（含15m）的既有建筑边坡工程和岩质基坑边坡的鉴定和加固。

超过上述高度的边坡加固工程以及地质和环境条件复杂的边坡加固工程除应符合本规范外，还应进行专项设计，采取有效、可靠的加固处理措施。

1.0.3 软土、湿陷性黄土、冻土及膨胀土等特殊性岩土和侵蚀性环境以及地震区、灾后的建筑边坡工程的鉴定和加固除应符合本规范外，尚应符合国家现行相应专业标准的规定。

1.0.4 既有建筑边坡工程的鉴定及加固除应符合本规范外，尚应符合国家现行有关标准的规定。

2 术语和符号

2.1 术 语

2.1.1 建筑边坡 building slope

在建筑场地或其周边，由于建筑工程和市政工程开挖或填筑施工所形成的人工边坡和对建筑物安全或稳定有影响的自然斜坡。本规范中简称边坡。

2.1.2 既有边坡工程 existing building slope engineering

整体或部分已建成的建筑边坡工程。

2.1.3 边坡工程鉴定 appraisal of existing building slope engineering

对既有边坡工程的安全性、正常使用性等进行的调查、检测、分析验算和评定等一系列活动。

2.1.4 既有边坡工程加固 strengthening of existing building slope engineering

对既有建筑边坡工程及其相关部分采取增强、局部更换等措施，使其满足国家现行标准规定的安全性、适用性和耐久性。

2.1.5 边坡加固工程勘察 geological investigation of slope strengthening engineering

边坡鉴定与加固前，针对既有边坡工程进行的岩土工程勘察活动。

2.1.6 加固设计使用年限 design working life for strengthening of existing building slope engineering

正常条件下既有建筑边坡工程或支护结构、构件加固后无需重新进行检测、鉴定即可按其预定目的使用的时期。

2.1.7 目标使用年限 target working life

既有边坡工程期望使用的年限。

2.1.8 检测 inspection

为评定施工质量或性能等实施的检查、测量、试验和检验活动。

2.1.9 鉴定单元 appraisal unit

根据被鉴定边坡工程的支护结构体系、构造特点、结构布置、边坡高度和作用大小等不同所划分的可以独立进行鉴定的区段，每一区段为一鉴定单元。

2.1.10 子单元 sub-system

鉴定单元中根据组成支护结构的不同形式所细分的基本鉴定单位。

2.1.11 构件 member

支护结构中可以进一步细分的基本受力单位。

2.1.12 锚杆 anchor

将拉力传至稳定岩土层的构件。当采用钢绞线或高强钢丝束作杆体材料时，也可称为锚索。本规范中除特殊注明外，锚杆为锚杆和预应力锚索的总称。

2.1.13 削方减载法 cut unloading at top of slope

通过清除建筑边坡推力区的岩土体达到减少边坡推力，使加固后的既有建筑边坡工程满足预定功能的一种加固法。

2.1.14 堆载反压法 back loading at toe of slope

通过在既有边坡工程坡脚堆载反压，使加固后的既有边坡工程满足预定功能的一种加固法。

2.1.15 抗滑桩加固法 slide-resistant pile method

通过设置抗滑桩，使加固后的既有边坡工程满足预定功能的一种加固法。

2.1.16 加大截面加固法 structure member strengthening with R.C

加大原结构或构件的截面面积或增配钢筋，以提高其承载力和刚度的一种加固法。

2.1.17 锚固加固法 anchoring method

通过设置锚杆及传力结构，使加固后的既有边坡工程满足预定功能的一种加固法。

2.1.18 注浆加固法 grouting method

通过对岩土体进行注浆处理，改变岩土体的物理、力学性能，使加固后的既有边坡工程满足预定功能的一种加固法。

2.1.19 截排水法 cut-off and draining method

通过设置或改造截、排水系统，使加固后的既有边坡工程满足预定功能的一种加固法。

2.2 符 号

2.2.1 作用和作用效应

E_i——第 i 计算条块与第 $i+1$ 计算条块单位宽度水平条间力；

E_n——第 n 条块单位宽度剩余水平推力；

G、G_i——滑体、第 i 计算条块单位宽度重力；

G_b、G_{bi}——滑体、第 i 计算条块单位宽度附加竖向荷载；

M_i——第 i 计算条块与第 $i+1$ 计算条块单位宽度（对坐标原点的）条间力矩；

M_n——第 n 条块单位宽度（对坐标原点的）剩余力矩；

P_i——第 i 计算条块与第 $i+1$ 计算条块单位宽度剩余下滑力；

P_n——第 n 条块单位宽度剩余下滑力；

Q、Q_i——滑体、第 i 计算条块单位宽度水平荷载；

R、R_i——滑体、第 i 计算条块单位宽度重力及其他外力引起的抗滑力；

R_N——新增支护结构或构件的抗力；

R_0、R_{0i}——滑体、第 i 计算条块所受单位宽度有效抗力；

S——支护结构上的外部作用效应；

T、T_i——滑体、第 i 计算条块单位宽度重力及其他外力引起的下滑力；

U、U_i——滑面、第 i 计算条块滑面单位宽度总水压力；

V——后缘陡倾裂隙单位宽度总水压力；

Y_i——第 i 计算条块与第 $i+1$ 计算条块单位宽度竖直条间力。

2.2.2 材料性能参数

c、c_i——滑面、第 i 计算条块滑面黏聚力；

φ、φ_i——滑面、第 i 计算条块滑面内摩擦角；

γ_w——水重度。

2.2.3 几何参数

H——建筑物的高度或边坡高度；

h_w，h_{wi}，$h_{w,i-1}$——后缘陡倾裂隙充水高度，第 i 及第 $i-1$ 计算条块滑面前端水头高度；

L、L_i——滑面、第 i 计算条块长度；

x_{ci}——第 i 计算条块重心横坐标；

x_{gi}——第 i 计算条块单位宽度竖向附加荷载作用点横坐标；

x_{ni}，y_{ni}——第 i 计算条块滑面中点横、纵坐标；

y_{qi}——第 i 计算条块单位宽度水平荷载作用点纵坐标；

x_{ri}，y_{ri}——第 i 计算条块有效抗力作用点横、纵坐标；

α、α_i——滑体、第 i 计算条块单位宽度有效抗力倾角；

θ、θ_i——滑面、第 i 计算条块倾角。

2.2.4 计算系数

F_s、F_t——边坡抗滑、抗倾覆稳定安全系数；

F_{st}——整体稳定安全系数；

i——计算条块号，从后方起编；

n——条块数量；

x'_i——第 i 计算条块与第 $i+1$ 计算条块垂直分界面到滑面前端的相对水平距离，是到滑面前端的水平距离与滑面前后端之间水平距离的比值；

γ_0——支护结构重要性系数；

ζ_L——新增支护结构或构件的抗力发挥系数；

ψ_i——第 i 计算条块剩余下滑推力向第 $i+1$ 计算条块的传递系数。

2.2.5 鉴定评级

A_s、B_s、C_s——子单元正常使用性等级；

A_{ss}、B_{ss}、C_{ss}——鉴定单元正常使用性等级；

A_{su}、B_{su}、C_{su}、D_{su}——鉴定单元安全性等级；

A_u、B_u、C_u、D_u——子单元安全性等级；

a_s、b_s、c_s——构件正常使用性等级；

a_u、b_u、c_u、d_u——构件安全性等级。

3 基 本 规 定

3.1 一 般 规 定

3.1.1 既有边坡工程的加固设计应采用动态设计法，并应符合现行国家标准《建筑边坡工程技术规范》GB 50330 的相关规定。

3.1.2 与支护结构配合使用的混凝土结构、砌体结构或构件的加固技术、裂缝修补技术、锚固技术和防锈技术以及加固材料等应符合现行国家标准《混凝土结构加固设计规范》GB 50367 和《砌体结构加固设计规范》GB 50702 等的有关规定。

3.1.3 加固后的边坡工程应进行正常维护，当改变其用途和使用条件时应进行边坡工程安全性鉴定。

3.1.4 既有边坡工程鉴定、加固设计、施工、监测、监理和验收应由具有相应资质的单位和有经验的专业技术人员承担。

3.2 边坡工程鉴定

3.2.1 边坡工程鉴定适用于建筑边坡工程安全性、正常使用性、耐久性和施工质量等的鉴定。

3.2.2 边坡工程鉴定应明确鉴定的对象、范围和要求。鉴定对象应由委托单位确定，可将建筑边坡工程整体作为鉴定对象，也可将鉴定单元、子单元或构件作为鉴定对象。

3.2.3 当边坡工程遭受洪水、泥石流等灾害后需进行特殊项目鉴定时，特殊项目鉴定评级应符合国家现行有关标准的规定。

3.2.4 鉴定对象的目标使用年限，应根据边坡工程的使用历史、当前的工作状态和今后的使用要求确定。对边坡工程不同鉴定单元，根据其安全等级可确定不同的目标使用年限。

3.3 边坡工程加固设计

3.3.1 下列情况的边坡工程应进行加固设计：

1 边坡出现失稳迹象、支护结构及构件出现明显开裂及变形的边坡工程；

2 使用条件有重大变化或改造可能影响安全的边坡工程；

3 遭受灾害及已发生安全事故的边坡工程；

4 经鉴定确认应进行加固的边坡工程；

5 支护结构出现严重腐蚀的边坡工程。

3.3.2 边坡加固工程设计时应取得下列资料：

1 边坡工程的鉴定报告；

2 边坡工程原有设计和施工竣工资料；

3 边坡加固工程的勘察报告；

4 边坡工程周边建筑物、管线等环境资料；

5 现有的施工技术、设备性能、施工条件及类似工程加固经验等资料；

6 委托方提供的边坡加固工程设计任务书。

3.3.3 边坡加固工程安全等级应按现行国家标准《建筑边坡工程技术规范》GB 50330 的规定确定。当边坡的使用条件和环境发生改变，使边坡工程损坏后造成的破坏后果的严重性发生变化时，加固边坡工程安全等级应作相应的调整。

3.3.4 边坡加固工程设计使用年限应按下列原则确定：

1 边坡加固后的使用年限不应低于边坡工程服务对象的使用年限；

2 当支护结构采用植筋、碳纤维布加固时，应按 30 年考虑；到期后若重新鉴定认为其工作正常，仍可继续延长使用年限。

3.3.5 对使用粘结方法或掺有聚合物加固的支护结构或构件，尚应定期检查其工作状态，检查的时间可由设计单位确定，但第一次时间不应超过 10 年。

3.3.6 边坡工程的加固方案设计应符合下列规定：

1 边坡加固设计应综合考虑边坡工程的鉴定报告、勘察报告、加固目的、加固设计的可靠性及预期效果、施工难易程度和条件、对邻近建筑和环境的影响、工期和造价等因素，进行全面的技术及经济分析后确定合理的加固设计方案；

2 依据鉴定报告，加固方案设计应考虑合理利用原有支护结构的有效抗力；

3 边坡加固范围应根据鉴定结果及设计分析确定，可对边坡工程整体、区段、支护结构或构件、以及截、排水系统进行加固处理，但均应考虑边坡工程的整体性及加固部分与邻近建筑物的相互影响；

4 边坡加固工程应综合考虑其技术经济效果，避免不必要的拆除或更换；适修性差的边坡工程不应

进行加固；

5 边坡加固工程设计应考虑景观及环保要求，做到美化环境，保护生态。

3.3.7 对加固施工过程中可能出现大变形或塌滑的边坡工程，应在设计文件中规定，先实施临时性的预加固及采取其他有效、安全的措施后，再实施永久性加固措施。

3.3.8 下列既有边坡工程加固设计及施工应进行专门论证：

1 超过本规范适用高度的边坡加固工程；

2 边坡工程塌滑影响区内有重要建筑物、稳定性较差的边坡加固工程；

3 地质和环境条件复杂、对边坡加固施工扰动较敏感的边坡加固工程；

4 已发生严重事故的边坡加固工程；

5 采用新结构、新技术的边坡加固工程。

4 边坡加固工程勘察

4.1 一般规定

4.1.1 既有边坡工程加固前应进行边坡加固工程勘察。

4.1.2 既有边坡加固工程勘察应在充分利用既有边坡工程勘察资料的基础上进行，并对已有的资料进行必要的验证。

4.1.3 既有边坡加固工程勘察时应根据边坡特点、破坏情况、边坡工程鉴定要求和加固方式，有针对性地开展工作。

4.1.4 既有边坡加固工程可直接进行详细阶段勘察。

4.1.5 边坡加固工程勘察报告应包括下列内容：

1 在查明边坡工程的变形、开裂及破坏原因以及工程地质和水文地质条件的基础上，确定边坡类型和可能的破坏形式；

2 提供边坡稳定性、变形验算、边坡工程鉴定和加固设计所需的岩土参数；

3 评价边坡的稳定性，提出稳定性结论；

4 提出边坡工程加固处理措施和监测方案建议。

4.2 勘察工作

4.2.1 边坡加固工程勘察前应取得下列资料：

1 气象、水文资料，特别是雨期和暴雨强度等资料；

2 场地已有岩土工程勘察资料；

3 既有边坡工程的相关资料；

4 附有坐标和地形的边坡工程平面图等；

5 邻近建筑物、地下工程和管线等环境资料。

4.2.2 边坡加固工程勘察除应符合现行国家标准《岩土工程勘察规范》GB 50021 和《建筑边坡工程技

术规范》GB 50330 的有关规定外，尚应重点查明下列内容：

    1 边坡岩土体与支护结构变形特征及其成因；

    2 边坡岩土体及岩体结构面的物理力学性质及其变化；

    3 场地的地下水类型、水位、水量、补给、排泄条件和动态变化，岩土层的透水性，地下水出露情况等水文地质条件及其变化。

4.2.3 边坡加固工程勘察手段和勘察工作布置应符合下列规定：

    1 边坡加固工程勘察宜先进行工程地质测绘和调查，并应符合现行国家标准《岩土工程勘察规范》GB 50021 的工程地质测绘和调查的有关规定；

    2 勘察工作布置应根据边坡工程的勘察等级和已出现的变形破坏迹象，结合搜集的已有岩土工程勘察成果等资料，适当补充勘探孔、原位测试；对于勘察等级为甲级的边坡工程，其勘探布孔应适当加密，必要时，采取现场剪切试验确定滑动面的抗剪强度指标；

    3 勘探工作宜采用钻探、坑（井）探和槽探等方法。

4.3　稳定性分析评价

4.3.1 边坡加固工程的稳定性分析评价应在充分查明工程地质条件的基础上，根据边坡岩土类型、可能破坏形式和支护结构特征以及支护结构作用等进行稳定性评价。

4.3.2 边坡加固工程的稳定性评价包括定性评价和定量评价，应先进行定性评价，后进行定量评价。边坡加固工程的稳定性评价应符合现行国家标准《建筑边坡工程技术规范》GB 50330 的有关规定。

4.3.3 当原支护结构对边坡稳定性起有利作用时，边坡工程稳定性验算应考虑其有效抗力。原支护结构的有效抗力应根据边坡工程破坏模式、变形、破坏情况和地区工程经验确定。

4.3.4 存在原有支护结构有效抗力作用时的边坡稳定性可按本规范附录 A 提供的方法进行计算。其他情况的稳定性验算应符合现行国家标准《岩土工程勘察规范》GB 50021 和《建筑边坡工程技术规范》GB 50330 的有关规定。

4.3.5 滑动面为圆弧形和折线形时，应在滑面倾角明显变化处、滑面与水位线相交处、滑面强度指标变化处、地下水位线倾角明显变化处、地形坡角明显变化处、地形线与河（库）水位线相交处、地面荷载明显变化处等处进行计算条块分界点的划分；计算条块数量应满足计算精度的要求。

4.3.6 对存在多个滑动面的边坡工程，应分别对各种可能的滑动面进行稳定性验算分析，并取最小稳定性系数作为边坡工程稳定性系数。对多级滑动面的边坡工程，应分别对各级滑动面进行稳定性验算分析。

4.3.7 边坡抗滑稳定状态应分为稳定、基本稳定、欠稳定和不稳定四种，可根据边坡抗滑稳定系数按表 4.3.7 确定。

表 4.3.7　既有边坡工程稳定状态划分

边坡稳定性系数 F_s	$F_s < 1.00$	$1.00 \leqslant F_s < 1.05$	$1.05 \leqslant F_s < F_{st}$	$F_s \geqslant F_{st}$
边坡稳定状态	不稳定	欠稳定	基本稳定	稳定

注：F_{st} 为边坡稳定安全系数。

4.3.8 下列情况时应提出加固处理建议：

    1 当边坡工程岩土体及支护结构地基出现明显变形破坏迹象时；

    2 当边坡工程整体稳定性不能满足稳定安全系数要求时。

4.4　参　数　取　值

4.4.1 边坡加固工程的有关岩土物理力学指标应通过原位测试、室内试验并参考地区经验确定。当无试验条件时，安全等级为二级或三级的边坡加固工程可按地区经验确定。

4.4.2 对于未出现变形或处于弱变形阶段的边坡工程，滑动面抗剪强度指标可取现场原位测试的峰值强度值；处于滑动阶段或已滑动的边坡工程，滑动面抗剪强度指标可取残余强度值；处于强变形阶段的边坡工程，滑动面抗剪强度指标可取介于峰值强度与残余强度之间值。

4.4.3 利用搜集的岩土物理力学指标时应进行分析复核，并应充分考虑边坡工程使用期间岩土体及岩体结构面的物理力学性质发生的变化。

4.4.4 当边坡工程已产生变形或滑动时，可采用反演分析法确定滑动面抗剪强度指标。对出现变形的边坡工程，其稳定性系数 K_s 宜取 $1.00 \sim 1.05$；对产生滑动的边坡工程，其稳定系数 K_s 宜取 $0.95 \sim 1.00$。

4.4.5 边坡工程鉴定报告所提供的原支护结构的有效抗力和岩土物理力学指标应加以合理利用，并应对边坡加固工程设计所需的有关岩土物理力学指标进行校核。

5　边坡工程鉴定

5.1　一　般　规　定

5.1.1 既有边坡工程加固前应进行边坡工程鉴定。

5.1.2 在下列条件下，应进行边坡工程安全性鉴定：

    1 遭受灾害、事故或其他应急鉴定时；

    2 存在较严重的质量缺陷或出现影响边坡工程安全性、适用性或耐久性的材料劣化、构件损伤或其他不利状态时；

    3 对邻近建筑物安全有影响时；

    4 进行改造、扩建及使用环境改变时；

    5 需要进行整体维护、维修时；

    6 达到设计使用年限拟继续使用时；

    7 需进行司法鉴定时；

    8 使用性鉴定中发现安全性问题时。

5.1.3 在下列情况下，可进行边坡工程正常使用性鉴定：

    1 使用维护中需要进行常规性的检查；

    2 边坡工程有特殊使用要求的鉴定。

5.1.4 当边坡工程存在耐久性问题时，应进行边坡工程耐久性鉴定。

5.2 鉴定的程序与工作内容

5.2.1 边坡工程鉴定程序可按图 5.2.1 进行。

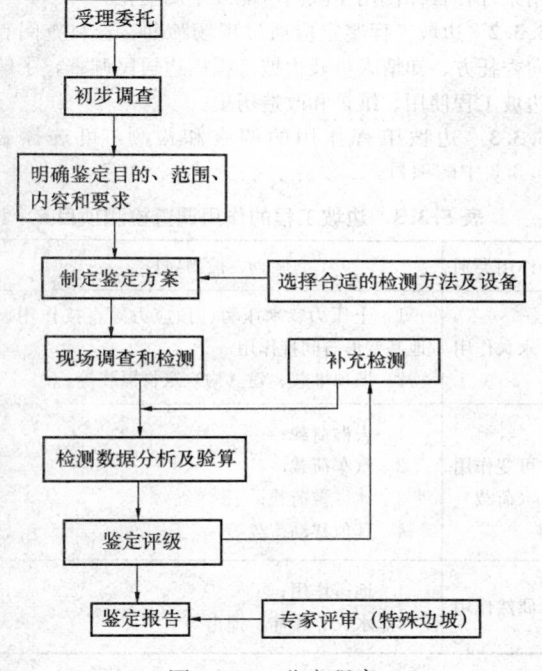

图 5.2.1 鉴定程序

5.2.2 初步调查宜包含下列工作内容：

    1 查阅边坡工程资料，包括边坡工程勘察资料、设计图、设计变更资料、竣工图、竣工资料、历次检测（监测）、加固和改造资料、质量或事故处理报告等；

    2 调查边坡工程历史，如原始施工、维修、加固、改造、用途变更、使用条件改变以及受灾等情况；

    3 现场考察，根据资料核对实物，调查边坡工程实际使用情况，查看已发现的问题，听取有关人员的意见等；

    4 拟定鉴定方案。

5.2.3 鉴定方案应根据鉴定对象的特点和初步调查的结果，鉴定的目的、范围、内容和要求制定。鉴定方案宜包括下列内容：

    1 工程概况，主要包括边坡工程类型、边坡总高度、周边环境，边坡设计、施工及监理单位，建造年代等；

    2 鉴定的目的、范围、内容和要求；

    3 鉴定依据，主要包括检测、鉴定所依据的标准及有关的技术资料等；

    4 检测项目和选用的检测方法以及抽样检测的数量；

    5 检测鉴定人员和仪器设备情况；

    6 鉴定工作进度计划；

    7 所需要的配合工作；

    8 检测中的安全措施；

    9 检测中的环保措施。

5.2.4 详细调查与检测宜根据实际需要选择下列工作内容：

    1 详细研究相关文件资料；当边坡工程勘察资料不完整或检测过程中发现其他工程地质问题时，应按本规范第 4 章的规定执行；

    2 调查核实使用条件；应对设计、施工、用途、维修、加固等建设、使用历史进行调查，同时对永久荷载、可变荷载、偶然荷载作用和间接作用进行调查，当环境作用对边坡安全性影响较大时应进行环境作用调查；

    3 材料性能检测分析；当图纸资料有说明且不怀疑材料性能有变化时，可采用设计值；当无图纸资料或存在问题时，应按国家现行有关检测技术标准，现场取样进行检测或现场测试；

    4 支护结构、构件的检查和抽样检测；当有图纸资料时，可进行现场抽样复核；当无图纸资料或图纸资料不全时，应通过对支护结构的现场调查和分析，再按国家现行有关检测技术标准，对重要和有代表性的支护结构、构件进行现场抽样检测；检测数据离散性大时应全数检测；

    5 附属工程的检查和检测；重点检查边坡工程排水系统的设置和其排水功能，对其他影响安全的附属结构也应进行检查。

5.2.5 根据详细调查与检测数据，对各鉴定单元的安全性进行分析与验算，包括整体稳定性和局部稳定性分析，支护结构、构件的安全性、正常使用性和耐久性分析及出现问题的原因分析。

5.2.6 在边坡工程鉴定过程中，若发现调查和检测资料不充分或不准确时，应及时补充调查、检测。

5.2.7 边坡工程可划分成若干鉴定单元进行鉴定评级，并应符合下列规定：

    1 安全性评级分为四个等级，正常使用性评级分为三个等级；

    2 当鉴定单元可划分为构件和子单元时，应按

表 5.2.7 规定的工作内容进行鉴定单元的评级;

表 5.2.7 鉴定单元评级的层次、等级划分及工作内容

层次	一		二		三
层名	鉴定单元		子单元		构件
安全性鉴定	等级 A_{su}、B_{su}、C_{su}、D_{su}		等级	A_u、B_u、C_u、D_u	a_u、b_u、c_u、d_u
	稳定性分析 子单元评级综合分析	地基基础	地基变形、承载力	—
			整体性能	—
		支护结构	承载功能	承载能力、连接和构造
		附属工程	排水功能	—
正常使用性鉴定	等级 A_{ss}、B_{ss}、C_{ss}		等级	A_s、B_s、C_s	a_s、b_s、c_s
	子单元评级综合分析	地基基础	影响边坡正常使用的地基基础变形、损伤	—
		支护结构	使用状况	变形 裂缝 缺陷、损伤 腐蚀
			位移	空间位移
		附属结构	功能与状况	—

3 当鉴定单元不能细分为构件、子单元时,应根据鉴定单元的实际检测数据,直接对其安全性进行评级;

4 对复杂鉴定单元,可将其分成若干独立的子单元,按表 5.2.7 进行独立子单元的评级。

5.2.8 特殊项目鉴定的程序可按本规范第 5.2.1 条规定的程序执行,但其工作内容应符合特殊项目鉴定的要求。

5.2.9 边坡工程鉴定工作完成后,应及时提出鉴定报告,鉴定报告应包括下列内容:

1 工程概况;

2 鉴定的目的、范围、内容和要求;

3 鉴定依据;

4 调查、检测项目的实测数据;

5 检测数据的分析、验算及结果;

6 鉴定结论及建议;

7 附件。

5.2.10 鉴定报告的编写应符合下列规定:

1 鉴定报告中宜明确鉴定对象的剩余使用年限,应指出鉴定对象在剩余使用年限内可能存在的问题及产生的原因;

2 鉴定报告中应明确鉴定结果,指明鉴定对象的最终评级结果,作为技术管理或制定加固、维修计划的依据;

3 鉴定报告宜按表 5.2.10 明确各层次构件、子单元和鉴定单元的评级结果,且应明确处理对象,对安全性等级为 c_u 级和 d_u 级的构件及 C_{su} 级和 D_{su} 级的鉴定单元的数量、所处位置做出详细说明,并提出处理建议。

表 5.2.10 边坡工程鉴定评级汇总表

鉴定单元	支护结构构件评级结果	子单元评级结果	鉴定单元评级结果
I	a_u、b_u、c_u、d_u a_s、b_s、c_s	A_u、B_u、C_u、D_u A_s、B_s、C_s	A_{su}、B_{su}、C_{su}、D_{su} A_{ss}、B_{ss}、C_{ss}
II	a_u、b_u、c_u、d_u a_s、b_s、c_s	A_u、B_u、C_u、D_u A_s、B_s、C_s	A_{su}、B_{su}、C_{su}、D_{su} A_{ss}、B_{ss}、C_{ss}
⋮	⋮	⋮	⋮

5.3 调查与检测

5.3.1 使用条件的调查与检测应包括边坡工程上的作用、使用环境和使用历史三部分,调查中应考虑使用条件在目标使用年限内可能发生的变化。

5.3.2 边坡工程鉴定应通过现场踏勘、资料查阅和向委托方、知情人员及边坡工程周边居民调查,了解边坡工程使用、维护和改造历史。

5.3.3 边坡工程作用的调查和检测,可选择表 5.3.3 中的项目。

表 5.3.3 边坡工程的作用调查检测项目

作用类别	调查、检测项目
永久作用	1 土压力、水压力、预应力等直接作用,地基变形等间接作用; 2 坡顶堆载、建（构）筑物恒载等
可变作用（荷载）	1 人群荷载; 2 汽车荷载; 3 冰、雪荷载; 4 其他移动荷载等
偶然作用	1 地震作用; 2 水灾、爆炸、撞击等

5.3.4 边坡工程使用环境应包括气象环境、地质环境和边坡工程工作环境,可按表 5.3.4 中所列项目进行调查。

表 5.3.4 边坡工程使用环境调查项目

环境条件	调 查 项 目
气象条件	降雨季节、降雨量、降雪量、霜冻期、冻融交替、土壤冻结深度等
地质环境	地形、地貌、工程地质、周边建筑物等
边坡工程工作环境	侵蚀性气体、液体、固体等

5.3.5 边坡工程所处环境类别和作用等级，可按现行国家标准《工业建筑可靠性鉴定标准》GB 50144的有关规定确定；当为化学腐蚀环境时，可按现行国家标准《工业建筑防腐蚀设计规范》GB 50046和《岩土工程勘察规范》GB 50021的有关规定确定。

5.3.6 边坡工程及周边环境的变形与裂缝的调查、检测应符合下列规定：

1 调查范围为边坡工程塌滑区及其影响范围内的地面、建筑物、需保护的管线等；

2 对已发生变形或出现裂缝的部位应做出标识和记录；

3 对建筑物的变形、倾斜等应采用相应的仪器设备进行检测；

4 对地面或结构体裂缝深度、宽度、走向应采用相应的仪器设备进行检测或观测，并对其变化趋势进行监测或判断。

5.3.7 边坡工程现场检测应符合下列规定：

1 检测抽样原则和抽样数量应按现行国家标准《建筑结构检测技术标准》GB/T 50344的规定执行，支护结构构件的抽样数量可按检测类别B的要求执行，检测数据离散性大时应全数检测；

2 检测项目和内容应包括地基基础、支护结构和附属工程的几何特性、材料性能和结构性能等；

3 地基基础、支护结构和附属结构的检测除应符合现行国家标准《建筑结构检测技术标准》GB/T 50344的规定外，尚应符合国家其他现行有关检测标准的要求；

4 检测时应确保所使用的仪器设备在检定或校准周期内并处于正常工作状态，仪器设备的精度应满足检测项目的要求。

5.4 鉴定评级标准

5.4.1 边坡工程鉴定的构件、子单元和鉴定单元的评级标准应符合表5.4.1-1和表5.4.1-2的规定。

表 5.4.1-1 安全性鉴定评级标准

鉴定对象	等级	分级标准	处理要求
构件	a_u	构件承载能力不低于设计要求的100%，符合国家现行标准的安全性要求	不必采取措施
	b_u	构件承载能力不低于设计要求的95%，基本符合国家现行标准的安全性要求	可不采取措施
构件	c_u	构件承载能力不低于设计要求的90%，不符合国家现行标准的安全性要求，影响安全	应采取措施
	d_u	构件承载能力低于设计要求的90%，严重不符合国家现行标准的安全性要求，已严重影响安全	必须及时或立即采取措施

续表 5.4.1-2

鉴定对象	等级	分级标准	处理要求
子单元	A_u	符合国家现行标准的安全性要求	可能有个别次要构件宜采取适当措施
	B_u	无d_u级构件且c_u级构件不超过20%，无影响承载功能的变形，整体符合国家现行标准的安全性要求	可能有极少数构件应采取措施
	C_u	d_u级构件不超过构件总数的10%，且d_u级构件不危及支护结构整体安全性，局部略有影响承载功能的变形，不符合国家现行标准的安全性要求	可能有极少数构件必须立即采取措施
	D_u	d_u级构件超过构件总数的10%或d_u级构件危及支护结构整体安全性，有影响承载功能的变形，严重不符合国家现行标准的安全性要求	必须立即采取措施
鉴定单元	A_{su}	符合国家现行标准的安全性要求	可能有个别次要构件宜采取适当措施
	B_{su}	符合国家现行标准的安全性要求，无影响整体安全的构件	可能有极少数构件应采取措施
	C_{su}	不符合国家现行标准的安全性要求，影响整体安全，应采取措施	可能有极少数构件必须立即采取措施
	D_{su}	严重不符合国家现行标准的安全性要求，严重影响整体安全	必须立即采取措施

表 5.4.1-2 使用性鉴定评级标准

鉴定对象	等级	分级标准	处理要求
构件	a_s	符合国家现行标准的正常使用要求，能正常使用	不必采取措施
	b_s	符合国家现行标准的正常使用要求，但构件可能有不影响正常使用的裂缝或其他缺欠	可不采取措施
	c_s	不符合国家现行标准的正常使用要求，影响正常使用	应采取措施
子单元	A_s	符合国家现行标准的正常使用要求	可能有个别次要构件宜采取适当措施
	B_s	符合国家现行标准的正常使用要求，b_s级构件不超过构件总数的20%，且不含c_s级构件，不影响整体正常使用	可能有极少数构件应采取措施
	C_s	不符合国家现行标准的正常使用要求，影响整体正常使用	应采取措施

鉴定对象	等级	分级标准	处理要求
鉴定单元	A_{ss}	符合国家现行标准的正常使用要求	可能有个别次要构件宜采取适当措施
	B_{ss}	符合国家现行标准的正常使用要求,有 B_s 级子单元,但无 C_s 级子单元,不影响整体正常使用	可能有极少数构件应采取措施
	C_{ss}	不符合国家现行标准的正常使用要求,影响整体正常使用	应采取措施

5.5 支护结构构件的鉴定与评级

5.5.1 边坡工程单个构件的划分,应符合下列规定:

1 基础

1) 独立基础:一个基础为一个构件;

2) 条形基础:两个变形缝所分割的区段为一个构件;

3) 单桩:一根为一个构件;

4) 群桩:两个变形缝所分割的承台或独立的承台及其所含的基桩为一个构件;

5) 地梁:两个变形缝所分割的区段为一个构件。

2 支护结构

1) 锚杆:一根锚杆为一个构件;

2) 抗滑桩:一根抗滑桩为一个构件;

3) 肋柱:两根锚杆所区分的一段肋柱为一个构件;

4) 肋梁:两根肋柱所区分的一段肋梁为一个构件;

5) 挡墙:两个变形缝所分割的挡墙段为一个构件;

6) 挡板:按肋梁、肋柱或桩区分的挡板段为一个构件。

5.5.2 构件的安全性等级评定应通过承载力项目的校核和连接构造项目的分析确定。评级标准应符合本规范表 5.4.1-1 的规定。

5.5.3 构件的使用性等级评定应通过裂缝、变形、缺陷和损伤、腐蚀等项目对构件正常使用的影响分析确定。评级标准应符合本规范表 5.4.1-2 的规定。

5.5.4 锚杆安全性鉴定评级宜按下列规定进行:

1 调查锚杆已有技术资料,根据已有技术资料对锚头、锚杆杆体、锚固段承载力进行验算;

2 锚杆现场检测可抽样检测,检测项目及抽样数量宜符合下列规定:

1) 对锚杆外锚头固端质量进行全数检查。对

发现有质量缺陷的外锚头进行全数检测;对未发现有质量缺陷的外锚头抽其总数的 5%,且不应少于 3 个进行检测,并对外锚头锚固性能进行评价;

2) 有条件时,对锚杆杆体施工质量进行检测;

3) 采取有效安全措施或预加固措施后,抽取锚杆总数的 5%,且每种类型锚杆不应少于 3 根,进行锚杆抗拔试验,检验其抗拔承载力。

5.5.5 锚杆的耐久性应根据锚杆修建年代、材料选择、防腐措施、环境类别和作用等级,及当地工程经验类比进行评估;确有必要,可局部开挖探坑检测锚杆腐蚀情况,按国家现行有关标准评估其耐久年限。

5.5.6 混凝土构件的耐久年限可按现行国家标准《工业建筑可靠性鉴定标准》GB 50144 进行评估。

5.5.7 重力式挡墙中砌体材料的耐久性年限可按现行国家标准《砌墙砖试验方法》GB/T 2542 进行评估。

5.5.8 按坡率法修建的边坡工程,应根据边坡工程的地质特点、高度和已使用年限,划分成若干鉴定单元,调查各鉴定单元的外露岩土体的风化程度、局部块体材料的裂隙、损伤程度,根据其整体或局部滑动的可能性、危害后果的严重程度及当地工程经验,确定其耐久年限。

5.6 子单元的鉴定评级

5.6.1 支护结构中地基基础的安全性评级应符合本规范附录 B 的规定。

5.6.2 支护结构的安全性应按支护结构的整体性、承载功能和变形二个项目进行评级,评级应符合下列规定:

1 支护结构整体性评定等级应符合表 5.6.2-1 规定;

表 5.6.2-1 支护结构整体性评定等级

评定等级	A_u 或 B_u	C_u 或 D_u
支护结构布置和构造	支护结构布置合理,形成完整的体系;传力路径明确或基本明确;结构形式和构件选型、整体性构造和连接等符合或基本符合国家现行标准的规定,满足安全性要求或不影响安全	支护结构布置不合理,基本上未形成或未形成完整的体系;传力路径不明确或不当;结构形式和构件选型、整体性构造和连接等不符合或严重不符合国家现行标准的规定,影响安全或严重影响安全

2 按承载功能和变形评定支护结构的等级应符合表 5.6.2-2 的规定;

表 5.6.2-2 支护结构承载功能和变形评定等级

评定等级	A_u	B_u	C_u	D_u
支护结构承载功能和变形	构件集中不含 c_u 级和 d_u 级构件，b_u 级构件不超过 30%，无影响承载功能的变形	构件集中不含 d_u 级构件，c_u 级构件不超过 20%，无影响承载功能的变形	构件集中 d_u 级构件不超过构件总数的 10%，且 d_u 级构件不危及支护结构整体安全性，局部略有影响承载功能的变形	构件集中 d_u 级构件超过构件总数的 10%，或 d_u 级构件危及支护结构整体安全性，有影响承载功能的变形

3 支护结构应按本条第 1、2 款的较低评定等级作为支护结构的评级结果。

5.6.3 附属工程的安全性应对排水工程或系统的排水功能进行评定。当排水工程或系统失效严重影响边坡工程排水功能时，应根据其影响地基基础、支护结构承载功能和变形的程度及同类工程经验类比，直接评定为 C_u 或 D_u 级；其他情况可评定 A_u 或 B_u 级。

5.6.4 子单元正常使用性评定应符合下列规定：

1 A_s 级：子单元所含构件无变形或已有变形满足国家现行标准规定，无 c_s 级构件，b_s 级的构件数量较少，使用状况良好；

2 B_s 级：子单元所含构件已有变形、裂缝最大值基本满足国家现行标准规定，c_s 级构件不超过构件总数的 20%；

3 C_s 级：子单元所含构件已有变形、裂缝最大值不满足国家现行标准规定，且 c_s 级构件超过构件总数的 20%。

5.7 鉴定单元的鉴定评级

5.7.1 鉴定单元的稳定性鉴定评级应符合本规范附录 C 的规定。

5.7.2 鉴定单元安全性的鉴定评级应符合下列规定：

1 当附属工程安全性评定为 B_u 级以上时，应以地基基础、支护结构和鉴定单元稳定性评级中的最低评定等级，作为鉴定单元的安全性等级；

2 当附属工程安全性等级为 C_u 级，地基基础、支护结构和鉴定单元稳定性评级不低于 B_u 级时，鉴定单元安全性评级应为 B_{su} 级；

3 当附属工程安全性等级为 D_u 级，地基基础、支护结构和鉴定单元稳定性评级不低于 C_u 级时，鉴定单元安全性评级应为 C_{su} 级；

4 其他情况应以地基基础、支护结构和鉴定单元稳定性评级中的最低评定等级，作为鉴定单元安全性评定等级。

5.7.3 鉴定单元使用性评定应符合下列规定：

1 A_{ss}：B_s 级子单元不应超过子单元总数的 1/3；

2 B_{ss}：无 C_s 级子单元；

3 C_{ss} 级：有 C_s 级子单元。

6 边坡加固工程设计计算

6.1 一 般 规 定

6.1.1 既有边坡工程加固设计计算应符合现行国家标准《建筑边坡工程技术规范》GB 50330 的有关规定。其中，混凝土构件加固设计计算应符合现行国家标准《混凝土结构加固设计规范》GB 50367 的有关规定，砌体构件加固设计计算应符合现行国家标准《砌体结构加固设计规范》GB 50702 的有关规定。

6.1.2 地震区边坡工程、涉水边坡工程及动荷载作用下的边坡工程加固设计计算除应符合本规范规定外，尚应符合国家现行有关标准的规定。

6.1.3 原支护结构、构件几何尺寸应根据鉴定结果确定。

6.1.4 原支护结构、构件材料的强度标准值应按下列规定取值：

1 当现场检测数据符合原设计值时，可采用原设计标准值；

2 当现场检测数据与原设计值有差异时，应采用检测结果推定的标准值，标准值的推定方法应符合国家现行有关标准的规定。

6.2 计 算 原 则

6.2.1 边坡加固工程的设计计算应符合下列规定：

1 采用削方减载法、堆载反压法、加大截面加固法加固时，岩土侧压力应根据边坡加固工程勘察资料提供的岩土参数，按现行国家标准《建筑边坡工程技术规范》GB 50330 的有关规定进行计算；

2 采用注浆加固法加固时，岩土侧压力应根据试验区加固后的岩土参数实测值，按现行国家标准《建筑边坡工程技术规范》GB 50330 的有关规定进行计算；

3 边坡工程无支护结构或支护结构失效、地基失稳或边坡工程整体失稳，采用锚固加固法、抗滑桩加固法等方法加固时，新增支护结构和构件承担的岩土侧压力应根据边坡加固工程勘察资料提供的岩土参数，按现行国家标准《建筑边坡工程技术规范》GB 50330 的有关规定进行计算；

4 采用新增支护结构或构件与原支护结构或构件形成组合支护结构加固边坡时，新增支护结构或构件抗力应按本规范第 6.2.2 条确定，原支护结构或构件的有效抗力应按本规范第 6.2.3 和第 6.2.4 条确定。

6.2.2 采用锚固加固法、抗滑桩加固法加固时，新增支护结构或构件与原支护结构形成组合支护结构共同工作，组合支护结构抗力计算应符合下列规定：

1 应根据边坡加固工程的勘察报告、鉴定结论、使用要求、加固措施等，确定计算单元中新增支护结构或构件的抗力和原支护结构或构件的有效抗力；

2 组合支护结构抗力计算简图，应符合其实际受力和构造；

3 计算单元中的组合支护结构或构件应满足下式要求：

$$\zeta_L R_N + R_0 \geqslant KS \qquad (6.2.2)$$

式中：R_N——新增支护结构或构件的抗力；

ζ_L——新增支护结构或构件的抗力发挥系数，按本规范第 6.3 节的有关规定确定；

R_0——原支护结构或构件的有效抗力，按本规范第 6.2.3 和第 6.2.4 条确定；

K——安全系数，根据不同支护结构类型的不同计算模式按现行国家标准《建筑边坡工程技术规范》GB 50330 的相关规定确定；

S——支护结构或构件上的外部作用，根据边坡工程破坏模式按现行国家标准《建筑边坡工程技术规范》GB 50330 相关规定确定。

6.2.3 边坡工程加固设计时，原支护结构或构件的有效抗力可根据原支护结构构件的几何尺寸和材料性能按现行国家标准《建筑边坡工程技术规范》GB 50330 和《混凝土结构设计规范》GB 50010 的相关规定计算确定。原支护结构构件的几何尺寸和材料强度宜按下列规定确定：

1 对鉴定等级为 a_u 级的构件，其几何尺寸、材料性能可按原设计文件取值；

2 对鉴定等级为 b_u、c_u、d_u 级的构件，其几何尺寸、材料性能应根据鉴定结果取值。

6.2.4 边坡工程加固设计时，下列情况不应考虑原支护结构或构件的有效抗力：

1 支护结构基础位于潜在滑面之上，边坡工程整体失稳时；

2 锚杆锚固段位于非稳定地层中时；

3 支护结构或构件通过加固处理后，除结构自身重力作用外，难以有效恢复的抗力；

4 鉴定结果认定支护结构或构件已经失效时，除结构自身重力作用和满足结构安全性要求的构件外的抗力。

6.2.5 边坡工程加固后改变传力路径或使支护结构质量增大时，应对相关支护结构、构件及地基基础进行必要的验算。

6.2.6 加固后的支护结构上岩土侧压力分布应根据加固方法、原边坡岩土侧压力分布图形、新增支护结构刚度及作用位置、施工方法等因素确定，可简化为三角形、梯形或矩形。

6.2.7 地震区支护结构或构件的加固，除应满足承载力要求外，尚应复核其抗震能力。同时，还应考虑支护结构刚度增大和结构质量重分布而导致地震作用效应增大的影响。

6.3 计 算 参 数

6.3.1 采用锚固加固法加固时，根据边坡工程的支护形式和鉴定单元安全性等级，新增锚杆及传力结构的抗力发挥系数 ζ_L 宜按表 6.3.1 采用。

表 6.3.1 新增锚杆及传力结构的抗力发挥系数 ζ_L

边坡支护形式	鉴定单元的安全性等级	非预应力锚固加固法	预应力锚固加固法
重力式挡墙	B_{su}	0.80	1.00
	C_{su}	0.75	0.95
	D_{su}	0.70	0.90
悬臂式、扶壁式挡墙	B_{su}	0.85	1.00
	C_{su}	0.80	0.95
	D_{su}	0.75	0.90
锚杆（索）挡墙	C_{su}	0.70	0.95
	D_{su}	0.65	0.90
岩石锚喷边坡	C_{su}	0.90	1.00
	D_{su}	0.85	0.95
桩板式挡墙	B_{su}	0.85	1.00
	C_{su}	0.80	0.95
	D_{su}	0.75	0.90

注：1 锚固段为土层时，抗力发挥系数宜比表中数值降低 0.05；

　　2 考虑新增传力结构构件重力作用时，抗力发挥系数取 1.00。

6.3.2 采用抗滑桩加固法加固重力式挡墙、桩板式挡墙时，根据边坡工程的支护形式和鉴定单元安全性等级，新增抗滑桩及传力结构的抗力发挥系数 ζ_L 宜按表 6.3.2 采用。

表 6.3.2 新增抗滑桩及传力结构的抗力发挥系数 ζ_L

边坡支护形式	鉴定单元的安全性等级		
	B_{su}	C_{su}	D_{su}
重力式挡墙	0.85	0.80	0.75
桩板式挡墙	0.90	0.85	0.80

注：1 抗滑桩与预应力锚杆组合加固时，抗力发挥系数按本规范表 6.3.1 采用；

　　2 抗滑桩埋入段为土层时，抗力发挥系数宜比表中数值降低 0.05；

　　3 考虑新增抗滑桩及传力结构构件重力作用时，抗力发挥系数取 1.00。

6.3.3 采用加大截面加固法加固时，加固后边坡支护结构构件的承载力计算及有关参数取值应符合现行国家标准《混凝土结构加固设计规范》GB 50367 和《砌体结构加固设计规范》GB 50702 的有关规定。

7 边坡工程加固方法

7.1 一般规定

7.1.1 既有边坡工程加固方法可分为削方减载法、堆载反压法、锚固加固法、抗滑桩加固法、加大截面加固法、注浆加固法和截排水法等。也可采用当地成熟、可靠、有效的其他加固法。

7.1.2 本章中的加固方法尚应符合下列规定：

1 原有支护结构及构件有局部损坏时，应对损坏的支护结构及构件按国家现行有关标准进行加固处理；

2 根据边坡工程的情况，应采取必要的排水、防渗措施以及植被绿化等措施；

3 当边坡工程变形引发坡顶建筑物变形或开裂时，应对坡顶建筑物实施监测和加固。

7.1.3 本章中各类加固方法的设计及构造要求除应符合本章规定外，尚应符合现行国家标准《建筑边坡工程技术规范》GB 50330 的规定。

7.2 削方减载法

7.2.1 削方减载法主要用于边坡整体稳定性及支护结构稳定性等不满足要求时的加固。

7.2.2 下列情况不宜采用削方减载法：

1 削方后可能危及邻近建筑物及管线等的安全和正常使用时；

2 无抗滑地段、削方减载不能使边坡工程达到稳定时；

3 对牵引式斜坡或膨胀性土体的边坡工程。

7.2.3 削方减载法应符合下列规定：

1 削方量应根据边坡工程及支护结构的整体和局部稳定性验算确定；

2 削方应在推力段范围内执行；

3 削方减载不应产生新的不稳定边坡；

4 削方应距已有的邻近建筑物基础有一定的安全间距；不得危及邻近建筑物、管线及道路等的安全及正常使用；

5 有条件时宜尽量削减或分阶削减不稳定岩土体，降低不稳定或欠稳定部分的边坡高度。

7.2.4 对削方减载后形成的边坡可采用坡率法、支护及坡面防护等进行处理，并应符合下列规定：

1 对削方减载后形成的不稳定边坡，应采取适宜的支护结构进行处理；

2 削方减载后形成的边坡整体稳定性满足要求时，应进行坡面防护；

3 削方边坡表面防护形式应根据其岩土情况、稳定性、使用要求及周边环境条件等，可采用混凝土或条石格构护坡、干砌片石或浆砌块石护坡、喷射混凝土及植被绿化等措施，坡顶宜设置截水沟，坡脚宜设置护脚墙并设置排水沟。

7.2.5 削方减载法施工应符合下列规定：

1 根据现场情况，确定分段施工长度，并隔段施工；

2 开挖应先上后下、先高后低、均匀减重；

3 开挖后的坡面应及时进行防护及排水处理；

4 不应因施工开挖形成不稳定的斜坡；

5 开挖土体应及时运出，不得对邻近边坡形成堆载或因临时堆载造成新的不稳定边坡。

7.3 堆载反压法

7.3.1 堆载反压法主要用于边坡的整体稳定性和支护结构稳定性等不满足要求时的加固。

7.3.2 堆载反压法应符合下列规定：

1 堆载反压量应根据拟加固边坡的整体稳定性及支护结构的稳定性验算确定；

2 反压位置应在抗滑段和边坡坡脚部位；

3 堆载反压不应危及邻近建筑物及管线等的安全和正常使用，不应对邻近的边坡带来不利影响；

4 堆载反压加固材料宜就地取材、便于施工，可采用岩土体、条石、沙袋或混凝土等；

5 堆载反压体应与被加固的坡体紧密接触，保证能提供有效的抗力；当采用土体进行堆载反压时，土体应堆填密实；当为永久性加固时，土体的密实度不宜低于 0.90；采用毛条石反压时应错缝浆砌搭接；

6 堆载反压的地基稳定性、承载力及变形应满足要求；

7 堆载反压不应堵塞挡墙前缘的地下水渗水、排水通道。

7.3.3 当应急抢险堆载反压的土体不满足永久性加固要求时，应采用换填、碾压或注浆加固法等进行处理。

7.4 锚固加固法

7.4.1 锚固加固法适用于有锚固条件的边坡整体稳定和支护结构抗滑移、抗倾覆、支护结构及构件承载力等不满足要求时的加固。

7.4.2 下列情况的边坡工程宜优先采用锚固加固法：

1 高大的岩质边坡或锚固段土质能满足锚固要求的土质边坡；

2 各类锚杆边坡工程；

3 变形控制要求较高的边坡工程；

4 无放坡条件或因施工扰动使边坡稳定性降低较大的边坡工程；

5 抗震设防烈度较高地区的边坡工程。

7.4.3 下列情况的边坡工程不应采用锚固加固法：

1 软弱土层的边坡工程；

2 岩土体对钢筋和水泥有强烈腐蚀作用的边坡工程；

3 经锚固处理也不能满足设计要求的土质边坡；

4 锚杆非锚固段为欠固结的新填土、高度较高及竖向压缩变形较大的边坡工程。

7.4.4 锚固加固法应符合下列规定：

1 新增锚杆的承载力、数量及间距应根据边坡整体稳定性、支护结构抗滑移、抗倾覆稳定性、支护结构及构件的强度等计算确定，并符合本规范第6章的规定；

2 锚杆的布设位置及方位应根据边坡潜在的破坏模式、支护结构抗滑移、抗倾覆和构件强度等要求确定，并考虑边坡作用力分布形态；

3 新增锚杆与原支护结构中的锚杆间距不宜小于1m，且应将锚固段错开布置，或改变锚杆的倾角或水平方向角；新增锚杆锚固段起点应从原锚杆锚固段的终点开始计算，且应穿过已有滑裂面或潜在滑裂面不小于2m；

4 锚杆外锚头处的传力构件应有足够的强度与刚度。

7.4.5 锚固加固法中锚杆应符合下列规定：

1 预应力锚杆宜采用精轧螺纹钢筋、无粘结钢绞线等易于调整预应力值的锚固体系；

2 新增锚杆的锁定预应力值宜为锚杆拉力设计值；当被锚固的支护结构位移控制值较低时，预应力锚杆的锁定预应力值可为锚杆拉力设计值的75%～90%；

3 锚杆防腐和其他应符合现行国家标准《建筑边坡工程技术规范》GB 50330的有关规定。

7.4.6 原有锚杆外锚头出现锈蚀或保护层开裂时，应按国家现行标准的有关规定进行修复。

7.4.7 锚固加固法施工应符合下列规定：

1 采用水钻成孔法施工可能引发边坡变形增大、稳定性降低时，应改用干钻成孔法施工；

2 锚杆施工时，不应损伤原支护结构、构件和邻近建筑物基础；

3 预应力锚杆张拉顺序应避免相近锚杆相互影响，并应采用分级张拉到位的施工方法；

4 预应力张拉过程中，应加强监测原支护结构及构件的变形，防止预应力张拉对其造成危害。

7.5 抗滑桩加固法

7.5.1 抗滑桩加固法适用于边坡工程及桩板式挡墙、重力式挡墙等支护结构加固。

7.5.2 抗滑桩可与预应力锚杆联合使用，并与原有支护结构共同组成抗滑支护体系。

7.5.3 抗滑桩加固法应符合下列规定：

1 抗滑桩设置应根据边坡工程的稳定性验算分析确定；

2 边坡岩土体不应越过桩顶或从桩间滑出；

3 不应产生新的深层滑动；

4 用于滑坡治理的抗滑桩桩位宜设在滑坡体较薄、锚固段地基强度较高的地段，应综合考虑其平面布置、桩间距、桩长和截面尺寸等因素；

5 用于桩板式挡墙、重力式挡墙加固的抗滑桩宜紧贴墙面设置。

7.5.4 抗滑桩施工应符合下列规定：

1 施工前应作好场地地表排水。稳定性较差的边坡工程宜避开雨期施工，必要时宜采取堆载反压等增强边坡稳定性的措施，防止变形加大；

2 抗滑桩施工应分段间隔开挖，宜从边坡工程两端向主轴方向进行；

3 滑坡区施工开挖的弃渣不得随意堆放在滑坡体内，以免引起新的滑坡；

4 桩纵筋的接头不得设在土石分界处和滑动面处；

5 桩身混凝土宜连续灌注，避免形成水平施工缝。

7.5.5 抗滑桩设计计算应符合本规范第6章的规定。

7.6 加大截面加固法

7.6.1 加大截面加固法适用于下列支护结构、构件及基础的加固：

1 重力式挡墙墙身、墙下钢筋混凝土扩展基础；

2 桩板式挡墙挡板；

3 锚杆挡墙肋柱、肋梁及挡板；

4 悬臂式挡墙和扶臂式挡墙的钢筋混凝土构件。

7.6.2 支护结构及构件采用加大截面加固法时，加固后支护结构及构件的抗力计算应符合现行国家标准《混凝土结构加固设计规范》GB 50367和《砌体结构加固设计规范》GB 50702的有关规定。

7.6.3 支护结构基础采用加大截面加固法时，尚应符合现行行业标准《既有建筑地基基础加固技术规范》JGJ 123的有关规定。

7.7 注浆加固法

7.7.1 注浆加固法适用于砂土、粉土、黏性土、人工填土等土体地基加固、岩土边坡坡体加固、抗滑桩前土体加固及提高土体的抗剪参数值。

7.7.2 注浆加固法应符合下列规定：

1 注浆质量指标和注浆范围应根据边坡工程特点和加固目的，结合地质条件及施工条件确定；

2 应考虑注浆过程对边坡工程带来的不利影响；

3 应根据边坡加固的要求，选择注浆材料、注浆方法；以提高岩土体抗剪参数为主时，可采用以水泥为主剂的浆液；以防渗堵漏为主时，可采用黏土水泥浆、黏土水玻璃浆等浆液；孔隙较大的砂砾石层和裂隙岩层，可采用渗透注浆法；黏性土层可采用劈裂注浆法；

    4 注浆设计前宜进行室内浆液配比试验和现场注浆试验，确定浆液的扩散半径、注浆孔间距及布置等设计参数和检验施工方法及设备；也可根据当地类似工程的经验确定设计参数；

    5 注浆孔可采用等距布孔、梅花形布置；渗透性较好的砂性土层，注浆孔间距可取 1.0m～2.0m；黏性土层可取 0.8m～1.5m；

    6 渗透注浆的注浆压力不应超过注浆点处覆盖层土体的自重压力与外加荷载压力之和；

    7 注浆加固地基时，注浆孔布孔范围超过基础边缘外宽度不宜小于基础宽度的一半，且大于地基有效持力层宽度，注浆加固深度不应小于地基有效持力层深度；

    8 注浆加固边坡时，注浆范围应深入滑动面以下；当支护结构被动土压力区采取注浆加固时，注浆范围应深入被动土压力滑裂面以下，但不宜超过支护结构底部。

7.7.3 注浆加固法施工应符合下列规定：

    1 选择注浆方法时，应考虑岩土的类型和浆液的凝胶时间；

    2 施工时要随时根据支护结构及周边环境的反应调整注浆压力，不能出现因压力过大而导致支护结构或边坡变形过大；

    3 注浆施工前，应选择有代表性的地段进行注浆试验，通过监测数据反馈分析优化注浆参数；注浆区域较大或地质条件复杂时，注浆试验不应少于 3处；试验孔均可作为施工孔利用；

    4 注浆时应遵守逐渐加密的原则，加密次数视地质条件和施工条件等因素而定；

    5 软弱破碎、竖向裂隙发育、容易串冒浆的岩土层，宜采用自上而下分段注浆；

    6 岩体裂隙注浆时，宜先用稀浆填充较小的裂隙，再用较稠的浆液填充较宽的裂缝，注浆过程中变浆时机可根据注浆压力与吸浆率的变化情况而定。

7.7.4 注浆过程中，出现浆液冒出地表时，可采取下列措施：

    1 降低注浆压力，同时提高浆液浓度，必要时掺砂或水玻璃；

    2 限量注浆，间歇注浆；

    3 地面进行填料反压处理。

7.7.5 注浆过程中，浆液过量流失到非注浆范围时，可采取下列措施：

    1 低压或自流注浆；

    2 改用较稠浆液；

    3 加粗骨料；

    4 添加速凝剂；

    5 间歇注浆；

    6 调整注浆施工顺序，首先进行周边封闭孔注浆。

7.7.6 注浆质量检验可选用标准贯入试验、轻型动力触探、静力触探、电阻率法、声波法或钻孔抽芯法。对重要工程可采用载荷试验检验。

7.7.7 注浆加固法设计、施工及质量检验尚应符合现行行业标准《既有建筑地基基础加固技术规范》JGJ 123 的有关规定。

7.8 截 排 水 法

7.8.1 当边坡工程变形及失稳与坡体积水直接相关时，宜采用截排水法对边坡工程进行加固处理。

7.8.2 对边坡加固工程采用截排水法时，应根据边坡坡体的渗透性、水源、渗透水量及环境条件等，选用下列方式进行处理：

    1 原有地表截排水系统及地下排水系统失效时，应进行疏通、修复；

    2 泄水孔失效时，应进行疏通或新增泄水孔；

    3 当原有截排水系统不满足要求时，应新增截、排水系统，新增截、排水系统距坡顶水平距离不应小于 5m；

    4 对渗透性差的含水土层，宜采用砂井与仰斜排水孔联合排水。

7.8.3 新增截、排水系统设计应符合下列规定：

    1 对地表水、生活及工业用水，宜在沿坡体直接塌滑区和强变形区以外边缘的汇流区设截水沟，在坡体上沿水流汇集区设排水沟；

    2 对地下水，可根据坡体渗透性及水量等采用垂向孔或斜向孔排水、渗管（井）排水、滤水层，或采用透水材料反压等；

    3 在挡墙墙身上增设泄水孔。

7.8.4 地表的截、排水沟的设计应符合下列规定：

    1 截、排水沟的截面形式宜采用矩形或梯形，也可采用半圆形；当通过道路等时，宜采用箱涵或涵洞；

    2 截、排水沟的截面形式及尺寸应根据水量计算确定，最小宽度和深度均不应小于 300mm；

    3 当考虑城市排洪要求时，截、排水沟应满足城市防洪水设计要求。

7.8.5 盲沟（洞）排水的设计应符合下列规定：

    1 盲沟宜环状或折线形布置，并与地下水流向垂直；对原有冲沟、沟谷及低凹处，宜沿低凹处布置；

    2 盲沟的转折点和每隔 30m～50m 直线地段应设置检查井；

    3 盲沟的断面尺寸应根据水量及施工条件等确定，沟底宽度不宜小于 0.5m，坡度不宜小于 3%；

4 盲沟沟底应低于坡体内最低的渗水层；

5 盲沟内应采用碎块石回填，表面设滤水层。

7.8.6 斜孔排水的设计应符合下列规定：

1 斜孔应根据坡体地下水情况，设置于汇水面积较大的低凹部位；

2 孔的直径应根据排水量、钻孔施工机具及孔壁加固材料等确定，且不宜小于50mm，孔的倾斜度宜为10°～15°；

3 孔壁可选用镀锌铜滤管、塑料滤管、竹管或采用风压吹砂填塞钻孔。

7.8.7 对渗透性差的含水土层，可采用砂井与仰斜排水孔联合排水措施，并应符合下列规定：

1 斜孔应进入稳定地层；

2 砂井的井底和砂井与斜孔的交接点应低于滑动面；

3 砂井充填料应保证孔隙水可以自由流入砂井，不被细粒砂土淤积。

7.8.8 对整体稳定、坡度较平缓的边坡，可优先采用植被绿化，固土防冲刷。

7.8.9 采用截排水法处理后的边坡加固工程宜同时对原支护结构采用必要的加固措施。

8 边坡工程加固

8.1 一般规定

8.1.1 既有边坡工程加固方案的选择应考虑下列因素：

1 原支护结构的损伤、破坏原因；

2 原支护结构的破坏模式和支护结构及构件的开裂变形情况；

3 新增支护结构与原支护结构受力关系的合理性及加固有效性；

4 施工方案的可行性；

5 经济合理性。

8.1.2 根据边坡工程的破坏模式、原因、施工安全及可行性以及现场条件等，边坡工程的加固可以使用一种或多种加固方法组合。当采用组合加固法时，应使组合支护结构受力、变形相协调。

8.1.3 边坡工程加固可采用新增支护结构和原有支护结构相互独立的受力体系，或新增结构与原有支护结构共同受力的组合受力体系。

8.1.4 加固方案宜优先采用有利于与原支护结构协同工作、主动受力并对边坡工程稳定性和支护结构安全性扰动小的支护结构形式。

8.1.5 下列情况宜优先采用预应力锚杆加固法：

1 已发生较大变形和开裂的边坡工程；

2 对变形控制有较高要求的边坡工程；

3 采用其他加固方法造成施工期边坡稳定性降

低的边坡工程；

4 土质边坡工程。

8.1.6 当已发生较大变形和开裂的边坡支护结构的主要构件应力较高时，应首先采取预应力锚杆加固法、削方减载法或堆载反压法，对高应力构件进行卸载，降低其应力水平。当采用预应力锚杆降低支护结构的应力水平时，预应力锚杆数量除应满足卸载需要外，尚应满足锚固加固的需要。

8.1.7 支护结构前缘进一步切坡开挖形成的边坡，其设计、施工、监测等应符合现行国家标准《建筑边坡工程技术规范》GB 50330 的有关规定。

8.1.8 边坡工程加固设计计算除本章有特别规定外，尚应符合第6章的有关规定。

8.2 锚杆挡墙工程的加固

8.2.1 锚杆挡墙的加固，可采用下列一种或多种加固方法：

1 锚杆挡墙整体失稳、锚杆锚固力及肋柱承载力不足时的加固，应优先采用锚固加固法，也可采用抗滑桩加固法；

2 锚杆挡墙的钢筋混凝土构件加固可采用加大截面法，也可采用锚固加固法；

3 坡脚有反压条件时，可采用堆载反压法；

4 坡顶有较高的斜坡且有削方条件时，可采用削方减载法；

5 原挡墙排水系统功能失效时，可采用截排水加固法。

8.2.2 采用锚固加固法时，应符合下列规定：

1 当锚杆挡墙的整体稳定、锚杆承载力、锚杆挡墙肋柱承载力等不足，采用锚固加固法时，可在肋柱上增设锚杆加固，也可在锚杆挡墙肋柱间增设肋柱、横梁和锚杆加固；

2 新增锚杆的位置及大小应使原挡墙和加固构件的受力合理；

3 锚杆挡墙肋柱外倾位移较大时，可在肋柱上加设预应力锚杆。

8.2.3 采用抗滑桩加固法时应符合下列规定：

1 抗滑桩宜设于肋柱中间，并应设置可靠的传力构件，或采用抗滑桩紧贴挡板原位浇筑的方法；

2 抗滑桩悬臂高度较高，或岩土体作用力较大时，应采用抗滑桩加预应力锚杆加固方法。

8.3 重力式挡墙及悬臂式、扶壁式挡墙工程的加固

8.3.1 重力式挡墙及悬臂式、扶壁式挡墙的整体稳定性、抗滑移、抗倾覆或墙身强度不满足设计要求时，可采用下列一种或多种加固方法：

1 坡体为锚固性能较好的岩土层时，可优先采用锚固加固法；

2 挡墙地基承载力较高时，可采用抗滑桩加固

法或加大截面加固法；

　　3 挡墙地基承载力较低或基础沉降变形较大时，可采用注浆加固法；

　　4 本规范第 8.2.1 条 3、4 和 5 款规定的加固方法。

8.3.2 采用锚固加固法时，应符合下列规定：

　　1 岩质边坡的重力式挡墙无明显变形时，可采用非预应力锚杆加固；土质边坡的重力式挡墙或挡墙变形已较大或需要严格控制变形以及需要增加较大外加抗力时，可采用预应力锚杆加固；

　　2 置于岩石上的重力式挡墙，无水平锚固条件时，可采用竖向预应力锚杆加固；锚固点处应增设纵向的现浇钢筋混凝土梁，梁的截面及配筋应满足外锚头的传力、构造和整体受力要求；

　　3 增设的锚杆和钢筋混凝土格构梁应与原挡墙形成组合受力体系。

8.3.3 采用加大截面加固法时，应符合下列规定：

　　1 根据设计要求、场地施工条件，可在挡墙外侧或内侧加大截面；

　　2 当新增挡墙和原挡墙的连接可靠且能形成整体时，加固后的支护结构按复合结构进行整体计算；

　　3 应考虑加大截面后对地基基础的不利影响；土质地基时，加大截面部分基础宜采用钢筋混凝土板式基础；

　　4 新增部分基础开挖应采用分段跳槽的开挖方案，必要时可采用削方减载等措施，确保施工开挖安全。

8.3.4 采用抗滑桩加固法时应符合下列规定：

　　1 抗滑桩的截面、嵌固深度及高度应按计算确定；

　　2 抗滑桩宜紧贴重力式挡墙面现浇，或在抗滑桩与挡墙面之间增设混凝土传力构件；

　　3 抗滑桩护壁设计时应考虑挡墙传来的土压力作用；

　　4 边坡稳定性较差时，抗滑桩施工应间隔开挖、及时浇筑混凝土，并应防止抗滑桩施工期对原支护结构安全造成不利影响。

8.3.5 扶壁式挡墙工程采用锚固加固法时，锚杆宜设于扶壁的两侧，也可设于扶壁间的立板中部。

8.3.6 悬臂式、扶壁式挡墙结构构件的加固应符合现行国家标准《混凝土结构加固设计规范》GB 50367 的有关规定。

8.4　桩板式挡墙工程的加固

8.4.1 桩板式挡墙的整体稳定性、桩及挡板构件承载力等不满足设计要求时，可采用下列一种或多种加固方法：

　　1 锚固区岩土层性能较好时，可采用锚固加固法；

　　2 基岩面埋深较浅时，可采用抗滑桩加固法；

　　3 桩板式挡墙因桩前土体水平承载力不足时，可采用注浆加固法；

　　4 本规范第 8.2.1 条 3、4 和 5 款规定的加固方法。

8.4.2 采用锚固加固法时应符合下列规定：

　　1 应优先采用预应力锚杆加固；

　　2 锚杆可设于桩身；当锚杆设于桩两侧时，应增设传力构件使新增锚杆和桩变形协调；

　　3 当混凝土挡板承载力不足时，可在挡板上加设锚杆及可靠的传力构件。

8.4.3 桩板式挡墙的桩前地基采用注浆加固法时，注浆区域为桩嵌固段被动土压力区。

8.4.4 采用抗滑桩加固法时，应符合下列规定：

　　1 抗滑桩宜设于桩板式挡墙的桩的中间，等距布置；新增抗滑桩与原有桩之间中心距不宜小于抗滑桩桩径与原有桩径的较大值的 2 倍；

　　2 应在新增抗滑桩、原桩板式挡墙的桩顶设置可靠的连接构件；

　　3 抗滑桩宜紧贴面板现浇，或增设可靠的传力构件。

8.5　岩石锚喷边坡工程的加固

8.5.1 岩石锚喷边坡整体稳定性不足、锚杆承载力不足、锚固深度不足时的加固，可采用下列一种或多种加固方法：

　　1 宜优先采用混凝土格构式锚固加固法；锚杆设置总量和锚杆锚固深度应计算确定；锚杆可采用非预应力锚杆，当边坡工程变形较大时，应采用预应力锚杆；

　　2 有施工条件时，也可采用抗滑桩加固法；

　　3 本规范第 8.2.1 条 3、4 和 5 款规定的加固方法。

8.5.2 当岩石锚喷边坡喷射混凝土面板或格构梁承载力不满足要求时，可采用下列加固方法：

　　1 喷射混凝土面板承载力不足时，可采用面板补强、置换法或锚杆加固法进行加固；置换法除应符合现行国家标准《混凝土结构加固设计规范》GB 50367 的有关规定外，置换部分的混凝土面板厚度和配筋应根据计算确定，且其厚度不应小于 100mm；

　　2 喷射混凝土格构梁因承载力不足出现裂缝时，应先封闭裂缝，再采用锚杆加固法或增大截面法进行加固；增大截面法应符合现行国家标准《混凝土结构加固设计规范》GB 50367 的有关规定。

8.6　坡率法边坡工程的加固

8.6.1 坡率法边坡工程的整体稳定性不满足设计要求时，可在坡脚设置抗滑桩、锚杆挡墙、重力式挡墙进行加固；也可采用本规范第 8.2.1 条 3、4 和 5 款规定的方法进行加固。

8.6.2 坡率法边坡工程的局部稳定性不满足要求时，可采用下列加固方法：

    1 有锚固条件时，可采用混凝土格构式锚杆加固法；

    2 坡面倾角较大、表层土体滑移时，可采用锚杆格构、砌块护坡及绿化护坡等加固方法。

8.7 地基和基础加固

8.7.1 支护结构基础尺寸或地基竖向承载力不满足设计要求时，宜采用下列一种或多种加固方法：

    1 基础截面有条件加大时，可采用加大截面法；

    2 有施工条件和类似工程经验时，可采用注浆加固法；

    3 当地基受地下水或地表渗水不利影响较大时，可采用截排水加固法；

    4 根据地基土性状，还可采用树根桩法、高压喷射注浆法、深层搅拌法等加固地基，并应符合现行行业标准《既有建筑地基基础加固技术规范》JGJ 123 的有关规定。

8.7.2 支护结构基础嵌固段外侧岩土体的水平承载力不满足设计要求时，可采用下列一种或多种方法：

    1 支护结构有外加锚固条件时，可在支护结构及基础上增设锚杆，将边坡推力传至深部稳定的地层中；无外加锚固条件时，可采用抗滑桩加固法加固；

    2 当支护结构基础嵌固段被动土压力区地基土有注浆条件时，可采用注浆加固法加固。

8.7.3 支护结构地基和基础加固的其他要求尚应符合现行行业标准《既有建筑地基基础加固技术规范》JGJ 123 的有关规定。

9 监 测

9.1 一 般 规 定

9.1.1 边坡进行加固施工，对被保护对象可能引发较大变形或危害时，应对加固的边坡及被保护对象进行监测。

9.1.2 符合本规范第 3.3.8 条所列情况的及其他可能产生严重后果的边坡加固工程，其变形监测应按一级边坡工程监测要求执行。

9.1.3 一级边坡加固工程的监测应符合信息法施工要求，及时提供监测数据和报告。

9.1.4 边坡加固工程竣工后的监测要求应符合现行国家标准《建筑边坡工程技术规范》GB 50330 的有关规定。

9.1.5 边坡加固工程应提出具体监测内容和要求。监测单位编制监测方案，经设计、监理和业主等单位共同认可后实施。

9.1.6 边坡监测工作应由两名或两名以上监测人员承担；当监测仪器测量精度与监测人员有关时，监测人员应固定不变。

9.2 监 测 工 作

9.2.1 监测方案应包括监测目的、监测项目、方法及精度要求，测点布置，监测项目报警值、信息反馈制度和现场原始状态资料记录等内容。

9.2.2 监测点的布置应满足监控要求，且边坡塌滑区影响范围内的被保护对象宜作为监测对象。

9.2.3 边坡加固工程可按表 9.2.3 选择监测项目。

9.2.4 变形观测点的布置应符合现行国家标准《工程测量规范》GB 50026 和《建筑基坑工程监测技术规范》GB 50497 的有关规定。

表 9.2.3　边坡加固工程监测项目表

测试项目	测点布置位置	边坡工程安全等级		
		一级	二级	三级
坡顶水平位移和垂直位移	支护结构顶部	应测	应测	应测
地表裂缝	坡顶背后 1.0H（岩质）～1.5H（土质）范围内	应测	应测	选测
坡顶建筑物、地下管线变形	建筑物基础、墙面，管线顶面	应测	应测	选测
锚杆拉力	外锚头或锚杆主筋	应测	应测	可不测
支护结构变形	主要受力杆件	应测	选测	可不测
支护结构应力	应力最大处	宜测	宜测	可不测
地下水、渗水与降雨关系	出水点	应测	选测	可不测

注：H 为挡墙高度。

9.2.5 与加固边坡工程相邻的独立建筑物的变形监测应符合下列规定：

    1 设置 4 个以上的观测点，监测建筑物的沉降与水平位移变化情况；

    2 设置不应少于 2 个观测断面的监测系统，监测建筑物整体倾斜变化情况；

    3 建筑物已出现裂缝时，应根据裂缝分布情况，选择适当数量的控制性裂缝，对其长度、宽度、深度和发展方向的变化情况进行监测。

9.2.6 边坡坡顶背后塌滑区范围内的地面变形观测宜符合下列规定：

    1 选择 2 条以上的典型地裂缝观测裂缝长度、宽度、深度和发展方向的变化情况；

    2 选择 2 条以上测线，每条测线不应少于 3 个控制测点，监测地表面位移变化规律。

9.2.7 边坡工程临空面、支护结构体的变形监测应符合下列规定：

    1 监测总断面数量不宜少于 3 个，且在边坡长度 20m 范围内至少应有一个监测断面；

    2 每个监测断面测点数不宜少于 3 点；

3 坡顶水平位移监测总点数不应少于 3 点；

4 预估边坡变形最大的部位应有变形监测点。

9.2.8 锚杆应力监测应符合下列规定：

1 根据边坡加固施工进程的安排，应对鉴定时已进行过拉拔试验的原锚杆和新选择的有代表性的锚杆，测定锚杆应力和预应力变化，及时反映后续锚杆施工对已有锚杆应力和预应力变化的影响；

2 非预应力锚杆的应力监测根数不宜少于锚杆总数的 3%，预应力锚杆应力监测数量不宜少于锚杆总数的 5%，且不应少于 3 根；

3 当加固锚杆对原有支护结构构件的工作状态有影响时，宜对原有支护结构构件应力变化情况进行监测。

9.2.9 支护结构构件应力监测宜符合下列规定：

1 对同类型支护结构构件，相同受力状态，应力监测点数不应少于 2 点；

2 对支护结构构件的应力监测，应在边坡工程的不同高度处置应力监测点，测点总数量不应少于 3 点；

3 宜采用两种或两种以上不同的应力监测方法，监测支护结构构件的应力状态。

9.2.10 当设置水文观测孔，监测地下水、渗水和降雨对边坡加固工程的影响时，观测孔的设置数量和位置应符合现行国家标准《岩土工程勘察规范》GB 50021 的规定。

9.2.11 边坡加固施工初期，监测宜每天一次，且根据监测结果调整监测时间及频率。

9.2.12 边坡加固施工遇到下列情况时应及时报警，并采取相应的应急措施：

1 有软弱外倾结构面的岩土边坡支护结构坡顶有水平位移迹象或支护结构受力裂缝有发展；无外倾结构面的岩质边坡支护结构坡顶累积水平位移大于 5mm 或支护结构构件的最大裂缝宽度超过国家现行相关标准的允许值；土质边坡支护结构坡顶的累积最大水平位移已大于边坡开挖深度的 1/500 或 20mm，或其水平位移速率已连续 3d 每天大于 2mm；

2 土质边坡坡顶邻近建筑物的累积沉降或不均匀沉降已大于现行国家标准《建筑地基基础设计规范》GB 50007 规定允许值的 70%，或建筑物的整体倾斜度变化速度已连续 3d 每天大于 0.00007；

3 坡顶邻近建筑物出现新裂缝、原有裂缝有新发展；

4 支护结构中有重要构件出现应力骤增、压屈、断裂、松弛或拔出的迹象；

5 边坡底部或周围土体已出现可能导致边坡剪切破坏的迹象或其他可能影响安全的征兆；

6 根据当地工程经验判断认为已出现其他必须报警的情况。

9.3 监测数据处理

9.3.1 边坡加固工程的监测资料应分类，且应按国家现行标准《工程测量规范》GB 50026 和《建筑变形测量规范》JGJ 8 进行整理、统计及分析，其方法及精度应符合国家现行有关标准的规定。

9.3.2 监测数据应反映监测参数与监测时间的关系，监测数据应编制成监测参数与时间关系的数据表，并绘制监测参数与监测时间关系曲线图。

9.4 监测报告

9.4.1 监测报告应结论准确、用词规范、文字简练，对于容易混淆的术语和概念应书面予以解释。

9.4.2 监测报告应包括下列内容：

1 边坡加固工程概况，包括工程名称、支护结构类型、规模、施工日期及加固边坡与周边建筑物平面图等；

2 设计单位、施工单位及监理单位名称；

3 监测原因、内容和目的，以往相关技术资料；

4 监测依据；

5 监测仪器的型号、规格和标定资料；

6 监测各阶段原始资料；

7 数据处理的依据及数据整理结果，监测参数与监测时间曲线图；

8 监测结果分析；

9 监测结论及建议；

10 监测日期，报告完成日期；

11 监测人员、审核和批准人员签字。

10 加固工程施工及验收

10.1 一般规定

10.1.1 既有边坡加固工程应根据其加固前现状、工程地质和水文地质、加固设计文件、鉴定结果、安全等级、边坡环境等条件编制施工方案，采取适当的措施保证施工安全。

10.1.2 对不稳定或欠稳定的边坡工程，应根据加固前边坡工程已发生的变形迹象、地质特征和可能发生的破坏模式等情况，采取有效的措施增加边坡工程稳定性，确保边坡工程和施工安全。严禁无序大开挖、大爆破作业。

10.1.3 严禁在边坡潜在塌滑区内超量堆载。

10.1.4 边坡加固工程施工时应采取有组织的截、排水措施，满足地下水、暴雨和施工用水等的排放要求。有条件时宜结合边坡工程的永久性排水措施进行。

10.1.5 施工时应建立边坡工程变形观测点，进行自检观测。雨期施工时应适当加大观测的频率。

10.1.6 边坡加固工程施工组织设计除应按规定审核外，尚应经勘察及设计单位等认可。

10.1.7 一级边坡加固工程应采用信息法施工，并符合现行国家标准《建筑边坡工程技术规范》GB 50330 的有关规定。

10.1.8 边坡加固工程施工质量的验收除应符合本规范规定外，尚应符合现行国家标准《建筑工程施工质量验收统一标准》GB 50300 的规定。

10.2 施工组织设计

10.2.1 边坡加固工程施工组织设计应包括下列内容：

1 工程概况

边坡环境和邻近建筑物基础资料、场区地形、工程地质与水文地质特点、施工条件、边坡加固设计方案的技术特点和难点、及对施工的特殊要求。

2 施工准备

熟悉地勘资料、设计图、技术准备、施工所需的设备、材料采购和进场、劳动力等计划。

3 施工方案

拟定施工场地平面布置、边坡加固施工合理的施工顺序、施工方法、监测方案、尽量避免交叉作业、相互干扰；施工最不利工况的安全性验算应符合现行国家标准《建筑边坡工程技术规范》GB 50330 的有关规定。

4 施工措施及要求

应有质量保证体系和措施、安全管理和文明施工、环保措施；施工技术管理人员应具有边坡加固工程施工经验。

5 应急预案

根据可能的危险源、现场地形、地貌等基本情况，编制应急预案。

10.2.2 边坡加固工程组织设计应反映信息法施工的特殊要求。

10.3 施工险情应急措施

10.3.1 建筑边坡加固工程施工过程中出现险情时，应做好边坡支护结构和边坡环境异常情况资料收集、整理及汇编等工作。

10.3.2 当边坡工程变形过大，变形速率过快，周边建筑物、地面出现沉降开裂等险情时应暂停施工，根据险情原因选择下列应急措施：

1 在坡顶主动推力区进行削方减载，减小岩土体压力；

2 在坡脚被动区采用堆载反压法进行临时抢险处理；

3 封闭坡面及坡面裂缝，做好临时防水、排水措施；

4 对支护结构进行临时加固；

5 对险情段加强监测；

6 立即向勘察和设计等单位反馈信息，开展勘察和设计资料复审，按现状进行施工工况验算，并提出合理排险措施；

7 危及相关人员安全和财产损失时应撤出边坡加固工程影响范围内的人员及财产。

10.4 工程验收

10.4.1 边坡加固工程施工质量验收应取得下列资料：

1 边坡加固工程的设计文件，边坡加固工程勘察报告和鉴定报告；

2 原材料出厂合格证，进场材料复检报告或委托检验报告；

3 混凝土、砂浆强度检验报告；

4 边坡加固工程与周围建筑物位置关系图；

5 支护结构或构件的有关检验报告；

6 隐蔽工程验收记录；

7 边坡加固工程和周围建筑物监测报告；

8 设计变更通知、重大问题处理文件和技术洽商记录；

9 施工记录和竣工图。

10.4.2 边坡加固工程验收应符合下列规定：

1 检验批工程的质量验收应分别按主控项目和一般项目验收；

2 隐蔽工程应在施工单位自检合格后，于隐蔽前通知有关人员检查验收，并形成中间验收文件；

3 分部或子分部工程的验收，应在分项工程通过验收的基础上，对必要的部位进行见证检验验收；

4 边坡加固工程完工后，施工单位自行组织有关人员进行检查评定，并向建设单位提交工程验收报告；

5 建设单位收到边坡加固工程验收报告后，应由建设单位组织施工、勘察、设计及监理等单位进行边坡加固工程验收。

附录 A 原有支护结构有效抗力作用下的边坡稳定性计算方法

A.0.1 对圆弧形滑面可采用简化毕肖普法，边坡稳定性系数可按下列公式计算（图 A.0.1）：

$$F_s = \frac{\sum_{i=1}^{n} \frac{1}{m_{\theta i}}[c_i L_i \cos\theta_i + (G_i + G_{bi} + R_{0i}\sin\alpha_i - U_i\cos\theta_i)\tan\varphi_i]}{\sum_{i=1}^{n}[(G_i + G_{bi})\sin\theta_i + Q_i\cos\theta_i - R_{0i}\cos(\theta_i + \alpha_i)]}$$

(A.0.1-1)

$$m_{\theta i} = \cos\theta_i + \frac{\tan\varphi_i \sin\theta_i}{F_s}$$ (A.0.1-2)

$$U_i = \frac{1}{2}\gamma_w (h_{wi} + h_{w,i-1})L_i$$ (A.0.1-3)

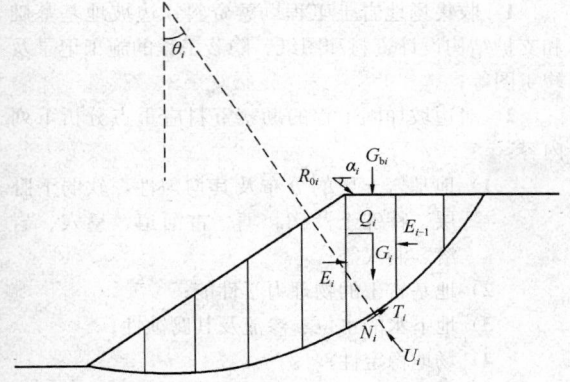

图 A.0.1 圆弧形滑面边坡计算模型示意

式中：F_s——边坡稳定性系数；

c_i——第 i 计算条块滑面黏聚力（kPa）；

φ_i——第 i 计算条块滑面内摩擦角（°）；

L_i——第 i 计算条块滑面长度（m）；

θ_i——第 i 计算条块滑面倾角（°），滑面倾向与滑动方向相同时取正值，底面倾向与滑动方向相反时取负值；

U_i——第 i 计算条块滑面单位宽度总水压力（kN/m）；

G_i——第 i 计算条块单位宽度岩土体自重（kN/m）；

G_{bi}——第 i 计算条块单位宽度附加竖向荷载（kN/m）；方向指向下方时取正值，指向上方时取负值；

Q_i——第 i 计算条块单位宽度水平荷载（kN/m）；方向指向坡外时取正值，指向坡内时取负值；

R_{0i}——第 i 计算条块所受原有支护结构单位宽度有效抗力（kN/m）；当只在最末一个条块上作用有有效抗力 R_0 时，取 $R_{0i}=0$ $(i<n)$，$R_{0n}=R_0$；

α_i——第 i 计算条块原有支护结构单位宽度有效抗力倾角（°）；有效抗力方向指向斜下方时取正值，指向斜上方时取负值；

$h_{wi}, h_{w,i-1}$——第 i 及第 $i-1$ 计算条块滑面前端水头高度（m）；

γ_w——水重度，取 10kN/m³；

i——计算条块号，从后方起编；

n——条块数量。

A.0.2 对平面滑面，边坡稳定性系数可按下列公式计算（图 A.0.2）：

$$F_s = \frac{R}{T} \tag{A.0.2-1}$$

$$R = [(G+G_b)\cos\theta - Q\sin\theta + R_0\sin(\theta+\alpha) - V\sin\theta - U]\tan\varphi + cL \tag{A.0.2-2}$$

$$T = (G+G_b)\sin\theta + Q\cos\theta - R_0\cos(\theta+\alpha) + V\cos\theta \tag{A.0.2-3}$$

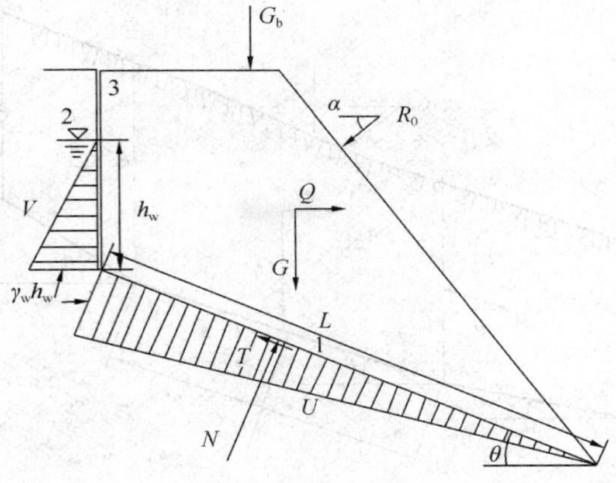

图 A.0.2 平面滑面边坡计算模型示意

1—滑面；2—地下水位；3—后缘裂缝

$$V = \frac{1}{2}\gamma_w h_w^2 \tag{A.0.2-4}$$

$$U = \frac{1}{2}\gamma_w h_w L \tag{A.0.2-5}$$

式中：T——滑体单位宽度重力及其他外力引起的下滑力（kN/m）；

R——滑体单位宽度重力及其他外力引起的抗滑力（kN/m）；

c——滑面的黏聚力（kPa）；

φ——滑面的内摩擦角（°）；

L——滑面长度（m）；

G——滑体单位宽度重力（kN/m）；

G_b——滑体单位宽度附加竖向荷载（kN/m）；方向指向下方时取正值，指向上方时取负值；

θ——滑面倾角（°）；

U——滑面单位宽度总水压力（kN/m）；

V——后缘陡倾裂隙单位宽度总水压力（kN/m）；

Q——滑体单位宽度水平荷载（kN/m）；方向指向坡外时取正值，指向坡内时取负值；

R_0——滑体所受原有支护结构单位宽度有效抗力（kN/m）；

α——原有支护结构单位宽度有效抗力倾角（°）；有效抗力方向指向斜下方时取正值，指向斜上方时取负值；

h_w——后缘陡倾裂隙充水高度（m），根据裂隙情况及汇水条件确定。

A.0.3 对折线形滑面可采用传递系数法隐式解，边坡稳定性系数可按下列公式计算（图 A.0.3）：

$$P_n = 0 \tag{A.0.3-1}$$

$$P_i = P_{i-1}\varphi_{i-1} + T_i - R_i/F_s \tag{A.0.3-2}$$

$$\varphi_{i-1} = \cos(\theta_{i-1}-\theta_i) - \sin(\theta_{i-1}-\theta_i)\tan\varphi_i/F_s \tag{A.0.3-3}$$

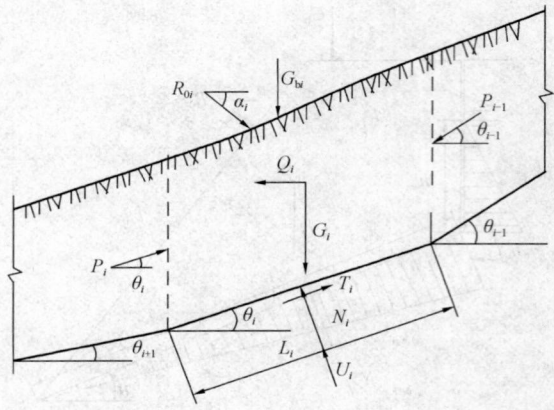

图 A.0.3　折线形滑面边坡传递系数法计算模型示意

$$T_i = (G_i + G_{bi})\sin\theta_i + Q_i\cos\theta_i - R_{0i}\cos(\theta + \alpha_i)$$

(A.0.3-4)

$$R_i = c_iL_i + [(G_i + G_{bi})\cos\theta_i$$
$$- Q_i\sin\theta_i + R_{0i}\sin(\theta + \alpha_i) - U_i]\tan\varphi_i$$

(A.0.3-5)

式中：P_n——第 n 条块单位宽度剩余下滑力（kN/m）；

P_i——第 i 计算条块与第 $i+1$ 计算条块单位宽度剩余下滑力（kN/m）；当 $P_i < 0$（$i < n$）时取 $P_i = 0$；

φ_{i-1}——第 $i-1$ 计算条块对第 i 计算条块的传递系数；

T_i——第 i 计算条块单位宽度重力及其他外力引起的下滑力（kN/m）；

R_i——第 i 计算条块单位宽度重力及其他外力引起的抗滑力（kN/m）。

附录 B　支护结构地基基础安全性鉴定评级

B.1　一般规定

B.1.1　支护结构地基基础的安全性鉴定，包括地基及基础二个项目，以及基础、基础梁和桩三种主要构件。

B.1.2　支护结构地基的岩土性能标准值和地基承载力标准值应按边坡加固工程的勘察资料确定。

B.1.3　根据地基、基础变形观测资料、上部支护结构变形、损伤情况及当地工程实践经验，结合地基和基础的承载力检测验算，综合评定支护结构地基、基础的安全性。

B.1.4　支护结构地基基础的安全性评定以地基及基础二个项目中的最低评定等级作为地基基础的安全性评定等级。

B.2　地基的鉴定评级

B.2.1　边坡工程地基的检验应符合下列规定：

1　收集场地岩土工程勘察资料、边坡地基基础和支护结构设计资料和图纸、隐蔽工程的施工记录及竣工图等；

2　对边坡加固工程的勘察资料应重点分析下列内容：

1）地基岩土层的分布及其均匀性，软弱下卧层、特殊土及沟、塘、古河道、墓穴、岩溶、洞穴等；

2）地基岩土的物理力学性能；

3）地下水的水位、渗流及其腐蚀性；

4）场地稳定性；

5）地基震害特性。

3　调查边坡实际使用荷载、支护结构变形、裂缝、损伤等情况，并分析其原因；

4　调查邻近建筑物、地下工程、管线等情况，并分析其对地基的影响程度；

5　根据收集的资料和调查情况进行综合分析，提出检测方法、进行地基抽样检测。

B.2.2　根据边坡工程和场地的实际条件，可选择下列检测工作：

1　采用钻探、井探、槽探或地球物理等方法进行勘探；

2　进行原状土、岩石的室内物理力学性能试验；

3　进行载荷试验、静力触探试验、十字板剪切试验等原位测试。

B.2.3　根据检测数据、计算分析结果及本地区工程经验，地基的安全性评级应符合下列规定：

A_u 级：地基承载力符合国家现行标准要求，或不均匀沉降、整体沉降量小于现行国家标准《建筑地基基础设计规范》GB 50007 规定的允许值，支护结构无裂缝、变形。

B_u 级：地基承载力符合国家现行标准要求，不均匀沉降、整体沉降量不超过现行国家标准《建筑地基基础设计规范》GB 50007 规定的允许值，支护结构虽有轻微裂缝、变形，但无发展迹象。

C_u 级：地基承载力不符合现行国家标准《建筑地基基础设计规范》GB 50007 和《建筑边坡工程技术规范》GB 50330 要求，不均匀沉降、整体沉降量不超过现行国家标准《建筑地基基础设计规范》GB 50007 规定的允许值的 1.05 倍，支护结构有裂缝、变形，且短期内无终止迹象。

D_u 级：地基承载力严重不符合国家现行标准要求，不均匀沉降、整体沉降量大于现行国家标准《建筑地基基础设计规范》GB 50007 规定的允许值的 1.05 倍，或支护结构有严重变形裂缝，且危及支护结构或构件的安全性。

B.3　基础的鉴定评级

B.3.1　基础的调查应符合下列规定：

1 收集基础、支护结构和管线设计资料和竣工图，了解支护结构各部分基础的实际荷载；

2 应进行现场调查；可通过开挖探坑验证基础类型、材料、尺寸及埋置深度，检查基础开裂、腐蚀或损坏程度。判断基础材料的强度等级。对变形或开裂的支护结构尚应查明基础的倾斜、弯曲、扭曲等情况。对桩基应查明其进入岩土层的深度、持力层情况和桩身质量。

B. 3. 2 基础应进行下列检验工作：

1 目测基础的外观质量；

2 用检测设备查明基础的质量，用非破损法或局部破损法检测基础材料的强度；

3 检查钢筋的直径、数量、位置、保护层厚度和锈蚀情况；

4 对桩基可通过沉降、侧移观测，判断桩基工作状态。

B. 3. 3 根据检测数据、计算分析结果及本地区工程经验，基础的安全性评级应符合下列规定：

A_u 级：基础强度、刚度及耐久性符合国家现行标准要求，支护结构基础无沉降、侧移、裂缝、变形。

B_u 级：基础强度、刚度及耐久性基本符合国家现行标准要求，不均匀沉降、侧移及耐久性不超过国家现行标准规定的允许值，支护结构虽有轻微裂缝、变形，但无发展迹象。

C_u 级：基础强度、刚度及耐久性不符合国家现行标准要求，不均匀沉降、侧移及耐久性不超过国家现行标准规定的允许值的 1.05 倍，支护结构有裂缝、变形，且短期内无终止迹象。

D_u 级：基础强度、刚度及耐久性严重不符合国家现行标准要求，不均匀沉降、侧移及耐久性大于国家相关规范规定的允许值的 1.05 倍，或支护结构有严重变形裂缝，且危及支护结构或构件的安全性。

附录 C 鉴定单元稳定性鉴定评级

C. 0. 1 稳定性评级分为支护结构稳定性评级和鉴定单元整体稳定性评级。

C. 0. 2 鉴定单元稳定性鉴定评级应符合下列规定：

1 资料调查应符合本规范第 B. 2. 1、B. 3. 1 条的规定；

2 支护结构构件、地基基础和附属工程安全性评级已经完成；

3 稳定性评级应以鉴定单元或子单元作为评定对象；

4 已经出现稳定性破坏的或已有重大安全事故迹象的鉴定单元，应直接评定为 D_{su} 级。

C. 0. 3 对支护结构按抗滑稳定性和抗倾覆稳定性进行安全性鉴定评级时，应符合下列规定：

1 以抗滑稳定性和抗倾覆稳定性的最低鉴定等级作为鉴定单元的安全性等级；

2 支护结构无变形、倾覆迹象，结合当地工程经验，可直接将其抗滑稳定性和抗倾覆稳定性评定为 A_{su} 级或 B_{su} 级；

3 支护结构有变形、倾覆迹象，应按实际检测数据验算评定支护结构抗滑和抗倾覆稳定性，其评定等级应符合表 C. 0. 3-1 和表 C. 0. 3-2 的规定。

表 C. 0. 3-1 一、二级边坡工程支护结构抗滑、抗倾覆稳定性评级表

稳定性系数	$\geqslant 1.00 F_s$ 或 F_t	$\geqslant 0.95 F_s$ 或 F_t	$\geqslant 0.90 F_s$ 或 F_t	$< 0.90 F_s$ 或 F_t
评定等级	A_{su}	B_{su}	C_{su}	D_{su}

注：F_s、F_t 为抗滑或抗倾覆稳定安全系数。

表 C. 0. 3-2 三级边坡工程支护结构抗滑、抗倾覆稳定性评级表

稳定性系数	$\geqslant 1.00 F_s$ 或 F_t	$\geqslant 0.93 F_s$ 或 F_t	$\geqslant 0.87 F_s$ 或 F_t	$< 0.87 F_s$ 或 F_t
评定等级	A_{su}	B_{su}	C_{su}	D_u

注：F_s、F_t 为抗滑或抗倾覆稳定安全系数。

C. 0. 4 应根据鉴定单元整体变形迹象、大小、稳定性验算结果及当地工程实际经验，综合评定鉴定单元整体稳定性，且鉴定单元整体稳定性评级应符合下列规定：

1 已经出现整体稳定性破坏的或已有重大安全事故迹象的鉴定单元，其稳定性评级按本规范第 C. 0. 2 条规定执行；

2 当鉴定单元及其影响范围内的岩土体、建筑物无变形、裂缝等异常现象时，可结合当地工程经验和建设年代，将其稳定性评定为 A_{su} 或 B_{su} 级；

3 当鉴定单元及其影响范围内的岩土体、建筑物有变形、裂缝等异常现象，但无破坏迹象时，其稳定性评定等级应符合表 C. 0. 4 的规定。

表 C. 0. 4 鉴定单元整体稳定性评级表

稳定性系数	$\geqslant 1.00 F_{st}$	$\geqslant 0.96 F_{st}$	$\geqslant 0.93 F_{st}$	$< 0.93 F_{st}$
评定等级	A_{su}	B_{su}	C_{su}	D_{su}

注：1 F_{st} 为对应鉴定单元整体稳定安全系数；
    2 边坡滑塌区影响范围内无重要建筑物时取小值。

本规范用词说明

1 为便于在执行本规范条文时区别对待,对要求严格程度不同的用词说明如下:

　1)表示很严格,非这样做不可的:

　　正面词采用"必须",反面词采用"严禁";

　2)表示严格,在正常情况下均应这样做的:

　　正面词采用"应",反面词采用"不应"或"不得";

　3)表示允许稍有选择,在条件许可时首先应这样做的:

　　正面词采用"宜",反面词采用"不宜";

　4)表示有选择,在一定条件下可以这样做的,采用"可"。

2 条文中指明应按其他有关标准执行的写法为:"应符合……的规定"或"应按……执行"。

引用标准名录

1 《建筑地基基础设计规范》GB 50007

2 《混凝土结构设计规范》GB 50010

3 《岩土工程勘察规范》GB 50021

4 《工程测量规范》GB 50026

5 《工业建筑防腐蚀设计规范》GB 50046

6 《工业建筑可靠性鉴定标准》GB 50144

7 《建筑工程施工质量验收统一标准》GB 50300

8 《建筑边坡工程技术规范》GB 50330

9 《建筑结构检测技术标准》GB/T 50344

10 《混凝土结构加固设计规范》GB 50367

11 《建筑基坑工程监测技术规范》GB 50497

12 《砌体结构加固设计规范》GB 50702

13 《砌墙砖试验方法》GB/T 2542

14 《建筑变形测量规范》JGJ 8

15 《既有建筑地基基础加固技术规范》JGJ 123

中华人民共和国国家标准

建筑边坡工程鉴定与加固技术规范

GB 50843—2013

条 文 说 明

制 订 说 明

《建筑边坡工程鉴定与加固技术规范》GB 50843
-2013，经住房和城乡建设部 2012 年 12 月 25 日以第
1586 号公告批准、发布。

本规范编制过程中，编制组进行了广泛的调查研
究，总结了我国工程建设的实践经验，同时参考了国
外先进技术法规、技术标准，取得了重要技术参数。

为便于广大设计、施工、科研、学校等单位有关
人员在使用本规范时能正确理解和执行条文规定，
《建筑边坡工程鉴定与加固技术规范》编制组按章、
节、条顺序编制了本规范的条文说明，对条文规定的
目的、依据以及执行中需注意的有关事项进行了说
明，还着重对强制性条文的强制性理由做了解释。但
是，本条文说明不具备与规范正文同等的法律效力，
仅供使用者作为理解和把握规范规定的参考。

目　次

1 总 则

1.0.1 既有边坡工程鉴定与加固涉及边坡工程施工质量、性能检测、工程地质、水文地质、岩土力学、支护结构、锚固技术、施工及监测等多门学科。边坡工程岩土特性复杂多变，破坏模式、计算参数及计算理论存在诸多不确定性。因勘察、设计、施工和管理不当等原因造成一些质量低劣、安全度低、耐久性差、抗震性能低及年久失修的边坡工程，对存在安全隐患或影响正常使用的边坡工程急需加固处理。制定本规范的目的是使边坡工程的鉴定与加固技术标准化、规范化，符合技术可靠、安全适用、经济合理、确保质量、保护环境的要求。

1.0.2 本规范适用于岩土质基坑边坡及非软土类等一般岩土边坡工程的鉴定与加固。超过本条规定高度的边坡工程鉴定与加固工程实例较少且工程经验欠充分，因此对超高边坡工程的鉴定与加固设计应作必要的加强处理，特别是对地质和环境条件很复杂的边坡工程，应针对地质和环境条件的复杂特点，采取特殊的加强措施，进行专门的鉴定与加固设计。

1.0.3 对软土、湿陷性黄土、冻土及膨胀土等特殊性岩土边坡工程，以及地震区、灾后的边坡工程的鉴定与加固，原则上也可使用，但上述边坡工程的特殊技术问题如抗隆起、抗渗流、湿陷性和膨胀性处理、锚固技术处理及支护结构选型等，还应按国家现行相关标准执行。

1.0.4 边坡工程鉴定与加固是一门综合性和边缘性强的工程技术学科，本规范是我国第一本有关边坡工程鉴定与加固的技术规范，主要内容为边坡工程的安全性、适用性、耐久性和施工质量鉴定，以及边坡工程的加固设计、勘察、监测、施工和质量验收等。因此，本条规定除遵守本规范外，边坡工程鉴定与加固设计涉及的其他技术要求还应符合《建筑边坡工程技术规范》GB 50330 等国家现行标准的相关规定。

2 术语和符号

2.1 术 语

2.1.1~2.1.19 本节根据既有边坡工程鉴定与加固的特点，给出了本规范主要术语的定义。一些术语与国家现行有关规范是一致的。

2.2 符 号

2.2.1~2.2.5 本节给出的符号主要是本规范出现的符号，其他符号应按国家现行有关标准执行。

3 基 本 规 定

3.1 一 般 规 定

3.1.1 岩土边坡工程特性复杂多变，岩土体计算参数、设计理论和计算方法均存在诸多不确定性，加之现有检测手段有限，因此边坡工程的加固设计、鉴定更具有复杂性和不确定性。为确保加固工程的质量，要求在施工全过程中采用信息化动态管理方法，根据施工中反馈的信息和监测数据，对加固设计、地质勘察、鉴定结论和施工方案作相应的调整、补充和修改，是一种客观求实、稳妥、安全的设计方法。

　　1 动态设计的基本原则要求设计者应掌握施工开挖反映的真实地质特征，边坡变形量、应力监测值，确认和核实原设计参数取值、计算方法、设计方案的合理性，必要时对原设计作补充和完善；

　　2 山区地质情况复杂多变，受多种因素制约，勘察资料准确性的保证率较低，勘察结论失误造成的工程事故不乏其例；动态设计也包括勘察，勘察应根据施工开挖揭示的地质真实情况，查对核实原地质勘察结论的正确性，当出现异常变化时及时修改地质勘察结论并通知设计、鉴定和施工单位作相应的调整处理；

　　3 信息法施工的要求和内容应按现行国家标准《建筑边坡工程技术规范》GB 50330 关于"信息法施工"的规定执行；

　　4 当施工中反馈的信息确定原勘察结论需作修改，原提供的支护结构等原始条件不准确时，鉴定也应与设计、勘察共同执行动态管理原则，对原鉴定结论进行相应调整。

3.1.3 加固后边坡工程应进行正常维护，例如排水系统、坡面绿化等的维护，并要求不得改变加固后边坡工程的用途和使用条件。使用条件的改变一般是边坡顶地面使用荷载增大、坡顶建筑荷载超过原边坡支护结构荷载允许值、边坡高度增高、排水系统失效等造成边坡安全系数降低的改变。

3.2 边坡工程鉴定

3.2.1 边坡工程鉴定的适用范围为边坡工程安全性、正常使用性及耐久性鉴定及边坡工程施工质量鉴定。

3.2.2 任何建（构）筑物工程的鉴定均应明确鉴定的对象、范围和要求，因此，边坡工程的鉴定也不例外。根据鉴定对象和鉴定目的的差异，鉴定对象可以是整个边坡工程，相对独立的鉴定单元、特定的支护结构或构件；一般情况下为使委托方应用方便、目标明确，应根据支护结构类型、构造、边坡高度及作用荷载大小等情况，由鉴定单位协助委托单位确定鉴定对象和鉴定目的，可将边坡工程划分成若干个独立的鉴定单元（子单元），以鉴定单元（子单元）作为基本鉴定对象。

3.2.3 对特殊原因如洪水、泥石流等造成的边坡工程灾害或损伤的鉴定应根据产生灾害原因的不同，结合本规范的有关规定，选择相应的国家现行有关标准进行对应项目的鉴定。

3.2.4 边坡工程各鉴定单元的鉴定通常需要明确其鉴定后的目标使用年限，故应根据边坡工程各鉴定单元的安全等级、已使用的年限、目前的工作状态和未来的使用要求，按国家现行相关标准确定。当国家现行相关标准无明确规定时，应由委托方和鉴定方根据现有边坡工程的安全等级、技术水平、参考同类工程经验及国家现行相关标准的一般规定共同商定；对边坡工程的不同鉴定单元，由于其所处位置、环境、使用条件、破坏后果及要求等的差别，可确定不同的目标使用年限。

3.3 边坡工程加固设计

3.3.3 边坡工程的危及对象、经济损失及不良社会影响等发生变化，使用条件和环境发生改变，例如边坡的高度减低或增高，边坡坡顶和坡脚邻近增加或取消重要建筑物等后，边坡加固工程的安全等级应根据情况作相应的调高或调低。

3.3.6 边坡加固工程的设计方案优化是设计成功的关键，设计方案的制定应根据本条和第8章的相应规定，执行多方案的比较和优选，最终确定合理的加固设计方案。

适修性差的边坡工程指既有边坡工程的加固费用超过新建支护结构费用的70%以上，此时已不适合采用对原支护结构进行加固的做法。

3.3.7 当边坡工程已发生较大的变形，原支护结构出现破坏迹象时，加固设计方案首先应考虑提高施工期边坡稳定性和支护结构安全性的临时性的预加固措施。例如，组织好排水，增加临时性的支护，或提前实施部分加固措施等，以保证施工过程中的安全。避免因加固施工的扰动进一步降低原边坡工程的稳定性，出现过大变形和塌滑现象。

3.3.8 本条所指的需加固的既有边坡工程情况复杂、技术难度大、风险高，组织专家进行专门论证，可达到设计和施工方案合理，技术先进，确保质量，安全经济的良好效果。重庆、广州、上海、北京等地区在主管部门领导下采用专家论证方式，在解决重大边坡工程技术难题和减少工程事故方面取得了良好效果。本条所指的"新结构、新技术"是指尚未被规范和有关法规认可的"新型支护结构、新型支护技术"等。

4 边坡加固工程勘察

4.1 一般规定

4.1.1 边坡加固工程勘察是边坡加固设计和鉴定的依据，为了满足既有边坡加固的需要，加固设计前应进行工程勘察。当既有边坡工程无勘察资料，或原勘察资料不能满足工程鉴定需要时，边坡工程鉴定前应进行工程勘察。

既有建筑边坡工程加固和鉴定前，建设单位应提供符合本规范要求的，经具有相应资质的施工图审查机构审查合格的既有建筑边坡工程勘察文件，否则，鉴定单位不应开展既有建筑边坡工程鉴定工作，设计单位不得进行既有建筑边坡工程的加固设计。

原边坡勘察资料经复核、验证后能满足边坡工程鉴定与加固设计需要时，可经具有相应资质的勘察单位确认后使用。

4.1.2 充分利用既有边坡工程勘察资料，可以节省工作量，避免重复工作。验证已有资料是否适合目前边坡状态是必要的。

4.1.3 既有边坡加固情况不同，勘察工作内容、工作深度也不同，相关标准也有具体要求，这里强调要有针对性。

4.2 勘察工作

4.2.1 既有边坡工程相关资料较多，包括边坡工程的规模、支护形式、边坡顶、底高程和支护结构尺寸，原支护设计图、隐蔽工程的施工记录和竣工图、边坡变形监测资料以及其他相关资料等均应收集完整。

4.2.2 在已有资料的情况下，初勘工作的重点是查明可能发生变化的评价参数（如抗剪强度等）。

4.3 稳定性分析评价

4.3.3 既有边坡工程由于存在支护结构与没有支护结构时的边坡力平衡体系是不一样的，支护结构为边坡稳定提供了抗力。因此，边坡加固工程稳定性计算时应当合理考虑原支护结构的有效抗力。但是，要准确地确定原有支护结构的有效抗力较为困难。边坡加固工程勘察时，可根据边坡破坏模式、变形破坏情况和地区工程经验对原有支护结构的有效抗力进行预估，最终以边坡鉴定报告为准。

当支护结构完全破坏已失效或滑动面位于支护结构体外（滑动面位于支护结构基础之下或支护结构之上）时，边坡加固工程稳定性验算不考虑原支护结构的有效抗力。

4.3.4 存在原有支护结构有效抗力作用时，边坡稳定性将有不同程度的提高，边坡稳定性计算需要考虑有效抗力的作用。附录 A 根据滑面的不同提供了不同的边坡稳定性计算方法。为与国家标准《建筑边坡工程技术规范》保持一致，附录 A 所附边坡稳定性计算方法与即将发布的国家标准《建筑边坡工程技术规范》（修编版）相同，即：对圆弧形滑面采用简化毕肖普法［即式（A.0.1-1）～式（A.0.1-3）］，对折线形滑面采用传递系数隐式解法［即式（A.0.3-1）～式（A.0.3-5）］，但为了清楚地反映原有支护结构有效抗力的作用，将有效抗力产生的水平分力和竖向分力分别从式中的水平荷载和竖向附加荷载中分离出来，单独列出。对平面滑动问题，原有支护结构有效抗力也如此处理。

传递系数法有隐式解与显式解两种形式。显式解的出现是由于当时计算机不普及，对传递系数作了一个简化的假设，将传递系数中的安全系数值假设为 1，从而使计算简化，但增加了计算误差。同时对安全系数作了新的定义，在这一定义中当荷载增大时只考虑下滑力的增大，不考虑抗滑力的提高，这也不符合力学规律。因而隐式解优于显式解，当前计算机已经很普及，应当回归到原来的传递系数法。

无论隐式解与显式解法，传递系数法都存在一个缺陷，即对折线形滑面有严格的要求，如果两滑面间的夹角（即转折点处的两倾角的差值）过大，就会出现不可忽视的误差。因而当转折点处的两倾角的差值超过 10°时，需要对滑面进行处理，以消除尖角效应。一般可采用对突变的倾角作圆弧连接，然后在弧上插点，来减少倾角的变化值，使其小于 10°，处理后，误差可以达到工程要求。

对于折线形滑动面，国际通常采用摩根斯坦-普赖斯法进行计算。摩根斯坦-普赖斯法是一种严格的条分法，计算精度很高，也是国外和国内水利水电部门等推荐采用的方法。由于国内工程界习惯采用传递系数法，通过比较，尽管传递系数法是一种非严格的条分法，如果采用隐式解法且两滑面间的夹角不大，该法也有很高的精度，而且计算简单，国内广为应用，我国工程师比较熟悉，所以本规范建议采用传递系数隐式解法。在实际工程中，也可采用国际上通用的摩根斯坦-普赖斯法进行计算。

原有支护结构有效抗力倾角取决于有效抗力的方向，有效抗力的方向与支护结构承载力验算式中荷载项的方向相反。有效抗力的作用点与支护结构承载力验算式中荷载项的作用点相同。

需要注意的是，公式中的原有支护结构有效抗力是单位宽度有效抗力。计算时，对锚杆和支护桩，应根据锚杆间距和桩距将锚杆和支护桩的有效抗力换算为单位宽度有效抗力。

为简化计算，在式（A.0.1-1）中，把各种力引起的平行滑面分力（即滑弧切向分力）的力臂均视为

与滑弧半径 R 等长，因此，式中不出现力臂的符号。

在附录 A 各式中，因原有支护结构有效抗力 R_0 或 R_{0i} 已单独列出，滑体单位宽度水平荷载 Q 及第 i 计算条块单位宽度水平荷载 Q_i 在通常情况下是地震力，其作用点位于滑体或计算条块重心处。

例：某边坡以重力为荷载，无地下水、也无水平荷载和竖向附加荷载作用，滑面黏聚力为 11kPa，内摩擦角为 12°，滑体重力为 4800kN/m，滑面倾角为 18°，滑面长度为 40m，用抗滑桩支挡，经计算和换算，其原有支护结构单位宽度有效抗力为 254.90kN/m（为水平方向）。需计算其稳定系数。

由式（A.0.2-1）～式（A.0.2-3）得：

$$F_s = \frac{cL + (G\cos\theta + Q\sin\theta)\tan\varphi}{G\sin\theta - Q\cos\theta}$$

$$= \frac{11\times40 + (4800\times\cos18° + 254.90\times\sin18°)\times\tan12°}{4800\times\sin18° - 254.90\times\cos18°}$$

$$= 1.15$$

计算结果是：稳定系数为 1.15。

4.4 参 数 取 值

4.4.1 原位测试、室内试验方法应根据岩土条件、设计对参数的要求、方法的适用性、地区经验等因素选用，试验条件尽可能接近实际。实践证明：通过综合测试、试验并结合工程经验的方法较合理。

4.4.3 由于岩土物理力学指标会随着时间和环境改变而发生变化，故对搜集的岩土物理力学指标进行分析复核是必要的。譬如，填土随着时间增长密实度会增大，其重度、抗剪强度指标也会随之增高；又如，岩体结构面因受施工开挖卸荷回弹张开、爆破松动以及地下水侵蚀等不利作用的影响，其抗剪强度指标会降低。因此，边坡加固工程勘察时，应充分考虑这些变化，对搜集的岩土物理力学指标作适当的调整。

4.4.4 反演分析法是一种有效的确定滑动面抗剪强度指标的方法。当边坡、工程滑坡已经出现了变形或滑动，且边坡或滑坡的整体稳定性能够通过宏观、定性判断确定稳定性系数 K_s 值时，可以采用反演分析法计算滑动面抗剪强度指标。

对于出现变形的边坡工程，按经验，弱变形阶段 K_s 可取 1.02～1.05，强变形阶段 K_s 可取 1.00～1.02。值得注意的是：此处的变形是指与整体稳定性有关的变形，而非局部岩土体变形或支护结构体设计正常使用的变形，需要在现场认真、准确地加以判断。此外，弱变形与强变形两个阶段也是没有明确界限的。一般来说，可以根据岩土体中所产生的裂缝宽度、裂缝贯通和延伸程度、结构体的变形破坏程度以及变形发展态势等因素进行综合判定。

4.4.5 原支护结构的有效抗力 R_0 取值大小对确定边坡工程的稳定性和滑动面抗剪强度指标 c 值有影响，特别是对采用反演分析法所确定的滑动面 c、φ 值影

响很大。R_0 取值偏小，反演分析计算出的滑动面 c、φ 值偏大，导致加固设计不安全。R_0 取值偏大，反演分析计算出的滑动面 c、φ 值偏小，使加固设计不经济。由于勘察时采用预估的有效抗力可能与边坡工程鉴定报告最终确定的 R_0 不一致，因此，应当利用边坡工程鉴定报告所提供的 R_0 对滑动面 c、φ 值进行校核。

5 边坡工程鉴定

5.1 一般规定

5.1.1 既有边坡加固工程的设计依赖于边坡鉴定报告中提供的原有支护结构、构件现有状态、安全性等级等条件，特别是原有支护结构有效抗力的鉴定，否则，既有边坡加固工程缺少设计依据，难以保证加固后边坡工程的安全，因此，该条确定为强制性条文，必须严格执行。

既有建筑边坡工程加固设计前，建设单位应提供符合本规范要求的既有建筑边坡工程鉴定报告，否则设计单位不得进行既有建筑边坡工程的加固设计。

5.1.2、5.1.3 从大量的边坡工程鉴定实践项目来看，95%以上的边坡工程鉴定项目是以解决安全性问题为主要目的，对涉及安全的边坡工程耐久性问题也逐步提到日常工作中来，大部分边坡工程对正常使用性的要求不高，只有少数的边坡工程涉及正常使用问题；因此，边坡工程鉴定应以安全性鉴定为主导，兼并正常使用和耐久性鉴定，对于比常规的边坡工程鉴定更复杂、存在某些特定的突出问题，应采取更深入、更细致、更有针对性的专项鉴定来解决。从划分边坡工程具体鉴定项目的条件而言，给出了常见情况的处理方法；只是特别提出了对需进行司法鉴定的边坡工程而言，宜首先选择对其安全性进行鉴定，当然也可单独进行其他项目的鉴定，如边坡工程施工质量鉴定，从而使边坡工程司法鉴定工作有了依据，确保科学、公正和规范地开展司法鉴定工作。

5.1.4 由于边坡工程耐久性问题极其复杂，国内外研究成果主要适用于特定的环境、特定的问题和试验室研究，对一般的耐久性问题还缺乏系统、充分的研究，因此，给出普遍适用的耐久性鉴定标准还需要进行大量长期艰苦的研究工作。本规范考虑到边坡工程耐久性问题的重要性，故此规定：在边坡工程一般鉴定工作中，当发现边坡工程耐久性问题已严重影响边坡工程的安全性，不能保证边坡工程正常使用年限时，应根据边坡工程实际条件和当地工程经验进行边坡工程耐久性鉴定。

5.2 鉴定的程序与工作内容

5.2.1 本规范结合了民用建筑和工业建筑鉴定工作的特色，针对边坡工程鉴定的具体实际情况，给出了边坡工程鉴定工作程序。由于委托方可能缺少专业技术知识，其委托的项目和要求与实际建筑边坡工程存在的问题可能存在很大差别或委托的检测项目无法实施或不需检测，故现场初步调查后可与委托方协商，重新确定鉴定的目的、范围和内容。对于复杂的、特殊的、争议较大的边坡工程鉴定项目可邀请专家对鉴定报告进行评审，对专家提出的问题进行相应的补充检测、验算和评定；同时有关鉴定程序应符合有关国家法律和行政管理条例的规定。

5.2.2、5.2.3 这两条规定的内容和要求是搞好以下各部分工作的前提条件，是进入现场进行详细调查、检测需要做好的准备工作。事实上，接受鉴定委托，不仅要明确鉴定的目的、范围和内容，同时还要按规定要求搞好初步调查，对于比较复杂的、超本规范适用范围的边坡工程项目更要做好初步调查工作，才能草制拟订出符合实际、符合要求的鉴定方案，确定下一步工作大纲并指导后续工作。

5.2.4 由于不同边坡工程的复杂程度差异极大，因此可根据实际边坡工程的复杂程度有选择地进行相应项目的调查和检测。

对于已有变形迹象的边坡工程，应根据边坡工程的实际现状开展补充地质勘察工作，特别是对需加固的边坡工程应进行边坡加固工程地质勘察，并核实边坡工程的实际使用条件。当边坡工程环境差异过大时，应对环境作用进行相应的调查，条件允许时，应对相关项目进行现场实地检测或进行相应的原位实验检测。对于支护结构材料，有证据证明材料特性确有保证时，可直接采用原设计值，也可进行简单抽样检测验证；无证据时，应严格按国家现行有关检测技术标准，通过现场取样检测或现场测试确定材料特性。

由于边坡工程的特殊性和复杂性，对支护结构、构件的检查和抽样检测是比较困难的，通常通过对支护结构、构件及周边环境的变形调查和检测，初步判断支护结构、构件的安全性，当支护结构、构件和边坡环境有明显变形迹象时，应适当增加抽检数量，且重点检测变形部分支护结构、构件的变形、损伤情况。目前边坡工程附属工程的检查和检测并未引起工程技术人员充分重视，特别是检查边坡排水系统的设置及其使用功能的发挥效果，边坡工程的安全与排水系统的关系极为密切，因此，应引起工程技术人员的高度重视。

5.2.5、5.2.6 在获取了边坡工程详细技术资料和检测数据后，应按国家现行相关技术标准核算鉴定单元的安全性，当发现调查、检测资料不完整或不全面时，应及时补充调查、检测；对发现可能影响支护结构、构件安全的正常使用性和耐久性问题时，应分析及探明问题的原因，并进行必要的补充检测和验证。

5.2.7 由于边坡工程的特殊性，因此边坡工程应重点评定其安全性，此条与国家现行相关标准相一致。在具体分析边坡工程安全性时，应将边坡工程划分成若干鉴定单元作为基本鉴定对象，以鉴定单元为龙头，将安全性评级分四个等级，正常使用性评级分三个等级，分层次、分阶段、分步骤、渐进地分析鉴定单元的安全性和正常使用性。

在具体评级时可将鉴定单元划分为构件、子单元和鉴定单元分别评级，这与国家现行有关鉴定标准的相关规定是一致的；对不能具体细分为构件、子单元的鉴定单元，应直接对鉴定单元进行相应的评级。

对于在同一剖面、不同高度位置采用不同支护结构形式组成的复杂鉴定单元，应根据鉴定单元的实际情况，将其细分为若干相对独立的子单元（每一子单元的组成与简单鉴定单元的组成可能相似）后，按表5.2.7 的规定进行独立子单元的鉴定评级。

5.2.8 对特殊的鉴定项目（如洪水、泥石流、地震、火灾、爆炸、撞击等）其鉴定程序可按本规范第5.2.1 条的规定执行，但其工作内容应符合特殊项目鉴定的要求，并应符合国家现行相关标准的规定。

5.2.9 当边坡工程鉴定工作完成后，为有效、及时地处理边坡工程中存在的问题，特别是急需解决的安全隐患问题，应及时向委托单位出具鉴定报告。

应该指出的是：由于不同边坡工程的复杂程度、难易程度有很大差别，本条规定只是最基本的规定，应根据边坡工程实际情况，报告所含内容、项目和要求的差别，可适当增加或减少相应的内容，专家评审意见宜作为附件使用，而非报告的必要要件。

5.2.10 对既有建筑边坡工程每一鉴定对象而言，剩余使用年限是指在正常使用和正常维护条件下，不需大修，鉴定对象就可完成预定功能的时间。

为使报告使用者方便地掌握边坡工程鉴定的成果，宜将鉴定成果按表 5.2.10 进行汇总。

5.3 调查与检测

5.3.1、5.3.2 既有边坡工程鉴定除应考虑下一目标使用期内可能受到的作用和使用环境外，还应考虑边坡工程已承受到的各种作用及其工作条件，以及使用历史上受到设计中未考虑的作用。例如边坡工程坡顶超载作用、灾害作用或临时性损伤等也应在调查之列。向周边居民调查有其特殊意义，由于居民与边坡工程的特殊关系，居民对周边环境的变化更为敏感，因此，应重视向边坡工程周边居民调查，了解边坡工程使用、维护和改造历史。

5.3.3 边坡工程上的作用是根据现行国家标准《建筑结构可靠度设计统一标准》GB 50068 和《建筑结构荷载规范》GB 50009 的相关规定及边坡工程作用特点确定的，其相关技术参数的取值应符合国家现行相关标准的规定。

5.3.4 在边坡工程鉴定中最关心的是鉴定对象是否安全，能否满足下一个目标使用期的要求，而鉴定对象的安全性与其所处气象环境、地质环境和工作环境密切相关，因此，应根据鉴定对象所处地区的特殊环境，对可能影响鉴定对象安全性的环境进行调查。

5.3.5 边坡工程所处环境类别和作用等级，应根据具体情况按国家现行相关标准的有关规定确定。

5.3.6 边坡工程及周边环境的变形、裂缝的调查、检测直接关系到边坡工程安全性鉴定，因此，应引起高度重视，本条给出了调查、检测的规定，同时鼓励采取新技术、新设备、新手段进行更有效的调查、检测鉴定对象及周边环境的变形和裂缝，在条件允许时，应对其变化趋势进行监测。

5.3.7 由于边坡工程现场检测受场地、地理和建筑环境、边坡高度等多种因素的影响确定合理的、符合实际情况的抽样检测标准是非常困难的，本条参考国家现行有关验收、检测标准规定了抽样的基本原则、检测内容、检测设备等要求。随着研究工作的深入开展和各地区边坡工程检测、鉴定经验的总结，各地区可根据本地区边坡工程特点编制相应的边坡工程检测技术地方标准，补充完善相应的检测规定。

5.4 鉴定评级标准

5.4.1 本条结合边坡工程特点，并综合现行国家标准《工业建筑可靠性鉴定标准》GB 50144 和《民用建筑可靠性鉴定标准》GB 50292 的有关规定，将边坡工程鉴定的评级按构件、子单元和鉴定单元分别进行评级，以鉴定单元的评定为最终目标。对处理范围而言，以构件、子单元和鉴定单元依次递进，根据三者的相互关系、连接构造、内在联系和当地成熟、有效的工程实践经验，工程技术人员可适当调整处理范围。

5.5 支护结构构件的鉴定与评级

5.5.1 为使用方便，本条给出了支护结构构件划分方法。

5.5.2、5.5.3 给出了单个构件安全性和使用性评级标准，对相应构件验算、评级时应按现行国家标准《建筑边坡工程技术规范》GB 50330、《工业建筑可靠性鉴定标准》GB 50144 和《民用建筑可靠性鉴定标准》GB 50292 等的有关规定进行。

5.5.4 锚杆是边坡工程中最常用也是最重要的支护结构构件之一，其安全性直接关系到鉴定对象的安全性及整体稳定性，其安全性评定应引起充分重视。由于锚杆构件属隐蔽构件，在现有技术手段条件下，实际检测其工作状态存在困难，因此，本条明确了应进行的基本检测工作。

需要说明的是当锚杆为全粘接性锚杆时，一般情况下锚杆抗拔试验只能检测非锚固段的抗拔承载性能，此时，应全面考虑已有工程建设年代、地质勘察资料、设计资料、竣工资料及其他类似工程经验，综合评定锚杆的实际工作性能。

5.5.5～5.5.8 基于本规范第 5.1.4 条同样的原因，具体检测、评定鉴定对象的耐久性是一件非常困难的工作。根据目前现有的技术条件、技术标准和检测手段，本规范第 5.5.5 条～第 5.5.8 条给出了一些可以具体操作的规定，在实际使用这些规定时，工程技术人员应充分考虑本地区同类边坡工程经验、建设年代、材料特性、地形地质环境、设计水平、危害后果的严重程度及当地边坡工程施工技术水平，综合评定边坡工程支护结构、构件的耐久性。

5.6 子单元的鉴定评级

5.6.1 由于支护结构中的地基基础埋置在岩土体中，具体的检测工作存在许多困难，目前的检测手段也非常有限，因此，借助国家其他现行标准的有关规定制定了地基基础子单元安全性评级标准。

5.6.2 支护结构子单元安全性评定包含支护结构的整体性、承载功能和变形二项具体内容。

随边坡支护结构类型、构造、连接的不同，支护结构发挥的效能有很大差别，不同地区、不同边坡工程设计单位均有不同的工程经验；当其连接构造和连接本身不满足支护结构有效传递外部作用时，应直接评定为 C_u 或 D_u 级。

当按支护结构承载性能和变形评定支护结构安全性等级时，除应考虑构件的评定等级外，还应考虑鉴定单元中支护结构的变形，不同变形表现了支护结构的不同安全状态，随岩土体特性的差异，支护结构变形控制指标也有很大差别，因此，各地区可根据本地区岩土体特性和当地工程实践经验，对已变形支护结构，当其变形严重影响支护结构安全性时，应直接评定为 D_u 级。

对支护结构子单元，应进行支护结构整体性评级、承载性能和变形评级，并将两种评级方式中的最低评定等级作为支护结构子单元的最终评定等级。

在具体界定子单元评级时，本规范参考现行国家标准《工业建筑可靠性鉴定标准》GB 50144、《民用建筑可靠性鉴定标准》GB 50292 的有关规定，规定在抽检构件的"构件集"中，不同等级构件数量所占比例作为判定等级的标准；由于不同类型建筑边坡工程复杂程度、规模大小、边坡高度、施工条件、施工质量和环境条件差异很大，当建筑边坡工程抽检构件数量不足时，应根据具体条件进行补充检测，扩大抽检的构件集（或按现行国家标准《建筑结构检测技术标准》GB/T 50344 中 C 类规定确定抽检构件数量，且抽检构件一定要有代表性），当检测数据离散性过大，无法进行批量评定时应全数检测。

5.6.3 附属工程中排水系统是否可以正常发挥功效将影响鉴定单元的安全性，工程实践经验表明，边坡

工程的垮塌事故多数与边坡的排水系统有关，全国各地边坡工程实践经验有所差别，因此，应结合各地的工程实践经验，考虑排水系统的完整性和实际排水功效及对地基基础、支护结构安全性的影响程度，评定附属工程子单元的安全性；当排水系统失效对地基基础、支护结构的安全性有较严重影响时，应根据其影响地基基础、支护结构承载功能和变形的程度，加之当地同类边坡工程经验对比，直接将其安全性评定为 C_u 或 D_u 级。

一般情况下护栏虽不影响边坡工程本身的安全性，但对边坡工程使用功能有一定影响，对人身安全性有较大影响；因此，当边坡工程护栏安全性不满足要求时，应单独指出其安全性等级，并采取相应的处理措施。

5.6.4 给出了子单元正常使用性评定标准。目前由于各种因素影响，支护结构中挡墙或混凝土挡板渗、漏水现象严重，既影响边坡工程美观，又可能影响挡墙、挡板的安全性，此类裂缝的评定标准还缺少国家现行标准的支撑，因此，在实际边坡工程使用性评定中，应结合本地区岩土体特性和当地工程实践经验，做适当调整。

5.7 鉴定单元的鉴定评级

5.7.1 鉴定单元稳定性鉴定评级是边坡工程安全性评定的重要组成部分，因此，编制了本规范附录 C。

5.7.2 本条在子单元评级及稳定性评级的基础上给出了鉴定单元安全性的评级方法。

5.7.3 本条给出了鉴定单元正常使用性评级方法。

6 边坡加固工程设计计算

6.1 一般规定

6.1.3、6.1.4 对既有支护结构、构件的几何尺寸和材料性能指标的取值做了明确规定。根据边坡工程加固程序，边坡加固设计前，既有支护结构、构件的相关参数应在边坡工程鉴定中通过实测等方式予以确定。

6.2 计算原则

6.2.1 本条根据不同加固方法的特点，对边坡加固工程设计计算进行了具体规定。

1 削方减载法、堆载反压法、加大截面加固法加固时，不会改变岩土参数和支护结构的传力途径，根据地勘单位提供的岩土参数，岩土侧压力仍按现行国家标准《建筑边坡工程技术规范》GB 50330 的相关规定进行计算；

2 注浆加固法加固仅改变岩土参数。全面加固前，先进行试验，试验地段的岩土参数实测值作为计

算岩土侧压力的依据;

    3 当仅考虑新增支护结构抗力时,按一个新的边坡工程进行设计;

    4 新增支护结构与原支护结构形成组合支护结构对边坡进行加固,在边坡加固工程中较为常见,共同受力时新、旧支护结构如何发挥作用缺乏明确的规定。本章根据新、旧支护结构形式的不同组合,提出了具体的计算方式和相应的计算参数,便于实际工程使用。

6.2.2 本条规定了采用锚固加固法、抗滑桩加固法加固,新、旧支护结构共同受力时,组合支护结构抗力计算的相关规定。根据现行国家标准《建筑边坡工程技术规范》GB 50330 修订版的有关规定,边坡工程稳定性、变形及构件强度等计算时,应采用不同的荷载效应最不利组合,相应的抗力取值分别为特征值和设计值。本条提到的组合支护结构抗力则为特征值和设计值的统称,边坡加固计算采用抗力特征值或是抗力设计值应按现行国家标准《建筑边坡工程技术规范》GB 50330 修订版的有关规定执行。

    1 组合支护结构中新增支护结构和原支护结构抗力的发挥程度受加固方法、原支护结构现状等多种因素影响,加固设计时应根据本章具体规定分别计算各自有效抗力;

    3 本款公式主要表达新旧支护结构共同受力时,抗力大于作用的基本概念。

原支护结构有效抗力通过鉴定报告提供的有关参数计算确定,不再作折减。当加固前原支护结构构件处于高应力状态且无法进行有效卸载和检测鉴定确认时,原支护结构有效抗力的利用应慎重。新增支护结构抗力则由于加固后支护结构因二次受力存在应变滞后,难以充分发挥。本条根据支护结构形式和加固方法分别采用不同的抗力发挥系数来考虑应变滞后对新增支护结构抗力发挥的影响。采用此方法计算抗力一是便于设计人员理解和应用,同时又与国家混凝土结构加固规范和砌体结构加固规范的加固计算思路一致。

6.2.3 边坡加固工程设计时,原有支护结构及构件还能发挥多少作用,应依据边坡工程鉴定报告中提供的实测或明确的计算参数确定。本条明确了结构构件尺寸和材料强度的选取原则。

6.2.4 目前的鉴定检测技术尚难以对边坡工程进行全面精确的测试,岩土工程的可变性更增加了鉴定的难度。因此,对影响边坡整体安全的支护结构、构件的施工质量存在怀疑且难以通过鉴定查明时,原支护结构、构件有效抗力计算不宜考虑其有利作用。

    1 支护结构基础位于潜在滑面之上时,边坡整体稳定无法得到保证,支护结构也无法发挥作用。此时不应考虑原支护结构的作用;

    4 支护结构鉴定单元属于严重不符合国家现行

安全性标准时,其中满足安全性要求的构件依然可以在组合支护结构中作为新增支护结构的构件发挥作用。当结构重量对边坡稳定起有利作用时,应考虑其作用。

6.2.6 岩土侧压力分布和支护结构的变形密切相关。一般来讲,采用被动式加固方法时,加固后作用于组合支护结构的岩土侧压力分布可采用原支护结构岩土侧压力分布;采用主动式加固方法时,若原支护结构为锚杆挡墙,岩土侧压力分布可采用锚杆挡墙的岩土侧压力分布图形;原支护结构为重力式挡墙、桩板式挡墙、悬臂式挡墙等时,若在挡墙顶部附近增设锚杆约束变形,作用于支护结构的岩土侧压力分布可采用梯形或矩形分布图形。

6.3 计 算 参 数

6.3.1 鉴于目前国内外边坡加固的相关实测数据、试验资料较少,本节在确定新增锚杆及传力结构的构件抗力发挥系数时,借鉴国家现行相关加固规范的成果,主要考虑了边坡安全性鉴定结果、新旧结构构件结合程度、加固后支护结构的应力应变滞后等因素的影响。

对边坡加固工程中最为常用的锚固加固法加固支护结构,本条明确了各种不同形式支护结构抗力发挥系数取值。

重力式挡墙刚度一般较大,新增非预应力锚杆时,同样变形锚杆承担的拉力较小,所以锚杆抗力发挥系数折减较多。

悬臂式、桩板式挡墙的自身变形较大,新增非预应力锚杆更容易与之协同工作,所以锚杆抗力发挥系数折减比重力式挡墙少。

锚杆挡墙加固时,新增非预应力锚杆抗拉刚度较小,在边坡新的变形下其应力应变滞后严重,新增锚杆发挥作用小,因此锚杆抗力发挥系数折减最多。另外,锚杆挡墙安全性鉴定时,锚杆作为关键构件,直接决定其安全性等级。当为 B_{su} 级时,说明锚杆是满足安全性要求的,加固部位只会出现在锚肋、挡板等相对次要部位。此时,采用加大截面法等加固是最经济合理的选择,无需增设锚杆。因此,表 6.3.1 未列出 B_{su} 级时锚杆抗力发挥系数。

岩石锚喷边坡加固时,较完整岩石中采用锚杆加固,其应力应变滞后小,因此锚杆抗力发挥系数折减最少。另外,岩石锚喷边坡安全性鉴定为 B_{su} 级时,说明锚杆是满足安全性要求的,加固部位只会出现在面板等相对次要部位。此时无需增设锚杆,因此表 6.3.1 未列出 B_{su} 级时锚杆抗力发挥系数。

锚杆工程土层为锚固段时,锚杆变形量大且土层提供锚固力不如岩层可靠度高,因此对抗力发挥系数进行了适当降低。

预应力锚固加固法对原支护结构有卸载作用,锚杆抗拉刚度大，有利于消除应力应变滞后，充分发挥新增支护结构的作用，所以折减少。实际工程应用时，应注意避免张拉控制应力过大，对原支护结构带来损伤或对原支锚杆等产生的过多卸载作用，影响原支护结构有效抗力的发挥。

6.3.2 本条明确了抗滑桩加固法加固两种支护结构时抗力发挥系数取值。抗滑桩加固法用于地基稳定性加固时，不应执行本条，应按国家边坡规范相关内容计算。

7 边坡工程加固方法

7.1 一般规定

7.1.1 本规范仅列出常用的几种加固方法。由于岩土工程地域性强，各地工程技术人员可结合规范中有关的加固设计原则，采用当地成熟、可靠的加固方法对边坡进行加固。

7.1.2 水对边坡工程安全性危害大。由于水软化岩土的物理力学指标，支护结构承担岩土侧压力增大，安全性降低。工程中边坡安全事故的发生大都是水的不良作用诱发的。加强边坡排水、防渗措施，有利于保证边坡的长期安全，是各种加固处理方法中的必要辅助措施。边坡绿化则是园林化城市建设的需要。

边坡加固应遵守动态设计、信息法施工的原则。因此，本条再次强调了边坡加固过程中对周边建筑物监测的必要性。

7.2 削方减载法

7.2.1 削方减载法适用于有削方条件、不危及后缘坡体整体稳定性及邻近建构筑物、管线、道路及场地等安全和正常使用的情况。

7.2.2 本条规定了几种情况不宜采用削方减载法。原因是这几种情况受开挖放坡条件限制，仅采用削方不能使需加固的边坡工程达到稳定或仍将影响坡顶邻近建筑物及管线等的安全和正常使用。

7.2.3 本条规定了削方减载法设计的具体内容及要求。

7.2.4 有条件采用削方减载法对既有边坡工程进行加固时，削方减载后使拟加固的边坡工程稳定性满足要求，也需对新形成的坡脚及坡面进行保护。对稳定性不满足要求的及新形成的开挖边坡均应按国家现行有关标准的规定进行支护处理。

7.2.5 本条规定了采用削方减载法时现场施工顺序及有关要求。现场施工时，应根据工程的具体情况、边坡的稳定性及现场条件等确定施工顺序，并做好临时封闭、截排水、开挖临时放坡、弃土弃渣及安全施工等有关工作。

7.3 堆载反压法

7.3.1 堆载反压法通过在既有边坡工程坡脚堆载反压，使拟加固的边坡工程满足预定功能的一种直接加固法。

堆载反压法适用于坡脚有堆载反压的空间及位置，并不影响邻近建筑物、管线及场地功能等的情况。

7.3.2 本条规定了堆载反压法设计的具体内容及要求。

7.3.3 应急抢险过程的堆载反压体作为边坡永久性加固工程使用时，应复核其能否满足永久性的要求，并根据具体情况采取适当的处理措施。

有条件采用堆载反压法进行加固的边坡工程，需对新形成坡面及坡脚进行保护，对稳定性不满足要求的及新形成的开挖边坡尚应按国家现行有关标准的规定进行处理，确保堆载反压满足加固的要求。

7.4 锚固加固法

7.4.1 锚固加固法用于有锚固条件的工程主要是指新增锚杆或锚固体系具有可施作的场地以及周围建筑物的基础、管线、工程地质、水文地质条件满足锚杆施工和承载力的要求等；锚杆作用的部位、方向、结构参数、间距和施作时机可以根据需要较为方便地进行设定和调整，能以最小的支护抗力，获得最佳的稳定效果，因此对于边坡的稳定、支护结构抗滑移、抗倾覆等加固具有良好的适应性和加固效果，技术经济效益显著。

7.4.2 由于锚固法具有施工简便、及时提供支护抗力、对原有支护结构扰动小，显著节约工程材料并充分利用岩土体的自身强度的特点，因而在边坡工程加固中优先采用。对于高大的岩质边坡、变形控制要求较高的边坡由于预应力锚杆及时提供支护抗力，控制支护结构及边坡的变形，能提高边坡的稳定性和施工过程的安全性，成为不可或缺的加固手段之一；对施工期间稳定期较差或者无开挖条件的边坡工程，采用锚杆和预应力锚杆不但能减少变形，而且增加边坡软弱结构面、滑裂面上的抗剪强度，改善其力学性能，有利于边坡的稳定；国内外地震对锚固边坡稳定性的影响研究和调查（尤其是四川汶川大地震边坡失稳工程调查）结果表明：由于锚杆具有良好的延性，将结构物或边坡不稳定地层与稳定地层紧密地锁在一起，形成共同的工作体系，采用预应力锚杆进行加固且锚杆的工作状态良好的边坡工程及大坝工程基本上都处于稳定状态。因此规定采用预应力锚杆对抗震设防烈度较高地区的边坡及构筑物进行加固，有利于提高其抗震性能和安全性。

7.4.3 锚杆锚固段设置在软弱土层或经处理也不能满足锚固要求的地层中，会引起显著的蠕变而导致锚杆预应力值降低，或因锚固段注浆体与土层间的摩阻强度过低无法满足设计要求的锚固力；由于地层对钢筋和灌浆体的强腐蚀性，降低了锚杆的使用寿命，导致边坡存在安全隐患和边坡稳定维护成本的增加；填方锚杆挡墙垮塌事故经验证实，锚杆自由段处在欠固结的新填土边坡及竖向变形较大的边坡工程中，在锚杆施工完成后，随着填土的固结和沉降，竖向变形加大，导致锚杆的拉压力增加和对挡墙附加推力增加，不利于边坡的稳定，因此根据上述分析，对不适于锚杆的情况进行了规定。

7.4.4 本规定给出了新增锚杆承载力、数量、间距等的确定方法。

锚杆布设的位置与方位要充分考虑边坡可能发生的破坏模式、支护结构抗滑移、抗倾覆和强度等要求，锚杆位置布设于边坡作用力合力点，能使其最大限度提高抵抗滑移或倾倒破坏的抗力。

新增锚杆与原支护体系中锚杆的间距过密，会引起群锚效应，从而降低了锚杆的承载能力，不能充分发挥新增锚杆与原支护体系中锚杆的作用；锚固段穿过滑裂面或潜在滑裂面不小于 2m 有利于锚固的可靠性，并参考国内外的岩土锚杆规范所做的规定。

锚杆传力构件具有足够的强度和刚度，是为了避免传力构件局部损坏和坡面地层因压缩变形而导致锚杆作用效果降低或不能将锚固力有效地传至稳定地层中。

7.4.5 精轧螺纹钢筋是在整根钢筋上轧有螺纹的大直径、高强度、高尺寸精度的直条钢筋，可在任意截面上通过内螺纹连接器进行加长或者采用螺母进行锚固，具有连接、锚固简便、利于重复张拉、与胶凝材料粘结力强、施工方便等优点；钢绞线具有强度高、低松弛、可重复张拉、与钢筋相比可大量节省钢材且便于运输和现场施工的特点，此外预应力锚杆杆体采用精轧螺纹钢筋、无黏结钢绞线时，可根据监测结果较方便地进行预应力调整，进行边坡动态设计与施工；新增锚杆由于控制变形和加固的要求，预应力锁定值为锚杆拉力设计值；对于被锚固支护结构位移控制值较低时，尤其是软土深基坑工程、蠕变较大的软岩高边坡工程，其周围无建筑物或者变形不影响周围建筑物的安全，在某些情况下，由于支护结构变形，锚杆预应力增加约 35%～50%，有些锚杆的筋体甚至断裂（锦屏Ⅰ、Ⅱ电站两岸高边坡采用预应力锚杆加固，由于岩石蠕变变形过大而导致筋体断裂）。因此在被锚固结构允许产生一定变形的工程，锚杆初始预应力（锁定荷载）取为锚杆拉力设计值的 75%～90%。

7.4.6 通过对国内外边坡工程中锚杆腐蚀破坏的实例调查研究表明，锚杆的断裂部位主要位于锚头附近。保护层开裂，由于大气水的渗入，导常导致锚头腐蚀，因此本条对已有锚杆锚头出现锈蚀以及保护层开

裂进行修复处理进行规定，以便保证锚杆的长期锚固性能。

7.4.7 由于钻孔用水会软化边坡岩土体，引起其岩土体物理力学参数下降，导致边坡的变形加大，降低边坡的稳定性，因此，本条规定，对于水钻成孔导致边坡的变形加大、稳定性降低较为明显时，采用干钻成孔；锚杆预应力张拉过程会出现应力集中，可能引起原支护结构局部损坏或压缩变形，因此在张拉时，不但要分级张拉到位，同时需加强对原支护结构及构件变形的监测。

7.5 抗滑桩加固法

7.5.1 边坡滑动或有潜在滑面时，采用抗滑桩加固效果好，也是岩土工程界常用的加固措施。支护结构稳定性或强度不足、边坡滑移引起支护挡墙失稳时，采用抗滑桩加固法既可加固地基，又可加固支护结构。

7.5.2 抗滑桩悬臂长度一般不宜超过 15m。当悬臂长度较大时，桩身配筋大，桩顶位移大，经济性差。此时，在桩顶附近增设预应力锚杆，改善桩的受力状况，桩身配筋和桩顶位移显著减小。另外，当加固需要对桩顶位移进行严格控制时，桩顶增设预应力锚杆也是非常有效的。抗滑桩与预应力锚杆结合，可充分发挥桩身强度和锚杆抗拉能力强的优点，是岩土工程中常用的处理措施之一。

7.5.3 埋入式抗滑桩设计时应控制桩顶标高，避免岩土体从桩顶滑出。当没有设置桩间挡板时，应控制桩间距离，避免土体从桩间滑出。当地基存在多个软弱面时，应将桩伸过深层软弱面，避免因桩长度不够对边坡未能全面加固，存在产生深层滑动的可能。

7.5.4 抗滑桩施工阶段因对边坡进一步扰动，边坡的稳定性处于相对较低时期。施工采取跳槽开挖等措施尽量减少对边坡的扰动，有利于保证施工期间边坡的安全。

7.6 加大截面加固法

7.6.1 支护结构、构件截面尺寸不满足支护结构稳定性或强度要求时，可采用混凝土或钢筋混凝土加大构件截面尺寸，以满足支护结构整体稳定性和构件强度的要求。

支护结构的地基承载力或基础底面积尺寸不满足设计要求时，可采用混凝土或钢筋混凝土加大基础截面，以满足地基承载力和变形的设计要求。

7.7 注浆加固法

7.7.1 注浆法通过将浆液注入岩土体内，将原来松散的土颗粒胶结成一个整体，或者通过填充岩石裂隙，将因裂隙切割的岩石胶结在一起，从而提高岩土的物理力学性能。但由于注浆参数难以把握，注浆效

果检测手段目前均不够理想，注浆加固法更适合作为边坡加固中提高边坡工程稳定性的补充措施，与本规范所述的其余加固法一起使用。

7.7.2 注浆设计前应弄清场地能否采用注浆处理、适合采用何种注浆材料和多大压力、预计的注浆量以及注浆处理后强度增加或渗透性减小的程度等。

边坡注浆堵塞的泄水孔应重新采取清孔措施，同时应控制注浆压力，避免注浆过程中边坡稳定性降低或对支护结构带来新的损伤。

注浆浆液的扩散半径与浆液的流变特性、注浆压力、胶凝时间、注浆时间等因素有关。理论计算的扩散半径与实际往往相差很大，有条件时进行现场注浆试验确定相关参数对设计和施工更有指导意义。

渗透注浆是在很小的压力下，克服地下水压和土的阻力，渗入土体的天然孔隙，在土层结构基本不受扰动和破坏的情况下达到加固的目的。

注浆加固地基时，增加的注浆宽度是参照有关地基基础处理规范而来，其目的是有利于保证对地基持力层的有效加固。

7.7.3 注浆施工合理性是确保注浆加固效果的重要环节。施工过程中对注浆压力、注浆流量的监测和调整则是提高注浆质量的关键。

注浆施工包括注浆机械的选择、注浆方法的选择、确定注浆次序和进行注浆控制。其中注浆控制可以采用过程控制，即通过调整浆液性质和注浆压力、流量，把浆液控制在所要处理的范围内；也可采用质量控制方法，通过注浆总量、注浆压力、注浆时间等的控制，达到注浆加固的要求。

7.7.5 浆液过量流失大都伴随着注浆压力不升、吃浆不止的情况，多为岩土层内部特殊的岩土结构等原因造成的。因此，选用处理方法时应根据不同的地质情况，采用不同的处理方法。

7.7.6 注浆质量的好坏应通过合适的检查方法检验。轻型动力触探、静力触探、钻孔抽芯等方法存在仅能反映检查一点的加固效果的局限性，电阻率法、声波法等存在难以定量和直接反映检查效果的缺点，对地基整体加固效果的检查目前尚无有效的方法。相比之下，采用现场载荷试验检验注浆加固效果，在一定范围内较能反映实际现状，但其检验费用相对较高，时间也较长，对重要工程为确保工程安全，采用此方法检验是合理的。

7.8 截 排 水 法

7.8.1~7.8.9 本节的截排水加固法主要适用于既有边坡工程出现问题的主导原因是地下水及地表水。采用此法基本能达到加固目的，而不需在采取其他加固措施的情况。当然，一般情况下还宜对原有支护结构采取必要的加固措施。

本节针对不同的情况提出了系统、合理的截排水

设置及构造要求等。设计时应根据工程的具体情况，合理地布设截、排水措施。

地表水渗入既有边坡工程坡体，产生水压力，增加坡体的重量，增加滑动力，同时降低了潜在滑面的抗剪强度，对边坡稳定是不利的。

采用截排水法加固时，应遵循地表截、防、排水与地下排水相结合，以地下排水为主，地表截、防排水为辅，有机结合的原则。通过截、防、导、排，尽可能降低边坡地下水位，减小渗水压力，改善边坡稳定条件，提高边坡稳定性。

对于坡体以外的地表水，层层修建截水沟、排水沟。在坡体范围内的地表水，对地表尤其是裂隙及渗水强的部位进行封闭、封堵，低凹积水地方进行填平，顺地表水集中的地方设排水沟排走地表水。对地下水，根据坡体的岩土情况及渗透性等采用盲沟（洞）、斜孔进行排水。

8 边坡工程加固

8.1 一 般 规 定

8.1.1 本条明确了既有边坡工程加固方案选择时应考虑的主要因素。

8.1.2 需进行加固的既有边坡工程出现问题的情况及原因较多，应根据工程的具体情况选择适宜的加固方案。可采用一种或多种加固方法组合进行加固。

加固方案应考虑与原有结构协调工作、尽量利用原有结构、易于场地施工、经济、有效等因素综合确定。应注重工程环境、条件和技术难度上的可实施性，不得危及工程周边相关建筑的安全。

8.1.3 新增支护结构可以与原有边坡支护结构结合协调受力，也可独立受力，分别发挥作用，达到整体加固的目的。

8.1.4 原支护结构能发挥作用的尽量发挥其作用，同时新增加的支护结构不应或尽量少影响原有结构发挥作用。为使原结构充分发挥作用和新增支护结构发挥相应的作用，宜优先采用有利于与原支护结构协同工作的、主动受力的结构形式。

原支护结构的安全性较低时，加固设计应考虑边坡工程损坏的时间效应，应选择施工过程不影响原支护结构稳定的加固方案，防止施工过程中边坡失稳。

8.1.5 本条规定的这几种情况，采用预应力锚索加固有利于新增支护结构提前进入工作状态，发挥作用，也有利发挥原有支护结构的作用，更有利于控制整个边坡工程及支护结构的稳定及变形。因此，在条件可能的情况下应优先采用预应力锚索加固。

8.1.6 边坡变形大、开裂严重及原有支护结构的主要受力构件应力水平高时，为使新增支护结构发挥主导作用，同时防止高应力构件发生超应力状态，应优

先对高压力构件进行卸载，降低其应力水平。卸载的方式有预应力锚杆加固、坡顶削方减载及坡脚堆载反压等。

8.2 锚杆挡墙工程的加固

8.2.1 根据国内外大量锚杆挡墙工程调查，锚杆挡墙工程损伤、破坏方式及原因概述为以下8大类型，以便有针对性地制定综合处理方案进行加固：

1 在岩土推力作用下，锚杆挡墙整体失稳；

2 锚杆杆体强度、锚固段抗力及外锚头锚固力等不足造成锚杆承载力不满足设计要求，锚杆挡墙出现变形和开裂；

3 锚固总抗力不足或锚杆非锚固段过长等因素使锚杆挡墙外倾变形量超过设计允许值；

4 锚杆挡墙肋柱、排桩、格构梁的强度和刚度不足或混凝土强度等级过低，不满足承载力要求，出现变形和开裂；

5 锚杆严重腐蚀，造成锚杆承载力不足，安全系数不满足设计要求；

6 锚杆挡墙肋柱、排桩、基础承载力不满足要求，挡墙出现严重的沉降和倾斜；

7 锚杆挡墙挡板的强度和刚度不满足设计要求，出现的变形和开裂；

8 锚杆挡墙的排水系统功能失效，在水的作用下，岩土压力增大，导致挡墙变形和开裂。

锚杆挡墙工程失稳诱发因素很多，因此在考虑技术、经济、保护环境等因素的情况下，应优先采用锚固加固法。

8.2.2 根据锚杆挡墙工程破坏的原因和结构构件的鉴定结果，在肋柱上增设锚杆，不但可以提高锚杆挡墙的稳定性，同时也可以减小肋柱的变形；对于原锚杆挡墙工程中由于肋柱间距过大及锚固总量不够而导致锚杆挡墙失稳，可以采用以下两种方法来提高锚杆挡墙的抗力：（1）在原肋柱之间增设新的肋柱；（2）在原肋柱之间增设横梁和锚杆。

新增锚杆的位置与原支护体系中锚杆应有一定的间距，以避免群锚效应，新增锚杆初始预应力的大小应考虑原支护体系的锚杆的锚固力的大小，新增锚杆的锁定预应力值宜与其周围锚杆预应力一致，以有利于新旧锚杆共同发挥锚固作用。

8.2.3 对于采用抗滑桩方法加固的锚杆挡墙工程，新增抗滑桩和挡板（肋柱）间设置可靠的传力构件（或者采用紧贴挡板原位浇注），有利于原支护体系中的挡板（肋柱）与新增抗滑桩之间土压力的传递、协调变形与施工。

抗滑桩悬臂较高或边坡岩土体作用力较大时，采用锚拉桩加固法是被动加固与主动加固相结合的综合治理方法，有利于控制由于边坡岩土体作用力过大抗滑桩顶部的变形，避免其倾倒破坏，并有利于减少桩

身配筋，提高其经济性。

8.3 重力式挡墙及悬臂式、扶壁式挡墙工程的加固

8.3.1 挡墙的主要载荷是土压力和相关的外来载荷，随着其使用时间的增长，挡土墙的外观质量、稳定性就可能会减弱，出现墙面开裂、鼓胀甚至不同程度的失稳现象。由于挡墙所承受的外部载荷环境、回填土性质、地质条件不同，因而，挡墙出现结构损坏、失稳的原因和所采用的加固方法也不尽相同，本条列出了几种有代表性的加固方法。

在实际工程中，重力式挡墙的加固除采用本条所述方法外，可根据挡墙的受力特点和具体情况，采用安全、经济、便捷的加固处理措施。如当重力式挡墙为俯斜式、直立式挡墙时，可通过采用加大截面法将部分高度挡墙挡土面调整为仰斜状，减小加大截面段墙后土压力，以达到对挡墙加固的目的；当重力式挡墙为衡重式挡墙，墙后存在稳定岩土边坡时，可采取在衡重台处增设钢筋混凝土卸荷板的加固措施，降低土压力。

8.3.2 本条列出了锚固加固法用于重力式挡墙加固时的基本规定。

8.3.3 当重力式挡墙截面尺寸不够时，可采用墙前或墙后加大截面宽度，也可墙前和墙后同时加大截面宽度。加大截面尺寸范围可以是挡墙的局部高度区域。

挡墙或基础采用钢筋混凝土时，加大截面部分混凝土浇筑前，应采取凿毛处理、植入拉结钢筋等措施，保证新、旧混凝土结合成为整体。当挡墙为砌体材料时，应先剔除原结构表面疏松部分，对不饱满的灰缝进行处理，加固部位采取设水平齿槽或锚筋等措施，保证新加混凝土与挡墙结合成为整体。

基槽开挖施工阶段，挡墙的稳定性会削弱。采取分段跳槽施工，可减少挡墙同时受扰动的范围，避免坑槽内地基土暴露过久引起原基础产生和加剧不均匀沉降，甚至危及挡墙的安全。

8.3.4 采用抗滑桩加固时，抗滑桩与重力式挡墙之间水平力的可靠传递是关键。当抗滑桩无法紧贴挡墙时，可将桩与挡墙之间的土体置换为现浇混凝土。

8.3.5 本条规定了采用锚固加固法对悬臂式、扶壁式挡墙工程进行加固时的方案及一些构造要求。

1 对扶壁式挡墙，锚杆宜设于扶壁的两侧，也可设于挡墙的中部；

2 锚杆应锚固于挡墙后的稳定地层内；

3 锚杆的外锚固部分与原支护结构间应设传力构件；当已有挡墙挡板不满足加固锚杆的传力时，可设格构梁、肋或增厚挡板；

4 对边坡挡墙工程变形较大或需控制挡墙变形时，宜采用预应力锚索进行加固；

8.3.6 悬臂式、扶壁式挡墙的结构构件包括扶壁、

立板（或称面板）、墙趾板和墙踵板，是混凝土结构构件，无特殊性，可完全按现行国家标准《混凝土结构加固设计规范》GB 50367 的有关规定进行加固，以满足其受力要求。

8.4 桩板式挡墙工程的加固

8.4.1 本条列出了几种有代表性的加固方法。对施工期间因多种原因造成部分已施工桩或挡板不满足安全要求时，还可根据实际情况采用加大截面加固法、墙后部分土体材料置换（当未填土时）等措施，必要时结合本条所列的加固方法。

8.4.2 桩板挡墙通常采用悬臂桩，桩顶位移过大引起的周边建筑、市政设施损坏的情况较多。采用预应力锚杆加固，可有效控制桩顶位移。

8.4.4 新增抗滑桩与原桩基距离过近，施工期间对原桩基可能会产生不利的影响，削弱其埋入岩土层段的嵌固效果。

抗滑桩与桩板式挡墙排桩之间在桩顶应设置后浇的钢筋混凝土连系梁，提高桩受力的整体性。

8.5 岩石锚喷边坡工程的加固

8.5.1 对需进行加固的岩石锚喷边坡工程，应根据加固工程地质勘察报告、边坡加固工程鉴定和加固后边坡工作状态，分析边坡破坏模式，根据破坏模式，兼顾已有边坡现状，选择合理的加固设计方案。

本条规定了岩石锚喷边坡工程整体稳定性不满足要求时，可根据现场情况采用一种或多种加固法组合进行加固。

损坏的锚杆属于明确鉴定时，则按局部加固。损坏的锚杆属于不明确鉴定时按普遍性加固。加固锚杆的布设及构造应按现行有关规范执行。

8.5.2 岩石锚喷边坡喷射混凝土面板作为局部受力构件或封面构件，可采用锚杆加固法和置换法进行加固。格构梁应根据其受力按国家现行混凝土构件进行加固。

对损坏的喷射混凝土面板，将失效部分混凝土和已经风化的表层岩面清除干净；已损坏部分原有板内钢筋已经锈蚀时，用同等级和直径钢筋替换，采用焊接或植筋的方法将加固钢筋与原结构或钢筋连接；新喷射混凝土的强度等级应不低于原有混凝土的强度等级且不低于C20；加固部分的喷射混凝土挡板厚度不小于原喷射混凝土挡板的厚度，且不应小于100mm。

8.6 坡率法边坡工程的加固

8.6.1 对需进行加固的坡率法边坡工程，应根据加固工程地质勘察报告、边坡加固工程鉴定和加固后边坡工作状态，分析边坡破坏模式，根据破坏模式，兼顾已有边坡现状，选择合理的加固设计方案。

本条规定了坡率法边坡工程整体稳定性不满足要

求时，可根据现场情况采用一种或多种加固法组合进行加固。

8.6.2 本条规定了坡率法边坡工程局部稳定性不满足要求时，需根据工程情况及条件采用混凝土格构式锚杆加固法、锚钉格构护坡、砌块护坡、绿化护坡等进行加固。

8.7 地基和基础加固

8.7.1 现行行业标准《既有建筑地基基础加固技术规范》JGJ 123 中的有关加固方法通常也适用于支护结构地基加固。对基础偏心受力引起的地基竖向承载力不够，有锚固条件时，也可采用锚固加固法调整支护结构的偏心受力，达到对地基加固的目的。

8.7.2 桩板式挡墙排桩、抗滑桩等以悬臂受力为主的支护结构对地基的水平承载力要求相对较高。地基水平承载力不足会削弱地基对桩的嵌固作用，造成桩顶位移加大，严重时会造成桩前被动土压力区地基土被挤出破坏，支护结构整体作用失效。实际工程应用表明，采用锚固加固法，在支护结构或基础上增设锚杆，是解决地基水平承载力不足的有效加固方法，也为广大岩土工作者所接受。

地基水平承载力不满足支护结构受力需要，造成的后果多伴随着支护结构本身不满足使用要求，选择加固方法时应兼顾地基和支护结构的加固。

9 监 测

9.1 一 般 规 定

9.1.1 当边坡加固工程施工中产生变形对坡顶建筑物安全有危害时，应引起高度重视，及时对其可能威胁的保护对象采取保护措施，对加固措施的有效性进行监控，预防灾害的发生及避免产生不良社会影响；因此，本条作为强制性条文应严格执行。

对既有建筑边坡工程进行加固施工前，设计单位应明确指出被保护对象内可能被危害的保护对象，并给出具体监测项目要求。

9.1.2、9.1.3 当出现下列情况的边坡加固工程应按一级边坡工程进行变形监测，且提出了监测的具体要求。

1 超过本规范适用高度的边坡工程；

2 边坡工程塌滑影响区内有重要建筑物、稳定性较差的边坡加固工程；

3 地质和环境条件很复杂、对边坡加固施工扰动较敏感的边坡加固工程；

4 已发生严重事故的边坡工程；

5 采用新结构、新技术的边坡加固工程；

6 其他可能产生严重后果的边坡加固工程。

对边坡加固工程施工难度大、施工过程中易引发事故或灾害的边坡加固工程的变形监测方案应进行专门论证，预防边坡加固过程中产生新的灾害。

9.1.5 边坡工程及支护结构变形值的大小与边坡高度、地质条件、水文条件、支护类型、加固施工方案、坡顶荷载等多种因素有关，变形计算复杂且不成熟，国家现行有关标准均未提出较成熟的计算理论。因此，目前较准确地提出边坡加固工程变形预警值也是困难的，特别是对岩体或岩土体边坡工程变形控制标准更难提出统一的判定标准，工程实践中只能根据地区经验，采取工程类比的方法确定。在确定具体监测内容和要求时，宜由设计单位提出初步意见，再与边坡加固工程变形监测有关的单位共同协商最终确定边坡加固工程监测方案。

9.2 监测工作

9.2.1～9.2.3 为规范边坡加固工程变形监测工作，给出了监测方案的具体要求及监测对象、项目的选择要求，供相关工程技术人员参考使用。

9.2.4～9.2.11 为了使边坡加固工程监测工作有法可依且可以有效实施，给出了变形观测点布置应执行的国家现行有关标准、相应监测项目、监测要求的最低标准，同时给出了监测频率的一般规定，其目的是避免边坡加固工程监测工作实际操作中缺乏统一的监测规定，随意布置变形观测点或随意增加无效观测点的现象，在满足实际工程需求的前提下，减少社会资源和财富的浪费。

9.2.12 基于本规范第 9.1.5 条同样的原因，边坡加固工程监测预警的控制是一件非常困难的工作，关系到社会资源、人力、物力的调配，预报不及时或不准确，其生产的后果都是严重的，在参考了国家现行相关标准和有关边坡工程实践后，给出了预警预报的一般要求。在实际使用中，监测单位应根据边坡加固工程自然环境条件、危害后果的严重程度、地区边坡工程经验（如发现少量流砂、涌土、隆起、陷落等现象时的处理经验）及同类边坡工程的类比，慎重、科学地作出预警预报。

9.3 监测数据处理

9.3.1、9.3.2 通过对已有边坡工程监测报告的调查发现，监测数据的处理方法、表达形式差异极大，且不规范，为统一监测数据的处理方法，表达方式特做此规定。

9.4 监测报告

9.4.1、9.4.2 从对已有边坡工程监测报告的调查发现，监测报告形式繁多，表达内容、方式各不相同，报告水平参差不齐现象十分严重，造成了社会资源的无端浪费，为规范、统一边坡加固工程监测报告的编制特做此规定。

10 加固工程施工及验收

10.1 一般规定

10.1.1 既有边坡工程的加固，由于各种原因容易造成施工安全事故，所以施工方案应结合边坡的具体工程条件及设计基本原则，采取合理可行、有效的综合措施，在确保边坡加固工程施工安全、质量可靠的前提下施工。

10.1.2 对不稳定或欠稳定以及出现较大变形的边坡工程，施工前须采取措施增加边坡工程的稳定性，确保施工安全。采取特殊施工方法时，应经设计单位许可，否则严禁无序大开挖、大爆破作业施工，预防加固施工中造成边坡工程垮塌。

10.1.3 边坡工程实践证明，在坡顶超载堆放施工材料、施工用水，经常引发边坡工程事故，为此，作此规定预防超量堆载危及边坡工程稳定和安全。

10.1.5 加固边坡工程应根据其特殊情况或设计要求，施工单位应将监控网的监测范围延伸至相邻建筑物或周边环境进行自检监测，以便对边坡加固工程的整体或局部稳定做出准确判断，必要时采取应急措施，保障施工安全及施工质量；雨期施工时，应加强监测、巡查次数。

10.1.6 由于边坡加固工程的特殊性，同时要执行信息施工法，故施工方案应经地勘及设计单位等认可。

地勘及设计单位对施工方案进行审查，主要是审查施工顺序及施工方案等是否与现场情况相符、是否会影响施工质量及施工期的安全等。

10.1.7 信息施工法是将设计、施工、监测及信息反馈融为一体的施工法。信息施工法是动态设计法的延伸，也是动态设计法的需要，是一种客观、求实的工作方法。边坡加固工程，应使监控网、信息反馈系统与动态设计和施工活动有机结合在一起，及时将现场边坡地质变化、变形情况反馈到设计、施工单位，以调整设计参数与施工方案，指导设计与施工，从而确保施工期间边坡加固工程安全。

10.2 施工组织设计

10.2.1 边坡加固工程的施工组织设计是贯彻实施设计意图、确保工程进度、工程质量和施工安全、指导施工的主要技术文件。施工单位应认真编制，严格审查，实行多方会审制度。方案中应有施工应急控制措施和实施信息法施工的具体措施和要求。

10.3 施工险情应急措施

10.3.1 当施工中边坡加固工程出现险情时，施工单位应及时采取相应措施处理，并向设计等单位反馈信息，未经许可不得继续施工，避免出现工程事故。

附录 B 支护结构地基基础安全性鉴定评级

B.1 一般规定

B.1.1～B.1.4 任何工程的地基基础一般均为隐蔽工程，实际现场检测工作受周边环境、场地条件、检测设备、检测方法等多种因素影响，实际支护结构地基基础的检测存在很大困难，因此，岩土体参数应按边坡加固工程勘察报告确定；同时根据地基基础变形观测资料、上部支护结构反应、当地工程实践经验，结合有关验算，评定支护结构地基基础的安全性。

支护结构地基基础包括地基及基础二个项目，其安全性以地基及基础二个项目中的最低评定等级作为地基基础的安全性等级。

B.2 地基的鉴定评级

B.2.1 本条参考国家现行有关标准给出了边坡工程地基检验的基本要求。

B.2.2 本条给出了地基检测的几种工作方法。

B.2.3 本条给出了地基安全性评级方法和标准。

B.3 基础的鉴定评级

B.3.1、B.3.2 给出了基础检验应符合的规定及现场检测的几种方法。

B.3.3 本条给出了基础安全性评级方法和标准。

附录 C 鉴定单元稳定性鉴定评级

C.0.1 本条给出了稳定性评级包含的内容。

应该指出的是在不考虑边坡工程支护结构作用时，边坡岩土体稳定性评价问题是由本规范第 4 章解决的，即边坡工程岩土体破坏模式由边坡加固工程勘察解决。

C.0.2 本条给出了稳定性鉴定评级的范围、评定条件和评定对象，当鉴定单元已经出现稳定性破坏或已有重大安全事故迹象时，应直接将其安全性评定为 D_{su} 级。

C.0.3 本条给出了支护结构按抗滑稳定性和抗倾覆稳定性评价其安全性的方法和标准，由于全国各地工程地质环境差异很大，各地区边坡工程实践经验各有不同，因此，第 3 款鉴定评级是以 2 个表格表达的。各地区应根据当地边坡工程实际经验、同类边坡工程对比，总结适合本地区边坡工程实践的参数评定支护结构抗滑稳定性和抗倾覆稳定性。

C.0.4 本条给出了支护结构整体稳定性评级方法，其分界参数与建筑边坡安全性等级等因素相关，其分级标准与边坡工程安全性等级变化后的安全系数基本一致。

应当注意的是：因边坡支护结构的存在，致使岩土体破坏模式发生改变，应对不同破坏模式的鉴定单元进行稳定性验算，以最小安全系数或最不利状态作为评定边坡工程整体稳定性的依据。

中华人民共和国行业标准

建筑桩基技术规范

Technical code for building pile foundations

JGJ 94—2008

J 793—2008

批准部门：中华人民共和国住房和城乡建设部

施行日期：２００８年１０月１日

中华人民共和国住房和城乡建设部
公　告

第 18 号

关于发布行业标准
《建筑桩基技术规范》的公告

现批准《建筑桩基技术规范》为行业标准，编号为 JGJ 94-2008，自 2008 年 10 月 1 日起实施。其中，第 3.1.3、3.1.4、5.2.1、5.4.2、5.5.1、5.5.4、5.9.6、5.9.9、5.9.15、8.1.5、8.1.9、9.4.2 条为强制性条文，必须严格执行。原行业标准《建筑桩基技术规范》JGJ 94-94 同时废止。

本规范由我部标准定额研究所组织中国建筑工业出版社出版发行。

中华人民共和国住房和城乡建设部
2008 年 4 月 22 日

前　言

本规范是根据建设部《关于印发〈二〇〇二～二〇〇三年度工程建设城建、建工行业标准制订、修订计划〉的通知》建标〔2003〕104 号文的要求，由中国建筑科学研究院会同有关设计、勘察、施工、研究和教学单位，对《建筑桩基技术规范》JGJ 94-94 修订而成。

在修订过程中，开展了专题研究，进行了广泛的调查分析，总结了近年来我国桩基础设计、施工经验，吸纳了该领域新的科研成果，以多种方式广泛征求了全国有关单位的意见，并进行了试设计，对主要问题进行了反复修改，最后经审查定稿。

本规范主要技术内容有：基本设计规定、桩基构造、桩基计算、灌注桩施工、混凝土预制桩与钢桩施工、承台施工、桩基工程质量检查和验收及有关附录。

本规范修订增加的内容主要有：减少差异沉降和承台内力的变刚度调平设计；桩基耐久性规定；后注浆灌注桩承载力计算与施工工艺；软土地基减沉复合疏桩基础设计；考虑桩径因素的 Mindlin 解计算单桩、单排桩和疏桩基础沉降；抗压桩与抗拔桩桩身承载力计算；长螺旋钻孔压灌混凝土后插钢筋笼灌注桩施工方法；预应力混凝土空心桩承载力计算与沉桩等。调整的主要内容有：基桩和复合基桩承载力设计取值与计算；单桩侧阻力和端阻力经验参数；嵌岩桩嵌岩段侧阻和端阻综合系数；等效作用分层总和法计算桩基沉降经验系数；钻孔灌注桩孔底沉渣厚度控制标准等。

本规范中以黑体字标志的条文为强制性条文，必须严格执行。

本规范由住房和城乡建设部负责管理和对强制性条文的解释，由中国建筑科学研究院负责具体技术内容的解释。

本规范主编单位：中国建筑科学研究院（地址：北京市北三环东路 30 号；邮编：100013）。

本规范参编单位：北京市勘察设计研究院有限公司
现代设计集团华东建筑设计研究院有限公司
上海岩土工程勘察设计研究院有限公司
天津大学
福建省建筑科学研究院
中冶集团建筑研究总院
机械工业勘察设计研究院
中国建筑东北设计院
广东省建筑科学研究院
北京筑都方圆建筑设计有限公司
广州大学

本规范主要起草人：黄　强　刘金砺　高文生
刘金波　沙志国　侯伟生
邱明兵　顾晓鲁　吴春林
顾国荣　王卫东　张　炜
杨志银　唐建华　张丙吉
杨　斌　曹华先　张季超

目 次

1 总　则

1.0.1 为了在桩基设计与施工中贯彻执行国家的技术经济政策，做到安全适用、技术先进、经济合理、确保质量、保护环境，制定本规范。

1.0.2 本规范适用于建筑（包括构筑物）桩基的设计、施工及验收。

1.0.3 桩基的设计与施工，应综合考虑工程地质与水文地质条件、上部结构类型、使用功能、荷载特征、施工技术条件与环境；应重视地方经验，因地制宜，注重概念设计，合理选择桩型、成桩工艺和承台形式，优化布桩，节约资源；应强化施工质量控制与管理。

1.0.4 在进行桩基设计、施工及验收时，除应符合本规范外，尚应符合国家现行有关标准、规范的规定。

2　术语、符号

2.1　术　语

2.1.1 桩基　pile foundation
　　由设置于岩土中的桩和与桩顶连接的承台共同组成的基础或由柱与桩直接连接的单桩基础。

2.1.2 复合桩基　composite pile foundation
　　由基桩和承台下地基土共同承担荷载的桩基础。

2.1.3 基桩　foundation pile
　　桩基础中的单桩。

2.1.4 复合基桩　composite foundation pile
　　单桩及其对应面积的承台下地基土组成的复合承载基桩。

2.1.5 减沉复合疏桩基础　composite foundation with settlement-reducing piles
　　软土地基天然地基承载力基本满足要求的情况下，为减小沉降采用疏布摩擦型桩的复合桩基。

2.1.6 单桩竖向极限承载力　ultimate vertical bearing capacity of a single pile
　　单桩在竖向荷载作用下到达破坏状态前或出现不适于继续承载的变形时所对应的最大荷载，它取决于土对桩的支承阻力和桩身承载力。

2.1.7 极限侧阻力　ultimate shaft resistance
　　相应于桩顶作用极限荷载时，桩身侧表面所发生的岩土阻力。

2.1.8 极限端阻力　ultimate tip resistance
　　相应于桩顶作用极限荷载时，桩端所发生的岩土阻力。

2.1.9 单桩竖向承载力特征值　characteristic value of the vertical bearing capacity of a single pile

单桩竖向极限承载力标准值除以安全系数后的承载力值。

2.1.10 变刚度调平设计　optimized design of pile foundation stiffness to reduce differential settlement
　　考虑上部结构形式、荷载和地层分布以及相互作用效应，通过调整桩径、桩长、桩距等改变基桩支承刚度分布，以使建筑物沉降趋于均匀、承台内力降低的设计方法。

2.1.11 承台效应系数　pile cap effect coefficient
　　竖向荷载下，承台底地基土承载力的发挥率。

2.1.12 负摩阻力　negative skin friction, negative shaft resistance
　　桩周土由于自重固结、湿陷、地面荷载作用等原因而产生大于基桩的沉降所引起的对桩表面的向下摩阻力。

2.1.13 下拉荷载　downdrag
　　作用于单桩中性点以上的负摩阻力之和。

2.1.14 土塞效应　plugging effect
　　敞口空心桩沉桩过程中土体涌入管内形成的土塞，对桩端阻力的发挥程度的影响效应。

2.1.15 灌注桩后注浆　post grouting for cast-in-situ pile
　　灌注桩成桩后一定时间，通过预设于桩身内的注浆导管及与之相连的桩端、桩侧注浆阀注入水泥浆，使桩端、桩侧土体（包括沉渣和泥皮）得到加固，从而提高单桩承载力，减小沉降。

2.1.16 桩基等效沉降系数　equivalent settlement coefficient for calculating settlement of pile foundations
　　弹性半无限体中群桩基础按 Mindlin（明德林）解计算沉降量 w_M 与按等代墩基 Boussinesq（布辛奈斯克）解计算沉降量 w_B 之比，用以反映 Mindlin 解应力分布对计算沉降的影响。

2.2　符　号

2.2.1 作用和作用效应
　　F_k ——按荷载效应标准组合计算的作用于承台顶面的竖向力；
　　G_k ——桩基承台和承台上土自重标准值；
　　H_k ——按荷载效应标准组合计算的作用于承台底面的水平力；
　　H_{ik} ——按荷载效应标准组合计算的作用于第 i 基桩或复合基桩的水平力；
　　M_{xk}、M_{yk} ——按荷载效应标准组合计算的作用于承台底面的外力，绕通过桩群形心的 x、y 主轴的力矩；
　　N_{ik} ——荷载效应标准组合偏心竖向力作用下第 i 基桩或复合基桩的竖向力；
　　Q_g^n ——作用于群桩中某一基桩的下拉荷载；
　　q_f ——基桩切向冻胀力。

2.2.2 抗力和材料性能

E_s ——土的压缩模量;

f_t、f_c ——混凝土抗拉、抗压强度设计值;

f_{rk} ——岩石饱和单轴抗压强度标准值;

f_s、q_c ——静力触探双桥探头平均侧阻力、平均端阻力;

m ——桩侧地基土水平抗力系数的比例系数;

p_s ——静力触探单桥探头比贯入阻力;

q_{sik} ——单桩第 i 层土的极限侧阻力标准值;

q_{pk} ——单桩极限端阻力标准值;

Q_{sk}、Q_{pk} ——单桩总极限侧阻力、总极限端阻力标准值;

Q_{uk} ——单桩竖向极限承载力标准值;

R ——基桩或复合基桩竖向承载力特征值;

R_a ——单桩竖向承载力特征值;

R_{ha} ——单桩水平承载力特征值;

R_h ——基桩水平承载力特征值;

T_{gk} ——群桩呈整体破坏时基桩抗拔极限承载力标准值;

T_{uk} ——群桩呈非整体破坏时基桩抗拔极限承载力标准值;

γ、γ_e ——土的重度、有效重度。

2.2.3 几何参数

A_p ——桩端面积;

A_{ps} ——桩身截面面积;

A_c ——计算基桩所对应的承台底净面积;

B_c ——承台宽度;

d ——桩身设计直径;

D ——桩端扩底设计直径;

l ——桩身长度;

L_c ——承台长度;

s_a ——基桩中心距;

u ——桩身周长;

z_n ——桩基沉降计算深度(从桩端平面算起)。

2.2.4 计算系数

α_E ——钢筋弹性模量与混凝土弹性模量的比值;

η_c ——承台效应系数;

η_f ——冻胀影响系数;

ζ_r ——桩嵌岩段侧阻和端阻综合系数;

ψ_{si}、ψ_p ——大直径桩侧阻力、端阻力尺寸效应系数;

λ_p ——桩端土塞效应系数;

λ ——基桩抗拔系数;

ψ ——桩基沉降计算经验系数;

ψ_c ——成桩工艺系数;

ψ_e ——桩基等效沉降系数;

α、$\overline{\alpha}$ ——Boussinesq 解的附加应力系数、平均附加应力系数。

3 基本设计规定

3.1 一般规定

3.1.1 桩基础应按下列两类极限状态设计:

1 承载能力极限状态:桩基达到最大承载能力、整体失稳或发生不适于继续承载的变形;

2 正常使用极限状态:桩基达到建筑物正常使用所规定的变形限值或达到耐久性要求的某项限值。

3.1.2 根据建筑规模、功能特征、对差异变形的适应性、场地地基和建筑物体形的复杂性以及由于桩基问题可能造成建筑破坏或影响正常使用的程度,应将桩基设计分为表 3.1.2 所列的三个设计等级。桩基设计时,应根据表 3.1.2 确定设计等级。

表 3.1.2 建筑桩基设计等级

设计等级	建 筑 类 型
甲级	(1) 重要的建筑; (2) 30 层以上或高度超过 100m 的高层建筑; (3) 体型复杂且层数相差超过 10 层的高低层(含纯地下室)连体建筑; (4) 20 层以上框架-核心筒结构及其他对差异沉降有特殊要求的建筑; (5) 场地和地基条件复杂的 7 层以上的一般建筑及坡地、岸边建筑; (6) 对相邻既有工程影响较大的建筑
乙级	除甲级、丙级以外的建筑
丙级	场地和地基条件简单、荷载分布均匀的 7 层及 7 层以下的一般建筑

3.1.3 桩基应根据具体条件分别进行下列承载能力计算和稳定性验算:

1 应根据桩基的使用功能和受力特征分别进行桩基的竖向承载力计算和水平承载力计算;

2 应对桩身和承台结构承载力进行计算;对于桩侧土不排水抗剪强度小于 10kPa 且长径比大于 50 的桩,应进行桩身压屈验算;对于混凝土预制桩,应按吊装、运输和锤击作用进行桩身承载力验算;对于钢管桩,应进行局部压屈验算;

3 当桩端平面以下存在软弱下卧层时,应进行软弱下卧层承载力验算;

4 对位于坡地、岸边的桩基,应进行整体稳定性验算;

5 对于抗浮、抗拔桩基,应进行基桩和群桩的抗拔承载力计算;

6 对于抗震设防区的桩基,应进行抗震承载力验算。

3.1.4 下列建筑桩基应进行沉降计算：

1 设计等级为甲级的非嵌岩桩和非深厚坚硬持力层的建筑桩基；

2 设计等级为乙级的体形复杂、荷载分布显著不均匀或桩端平面以下存在软弱土层的建筑桩基；

3 软土地基多层建筑减沉复合疏桩基础。

3.1.5 对受水平荷载较大，或对水平位移有严格限制的建筑桩基，应计算其水平位移。

3.1.6 应根据桩基所处的环境类别和相应的裂缝控制等级，验算桩和承台正截面的抗裂和裂缝宽度。

3.1.7 桩基设计时，所采用的作用效应组合与相应的抗力应符合下列规定：

1 确定桩数和布桩时，应采用传至承台底面的荷载效应标准组合；相应的抗力应采用基桩或复合基桩承载力特征值。

2 计算荷载作用下的桩基沉降和水平位移时，应采用荷载效应准永久组合；计算水平地震作用、风载作用下的桩基水平位移时，应采用水平地震作用、风载效应标准组合。

3 验算坡地、岸边建筑桩基的整体稳定性时，应采用荷载效应标准组合；抗震设防区，应采用地震作用效应和荷载效应的标准组合。

4 在计算桩基结构承载力、确定尺寸和配筋时，应采用传至承台顶面的荷载效应基本组合。当进行承台和桩身裂缝控制验算时，应分别采用荷载效应标准组合和荷载效应准永久组合。

5 桩基结构安全等级、结构设计使用年限和结构重要性系数 γ_0 应按现行有关建筑结构规范的规定采用，除临时性建筑外，重要性系数 γ_0 应不小于 1.0。

6 对桩基结构进行抗震验算时，其承载力调整系数 γ_{RE} 应按现行国家标准《建筑抗震设计规范》GB 50011 的规定采用。

3.1.8 桩筏基础以减小差异沉降和承台内力为目标的变刚度调平设计，宜结合具体条件按下列规定实施：

1 对于主裙楼连体建筑，当高层主体采用桩基时，裙房（含纯地下室）的地基或桩基刚度宜相对弱化，可采用天然地基、复合地基、疏桩或短桩基础。

2 对于框架-核心筒结构高层建筑桩基，应强化核心筒区域桩基刚度（如适当增加桩长、桩径、桩数，采用后注浆等措施），相对弱化核心筒外围桩基刚度（采用复合桩基，视地层条件减小桩长）。

3 对于框架-核心筒结构高层建筑天然地基承载力满足要求的情况下，宜于核心筒区域局部设置增强刚度、减小沉降的摩擦型桩。

4 对于大体量筒仓、储罐的摩擦型桩基，宜按内强外弱原则布桩。

5 对上述按变刚度调平设计的桩基，宜进行上部结构—承台—桩—土共同工作分析。

3.1.9 软土地基上的多层建筑物，当天然地基承载力基本满足要求时，可采用减沉复合疏桩基础。

3.1.10 对于本规范第 3.1.4 条规定应进行沉降计算的建筑桩基，在其施工过程及建成后使用期间，应进行系统的沉降观测直至沉降稳定。

3.2 基本资料

3.2.1 桩基设计应具备以下资料：

1 岩土工程勘察文件：

1）桩基按两类极限状态进行设计所需用岩土物理力学参数及原位测试参数；

2）对建筑场地的不良地质作用，如滑坡、崩塌、泥石流、岩溶、土洞等，有明确判断、结论和防治方案；

3）地下水位埋藏情况、类型和水位变化幅度及抗浮设计水位，土、水的腐蚀性评价，地下水浮力计算的设计水位；

4）抗震设防区按设防烈度提供的液化土层资料；

5）有关地基土冻胀性、湿陷性、膨胀性评价。

2 建筑场地与环境条件的有关资料：

1）建筑场地现状，包括交通设施、高压架空线、地下管线和地下构筑物的分布；

2）相邻建筑物安全等级、基础形式及埋置深度；

3）附近类似工程地质条件场地的桩基工程试桩资料和单桩承载力设计参数；

4）周围建筑物的防振、防噪声的要求；

5）泥浆排放、弃土条件；

6）建筑物所在地区的抗震设防烈度和建筑场地类别。

3 建筑物的有关资料：

1）建筑物的总平面布置图；

2）建筑物的结构类型、荷载，建筑物的使用条件和设备对基础竖向及水平位移的要求；

3）建筑结构的安全等级。

4 施工条件的有关资料：

1）施工机械设备条件，制桩条件，动力条件，施工工艺对地质条件的适应性；

2）水、电及有关建筑材料的供应条件；

3）施工机械的进出场及现场运行条件。

5 供设计比较用的有关桩型及实施的可行性资料。

3.2.2 桩基的详细勘察除应满足现行国家标准《岩土工程勘察规范》GB 50021 的有关要求外，尚应满足下列要求：

1 勘探点间距:
    1) 对于端承型桩 (含嵌岩桩): 主要根据桩端持力层顶面坡度决定, 宜为 12～24m。当相邻两个勘察点揭露出的桩端持力层层面坡度大于 10% 或持力层起伏较大、地层分布复杂时, 应根据具体工程条件适当加密勘探点。

    2) 对于摩擦型桩: 宜按 20～35m 布置勘探孔, 但遇到土层的性质或状态在水平方向分布变化较大, 或存在可能影响成桩的土层时, 应适当加密勘探点。

    3) 复杂地质条件下的柱下单桩基础应按柱列线布置勘探点, 并宜每桩设一勘探点。

2 勘探深度:
    1) 宜布置 1/3～1/2 的勘探孔为控制性孔。对于设计等级为甲级的建筑桩基, 至少应布置 3 个控制性孔; 设计等级为乙级的建筑桩基, 至少应布置 2 个控制性孔。控制性孔应穿透桩端平面以下压缩层厚度; 一般性勘探孔应深入预计桩端平面以下 3～5 倍桩身设计直径, 且不得小于 3m; 对于大直径桩, 不得小于 5m。

    2) 嵌岩桩的控制性钻孔应深入预计桩端平面以下不小于 3～5 倍桩身设计直径, 一般性钻孔应深入预计桩端平面以下不小于 1～3 倍桩身设计直径。当持力层较薄时, 应有部分钻孔钻穿持力岩层。在岩溶、断层破碎带地区, 应查明溶洞、溶沟、溶槽、石笋等的分布情况, 钻孔应钻穿溶洞或断层破碎带进入稳定土层, 进入深度应满足上述控制性钻孔和一般性钻孔的要求。

3 在勘探深度范围内的每一地层, 均应采取不扰动试样进行室内试验或根据土质情况选用有效的原位测试方法进行原位测试, 提供设计所需参数。

3.3 桩的选型与布置

3.3.1 基桩可按下列规定分类:

1 按承载性状分类:
    1) 摩擦型桩:

    摩擦桩: 在承载能力极限状态下, 桩顶竖向荷载由桩侧阻力承受, 桩端阻力小到可忽略不计;

    端承摩擦桩: 在承载能力极限状态下, 桩顶竖向荷载主要由桩侧阻力承受。

    2) 端承型桩:

    端承桩: 在承载能力极限状态下, 桩顶竖向荷载由桩端阻力承受, 桩侧阻力小到可忽略不计;

    摩擦端承桩: 在承载能力极限状态下, 桩顶竖向荷载主要由桩端阻力承受。

2 按成桩方法分类:
    1) 非挤土桩: 干作业法钻 (挖) 孔灌注桩、泥浆护壁法钻 (挖) 孔灌注桩、套管护壁法钻 (挖) 孔灌注桩;

    2) 部分挤土桩: 冲孔灌注桩、钻孔挤扩灌注桩、搅拌劲芯桩、预钻孔打入 (静压) 预制桩、打入 (静压) 式敞口钢管桩、敞口预应力混凝土空心桩和 H 型钢桩;

    3) 挤土桩: 沉管灌注桩、沉管夯 (挤) 扩灌注桩、打入 (静压) 预制桩、闭口预应力混凝土空心桩和闭口钢管桩。

3 按桩径 (设计直径 d) 大小分类:
    1) 小直径桩: $d \leqslant 250mm$;

    2) 中等直径桩: $250mm < d < 800mm$;

    3) 大直径桩: $d \geqslant 800mm$。

3.3.2 桩型与成桩工艺应根据建筑结构类型、荷载性质、桩的使用功能、穿越土层、桩端持力层、地下水位、施工设备、施工环境、施工经验、制桩材料供应条件等, 按安全适用、经济合理的原则选择。选择时可按本规范附录 A 进行。

1 对于框架-核心筒等荷载分布很不均匀的桩筏基础, 宜选择基桩尺寸和承载力可调性较大的桩型和工艺。

2 挤土沉管灌注桩用于淤泥和淤泥质土层时, 应局限于多层住宅桩基。

3 抗震设防烈度为 8 度及以上地区, 不宜采用预应力混凝土管桩 (PC) 和预应力混凝土空心方桩 (PS)。

3.3.3 基桩的布置应符合下列条件:

1 基桩的最小中心距应符合表 3.3.3 的规定; 当施工中采取减小挤土效应的可靠措施时, 可根据当地经验适当减小。

表 3.3.3 基桩的最小中心距

土类与成桩工艺		排数不少于 3 排且桩数不少于 9 根的摩擦型桩桩基	其他情况
非挤土灌注桩		3.0d	3.0d
部分挤土桩	非饱和土、饱和非黏性土	3.5d	3.0d
	饱和黏性土	4.0d	3.5d
挤土桩	非饱和土、饱和非黏性土	4.0d	3.5d
	饱和黏性土	4.5d	4.0d

土类与成桩工艺		排数不少于3排且桩数不少于9根的摩擦型桩桩基	其他情况
钻、挖孔扩底桩		2D 或 D+2.0m（当 D>2m）	1.5 D 或 D+1.5m（当 D>2m）
沉管夯扩、钻孔挤扩桩	非饱和土、饱和非黏性土	2.2D 且 4.0d	2.0D 且 3.5d
	饱和黏性土	2.5D 且 4.5d	2.2D 且 4.0d

注：1 d——圆桩设计直径或方桩设计边长，D——扩大端设计直径。

　　2 当纵横向桩距不相等时，其最小中心距应满足"其他情况"一栏的规定。

　　3 当为端承桩时，非挤土灌注桩的"其他情况"一栏可减小至 2.5d。

2 排列基桩时，宜使桩群承载力合力点与竖向永久荷载合力作用点重合，并使基桩受水平力和力矩较大方向有较大抗弯截面模量。

3 对于桩箱基础、剪力墙结构桩筏（含平板和梁板式承台）基础，宜将桩布置于墙下。

4 对于框架-核心筒结构桩筏基础应按荷载分布考虑相互影响，将桩相对集中布置于核心筒和柱下；外围框架柱宜采用复合桩基，有合适桩端持力层时，桩长宜减小。

5 应选择较硬土层作为桩端持力层。桩端全断面进入持力层的深度，对于黏性土、粉土不宜小于 2d，砂土不宜小于 1.5d，碎石类土不宜小于 1d。当存在软弱下卧层时，桩端以下硬持力层厚度不宜小于 3d。

6 对于嵌岩桩，嵌岩深度应综合荷载、上覆土层、基岩、桩径、桩长诸因素确定；对于嵌入倾斜的完整和较完整岩的全断面深度不宜小于 0.4d 且不小于 0.5m，倾斜度大于 30% 的中风化岩，宜根据倾斜度及岩石完整性适当加大嵌岩深度；对于嵌入平整、完整的坚硬岩和较硬岩的深度不宜小于 0.2d，且不应小于 0.2m。

3.4 特殊条件下的桩基

3.4.1 软土地基的桩基设计原则应符合下列规定：

1 软土中的桩基宜选择中、低压缩性土层作为桩端持力层；

2 桩周围软土因自重固结、场地填土、地面大面积堆载、降低地下水位、大面积挤土沉桩等原因而产生的沉降大于基桩的沉降时，应视具体工程情况分析计算桩侧负摩阻力对基桩的影响；

3 采用挤土桩和部分挤土桩时，应采取消减孔隙水压力和挤土效应的技术措施，并应控制沉桩速率，减小挤土效应对成桩质量、邻近建筑物、道路、地下管线和基坑边坡等产生的不利影响；

4 先成桩后开挖基坑时，必须合理安排基坑挖土顺序和控制分层开挖的深度，防止土体侧移对桩的影响。

3.4.2 湿陷性黄土地区的桩基设计原则应符合下列规定：

1 基桩应穿透湿陷性黄土层，桩端应支承在压缩性低的黏性土、粉土、中密和密实砂土以及碎石类土层中；

2 湿陷性黄土地基中，设计等级为甲、乙级建筑桩基的单桩极限承载力，宜以浸水载荷试验为主要依据；

3 自重湿陷性黄土地基中的单桩极限承载力，应根据工程具体情况分析计算桩侧负摩阻力的影响。

3.4.3 季节性冻土和膨胀土地基中的桩基设计原则应符合下列规定：

1 桩端进入冻深线或膨胀土的大气影响急剧层以下的深度，应满足抗拔稳定性验算要求，且不得小于 4 倍桩径及 1 倍扩大端直径，最小深度应大于 1.5m；

2 为减小和消除冻胀或膨胀对桩基的作用，宜采用钻（挖）孔灌注桩；

3 确定基桩竖向极限承载力时，除不计入冻胀、膨胀深度范围内桩侧阻力外，还应考虑地基土的冻胀、膨胀作用，验算桩基的抗拔稳定性和桩身受拉承载力；

4 为消除桩基受冻胀或膨胀作用的危害，可在冻胀或膨胀深度范围内，沿桩周及承台作隔冻、隔胀处理。

3.4.4 岩溶地区的桩基设计原则应符合下列规定：

1 岩溶地区的桩基，宜采用钻、冲孔桩；

2 当单桩荷载较大，岩层埋深较浅时，宜采用嵌岩桩；

3 当基岩面起伏很大且埋深较大时，宜采用摩擦型灌注桩。

3.4.5 坡地、岸边桩基的设计原则应符合下列规定：

1 对建于坡地、岸边的桩基，不得将桩支承在边坡潜在的滑动体上。桩端进入潜在滑裂面以下稳定岩土层内的深度，应能保证桩基的稳定；

2 建筑桩基与边坡应保持一定的水平距离；建筑场地内的边坡必须是完全稳定的边坡，当有崩塌、滑坡等不良地质现象存在时，应按现行国家标准《建筑边坡工程技术规范》GB 50330 的规定进行整治，确保其稳定性；

3 新建坡地、岸边建筑桩基工程应与建筑边坡工程统一规划，同步设计，合理确定施工顺序；

4 不宜采用挤土桩；

5 应验算最不利荷载效应组合下桩基的整体稳定性和基桩水平承载力。

3.4.6 抗震设防区桩基的设计原则应符合下列规定:

1 桩进入液化土层以下稳定土层的长度(不包括桩尖部分)应按计算确定;对于碎石土,砾、粗、中砂,密实粉土,坚硬黏性土尚不应小于$(2\sim3)d$,对其他非岩石土尚不宜小于$(4\sim5)d$;

2 承台和地下室侧墙周围应采用灰土、级配砂石、压实性较好的素土回填,并分层夯实,也可采用素混凝土回填;

3 当承台周围为可液化土或地基承载力特征值小于40kPa(或不排水抗剪强度小于15kPa)的软土,且桩基水平承载力不满足计算要求时,可将承台外每侧1/2承台边长范围内的土进行加固;

4 对于存在液化扩展的地段,应验算桩基在土流动的侧向作用力下的稳定性。

3.4.7 可能出现负摩阻力的桩基设计原则应符合下列规定:

1 对于填土建筑场地,宜先填土并保证填土的密实性,软化场地填土前应采取预设塑料排水板等措施,待填土地基沉降基本稳定后方可成桩;

2 对于有地面大面积堆载的建筑物,应采取减小地面沉降对建筑物桩基影响的措施;

3 对于自重湿陷性黄土地基,可采用强夯、挤密土桩等先行处理,消除上部或全部土的自重湿陷;对于欠固结土宜采取先期排水预压等措施;

4 对于挤土沉桩,应采取消减超孔隙水压力、控制沉桩速率等措施;

5 对于中性点以上的桩身可对表面进行处理,以减少负摩阻力。

3.4.8 抗拔桩基的设计原则应符合下列规定:

1 应根据环境类别及水、土对钢筋的腐蚀、钢筋种类对腐蚀的敏感性和荷载作用时间等因素确定抗拔桩的裂缝控制等级;

2 对于严格要求不出现裂缝的一级裂缝控制等级,桩身应设置预应力筋;对于一般要求不出现裂缝的二级裂缝控制等级,桩身宜设置预应力筋;

3 对于三级裂缝控制等级,应进行桩身裂缝宽度计算;

4 当基桩抗拔承载力要求较高时,可采用桩侧后注浆、扩底等技术措施。

3.5 耐久性规定

3.5.1 桩基结构的耐久性应根据设计使用年限、现行国家标准《混凝土结构设计规范》GB 50010的环境类别规定以及水、土对钢、混凝土腐蚀性的评价进行设计。

3.5.2 二类和三类环境中,设计使用年限为50年的桩基结构混凝土耐久性应符合表3.5.2的规定。

表 3.5.2 二类和三类环境桩基结构混凝土耐久性的基本要求

环境类别		最大水灰比	最小水泥用量 (kg/m³)	混凝土最低强度等级	最大氯离子含量 (%)	最大碱含量 (kg/m³)
二	a	0.60	250	C25	0.3	3.0
	b	0.55	275	C30	0.2	3.0
三		0.50	300	C30	0.1	3.0

注：1 氯离子含量系指其与水泥用量的百分率；

　　2 预应力构件混凝土中最大氯离子含量为0.06%,最小水泥用量为300kg/m³;混凝土最低强度等级应按表中规定提高两个等级；

　　3 当混凝土中加入活性掺合料或能提高耐久性的外加剂时,可适当降低最小水泥用量；

　　4 当使用非碱活性骨料时,对混凝土中碱含量不作限制；

　　5 当有可靠工程经验时,表中混凝土最低强度等级可降低一个等级。

3.5.3 桩身裂缝控制等级及最大裂缝宽度应根据环境类别和水、土介质腐蚀性等级按表3.5.3规定选用。

表 3.5.3 桩身的裂缝控制等级及最大裂缝宽度限值

环境类别		钢筋混凝土桩		预应力混凝土桩	
		裂缝控制等级	w_{lim}(mm)	裂缝控制等级	w_{lim}(mm)
二	a	三	0.2(0.3)	二	0
	b	三	0.2	二	0
三		三	0.2	一	0

注：1 水、土为强、中腐蚀性时,抗拔桩裂缝控制等级应提高一级；

　　2 二a类环境中,位于稳定地下水位以下的基桩,其最大裂缝宽度限值可采用括弧中的数值。

3.5.4 四类、五类环境桩基结构耐久性设计可按国家现行标准《港口工程混凝土结构设计规范》JTJ 267和《工业建筑防腐蚀设计规范》GB 50046等执行。

3.5.5 对三、四、五类环境桩基结构,受力钢筋宜采用环氧树脂涂层带肋钢筋。

4 桩 基 构 造

4.1 基 桩 构 造

Ⅰ 灌 注 桩

4.1.1 灌注桩应按下列规定配筋:

1 配筋率:当桩身直径为300～2000mm时,正截面配筋率可取0.65%～0.2%(小直径桩取高值);

对受荷载特别大的桩、抗拔桩和嵌岩端承桩应根据计算确定配筋率，并不应小于上述规定值；

    2 配筋长度：

        1）端承型桩和位于坡地、岸边的基桩应沿桩身等截面或变截面通长配筋；

        2）摩擦型灌注桩配筋长度不应小于 2/3 桩长；当受水平荷载时，配筋长度尚不宜小于 $4.0/\alpha$（α 为桩的水平变形系数）；

        3）对于受地震作用的基桩，桩身配筋长度应穿过可液化土层和软弱土层，进入稳定土层的深度不应小于本规范第 3.4.6 条的规定；

        4）受负摩阻力的桩、因先成桩后开挖基坑而随地基土回弹的桩，其配筋长度应穿过软弱土层并进入稳定土层，进入的深度不应小于 $(2\sim3)d$；

        5）抗拔桩及因地震作用、冻胀或膨胀力作用而受拔力的桩，应等截面或变截面通长配筋。

    3 对于受水平荷载的桩，主筋不应小于 $8\phi12$；对于抗压桩和抗拔桩，主筋不应少于 $6\phi10$；纵向主筋应沿桩身周边均匀布置，其净距不应小于 60mm；

    4 箍筋应采用螺旋式，直径不应小于 6mm，间距宜为 200～300mm；受水平荷载较大的桩基、承受水平地震作用的桩基以及考虑主筋作用计算桩身受压承载力时，桩顶以下 5d 范围内的箍筋应加密，间距不应大于 100mm；当桩身位于液化土层范围内时箍筋应加密；当考虑箍筋受力作用时，箍筋配置应符合现行国家标准《混凝土结构设计规范》GB 50010 的有关规定；当钢筋笼长度超过 4m 时，应每隔 2m 设一道直径不小于 12mm 的焊接加劲箍筋。

4.1.2 桩身混凝土及混凝土保护层厚度应符合下列要求：

    1 桩身混凝土强度等级不得小于 C25，混凝土预制桩尖强度等级不得小于 C30；

    2 灌注桩主筋的混凝土保护层厚度不应小于 35mm，水下灌注桩的主筋混凝土保护层厚度不得小于 50mm；

    3 四类、五类环境中桩身混凝土保护层厚度应符合国家现行标准《港口工程混凝土结构设计规范》JTJ 267、《工业建筑防腐蚀设计规范》GB 50046 的相关规定。

4.1.3 扩底灌注桩扩底端尺寸应符合下列规定

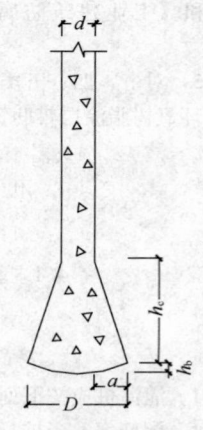

图 4.1.3 扩底桩构造

（见图 4.1.3）：

    1 对于持力层承载力较高、上覆土层较差的抗压桩和桩端以上有一定厚度较好土层的抗拔桩，可采用扩底；扩底端直径与桩身直径之比 D/d，应根据承载力要求及扩底端侧面和桩端持力层土性特征以及扩底施工方法确定；挖孔桩的 D/d 不应大于 3，钻孔桩的 D/d 不应大于 2.5；

    2 扩底端侧面的斜率应根据实际成孔及土体自立条件确定，a/h_c 可取 1/4～1/2，砂土可取 1/4，粉土、黏性土可取 1/3～1/2；

    3 抗压桩扩底端底面宜呈锅底形，矢高 h_b 可取 $(0.15\sim0.20)D$。

Ⅱ   混凝土预制桩

4.1.4 混凝土预制桩的截面边长不应小于 200mm；预应力混凝土预制实心桩的截面边长不宜小于 350mm。

4.1.5 预制桩的混凝土强度等级不宜低于 C30；预应力混凝土实心桩的混凝土强度等级不应低于 C40；预制桩纵向钢筋的混凝土保护层厚度不宜小于 30mm。

4.1.6 预制桩的桩身配筋应按吊运、打桩及桩在使用中的受力等条件计算确定。采用锤击法沉桩时，预制桩的最小配筋率不宜小于 0.8%。静压法沉桩时，最小配筋率不宜小于 0.6%，主筋直径不宜小于 14mm，打入桩桩顶以下 $(4\sim5)d$ 长度范围内箍筋应加密，并设置钢筋网片。

4.1.7 预制桩的分节长度应根据施工条件及运输条件确定；每根桩的接头数量不宜超过 3 个。

4.1.8 预制桩的桩尖可将主筋合拢焊在桩尖辅助钢筋上，对于持力层为密实砂和碎石类土时，宜在桩尖处包以钢钣桩靴，加强桩尖。

Ⅲ   预应力混凝土空心桩

4.1.9 预应力混凝土空心桩按截面形式可分为管桩、空心方桩；按混凝土强度等级可分为预应力高强混凝土管桩（PHC）和空心方桩（PHS）、预应力混凝土管桩（PC）和空心方桩（PS）。离心成型的先张法预应力混凝土桩的截面尺寸、配筋、桩身极限弯矩、桩身竖向受压承载力设计值等参数可按本规范附录 B 确定。

4.1.10 预应力混凝土空心桩桩尖形式宜根据地层性质选择闭口形或敞口形；闭口形分为平底十字形和锥形。

4.1.11 预应力混凝土空心桩质量要求，尚应符合国家现行标准《先张法预应力混凝土管桩》GB 13476 和《预应力混凝土空心方桩》JG 197 及其他有关标准规定。

4.1.12 预应力混凝土桩的连接可采用端板焊接连

接、法兰连接、机械啮合连接、螺纹连接。每根桩的接头数量不宜超过 3 个。

4.1.13 桩端嵌入遇水易软化的强风化岩、全风化岩和非饱和土的预应力混凝土空心桩，沉桩后，应对桩端以上约 2m 范围内采取有效的防渗措施，可采用微膨胀混凝土填芯或在内壁预涂柔性防水材料。

Ⅳ 钢 桩

4.1.14 钢桩可采用管型、H 型或其他异型钢材。

4.1.15 钢桩的分段长度宜为 12～15m。

4.1.16 钢桩焊接接头应采用等强度连接。

4.1.17 钢桩的端部形式，应根据桩所穿越的土层、桩端持力层性质、桩的尺寸、挤土效应等因素综合考虑确定，并可按下列规定采用：

　　1 钢管桩可采用下列桩端形式：

　　　　1）敞口：

　　　　　　带加强箍（带内隔板、不带内隔板）；不带加强箍（带内隔板、不带内隔板）。

　　　　2）闭口：

　　　　　　平底；锥底。

　　2 H 型钢桩可采用下列桩端形式：

　　　　1）带端板；

　　　　2）不带端板：

　　　　　　锥底；

　　　　　　平底（带扩大翼、不带扩大翼）。

4.1.18 钢桩的防腐处理应符合下列规定：

　　1 钢桩的腐蚀速率当无实测资料时可按表 4.1.18 确定；

　　2 钢桩防腐处理可采用外表面涂防腐层、增加腐蚀余量及阴极保护；当钢管桩内壁同外界隔绝时，可不考虑内壁防腐。

表 4.1.18 钢桩年腐蚀速率

钢桩所处环境		单面腐蚀率（mm/y）
地面以上	无腐蚀性气体或腐蚀性挥发介质	0.05～0.1
地面以下	水位以上	0.05
	水位以下	0.03
	水位波动区	0.1～0.3

4.2 承台构造

4.2.1 桩基承台的构造，除应满足抗冲切、抗剪切、抗弯承载力和上部结构要求外，尚应符合下列要求：

　　1 柱下独立桩基承台的最小宽度不应小于 500mm，边桩中心至承台边缘的距离不应小于桩的直径或边长，且桩的外边缘至承台边缘的距离不应小于 150mm。对于墙下条形承台梁，桩的外边缘至承台梁边缘的距离不应小于 75mm，承台的最小厚度不应小于 300mm。

　　2 高层建筑平板式和梁板式筏形承台的最小厚度不应小于 400mm，多层建筑墙下布桩的筏形承台的最小厚度不应小于 200mm。

　　3 高层建筑箱形承台的构造应符合《高层建筑筏形与箱形基础技术规范》JGJ 6 的规定。

4.2.2 承台混凝土材料及其强度等级应符合结构混凝土耐久性的要求和抗渗要求。

4.2.3 承台的钢筋配置应符合下列规定：

　　1 柱下独立桩基承台钢筋应通长配置［见图 4.2.3(a)］，对四桩以上（含四桩）承台宜按双向均匀布置，对三桩的三角形承台应按三向板带均匀布置，且最里面的三根钢筋围成的三角形应在柱截面范围内［见图 4.2.3(b)］。钢筋锚固长度自边桩内侧（当为圆桩时，应将其直径乘以 0.8 等效为方桩）算起，不应小于 $35d_g$（d_g 为钢筋直径）；当不满足时应将钢筋向上弯折，此时水平段的长度不应小于 $25d_g$，弯折段长度不应小于 $10d_g$。承台纵向受力钢筋的直径不应小于 12mm，间距不应大于 200mm。柱下独立桩基承台的最小配筋率不应小于 0.15%。

　　2 柱下独立两桩承台，应按现行国家标准《混凝土结构设计规范》GB 50010 中的深受弯构件配置纵向受拉钢筋、水平及竖向分布钢筋。承台纵向受力钢筋端部的锚固长度及构造应与柱下多桩承台的规定相同。

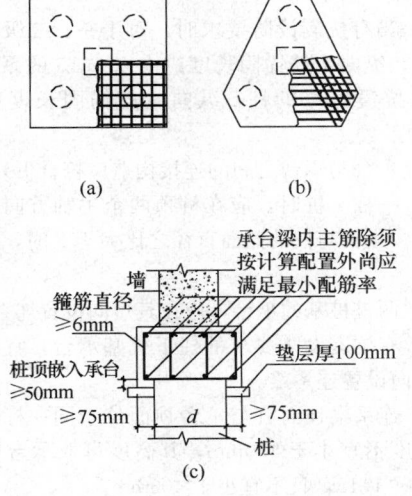

图 4.2.3 承台配筋示意
(a) 矩形承台配筋；(b) 三桩承台配筋；
(c) 墙下承台梁配筋图

　　3 条形承台梁的纵向主筋应符合现行国家标准《混凝土结构设计规范》GB 50010 关于最小配筋率的规定［见图 4.2.3 (c)］，主筋直径不应小于 12mm，架立筋直径不应小于 10mm，箍筋直径不应小于

6mm。承台梁端部纵向受力钢筋的锚固长度及构造应与柱下多桩承台的规定相同。

4 筏形承台板或箱形承台板在计算中当仅考虑局部弯矩作用时，考虑到整体弯曲的影响，在纵横两个方向的下层钢筋配筋率不宜小于 0.15%；上层钢筋应按计算配筋率全部连通。当筏板的厚度大于 2000mm 时，宜在板厚中间部位设置直径不小于 12mm、间距不大于 300mm 的双向钢筋网。

5 承台底面钢筋的混凝土保护层厚度，当有混凝土垫层时，不应小于 50mm，无垫层时不应小于 70mm；此外尚不应小于桩头嵌入承台内的长度。

4.2.4 桩与承台的连接构造应符合下列规定：

1 桩嵌入承台内的长度对中等直径桩不宜小于 50mm；对大直径桩不宜小于 100mm。

2 混凝土桩的桩顶纵向主筋应锚入承台内，其锚入长度不宜小于 35 倍纵向主筋直径。对于抗拔桩，桩顶纵向主筋的锚固长度应按现行国家标准《混凝土结构设计规范》GB 50010 确定。

3 对于大直径灌注桩，当采用一柱一桩时可设置承台或将桩与柱直接连接。

4.2.5 柱与承台的连接构造应符合下列规定：

1 对于一柱一桩基础，柱与桩直接连接时，柱纵向主筋锚入桩身内长度不应小于 35 倍纵向主筋直径。

2 对于多桩承台，柱纵向主筋应锚入承台不小于 35 倍纵向主筋直径；当承台高度不满足锚固要求时，竖向锚固长度不应小于 20 倍纵向主筋直径，并向柱轴线方向呈 90°弯折。

3 当有抗震设防要求时，对于一、二级抗震等级的柱，纵向主筋锚固长度应乘以 1.15 的系数；对于三级抗震等级的柱，纵向主筋锚固长度应乘以 1.05 的系数。

4.2.6 承台与承台之间的连接构造应符合下列规定：

1 一柱一桩时，应在桩顶两个主轴方向上设置连系梁。当桩与柱的截面直径之比大于 2 时，可不设连系梁。

2 两桩桩基的承台，应在其短向设置连系梁。

3 有抗震设防要求的柱下桩基承台，宜沿两个主轴方向设置连系梁。

4 连系梁顶面宜与承台顶面位于同一标高。连系梁宽度不宜小于 250mm，其高度可取承台中心距的 1/10~1/15，且不宜小于 400mm。

5 连系梁配筋应按计算确定。梁上下部配筋不宜小于 2 根直径 12mm 钢筋；位于同一轴线上的相邻跨连系梁纵筋应连通。

4.2.7 承台和地下室外墙与基坑侧壁间隙应灌注素混凝土或搅拌流动性水泥土，或采用灰土、级配砂石、压实性较好的素土分层夯实，其压实系数不宜小于 0.94。

5 桩基计算

5.1 桩顶作用效应计算

5.1.1 对于一般建筑物和受水平力（包括力矩与水平剪力）较小的高层建筑群桩基础，应按下列公式计算柱、墙、核心筒群桩中基桩或复合基桩的桩顶作用效应：

1 竖向力

轴心竖向力作用下

$$N_k = \frac{F_k + G_k}{n} \qquad (5.1.1-1)$$

偏心竖向力作用下

$$N_{ik} = \frac{F_k + G_k}{n} \pm \frac{M_{xk} y_i}{\sum y_j^2} \pm \frac{M_{yk} x_i}{\sum x_j^2} \quad (5.1.1-2)$$

2 水平力

$$H_{ik} = \frac{H_k}{n} \qquad (5.1.1-3)$$

式中　　F_k——荷载效应标准组合下，作用于承台顶面的竖向力；

G_k——桩基承台和承台上土自重标准值，对稳定的地下水位以下部分应扣除水的浮力；

N_k——荷载效应标准组合轴心竖向力作用下，基桩或复合基桩的平均竖向力；

N_{ik}——荷载效应标准组合偏心竖向力作用下，第 i 基桩或复合基桩的竖向力；

M_{xk}、M_{yk}——荷载效应标准组合下，作用于承台底面，绕通过桩群形心的 x、y 主轴的力矩；

x_i、x_j、y_i、y_j——第 i、j 基桩或复合基桩至 y、x 轴的距离；

H_k——荷载效应标准组合下，作用于桩基承台底面的水平力；

H_{ik}——荷载效应标准组合下，作用于第 i 基桩或复合基桩的水平力；

n——桩基中的桩数。

5.1.2 对于主要承受竖向荷载的抗震设防区低承台桩基，在同时满足下列条件时，桩顶作用效应计算可不考虑地震作用：

1 按现行国家标准《建筑抗震设计规范》GB 50011 规定可不进行桩基抗震承载力验算的建筑物；

2 建筑场地位于建筑抗震的有利地段。

5.1.3 属于下列情况之一的桩基，计算各基桩的作用效应、桩身内力和位移时，宜考虑承台（包括地下墙体）与基桩协同工作和土的弹性抗力作用，其计算方法可按本规范附录 C 进行：

1 位于 8 度和 8 度以上抗震设防区的建筑，当其桩基承台刚度较大或由于上部结构与承台协同作用能增强承台的刚度时；

2 其他受较大水平力的桩基。

5.2 桩基竖向承载力计算

5.2.1 桩基竖向承载力计算应符合下列要求：

1 荷载效应标准组合：

轴心竖向力作用下

$$N_k \leqslant R \qquad (5.2.1\text{-}1)$$

偏心竖向力作用下，除满足上式外，尚应满足下式的要求：

$$N_{kmax} \leqslant 1.2R \qquad (5.2.1\text{-}2)$$

2 地震作用效应和荷载效应标准组合：

轴心竖向力作用下

$$N_{Ek} \leqslant 1.25R \qquad (5.2.1\text{-}3)$$

偏心竖向力作用下，除满足上式外，尚应满足下式的要求：

$$N_{Ekmax} \leqslant 1.5R \qquad (5.2.1\text{-}4)$$

式中 N_k——荷载效应标准组合轴心竖向力作用下，基桩或复合基桩的平均竖向力；

N_{kmax}——荷载效应标准组合偏心竖向力作用下，桩顶最大竖向力；

N_{Ek}——地震作用效应和荷载效应标准组合下，基桩或复合基桩的平均竖向力；

N_{Ekmax}——地震作用效应和荷载效应标准组合下，基桩或复合基桩的最大竖向力；

R——基桩或复合基桩竖向承载力特征值。

5.2.2 单桩竖向承载力特征值 R_a 应按下式确定：

$$R_a = \frac{1}{K} Q_{uk} \qquad (5.2.2)$$

式中 Q_{uk}——单桩竖向极限承载力标准值；

K——安全系数，取 $K=2$。

5.2.3 对于端承型桩基、桩数少于 4 根的摩擦型柱下独立桩基、或由于地层土性、使用条件等因素不宜考虑承台效应时，基桩竖向承载力特征值应取单桩竖向承载力特征值。

5.2.4 对于符合下列条件之一的摩擦型桩基，宜考虑承台效应确定其复合基桩的竖向承载力特征值：

1 上部结构整体刚度较好、体型简单的建（构）筑物；

2 对差异沉降适应性较强的排架结构和柔性构筑物；

3 按变刚度调平原则设计的桩基刚度相对弱化区；

4 软土地基的减沉复合疏桩基础。

5.2.5 考虑承台效应的复合基桩竖向承载力特征值可按下列公式确定：

不考虑地震作用时 $R = R_a + \eta_c f_{ak} A_c$

$$(5.2.5\text{-}1)$$

考虑地震作用时 $R = R_a + \dfrac{\zeta_a}{1.25} \eta_c f_{ak} A_c$

$$(5.2.5\text{-}2)$$

$$A_c = (A - nA_{ps})/n \qquad (5.2.5\text{-}3)$$

式中 η_c——承台效应系数，可按表 5.2.5 取值；

f_{ak}——承台下 1/2 承台宽度且不超过 5m 深度范围内各层土的地基承载力特征值按厚度加权的平均值；

A_c——计算基桩所对应的承台底净面积；

A_{ps}——桩身截面面积；

A——承台计算域面积对于柱下独立桩基，A 为承台总面积；对于桩筏基础，A 为柱、墙筏板的 1/2 跨距和悬臂边 2.5 倍筏板厚度所围成的面积；桩集中布置于单片墙下的桩筏基础，取墙两边各 1/2 跨距围成的面积，按条形承台计算 η_c；

ζ_a——地基抗震承载力调整系数，应按现行国家标准《建筑抗震设计规范》GB 50011 采用。

当承台底为可液化土、湿陷性土、高灵敏度软土、欠固结土、新填土时，沉桩引起超孔隙水压力和土体隆起时，不考虑承台效应，取 $\eta_c = 0$。

表 5.2.5　承台效应系数 η_c

B_c/l \\ s_a/d	3	4	5	6	>6
≤0.4	0.06~0.08	0.14~0.17	0.22~0.26	0.32~0.38	
0.4~0.8	0.08~0.10	0.17~0.20	0.26~0.30	0.38~0.44	
>0.8	0.10~0.12	0.20~0.22	0.30~0.34	0.44~0.50	0.50~0.80
单排桩条形承台	0.15~0.18	0.25~0.30	0.38~0.45	0.50~0.60	

注：1 表中 s_a/d 为桩中心距与桩径之比；B_c/l 为承台宽度与桩长之比。当计算基桩为非正方形排列时，$s_a = \sqrt{A/n}$，A 为承台计算域面积，n 为总桩数。

2 对于桩布置于墙下的箱、筏承台，η_c 可按单排桩条形承台取值。

3 对于单排桩条形承台，当承台宽度小于 $1.5d$ 时，η_c 按非条形承台取值。

4 对于采用后注浆灌注桩的承台，η_c 宜取低值。

5 对于饱和黏性土中的挤土桩基、软土地基上的桩基承台，η_c 宜取低值的 0.8 倍。

5.3 单桩竖向极限承载力

Ⅰ 一般规定

5.3.1 设计采用的单桩竖向极限承载力标准值应符合下列规定：

1 设计等级为甲级的建筑桩基,应通过单桩静载试验确定;

2 设计等级为乙级的建筑桩基,当地质条件简单时,可参照地质条件相同的试桩资料,结合静力触探等原位测试和经验参数综合确定;其余均应通过单桩静载试验确定;

3 设计等级为丙级的建筑桩基,可根据原位测试和经验参数确定。

5.3.2 单桩竖向极限承载力标准值、极限侧阻力标准值和极限端阻力标准值应按下列规定确定:

1 单桩竖向静载试验应按现行行业标准《建筑基桩检测技术规范》JGJ 106执行;

2 对于大直径端承型桩,也可通过深层平板(平板直径应与孔径一致)载荷试验确定极限端阻力;

3 对于嵌岩桩,可通过直径为 0.3m 岩基平板载荷试验确定极限端阻力标准值,也可通过直径为 0.3m 嵌岩短墩载荷试验确定极限侧阻力标准值和极限端阻力标准值;

4 桩的极限侧阻力标准值和极限端阻力标准值宜通过埋设桩身轴力测试元件由静载试验确定。并通过测试结果建立极限侧阻力标准值和极限端阻力标准值与土层物理指标、岩石饱和单轴抗压强度以及与静力触探等土的原位测试指标间的经验关系,以经验参数法确定单桩竖向极限承载力。

Ⅱ 原位测试法

5.3.3 当根据单桥探头静力触探资料确定混凝土预制桩单桩竖向极限承载力标准值时,如无当地经验,可按下式计算:

$$Q_{uk} = Q_{sk} + Q_{pk} = u\sum q_{sik}l_i + \alpha p_{sk}A_p$$
$$(5.3.3-1)$$

当 $p_{sk1} \leqslant p_{sk2}$ 时

$$p_{sk} = \frac{1}{2}(p_{sk1} + \beta \cdot p_{sk2}) \quad (5.3.3-2)$$

当 $p_{sk1} > p_{sk2}$ 时

$$p_{sk} = p_{sk2} \quad (5.3.3-3)$$

式中 Q_{sk}、Q_{pk} ——分别为总极限侧阻力标准值和总极限端阻力标准值;

u ——桩身周长;

q_{sik} ——用静力触探比贯入阻力值估算的桩周第 i 层土的极限侧阻力;

l_i ——桩周第 i 层土的厚度;

α ——桩端阻力修正系数,可按表 5.3.3-1 取值;

p_{sk} ——桩端附近的静力触探比贯入阻力标准值(平均值);

A_p ——桩端面积;

p_{sk1} ——桩端全截面以上 8 倍桩径范围内的比贯入阻力平均值;

p_{sk2} ——桩端全截面以下 4 倍桩径范围内的比贯入阻力平均值,如桩端持力层为密实的砂土层,其比贯入阻力平均值超过 20MPa 时,则需乘以表 5.3.3-2 中系数 C 予以折减后,再计算 p_{sk};

β ——折减系数,按表 5.3.3-3 选用。

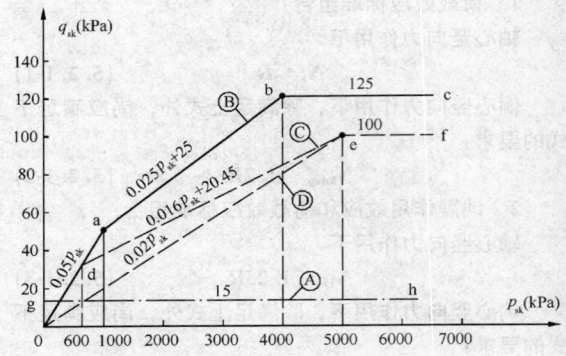

图 5.3.3 q_{sk}-p_{sk} 曲线

注:1 q_{sik} 值应结合土工试验资料,依据土的类别、埋藏深度、排列次序,按图 5.3.3 折线取值;图 5.3.3 中,直线Ⓐ(线段 gh)适用于地表下 6m 范围内的土层;折线Ⓑ(线段 oabc)适用于粉土及砂土土层以上(或无粉土及砂土土层地区)的黏性土;折线Ⓒ(线段 odef)适用于粉土及砂土土层以下的黏性土;折线Ⓓ(线段 oef)适用于粉土、粉砂、细砂及中砂。

2 p_{sk} 为桩端穿过的中密~密实砂土、粉土的比贯入阻力平均值;p_{sl} 为砂土、粉土的下卧软土层的比贯入阻力平均值。

3 采用的单桥探头,圆锥底面积为 15cm²,底部带 7cm 高滑套,锥角 60°。

4 当桩端穿过粉土、粉砂、细砂及中砂层底面时,折线Ⓓ估算的 q_{sik} 值需乘以表 5.3.3-4 中系数 η_s 值。

表 5.3.3-1　桩端阻力修正系数 α 值

桩长(m)	$l<15$	$15 \leqslant l \leqslant 30$	$30 < l \leqslant 60$
α	0.75	0.75~0.90	0.90

注:桩长 15m≤l≤30m, α 值按 l 值直线内插;l 为桩长(不包括桩尖高度)。

表 5.3.3-2　系　数　C

p_{sk}(MPa)	20~30	35	>40
系数 C	5/6	2/3	1/2

表 5.3.3-3　折减系数 β

p_{sk2}/p_{sk1}	≤5	7.5	12.5	≥15
β	1	5/6	2/3	1/2

注:表 5.3.3-2、表 5.3.3-3 可内插取值。

表 5.3.3-4 系数 η_s 值

p_{sk}/p_{sl}	$\leqslant 5$	7.5	$\geqslant 10$
η_s	1.00	0.50	0.33

5.3.4 当根据双桥探头静力触探资料确定混凝土预制桩单桩竖向极限承载力标准值时，对于黏性土、粉土和砂土，如无当地经验时可按下式计算：

$$Q_{uk} = Q_{sk} + Q_{pk} = u\sum l_i \cdot \beta_i \cdot f_{si} + \alpha \cdot q_c \cdot A_p \tag{5.3.4}$$

式中 f_{si} —— 第 i 层土的探头平均侧阻力 (kPa)；

q_c —— 桩端平面上、下探头阻力，取桩端平面以上 $4d$ (d 为桩的直径或边长) 范围内按土层厚度的探头阻力加权平均值 (kPa)，然后再和桩端平面以下 $1d$ 范围内的探头阻力进行平均；

α —— 桩端阻力修正系数，对于黏性土、粉土取 2/3，饱和砂土取 1/2；

β_i —— 第 i 层土桩侧阻力综合修正系数，黏性土、粉土：$\beta_i = 10.04 (f_{si})^{-0.55}$；砂土：$\beta_i = 5.05 (f_{si})^{-0.45}$。

注：双桥探头的圆锥底面积为 15cm²，锥角 60°，摩擦套筒高 21.85cm，侧面积 300cm²。

Ⅲ 经验参数法

5.3.5 当根据土的物理指标与承载力参数之间的经验关系确定单桩竖向极限承载力标准值时，宜按下式估算：

$$Q_{uk} = Q_{sk} + Q_{pk} = u\sum q_{sik}l_i + q_{pk}A_p \tag{5.3.5}$$

式中 q_{sik} —— 桩侧第 i 层土的极限侧阻力标准值，如无当地经验时，可按表 5.3.5-1 取值；

q_{pk} —— 极限端阻力标准值，如无当地经验时，可按表 5.3.5-2 取值。

表 5.3.5-1 桩的极限侧阻力标准值 q_{sik} (kPa)

土的名称	土的状态		混凝土预制桩	泥浆护壁钻(冲)孔桩	干作业钻孔桩
填土	—		22～30	20～28	20～28
淤泥			14～20	12～18	12～18
淤泥质土			22～30	20～28	20～28
黏性土	流塑	$I_L > 1$	24～40	21～38	21～38
	软塑	$0.75 < I_L \leqslant 1$	40～55	38～53	38～53
	可塑	$0.50 < I_L \leqslant 0.75$	55～70	53～68	53～66
	硬可塑	$0.25 < I_L \leqslant 0.50$	70～86	68～84	66～82
	硬塑	$0 < I_L \leqslant 0.25$	86～98	84～96	82～94
	坚硬	$I_L \leqslant 0$	98～105	96～102	94～104
红黏土	$0.7 < a_w \leqslant 1$		13～32	12～30	12～30
	$0.5 < a_w \leqslant 0.7$		32～74	30～70	30～70
粉土	稍密	$e > 0.9$	26～46	24～42	24～42
	中密	$0.75 \leqslant e \leqslant 0.9$	46～66	42～62	42～62
	密实	$e < 0.75$	66～88	62～82	62～82
粉细砂	稍密	$10 < N \leqslant 15$	24～48	22～46	22～46
	中密	$15 < N \leqslant 30$	48～66	46～64	46～64
	密实	$N > 30$	66～88	64～86	64～86
中砂	中密	$15 < N \leqslant 30$	54～74	53～72	53～72
	密实	$N > 30$	74～95	72～94	72～94
粗砂	中密	$15 < N \leqslant 30$	74～95	74～95	76～98
	密实	$N > 30$	95～116	95～116	98～120
砾砂	稍密	$5 < N_{63.5} \leqslant 15$	70～110	50～90	60～100
	中密(密实)	$N_{63.5} > 15$	116～138	116～130	112～130
圆砾、角砾	中密、密实	$N_{63.5} > 10$	160～200	135～150	135～150
碎石、卵石	中密、密实	$N_{63.5} > 10$	200～300	140～170	150～170
全风化软质岩	—	$30 < N \leqslant 50$	100～120	80～100	80～100
全风化硬质岩	—	$30 < N \leqslant 50$	140～160	120～140	120～150
强风化软质岩	—	$N_{63.5} > 10$	160～240	140～200	140～220
强风化硬质岩	—	$N_{63.5} > 10$	220～300	160～240	160～260

注：1 对于尚未完成自重固结的填土和以生活垃圾为主的杂填土，不计算其侧阻力；

2 a_w 为含水比，$a_w = w/w_l$，w 为土的天然含水量，w_l 为土的液限；

3 N 为标准贯入击数；$N_{63.5}$ 为重型圆锥动力触探击数；

4 全风化、强风化软质岩和全风化、强风化硬质岩系指其母岩分别为 $f_{rk} \leqslant 15MPa$、$f_{rk} > 30MPa$ 的岩石。

表 5.3.5-2 桩的极限端阻力标准值 q_{pk}（kPa）

土名称	土的状态	混凝土预制桩桩长 l (m)				泥浆护壁钻（冲）孔桩桩长 l (m)				干作业钻孔桩桩长 l (m)		
		$l \leqslant 9$	$9 < l \leqslant 16$	$16 < l \leqslant 30$	$l > 30$	$5 \leqslant l < 10$	$10 \leqslant l < 15$	$15 \leqslant l < 30$	$30 \leqslant l$	$5 \leqslant l < 10$	$10 \leqslant l < 15$	$15 \leqslant l$
黏性土	软塑 $0.75 < I_L \leqslant 1$	210~850	650~1400	1200~1800	1300~1900	150~250	250~300	300~450	300~450	200~400	400~700	700~950
	可塑 $0.50 < I_L \leqslant 0.75$	850~1700	1400~2200	1900~2800	2300~3600	350~450	450~600	600~750	750~800	500~700	800~1100	1000~1600
	硬可塑 $0.25 < I_L \leqslant 0.50$	1500~2300	2300~3300	2700~3600	3600~4400	800~900	900~1000	1000~1200	1200~1400	850~1100	1500~1700	1700~1900
	硬塑 $0 < I_L \leqslant 0.25$	2500~3800	3800~5500	5500~6000	6000~6800	1100~1200	1200~1400	1400~1600	1600~1800	1600~1800	2200~2400	2600~2800
粉土	中密 $0.75 \leqslant e \leqslant 0.9$	950~1700	1400~2100	1900~2700	2500~3400	300~500	500~650	650~750	750~850	800~1200	1200~1400	1400~1600
	密实 $e < 0.75$	1500~2600	2100~3000	2700~3600	3600~4400	650~900	750~950	900~1100	1100~1200	1200~1700	1400~1900	1600~2100
粉砂	稍密 $10 < N \leqslant 15$	1000~1600	1500~2300	1900~2700	2100~3000	350~500	450~600	600~700	650~750	500~950	1300~1600	1500~1700
	中密、密实 $N > 15$	1400~2200	2100~3000	3000~4500	3800~5500	600~750	750~900	900~1100	1100~1200	900~1000	1700~1900	1700~1900
细砂	$N > 15$	2500~4000	3600~5000	4400~6000	5300~7000	650~850	900~1200	1200~1500	1500~1800	1200~1600	2000~2400	2400~2700
中砂	$N > 15$	4000~6000	5500~7000	6500~8000	7500~9000	850~1050	1100~1500	1500~1900	1900~2100	1800~2400	2800~3800	3600~4400
粗砂	中密、密实 $N > 15$	5700~7500	7500~8500	8500~10000	9500~11000	1500~1800	2100~2400	2400~2600	2600~2800	2900~3600	4000~4600	4600~5200
砾砂	$N > 15$	6000~9500		9000~10500		1400~2000		2000~3200		3500~5000		
角砾、圆砾	$N_{63.5} > 10$	7000~10000		9500~11500		1800~2200		2200~3600		4000~5500		
碎石、卵石	$N_{63.5} > 10$	8000~11000		10500~13000		2000~3000		3000~4000		4500~6500		
全风化软质岩	$30 < N \leqslant 50$	4000~6000				1000~1600				1200~2000		
全风化硬质岩	$30 < N \leqslant 50$	5000~8000				1200~2000				1400~2400		
强风化软质岩	$N_{63.5} > 10$	6000~9000				1400~2200				1600~2600		
强风化硬质岩	$N_{63.5} > 10$	7000~11000				1800~2800				2000~3000		

注：1 砂土和碎石类土中桩的极限端阻力取值，宜综合考虑土的密实度，桩端进入持力层的深径比 h_b/d，土愈密实，h_b/d 愈大，取值愈高；

2 预制桩的岩石极限端阻力指桩端支承于中、微风化基岩表面或进入强风化岩、软质岩一定深度条件下极限端阻力；

3 全风化、强风化软质岩和全风化、强风化硬质岩指其母岩分别为 $f_{rk} \leqslant 15MPa$、$f_{rk} > 30MPa$ 的岩石。

5.3.6 根据土的物理指标与承载力参数之间的经验关系，确定大直径桩单桩极限承载力标准值时，可按下式计算：

$$Q_{uk} = Q_{sk} + Q_{pk} = u\sum \psi_{si}q_{sik}l_i + \psi_p q_{pk}A_p$$

$$(5.3.6)$$

式中 q_{sik}——桩侧第 i 层土极限侧阻力标准值，如无当地经验值时，可按本规范表 5.3.5-1 取值，对于扩底桩斜面及变截面以上 $2d$ 长度范围不计侧阻力；

q_{pk}——桩径为 800mm 的极限端阻力标准值，对于干作业挖孔（清底干净）可采用深层载荷板试验确定；当不能进行深层载荷板试验时，可按表5.3.6-1取值。

ψ_{si}、ψ_p——大直径桩侧阻力、端阻力尺寸效应系数，按表5.3.6-2取值。

u——桩身周长，当人工挖孔桩桩周护壁为振捣密实的混凝土时，桩身周长可按护壁外直径计算。

表 5.3.6-1 干作业挖孔桩（清底干净，$D=800$mm）极限端阻力标准值 q_{pk}（kPa）

土名称		状 态		
黏性土		$0.25<I_L\leqslant0.75$	$0<I_L\leqslant0.25$	$I_L\leqslant0$
		$800\sim1800$	$1800\sim2400$	$2400\sim3000$
粉土		—	$0.75\leqslant e\leqslant0.9$	$e<0.75$
		—	$1000\sim1500$	$1500\sim2000$
砂土、碎石类土		稍密	中密	密实
	粉砂	$500\sim700$	$800\sim1100$	$1200\sim2000$
	细砂	$700\sim1100$	$1200\sim1800$	$2000\sim2500$
	中砂	$1000\sim2000$	$2200\sim3200$	$3500\sim5000$
	粗砂	$1200\sim2200$	$2500\sim3500$	$4000\sim5500$
	砾砂	$1400\sim2400$	$2600\sim4000$	$5000\sim7000$
	圆砾、角砾	$1600\sim3000$	$3200\sim5000$	$6000\sim9000$
	卵石、碎石	$2000\sim3000$	$3300\sim5000$	$7000\sim11000$

注：1 当桩进入持力层的深度 h_b 分别为：$h_b\leqslant D$，$D<h_b\leqslant4D$，$h_b>4D$ 时，q_{pk} 可相应地取低、中、高值。

2 砂土密实度可根据标贯击数判定，$N\leqslant10$ 为松散，$10<N\leqslant15$ 为稍密，$15<N\leqslant30$ 为中密，$N>30$ 为密实。

3 当桩的长径比 $l/d\leqslant8$ 时，q_{pk} 宜取较低值。

4 当对沉降要求不严时，q_{pk} 可取高值。

表 5.3.6-2 大直径灌注桩侧阻力尺寸效应系数 ψ_{si}、端阻力尺寸效应系数 ψ_p

土类型	黏性土、粉土	砂土、碎石类土
ψ_{si}	$(0.8/d)^{1/5}$	$(0.8/d)^{1/3}$
ψ_p	$(0.8/D)^{1/4}$	$(0.8/D)^{1/3}$

注：当为等直径桩时，表中 $D=d$。

Ⅳ 钢管桩

5.3.7 当根据土的物理指标与承载力参数之间的经验关系确定钢管桩单桩竖向极限承载力标准值时，可按下列公式计算：

$$Q_{uk} = Q_{sk} + Q_{pk} = u\sum q_{sik}l_i + \lambda_p q_{pk}A_p$$

$$(5.3.7\text{-}1)$$

当 $h_b/d_1<5$ 时，$\lambda_p = 0.16h_b/d_1$ (5.3.7-2)

当 $h_b/d_1\geqslant5$ 时，$\lambda_p = 0.8$ (5.3.7-3)

式中 q_{sik}、q_{pk}——分别按本规范表 5.3.5-1、表 5.3.5-2 取与混凝土预制桩相同值；

λ_p——桩端土塞效应系数，对于闭口钢管桩 $\lambda_p=1$，对于敞口钢管桩按式（5.3.7-2）、（5.3.7-3）取值；

h_b——桩端进入持力层深度；

d——钢管桩外径。

对于带隔板的半敞口钢管桩，应以等效直径 d_e 代替 d 确定 λ_p；$d_e = d/\sqrt{n}$；其中 n 为桩端隔板分割数（见图5.3.7）。

$n=2$　　$n=4$　　$n=9$

图 5.3.7 隔板分割

Ⅴ 混凝土空心桩

5.3.8 当根据土的物理指标与承载力参数之间的经验关系确定敞口预应力混凝土空心桩单桩竖向极限承载力标准值时，可按下列公式计算：

$$Q_{uk} = Q_{sk} + Q_{pk} = u\sum q_{sik}l_i + q_{pk}(A_j + \lambda_p A_{p1})$$

$$(5.3.8\text{-}1)$$

当 $h_b/d_1<5$ 时，$\lambda_p = 0.16h_b/d_1$ (5.3.8-2)

当 $h_b/d_1\geqslant5$ 时，$\lambda_p = 0.8$ (5.3.8-3)

式中 q_{sik}、q_{pk}——分别按本规范表 5.3.5-1、表 5.3.5-2 取与混凝土预制桩相同值；

A_j——空心桩桩端净面积：

管桩：$A_j = \dfrac{\pi}{4}(d^2 - d_1^2)$；

空心方桩：$A_j = b^2 - \dfrac{\pi}{4}d_1^2$；

A_{p1}——空心桩敞口面积：$A_{p1} = \dfrac{\pi}{4}d_1^2$；

λ_p——桩端土塞效应系数；

d、b——空心桩外径、边长；

d_1——空心桩内径。

Ⅵ 嵌岩桩

5.3.9 桩端置于完整、较完整基岩的嵌岩桩单桩竖向极限承载力，由桩周土总极限侧阻力和嵌岩段总极限阻力组成。当根据岩石单轴抗压强度确定单桩竖向极限承载力标准值时，可按下列公式计算：

$$Q_{uk} = Q_{sk} + Q_{rk} \qquad (5.3.9-1)$$

$$Q_{sk} = u\sum q_{sik} l_i \qquad (5.3.9-2)$$

$$Q_{rk} = \zeta_r f_{rk} A_p \qquad (5.3.9-3)$$

式中 Q_{sk}、Q_{rk} ——分别为土的总极限侧阻力标准值、嵌岩段总极限阻力标准值；

q_{sik} ——桩周第 i 层土的极限侧阻力，无当地经验时，可根据成桩工艺按本规范表 5.3.5-1 取值；

f_{rk} ——岩石饱和单轴抗压强度标准值，黏土岩取天然湿度单轴抗压强度标准值；

ζ_r ——桩嵌岩段侧阻和端阻综合系数，与嵌岩深径比 h_r/d、岩石软硬程度和成桩工艺有关，可按表 5.3.9 采用；表中数值适用于泥浆护壁成桩，对于干作业成桩（清底干净）和泥浆护壁成桩后注浆，ζ_r 应取列表数值的 1.2 倍。

表 5.3.9 桩嵌岩段侧阻和端阻综合系数 ζ_r

嵌岩深径比 h_r/d	0	0.5	1.0	2.0	3.0	4.0	5.0	6.0	7.0	8.0
极软岩、软岩	0.60	0.80	0.95	1.18	1.35	1.48	1.57	1.63	1.66	1.70
较硬岩、坚硬岩	0.45	0.65	0.81	0.90	1.00	1.04	—	—	—	—

注：1 极软岩、软岩指 $f_{rk} \leqslant 15MPa$，较硬岩、坚硬岩指 $f_{rk} > 30MPa$，介于二者之间可内插取值。

2 h_r 为桩身嵌岩深度，当岩面倾斜时，以坡下方嵌岩深度为准；当 h_r/d 为非表列值时，ζ_r 可内插取值。

Ⅶ 后注浆灌注桩

5.3.10 后注浆灌注桩的单桩极限承载力，应通过静载试验确定。在符合本规范第 6.7 节后注浆技术实施规定的条件下，其后注浆单桩极限承载力标准值可按下式估算：

$$Q_{uk} = Q_{sk} + Q_{gsk} + Q_{gpk}$$
$$= u\sum q_{sjk} l_j + u\sum \beta_{si} q_{sik} l_{gi} + \beta_p q_{pk} A_p \qquad (5.3.10)$$

式中 Q_{sk} ——后注浆非竖向增强段的总极限侧阻力标准值；

Q_{gsk} ——后注浆竖向增强段的总极限侧阻力标准值；

Q_{gpk} ——后注浆总极限端阻力标准值；

u ——桩身周长；

l_j ——后注浆非竖向增强段第 j 层土厚度；

l_{gi} ——后注浆竖向增强段内第 i 层土厚度：对于泥浆护壁成孔灌注桩，当为单一桩端后注浆时，竖向增强段为桩端以上 12m；当为桩端、桩侧复式注浆时，竖向增强段为桩端以上 12m 及各桩侧注浆断面以上 12m，重叠部分应扣除；对于干作业灌注桩，竖向增强段为桩端以上、桩侧注浆断面上下各 6m；

q_{sik}、q_{sjk}、q_{pk} ——分别为后注浆竖向增强段第 i 土层初始极限侧阻力标准值、非竖向增强段第 j 土层初始极限侧阻力标准值、初始极限端阻力标准值；根据本规范第 5.3.5 条确定；

β_{si}、β_p ——分别为后注浆侧阻力、端阻力增强系数，无当地经验时，可按表 5.3.10 取值。对于桩径大于 800mm 的桩，应按本规范表 5.3.6-2 进行侧阻和端阻尺寸效应修正。

表 5.3.10 后注浆侧阻力增强系数 β_{si}，端阻力增强系数 β_p

土层名称	淤泥淤泥质土	黏性土粉土	粉砂细砂	中砂	粗砂砾砂	砾石卵石	全风化强风化岩
β_{si}	1.2~1.3	1.4~1.8	1.6~2.0	1.7~2.1	2.0~2.5	2.4~3.0	1.4~1.8
β_p	—	2.2~2.5	2.4~2.8	2.6~3.0	3.0~3.5	3.2~4.0	2.0~2.4

注：干作业钻、挖孔桩，β_p 按表列值乘以小于 1.0 的折减系数。当桩端持力层为黏性土或粉土时，折减系数取 0.6；为砂土或碎石土时，取 0.8。

5.3.11 后注浆钢导管注浆后可等效替代纵向主筋。

Ⅷ 液化效应

5.3.12 对于桩身周围有液化土层的低承台桩基，当承台底面上下分别有厚度不小于 1.5m、1.0m 的非液化土或非软弱土层时，可将液化土层极限侧阻力乘以土层液化影响折减系数计算单桩极限承载力标准值。土层液化影响折减系数 ψ_l 可按表 5.3.12 确定。

表 5.3.12 土层液化影响折减系数 ψ_l

$\lambda_N = \dfrac{N}{N_{cr}}$	自地面算起的液化土层深度 d_L（m）	ψ_l
$\lambda_N \leq 0.6$	$d_L \leq 10$	0
	$10 < d_L \leq 20$	1/3
$0.6 < \lambda_N \leq 0.8$	$d_L \leq 10$	1/3
	$10 < d_L \leq 20$	2/3
$0.8 < \lambda_N \leq 1.0$	$d_L \leq 10$	2/3
	$10 < d_L \leq 20$	1.0

注：1 N 为饱和土标贯击数实测值；N_{cr} 为液化判别标贯击数临界值；

　　2 对于挤土桩当桩距不大于 $4d$，且桩的排数不少于 5 排、总桩数不少于 25 根时，土层液化影响折减系数可按表列值提高一档取值；桩间土标贯击数达到 N_{cr} 时，取 $\psi_l = 1$。

当承台底面上下非液化土层厚度小于以上规定时，土层液化影响折减系数 ψ_l 取 0。

5.4 特殊条件下桩基竖向承载力验算

I 软弱下卧层验算

5.4.1 对于桩距不超过 $6d$ 的群桩基础，桩端持力层下存在承载力低于桩端持力层承载力 1/3 的软弱下卧层时，可按下列公式验算软弱下卧层的承载力（见图 5.4.1）：

$$\sigma_z + \gamma_m z \leq f_{az} \qquad (5.4.1\text{-}1)$$

$$\sigma_z = \frac{(F_k + G_k) - 3/2\,(A_0 + B_0)\cdot\sum q_{sik}l_i}{(A_0 + 2t\cdot\tan\theta)(B_0 + 2t\cdot\tan\theta)} \qquad (5.4.1\text{-}2)$$

式中　σ_z——作用于软弱下卧层顶面的附加应力；

　　　γ_m——软弱层顶面以上各土层重度（地下水位以下取浮重度）按厚度加权平均值；

　　　t——硬持力层厚度；

　　　f_{az}——软弱下卧层经深度 z 修正的地基承载力特征值；

　　　A_0、B_0——桩群外缘矩形底面的长、短边边长；

　　　q_{sik}——桩周第 i 层土的极限侧阻力标准值，无当地经验时，可根据成桩工艺按本规范表 5.3.5-1 取值；

　　　θ——桩端硬持力层压力扩散角，按表 5.4.1 取值。

表 5.4.1 桩端硬持力层压力扩散角 θ

E_{s1}/E_{s2}	$t = 0.25B_0$	$t \geq 0.50B_0$
1	4°	12°
3	6°	23°
5	10°	25°
10	20°	30°

注：1 E_{s1}、E_{s2} 为硬持力层、软弱下卧层的压缩模量；

　　2 当 $t < 0.25B_0$ 时，取 $\theta = 0°$，必要时，宜通过试验确定；当 $0.25B_0 < t < 0.50B_0$ 时，可内插取值。

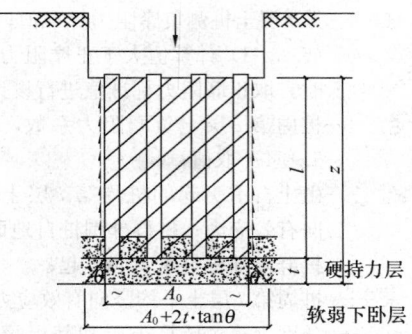

图 5.4.1 软弱下卧层承载力验算

II 负摩阻力计算

5.4.2 符合下列条件之一的桩基，当桩周土层产生的沉降超过基桩的沉降时，在计算基桩承载力时应计入桩侧负摩阻力：

1 桩穿越较厚松散填土、自重湿陷性黄土、欠固结土、液化土层进入相对较硬土层时；

2 桩周存在软弱土层，邻近桩侧地面承受局部较大的长期荷载，或地面大面积堆载（包括填土）时；

3 由于降低地下水位，使桩周土有效应力增大，并产生显著压缩沉降时。

5.4.3 桩周土沉降可能引起桩侧负摩阻力时，应根据工程具体情况考虑负摩阻力对桩基承载力和沉降的影响；当缺乏可参照的工程经验时，可按下列规定验算。

1 对于摩擦型基桩可取桩身计算中性点以上侧阻力为零，并可按下式验算基桩承载力：

$$N_k \leq R_a \qquad (5.4.3\text{-}1)$$

2 对于端承型基桩除应满足上式要求外，尚应考虑负摩阻力引起基桩的下拉荷载 Q_g^n，并可按下式验算基桩承载力：

$$N_k + Q_g^n \leq R_a \qquad (5.4.3\text{-}2)$$

3 当土层不均匀或建筑物对不均匀沉降较敏感时，尚应将负摩阻力引起的下拉荷载计入附加荷载验算桩基沉降。

注：本条中基桩的竖向承载力特征值 R_a 只计中性点以下部分侧阻值及端阻值。

5.4.4 桩侧负摩阻力及其引起的下拉荷载，当无实测资料时可按下列规定计算：

1 中性点以上单桩桩周第 i 层土负摩阻力标准值，可按下列公式计算：

$$q_{si}^n = \xi_{ni}\sigma'_i \qquad (5.4.4\text{-}1)$$

当填土、自重湿陷性黄土湿陷、欠固结土层产生固结和地下水降低时：$\sigma'_i = \sigma'_{\gamma i}$

当地面分布大面积荷载时：$\sigma'_i = p + \sigma'_{\gamma i}$

$$\sigma'_{\gamma i} = \sum_{e=1}^{i-1}\gamma_e\Delta z_e + \frac{1}{2}\gamma_i\Delta z_i \qquad (5.4.4\text{-}2)$$

式中 q_{si}^n ——第 i 层土桩侧负摩阻力标准值；当按式
(5.4.4-1) 计算值大于正摩阻力标准值
时，取正摩阻力标准值进行设计；

ξ_{ni} ——桩周第 i 层土负摩阻力系数，可按表
5.4.4-1 取值；

$\sigma'_{\gamma i}$ ——由土自重引起的桩周第 i 层土平均竖
向有效应力；桩群外围桩自地面算起，
桩群内部桩自承台底算起；

σ'_i ——桩周第 i 层土平均竖向有效应力；

γ_i、γ_e ——分别为第 i 计算土层和其上第 e 土层
的重度，地下水位以下取浮重度；

Δz_i、Δz_e ——第 i 层土、第 e 层土的厚度；

p ——地面均布荷载。

表 5.4.4-1 负摩阻力系数 ξ_n

土　类	ξ_n
饱和软土	0.15~0.25
黏性土、粉土	0.25~0.40
砂土	0.35~0.50
自重湿陷性黄土	0.20~0.35

注：1 在同一类土中，对于挤土桩，取表中较大值，对
于非挤土桩，取表中较小值；
2 填土按其组成取表中同类土的较大值。

2 考虑群桩效应的基桩下拉荷载可按下式计算：

$$Q_g^n = \eta_n \cdot u \sum_{i=1}^{n} q_{si}^n l_i \qquad (5.4.4-3)$$

$$\eta_n = s_{ax} \cdot s_{ay} \left/ \left[\pi d \left(\frac{q_s^n}{\gamma_m} + \frac{d}{4} \right) \right] \right. \qquad (5.4.4-4)$$

式中 n ——中性点以上土层数；

l_i ——中性点以上第 i 土层的厚度；

η_n ——负摩阻力群桩效应系数；

s_{ax}、s_{ay} ——分别为纵、横向桩的中心距；

q_s^n ——中性点以上桩周土层厚度加权平均负摩
阻力标准值；

γ_m ——中性点以上桩周土层厚度加权平均重度
（地下水位以下取浮重度）。

对于单桩基础或按式 (5.4.4-4) 计算的群桩效应
系数 $\eta_n > 1$ 时，取 $\eta_n = 1$。

3 中性点深度 l_n 应按桩周土层沉降与桩沉降相
等的条件计算确定，也可参照表 5.4.4-2 确定。

表 5.4.4-2 中性点深度 l_n

持力层性质	黏性土、粉土	中密以上砂	砾石、卵石	基岩
中性点深度比 l_n/l_0	0.5~0.6	0.7~0.8	0.9	1.0

注：1 l_n、l_0——分别为自桩顶算起的中性点深度和桩周
软弱土层下限深度；
2 桩穿过自重湿陷性黄土层时，l_n 可按表列值增大
10%（持力层为基岩除外）；
3 当桩周土层固结与桩基固结沉降同时完成时，取
$l_n = 0$；
4 当桩周土层计算沉降量小于 20mm 时，l_n 应按表列
值乘以 0.4~0.8 折减。

Ⅲ 抗拔桩基承载力验算

5.4.5 承受拔力的桩基，应按下列公式同时验算群
桩基础呈整体破坏和呈非整体破坏时基桩的抗拔承
载力：

$$N_k \leqslant T_{gk}/2 + G_{gp} \qquad (5.4.5-1)$$

$$N_k \leqslant T_{uk}/2 + G_p \qquad (5.4.5-2)$$

式中 N_k ——按荷载效应标准组合计算的基桩
拔力；

T_{gk} ——群桩呈整体破坏时基桩的抗拔极限承
载力标准值，可按本规范第 5.4.6 条
确定；

T_{uk} ——群桩呈非整体破坏时基桩的抗拔极限
承载力标准值，可按本规范第 5.4.6
条确定；

G_{gp} ——群桩基础所包围体积的桩土总自重除
以总桩数，地下水位以下取浮重度；

G_p ——基桩自重，地下水位以下取浮重度，
对于扩底桩应按本规范表 5.4.6-1 确
定桩、土柱体周长，计算桩、土
自重。

5.4.6 群桩基础及其基桩的抗拔极限承载力的确定
应符合下列规定：

1 对于设计等级为甲级和乙级建筑桩基，基桩
的抗拔极限承载力应通过现场单桩上拔静载荷试验确
定。单桩上拔静载荷试验及抗拔极限承载力标准值取
值可按现行行业标准《建筑基桩检测技术规范》JGJ
106 进行。

2 如无当地经验时，群桩基础及设计等级为丙
级建筑桩基，基桩的抗拔极限载力取值可按下列规定
计算：

1） 群桩呈非整体破坏时，基桩的抗拔极限
承载力标准值可按下式计算：

$$T_{uk} = \sum \lambda_i q_{sik} u_i l_i \qquad (5.4.6-1)$$

式中 T_{uk} ——基桩抗拔极限承载力标准值；

u_i ——桩身周长，对于等直径桩取 $u = \pi d$；
对于扩底桩按表 5.4.6-1 取值；

q_{sik} ——桩侧表面第 i 层土的抗压极限侧阻力
标准值，可按本规范表 5.3.5-1
取值；

λ_i ——抗拔系数，可按表 5.4.6-2 取值。

表 5.4.6-1 扩底桩破坏表面周长 u_i

自桩底起算的长度 l_i	≤(4~10)d	>(4~10)d
u_i	πD	πd

注：l_i 对于软土取低值，对于卵石、砾石取高值；l_i 取值
按内摩擦角增大而增加。

表 5.4.6-2　抗拔系数 λ

土　类	λ 值
砂土	0.50～0.70
黏性土、粉土	0.70～0.80

注：桩长 l 与桩径 d 之比小于 20 时，λ 取小值。

　　2）群桩呈整体破坏时，基桩的抗拔极限承载力标准值可按下式计算：

$$T_{gk} = \frac{1}{n} u_l \sum \lambda_i q_{sik} l_i \qquad (5.4.6-2)$$

式中　u_l——桩群外围周长。

5.4.7　季节性冻土上轻型建筑的短桩基础，应按下列公式验算其抗冻拔稳定性：

$$\eta_f q_f u z_0 \leqslant T_{gk}/2 + N_G + G_{gp} \qquad (5.4.7\text{-}1)$$

$$\eta_f q_f u z_0 \leqslant T_{uk}/2 + N_G + G_p \qquad (5.4.7\text{-}2)$$

式中　η_f——冻深影响系数，按表 5.4.7-1 采用；

　　　　q_f——切向冻胀力，按表 5.4.7-2 采用；

　　　　z_0——季节性冻土的标准冻深；

　　　　T_{gk}——标准冻深线以下群桩呈整体破坏时基桩抗拔极限承载力标准值，可按本规范第 5.4.6 条确定；

　　　　T_{uk}——标准冻深线以下单桩抗拔极限承载力标准值，可按本规范第 5.4.6 条确定；

　　　　N_G——基桩承受的桩承台底面以上建筑物自重、承台及其上土重标准值。

表 5.4.7-1　冻深影响系数 η_f 值

标准冻深（m）	$z_0 \leqslant 2.0$	$2.0 < z_0 \leqslant 3.0$	$z_0 > 3.0$
η	1.0	0.9	0.8

表 5.4.7-2　切向冻胀力 q_f（kPa）值

冻胀性分类 \ 土　类	弱冻胀	冻胀	强冻胀	特强冻胀
黏性土、粉土	30～60	60～80	80～120	120～150
砂土、砾（碎）石（黏、粉粒含量>15%）	<10	20～30	40～80	90～200

注：1　表面粗糙的灌注桩，表中数值应乘以系数 1.1～1.3；
　　2　本表不适用于含盐量大于 0.5% 的冻土。

5.4.8　膨胀土上轻型建筑的短桩基础，应按下列公式验算群桩基础呈整体破坏和非整体破坏的抗拔稳定性：

$$u \sum q_{ei} l_{ei} \leqslant T_{gk}/2 + N_G + G_{gp} \qquad (5.4.8\text{-}1)$$

$$u \sum q_{ei} l_{ei} \leqslant T_{uk}/2 + N_G + G_p \qquad (5.4.8\text{-}2)$$

式中　T_{gk}——群桩呈整体破坏时，大气影响急剧层下稳定土层中基桩的抗拔极限承载力标准值，可按本规范第 5.4.6 条

计算；

　　　　T_{uk}——群桩呈非整体破坏时，大气影响急剧层下稳定土层中基桩的抗拔极限承载力标准值，可按本规范第 5.4.6 条计算；

　　　　q_{ei}——大气影响急剧层中第 i 层土的极限胀切力，由现场浸水试验确定；

　　　　l_{ei}——大气影响急剧层中第 i 层土的厚度。

5.5　桩基沉降计算

5.5.1　建筑桩基沉降变形计算值不应大于桩基沉降变形允许值。

5.5.2　桩基沉降变形可用下列指标表示：

　　1　沉降量；

　　2　沉降差；

　　3　整体倾斜：建筑物桩基础倾斜方向两端点的沉降差与其距离之比值；

　　4　局部倾斜：墙下条形承台沿纵向某一长度范围内桩基础两点的沉降差与其距离之比值。

5.5.3　计算桩基沉降变形时，桩基变形指标应按下列规定选用：

　　1　由于土层厚度与性质不均匀、荷载差异、体形复杂、相互影响等因素引起的地基沉降变形，对于砌体承重结构应由局部倾斜控制；

　　2　对于多层或高层建筑和高耸结构应由整体倾斜值控制；

　　3　当其结构为框架、框架-剪力墙、框架-核心筒结构时，尚应控制柱（墙）之间的差异沉降。

5.5.4　建筑桩基沉降变形允许值，应按表 5.5.4 规定采用。

表 5.5.4　建筑桩基沉降变形允许值

变　形　特　征	允许值
砌体承重结构基础的局部倾斜	0.002
各类建筑相邻柱（墙）基的沉降差	
（1）框架、框架—剪力墙、框架—核心筒结构	$0.002 l_0$
（2）砌体墙填充的边排柱	$0.0007 l_0$
（3）当基础不均匀沉降时不产生附加应力的结构	$0.005 l_0$
单层排架结构(柱距为 6m)桩基的沉降量(mm)	120
桥式吊车轨面的倾斜（按不调整轨道考虑）	
纵向	0.004
横向	0.003
多层和高层建筑的整体倾斜　$H_g \leqslant 24$	0.004
$24 < H_g \leqslant 60$	0.003
$60 < H_g \leqslant 100$	0.0025
$H_g > 100$	0.002

续表 5.5.4

变 形 特 征		允许值
高耸结构桩基的整体倾斜	$H_g \leqslant 20$	0.008
	$20 < H_g \leqslant 50$	0.006
	$50 < H_g \leqslant 100$	0.005
	$100 < H_g \leqslant 150$	0.004
	$150 < H_g \leqslant 200$	0.003
	$200 < H_g \leqslant 250$	0.002
高耸结构基础的沉降量 (mm)	$H_g \leqslant 100$	350
	$100 < H_g \leqslant 200$	250
	$200 < H_g \leqslant 250$	150
体型简单的剪力墙结构高层建筑桩基最大沉降量 (mm)	—	200

注：l_0 为相邻柱（墙）二测点间距离，H_g 为自室外地面算起的建筑物高度（m）。

5.5.5 对于本规范表 5.5.4 中未包括的建筑桩基沉降变形允许值，应根据上部结构对桩基沉降变形的适应能力和使用要求确定。

Ⅰ 桩中心距不大于 6 倍桩径的桩基

5.5.6 对于桩中心距不大于 6 倍桩径的桩基，其最终沉降量计算可采用等效作用分层总和法。等效作用面位于桩端平面，等效作用面积为桩承台投影面积，等效作用附加压力近似取承台底平均附加压力。等效作用面以下的应力分布采用各向同性均质直线变形体理论。计算模式如图 5.5.6 所示，桩基任一点最终沉

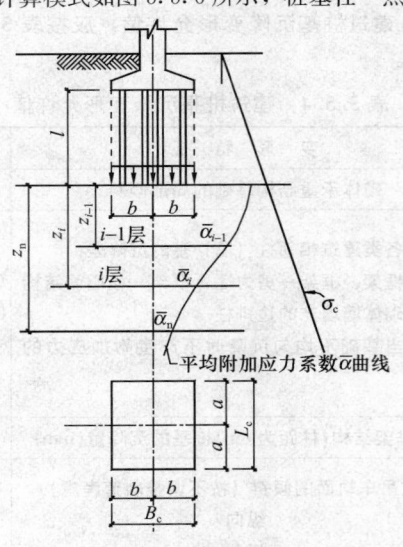

平均附加应力系数 $\bar{\alpha}$ 曲线

图 5.5.6 桩基沉降计算示意图

降量可用角点法按下式计算：

$$s = \psi \cdot \psi_e \cdot s' = \psi \cdot \psi_e \cdot \sum_{j=1}^{m} p_{0j} \sum_{i=1}^{n} \frac{z_{ij}\bar{\alpha}_{ij} - z_{(i-1)j}\bar{\alpha}_{(i-1)j}}{E_{si}}$$

(5.5.6)

式中 s —— 桩基最终沉降量（mm）；
s' —— 采用布辛奈斯克（Boussinesq）解，按实体深基础分层总和法计算出的桩基沉降量（mm）；
ψ —— 桩基沉降计算经验系数，当无当地可靠经验时可按本规范第 5.5.11 条确定；
ψ_e —— 桩基等效沉降系数，可按本规范第 5.5.9 条确定；
m —— 角点法计算点对应的矩形荷载分块数；
p_{0j} —— 第 j 块矩形底面在荷载效应准永久组合下的附加压力（kPa）；
n —— 桩基沉降计算深度范围内所划分的土层数；
E_{si} —— 等效作用面以下第 i 层土的压缩模量（MPa），采用地基土在自重压力至自重压力加附加压力作用时的压缩模量；
z_{ij}、$z_{(i-1)j}$ —— 桩端平面第 j 块荷载作用面至第 i 层土、第 $i-1$ 层土底面的距离（m）；
$\bar{\alpha}_{ij}$、$\bar{\alpha}_{(i-1)j}$ —— 桩端平面第 j 块荷载计算点至第 i 层土、第 $i-1$ 层土底面深度范围内平均附加应力系数，可按本规范附录 D 选用。

5.5.7 计算矩形桩基中点沉降时，桩基沉降量可按下式简化计算：

$$s = \psi \cdot \psi_e \cdot s' = 4 \cdot \psi \cdot \psi_e \cdot p_0 \sum_{i=1}^{n} \frac{z_i \bar{\alpha}_i - z_{i-1}\bar{\alpha}_{i-1}}{E_{si}}$$

(5.5.7)

式中 p_0 —— 在荷载效应准永久组合下承台底的平均附加压力；
$\bar{\alpha}_i$、$\bar{\alpha}_{i-1}$ —— 平均附加应力系数，根据矩形长宽比 a/b 及深宽比 $\frac{z_i}{b} = \frac{2z_i}{B_c}$，$\frac{z_{i-1}}{b} = \frac{2z_{i-1}}{B_c}$，可按本规范附录 D 选用。

5.5.8 桩基沉降计算深度 z_n 应按应力比法确定，即计算深度处的附加应力 σ_z 与土的自重应力 σ_c 应符合下列公式要求：

$$\sigma_z \leqslant 0.2\sigma_c \qquad (5.5.8-1)$$

$$\sigma_z = \sum_{j=1}^{m} a_j p_{0j} \qquad (5.5.8-2)$$

式中 a_j —— 附加应力系数，可根据角点法划分的矩形长宽比及深宽比按本规范附录 D 选用。

5.5.9 桩基等效沉降系数 ψ_e 可按下列公式简化计算：

$$\psi_e = C_0 + \frac{n_b - 1}{C_1(n_b - 1) + C_2} \qquad (5.5.9-1)$$

$$n_b = \sqrt{n \cdot B_c / L_c} \qquad (5.5.9-2)$$

式中 n_b——矩形布桩时的短边布桩数，当布桩不规则时可按式（5.5.9-2）近似计算，$n_b > 1$；$n_b = 1$ 时，可按本规范式（5.5.14）计算；

C_0、C_1、C_2——根据群桩距径比 s_a/d、长径比 l/d 及基础长宽比 L_c/B_c，按本规范附录 E 确定；

L_c、B_c、n——分别为矩形承台的长、宽及总桩数。

5.5.10 当布桩不规则时，等效距径比可按下列公式近似计算：

圆形桩 $\quad s_a/d = \sqrt{A}/(\sqrt{n} \cdot d) \qquad (5.5.10-1)$

方形桩 $\quad s_a/d = 0.886\sqrt{A}/(\sqrt{n} \cdot b) \qquad (5.5.10-2)$

式中 A——桩基承台总面积；

b——方形桩截面边长。

5.5.11 当无当地可靠经验时，桩基沉降计算经验系数 ψ 可按表 5.5.11 选用。对于采用后注浆施工工艺的灌注桩，桩基沉降计算经验系数应根据桩端持力土层类别，乘以 0.7（砂、砾、卵石）~0.8（黏性土、粉土）折减系数；饱和土中采用预制桩（不含复打、复压、引孔沉桩）时，应根据桩距、土质、沉桩速率和顺序等因素，乘以 1.3~1.8 挤土效应系数，土的渗透性低，桩距小，桩数多，沉桩速率快时取大值。

表 5.5.11　桩基沉降计算经验系数 ψ

$\overline{E}_s$(MPa)	≤10	15	20	35	≥50
ψ	1.2	0.9	0.65	0.50	0.40

注：1　$\overline{E}_s$ 为沉降计算深度范围内压缩模量的当量值，可按下式计算：$\overline{E}_s = \sum A_i / \sum \dfrac{A_i}{E_{si}}$，式中 A_i 为第 i 层土附加压力系数沿土层厚度的积分值，可近似按分块面积计算；

2　ψ 可根据 $\overline{E}_s$ 内插取值。

5.5.12 计算桩基沉降时，应考虑相邻基础的影响，采用叠加原理计算；桩基等效沉降系数可按独立基础计算。

5.5.13 当桩基形状不规则时，可采用等效矩形面积计算桩基等效沉降系数，等效矩形的长宽比可根据承台实际尺寸和形状确定。

Ⅱ　单桩、单排桩、疏桩基础

5.5.14 对于单桩、单排桩、桩中心距大于 6 倍桩径的疏桩基础的沉降计算应符合下列规定：

1 承台底地基土不分担荷载的桩基。桩端平面以下地基中由基桩引起的附加应力，按考虑桩径影响的明德林（Mindlin）解附录 F 计算确定。将沉降计算点水平面影响范围内各基桩对应力计算点产生的附加应力叠加，采用单向压缩分层总和法计算土层的沉降，并计入桩身压缩 s_e。桩基的最终沉降量可按下列公式计算：

$$s = \psi \sum_{i=1}^{n} \frac{\sigma_{zi}}{E_{si}} \Delta z_i + s_e \qquad (5.5.14-1)$$

$$\sigma_{zi} = \sum_{j=1}^{m} \frac{Q_j}{l_j^2}\left[\alpha_j I_{p,ij} + (1-\alpha_j) I_{s,ij}\right] \qquad (5.5.14-2)$$

$$s_e = \xi_e \frac{Q_j l_j}{E_c A_{ps}} \qquad (5.5.14-3)$$

2 承台底地基土分担荷载的复合桩基。将承台底土压力对地基中某点产生的附加应力按 Boussinesq 解（附录 D）计算，与基桩产生的附加应力叠加，采用与本条第 1 款相同方法计算沉降。其最终沉降量可按下列公式计算：

$$s = \psi \sum_{i=1}^{n} \frac{\sigma_{zi} + \sigma_{zci}}{E_{si}} \Delta z_i + s_e \qquad (5.5.14-4)$$

$$\sigma_{zci} = \sum_{k=1}^{u} \alpha_{ki} \cdot p_{c,k} \qquad (5.5.14-5)$$

式中 m——以沉降计算点为圆心，0.6 倍桩长为半径的水平面影响范围内的基桩数；

n——沉降计算深度范围内土层的计算分层数；分层数应结合土层性质，分层厚度不应超过计算深度的 0.3 倍；

σ_{zi}——水平面影响范围内各基桩对应力计算点桩端平面以下第 i 层土 1/2 厚度处产生的附加竖向应力之和；应力计算点应取与沉降计算点最近的桩中心点；

σ_{zci}——承台压力对应力计算点桩端平面以下第 i 计算土层 1/2 厚度处产生的应力；可将承台板划分为 u 个矩形块，可按本规范附录 D 采用角点法计算；

Δz_i——第 i 计算土层厚度（m）；

E_{si}——第 i 计算土层的压缩模量（MPa），采用土的自重压力至土的自重压力加附加压力作用时的压缩模量；

Q_j——第 j 桩在荷载效应准永久组合作用下（对于复合桩基应扣除承台底土分担荷载），桩顶的附加荷载（kN）；当地下室埋深超过 5m 时，取荷载效应准永久组合作用下的总荷载为考虑回弹再压缩的等代附加荷载；

l_j——第 j 桩桩长（m）；

A_{ps}——桩身截面面积；

α_j——第 j 桩总桩端阻力与桩顶荷载之比，近似取极限总端阻力与单桩极限承载力之比；

$I_{p,ij}$、$I_{s,ij}$——分别为第 j 桩的桩端阻力和桩侧阻力对计算轴线第 i 计算土层 1/2 厚度处的应力影响系数，可按本规范附录 F 确定；

E_c —— 桩身混凝土的弹性模量；

$p_{c,k}$ —— 第 k 块承台底均布压力，可按 $p_{c,k} = \eta_{k} \cdot f_{ak}$ 取值，其中 η_{k} 为第 k 块承台底板的承台效应系数，按本规范表5.2.5确定；f_{ak} 为承台底地基承载力特征值；

α_{ki} —— 第 k 块承台底角点处，桩端平面以下第 i 计算土层1/2厚度处的附加应力系数，可按本规范附录D确定；

s_e —— 计算桩身压缩；

ξ_e —— 桩身压缩系数。端承型桩，取 $\xi_e = 1.0$；摩擦型桩，当 $l/d \leqslant 30$ 时，取 $\xi_e = 2/3$；$l/d \geqslant 50$ 时，取 $\xi_e = 1/2$；介于两者之间可线性插值；

ψ —— 沉降计算经验系数，无当地经验时，可取1.0。

5.5.15 对于单桩、单排桩、疏桩复合桩基础的最终沉降计算深度 Z_n，可按应力比法确定，即 Z_n 处由桩引起的附加应力 σ_z、由承台土压力引起的附加应力 σ_{zc} 与土的自重应力 σ_c 应符合下式要求：

$$\sigma_z + \sigma_{zc} = 0.2\sigma_c \qquad (5.5.15)$$

5.6 软土地基减沉复合疏桩基础

5.6.1 当软土地基上多层建筑，地基承载力基本满足要求（以底层平面面积计算）时，可设置穿过软土层进入相对较好土层的疏布摩擦型桩，由桩和桩间土共同分担荷载。该种减沉复合疏桩基础，可按下列公式确定承台面积和桩数：

$$A_c = \xi \frac{F_k + G_k}{f_{ak}} \qquad (5.6.1\text{-}1)$$

$$n \geqslant \frac{F_k + G_k - \eta_c f_{ak} A_c}{R_a} \qquad (5.6.1\text{-}2)$$

式中 A_c —— 桩基承台总净面积；

f_{ak} —— 承台底地基承载力特征值；

ξ —— 承台面积控制系数，$\xi \geqslant 0.60$；

n —— 基桩数；

η_c —— 桩基承台效应系数，可按本规范表5.2.5取值。

5.6.2 减沉复合疏桩基础中点沉降可按下列公式计算：

$$s = \psi(s_s + s_{sp}) \qquad (5.6.2\text{-}1)$$

$$s_s = 4p_0 \sum_{i=1}^{m} \frac{z_i \bar{\alpha}_i - z_{(i-1)} \bar{\alpha}_{(i-1)}}{E_{si}} \qquad (5.6.2\text{-}2)$$

$$s_{sp} = 280 \frac{\bar{q}_{su}}{\bar{E}_s} \cdot \frac{d}{(s_a/d)^2} \qquad (5.6.2\text{-}3)$$

$$p_0 = \eta_p \frac{F - nR_a}{A_c} \qquad (5.6.2\text{-}4)$$

式中 s —— 桩基中心点沉降量；

s_s —— 由承台底地基土附加压力作用下产生的中点沉降（见图5.6.2）；

s_{sp} —— 由桩土相互作用产生的沉降；

p_0 —— 按荷载效应准永久值组合计算的假想天然地基平均附加压力（kPa）；

E_{si} —— 承台底以下第 i 层土的压缩模量，应取自重压力至自重压力与附加压力段的模量值；

m —— 地基沉降计算深度范围的土层数；沉降计算深度按 $\sigma_z = 0.1\sigma_c$ 确定，σ_z 可按本规范第5.5.8条确定；

$\bar{q}_{su}$、$\bar{E}_s$ —— 桩身范围内按厚度加权的平均桩侧极限摩阻力、平均压缩模量；

d —— 桩身直径，当为方形桩时，$d = 1.27b$（b 为方形桩截面边长）；

s_a/d —— 等效距径比，可按本规范第5.5.10条执行；

z_i、z_{i-1} —— 承台底至第 i 层、第 $i-1$ 层土底面的距离；

$\bar{\alpha}_i$、$\bar{\alpha}_{i-1}$ —— 承台底至第 i 层、第 $i-1$ 层土层底范围内的角点平均附加应力系数；根据承台等效面积的计算分块矩形长宽比 a/b 及深宽比 $z_i/b = 2z_i/B_c$，由本规范附录D确定；其中承台等效宽度 $B_c = B \sqrt{A_c/L}$；B、L 为建筑物基础外缘平面的宽度和长度；

F —— 荷载效应准永久值组合下，作用于承台底的总附加荷载（kN）；

η_p —— 基桩刺入变形影响系数；按桩端持力层土质确定，砂土为1.0，粉土为1.15，黏性土为1.30。

ψ —— 沉降计算经验系数，无当地经验时，可取1.0。

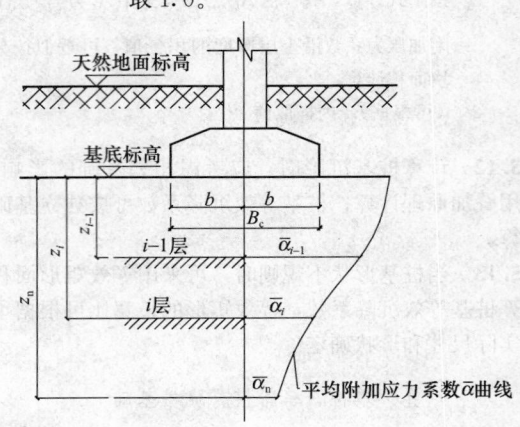

图 5.6.2 复合疏桩基础沉降计算的分层示意图

5.7 桩基水平承载力与位移计算

Ⅰ 单桩基础

5.7.1 受水平荷载的一般建筑物和水平荷载较小的

高大建筑物单桩基础和群桩中基桩应满足下式要求：

$$H_{ik} \leqslant R_h \qquad (5.7.1)$$

式中　H_{ik} ——在荷载效应标准组合下，作用于基桩 i 桩顶处的水平力；

　　　R_h ——单桩基础或群桩中基桩的水平承载力特征值，对于单桩基础，可取单桩的水平承载力特征值 R_{ha}。

5.7.2　单桩的水平承载力特征值的确定应符合下列规定：

　1　对于受水平荷载较大的设计等级为甲级、乙级的建筑桩基，单桩水平承载力特征值应通过单桩水平静载试验确定，试验方法可按现行行业标准《建筑基桩检测技术规范》JGJ 106 执行。

　2　对于钢筋混凝土预制桩、钢桩、桩身配筋率不小于 0.65% 的灌注桩，可根据静载试验结果取地面处水平位移为 10mm（对于水平位移敏感的建筑物取水平位移 6mm）所对应的荷载的 75% 为单桩水平承载力特征值。

　3　对于桩身配筋率小于 0.65% 的灌注桩，可取单桩水平静载试验的临界荷载的 75% 为单桩水平承载力特征值。

　4　当缺少单桩水平静载试验资料时，可按下列公式估算桩身配筋率小于 0.65% 的灌注桩的单桩水平承载力特征值：

$$R_{ha} = \frac{0.75 \alpha \gamma_m f_t W_0}{\nu_M} (1.25 + 22\rho_g) \left(1 \pm \frac{\zeta_N N_k}{\gamma_m f_t A_n}\right)$$

$$(5.7.2\text{-}1)$$

式中　α ——桩的水平变形系数，按本规范第 5.7.5 条确定；

　　　R_{ha} ——单桩水平承载力特征值，$\pm$号根据桩顶竖向力性质确定，压力取"$+$"，拉力取"$-$"；

　　　γ_m ——桩截面模量塑性系数，圆形截面 $\gamma_m = 2$，矩形截面 $\gamma_m = 1.75$；

　　　f_t ——桩身混凝土抗拉强度设计值；

　　　W_0 ——桩身换算截面受拉边缘的截面模量，圆形截面为：

$$W_0 = \frac{\pi d}{32}\left[d^2 + 2(\alpha_E - 1)\rho_g d_0^2\right]$$

　　　方形截面为：

$$W_0 = \frac{b}{6}\left[b^2 + 2(\alpha_E - 1)\rho_g b_0^2\right],$$

其中 d 为桩直径，d_0 为扣除保护层厚度的桩直径；b 为方形截面边长，b_0 为扣除保护层厚度的桩截面宽度；α_E 为钢筋弹性模量与混凝土弹性模量的比值；

　　　ν_M ——桩身最大弯距系数，按表 5.7.2 取值，当单桩基础和单排桩基纵向轴线与水平力方向相垂直时，按桩顶铰接考虑；

　　　ρ_g ——桩身配筋率；

　　　A_n ——桩身换算截面积，圆形截面为：$A_n = \frac{\pi d^2}{4}$ $[1 + (\alpha_E - 1)\rho_g]$；方形截面为：$A_n = b^2$ $[1 + (\alpha_E - 1)\rho_g]$

　　　ζ_N ——桩顶竖向力影响系数，竖向压力取 0.5；竖向拉力取 1.0；

　　　N_k ——在荷载效应标准组合下桩顶的竖向力（kN）。

表 5.7.2　桩顶（身）最大弯矩系数 ν_M 和桩顶水平位移系数 ν_x

桩顶约束情况	桩的换算埋深（αh）	ν_M	ν_x
铰接、自由	4.0	0.768	2.441
	3.5	0.750	2.502
	3.0	0.703	2.727
	2.8	0.675	2.905
	2.6	0.639	3.163
	2.4	0.601	3.526
固　接	4.0	0.926	0.940
	3.5	0.934	0.970
	3.0	0.967	1.028
	2.8	0.990	1.055
	2.6	1.018	1.079
	2.4	1.045	1.095

注：1　铰接（自由）的 ν_M 系桩身的最大弯矩系数，固接的 ν_M 系桩顶的最大弯矩系数；

　　2　当 $\alpha h > 4$ 时取 $\alpha h = 4.0$。

　5　对于混凝土护壁的挖孔桩，计算单桩水平承载力时，其设计桩径取护壁内直径。

　6　当桩的水平承载力由水平位移控制，且缺少单桩水平静载试验资料时，可按下式估算预制桩、钢桩、桩身配筋率不小于 0.65% 的灌注桩单桩水平承载力特征值：

$$R_{ha} = 0.75 \frac{\alpha^3 EI}{\nu_x} \chi_{0a} \qquad (5.7.2\text{-}2)$$

式中　EI ——桩身抗弯刚度，对于钢筋混凝土桩，$EI = 0.85 E_c I_0$；其中 E_c 为混凝土弹性模量，I_0 为桩身换算截面惯性矩：圆形截面为 $I_0 = W_0 d_0/2$；矩形截面为 $I_0 = W_0 b_0/2$；

　　　χ_{0a} ——桩顶允许水平位移；

　　　ν_x ——桩顶水平位移系数，按表 5.7.2 取值，取值方法同 ν_M。

　7　验算永久荷载控制的桩基的水平承载力时，应将上述2～5款方法确定的单桩水平承载力特征值乘以调整系数 0.80；验算地震作用桩基的水平承载力时，应将按上述2～5款方法确定的单桩水平承载力特征值乘以调整系数 1.25。

Ⅱ 群桩基础

5.7.3 群桩基础（不含水平力垂直于单排桩基纵向轴线和力矩较大的情况）的基桩水平承载力特征值应考虑由承台、桩群、土相互作用产生的群桩效应，可按下列公式确定：

$$R_h = \eta_h R_{ha} \tag{5.7.3-1}$$

考虑地震作用且 $s_a/d \leqslant 6$ 时：

$$\eta_h = \eta_i \eta_r + \eta_l \tag{5.7.3-2}$$

$$\eta_i = \frac{\left(\dfrac{s_a}{d}\right)^{0.015 n_2 + 0.45}}{0.15 n_1 + 0.10 n_2 + 1.9} \tag{5.7.3-3}$$

$$\eta_l = \frac{m \chi_{0a} B'_c h_c^2}{2 n_1 n_2 R_{ha}} \tag{5.7.3-4}$$

$$\chi_{0a} = \frac{R_{ha} \nu_x}{\alpha^3 EI} \tag{5.7.3-5}$$

其他情况：

$$\eta_h = \eta_i \eta_r + \eta_l + \eta_b \tag{5.7.3-6}$$

$$\eta_b = \frac{\mu P_c}{n_1 n_2 R_{ha}} \tag{5.7.3-7}$$

$$B'_c = B_c + 1 \tag{5.7.3-8}$$

$$P_c = \eta_c f_{ak} (A - n A_{ps}) \tag{5.7.3-9}$$

式中 η_h——群桩效应综合系数；

η_i——桩的相互影响效应系数；

η_r——桩顶约束效应系数（桩顶嵌入承台长度 50～100mm 时），按表 5.7.3-1 取值；

η_l——承台侧向土水平抗力效应系数（承台外围回填土为松散状态时取 $\eta_l = 0$）；

η_b——承台底摩阻效应系数；

s_a/d——沿水平荷载方向的距径比；

n_1, n_2——分别为沿水平荷载方向与垂直水平荷载方向每排桩中的桩数；

m——承台侧向土水平抗力系数的比例系数，当无试验资料时可按本规范表 5.7.5 取值；

χ_{0a}——桩顶（承台）的水平位移允许值，当以位移控制时，可取 $\chi_{0a} = 10mm$（对水平位移敏感的结构物取 $\chi_{0a} = 6mm$）；当以桩身强度控制（低配筋率灌注桩）时，可近似按本规范式（5.7.3-5）确定；

B'_c——承台受侧向土抗力一边的计算宽度（m）；

B_c——承台宽度（m）；

h_c——承台高度（m）；

μ——承台底与地基土间的摩擦系数，可按表 5.7.3-2 取值；

P_c——承台底地基土分担的竖向总荷载标准值；

η_c——按本规范第 5.2.5 条确定；

A——承台总面积；

A_{ps}——桩身截面面积。

表 5.7.3-1　桩顶约束效应系数 η_r

换算深度 αh	2.4	2.6	2.8	3.0	3.5	$\geqslant 4.0$
位移控制	2.58	2.34	2.20	2.13	2.07	2.05
强度控制	1.44	1.57	1.71	1.82	2.00	2.07

注：$\alpha = \sqrt[5]{\dfrac{mb_0}{EI}}$，$h$ 为桩的入土长度。

表 5.7.3-2　承台底与地基土间的摩擦系数 μ

土的类别		摩擦系数 μ
黏性土	可塑	0.25～0.30
	硬塑	0.30～0.35
	坚硬	0.35～0.45
粉土	密实、中密（稍湿）	0.30～0.40
中砂、粗砂、砾砂		0.40～0.50
碎石土		0.40～0.60
软岩、软质岩		0.40～0.60
表面粗糙的较硬岩、坚硬岩		0.65～0.75

5.7.4 计算水平荷载较大和水平地震作用、风载作用的带地下室的高大建筑物桩基的水平位移时，可考虑地下室侧墙、承台、桩群、土共同作用，按本规范附录 C 方法计算基桩内力和变位，与水平外力作用平面相垂直的单排桩基础可按本规范附录 C 中表 C.0.3-1 计算。

5.7.5 桩的水平变形系数和地基土水平抗力系数的比例系数 m 可按下列规定确定：

1 桩的水平变形系数 α（$1/m$）

$$\alpha = \sqrt[5]{\frac{mb_0}{EI}} \tag{5.7.5}$$

式中 m——桩侧土水平抗力系数的比例系数；

b_0——桩身的计算宽度（m）；

圆形桩：当直径 $d \leqslant 1m$ 时，$b_0 = 0.9(1.5d + 0.5)$；

当直径 $d > 1m$ 时，$b_0 = 0.9(d + 1)$；

方形桩：当边宽 $b \leqslant 1m$ 时，$b_0 = 1.5b + 0.5$；

当边宽 $b > 1m$ 时，$b_0 = b + 1$；

EI——桩身抗弯刚度，按本规范第 5.7.2 条的规定计算。

2 地基土水平抗力系数的比例系数 m，宜通过单桩水平静载试验确定，当无静载试验资料时，可按

表5.7.5取值。

表5.7.5 地基土水平抗力系数的比例系数 m 值

序号	地基土类别	预制桩、钢桩 m (MN/m⁴)	相应单桩在地面处水平位移 (mm)	灌注桩 m (MN/m⁴)	相应单桩在地面处水平位移 (mm)
1	淤泥；淤泥质土；饱和湿陷性黄土	2～4.5	10	2.5～6	6～12
2	流塑（$I_L>1$）、软塑（$0.75<I_L\leqslant1$）状黏性土；$e>0.9$粉土；松散粉细砂；松散、稍密填土	4.5～6.0	10	6～14	4～8
3	可塑（$0.25<I_L\leqslant0.75$）状黏性土、湿陷性黄土；$e=0.75\sim0.9$粉土；中密填土；稍密细砂	6.0～10	10	14～35	3～6
4	硬塑（$0<I_L\leqslant0.25$）、坚硬（$I_L\leqslant0$）状黏性土、湿陷性黄土；$e<0.75$粉土；中密的中粗砂；密实老填土	10～22	10	35～100	2～5
5	中密、密实的砾砂、碎石类土	—		100～300	1.5～3

注：1 当桩顶水平位移大于表列数值或灌注桩配筋率较高（≥0.65%）时，m 值应适当降低；当预制桩的水平向位移小于10mm时，m 值可适当提高；

2 当水平荷载为长期或经常出现的荷载时，应将表列数值乘以0.4降低采用；

3 当地基为可液化土层时，应将表列数值乘以本规范表5.3.12中相应的系数 ψ_l。

5.8 桩身承载力与裂缝控制计算

5.8.1 桩身应进行承载力和裂缝控制计算。计算时应考虑桩身材料强度、成桩工艺、吊运与沉桩、约束条件、环境类别等因素，除按本节有关规定执行外，尚应符合现行国家标准《混凝土结构设计规范》GB 50010、《钢结构设计规范》GB 50017和《建筑抗震设计规范》GB 50011的有关规定。

I 受 压 桩

5.8.2 钢筋混凝土轴心受压桩正截面受压承载力应符合下列规定：

1 当桩顶以下5d范围的桩身螺旋式箍筋间距不大于100mm，且符合本规范第4.1.1条规定时：

$$N\leqslant\psi_c f_c A_{ps}+0.9f'_y A'_s \qquad (5.8.2-1)$$

2 当桩身配筋不符合上述1款规定时：

$$N\leqslant\psi_c f_c A_{ps} \qquad (5.8.2-2)$$

式中 N——荷载效应基本组合下的桩顶轴向压力设计值；

ψ_c——基桩成桩工艺系数，按本规范第5.8.3条规定取值；

f_c——混凝土轴心抗压强度设计值；

f'_y——纵向主筋抗压强度设计值；

A'_s——纵向主筋截面面积。

5.8.3 基桩成桩工艺系数 ψ_c 应按下列规定取值：

1 混凝土预制桩、预应力混凝土空心桩：$\psi_c=0.85$；

2 干作业非挤土灌注桩：$\psi_c=0.90$；

3 泥浆护壁和套管护壁非挤土灌注桩、部分挤土灌注桩、挤土灌注桩：$\psi_c=0.7\sim0.8$；

4 软土地区挤土灌注桩：$\psi_c=0.6$。

5.8.4 计算轴心受压混凝土桩正截面受压承载力时，一般取稳定系数 $\varphi=1.0$。对于高承台基桩、桩身穿越可液化土或不排水抗剪强度小于10kPa（地基承载力特征值小于25kPa）的软弱土层的基桩，应考虑压屈影响，可按本规范式（5.8.2-1）、式（5.8.2-2）计算所得桩身正截面受压承载力乘以 φ 折减。其稳定系数 φ 可根据桩身压屈计算长度 l_c 和桩的设计直径 d（或矩形桩短边尺寸 b）确定。桩身压屈计算长度可根据桩顶的约束情况、桩身露出地面的自由长度 l_0、桩的入土长度 h、桩侧和桩底的土质条件按表5.8.4-1确定。桩的稳定系数 φ 可按表5.8.4-2确定。

表5.8.4-1 桩身压屈计算长度 l_c

桩 顶 铰 接			
桩底支于非岩石土中		桩底嵌于岩石内	
$h<\dfrac{4.0}{\alpha}$	$h\geqslant\dfrac{4.0}{\alpha}$	$h<\dfrac{4.0}{\alpha}$	$h\geqslant\dfrac{4.0}{\alpha}$
$l_c=1.0\times(l_0+h)$	$l_c=0.7\times\left(l_0+\dfrac{4.0}{\alpha}\right)$	$l_c=0.7\times(l_0+h)$	$l_c=0.7\times\left(l_0+\dfrac{4.0}{\alpha}\right)$
桩 顶 固 接			
桩底支于非岩石土中		桩底嵌于岩石内	
$h<\dfrac{4.0}{\alpha}$	$h\geqslant\dfrac{4.0}{\alpha}$	$h<\dfrac{4.0}{\alpha}$	$h\geqslant\dfrac{4.0}{\alpha}$

桩 顶 固 接			
桩底支于非岩石土中		桩底嵌于岩石内	
$l_c = 0.7 \times$ $(l_0 + h)$	$l_c = 0.5 \times$ $\left(l_0 + \dfrac{4.0}{\alpha}\right)$	$l_c = 0.5 \times$ $(l_0 + h)$	$l_c = 0.5 \times$ $\left(l_0 + \dfrac{4.0}{\alpha}\right)$

注：1 表中 $\alpha = \sqrt[5]{\dfrac{mb_0}{EI}}$；

2 l_0 为高承台基桩露出地面的长度，对于低承台桩基，$l_0 = 0$；

3 h 为桩的入土长度，当桩侧有厚度为 d_l 的液化土层时，桩露出地面长度 l_0 和桩的入土长度 h 分别调整为，$l'_0 = l_0 + (1 - \psi_l)d_l$，$h' = h - (1 - \psi_l)d_l$，$\psi_l$ 按表 5.3.12 取值；

4 当存在 $f_{ak} < 25\text{kPa}$ 的软弱土时，按液化土处理。

表 5.8.4-2 桩身稳定系数 φ

l_c/d	≤7	8.5	10.5	12	14	15.5	17	19	21	22.5	24
l_c/b	≤8	10	12	14	16	18	20	22	24	26	28
φ	1.00	0.98	0.95	0.92	0.87	0.81	0.75	0.70	0.65	0.60	0.56
l_c/d	26	28	29.5	31	33	34.5	36.5	38	40	41.5	43
l_c/b	30	32	34	36	38	40	42	44	46	48	50
φ	0.52	0.48	0.44	0.40	0.36	0.32	0.29	0.26	0.23	0.21	0.19

注：b 为矩形桩短边尺寸，d 为桩直径。

5.8.5 计算偏心受压混凝土桩正截面受压承载力时，可不考虑偏心距的增大影响，但对于高承台基桩、桩身穿越可液化土或不排水抗剪强度小于 10kPa（地基承载力特征值小于 25kPa）的软弱土层的基桩，应考虑桩身在弯矩作用平面内的挠曲对轴向力偏心距的影响，应将轴向力对截面重心的初始偏心矩 e_i 乘以偏心矩增大系数 η，偏心距增大系数 η 的具体计算方法可按现行国家标准《混凝土结构设计规范》GB 50010 执行。

5.8.6 对于打入式钢管桩，可按以下规定验算桩身局部压屈：

1 当 $t/d = \dfrac{1}{50} \sim \dfrac{1}{80}$，$d \leqslant 600\text{mm}$，最大锤击压应力小于钢材强度设计值时，可不进行局部压屈验算；

2 当 $d > 600\text{mm}$，可按下式验算：

$$t/d \geqslant f'_y / 0.388E \qquad (5.8.6-1)$$

3 当 $d \geqslant 900\text{mm}$，除按（5.8.6-1）式验算外，尚应按下式验算：

$$t/d \geqslant \sqrt{f'_y / 14.5E} \qquad (5.8.6-2)$$

式中 t、d ——钢管桩壁厚、外径；

E、f'_y ——钢材弹性模量、抗压强度设计值。

Ⅱ 抗拔桩

5.8.7 钢筋混凝土轴心抗拔桩的正截面受拉承载力应符合下式规定：

$$N \leqslant f_y A_s + f_{py} A_{py} \qquad (5.8.7)$$

式中 N ——荷载效应基本组合下桩顶轴向拉力设计值；

f_y、f_{py} ——普通钢筋、预应力钢筋的抗拉强度设计值；

A_s、A_{py} ——普通钢筋、预应力钢筋的截面面积。

5.8.8 对于抗拔桩的裂缝控制计算应符合下列规定：

1 对于严格要求不出现裂缝的一级裂缝控制等级预应力混凝土基桩，在荷载效应标准组合下混凝土不应产生拉应力，应符合下式要求：

$$\sigma_{ck} - \sigma_{pc} \leqslant 0 \qquad (5.8.8-1)$$

2 对于一般要求不出现裂缝的二级裂缝控制等级预应力混凝土基桩，在荷载效应标准组合下的拉应力不应大于混凝土轴心受拉强度标准值，应符合下列公式要求：

在荷载效应标准组合下：$\sigma_{ck} - \sigma_{pc} \leqslant f_{tk}$

$$(5.8.8-2)$$

在荷载效应准永久组合下：$\sigma_{cq} - \sigma_{pc} \leqslant 0$

$$(5.8.8-3)$$

3 对于允许出现裂缝的三级裂缝控制等级基桩，按荷载效应标准组合计算的最大裂缝宽度应符合下列规定：

$$w_{max} \leqslant w_{lim} \qquad (5.8.8-4)$$

式中 σ_{ck}、σ_{cq} ——荷载效应标准组合、准永久组合下正截面法向应力；

σ_{pc} ——扣除全部应力损失后，桩身混凝土的预应力；

f_{tk} ——混凝土轴心抗拉强度标准值；

w_{max} ——按荷载效应标准组合计算的最大裂缝宽度，可按现行国家标准《混凝土结构设计规范》GB 50010 计算；

w_{lim} ——最大裂缝宽度限值，按本规范表 3.5.3 取用。

5.8.9 当考虑地震作用验算桩身抗拔承载力时，应根据现行国家标准《建筑抗震设计规范》GB 50011 的规定，对作用于桩顶的地震作用效应进行调整。

Ⅲ 受水平作用桩

5.8.10 对于受水平荷载和地震作用的桩，其桩身受弯承载力和受剪承载力的验算应符合下列规定：

1 对于桩顶固端的桩，应验算桩顶正截面弯矩；对于桩顶自由或铰接的桩，应验算桩身最大弯矩截面处的正截面弯矩；

2 应验算桩顶斜截面的受剪承载力；

3 桩身所承受最大弯矩和水平剪力的计算，可按本规范附录 C 计算；

4 桩身正截面受弯承载力和斜截面受剪承载力，应按现行国家标准《混凝土结构设计规范》GB 50010 执行；

5 当考虑地震作用验算桩身正截面受弯和斜截面受剪承载力时，应根据现行国家标准《建筑抗震设计规范》GB 50011 的规定，对作用于桩顶的地震作用效应进行调整。

Ⅳ 预制桩吊运和锤击验算

5.8.11 预制桩吊运时单吊点和双吊点的设置，应按吊点（或支点）跨间正弯矩与吊点处的负弯矩相等的原则进行布置。考虑预制桩吊运时可能受到冲击和振动的影响，计算吊运弯矩和吊运拉力时，可将桩身重力乘以 1.5 的动力系数。

5.8.12 对于裂缝控制等级为一级、二级的混凝土预制桩、预应力混凝土管桩，可按下列规定验算桩身的锤击压应力和锤击拉应力：

1 最大锤击压应力 σ_p 可按下式计算：

$$\sigma_p = \frac{\alpha \sqrt{2eE\gamma_p H}}{\left[1 + \dfrac{A_c}{A_H}\sqrt{\dfrac{E_c \cdot \gamma_c}{E_H \cdot \gamma_H}}\right]\left[1 + \dfrac{A}{A_c}\sqrt{\dfrac{E \cdot \gamma_p}{E_c \cdot \gamma_c}}\right]}$$

(5.8.12)

式中　　σ_p——桩的最大锤击压应力；

　　　　α——锤型系数；自由落锤为 1.0；柴油锤取 1.4；

　　　　e——锤击效率系数；自由落锤为 0.6；柴油锤取 0.8；

A_H、A_c、A——锤、桩垫、桩的实际断面面积；

E_H、E_c、E——锤、桩垫、桩的纵向弹性模量；

γ_H、γ_c、γ_p——锤、桩垫、桩的重度；

　　　　H——锤落距。

2 当桩需穿越软土层或桩存在变截面时，可按表 5.8.12 确定桩身的最大锤击拉应力。

表 5.8.12　最大锤击拉应力 σ_t 建议值（kPa）

应力类别	桩　类	建议值	出现部位
桩轴向拉应力值	预应力混凝土管桩	$(0.33\sim0.5)\sigma_p$	① 桩刚穿越软土层时；② 距桩尖 $(0.5\sim0.7)$ 倍桩长处
	混凝土及预应力混凝土桩	$(0.25\sim0.33)\sigma_p$	
桩截面环向拉应力或侧向拉应力	预应力混凝土管桩	$0.25\sigma_p$	最大锤击压应力相应的截面
	混凝土及预应力混凝土桩（侧向）	$(0.22\sim0.25)\sigma_p$	

3 最大锤击压应力和最大锤击拉应力分别不应超过混凝土的轴心抗压强度设计值和轴心抗拉强度设计值。

5.9　承 台 计 算

Ⅰ 受 弯 计 算

5.9.1 桩基承台应进行正截面受弯承载力计算。承台弯距可按本规范第 5.9.2～5.9.5 条的规定计算，受弯承载力和配筋可按现行国家标准《混凝土结构设计规范》GB 50010 的规定进行。

5.9.2 柱下独立桩基承台的正截面弯矩设计值可按下列规定计算：

1 两桩条形承台和多桩矩形承台弯矩计算截面取在柱边和承台变阶处［见图 5.9.2（a）］，可按下列公式计算：

$$M_x = \sum N_i y_i \tag{5.9.2-1}$$
$$M_y = \sum N_i x_i \tag{5.9.2-2}$$

式中　M_x、M_y——分别为绕 X 轴和绕 Y 轴方向计算截面处的弯矩设计值；

　　　x_i、y_i——垂直 Y 轴和 X 轴方向自桩轴线到相应计算截面的距离；

　　　　N_i——不计承台及其上土重，在荷载效应基本组合下的第 i 基桩或复合基桩竖向反力设计值。

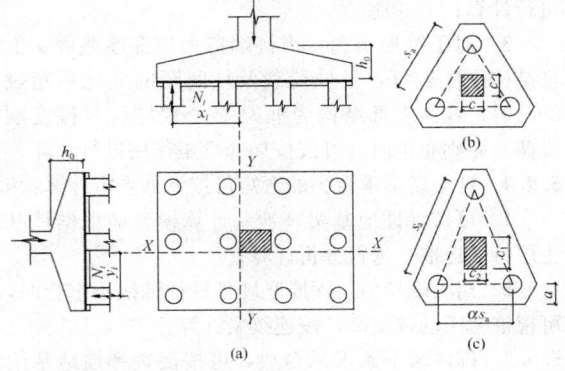

图 5.9.2　承台弯矩计算示意
（a）矩形多桩承台；（b）等边三桩承台；（c）等腰三桩承台

2 三桩承台的正截面弯矩值应符合下列要求：
　　1）等边三桩承台［见图 5.9.2（b）］

$$M = \frac{N_{max}}{3}\left(s_a - \frac{\sqrt{3}}{4}c\right) \tag{5.9.2-3}$$

式中　　M——通过承台形心至各边边缘正交截面范围内板带的弯矩设计值；

　　　N_{max}——不计承台及其上土重，在荷载效应基本组合下三桩中最大基桩或复合基桩竖向反力设计值；

　　　　s_a——桩中心距；

c ——方柱边长，圆柱时 $c=0.8d$（d 为圆柱直径）。

2) 等腰三桩承台 [见图 5.9.2 (c)]

$$M_1 = \frac{N_{\max}}{3}\left(s_a - \frac{0.75}{\sqrt{4-\alpha^2}}c_1\right) \quad (5.9.2\text{-}4)$$

$$M_2 = \frac{N_{\max}}{3}\left(\alpha s_a - \frac{0.75}{\sqrt{4-\alpha^2}}c_2\right) \quad (5.9.2\text{-}5)$$

式中 M_1、M_2 ——分别为通过承台形心至两腰边缘和底边边缘正交截面范围内板带的弯矩设计值；

s_a ——长向桩中心距；

α ——短向桩中心距与长向桩中心距之比，当 α 小于 0.5 时，应按变截面的二桩承台设计；

c_1、c_2 ——分别为垂直于、平行于承台底边的柱截面边长。

5.9.3 箱形承台和筏形承台的弯矩可按下列规定计算：

1 箱形承台和筏形承台的弯矩宜考虑地基土层性质、基桩分布、承台和上部结构类型和刚度，按地基—桩—承台—上部结构共同作用原理分析计算；

2 对于箱形承台，当桩端持力层为基岩、密实的碎石类土、砂土且深厚均匀时；或当上部结构为剪力墙；或当上部结构为框架-核心筒结构且按变刚度调平原则布桩时，箱形承台底板可仅按局部弯矩作用进行计算；

3 对于筏形承台，当桩端持力层深厚坚硬、上部结构刚度较好，且柱荷载及柱间距的变化不超过 20% 时；或当上部结构为框架-核心筒结构且按变刚度调平原则布桩时，可仅按局部弯矩作用进行计算。

5.9.4 柱下条形承台梁的弯矩可按下列规定计算：

1 可按弹性地基梁（地基计算模型应根据地基土层特性选取）进行分析计算；

2 当桩端持力层深厚坚硬且桩柱轴线不重合时，可视桩为不动铰支座，按连续梁计算。

5.9.5 砌体墙下条形承台梁，可按倒置弹性地基梁计算弯矩和剪力，并应符合本规范附录 G 的要求。对于承台上的砌体墙，尚应验算桩顶部位砌体的局部承压强度。

Ⅱ 受冲切计算

5.9.6 桩基承台厚度应满足柱（墙）对承台的冲切和基桩对承台的冲切承载力要求。

5.9.7 轴心竖向力作用下桩基承台受柱（墙）的冲切，可按下列规定计算：

1 冲切破坏锥体应采用自柱（墙）边或承台变阶处至相应桩顶边缘连线所构成的锥体，锥体斜面与承台底面之夹角不应小于 45°（见图 5.9.7）。

2 受柱（墙）冲切承载力可按下列公式计算：

$$F_l \leqslant \beta_{hp}\beta_0 u_m f_t h_0 \quad (5.9.7\text{-}1)$$

$$F_l = F - \sum Q_i \quad (5.9.7\text{-}2)$$

$$\beta_0 = \frac{0.84}{\lambda + 0.2} \quad (5.9.7\text{-}3)$$

式中 F_l ——不计承台及其上土重，在荷载效应基本组合下作用于冲切破坏锥体上的冲切力设计值；

f_t ——承台混凝土抗拉强度设计值；

β_{hp} ——承台受冲切承载力截面高度影响系数，当 $h \leqslant 800mm$ 时，β_{hp} 取 1.0，$h \geqslant 2000mm$ 时，β_{hp} 取 0.9，其间按线性内插法取值；

u_m ——承台冲切破坏锥体一半有效高度处的周长；

h_0 ——承台冲切破坏锥体的有效高度；

β_0 ——柱（墙）冲切系数；

λ ——冲跨比，$\lambda = a_0/h_0$，a_0 为柱（墙）边或承台变阶处到桩边水平距离；当 $\lambda < 0.25$ 时，取 $\lambda = 0.25$；当 $\lambda > 1.0$ 时，取 $\lambda = 1.0$；

F ——不计承台及其上土重，在荷载效应基本组合作用下柱（墙）底的竖向荷载设计值；

$\sum Q_i$ ——不计承台及其上土重，在荷载效应基本组合下冲切破坏锥体内各基桩或复合基桩的反力设计值之和。

3 对于柱下矩形独立承台受柱冲切的承载力可按下列公式计算（图 5.9.7）：

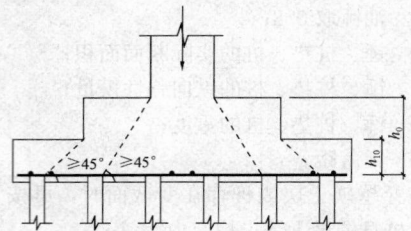

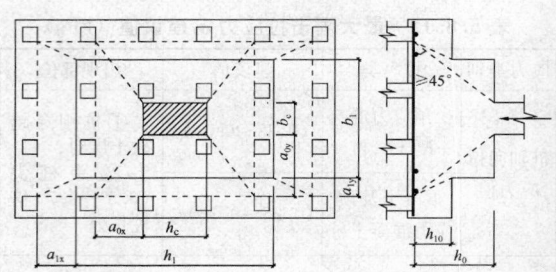

图 5.9.7 柱对承台的冲切计算示意

$$F_l \leqslant 2\left[\beta_{0x}(b_c + a_{0y}) + \beta_{0y}(h_c + a_{0x})\right]\beta_{hp}f_t h_0 \quad (5.9.7\text{-}4)$$

式中 β_{0x}、β_{0y} ——由式 (5.9.7-3) 求得，$\lambda_{0x} = a_{0x}/h_0$，$\lambda_{0y} = a_{0y}/h_0$；$\lambda_{0x}$、$\lambda_{0y}$ 均

应满足 0.25～1.0 的要求；

h_c、b_c ——分别为 x、y 方向的柱截面的
边长；

a_{0x}、a_{0y} ——分别为 x、y 方向柱边至最近桩
边的水平距离。

4 对于柱下矩形独立阶形承台受上阶冲切的承载力可按下列公式计算（见图 5.9.7）：

$$F_l \leqslant 2 \left[\beta_{1x}(b_1 + a_{1y}) + \beta_{1y}(h_1 + a_{1x}) \right] \beta_{hp} f_t h_{10}$$

$$(5.9.7\text{-}5)$$

式中 β_{1x}、β_{1y} ——由式（5.9.7-3）求得，$\lambda_{1x} = a_{1x}/h_{10}$，$\lambda_{1y} = a_{1y}/h_{10}$；$\lambda_{1x}$、$\lambda_{1y}$ 均应满足 0.25～1.0 的要求；

h_1、b_1 ——分别为 x、y 方向承台上阶的
边长；

a_{1x}、a_{1y} ——分别为 x、y 方向承台上阶边至
最近桩边的水平距离。

对于圆柱及圆桩，计算时应将其截面换算成方柱及方桩，即取换算柱截面边长 $b_c = 0.8d_c$（d_c 为圆柱直径），换算桩截面边长 $b_p = 0.8d$（d 为圆桩直径）。

对于柱下两桩承台，宜按深受弯构件（$l_0/h < 5.0$，$l_0 = 1.15l_n$，l_n 为两桩净距）计算受弯、受剪承载力，不需要进行受冲切承载力计算。

5.9.8 对位于柱（墙）冲切破坏锥体以外的基桩，可按下列规定计算承台受基桩冲切的承载力：

1 四桩以上（含四桩）承台受角桩冲切的承载力可按下列公式计算（见图 5.9.8-1）：

$$N_l \leqslant \left[\beta_{1x}(c_2 + a_{1y}/2) + \beta_{1y}(c_1 + a_{1x}/2) \right] \beta_{hp} f_t h_0$$

$$(5.9.8\text{-}1)$$

$$\beta_{1x} = \frac{0.56}{\lambda_{1x} + 0.2} \qquad (5.9.8\text{-}2)$$

$$\beta_{1y} = \frac{0.56}{\lambda_{1y} + 0.2} \qquad (5.9.8\text{-}3)$$

式中 N_l ——不计承台及其上土重，在荷载效应基本组合作用下角桩（含复合基桩）反力设计值；

β_{1x}、β_{1y} ——角桩冲切系数；

a_{1x}、a_{1y} ——从承台底角桩顶内边缘引 45°冲切线与承台顶面相交点至角桩内边缘的水平距离；当柱（墙）边或承台变阶处位于该 45°线以内时，则取由柱（墙）边或承台变阶处与桩内边缘连线为冲切锥体的锥线（见图 5.9.8-1）；

h_0 ——承台外边缘的有效高度；

λ_{1x}、λ_{1y} ——角桩冲跨比，$\lambda_{1x} = a_{1x}/h_0$，$\lambda_{1y} = a_{1y}/h_0$，其值均应满足 0.25～1.0 的要求。

2 对于三桩三角形承台可按下列公式计算受角

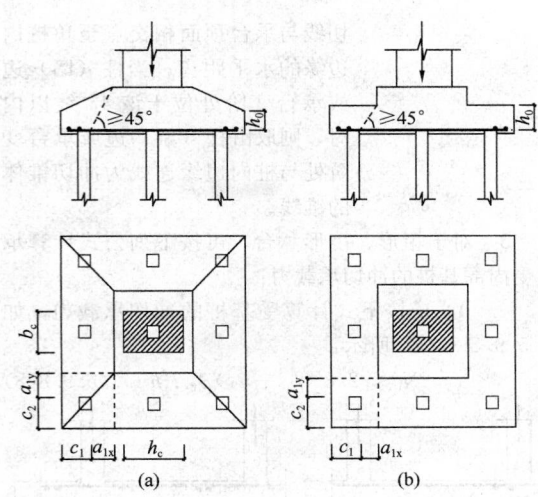

图 5.9.8-1 四桩以上（含四桩）承台
角桩冲切计算示意
（a）锥形承台；（b）阶形承台

桩冲切的承载力（见图 5.9.8-2）：

底部角桩：

$$N_l \leqslant \beta_{11}(2c_1 + a_{11}) \beta_{hp} \tan\frac{\theta_1}{2} f_t h_0$$

$$(5.9.8\text{-}4)$$

$$\beta_{11} = \frac{0.56}{\lambda_{11} + 0.2} \qquad (5.9.8\text{-}5)$$

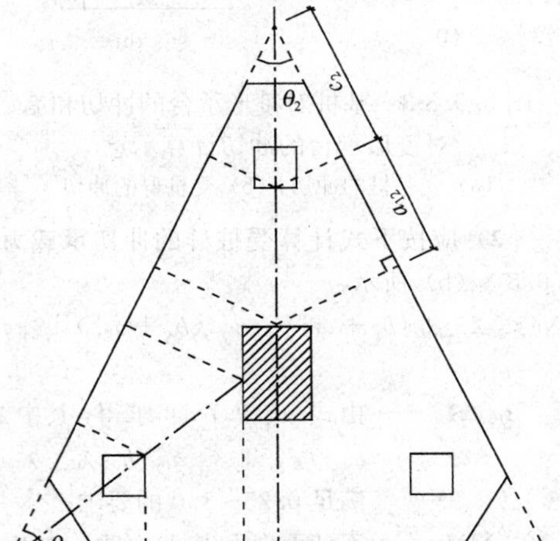

图 5.9.8-2 三桩三角形承台角桩冲切计算示意

顶部角桩：

$$N_l \leqslant \beta_{12}(2c_2 + a_{12}) \beta_{hp} \tan\frac{\theta_2}{2} f_t h_0$$

$$(5.9.8\text{-}6)$$

$$\beta_{12} = \frac{0.56}{\lambda_{12} + 0.2} \qquad (5.9.8\text{-}7)$$

式中 λ_{11}、λ_{12} ——角桩冲跨比，$\lambda_{11} = a_{11}/h_0$，$\lambda_{12} = a_{12}/h_0$，其值均应满足 0.25～1.0 的要求；

a_{11}、a_{12} ——从承台底角桩顶内边缘引 45°冲

切线与承台顶面相交点至角桩内边缘的水平距离；当柱（墙）边或承台变阶处位于该 45°线以内时，则取由柱（墙）边或承台变阶处与桩内边缘连线为冲切锥体的锥线。

3 对于箱形、筏形承台，可按下列公式计算承台受内部基桩的冲切承载力：

1）应按下式计算受基桩的冲切承载力，如图 5.9.8-3（a）所示：

$$N_1 \leqslant 2.8 (b_p + h_0)\beta_{hp} f_t h_0 \qquad (5.9.8\text{-}8)$$

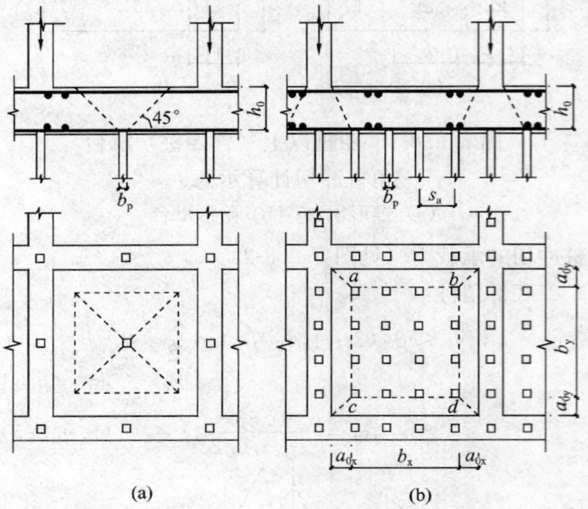

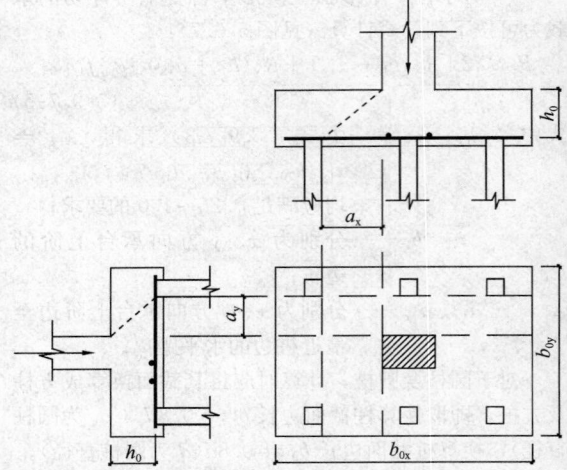

图 5.9.8-3 基桩对筏形承台的冲切和墙对筏形承台的冲切计算示意
（a）受基桩的冲切；（b）受桩群的冲切

2）应按下式计算受桩群的冲切承载力，如图 5.9.8-3（b）所示：

$$\sum N_{li} \leqslant 2 \left[\beta_{0x}(b_y + a_{0y}) + \beta_{0y}(b_x + a_{0x}) \right] \beta_{hp} f_t h_0 \qquad (5.9.8\text{-}9)$$

式中　β_{0x}、β_{0y}——由式（5.9.7-3）求得，其中 $\lambda_{0x} = a_{0x}/h_0$，$\lambda_{0y} = a_{0y}/h_0$，$\lambda_{0x}$、$\lambda_{0y}$ 均应满足 0.25～1.0 的要求；

N_1、$\sum N_{li}$——不计承台和其上土重，在荷载效应基本组合下，基桩或复合基桩的净反力设计值、冲切锥体内各基桩或复合基桩反力设计值之和。

Ⅲ　受　剪　计　算

5.9.9 柱（墙）下桩基承台，应分别对柱（墙）边、变阶处和桩边联线形成的贯通承台的斜截面的受剪承载力进行验算。当承台悬挑边有多排基桩形成多个斜截面时，应对每个斜截面的受剪承载力进行验算。

5.9.10 柱下独立桩基承台斜截面受剪承载力应按下列规定计算：

1 承台斜截面受剪承载力可按下列公式计算（见图 5.9.10-1）：

$$V \leqslant \beta_{hs} \alpha f_t b_0 h_0 \qquad (5.9.10\text{-}1)$$

$$\alpha = \frac{1.75}{\lambda + 1} \qquad (5.9.10\text{-}2)$$

$$\beta_{hs} = \left(\frac{800}{h_0}\right)^{1/4} \qquad (5.9.10\text{-}3)$$

图 5.9.10-1　承台斜截面受剪计算示意

式中　V——不计承台及其上土自重，在荷载效应基本组合下，斜截面的最大剪力设计值；

f_t——混凝土轴心抗拉强度设计值；

b_0——承台计算截面处的计算宽度；

h_0——承台计算截面处的有效高度；

α——承台剪切系数；按式（5.9.10-2）确定；

λ——计算截面的剪跨比，$\lambda_x = a_x/h_0$，$\lambda_y = a_y/h_0$，此处，a_x，a_y 为柱边（墙边）或承台变阶处至 y、x 方向计算一排桩的桩边的水平距离，当 $\lambda < 0.25$ 时，取 $\lambda = 0.25$；当 $\lambda > 3$ 时，取 $\lambda = 3$；

β_{hs}——受剪切承载力截面高度影响系数；当 $h_0 < 800mm$ 时，取 $h_0 = 800mm$；当 $h_0 > 2000mm$ 时，取 $h_0 = 2000mm$；其间按线性内插法取值。

2 对于阶梯形承台应分别在变阶处（$A_1 - A_1$，$B_1 - B_1$）及柱边处（$A_2 - A_2$，$B_2 - B_2$）进行斜截面受剪承载力计算（见图 5.9.10-2）。

计算变阶处截面（$A_1 - A_1$，$B_1 - B_1$）的斜截面受剪承载力时，其截面有效高度均为 h_{10}，截面计算宽度分别为 b_{y1} 和 b_{x1}。

计算柱边截面（$A_2 - A_2$，$B_2 - B_2$）的斜截面受剪承载力时，其截面有效高度均为 $h_{10} + h_{20}$，截面计算宽度分别为：

对 $A_2 - A_2$　　$b_{y0} = \dfrac{b_{y1} \cdot h_{10} + b_{y2} \cdot h_{20}}{h_{10} + h_{20}}$

$$(5.9.10\text{-}4)$$

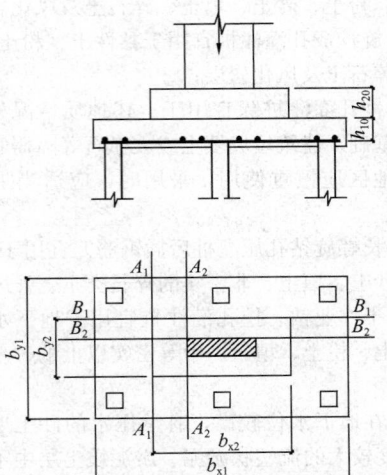

图 5.9.10-2　阶梯形承台斜截面受剪计算示意

对 B_2-B_2　$b_{x0} = \dfrac{b_{x1} \cdot h_{10} + b_{x2} \cdot h_{20}}{h_{10} + h_{20}}$

$$(5.9.10-5)$$

3　对于锥形承台应对变阶处及柱边处（$A-A$ 及 $B-B$）两个截面进行受剪承载力计算（见图 5.9.10-3），截面有效高度均为 h_0，截面的计算宽度分别为：

对 $A-A$　$b_{y0} = \left[1 - 0.5\dfrac{h_{20}}{h_0}\left(1 - \dfrac{b_{y2}}{b_{y1}}\right)\right]b_{y1}$

$$(5.9.10-6)$$

对 $B-B$　$b_{x0} = \left[1 - 0.5\dfrac{h_{20}}{h_0}\left(1 - \dfrac{b_{x2}}{b_{x1}}\right)\right]b_{x1}$

$$(5.9.10-7)$$

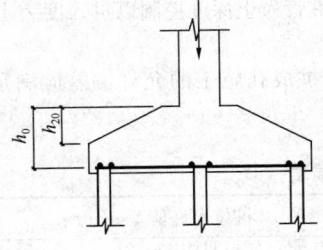

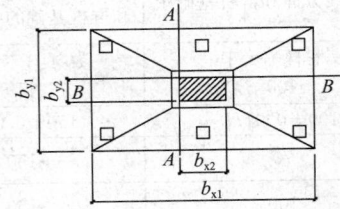

图 5.9.10-3　锥形承台斜截面受剪计算示意

5.9.11　梁板式筏形承台的梁的受剪承载力可按现行国家标准《混凝土结构设计规范》GB 50010 计算。

5.9.12　砌体墙下条形承台梁配有箍筋，但未配弯起钢筋时，斜截面的受剪承载力可按下式计算：

$$V \leqslant 0.7f_t b h_0 + 1.25 f_{yv}\dfrac{A_{sv}}{s}h_0 \quad (5.9.12)$$

式中　V——不计承台及其上土自重，在荷载效应基本组合下，计算截面处的剪力设计值；

　　　A_{sv}——配置在同一截面内箍筋各肢的全部截面面积；

　　　s——沿计算斜截面方向箍筋的间距；

　　　f_{yv}——箍筋抗拉强度设计值；

　　　b——承台梁计算截面处的计算宽度；

　　　h_0——承台梁计算截面处的有效高度。

5.9.13　砌体墙下承台梁配有箍筋和弯起钢筋时，斜截面的受剪承载力可按下式计算：

$$V \leqslant 0.7f_t b h_0 + 1.25 f_y\dfrac{A_{sv}}{s}h_0 + 0.8f_y A_{sb}\sin\alpha_s$$

$$(5.9.13)$$

式中　A_{sb}——同一截面弯起钢筋的截面面积；

　　　f_y——弯起钢筋的抗拉强度设计值；

　　　α_s——斜截面上弯起钢筋与承台底面的夹角。

5.9.14　柱下条形承台梁，当配有箍筋但未配弯起钢筋时，其斜截面的受剪承载力可按下式计算：

$$V \leqslant \dfrac{1.75}{\lambda+1}f_t b h_0 + f_y\dfrac{A_{sv}}{s}h_0 \quad (5.9.14)$$

式中　λ——计算截面的剪跨比，$\lambda = a/h_0$，a 为柱边至桩边的水平距离；当 $\lambda<1.5$ 时，取 $\lambda=1.5$；当 $\lambda>3$ 时，取 $\lambda=3$。

Ⅳ　局部受压计算

5.9.15　对于柱下桩基，当承台混凝土强度等级低于柱或桩的混凝土强度等级时，应验算柱下或桩上承台的局部受压承载力。

Ⅴ　抗 震 验 算

5.9.16　当进行承台的抗震验算时，应根据现行国家标准《建筑抗震设计规范》GB 50011 的规定对承台顶面的地震作用效应和承台的受弯、受冲切、受剪承载力进行抗震调整。

6　灌注桩施工

6.1　施 工 准 备

6.1.1　灌注桩施工应具备下列资料：

　　1　建筑场地岩土工程勘察报告；

　　2　桩基工程施工图及图纸会审纪要；

　　3　建筑场地和邻近区域内的地下管线、地下构筑物、危房、精密仪器车间等的调查资料；

　　4　主要施工机械及其配套设备的技术性能资料；

　　5　桩基工程的施工组织设计；

　　6　水泥、砂、石、钢筋等原材料及其制品的质检报告；

　　7　有关荷载、施工工艺的试验参考资料。

6.1.2 钻孔机具及工艺的选择，应根据桩型、钻孔深度、土层情况、泥浆排放及处理条件综合确定。

6.1.3 施工组织设计应结合工程特点，有针对性地制定相应质量管理措施，主要应包括下列内容：

1 施工平面图：标明桩位、编号、施工顺序、水电线路和临时设施的位置；采用泥浆护壁成孔时，应标明泥浆制备设施及其循环系统；

2 确定成孔机械、配套设备以及合理施工工艺的有关资料，泥浆护壁灌注桩必须有泥浆处理措施；

3 施工作业计划和劳动力组织计划；

4 机械设备、备件、工具、材料供应计划；

5 桩基施工时，对安全、劳动保护、防火、防雨、防台风、爆破作业、文物和环境保护等方面应按有关规定执行；

6 保证工程质量、安全生产和季节性施工的技术措施。

6.1.4 成桩机械必须经鉴定合格，不得使用不合格机械。

6.1.5 施工前应组织图纸会审，会审纪要连同施工图等应作为施工依据，并应列入工程档案。

6.1.6 桩基施工用的供水、供电、道路、排水、临时房屋等临时设施，必须在开工前准备就绪，施工场地应进行平整处理，保证施工机械正常作业。

6.1.7 基桩轴线的控制点和水准点应设在不受施工影响的地方。开工前，经复核后应妥善保护，施工中应经常复测。

6.1.8 用于施工质量检验的仪表、器具的性能指标，应符合现行国家相关标准的规定。

6.2 一般规定

6.2.1 不同桩型的适用条件应符合下列规定：

1 泥浆护壁钻孔灌注桩宜用于地下水位以下的黏性土、粉土、砂土、填土、碎石土及风化岩层；

2 旋挖成孔灌注桩宜用于黏性土、粉土、砂土、填土、碎石土及风化岩层；

3 冲孔灌注桩除宜用于上述地质情况外，还能穿透旧基础、建筑垃圾填土或大孤石等障碍物。在岩溶发育地区应慎重使用，采用时，应适当加密勘察钻孔；

4 长螺旋钻孔压灌桩后插钢筋笼宜用于黏性土、粉土、砂土、填土、非密实的碎石类土、强风化岩；

5 干作业钻、挖孔灌注桩宜用于地下水位以上的黏性土、粉土、填土、中等密实以上的砂土、风化岩层；

6 在地下水位较高，有承压水的砂土层、滞水层、厚度较大的流塑状淤泥、淤泥质土层中不得选用人工挖孔灌注桩；

7 沉管灌注桩宜用于黏性土、粉土和砂土；夯扩桩宜用于桩端持力层为埋深不超过20m的中、低压缩性黏性土、粉土、砂土和碎石类土。

6.2.2 成孔设备就位后，必须平整、稳固，确保在成孔过程中不发生倾斜和偏移。应在成孔钻具上设置控制深度的标尺，并应在施工中进行观测记录。

6.2.3 成孔的控制深度应符合下列要求：

1 摩擦型桩：摩擦桩应以设计桩长控制成孔深度；端承摩擦桩必须保证设计桩长及桩端进入持力层深度。当采用锤击沉管法成孔时，桩管入土深度控制应以标高为主，以贯入度控制为辅。

2 端承型桩：当采用钻（冲）、挖掘成孔时，必须保证桩端进入持力层的设计深度；当采用锤击沉管法成孔时，桩管入土深度控制以贯入度为主，以控制标高为辅。

6.2.4 灌注桩成孔施工的允许偏差应满足表6.2.4的要求。

表6.2.4 灌注桩成孔施工允许偏差

成孔方法		桩径允许偏差（mm）	垂直度允许偏差（%）	桩位允许偏差（mm）	
				1～3根桩、条形桩基沿垂直轴线方向和群桩基础中的边桩	条形桩基沿轴线方向和群桩基础的中间桩
泥浆护壁钻、挖、冲孔桩	d≤1000mm	±50	1	d/6且不大于100	d/4且不大于150
	d>1000mm	±50		100+0.01H	150+0.01H
锤击（振动）沉管振动冲击沉管成孔	d≤500mm	−20	1	70	150
	d>500mm			100	150
螺旋钻、机动洛阳铲干作业成孔		−20	1	70	150
人工挖孔桩	现浇混凝土护壁	±50	0.5	50	150
	长钢套管护壁	±20	1	200	

注：1 桩径允许偏差的负值是指个别断面；
2 H为施工现场地面标高与桩顶设计标高的距离；d为设计桩径。

6.2.5 钢筋笼制作、安装的质量应符合下列要求：

1 钢筋笼的材质、尺寸应符合设计要求，制作允许偏差应符合表6.2.5的规定；

表6.2.5 钢筋笼制作允许偏差

项 目	允许偏差（mm）
主筋间距	±10
箍筋间距	±20
钢筋笼直径	±10
钢筋笼长度	±100

2 分段制作的钢筋笼，其接头宜采用焊接或机械式接头（钢筋直径大于20mm），并应遵守国家现行标准《钢筋机械连接通用技术规程》JGJ 107、《钢筋焊接及验收规程》JGJ 18和《混凝土结构工程施工质量验收规范》GB 50204的规定；

3 加劲箍宜设在主筋外侧，当因施工工艺有特殊要求时也可置于内侧；

4 导管接头处外径应比钢筋笼的内径小100mm以上；

5 搬运和吊装钢筋笼时，应防止变形，安放应对准孔位，避免碰撞孔壁和自由落下，就位后应立即固定。

6.2.6 粗骨料可选用卵石或碎石，其粒径不得大于钢筋间最小净距的1/3。

6.2.7 检查成孔质量合格后应尽快灌注混凝土。直径大于1m或单桩混凝土量超过25m³的桩，每根桩桩身混凝土应留有1组试件；直径不大于1m的桩或单桩混凝土量不超过25m³的桩，每个灌注台班不得少于1组；每组试件应留3件。

6.2.8 在正式施工前，宜进行试成孔。

6.2.9 灌注桩施工现场所有设备、设施、安全装置、工具配件以及个人劳保用品必须经常检查，确保完好和使用安全。

6.3 泥浆护壁成孔灌注桩

Ⅰ 泥浆的制备和处理

6.3.1 除能自行造浆的黏性土层外，均应制备泥浆。泥浆制备应选用高塑性黏土或膨润土。泥浆应根据施工机械、工艺及穿越土层情况进行配合比设计。

6.3.2 泥浆护壁应符合下列规定：

1 施工期间护筒内的泥浆面应高出地下水位1.0m以上，在受水位涨落影响时，泥浆面应高出最高水位1.5m以上；

2 在清孔过程中，应不断置换泥浆，直至灌注水下混凝土；

3 灌注混凝土前，孔底500mm以内的泥浆相对密度应小于1.25；含砂率不得大于8%；黏度不得大

于28s；

4 在容易产生泥浆渗漏的土层中应采取维持孔壁稳定的措施。

6.3.3 废弃的浆、渣应进行处理，不得污染环境。

Ⅱ 正、反循环钻孔灌注桩的施工

6.3.4 对孔深较大的端承型桩和粗粒土层中的摩擦型桩，宜采用反循环工艺成孔或清孔，也可根据土层情况采用正循环钻进，反循环清孔。

6.3.5 泥浆护壁成孔时，宜采用孔口护筒，护筒设置应符合下列规定：

1 护筒埋设应准确、稳定，护筒中心与桩位中心的偏差不得大于50mm；

2 护筒可用4～8mm厚钢板制作，其内径应大于钻头直径100mm，上部宜开设1～2个溢浆孔；

3 护筒的埋设深度：在黏性土中不宜小于1.0m；砂土中不宜小于1.5m。护筒下端外侧应采用黏土填实；其高度尚应满足孔内泥浆面高度的要求；

4 受水位涨落影响或水下施工的钻孔灌注桩，护筒应加高加深，必要时应打入不透水层。

6.3.6 当在软土层中钻进时，应根据泥浆补给情况控制钻进速度；在硬层或岩层中的钻进速度应以钻机不发生跳动为准。

6.3.7 钻机设置的导向装置应符合下列规定：

1 潜水钻的钻头上应有不小于3d长度的导向装置；

2 利用钻杆加压的正循环回转钻机，在钻具中应加设扶正器。

6.3.8 如在钻进过程中发生斜孔、塌孔和护筒周围冒浆、失稳等现象时，应停钻，待采取相应措施后再进行钻进。

6.3.9 钻孔达到设计深度，灌注混凝土之前，孔底沉渣厚度指标应符合下列规定：

1 对端承型桩，不应大于50mm；

2 对摩擦型桩，不应大于100mm；

3 对抗拔、抗水平力桩，不应大于200mm。

Ⅲ 冲击成孔灌注桩的施工

6.3.10 在钻头锥顶和提升钢丝绳之间应设置保证钻头自动转向的装置。

6.3.11 冲孔桩孔口护筒，其内径应大于钻头直径200mm，护筒应按本规范第6.3.5条设置。

6.3.12 泥浆的制备、使用和处理应符合本规范第6.3.1～6.3.3条的规定。

6.3.13 冲击成孔质量控制应符合下列规定：

1 开孔时，应低锤密击，当表土为淤泥、细砂等软弱土层时，可加黏土块夹小片石反复冲击造壁，孔内泥浆面应保持稳定；

2 在各种不同的土层、岩层中成孔时，可按照

表 6.3.13 的操作要点进行；

3 进入基岩后，应采用大冲程、低频率冲击，当发现成孔偏移时，应回填片石至偏孔上方 300～500mm 处，然后重新冲孔；

4 当遇到孤石时，可预爆或采用高低冲程交替冲击，将大孤石击碎或挤入孔壁；

5 应采取有效的技术措施防止扰动孔壁、塌孔、扩孔、卡钻和掉钻及泥浆流失等事故；

6 每钻进 4～5m 应验孔一次，在更换钻头前或容易缩孔处，均应验孔；

7 进入基岩后，非桩端持力层每钻进 300～500mm 和桩端持力层每钻进 100～300m 时，应清孔取样一次，并应做记录。

表 6.3.13　冲击成孔操作要点

项　目	操　作　要　点
在护筒刃脚以下 2m 范围内	小冲程 1m 左右，泥浆相对密度 1.2～1.5，软弱土层投入黏土块夹小片石
黏性土层	中、小冲程 1～2m，泵入清水或稀泥浆，经常清除钻头上的泥块
粉砂或中粗砂层	中冲程 2～3m，泥浆相对密度 1.2～1.5，投入黏土块，勤冲、勤掏渣
砂卵石层	中、高冲程 3～4m，泥浆相对密度 1.3 左右，勤掏渣
软弱土层或塌孔回填重钻	小冲程反复冲击，加黏土块夹小片石，泥浆相对密度 1.3～1.5

注：1　土层不好时提高泥浆相对密度或加黏土块；
　　2　防黏钻可投入碎砖石。

6.3.14 排渣可采用泥浆循环或抽渣筒等方法，当采用抽渣筒排渣时，应及时补给泥浆。

6.3.15 冲孔中遇到斜孔、弯孔、梅花孔、塌孔及护筒周围冒浆、失稳等情况时，应停止施工，采取措施后方可继续施工。

6.3.16 大直径桩孔可分级成孔，第一级成孔直径应为设计桩径的 0.6～0.8 倍。

6.3.17 清孔宜按下列规定进行：

1 不易塌孔的桩孔，可采用空气吸泥清孔；

2 稳定性差的孔壁应采用泥浆循环或抽渣筒排渣，清孔后灌注混凝土之前的泥浆指标应按本规范第 6.3.1 条执行；

3 清孔时，孔内泥浆面应符合本规范第 6.3.2 条的规定；

4 灌注混凝土前，孔底沉渣允许厚度应符合本规范第 6.3.9 条的规定。

Ⅳ　旋挖成孔灌注桩的施工

6.3.18 旋挖钻成孔灌注桩应根据不同的地层情况及地下水位埋深，采用干作业成孔和泥浆护壁成孔工艺，干作业成孔工艺可按本规范第 6.6 节执行。

6.3.19 泥浆护壁旋挖钻机成孔应配备成孔和清孔用泥浆及泥浆池（箱），在容易产生泥浆渗漏的土层中可采取提高泥浆相对密度、掺入锯末、增黏剂提高泥浆黏度等维持孔壁稳定的措施。

6.3.20 泥浆制备的能力应大于钻孔时的泥浆需求量，每台套钻机的泥浆储备量不应少于单桩体积。

6.3.21 旋挖钻机施工时，应保证机械稳定、安全作业，必要时可在场地辅设能保证其安全行走和操作的钢板或垫层（路基板）。

6.3.22 每根桩均应安设钢护筒，护筒应满足本规范第 6.3.5 条的规定。

6.3.23 成孔前和每次提出钻斗时，应检查钻斗和钻杆连接销子、钻斗门连接销子以及钢丝绳的状况，并应清除钻斗上的渣土。

6.3.24 旋挖钻机成孔应采用跳挖方式，钻斗倒出的土距桩孔口的最小距离应大于 6m，并应及时清除。应根据钻进速度同步补充泥浆，保持所需的泥浆面高度不变。

6.3.25 钻孔达到设计深度时，应采用清孔钻头进行清孔，并应满足本规范第 6.3.2 条和第 6.3.3 条要求。孔底沉渣厚度控制指标应符合本规范第 6.3.9 条规定。

Ⅴ　水下混凝土的灌注

6.3.26 钢筋笼吊装完毕后，应安置导管或气泵管二次清孔，并应进行孔位、孔径、垂直度、孔深、沉渣厚度等检验，合格后应立即灌注混凝土。

6.3.27 水下灌注的混凝土应符合下列规定：

1 水下灌注混凝土必须具备良好的和易性，配合比应通过试验确定；坍落度宜为 180～220mm；水泥用量不应少于 360kg/m³（当掺入粉煤灰时水泥用量可不受此限）；

2 水下灌注混凝土的含砂率宜为 40%～50%，并宜选用中粗砂；粗骨料的最大粒径应小于 40mm；并应满足本规范第 6.2.6 条的要求；

3 水下灌注混凝土宜掺外加剂。

6.3.28 导管的构造和使用应符合下列规定：

1 导管壁厚不宜小于 3mm，直径宜为 200～250mm；直径制作偏差不应超过 2mm，导管的分节长度可视工艺要求确定，底管长度不宜小于 4m，接头宜采用双螺纹方扣快速接头；

2 导管使用前应试拼装、试压，试水压力可取为 0.6～1.0MPa；

3 每次灌注后应对导管内外进行清洗。

6.3.29 使用的隔水栓应有良好的隔水性能，并应保证顺利排出；隔水栓宜采用球胆或与桩身混凝土强度等级相同的细石混凝土制作。

6.3.30 灌注水下混凝土的质量控制应满足下列要求：

1 开始灌注混凝土时，导管底部至孔底的距离宜为300～500mm；

2 应有足够的混凝土储备量，导管一次埋入混凝土灌注面以下不应少于0.8m；

3 导管埋入混凝土深度宜为2～6m。严禁将导管提出混凝土灌注面，并应控制提拔导管速度，应有专人测量导管埋深及管内外混凝土灌注面的高差，填写水下混凝土灌注记录；

4 灌注水下混凝土必须连续施工，每根桩的灌注时间应按初盘混凝土的初凝时间控制，对灌注过程中的故障应记录备案；

5 应控制最后一次灌注量，超灌高度宜为0.8～1.0m，凿除泛浆后必须保证暴露的桩顶混凝土强度达到设计等级。

6.4 长螺旋钻孔压灌桩

6.4.1 当需要穿越老黏土、厚层砂土、碎石土以及塑性指数大于25的黏土时，应进行试钻。

6.4.2 钻机定位后，应进行复检，钻头与桩位点偏差不得大于20mm，开孔时下钻速度应缓慢；钻进过程中，不宜反转或提升钻杆。

6.4.3 钻进过程中，当遇到卡钻、钻机摇晃、偏斜或发生异常声响时，应立即停钻，查明原因，采取相应措施后方可继续作业。

6.4.4 根据桩身混凝土的设计强度等级，应通过试验确定混凝土配合比；混凝土坍落度宜为180～220mm；粗骨料可采用卵石或碎石，最大粒径不宜大于30mm；可掺加粉煤灰或外加剂。

6.4.5 混凝土泵型号应根据桩径选择，混凝土输送泵管布置宜减少弯道，混凝土泵与钻机的距离不宜超过60m。

6.4.6 桩身混凝土的泵送压灌应连续进行，当钻机移位时，混凝土泵料斗内的混凝土应连续搅拌，泵送混凝土时，料斗内混凝土的高度不得低于400mm。

6.4.7 混凝土输送泵管宜保持水平，当长距离泵送时，泵管下面应垫实。

6.4.8 当气温高于30℃时，宜在输送泵管上覆盖隔热材料，每隔一段时间应洒水降温。

6.4.9 钻至设计标高后，应先泵入混凝土并停顿10～20s，再缓慢提升钻杆。提钻速度应根据土层情况确定，且应与混凝土泵送量相匹配，保证管内有一定高度的混凝土。

6.4.10 在地下水位以下的砂土层中钻进时，钻杆底部活门应有防止进水的措施，压灌混凝土应连续进行。

6.4.11 压灌桩的充盈系数宜为1.0～1.2。桩顶混凝土超灌高度不宜小于0.3～0.5m。

6.4.12 成桩后，应及时清除钻杆及泵管内残留混凝土。长时间停置时，应采用清水将钻杆、泵管、混凝土泵清洗干净。

6.4.13 混凝土压灌结束后，应立即将钢筋笼插至设计深度。钢筋笼插置宜采用专用插筋器。

6.5 沉管灌注桩和内夯沉管灌注桩

Ⅰ 锤击沉管灌注桩施工

6.5.1 锤击沉管灌注桩施工应根据土质情况和荷载要求，分别选用单打法、复打法或反插法。

6.5.2 锤击沉管灌注桩施工应符合下列规定：

1 群桩基础的基桩施工，应根据土质、布桩情况，采取消减负面挤土效应的技术措施，确保成桩质量；

2 桩管、混凝土预制桩尖或钢桩尖的加工质量和埋设位置应与设计相符，桩管与桩尖的接触应有良好的密封性；

6.5.3 灌注混凝土和拔管的操作控制应符合下列规定：

1 沉管至设计标高后，应立即检查和处理桩管内的进泥、进水和吞桩尖等情况，并立即灌注混凝土；

2 当桩身配置局部长度钢筋笼时，第一次灌注混凝土应先灌至笼底标高，然后放置钢筋笼，再灌至桩顶标高。第一次拔管高度应以能容纳第二次灌入的混凝土量为限。在拔管过程中应采用测锤或浮标检测混凝土面的下降情况；

3 拔管速度应保持均匀，对一般土层拔管速度宜为1m/min，在软弱土层和软硬土层交界处拔管速度宜控制在0.3～0.8m/min；

4 采用倒打拔管的打击次数，单动汽锤不得少于50次/min，自由落锤小落距轻击不得少于40次/min；在管底未拔至桩顶设计标高之前，倒打和轻击不得中断。

6.5.4 混凝土的充盈系数不得小于1.0；对于充盈系数小于1.0的桩，应全长复打，对可能断桩和缩颈桩，应进行局部复打。成桩后的桩身混凝土顶面应高于桩顶设计标高500mm以内。全长复打时，桩管入土深度宜接近原桩长，局部复打应超过断桩或缩颈区1m以上。

6.5.5 全长复打桩施工时应符合下列规定：

1 第一次灌注混凝土应达到自然地面；

2 拔管过程中应及时清除粘在管壁上和散落在地面上的混凝土；

3 初打与复打的桩轴线应重合；

4 复打施工必须在第一次灌注的混凝土初凝之前完成。

6.5.6 混凝土的坍落度宜为80～100mm。

II 振动、振动冲击沉管灌注桩施工

6.5.7 振动、振动冲击沉管灌注桩应根据土质情况和荷载要求，分别选用单打法、复打法、反插法等。单打法可用于含水量较小的土层，且宜采用预制桩尖；反插法及复打法可用于饱和土层。

6.5.8 振动、振动冲击沉管灌注桩单打法施工的质量控制应符合下列规定：

1 必须严格控制最后 30s 的电流、电压值，其值按设计要求或根据试桩和当地经验确定；

2 桩管内灌满混凝土后，应先振动 5～10s，再开始拔管，应边振边拔，每拔出 0.5～1.0m，停拔，振动 5～10s；如此反复，直至桩管全部拔出；

3 在一般土层内，拔管速度宜为 1.2～1.5m/min，用活瓣桩尖时宜慢，用预制桩尖时可适当加快；在软弱土层中宜控制在 0.6～0.8m/min。

6.5.9 振动、振动冲击沉管灌注桩反插法施工的质量控制应符合下列规定：

1 桩管灌满混凝土后，先振动再拔管，每次拔管高度 0.5～1.0m，反插深度 0.3～0.5m；在拔管过程中，应分段添加混凝土，保持管内混凝土面始终不低于地表面或高于地下水位 1.0～1.5m 以上，拔管速度应小于 0.5m/min；

2 在距桩尖处 1.5m 范围内，宜多次反插以扩大桩端部断面；

3 穿过淤泥夹层时，应减慢拔管速度，并减少拔管高度和反插深度，在流动性淤泥中不宜使用反插法。

6.5.10 振动、振动冲击沉管灌注桩复打法的施工要求可按本规范第 6.5.4 条和第 6.5.5 条执行。

III 内夯沉管灌注桩施工

6.5.11 当采用外管与内夯管结合锤击沉管进行夯压、扩底、扩径时，内夯管应比外管短 100mm，内夯管底端可采用闭口平底或闭口锥底（见图 6.5.11）。

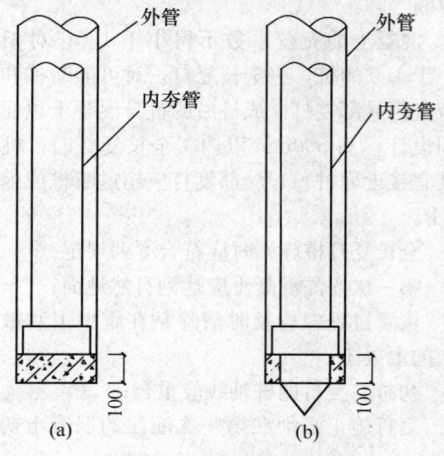

图 6.5.11　内外管及管塞

(a) 平底内夯管；(b) 锥底内夯管

6.5.12 外管封底可采用干硬性混凝土、无水混凝土配料，经夯击形成阻水、阻泥管塞，其高度可为 100mm。当内、外管间不会发生间隙涌水、涌泥时，亦可不采用上述封底措施。

6.5.13 桩端夯扩头平均直径可按下列公式估算：

一次夯扩

$$D_1 = d_0 \sqrt{\frac{H_1 + h_1 - C_1}{h_1}} \qquad (6.5.13\text{-}1)$$

二次夯扩

$$D_2 = d_0 \sqrt{\frac{H_1 + H_2 + h_2 - C_1 - C_2}{h_2}}$$

$$(6.5.13\text{-}2)$$

式中　D_1、D_2——第一次、第二次夯扩扩头平均直径（m）；

d_0——外管直径（m）；

H_1、H_2——第一次、第二次夯扩工序中，外管内灌注混凝土面从桩底算起的高度（m）；

h_1、h_2——第一次、第二次夯扩工序中，外管从桩底算起的上拔高度（m），分别可取 $H_1/2$，$H_2/2$；

C_1、C_2——第一次、二次夯扩工序中，内外管同步下沉至离桩底的距离，均可取为 0.2m（见图 6.5.13）。

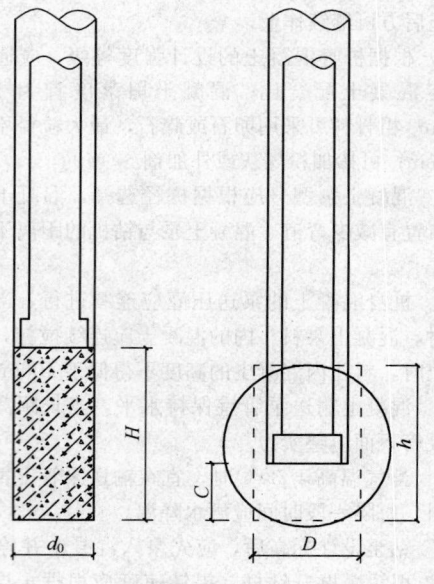

图 6.5.13　扩底端

6.5.14 桩身混凝土宜分段灌注；拔管时内夯管和桩锤应施压于外管中的混凝土顶面，边压边拔。

6.5.15 施工前宜进行试成桩，并应详细记录混凝土的分次灌注量、外管上拔高度、内管夯击次数、双管同步沉入深度，并应检查外管的封底情况，有无进水、涌泥等，经核定后可作为施工控制依据。

6.6 干作业成孔灌注桩

Ⅰ 钻孔(扩底)灌注桩施工

6.6.1 钻孔时应符合下列规定:

1 钻杆应保持垂直稳固,位置准确,防止因钻杆晃动引起扩大孔径;

2 钻进速度应根据电流值变化,及时调整;

3 钻进过程中,应随时清理孔口积土,遇到地下水、塌孔、缩孔等异常情况时,应及时处理。

6.6.2 钻孔扩底桩施工,直孔部分应按本规范第6.6.1、6.6.3、6.6.4条规定执行,扩底部位尚应符合下列规定:

1 应根据电流值或油压值,调节扩孔刀片削土量,防止出现超负荷现象;

2 扩底直径和孔底的虚土厚度应符合设计要求。

6.6.3 成孔达到设计深度后,孔口应予保护,应按本规范第6.2.4条规定验收,并应做好记录。

6.6.4 灌注混凝土前,应在孔口安放护孔漏斗,然后放置钢筋笼,并应再次测量孔内虚土厚度。扩底桩灌注混凝土时,第一次应灌到扩底部位的顶面,随即振捣密实;浇筑桩顶以下5m范围内混凝土时,应随浇筑随振捣,每次浇筑高度不得大于1.5m。

Ⅱ 人工挖孔灌注桩施工

6.6.5 人工挖孔桩的孔径(不含护壁)不得小于0.8m,且不宜大于2.5m;孔深不宜大于30m。当桩净距小于2.5m时,应采用间隔开挖。相邻排桩跳挖的最小施工净距不得小于4.5m。

6.6.6 人工挖孔桩混凝土护壁的厚度不应小于100mm,混凝土强度等级不应低于桩身混凝土强度等级,并应振捣密实;护壁应配置直径不小于8mm的构造钢筋,竖向筋应上下搭接或拉接。

6.6.7 人工挖孔桩施工应采取下列安全措施:

1 孔内必须设置应急软爬梯供人员上下;使用的电葫芦、吊笼等应安全可靠,并配有自动卡紧保险装置,不得使用麻绳和尼龙绳吊挂或脚踏井壁凸缘上下;电葫芦宜用按钮式开关,使用前必须检验其安全起吊能力;

2 每日开工前必须检测井下的有毒、有害气体,并应有相应的安全防范措施;当桩孔开挖深度超过10m时,应有专门向井下送风的设备,风量不宜少于25L/s;

3 孔口四周必须设置护栏,护栏高度宜为0.8m;

4 挖出的土石方应及时运离孔口,不得堆放在孔口周边1m范围内,机动车辆的通行不得对井壁的安全造成影响;

5 施工现场的一切电源、电路的安装和拆除必

须遵守现行行业标准《施工现场临时用电安全技术规范》JGJ 46的规定。

6.6.8 开孔前,桩位应准确定位放样,在桩位外设置定位基准桩,安装护壁模板必须用桩中心点校正模板位置,并应由专人负责。

6.6.9 第一节井圈护壁应符合下列规定:

1 井圈中心线与设计轴线的偏差不得大于20mm;

2 井圈顶面应比场地高出100~150mm,壁厚应比下面井壁厚度增加100~150mm。

6.6.10 修筑井圈护壁应符合下列规定:

1 护壁的厚度、拉接钢筋、配筋、混凝土强度等级均应符合设计要求;

2 上下节护壁的搭接长度不得小于50mm;

3 每节护壁均应在当日连续施工完毕;

4 护壁混凝土必须保证振捣密实,应根据土层渗水情况使用速凝剂;

5 护壁模板的拆除应在灌注混凝土24h之后;

6 发现护壁有蜂窝、漏水现象时,应及时补强;

7 同一水平面上的井圈任意直径的极差不得大于50mm。

6.6.11 当遇有局部或厚度不大于1.5m的流动性淤泥和可能出现涌土涌砂时,护壁施工可按下列方法处理:

1 将每节护壁的高度减小到300~500mm,并随挖、随验、随灌注混凝土;

2 采用钢护筒或有效的降水措施。

6.6.12 挖至设计标高后,应清除护壁上的泥土和孔底残渣、积水,并应进行隐蔽工程验收。验收合格后,应立即封底和灌注桩身混凝土。

6.6.13 灌注桩身混凝土时,混凝土必须通过溜槽;当落距超过3m时,应采用串筒,串筒末端距孔底高度不宜大于2m;也可采用导管泵送;混凝土宜采用插入式振捣器振实。

6.6.14 当渗水量过大时,应采取场地截水、降水或水下灌注混凝土等有效措施。严禁在桩孔中边抽水边开挖,同时不得灌注相邻桩。

6.7 灌注桩后注浆

6.7.1 灌注桩后注浆工法可用于各类钻、挖、冲孔灌注桩及地下连续墙的沉渣(虚土)、泥皮和桩底、桩侧一定范围内土体的加固。

6.7.2 后注浆装置的设置应符合下列规定:

1 后注浆导管应采用钢管,且应与钢筋笼加劲筋绑扎固定或焊接;

2 桩端后注浆导管及注浆阀数量宜根据桩径大小设置:对于直径不大于1200mm的桩,宜沿钢筋笼圆周对称设置2根;对于直径大于1200mm而不大于2500mm的桩,宜对称设置3根;

3 对于桩长超过 15m 且承载力增幅要求较高者，宜采用桩端桩侧复式注浆；桩侧后注浆管阀设置数量应综合地层情况、桩长和承载力增幅要求等因素确定，可在离桩底 5～15m 以上、桩顶 8m 以下，每隔 6～12m 设置一道桩侧注浆阀，当有粗粒土时，宜将注浆阀设置于粗粒土层下部，对于干作业成孔灌注桩宜设于粗粒土层中部；

4 对于非通长配筋桩，下部应有不少于 2 根与注浆管等长的主筋组成的钢筋笼通底；

5 钢筋笼应沉放到底，不得悬吊，下笼受阻时不得撞笼、墩笼、扭笼。

6.7.3 后注浆阀应具备下列性能：

1 注浆阀应能承受 1MPa 以上静水压力；注浆阀外部保护层应能抵抗砂石等硬质物的刮撞而不致使注浆阀受损；

2 注浆阀应具备逆止功能。

6.7.4 浆液配比、终止注浆压力、流量、注浆量等参数设计应符合下列规定：

1 浆液的水灰比应根据土的饱和度、渗透性确定，对于饱和土，水灰比宜为 0.45～0.65；对于非饱和土，水灰比宜为 0.7～0.9（松散碎石土、砂砾宜为 0.5～0.6）；低水灰比浆液宜掺入减水剂；

2 桩端注浆终止注浆压力应根据土层性质及注浆点深度确定，对于风化岩、非饱和黏性土及粉土，注浆压力宜为 3～10MPa；对于饱和土层注浆压力宜为 1.2～4MPa，软土宜取低值，密实黏性土宜取高值；

3 注浆流量不宜超过 75L/min；

4 单桩注浆量的设计应根据桩径、桩长、桩端桩侧土层性质、单桩承载力增幅及是否复式注浆等因素确定，可按下式估算：

$$G_c = \alpha_p d + \alpha_s nd \qquad (6.7.4)$$

式中 α_p、α_s ——分别为桩端、桩侧注浆量经验系数，$\alpha_p = 1.5～1.8$，$\alpha_s = 0.5～0.7$；对于卵、砾石、中粗砂取较高值；

n ——桩侧注浆断面数；

d ——基桩设计直径（m）；

G_c ——注浆量，以水泥质量计（t）。

对独立单桩、桩距大于 $6d$ 的群桩和群桩初始注浆的数根基桩的注浆量应按上述估算值乘以 1.2 的系数。

5 后注浆作业开始前，宜进行注浆试验，优化并最终确定注浆参数。

6.7.5 后注浆作业起始时间、顺序和速率应符合下列规定：

1 注浆作业宜于成桩 2d 后开始；不宜迟于成桩 30d 后；

2 注浆作业与成孔作业点的距离不宜小于 8

～10m；

3 对于饱和土中的复式注浆顺序宜先桩侧后桩端；对于非饱和土宜先桩端后桩侧；多断面桩侧注浆应先上后下；桩侧桩端注浆间隔时间不宜少于 2h；

4 桩端注浆应对同一根桩的各注浆导管依次实施等量注浆；

5 对于桩群注浆宜先外围、后内部。

6.7.6 当满足下列条件之一时可终止注浆：

1 注浆总量和注浆压力均达到设计要求；

2 注浆总量已达到设计值的 75%，且注浆压力超过设计值。

6.7.7 当注浆压力长时间低于正常值或地面出现冒浆或周围桩孔串浆，应改为间歇注浆，间歇时间宜为 30～60min，或调低浆液水灰比。

6.7.8 后注浆施工过程中，应经常对后注浆的各项工艺参数进行检查，发现异常应采取相应处理措施。当注浆量等主要参数达不到设计值时，应根据工程具体情况采取相应措施。

6.7.9 后注浆桩基工程质量检查和验收应符合下列要求：

1 后注浆施工完成后应提供水泥材质检验报告、压力表检定证书、试注浆记录、设计工艺参数、后注浆作业记录、特殊情况处理记录等资料；

2 在桩身混凝土强度达到设计要求的条件下，承载力检验应在注浆完成 20d 后进行，浆液中掺入早强剂时可于注浆完成 15d 后进行。

7 混凝土预制桩与钢桩施工

7.1 混凝土预制桩的制作

7.1.1 混凝土预制桩可在施工现场预制，预制场地必须平整、坚实。

7.1.2 制桩模板宜采用钢模板，模板应具有足够刚度，并应平整，尺寸应准确。

7.1.3 钢筋骨架的主筋连接宜采用对焊和电弧焊，当钢筋直径不小于 20mm 时，宜采用机械接头连接。主筋接头配置在同一截面内的数量，应符合下列规定：

1 当采用对焊或电弧焊时，对于受拉钢筋，不得超过 50%；

2 相邻两根主筋接头截面的距离应大于 $35d_g$（d_g 为主筋直径），并不应小于 500mm；

3 必须符合现行行业标准《钢筋焊接及验收规程》JGJ 18 和《钢筋机械连接通用技术规程》JGJ 107 的规定。

7.1.4 预制桩钢筋骨架的允许偏差应符合表 7.1.4 的规定。

表 7.1.4 预制桩钢筋骨架的允许偏差

项次	项 目	允许偏差（mm）
1	主筋间距	±5
2	桩尖中心线	10
3	箍筋间距或螺旋筋的螺距	±20
4	吊环沿纵轴线方向	±20
5	吊环沿垂直于纵轴线方向	±20
6	吊环露出桩表面的高度	±10
7	主筋距桩顶距离	±5
8	桩顶钢筋网片位置	±10
9	多节桩桩顶预埋件位置	±3

7.1.5 确定桩的单节长度时应符合下列规定：

1 满足桩架的有效高度、制作场地条件、运输与装卸能力；

2 避免在桩尖接近或处于硬持力层中时接桩。

7.1.6 浇注混凝土预制桩时，宜从桩顶开始灌筑，并应防止另一端的砂浆积聚过多。

7.1.7 锤击预制桩的骨料粒径宜为 5～40mm。

7.1.8 锤击预制桩，应在强度与龄期均达到要求后，方可锤击。

7.1.9 重叠法制作预制桩时，应符合下列规定：

1 桩与邻桩及底模之间的接触面不得粘连；

2 上层桩或邻桩的浇筑，必须在下层桩或邻桩的混凝土达到设计强度的 30% 以上时，方可进行；

3 桩的重叠层数不应超过 4 层。

7.1.10 混凝土预制桩的表面应平整、密实，制作允许偏差应符合表 7.1.10 的规定。

表 7.1.10 混凝土预制桩制作允许偏差

桩 型	项 目	允许偏差(mm)
钢筋混凝土实心桩	横截面边长	±5
	桩顶对角线之差	≤5
	保护层厚度	±5
	桩身弯曲矢高	不大于 1‰桩长且不大于 20
	桩尖偏心	≤10
	桩端面倾斜	≤0.005
	桩节长度	±20
钢筋混凝土管桩	直径	±5
	长度	±0.5%桩长
	管壁厚度	−5
	保护层厚度	+10，−5
	桩身弯曲(度)矢高	1‰桩长
	桩尖偏心	≤10
	桩头板平整度	≤2
	桩头板偏心	≤2

7.1.11 本规范未作规定的预应力混凝土桩的其他要求及离心混凝土强度等级评定方法，应符合国家现行标准《先张法预应力混凝土管桩》GB 13476 和《预应力混凝土空心方桩》JG 197 的规定。

7.2 混凝土预制桩的起吊、运输和堆放

7.2.1 混凝土实心桩的吊运应符合下列规定：

1 混凝土设计强度达到 70% 及以上方可起吊，达到 100% 方可运输；

2 桩起吊时应采取相应措施，保证安全平稳，保护桩身质量；

3 水平运输时，应做到桩身平稳放置，严禁在场地上直接拖拉桩体。

7.2.2 预应力混凝土空心桩的吊运应符合下列规定：

1 出厂前应作出厂检查，其规格、批号、制作日期应符合所属的验收批号内容；

2 在吊运过程中应轻吊轻放，避免剧烈碰撞；

3 单节桩可采用专用吊钩勾住桩两端内壁直接进行水平起吊；

4 运至施工现场时应进行检查验收，严禁使用质量不合格及在吊运过程中产生裂缝的桩。

7.2.3 预应力混凝土空心桩的堆放应符合下列规定：

1 堆放场地应平整坚实，最下层与地面接触的垫木应有足够的宽度和高度。堆放时桩应稳固，不得滚动；

2 应按不同规格、长度及施工流水顺序分别堆放；

3 当场地条件许可时，宜单层堆放；当叠层堆放时，外径为 500～600mm 的桩不宜超过 4 层，外径为 300～400mm 的桩不宜超过 5 层；

4 叠层堆放桩时，应在垂直于桩长度方向的地面上设置 2 道垫木，垫木应分别位于距桩端 1/5 桩长处；底层最外缘的桩应在垫木处用木楔塞紧；

5 垫木宜选用耐压的长木枋或枕木，不得使用有棱角的金属构件。

7.2.4 取桩应符合下列规定：

1 当桩叠层堆放超过 2 层时，应采用吊机取桩，严禁拖拉取桩；

2 三点支撑自行式打桩机不应拖拉取桩。

7.3 混凝土预制桩的接桩

7.3.1 桩的连接可采用焊接、法兰连接或机械快速连接（螺纹式、啮合式）。

7.3.2 接桩材料应符合下列规定：

1 焊接接桩：钢板宜采用低碳钢，焊条宜采用 E43；并应符合现行行业标准《建筑钢结构焊接技术规程》JGJ 81 要求。

2 法兰接桩：钢板和螺栓宜采用低碳钢。

7.3.3 采用焊接接桩除应符合现行行业标准《建筑

钢结构焊接技术规程》JGJ 81 的有关规定外，尚应符合下列规定：

　　1 下节桩段的桩头宜高出地面 0.5m；

　　2 下节桩的桩头处宜设导向箍；接桩时上下节桩段应保持顺直，错位偏差不宜大于 2mm；接桩就位纠偏时，不得采用大锤横向敲打；

　　3 桩对接前，上下端钣表面应采用铁刷子清刷干净，坡口处应刷至露出金属光泽；

　　4 焊接宜在桩四周对称地进行，待上下桩节固定后拆除导向箍再分层施焊；焊接层数不得少于 2 层，第一层焊完后必须把焊渣清理干净，方可进行第二层（的）施焊，焊缝应连续、饱满；

　　5 焊好后的桩接头应自然冷却后方可继续锤击，自然冷却时间不宜少于 8min；严禁采用水冷却或焊好即施打；

　　6 雨天焊接时，应采取可靠的防雨措施；

　　7 焊接接头的质量检查宜采用探伤检测，同一工程探伤抽样检验不得少于 3 个接头。

7.3.4 采用机械快速螺纹接桩的操作与质量应符合下列规定：

　　1 接桩前应检查桩两端制作的尺寸偏差及连接件，无受损后方可起吊施工，其下节桩端宜高出地面 0.8m；

　　2 接桩时，卸下上下节桩两端的保护装置后，应清理接头残物，涂上润滑脂；

　　3 应采用专用接头锥度对中，对准上下节桩进行旋紧连接；

　　4 可采用专用链条式扳手进行旋紧，（臂长 1m，卡紧后人工旋紧再用铁锤敲击板臂，）锁紧后两端板尚应有 1~2mm 的间隙。

7.3.5 采用机械啮合接头接桩的操作与质量应符合下列规定：

　　1 将上下接头钣清理干净，用扳手将已涂抹沥青涂料的连接销逐根旋入上节桩Ⅰ型端头钣的螺栓孔内，并用钢模板调整好连接销的方位；

　　2 剔除下节桩Ⅱ型端头钣连接槽内泡沫塑料保护块，在连接槽内注入沥青涂料，并在端头钣面周边抹上宽度 20mm、厚度 3mm 的沥青涂料；当地基土、地下水含中等以上腐蚀介质时，桩端钣板面应满涂沥青涂料；

　　3 将上节桩吊起，使连接销与Ⅱ型端头钣上各连接口对准，随即将连接销插入连接槽内；

　　4 加压使上下节桩的桩头钣接触，完成接桩。

7.4 锤击沉桩

7.4.1 沉桩前必须处理空中和地下障碍物，场地应平整，排水应畅通，并应满足打桩所需的地面承载力。

7.4.2 桩锤的选用应根据地质条件、桩型、桩的密集程度、单桩竖向承载力及现有施工条件等因素确定，也可按本规范附录 H 选用。

7.4.3 桩打入时应符合下列规定：

　　1 桩帽或送桩帽与桩周围的间隙应为 5~10mm；

　　2 锤与桩帽、桩帽与桩之间应加设硬木、麻袋、草垫等弹性衬垫；

　　3 桩锤、桩帽或送桩帽应和桩身在同一中心线上；

　　4 桩插入时的垂直度偏差不得超过 0.5%。

7.4.4 打桩顺序要求应符合下列规定：

　　1 对于密集桩群，自中间向两个方向或四周对称施打；

　　2 当一侧毗邻建筑物时，由毗邻建筑物处向另一方向施打；

　　3 根据基础的设计标高，宜先深后浅；

　　4 根据桩的规格，宜先大后小，先长后短。

7.4.5 打入桩（预制混凝土方桩、预应力混凝土空心桩、钢桩）的桩位偏差，应符合表 7.4.5 的规定。斜桩倾斜度的偏差不得大于倾斜角正切值的 15%（倾斜角系桩的纵向中心线与铅垂线间夹角）。

表 7.4.5　打入桩桩位的允许偏差

项　　　目	允许偏差(mm)
带有基础梁的桩：(1)垂直基础梁的中心线 　　　　　　　　(2)沿基础梁的中心线	100+0.01H 150+0.01H
桩数为 1~3 根桩基中的桩	100
桩数为 4~16 根桩基中的桩	1/2 桩径或边长
桩数大于 16 根桩基中的桩：(1)最外边的桩 　　　　　　　　　　　(2)中间桩	1/3 桩径或边长 1/2 桩径或边长

　　注：H 为施工现场地面标高与桩顶设计标高的距离。

7.4.6 桩终止锤击的控制应符合下列规定：

　　1 当桩端位于一般土层时，应以控制桩端设计标高为主，贯入度为辅；

　　2 桩端达到坚硬、硬塑的黏性土、中密以上粉土、砂土、碎石类土及风化岩时，应以贯入度控制为主，桩端标高为辅；

　　3 贯入度已达到设计要求而桩端标高未达到时，应继续锤击 3 阵，并按每阵 10 击的贯入度不应大于设计规定的数值确认，必要时，施工控制贯入度应通过试验确定。

7.4.7 当遇到贯入度剧变，桩身突然发生倾斜、位移或有严重回弹、桩顶或桩身出现严重裂缝、破碎等情况时，应暂停打桩，并分析原因，采取相应措施。

7.4.8 当采用射水法沉桩时，应符合下列规定：

　　1 射水法沉桩宜用于砂土和碎石土；

2 沉桩至最后 1~2m 时，应停止射水，并采用锤击至规定标高，终锤控制标准可按本规范第 7.4.6 条有关规定执行。

7.4.9 施打大面积密集桩群时，应采取下列辅助措施：

1 对预钻孔沉桩，预钻孔孔径可比桩径（或方桩对角线）小 50~100mm，深度可根据桩距和土的密实度、渗透性确定，宜为桩长的 1/3~1/2；施工时应随钻随打；桩架宜具备钻孔锤击双重性能；

2 对饱和黏性土地基，应设置袋装砂井或塑料排水板；袋装砂井直径宜为 70~80mm，间距宜为 1.0~1.5m，深度宜为 10~12m；塑料排水板的深度、间距与袋装砂井相同；

3 应设置隔离板桩或地下连续墙；

4 可开挖地面防震沟，并可与其他措施结合使用，防震沟沟宽可取 0.5~0.8m，深度按土质情况决定；

5 应控制打桩速率和日打桩量，24 小时内休止时间不应少于 8h；

6 沉桩结束后，宜普遍实施一次复打；

7 应对不少于总桩数 10% 的桩顶上涌和水平位移进行监测；

8 沉桩过程中应加强邻近建筑物、地下管线等的观测、监护。

7.4.10 预应力混凝土管桩的总锤击数及最后 1.0m 沉桩锤击数应根据桩身强度和当地工程经验确定。

7.4.11 锤击沉桩送桩应符合下列规定：

1 送桩深度不宜大于 2.0m；

2 当桩顶打至接近地面需要送桩时，应测出桩的垂直度并检查桩顶质量，合格后应及时送桩；

3 送桩的最后贯入度应参考相同条件下不送桩时的最后贯入度并修正；

4 送桩后遗留的桩孔应立即回填或覆盖；

5 当送桩深度超过 2.0m 且不大于 6.0m 时，打桩机应为三点支撑履带自行式或步履式柴油打桩机；桩帽和桩锤之间应用竖纹硬木或盘圆层叠的钢丝绳作"锤垫"，其厚度宜取 150~200mm。

7.4.12 送桩器及衬垫设置应符合下列规定：

1 送桩器宜做成圆筒形，并应有足够的强度、刚度和耐打性。送桩器长度应满足送桩深度的要求，弯曲度不得大于 1/1000；

2 送桩器上下两端面应平整，且与送桩器中心轴线相垂直；

3 送桩器下端面应开孔，使空心桩内腔与外界连通；

4 送桩器应与桩匹配：套筒式送桩器下端的套筒深度宜取 250~350mm，套管内径应比桩外径大 20~30mm；插销式送桩器下端的插销长度宜取 200~300mm，杆销外径应比（管）桩内径小 20~30mm；

对于腔内存有余浆的管桩，不宜采用插销式送桩器；

5 送桩作业时，送桩器与桩头之间应设置 1~2 层麻袋或硬纸板等衬垫。内填弹性衬垫压实后的厚度不宜小于 60mm。

7.4.13 施工现场应配备桩身垂直度观测仪器（长条水准尺或经纬仪）和观测人员，随时量测桩身的垂直度。

7.5 静压沉桩

7.5.1 采用静压沉桩时，场地地基承载力不应小于压桩机接地压强的 1.2 倍，且场地应平整。

7.5.2 静力压桩宜选择液压式和绳索式压桩工艺；宜根据单节桩的长度选用顶压式液压压桩机和抱压式液压压桩机。

7.5.3 选择压桩机的参数应包括下列内容：

1 压桩机型号、桩机质量（不含配重）、最大压桩力等；

2 压桩机的外型尺寸及拖运尺寸；

3 压桩机的最小边桩距及最大压桩力；

4 长、短船型履靴的接地压强；

5 夹持机构的型式；

6 液压油缸的数量、直径，率定后的压力表读数与压桩力的对应关系；

7 吊桩机构的性能及吊桩能力。

7.5.4 压桩机的每件配重必须用量具核实，并将其质量标记在该件配重的外露表面；液压式压桩机的最大压桩力应取压桩机的机架重量和配重之和乘以 0.9。

7.5.5 当边桩空位不能满足中置式压桩机施压条件时，宜利用压边桩机构或选用前置式液压压桩机进行压桩，但此时应估计最大压桩能力减少造成的影响。

7.5.6 当设计要求或施工需要采用引孔法压桩时，应配备螺旋钻孔机，或在压桩机上配备专用的螺旋钻。当桩端需进入较坚硬的岩层时，应配备可入岩的钻孔桩机或冲孔桩机。

7.5.7 最大压桩力不宜小于设计的单桩竖向极限承载力标准值，必要时可由现场试验确定。

7.5.8 静力压桩施工的质量控制应符合下列规定：

1 第一节桩下压时垂直度偏差不应大于 0.5%；

2 宜将每根桩一次性连续压到底，且最后一节有效桩长不宜小于 5m；

3 抱压力不应大于桩身允许侧向压力的 1.1 倍；

4 对于大面积桩群，应控制日压桩量。

7.5.9 终压条件应符合下列规定：

1 应根据现场试压桩的试验结果确定终压标准；

2 终压连续复压次数应根据桩长及地质条件等因素确定。对于入土深度大于或等于 8m 的桩，复压次数可为 2~3 次；对于入土深度小于 8m 的桩，复压次数可为 3~5 次；

3 稳压压桩力不得小于终压力，稳定压桩的时间宜为5～10s。

7.5.10 压桩顺序宜根据场地工程地质条件确定，并应符合下列规定：

1 对于场地地层中局部含砂、碎石、卵石时，宜先对该区域进行压桩；

2 当持力层埋深或桩的入土深度差别较大时，宜先施压长桩后施压短桩。

7.5.11 压桩过程中应测量桩身的垂直度。当桩身垂直度偏差大于1%时，应找出原因并设法纠正；当桩尖进入较硬土层后，严禁用移动机架等方法强行纠偏。

7.5.12 出现下列情况之一时，应暂停压桩作业，并分析原因，采用相应措施：

1 压力表读数显示情况与勘察报告中的土层性质明显不符；

2 桩难以穿越硬夹层；

3 实际桩长与设计桩长相差较大；

4 出现异常响声；压桩机械工作状态出现异常；

5 桩身出现纵向裂缝和桩头混凝土出现剥落等异常现象；

6 夹持机构打滑；

7 压桩机下陷。

7.5.13 静压送桩的质量控制应符合下列规定：

1 测量桩的垂直度并检查桩头质量，合格后方可送桩，压桩、送桩作业应连续进行；

2 送桩应采用专制钢质送桩器，不得将工程桩用作送桩器；

3 当场地上多数桩的有效桩长小于或等于15m或桩端持力层为风化软质岩，需要复压时，送桩深度不宜超过1.5m；

4 除满足本条上述3款规定外，当桩的垂直度偏差小于1%，且桩的有效桩长大于15m时，静压桩送桩深度不宜超过8m；

5 送桩的最大压桩力不宜超过桩身允许抱压压桩力的1.1倍。

7.5.14 引孔压桩法质量控制应符合下列规定：

1 引孔宜采用螺旋钻干作业法；引孔的垂直度偏差不宜大于0.5%；

2 引孔作业和压桩作业应连续进行，间隔时间不宜大于12h；在软土地基中不宜大于3h；

3 引孔中有积水时，宜采用开口型桩尖。

7.5.15 当桩较密集，或地基为饱和淤泥、淤泥质土及黏性土时，应设置塑料排水板、袋装砂井消减超孔压或采取引孔等措施，并可按本规范第7.4.9条执行。在压桩施工过程中应对总桩数10%的桩设置上涌和水平偏位观测点，定时检测桩的上浮量及桩顶水平偏位值，若上涌和偏位值较大，应采取复压等措施。

7.5.16 对预制混凝土方桩、预应力混凝土空心桩、钢桩等压入桩的桩位偏差，应符合本规范表7.4.5的规定。

7.6 钢桩（钢管桩、H型桩及其他异型钢桩）施工

I 钢桩的制作

7.6.1 制作钢桩的材料应符合设计要求，并应有出厂合格证和试验报告。

7.6.2 现场制作钢桩应有平整的场地及挡风防雨措施。

7.6.3 钢桩制作的允许偏差应符合表7.6.3的规定，钢桩的分段长度应满足本规范第7.1.5条的规定，且不宜大于15m。

表 7.6.3　钢桩制作的允许偏差

项　　　目		容许偏差（mm）
外径或断面尺寸	桩端部	±0.5%外径或边长
	桩　身	±0.1%外径或边长
长　　　度		＞0
矢　　　高		≤1‰桩长
端部平整度		≤2（H型桩≤1）
端部平面与桩身中心线的倾斜值		≤2

7.6.4 用于地下水有侵蚀性的地区或腐蚀性土层的钢桩，应按设计要求作防腐处理。

II 钢桩的焊接

7.6.5 钢桩的焊接应符合下列规定：

1 必须清除桩端部的浮锈、油污等脏物，保持干燥；下节桩顶经锤击后变形的部分应割除；

2 上下节桩焊接时应校正垂直度，对口的间隙宜为2～3mm；

3 焊丝（自动焊）或焊条应烘干；

4 焊接应对称进行；

5 应采用多层焊，钢管桩各层焊缝的接头应错开，焊渣应清除；

6 当气温低于0℃或雨雪天及无可靠措施确保焊接质量时，不得焊接；

7 每个接头焊接完毕，应冷却1min后方可锤击；

8 焊接质量应符合国家现行标准《钢结构工程施工质量验收规范》GB 50205和《建筑钢结构焊接技术规程》JGJ 81的规定，每个接头除应按表7.6.5规定进行外观检查外，还应按接头总数的5%进行超声或2%进行X射线拍片检查，对于同一工程，探伤抽样检验不得少于3个接头。

表 7.6.5　接桩焊缝外观允许偏差

项　　目	允许偏差（mm）
上下节桩错口：	
①钢管桩外径≥700mm	3
②钢管桩外径＜700mm	2
H型钢桩	1
咬边深度（焊缝）	0.5
加强层高度（焊缝）	2
加强层宽度（焊缝）	3

7.6.6　H型钢桩或其他异型薄壁钢桩，接头处应加连接板，可按等强度设置。

Ⅲ　钢桩的运输和堆放

7.6.7　钢桩的运输与堆放应符合下列规定：

1　堆放场地应平整、坚实、排水通畅；

2　桩的两端应有适当保护措施，钢管桩应设保护圈；

3　搬运时应防止桩体撞击而造成桩端、桩体损坏或弯曲；

4　钢桩应按规格、材质分别堆放，堆放层数：ϕ900mm的钢桩，不宜大于3层；ϕ600mm的钢桩，不宜大于4层；ϕ400mm的钢桩，不宜大于5层；H型钢桩不宜大于6层。支点设置应合理，钢桩的两侧应采用木楔塞住。

Ⅳ　钢桩的沉桩

7.6.8　当钢桩采用锤击沉桩时，可按本规范第7.4节有关条文实施；当采用静压沉桩时，可按本规范第7.5节有关条文实施。

7.6.9　对敞口钢管桩，当锤击沉桩有困难时，可在管内取土助沉。

7.6.10　锤击H型钢桩时，锤重不宜大于4.5t级（柴油锤），且在锤击过程中桩架前应有横向约束装置。

7.6.11　当持力层较硬时，H型钢桩不宜送桩。

7.6.12　当地表层遇有大块石、混凝土块等回填物时，应在插入H型钢桩前进行触探，并应清除桩位上的障碍物。

8　承台施工

8.1　基坑开挖和回填

8.1.1　桩基承台施工顺序宜先深后浅。

8.1.2　当承台埋置较深时，应对邻近建筑物及市政设施采取必要的保护措施，在施工期间应进行监测。

8.1.3　基坑开挖前应对边坡支护形式、降水措施、挖土方案、运土路线及堆土位置编制施工方案，若桩基施工引起超孔隙水压力，宜待超孔隙水压力大部分消散后开挖。

8.1.4　当地下水位较高需降水时，可根据周围环境情况采用内降水或外降水措施。

8.1.5　挖土应均衡分层进行，对流塑状软土的基坑开挖，高差不应超过1m。

8.1.6　挖出的土方不得堆置在基坑附近。

8.1.7　机械挖土时必须确保基坑内的桩体不受损坏。

8.1.8　基坑开挖结束后，应在基坑底做出排水盲沟及集水井，如有降水设施仍应维持运转。

8.1.9　在承台和地下室外墙与基坑侧壁间隙回填土前，应排除积水，清除虚土和建筑垃圾，填土应按设计要求选料，分层夯实，对称进行。

8.2　钢筋和混凝土施工

8.2.1　绑扎钢筋前应将灌注桩桩头浮浆部分和预制桩桩顶锤击面破碎部分去除，桩体及其主筋埋入承台的长度应符合设计要求；钢管桩尚应加焊桩顶连接件；并应按设计施作桩头和垫层防水。

8.2.2　承台混凝土应一次浇筑完成，混凝土入槽宜采用平铺法。对大体积混凝土施工，应采取有效措施防止温度应力引起裂缝。

9　桩基工程质量检查和验收

9.1　一般规定

9.1.1　桩基工程应进行桩位、桩长、桩径、桩身质量和单桩承载力的检验。

9.1.2　桩基工程的检验按时间顺序可分为三个阶段：施工前检验、施工检验和施工后检验。

9.1.3　对砂、石子、水泥、钢材等桩体原材料质量的检验项目和方法应符合国家现行有关标准的规定。

9.2　施工前检验

9.2.1　施工前应严格对桩位进行检验。

9.2.2　预制桩（混凝土预制桩、钢桩）施工前应进行下列检验：

1　成品桩应按选定的标准图或设计图制作，现场应对其外观质量及桩身混凝土强度进行检验；

2　应对接桩用焊条、压桩用压力表等材料和设备进行检验。

9.2.3　灌注桩施工前应进行下列检验：

1 混凝土拌制应对原材料质量与计量、混凝土配合比、坍落度、混凝土强度等级等进行检查；

2 钢筋笼制作应对钢筋规格、焊条规格、品种、焊口规格、焊缝长度、焊缝外观和质量、主筋和箍筋的制作偏差等进行检查，钢筋笼制作允许偏差应符合本规范表 6.2.5 的要求。

9.3 施 工 检 验

9.3.1 预制桩（混凝土预制桩、钢桩）施工过程中应进行下列检验：

1 打入（静压）深度、停锤标准、静压终止压力值及桩身（架）垂直度检查；

2 接桩质量、接桩间歇时间及桩顶完整状况；

3 每米进尺锤击数、最后 1.0m 进尺锤击数、总锤击数、最后三阵贯入度及桩尖标高等。

9.3.2 灌注桩施工过程中应进行下列检验：

1 灌注混凝土前，应按照本规范第 6 章有关施工质量要求，对已成孔的中心位置、孔深、孔径、垂直度、孔底沉渣厚度进行检验；

2 应对钢筋笼安放的实际位置等进行检查，并填写相应质量检测、检查记录；

3 干作业条件下成孔后应对大直径桩桩端持力层进行检验。

9.3.3 对于沉管灌注桩施工工序的质量检查宜按本规范第 9.1.1～9.3.2 条有关项目进行。

9.3.4 对于挤土预制桩和挤土灌注桩，施工过程均应对桩顶和地面土体的竖向和水平位移进行系统观测；若发现异常，应采取复打、复压、引孔、设置排水措施及调整沉桩速率等措施。

9.4 施 工 后 检 验

9.4.1 根据不同桩型应按本规范表 6.2.4 及表 7.4.5 规定检查成桩桩位偏差。

9.4.2 **工程桩应进行承载力和桩身质量检验。**

9.4.3 有下列情况之一的桩基工程，应采用静荷载试验对工程桩单桩竖向承载力进行检测，检测数量应根据桩基设计等级、施工前取得试验数据的可靠性因素，按现行行业标准《建筑基桩检测技术规范》JGJ 106 确定：

1 工程施工前已进行单桩静载试验，但施工过程变更了工艺参数或施工质量出现异常时；

2 施工前工程未按本规范第 5.3.1 条规定进行单桩静载试验的工程；

3 地质条件复杂、桩的施工质量可靠性低；

4 采用新桩型或新工艺。

9.4.4 有下列情况之一的桩基工程，可采用高应变动测法对工程桩单桩竖向承载力进行检测：

1 除本规范第 9.4.3 条规定条件外的桩基；

2 设计等级为甲、乙级的建筑桩基静载试验检测的辅助检测。

9.4.5 桩身质量除对预留混凝土试件进行强度等级检验外，尚应进行现场检测。检测方法可采用可靠的动测法，对于大直径桩还可采取钻芯法、声波透射法；检测数量可根据现行行业标准《建筑基桩检测技术规范》JGJ 106 确定。

9.4.6 对专用抗拔桩和对水平承载力有特殊要求的桩基工程，应进行单桩抗拔静载试验和水平静载试验检测。

9.5 基桩及承台工程验收资料

9.5.1 当桩顶设计标高与施工场地标高相近时，基桩的验收应待基桩施工完毕后进行；当桩顶设计标高低于施工场地标高时，应待开挖到设计标高后进行验收。

9.5.2 基桩验收应包括下列资料：

1 岩土工程勘察报告、桩基施工图、图纸会审纪要、设计变更单及材料代用通知单等；

2 经审定的施工组织设计、施工方案及执行中的变更单；

3 桩位测量放线图，包括工程桩位线复核签证单；

4 原材料的质量合格和质量鉴定书；

5 半成品如预制桩、钢桩等产品的合格证；

6 施工记录及隐蔽工程验收文件；

7 成桩质量检查报告；

8 单桩承载力检测报告；

9 基坑挖至设计标高的基桩竣工平面图及桩顶标高图；

10 其他必须提供的文件和记录。

9.5.3 承台工程验收时应包括下列资料：

1 承台钢筋、混凝土的施工与检查记录；

2 桩头与承台的锚筋、边桩离承台边缘距离、承台钢筋保护层记录；

3 桩头与承台防水构造及施工质量；

4 承台厚度、长度和宽度的量测记录及外观情况描述等。

9.5.4 承台工程验收除符合本节规定外，尚应符合现行国家标准《混凝土结构工程施工质量验收规范》GB 50204 的规定。

附录 A 桩型与成桩工艺选择

A.0.1 桩型与成桩工艺应根据建筑结构类型、荷载性质、桩的使用功能、穿越土层、桩端持力层、地下水位、施工设备、施工环境、施工经验、制桩材料供应等条件选择。可按表 A.0.1 进行。

表 A.0.1 桩型与成桩工艺选择

桩　类			桩径		最大桩长 (m)	穿越土层						黄土				桩端进入持力层				地下水位		对环境影响		孔底有无挤密
			桩身 (mm)	扩底端 (mm)		一般黏性土及其填土	淤泥和淤泥质土	粉土	砂土	碎石土	季节性冻土膨胀土	非自重湿陷性黄土	自重湿陷性黄土	中间有硬夹层	中间有砂石夹层	硬黏性土	密实砂土	碎石土	软质岩石和风化岩石	以上	以下	振动和噪声	排浆	
非挤土成桩	干作业法	长螺旋钻孔灌注桩	300~800	—	28	○	×	○	△	×	○	○	△	×	△	×	○	○	△	○	×	无	无	无
		短螺旋钻孔灌注桩	300~800	—	20	○	×	○	△	×	○	○	△	×	△	×	○	○	△	○	×	无	无	无
		钻孔扩底灌注桩	300~600	800~1200	30	○	×	△	△	×	○	○	△	△	×	△	△	△	△	○	×	无	无	无
		机动洛阳铲成孔灌注桩	300~500	—	20	○	×	△	△	×	○	○	△	△	×	△	△	△	△	○	×	无	无	无
		人工挖孔扩底灌注桩	800~2000	1600~3000	30	○	×	△	△	△	○	○	△	△	△	△	△	△	△	○	△	无	无	无
	泥浆护壁法	潜水钻成孔灌注桩	500~800	—	50	○	○	○	○	△	○	○	○	△	△	○	○	△	△	○	○	无	有	无
		反循环钻成孔灌注桩	600~1200	—	80	○	○	○	○	△	○	○	○	△	△	○	○	△	△	○	○	无	有	无
		正循环钻成孔灌注桩	600~1200	—	80	○	○	○	○	△	○	○	○	△	△	○	○	△	△	○	○	无	有	无
		旋挖成孔灌注桩	600~1200	—	60	○	○	○	○	△	○	○	○	△	△	○	○	△	△	○	○	无	有	无
		钻孔扩底灌注桩	600~1200	1000~1600	30	○	○	○	○	△	○	○	○	△	△	○	○	△	△	○	○	无	有	无
	套管护壁	贝诺托灌注桩	800~1600	—	50	○	○	○	○	△	○	○	○	△	△	○	○	△	△	○	○	无	有	无
		短螺旋钻孔灌注桩	300~800	—	20	○	○	○	○	△	○	○	○	△	△	○	○	△	△	○	○	无	有	无
部分挤土成桩	灌注桩	冲击成孔灌注桩	600~1200	—	50	△	△	○	○	○	○	○	○	○	○	○	○	○	○	○	○	有	有	无
		长螺旋钻孔压灌桩	300~800	—	25	○	△	○	○	△	○	○	△	△	△	○	○	△	△	○	○	有	无	无
		钻孔挤扩多支盘桩	700~900	1200~1600	40	○	△	○	○	△	○	○	△	△	△	○	○	△	×	○	○	有	有	无
	预制桩	预钻孔打入式预制桩	500	—	50	○	○	○	△	△	○	○	△	△	△	○	○	△	△	○	○	有	无	有
		静压混凝土（预应力混凝土）敞口管桩	800	—	60	○	○	○	△	×	△	○	△	△	△	○	○	△	△	○	○	无	无	有
		H 型钢桩	规格	—	80	○	○	○	△	△	○	○	△	△	△	○	○	△	△	○	○	有	有	无
		敞口钢管桩	600~900	—	80	○	○	○	△	△	○	○	△	△	△	○	○	△	△	○	○	有	有	有
挤土成桩	灌注桩	内夯沉管灌注桩	325，377	460~700	25	○	○	○	△	△	○	○	△	×	△	○	○	△	×	○	○	有	有	有
	预制桩	打入式混凝土预制桩 闭口钢管桩、混凝土管桩	500×500 1000	—	60	○	○	○	△	△	○	○	△	△	△	○	○	△	△	○	○	有	无	有
		静压桩	1000	—	60	○	○	○	△	△	○	○	△	△	△	○	○	△	×	○	○	无	无	有

注：表中符号○表示比较合适；△表示有可能采用；×表示不宜采用。

附录B 预应力混凝土空心桩基本参数

B.0.1 离心成型的先张法预应力混凝土管桩的基本参数可按表 B.0.1 选用。

表 B.0.1 预应力混凝土管桩的配筋和力学性能

品种	外径 d (mm)	壁厚 t (mm)	单节桩长 (m)	混凝土强度等级	型号	预应力钢筋	螺旋筋规格	混凝土有效预压应力 (MPa)	抗裂弯矩检验值 M_{cr} (kN·m)	极限弯矩检验值 M_u (kN·m)	桩身竖向承载力设计值 R_p (kN)	理论质量 (kg/m)
预应力高强混凝土管桩（PHC）	300	70	≤11	C80	A	6φ7.1	φb4	3.8	23	34	1410	131
					AB	6φ9.0		5.3	28	45		
					B	8φ9.0		7.2	33	59		
					C	8φ10.7		9.3	38	76		
	400	95	≤12	C80	A	10φ7.1	φb4	3.6	52	77	2550	249
					AB	10φ9.0		4.9	63	104		
					B	12φ9.0		6.6	75	135		
					C	12φ10.7		8.5	87	174		
	500	100	≤15	C80	A	10φ9.0	φb5	3.9	99	148	3570	327
					AB	10φ10.7		5.3	121	200		
					B	13φ10.7		7.2	144	258		
					C	13φ12.6		9.5	166	332		
	500	125	≤15	C80	A	10φ9.0	φb5	3.5	99	148	4190	368
					AB	10φ10.7		4.7	121	200		
					B	13φ10.7		6.2	144	258		
					C	13φ12.6		8.2	166	332		
	550	100	≤15	C80	A	11φ9.0	φb5	3.9	125	188	4020	368
					AB	11φ10.7		5.3	154	254		
					B	15φ10.7		6.9	182	328		
					C	15φ12.6		9.2	211	422		
	550	125	≤15	C80	A	11φ9.0	φb5	3.4	125	188	4700	434
					AB	11φ10.7		4.7	154	254		
					B	15φ10.7		6.1	182	328		
					C	15φ12.6		7.9	211	422		
	600	110	≤15	C80	A	13φ9.0	φb5	3.9	164	246	4810	440
					AB	13φ10.7		5.5	201	332		
					B	17φ10.7		7	239	430		
					C	17φ12.6		9.1	276	552		
	600	130	≤15	C80	A	13φ9.0	φb5	3.5	164	246	5440	499
					AB	13φ10.7		4.8	201	332		
					B	17φ10.7		6.2	239	430		
					C	17φ12.6		8.2	276	552		

品种	外径 d (mm)	壁厚 t (mm)	单节桩长 (m)	混凝土强度等级	型号	预应力钢筋	螺旋筋规格	混凝土有效预压应力 (MPa)	抗裂弯矩检验值 M_{cr} (kN·m)	极限弯矩检验值 M_u (kN·m)	桩身竖向承载力设计值 R_p (kN)	理论质量 (kg/m)
预应力高强混凝土管桩（PHC）	800	110	≤15	C80	A	15φ10.7	$φ^b6$	4.4	367	550	6800	620
					AB	15φ12.6		6.1	451	743		
					B	22φ12.6		8.2	535	962		
					C	27φ12.6		11	619	1238		
	1000	130	≤15	C80	A	22φ10.7	$φ^b6$	4.4	689	1030	10080	924
					AB	22φ12.6		6	845	1394		
					B	30φ12.6		8.3	1003	1805		
					C	40φ12.6		10.9	1161	2322		
预应力混凝土管桩（PC）	300	70	≤11	C60	A	6φ7.1	$φ^b4$	3.8	23	34	1070	131
					AB	6φ9.0		5.2	28	45		
					B	8φ9.0		7.1	33	59		
					C	8φ10.7		9.3	38	76		
	400	95	≤12	C60	A	10φ7.1	$φ^b4$	3.7	52	77	1980	249
					AB	10φ9.0		5.0	63	104		
					B	13φ9.0		6.7	75	135		
					C	13φ10.7		9.0	87	174		
	500	100	≤15	C60	A	10φ9.0	$φ^b5$	3.9	99	148	2720	327
					AB	10φ10.7		5.4	121	200		
					B	14φ10.7		7.2	144	258		
					C	14φ12.6		9.8	166	332		
	550	100	≤15	C60	A	11φ9.0	$φ^b5$	3.9	125	188	3060	368
					AB	11φ10.7		5.4	154	254		
					B	15φ10.7		7.2	182	328		
					C	15φ12.6		9.7	211	422		
	600	110	≤15	C60	A	13φ9.0	$φ^b5$	3.9	164	246	3680	440
					AB	13φ10.7		5.4	201	332		
					B	18φ10.7		7.2	239	430		
					C	18φ12.6		9.8	276	552		

B.0.2 离心成型的先张法预应力混凝土空心方桩的　基本参数可按表 B.0.2 选用。

表 B.0.2　预应力混凝土空心方桩的配筋和力学性能

品种	边长 b (mm)	内径 d_l (mm)	单节桩长 (m)	混凝土强度等级	预应力钢筋	螺旋筋规格	混凝土有效预压应力 (MPa)	抗裂弯矩 M_{cr} (kN·m)	极限弯矩 M_u (kN·m)	桩身竖向承载力设计值 R_p (kN)	理论质量 (kg/m)
预应力高强混凝土空心方桩(PHS)	300	160	≤12	C80	$8\phi^D7.1$	ϕ^b4	3.7	37	48	1880	185
					$8\phi^D9.0$	ϕ^b4	5.9	48	77		
	350	190	≤12	C80	$8\phi^D9.0$	ϕ^b4	4.4	66	93	2535	245
	400	250	≤14	C80	$8\phi^D9.0$	ϕ^b4	3.8	88	110	2985	290
					$8\phi^D10.7$	ϕ^b4	5.3	102	155		
	450	250	≤15	C80	$12\phi^D9.0$	ϕ^b5	4.1	135	185	4130	400
					$12\phi^D10.7$	ϕ^b5	5.7	160	261		
					$12\phi^D12.6$	ϕ^b5	7.9	190	352		
	500	300	≤15	C80	$12\phi^D9.0$	ϕ^b5	3.5	170	210	4830	470
					$12\phi^D10.7$	ϕ^b5	4.9	198	295		
					$12\phi^D12.6$	ϕ^b5	6.8	234	406		
	550	350	≤15	C80	$16\phi^D9.0$	ϕ^b5	4.1	237	310	5550	535
					$16\phi^D10.7$	ϕ^b5	5.7	278	440		
					$16\phi^D12.6$	ϕ^b5	7.8	331	582		
	600	380	≤15	C80	$20\phi^D9.0$	ϕ^b5	4.2	315	430	6640	645
					$20\phi^D10.7$	ϕ^b5	5.9	370	596		
					$20\phi^D12.6$	ϕ^b5	8.1	440	782		
预应力混凝土空心方桩(PS)	300	160	≤12	C60	$8\phi^D7.1$	ϕ^b4	3.7	35	48	1440	185
					$8\phi^D9.0$	ϕ^b4	5.9	46	77		
	350	190	≤12	C60	$8\phi^D9.0$	ϕ^b4	4.4	63	93	1940	245
	400	250	≤14	C60	$8\phi^D9.0$	ϕ^b4	3.8	85	110	2285	290
					$8\phi^D10.7$	ϕ^b4	5.3	99	155		
	450	250	≤15	C60	$12\phi^D9.0$	ϕ^b5	4.1	129	185	3160	400
					$12\phi^D10.7$	ϕ^b5	5.7	152	256		
					$12\phi^D12.6$	ϕ^b5	7.8	182	331		
	500	300	≤15	C60	$12\phi^D9.0$	ϕ^b5	3.5	163	210	3700	470
					$12\phi^D10.7$	ϕ^b5	4.9	189	295		
					$12\phi^D12.6$	ϕ^b5	6.7	223	388		
	550	350	≤15	C60	$16\phi^D9.0$	ϕ^b5	4.1	225	310	4250	535
					$16\phi^D10.7$	ϕ^b5	5.6	266	426		
					$16\phi^D12.6$	ϕ^b5	7.7	317	558		
	600	380	≤15	C60	$20\phi^D9.0$	ϕ^b5	4.2	300	430	5085	645
					$20\phi^D10.7$	ϕ^b5	5.9	355	576		
					$20\phi^D12.6$	ϕ^b5	8.0	425	735		

附录 C 考虑承台（包括地下墙体）、基桩协同工作和土的弹性抗力作用计算受水平荷载的桩基

C.0.1 基本假定：

1 将土体视为弹性介质，其水平抗力系数随深度线性增加（m法），地面处为零。

对于低承台桩基，在计算桩身时，假定桩顶标高处的水平抗力系数为零并随深度增长。

2 在水平力和竖向压力作用下，基桩、承台、地下墙体表面上任一点的接触应力（法向弹性抗力）与该点的法向位移 δ 成正比。

3 忽略桩身、承台、地下墙体侧面与土之间的黏着力和摩擦力对抵抗水平力的作用。

4 按复合桩基设计时，即符合本规范第 5.2.5 条规定，可考虑承台底土的竖向抗力和水平摩阻力。

5 桩顶与承台刚性连接（固接），承台的刚度视为无穷大。因此，只有当承台的刚度较大，或由于上部结构与承台的协同作用使承台的刚度得到增强的情况下，才适于采用此种方法计算。

计算中考虑土的弹性抗力时，要注意土体的稳定性。

C.0.2 基本计算参数：

1 地基土水平抗力系数的比例系数 m，其值按本规范第 5.7.5 条规定采用。

当基桩侧面为几种土层组成时，应求得主要影响深度 $h_m=2(d+1)$ 米范围内的 m 值作为计算值（见图 C.0.2）。

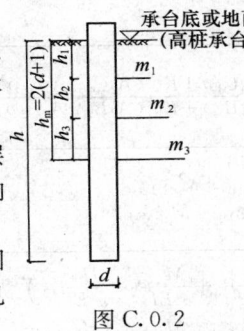

图 C.0.2

当 h_m 深度内存在两层不同土时：

$$m = \frac{m_1 h_1^2 + m_2(2h_1 + h_2)h_2}{h_m^2} \quad \text{(C.0.2-1)}$$

当 h_m 深度内存在三层不同土时：

$$m = \frac{m_1 h_1^2 + m_2(2h_1 + h_2)h_2 + m_3(2h_1 + 2h_2 + h_3)h_3}{h_m^2}$$

$$\text{(C.0.2-2)}$$

2 承台侧面地基土水平抗力系数 C_n：

$$C_n = m \cdot h_n \quad \text{(C.0.2-3)}$$

式中 m——承台埋深范围地基土的水平抗力系数的比例系数（MN/m⁴）；

h_n——承台埋深（m）。

3 地基土竖向抗力系数 C_0、C_b 和地基土竖向抗力系数的比例系数 m_0：

   1）桩底面地基土竖向抗力系数 C_0

$$C_0 = m_0 h \quad \text{(C.0.2-4)}$$

式中 m_0——桩底面地基土竖向抗力系数的比例系

数（MN/m⁴），近似取 $m_0 = m$；

h——桩的入土深度（m），当 h 小于 10m 时，按 10m 计算。

   2）承台底地基土竖向抗力系数 C_b

$$C_b = m_0 h_n \eta_c \quad \text{(C.0.2-5)}$$

式中 h_n——承台埋深（m），当 h_n 小于 1m 时，按 1m 计算；

η_c——承台效应系数，按本规范第 5.2.5 条确定。

不随岩层埋深而增长，其值按表 C.0.2 采用。

表 C.0.2 岩石地基竖向抗力系数 C_R

岩石饱和单轴抗压强度标准值 f_{rk}（kPa）	C_R（MN/m³）
1000	300
≥25000	15000

注：f_{rk} 为表列数值的中间值时，C_R 采用插入法确定。

4 岩石地基的竖向抗力系数 C_R

5 桩身抗弯刚度 EI：按本规范第 5.7.2 条第 6 款的规定计算确定。

6 桩身轴向压力传递系数 ξ_N：

$$\xi_N = 0.5 \sim 1.0$$

摩擦型桩取小值，端承型桩取大值。

7 地基土与承台底之间的摩擦系数 μ，按本规范表 5.7.3-2 取值。

C.0.3 计算公式：

1 单桩基础或垂直于外力作用平面的单排桩基础，见表 C.0.3-1。

2 位于（或平行于）外力作用平面的单排（或多排）桩低承台桩基，见表 C.0.3-2。

3 位于（或平行于）外力作用平面的单排（或多排）桩高承台桩基，见表 C.0.3-3。

C.0.4 确定地震作用下桩基计算参数和图式的几个问题：

1 当承台底面以上土层为液化层时，不考虑承台侧面土体的弹性抗力和承台底土的竖向弹性抗力与摩阻力，此时，令 $C_n = C_b = 0$，可按表 C.0.3-3 高承台公式计算。

2 当承台底面以上为非液化层，而承台底面与承台底面下土体可能发生脱离时（承台底面以下有欠固结、自重湿陷、震陷、液化土体时），不考虑承台底地基土的竖向弹性抗力和摩阻力，只考虑承台侧面土体的弹性抗力，宜按表 C.0.3-3 高承台图式进行计算；但计算承台单位变位引起的桩顶、承台、地下墙体的反力和时，应考虑承台和地下墙体侧面土体弹性抗力的影响。可按表 C.0.3-2 的步骤 5 的公式计算（$C_b = 0$）。

3 当桩顶以下 $2(d+1)$ 米深度内有液化夹层时，其水平抗力系数的比例系数综合计算值 m，系将液化层的 m 值按本规范表 5.3.12 折减后，代入式（C.0.2-1）或式（C.0.2-2）中计算确定。

表 C. 0. 3-1　单桩基础或垂直于外力作用平面的单排桩基础

计　算　步　骤			内　　容	备　　注
1	确定荷载和计算图式		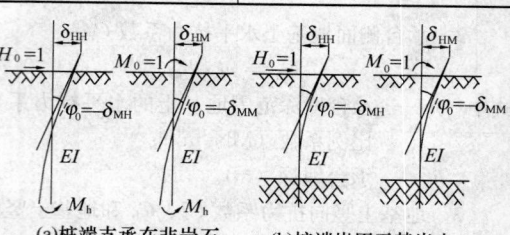	桩底支撑在非岩石类土中或基岩表面
2	确定基本参数		m、EI、α	详见附录 C. 0. 2
3	求地面处桩身内力		弯距（$F\times L$）水平力（F）　　$M_0=\dfrac{M}{n}+\dfrac{H}{n}l_0$　$H_0=\dfrac{H}{n}$	n——单排桩的桩数；低承台桩时，令 $l_0=0$
4	求单位力作用于桩身地面处，桩身在该处产生的变位	$H_0=1$ 作用时	水平位移（$F^{-1}\times L$）　$\delta_{HH}=\dfrac{1}{\alpha^3EI}\times\dfrac{(B_3D_4-B_4D_3)+K_h\ (B_2D_4-B_4D_2)}{(A_3B_4-A_4B_3)+K_h\ (A_2B_4-A_4B_2)}$	桩底支承于非岩石类土中，且当 $h\geqslant2.5/\alpha$，可令 $K_h=0$；桩底支承于基岩面上，且当 $h\geqslant3.5/\alpha$，可令 $K_h=0$。K_h 计算见本表注③。系数 $A_1\cdots\cdots D_4$、A_f、B_f、C_f 根据 $\bar h=\alpha h$ 查表 C. 0. 3-4 中相应 $\bar h$ 的值确定
			转角（F^{-1}）　$\delta_{MH}=\dfrac{1}{\alpha^2EI}\times\dfrac{(A_3D_4-A_4D_3)+K_h\ (A_2D_4-A_4D_2)}{(A_3B_4-A_4B_3)+K_h\ (A_2B_4-A_4B_2)}$	
		$M_0=1$ 作用时	水平位移（F^{-1}）　$\delta_{HM}=\delta_{MH}$	
			转角（$F^{-1}\times L^{-1}$）　$\delta_{MM}=\dfrac{1}{\alpha EI}\times\dfrac{(A_3C_4-A_4C_3)+K_h\ (A_2C_4-A_4C_2)}{(A_3B_4-A_4B_3)+K_h\ (A_2B_4-A_4B_2)}$	
5	求地面处桩身的变位	水平位移（L）转角（弧度）	$x_0=H_0\delta_{HH}+M_0\delta_{HM}$ $\varphi_0=-(H_0\delta_{MH}+M_0\delta_{MM})$	
6	求地面以下任一深度的桩身内力	弯距（$F\times L$）水平力（F）	$M_y=\alpha^2EI\left(x_0A_3+\dfrac{\varphi_0}{\alpha}B_3+\dfrac{M_0}{\alpha^2EI}C_3+\dfrac{H_0}{\alpha^3EI}D_3\right)$ $H_y=\alpha^3EI\left(x_0A_4+\dfrac{\varphi_0}{\alpha}B_4+\dfrac{M_0}{\alpha^2EI}C_4+\dfrac{H_0}{\alpha^3EI}D_4\right)$	
7	求桩顶水平位移	（L）	$\Delta=x_0-\varphi_0l_0+\Delta_0$其中 $\Delta_0=\dfrac{Hl_0^3}{3nEI}+\dfrac{Ml_0^2}{2nEI}$	
8	求桩身最大弯距及其位置	最大弯距位置（L）	由 $\dfrac{\alpha M_0}{H_0}=C_1$ 查表 C. 0. 3-5 得相应的 αy，$y_{Mmax}=\dfrac{\alpha y}{\alpha}$	C_I、D_{II} 查表 C. 0. 3-5
		最大弯距（$F\times L$）	$M_{max}=\dfrac{H_0}{\alpha}D_{II}$	

注：　1　δ_{HH}、δ_{MH}、δ_{HM}、δ_{MM} 的图示意义：
　　　2　当桩底嵌固于基岩中时，$\delta_{HH}\cdots\cdots\delta_{MM}$ 按下列公式计算：

$$\delta_{HH}=\frac{1}{\alpha^3EI}\times\frac{B_2D_1-B_1D_2}{A_2B_1-A_1B_2}; \quad \delta_{MH}=\frac{1}{\alpha^2EI}\times\frac{A_2D_1-A_1D_2}{A_2B_1-A_1B_2};$$

$$\delta_{HM}=\delta_{MH}$$

$$\delta_{MM}=\frac{1}{\alpha EI}\times\frac{A_2C_1-A_1C_2}{A_2B_1-A_1B_2};$$

　　　3　系数 K_h　　$K_h=\dfrac{C_0I_0}{\alpha EI}$

　　　　式中：C_0、α、E、I——详见附录 C. 0. 2；

　　　　　　I_0——桩底截面惯性矩；对于非扩底 $I_0=I$。

　　　4　表中 F、L 分别为表示力、长度的量纲。

（a）桩端支承在非岩石类土中或基岩表面　　（b）桩端嵌固于基岩中

表 C.0.3-2 位于（或平行于）外力作用平面的单排（或多排）桩低承台桩基

计 算 步 骤			内 容	备 注
1	确定荷载和计算图式			坐标原点应选在桩群对称点上或重心上
2	确定基本计算参数		m、m_0、EI、α、ξ_N、C_0、C_b、μ	详见附录 C.0.2
3	求单位力作用于桩顶时，桩顶产生的变位	$H=1$ 作用时 水平位移（$F^{-1}\times L$）	δ_{HH}	公式同表 C.0.3-1 中步骤 4，且 $K_h=0$；当桩底嵌入基岩中时，应按表 C.0.3-1 注 2 计算。
		$H=1$ 作用时 转角（F^{-1}）	δ_{MH}	
		$M=1$ 作用时 水平位移（F^{-1}）	$\delta_{HM}=\delta_{MH}$	
		$M=1$ 作用时 转角（$F^{-1}\times L^{-1}$）	δ_{MM}	
4	求桩顶发生单位变位时，在桩顶引起的内力	发生单位竖向位移时 轴向力（$F\times L^{-1}$）	$\rho_{NN}=\dfrac{1}{\dfrac{\zeta_N h}{EA}+\dfrac{1}{C_0 A_0}}$	ξ_N、C_0、A_0——见附录 C.0.2 E、A——桩身弹性模量和横截面面积
		发生单位水平位移时 水平力（$F\times L^{-1}$）	$\rho_{HH}=\dfrac{\delta_{MM}}{\delta_{HH}\delta_{MM}-\delta_{MH}^2}$	
		发生单位水平位移时 弯距（F）	$\rho_{MH}=\dfrac{\delta_{MH}}{\delta_{HH}\delta_{MM}-\delta_{MH}^2}$	
		发生单位转角时 水平力（F）	$\rho_{HM}=\rho_{MH}$	
		发生单位转角时 弯距（$F\times L$）	$\rho_{MM}=\dfrac{\delta_{HH}}{\delta_{HH}\delta_{MM}-\delta_{MH}^2}$	
5	求承台发生单位变位时所有桩顶、承台和侧墙引起的反力和	发生单位竖向位移时 竖向反力（$F\times L^{-1}$）	$\gamma_{VV}=n\rho_{NN}+C_b A_b$	$B_0=B+1$ B——垂直于力作用面方向的承台宽； A_b、I_b、F^c、S^c 和 I^c——详见本表附注 3、4 n——基桩数 x_i——坐标原点至各桩的距离 K_i——第 i 排桩的桩数
		发生单位竖向位移时 水平反力（$F\times L^{-1}$）	$\gamma_{UV}=\mu C_b A_b$	
		发生单位水平位移时 水平反力（$F\times L^{-1}$）	$\gamma_{UU}=n\rho_{HH}+B_0 F^c$	
		发生单位水平位移时 反弯距（F）	$\gamma_{\beta U}=-n\rho_{MH}+B_0 S^c$	
		发生单位转角时 水平反力（F）	$\gamma_{U\beta}=\gamma_{\beta U}$	
		发生单位转角时 反弯距（$F\times L$）	$\gamma_{\beta\beta}=n\rho_{MM}+\rho_{NN}\Sigma K_i x_i^2+B_0 I^c+C_b I^c$	
6	求承台变位	竖向位移（L）	$V=\dfrac{(N+G)}{\gamma_{VV}}$	
		水平位移（L）	$U=\dfrac{\gamma_{\beta\beta}H-\gamma_{U\beta}M}{\gamma_{UU}\gamma_{\beta\beta}-\gamma_{U\beta}^2}-\dfrac{(N+G)\gamma_{UV}\gamma_{\beta\beta}}{\gamma_{VV}(\gamma_{UU}\gamma_{\beta\beta}-\gamma_{U\beta}^2)}$	
		转角（弧度）	$\beta=\dfrac{\gamma_{UU}M-\gamma_{U\beta}H}{\gamma_{UU}\gamma_{\beta\beta}-\gamma_{U\beta}^2}+\dfrac{(N+G)\gamma_{UV}\gamma_{U\beta}}{\gamma_{VV}(\gamma_{UU}\gamma_{\beta\beta}-\gamma_{U\beta}^2)}$	
7	求任一基桩桩顶内力	轴向力（F）	$N_{0i}=(V+\beta\cdot x_i)\rho_{NN}$	x_i 在原点以右取正，以左取负
		水平力（F）	$H_{0i}=U\rho_{HH}-\beta\rho_{HM}$	
		弯距（$F\times L$）	$M_{0i}=\beta\rho_{MM}-U\rho_{MH}$	
8	求任一深度桩身弯距	弯距（$F\times L$）	$M_y=\alpha^2 EI\left(UA_3+\dfrac{\beta}{\alpha}B_3+\dfrac{M_0}{\alpha^2 EI}C_3+\dfrac{H_0}{\alpha^3 EI}D_3\right)$	A_3、B_3、C_3、D_3 查表 C.0.3-4，当桩身变截面配筋时作该项计算

续表 C.0.3-2

	计 算 步 骤		内 容	备 注
9	求任一基桩桩身最大弯距及其位置	最大弯矩位置（L）	y_{Mmax}	计算公式同表 C.0.3-1
		最大弯距（F×L）	M_{max}	
10	求承台和侧墙的弹性抗力	水平抗力（F）	$H_E = UB_0F^c + \beta B_0 S^c$	10、11、12 项为非必算内容
		反弯距（F×L）	$M_E = UB_0 S^c + \beta B_0 I^c$	
11	求承台底地基土的弹性抗力和摩阻力	竖向抗力（F）	$N_b = VC_b A_b$	
		水平抗力（F）	$H_b = \mu N_b$	
		反弯距（F×L）	$M_b = \beta C_b I_b$	
12	校核水平力的计算结果		$\sum H_i + H_E + H_b = H$	

注：1 ρ_{NN}、ρ_{HH}、ρ_{MH}、ρ_{HM} 和 ρ_{MM} 的图示意义：

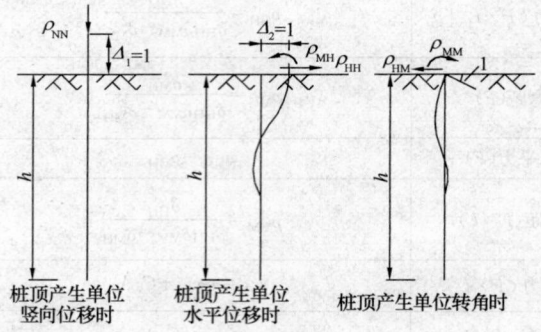

桩顶产生单位　　　桩顶产生单位　　　桩顶产生单位转角时
竖向位移时　　　　水平位移时

2 A_0——单桩桩底压力分布面积，对于端承型桩，A_0 为单桩的底面积，对于摩擦型桩，取下列二公式计算值之较小者：

$$A_0 = \pi \left(h\,\mathrm{tg}\frac{\varphi_m}{4} + \frac{d}{2} \right)^2 \qquad A_0 = \frac{\pi}{4}s^2$$

式中 h——桩入土深度；

φ_m——桩周各土层内摩擦角的加权平均值；

d——桩的设计直径；

s——桩的中心距。

3 F^c、S^c、I^c——承台底面以上侧向水平抗力系数 C 图形的面积、对于底面的面积矩、惯性矩：

$$F^c = \frac{C_n h_n}{2}$$

$$S^c = \frac{C_n h_n^2}{6}$$

$$I^c = \frac{C_n h_n^3}{12}$$

4 A_b、I_b——承台底与地基土的接触面积、惯性矩：

$$A_b = F - nA$$

$$I_b = I_F - \sum A K_i x_i^2$$

式中 F——承台底面积；

nA——各基桩桩顶横截面积和。

表 C.0.3-3　位于（或平行于）外力作用平面的单排（或多排）桩高承台桩基

	计 算 步 骤			内　容	备　注
1	确定荷载和计算图式				坐标原点应选在桩群对称点上或重心上
2	确定基本计算参数			m、m_0、EI、α、ξ_N、C_0	详见附录 C.0.2
3	求单位力作用于桩身地面处，桩身在该处产生的变位			δ_{HH}、δ_{MH}、δ_{HM}、δ_{MM}	公式同表 C.0.3-2
4	求单位力作用于桩顶时，桩顶产生的变位	$H_i=1$ 作用时	水平位移（$F^{-1}\times L$）	$\delta'_{HH}=\dfrac{l_0^3}{3EI}+\delta_{MM}l_0^2+2\delta_{MH}l_0+\delta_{HH}$	
			转角（F^{-1}）	$\delta'_{HM}=\dfrac{l_0^2}{2EI}+\delta_{MM}l_0+\delta_{MH}$	
		$M_i=1$ 作用时	水平位移（F^{-1}）	$\delta'_{HM}=\delta'_{MH}$	
			转角（$F^{-1}\times L^{-1}$）	$\delta'_{MM}=\dfrac{l_0}{EI}+\delta_{MM}$	
5	求桩顶发生单位变位时，桩顶引起的内力	发生单位竖向位移时	轴向力（$F\times L^{-1}$）	$\rho_{NN}=\dfrac{1}{\dfrac{l_0+\zeta_N h}{EA}+\dfrac{1}{C_0 A_0}}$	
		发生单位水平位移时	水平力（$F\times L^{-1}$）	$\rho_{HH}=\dfrac{\delta'_{MM}}{\delta'_{HM}\delta'_{MM}-\delta'^2_{MH}}$	
			弯距（F）	$\rho_{MH}=\dfrac{\delta'_{MH}}{\delta'_{HH}\delta'_{MM}-\delta'^2_{MH}}$	
		发生单位转角时	水平力（F）	$\rho_{HM}=\rho_{MH}$	
			弯距（$F\times L$）	$\rho_{MM}=\dfrac{\delta'_{HH}}{\delta'_{HH}\delta'_{MM}-\delta'^2_{MH}}$	
6	求承台发生单位变位时，所有桩顶引起的反力和	发生单位竖向位移时	竖向反力（$F\times L^{-1}$）	$\gamma_{VV}=n\rho_{NN}$	n——基桩数
		发生单位水平位移时	水平反力（$F\times L^{-1}$）	$\gamma_{UU}=n\rho_{HH}$	x_i——坐标原点至各桩的距离
			反弯距（F）	$\gamma_{\beta U}=-n\rho_{MH}$	K_i——第 i 排桩的根数
		发生单位转角时	水平反力（F）	$\gamma_{U\beta}=\gamma_{\beta U}$	
			反弯距（$F\times L$）	$\gamma_{\beta\beta}=n\rho_{MM}+\rho_{NN}\Sigma K_i x_i^2$	
7	求承台变位	竖直位移（L）		$V=\dfrac{N+G}{\gamma_{VV}}$	
		水平位移（L）		$U=\dfrac{\gamma_{\beta\beta}H-\gamma_{U\beta}M}{\gamma_{UU}\gamma_{\beta\beta}-\gamma^2_{U\beta}}$	
		转角（弧度）		$\beta=\dfrac{\gamma_{UU}M-\gamma_{U\beta}H}{\gamma_{UU}\gamma_{\beta\beta}-\gamma^2_{U\beta}}$	
8	求任一基桩桩顶内力	竖向力（F）		$N_i=(V+\beta\cdot x_i)\rho_{NN}$	x_i 在原点 O 以右取正，以左取负
		水平力（F）		$H_i=u\rho_{HH}-\beta\rho_{HM}=\dfrac{H}{n}$	
		弯距（$F\times L$）		$M_i=\beta\rho_{MM}-U\rho_{MH}$	

续表 C.0.3-3

	计 算 步 骤		内 容	备 注
9	求地面处任一基桩桩身截面上的内力	水平力（F）	$H_{0i}=H_i$	
		弯距（F×L）	$M_{0i}=M_i+H_il_0$	
10	求地面处任一基桩桩身的变位	水平位移（L）	$x_{0i}=H_{0i}\delta_{HH}+M_{0i}\delta_{HM}$	
		转角（弧度）	$\varphi_{0i}=-(H_{0i}\delta_{MH}+M_{0i}\delta_{MM})$	
11	求任一基桩地面下任一深度桩身截面内力	弯距（F×L）	$M_{yi}=\alpha^2EI\left(x_{0i}A_3+\dfrac{\varphi_{0i}}{\alpha}B_3+\dfrac{M_{0i}}{\alpha^2EI}C_3+\dfrac{H_{0i}}{\alpha^3EI}D_3\right)$	$A_3\cdots\cdots D_4$ 查表 C.0.3-4，当桩身变截面配筋时作该项计算
		水平力（F）	$H_{yi}=\alpha^3EI\left(x_{0i}A_4+\dfrac{\varphi_{0i}}{\alpha}B_4+\dfrac{M_{0i}}{\alpha^2EI}C_4+\dfrac{H_{0i}}{\alpha^3EI}D_4\right)$	
12	求任一基桩桩身最大弯距及其位置	最大弯距位置（L）	y_{Mmax}	计算公式同表 C.0.3-1
		最大弯距（F×L）	M_{max}	

表 C.0.3-4　影响函数值表

换算深度 $\bar{h}=\alpha y$	A_3	B_3	C_3	D_3	A_4	B_4	C_4	D_4	B_3D_4 $-B_4D_3$	A_3B_4 $-A_4B_3$	B_2D_4 $-B_4D_2$
0	0.00000	0.00000	1.00000	0.00000	0.00000	0.0000	0.00000	1.00000	0.00000	0.00000	1.00000
0.1	−0.00017	−0.00001	1.00000	0.10000	−0.00500	−0.00033	−0.00001	1.00000	0.00002	0.00000	1.00000
0.2	−0.00133	−0.00013	0.99999	0.20000	−0.02000	−0.00267	−0.00020	0.99999	0.00040	0.00000	1.00004
0.3	−0.00450	−0.00067	0.99994	0.30000	−0.04500	−0.00900	−0.00101	0.99992	0.00203	0.00001	1.00029
0.4	−0.01067	−0.00213	0.99974	0.39998	−0.08000	−0.02133	−0.00320	0.99966	0.00640	0.00006	1.00120
0.5	−0.02083	−0.00521	0.99922	0.49991	−0.12499	−0.04167	−0.00781	0.99896	0.01563	0.00022	1.00365
0.6	−0.03600	−0.01080	0.99806	0.59974	−0.17997	−0.07199	−0.01620	0.99741	0.03240	0.00065	1.00917
0.7	−0.05716	−0.02001	0.99580	0.69935	−0.24490	−0.11433	−0.03001	0.99440	0.06006	0.00163	1.01962
0.8	−0.08532	−0.03412	0.99181	0.79854	−0.31975	−0.17060	−0.05120	0.98908	0.10248	0.00365	1.03824
0.9	−0.12144	−0.05466	0.98524	0.89705	−0.40443	−0.24284	−0.08198	0.98032	0.16426	0.00738	1.06893
1.0	−0.16652	−0.08329	0.97501	0.99445	−0.49881	−0.33298	−0.12493	0.96667	0.25062	0.01390	1.11679
1.1	−0.22152	−0.12192	0.95975	1.09016	−0.60268	−0.44292	−0.18285	0.94634	0.36747	0.02464	1.18823
1.2	−0.28737	−0.17260	0.93783	1.18342	−0.71573	−0.57450	−0.25886	0.91712	0.52158	0.04156	1.29111
1.3	−0.36496	−0.23760	0.90727	1.27320	−0.83753	−0.72950	−0.35631	0.87638	0.72057	0.06724	1.43498
1.4	−0.45515	−0.31933	0.86575	1.35821	−0.96746	−0.90954	−0.47883	0.82102	0.97317	0.10504	1.63125
1.5	−0.55870	−0.42039	0.81054	1.43680	−1.10468	−1.11609	−0.63027	0.74745	1.28938	0.15916	1.89349
1.6	−0.67629	−0.54348	0.73859	1.50695	−1.24808	−1.35042	−0.81466	0.65156	1.68091	0.23497	2.23776
1.7	−0.80848	−0.69144	0.64637	1.56621	−1.39623	−1.61346	−1.03616	0.52871	2.16145	0.33904	2.68296
1.8	−0.95564	−0.86715	0.52997	1.61162	−1.54728	−1.90577	−1.29909	0.37368	2.74734	0.47951	3.25143
1.9	−1.11796	−1.07357	0.38503	1.63969	−1.69889	−2.22745	−1.60770	0.18071	3.45833	0.66632	3.96945
2.0	−1.29535	−1.31361	0.20676	1.64628	−1.84818	−2.57798	−1.96620	−0.05652	4.31831	0.91158	4.86824
2.2	−1.69334	−1.90567	−0.27087	1.57538	−2.12481	−3.35952	−2.84858	−0.69158	6.61044	1.63962	7.36356
2.4	−2.14117	−2.66329	−0.94885	1.35201	−2.33901	−4.22811	−3.97323	−1.59151	9.95510	2.82366	11.13130
2.6	−2.62126	−3.59987	−1.87734	0.91679	−2.43695	−5.14023	−5.35541	−2.82106	14.86800	4.70118	16.74660
2.8	−3.10341	−4.71748	−3.10791	0.19729	−2.34558	−6.02299	−6.99007	−4.44491	22.15710	7.62658	25.06510
3.0	−3.54058	−5.99979	−4.68788	−0.89126	−1.96928	−6.76460	−8.84029	−6.51972	33.08790	12.13530	37.38070
3.5	−3.91921	−9.54367	−10.34040	−5.85402	1.07408	−6.78895	−13.69240	−13.82610	92.20900	36.85800	101.36900
4.0	−1.61428	−11.7307	−17.91860	−15.07550	9.24368	−0.35762	−15.61050	−23.14040	266.06100	109.01200	279.99600

注：表中 y 为桩身计算截面的深度；α 为桩的水平变形系数。

续表 C.0.3-4

换算深度 $\bar{h}=\alpha y$	$A_2B_1 - A_1B_2$	$A_3D_4 - A_1D_3$	$A_2D_4 - A_1D_2$	$A_3C_4 - A_1C_3$	$A_2C_4 - A_1C_2$	$A_f = \dfrac{B_3D_4 - B_4D_3}{A_3B_4 - A_4B_3}$	$B_f = \dfrac{A_3D_4 - A_4D_3}{A_3B_4 - A_4B_3}$	$C_f = \dfrac{A_3C_4 - A_4C_3}{A_3B_4 - A_4B_3}$	$\dfrac{B_2D_1 - B_1D_2}{A_2B_1 - A_1B_2}$	$\dfrac{A_2D_1 - A_1D_2}{A_2B_1 - A_1B_2}$	$\dfrac{A_2C_1 - C_2A_1}{A_2B_1 - A_1B_2}$
0	0.00000	0.00000	0.00000	0.00000	0.00000	∞	∞	∞	0.00000	0.00000	0.00000
0.1	0.00500	0.00033	0.00003	0.00500	0.00050	1800.00	24000.00	36000.00	0.00033	0.00500	0.10000
0.2	0.02000	0.00267	0.00033	0.02000	0.00400	450.00	3000.000	22500.10	0.00269	0.02000	0.20000
0.3	0.04500	0.00900	0.00169	0.04500	0.01350	200.00	888.898	4444.590	0.00900	0.04500	0.30000
0.4	0.07999	0.02133	0.00533	0.08001	0.03200	112.502	375.017	1406.444	0.02133	0.07999	0.39996
0.5	0.12504	0.04167	0.01302	0.12505	0.06251	72.102	192.214	576.825	0.04165	0.12495	0.49988
0.6	0.18013	0.07203	0.02701	0.18020	0.10804	50.012	111.179	278.134	0.07192	0.17893	0.59962
0.7	0.24535	0.11443	0.05004	0.24559	0.17161	36.740	70.001	150.236	0.11406	0.24448	0.69902
0.8	0.32091	0.17094	0.03539	0.32150	0.25632	28.108	46.884	88.179	0.16985	0.31867	0.79783
0.9	0.40709	0.24374	0.13685	0.40842	0.36533	22.245	33.009	55.312	0.24092	0.40199	0.89562
1.0	0.50436	0.33507	0.20873	0.50714	0.50194	18.028	24.102	36.480	0.32855	0.49374	0.99179
1.1	0.61351	0.44739	0.30600	0.61893	0.66965	14.915	18.160	25.122	0.43351	0.59294	1.08560
1.2	0.73565	0.58346	0.43412	0.74562	0.87232	12.550	14.039	17.941	0.55589	0.69811	1.17605
1.3	0.87244	0.74650	0.59910	0.88991	1.11429	10.716	11.102	13.235	0.69488	0.80737	1.26199
1.4	1.02612	0.94032	0.80887	1.05550	1.40059	9.265	8.952	10.049	0.84855	0.91831	1.34213
1.5	1.19981	1.16960	1.07061	1.24752	1.73720	8.101	7.349	7.838	1.01382	1.02816	1.41516
1.6	1.39771	1.44015	1.39379	1.47277	2.13135	7.154	6.129	6.268	1.18632	1.13380	1.47990
1.7	1.62522	1.75934	1.78918	1.74019	2.59200	6.375	5.189	5.133	1.36088	1.23219	1.53540
1.8	1.88946	2.13653	2.26933	2.06147	3.13039	5.730	4.456	4.300	1.53179	1.32058	1.58115
1.9	2.19944	2.58362	2.84909	2.45147	3.76049	5.190	3.878	3.680	1.69343	1.39688	1.61718
2.0	2.56664	3.11583	3.54638	2.92905	4.49999	4.737	3.418	3.213	1.84091	1.43979	1.64405
2.2	3.53366	4.51846	5.38469	4.24806	6.40196	4.032	2.756	2.591	2.08041	1.54549	1.67490
2.4	4.95288	6.57004	8.02219	6.28800	9.09220	3.526	2.327	2.227	2.23974	1.58566	1.68520
2.6	7.07178	9.62890	11.82060	9.46294	12.97190	3.161	2.048	2.013	2.32965	1.59617	1.68665
2.8	10.26420	14.25710	17.33620	14.40320	18.66360	2.905	1.869	1.889	2.37119	1.59262	1.68717
3.0	15.09220	21.32850	25.42750	22.06800	27.12570	2.727	1.758	1.818	2.38547	1.58606	1.69051
3.5	41.01820	60.47600	67.49820	64.76960	72.04850	2.502	1.641	1.757	2.38891	1.58435	1.71100
4.0	114.7220	176.7060	185.9960	190.8340	200.0470	2.441	1.625	1.751	2.40074	1.59979	1.73218

表 C.0.3-5　桩身最大弯距截面系数 C_I、最大弯距系数 D_{II}

换算深度 $\bar{h}=\alpha y$	C_I						D_{II}					
	$\alpha h=4.0$	$\alpha h=3.5$	$\alpha h=3.0$	$\alpha h=2.8$	$\alpha h=2.6$	$\alpha h=2.4$	$\alpha h=4.0$	$\alpha h=3.5$	$\alpha h=3.0$	$\alpha h=2.8$	$\alpha h=2.6$	$\alpha h=2.4$
0.0	∞	∞	∞	∞	∞	∞	∞	∞	∞	∞	∞	∞
0.1	131.252	129.489	120.507	112.954	102.805	90.196	131.250	129.551	120.515	113.017	102.839	90.226
0.2	34.186	33.699	31.158	29.090	26.326	22.939	34.315	33.818	31.282	29.218	26.451	23.065
0.3	15.544	15.282	14.013	13.003	11.671	10.064	15.738	15.476	14.206	13.197	11.864	10.258
0.4	8.781	8.605	7.799	7.176	6.368	5.409	9.039	8.862	8.057	7.434	6.625	5.667
0.5	5.539	5.403	4.821	4.385	3.829	3.183	5.855	5.720	5.138	4.702	4.147	3.502
0.6	3.710	3.597	3.141	2.811	2.400	1.931	4.086	3.973	3.519	3.189	2.778	2.310
0.7	2.566	2.465	2.089	1.826	1.506	1.150	2.999	2.899	2.525	2.263	1.943	1.587
0.8	1.791	1.699	1.377	1.160	0.902	0.623	2.282	2.191	1.871	1.655	1.398	1.119
0.9	1.238	1.151	0.867	0.683	0.471	0.248	1.784	1.698	1.417	1.235	1.024	0.800
1.0	0.824	0.740	0.484	0.327	0.149	−0.032	1.425	1.342	1.091	0.934	0.758	0.577
1.1	0.503	0.420	0.187	0.049	−0.100	−0.247	1.157	1.077	0.848	0.713	0.564	0.416
1.2	0.246	0.163	−0.052	−0.172	−0.299	−0.418	0.952	0.873	0.664	0.546	0.420	0.299
1.3	0.034	−0.049	−0.249	−0.355	−0.465	−0.557	0.792	0.714	0.522	0.418	0.311	0.212
1.4	−0.145	−0.229	−0.416	−0.508	−0.597	−0.672	0.666	0.588	0.410	0.319	0.229	0.148
1.5	−0.299	−0.384	−0.559	−0.639	−0.712	−0.769	0.563	0.486	0.321	0.241	0.166	0.101

换算深度 $\bar{h}=\alpha y$	C_{I}						D_{II}					
	$\alpha h=4.0$	$\alpha h=3.5$	$\alpha h=3.0$	$\alpha h=2.8$	$\alpha h=2.6$	$\alpha h=2.4$	$\alpha h=4.0$	$\alpha h=3.5$	$\alpha h=3.0$	$\alpha h=2.8$	$\alpha h=2.6$	$\alpha h=2.4$
1.6	−0.434	−0.521	−0.634	−0.753	−0.812	−0.853	0.480	0.402	0.250	0.181	0.118	0.067
1.7	−0.555	−0.645	−0.796	−0.854	−0.898	−0.025	0.411	0.333	0.193	0.134	0.082	0.043
1.8	−0.665	−0.756	−0.896	−0.943	−0.975	−0.987	0.353	0.276	0.147	0.097	0.055	0.026
1.9	−0.768	−0.862	−0.988	−1.024	−1.043	−1.043	0.304	0.227	0.110	0.068	0.035	0.014
2.0	−0.865	−0.961	−1.073	−1.098	−1.105	−1.092	0.263	0.186	0.081	0.046	0.022	0.007
2.2	−1.048	−1.148	−1.225	−1.227	−1.210	−1.176	0.196	0.122	0.040	0.019	0.006	0.001
2.4	−1.230	−1.328	−1.360	−1.338	−1.299	0	0.145	0.075	0.016	0.005	0.001	0
2.6	−1.420	−1.507	−1.482	−1.434	0		0.106	0.043	0.005	0.001	0	
2.8	−1.635	−1.692	−1.593	0			0.074	0.021	0.001	0		
3.0	−1.893	−1.886	0				0.049	0.008	0			
3.5	−2.994	0					0.010	0				
4.0	0						0					

注：表中 α 为桩的水平变形系数；y 为桩身计算截面的深度；h 为桩长。当 $\alpha h>4.0$ 时，按 $\alpha h=4.0$ 计算。

附录D Boussinesq（布辛奈斯克）解的附加应力系数 α、平均附加应力系数 $\bar{\alpha}$

D.0.1 矩形面积上均布荷载作用下角点的附加应力系数 α、平均附加应力系数 $\bar{\alpha}$ 应按表D.0.1-1、D.0.1-2确定。

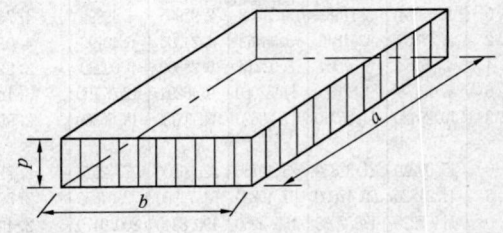

表D.0.1-1 矩形面积上均布荷载作用下角点附加应力系数 α

z/b ＼ a/b	1.0	1.2	1.4	1.6	1.8	2.0	3.0	4.0	5.0	6.0	10.0	条形
0.0	0.250	0.250	0.250	0.250	0.250	0.250	0.250	0.250	0.250	0.250	0.250	0.250
0.2	0.249	0.249	0.249	0.249	0.249	0.249	0.249	0.249	0.249	0.249	0.249	0.249
0.4	0.240	0.242	0.243	0.243	0.244	0.244	0.244	0.244	0.244	0.244	0.244	0.244
0.6	0.223	0.228	0.230	0.232	0.232	0.233	0.234	0.234	0.234	0.234	0.234	0.234
0.8	0.200	0.207	0.212	0.215	0.216	0.218	0.220	0.220	0.220	0.220	0.220	0.220
1.0	0.175	0.185	0.191	0.195	0.198	0.200	0.203	0.204	0.204	0.204	0.205	0.205
1.2	0.152	0.163	0.171	0.176	0.179	0.182	0.187	0.188	0.189	0.189	0.189	0.189
1.4	0.131	0.142	0.151	0.157	0.161	0.164	0.171	0.173	0.174	0.174	0.174	0.174
1.6	0.112	0.124	0.133	0.140	0.145	0.148	0.157	0.159	0.160	0.160	0.160	0.160
1.8	0.097	0.108	0.117	0.124	0.129	0.133	0.143	0.146	0.147	0.148	0.148	0.148
2.0	0.084	0.095	0.103	0.110	0.116	0.120	0.131	0.135	0.136	0.137	0.137	0.137
2.2	0.073	0.083	0.092	0.098	0.104	0.108	0.121	0.125	0.126	0.127	0.128	0.128
2.4	0.064	0.073	0.081	0.088	0.093	0.098	0.111	0.116	0.118	0.118	0.119	0.119
2.6	0.057	0.065	0.072	0.079	0.084	0.089	0.102	0.107	0.110	0.111	0.112	0.112

z/b \ a/b	1.0	1.2	1.4	1.6	1.8	2.0	3.0	4.0	5.0	6.0	10.0	条形
2.8	0.050	0.058	0.065	0.071	0.076	0.080	0.094	0.100	0.102	0.104	0.105	0.105
3.0	0.045	0.052	0.058	0.064	0.069	0.073	0.087	0.093	0.096	0.097	0.099	0.099
3.2	0.040	0.047	0.053	0.058	0.063	0.067	0.081	0.087	0.090	0.092	0.093	0.094
3.4	0.036	0.042	0.048	0.053	0.057	0.061	0.075	0.081	0.085	0.086	0.088	0.089
3.6	0.033	0.038	0.043	0.048	0.052	0.056	0.069	0.076	0.080	0.082	0.084	0.084
3.8	0.030	0.035	0.040	0.044	0.048	0.052	0.065	0.072	0.075	0.077	0.080	0.080
4.0	0.027	0.032	0.036	0.040	0.044	0.048	0.060	0.067	0.071	0.073	0.076	0.076
4.2	0.025	0.029	0.033	0.037	0.041	0.044	0.056	0.063	0.067	0.070	0.072	0.073
4.4	0.023	0.027	0.031	0.034	0.038	0.041	0.053	0.060	0.064	0.066	0.069	0.070
4.6	0.021	0.025	0.028	0.032	0.035	0.038	0.049	0.056	0.061	0.063	0.066	0.067
4.8	0.019	0.023	0.026	0.029	0.032	0.035	0.046	0.053	0.058	0.060	0.064	0.064
5.0	0.018	0.021	0.024	0.027	0.030	0.033	0.043	0.050	0.055	0.057	0.061	0.062
6.0	0.013	0.015	0.017	0.020	0.022	0.024	0.033	0.039	0.043	0.046	0.051	0.052
7.0	0.009	0.011	0.013	0.015	0.016	0.018	0.025	0.031	0.035	0.038	0.043	0.045
8.0	0.007	0.009	0.010	0.011	0.013	0.014	0.020	0.025	0.028	0.031	0.037	0.039
9.0	0.006	0.007	0.008	0.009	0.010	0.011	0.016	0.020	0.024	0.026	0.032	0.035
10.0	0.005	0.006	0.007	0.007	0.008	0.009	0.013	0.017	0.020	0.022	0.028	0.032
12.0	0.003	0.004	0.005	0.005	0.006	0.006	0.009	0.012	0.014	0.017	0.022	0.026
14.0	0.002	0.003	0.003	0.004	0.004	0.005	0.007	0.009	0.011	0.013	0.018	0.023
16.0	0.002	0.002	0.003	0.003	0.003	0.004	0.005	0.007	0.009	0.010	0.014	0.020
18.0	0.001	0.002	0.002	0.002	0.003	0.003	0.004	0.006	0.007	0.008	0.012	0.018
20.0	0.001	0.001	0.002	0.002	0.002	0.002	0.004	0.005	0.006	0.007	0.010	0.016
25.0	0.001	0.001	0.001	0.001	0.001	0.002	0.002	0.003	0.004	0.004	0.007	0.013
30.0	0.001	0.001	0.001	0.001	0.001	0.001	0.002	0.002	0.003	0.003	0.005	0.011
35.0	0.000	0.000	0.001	0.001	0.001	0.001	0.001	0.002	0.002	0.002	0.004	0.009
40.0	0.000	0.000	0.000	0.000	0.001	0.001	0.001	0.001	0.001	0.002	0.003	0.008

注：a——矩形均布荷载长度（m）；b——矩形均布荷载宽度（m）；z——计算点离桩端平面垂直距离（m）。

表 D. 0. 1-2　矩形面积上均布荷载作用下角点平均附加应力系数 $\bar{\alpha}$

a/b z/b	1.0	1.2	1.4	1.6	1.8	2.0	2.4	2.8	3.2	3.6	4.0	5.0	10.0
0.0	0.2500	0.2500	0.2500	0.2500	0.2500	0.2500	0.2500	0.2500	0.2500	0.2500	0.2500	0.2500	0.2500
0.2	0.2496	0.2497	0.2497	0.2498	0.2498	0.2498	0.2498	0.2498	0.2498	0.2498	0.2498	0.2498	0.2498
0.4	0.2474	0.2479	0.2481	0.2483	0.2483	0.2484	0.2485	0.2485	0.2485	0.2485	0.2485	0.2485	0.2485
0.6	0.2423	0.2437	0.2444	0.2448	0.2451	0.2452	0.2454	0.2455	0.2455	0.2455	0.2455	0.2455	0.2456
0.8	0.2346	0.2372	0.2387	0.2395	0.2400	0.2403	0.2407	0.2408	0.2409	0.2409	0.2410	0.2410	0.2410
1.0	0.2252	0.2291	0.2313	0.2326	0.2335	0.2340	0.2346	0.2349	0.2351	0.2352	0.2352	0.2353	0.2353
1.2	0.2149	0.2199	0.2229	0.2248	0.2260	0.2268	0.2278	0.2282	0.2285	0.2286	0.2287	0.2288	0.2289
1.4	0.2043	0.2102	0.2140	0.2146	0.2180	0.2191	0.2204	0.2211	0.2215	0.2217	0.2218	0.2220	0.2221
1.6	0.1939	0.2006	0.2049	0.2079	0.2099	0.2113	0.2130	0.2138	0.2143	0.2146	0.2148	0.2150	0.2152
1.8	0.1840	0.1912	0.1960	0.1994	0.2018	0.2034	0.2055	0.2066	0.2073	0.2077	0.2079	0.2082	0.2084
2.0	0.1746	0.1822	0.1875	0.1912	0.1980	0.1958	0.1982	0.1996	0.2004	0.2009	0.2012	0.2015	0.2018
2.2	0.1659	0.1737	0.1793	0.1833	0.1862	0.1883	0.1911	0.1927	0.1937	0.1943	0.1947	0.1952	0.1955
2.4	0.1578	0.1657	0.1715	0.1757	0.1789	0.1812	0.1843	0.1862	0.1873	0.1880	0.1885	0.1890	0.1895
2.6	0.1503	0.1583	0.1642	0.1686	0.1719	0.1745	0.1779	0.1799	0.1812	0.1820	0.1825	0.1832	0.1838
2.8	0.1433	0.1514	0.1574	0.1619	0.1654	0.1680	0.1717	0.1739	0.1753	0.1763	0.1769	0.1777	0.1784
3.0	0.1369	0.1449	0.1510	0.1556	0.1592	0.1619	0.1658	0.1682	0.1698	0.1708	0.1715	0.1725	0.1733
3.2	0.1310	0.1390	0.1450	0.1497	0.1533	0.1562	0.1602	0.1628	0.1645	0.1657	0.1664	0.1675	0.1685
3.4	0.1256	0.1334	0.1394	0.1441	0.1478	0.1508	0.1550	0.1577	0.1595	0.1607	0.1616	0.1628	0.1639
3.6	0.1205	0.1282	0.1342	0.1389	0.1427	0.1456	0.1500	0.1528	0.1548	0.1561	0.1570	0.1583	0.1595
3.8	0.1158	0.1234	0.1293	0.1340	0.1378	0.1408	0.1452	0.1482	0.1502	0.1516	0.1526	0.1541	0.1554
4.0	0.1114	0.1189	0.1248	0.1294	0.1332	0.1362	0.1408	0.1438	0.1459	0.1474	0.1485	0.1500	0.1516
4.2	0.1073	0.1147	0.1205	0.1251	0.1289	0.1319	0.1365	0.1396	0.1418	0.1434	0.1445	0.1462	0.1479
4.4	0.1035	0.1107	0.1164	0.1210	0.1248	0.1279	0.1325	0.1357	0.1379	0.1396	0.1407	0.1425	0.1444
4.6	0.1000	0.1070	0.1127	0.1172	0.1209	0.1240	0.1287	0.1319	0.1342	0.1359	0.1371	0.1390	0.1410
4.8	0.0967	0.1036	0.1091	0.1136	0.1173	0.1204	0.1250	0.1283	0.1307	0.1324	0.1337	0.1357	0.1379
5.0	0.0935	0.1003	0.1057	0.1102	0.1139	0.1169	0.1216	0.1249	0.1273	0.1291	0.1304	0.1325	0.1348
5.2	0.0906	0.0972	0.1026	0.1070	0.1106	0.1136	0.1183	0.1217	0.1241	0.1259	0.1273	0.1295	0.1320
5.4	0.0878	0.0943	0.0996	0.1039	0.1075	0.1105	0.1152	0.1186	0.1210	0.1229	0.1243	0.1265	0.1292
5.6	0.0852	0.0916	0.0968	0.1010	0.1046	0.1076	0.1122	0.1156	0.1181	0.1200	0.1215	0.1238	0.1266
5.8	0.0828	0.0890	0.0941	0.0983	0.1018	0.1047	0.1094	0.1128	0.1153	0.1172	0.1187	0.1211	0.1240
6.0	0.0805	0.0866	0.0916	0.0957	0.0991	0.1021	0.1067	0.1101	0.1126	0.1146	0.1161	0.1185	0.1216
6.2	0.0783	0.0842	0.0891	0.0932	0.0966	0.0995	0.1041	0.1075	0.1101	0.1120	0.1136	0.1161	0.1193
6.4	0.0762	0.0820	0.0869	0.0909	0.0942	0.0971	0.1016	0.1050	0.1076	0.1096	0.1111	0.1137	0.1171
6.6	0.0742	0.0799	0.0847	0.0886	0.0919	0.0948	0.0993	0.1027	0.1053	0.1073	0.1088	0.1114	0.1149
6.8	0.0723	0.0779	0.0826	0.0865	0.0898	0.0926	0.0970	0.1004	0.1030	0.1050	0.1066	0.1092	0.1129
7.0	0.0705	0.0761	0.0806	0.0844	0.0877	0.0904	0.0949	0.0982	0.1008	0.1028	0.1044	0.1071	0.1109
7.2	0.0688	0.0742	0.0787	0.0825	0.0857	0.0884	0.0928	0.0962	0.0987	0.1008	0.1023	0.1051	0.1090
7.4	0.0672	0.0725	0.0769	0.0806	0.0838	0.0865	0.0908	0.0942	0.0967	0.0988	0.1004	0.1031	0.1071
7.6	0.0656	0.0709	0.0752	0.0789	0.0820	0.0846	0.0889	0.0922	0.0948	0.0968	0.0984	0.1012	0.1054
7.8	0.0642	0.0693	0.0736	0.0771	0.0802	0.0828	0.0871	0.0904	0.0929	0.0950	0.0966	0.0994	0.1036
8.0	0.0627	0.0678	0.0720	0.0755	0.0785	0.0811	0.0853	0.0886	0.0912	0.0932	0.0948	0.0976	0.1020
8.2	0.0614	0.0663	0.0705	0.0739	0.0769	0.0795	0.0837	0.0869	0.0894	0.0914	0.0931	0.0959	0.1004
8.4	0.0601	0.0649	0.0690	0.0724	0.0754	0.0779	0.0820	0.0852	0.0878	0.0893	0.0914	0.0943	0.0938
8.6	0.0588	0.0636	0.0676	0.0710	0.0739	0.0764	0.0805	0.0836	0.0862	0.0882	0.0898	0.0927	0.0973
8.8	0.0576	0.0623	0.0663	0.0696	0.0724	0.0749	0.0790	0.0821	0.0846	0.0866	0.0882	0.0912	0.0959

a/b ＼ z/b	1.0	1.2	1.4	1.6	1.8	2.0	2.4	2.8	3.2	3.6	4.0	5.0	10.0
9.2	0.0554	0.0599	0.0637	0.0670	0.0697	0.0721	0.0761	0.0792	0.0817	0.0837	0.0853	0.0882	0.0931
9.6	0.0533	0.0577	0.0614	0.0645	0.0672	0.0696	0.0734	0.0765	0.0789	0.0809	0.0825	0.0855	0.0905
10.0	0.0514	0.0556	0.0592	0.0622	0.0649	0.0672	0.0710	0.0739	0.0763	0.0783	0.0799	0.0829	0.0880
10.4	0.0496	0.0537	0.0572	0.0601	0.0627	0.0649	0.0686	0.0716	0.0739	0.0759	0.0775	0.0804	0.0857
10.8	0.0479	0.0519	0.0553	0.0581	0.0606	0.0628	0.0664	0.0693	0.0717	0.0736	0.0751	0.0781	0.0834
11.2	0.0463	0.0502	0.0535	0.0563	0.0587	0.0609	0.0664	0.0672	0.0695	0.0714	0.0730	0.0759	0.0813
11.6	0.0448	0.0486	0.0518	0.0545	0.0569	0.0590	0.0625	0.0652	0.0675	0.0694	0.0709	0.0738	0.0793
12.0	0.0435	0.0471	0.0502	0.0529	0.0552	0.0573	0.0606	0.0634	0.0656	0.0674	0.0690	0.0719	0.0774
12.8	0.0409	0.0444	0.0474	0.0499	0.0521	0.0541	0.0573	0.0599	0.0621	0.0639	0.0654	0.0682	0.0739
13.6	0.0387	0.0420	0.0448	0.0472	0.0493	0.0512	0.0543	0.0568	0.0589	0.0607	0.0621	0.0649	0.0707
14.4	0.0367	0.0398	0.0425	0.0488	0.0468	0.0486	0.0516	0.0540	0.0561	0.0577	0.0592	0.0619	0.0677
15.2	0.0349	0.0379	0.0404	0.0426	0.0446	0.0463	0.0492	0.0515	0.0535	0.0551	0.0565	0.0592	0.0650
16.0	0.0332	0.0361	0.0385	0.0407	0.0425	0.0442	0.0469	0.0492	0.0511	0.0527	0.0540	0.0567	0.0625
18.0	0.0297	0.0323	0.0345	0.0364	0.0381	0.0396	0.0422	0.0442	0.0460	0.0475	0.0487	0.0512	0.0570
20.0	0.0269	0.0292	0.0312	0.0330	0.0345	0.0359	0.0383	0.0402	0.0418	0.0432	0.0444	0.0468	0.0524

D. 0. 2　矩形面积上三角形分布荷载作用下角点的附加　　应力系数 α、平均附加应力系数 $\bar{\alpha}$ 应按表 D.0.2 确定。

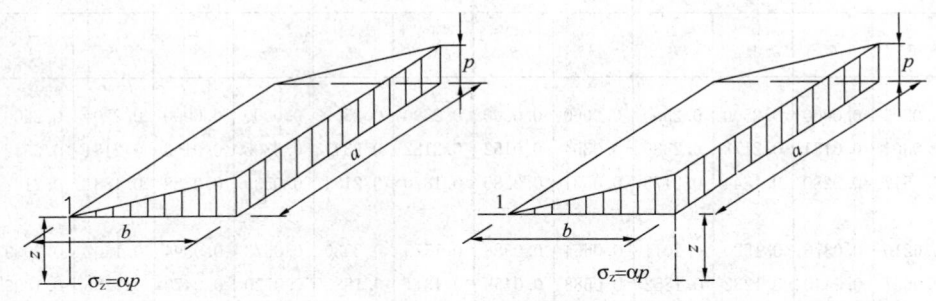

表 D. 0. 2　矩形面积上三角形分布荷载作用下的附加
应力系数 α 与平均附加应力系数 $\bar{\alpha}$

a/b ＼ z/b	0.2				0.4				0.6				a/b ＼ z/b
点 系数	1		2		1		2		1		2		点 系数
z/b	α	$\bar{\alpha}$	α	$\bar{\alpha}$	α	$\bar{\alpha}$	α	$\bar{\alpha}$	α	$\bar{\alpha}$	α	$\bar{\alpha}$	z/b
0.0	0.0000	0.0000	0.2500	0.2500	0.0000	0.0000	0.2500	0.2500	0.0000	0.0000	0.2500	0.2500	0.0
0.2	0.0223	0.0112	0.1821	0.2161	0.0280	0.0140	0.2115	0.2308	0.0296	0.0148	0.2165	0.2333	0.2
0.4	0.0269	0.0179	0.1094	0.1810	0.0420	0.0245	0.1604	0.2084	0.0487	0.0270	0.1781	0.2153	0.4

续表 D.0.2

| a/b | 0.2 | | | | 0.4 | | | | 0.6 | | | | a/b |
| 点 | 1 | | 2 | | 1 | | 2 | | 1 | | 2 | | 系数 |
z/b	α	$\bar{\alpha}$	α	$\bar{\alpha}$	α	$\bar{\alpha}$	α	$\bar{\alpha}$	α	$\bar{\alpha}$	α	$\bar{\alpha}$	z/b
0.6	0.0259	0.0207	0.0700	0.1505	0.0448	0.0308	0.1165	0.1851	0.0560	0.0355	0.1405	0.1966	0.6
0.8	0.0232	0.0217	0.0480	0.1277	0.0421	0.0340	0.0853	0.1640	0.0553	0.0405	0.1093	0.1787	0.8
1.0	0.0201	0.0217	0.0346	0.1104	0.0375	0.0351	0.0638	0.1461	0.0508	0.0430	0.0852	0.1624	1.0
1.2	0.0171	0.0212	0.0260	0.0970	0.0324	0.0351	0.0491	0.1312	0.0450	0.0439	0.0673	0.1480	1.2
1.4	0.0145	0.0204	0.0202	0.0865	0.0278	0.0344	0.0386	0.1187	0.0392	0.0436	0.0540	0.1356	1.4
1.6	0.0123	0.0195	0.0160	0.0779	0.0238	0.0333	0.0310	0.1082	0.0339	0.0427	0.0440	0.1247	1.6
1.8	0.0105	0.0186	0.0130	0.0709	0.0204	0.0321	0.0254	0.0993	0.0294	0.0415	0.0363	0.1153	1.8
2.0	0.0090	0.0178	0.0108	0.0650	0.0176	0.0308	0.0211	0.0917	0.0255	0.0401	0.0304	0.1071	2.0
2.5	0.0063	0.0157	0.0072	0.0538	0.0125	0.0276	0.0140	0.0769	0.0183	0.0365	0.0205	0.0908	2.5
3.0	0.0046	0.0140	0.0051	0.0458	0.0092	0.0248	0.0100	0.0661	0.0135	0.0330	0.0148	0.0786	3.0
5.0	0.0018	0.0097	0.0019	0.0289	0.0036	0.0175	0.0038	0.0424	0.0054	0.0236	0.0056	0.0476	5.0
7.0	0.0009	0.0073	0.0010	0.0211	0.0019	0.0133	0.0019	0.0311	0.0028	0.0180	0.0029	0.0352	7.0
10.0	0.0005	0.0053	0.0004	0.0150	0.0009	0.0097	0.0010	0.0222	0.0014	0.0133	0.0014	0.0253	10.0

| a/b | 0.8 | | | | 1.0 | | | | 1.2 | | | | a/b |
| 点 | 1 | | 2 | | 1 | | 2 | | 1 | | 2 | | 系数 |
z/b	α	$\bar{\alpha}$	α	$\bar{\alpha}$	α	$\bar{\alpha}$	α	$\bar{\alpha}$	α	$\bar{\alpha}$	α	$\bar{\alpha}$	z/b
0.0	0.0000	0.0000	0.2500	0.2500	0.0000	0.0000	0.2500	0.2500	0.0000	0.0000	0.2500	0.2500	0.0
0.2	0.0301	0.0151	0.2178	0.2339	0.0304	0.0152	0.2182	0.2341	0.0305	0.0153	0.2184	0.2342	0.2
0.4	0.0517	0.0280	0.1844	0.2175	0.0531	0.0285	0.1870	0.2184	0.0539	0.0288	0.1881	0.2187	0.4
0.6	0.6210	0.0376	0.1520	0.2011	0.0654	0.0388	0.1575	0.2030	0.0673	0.0394	0.1602	0.2039	0.6
0.8	0.0637	0.0440	0.1232	0.1852	0.0688	0.0459	0.1311	0.1883	0.0720	0.0470	0.1355	0.1899	0.8
1.0	0.0602	0.0476	0.0996	0.1704	0.0666	0.0502	0.1086	0.1746	0.0708	0.0518	0.1143	0.1769	1.0
1.2	0.0546	0.0492	0.0807	0.1571	0.0615	0.0525	0.0901	0.1621	0.0664	0.0546	0.0962	0.1649	1.2
1.4	0.0483	0.0495	0.0661	0.1451	0.0554	0.0534	0.0751	0.1507	0.0606	0.0559	0.0817	0.1541	1.4
1.6	0.0424	0.0490	0.0547	0.1345	0.0492	0.0533	0.0628	0.1405	0.0545	0.0561	0.0696	0.1443	1.6
1.8	0.0371	0.0480	0.0457	0.1252	0.0435	0.0525	0.0534	0.1313	0.0487	0.0556	0.0596	0.1354	1.8
2.0	0.0324	0.0467	0.0387	0.1169	0.0384	0.0513	0.0456	0.1232	0.0434	0.0547	0.0513	0.1274	2.0
2.5	0.0236	0.0429	0.0265	0.1000	0.0284	0.0478	0.0318	0.1063	0.0326	0.0513	0.0365	0.1107	2.5
3.0	0.0176	0.0392	0.0192	0.0871	0.0214	0.0439	0.0233	0.0931	0.0249	0.0476	0.0270	0.0976	3.0
5.0	0.0071	0.0285	0.0074	0.0576	0.0088	0.0324	0.0091	0.0624	0.0104	0.0356	0.0108	0.0661	5.0
7.0	0.0038	0.0219	0.0038	0.0427	0.0047	0.0251	0.0047	0.0465	0.0056	0.0277	0.0056	0.0496	7.0
10.0	0.0019	0.0162	0.0019	0.0308	0.0023	0.0186	0.0024	0.0336	0.0028	0.0207	0.0028	0.0359	10.0

z/b	1.4 点1 α	1.4 点1 ᾱ	1.4 点2 α	1.4 点2 ᾱ	1.6 点1 α	1.6 点1 ᾱ	1.6 点2 α	1.6 点2 ᾱ	1.8 点1 α	1.8 点1 ᾱ	1.8 点2 α	1.8 点2 ᾱ	z/b
0.0	0.0000	0.0000	0.2500	0.2500	0.0000	0.0000	0.2500	0.2500	0.0000	0.0000	0.2500	0.2500	0.0
0.2	0.0305	0.0153	0.2185	0.2343	0.0306	0.0153	0.2185	0.2343	0.0306	0.0153	0.2185	0.2343	0.2
0.4	0.0543	0.0289	0.1886	0.2189	0.0545	0.0290	0.1889	0.2190	0.0546	0.0290	0.1891	0.2190	0.4
0.6	0.0684	0.0397	0.1616	0.2043	0.0690	0.0399	0.1625	0.2046	0.0649	0.0400	0.1630	0.2047	0.6
0.8	0.0739	0.0476	0.1381	0.1907	0.0751	0.0480	0.1396	0.1912	0.0759	0.0482	0.1405	0.1915	0.8
1.0	0.0735	0.0528	0.1176	0.1781	0.0753	0.0534	0.1202	0.1789	0.0766	0.0538	0.1215	0.1794	1.0
1.2	0.0698	0.0560	0.1007	0.1666	0.0721	0.0568	0.1037	0.1678	0.0738	0.0574	0.1055	0.1684	1.2
1.4	0.0644	0.0575	0.0864	0.1562	0.0672	0.0586	0.0897	0.1576	0.0692	0.0594	0.0921	0.1585	1.4
1.6	0.0586	0.0580	0.0743	0.1467	0.0616	0.0594	0.0780	0.1484	0.0639	0.0603	0.0806	0.1494	1.6
1.8	0.0528	0.0578	0.0644	0.1381	0.0560	0.0593	0.0681	0.1400	0.0585	0.0604	0.0709	0.1413	1.8
2.0	0.0474	0.0570	0.0560	0.1303	0.0507	0.0587	0.0596	0.1324	0.0533	0.0599	0.0625	0.1338	2.0
2.5	0.0362	0.0540	0.0405	0.1139	0.0393	0.0560	0.0440	0.1163	0.0419	0.0575	0.0469	0.1180	2.5
3.0	0.0280	0.0503	0.0303	0.1008	0.0307	0.0525	0.0333	0.1033	0.0331	0.0541	0.0359	0.1052	3.0
5.0	0.0120	0.0382	0.0123	0.0690	0.0135	0.0403	0.0139	0.0714	0.0148	0.0421	0.0154	0.0734	5.0
7.0	0.0064	0.0299	0.0066	0.0520	0.0073	0.0318	0.0074	0.0541	0.0081	0.0333	0.0083	0.0558	7.0
10.0	0.0033	0.0224	0.0032	0.0379	0.0037	0.0239	0.0037	0.0395	0.0041	0.0252	0.0042	0.0409	10.0

z/b	2.0 点1 α	2.0 点1 ᾱ	2.0 点2 α	2.0 点2 ᾱ	3.0 点1 α	3.0 点1 ᾱ	3.0 点2 α	3.0 点2 ᾱ	4.0 点1 α	4.0 点1 ᾱ	4.0 点2 α	4.0 点2 ᾱ	z/b
0.0	0.0000	0.0000	0.2500	0.2500	0.0000	0.0000	0.2500	0.2500	0.0000	0.0000	0.2500	0.2500	0.0
0.2	0.0306	0.0153	0.2185	0.2343	0.0306	0.0153	0.2186	0.2343	0.0306	0.0153	0.2186	0.2343	0.2
0.4	0.0547	0.0290	0.1892	0.2191	0.0548	0.0290	0.1894	0.2192	0.0549	0.0291	0.1894	0.2192	0.4
0.6	0.0696	0.0401	0.1633	0.2048	0.0701	0.0402	0.1638	0.2050	0.0702	0.0402	0.1639	0.2050	0.6
0.8	0.0764	0.0483	0.1412	0.1917	0.0773	0.0486	0.1423	0.1920	0.0776	0.0487	0.1424	0.1920	0.8
1.0	0.0774	0.0540	0.1225	0.1797	0.0790	0.0545	0.1244	0.1803	0.0794	0.0546	0.1248	0.1803	1.0
1.2	0.0749	0.0577	0.1069	0.1689	0.0774	0.0584	0.1096	0.1697	0.0779	0.0586	0.1103	0.1699	1.2
1.4	0.0707	0.0599	0.0937	0.1591	0.0739	0.0609	0.0973	0.1603	0.0748	0.0612	0.0982	0.1605	1.4
1.6	0.0656	0.0609	0.0826	0.1502	0.0697	0.0623	0.0870	0.1517	0.0708	0.0626	0.0882	0.1521	1.6
1.8	0.0604	0.0611	0.0730	0.1422	0.0652	0.0628	0.0782	0.1441	0.0666	0.0633	0.0797	0.1445	1.8
2.0	0.0553	0.0608	0.0649	0.1348	0.0607	0.0629	0.0707	0.1371	0.0624	0.0634	0.0726	0.1377	2.0
2.5	0.0440	0.0586	0.0491	0.1193	0.0504	0.0614	0.0559	0.1223	0.0529	0.0623	0.0585	0.1233	2.5
3.0	0.0352	0.0554	0.0380	0.1067	0.0419	0.0589	0.0451	0.1104	0.0449	0.0600	0.0482	0.1116	3.0
5.0	0.0161	0.0435	0.0167	0.0749	0.0214	0.0480	0.0221	0.0797	0.0248	0.0500	0.0256	0.0817	5.0
7.0	0.0089	0.0347	0.0091	0.0572	0.0124	0.0391	0.0126	0.0619	0.0152	0.0414	0.0154	0.0642	7.0
10.0	0.0046	0.0263	0.0046	0.0403	0.0066	0.0302	0.0066	0.0462	0.0084	0.0325	0.0083	0.0485	10.0

a/b	6.0				8.0				10.0				a/b
点	1		2		1		2		1		2		点
系数 z/b	α	$\bar{\alpha}$	α	$\bar{\alpha}$	α	$\bar{\alpha}$	α	$\bar{\alpha}$	α	$\bar{\alpha}$	α	$\bar{\alpha}$	系数 z/b
0.0	0.0000	0.0000	0.2500	0.2500	0.0000	0.0000	0.2500	0.2500	0.0000	0.0000	0.2500	0.2500	0.0
0.2	0.0306	0.0153	0.2186	0.2343	0.0306	0.0153	0.2186	0.2343	0.0306	0.0153	0.2186	0.2343	0.2
0.4	0.0549	0.0291	0.1894	0.2192	0.0549	0.0291	0.1894	0.2192	0.0549	0.0291	0.1894	0.2192	0.4
0.6	0.0702	0.0402	0.1640	0.2050	0.0702	0.0402	0.1640	0.2050	0.0702	0.0402	0.1640	0.2050	0.6
0.8	0.0776	0.0487	0.1426	0.1921	0.0776	0.0487	0.1426	0.1921	0.0776	0.0487	0.1426	0.1921	0.8
1.0	0.0795	0.0546	0.1250	0.1804	0.0796	0.0546	0.1250	0.1804	0.0796	0.0546	0.1250	0.1804	1.0
1.2	0.0782	0.0587	0.1105	0.1700	0.0783	0.0587	0.1105	0.1700	0.0783	0.0587	0.1105	0.1700	1.2
1.4	0.0752	0.0613	0.0986	0.1606	0.0752	0.0613	0.0987	0.1606	0.0753	0.0613	0.0987	0.1606	1.4
1.6	0.0714	0.0628	0.0887	0.1523	0.0715	0.0628	0.0888	0.1523	0.0715	0.0628	0.0889	0.1523	1.6
1.8	0.0673	0.0635	0.0805	0.1447	0.0675	0.0635	0.0806	0.1448	0.0675	0.0635	0.0808	0.1448	1.8
2.0	0.0634	0.0637	0.0734	0.1380	0.0636	0.0638	0.0736	0.1380	0.0636	0.0638	0.0738	0.1380	2.0
2.5	0.0543	0.0627	0.0601	0.1237	0.0547	0.0628	0.0604	0.1238	0.0548	0.0628	0.0605	0.1239	2.5
3.0	0.0469	0.0607	0.0504	0.1123	0.0474	0.0609	0.0509	0.1124	0.0476	0.0609	0.0511	0.1125	3.0
5.0	0.0283	0.0515	0.0290	0.0833	0.0296	0.0519	0.0303	0.0837	0.0301	0.0521	0.0309	0.0839	5.0
7.0	0.0186	0.0435	0.0190	0.0663	0.0204	0.0442	0.0207	0.0671	0.0212	0.0445	0.0216	0.0674	7.0
10.0	0.0111	0.0349	0.0111	0.0509	0.0128	0.0359	0.0130	0.0520	0.0139	0.0364	0.0141	0.0526	10.0

D.0.3 圆形面积上均布荷载作用下中点的附加应力系数 α、平均附加应力系数 $\bar{\alpha}$ 应按表 D.0.3 确定。

表 D.0.3 (d) 圆形面积上均布荷载作用下中点的附加应力系数 α 与平均附加应力系数 $\bar{\alpha}$

z/r	圆形		z/r	圆形	
	α	$\bar{\alpha}$		α	$\bar{\alpha}$
0.0	1.000	1.000	2.6	0.187	0.560
0.1	0.999	1.000	2.7	0.175	0.546
0.2	0.992	0.998	2.8	0.165	0.532
0.3	0.976	0.993	2.9	0.155	0.519
0.4	0.949	0.986	3.0	0.146	0.507
0.5	0.911	0.974	3.1	0.138	0.495
0.6	0.864	0.960	3.2	0.130	0.484
0.7	0.811	0.942	3.3	0.124	0.473
0.8	0.756	0.923	3.4	0.117	0.463
0.9	0.701	0.901	3.5	0.111	0.453
1.0	0.647	0.878	3.6	0.106	0.443
1.1	0.595	0.855	3.7	0.101	0.434
1.2	0.547	0.831	3.8	0.096	0.425
1.3	0.502	0.808	3.9	0.091	0.417
1.4	0.461	0.784	4.0	0.087	0.409
1.5	0.424	0.762	4.1	0.083	0.401
1.6	0.390	0.739	4.2	0.079	0.393
1.7	0.360	0.718	4.3	0.076	0.386
1.8	0.332	0.697	4.4	0.073	0.379
1.9	0.307	0.677	4.5	0.070	0.372
2.0	0.285	0.658	4.6	0.067	0.365
2.1	0.264	0.640	4.7	0.064	0.359
2.2	0.245	0.623	4.8	0.062	0.353
2.3	0.229	0.606	4.9	0.059	0.347
2.4	0.210	0.590	5.0	0.057	0.341
2.5	0.200	0.574			

D.0.4 圆形面积上三角形分布荷载作用下边点的附加应力系数 α、平均附加应力系数 $\bar{\alpha}$ 应按表 D.0.4 确定。

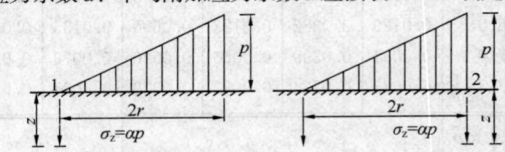

r—圆形面积的半径

表 D.0.4 圆形面积上三角形分布荷载作用下边点的附加应力系数 α 与平均附加应力系数 $\bar{\alpha}$

点 系数 z/r	1		2	
	α	$\bar{\alpha}$	α	$\bar{\alpha}$
0.0	0.000	0.000	0.500	0.500
0.1	0.016	0.008	0.465	0.483
0.2	0.031	0.016	0.433	0.466
0.3	0.044	0.023	0.403	0.450
0.4	0.054	0.030	0.376	0.435
0.5	0.063	0.035	0.349	0.420
0.6	0.071	0.041	0.324	0.406
0.7	0.078	0.045	0.300	0.393
0.8	0.083	0.050	0.279	0.380
0.9	0.088	0.054	0.258	0.368
1.0	0.091	0.057	0.238	0.356
1.1	0.092	0.061	0.221	0.344
1.2	0.093	0.063	0.205	0.333
1.3	0.092	0.065	0.190	0.323
1.4	0.091	0.067	0.177	0.313
1.5	0.089	0.069	0.165	0.303
1.6	0.087	0.070	0.154	0.294
1.7	0.085	0.071	0.144	0.286
1.8	0.083	0.072	0.134	0.278
1.9	0.080	0.072	0.126	0.270
2.0	0.078	0.073	0.117	0.263
2.1	0.075	0.073	0.110	0.255
2.2	0.072	0.073	0.104	0.249
2.3	0.070	0.073	0.097	0.242

z/r \ 点 系数	1 α	1 $\bar{\alpha}$	2 α	2 $\bar{\alpha}$
2.4	0.067	0.073	0.091	0.236
2.5	0.064	0.072	0.086	0.230
2.6	0.062	0.072	0.081	0.225
2.7	0.059	0.071	0.078	0.219
2.8	0.057	0.071	0.074	0.214
2.9	0.055	0.070	0.070	0.209
3.0	0.052	0.070	0.067	0.204
3.1	0.050	0.069	0.064	0.200
3.2	0.048	0.069	0.061	0.196
3.3	0.046	0.068	0.059	0.192
3.4	0.045	0.067	0.055	0.188
3.5	0.043	0.067	0.053	0.184

z/r \ 点 系数	1 α	1 $\bar{\alpha}$	2 α	2 $\bar{\alpha}$
3.6	0.041	0.066	0.051	0.180
3.7	0.040	0.065	0.048	0.177
3.8	0.038	0.065	0.046	0.173
3.9	0.037	0.064	0.043	0.170
4.0	0.036	0.063	0.041	0.167
4.2	0.033	0.062	0.038	0.161
4.4	0.031	0.061	0.034	0.155
4.6	0.029	0.059	0.031	0.150
4.8	0.027	0.058	0.029	0.145
5.0	0.025	0.057	0.027	0.140

附录 E 桩基等效沉降系数 ψ_e 计算参数

E.0.1 桩基等效沉降系数应按表 E.0.1-1～表 E.0.1-5 中列出的参数，采用本规范式（5.5.9-1）和式（5.5.9-2）计算。

表 E. 0. 1-1 （$s_a/d=2$）

l/d		L_c/B_c 1	2	3	4	5	6	7	8	9	10
5	C_0	0.203	0.282	0.329	0.363	0.389	0.410	0.428	0.443	0.456	0.468
	C_1	1.543	1.687	1.797	1.845	1.915	1.949	1.981	2.047	2.073	2.098
	C_2	5.563	5.356	5.086	5.020	4.878	4.843	4.817	4.704	4.690	4.681
10	C_0	0.125	0.188	0.228	0.258	0.282	0.301	0.318	0.333	0.346	0.357
	C_1	1.487	1.573	1.653	1.676	1.731	1.750	1.768	1.828	1.844	1.860
	C_2	7.000	6.260	5.737	5.535	5.292	5.191	5.114	4.949	4.903	4.865
15	C_0	0.093	0.146	0.180	0.207	0.228	0.246	0.262	0.275	0.287	0.298
	C_1	1.508	1.568	1.637	1.647	1.696	1.707	1.718	1.776	1.787	1.798
	C_2	8.413	7.252	6.520	6.208	5.878	5.722	5.604	5.393	5.320	5.259
20	C_0	0.075	0.120	0.151	0.175	0.194	0.211	0.225	0.238	0.249	0.260
	C_1	1.548	1.592	1.654	1.656	1.701	1.706	1.712	1.770	1.777	1.783
	C_2	9.783	8.236	7.310	6.897	6.486	6.280	6.123	5.870	5.771	5.689
25	C_0	0.063	0.103	0.131	0.152	0.170	0.186	0.199	0.211	0.221	0.231
	C_1	1.596	1.628	1.686	1.679	1.722	1.722	1.724	1.783	1.786	1.789
	C_2	11.118	9.205	8.094	7.583	7.095	6.841	6.647	6.353	6.230	6.128
30	C_0	0.055	0.090	0.116	0.135	0.152	0.166	0.179	0.190	0.200	0.209
	C_1	1.646	1.669	1.724	1.711	1.753	1.748	1.745	1.806	1.806	1.806
	C_2	12.426	10.159	8.868	8.264	7.700	7.400	7.170	6.836	6.689	6.568
40	C_0	0.044	0.073	0.095	0.112	0.126	0.139	0.150	0.160	0.169	0.177
	C_1	1.754	1.761	1.812	1.787	1.827	1.814	1.803	1.867	1.861	1.855
	C_2	14.984	12.036	10.396	9.610	8.900	8.509	8.211	7.797	7.605	7.446

l/d	L_c/B_c	1	2	3	4	5	6	7	8	9	10
50	C_0	0.036	0.062	0.081	0.096	0.108	0.120	0.129	0.138	0.147	0.154
	C_1	1.865	1.860	1.909	1.873	1.911	1.889	1.872	1.939	1.927	1.916
	C_2	17.492	13.885	11.905	10.945	10.090	9.613	9.247	8.755	8.519	8.323
60	C_0	0.031	0.054	0.070	0.084	0.095	0.105	0.114	0.122	0.130	0.137
	C_1	1.979	1.962	2.010	1.962	1.999	1.970	1.945	2.016	1.998	1.981
	C_2	19.967	15.719	13.406	12.274	11.278	10.715	10.284	9.713	9.433	9.200
70	C_0	0.028	0.048	0.063	0.075	0.085	0.094	0.102	0.110	0.117	0.123
	C_1	2.095	2.067	2.114	2.055	2.091	2.054	2.021	2.097	2.072	2.049
	C_2	22.423	17.546	14.901	13.602	12.465	11.818	11.322	10.672	10.349	10.080
80	C_0	0.025	0.043	0.056	0.067	0.077	0.085	0.093	0.100	0.106	0.112
	C_1	2.213	2.174	2.220	2.150	2.185	2.139	2.099	2.178	2.147	2.119
	C_2	24.868	19.370	16.398	14.933	13.655	12.925	12.364	11.635	11.270	10.964
90	C_0	0.022	0.039	0.051	0.061	0.070	0.078	0.085	0.091	0.097	0.103
	C_1	2.333	2.283	2.328	2.245	2.280	2.225	2.177	2.261	2.223	2.189
	C_2	27.307	21.195	17.897	16.267	14.849	14.036	13.411	12.603	12.194	11.853
100	C_0	0.021	0.036	0.047	0.057	0.065	0.072	0.078	0.084	0.090	0.095
	C_1	2.453	2.392	2.436	2.341	2.375	2.311	2.256	2.344	2.299	2.259
	C_2	29.744	23.024	19.400	17.608	16.049	15.153	14.464	13.575	13.123	12.745

注：L_c——群桩基础承台长度；B_c——群桩基础承台宽度；l——桩长；d——桩径。

表 E.0.1-2 ($s_a/d=3$)

l/d	L_c/B_c	1	2	3	4	5	6	7	8	9	10
5	C_0	0.203	0.318	0.377	0.416	0.445	0.468	0.486	0.502	0.516	0.528
	C_1	1.483	1.723	1.875	1.955	2.045	2.098	2.144	2.218	2.256	2.290
	C_2	3.679	4.036	4.006	4.053	3.995	4.007	4.014	3.938	3.944	3.948
10	C_0	0.125	0.213	0.263	0.298	0.324	0.346	0.364	0.380	0.394	0.406
	C_1	1.419	1.559	1.662	1.705	1.770	1.801	1.828	1.891	1.913	1.935
	C_2	4.861	4.723	4.460	4.384	4.237	4.193	4.158	4.038	4.017	4.000
15	C_0	0.093	0.166	0.209	0.240	0.265	0.285	0.302	0.317	0.330	0.342
	C_1	1.430	1.533	1.619	1.646	1.703	1.723	1.741	1.801	1.817	1.832
	C_2	5.900	5.435	5.010	4.855	4.641	4.559	4.496	4.340	4.300	4.267
20	C_0	0.075	0.138	0.176	0.205	0.227	0.246	0.262	0.276	0.288	0.299
	C_1	1.461	1.542	1.619	1.635	1.687	1.700	1.712	1.772	1.783	1.793
	C_2	6.879	6.137	5.570	5.346	5.073	4.958	4.869	4.679	4.623	4.577
25	C_0	0.063	0.118	0.153	0.179	0.200	0.218	0.233	0.246	0.258	0.268
	C_1	1.500	1.565	1.637	1.644	1.693	1.699	1.706	1.767	1.774	1.780
	C_2	7.822	6.826	6.127	5.839	5.511	5.364	5.252	5.030	4.958	4.899
30	C_0	0.055	0.104	0.136	0.160	0.180	0.196	0.210	0.223	0.234	0.244
	C_1	1.542	1.595	1.663	1.662	1.709	1.711	1.712	1.775	1.777	1.780
	C_2	8.741	7.506	6.680	6.331	5.949	5.772	5.638	5.383	5.297	5.226
40	C_0	0.044	0.085	0.112	0.133	0.150	0.165	0.178	0.189	0.199	0.208
	C_1	1.632	1.667	1.729	1.715	1.759	1.750	1.743	1.808	1.804	1.799
	C_2	10.535	8.845	7.774	7.309	6.822	6.588	6.410	6.093	5.978	5.883

l/d	L_c/B_c	1	2	3	4	5	6	7	8	9	10
50	C_0	0.036	0.072	0.096	0.114	0.130	0.143	0.155	0.165	0.174	0.182
	C_1	1.726	1.746	1.805	1.778	1.819	1.801	1.786	1.855	1.843	1.832
	C_2	12.292	10.168	8.860	8.284	7.694	7.405	7.185	6.805	6.662	6.543
60	C_0	0.031	0.063	0.084	0.101	0.115	0.127	0.137	0.146	0.155	0.163
	C_1	1.822	1.828	1.885	1.845	1.885	1.858	1.834	1.907	1.888	1.870
	C_2	14.029	11.486	9.944	9.259	8.568	8.224	7.962	7.520	7.348	7.206
70	C_0	0.028	0.056	0.075	0.090	0.103	0.114	0.123	0.132	0.140	0.147
	C_1	1.920	1.913	1.968	1.916	1.954	1.918	1.885	1.962	1.936	1.911
	C_2	15.756	12.801	11.029	10.237	9.444	9.047	8.742	8.238	8.038	7.871
80	C_0	0.025	0.050	0.068	0.081	0.093	0.103	0.112	0.120	0.127	0.134
	C_1	2.019	2.000	2.053	1.988	2.025	1.979	1.938	2.019	1.985	1.954
	C_2	17.478	14.120	12.117	11.220	10.325	9.874	9.527	8.959	8.731	8.540
90	C_0	0.022	0.045	0.062	0.074	0.085	0.095	0.103	0.110	0.117	0.123
	C_1	2.118	2.087	2.139	2.060	2.096	2.041	1.991	2.076	2.036	1.998
	C_2	19.200	15.442	13.210	12.208	11.211	10.705	10.316	9.684	9.427	9.211
100	C_0	0.021	0.042	0.057	0.069	0.097	0.087	0.095	0.102	0.108	0.114
	C_1	2.218	2.174	2.225	2.133	2.168	2.103	2.044	2.133	2.086	2.042
	C_2	20.925	16.770	14.307	13.201	12.101	11.541	11.110	10.413	10.127	9.886

注：L_c——群桩基础承台长度；B_c——群桩基础承台宽度；l——桩长；d——桩径。

表 E.0.1-3 （$s_a/d=4$）

l/d	L_c/B_c	1	2	3	4	5	6	7	8	9	10
5	C_0	0.203	0.354	0.422	0.464	0.495	0.519	0.538	0.555	0.568	0.580
	C_1	1.445	1.786	1.986	2.101	2.213	2.286	2.349	2.434	2.484	2.530
	C_2	2.633	3.243	3.340	3.444	3.431	3.466	3.488	3.433	3.447	3.457
10	C_0	0.125	0.237	0.294	0.332	0.361	0.384	0.403	0.419	0.433	0.445
	C_1	1.378	1.570	1.695	1.756	1.830	1.870	1.906	1.972	2.000	2.027
	C_2	3.707	3.873	3.743	3.729	3.630	3.612	3.597	3.500	3.490	3.482
15	C_0	0.093	0.185	0.234	0.269	0.296	0.317	0.335	0.351	0.364	0.376
	C_1	1.384	1.524	1.626	1.666	1.729	1.757	1.781	1.843	1.863	1.881
	C_2	4.571	4.458	4.188	4.107	3.951	3.904	3.866	3.736	3.712	3.693
20	C_0	0.075	0.153	0.198	0.230	0.254	0.275	0.291	0.306	0.319	0.331
	C_1	1.408	1.521	1.611	1.638	1.695	1.713	1.730	1.791	1.805	1.818
	C_2	5.361	5.024	4.636	4.502	4.297	4.225	4.169	4.009	3.973	3.944
25	C_0	0.063	0.132	0.173	0.202	0.225	0.244	0.260	0.274	0.286	0.297
	C_1	1.441	1.534	1.616	1.633	1.686	1.698	1.708	1.770	1.779	1.786
	C_2	6.114	5.578	5.081	4.900	4.650	4.555	4.482	4.293	4.246	4.208
30	C_0	0.055	0.117	0.154	0.181	0.203	0.221	0.236	0.249	0.261	0.271
	C_1	1.477	1.555	1.633	1.640	1.691	1.696	1.701	1.764	1.768	1.771
	C_2	6.843	6.122	5.524	5.298	5.004	4.887	4.799	4.581	4.524	4.477

l/d	L_c/B_c	1	2	3	4	5	6	7	8	9	10
40	C_0	0.044	0.095	0.127	0.151	0.170	0.186	0.200	0.212	0.223	0.233
	C_1	1.555	1.611	1.681	1.673	1.720	1.714	1.708	1.774	1.770	1.765
	C_2	8.261	7.195	6.402	6.093	5.713	5.556	5.436	5.163	5.085	5.021
50	C_0	0.036	0.081	0.109	0.130	0.148	0.162	0.175	0.186	0.196	0.205
	C_1	1.636	1.674	1.740	1.718	1.762	1.745	1.730	1.800	1.787	1.775
	C_2	9.648	8.258	7.277	6.887	6.424	6.227	6.077	5.749	5.650	5.569
60	C_0	0.031	0.071	0.096	0.115	0.131	0.144	0.156	0.166	0.175	0.183
	C_1	1.719	1.742	1.805	1.768	1.810	1.783	1.758	1.832	1.811	1.791
	C_2	11.021	9.319	8.152	7.684	7.138	6.902	6.721	6.338	6.219	6.120
70	C_0	0.028	0.063	0.086	0.103	0.117	0.130	0.140	0.150	0.158	0.166
	C_1	1.803	1.811	1.872	1.821	1.861	1.824	1.789	1.867	1.839	1.812
	C_2	12.387	10.381	9.029	8.485	7.856	7.580	7.369	6.929	6.789	6.672
80	C_0	0.025	0.057	0.077	0.093	0.107	0.118	0.128	0.137	0.145	0.152
	C_1	1.887	1.882	1.940	1.876	1.914	1.866	1.822	1.904	1.868	1.834
	C_2	13.753	11.447	9.911	9.291	8.578	8.262	8.020	7.524	7.362	7.226
90	C_0	0.022	0.051	0.071	0.085	0.098	0.108	0.117	0.126	0.133	0.140
	C_1	1.972	1.953	2.009	1.931	1.967	1.909	1.857	1.943	1.899	1.858
	C_2	15.119	12.518	10.799	10.102	9.305	8.949	8.674	8.122	7.938	7.782
100	C_0	0.021	0.047	0.065	0.079	0.090	0.100	0.109	0.117	0.123	0.130
	C_1	2.057	2.025	2.079	1.986	2.021	1.953	1.891	1.981	1.931	1.883
	C_2	16.490	13.595	11.691	10.918	10.036	9.639	9.331	8.722	8.515	8.339

注：L_c——群桩基础承台长度；B_c——群桩基础承台宽度；l——桩长；d——桩径。

表 E.0.1-4　　$(s_a/d=5)$

l/d	L_c/B_c	1	2	3	4	5	6	7	8	9	10
5	C_0	0.203	0.389	0.464	0.510	0.543	0.567	0.587	0.603	0.617	0.628
	C_1	1.416	1.864	2.120	2.277	2.416	2.514	2.599	2.695	2.761	2.821
	C_2	1.941	2.652	2.824	2.957	2.973	3.018	3.045	3.008	3.023	3.033
10	C_0	0.125	0.260	0.323	0.364	0.394	0.417	0.437	0.453	0.467	0.480
	C_1	1.349	1.593	1.740	1.818	1.902	1.952	1.996	2.065	2.099	2.131
	C_2	2.959	3.301	3.255	3.278	3.208	3.206	3.201	3.120	3.116	3.112
15	C_0	0.093	0.202	0.257	0.295	0.323	0.345	0.364	0.379	0.393	0.405
	C_1	1.351	1.528	1.645	1.697	1.766	1.800	1.829	1.893	1.916	1.938
	C_2	3.724	3.825	3.649	3.614	3.492	3.465	3.442	3.329	3.314	3.301
20	C_0	0.075	0.168	0.218	0.252	0.278	0.299	0.317	0.332	0.345	0.357
	C_1	1.372	1.513	1.615	1.651	1.712	1.735	1.755	1.818	1.834	1.849
	C_2	4.407	4.316	4.036	3.957	3.792	3.745	3.708	3.566	3.542	3.522
25	C_0	0.063	0.145	0.190	0.222	0.246	0.267	0.283	0.298	0.310	0.322
	C_1	1.399	1.517	1.609	1.633	1.690	1.705	1.717	1.781	1.791	1.800
	C_2	5.049	4.792	4.418	4.301	4.096	4.031	3.982	3.812	3.780	3.754

l/d	L_c/B_c	1	2	3	4	5	6	7	8	9	10
30	C_0	0.055	0.128	0.170	0.199	0.222	0.241	0.257	0.271	0.283	0.294
	C_1	1.431	1.531	1.617	1.630	1.684	1.692	1.697	1.762	1.767	1.770
	C_2	5.668	5.258	4.796	4.644	4.401	4.320	4.259	4.063	4.022	3.990
40	C_0	0.044	0.105	0.141	0.167	0.188	0.205	0.219	0.232	0.243	0.253
	C_1	1.498	1.573	1.650	1.646	1.695	1.689	1.683	1.751	1.746	1.741
	C_2	6.865	6.176	5.547	5.331	5.013	4.902	4.817	4.568	4.512	4.467
50	C_0	0.036	0.089	0.121	0.144	0.163	0.179	0.192	0.204	0.214	0.224
	C_1	1.569	1.623	1.695	1.675	1.720	1.703	1.868	1.758	1.743	1.730
	C_2	8.034	7.085	6.296	6.018	5.628	5.486	5.379	5.078	5.006	4.948
60	C_0	0.031	0.078	0.106	0.128	0.145	0.159	0.171	0.182	0.192	0.201
	C_1	1.642	1.678	1.745	1.710	1.753	1.724	1.697	1.772	1.749	1.727
	C_2	9.192	7.994	7.046	6.709	6.246	6.074	5.943	5.590	5.502	5.429
70	C_0	0.028	0.069	0.095	0.114	0.130	0.143	0.155	0.165	0.174	0.182
	C_1	1.715	1.735	1.799	1.748	1.789	1.749	1.712	1.791	1.760	1.730
	C_2	10.345	8.905	7.800	7.403	6.868	6.664	6.509	6.104	5.999	5.911
80	C_0	0.025	0.063	0.086	0.104	0.118	0.131	0.141	0.151	0.159	0.167
	C_1	1.788	1.793	1.854	1.788	1.827	1.776	1.730	1.812	1.773	1.737
	C_2	11.498	9.820	8.558	8.102	7.493	7.258	7.077	6.620	6.497	6.393
90	C_0	0.022	0.057	0.079	0.095	0.109	0.120	0.130	0.139	0.147	0.154
	C_1	1.861	1.851	1.909	1.830	1.866	1.805	1.749	1.835	1.789	1.745
	C_2	12.653	10.741	9.321	8.805	8.123	7.854	7.647	7.138	6.996	6.876
100	C_0	0.021	0.052	0.072	0.088	0.100	0.111	0.120	0.129	0.136	0.143
	C_1	1.934	1.909	1.966	1.871	1.905	1.834	1.769	1.859	1.805	1.755
	C_2	13.812	11.667	10.089	9.512	8.755	8.453	8.218	7.657	7.495	7.358

注：L_c——群桩基础承台长度；B_c——群桩基础承台宽度；l——桩长；d——桩径。

表 E.0.1-5 （$s_a/d=6$）

l/d	L_c/B_c	1	2	3	4	5	6	7	8	9	10
5	C_0	0.203	0.423	0.506	0.555	0.588	0.613	0.633	0.649	0.663	0.674
	C_1	1.393	1.956	2.277	2.485	2.658	2.789	2.902	3.021	3.099	3.179
	C_2	1.438	2.152	2.365	2.503	2.538	2.581	2.603	2.586	2.596	2.599
10	C_0	0.125	0.281	0.350	0.393	0.424	0.449	0.468	0.485	0.499	0.511
	C_1	1.328	1.623	1.793	1.889	1.983	2.044	2.096	2.169	2.210	2.247
	C_2	2.421	2.870	2.881	2.927	2.879	2.886	2.887	2.818	2.817	2.815
15	C_0	0.093	0.219	0.279	0.318	0.348	0.371	0.390	0.406	0.419	0.423
	C_1	1.327	1.540	1.671	1.733	1.809	1.848	1.882	1.949	1.975	1.999
	C_2	3.126	3.366	3.256	3.250	3.153	3.139	3.126	3.024	3.015	3.007

l/d	L_c/B_c	1	2	3	4	5	6	7	8	9	10
20	C_0	0.075	0.182	0.236	0.272	0.300	0.322	0.340	0.355	0.369	0.380
	C_1	1.344	1.513	1.625	1.669	1.735	1.762	1.785	1.850	1.868	1.884
	C_2	3.740	3.815	3.607	3.565	3.428	3.398	3.374	3.243	3.227	3.214
25	C_0	0.063	0.157	0.207	0.024	0.266	0.287	0.304	0.319	0.332	0.343
	C_1	1.368	1.509	1.610	1.640	1.700	1.717	1.731	1.796	1.807	1.816
	C_2	4.311	4.242	3.950	3.877	3.703	3.659	3.625	3.468	3.445	3.427
30	C_0	0.055	0.139	0.184	0.216	0.240	0.260	0.276	0.291	0.303	0.314
	C_1	1.395	1.516	1.608	1.627	1.683	1.692	1.699	1.765	1.769	1.773
	C_2	4.858	4.659	4.288	4.187	3.977	3.921	3.879	3.694	3.666	3.643
40	C_0	0.044	0.114	0.153	0.181	0.203	0.221	0.236	0.249	0.261	0.271
	C_1	1.455	1.545	1.627	1.626	1.676	1.671	1.664	1.733	1.727	1.721
	C_2	5.912	5.477	4.957	4.804	4.528	4.447	4.386	4.151	4.111	4.078
50	C_0	0.036	0.097	0.132	0.157	0.177	0.193	0.207	0.219	0.230	0.240
	C_1	1.517	1.584	1.659	1.640	1.687	1.669	1.650	1.723	1.707	1.691
	C_2	6.939	6.287	5.624	5.423	5.080	4.974	4.896	4.610	4.557	4.514
60	C_0	0.031	0.085	0.116	0.139	0.157	0.172	0.185	0.196	0.207	0.216
	C_1	1.581	1.627	1.698	1.662	1.706	1.675	1.645	1.722	1.697	1.672
	C_2	7.956	7.097	6.292	6.043	5.634	5.504	5.406	5.071	5.004	4.948
70	C_0	0.028	0.076	0.104	0.125	0.141	0.156	0.168	0.178	0.188	0.196
	C_1	1.645	1.673	1.740	1.688	1.728	1.686	1.646	1.726	1.692	1.660
	C_2	8.968	7.908	6.964	6.667	6.191	6.035	5.917	5.532	5.450	5.382
80	C_0	0.025	0.068	0.094	0.113	0.129	0.142	0.153	0.163	0.172	0.180
	C_1	1.708	1.720	1.783	1.716	1.754	1.700	1.650	1.734	1.692	1.652
	C_2	9.981	8.724	7.640	7.293	6.751	6.569	6.428	5.994	5.896	5.814
90	C_0	0.022	0.062	0.086	0.104	0.118	0.131	0.141	0.150	0.159	0.167
	C_1	1.772	1.768	1.827	1.745	1.780	1.716	1.657	1.744	1.694	1.648
	C_2	10.997	9.544	8.319	7.924	7.314	7.103	6.939	6.457	6.342	6.244
100	C_0	0.021	0.057	0.079	0.096	0.110	0.121	0.131	0.140	0.148	0.155
	C_1	1.835	1.815	1.872	1.775	1.808	1.733	1.665	1.755	1.698	1.646
	C_2	12.016	10.370	9.004	8.557	7.879	7.639	7.450	6.919	6.787	6.673

注：L_c——群桩基础承台长度；B_c——群桩基础承台宽度；l——桩长；d——桩径

附录 F 考虑桩径影响的 Mindlin（明德林）解应力影响系数

F.0.1 本规范第 5.5.14 条规定基桩引起的附加应力应根据考虑桩径影响的明德林解按下列公式计算：

$$\sigma_z = \sigma_{zp} + \sigma_{zsr} + \sigma_{zst} \qquad (F.0.1-1)$$

$$\sigma_{zp} = \frac{\alpha Q}{l^2} I_p \qquad (F.0.1-2)$$

$$\sigma_{zsr} = \frac{\beta Q}{l^2} I_{sr} \qquad (F.0.1-3)$$

$$\sigma_{zst} = \frac{(1-\alpha-\beta)Q}{l^2} I_{st} \qquad (F.0.1-4)$$

式中 σ_{zp}——端阻力在应力计算点引起的附加应力；

σ_{zsr}——均匀分布侧阻力在应力计算点引起的附加应力；

σ_{zst}——三角形分布侧阻力在应力计算点引起的附加应力；

α——桩端阻力比；

β——均匀分布侧阻力比；

l——桩长；

I_p、I_{sr}、I_{st}——考虑桩径影响的明德林解应力影响系数，按 F.0.2 条确定。

F.0.2 考虑桩径影响的明德林解应力影响系数，将端阻力和侧阻力简化为图 F.0.2 的形式，求解明德林解应力影响系数。

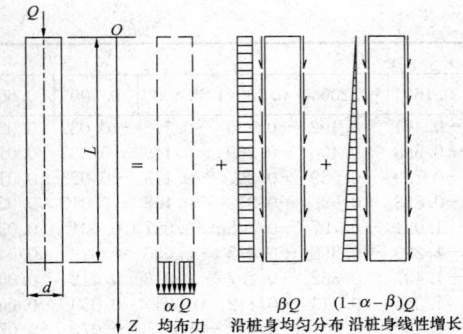

图 F.0.2 单桩荷载分担及侧阻力、端阻力分布

1 考虑桩径影响，沿桩身轴线的竖向应力系数解析式：

$$I_p = \frac{l^2}{\pi \cdot r^2} \cdot \frac{1}{4(1-\mu)} \left\{ 2(1-\mu) - \frac{(1-2\mu)(z-l)}{\sqrt{r^2+(z-l)^2}} \right.$$
$$- \frac{(1-2\mu)(z-l)}{z+l} + \frac{(1-2\mu)(z-l)}{\sqrt{r^2+(z+l)^2}} - \frac{(z-l)^3}{[r^2+(z-l)^2]^{3/2}}$$
$$+ \frac{(3-4\mu)z}{z+l} - \frac{(3-4\mu)z(z+l)^2}{[r^2+(z+l)^2]^{3/2}} - \frac{l(5z-l)}{(z+l)^2}$$
$$\left. + \frac{l(z+l)(5z-l)}{[r^2+(z+l)^2]^{3/2}} + \frac{6lz}{(z+l)^2} - \frac{6zl(z+l)^3}{[r^2+(z+l)^2]^{5/2}} \right\}$$

(F.0.2-1)

$$I_{sr} = \frac{l}{2\pi r} \cdot \frac{1}{4(1-\mu)} \left\{ \frac{2(2-\mu)r}{\sqrt{r^2+(z-l)^2}} \right.$$
$$- \frac{2(2-\mu)r^2+2(1-2\mu)z(z+l)}{r\sqrt{r^2+(z+l)^2}} + \frac{2(1-2\mu)z^2}{r\sqrt{r^2+z^2}}$$
$$- \frac{4z^2[r^2-(1+\mu)z^2]}{r(r^2+z^2)^{3/2}} - \frac{4(1+\mu)z(z+l)^3-4z^2r^2-r^4}{r[r^2+(z+l)^2]^{3/2}}$$
$$\left. - \frac{r^3}{[r^2+(z-l)^2]^{3/2}} - \frac{6z^2[z^4-r^4]}{r(r^2+z^2)^{5/2}} - \frac{6z[zr^4-(z+l)^5]}{r[r^2+(z+l)^2]^{5/2}} \right\}$$

(F.0.2-2)

$$I_{st} = \frac{l}{\pi r} \cdot \frac{1}{4(1-\mu)} \left\{ \frac{2(2-\mu)r}{\sqrt{r^2+(z-l)^2}} \right.$$
$$+ \frac{2(1-2\mu)z^2(z+l)-2(2-\mu)(4z+l)r^2}{lr\sqrt{r^2+(z+l)^2}}$$
$$+ \frac{8(2-\mu)zr^2-2(1-2\mu)z^3}{lr\sqrt{r^2+z^2}} + \frac{12z^7+6zr^4(r^2-z^2)}{lr(r^2+z^2)^{5/2}}$$
$$+ \frac{15zr^4+2(5+2\mu)z^2(z+l)^3-4\mu zr^4-4z^3r^2-r^2(z+l)^3}{lr[r^2+(z+l)^2]^{3/2}}$$
$$- \frac{6zr^4(r^2-z^2)+12z^2(z+l)^5}{lr[r^2+(z+l)^2]^{5/2}}$$
$$+ \frac{6z^3r^2-2(5+2\mu)z^5-2(7-2\mu)zr^4}{lr[r^2+z^2]^{3/2}}$$
$$- \frac{z^3+(z-l)^3r}{l[r^2+(z-l)^2]^{3/2}} + 2(2-\mu)\frac{r}{l}$$
$$\left. \ln \frac{(\sqrt{r^2+(z-l)^2}+z-l)(\sqrt{r^2+(z+l)^2}+z+l)}{[\sqrt{r^2+z^2}+z]^2} \right\}$$

(F.0.2-3)

式中 μ——地基土的泊松比；

r——桩身半径；

l——桩长；

z——计算应力点离桩顶的竖向距离。

2 考虑桩径影响，明德林解竖向应力影响系数表，1）桩端以下桩身轴线上（$n = \rho/l = 0$）各点的竖向应力影响系数，系按式（F.0.2-1）～式（F.0.2-3）计算，其值列于表 F.0.2-1～表 F.0.2-3。2）水平向有效影响范围内桩的竖向应力影响系数，系按数值积分法计算，其值列于表 F.0.2-1～表 F.0.2-3。表中：$m = z/l$；$n = \rho/l$；ρ 为相邻桩至计算桩轴线的水平距离。

表 F.0.2-1 考虑桩径影响，均布桩端阻力竖向应力影响系数 I_p

l/d	10												
n m	0.000	0.020	0.040	0.060	0.080	0.100	0.120	0.160	0.200	0.300	0.400	0.500	0.600
0.500				−0.600	−0.581	−0.558	−0.531	−0.468	−0.400	−0.236	−0.113	−0.037	0.004
0.550				−0.779	−0.751	−0.716	−0.675	−0.585	−0.488	−0.270	−0.119	−0.034	0.010
0.600				−1.021	−0.976	−0.922	−0.860	−0.725	−0.587	−0.297	−0.119	−0.026	0.018
0.650				−1.357	−1.283	−1.196	−1.099	−0.893	−0.694	−0.314	−0.109	−0.013	0.027
0.700				−1.846	−1.717	−1.568	−1.408	−1.086	−0.797	−0.311	−0.088	0.003	0.038
0.750				−2.589	−2.349	−2.080	−1.805	−1.289	−0.873	−0.279	−0.057	0.022	0.049
0.800				−3.781	−3.289	−2.772	−2.276	−1.448	−0.875	−0.212	−0.018	0.041	0.059
0.850				−5.787	−4.666	−3.606	−2.701	−1.434	−0.737	−0.117	0.023	0.059	0.067
0.900				−9.175	−6.341	−4.137	−2.625	−1.047	−0.426	−0.015	0.057	0.072	0.072
0.950				−13.522	−6.132	−2.699	−1.262	−0.327	−0.078	0.059	0.079	0.080	0.075
1.004	62.563	62.378	60.503	1.756	0.367	0.208	0.157	0.123	0.111	0.100	0.093	0.085	0.078
1.008	61.245	60.784	55.653	4.584	0.705	0.325	0.214	0.144	0.121	0.102	0.093	0.086	0.078
1.012	59.708	58.836	50.294	7.572	1.159	0.468	0.280	0.166	0.131	0.105	0.094	0.086	0.078
1.016	57.894	56.509	45.517	9.951	1.729	0.643	0.356	0.190	0.142	0.108	0.095	0.087	0.078
1.020	55.793	53.863	41.505	11.637	2.379	0.853	0.446	0.217	0.154	0.110	0.096	0.087	0.078
1.024	53.433	51.008	38.145	12.763	3.063	1.094	0.549	0.248	0.167	0.113	0.097	0.087	0.078
1.028	50.868	48.054	35.286	13.474	3.737	1.360	0.666	0.282	0.181	0.116	0.098	0.087	0.078
1.040	42.642	39.423	28.667	14.106	5.432	2.227	1.084	0.406	0.230	0.126	0.101	0.089	0.079
1.060	30.269	27.845	21.170	13.000	6.839	3.469	1.849	0.677	0.342	0.148	0.108	0.091	0.080
1.080	21.437	19.955	16.036	11.179	6.992	4.152	2.467	0.980	0.481	0.176	0.117	0.094	0.081
1.100	15.575	14.702	12.379	9.386	6.552	4.348	2.834	1.254	0.631	0.211	0.127	0.098	0.083
1.120	11.677	11.153	9.734	7.831	5.896	4.240	2.977	1.465	0.773	0.250	0.140	0.103	0.085
1.140	9.017	8.692	7.795	6.548	5.208	3.977	2.960	1.601	0.893	0.292	0.154	0.109	0.087
1.160	7.146	6.937	6.349	5.509	4.565	3.650	2.845	1.669	0.985	0.334	0.170	0.115	0.090
1.180	5.791	5.651	5.254	4.672	3.996	3.310	2.678	1.684	1.048	0.374	0.187	0.122	0.094
1.200	4.782	4.686	4.410	3.996	3.503	2.986	2.489	1.659	1.083	0.411	0.204	0.130	0.097
1.300	2.252	2.230	2.167	2.067	1.938	1.788	1.627	1.302	1.010	0.513	0.277	0.170	0.119
1.400	1.312	1.306	1.284	1.250	1.204	1.149	1.087	0.949	0.807	0.506	0.312	0.201	0.140
1.500	0.866	0.863	0.854	0.839	0.820	0.795	0.767	0.701	0.629	0.451	0.300	0.215	0.153
1.600	0.619	0.617	0.613	0.606	0.596	0.583	0.569	0.534	0.494	0.290	0.260	0.215	0.160

l/d							15						
n / m	0.000	0.020	0.040	0.060	0.080	0.100	0.120	0.160	0.200	0.300	0.400	0.500	0.600
0.500			−0.619	−0.605	−0.585	−0.562	−0.534	−0.471	−0.402	−0.236	−0.113	−0.037	0.004
0.550			−0.808	−0.786	−0.757	−0.721	−0.680	−0.588	−0.490	−0.269	−0.119	−0.033	0.010
0.600			−1.067	−1.032	−0.986	−0.930	−0.867	−0.729	−0.589	−0.297	−0.118	−0.025	0.018
0.650			−1.433	−1.375	−1.299	−1.208	−1.108	−0.898	−0.695	−0.312	−0.108	−0.013	0.028
0.700			−1.981	−1.876	−1.742	−1.587	−1.422	−1.091	−0.797	−0.308	−0.087	0.004	0.038
0.750			−2.850	−2.645	−2.389	−2.108	−1.820	−1.290	−0.868	−0.275	−0.056	0.023	0.049
0.800			−4.342	−3.889	−3.355	−2.805	−2.286	−1.437	−0.862	−0.207	−0.016	0.042	0.059
0.850			−7.174	−5.996	−4.747	−3.609	−2.668	−1.395	−0.713	−0.112	0.024	0.059	0.067
0.900			−13.179	−9.428	−6.231	−3.949	−2.469	−0.980	−0.401	−0.012	0.057	0.072	0.072
0.950			−25.874	−11.676	−4.925	−2.196	−1.061	−0.288	−0.067	0.060	0.079	0.080	0.076
1.004	139.202	137.028	6.771	0.657	0.288	0.189	0.151	0.122	0.111	0.100	0.093	0.085	0.078
1.008	134.212	127.885	16.907	1.416	0.502	0.283	0.201	0.141	0.120	0.102	0.093	0.086	0.078
1.012	127.849	116.582	24.338	2.473	0.771	0.392	0.256	0.161	0.130	0.105	0.094	0.086	0.078
1.016	120.095	104.985	28.589	3.784	1.109	0.522	0.320	0.184	0.140	0.107	0.095	0.086	0.078
1.020	111.316	94.178	30.723	5.224	1.516	0.677	0.394	0.209	0.152	0.110	0.096	0.087	0.078
1.024	102.035	84.503	31.544	6.655	1.981	0.858	0.478	0.236	0.164	0.113	0.097	0.087	0.078
1.028	92.751	75.959	31.545	7.976	2.487	1.062	0.575	0.267	0.177	0.116	0.098	0.087	0.078
1.040	67.984	55.962	29.127	10.814	4.040	1.776	0.927	0.379	0.223	0.126	0.101	0.089	0.079
1.060	40.837	35.291	22.966	12.108	5.919	2.983	1.625	0.627	0.328	0.147	0.108	0.091	0.080
1.080	26.159	23.586	17.507	11.187	6.586	3.808	2.255	0.914	0.460	0.174	0.116	0.094	0.081
1.100	17.897	16.610	13.391	9.640	6.442	4.160	2.679	1.187	0.605	0.208	0.127	0.098	0.083
1.120	12.923	12.226	10.406	8.106	5.921	4.162	2.881	1.406	0.746	0.246	0.139	0.103	0.085
1.140	9.737	9.332	8.241	6.781	5.281	3.962	2.911	1.555	0.868	0.288	0.153	0.108	0.087
1.160	7.588	7.339	6.652	5.693	4.648	3.666	2.827	1.637	0.963	0.329	0.169	0.115	0.090
1.180	6.075	5.915	5.463	4.813	4.073	3.340	2.678	1.663	1.030	0.369	0.185	0.122	0.093
1.200	4.973	4.866	4.558	4.104	3.570	3.019	2.499	1.647	1.070	0.406	0.202	0.130	0.097
1.300	2.291	2.269	2.202	2.097	1.962	1.807	1.640	1.307	1.010	0.511	0.276	0.170	0.118
1.400	1.325	1.318	1.296	1.261	1.214	1.157	1.094	0.953	0.809	0.505	0.311	0.201	0.139
1.500	0.871	0.868	0.859	0.844	0.824	0.799	0.770	0.704	0.630	0.451	0.310	0.215	0.154
1.600	0.621	0.620	0.615	0.608	0.598	0.586	0.571	0.536	0.496	0.388	0.290	0.215	0.160

l/d							20						
n / m	0.000	0.020	0.040	0.060	0.080	0.100	0.120	0.160	0.200	0.300	0.400	0.500	0.600
0.500			−0.621	−0.606	−0.587	−0.563	−0.535	−0.472	−0.402	−0.236	−0.113	−0.037	0.004
0.550			−0.811	−0.789	−0.759	−0.723	−0.682	−0.589	−0.491	−0.269	−0.118	−0.033	0.010
0.600			−1.071	−1.036	−0.989	−0.933	−0.869	−0.731	−0.590	−0.296	−0.117	−0.025	0.018
0.650			−1.440	−1.381	−1.304	−1.213	−1.112	−0.899	−0.696	−0.312	−0.107	−0.013	0.028
0.700			−1.993	−1.887	−1.751	−1.594	−1.426	−1.092	−0.797	−0.307	−0.086	0.004	0.038
0.750			−2.875	−2.665	−2.404	−2.117	−1.826	−1.290	−0.867	−0.273	−0.055	0.023	0.049
0.800			−4.396	−3.927	−3.378	−2.816	−2.288	−1.432	−0.857	−0.205	−0.016	0.042	0.059
0.850			−7.309	−6.069	−4.773	−3.608	−2.656	−1.382	−0.705	−0.110	0.024	0.059	0.067
0.900			−13.547	−9.494	−6.176	−3.877	−2.414	−0.957	−0.392	−0.011	0.058	0.072	0.072
0.950			−25.714	−10.848	−4.530	−2.043	−1.000	−0.275	−0.064	0.060	0.079	0.080	0.076
1.004	244.665	222.298	2.507	0.549	0.270	0.184	0.149	0.121	0.111	0.100	0.093	0.085	0.078
1.008	231.267	181.758	6.607	1.118	0.459	0.271	0.196	0.140	0.120	0.102	0.093	0.086	0.078
1.012	213.422	152.271	11.947	1.893	0.691	0.372	0.249	0.160	0.130	0.105	0.094	0.086	0.078
1.016	192.367	130.925	17.172	2.882	0.981	0.491	0.309	0.182	0.140	0.107	0.095	0.086	0.078
1.020	170.266	114.368	21.429	4.037	1.330	0.632	0.379	0.206	0.151	0.110	0.096	0.087	0.078
1.024	148.975	100.844	24.487	5.275	1.735	0.796	0.458	0.232	0.163	0.113	0.097	0.087	0.078
1.028	129.596	89.450	26.439	6.511	2.184	0.983	0.549	0.262	0.175	0.116	0.098	0.087	0.078
1.040	85.457	63.853	27.680	9.582	3.636	1.647	0.881	0.370	0.221	0.126	0.101	0.089	0.079
1.060	46.430	38.661	23.310	11.634	5.588	2.825	1.554	0.611	0.323	0.146	0.108	0.091	0.080
1.080	28.320	25.133	17.998	11.118	6.418	3.685	2.183	0.893	0.453	0.174	0.116	0.094	0.081
1.100	18.875	17.385	13.759	9.705	6.387	4.088	2.623	1.164	0.597	0.207	0.126	0.098	0.083
1.120	13.422	12.647	10.654	8.197	5.921	4.130	2.846	1.386	0.737	0.245	0.139	0.103	0.085
1.140	10.016	9.577	8.407	6.863	5.303	3.953	2.892	1.539	0.859	0.286	0.153	0.108	0.087
1.160	7.755	7.490	6.763	5.758	4.676	3.670	2.819	1.626	0.955	0.327	0.169	0.115	0.090
1.180	6.181	6.013	5.540	4.863	4.099	3.349	2.677	1.656	1.024	0.367	0.185	0.122	0.093
1.200	5.044	4.931	4.612	4.142	3.593	3.030	2.502	1.643	1.065	0.404	0.202	0.129	0.097
1.300	2.306	2.283	2.215	2.108	1.971	1.813	1.645	1.308	1.010	0.510	0.275	0.170	0.118
1.400	1.330	1.323	1.301	1.265	1.218	1.160	1.096	0.954	0.810	0.505	0.311	0.201	0.139
1.500	0.873	0.870	0.861	0.846	0.826	0.801	0.772	0.705	0.631	0.451	0.310	0.215	0.154
1.600	0.622	0.621	0.616	0.609	0.599	0.586	0.572	0.536	0.496	0.388	0.290	0.214	0.160

l/d	25												
n / m	0.000	0.020	0.040	0.060	0.080	0.100	0.120	0.160	0.200	0.300	0.400	0.500	0.600
0.500			−0.622	−0.607	−0.588	−0.564	−0.536	−0.472	−0.402	−0.236	−0.112	−0.037	0.004
0.550			−0.812	−0.790	−0.760	−0.724	−0.683	−0.590	−0.491	−0.269	−0.118	−0.033	0.010
0.600			−1.073	−1.037	−0.991	−0.934	−0.870	−0.731	−0.590	−0.296	−0.117	−0.025	0.018
0.650			−1.444	−1.384	−1.306	−1.215	−1.113	−0.900	−0.696	−0.311	−0.107	−0.012	0.028
0.700			−1.999	−1.892	−1.755	−1.597	−1.428	−1.093	−0.796	−0.307	−0.086	0.004	0.038
0.750			−2.886	−2.674	−2.411	−2.122	−1.828	−1.290	−0.866	−0.273	−0.055	0.023	0.049
0.800			−4.422	−3.945	−3.389	−2.821	−2.290	−1.430	−0.855	−0.205	−0.016	0.042	0.059
0.850			−7.373	−6.103	−4.785	−3.607	−2.650	−1.375	−0.701	−0.109	0.024	0.059	0.067
0.900			−13.719	−9.519	−6.147	−3.843	−2.388	−0.946	−0.388	−0.011	0.058	0.072	0.072
0.950			−25.463	−10.446	−4.355	−1.975	−0.973	−0.270	−0.062	0.060	0.079	0.080	0.076
1.004	377.628	178.408	1.913	0.511	0.263	0.182	0.148	0.121	0.111	0.100	0.093	0.085	0.078
1.008	348.167	161.588	4.792	1.019	0.442	0.267	0.195	0.140	0.120	0.102	0.093	0.086	0.078
1.012	309.027	146.104	8.847	1.700	0.660	0.364	0.246	0.159	0.129	0.105	0.094	0.086	0.078
1.016	265.983	131.641	13.394	2.574	0.930	0.478	0.305	0.181	0.140	0.107	0.095	0.086	0.078
1.020	224.824	118.197	17.660	3.613	1.257	0.613	0.372	0.205	0.150	0.110	0.096	0.087	0.078
1.024	188.664	105.842	21.169	4.756	1.637	0.770	0.450	0.231	0.162	0.113	0.097	0.087	0.078
1.028	158.336	94.627	23.753	5.931	2.062	0.949	0.537	0.260	0.175	0.116	0.098	0.087	0.078
1.040	96.846	67.688	26.679	9.029	3.464	1.592	0.860	0.366	0.220	0.125	0.101	0.089	0.079
1.060	49.548	40.374	23.390	11.390	5.436	2.754	1.522	0.603	0.321	0.146	0.108	0.091	0.080
1.080	29.440	25.906	18.214	11.073	6.336	3.628	2.151	0.883	0.450	0.173	0.116	0.094	0.081
1.100	19.363	17.765	13.931	9.731	6.358	4.054	2.598	1.154	0.593	0.206	0.126	0.098	0.083
1.120	13.666	12.851	10.772	8.237	5.920	4.114	2.829	1.376	0.732	0.244	0.139	0.103	0.085
1.140	10.150	9.695	8.485	6.901	5.313	3.949	2.883	1.532	0.855	0.285	0.153	0.108	0.087
1.160	7.835	7.562	6.816	5.788	4.689	3.671	2.815	1.621	0.952	0.327	0.168	0.115	0.090
1.180	6.232	6.059	5.576	4.887	4.112	3.353	2.677	1.653	1.021	0.366	0.185	0.122	0.093
1.200	5.077	4.963	4.637	4.160	3.604	3.035	2.503	1.641	1.063	0.403	0.202	0.129	0.097
1.300	2.312	2.289	2.221	2.113	1.975	1.816	1.647	1.309	1.010	0.509	0.275	0.170	0.118
1.400	1.332	1.325	1.303	1.267	1.219	1.162	1.097	0.955	0.810	0.505	0.310	0.201	0.139
1.500	0.874	0.871	0.862	0.847	0.826	0.801	0.772	0.705	0.631	0.451	0.310	0.215	0.154
1.600	0.623	0.621	0.617	0.609	0.599	0.587	0.572	0.537	0.496	0.388	0.290	0.214	0.160

l/d	30												
n / m	0.000	0.020	0.040	0.060	0.080	0.100	0.120	0.160	0.200	0.300	0.400	0.500	0.600
0.500		−0.631	−0.622	−0.608	−0.588	−0.564	−0.536	−0.472	−0.403	−0.236	−0.112	−0.037	0.004
0.550		−0.827	−0.813	−0.791	−0.761	−0.725	−0.683	−0.590	−0.491	−0.269	−0.118	−0.033	0.010
0.600		−1.096	−1.074	−1.038	−0.991	−0.935	−0.871	−0.732	−0.590	−0.296	−0.117	−0.025	0.018
0.650		−1.483	−1.445	−1.386	−1.308	−1.216	−1.114	−0.900	−0.696	−0.311	−0.107	−0.012	0.028
0.700		−2.071	−2.002	−1.895	−1.757	−1.598	−1.429	−1.093	−0.796	−0.306	−0.086	0.004	0.038
0.750		−3.032	−2.892	−2.679	−2.414	−2.124	−1.829	−1.290	−0.865	−0.272	−0.054	0.023	0.049
0.800		−4.764	−4.436	−3.955	−3.395	−2.824	−2.290	−1.429	−0.854	−0.204	−0.015	0.042	0.059
0.850		−8.367	−7.408	−6.122	−4.791	−3.606	−2.646	−1.372	−0.699	−0.109	0.025	0.059	0.067
0.900		−17.766	−13.813	−9.532	−6.130	−3.824	−2.374	−0.941	−0.386	−0.010	0.058	0.072	0.072
0.950		−53.070	−25.276	−10.224	−4.262	−1.940	−0.959	−0.267	−0.062	0.060	0.079	0.080	0.076
1.004	536.535	67.314	1.695	0.493	0.259	0.181	0.148	0.121	0.111	0.100	0.093	0.085	0.078
1.008	480.071	114.047	4.129	0.973	0.433	0.264	0.194	0.140	0.120	0.102	0.093	0.086	0.078
1.012	407.830	125.866	7.619	1.610	0.644	0.359	0.245	0.159	0.129	0.105	0.094	0.086	0.078
1.016	335.065	123.804	11.742	2.429	0.905	0.471	0.302	0.180	0.139	0.107	0.095	0.086	0.078
1.020	271.631	116.207	15.857	3.410	1.220	0.603	0.369	0.204	0.150	0.110	0.096	0.087	0.078
1.024	220.202	106.561	19.459	4.502	1.587	0.757	0.445	0.230	0.162	0.113	0.097	0.087	0.078
1.028	179.778	96.493	22.283	5.641	1.999	0.932	0.531	0.259	0.174	0.116	0.098	0.087	0.078
1.040	104.344	69.738	26.055	8.735	3.375	1.563	0.850	0.364	0.219	0.125	0.101	0.089	0.079
1.060	51.415	41.346	23.409	11.251	5.354	2.717	1.505	0.599	0.320	0.146	0.108	0.091	0.080
1.080	30.085	26.343	18.329	11.045	6.290	3.597	2.133	0.878	0.448	0.173	0.116	0.094	0.081
1.100	19.639	17.978	14.025	9.744	6.342	4.035	2.584	1.148	0.591	0.206	0.126	0.098	0.083
1.120	13.802	12.964	10.836	8.259	5.919	4.105	2.820	1.371	0.730	0.244	0.139	0.103	0.085
1.140	10.224	9.760	8.528	6.921	5.318	3.946	2.878	1.528	0.853	0.285	0.153	0.108	0.087
1.160	7.879	7.602	6.845	5.805	4.695	3.672	2.813	1.618	0.950	0.326	0.168	0.115	0.090
1.180	6.259	6.084	5.596	4.900	4.118	3.356	2.676	1.651	1.019	0.366	0.185	0.122	0.093
1.200	5.095	4.980	4.651	4.170	3.610	3.038	2.503	1.640	1.062	0.403	0.202	0.129	0.097
1.300	2.316	2.293	2.224	2.116	1.977	1.818	1.648	1.310	1.010	0.509	0.275	0.169	0.118
1.400	1.333	1.326	1.304	1.268	1.220	1.163	1.098	0.955	0.811	0.505	0.310	0.200	0.139
1.500	0.874	0.872	0.862	0.847	0.827	0.802	0.773	0.705	0.631	0.451	0.310	0.215	0.154
1.600	0.623	0.621	0.617	0.610	0.599	0.587	0.572	0.537	0.496	0.388	0.290	0.214	0.160

续表 F.0.2-1

l/d						40							
m \ n	0.000	0.020	0.040	0.060	0.080	0.100	0.120	0.160	0.200	0.300	0.400	0.500	0.600
0.500		−0.631	−0.622	−0.608	−0.588	−0.564	−0.536	−0.472	−0.403	−0.236	−0.112	−0.036	0.004
0.550		−0.827	−0.814	−0.791	−0.762	−0.725	−0.684	−0.590	−0.491	−0.269	−0.118	−0.033	0.010
0.600		−1.097	−1.075	−1.039	−0.992	−0.936	−0.872	−0.732	−0.591	−0.296	−0.117	−0.025	0.018
0.650		−1.485	−1.447	−1.387	−1.309	−1.217	−1.115	−0.901	−0.696	−0.311	−0.107	−0.012	0.028
0.700		−2.074	−2.006	−1.898	−1.759	−1.600	−1.431	−1.094	−0.796	−0.306	−0.086	0.004	0.038
0.750		−3.039	−2.899	−2.684	−2.418	−2.126	−1.831	−1.290	−0.865	−0.272	−0.054	0.023	0.049
0.800		−4.781	−4.449	−3.965	−3.401	−2.826	−2.291	−1.428	−0.853	−0.204	−0.015	0.042	0.059
0.850		−8.418	−7.443	−6.140	−4.797	−3.606	−2.643	−1.368	−0.696	−0.108	0.025	0.059	0.067
0.900		−17.982	−13.906	−9.543	−6.114	−3.805	−2.360	−0.935	−0.384	−0.010	0.058	0.072	0.072
0.950		−54.543	−25.054	−10.003	−4.171	−1.905	−0.945	−0.264	−0.061	0.060	0.079	0.080	0.076
1.004	924.755	26.114	1.523	0.477	0.255	0.180	0.147	0.121	0.111	0.100	0.093	0.085	0.078
1.008	769.156	68.377	3.614	0.931	0.425	0.262	0.193	0.139	0.120	0.102	0.093	0.086	0.078
1.012	595.591	97.641	6.633	1.529	0.630	0.355	0.243	0.159	0.129	0.105	0.094	0.086	0.078
1.016	449.984	109.641	10.343	2.298	0.881	0.465	0.300	0.180	0.139	0.107	0.095	0.086	0.078
1.020	341.526	110.416	14.244	3.224	1.185	0.594	0.366	0.203	0.150	0.110	0.096	0.087	0.078
1.024	263.543	105.215	17.851	4.267	1.541	0.744	0.441	0.229	0.162	0.113	0.097	0.087	0.078
1.028	207.450	97.302	20.843	5.369	1.940	0.916	0.526	0.258	0.174	0.116	0.098	0.087	0.079
1.040	112.989	71.701	25.382	8.448	3.288	1.535	0.839	0.362	0.219	0.125	0.101	0.089	0.079
1.060	53.411	42.340	23.410	11.109	5.272	2.680	1.488	0.596	0.319	0.146	0.108	0.091	0.080
1.080	30.754	26.788	18.440	11.014	6.245	3.566	2.116	0.872	0.447	0.173	0.116	0.094	0.081
1.100	19.920	18.194	14.119	9.755	6.325	4.016	2.570	1.143	0.589	0.206	0.126	0.098	0.083
1.120	13.939	13.078	10.900	8.281	5.917	4.096	2.811	1.366	0.728	0.244	0.139	0.103	0.085
1.140	10.300	9.825	8.571	6.941	5.323	3.944	2.873	1.524	0.850	0.284	0.153	0.108	0.087
1.160	7.923	7.642	6.874	5.822	4.702	3.673	2.811	1.615	0.948	0.326	0.168	0.115	0.090
1.180	6.287	6.110	5.616	4.912	4.125	3.358	2.676	1.649	1.018	0.366	0.185	0.122	0.093
1.200	5.113	4.997	4.665	4.180	3.615	3.040	2.504	1.639	1.061	0.402	0.201	0.129	0.097
1.300	2.320	2.297	2.227	2.119	1.980	1.820	1.649	1.310	1.009	0.509	0.275	0.169	0.118
1.400	1.334	1.327	1.305	1.269	1.221	1.163	1.098	0.956	0.811	0.505	0.310	0.200	0.139
1.500	0.875	0.872	0.863	0.848	0.827	0.802	0.773	0.706	0.632	0.451	0.310	0.215	0.154
1.600	0.623	0.622	0.617	0.610	0.600	0.587	0.572	0.537	0.496	0.388	0.290	0.214	0.160

l/d						50							
m \ n	0.000	0.020	0.040	0.060	0.080	0.100	0.120	0.160	0.200	0.300	0.400	0.500	0.600
0.500		−0.632	−0.623	−0.608	−0.589	−0.564	−0.537	−0.473	−0.403	−0.236	−0.112	−0.036	0.004
0.550		−0.828	−0.814	−0.792	−0.762	−0.725	−0.684	−0.590	−0.491	−0.269	−0.118	−0.033	0.010
0.600		−1.097	−1.075	−1.040	−0.993	−0.936	−0.872	−0.732	−0.591	−0.296	−0.117	−0.025	0.018
0.650		−1.486	−1.448	−1.388	−1.310	−1.217	−1.115	−0.901	−0.696	−0.311	−0.107	−0.012	0.028
0.700		−2.076	−2.007	−1.899	−1.760	−1.601	−1.431	−1.094	−0.796	−0.306	−0.086	0.004	0.038
0.750		−3.042	−2.902	−2.686	−2.420	−2.127	−1.831	−1.290	−0.865	−0.272	−0.054	0.023	0.049
0.800		−4.789	−4.456	−3.969	−3.403	−2.828	−2.291	−1.428	−0.852	−0.203	−0.015	0.042	0.059
0.850		−8.441	−7.460	−6.149	−4.800	−3.605	−2.641	−1.367	−0.696	−0.108	0.025	0.059	0.067
0.900		−18.083	−13.950	−9.548	−6.106	−3.797	−2.354	−0.933	−0.383	−0.010	0.058	0.072	0.072
0.950		−55.231	−24.939	−9.900	−4.129	−1.889	−0.938	−0.263	−0.060	0.060	0.079	0.080	0.076
1.004	1392.355	18.855	1.455	0.470	0.254	0.180	0.147	0.121	0.111	0.100	0.093	0.085	0.078
1.008	1063.621	53.265	3.413	0.913	0.421	0.261	0.192	0.139	0.120	0.102	0.093	0.086	0.078
1.012	754.349	84.366	6.241	1.495	0.623	0.353	0.242	0.159	0.129	0.105	0.094	0.086	0.078
1.016	533.576	101.473	9.768	2.241	0.871	0.462	0.299	0.180	0.139	0.107	0.095	0.086	0.078
1.020	387.082	106.414	13.556	3.143	1.170	0.590	0.364	0.203	0.150	0.110	0.096	0.087	0.078
1.024	289.666	103.778	17.142	4.164	1.520	0.738	0.438	0.229	0.161	0.113	0.097	0.087	0.078
1.028	223.218	97.234	20.188	5.248	1.914	0.908	0.523	0.257	0.174	0.116	0.098	0.087	0.079
1.040	117.472	72.569	25.055	8.317	3.249	1.522	0.835	0.361	0.219	0.125	0.101	0.089	0.079
1.060	54.386	42.810	23.404	11.042	5.235	2.663	1.481	0.594	0.318	0.146	0.108	0.091	0.080
1.080	31.073	26.999	18.490	10.999	6.223	3.552	2.108	0.870	0.446	0.173	0.116	0.094	0.081
1.100	20.053	18.296	14.162	9.760	6.317	4.007	2.563	1.140	0.588	0.206	0.126	0.098	0.083
1.120	14.004	13.132	10.930	8.290	5.916	4.092	2.806	1.364	0.727	0.244	0.139	0.103	0.085
1.140	10.335	9.856	8.591	6.951	5.325	3.942	2.870	1.522	0.849	0.284	0.153	0.108	0.087
1.160	7.944	7.660	6.887	5.829	4.705	3.673	2.810	1.613	0.947	0.326	0.168	0.115	0.090
1.180	6.300	6.122	5.625	4.918	4.128	3.359	2.676	1.648	1.017	0.365	0.185	0.122	0.093
1.200	5.122	5.005	4.672	4.184	3.618	3.042	2.504	1.639	1.060	0.402	0.201	0.129	0.097
1.300	2.321	2.298	2.229	2.120	1.981	1.821	1.650	1.310	1.009	0.509	0.275	0.169	0.118
1.400	1.335	1.328	1.305	1.269	1.221	1.164	1.099	0.956	0.811	0.505	0.310	0.200	0.139
1.500	0.875	0.872	0.863	0.848	0.827	0.802	0.773	0.706	0.632	0.451	0.310	0.215	0.154
1.600	0.623	0.622	0.617	0.610	0.600	0.587	0.572	0.537	0.497	0.388	0.290	0.214	0.160

l/d	60												
m \ n	0.000	0.020	0.040	0.060	0.080	0.100	0.120	0.160	0.200	0.300	0.400	0.500	0.600
0.500		−0.632	−0.623	−0.608	−0.589	−0.565	−0.537	−0.473	−0.403	−0.236	−0.112	−0.036	0.004
0.550		−0.828	−0.814	−0.792	−0.762	−0.726	−0.684	−0.590	−0.491	−0.269	−0.118	−0.033	0.010
0.600		−1.098	−1.076	−1.040	−0.993	−0.936	−0.872	−0.732	−0.591	−0.296	−0.117	−0.025	0.018
0.650		−1.486	−1.448	−1.389	−1.310	−1.218	−1.116	−0.901	−0.696	−0.311	−0.107	−0.012	0.028
0.700		−2.077	−2.008	−1.900	−1.761	−1.601	−1.431	−1.094	−0.796	−0.306	−0.086	0.004	0.038
0.750		−3.044	−2.903	−2.688	−2.421	−2.128	−1.832	−1.290	−0.864	−0.272	−0.054	0.023	0.049
0.800		−4.793	−4.459	−3.972	−3.405	−2.828	−2.291	−1.427	−0.852	−0.203	−0.015	0.042	0.059
0.850		−8.454	−7.469	−6.153	−4.802	−3.605	−2.640	−1.366	−0.695	−0.108	0.025	0.059	0.067
0.900		−18.139	−13.973	−9.551	−6.101	−3.792	−2.350	−0.931	−0.382	−0.010	0.058	0.072	0.072
0.950		−55.606	−24.874	−9.844	−4.106	−1.881	−0.935	−0.262	−0.060	0.060	0.079	0.080	0.076
1.004	1919.968	16.202	1.420	0.466	0.253	0.179	0.147	0.121	0.111	0.100	0.093	0.085	0.078
1.008	1339.951	46.658	3.312	0.904	0.419	0.260	0.192	0.139	0.120	0.102	0.093	0.086	0.078
1.012	880.499	77.527	6.043	1.476	0.620	0.352	0.242	0.159	0.129	0.105	0.094	0.086	0.078
1.016	592.844	96.782	9.474	2.211	0.865	0.460	0.299	0.180	0.139	0.107	0.095	0.086	0.078
1.020	417.074	103.916	13.198	3.101	1.162	0.587	0.363	0.203	0.150	0.110	0.096	0.087	0.078
1.024	306.046	102.769	16.767	4.110	1.509	0.735	0.437	0.228	0.161	0.113	0.097	0.087	0.078
1.028	232.784	97.065	19.836	5.184	1.900	0.904	0.521	0.257	0.174	0.116	0.098	0.087	0.079
1.040	120.052	73.026	24.874	8.247	3.228	1.515	0.832	0.361	0.218	0.125	0.101	0.089	0.079
1.060	54.929	43.067	23.399	11.006	5.214	2.654	1.477	0.593	0.318	0.146	0.108	0.091	0.080
1.080	31.250	27.114	18.517	10.990	6.212	3.544	2.103	0.869	0.445	0.173	0.116	0.094	0.081
1.100	20.126	18.351	14.185	9.763	6.312	4.002	2.560	1.139	0.587	0.206	0.126	0.098	0.083
1.120	14.040	13.161	10.947	8.296	5.916	4.090	2.804	1.363	0.726	0.243	0.138	0.103	0.085
1.140	10.354	9.873	8.602	6.956	5.326	3.942	2.869	1.521	0.849	0.284	0.153	0.108	0.087
1.160	7.955	7.670	6.895	5.833	4.707	3.673	2.809	1.613	0.947	0.325	0.168	0.115	0.090
1.180	6.307	6.128	5.630	4.922	4.130	3.359	2.676	1.647	1.017	0.365	0.184	0.122	0.093
1.200	5.127	5.009	4.675	4.187	3.620	3.042	2.505	1.638	1.060	0.402	0.201	0.129	0.097
1.300	2.322	2.299	2.230	2.121	1.981	1.821	1.650	1.310	1.009	0.509	0.275	0.169	0.118
1.400	1.335	1.328	1.306	1.270	1.222	1.164	1.099	0.956	0.811	0.505	0.310	0.200	0.139
1.500	0.875	0.872	0.863	0.848	0.828	0.802	0.773	0.706	0.632	0.451	0.310	0.215	0.154
1.600	0.623	0.622	0.617	0.610	0.600	0.587	0.572	0.537	0.497	0.388	0.290	0.214	0.160

l/d	70												
m \ n	0.000	0.020	0.040	0.060	0.080	0.100	0.120	0.160	0.200	0.300	0.400	0.500	0.600
0.500		−0.632	−0.623	−0.608	−0.589	−0.565	−0.537	−0.473	−0.403	−0.236	−0.112	−0.036	0.004
0.550		−0.828	−0.814	−0.792	−0.762	−0.726	−0.684	−0.590	−0.492	−0.269	−0.118	−0.033	0.010
0.600		−1.098	−1.076	−1.040	−0.993	−0.936	−0.872	−0.732	−0.591	−0.296	−0.117	−0.025	0.018
0.650		−1.486	−1.449	−1.389	−1.310	−1.218	−1.116	−0.901	−0.696	−0.311	−0.107	−0.012	0.028
0.700		−2.078	−2.008	−1.900	−1.761	−1.601	−1.432	−1.094	−0.796	−0.306	−0.086	0.004	0.038
0.750		−3.045	−2.904	−2.688	−2.421	−2.128	−1.832	−1.290	−0.864	−0.272	−0.054	0.023	0.049
0.800		−4.795	−4.462	−3.973	−3.406	−2.829	−2.292	−1.427	−0.852	−0.203	−0.015	0.042	0.059
0.850		−8.462	−7.474	−6.156	−4.802	−3.605	−2.640	−1.365	−0.695	−0.108	0.025	0.060	0.067
0.900		−18.172	−13.987	−9.553	−6.099	−3.789	−2.348	−0.930	−0.382	−0.010	0.058	0.072	0.072
0.950		−55.833	−24.833	−9.810	−4.093	−1.876	−0.933	−0.261	−0.060	0.060	0.079	0.080	0.076
1.004	2487.589	14.895	1.400	0.464	0.252	0.179	0.147	0.121	0.111	0.100	0.093	0.085	0.078
1.008	1586.401	43.156	3.254	0.898	0.418	0.260	0.192	0.139	0.120	0.102	0.093	0.086	0.078
1.012	978.338	73.579	5.929	1.465	0.617	0.351	0.242	0.159	0.129	0.105	0.094	0.086	0.078
1.016	635.104	93.901	9.302	2.193	0.862	0.459	0.298	0.180	0.139	0.107	0.095	0.086	0.078
1.020	437.410	102.308	12.987	3.075	1.157	0.586	0.363	0.203	0.150	0.110	0.096	0.087	0.078
1.024	316.808	102.082	16.544	4.077	1.502	0.733	0.437	0.228	0.161	0.113	0.097	0.087	0.078
1.028	238.940	96.915	19.626	5.146	1.891	0.902	0.521	0.257	0.174	0.116	0.098	0.087	0.079
1.040	121.661	73.297	24.763	8.205	3.201	1.511	0.831	0.360	0.218	0.125	0.101	0.089	0.079
1.060	55.262	43.223	23.396	10.984	5.202	2.648	1.474	0.592	0.318	0.146	0.108	0.091	0.080
1.080	31.357	27.184	18.534	10.985	6.205	3.540	2.101	0.868	0.445	0.173	0.116	0.094	0.081
1.100	20.170	18.385	14.200	9.764	6.310	3.999	2.558	1.138	0.587	0.206	0.126	0.098	0.083
1.120	14.061	13.179	10.957	8.299	5.916	4.088	2.803	1.362	0.726	0.243	0.138	0.103	0.085
1.140	10.365	9.883	8.608	6.959	5.327	3.941	2.868	1.520	0.849	0.284	0.153	0.108	0.087
1.160	7.962	7.676	6.899	5.836	4.708	3.673	2.809	1.612	0.946	0.325	0.168	0.115	0.090
1.180	6.311	6.132	5.633	4.924	4.131	3.360	2.676	1.647	1.016	0.365	0.184	0.122	0.093
1.200	5.129	5.011	4.677	4.188	3.620	3.043	2.505	1.638	1.060	0.402	0.201	0.129	0.097
1.300	2.323	2.300	2.230	2.121	1.982	1.821	1.650	1.310	1.009	0.508	0.275	0.169	0.118
1.400	1.335	1.328	1.306	1.270	1.222	1.164	1.099	0.956	0.811	0.504	0.310	0.200	0.139
1.500	0.875	0.872	0.863	0.848	0.828	0.802	0.773	0.706	0.632	0.451	0.310	0.215	0.154
1.600	0.623	0.622	0.617	0.610	0.600	0.587	0.572	0.537	0.497	0.388	0.290	0.214	0.160

$\frac{l/d}{n\ m}$	80												
	0.000	0.020	0.040	0.060	0.080	0.100	0.120	0.160	0.200	0.300	0.400	0.500	0.600
0.500		−0.632	−0.623	−0.608	−0.589	−0.565	−0.537	−0.473	−0.403	−0.236	−0.112	−0.036	0.004
0.550		−0.828	−0.814	−0.792	−0.762	−0.726	−0.684	−0.590	−0.492	−0.269	−0.118	−0.033	0.010
0.600		−1.098	−1.076	−1.040	−0.993	−0.936	−0.872	−0.732	−0.591	−0.296	−0.117	−0.025	0.018
0.650		−1.487	−1.449	−1.389	−1.310	−1.218	−1.116	−0.901	−0.696	−0.311	−0.107	−0.012	0.028
0.700		−2.078	−2.009	−1.900	−1.761	−1.602	−1.432	−1.094	−0.796	−0.306	−0.086	0.004	0.038
0.750		−3.046	−2.905	−2.689	−2.422	−2.129	−1.832	−1.290	−0.864	−0.272	−0.054	0.023	0.049
0.800		−4.797	−4.463	−3.974	−3.406	−2.829	−2.292	−1.427	−0.852	−0.203	−0.015	0.042	0.059
0.850		−8.467	−7.478	−6.158	−4.803	−3.605	−2.639	−1.365	−0.694	−0.108	0.025	0.060	0.067
0.900		−18.194	−13.997	−9.554	−6.097	−3.787	−2.347	−0.930	−0.382	−0.010	0.058	0.072	0.072
0.950		−55.980	−24.806	−9.788	−4.084	−1.872	−0.931	−0.261	−0.060	0.060	0.079	0.080	0.076
1.004	3076.311	14.141	1.388	0.462	0.252	0.179	0.147	0.121	0.111	0.100	0.093	0.085	0.078
1.008	1799.624	41.060	3.217	0.894	0.417	0.259	0.192	0.139	0.120	0.102	0.093	0.086	0.078
1.012	1053.864	71.096	5.856	1.458	0.616	0.351	0.242	0.159	0.129	0.105	0.094	0.086	0.078
1.016	665.764	92.018	9.193	2.182	0.860	0.459	0.298	0.180	0.139	0.107	0.095	0.086	0.078
1.020	451.655	101.227	12.853	3.059	1.154	0.585	0.362	0.203	0.150	0.110	0.096	0.087	0.078
1.024	324.188	101.604	16.401	4.056	1.498	0.732	0.436	0.228	0.161	0.113	0.097	0.087	0.078
1.028	243.104	96.798	19.490	5.122	1.886	0.900	0.520	0.257	0.174	0.116	0.098	0.087	0.079
1.040	122.727	73.470	24.691	8.177	3.208	1.508	0.830	0.360	0.218	0.125	0.101	0.089	0.079
1.060	55.480	43.325	23.393	10.969	5.194	2.645	1.473	0.592	0.318	0.146	0.108	0.091	0.080
1.080	31.427	27.230	18.544	10.982	6.200	3.537	2.099	0.868	0.445	0.173	0.116	0.094	0.081
1.100	20.199	18.407	14.209	9.765	6.308	3.997	2.556	1.137	0.587	0.206	0.126	0.098	0.083
1.120	14.075	13.190	10.963	8.301	5.915	4.087	2.802	1.361	0.726	0.243	0.138	0.103	0.085
1.140	10.373	9.889	8.613	6.961	5.327	3.941	2.868	1.520	0.848	0.284	0.153	0.108	0.087
1.160	7.966	7.680	6.902	5.837	4.708	3.673	2.809	1.612	0.946	0.325	0.168	0.115	0.090
1.180	6.314	6.135	5.635	4.925	4.131	3.360	2.676	1.647	1.016	0.365	0.184	0.122	0.093
1.200	5.131	5.013	4.679	4.189	3.621	3.043	2.505	1.638	1.060	0.402	0.201	0.129	0.097
1.300	2.323	2.300	2.231	2.122	1.982	1.821	1.650	1.310	1.009	0.508	0.275	0.169	0.118
1.400	1.335	1.328	1.306	1.270	1.222	1.164	1.099	0.956	0.811	0.504	0.310	0.200	0.139
1.500	0.875	0.872	0.863	0.848	0.828	0.802	0.773	0.706	0.632	0.451	0.310	0.215	0.154
1.600	0.623	0.622	0.617	0.610	0.600	0.587	0.572	0.537	0.497	0.388	0.290	0.214	0.160

$\frac{l/d}{n\ m}$	90												
	0.000	0.020	0.040	0.060	0.080	0.100	0.120	0.160	0.200	0.300	0.400	0.500	0.600
0.500		−0.632	−0.623	−0.608	−0.589	−0.565	−0.537	−0.473	−0.403	−0.236	−0.112	−0.036	0.004
0.550		−0.828	−0.814	−0.792	−0.762	−0.726	−0.684	−0.590	−0.492	−0.269	−0.118	−0.033	0.010
0.600		−1.098	−1.076	−1.040	−0.993	−0.936	−0.872	−0.732	−0.591	−0.296	−0.117	−0.025	0.018
0.650		−1.487	−1.449	−1.389	−1.311	−1.218	−1.116	−0.901	−0.696	−0.311	−0.107	−0.012	0.028
0.700		−2.078	−2.009	−1.900	−1.761	−1.602	−1.432	−1.094	−0.796	−0.306	−0.086	0.004	0.038
0.750		−3.046	−2.905	−2.689	−2.422	−2.129	−1.832	−1.290	−0.864	−0.271	−0.054	0.023	0.049
0.800		−4.798	−4.464	−3.975	−3.407	−2.829	−2.292	−1.427	−0.851	−0.203	−0.015	0.042	0.059
0.850		−8.471	−7.480	−6.159	−4.803	−3.605	−2.639	−1.365	−0.694	−0.108	0.025	0.060	0.067
0.900		−18.209	−14.003	−9.554	−6.096	−3.786	−2.346	−0.929	−0.382	−0.010	0.058	0.072	0.072
0.950		−56.081	−24.787	−9.773	−4.078	−1.870	−0.930	−0.261	−0.060	0.060	0.079	0.080	0.076
1.004	3669.635	13.662	1.379	0.461	0.252	0.179	0.147	0.121	0.111	0.100	0.093	0.085	0.078
1.008	1980.993	39.699	3.192	0.892	0.417	0.259	0.192	0.139	0.120	0.102	0.093	0.086	0.078
1.012	1112.459	69.431	5.807	1.454	0.615	0.351	0.242	0.158	0.129	0.105	0.094	0.086	0.078
1.016	688.476	90.724	9.119	2.174	0.858	0.458	0.298	0.179	0.139	0.107	0.095	0.086	0.078
1.020	461.944	100.469	12.761	3.048	1.151	0.584	0.362	0.203	0.150	0.110	0.096	0.087	0.078
1.024	329.440	101.263	16.303	4.042	1.495	0.731	0.436	0.228	0.161	0.113	0.097	0.087	0.078
1.028	246.040	96.709	19.397	5.105	1.882	0.899	0.520	0.256	0.174	0.116	0.098	0.087	0.079
1.040	123.468	73.588	24.641	8.159	3.202	1.507	0.829	0.360	0.218	0.125	0.101	0.089	0.079
1.060	55.631	43.395	23.391	10.959	5.189	2.642	1.472	0.592	0.318	0.146	0.108	0.091	0.080
1.080	31.475	27.261	18.551	10.979	6.197	3.535	2.098	0.867	0.445	0.173	0.116	0.094	0.081
1.100	20.219	18.422	14.215	9.766	6.307	3.996	2.555	1.137	0.586	0.206	0.126	0.098	0.083
1.120	14.084	13.198	10.967	8.302	5.915	4.087	2.801	1.361	0.725	0.243	0.138	0.103	0.085
1.140	10.378	9.894	8.616	6.962	5.328	3.941	2.867	1.520	0.848	0.284	0.153	0.108	0.087
1.160	7.969	7.683	6.904	5.839	4.709	3.673	2.809	1.612	0.946	0.325	0.168	0.115	0.090
1.180	6.316	6.137	5.636	4.926	4.132	3.360	2.676	1.647	1.016	0.365	0.184	0.122	0.093
1.200	5.132	5.014	4.680	4.190	3.621	3.043	2.505	1.638	1.059	0.402	0.201	0.129	0.097
1.300	2.323	2.300	2.231	2.122	1.982	1.822	1.651	1.310	1.009	0.508	0.275	0.169	0.118
1.400	1.336	1.328	1.306	1.270	1.222	1.164	1.099	0.956	0.811	0.504	0.310	0.200	0.139
1.500	0.875	0.872	0.863	0.848	0.828	0.802	0.773	0.706	0.632	0.451	0.310	0.215	0.154
1.600	0.623	0.622	0.617	0.610	0.600	0.587	0.572	0.537	0.497	0.388	0.290	0.214	0.160

l/d	100												
n m	0.000	0.020	0.040	0.060	0.080	0.100	0.120	0.160	0.200	0.300	0.400	0.500	0.600
0.500		−0.632	−0.623	−0.608	−0.589	−0.565	−0.537	−0.473	−0.403	−0.236	−0.112	−0.036	0.004
0.550		−0.828	−0.814	−0.792	−0.762	−0.726	−0.684	−0.590	−0.492	−0.269	−0.118	−0.033	0.010
0.600		−1.098	−1.076	−1.040	−0.993	−0.936	−0.872	−0.732	−0.591	−0.296	−0.117	−0.025	0.018
0.650		−1.487	−1.449	−1.389	−1.311	−1.218	−1.116	−0.901	−0.696	−0.311	−0.107	−0.012	0.028
0.700		−2.078	−2.009	−1.901	−1.761	−1.602	−1.432	−1.094	−0.796	−0.306	−0.086	0.004	0.038
0.750		−3.047	−2.906	−2.689	−2.422	−2.129	−1.832	−1.290	−0.864	−0.271	−0.054	0.023	0.049
0.800		−4.799	−4.465	−3.975	−3.407	−2.829	−2.292	−1.427	−0.851	−0.203	−0.015	0.042	0.059
0.850		−8.473	−7.482	−6.160	−4.804	−3.605	−2.639	−1.364	−0.694	−0.108	0.025	0.060	0.067
0.900		−18.220	−14.007	−9.555	−6.695	−3.785	−2.345	−0.929	−0.381	−0.010	0.058	0.072	0.072
0.950		−56.153	−24.774	−9.762	−4.074	−1.868	−0.930	−0.261	−0.060	0.060	0.079	0.080	0.076
1.004	4254.172	13.337	1.373	0.461	0.252	0.179	0.147	0.121	0.111	0.100	0.093	0.085	0.078
1.008	2133.993	38.762	3.174	0.890	0.416	0.259	0.192	0.139	0.120	0.102	0.093	0.086	0.078
1.012	1158.357	68.260	5.773	1.450	0.615	0.351	0.241	0.158	0.129	0.105	0.094	0.086	0.078
1.016	705.653	89.797	9.066	2.169	0.857	0.458	0.298	0.179	0.139	0.107	0.095	0.086	0.078
1.020	469.584	99.919	12.696	3.040	1.150	0.584	0.362	0.203	0.150	0.110	0.096	0.087	0.078
1.024	333.298	101.011	16.233	4.032	1.493	0.731	0.436	0.228	0.161	0.113	0.097	0.087	0.078
1.028	248.182	96.640	19.330	5.093	1.880	0.898	0.519	0.256	0.174	0.116	0.098	0.087	0.079
1.040	124.004	73.672	24.605	8.145	3.198	1.505	0.828	0.360	0.218	0.125	0.101	0.089	0.079
1.060	55.739	43.445	23.390	10.952	5.185	2.640	1.471	0.592	0.318	0.146	0.108	0.091	0.080
1.080	31.509	27.283	18.556	10.978	6.195	3.533	2.097	0.867	0.445	0.173	0.116	0.094	0.081
1.100	20.233	18.432	14.220	9.766	6.306	3.995	2.555	1.137	0.586	0.206	0.126	0.098	0.083
1.120	14.091	13.204	10.971	8.303	5.915	4.086	2.801	1.361	0.725	0.243	0.138	0.103	0.085
1.140	10.382	9.897	8.618	6.963	5.328	3.941	2.867	1.519	0.848	0.284	0.153	0.108	0.087
1.160	7.971	7.685	6.905	5.839	4.709	3.674	2.809	1.612	0.946	0.325	0.168	0.115	0.090
1.180	6.317	6.138	5.637	4.926	4.132	3.360	2.675	1.647	1.016	0.365	0.184	0.122	0.093
1.200	5.133	5.015	4.680	4.190	3.622	3.043	2.505	1.638	1.059	0.402	0.201	0.129	0.097
1.300	2.324	2.300	2.231	2.122	1.982	1.822	1.651	1.310	1.009	0.508	0.275	0.169	0.118
1.400	1.336	1.328	1.306	1.270	1.222	1.164	1.099	0.956	0.811	0.504	0.310	0.200	0.139
1.500	0.875	0.872	0.863	0.848	0.828	0.802	0.773	0.706	0.632	0.451	0.310	0.215	0.154
1.600	0.623	0.622	0.617	0.610	0.600	0.587	0.572	0.537	0.497	0.388	0.290	0.214	0.160

表 F.0.2-2　考虑桩径影响，沿桩身均布侧阻力竖向应力影响系数 I_{sr}

l/d	10												
n m	0.000	0.020	0.040	0.060	0.080	0.100	0.120	0.160	0.200	0.300	0.400	0.500	0.600
0.500				0.498	0.490	0.480	0.469	0.441	0.409	0.322	0.241	0.175	0.125
0.550				0.517	0.509	0.499	0.488	0.460	0.428	0.340	0.257	0.189	0.137
0.600				0.550	0.541	0.530	0.517	0.487	0.452	0.358	0.271	0.201	0.147
0.650				0.600	0.589	0.575	0.559	0.523	0.482	0.376	0.284	0.211	0.156
0.700				0.672	0.656	0.638	0.617	0.569	0.518	0.395	0.296	0.220	0.163
0.750				0.773	0.750	0.723	0.692	0.626	0.559	0.413	0.305	0.226	0.169
0.800				0.921	0.883	0.839	0.791	0.694	0.604	0.428	0.312	0.231	0.173
0.850				1.140	1.071	0.994	0.916	0.769	0.647	0.440	0.316	0.235	0.177
0.900				1.483	1.342	1.196	1.060	0.838	0.680	0.446	0.318	0.237	0.179
0.950				2.066	1.721	1.415	1.183	0.879	0.695	0.447	0.319	0.238	0.181
1.004	2.801	2.925	3.549	3.062	1.969	1.496	1.214	0.885	0.696	0.446	0.318	0.238	0.183
1.008	2.797	2.918	3.484	3.010	1.966	1.495	1.213	0.885	0.695	0.445	0.318	0.238	0.183
1.012	2.789	2.905	3.371	2.917	1.959	1.493	1.212	0.884	0.695	0.445	0.318	0.238	0.183
1.016	2.776	2.882	3.236	2.807	1.948	1.490	1.211	0.884	0.695	0.445	0.318	0.238	0.183
1.020	2.756	2.850	3.098	2.696	1.932	1.485	1.209	0.883	0.694	0.445	0.318	0.238	0.183
1.024	2.730	2.808	2.966	2.589	1.912	1.480	1.207	0.882	0.694	0.445	0.317	0.238	0.183
1.028	2.696	2.757	2.843	2.489	1.887	1.473	1.204	0.881	0.693	0.444	0.317	0.238	0.183
1.040	2.555	2.569	2.525	2.232	1.797	1.442	1.190	0.877	0.691	0.444	0.317	0.238	0.183
1.060	2.247	2.223	2.121	1.907	1.627	1.365	1.154	0.865	0.685	0.442	0.316	0.238	0.184
1.080	1.940	1.910	1.817	1.661	1.467	1.273	1.102	0.847	0.677	0.440	0.315	0.238	0.184
1.100	1.676	1.652	1.579	1.465	1.325	1.179	1.043	0.823	0.666	0.437	0.314	0.237	0.184
1.120	1.462	1.443	1.389	1.304	1.200	1.089	0.981	0.794	0.652	0.433	0.313	0.237	0.184
1.140	1.289	1.275	1.234	1.171	1.092	1.006	0.920	0.762	0.635	0.428	0.311	0.236	0.184
1.160	1.148	1.138	1.107	1.059	0.998	0.931	0.861	0.729	0.616	0.423	0.309	0.235	0.184
1.180	1.032	1.024	1.001	0.964	0.917	0.863	0.806	0.695	0.596	0.417	0.307	0.235	0.183
1.200	0.936	0.930	0.911	0.882	0.845	0.802	0.756	0.662	0.575	0.410	0.304	0.233	0.183
1.300	0.628	0.626	0.619	0.609	0.595	0.578	0.559	0.517	0.472	0.367	0.286	0.225	0.180
1.400	0.465	0.464	0.461	0.456	0.450	0.442	0.432	0.411	0.386	0.321	0.262	0.213	0.174
1.500	0.364	0.364	0.362	0.360	0.356	0.352	0.347	0.334	0.320	0.278	0.236	0.198	0.165
1.600	0.297	0.296	0.295	0.294	0.292	0.289	0.286	0.278	0.269	0.241	0.211	0.171	0.155

l/d	10												
m \ n	0.000	0.020	0.040	0.060	0.080	0.100	0.120	0.160	0.200	0.300	0.400	0.500	0.600
0.500			0.508	0.502	0.494	0.484	0.472	0.444	0.411	0.323	0.241	0.175	0.125
0.550			0.527	0.521	0.513	0.503	0.491	0.463	0.430	0.340	0.257	0.189	0.137
0.600			0.561	0.555	0.546	0.534	0.521	0.490	0.454	0.359	0.271	0.201	0.147
0.650			0.614	0.606	0.594	0.580	0.564	0.526	0.484	0.377	0.284	0.211	0.156
0.700			0.691	0.679	0.663	0.644	0.622	0.572	0.520	0.396	0.296	0.220	0.163
0.750			0.804	0.785	0.760	0.731	0.699	0.630	0.561	0.413	0.305	0.226	0.169
0.800			0.973	0.940	0.898	0.850	0.799	0.697	0.605	0.428	0.311	0.231	0.173
0.850			1.241	1.174	1.094	1.008	0.923	0.770	0.646	0.439	0.316	0.234	0.177
0.900			1.703	1.544	1.370	1.204	1.059	0.834	0.676	0.444	0.318	0.236	0.179
0.950			2.597	2.119	1.697	1.385	1.160	0.868	0.690	0.446	0.318	0.237	0.181
1.004	4.206	4.682	4.571	2.553	1.830	1.435	1.181	0.873	0.689	0.444	0.317	0.238	0.182
1.008	4.191	4.625	4.384	2.546	1.829	1.434	1.181	0.872	0.689	0.444	0.317	0.238	0.182
1.012	4.158	4.511	4.135	2.534	1.825	1.433	1.180	0.872	0.689	0.444	0.317	0.238	0.183
1.016	4.103	4.352	3.892	2.513	1.821	1.431	1.179	0.871	0.688	0.443	0.317	0.238	0.183
1.020	4.024	4.172	3.672	2.484	1.814	1.428	1.177	0.870	0.688	0.443	0.317	0.238	0.183
1.024	3.921	3.984	3.477	2.446	1.805	1.424	1.176	0.869	0.687	0.443	0.317	0.238	0.183
1.028	3.800	3.798	3.302	2.402	1.793	1.420	1.173	0.869	0.687	0.443	0.317	0.238	0.183
1.040	3.381	3.288	2.872	2.248	1.744	1.400	1.164	0.865	0.685	0.442	0.316	0.238	0.183
1.060	2.715	2.622	2.349	1.976	1.624	1.346	1.136	0.855	0.680	0.440	0.316	0.238	0.183
1.080	2.207	2.144	1.971	1.732	1.487	1.271	1.094	0.839	0.673	0.438	0.315	0.237	0.184
1.100	1.838	1.797	1.684	1.525	1.352	1.187	1.042	0.818	0.662	0.435	0.314	0.237	0.184
1.120	1.565	1.538	1.462	1.353	1.227	1.101	0.985	0.792	0.649	0.432	0.312	0.236	0.184
1.140	1.358	1.339	1.287	1.209	1.117	1.020	0.926	0.762	0.633	0.427	0.311	0.236	0.184
1.160	1.196	1.183	1.146	1.089	1.019	0.944	0.869	0.730	0.616	0.422	0.309	0.235	0.184
1.180	1.067	1.057	1.030	0.987	0.934	0.875	0.814	0.697	0.596	0.416	0.306	0.234	0.183
1.200	0.962	0.955	0.934	0.901	0.860	0.813	0.763	0.665	0.576	0.409	0.304	0.233	0.183
1.300	0.636	0.634	0.627	0.616	0.601	0.584	0.564	0.520	0.473	0.367	0.286	0.225	0.180
1.400	0.468	0.467	0.464	0.459	0.453	0.444	0.435	0.412	0.387	0.321	0.262	0.213	0.174
1.500	0.366	0.366	0.364	0.361	0.358	0.353	0.348	0.336	0.321	0.279	0.236	0.198	0.165
1.600	0.298	0.297	0.296	0.295	0.293	0.290	0.287	0.279	0.270	0.242	0.211	0.182	0.155

l/d	20												
m \ n	0.000	0.020	0.040	0.060	0.080	0.100	0.120	0.160	0.200	0.300	0.400	0.500	0.600
0.500			0.509	0.503	0.495	0.485	0.473	0.444	0.412	0.323	0.241	0.175	0.125
0.550			0.529	0.523	0.514	0.504	0.492	0.463	0.430	0.341	0.257	0.189	0.137
0.600			0.563	0.556	0.547	0.536	0.522	0.491	0.454	0.359	0.272	0.201	0.147
0.650			0.616	0.608	0.596	0.582	0.565	0.527	0.484	0.377	0.284	0.211	0.156
0.700			0.694	0.682	0.666	0.646	0.623	0.573	0.520	0.396	0.295	0.219	0.163
0.750			0.809	0.789	0.764	0.734	0.701	0.631	0.562	0.413	0.304	0.226	0.169
0.800			0.981	0.947	0.903	0.854	0.802	0.698	0.605	0.428	0.311	0.231	0.173
0.850			1.258	1.187	1.102	1.013	0.925	0.770	0.646	0.438	0.315	0.234	0.177
0.900			1.742	1.565	1.378	1.206	1.058	0.832	0.675	0.444	0.317	0.236	0.179
0.950			2.684	2.123	1.684	1.374	1.152	0.865	0.688	0.445	0.318	0.237	0.181
1.004	5.608	6.983	3.947	2.445	1.791	1.416	1.171	0.868	0.687	0.443	0.317	0.238	0.182
1.008	5.567	6.487	3.913	2.441	1.790	1.415	1.170	0.868	0.687	0.443	0.317	0.238	0.182
1.012	5.476	5.949	3.841	2.434	1.787	1.414	1.170	0.867	0.687	0.443	0.317	0.238	0.182
1.016	5.328	5.476	3.737	2.421	1.783	1.412	1.168	0.867	0.686	0.443	0.317	0.238	0.183
1.020	5.129	5.069	3.613	2.403	1.778	1.410	1.167	0.866	0.686	0.443	0.317	0.238	0.183
1.024	4.895	4.715	3.479	2.379	1.771	1.407	1.165	0.865	0.685	0.442	0.316	0.238	0.183
1.028	4.643	4.405	3.344	2.349	1.762	1.403	1.163	0.864	0.685	0.442	0.316	0.238	0.183
1.040	3.902	3.657	2.958	2.231	1.722	1.386	1.155	0.861	0.683	0.441	0.316	0.238	0.183
1.060	2.951	2.804	2.428	1.991	1.619	1.338	1.129	0.851	0.678	0.440	0.315	0.237	0.183
1.080	2.326	2.243	2.028	1.754	1.491	1.269	1.091	0.837	0.671	0.437	0.314	0.237	0.183
1.100	1.904	1.855	1.724	1.546	1.360	1.189	1.041	0.816	0.661	0.435	0.313	0.237	0.184
1.120	1.605	1.575	1.490	1.370	1.236	1.105	0.986	0.791	0.648	0.431	0.312	0.236	0.184
1.140	1.384	1.364	1.306	1.223	1.125	1.024	0.928	0.762	0.633	0.427	0.310	0.236	0.184
1.160	1.214	1.200	1.160	1.099	1.027	0.949	0.871	0.730	0.615	0.422	0.308	0.235	0.183
1.180	1.080	1.070	1.040	0.996	0.940	0.879	0.817	0.698	0.596	0.416	0.306	0.234	0.183
1.200	0.971	0.964	0.942	0.908	0.865	0.817	0.766	0.666	0.576	0.409	0.304	0.233	0.183
1.300	0.639	0.637	0.630	0.618	0.604	0.586	0.565	0.521	0.474	0.368	0.286	0.225	0.180
1.400	0.469	0.468	0.465	0.460	0.454	0.445	0.436	0.413	0.388	0.321	0.262	0.213	0.174
1.500	0.367	0.366	0.365	0.362	0.359	0.354	0.349	0.336	0.321	0.279	0.236	0.198	0.165
1.600	0.298	0.298	0.297	0.295	0.293	0.290	0.287	0.279	0.270	0.242	0.211	0.182	0.155

l/d						25							
m \ n	0.000	0.020	0.040	0.060	0.080	0.100	0.120	0.160	0.200	0.300	0.400	0.500	0.600
0.500			0.510	0.504	0.496	0.486	0.473	0.445	0.412	0.323	0.241	0.175	0.125
0.550			0.529	0.523	0.515	0.505	0.493	0.464	0.431	0.341	0.257	0.189	0.137
0.600			0.564	0.557	0.548	0.536	0.523	0.491	0.455	0.359	0.272	0.201	0.147
0.650			0.617	0.609	0.597	0.582	0.566	0.527	0.485	0.377	0.284	0.211	0.155
0.700			0.696	0.683	0.667	0.647	0.624	0.574	0.521	0.396	0.295	0.219	0.163
0.750			0.811	0.791	0.765	0.735	0.702	0.632	0.562	0.413	0.304	0.226	0.169
0.800			0.985	0.950	0.906	0.855	0.803	0.699	0.605	0.428	0.311	0.231	0.173
0.850			1.266	1.192	1.106	1.015	0.927	0.770	0.646	0.438	0.315	0.234	0.176
0.900			1.761	1.574	1.382	1.207	1.058	0.831	0.674	0.444	0.317	0.236	0.179
0.950			2.720	2.122	1.678	1.369	1.149	0.863	0.687	0.445	0.318	0.237	0.181
1.004	7.005	9.219	3.759	2.402	1.774	1.408	1.166	0.866	0.686	0.443	0.317	0.238	0.182
1.008	6.914	7.657	3.740	2.398	1.773	1.407	1.166	0.866	0.686	0.443	0.317	0.238	0.182
1.012	6.717	6.731	3.699	2.392	1.771	1.406	1.165	0.865	0.686	0.443	0.317	0.238	0.182
1.016	6.415	6.063	3.634	2.382	1.767	1.404	1.164	0.865	0.685	0.442	0.317	0.238	0.183
1.020	6.045	5.536	3.547	2.368	1.762	1.402	1.162	0.864	0.685	0.442	0.317	0.238	0.183
1.024	5.648	5.099	3.445	2.348	1.756	1.399	1.161	0.863	0.684	0.442	0.316	0.238	0.183
1.028	5.254	4.725	3.334	2.323	1.748	1.395	1.159	0.862	0.684	0.442	0.316	0.238	0.183
1.040	4.227	3.852	2.986	2.220	1.712	1.380	1.151	0.859	0.682	0.441	0.316	0.237	0.183
1.060	3.079	2.898	2.463	1.996	1.616	1.334	1.127	0.850	0.677	0.439	0.315	0.237	0.183
1.080	2.387	2.293	2.054	1.764	1.493	1.268	1.089	0.835	0.670	0.437	0.314	0.237	0.183
1.100	1.937	1.884	1.743	1.556	1.364	1.189	1.041	0.815	0.660	0.434	0.313	0.237	0.184
1.120	1.625	1.592	1.503	1.378	1.240	1.107	0.986	0.790	0.648	0.431	0.312	0.236	0.184
1.140	1.397	1.375	1.316	1.229	1.129	1.026	0.929	0.762	0.632	0.427	0.310	0.236	0.184
1.160	1.223	1.208	1.167	1.104	1.030	0.951	0.872	0.731	0.615	0.422	0.308	0.235	0.183
1.180	1.086	1.076	1.045	1.000	0.943	0.881	0.818	0.698	0.596	0.416	0.306	0.234	0.183
1.200	0.976	0.968	0.946	0.911	0.867	0.818	0.767	0.666	0.576	0.409	0.303	0.233	0.183
1.300	0.640	0.638	0.631	0.620	0.605	0.587	0.566	0.521	0.474	0.368	0.286	0.225	0.180
1.400	0.470	0.469	0.466	0.461	0.454	0.446	0.436	0.413	0.388	0.321	0.262	0.213	0.173
1.500	0.367	0.367	0.365	0.362	0.359	0.354	0.349	0.336	0.321	0.279	0.236	0.198	0.165
1.600	0.298	0.298	0.297	0.295	0.293	0.291	0.287	0.280	0.270	0.242	0.211	0.182	0.155

l/d						30							
m \ n	0.000	0.020	0.040	0.060	0.080	0.100	0.120	0.160	0.200	0.300	0.400	0.500	0.600
0.500		0.514	0.510	0.504	0.496	0.486	0.474	0.445	0.412	0.323	0.241	0.175	0.125
0.550		0.533	0.530	0.524	0.515	0.505	0.493	0.464	0.431	0.341	0.257	0.189	0.137
0.600		0.568	0.564	0.557	0.548	0.537	0.523	0.491	0.455	0.359	0.272	0.201	0.147
0.650		0.623	0.618	0.609	0.597	0.583	0.566	0.528	0.485	0.378	0.284	0.211	0.155
0.700		0.704	0.696	0.684	0.667	0.647	0.625	0.574	0.521	0.396	0.295	0.219	0.163
0.750		0.824	0.812	0.792	0.766	0.736	0.703	0.632	0.562	0.413	0.304	0.226	0.168
0.800		1.010	0.987	0.952	0.907	0.856	0.803	0.699	0.605	0.428	0.311	0.231	0.173
0.850		1.321	1.270	1.195	1.108	1.016	0.927	0.770	0.645	0.438	0.315	0.234	0.176
0.900		1.919	1.772	1.579	1.384	1.207	1.058	0.831	0.674	0.444	0.317	0.236	0.179
0.950		3.402	2.738	2.120	1.674	1.366	1.147	0.862	0.686	0.445	0.318	0.237	0.181
1.004	8.395	8.783	3.673	2.380	1.765	1.403	1.164	0.865	0.686	0.443	0.317	0.237	0.182
1.008	8.222	7.799	3.658	2.377	1.764	1.402	1.163	0.865	0.685	0.443	0.317	0.238	0.182
1.012	7.859	6.970	3.627	2.371	1.762	1.401	1.162	0.864	0.685	0.443	0.317	0.238	0.182
1.016	7.350	6.307	3.577	2.362	1.759	1.400	1.161	0.864	0.685	0.442	0.317	0.238	0.183
1.020	6.781	5.761	3.507	2.349	1.754	1.397	1.160	0.863	0.684	0.442	0.316	0.238	0.183
1.024	6.216	5.299	3.420	2.331	1.748	1.395	1.158	0.862	0.683	0.442	0.316	0.237	0.183
1.028	5.692	4.899	3.322	2.309	1.741	1.391	1.157	0.861	0.683	0.442	0.316	0.237	0.183
1.040	4.436	3.964	2.997	2.214	1.707	1.376	1.148	0.858	0.681	0.441	0.316	0.237	0.183
1.060	3.156	2.951	2.482	1.998	1.614	1.332	1.125	0.849	0.677	0.439	0.315	0.237	0.183
1.080	2.422	2.321	2.069	1.769	1.494	1.267	1.088	0.835	0.670	0.437	0.314	0.237	0.183
1.100	1.956	1.900	1.753	1.561	1.366	1.190	1.040	0.815	0.660	0.434	0.313	0.237	0.184
1.120	1.636	1.602	1.510	1.382	1.243	1.108	0.986	0.790	0.647	0.431	0.312	0.236	0.184
1.140	1.404	1.382	1.321	1.233	1.131	1.027	0.929	0.762	0.632	0.427	0.310	0.236	0.184
1.160	1.227	1.213	1.170	1.107	1.032	0.952	0.873	0.731	0.615	0.422	0.308	0.235	0.183
1.180	1.089	1.079	1.048	1.002	0.945	0.882	0.819	0.699	0.596	0.416	0.306	0.234	0.183
1.200	0.978	0.970	0.948	0.913	0.869	0.819	0.768	0.666	0.576	0.409	0.303	0.233	0.183
1.300	0.641	0.639	0.632	0.620	0.605	0.587	0.566	0.521	0.474	0.368	0.285	0.225	0.180
1.400	0.470	0.469	0.466	0.461	0.455	0.446	0.436	0.414	0.388	0.322	0.262	0.213	0.173
1.500	0.367	0.367	0.365	0.363	0.359	0.354	0.349	0.336	0.321	0.279	0.236	0.198	0.165
1.600	0.298	0.298	0.297	0.295	0.293	0.291	0.287	0.280	0.270	0.242	0.211	0.182	0.155

续表 F.0.2-2

l/d	40												
$\dfrac{n}{m}$	0.000	0.020	0.040	0.060	0.080	0.100	0.120	0.160	0.200	0.300	0.400	0.500	0.600
0.500		0.514	0.511	0.505	0.496	0.486	0.474	0.445	0.412	0.323	0.241	0.175	0.125
0.550		0.534	0.530	0.524	0.516	0.505	0.493	0.464	0.431	0.341	0.257	0.189	0.137
0.600		0.569	0.565	0.558	0.549	0.537	0.523	0.491	0.455	0.359	0.272	0.201	0.147
0.650		0.624	0.618	0.610	0.598	0.583	0.566	0.528	0.485	0.378	0.284	0.211	0.155
0.700		0.705	0.697	0.685	0.668	0.648	0.625	0.575	0.521	0.396	0.295	0.219	0.163
0.750		0.826	0.813	0.793	0.767	0.737	0.703	0.632	0.562	0.413	0.304	0.226	0.168
0.800		1.013	0.989	0.953	0.908	0.857	0.804	0.700	0.605	0.428	0.311	0.231	0.173
0.850		1.326	1.275	1.199	1.110	1.017	0.928	0.770	0.645	0.438	0.315	0.234	0.176
0.900		1.935	1.782	1.584	1.386	1.208	1.057	0.830	0.674	0.443	0.317	0.236	0.179
0.950		3.481	2.755	2.119	1.671	1.363	1.145	0.861	0.686	0.445	0.318	0.237	0.181
1.004	11.147	7.840	3.595	2.359	1.757	1.399	1.161	0.864	0.685	0.443	0.317	0.237	0.182
1.008	10.671	7.490	3.583	2.356	1.755	1.398	1.161	0.864	0.685	0.443	0.317	0.237	0.182
1.012	9.805	6.975	3.560	2.351	1.753	1.397	1.160	0.863	0.685	0.442	0.317	0.237	0.182
1.016	8.791	6.438	3.520	2.343	1.750	1.395	1.159	0.863	0.684	0.442	0.316	0.237	0.183
1.020	7.821	5.934	3.464	2.331	1.746	1.393	1.158	0.862	0.684	0.442	0.316	0.237	0.183
1.024	6.967	5.476	3.392	2.315	1.740	1.391	1.156	0.861	0.683	0.442	0.316	0.237	0.183
1.028	6.240	5.066	3.306	2.294	1.733	1.387	1.154	0.860	0.683	0.441	0.316	0.237	0.183
1.040	4.674	4.078	3.006	2.207	1.701	1.373	1.146	0.857	0.681	0.441	0.316	0.237	0.183
1.060	3.237	3.006	2.500	2.000	1.613	1.330	1.123	0.848	0.676	0.439	0.315	0.237	0.183
1.080	2.458	2.349	2.084	1.774	1.494	1.267	1.087	0.834	0.669	0.437	0.314	0.237	0.183
1.100	1.975	1.916	1.763	1.566	1.367	1.190	1.040	0.814	0.660	0.434	0.313	0.237	0.184
1.120	1.647	1.612	1.517	1.387	1.245	1.109	0.986	0.790	0.647	0.431	0.312	0.236	0.184
1.140	1.411	1.388	1.326	1.236	1.133	1.029	0.930	0.761	0.632	0.426	0.310	0.236	0.184
1.160	1.232	1.217	1.174	1.110	1.034	0.953	0.873	0.731	0.615	0.421	0.308	0.235	0.183
1.180	1.093	1.082	1.051	1.004	0.946	0.883	0.819	0.699	0.596	0.416	0.306	0.234	0.183
1.200	0.980	0.973	0.950	0.914	0.870	0.820	0.768	0.667	0.576	0.409	0.303	0.233	0.183
1.300	0.642	0.639	0.632	0.621	0.606	0.587	0.567	0.522	0.474	0.368	0.285	0.225	0.180
1.400	0.471	0.470	0.467	0.462	0.455	0.446	0.437	0.414	0.388	0.322	0.262	0.213	0.173
1.500	0.367	0.367	0.365	0.363	0.359	0.355	0.349	0.336	0.321	0.279	0.236	0.198	0.165
1.600	0.298	0.298	0.297	0.296	0.293	0.291	0.288	0.280	0.270	0.242	0.211	0.182	0.155

l/d	50												
$\dfrac{n}{m}$	0.000	0.020	0.040	0.060	0.080	0.100	0.120	0.160	0.200	0.300	0.400	0.500	0.600
0.500		0.514	0.511	0.505	0.497	0.486	0.474	0.445	0.412	0.323	0.241	0.175	0.125
0.550		0.534	0.530	0.524	0.516	0.505	0.493	0.464	0.431	0.341	0.257	0.189	0.137
0.600		0.569	0.565	0.558	0.549	0.537	0.524	0.492	0.455	0.359	0.272	0.201	0.147
0.650		0.624	0.619	0.610	0.598	0.583	0.567	0.528	0.485	0.378	0.284	0.211	0.155
0.700		0.705	0.697	0.685	0.668	0.648	0.625	0.575	0.521	0.396	0.295	0.219	0.163
0.750		0.826	0.814	0.794	0.768	0.737	0.703	0.632	0.562	0.413	0.304	0.226	0.168
0.800		1.014	0.990	0.954	0.909	0.858	0.804	0.700	0.605	0.428	0.311	0.231	0.173
0.850		1.329	1.277	1.200	1.111	1.018	0.928	0.770	0.645	0.438	0.315	0.234	0.176
0.900		1.943	1.787	1.587	1.386	1.208	1.057	0.830	0.674	0.443	0.317	0.236	0.179
0.950		3.519	2.762	2.118	1.669	1.362	1.144	0.861	0.686	0.444	0.317	0.237	0.181
1.004	13.842	7.494	3.561	2.349	1.753	1.397	1.160	0.864	0.685	0.443	0.317	0.237	0.182
1.008	12.845	7.283	3.551	2.346	1.751	1.396	1.159	0.863	0.685	0.443	0.317	0.237	0.182
1.012	11.311	6.907	3.530	2.341	1.749	1.395	1.159	0.863	0.684	0.442	0.317	0.237	0.182
1.016	9.780	6.454	3.495	2.334	1.746	1.393	1.158	0.862	0.684	0.442	0.316	0.237	0.182
1.020	8.471	5.990	3.444	2.323	1.742	1.391	1.156	0.862	0.683	0.442	0.316	0.237	0.183
1.024	7.406	5.547	3.377	2.307	1.737	1.389	1.155	0.861	0.683	0.442	0.316	0.237	0.183
1.028	6.546	5.138	3.298	2.288	1.730	1.385	1.153	0.860	0.682	0.441	0.316	0.237	0.183
1.040	4.796	4.131	3.010	2.203	1.699	1.371	1.145	0.857	0.681	0.441	0.316	0.237	0.183
1.060	3.276	3.032	2.508	2.001	1.612	1.329	1.123	0.848	0.676	0.439	0.315	0.237	0.183
1.080	2.475	2.363	2.090	1.776	1.495	1.266	1.087	0.834	0.669	0.437	0.314	0.237	0.183
1.100	1.983	1.924	1.768	1.568	1.368	1.190	1.040	0.814	0.659	0.434	0.313	0.237	0.183
1.120	1.652	1.617	1.521	1.389	1.246	1.109	0.986	0.790	0.647	0.431	0.312	0.236	0.184
1.140	1.414	1.391	1.328	1.238	1.134	1.029	0.930	0.761	0.632	0.426	0.310	0.236	0.184
1.160	1.234	1.219	1.176	1.111	1.035	0.953	0.874	0.731	0.615	0.421	0.308	0.235	0.183
1.180	1.094	1.083	1.052	1.005	0.947	0.884	0.820	0.699	0.596	0.416	0.306	0.234	0.183
1.200	0.982	0.974	0.951	0.915	0.871	0.821	0.769	0.667	0.576	0.409	0.303	0.233	0.183
1.300	0.642	0.640	0.633	0.621	0.606	0.588	0.567	0.522	0.475	0.368	0.285	0.225	0.180
1.400	0.471	0.470	0.467	0.462	0.455	0.447	0.437	0.414	0.388	0.322	0.262	0.213	0.173
1.500	0.367	0.367	0.365	0.363	0.359	0.355	0.349	0.336	0.321	0.279	0.236	0.198	0.165
1.600	0.298	0.298	0.297	0.296	0.294	0.291	0.288	0.280	0.270	0.242	0.211	0.182	0.155

l/d						60							
n m	0.000	0.020	0.040	0.060	0.080	0.100	0.120	0.160	0.200	0.300	0.400	0.500	0.600
0.500		0.515	0.511	0.505	0.497	0.486	0.474	0.446	0.412	0.323	0.241	0.175	0.125
0.550		0.534	0.530	0.524	0.516	0.506	0.493	0.465	0.431	0.341	0.257	0.189	0.137
0.600		0.569	0.565	0.558	0.549	0.537	0.524	0.492	0.455	0.359	0.272	0.201	0.147
0.650		0.624	0.619	0.610	0.598	0.584	0.567	0.528	0.485	0.378	0.284	0.211	0.155
0.700		0.705	0.698	0.685	0.668	0.648	0.626	0.575	0.521	0.396	0.295	0.219	0.163
0.750		0.826	0.814	0.794	0.768	0.737	0.704	0.632	0.562	0.413	0.304	0.226	0.168
0.800		1.014	0.991	0.955	0.909	0.858	0.805	0.700	0.606	0.428	0.311	0.231	0.173
0.850		1.330	1.278	1.201	1.111	1.018	0.928	0.770	0.645	0.438	0.315	0.234	0.176
0.900		1.947	1.789	1.588	1.387	1.208	1.057	0.830	0.674	0.443	0.317	0.236	0.179
0.950		3.540	2.766	2.117	1.668	1.361	1.144	0.860	0.685	0.444	0.317	0.237	0.181
1.004	16.456	7.330	3.543	2.344	1.751	1.396	1.159	0.863	0.685	0.443	0.317	0.237	0.182
1.008	14.714	7.168	3.534	2.341	1.749	1.395	1.159	0.863	0.685	0.443	0.317	0.237	0.182
1.012	12.449	6.856	3.514	2.336	1.747	1.394	1.158	0.863	0.684	0.442	0.317	0.237	0.182
1.016	10.458	6.451	3.481	2.329	1.744	1.392	1.157	0.862	0.684	0.442	0.316	0.237	0.182
1.020	8.890	6.013	3.433	2.318	1.740	1.390	1.156	0.861	0.683	0.442	0.316	0.237	0.183
1.024	7.677	5.581	3.369	2.303	1.735	1.388	1.154	0.861	0.683	0.442	0.316	0.237	0.183
1.028	6.729	5.175	3.293	2.284	1.728	1.384	1.152	0.860	0.682	0.441	0.316	0.237	0.183
1.040	4.865	4.161	3.011	2.202	1.697	1.370	1.145	0.856	0.680	0.441	0.316	0.237	0.183
1.060	3.298	3.047	2.513	2.001	1.611	1.329	1.122	0.848	0.676	0.439	0.315	0.237	0.183
1.080	2.484	2.370	2.094	1.778	1.495	1.266	1.087	0.834	0.669	0.437	0.314	0.237	0.183
1.100	1.988	1.928	1.771	1.570	1.369	1.190	1.040	0.814	0.659	0.434	0.313	0.237	0.183
1.120	1.655	1.619	1.523	1.390	1.246	1.109	0.987	0.790	0.647	0.431	0.312	0.236	0.184
1.140	1.416	1.393	1.330	1.239	1.135	1.029	0.930	0.761	0.632	0.426	0.310	0.236	0.184
1.160	1.236	1.220	1.177	1.112	1.035	0.954	0.874	0.731	0.615	0.421	0.308	0.235	0.183
1.180	1.095	1.084	1.053	1.006	0.948	0.884	0.820	0.699	0.596	0.416	0.306	0.234	0.183
1.200	0.982	0.974	0.951	0.916	0.871	0.821	0.769	0.667	0.576	0.409	0.303	0.233	0.183
1.300	0.642	0.640	0.633	0.621	0.606	0.588	0.567	0.522	0.475	0.368	0.285	0.225	0.180
1.400	0.471	0.470	0.467	0.462	0.455	0.447	0.437	0.414	0.388	0.322	0.262	0.213	0.173
1.500	0.367	0.367	0.365	0.363	0.359	0.355	0.349	0.336	0.321	0.279	0.236	0.198	0.165
1.600	0.298	0.298	0.297	0.296	0.294	0.291	0.288	0.280	0.270	0.242	0.211	0.182	0.155

l/d						70							
n m	0.000	0.020	0.040	0.060	0.080	0.100	0.120	0.160	0.200	0.300	0.400	0.500	0.600
0.500		0.515	0.511	0.505	0.497	0.486	0.474	0.446	0.413	0.323	0.241	0.175	0.125
0.550		0.534	0.530	0.524	0.516	0.506	0.493	0.465	0.431	0.341	0.257	0.189	0.137
0.600		0.569	0.565	0.558	0.549	0.537	0.524	0.492	0.455	0.359	0.272	0.201	0.147
0.650		0.624	0.619	0.610	0.598	0.584	0.567	0.528	0.485	0.378	0.284	0.211	0.155
0.700		0.705	0.698	0.685	0.669	0.648	0.626	0.575	0.521	0.396	0.295	0.219	0.163
0.750		0.827	0.814	0.794	0.768	0.737	0.704	0.632	0.562	0.413	0.304	0.226	0.168
0.800		1.015	0.991	0.955	0.909	0.858	0.805	0.700	0.606	0.428	0.311	0.231	0.173
0.850		1.331	1.278	1.201	1.111	1.018	0.928	0.770	0.645	0.438	0.315	0.234	0.176
0.900		1.949	1.791	1.589	1.387	1.208	1.057	0.830	0.674	0.443	0.317	0.236	0.179
0.950		3.552	2.768	2.117	1.668	1.361	1.143	0.860	0.685	0.444	0.317	0.237	0.181
1.004	18.968	7.238	3.533	2.341	1.749	1.395	1.159	0.863	0.685	0.443	0.317	0.237	0.182
1.008	16.288	7.100	3.523	2.338	1.748	1.394	1.158	0.863	0.684	0.443	0.317	0.237	0.182
1.012	13.303	6.822	3.504	2.334	1.746	1.393	1.158	0.862	0.684	0.442	0.317	0.237	0.182
1.016	10.933	6.445	3.473	2.326	1.743	1.392	1.157	0.862	0.684	0.442	0.316	0.237	0.182
1.020	9.170	6.024	3.426	2.316	1.739	1.390	1.155	0.861	0.683	0.442	0.316	0.237	0.183
1.024	7.853	5.601	3.365	2.301	1.734	1.387	1.154	0.860	0.683	0.442	0.316	0.237	0.183
1.028	6.845	5.197	3.290	2.282	1.727	1.384	1.152	0.860	0.682	0.441	0.316	0.237	0.183
1.040	4.909	4.178	3.012	2.200	1.697	1.370	1.144	0.856	0.680	0.441	0.316	0.237	0.183
1.060	3.311	3.055	2.515	2.001	1.611	1.328	1.122	0.847	0.676	0.439	0.315	0.237	0.183
1.080	2.490	2.375	2.096	1.778	1.495	1.266	1.086	0.833	0.669	0.437	0.314	0.237	0.183
1.100	1.991	1.930	1.772	1.570	1.369	1.190	1.040	0.814	0.659	0.434	0.313	0.237	0.183
1.120	1.657	1.621	1.524	1.391	1.247	1.109	0.987	0.790	0.647	0.431	0.312	0.236	0.184
1.140	1.417	1.394	1.330	1.239	1.135	1.029	0.930	0.761	0.632	0.426	0.310	0.236	0.183
1.160	1.236	1.221	1.177	1.112	1.035	0.954	0.874	0.731	0.615	0.421	0.308	0.235	0.183
1.180	1.095	1.085	1.053	1.006	0.948	0.884	0.820	0.699	0.596	0.415	0.306	0.234	0.183
1.200	0.983	0.975	0.952	0.916	0.871	0.821	0.769	0.667	0.576	0.409	0.303	0.233	0.183
1.300	0.642	0.640	0.633	0.621	0.606	0.588	0.567	0.522	0.475	0.368	0.285	0.225	0.180
1.400	0.471	0.470	0.467	0.462	0.455	0.447	0.437	0.414	0.388	0.322	0.262	0.213	0.173
1.500	0.367	0.367	0.365	0.363	0.359	0.355	0.349	0.337	0.321	0.279	0.236	0.198	0.165
1.600	0.298	0.298	0.297	0.296	0.294	0.291	0.288	0.280	0.270	0.242	0.211	0.182	0.155

l/d	80												
n m	0.000	0.020	0.040	0.060	0.080	0.100	0.120	0.160	0.200	0.300	0.400	0.500	0.600
0.500		0.515	0.511	0.505	0.497	0.486	0.474	0.446	0.413	0.323	0.241	0.175	0.125
0.550		0.534	0.530	0.524	0.516	0.506	0.493	0.465	0.431	0.341	0.257	0.189	0.137
0.600		0.569	0.565	0.558	0.549	0.537	0.524	0.492	0.455	0.359	0.272	0.201	0.147
0.650		0.624	0.619	0.610	0.598	0.584	0.567	0.528	0.485	0.378	0.284	0.211	0.155
0.700		0.706	0.698	0.685	0.669	0.648	0.626	0.575	0.521	0.396	0.295	0.219	0.163
0.750		0.827	0.814	0.794	0.768	0.737	0.704	0.632	0.562	0.413	0.304	0.226	0.168
0.800		1.015	0.991	0.955	0.910	0.858	0.805	0.700	0.606	0.428	0.311	0.231	0.173
0.850		1.332	1.279	1.202	1.112	1.018	0.928	0.770	0.645	0.438	0.315	0.234	0.176
0.900		1.951	1.792	1.589	1.387	1.208	1.057	0.830	0.674	0.443	0.317	0.236	0.179
0.950		3.560	2.770	2.117	1.667	1.360	1.143	0.860	0.685	0.444	0.317	0.237	0.181
1.004	21.355	7.180	3.526	2.339	1.749	1.395	1.159	0.863	0.685	0.443	0.317	0.237	0.182
1.008	17.597	7.056	3.517	2.336	1.747	1.394	1.158	0.863	0.684	0.442	0.317	0.237	0.182
1.012	13.949	6.799	3.498	2.332	1.745	1.393	1.157	0.862	0.684	0.442	0.317	0.237	0.182
1.016	11.273	6.440	3.467	2.324	1.742	1.391	1.156	0.862	0.684	0.442	0.316	0.237	0.182
1.020	9.365	6.031	3.422	2.314	1.738	1.389	1.155	0.861	0.683	0.442	0.316	0.237	0.183
1.024	7.973	5.613	3.361	2.299	1.733	1.387	1.154	0.860	0.683	0.442	0.316	0.237	0.183
1.028	6.924	5.211	3.288	2.281	1.726	1.384	1.152	0.860	0.682	0.441	0.316	0.237	0.183
1.040	4.937	4.190	3.012	2.200	1.696	1.369	1.144	0.856	0.680	0.441	0.316	0.237	0.183
1.060	3.320	3.061	2.517	2.002	1.611	1.328	1.122	0.847	0.676	0.439	0.315	0.237	0.183
1.080	2.494	2.377	2.098	1.779	1.495	1.266	1.086	0.833	0.669	0.437	0.314	0.237	0.183
1.100	1.993	1.932	1.773	1.571	1.369	1.190	1.040	0.814	0.659	0.434	0.313	0.237	0.183
1.120	1.658	1.622	1.524	1.391	1.247	1.110	0.987	0.790	0.647	0.431	0.312	0.236	0.184
1.140	1.418	1.395	1.331	1.239	1.135	1.030	0.930	0.761	0.632	0.426	0.310	0.236	0.183
1.160	1.237	1.221	1.178	1.113	1.035	0.954	0.874	0.731	0.615	0.421	0.308	0.235	0.183
1.180	1.096	1.085	1.054	1.006	0.948	0.884	0.820	0.699	0.596	0.415	0.306	0.234	0.183
1.200	0.983	0.975	0.952	0.916	0.871	0.821	0.769	0.667	0.576	0.409	0.303	0.233	0.183
1.300	0.642	0.640	0.633	0.621	0.606	0.588	0.567	0.522	0.475	0.368	0.285	0.225	0.180
1.400	0.471	0.470	0.467	0.462	0.455	0.447	0.437	0.414	0.388	0.322	0.262	0.213	0.173
1.500	0.368	0.367	0.365	0.363	0.359	0.355	0.349	0.337	0.321	0.279	0.236	0.198	0.165
1.600	0.298	0.298	0.297	0.296	0.294	0.291	0.288	0.280	0.270	0.242	0.211	0.182	0.155

l/d	90												
n m	0.000	0.020	0.040	0.060	0.080	0.100	0.120	0.160	0.200	0.300	0.400	0.500	0.600
0.500		0.515	0.511	0.505	0.497	0.486	0.474	0.446	0.413	0.323	0.241	0.175	0.125
0.550		0.534	0.530	0.524	0.516	0.506	0.493	0.465	0.431	0.341	0.257	0.189	0.137
0.600		0.569	0.565	0.558	0.549	0.537	0.524	0.492	0.455	0.359	0.272	0.201	0.147
0.650		0.624	0.619	0.610	0.598	0.584	0.567	0.528	0.485	0.378	0.284	0.211	0.155
0.700		0.706	0.698	0.685	0.669	0.649	0.626	0.575	0.521	0.396	0.295	0.219	0.163
0.750		0.827	0.814	0.794	0.768	0.738	0.704	0.632	0.562	0.413	0.304	0.226	0.168
0.800		1.015	0.992	0.955	0.910	0.858	0.805	0.700	0.606	0.428	0.311	0.231	0.173
0.850		1.332	1.279	1.202	1.112	1.018	0.928	0.770	0.645	0.438	0.315	0.234	0.176
0.900		1.952	1.793	1.590	1.387	1.208	1.057	0.830	0.673	0.443	0.317	0.236	0.179
0.950		3.566	2.770	2.116	1.667	1.360	1.143	0.860	0.685	0.444	0.317	0.237	0.181
1.004	23.603	7.142	3.521	2.338	1.748	1.394	1.159	0.863	0.685	0.443	0.317	0.237	0.182
1.008	18.680	7.026	3.512	2.335	1.747	1.394	1.158	0.863	0.684	0.442	0.317	0.237	0.182
1.012	14.444	6.783	3.494	2.330	1.745	1.393	1.157	0.862	0.684	0.442	0.317	0.237	0.182
1.016	11.523	6.436	3.464	2.323	1.742	1.391	1.156	0.862	0.684	0.442	0.316	0.237	0.182
1.020	9.505	6.034	3.419	2.313	1.738	1.389	1.155	0.861	0.683	0.442	0.316	0.237	0.183
1.024	8.058	5.621	3.359	2.298	1.733	1.386	1.154	0.860	0.683	0.442	0.316	0.237	0.183
1.028	6.980	5.220	3.286	2.280	1.726	1.383	1.152	0.859	0.682	0.441	0.316	0.237	0.183
1.040	4.957	4.198	3.013	2.199	1.696	1.369	1.144	0.856	0.680	0.441	0.316	0.237	0.183
1.060	3.326	3.065	2.518	2.002	1.610	1.328	1.122	0.847	0.676	0.439	0.315	0.237	0.183
1.080	2.496	2.379	2.099	1.779	1.495	1.266	1.086	0.833	0.669	0.437	0.314	0.237	0.183
1.100	1.995	1.933	1.774	1.571	1.369	1.190	1.040	0.814	0.659	0.434	0.313	0.237	0.183
1.120	1.659	1.623	1.525	1.391	1.247	1.110	0.987	0.790	0.647	0.431	0.312	0.236	0.184
1.140	1.418	1.395	1.331	1.240	1.135	1.030	0.930	0.761	0.632	0.426	0.310	0.236	0.183
1.160	1.237	1.222	1.178	1.113	1.036	0.954	0.874	0.731	0.615	0.421	0.308	0.235	0.183
1.180	1.096	1.085	1.054	1.006	0.948	0.884	0.820	0.699	0.596	0.415	0.306	0.234	0.183
1.200	0.983	0.975	0.952	0.916	0.871	0.821	0.769	0.667	0.576	0.409	0.303	0.233	0.183
1.300	0.642	0.640	0.633	0.621	0.606	0.588	0.567	0.522	0.475	0.368	0.285	0.225	0.180
1.400	0.471	0.470	0.467	0.462	0.455	0.447	0.437	0.414	0.388	0.322	0.262	0.213	0.173
1.500	0.368	0.367	0.365	0.363	0.359	0.355	0.349	0.337	0.321	0.279	0.236	0.198	0.165
1.600	0.298	0.298	0.297	0.296	0.294	0.291	0.288	0.280	0.270	0.242	0.211	0.182	0.155

l/d	100												
n m	0.000	0.020	0.040	0.060	0.080	0.100	0.120	0.160	0.200	0.300	0.400	0.500	0.600
0.500		0.515	0.511	0.505	0.497	0.486	0.474	0.446	0.413	0.323	0.241	0.175	0.125
0.550		0.534	0.530	0.524	0.516	0.506	0.493	0.465	0.431	0.341	0.257	0.189	0.137
0.600		0.569	0.565	0.558	0.549	0.537	0.524	0.492	0.455	0.359	0.272	0.201	0.147
0.650		0.624	0.619	0.610	0.598	0.584	0.567	0.528	0.485	0.378	0.284	0.211	0.155
0.700		0.706	0.698	0.685	0.669	0.649	0.626	0.575	0.521	0.396	0.295	0.219	0.163
0.750		0.827	0.814	0.794	0.768	0.738	0.704	0.633	0.562	0.413	0.304	0.226	0.168
0.800		1.015	0.992	0.955	0.910	0.858	0.805	0.700	0.606	0.428	0.311	0.231	0.173
0.850		1.332	1.279	1.202	1.112	1.018	0.928	0.770	0.645	0.438	0.315	0.234	0.176
0.900		1.953	1.793	1.590	1.388	1.208	1.057	0.830	0.673	0.443	0.317	0.236	0.179
0.950		3.570	2.771	2.116	1.667	1.360	1.143	0.860	0.685	0.444	0.317	0.237	0.181
1.004	25.703	7.115	3.518	2.337	1.748	1.394	1.159	0.863	0.685	0.443	0.317	0.237	0.182
1.008	19.574	7.004	3.509	2.334	1.746	1.393	1.158	0.863	0.684	0.442	0.317	0.237	0.182
1.012	14.827	6.771	3.491	2.329	1.744	1.392	1.157	0.862	0.684	0.442	0.317	0.237	0.182
1.016	11.710	6.433	3.461	2.322	1.741	1.391	1.156	0.862	0.684	0.442	0.316	0.237	0.182
1.020	9.609	6.037	3.417	2.312	1.737	1.389	1.155	0.861	0.683	0.442	0.316	0.237	0.183
1.024	8.121	5.626	3.358	2.298	1.732	1.386	1.153	0.860	0.683	0.442	0.316	0.237	0.183
1.028	7.020	5.227	3.285	2.279	1.726	1.383	1.152	0.859	0.682	0.441	0.316	0.237	0.183
1.040	4.971	4.203	3.013	2.199	1.695	1.369	1.144	0.856	0.680	0.441	0.316	0.237	0.183
1.060	3.330	3.068	2.519	2.002	1.610	1.328	1.122	0.847	0.676	0.439	0.315	0.237	0.183
1.080	2.498	2.381	2.099	1.779	1.495	1.266	1.086	0.833	0.669	0.437	0.314	0.237	0.183
1.100	1.995	1.934	1.775	1.571	1.369	1.190	1.040	0.814	0.659	0.434	0.313	0.237	0.183
1.120	1.659	1.623	1.525	1.391	1.247	1.110	0.987	0.790	0.647	0.431	0.312	0.236	0.184
1.140	1.418	1.395	1.332	1.240	1.135	1.030	0.930	0.761	0.632	0.426	0.310	0.236	0.183
1.160	1.237	1.222	1.178	1.113	1.036	0.954	0.874	0.731	0.615	0.421	0.308	0.235	0.183
1.180	1.096	1.085	1.054	1.006	0.948	0.885	0.820	0.699	0.596	0.415	0.306	0.234	0.183
1.200	0.983	0.975	0.952	0.916	0.871	0.821	0.769	0.667	0.576	0.409	0.303	0.233	0.183
1.300	0.642	0.640	0.633	0.622	0.606	0.588	0.567	0.522	0.475	0.368	0.285	0.225	0.180
1.400	0.471	0.470	0.467	0.462	0.455	0.447	0.437	0.414	0.388	0.322	0.262	0.213	0.173
1.500	0.368	0.367	0.365	0.363	0.359	0.355	0.349	0.337	0.321	0.279	0.236	0.198	0.165
1.600	0.298	0.298	0.297	0.296	0.294	0.291	0.288	0.280	0.270	0.242	0.211	0.182	0.155

表 F.0.2-3　考虑桩径影响，沿桩身线性增长侧阻力竖向应力影响系数 I_{st}

l/d	10												
n m	0.000	0.020	0.040	0.060	0.080	0.100	0.120	0.160	0.200	0.300	0.400	0.500	0.600
0.500				−0.899	−0.681	−0.518	−0.391	−0.209	−0.089	0.061	0.105	0.107	0.092
0.550				−0.842	−0.625	−0.464	−0.340	−0.164	−0.049	0.088	0.123	0.119	0.102
0.600				−0.753	−0.539	−0.383	−0.263	−0.097	0.007	0.122	0.143	0.132	0.111
0.650				−0.626	−0.418	−0.268	−0.156	−0.006	0.081	0.163	0.165	0.144	0.118
0.700				−0.448	−0.250	−0.111	−0.012	0.111	0.173	0.208	0.186	0.155	0.125
0.750				−0.199	−0.019	0.099	0.177	0.257	0.281	0.256	0.208	0.166	0.132
0.800				0.154	0.301	0.383	0.423	0.433	0.403	0.302	0.227	0.175	0.137
0.850				0.671	0.751	0.761	0.733	0.632	0.527	0.344	0.243	0.183	0.142
0.900				1.463	1.390	1.251	1.096	0.828	0.637	0.377	0.257	0.190	0.146
0.950				2.781	2.278	1.797	1.433	0.974	0.714	0.404	0.269	0.196	0.150
1.004	4.437	4.686	5.938	5.035	2.956	2.096	1.604	1.059	0.768	0.427	0.281	0.203	0.154
1.008	4.450	4.694	5.836	4.953	2.963	2.104	1.610	1.064	0.771	0.429	0.282	0.204	0.155
1.012	4.454	4.689	5.635	4.790	2.964	2.110	1.616	1.068	0.774	0.430	0.283	0.204	0.155
1.016	4.449	4.665	5.390	4.592	2.956	2.114	1.622	1.072	0.778	0.432	0.284	0.205	0.155
1.020	4.431	4.622	5.138	4.388	2.938	2.116	1.626	1.076	0.781	0.433	0.285	0.205	0.156
1.024	4.398	4.559	4.897	4.194	2.911	2.115	1.629	1.080	0.783	0.435	0.286	0.206	0.156
1.028	4.351	4.478	4.673	4.014	2.876	2.111	1.631	1.083	0.786	0.436	0.287	0.206	0.156
1.040	4.128	4.161	4.096	3.552	2.734	2.080	1.629	1.091	0.794	0.441	0.289	0.208	0.157
1.060	3.600	3.557	3.373	2.976	2.457	1.975	1.595	1.095	0.803	0.448	0.293	0.210	0.159
1.080	3.060	3.007	2.836	2.547	2.190	1.836	1.530	1.086	0.807	0.454	0.297	0.213	0.161
1.100	2.599	2.554	2.420	2.210	1.954	1.690	1.447	1.064	0.804	0.458	0.301	0.215	0.162
1.120	2.226	2.192	2.092	1.937	1.749	1.548	1.356	1.031	0.795	0.461	0.304	0.217	0.164
1.140	1.927	1.902	1.827	1.713	1.571	1.418	1.264	0.992	0.780	0.463	0.306	0.219	0.165
1.160	1.687	1.668	1.613	1.527	1.419	1.299	1.176	0.948	0.761	0.462	0.308	0.221	0.167
1.180	1.493	1.478	1.436	1.370	1.286	1.192	1.093	0.902	0.738	0.460	0.310	0.223	0.168
1.200	1.332	1.321	1.289	1.238	1.172	1.097	1.017	0.857	0.713	0.457	0.311	0.224	0.170
1.300	0.838	0.834	0.823	0.806	0.783	0.755	0.723	0.653	0.580	0.419	0.304	0.226	0.174
1.400	0.591	0.590	0.585	0.577	0.567	0.554	0.539	0.505	0.466	0.368	0.284	0.220	0.173
1.500	0.447	0.446	0.444	0.440	0.434	0.428	0.420	0.401	0.379	0.318	0.259	0.209	0.168
1.600	0.354	0.353	0.352	0.350	0.347	0.343	0.338	0.327	0.313	0.274	0.232	0.194	0.161

l/d	15												
$\frac{n}{m}$	0.000	0.020	0.040	0.060	0.080	0.100	0.120	0.160	0.200	0.300	0.400	0.500	0.600
0.500			−1.210	−0.892	−0.674	−0.512	−0.385	−0.204	−0.085	0.064	0.107	0.107	0.093
0.550			−1.150	−0.834	−0.617	−0.457	−0.333	−0.158	−0.045	0.091	0.125	0.120	0.102
0.600			−1.057	−0.744	−0.531	−0.374	−0.255	−0.090	0.012	0.125	0.144	0.132	0.111
0.650			−0.922	−0.614	−0.407	−0.258	−0.147	0.001	0.086	0.165	0.165	0.144	0.119
0.700			−0.731	−0.431	−0.234	−0.098	0.000	0.119	0.178	0.210	0.187	0.155	0.125
0.750			−0.459	−0.173	0.004	0.118	0.192	0.266	0.286	0.257	0.208	0.166	0.132
0.800			−0.058	0.196	0.335	0.408	0.441	0.442	0.406	0.302	0.227	0.175	0.137
0.850			0.564	0.746	0.802	0.793	0.751	0.636	0.527	0.342	0.243	0.183	0.142
0.900			1.609	1.596	1.453	1.273	1.099	0.820	0.630	0.375	0.256	0.189	0.146
0.950			3.584	2.907	2.239	1.742	1.391	0.953	0.703	0.401	0.268	0.196	0.150
1.004	7.095	8.049	7.900	4.012	2.678	1.973	1.538	1.034	0.755	0.424	0.280	0.203	0.154
1.008	7.096	7.972	7.562	4.018	2.687	1.981	1.545	1.038	0.759	0.425	0.281	0.203	0.154
1.012	7.063	7.778	7.097	4.012	2.694	1.989	1.551	1.042	0.762	0.427	0.282	0.204	0.155
1.016	6.985	7.496	6.641	3.989	2.697	1.994	1.556	1.047	0.765	0.428	0.283	0.204	0.155
1.020	6.857	7.167	6.230	3.948	2.697	1.999	1.561	1.051	0.768	0.430	0.284	0.205	0.155
1.024	6.682	6.822	5.866	3.891	2.691	2.002	1.566	1.054	0.771	0.431	0.284	0.205	0.156
1.028	6.469	6.481	5.542	3.821	2.681	2.003	1.569	1.058	0.774	0.433	0.285	0.206	0.156
1.040	5.713	5.540	4.750	3.563	2.619	1.992	1.573	1.067	0.782	0.437	0.288	0.207	0.157
1.060	4.493	4.318	3.801	3.097	2.441	1.931	1.556	1.074	0.792	0.444	0.292	0.210	0.159
1.080	3.568	3.450	3.123	2.676	2.221	1.826	1.509	1.069	0.796	0.450	0.296	0.212	0.160
1.100	2.903	2.826	2.615	2.320	2.000	1.700	1.441	1.052	0.795	0.455	0.299	0.215	0.162
1.120	2.417	2.367	2.227	2.025	1.795	1.568	1.359	1.025	0.788	0.458	0.302	0.217	0.164
1.140	2.054	2.020	1.924	1.782	1.614	1.440	1.273	0.989	0.776	0.460	0.305	0.219	0.165
1.160	1.775	1.752	1.683	1.580	1.455	1.321	1.188	0.948	0.758	0.460	0.307	0.221	0.167
1.180	1.555	1.538	1.488	1.412	1.317	1.212	1.105	0.905	0.737	0.458	0.309	0.222	0.168
1.200	1.379	1.366	1.329	1.271	1.197	1.115	1.029	0.860	0.713	0.455	0.310	0.224	0.169
1.300	0.852	0.848	0.836	0.818	0.793	0.763	0.730	0.657	0.582	0.419	0.303	0.226	0.173
1.400	0.597	0.595	0.590	0.582	0.572	0.558	0.543	0.508	0.468	0.369	0.284	0.220	0.173
1.500	0.450	0.449	0.446	0.442	0.437	0.430	0.422	0.403	0.380	0.318	0.259	0.209	0.168
1.600	0.355	0.355	0.353	0.351	0.348	0.344	0.339	0.328	0.314	0.274	0.232	0.194	0.161

l/d	20												
$\frac{n}{m}$	0.000	0.020	0.040	0.060	0.080	0.100	0.120	0.160	0.200	0.300	0.400	0.500	0.600
0.500			−1.207	−0.890	−0.672	−0.509	−0.383	−0.202	−0.084	0.065	0.107	0.107	0.093
0.550			−1.147	−0.831	−0.615	−0.455	−0.331	−0.156	−0.043	0.092	0.125	0.120	0.102
0.600			−1.054	−0.740	−0.527	−0.371	−0.253	−0.088	0.014	0.125	0.145	0.132	0.111
0.650			−0.918	−0.609	−0.402	−0.254	−0.143	0.003	0.088	0.166	0.166	0.144	0.119
0.700			−0.725	−0.425	−0.229	−0.093	0.004	0.122	0.180	0.210	0.187	0.155	0.126
0.750			−0.448	−0.164	0.012	0.125	0.197	0.269	0.288	0.257	0.208	0.166	0.132
0.800			−0.040	0.212	0.347	0.417	0.448	0.445	0.407	0.302	0.226	0.175	0.137
0.850			0.600	0.773	0.820	0.804	0.757	0.637	0.527	0.342	0.243	0.182	0.142
0.900			1.694	1.642	1.473	1.279	1.099	0.818	0.628	0.374	0.256	0.189	0.146
0.950			3.771	2.920	2.217	1.722	1.376	0.946	0.700	0.400	0.268	0.196	0.150
1.004	9.793	12.556	6.649	3.796	2.599	1.936	1.517	1.025	0.751	0.422	0.280	0.202	0.154
1.008	9.754	11.616	6.610	3.806	2.608	1.944	1.524	1.030	0.754	0.424	0.281	0.203	0.154
1.012	9.616	10.588	6.496	3.809	2.616	1.951	1.530	1.034	0.758	0.426	0.281	0.203	0.155
1.016	9.361	9.685	6.317	3.801	2.621	1.957	1.535	1.038	0.761	0.427	0.282	0.204	0.155
1.020	9.003	8.912	6.096	3.783	2.624	1.962	1.540	1.042	0.764	0.429	0.283	0.204	0.155
1.024	8.573	8.243	5.855	3.752	2.622	1.966	1.545	1.046	0.767	0.430	0.284	0.205	0.156
1.028	8.106	7.656	5.610	3.709	2.617	1.968	1.549	1.049	0.769	0.432	0.285	0.205	0.156
1.040	6.721	6.253	4.909	3.524	2.574	1.963	1.554	1.058	0.777	0.436	0.287	0.207	0.157
1.060	4.947	4.667	3.949	3.121	2.427	1.913	1.542	1.066	0.787	0.443	0.291	0.209	0.159
1.080	3.795	3.638	3.229	2.715	2.227	1.820	1.501	1.063	0.793	0.449	0.295	0.212	0.160
1.100	3.028	2.936	2.689	2.358	2.013	1.701	1.438	1.048	0.792	0.454	0.299	0.214	0.162
1.120	2.493	2.436	2.278	2.056	1.811	1.573	1.360	1.022	0.786	0.457	0.302	0.217	0.163
1.140	2.103	2.066	1.960	1.806	1.628	1.447	1.276	0.988	0.774	0.459	0.305	0.219	0.165
1.160	1.808	1.783	1.709	1.599	1.468	1.328	1.191	0.948	0.757	0.459	0.307	0.221	0.166
1.180	1.579	1.561	1.508	1.427	1.328	1.219	1.110	0.905	0.736	0.458	0.308	0.222	0.168
1.200	1.396	1.382	1.343	1.282	1.206	1.121	1.033	0.861	0.713	0.454	0.309	0.224	0.169
1.300	0.857	0.853	0.841	0.822	0.797	0.766	0.733	0.658	0.583	0.419	0.303	0.226	0.173
1.400	0.599	0.597	0.592	0.584	0.573	0.560	0.544	0.509	0.469	0.369	0.284	0.220	0.173
1.500	0.451	0.450	0.447	0.443	0.438	0.431	0.423	0.403	0.381	0.318	0.259	0.209	0.168
1.600	0.356	0.355	0.354	0.352	0.349	0.345	0.340	0.328	0.315	0.274	0.232	0.194	0.161

续表 F.0.2-3

25

$\frac{n}{m}$ / l/d	0.000	0.020	0.040	0.060	0.080	0.100	0.120	0.160	0.200	0.300	0.400	0.500	0.600
0.500			−1.206	−0.889	−0.671	−0.508	−0.382	−0.202	−0.083	0.065	0.107	0.107	0.093
0.550			−1.146	−0.830	−0.614	−0.453	−0.330	−0.155	−0.042	0.092	0.125	0.120	0.102
0.600			−1.052	−0.739	−0.526	−0.370	−0.252	−0.087	0.015	0.126	0.145	0.132	0.111
0.650			−0.916	−0.607	−0.401	−0.252	−0.142	0.005	0.089	0.166	0.166	0.144	0.119
0.700			−0.722	−0.422	−0.226	−0.091	0.006	0.123	0.181	0.210	0.187	0.155	0.126
0.750			−0.443	−0.160	0.015	0.128	0.200	0.271	0.289	0.257	0.208	0.166	0.132
0.800			−0.031	0.219	0.353	0.422	0.450	0.446	0.408	0.302	0.226	0.175	0.137
0.850			0.617	0.786	0.829	0.809	0.760	0.638	0.526	0.342	0.242	0.182	0.141
0.900			1.734	1.663	1.482	1.281	1.098	0.816	0.627	0.374	0.256	0.189	0.146
0.950			3.849	2.920	2.206	1.712	1.369	0.943	0.698	0.399	0.268	0.196	0.150
1.004	12.508	16.972	6.271	3.709	2.565	1.919	1.508	1.021	0.749	0.422	0.280	0.202	0.154
1.008	12.381	13.914	6.261	3.720	2.575	1.927	1.514	1.026	0.752	0.424	0.280	0.203	0.154
1.012	12.039	12.117	6.208	3.725	2.583	1.934	1.520	1.030	0.756	0.425	0.281	0.203	0.155
1.016	11.487	10.831	6.105	3.722	2.588	1.940	1.526	1.034	0.759	0.427	0.282	0.204	0.155
1.020	10.795	9.822	5.959	3.710	2.592	1.946	1.531	1.038	0.762	0.428	0.283	0.204	0.155
1.024	10.046	8.988	5.781	3.688	2.592	1.950	1.535	1.042	0.765	0.430	0.284	0.205	0.156
1.028	9.301	8.278	5.584	3.655	2.588	1.952	1.539	1.046	0.768	0.431	0.285	0.205	0.156
1.040	7.355	6.630	4.959	3.500	2.553	1.949	1.546	1.055	0.775	0.436	0.287	0.207	0.157
1.060	5.196	4.846	4.015	3.129	2.420	1.905	1.535	1.063	0.786	0.443	0.291	0.209	0.159
1.080	3.912	3.732	3.279	2.733	2.228	1.817	1.497	1.060	0.791	0.449	0.295	0.212	0.160
1.100	3.091	2.990	2.724	2.375	2.019	1.702	1.436	1.046	0.791	0.453	0.299	0.214	0.162
1.120	2.530	2.469	2.302	2.071	1.818	1.576	1.360	1.021	0.785	0.457	0.302	0.216	0.163
1.140	2.127	2.087	1.977	1.818	1.635	1.450	1.277	0.987	0.773	0.459	0.305	0.219	0.165
1.160	1.824	1.797	1.721	1.608	1.474	1.332	1.193	0.948	0.756	0.459	0.307	0.220	0.166
1.180	1.590	1.571	1.517	1.434	1.333	1.223	1.112	0.906	0.736	0.457	0.308	0.222	0.168
1.200	1.404	1.390	1.350	1.288	1.211	1.124	1.035	0.862	0.713	0.454	0.309	0.223	0.169
1.300	0.859	0.855	0.843	0.824	0.798	0.768	0.734	0.659	0.583	0.419	0.303	0.226	0.173
1.400	0.600	0.598	0.593	0.585	0.574	0.561	0.545	0.509	0.469	0.369	0.284	0.220	0.173
1.500	0.451	0.450	0.448	0.444	0.438	0.431	0.423	0.404	0.381	0.319	0.259	0.209	0.168
1.600	0.356	0.356	0.354	0.352	0.349	0.345	0.340	0.329	0.315	0.274	0.232	0.194	0.161

30

$\frac{n}{m}$ / l/d	0.000	0.020	0.040	0.060	0.080	0.100	0.120	0.160	0.200	0.300	0.400	0.500	0.600
0.500		−1.759	−1.206	−0.888	−0.670	−0.508	−0.382	−0.201	−0.082	0.065	0.107	0.108	0.093
0.550		−1.698	−1.145	−0.829	−0.613	−0.453	−0.329	−0.155	−0.042	0.092	0.125	0.120	0.102
0.600		−1.603	−1.051	−0.738	−0.525	−0.369	−0.251	−0.087	0.015	0.126	0.145	0.132	0.111
0.650		−1.463	−0.915	−0.606	−0.400	−0.251	−0.141	0.005	0.089	0.166	0.166	0.144	0.119
0.700		−1.263	−0.720	−0.420	−0.225	−0.089	0.007	0.124	0.181	0.211	0.187	0.155	0.126
0.750		−0.973	−0.441	−0.157	0.017	0.129	0.201	0.272	0.289	0.257	0.208	0.166	0.132
0.800		−0.536	−0.026	0.223	0.356	0.424	0.452	0.447	0.408	0.302	0.226	0.175	0.137
0.850		0.177	0.627	0.793	0.833	0.812	0.761	0.638	0.526	0.342	0.242	0.182	0.141
0.900		1.507	1.756	1.675	1.486	1.282	1.098	0.816	0.627	0.374	0.256	0.189	0.146
0.950		4.706	3.888	2.919	2.199	1.707	1.366	0.941	0.697	0.399	0.268	0.196	0.150
1.004	15.226	16.081	6.097	3.664	2.547	1.910	1.503	1.019	0.748	0.422	0.279	0.202	0.154
1.008	14.944	14.179	6.096	3.676	2.557	1.918	1.509	1.024	0.751	0.423	0.280	0.203	0.154
1.012	14.281	12.577	6.062	3.682	2.565	1.925	1.515	1.028	0.755	0.425	0.281	0.203	0.155
1.016	13.323	11.303	5.988	3.681	2.571	1.932	1.521	1.032	0.758	0.426	0.282	0.204	0.155
1.020	12.240	10.258	5.874	3.672	2.575	1.937	1.526	1.036	0.761	0.428	0.283	0.204	0.155
1.024	11.162	9.376	5.728	3.654	2.575	1.941	1.530	1.040	0.764	0.429	0.284	0.205	0.156
1.028	10.159	8.616	5.557	3.626	2.573	1.944	1.534	1.043	0.766	0.431	0.285	0.205	0.156
1.040	7.763	6.846	4.979	3.486	2.541	1.942	1.541	1.053	0.774	0.435	0.287	0.207	0.157
1.060	5.344	4.949	4.050	3.132	2.416	1.901	1.532	1.061	0.785	0.442	0.291	0.209	0.159
1.080	3.978	3.786	3.307	2.741	2.229	1.815	1.495	1.059	0.790	0.448	0.295	0.212	0.160
1.100	3.126	3.020	2.743	2.384	2.022	1.702	1.435	1.045	0.790	0.453	0.299	0.214	0.162
1.120	2.551	2.488	2.316	2.079	1.822	1.577	1.360	1.020	0.784	0.457	0.302	0.216	0.163
1.140	2.140	2.099	1.986	1.824	1.639	1.452	1.278	0.987	0.773	0.458	0.304	0.218	0.165
1.160	1.833	1.806	1.728	1.613	1.477	1.334	1.194	0.948	0.756	0.459	0.307	0.220	0.166
1.180	1.596	1.577	1.522	1.438	1.336	1.224	1.113	0.906	0.736	0.457	0.308	0.222	0.168
1.200	1.408	1.394	1.354	1.291	1.213	1.126	1.036	0.862	0.713	0.454	0.309	0.223	0.169
1.300	0.860	0.856	0.844	0.825	0.799	0.769	0.734	0.660	0.584	0.419	0.303	0.226	0.173
1.400	0.600	0.599	0.594	0.586	0.575	0.561	0.545	0.509	0.469	0.369	0.284	0.220	0.173
1.500	0.451	0.451	0.448	0.444	0.439	0.432	0.423	0.404	0.381	0.319	0.259	0.209	0.168
1.600	0.356	0.356	0.354	0.352	0.349	0.345	0.340	0.329	0.315	0.275	0.232	0.194	0.161

l/d	40												
n m	0.000	0.020	0.040	0.060	0.080	0.100	0.120	0.160	0.200	0.300	0.400	0.500	0.600
0.500		−1.759	−1.205	−0.888	−0.670	−0.507	−0.381	−0.201	−0.082	0.066	0.108	0.108	0.093
0.550		−1.698	−1.145	−0.829	−0.612	−0.452	−0.329	−0.154	−0.042	0.092	0.125	0.120	0.102
0.600		−1.602	−1.050	−0.737	−0.524	−0.369	−0.250	−0.086	0.015	0.126	0.145	0.132	0.111
0.650		−1.462	−0.913	−0.605	−0.399	−0.250	−0.140	0.006	0.090	0.166	0.166	0.144	0.119
0.700		−1.261	−0.718	−0.419	−0.223	−0.088	0.008	0.125	0.182	0.211	0.187	0.155	0.126
0.750		−0.970	−0.438	−0.155	0.019	0.131	0.203	0.272	0.290	0.257	0.208	0.166	0.132
0.800		−0.531	−0.022	0.227	0.359	0.426	0.454	0.448	0.408	0.302	0.226	0.175	0.137
0.850		0.188	0.636	0.799	0.838	0.814	0.763	0.638	0.526	0.341	0.242	0.182	0.141
0.900		1.542	1.778	1.686	1.491	1.284	1.098	0.815	0.626	0.373	0.256	0.189	0.146
0.950		4.869	3.924	2.917	2.193	1.702	1.362	0.940	0.696	0.399	0.268	0.196	0.150
1.004	20.636	14.185	5.940	3.622	2.530	1.901	1.498	1.017	0.747	0.421	0.279	0.202	0.154
1.008	19.770	13.545	5.945	3.634	2.539	1.909	1.504	1.021	0.750	0.423	0.280	0.203	0.154
1.012	18.119	12.571	5.925	3.641	2.548	1.916	1.510	1.026	0.754	0.425	0.281	0.203	0.155
1.016	16.165	11.550	5.873	3.642	2.554	1.923	1.516	1.030	0.757	0.426	0.282	0.204	0.155
1.020	14.288	10.589	5.786	3.635	2.558	1.928	1.521	1.034	0.760	0.428	0.283	0.204	0.155
1.024	12.638	9.718	5.667	3.621	2.559	1.933	1.526	1.038	0.763	0.429	0.284	0.205	0.156
1.028	11.236	8.937	5.522	3.597	2.557	1.936	1.530	1.041	0.765	0.431	0.284	0.205	0.156
1.040	8.228	7.066	4.993	3.470	2.530	1.935	1.537	1.051	0.773	0.435	0.287	0.207	0.157
1.060	5.500	5.055	4.083	3.134	2.411	1.896	1.528	1.059	0.784	0.442	0.291	0.209	0.159
1.080	4.047	3.840	3.334	2.750	2.230	1.814	1.493	1.057	0.789	0.448	0.295	0.212	0.160
1.100	3.162	3.051	2.762	2.393	2.025	1.702	1.434	1.044	0.789	0.453	0.298	0.214	0.162
1.120	2.572	2.506	2.329	2.086	1.825	1.578	1.360	1.019	0.784	0.456	0.302	0.216	0.163
1.140	2.153	2.111	1.996	1.830	1.642	1.454	1.278	0.987	0.772	0.458	0.304	0.218	0.165
1.160	1.842	1.814	1.735	1.618	1.480	1.335	1.195	0.948	0.756	0.458	0.306	0.220	0.166
1.180	1.602	1.583	1.526	1.442	1.338	1.226	1.114	0.906	0.736	0.457	0.308	0.222	0.168
1.200	1.413	1.399	1.357	1.294	1.215	1.127	1.037	0.863	0.713	0.454	0.309	0.223	0.169
1.300	0.862	0.858	0.845	0.826	0.800	0.769	0.735	0.660	0.584	0.419	0.303	0.226	0.173
1.400	0.601	0.599	0.594	0.586	0.575	0.562	0.546	0.510	0.469	0.369	0.284	0.220	0.173
1.500	0.452	0.451	0.448	0.444	0.439	0.432	0.424	0.404	0.381	0.319	0.259	0.209	0.168
1.600	0.356	0.356	0.355	0.352	0.349	0.345	0.340	0.329	0.315	0.275	0.232	0.194	0.161

l/d	50												
n m	0.000	0.020	0.040	0.060	0.080	0.100	0.120	0.160	0.200	0.300	0.400	0.500	0.600
0.500		−1.758	−1.205	−0.887	−0.669	−0.507	−0.381	−0.200	−0.082	0.066	0.108	0.108	0.093
0.550		−1.697	−1.144	−0.828	−0.612	−0.452	−0.329	−0.154	−0.041	0.093	0.125	0.120	0.102
0.600		−1.601	−1.050	−0.737	−0.524	−0.368	−0.250	−0.086	0.016	0.126	0.145	0.132	0.111
0.650		−1.461	−0.913	−0.605	−0.398	−0.250	−0.140	0.006	0.090	0.166	0.166	0.144	0.119
0.700		−1.260	−0.718	−0.418	−0.223	−0.088	0.008	0.125	0.182	0.211	0.187	0.155	0.126
0.750		−0.969	−0.437	−0.154	0.020	0.132	0.203	0.273	0.290	0.257	0.208	0.166	0.132
0.800		−0.528	−0.020	0.229	0.360	0.427	0.454	0.448	0.409	0.302	0.226	0.175	0.137
0.850		0.193	0.641	0.803	0.840	0.816	0.763	0.638	0.526	0.341	0.242	0.182	0.141
0.900		1.558	1.789	1.691	1.493	1.284	1.098	0.815	0.626	0.373	0.256	0.189	0.146
0.950		4.947	3.940	2.916	2.190	1.699	1.360	0.939	0.696	0.398	0.268	0.196	0.150
1.004	25.958	13.491	5.873	3.603	2.522	1.897	1.495	1.016	0.747	0.421	0.279	0.202	0.154
1.008	24.069	13.126	5.879	3.615	2.532	1.905	1.502	1.020	0.750	0.423	0.280	0.203	0.154
1.012	21.098	12.429	5.864	3.622	2.540	1.912	1.508	1.025	0.753	0.424	0.281	0.203	0.155
1.016	18.118	11.575	5.820	3.624	2.546	1.919	1.513	1.029	0.756	0.426	0.282	0.204	0.155
1.020	15.572	10.695	5.745	3.619	2.551	1.924	1.519	1.033	0.759	0.427	0.283	0.204	0.155
1.024	13.503	9.854	5.638	3.605	2.552	1.929	1.523	1.037	0.762	0.429	0.284	0.205	0.156
1.028	11.836	9.077	5.503	3.583	2.551	1.932	1.527	1.040	0.765	0.431	0.284	0.205	0.156
1.040	8.466	7.170	4.998	3.463	2.524	1.931	1.535	1.050	0.773	0.435	0.287	0.207	0.157
1.060	5.577	5.105	4.098	3.135	2.409	1.894	1.527	1.058	0.783	0.442	0.291	0.209	0.159
1.080	4.080	3.866	3.347	2.754	2.230	1.813	1.492	1.057	0.789	0.448	0.295	0.212	0.160
1.100	3.179	3.065	2.771	2.397	2.027	1.702	1.434	1.043	0.789	0.453	0.298	0.214	0.162
1.120	2.581	2.515	2.335	2.090	1.827	1.579	1.360	1.019	0.783	0.456	0.302	0.216	0.163
1.140	2.159	2.117	2.000	1.833	1.644	1.455	1.279	0.987	0.772	0.458	0.304	0.218	0.165
1.160	1.846	1.818	1.738	1.620	1.481	1.336	1.195	0.948	0.756	0.458	0.306	0.220	0.166
1.180	1.605	1.585	1.529	1.443	1.340	1.227	1.114	0.906	0.736	0.457	0.308	0.222	0.168
1.200	1.415	1.401	1.359	1.296	1.216	1.128	1.037	0.863	0.713	0.454	0.309	0.223	0.169
1.300	0.862	0.858	0.846	0.826	0.801	0.770	0.735	0.660	0.584	0.419	0.303	0.226	0.173
1.400	0.601	0.599	0.594	0.586	0.575	0.562	0.546	0.510	0.469	0.369	0.284	0.220	0.173
1.500	0.452	0.451	0.449	0.444	0.439	0.432	0.424	0.404	0.381	0.319	0.259	0.209	0.168
1.600	0.356	0.356	0.355	0.352	0.349	0.345	0.340	0.329	0.315	0.275	0.233	0.194	0.161

l/d						60							
n/m	0.000	0.020	0.040	0.060	0.080	0.100	0.120	0.160	0.200	0.300	0.400	0.500	0.600
0.500		−1.758	−1.205	−0.887	−0.669	−0.507	−0.381	−0.200	−0.082	0.066	0.108	0.108	0.093
0.550		−1.697	−1.144	−0.828	−0.612	−0.452	−0.328	−0.154	−0.041	0.093	0.125	0.120	0.102
0.600		−1.601	−1.050	−0.737	−0.524	−0.368	−0.250	−0.086	0.016	0.126	0.145	0.132	0.111
0.650		−1.461	−0.913	−0.604	−0.398	−0.250	−0.140	0.006	0.090	0.166	0.166	0.144	0.119
0.700		−1.260	−0.717	−0.417	−0.222	−0.087	0.008	0.125	0.182	0.211	0.187	0.155	0.126
0.750		−0.968	−0.436	−0.153	0.021	0.132	0.203	0.273	0.290	0.257	0.208	0.166	0.132
0.800		−0.527	−0.018	0.230	0.361	0.428	0.455	0.448	0.409	0.302	0.226	0.175	0.137
0.850		0.196	0.643	0.804	0.841	0.816	0.764	0.638	0.526	0.341	0.242	0.182	0.141
0.900		1.566	1.794	1.694	1.494	1.284	1.098	0.814	0.626	0.373	0.256	0.189	0.146
0.950		4.990	3.948	2.915	2.188	1.698	1.360	0.938	0.695	0.398	0.267	0.196	0.150
1.004	31.136	13.161	5.837	3.593	2.518	1.895	1.494	1.015	0.746	0.421	0.279	0.202	0.154
1.008	27.775	12.894	5.845	3.604	2.527	1.903	1.500	1.020	0.750	0.423	0.280	0.203	0.154
1.012	23.351	12.325	5.832	3.612	2.536	1.910	1.507	1.024	0.753	0.424	0.281	0.203	0.155
1.016	19.460	11.565	5.792	3.614	2.542	1.917	1.512	1.028	0.756	0.426	0.282	0.204	0.155
1.020	16.399	10.738	5.722	3.610	2.547	1.922	1.517	1.032	0.759	0.427	0.283	0.204	0.155
1.024	14.037	9.920	5.621	3.597	2.548	1.927	1.522	1.036	0.762	0.429	0.284	0.205	0.156
1.028	12.197	9.149	5.493	3.576	2.547	1.930	1.526	1.040	0.765	0.430	0.284	0.205	0.156
1.040	8.602	7.226	5.000	3.459	2.522	1.930	1.533	1.049	0.773	0.435	0.287	0.207	0.157
1.060	5.619	5.133	4.106	3.135	2.408	1.893	1.526	1.058	0.783	0.442	0.291	0.209	0.159
1.080	4.098	3.880	3.354	2.756	2.230	1.812	1.492	1.056	0.789	0.448	0.295	0.212	0.160
1.100	3.188	3.073	2.776	2.400	2.002	1.702	1.434	1.043	0.789	0.453	0.298	0.214	0.162
1.120	2.587	2.520	2.339	2.092	1.828	1.579	1.360	1.019	0.783	0.456	0.302	0.216	0.163
1.140	2.162	2.120	2.003	1.835	1.645	1.455	1.279	0.987	0.772	0.458	0.304	0.218	0.165
1.160	1.848	1.820	1.740	1.622	1.482	1.337	1.196	0.948	0.756	0.458	0.306	0.220	0.166
1.180	1.606	1.587	1.530	1.444	1.340	1.227	1.114	0.906	0.736	0.457	0.308	0.222	0.168
1.200	1.416	1.402	1.360	1.296	1.217	1.129	1.037	0.863	0.713	0.454	0.309	0.223	0.169
1.300	0.862	0.858	0.846	0.827	0.801	0.770	0.735	0.660	0.584	0.419	0.303	0.226	0.173
1.400	0.601	0.600	0.595	0.586	0.575	0.562	0.546	0.510	0.470	0.369	0.284	0.220	0.173
1.500	0.452	0.451	0.449	0.445	0.439	0.432	0.424	0.404	0.381	0.319	0.259	0.209	0.168
1.600	0.356	0.356	0.355	0.352	0.349	0.345	0.340	0.329	0.315	0.275	0.233	0.194	0.161

l/d						70							
n/m	0.000	0.020	0.040	0.060	0.080	0.100	0.120	0.160	0.200	0.300	0.400	0.500	0.600
0.500		−1.758	−1.204	−0.887	−0.669	−0.507	−0.381	−0.200	−0.082	0.066	0.108	0.108	0.093
0.550		−1.697	−1.144	−0.828	−0.612	−0.452	−0.328	−0.154	−0.041	0.093	0.125	0.120	0.102
0.600		−1.601	−1.050	−0.736	−0.524	−0.368	−0.250	−0.086	0.016	0.126	0.145	0.132	0.111
0.650		−1.461	−0.912	−0.604	−0.398	−0.250	−0.140	0.006	0.090	0.166	0.166	0.144	0.119
0.700		−1.260	−0.717	−0.417	−0.222	−0.087	0.009	0.125	0.182	0.211	0.187	0.155	0.126
0.750		−0.968	−0.436	−0.153	0.021	0.133	0.204	0.273	0.290	0.257	0.208	0.166	0.132
0.800		−0.526	−0.018	0.230	0.362	0.428	0.455	0.448	0.409	0.302	0.226	0.175	0.137
0.850		0.198	0.645	0.805	0.842	0.817	0.764	0.638	0.526	0.341	0.242	0.182	0.141
0.900		1.572	1.798	1.696	1.495	1.285	1.098	0.814	0.626	0.373	0.256	0.189	0.146
0.950		5.016	3.953	2.915	2.187	1.697	1.359	0.938	0.695	0.398	0.267	0.196	0.150
1.004	36.118	12.976	5.816	3.587	2.515	1.894	1.493	1.015	0.746	0.421	0.279	0.202	0.154
1.008	30.900	12.756	5.824	3.598	2.525	1.902	1.500	1.020	0.749	0.423	0.280	0.203	0.154
1.012	25.046	12.255	5.813	3.606	2.533	1.909	1.506	1.024	0.753	0.424	0.281	0.203	0.155
1.016	20.400	11.552	5.775	3.608	2.540	1.915	1.511	1.028	0.756	0.426	0.282	0.204	0.155
1.020	16.954	10.759	5.708	3.604	2.544	1.921	1.517	1.032	0.759	0.427	0.283	0.204	0.155
1.024	14.385	9.957	5.611	3.592	2.546	1.925	1.521	1.036	0.762	0.429	0.284	0.205	0.156
1.028	12.427	9.191	5.486	3.571	2.545	1.929	1.525	1.040	0.764	0.430	0.284	0.205	0.156
1.040	8.687	7.261	5.002	3.457	2.520	1.929	1.533	1.049	0.772	0.435	0.287	0.207	0.157
1.060	5.645	5.150	4.111	3.135	2.407	1.892	1.525	1.058	0.783	0.442	0.291	0.209	0.159
1.080	4.109	3.888	3.358	2.757	2.230	1.812	1.491	1.056	0.789	0.448	0.295	0.212	0.160
1.100	3.194	3.078	2.779	2.401	2.028	1.702	1.434	1.043	0.789	0.453	0.298	0.214	0.162
1.120	2.590	2.523	2.341	2.093	1.829	1.579	1.360	1.019	0.783	0.456	0.302	0.216	0.163
1.140	2.164	2.122	2.004	1.836	1.645	1.455	1.279	0.987	0.772	0.458	0.304	0.218	0.165
1.160	1.849	1.821	1.741	1.622	1.483	1.337	1.196	0.948	0.756	0.458	0.306	0.220	0.166
1.180	1.607	1.588	1.531	1.445	1.341	1.228	1.114	0.906	0.736	0.457	0.308	0.222	0.168
1.200	1.417	1.402	1.361	1.297	1.217	1.129	1.037	0.863	0.713	0.454	0.309	0.223	0.169
1.300	0.863	0.859	0.846	0.827	0.801	0.770	0.736	0.660	0.584	0.419	0.303	0.226	0.173
1.400	0.601	0.600	0.595	0.586	0.575	0.562	0.546	0.510	0.470	0.369	0.284	0.220	0.173
1.500	0.452	0.451	0.449	0.445	0.439	0.432	0.424	0.404	0.381	0.319	0.259	0.209	0.168
1.600	0.356	0.356	0.355	0.352	0.349	0.345	0.340	0.329	0.315	0.275	0.233	0.194	0.161

l/d	80												
m \ n	0.000	0.020	0.040	0.060	0.080	0.100	0.120	0.160	0.200	0.300	0.400	0.500	0.600
0.500		−1.758	−1.204	−0.887	−0.669	−0.507	−0.381	−0.200	−0.082	0.066	0.108	0.108	0.093
0.550		−1.697	−1.144	−0.828	−0.612	−0.452	−0.328	−0.154	−0.041	0.093	0.125	0.120	0.102
0.600		−1.601	−1.050	−0.736	−0.524	−0.368	−0.250	−0.086	0.016	0.126	0.145	0.132	0.111
0.650		−1.461	−0.912	−0.604	−0.398	−0.249	−0.139	0.006	0.090	0.166	0.166	0.144	0.119
0.700		−1.259	−0.717	−0.417	−0.222	−0.087	0.009	0.125	0.182	0.211	0.187	0.155	0.126
0.750		−0.968	−0.436	−0.153	0.021	0.133	0.204	0.273	0.290	0.257	0.208	0.166	0.132
0.800		−0.526	−0.017	0.230	0.362	0.428	0.455	0.448	0.409	0.302	0.226	0.175	0.137
0.850		0.199	0.646	0.806	0.842	0.817	0.764	0.638	0.526	0.341	0.242	0.182	0.141
0.900		1.575	1.800	1.697	1.495	1.285	1.098	0.814	0.625	0.373	0.256	0.189	0.146
0.950		5.032	3.956	2.914	2.186	1.697	1.359	0.938	0.695	0.398	0.267	0.196	0.150
1.004	40.860	12.861	5.803	3.583	2.513	1.893	1.493	1.015	0.746	0.421	0.279	0.202	0.154
1.008	33.500	12.667	5.811	3.594	2.523	1.901	1.499	1.019	0.749	0.423	0.280	0.203	0.154
1.012	26.328	12.207	5.800	3.602	2.532	1.908	1.505	1.024	0.753	0.424	0.281	0.203	0.155
1.016	21.074	11.541	5.765	3.605	2.538	1.915	1.511	1.028	0.756	0.426	0.282	0.204	0.155
1.020	17.339	10.770	5.699	3.601	2.543	1.920	1.516	1.032	0.759	0.427	0.283	0.204	0.155
1.024	14.622	9.979	5.604	3.589	2.544	1.925	1.521	1.036	0.762	0.429	0.284	0.205	0.156
1.028	12.582	9.218	5.482	3.568	2.543	1.928	1.525	1.039	0.764	0.430	0.284	0.205	0.156
1.040	8.743	7.283	5.002	3.455	2.519	1.928	1.532	1.049	0.772	0.435	0.287	0.207	0.157
1.060	5.662	5.161	4.114	3.136	2.407	1.892	1.525	1.058	0.783	0.442	0.291	0.209	0.159
1.080	4.116	3.894	3.360	2.758	2.230	1.812	1.491	1.056	0.788	0.448	0.295	0.212	0.160
1.100	3.197	3.081	2.781	2.402	2.028	1.702	1.433	1.043	0.789	0.453	0.298	0.214	0.162
1.120	2.592	2.524	2.342	2.094	1.829	1.580	1.360	1.019	0.783	0.456	0.301	0.216	0.163
1.140	2.166	2.123	2.005	1.836	1.646	1.455	1.279	0.986	0.772	0.458	0.304	0.218	0.165
1.160	1.850	1.822	1.741	1.623	1.483	1.337	1.196	0.948	0.756	0.458	0.306	0.220	0.166
1.180	1.608	1.588	1.531	1.445	1.341	1.228	1.115	0.906	0.736	0.457	0.308	0.222	0.168
1.200	1.417	1.403	1.361	1.297	1.217	1.129	1.038	0.863	0.713	0.454	0.309	0.223	0.169
1.300	0.863	0.859	0.847	0.827	0.801	0.770	0.736	0.660	0.584	0.419	0.303	0.226	0.173
1.400	0.601	0.600	0.595	0.587	0.575	0.562	0.546	0.510	0.470	0.369	0.284	0.220	0.173
1.500	0.452	0.451	0.449	0.445	0.439	0.432	0.424	0.404	0.381	0.319	0.259	0.209	0.168
1.600	0.356	0.356	0.355	0.352	0.349	0.345	0.340	0.329	0.315	0.275	0.233	0.194	0.161

l/d	90												
m \ n	0.000	0.020	0.040	0.060	0.080	0.100	0.120	0.160	0.200	0.300	0.400	0.500	0.600
0.500		−1.758	−1.204	−0.887	−0.669	−0.507	−0.381	−0.200	−0.082	0.066	0.108	0.108	0.093
0.550		−1.697	−1.144	−0.828	−0.612	−0.452	−0.328	−0.154	−0.041	0.093	0.125	0.120	0.102
0.600		−1.601	−1.050	−0.736	−0.524	−0.368	−0.249	−0.086	0.016	0.126	0.145	0.132	0.111
0.650		−1.460	−0.912	−0.604	−0.398	−0.249	−0.139	0.006	0.090	0.166	0.166	0.144	0.119
0.700		−1.259	−0.717	−0.417	−0.222	−0.087	0.009	0.125	0.182	0.211	0.187	0.155	0.126
0.750		−0.967	−0.435	−0.152	0.022	0.133	0.204	0.273	0.290	0.257	0.208	0.166	0.132
0.800		−0.525	−0.017	0.231	0.362	0.428	0.455	0.448	0.409	0.302	0.226	0.175	0.137
0.850		0.200	0.646	0.807	0.842	0.817	0.764	0.639	0.526	0.341	0.242	0.182	0.141
0.900		1.578	1.801	1.697	1.495	1.285	1.098	0.814	0.625	0.373	0.256	0.189	0.146
0.950		5.044	3.958	2.914	2.186	1.696	1.358	0.938	0.695	0.398	0.267	0.196	0.150
1.004	45.330	12.784	5.793	3.580	2.512	1.892	1.492	1.015	0.746	0.421	0.279	0.202	0.154
1.008	35.651	12.606	5.802	3.592	2.522	1.900	1.499	1.019	0.749	0.423	0.280	0.203	0.154
1.012	27.309	12.174	5.792	3.600	2.530	1.908	1.505	1.024	0.752	0.424	0.281	0.203	0.155
1.016	21.569	11.532	5.757	3.602	2.537	1.914	1.511	1.028	0.756	0.426	0.282	0.204	0.155
1.020	17.616	10.777	5.693	3.598	2.541	1.920	1.516	1.032	0.759	0.427	0.283	0.204	0.155
1.024	14.790	9.994	5.600	3.587	2.543	1.924	1.521	1.036	0.761	0.429	0.283	0.205	0.156
1.028	12.691	9.236	5.479	3.566	2.542	1.927	1.525	1.039	0.764	0.430	0.284	0.205	0.156
1.040	8.782	7.298	5.003	3.454	2.518	1.927	1.532	1.049	0.772	0.435	0.287	0.207	0.157
1.060	5.674	5.168	4.116	3.136	2.406	1.891	1.525	1.057	0.783	0.442	0.291	0.209	0.159
1.080	4.121	3.898	3.362	2.759	2.230	1.812	1.491	1.056	0.788	0.448	0.295	0.212	0.160
1.100	3.200	3.083	2.783	2.402	2.029	1.702	1.433	1.043	0.789	0.453	0.298	0.214	0.162
1.120	2.594	2.526	2.343	2.094	1.829	1.580	1.360	1.019	0.783	0.456	0.301	0.216	0.163
1.140	2.166	2.124	2.006	1.837	1.646	1.456	1.279	0.986	0.772	0.458	0.304	0.218	0.165
1.160	1.851	1.822	1.742	1.623	1.483	1.337	1.196	0.948	0.756	0.458	0.306	0.220	0.166
1.180	1.608	1.589	1.532	1.446	1.341	1.228	1.115	0.906	0.736	0.457	0.308	0.222	0.168
1.200	1.417	1.403	1.361	1.297	1.218	1.129	1.038	0.863	0.713	0.454	0.309	0.223	0.169
1.300	0.863	0.859	0.847	0.827	0.801	0.770	0.736	0.660	0.584	0.419	0.303	0.226	0.173
1.400	0.601	0.600	0.595	0.587	0.576	0.562	0.546	0.510	0.470	0.369	0.284	0.220	0.173
1.500	0.452	0.451	0.449	0.445	0.439	0.432	0.424	0.404	0.381	0.319	0.259	0.209	0.168
1.600	0.356	0.356	0.355	0.352	0.349	0.345	0.340	0.329	0.315	0.275	0.233	0.194	0.161

$\frac{n}{m}$ l/d	100												
	0.000	0.020	0.040	0.060	0.080	0.100	0.120	0.160	0.200	0.300	0.400	0.500	0.600
0.500		−1.758	−1.204	−0.887	−0.669	−0.507	−0.381	−0.200	−0.082	0.066	0.108	0.108	0.093
0.550		−1.697	−1.144	−0.828	−0.612	−0.452	−0.328	−0.154	−0.041	0.093	0.125	0.120	0.102
0.600		−1.601	−1.049	−0.736	−0.524	−0.368	−0.249	−0.085	0.016	0.127	0.145	0.132	0.111
0.650		−1.460	−0.912	−0.604	−0.397	−0.249	−0.139	0.007	0.090	0.166	0.166	0.144	0.119
0.700		−1.259	−0.717	−0.417	−0.222	−0.087	0.009	0.125	0.182	0.211	0.187	0.155	0.126
0.750		−0.967	−0.435	−0.152	0.022	0.133	0.204	0.273	0.290	0.257	0.208	0.166	0.132
0.800		−0.525	−0.017	0.231	0.362	0.428	0.455	0.448	0.409	0.302	0.226	0.175	0.137
0.850		0.201	0.647	0.807	0.843	0.817	0.764	0.639	0.526	0.341	0.242	0.182	0.141
0.900		1.579	1.803	1.698	1.495	1.285	1.098	0.814	0.625	0.373	0.256	0.189	0.146
0.950		5.052	3.960	2.914	2.186	1.696	1.358	0.938	0.695	0.398	0.267	0.196	0.150
1.004	49.507	12.730	5.787	3.578	2.511	1.892	1.492	1.015	0.746	0.421	0.279	0.202	0.154
1.008	37.430	12.563	5.795	3.590	2.521	1.900	1.499	1.019	0.749	0.423	0.280	0.203	0.154
1.012	28.070	12.149	5.786	3.598	2.530	1.907	1.505	1.024	0.752	0.424	0.281	0.203	0.155
1.016	21.941	11.524	5.752	3.600	2.536	1.914	1.510	1.028	0.755	0.426	0.282	0.204	0.155
1.020	17.820	10.782	5.689	3.596	2.541	1.919	1.516	1.032	0.759	0.427	0.283	0.204	0.155
1.024	14.913	10.005	5.596	3.585	2.543	1.924	1.520	1.036	0.761	0.429	0.284	0.205	0.156
1.028	12.771	9.249	5.477	3.565	2.541	1.927	1.524	1.039	0.764	0.430	0.285	0.205	0.156
1.040	8.810	7.309	5.003	3.453	2.517	1.927	1.532	1.048	0.772	0.435	0.287	0.207	0.157
1.060	5.682	5.174	4.118	3.136	2.406	1.891	1.525	1.057	0.783	0.442	0.291	0.209	0.159
1.080	4.125	3.900	3.364	2.759	2.230	1.812	1.491	1.056	0.788	0.448	0.295	0.212	0.160
1.100	3.202	3.085	2.783	2.403	2.029	1.702	1.433	1.043	0.789	0.453	0.298	0.214	0.162
1.120	2.595	2.527	2.344	2.095	1.829	1.580	1.360	1.019	0.783	0.456	0.301	0.216	0.163
1.140	2.167	2.124	2.006	1.837	1.646	1.456	1.279	0.986	0.772	0.458	0.304	0.218	0.165
1.160	1.851	1.823	1.742	1.623	1.483	1.337	1.196	0.948	0.756	0.458	0.306	0.220	0.166
1.180	1.609	1.589	1.532	1.446	1.341	1.228	1.115	0.906	0.736	0.457	0.308	0.222	0.168
1.200	1.417	1.403	1.361	1.297	1.218	1.129	1.038	0.863	0.713	0.456	0.309	0.223	0.169
1.300	0.863	0.859	0.847	0.827	0.801	0.770	0.736	0.660	0.584	0.419	0.300	0.224	0.173
1.400	0.601	0.600	0.595	0.587	0.576	0.562	0.546	0.510	0.470	0.369	0.284	0.220	0.173
1.500	0.452	0.451	0.449	0.445	0.439	0.432	0.424	0.404	0.381	0.319	0.259	0.209	0.168
1.600	0.356	0.356	0.355	0.352	0.349	0.345	0.340	0.329	0.315	0.275	0.233	0.194	0.161

F.0.3 桩侧阻力分布可采用下列模式：

基桩侧阻力分布简化为沿桩身均匀分布模式，即取 $\beta = 1 - \alpha$ [式（F.0.1-1）中 $\sigma_{zst} = 0$]。当有测试依据时，可根据测试结果分别采用沿深度线性增长的正三角形分布 [$\beta = 0$，式（F.0.1-1）中 $\sigma_{zsr} = 0$]、正梯形分布（均布＋正三角形分布）或倒梯形分布（均布－正三角形分布）等。

F.0.4 长、短桩竖向应力影响系数应按下列原则计算：

1 计算长桩 l_1 对短桩 l_2 影响时，应以长桩的 $m_1 = z/l_1 = l_2/l_1$ 为起始计算点，向下计算对短桩桩端以下不同深度产生的竖向应力影响系数；

2 计算短桩 l_2 对长桩 l_1 影响时，应以短桩的 $m_2 = z/l_2 = l_1/l_2$ 为起始计算点，向下计算对长桩桩端以下不同深度产生的竖向应力影响系数；

3 当计算点下正应力叠加结果为负值时，应按零取值。

附录 G 按倒置弹性地基梁计算砌体墙下条形桩基承台梁

G.0.1 按倒置弹性地基梁计算砌体墙下条形桩基连续承台梁时，先求得作用于梁上的荷载，然后按普通连续梁计算其弯距和剪力。弯距和剪力的计算公式可根据图 G.0.1 所示计算简图，分别按表 G.0.1 采用。

表 G.0.1 砌体墙下条形桩基连续承台梁内力计算公式

内力	计算简图编号	内力计算公式	
支座弯距	(a)、(b)、(c)	$M = -p_0 \dfrac{a_0^2}{12}\left(2 - \dfrac{a_0}{L_c}\right)$	(G.0.1-1)
	(d)	$M = -q\dfrac{L_c^2}{12}$	(G.0.1-2)
跨中弯距	(a)、(c)	$M = p_0 \dfrac{a_0^3}{12L_c}$	(G.0.1-3)
	(b)	$M = \dfrac{p_0}{12}\left[L_c\left(6a_0 - 3L_c + 0.5\dfrac{L_c^2}{a_0}\right) - a_0^2\left(4 - \dfrac{a_0}{L_c}\right)\right]$	(G.0.1-4)
	(d)	$M = \dfrac{qL_c^2}{24}$	(G.0.1-5)
最大剪力	(a)、(b)、(c)	$Q = \dfrac{p_0 a_0}{2}$	(G.0.1-6)
	(d)	$Q = \dfrac{qL}{2}$	(G.0.1-7)

注：当连续承台梁少于 6 跨时，其支座与跨中弯距应按实际跨数和图 G.0.1-1 求计算公式。

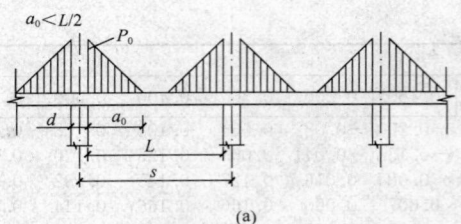

$a_0 < L/2$

(a)

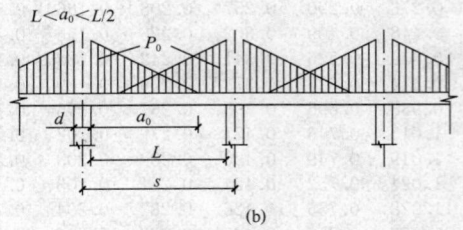

$L < a_0 < L/2$

(b)

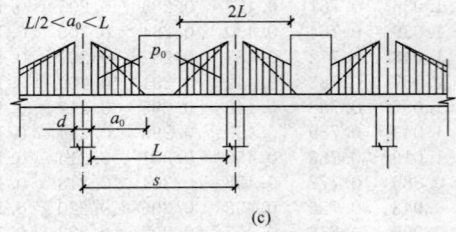

$L/2 < a_0 < L$

$2L$

(c)

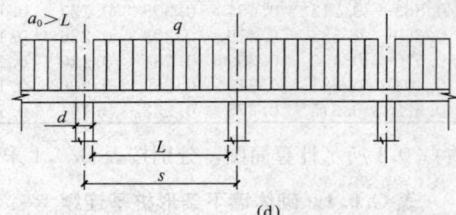

$a_0 > L$

q

(d)

图 G.0.1　砌体墙下条形桩基连续承台梁计算简图

式（G.0.1-1）～式（G.0.1-7）中：

p_0——线荷载的最大值（kN/m），按下式确定：

$$p_0 = \frac{qL_c}{a_0} \qquad (G.0.1\text{-}8)$$

a_0——自桩边算起的三角形荷载图形的底边长度，分别按下列公式确定：

中间跨

$$a_0 = 3.14 \sqrt[3]{\frac{E_n I}{E_k b_k}} \qquad (G.0.1\text{-}9)$$

边跨

$$a_0 = 2.4 \sqrt[3]{\frac{E_n I}{E_k b_k}} \qquad (G.0.1\text{-}10)$$

式中　L_c——计算跨度，$L_c = 1.05L$；

L——两相邻桩之间的净距；

s——两相邻桩之间的中心距；

d——桩身直径；

q——承台梁底面以上的均布荷载；

$E_n I$——承台梁的抗弯刚度；

E_n——承台梁混凝土弹性模量；

I——承台梁横截面的惯性矩；

E_k——墙体的弹性模量；

b_k——墙体的宽度。

当门窗口下布有桩，且承台梁顶面至门窗口的砌体高度小于门窗口的净宽时，则应按倒置的简支梁计算该段梁的弯距，即取门窗净宽的 1.05 倍为计算跨度，取门窗下桩顶荷载为计算集中荷载进行计算。

附录 H　锤击沉桩锤重的选用

H.0.1　锤击沉桩的锤重可根据表 H.0.1 选用。

表 H.0.1　锤重选择表

锤　　型		柴油锤（t）						
		D25	D35	D45	D60	D72	D80	D100
锤的动力性能	冲击部分质量（t）	2.5	3.5	4.5	6.0	7.2	8.0	10.0
	总质量（t）	6.5	7.2	9.6	15.0	18.0	17.0	20.0
	冲击力（kN）	2000～2500	2500～4000	4000～5000	5000～7000	7000～10000	＞10000	＞12000
	常用冲程（m）	1.8～2.3						
	预制方桩、预应力管桩的边长或直径（mm）	350～400	400～450	450～500	500～550	550～600	600 以上	600 以上
	钢管桩直径（mm）	400		600	900	900～1000	900 以上	900 以上
持力层	黏性土粉土 一般进入深度（m）	1.5～2.5	2.0～3.0	2.5～3.5	3.0～4.0	3.0～5.0		
	静力触探比贯入阻力 P_s 平均值（MPa）	4	5	＞5	＞5	＞5		
	砂土 一般进入深度（m）	0.5～1.5	1.0～2.0	1.5～2.5	2.0～3.0	2.5～3.5	4.0～5.0	5.0～6.0
	标准贯入击数 $N_{63.5}$（未修正）	20～30	30～40	40～45	45～50	50	＞50	＞50
锤的常用控制贯入度（cm/10 击）		2～3		3～5	4～8		5～10	7～12
设计单桩极限承载力（kN）		800～1600	2500～4000	3000～5000	5000～7000	7000～10000	＞10000	＞10000

注：1　本表仅供选锤用；

　　2　本表适用于桩端进入硬土层一定深度的长度为 20～60m 的钢筋混凝土预制桩及长度为 40～60m 的钢管桩。

本规范用词说明

1 为了便于在执行本规范条文时区别对待，对于要求严格程度不同的用词说明如下：

1) 表示很严格，非这样做不可的：

正面词采用"必须"，反面词采用"严禁"。

2) 表示严格，在正常情况下均应这样做的：

正面词采用"应"，反面词采用"不应"或"不得"。

3) 表示允许稍有选择，在条件允许时首先应这样做的：

正面词采用"宜"，反面词采用"不宜"。

表示有选择，在一定条件下可以这样做的，采用"可"。

2 条文中指明应按其他有关标准、规范执行的，写法为："应按……执行"或"应符合……的规定（或要求）"。

中华人民共和国行业标准

建筑桩基技术规范

JGJ 94—2008

条 文 说 明

前　　言

《建筑桩基技术规范》JGJ 94—2008，经住房和城乡建设部 2008 年 4 月 22 日以第 18 号公告批准、发布。

本规范的主编单位是中国建筑科学研究院，参编单位是北京市勘察设计研究院有限公司、现代设计集团华东建筑设计研究院有限公司、上海岩土工程勘察设计研究院有限公司、天津大学、福建省建筑科学研究院、中冶集团建筑研究总院、机械工业勘察设计研究院、中国建筑东北设计院、广东省建筑科学研究院、北京筑都方圆建筑设计有限公司、广州大学。

为便于广大设计、施工、科研、学校等单位有关人员在使用本标准时能正确理解和执行条文规定，《建筑桩基技术规范》编制组按章、节、条顺序编制了本规范的条文说明，供使用者参考。在使用中如发现本条文说明有不妥之处，请将意见函寄中国建筑科学研究院。

目　　次

1 总　　则

1.0.1～1.0.3 桩基的设计与施工要实现安全适用、技术先进、经济合理、确保质量、保护环境的目标，应综合考虑下列诸因素，把握相关技术要点。

1 地质条件。建设场地的工程地质和水文地质条件，包括地层分布特征和土性、地下水赋存状态与水质等，是选择桩型、成桩工艺、桩端持力层及抗浮设计等的关键因素。因此，场地勘察做到完整可靠，设计和施工者对于勘察资料做出正确解析和应用均至关重要。

2 上部结构类型、使用功能与荷载特征。不同的上部结构类型对于抵抗或适应桩基差异沉降的性能不同，如剪力墙结构抵抗差异沉降的能力优于框架、框架-剪力墙、框架-核心筒结构；排架结构适应差异沉降的性能优于框架、框架-剪力墙、框架-核心筒结构。建筑物使用功能的特殊性和重要性是决定桩基设计等级的依据之一；荷载大小与分布是确定桩型、桩的几何参数与布桩所应考虑的主要因素。地震作用在一定条件下制约桩的设计。

3 施工技术条件与环境。桩型与成桩工艺的优选，在综合考虑地质条件、单桩承载力要求前提下，尚应考虑成桩设备与技术的既有条件，力求既先进且实际可行、质量可靠；成桩过程产生的噪声、振动、泥浆、挤土效应等对于环境的影响应作为选择成桩工艺的重要因素。

4 注重概念设计。桩基概念设计的内涵是指综合上述诸因素制定该工程桩基设计的总体构思。包括桩型、成桩工艺、桩端持力层、桩径、桩长、单桩承载力、布桩、承台形式、是否设置后浇带等，它是施工图设计的基础。概念设计应在规范框架内，考虑桩、土、承台、上部结构相互作用对于承载力和变形的影响，既满足荷载与抗力的整体平衡，又兼顾荷载与抗力的局部平衡，以优化桩型选择和布桩为重点，力求减小差异变形，降低承台内力和上部结构次内力，实现节约资源、增强可靠性和耐久性。可以说，概念设计是桩基设计的核心。

2 术语、符号

2.1 术　　语

术语以《建筑桩基技术规范》JGJ 94—94 为基础，根据本规范内容，作了相应的增补、修订和删节；增加了减沉复合疏桩基础、变刚度调平设计、承台效应系数、灌注桩后注浆、桩基等效沉降系数。

2.2 符　　号

符号以沿用《建筑桩基技术规范》JGJ 94—94 既

有符号为主，根据规范条文的变化作了相应调整，主要是由于桩基竖向和水平承载力计算由原规范按荷载效应基本组合改为按标准组合。共有四条：2.2.1 作用和作用效应；2.2.2 抗力和材料性能：用单桩竖向承载力特征值、单桩水平承载力特征值取代原规范的竖向和水平承载力设计值；2.2.3 几何参数；2.2.4 计算系数。

3 基本设计规定

3.1 一　般　规　定

3.1.1 本条说明桩基设计的两类极限状态的相关内容。

1 承载能力极限状态

原《建筑桩基技术规范》JGJ 94—94 采用桩基承载能力概率极限状态分项系数的设计法，相应的荷载效应采用基本组合。本规范改为以综合安全系数 K 代替荷载分项系数和抗力分项系数，以单桩极限承载力和综合安全系数 K 为桩基抗力的基本参数。这意味着承载能力极限状态的荷载效应基本组合的荷载分项系数为 1.0，亦即为荷载效应标准组合。本规范作这种调整的原因如下：

　1）与现行国家标准《建筑地基基础设计规范》（GB 50007）的设计原则一致，以方便使用。

　2）关于不同桩型和成桩工艺对极限承载力的影响，实际上已反映于单桩极限承载力静载试验值或极限侧阻力与极限端阻力经验参数中，因此承载力随桩型和成桩工艺的变异特征已在单桩极限承载力取值中得到较大程度反映，采用不同的承载力分项系数意义不大。

　3）鉴于地基土性的不确定性对基桩承载力可靠性影响目前仍处于研究探索阶段，原《建筑桩基技术规范》JGJ 94 - 94 的承载力概率极限状态设计模式尚属不完全的可靠性分析设计。

关于桩身、承台结构承载力极限状态的抗力仍采用现行国家标准《混凝土结构设计规范》GB 50010、《钢结构设计规范》GB 50017（钢桩）规定的材料强度设计值，作用力采用现行国家标准《建筑结构荷载规范》GB 50009 规定的荷载效应基本组合设计值计算确定。

2 正常使用极限状态

由于问题的复杂性，以桩基的变形、抗裂、裂缝宽度为控制内涵的正常使用极限状态计算，如同上部结构一样从未实现基于可靠性分析的概率极限状态设计。因此桩基正常使用极限状态设计计算维持原《建筑桩基技术规范》JGJ 94-94 规范的规定。

3.1.2 划分建筑桩基设计等级，旨在界定桩基设计的复杂程度、计算内容和应采取的相应技术措施。桩基设计等级是根据建筑物规模、体型与功能特征、场地地质与环境的复杂程度，以及由于桩基问题可能造成建筑物破坏或影响正常使用的程度划分为三个等级。

甲级建筑桩基，第一类是（1）重要的建筑；（2）30 层以上或高度超过 100m 的高层建筑。这类建筑物的特点是荷载大、重心高、风载和地震作用水平剪力大，设计时应选择基桩承载力变幅大、布桩具有较大灵活性的桩型，基础埋置深度足够大，严格控制桩基的整体倾斜和稳定。第二类是（3）体型复杂且层数相差超过 10 层的高低层（含纯地下室）连体建筑物；（4）20 层以上框架-核心筒结构及其他对于差异沉降有特殊要求的建筑物。这类建筑物由于荷载与刚度分布极为不均，抵抗和适应差异变形的性能较差，或使用功能上对变形有特殊要求（如冷藏库、精密生产工艺的多层厂房、液面控制严格的贮液罐体、精密机床和透平设备基础等）的建（构）筑物桩基，须严格控制差异变形乃至沉降量。桩基设计中，首先，概念设计要遵循变刚度调平设计原则；其二，在概念设计的基础上要进行上部结构——承台——桩土的共同作用分析，计算沉降等值线、承台内力和配筋。第三类是（5）场地和地基条件复杂的 7 层以上的一般建筑物及坡地、岸边建筑；（6）对相邻既有工程影响较大的建筑物。这类建筑物自身无特殊性，但由于场地条件、环境条件的特殊性，应按桩基设计等级甲级设计。如场地处于岸边高坡、地基为半填半挖、基底同置于岩石和土质地层、岩溶极为发育且岩面起伏很大、桩身范围有较厚自重湿陷性黄土或可液化土等等，这种情况下首先应把握好桩基的概念设计，控制差异变形和整体稳定、考虑负摩阻力等至关重要；又如在相邻既有工程的场地上建造新建筑物，包括基础跨越地铁、基础埋深大于紧邻的重要或高层建筑物等，此时如何确定桩基传递荷载和施工不致影响既有建筑物的安全成为设计施工应予控制的关键因素。

丙级建筑桩基的要素同时包含两方面，一是场地和地基条件简单，二是荷载分布较均匀、体型简单的 7 层及 7 层以下一般建筑；桩基设计较简单，计算内容可视具体情况简略。

乙级建筑桩基，为甲级、丙级以外的建筑桩基，设计较甲级简单，计算内容应根据场地与地基条件、建筑物类型酌定。

3.1.3 关于桩基承载力计算和稳定性验算，是承载能力极限状态设计的具体内容，应结合工程具体条件有针对性地进行计算或验算，条文所列 6 项内容中有的为必算项，有的为可算项。

3.1.4、3.1.5 桩基变形涵盖沉降和水平位移两大方面，后者包括长期水平荷载、高烈度区水平地震作用以及风荷载等引起的水平位移；桩基沉降是计算绝对沉降、差异沉降、整体倾斜和局部倾斜的基本参数。

3.1.6 根据基桩所处环境类别，参照现行《混凝土结构设计规范》GB 50010 关于结构构件正截面的裂缝控制等级分为三级：一级严格要求不出现裂缝的构件，按荷载效应标准组合计算的构件受拉边缘混凝土不应产生拉应力；二级一般要求不出现裂缝的构件，按荷载效应标准组合计算的构件受拉边缘混凝土拉应力不应大于混凝土轴心抗拉强度标准值；按荷载效应准永久组合计算构件受拉边缘混凝土不宜产生拉应力；三级允许出现裂缝的构件，应按荷载效应标准组合计算裂缝宽度。最大裂缝宽度限值见本规范表 3.5.3。

3.1.7 桩基设计所采用的作用效应组合和抗力是根据计算或验算的内容相适应的原则确定。

1 确定桩数和布桩时，由于抗力是采用基桩或复合基桩极限承载力除以综合安全系数 $K=2$ 确定的特征值，故采用荷载分项系数 γ_G、$\gamma_Q=1$ 的荷载效应标准组合。

2 计算荷载作用下基桩沉降和水平位移时，考虑土体固结变形时效特点，应采用荷载效应准永久组合；计算水平地震作用、风荷载作用下桩基的水平位移时，应按水平地震作用、风载作用效应的标准组合。

3 验算坡地、岸边建筑桩基整体稳定性采用综合安全系数，故其荷载效应采用 γ_G、$\gamma_Q=1$ 的标准组合。

4 在计算承台结构和桩身结构时，应与上部混凝土结构一致，承台顶面作用效应采用基本组合，其抗力应采用包含抗力分项系数的设计值；在进行承台和桩身的裂缝控制验算时，应与上部混凝土结构一致，采用荷载效应标准组合和荷载效应准永久组合。

5 桩基结构作为结构体系的一部分，其安全等级、结构设计使用年限，应与混凝土结构设计规范一致。考虑到桩基结构的修复难度更大，故结构重要性系数 γ_0 除临时性建筑外，不应小于 1.0。

3.1.8 本条说明关于变刚度调平设计的相关内容。

变刚度调平概念设计旨在减小差异变形、降低承台内力和上部结构次内力，以节约资源，提高建筑物使用寿命，确保正常使用功能。以下就传统设计存在的问题、变刚度调平设计原理与方法、试验验证、工程应用效果进行说明。

1 天然地基箱基的变形特征

图 1 所示为北京中信国际大厦天然地基箱形基础竣工时和使用 3.5 年相应的沉降等值线。该大厦高 104.1m，框架-核心筒结构；双层箱基，高 11.8m；地基为砂砾与黏性土交互层；1984 年建成至今 20 年，最大沉降由 6.0cm 发展至 12.5cm，最大差异沉

降 $\Delta s_{\max} = 0.004L_0$，超过规范允许值 $[\Delta s_{\max}] = 0.002L_0$（$L_0$ 为二测点距离）一倍，碟形沉降明显。这说明加大基础的抗弯刚度对于减小差异沉降的效果并不突出，但材料消耗相当可观。

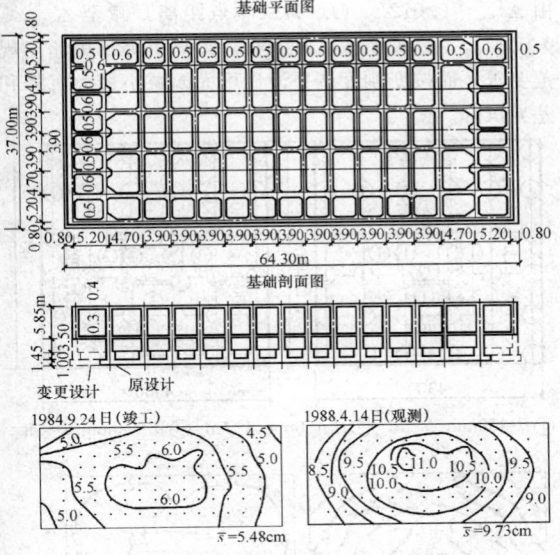

图 1　北京中信国际大厦箱基沉降等
值线（s 单位：cm）

2　均匀布桩的桩筏基础的变形特征

图 2 为北京南银大厦桩筏基础建成一年的沉降等值线。该大厦高 113m，框架-核心筒结构；采用 $\phi400$PHC 管桩，桩长 $l=11$m，均匀布桩；考虑到预制桩沉桩出现上浮，对所有桩实施了复打；筏板厚 2.5m；建成一年，最大差异沉降 $[\Delta s_{\max}]=0.002L_0$。由于桩端以下有黏性土下卧层，桩长相对较短，预计最终最大沉降量将达 7.0cm 左右，$\Delta s_{\max}$ 将超过允许值。沉降分布与天然地基上箱基类似，呈明显碟形。

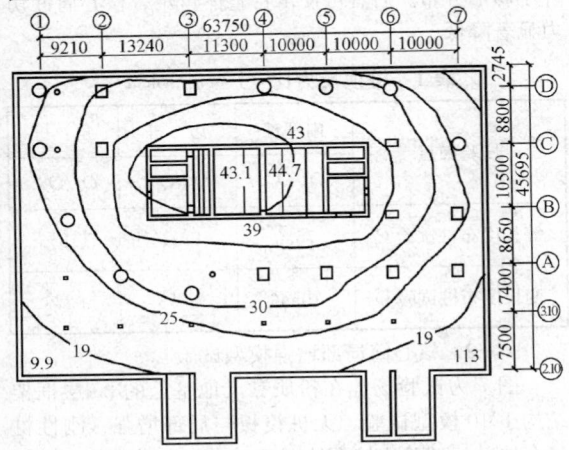

图 2　南银大厦桩筏基础沉降等值线
（建成一年，s 单位：mm）

3　均匀布桩的桩顶反力分布特征

图 3 所示为武汉某大厦桩箱基础的实测桩顶反力

分布。该大厦为 22 层框架-剪力墙结构，桩基为 $\phi500$PHC 管桩，桩长 22m，均匀布桩，桩距 $3.3d$，桩数 344 根，桩端持力层为粗中砂。由图 3 看出，随荷载和结构刚度增加，中、边桩反力差增大，最终达 1:1.9，呈马鞍形分布。

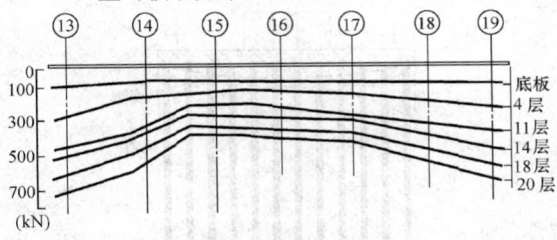

图 3　武汉某大厦桩箱基础桩顶反力实测结果

4　碟形沉降和马鞍形反力分布的负面效应

1）碟形沉降

约束状态下的非均匀变形与荷载一样也是一种作用，受作用体将产生附加应力。箱筏基础或桩承台的碟形沉降，将引起自身和上部结构的附加弯、剪内力乃至开裂。

2）马鞍形反力分布

天然地基箱筏基础土反力的马鞍形反力分布的负面效应将导致基础的整体弯矩增大。以图 1 北京中信国际大厦为例，土反力按《高层建筑箱形与筏形基础技术规范》JGJ 6—99 所给反力系数，近似计算中间单位宽幅带核心筒一侧的附加弯矩较均布反力增加 16.2%。根据图 3 所示桩箱基础实测反力内外比达 1:1.9，由此引起的整体弯矩增量比中信国际大厦天然地基的箱基更大。

5　变刚度调平概念设计

天然地基和均匀布桩的初始竖向支承刚度是均匀分布的，设置于其上的刚度有限的基础（承台）受均布荷载作用时，由于土与土、桩与桩、土与桩的相互作用导致地基或桩群的竖向支承刚度分布发生内弱外强变化，沉降变形出现内大外小的碟形分布，基底反力出现内小外大的马鞍形分布。

当上部结构为荷载与刚度内大外小的框架-核心筒结构时，碟形沉降会更趋明显[见图 4(a)]，上述工程实例证实了这一点。为避免上述负面效应，突破传统设计理念，通过调整地基或基桩的竖向支承刚度分布，促使差异沉降减到最小，基础或承台内力和上部结构次应力显著降低。这就是变刚度调平概念设计的内涵。

1）局部增强变刚度

在天然地基满足承载力要求的情况下，可对荷载集度高的区域如核心筒等实施局部增强处理，包括采用局部桩基与局部刚性桩复合地基[见图 4(c)]。

2）桩基变刚度

对于荷载分布较均匀的大型油罐等构筑物，宜按变桩距、变桩长布桩（图 5）以抵消因相互作用对中心区支承刚度的削弱效应。对于框架-核心筒和框架-剪力墙结构，应按荷载分布考虑相互作用，将桩相对集中布置于核心筒和柱下，对于外围框架区应适当弱化，按复合桩基设计，桩长宜减小（当有合适桩端持力层时），如图4(b)所示。

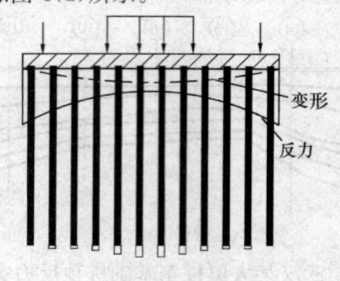

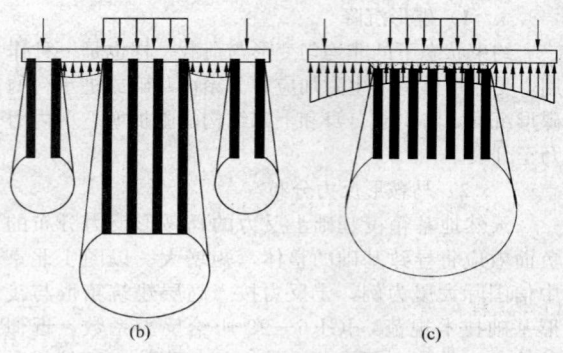

(a)

(b)   (c)

图4 框架-核心筒结构均匀布桩与变刚度布桩
（a）均匀布桩；（b）桩基-复合桩基；
（c）局部刚性桩复合地基或桩基

3）主裙连体变刚度

对于主裙连体建筑基础，应按增强主体（采用桩基）、弱化裙房（采用天然地基、疏短桩、复合地基、褥垫增沉等）的原则设计。

4）上部结构—基础—地基（桩土）共同工作分析

在概念设计的基础上，进行上部结构—基础—地基（桩土）共同作用分析计算，进一步优化布桩，并确定承台内力与配筋。

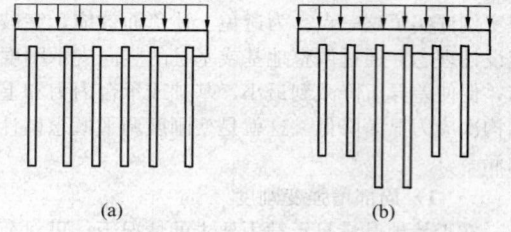

(a)   (b)

图5 均布荷载下变刚度布桩模式
（a）变桩距；（b）变桩长

6 试验验证

1）变桩长模型试验

在石家庄某现场进行了 20 层框架-核心筒结构

1/10现场模型试验。从图6看出，等桩长桩（$d=150$mm，$l=2$m）与变桩长（$d=150$mm，$l=2$m，3m，4m）布桩相比，在总荷载 $F=3250$kN 下，其最大沉降由 $s_{max}=6$mm 减至 $s_{max}=2.5$mm，最大沉降差由 $\Delta s_{max} \leqslant 0.012L_0$（$L_0$ 为二测点距离）减至 $\Delta s_{max} \leqslant 0.0005L_0$。这说明按常规布桩，差异沉降难免超出规范要求，而按变刚度调平设计可大幅减小最大沉降和差异沉降。

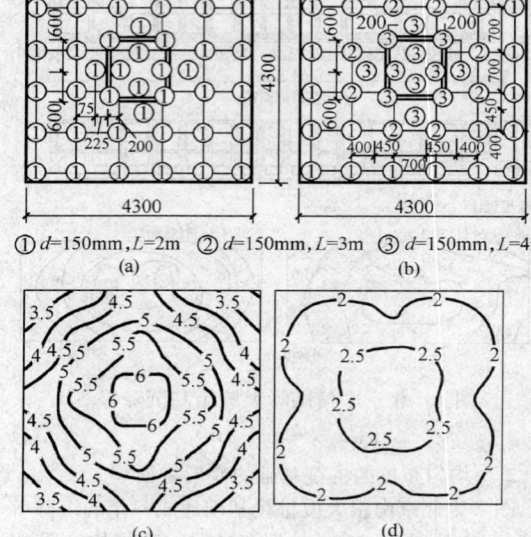

① $d=150$mm，$L=2$m   ② $d=150$mm，$L=3$m   ③ $d=150$mm，$L=4$m

(a)   (b)

(c)   (d)

图6 等桩长与变桩长桩基模型试验（$P=3250$kN）
（a）等长度布桩试验C；（b）变长度布桩试验D；
（c）等长度布桩沉降等值线；（d）变长度布桩沉降等值线

由表1桩顶反力测试结果看出，等桩长桩基桩顶反力呈内小外大马鞍形分布，变桩长桩基转变为内大外小碟形分布。后者可使承台整体弯矩、核心筒冲切力显著降低。

表1 桩顶反力比（$F=3250$kN）

试验细目	内部桩	边桩	角桩
	Q_i/Q_{av}	Q_b/Q_{bv}	Q_c/Q_{av}
等长度布桩试验C	76%	140%	115%
变长度布桩试验D	105%	93%	92%

2）核心筒局部增强模型试验

图7为试验场地在粉质黏土地基上的 20 层框架结构 1/10 模型试验，无桩筏板与局部增强（刚性桩复合地基）试验比较。从图7（a）、（b）可看出，在相同荷载（$F=3250$kN）下，后者最大沉降量 $s_{max}=8$mm，外围沉降为 7.8mm，差异沉降接近于零；而前者最大沉降量 $s_{max}=20$mm，外围最大沉降量 $s_{min}=10$mm，最大相对差异沉降 $\Delta s_{max}/L_0=0.4\% >$ 容许值

0.2%。可见，在天然地基承载力满足设计要求的情况下，采用对荷载集度高的核心区局部增强措施，其调平效果十分显著。

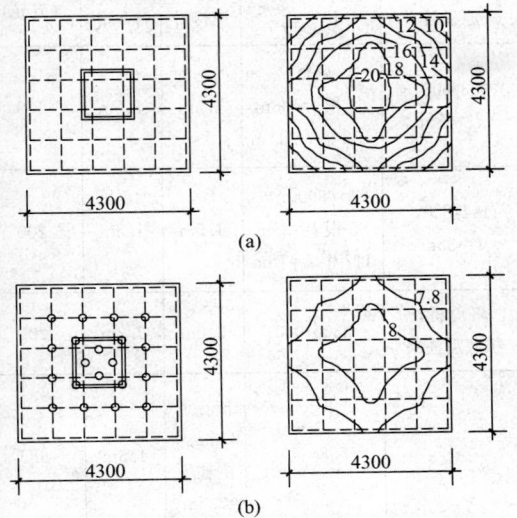

(a)

(b)

图 7　核心筒区局部增强（刚性桩复合地基）
与无桩筏板模型试验（$P=3250$kN）

(a) 无桩筏板；

(b) 核心区刚性桩复合地基（$d=150$mm，$L=2$m）

7　工程应用

采用变刚度调平设计理论与方法结合后注浆技术对北京皂君庙电信楼、山东农行大厦、北京长青大厦、北京电视台、北京呼家楼等 27 项工程的桩基设计进行了优化，取得了良好的技术经济效益（部分工程见表 2）。最大沉降 $s_{max}\leqslant38$mm，最大差异沉降 $\Delta s_{max}\leqslant0.0008L_0$，节约投资逾亿元。

3.1.9 软土地区多层建筑，若采用天然地基，其承载力许多情况下满足要求，但最大沉降往往超过 20cm，差异变形超过允许值，引发墙体开裂者多见。20 世纪 90 年代以来，首先在上海采用以减小沉降为目标的疏布小截面预制桩复合桩基，简称为减沉复合疏桩基础，上海称其为沉降控制复合桩基。近年来，这种减沉复合疏桩基础在温州、天津、济南等地也相继应用。

对于减沉复合疏桩基础应用中要注意把握三个关键技术，一是桩端持力层不应是坚硬岩层、密实砂、卵石层，以确保基桩受荷能产生刺入变形，承台底基土能有效分担份额很大的荷载；二是桩距应在 $5\sim6d$ 以上，使桩间土受桩牵连变形较小，确保桩间土较充分发挥承载作用；三是由于基桩数量少而疏，成桩质量可靠性应严加控制。

表 2　变刚度调平设计工程实例

工程名称	层数（层）/高度（m）	建筑面积（m²）	结构形式	桩　数		承台板厚		节约投资（万元）
				原设计	优　化	原设计	优　化	
农行山东省分行大厦	44/170	80000	框架-核心筒，主裙连体	377φ1000	146φ1000	—	—	300
北京皂君庙电信大厦	18/150	66308	框架-剪力墙，主裙连体	373φ800 391φ1000	302φ800			400
北京盛富大厦	26/100	60000	框架-核心筒，主裙连体	365φ1000	120φ1000			150
北京机械工业经营大厦	27/99.8	41700	框架-核心筒，主裙连体	桩基	复合地基			60
北京长青大厦	26/99.6	240000	框架-核心筒，主裙连体	1251φ800	860φ800		1.4m	959
北京紫云大厦	32/113	68000	框架-核心筒，主裙连体		92φ1000			50
BTV 综合业务楼	41/255	—	框架-核心筒		126φ1000	3m	2m	
BTV 演播楼	11/48	183000	框架-剪力墙		470φ800			1100
BTV 生活楼	11/52		框架-剪力墙		504φ600			
万豪国际大酒店	33/128	—	框架-核心筒，主裙连体		162φ800			

工程名称	层数（层）/高度（m）	建筑面积（m²）	结构形式	桩 数		承台板厚		节约投资（万元）
				原设计	优 化	原设计	优 化	
北京嘉美风尚中心公寓式酒店	28/99.8	180000	框架-剪力墙，主群连体	233φ800，l=38m	φ800，64 根 l=38m 152 根 l=18m	1.5m	1.5m	150
北京嘉美风尚中心办公楼	24/99.8		框架-剪力墙，主群连体	194φ800，l=38m	φ800，65 根 l=38m 117 根 l=18m	1.5m	1.5m	200
北京财源国际中心西塔	36/156.5	220000	框架-核心筒	φ800 桩，扩底后注浆	280φ1000	3.0m	2.2m	200
北京悦乐汇B区酒店、商业及写字楼（共 3 栋塔楼）	28/99.15	220000	框架-核心筒，主群连体	—	558φ800	核心下3.0m外围柱下2.2m	1.6m	685

3.1.10 对于按规范第 3.1.4 条进行沉降计算的建筑桩基，在施工过程及建成后使用期间，必须进行系统的沉降观测直至稳定。系统的沉降观测，包含四个要点：一是桩基完工之后即应在柱、墙脚部位设置测点，以测量地基的回弹再压缩量。待地下室建造出地面后，将测点移至地面柱、墙脚部位成为长期测点，并加设保护措施；二是对于框架-核心筒、框架-剪力墙结构，应于内部柱、墙和外围柱、墙上设置测点，以获取建筑物内、外部的沉降和差异沉降值；三是沉降观测应委托专业单位负责进行，施工单位自测自检平行作业，以资校对；四是沉降观测应事先制定观测间隔时间和全程计划，观测数据和所绘曲线应作为工程验收内容，移交建设单位存档，并按相关规范观测直至稳定。

3.2 基本资料

3.2.1、3.2.2 为满足桩基设计所需的基本资料，除建筑场地工程地质、水文地质资料外，对于场地的环境条件、新建工程的平面布置、结构类型、荷载分布、使用功能上的特殊要求、结构安全等级、抗震设防烈度、场地类别、桩的施工条件、类似地质条件的试桩资料等，都是桩基设计所需的基本资料。根据工程与场地条件，结合桩基工程特点，对勘探点间距、勘探深度、原位试验这三方面制定合理完整的勘探方案，以满足桩型、桩端持力层、单桩承载力、布桩等概念设计阶段和施工图设计阶段的资料要求。

3.3 桩的选型与布置

3.3.1、3.3.2 本条说明桩的分类与选型的相关内容。

1 应正确理解桩的分类内涵

1）按承载力发挥性状分类

承载性状的两个大类和四个亚类是根据其在极限承载力状态下，总侧阻力和总端阻力所占份额而定。承载性状的变化不仅与桩端持力层性质有关，还与桩的长径比、桩周土层性质、成桩工艺等有关。对于设计而言，应依据基桩竖向承载性状合理配筋、计算负摩阻力引起的下拉荷载、确定沉降计算图式、制定灌注桩沉渣控制标准和预制桩锤击和静压终止标准等。

2）按成桩方法分类

按成桩挤土效应分类，经大量工程实践证明是必要的，也是借鉴国外相关标准的规定。成桩过程中有无挤土效应，涉及设计选型、布桩和成桩过程质量控制。

成桩过程的挤土效应在饱和黏性土中是负面的，会引发灌注桩断桩、缩颈等质量事故，对于挤土预制混凝土桩和钢桩会导致桩体上浮，降低承载力，增大沉降；挤土效应还会造成周边房屋、市政设施受损；在松散土和非饱和填土中则是正面的，会起到加密、提高承载力的作用。

对于非挤土桩，由于其既不存在挤土负面效应，又具有穿越各种硬夹层、嵌岩和进入各类硬持力层的能力，桩的几何尺寸和单桩的承载力可调空间大。因此钻、挖孔灌注桩使用范围大，尤以高重建筑物更为合适。

3）按桩径大小分类

桩径大小影响桩的承载力性状，大直径钻（挖、冲）孔桩成孔过程中，孔壁的松弛变形导致侧阻力降低的效应随桩径增大而增大，桩端阻力则随直径增大而减小。这种尺寸效应与土的性质有关，黏性土、粉土与砂土、碎石类土相比，尺寸效应相对较弱。另外侧阻和端阻的尺寸效应与桩身直径 d、桩底直径 D 呈双曲线函数关系，尺寸效应系数：$\psi_{si} = (0.8/d)^{1/5}$；$\psi_p = (0.8/D)^{1/4}$。

2 应避免基桩选型常见误区

1）凡嵌岩桩必为端承桩

将嵌岩桩一律视为端承桩会导致将桩端嵌岩深度不必要地加大，施工周期延长，造价增加。

2）挤土灌注桩也可应用于高层建筑

沉管挤土灌注桩无需排土排浆，造价低。20 世纪 80 年代曾风行于南方各省，由于设计施工对于这类桩的挤土效应认识不足，造成的事故极多，因而 21 世纪以来趋于淘汰。然而，重温这类桩使用不当的教训仍属必要。某 28 层建筑，框架-剪力墙结构；场地地层自上而下为饱和粉质黏土、粉土、黏土；采用 ϕ500、$l = 22$m、沉管灌注桩、梁板式筏形承台、桩距 3.6d、均匀满堂布桩；成桩过程出现明显地面隆起和桩上浮；建至 12 层底板即开裂，建成后梁板式筏形承台的主次梁及部分与核心筒相连的框架梁开裂。最后采取加固措施，将梁板式筏形承台主次梁两侧加焊钢板，梁与梁之间充填混凝土变为平板式筏形承台。

鉴于沉管灌注桩应用不当的普遍性及其严重后果，本次规范修订中，严格控制沉管灌注桩的应用范围，在软土地区仅限于多层住宅单排桩条基使用。

3）预制桩的质量稳定性高于灌注桩

近年来，由于沉管灌注桩事故频发，PHC 和 PC 管桩迅猛发展，取代沉管灌注桩。毋庸置疑，预应力管桩不存在缩颈、夹泥等质量问题，其质量稳定性优于沉管灌注桩，但是与钻、挖、冲孔灌注桩比较则不然。首先，沉桩过程的挤土效应常常导致断桩（接头处）、桩端上浮、增大沉降，以及对周边建筑物和市政设施造成破坏等；其次，预制桩不能穿透硬夹层，往往使得桩长过短，持力层不理想，导致沉降过大；其三，预制桩的桩径、桩长、单桩承载力可调范围小，不能或难于按变刚度调平原则优化设计。因此，预制桩的使用要因地、因工程对象制宜。

4）人工挖孔桩质量稳定可靠

人工挖孔桩在低水位非饱和土中成孔，可进行彻底清孔，直观检查持力层，因此质量稳定性较高。但是，设计者对于高水位条件下采用人工挖孔桩的潜在隐患认识不足。有的边挖孔边抽水，以至将桩侧细颗粒淘走，引起地面下沉，甚至导致护壁整体滑脱，造成人身事故；还有的将相邻桩新灌注混凝土的水泥颗粒带走，造成离析；在流动性淤泥中实施强制性挖孔，引起大量淤泥发生侧向流动，导致土体滑移将桩体推歪、推断。

5）凡扩底可提高承载力

扩底桩用于持力层较好、桩较短的端承型灌注桩，可取得较好的技术经济效益。但是，若将扩底

不适当应用，则可能走进误区。如：在饱和单轴抗压强度高于桩身混凝土强度的基岩中扩底，是不必要的；在桩侧土层较好、桩长较大的情况下扩底，一则损失扩底端以上部分侧阻力，二则增加扩底费用，可能得失相当或失大于得；将扩底端放置于有软弱下卧层的薄硬土层上，既无增强效应，还可能留下安全隐患。

近年来，全国各地研发的新桩型，有的已取得一定的工程应用经验，编制了推荐性专业标准或企业标准，各有其适用条件。由于选用不当，造成事故者也不少见。

3.3.3 基桩的布置是桩基概念设计的主要内涵，是合理设计、优化设计的主要环节。

1 基桩的最小中心距。基桩最小中心距规定基于两个因素确定。第一，有效发挥桩的承载力，群桩试验表明对于非挤土桩，桩距 3～4d 时，侧阻和端阻的群桩效应系数接近或略大于 1；砂土、粉土略高于黏土。考虑承台效应的群桩效率则均大于 1。但桩基的变形因群桩效应而增大，亦即桩基的竖向支承刚度因桩土相互作用而降低。

基桩最小中心距所考虑的第二个因素是成桩工艺。对于非挤土桩而言，无需考虑挤土效应问题；对于挤土桩，为减小挤土负面效应，在饱和黏性土和密实土层条件下，桩距应适当加大。因此最小桩距的规定，考虑了非挤土、部分挤土和挤土效应，同时考虑桩的排列与数量等因素。

2 考虑力系的最优平衡状态。桩群承载力合力点宜与竖向永久荷载合力作用点重合，以减小荷载偏心的负面效应。当基桩受水平力时，应使基桩受水平力和力矩较大方向有较大的抗弯截面模量，以增强桩基的水平承载力，减小桩基的倾斜变形。

3 桩箱、桩筏基础的布桩原则。为改善承台的受力状态，特别是降低承台的整体弯矩、冲切力和剪切力，宜将桩布置于墙下和梁下，并适当弱化外围。

4 框架-核心筒结构的优化布桩。为减小差异变形、优化反力分布、降低承台内力，应按变刚度调平原则布桩。也就是根据荷载分布，作到局部平衡，并考虑相互作用对于桩土刚度的影响，强化内部核心筒和剪力墙区，弱化外围框架区。调整基桩支承刚度的具体作法是：对于刚度强化区，采取加大桩长（有多层持力层）、或加大桩径（端承型桩）、减小桩距（满足最小桩距）；对于刚度相对弱化区，除调整桩的几何尺寸外，宜按复合桩基设计。由此改变传统设计带来的碟形沉降和马鞍形反力分布，降低冲切力、剪切力和弯矩，优化承台设计。

5 关于桩端持力层选择和进入持力层的深度要求。桩端持力层是影响基桩承载力的关键性因素，不仅制约桩端阻力而且影响侧阻力的发挥，因此选择较硬土层为桩端持力层至关重要；其次，应确保

桩端进入持力层的深度，有效发挥其承载力。进入持力层的深度除考虑承载性状外尚应同成桩工艺可行性相结合。本款是综合以上二因素结合工程经验确定的。

6 关于嵌岩桩的嵌岩深度原则上应按计算确定，计算中综合反映荷载、上覆土层、基岩性质、桩径、桩长诸因素，但对于嵌入倾斜的完整和较完整岩的深度不宜小于 $0.4d$（以岩面坡下方深度计），对于倾斜度大于 30％的中风化岩，宜根据倾斜度及岩石完整程度适当加大嵌岩深度，以确保基桩的稳定性。

3.4 特殊条件下的桩基

3.4.1 本条说明关于软土地基桩基的设计原则。

1 软土地基特别是沿海深厚软土区，一般坚硬地层埋置很深，但选择较好的中、低压缩性土层作为桩端持力层仍有可能，且十分重要。

2 软土地区桩基因负摩阻力而受损的事故不少，原因各异。一是有些地区覆盖有新近沉积的欠固结土层；二是采取开山或吹填围海造地；三是使用过程地面大面积堆载；四是邻近场地降低地下水；五是大面积挤土沉桩引起超孔隙水压和土体上涌等等。负摩阻力的发生和危害是可以预防、消减的。问题是设计和施工者的事先预测和采取应对措施。

3 挤土沉桩在软土地区造成的事故不少，一是预制桩接头被拉断、桩体侧移和上涌，沉管灌注桩发生断桩、缩颈；二是邻近建筑物、道路和管线受到破坏。设计时要因地制宜选择桩型和工艺，尽量避免采用沉管灌注桩。对于预制桩和钢桩的沉桩，应采取减小孔压和减轻挤土效应的措施，包括施打塑料排水板、应力释放孔、引孔沉桩、控制沉桩速率等。

4 关于基坑开挖对已成桩的影响问题。在软土地区，考虑到基桩施工有利的作业条件，往往采取先成桩后开挖基坑的施工程序。由于基坑开挖得不均衡，形成"坑中坑"，导致土体蠕变滑移将基桩推歪推断，有的水平位移达 1m 多，造成严重的质量事故。这类事故自 20 世纪 80 年代以来，从南到北屡见不鲜。因此，软土场地在已成桩的条件下开挖基坑，必须严格实行均衡开挖，高差不应超过 1m，不得在坑边弃土，以确保已成桩不因土体滑移而发生水平位移和折断。

3.4.2 本条说明湿陷性黄土地区桩基的设计原则。

1 湿陷性黄土地区的桩基，由于土的自重湿陷对基桩产生负摩阻力，非自重湿陷性土由于浸水削弱桩侧阻力，承台底土抗力也随之消减，导致基桩承载力降低。为确保基桩承载力的安全可靠性，桩端持力层应选择低压缩性的黏性土、粉土、中密和密实土以及碎石类土层。

2 湿陷性黄土地基中的单桩极限承载力的不确定性较大，故设计等级为甲、乙级桩基工程的单桩极限承载力的确定，强调采用浸水载荷试验方法。

3 自重湿陷性黄土地基中的单桩极限承载力，应视浸水可能性、桩端持力层性质、建筑桩基设计等级等因素考虑负摩阻力的影响。

3.4.3 本条说明季节性冻土和膨胀土地基中的桩基的设计原则。

主要应考虑冻胀和膨胀对于基桩抗拔稳定性问题，避免冻胀或膨胀作用下产生上拔变形，乃至因累积上拔变形而引起建筑物开裂。因此，对于荷载不大的多层建筑桩基设计应考虑以下诸因素：桩端进入冻深线或膨胀土的大气影响急剧层以下一定深度；宜采用无挤土效应的钻、挖孔桩；对桩基的抗拔稳定性和桩身受拉承载力进行验算；对承台和桩身上部采取隔冻、隔胀处理。

3.4.4 本条说明岩溶地区桩基的设计原则。

主要考虑岩溶地区的基岩表面起伏大，溶沟、溶槽、溶洞往往较发育，无风化岩层覆盖等特点，设计应把握三方面要点：一是基桩选型和工艺宜采用钻、冲孔灌注桩，以利于嵌岩；二是应控制嵌岩最小深度，以确保倾斜基岩上基桩的稳定；三是当基岩的溶蚀极为发育，溶沟、溶槽、溶洞密布，岩面起伏很大，而上覆土层厚度较大时，考虑到嵌岩桩桩长变异性过大，嵌岩施工难以实施，可采用较小桩径（$\phi500$ ～$\phi700$）密布非嵌岩桩，并后注浆，形成整体性和刚度很大的块体基础。如宜春邮电大楼即是一例，楼高 80m，框架-剪力墙结构，地质条件与上述情况类似，原设计为嵌岩桩，成桩过程出现个别桩充盈系数达 20 以上，后改为 $\Phi700$ 灌注桩，利用上部 20m 左右较好的土层，实施桩端桩侧后注浆，筏板承台。建成后沉降均匀，最大不超过 10mm。

3.4.5 本条说明坡地、岸边建筑桩基的设计原则。

坡地、岸边建筑桩基的设计，关键是确保其整体稳定性，一旦失稳既影响自身建筑物的安全也会波及相邻建筑的安全。整体稳定性涉及这样三个方面问题：一是建筑场地必须是稳定的，如果存在软弱土层或岩土界面等潜在滑移面，必须将桩支承于稳定岩土层以下足够深度，并验算桩基的整体稳定性和基桩的水平承载力；二是建筑桩基外缘与坡顶的水平距离必须符合有关规范规定；边坡自身必须是稳定的或经整治后确保其稳定性；三是成桩过程不得产生挤土效应。

3.4.6 本条说明抗震设防区桩基的设计原则。

桩基较其他基础形式具有较好的抗震性能，但设计中应把握这样三点：一是基桩进入液化土层以下稳定土层的长度不应小于本条规定的最小值；二是为确保承台和地下室外墙土抗力能分担水平地震作用，肥槽回填质量必须确保；三是当承台周围为软土和可液化土，且桩基水平承载力不满足要求时，可对外侧土体进行适当加固以提高水平抗力。

3.4.7 本条说明可能出现负摩阻力的桩基的设计原则。

1 对于填土建筑场地，宜先填土后成桩，为保证填土的密实性，应根据填料及下卧层性质，对低水位场地应分层填土分层辗压或分层强夯，压实系数不应小于0.94。为加速下卧层固结，宜采取插塑料排水板等措施。

2 室内大面积堆载常见于各类仓库、炼钢、轧钢车间，由堆载引起上部结构开裂乃至破坏的事故不少。要防止堆载对桩基产生负摩阻力，对堆载地基进行加固处理是措施之一，但造价往往偏高。对与堆载相邻的桩基采用刚性排桩进行隔离，对预制桩表面涂层处理等都是可供选用的措施。

3 对于自重湿陷性黄土，采用强夯、挤密土桩等处理，消除土层的湿陷性，属于防止负摩阻力的有效措施。

3.4.8 本条说明关于抗拔桩基的设计原则。

建筑桩基的抗拔问题主要出现于两种情况，一种是建筑物在风荷载、地震作用下的局部非永久上拔力；另一种是抵抗超补偿地下室地下水浮力的抗浮桩。对于前者，抗拔力与建筑物高度、风压强度、抗震设防等级等因素相关。当建筑物设有地下室时，由于风荷载、地震引起的桩顶拔力显著减小，一般不起控制作用。

随着近年地下空间的开发利用，抗浮成为较普遍的问题。抗浮有多种方式，包括地下室底板上配重（如素混凝土或钢渣混凝土）、设置抗浮桩。后者具有较好的灵活性、适用性和经济性。对于抗浮桩基的设计，首要问题是根据场地勘察报告关于环境类别、水、土腐蚀性，参照现行《混凝土结构设计规范》GB 50010确定桩身的裂缝控制等级，对于不同裂缝控制等级采取相应设计原则。对于抗浮荷载较大的情况宜采用桩侧后注浆、扩底灌注桩，当裂缝控制等级较高时，可采用预应力桩；以岩层为主的地基宜采用岩石锚杆抗浮。其次，对于抗浮桩承载力应按本规范进行单桩和群桩抗拔承载力计算。

3.5 耐久性规定

3.5.2 二、三类环境桩基结构耐久性设计，对于混凝土的基本要求应根据现行《混凝土结构设计规范》GB 50010规定执行，最大水灰比、最小水泥用量、混凝土最低强度等级、混凝土的最大氯离子含量、最大碱含量应符合相应的规定。

3.5.3 关于二、三类环境桩基结构的裂缝控制等级的判别，应按现行《混凝土结构设计规范》GB 50010规定的环境类别和水、土对混凝土结构的腐蚀性等级制定，对桩基结构正截面尤其是对抗拔桩的抗裂和裂缝宽度控制进行设计计算。

4 桩 基 构 造

4.1 基 桩 构 造

4.1.1 本条说明关于灌注桩的配筋率、配筋长度和箍筋的配置的相关内容。

灌注桩的配筋与预制桩不同之处是无需考虑吊装、锤击沉桩等因素。正截面最小配筋率宜根据桩径确定，如$\phi300$mm桩，配$6\phi10$mm，$A_g=471$mm^2，$\mu_g=A_g/A_{ps}=0.67\%$；又如$\phi2000$mm桩，配$16\phi22$mm，$A_g=6280$mm^2，$\mu_g=A_g/A_{ps}=0.2\%$。另外，从承受水平力的角度考虑，桩身受弯截面模量为桩径的3次方，配筋对水平抗力的贡献随桩径增大显著增大。从以上两方面考虑，规定正截面最小配筋率为$0.2\%\sim0.65\%$，大桩径取低值，小桩径取高值。

关于配筋长度，主要考虑轴向荷载的传递特征及荷载性质。对于端承桩应通长等截面配筋，摩擦型桩宜分段变截面配筋；当桩较长也可部分长度配筋，但不宜小于2/3桩长。当受水平力时，尚不应小于反弯点下限$4.0/\alpha$；当有可液化层、软弱土层时，纵向主筋应穿越这些土层进入稳定土层一定深度。对于抗拔桩应根据桩长、裂缝控制等级、桩侧土性等因素通长等截面或变截面配筋。对于受水平荷载桩，其极限承载力受配筋率影响大，主筋不应小于$8\phi12$，以保证受拉主筋不小于$3\phi12$。对于抗压桩和抗拔桩，为保证桩身钢筋笼的成型刚度以及桩身承载力的可靠性，主筋不应小于$6\phi10$；$d\leqslant400$mm时，不应小于$4\phi10$。

关于箍筋的配置，主要考虑三方面因素。一是箍筋的受剪作用，对于地震设防地区，基桩桩顶要承受较大剪力和弯矩，在风载等水平力作用下也同样如此，故规定桩顶$5d$范围箍筋应适当加密，一般间距为100mm；二是箍筋在轴压荷载下对混凝土起到约束加强作用，可大幅提高桩身受压承载力，而桩顶部分荷载最大，故桩顶部位箍筋应适当加密；三是为控制钢筋笼的刚度，根据桩身直径不同，箍筋直径一般为$\phi6\sim\phi12$，加劲箍为$\phi12\sim\phi18$。

4.1.2 桩身混凝土的最低强度等级由原规定C20提高到C25，这主要是根据《混凝土结构设计规范》GB 50010规定，设计使用年限为50年，环境类别为二a时，最低强度等级为C25；环境类别为二b时，最低强度等级为C30。

4.1.13 根据广东省采用预应力管桩的经验，当桩端持力层为非饱和状态的强风化岩时，闭口桩沉桩后一定时间由于桩端构造缝隙浸水导致风化岩软化，端阻力有显著降低现象。经研究，沉桩后立刻灌入微膨胀性混凝土至桩端以上约2m，能起到防止渗水软化现象发生。

4.2 承台构造

4.2.1 承台除满足抗冲切、抗剪切、抗弯承载力和上部结构的需要外，尚需满足如下构造要求才能保证实现上述要求。

1 承台最小宽度不应小于 500mm，桩中心至承台边缘的距离不宜小于桩直径或边长，边缘挑出部分不应小于 150mm，主要是为满足嵌固及斜截面承载力（抗冲切、抗剪切）的要求。对于墙下条形承台梁，其边缘挑出部分可减少至 75mm，主要是考虑到墙体与承台梁共同工作可增强承台梁的整体刚度，受力情况良好。

2 承台的最小厚度规定为不应小于 300mm，高层建筑平板式筏形基础承台最小厚度不应小于 400mm，是为满足承台基本刚度、桩与承台的连接等构造需要。

4.2.2 承台混凝土强度等级应满足结构混凝土耐久性要求，对设计使用年限为 50 年的承台，根据现行《混凝土结构设计规范》GB 50010 的规定，当环境类别为二 a 类别时不应低于 C25，二 b 类别时不应低于 C30。有抗渗要求时，其混凝土的抗渗等级应符合有关标准的要求。

4.2.3 承台的钢筋配置除应满足计算要求外，尚需满足构造要求。

1 柱下独立桩基承台的受力钢筋应通长配置，主要是为保证桩基承台的受力性能良好，根据工程经验及承台受弯试验对矩形承台将受力钢筋双向均匀布置；对三桩的三角形承台应按三向板带均匀布置，为提高承台中部的抗裂性能，最里面的三根钢筋围成的三角形应在柱截面范围内。承台受力钢筋的直径不宜小于 12mm，间距不宜大于 200mm。主要是为满足施工及受力要求。独立桩基承台的最小配筋率不应小于 0.15%。具体工程的实际最小配筋率宜考虑结构安全等级、基桩承载力等因素综合确定。

2 柱下独立两桩承台，当桩距与承台有效高度之比小于 5 时，其受力性能属深受弯构件范畴，因而宜按现行《混凝土结构设计规范》GB 50010 中的深受弯构件配置纵向受拉钢筋、水平及竖向分布钢筋。

3 条形承台梁纵向主筋应满足现行《混凝土结构设计规范》GB 50010 关于最小配筋率 0.2% 的要求以保证其具有最小抗弯能力。关于主筋、架立筋、箍筋直径的要求是为满足施工及受力要求。

4 筏板承台在计算中仅考虑局部弯矩时，由于未考虑实际存在的整体弯距的影响，因此需要加强构造，故规定纵横两个方向的下层钢筋配筋率不宜小于 0.15%；上层钢筋按计算钢筋全部连通。当筏板厚度大于 2000mm 时，在筏板中部设置直径不小于 12mm、间距不大于 300mm 的双向钢筋网，是为减小大体积混凝土温度收缩的影响，并提高筏板的抗剪承

载力。

5 承台底面钢筋的混凝土保护层厚度除应符合现行《混凝土结构设计规范》GB 50010 的要求外，尚不应小于桩头嵌入承台的长度。

4.2.4 本条说明桩与承台的连接构造要求。

1 桩嵌入承台的长度规定是根据实际工程经验确定。如果桩嵌入承台深度过大，会降低承台的有效高度，使受力不利。

2 混凝土桩的桩顶纵向主筋锚入承台内的长度一般情况下为 35 倍直径，对于专用抗拔桩，桩顶纵向主筋的锚固长度应按现行《混凝土结构设计规范》GB 50010 的受拉钢筋锚固长度确定。

3 对于大直径灌注桩，当采用一柱一桩时，连接构造通常有两种方案：一是设置承台，将桩与柱通过承台相连接；二是将桩与柱直接相连。实际工程根据具体情况选择。

关于桩与承台连接的防水构造问题：

当前工程实践中，桩与承台连接的防水构造形式繁多，有的用防水卷材将整个桩头包裹起来，致使桩与承台无连接，仅是将承台支承于桩顶；有的虽设有防水措施，但在钢筋与混凝土或底板与桩之间形成渗水通道，影响桩及底板的耐久性。本规范建议的防水构造如图 8。

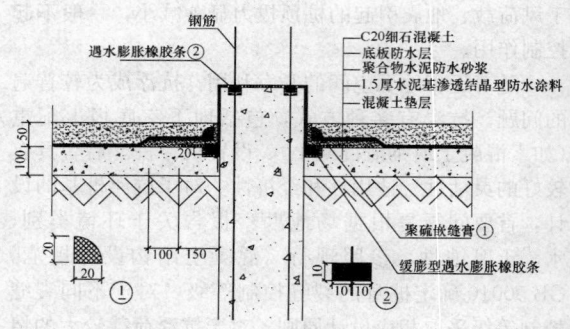

图 8 桩与承台连接的防水构造

具体操作时要注意以下几点：

1）桩头要剔凿至设计标高，并用聚合物水泥防水砂浆找平；桩侧剔凿至混凝土密实处；

2）破桩后如发现渗漏水，应采取相应堵漏措施；

3）清除基层上的混凝土、粉尘等，用清水冲洗干净；基面要求潮湿，但不得有明水；

4）沿桩头根部及桩头钢筋根部分别剔凿 20mm×25mm 及 10mm×10mm 的凹槽；

5）涂刷水泥基渗透结晶型防水涂料必须连续、均匀，待第二层涂料呈半干状态后开始喷水养护，养护时间不小于三天；

6）待膨胀型止水条紧密、连续、牢固地填塞于凹槽后，方可施工聚合物水泥防水砂浆层；

7）聚硫嵌缝膏嵌填时，应保护好垫层防水层，并与之搭接严密；

8）垫层防水层及聚硫嵌缝膏施工完成后，应及时做细石混凝土保护层。

4.2.6 本条说明承台与承台之间的连接构造要求。

1 一柱一桩时，应在桩顶两个相互垂直方向上设置连系梁，以保证桩基的整体刚度。当桩与柱的截面直径之比大于2时，在水平作用下，承台水平变位较小，可以认为满足结构内力分析时柱底为固端的假定。

2 两桩桩基承台短向抗弯刚度较小，因此应设置承台连系梁。

3 有抗震设防要求的柱下桩基承台，由于地震作用下，建筑物的各桩基承台所受的地震剪力和弯矩是不确定的，因此在纵横两方向设置连系梁，有利于桩基的受力性能。

4 连系梁顶面与承台顶面位于同一标高，有利于直接将柱底剪力、弯矩传递至承台。

连系梁的截面尺寸及配筋一般按下述方法确定：以柱剪力作用于梁端，按轴心受压构件确定其截面尺寸，配筋则取与轴心受压相同的轴力（绝对值），按轴心受拉构件确定。在抗震设防区也可取柱轴力的1/10为梁端拉压力的粗略方法确定截面尺寸及配筋。连系梁最小宽度和高度尺寸的规定，是为了确保其平面外有足够的刚度。

5 连系梁配筋除按计算确定外，从施工和受力要求，其最小配筋为上下配置不小于2φ12钢筋。

4.2.7 承台和地下室外墙的肥槽回填土质量至关重要。在地震和风载作用下，可利用其外侧土抗力分担相当大份额的水平荷载，从而减小桩顶剪力分担，降低上部结构反应。但工程实践中，往往忽视肥槽回填质量，以至出现浸水湿陷，导致散水破坏，给桩基结构在遭遇地震工况下留下安全隐患。设计人员应加以重视，避免这种情况发生。一般情况下，采用灰土和压实性较好的素土分层夯实；当施工中分层夯实有困难时，可采用素混凝土回填。

5 桩 基 计 算

5.1 桩顶作用效应计算

5.1.1 关于桩顶竖向力和水平力的计算，应是在上部结构分析将荷载凝聚于柱、墙底部的基础上进行。这样，对于柱下独立桩基，按承台为刚性板和反力呈线性分布的假定，得到计算各基桩或复合基桩的桩顶竖向力和水平力公式（5.1.1-1）～（5.1.1-3）。对于桩筏、桩箱基础，则按各柱、剪力墙、核心筒底部荷载分别按上述公式进行桩顶竖向力和水平力的计算。

5.1.3 属于本条所列的第一种情况，为了考虑其在高烈度地震作用或风载作用下桩基承台和地下室外墙的侧向土抗力，合理的计算基桩的水平承载力和位移，宜按附录C进行承台——桩——土协同作用分析。属于本条所列的第二种情况，高承台桩基（使用要求架空的大型储罐、上部土层液化、湿陷）和低承台桩基，在较大水平力作用下，为使基桩桩顶竖向力、剪力、弯矩分配符合实际，也需按附录C进行计算，尤其是当桩径、桩长不等时更为必要。

5.2 桩基竖向承载力计算

5.2.1、5.2.2 关于桩基竖向承载力计算，本规范采用以综合安全系数 $K=2$ 取代原规范的荷载分项系数 γ_G、γ_Q 和抗力分项系数 γ_s、γ_p，以单桩竖向极限承载力标准值 Q_{uk} 或极限侧阻力标准值 q_{sik}、极限端阻力标准值 q_{pk}、桩的几何参数 a_k 为参数确定抗力，以荷载效应标准组合 S_k 为作用力的设计表达式：

$$S_k \leqslant R(Q_{uk}, K)$$

$$\text{或 } S_k \leqslant R(q_{sik}, q_{pk}, a_k, K)$$

采用上述承载力极限状态设计表达式，桩基安全度水准与《建筑桩基技术规范》JGJ 94—94相比，有所提高。这是由于（1）建筑结构荷载规范的均布活载标准值较前提高了1/4（办公楼、住宅），荷载组合系数提高了17%；由此使以土的支承阻力制约的桩基承载力安全度有所提高；（2）基本组合的荷载分项系数由1.25提高至1.35（以永久荷载控制的情况）；（3）钢筋和混凝土强度设计值略有降低。以上（2）、（3）因素使桩基结构承载力安全度有所提高。

5.2.4 对于本条规定的考虑承台竖向土抗力的四种情况：一是上部结构刚度较大、体形简单的建（构）筑物，由于其可适应较大的变形，承台分担的荷载份额往往也较大；二是对于差异变形适应性较强的排架结构和柔性构筑物桩基，采用考虑承台效应的复合桩基不致降低安全度；三是按变刚度调平原则设计的核心筒外围框架柱桩基，适当增加沉降、降低基桩支承刚度，可达到减小差异沉降、降低承台外围基桩反力、减小承台整体弯距的目标；四是软土地区减沉复合疏桩基础，考虑承台效应按复合桩基设计是该方法的核心。以上四种情况，在近年工程实践中的应用已取得成功经验。

5.2.5 本条说明关于承台效应及复合桩基承载力计算的相关内容

1 承台效应系数

摩擦型群桩在竖向荷载作用下，由于桩土相对位移，桩间土对承台产生一定竖向抗力，成为桩基竖向承载力的一部分而分担荷载，称此种效应为承台效应。承台底地基土承载力特征值发挥率为承台效应系数。承台效应和承台效应系数随下列因素影响而变化。

1）桩距大小。桩顶受荷载下沉时，桩周土受桩侧剪应力作用而产生竖向位移 w_r

$$w_r = \frac{1+\mu_s}{E_o} q_s d \ln \frac{nd}{r}$$

由上式看出，桩周土竖向位移随桩侧剪应力 q_s 和桩径 d 增大而线性增加，随与桩中心距离 r 增大，呈自然对数关系减小，当距离 r 达到 nd 时，位移为零；而 nd 根据实测结果约为 $(6\sim10)d$，随土的变形模量减小而减小。显然，土竖向位移愈小，土反力愈大，对于群桩，桩距愈大，土反力愈大。

2）承台土抗力随承台宽度与桩长之比 B_c/l 减小而减小。现场原型试验表明，当承台宽度与桩长之比较大时，承台土反力形成的压力泡包围整个桩群，由此导致桩侧阻力、端阻力发挥值降低，承台底土抗力随之加大。由图 9 看出，在相同桩数、桩距条件下，承台分担荷载比随 B_c/l 增大而增大。

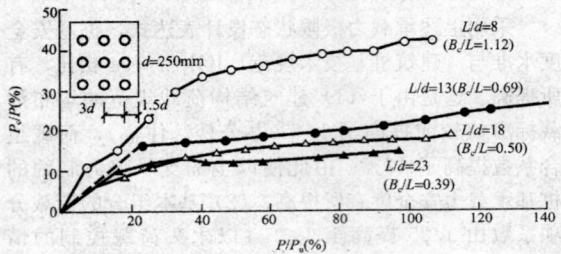

图 9　粉土中承台分担荷载比 P_c/P 随承台宽度与桩长比 B_c/L 的变化

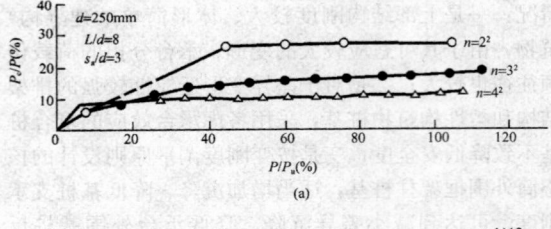

(a)

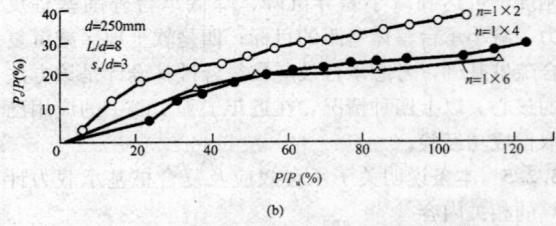

(b)

图 10　粉土中多排群桩和单排群桩承台分担荷载比
(a) 多排桩；(b) 单排桩

3）承台土抗力随区位和桩的排列而变化。承台内区（桩群包络线以内）由于桩土相互影响明显，土的竖向位移加大，导致内区土反力明显小于外区（承台悬挑部分），即呈马鞍形分布。从图 10 (a) 还可看出，桩数由 2^2 增至 3^2、4^2，承台分担荷载比 P_c/P 递减，这也反映出承台内、外区面积比随桩数增多而增大导致承台土抗力随之降低。对于单排桩条基，由于承台外区面积比大，故其土抗力显著大于多排桩桩基。图 10 所示多排和单排桩基承台分担荷载比明显不同证实了这一点。

4）承台土抗力随荷载的变化。由图 9、图 10 看出，桩基受荷后承台底产生一定土抗力，随荷载增加土抗力及其荷载分担比的变化分二种模式。一种模式是，到达工作荷载（$P_u/2$）时，荷载分担比 P_c/P 趋于稳值，也就是说土抗力和荷载增速是同步的；这种变化模式出现于 $B_c/l \leqslant 1$ 和多排桩。对于 $B_c/l > 1$ 和单排桩桩基属于第二种变化模式，P_c/P 在荷载达到 $P_u/2$ 后仍随荷载水平增大而持续增长；这说明这两种类型桩基承台土抗力的增速持续大于荷载增速。

5）承台效应系数模型试验实测、工程实测与计算比较（见表 3、表 4）。

2　复合基桩承载力特征值

根据粉土、粉质黏土、软土地基群桩试验取得的承台土抗力的变化特征（见表 3），结合 15 项工程桩基承台土抗力实测结果（见表 4），给出承台效应系数 η_c。承台效应系数 η_c 按距径比 s_a/d 和承台宽度与桩长比 B_c/l 确定（见本规范表 5.2.5）。相应于单根桩的承台抗力特征值为 $\eta_c f_{ak} A_c$，由此得规范式（5.2.5-1）、式（5.2.5-2）。对于单排条形桩基的 η_c，如前所述大于多排桩群桩，故单独给出其 η_c 值。但对于承台宽度小于 $1.5d$ 的条形基础，内区面积比大，故 η_c 按非条基取值。上述承台土抗力计算方法，较 JGJ 94—94 简化，不区分承台内外区面积比。按该法计算，对于柱下独立桩基计算值偏小，对于大桩群筏形承台差别不大。A_c 为计算基桩对应的承台底净面积。关于承台计算域 A、基桩对应的承台面积 A_c 和承台效应系数 η_c，具体规定如下：

1）柱下独立桩基：A 为全承台面积。

2）桩筏、桩箱基础：按柱、墙侧 1/2 跨距，悬臂边取 2.5 倍板厚处确定计算域，桩距、桩径、桩长不同，采用上式分区计算，或取平均 s_a、B_c/l 计算 η_c。

3）桩集中布置于墙下的剪力墙高层建筑桩筏基础：计算域自墙两边外扩 1/2 跨距，对于悬臂板自墙边外扩 2.5 倍板厚，按条基计算 η_c。

4）对于按变刚度调平原则布桩的核心筒外围平板式和梁板式筏形承台复合桩基：计算域为自柱侧 1/2 跨，悬臂板边取 2.5 倍板厚围成。

表 3　承台效应系数模型试验实测与计算比较

序号	土类	桩径 d(mm)	长径比 l/d	距径比 s_a/d	桩数 $r \times m$	承台宽与桩长比 B_c/l	承台底土承载力特征值 f_{ak}(kPa)	桩端持力层	实测土抗力平均值 (kPa)	承台效应系数 实测 η_c	承台效应系数 计算 η_c
1	粉土	250	18	3	3×3	0.50	125	粉黏	32	0.26	0.16
2		250	8	3	3×3	1.125	125		40	0.32	0.18
3		250	13	3	3×3	0.692	125		35	0.28	0.16
4		250	23	3	3×3	0.391	125		30	0.24	0.14
5		250	18	4	3×3	0.611	125		34	0.27	0.22
6		250	18	6	3×3	0.833	125		60	0.48	0.44
7		250	18	3	1×4	0.167	125		40	0.32	0.30
8		250	18	3	2×4	0.333	125		32	0.26	0.14
9		250	18	3	3×4	0.507	125		30	0.24	0.15
10		250	18	3	4×4	0.667	125		29	0.23	0.16
11		250	18	3	2×2	0.333	125		40	0.32	0.14
12		250	18	3	1×6	0.167	125		32	0.26	0.14
13		250	18	3	3×3	0.500	125		28	0.22	0.15
14	粉黏	150	11	3	6×6	1.55	75	砾砂	13.3	0.18	0.18
15		150	11	3.75	5×5	1.55	75	砾砂	21.1	0.28	0.23
16		150	11	5	4×4	1.55	75	砾砂	27.7	0.37	0.37
17		114	17.5	3.5	3×9		200	粉黏	48	0.24	0.19
18	粉土	325	12.3	4	2×2	1.55	150	粉土	51	0.34	0.24
19	淤泥质黏土	100	45	3	4×4	0.267	40	黏土	11.2	0.28	0.13
20		100	45	4	4×4	0.333	40	黏土	12.0	0.30	0.21
21		100	45	6	4×4	0.467	40	黏土	14.4	0.36	0.38
22		100	45	6	3×3	0.333	40	黏土	16.4	0.41	0.36

表 4　承台效应系数工程实测与计算比较

序号	建筑结构	桩径 d(mm)	桩长 l(m)	距径比 s_a/d	承台平面尺寸 (m²)	承台宽与桩长比 B_c/l	承台底土承载力特征值 f_{ak}(kPa)	计算承台效应系数	承台土抗力 计算 p_c	承台土抗力 实测 p'_c	实测 p'_c／计算 p_c
1	22层框架—剪力墙	550	22.0	3.29	42.7×24.7	1.12	80	0.15	12	13.4	1.12
2	25层框架—剪力墙	450	25.8	3.94	37.0×37.0	1.44	90	0.20	18	25.3	1.40
3	独立柱基	400	24.5	3.55	5.6×4.4	0.18	60	0.21	17.1	17.7	1.04
4	20层剪力墙	400	7.5	3.75	29.7×16.7	2.95	90	0.20	18.0	20.4	1.13
5	12层剪力墙	450	25.5	3.82	25.5×12.9	0.506	80	0.80	23.2	33.8	1.46
6	16层框架—剪力墙	500	26.0	3.14	44.2×12.3	0.456	80	0.23	16.1	15	0.93
7	32层剪力墙	500	54.6	4.31	27.5×24.5	0.453	80	0.27	18.9	19	1.01
8	26层框架—核心筒	609	53.0	4.26	38.7×36.4	0.687	80	0.33	26.4	29.4	1.11
9	7层砖混	400	13.5	4.6	439	0.163	79	0.18	13.7	14.4	1.05
10	7层砖混	400	13.5	4.6	335	0.111	79	0.18	14.2	18.5	1.30
11	7层框架	380	15.5	4.15	14.7×17.7	0.98	110	0.17	19.0	19.5	1.03
12	7层框架	380	15.5	4.3	10.5×39.6	0.73	110	0.16	18.0	24.5	1.36
13	7层框架	380	15.5	4.4	9.1×36.3	0.61	110	0.18	19.3	32.1	1.66
14	7层框架	380	15.5	4.3	10.5×39.6	0.73	110	0.16	19.1	19.4	1.02
15	某油田塔基	325	4.0	5.5	φ=6.9	1.4	120	0.50	60	66	1.10

不能考虑承台效应的特殊条件：可液化土、湿陷性土、高灵度软土、欠固结土、新填土、沉桩引起孔隙水压力和土体隆起等，这是由于这些条件下承台土抗力随时可能消失。

对于考虑地震作用时，按本规范式（5.2.5-2）计算复合基桩承载力特征值。由于地震作用下轴心竖向力作用下基桩承载力按本规范式（5.2.1-3）提高25%，故地基土抗力乘以 $\zeta_a/1.25$ 系数，其中 ζ_a 为地基抗震承载力调整系数；除以 1.25 是与本规范式（5.2.1-3）相适应的。

3 忽略侧阻和端阻的群桩效应的说明

影响桩基的竖向承载力的因素包含三个方面，一是基桩的承载力；二是桩土相互作用对于桩侧阻力和端阻力的影响，即侧阻和端阻的群桩效应；三是承台底土抗力分担荷载效应。对于第三部分，上面已就条文的规定作了说明。对于第二部分，在《建筑桩基技术规范》JGJ 94—94 中规定了侧阻的群桩效应系数 η_s，端阻的群桩效应系数 η_p。所给出的 η_s、η_p 源自不同土质中的群桩试验结果。其总的变化规律是：对于侧阻力，在黏性土中因群桩效应而削弱，即非挤土桩在常用桩距条件下 η_s 小于 1，在非密实的粉土、砂土中因群桩效应产生沉降硬化而增强，即 η_s 大于 1；对于端阻力，在黏性土和非黏性土中，均因相邻桩桩端土互逆的侧向变形而增强，即 $\eta_p>1$。但侧阻、端阻的综合群桩效应系数 η_{sp} 对于非单一黏性土大于 1，单一黏性土当桩距为 3～4d 时略小于 1。计入承台土抗力的综合群桩效应系数略大于 1，非黏性土群桩较黏性土更大一些。就实际工程而言，桩所穿越的土层往往是两种以上性质土层交互出现，且水平向变化不均，由此计算群桩效应确定承载力较为繁琐。另据美国、英国规范规定，当桩距 $s_a \geqslant 3d$ 时不考虑群桩效应。本规范第 3.3.3 条所规定的最小桩距除桩数少于3 排和 9 根桩的非挤土端承桩群桩外，其余均不小于3d。鉴于此，本规范关于侧阻和端阻的群桩效应不予考虑，即取 $\eta_s = \eta_p = 1.0$。这样处理，方便设计，多数情况下可留给工程更多安全储备。对单一黏性土中的小桩距低承台桩基，不应再另行计入承台效应。

关于群桩沉降变形的群桩效应，由于桩—桩、桩—土、土—桩、土—土的相互作用导致桩群的竖向刚度降低，压缩层加深，沉降增大，则是概念设计布桩应考虑的问题。

5.3 单桩竖向极限承载力

5.3.1 本条说明不同桩基设计等级对于单桩竖向极限承载力标准值确定方法的要求。

目前对单桩竖向极限承载力计算受土强度参数、成桩工艺、计算模式不确定性影响的可靠度分析仍处于探索阶段的情况下，单桩竖向极限承载力仍以原位原型试验为最可靠的确定方法，其次是利用地质条件

相同的试桩资料和原位测试及端阻力、侧阻力与土的物理指标的经验关系参数确定。对于不同桩基设计等级应采用不同可靠性水准的单桩竖向极限承载力确定的方法。单桩竖向极限承载力的确定，要把握两点，一是以单桩静载试验为主要依据，二是要重视综合判定的思想。因为静载试验一则数量少，二则在很多情况下如地下室土方尚未开挖，设计前进行完全与实际条件相符的试验不可能。因此，在设计过程中，离不开综合判定。

本规范规定采用单桩极限承载力标准值作为桩基承载力设计计算的基本参数。试验单桩极限承载力标准值指通过不少于 2 根的单桩现场静载试验确定的，反映特定地质条件、桩型与工艺、几何尺寸的单桩极限承载力代表值。计算单桩极限承载力标准值指根据特定地质条件、桩型与工艺、几何尺寸、以极限侧阻力标准值和极限端阻力标准值的统计经验值计算的单桩极限承载力标准值。

5.3.2 本条主旨是说明单桩竖向极限承载力标准值及其参数包括侧阻力、端阻力以及嵌岩桩嵌岩段的侧阻力、端阻力如何根据具体情况通过试验直接测定，并建立承载力参数与土层物性指标、静探等原位测试指标的相关关系以及岩石侧阻、端阻与饱和单轴抗压强度等的相关关系。直径为 0.3m 的嵌岩短墩试验，其嵌岩深度根据岩层软硬程度确定。

5.3.5 根据土的物理指标与承载力参数之间的经验关系计算单桩竖向极限承载力，核心问题是经验参数的收集，统计分析，力求涵盖不同桩型、地区、土质，具有一定的可靠性和较大适用性。

原《建筑桩基技术规范》JGJ 94—94 收集的试桩资料经筛选得到完整资料 229 根，涵盖 11 个省市。本次修订又共收集试桩资料 416 根，其中预制桩资料88 根，水下钻（冲）孔灌注桩资料 184 根，干作业钻孔灌注桩资料 144 根。前后合计总试桩数为 645根。以原规范表列 q_{sik}、q_{pk} 为基础对新收集到的资料进行试算调整，其间还参考了上海、天津、浙江、福建、深圳等省市地方标准给出的经验值，最终得到本规范表 5.3.5-1、表 5.3.5-2 所列各桩型的 q_{sik}、q_{pk} 经验值。

对按各桩型建议的 q_{sik}、q_{pk} 经验值计算统计样本的极限承载力 Q_{uk}，各试桩的极限承载力实测值 Q'_u 与计算值 Q_{uk} 比较，$\eta=Q'_u/Q_{uk}$，将统计得到预制桩（317 根）、水下钻（冲）孔桩（184 根）、干作业钻孔桩（144 根）的 η 按 0.1 分位与其频数 N 之间的关系，Q'_u/Q_{uk} 平均值及均方差 S_n 分别表示于图 11～图 13。

5.3.6 本条说明关于大直径桩（$d \geqslant 800mm$）极限侧阻力和极限端阻力的尺寸效应。

1） 大直径桩端阻力的尺寸效应。大直径桩静载试验 Q-S 曲线均呈缓变型，反映出

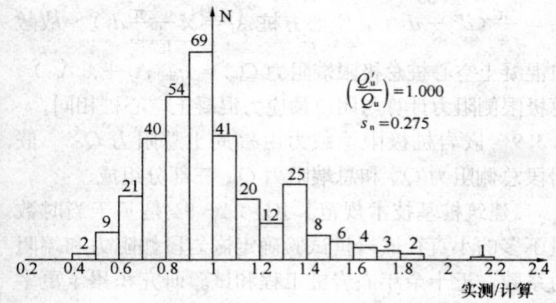

图 11　预制桩（317 根）极限
承载力实测/计算频数分布

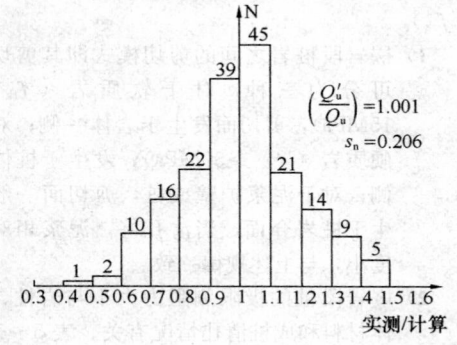

图 12　水下钻（冲）孔桩（184 根）
极限承载力实测/计算频数分布

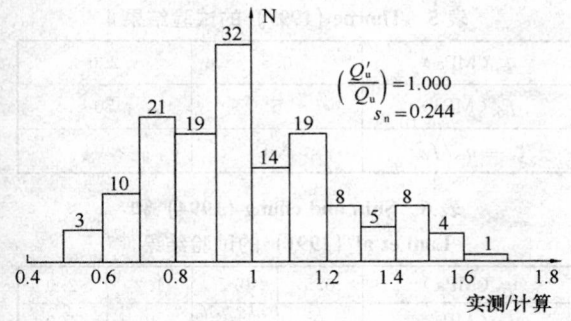

图 13　干作业钻孔桩（144 根）极限
承载力实测/计算频数分布

其端阻力以压剪变形为主导的渐进破坏。
G. G. Meyerhof（1988）指出，砂土中大
直径桩的极限端阻随桩径增大而呈双曲
线减小。根据这一特性，将极限端阻的
尺寸效应系数表示为：

$$\psi_p = \left(\frac{0.8}{D}\right)^n$$

式中　D——桩端直径；
　　　　n——经验指数，对于黏性土、粉土，$n=$
　　　　　　　$1/4$；对于砂土、碎石土，$n=1/3$。

图 14 为试验结果与上式计算端阻尺寸效应系数
ψ_p 的比较。
　　2）大直径桩侧阻尺寸效应系数
　　桩成孔后产生应力释放，孔壁出现松弛变形，导

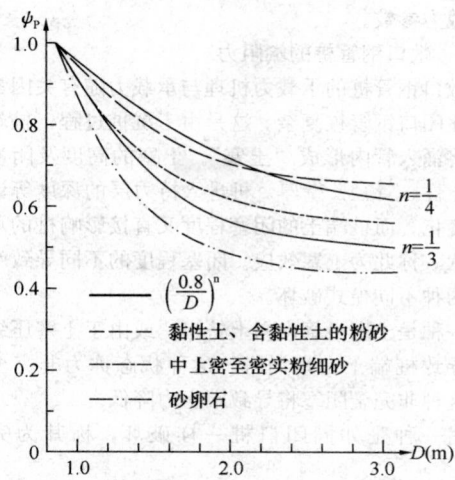

图 14　大直径桩端阻尺寸效应系数 ψ_p
与桩径 D 关系计算与试验比较

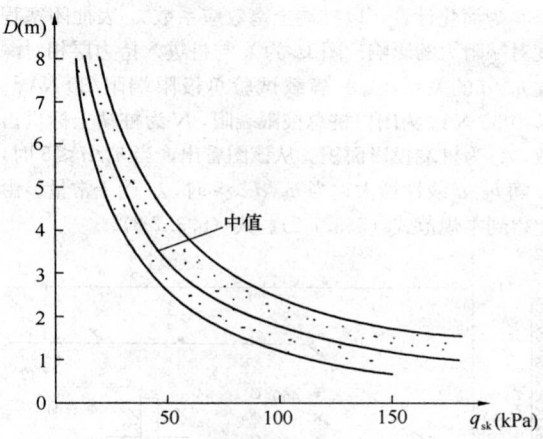

图 15　砂、砾土中极限侧阻力随桩径的变化

致侧阻力有所降低，侧阻力随桩径增大呈双曲线型减
小（图 15 H. Brand1. 1988）。本规范建议采用如下表
达式进行侧阻尺寸效应计算。

$$\psi_s = \left(\frac{0.8}{d}\right)^m$$

式中　d——桩身直径；
　　　　m——经验指数；黏性土、粉土 $m=1/5$；砂
　　　　　　　土、碎石 $m=1/3$。

5.3.7　本条说明关于钢管桩的单桩竖向极限承载力
的相关内容。

　　1　闭口钢管桩

　　闭口钢管桩的承载变形机理与混凝土预制桩相
同。钢管桩表面性质与混凝土桩表面虽有所不同，但
大量试验表明，两者的极限侧阻力可视为相等，因为
除坚硬黏性土外，侧阻剪切破坏面是发生于靠近桩表
面的土体中，而不是发生于桩土介面。因此，闭口钢
管桩承载力的计算可采用与混凝土预制桩相同的模式

与承载力参数。

2 敞口钢管桩的端阻力

敞口钢管桩的承载力机理与承载力随有关因素的变化比闭口钢管桩复杂。这是由于沉桩过程，桩端部分土将涌入管内形成"土塞"。土塞的高度及闭塞效果随土性、管径、壁厚、桩进入持力层的深度等诸多因素变化。而桩端土的闭塞程度又直接影响桩的承载力性状。称此为土塞效应。闭塞程度的不同导致端阻力以两种不同模式破坏。

一种是土塞沿管内向上挤出，或由于土塞压缩量大而导致桩端土大量涌入。这种状态称为非完全闭塞，这种非完全闭塞将导致端阻力降低。

另一种是如同闭口桩一样破坏，称其为完全闭塞。

土塞的闭塞程度主要随桩端进入持力层的相对深度 h_b/d（h_b 为桩端进入持力层的深度，d 为桩外径）而变化。

为简化计算，以桩端土塞效应系数 λ_p 表征闭塞程度对端阻力的影响。图16为 λ_p 与桩进入持力层相对深度 h_b/d 的关系，$\lambda_p =$ 静载试验总极限端阻 $/30 N A_p$。其中 $30 N A_p$ 为闭口桩总极限端阻，N 为桩端土标贯击数，A_p 为桩端投影面积。从该图看出，当 $h_b/d \leqslant 5$ 时，λ_p 随 h_b/d 线性增大；当 $h_b/d > 5$ 时，λ_p 趋于常量。由此得到本规范式（5.3.7-2）、式（5.3.7-3）。

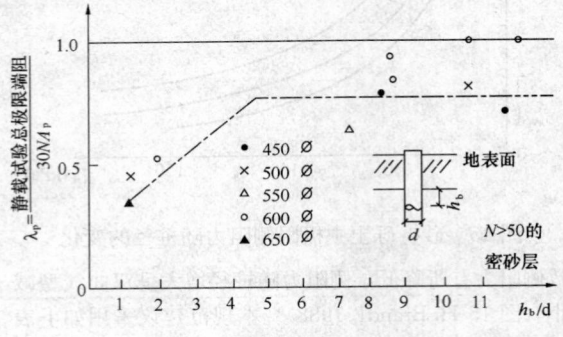

图16 λ_p 与 h_b/d 关系
（日本钢管桩协会，1986）

5.3.8 混凝土敞口空心桩单桩竖向极限承载力的计算。与实心混凝土预制桩相同的是，桩端阻力由于桩端敞口，类似于钢管桩也存在桩端的土塞效应；不同的是，混凝土空心桩壁厚度较钢管桩大得多，计算端阻力时，不能忽略空心桩壁端部提供的端阻力，故分为两部分：一部分为空心桩壁端部的端阻力，另一部分为敞口部分端阻力。对于后者类似于钢管桩的承载机理，考虑桩端土塞效应系数 λ_p，λ_p 随桩端进入持力层的相对深度 h_b/d_1 而变化（d_1 为空心桩内径），按本规范式（5.3.8-2）、式（5.3.8-3）计算确定。敞口部分端阻力为 $\lambda_p q_{pk} A_{p1}$（$A_{p1} = \frac{\pi}{4} d_1^2$，$d_1$ 为空心内径），管壁端部端阻力为 $q_{pk} A_j$（A_j 为桩端净面积，圆形管桩

$A_j = \frac{\pi}{4}(d^2 - d_1^2)$，空心方桩 $A_j = b^2 - \frac{\pi}{4} d_1^2$）。故敞口混凝土空心桩总极限端阻力 $Q_{pk} = q_{pk}(A_j + \lambda_p A_{p1})$。总极限侧阻力计算与闭口预应力混凝土空心桩相同。

5.3.9 嵌岩桩极限承载力由桩周土总阻力 Q_{sk}、嵌岩段总侧阻力 Q_{rk} 和总端阻力 Q_{pk} 三部分组成。

《建筑桩基技术规范》JGJ 94-94 是基于当时数量不多的小直径嵌岩桩试验确定嵌岩段侧阻力和端力系数，近十余年嵌岩桩工程和试验研究积累了更多资料，对其承载性状的认识进一步深化，这是本次修订的良好基础。

1 关于嵌岩段侧阻力发挥机理及侧阻力系数 $\zeta_s (q_{rs}/f_{rk})$

1) 嵌岩段桩岩之间的剪切模式即其剪切面可分为三种，对于软质岩（$f_{rk} \leqslant 15$MPa），剪切面发生于岩体一侧；对于硬质岩（$f_{rk} > 30$MPa），发生于桩体一侧；对于泥浆护壁成桩，剪切面一般发生于桩岩介面，当清孔好，泥浆相对密度小，与上述规律一致。

2) 嵌岩段桩的极限侧阻力大小与岩性、桩体材料和成桩清孔情况有关。表5~表8是部分不同岩性嵌岩段极限侧阻力 q_{rs} 和侧阻系数 ζ_s。

表5 Thorne（1997）的试验结果

q_{rs}（MPa）	0.5	2.0
f_{rk}（MPa）	5	50
$\zeta_s = q_{rs}/f_{rk}$	0.1	0.04

表6 Shin and chung（1994）和 Lam et al（1991）的试验结果

q_{rs}（MPa）	0.5	0.7	1.2	2.0
f_{rk}（MPa）	5	10	40	100
$\zeta_s = q_{rs}/f_{rk}$	0.1	0.07	0.03	0.02

表7 王国民论文所述试验结果

岩 类	砂砾岩	中粗砂岩	中细砂岩	黏土质粉砂岩	粉细砂岩
q_{rs}（MPa）	0.7~0.8	0.5~0.6	0.8	0.7	0.6
f_{rk}（MPa）	7.5	—	4.76	7.5	8.3
$\zeta_s = q_{rs}/f_{rk}$	0.1	—	0.168	0.09	0.072

表8 席宁中论文所述试验结果

模拟材料	M5 砂浆		C30 混凝土	
q_{rs}（MPa）	1.3	1.7	2.2	2.7
f_{rk}（MPa）	3.34		20.1	
$\zeta_s = q_{rs}/f_{rk}$	0.39	0.51	0.11	0.13

由表 5～表 8 看出实测 ζ_s 较为离散，但总的规律是岩石强度愈高，ζ_s 愈低。作为规范经验值，取嵌岩段极限侧阻力峰值，硬质岩 $q_{sl} = 0.1 f_{rk}$，软质岩 $q_{sl} = 0.12 f_{rk}$。

3）根据有限元分析，硬质岩（$E_r > E_p$）嵌岩段侧阻力分布呈单驼峰形分布，软质岩（$E_r < E_p$）嵌岩段呈双驼峰形分布。为计算侧阻系数 ζ_s 的平均值，将侧阻力分布概化为图 17。各特征点侧阻力为：

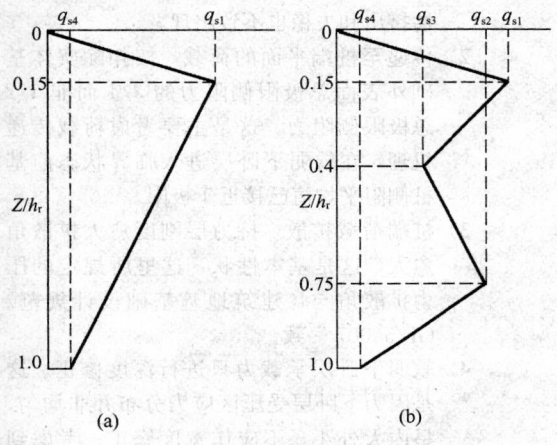

(a)　　　　　　(b)

图 17　嵌岩段侧阻力分布概化
(a) 硬质岩；(b) 软质岩

硬质岩　$q_{sl} = 0.1 f_r$，$q_{s4} = \dfrac{d}{4h_r} q_{sl}$

软质岩　$q_{sl} = 0.12 f_r$，$q_{s2} = 0.8 q_{sl}$，$q_{s3} = 0.6 q_{sl}$，$q_{s4} = \dfrac{d}{4h_r} q_{sl}$

分别计算出硬质岩 $h_r = 0.5d$，$1d$，$2d$，$3d$，$4d$；软质岩 $h_r = 0.5d$，$1d$，$2d$，$3d$，$4d$，$5d$，$6d$，$7d$，$8d$ 情况下的嵌岩段侧阻力系数 ζ_s 如表 9 所示。

2　嵌岩桩极限端阻力发挥机理及端阻力系数 ζ_p（$\zeta_p = q_{rp}/f_{rk}$）。

1）嵌岩桩端阻性状

图 18 所示不同桩、岩刚度比（E_p/E_r）干作业条件下，桩端分担荷载比 F_b/F_t（F_b——总桩端阻力；F_t——岩面桩顶荷载）随嵌岩深径比 d_r/r_0（$2h_r/d$）的变化。从图中看出，桩端总阻力 F_b 随 E_p/E_r 增大而增大，随深径比 d_r/r_0 增大而减小。

2）端阻系数 ζ_p

Thorne（1997）所给端阻系数 $\zeta_p = 0.25 \sim 0.75$；吴其芳等通过孔底载荷板（$d = 0.3\text{m}$）试验得到 $\zeta_p = 1.38 \sim 4.50$，相应的岩石 $f_{rk} = 1.2 \sim 5.2\text{MPa}$，载荷板在岩石中埋深 $0.5 \sim 4\text{m}$。总的说来，ζ_p 是随岩石饱和单轴抗压强度 f_{rk} 降低而增大，随嵌岩深度增加而减小，受清底情况影响较大。

基于以上端阻性状及有关试验资料，给出硬质岩

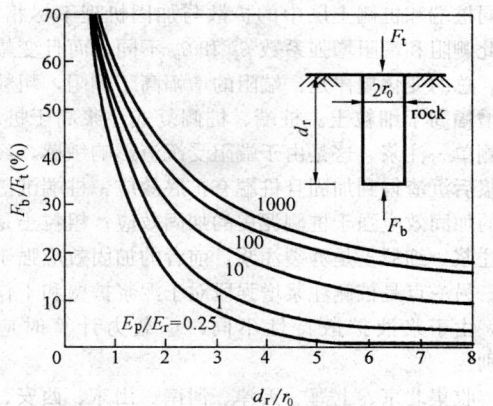

图 18　嵌岩桩端阻分担荷载比随桩岩刚度比和嵌岩深径比的变化（引自 Pells and Turner，1979）

和软质岩的端阻系数 ζ_p 如表 9 所示。

3　嵌岩段总极限阻力简化计算

嵌岩段总极限阻力由总极限侧阻力和总极限端阻力组成：

$$Q_{rk} = Q_{rs} + Q_{rp}$$
$$= \zeta_s f_{rk} \pi d h_r + \zeta_p f_{rk} \frac{\pi}{4} d^2$$
$$= \left[\zeta_s \frac{4h_r}{d} + \zeta_{rp} \right] f_{rk} \frac{\pi}{4} d^2$$

令

$$\zeta_s \frac{4h_r}{d} + \zeta_{rp} = \zeta_r$$

称 ζ_r 为嵌岩段侧阻和端阻综合系数。故嵌岩段总极限阻力标准值可按如下简化公式计算：

$$Q_{rk} = \zeta_r f_{rk} \frac{\pi}{4} d^2$$

其中 ζ_r 可按表 9 确定。

表 9　嵌岩段侧阻力系数 ζ_s、端阻系数 ζ_p 及侧阻和端阻综合系数 ζ_r

嵌岩深径比 h_r/d		0	0.5	1.0	2.0	3.0	4.0	5.0	6.0	7.0	8.0
极软岩软岩	ζ_s	0.0	0.052	0.056	0.056	0.054	0.051	0.048	0.045	0.042	0.040
	ζ_p	0.60	0.70	0.73	0.73	0.70	0.66	0.61	0.55	0.48	0.42
	ζ_r	0.60	0.80	0.95	1.18	1.35	1.48	1.57	1.63	1.66	1.70
较硬岩坚硬岩	ζ_s	0.0	0.050	0.052	0.050	0.045	0.040	—	—	—	—
	ζ_p	0.45	0.55	0.60	0.50	0.46	0.40	—	—	—	—
	ζ_r	0.45	0.65	0.81	0.90	1.00	1.04	—	—	—	—

5.3.10　后注浆灌注桩单桩极限承载力计算模式与普通灌注桩相同，区别在于侧阻力和端阻力乘以增强系数 β_{si} 和 β_p。β_{si} 和 β_p 系通过数十根不同土层中的后注浆灌注桩与未注浆灌注桩静载对比试验求得。浆液在

不同桩端和桩侧土层中的扩散与加固机理不尽相同，因此侧阻和端阻增强系数 β_{si} 和 β_p 不同，而且变幅很大。总的变化规律是：端阻的增幅高于侧阻，粗粒土的增幅高于细粒土。桩端、桩侧复式注浆高于桩端、桩侧单一注浆。这是由于端阻受沉渣影响敏感，经后注浆后沉渣得到加固且桩端有扩底效应，桩端沉渣和土的加固效应强于桩侧泥皮的加固效应；粗粒土是渗透注浆，细粒土是劈裂注浆，前者的加固效应强于后者。另一点是桩侧注浆增强段对于泥浆护壁和干作业桩，由于浆液扩散特性不同，承载力计算时应有区别。

收集北京、上海、天津、河南、山东、西安、武汉、福州等城市后注浆灌注桩静载试桩资料 106 份，根据本规范第 5.3.10 条的计算公式求得 Q_{uit}，其中 q_{sik}、q_{pk} 取勘察报告提供的经验值或本规范所列经验值；增强系数 β_{si}、β_p 取本规范表 5.3.10 所列上限值。计算值 Q_{uit} 与实测值 $Q_{u实}$ 散点图如图 19 所示。该图显示，实测值均位于 45°线以上，即均高于或接近于计算值。这说明后注浆灌注桩极限承载力按规范第 5.3.10 条计算的可靠性是较高的。

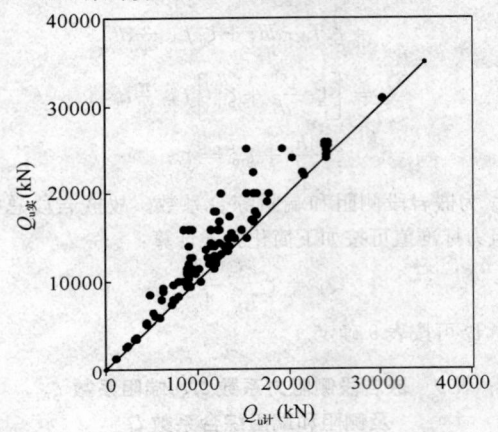

图 19 后注浆灌注桩单桩极限承载力
实测值与计算值关系

5.3.11 振动台试验和工程地震液化实际观测表明，首先土层的地震液化严重程度与土层的标贯数 N 与液化临界标贯数 N_{cr} 之比 λ_N 有关，λ_N 愈小液化愈严重；其二，土层的液化并非随地震同步出现，而显示滞后，即地震过后若干小时乃至一二天后才出现喷水冒砂。这说明，桩的极限侧阻力并非瞬间丧失，而且并非全部损失，而上部有无一定厚度非液化覆盖层对此也有很大影响。因此，存在 3.5m 厚非液化覆盖层时，桩侧阻力根据 λ_N 值和液化土层埋深乘以不同的折减系数。

5.4 特殊条件下桩基竖向承载力验算

5.4.1 桩距不超过 $6d$ 的群桩，当桩端平面以下软弱下卧层承载力与桩端持力层相差过大（低于持力层的

1/3）且荷载引起的局部压力超出其承载力过多时，将引起软弱下卧层侧向挤出，桩基偏沉，严重者引起整体失稳。对于本条软弱下卧层承载力验算公式着重说明四点：

1）验算范围。规定在桩端平面以下受力层范围存在低于持力层承载力 1/3 的软弱下卧层。实际工程持力层以下存在相对软弱土层是常见现象，只有当强度相差过大时才有必要验算。因下卧层地基承载力与桩端持力层差异过小，土体的塑性挤出和失稳也不致出现。

2）传递至桩端平面的荷载，按扣除实体基础外表面总极限侧阻力的 3/4 而非 1/2 总极限侧阻力。这是主要考虑荷载传递机理，在软弱下卧层进入临界状态前基桩侧阻平均值已接近于极限。

3）桩端荷载扩散。持力层刚度愈大扩散角愈大，这是基本性状，这里所规定的压力扩散角 θ 与《建筑地基基础设计规范》GB 50007 一致。

4）软弱下卧层承载力只进行深度修正。这是因为下卧层受压区应力分布并非均匀，呈内大外小，不应作宽度修正；考虑到承台底面以上土已挖除且可能和土体脱空，因此修正深度从承台底部计算至软弱土层顶面。另外，既然是软弱下卧层，即多为软弱黏性土，故深度修正系数取 1.0。

5.4.3 桩周负摩阻力对基桩承载力和沉降的影响，取决于桩周负摩阻力强度、桩的竖向承载类型，因此分三种情况验算。

1 对于摩擦型桩，由于受负摩阻力沉降增大，中性点随之上移，即负摩阻力、中性点与桩顶荷载处于动态平衡。作为一种简化，取假想中性点（按桩端持力层性质取值）以上摩阻力为零验算基桩承载力。

2 对于端承型桩，由于桩受负摩阻力后桩不发生沉降或沉降量很小，桩土无相对位移或相对位移很小，中性点无变化，故负摩阻力构成的下拉荷载应作为附加荷载考虑。

3 当土层分布不均匀或建筑物对不均匀沉降较敏感时，由于下拉荷载是附加荷载的一部分，故应将其计入附加荷载进行沉降验算。

5.4.4 本条说明关于负摩阻力及下拉荷载计算的相关内容。

1 负摩阻力计算

负摩阻力对基桩而言是一种主动作用。多数学者认为桩侧负摩阻力的大小与桩侧土的有效应力有关，不同负摩阻力计算式中也多反映有效应力因素。大量试验与工程实测结果表明，以负摩阻力有效应力法计

算较接近于实际。因此本规范规定如下有效应力法为负摩阻力计算方法。

$$q_{ni} = k \cdot \mathrm{tg}\varphi' \cdot \sigma'_i = \zeta_n \cdot \sigma'_i$$

式中　q_{ni}——第 i 层土桩侧负摩阻力；

　　　k——土的侧压力系数；

　　　φ'——土的有效内摩擦角；

　　　σ'_i——第 i 层土的平均竖向有效应力；

　　　ζ_n——负摩阻力系数。

ζ_n 与土的类别和状态有关，对于粗粒土，ζ_n 随土的粒度和密实度增加而增大；对于细粒土，则随土的塑性指数、孔隙比、饱和度增大而降低。综合有关文献的建议值和各类土中的测试结果，给出如本规范表 5.4.4-1 所列 ζ_n 值。由于竖向有效应力随上覆土层自重增大而增加，当 $q_{ni} = \zeta_n \cdot \sigma'_i$ 超过土的极限侧阻力 q_{sk} 时，负摩阻力不再增大。故当计算负摩阻力 q_{ni} 超过极限侧摩阻力时，取极限侧摩阻力值。

下面列举饱和软土中负摩阻力实测与按规范方法计算的比较（图 20）。

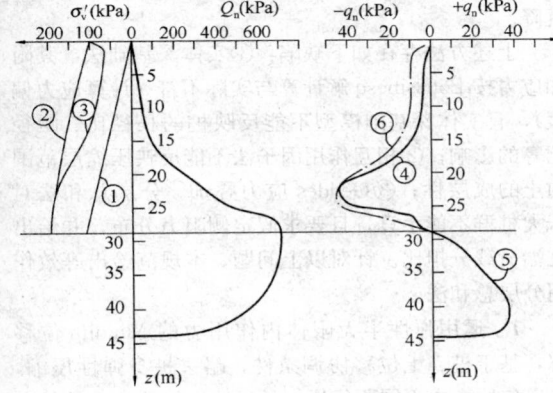

图 20　采用有效应力法计算负摩阻力图
① 土的计算自重应力 $\sigma_c = \gamma_m z$，γ_m——土的浮重度加权平均值；
② 竖向应力 $\sigma_v = \sigma_z + \sigma_c$；
③ 竖向有效应力 $\sigma'_v = \sigma_v - u$，u——实测孔隙水压力；
④ 由实测桩身轴力 Q_n 求得的负摩阻力 $-q_n$；
⑤ 由实测桩身轴力 Q_n 求得的正摩阻力 $+q_n$；
⑥ 由实测孔隙水压力，按有效应力法计算的负摩阻力。

某电厂的贮煤场位于厚 70~80m 的第四系全新统海相地层上，上部为厚 20~35m 的低强度、高压缩性饱和软黏土。用底面积为 35m×35m、高度为 4.85m 的土石堆载模拟煤堆荷载，堆载底面压力为 99kPa，在堆载中心设置了一根入土 44m 的 ϕ610 闭口钢管桩，桩端进入超固结黏土、粉质黏土和粉土层中。在钢管桩内采用应变计量测了桩身应变，从而得到桩身正、负摩阻力分布图、中性点位置；在桩周土中埋设了孔隙水压力计，测得地基中不同深度的孔隙水压力变化。

按本规范式（5.4.4-1）估算，得图 20 所示

曲线。

由图中曲线比较可知，计算值与实测值相近。

2　关于中性点的确定

当桩穿越厚度为 l_0 的高压缩土层，桩端设置于较坚硬的持力层时，在桩的某一深度 l_n 以上，土的沉降大于桩的沉降，在该段桩长内，桩侧产生负摩阻力；l_n 深度以下的可压缩层内，土的沉降小于桩的沉降，土对桩产生正摩阻力，在 l_n 深度处，桩土相对位移为零，既没有负摩阻力，又没有正摩阻力，习惯上称该点为中性点。中性点截面桩身的轴力最大。

一般来说，中性点的位置，在初期多少是有变化的，它随着桩的沉降增加而向上移动，当沉降趋于稳定，中性点也将稳定在某一固定的深度 l_n 处。

工程实测表明，在高压缩性土层 l_0 的范围内，负摩阻力的作用长度，即中性点的稳定深度 l_n，是随桩端持力层的强度和刚度的增大而增加的，其深度比 l_n/l_0 的经验值列于本规范表 5.4.4-2 中。

3　关于负摩阻力的群桩效应的考虑

对于单桩基础，桩侧负摩阻力的总和即为下拉荷载。

对于桩距较小的群桩，其基桩的负摩阻力因群桩效应而降低。这是由于桩侧负摩阻力是由桩侧土体沉降而引起，若群桩中各桩表面单位面积所分担的土体重量小于单桩的负摩阻力极限值，将导致基桩负摩阻力降低，即显示群桩效应。计算群桩中基桩的下拉荷载时，应乘以群桩效应系数 $\eta_n < 1$。

本规范推荐按等效圆法计算其群桩效应，即独立单桩单位长度的负摩阻力由相应长度范围内半径 r_e 形成的土体重量与之等效，得

$$\pi d q_s^n = \left(\pi r_e^2 - \frac{\pi d^2}{4} \right) \gamma_m$$

解上式得

$$r_e = \sqrt{\frac{d q_s^n}{\gamma_m} + \frac{d^2}{4}}$$

式中　r_e——等效圆半径（m）；

　　　d——桩身直径（m）；

　　　q_s^n——单桩平均极限负摩阻力标准值（kPa）；

　　　γ_m——桩侧土体加权平均重度（kN/m³）；地下水位以下取浮重度。

以群桩各基桩中心为圆心，以 r_e 为半径做圆，由各圆的相交点作矩形。矩形面积 $A_r = s_{ax} \cdot s_{ay}$ 与圆面积 $A_e = \pi r_e^2$ 之比，即为负摩阻力群桩效应系数。

$$\eta_n = A_r / A_e = \frac{s_{ax} \cdot s_{ay}}{\pi r_e^2} = s_{ax} \cdot s_{ay} / \pi d \left(\frac{q_s^n}{\gamma_m} + \frac{d}{4} \right)$$

式中　s_{ax}、s_{ay}——分别为纵、横向桩的中心距。$\eta_n \leq 1$，当计算 $\eta_n > 1$ 时，取 $\eta_n = 1$。

5.4.5　桩基的抗拔承载力破坏可能呈单桩拔出或群桩整体拔出，即呈非整体破坏或整体破坏模式，对两

种破坏的承载力均应进行验算。

5.4.6 本条说明关于群桩基础及其基桩的抗拔极限承载力的确定问题。

1 对于设计等级为甲、乙级建筑桩基应通过单桩现场上拔试验确定单桩抗拔极限承载力。群桩的抗拔极限承载力难以通过试验确定，故可通过计算确定。

2 对于设计等级为丙级建筑桩基可通过计算确定单桩抗拔极限承载力，但应进行工程桩抗拔静载试验检测。单桩抗拔极限承载力计算涉及如下三个问题：

1）单桩抗拔承载力计算分为两大类：一类为理论计算模式，以土的抗剪强度及侧压力系数为参数按不同破坏模式建立的计算公式；另一类是以抗拔桩试验资料为基础，采用抗压极限承载力计算模式乘以抗拔系数 λ 的经验性公式。前一类公式影响其剪切破坏面模式的因素较多，包括桩的长径比、有无扩底、成桩工艺、地层土性等，不确定因素多，计算较为复杂。为此，本规范采用后者。

2）关于抗拔系数 λ（抗拔极限承载力/抗压极限承载力）。

从表 10 所列部分单桩抗拔抗压极限承载力之比即抗拔系数 λ 看出，灌注桩高于预制桩，长桩高于短桩，黏性土高于砂土。本规范表 5.4.6-2 给出的 λ 是基于上述试验结果并参照有关规范给出的。

表 10　抗拔系数 λ 部分试验结果

资料来源	工艺	桩径 d(m)	桩长 l(m)	l/d	土质	λ
无锡国棉一厂	钻孔桩	0.6	20	33	黏性土	0.6~0.8
南通 200kV 泰刘线	反循环	0.45	12	26.7	粉土	0.9
南通 1979 年试验	反循环	—	9 12		黏性土 黏性土	0.79 0.98
四航局广州试验	预制桩	—	—	13~33	砂土	0.38~0.53
甘肃建研所	钻孔桩	—	—		天然黄土 饱和黄土	0.78 0.5
《港口工程桩基规范》(JTJ 254)					黏性土	0.8

3）对于扩底抗拔桩的抗拔承载力。扩底桩的抗拔承载力破坏模式，随土的内摩擦角大小而变，内摩擦角愈大，受扩底影响的破坏柱体愈长。桩底以上长度约 4~10d 范围内，破裂柱体直径增大至扩底直径 D；超过该范围以上部分，破裂面缩小至桩土界面。按此模型给出扩底抗拔承载力计算周长 u_i，如本规范表 5.4.6-1。

5.5　桩基沉降计算

5.5.6~5.5.9 桩距小于和等于 6 倍桩径的群桩基础，在工作荷载下的沉降计算方法，目前有两大类。一类是按实体深基础计算模型，采用弹性半空间表面荷载下 Boussinesq 应力解计算附加应力，用分层总和法计算沉降；另一类是以半无限弹性体内部集中力作用下的 Mindlin 解为基础计算沉降。后者主要分为两种，一种是 Poulos 提出的相互作用因子法；第二种是 Geddes 对 Mindlin 公式积分而导出集中力作用于弹性半空间内部的应力解，按叠加原理，求得群桩端平面下各单桩附加应力和，按分层总和法计算群桩沉降。

上述方法存在如下缺陷：①实体深基础法，其附加应力按 Boussinesq 解计算与实际不符（计算应力偏大），且实体深基础模型不能反映桩的长径比、距径比等的影响；②相互作用因子法不能反映压缩层范围内土的成层性；③Geddes 应力叠加—分层总和法对于大桩群不能手算，且要求假定侧阻力分布，并给出桩端荷载分担比。针对以上问题，本规范给出等效作用分层总和法。

1 运用弹性半无限体内作用力的 Mindlin 位移解，基于桩、土位移协调条件，略去桩身弹性压缩，给出匀质土中不同距径比、长径比、桩数、基础长宽比条件下刚性承台群桩的沉降数值解：

$$w_M = \frac{\overline{Q}}{E_s d} \overline{w}_M \qquad (1)$$

式中　$\overline{Q}$——群桩中各桩的平均荷载；

E_s——均质土的压缩模量；

d——桩径；

$\overline{w}_M$——Mindlin 解群桩沉降系数，随群桩的距径比、长径比、桩数、基础长宽比而变。

2 运用弹性半无限体表面均布荷载下的 Boussinesq 解，不计实体深基础侧阻力和应力扩散，求得实体深基础的沉降：

$$w_B = \frac{P}{a E_s} \overline{w}_B \qquad (2)$$

式中

$$\overline{w}_B = \frac{1}{4\pi}\left[\ln\frac{\sqrt{1+m^2}+m}{\sqrt{1+m^2}-m}+m\ln\frac{\sqrt{1+m^2}+1}{\sqrt{1+m^2}-1}\right. $$

(3)

m——矩形基础的长宽比；$m = a/b$；

P——矩形基础上的均布荷载之和。

由于数据过多，为便于分析应用，当 $m \leqslant 15$ 时，式（3）经统计分析后简化为

$$\overline{w_B} = (m + 0.6336)/(1.1951m + 4.6275) \quad (4)$$

由此引起的误差在 2.1% 以内。

3 两种沉降解之比：

相同基础平面尺寸条件下，对于按不同几何参数刚性承台群桩 Mindlin 位移解沉降计算值 w_M 与不考虑群桩侧面剪应力和应力不扩散实体深基础 Boussinesq 解沉降计算值 w_B 二者之比为等效沉降系数 ψ_e。按实体深基础 Boussinesq 解分层总和法计算沉降 w_B，乘以等效沉降系数 ψ_e，实质上纳入了按 Mindlin 位移解计算桩基础沉降时，附加应力及桩群几何参数的影响，称此为等效作用分层总和法。

$$\psi_e = \frac{w_M}{w_B} = \frac{\dfrac{\overline{Q}}{E_s \cdot d} \cdot \overline{w_M}}{\dfrac{n_a \cdot n_b \cdot \overline{Q} \cdot \overline{w_B}}{a \cdot E_s}}$$

$$= \frac{\overline{w_M}}{\overline{w_B}} \cdot \frac{a}{n_a \cdot n_b \cdot d} \quad (5)$$

式中 n_a、n_b——分别为矩形桩基础长边布桩数和短边布桩数。

为应用方便，将按不同距径比 $s_a/d = 2$、3、4、5、6，长径比 $l/d = 5$、10、15…100，总桩数 $n = 4$…600，各种布桩形式（$n_a/n_b = 1$，2，…10），桩基承台长宽比 $L_c/B_c = 1$、2…10），对式（5）计算出的 ψ_e 进行回归分析，得到本规范式（5.5.9-1）。

4 等效作用分层总和法桩基最终沉降量计算式

$$s = \psi \cdot \psi_e \cdot s'$$

$$= \psi \cdot \psi_e \cdot \sum_{j=1}^{m} p_{oj} \sum_{i=1}^{n} \frac{z_{ij} \overline{\alpha_{ij}} - z_{(i-1)j} \overline{\alpha_{(i-1)j}}}{E_{si}} \quad (6)$$

沉降计算公式与习惯使用的等代实体深基础分层总和法基本相同，仅增加一个等效沉降系数 ψ_e。其中要注意的是：等效作用面位于桩端平面，等效作用面积为桩基承台投影面积，等效作用附加压力取承台底附加压力，等效作用面以下（等代实体深基底以下）的应力分布按弹性半空间 Boussinesq 解确定，应力系数为角点下平均附加应力系数 $\overline{\alpha}$。各分层沉降量 $\Delta s_i' = p_0 \dfrac{z_i \overline{\alpha_i} - z_{(i-1)} \overline{\alpha_{(i-1)}}}{E_{si}}$，其中 z_i、$z_{(i-1)}$ 为有效作用面至 i、$i-1$ 层层底的深度；$\overline{\alpha_i}$、$\overline{\alpha_{(i-1)}}$ 为按计算分块长宽比 a/b 及深宽比 z_i/b、$z_{(i-1)}/b$，由附录 D 确定。p_0 为承台底面荷载效应准永久组合附加压力，将其作用于桩端等效作用面。

5.5.11 本条说明关于桩基沉降计算经验系数 ψ。本次规范修编时，收集了软土地区的上海、天津，一般第四纪土地区的北京、沈阳，黄土地区的西安等共计 150 份已建桩基工程的沉降观测资料，得出实测沉降与计算沉降之比 ψ 与沉降计算深度范围内压缩模量当量值 $\overline{E_s}$ 的关系如图 21 所示，同时给出 ψ 值列于本规范表 5.5.11。

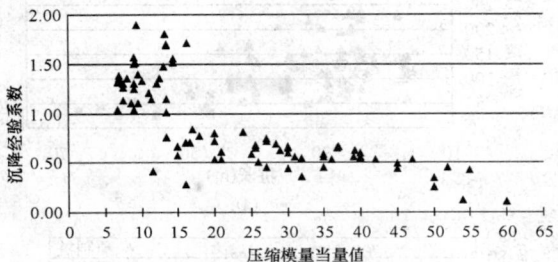

图 21 沉降经验系数 ψ 与压缩模量当量值 $\overline{E_s}$ 的关系

关于预制桩沉桩挤土效应对桩基沉降的影响问题。根据收集到的上海、天津、温州地区预制桩和灌注桩基础沉降观测资料共计 110 份，将实测最终沉降量与桩长关系散点图分别表示于图 22（a）、（b）、（c）。图 22 反映出一个共同规律：预制桩基础的最终沉降量显著大于灌注桩基础的最终沉降量，桩长愈小，其差异愈大。这一现象反映出预制桩因挤土沉桩产生桩土上涌导致沉降增大的负面效应。由于三个地区地层条件存在差异，桩端持力层、桩长、桩距、沉桩工艺流程等因素变化，使得预制桩挤土效应不同。为使计算沉降更符合实际，建立以灌注桩基础实测沉降与计算沉降之比 ψ 随桩端压缩层范围内模量当量值 $\overline{E_s}$ 而变的经验值，对于饱和土中未经复打、复压、引孔沉桩的预制桩基础按本规范表 5.5.11 所列值再乘以挤土效应系数 1.3～1.8，对于桩数多、桩距小、沉桩速率快、土体渗透性低的情况，挤土效应系数取大值；对于后注浆灌注桩则乘以 0.7～0.8 折减系数。

5.5.14 本条说明关于单桩、单排桩、疏桩（桩距大于 $6d$）基础的最终沉降量计算。工程实际中，采用一柱一桩或一柱两桩、单排桩、桩距大于 $6d$ 的疏桩基础并非罕见。如：按变刚度调平设计的框架-核心筒结构工程中，刚度相对弱化的外围桩基，柱下布 1～3 桩者居多；剪力墙结构，常采取墙下布桩（单排桩）；框架和排架结构建筑桩基按一柱一桩或一柱二桩布置也不少。有的设计考虑承台分担荷载，即设计为复合桩基，此时承台多数为平板式或梁板式筏形承台；另一种情况是仅在柱、墙下单独设置承台，或即使设计为满堂筏形承台，由于承台底土层为软土、欠固结土、可液化、湿陷性土等原因，承台不分担荷载，或因使用要求，变形控制严格，只能考虑桩的承载作用。首先，就桩数、桩距等而言，这类桩不能应用等效作用分层总和法，需要另行给出沉降计算方法。其次，对于复合桩基和普通桩基的计算模式应予区分。

单桩、单排桩、疏桩复合桩基沉降计算模式是基于新推导的 Mindlin 解计入桩径影响公式计算桩的附加应力，以 Boussinesq 解计算承台底压力引起的附加应力，将二者叠加按分层总和法计算沉降，计算式为

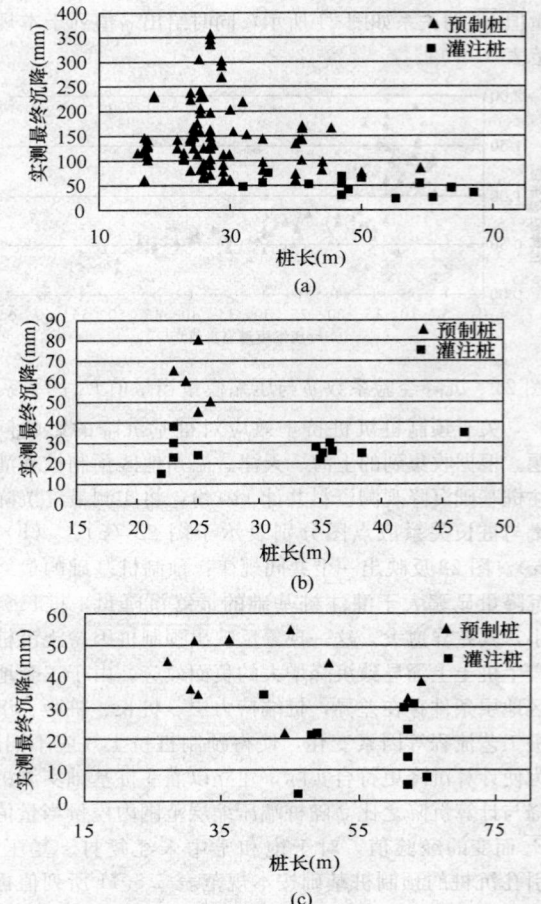

图 22 预制桩基础与灌注桩基础
实测沉降量与桩长关系

(a) 上海地区；(b) 天津地区；(c) 温州地区

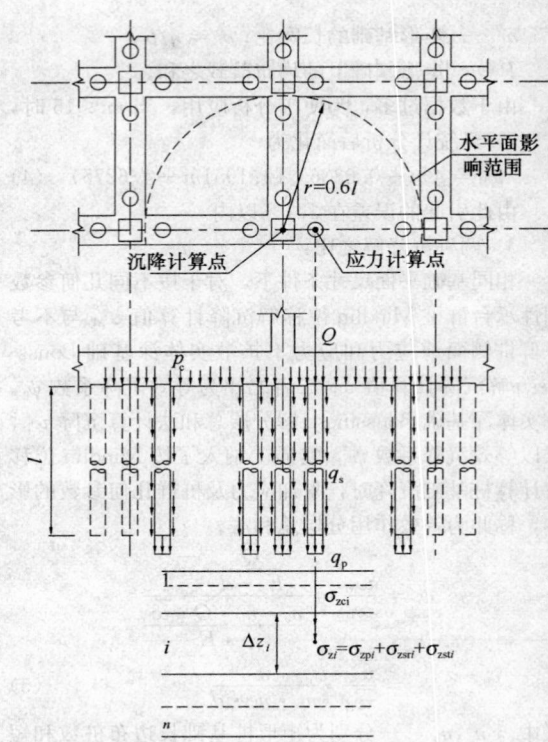

图 23 单桩、单排桩、疏桩基础沉降计算示意图

本规范式（5.5.14-1）～式（5.5.14-5）。

计算时应注意，沉降计算点取底层柱、墙中心点，应力计算点应取与沉降计算点最近的桩中心点，见图23。当沉降计算点与应力计算点不重合时，二者的沉降并不相等，但由于承台刚度的作用，在工程实践的意义上，近似取二者相同。本规范中，应力计算点的沉降包含桩端以下土层的压缩和桩身压缩，桩端以下土层的压缩应按桩端以下轴线处的附加应力计算（桩身以外土中附加应力远小于轴线处）。

承台底压力引起的沉降实际上包含两部分，一部分为回弹再压缩变形，另一部分为超出土自重部分的附加压力引起的变形。对于前者的计算较为复杂，一是回弹再压缩量对于整个基础而言分布是不均的，坑中央最大，基坑边缘最小；二是再压缩层深度及其分布难以确定。若将此二部分压缩变形分别计算，目前尚难解决。故计算时近似将全部承台底压力等效为附加压力计算沉降。

这里应着重说明三点：一是考虑单排桩、疏桩基础在基坑开挖（软土地区往往是先成桩后开挖；非软土地区，则是开挖一定深度后再成桩）时，桩对土体的回弹约束效应小，故应将回弹再压缩计入沉降量；二是当基坑深度小于 5m 时，回弹量很小，可忽略不计；三是中、小桩距桩基的桩对于土体回弹的约束效应导致回弹量减小，故其回弹再压缩可予忽略。

计算复合桩基沉降时，假定承台底附加压力为均布，$p_c = \eta_c f_{ak}$，η_c 按 $s_a > 6d$ 取值，f_{ak} 为地基承载力特征值，对全承台分块按式（5.5.14-5）计算桩端平面以下土层的应力 σ_{zci}，与基桩产生的应力 σ_{zi} 叠加，按本规范式（5.5.14-4）计算最终沉降量。若核心筒桩群在计算点 0.6 倍桩长范围以内，应考虑其影响。

单桩、单排桩、疏桩常规桩基，取承台压力 $p_c = 0$，即按本规范式（5.5.14-1）进行沉降计算。

这里应着重说明上述计算式有关的五个问题：

1 单桩、单排桩、疏桩桩基沉降计算深度相对于常规群桩要小得多，而由 Mindlin 解导出得 Geddes 应力计算式模型是作用于桩轴线的集中力，因而其桩端平面以下一定范围内应力集中现象极明显，与一定直径桩的实际性状相差甚大，远远超出土的强度，用于计算压缩层厚度很小的桩基沉降显然不妥。Geddes 应力系数与考虑桩径的 Mindlin 应力系数相比，其差异变化的特点是：愈近桩端差异愈大，桩端下 $l/10$ 处二者趋向接近；桩的长径比愈小差异愈大，如 $l/d=10$ 时，桩端以下 $0.008\,l$ 处，Geddes 解端阻产生的竖向应力为考虑桩径的 44 倍，侧阻（按均布）产生的竖向应力为考虑桩径的 8 倍。而单桩、单排桩、疏桩的桩端以下压缩层又较小，由此带来的误差过大。故对 Mindlin 应力解考虑桩径因素求解，桩端、桩侧阻力的分布如附录 F 图 F.0.2 所示。为便于使用，求得基桩长径比 $l/d = 10,15,20,25,30,40 \sim 100$ 的应力系数 I_p、I_{sr}、I_{st} 列于附录 F。

2 关于土的泊松比 ν 的取值。土的泊松比 $\nu = 0.25 \sim 0.42$；鉴于对计算结果不敏感，故统一取 $\nu = 0.35$ 计算应力系数。

3 关于相邻基桩的水平面影响范围。对于相邻基桩荷载对计算点竖向应力的影响，以水平距离 $\rho = 0.6l$（l 为计算点桩长）范围内的桩为限，即取最大 $n = \rho/l = 0.6$。

4 沉降计算经验系数 ψ。这里仅对收集到的部分单桩、双桩、单排桩的试验资料进行计算。若无当地经验，取 $\psi = 1.0$。对部分单桩、单排桩沉降进行计算与实测的对比，列于表 11。

5 关于桩身压缩。由表 11 单桩、单排桩计算与实测沉降比较可见，桩身压缩比 s_e/s 随桩的长径比 l/d 增大和桩端持力层刚度增大而增加。如 CCTV 新台址桩基，长径比 l/d 为 43 和 28，桩端持力层为卵砾、中粗砂层，$E_s \geqslant 100$MPa，桩身压缩分别为 22mm，$s_e/s = 88\%$；14.4mm，$s_e/s = 59\%$。因此，本规范第 5.5.14 条规定应计入桩身压缩。这是基于单桩、单排桩总沉降量较小，桩身压缩比例超过 50%，若忽略桩身压缩，则引起的误差过大。

6 桩身弹性压缩的计算。基于桩身材料的弹性假定及桩侧阻力呈矩形、三角形分布，由下式可简化计算桩身弹性压缩量：

$$s_e = \frac{1}{AE_p}\int_0^l \left[Q_0 - \pi d \int_0^z q_s(z)\mathrm{d}z \right]\mathrm{d}z = \xi_e \frac{Q_0 l}{AE_p}$$

对于端承型桩，$\xi_e = 1.0$；对于摩擦型桩，随桩侧阻力份额增加和桩长增加，ξ_e 减小；$\xi_e = 1/2 \sim 2/3$。

表 11　单桩、单排桩计算与实测沉降对比

项　目		桩顶特征荷载 (kN)	桩长/桩径 (m)	压缩模量 (MPa)	计算沉降（mm）			实测沉降 (mm)	$S_{实测}$/$S_{计}$	备注
					桩端土压缩 (mm)	桩身压缩 (mm)	预估总沉降量 (mm)			
长青大厦	4#	2400	17.8/0.8	100	0.8	1.4	2.2	1.76	0.80	—
	3#	5600			2.9	3.4	6.3	5.60	0.89	—
	2#	4800			2.3	2.9	5.2	5.66	1.09	—
	1#	4000			1.8	2.4	4.2	4.93	1.17	—
		2400			0.9	1.5	2.4	3.04	1.27	—
皇冠大厦	465#	6000	15/0.8	100	3.6	2.8	6.4	4.74	0.74	—
	467#	5000			2.9	2.3	5.2	4.55	0.88	—
北京 SOHO	S1	8000	29.5/1.0	70	2.8	4.7	7.5	13.30	1.77	—
	S2	6500	29.5/0.8		3.8	6.5	10.3	9.88	0.96	—
	S3	8000	29.5/1.0		2.8	4.7	7.5	9.61	1.28	—
洛口试桩[①]	D-8	316	4.5/0.25	8	16.0			20	1.25	—
	G-19	280	4.5/0.25		28.7			23.9	0.83	—
	G-24	201.7	4.5/0.25		28.0			30	1.07	—
北京电视中心	S1	7200	27/1.0	70	2.6	3.9	6.5	7.41	1.14	—
	S2	7200	27/1.0		2.6	3.9	6.5	9.59	1.48	—
	S3	7200	27/1.0		2.6	3.9	6.5	6.48	1.00	—
	S4	5600	27/0.8		2.5	4.8	7.3	8.84	1.21	—
	S5	5600	27/0.8		2.5	4.8	7.3	7.82	1.07	—
	S6	5600	27/0.8		2.5	4.8	7.3	8.18	1.12	—

项目		桩顶特征荷载（kN）	桩长/桩径（m）	压缩模量（MPa）	计算沉降（mm）			实测沉降（mm）	$S_{实测}/S_{计}$	备注
					桩端土压缩（mm）	桩身压缩（mm）	预估总沉降量（mm）			
北京银泰中心	A-S1	9600			2.9	4.5	7.4	3.99	0.54	—
	A-S1-1	6800			1.6	3.2	4.8	2.59	0.54	—
	A-S1-2	6800			1.6	3.2	4.8	3.16	0.66	—
	B-S3	9600			2.9	4.5	7.4	3.87	0.52	—
	B1-14	5100	30/1.1	70	1.0	2.4	3.4	1.53	0.45	—
	B-S1-2	5100			1.0	2.4	3.4	1.96	0.58	—
	C-S2	9600			2.9	4.5	7.4	4.28	0.58	—
	C-S1-1	5100			1.0	2.4	3.4	3.09	0.91	—
	C-S1-2	5100			1.0	2.4	3.4	2.85	0.84	—
CCTV[2]	TP-A1	33000	51.7/1.2	120	3.3	22.5	25.8	21.78	0.85	1.98
	TP-A2	30250	51.7/1.2		2.5	20.6	23.1	21.44	0.93	5.22
	TP-A3	33000	53.4/1.2		3.0	23.2	26.2	18.78	0.72	1.78
	TP-B1	33000	33.4/1.2		10.0	14.5	24.5	20.92	0.85	5.38
	TP-B2	33000	33.4/1.2	100	10.0	14.5	24.5	14.50	0.59	3.79
	TP-B3	35000	33.4/1.2		11.0	15.4	26.4	21.80	0.83	3.32

注：① 洛口试桩为单排桩（分别是单排2桩、4桩、6桩），采用桩顶极限荷载。
　　② CCTV试桩备注栏为实测桩端沉降，采用桩顶极限荷载。

5.5.15 上述单桩、单排桩、疏桩基础及其复合桩基的沉降计算深度均采用应力比法，即按 $\sigma_z + \sigma_{zc} = 0.2\sigma_c$ 确定。

关于单桩、单排桩、疏桩复合桩基沉降计算方法的可靠性问题。从表11单桩、单排桩静载试验实测与计算比较来看，还是具有较大可靠性。采用考虑桩径因素的 Mindlin 解进行单桩应力计算，较之 Geddes 集中应力公式应该说是前进了一大步。其缺陷与其他手算方法一样，不能考虑承台整体和上部结构刚度调整沉降的作用。因此，这种手算方法主要用于初步设计阶段，最终应采用上部结构—承台—桩土共同作用有限元方法进行分析。

为说明本规范第 3.1.8 条变刚度调平设计要点及本规范第 5.5.14 条疏桩复合桩基沉降计算过程，以某框架-核心筒结构为例，叙述如下：

1　概念设计

　1）桩型、桩径、桩长、桩距、桩端持力层、单桩承载力

该办公楼由地上 36 层、地下 7 层与周围地下 7 层车库连成一体，基础埋深 26m。框架-核心筒结构。建筑标准层平面图见图 24，立面图见图 25，主体高度 156m。拟建场地地层柱状如图 26 所示，第⑨层为卵石—圆砾，第⑬层为细—中砂，是桩基础良好持力层。采用后注浆灌注桩桩筏基础，设计桩径 1000mm。按强化核心筒桩基的竖向支承刚度、相对弱化外围框架柱桩基竖向支承刚度的总体思路，核心筒采用常规桩基，桩长 25m，外围框架采用复合桩基，桩长 15m。核心筒桩端持力层选为第⑬层细—中砂，单桩承载力特征值 $R_a = 9500$kN，桩距 $s_a = 3d$；外围边框架柱采用复合桩基础，荷载由桩土共同承担，单桩承载力特征值 $R_a = 7000$kN。

　2）承台结构形式

由于变刚度调平布桩起到减小承台筏板整体弯距和冲切力的作用，板厚可减少。核心筒承台采用平板式，厚度 $h_1 = 2200$mm；外围框架采用梁板式筏板承台，梁截面 $b_b \times h_b = 2000$mm × 2200mm，板厚 $h_2 = 1600$mm。与主体相连裙房（含地下室）采用天然地基，梁板式片筏基础。

2　基桩承载力计算与布桩

　1）核心筒

荷载效应标准组合（含承台自重）：$N_{ck} = 843592$kN。

基桩承载力特征值 $R_a = 9500$kN，每个核心筒布桩 90 根，并使桩反力合力点与荷载重心接近重合。偏心距如下：

左核心筒荷载偏心距离：$\Delta X = -0.04$m；$\Delta Y = 0.26$m

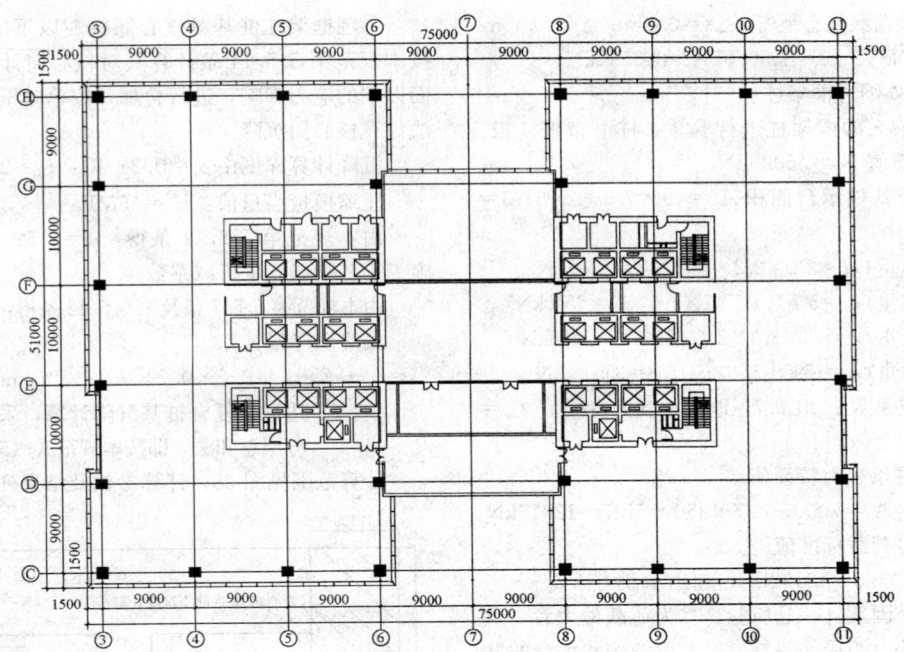

图 24　标准层平面图

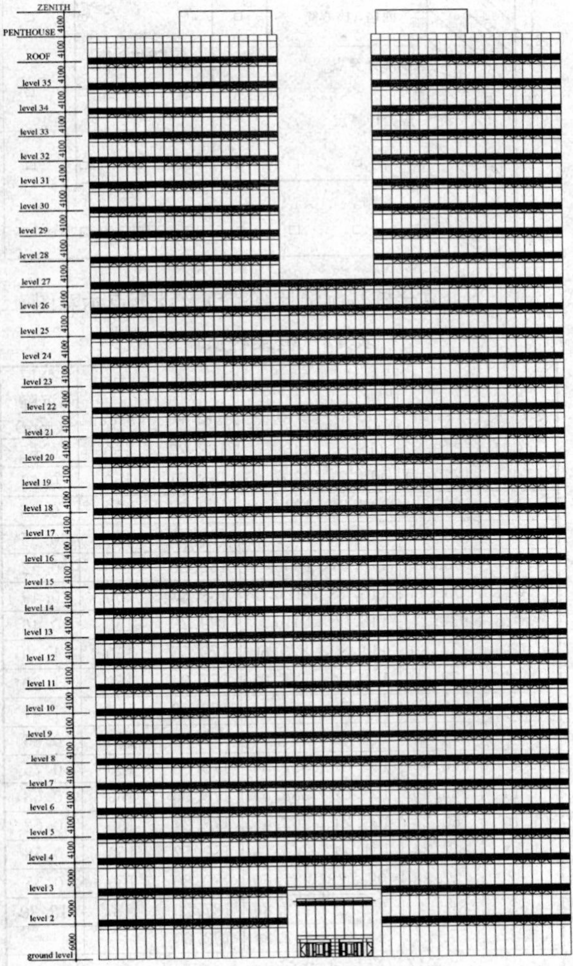

图 25　立面图

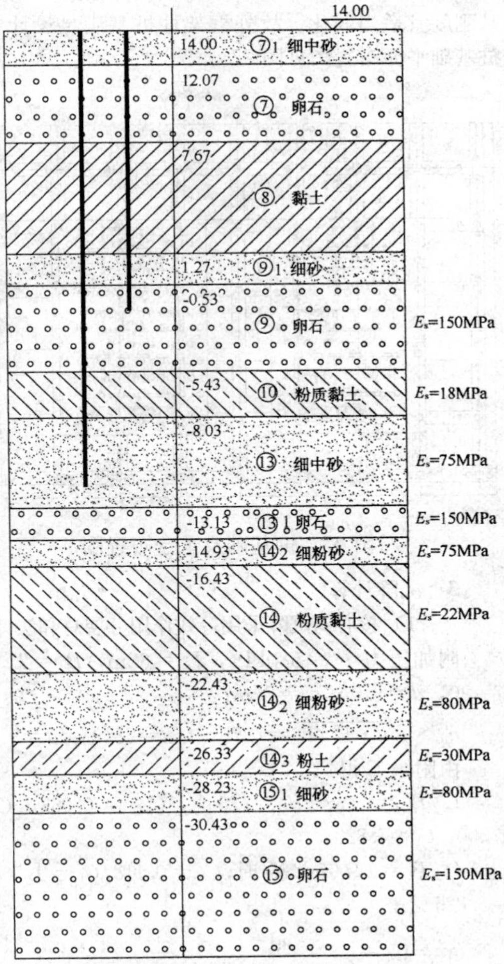

图 26　场地地层柱状土

右核心筒荷载偏心距离：$\Delta X=0.04$m；$\Delta Y=0.15$m

9500kN×90＝855000kN＞843592kN

2）外围边框架柱

选荷载最大的框架柱进行验算，柱下布桩 3 根。桩底荷载标准值 $F_k=36025$kN，

单根复合基桩承台面积 $A_c=(9\times7.5-2.36)/3=21.7\text{m}^2$

承台梁自重 $G_{db}=2.0\times2.2\times14.5\times25=1595$kN

承台板自重 $G_{ds}=5.5\times3.5\times2\times1.6\times25=1540$kN

承台上土重 $G=5.5\times3.5\times2\times0.6\times18=415.8$kN

总重 $G_k=1595+1540+415.8=3550.8$kN

承台效应系数 η_c 取 0.7，地基承载力特征值 $f_{ak}=350$kPa

复合基桩承载力特征值

$R=R_a+\eta_c f_{ak}A_c=7000+0.7\times350\times21.7=12317$kN

复合基桩荷载标准值

$(F_k+G_k)/3=13192$kN，超出承载力6.6%。考虑到以下二个因素，一是所验算柱为荷载最大者，这种荷载与承载力的局部差异通过上部结构和承台的共同作用得到调整；二是按变刚度调平原则，外框架桩基刚度宜适当弱化。故外框架柱桩基满足设计要求。桩基础平面布置图见图 27。

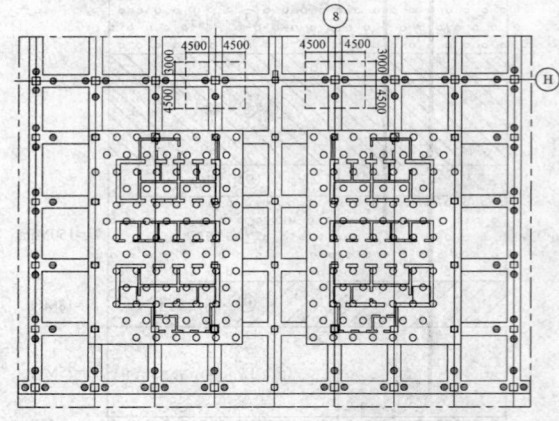

图 27　桩基础及承台布置图

3　沉降计算

1）核心筒沉降采用等效作用分层总和法计算

附加压力 $p_0=680$kPa，$L_c=32$m，$B_c=21.5$m，$n=90$，$d=1.0$m，$l=25$m；

$n_b=\sqrt{n\cdot B_c/L_c}=7.75$，$l/d=25$，$s_a/d=3$

由附录 E 得：

$L_c/B_c=1$，$l/d=25$ 时，$C_0=0.063$，$C_1=1.500$，$C_2=7.822$

$L_c/B_c=2$，$l/d=25$ 时，$C_0=0.118$，$C_1=1.565$，$C_2=6.826$

$\varphi_{e1}=C_0+\dfrac{n_b-1}{C_1(n_b-1)+C_2}=0.44$，$\varphi_{e2}=0.50$，

插值得：$\varphi_e=0.47$

外围框架柱桩基对核心筒桩端以下应力的影响，按本规范第 5.5.14 条计算其对核心筒计算点桩端平面以下的应力影响，进行叠加，按单向压缩分层总和法计算核心筒沉降。

沉降计算深度由 $\sigma_z=0.2\sigma_c$ 得：$z_n=20$m

压缩模量当量值：$\overline{E_s}=35$MPa

由本规范第 5.5.11 条得：$\psi=0.5$；采用后注浆施工工艺乘以 0.7 折减系数

由本规范第 5.5.7 条及第 5.5.12 条得：$s'=272$mm

最终沉降量：

$s=\psi\cdot\psi_e\cdot s'=0.5\times0.7\times0.47\times272\text{mm}=45$mm

2）边框架复合桩基沉降计算，采用复合应力分层总和法，即按本规范式（5.5.14-4）

计算范围见图 28，计算参数及结果列于表 12。

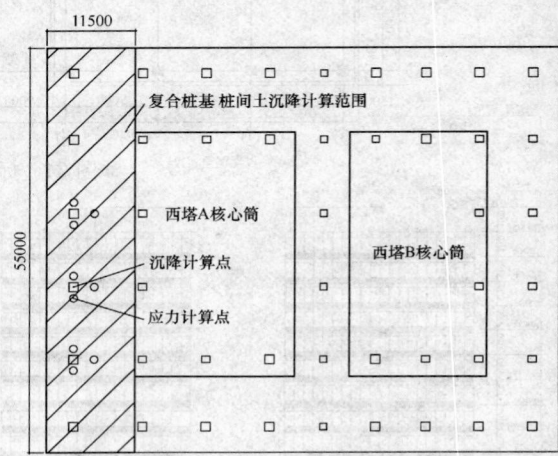

图 28　复合桩基沉降计算范围及计算点示意图

表 12　框架柱沉降

z/l	σ_{zi} (kPa)	σ_{zci} (kPa)	$\Sigma\sigma$ (kPa)	$0.2\sigma_{ci}$ (kPa)	E_s (MPa)	分层沉降 (mm)
1.004	1319.87	118.65	1438.52	168.25	150	0.62
1.008	1279.44	118.21	1397.65	168.51	150	0.60
1.012	1227.14	117.77	1344.91	168.76	150	0.58
1.016	1162.57	117.34	1279.91	169.02	150	0.55
1.020	1088.67	116.91	1205.58	169.28	150	0.52
1.024	1009.80	116.48	1126.28	169.53	150	0.49
1.028	930.21	116.06	1046.27	169.79	150	0.47
1.040	714.80	114.80	829.60	170.56	150	1.09
1.060	473.19	112.74	585.93	171.84	150	1.30
1.080	339.60	110.73	450.41	173.12	150	1.01
1.100	263.05	108.78	371.83	174.4	150	0.85
1.120	215.47	106.87	322.34	175.68	150	0.75
1.14	183.49	105.02	288.51	176.96	150	0.68
1.16	160.24	103.21	263.45	178.24	150	0.62
1.18	142.34	101.44	243.78	179.52	150	0.58
1.2	127.88	99.72	227.60	180.80	150	0.55
1.3	82.14	91.72	173.86	187.20	18	18.30
1.4	57.63	84.61	142.24	193.60	—	—
最终沉降量（mm）						30

注：z 为承台底至应力计算点的竖向距离。

沉降计算荷载应考虑回弹再压缩，采用准永久荷载效应组合的总荷载为等效附加荷载；桩顶荷载取 $Q=7000kN$；

承台土压力，近似取 $p_{ck}=\eta_c f_{ak}=245kPa$；

用应力比法得计算深度：$z_n=6.0m$，桩身压缩量 $s_e=2mm$。

最终沉降量，$s=\psi \cdot s' + s_e = 0.7 \times 30.0 + 2.0 = 23mm$（采用后注浆乘以 0.7 折减系数）。

上述沉降计算只计入相邻基桩对桩端平面以下应力的影响，未考虑筏板整体刚度和上部结构刚度对调整差异沉降的贡献，故实际差异沉降比上述计算值要小。

4 按上部结构刚度—承台—桩土相互作用有限元法计算沉降。按共同作用有限元分析程序计算所得沉降等值线如图 29 所示。从中看出，最大沉降为 40mm，最大差异沉降 $\Delta s_{max}=0.0005L_0$，仅为规范允许值的 1/4。

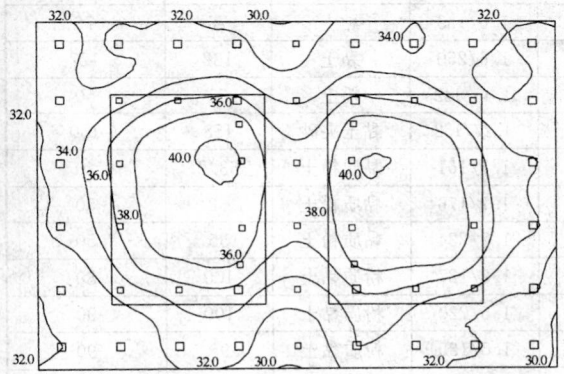

图 29 共同作用分析沉降等值线

5.6 软土地基减沉复合疏桩基础

5.6.1 软土地基减沉复合疏桩基础的设计应遵循两个原则，一是桩和桩间土在受荷变形过程中始终确保两者共同分担荷载，因此单桩承载力宜控制在较小范围，桩的横截面尺寸一般宜选择 φ200～φ400（或 200mm×200mm～300mm×300mm），桩应穿越上部软土层，桩端支承于相对较硬土层；二是桩距 $s_a > (5～6)d$，以确保桩间土的荷载分担比足够大。

减沉复合疏桩基础承台型式可采用两种，一种是筏式承台，多用于承载力小于荷载要求和建筑物对差异沉降控制较严或带有地下室的情况；另一种是条形承台，但承台面积系数（承台与首层面积相比）较大，多用于无地下室的多层住宅。

桩数除满足承载力要求外，尚应经沉降计算最终确定。

5.6.2 本条说明减沉复合疏桩基础的沉降计算。

对于复合疏桩基础而言，与常规桩基相比其沉降性状有两个特点。一是桩的沉降发生塑性刺入的可能性大，在受荷变形过程中桩、土分担荷载比随土体固

结而使其在一定范围变动，随固结变形逐渐完成而趋于稳定。二是桩间土体的压缩固结受承台压力作用为主，受桩、土相互作用影响居次。由于承台底面桩、土的沉降是相等的，桩基的沉降既可通过计算桩的沉降，也可通过计算桩间土沉降实现。桩的沉降包含桩端平面以下土的压缩和塑性刺入（忽略桩的弹性压缩），同时应考虑承台土反力对桩沉降的影响。桩间土的沉降包含承台底土的压缩和桩对土的影响。为了回避桩端塑性刺入这一难以计算的问题，本规范采取计算桩间土沉降的方法。

基础平面中点最终沉降计算式为：$s=\psi(s_s+s_{sp})$。

1 承台底地基土附加应力作用下的压缩变形沉降 s_s。按 Boussinesq 解计算土中的附加应力，按单向压缩分层总和法计算沉降，与常规浅基沉降计算模式相同。

关于承台底附加压力 p_0，考虑到桩的刺入变形导致承台分担荷载量增大，故计算 p_0 时乘以刺入变形影响系数，对于黏性土 $\eta_p=1.30$，粉土 $\eta_p=1.15$，砂土 $\eta_p=1.0$。

2 关于桩对土影响的沉降增加值 s_{sp}。桩侧阻力引起桩周土的沉降，按桩侧剪切位移传递法计算，桩侧土离桩中心任一点 r 的竖向位移为：

$$w_r=\frac{\tau_0 r_0}{G_s}\int_r^{r_m}\frac{dr}{r}=\frac{\tau_0 r_0}{G_s}\ln\frac{r_m}{r} \tag{7}$$

减沉桩桩端阻力比例较小，端阻力对承台底地基土位移的影响也较小，予以忽略。

式（7）中，τ_0 为桩侧阻力平均值；r_0 为桩半径；G_s 为土的剪切模量，$G_s=E_0/2(1+\nu)$，ν 为泊松比，软土取 $\nu=0.4$；E_0 为土的变形模量，其理论关系式 $E_0=1-\frac{2\nu^2}{(1-\nu)}E_s\approx 0.5E_s$，$E_s$ 为土的压缩模量；软土桩侧土剪切位移最大半径 r_m，软土地区取 $r_m=8d$。将式（7）进行积分，求得任一基桩桩周碟形位移体积，为：

$$V_{sp}=\int_0^{2\pi}\int_{r_0}^{r_m}\frac{\tau_0 r_0}{G_s}r\ln\frac{r_m}{r}drd\theta$$
$$=\frac{2\pi\tau_0 r_0}{G_s}\left(\frac{r_0^2}{2}\ln\frac{r_0}{r_m}+\frac{r_m^2}{4}-\frac{r_0^2}{4}\right) \tag{8}$$

桩对土的影响值 s_{sp} 为单一基桩桩周位移体积除以圆面积 $\pi(r_m^2-r_0^2)$；另考虑桩距较小时剪切位移的重叠效应，当桩侧土剪切位移最大半径 r_m 大于平均桩距 $\overline{s_a}$ 时，引入近似重叠系数 $\pi(r_m/s_a)^2$，则

$$s_{sp}=\frac{V_{sp}}{\pi(r_m^2-r_0^2)}\cdot\pi\frac{r_m^2}{s_a^2}$$
$$=\frac{\frac{8(1+\nu)\pi\tau_0 r_0}{E_s}\left(\frac{r_0^2}{2}\ln\frac{r_0}{r_m}+\frac{r_m^2}{4}-\frac{r_0^2}{4}\right)}{\pi(r_m^2-r_0^2)}\cdot\pi\frac{r_m^2}{s_a^2}$$
$$=\frac{(1+\nu)8\pi\tau_0}{4E_s}\cdot\frac{1}{(s_a/d)^2}\cdot\frac{r_m^2\left(\frac{r_0^2}{2}\ln\frac{r_0}{r_m}+\frac{r_m^2}{4}-\frac{r_0^2}{4}\right)}{(r_m^2-r_0^2)r_0}$$

因 $r_m = 8d \gg r_0$，且 $\tau_0 = q_{su}$，$v = 0.4$，故上式简化为：

$$s_{sp} = \frac{280q_{su}}{E_s} \cdot \frac{d}{(s_a/d)^2}$$

因此，$s = \psi(s_s + s_{sp})$；$s_s = 4p_0 \sum_{i=1}^{m} \dfrac{z_i \bar{\alpha}_i - z_{(i-1)} \bar{\alpha}_{(i-1)}}{E_{si}}$，

$$s_{sp} = 280 \frac{\overline{q_{su}}}{\overline{E_s}} \cdot \frac{d}{(s_a/d)^2}$$

一般地，$\overline{q_{su}} = 30\text{kPa}$，$\overline{E_s} = 2\text{MPa}$，$s_a/d = 6$，$d = 0.4\text{m}$。

$$s_{sp} = \frac{280\overline{q_{su}}}{E_s} \cdot \frac{d}{(s_a/d)^2} = 280 \times \frac{30\,(\text{kPa})}{2\,(\text{MPa})} \times \frac{1}{36} \times 0.4\,(\text{m})$$
$$= 47\text{mm}。$$

3 条形承台减沉复合疏桩基础沉降计算

无地下室多层住宅多数将承台设计为墙下条形承台板，条基之间净距较小，若按实际平面计算相邻影响十分繁锁，为此，宜将其简化为等效平板式承台，按角点法分块计算基础中点沉降。

4 工程验证

表 13 软土地基减沉复合疏桩基础计算沉降与实测沉降

名称（编号）	建筑物层数（地下）/附加压力（kN）	基础平面尺寸（m×m）	桩径 d(m)/桩长 L(m)	承台埋深（m）/桩数	桩端持力层	计算沉降（mm）	按实测推算的最终沉降（mm）
上海×××	6/61210	53×11.7	0.2×0.2/16	1.6/161	黏土	108	77
上海×××	6/52100	52.5×11	0.2×0.2/16	1.6/148	黏土	76	81
上海×××	6/49718	42×11	0.2×0.2/16	1.6/118	黏土	120	69
上海×××	6/43076	40×11	0.2×0.2/16	1.6/139	黏土	76	76
上海×××	6/45490	58×12	0.2×0.2/16	1.6/250	黏土	132	127
绍兴×××	6/49505	35×10	ϕ0.4/12	1.45/142	粉土	55	50
上海×××	6/43500	40×9	0.2×0.2/16	1.27/152	黏土夹砂	158	150
天津×××	一/56864	46×16	ϕ0.42/10	1.7/161	黏质粉土	63.7	40
天津×××	一/62507	52×15	ϕ0.42/10	1.7/176	黏质粉土	62	50
天津×××	一/74017	62×15	ϕ0.42/10	1.7/224	黏质粉土	55	50
天津×××	一/62000	52×14	0.35×0.35/17	1.5/127	粉质黏土	100	80
天津×××	一/106840	84×15	0.35×0.35/17	1.5/220	粉质黏土	100	90
天津×××	一/64200	54×14	0.35×0.35/17	1.5/135	粉质黏土	95	90
天津×××	一/82932	56×18	0.35×0.35/12.5	1.5/155	粉质黏土	161	120

5.7 桩基水平承载力与位移计算

5.7.2 本条说明单桩水平承载力特征值的确定。

影响单桩水平承载力和位移的因素包括桩身截面抗弯刚度、材料强度、桩侧土质条件、桩的入土深度、桩顶约束条件。如对于低配筋率的灌注桩，通常是桩身先出现裂缝，随后断裂破坏；此时，单桩水平承载力由桩身强度控制。对于抗弯性能强的桩，如高配筋率的混凝土预制桩和钢桩，桩身虽未断裂，但由于桩侧土体塑性隆起，或桩顶水平位移大大超过使用允许值，也认为桩的水平承载力达到极限状态。此时，单桩水平承载力由位移控制。由桩身强度控制和桩顶水平位移控制两种工况均受桩侧土水平抗力系数的比例系数 m 的影响，但是，前者受影响较小，呈 $m^{1/5}$ 的关系；后者受影响较大，呈 $m^{3/5}$ 的关系。对于受水平荷载较大的建筑桩基，应通过现场单桩水平承载力试验确定单桩水平承载力特征值。对于初设阶段可通过规范所列的按桩身承载力控制的本规范式（5.7.2-1）和按桩顶水平位移控制的本规范式（5.7.2-2）进行计算。最后对工程桩进行静载试验检测。

5.7.3 建筑物的群桩基础多数为低承台，且多数带地下室，故承台侧面和地下室外墙侧面均能分担水平荷载，对于带地下室桩基受水平荷载较大时应按本规范附录 C 计算基桩、承台与地下室外墙水平抗力及位移。本条适用于无地下室，作用于承台顶面的弯矩较小的情况。本条所述群桩效应综合系数法，是以单桩水平承载力特征值 R_{ha} 为基础，考虑四种群桩效应，求得群桩综合效应系数 η_h，单桩水平承载力特征值乘以 η_h 即得群桩中基桩的水平承载力特征值 R_h。

1 桩的相互影响效应系数 η_i

桩的相互影响随桩距减小、桩数增加而增大，沿荷载方向的影响远大于垂直于荷载作用方向，根据 23 组双桩、25 组群桩的水平荷载试验结果的统计分析，得到相互影响系数 η_i，见本规范式（5.7.3-3）。

2 桩顶约束效应系数 η_r

建筑桩基桩顶嵌入承台的深度较浅，为 5～10cm，实际约束状态介于铰接与固接之间。这种有限约束连接既能减小桩顶水平位移（相对于桩顶自由）又能降低桩顶约束弯矩（相对于桩顶固接），重

新分配桩身弯矩。

根据试验结果统计分析表明，由于桩顶的非完全嵌固导致桩顶弯矩降低至完全嵌固理论值的40%左右，桩顶位移较完全嵌固增大约25%。

为确定桩顶约束效应对群桩水平承载力的影响，以桩顶自由单桩与桩顶固接单桩的桩顶位移比 R_x、最大弯矩比 R_M 基准进行比较，确定其桩顶约束效应系数为：

当以位移控制时

$$\eta_r = \frac{1}{1.25}R_x$$

$$R_x = \frac{\chi_0^o}{\chi_0^r}$$

当以强度控制时

$$\eta_r = \frac{1}{0.4}R_M$$

$$R_M = \frac{M_{max}^o}{M_{max}^r}$$

式中 χ_0^o、χ_0^r——分别为单位水平力作用下桩顶自由、桩顶固接的桩顶水平位移；

M_{max}^o、M_{max}^r——分别为单位水平力作用下桩顶自由的桩，其桩身最大弯矩；桩顶固接的桩，其桩顶最大弯矩。

将 m 法对应的桩顶有限约束效应系数 η_r 列于本规范表 5.7.3-1。

3 承台侧向土抗力效应系数 η_l

桩基发生水平位移时，面向位移方向的承台侧面将受到土的弹性抗力。由于承台位移一般较小，不足以使其发挥至被动土压力，因此承台侧向土抗力应采用与桩相同的方法——线弹性地基反力系数法计算。该弹性总土抗力为：

$$\Delta R_{hl} = \chi_{0a}B_c'\int_0^{h_c} K_n(z)dz$$

按 m 法，$K_n(z) = mz$（m法），则

$$\Delta R_{hl} = \frac{1}{2}m\chi_{0a}B_c'h_c^2$$

由此得本规范式（5.7.3-4）承台侧向土抗力效应系数 η_l。

4 承台底摩阻效应系数 η_b

本规范规定，考虑地震作用且 $s_a/d \leqslant 6$ 时，不计入承台底的摩阻效应，即 $\eta_b = 0$；其他情况应计入承台底摩阻效应。

5 群桩中基桩的群桩综合效应系数分别由本规范式（5.7.3-2）和式（5.7.3-6）计算。

5.7.5 按 m 法计算桩的水平承载力。桩的水平变形系数 α，由桩身计算宽度 b_0、桩身抗弯刚度 EI、以及土的水平抗力系数沿深度变化的比例系数 m 确定，$\alpha = \sqrt[5]{\dfrac{mb_0}{EI}}$。$m$ 值，当无条件进行现场试验测定时，可采用本规范表 5.7.5 的经验值。这里应指出，m 值对于同一根桩并非定值，与荷载呈非线性关系，低荷载水平下，m 值较高；随荷载增加，桩侧土的塑性区逐渐扩展而降低。因此，m 取值应与实际荷载、允许位移相适应。如根据试验结果求低配筋率桩的 m，应取临界荷载 H_{cr} 及对应位移 χ_{cr} 按下式计算：

$$m = \frac{\left(\dfrac{H_{cr}v_x}{\chi_{cr}}\right)^{\frac{5}{3}}}{b_0(EI)^{\frac{2}{3}}} \tag{9}$$

对于配筋率较高的预制桩和钢桩，则应取允许位移及其对应的荷载按上式计算 m。

根据所收集到的具有完整资料参加统计的试桩，灌注桩 114 根，相应桩径 $d = 300 \sim 1000$mm，其中 $d = 300 \sim 600$mm 占 60%；预制桩 85 根。统计前，将水平承载力主要影响深度 $[2(d+1)]$ 内的土层划分为 5 类，然后分别按上式（9）计算 m 值。对各类土层的实测 m 值采用最小二乘法统计，取 m 值置信区间按可靠度大于 95%，即 $m = \bar{m} - 1.96\sigma_m$，$\sigma_m$ 为均方差，统计经验值 m 值列于本规范表 5.7.5。表中预制桩、钢桩的 m 值系根据水平位移为 10 mm 时求得，故当其位移小于 10mm 时，m 应予适当提高；对于灌注桩，当水平位移大于表列值时，则应将 m 值适当降低。

5.8 桩身承载力与裂缝控制计算

5.8.2、5.8.3 钢筋混凝土轴向受压桩正截面受压承载力计算，涉及以下三方面因素：

1 纵向主筋的作用。轴向受压桩的承载性状与上部结构柱相近，较柱的受力条件更为有利的是桩周受土的约束，侧阻力使轴向荷载随深度递减，因此，桩身受压承载力由桩顶下一定区段控制。纵向主筋的配置，对于长摩擦型桩和摩擦端承桩可随深度变断面或局部长度配置。纵向主筋的承压作用在一定条件下可计入桩身受压承载力。

2 箍筋的作用。箍筋不仅起水平抗剪作用，更重要的是对混凝土起侧向约束增强作用。图 30 是带箍筋与不带箍筋混凝土轴压应力-应变关系。由图看出，带箍筋的约束混凝土轴压强度较无约束混凝土提高 80% 左右，且其应力-应变关系改善。因此，本规范明确规定凡桩顶 5d 范围箍筋间距不大于 100mm 者，均可考虑纵向主筋的作用。

3 成桩工艺系数 ψ_c。桩身混凝土的受压承载力

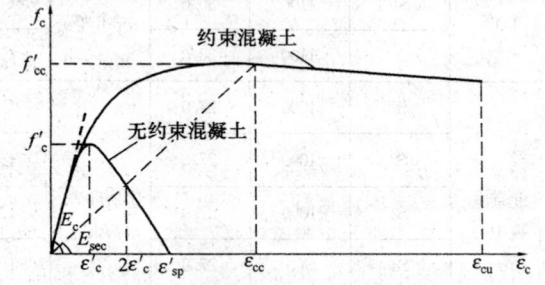

图 30 约束与无约束混凝土应力-应变关系
（引自 Mander et al 1984）

是桩身受压承载力的主要部分，但其强度和截面变异受成桩工艺的影响。就其成桩环境、质量可控度不同，将成桩工艺系数 ψ_c 规定如下。ψ_c 取值在原 JGJ 94-94 规范的基础上，汲取了工程试桩的经验数据，适当提高了安全度。

混凝土预制桩、预应力混凝土空心桩：$\psi_c = 0.85$；主要考虑在沉桩后桩身常出现裂缝。

干作业非挤土灌注桩（含机钻、挖、冲孔桩、人工挖孔桩）：$\psi_c = 0.90$；泥浆护壁和套管护壁非挤土灌注桩、部分挤土灌注桩、挤土灌注桩：$\psi_c = 0.7 \sim 0.8$；软土地区挤土灌注桩：$\psi_c = 0.6$。对于泥浆护壁非挤土灌注桩应视地层土质取 ψ_c 值，对于易塌孔的流塑状软土、松散粉土、粉砂，ψ_c 宜取 0.7。

4 桩身受压承载力计算及其与静载试验比较

本规范规定，对于桩顶以下 $5d$ 范围箍筋间距不大于 100mm 者，桩身受压承载力设计值可考虑纵向主筋按本规范式(5.8.2-1)计算，否则只考虑桩身混凝土的受压承载力。对于按本规范式 (5.8.2-1) 计算桩身受压承载力的合理性及其安全度，从所收集到的 43 根泥浆护壁后注浆钻孔灌注桩静载试验结果与桩身极限受压承载力计算值 R_u 进行比较，以检验桩身受压承载力计算模式的合理性和安全性（列于表 14）。其中 R_u 按

如下关系计算：

$$R_u = \frac{2R_p}{1.35}$$

$$R_p = \psi_c f_c A_{ps} + 0.9 f'_y A'_s$$

其中 R_p 为桩身受压承载力设计值；ψ_c 为成桩工艺系数；f_c 为混凝土轴心抗压强度设计值；f'_y 为主筋受压强度设计值；A_{ps}、A'_s 为桩身和主筋截面面积，其中 A'_s 包含后注浆钢管截面积；1.35 系数为单桩承载力特征值与设计值的换算系数（综合荷载分项系数）。

从表 14 可见，虽然后注浆桩由于土的支承阻力（侧阻、端阻）大幅提高，绝大部分试桩未能加载至破坏，但其荷载水平是相当高的。最大加载值 Q_{max} 与桩身受压承载力极限值 R_u 之比 Q_{max}/R_u 均大于 1，且无一根桩桩身被压坏。

以上计算与试验结果说明三个问题：一是影响混凝土受压承载力的成桩工艺系数，对于泥浆护壁非挤土桩一般取 $\psi_c = 0.8$ 是合理的；二是在桩顶 $5d$ 范围箍筋加密情况下计入纵向主筋承载力是合理的；三是按本规范公式计算桩身受压承载力的安全系数高于由土的支承阻力确定的单桩承载力特征值安全系数 $K = 2$，桩身承载力的安全可靠性处于合理水平。

表 14 灌注桩（泥浆护壁、后注浆）桩身受压承载力计算与试验结果

工程名称	桩号	桩径 d (mm)	桩长 L (m)	桩端持力层	桩身混凝土等级	主筋	桩顶 $5d$ 箍筋	最大加载 Q_{max} (kN)	沉降 (mm)	桩身受压极限承载力 R_u (kN)	$\frac{Q_{max}}{R_u}$
银泰中心 A 座	A-S1	1100	30.0	⑨层卵砾、砾粗砂	C40	10φ22	φ8@100	24×10³	16.31	22.76×10³	
	AS1-1	1100	30.0		C40	10φ22	φ8@100	17×10³	7.65	22.76×10³	>1.05
	AS1-2	1100	30.0		C40	10φ22	φ8@100	17×10³	10.11	22.76×10³	
银泰中心 B 座	B-S3	1100	30.0	⑨层卵砾、砾粗砂	C40	10φ22	φ8@100	24×10³	16.70	22.76×10³	
	B1-14	1100	30.0		C40	10φ22	φ8@100	17×10³	10.34	22.76×10³	>1.05
	BS1-2	1100	30.0		C40	10φ22	φ8@100	17×10³	10.62	22.76×10³	
银泰中心 C 座	C-S2	1100	30.0	⑨层卵砾、砾粗砂	C40	10φ22	φ8@100	24×10³	18.71	22.76×10³	
	CS1-1	1100	30.0		C40	10φ22	φ8@100	17×10³	14.89	22.76×10³	>1.05
	S1-2	1100	30.0		C40	10φ22	φ8@100	17×10³	13.14	22.76×10³	
北京电视中心	S1	1000	27.0	⑦层卵砾、砾	C40	12φ20	φ8@100	18×10³	21.94	19.01×10³	—
	S2	1000	27.0		C40	12φ20	φ8@100	18×10³	27.38	19.01×10³	—
	S3	1000	27.0		C40	12φ20	φ8@100	18×10³	24.78	19.01×10³	—
	S4	800	27.0		C40	10φ20	φ8@100	14×10³	25.81	12.40×10³	>1.13
	S6	800	27.0		C40	10φ20	φ8@100	16.8×10³	29.86	12.40×10³	>1.35

工程名称	桩号	桩径 d (mm)	桩长 L (m)	桩端持力层	桩身混凝土等级	主筋	桩顶 $5d$ 箍筋	最大加载 Q_{max} (kN)	沉降 (mm)	桩身受压极限承载力 R_u (kN)	$\dfrac{Q_{max}}{R_u}$
财富中心一期公寓	22#	800	24.6		C40	12ϕ18	ϕ8@100	13.8×10^3	12.32	11.39×10^3	>1.12
	21#	800	24.6	⑦层卵砾	C40	12ϕ18	ϕ8@100	13.8×10^3	12.17	11.39×10^3	>1.12
	59#	800	24.6		C40	12ϕ18	ϕ8@100	13.8×10^3	14.98	11.39×10^3	>1.12
财富中心二期办公楼	64#	800	25.2		C40	12ϕ18	ϕ8@100	13.7×10^3	17.30	11.39×10^3	>1.11
	1#	800	25.2	⑦层卵砾	C40	12ϕ18	ϕ8@100	13.7×10^3	16.12	11.39×10^3	>1.11
	127#	800	25.2		C40	12ϕ18	ϕ8@100	13.7×10^3	16.34	11.39×10^3	>1.11
财富中心二期公寓	402#	800	21.0		C40	12ϕ18	ϕ8@100	13.0×10^3	18.60	11.39×10^3	>1.05
	340#	800	21.0	⑦层卵砾	C40	12ϕ18	ϕ8@100	13.0×10^3	14.35	11.39×10^3	>1.05
	93#	800	21.0		C40	12ϕ18	ϕ8@100	13.0×10^3	12.64	11.39×10^3	>1.05
财富中心酒店	16#	800	22.0		C40	12ϕ18	ϕ8@100	13.0×10^3	13.72	11.39×10^3	>1.05
	148#	800	22.0	⑦层卵砾	C40	12ϕ18	ϕ8@100	13.0×10^3	14.27	11.39×10^3	>1.05
	226#	800	22.0		C40	12ϕ18	ϕ8@100	13.0×10^3	13.66	11.39×10^3	>1.05
首都国际机场航站楼	NB-T	800	30.8		C40	10ϕ22	ϕ8@100	16.0×10^3	37.43	19.89×10^3	>1.26
	NB-T	800	41.8		C40	16ϕ22	ϕ8@100	28.0×10^3	53.72	19.89×10^3	>1.57
	NB-T	1000	30.8		C40	16ϕ22	ϕ8@100	18.0×10^3	37.65	11.70×10^3	—
	NC-T	800	25.5	粉砂、粉土	C40	10ϕ22	ϕ8@100	12.8×10^3	43.50	18.30×10^3	>1.12
	NC-T	1000	25.5		C40	12ϕ22	ϕ8@100	16.0×10^3	68.44	11.70×10^3	>1.13
	ND-T	800	27.65		C40	10ϕ22	ϕ8@100	14.4×10^3	62.33	11.70×10^3	>1.23
	ND-T	1000	38.65		C40	16ϕ22	ϕ8@100	24.5×10^3	61.03	19.89×10^3	>1.03
	ND-T	1000	27.65		C40	12ϕ22	ϕ8@100	20.0×10^3	67.56	19.39×10^3	>1.40
	ND-T	800	38.65		C40	12ϕ22	$5d$@100	18.0×10^3	69.27	12.91×10^3	>1.42
中央电视台	TP-A1	1200	51.70		C40	24ϕ25	ϕ10@100	33.0×10^3	21.78	29.4×10^3	>1.12
	TP-A2	1200	51.70		C40	24ϕ25	ϕ10@100	30.0×10^3	31.44	29.4×10^3	>1.03
	TP-A3	1200	53.40		C40	24ϕ25	ϕ10@100	33.0×10^3	18.78	29.4×10^3	>1.12
	TP-B2	1200	33.40	中粗砂、卵砾	C40	24ϕ25	ϕ10@100	33.0×10^3	14.50	29.4×10^3	>1.12
	TP-B3	1200	33.40		C40	24ϕ25	ϕ8@100	35.0×10^3	21.80	29.4×10^3	>1.19
	TP-C1	800	23.40		C40	16ϕ20	ϕ8@100	17.6×10^3	18.50	13.0×10^3	>1.35
	TP-C2	800	22.60		C40	16ϕ20	ϕ8@100	17.6×10^3	18.65	13.0×10^3	>1.35
	TP-C3	800	22.60		C40	16ϕ20	ϕ8@100	17.6×10^3	18.14	13.0×10^3	>1.35

这里应强调说明一个问题，在工程实践中常见有静载试验中桩头被压坏的现象，其实这是试桩桩头处理不当所致。试桩桩头未按现行行业标准《建筑基桩检测技术规范》JGJ 106 规定进行处理，如：桩顶千斤顶接触不平整引起应力集中；桩顶混凝土再处理后强度过低；桩顶未加钢板围裹或未设箍筋等，由此导致桩头先行破坏。很明显，这种由于试验处置不当而引发无法真实评价单桩承载力的现象是应该而且完全可以杜绝的。

5.8.4 本条说明关于桩身稳定系数的相关内容。工程实践中，桩身处于土体内，一般不会出现压屈失稳问题，但下列两种情况应考虑桩身稳定系数确定桩身受压承载力，即将按本规范第 5.8.2 条计算的桩身受压承载力乘以稳定系数 φ。一是桩的自由长度较大（这种情况只见于少数构筑物桩基）、桩周围为可液化土；二是桩周围为超软弱土，即土的不排水抗剪强度小于 10kPa。当桩的计算长度与桩径比 $l_c/d > 7.0$ 时要按本规范表 5.8.4-2 确定 φ 值。而桩的压屈计算长度 l_c 与桩顶、桩端约束条件有关，l_c 的具体确定方法按本规范表 5.8.4-1 规定执行。

5.8.7、5.8.8 对于抗拔桩桩身正截面设计应满足受拉承载力，同时应按裂缝控制等级，进行裂缝控制计算。

1　桩身承载力设计

本规范式（5.8.7）中预应力筋的受拉承载力为 $f_{py}A_{py}$，由于目前工程实践中多数为非预应力抗拔桩，故该项承载力为零。近来较多工程将预应力混凝土空心桩用于抗拔桩，此时桩顶与承台连接系通过桩顶管中埋设吊筋浇注混凝土芯，此时应确保加芯的抗拔承载力。对抗拔灌注桩施加预应力，由于构造、工艺较复杂，实践中应用不多，仅限于单桩承载力要求高的条件。从目前既有工程应用情况看，预应力灌注桩要处理好两个核心问题，一是无粘结预应力筋在桩身下部的锚固：宜于端部加锚头，并剥掉 2m 长左右塑料套管，以确保端头有效锚固。二是张拉锁定，有两种模式，一种是于桩顶预埋张拉锁定垫板，桩顶张拉锁定；另一种是在承台浇注预留张拉锁定平台，张拉锁定后，第二次浇注承台锁定锚头部分。

2　裂缝控制

首先根据本规范第 3.5 节耐久性规定，参考现行《混凝土结构设计规范》GB 50010，按环境类别和腐蚀性介质弱、中、强等级诸因素划分抗拔桩裂缝控制等级，对于不同裂缝控制等级桩基采取相应措施。对于严格要求不出现裂缝的一级和一般要求不出现裂缝的二级裂缝控制等级基桩，宜设预应力筋；对于允许出现裂缝的三级裂缝控制等级基桩，应按荷载效应标准组合计算裂缝最大宽度 w_{max}，使其不超过裂缝宽度限值，即 $w_{max} \leqslant w_{lim}$。

5.8.10 当桩处于成层土中且土层刚度相差大时，水平地震作用下，软硬土层界面处的剪力和弯距将出现突增，这是基桩震害的主要原因之一。因此，应采用地震反应的时程分析方法分析软硬土层界面处的地震作用效应，进而采取相应的措施。

5.9　承台计算

5.9.1 本条对桩基承台的弯矩及其正截面受弯承载力和配筋的计算原则作出规定。

5.9.2 本条对柱下独立桩基承台的正截面弯矩设计值的取值计算方法系依据承台的破坏试验资料作出规定。20 世纪 80 年代以来，同济大学、郑州工业大学（郑州工学院）、中国石化总公司、洛阳设计院等单位进行的大量模型试验表明，柱下多桩矩形承台呈"梁式破坏"，即弯曲裂缝在平行于柱边两个方向交替出现，承台在两个方向交替呈梁式承担荷载（见图31），最大弯矩产生在平行于柱边两个方向的屈服线处。利用极限平衡原理导得柱下多桩矩形承台两个方向的承台正截面弯矩为本规范式（5.9.2-1）、式（5.9.2-2）。

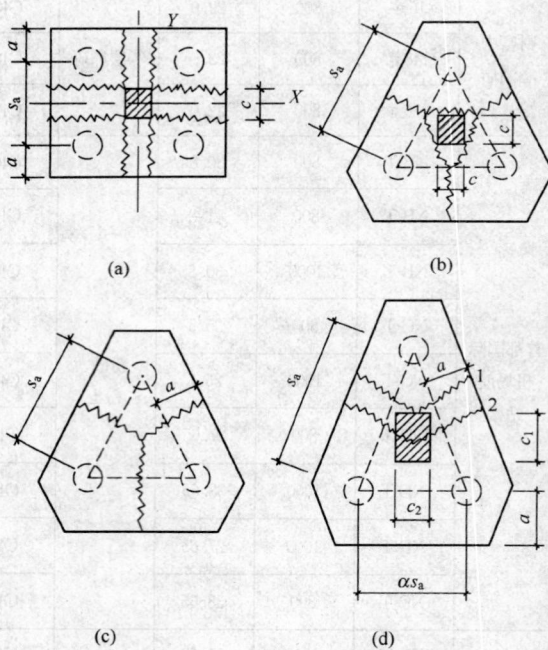

图 31　承台破坏模式

(a) 四桩承台；(b) 等边三桩承台；
(c) 等边三桩承台；(d) 等腰三桩承台

对柱下三桩三角形承台进行的模型试验，其破坏模式也为"梁式破坏"。由于三桩承台的钢筋一般均平行于承台边呈三角形配置，因而等边三桩承台具有代表性的破坏模式见图 31（b），可利用钢筋混凝土板的屈服线理论按机动法基本原理推导，得通过柱边屈服曲线的等边三桩承台正截面弯矩计算公式：

$$M = \frac{N_{max}}{3}\left(s_a - \frac{\sqrt{3}}{2}c\right) \tag{10}$$

由图 31（c）的等边三桩承台最不利破坏模式，可得另一公式：

$$M = \frac{N_{max}}{3} s_a \qquad (11)$$

考虑到图 31（b）的屈服线产生在柱边，过于理想化，而图 31（c）的屈服线未考虑柱的约束作用，其弯矩偏于安全。根据试件破坏的多数情况采用式（10）、式（11）两式的平均值作为本规范的弯矩计算公式，即得到本规范式（5.9.2-3）。

对等腰三桩承台，其典型的屈服线基本上都垂直于等腰三桩承台的两个腰，试件通常在长跨发生弯曲破坏，其屈服线见图 31（d）。按梁的理论可导出承台正截面弯矩的计算公式：

当屈服线 2 通过柱中心时 $\qquad M_1 = \frac{N_{max}}{3} s_a \qquad (12)$

当屈服线 1 通过柱边时 $\quad M_2 = \frac{N_{max}}{3} \left(s_a - \frac{1.5}{\sqrt{4-\alpha^2}} c_1 \right)$

$$\qquad (13)$$

式（12）未考虑柱的约束影响，偏于安全；而式（13）又不够安全，因而本规范采用该两式的平均值确定等腰三桩承台的正截面弯矩，即本规范式（5.9.2-4）、式（5.9.2-5）。

上述关于三桩承台计算的 M 值均指通过承台形心与相应承台边正交截面的弯矩设计值，因而可按此相应宽度采用三向均匀配筋。

5.9.3 本条对箱形承台和筏形承台的弯矩计算原则进行规定。

1 对箱形承台及筏形承台的弯矩宜按地基——桩——承台——上部结构共同作用的原理分析计算。这是考虑到结构的实际受力情况具有共同作用的特性，因而分析计算应反映这一特性。

2 对箱形承台，当桩端持力层为基岩、密实的碎石类土、砂土且深厚均匀时；或当上部结构为剪力墙；或当上部结构为框架—核心筒结构且按变刚度调平原则布桩时，由于基础各部分的沉降变形较均匀，桩顶反力分布较均匀，整体弯矩较小，因而箱形承台顶、底板可仅考虑局部弯矩作用进行计算、忽略基础的整体弯矩，但需在配筋构造上采取措施承受实际上存在的一定数量的整体弯矩。

3 对筏形承台，当桩端持力层深厚坚硬、上部结构刚度较好，且柱荷载及柱间距变化不超过 20% 时；或当上部结构为框架—核心筒结构且按变刚度调平原则布桩时，由于基础各部分的沉降变形均较均匀，整体弯矩较小，因而可仅考虑局部弯矩作用进行计算，忽略基础的整体弯矩，但需在配筋构造上采取措施承受实际上存在的一定数量的整体弯矩。

5.9.4 本条对柱下条形承台梁的弯矩计算方法根据桩端持力层情况不同，规定可按下列两种方法计算。

1 按弹性地基梁（地基计算模型应根据地基土层特性选取）进行分析计算，考虑桩、柱垂直位移对承台梁内力的影响。

2 当桩端持力层深厚坚硬且桩柱轴线不重合时，可将桩视为不动铰支座，采用结构力学方法，按连续梁计算。

5.9.5 本条对砌体墙下条形承台梁的弯矩和剪力计算方法规定可按倒置弹性地基梁计算。将承台上的砌体墙视为弹性半无限体，根据弹性理论求解承台梁上的荷载，进而求得承台梁的弯矩和剪力。为方便设计，附录 G 已列出承台梁不同位置处的弯矩和剪力计算公式。对于承台上的砌体墙，尚应验算桩顶以上部分砌体的局部承压强度，防止砌体发生压坏。

5.9.7 本条对桩基承台受柱（墙）冲切承载力的计算方法作出规定：

1 根据冲切破坏的试验结果进行简化计算，取冲切破坏锥体为自柱（墙）边或承台变阶处至相应桩顶边缘连线所构成的锥体。锥体斜面与承台底面之夹角不小于 45°。

2 对承台受柱的冲切承载力按本规范式（5.9.7-1）～式（5.9.7-3）计算。依据现行国家标准《混凝土结构设计规范》GB 50010，对冲切系数作了调整。对混凝土冲切破坏承载力由 $0.6 f_t u_m h_0$ 提高至 $0.7 f_t u_m h_0$，即冲切系数 β_0 提高了 16.7%，故本规范将其表达式 $\beta_0 = 0.72/(\lambda+0.2)$ 调整为 $\beta_0 = 0.84/(\lambda+0.2)$。

3 关于最小冲跨比取值，由原 $\lambda = 0.2$ 调整为 $\lambda = 0.25$，λ 满足 0.25～1.0。

根据现行《混凝土结构设计规范》GB 50010 的规定，需考虑承台受冲切承载力截面高度影响系数 β_{hp}。

必须强调对圆柱及圆桩计算时应将其截面换算成方柱或方桩，即取换算柱截面边长 $b_c = 0.8 d_c$（d_c 为圆柱直径），换算桩截面边长 $b_p = 0.8d$，以确定冲切破坏锥体。

5.9.8 本条对承台受柱冲切破坏锥体以外基桩的冲切承载力的计算方法作出规定，这些规定与《建筑桩基技术规范》JGJ 94-94 的计算模式相同。同时按现行《混凝土结构设计规范》GB 50010 规定，对冲切系数 β_0 进行调整，并增加受冲切承载力截面高度影响系数 β_{hp}。

5.9.9 本条对柱（墙）下桩基承台斜截面的受剪承载力计算作出规定。由于剪切破坏面通常发生在柱边（墙边）与桩边连线形成的贯通承台的斜截面处，因而受剪计算斜截面取在柱边处。当柱（墙）承台悬挑边有多排基桩时，应对多个斜截面的受剪承载力进行计算。

5.9.10 本条说明柱下独立桩基承台的斜截面受剪承载力的计算。

1 斜截面受剪承载力的计算公式是以《建筑桩基

技术规范》JGJ 94-94 计算模式为基础，根据现行《混凝土结构设计规范》GB 50010 规定，斜截面受剪承载力由按混凝土受压强度设计值改为按受拉强度设计值进行计算，作了相应调整。即由原承台剪切系数 $\alpha=0.12/(\lambda+0.3)(0.3\leqslant\lambda<1.4)$、$\alpha=0.20/(\lambda+1.5)(1.4\leqslant\lambda<3.0)$ 调整为 $\alpha=1.75/(\lambda+1)(0.25\leqslant\lambda\leqslant3.0)$。最小剪跨比取值由 $\lambda=0.3$ 调整为 $\lambda=0.25$。

2 对柱下阶梯形和锥形、矩形承台斜截面受剪承载力计算时的截面计算有效高度和宽度的确定作出相应规定，与《建筑桩基技术规范》JGJ 94-94 规定相同。

5.9.11 本条对梁板式筏形承台的梁的受剪承载力计算作出规定，求得各计算斜截面的剪力设计值后，其受剪承载力可按现行《混凝土结构设计规范》GB 50010 的有关公式进行计算。

5.9.12 本条对配有箍筋但未配弯起钢筋的砌体墙下条形承台梁，规定其斜截面的受剪承载力可按本规范式（5.9.12）计算。该公式来源于《混凝土结构设计规范》GB 50010-2002。

5.9.13 本条对配有箍筋和弯起钢筋的砌体墙下条形承台梁，规定其斜截面的受剪承载力可按本规范式（5.9.13）计算，该公式来源同上。

5.9.14 本条对配有箍筋但未配弯起钢筋的柱下条形承台梁，由于梁受集中荷载，故规定其斜截面的受剪承载力可按本规范式（5.9.14）计算，该公式来源同上。

5.9.15 承台混凝土强度等级低于柱或桩的混凝土强度等级时，应按现行《混凝土结构设计规范》GB 50010 的规定验算柱下或桩顶承台的局部受压承载力，避免承台发生局部受压破坏。

5.9.16 对处于抗震设防区的承台受弯、受剪、受冲切承载力进行抗震验算时，应根据现行《建筑抗震设计规范》GB 50011，将上部结构传至承台顶面的地震作用效应乘以相应的调整系数；同时将承载力除以相应的抗震调整系数 γ_{RE}，予以提高。

6 灌注桩施工

6.2 一般规定

6.2.1 在岩溶发育地区采用冲、钻孔桩应适当加密勘察钻孔。在较复杂的岩溶地段施工时经常会发生偏孔、掉钻、卡钻及泥浆流失等情况，所以应在施工前制定出相应的处理方案。

人工挖孔桩在地质、施工条件较差时，难以保证施工人员的安全工作条件，特别是遇有承压水、流动性淤泥层、流砂层时，易引发安全和质量事故，因此不得选用此种工艺。

6.2.3 当很大深度范围内无良好持力层时的摩擦桩，

应按设计桩长控制成孔深度。当桩较长且桩端置于较好持力层时，应以确保桩端置于较好持力层作主控标准。

6.3 泥浆护壁成孔灌注桩

6.3.2 清孔后要求测定的泥浆指标有三项，即相对密度、含砂率和黏度。它们是影响混凝土灌注质量的主要指标。

6.3.9 灌注混凝土之前，孔底沉渣厚度指标规定，对端承型桩不应大于 50mm；对摩擦型桩不应大于 100mm。首先这是多年灌注桩的施工经验；其二，近年对于桩底不同沉渣厚度的试桩结果表明，沉渣厚度大小不仅影响端阻力的发挥，而且也影响侧阻力的发挥值。这是近年来灌注桩承载性状的重要发现之一，故对原规范关于摩擦桩沉渣厚度≤300mm 作修订。

6.3.18~6.3.24 旋挖钻机重量较大、机架较高、设备较昂贵，保证其安全作业很重要。强调其作业的注意事项，这是总结近几年的施工经验后得出的。

6.3.25 旋挖钻机成孔，孔底沉渣（虚土）厚度较难控制，目前积累的工程经验表明，采用旋挖钻机成孔时，应采用清孔钻头进行清渣清孔，并采用桩端后注浆工艺保证桩端承载力。

6.3.27 细骨料宜选用中粗砂，是根据全国多数地区的使用经验和条件制订，少数地区若无中粗砂而选用其他砂，可通过试验进行选定，也可用合格的石屑代替。

6.3.30 条文中规定了最小的埋管深度宜为 2~6m，是为了防止导管拔出混凝土面造成断桩事故，但埋管也不宜太深，以免造成埋管事故。

6.4 长螺旋钻孔压灌桩

6.4.1~6.4.13 长螺旋钻孔压灌桩成桩工艺是国内近年开发且使用较广的一种新工艺，适用于地下水位以上的黏性土、粉土、素填土、中等密实以上的砂土，属非挤土成桩工艺，该工艺有穿透力强、低噪声、无振动、无泥浆污染、施工效率高、质量稳定等特点。

长螺旋钻孔压灌桩成桩施工时，为提高混凝土的流动性，一般宜掺入粉煤灰。每方混凝土的粉煤灰掺量宜为 70~90kg，坍落度应控制在 160~200mm，这主要是考虑保证施工中混合料的顺利输送。坍落度过大，易产生泌水、离析等现象，在泵压作用下，骨料与砂浆分离，导致堵管。坍落度过小，混合料流动性差，也容易造成堵管。另外所用粗骨料石子粒径不宜大于 30mm。

长螺旋钻孔压灌桩成桩，应准确掌握提拔钻杆时间，钻至预定标高后，开始泵送混凝土，管内空气从排气阀排出，待钻杆内管及输送软、硬管内混凝土达到连续时提钻。若提钻时间较晚，在泵压压力下钻头处的水泥浆液被挤出，容易造成管路堵塞。应杜绝在泵送混凝土前提拔钻杆，以免造成桩端处存在虚土或桩端混合料离析、端阻力减小。提拔钻杆中应连续泵料，特别是在饱和砂土、饱和粉土层中不得停泵待料，避免造成混凝土离析、桩身缩径和断桩，目前施工多采用商品混凝土或现场用两台 0.5m³ 的强制式搅拌机拌制。

灌注桩后插钢筋笼工艺近年有较大发展，插笼深度提高到目前 20～30m，较好地解决了地下水位以下压灌桩的配筋问题。但后插钢筋笼的导向问题没有得到很好的解决，施工时应注意根据具体条件采取综合措施控制钢筋笼的垂直度和保护层有效厚度。

6.5　沉管灌注桩和内夯沉管灌注桩

振动沉管灌注成桩若混凝土坍落度过大，将导致桩顶浮浆过多，桩体强度降低。

6.6　干作业成孔灌注桩

人工挖孔桩在地下水疏干状态不佳时，对桩端及时采用低水混凝土封底是保证桩基础承载力的关键之一。

6.7　灌注桩后注浆

灌注桩桩底后注浆和桩侧后注浆技术具有以下特点：一是桩底注浆采用管式单向注浆阀，有别于构造复杂的注浆预载箱、注浆囊、U形注浆管，实施开敞式注浆，其竖向导管可与桩身完整性声速检测兼用，注浆后可代替纵向主筋；二是桩侧注浆是外置于桩土界面的弹性注浆管阀，不同于设置于桩身内的袖阀式注浆管，可实现桩身无损注浆。注浆装置安装简便、成本较低、可靠性高，适用于不同钻具成孔的锥形和平底孔型。

6.7.1　灌注桩后注浆（Cast-in-place pile post grouting，简写PPG）是灌注桩的辅助工法。该技术旨在通过桩底桩侧后注浆固化沉渣（虚土）和泥皮，并加固桩底和桩周一定范围的土体，以大幅提高桩的承载力，增强桩的质量稳定性，减小桩基沉降。对于干作业的钻、挖灌注桩，经实践表明均取得良好成效。故本规定适用于除沉管灌注桩外的各类钻、挖、冲孔灌注桩。该技术目前已应用于全国二十多个省市的数以千计的桩基工程中。

6.7.2　桩底后注浆管阀的设置数量应根据桩径大小确定，最少不少于 2 根，对于 $d > 1200mm$ 桩应增至 3 根。目的在于确保后注浆浆液扩散的均匀对称及后注浆的可靠性。桩侧注浆断面间距视土层性质、桩长、承载力增幅要求而定，宜为 6～12m。

6.7.4～6.7.5　浆液水灰比是根据大量工程实践经验提出的。水灰比过大容易造成浆液流失，降低后注浆

的有效性，水灰比过小会增大注浆阻力，降低可注性，乃至转化为压密注浆。因此，水灰比的大小应根据土层类别、土的密实度、土是否饱和诸因素确定。当浆液水灰比不超过 0.5 时，加入减水、微膨胀等外加剂在于增加浆液的流动性和对土体的增强效应。确保最佳注浆量是确保桩的承载力增幅达到要求的重要因素，过量注浆会增加不必要的消耗，应通过试注浆确定。这里推荐的用于预估注浆量公式是以大量工程经验确定有关参数推导提出的。关于注浆作业起始时间和顺序的规定是大量工程实践经验的总结，对于提高后注浆的可靠性和有效性至关重要。

6.7.6～6.7.9　规定终止注浆的条件是为了保证后注浆的预期效果及避免无效过量注浆。采用间歇注浆的目的是通过一定时间的休止使已压入浆提高抗浆液流失阻力，并通过调整水灰比消除规定中所述的两种不正常现象。实践过程曾发生过高压输浆管接口松脱或爆管而伤人的事故，因此，操作人员应采取相应的安全防护措施。

7　混凝土预制桩与钢桩施工

7.1　混凝土预制桩的制作

7.1.3　预制桩在锤击沉桩过程中要出现拉应力，对于受水平、上拔荷载桩桩身拉应力是不可避免的，故按现行《混凝土结构工程施工质量验收规范》GB 50204 的规定，同一截面的主筋接头数量不得超过主筋数量的 50%，相邻主筋接头截面的距离应大于 $35d_g$。

7.1.4　本规范表 7.1.4 中 7 和 8 项次应予以强调。按以往经验，如制作时质量控制不严，造成主筋距桩顶面过近，甚至与桩顶齐平，在锤击时桩身容易产生纵向裂缝，被迫停锤。网片位置不准，往往也会造成桩顶被击碎事故。

7.1.5　桩尖停在硬层内接桩，如电焊连接耗时较长，桩周摩阻得到恢复，使进一步锤击发生困难。对于静力压桩，则沉桩更困难，甚至压不下去。若采用机械式快速接头，则可避免这种情况。

7.1.8　根据实践经验，凡达到强度与龄期的预制桩大都能顺利打入土中，很少打裂；而仅满足强度不满足龄期的预制桩打裂或打断的比例较大。为使沉桩顺利进行，应做到强度与龄期双控。

7.3　混凝土预制桩的接桩

管桩接桩有焊接、法兰连接和机械快速连接三种方式。本规范对不同连接方式的技术要点和质量控制环节作出相应规定，以避免以往工程实践中常见的由于接桩质量问题导致沉桩过程由于锤击拉应力和土体上涌接头被拉断的事故。

7.4 锤 击 沉 桩

7.4.3 桩帽或送桩帽的规格应与桩的断面相适应，太小会将桩顶打碎，太大易造成偏心锤击。插桩应控制其垂直度，才能确保沉桩的垂直度，重要工程插桩均应采用二台经纬仪从两个方向控制垂直度。

7.4.4 沉桩顺序是沉桩施工方案的一项重要内容。以往施工单位不注意合理安排沉桩顺序造成事故的事例很多，如桩位偏移、桩体上涌、地面隆起过多、建筑物破坏等。

7.4.6 本条所规定的停止锤击的控制原则适用于一般情况，实践中也存在某些特例。如软土中的密集桩群，由于大量桩沉入土中产生挤土效应，对后续桩的沉桩带来困难，如坚持按设计标高控制很难实现。按贯入度控制的桩，有时也会出现满足不了设计要求的情况。对于重要建筑，强调贯入度和桩端标高均达到设计要求，即实行双控是必要的。因此确定停锤标准是较复杂的，宜借鉴经验与通过静载试验综合确定停锤标准。

7.4.9 本条列出的一些减少打桩对邻近建筑物影响的措施是对多年实践经验的总结。如某工程，未采取任何措施沉桩地面隆起达 15～50cm，采用预钻孔措施后地面隆起则降为 2～10cm。控制打桩速率减少挤土隆起也是有效措施之一。对于经检测，确有桩体上涌的情况，应实施复打。具体用哪一种措施要根据工程实际条件，综合分析确定，有时可同时采用几种措施。即使采取了措施，也应加强监测。

7.6 钢桩（钢管桩、H 型桩及其他异型钢桩）施工

7.6.3 钢桩制作偏差不仅要在制作过程中控制，运到工地后在施打前还应检查，否则沉桩时会发生困难，甚至成桩失败。这是因为出厂后在运输或堆放过程中会因措施不当造成桩身局部变形。此外，出厂成品均为定尺钢桩，而实际施工时都是由数根焊接而成，但不会正好是定尺桩的组合，多数情况下，最后一节为非定尺桩，这就要进行切割。因此要对切割后的节段及拼接后的桩进行外形尺寸检验。

7.6.5 焊接是钢桩施工中的关键工序，必须严格控制质量。如焊丝不烘干，会引起烧焊时含氢量高，使焊缝容易产生气孔而降低其强度和韧性，因而焊丝必须在 200～300℃ 温度下烘干 2h。据有关资料，未烘干的焊丝其含氢量为 12mL/100gm，经过 300℃ 温度烘干 2h 后，减少到 9.5mL/100gm。

现场焊接受气候的影响较大，雨天烧焊时，由于水分蒸发会有大量氢气混入焊缝内形成气孔。大于10m/s 的风速会使自保护气体和电弧火焰不稳定。雨天或刮风条件下施工，必须采取防风避雨措施，否则质量不能保证。

焊缝温度未冷却到一定温度就锤击，易导致焊缝

出现裂缝。浇水骤冷更易使之发生脆裂。因此，必须对冷却时间予以限定且要自然冷却。有资料介绍，1min 停歇，母材温度即降至 300℃，此时焊缝强度可以经受锤击压力。

外观检查和无破损检验是确保焊接质量的重要环节。超声或拍片的数量应视工程的重要程度和焊接人员的技术水平而定，这里提供的数量，仅是一般工程的要求。还应注意，检验应实行随机抽样。

7.6.6 H 型钢桩或其他薄壁钢桩不同于钢管桩，其断面与刚度本来很小，为保证原有的刚度和强度不致因焊接而削弱，一般应加连接板。

7.6.7 钢管桩出厂时，两端应有防护圈，以防坡口受损；对 H 型桩，因其刚度不大，若支点不合理，堆放层数过多，均会造成桩体弯曲，影响施工。

7.6.9 钢管桩内取土，需配以专用抓斗，若要穿透砂层或硬土层，可在桩下端焊一圈钢箍以增强穿透力，厚度为 8～12mm，但需先试沉桩，方可确定采用。

7.6.10 H 型钢桩，其刚度不如钢管桩，且两个方向的刚度不一，很容易在刚度小的方向发生失稳，因而要对锤重予以限制。如在刚度小的方向设约束装置有利于顺利沉桩。

7.6.11 H 型钢桩送桩时，锤的能量损失约 1/3～4/5，故桩端持力层较好时，一般不送桩。

7.6.12 大块石或混凝土块容易嵌入 H 钢桩的槽口内，随桩一起沉入下层土内，如遇硬土层则使沉桩困难，甚至继续锤击导致桩体失稳，故应事先清除桩位上的障碍物。

8 承 台 施 工

8.1 基坑开挖和回填

8.1.3 目前大型基坑越来越多，且许多工程位于建筑群中或闹市区。完善的基坑开挖方案，对确保邻近建筑物和公用设施（煤气管线、上下水道、电缆等）的安全至关重要。本条中所列的各项工作均应慎重研究以定出最佳方案。

8.1.4 外降水可降低主动土压力，增加边坡的稳定；内降水可增加被动土压，减少支护结构的变形，且利于机具在基坑内作业。

8.1.5 软土地区基坑开挖分层均衡进行极其重要。某电厂厂房基础，桩断面尺寸为 450mm×450mm，基坑开挖深度 4.5m。由于没有分层挖土，由基坑的一边挖至另一边，先挖部分的桩体发生很大水平位移，有些桩由于位移过大而断裂。类似的由于基坑开挖失当而引起的事故在软土地区屡见不鲜。因此对挖土顺序必须合理适当，严格均衡开挖，高差不应超过1m；不得于坑边弃土；对已成桩须妥善保护，不得

让挖土设备撞击；对支护结构和已成桩应进行严密监测。

8.2 钢筋和混凝土施工

8.2.2 大体积承台日益增多，钢厂、电厂、大型桥墩的承台一次浇注混凝土量近万方，厚达 3～4m。对这种桩基承台的浇注，事先应作充分研究。当浇注设备适应时，可用平铺法；如不适应，则应从一端开始采用滚浇法，以减少混凝土的浇注面。对水泥用量，减少温差措施均需慎重研究；措施得当，可实现一次浇注。

9 桩基工程质量检查和验收

9.1.1～9.1.3 现行国家标准《建筑地基基础工程施工质量验收规范》GB 50202 和行业标准《建筑基桩检测技术规范》JGJ 106 以强制性条文规定必须对基桩承载力和桩身完整性进行检验。桩身质量与基桩承载力密切相关，桩身质量有时会严重影响基桩承载力，桩身质量检测抽样率较高，费用较低，通过检测可减少桩基安全隐患，并可为判定基桩承载力提供参考。

9.2.1～9.4.5 对于具体的检测项目，应根据检测目的、内容和要求，结合各检测方法的适用范围和检测能力，考虑工程重要性、设计要求、地质条件、施工因素等情况选择检测方法和检测数量。影响桩基承载力和桩身质量的因素存在于桩基施工的全过程中，仅有施工后的试验和施工后的验收是不全面、不完整的。桩基施工过程中出现的局部地质条件与勘察报告不符、工程桩施工参数与施工前的试验参数不同、原材料发生变化、设计变更、施工单位变更等情况，都可能产生质量隐患，因此，加强施工过程中的检验是有必要的。不同阶段的检验要求可参照现行《建筑地基基础工程施工质量验收规范》GB 50202 和现行《建筑基桩检测技术规范》JGJ 106 执行。

中华人民共和国行业标准

逆作复合桩基技术规程

Technical specification for composite pile foundation with
top-down method

JGJ/T 186—2009

批准部门：中华人民共和国住房和城乡建设部
施行日期：２０１０年７月１日

中华人民共和国住房和城乡建设部
公 告

第 422 号

关于发布行业标准
《逆作复合桩基技术规程》的公告

现批准《逆作复合桩基技术规程》为行业标准，编号为 JGJ/T 186 - 2009，自 2010 年 7 月 1 日起实施。

本规程由我部标准定额研究所组织中国建筑工业

出版社出版发行。

中华人民共和国住房和城乡建设部

2009 年 10 月 30 日

前 言

根据住房和城乡建设部《关于印发〈2008 年工程建设标准规范制订、修订计划（第一批)〉的通知》（建标［2008］102 号）的要求，规程编制组经广泛调查研究，认真总结实践经验，参考有关国际标准和国外先进标准，并在广泛征求意见的基础上，制定本规程。

本规程的主要内容是：1. 总则；2. 术语和符号；3. 基本规定；4. 设计；5. 施工；6. 检测与验收。

本规程由住房和城乡建设部负责管理，由江苏南通六建建设集团有限公司负责具体技术内容的解释。执行过程中，如有意见或建议，请寄送江苏南通六建建设集团有限公司（地址：江苏省如皋市福寿路 336 号，邮编：226500)。

本规程主编单位：江苏南通六建建设集团有限公司

本 规 程 参 编 单 位 :	江苏江中集团有限公司
	东南大学
	北京市建筑工程研究院
	南通市建筑设计研究院有限公司
	湖北省建筑科学研究院
	天津市勘察院

本规程主要起草人:	石光明	龚维明	邹科华
	穆保岗	沈保汉	褚国栋
	周家谟	吴永红	赵 艳
	程 晔	过 超	陈小兰
	耿中原	黄宏成	刘 斌
本规程主要审查人:	钱力航	汤小军	蒋明镜
	王建华	蔡正银	张孟喜
	瞿启忠	金如元	夏长春

目　次

Contents

1 总 则

1.0.1 为了在逆作复合桩基的设计与施工中保证建筑物基础的安全适用，做到技术先进，经济合理，确保质量，保护环境，制定本规程。

1.0.2 本规程适用于地基土为黏性土及中密、稍密的砂土的逆作复合桩基的设计、施工、检测及验收，也适用于既有建筑物的地基基础加固；不适用于高灵敏性的黏性土。

1.0.3 逆作复合桩基的设计与施工应综合考虑工程地质与水文地质条件、上部结构类型、荷载特征、施工技术条件与环境、检测条件等因素。

1.0.4 本规程规定了逆作复合桩基的设计与施工的基本技术要求。当本规程与国家法律、行政法规的规定相抵触时，应按国家法律、行政法规的规定执行。

1.0.5 采用逆作复合桩基技术的工程除应符合本规程的规定外，尚应符合国家现行有关标准的规定。

2 术语和符号

2.1 术 语

2.1.1 复合桩基 composite pile foundation

由基桩和承台下地基土共同承担荷载的桩基础。

2.1.2 逆作复合桩基 composite pile foundation with top-down method

先进行建筑物基础底板和部分上部结构的施工，而后同时进行上部结构、压桩以及封桩施工的复合桩基。

2.2 符 号

2.2.1 作用和作用效应

F_{1k}——压桩前，荷载效应标准组合下，施工到 N_1 层时作用于承台顶面的竖向力；

F_{2k}——压桩后封桩前，荷载效应标准组合下，施工到 N_2 层时上部结构增加的竖向力；

F_{3k}——封桩后，荷载效应标准组合下，增加的竖向力；

F_{1q}——压桩前，荷载效应准永久组合下，施工到 N_1 层时作用于承台顶面的竖向力；

F_{2q}——压桩后封桩前，荷载效应准永久组合下，施工到 N_2 层时上部结构增加的竖向力；

F_{3q}——封桩后，荷载效应准永久组合下，增加的竖向力；

F_k——荷载效应标准组合下，上部结构总竖向力与承台及承台上土自重；

G_k——桩基承台和承台上土自重标准值；

M_{xk}、M_{yk}——按荷载效应标准组合计算的作用于承台底面的外力，绕通过群桩形心的 x 轴、y 轴的力矩；

P_{pk}——荷载效应标准组合下，F_k 作用下群桩的竖向力；

P'_{pk}——荷载效应标准组合下，由于封桩后的固结沉降导致原地基土转移给桩体的竖向力（kN）；

P_{sk}——荷载效应标准组合下，F_k 作用下地基土的竖向力；

P——压桩力。

2.2.2 抗力和材料性能

E_0——土体的变形模量；

E_p——桩身弹性模量；

E_s——土的压缩模量；

f_a——修正后的地基承载力特征值；

f_y——锚固筋抗拉强度设计值；

K_p——群桩刚度；

K_{pr}——复合桩基刚度；

K_{ps}——复合地基刚度；

K_r——承台刚度；

k_p——单桩刚度；

k_v——竖向渗透系数；

P_{max}——最大压桩力设计值；

P_{uk}——沉桩总阻力标准值；

p_{sk}——桩端附近的静力触探单桥探头比贯入阻力标准值；

Q_{uk}——单桩竖向极限承载力标准值；

q_{sik}——单桩第 i 层土的极限侧阻力标准值；

q_{2s}——滑移区侧摩阻力；

q_{3s}——挤压区侧摩阻力；

q_p——桩端阻力；

s_1——压桩前浅基础的沉降；

s_2——基础上抬量；

s_3——开始压桩至封桩前的沉降；

s_4——封桩后的沉降；

U_{t1}——压桩前，在 F_{1k} 荷载作用下基础沉降的固结度；

U_{t2}——封桩前，在荷载 $F_{1k} + F_{2k}$ 作用下基础沉降的固结度。

2.2.3 几何参数

A——承台底总面积；

A_c——承台底净面积；

A_p——桩端截面积；

B_c——承台的宽度；

d'——锚固筋直径；

H——压缩土层的最远排水距离；

L_c ——承台的长度；

l ——桩身长度；

l_a ——锚固筋的锚固长度；

l_p ——桩的入土深度；

l_1 ——无侧阻区土层厚度；

l_2 ——滑移区土层厚度；

l_3 ——挤压区土层厚度；

l_{2i}、l_{3i} ——滑移区、挤压区单位土层厚度；

r_0 ——桩半径；

r_m ——单桩位移影响范围；

r_r ——承台的等效半径；

r_p ——单桩等效半径；

u ——桩身周长；

V_p ——单桩体积；

x_i、y_i ——第 i 排桩中心至 y 轴、x 轴的距离；

z_n ——浅基础阶段，地基变形计算深度。

2.2.4 计算系数

K_v ——垂直位移系数；

K_0 ——安全系数；

K_1 ——体积变化系数；

K_2 ——施工影响系数；

m ——桩端处土层的桩端冲击系数；

n ——桩数；

n_i ——挤压区土的桩周冲击系数；

n_0 ——每个桩孔预埋锚固筋数；

p_m ——垂直压力作用下的影响系数；

T_v ——时间因子；

u_1 ——桩身的压缩变形系数；

α ——承台长度与宽度之比；

α_{rp} ——复合桩基中群桩对承台的影响系数；

β ——桩端土与桩端以下土的剪变模量比；

ν ——土体泊松比；

ω ——与场地有关的系数；

λ_p ——桩的荷载分担比；

λ_s ——地基土的荷载分担比；

λ' ——桩土刚度比；

ξ ——天然地基承载力特征值的利用系数；

ζ ——单桩极限承载力利用系数；

ζ ——修正系数；

ρ ——桩端尺寸效应折算系数；

$\bar{\omega}$ ——桩身平均剪变模量与桩端土剪变模量比。

3 基 本 规 定

3.0.1 逆作复合桩基设计前，应完成下列工作：

1 搜集详细的岩土工程勘察资料、基础及上部结构设计资料等；

2 根据工程要求确定采用逆作复合桩基的目的

和技术经济指标；

3 了解当地的施工条件、施工经验和使用情况等；

4 调查邻近建筑、地下工程和有关管线等情况，了解建筑场地的环境情况。

3.0.2 逆作复合桩基应符合建筑物对地基承载力和变形的要求。

3.0.3 本规程中的基桩应为受压桩。

3.0.4 施工中应有专人负责质量控制和监测，并应做好施工记录。施工结束后应按有关规定进行工程质量检验和验收。

4 设 计

4.1 一 般 规 定

4.1.1 逆作复合桩基应按压桩前、压桩和封桩后三个施工阶段相应的受力状态进行计算分析。

4.1.2 在进行逆作复合桩基设计时，应按本规程附录 A 进行变形计算。

4.1.3 对于受水平荷载较大的基桩，其桩身受弯承载力和受剪承载力的验算应符合现行行业标准《建筑桩基技术规范》JGJ 94 的有关规定。

4.2 构 造

4.2.1 逆作复合桩基中桩的构造应符合下列规定：

1 桩由一根首节桩和多根中间节桩组成，桩节长度由建筑物底层净高和压桩架高度确定，每节桩长宜为 2m。首节桩应设桩尖，中间节桩端部构造和接桩应符合本规程第 5.4.3 条和第 5.4.4 条的规定；

2 桩身最小配筋率不应小于 0.6%，主筋直径不应小于 10mm；

3 桩型选择可采用钢桩、钢筋混凝土桩等预制桩，各类型桩的构造应符合现行行业标准《建筑桩基技术规范》JGJ 94 的有关规定。

4.2.2 逆作复合桩基中承台的构造应符合下列规定：

1 承台施工时应在设计桩位处预留孔，孔洞（图 4.2.2）宜对称布置，形状可做成上小下大的截头锥形，上部孔口边长应比桩身横截面的边长大

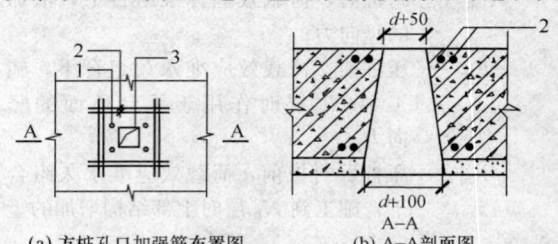

(a) 方桩孔口加强筋布置图　(b) A—A 剖面图

图 4.2.2 压桩孔构造图

1—预留锚固筋孔；2—孔口加强筋；3—预留孔；

d—桩身设计边长或直径

50mm，下部孔口边长应比桩身横截面的边长大100mm，且上部孔口应加强；

2 承台构造除应符合本规程的规定外，尚应符合现行行业标准《建筑桩基技术规范》JGJ 94 的有关规定。

4.2.3 桩与承台的连接构造应符合下列规定：

1 锚固筋与压桩孔的间距宜为 150mm（图 4.2.3-1a），锚固筋与周围结构的最小间距不应小于 150mm（图 4.2.3-1b），锚固筋或压桩孔边缘至承台边缘的最小间距不应小于 200mm（图 4.2.3-1c）。

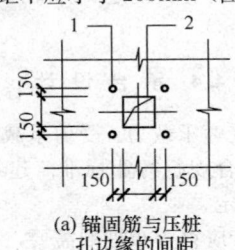

(a) 锚固筋与压桩
孔边缘的间距

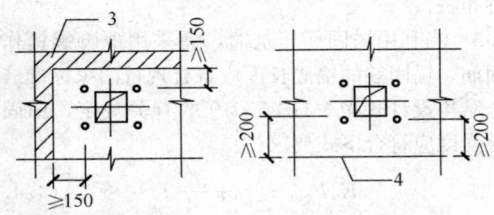

(b) 锚固筋与周围结 　(c) 锚固筋或压桩孔边缘至
构的最小间距 　　　承台边缘的最小间距

图 4.2.3-1 锚固筋与压桩孔布置构造要求
1—预留锚固筋；2—压桩孔；3—高出承台表面的结构；
4—承台边缘

2 封桩（图 4.2.3-2）完毕后浇筑防水现浇层时，桩口应设与锚固筋焊接的加强筋（图 4.2.3-3），加强筋宜用 2Φ18；

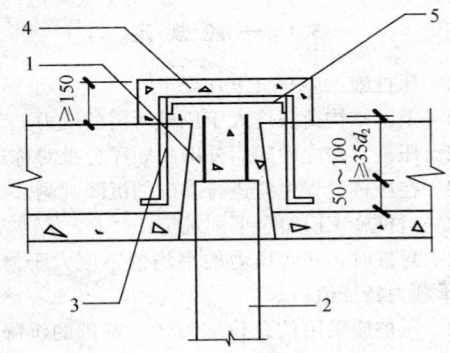

图 4.2.3-2 封桩构造
1—C30 以上微膨胀早强混凝土；2—桩；
3—锚固筋；4—防水现浇层；5—加强筋
注：图中 d_2 为桩身钢筋直径。

3 桩与承台的连接构造除应满足本规程的规定外，尚应符合现行行业标准《建筑桩基技术规范》

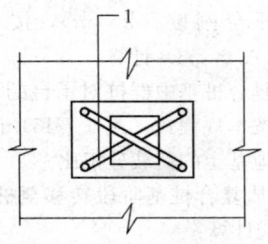

(a) 孔口加强筋平面图

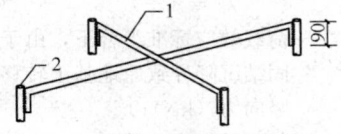

(b) 孔口加强筋示意图

图 4.2.3-3 桩顶封口加强筋大样
1—加强筋；2—锚固筋

JGJ 94 的有关规定。

4.3 逆作复合桩基荷载分配及计算

4.3.1 在压桩前施工阶段，地基土所承受的荷载应按下式计算：

$$P_{1sk} = G_k + F_{1k} \qquad (4.3.1)$$

式中 P_{1sk}——荷载效应标准组合下，F_{1k} 作用下地基土的竖向力（kN）；

G_k——桩基承台和承台上土自重标准值（kN）；

F_{1k}——压桩前，荷载效应标准组合下，施工到 N_1 层时作用于承台顶面的竖向力（kN）。

4.3.2 在压桩阶段，地基土所分担的荷载增量应按下式计算：

$$P_{2sk} = F_{2k} \qquad (4.3.2)$$

式中 P_{2sk}——荷载效应标准组合下，F_{2k} 作用下地基土的竖向力（kN）；

F_{2k}——压桩后封桩前，荷载效应标准组合下，施工到 N_2 层时上部结构增加的竖向力（kN）。

4.3.3 封桩后继续施工阶段，封桩后增加 N_3 层上部结构所增加的竖向力，由地基土承担的部分应按下列公式计算：

$$P_{3sk} = \lambda_s F_{3k} \qquad (4.3.3-1)$$

$$\lambda_s = \frac{(1 - \alpha_{rp}) K_r}{K_p + K_r(1 - 2\alpha_{rp})} \qquad (4.3.3-2)$$

式中 P_{3sk}——荷载效应标准组合下，F_{3k} 作用下地基土的竖向力（kN）；

F_{3k}——封桩后，荷载效应标准组合下，增加的竖向力（kN）；

K_p——群桩刚度（kN/m），按本规程式（A.0.7-13）计算；

K_r ——承台刚度（kN/m），按本规程式（A.0.7-3）计算；

α_{rp} ——复合桩基中群桩对承台的影响系数，按本规程式（A.0.7-15）计算；

λ_s ——地基土的荷载分担比。

4.3.4 封桩后形成复合桩基阶段转移至桩体承担的荷载可按下列公式计算：

$$P'_{pk} = \lambda_p (1 - U_{t2})(F_{1k} + F_{2k}) \qquad (4.3.4-1)$$
$$\lambda_p = 1 - \lambda_s \qquad (4.3.4-2)$$

式中 P'_{pk} ——荷载效应标准组合下，由于封桩后的固结沉降导致原地基土转移给桩体的竖向力（kN）；

U_{t2} ——封桩前，在荷载 $F_{1k} + F_{2k}$ 作用下基础沉降的固结度，可按本规程式（A.0.7-1）计算；

λ_p ——桩的荷载分担比。

4.3.5 在总荷载作用下承台底地基土和桩承受的荷载可分别按下列公式计算：

$$P_{sk} = F_{1k} + F_{2k} + G_k + \frac{(1 - \alpha_{rp}) K_r}{K_p + K_r (1 - 2\alpha_{rp})} F_{3k} - P'_{pk} \qquad (4.3.5-1)$$

$$F_k = F_{1k} + G_k + F_{2k} + F_{3k} \qquad (4.3.5-2)$$
$$P_{pk} = F_k - P_{sk} \qquad (4.3.5-3)$$

式中 F_k ——荷载效应标准组合下，上部结构总竖向力与承台及承台上土自重（kN）；

P_{sk} ——荷载效应标准组合下，F_k 作用下地基土的竖向力（kN）；

P_{pk} ——荷载效应标准组合下，F_k 作用下群桩的竖向力（kN）。

4.3.6 逆作复合桩基竖向承载力的计算应符合下列公式要求：

$$P_{sk} \leqslant \xi f_a A_c \qquad (4.3.6-1)$$
$$F_k \leqslant n\zeta Q_{uk} + \xi f_a A_c \qquad (4.3.6-2)$$

式中 f_a ——修正后的地基承载力特征值（kPa）；

Q_{uk} ——单桩竖向极限承载力标准值（kN）；

A_c ——承台底净面积（m²）；

ξ ——天然地基承载力特征值的利用系数，取 0.5；

ζ ——单桩极限承载力利用系数，可取 0.8~0.9，当竖向荷载偏心时取小值。

4.3.7 逆作复合桩基的桩数（n）可按下式确定：

$$n \geqslant \frac{F_k - \xi f_a A_c}{\zeta Q_{uk}} \qquad (4.3.7)$$

4.3.8 作用于基桩顶部的竖向荷载标准值（P_{ik}）可按下式计算：

$$P_{ik} = \frac{F_k - \xi f_a A_c}{n} + \frac{M_{xk} y_i}{\sum y_i^2} + \frac{M_{yk} x_i^2}{\sum x_i^2} \qquad (4.3.8)$$

式中 M_{xk}、M_{yk} ——按荷载效应标准组合计算的作用于承台底面的外力，绕通过

群桩形心的 x 轴、y 轴的力矩（kN·m）；

x_i、y_i ——第 i 排桩中心至 y 轴、x 轴的距离（m）。

4.3.9 逆作复合桩基中基桩的桩身承载力应按现行行业标准《建筑桩基技术规范》JGJ 94 的规定进行验算。

4.3.10 逆作复合桩基的沉降不得超过建筑物的沉降允许值，并应符合现行国家标准《建筑地基基础设计规范》GB 50007 的有关规定。沉降计算可按本规程附录 A 进行。

4.4 承台设计

4.4.1 承台的受弯承载力、受剪承载力、受冲切承载力计算，应符合现行行业标准《建筑桩基技术规范》JGJ 94 的规定。

4.4.2 承台设计应符合布桩的需要，每个承台下宜对称布桩。

4.4.3 当利用锚固筋压桩时，宜采用地脚螺栓作为锚固筋，锚固筋的锚固长度应符合现行国家标准《混凝土结构设计规范》GB 50010 的有关规定，锚固筋自身强度应符合下式要求：

$$K_0 P_{max} \leqslant n_0 \pi \frac{d'^2}{4} f_y \qquad (4.4.3)$$

式中 K_0 ——安全系数，取 1.2；

P_{max} ——最大压桩力设计值（kN）；

n_0 ——每个桩孔预埋锚固筋数；

f_y ——锚固筋抗拉强度设计值（kN/mm²）；

d' ——锚固筋直径（mm）。

5 施 工

5.1 一般规定

5.1.1 压桩施工应符合下列规定：

1 上部结构荷载应大于压桩所需的反力；

2 压桩宜按先中间后外围的顺序分批对称进行；

3 在压桩过程中应进行基础的沉降观测。

5.1.2 封桩施工应符合下列规定：

1 封桩时，基底压力的平均值不应大于修正后地基承载力特征值；

2 压桩应采用信息化施工，当基础的沉降及差异沉降超过预计值时，应及时封桩；

3 封桩宜从承台中间部分开始；

4 封桩应采用高于承台混凝土强度等级的微膨胀早强混凝土，冬期施工时宜掺加早强剂。

5.2 施工准备

5.2.1 逆作复合桩基施工应具备下列资料：

1 建筑物场地工程地质资料和必要的水文地质资料；

2 桩基工程施工图（包括同一单位工程中所有的桩基础）及图纸会审纪要；

3 建筑场地和邻近区域内的地下管线（包括管道、电缆）、地下构筑物危房、精密仪器车间等的调查资料；

4 主要施工机械及其配套设备的技术性能资料；

5 桩基工程的施工组织设计或施工方案；

6 水泥、砂、石、钢筋等原材料及预制桩的质检报告；

7 有关荷载、施工工艺的试验参考资料。

5.2.2 施工组织设计应结合工程特点有针对性地制定相应质量管理措施，并应包括下列内容：

1 施工平面图：应标明桩位、编号、施工顺序、水电线路和临时设施的位置；

2 施工作业计划和劳动力组织计划；

3 机械设备、备（配）件、工具（包括质量检查工具）、材料供应计划；

4 保证工程质量、安全生产和季节性（即冬、雨期）施工的技术措施。

5.2.3 压桩机械必须经鉴定合格，不合格机械不得使用。

5.2.4 施工前应组织图纸会审，会审纪要连同施工图等应作为施工依据并列入工程档案。

5.3 承 台 施 工

5.3.1 承台施工前应清除地下障碍物。

5.3.2 承台埋置较深时，应对临近建筑物、市政设施采取必要的保护措施，在施工期间应进行监测。

5.3.3 承台施工中必须熟悉承台施工图、准确定位压桩孔，绑扎承台钢筋时应同时绑扎锚固筋。

5.3.4 承台混凝土应一次浇筑完成，混凝土入槽宜用平铺法。大体积承台混凝土施工，应采取有效措施防止温度应力引起裂缝。

5.4 压桩及封桩施工

5.4.1 压桩机械或锚固筋应根据压桩力的估算值选取，压桩阻力的分布形式可按图 5.4.1 所示采用。

压桩所需的压桩力可按下式估算：

$$P_{uk} = u \cdot \sum_{0}^{j_1} l_{3i} \cdot q_{s3k} \cdot n_i + u \cdot \sum_{0}^{j_2} l_{2i} \cdot q_{s2k} + \rho \cdot m \cdot q_{pk} \cdot A_p \quad (5.4.1)$$

式中　P_{uk}——沉桩总阻力标准值（kN）；

　　　　j_1——l_3 区段土的分层数；

　　　　j_2——l_2 区段土的分层数；

　　　　l_{2i}、l_{3i}——滑移区、挤压区单位土层厚度（m），宜按土质分层情况划分；

　　　　u——桩身周长（m）；

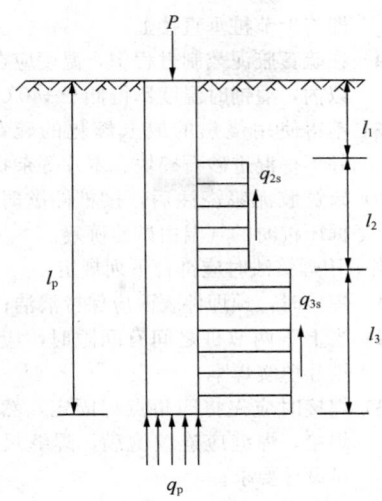

图 5.4.1　压桩阻力的分布形式

　　　　A_p——桩端截面积（m²）；

q_{s3k}、q_{s2k}——用静力触探比贯入阻力值估算的桩周挤压区和滑移区土的极限侧阻力标准值（kPa）；

　　　　q_{pk}——桩端附近的静力触探比贯入阻力标准值（kPa）；

　　　　n_i——挤压区土的桩周冲击系数，黏土取 2.5～3.5，砂土取 2～3；

　　　　m——桩端处土层的桩端冲击系数，黏土取 2，砂土取 1.2～1.5；

　　　　ρ——桩端尺寸效应折算系数，取 0.4～0.6。

5.4.2 压桩施工应符合下列规定：

1 压桩架应保持竖直并应与锚固筋可靠连接，在施工过程中应随时检查、调整；

2 桩节应垂直就位，千斤顶与桩节轴线应保持在同一垂直线上，桩顶上应设桩垫和桩帽；

3 压桩应一次压至设计标高，不得中途停顿；

4 在压桩过程中，严禁向桩孔内填塞石、砂等杂物。

5.4.3 接桩施工应符合下列规定：

1 对于承受竖向压力为主的桩可采用硫黄胶泥锚接法连接，对于承受较大水平力或穿过一定厚度硬土层的桩宜采用焊接法连接。

2 当采用硫黄胶泥锚接法时应符合下列规定：

　1）接桩锚筋应先清刷干净和调直，锚筋长度、锚筋孔深度和平面位置均应经检查符合设计要求后方可接桩；

　2）锚筋孔内应干燥、无杂质和无污染，不得因孔深不够而切断锚筋；

　3）接桩时，锚筋孔内应先灌满硫黄胶泥，并在桩顶面满铺厚度为（10～20）mm 硫黄胶泥，灌铺时间不得超过 2min，并随即将上节桩垂直接上；

4）在硫黄胶泥熬制过程中，温度应在 170℃以内，灌铺时温度不得低于 140℃；

5）不得使用烧焦的或未熔化的硫黄胶泥，并不得混进砂石碎块、木片等杂物；

6）硫黄胶泥浆浇注后，接桩停歇时间应根据压桩时的气温由试验确定。

3 当采用焊接法时应符合下列规定：

1）焊接时，预埋件表面应保持清洁；

2）当上下两节桩之间有间隙时，应用楔形铁片填实焊牢；

3）焊接时应先将四角点焊固定，然后对称焊接，焊缝应连续饱满，焊缝尺寸应满足设计要求；

4）焊接完成后，应在自然条件下冷却 8min 后方可继续压桩。

5.4.4 桩头处理应符合下列规定：

1 桩端应压到设计标高，桩顶应嵌入承台 50mm～100mm，主筋嵌入承台内的锚固长度不应小于 $35d_2$；

2 当压桩力达到设计要求，最后一节桩尚未压至设计标高时，经设计方同意后，方可截除外露的桩头；

3 截桩前应将桩头固定，不得在悬臂状态下截桩。

5.4.5 封桩施工应符合下列规定：

1 封桩前应将桩孔内的杂物清理干净、排除积水；

2 应采用双面焊将锚固筋和交叉加强钢筋焊接，焊缝长度不应小于 $5d_1$（d_1 为交叉加强钢筋直径）；

3 封桩宜对称均衡进行。

6 检测与验收

6.1 检 测

6.1.1 基桩应进行静载荷试验，检测数量不得少于总桩数的 1%，且不得少于 3 根；当总桩数少于 50 根时，不得少于 2 根。试桩的桩位应由设计人员根据上部结构受荷情况与施工记录等要求选取，试验方法应按现行行业标准《建筑基桩检测技术规范》JGJ 106 的要求进行。

6.1.2 采用逆作复合桩基的建筑物应按现行行业标准《建筑变形测量规范》JGJ 8 的规定进行沉降观测。

6.1.3 为确保基桩正常工作，应进行桩身完整性的检测。

6.2 验 收

6.2.1 压桩过程中，应按本规程附录 B 做好施工

记录。

6.2.2 逆作复合桩基验收时应提供下列资料：

1 原材料的质量合格证和质量鉴定文件；

2 桩位平面布置图与桩位编号图；

3 预制桩静荷载试验报告；

4 隐蔽工程验收记录；

5 静压桩的施工记录表；

6 基桩完整性检测报告；

7 封桩混凝土强度试验报告；

8 工程验收记录。

附录 A 逆作复合桩基沉降计算

A.0.1 逆作复合桩基的沉降曲线（图 A.0.1-1），简化计算沉降曲线（图 A.0.1-2），沉降应按式（A.0.1）计算：

$$s = s_1 - s_2 + s_3 + s_4 \qquad (A.0.1)$$

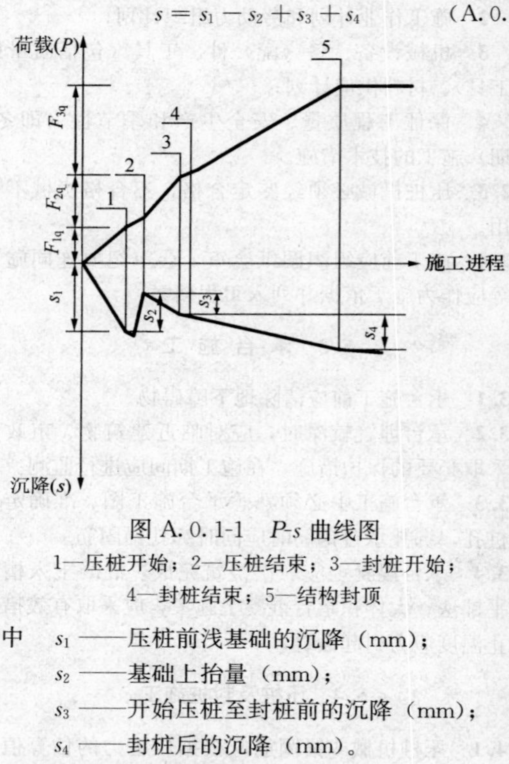

图 A.0.1-1 $P\text{-}s$ 曲线图

1—压桩开始；2—压桩结束；3—封桩开始；
4—封桩结束；5—结构封顶

式中 s_1 ——压桩前浅基础的沉降（mm）；

s_2 ——基础上抬量（mm）；

s_3 ——开始压桩至封桩前的沉降（mm）；

s_4 ——封桩后的沉降（mm）。

A.0.2 浅基础的固结沉降应按下式计算：

$$s_1 = \frac{F_{1k}}{K_r} U_{t1} \qquad (A.0.2)$$

式中 U_{t1} ——压桩前，在 F_{1k} 荷载作用下基础沉降的固结度，按本规程式（A.0.7-1）计算。

A.0.3 基础上抬量应按下式估算：

$$s_2 = \frac{nV_p}{A} \cdot K_1 \cdot K_2 \cdot K_v \qquad (A.0.3)$$

式中 n ——桩数；

V_p ——单桩体积（m^3）；

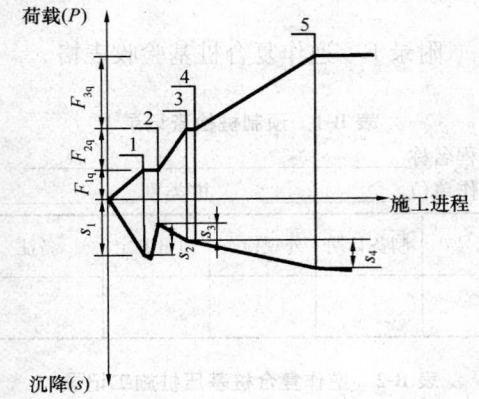

图 A.0.1-2 简化计算 $P\text{-}s$ 曲线

1—压桩开始；2—压桩结束；3—封桩开始；

4—封桩结束；5—结构封顶

A —— 基础总面积（m^2）；

K_1 —— 体积变化系数，取 $0.7\sim0.95$；

K_2 —— 施工影响系数，取 $0.55\sim0.8$；

K_v —— 垂直位移系数，取 $0.33\sim0.4$。

A.0.4 压桩后封桩前的基础沉降应按下式计算：

$$s_3 = \frac{K_r}{K_{ps}}(s_{c1} - s_1) \cdot \frac{F_{1k}+F_{2k}}{F_{1k}} \cdot U_{t2} \quad (\text{A}.0.4)$$

式中 K_{ps} —— 复合地基刚度（kN/m），应按本规程式（A.0.7-5）计算；

s_{c1} —— 压桩前，在荷载 F_{1k} 作用下承台的最终沉降值（mm）；

U_{t2} —— 压桩后封桩前，在 $F_{1k}+F_{2k}$ 荷载作用下基础沉降的固结度，按本规程式（A.0.7-1）计算。

A.0.5 封桩后基础沉降应按下式计算：

$$s_4 = \frac{F_{3q}}{K_{pr}} + \frac{F_{1k}+F_{2k}}{K_{pr}}(1-U_{t2}) \quad (\text{A}.0.5)$$

式中 F_{3q} —— 封桩后，荷载效应准永久组合下，所增加的竖向力（kN）；

K_{pr} —— 封桩后，复合桩基的刚度（kN/m），应按本规程式（A.0.7-14）计算。

A.0.6 总沉降量 s 应按下式计算：

$$s = s_1 + \frac{K_r}{K_{ps}}(s_{c1}-s_1) \cdot \frac{F_{1k}+F_{2k}}{F_{1k}} \cdot U_{t2} + \frac{F_{3q}}{K_{pr}} +$$

$$\frac{F_{1k}+F_{2k}}{K_{pr}}(1-U_{t2}) - s_2 \quad (\text{A}.0.6)$$

式中 s_1 —— 压桩前浅基础的沉降（mm）；

s_2 —— 基础上抬量（mm）；

s_{c1} —— 压桩前，在荷载 F_{1k} 作用下承台最终沉降值（mm）；

K_r —— 承台刚度（kN/m）；

K_{ps} —— 复合地基刚度（kN/m）；

K_{pr} —— 复合桩基刚度（kN/m）；

U_{t2} —— 压桩后封桩前，在 $F_{1k}+F_{2k}$ 荷载作用下基础沉降的固结度；

F_{1k} —— 压桩前，荷载效应标准组合下，施工到 N_1 层时作用于承台顶面的竖向力（kN）；

$F_{1k}+F_{2k}$ —— 压桩后封桩前，荷载效应标准组合下，施工到 N_2 层时上部结构的总竖向力（kN）；

F_{3q} —— 封桩后，荷载效应准永久组合下，所增加的竖向力（kN）。

A.0.7 计算参数的取值应符合下列规定：

1 承台下地基土固结沉降中固结度的计算应按 Terzaghi 一维固结理论，并应按照下列公式计算：

$$U_{ti} = 1 - \frac{8}{\pi^2}e^{-\frac{\pi^2}{4}T_v} \ (i=1,2) \quad (\text{A}.0.7\text{-}1)$$

$$T_v = \frac{k_v E_s t}{\gamma_w H_0^2} \quad (\text{A}.0.7\text{-}2)$$

式中 U_{ti} —— t_i 时刻土的固结度（$i=1,\ 2$）；

t —— 时间（s）；

T_v —— 时间因子；

k_v —— 竖向渗透系数（m/s）；

E_s —— 土的压缩模量（kPa），采用地基土在自重应力至自重应力加附加压力作用时的压缩模量；

γ_w —— 水的重度（kN/m^3）；

H_0 —— 压缩土层的最远排水距离（m）。

2 承台刚度应按以下公式计算：

$$K_r = \frac{E_0}{(1-\nu^2)P_m}B_c \quad (\text{A}.0.7\text{-}3)$$

$$p_m = \frac{2}{\pi}\left[\ln(\alpha+\sqrt{1+\alpha^2}) + \alpha\ln\frac{1+\sqrt{1+\alpha^2}}{\alpha} \right.$$

$$\left. + \frac{1+\alpha^3-(1+\alpha^2)^{3/2}}{3\alpha}\right] \quad (\text{A}.0.7\text{-}4)$$

式中 K_r —— 承台刚度（kN/m）；

E_0 —— 土体的变形模量（kPa），取地基变形计算深度范围内的加权平均值；

ν —— 土体泊松比，黏土取 $0.25\sim0.35$，砂土取 $0.2\sim0.25$；

P_m —— 垂直压力作用下的影响系数；

B_c —— 承台宽度（m）；

α —— 承台长度与宽度之比。

3 复合地基刚度应按下式计算：

$$K_{ps} = \frac{z_n}{z_n - l_p}K_r \quad (\text{A}.0.7\text{-}5)$$

式中 K_{ps} —— 复合地基刚度（kN/m）；

z_n —— 浅基础阶段地基沉降计算深度（m），应符合现行国家标准《建筑地基基础设计规范》GB 50007 的有关规定。

4 单桩刚度应按下列公式计算：

$$k_p = \frac{\left(\frac{4}{\beta(1-\nu)}\right) + \frac{2\pi \cdot \bar{\omega}\tan h\ (u_1)}{\zeta u_1} \cdot \frac{l}{r_0}}{1 + \frac{1}{\pi \cdot \lambda'}\left(\frac{4}{\beta(1-\nu)}\right) \cdot \frac{\tan h\ (u_1)}{u_1} \cdot \frac{l}{r_0}} G_1 r_0$$

$$\text{(A. 0. 7-6)}$$

$$\zeta = Ln\left\{0.25 + \left[2.5\rho(1-\nu) - 0.25\beta\right]\frac{l}{r_0}\right\}$$

$$\text{(A. 0. 7-7)}$$

$$\beta = G_1/G_b \qquad \text{(A. 0. 7-8)}$$

$$\bar{\omega} = G_{1/2}/G_1 \qquad \text{(A. 0. 7-9)}$$

$$\lambda' = E_p/G_1 \qquad \text{(A. 0. 7-10)}$$

$$u_1 = \left(\frac{2}{\zeta\lambda}\right)^{1/2} \cdot \frac{l}{r_0} \qquad \text{(A. 0. 7-11)}$$

式中 k_p ——单桩刚度（kN/m）；

β ——桩端土与桩端以下土的剪变模量比；

G_1 ——桩端土的剪变模量（kPa）；

G_b ——桩端以下土体的剪变模量（kPa）；

$\bar{\omega}$ ——桩身平均剪变模量与桩端土剪变模量比；

$G_{1/2}$ ——桩身平均剪变模量，对于匀质土取 1；

λ' ——桩土刚度比；

E_p ——桩身弹性模量（kPa）；

r_0 ——桩半径（m）；

ζ ——修正系数；

ν ——土体泊松比；

u_1 ——桩身的压缩变形系数。

5 群桩刚度应按下式计算：

$$K_p = n^{1-\omega}k_p \qquad \text{(A. 0. 7-12)}$$

式中 K_p ——群桩刚度（kN/m）；

n ——桩数；

ω ——与场地有关的系数，对黏性土可取 0.5，砂质土可取 0.3~0.4。

6 复合桩基刚度按下列公式计算：

$$K_{pr} = \frac{K_p + K_r(1 - 2\alpha_{rp})}{1 - (K_r/K_p)\alpha_{rp}^2} \qquad \text{(A. 0. 7-13)}$$

$$\alpha_{rp} = 1 - \frac{\ln\ (r_r/r_p)}{\ln\ (r_m/r_p)} \qquad \text{(A. 0. 7-14)}$$

$$r_m = 2.5\rho(1-\nu)l \qquad \text{(A. 0. 7-15)}$$

$$r_r = \sqrt{L_c \cdot B_c/(n \cdot \pi)} \qquad \text{(A. 0. 7-16)}$$

式中 K_{pr} ——复合桩基刚度（kN/m）；

r_m ——单桩位移影响范围（m），在该范围以外认为由桩体引起的沉降为 0；

r_p ——单桩等效半径（m）；

ν ——土体泊松比；

l ——桩身长度（m）；

r_r ——承台的等效半径（m）；

L_c ——承台的长度（m）；

B_c ——承台的宽度（m）。

附录 B　逆作复合桩基验收表格

表 B-1　预制桩检查记录

工程名称＿＿＿＿＿＿＿＿＿＿＿＿＿

制作单位＿＿＿＿＿＿＿＿　桩类别＿＿＿＿＿＿＿

编号	制备日期	外观检查	质量鉴定	备注

表 B-2　逆作复合桩基压桩施工记录

工程名称＿＿＿＿＿＿＿＿＿＿＿＿＿＿＿＿

压桩日期＿＿＿＿＿＿＿＿＿　桩号＿＿＿＿＿＿＿

最终入土深度＿＿＿＿＿＿＿＿（m）

最终压桩力＿＿＿＿＿＿＿＿（kN）

桩段序号	压桩时间	桩段入土深度（m）		压桩力（kN）	
		设计	施工	设计	施工

表 B-3　隐蔽工程验收记录

工程名称＿＿＿＿＿＿＿＿＿＿＿＿＿＿＿＿

施工单位＿＿＿＿＿＿＿＿＿＿＿＿＿＿＿＿

施工日期＿＿＿＿＿＿＿＿＿＿＿＿＿＿＿＿

桩位	是否清孔	锚固筋锚固深度（m）	加强筋焊缝长度（mm）

本规程用词说明

1 为了便于在执行本规程条文时区别对待，对于要求严格程度不同的用词说明如下：

1）表示很严格，非这样做不可的用词：

正面词采用"必须",反面词采用"严禁";

2) 表示严格,在正常情况下均应这样做的用词:

正面词采用"应",反面词采用"不应"或"不得";

3) 表示允许稍有选择,在条件许可时首先应该这样做的用词:

正面词采用"宜",反面词采用"不宜"。

4) 表示有选择,在一定条件下可以这样做的,采用"可"。

2 条文中指明应按其他有关标准执行的,写法为:"应符合……的规定"或"应按……执行"。

引用标准名录

1 《建筑地基基础设计规范》GB 50007
2 《混凝土结构设计规范》GB 50010
3 《建筑变形测量规范》JGJ 8
4 《建筑桩基技术规范》JGJ 94
5 《建筑基桩检测技术规范》JGJ 106

中华人民共和国行业标准

逆作复合桩基技术规程

JGJ/T 186—2009

条 文 说 明

制 定 说 明

《逆作复合桩基技术规程》JGJ/T 186-2009 经住房和城乡建设部 2009 年 10 月 30 日以第 422 号公告批准、发布。

本规程制定过程中,编制组对国内逆作复合桩基技术进行了调查研究,全面总结了已有的工程经验,并开展了一系列室内模型试验。

为便于广大设计、施工、科研、学校等单位人员在使用本标准时能正确理解和执行条文规定,《逆作复合桩基技术规程》编制组按章、节、条的顺序编制了本规程的条文说明,对条文规定的目的、依据以及执行中需注意的有关事项进行了说明。但是本条文说明不具备与标准正文同等的法律效力,仅供使用者作为理解和把握标准规定的参考。在使用中如果发现本条文说明有不妥之处,请将意见函寄江苏南通六建建设集团有限公司。

目　次

1 总 则

1.0.2 对于地基土为黏性土及中密、稍密的砂土的基础设计，如按传统的桩基础设计，桩承担全部荷载，则往往需要的桩数过多，既不经济又增加施工期。采用逆作复合桩基，考虑地基土的承载能力，桩设计为摩擦桩，允许桩发生刺入沉降以发挥地基土的承载能力，对于端承桩不适用于本规程。

1.0.3 当受到建筑物层高以及场地的限制，大型施工机械不能进入场地时，一般采用静力压入方式进行桩基施工。静压桩具有无噪声、无泥浆、无油烟污染等优点，属于环保型施工；而且静压桩压入施工时不像锤击桩那样会在桩身产生动应力，桩头和桩身不会受损，从而可以降低对桩身的强度等级要求，节约钢材和水泥，保证成桩质量。

1.0.4 本规程适用于桩和承台、条形基础、筏形基础、箱形基础等共同工作的逆作复合桩基，在此表述以承台为例。

对本规范所采用的符号、单位和术语，按《建筑结构设计术语和符号标准》GB/T 50083 的规定，一方面力求与《混凝土结构设计规范》GB 50010、《建筑地基基础设计规范》GB 50007 以及《建筑桩基技术规范》JGJ 94 协调一致，另一方面有关桩基础的专业术语和符号采用国际土力学与基础工程学会的统一规定。这样，既方便国内应用，又有利于国际交流。

3 基 本 规 定

3.0.3 逆作复合桩基中的基桩在压桩过程中受压桩机施加的压力或者承受通过锚固筋传递的压力，封桩后参与基础受力，承受上部结构的荷载。无论是在施工过程中还是在封桩以后，基桩总是承受压力。可以采用接近于竖向受压桩实际工作条件的试验方法——单桩竖向受压静载试验确定单桩竖向受压极限承载力和单桩竖向受压承载力特征值，判定竖向受压承载力是否满足设计要求，测量桩端沉降和桩身压缩量，评价桩基的施工质量。

3.0.4 施工技术人员应掌握采用逆作复合桩基的目的、设计原理、技术要求和质量标准等。当出现异常情况时，应及时会同有关部门妥善解决。

4 设 计

4.1 一 般 规 定

4.1.1 逆作复合桩基的设计应按下列三个阶段进行：

1 压桩前阶段：在设计埋深处施工桩基承台，同时按设计桩位预留桩孔和锚固筋；

2 压桩阶段：施工若干层上部结构，当上部结构自重荷载大于压桩所需反力，但小于天然地基的承载力时，可按设计方案通过承台预留桩孔分批进行压桩；

3 封桩后阶段：包括封桩后上部结构继续施工阶段及竣工后的正常使用阶段。

对应三阶段的受力状态为：

1 浅基础阶段：在压桩之前，上部结构荷载 F_1 全部由承台底地基土承担，完成对土体的部分预压。土体与承台底部保持严密接触，此阶段的沉降对应于图 1 中的 s_1；

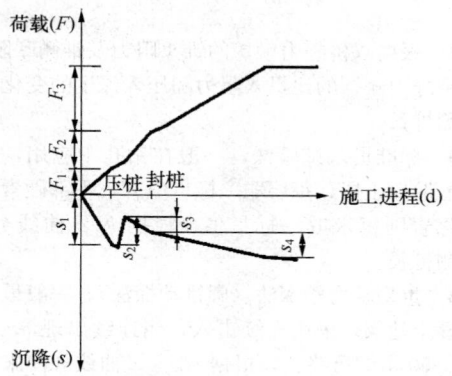

图 1 施工、荷载、沉降特性曲线

2 复合地基阶段：压桩后、封桩前，承台与桩体没有可靠连接，桩体不直接参与基础受力，这一阶段的荷载 F_2 仍然由地基土承担。相当数量预制桩的压入有两个效果，其一为加固作用，改变了土体的结构刚度；其二为地基土会有一定程度的上抬升 s_2。随着上部结构荷载继续增加，封桩前复合地基阶段的沉降量为 s_3。从图 1 中可以明显地看出复合地基阶段的沉降速率小于浅基础阶段，沉降量亦小于浅基础阶段，现象的本质在于桩的介入对原地基土有加固作用；

3 复合桩基阶段：封桩以后，承台与桩体形成可靠连接，桩体参与基础受力，分担后期荷载 F_3。复合桩基阶段的沉降量为 s_4，由于封桩后桩直接参与基础的受力和抵抗沉降变形，依照弹性理论可认为封桩后基础刚度变大，基础的沉降量和沉降速率再次减小。

4.2 构 造

4.2.1 一般工业与民用建筑的底层净高有限，不一定满足采用逆作复合桩基方法设计的单桩长度，这时需要将基桩分节，但有条件时，应适当加长。

确定桩长时要对静压桩穿透土层的能力，即沉桩可能性进行预测。最好根据压桩力曲线确定桩长，这样一方面能保证承载力，另一方面能保证桩端持力层厚度。

影响静压桩穿透土层能力的因素，主要取决于压桩机的压桩力、锚固筋的承载力以及土层的物理力学性质、厚度及其层状变化等；同时也受桩截面大小、地下水位高低及终压前的稳定时间和稳定次数等的影响。可以根据不同地区静压桩贯穿土层的类别、性质，结合土层的标准贯入试验锤击数 N 和部分实测的压桩力曲线的特点，确定或预测桩长。具体做法有：

1 根据试压记录绘制压桩力曲线，即压入阻力 P 随压入深度 Z 变化绘制的 P-Z 曲线来预测桩长，这种方法非常直观，是其他类型的沉桩方法无法比拟的。

2 根据双桥静力触探的锥头阻力及锥侧摩阻力，或单桥静力触探的比贯入阻力随压入深度的变化曲线来预测桩长。

3 标准贯入试验法，一般在钻孔中应用，对于上部松散软土层，每层取一标贯值 N，下部硬素土至强风化岩则每米取一标贯值，根据 N-Z 曲线分析，来预测桩长。

4 重型动力触探法（圆锥动探法），一般最适合用于砂土地层。采用连续击入，当连续出现 $6\sim8$ 个 $N_{63.5}>50$ 击即可终孔，根据 $N_{63.5}$-Z 曲线规律来预测压入桩长。

5 地质类比法，在无钻孔控制（或两孔之间），或者无动力触探资料的地段，应该根据附近的地质情况进行详细的地层状况（厚度变化及岩土的各物理力学指标）的类比，从而推测该处的压入桩长。

4.2.2 当压桩孔在承台边缘转角处，压桩力较大时，应设置受拉构造钢筋。

4.2.3 桩头与承台的连接是逆作法复合桩基静压桩施工的重要环节之一，必须连接可靠。桩头伸入承台的长度，一般为（$50\sim100$）mm。承台厚度不宜小于 350mm，承台边缘距边桩的距离不宜小于 200mm。桩与承台的连接，采用强度等级高于承台混凝土的微膨胀早强混凝土。在浇筑混凝土前，压桩孔内的泥水、杂物必须清理干净，应对孔壁做凿毛处理，以增加新老混凝土的黏结力。

4.3 逆作复合桩基荷载分配及计算

4.3.1 压桩前施工阶段，基础的受力特性与天然地基上的浅基础受力特性一致，上部结构荷载与承台自重及承台上土自重全部由地基土承担。

4.3.2 在压桩阶段，桩体和承台尚未形成有效连接，此时天然地基刚度明显改善，但是由于在桩位处预留孔洞，桩体上方并没有直接承受荷载，只是由于桩体加入而使复合土体变形模量增大，沉降速率明显降低，在桩数较多的饱和黏土中，结构有可能整体上抬（并非所有逆作法工艺中都会出现这种情况），所以直到封桩前，土体将承担全部上部荷载。

4.3.3 封桩完毕后，桩与承台已建立可靠连接，承台在荷载分配中发挥了作用，此后增加的上部荷载将在桩和承台之间进行分配，基础的受力进入了复合桩基阶段。封桩后增加 N_3 层上部结构所增加的竖向力 F_{3k} 在桩土之间的分配与桩、土及其整个基础的刚度有关。分别由式（A.0.7-13）和式（A.0.7-3）得到群桩及承台刚度，并引入复合桩基中群桩对承台的影响系数 α_{rp}，将 λ_s 定义为地基土的荷载分担比，竖向力 F_{3k} 分配给地基土的荷载即为 λ_s 与 F_{3k} 的乘积。

4.3.4 本规程式（4.3.3-1）所确定的是在封桩后的第三阶段所增加的竖向力 F_{3k} 分配给土体的荷载，由于封桩前，在荷载 $F_{1k}+F_{2k}$ 作用下基础的固结沉降尚未完全完成，在第三阶段，原本在封桩前全部由土体承担的荷载 $F_{1k}+F_{2k}$ 由于封桩后桩体的介入，将有一部分转移至桩体承担，转移荷载量的大小与封桩前地基土的固结度有关，如果在封桩之前，地基土的固结沉降全部完成，则固结度为 1，由式（4.3.4-1）可看出，在第三阶段不会发生荷载的转移，只有第三阶段的荷载在桩、土之间进行分配。

4.3.7 逆作复合桩基在实际工程应用中，实配桩数有可能多于按公式计算桩数，这样就导致了桩体极限承载力不能完全发挥。实配桩数的增加会引起基础上抬量的增加，而基础的上抬量是沉降计算的重要组成部分，应考虑压桩时间的早晚进行合理的基础上抬量估算。若实配桩数增加过量，将导致群桩刚度过大，桩体荷载水平远低于极限承载力水平。有关分析表明：桩数的增加并不能无限地增加群桩刚度，适当地减少桩数将使第三阶段有更多的荷载分配给土体，并使整体沉降量略有增加，但只要在沉降的容许范围内，便可以节约材料，并减少沉桩施工时的附加沉降。

4.4 承 台 设 计

4.4.2 桩基逆作法中的承台设计与传统的浅基础没有本质上的区别，承台的厚度通常由桩或柱（墙）的抗冲切来控制，由于桩的反力位置常常在靠近支座，所以承台设计应考虑布桩的需要。为了施工方便，每个承台下桩数宜为偶数并对称布桩。

5 施 工

5.1 一 般 规 定

5.1.1 压桩施工前，应该保证基底压力平均值不应大于地基承载力特征值。

一定层数的上部结构施工完成时，开始在地下部分进行分批压桩，为了防止过大的挤土效应，在周围环境允许的条件下，先压中间部分桩，再压外围部分桩。为防止压桩力过大和承台受力突变，压桩不能一次进行，建议分批跳压。

5.1.2 封桩的具体时机有两种，一种为立即封桩，另一种则为延后封桩，一般采用延后封桩。封桩越晚，则土体承受荷载增加，在第三阶段本该由土体承受的荷载向桩体转移量将减少乃至没有，这种作法可以明确控制桩土荷载分担比例。由于第二阶段的复合地基刚度较大，一般情况下沉降速率很小。压桩后迅速封桩，则前两阶段施加荷载下的固结沉降尚未完成，将有较多的荷载发生转移，桩体受力增大，相应对桩数和桩长的要求提高。当然，如果前期荷载下结构沉降值偏大，可以压桩后立即封桩，使桩体刚度提前介入以减少沉降。

由于土层厚度与性质不均匀，荷载差异，体型复杂等因素引起的地基变形，对于砌体承重结构应由局部倾斜控制；对于框架结构应由相邻柱基的沉降差控制；对于多层或高层建筑和高耸结构应由倾斜值控制。基础沉降预计值一般由经验确定，在没有相近工程经验参考的条件下应由设计、施工、监理和业主共同确定。一般多层建筑物在施工期间完成的沉降量，对于砂土可认为其最终沉降量已完成 80% 以上，对于其他低压缩性土可认为已完成最终沉降量的 50%～80%，对于中压缩性土可认为已完成 20%～50%，对于高压缩性土可认为已完成 5%～20%。建筑物的地基变形允许值应遵循《建筑地基基础设计规范》GB 50007 的有关规定。

5.4 压桩及封桩施工

5.4.1 静压桩桩侧阻力可分为无侧阻区、滑移区、挤压区三个区域。无侧阻区：由于桩身横向晃动，浅层土体位移会使桩与土体间形成小的裂缝，加上在超孔隙水压力作用下孔隙水沿桩侧的渗流作用，会使上部桩侧摩阻力接近于零，$l_1 = (0.15 \sim 0.3)l_p$；滑移区：由于土体结构扰动，超孔隙水压力作用和孔隙水沿桩侧的渗流作用，使桩身中部桩侧土软化，降低桩侧单位摩阻力，当桩的入土深度 l_p 小于 30m 时，l_2 取距挤压区顶部 $(0.5\sim0.6)l_p$，当入土深度 l_p 达到 45m～60m 时，l_2 可取距挤压区顶部 $(0.4\sim0.5)l_p$；挤压区：在桩贯入的同时，桩端处土体产生向桩端附近的水平压力，使桩端附近单位摩阻力增大，但因桩对土体产生的扰动影响和孔隙水压力的作用，又降低了土体强度，在上述因素的共同作用下，桩端下部土层接近于或稍大于原状土强度，挤压区厚度可取距桩端5～8倍桩直径，当桩径很大且土质硬时取小值，反之取大值。

5.4.2 对于表层为杂填土的情况，场地整平时应该首先清除土中的大体积障碍物以防止对后期压桩产生影响。

5.4.3 承受竖向压力的桩，是指承受竖向压力为主的桩。

压桩过程中桩节就位必须保持垂直，使千斤顶与桩节轴线保持在同一垂线上，桩顶应做好保护措施。

可在桩顶垫上 30mm～40mm 的木板或是多层麻袋，套上桩帽，然后再进行压桩。

采用硫黄胶泥锚接法时，接桩前要把上、下两节桩的端头用钢丝刷刷净，把预留钢筋调直，清除粘在上面的砂土、铁锈等杂物，并把底桩的预留孔清理干净。接桩时先把烧好的硫黄胶泥溶液浇在底桩的预留孔内及桩头表面，再将上节桩的预埋筋伸进底桩的预留孔内，然后将上节桩与底桩的表面紧密接触，并施加一定的压力。根据外界温度和桩截面大小，分别等 3min～10min，待胶泥冷却后方可继续压桩。当遇到个别桩头表面与桩身不垂直时，要在底桩上加一个临时护套，以便储存一定厚度的胶泥，保证上节桩的垂直度，待胶泥干硬后，再拆除护套，按常规办法压桩。

硫黄胶泥锚接的影响因素较多，如原材料的配合比、胶泥制作的好坏、成品胶泥熔化的温度、锚接时浇筑时间的控制等。硫黄胶泥的配合比可以根据试验确定，其原材料为工业硫黄、建筑用中砂、普通硅酸盐 42.5 级水泥和聚硫橡胶，配合比（重量比）如下：工业硫黄：中砂：水泥：聚硫橡胶为 37：15：47：1。聚硫橡胶可以以石蜡代替，但会使胶泥的物理性能略差。

熬制硫黄胶泥前必须将水泥和中砂烘干，按比例拌匀，待硫黄熔化且温度升至 120℃～130℃时加入，待升温至 150℃～160℃时将聚硫橡胶加入。这期间必须不停地搅拌，否则会因局部升温太快而燃烧。温度必须严格控制在 170℃内，待完全脱水后（一般需要 2h～3h），降温成型即成成品硫黄胶泥。

采用焊接工艺，接桩前先将预制桩的预埋钢帽表面处理干净，接桩时上、下节桩的中心线偏差不得大于 10mm，两接触面尽量平整，当接触面有间隙时应用铁片填实焊牢，减少焊接变形，焊接应连续饱满。

5.4.4 接桩前可以先用楔块把桩固定住，然后用凿子开 3cm～5cm 深的沟槽，露出的钢筋加以切割，以便摘除桩头。

5.4.5 封桩时可以利用锚固筋和交叉钢筋焊接以加强封口的锚固能力，保证桩与承台连接成一体参与基础受力。

6 检测与验收

6.1 检 测

6.1.1 静压桩竖向承载力检验可根据建筑物的重要程度确定抽检数量及检验方法。对地基基础设计等级为甲、乙级的工程，宜采用慢速静荷载加载法进行承载力检验。

6.1.2 沉降观测应包括施工阶段的沉降观测以及工程竣工后的沉降观测。

附录 A 逆作复合桩基沉降计算

A.0.1 逆作复合桩基的最终沉降由四部分组成。首先，在压桩前，施工的 N_1 层总竖向荷载 F_{1q} 将引起基础产生 s_1 沉降；在压桩时，挤土效应将使建筑物产生整体上抬，上抬量 s_2 的大小与沉桩数量、桩的类型、施工顺序等因素有关；压桩结束后，若并不马上封桩，基础处于复合地基阶段，压桩后封桩前施工的 N_2 层的总竖向荷载 F_{2q} 引起的基础沉降为 s_3；封桩以后，为复合桩基阶段，在继续施工的 N_3 层的总竖向荷载值 F_{3q} 作用下产生沉降 s_4。

A.0.2 在压桩前，施工的 N_1 层总竖向荷载 F_{1q} 将引起基础产生 s_1 的固结沉降，因为在 F_{1q} 作用下，地基土尚未达到最终沉降，故该段沉降与压桩前的施工时间以及土的渗透系数有关，可采用 Terzaghi 一维固结理论方法求得。

A.0.3 压桩引起的基础上抬量，目前暂无完善的理论方法对其进行计算，可以把沉桩过程模拟在半无限弹性介质中的孔洞扩张问题，根据桩压入土中体积大小按式（A.0.3）进行简单估算。

A.0.4 压桩后封桩前，由于桩体的压入增加了地基土刚度，基础沉降速率减小，按照桩土变形的特点，可利用式（A.0.4）计算这一阶段基础的沉降量。

A.0.5 封桩后，基础的沉降由两部分组成，其一为继续施工的 N_3 层的总竖向荷载值 F_{3q} 作用下引起的基础沉降，第二部分沉降是由于封桩前在荷载 $F_{1k}+F_{2k}$ 作用下地基土的固结沉降并未完成，在封桩后仍将引起基础的沉降，两部分沉降均可采用弹性理论按式（A.0.5）计算。

A.0.7 计算参数的取值应符合下列规定：

2 为了表征承台的刚度特征，可将承台视为弹性地基上的刚性板，取承台的平均沉降来计算承台的刚度：

$$s_r = pL_c \frac{1-\nu^2}{E_0} p_m \qquad (1)$$

$$K_r = \frac{pL_c B_c}{s_r} \qquad (2)$$

将式（1）代入式（2），即可得到承台刚度计算公式（A.0.7-3）。

4 工程中，可通过基桩的现场静载荷试验获得单桩的竖向支撑刚度，且从压桩完成到开始静载荷试验的间歇时间需满足有关规定。当缺乏试桩资料时，对于摩擦桩，可采用剪切位移法求得单桩的刚度。

5 群桩刚度计算可由单桩刚度推广而得，式（A.0.7-13）为群桩刚度计算经验公式，建立群桩刚度与单桩刚度之间的关系式，对于确定的桩长、桩径、土性而言，群桩刚度与单桩刚度呈幂指数关系。要求得群桩刚度精确解，同样可采用剪切位移法，考虑群桩的相互影响，编制电算程序获得，也可在电算结果的基础上，拟合出针对实际应用工程土质条件的 ω 值。

6 引入柔度矩阵考虑桩基础中群桩刚度和承台刚度的影响，可建立封桩后复合桩基刚度与位移的矩阵方程表达式：

$$\begin{bmatrix} 1/K_p & \alpha_{pr}/K_r \\ \alpha_{rp}/K_p & 1/K_r \end{bmatrix} \begin{Bmatrix} P_p \\ P_r \end{Bmatrix} = \begin{Bmatrix} w_p \\ w_r \end{Bmatrix} \qquad (3)$$

式中 w_p ——复合桩基阶段群桩的平均沉降；

w_r ——复合桩基中承台的平均沉降，当承台为绝对刚性时，复合桩基的沉降与群桩及承台沉降有 $w_p = w_r = w_{pr}$；

P_r ——承台所分担的荷载；

P_p ——群桩所分担的荷载；

α_{pr} ——复合桩基中承台对群桩的影响系数；

α_{rp} ——复合桩基中群桩对承台的影响系数。

令矩阵的对角元素 $\alpha_{pr}/K_r = \alpha_{rp}/K_p$，可得到群桩分担的荷载 P_p、承台分担的荷载 P_r 表达式如下：

$$P_p = \frac{[1 - K_r(\alpha_{rp}/K_p)]w_{pr}}{(1/K_p) - K_r(\alpha_{rp}/K_p)^2} \qquad (4)$$

$$P_r = \frac{[(K_r/K_p) - K_r(\alpha_{rp}/K_p)]w_{pr}}{(1/K_p) - K_r(\alpha_{rp}/K_p)^2} \qquad (5)$$

$$K_{pr} = \frac{P_r + P_c}{w_{pr}} \qquad (6)$$

将式（4）、（5）代入式（6），可得复合桩基刚度表达式（A.0.7-14），联立式（4）、（5）还可得地基土的荷载分担比表达式（4.3.3-2）。

中华人民共和国行业标准

刚-柔性桩复合地基技术规程

Technical specification for rigid-flexible pile
composite foundation

JGJ/T 210—2010

批准部门：中华人民共和国住房和城乡建设部
施行日期：２０１０年９月１日

中华人民共和国住房和城乡建设部
公　告

第 542 号

关于发布行业标准《刚-柔性桩
复合地基技术规程》的公告

现批准《刚-柔性桩复合地基技术规程》为行业
标准，编号为 JGJ/T 210-2010，自 2010 年 9 月 1 日
起实施。

本规程由我部标准定额研究所组织中国建筑工业

出版社出版发行。

中华人民共和国住房和城乡建设部
2010 年 4 月 14 日

前　　言

根据住房和城乡建设部《关于印发"2008 年工
程建设标准规范制订、修订计划（第一批）"的通知》
（建标 [2008] 102 号）的要求，规程编制组经广泛
调查研究，认真总结实践经验，参考有关国际标准和
国外先进标准，并在广泛征求意见的基础上，制定本
规程。

本规程的主要技术内容是：1. 总则；2. 术语和
符号；3. 基本规定；4. 设计；5. 施工；6. 质量
检测。

本规程由住房和城乡建设部负责管理，由温州东
瓯建设集团有限公司负责具体技术内容的解释。执行
过程中如有意见或建议，请寄送温州东瓯建设集团有
限公司（地址：浙江省温州市荣新路 39 号，邮编：
325000）。

本 规 程 主 编 单 位：温州东瓯建设集团有限
公司

本 规 程 参 编 单 位：浙江大学

天津大学
同济大学
浙江省建筑设计研究院
浙江鲲鹏建设有限公司
温州晋大建筑安装工程有
限公司

本规程主要起草人员：龚晓南　朱　奎（以下按
姓名笔画为序）
毛西平　叶观宝　郑　刚
徐日庆　张　杰　施祖元

本规程主要审查人员：（以下按姓名笔画为序）
王长科　王建华　白玉堂
刘吉福　刘国楠　陈昌富
周茂新　胡庆红　倪士坎
童小东　谢永利　蒋镇华
蔡泽芳　滕文川

目　次

Contents

1 总　则

1.0.1　为了在刚-柔性桩复合地基设计、施工和质量检测中贯彻国家的技术经济政策，做到保证质量、保护环境、安全适用、节约能源、经济合理和技术先进，制定本规程。

1.0.2　本规程适用于建筑与市政工程刚-柔性桩复合地基的设计、施工及质量检测。

1.0.3　刚-柔性桩复合地基的设计、施工及质量检测，应综合分析工程地质和水文地质条件、上部结构和基础形式、荷载特征、施工工艺、检测方法和环境条件等影响因素，遵循因地制宜、就地取材、保护环境和节约资源的原则，注重概念设计。

1.0.4　刚-柔性桩复合地基的设计、施工及质量检测，除应符合本规程外，尚应符合国家现行有关标准的规定。

2　术语和符号

2.1　术　语

2.1.1　复合地基　composite foundation

　　天然地基在地基处理过程中，部分土体得到增强，或被置换，或在天然地基中设置加筋材料，由天然地基土体和增强体两部分组成的人工地基。

2.1.2　刚-柔性桩复合地基　rigid-flexible pile composite foundation

　　竖向增强体由刚性桩和柔性桩组成的复合地基。

2.1.3　柔性桩　flexible pile

　　刚度较小的竖向增强体。本规程指的柔性桩包括水泥土搅拌桩和旋喷桩。

2.1.4　刚性桩　rigid pile

　　刚度较大的竖向增强体。本规程指的刚性桩包括泥浆护壁成孔灌注桩、长螺旋钻孔压灌桩、沉管灌注桩、混凝土预制桩和钢管桩等。

2.1.5　褥垫层　cushion

　　在复合地基和基础之间设置的垫层。

2.1.6　刚性桩置换率　replacement ratio of rigid pile to composite foundation

　　刚性桩桩体的横截面积与复合地基面积的比值。

2.1.7　柔性桩置换率 replacement ratio of flexible pile to composite foundation

　　柔性桩桩体的横截面积与复合地基面积的比值。

2.2　符　号

A_{p1} ——刚性桩桩端横截面积；

A_{p2} ——刚性桩桩身横截面积；

A_{p3} ——柔性桩桩身横截面积；

d ——基础埋置深度；

E_{p1} ——刚性桩桩体的压缩模量；

E_{p2} ——柔性桩桩体的压缩模量；

E_s ——天然土层的压缩模量；

E_{si} ——基础底面下的第 i 层土的压缩模量；

E_{sp1i} ——刚性桩、柔性桩与土构成的第 i 层复合土层的复合压缩模量；

E_{sp2i} ——柔性桩桩端以下，刚性桩与土构成的第 i 层复合土层的复合压缩模量；

f_a ——修正后的复合地基承载力特征值；

f_c ——混凝土桩轴心抗压强度设计值；

f_{sk} ——桩间土的承载力特征值；

f_{spk} ——复合地基承载力特征值；

l_i ——第 i 层土的厚度；

m_1 ——刚性桩面积置换率；

m_2 ——柔性桩面积置换率；

n ——刚性桩桩长范围内所划分的土层数；

n_1 ——柔性桩桩长范围内所划分的土层数；

p_k ——相应于荷载效应标准组合时，基础底面处的平均压力值；

p_0 ——相应于荷载效应准永久组合时，基础底面处的附加压力；

Q_{uk} ——单桩竖向极限承载力标准值；

q_p ——桩端地基土未经修正的承载力特征值；

q_{pk} ——极限端阻力标准值；

q_{si} ——第 i 层土的桩侧摩阻力特征值；

q_{sik} ——第 i 层土的极限侧阻力标准值；

R_{a1} ——刚性桩竖向承载力特征值；

R_{a2} ——水泥土搅拌桩或旋喷桩竖向承载力特征值；

s_1 ——刚性桩、柔性桩与土构成的复合土层压缩量；

s_2 ——柔性桩桩端以下，刚性桩与土构成的复合土层压缩量；

s_3 ——刚性桩桩端以下天然土层压缩量；

u_p ——桩的横截面周长；

z_i ——基础底面至第 i 层土底面的距离；

z_{i-1} ——基础底面至第 $i-1$ 层土底面的距离；

α ——柔性桩桩端天然地基土的承载力折减系数；

$\bar{\alpha}_i$ ——基础底面计算点至第 i 层土底面范围内平均附加应力系数；

$\bar{\alpha}_{i-1}$ ——基础底面计算点至第 $i-1$ 层土底面范围内平均附加应力系数；

γ_m ——基础底面以上土的加权平均重度；

η ——水泥土搅拌桩和旋喷桩的桩身强度折减系数；

η_1 ——刚-柔性桩复合地基达到极限承载力时，刚性桩的承载力发挥系数；

η_2 ——刚-柔性桩复合地基达到极限承载力时，柔性桩的承载力发挥系数；

η_3 ——刚-柔性桩复合地基达到极限承载力时，桩间土的承载力发挥系数；

ψ_c ——刚性桩成桩工艺系数；

ψ_{s1} ——刚性桩、柔性桩与土构成的复合土层压缩量计算经验系数；

ψ_{s2} ——柔性桩桩端以下，刚性桩与土构成的复合土层压缩量计算经验系数。

3 基 本 规 定

3.0.1 刚-柔性桩复合地基设计前，应具备岩土工程勘察、上部结构及基础设计和场地环境条件等有关资料。

3.0.2 应根据上部结构对地基处理的要求、工程地质和水文地质条件、工期、地区经验和环境保护要求等，提出技术上可行的复合地基方案，并应经过技术经济比较，选用合理的刚-柔性桩复合地基形式。

3.0.3 刚-柔性桩复合地基设计应保证复合地基中桩体和桩间土在荷载作用下能够共同承担荷载。

3.0.4 刚-柔性桩复合地基中的刚性桩应选用摩擦型桩。不同桩型的适用条件应符合下列规定：

1 泥浆护壁成孔灌注桩适用于地下水位以下的黏性土、粉土、砂土和填土等地基；

2 长螺旋钻孔压灌桩适用于黏性土、粉土、砂土、非密实的碎石类土和填土等地基；

3 沉管灌注桩适用于粉土、砂土、填土、非饱和黏性土等地基；

4 混凝土预制桩适用于持力层上覆盖松软地层且不存在难于穿透的坚硬夹层的地基；

5 钢管桩宜用于需承受巨大冲击力并穿透较厚硬土层的地基；

6 水泥土搅拌桩适用于处理正常固结的淤泥与淤泥质土、粉土、饱和黄土、素填土、黏性土以及无流动地下水的饱和松散砂土等地基；当土中有机质含量较高时，应根据现场试验结果确定其适用性；

7 旋喷桩适用于处理淤泥、淤泥质土、软塑或可塑黏性土、粉土、砂土、黄土、素填土和碎石土等地基；当土中含有较多的大粒径块石、大量植物根茎或有机质含量较高，以及地下水流速过大和已涌水的工程，应根据现场试验结果确定其适用性。

3.0.5 刚-柔性桩复合地基应按上部结构、基础和复合地基共同作用进行分析。对大型重要工程，宜通过现场试验对设计方案进行验证分析。

3.0.6 刚-柔性桩复合地基方案的选用应符合下列规定：

1 应根据建筑物的结构类型、荷载大小及使用要求，结合工程地质和水文地质条件、基础形式、施

工条件、工期要求及环境条件进行综合分析，并应进行技术经济比较，选择合理的刚-柔性桩复合地基方案；

2 对大型重要工程，应对已经选择的刚-柔性桩复合地基方案，在有代表性的场地上进行相应的现场试验或试验性施工，以检验设计参数和处理效果；应通过分析比较选择和优化设计方案；

3 在施工过程中应加强监测；当监测结果未达到设计要求时，应及时查明原因，修改设计参数或采取其他必要措施。

3.0.7 刚-柔性桩复合地基宜按沉降控制的原则进行设计。

3.0.8 刚性基础下的刚-柔性桩复合地基宜设置褥垫层。填土路堤和柔性面层堆场下的刚-柔性桩复合地基应设置加筋碎石垫层。

3.0.9 当采用挤土桩时，应采取有效措施，减小挤土效应。施工时宜先施工刚性桩，后施工柔性桩。

3.0.10 刚性桩和柔性桩的质量验收应符合现行国家标准《建筑地基基础施工质量验收规范》GB 50202的规定。

4 设 计

4.1 一 般 规 定

4.1.1 刚性桩可采用灌注桩或预制桩，柔性桩可采用水泥土搅拌桩或旋喷桩。刚性桩应在基础范围内布置。

4.1.2 刚性桩的桩距应根据土质条件、设计要求的复合地基承载力、沉降，以及施工工艺等确定，宜取3～6倍桩径。柔性桩的平面布置根据上部结构特点及对地基承载力和沉降的要求确定，可采用正方形、等边三角形等布桩方式。

4.1.3 基础底面的压力，应符合下列规定：

当轴心荷载作用时

$$p_k \leqslant f_a \qquad (4.1.3\text{-}1)$$

当偏心荷载作用时，除应符合式（4.1.3-1）要求外，尚应符合下式要求：

$$p_{kmax} \leqslant 1.2 f_a \qquad (4.1.3\text{-}2)$$

式中：p_k ——相应于荷载效应标准组合时，基础底面处的平均压力值（kPa）；

f_a ——修正后的复合地基承载力特征值（kPa）；

p_{kmax} ——相应于荷载效应标准组合时，基础底面边缘的最大压力值（kPa）。

4.1.4 刚-柔性桩复合地基承载力的基础宽度承载力修正系数应取零；基础埋深的承载力修正系数应取1.0。修正后的复合地基承载力特征值 f_a 应按下式计算：

$$f_a = f_{spk} + \gamma_m(d - 0.5) \quad (4.1.4)$$

式中：f_{spk}——复合地基承载力特征值（kPa）；

γ_m——基础底面以上土的加权平均重度（kN/m³），地下水位以下取浮重度；

d——基础埋置深度（m），一般自室外地面标高算起。在填方整平地区，可自填土地面标高算起，但填土在上部结构施工后完成时，应从天然地面标高算起。对于地下室，如采用箱形基础或筏形基础时，基础埋置深度自室外地面标高算起；当采用独立基础或条形基础时，应从室内地面标高算起。

4.2 承 载 力

4.2.1 刚性桩的单桩承载力应按现场单桩静载试验确定。初步设计时也可按下列公式估算单桩竖向承载力特征值：

$$R_{a1} = \frac{Q_{uk}}{2} \quad (4.2.1\text{-}1)$$

$$Q_{uk} = u_p \sum_{i=1}^{n} q_{sik} l_i + q_{pk} A_{p1} \quad (4.2.1\text{-}2)$$

式中：R_{a1}——刚性桩的单桩竖向承载力特征值（kN）；

Q_{uk}——单桩竖向极限承载力标准值（kN）；

u_p——桩的横截面的周长（m）；

A_{p1}——刚性桩桩端横截面积（m²）；

l_i——第 i 层土的厚度（m）；

n——刚性桩桩长范围内所划分的土层数；

q_{sik}——桩侧第 i 层土的极限侧阻力标准值（kPa），宜按当地经验确定；当无当地经验时，可按现行行业标准《建筑桩基技术规范》JGJ 94 的有关规定确定；

q_{pk}——极限端阻力标准值（kPa），宜按当地经验确定；当无当地经验时，可按现行行业标准《建筑桩基技术规范》JGJ 94 的有关规定确定。

4.2.2 刚性桩应验算桩身承载力，混凝土桩轴心受压正截面受压承载力应符合下式要求：

$$N \leqslant \psi_c f_c A_{p2} \quad (4.2.2)$$

式中：N——荷载效应基本组合下的桩顶轴向压力设计值（kN）；

ψ_c——刚性桩成桩工艺系数，可按现行行业标准《建筑桩基技术规范》JGJ 94 确定；

f_c——混凝土桩轴心抗压强度设计值（kPa）；

A_{p2}——刚性桩桩身横截面积（m²）。

4.2.3 水泥土搅拌桩或旋喷桩单桩承载力特征值应按现场单桩静载试验确定。初步设计时也可按式（4.2.3-1）和式（4.2.3-2）进行计算，取其中的较小值：

$$R_{a2} = u_p \sum_{i=1}^{n_1} q_{si} l_i + \alpha q_p A_{p3} \quad (4.2.3\text{-}1)$$

$$R_{a2} = \eta f_{cu} A_{p3} \quad (4.2.3\text{-}2)$$

式中：R_{a2}——水泥土搅拌桩或旋喷桩单桩承载力特征值（kPa）；

u_p——桩的横截面周长（m）；

n_1——柔性桩桩长范围内所划分的土层数；

q_{si}——第 i 层土的桩侧摩阻力特征值（kPa），宜根据当地经验确定；

α——桩端天然地基土的承载力折减系数，与桩长、土层土质情况有关，宜根据当地经验确定；无经验时可取 0.4～0.6，承载力高时取低值；

l_i——第 i 层土的厚度（m）；

A_{p3}——柔性桩桩身横截面积（m²）；

q_p——桩端地基土未经修正的承载力特征值（kPa），可按现行国家标准《建筑地基基础设计规范》GB 50007 的有关规定确定；

η——水泥土搅拌桩或旋喷桩的桩身强度折减系数，宜按地区经验取值，如无地区经验时，对喷浆搅拌法可取 0.25～0.33，喷粉搅拌法可取 0.20～0.30，旋喷桩可取 0.33；

f_{cu}——对水泥土搅拌桩，取与搅拌桩配合比相同的室内水泥土试块（边长为 70.7mm 的立方体，也可采用边长为 50mm 的立方体）标准养护 90d 的立方体无侧限抗压强度平均值（kPa）；对旋喷桩，取与旋喷桩桩身水泥土配比相同的室内加固土试块在标准养护条件下 28d 龄期的立方体抗压强度平均值（kPa）。

4.2.4 刚-柔性桩复合地基承载力特征值可通过现场复合地基载荷试验确定。初步设计时也可按下式计算：

$$f_{spk} = \eta_1 m_1 R_{a1}/A_{p2} + \eta_2 m_2 R_{a2}/A_{p3}$$
$$+ \eta_3(1 - m_1 - m_2)f_{sk} \quad (4.2.4)$$

式中：m_1——刚性桩面积置换率；

m_2——柔性桩面积置换率；

f_{sk}——处理后桩间土的承载力特征值（kPa），可通过载荷试验确定，如无经验时，可取天然地基承载力特征值；

η_1——刚性桩的承载力发挥系数，按当地经验或试验结果取值，无经验时可取0.8～1.0，褥垫层较厚时取小值；

η_2——柔性桩的承载力发挥系数，按当地经验或试验结果取值，无经验时可取

0.75～0.95，褥垫层较厚时取大值；

η_s ——桩间土的承载力发挥系数，按当地经验或试验结果取值，无经验时可取 0.5～0.9，褥垫层较厚时取大值。

4.2.5 用于路堤、堆场和道路工程的刚-柔性桩复合地基应进行稳定性验算。

4.3 沉 降

4.3.1 刚-柔性桩复合地基沉降量可按下式计算：

$$s = s_1 + s_2 + s_3 \qquad (4.3.1)$$

式中：s_1 ——刚性桩、柔性桩与土构成的复合土层压缩量（mm），按式（4.3.2）计算；

s_2 ——柔性桩桩端以下，刚性桩与土构成的复合土层压缩量（mm），按式（4.3.3）计算；

s_3 ——刚性桩桩端以下天然土层压缩量（mm），按现行国家标准《建筑地基基础设计规范》GB 50007 的有关规定进行计算。

4.3.2 刚性桩、柔性桩与土构成的复合土层压缩量 s_1 可按下式计算：

$$s_1 = \psi_{s1} \sum_{i=1}^{n_1} \frac{p_0}{E_{sp1i}} (z_i \bar{\alpha}_i - z_{i-1} \bar{\alpha}_{i-1}) \qquad (4.3.2)$$

式中：ψ_{s1} ——刚性桩、柔性桩与土构成的复合土层压缩量计算经验系数，宜按当地经验取值，无经验时可按现行国家标准《建筑地基基础设计规范》GB 50007 的有关规定执行；复合土层的分层原则与天然地基相同；

n_1 ——柔性桩桩长范围内所划分的土层数；

p_0 ——对应于荷载效应准永久组合下的基础底面处的附加压力（kPa）；

E_{sp1i} ——刚性桩、柔性桩与土构成的第 i 层复合土层的复合压缩模量（MPa）；

z_i ——基础底面至第 i 层土底面的距离（m）；

z_{i-1} ——基础底面至第 $i-1$ 层土底面的距离（m）；

$\bar{\alpha}_i$ ——基础底面计算点至第 i 层土底面范围内的平均附加应力系数；

$\bar{\alpha}_{i-1}$ ——基础底面计算点至第 $i-1$ 层土底面范围内的平均附加应力系数。

4.3.3 柔性桩桩端以下，刚性桩与土构成的复合土层压缩量 s_2 可按下式计算：

$$s_2 = \psi_{s2} \sum_{i=n_1+1}^{n} \frac{p_0}{E_{sp2i}} (z_i \bar{\alpha}_i - z_{i-1} \bar{\alpha}_{i-1}) \qquad (4.3.3)$$

式中：ψ_{s2} ——柔性桩桩端以下，刚性桩与土构成的复合土层压缩量计算经验系数，宜按当地经验取值，无经验时可按现行国

家标准《建筑地基基础设计规范》GB 50007 的有关规定执行；复合土层的分层原则与天然地基相同；

n ——刚性桩桩长范围内所划分的土层数；

p_0 ——对应于荷载效应准永久组合下的基础底面处的附加压力（kPa）；

E_{sp2i} ——柔性桩桩端以下，刚性桩与土构成的第 i 层复合土层的复合压缩模量（MPa）。

4.3.4 复合土层的压缩模量可由载荷试验确定，无条件时也可采用下列公式计算：

$$E_{sp1i} = (1 - m_1 - m_2)E_{si} + m_1 E_{p1} + m_2 E_{p2} \qquad (4.3.4-1)$$

$$E_{sp2i} = (1 - m_1)E_{si} + m_1 E_{p1} \qquad (4.3.4-2)$$

式中：E_{si} ——基础底面下的第 i 层土的压缩模量（MPa）；

E_{p1} ——刚性桩桩体的压缩模量（MPa）；

E_{p2} ——柔性桩桩体的压缩模量（MPa）；

m_1 ——刚性桩面积置换率；

m_2 ——柔性桩面积置换率。

4.4 褥 垫 层

4.4.1 褥垫层厚度宜采用 100mm～300mm。对路堤等柔性基础下刚-柔性桩复合地基褥垫层厚度宜取高值。

4.4.2 褥垫层材料宜采用中砂、粗砂、级配良好的砂石等。最大粒径不宜大于 20mm，夯填度（夯实后的褥垫层厚度与虚铺厚度的比值）不得大于 0.9。

4.4.3 填土路堤和柔性面层堆场下的刚-柔性桩复合地基应在褥垫层中设置一层或多层水平加筋体。

4.4.4 褥垫层设置范围宜大于基础范围，每边超出基础外边缘的宽度宜为 200mm～300mm。

5 施 工

5.1 施 工 准 备

5.1.1 刚-柔性桩复合地基施工应具备下列资料：

1 建筑场地岩土工程勘察报告；

2 施工图及图纸会审纪要；

3 建筑场地和邻近区域内的地下管线、地下构筑物、危房、精密仪器车间等的调查资料；

4 主要施工设备条件、制桩条件、动力条件以及对地质条件的适应性等资料；

5 施工组织设计；

6 水泥、砂、石、钢筋等原材料及其制品的质检报告；

7 有关荷载、施工工艺的试验参考资料。

5.1.2 施工组织设计应结合工程特点编制，并应包括下列内容：

1 施工平面图：应标明桩位、编号、施工顺序、水电线路和临时设施的位置；灌注桩采用泥浆护壁成孔时，应标明泥浆制备设施及其循环系统；

2 确定成孔机械、配套设备以及合理施工工艺的有关资料，泥浆护壁灌注桩必须有泥浆处理措施；

3 施工作业计划和劳动力组织计划；

4 机械设备、备件、工具、材料供应计划；

5 安全、劳动保护、防火、防雨、防台风、爆破作业、文物、节能和环境保护等方面的措施，并应符合有关部门的规定；

6 保证工程质量、安全生产和季节性施工的技术措施。

5.1.3 施工现场事先应予平整，并应清除地上和地下障碍物。遇明浜、池塘及场地低洼时应抽水和清淤，应分层夯实回填黏性土料，不得回填有机杂填土或生活垃圾。

5.1.4 施工前应根据设计要求对刚、柔性桩进行工艺性试桩，数量分别不得少于2根。

5.1.5 刚-柔性桩复合地基施工用的供水、供电、道路、排水、临时房屋等临时设施，应在开工前准备就绪，保证施工机械正常作业。

5.1.6 桩轴线的控制点和水准基点应设在不受施工影响之处，并应在开工前复核。施工过程中应妥善保护，并应经常复测。

5.1.7 用于施工质量检验的仪表、器具的性能指标，应符合现行国家相关标准的规定。

5.2 灌注桩施工

5.2.1 泥浆护壁成孔灌注桩、长螺旋钻孔压灌桩和沉管灌注桩的施工应符合现行行业标准《建筑桩基技术规范》JGJ 94的有关规定。

5.2.2 泥浆护壁成孔灌注桩施工时，泥浆护壁应符合下列规定：

1 施工期间护筒内的泥浆面应高出地下水位1.0m以上，在受水位涨落影响时，泥浆面应高出最高地下水位1.5m以上；

2 在清孔过程中，应不断置换泥浆，直至开始浇筑水下混凝土；

3 浇筑混凝土前，孔底500mm以内的泥浆相对密度应小于1.25；含砂率不得大于8%；黏度不得大于28s；

4 在容易产生塌孔的土层中应采取维持孔壁稳定的措施。

5.2.3 钻孔达到设计深度后，灌注混凝土之前，孔底沉渣厚度不应大于100mm。

5.2.4 泥浆护壁成孔灌注桩施工时，水下灌注的混凝土应符合下列规定：

1 水下灌注混凝土应具备良好的和易性，配合比应通过试验确定；坍落度宜为180mm～220mm；

2 水下灌注混凝土的含砂率宜为40%～50%，并宜选用中粗砂；粗骨料的最大粒径应小于40mm；

3 导管埋入混凝土深度不应小于2m；严禁将导管提出混凝土灌注面，并应控制提拔导管速度，应有专人测量导管埋深及管内外混凝土灌注面的高差，并应填写水下混凝土灌注记录；

4 灌注混凝土必须连续进行；应控制最后一次灌注量，超灌高度宜为0.8m～1.0m，凿除泛浆高度后必须保证暴露的桩顶混凝土强度达到设计等级。

5.2.5 长螺旋钻孔压灌桩施工时，钻至设计标高后，应先泵入混凝土并停顿10s～20s，再缓慢提升钻杆。提钻速度应根据土层情况确定，且应与混凝土泵送量相匹配，保证管内有一定高度的混凝土。桩身混凝土的泵送压灌应连续进行。混凝土压灌结束后，应立即将钢筋笼插至设计深度。

5.2.6 沉管灌注桩应根据土质情况和荷载要求，分别选用单打法、复打法、反插法等。单打法可用于含水量较小的土层，且宜采用预制桩尖；反插法及复打法可用于饱和土层。

5.2.7 灌注桩混凝土的充盈系数不得小于1.0，也不宜大于1.3。一般土质宜为1.1，软土宜为1.2～1.3。

5.2.8 灌注桩施工的垂直度偏差不得大于1%，桩位偏差不得大于100mm。

5.3 预制桩施工

5.3.1 混凝土预制桩和钢管桩可采用锤击沉桩和静压沉桩。其施工应符合现行行业标准《建筑桩基技术规范》JGJ 94的有关规定。

5.3.2 打桩顺序应符合下列规定：

1 对于密集桩群，应自中间向两个方向或四周对称施打；

2 当一侧毗邻建筑物时，应由毗邻建筑物处向另一方向施打；

3 根据基础的设计标高，宜先深后浅；

4 根据桩的规格，宜先大后小，先长后短。

5.3.3 锤击沉桩终止锤击的条件应以控制桩端设计标高为主，贯入度为辅。

5.3.4 对敞口钢管桩，当锤击沉桩有困难时，可在管内取土以助沉。

5.3.5 采用静压沉桩时，场地地基承载力不应小于压桩机接地压强的1.2倍，且场地应平整。

5.3.6 最大压桩力不宜小于设计的单桩竖向极限承载力标准值，必要时可由现场试验确定。压桩机的最大压桩力应取压桩机的机架重量与配重之和乘以0.9。

5.3.7 静力压桩施工的质量控制应符合下列规定：

1 第一节桩下压时垂直度偏差不应大于 0.5%；

2 宜将每根桩一次性连续压到底，且最后一节有效桩长不宜小于 5m；

3 抱压力不应大于桩身允许侧向压力的 1.1 倍。

5.3.8 终压条件应符合下列规定：

1 应根据现场试压桩的试验结果确定终压力标准；

2 终压连续复压次数应根据桩长及地质条件等因素确定，对于入土深度大于或等于 8m 的桩，复压次数可为 2～3 次；对于入土深度小于 8m 的桩，复压次数可为 3～5 次；

3 稳压压桩力不得小于终压力，稳定压桩的时间宜为 5s～10s。

5.3.9 预制桩施工的垂直度偏差不得超过 1%，桩位偏差不得大于 100mm。

5.3.10 可采取预钻孔沉桩、设置应力释放孔、袋装砂井或塑料排水板、隔离板桩或地下连续墙，开挖防震沟及限制打桩速率等辅助措施，以减少施工对周围环境的影响。

5.4 柔性桩施工

5.4.1 水泥土搅拌桩和旋喷桩的施工应符合现行行业标准《建筑地基处理技术规范》JGJ 79 的有关规定。

5.4.2 水泥土搅拌桩施工尚应符合下列规定：

1 搅拌头翼片的枚数、宽度、与搅拌轴的垂直夹角、搅拌头的回转数、提升速度应相互匹配，以确保加固深度范围内土体的任何一点均能经过 20 次以上的搅拌；

2 所使用的水泥均应过筛。喷浆（粉）量及搅拌深度应采用经国家计量部门认证的监测仪器进行自动记录；

3 搅拌头的直径应定期复核检查，其磨耗量不得大于 10mm；

4 停浆（灰）面应高于桩顶设计标高 300mm～500mm，开挖时应将搅拌桩顶端施工质量较差的桩段用人工挖除；

5 可采用提升或下沉喷浆（粉）的施工工艺，但必须确保全桩长上下至少再重复搅拌一次。

5.4.3 旋喷桩施工应符合下列规定：

1 旋喷桩的施工参数应根据土质条件、加固要求通过试验或根据工程经验确定，并应在施工中严格加以控制；单管法及双管法的高压水泥浆和三管法高压水的压力应大于 20MPa；

2 水泥浆液的水灰比应按工程要求确定，可取 0.8～1.5，宜采用 1.0；

3 对需要局部扩大加固范围或提高强度的部位，可采取复喷措施；

4 在施工过程中出现压力骤然下降、上升或冒浆异常时，应查明原因并及时采取措施；

5 旋喷桩施工完毕，应迅速拔出喷射管；为防止浆液凝固收缩影响桩顶高程，必要时可在原孔位采取冒浆回灌或二次注浆等措施；

6 施工中应做好泥浆处理，并应及时将泥浆运出或在现场短期堆放后作土方运出。

5.4.4 水泥土搅拌桩和旋喷桩施工的垂直度偏差不得超过 1%，桩位偏差不得大于 150mm。

5.5 褥垫层施工

5.5.1 基坑开挖时应确保基坑内刚性桩和柔性桩桩体不受损坏，应合理安排基坑挖土顺序和控制分层开挖的深度，挖出的土方不得堆置在基坑附近。

5.5.2 基坑开挖后应及时铺设褥垫层。褥垫层铺设宜采用静力压实法，当基础底面下桩间土的含水量较小及褥垫层厚度大于 300mm 时，也可采用动力夯实法。

5.5.3 褥垫层的厚度、铺设范围和夯填度应符合设计要求。

6 质 量 检 测

6.0.1 刚-柔性桩复合地基质量检测宜在施工结束 28d 后进行。

6.0.2 泥浆护壁成孔灌注桩、长螺旋钻孔压灌桩和沉管灌注桩施工完毕后可采用低应变法、声波透射法、钻芯法等检测方法进行桩身完整性检测；混凝土预制桩施工完毕后可采用低应变法进行桩身完整性检测，检测数量宜由设计单位根据有关规范和地区经验确定。

6.0.3 水泥土搅拌桩和旋喷桩施工完毕后，可采用浅部开挖桩头法、钻芯法等检测方法进行桩身质量检测，检测数量宜由设计单位根据有关规范和地区经验确定。

6.0.4 施工过程中应随时检查施工记录及现场施工情况，并应对照规定的施工工艺对每根桩进行质量评定。

6.0.5 基槽开挖后，应检查桩位、桩径、桩数、桩顶密实度及槽底土质情况。如发现漏桩、桩位偏差过大、桩头及槽底土质松软等质量问题，应采取补救措施。

6.0.6 基础施工前应对褥垫层的厚度和夯填度进行检测。

6.0.7 复合地基承载力检测宜采用刚-柔性复合地载荷试验或单桩复合地基载荷试验，也可采用单桩载荷试验。刚性桩载荷试验检测数量宜为刚性桩总数的 1.0%，且不应少于 3 点；柔性桩载荷试验检测数量宜为柔性桩总数的 0.5%～1.0%，且不应少于 3 点。刚-柔性桩复合地基载荷试验中复合地基所包含的刚性桩和柔性桩面积置换率应与实际复合地基中所包含的刚性桩和柔性桩面积置换率相同。

本规程用词说明

1 为便于在执行本规程条文时区别对待,对要求严格程度不同的用词说明如下:

1) 表示很严格,非这样做不可的:
正面词采用"必须",反面词采用"严禁";

2) 表示严格,在正常情况下均应这样做的:
正面词采用"应",反面词采用"不应"或"不得";

3) 表示允许稍有选择,在条件许可时首先应这样做的:
正面词采用"宜",反面词采用"不宜";

4) 表示有选择,在一定条件下可以这样做的,采用"可"。

2 条文中指明应按其他有关标准执行的写法为:"应符合……的规定"或"应按……执行"。

引用标准名录

1 《建筑地基基础设计规范》GB 50007

2 《建筑地基基础施工质量验收规范》GB 50202

3 《建筑地基处理技术规范》JGJ 79

4 《建筑桩基技术规范》JGJ 94

中华人民共和国行业标准

刚-柔性桩复合地基技术规程

JGJ/T 210—2010

条 文 说 明

制 订 说 明

《刚-柔性桩复合地基技术规程》JGJ/T 210－2010
经住房和城乡建设部 2010 年 4 月 14 日以第 542 号公
告批准发布。

本规程制订过程中，编制组对国内建筑等行业
刚-柔性桩复合地基的应用情况进行了调查研究，总
结了我国刚-柔性桩复合地基设计、施工和检测的实
践经验，开展了刚-柔性桩复合地基室内试验和现场
试验。

为便于广大设计、施工、科研、学校等单位有关
人员在使用本标准时能正确理解和执行条文规定，
《刚-柔性桩复合地基技术规程》编制组按章、节、条
顺序编制了本规程的条文说明，对条文规定的目的、
依据以及执行中需注意的有关事项进行了说明。但
是，本条文说明不具备与标准正文同等的法律效力，
仅供使用者作为理解和把握标准规定的参考。

目　次

1 总　则

1.0.1 由刚性桩和柔性桩组成的复合地基称为刚-柔性桩复合地基。在刚-柔性桩复合地基中，刚性桩比柔性桩长，有利于发挥刚性桩和柔性桩的承载特性。近年来，刚-柔性桩复合地基在土木工程建设中得到广泛应用，为了规范刚-柔性桩复合地基设计、施工和质量检测，促进刚-柔性桩复合地基的工程应用，制定了本规程。

1.0.2 刚-柔性桩复合地基适用于具有较深厚压缩性土层的地基，通过较长的刚性桩将上部荷载传递给较深土层。近年来，刚-柔性桩复合地基除在建筑和市政工程中得到广泛应用外，在高等级公路建设中也已得到应用，可供参考。

1.0.3 刚-柔性桩复合地基设计要求详细了解场地工程地质和水文地质条件，了解土层形成年代和成因，掌握土的工程性质，运用土力学基本概念，结合工程经验，进行计算分析。在计算分析中强调定性分析和定量分析相结合，抓问题的主要矛盾。由于计算条件的模糊性和信息的不完全性，不能单纯依靠力学计算，需要结合岩土工程师的综合判断。所以刚-柔性桩复合地基设计强调注重概念设计。

2　术语和符号

2.1.1 复合地基是一个新概念。20世纪60年代国外采用碎石桩加固地基，并将加固后的地基称为复合地基。改革开放以后，我国引进碎石桩等许多地基处理新技术，同时也引进了复合地基概念。复合地基最初是指采用碎石桩加固后形成的人工地基。随着复合地基技术在我国土木工程建设中的推广应用，复合地基理论得到了很大的发展。随着深层搅拌桩加固技术在工程中的应用，发展了水泥土桩复合地基的概念。碎石桩是散体材料桩，水泥土搅拌桩是粘结材料桩。水泥土桩复合地基的应用促进了柔性桩复合地基理论的发展。随着混凝土桩复合地基等新技术的应用，形成刚性桩复合地基概念。近年来由刚性桩和柔性桩组成的刚-柔性桩复合地基在土木工程建设中得到广泛应用，复合地基概念得到了进一步的发展。复合地基的本质和形成条件是复合地基中的桩体和桩间土在荷载作用下能够共同承担荷载。

2.1.2 由刚性桩和柔性桩组成的复合地基称为刚-柔性桩复合地基。刚-柔性桩复合地基中，刚性桩较长，柔性桩较短，是一种长短桩复合地基。较长的刚性桩可把荷载传递给较深土层，有利提高承载力和减少沉降；较短的柔性桩可有效改善浅层土的承载性能，也

具有较好的经济性。刚-柔性桩复合地基不仅承载性能好，而且具有较好的经济性。

2.1.3、2.1.4 桩的刚柔是相对的。桩的刚度不仅取决于桩体模量，还与桩土模量比和桩的长径比有关。在工程应用上，常将各种混凝土桩、钢桩称为刚性桩，将水泥土搅拌桩、旋喷桩、石灰桩和灰土桩等称为柔性桩，而将由散体材料碎石形成的碎石桩称为散体材料桩。散体材料桩与上述刚性桩和柔性桩的荷载传递特性具有较大区别。若采用刚性桩与散体材料桩形成刚-柔性桩复合地基，应重视散体材料桩的荷载传递特性。

3　基本规定

3.0.3 复合地基中的桩体和桩间土在荷载作用下能够共同承担荷载是复合地基的本质，是复合地基与传统桩基础的区别。只有在刚-柔性桩复合地基设计中保证复合地基中桩体和桩间土在荷载作用下能够共同承担荷载，才能真正形成刚-柔性桩复合地基。

3.0.4 规程规定刚-柔性桩复合地基中的刚性桩应选用摩擦型桩，是为了保证在建筑物使用过程中桩体和桩间土能够共同直接承担荷载。若刚性桩是端承桩，则难以保证在荷载作用下刚-柔性桩复合地基中的桩体和桩间土共同直接承担荷载。复合地基中的桩体和桩间土在荷载作用下能够共同直接承担荷载不仅指在荷载作用初期，而且指在建筑物整个使用过程。在刚-柔性桩复合地基设计中对此应予以充分重视。

3.0.5 在刚-柔性桩复合地基设计中一定要重视上部结构、基础和复合地基的共同作用。复合地基是通过一定的沉降量来达到桩和土共同承担荷载，设计中要重视沉降可能对上部结构产生的不良影响。

3.0.7 按沉降控制设计理论是近年得以发展的设计新理念，对刚-柔性桩复合地基设计更有意义。下面先介绍什么是按沉降控制设计理论，然后再讨论刚-柔性桩复合地基按沉降控制设计。

按沉降控制设计是相对于按承载力控制设计而言的。事实上无论按承载力控制设计还是按沉降控制设计都要满足承载力的要求和小于某一沉降量的要求。按沉降控制设计和按承载力控制设计究竟有什么不同呢？

在按承载力控制设计中，通常先按满足承载力要求进行设计，然后再验算沉降量是否满足要求。如果地基承载力不能满足要求，或验算沉降量不能满足要求，再修改设计方案。而在按沉降控制设计中，通常先按满足沉降要求进行设计，然后再验算承载力是否满足要求。一般情况下，满足沉降要求后一般能满足承载力要求。

按沉降控制设计对设计人员提出了更高的要求，要求更好地掌握沉降计算理论，总结工程经验，提高

沉降计算精度。按沉降控制设计理念使工程设计更为合理。

3.0.8 基础刚度对刚-柔性桩复合地基的破坏模式、承载力和沉降有重要影响。当处于极限状态时，刚性基础下刚-柔性桩复合地基中桩先发生破坏，而在填土路堤等刚度较小的基础下刚-柔性桩复合地基中可能桩间土先发生破坏。刚性基础下刚-柔性桩复合地基的承载力大于填土路堤等刚度较小的基础下刚-柔性桩复合地基的承载力。荷载水平相同时，刚性基础下刚-柔性桩复合地基的沉降小于填土路堤等刚度较小的基础下刚-柔性桩复合地基的沉降。

在刚性基础下的刚-柔性桩复合地基上设置褥垫层可以增加桩间土承担荷载的比例，较充分利用桩间土的承载潜能，提高地基承载力。通常采用100mm～300mm厚的碎石或砂石褥垫层。

在填土路堤和柔性面层堆场下的刚-柔性桩复合地基，应在复合地基上铺设刚度较好的褥垫层。褥垫层的铺设应利于防止桩体向上刺入，增加桩土应力比，充分利用桩体的承载潜能，减小沉降。一般可采用灰土褥垫层、土工格栅加筋碎石褥垫层等。在填土路堤和柔性面层堆场下，不设褥垫层的刚-柔性桩复合地基应慎用。

4 设　计

4.1 一般规定

4.1.1 刚-柔性桩复合地基中刚性桩除钢筋混凝土灌注桩、预制桩、预应力管桩、素混凝土桩外，还可采用钢管桩、大直径现浇混凝土筒桩等；柔性桩除水泥土搅拌桩和旋喷桩外，还可采用石灰桩、灰土桩和碎石桩等。采用其他类型的刚性桩和柔性桩，除应符合本规程规定外，尚应符合国家现行有关标准的规定。

4.1.2 对刚性桩来说，即使是非挤土型桩，当刚性桩桩距过小时，刚性桩之间的柔性桩不能有效发挥作用，而当刚性桩桩距过大时，又不符合刚性桩与柔性桩作为复合地基来工作的原理，故而对刚性桩的桩距进行限制。柔性桩除柱状加固外，也可采用壁状、格栅状等加固形式。

4.1.4 目前基础埋深对复合地基承载力的提高作用的机理研究尚不够深入，计算方法尚不成熟，因此，对复合地基，目前一般把复合地基承载力的基础宽度承载力修正系数取零，基础埋深的承载力修正系数取1.0。

基础埋深的承载力修正系数为1.0意味着当基础埋深增加时，基础底面标高处的基础两侧增加的超载而提高的承载力与由于基础范围内回填土增加的基础自重相等。

4.2 承载力

4.2.4 由于刚-柔性桩复合地基工作机理复杂，因此，其承载力可通过现场复合地基载荷试验来确定。在初步设计时，采用式（4.2.4）计算复合地基承载力时需要参照当地工程经验，选取适当的刚性桩承载力发挥系数 η_1、柔性桩承载力发挥系数 η_2 和桩间土承载力发挥系数 η_3。这三个承载力发挥系数的概念是，当复合地基加载至承载能力极限状态时，刚性桩、柔性桩及桩间土相对于其各自极限承载力的发挥程度，不能理解为工作荷载下三者的荷载分担比。

对刚性桩的承载力发挥系数 η_1、柔性桩的承载力发挥系数 η_2 和桩间土的承载力发挥系数 η_3 取值的主要影响因素有：基础刚度；刚性桩、柔性桩和桩间土三者间的模量比；刚性桩面积置换率和柔性桩面积置换率；刚性桩和柔性桩的长度；褥垫层厚度；场地土的分层及土的工程性质。

对刚性基础下刚-柔性桩复合地基，一般情况下，桩间土承载力发挥系数 η_3 小于柔性桩承载力发挥系数 η_2，柔性桩承载力发挥系数 η_2 小于刚性桩承载力发挥系数 η_1。刚性基础下刚-柔性桩复合地基中的刚性桩一般能够完全发挥其极限承载力，刚性桩承载力发挥系数 η_1 可近似取 1.0，柔性桩承载力发挥系数 η_2 可取 0.70～0.95，桩间土承载力发挥系数 η_3 可取 0.5～0.9。当褥垫层较厚时有利于发挥桩间土和柔性桩的承载力，故褥垫层厚度较大时承载力发挥系数可取较高值。当刚性桩面积置换率较小时，有利于发挥桩间土和柔性桩的承载力，桩间土承载力发挥系数 η_3 和柔性桩承载力发挥系数可取较高值。刚-柔性桩复合地基设计需要岩土工程师综合判断能力，注重概念设计。

对填土路堤和柔性面层堆场下的刚-柔性桩复合地基，一般情况下，桩间土承载力发挥系数 η_3 大于柔性桩承载力发挥系数 η_2，柔性桩承载力发挥系数 η_2 大于刚性桩承载力发挥系数 η_1。褥垫层刚度对桩的承载力发挥系数影响较大，若褥垫层能有效防止刚性桩过多刺入褥垫层，则刚性桩的承载力发挥系数 η_1 可取较高值，一般情况下应小于 1.0。对填土路堤和柔性面层堆场下的刚-柔性桩复合地基，除应满足式（4.2.4）外，尚应满足本规程第 4.2.5 条的要求。

4.3 沉　降

4.3.1 刚-柔性桩复合地基中，刚性桩长度一般大于柔性桩，因此，在附加应力影响深度范围内，由上至下分别为三个不同的压缩区域：刚性桩、柔性桩与土构成的复合土层；柔性桩桩端以下由刚性桩与土构成的复合土层；以及刚性桩桩端以下的天然土层。因此，刚-柔性桩复合地基沉降量相应地也分为三个部分来计算。

4.3.2、4.3.3 复合地基沉降量采用分层综合法计算时，主要作了两个假设：（1）刚-柔性桩复合地基中的附加应力分布计算采用均质土地基的计算方法，不考虑刚性桩、柔性桩的存在对附加应力分布的影响；（2）在复合地基产生沉降时，忽略刚性桩与土之间、柔性桩与土之间产生相对的滑移，采用复合压缩模量来考虑桩的作用。

上述假设带来的误差通过复合土层压缩计算经验系数来调整。在计算时，需要根据当地经验，选择适当的经验系数。

4.3.4 复合土层的复合压缩模量计算式是经验公式。在经验公式中，桩体采用弹性模量，土体采用压缩模量，通过面积比形成复合土层的复合压缩模量。其可能带来的误差也通过复合土层压缩量计算经验系数来调整。

4.4 褥 垫 层

4.4.1 对刚性基础下刚-柔性桩复合地基，当褥垫层厚度过小时，不利于桩间土承载力和柔性桩承载力的发挥；当褥垫层厚度过大时，既不利于刚性桩的承载力发挥，又增加成本。根据经验，建议褥垫层厚度采用100mm～300mm。

对填土路堤和柔性面层堆场下的刚-柔性桩复合地基，主要要求褥垫层能有效防止刚性桩过多刺入褥垫层，因此要求在砂石褥垫层中铺设土工合成材料，或采用灰土褥垫层。根据经验，建议褥垫层厚度采用上述范围的高值。

4.4.3 对填土路堤和柔性面层堆场下的刚-柔性桩复合地基需要在褥垫层中设置一层或多层水平加筋体，以协调桩与桩间土分担荷载。在褥垫层中设置加筋体可提高复合地基的稳定性。加筋体可采用高强度、低应变率、低徐变、耐久性好的土工合成材料。

4.4.4 规程规定褥垫层设置范围宜比基础外围每边大200mm～300mm，主要考虑当基础四周易因褥垫层过早向基础范围以外挤出而导致桩、土的承载力不能充分发挥。若基础侧面土质较好褥垫层设置范围可适当减小。也可在基础下四边设置围梁，防止褥垫层侧向挤出。

5 施　　工

5.1 施 工 准 备

5.1.3 对于常用的柔性桩——水泥土搅拌桩，国产搅拌头大都采用双层（或多层）十字杆型。这类搅拌头切削和搅拌加固软土十分合适，但对块径大于100mm的石块、树根和生活垃圾等大块物的切割能力较差，即使将搅拌头作了加固处理后已能穿过块石层，但施工效率较低，机械磨损严重。因此，施工时

应以挖除后再填素土为宜，增加的工程量不大，但施工效率却可大大提高。

5.1.4 为了确定刚性桩和柔性桩的施工参数及施工工艺，施工前应分别对刚性桩和柔性桩进行工艺性试桩，以充分了解场地的土层情况、施工设备性能、不同桩型的施工参数、施工质量的控制指标及合理优化的施工工艺等。必要时通过对工艺性试桩的现场检测，了解桩身质量和处理效果。

5.2 灌注桩施工

5.2.2 泥浆护壁成孔灌注桩清孔后要求测定的泥浆指标有三项，即相对密度、含砂率和黏度。它们是影响混凝土灌注桩质量的主要指标。

5.2.3 多年来对于桩底不同沉渣厚度的试桩结果表明，沉渣厚度大小不均影响端阻力的发挥，也影响侧阻力的发挥，刚柔性桩复合地基中的刚性桩一般均为摩擦桩，故在灌注混凝土之前孔底沉渣厚度指标控制为不应大于100mm。

5.2.4 水下灌注混凝土的细骨料宜选用中粗砂，是根据全国多数地区的使用经验和条件制订，少数地区若无中粗砂而选用其他砂时，可通过试验进行选定，也可用合格的石屑代替。

条文中规定了最小的埋管深度不宜小于2m，是为了防止导管拔出混凝土面造成断桩事故；但埋管也不宜太深，以免造成埋管事故，因此不宜大于6m。

5.2.5 长螺旋钻孔压灌桩成桩工艺是国内近年开发且使用较广的一种新工艺，适用于地下水位以上的黏性土、粉土、素填土、中等密实以上的砂土，属非挤土成桩工艺，该工艺有穿透力强、低噪声、无振动、无泥浆污染、施工效率高、质量稳定等特点。

长螺旋钻孔压灌桩成桩，应准确掌握提拔钻杆时间，钻至预定标高后，开始泵送混凝土，管内空气从排气阀排出，待钻杆内管及输送软、硬管内混凝土达到连续时提钻。若提钻时间较晚，在泵送压力下钻头处的水泥浆液被挤出，容易造成管路堵塞。应杜绝在泵送混凝土前提拔钻杆，以免造成桩端存在虚土或桩端混合料离析、端阻力减小。提拔钻杆中应连续泵料，特别是在饱和砂土、饱和粉土层中不得停泵待料，避免造成混凝土离析、桩身缩径和断桩，目前施工多采用商品混凝土或现场用两台0.5m³的强制式搅拌机拌制。

灌注桩后插钢筋笼工艺近年有较大发展，插笼深度提高到目前20m～30m，较好地解决了地下水位以下压灌桩的配筋问题。但后插钢筋笼的导向问题没有得到很好的解决，施工时应注意根据具体条件采取综合措施控制钢筋笼的垂直度和保护层有效厚度。

5.3 预制桩施工

5.3.2 沉桩顺序是沉桩施工方案的一项重要内容。

以往施工单位不注意合理安排沉桩顺序造成事故的事例很多，如桩位偏移、桩体上涌、地面隆起过多、建筑物破坏等。

5.3.3 本条所规定的停止锤击的控制原则适用于一般情况，实践中也存在某些特例。如软土中的密集桩群，由于大量桩沉入土中产生挤土效应，对后续桩的沉桩带来困难，如坚持按设计标高控制很难实现。按贯入度控制的桩，有时也会出现满足不了设计要求的情况。对于重要建筑，强调贯入度和桩端标高均达到设计要求，即实行双控是必要的。因此确定停锤标准是较复杂的，宜借鉴经验与通过静载试验综合确定停锤标准。贯入度应通过工艺性试桩确定。

5.3.10 本条列出的一些减少打桩对邻近建筑物影响的措施是对多年实践经验的总结。如某工程，未采取任何措施沉桩地面隆起达 15cm～50cm，采用预钻孔措施地面隆起即降为 2cm～10cm。控制打桩速率减少挤土隆起也是有效措施之一。对于经检测确有桩体上涌的情况，应实施复打。具体用哪一种措施要根据工程实际条件综合分析确定，有时可同时采用几种措施。即使采取了措施，也应加强监测。

5.4 柔性桩施工

5.4.2 水泥土搅拌机施工时，搅拌次数越多，则拌合越为均匀，水泥土强度也越高，但施工效率就降低。试验证明，当加固范围内土体任一点的水泥土经过 20 次的拌合，其强度即可达到较高值。

根据实际施工经验，搅拌法在施工到顶端 0.3m～0.5m 范围时，因上覆土压力较小，搅拌质量较差。因此，其场地整平标高应比设计确定的基底标高再高出 0.3m～0.5m，桩制作时仍施工到地面，待开挖基坑时，再将上部 0.3m～0.5m 的桩身质量较差的桩段挖去。

根据现场实践表明，当搅拌桩作为承重桩进行基坑开挖时，桩顶和桩身已有一定的强度，若用机械开挖基坑，往往容易碰撞损坏桩顶，因此基底标高以上 0.3m 宜采用人工开挖，以保护桩头质量。

制桩质量的优劣直接关系到地基处理的加固效果。其中的关键是注浆量、注浆与搅拌的均匀程度。因此，施工中应严格控制喷浆提升速度和搅拌次数，其关键点是必须确保全桩长重复搅拌一次。

5.4.3 由于高压喷射注浆的压力与处理地基的效果有关，压力愈大，处理效果愈好。根据国内实际工程中应用实例，单管法、双管法和三管法的高压水泥浆液流或高压水射流的压力宜大于 20MPa，气流的压力以空气压缩机的最大压力为限，通常在 0.7MPa 左右，低压水泥浆的灌注压力通常在 (1.0～2.0) MPa 左右，提升速度为 (0.05～0.25) m/min，旋转速度可取 (10～20) r/min。

水泥浆液的水灰比越小，高压喷射注浆处理地基的强度越高。在生产中因注浆设备的原因，水灰比太小时，喷射有困难，故水灰比通常取 0.8～1.5，生产实践中常用 1.0。

在不改变喷射参数的条件下，对同一标高的土层作重复喷射时，能加大有效加固长度和提高固结体强度。这是一种局部获得较大旋喷直径或定喷、摆喷范围的简易有效方法。复喷的方法根据工程要求决定。在实际工程中，旋喷桩通常在底部和顶部进行复喷，以增大承载力和确保处理质量。

当喷射注浆过程中出现下列异常情况时，需查明原因并采取相应措施：

1 流量不变而压力突然下降时，应检查各部位的泄露情况，必要时拔出注浆管，检查密封性能。

2 出现不冒浆或断续冒浆时，若系土质松软则视为正常现象，可适当进行复喷；若系附近有空洞、通道，则应不断提升注浆管继续注浆直至冒浆为止或拔出注浆管待浆液固定后重新注浆。

3 压力稍有下降时，可能系注浆管被击穿或有孔洞，使喷射能力降低，此时应拔出注浆管进行检查。

4 压力陡增超过最高限值、流量为零、停机后压力仍不变动时，则可能是喷嘴堵塞，应拔管疏通喷嘴。

当高压喷射注浆完毕后，或在喷射注浆过程中因故中断，短时间（大于或等于浆液初凝时间）内不能继续喷射时，均应立即拔出注浆管清洗备用，以防浆液凝固后拔不出管来。

为防止因浆液凝固收缩，产生加固地基与建筑基础不密贴或脱空现象，可采取超高喷射（旋喷处理地基的顶面超过建筑基础底面，其超高量大于收缩高度）、回灌冒浆或二次注浆等措施。

5.5 褥垫层施工

5.5.1 在基坑开挖时，搅拌桩或旋喷桩桩身水泥土已有一定的强度，若采用机械开挖基坑，往往容易碰撞损坏柔性桩和刚性桩的桩顶，因此基础埋深较浅时宜采用人工开挖，基础埋深较深时，可先采用机械开挖，并严格均衡开挖，留一定深度采用人工开挖，以保护桩头质量。

5.5.2 褥垫层材料多为中砂、粗砂、级配良好的砂石等，最大粒径不宜大于 20mm，不宜选用卵石。当基础底面桩间土含水量较大时，应进行试验确定是否采用动力夯实法，避免桩间土承载力降低，出现"弹簧土"现象。对较干的砂石材料，虚铺后可适当洒水再进行碾压或夯实。

6 质 量 检 测

6.0.1 钻孔灌注桩混凝土浇筑后需要 28d 才达到龄

期；预制桩施工后桩周土体受到挤压扰动，土体中会产生较大的超孔隙水压力，并出现土体隆起现象。地基土体中超孔隙水压力消散或土体重新固结均需要一定的期限，土体重新固结后桩的承载力更接近实际的承载力。水泥土搅拌桩或旋喷桩水泥土强度要在 90d 才达到龄期。综合考虑刚-柔性桩复合地基质量检测宜在地基施工结束 28d 后进行。对水泥土强度可由不同龄期的强度推算 90d 龄期的强度。

6.0.2 对于不同的检测方法，检测数量可有所差别，当采用低应变法时，抽检数量不宜少于总桩数的 30%；当采用钻芯法或声波透射法时，抽检数量不宜少于总桩数的 10%。设计单位可根据当地地质情况和桩的施工质量可靠性等确定检测数量。抽样检测的受检桩宜选择有代表性的桩、施工质量有疑问的桩、设计方认为重要的桩、局部地质条件出现异常的桩。

6.0.3 采用浅部开挖桩头法时，深度宜超过停浆面下 0.5m，检查数量宜为总桩数的 5%；采用钻芯法时，检查数量宜为总桩数的 0.5%，且不少于 3 根。

6.0.7 刚-柔性桩复合地基载荷试验用于测定载荷板下复合地基承载力和影响范围内复合土层的变形参数。复合地基载荷试验载荷板应具有足够刚度，必须核算其抗弯刚度和抗剪强度。载荷板可采用钢板或钢筋混凝土板，载荷板形状可采用方形、矩形或菱形。载荷试验所用载荷板的面积必须与受检测桩承担的处理面积相同。载荷板的安装就位必须准确，应与复合地基的承载重心保持一致。当 3 个试验点的承载力值极差不大于 30% 时，取其平均值作为复合地基承载力。极差超过平均值的 30% 时，宜增加载荷试验数量并分析极差过大的原因，结合工程具体情况确定极限承载力。

在基槽开挖后短时期内不宜开展载荷试验，待扰动土恢复强度后再进行载荷试验；试验前不宜使基底土曝晒，采取措施防止地基土含水量发生变化。刚-柔性桩复合地基载荷试验时褥垫层宜采取适宜的侧向约束措施，加载前褥垫层宜进行预压。

刚-柔性桩复合地基载荷试验可参照《建筑地基处理技术规范》JGJ 79 - 2002 执行。

中华人民共和国行业标准

现浇混凝土大直径管桩复合地基技术规程

Technical specification for composite foundation of cast-in-place
concrete large-diameter pipe pile

JGJ/T 213—2010

批准部门：中华人民共和国住房和城乡建设部
施行日期：２０１１年３月１日

中华人民共和国住房和城乡建设部
公 告

第 704 号

关于发布行业标准《现浇混凝土
大直径管桩复合地基技术规程》的公告

现批准《现浇混凝土大直径管桩复合地基技术规程》为行业标准，编号为 JGJ/T 213 - 2010，自 2011 年 3 月 1 日起实施。

本规程由我部标准定额研究所组织中国建筑工业出版社出版发行。

中华人民共和国住房和城乡建设部

2010 年 7 月 23 日

前 言

根据住房和城乡建设部《关于印发〈2009 年工程建设标准规范制订、修订计划〉的通知》（建标[2009] 88 号）的要求，规程编制组经广泛调查研究，认真总结实践经验，参考有关国际标准和国外先进标准，并在广泛征求意见的基础上，制定本规程。

本规程的主要技术内容是：总则、术语和符号、设计、施工、检查与验收等。

本规程由住房和城乡建设部负责管理，由河海大学负责具体技术内容的解释。执行过程中如有意见或建议，请寄送至河海大学岩土工程研究所（地址：江苏省南京市西康路 1 号；邮编：210098）。

本 规 程 主 编 单 位：河海大学
江苏弘盛建设工程集团有限公司

本 规 程 参 编 单 位：中国建筑科学研究院
中铁第四勘察设计院集团有限公司
中交第一公路勘察设计研究院有限公司

中交第二公路勘察设计研究院有限公司
中交一公局第三工程有限公司
江苏省建筑科学研究院
上海市政工程设计研究院
湖南大学
同济大学
合肥工业大学

本规程主要起草人员：刘汉龙 钱力航 丁选明
顾湘生 胡明亮 吴万平
张留俊 马晓辉 李 文
孙宏林 杨成斌 温学钧
赵明华 高广运 师永生
陈育民 赵慧君 秦 波

本规程主要审查人员：王梦恕 张 炜 吴连海
周国钧 杨 挺 李 健
缪俊发 葛兴杰 孙俊康
廖红建 唐建华

目　次

Contents

1 总　则

1.0.1 为了在现浇混凝土大直径管桩复合地基的设计与施工中做到安全适用、经济合理、确保质量、保护环境、技术先进，制定本规程。

1.0.2 本规程适用于建筑、市政工程软土地基处理中桩径为 1000mm～1250mm 的现浇混凝土大直径管桩复合地基的设计、施工和质量检验。

1.0.3 现浇混凝土大直径管桩复合地基设计应综合分析地基土层性质、地下水埋藏条件、上部结构类型、使用功能、荷载特征和施工技术等因素，并应重视地方经验，因地制宜，优化布桩，节约资源。

1.0.4 现浇混凝土大直径管桩复合地基的设计、施工和质量检验除应符合本规程外，尚应符合国家现行有关标准的规定。

2　术语和符号

2.1　术　语

2.1.1 现浇混凝土大直径管桩　cast-in-place concrete large-diameter pipe pile

简称 PCC 桩，采用专用施工机械将内外双层套管所形成的空心圆柱腔体在活瓣桩靴的保护下沉入地基，到达设计深度后，在腔体内灌注混凝土，然后分段振动拔管，在桩芯土体与外部土体之间形成的管桩。

2.1.2 复合地基　composite foundation

天然地基的部分土体被增强或被置换后形成的由增强体和地基土共同承担荷载的人工地基。

2.1.3 地基承载力特征值　characteristic value of subgrade bearing capacity

指由载荷试验测定的地基土压力变形曲线线性变形段内规定的变形所对应的压力值，其最大值为比例界限值。

2.1.4 褥垫层　cushion

指设置于基础和复合地基之间用以调整桩土应力比、减小桩土不均匀沉降的传力层。

2.2　符　号

2.2.1 作用和作用效应

p_0——对应于荷载效应准永久组合时的基础底面处的附加压力；

s——复合地基沉降；

s_1——加固层沉降；

s_2——下卧层沉降。

2.2.2 抗力和材料性能

e——孔隙比；

E_{si}——基础底面下第 i 层天然地基土的压缩模量；

f_{ak}——基础底面下天然地基土承载力特征值；

f_c——混凝土轴心抗压强度设计值；

f_{sk}——处理后的桩间土承载力特征值；

f_{spk}——复合地基竖向承载力特征值；

q_{pk}——桩端极限端阻力标准值；

q_{sik}——桩周第 i 层土的极限侧阻力标准值；

Q_{uk}——单桩竖向极限承载力标准值；

R_a——单桩竖向承载力特征值。

2.2.3 几何参数

A_e——一根桩分担的处理地基等效面积；

A_p——桩的横截面面积，指包括桩芯土在内的桩横截面面积；

A'_p——桩的管壁横截面面积；

d——桩身外径；

d_e——一根桩分担的处理地基面积的等效圆直径；

D——桩间距；

D_1——纵向桩间距；

D_2——横向桩间距；

l——桩长；

m——面积置换率；

n——桩长范围内所划分的土层数；

t——桩壁厚度；

u——桩身外周长。

2.2.4 计算参数

β——桩间土的承载力折减系数；

ψ_s——沉降计算经验系数；

ψ_c——桩工作条件系数；

ξ_p——桩端阻力修正系数；

ξ_s——桩间土应力折减系数。

3　设　计

3.1　一　般　规　定

3.1.1 现浇混凝土大直径管桩复合地基可适用于处理黏性土、粉土、淤泥质土、松散或稍密砂土及素填土等地基，现浇混凝土大直径管桩复合地基处理深度不宜大于 25m。对于十字板抗剪强度小于 10kPa 的软土以及斜坡上软土地基，应根据地区经验或现场试验确定其适用性。

3.1.2 现浇混凝土大直径管桩复合地基的设计应具备下列基本资料：

1 岩土工程勘察资料

应进行工程地质勘察并提供勘察报告，内容应包括：

1）场地钻孔位置图、地质剖面图；若有填土，应明确填土材料的成分、粒径组成、有机质含量、厚度及填筑时间；

2）各层土物理力学指标、承载力特征值和孔隙比-压力（e-p）曲线；

3）标准贯入试验、静力或动力触探试验等原位测试资料；

4）各土层桩端阻力、桩侧阻力特征值；

5）对于软土，应用十字板剪切试验测定土体的不排水抗剪强度；

6）水文地质资料，应包括地下水类型、水位、腐蚀性等，并应提供防治措施建议；

7）拟建场地的抗震设计条件，应包括建筑场地类别、地基土有无液化的判定等；

8）特殊岩土层的性质、分布，并应评价其对现浇混凝土大直径管桩的影响程度。

2 工程场地与环境条件资料

1）工程场地的现状平面图，应包括交通设施、高压架空线、地下管线和地下构筑物的分布；

2）相邻建筑物安全等级、基础形式及埋置深度；

3）水、电及有关建筑材料的供应条件；

4）周围建筑物的防振、防噪声的要求。

3 建设工程资料

1）工程总平面布置图；

2）工程基础平面图和剖面图；

3）设计要求的承载力和变形控制值；

4）对应于荷载效应标准组合时的基底压力和对应于荷载效应准永久组合时的基底压力。

4 施工条件资料

1）施工机械设备条件；

2）现浇混凝土大直径管桩场地施工条件。

3.1.3 现浇混凝土大直径管桩复合地基设计应进行下列计算和验算：

1 复合地基承载力计算；

2 复合地基沉降计算；

3 复合地基软弱下卧层承载力和沉降验算；

4 桩身强度验算。

3.1.4 特殊条件下的现浇混凝土大直径管桩设计原则应符合下列规定：

1 软土中的现浇混凝土大直径管桩宜选择中、低压缩性土层作为桩端持力层；

2 软土中现浇混凝土大直径管桩设计时，应采取技术措施，减小挤土效应对成桩质量、邻近建筑物、道路、地下管线和基坑边坡等产生的不利影响；

3 对建于坡地岸边的现浇混凝土大直径管桩复合地基，不得将现浇混凝土大直径管桩支承于边坡潜在的滑动体上；桩端进入潜在滑裂面以下稳定土层内的深度应能保证桩基的稳定；

4 现浇混凝土大直径管桩复合地基与边坡应保持一定的水平距离；建筑场地内的边坡必须是完全稳定的边坡，当有崩塌、滑坡等不良地质现象存在时，应按现行国家标准《建筑边坡工程技术规范》GB 50330 的规定进行整治，确保其稳定性；

5 新建坡地、岸边建筑现浇混凝土大直径管桩复合地基工程应与建筑边坡工程统一规划，同步设计，合理确定施工顺序；

6 对建于坡地岸边的现浇混凝土大直径管桩复合地基，应验算其在最不利荷载效应组合下的整体稳定性和水平承载力。

3.2 材 料

3.2.1 现浇混凝土大直径管桩所用的混凝土强度等级不宜低于 C15。混凝土的粗骨料粒径不宜大于 25mm。

3.2.2 现浇混凝土大直径管桩桩顶褥垫层宜采用无机结合料稳定材料、级配砂石等材料，级配砂石最大粒径不宜大于 50mm。加筋材料可选用土工格栅、土工编织物等，其抗拉强度不宜小于 50kN/m，延伸率应小于 10%。

3.2.3 现浇混凝土大直径管桩桩顶封口材料应采用与桩身强度等级相同的混凝土。

3.3 现浇混凝土大直径管桩复合地基构造

3.3.1 现浇混凝土大直径管桩外径和壁厚应符合下列规定：

1 现浇混凝土大直径管桩的外径宜为 1000mm、1250mm，并且不应小于 1000mm；

2 对于外径为 1000mm 的现浇混凝土大直径管桩，壁厚不宜小于 120mm；对于外径为 1250mm 的现浇混凝土大直径管桩，壁厚不宜小于 150mm。

3.3.2 桩顶和基础之间应设置褥垫层，褥垫层的厚度应根据桩顶荷载、桩距及桩间土的承载力性质综合确定，宜取 300mm～500mm，当桩距较大时褥垫层厚度宜取高值。褥垫层应铺设加筋材料 1～2 层。当褥垫层厚度为低值时取 1 层，为高值时取 2 层，且宜按每 200mm 铺设一层加筋材料。

3.4 现浇混凝土大直径管桩复合地基设计计算

3.4.1 现浇混凝土大直径管桩宜在复合地基加固场地边线内布桩，也可在加固场地外设置护桩。加固场地边线到加固区边桩轴线最小距离不应小于 1 倍桩径。

3.4.2 现浇混凝土大直径管桩的间距应根据地基土性质、复合地基承载力、上部结构构造要求及施工工艺等确定，宜取 2.5～4 倍桩径，桩径大时宜取小值。

3.4.3 现浇混凝土大直径管桩复合地基竖向承载力特征值应通过现场单桩复合地基载荷试验确定，初步设计时也可按下列公式估算：

$$f_{spk} = m\frac{R_a}{A_p} + \beta(1-m)f_{sk} \quad (3.4.3-1)$$

$$m = d^2/d_e^2 \quad (3.4.3-2)$$

式中：f_{spk}——复合地基竖向承载力特征值（kPa）；

m——桩土面积置换率；

d——桩身外直径（m）；

d_e——一根桩分担的处理地基面积的等效圆直径（m），按等边三角形布桩时，d_e可按 $1.05D$ 取值；按正方形布桩时，d_e可按 $1.13D$ 取值；按矩形布桩时，d_e可按 $1.13\sqrt{D_1 D_2}$ 取值；D、D_1、D_2分别为桩间距、纵向桩间距和横向桩间距（m）；

R_a——单桩竖向承载力特征值（kN）；

A_p——包括桩芯土在内的桩横截面面积（m²）；

β——桩间土承载力折减系数，宜按地区经验取值，如无经验时可取 $0.75 \sim 0.95$，天然地基承载力高时宜取大值；

f_{sk}——处理后桩间土承载力特征值（kPa），宜按当地经验取值，如无经验时，可取天然地基承载力特征值。

3.4.4 现浇混凝土大直径管桩单桩竖向承载力特征值 R_a 的取值，应符合下列规定：

1 当有单桩静载荷试验值时，应按单桩竖向极限承载力的 50% 取值；

2 当无单桩载荷试验资料时，对于初步设计可按下式估算：

$$R_a = \frac{1}{K}Q_{uk} \quad (3.4.4)$$

式中：Q_{uk}——单桩竖向极限承载力标准值（kN）；

K——安全系数，取 $K=2$。

3.4.5 现浇混凝土大直径管桩单桩竖向极限承载力标准值 Q_{uk} 可按下式计算：

$$Q_{uk} = u\sum_{i=1}^{n} q_{sik}l_i + \xi_p q_{pk}A_p \quad (3.4.5)$$

式中：u——桩身外周长（m）；

n——桩长范围内所划分的土层数；

ξ_p——端阻力修正系数，与持力层厚度、土的性质、桩长和桩径等因素有关，可取 $0.65 \sim 0.90$，桩端土为高压缩性土时取低值，低压缩性土时取高值；

q_{sik}——桩侧第 i 层土的极限侧阻力标准值（kPa）；当无当地经验时，可按现行行业标准《建筑桩基技术规范》JGJ 94 的规定取值；

q_{pk}——极限端阻力标准值（kPa）；当无当地经验时，可按现行行业标准《建筑桩基技

术规范》JGJ 94 的规定取值；

l_i——桩穿过第 i 层土的厚度（m）。

3.4.6 桩身混凝土强度验算应符合下式规定：

$$R_a \leqslant \psi_c A_p' f_c \quad (3.4.6)$$

式中：f_c——混凝土轴心抗压强度设计值（kPa），按现行国家标准《混凝土结构设计规范》GB 50010 的规定取值；

ψ_c——桩工作条件系数，取 $0.6 \sim 0.8$；

A_p'——桩管壁横截面面积（m²）。

3.4.7 现浇混凝土大直径管桩复合地基的最终沉降量应按下列公式计算：

$$s = s_1 + s_2 \quad (3.4.7-1)$$

$$s_1 = \psi_s s_1' = \psi_s \sum_{i=1}^{n} \frac{p_0}{\xi E_{si}}(z_i \bar{a}_i - z_{i-1}\bar{a}_{i-1}) \quad (3.4.7-2)$$

$$\xi = \frac{f_{spk}}{f_{ak}} \quad (3.4.7-3)$$

$$\overline{E}_s = \frac{\sum A_i}{\sum \dfrac{A_i}{\xi E_{si}}} \quad (3.4.7-4)$$

式中：s_1——现浇混凝土大直径管桩处理深度内复合加固层的沉降量（mm）；

s_2——下卧层的沉降量（mm），可采用分层总和法计算，作用在下卧层土体上的荷载应按现行国家标准《建筑地基基础设计规范》GB 50007 的规定计算；

s_1'——按分层总和法计算的复合加固层沉降量（mm）；

ψ_s——沉降计算经验系数，根据地区沉降观测资料及经验确定；无地区经验时可按表 3.4.7 的规定取用；

p_0——对应于荷载效应准永久组合时的基础底面处的附加压力（kPa）；

z_i、z_{i-1}——基础底面计算点至第 i 层土、第 $i-1$ 层土底面的距离（m）；

$\bar{a}_i$、$\bar{a}_{i-1}$——基础底面计算点至第 i 层土、第 $i-1$ 层土底面范围内平均附加应力系数，可按现行国家标准《建筑地基基础设计规范》GB 50007 的规定取值；

E_{si}——基础底面下第 i 层天然地基的压缩模量（MPa）；

ξ——基础底面下地基压缩模量提高系数；

f_{ak}——基础底面下天然地基承载力特征值（kPa）；

$\overline{E}_s$——沉降计算深度范围内压缩模量的当量值（MPa）；

A_i——第 i 层土附加应力系数沿土层厚度的积分值（m）。

表 3.4.7 沉降计算经验系数 ψ_s

$\overline{E}_s$ (MPa) 基底附加压力	2.5	4.0	7.0	15.0	20.0
$0.75 f_{ak} < p_0 \leq f_{ak}$	1.4	1.3	1.0	0.4	0.2
$p_0 \leq 0.75 f_{ak}$	1.1	1.0	0.7	0.4	0.2

3.4.8 地基沉降计算深度应大于复合土层的厚度，并应符合现行国家标准《建筑地基基础设计规范》GB 50007 关于地基沉降计算深度的有关规定。

3.4.9 当地基受力层范围内有软弱下卧层时，应按现行国家标准《建筑地基基础设计规范》GB 50007 的规定验算下卧层承载力。

4 施 工

4.1 施 工 准 备

4.1.1 现浇混凝土大直径管桩施工前应具备下列技术资料：

　　1 建筑场地的岩土工程勘察报告；

　　2 工程施工图设计文件；

　　3 建筑场地和相邻区域内的建筑物、道路、地下管线和架空线路等相关资料。

4.1.2 现浇混凝土大直径管桩施工准备应符合下列规定：

　　1 应进行工程施工图会审，并应进行设计交底；

　　2 应编制基桩工程施工组织设计或专项施工方案，并应经审核确认；

　　3 应向基桩施工操作人员进行施工技术安全交底；

　　4 施工场地应平整，地面承载力应满足桩机进场施工的条件；

　　5 地下和空中的障碍物应进行处理，施工场地及周边排水应保持通畅。

4.1.3 现浇混凝土大直径管桩工程的专项施工方案或施工组织设计应包括下列技术内容：

　　1 工程概况；

　　2 场地岩土特性及成桩条件分析；

　　3 施工总体部署及桩机的选择；

　　4 施工操作工艺要点；

　　5 施工质量、安全、环境保护的控制措施；

　　6 季节性施工措施；

　　7 桩机安装、拆除技术要求及安全措施；

　　8 施工场地及相邻既有建（构）筑物的防护、隔振措施；

　　9 应急预案。

4.1.4 工程施工前应按下列要求进行施工工艺参数试验：

　　1 应根据设计要求的数量、位置打试桩，进行施工工艺参数试验；

　　2 试桩的规格、长度应符合设计要求，应具有该场地的代表性，试验桩与工程桩的施工工艺条件应一致；

　　3 应根据试桩的参数优化设计，并应根据试桩的结果调整施工方案或施工组织设计。

4.1.5 施工机械的选择应符合下列规定：

　　1 应根据设计要求或试桩的资料选择施工机械；

　　2 施工机械选定后应核实现场地基承载能力是否满足打桩的施工要求，如不满足应预先采取相应处理措施。

4.1.6 现浇混凝土大直径管桩施工过程中应对场地地质状况进行复查，发现实际地质状况与勘察报告不符、影响继续施工时应进行施工地质补充勘察。

4.2 现浇混凝土大直径管桩施工

4.2.1 现浇混凝土大直径管桩的施工工艺流程（图4.2.1）应包括场地平整、桩机就位、振动沉管、沉管腔内灌注混凝土、振动上拔成桩等步骤。

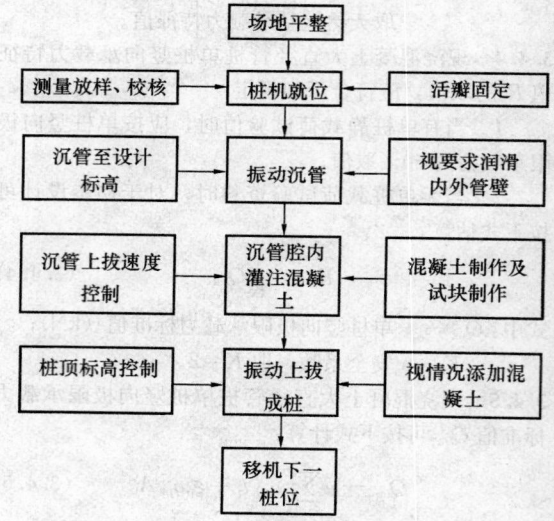

图 4.2.1 现浇混凝土大直径
管桩施工工艺流程

4.2.2 沉桩顺序应尽量减少挤土效应及其对周围环境的影响，宜符合下列规定：

　　1 如桩布置较密集且离建（构）筑物较远，施工场地开阔，打桩顺序宜从施工场地中间开始向外进行；

　　2 如桩布置较密集且场地较长，打桩顺序宜从施工场地中间开始向两端进行；

　　3 如桩较密集且一侧靠近建（构）筑物，打桩顺序宜从靠建（构）筑物一侧开始向另一侧进行；

4 宜先施工长桩，后施工短桩；先施工大直径桩，后施工小直径桩；

5 靠近边坡的地段，应从靠边坡向远离边坡方向进行；

6 在进行较密集的群桩施工时，可采用跳打、控制打桩速率、优选打桩顺序等措施。

4.2.3 现浇混凝土大直径管桩成孔应符合下列规定：

1 沉管时应保证机架底盘水平、机架垂直，垂直度允许偏差应为 1%；

2 在打桩过程中如发现有地下障碍物应及时清除；

3 在淤泥质土及地下水丰富区域施工时，第一次沉管至设计标高后应测量管腔孔底有无地下水或泥浆进入；如有地下水或泥浆进入，则在每次沉管前应先在管腔内灌入高度不小于 1m 的、与桩身同强度的混凝土，应防止沉管过程中地下水或泥浆进入管腔内；

4 沉管桩靴宜采用活瓣式，且成孔器与桩靴应密封；

5 应严格控制沉管最后 30s 的电流、电压值，其值应根据试桩参数确定；

6 沉管管壁上应有明显的长度标记；

7 沉管下沉速度不应大于 2m/min。

4.2.4 在沉管过程中遇局部硬土夹层时，可通过造浆器向内外套管底端压入泥浆进行润滑。

4.2.5 现浇混凝土大直径管桩终止成孔的控制应符合下列规定：

1 桩端位于坚硬、硬塑的黏性土、砾石土、中密以上的砂土或风化岩等土层时，应以贯入度控制为主，桩端设计标高控制为辅；

2 桩端位于软土层时，应以桩端设计标高控制为主；

3 桩端标高未达到设计要求时，应连续激振 3 阵，每阵持续 1min，并应根据其平均贯入度大小确定。

4.2.6 桩身混凝土灌注应符合下列规定：

1 沉管至设计标高后应及时浇灌混凝土，应尽量缩短间歇时间；

2 混凝土制作、用料标准应符合国家现行有关标准的要求。混凝土施工配合比应由试验室根据试验确定。现场搅拌混凝土坍落度宜为 8cm～12cm，如采用商品混凝土，非泵送时坍落度宜为 8cm～12cm，泵送时坍落度宜为 16cm～20cm；

3 混凝土灌注应连续进行，实际灌注量的充盈系数不应小于 1.1；

4 混凝土灌注高度应高于桩顶设计标高 50cm。

4.2.7 振动上拔成桩应符合下列规定：

1 为保证桩顶及其下部混凝土强度，在软弱土层内的拔管速度宜为 (0.6～0.8)m/min；在松散或稍密砂土层内宜为 (1.0～1.2)m/min；在软硬交替处，拔管速度不宜大于 1.0m/min，并在该位置停拔留振 10s；

2 管腔内灌满混凝土后，应先振动 10s，再开始拔管，应边振边拔，每拔 1m 应停拔并振动 5s～10s，如此反复，直至沉管全部拔出；

3 在拔管过程中应根据土层的实际情况二次添加混凝土，以满足桩顶混凝土标高要求；

4 距离桩顶 5.0m 时宜一次性成桩，不宜停拔。

4.2.8 当桩身混凝土灌注结束 24h 后，应及时开挖桩顶部的桩芯土，开挖深度从桩顶算起宜为 50cm；待低应变检测和桩芯开挖检测桩身混凝土质量且达到要求后，应灌注与桩身同强度等级的素混凝土封顶。

4.2.9 在施工过程中应按本规程附录 A 表 A 的要求作好记录，及时汇总并办理验交、签证等手续。

4.2.10 施工安全生产应符合国家现行有关安全生产标准的规定，并应符合下列规定：

1 机械设备安装、拆除应由专业人员担任，并应按住房和城乡建设部特种作业人员考核管理规定考核合格，持证上岗；

2 沉桩施工中应防止因过载造成成桩机倾斜；

3 桩机在移位行走时，非操作人员不得靠近；

4 雨、雪、雾天气应停止施工，雨、雪后施工应排除积水或扫除积雪；

5 六级及以上大风天气应停止施工。

5 检查与验收

5.1 成桩质量检查

5.1.1 现浇混凝土大直径管桩成桩质量检查应包括成孔、混凝土拌制及灌注等过程的检查，并应按下列规定填写质量检查记录：

1 混凝土拌制应对原材料质量和计量、混凝土配合比、坍落度、混凝土强度等级进行检查；

2 沉管前应检查桩位的放样偏差；

3 沉管前应检查沉管的垂直度，沉管终孔前应检查最后 30s 的电流、电压值；

4 混凝土灌注前应对成孔垂直度、孔深、孔底泥浆情况进行检查；

5 应检查混凝土灌注量及充盈系数、桩顶标高和振动拔管速度。

5.1.2 现浇混凝土大直径管桩桩顶标高、桩长、桩位、垂直度偏差、混凝土充盈系数、混凝土强度、拔管速度等应按表 5.1.2 的规定进行检查，并应按本规程附录 B 表 B 的要求作好记录。

表 5.1.2 现浇混凝土大直径管桩
成桩质量检查标准

序	检查项目		允许偏差或允许值	检查方法
1	桩长		+300mm 0mm	测桩管长度，查施工记录
2	混凝土强度		设计要求	试块报告或切割取样送检
3	混凝土充盈系数		≥1.1	检查每根桩的实际灌注量记录
4	桩位		±200mm	开挖后尺量检查
5	垂直度		<1%	经纬仪或线锤测桩管垂直度
6	桩顶标高		+30mm -50mm	水准仪检查，需扣除桩顶浮浆层及劣质桩体
7	拔管速度	软弱土层	0.8m/min 0.6m/min	测量机头上升距离和时间
		其他土层	1.2m/min 1.0m/min	

5.1.3 每个台班应留置不少于 3 组混凝土试块。

5.2 桩身质量检测

5.2.1 应在成桩 14d 后开挖桩芯土，观察桩体成形质量和量测壁厚，开挖深度不宜小于 3m。检测数量宜为总桩数的 0.2%～0.5%，且每个单项工程不得少于 3 根。

5.2.2 桩身混凝土达到龄期后，宜采用低应变法检测桩身混凝土质量，检测数量不得少于总桩数的 10%；对设计等级为甲级或地质条件复杂、成桩质量可靠性较低的工程桩，抽检数量不得少于总桩数的 20%。

5.2.3 对于一般工程的工程桩，可在成桩 28d 后进行单桩静载荷试验；对于地质条件复杂、成桩质量可靠性低的工程桩，应采用单桩和单桩复合地基静载荷试验方法分别进行检测。检测数量宜为总桩数的 0.2%～0.5%，且每单项工程不得少于 3 根。

5.2.4 现浇混凝土大直径管桩的桩身质量检测标准

应符合表 5.2.4 的规定，并应按本规程附录 B 表 B 的要求作好记录。

表 5.2.4 现浇混凝土大直径管桩
桩身质量检测标准

序	检测项目	允许偏差或允许值	检测方法
1	桩体质量检测	Ⅰ、Ⅱ类桩，无Ⅳ类桩	低应变检测
2	承载力	设计要求	载荷试验
3	桩径	+30mm -10mm	开挖后实测桩头直径
4	壁厚	+30mm -10mm	开挖后尺量检测，每个桩头测三点取平均值

注：Ⅰ、Ⅱ、Ⅲ、Ⅳ类桩的判定应按现行行业标准《建筑基桩检测技术规范》JGJ 106 的规定执行。

5.3 工程质量验收

5.3.1 当桩顶设计标高与施工场地标高相近时，桩基工程验收应在施工完毕后进行；当桩顶设计标高低于施工场地标高时，桩基工程验收应在开挖至设计标高后进行。

5.3.2 现浇混凝土大直径管桩验收应在施工单位自检合格的基础上进行，并应具备下列验收资料：

　　1 岩土工程勘察报告、桩基施工图、图纸会审及设计交底纪要、设计变更等；

　　2 原材料的质量合格证和复验报告；

　　3 桩位测量放线图，包括工程桩位线复核签证单；

　　4 混凝土质量检验报告；

　　5 施工记录及检验记录；

　　6 桩体质量检测报告；

　　7 复合地基或单桩承载力检测报告；

　　8 基础开挖至设计标高的桩壁厚和成型情况检查记录、基桩竣工平面图；

　　9 工程质量事故及事故调查处理资料。

5.3.3 现浇混凝土大直径管桩分项工程质量验收合格的条件应符合下列规定：

　　1 原材料质量应合格；

　　2 各检验批工程质量验收应合格；

　　3 应有完整的质量验收文件；

　　4 低应变检测结果应合格，复合地基或单桩承载力检测结果应符合设计要求。

附录 A 现浇混凝土大直径管桩施工原始记录表

表 A 现浇混凝土大直径管桩施工原始记录表

承包单位：_____　　　　监理单位：_____

合　同　号：_____　　　　编　　　号：_____

单位工程			分项工程		施工日期		
分部工程			桩号部位		记录日期		
地面标高（m）		桩机类型		设计桩长（m）		设计桩径（mm）	
设计混凝土强度等级		坍落度（mm）		设计壁厚（mm）			
桩编号							
沉管时间（h：min）	开始						
	间休						
	结束						
	总计						
最后贯入度（mm/min）							
最后电流（A）							
施工桩长（m）							
灌注混凝土数量（m³）	第一次						
	加灌						
	总计						
拔管时间（h：min）	开始						
	间休						
	结束						
	总计						
桩顶距地面距离（m）							
桩倾斜度（°）							
充盈系数							
桩中心偏差（mm）							
现场监理日期		施工负责日期		记录员日期		质检员日期	

附录 B 现浇混凝土大直径管桩质量检验记录表

表 B 现浇混凝土大直径管桩质量检验记录表

承包单位：_____ 　　监理单位：_____

合　同　号：_____ 　　编　　　号：_____

单位工程		分项工程		施工日期	
分部工程		桩号部位		记录日期	
地面标高（m）		桩机类型		设计桩长（m）		设计桩径（mm）	
设计混凝土强度等级		坍落度（mm）		设计壁厚（mm）			
桩编号							
桩长(m)							
桩径(mm)							
壁厚(mm)							
桩顶距设计标高距离(m)							
垂直度(°)							
充盈系数							
桩体质量							
混凝土强度(MPa)							
承载力(kN)							
桩位							
拔管速度(m/min)							
现场监理日期		施工负责日期		记录员日期		质检员日期	

本规程用词说明

1 为便于在执行本规程条文时区别对待，对要求严格程度不同的用词说明如下：

1) 表示很严格，非这样做不可的：
   正面词采用"必须"，反面词采用"严禁"；

2) 表示严格，在正常情况下均应这样做的：
   正面词采用"应"，反面词采用"不应"或"不得"；

3) 表示允许稍有选择，在条件许可时首先应这样做的：
   正面词采用"宜"，反面词采用"不宜"。

4) 表示有选择，在一定条件下可以这样做的，采用"可"。

2 条文中指明应按其他有关标准执行的写法为："应符合……的规定"或"应按……执行"。

引用标准名录

1 《建筑地基基础设计规范》GB 50007

2 《混凝土结构设计规范》GB 50010

3 《建筑边坡工程技术规范》GB 50330

4 《建筑桩基技术规范》JGJ 94

5 《建筑基桩检测技术规范》JGJ 106

中华人民共和国行业标准

现浇混凝土大直径管桩复合地基技术规程

JGJ/T 213—2010

条 文 说 明

制 订 说 明

《现浇混凝土大直径管桩复合地基技术规程》JGJ/T 213-2010，经住房和城乡建设部 2010 年 7 月 23 日以第 704 号文公告批准、发布。

本规程在制订过程中，编制组进行了现浇混凝土大直径管桩复合地基设计、施工及应用情况的调查研究，总结了我国现浇混凝土大直径管桩复合地基设计、施工、检测的实践经验，同时参考了国外先进技术标准，通过试验，取得了大量重要技术参数。

为便于广大设计、施工、科研、学校等单位有关人员在使用本标准时能正确理解和执行条文规定，《现浇混凝土大直径管桩复合地基技术规程》编制组按章、节、条顺序编制了本规程的条文说明，对条文规定的目的、依据以及执行中需注意的有关事项进行了说明。但是本条文说明不具备与本规程同等的法律效力，仅供使用者作为理解和把握规程规定的参考。

目　　次

1 总　则

1.0.1 现浇混凝土大直径管桩复合地基技术已在江苏、浙江、上海、湖南、天津和河北等省市推广应用，取得了良好的社会效益和经济效益。为了在今后工程中更好地推广应用，为设计、施工、监理、检验及工程验收提供依据，使设计做得更加合理，质量更加可靠，在《现浇混凝土大直径管桩复合地基技术规程》DGJ32/TJ 70-2008 基础上，经过多年的应用和实践研究总结，编制本规程。

1.0.2 本规程适用于建筑工程、市政工程等对地基沉降要求较高的工程，一般需要采用复合地基处理；也适用于普通公路、铁路等工程地基处理。在工程中使用较多的现浇混凝土大直径管桩直径一般是1000mm 和 1250mm。

1.0.4 本规程未作规定的按国家相关标准执行。

2　术语和符号

2.1　术　语

2.1.1 现浇混凝土大直径管桩，亦称现浇混凝土管桩。英文是 cast-in-place concrete large-diameter pipe pile，可与当前建设工程中普遍使用的预应力高强混凝土管桩 PHC 桩对比（表 1），前者是现场沉模浇筑，后者是预制运输后打入；前者是大直径（1000mm～1250mm），后者直径较小（300mm～600mm）。

表 1　现浇混凝土大直径管桩与 PHC 桩技术比较

技术内容	PHC 桩	现浇混凝土大直径管桩
成桩方式	在工厂预制，运输到现场，再用锤击打入，超过 12m 需要焊接连接	现场一次成桩，沉模、灌注、上拔、成桩一气呵成
桩径	小直径：300mm～600mm	大直径：1000mm～1250mm
复合地基桩间距	1.8m～2.5m	2.5m～4.0m，单桩加固地面的范围大
挤土效应	挤土效应大，容易造成相邻桩倾斜或断桩	由于直径大，壁厚小，因此沉桩时对周围土环境影响范围小
承载方式	端承为主，遇桩端好的持力层时承载力较高	摩擦为主，由于大直径内外摩阻，承载力高
施工质量控制	由于采用焊接方式延伸桩长，连接质量不易控制；锤击方式对桩体质量有影响	由于在地基中先沉模，后浇混凝土，再上拔管，施工过程清晰，一次沉桩，质量易于控制

续表1

技术内容	PHC 桩	现浇混凝土大直径管桩
质量检测	静载检测是主要手段	可以直接开挖桩芯检测，也可以通过静载试验或小应变方法检测

现浇混凝土大直径管桩桩机设备（图 1）主要由底盘、支架、振动头、钢质内外套管空腔、活瓣桩靴、造浆器、进料口和混凝土分流器等组成。

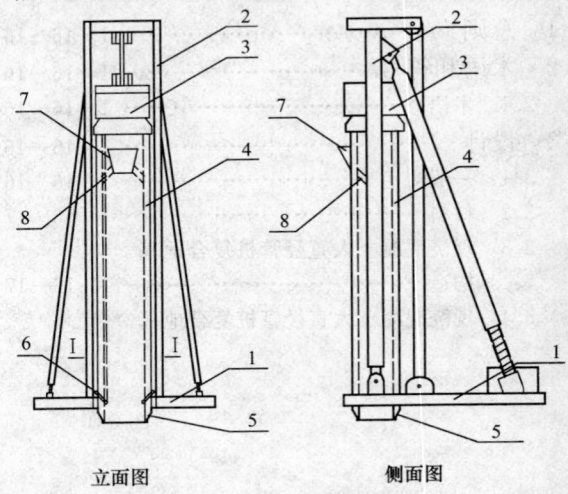

图 1　桩机设备

1—底盘；2—支架；3—振动头；4—钢质内外套管空腔；5—活瓣桩靴；6—造浆器；7—进料口；8—混凝土分流器

2.1.2 复合地基最初是指采用碎石桩加固后形成的人工地基。近年来复合地基技术在我国工程建设中的推广应用已得到了很大的发展。随着水泥土搅拌桩加固技术在工程中的应用，发展了水泥土桩复合地基的概念。碎石桩是散体材料桩，水泥搅拌桩是粘结材料桩。水泥土桩复合地基的应用促进了柔性桩复合地基理论的发展。随着低强度混凝土桩、CFG 桩复合地基等新技术的应用，形成了刚性桩复合地基的概念。

3　设　计

3.1　一 般 规 定

3.1.1 现浇混凝土大直径管桩目前最大的应用深度为 25m。如果加固的深度继续加大，必须增加桩机设备的高度，增大桩机振动头的动力，从而增加地基加固的成本，因此，本规程暂定深度为 25m。

3.1.2 现浇混凝土大直径管桩目前已在公路工程、铁路工程和市政工程中得到应用。由于不同的工程对地质条件有着不同的具体要求，所以在进行岩土工程勘察时，除应遵守本规程外，尚需符合国家及其他现行有关标准的规定。

3.1.4 坡地、岸边复合地基、基岩面倾斜的复合地基、高路堤等特殊情况下的现浇混凝土大直径管桩复合地基应进行整体稳定性验算，验算方法可按照现行国家标准《建筑地基基础设计规范》GB 50007 关于稳定性计算的有关规定执行。

3.2 材　料

3.2.1 根据刚性桩复合地基变形控制的要求，现浇混凝土大直径管桩所用的混凝土强度等级可以从 C15 到 C30 不等。由于管桩壁厚最小为 12cm，因此，混凝土的粗骨料粒径不宜大于 25mm，以免混凝土浇筑时卡管。

3.2.2 无机结合料稳定材料指在粉碎的或原状松散的土中掺入一定量的无机结合料（包括水泥、石灰或工业废渣等）和水，经拌合得到的混合料在压实与养护后，达到规定强度的材料。不同的土与无机结合料拌合得到不同的稳定材料，例如石灰土、水泥土、水泥砂砾、石灰粉煤灰碎石等，使用时应根据结构要求、掺加剂和原材料的供应情况及施工条件进行综合技术、经济比较后选定。加筋材料采用变形小、强度高的土工格栅类型、土工编织物、钢丝网等，土工格栅包括玻璃纤维类和聚酯纤维类两种类型。

3.2.3 单根现浇混凝土大直径管桩施工结束和混凝土凝固后，将桩顶部中间挖去厚为 50cm 土体，并采用与桩身同强度等级的素混凝土回灌，形成类似于倒扣茶杯状的封顶管桩。

3.3 现浇混凝土大直径管桩复合地基构造

3.3.1 目前在工程中，使用比较成熟的现浇混凝土大直径管桩尺寸有两种，其外直径分别为 1000mm 和 1250mm，壁厚分别为 120mm 和 150mm，考虑到桩基上部振动头的振动力和抗拔力，将来也可以通过调试和现场试验采用 1500mm 的桩径。现浇混凝土大直径管桩复合地基的构造（图 2），由现浇混凝土大直径管桩桩体、素混凝土封口、褥垫层、加筋材料及土层（桩周土体和桩芯土体）等组成。在现浇混凝土大

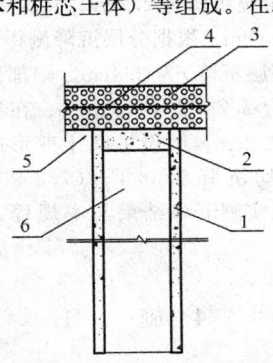

图 2　现浇混凝土大直径管桩复合地基的构造
1—桩体；2—素混凝土封口；3—褥垫层；
4—加筋材料；5—桩周土；6—桩芯土

直径管桩桩体初凝后，开挖 50cm 的桩芯土，浇筑桩头，形成素混凝土封口，其目的一是为了增加顶部强度和整体性，减少与上部刚性垫层或柔性垫层之间的集中应力，使受力均匀，减少上刺量；二是保证桩头的施工质量。

3.3.2 复合地基的桩顶应铺设褥垫层。铺设褥垫层的目的是为了调整桩土应力比，减少桩头应力集中，有利于桩间土承载力的发挥。褥垫层的设置是现浇混凝土大直径管桩刚性桩复合地基的关键技术之一，是保证桩、土共同作用的核心内容。根据大量的工程实践总结，褥垫层的厚度取 30cm～50cm，一般上部填土较厚时取高值，桩间距大或桩间土较软时取高值。为充分发挥现浇混凝土大直径管桩的承载作用，桩顶褥垫层中应铺设加筋材料。褥垫层内设加筋材料 1～2 层，褥垫层厚度大时取 2 层。褥垫层铺设宜分层进行，每层铺设应均匀，最终厚度允许偏差 ±20mm。对于设计为 50cm 厚的褥垫层，一般先铺 20cm 厚垫层，铺设一层土工格栅，然后再铺 20cm 厚垫层，再铺一层土工格栅，最后再铺 10cm 厚垫层。对于设计 30cm 厚的褥垫层参照以上施工。

3.4 现浇混凝土大直径管桩复合地基设计计算

3.4.1 现浇混凝土大直径管桩属于刚性桩，不需要依靠桩周土的约束来维持自身稳定，一般只考虑在加固场地范围内布桩。如遇到液化土层或饱和软土层时，也可在加固场地外设置护桩，考虑到刚性桩对基础的冲切作用，桩的布置应离加固场地边缘有一定的距离。

3.4.2 根据行业标准《建筑桩基技术规范》JGJ 94-2008 第 3.3.3 条，基桩的布置宜符合下列条件：排数不少于 3 排且桩数不少于 9 根的摩擦型部分挤土基，其最小桩间距为 3～3.5 倍桩径。由于现浇混凝土大直径管桩属大直径，通过现场试验，考虑复合地基承载力、土性、位置及施工工艺等，确定现浇混凝土大直径管桩的桩间距为 2.5～4 倍桩径。

3.4.5 由于现浇混凝土大直径管桩直径大，承担的摩擦力较高，属于一般摩擦桩，以桩周土提供摩擦力为主，桩端阻力只相当于单桩承载力的 10％ 左右。但只要条件允许，都不希望桩端坐落在土质差的土层上。桩端阻力修正系数，除了与进入持力层厚度、土的性质、桩长和桩径等因素有关外，对于现浇混凝土大直径管桩，一方面由于桩径大，在上部荷载作用下，下端开口的管桩桩内壁具有摩擦力；另一方面，由于桩身长，开口的管桩具有土塞效应现象，两者总有其一在发挥作用。因此，桩端阻力修正系数取 0.65～0.9 之间，桩端土为低压缩性土时取高值，高压缩性土时取低值。桩端土压缩性的判断可按国家标准《建筑地基基础设计规范》GB 50007-2002 第 4.2.5 条的规定执行。

3.4.6 工作条件系数取 0.6～0.8 是根据国家标准《建筑地基基础设计规范》GB 50007-2002 第 8.5.9 条制定,因为现浇混凝土大直径管桩作为复合地基用,故工作条件系数适当放宽。

3.4.7 复合地基加固区沉降计算方法有复合模量法、桩身压缩量法和应力修正法。本规程现浇混凝土大直径管桩复合地基的沉降计算参照现行行业标准《建筑地基处理技术规范》JGJ 79 中水泥粉煤灰碎石桩复合地基沉降计算方法和现行国家标准《建筑地基基础设计规范》GB 50007 的有关规定执行。沉降计算经验系数 ψ_s 应结合地方经验和工程实际情况取值,本规程表 3.4.7 参照现行行业标准《建筑地基处理技术规范》JGJ 79。

1 算例一

盐通高速公路现浇混凝土大直径管桩处理深度内的沉降 s_1 计算算例如下:

该高速公路典型断面路基顶宽 $B=35m$,路堤填土高度 $H=6.5m$,坡度 1:1.5,填料的平均密度按 1900kg/m³ 计。加固区土层自上而下分为 6 层,各土层压缩模量见表 2。根据土层状况,地基处理方案布置为:设计桩径为 1000mm,壁厚 120mm,混凝土强度为 C15,采用桩间距横向 3.3m,纵向 3.3m,桩长 18m,正方形布置。

表 2 各土层压缩模量

土层厚度(m)	压缩模量(MPa)
1.7	5.34
2.7	7.05
1.0	2.06
6.0	5.41
1.6	2.38
5.0	6.77

本算例给出本规程的方法与实测结果的对比。

(1) 沉降 s_1 按照本规程公式(3.4.7-2)计算。

$$s_1 = \psi_s s_1' = \psi_s \sum_{i=1}^{n} \frac{p_0}{\xi E_{si}} (z_i \bar{a}_i - z_{i-1} \bar{a}_{i-1})$$

复合土层压缩模量的提高系数为:

$$\xi = \frac{f_{spk}}{f_{ak}} = 1.43$$

计算得到的 $s_1' = 16.1cm$。

压缩模量当量 $\overline{E}_s = 6.91MPa$,则 $\psi_s = 0.7$,所以 $s_1 = \psi_s s_1' = 11.3cm$。

(2) 实测沉降。

根据现场监测,该断面实测沉降为:根据表面沉降测得的桩顶沉降为 22.0cm、路堤中心(桩间土中心)沉降为 33.1cm,根据分层沉降测得的加固区底部

沉降(即下卧层沉降)为 19.0cm,则加固区的沉降量 s_1 在桩顶处为 22.0－19.0＝3.0cm,在桩间土中心为 33.1－19.0＝14.1cm。假设桩间土变形后表面为抛物型,则取平均沉降为 3.0＋(14.1－3.0)×2/3＝10.4cm。可见实测沉降结果与本规程方法的计算结果较为接近。

2 算例二

京沪高速铁路南京南站连接线现浇混凝土大直径管桩处理深度内的沉降 s_1 计算算例如下:

该高速铁路典型断面路基顶宽 $B=24m$,路堤填土高度 $H=3m$,坡度 1:1.75,填料的平均密度按 2000kg/m³ 计。加固区土层自上而下分为 2 层,各土层压缩模量见表 3。根据土层状况,地基处理方案布置为:设计桩径 1000mm,壁厚 150mm,混凝土强度为 C20,采用桩间距横向 2.5m,纵向 4.3m,桩长 10m,梅花形布置。

表 3 各土层压缩模量

土层厚度(m)	压缩模量(MPa)
2	5.00
8	2.19

本算例给出本规程的方法与实测结果的对比。

(1) 沉降 s_1 按照本规程公式(3.4.7-2)计算。

$$s_1 = \psi_s s_1' = \psi_s \sum_{i=1}^{n} \frac{p_0}{\xi E_{si}} (z_i \bar{a}_i - z_{i-1} \bar{a}_{i-1})$$

复合土层压缩模量的提高系数为:

$$\xi = \frac{f_{spk}}{f_{ak}} = 3.125$$

计算得到的 $s_1' = 7.66cm$。

压缩模量当量 $\overline{E}_s = 7.78MPa$,则 $\psi_s = 0.67$,所以

$$s_1 = \psi_s s_1' = 5.13cm。$$

(2) 实测沉降。

根据现场监测,该断面实测沉降为:根据表面沉降测得的桩顶沉降为 2.7cm、路堤中心(桩间土中心)沉降为 9.6cm,根据分层沉降测得的加固区底部沉降(即下卧层沉降)为 2.4cm,则加固区的沉降量 s_1 在桩顶处为 2.7－2.4＝0.3cm、在桩间土中心为 9.6－2.4＝7.2cm。假设桩间土变形后表面为抛物型,则取平均沉降为 0.3＋(7.2－0.3)×2/3＝4.9cm。可见实测沉降结果与本规程方法的计算结果较为吻合。

4 施 工

4.1 施工准备

4.1.1 场地岩土工程勘察报告是地基处理设计方案

与施工的依据。当场地地质情况较复杂时，应做必要的补充勘察，以便调整设计。为防止意外事故发生，施工前必须查清地上、地下管线及障碍物，并进行妥善处理。

4.1.5 现浇混凝土大直径管桩成桩所使用的机械已有专业的生产厂家生产，选择合格的施工设备是保证施工质量的关键。施工机械应向智能化、标准化、科技创新技术方向发展。考虑到地基处理深度等工程地质特点及工程实践的需要，并遵循经济性、实用性、易于操作的原则，施工机具应满足以下的基本性能要求：

　1 沉桩深度达到 25m 以上；
　2 桩径为 1000mm～1250mm；
　3 管桩壁厚 100mm～150mm；
　4 混凝土可多次加料；
　5 提升力达到 30t，压桩力加上高频振动荷载大于 100t。

4.2 现浇混凝土大直径管桩施工

4.2.2 一般工程中管桩施工顺序的确定主要考虑的是保证施工的便利性，而针对管桩施工对邻桩的影响考虑相对较少。由于现浇混凝土大直径管桩是现场浇筑混凝土，在施打第二根桩时第一根桩混凝土尚未凝固，因此应考虑其影响。现场试验结果表明，较有利的施工顺序应采用沿一面逐步向前推进的顺序，而不宜采用从四周向中心包围的顺序。

4.2.3 检查孔底有无地下水或泥浆进入的方法为：沉管至设计标高后，用测绳将绑有滤纸的重锤吊入孔底，然后将重锤吊出，检查滤纸是否湿润、有无泥浆。

4.2.4 造浆器是一种专门技术，它由连通的引水管和喷管组成，引水管位于桩模内管内、外壁，上端与高压水源连接，下端与喷管连接。喷管呈圆形紧贴在桩模内、外管底部，由镀锌管制成，在喷管管壁上、下各均匀分布有一组喷水孔，使水能自由喷出。在喷管上、下都设置一组锯齿，在桩模上下运动时锯齿能切割周围土体，同时喷管喷水，这样在桩模套管表面形成泥浆，泥浆能有效降低土体与管壁的摩擦系数，从而减小桩模受到的侧摩阻力。将锯齿设于喷水孔正上方和正下方，在喷管喷水形成泥浆时，锯齿还起到保护喷管的作用。

4.2.6 混凝土坍落度如过小，在成桩的过程中也易造成卡管，从而出现断桩和缩颈，坍落度如过大在混凝土运输及振动拔管过程中易形成混凝土离析，从而会导致桩体在加料口一侧混凝土的石子多而另一侧混凝土砂子多的现象。通过大量试验表明，现场搅拌混凝土坍落度宜为 8cm～12cm；如用商品混凝土，非泵送时坍落度宜为 8cm～12cm，泵送时坍落度宜为 16cm～20cm。

现浇混凝土大直径管桩混凝土浇筑时的充盈系数在 1.2 左右，比一般灌注桩要大。从理论上分析现浇混凝土大直径管桩浇筑的混凝土是用圆环的厚度作为理论计算量，其壁厚的微小增加将导致混凝土的用量增大很多，其次因为壁的厚度内缩外扩，其混凝土使用量也相应增加。此外，在黏性较大土层中振动拔管时有上带桩芯土现象。因此现浇混凝土大直径管桩的充盈系数比普通实心灌注桩要大。

5 检查与验收

5.1 成桩质量检查

5.1.1 检查孔底有无泥浆的方法见本规程条文说明 4.2.3。

5.2 桩身质量检测

5.2.1 桩身质量与基桩承载力密切相关，桩身质量有时会严重影响基桩承载力。现浇混凝土大直径管桩有一个显著的优点，就是在成桩达到初期强度后（一般 14d），可以开挖桩芯土，从内壁直接观察管桩的壁厚和成型情况，检查桩身质量，还可以在内壁上打孔量测桩壁的厚度。

5.2.2 低应变反射波法主要是用来检测现浇混凝土大直径管桩的桩身完整性和成桩混凝土的质量。现浇混凝土大直径管桩桩型不同于实心桩，低应变检测时桩顶附近一定深度范围内存在三维效应和高频干扰问题。研究表明，当传感器接收点与激振点之间所夹圆心角为 90°时，接收信号受到的高频干扰最小，因此低应变动力检测时现浇混凝土大直径管桩桩顶激振点和测点的布置（图 3），应将传感器安装在与激振点夹角 90°的位置，且在桩壁中心线上，检测时在桩顶应均匀对称布置 4 点。应根据工程情况选择合适的锤头或锤垫，在保证缺陷分辨率的情况下尽量采用较宽的激励脉冲可以减小高频干扰，击发方式可采用力棒、力锤等方式。现场测试结果表明基于合适的击发和接收装置，采用低应变动测技术测试现浇混凝土大

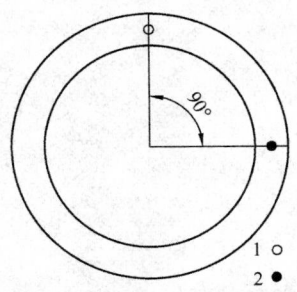

图 3 现浇混凝土大直径管桩桩顶激
振点和测点的布置示意图
1—激振点；2—接收点

直径管桩的施工质量是可行的，检测结果能较好地反映现浇混凝土大直径管桩的施工质量。

5.3 工程质量验收

5.3.2 现浇混凝土大直径管桩复合地基施工结束后，应根据施工单位提供的、经现场监理签认的全部竣工资料和现场检查情况，由甲方组织有关单位对工程进行验收，验收合格后，签署工程验收报告，作为施工转序的证明。

中华人民共和国行业标准

大直径扩底灌注桩技术规程

Technical specification for large-diameter belled
cast-in-place pile foundation

JGJ/T 225—2010

批准部门：中华人民共和国住房和城乡建设部
施行日期：２０１１年８月１日

中华人民共和国住房和城乡建设部
公　告

第 800 号

关于发布行业标准
《大直径扩底灌注桩技术规程》的公告

现批准《大直径扩底灌注桩技术规程》为行业标准，编号为 JGJ/T 225 - 2010，自 2011 年 8 月 1 日起实施。

本规程由我部标准定额研究所组织中国建筑工业出版社出版发行。

中华人民共和国住房和城乡建设部

2010 年 11 月 4 日

前　　言

根据住房和城乡建设部《关于印发〈2008 年工程建设标准规范制订、修订计划（第一批）〉的通知》（建标〔2008〕102 号）的要求，规程编制组经广泛调查研究，认真总结实践经验，参考有关国际标准和国外先进标准，并在广泛征求意见的基础上，制订了本规程。

本规程的主要技术内容有：总则、术语和符号、基本规定、设计基本资料与勘察要求、基本构造、设计计算、施工、质量检验等。

本规程由住房和城乡建设部负责管理，由合肥工业大学负责具体技术内容的解释。在执行过程中如有意见或建议，请寄送合肥工业大学（地址：合肥市屯溪路 193 号合肥工业大学建筑设计研究院；邮政编码：230009）。

本 规 程 主 编 单 位： 合肥工业大学
浙江省东阳第三建筑工程有限公司

本 规 程 参 编 单 位： 同济大学
中国建筑科学研究院

建设综合勘察研究设计院
东南大学
机械工业勘察设计研究院
河海大学
深圳市勘察测绘院有限公司
天津市市政工程设计研究院

本规程主要起草人员： 高广运　杨成斌　刘志宏
滕延京　顾宝和　张文华
刘松玉　张　炜　高　盟
谢建民　刘汉龙　吴春萍
阮　翔　毛由田　冯世进
何仕英　李明生

本规程主要审查人员： 高大钊　钱力航　龚晓南
刘厚健　顾国荣　袁内镇
周宏磊　赵明华　葛兴杰
梁志荣　周同和　缪俊发

目 次

Contents

1 总 则

1.0.1 为在大直径扩底灌注桩勘察、设计、施工及质量检验中做到技术先进、经济合理、安全适用、确保质量、保护环境，制定本规程。

1.0.2 本规程适用于建筑工程的大直径扩底灌注桩的勘察、设计、施工及质量检验。

1.0.3 大直径扩底灌注桩的勘察、设计、施工及质量检验，应综合分析建筑场地的工程地质与水文地质条件、上部结构类型、施工技术条件与环境，合理选择成孔工艺，强化施工安全与质量管理，优化布桩，节约资源。

1.0.4 大直径扩底灌注桩的勘察、设计、施工及质量检验除应符合本规程外，尚应符合国家现行有关标准的规定。

2 术语和符号

2.1 术 语

2.1.1 大直径扩底灌注桩 large-diameter belled cast-in-place pile

由机械或人工成孔，桩底部扩大，现场灌注混凝土，桩身直径不小于 800mm、桩长不小于 5.0m 的桩。简称大直径扩底桩。

2.1.2 扩大端 enlarged tip

大直径扩底桩底部扩大部分。

2.1.3 桩身 pile shaft

大直径扩底桩桩顶到扩大端顶部的等直径段部分。

2.1.4 大直径扩底桩单桩竖向承载力特征值 characteristic value of the vertical bearing capacity of large-diameter belled pile

由单桩载荷试验测定的大直径扩底桩荷载-沉降曲线规定的变形所对应的压力值。当能确定单桩极限荷载时，将其除以安全系数 2，即为单桩竖向抗压承载力特征值。对于荷载-沉降曲线呈缓变形的试桩，取桩顶沉降小于等于 10mm 的荷载作为单桩竖向承载力特征值；当结构变形允许时，可适当增加沉降取值，但最大沉降值不应大于 15mm。

2.2 符 号

2.2.1 作用和作用效应

F_k ——按荷载效应标准组合计算的作用于承台顶面的竖向力；

G_k ——桩基承台和承台上的土自重标准值；

G_{fk} ——大直径扩底桩自重标准值；

M_{xk}、M_{yk} ——作用于承台底面，绕通过群桩形心的

x、y 主轴的力矩标准值；

N_{ik} ——荷载效应标准组合偏心竖向力作用下第 i 基桩的竖向力；

N_k ——桩顶的竖向作用力标准值；

N_{kmax} ——偏心竖向力作用下桩顶的最大竖向力标准值；

N_{Ek} ——地震作用效应和荷载效应标准组合下，桩顶的平均竖向力；

N_{Ekmax} ——地震作用效应和荷载效应标准组合下，桩顶的最大竖向力；

p_b ——桩底平均附加压力标准值；

Q ——荷载效应准永久组合作用下，桩顶的附加荷载；

σ_z ——作用于软弱下卧层顶面的平均附加压力标准值。

2.2.2 抗力和材料性能

c_p ——超声波在泥浆介质中的传播速度；

E_c ——桩体混凝土的弹性模量；

E_{s1-2} ——桩端持力层土体的压缩模量；

E_0 ——桩端持力层土体的变形模量；

f_{az} ——软弱下卧层经深度修正后的地基承载力特征值；

I ——伞形孔径仪恒定直流电源电流；

q_{pa} ——单桩端阻力特征值；

q_{sia} ——单桩第 i 层土的桩侧阻力特征值；

q_{sik} ——单桩第 i 层土的桩侧极限侧阻力标准值；

q_{sk} ——扩大端变截面以上桩长范围内按土层厚度计算的单桩加权平均极限侧阻力标准值；

R_a ——大直径扩底桩单桩竖向承载力特征值；

s ——大直径扩底桩基础单桩竖向变形；

s_1 ——桩身轴向压缩变形；

s_2 ——桩端下土的沉降变形；

S_r ——桩侧非自重湿陷性黄土浸水前按土层厚度计算的饱和度加权平均值；

t_1、t_2 ——超声波检测对称探头的实测声时；

ΔV ——伞形孔径仪信号电位差；

$\Delta \gamma$ ——桩体混凝土重度与土体重度差值；

γ_G ——桩体混凝土重度；

γ_0 ——桩入土深度范围内土层重度的加权平均值；

γ_m ——软弱下卧层顶面以上各土层重度的加权平均值；

θ ——桩端硬持力层压力扩散角度。

2.2.3 几何参数

A_p ——桩底扩大端水平投影面积；

A_{ps} ——扩大端变截面以上桩身截面积；

a ——扩大端半径；

b——扩大端半径与桩身半径之差；

D——扩大端直径；

D_0——伞形孔径仪起始孔径；

d——桩身直径、钻孔实测孔径或钻具外径；

d_0——钻孔护筒直径；

d'——超声波检测两方向相反换能器的发射（接收）面之间的距离；

e——超声波检测时孔的偏心距；

h_a——扩大段斜边高度；

h_b——最大桩径段高度；

h_c——扩大端矢高；

J——超声波检测的孔径计算垂直度；

L——扩大端变截面以上桩身长度；

l——桩长或实测桩孔深度；

l_i——第 i 层土的厚度；

l_m——桩入土深度；

n——桩数；

t——持力层厚度；

V——大直径扩底桩桩孔体积；

x_i、x_j——第 i、j 根基桩至 y 轴的距离；

y_i、y_j——第 i、j 根基桩至 x 轴的距离。

2.2.4 计算系数

I_ρ——大直径扩底桩沉降影响系数；

K——非自重湿陷性黄土浸水饱和后桩侧阻力折减系数；

k——伞形孔径仪仪器常数。

3 基 本 规 定

3.0.1 大直径扩底桩宜在桩端岩土层能提供较大竖向承载力，且底部适宜扩大时采用。当缺乏地区经验时，应通过试验确定其适用性。

软弱土层、湿陷性或溶陷性土层、存在不稳定溶洞、土洞、采空区及扩大端施工时容易坍塌的土层，未经处理不得采用大直径扩底桩基础。

3.0.2 根据建筑物的重要性、荷载大小及地基复杂程度，可按下列规定将大直径扩底桩分为三个设计等级：

1 符合下列条件之一的大直径扩底桩，可定为甲级：

1）单柱荷载大于 10000kN；

2）一柱多桩；

3）相邻扩底桩的荷载差别较大；

4）同一建筑结构单元桩端置于性质明显不同的岩土上；

5）有软弱下卧层；

6）结构特殊或地基复杂的重要建筑物。

2 除甲级和丙级以外的均可定为乙级的大直径扩底桩。

3 荷载分布均匀的七层及以下民用建筑或与其

荷载类似的工业建筑的大直径扩底桩，可定为丙级。

3.0.3 大直径扩底桩的布置应符合下列规定：

1 对于柱基础，宜采用一柱一桩；当柱荷载较大或持力层较弱时，亦可采用群桩基础，此时桩顶应设置承台，桩的承载力中心应与竖向永久荷载的合力作用点重合；

2 对于承重墙下的桩基础，应根据荷载大小、桩的承载力以及承重梁尺寸等进行综合分析后布桩，并应优先选用沿墙体轴线布置单排桩的方案；

3 对于剪力墙结构、筒体结构，应沿其墙体轴线布桩；

4 桩的中心距不宜小于 1.5 倍桩的扩大端直径；

5 扩大端的净距不应小于 0.5m；

6 应选择承载能力高的岩土层为持力层；同一建筑结构单元的桩宜设置在同一岩土层上。

3.0.4 当同一建筑结构单元的相邻大直径扩底桩的荷载差别较大时，可通过调整桩端扩大端面积协调地基变形。

3.0.5 大直径扩底桩设计时，应进行下列计算和验算：

1 桩基竖向承载力计算；

2 桩身和承台结构承载力计算；

3 软弱下卧层承载力和沉降验算；

4 坡地、岸边的整体稳定性验算；

5 抗拔桩的抗拔承载力计算和桩身裂缝控制验算，其中裂缝控制验算可按现行行业标准《建筑桩基技术规范》JGJ 94 的规定进行；

6 设计等级为甲级和乙级时（嵌岩桩除外）的沉降和变形计算；

7 当桩承受水平荷载时，应进行水平承载力验算；当对桩的水平位移有严格限制及工程施工可使桩产生水平位移时，应计算桩的水平位移；

8 对于抗震设防区，应进行桩的抗震承载力计算。

3.0.6 大直径扩底桩设计前应具备设计基本资料，并应进行岩土工程勘察。

3.0.7 大直径扩底桩设计所采用的荷载效应组合和相应的抗力限值应符合下列规定：

1 按单桩承载力确定扩大端面积和桩数时，传至承台底面的荷载效应应按正常使用极限状态下荷载的标准组合，相应的抗力应采用单桩承载力特征值；

2 计算桩基变形时，传至承台底面的荷载效应应按正常使用极限状态下荷载效应的准永久组合，不应计入风荷载和地震作用，相应的限值为桩基变形的允许值；计算水平地震作用、水平风荷载作用下桩基水平位移时，应采用水平地震作用、水平风荷载作用效应标准组合；

3 验算坡地、岸边桩基的整体稳定性及验算抗拔稳定性时，应采用荷载效应的基本组合，但其分项系数均应取 1.0；抗震设防区，应采用地震作用效应和荷载效应的标准组合；

4 验算桩基结构承载力、确定桩身尺寸和配筋时，上部结构传来的荷载效应组合和相应的地基反力，应按承载能力极限状态下荷载效应的基本组合，采用相应的分项系数；当需验算桩基结构裂缝宽度时，应采用正常使用极限状态荷载效应标准组合和准永久组合；

5 桩基结构安全等级、结构设计使用年限、结构重要性系数应按国家现行有关建筑结构标准的规定采用，但结构重要性系数不应小于1.0。

3.0.8 大直径扩底桩结构的耐久性应根据设计使用年限、现行国家标准《混凝土结构设计规范》GB 50010 的环境类别规定及水、土对钢筋和混凝土的腐蚀性评价进行设计，并应符合本规程附录 A 的规定。

3.0.9 大直径扩底桩灌注混凝土前，应对持力层的岩土性质和扩底形状进行检验。

3.0.10 大直径扩底桩成孔、成桩工艺的选择宜符合下列规定：

1 当场地地下水丰富，周边建（构）筑物密集，降水可能对周边环境产生不良影响时，宜采用钻孔扩底灌注桩；

2 当地下水位在持力层以下或地下水量小且不至造成塌孔时，可采用人工挖孔扩底灌注桩。

3.0.11 在人工挖孔大直径扩底桩施工时，应制定切实可行的安全措施，并应严格执行。

3.0.12 大直径扩底桩遇有下列特殊地质条件时，应进行专门处理：

1 天然和人工洞穴；

2 孤石、囊状强风化带或其他软硬明显不同且分布无规律的岩土层；

3 高压力水头的承压水；

4 缺乏大直径扩底桩工程经验的特殊岩土。

3.0.13 大直径扩底桩的桩端持力层选择宜符合下列规定：

1 持力层宜选择中密以上的粉土、砂土、卵砾石和全风化或强风化岩体，且层位稳定；

2 当无软弱下卧层时，桩端下持力层厚度不宜小于2.5倍桩的扩大端直径；当存在相对软弱下卧层时，持力层的厚度不宜小于2.0倍桩的扩大端直径，且不宜小于5m；

3 桩端下（2.0～2.5）倍桩的扩大端直径范围内应无软弱夹层、断裂带和洞隙，且在桩端应力扩散范围内应无岩体临空面。

4 设计基本资料与勘察要求

4.1 设计基本资料

4.1.1 设计前，应取得下列建筑场地与环境条件的有关资料：

1 建筑场地现状，包括交通设施、高压架空线、地下管线和地下构筑物分布；

2 相邻建筑物安全等级、基础形式及埋置深度；

3 附近类似工程地质条件的试桩资料和单桩承载力设计参数；

4 泥浆排放及弃土条件；

5 抗震设防烈度和场地类别。

4.1.2 设计前，应取得下列建筑物有关资料：

1 建筑物总平面布置图；

2 建筑物的结构类型、荷载，建筑物的使用条件和设备对基础竖向及水平位移的要求；

3 建筑结构的安全等级。

4.1.3 设计前，应取得下列有关施工条件资料：

1 施工机械设备条件，动力条件，施工工艺对地质条件的适应性；

2 水、电条件及有关建筑材料的供应状况；

3 施工机械的进出场及现场运行条件。

4.1.4 设计前，应取得下列岩土工程勘察资料：

1 对建筑场地的滑坡、崩塌、泥石流、岩溶、土洞等不良地质作用的判断、结论和防治方案；

2 推荐桩端持力层，提供持力层标高、层厚及层面变化等值线图；关于成孔成桩工艺、施工工法及桩端入土深度的建议；

3 设计所需用的岩土物理力学参数及原位测试参数；

4 验算桩基沉降的计算参数；

5 地下水埋藏情况、类型和水位变化幅度及抗浮设计水位，土、水的腐蚀性评价；

6 抗震设防区的液化土层资料及液化评价；

7 地基土的冻胀性、湿陷性、膨胀性、溶陷性评价；

8 成桩可能性，桩基施工对环境影响的评价与对策，其他应注意事项的建议。

4.2 勘 察 要 求

4.2.1 大直径扩底桩的岩土工程勘察应符合现行国家标准《岩土工程勘察规范》GB 50021 的规定，并应符合下列规定：

1 应查明拟建场地各岩土层的类型、成因、深度、分布、工程特性和变化规律；

2 应查明场地水文地质状况，包括地下水类型、埋藏深度、地下水位变化幅度和地下水对桩身材料的腐蚀性等；

3 应选择合理的桩端持力层；采用土层作为桩端持力层时，应查明其承载力及变形特性；采用基岩作为桩端持力层时，应查明基岩的岩性、构造、岩面变化、风化程度，确定其坚硬程度、完整性和基本质量等级，判定有无洞穴、临空面、破碎岩体或软弱夹层、风化球体等；

4 应查明不良地质作用，提供可液化土层和特殊性岩土的分布及其对桩基的危害程度，并提出防治措施的建议。

4.2.2 勘探点应按建筑轴线布设，其间距应能控制桩端持力层层面和厚度的变化，宜为12m～24m。当相邻勘探点所揭露桩端持力层面坡度大于10%，且单向倾伏时，勘探孔应加密。对于荷载较大或地基复杂的一柱一桩工程，桩位确定后应逐桩勘察。勘探深度应能满足沉降计算的要求，控制性勘探孔的深度应达到预计桩端持力层顶面以下（3.0～5.0）倍桩的扩大端直径；一般性勘探孔的深度应达到预计桩端持力层顶面以下（2.0～3.0）倍桩的扩大端直径；控制性勘探孔的比例宜为勘探孔总数的1/3～1/2。

4.2.3 勘察成果应满足用不同方法确定大直径扩底桩承载力的要求，并应符合下列规定：

1 通过原型桩静载试验确定大直径扩底桩承载力时，应提供符合试验要求的地基分层和分层岩土参数；

2 根据经验参数确定大直径扩底桩承载力时，应提供各分层岩土的室内试验或原位测试成果。

4.2.4 勘察深度范围内的每一岩土层，均应采取原状岩土试样进行室内试验或进行原位测试。室内试验和原位测试宜符合下列规定：

1 室内试验项目应包括：密度、含水量、液限、塑限、压缩试验等，每一主要岩土层试验数据不应少于6组，必要时应进行无侧限抗压强度试验和三轴试验。对进行液化判定的饱和粉土，应进行黏粒含量分析。当需要进行变形验算时，对桩端平面以下压缩层范围内的土层，应测求其压缩性指标，试验压力不应小于实际土的有效自重压力与附加压力之和。

2 在选择大直径扩底桩桩基持力层时，可采用原位测试评价桩端土的端阻力和变形模量，并宜符合下列规定：

　　1）一般岩土体可采用标准贯入试验、旁压试验；

　　2）对于不含碎石的砂土、粉土和黏性土也可选择静力触探试验；

　　3）对砂土、碎石土及软岩也可选择重型或超重型动力触探试验；

　　4）原位测试成果应结合地区工程经验综合分析后使用。

4.2.5 当大直径扩底桩端承受于全风化岩和强风化岩时，确定其强度的试验应符合下列规定：

1 应采取不少于6组的岩样进行饱和状态的单轴抗压强度试验；

2 对黏土质岩，在确保施工期间及使用期不致遭水浸泡时，也可采取天然湿度岩样进行单轴抗压强

度试验；

3 对取样有困难的破碎风化岩体，可进行点荷载强度试验，其试验标准和岩体单轴抗压强度的换算应符合现行国家标准《工程岩体试验方法标准》GB/T 50266、《工程岩体分级标准》GB 50218的规定。

5 基 本 构 造

5.1 大直径扩底灌注桩构造

5.1.1 大直径扩底桩扩大端尺寸应符合下列规定（图5.1.1）：

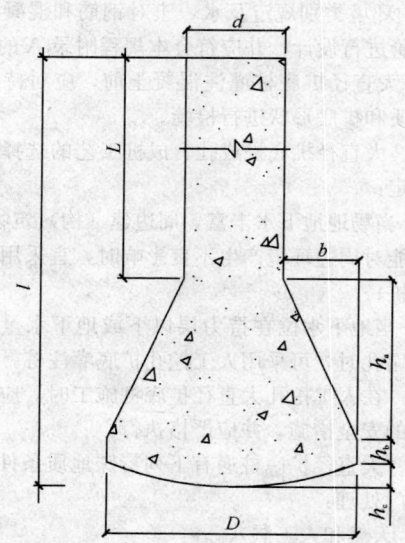

图 5.1.1 大直径扩底桩
几何尺寸示意图

d—桩身直径；D—扩大端直径；l—桩长；L—扩大端变截面以上桩身长度；h_c—扩大端矢高；h_a—扩大段斜边高度；h_b—最大桩径段高度；b—扩大端半径与桩身半径之差

1 扩大端直径与桩身直径之比（D/d）不宜大于3.0。

2 扩大端的矢高（h_c）宜取（0.30～0.35）倍桩的扩大端直径，基岩面倾斜较大时，桩的底面可做成台阶状。

3 扩底端侧面的斜率（b/h_a），对于砂土不宜大于1/4；对于粉土和黏性土不宜大于1/3；对于卵石层、风化岩不宜大于1/2。

4 桩端进入持力层深度，对于粉土、砂土、全风化、强风化软质岩等，可取扩大段斜边高度（h_a）且不小于桩身直径（d）；对于卵石、碎石土、强风化硬质岩等，可取0.5倍扩大段斜边高度且不小于0.5m。同时，桩端进入持力层的深度不宜大于持力层厚度的0.3倍。

5.1.2 大直径扩底桩桩身构造配筋应符合下列规定：

1 桩身正截面的最小配筋率不应小于 0.3%，主筋应沿桩身横截面周边均匀布置；对于抗拔桩和受荷载特别大的桩，应根据计算确定配筋率；

2 箍筋直径不应小于 8mm，间距宜为 200mm～300mm，宜用螺旋箍筋或焊接环状箍筋；对于承受较大水平荷载或处于抗震设防烈度大于等于 8 度地区的桩，箍筋直径不应小于 10mm，桩顶部 3 倍至 5 倍桩径范围内（桩径小取大值，桩径大取小值）箍筋间距应加密至 100mm；

3 扩大端变截面以上，纵向受力钢筋应沿等直径段桩身通长配置；

4 当钢筋笼长度超过 4m 时，每隔 2m 宜设一道直径为 18mm 至 25mm 的加劲箍筋；每隔 4m 在加劲箍内设一道井字加强支撑，其钢筋直径不宜小于 16mm；加劲箍筋、井字加强支撑、箍筋与主筋之间宜采用焊接；

5 除抗拔桩外，桩端扩大部分可不配筋；

6 主筋保护层厚度有地下水、无护壁时不应小于 50mm；无地下水、有护壁时不应小于 35mm。

5.1.3 当水下灌注混凝土施工时，桩身混凝土的强度等级不应低于 C30；干法施工时，桩身混凝土的强度等级不应低于 C25；护壁混凝土的强度等级不宜低于桩身混凝土的强度等级。

5.2 承台与连系梁构造

5.2.1 大直径扩底桩桩基承台应满足受冲切、受剪切、受弯承载力和上部构造要求，并应符合下列规定：

1 大直径扩底桩宜采用正方形或矩形现浇承台，承台高度不宜小于 500mm，且应大于连系梁的高度 50mm；承台底面的边长应大于或等于桩身直径加 400mm（图 5.2.1）；

2 采用预制柱的大直径扩底桩承台，应符合现行国家标准《建筑地基基础设计规范》GB 50007 的要求；

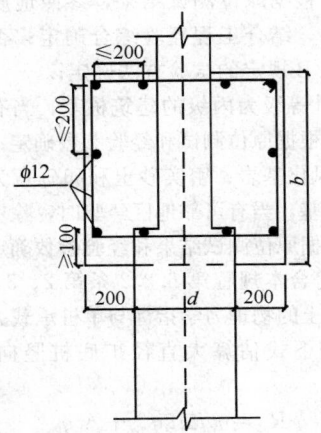

图 5.2.1 承台构造（单位：mm）
b—承台高于地连梁高度 50mm；d—桩径

3 承台混凝土应符合结构混凝土耐久性的基本要求；

4 承台钢筋的混凝土保护层厚度应符合下列规定：

    1）承台底面：有混凝土垫层时，不应小于 50mm；无垫层时不应小于 70mm；且不应小于桩头嵌入承台内的高度；

    2）承台侧面：不应小于 35mm。

5 一柱一桩的承台宜按本规程图 5.2.1 配置受力钢筋，且不宜小于 φ12@200mm。

5.2.2 连系梁的设置应符合下列规定：

1 承台侧面应设置双向连系梁，连系梁截面高度应取柱中心距的 1/10～1/15，且不宜小于 400mm；梁的宽度不应小于 250mm；当利用墙梁兼作连系梁时，梁的宽度不应小于墙宽；

2 当承台连系梁仅为符合构造要求设置时，可取所连柱最大竖向力设计值的 10% 作为连系梁的拉力，并应按轴心受拉构件进行截面设计；

3 连系梁的一侧纵向钢筋应按受拉钢筋锚固的要求锚入承台；其最小配筋率应符合现行国家标准《混凝土结构设计规范》GB 50010 的要求；

4 连系梁的混凝土应符合结构混凝土耐久性的基本要求。

5.2.3 条形承台梁的纵向主筋除需按计算配置外尚应符合现行国家标准《混凝土结构设计规范》GB 50010 中最小配筋率的规定，主筋直径不应小于 12mm，架立筋直径不应小于 II 级 10mm，箍筋直径不应小于 8mm。

5.2.4 大直径扩底桩、柱与承台的连接构造应符合下列规定：

1 桩顶部嵌入承台的长度不宜小于 100mm；

2 桩顶部纵向主筋应锚入承台内，其锚固长度不应小于 35 倍纵向主筋直径；对于抗拔桩，桩顶部纵向主筋的锚固长度应符合现行国家标准《混凝土结构设计规范》GB 50010 中受拉钢筋锚固的规定；

3 采用一桩一柱时，当建筑体系简单、柱网规则、相邻柱荷载相差较小、地基沉降较小、水平力较小时，可不设置承台；

4 对于不设置承台的一柱一桩基础，柱纵向主筋锚入桩身内的长度不应小于 35 倍纵向主筋直径；柱主筋与桩主筋宜焊接，并应符合现行国家标准《混凝土结构设计规范》GB 50010 中钢筋焊接连接的规定；

5 对于多桩承台，柱纵向主筋锚入承台内的长度不应小于 35 倍纵向主筋直径；当承台高度不满足锚固要求时，竖向锚固长度不应小于 25 倍纵向主筋直径，并应向柱轴线方向呈 90°弯折；

6 当有抗震设防要求时，对于一、二级抗震等级的柱，纵向主筋锚固长度应乘以 1.15 的系数；对于三级抗震等级的柱，纵向主筋锚固长度应乘以 1.05 的系数。

5.2.5 一柱多桩的板式承台和条式承台，应进行内力计算，可按现行行业标准《建筑桩基技术规范》JGJ 94 验算承台受弯承载力、受冲切承载力、受剪承载力和局部受压承载力，并确定承台板或承台梁的截面高度和配筋。

6 设 计 计 算

6.1 桩顶作用效应计算

6.1.1 对于一般建筑物的大直径扩底群桩基础，应按下列公式计算柱、墙、核心筒群桩中基桩的桩顶作用效应：

轴心竖向力作用下，应按下式计算：

$$N_k = \frac{F_k + G_k}{n} \qquad (6.1.1\text{-}1)$$

偏心竖向力作用下，应按下式计算：

$$N_{ik} = \frac{F_k + G_k}{n} \pm \frac{M_{xk} y_i}{\sum y_j^2} \pm \frac{M_{yk} x_i}{\sum x_j^2} \quad (6.1.1\text{-}2)$$

式中：N_k——荷载效应标准组合轴心竖向力作用下，基桩的平均竖向力（kN）；

N_{ik}——荷载效应标准组合偏心竖向力作用下，第 i 基桩的竖向力（kN）；

F_k——荷载效应标准组合下，作用于承台顶面的竖向力（kN）；

G_k——桩基承台及承台上土自重标准值（kN），对稳定地下水位以下部分应扣除水的浮力；

n——桩数；

M_{xk}、M_{yk}——荷载效应标准组合下，作用于承台底面，绕通过群桩形心的 x、y 主轴的力矩（kN·m）；

x_i、x_j、y_i、y_j——第 i、j 根基桩至 y、x 轴的距离（m）。

6.1.2 对于主要承受竖向荷载的抗震设防区低承台大直径扩底桩基，在同时满足下列条件时，桩顶作用效应计算可不考虑地震力作用：

1 按现行国家标准《建筑抗震设计规范》GB 50011 规定可不进行桩基抗震承载力验算的建筑物；

2 建筑场地位于建筑抗震的有利地段。

6.1.3 大直径扩底桩为端承型桩基，不宜考虑承台效应，基桩竖向承载力特征值应取单桩竖向承载力特征值。

6.2 竖向承载力与沉降计算

6.2.1 大直径扩底桩桩基竖向承载力计算应符合下列规定：

1 荷载效应标准组合

轴心竖向力作用下，应符合下式要求：

$$N_k \leqslant R_a \qquad (6.2.1\text{-}1)$$

偏心竖向力作用下，除符合上式要求外，尚应符合下式要求：

$$N_{kmax} \leqslant 1.2R_a \qquad (6.2.1\text{-}2)$$

2 地震作用效应和荷载效应标准组合

轴心竖向力作用下，应符合下式要求：

$$N_{Ek} \leqslant 1.25R_a \qquad (6.2.1\text{-}3)$$

偏心竖向力作用下，除符合上式要求外，尚应符合下式的要求：

$$N_{Ekmax} \leqslant 1.5R_a \qquad (6.2.1\text{-}4)$$

式中：N_k——荷载效应标准组合轴心竖向力作用下，基桩的平均竖向力（kN）；

N_{kmax}——荷载效应标准组合偏心竖向力作用下，桩顶最大竖向力（kN）；

N_{Ek}——地震作用效应和荷载效应标准组合下，基桩的平均竖向力（kN）；

N_{Ekmax}——地震作用效应和荷载效应标准组合下，基桩的最大竖向力（kN）；

R_a——大直径扩底桩单桩竖向承载力特征值（kN）。

6.2.2 大直径扩底桩单桩竖向承载力特征值的确定应符合下列规定：

1 设计等级为甲级的建筑桩基，应通过单桩静载荷试验确定，试验方法应符合本规程附录 B 的规定；同一条件下的试桩数量，不宜少于总桩数的 1%，且不应少于 3 根；当有可靠地区经验时，可通过深层载荷试验与等直径纯摩擦桩载荷试验相结合的间接试验法确定；

2 设计等级为乙级的建筑桩基，当有可靠地区经验时，可根据原位测试结果，参照地质条件相同的试桩资料，结合工程经验综合确定；否则均应按本规程附录 B 规定的试验方法确定；

3 设计等级为丙级的建筑桩基，当有可靠地区经验时，可根据原位测试和经验参数确定；

4 以风化基岩、密实砂土和卵砾石为桩端持力层的建筑桩基，当有可靠地区经验时，除甲级建筑桩基外，可根据原位测试结果和经验参数确定。

6.2.3 当符合本规程第 6.2.2 条第 2、3、4 款规定时，可根据土的物理力学指标与单桩承载力参数间的经验关系按下式估算大直径扩底桩竖向承载力特征值：

$$R_a = \pi d \sum l_i q_{sia} + A_p q_{pa} \qquad (6.2.3)$$

式中：d——桩身直径（m）；

l_i——第 i 层土的厚度（m）；

q_{sia}——第 i 层土的桩侧阻力特征值（kPa），由当地经验确定或按表 6.2.3-1 取值；

A_p——桩底扩大端水平投影面积（m^2）；

q_{pa}——桩端阻力特征值（kPa），根据当地经验确定或按表 6.2.3-2 取值。

表 6.2.3-1　大直径扩底桩侧阻力特征值 q_{sia}（kPa）

岩土名称	土的状态		泥浆护壁钻孔桩及干作业挖孔桩
人工填土	完成自重固结		10～15
黏性土	流塑	$I_L>1$	10～20
	软塑	$0.75<I_L\leq1$	20～26
	可塑	$0.50<I_L\leq0.75$	26～34
	硬可塑	$0.25<I_L\leq0.50$	34～42
	硬塑	$0<I_L\leq0.25$	42～48
	坚硬	$I_L\leq0$	48～52
粉土	稍密	$e>0.9$	12～21
	中密	$0.75\leq e\leq0.9$	21～31
	密实	$e<0.75$	31～41
粉细砂	稍密	$10<N\leq15$	11～23
	中密	$15<N\leq30$	23～32
	密实	$N>30$	32～43
中砂	中密	$15<N\leq30$	26～36
	密实	$N>30$	36～47
粗砂	中密	$15<N\leq30$	37～48
	密实	$N>30$	48～60
砾砂	稍密	$5<N_{63.5}\leq15$	25～50
	中密（密实）	$N_{63.5}>15$	56～65
圆砾、角砾	中密、密实	$N_{63.5}>10$	68～75
碎石、卵石	中密、密实	$N_{63.5}>10$	70～85
全风化软质岩	$30<N\leq50$		40～50
全风化硬质岩	$30<N\leq50$		60～75
强风化软质岩	$N>50$		70～110
强风化硬质岩	$N>50$		80～130

注：1　岩石的坚硬程度和风化程度按现行国家标准《岩土工程勘察规范》GB 50021 确定；

2　N 为标准贯入击数，$N_{63.5}$ 为重型圆锥动力触探击数；

3　侧阻力值，可根据岩土体条件和施工情况等取其上限或下限，表中数值可内插；

4　扩底桩扩大头斜面及变截面以上 $2d$ 长度范围内不应计入桩侧阻力（d 为桩身直径）；当桩周为淤泥、新近沉积土、可液化土层及以生活垃圾为主的杂填土时，也不应计入此类土层的桩侧阻力；当扩底桩桩长小于 6.0m 时，不宜计入桩侧阻力。

表 6.2.3-2　大直径扩底桩端阻力特征值 q_{pa}（kPa）

土类及状态		桩入土深度（m）	扩底直径 D（m）					
			1.0	1.5	2.0	2.5	3.0	3.5
黏性土	可塑	$5\leq l_m<10$	490～650	440～590	420～555	390～515	370～490	350～470
		$10\leq l_m<15$	650～790	590～715	555～675	515～630	490～595	470～570
		$15\leq l_m\leq30$	790～1050	715～950	675～895	630～835	595～790	570～750
	硬塑	$5\leq l_m<10$	850～980	780～885	725～840	675～780	640～740	610～705
		$10\leq l_m<15$	980～1140	885～1030	840～975	780～905	740～860	705～820
		$15\leq l_m\leq30$	1140～1380	1030～1245	975～1180	905～1100	860～1040	820～990
粉土	中密	$5\leq l_m<10$	540～690	485～620	460～590	430～550	405～520	390～495
		$10\leq l_m<15$	690～860	620～780	590～735	550～680	520～650	495～620
		$15\leq l_m\leq30$	860～1080	780～975	735～920	680～860	650～810	620～780
	密实	$5\leq l_m<10$	650～780	590～705	555～665	515～620	490～585	465～560
		$10\leq l_m<15$	780～940	705～850	665～800	620～745	585～705	560～675
		$15\leq l_m\leq30$	940～1150	850～1040	800～980	745～915	705～865	675～830
砂土	细砂	$5\leq l_m<10$	680～850	590～740	550～690	500～620	465～580	435～540
		$10\leq l_m<15$	850～980	740～860	690～795	620～720	580～670	540～630
		$15\leq l_m\leq30$	980～1260	860～1100	795～1020	720～930	670～860	630～810
	中砂	$5\leq l_m<10$	750～920	650～805	610～745	550～680	510～630	480～590
		$10\leq l_m<15$	920～1080	805～940	745～875	680～795	630～740	590～695
		$15\leq l_m\leq30$	1080～1380	940～1205	875～1120	795～1020	740～940	695～890

续表 6.2.3-2

土类及状态		桩入土深度（m）	扩底直径 D (m)					
			1.0	1.5	2.0	2.5	3.0	3.5
砂土	粗砂	$5 \leqslant l_m < 10$	840~1020	730~890	680~830	620~750	570~690	540~650
		$10 \leqslant l_m < 15$	1020~1200	890~1050	830~970	750~885	690~820	650~770
		$15 \leqslant l_m \leqslant 30$	1200~1550	1050~1350	970~1255	885~1140	820~1060	770~995
卵石		$5 \leqslant l_m < 10$	1750~2150	1530~1880	1420~1740	1290~1580	1195~1470	1120~1380
		$10 \leqslant l_m < 15$	2150~2650	1880~2310	1740~2150	1580~1950	1470~1810	1380~1700
		$15 \leqslant l_m \leqslant 30$	2650~3650	2310~3190	2150~2960	1950~2690	1810~2500	1700~2350
全风化岩		$30 < N \leqslant 50$	900~1400	800~1200	700~1100	650~950	600~950	550~900
强风化岩		$50 < N \leqslant 100$	1400~1800	1200~1600	1100~1500	1000~1350	950~1250	900~1200
		$N > 100$	2200~2500	1900~2200	1800~2000	1600~1850	1400~1700	1250~1500

注：1 应控制桩端沉渣厚度不大于 50mm，否则应注浆加固；

2 岩石的风化程度应按现行国家标准《岩土工程勘察规范》GB 50021 确定；

3 N 为标准贯入击数；

4 砂土和卵石为中密—密实状态；

5 端阻力值，可根据岩土体条件和施工情况等取其上限或下限，表中数值可内插；

6 风化岩的端阻力特征值可由岩基载荷试验确定，试验应符合现行国家标准《建筑地基基础设计规范》GB 50007 的要求；试验数量宜为总桩数的 5%，且不少于 5 个。

6.2.4 非自重湿陷性黄土场地设计等级为甲级的建筑桩基，应由原型桩浸水载荷试验确定承载力特征值。当有可靠地区经验时，浸水饱和后非自重湿陷性黄土的桩侧阻力折减系数 K，可按表 6.2.4 的规定取值。

表 6.2.4　非自重湿陷性黄土的桩侧阻力折减系数

S_r	$\geqslant 0.90$	0.85	0.80	0.75	0.70	0.65	0.60	0.55	$\leqslant 0.50$
K	1.00	0.98	0.88	0.81	0.74	0.68	0.61	0.54	0.47

注：S_r 为扩底桩桩侧黄土浸水前按土层厚度计算的饱和度加权平均值；可由 S_r 值内插法确定 K。

6.2.5 根据原位测试和经验参数确定单桩承载力特征值的大直径扩底桩，当桩端下持力层厚度 2.0D 内存在与持力层压缩模量之比不大于 0.6 的软弱下卧层

时，应按下列公式验算软弱下卧层的承载力（图 6.2.5）：

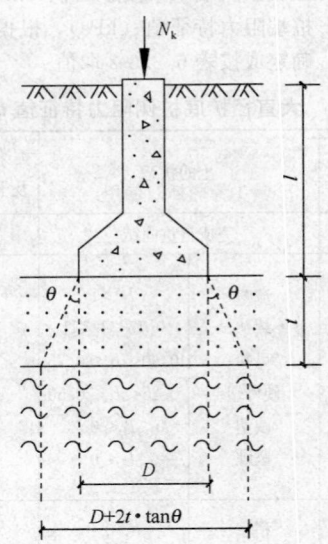

图 6.2.5　扩底桩软弱下卧层验算

$$\sigma_z + \gamma_m (l + t) \leqslant f_{az} \qquad (6.2.5-1)$$

$$\sigma_z = \frac{4(N_k + V \cdot \Delta\gamma - \pi d \cdot \Sigma q_{sik} l_i)}{\pi (D + 2t \cdot \tan\theta)^2}$$
$$(6.2.5-2)$$

$$\Delta\gamma = \gamma_G - \gamma_m \qquad (6.2.5-3)$$

式中：σ_z——作用于软弱下卧层顶面的平均附加应力标准值（kPa）；

γ_m——软弱下卧层顶面以上各土层重度（地下水以下取浮重度）按土层厚度计算的加权平均值（kN/m³）；

l——桩长（m）；

t——硬持力层厚度（m）；

f_{az}——软弱下卧层经深度修正后的地基承载力特征值（kPa）；

N_k——桩顶的竖向作用力标准值（kN）；

V——大直径扩底桩桩孔体积（m³）；

$\Delta\gamma$——桩体混凝土重度与土体重度差（kN/m³）；

γ_G——桩体混凝土重度（kN/m³）；

d——桩身直径（m）；

D——扩大端直径（m）；

q_{sik}——第 i 层土的桩侧极限侧阻力标准值（kPa），根据当地经验或按照本规程表 6.2.3-1 确定，$q_{sik} = 2q_{sia}$；

l_i——第 i 层土的厚度（m）；

θ——桩端硬持力层压力扩散角度，按表 6.2.5 取值。

表 6.2.5　桩端硬持力层压力扩散角 θ

E_{s1}/E_{s2}	$t=0.25D$	$t \geqslant 0.5D$
3	6°	23°
5	10°	25°
10	20°	30°

注：1　E_{s1}、E_{s2} 分别为持力层、软弱下卧层的压缩模量；

2　$E_{s1}/E_{s2}=1$ 为内插时使用，当 $t=0.25D$ 时，取 $\theta=4°$，当 $t \geqslant 0.5D$ 时，取 $\theta=12°$；

3　当 $t<0.25D$ 时，取 $\theta=0°$；t 介于 $0.25D$ 与 $0.5D$ 之间时可内插取值。

6.2.6　大直径扩底桩单桩竖向变形可按下列公式计算：

$$s=s_1+s_2 \tag{6.2.6-1}$$

$$s_1=\frac{QL}{E_cA_{ps}} \tag{6.2.6-2}$$

$$s_2=\frac{DI_\rho p_b}{2E_0} \tag{6.2.6-3}$$

$$p_b=(N_k+G_{fk})/A_p-(\pi dq_{sk}L/A_p)-\gamma_0 l_m \tag{6.2.6-4}$$

式中：s——大直径扩底桩基础单桩竖向变形（mm）；

s_1——桩身轴向压缩变形（mm）；

s_2——桩端下土的沉降变形（mm）；

Q——荷载效应准永久组合作用下，桩顶的附加荷载标准值（kN）；

L——扩大端变截面以上桩身长度（m）；

E_c——桩体混凝土的弹性模量（MPa）；

A_{ps}——扩大端变截面以上桩身截面面积（m²）；

I_ρ——大直径扩底桩沉降影响系数，与大直径扩底桩入土深度 l_m、扩大端半径 a 及持力层土体的泊松比有关，可按表 6.2.6-1 的规定取值；

p_b——桩底平均附加压力标准值（kPa）；

E_0——桩端持力层土体的变形模量（MPa），可由深层载荷试验确定；当无深层载荷试验数据时应取 $E_0=\beta_0E_{s1-2}$，其中 E_{s1-2} 为桩端持力层土体的压缩模量；β_0 为室内土工试验压缩模量换算为计算变形模量的修正系数，应按表 6.2.6-2 的规定取值；

G_{fk}——大直径扩底桩自重标准值（kN）；

A_p——桩底扩大端水平投影面积（m²）；

q_{sk}——扩大端变截面以上桩长范围内按土层厚度计算的加权平均极限侧阻力标准值（kPa），应由当地经验或按照本规程表 6.2.3-1 确定，$q_{sik}=2q_{sia}$；

γ_0——桩入土深度范围内土层重度的加权平均值（kN/m³）；

l_m——桩入土深度（m）。

表 6.2.6-1　大直径扩底桩沉降影响系数

l_m/a	2.0	3.0	4.0	5.0	6.0	7.0
I_ρ	0.837	0.768	0.741	0.702	0.681	0.664
l_m/a	8.0	9.0	10.0	11.0	12.0	15.0
I_ρ	0.652	0.641	0.625	0.611	0.598	0.565

注：可由 l_m/a 值内插法确定 I_ρ；当 $l_m/a>15$ 时，I_ρ 应按 0.565 取值。

表 6.2.6-2　大直径扩底桩桩端土体计算变形模量的修正系数

E_{s1-2}/MPa	10.0	12.0	15.0	18.0	20.0	25.0	28.0
β_0	1.30	1.55	1.87	2.20	2.30	2.40	2.50

注：可由 E_{s1-2} 值内插法确定 β_0；$E_{s1-2}>28.0$MPa 时，可由深层载荷试验确定 E_0。

6.2.7　机械成孔大直径扩底桩，当桩端沉渣厚度大于 50mm 时，应采用桩端后注浆加固。

6.2.8　当大直径扩底桩穿过欠固结土、可液化土、自重湿陷性黄土或由于大面积地面堆载、降低地下水位等使桩周土体承受荷载而产生显著压缩沉降时，应考虑桩的负侧阻力或侧阻力折减，并可按现行行业标准《建筑桩基技术规范》JGJ 94 的有关规定进行计算。

6.2.9　当存在相邻荷载时，可按现行国家标准《建筑地基基础设计规范》GB 50007 的规定，考虑相邻荷载计算大直径扩底桩桩基沉降。

6.2.10　验算大直径扩底桩桩身承载力时，不宜计入钢筋的受压作用。

6.3　水平承载力和抗拔承载力

6.3.1　大直径扩底桩单桩水平承载力宜通过现场水平载荷试验确定，试验宜采用慢速维持荷载法，试验方法和承载力取值应按现行行业标准《建筑基桩检测技术规范》JGJ 106 执行。

6.3.2　受水平荷载作用的大直径扩底群桩，当考虑承台（包括地下墙体）、基桩协同工作和土的弹性抗力作用时，可按现行行业标准《建筑桩基技术规范》JGJ 94 的有关规定计算基桩内力和位移。

6.3.3　当验算地震作用下的桩身抗拔承载力时，应根据现行国家标准《建筑抗震设计规范》GB 50011 的规定，对作用于桩顶的地震作用效应进行调整。

6.3.4　对于设计等级为甲级和乙级的大直径扩底桩的单桩抗拔极限承载力，应通过现场单桩抗拔静载荷试验确定，试验应符合现行行业标准《建筑基桩检测技术规范》JGJ 106 的规定。丙级大直径扩底桩的单桩抗拔极限承载力，可按现行行业标准《建筑桩基技术规范》JGJ 94 的有关规定计算。

7 施 工

7.1 一般规定

7.1.1 大直径扩底桩施工前应具备下列资料：

1 建筑场地岩土工程详细勘察报告；

2 桩基工程施工图设计文件及图纸会审纪要；

3 建筑场地和邻近区域地面建筑物及地下管线、地下构筑物等调查资料；

4 主要施工机械及其配套设备的技术性能资料；

5 桩基工程的施工组织设计或专项施工方案；

6 水泥、砂、石、钢筋等原材料的质量检验报告；

7 设计荷载、施工工艺的试验资料。

7.1.2 成孔施工工艺选择应符合下列规定：

1 在地下水位以下成孔时宜采用泥浆护壁工艺；

2 在黏性土、粉土、砂土、碎石土及风化岩层中，可采用旋挖成孔工艺；

3 在地下水位以上或降水后可采用干作业钻、挖成孔工艺；

4 在地下水位较高，有承压水的砂土层、厚度较大的流塑淤泥和淤泥质土层中不宜选用人工挖孔施工工艺。

7.1.3 成孔设备就位后，应保持平整、稳固，在成孔过程中不得发生倾斜和偏移。在成孔钻具上应设置控制深度的标尺，并应在施工中进行观测和记录。

7.1.4 桩端进入持力层的实际深度应由工程勘察人员、监理工程师、设计和施工技术人员共同确认。

7.1.5 灌注桩成孔施工的允许误差应符合表 7.1.5 的规定：

表 7.1.5 灌注桩成孔施工允许误差

成孔方法		桩径偏差（mm）	垂直度允许偏差（%）	桩位允许偏差（mm）
钻、挖孔扩底桩		±50	±1.0	≤d/4 且不大于 100mm
人工挖孔扩底桩	现浇混凝土护壁	±50	±0.5	
	长钢套管护壁	±20	±1.0	

注：桩径允许偏差的负值是指个别断面。

7.1.6 钢筋笼制作、安装的质量应符合下列规定：

1 钢筋的材质、数量、尺寸应符合设计要求；

2 制作允许偏差应符合表 7.1.6 的规定；

表 7.1.6 钢筋笼制作允许偏差

项 目	允许偏差（mm）
主筋间距	±10
箍筋间距	±20
钢筋笼直径	±10
钢筋笼长度	±100

3 分段制作的钢筋笼，宜采用焊接或机械连接接头，并应符合国家现行标准《混凝土结构工程施工质量验收规范》GB 50204、《钢筋机械连接技术规程》JGJ 107、《钢筋焊接及验收规程》JGJ 18 的有关规定；

4 加劲箍筋宜设在主筋外侧，当施工工艺有特殊要求时也可置于内侧；

5 灌注混凝土的导管接头处外径应比钢筋笼的内径小 100mm 以上；

6 搬运和吊装钢筋笼时，应防止变形；安放时应对准孔位，自由落下，避免碰撞孔壁，就位后应立即固定。

7.1.7 桩体混凝土粗骨料可选用卵石或碎石，其骨料粒径不得大于 50mm，且不宜大于主筋最小净距的 1/3。

7.1.8 大直径扩底桩在大批量施工前，宜先进行成桩试验施工。

7.1.9 应防止钢筋笼在灌注混凝土时上浮或下沉，应将钢筋笼固定在孔口上，宜将部分纵向钢筋伸到孔底。

7.2 施工准备

7.2.1 应调查周边环境，桩基施工的供水、供电、通信、道路、排水、泥浆排放等设施应准备就绪，施工场地应进行平整，施工机械应能正常作业。

7.2.2 应建立桩基轴线控制网，场地测量基准控制点和水准点应设在不受施工影响处。开工前，基准控制点和水准点经复核后应妥善保护，施工中应经常复测。

7.2.3 施工前应向作业人员进行安全、技术交底。

7.2.4 应根据桩型、钻孔深度、土层情况、泥浆排放、环境条件等因素综合确定钻孔机具及施工工艺。

7.2.5 大直径扩底桩的施工组织设计或专项施工方案，应包括下列内容：

1 施工平面图，图中应标明桩位、桩位编号、施工顺序、水电线路和临时设施的位置；采用泥浆护壁成孔时，尚应标明泥浆制备设施及其循环系统的布设位置；

2 成孔、扩底、钢筋笼安放和混凝土灌注的施工工艺及技术要求，对于泥浆护壁应有泥浆制备和处理措施；

3 施工作业计划和劳动力组织计划；

4 施工机械设备、配件、工具、材料供应计划；

5 爆破作业、文物和环境保护技术措施；

6 保证工程质量、安全生产和季节性施工的技术措施；

7 成桩机械检验、维护措施；

8 应急预案。

7.3 泥浆护壁成孔大直径扩底灌注桩

I 泥浆的制备和处理

7.3.1 采用泥浆护壁成孔工艺施工时，除能自行造浆的黏性土层外，均应制备泥浆。泥浆制备应选用高塑性黏土或膨润土。泥浆应根据施工机械、施工工艺及穿过土层的情况进行配合比设计。

7.3.2 一台钻机应有一套泥浆循环系统，每套泥浆循环系统应设置用于配制和储存优质泥浆及清孔换浆的储浆池，其容量不应小于桩孔的容积；应设置用于钻进（含扩底钻进）泥浆的循环池，其容量不宜小于桩孔容积的1/2；应设置沉淀储渣池，其容量不宜小于20m³；尚应设置相应的循环沟槽。泥浆循环系统中池、沟、槽均应用砖砌成，施工完毕应拆除砖块后用土回填夯实。

7.3.3 泥浆护壁施工应符合下列规定：

1 施工期间护筒内的泥浆面应高出地下水位1.0m以上，在受水位涨落影响时，泥浆面应高出最高水位1.5m以上；

2 成孔时孔内泥浆液面应保持稳定，且不宜低于硬地面30cm；

3 在容易产生泥浆渗漏的土层中应采取保证孔壁稳定的措施；

4 开孔时宜用密度为1.2g/cm³的泥浆；在黏性土层、粉土层中钻进时，泥浆密度宜控制在1.3g/cm³以下。

7.3.4 废弃的浆、渣应进行集中处理，不得污染环境。

II 正、反循环钻孔扩底灌注桩

7.3.5 钻机定位后，应用钢丝绳将护筒上口挂戴在钻架底盘上，成孔过程中钻机塔架头部滑轮组、固转器与钻头应始终保持在同一铅垂线上，保证钻头在吊紧的状态下钻进。

7.3.6 孔深较大的端承型桩，宜采用反循环工艺成孔或清孔，也可根据土层情况采用正循环钻进、反循环清孔。

7.3.7 泥浆护壁成孔应设孔口护筒，并应符合下列规定：

1 护筒位置应准确，护筒中心与桩位中心的允许偏差应为±50mm；护筒埋设应稳固；

2 护筒宜用厚度为4mm～8mm的钢板制作，内径应大于钻头直径100mm，其上部宜开设1～2个溢浆孔；

3 护筒的埋设深度：在黏性土中不宜小于1.0m；砂土中不宜小于1.5m；其高度应满足孔内泥浆面高度的要求；

4 受水位涨落影响或在水下钻进施工，护筒应加高加深，必要时应打入不透水层。

7.3.8 宜采用与钻机配套的标准直径钻头成孔，并应根据成孔的充盈系数确定钻头的直径大小，应保证成桩的充盈系数不小于1.10。

7.3.9 钻机设置的垂直度导向装置应符合下列规定：

1 潜水钻的钻具上应有长度不小于3倍钻头直径的导向装置；

2 利用钻杆加压的正循环回转钻机，在钻具上应加设扶正器。

7.3.10 钻孔应采用钻机自重加压法钻进。开机钻进时，应先轻压、慢转，并适当控制泥浆泵量。当钻机进入正常工作状态时，可逐渐加大转速与钻压，加压时钻机不应晃动，保证及时排渣。钻孔的技术参数宜按下列规定控制：

1 钻压：不大于10kPa；

2 转速：30r/min～60r/min；

3 泥浆泵量：50m³/h～75m³/h；

4 当遇到岩层或砂层时，应调整钻压与转速，以整机不发生跳动为准；

5 当遇到松软土层时，应根据泥浆补给情况控制钻进速度；

6 当遇到有易塌孔土层时，应适当加大泥浆相对密度。

7.3.11 钻进过程中如发生斜孔、塌孔和护筒周围冒浆时，应停止钻进，待采取相应措施后再行钻进。

7.3.12 灌注混凝土前孔底沉渣厚度应符合下列规定：

1 竖向承载的扩底桩，不应大于50mm；

2 抗拔或抗水平力的扩底桩，不应大于200mm。

7.3.13 大直径扩底灌注桩扩底尺寸除应符合本规程第5.1.1条的规定外，尚应符合下列规定（图7.3.13）：

1 扩孔边锥角（α）：风化基岩中宜取$\theta=22°\sim$

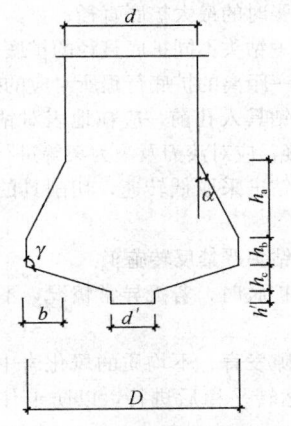

图 7.3.13 钻孔扩底桩扩底
形状示意图

α—扩孔边锥角；γ—扩孔底锥角；
d'、h'—沉渣孔的直径及深度

28°，较稳定土层宜取 15°～25°；

 2 扩孔底锥角（γ）：宜取 105°～135°；

 3 最大桩径段高度（h_b）：宜取 0.3m～0.4m；

 4 沉渣孔：直径宜取 0.2m～0.3m；深度宜取 0.1m～0.3m。

7.3.14 扩底钻进宜采用泵吸反循环钻进工艺施工，并宜符合下列规定：

 1 施工流程宜为：直孔段钻进成孔→第一次清孔换浆→换扩底钻头扩底钻进→第二次清孔换浆→检验扩底尺寸及形状→安放钢筋笼→下导管及第三次清孔换浆→灌注混凝土成桩；

 2 扩底钻进施工前，应根据扩底直径确定钻机的扩底行程，并固定好钻头的行程限位器；当开始扩底钻进时，应先轻压、慢转，逐渐转入正常工作状态。当转至所标注行程时，应放松钻具钢丝绳；

 3 清孔换浆应符合下列规定：

  1）第一次清孔换浆应将钻具提离孔底 300mm～500mm，用泵吸反循环工艺吸净孔底沉渣；

  2）第三次清孔换浆可利用混凝土灌注导管和砂石泵组进行，置换出来的泥浆相对密度应小于 1.15，含砂率应小于 6%，泥浆黏度应控制在 18s～25s；

 4 扩底施工中应采取下列孔壁稳定措施：

  1）孔内静水压力宜保持在 15kPa～20kPa；

  2）钻进时应选用优质泥浆并及时换；

  3）应精心操作，防止孔内水压激变以及人为扰动孔壁。

7.3.15 扩底钻进施工操作应符合下列规定：

 1 每一种规格的扩底钻具使用前均应做张、收试验，准确测量下列数据，并应符合设计要求：

  1）全收和全张时的钻头长度，钻头扩底时的最大行程；

  2）全张时的最大扩底直径；

  3）同一钻头不同扩底直径的扩底行程；

  4）任一距离的扩底行程所对应的扩底直径。

 2 扩底钻具入孔前，应在地表对钻具各部位焊接、销轴连接，应对滚刀及滚刀架等进行整体检验。

 3 扩底钻进采取低转速，切削具的线速度宜取 1.5m/s。

 4 扩底钻头严禁反转施工。

 5 正常扩底时，若无异常情况，不得无故提动钻具。

 6 在裂隙发育、不均质的风化岩中扩底时，施加压力应在运转平稳后进行，以防卡住钻机，造成事故。

 7 扩底完成后，应轻缓的提钻具至孔外。当出现提钻受阻时，不得强提、猛拉，应上下窜动钻具；当钻头脱离孔底时，可轻轻旋转钻头并收拢。

 8 扩底钻头提出孔外后，应及时冲洗、检查，发现问题应及时维修。

Ⅲ 水下混凝土灌注

7.3.16 在第三次清孔检验合格后，应立即灌注混凝土。

7.3.17 水下灌注的混凝土应符合下列规定：

 1 应具备良好的和易性；配合比应通过试验确定；坍落度宜为（180～220）mm；水泥用量不宜少于 360kg/m³；

 2 混凝土的含砂率宜为 40%～50%，并宜选用中粗砂；

 3 混凝土宜掺加外加剂。

7.3.18 灌注混凝土的导管应符合下列规定：

 1 导管壁厚不宜小于 3mm，直径宜为 200mm～250mm，直径允许偏差应为 ±2mm；导管的分节长度可视工艺要求确定，底管长度不宜小于 4m，接头宜采用矩形双螺纹快速接头；

 2 导管使用前应进行试拼装、试压，试水压力可取 0.6MPa～1.0MPa；

 3 导管应连接可靠、接头严密，接口宜用"O"形密封圈；导管吊入桩孔时，位置应居孔中，应防止刮擦钢筋笼和碰撞孔壁；

 4 导管下应设置隔水塞，隔水塞应有良好的隔水性能，并应保证顺利排出；

 5 每次使用后应对导管内外进行清洗。

7.3.19 水下混凝土灌注施工应符合下列规定：

 1 开始灌注混凝土时，导管底部至孔底的距离宜为 0.3m～0.5m；

 2 应始终保持导管埋入混凝土深度大于 2m，并宜小于或等于 4m，严禁将导管提出混凝土灌注面；应控制提拔导管速度，并应跟踪测量导管埋入混凝土灌注面的高差及导管内外混凝土的高差，及时填写水下混凝土灌注记录；

 3 水下混凝土灌注应连续施工，每根桩混凝土的灌注时间应按初盘混凝土的初凝时间控制；

 4 应控制混凝土的灌注量，超灌高度宜为 0.8m～1.0m；凿除泛浆后，应保证暴露的桩顶混凝土强度达到设计等级。

7.4 干作业成孔大直径扩底灌注桩

Ⅰ 钻孔扩底灌注桩

7.4.1 钻孔施工应符合下列规定：

 1 钻杆应保持垂直稳固，位置准确，应防止因钻杆晃动引起扩径；

 2 钻进速度应根据电流值变化及时调整；

 3 钻进过程中，应随时清理孔口积土，遇到地下水、塌孔、缩孔等异常情况时，应及时处理；

7.4.2 扩底部位施工应符合下列规定：

1 应根据电流值或油压值，调节扩孔刀片削土量，防止出现超负荷现象；

2 扩底直径和孔底的虚土厚度应符合设计要求。

7.4.3 成孔扩底达到设计深度后，应保护孔口，并应按本规程规定进行验收，及时作好记录。

7.4.4 当扩底成孔发现桩底硬质岩残积土或页岩、泥岩等发生软化时，应重新启动钻机将其清除。

7.4.5 灌注混凝土前，应在孔口安放护孔漏斗，然后放置钢筋笼，并应再次测量孔内虚土厚度。灌注混凝土时，第一次应灌到扩大端的顶面，并随即振捣密实；灌注桩顶以下5m范围内混凝土时，应随灌注随振捣密实，每次灌注高度不应大于1.5m。

Ⅱ 人工挖孔扩底灌注桩

7.4.6 人工挖孔大直径扩底灌注桩的桩身直径不宜小于0.8m；孔深不宜大于30m。当相邻桩间净距小于2.5m时，应采取间隔开挖措施。相邻排桩间隔开挖的最小施工净距不得小于4.5m。

7.4.7 人工挖孔大直径扩底灌注桩的混凝土护壁厚度及护壁配筋应符合下列规定：

1 当桩身直径不大于1.5m时，混凝土护壁厚度不宜小于100mm，护壁应配置直径不小于8mm的环形和竖向构造钢筋，钢筋水平和竖向间距不宜大于200mm，钢筋应设于护壁混凝土中间，竖向钢筋应上下搭接或焊接；

2 当桩身直径大于1.5m且小于2.5m时，混凝土护壁厚度宜为120mm～150mm；应在护壁厚度方向配置双层直径为8mm的环形和竖向构造钢筋，钢筋水平和竖向间距不宜大于200mm，竖向钢筋应上下搭接或焊接；

3 当桩身直径大于等于2.5m且小于4m时，混凝土护壁厚度宜为200mm，应在护壁厚度方向配置双层直径为8mm的环形和竖向构造钢筋，钢筋水平和竖向间距不宜大于200mm，竖向钢筋应上下搭接或焊接。

7.4.8 开始挖孔前，桩位应准确定位放线，应在桩位外设置定位基准桩，安装护壁模板时应采用定位基准桩校正模板位置。

7.4.9 第一节护壁井圈应符合下列规定：

1 井圈中心线与设计轴线的偏差不得大于20mm；

2 井圈顶面应高于场地地面100mm～150mm，第一节井圈的壁厚应比下一节井圈的壁厚加厚100mm～150mm，并应按本规程第7.4.7条的规定配置构造钢筋。

7.4.10 人工挖孔大直径扩底桩施工时，每节挖孔的深度不宜大于1.0m；每节挖土应按先中间、后周边的次序进行。当遇有厚度不大于1.5m的淤泥或流砂层时，应将每节开挖和护壁的深度控制在0.3m～0.5m，并应随挖随验、随做护壁，或采用钢护筒护壁施工，并应采取有效的降水措施。

7.4.11 扩孔段施工应分节进行，应边挖、边扩、边做护壁，严禁将扩大端一次挖至桩底后再进行扩孔施工。

7.4.12 人工挖孔桩应在上节护壁混凝土强度大于3.0MPa后，方可进行下节土方开挖施工。

7.4.13 当渗水量过大时，应采取截水、降水等有效措施。严禁在桩孔中边抽水边开挖。

7.4.14 护壁井圈施工应符合下列规定：

1 每节护壁的长度宜为0.5m～1.0m；

2 上下节护壁的搭接长度不得小于50mm；

3 每节护壁均应在当日连续施工完毕；

4 护壁混凝土应振捣密实，如孔壁少量渗水可在混凝土中掺入速凝剂，当孔壁渗水较多或出现流砂时，应采用钢护筒等有效措施；

5 护壁模板的拆除应在灌注混凝土24h后进行；

6 当护壁有孔洞、露筋、漏水现象时，应及时补强；

7 同一水平面上的井圈直径的允许偏差应为50mm。

7.4.15 当挖至设计标高后，应清除护壁上的泥土和孔底残渣、积水，隐蔽工程验收后应立即封底和灌注桩身混凝土。当桩底岩土因浸水等软化时，应清除干净后方可灌注混凝土。

7.4.16 灌注桩身混凝土时宜采用串筒或溜管，串筒或溜管末端距混凝土灌注面高度不宜大于2m；也可采用导管泵送灌注混凝土。混凝土应垂直灌入桩孔内，并连续灌注，宜利用混凝土的大坍落度和下冲力使其密实。桩顶5m以内混凝土应分层振捣密实，分层灌注厚度不应大于1.5m。

7.4.17 钢筋笼制作应符合本规程第5.1.2条的规定。

7.5 大直径扩底灌注桩后注浆

7.5.1 大直径扩底灌注桩后注浆装置的设置及施工应符合下列规定：

1 后注浆导管应采用直径为30mm～50mm的钢管，且应与钢筋笼的加强箍筋固定牢固；

2 桩端后注浆导管及注浆阀的数量宜根据桩径大小设置，直径不大于1200mm的桩，宜沿钢筋笼圆周对称设置5～7根；

3 当桩长超过15m且单桩承载力增幅要求较高时，宜采用桩端、桩侧复式注浆；

4 对于非通长配筋桩，下部应有不少于2根与注浆管等长的主筋组成的钢筋笼通底；

5 钢筋笼应沉放到底，不得悬吊，下笼受阻时不得撞笼、墩笼、扭笼。

7.5.2 后注浆阀应符合下列规定：

1 注浆阀应能承受设计要求的静水压力；注浆阀外部保护层应能抵抗砂石等硬质物的刮撞；

2 注浆阀应具备逆止功能。

7.5.3 浆液配比、终止注浆压力、流量、注浆量等参数设计应符合下列规定：

1 浆液的水灰比应根据土的饱和度、渗透性确定，对于饱和土，水灰比宜为 0.45～0.65；对于非饱和的松散碎石土、砾砂土等水灰比宜为 0.5～0.6；低水灰比浆液宜掺入减水剂。

2 注浆终止时的注浆压力应根据土层性质及注浆点深度确定，风化岩、非饱和黏性土及粉土，注浆压力宜为 3MPa～10MPa；饱和土层注浆压力宜为 1.2MPa～4MPa。软土宜取低值，密实黏性土宜取高值。

3 注浆流量不宜大于 75L/min。

4 单桩注浆量的设计应根据桩径、桩长、桩端和桩侧土层性质、单桩承载力增幅及是否复式注浆等因素确定，可按下式估算：

$$G_c = \alpha_p D + \alpha_s n d \qquad (7.5.3)$$

式中：G_c——注浆量，以水泥质量计（t）；

α_p、α_s——分别为桩端、桩侧注浆经验系数，$\alpha_p = 1.5 \sim 1.8$，$\alpha_s = 0.5 \sim 0.7$，对于卵砾石、中粗砂取高值，一般黏性土取低值；

D——扩大端直径（m）；

n——桩侧注浆断面数；

d——桩身直径（m）。

对独立单桩、桩距大于 6d 的群桩和群桩初始注浆的数根基桩的注浆量，应按公式（7.5.3）估算，并将估算值乘以 1.2 的系数。

5 后注浆作业开始前，宜通过注浆试验优化并确定注浆参数。

7.5.4 注浆前应对注浆管及设施进行压水试验。

7.5.5 后注浆作业起始时间、顺序和速率应符合下列规定：

1 注浆作业宜于成桩 2d 后开始；

2 注浆作业与成桩作业点的距离不宜小于 10m；

3 对于饱和土，宜先桩侧后桩端注浆；对于非饱和土，宜先桩端后桩侧；对于多断面桩侧注浆，应先上后下；桩侧和桩端注浆间隔时间不宜少于 2h；

4 桩端注浆时，应对同一根桩的各注浆导管依次实施等量注浆；

5 对于群桩注浆宜先外围、后内部；

6 应记录注浆压力、注浆量和注浆管的变化，并用百分表检测桩的上抬量。

7.5.6 当满足下列条件之一时，即可终止注浆：

1 注浆总量和注浆压力均达到设计要求；

2 注浆总量达到设计值的 75％ 及以上，且注浆压力超过设计值。

7.5.7 当注浆压力长时间低于正常值或地面出现冒浆或周围桩孔出现串浆时，应改为间歇注浆，间歇时间宜为 30min～60min，或调低浆液水灰比。

7.6 安 全 措 施

7.6.1 机械设备应由考核合格的专业机械工操作，并应持证上岗。

7.6.2 对大直径扩底灌注桩施工机械设备的操作应符合现行行业标准《建筑机械使用安全技术规程》JGJ 33 的规定，应对机械设备、设施、工具配件以及个人劳保用品经常检查，应确保完好和使用安全。

7.6.3 桩孔口应设置围栏或护栏、盖板等安全防护设施，每个作业班结束时，应对孔口防护进行逐一检查，严禁非施工作业人员入内。

7.6.4 在距未灌注混凝土的桩孔 5m 范围内，场地堆载不应超过 15kN/m²，不应有运输车辆行走。对于软土地基，在表层地基土影响范围内禁止堆载。

7.6.5 雨、雪、冰冻天气应采取相应的安全措施，雨后施工应排除积水。

7.6.6 人工挖孔大直径扩底桩施工应采取下列安全措施：

1 孔内应设置应急软爬梯供作业人员上下；操作人员不得使用麻绳、尼龙绳吊挂或脚踏井壁上下；使用的电葫芦、吊笼等应安全可靠，并应配有自由下落卡紧保险装置；电葫芦宜用按钮式开关，使用前应检验其安全起吊能力，并经过动力试验；

2 每日开工前应检测孔内是否有有毒、有害气体，并应有安全防范措施；当桩孔挖深超过 3m～5m 时，应配置向孔内作业面送风的设备，风量不应少于 25L/s；

3 在孔口应设置防止杂物掉落孔内的活动盖板；

4 挖出的土方应及时运离孔口，不得堆放在孔口周边 5m 的范围内；当孔深大于 6m 时，应采用机械动力提升土石方，提升机构应有反向锁定装置。

7.6.7 应控制注浆的压力，严禁超压运作。试压时注浆管口应远离人群。

7.6.8 钻头吊入护筒内后，应关好钻架底层铁门，防止杂物落入桩孔。

7.6.9 启动、下钻及钻进时，须设专人收、放电缆和进浆管。使用潜水电钻成孔设备时，应设有过载保护装置，在阻力过大时应能自动切断电源。

7.6.10 废弃泥浆、渣土应有序排放，严禁随意流淌或倾倒。泥浆池应设置围栏。

7.6.11 工地临时用电线路架设及用电设施，应按现行行业标准《施工现场临时用电安全技术规范》JGJ 46 的有关规定执行。

8 质量检验

8.1 一般规定

8.1.1 大直径扩底桩质量检验应包括下列内容：

1 桩体原材料检验；

2 成孔检验；

3 成桩检验；

4 后注浆检验；

5 桩承台检验。

8.1.2 大直径扩底桩质量检验要求，应符合表8.1.2的规定。

表 8.1.2 大直径扩底桩质量检验要求

序	检查项目	允许偏差	检查方法
1	桩位	≤d/4 且不大于 100mm	开挖后量桩中心
2	孔深	+300mm 0	测钻具长度或用重锤测量
3	混凝土强度	设计要求	试件报告或钻芯取样送检
4	沉渣厚度	≤50mm	用沉渣测定仪或重锤测量
5	桩径	±50mm	用伞形孔径仪或超声波检测
6	垂直度	<1.0%	测钻杆的垂直度或用超声波探测
7	钢筋笼安装深度	±100mm	用钢尺量
8	混凝土充盈系数	>1.0	检查桩的实际灌注量
9	桩顶标高	+30mm −50mm	用水准仪量

8.1.3 大直径扩底桩钢筋笼质量检验要求，应符合表8.1.3的规定。

表 8.1.3 大直径扩底桩钢筋笼质量检验要求

项目	序	检查项目	允许偏差	检查方法	备注
主控项目	1	主筋间距	±10mm	用钢尺量	主筋、加劲筋电焊搭接时，单面焊缝长度大于10d，焊缝饱满
	2	钢筋笼整体长度	±100mm	用钢尺量	
一般项目	1	钢筋材质检验	设计要求	抽样送检	
	2	箍筋间距	±20mm	用钢尺量	
	3	钢筋笼直径	±10mm	用钢尺量	

8.1.4 桩体原材料质量检验应符合现行国家标准《建筑地基基础工程施工质量验收规范》GB 50202的规定。

8.1.5 承台工程的检验除应符合本规程的规定外，尚应符合现行国家标准《混凝土结构工程施工质量验收规范》GB 50204的规定。

8.2 成孔质量检验

8.2.1 大直径扩底桩成孔施工前，应试成孔，其数量在每个场地不应少于2个。对于有经验的建筑场地，试成孔可结合工程桩进行。

8.2.2 成孔质量检验应包括：孔深、孔径、垂直度、扩大端尺寸、孔底沉渣厚度等。

8.2.3 人工成孔时，应逐孔检验桩端持力层岩土性质、进入持力层深度、扩大端孔径、桩身孔径和垂直度，孔底虚土应清理干净。持力层为风化基岩时，宜采用点荷载法逐孔测试风化岩的强度。

8.2.4 机械成孔时，应逐孔检验桩端持力层岩土性质、进入持力层深度、扩大端孔径、桩身孔径、垂直度和孔底沉渣厚度。

8.2.5 机械成孔桩扩大端孔径及桩身孔径可采用超声波法或伞形孔径仪进行检验，并应符合本规程附录C、附录D的规定。伞形孔径仪的标定方法应符合本规程附录E的规定。

8.2.6 机械成孔的孔底沉渣厚度应符合本规程第7.3.12条的规定，可采用沉渣测定仪检测，并应符合下列规定：

1 沉渣厚度检测宜在清孔完毕后、灌注混凝土前进行；

2 检测至少应进行3次，应取3次检测数据的平均值为最终检测结果。

8.2.7 沉渣测定仪应符合下列规定：

1 检测仪器、设备应是有计量器具生产许可证的厂家生产的合格产品，并应在标定有效期内使用；

2 检测仪器、设备应具有良好的稳定性及绝缘性，且应具备检测工作所必需的防尘、防潮、防振等功能，并应能在−10℃～+40℃温度范围内正常工作；

3 检测精度应满足评价要求。

8.2.8 大直径扩底桩成孔施工允许偏差应符合本规程表8.1.2的要求。

8.3 成桩质量检验

8.3.1 大直径扩底桩成桩质量检验项目应包括：钢筋笼制作与吊放、混凝土灌注、混凝土强度、桩位、桩身完整性、单桩承载力等。

8.3.2 钢筋笼制作前应对钢筋与焊条规格、品种、质量、主筋和箍筋的制作偏差等进行检查，钢筋笼制作偏差应符合本规程第8.3.3条的规定。

8.3.3 钢筋笼制作与吊放应按设计要求施工，除应符合本规程表8.1.3的规定外，尚应符合下列规定：

1 钢筋保护层允许偏差为±10mm；

2 钢筋笼就位后，顶面和底面标高允许偏差为±50mm。

8.3.4 应对钢筋笼安装进行检查，并应填写相应质量检测、检查记录。

8.3.5 拌制混凝土时，应对原材料计量、混凝土配合比、坍落度等进行检查；

8.3.6 成桩后应对桩位偏差、混凝土强度、桩顶标高等进行检验，并应符合本规程表8.1.2的规定。

8.3.7 每灌注50m³混凝土必须有1组试件，每根桩必须有1组试件。

8.3.8 大直径扩底桩可采用钻芯法或声波透射法进行桩身完整性检验，抽检数量不应少于总桩数的30%，且不应少于10根；采用低应变法检验桩身完整性时，检验数量应为100%。钻芯法或声波透射法检验应符合现行行业标准《建筑基桩检测技术规范》JGJ 106的规定。

8.3.9 大直径扩底桩应进行承载力检测，并应符合下列规定：

1 当采用单桩静载试验检测承载力时，检验数量不应少于同条件下总桩数的1%，且不应少于3根；当总桩数少于50根时，检测数量不应少于2根；

2 在桩身混凝土强度达到设计要求的条件下，后注浆桩承载力检测应在注浆20d后进行，浆液中掺入早强剂时可于注浆15d后进行。

8.3.10 大直径扩底桩单桩竖向抗压静载试验应符合本规程附录B的要求，单桩竖向抗拔承载力和单桩水平承载力的静载试验应符合现行行业标准《建筑基桩检测技术规范》JGJ 106的规定。

8.3.11 大直径扩底桩质量合格判定应符合下列规定：

1 桩身所用的原材料合格；每桩留有桩身混凝土试件，其抗压强度应符合设计要求；

2 桩身直径、扩大端尺寸、桩身入土深度、桩端进入持力层深度应符合设计要求；

3 桩的平面位置和成孔质量应符合现行国家标准《建筑地基基础工程施工质量验收规范》GB 50202的规定；

4 桩身完整性经检验合格；

5 单桩承载力特征值符合设计要求。

8.4 大直径扩底灌注桩及承台质量验收

8.4.1 大直径扩底桩及承台工程的验收应符合现行国家标准《建筑地基基础工程施工质量验收规范》GB 50202的规定。

8.4.2 当桩顶设计标高与施工场地标高相近时，大直径扩底桩桩基工程应待成桩完毕后验收；当桩顶设计标高低于施工场地标高时，应待开挖到设计标高后进行验收。

8.4.3 大直径扩底桩验收应包括下列资料：

1 工程地质勘察报告、竣工图、图纸会审纪要、设计变更单及材料代用通知单等；

2 经审定的施工组织设计、施工方案及执行中变更情况；

3 桩位测量放线图，包括工程桩桩位线复核签证单；

4 原材料的质量合格证和质量检验报告；

5 施工记录及隐蔽工程验收文件；

6 成孔质量检验报告；

7 成桩质量检验报告；

8 单桩承载力检验报告或基岩载荷检验报告；

9 其他必须提供的文件和记录。

8.4.4 后注浆大直径扩底桩验收，除应符合本规程8.4.3条的要求外，尚应包括下列资料：

1 水泥材质检验报告；

2 压力表检定证书；

3 设计工艺参数；

4 试注浆记录；

5 后注浆作业记录；

6 特殊情况处理记录等资料。

8.4.5 承台工程验收时应包括下列资料：

1 承台钢筋、混凝土的施工与检验记录；

2 桩头与承台的锚筋、边桩离承台边缘距离、承台钢筋保护层检验记录；

3 承台厚度、长宽和宽度的检验记录及混凝土外观检验记录等。

附录A 耐久性规定

A.0.1 二类和三类环境中，设计使用年限为50年的桩基结构混凝土耐久性应符合表A.0.1的规定。

表 A.0.1 二类和三类环境桩基结构混凝土耐久性的基本要求

环境类别		最大水灰比	最小水泥用量 (kg/m³)	混凝土最低强度等级	最大氯离子含量 (%)	最大碱含量 (kg/m³)
二	a	0.55	250	C25	0.3	3.0
	b	0.50	275	C30	0.2	3.0
三		0.45	300	C35	0.1	3.0

注：1 氯离子含量系指其与水泥用量的百分率；
  2 当混凝土中加入活性掺合料或能提高耐久性的外加剂时，可适当降低最小水泥用量；
  3 当使用非碱活性骨料时，对混凝土中碱含量不作限制；
  4 当有可靠工程经验时，表中混凝土最低强度等级可降低一个等级。

A.0.2 桩身裂缝控制等级及最大裂缝宽度应根据环境类别和水、土介质腐蚀性等级按表 A.0.2 规定选用。

表 A.0.2 桩身的裂缝控制等级及最大裂缝宽度限值

环境类别	钢筋混凝土		预应力混凝土	
	裂缝控制等级	w_{lim}(mm)	裂缝控制等级	w_{lim}(mm)
二 a	三	0.2 (0.3)	二	0
二 b	三	0.2	二	0
三	三	0.2	二	0

注：1 水、土为强、中腐蚀时，抗拔桩裂缝控制等级应提高一级；
　　2 二 a 环境中，位于稳定地下水位以下的基桩，其最大裂缝宽度限值可采用括弧中的数值。

A.0.3 四类、五类环境桩基结构耐久性设计可按现行行业标准《港口工程混凝土结构设计规范》JTJ 267 和现行国家标准《工业建筑防腐蚀设计规范》GB 50046 等执行。

A.0.4 对三、四、五类环境桩基结构，受力钢筋宜采用环氧树脂涂层带肋钢筋。

附录 B 大直径扩底灌注桩单桩竖向抗压承载力静载试验要点

B.0.1 本试验要点适用于测求大直径扩底桩单桩竖向抗压承载力特征值。

B.0.2 大直径扩底桩单桩竖向抗压承载力静载试验应采用锚桩横梁反力装置或锚桩压重联合反力装置，且加载反力装置能提供的反力不得小于最大加载量的 1.2 倍。

B.0.3 为设计提供依据的竖向抗压静载荷试验应采用慢速维持荷载法。

B.0.4 试验加载应分级进行，采用逐级等量加载；分级荷载宜为最大加载量或预估极限承载力的 1/10，其中第一级可取分级荷载的 2 倍。

B.0.5 每级荷载加载后，在第 5min、10min、15min、30min、45min、60min 时测读桩顶沉降量 s，以后每隔 30min 测读一次。

B.0.6 在每一小时内桩顶沉降不超过 0.1mm，且连续出现两次（从分级荷载施加后第 30min 开始，按 1.5h 连续三次每 30min 的沉降观测值计算）后，可判定试桩在本级荷载作用下已经相对稳定，可施加下一级荷载。

B.0.7 终止加载条件应符合下列规定之一：

　　1 某级荷载作用下，桩顶沉降量应大于前一级荷载作用下沉降量的 5 倍；

　　2 某级荷载作用下，桩顶沉降量应大于前一级荷载作用下沉降量的 2 倍，且经 24h 沉降量尚不能达到稳定标准；

　　3 当荷载达到锚桩抗拔承载力或当工程桩作锚桩时，锚桩上拔量应已达到允许值；

　　4 当桩端持力层为坚硬土层或风化软岩，且不存在软弱下卧层时，最大加载量应不小于单桩承载力特征值的 2 倍；

　　5 荷载-沉降曲线可有判定单桩极限承载力的陡降段，可终止加载；缓变型曲线可加载至桩顶总沉降量大于 60mm～80mm；在特殊情况下，可根据具体要求加载至桩顶累计沉降量大于 100mm。

B.0.8 卸载时，每级荷载维持 1h（按第 15min、30min、60min 测读桩顶沉降量），即可卸下一级荷载。卸载至零后，应测读桩顶残余沉降量，维持时间 3h（测读时间为第 15min、30min，以后每隔 30min 测读一次）。

B.0.9 大直径扩底桩单桩竖向抗压承载力特征值应按下列要求确定：

　　1 当单桩极限荷载能确定，将单桩极限荷载除以安全系数 2，作为单桩竖向抗压承载力特征值；

　　2 对缓变形荷载-沉降曲线的试桩，取沉降小于等于 10mm 的荷载作为单桩竖向抗压承载力特征值；结构变形允许时，可适当增加沉降取值，但最大沉降值不得超过 15mm。

B.0.10 大直径扩底桩单桩竖向抗压承载力统计特征值的确定应符合下列规定：

　　1 参加统计的试桩结果，当满足其极差不超过平均值 30% 时，取其平均值作为单桩竖向抗压承载力特征值。

　　2 当极差超过平均值的 30% 时，应分析极差过大的原因，结合工程具体情况综合确定，必要时可增加试桩数量。

　　3 对多桩的柱下承台，或工程桩抽检数量少于 3 根时，应取低值。

B.0.11 施工后的工程桩验收检测宜采用慢速维持荷载法。

B.0.12 当需要测试桩侧阻力和端阻力时，可在桩身内埋设量测桩身应力、应变、桩底反力的传感器或位移杆，具体应按现行行业标准《建筑桩基检测技术规范》JGJ 106 执行。

附录 C 大直径钻孔扩底灌注桩超声波成孔检测方法

C.0.1 本方法适用于泥浆护壁大直径钻孔扩底桩孔的垂直度、孔径检测。

C.0.2 被检测的大直径钻孔扩底桩的孔径不应大于 5.0m。

C. 0. 3 超声波检测时，孔内泥浆性能应符合表 C. 0. 3 的规定。

表 C. 0. 3 泥浆性能指标

项　　目	性能指标
重度（kN/m³）	<12.0
黏度（s）	18～25
含砂量	<4%

C. 0. 4 检测中应采取有效手段，保证检测信号清晰有效。

C. 0. 5 检测中探头升降速度不宜大于 10m/min。

C. 0. 6 超声波法检测仪器设备应符合下列规定：

　　1 孔径检测精度不应低于 0.2%；

　　2 孔深度检测精度不应低于 0.3%；

　　3 测量系统应为超声波脉冲系统；

　　4 超声波工作频率应满足检测精度要求；

　　5 脉冲重复频率应满足检测精度要求；

　　6 检测通道应至少为两通道；

　　7 记录方式应为模拟式或数字式；

　　8 应具有自校功能。

C. 0. 7 超声波法检测仪器进入现场前应利用自校程序进行自校，每孔测试前利用护筒直径的作为标准距离标定仪器系统。标定应至少进行 2 次。

C. 0. 8 标定完成后应及时锁定标定旋钮，在同一孔的检测进程中不得变动。

C. 0. 9 超声波法成孔检测，应在钻孔清孔完毕、孔中泥浆气泡基本消散后进行。

C. 0. 10 仪器探头宜对准护筒中心。

C. 0. 11 检测宜自孔口至孔底或自孔底至孔口连续进行。

C. 0. 12 应正交 $x-x'$、$y-y'$ 两方向检测，直径大于 4.0m 的桩孔、试成孔及静载试桩孔应增加检测方位。

C. 0. 13 应标明检测剖面 $x-x'$、$y-y'$ 等走向与实际方位的关系。

C. 0. 14 成孔后经检测满足规定的要求，应立即灌注混凝土；如隔置时间长，应在成孔后每小时内等间隔检测不宜少于 3 次，每次应定向检测。

C. 0. 15 超声波在泥浆介质中传播速度可按下式计算：

$$c_p = 2(d_0 - d')/(t_1 + t_2) \qquad (C. 0. 15)$$

式中：c_p——超声波在泥浆介质中传播的速度（m/s）；

　　　　d_0——护筒直径（m）；

　　　　d'——两方向相反换能器的发射（接收）面之间的距离（m）；

　　　　t_1、t_2——对称探头的实测声时（s）。

C. 0. 16 孔径 d 可按下式计算：

$$d = d' + c_p \cdot (t_1 + t_2)/2 \qquad (C. 0. 16)$$

式中：d——孔径（m）；

　　　　其余符号意义同上。

C. 0. 17 孔径的垂直度 J 可按下式计算：

$$J = (e/l) \times 100\% \qquad (C. 0. 17)$$

式中：e——孔的偏心距（m）；

　　　　l——实测孔深度（m）。

C. 0. 18 现场检测记录图应符合下列规定：

　　1 应有明显的刻度标记，能准确显示任何深度截面的孔径及孔壁的形状；

　　2 应标记检测时间、设计孔径、检测方向及孔底深度。

附录 D 大直径钻孔扩底灌注桩伞形孔径仪孔径检测方法

D. 0. 1 钻孔扩底桩成孔孔径检测，应在钻孔、清孔完毕后进行。

D. 0. 2 伞形孔径仪必须是具有计量器具生产许可证的厂家生产的合格产品。现场检测前应按照本规程附录 E 的要求标定。伞形孔径仪标定后的恒定电流源电流、量程、仪器常数及起始孔径在检测过程中不得变动。

D. 0. 3 伞形孔径仪应符合下列规定：

　　1 被测孔径小于 1.2m 时，孔径检测误差应为 ±15mm，被测孔径大于等于 1.2m 时，孔径检测误差应为 ±25mm；

　　2 孔深检测精度不低于 0.3%；

　　3 探头绝缘性能不小于 100MΩ/500V，在潮湿情况下不小于 2MΩ/500V；

　　4 应在 −10～+40℃ 温度范围内正常工作，并具备检测工作必需的防尘、防潮、防振等功能。

D. 0. 4 检测前应校正好自动记录仪的走纸与孔口滑轮的同步关系。

D. 0. 5 检测前应将深度起算面与钻孔钻进深度起算面对齐，以此计算孔深。

D. 0. 6 孔径检测应自孔底向孔口连续进行。

D. 0. 7 检测中探头应匀速上提，提升速度应不大于 10m/min。孔径变化较大处，应降低探头提升速度。

D. 0. 8 检测结束时，应根据孔口护筒直径的检测结果，再次标定仪器的测量误差，必要时应重新标定后再次检测。

D. 0. 9 孔径记录图应符合下列规定：

　　1 应有清晰的孔径、深度刻度标记，能准确显示任意深度截面的孔径；

　　2 应有设计孔径基准线、基准零线及同步记录深度标记；

3 记录图纵横比例尺，应根据设计孔径及孔深合理设定，并应满足分析精度需要。

D.0.10 桩端扩大端孔径及桩身孔径可按下式计算：

$$D' = D_0 + k \times \Delta V / I \qquad (D.0.10)$$

式中：D_0——起始孔径（m）；

k——仪器常数（m/Ω）；

ΔV——信号电位差（V）；

I——恒定电流源电流（A）。

附录 E 伞形孔径仪标定方法

E.0.1 伞形孔径仪的标定应在专用标定架上进行。标定架应定期送交国家法定计量检测机构检定合格。

E.0.2 标定架刻度误差应为±1mm。

E.0.3 伞形孔径仪应按下列步骤进行标定：

1 连孔径仪，打开电源，确认设备工作正常；

2 按从小到大、从大到小的顺序，分别将四条测臂置于标定架不同直径 D' 的刻度点，记录仪器每次测量值 d；

3 将各次的直径—测量值数据组，按最小二乘法拟合出$D'-d$的线性方程：

$$d = D_0 + k \times D' \qquad (E.0.3)$$

式中：k——斜率（仪器常数）；

D_0——截距（起始孔径）。

4 将方程求出的仪器常数及起始孔径输入记录仪；

5 将测臂置于标定架不同直径刻度点 3 次，分别记录各次仪器测量值；

6 将上述 3 次标准直径分别代入线性方程，计算出方程的测量值；

7 对应不同标准直径，比较方程测量值与仪器测量值的差值。

E.0.4 根据上述标定的结果，若仪器测量值与方程测量值之差满足规范精度要求，表明仪器正常，可以进行检测。否则需重新标定确定仪器常数及起始孔径，若精度仍不满足要求，仪器必须返厂维修。

本规程用词说明

1 为便于在执行本规程条文时区别对待，对要求严格程度不同的用词说明如下：

1）表示很严格，非这样做不可的：

正面词采用"必须"，反面词采用"严禁"；

2）表示严格，在正常情况下均应这样做的：

正面词采用"应"，反面词采用"不应"或"不得"；

3）表示允许稍有选择，在条件许可时首先应这样做的：

正面词采用"宜"，反面词采用"不宜"；

4）表示有选择，在一定条件下可以这样做的，采用"可"。

2 条文中指明应按其他有关标准执行的写法为："应符合……的规定"或"应按……执行"。

引用标准名录

1 《建筑地基基础设计规范》GB 50007

2 《混凝土结构设计规范》GB 50010

3 《建筑抗震设计规范》GB 50011

4 《岩土工程勘察规范》GB 50021

5 《工业建筑防腐蚀设计规范》GB 50046

6 《建筑地基基础工程施工质量验收规范》GB 50202

7 《混凝土结构工程施工质量验收规范》GB 50204

8 《工程岩体分级标准》GB 50218

9 《工程岩体试验方法标准》GB/T 50266

10 《钢筋焊接及验收规程》JGJ 18

11 《建筑机械使用安全技术规程》JGJ 33

12 《施工现场临时用电安全技术规范》JGJ 46

13 《建筑桩基技术规范》JGJ 94

14 《建筑基桩检测技术规范》JGJ 106

15 《钢筋机械连接技术规程》JGJ 107

16 《港口工程混凝土结构设计规范》JTJ 267

中华人民共和国行业标准

大直径扩底灌注桩技术规程

JGJ/T 225—2010

条 文 说 明

制 定 说 明

《大直径扩底灌注桩技术规程》JGJ/T 225-2010 经住房和城乡建设部2010年11月4日以800号公告批准、发布。

本规程制订过程中，编制组对国内大直径扩底灌注桩的应用情况进行了调查研究，总结了我国大直径扩底灌注桩的实践经验，开展了相关室内模型试验、数值模拟分析和现场试验。

为便于广大设计、施工、科研、学校等单位有关人员在使用本标准时能正确理解和执行条文规定，《大直径扩底灌注桩技术规程》编制组按章、节、条顺序编制了本规程的条文说明，对条文规定的目的、依据以及执行中需注意的有关事项进行了说明。但是，本条文说明不具备与标准正文同等的法律效力，仅供使用者作为理解和把握标准规定的参考。

目　次

1 总　　则

1.0.1 随着我国工程建设的快速发展，具有较高承载性状的大直径扩底灌注桩，在高层建筑等大型、重要工程中得到广泛应用。大直径扩底灌注桩有以下特点：

1　大直径扩底灌注桩以桩端承载力为主，绝大多数载荷试验得不到明显的极限荷载，载荷试验曲线基本上均呈缓变型，没有明显直线段，也无明显的破坏荷载，甚至比例界限也不明显，极限承载力标准值无法由载荷试验直接确定。

2　根据大直径扩底灌注桩静压桩试验结果分析和其受力机理分析，大直径扩底桩具有很高的端承潜力。

3　大直径扩底桩的沉降变形以桩底土的竖向压缩变形为主，而这种变形又与桩底土的特性密切相关。因此大直径扩底桩的设计必须以沉降变形和承载力双向控制。

由于大直径扩底桩的以上特点，与普通的等直径桩的承载特性不同，现行的地基基础设计标准和建筑桩基技术标准显然不能完全适用于该桩型，因此特编制本规程，用于扩底桩的设计与施工。

1.0.2 本规程所指的建筑工程，包括构筑物。

2　术语和符号

2.1　术　　语

2.1.1 基础埋深小于等于 5m 时，施工难度小，习惯上称为浅基础。而桩基为深基础，因此本规程规定大直径扩底桩桩长不小于 5m。

2.1.4 本规程规定大直径扩底桩单桩竖向抗压承载力特征值，是由单桩载荷试验测定的地基土压力变形曲线拟线性段内规定的变形所对应的压力值，其取值应按下列要求确定：

1　当能确定单桩极限荷载，将单桩极限荷载除以安全系数 2，作为单桩竖向抗压承载力特征值。

2　对缓变形荷载-沉降曲线的试桩，取沉降小于等于 10mm 的荷载作为单桩竖向抗压承载力特征值。结构变形允许时，可适当增加沉降取值，但最大沉降值不得超过 15mm。桩顶沉降取值，应根据端承岩土体的条件和性质综合确定，通常土质越硬取值越小。确定大直径扩底桩单桩竖向承载力特征值的桩顶沉降取值，应扣除桩身压缩变形，桩身压缩计算见本规程第 6.2.6 条。

大直径扩底桩载荷试验曲线多为缓变形，无明显极限荷载，因此，工程中也有取桩顶沉降量 s 与扩底直径 D 之比 $s/D=0.01$ 为承载力特征值的，但必须

满足上部结构对变形的要求。

3　基本规定

3.0.1 大直径扩底桩的适用条件可以归纳为以下几点：

1　由于大直径扩底桩以端阻力为主，故在一定深度范围内应有承载能力较高、稳定性较好的持力层，如中密、密实的砂土或碎石土，坚硬、硬塑状态的粉土和黏性土，强风化以上的硬质岩以及中风化、微风化的软岩、较软岩等。有承载力较高的持力层才能发挥扩底桩的优势，但承载力很高的岩石，由于承载力主要由桩身强度控制，故一般不需扩底。

2　无论人工还是机械扩底，施工时都有一个临空面，松散土层容易垮塌，故"适宜于底部扩大"是采用扩底桩不可或缺的条件。

3　大直径扩底桩的竖向承载力很高，可达数千甚至数万千牛，故常用于单柱荷载较大的框架结构、框剪结构、排架结构、巨型柱以及剪力墙、筒结构等的基础，常采用一柱一桩，用于轻型建筑和砌体结构往往不经济。

4　大直径扩底桩有较高的水平向承载力和抗拔力，可用于水平向荷载较高的工程和拔力较大的工程。

5　人工开挖的扩底桩，适宜在狭小的施工场地上应用，但在地下水位以下施工时，应采取有效降水和支护措施后开挖、扩底。

6　大直径扩底桩的设计和施工，经验性很强，故无论用于竖向、水平向或抗拔，均需有一定的经验，否则，应通过试验确定其适用性。

3.0.2 为了便于设计时区别对待，需划分大直径扩底桩的设计等级。设计等级的划分主要依据设计的复杂性、技术的难易程度以及地基问题对建筑物安全和正常使用可能造成影响的严重程度，建筑物的规模和重要性、荷载大小、地基的复杂程度是主要因素。本条规定与现行国家标准《建筑地基基础设计规范》GB 50007 的原则和精神一致，并根据扩底桩的特殊情况进一步具体化。

大直径扩底桩主要用于柱基础，且大多采用一柱一桩，故单柱荷载很大的扩底桩应列为甲级；荷载特别大时采用一柱多桩，设计时还要考虑双桩、三桩（或更多）的合理布置和协调，应力叠加更使地基变形复杂化，故应列为甲级；当同一建筑结构单元的相邻单柱荷载差别较大或桩底置于性质明显不同的岩土层上时，易产生相邻柱基的差异沉降，设计难度较大，故列为甲级；有软弱下卧层时，地基承载力和地基变形的计算比较复杂，故也列为甲级。由于结构和地质条件多种多样，不胜枚举，故规定其他结构特殊或地质条件复杂的大直径扩底桩设计等级应列为甲级，例

如结构对差异沉降特别敏感，现行国家标准《建筑地基基础设计规范》GB 50007 地基设计等级为甲级以及本规程第 3.0.12 条列出的地质条件等。

剪力墙结构、筒结构和箱筏基础下采用大直径扩底桩时，设计等级可参照柱基础确定。

3.0.3 大直径扩底桩均为非挤土桩，故对桩的间距和净距没有特殊要求。采用一柱一桩时桩距较大，相互间没有影响。但当采用一柱多桩且净距较小时，应考虑土中应力的叠加对地基变形的影响，具体计算见本规程第 6 章。净距过小，施工中可能发生桩与桩互相连通，故规定不应小于 0.5m。

3.0.4 由于大直径扩底桩的承载力高，由载荷试验不易确定其单桩极限承载力，故按变形控制设计是一条重要原则。当同一建筑结构单元的相邻大直径扩底桩的荷载差别较大时，可通过调整桩端扩大端的面积来协调变形。

3.0.6 大直径扩底桩设计应有充分的设计依据，岩土工程勘察应根据工程情况，按不同设计等级提供必要的试验、测试资料和设计参数，严禁单纯依靠工程经验，不作勘察进行设计。

3.0.7 本条依据相关标准，规定了大直径扩底桩基础设计时应采用的荷载组合和相应的抗力限值。

3.0.8 桩基础结构耐久性设计应按现行国家标准《混凝土结构设计规范》GB 50010 有关规定执行。

3.0.9 影响大直径扩底桩承载力和变形的主要因素是桩端持力层的岩土性质和扩底尺寸，故灌注混凝土前应逐孔检验，是否与勘察报告相符，是否满足设计要求，发现问题应及时解决和处理。检验方法和要求按本规程第 8 章执行。

3.0.10 成孔、成桩工艺应根据工程地质及水文地质条件、施工条件、场地周围环境及经济指标等因素综合分析确定。

3.0.11 人工挖孔扩底存在安全隐患，故施工前编制施工组织设计时应有针对性地提出有效而切实可行的安全措施和应急预案，并在施工过程中严格执行。

3.0.12 当遇本条所述的特殊地质条件时，无论勘察、设计、施工、检验、检测，均须根据具体情况采取专门措施，以确保施工安全、工程安全。

3.0.13 本条为合理选择大直径扩底桩桩端持力层的规定：

    1 持力层选择风化岩指全风化或强风化岩，因为端承于中等风化时通常不需要扩底，为嵌岩桩。

    2 软弱下卧层的定义见本规程第 6.2.5 条的条文说明。有软弱下卧层时桩端下土中附加应力的影响深度为 2.0D，无软弱下卧层时桩端下附加应力的影响深度为 2.5D。

    3 桩端下 (2.0~2.5)D 范围内应力扩散范围内无岩体临空面，指端承于全风化或强风化岩时。

扩底桩桩端下均质土中附加应力的影响深度约为

2.5D，即压缩层主要集中在桩底下 2.5D 范围内；当持力层厚度小于 2.5D，下卧层较为软弱时，地基变形较大，承载力降低，且增加设计计算的复杂性，故规定桩端下持力层厚度不宜小于 2.5D。而存在软弱下卧层时土中附加应力的影响深度约为 2.0D。

持力层厚度 2.5D 内如有不同土层时，除达到本规程第 6.2.5 条规定的为软弱下卧层外，不考虑土层的差异对桩端下土中附加应力的影响，即影响深度仍取 2.5D。存在软弱下卧层时按本规程第 6 章的规定计算大直径扩底桩的承载力和沉降。

4 设计基本资料与勘察要求

4.1 设计基本资料

4.1.1 除建筑场地工程地质、水文地质资料外，场地的环境条件、新建工程的平面布置、结构类型、荷载分布、使用功能上的特殊要求、结构安全等级、抗震设防烈度、场地类别、桩的施工条件、类似地质条件的试桩资料等，这些都是大直径扩底桩设计所需的基本资料。

4.2 勘察要求

4.2.1 由于大直径扩底桩是端承型桩，因此勘察工作的关键是准确获得确定桩端承载力和变形特性的参数，推荐选择合理的桩端持力层。大量工程统计分析表明，大直径扩底桩桩端埋深通常在 30.0m 内。

4.2.2 荷载较大或复杂地基的一柱一桩工程，在桩位确定后应进行逐桩勘察。荷载较大是指一般单桩荷载大于 20000kN，持力层通常为风化基岩及密实的砂土、碎石土的扩底桩，这类扩底桩桩基承载力很难通过单桩静载试验确定，施工验槽时重点对持力层的性质及扩底的直径进行检验，检测的重点是桩身混凝土质量及完整性；复杂地基是指桩端持力层岩土种类多、均匀性差、性质变化大的地基，由于持力层不均匀很容易造成持力层误判，一旦出现差错或事故，后果严重，因此规定在桩位确定后必须按桩位进行逐桩勘察。由于大直径扩底桩的桩端持力层多为低压缩的地层，通常为中密、密实的粉土、砂土和碎石土及全风化和强风化岩。桩端全断面进入持力层的深度可取 $1.0h_a$（h_a 为扩大段斜边高度，见本规程图 5.1.1），桩端下主要压缩层厚 (2.0~2.5)D，勘探孔深应能满足压缩层的厚度，故规定控制性勘探孔的深度应深入预计桩端持力层顶面以下 (3.0~5.0)D，一般性勘探孔的深度应达到预计桩端下 (2.0~3.0)D。D 大的桩取小值，D 小的桩取大值。

4.2.3 勘察阶段应根据确定大直径扩底桩承载力的不同方法分别提供工程勘察资料和相关岩土参数，本规程首推由原型桩静载试验确定大直径扩底桩承载力，其次是根据经验参数分别确定大直径扩底桩侧阻特征值、端阻特征值的方法。

4.2.4 对于无法取样的粗颗粒土，其压缩性指标由原位测试确定，详见本规程第 6.2.6 条的条文说明。

4.2.5 本条为大直径扩底桩端承于全风化岩和强风化岩体时其强度试验的规定。对黏土质软岩，浸水饱和后通常不能进行试验或强度显著降低，在确保施工期间及使用期不致遭水浸泡时，也可采取天然湿度岩样进行单轴抗压强度试验。

5 基 本 构 造

5.1 大直径扩底灌注桩构造

5.1.1 大直径扩底桩扩大端尺寸的要求，可以归纳为以下几点：

1 扩大端直径与桩身直径比 D/d 之规定，主要考虑了施工的安全性、难易程度及扩大端受力均匀性，应根据承载力要求及扩大端侧面和桩端持力层土质确定。行业标准《建筑桩基技术规范》JGJ 94-2008 中规定挖孔桩的 D/d 不应大于 3.0，钻孔桩的 D/d 不应大于 2.5。事实上，对于钻孔扩底桩 D/d 亦可达 3.0，人工挖孔更易实现。故本规程规定 D/d 一般不宜大于 3.0。

2 根据大量数值模拟结果，结合工程实践，扩大端的矢高取 $(0.30～0.35)D$ 时，扩底桩的桩端应力分布较均匀、受力合理，桩端承载力性状较佳。因此，本规程对矢高的建议值 $(0.30～0.35)D$，与行业标准《建筑桩基技术规范》JGJ 94-2008 中规定取 $(0.15～0.2)D$ 相比有所增大。

3 扩底端侧面的斜率 b/h_a 应根据实际成孔及扩底端侧面土体的自立条件确定。对于砂卵石层，根据密实度或胶结程度 b/h_a 可进行调整。风化岩的规定主要参照广东省地方标准《建筑地基基础设计规范》DBJ 15-31-2003。

4 为防止桩端在某些极端条件下发生滑移，保证持力层提供足够的承载力，使扩底桩正常工作，充分发挥其承载力高的特性，根据数值模拟结果，结合工程实践，本规程规定桩端进入持力层的深度为 $(0.5～1.0)h_a$，对风化岩的规定主要参照行业标准《建筑桩基技术规范》JGJ 94-2008 及广东省地方标准《建筑地基基础设计规范》DBJ 15-31-2003 的规定。并规定桩端进入持力层的深度不宜大于持力层厚度的 0.3 倍。

5.1.2 关于桩身配筋可以归纳为以下几点：

1 大直径扩底灌注桩的配筋无需考虑吊装、锤击沉桩等因素。正截面最小配筋率宜根据桩径确定，且不应小于 0.3%。

2 箍筋的配置，主要考虑三方面因素。一是箍筋的受剪作用，通常桩顶受到较大的剪力和弯矩，故在桩顶部应适当加密；二是箍筋在轴压作用下对混凝土起约束加强作用，可提高其受压承载力，因此桩顶部分的箍筋应加密；三是提高钢筋笼的刚度，便于施工。

3 本款的规定，对于承受较大水平荷载的桩或处于抗震设防烈度大于或等于 8 度地区的桩，桩顶部 $(3～5)d$（桩径小取大值，桩径大取小值）范围内箍筋间距应加密至 100mm，可取 $d\leqslant1.0$m 为小桩径，$d\geqslant1.5$m 为大桩径。

4 大直径扩底桩作为承压桩进行设计时，按本条第 3 款之规定，"扩大端变截面以上，纵向受力主筋应沿等直径段通长配置"，这里的"通长"不包括扩大端高度，其桩端扩大部分无需配筋；但若作为抗拔桩设计时，纵向受力主筋的长度应包括扩大端高度 h_c，具体配筋应由计算确定。

5.1.3 关于混凝土强度等级：本规程规定在干法施工时，混凝土强度应与行业标准《建筑桩基技术规范》JGJ 94-2008 中规定的桩身混凝土强度保持一致，提高到 C25。考虑到水下灌注施工时，不确定性因素多，混凝土质量控制较困难，规定混凝土强度等级提高一个等级，为 C30。

5.2 承台与连系梁构造

5.2.1 关于承台构造可以归纳为以下几点：

1 承台分为现浇式承台和预制柱承台两类，实际工程中应根据具体情况选择，且多采用现浇承台。

2 承台尺寸的设计应根据上部柱直径的大小及其布置情况、下部大直径扩底桩的布桩形式、桩长、桩数等情况综合确定。

3 桩嵌入承台的深度的规定与行业标准《建筑桩基技术规范》JGJ 94-2008 中的规定相同，嵌入深度不宜太大，否则会降低承台的有效高度，不利于受力。

4 承台混凝土的强度等级：对设计使用年限为 50 年的承台，根据现行国家标准《混凝土结构设计规范》GB 50010 的规定，当环境类别为二 a 类别时不应低于 C25，二 b 类别时不应低于 C30。有抗渗要求时，其混凝土的抗渗等级应符合有关标准的要求。

5.2.5 当采用一柱一桩的设计形式时，除考虑设置承台外，亦可考虑将柱与桩直接相连接，实际工程根据具体情况选择。

6 设 计 计 算

6.1 桩顶作用效应计算

6.1.1 大直径扩底桩通常能满足高层建筑物框架、框剪、筒体、空间网架等结构体系或其他重型结构物承载的要求，且常可设计一柱一桩，不需桩顶承台，大大简化基础结构。

关于桩顶竖向力的计算，应是在上部结构分析将荷载凝聚于柱、墙底部的基础上进行。这样，对于柱下独立桩基，按承台为刚性板和反力呈线性分布的假定，得到计算各基桩的桩顶竖向力式（6.1.1-1）和式（6.1.1-2）。对于桩筏、桩箱基础，则按各柱、剪力墙、核心筒底部荷载分别按上述公式进行桩顶竖向力的计算。

6.1.3 大直径扩底桩为端承型桩基，即使设计为群桩基础，一般也不考虑承台效应，即基桩竖向承载力特征值取单桩竖向承载力特征值。

6.2 竖向承载力与沉降计算

6.2.2 由原型桩静载试验确定大直径扩底桩的承载力是本规程的一个基本原则。

设计等级为甲级的建筑桩基，应通过尺寸与实体相同的原型桩静载试验确定其承载力。由于绝大多数大直径扩底桩载荷试验不能获得极限荷载，甚至比例界限也不明显，所以由极限承载力获得承载力特征值与多数情况不符。对于以端承为主的扩底桩而言，端阻力充分发挥时所需沉降量较大，通常不符合建筑物对沉降的要求。故本规程采用承载力特征值而不采用极限值，规定以满足设计要求的沉降值（一般控制扩底桩的变形为 10mm～15mm）所对应的荷载为大直径扩底桩承载力特征值。

由于扩底桩承载力较高，有时高达数万千牛，进行大吨位原型桩试验加载较困难。因此，在确实无原型桩试验条件时，可通过小尺寸深层载荷试验结合等直径纯摩擦桩载荷试验的方法确定工程原型扩底桩的承载力，简称间接试验法。如图 1 所示，S1 为深层载荷试验，S4 桩端填塞稻草，相当于纯摩擦桩。由图 2 可知，S1 的荷载沉降曲线为缓变形，取 $s=10$mm 所对应的承载力值为其承载力特征值，为 1080kN。载荷板面积为 0.5024m²，其端阻力特征值

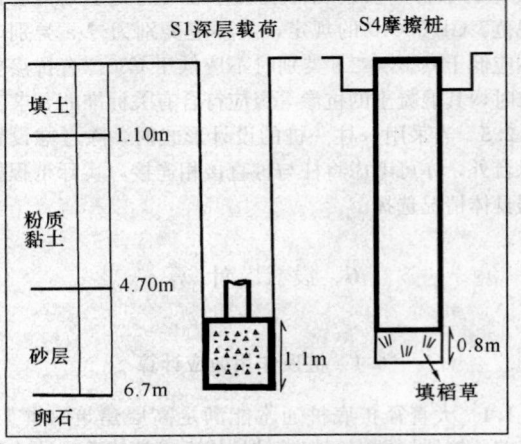

图 1 摩擦桩和深层载荷试验剖面

为 2149.5kPa。摩擦桩的摩阻力特征值为 360kN。实际扩底桩的扩底直径 D 为 1.6m，故其承载力特征值为 $2149.5×2.0096＝4320$kN，经尺寸效应修正，即 $4320×(0.8/1.6)^{1/3}＝3428$kN。所以，可以求得扩底桩的承载力特征值为 $3428＋360＝3788$kN。

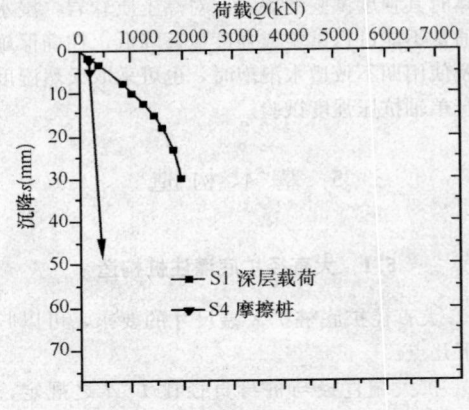

图 2 荷载-沉降曲线

本规程收集不同场地的试验资料 7 组，对两种确定扩底桩承载力特征值的试验方法作了对比，见表 1。通过对比，两者的误差在 5.5% 以内，可见间接试验法精度高。因此，在无条件进行原型桩试验时，有地区经验时，可采用深层载荷试验结合等直径纯摩擦载荷试验间接求得扩底桩的承载力特征值（详细内容可参见：高广运、蒋建平、顾宝和. 两种静载试验确定大直径扩底桩竖向承载力，地下空间，2003，23（3）：272-276；高广运、蒋建平、顾宝和. 砂卵石层上大直径扩底短墩竖向承载性状，岩土力学，2004，25（3）：359-362）。

表 1 间接试验法与原型桩静载试验承载力特征值对比

试验场地	持力层	桩身直径(m)	扩底直径(m)	桩入土深度(m)	间接法试验(kN)	原型桩试验(kN)	两种试验误差
1	卵石	0.80	1.60	6.75	3788	3750	1.0%
2	卵石	0.80	1.60	5.20	3720	3750	0.8%
3	粉土	0.80	3.00	6.00	3876	3850	0.7%
4	粉细砂	1.00	3.40	6.50	3478	3500	0.6%
5	粗砂	1.20	3.00	6.85	4520	4560	0.9%
6	粗砂	1.20	3.40	14.60	4760	4980	4.4%
7	粗砂	1.20	3.00	14.50	4510	4280	5.4%

大直径扩底桩为端承型，通常端阻占单桩竖向承载力的 80% 以上，因此准确获得端阻力是大直径扩底桩设计的关键。可通过深层载荷试验确定桩端土的承载力，试验要点可参考现行行业标准《高层建筑岩土工程勘察规程》JGJ 72。

大直径扩底桩多以风化岩、密实砂土和卵砾石为桩端持力层，该类岩土体的相关力学指标通常由原位测试确定，故这里强调原位测试。规定对设计等级为乙级的建筑桩基，当有可靠地区经验时，可由原位测试结果，参照地质条件相同的试桩资料，结合工程经验综合确定承载力。

对于持力层为风化岩和砂土、碎石土的大直径扩底桩，由于原型桩承载力很高，静载试验难度大，故规定该类桩除设计等级为甲级外，当有可靠地区经验时，可根据原位测试结果和经验参数确定承载力。

6.2.3 根据土的物理指标与承载力参数之间的经验关系计算确定扩底桩单桩竖向承载力特征值，关键是收集到涵盖不同尺寸、不同地区、不同土质条件下的经验参数，使统计分析结果具有代表性和工程适用性。

大直径扩底桩的桩端持力层多为低压缩的地层，如中密—密实的粉土、砂土、卵砾石和全风化或强风化岩。

本规程共收集完整试桩资料 164 根、深层载荷试验 98 组，涵盖十余个省市，多为编制组成员所做的试验。对收集的资料进行统计分析，并参考行业标准《建筑桩基技术规范》JGJ 94-2008 和北京、天津、浙江、福建、广东、山西、西安、深圳等地的经验值及部分地区地方标准，最终按不同扩底直径给出了端阻力特征值 q_{pa} 的经验值表 6.2.3-2，以及侧阻力特征值 q_{sia} 的经验值表 6.2.3-1。

对按不同扩底直径建议的 q_{sia} 和 q_{pa} 的经验值计算统计样本的竖向承载力特征值 R_a，各试桩的承载力实测值 R'_a 与计算值 R_a 比较，$\eta = R'_a/R_a$，将统计得到的 174 根桩的 η 按 0.1 分为与其频数 N 之间的关系，R'_a/R_a 的平均值及均方差 S_n 表示于图 3。

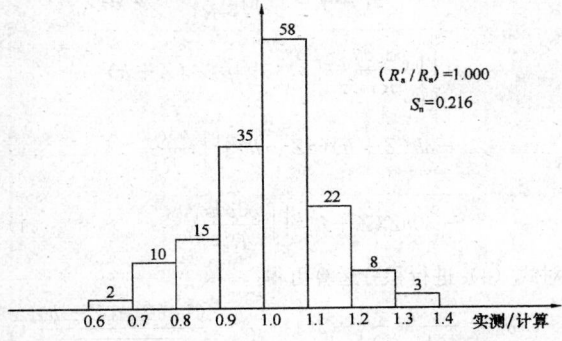

图 3　承载力特征值实测/计算频数分布

扩底变截面以上 $2d$ 长度范围内桩土可能脱离接触，形成临空面。因此按式（6.2.3）计算桩承载力时需扣除此部分侧阻力。为安全起见，对于桩长不大于 6m 或桩周为淤泥、新近沉积土、可液化土层以及以生活垃圾为主的杂填土时，不应计入侧阻力。风化岩的端阻力特征值可按现行国家标准《建筑地基基础设计规范》GB 50007 由岩基载荷试验确定。

表 6.2.3-1 和表 6.2.3-2，侧阻力和端阻力特征值未区分人工挖孔、机械成孔分别提供。原因是干、湿作业侧阻力几乎无差异，由现行行业标准《建筑桩基技术规范》JGJ 94 及北京和福建省等地方标准中可验证，因此广东省地方标准《建筑地基基础设计规范》DBJ 15-31-2003 未区分干、湿作业。而干、湿作业的桩端阻力差异大，前者明显大于后者，因为干作业时桩端沉渣易于清理，因此关键是控制机械成孔桩的桩端沉渣，故规定应控制桩端沉渣≤5cm，否则应注浆加固，以保证桩端阻力正常发挥。表 6.2.3-1 和表 6.2.3-2 的侧阻力特征值和端阻力特征值，可根据岩土体条件和施工情况等作适当调整，取其上限或下限值。表中数据可内插取值。

统计发现，端承于风化岩时，桩长对端阻的影响很小，因此没有考虑桩长因素，与现行行业标准《建筑桩基技术规范》JGJ 94 及广东、福建等地方标准一致。

6.2.4 非自重湿陷性黄土场地设计等级为甲级的建筑桩基，应由原型桩浸水载荷试验确定承载力特征值。当无条件进行浸水载荷试验而有可靠地区经验时，浸水饱和后黄土的桩侧阻力折减系数可按表 6.2.4 执行，即仅进行天然土的桩基试验。

浸水饱和后非自重湿陷性黄土的桩侧阻力有不同程度降低，即浸水饱和后桩的极限侧阻力有折减，折减系数与浸水前土体的饱和度密切相关，二者为线性关系。本条规定依据是豫西地区非自重湿陷性黄土场地中 40 余根灌注桩浸水前后的竖向承载力静载荷试验（详细内容可参见：高广运、王文东、吴世明. 黄土中灌注桩竖向承载力试验分析，岩土工程学报，1998，20（3）：73-79）。

6.2.5 存在软弱下卧层的大直径扩底桩，应力和位移的有效影响深度距桩端约 2.0D（无软弱下卧层时有效影响深度约为 2.5D），为保证桩端有足够的承载力，存在软弱下卧层时持力层厚度不宜小于 2.0D。持力层厚度小于 2.0D 时，将引起桩端承载力的降低，此时，应按本条之规定进行软弱下卧层承载力的验算。行业标准《建筑桩基技术规范》JGJ 94-2008 中规定软弱下卧层验算的范围为软弱下卧层模量与持力层模量之比小于 1/3，而软弱下卧层对大直径扩底桩的影响较直径桩灵敏，当下卧层模量与持力层模量之比小于 0.6 时，桩端承载力将大大降低。根据数值模拟的结果，结合工程实践经验，本规程规定下卧层模量与持力层模量之比小于 0.6 时必须进行软弱下卧层承载力的验算。

对本条软弱下卧层承载力的验算说明如下：

1) 验算条件和范围：规定当桩端下持力层厚度 2.0D 内存在与持力层压缩模量之比小于 0.6 的软弱下卧层时进行验算。

2) 桩端荷载扩散：压力扩散角与现行国家标

准《建筑地基基础设计规范》GB 50007
一致。

3） 软弱下卧层的承载力仅进行深度修正。

有关式（6.2.5-2）的推导可参见中国建筑工业出版社 1998 年出版的《地基及基础》（华南理工大学等四院校合编）、《土力学与基础工程》（高大钊主编）。

6.2.6 扩底桩的竖向变形由两部分组成：桩身的压缩变形 s_1 和扩底桩桩端下土体的沉降变形 s_2，前者可由弹性理论求解。桩端下土的沉降变形 s_2 可根据 Mindlin 基本解答求得。

Mindlin（1936）利用 Kelvin 解答求得了弹性半无限空间体内作用集中力时的解答。假设在弹性半无限空间体内深度 h 处作用有集中力 P，如图 4 所示，自半无限体表面（地表）深度 Z 处任意点的竖向应力和位移可用式（1）~式（2）表示：

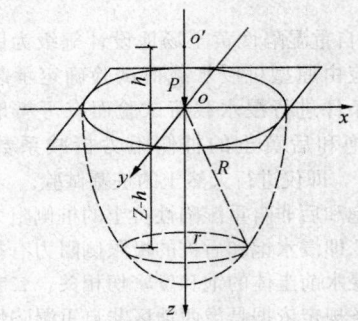

图 4　Mindlin 基本解示意图

$$\sigma_z = \frac{P}{8\pi(1-\mu)}\left[-\frac{(1-2\mu)(Z-h)}{R_1^3}\right.$$

$$+\frac{(1-2\mu)(Z-h)}{R_2^3}-\frac{3(Z-h)^3}{R_1^5}$$

$$-\frac{3(3-4\mu)Z(Z+h)^2-3h(Z+h)(5Z-h)}{R_2^5}$$

$$\left.-\frac{30hZ(Z+h)^3}{R_2^7}\right] \tag{1}$$

$$w_z = \frac{P(1+\mu)}{8\pi(1-\mu)E}\left[\frac{3-4\mu}{R_1}+\frac{(Z-h)^2}{R_1^3}+\frac{(5-12\mu+8\mu^2)}{R^2}\right.$$

$$\left.+\frac{(3-4\mu)(Z+h)^2-2hZ}{R_2^3}+\frac{6(Z+h)^2Zh}{R_2^5}\right] \tag{2}$$

式中：$R_1 = [r^2+(Z-h)^2]^{1/2}$，$R_2 = [r^2+(Z+h)^2]^{1/2}$；$\mu$ 为泊松比。

对于扩底桩基础，作用在地基内部的是一个圆形均布荷载，因此 Mindlin 解答不能直接用于求解其应力分布，必须将其基本解答推广到均布荷载的情况。

假设地面以下深度 h 处有一圆形均布荷载作用，圆半径为 a，均布荷载大小为 q，如图 5 所示。极坐

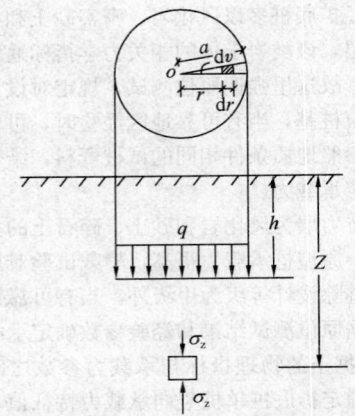

图 5　土体内作用圆形均布荷载示意图

标系下，在圆形均布荷载内部取微分 $q\rho\mathrm{d}\rho\mathrm{d}\theta$，则该微面积上的荷载大小为 $q\rho\mathrm{d}\rho\mathrm{d}\theta$。由 $q\rho\mathrm{d}\rho\mathrm{d}\theta$ 在距离 o 点以下距离地面深度 Z 处产生的竖向应力可由式（1）得：

$$\mathrm{d}\sigma_z = \frac{q\rho\mathrm{d}\rho\mathrm{d}\theta}{8\pi(1-\mu)}\left[-\frac{(1-2\mu)(Z-h)}{R_1^3}\right.$$

$$+\frac{(1-2\mu)(Z-h)}{R_2^3}-\frac{3(Z-h)^3}{R_1^5}$$

$$-\frac{3(3-4\mu)Z(Z+h)^2-3h(Z+h)(5Z-h)}{R_2^5}$$

$$\left.-\frac{30hZ(Z+h)^3}{R_2^7}\right] \tag{3}$$

式中：$R_1 = [\rho^2+(Z-h)^2]^{1/2}$；$R_2 = [\rho^2+(Z+h)^2]^{1/2}$

在均布荷载圆面积内对式（3）积分，则由圆形均布荷载在自地面以下深度 Z 处产生的应力为：

$$\sigma_z = \frac{q}{8\pi(1-\mu)}\left\{-(1-2\mu)(Z-h)\int_0^{2\pi}\!\!\int_0^a\frac{\rho\mathrm{d}\rho\mathrm{d}\theta}{R_1^3}\right.$$

$$+(1-2\mu)(Z-h)\int_0^{2\pi}\!\!\int_0^a\frac{\rho\mathrm{d}\rho\mathrm{d}\theta}{R_2^3}-3(Z-h)^3$$

$$\int_0^{2\pi}\!\!\int_0^a\frac{\rho\mathrm{d}\rho\mathrm{d}\theta}{R_1^5}-[3(3-4\mu)Z(Z+h)^2$$

$$-3h(Z+h)(5Z-h)]\int_0^{2\pi}\!\!\int_0^a\frac{\rho\mathrm{d}\rho\mathrm{d}\theta}{R_2^5}$$

$$\left.-30hZ(Z+h)^3\int_0^{2\pi}\!\!\int_0^a\frac{\rho\mathrm{d}\rho\mathrm{d}\theta}{R_2^7}\right\} \tag{4}$$

对式（4）进行积分运算可得

$$\sigma_z = \frac{q}{4(1-\mu)}\left\{-2(1-\mu)+\frac{(1-2\mu)(Z-h)}{\sqrt{a^2+(Z-h)^2}}\right.$$

$$+\frac{(1-2\mu)(Z-h)}{Z+h}-\frac{(1-2\mu)(Z-h)}{\sqrt{a^2+(Z+h)^2}}$$

$$+\frac{(Z-h)^3}{[a^2+(Z-h)^2]^{3/2}}-\frac{(3-4\mu)Z}{Z+h}$$

$$+\frac{(3-4\mu)Z(Z+h)^2}{[a^2+(Z+h)^2]^{3/2}}$$

$$+\frac{h(5Z-h)}{(Z+h)^2}-\frac{h(5Z-h)(Z+h)}{[a^2+(Z+h)^2]^{3/2}}$$

$$-\frac{6hZ}{(Z+h)^2}+\frac{6hZ(Z+h)^3}{[a^2+(Z+h)^2]^{5/2}}\Big\}\quad(5)$$

同理可得

$$dw_z=\frac{(1+\mu)q_0\rho_0d\rho_0d\theta}{8\pi(1-\mu)E}\Big[\frac{3-4\mu}{R_1}+\frac{(Z-h)^2}{R_1^3}$$
$$+\frac{(5-12\mu+8\mu^2)}{R_2}+\frac{(3-4\mu)(Z+h)^2-2hZ}{R_2^3}$$
$$+\frac{6(Z+h)^2Zh}{R_2^5}\Big]\quad(6)$$

对式（6）进行积分运算可得

$$w_z=\frac{1+\mu}{4(1-\mu)}\Big\{\frac{(3-4\mu)a}{\sqrt{a^2+(Z-h)^2}+(Z-h)}$$
$$+\frac{(Z-h)a}{\sqrt{a^2+(Z-h)^2}[\sqrt{a^2+(Z-h)^2}+(Z-h)]}$$
$$+\frac{(5-12\mu+8\mu^2)a}{\sqrt{a^2+(Z+h)^2}+(Z+h)}$$
$$+\frac{[(3-4\mu)(Z+h)^2-2hZ]a}{(Z+h)\sqrt{a^2+(Z+h)^2}[\sqrt{a^2+(Z+h)^2}+(Z+h)]}$$
$$+\frac{2hZ\{[a^2+(Z+h)^2]^2+[a^2+(Z+h)^2](Z+h)^2+(Z+h)^4\}a}{(Z+h)[a^2+(Z+h)^2]^{3/2}\{[a^2+(Z+h)^2]^{3/2}+(Z+h)^3\}}\Big\}$$
$$\times\frac{qa}{E}\quad(7)$$

令

$$I_\rho=\frac{1+\mu}{4(1-\mu)}\Big\{\frac{(3-4\mu)a}{\sqrt{a^2+(Z-h)^2}+(Z-h)}$$
$$+\frac{(Z-h)a}{\sqrt{a^2+(Z-h)^2}[\sqrt{a^2+(Z-h)^2}+(Z-h)]}$$
$$+\frac{(5-12\mu+8\mu^2)a}{\sqrt{a^2+(Z+h)^2}+(Z+h)}$$
$$+\frac{[(3-4\mu)(Z+h)^2-2hZ]a}{(Z+h)\sqrt{a^2+(Z+h)^2}[\sqrt{a^2+(Z+h)^2}+(Z+h)]}$$
$$+\frac{2hZ\{[a^2+(Z+h)^2]^2+[a^2+(Z+h)^2](Z+h)^2+(Z+h)^4\}a}{(Z+h)[a^2+(Z+h)^2]^{3/2}\{[a^2+(Z+h)^2]^{3/2}+(Z+h)^3\}}\Big\}$$
$$\quad(8)$$

则式（7）变为

$$w_z=\frac{I_\rho qa}{E}\quad(9)$$

本规程规定用式（9）计算扩底桩桩端下土的沉降变形 s_2，即

$$s_2=\frac{I_\rho q_b a}{E_0}=\frac{DI_\rho q_b}{2E_0}\quad(10)$$

即本规程的式（6.2.6-3）。

为使用方便，本规程按式（8）计算给出了桩的入土深度与扩底半径之比等于 2.0～15.0 的沉降影响系数 I_ρ，见本规程的表 6.2.6-1。其中土体的泊松比取适用于桩端持力层岩土体的一般值 $\mu=0.35$。

对于桩端持力层土体的变形模量 E_0，本规程采用顾宝和等提出的用深层平板静力载荷试验测定土的变形模量。但是对同一建筑物下所有的扩底桩位进行深层载荷试验有时难以实现。为此，本规程根据收集的扩底桩工程实测沉降和原型扩底桩静载试验结果，建立了工程中常用的扩底桩桩端持力层土体室内土工

试验压缩模量 E_{s1-2} 与计算变形模量 E_0 间的关系。发现 E_0 与 E_{s1-2} 二者近似为线性关系，如图 6，$E_0=\beta_0E_{s1-2}$。为使用方便，给出了由桩端持力层 E_{s1-2} 换算为对应变形模量的修正系数 β_0，即表 6.2.6-2。本规程的修正系数 β_0，已在端承于中密—密实的粉土、砂土、卵砾石和风化岩的大量扩底桩工程中应用，并得到验证（可参见：顾宝和、周红、朱小林. 深层平板静力载荷试验测定土的变形模量，工程勘察，2000，27（4）；高广运. 黄土层中扩底墩基础的沉降计算和实测，工业建筑，1995，25（1）：30-36）。

表 6.2.6-2 中，E_{s1-2} 是桩端下主要持力层（2.0～2.5）D 范围土体压缩模量（分层平均值），持力层厚度取值：无软弱下卧层时为 2.5D，有软弱下卧层时为 2.0D。对于无法直接获得压缩模量的砂卵石、碎石土及风化岩，可由标准贯入试验等原位测试确定所需的变形指标。

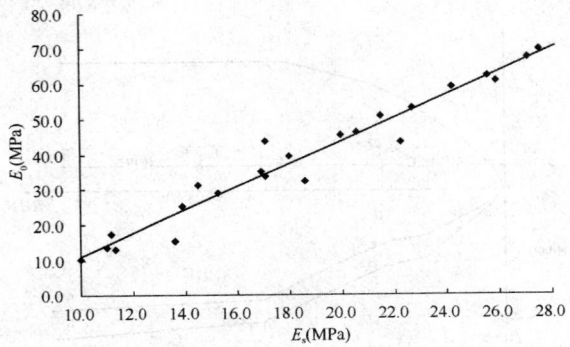

图 6　扩底桩 E_0 与 E_{s1-2} 的散点分布

关于本规程所用扩底桩沉降计算方法，现列举如下部分工程实例。

（1）工程实例 1——国家机械委四院情报楼

该建筑物为框架结构，8 层。基础方案选型时，对"黄土层中扩底墩的变形和承载力能否满足要求"有不同意见，要求进行变形计算和沉降观测等，另外还有卵石（顶板埋深 23.0m～25.0m）上扩底墩和灌注桩等基础方案供选择。

场区为 I 级非自重湿陷性，上部约 5.0m 以上为杂填土和新近堆积黄土，其下为黄土状黏性土、砂层和卵石层，持力层为黄土状粉土（顶板埋深 13.0m～14.0m）。虽然场区局部有不同程度浸水，但对含砂量较大的持力层影响较小。以 3 号钻孔土的变形指标及对应桩基为例计算如下：以 $a=1.6$m，$I_\rho=0.63$，$q=485.8$kPa，$\beta_0=1.42$，$E_{s1-2}=11.2$MPa，由本规程式（6.2.6-3）计算最终沉降量 $s=30.8$mm。

在建筑物周围设置了三个深埋水准基点，共布设沉降观测点 10 个。观测工作从第 2 层开始，以后每增高 1～2 层观测一次，至建成并使用一年多，观测历时 34 个月。沉降观测结果见表 2，部分沉降实测与计算值对比见表 3。选择两个测点作沉降-时间-荷

载关系曲线，见图 7。

表 2　国家机械委四院情报楼高层部分沉降观测结果（mm）

时间	观测点号										工况进展
	1	2	3	4	5	6	7	8	9	10	
1988.7.9	0	0	0	0	0	0	0	0	0	0	完成第 2 层
1988.10.18				2.0	0.1	1.2	1.5			3.5	完成第 3 层
1988.11.30	3.0		3.0		4.0	0.8	0.1	3.2	1.2	4.0	完成第 5 层
1989.3.14	6.4	1.5	5.8	3.4	7.4	5.1	6.0	6.9	4.7	9.3	完成第 7 层
1989.6.24	8.5	3.8	8.2	5.2	9.4	6.1	7.3	8.6	8.7	12.3	完成第 8 层（封顶）
1990.2.12	11.4	8.3	10.2		18.3	7.5	10.9	18.1	20.0	21.1	装饰
1990.7.13			11.3		21.1	11	18.6	19.9	21.8		使用
1991.6.5			13.0	12.7	23.0	12.6	19.5	20.7	24.1		使用

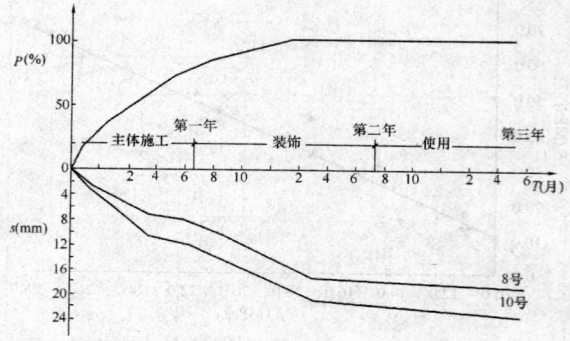

图 7　国家机械委四院情报楼高层部分
实测荷载-沉降-时间关系曲线

表 3　国家机械委四院情报楼高层部分沉降实测与计算值对比

孔号/观测点号	桩径/桩长（m）	扩底直径 D(m)	单柱荷载（kN）	实测沉降（mm）	计算沉降（mm）	误差（%）
1/3、4	1.1/14.0	3.2	4020	12.9（均值）	12.9	0
2/3	1.1/14.0	3.2	4020	13.0	13.3	2.31
3/10	1.1/14.5	3.2	4020	24.1	30.8	27.80
6/8	1.0/14.5	2.7	2600	19.5	20.5	5.13
8/6	0.8/13.6	2.1	1500	12.4	17.2	38.71

（2）工程实例 2——三门峡百货大楼

该建筑物为框架剪力墙结构，5 层，有一埋深一4.6m 地下室。自重湿陷场地，于 1986 年 9 月进行勘察设计，1988 年 12 月建成，至今使用良好。自重湿陷土层深达 12.0m，为Ⅲ级自重湿陷场地，摩阻力为主的灌注桩和灰土挤密桩及换土垫层等地基基础方案都不适宜，最终采用埋深 13.5m 的土层

上扩底桩方案。

地层结构为：上部 12.0m 以上为欠压密强湿陷黄土状粉土，其下为正常固结黄土状粉土和粉质黏土，以 2 号测点为例计算：$a = 1.85m$，$I_p = 0.636$，$q = 345.29kPa$，$\beta_0 = 2.09$，$E_{s1-2} = 17.1MPa$，$s \approx 11.4mm$。比较计算值与建筑物使用 2 年后的最终沉降观测值，如表 4 所示，可知二者最大误差 36.25%，平均误差 16%。

表 4　三门峡百货大楼沉降实测与计算值对比

孔号/观测点号	桩径/桩长（m）	扩底直径 D(m)	单柱荷载（kN）	实测沉降（mm）	计算沉降（mm）	误差（%）
1/1	0.8/13.5	3.0	2500	9.0	8.5	5.56
1/2	1.0/13.5	3.7	4000	9.0	11.4	26.67
6/3	1.0/13.5	4.2	5000	8.0	10.9	36.25
7/5	1.0/13.5	3.7	4000	10.0	10.3	3.00
8/6	1.0/13.5	4.2	5000	14.0	11.0	21.43
3/7	1.0/13.5	3.7	4000	9.0	7.5	16.67

（3）工程实例 3——中国人民解放军合肥炮兵学院 12 号学院宿舍楼

该建筑物高 15 层，框架剪力墙结构。基础工程设计方案比选后采用人工挖孔扩底混凝土灌注桩，设计工程桩总数为 89 根，桩身直径为 900mm～1000mm，桩端直径为 900mm～1800mm，桩身混凝土设计强度等级为 C35，弹性模量为 3.15×10^4 MPa。桩端持力层为场地第 7 层中风化泥质砂岩。以 26 号桩（桩长 23.46m，桩身直径 1000mm，扩底直径 1830mm）相应沉降测点（8 号观测点）为例进行计算，因为持力层为中风化泥质砂岩，桩端压缩量较小，桩的沉降量主要由桩身压缩引起。由本规程式（6.2.6-2）计算得到桩身压缩量为 7.11mm。因桩端中风化岩压缩性低，根据由本规程式（6.2.6-3）计算的桩端土沉降量为 1.96mm，二者之和 9.07mm 为最终沉降量。比较建筑物竣工后 5 个月内的最终沉降量观测值，如表 5 所示，可知计算与实测误差为 12.8%。

（4）工程实例 4——中国人民解放军合肥炮兵学院研究生楼

该建筑物高 14～15 层，框架结构，占地面积（78.0×16.0）m²。基础工程方案比选后采用人工挖孔混凝土灌注桩，设计桩身混凝土强度等级为 C35。建设场地地形平坦，地貌单元为南淝河Ⅱ级阶地的坳沟与水塘。经勘察，场地分为七层。以 65 号桩相应沉降测点（3 号观测点）为例计算，桩长 12.01m，桩身直径 1200mm，扩底直径 2400mm，桩端持力层为第 5 层黏土，层厚 4.8m～11.50m，硬塑-坚硬状态。其中：$a = 1.2m$，$I_p = 0.625$，$q = 451.3kPa$，$\beta_0 =$

1.98，$E_{s1-2}=16\text{MPa}$，$E_0=31.68\text{MPa}$，由本规程式（6.2.7-3）计算得沉降量 $s\approx10.68\text{mm}$。比较建筑物竣工1年后的最终沉降观测值，如表6所示，可知二者误差为1.7%。

表5　中国人民解放军合肥炮兵学院12号学院宿舍楼26号桩沉降观测结果汇总表

第一次			第二次			第三次		
2006-2-19			2006-2-23			2006-3-2		
工程进度:一层顶			工程进度:二层顶			工程进度:三层顶		
观测值(m)	变化量(mm)	累计(mm)	观测值(m)	变化量(mm)	累计(mm)	观测值(m)	变化量(mm)	累计(mm)
1.1035	—	—	1.1035	0	0	1.1025	1.0	1.0
第四次			第五次			第六次		
2006-3-15			2006-3-24			2006-4-5		
工程进度:四层顶			工程进度:六层顶			工程进度:八层顶		
观测值(m)	变化量(mm)	累计(mm)	观测值(m)	变化量(mm)	累计(mm)	观测值(m)	变化量(mm)	累计(mm)
1.1015	1.0	2.0	1.1005	1.0	3.0	1.0994	1.1	4.1
第七次			第八次			第九次		
2006-4-12			2006-4-22			2006-5-14		
工程进度:十一层顶			工程进度:十二层顶			工程进度:十三层顶		
观测值(m)	变化量(mm)	累计(mm)	观测值(m)	变化量(mm)	累计(mm)	观测值(m)	变化量(mm)	累计(mm)
1.0994	0	4.1	1.0994	0	4.1	1.0951	4.3	8.4
第十次			第十一次					
2006-6-16			2006-7-21					
工程进度:装饰装修			工程进度:竣工验收					
观测值(m)	变化量(mm)	累计(mm)	观测值(m)	变化量(mm)	累计(mm)	观测值(m)	变化量(mm)	累计(mm)
1.0951	0	8.4	1.0931	2.0	10.4			

6.2.7　大直径扩底桩为端承型桩，而水下机械成孔时桩端沉渣厚度通常不满足表6.2.3-2桩端沉渣厚度小于等于50mm的要求，端阻力将显著降低，采用桩端注浆可保证其正常发挥端承力。

6.2.8　当大直径扩底桩穿过欠固结土（松散填土、新近沉积土）、可液化土、自重湿陷性黄土或由于大面积地面堆载、降低地下水位等使桩周土体承受荷载而产生显著压缩沉降时，应考虑桩的负侧阻力或侧阻力折减，可按现行行业标准《建筑桩基技术规范》JGJ 94的有关规定计算。只有当桩周土体产生显著压缩沉降即桩-土间有显著的位移时，才会出现桩的负侧阻力或侧阻力折减。有地区经验时，桩的负侧阻力或侧阻力折减可根据当地经验确定。

表6　中国人民解放军合肥炮兵学院研究生楼65号桩沉降观测结果汇总表

第一次			第二次			第三次		
2005-5-29			2005-6-3			2006-6-15		
工程进度:四层顶			工程进度:五层顶			工程进度:七层顶		
观测值(m)	变化量(mm)	累计(mm)	观测值(m)	变化量(mm)	累计(mm)	观测值(m)	变化量(mm)	累计(mm)
1.4975	—	—	1.4785	1.0	1.0	1.4785	0	1.0
第四次			第五次			第六次		
2005-6-22			2005-7-1			2005-7-10		
工程进度:九层顶			工程进度:十一层顶			工程进度:十三层顶		
观测值(m)	变化量(mm)	累计(mm)	观测值(m)	变化量(mm)	累计(mm)	观测值(m)	变化量(mm)	累计(mm)
1.4785	0	1.0	1.4785	0	1.0	1.4745	4.0	5.0
第七次			第八次			第九次		
2005-7-18			2005-9-2			2005-10-10		
工程进度:十五层顶			工程进度:填充墙砌筑结束			工程进度:竣工		
观测值(m)	变化量(mm)	累计(mm)	观测值(m)	变化量(mm)	累计(mm)	观测值(m)	变化量(mm)	累计(mm)
1.4745	0	5.0	1.4735	1.0	6.0	1.4715	2.0	8.0
第十次			第十一次					
2005-12-10			2006-3-10					
竣工后两个月			竣工后五个月					
观测值(m)	变化量(mm)	累计(mm)	观测值(m)	变化量(mm)	累计(mm)	观测值(m)	变化量(mm)	累计(mm)
1.4690	2.5	10.5	1.4690		10.5			

6.3　水平承载力和抗拔承载力

应由现场静载荷试验确定大直径扩底桩的水平承载力、抗拔承载力是本规程的基本原则。试验应按现行行业标准《建筑基桩检测技术规范》JGJ 106执行。根据工程的重要性，可进行带承台桩的水平承载力载荷试验。

第6.3.2条是针对符合行业标准《建筑桩基技术规范》JGJ 94－2008附录C的情况，计算基桩的内力和位移。

7　施　工

7.1　一般规定

7.1.4　大直径扩底桩为端承型桩，对持力层的要求高，应按设计控制成孔深度，以确保桩端置于设计标高的持力层。

7.3 泥浆护壁成孔大直径扩底灌注桩

Ⅰ 泥浆的制备和处理

7.3.2 泥浆循环系统，扩底桩施工应进行三次清孔换浆，现场宜采用 C15～C20 混凝土铺设地面，主要车辆通道混凝土地面厚度宜为(15～20)cm。

7.3.3 在清孔过程中，应不断置换泥浆，直至灌注水下混凝土为止。

Ⅱ 正、反循环钻孔扩底灌注桩

7.3.5 钻机定位应准确、水平、稳固，钻机转盘中心与护筒中心的允许偏差不宜大于 50mm。成孔时孔内泥浆液面应保持稳定，且不宜低于硬地面 30cm。注入孔口的泥浆及排出孔口泥浆性能指标，应根据地质情况和钻机的机械性能进行合理调整。

7.3.8 水下作业钻扩桩适用于地下水位以下的填土层、黏性土层、粉土层、砂土层和粒径不大的砂砾（卵）石层，其扩底部宜设置于较硬（密）实的黏土层、粉土层、砂土层和砂砾（卵）石层，有的扩孔钻头可在基岩中钻进。我国水下作业钻扩桩常采用 YKD、MRR 和 MRS 扩底钻头，这 3 种系列扩底钻头系由国土资源部勘探所研制开发成功的，主要采用扩刀下开方式。

YKD 系列液压扩底钻头，主要由钻头体、回转接头、泵站和检测控制台等部分组成，钻头体为三翼下开式结构，刀头采用硬质合金，可用于钻进黏性土层、砂层、砂砾层以及粒径小于 5mm 的卵石层。该系列钻头成孔直径 0.6m～2.4m，扩底直径 1.2m～4.0m，扩底角 15°～25°。

MRR 系列滚刀扩底钻头，该钻头的基本结构为下开式，采用对称双翼，中心管为四方结构，以便能可靠地将扭矩传递到扩孔翼上，扩孔翼本身为箱式结构。破岩刀具为 CG 型滚刀，它采用高强度、高硬度的合金为刀齿，以冲击、静压加剪切的方式破碎岩石可以实现体积破碎，而所需的钻进压力和扭矩均相对较小。该扩底钻头，主要用于在各种岩石中进行扩底，如各种砂岩、石灰岩、花岗岩等。扩底前，需采用滚刀钻头或组合牙轮钻头钻进，当钻头在预定基岩中成孔后，再将扩底钻头下入孔底。该系列钻头成孔直径 0.8m～2.4m，扩底直径 1.6m～4.0m，扩底角 30°。

MRS 系列扩底钻头，主要用于黏性土层、砂层、砂砾层中扩底，其基本结构为三翼或四翼下开式，刀齿为硬质合金。主要部件包括扩底翼、加压架、底盘和连杆等。特点是结构简单、操作容易、加工方便和成本低廉。用该钻头扩底前，需用普通刮刀钻头钻进成孔，然后下入扩底钻头。钻头成孔直径 0.5m～2.4m，扩底直径 1.0m～4.0m，扩底角 20°～25°。带可扩张切削工具的钻头。

Ⅲ 水下混凝土灌注

7.3.16 钢筋笼吊装前，应安置导管与气泵第三次清孔，并应检验孔位、孔径、垂直度、孔深、沉渣厚度等，检验合格后应立即灌注混凝土。

7.3.18 导管的管径要满足混凝土灌注速度要求。导管长度按桩孔深来考虑，导管距孔底约 300mm～500mm。灌注混凝土时，导管埋入混凝土中的长度不应小于 2000mm，混凝土灌注表面每上升 4m～5m 时，应拆除相应数量的导管。当混凝土倒入漏斗，而桩孔口泥浆不返浆，稍稍将孔口漏斗往上提，混凝土仍不能迅速地向下移动，此时应拆提导管。在灌注混凝土时应准确测量混凝土面的深度，在保证导管埋入混凝土中不小于 2000mm 前提下，及时拆管。隔水塞，在混凝土开始灌注时起隔水作用，保证初灌混凝土质量，隔水塞宜采用与桩身混凝土强度等级相同的细石混凝土制作。

7.4 干作业成孔大直径扩底灌注桩

Ⅰ 钻孔扩底灌注桩

干作业钻扩桩适用于地下水位以上的填土层、黏性土层、粉土层、砂土层和粒径不大的砾砂层，其扩底部宜设置于较硬（密）实的黏土层、粉土层、砂层和砾砂层。在选择该类钻扩桩的扩底部持力层时，需考虑：①在有效桩长范围内，没有地下水或上层滞水；②在钻深范围内的土层应不塌落、不缩颈、孔壁能保持直立；③扩底部与桩根底部应置于中密以上的黏性土、粉土或砂土层上；④持力层应有一定厚度，且水平方向分布均匀。

7.4.4 干作业钻孔扩底，对遇水后软化的岩层作桩端持力层，检查时发现凡是软化的土层必须重新清理后才能灌注混凝土。

Ⅱ 人工挖孔扩底灌注桩

人工成孔的大直径扩底灌注桩涉及人工挖孔，为保证施工安全，宜增加场地的限制使用条件，如地基土中存在较厚的流塑状泥或软塑状土、松散及稍密的砂层或厚度超过 3m 的中密、密实砂层，桩径不小于 1.2m 等。广东省是采用人工挖孔桩较早、较为广泛的地区，现已发文限制使用，并严格审批。

7.4.6 对人工挖孔桩桩长、桩径的规定主要出于安全的考虑。如深圳地区规定："最小直径应视桩长而定，挖孔桩桩长小于 10m，桩径不小于 1200mm；桩长在 10m～15m 时，桩径不小于 1200mm；桩长在 15m～30m 时，桩径不小于 1400mm；桩长超过 30m 时，需经专门研究决定"。国内某些地区禁止采用人工挖孔桩作业，主要原因是出于安全考虑，故本条和本规程 7.6.6 条提出一些必要的安全措施。

7.4.7 现行行业标准《建筑桩基技术规范》JGJ 94-2008 中 6.6.10 条规定："护壁的厚度、拉接钢筋、配筋、混凝土强度等级均应符合设计要求"，具体如何设计，没有给出具体要求，本规程对此作具体规定。人工挖孔桩混凝土护壁的厚度不应小于 100mm，护壁厚度宜依桩径大小、土层状况、施工安全性计算确定，桩径大，护壁厚度应加大。部分地区施工过程中遇到设计施工的挖孔桩图纸护壁最小厚度均在 150mm 以上。

7.4.15 对桩端持力层验收提出具体要求，使桩基承载能力满足设计要求。

7.4.16 人工挖孔桩混凝土灌注时，常因坍落高度太大而使混凝土离析，从而产生桩身混凝土断层和夹层等质量事故，本条是对混凝土输送作出相应的技术规定。

7.5 大直径扩底灌注桩后注浆

后注浆可提高承载力，这里有两个问题：一是后注浆是一种补救措施；二是后注浆本身就是扩底桩的工法内容，本条规定属于后者。在工程实践中，后注浆对邻近中细砂层正在施工的钻孔有显著影响，易造成塌孔。

7.5.3 式（7.5.3）是经验公式，在编写注浆方案时作参考。主要是通过同类工程桩和相应土层总结施工经验，分析具体工程情况，作出综合判断后提出配比方案，也可通过试桩后确定。

7.5.4 注浆前压水试验是验证工程桩可灌性能和确定注浆参数的主要手段，是必须实施的一个步骤。

7.5.5 注浆顺序应根据土的饱和度、注浆部位等因素综合确定。

7.5.6 何时终止注浆应满足设计要求，包括注浆量、注浆压力，现场应由施工、设计、监理、勘察共同商定。当桩底下有溶洞时，注浆总量明显高于原设计估量时，应另行处理。

7.5.7 在注浆过程中，应经常检查注浆工艺参数，若发生异常，本条提出一些应采取的技术措施。

7.6 安 全 措 施

7.6.1 特种作业人员考核是指特殊工种必须持由安全部门颁发的证件上岗。

7.6.11 加强用电安全管理，电工必须持证上岗；现场设备必须具有接地装置，做到一机一闸一保险和三级漏电保护；严禁私自拉接照明线路，现场实行轮流值班制，便于及时处理突发事故。

8 质 量 检 验

8.1 一 般 规 定

8.1.1~8.1.5 大直径扩底桩的质量检验，主要包括桩体原材料、成孔质量、桩身质量、后注浆检验和桩承台检验。现行国家标准《建筑地基基础工程施工质量验收规范》GB 50202 和现行行业标准《建筑基桩检测技术规范》JGJ 106 以强制性条文规定必须对基桩承载力和桩身完整性进行检验。如何保证在各种不同的地质条件下的成孔质量，目前无论是施工部门还是设计部门，尚缺少应有的重视和有效措施。大直径钻孔扩底灌注桩以端承力为主，如何有效控制成孔质量，确保工程安全，就尤其重要。

将大直径扩底桩质量检验要求进行归纳，见本规程表 8.1.2。将大直径扩底桩钢筋笼质量检验要求进行归纳，见表 8.1.3。

8.2 成孔质量检验

8.2.1 成孔施工前应试成孔，其目的是研究成孔的可能性，并确定相关的施工工艺、参数等。

8.2.2~8.2.4 大直径钻孔扩底桩成孔的孔径、孔深、垂直度及孔底沉渣厚度检测的主要目的为：其一，作为第三方检测，可以有效地控制成孔施工质量；其二，规范大直径钻孔灌注桩成孔检测的方法和技术；其三，钻孔灌注桩成孔检测可以成为指导施工的主要辅助手段。

由于大直径扩底桩的工程重要性，因此规定桩端持力层岩土性质、进入持力层深度、扩大端孔径、桩身孔径、垂直度和孔底沉渣厚度 100%检测。

点荷载法可测试桩端风化岩的强度，试验标准及与岩石单轴抗压强度的换算关系应分别按现行国家标准《工程岩体试验标准》GB/T 50266 及《工程岩体分级标准》GB 50218 中有关规定进行，可参见本规程第 4.2.5 条。

8.2.5~8.2.7 本节方法适用于检测建筑工程中的大直径钻孔扩底灌注桩成孔的孔径、垂直度、孔深及孔底沉渣厚度。检测方法为超声波法或接触式仪器组合法。

机械成孔桩扩大端孔径及桩身孔径可采用超声波法或伞形孔径仪进行检验，第 8.2.5 条主要来源于天津市工程建设标准《基桩检测技术规程》DB 29-38-2002、天津市工程建设标准《钻孔灌注桩成孔、地下连续墙成槽检测技术规程》DB 29-112-2004。

接触式仪器组合法，系采用伞形孔径仪、沉渣测定仪分别检测成孔孔径及沉渣厚度，是由多种仪器设备组合形成的检测系统。因相对于超声波法，采用接触式仪器组合法检测时，各种仪器的检测探头必须保持对孔壁或孔底的接触，所以属于接触式检测方法。

根据现行国家标准《建筑地基基础工程施工质量验收规范》GB 50202，沉渣厚度可以采用沉渣仪或重锤测量，目前国内已经出现了多种沉渣厚度测定方法，主要有测锤法、电阻率法、电容法、声波法等。本规程规定只要是具有计量器具生产许可证的厂家生产的合格产品，并能在标定有效期内使用，其检测精度能够满足沉渣厚度的评价要求的仪器设备或工具，均可用于沉渣厚度检测。

从定性上讲，沉渣可以定义为钻孔灌注桩成孔后，淤积于孔底部的非原状沉淀物。从定量上准确区分沉渣和下部原状地层，目前还有一定难度。所以对于沉渣厚度的检测，实际上是利用有效的沉渣测定仪或其他检测工具，检测估算沉渣厚度。

伞形孔径仪桩孔直径检测结果，是探头 4 个测臂各自检测结果的平均值，对于非轴对称孔径变化桩孔的检测存在一定误差。

检测机构应通过省级以上计量行政主管部门的计量认证。如果检测机构未能通过计量认证考核，其提供的数据和成果报告不具备法律效力。

8.3 成桩质量检验

8.3.8 桩身完整性检测为工程桩验收检测必检项目之一，对甲、乙、丙级建筑桩基都要适用，故规定100％逐桩检测。

钻芯法或声波透射法检验应符合现行行业标准《建筑基桩检测技术规范》JGJ106 的规定。钻芯法适用于检测大直径扩底桩的桩长、桩身混凝土强度、桩底沉渣厚度和桩身完整性，判定或鉴别桩端持力层岩土性状。声波透射法适用于已预埋声测管的大直径扩底桩的桩身完整性检测，判定桩身缺陷的程度并确定其位置。

8.3.10 动测法试验对扩底桩承载力检测不适用，故规定对工程桩承载力的检测应采用静载试验法。

中华人民共和国行业标准

高层建筑筏形与箱形基础技术规范

Technical code for tall building raft foundations and box foundations

JGJ 6—2011

批准部门：中华人民共和国住房和城乡建设部
施行日期：２０１１年１２月１日

中华人民共和国住房和城乡建设部
公 告

第 904 号

关于发布行业标准《高层建筑
筏形与箱形基础技术规范》的公告

现批准《高层建筑筏形与箱形基础技术规范》为行业标准，编号为 JGJ 6 - 2011，自 2011 年 12 月 1 日起实施。其中，第 3.0.2、3.0.3、6.1.7 条为强制性条文，必须严格执行。原行业标准《高层建筑箱形与筏形基础技术规范》JGJ 6 - 99 同时废止。

本规范由我部标准定额研究所组织中国建筑工业出版社出版发行。

中华人民共和国住房和城乡建设部
2011 年 1 月 28 日

前 言

根据原建设部《关于印发〈2005 年工程建设标准规范制订、修订计划〉的通知》（建标［2005］84 号）的要求，规范编制组经广泛调查研究，认真总结实践经验，参考有关国际标准和国外先进标准，并在广泛征求意见的基础上，修订本规范。

本规范的主要技术内容是：1 总则；2 术语和符号；3 基本规定；4 地基勘察；5 地基计算；6 结构设计与构造要求；7 施工；8 检测与监测。

本规范修订的主要技术内容是：1. 增加了筏形与箱形基础稳定性计算方法；2. 增加了大面积整体基础的沉降计算和构造要求；3. 修订了高层建筑筏形与箱形基础的沉降计算公式；4. 修订了筏形与箱形基础底板的冲切、剪切计算方法；5. 修订了桩筏、桩箱基础板的设计计算方法；6. 修订了筏形与箱形基础整体弯矩的简化计算方法；7. 根据新的研究成果和实践经验修订了原规范执行过程中发现的一些问题。

本规范中以黑体字标志的条文为强制性条文，必须严格执行。

本规范由住房和城乡建设部负责管理和对强制性条文的解释，由中国建筑科学研究院负责具体技术内容的解释。执行过程中如有意见或建议，请寄送中国

建筑科学研究院（地址：北京市北三环东路 30 号；邮政编码：100013）。

本 规 范 主 编 单 位：中国建筑科学研究院

本 规 范 参 编 单 位：北京市建筑设计研究院
  上海现代建筑设计集团申元岩土工程有限公司
  北京市勘察设计研究院有限公司
  中国建筑西南勘察设计研究院有限公司
  中国建筑设计研究院
  广东省建筑设计研究院
  同济大学

本规范主要起草人员：钱力航 宫剑飞 侯光瑜
  裴 捷 王曙光 唐建华
  康景文 尤天直 罗赤宇
  楼晓明 薛慧立 谭永坚

本规范主要审查人员：许溶烈 李广信 胡庆昌
  顾晓鲁 章家驹 武 威
  沈保汉 林立岩 陈祥福

目 次

Contents

1 总　则

1.0.1 为了在高层建筑筏形与箱形基础的设计与施工中做到安全适用、环保节能、经济合理、确保质量、技术先进，制定本规范。

1.0.2 本规范适用于高层建筑筏形与箱形基础的设计、施工与监测。

1.0.3 高层建筑筏形与箱形基础的设计与施工，应综合分析整个建筑场地的地质条件、施工方法、施工顺序、使用要求以及与相邻建筑的相互影响。

1.0.4 在进行高层建筑筏形与箱形基础的设计、施工与监测时，除应符合本规范外，尚应符合国家现行有关标准的规定。

2　术语和符号

2.1　术　语

2.1.1 筏形基础　raft foundation

柱下或墙下连续的平板式或梁板式钢筋混凝土基础。

2.1.2 箱形基础　box foundation

由底板、顶板、侧墙及一定数量内隔墙构成的整体刚度较好的单层或多层钢筋混凝土基础。

2.1.3 桩筏基础　piled raft foundation

与群桩连接的筏形基础。

2.1.4 桩箱基础　piled box foundation

与群桩连接的箱形基础。

2.2　符　号

A——基础底面面积；

A_1——上过梁的有效截面积；

A_2——下过梁的有效截面积；

b——基础底面宽度（最小边长）；或平行于剪力方向的基础边长之和；或墙体的厚度；或矩形均布荷载宽度；

b_w——筏板计算截面单位宽度；

c——土的黏聚力；

c_1——与弯矩作用方向一致的冲切临界截面的边长；

c_2——垂直于 c_1 的冲切临界截面的边长；

c_{AB}——沿弯矩作用方向，冲切临界截面重心至冲切临界截面最大剪应力点的距离；

c_{cu}——土的固结不排水三轴试验所得的黏聚力；

c_{uu}——土的不固结不排水三轴试验所得的黏聚力；

d——基础埋置深度；或地下室墙的间距；

d_c——控制性勘探孔的深度；

d_g——一般性勘探孔的深度；

e——偏心距；

E_s——土的压缩模量；

E_s'——土的回弹再压缩模量；

E_0——土的变形模量；或静止土压力；

E_a——主动土压力；

E_p——被动土压力；

f_a——修正后的地基承载力特征值；

f_{aE}——调整后的地基抗震承载力；

f_{ak}——地基承载力特征值；

f_c——混凝土轴心抗压强度设计值；

f_h——土与混凝土之间摩擦系数；

f_t——混凝土轴心抗拉强度设计值；

F——上部结构传至基础顶面的竖向力值；

F_1——基底摩擦力合力；

F_2——平行于剪力方向的侧壁摩擦力合力；

F_l——冲切力；

G——恒载；

h_0——扩大部分墙体的竖向有效高度；或筏板的有效高度；

H——自室外地面算起的建筑物高度；

I——截面惯性矩；

I_s——冲切临界截面对其重心的极惯性矩；

K_r——抗倾覆稳定性安全系数；

K_s——基床系数；或抗滑移稳定性安全系数；

K_v——基准基床系数；

l——垂直于剪力方向的基础边长；或基础底面长度；或洞口的净宽；或上部结构弯曲方向的柱距；或矩形均布荷载长度；

l_{n1}——计算板格的短边的净长度；

l_{n2}——计算板格的长边的净长度；

M——作用于基础底面的力矩或截面的弯矩；

M_1——上过梁的弯矩设计值；

M_2——下过梁的弯矩设计值；

M_c——倾覆力矩；

M_r——抗倾覆力矩；

M_R——抗滑力矩；

M_S——滑动力矩；

M_{unb}——作用在冲切临界截面重心上的不平衡弯矩；

p——基础底面处平均压力；

p_0——准永久组合下的基础底面处的附加压力；

p_c——基础底面处地基土的自重压力；

p_k——基础底面处的平均压力值；

p_n——扣除底板自重及其上土自重后的基底平均反力设计值；

P——竖向总荷载；

q_1——作用在上过梁上的均布荷载设计值；

q_2——作用在下过梁上的均布荷载设计值；

q_u——土的无侧限抗压强度；

Q——作用在筏形或箱形基础顶面的风荷载、水平地震作用或其他水平荷载；

s——沉降量；

S——荷载效应基本组合设计值；

u_m——冲切临界截面的最小周长；

V——扩大部分墙体根部的竖向剪力设计值；

V_1——上过梁的剪力设计值；

V_2——下过梁的剪力设计值；

V_s——距内筒、柱或墙边缘 h_0 处，由基底反力平均值产生的剪力设计值；

W——基础底面的抵抗矩；

z_n——地基沉降计算深度；

α——附加应力系数；

$\bar{\alpha}$——平均附加应力系数；

α_m——不平衡弯矩通过弯曲传递的分配系数；

α_s——不平衡弯矩通过冲切临界截面上的偏心剪力传递的分配系数；

β——沉降计算深度调整系数；或与高层建筑层数或基底压力有关的经验系数；

β_{hp}——受冲切承载力截面高度影响系数；

β_{hs}——受剪切承载力截面高度影响系数；

β_s——柱截面长边与短边的比值；

γ——土的重度；

ζ_a——地基抗震承载力调整系数；

η——基础沉降计算修正系数；或内筒冲切临界截面周长影响系数；

μ——剪力分配系数；

τ——剪应力；

φ——土的内摩擦角；

φ_{cu}——土的固结不排水三轴试验所得的内摩擦角；

φ_{uu}——土的不固结不排水三轴试验所得的内摩擦角；

ψ_s——沉降计算经验系数；

ψ'——考虑回弹影响的沉降计算经验系数。

3 基 本 规 定

3.0.1 高层建筑筏形与箱形基础的设计等级，应按现行国家标准《建筑地基基础设计规范》GB 50007 确定。

3.0.2 高层建筑筏形与箱形基础的地基设计应进行承载力和地基变形计算。对建造在斜坡上的高层建筑，应进行整体稳定验算。

3.0.3 高层建筑筏形与箱形基础设计和施工前应进行岩土工程勘察，为设计和施工提供依据。

3.0.4 高层建筑筏形与箱形基础设计时，所采用的荷载效应最不利组合与相应的抗力限值应符合下列

规定：

1 按修正后地基承载力特征值确定基础底面积及埋深或按单桩承载力特征值确定桩数时，传至基础或承台底面上的荷载效应应按正常使用极限状态下荷载效应的标准组合计算；

2 计算地基变形时，传至基础底面上的荷载效应应按正常使用极限状态下荷载效应的准永久组合计算，不应计入风荷载和地震作用，相应的限值应为地基变形允许值；

3 计算地下室外墙土压力、地基或斜坡稳定及滑坡推力时，荷载效应应按承载能力极限状态下荷载效应的基本组合计算，但其荷载分项系数均为 1.0；

4 在进行基础构件的承载力设计或验算时，上部结构传来的荷载效应组合和相应的基底反力，应采用承载能力极限状态下荷载效应的基本组合及相应的荷载分项系数；当需要验算基础裂缝宽度时，应采用正常使用极限状态荷载效应标准组合；

5 基础设计安全等级、结构设计使用年限、结构重要性系数应按国家现行有关标准的规定采用，但结构重要性系数 γ_0 不应小于 1.0。

3.0.5 荷载组合应符合下列规定：

1 在正常使用极限状态下，荷载效应的标准组合值 S_k 应用下式表示：

$$S_k = S_{Gk} + S_{Q1k} + \psi_{c2} S_{Q2k} + \cdots\cdots + \psi_{ci} S_{Qik}$$

(3.0.5-1)

式中：S_{Gk}——按永久荷载标准值 G_k 计算的荷载效应值；

S_{Qik}——按可变荷载标准值 Q_{ik} 计算的荷载效应值；

ψ_{ci}——可变荷载 Q_i 的组合值系数，按现行国家标准《建筑结构荷载规范》GB 50009 的规定取值。

2 荷载效应的准永久组合值 S_k 应用下式表示：

$$S_k = S_{Gk} + \psi_{q1} S_{Q1k} + \psi_{q2} S_{Q2k} + \cdots\cdots + \psi_{qi} S_{Qik}$$

(3.0.5-2)

式中：ψ_{qi}——准永久值系数，按现行国家标准《建筑结构荷载规范》GB 50009 的规定取值。

承载能力极限状态下，由可变荷载效应控制的基本组合设计值 S，应用下式表达：

$$S = \gamma_G S_{Gk} + \gamma_{Q1} S_{Q1k} + \gamma_{Q2} \psi_{c2} S_{Q2k} + \cdots\cdots + \gamma_{Qi} \psi_{ci} S_{Qik}$$

(3.0.5-3)

式中：γ_G——永久荷载的分项系数，按现行国家标准《建筑结构荷载规范》GB 50009 的规定取值；

γ_{Qi}——第 i 个可变荷载的分项系数，按现行国家标准《建筑结构荷载规范》GB 50009 的规定取值。

3 对由永久荷载效应控制的基本组合，也可采用简化规则，荷载效应基本组合的设计值 S 按下式

确定：

$$S = 1.35S_k \leqslant R \qquad (3.0.5\text{-}4)$$

式中：R——结构构件抗力的设计值，按有关建筑结构设计规范的规定确定；

S_k——荷载效应的标准组合值。

3.0.6 从基础施工阶段至竣工后建筑物沉降稳定以前，应对地基变形及基础工作状况进行监测。

4 地 基 勘 察

4.1 一 般 规 定

4.1.1 高层建筑筏形与箱形基础设计前，应通过工程勘察查明场地工程地质条件和不良地质作用，并应提供资料完整、评价正确、建议合理的岩土工程勘察报告。

4.1.2 岩土工程勘察宜按可行性研究勘察、初步勘察和详细勘察三个阶段进行；对于复杂场地、复杂地基以及特殊土地基，尚应根据筏形与箱形基础设计、地基处理或施工过程中可能出现的岩土工程问题进行施工勘察或专项勘察；对重大及特殊工程，或当场地水文地质条件对地基评价和地下室抗浮以及施工降水有重大影响时，应进行专门的水文地质勘察。

4.1.3 岩土工程勘察前，应取得与勘察阶段相应的建筑和结构设计文件，包括建筑及地下室的平面图、剖面图、地下室设计深度、荷载情况、可能采用的基础方案及支护结构形式等。

4.1.4 岩土工程勘察应符合下列规定：

1 应查明建筑场地及其邻近地段内不良地质作用的类型、成因、分布范围、发展趋势和危害程度，提出治理方案的建议；

2 应查明建筑场地的地层结构、成因年代以及各岩土层的物理力学性质，评价地基均匀性和承载力；

3 应查明埋藏的古河道、浜沟、墓穴、防空洞、孤石等埋藏物和人工地下设施等对工程不利的埋藏物；

4 应查明地下水埋藏情况、类型、水位及其变化幅度；判定土和水对建筑材料的腐蚀性；

5 对场地抗震设防烈度大于或等于 6 度的地区，应对场地和地基的地震效应进行评价；

6 应提出地基基础方案的评价和建议以及相应的基础设计和施工建议；

7 对需进行地基变形计算的建筑物，应提供变形计算所需的参数，预测建筑物的变形特征；

8 当基础埋深低于地下水位时，应提出地下水控制的建议和分析地下水控制对相邻建筑物的影响，并提供有关的技术参数；

9 对基坑工程应提出放坡开挖、坑壁支护、环境保护和监测工作的方案和建议，并提出基坑稳定计算所需参数；

10 对边坡工程应提供边坡稳定计算参数，评价边坡稳定性，提出整治潜在的不稳定边坡措施的建议。

4.1.5 当工程需要时，应在专项勘察的基础上，根据建筑物基础埋深、场地岩土工程条件，论证地下水在建筑施工和使用期间可能产生的变化及其对工程和环境的影响，提出抗浮设计水位的建议。

4.1.6 勘察文件的编制，除应符合本规范的要求外，尚应符合国家现行标准《岩土工程勘察规范》GB 50021、《高层建筑岩土工程勘察规程》JGJ 72 等相关标准的规定。

4.2 勘 探 要 求

4.2.1 在布置勘探点和确定勘探孔的深度时，应考虑建筑物的体形、荷载分布和地层的复杂程度，并能满足对建筑物纵横两个方向地层结构和地基进行均匀性评价的要求。

4.2.2 勘探点间距和数量应符合下列规定：

1 勘探点间距宜为 15m～35m，地层变化复杂时取低值。

2 勘探点宜沿建筑物周边、角点和中心点布置，并宜在建筑层数或荷载变化较大的位置增加勘探点。

3 对单桩承载力较大的一柱一桩工程，宜在每个柱下设置一个勘探点。

4 对处于断裂破碎带、冲沟地段、地裂缝等不良地质作用发育的场地及位于斜坡上或坡脚下的高层建筑，勘察点的布置和数量应满足整体稳定性验算和评价的需要。

5 对于基坑支护工程，勘探点应均匀布置在基坑周边。在软土或地质条件复杂的地区，勘探点宜布置在从基坑边到不小于 2 倍基坑开挖深度的范围内。当开挖边界外无法布置勘探点时，应通过调查取得相关资料。

6 单幢建筑的勘探点不应少于 5 个，其中控制性勘探点的数量不应少于勘探点总数的 1/3，且不应少于 2 个。

4.2.3 勘探孔的深度应符合下列规定：

1 一般性勘探孔的深度应大于主要受力层的深度，可按下式估算：

$$d_g = d + \alpha_g \beta b \qquad (4.2.3\text{-}1)$$

式中：d_g——一般性勘探孔的深度（m）；

d——基础埋置深度（m）；

α_g——与土层有关的经验系数，根据地基主要受力土层的类别按表 4.2.3 取值；

β——与高层建筑层数或基底压力有关的经验系数，对地基基础设计等级为甲级的高层建筑可取 1.1，对设计等级为甲级以外的高层建筑可取 1.0；

b——基础底面宽度（m）；对圆形基础或环形基础，按最大直径计算；对形状不规则的基础，按面积等代成方形、矩形或圆形面积的宽度或直径计算。

2 控制性勘探孔的深度应大于地基压缩层深度，可按下式估算：

$$d_c = d + \alpha_c \beta b \qquad (4.2.3\text{-}2)$$

式中：d_c——控制性勘探孔的深度（m）；

α_c——与土层有关的经验系数，根据地基主要压缩层土类按表 4.2.3 取值。

表 4.2.3 经验系数 α_c、α_g

经验系数 \ 土类	岩土类别				
	碎石土	砂 土	粉 土	黏性土	软 土
α_c	0.5~0.7	0.7~0.9	0.9~1.2	1.0~1.5	1.5~2.0
α_g	0.3~0.4	0.4~0.5	0.5~0.7	0.6~0.9	1.0~1.5

注：1 表中范围值对同类土中，地质年代老、密实或地下水位深者取小值，反之取大值；

2 在软土地区，取值时应考虑基础宽度，当 $b > 60m$ 时取小值；$b \leqslant 20m$ 时取大值。

3 抗震设防区的勘探孔深度尚应符合现行国家标准《建筑抗震设计规范》GB 50011 的有关规定。

4 桩筏和桩箱基础控制性勘探孔应穿透桩端平面以下的压缩层；一般性勘探孔应达到桩端平面以下（3~5）倍桩身设计直径的深度，且不应小于桩端平面以下 3m；对于大直径桩不应小于桩端平面以下 5m；当钻至预计深度遇到软弱土层时，勘探孔深度应加深。

5 当需要对处于断裂破碎带、冲沟地段、地裂缝等不良地质作用发育场地及位于斜坡上或坡脚下的高层建筑进行整体稳定性验算时，控制性勘察孔的深度应满足验算和评价的需要。

6 当需对土的湿陷性、膨胀性、地震液化、场地覆盖层厚度、地下水渗透性等进行特殊评价时，勘探孔的深度应按相关规范的要求确定。

4.2.4 采取土试样和进行原位测试的勘探孔，应符合下列规定：

1 采取土试样和进行原位测试的勘探点数量，应根据地层结构、地基土的均匀性和设计要求确定，宜占勘探点总数的 1/2~2/3，对于单幢建筑不应少于 3 个；

2 地基持力层和主要受力土层采取的原状土样每层不应少于 6 件，或原位测试数据不应少于 6 组。

4.3 室内试验与现场原位测试

4.3.1 室内压缩试验所施加的最大压力值应大于土的有效自重压力与预计的附加压力之和。压缩系数和压缩模量应取土的有效自重压力至土的有效自重压力与附加压力之和的压力段进行计算，当需分析深基坑开挖卸荷和再加荷对地基变形的影响时，应进行回弹再压缩试验，其压力的施加应模拟实际加卸荷的应力状态。

4.3.2 抗剪强度试验方法应根据建筑物施工速率、地层排水条件确定，宜采用不固结不排水剪试验或快剪试验。

4.3.3 地基基础设计等级为甲级建筑物的地基承载力和变形计算参数，宜通过平板载荷试验取得。

4.3.4 在查明黏性土、粉土、砂土的均匀性和承载力及变形特征时，宜进行静力触探、标准贯入试验和旁压试验。

4.3.5 确定粉土和砂土的密实度或判别其地震液化的可能性时，宜进行标准贯入试验。

4.3.6 在查明碎石土的均匀性和承载力时，宜进行重型或超重型动力触探试验。

4.3.7 当抗震设计需要提供相关参数时，应进行波速试验。

4.3.8 当设计需要地基土的基床系数时，应进行基床系数载荷试验。基床系数载荷试验应按本规范附录 A 的规定执行。

4.3.9 对重要建筑、地质条件复杂、特殊土、有特殊设计要求的场地，宜采用两种以上原位测试方法，通过对比试验确定岩土参数。

4.3.10 大直径桩的桩端阻力应根据现行行业标准《高层建筑岩土工程勘察规程》JGJ 72 的规定，通过深层荷载试验确定。

4.4 地 下 水

4.4.1 应根据场地特点和工程需要，查明下列水文地质状况，并提出相应的工程建议：

1 地下水类型和赋存状态；

2 主要含水层的分布规律及岩性特征；

3 年降水量、蒸发量及其变化规律和对地下水的影响等区域性资料；

4 地下水的补给排泄条件、地表水与地下水的补排关系及其对地下水位的影响；

5 勘察时的地下水位、历史最高水位、近（3~5）年最高水位、常年水位变化幅度或水位变化趋势及其主要影响因素；

6 当场地内存在对工程有影响的多层地下水时，应分别查明每层地下水的类型、水位和年变化规律，以及地下水分布特征对地基和基础施工可能造成的影响；

7 当地下水可能对地基或基坑开挖造成影响时，应根据地基基础形式或基坑支护方案对地下水控制措施提出建议；

8 当地下水位可能高于基础埋深并存在基础抗浮问题时，应提出与建筑物抗浮有关的建议；

9 应查明场区是否存在对地下水和地表水的污染源及其可能的污染程度，提出相应工程措施的建议。

4.4.2 当场地水文地质条件对地基评价和地下室抗浮以及施工降水有重大影响时，或对重大及特殊工程，除应进行专门的水文地质勘察外，对缺少地下水位相关资料的地区尚宜设置地下水位长期观测孔。

4.4.3 含水层的渗透系数等水文地质参数，宜根据岩土层特性和工程需要，采用抽水试验、渗水试验或注水试验等试验获得。

4.4.4 在评价地下水对工程及环境的作用和影响时，应包括下列内容：

1 地下水对基础及建筑物的上浮作用；

2 地下水位变化对地基变形和地基承载力的影响；

3 地下水对边坡稳定性的不利影响；

4 地下水产生潜蚀、流土、管涌的可能性；

5 不同排水条件下静水压力和渗透力对支挡结构的影响；

6 施工期间降水或隔水措施的可行性及其对地基、基坑稳定和邻近工程的影响。

4.4.5 地下水的物理、化学作用的评价应包括下列内容：

1 对混凝土、金属材料的腐蚀性；

2 对软质岩石、强风化岩石、残积土、湿陷性土、膨胀岩土和盐渍岩土等特殊地基，地下水的聚集和散失所产生的软化、崩解、湿陷、胀缩和潜蚀等有害作用；

3 在冻土地区，地下水对土的冻胀和融陷的影响。

4.4.6 对地下水采取降低水位措施时，应符合下列规定：

1 设计降水深度应在基坑底面0.5m以下；

2 应防止细颗粒土在降水过程中流失；

3 应防止承压水引起的基坑底部突涌。

5 地 基 计 算

5.1 一 般 规 定

5.1.1 高层建筑筏形与箱形基础的地基应进行承载力和变形计算，当基础埋深不符合本规范第5.2.3条的要求或地基土层不均匀时应进行基础的抗滑移及抗倾覆稳定性验算及地基的整体稳定性验算。

5.1.2 当多幢新建相邻高层建筑的基础距离较近时，应分析各高层建筑之间的相互影响。当新建高层建筑的基础和既有建筑的基础距离较近时，应分析新旧建筑的相互影响，验算新旧建筑的地基承载力、地基变形和地基稳定性。

5.1.3 对单幢建筑物，在地基均匀的条件下，筏形与箱形基础的基底平面形心宜与结构竖向永久荷载重心重合；当不能重合时，在荷载效应准永久组合下，偏心距 e 宜符合下式规定：

$$e \leqslant 0.1 \frac{W}{A} \qquad (5.1.3)$$

式中：W——与偏心距方向一致的基础底面边缘抵抗矩（m^3）；

A——基础底面积（m^2）。

5.1.4 大面积整体基础上的建筑宜均匀对称布置。当整体基础面积较大且其上建筑数量较多时，可将整体基础按单幢建筑的影响范围分块，每幢建筑的影响范围可根据荷载情况、基础刚度、地下结构及裙房刚度、沉降后浇带的位置等因素确定。每幢建筑竖向永久荷载重心宜与影响范围内的基底平面形心重合。当不能重合时，宜符合本规范第5.1.3条的规定。

5.1.5 下列桩筏与桩箱基础应进行沉降计算：

1 地基基础设计等级为甲级的非嵌岩桩和桩端为非深厚坚硬土层的桩筏、桩箱基础；

2 地基基础设计等级为乙级的体形复杂、荷载不均匀或桩端以下存在软弱下卧层的桩筏、桩箱基础；

3 摩擦型桩的桩筏、桩箱基础。

5.1.6 对于地质条件不复杂、荷载较均匀、沉降无特殊要求的端承型桩筏、桩箱基础，当有可靠地区经验时，可不进行沉降计算。

5.1.7 筏形与箱形基础的整体倾斜值，可根据荷载偏心、地基的不均匀性、相邻荷载的影响和地区经验进行计算。

5.2 基础埋置深度

5.2.1 高层建筑筏形与箱形基础的埋置深度，应按下列条件确定：

1 建筑物的用途，有无地下室、设备基础和地下设施，基础的形式和构造；

2 作用在地基上的荷载大小和性质；

3 工程地质和水文地质条件；

4 相邻建筑物基础的埋置深度；

5 地基土冻胀和融陷的影响；

6 抗震要求。

5.2.2 高层建筑筏形与箱形基础的埋置深度应满足地基承载力、变形和稳定性要求。

5.2.3 在抗震设防区，除岩石地基外，天然地基上的筏形与箱形基础的埋置深度不宜小于建筑物高度的1/15；桩筏与桩箱基础的埋置深度（不计桩长）不宜小于建筑物高度的1/18。

5.3 承载力计算

5.3.1 筏形与箱形基础的底面压力应符合下列公式规定：

1 当受轴心荷载作用时

$$p_k \leq f_a \tag{5.3.1-1}$$

式中：p_k——相应于荷载效应标准组合时，基础底面处的平均压力值（kPa）；

f_a——修正后的地基承载力特征值（kPa）。

2 当受偏心荷载作用时，除应符合式（5.3.1-1）规定外，尚应符合下式规定：

$$p_{kmax} \leq 1.2 f_a \tag{5.3.1-2}$$

式中：p_{kmax}——相应于荷载效应标准组合时，基础底面边缘的最大压力值（kPa）。

3 对于非抗震设防的高层建筑筏形与箱形基础，除应符合式（5.3.1-1）、式（5.3.1-2）的规定外，尚应符合下式规定：

$$p_{kmin} \geq 0 \tag{5.3.1-3}$$

式中：p_{kmin}——相应于荷载效应标准组合时，基础底面边缘的最小压力值（kPa）。

5.3.2 筏形与箱形基础的底面压力，可按下列公式确定：

1 当受轴心荷载作用时

$$p_k = \frac{F_k + G_k}{A} \tag{5.3.2-1}$$

式中：F_k——相应于荷载效应标准组合时，上部结构传至基础顶面的竖向力值（kN）；

G_k——基础自重和基础上的土重之和，在稳定的地下水位以下的部分，应扣除水的浮力（kN）；

A——基础底面面积（m²）。

2 当受偏心荷载作用时

$$p_{kmax} = \frac{F_k + G_k}{A} + \frac{M_k}{W} \tag{5.3.2-2}$$

$$p_{kmin} = \frac{F_k + G_k}{A} - \frac{M_k}{W} \tag{5.3.2-3}$$

式中：M_k——相应于荷载效应标准组合时，作用于基础底面的力矩值（kN·m）；

W——基础底面边缘抵抗矩（m³）。

5.3.3 对于抗震设防的建筑，筏形与箱形基础的底面压力除应符合第 5.3.1 条的要求外，尚应按下列公式验算地基抗震承载力：

$$p_{kE} \leq f_{aE} \tag{5.3.3-1}$$

$$p_{max} \leq 1.2 f_{aE} \tag{5.3.3-2}$$

$$f_{aE} = \zeta_a f_a \tag{5.3.3-3}$$

式中：p_{kE}——相应于地震作用效应标准组合时，基础底面的平均压力值（kPa）；

p_{max}——相应于地震作用效应标准组合时，基础底面边缘的最大压力值（kPa）；

f_{aE}——调整后的地基抗震承载力（kPa）；

ζ_a——地基抗震承载力调整系数，按表 5.3.3 确定。

在地震作用下，对于高宽比大于 4 的高层建筑，基础底面不宜出现零应力区；对于其他建筑，当基础底面边缘出现零应力时，零应力区的面积不应超过基础底面面积的 15%；与裙房相连且采用天然地基的高层建筑，在地震作用下主楼基础底面不宜出现零应力区。

表 5.3.3 地基抗震承载力调整系数 ζ_a

岩土名称和性状	ζ_a
岩石，密实的碎石土，密实的砾、粗、中砂，$f_{ak} \leq 300\text{kPa}$ 的黏性土和粉土	1.5
中密、稍密的碎石土，中密和稍密的砾、粗、中砂，密实和中密的细、粉砂，$150\text{kPa} \leq f_{ak} < 300\text{kPa}$ 的黏性土和粉土	1.3
稍密的细、粉砂，$100\text{kPa} \leq f_{ak} < 150\text{kPa}$ 的黏性土和粉土，新近沉积的黏性土和粉土	1.1
淤泥，淤泥质土，松散的砂，填土	1.0

注：f_{ak} 为地基承载力的特征值。

5.3.4 地基承载力特征值可由载荷试验等原位测试或按理论公式并结合工程实践经验综合确定。

5.3.5 地基承载力特征值应按现行国家标准《建筑地基基础设计规范》GB 50007 的规定进行深度和宽度修正。

5.4 变形计算

5.4.1 高层建筑筏形与箱形基础的地基变形计算值，不应大于建筑物的地基变形允许值，建筑物的地基变形允许值应按地区经验确定，当无地区经验时应符合现行国家标准《建筑地基基础设计规范》GB 50007 的规定。

5.4.2 当采用土的压缩模量计算筏形与箱形基础的最终沉降量 s 时，应按下列公式计算：

$$s = s_1 + s_2 \tag{5.4.2-1}$$

$$s_1 = \psi' \sum_{i=1}^{m} \frac{p_c}{E_{si}} (z_i \bar{\alpha}_i - z_{i-1} \bar{\alpha}_{i-1}) \tag{5.4.2-2}$$

$$s_2 = \psi_s \sum_{i=1}^{n} \frac{p_0}{E_{si}} (z_i \bar{\alpha}_i - z_{i-1} \bar{\alpha}_{i-1}) \tag{5.4.2-3}$$

式中：s——最终沉降量（mm）；

s_1——基坑底面以下地基土回弹再压缩引起的沉降量（mm）；

s_2——由基底附加压力引起的沉降量（mm）；

ψ'——考虑回弹影响的沉降计算经验系数，无经验时取 $\psi'=1$；

ψ_s——沉降计算经验系数，按地区经验采用；当缺乏地区经验时，可按现行国家标准《建筑地基基础设计规范》GB 50007 的有

关规定采用;

p_c——相当于基础底面处地基土的自重压力的基底压力（kPa），计算时地下水位以下部分取土的浮重度（kN/m³）;

p_0——准永久组合下的基础底面处的附加压力（kPa）;

E'_{si}、E_{si}——基础底面下第 i 层土的回弹再压缩模量和压缩模量（MPa），按本规范第4.3.1条试验要求取值;

m——基础底面以下回弹影响深度范围内所划分的地基土层数;

n——沉降计算深度范围内所划分的地基土层数;

z_i、z_{i-1}——基础底面至第 i 层、第 $i-1$ 层底面的距离（m）;

$\bar{\alpha}_i$、$\bar{\alpha}_{i-1}$——基础底面计算点至第 i 层、第 $i-1$ 层底面范围内平均附加应力系数，按本规范附录B采用;

式（5.4.2-2）中的沉降计算深度应按地区经验确定，当无地区经验时可取基坑开挖深度;式（5.4.2-3）中的沉降计算深度可按现行国家标准《建筑地基基础设计规范》GB 50007 确定。

5.4.3 当采用土的变形模量计算筏形与箱形基础的最终沉降量 s 时，应按下式计算:

$$s = p_k b\eta \sum_{i=1}^{n} \frac{\delta_i - \delta_{i-1}}{E_{0i}} \qquad (5.4.3)$$

式中: p_k——长期效应组合下的基础底面处的平均压力标准值（kPa）;

b——基础底面宽度（m）;

δ_i、δ_{i-1}——与基础长宽比 L/b 及基础底面至第 i 层土和第 $i-1$ 层土底面的距离深度 z 有关的无因次系数，可按本规范附录C中的表C确定;

E_{0i}——基础底面下第 i 层土的变形模量（MPa），通过试验或按地区经验确定;

η——沉降计算修正系数，可按表 5.4.3 确定。

表 5.4.3 修正系数 η

$m = \dfrac{2z_n}{b}$	$0 < m \leqslant 0.5$	$0.5 < m \leqslant 1$	$1 < m \leqslant 2$	$2 < m \leqslant 3$	$3 < m \leqslant 5$	$5 < m \leqslant \infty$
η	1.00	0.95	0.90	0.80	0.75	0.70

5.4.4 按式（5.4.3）进行沉降计算时，沉降计算深度 z_n 宜按下式计算:

$$z_n = (z_m + \xi b)\beta \qquad (5.4.4)$$

式中: z_m——与基础长宽比有关的经验值（m），可按表 5.4.4-1 确定;

ξ——折减系数，可按表 5.4.4-1 确定;

β——调整系数，可按表 5.4.4-2 确定。

表 5.4.4-1 z_m 值和折减系数 ξ

L/b	$\leqslant 1$	2	3	4	$\geqslant 5$
z_m	11.6	12.4	12.5	12.7	13.2
ξ	0.42	0.49	0.53	0.60	1.00

表 5.4.4-2 调整系数 β

土类	碎石	砂土	粉土	黏性土	软土
β	0.30	0.50	0.60	0.75	1.00

5.4.5 带裙房高层建筑的大面积整体筏形基础的沉降宜按上部结构、基础与地基共同作用的方法进行计算。

5.4.6 对于多幢建筑下的同一大面积整体筏形基础，可根据每幢建筑及其影响范围按上部结构、基础与地基共同作用的方法分别进行沉降计算，并可按变形叠加原理计算整体筏形基础的沉降。

5.5 稳定性计算

5.5.1 高层建筑在承受地震作用、风荷载或其他水平荷载时，筏形与箱形基础的抗滑移稳定性（图 5.5.1）应符合下式的要求:

$$K_s Q \leqslant F_1 + F_2 + (E_p - E_a)l \qquad (5.5.1)$$

式中: F_1——基底摩擦力合力（kN）;

F_2——平行于剪力方向的侧壁摩擦力合力（kN）;

E_a、E_p——垂直于剪力方向的地下结构外墙面单位长度上主动土压力合力、被动土压力合力（kN/m）;

l——垂直于剪力方向的基础边长（m）;

Q——作用在基础顶面的风荷载、水平地震作用或其他水平荷载（kN）。风荷载、地震作用分别按现行国家标准《建筑结构荷载规范》GB 50009、《建筑抗震设计规范》GB 50011 确定，其他水平荷载按实际发生的情况确定;

K_s——抗滑移稳定性安全系数，取1.3。

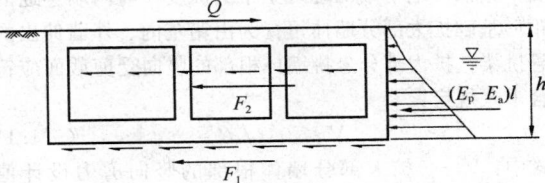

图 5.5.1 抗滑移稳定性验算示意

5.5.2 高层建筑在承受地震作用、风荷载、其他水平荷载或偏心竖向荷载时，筏形与箱形基础的抗倾覆稳定性应符合下式的要求:

$$K_r M_c \leqslant M_r \qquad (5.5.2)$$

式中：M_r——抗倾覆力矩（kN·m）；

M_c——倾覆力矩（kN·m）；

K_r——抗倾覆稳定性安全系数，取1.5。

5.5.3 当地基内存在软弱土层或地基土质不均匀时，应采用极限平衡理论的圆弧滑动面法验算地基整体稳定性。其最危险的滑动面上诸力对滑动中心所产生的抗滑力矩与滑动力矩应符合下式规定：

$$KM_S \leqslant M_R \tag{5.5.3}$$

式中：M_R——抗滑力矩（kN·m）；

M_S——滑动力矩（kN·m）；

K——整体稳定性安全系数，取1.2。

5.5.4 当建筑物地下室的一部分或全部在地下水位以下时，应进行抗浮稳定性验算。抗浮稳定性验算应符合下式的要求：

$$F'_k + G_k \geqslant K_f F_f \tag{5.5.4}$$

式中：F'_k——上部结构传至基础顶面的竖向永久荷载（kN）；

G_k——基础自重和基础上的土重之和（kN）；

F_f——水浮力（kN），在建筑物使用阶段按与设计使用年限相应的最高水位计算；在施工阶段，按分析地质状况、施工季节、施工方法、施工荷载等因素后确定的水位计算；

K_f——抗浮稳定安全系数，可根据工程重要性和确定水位时统计数据的完整性取1.0～1.1。

6 结构设计与构造要求

6.1 一般规定

6.1.1 筏形和箱形基础的平面尺寸，应根据工程地质条件、上部结构布置、地下结构底层平面及荷载分布等因素，按本规范第5章有关规定确定。当需要扩大底板面积时，宜优先扩大基础的宽度。当采用整体扩大箱形基础方案时，扩大部分的墙体应与箱形基础的内墙或外墙连通成整体，且扩大部分墙体的挑出长度不宜大于地下结构埋入土中的深度。与内墙连通的箱形基础扩大部分墙体可视为由箱基内、外墙伸出的悬挑梁，扩大部分悬挑墙体根部的竖向受剪截面应符合下式规定：

$$V \leqslant 0.2 f_c b h_0 \tag{6.1.1}$$

式中：V——扩大部分墙体根部的竖向剪力设计值（kN）；

f_c——混凝土轴心抗压强度设计值（kPa）；

b——扩大部分墙体的厚度（m）；

h_0——扩大部分墙体的竖向有效高度（m）。

当扩大部分墙体的挑出长度大于地下结构埋入土中的深度时，箱基底反力及内力应按弹性地基理论进行分析。计算分析时应根据土层情况和地区经验选用地基模型和参数。

6.1.2 筏形与箱形基础地下室施工完成后，应及时进行基坑回填。回填土应按设计要求选料。回填时应先清除基坑内的杂物，在相对的两侧或四周同时进行并分层夯实，回填土的压实系数不应小于0.94。

6.1.3 当地下室的四周外墙与土层紧密接触时，上部结构的嵌固部位按下列规定确定：

　1 上部结构为剪力墙结构，地下室为单层或多层箱形基础地下室，地下一层结构顶板可作为上部结构的嵌固部位。

　2 上部结构为框架、框架-剪力墙或框架-核心筒结构时：

　　1）地下室为单层箱形基础，箱形基础的顶板可作为上部结构的嵌固部位［图6.1.3(a)］；

　　2）对采用筏形基础的单层或多层地下室以及采用箱形基础的多层地下室，当地下一层的结构侧向刚度K_B大于或等于与其相连的上部结构底层楼层侧向刚度K_F的1.5倍时，地下一层结构顶板可作为结构上部结构的嵌固部位［图6.1.3(b)、(c)］；

　　3）对大底盘整体筏形基础，当地下室内、外墙与主体结构墙体之间的距离符合表6.1.3要求时，地下一层的结构侧向刚度可计入该范围内的地下室内、外墙刚度，但此范围内的侧向刚度不能重复使用于相邻塔楼。当K_B小于$1.5K_F$时，建筑物的嵌固部位可设在筏形基础或箱形基础的顶部，结构整体计算分析时宜考虑基底土和基侧土的阻抗，可在地下室与周围土层之间设置适当的弹簧和阻尼器来模拟。

表6.1.3　地下室墙与主体结构墙之间的最大间距 d

非抗震设计	抗震设防烈度		
	6度，7度	8度	9度
$d \leqslant 50m$	$d \leqslant 40m$	$d \leqslant 30m$	$d \leqslant 20m$

6.1.4 当地下一层结构顶板作为上部结构的嵌固部位时，应能保证将上部结构的地震作用或水平力传递到地下室抗侧力构件上，沿地下室外墙和内墙边缘的板面不应有大洞口；地下一层结构顶板应采用梁板式楼盖，板厚不应小于180mm，其混凝土强度等级不宜小于C30；楼面应采用双层双向配筋，且每层每个方向的配筋率不宜小于0.25%。

6.1.5 地下室的抗震等级、构件的截面设计以及抗震构造措施应符合现行国家标准《建筑抗震设计规范》GB 50011的有关规定。剪力墙底部加强部位的高度应从地下室顶板算起；当结构嵌固在基础顶面时，剪力墙底部加强部位的范围亦应从地面算起，

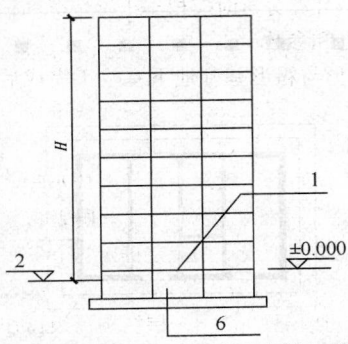

(a) 地下室为箱基、上部结构为框架或
框架-剪力墙结构时的嵌固部位

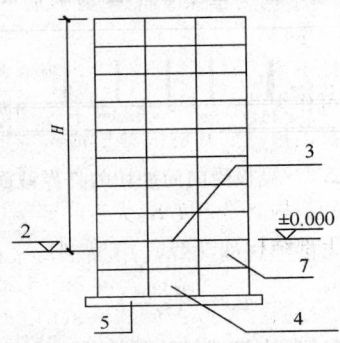

(b) 采用筏基或箱基的多层地下室，$K_B \geqslant 1.5K_F$，上部
结构为框架或框架-剪力墙结构时的嵌固部位

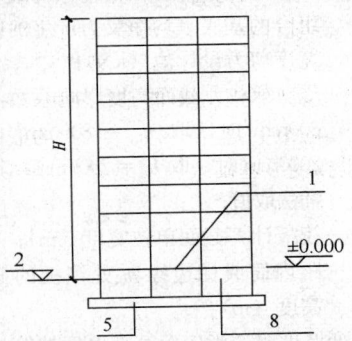

(c) 采用筏基的单层地下室，$K_B \geqslant 1.5K_F$，上部结构
为框架或框架-剪力墙结构时的嵌固部位

图 6.1.3　上部结构的嵌固部位示意

1—嵌固部位：地下室顶板；2—室外地坪；
3—嵌固部位：地下一层顶板；4—地下二层
（或地下二层为箱基）；5—筏基；6—地下室
为箱基；7—地下一层；8—单层地下室

将底部加强部位延伸至基础顶面。

6.1.6　当四周与土体紧密接触带地下室外墙的整体式筏形和箱形基础建于 Ⅲ、Ⅳ 类场地时，按刚性地基假定计算的基底水平地震剪力和倾覆力矩可根据结构刚度、埋置深度、场地类别、土质情况、抗震设防烈度以及工程经验折减。

6.1.7　基础混凝土应符合耐久性要求。筏形基础和桩箱、桩筏基础的混凝土强度等级不应低于 **C30**；箱形基础的混凝土强度等级不应低于 **C25**。

6.1.8　当采用防水混凝土时，防水混凝土的抗渗等级应按表 6.1.8 选用。对重要建筑，宜采用自防水并设置架空排水层。

表 6.1.8　防水混凝土抗渗等级

埋置深度 d（m）	设计抗渗等级	埋置深度 d（m）	设计抗渗等级
$d<10$	P6	$20 \leqslant d<30$	P10
$10 \leqslant d<20$	P8	$30 \leqslant d$	P12

6.2　筏　形　基　础

6.2.1　平板式筏形基础和梁板式筏形基础的选型应根据地基土质、上部结构体系、柱距、荷载大小、使用要求以及施工等条件确定。框架-核心筒结构和筒中筒结构宜采用平板式筏形基础。

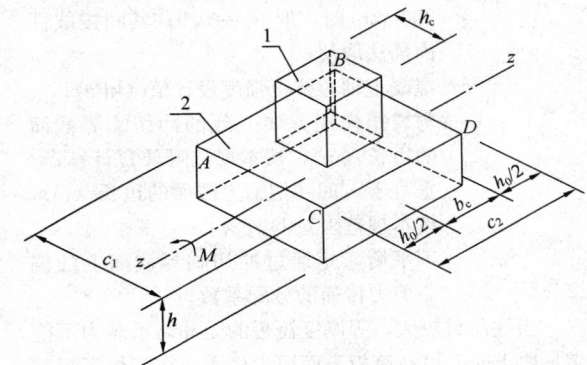

图 6.2.2　内柱冲切临界截面示意
1—柱；2—筏板

6.2.2　平板式筏基的板厚除应符合受弯承载力的要求外，尚应符合冲切承载力的要求。验算时应计入作用在冲切临界截面重心上的不平衡弯矩所产生的附加剪力。筏板的最小厚度不应小于 500mm。对基础的边柱和角柱进行冲切验算时，其冲切力应分别乘以 1.1 和 1.2 的增大系数。距柱边 $h_0/2$ 处冲切临界截面（图 6.2.2）的最大剪应力 τ_{max} 应符合下列公式的规定：

$$\tau_{max} = \frac{F_l}{u_m h_0} + \alpha_s \frac{M_{unb} c_{AB}}{I_s} \qquad (6.2.2\text{-}1)$$

$$\tau_{max} \leqslant 0.7(0.4 + 1.2/\beta_s)\beta_{hp} f_t \qquad (6.2.2\text{-}2)$$

$$\alpha_s = 1 - \frac{1}{1 + \frac{2}{3}\sqrt{\left(\frac{c_1}{c_2}\right)}} \qquad (6.2.2\text{-}3)$$

式中：F_l ——相应于荷载效应基本组合时的冲切力（kN），对内柱取轴力设计值与筏板冲切破坏锥体内的基底反力设计值之差；对基础的边柱和角柱，取轴力设计值与筏板冲切临界截面范围内的基底反力设计值之差；计算基底反力值时应扣除底板及其上填土的自重；

u_m——距柱边缘不小于 $h_0/2$ 处的冲切临界截面的最小周长（m），按本规范附录 D 计算；

h_0——筏板的有效高度（m）；

M_{unb}——作用在冲切临界截面重心上的不平衡弯矩（kN·m）；

c_{AB}——沿弯矩作用方向，冲切临界截面重心至冲切临界截面最大剪应力点的距离（m），按本规范附录 D 计算；

I_s——冲切临界截面对其重心的极惯性矩（m⁴），按本规范附录 D 计算；

β_s——柱截面长边与短边的比值：当 $\beta_s < 2$ 时，β_s 取 2；当 $\beta_s > 4$ 时，β_s 取 4；

β_{hp}——受冲切承载力截面高度影响系数：当 $h \leqslant 800mm$ 时，取 $\beta_{hp} = 1.0$；当 $h \geqslant 2000mm$ 时，取 $\beta_{hp} = 0.9$；其间按线性内插法取值；

f_t——混凝土轴心抗拉强度设计值（kPa）；

c_1——与弯矩作用方向一致的冲切临界截面的边长（m），按本规范附录 D 计算；

c_2——垂直于 c_1 的冲切临界截面的边长（m），按本规范附录 D 计算；

α_s——不平衡弯矩通过冲切临界截面上的偏心剪力传递的分配系数。

当柱荷载较大，等厚度筏板的受冲切承载力不能满足要求时，可在筏板上面增设柱墩或在筏板下局部增加板厚或采用抗冲切钢筋等提高受冲切承载能力。

6.2.3 平板式筏基在内筒下的受冲切承载力应符合下式规定：

$$\frac{F_1}{u_m h_0} \leqslant 0.7\beta_{hp} f_t / \eta \qquad (6.2.3-1)$$

式中：F_1——相应于荷载效应基本组合时的内筒所承受的轴力设计值与内筒下筏板冲切破坏锥体内的基底反力设计值之差（kN）。计算基底反力值时应扣除底板及其上填土的自重；

u_m——距内筒外表面 $h_0/2$ 处冲切临界截面的周长（m）（图 6.2.3）；

h_0——距内筒外表面 $h_0/2$ 处筏板的截面有效高度（m）；

η——内筒冲切临界截面周长影响系数，取 1.25。

当需要考虑内筒根部弯矩的影响时，距内筒外表面 $h_0/2$ 处冲切临界截面的最大剪应力可按本规范式（6.2.2-1）计算，此时最大剪应力应符合下式规定：

$$\tau_{max} \leqslant 0.7\beta_{hp} f_t / \eta \qquad (6.2.3-2)$$

6.2.4 平板式筏基除应符合受冲切承载力的规定外，尚应按下列公式验算距内筒和柱边缘 h_0 处截面的受

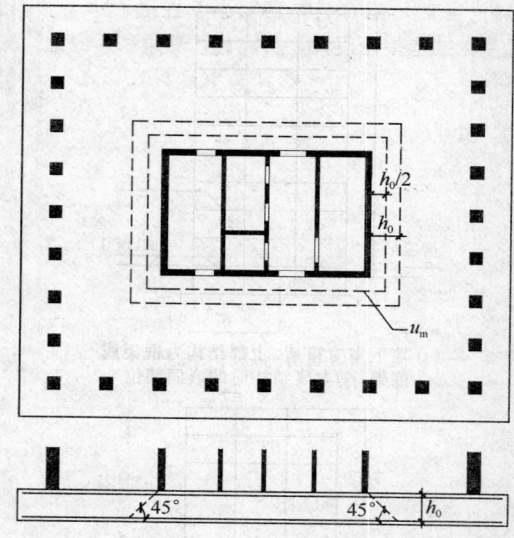

图 6.2.3 筏板受内筒冲切的临界截面位置

剪承载力：

$$V_s \leqslant 0.7\beta_{hs} f_t b_w h_0 \qquad (6.2.4-1)$$

$$\beta_{hs} = \left(\frac{800}{h_0}\right)^{1/4} \qquad (6.2.4-2)$$

式中：V_s——距内筒或柱边缘 h_0 处，扣除底板及其上填土的自重后，相应于荷载效应基本组合的基底平均净反力产生的筏板单位宽度剪力设计值（kN）；

β_{hs}——受剪承载力截面高度影响系数：当 $h_0 < 800mm$ 时，取 $h_0 = 800mm$；当 $h_0 > 2000mm$ 时，取 $h_0 = 2000mm$；其间按内插法取值；

b_w——筏板计算截面单位宽度（m）；

h_0——距内筒或柱边缘 h_0 处筏板的截面有效高度（m）。

当筏板变厚度时，尚应验算变厚度处筏板的截面受剪承载力。

6.2.5 梁板式筏基底板的厚度应符合受弯、受冲切和受剪承载力的要求，且不应小于 400mm；板厚与最大双向板格的短边净跨之比尚不应小于 1/14。梁板式筏基梁的高跨比不宜小于 1/6。

6.2.6 梁板式筏基的基础梁除应符合正截面受弯承载力的要求外，尚应验算柱边缘处或梁柱连接面八字角边缘处基础梁斜截面受剪承载力。

6.2.7 梁板式筏形基础梁和平板式筏形基础底板的顶面应符合底层柱下局部受压承载力的要求。对抗震设防烈度为 9 度的高层建筑，验算柱下基础梁、板局部受压承载力时，尚应按现行国家标准《建筑抗震设计规范》GB 50011 的要求，考虑竖向地震作用对柱轴力的影响。

6.2.8 地下室底层柱、剪力墙与梁板式筏基的基础梁连接的构造应符合下列规定：

1 当交叉基础梁的宽度小于柱截面的边长时，交叉基础梁连接处宜设置八字角，柱角和八字角之间的净距不宜小于50mm[图6.2.8(a)]；

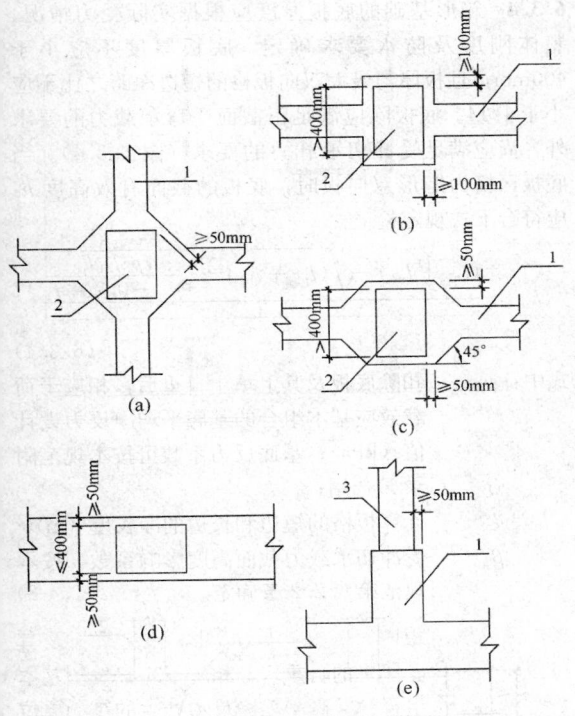

图 6.2.8 地下室底层柱和剪力墙
与梁板式筏基的基础梁连接构造
1—基础梁；2—柱；3—墙

2 当单向基础梁与柱连接、且柱截面的边长大于400mm时，可按图6.2.8(b)、图6.2.8(c)采用，柱角和八字角之间的净距不宜小于50mm；当柱截面的边长小于或等于400mm时，可按图6.2.8(d)采用；

3 当基础梁与剪力墙连接时，基础梁边至剪力墙边的距离不宜小于50mm[图6.2.8(e)]。

6.2.9 筏形基础地下室的外墙厚度不应小于250mm，内墙厚度不宜小于200mm。墙体内应设置双面钢筋，钢筋不宜采用光面圆钢筋。钢筋配置量除应满足承载力要求外，尚应考虑变形、抗裂及外墙防渗等要求。水平钢筋的直径不应小于12mm，竖向钢筋的直径不应小于10mm，间距不应大于200mm。当筏板的厚度大于2000mm时，宜在板厚中间部位设置直径不小于12mm、间距不大于300mm的双向钢筋。

6.2.10 当地基土比较均匀、地基压缩层范围内无软弱土层或可液化土层、上部结构刚度较好，柱网和荷载较均匀、相邻柱荷载及柱间距的变化不超过20%，且平板式筏板的厚跨比或梁板式筏基梁的高跨比不小于1/6时，筏形基础可仅考虑底板局部弯曲作用，计算筏形基础的内力时，基底反力可按直线分布，并扣除底板及其上填土的自重。

当不符合上述要求时，筏基内力可按弹性地基梁板等理论进行分析。计算分析时应根据土层情况和地区经验选用地基模型和参数。

6.2.11 对有抗震设防要求的结构，嵌固端处的框架结构底层柱根截面组合弯矩设计值应按现行国家标准《建筑抗震设计规范》GB 50011的规定乘以与其抗震等级相对应的增大系数。

6.2.12 当梁板式筏基的基底反力按直线分布计算时，其基础梁的内力可按连续梁分析，边跨的跨中弯矩以及第一内支座的弯矩值宜乘以1.2的增大系数。考虑到整体弯曲的影响，梁板式筏基的底板和基础梁的配筋除应满足计算要求外，基础梁和底板的顶部跨中钢筋应按实际配筋全部连通，纵横方向的底部支座钢筋尚应有1/3贯通全跨。底板上下贯通钢筋的配筋率均不应小于0.15%。

6.2.13 按基底反力直线分布计算的平板式筏基，可按柱下板带和跨中板带分别进行内力分析，并应符合下列要求：

1 柱下板带中在柱宽及其两侧各0.5倍板厚且不大于1/4板跨的有效宽度范围内，其钢筋配置量不应小于柱下板带钢筋的一半，且应能承受部分不平衡弯矩 $\alpha_m M_{unb}$，M_{unb} 为作用在冲切临界截面重心上的部分不平衡弯矩，α_m 可按下式计算：

$$\alpha_m = 1 - \alpha_s \qquad (6.2.13)$$

式中：α_m——不平衡弯矩通过弯曲传递的分配系数；

α_s——按本规范式(6.2.2-3)计算。

2 考虑到整体弯曲的影响，筏板的柱下板带和跨中板带的底部钢筋应有1/3贯通全跨，顶部钢筋应按实际配筋全部连通，上下贯通钢筋的配筋率均不应小于0.15%。

3 有抗震设防要求、平板式筏基的顶面作为上部结构的嵌固端、计算柱下板带截面组合弯矩设计值时，柱根内力应考虑乘以与其抗震等级相应的增大系数。

6.2.14 带裙房高层建筑筏形基础的沉降缝和后浇带设置应符合下列要求：

1 当高层建筑与相连的裙房之间设置沉降缝时，高层建筑的基础埋深应大于裙房基础的埋深，其值不应小于2m。地面以下沉降缝的缝隙应用粗砂填实[图6.2.14(a)]。

2 当高层建筑与相连的裙房之间不设置沉降缝时，宜在裙房一侧设置用于控制沉降差的后浇带。当高层建筑基础面积满足地基承载力和变形要求时，后浇带宜设在与高层建筑相邻裙房的第一跨内。当需要满足高层建筑地基承载力、降低高层建筑沉降量，减小高层建筑与裙房间的沉降差而增大高层建筑基础面积时，后浇带可设在距主楼边柱的第二跨内，此时尚应满足下列条件：

1) 地基土质应较均匀；

2）裙房结构刚度较好且基础以上的地下室和裙房结构层数不应少于两层；

3）后浇带一侧与主楼连接的裙房基础底板厚度应与高层建筑的基础底板厚度相同［图6.2.14(b)］。

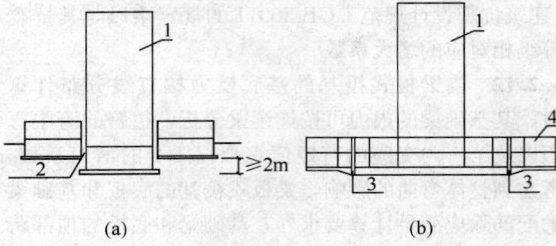

(a)　　　　　　(b)

图 6.2.14　后浇带（沉降缝）示意

1—高层；2—室外地坪以下用粗砂填实；
3—后浇带；4—裙房及地下室

根据沉降实测值和计算值确定的后期沉降差满足设计要求后，后浇带混凝土方可进行浇筑。

3 当高层建筑与相连的裙房之间不设沉降缝和后浇带时，高层建筑及与其紧邻一跨裙房的筏板应采用相同厚度，裙房筏板的厚度宜从第二跨裙房开始逐渐变化，应同时满足主、裙楼基础整体性和基础板的变形要求；应进行地基变形和基础内力的验算，验算时应分析地基与结构间变形的相互影响，并应采取有效措施防止产生有不利影响的差异沉降。

6.2.15 在同一大面积整体筏形基础上有多幢高层和低层建筑时，筏基的结构计算宜考虑上部结构、基础与地基土的共同作用。筏基可采用弹性地基梁板的理论进行整体计算；也可按各建筑物的有效影响区域将筏基划分为若干单元分别进行计算，计算时应考虑各单元的相互影响和交界处的变形协调条件。

6.2.16 带裙房的高层建筑下的大面积整体筏形基础，其主楼下筏板的整体挠曲值不应大于 0.5‰，主楼与相邻的裙房柱的差异沉降不应大于跨度的 1‰。

6.2.17 在同一大面积整体筏形基础上有多幢高层和低层建筑时，各建筑物的筏板厚度应各自满足冲切及剪切要求。

6.2.18 在大面积整体筏形基础上设置后浇带时，应符合本规范第 6.2.14 条以及第 7.4 节的规定。

6.3　箱　形　基　础

6.3.1 箱形基础的内、外墙应沿上部结构柱网和剪力墙纵横均匀布置，当上部结构为框架或框剪结构时，墙体水平截面总面积不宜小于箱基水平投影面积的 1/12；当基础平面长宽比大于 4 时，纵墙水平截面面积不宜小于箱形基础水平投影面积的 1/18。在计算墙体水平截面面积时，可不扣除洞口部分。

6.3.2 箱形基础的高度应满足结构承载力和刚度的要求，不宜小于箱形基础长度（不包括底板悬挑部

分）的 1/20，且不宜小于 3m。

6.3.3 高层建筑同一结构单元内，箱形基础的埋置深度宜一致，且不得局部采用箱形基础。

6.3.4 箱形基础的底板厚度应根据实际受力情况、整体刚度及防水要求确定，底板厚度不应小于 400mm，且板厚与最大双向板格的短边净跨之比不应小于 1/14。底板除应满足正截面受弯承载力的要求外，尚应满足受冲切承载力的要求（图 6.3.4）。当底板区格为矩形双向板时，底板的截面有效高度 h_0 应符合下式规定：

$$h_0 \geqslant \frac{(l_{n1} + l_{n2}) - \sqrt{(l_{n1} + l_{n2})^2 - \dfrac{4 p_n l_{n1} l_{n2}}{p_n + 0.7\beta_{hp} f_t}}}{4}$$

(6.3.4)

式中：p_n——扣除底板及其上填土自重后，相应于荷载效应基本组合的基底平均净反力设计值（kPa）；基底反力系数可按本规范附录 E 选用；

l_{n1}、l_{n2}——计算板格的短边和长边的净长度（m）；

β_{hp}——受冲切承载力截面高度影响系数，按本规范第 6.2.2 条确定。

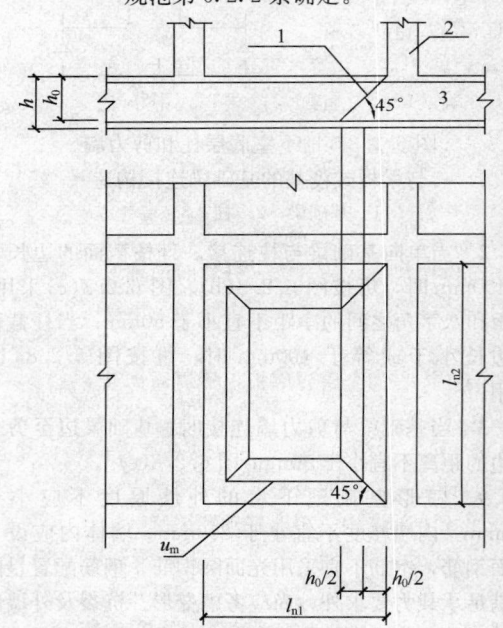

图 6.3.4　底板的冲切计算示意

1—冲切破坏锥体的斜截面；2—墙；3—底板

6.3.5 箱形基础的底板应满足斜截面受剪承载力的要求。当底板板格为矩形双向板时，其斜截面受剪承载力可按下式计算：

$$V_s \leqslant 0.7\beta_{hs} f_t (l_{n2} - 2h_0) h_0$$ (6.3.5)

式中：V_s——距墙边缘 h_0 处，作用在图 6.3.5 阴影部分面积上的扣除底板及其上填土自重后，相应于荷载效应基本组合的基底平均净反力产生的剪力设计值（kN）；

β_{hs}——受剪承载力截面高度影响系数，按本规范式（6.2.4-2）确定。

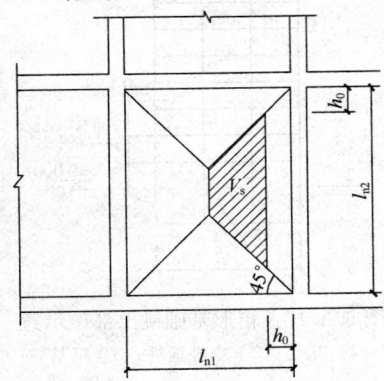

图 6.3.5 V_s 计算方法的示意

当底板板格为单向板时，其斜截面受剪承载力应按本规范式（6.2.4-1）计算，其中 V_s 为支座边缘处由基底平均净反力产生的剪力设计值。

6.3.6 箱形基础的墙身厚度应根据实际受力情况、整体刚度及防水要求确定。外墙厚度不应小于250mm；内墙厚度不宜小于200mm。墙体内应设置双面钢筋，竖向和水平钢筋的直径均不应小于10mm，间距不应大于 200mm。除上部为剪力墙外，内、外墙的墙顶处宜配置两根直径不小于20mm 的通长构造钢筋。

6.3.7 当地基压缩层深度范围内的土层在竖向和水平方向较均匀、且上部结构为平、立面布置较规则的剪力墙、框架、框架-剪力墙体系时，箱形基础的顶、底板可仅按局部弯曲计算，计算时地基反力应扣除板的自重。顶、底板钢筋配置量除满足局部弯曲的计算要求外，跨中钢筋应按实际配筋全部连通，支座钢筋尚应有 1/4 贯通全跨，底板上下贯通钢筋的配筋率均不应小于 0.15%。

6.3.8 对不符合本规范第 6.3.7 条要求的箱形基础，应同时计算局部弯曲及整体弯曲作用。计算整体弯曲时应采用上部结构、箱形基础和地基共同作用的分析方法；底板局部弯曲产生的弯矩应乘以 0.8 折减系数；箱形基础的自重应按均布荷载处理；基底反力可按本规范附录 E 确定。对等柱距或柱距相差不大于20%的框架结构，箱形基础整体弯矩的简化计算可按本规范附录 F 进行。

在箱形基础顶、底板配筋时，应综合考虑承受整体弯曲的钢筋与局部弯曲的钢筋的配置部位，使截面各部位的钢筋能充分发挥作用。

6.3.9 当地下室箱形基础的墙体面积率不能满足本规范第 6.3.1 条要求时，箱形基础的内力可按截条法，或其他有效计算方法确定。

6.3.10 箱形基础的内、外墙，除与上部剪力墙连接者外，各片墙的墙身的竖向受剪截面应符合本规范式

（6.1.1）要求。

计算各片墙竖向剪力设计值时，可按地基反力系数表确定的地基反力按基础底板等角分线与板中分线所围区域传给对应的纵横基础墙（图 6.3.10），并假设底层柱为支点，按连续梁计算基础墙上各点竖向剪力。对不符合本规范第 6.3.1 条和第 6.3.7 条要求的箱形基础，尚应考虑整体弯曲的影响。

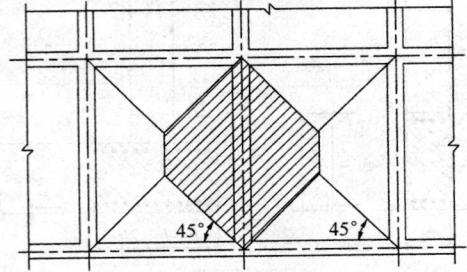

图 6.3.10 计算墙竖向剪力时地基反力分配图

6.3.11 箱基上的门洞宜设在柱间居中部位，洞边至上层柱中心的水平距离不宜小于 1.2m，洞口上过梁的高度不宜小于层高的 1/5，洞口面积不宜大于柱距与箱形基础全高乘积的 1/6。

墙体洞口周围应设置加强钢筋，洞口四周附加钢筋面积不应小于洞口内被切断钢筋面积的一半，且不应少于两根直径为 14mm 的钢筋，此钢筋应从洞口边缘处延长 40 倍钢筋直径。

6.3.12 单层箱基洞口上、下过梁的受剪截面应分别符合下列公式的规定：

当 $h_i/b \leqslant 4$ 时

$$V_i \leqslant 0.25 f_c A_i (i=1, \text{为上过梁}; i=2, \text{为下过梁})$$
（6.3.12-1）

当 $h_i/b \geqslant 6$ 时

$$V_i \leqslant 0.20 f_c A_i (i=1, \text{为上过梁}; i=2, \text{为下过梁})$$
（6.3.12-2）

当 $4 < h_i/b < 6$ 时，按线性内插法确定。

$$V_1 = \mu V + \frac{q_1 l}{2} \qquad (6.3.12-3)$$

$$V_2 = (1-\mu)V + \frac{q_2 l}{2} \qquad (6.3.12-4)$$

$$\mu = \frac{1}{2}\left(\frac{b_1 h_1}{b_1 h_1 + b_2 h_2} + \frac{b_1 h_1^3}{b_1 h_1^3 + b_2 h_2^3}\right)$$
（6.3.12-5）

式中：V_1、V_2——上、下过梁的剪力设计值（kN）；
$\qquad V$——洞口中点处的剪力设计值（kN）；
$\qquad \mu$——剪力分配系数；
$\qquad q_1$、q_2——作用在上、下过梁上的均布荷载设计值（kPa）；
$\qquad l$——洞口的净宽；
$\qquad A_1$、A_2——上、下过梁的有效截面积（m²），

可按图 6.3.12(a)及图 6.3.12(b)的阴影部分计算，并取其中较大值。

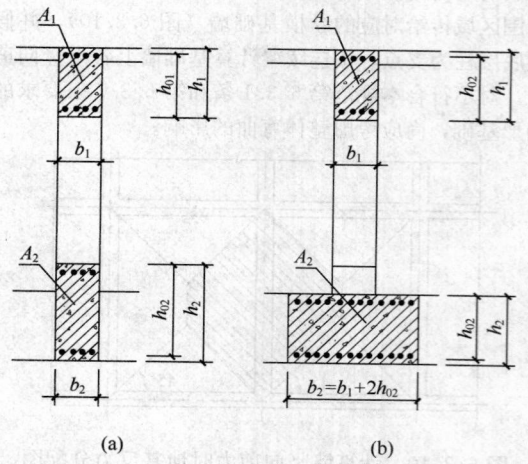

图 6.3.12 洞口上下过梁的有效截面积

多层箱基洞口过梁的剪力设计值也可按式(6.3.12-1)～式(6.3.12-5)计算。

6.3.13 单层箱基洞口上、下过梁截面的顶部和底部纵向钢筋，应分别按式(6.3.13-1)、式(6.3.13-2)求得的弯矩设计值配置：

$$M_1 = \mu V \frac{l}{2} + \frac{q_1 l^2}{12} \qquad (6.3.13-1)$$

$$M_2 = (1 - \mu) V \frac{l}{2} + \frac{q_2 l^2}{12} \qquad (6.3.13-2)$$

式中：M_1、M_2——上、下过梁的弯矩设计值(kN·m)。

6.3.14 底层柱与箱形基础交接处，柱边和墙边或柱角和八字角之间的净距不宜小于 50mm，并应验算底层柱下墙体的局部受压承载力；当不能满足时，应增加墙体的承压面积或采取其他有效措施。

6.3.15 底层柱纵向钢筋伸入箱形基础的长度应符合下列规定：

1 柱下三面或四面有箱形基础墙的内柱，除四角钢筋应直通基底外，其余钢筋可终止在顶板底面以下 40 倍钢筋直径处；

2 外柱、与剪力墙相连的柱及其他内柱的纵向钢筋应直通到基底。

6.3.16 当箱形基础的外墙设有窗井时，窗井的分隔墙应与内墙连成整体。窗井分隔墙可视作由箱形基础内墙伸出的挑梁。窗井底板应按支承在箱形基础外墙、窗井外墙和分隔墙上的单向板或双向板计算。

6.3.17 与高层建筑相连的门厅等低矮结构单元的基础，可采用从箱形基础挑出的基础梁方案(图 6.3.17)。挑出长度不宜大于 0.15 倍箱形基础宽度，并应验算挑梁产生的偏心荷载对箱基的不利影响。挑出部分下面应填充一定厚度的松散材料，或采取其他

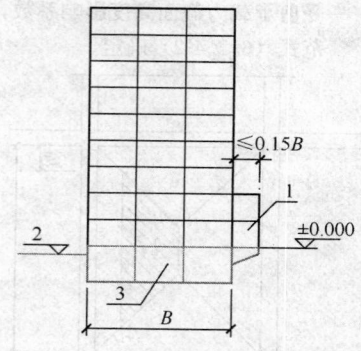

图 6.3.17 箱形基础挑出部位示意
1—裙房；2—室外地坪；3—箱基

能保证其自由下沉的措施。

6.3.18 当箱形基础兼作人防地下室时，箱形基础的设计和构造尚应符合现行国家标准《人民防空地下室设计规范》GB 50038 的规定。

6.4 桩筏与桩箱基础

6.4.1 当筏形基础或箱形基础下的天然地基承载力或沉降值不能满足设计要求时，可采用桩筏或桩箱基础。桩的类型应根据工程地质状况、结构类型、荷载性质、施工条件以及经济指标等因素决定。桩的设计应符合国家现行标准《建筑地基基础设计规范》GB 50007 和《建筑桩基技术规范》JGJ 94 的规定，抗震设防区的桩基尚应符合现行国家标准《建筑抗震设计规范》GB 50011的规定。

6.4.2 桩筏或桩箱基础中桩的布置应符合下列原则：

1 桩群承载力的合力作用点宜与结构竖向永久荷载合力作用点重合；

2 同一结构单元应避免同时采用摩擦桩和端承桩；

3 桩的中心距应符合现行行业标准《建筑桩基技术规范》JGJ 94 的相关规定；

4 宜根据上部结构体系、荷载分布情况以及基础整体变形特征，将桩集中在上部结构主要竖向构件(柱、墙和筒)下面，桩的数量宜与上部荷载的大小和分布相对应；

5 对框架-核心筒结构宜通过调整桩径、桩长或桩距等措施，加强核心筒外缘 1 倍底板厚度范围以内的支承刚度，以减小基础差异沉降和基础整体弯矩；

6 有抗震设防要求的框架-剪力墙结构，对位于基础边缘的剪力墙，当考虑其两端应力集中影响时，宜适当增加墙端下的布桩量；当桩端为非岩石持力层时，宜将地震作用产生的弯矩乘以 0.8 的降低系数。

6.4.3 桩上的筏形与箱形基础计算应符合下列规定：

1 均匀布桩的梁板式筏形与箱形基础的底板厚度，以及平板式筏形基础的厚度应符合受冲切和受剪切承载力的规定。梁板式筏形与箱形基础底板的受冲

切承载力和受剪承载力，以及平板式筏基上的结构墙、柱、核心筒、桩对筏板的受冲切承载力和受剪承载力可按国家现行标准《建筑地基基础设计规范》GB 50007和《建筑桩基技术规范》JGJ 94进行计算。

当平板式筏形基础柱下板的厚度不能满足受冲切承载力要求时，可在筏板上增设柱墩或在筏板内设置抗冲切钢筋提高受冲切承载力。

2 对底板厚度符合受冲切和受剪切承载力规定的箱形基础、基础板的厚跨比或基础梁的高跨比不小于1/6的平板式和梁板式筏形基础，当桩端持力层较坚硬且均匀、上部结构为框架、剪力墙、框剪结构，柱距及柱荷载的变化不超过20%时，筏形基础和箱形基础底板的板与梁的内力可仅按局部弯矩作用进行计算。计算时先将基础板上的竖向荷载设计值按静力等效原则移至基础底面桩群承载力重心处，弯矩引起的桩顶不均匀反力按直线分布计算，求得各桩顶反力，并将桩顶反力均匀分配到相关的板格内，按倒楼盖法计算箱形基础底板和筏形基础板、梁的内力。内力计算时应扣除底板、基础梁及其上填土的自重。当桩顶反力与相关的墙或柱的荷载效应相差较大时，应调整桩位再次计算桩顶反力。

3 对框架-核心筒结构以及不符合本条第2款要求的结构，当桩筏、桩箱基础均匀布桩时，可将基桩简化为弹簧，按支承于弹簧上的梁板结构进行桩筏、桩箱基础的整体弯曲和局部弯曲计算。当上述结构按本规范第6.4.2条第5款布桩时，可仅按局部弯矩作用进行计算。基桩的弹簧系数可取桩顶压力与桩顶沉降量之比，并结合地区经验确定；当群桩效应不明显、桩基沉降量较小时，桩的弹簧系数可根据单桩静荷载试验的荷载-位移曲线按桩顶荷载和桩顶沉降量之比确定。

6.4.4 基桩的构造及桩与筏形或箱形基础的连接应符合现行行业标准《建筑桩基技术规范》JGJ 94的规定。

6.4.5 桩上筏形与箱形基础的构造应符合下列规定：

1 桩上筏形与箱形基础的混凝土强度等级不应低于C30；垫层混凝土强度等级不应低于C10，垫层厚度不应小于70mm；

2 当箱形基础的底板和筏板仅按局部弯矩计算时，其配筋除应满足局部弯曲的计算要求外，箱基底板和筏板顶部跨中钢筋应全部连通，箱基底板和筏基的底部支座钢筋应分别有1/4和1/3贯通全跨，上下贯通钢筋的配筋率均不应小于0.15%；

3 底板下部纵向受力钢筋的保护层厚度在有垫层时不应小于50mm，无垫层时不应小于70mm，此外尚不应小于桩头嵌入底板内的长度；

4 均匀布桩的梁板式筏基的底板和箱基底板的厚度除应满足承载力计算要求外，其厚度与最大双向板格的短边净跨之比不应小于1/14，且不应小于

400mm；平板式筏基的板厚不应小于500mm；

5 当筏板厚度大于2000mm时，宜在板厚中间设置直径不小于12mm、间距不大于300mm的双向钢筋网。

6.4.6 当基础板的混凝土强度等级低于柱或桩的混凝土强度等级时，应验算柱下或桩上基础板的局部受压承载力。

6.4.7 当抗拔桩常年位于地下水位以下时，可按现行国家标准《混凝土结构设计规范》GB 50010关于控制裂缝宽度的方法进行设计。

7 施 工

7.1 一 般 规 定

7.1.1 高层建筑筏形与箱形基础的施工组织设计应依据基础设计施工图、基坑支护设计施工图、场地的工程地质、水文地质资料等进行编制，并应对降水和隔水、支护结构、地基处理、土方开挖、基础混凝土浇筑等施工项目的顺序和相互之间的搭接进行合理安排。

7.1.2 高层建筑筏形与箱形基础的施工组织设计应包括下列内容：

1 降水和隔水施工；

2 周围废旧建（构）筑物基础和废旧管道处理；

3 地基处理；

4 基坑支护结构施工、土方开挖、堆放和运输；

5 基础和地下室施工，基础施工各阶段的抗浮验算和措施；

6 施工监测和信息化施工；

7 周围既有建筑和环境保护及应急抢险预案等。

7.1.3 基坑施工前，应对周围的既有建（构）筑物、道路和地下管线的状态进行详细调查；对裂缝、下沉、倾斜等损坏迹象，应做好标记和影像、文字记录；对需要保护的原有建（构）筑物、道路和地下管线的位移应确定控制标准，必要时应采取加固措施。

7.1.4 对下列基坑的施工方案应组织专家进行可行性和安全性论证：

1 重要建（构）筑物附近的基坑；

2 工程地质条件复杂的基坑；

3 深度超过5m的基坑；

4 有特殊要求的基坑。

7.1.5 基坑支护结构应由专业设计单位进行。在软土地区基坑的设计与施工中宜分析土体的蠕变和空间尺度对支护结构位移的影响，规定允许位移量，并制定控制位移的技术措施。

7.1.6 基坑支护的设计使用期限应满足基础施工的要求，且不应小于一年。

7.1.7 在基坑施工过程中存在下列情况时，应进行

地基土加固处理：

    1 基坑及周围的土层不能满足开挖、放坡及基础的正常施工条件；

    2 基坑内地基不能满足基坑侧壁的稳定要求；

    3 对影响范围内须保护的建（构）筑物、道路和地下管线的影响超过其承受能力。

7.1.8 基坑内外地基土加固处理应与支护结构统一进行设计。

7.1.9 基坑开挖完成后，应立即进行基础施工。当不能立即进行基础施工时，应采取防止基坑底部积水和土体扰动的保护措施。

7.1.10 基坑施工过程中应对降水、隔水系统、支护结构、各类观察点和监测点采取保护措施，并应根据施工组织设计做好监测记录，及时反馈信息，发现异常情况应及时处理。

7.2 地下水控制

7.2.1 当地表水、地下水影响基坑施工时，应采取排水、截水、隔水、人工降低地下水位或降低承压水压力的措施；在可能发生流砂、管涌等现象的场区，不得采用明沟排水。

7.2.2 地下水控制方案应根据水文地质资料、基坑开挖深度、支护方式及降水影响区域内建（构）筑物、管线对降水反应的敏感程度等因素确定。

7.2.3 对未设置隔水帷幕的基坑，宜将地下水位降低至基坑底面以下 0.5m～1.0m。对已设置隔水帷幕的基坑，应对坑内土体进行临时疏干。

7.2.4 应对降水影响范围进行估算。对降水影响区域内的危房、重要建筑、变形敏感的建（构）筑物，除在降水过程中应进行监测外，尚应估算由降水引起的附加沉降。如沉降超过允许值，应采取隔水、回灌等措施或对建（构）筑物进行加固。

7.2.5 降水工程的施工应符合现行国家标准《建筑地基基础工程施工质量验收规范》GB 50202 的规定，并严格控制出水的含沙量。当发现抽出的水体中有较多泥沙时，应立即封井停止抽水。

7.2.6 严禁施工用水、废旧管道渗漏的水和雨水等积聚在坑外土体中并严禁其流入基坑。应随时做好坑内临时排水明沟和集水井，保证大气降水能及时排出。当基坑及其汇水面积较大时，应计算暴雨可能产生的汇水水量，并准备足够的排水泵等应急设备。

7.2.7 降水方案可选用轻型井点、喷射井点、深井井点和真空深井井点。轻型井点的降水深度不宜超过 6m，大于 6m 时可采用多级轻型井点。轻型井点的真空设备可采用真空泵、隔膜泵或射流泵。真空泵应与总管放在同一标高。

7.2.8 喷射井点可在降水深度不超过 8m 时采用。喷射井点的喷射器应放到井点管的滤管中，直接在滤管附近形成真空。

7.2.9 当降水深度大于 6m，且土层的渗透系数大于 1.0×10^{-5} cm/s 时，宜采用自流深井井点。自流深井井点宜采用通长滤管。

7.2.10 当降水深度大于 6m，且土层的渗透系数小于 1.0×10^{-5} cm/s 时，宜采用在深井井管内施加真空的真空深井井点。真空深井井点应在开挖面以下的井底设置滤管，滤管长度宜为 4m。当降水深度较深时，可设置多个滤管。真空深井井点可疏干的面积宜取其周围 $150m^2 \sim 300m^2$。

7.2.11 深井井点的井管宜用外径为 250mm～300mm 的钢管，井孔直径不宜小于 700mm。管壁与孔壁之间应回填不小于 200mm 的洁净砾砂滤层。真空泵宜采用柱塞泵。应始终保持砾砂滤层和滤层中稳定的真空度。抽水期间井内真空度不应小于 0.7。井孔上部接近土体表面处应用黏土封闭，开挖后裸露的滤管也应及时拆除或封闭，防止漏气。

7.2.12 降水井点的平面布置应与土方开挖的分层、分块和顺序相结合，并应与坑内支撑的布置相结合。放坡开挖的基坑，井点管至坑边的距离不应小于 1m。机房至坑边的距离不应小于 1.5m，地面应夯实填平。降水完毕后，应根据工程特点和土方回填进度陆续关闭和拔除井点管。轻型井点管拔除后应立即用砂土将井孔回填密实。对于深井井点，应制定专门的封井措施，防止承压水在停止降水后向上冲冒。

7.2.13 当基坑底面以下存在渗透性较强、含承压水的土层时，应按下式验算坑底突涌的危险性：

$$\sigma_{ww} \leqslant \frac{1}{K} \sum_i \gamma_i \cdot h_i \qquad (7.2.13)$$

式中：γ_i ——含承压水土层顶面到基坑底面第 i 层土的重度（kN/m³）；

    h_i ——含承压水土层顶面到基坑底面第 i 层土的厚度（m）；

    σ_{ww} ——含承压水土层顶面处的水头压力（kPa）；

    K ——安全系数，可取 $K = 1.05$。

7.2.14 在施工阶段应根据地下水位和基础施工的实际情况按本规范第 5.5.4 条进行抗浮稳定验算；在确定抗浮验算水位时，尚应考虑岩石裂隙水积聚等因素的影响。

7.2.15 可采取延长降水井抽水时间或在基底设置倒滤层等措施减小基底水压力，防止地下室上浮。

7.3 基 坑 开 挖

7.3.1 在下列情况下，基坑开挖时应采取支护措施：

    1 基坑深度较大，不具备自然放坡施工条件；

    2 地基土质松软，地下水位高或有丰盛上层滞水；

    3 基坑开挖可能危及邻近建（构）筑物、道路及地下管线的安全与使用。

7.3.2 基坑支护结构应根据当地工程经验，综合分析水文地质条件、基坑开挖深度、场地条件及周围环境等因素进行设计、施工。

7.3.3 当支护结构的水平位移和周围建（构）筑物的沉降达到预警值时，应加强观测，并分析原因；达到控制值时，应采取应急措施，确保基坑及周围建（构）筑物的安全。

7.3.4 基坑开挖时，应在地面和坑内设置排水系统；必要时应对基坑顶部一定范围进行硬化封闭；冬期和雨期施工时，应采取有效措施，防止地基土的冻胀和浸泡。

7.3.5 在基坑隔水帷幕的施工中，应加强防水薄弱部位的观察和处理，并应制订防止接缝处渗水的措施。

7.3.6 基坑周边的施工荷载严禁超过设计规定的限值，施工荷载至基坑边的距离不得小于1m。当有重型机械需在基坑边作业时，应采取确保机械和基坑安全的措施。

7.3.7 在基坑开挖过程中，严禁损坏支护结构、降水设施和工程桩；应避免挖土机械直接压在支撑上。对工程监测设施，宜设置醒目的提示标志和可靠的保护构架进行保护。

7.3.8 采用钢筋混凝土内支撑的基坑，当支撑长度大于50m时，宜分析支撑混凝土收缩和昼夜温差变化引起的热胀冷缩对支护结构的影响。当基坑的长度和宽度均大于100m时，宜采用中心岛法、逆作法等方法，减小混凝土收缩不利影响。

7.3.9 基坑开挖应根据支护结构特点、开挖土体的性质、大小、深度和形状按设计流程分块、分层进行，严禁超挖。在软土中挖土的分层厚度不宜大于3m，并应采取措施，防止因土体流动造成桩基损坏。

7.3.10 当开挖过程中出现坑内临时土坡时，应在施工组织设计中注明放坡坡度，防止土坡失稳。

7.3.11 挖土机械宜放置在高于挖土标高的台阶上，向下挖土，边挖边退，减少挖土机械对刚挖出土面的扰动。当挖到坑底时，应在基坑设计底面以上保留200mm～300mm土层，由人工挖除。

7.3.12 基坑开挖至设计标高并经验收合格后，应立即进行垫层施工，防止暴晒和雨水浸泡造成地基土破坏。

7.3.13 在软土地区地面堆土时应均衡进行，堆土量不应超过地基承载力特征值。不应危及在建和既有建筑物的安全。

7.3.14 当地下连续墙作为永久结构一部分时，其施工应符合下列规定：

　　1 应进行二次清槽或采用槽底注浆等方法，确保沉渣满足要求；

　　2 应采用抗渗性能强的墙幅间的接头形式，或在接头的内侧或外侧增设抗渗措施；

　　3 与板、柱、梁、内衬墙等的连接可采用预埋钢筋、钢板和钢筋接驳器等形式。

7.3.15 在软弱地基上采用逆作法施工时，应采取措施保证施工期间受力桩及桩上钢构架柱的垂直度和平面位置精度。

7.3.16 当用于基坑支护的钢板桩需回收时，应逐根拔除，并应及时用土将拔桩留下的孔洞回填密实。

7.4 筏形与箱形基础施工

7.4.1 筏形与箱形基础的施工应符合现行国家标准《混凝土结构工程施工及验收规范》GB 50204的有关规定。

7.4.2 当筏形与箱形基础的长度超过40m时，应设置永久性的沉降缝和温度收缩缝。当不设置永久性的沉降缝和温度收缩缝时，应采取设置沉降后浇带、温度后浇带、诱导缝或用微膨胀混凝土、纤维混凝土浇筑基础等措施。

7.4.3 后浇带的宽度不宜小于800mm，在后浇带处，钢筋应贯通。后浇带两侧应采用钢筋支架和钢丝网隔断，保持带内的清洁，防止钢筋锈蚀或被压弯、踩弯。并应保证后浇带两侧混凝土的浇注质量。

7.4.4 后浇带浇筑混凝土前，应将缝内的杂物清理干净，做好钢筋的除锈工作，并将两侧混凝土凿毛，涂刷界面剂。后浇带混凝土应采用微膨胀混凝土，且强度等级应比原结构混凝土强度等级增大一级。

7.4.5 沉降后浇带混凝土浇筑之前，其两侧宜设置临时支护，并应限制施工荷载，防止混凝土浇筑及拆除模板过程中支撑松动、移位。

7.4.6 沉降后浇带应在其两侧的差异沉降趋于稳定后再浇筑混凝土。

7.4.7 温度后浇带从设置到浇筑混凝土的时间不宜少于两个月。

7.4.8 后浇带混凝土浇筑时的环境温度宜低于两侧混凝土浇筑时的环境温度。后浇带混凝土浇筑完毕后，应做好养护工作。

7.4.9 当地下室有防水要求时，地下室后浇带不宜留成直槎，并应做好后浇带与整体基础连接处的防水处理。

7.4.10 桩筏与桩箱基础底板与桩连接的防水做法应符合现行行业标准《建筑桩基技术规范》JGJ 94的规定。

7.4.11 基础混凝土应采用同一品种水泥、掺合料、外加剂和同一配合比。

7.4.12 大体积混凝土施工应符合下列规定：

　　1 宜采用掺合料和外加剂改善混凝土和易性，减少水泥用量，降低水化热，其用量应通过试验确定。掺合料和外加剂的质量应符合现行国家标准《混凝土质量控制标准》GB 50164的规定；

2 宜连续浇筑，少设施工缝；宜采用斜面式薄层浇捣，利用自然流淌形成斜坡，浇筑时应采取防止混凝土将钢筋推离设计位置的措施；采用分仓浇筑时，相邻仓块浇筑的间隔时间不宜少于14d；

3 宜采用蓄热法或冷却法养护，其内外温差不宜大于25℃；

4 必须进行二次抹面，减少表面收缩裂缝，必要时可在混凝土表层设置钢丝网。

7.4.13 混凝土的泌水宜采用抽水机抽吸或在侧模上设置泌水孔排除。

8 检测与监测

8.1 一般规定

8.1.1 高层建筑筏形与箱形基础施工以前应编制检测与监测方案。检测与监测方案应根据建筑场地的地质条件和工程需要确定。方案中应包括工程概况、环境状况、地质条件、检测与监测项目、测点布置、传感器埋设与测试方法、监测项目的设计值和报警值、读数的间隔时间和数据速报制度。

8.1.2 高层建筑筏形与箱形基础应进行沉降观测。重要的、体形复杂的高层建筑，尚应进行地基反力和基础内力的监测。在软土地区或工程需要时，宜进行地基土分层沉降和基坑回弹观测。

8.1.3 地下水位变化对拟建工程或周边环境有较大影响时，应进行地下水位监测。在施工降水和回灌过程中，尚应对各个相关的含水土层进行水位监测。

8.1.4 基坑开挖时，应对支护结构的位移、变形和内力进行监测。

8.1.5 基坑开挖后，应对开挖揭露的地基状况进行检验，当发现与勘察报告和设计文件不一致或遇到异常情况时，应进行处理。

8.1.6 监测与检测数据应真实、完整，测试工作完成后，应提交监测或检测报告。

8.2 施工监测

8.2.1 施工过程中应按监测方案对影响区域内的建（构）筑物、道路和地下管线的变形进行监测，监测数据应作为调整施工进度和工艺的依据。

8.2.2 对承受地下水浮力的工程，地下水位的监测应进行至荷载大于浮力并确认建筑物安全时方可停止。

8.2.3 在进行筏形与箱形基础大体积混凝土施工时，应对其表面和内部的温度进行监测。

8.3 基坑检验

8.3.1 基坑检验应包括下列内容：

1 核对基坑的位置、平面尺寸、坑底标高是否与勘察和设计文件一致；

2 核对基坑侧面和基坑底的土质及地下水状况是否与勘察报告一致；

3 检查是否有洞穴、古墓、古井、暗沟、防空掩体及地下埋设物，并查清其位置、深度、性状；

4 检查基坑底土是否受到施工的扰动及扰动的范围和深度；

5 冬、雨期施工时应检查基坑底土是否受冻，是否受浸泡、冲刷或干裂等，并应查明受影响的范围和深度；对开挖完成后未能立即浇筑混凝土的基坑，应检查基坑底的保护措施；

6 对地基土，可采用轻型圆锥动力触探进行检验；轻型圆锥动力触探的规格及操作应符合现行国家标准《岩土工程勘察规范》GB 50021 的规定；

7 基坑检验尚应符合现行国家标准《建筑地基基础工程施工质量验收规范》GB 50202 的有关规定。

8.3.2 对经过处理的地基，应检验地基处理的质量是否符合设计要求。

8.3.3 对桩筏与桩箱基础，基坑开挖后，应检验桩的位置、桩顶标高、桩头混凝土质量及预留插入底板的钢筋长度是否符合设计要求。

8.3.4 应根据基坑检验发现的问题，提出关于设计和施工的处理意见。

8.3.5 当现场检验结果与勘察报告有较大差异时，应进行补充勘察。

8.4 建筑物沉降观测

8.4.1 建筑物沉降观测应设置永久性高程基准点，每个场地永久性高程基准点的数量不得少于3个。高程基准点应设置在变形影响范围以外，高程基准点的标石应埋设在基岩或稳定的地层中，并应保证在观测期间高程基准点的标高不发生变动。

8.4.2 沉降观测点的布设，应根据建筑物体形、结构特点、工程地质条件等确定。宜在建筑物中心点、角点及周边每隔10m～15m或每隔（2～3）根柱处布设观测点，并应在基础类型、埋深和荷载有明显变化及可能发生差异沉降的两侧布设观测点。

8.4.3 沉降观测的水准测量级别和精度应根据建筑物的重要性、使用要求、环境影响、工程地质条件及预估沉降量等因素按现行行业标准《建筑变形测量规范》JGJ 8 的有关规定确定。

8.4.4 沉降观测应从完成基础底板施工时开始，在施工和使用期间连续进行长期观测，直至沉降稳定终止。

8.4.5 沉降稳定的控制标准宜按沉降观测期间最后100d的平均沉降速率不大于0.01mm/d采用。

附录 A 基床系数载荷试验要点

A.0.1 本试验要点适用于测求弹性地基基床系数。

A.0.2 平板载荷试验应布置在有代表性的地点进行，每个场地不宜少于 3 组试验，且应布置于基础底面标高处。

A.0.3 载荷试验的试坑直径不应小于承压板直径的 3 倍。

A.0.4 用于基床系数载荷试验的标准承压板应为圆形，其直径应为 0.30m。

A.0.5 试验最大加载量应达到破坏。承压板的安装、加荷分级、观测时间、稳定标准和终止加荷条件等，应符合现行国家标准《建筑地基基础设计规范》GB 50007 浅层平板载荷试验要点的要求。

A.0.6 根据载荷试验成果分析要求，应绘制 p-s 曲线，必要时绘制各级荷载下 s-t 或 s-lgt 曲线，根据 p-s 曲线拐点，结合 s-lgt 曲线特征，确定比例界限压力。

A.0.7 确定地基土基床系数 K_s 应符合下列要求：

　1 根据标准承压板载荷试验 p-s 曲线，应按下式计算基准基床系数 K_v：

$$K_v = p/s \qquad (A.0.7-1)$$

式中：p——实测 p-s 曲线比例界限压力，若 p-s 曲线无明显直线段，p 可取极限压力之半（kPa）；

　　　s——为相应于该 p 值的沉降量（m）。

　2 根据实际基础尺寸，修正后的地基土基准基床系数 K_{vl} 应按下式计算：

　黏性土：
$$K_{vl} = \frac{0.30}{b} K_v \qquad (A.0.7-2)$$

　砂土：
$$K_{vl} = \left(\frac{b+0.30}{2b}\right)^2 K_v \qquad (A.0.7-3)$$

式中：b——基础底面宽度（m）。

　3 根据实际基础形状，修正后的地基基床系数 K_{sl} 应按下式计算：

　黏性土：
$$K_{sl} = K_{vl} \frac{2l+b}{3l} \qquad (A.0.7-4)$$

　砂土：
$$K_{sl} = K_{vl} \qquad (A.0.7-5)$$

式中：l——基础底面长度（m）。

附录 B　附加应力系数 α、平均附加应力系数 $\bar{\alpha}$

B.0.1 矩形面积上均布荷载下角点的附加应力系数 α、平均附加应力系数 $\bar{\alpha}$ 应按表 B.0.1-1、表 B.0.1-2 确定。

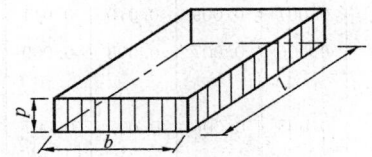

表 B.0.1-1　矩形面积上均布荷载作用下角点附加应力系数 α

z/b ＼ l/b	1.0	1.2	1.4	1.6	1.8	2.0	3.0	4.0	5.0	6.0	10.0	条形
0.0	0.250	0.250	0.250	0.250	0.250	0.250	0.250	0.250	0.250	0.250	0.250	0.250
0.2	0.249	0.249	0.249	0.249	0.249	0.249	0.249	0.249	0.249	0.249	0.249	0.249
0.4	0.240	0.242	0.243	0.243	0.244	0.244	0.244	0.244	0.244	0.244	0.244	0.244
0.6	0.223	0.228	0.230	0.232	0.232	0.233	0.234	0.234	0.234	0.234	0.234	0.234
0.8	0.200	0.207	0.212	0.215	0.216	0.218	0.220	0.220	0.220	0.220	0.220	0.220
1.0	0.175	0.185	0.191	0.195	0.198	0.200	0.203	0.204	0.204	0.204	0.205	0.205
1.2	0.152	0.163	0.171	0.176	0.179	0.182	0.187	0.188	0.189	0.189	0.189	0.189
1.4	0.131	0.142	0.151	0.157	0.161	0.164	0.171	0.173	0.174	0.174	0.174	0.174
1.6	0.112	0.124	0.133	0.140	0.145	0.148	0.157	0.159	0.160	0.160	0.160	0.160
1.8	0.097	0.108	0.117	0.124	0.129	0.133	0.143	0.146	0.147	0.148	0.148	0.148
2.0	0.084	0.095	0.103	0.110	0.116	0.120	0.131	0.135	0.136	0.137	0.137	0.137
2.2	0.073	0.083	0.092	0.098	0.104	0.108	0.121	0.125	0.126	0.127	0.128	0.128
2.4	0.064	0.073	0.081	0.088	0.093	0.098	0.111	0.116	0.117	0.118	0.119	0.119
2.6	0.057	0.065	0.072	0.079	0.084	0.089	0.102	0.107	0.110	0.111	0.112	0.112
2.8	0.050	0.058	0.065	0.071	0.076	0.080	0.094	0.100	0.104	0.104	0.105	0.105
3.0	0.045	0.052	0.058	0.064	0.069	0.073	0.087	0.093	0.096	0.097	0.099	0.099

z/b \ l/b	1.0	1.2	1.4	1.6	1.8	2.0	3.0	4.0	5.0	6.0	10.0	条形
3.2	0.040	0.047	0.053	0.058	0.063	0.067	0.081	0.087	0.090	0.092	0.093	0.094
3.4	0.036	0.042	0.048	0.053	0.057	0.061	0.075	0.081	0.085	0.086	0.088	0.089
3.6	0.033	0.038	0.043	0.048	0.052	0.056	0.069	0.076	0.080	0.082	0.084	0.084
3.8	0.030	0.035	0.040	0.044	0.048	0.052	0.065	0.072	0.075	0.077	0.080	0.080
4.0	0.027	0.032	0.036	0.040	0.044	0.048	0.060	0.067	0.071	0.073	0.076	0.076
4.2	0.025	0.029	0.033	0.037	0.041	0.044	0.056	0.063	0.067	0.070	0.072	0.073
4.4	0.023	0.027	0.031	0.034	0.038	0.041	0.053	0.060	0.064	0.066	0.069	0.070
4.6	0.021	0.025	0.028	0.032	0.035	0.038	0.049	0.056	0.061	0.063	0.066	0.067
4.8	0.019	0.023	0.026	0.029	0.032	0.035	0.046	0.053	0.058	0.060	0.064	0.064
5.0	0.018	0.021	0.024	0.027	0.030	0.033	0.043	0.050	0.055	0.057	0.061	0.062
6.0	0.013	0.015	0.017	0.020	0.022	0.024	0.033	0.039	0.043	0.046	0.051	0.052
7.0	0.009	0.011	0.013	0.015	0.016	0.018	0.025	0.031	0.035	0.038	0.043	0.045
8.0	0.007	0.009	0.010	0.011	0.013	0.014	0.020	0.025	0.028	0.031	0.037	0.039
9.0	0.006	0.007	0.008	0.009	0.010	0.011	0.016	0.020	0.024	0.026	0.032	0.035
10.0	0.005	0.006	0.007	0.007	0.008	0.008	0.013	0.017	0.020	0.022	0.028	0.032
12.0	0.003	0.004	0.005	0.005	0.006	0.006	0.009	0.012	0.014	0.017	0.022	0.026
14.0	0.002	0.003	0.003	0.004	0.004	0.005	0.007	0.009	0.011	0.013	0.018	0.023
16.0	0.002	0.002	0.003	0.003	0.003	0.004	0.005	0.007	0.009	0.011	0.014	0.020
18.0	0.001	0.002	0.002	0.002	0.003	0.003	0.004	0.006	0.007	0.008	0.012	0.018
20.0	0.001	0.001	0.002	0.002	0.002	0.002	0.004	0.005	0.006	0.007	0.010	0.016
25.0	0.001	0.001	0.001	0.001	0.001	0.001	0.002	0.003	0.004	0.004	0.007	0.013
30.0	0.001	0.001	0.001	0.001	0.001	0.001	0.002	0.002	0.003	0.003	0.005	0.011
35.0	0.000	0.000	0.001	0.001	0.001	0.001	0.001	0.002	0.002	0.002	0.004	0.009
40.0	0.000	0.000	0.000	0.000	0.001	0.001	0.001	0.001	0.001	0.001	0.002	0.003	0.008

注：l—矩形均布荷载长度（m）；b—矩形均布荷载宽度（m）；z—计算点离基础底面或桩端平面垂直距离（m）。

表 B. 0. 1-2　矩形面积上均布荷载作用下角点平均附加应力系数 $\bar{\alpha}$

z/b \ l/b	1.0	1.2	1.4	1.6	1.8	2.0	2.4	2.8	3.2	3.6	4.0	5.0	10.0
0.0	0.2500	0.2500	0.2500	0.2500	0.2500	0.2500	0.2500	0.2500	0.2500	0.2500	0.2500	0.2500	0.2500
0.2	0.2496	0.2497	0.2497	0.2498	0.2498	0.2498	0.2498	0.2498	0.2498	0.2498	0.2498	0.2498	0.2498
0.4	0.2474	0.2479	0.2481	0.2483	0.2483	0.2484	0.2485	0.2485	0.2485	0.2485	0.2485	0.2485	0.2485
0.6	0.2423	0.2437	0.2444	0.2448	0.2451	0.2452	0.2454	0.2455	0.2455	0.2455	0.2455	0.2455	0.2456
0.8	0.2346	0.2372	0.2387	0.2395	0.2400	0.2403	0.2407	0.2408	0.2409	0.2409	0.2410	0.2410	0.2410
1.0	0.2252	0.2291	0.2313	0.2326	0.2335	0.2340	0.2346	0.2349	0.2351	0.2352	0.2352	0.2353	0.2353
1.2	0.2149	0.2199	0.2229	0.2248	0.2260	0.2268	0.2278	0.2282	0.2285	0.2286	0.2287	0.2288	0.2289
1.4	0.2043	0.2102	0.2140	0.2146	0.2180	0.2191	0.2204	0.2211	0.2215	0.2217	0.2218	0.2220	0.2221
1.6	0.1939	0.2006	0.2049	0.2079	0.2099	0.2113	0.2130	0.2138	0.2143	0.2146	0.2148	0.2150	0.2152
1.8	0.1840	0.1912	0.1960	0.1994	0.2018	0.2034	0.2055	0.2066	0.2073	0.2077	0.2079	0.2082	0.2084

z/b \ l/b	1.0	1.2	1.4	1.6	1.8	2.0	2.4	2.8	3.2	3.6	4.0	5.0	10.0
2.0	0.1746	0.1822	0.1875	0.1912	0.1980	0.1958	0.1982	0.1996	0.2004	0.2009	0.2012	0.2015	0.2018
2.2	0.1659	0.1737	0.1793	0.1833	0.1862	0.1883	0.1911	0.1927	0.1937	0.1943	0.1947	0.1952	0.1955
2.4	0.1578	0.1657	0.1715	0.1757	0.1789	0.1812	0.1843	0.1862	0.1873	0.1880	0.1885	0.1890	0.1895
2.6	0.1503	0.1583	0.1642	0.1686	0.1719	0.1745	0.1779	0.1799	0.1812	0.1820	0.1825	0.1832	0.1838
2.8	0.1433	0.1514	0.1574	0.1619	0.1654	0.1680	0.1717	0.1739	0.1753	0.1763	0.1769	0.1777	0.1784
3.0	0.1369	0.1449	0.1510	0.1556	0.1592	0.1619	0.1658	0.1682	0.1698	0.1708	0.1715	0.1725	0.1733
3.2	0.1310	0.1390	0.1450	0.1497	0.1533	0.1562	0.1602	0.1628	0.1645	0.1657	0.1664	0.1675	0.1685
3.4	0.1256	0.1334	0.1394	0.1441	0.1478	0.1508	0.1550	0.1577	0.1595	0.1607	0.1616	0.1628	0.1639
3.6	0.1205	0.1282	0.1342	0.1389	0.1427	0.1456	0.1500	0.1528	0.1548	0.1561	0.1570	0.1583	0.1595
3.8	0.1158	0.1234	0.1293	0.1340	0.1378	0.1408	0.1452	0.1482	0.1502	0.1516	0.1526	0.1541	0.1554
4.0	0.1114	0.1189	0.1248	0.1294	0.1332	0.1362	0.1408	0.1438	0.1459	0.1474	0.1485	0.1500	0.1516
4.2	0.1073	0.1147	0.1205	0.1251	0.1289	0.1319	0.1365	0.1396	0.1418	0.1434	0.1445	0.1462	0.1479
4.4	0.1035	0.1107	0.1164	0.1210	0.1248	0.1279	0.1325	0.1357	0.1379	0.1396	0.1407	0.1425	0.1444
4.6	0.1000	0.1107	0.1127	0.1172	0.1209	0.1240	0.1287	0.1319	0.1342	0.1359	0.1371	0.1390	0.1410
4.8	0.0967	0.1036	0.1091	0.1136	0.1173	0.1204	0.1250	0.1283	0.1307	0.1324	0.1337	0.1357	0.1379
5.0	0.0935	0.1003	0.1057	0.1102	0.1139	0.1169	0.1216	0.1249	0.1273	0.1291	0.1304	0.1325	0.1348
5.2	0.0906	0.0972	0.1026	0.1070	0.1106	0.1136	0.1183	0.1217	0.1241	0.1259	0.1273	0.1295	0.1320
5.4	0.0878	0.0943	0.0996	0.1039	0.1075	0.1105	0.1152	0.1186	0.1210	0.1229	0.1243	0.1265	0.1292
5.6	0.0852	0.0916	0.0968	0.1010	0.1046	0.1076	0.1122	0.1156	0.1181	0.1200	0.1215	0.1238	0.1266
5.8	0.0828	0.0890	0.0941	0.0983	0.1018	0.1047	0.1094	0.1128	0.1153	0.1172	0.1187	0.1211	0.1240
6.0	0.0805	0.0866	0.0916	0.0957	0.0991	0.1021	0.1067	0.1101	0.1126	0.1146	0.1161	0.1185	0.1216
6.2	0.0783	0.0842	0.0891	0.0932	0.0966	0.0995	0.1041	0.1075	0.1101	0.1120	0.1136	0.1161	0.1193
6.4	0.0762	0.0820	0.0869	0.0909	0.0942	0.0971	0.1016	0.1050	0.1076	0.1096	0.1111	0.1137	0.1171
6.6	0.0742	0.0799	0.0847	0.0886	0.0919	0.0948	0.0993	0.1027	0.1053	0.1073	0.1088	0.1114	0.1149
6.8	0.0723	0.0779	0.0826	0.0865	0.0898	0.0926	0.0970	0.1004	0.1030	0.1050	0.1066	0.1092	0.1129
7.0	0.0705	0.0761	0.0806	0.0844	0.0877	0.0904	0.0949	0.0982	0.1008	0.1028	0.1044	0.1071	0.1109
7.2	0.0688	0.0742	0.0787	0.0825	0.0857	0.0884	0.0928	0.0962	0.0987	0.1008	0.1023	0.1051	0.1090
7.4	0.0672	0.0725	0.0769	0.0806	0.0838	0.0865	0.0908	0.0942	0.0967	0.0988	0.1004	0.1031	0.1071
7.6	0.0656	0.0709	0.0752	0.0789	0.0820	0.0846	0.0889	0.0922	0.0948	0.0968	0.0984	0.1012	0.1054
7.8	0.0642	0.0693	0.0736	0.0771	0.0802	0.0828	0.0871	0.0904	0.0929	0.0950	0.0966	0.0994	0.1036
8.0	0.0627	0.0678	0.0720	0.0755	0.0785	0.0811	0.0853	0.0886	0.0912	0.0932	0.0948	0.0976	0.1020
8.2	0.0614	0.0663	0.0705	0.0739	0.0769	0.0795	0.0837	0.0869	0.0894	0.0914	0.0931	0.0959	0.1004
8.4	0.0601	0.0649	0.0690	0.0724	0.0754	0.0779	0.0820	0.0852	0.0878	0.0893	0.0914	0.0943	0.0938
8.6	0.0588	0.0636	0.0676	0.0710	0.0739	0.0764	0.0805	0.0836	0.0862	0.0882	0.0898	0.0927	0.0973

续表 B.0.1-2

z/b \ l/b	1.0	1.2	1.4	1.6	1.8	2.0	2.4	2.8	3.2	3.6	4.0	5.0	10.0
8.8	0.0576	0.0623	0.0663	0.0696	0.0724	0.0749	0.0790	0.0821	0.0846	0.0866	0.0882	0.0912	0.0959
9.2	0.0554	0.0599	0.0637	0.0670	0.0697	0.0721	0.0761	0.0792	0.0817	0.0837	0.0853	0.0882	0.0931
9.6	0.0533	0.0577	0.0614	0.0645	0.0672	0.0696	0.0734	0.0765	0.0789	0.0809	0.0825	0.0855	0.0905
10.0	0.0514	0.0556	0.0592	0.0622	0.0649	0.0672	0.0710	0.0739	0.0763	0.0783	0.0799	0.0829	0.0880
10.4	0.0496	0.0537	0.0572	0.0601	0.0627	0.0649	0.0686	0.0716	0.0739	0.0759	0.0775	0.0804	0.0857
10.8	0.0479	0.0519	0.0553	0.0581	0.0606	0.0628	0.0664	0.0693	0.0717	0.0736	0.0751	0.0781	0.0834
11.2	0.0463	0.0502	0.0535	0.0563	0.0587	0.0609	0.0645	0.0672	0.0695	0.0714	0.0730	0.0759	0.0813
11.6	0.0448	0.0486	0.0518	0.0545	0.0569	0.0590	0.0625	0.0652	0.0675	0.0694	0.0709	0.0738	0.0793
12.0	0.0435	0.0471	0.0502	0.0529	0.0552	0.0573	0.0606	0.0634	0.0656	0.0674	0.0690	0.0719	0.0774
12.8	0.0409	0.0444	0.0474	0.0499	0.0521	0.0541	0.0573	0.0599	0.0621	0.0639	0.0654	0.0682	0.0739
13.6	0.0387	0.0420	0.0448	0.0472	0.0493	0.0512	0.0543	0.0568	0.0589	0.0607	0.0621	0.0649	0.0707
14.4	0.0367	0.0398	0.0425	0.0448	0.0468	0.0486	0.0516	0.0540	0.0561	0.0577	0.0592	0.0619	0.0677
15.2	0.0349	0.0379	0.0404	0.0426	0.0446	0.0463	0.0492	0.0515	0.0535	0.0551	0.0565	0.0592	0.0650
16.0	0.0332	0.0361	0.0385	0.0407	0.0425	0.0442	0.0469	0.0492	0.0511	0.0527	0.0540	0.0567	0.0625
18.0	0.0297	0.0323	0.0345	0.0364	0.0381	0.0396	0.0422	0.0442	0.0460	0.0475	0.0487	0.0512	0.0570
20.0	0.0269	0.0292	0.0312	0.0330	0.0345	0.0359	0.0383	0.0402	0.0418	0.0432	0.0444	0.0468	0.0524

B.0.2 矩形面积上三角形分布荷载下角点的附加应力系数 α、平均附加应力系数 $\bar{\alpha}$ 应按表 B.0.2 确定。

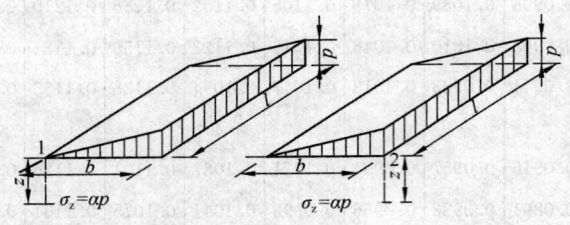

$\sigma_z = \alpha p$ $\sigma_z = \alpha p$

表 B.0.2 矩形面积上三角形分布荷载作用下的附加应力系数 α 与平均附加应力系数 $\bar{\alpha}$

z/b \ l/b	0.2 点1 α	0.2 点1 $\bar{\alpha}$	0.2 点2 α	0.2 点2 $\bar{\alpha}$	0.4 点1 α	0.4 点1 $\bar{\alpha}$	0.4 点2 α	0.4 点2 $\bar{\alpha}$	0.6 点1 α	0.6 点1 $\bar{\alpha}$	0.6 点2 α	0.6 点2 $\bar{\alpha}$	z/b
0.0	0.0000	0.0000	0.2500	0.2500	0.0000	0.0000	0.2500	0.2500	0.0000	0.0000	0.2500	0.2500	0.0
0.2	0.0223	0.0112	0.1821	0.2161	0.0280	0.0140	0.2115	0.2308	0.0296	0.0148	0.2165	0.2333	0.2
0.4	0.0269	0.0179	0.1094	0.1810	0.0420	0.0245	0.1604	0.2084	0.0487	0.0270	0.1781	0.2153	0.4
0.6	0.0259	0.0207	0.0700	0.1505	0.0448	0.0308	0.1165	0.1851	0.0560	0.0355	0.1405	0.1966	0.6
0.8	0.0232	0.0217	0.0480	0.1277	0.0421	0.0340	0.0853	0.1640	0.0553	0.0405	0.1093	0.1787	0.8
1.0	0.0201	0.0217	0.0346	0.1104	0.0375	0.0351	0.0638	0.1461	0.0508	0.0430	0.0852	0.1624	1.0
1.2	0.0171	0.0212	0.0260	0.0970	0.0324	0.0351	0.0491	0.1312	0.0450	0.0439	0.0673	0.1480	1.2
1.4	0.0145	0.0204	0.0202	0.0865	0.0278	0.0344	0.0386	0.1187	0.0392	0.0436	0.0540	0.1356	1.4

续表 B.0.2

z/b	0.2 点1 α	0.2 点1 ᾱ	0.2 点2 α	0.2 点2 ᾱ	0.4 点1 α	0.4 点1 ᾱ	0.4 点2 α	0.4 点2 ᾱ	0.6 点1 α	0.6 点1 ᾱ	0.6 点2 α	0.6 点2 ᾱ	z/b
1.6	0.0123	0.0195	0.0160	0.0779	0.0238	0.0333	0.0310	0.1082	0.0339	0.0427	0.0440	0.1247	1.6
1.8	0.0105	0.0186	0.0130	0.0709	0.0204	0.0321	0.0254	0.0993	0.0294	0.0415	0.0363	0.1153	1.8
2.0	0.0090	0.0178	0.0108	0.0650	0.0176	0.0308	0.0211	0.0917	0.0255	0.0401	0.0304	0.1071	2.0
2.5	0.0063	0.0157	0.0072	0.0538	0.0125	0.0276	0.0140	0.0769	0.0183	0.0365	0.0205	0.0908	2.5
3.0	0.0046	0.0140	0.0051	0.0458	0.0092	0.0248	0.0100	0.0661	0.0135	0.0330	0.0148	0.0786	3.0
5.0	0.0018	0.0097	0.0019	0.0289	0.0036	0.0175	0.0038	0.0424	0.0054	0.0236	0.0056	0.0476	5.0
7.0	0.0009	0.0073	0.0010	0.0211	0.0019	0.0133	0.0019	0.0311	0.0028	0.0180	0.0029	0.0352	7.0
10.0	0.0005	0.0053	0.0004	0.0150	0.0009	0.0097	0.0010	0.0222	0.0014	0.0133	0.0014	0.0253	10.0

z/b	0.8 点1 α	0.8 点1 ᾱ	0.8 点2 α	0.8 点2 ᾱ	1.0 点1 α	1.0 点1 ᾱ	1.0 点2 α	1.0 点2 ᾱ	1.2 点1 α	1.2 点1 ᾱ	1.2 点2 α	1.2 点2 ᾱ	z/b
0.0	0.0000	0.0000	0.2500	0.2500	0.0000	0.0000	0.2500	0.2500	0.0000	0.0000	0.2500	0.2500	0.0
0.2	0.0301	0.0151	0.2178	0.2339	0.0304	0.0152	0.2182	0.2341	0.0305	0.0153	0.2184	0.2342	0.2
0.4	0.0517	0.0280	0.1844	0.2175	0.0531	0.0285	0.1870	0.2184	0.0539	0.0288	0.1881	0.2187	0.4
0.6	0.0621	0.0376	0.1520	0.2011	0.0654	0.0388	0.1575	0.2030	0.0673	0.0394	0.1602	0.2039	0.6
0.8	0.0637	0.0440	0.1232	0.1852	0.0688	0.0459	0.1311	0.1883	0.0720	0.0470	0.1355	0.1899	0.8
1.0	0.0602	0.0476	0.0996	0.1704	0.0666	0.0502	0.1086	0.1746	0.0708	0.0518	0.1143	0.1769	1.0
1.2	0.0546	0.0492	0.0807	0.1571	0.0615	0.0525	0.0901	0.1621	0.0664	0.0546	0.0962	0.1649	1.2
1.4	0.0483	0.0495	0.0661	0.1451	0.0554	0.0534	0.0751	0.1507	0.0606	0.0559	0.0817	0.1541	1.4
1.6	0.0424	0.0490	0.0547	0.1345	0.0492	0.0533	0.0628	0.1405	0.0545	0.0561	0.0696	0.1443	1.6
1.8	0.0371	0.0480	0.0457	0.1252	0.0435	0.0525	0.0534	0.1313	0.0487	0.0556	0.0596	0.1354	1.8
2.0	0.0324	0.0467	0.0387	0.1169	0.0384	0.0513	0.0456	0.1232	0.0434	0.0547	0.0513	0.1274	2.0
2.5	0.0236	0.0429	0.0265	0.1000	0.0284	0.0478	0.0318	0.1063	0.0326	0.0513	0.0365	0.1107	2.5
3.0	0.0176	0.0392	0.0192	0.0871	0.0214	0.0439	0.0233	0.0931	0.0249	0.0476	0.0270	0.0976	3.0
5.0	0.0071	0.0285	0.0074	0.0576	0.0088	0.0324	0.0091	0.0624	0.0104	0.0356	0.0108	0.0661	5.0
7.0	0.0038	0.0219	0.0038	0.0427	0.0047	0.0251	0.0047	0.0465	0.0056	0.0277	0.0056	0.0496	7.0
10.0	0.0019	0.0162	0.0019	0.0308	0.0023	0.0186	0.0024	0.0336	0.0028	0.0207	0.0028	0.0359	10.0

z/b	1.4 点1 α	1.4 点1 ᾱ	1.4 点2 α	1.4 点2 ᾱ	1.6 点1 α	1.6 点1 ᾱ	1.6 点2 α	1.6 点2 ᾱ	1.8 点1 α	1.8 点1 ᾱ	1.8 点2 α	1.8 点2 ᾱ	z/b
0.0	0.0000	0.0000	0.2500	0.2500	0.0000	0.0000	0.2500	0.2500	0.0000	0.0000	0.2500	0.2500	0.0
0.2	0.0305	0.0153	0.2185	0.2343	0.0306	0.0153	0.2185	0.2343	0.0306	0.0153	0.2185	0.2343	0.2
0.4	0.0543	0.0289	0.1886	0.2189	0.0545	0.0290	0.1889	0.2190	0.0546	0.0290	0.1891	0.2190	0.4
0.6	0.0684	0.0397	0.1616	0.2043	0.0690	0.0399	0.1625	0.2046	0.0649	0.0400	0.1630	0.2047	0.6
0.8	0.0739	0.0476	0.1381	0.1907	0.0751	0.0480	0.1396	0.1912	0.0759	0.0482	0.1405	0.1915	0.8
1.0	0.0735	0.0528	0.1176	0.1781	0.0753	0.0534	0.1202	0.1789	0.0766	0.0538	0.1215	0.1794	1.0
1.2	0.0698	0.0560	0.1007	0.1666	0.0721	0.0568	0.1037	0.1678	0.0738	0.0574	0.1055	0.1684	1.2
1.4	0.0644	0.0575	0.0864	0.1562	0.0672	0.0586	0.0897	0.1576	0.0692	0.0594	0.0921	0.1585	1.4
1.6	0.0586	0.0580	0.0743	0.1467	0.0616	0.0594	0.0780	0.1484	0.0639	0.0603	0.0806	0.1494	1.6

续表 B. 0. 2

z/b	1.4 点1 α	1.4 点1 ᾱ	1.4 点2 α	1.4 点2 ᾱ	1.6 点1 α	1.6 点1 ᾱ	1.6 点2 α	1.6 点2 ᾱ	1.8 点1 α	1.8 点1 ᾱ	1.8 点2 α	1.8 点2 ᾱ	z/b
1.8	0.0528	0.0578	0.0644	0.1381	0.0560	0.0593	0.0681	0.1400	0.0585	0.0604	0.0709	0.1413	1.8
2.0	0.0474	0.0570	0.0560	0.1303	0.0507	0.0587	0.0596	0.1324	0.0533	0.0599	0.0625	0.1338	2.0
2.5	0.0362	0.0540	0.0405	0.1139	0.0393	0.0560	0.0440	0.1163	0.0419	0.0575	0.0469	0.1180	2.5
3.0	0.0280	0.0503	0.0303	0.1008	0.0307	0.0525	0.0333	0.1033	0.0331	0.0541	0.0359	0.1052	3.0
5.0	0.0120	0.0382	0.0123	0.0690	0.0135	0.0403	0.0139	0.0714	0.0148	0.0421	0.0154	0.0734	5.0
7.0	0.0064	0.0299	0.0066	0.0520	0.0073	0.0318	0.0074	0.0541	0.0081	0.0333	0.0083	0.0558	7.0
10.0	0.0033	0.0224	0.0032	0.0379	0.0037	0.0239	0.0037	0.0395	0.0041	0.0252	0.0042	0.0409	10.0

z/b	2.0 点1 α	2.0 点1 ᾱ	2.0 点2 α	2.0 点2 ᾱ	3.0 点1 α	3.0 点1 ᾱ	3.0 点2 α	3.0 点2 ᾱ	4.0 点1 α	4.0 点1 ᾱ	4.0 点2 α	4.0 点2 ᾱ	z/b
0.0	0.0000	0.0000	0.2500	0.2500	0.0000	0.0000	0.2500	0.2500	0.0000	0.0000	0.2500	0.2500	0.0
0.2	0.0306	0.0153	0.2185	0.2343	0.0306	0.0153	0.2186	0.2343	0.0306	0.0153	0.2186	0.2343	0.2
0.4	0.0547	0.0290	0.1892	0.2191	0.0548	0.0290	0.1894	0.2192	0.0549	0.0291	0.1894	0.2192	0.4
0.6	0.0696	0.0401	0.1633	0.2048	0.0701	0.0402	0.1638	0.2050	0.0702	0.0402	0.1639	0.2050	0.6
0.8	0.0764	0.0483	0.1412	0.1917	0.0773	0.0486	0.1423	0.1920	0.0776	0.0487	0.1424	0.1920	0.8
1.0	0.0774	0.0540	0.1225	0.1797	0.0790	0.0545	0.1244	0.1803	0.0794	0.0546	0.1248	0.1803	1.0
1.2	0.0749	0.0577	0.1069	0.1689	0.0774	0.0584	0.1096	0.1697	0.0779	0.0586	0.1103	0.1699	1.2
1.4	0.0707	0.0599	0.0937	0.1591	0.0739	0.0609	0.0973	0.1603	0.0748	0.0612	0.0982	0.1605	1.4
1.6	0.0656	0.0609	0.0826	0.1502	0.0697	0.0623	0.0870	0.1517	0.0708	0.0626	0.0882	0.1521	1.6
1.8	0.0604	0.0611	0.0730	0.1422	0.0652	0.0628	0.0782	0.1441	0.0666	0.0633	0.0797	0.1445	1.8
2.0	0.0553	0.0608	0.0649	0.1348	0.0607	0.0629	0.0707	0.1371	0.0624	0.0634	0.0726	0.1377	2.0
2.5	0.0440	0.0586	0.0491	0.1193	0.0504	0.0614	0.0559	0.1223	0.0529	0.0623	0.0585	0.1233	2.5
3.0	0.0352	0.0554	0.0380	0.1067	0.0419	0.0589	0.0451	0.1104	0.0449	0.0600	0.0482	0.1116	3.0
5.0	0.0161	0.0435	0.0167	0.0749	0.0214	0.0480	0.0221	0.0797	0.0248	0.0500	0.0256	0.0817	5.0
7.0	0.0089	0.0347	0.0091	0.0572	0.0124	0.0391	0.0126	0.0619	0.0152	0.0414	0.0154	0.0642	7.0
10.0	0.0046	0.0263	0.0046	0.0403	0.0066	0.0302	0.0066	0.0462	0.0084	0.0325	0.0083	0.0485	10.0

z/b	6.0 点1 α	6.0 点1 ᾱ	6.0 点2 α	6.0 点2 ᾱ	8.0 点1 α	8.0 点1 ᾱ	8.0 点2 α	8.0 点2 ᾱ	10.0 点1 α	10.0 点1 ᾱ	10.0 点2 α	10.0 点2 ᾱ	z/b
0.0	0.0000	0.0000	0.2500	0.2500	0.0000	0.0000	0.2500	0.2500	0.0000	0.0000	0.2500	0.2500	0.0
0.2	0.0306	0.0153	0.2186	0.2343	0.0306	0.0153	0.2186	0.2343	0.0306	0.0153	0.2186	0.2343	0.2
0.4	0.0549	0.0291	0.1894	0.2192	0.0549	0.0291	0.1894	0.2192	0.0549	0.0291	0.1894	0.2192	0.4
0.6	0.0702	0.0402	0.1640	0.2050	0.0702	0.0402	0.1640	0.2050	0.0702	0.0402	0.1640	0.2050	0.6
0.8	0.0776	0.0487	0.1426	0.1921	0.0776	0.0487	0.1426	0.1921	0.0776	0.0487	0.1426	0.1921	0.8
1.0	0.0795	0.0546	0.1250	0.1804	0.0796	0.0546	0.1250	0.1804	0.0796	0.0546	0.1250	0.1804	1.0
1.2	0.0782	0.0587	0.1105	0.1700	0.0783	0.0587	0.1105	0.1700	0.0783	0.0587	0.1105	0.1700	1.2
1.4	0.0752	0.0613	0.0986	0.1606	0.0752	0.0613	0.0987	0.1606	0.0753	0.0613	0.0987	0.1606	1.4
1.6	0.0714	0.0628	0.0887	0.1523	0.0715	0.0628	0.0888	0.1523	0.0715	0.0628	0.0889	0.1523	1.6
1.8	0.0673	0.0635	0.0805	0.1447	0.0675	0.0635	0.0806	0.1448	0.0675	0.0635	0.0808	0.1448	1.8
2.0	0.0634	0.0637	0.0734	0.1380	0.0636	0.0638	0.0736	0.1380	0.0636	0.0638	0.0738	0.1380	2.0
2.5	0.0543	0.0627	0.0601	0.1237	0.0547	0.0628	0.0604	0.1238	0.0548	0.0628	0.0605	0.1239	2.5
3.0	0.0469	0.0607	0.0504	0.1123	0.0474	0.0609	0.0509	0.1124	0.0476	0.0609	0.0511	0.1125	3.0
5.0	0.0283	0.0515	0.0290	0.0833	0.0296	0.0519	0.0303	0.0837	0.0301	0.0521	0.0309	0.0839	5.0
7.0	0.0186	0.0435	0.0190	0.0663	0.0204	0.0442	0.0207	0.0671	0.0212	0.0445	0.0216	0.0674	7.0
10.0	0.0111	0.0349	0.0111	0.0509	0.0128	0.0359	0.0130	0.0520	0.0139	0.0364	0.0141	0.0526	10.0

B.0.3 圆形面积上均布荷载下角点的附加应力系数 α、平均附加应力系数 $\bar{\alpha}$ 应按表 B.0.3 确定。

表 B.0.3　圆形面积上均布荷载作用下中点的附加应力系数 α 与平均附加应力系数 $\bar{\alpha}$

z/r	圆形 α	圆形 $\bar{\alpha}$	z/r	圆形 α	圆形 $\bar{\alpha}$
0.0	1.000	1.000	2.6	0.187	0.560
0.1	0.999	1.000	2.7	0.175	0.546
0.2	0.992	0.998	2.8	0.165	0.532
0.3	0.976	0.993	2.9	0.155	0.519
0.4	0.949	0.986	3.0	0.146	0.507
0.5	0.911	0.974	3.1	0.138	0.495
0.6	0.864	0.960	3.2	0.130	0.484
0.7	0.811	0.942	3.3	0.124	0.473
0.8	0.756	0.923	3.4	0.117	0.463
0.9	0.701	0.901	3.5	0.111	0.453
1.0	0.647	0.878	3.6	0.106	0.443
1.1	0.595	0.855	3.7	0.101	0.434
1.2	0.547	0.831	3.8	0.096	0.425
1.3	0.502	0.808	3.9	0.091	0.417
1.4	0.461	0.784	4.0	0.087	0.409
1.5	0.424	0.762	4.1	0.083	0.401
1.6	0.390	0.739	4.2	0.079	0.393
1.7	0.360	0.718	4.3	0.076	0.386
1.8	0.332	0.697	4.4	0.073	0.379
1.9	0.307	0.677	4.5	0.070	0.372
2.0	0.285	0.658	4.6	0.067	0.365
2.1	0.264	0.640	4.7	0.064	0.359
2.2	0.245	0.623	4.8	0.062	0.353
2.3	0.229	0.606	4.9	0.059	0.347
2.4	0.210	0.590	5.0	0.057	0.341
2.5	0.200	0.574			

B.0.4 圆形面积上三角形分布荷载下角点的附加应力系数 α、平均附加应力系数 $\bar{\alpha}$ 应按表 B.0.4 确定。

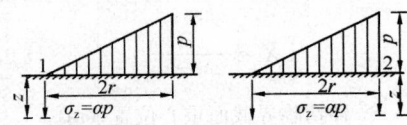

r—圆形面积的半径

表 B.0.4　圆形面积上三角形分布荷载作用下边点的附加应力系数 α 与平均附加应力系数 $\bar{\alpha}$

续表 B.0.4

点 系数 z/r	1 α	1 $\bar{\alpha}$	2 α	2 $\bar{\alpha}$
0.0	0.000	0.000	0.500	0.500
0.1	0.016	0.008	0.465	0.483
0.2	0.031	0.016	0.433	0.466
0.3	0.044	0.023	0.403	0.450
0.4	0.054	0.030	0.376	0.435
0.5	0.063	0.035	0.349	0.420
0.6	0.071	0.041	0.324	0.406
0.7	0.078	0.045	0.300	0.393
0.8	0.083	0.050	0.279	0.380
0.9	0.088	0.054	0.258	0.368
1.0	0.091	0.057	0.238	0.356
1.1	0.092	0.061	0.221	0.344
1.2	0.093	0.063	0.205	0.333
1.3	0.092	0.065	0.190	0.323
1.4	0.091	0.067	0.177	0.313
1.5	0.089	0.069	0.165	0.303
1.6	0.087	0.070	0.154	0.294
1.7	0.085	0.071	0.144	0.286
1.8	0.083	0.072	0.134	0.278
1.9	0.080	0.072	0.126	0.270
2.0	0.078	0.073	0.117	0.263
2.1	0.075	0.073	0.110	0.255
2.2	0.072	0.073	0.104	0.249
2.3	0.070	0.073	0.097	0.242
2.4	0.067	0.073	0.091	0.236
2.5	0.064	0.072	0.086	0.230
2.6	0.062	0.072	0.081	0.225
2.7	0.059	0.071	0.078	0.219
2.8	0.057	0.071	0.074	0.214
2.9	0.055	0.070	0.070	0.209
3.0	0.052	0.070	0.067	0.204
3.1	0.050	0.069	0.064	0.200
3.2	0.048	0.069	0.061	0.196
3.3	0.046	0.068	0.059	0.192
3.4	0.045	0.067	0.055	0.188
3.5	0.043	0.067	0.053	0.184
3.6	0.041	0.066	0.051	0.180
3.7	0.040	0.065	0.048	0.177
3.8	0.038	0.065	0.046	0.173
3.9	0.037	0.064	0.043	0.170
4.0	0.036	0.063	0.041	0.167
4.2	0.033	0.062	0.038	0.161
4.4	0.031	0.061	0.034	0.155
4.6	0.029	0.059	0.031	0.150
4.8	0.027	0.058	0.029	0.145
5.0	0.025	0.057	0.027	0.140

附录 C 按 E_0 计算沉降时的 δ 系数

表 C δ 系 数

$m=\dfrac{2z}{b}$	$n=\dfrac{l}{b}$						$n\geqslant 10$
	1	1.4	1.8	2.4	3.2	5	
0.0	0.000	0.000	0.000	0.000	0.000	0.000	0.000
0.4	0.100	0.100	0.100	0.100	0.100	0.100	0.104
0.8	0.200	0.200	0.200	0.200	0.200	0.200	0.208
1.2	0.299	0.300	0.300	0.300	0.300	0.300	0.311
1.6	0.380	0.394	0.397	0.397	0.397	0.397	0.412
2.0	0.446	0.472	0.482	0.486	0.486	0.486	0.511
2.4	0.499	0.538	0.556	0.565	0.567	0.567	0.605
2.8	0.542	0.592	0.618	0.635	0.640	0.640	0.687
3.2	0.577	0.637	0.671	0.696	0.707	0.709	0.763
3.6	0.606	0.676	0.717	0.750	0.768	0.772	0.831
4.0	0.630	0.708	0.756	0.796	0.820	0.830	0.892
4.4	0.650	0.735	0.789	0.837	0.867	0.883	0.949
4.8	0.668	0.759	0.819	0.873	0.908	0.932	1.001
5.2	0.683	0.780	0.834	0.904	0.948	0.977	1.050
5.6	0.697	0.798	0.867	0.933	0.981	1.018	1.096
6.0	0.708	0.814	0.887	0.958	1.011	1.056	1.138
6.4	0.719	0.828	0.904	0.980	1.031	1.090	1.178
6.8	0.728	0.841	0.920	1.000	1.065	1.122	1.215
7.2	0.736	0.852	0.935	1.019	1.088	1.152	1.251
7.6	0.744	0.863	0.948	1.036	1.109	1.180	1.285
8.0	0.751	0.872	0.960	1.051	1.128	1.205	1.316
8.4	0.757	0.881	0.970	1.065	1.146	1.229	1.347
8.8	0.762	0.888	0.980	1.078	1.162	1.251	1.376
9.2	0.768	0.896	0.989	1.089	1.178	1.272	1.404
9.6	0.772	0.902	0.998	1.100	1.192	1.291	1.431
10.0	0.777	0.908	1.005	1.110	1.205	1.309	1.456
11.0	0.786	0.922	1.022	1.132	1.238	1.349	1.506
12.0	0.794	0.933	1.037	1.151	1.257	1.384	1.550

注：b—矩形基础的长度与宽度；

z—基础底面至该层土底面的距离。

附录 D 冲切临界截面周长及极惯性矩计算

D.0.1 冲切临界截面的周长 u_m 以及冲切临界截面对其重心的极惯性矩 I_s，应根据柱所处的部位分别按下列公式进行计算：

1 内柱

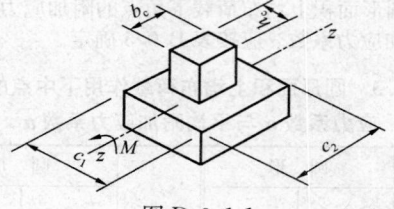

图 D.0.1-1

$$u_m = 2c_1 + 2c_2 \tag{D.0.1-1}$$

$$I_s = \frac{c_1 h_0^3}{6} + \frac{c_1^3 h_0}{6} + \frac{c_2 h_0 c_1^2}{2} \tag{D.0.1-2}$$

$$c_1 = h_c + h_0 \tag{D.0.1-3}$$

$$c_2 = b_c + h_0 \tag{D.0.1-4}$$

$$c_{AB} = \frac{c_1}{2} \tag{D.0.1-5}$$

式中：h_c——与弯矩作用方向一致的柱截面的边长（m）；

b_c——垂直于 h_c 的柱截面边长（m）。

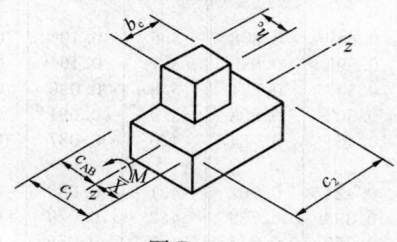

图 D.0.1-2

2 边柱

$$u_m = 2c_1 + c_2 \tag{D.0.1-6}$$

$$I_s = \frac{c_1 h_0^3}{6} + \frac{c_1^3 h_0}{6} + 2h_0 c_1 \left(\frac{c_1}{2} - \overline{X}\right)^2 + c_2 h_0 \overline{X}^2 \tag{D.0.1-7}$$

$$c_1 = h_c + \frac{h_0}{2} \tag{D.0.1-8}$$

$$c_2 = b_c + h_0 \tag{D.0.1-9}$$

$$c_{AB} = c_1 - \overline{X} \tag{D.0.1-10}$$

$$\overline{X} = \frac{c_1^2}{2c_1 + c_2} \tag{D.0.1-11}$$

式中：$\overline{X}$——冲切临界截面重心位置（m）。

式（D.0.1-6）～式（D.0.1-11）适用于柱外侧齐筏板边缘的边柱。对外伸式筏板，边柱柱下筏板冲切临界截面的计算模式应根据边柱外侧筏板的悬挑长度和柱子的边长确定。当边柱外侧的悬挑长度小于或等于（$h_0 + 0.5b_c$）时，冲切临界截面可计算至垂直于自由边的板端，计算 c_1 及 I_s 值时应计及边柱外侧的悬挑长度；当边柱外侧筏板的悬挑长度大于（$h_0 + 0.5b_c$）时，边柱柱下筏板冲切临界截面的计算模式同中柱。

3 角柱

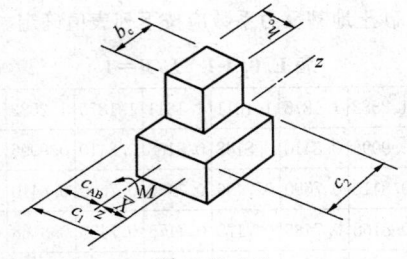

图 D.0.1-3

$$u_m = c_1 + c_2 \qquad (D.0.1\text{-}12)$$

$$I_s = \frac{c_1 h_0^3}{12} + \frac{c_1^3 h_0}{12} + c_1 h_0 \left(\frac{c_1}{2} - \overline{X}\right)^2 + c_2 h_0 \overline{X}^2$$
$$(D.0.1\text{-}13)$$

$$c_1 = h_c + \frac{h_0}{2} \qquad (D.0.1\text{-}14)$$

$$c_2 = b_c + \frac{h_0}{2} \qquad (D.0.1\text{-}15)$$

$$c_{AB} = c_1 - \overline{X} \qquad (D.0.1\text{-}16)$$

$$\overline{X} = \frac{c_1^2}{2c_1 + 2c_2} \qquad (D.0.1\text{-}17)$$

式中：$\overline{X}$——冲切临界截面重心位置（m）。

式（D.0.1-12）～式（D.0.1-17）适用于柱两相邻外侧齐筏板边缘的角柱。对外伸式筏板，角柱柱下筏板冲切临界截面的计算模式应根据角柱外侧筏板的悬挑长度和柱子的边长确定。当角柱两相邻外侧筏板的悬挑长度分别小于或等于（$h_0 + 0.5b_c$）和（$h_0 + 0.5h_c$）时，冲切临界截面可计算至垂直于自由边的板端，计算 c_1、c_2 及 I_s 值应计及角柱外侧筏板的悬挑长度；当角柱两相邻外侧筏板的悬挑长度大于（$h_0 + 0.5b_c$）和（$h_0 + 0.5h_c$）时，角柱柱下筏板冲切临界截面的计算模式同中柱。

附录 E 地基反力系数

E.0.1 黏性土地基反力系数应按下列表值确定。

表 E.0.1-1　L/B=1

1.381	1.179	1.128	1.108	1.108	1.128	1.179	1.381
1.179	0.952	0.898	0.879	0.879	0.898	0.952	1.179
1.128	0.898	0.841	0.821	0.821	0.841	0.898	1.128
1.108	0.879	0.821	0.800	0.800	0.821	0.879	1.108
1.108	0.879	0.821	0.800	0.800	0.821	0.879	1.108
1.128	0.898	0.841	0.821	0.821	0.841	0.898	1.128
1.179	0.952	0.898	0.879	0.879	0.898	0.952	1.179
1.381	1.179	1.128	1.108	1.108	1.128	1.179	1.381

表 E.0.1-2　L/B=2～3

1.265	1.115	1.075	1.061	1.061	1.075	1.115	1.265
1.073	0.904	0.865	0.853	0.853	0.865	0.904	1.073
1.046	0.875	0.835	0.822	0.822	0.835	0.875	1.046
1.073	0.904	0.865	0.853	0.853	0.865	0.904	1.073
1.265	1.115	1.075	1.061	1.061	1.075	1.115	1.265

表 E.0.1-3　L/B=4～5

1.229	1.042	1.014	1.003	1.003	1.014	1.042	1.229
1.096	0.929	0.904	0.895	0.895	0.904	0.929	1.096
1.081	0.918	0.893	0.884	0.884	0.893	0.918	1.081
1.096	0.929	0.904	0.895	0.895	0.904	0.929	1.096
1.229	1.042	1.014	1.003	1.003	1.014	1.042	1.229

表 E.0.1-4　L/B=6～8

1.214	1.053	1.013	1.008	1.008	1.013	1.053	1.214
1.083	0.939	0.903	0.899	0.899	0.903	0.939	1.083
1.069	0.927	0.892	0.888	0.888	0.892	0.927	1.069
1.083	0.939	0.903	0.899	0.899	0.903	0.939	1.083
1.214	1.053	1.013	1.008	1.008	1.013	1.053	1.214

E.0.2 软土地基反力系数按表 E.0.2 确定。

表 E.0.2　软土地基反力系数

0.906	0.966	0.814	0.738	0.738	0.814	0.966	0.906
1.124	1.197	1.009	0.914	0.914	1.009	1.197	1.124
1.235	1.314	1.109	1.006	1.006	1.109	1.314	1.235
1.124	1.197	1.009	0.914	0.914	1.009	1.197	1.124
0.906	0.966	0.811	0.738	0.738	0.811	0.966	0.906

E.0.3 黏性土地基异形基础地基反力系数按下列表值确定。

表 E.0.3-1

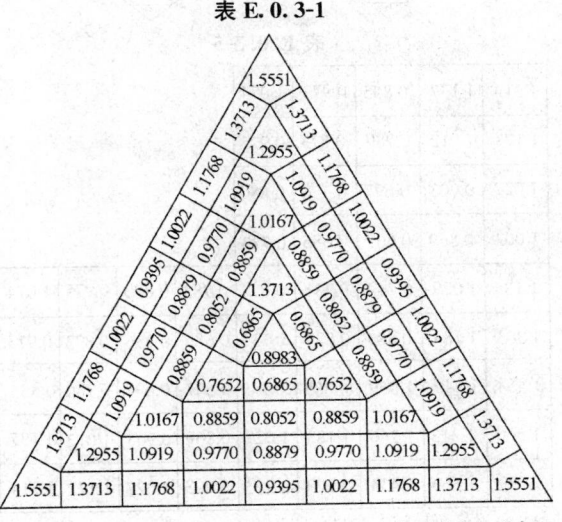

表 E.0.3-2

1.3151	1.1594	1.0409	1.1594	1.3151
1.1678	1.0294	0.9315	1.0294	1.1678
1.0085	0.8546	0.8055	0.8546	1.0085
0.9118	0.8041	0.7207	0.8041	0.9118

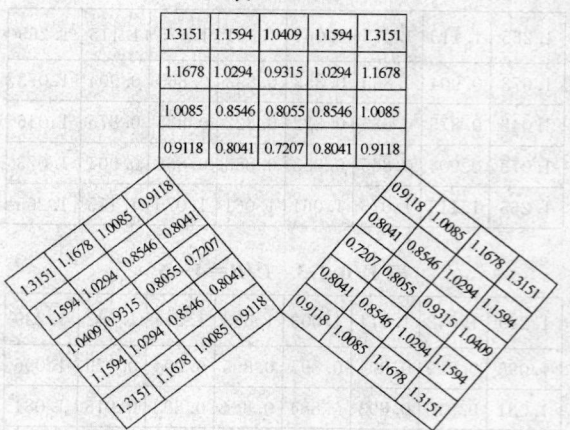

表 E.0.3-3

			1.4799	1.3443	1.2086	1.3443	1.4799			
			1.2336	1.1199	1.0312	1.1199	1.2336			
			0.9623	0.8726	0.8127	0.8726	0.9623			
1.4799	1.2336	0.9623	0.7850	0.7009	0.6673	0.7009	0.7850	0.9623	1.2336	1.4799
1.3443	1.1199	0.8726	0.7009	0.6024	0.5693	0.6024	0.7009	0.8726	1.1199	1.3443
1.2086	1.0312	0.8127	0.6673	0.5693	0.4996	0.5693	0.6673	0.8127	1.0312	1.2086
1.3443	1.1199	0.8726	0.7009	0.6024	0.5693	0.6024	0.7009	0.8726	1.1199	1.3443
1.4799	1.2336	0.9623	0.7850	0.7009	0.6673	0.7009	0.7850	0.9623	1.2336	1.4799
			0.9623	0.8726	0.8127	0.8726	0.9623			
			1.2336	1.1199	1.0312	1.1199	1.2336			
			1.4799	1.3443	1.2086	1.3443	1.4799			

表 E.0.3-4

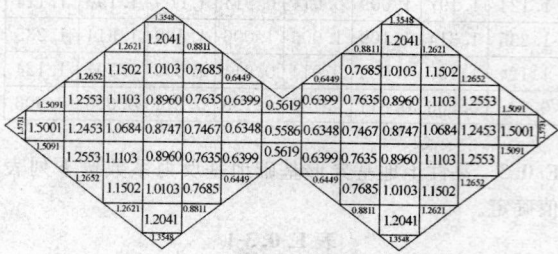

表 E.0.3-5

1.314	1.137	0.855	0.973	1.074				
1.173	1.012	0.780	0.873	0.975				
1.027	0.903	0.697	0.756	0.880				
1.003	0.869	0.667	0.686	0.783				
1.135	1.029	0.749	0.731	0.694	0.783	0.880	0.975	1.074
1.303	1.183	0.885	0.829	0.731	0.686	0.756	0.873	0.973
1.454	1.246	1.069	0.885	0.749	0.667	0.697	0.780	0.855
1.566	1.313	1.246	1.183	1.029	0.869	0.903	1.012	1.137
1.659	1.566	1.454	1.303	1.135	1.003	1.027	1.173	1.314

E.0.4 砂土地基反力系数应按下列表值确定。

表 E.0.4-1　$L/B=1$

1.5875	1.2582	1.1875	1.1611	1.1611	1.1875	1.2582	1.5875
1.2582	0.9096	0.8410	0.8168	0.8168	0.8410	0.9096	1.2582
1.1875	0.8410	0.7690	0.7436	0.7436	0.7690	0.8410	1.1875
1.1611	0.8168	0.7436	0.7175	0.7175	0.7436	0.8168	1.1611
1.1611	0.8168	0.7436	0.7175	0.7175	0.7436	0.8168	1.1611
1.1875	0.8410	0.7690	0.7436	0.7436	0.7690	0.8410	1.1875
1.2582	0.9096	0.8410	0.8168	0.8168	0.8410	0.9096	1.2582
1.5875	1.2582	1.1875	1.1611	1.1611	1.1875	1.2582	1.5875

表 E.0.4-2　$L/B=2\sim3$

1.409	1.166	1.109	1.088	1.088	1.109	1.166	1.409
1.108	0.847	0.798	0.781	0.781	0.798	0.847	1.108
1.069	0.812	0.762	0.745	0.745	0.762	0.812	1.069
1.108	0.847	0.798	0.781	0.781	0.798	0.847	1.108
1.409	1.166	1.109	1.088	1.088	1.109	1.166	1.409

表 E.0.4-3　$L/B=4\sim5$

1.395	1.212	1.166	1.149	1.149	1.166	1.212	1.395
0.992	0.828	0.794	0.783	0.783	0.794	0.828	0.992
0.989	0.818	0.783	0.772	0.772	0.783	0.818	0.989
0.992	0.828	0.794	0.783	0.783	0.794	0.828	0.992
1.395	1.212	1.166	1.149	1.149	1.166	1.212	1.395

注：1 以上各表表示将基础底面（包括底板悬挑部分）划分为若干区格，每区格基底反力 = $\dfrac{上部结构竖向荷载加箱形基础自重和挑出部分台阶上的自重}{基底面积}$ × 该区格的反力系数。

2 本附录适用于上部结构与荷载比较匀称的框架结构，地基土比较均匀、底板悬挑部分不宜超过 0.8m，不考虑相邻建筑物的影响以及满足本规范构造要求的单幢建筑物的箱形基础。当纵横方向荷载不很匀称时，应分别将不匀称荷载对纵横方向对称轴所产生的力矩值所引起的地基不均匀反力和由附表计算的反力进行叠加。力矩引起的地基不均匀反力按直线变化计算。

3 本规范表 E.0.3-2 中，三个翼和核心三角形区域的反力与荷载应各自平衡，核心三角形区域内的反力可按均布考虑。

附录 F　筏形或箱形基础整体弯矩的简化计算

F.0.1 框架结构等效刚度 $E_B I_B$ 可按下列公式计算（图 F.0.1）：

$$E_B I_B = \sum_{i=1}^{n}\left[E_b I_{bi}\left(1+\frac{K_{ui}+K_{li}}{2K_{bi}+K_{ui}+K_{li}}m^2\right)\right]$$

(F.0.1)

式中：　　E_b——梁、柱的混凝土弹性模量（kPa）；

K_{ui}、K_{li}、K_{bi}——第 i 层上柱、下柱和梁的线刚度（m³），其值分别为 $\dfrac{I_{ui}}{h_{ui}}$、$\dfrac{I_{li}}{h_{li}}$ 和 $\dfrac{I_{bi}}{l}$；

I_{ui}、I_{li}、I_{bi}——第 i 层上柱、下柱和梁的截面惯性矩（m⁴）；

h_{ui}、h_{li}——第 i 层上柱及下柱的高度（m）；

L——上部结构弯曲方向的总长度（m）；

l——上部结构弯曲方向的柱距（m）；

m——在弯曲方向的节间数；

n——建筑物层数，当层数不大于 5 层时，n 取实际层数；当层数大于 5 层时，n 取 5。

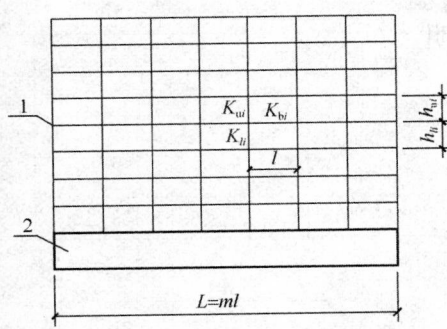

图 F.0.1　式（F.0.1）中符号的示意
1—第 i 层；2—基础

式（F.0.1）用于等柱距的框架结构。对柱距相差不超过 20% 的框架结构也可适用，此时，l 取柱距的平均值。

F.0.2 筏形与箱形基础的整体弯矩可将上部框架简化为等代梁并通过结构的底层柱与筏形或箱形基础连接，按图 F.0.2 所示计算模型进行计算。上部框架结构等效刚度 $E_B I_B$ 可按式（F.0.1）计算。当上部结构存在剪力墙时，可按实际情况布置在图 F.0.2 上，一并进行分析。

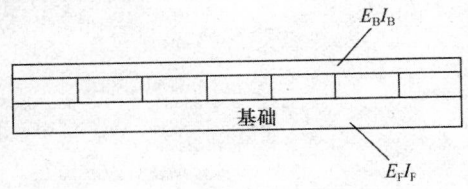

图 F.0.2

在图 F.0.2 中，$E_F I_F$ 为筏形与箱形基础的刚度，其中 E_F 为筏形与箱形基础的混凝土弹性模量；I_F 为按工字形截面计算的箱形基础截面惯性矩、按倒 T 字形截面计算的梁板式筏形基础的截面惯性矩、或按基础底板全宽计算的平板式筏形基础截面惯性矩；工字形截面的上、下翼缘宽度分别为箱形基础顶、底板的全宽，腹板厚度为在弯曲方向的墙体厚度的总和；倒 T 字形截面的下翼缘宽度为筏形基础底板的全宽，腹板厚度为在弯曲方向的基础梁宽度的总和。

本规范用词说明

1　为便于在执行本规范条文时区别对待，对要求严格程度不同的用词说明如下：

　1）表示很严格，非这样做不可的：
　　　正面词采用"必须"，反面词采用"严禁"；

　2）表示严格，在正常情况下均应这样做的：
　　　正面词采用"应"，反面词采用"不应"或"不得"；

　3）表示允许稍有选择，在条件许可时首先应这样做的：
　　　正面词采用"宜"，反面词采用"不宜"；

　4）表示有选择，在一定条件下可以这样做的，采用"可"。

2　条文中指明应按其他有关标准执行的写法为："应符合……的规定"或"应按……执行"。

引用标准名录

1　《建筑地基基础设计规范》GB 50007

2　《建筑结构荷载规范》GB 50009

3　《混凝土结构设计规范》GB 50010

4　《建筑抗震设计规范》GB 50011

5　《岩土工程勘察规范》GB 50021

6　《人民防空地下室设计规范》GB 50038

7　《混凝土质量控制标准》GB 50164

8　《建筑地基基础工程施工质量验收规范》GB 50202

9　《混凝土结构工程施工及验收规范》GB 50204

10　《建筑变形测量规范》JGJ 8

11　《高层建筑岩土工程勘察规程》JGJ 72

12　《建筑桩基技术规范》JGJ 94

中华人民共和国行业标准

高层建筑筏形与箱形基础技术规范

JGJ 6—2011

条 文 说 明

修 订 说 明

《高层建筑筏形与箱形基础技术规范》JGJ 6 - 2011，经住房和城乡建设部 2011 年 1 月 28 日以第 904 号公告批准、发布。

本规范是在《高层建筑箱形与筏形基础技术规范》JGJ 6 - 99 的基础上修订而成，上一版的主编单位是中国建筑科学研究院，参编单位是北京市建筑设计研究院、北京市勘察设计研究院、上海市建筑设计研究院、中国兵器工业勘察设计研究院、辽宁省建筑设计研究院、北京市建工集团总公司，主要起草人员是：何颐华、钱力航、侯光瑜、袁炳麟、彭安宁、黄强、谭永坚、裴捷、章家驹、郑孟祥、余志成。本次修订的主要技术内容是：1. 增加了筏形与箱形基础稳定性计算方法；2. 增加了大面积整体基础的沉降计算和构造要求；3. 修订了高层建筑筏形与箱形基础的沉降计算公式；4. 修订了箱筏基础底板的冲切、剪切计算方法；5. 修订了桩箱、桩筏基础板的设计计算方法；6. 修订了筏形与箱形基础整体弯矩的简化计算方法；7. 根据新的研究成果和实践经验修订了原规范执行过程中发现的一些问题。

本规范修订过程中，编制组对国内外高层建筑设计施工的应用情况进行了广泛的调查研究，总结了我国工程建设中高层建筑筏形和箱形基础设计、施工领域的实践经验，同时参考了国外先进技术法规、技术标准，通过室内模型试验和现场原位测试取得了能够反映我国当前高层建筑领域设计与施工整体水平的重要技术参数。

为便于广大设计、施工、科研、学校等单位有关人员在使用本规范时能正确理解和执行条文规定，《高层建筑筏形与箱形基础技术规范》编制组按章、节、条顺序编制了本规范的条文说明，对条文规定的目的、依据以及执行中需注意的有关事项进行了说明。但是，本条文说明不具备与规范正文同等的法律效力，仅供使用者作为理解和把握规范规定的参考。

目　次

1 总 则

1.0.1 说明了制定本规范的目的是在高层建筑筏形和箱形基础的设计与施工中贯彻国家的技术政策，做到安全适用、环保节能、经济合理、确保质量、技术先进。

1.0.2 规定了本规范的适用范围是高层建筑筏形和箱形基础的设计、施工与监测。因为作为本规范编制依据的工程实测资料、研究成果和工程经验均来自高层建筑。高层建筑的一个重要特点是上部结构参与筏形或箱形基础的共同作用以后，使筏形或箱形基础呈现出刚性基础的特征，而一般基础并不完全具备这种特征。

1.0.3 说明了高层建筑筏形和箱形基础在设计与施工时应综合分析各种因素，这些因素都非常重要，如忽略某个因素，甚至可能造成严重的工程事故。这一条必须引起设计施工人员的重视。

1.0.4 说明了在进行高层建筑筏形和箱形基础的设计、施工与监测时，执行本规范与执行国家现行有关标准的关系。

3 基 本 规 定

3.0.2 高层建筑筏形与箱形基础在进行地基设计时，首先应进行承载力和地基变形计算。在受轴心荷载、偏心荷载及地震作用下，基础底面压力均应符合本规范关于承载力的规定；地基变形计算值，不应大于建筑物的地基变形允许值；对建造在斜坡上或边坡附近的高层建筑，应进行整体稳定验算。只有当承载力和地基变形和稳定性均满足相应规定时，才能保证采用筏形与箱形基础的高层建筑的安全和正常使用。

3.0.3 岩土工程勘察是为高层建筑筏形与箱形基础设计和施工提供最基本的地质、地形、水文资料和参数的，是进行合理设计和科学施工的基本依据，所以本规范对此作了严格的规定。

4 地 基 勘 察

4.1 一 般 规 定

4.1.1 2000 年 1 月 30 日由国务院颁发的《建设工程质量管理条例》第 5 条规定："从事建设工程活动，必须严格执行基本建设程序，坚持先勘察、后设计、再施工的原则"。结合目前勘察设计市场的实际情况，故在地基勘察章节一般规定中，特别强调各方建设主体必须遵守基本建设程序的规定，在进行高层建筑筏形与箱形基础设计前，应先进行岩土工程勘察，查明场地工程地质条件，同时对岩土工程勘察提出了工作要求。

4.1.2 本条规定岩土工程勘察宜分阶段进行。勘察单位应根据设计阶段和工程任务的具体要求进行相应阶段的勘察工作。不过在实际工作中，由于项目的特殊性或业主的开发要求，即使复杂场地、复杂地基以及特殊土地基勘察，不一定能清晰划分阶段，甚至是并为一次完成。只要岩土工程勘察能满足高层建筑筏形与箱形基础设计对地基计算的需求，并解决施工过程中可能出现的岩土工程问题就可以。

对于专项勘察，应结合工程需要，可穿插在三个勘察阶段或施工勘察的不同时期进行。专项勘察可以是单项岩土问题勘察，也可是专项问题研究或咨询。

4.1.3 在岩土工程勘察前，应详细了解建设方和设计方要求，取得与勘察阶段相应的设计资料，特别是在初步勘察和详细勘察时，应主动通过建设方搜集相关的建筑与结构设计文件，包括建筑总平面图、建筑结构类型、建筑层数、总高度、荷载及荷载效应组合、地下室层数、基础埋深、预计的地基基础形式、可能的基坑支护方案以及设计方的技术要求等，以便合理地进行勘察工作量的策划，有针对性地进行岩土工程评价，提出相应的地基基础方案及相关建议。但在不具备上述条件的情况下，也可先按方格网布点进行勘察，且勘察点应适当加密。在具备本条规定的条件后，根据实际需要进一步完善勘察方案。

4.1.4 本条规定了岩土工程勘察工作的基本内容和要求。此外，还应满足《岩土工程勘察规范》GB 50021、《高层建筑岩土工程勘察规程》JGJ 72 和《建筑工程勘察文件编制深度规定》等相关要求。

4.1.5 建筑物抗浮设计水位与场地的工程地质和水文地质条件以及建筑物使用期内地下水位的变化趋势有关。而地下水位的变化趋势受人为因素和政府水资源政策控制的影响，因此抗浮设计水位是一个技术经济指标。抗浮设计水位的确定是十分复杂的问题，需要进行深入的研究工作。条文中的专项工作是指依据本场地的历史最高水位、近（3～5）年最高地下水位、勘探时地下水位、基础埋深、建筑荷载等资料，综合考虑建筑物使用期间地下水人工采取量和地区地下水补给条件的变化，确定抗浮设计水位。

4.2 勘 探 要 求

4.2.1 本条规定了布置勘探点和确定勘探孔深度应考虑的因素和遵循的基本原则，重点探明高层建筑地基的均匀性，防止发生倾斜。

4.2.2 勘探点间距的规定是参照现行行业标准《高层建筑岩土工程勘察规程》JGJ 72 提出的。单幢高层建筑的勘探点不应少于 5 个，其中控制性深孔不应少于 2 个是为满足倾斜和差异沉降分析的要求规定的。大直径桩因其承受荷载较大，结构对其沉降量要求较严，因此，当地基条件复杂时，宜在每个桩下都布置有钻孔，以取得准确可靠的地质资料。

4.2.3 勘探孔深度的确定原则是依照国家现行标准《高层建筑岩土工程勘察规程》JGJ 72、《建筑抗震设计规范》GB 50011 和《建筑桩基技术规范》JGJ 94 提出的。此外，本条还重点强调特殊土场地，尤其是对处于断裂破碎带等不良地质作用发育、位于斜坡附近对整体稳定性有影响以及抗震设防有要求的场地，其控制性勘察孔应满足的基本要求。

4.3 室内试验与现场原位测试

4.3.1 高层建筑的荷载大，地基压缩层的深度也大，因此，在确定土的压缩模量时，必须考虑土的自重压力的影响。计算地基变形时应取土的有效自重压力至土的有效自重压力与附加压力之和的压力段来计算压缩模量。

当基坑开挖较深时，尤其是软土地区，应考虑卸荷对地基土性状和基础沉降的影响，应进行回弹再压缩试验以及模拟地基土和基坑侧壁土体的卸荷试验。

计算地基变形时，需取得地基压缩层范围内各土层的压缩模量或变形模量，但遇到难于取到原状土样的土层（如软土、砂土和碎石土）而使变形计算产生困难，为解决这类土进行地基变形计算所需的计算参数问题，可以考虑利用适当的原位测试方法（如标准贯入试验、重型动力触探等），将测试数据与地区的建筑物沉降观测资料以反演方法算出的变形参数建立统计关系。

4.3.2 由于试验方法不同，测得的抗剪强度指标也明显不同，因此试验方法应根据地基的加荷及卸荷速率和地基土的排水条件综合选择。

直剪和三轴剪切试验是室内试验抗剪强度的基本手段。其中，三轴剪力试验的土样受力条件比较清楚，测得的抗剪强度指标也比较符合实际情况。直剪试验具有操作方便、造价低等优点。多年的实践经验表明：对有经验的地区，采用直剪试验也可满足工程需要。

4.3.3 载荷试验是确定地基承载力较为可靠的方法，本条规定了地基基础设计等级为甲级的建筑物宜通过载荷试验确定地基承载力和变形计算参数。

对于极破碎或易软化的岩基或类似同类土的岩石地基，除应进行岩基平板载荷试验外，还宜进行压板面积不小于 $500mm \times 500mm$ 的载荷试验，进行对比研究，以便确定地基的实际性状和地基承载力的修正方式及变形参数，积累地区工程经验。

4.3.10 用深层载荷试验确定大直径桩端阻力时，应特别注意试验压板周边的约束条件，因实际工作中经常出现将无约束条件的深井载荷试验结果误当作桩端阻力进行使用。进行深井载荷试验时，除满足压板直径不小于 800mm 和周边约束土层厚度不小于压板直径外，压板边缘与约束土体的距离不应大于 1/3 的压板直径。

4.4 地 下 水

4.4.1 地下水埋藏情况是地基基础设计和基坑设计施工的重要依据。近年来由于地下水引发的工程事故时有发生，因此查明地下水赋存状态是勘察阶段的一项重要任务。地基勘察除应满足本条规定的要求外，在有条件时还应掌握与建筑物设计使用年限相同时间周期内的最高水位、水位变化幅度或水位变化趋势及其主要影响因素。

4.4.2 由于高层建筑筏形和箱形基础的埋深较深，场地的地下水对筏基、箱基的设计和施工影响都很大，如水压力的计算、永久性抗浮和防水的设计以及施工降水和施工阶段的抗浮等。因此，当场地水文地质条件对地基评价和地下室抗浮以及施工降水有重大影响时，或对重大及特殊工程，应通过专门的水文地质勘察探明场地的地下水类型、水位和水质情况，分析地下水位的变化幅度和变化趋势。对于重要建筑物或缺少区域水文地质资料的地区，应设置地下水长期观测孔。

5 地 基 计 算

5.1 一 般 规 定

5.1.1 高层建筑筏形和箱形基础的地基承载力和变形计算在正常情况下均应进行，而抗滑移和抗倾覆稳定性验算及地基的整体稳定性验算仅当基础埋深不符合本规范 5.2.3 条的要求或地基土层不均匀时应进行计算，对此在第 5.2.2 条、第 5.2.3 条中还将进一步说明。

5.1.2 无论是新建建筑与原有建筑，还是新建建筑物之间，当基础相距较近时，相互之间的影响总是存在的。距离过近，影响过大，就会危及建筑物的安全或正常使用。因此分析建筑物之间的相互影响，验算新旧建筑物的地基承载力、地基变形和地基稳定性是必要的。决定建筑物相邻影响距离大小的因素，主要有"影响建筑"的沉降量和"被影响建筑"的刚度等。"影响建筑"的沉降量与地基土的压缩性、建筑物的荷载大小有关，而"被影响建筑"的刚度则与其结构形式、长高比以及地基土的性质有关。现行国家标准《建筑地基基础设计规范》GB 50007 根据国内 55 个工程实例的调查和分析规定，当"影响建筑物"的平均沉降小于 7cm 或"被影响建筑物"具有较好刚度、长高比小于 1.5 时，一般可不考虑对相邻建筑的影响。当"影响建筑物"的平均沉降大于 40cm 时，相邻建筑基础之间的距离应大于 12m。这些规定对于高层建筑筏形与箱形基础也是可以参考的。

当相邻建筑物较近时，应采取措施减小相互影响：①尽量减小"影响建筑物"的沉降量；②新建建筑物的基础埋深不宜大于原有建筑基础；③选择对地基变形不敏感的结构形式；④采用施工后浇带；⑤设置沉降缝；⑥施工时采取措施，保护或加固原有建筑物地基等。

5.1.3 对单幢建筑物，在均匀地基的条件下，基础底面的压力和基础的整体倾斜主要取决于永久荷载与可变荷载效应组合产生的偏心距大小。对基底平面为矩形的箱基，在偏心荷载作用下，基础抗倾覆稳定系数 K_F 可用下式表示：

$$K_F = \frac{y}{e} = \frac{\gamma B}{e} = \frac{\gamma}{\dfrac{e}{B}} \qquad (1)$$

式中：B——与组合荷载竖向合力偏心方向平行的箱基边长；

　　　e——作用在基底平面的组合荷载全部竖向合力对基底面积形心的偏心距；

　　　y——基底平面形心至最大受压边缘的距离，γ 为 y 与 B 的比值。

从式中可以看出 e/B 直接影响着抗倾覆稳定系数 K_F，K_F 随着 e/B 的增大而降低，因此容易引起较大的倾斜。表1三个典型工程的实测证实了在地基条件相同时，e/B 越大，则倾斜越大。

表1　e/B 值与整体倾斜的关系

地基条件	工程名称	横向偏心距 e（m）	基底宽度 B（m）	$\dfrac{e}{B}$	实测倾斜（‰）
上海软土地基	胸科医院	0.164	17.9	$\dfrac{1}{109}$	2.1（有相邻影响）
上海软土地基	某研究所	0.154	14.8	$\dfrac{1}{96}$	2.7
北京硬土地基	中医医院	0.297	12.6	$\dfrac{1}{42}$	1.716（唐山地震北京烈度为6度，未发现明显变化）

高层建筑由于楼身质心高，荷载重，当箱形基础开始产生倾斜后，建筑物总重对箱形基础底面形心将产生新的倾覆力矩增量，而倾覆力矩的增量又产生新的倾斜增量，倾斜可能随时间而增长，直至地基变形稳定为止。因此，为避免箱基产生倾斜，应尽量使结构竖向永久荷载与基础平面形心重合，当偏心难以避免时，则应规定竖向合力偏心距的限值。本规范根据实测资料并参考《公路桥涵设计通用规范》JTG D60-2004 对桥墩合力偏心距的限制，规定了在永久荷载与楼（屋）面活载组合时，$e \leqslant 0.1 \dfrac{W}{A}$。从实测结果来看，这个限制对硬土地区稍严格，当有可靠依据时可适当放松。

5.1.4 大面积整体基础上的建筑宜均匀对称布置，

使建筑物荷载与整体基础的形心尽量重合。但在实际工程中要做到二者重合是比较困难的。根据中国建筑科学研究院地基所黄熙龄、袁勋、宫剑飞等人的研究成果，多幢建筑下的大面积整体基础，具有以下一些特征：

1 大型地下框架厚筏的变形与高层建筑的布置、荷载的大小有关。筏板变形具有以高层建筑为变形中心的不规则变形特征，高层建筑间的相互影响与加载历程有关。高层建筑本身的变形仍具有刚性结构的特征，框架-筏板结构具有扩散高层建筑荷载的作用。

2 各塔楼独立作用下产生的变形效应通过以各个塔楼下面一定范围内的区域为沉降中心，各自沿径向向外围衰减，并在其共同的影响范围内相互叠加。地基反力的分布规律与此相同（图1）。

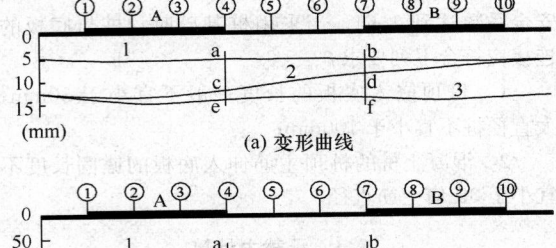

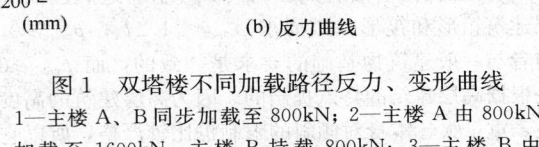

图1　双塔楼不同加载路径反力、变形曲线
1—主楼 A、B 同步加载至 800kN；2—主楼 A 由 800kN 加载至 1600kN，主楼 B 持载 800kN；3—主楼 B 由 800kN 加载至 1600kN，主楼 A 持载 1600kN

3 双塔楼共同作用下的沉降变形曲线基本上可以看作是每个塔楼单独作用下的沉降变形曲线的叠加，见图1。

4 由于主楼荷载扩散范围的有限性和地基变形的连续性，在通常的楼层范围内，对于同一大底盘框架厚筏基础上的多个高层建筑，应用叠加原理计算基础的沉降变形和地基反力是可行的。

因此可以将整体基础按单幢建筑分块进行近似计算，每幢建筑的有效影响范围可按主楼外边缘向外延伸一跨确定，影响范围内的基底平面形心宜与结构竖向永久荷载重心重合。当不能重合时，宜符合本规范第5.1.3条的规定。

5.1.5、5.1.6 桩筏与桩箱基础是否应进行沉降计算的规定与现行行业标准《建筑桩基技术规范》JGJ 94 的规定是一致的。

5.2　基础埋置深度

5.2.2 在确定高层建筑筏形和箱形基础的埋置深度时，满足地基承载力、变形和稳定性要求是必须的，是前提。有一定的埋置深度才能保证基础的抗倾覆和抗滑移稳定性，也能使地基土的承载力得到充分发挥。

5.2.3 在抗震设防区，除岩石地基外，天然地基上的筏形和箱形基础的埋置深度不宜小于建筑物高度的 1/15、桩筏或桩箱基础的埋置深度（不计桩长）不宜小于建筑物高度的 1/18 是高层建筑筏形和箱形基础埋深的经验值，是根据工程经验经过统计分析得到的。北京市勘察设计研究院张在明等研究了高层建筑地基整体稳定性与基础埋深的关系，以二幢分别为 15 层和 25 层的居住建筑，抗震设防烈度为 8 度，地震作用按《建筑抗震设计规范》GBJ 11—89 计算，并考虑了地基的种种不利因素，用圆弧滑动面法进行分析，其结论是 25 层的建筑物，埋深 1.8m，其稳定安全系数为 1.44，如果埋深达到 3.8m（1/17.8），则安全系数达到 1.64。当采用桩基础时，桩与底板的连接应符合下列要求：

1 桩顶嵌入底板的长度一般不宜小于 50mm，大直径桩不宜小于 100mm；

2 混凝土桩的桩顶主筋伸入底板的锚固长度不宜小于 35 倍主筋直径。

5.3 承载力计算

5.3.1 在验算基础底面压力时，对于非地震区的高层建筑箱形和筏形基础要求 $p_{kmax} \leq 1.2f_a$，$p_{min} \geq 0$。前者与一般建筑物基础的要求是一致的，而 $p_{min} \geq 0$ 是根据高层建筑的特点提出的。因为高层建筑的高度大，重量大，本身对倾斜的限制也比较严格，所以它对地基的强度和变形的要求也较一般建筑严格。

5.3.3 对于地震区的高层建筑筏形和箱形基础，在验算地基抗震承载力时，采用了地基抗震承载力设计值 f_{aE}，即：

$$f_{aE} = \zeta_a f_a \qquad (2)$$

式中 f_a 为经过深度和宽度修正后的地基承载力特征值（kPa）。这是总结工程实践经验以后确定的。

5.4 变形计算

5.4.1 建筑物的地基变形计算值，不应大于地基变形允许值，地基变形允许值应按地区经验确定，当无地区经验时应符合现行国家标准《建筑地基基础设计规范》GB 50007 的规定。

5.4.2 建于天然地基上的建筑物，其基础施工时均需先开挖基坑。此时地基土受力性状的改变，相当于卸除该深度土自重压力 p_c 的荷载，卸载后地基即发生回弹变形。在建筑物从砌筑基础以至建成投入使用期间，地基处于逐步加载受荷的过程中。当外荷小于或等于 p_c 时，地基沉降变形 s_1 是由地基回弹转化为再压缩的变形。当外荷大于 p_c 时，除上述 s_1 回弹再压缩地基沉降变形外，还由于附加压力 $p_0 = p - p_c$ 产生

地基固结沉降变形 s_2。对基础埋置深的建筑物地基最终沉降变形皆由 $s_1 + s_2$ 组成；如按分层总和法计算地基最终沉降，即如本规范中式（5.4.2-1）～式（5.4.2-3）所示。

由于建筑物基础埋置深度不同，地基的回弹再压缩变形 s_1 在量值程度上有较大差别。如果建筑物的基础埋深小，该回弹再压缩变形 s_1 值甚小，计算沉降时可以忽略不计。这样考虑正是常规的仅以附加压力 p_0 计算沉降的方法，也就是按式（5.4.2-3）计算的 s_2 沉降部分。

应该指出高层建筑箱基和筏基由于基础埋置较深，因此地基回弹再压缩变形 s_1 往往在总沉降中占重要地位，甚至有些高层建筑设置（3～4）层（甚至更多层）地下室时，总荷载有可能等于或小于 p_c，这样的高层建筑地基沉降变形将仅由地基回弹再压缩变形决定。由此看来，对于高层建筑筏基和箱基在计算地基最终沉降变形中 s_1 部分的变形不但不应忽略，而应予以重视和考虑。

式（5.4.2-2）中所用的回弹再压缩模量 E_s' 和压缩模量 E_s 应按本规范第 4.3.1 条的试验要求取得，按式（5.4.2-1）～式（5.4.2-3）计算最终沉降，实际上也考虑了应力历史对地基土固结的影响。

式（5.4.2-3）中沉降计算经验系数 ψ_s 可按地区经验采用；由于该系数仅用于对 s_2 部分的沉降进行调整，这样就与现行国家标准《建筑地基基础设计规范》GB 50007 相一致，故在缺乏经验地区时可按现行国家标准《建筑地基基础设计规范》GB 50007 的有关规定采用。地基沉降回弹再压缩变形 s_1 部分的经验系数 ψ' 亦可按地区经验确定，但目前有经验的地区和单位较少，尚须不断积累，目前暂可按 ψ' 考虑。

按式（5.4.2-3）计算时，基础中点的沉降计算深度可按现行国家标准《建筑地基基础设计规范》GB 50007 采用，不另作说明。而按式（5.4.2-2）计算时，沉降计算深度可取基坑开挖深度。

5.4.3 本规范除在第 5.4.2 条规定采用室内压缩模量计算沉降量外，又在第 5.4.3 条规定了按变形模量计算沉降量的方法。设计人员可以根据工程的具体情况选择其中任一种方法进行沉降计算。或者采用两种方法计算，进行比较，根据工程经验预估沉降量。

高层建筑筏形与箱形基础地基的沉降计算与一般中小型基础有所不同，如前所述，高层建筑除具有基础面积大、埋置深，尚有地基回弹等影响。因此，利用本条方法计算地基沉降变形时尚应遵守以下原则：

1 关于计算荷载问题

我国地基沉降变形计算是以附加压力作为计算荷载，并已积累了很多经验。一些高层建筑基础埋置较深，根据使用要求及地质条件，有时将筏形与箱形基础做成补偿基础，此种情况下，附加压力很小或

于零。如按附加压力为计算荷载，则其沉降变形也很小或等于零。但实际上并非如此，由于筏形或箱形基础的基坑面积大，基坑开挖深度深，基坑底土回弹不能忽视，当建筑物荷载增加到一定程度时，基础仍然会有沉降变形，该变形即为回弹再压缩变形。

为了使沉降计算与实际变形接近，采用总荷载作为地基沉降计算压力的建议，对于埋置深度很深、面积很大的基础是适宜的。也比采用附加压力计算合理。一方面近似考虑了深埋基础（或补偿基础）计算中的复杂问题，另一方面也近似解决了大面积开挖基坑坑底的回弹再压缩问题。

2 关于地基变形模量问题

采用野外载荷试验资料算得的变形模量 E_0，基本上解决了试验土样扰动的问题。土中应力状态在载荷板下与实际情况比较接近。因此，有关资料指出在地基沉降计算公式中宜采用原位载荷试验所确定的变形模量最理想。其缺点是试验工作量大，时间较长。目前我国采用旁压仪确定变形模量或标准贯入试验及触探资料，间接推算与原位载荷试验建立关系以确定变形模量，也是一种有前途的方法。例如我国《深圳地区建筑地基基础设计试行规程》就规定了花岗岩残积土的变形模量可根据标准贯入锤击数 N 确定。

3 大基础的地基压缩层深度问题

高层建筑筏形及箱形基础宽度一般都大于10m，可按大基础考虑。由何颐华《大基础地基压缩层深度计算方法的研究》一文可知大基础地基压缩层的深度 z_n 与基础宽度 B、土的类别有密切的关系。该资料已根据不同基础宽度 B 计算了方形、矩形及带形基础地基压缩层 z_n，并将计算结果 z_n 与 B 绘成曲线。由曲线可知在基础宽度 $B=10m\sim30m$（带形基础为 $10m\sim20m$）的区段间，z_n 与 B 的曲线近似直线关系。从而得到了地基压缩层深度的计算公式。又根据工程实测的地基压缩层深度对计算值作了调整，即乘一调整系数 β 值，对砂类土 $\beta=0.5$，一般黏土 $\beta=0.75$，软弱土 $\beta=1.00$，最后得到了大基础地基压缩层 z_n 的近似计算式（5.4.4）。利用该式计算地基压缩层深度 z_n，并与工程实测作了对比，一般接近实际，而且简易实用。

4 高层建筑筏形及箱形基础地基沉降变形计算方法

目前，国内外高层建筑筏形及箱形基础采用的地基沉降变形计算方法一般有分层总和法与弹性理论法。地基是处于三向应力状态下的，土是分层的，地基的变形是在有效压缩层深度范围之内的。很多学者在三向应力状态下计算地基沉降变形量的研究中作了大量工作。本条所述方法以弹性理论为依据，考虑了地基中的三向应力作用、有效压缩层、基础刚度、形状及尺寸等因素对基础沉降变形的影响，给出了在均布荷载下矩形刚性基础沉降变形的近似解及带形刚性

基础沉降变形的精确解，计算结果与实测结果比较接近，见表2。

表 2　按本规范第 5.4.3 条计算的地基沉降与实测值比较表

序号	工程类别	地基土的类别	土层厚度 (m)	本条方法计算值 (cm)	工程实测值 (cm)
1	郑州黄和平大厦	粉细砂土 黏质粉土 粉质黏土	2.30 5.20 2.10	3.6	已下沉3.0cm 预计3.75cm
2	深圳上海宾馆	花岗岩残积土	20.0	3.6	2.6~2.8
3	深圳长城大厦C	花岗岩残积土	13.0	1.7	1.5
4	深圳长城大厦B	花岗岩残积土	13.0	1.42	1.49
5	深圳长城大厦B737点	花岗岩残积土	13.0	1.80	1.94
6	深圳长城大厦D	花岗岩残积土	13.0	1.48	1.47
7	深圳中航工贸大厦	花岗岩残积土	20.0	2.75	2.80
8	直径38m的烟筒基础	黏　土 黏质砂土 黏　土	3.0 1.5	10.3	9.0
9	直径38m的烟筒基础	黏　土 黏质砂土 黏　土	3.5 2.5	9.6	10.0
10	直径23m的烟筒基础	黏　土 黑黏土 细　砂 黑黏土 石灰岩	5.6 4.0 6.0 4.7	8.8	8.0
11	直径32m的烟筒基础	坍陷黏土 黏质砂土 黏　土	1.0 5.0	10.3	9.0
12	直径41m的烟筒基础	细　砂 粗　砂 黏　土 泥灰岩	11.0 5.0 3.0	6.5	4.5
13	直径36m的烟筒基础	细　砂 粗　砂 黏质砂土 泥灰岩 硬泥灰岩	2.5 3.0 1.0 5.0	4.5	4.8
14	直径32m的烟筒基础	细　砂 粉　砂 粗　砂 黏　土	5.0 5.5 5.5	3.9	2.4
15	直径21.5m的烟筒基础	细　砂 中　砂 细　砂 中　砂 黏　土	2.0 4.0 3.0 9.5	3.2	2.5
16	直径30m的烟筒基础	细　砂 中　砂 黏　土 黏　土 石灰岩	2.5 4.0 5.0 35.0	13.7	15

5.4.5 带裙房高层建筑的大面积整体筏形基础的沉降按上部结构、基础与地基共同作用的方法进行计算是比较合理的。设计人员可根据所在单位的技术条件酌情采用。

5.4.6 对于多幢建筑下的同一大面积整体筏形基础，可按叠加原理计算基础的沉降的原因，可参看第5.1.4条的说明。

5.5 稳定性计算

5.5.1 高层建筑承受各种竖向荷载和水平荷载的作用，地质条件也千差万别，本规范规定通过抗滑移稳定性、抗倾覆稳定性、抗浮稳定性和地基整体滑动稳定性这四种稳定性的验算来保证高层建筑的安全。当高层建筑在承受较强地震作用、风荷载或其他水平荷载时，筏形和箱形基础应验算其抗滑移稳定性。抗滑移的力是基底摩擦力、平行于剪力方向的侧壁摩擦力和垂直于剪力方向被动土压力的合力。计算基底摩擦力 F_1 时，除了按基础底面的竖向总压力和土与混凝土之间摩擦系数计算外，还应按地基土抗剪强度进行计算，取二者中的小值作为其抗滑移的力，是安全的。

土与混凝土之间的摩擦系数可根据试验或经验取值，也可参照现行国家标准《建筑地基基础设计规范》GB 50007 中关于挡土墙设计时按墙面平滑与填土摩擦的情况取值，其值如表3所示。

表3　土对挡土墙基底的摩擦系数

土　的　类　别		摩擦系数
黏性土	可塑	0.25～0.30
	硬塑	0.30～0.35
	坚硬	0.35～0.45
粉土		0.30～0.40
中砂、粗砂、砾砂		0.40～0.50
碎石土		0.40～0.60
软质岩		0.40～0.60
表面粗糙的硬质岩		0.65～0.75

注：1　对易风化的软质岩和塑性指数 I_p 大于22的黏性土，基底摩擦系数应通过试验定；
　　2　对碎石土，可根据其密实程度、填充物状况、风化程度等确定。

5.5.2 高层建筑在承受较强地震作用、风荷载、其他水平荷载或偏心竖向荷载时，应验算筏形和箱形基础的抗倾覆稳定性，验算的公式是明了的。

5.5.3 当非岩石地基内存在软弱土层或地基土质不均匀时，应采用极限平衡理论的圆弧滑动面法验算地

基整体滑动稳定性。其计算方法是成熟的，可见于一般教科书。

5.5.4 建筑物地下室、地下车库、水池等由于水浮力的作用，上浮的事故常有发生。因此，当筏形和箱形基础部分或全部在地下水位以下时，应进行抗浮验算。抗浮验算的关键是地下水位的确定。抗浮验算用的地下水位应由勘察单位提供。

抗浮设防水位应在研究场区各层地下水的赋存条件、场区地下水与区域性水文地质条件之间的关系、各层地下水的变化趋势以及引起这种变化的客观条件的基础上，经综合分析确定：

1　当有长期水位观测资料时，抗浮设防水位可根据历史最高水位和建筑物使用期间可能发生的变化来确定；

2　当无长期水位观测资料或资料缺乏时，按勘察期间实测最高稳定水位并结合场地地形地貌、地下水补给、排泄条件等因素综合确定；

3　场地有承压水且与潜水有水力联系时，应实测承压水水位并考虑其对抗浮设防水位的影响；

4　在可能发生地面积水和洪水泛滥的地区，可取地面标高为抗浮设防水位；

5　施工期间的抗浮设防水位可根据施工地区、季节和现场的具体情况，按近（3～5）年的最高水位确定。

水浮力、结构永久荷载的分项系数应取1.0。

6　结构设计与构造要求

6.1 一般规定

6.1.1 箱形基础的平面尺寸，通常是先将上部结构底层平面或地下室布置确定后，再根据荷载分布情况验算地基承载力、沉降量和倾斜值。若不满足要求则需调整其底面积和形状，将基础底板一侧或全部适当挑出，或将箱形基础整体加大，或增加埋深以满足地基承载力和变形的要求。

当采用整体扩大箱形基础方案时，扩大部分的墙体应与箱形基础的内墙或外墙连通成整体，且扩大部分墙体的挑出长度不宜大于地下结构埋入土中的深度，以保证主楼荷载有效地扩散到悬挑的墙体上。

对平面为矩形的箱形基础，沉降观察结果表明纵向相对挠曲要比横向大得多，为防止由于加大基础的纵向尺寸而引起纵向挠曲的增加，当需要扩大基底面积时，以及增加基础抗倾覆能力，宜优先扩大基础的宽度。

6.1.2 试验资料和理论分析都表明，回填土的质量影响着基础的埋置作用，如果不能保证填土和地下室外墙之间的有效接触，将减弱土对基础的约束作用，降低基侧土对地下结构的阻抗和基底土对基础的转动

阻抗。因此，应注意地下室四周回填土应均匀分层夯实。

6.1.3 在设计中通常都假定上部结构嵌固在基础结构上，实际上这一假定只有在刚性地基的条件下才能实现。对绝大多数都属柔性地基的地基土而言，在水平力作用下结构底部以及地基都会出现转动，因此所谓嵌固实质上是指异常接近于固定的计算基面而已。本条款中的嵌固即属此意。

1989年，美国旧金山市一幢257.9m高的钢结构建筑，地下室采用钢筋混凝土剪力墙加强，其下为2.7m厚的筏板，基础持力层为黏性土和密实性砂土，基岩位于室外地面下48m～60m处。在强震作用下，地下室除了产生52.4mm的整体水平位移外，还产生了万分之三的整体转角。实测记录反映了两个基本情况：其一是地下室经过剪力墙加强后其变形呈现出与刚体变形相似的特征；其二是地下结构的转角体现了柔性地基的影响。在强震作用下，既然四周与土层接触的具有外墙的地下室其变形与刚体变形基本一致，那么在抗震设计中可假设地下结构为一刚体，上部结构嵌固在地下室的顶板上，而在嵌固部位处增加一个大小与柔性地基相同的转角。

对有抗震设防要求的高层建筑，基础结构设计中的一个重要原则是，要保证上部结构在强震作用下能实现预期的耗能机制，要求基础结构的刚度和强度大于上部结构刚度，逼使上部结构先于基础结构屈服，保证上部结构进入非弹性阶段时，基础结构仍具有足够的承载力，始终能承受上部结构传来的荷载并将荷载安全传递到地基上。

四周外墙与土层紧密接触、且具有较多纵横墙的箱形基础和带有外围挡土墙的厚筏基础其特点是刚度较大，能承受上部结构屈服超强所产生的内力。同时地震作用逼使与地下室接触的土层发生相应的变形，导致土对地下室外墙及底板产生抗力，约束了地下结构的变形，从而提高了基侧土对地下结构的阻抗和基底土对基础的转动阻抗。

当上部结构为框架、框架-剪力墙或框架-核心筒结构时：采用筏形基础的单、多层地下室，其非基础部分的地下室除外围挡土墙外，地下室内部结构布置基本与上部结构相同。数据分析表明，由于地下室外墙参与工作，其层间侧向刚度一般都大于上部结构，为保证上部结构在地震作用下出现预期的耗能机制，本规范参考了1993年北京市建筑设计研究院胡庆昌《带地下室的高层建筑抗震设计》以及罗马尼亚有关规范，规定了当上部结构嵌固在地下一层顶板时，地下一层的层间侧向刚度大于或等于与其相连的上部结构楼层刚度的1.5倍；对于大底盘基础，当地下室基础墙与主楼剪力墙的间距符合表6.1.3要求时，可将该基础墙的刚度计入地下室层间侧向刚度内，但该范围内的侧向刚度不能重叠使用于相邻建筑。

当上部结构为剪力墙结构、采用的箱基其净高又较大，在忽略箱基周边土的有利条件下，箱形基础墙的侧向刚度与相邻上部结构底层剪力墙侧向刚度之比会达不到1.5倍的要求。如何处理此类结构计算简图的嵌固部位，目前有两种不同的看法：其一是将上部结构的嵌固部位定在箱基底板的上皮，将箱基底板视作筏板；其二是将箱基视作箱式筏基，上部结构的嵌固部位定在箱基的顶部。JGJ 6-99在编制时曾做了大量分析工作，计算结果表明，在地震作用下，第二种计算模型算得的基底剪力大于第一种计算模型算得的基底剪力。

图2为一典型的一梯十户高层住宅，层高为2.7m，基础为单层箱基，埋深取建筑物高度的1/15，箱形基础高度不小于3m。抗震设防烈度为8度，场地类别为Ⅱ类，设计地震分组为第一组。上部结构按嵌固在基底和箱基顶部两种计算简图进行计算。计算结果列于表4中，表中F_0、F_1分别表示基底和首层结构的总水平地震作用标准值；M_0、M_1分别表示基底和首层结构的倾覆力矩标准值。从表中我们可以看到第二种计算模型算得的结果大于第一种计算模型算得的结果。从基础变形角度来看，由于第一种计算模型将底板与刚度很大的基础墙割开，把上部结构置于厚度较薄的底板上，因而算得的地基变形值远大于规范规定的变形允许值。此外，考虑到地震发生时四周与土壤接触的箱基其变形与刚体变形基本一致的事实，对单、多层箱基的地下室，上部为剪力墙结构时，本规范推荐其嵌固部位取地下一层箱基的顶部。

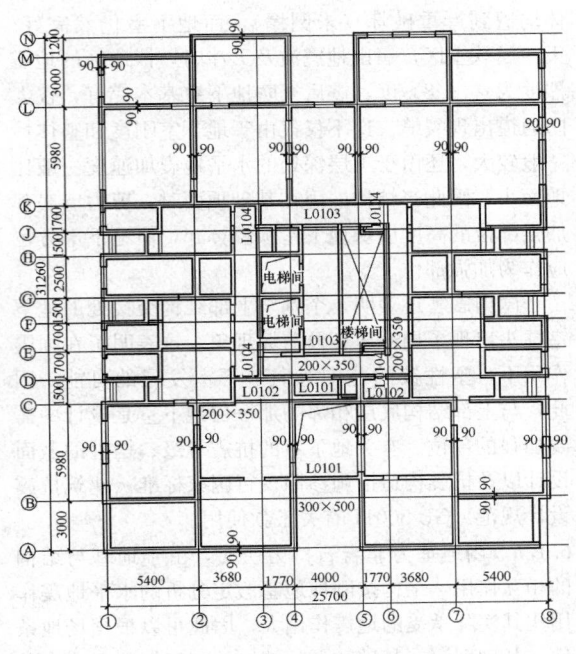

图2 一梯十户剪力墙结构住宅平面

表 4　剪力墙结构单层箱基-地基交接面上水平地震作用和倾覆力矩比较

层数	楼高 (m)	箱高 (m)	嵌固在箱基底					嵌固在箱基顶			
			T_1 (s)	F_0 (kN)	M_0 (kN·m)	F_1 (kN)	M_1 (kN·m)	T_1 (sec)	F_0 (kN)	M_0^* (kN·m)	M_1 (kN·m)
12	32.4	3.0	0.449	13587	324328	13438	285467	0.416	13590	337814	297044
15	40.5	3.0	0.599	13314	375378	13189	338338	0.562	13526	390538	349460
18	48.6	3.2	0.761	13310	425756	13182	387595	0.721	13197	441788	399558
21	56.7	3.8	0.903	13805	492980	13648	447470	0.856	13609	512933	461239
24	64.8	4.3	1.033	15965	620964	15746	563341	0.975	15643	649564	582299
27	72.9	4.8	1.207	15879	677473	15631	609637	1.148	15684	707500	632217

注：* 表示 $M_0 = M_1 + F_0 \times$ 箱高

6.1.4 当地下一层结构顶板作为上部结构的嵌固部位时，为保证上部结构的地震等水平作用能有效通过楼板传递到地下室抗侧力构件中，地下一层结构顶板上开设洞口的面积不宜过大；沿地下室外墙和内墙边缘的楼板不应有大洞口；地下一层结构顶板应采用梁板式楼盖；楼板的厚度、混凝土强度等级及配筋率不应过小。本规范提出地下一层结构顶板的厚度不应小于 180mm 的要求，不仅旨在保证楼板具有一定的传递水平作用的整体刚度外，还旨在有效减小基础变形和整体弯曲度以及基础内力，使结构受力、变形合理而且经济。

6.1.5 国内震害调查表明，唐山地震中绝大多数地面以上的工程均遭受严重破坏，而地下人防工程基本完好。如新华旅社上部结构为 8 层组合框架，8 度设防，实际地震烈度为 10 度。该建筑物的梁、柱和墙体均遭到严重破坏（未倒塌），而地下室仍然完好。天津属软土区，唐山地震波及天津时，该地区的地震烈度为（7~8）度，震后人防地下室基本完好，仅人防通道出现裂缝。这不仅仅由于地下室刚度和整体性一般较大，还由于土层深处的水平地震加速度一般比地面小，因此当结构嵌固在基础顶面时，剪力墙底部加强部位的高度应从地下室顶板算起，但地下部分也应作为加强部位。

国内震害还表明，个别与上部结构交接处的地下室柱头出现了局部压坏及剪坏现象。这表明了在强震作用下，塑性铰的范围有向地下室发展的可能。因此，与上部结构底层相邻的那一层地下室是设计中需要加强的部位。有关地下室的抗震等级、构件的截面设计以及抗震构造措施参照现行国家标准《建筑抗震设计规范》GB 50011 有关条款使用。

6.1.6 当地基为非岩石持力层时，由于地基与结构的相互作用，结构按刚性地基假定分析的水平地震作用比其实际承受的地震作用大，因此可以根据场地条件、基础埋深、基础和上部结构的刚度等因素确定是否对水平地震作用进行适当折减。

实测地震记录及理论分析表明，土中的水平地震加速度一般随深度而渐减，较大的基础埋深，可以减少来自基底的地震输入，例如日本取地表下 20m 深处的地震系数为地表的 0.5 倍；法国规定筏基或带地下室的建筑的地震作用比一般的建筑少 20%。同时，较大的基础埋深，可以增加基础侧面的摩擦阻力和土的被动土压力，增强土对基础的嵌固作用。

通过对比美国"UBC 和 NEMA386"、法国、希腊等国规范以及本规范编制时所作的计算分析工作，建议：

对四周与土层紧密接触带地下室外墙的整体式的筏基和箱基，结构基本自振周期处于特征周期的 1.2 倍至 5 倍范围时，场地类别为Ⅲ和Ⅳ类、抗震设防烈度为 8 度和 9 度，按刚性地基假定分析的基底水平地震剪力和倾覆力矩可分别折减 10% 和 15%，但该折减系数不能与现行国家标准《建筑抗震设计规范》GB 50011 第 5.2 节中提出的折减系数同时使用。

6.1.7 筏形和箱形基础除应通过计算使之符合受弯、受冲切和受剪承载力的要求外，为了保证其整体刚度、防渗能力和耐久性，本规范不仅对筏形和箱形基础的构造作出了规定，还对其抗裂性提出了要求。而要满足这些要求，最根本的保证则是基础混凝土的强度，所以本规范对此作出了强制性规定。

6.2　筏　形　基　础

6.2.1 框架-核心筒结构和筒中筒结构的核心筒竖向刚度大，荷载集中，需要基础具有足够的刚度和承载能力将核心筒的荷载扩散至地基。与梁板式筏基相比，平板式筏基具有抗冲切及抗剪切能力强的特点，且构造简单，施工便捷，经大量工程实践和部分工程事故分析，平板式筏基具有更好的适应性。

6.2.2 N. W. Hanson 和 J. M. Hanson 在他们的"混凝土板柱之间剪力和弯矩的传递"试验报告中指出：板与柱之间的不平衡弯矩传递，一部分不平衡弯矩是通过临界截面周边的弯曲应力 T 和 C 来传递，而一部分不平衡弯矩则通过临界截面上的偏心剪力对临界截面重心产生的弯矩来传递的，如图3所示。因此，在验算距柱边 $h_0/2$ 处的冲切临界截面剪应力时，除需考虑竖向荷载产生的剪应力外，尚应考虑作用在冲切临界截面重心上的不平衡弯矩所产生的附加剪应力。本规范式（6.2.2-1）右侧第一项是根据现行国家标准《混凝土结构设计规范》GB 50010 在集中力作用下的受冲切承载力计算公式换算而得，右侧第二项是引自美国 ACI 318 规范中有关的计算规定。

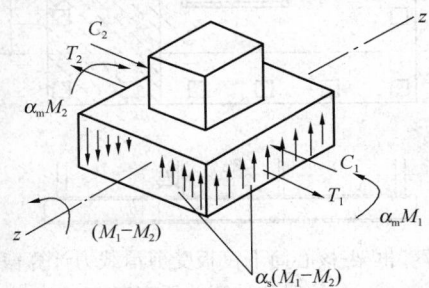

图 3 板与柱不平衡弯矩传递示意

关于式（6.2.2-1）中冲切力取值的问题，国内外大量试验结果表明，内柱的冲切破坏呈完整的锥体状，我国工程实践中一直沿用柱所承受的轴向力设计值减去冲切破坏锥体范围内相应的地基反力作为冲切力；对边柱和角柱，中国建筑科学研究院地基所试验结果表明，其冲切破坏锥体近似为 1/2 和 1/4 圆台体，本规范参考了国外经验，取柱轴力设计值减去冲切临界截面范围内相应的地基反力作为冲切力设计值。本规范中的角柱和边柱是相对于基础平面而言的，大量计算结果表明，受基础盆形挠曲的影响，基础的角柱和边柱产生了附加的压力。中国建筑科学研究院地基所滕延京和石金龙在《柱下筏板基础角柱边柱冲切性状的研究报告》中，将角柱、边柱和中柱的冲切破坏荷载与规范公式计算的冲切破坏荷载进行了对比，计算结果表明，角柱和边柱下筏板的冲切承载力的"安全系数"偏低，约为 1.45 和 1.6。为使角柱和边柱与中柱抗冲切具有基本一致的安全度，本次规范修订时将角柱和边柱的冲切力乘以了放大系数 1.2 和 1.1。

式（6.2.2-1）中的 M_{unb} 是指作用在柱边 $h_0/2$ 处冲切临界截面重心上的弯矩，对边柱它包括由柱根处轴力设计值 N 和该处筏板冲切临界截面范围内相应的地基反力 P 对临界截面重心产生的弯矩。由于本条款中筏板和上部结构是分别计算的，因此计算 M 值时尚应包括柱子根部的弯矩 M_c，如图4所示，M 的表达式为：

$$M_{unb} = Ne_N - Pe_p \pm M_c$$

对于内柱，由于对称关系，柱截面形心与冲切临界截面重心重合，$e_N = e_p = 0$，因此冲切临界截面重心上的弯矩，取柱根弯矩。

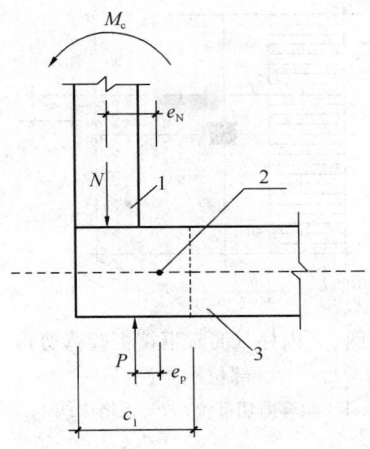

图 4 边柱 M_{unb} 计算示意图

1—冲切临界截面重心；2—柱；3—筏板

本规范的式（6.2.2-2）是引自我国现行国家标准《建筑地基基础设计规范》GB 50007，式中包含了柱截面长、短边比值的影响，适用于包括扁柱和单片剪力墙在内的平板式筏基。

对有抗震设防要求的平板式筏基，尚应验算地震作用组合的临界截面的最大剪应力 $\tau_{E,max}$，此时式（6.2.2-1）和式（6.2.2-2）应改写为：

$$\tau_{E,max} = \frac{V_{sE}}{A_s} + \alpha_s \frac{M_E}{I_s} C_{AB} \tag{3}$$

$$\tau_{E,max} \leqslant \frac{0.7}{\gamma_{RE}}(0.4 + \frac{1.2}{\beta_s})\beta_{hp} f_t \tag{4}$$

式中：V_{sE}——考虑地震作用组合后的冲切力设计值（kN）；

M_E——考虑地震作用组合后的冲切临界截面重心上的弯矩（kN·m）；

A_s——距柱边 $h_0/2$ 处的冲切临界截面的筏板有效面积（m²）；

γ_{RE}——抗震调整系数，取 0.85。

6.2.3 Venderbilt 在他的"连续板的抗剪强度"试验报告中指出：混凝土受冲切承载力随比值 u_m/h_0 的增加而降低。在框架核心筒结构中，内筒占有相当大的面积，因而距内筒外表面 $h_0/2$ 处的冲切临界截面周长是很大的，在 h_0 保持不变的条件下，内筒下筏板的受冲切承载力实际上是降低了，因此需要局部提高内筒下筏板的厚度。本规范引用了我国现行国家标准《建筑地基基础设计规范》GB 50007 给出的内筒下筏板受冲切承载力计算公式。对于处在基础边缘的筒体下的筏板受冲切承载力应按现行国家标准《混凝土结构设计规范》GB 50010 中有关公式计算。

6.2.4 本规范明确了取距内柱和内筒边缘 h_0 处作为验算筏板受剪的部位，如图5所示；角柱下验算筏板受剪的部位取距柱角 h_0 处，如图6所示。式（6.2.4-1）中的 V_s 即作用在图5或图6中阴影面积上的地基平均净反力设计值除以验算截面处的板格中至中的长

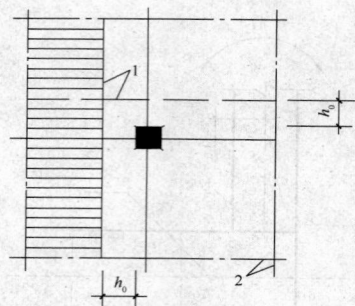

图5　内柱（筒）下筏板验算剪切
部位示意图

1—验算剪切部位；2—板格中线

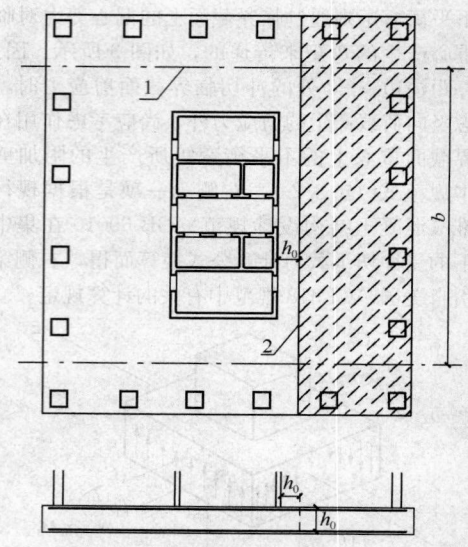

图7　框架-核心筒下筏板受剪承载力计算截面
位置和计算单元宽度

1—混凝土核心筒与柱之间的分界线；2—剪切计算
截面；b—验算单元的计算宽度

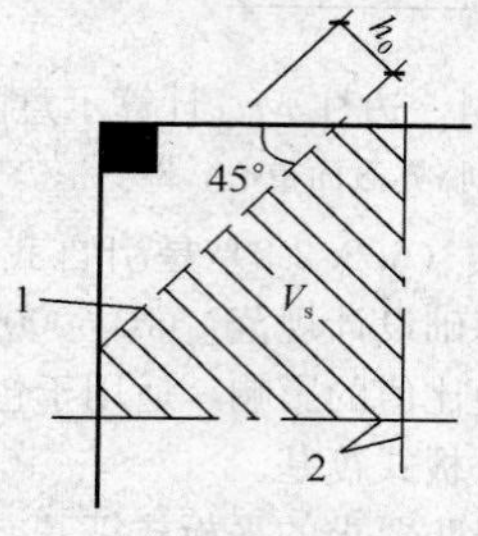

图6　角柱（筒）下筏板验算
剪切部位示意图

1—验算剪切部位；2—板格中线

度（内柱）、或距角柱角点 h_0 处 45°斜线的长度（角柱）。国内筏板试验报告表明：筏板的裂缝首先出现在板的角部，设计中需适当考虑角点附近土反力的集中效应，乘以 1.2 增大系数。当角柱下筏板受剪承载力不满足规范要求时，可采用适当加大底层角柱横截面或局部增加筏板角隅板厚等有效措施，以期降低受剪截面处的剪力。

对上部为框架-核心筒结构的平板式筏形基础，设计人应根据工程的具体情况采用符合实际的计算模型或根据实测确定的地基反力来验算距核心筒 h_0 处的筏板受剪承载力。当边柱与核心筒之间的距离较大时，式（6.2.4-1）中的 V_s 即作用在图7中阴影面积上的地基平均净反力设计值与边柱轴力设计值之差除以 b（图7），b 取核心筒两侧紧邻跨的跨中分线之间。当主楼核心筒外侧有两排以上框架柱或边柱与核心筒之间的距离较小时，设计人应根据工程具体情况慎重确定筏板受剪承载力验算单元的计算宽度。

6.2.10　中国建筑科学研究院地基所黄熙龄和郭天强在他们的框架柱-筏基础模型试验报告中指出，在均匀地基上，上部结构刚度较好，柱网和荷载分布较均匀，且基础梁的截面高度大于或等于 1/6 的梁板式筏形基础，可不考虑筏板的整体弯曲影响，只按局部弯曲计算，地基反力可按直线分布。试验是在粉质黏土和碎石土两种不同类型的土层上进行的，筏基平面尺寸为 3220mm×2200mm，厚度为 150mm（图8），其

上为三榀单层框架（图9）。试验结果表明，土质无

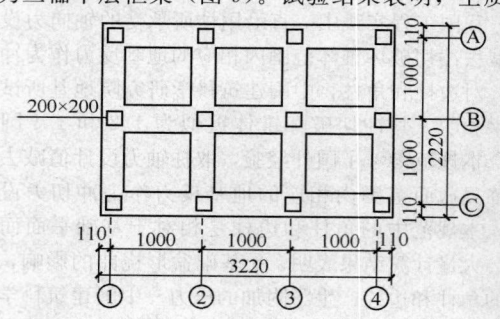

图8　模型试验平面图

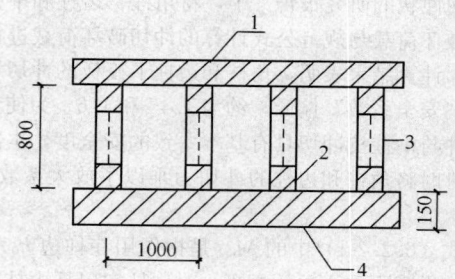

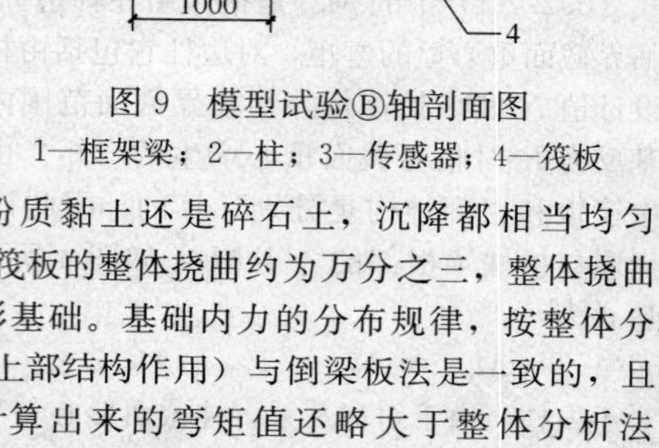

图9　模型试验Ⓑ轴剖面图

1—框架梁；2—柱；3—传感器；4—筏板

论是粉质黏土还是碎石土，沉降都相当均匀（图10），筏板的整体挠曲约为万分之三，整体挠曲相当于箱形基础。基础内力的分布规律，按整体分析法（考虑上部结构作用）与倒梁板法是一致的，且倒梁板法计算出来的弯矩值还略大于整体分析法（图11）。规定的基础梁高度大于或等于 1/6 柱距的条件是根据柱距 l 与文克勒地基模型中的弹性特征系数 λ

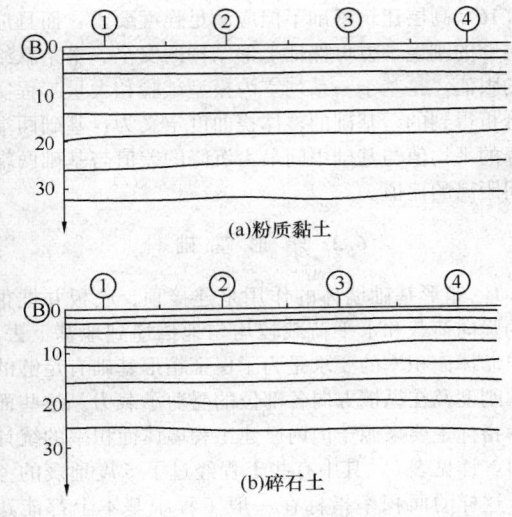

(a)粉质黏土

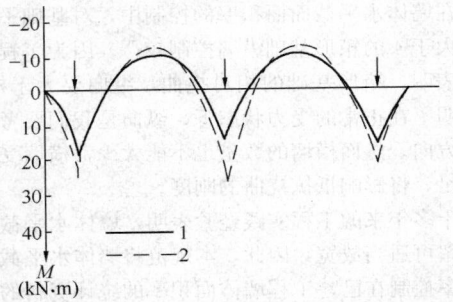

(b)碎石土

图 10　Ⓑ轴线沉降曲线

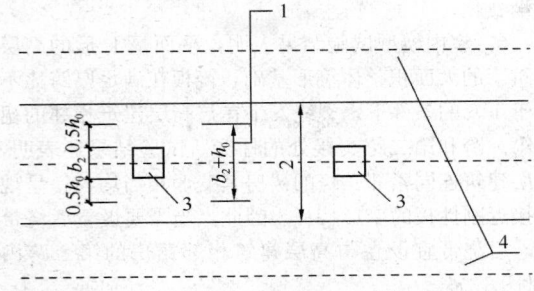

M
(kN·m)

图 11　整体分析法与倒梁板法弯矩计算结果比较
1—整体（考虑上部结构刚度）；2—倒梁板法

的乘积 $\lambda l \leqslant 1.75$ 作了对比，分析结果表明，当高跨比大于或等于 1/6 时，对一般柱距及中等压缩性的地基都可考虑地基反力为直线分布。当不满足上述条件时，宜按弹性地基梁法计算内力，分析时采用的地基模型应结合地区经验进行选择。

对于单幢平板式筏基，当地基土比较均匀，地基压缩层范围内无软弱土层或液化土层，上部结构刚度较好，柱网和荷载分布较均匀，相邻荷载及柱间的变化不超过 20%，筏板厚度满足受冲切和受剪切承载力要求，且筏板的厚跨比不小于 1/6 时，平板式筏基可仅考虑局部弯曲作用。筏形基础内力可按直线分布进行计算。当不满足上述条件时，宜按弹性地基理论计算内力。

对于地基土、结构布置和荷载分布不符合本条款要求的结构，如框架-核心筒结构等，核心筒和周边框架柱之间竖向荷载差异较大，一般情况下核心筒下的基底反力大于周边框架柱下基底反力，因此不适用本条款提出的简化计算方法，应采用能正确反映结构实际受力情况的计算方法。

6.2.13　工程实践表明，在柱宽及其两侧一定范围的有效宽度内，其钢筋配置量不应小于柱下板带配筋量的一半，且应能承受板与柱之间一部分不平衡弯矩

$\alpha_m M_{unb}$，以保证板柱之间的弯矩传递，并使筏板在地震作用过程中处于弹性状态。条款中有效宽度的范围，是根据筏板较厚的特点，以小于 1/4 板跨为原则而提出来的。有效宽度范围如图 12 所示。

图 12　两侧有效宽度范围的示意
1—有效宽度范围内的钢筋应不小于柱下板带配筋量的一半，且能承担 $\alpha_m M_{unb}$；2—柱下板带；3—柱；4—跨中板带

对于筏板的整体弯曲影响，本条款通过构造措施予以保证，要求柱下板带和跨中板带的底部钢筋应有 1/3 贯通全跨，顶部钢筋按实际配筋全部连通，上下贯通钢筋配筋率均不应小于 0.15%。

6.2.14　中国建筑科学研究院地基所黄熙龄、袁勋、宫剑飞、朱红波等通过大比例室内模型试验及实际工程的原位沉降观测，得到以下结论：

1　厚筏基础具备扩散主楼荷载的作用，扩散范围与相邻裙房地下室的层数、间距以及筏板的厚度有关。在满足本规范给定的条件下，主楼荷载向周围扩散，影响范围不超过三跨，并随着距离的增大扩散能力逐渐衰减。

2　多塔楼作用下大底盘厚筏基础（厚跨比不小于 1/6）的变形特征为：各塔楼独立作用下产生的变形通过以各个塔楼下面一定范围内的区域为沉降中心，各自沿径向向外围衰减，并在其共同影响范围内相互叠加而形成。

3　多塔楼作用下大底盘厚筏基础的基底反力的分布规律为：各塔楼荷载以其塔楼下某一区域为中心，通过各自塔楼周围的裙房基础沿径向向外围扩散，并随着距离的增大扩散能力逐渐衰减，在其共同荷载扩散范围内，基底反力相互叠加。

4　基于上述试验结果，在同一大面积整体筏形基础上有多幢高层和低层建筑时，沉降可以高层建筑为单元将筏基划分为若干块按弹性理论进行计算，并考虑各单元的相互影响，当各单元间交界处的变形协调时，便可将计算的沉降值进行叠加。

5　室内模型试验和工程实测结果表明，当高层建筑与相连的裙房之间不设沉降缝和后浇带时，高层建筑的荷载通过裙房基础向周围扩散并逐渐减小，因此与高层建筑邻近一定范围内裙房基础下的地基反力相对较大。当与高层建筑紧邻的裙房的基础板厚度突

然减小过多时，有可能出现基础板的截面承载力不够而发生破坏或因其变形过大造成裂缝不满足要求。因此本条款提出高层建筑及与其紧邻一跨的裙房筏板应采用相同厚度，裙房筏板的厚度宜从第二跨裙房开始逐渐变化。

6 室内模型试验结果表明，平面呈L形的高层建筑下的大面积整体筏形基础，筏板在满足厚跨比不小于1/6的条件下，裂缝发生在与高层建筑相邻的裙房第一跨和第二跨交接处的柱旁。试验还表明，高层建筑连同紧邻一跨的裙房其变形相当均匀，呈现出接近刚性板的变形特征。因此，当需要设置后浇带时，后浇带宜设在与高层建筑相邻裙房的第二跨内（见图13）。

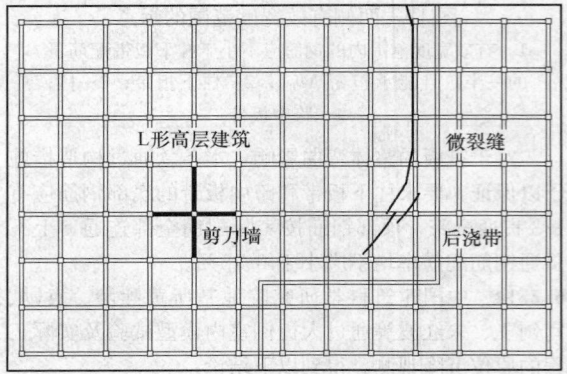

图13 后浇带（沉降缝）示意图

6.2.15 在同一大面积整体筏形基础上有多幢高层和低层建筑时，筏基的结构计算宜考虑上部结构、基础与地基土的共同作用，进行整体计算。对塔楼数目较多且塔裙之间平面布局较复杂的工程，设计时可能存在一定难度。基于中国建筑科学研究院地基所的研究成果，对于同一大面积整体筏形基础上的复杂工程，建议可按高层建筑物的有效影响区域将筏基划分为若干单元分别按弹性理论进行计算，计算时宜考虑上部结构、基础与地基土的共同作用。采用这种方法计算时，需要根据各单元间交界处的变形协调条件，依据沉降达到基本稳定的时间长短或工程经验，控制和调整各建筑单元之间的沉降差后，得到整体筏基的计算结果。

6.2.16 高层建筑基础不但应满足强度要求，而且应有足够的刚度，方可保证上部结构的安全。本条款给出的限值，是基于一系列室内模型试验和大量工程实测分析得到的。基础的整体挠曲度定义为：基础两端沉降的平均值与基础中间最大沉降的差值与基础两端之间距离的比值。

6.3 箱 形 基 础

6.3.1 箱形基础墙体的作用是连接顶、底板并把大的竖向荷载和水平荷载较均匀地传递到地基上去。提出墙体面积率的要求是为了保证箱形基础有足够的整体刚度及在纵横方向各部位的受剪承载力。这些面积率指标主要来源于国内已建工程墙体面积率的统计资料，详见表5。其中有些工程经过了6度地震的考验，这样的面积率指标在一般工程中基本上都能达到，并且能满足一般人防使用上的要求。

在墙体水平截面面积率的控制中，对基础平面长宽比大于4的箱形基础纵墙控制较严。因为工程实测沉降表明，箱形基础的相对挠曲，纵向要大于横向。这说明了在正常的受力状态下，纵向是我们要考虑的主要方向。然而横墙的数量也不能太少，横墙受剪面积不足，将影响抵抗挠曲的刚度。

十多年来的工程实践经验表明，墙体水平截面总面积率可适当放宽，因此，本规范将墙体水平截面总面积率控制在已建工程墙体面积率的统计资料的下限值，由原规范的1/10改为1/12。

6.3.2 本规范提出箱形基础高度不宜小于基础长度的1/20，且不宜小于3m的要求，旨在要求箱形基础具有一定的刚度，能适应地基的不均匀沉降，满足使用功能上的要求，减少不均匀沉降引起的上部结构附加应力。制定这种控制条件的依据是：从已建工程的统计资料来看，箱形基础的高度与长度的比值在1/3.8至1/21.1之间，这些工程的实测相对挠曲值，软土地区一般都在万分之三以下，硬土地区一般都小于万分之一，除个别工程，由于施工中拔钢板桩将基底下的土带出，使部分外纵墙出现上大下小内外贯通裂缝外（裂缝最宽处达2mm），其他工程并没有出现异常现象，刚度都较好。表6给出了北京、上海、西安、保定等地的12项工程的实测最大相对挠曲资料。

表5 箱形基础工程实例表

序号	工程名称	上部结构体系	建筑高度 H (m)	箱基埋深 h' (m)	箱基高度 h (m)	箱基长度 L (m)	箱基宽度 B (m)	$\dfrac{L}{B}$	箱基面积 A (m²)	$\dfrac{h'}{H}$	$\dfrac{h}{H}$	$\dfrac{h}{L}$	顶板厚底板厚 (cm)	内墙厚外墙厚 (cm)	横墙总长 (m)	纵墙总长 (m)	每平米箱基面积上墙体长度 (cm)			墙体水平截面面积／箱基面积		
																	横向	纵向	纵横	横墙	纵墙	横+纵
1	北京展览馆	框剪	44.95 (94.5)	4.25	4.25	48.5	45.2	1.07	2192	$\dfrac{1}{10.6}$ $\left(\dfrac{1}{19.9}\right)$	$\dfrac{1}{10.6}$	$\dfrac{1}{11.4}$	20 100	50 50	289	309	13.2	14.1	27.3	$\dfrac{1}{15.2}$	$\dfrac{1}{14.2}$	$\dfrac{1}{7.33}$

序号	工程名称	上部结构体系	层数	建筑高度 H (m)	箱基埋深 h' (m)	箱基高度 h (m)	箱基长度 L (m)	箱基宽度 B (m)	L/B	箱基面积 A (m²)	h'/H	h/H	h/L	顶板厚底板厚 (cm)	内墙厚外墙厚 (cm)	横墙总长 (m)	纵墙总长 (m)	每平米箱基面积上墙体长度(cm) 横向	纵向	纵横	墙体水平截面积/箱基面积 横墙	纵墙	横+纵
2	民族文化宫	框剪	13	62.1	6	5.92	22.4	22.4	1	502	1/10.4	1/10.5	1/3.8	40/60	40~50/40	134	134	26.8	26.8	57.6	1/8.6	1/8.6	1/4.3
3	三里屯外交公寓	框剪	10	37.5	4	3.05	41.6	14.1	2.95	585	1/9.3	1/12.2	1/13.6	25/40(加腋)	30/35	127	146	21.7	24.9	46.6	1/14.3	1/12.2	1/6.6
4	中国图片社	框架	7	33.8	4.45	3.6	17.6	13.7	1.27	241	1/7.6	1/9.4	1/4.9	20/40	40/40	69	70	28.4	29.2	57.6	1/8.8	1/8.6	1/4.34
5	外交公寓16号楼	剪力墙	17	54.7	7.65	9.06	36	13	2.77	468	1/7.2	1/6.1	1/4	10,8,20/180	30/35	117	144	23.1	30.7	53.8	1/12.9	1/10	1/5.63
6	外贸谈判楼	框剪	10	36.9	4.7	3.5	31.5	21	1.5	662	1/7.9	1/10.5	1/9	40/60	20~35/35	147	179	22	27	49	1/14.8	1/11.8	1/6.55
7	中医病房楼	框架	10	38.3	6(3.2)	5.35	86.8	12.6	6.9	1096	1/6.4(12)	1/7.2	1/16.2	30/70	20/30	158	347	14.5	31.7	46.2	1/27.7	1/12.6	1/8.7
8	双井服务楼	框剪	11	35.8	7	3.6	44.8	11.4	3.03	511	1/5.1	1/9.9	1/12.4	10,20/80	30/35	91	134	17.8	26.3	44.1	1/14.3	1/12.2	1/6.6
9	水规院住宅	框剪	10	27.8	4.2	3.25	63	9.9	6.4	624	1/6.6	1/8.6	1/19.4	25/50	20/30	109	189	17.5	30.3	47.8	1/28.7	1/12.4	1/8.65
10	总参住宅	框剪	14	35.5	4.9	3.52	73.8	10.8	6.83	797	1/7.9	1/10.9	1/21	25/65	20~35/25	140	221	17.6	27.8	45.4	1/25.9	1/14.4	1/9.3
11	前三门604号楼	剪力墙	11	30.2	3.6	3.3	45	9.9	4.55	446	1/8.4	1/9.4	1/14	30/50	18/30	149	135	33.2	30.3	63.5	1/15.3	1/12.7	1/6.95
12	中科有机所实验室	预制框架	7	27.48	3.1	3.2	69.6	16.8	4.12	1169	1/9	1/18.4	1/21.1	40/40	25,30,40/30	210.6	278.4	18	23.8	41.8		1/14	1/8.6
13	广播器材厂彩电车间	预制框架	7	27.23	3.1	3.1	18.3	15.3	1.19	234	1/8.8	1/7.8	1/6.1	20,40/50	30/30	55.2	67.2	23.59	28.72	52.31		1/16.1	1/6.4
14	胸科医院外科大楼	框剪	10	36.7	6.0	5	45.5	17.9	2.54	814	1/6.1	1/7.3	1/9.1	40/50	20,25/30	187.1	273	22.98	33.54	56.52		1/12.8	1/7.7
15	科技情报站综合楼	框架	8	34.1	2.85	3.25	30.25	12	2.5	363	1/12	1/10.5	1/9.3	40/50	20/30	72	91	19.83	24.93	44.76		1/14.2	1/8.5

序号	工程名称	上部结构体系	层数	建筑高度H (m)	箱基埋深h' (m)	箱基高度h (m)	箱基长度L (m)	箱基宽度B (m)	L/B	箱基面积A (m²)	h'/H	h/H	h/L	顶板厚/底板厚 (cm)	内墙厚/外墙厚 (cm)	横墙总长 (m)	纵墙总长 (m)	横向	纵向	纵横	横墙	纵墙	横+纵
16	武宁旅馆	框架	10	34.9	4.0	5.2	51.4	13.4	3.83	689	1/8.7	1/6.7	1/9.9	20/30	25/25	108.2	174	15.71	25.29	41	1/15.8		1/9.8
17	615号工程试验楼	预制框架	8	31.3	2.69	3.1	55.8	16.5	3.38	922	1/11.6	1/10.1	1/18	40/50	25,30/30	489.6	222	53.13	24.11	77.24	1/15.1		1/8.9
18	邮电520厂交换机生产楼	框剪(现柱预梁)	9	40.4	3.85	4.6	34.8	32.6	1.07	850	1/8.8	1/8.8	1/7.5	25/50	25/25	228	161	26.83	18.99	75.82	1/20.1		1/8.7
19	起重电器厂综合楼北楼	框剪(现柱预梁)	5~9	32.3	2.85	3.1	34.7	12.4	2.8	430	1/11.3	1/10.4	1/11.2	40/40	25,30/25,30,40	84	114	19.52	26.49	46.01	1/13		1/7.7
20	宝钢生活区旅馆	框剪(现柱预梁)	9	28.78	3.9	4.66	48.5	16	5.27	1063	1/7.4	1/6.2	1/18.1	30/40	20,25,30/25	312.8	246	29.44	23.15	52.59	1/16.9		1/8.2
21	邮电医院病房楼	框架	8	28.9	2.71	3.35	46.3	14.3	3.23	750	1/10.4	1/8.6	1/13.8	40/50	25,40/30	162.3	159	21.65	21.97	43.62	1/18.2		1/8.8
22	医疗研究所实验楼	框架	7	27	3.26	3.61	42.7	14.8	2.88	706	1/8.3	1/7.5	1/11.8	35/50	25/30	134.8	170.8	19.1	24.2	43.3	1/15		1/8.2
23	上海展览馆	框架	14	91.8	0.5	7.27	46.5	46.5	1	2159	1/18.3	1/12.6	1/6.4	20/100	40/50	311	311	14.4	14.4	28.8			
24	西安铁一局综合楼	框架	7~9	25.6~34	4.45	4.15	64.8	14.1	4.6	914	1/5.76	1/6.18	1/15.6	35/30	30/30	102.6	165.2	11.22	18.2	29.32	18/41		1/11.36
25	康乐路12层住宅	剪力墙	12	37.5	5.4	5.70	67.6	11.7	5.78	787.3	1/6.9	1/3.8	1/11.8	30/50	25,30/40								
26	华盛路12层住宅	框架	12	36.8	5.55	3.55	55.8	12.5	4.46	697.5	1/6.6	1/10.3	1/15.7	30/50	30/24~30	178.5	167	25.6	23.9	49.5	1/13.3		1/7.2
27	北站旅馆	框架	8	28.52	3.08	3.25	41.1	14.7	2.80	742.3	1/9.2	1/8.8	1/12.6	25/25	砖24/20	126.9	193.8	17.1	26.1	43.2	1/17.5		1/6.4

注：每平米箱基面积上墙体长度(cm)列分横向、纵向、纵横；墙体水平截面积/箱基面积列分横墙、纵墙、横+纵。

表6 建筑物实测最大相对挠曲

工程名称	主要基础持力层	上部结构	层数 建筑总高（m）	箱基长度（m） 箱基高度（m）	$\dfrac{\Delta s}{L} \times 10^{-4}$
北京水规院住宅	第四纪黏性土与砂卵石交互层	框架剪力墙	$\dfrac{9}{27.8}$	$\dfrac{63}{3.25}$	0.80
北京604住宅	第四纪黏性土与砂卵石交互层	现浇剪力墙及外挂板	$\dfrac{10}{30.2}$	$\dfrac{45}{3.3}$	0.60
北京中医病房楼	第四纪中、轻砂黏与黏砂交互层	预制框架及外挂板	$\dfrac{10}{38.3}$	$\dfrac{86.8}{5.35}$	0.46
北京总参住宅	第四纪中、轻砂黏与黏砂交互层	预制框剪结构	$\dfrac{14}{35.5}$	$\dfrac{73.8}{3.52}$	0.546
上海四平路住宅	淤泥及淤泥质土	现浇剪力墙	$\dfrac{12}{35.8}$	$\dfrac{50.1}{3.68}$	1.40
上海胸科医院外科大楼	淤泥及淤泥质土	预制框架	$\dfrac{10}{36.7}$	$\dfrac{45.5}{5.0}$	1.78
上海国际妇幼保健院	淤泥及淤泥质土	预制框架	$\dfrac{7}{29.8}$	$\dfrac{50.65}{3.15}$	2.78
上海中波1号楼	淤泥及淤泥质土	现浇框架	$\dfrac{7}{23.7}$	$\dfrac{25.60}{3.30}$	1.30
上海康乐路住宅	淤泥及淤泥质土	现浇剪力墙底框架	$\dfrac{12}{37.5}$	$\dfrac{67.6}{5.7}$	−3.4
上海华盛路住宅	淤泥及淤泥质土	预制框剪及外挂板	$\dfrac{12}{36.8}$	$\dfrac{55.8}{3.55}$	−1.8
西安宾馆	非湿陷性黄土	现浇剪力墙	$\dfrac{15}{51.8}$	$\dfrac{62}{7.0}$	0.89
保定冷库	亚黏土含淤泥	现浇无梁楼盖	$\dfrac{15}{22.2}$	$\dfrac{54.6}{4.5}$	0.37

注：$\dfrac{\Delta s}{L}$ 为正值时表示基底变形呈盆状，即"∪"状。

6.3.4 为使基础底板具有一定刚度以减少其下地土反力不均匀程度和避免基础底板因板厚过小而产生较大裂缝，底板厚度最小限值由原《高层建筑箱形与筏形基础技术规范》JGJ 6-99 中的 300mm 改为 400mm，并规定了板厚与最大双向板格的短边净跨之比不应小于 1/14。

6.3.5 本规范箱形基础和梁板式筏基双向底板受冲切承载力和受剪承载力验算方法源于 1980 年颁布实施的《高层建筑箱形基础设计与施工规程》JGJ 6-80。验算底板受剪承载力时，《高层建筑箱形基础设计与施工规程》JGJ 6-80 规定了以距墙边 h_0（底板的有效高度）处作为验算底板受剪承载力的部位。《建筑地基基础设计规范》GB 50007-2002 在编制时，对北京市十余幢已建的箱形基础进行调查及复算，调查结果表明按此规定计算的底板并没有发现异常现象，情况良好。多年工程实践表明按《高层建筑箱形基础设计与施工规程》JGJ 6-80 提出的方法计算此类双向板是可行的。表7和表8给出了部分已建工程有关箱形基础双向底板的信息，以及箱形基础双向底板按不同规范计算剪切所需的 h_0。分析比较结果表明，取距支座边缘 h_0 处作为验算双向底板受剪承载力的部位，并将梯形受荷面积上的平均净反力摊

在 $(l_{n2}-2h_0)$ 上的计算结果与工程实际的板厚以及按 ACI318 计算结果是十分接近的。

表 7　已建工程箱形基础双向底板信息表

序号	工程名称	板格尺寸(m×m)	地基净反力标准值(kPa)	支座宽度(m)	混凝土强度等级	底板实用厚度 h (mm)
①	海军军医院门诊楼	7.2×7.5	231.2	0.60	C25	550
②	望京Ⅱ区1#楼	6.3×7.2	413.6	0.20	C25	850
③	望京Ⅱ区2#楼	6.3×7.2	290.4	0.20	C25	700
④	望京Ⅱ区3#楼	6.3×7.2	384.0	0.20	C25	850
⑤	松榆花园1#楼	8.1×8.4	616.8	0.20	C35	1200
⑥	中鑫花园	6.15×9.0	414.4	0.30	C30	900
⑦	天创成	7.9×10.1	595.6	0.25	C30	1300
⑧	沙板庄小区	6.4×8.7	434.0	0.20	C30	1000

表 8　已建工程箱形基础双向底板剪切计算分析

序号	双向底板剪切计算的 h_0 (mm)			按 GB 50007 双向底板冲切计算的 h_0 (mm)	工程实用厚度 h (mm)
	GB 50010	ACI-318	GB 50007		
	梯形土反力摊在 l_{n2} 上		梯形土反力摊在 $(l_{n2}-2h_0)$ 上		
	支座边缘	距支座边 h_0	距支座边 h_0		
①	600	584	514	470	550
②	1200	853	820	710	850
③	760	680	620	540	700
④	1090	815	770	670	850
⑤	1880	1160	1260	1000	1200
⑥	1210	915	824	700	900
⑦	2350	1355	1440	1120	1300
⑧	1300	950	890	740	1000

6.3.6　箱形基础的墙身厚度，除应按实际受力情况进行验算外，还规定了内、外墙的最小厚度，即外墙不应小于 250mm，内墙不宜小于 200mm，这一限制是在保证箱形基础整体刚度的条件下及分析了大量工程实例的基础上提出的，统计资料列于表 5。这一限制，也是配合本标准第 6.3.1 条使用的。

6.3.7　箱基分析实质上是一个求解地基—基础—上部结构协同工作的课题。近 40 年来，国内外不少学者先后对这一课题进行了研究，在非线性地基模型及其参数的选择、上下协同工作机理的研究上取得了不少成果。特别是 20 世纪 70 年代后期以来，国内一些科研、设计单位结合具体工程在现场进行了包括基底接触应力、箱基钢筋应力以及基础沉降观测等一系列测试，积累了大量宝贵资料，为箱基的研究和分析提供了可靠的依据。

建筑物沉降观测结果和理论研究表明，对平面布置规则、立面沿高度大体一致的单幢建筑物，当箱基下压缩土层范围内沿竖向和水平方向土层较均匀时，箱形基础的纵向挠曲曲线的形状呈盆状形。纵向挠曲曲线的曲率并不随着楼层的增加、荷载的增大而始终增大。最大的曲率发生在施工期间的某一临界层，该临界层与上部结构形式及影响其刚度形成的施工方式有关。当上部结构最初几层施工时，由于其混凝土尚处于软塑状态，上部结构的刚度还未形成，上部结构只能以荷载的形式施加在箱基的顶部，因而箱基的整体挠曲曲线的曲率随着楼层的升高而逐渐增大，其工作犹如弹性地基上的梁或板。当楼层上升至一定的高度之后，最早施工的下面几层结构随着时间的推移，它的刚度就陆续形成，一般情况下，上部结构刚度的形成时间约滞后三层左右。在刚度形成之后，上部结构要满足变形协调条件，符合呈盆状形的箱形基础沉降曲线，中间柱子或中间墙段将产生附加的拉力，而边柱或尽端墙段则产生附加的压力。上部结构内力重分布的结果，导致了箱基整体挠曲及其弯曲应力的降低。在进行装修阶段，由于上部结构的刚度已基本完成，装修阶段所增加的荷载又使箱基的整体挠曲曲线的曲率略有增加。图 14 给出了北京中医医院病房楼各施工阶段（1～5）的箱基纵向沉降曲线图，从图中可以清楚看出箱基整体挠曲曲线的基本变化规律。

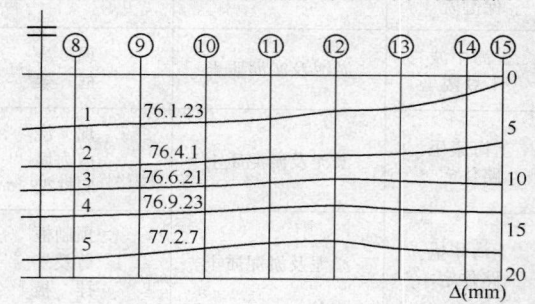

图 14　北京中医医院病房楼箱形
基础纵向沉降曲线图

1—四层；2—八层；3—主体完工；
4—装修阶段Ⅰ；5—装修阶段Ⅱ

国内大量测试表明，箱基顶、底板钢筋实测应力，一般只有 $20N/mm^2 \sim 30N/mm^2$，最高也不过 $50N/mm^2$。造成钢筋应力偏低的因素很多，除了上部结构参与工作以及箱基端部土层出现塑性变形，导致箱基整体弯曲应力降低等因素外，主要原因是：

（1）箱形基础弯曲受拉区的混凝土参与了工作。为保证上部结构和箱基在使用荷载下不致出现裂缝，本规范在编制时曾利用实测纵向相对挠曲值来反演箱基的抗裂度。反演时挑选了上部结构刚度相对较弱的框架结构、框剪结构下的箱形基础作为分析对象。分析时假定箱形基础自身为一挠曲单元，其整体挠曲曲线近似为圆弧形，箱基中点的弯矩 $M = \dfrac{8\Delta_s EI}{L^2}$，按受弯构件验算箱基的抗裂度，验算时箱基的混凝土强度等级为 C20，EI 为混凝土的长期刚度，其值取 $0.5E_cI$。表 9 列出了按现行《混凝土结构设计规范》GB 50010 计算的几个典型工程的箱形基础抗裂度。上海国际妇幼保健院是我们目前收集到的箱形基础纵向相对挠曲最大的一个，其纵向相对挠曲值 $\frac{\Delta s}{L}$ 为 2.78×10^{-4}，验算的抗裂度为 1.13。应该指出的是，验算时箱形基础的刚度是按实腹工字形截面计算的，没有考虑墙身洞口对刚度的削弱影响，实际的抗裂度要稍大于计算值。因此，一般情况下按本规范提出的箱基高度和墙率设计的箱形基础，其抗裂度可满足混凝土结构设计规范的要求。

（2）箱形基础底板上土反力存在向墙下集中的现象，对 5 个工程的箱形基础的 14 块双向底板的墙下和跨中实测反力值进行多元回归分析，结果表明一般情况下双向板的跨中平均土反力约为墙下平均土反力的 85%。计算结果表明箱基底板截面并未开裂，混凝土及钢筋均处于弹性受力阶段。这也是钢筋应力偏小的主要原因之一。

（3）基底与土之间的摩擦力影响。地基与基础的关系实质上是一个不同材性、不同结构的整体。从接触条件来讲，箱基受力后它与土壤之间应保持接触原则。箱基整体挠曲不仅反映了点与点之间的沉降差，也反映了基础与地基之间沿水平方向的变形。这种水平方向的变形值虽然很小，但引发出的基底与土壤之间的摩擦力，却对箱基产生一定的影响。摩擦力对箱基中和轴所产生的弯矩其方向总是与整体弯矩相反。一般情况下，箱基顶、底板在基底摩擦力作用下分别处于拉、压状态，与呈盆状变形的箱基顶、底板的受力状态相反，从而改善了底板的受力状态，降低了底板的钢筋应力。

因此，当地基压缩层深度范围内的土层在竖向和水平方向较均匀、且上部结构为平、立面布置较规则的剪力墙、框架、框架-剪力墙体系时，箱形基础的顶、底板可仅按局部弯曲计算。

考虑到整体弯曲的影响，箱基顶、底板纵横方向的部分支座钢筋应贯通全跨，跨中钢筋按实际配筋全部连通。箱基顶、底板纵横方向的支座钢筋贯通全跨的比例，由原《高层建筑箱形与筏形基础技术规范》JGJ 6-99 中的 1/2～1/3 改为 1/4。底板上下贯通钢筋的配筋率均不应小于 0.15%。

表 9　按实测纵向相对挠曲反演箱基抗裂度

建筑物名称	上部结构	箱高 h (m)	箱长 L (m)	$\frac{h}{L}$	$\frac{\Delta s}{L} \times 10^{-4}$	抗裂度
北京中医病房楼	框架	5.35	86.8	$\frac{1}{16.2}$	0.47	8.44
北京水规院住宅	框架-剪力墙	3.25	63	$\frac{1}{19.4}$	0.8	5.58

续表 9

建筑物名称	上部结构	箱高 h (m)	箱长 L (m)	$\frac{h}{L}$	$\frac{\Delta s}{L} \times 10^{-4}$	抗裂度
北京总参住宅	框架-剪力墙	3.52	73.8	$\frac{1}{21}$	0.546	9.23
上海国际妇幼保健院	框架	3.15	50.65	$\frac{1}{16.1}$	2.78	1.13

6.3.8　1980 年颁布的《高层建筑箱形基础设计与施工规程》JGJ 6-80，提出了在分析整体弯曲作用时，将上部结构简化为等代梁，按照无榫连接的双梁原理，将上部结构框架等效刚度 E_BI_B 和箱形基础刚度 E_FI_F 叠加得总刚度，按静定梁分析各截面的弯矩和剪力，并按刚度比将弯矩分配给箱基的计算原则。这个考虑了上部结构抗弯刚度的简化方法，是符合共同工作机理的。但是，国内许多研究人员的分析结果表明，上部结构刚度对基础的贡献并不是随着层数的增加而简单的增加，而是随着层数的增加逐渐衰减。例如，上海同济大学朱百里、曹名葆、魏道垛分析了每层楼的竖向刚度 K_{vy} 对基础贡献的百分比，其结果见表 10。从表中可以看到上部结构刚度的贡献是有限的，结果是符合圣维南原理的。

表 10　楼层竖向刚度 K_{VY} 对减小基础内力的贡献

层	一	二	三	四～六	七～九	十～十二	十三～十五
K_{VY} 的贡献 （%）	17.0	16.0	14.3	9.6	4.6	2.2	1.2

北京工业大学孙家乐、武建勋则利用二次曲线型内力分布函数，考虑了柱子的压缩变形，推导出连分式框架结构等效刚度公式。利用该公式算出的结果，也说明了上部结构刚度的贡献是有限的，见图 15。

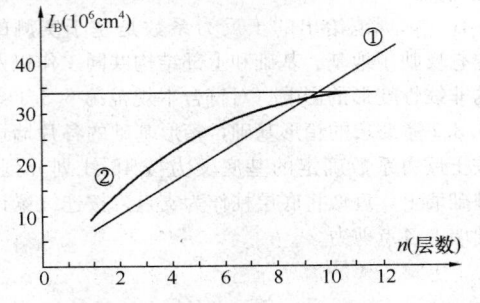

图 15　等效刚度计算结果
①—按《高层建筑箱形基础设计与施工规程》JGJ 6-80
的等效刚度计算结果；②—按北工大提出的连分式
等效刚度计算结果

因此，在确定框架结构刚度对箱基的贡献时，《高层建筑箱形与筏形基础技术规范》JGJ 6-99 规范在《高层建筑箱形基础设计与施工规程》JGJ 6-80 的框架结构等效刚度公式的基础上，提出了对层数的限制，规定了框架结构参与工作的层数不多于 8 层，该限制是综合了上部框架结构竖向刚度、弯曲刚度以及剪切刚度的影响。

在本规范修订中总结了近十年来工程实践经验，同时考虑到计算机的普及，提出了如本规范附录 F 中图 F.0.2 所示的更接近实际情况的整体弯曲作用分析计算模型，即将上部框架简化为等代梁并以底层柱与筏形或箱形基础连接。修改后的计算模型的最大优点是，其计算结果可反映由于上部结构参与工作而发生的荷载重分布现象，为设计人员提供了一种估算上部结构底层竖向构件次应力的简化方法。此外，根据上部结构各层对箱基的贡献大小以及工程实践，本次规范修改时将框架结构参与工作的层数最大限值由 8 层修改为 5 层。

在计算底板局部弯曲内力时，考虑到双向板周边与墙体连接产生的推力作用，注意到双向板实测跨中反压力小于墙下实测反压力的情况，对底板为双向板的局部弯曲内力采用 0.8 的折减系数。

箱形基础的地基反力，可按附录 E 采用，也可参照其他有效方法确定。地基反力系数表，系中国建筑科学研究院地基所根据北京地区一般黏性土和上海淤泥质黏性土上高层建筑实测反力资料以及收集到的西安、沈阳等地的实测成果研究编制的。

当荷载、柱距相差较大，箱基长度大于上部结构的长度（悬挑部分大于 1m）时，或者建筑物平面布置复杂、地基不均匀时，箱基内力宜根据土—箱基或土—箱基—上部结构协同工作的计算程序进行分析。

6.3.9 当墙体水平截面面积率较小时，其内力和整体挠曲变形应采取能反映其实际受力和变形情况的有效计算方法确定。此时，为保证箱形基础刚度分布较均匀应注意内墙布置尽可能均匀对称，并且横墙间距不宜过大。

6.3.10 本规范给出的土反力系数是基于实测的结果，它反映了地基、基础和上部结构共同工作以及地基的非线性变形的影响。对符合本规范第 6.3.1 条和第 6.3.7 条要求的箱形基础，箱形基础的各片墙可直接按土反力系数确定的基底反力按 45°线划分到纵、横基础墙上，近似将底层柱作为支点，按连续梁计算基础墙上各点剪力。

7 施 工

7.1 一 般 规 定

7.1.1 不同的建设工程项目具有不同的特点，因此，筏形与箱形基础的施工组织设计除应根据建筑场地、工程地质和水文地质资料以及现场环境等条件外，还应分析工程项目的特殊性和施工难点，以明晰施工控制的关键点，尤其对施工过程中可能出现的问题有一

个清醒的认识和必要的准备。

7.1.6 大多数高层建筑基础埋置深度较深，有的超过 20m。深基坑支护设计合理与否直接影响建筑物的施工工期与造价，影响邻近建筑物的安全。有的工程采用永久性支护方案即把支护结构作为地下室外墙，取得较好的经济效益，施工前应做好准备工作，施工时能顺利进行，保证质量。

7.1.10 监测工作不仅限于施工过程，有些内容应延续至现场施工结束。观测和监测结果是对建设工程实际状态的真实反映，对观测和监测资料的及时整理和分析及反馈是作好施工过程控制以及处理异常情况的基本要求。

7.2 地下水控制

7.2.1 降水的目的是为了降低地下水位、疏干基坑、固结土体、稳定边坡、防止流砂与管涌，便于基坑开挖与基础施工。边坡失稳、流砂与管涌的发生一般都与地下水有关，尤其是与地下水的动水压力梯度的增大有关。

目前降水、隔水方案很多，如：井点降水（包括轻型井点、真空井点）、地下连续墙支护与隔水、支护桩配以搅拌桩或高压旋喷桩隔水、降水与回灌相结合疏干基坑和保持坑外地下水位等等。采用哪种方法进行地下水控制除考虑本条所列的因素外还应考虑经济效益和地区成熟的经验与技术。

7.2.5 在施工中常发生由于降水对邻近建筑物、道路及管线产生不良影响的工程事故。降水产生不良影响的原因主要有两个，一是降水引起地下水位下降使土体产生固结沉降，二是降水过程带出大量土颗粒，在土体中产生孔洞、孔洞塌陷造成沉降。

7.2.12 一定要注意使排水远离基坑边坡，如边坡被水浸泡，土的抗剪强度、黏聚力立即下降，容易引起基坑坍塌和滑坡。

7.2.14 当基础埋置深度大，而地下水位较高时尤其要重视水浮力，必须满足抗浮要求。当建筑物高低层采用整体基础时，要验算高低层结合处基础板的负弯矩和抗裂强度，需要时，可在低层部分的基础下打抗拔桩或拉锚。

7.3 基 坑 开 挖

7.3.1 基坑开挖是否要支护视具体情况而定，各地区差异很大，即使同一地区也不尽相同，本条所列三种情况应予以重视。由于支护属临时性措施，因此在保证安全的前提下还应考虑经济性。

采用自然放坡一定要谨慎，作稳定性分析时，土的物理力学指标的选用必须符合实际。需要指出的是土的力学指标对含水量的变化非常敏感，虽然计算得十分安全，往往一场大雨之后严重的塌方就发生了。施工时一定要考虑好应急措施。

7.3.2 我国地域辽阔，基坑支护方法很多，作为一种临时性的支护结构，应充分考虑土质、结构特点以及地区，因地制宜进行支护设计。

7.3.3 基坑及周边环境的沉降及水平位移的允许值、报警值的确定因要求不同而不同，应结合环境条件和特殊要求并结合地区工程经验。

7.3.4 坑内排水可设排水沟和集水坑，由水泵排出基坑。在严寒地区冬期施工要做好保温措施，由于季节变化易出现基础板底面与地基脱开。

7.3.6 由于施工场地狭小，常常发生坑边堆载超过设计规定的现象，因此，在施工过程中必须严格控制。

7.3.12 防止雨水浸泡地基是避免地基性状改变的基本条件，对膨胀土和湿陷性严重的地基尤显其重要性。基坑开挖完成并经验收合格后，应立即进行垫层施工，防止暴晒和雨水浸泡造成地基土破坏。

7.4 筏形与箱形基础施工

7.4.2 筏形和箱形基础长度超 40m，基础墙体都易发生裂缝（垂直分布），外墙上的裂缝对防水不利，处理费用很高。

7.4.4 后浇带施工做法很多，或事先把钢筋贯通，用钢丝网模隔断，接缝前用人工将混凝土表面凿毛，或直接采用齿口连接拉板网放置在施工缝处模板内侧，待拆模后，表面露出拉板网齿槽，增加新老混凝土之间的咬接，或钢筋也有事先不贯通的，先在缝的两侧伸出受力钢筋，但不相连，而在基础混凝土浇筑三至四星期之后再将伸出的钢筋等强焊接。

7.4.9 差异沉降容易造成基础板开裂，对于有防水要求的基础，后浇带的防水处理要考虑这一因素，施工缝与后浇带的防水处理要与整片基础同时做好，不要在此处断缝。并要采取必要的保护措施，防止施工时损坏。

7.4.11 混凝土外加剂与掺合料的应用技术性很强，应通过试验。

7.4.12 大体积混凝土的养护以前多采用冷却法，而目前蓄热养护法正被许多工程人员所接受，效果也很理想。

二次抹面工作很重要，应及时进行，否则一旦泥水混入则难以处理，二次抹面不但具有补强效果，而且对防渗也有很大作用。

8 检测与监测

8.1 一般规定

8.1.1 现场监测是指在工程施工及使用过程中对岩土体性状的变化、建筑物内部结构工作状态和使用状态、对相邻建筑和地下设施等周边环境的影响所引起的变化进行的系统的现场观测工作，并视其变化规律和发展趋势，作出预测或预警反应。

现场监测应作出系统的监测方案，监测方案应包括监测目的、监测项目、监测方法等。监测项目和要求随工程地质条件和工程的具体情况确定，难以在规范条文中作出具体的规定，应由设计人员根据工程需要，在设计文件中明确。

8.1.2 由于地基沉降计算方法还不完善，变形参数和经验修正系数不能完全反映地基实际的应力状态和变形特性，因此预估沉降和实际沉降往往有较大出入。为了积累科研数据，提高沉降预测和地基基础设计的水平，本条规定在工程需要时，可进行地基反力、基础内力的测试以及分层沉降观测、基坑回弹观测等特殊项目的监测工作。

8.1.3 近年来，由于地下水引发的工程事故很多，因此本条规定当地下水水位的升降以及施工排水对拟建工程和邻近工程有较大影响时，应进行地下水位的监测，以规避工程风险。

8.2 施工监测

8.2.2 随着地下空间的利用，高层建筑与裙房、深大地下室及地下车库连为一体的工程日益增多，抗浮问题尤为突出。一般情况下，正常使用阶段存在的抗浮问题会受到人们关注，设计人将进行专门的抗浮设计；施工期间存在的抗浮问题，则应该通过施工降排水和地下水位监测解决和控制，但这一点往往被人们所忽视。近年来，因施工期间停止降水，地下水位过早升高而发生的工程问题常有发生。如：某工程设有4层地下室，因场区地下水位较高，采取施工降水措施。但结构施工至 ±0.000 时，施工停止了降水，也未通知设计人。两个月后，发现整个地下室上浮，最大处可达 20cm。之后又重新开始降水，并在地下室内施加一定的重量，使地下室下沉至原位。因此施工期间的抗浮问题应该引起重视，同时作好地下水位监测，确保工程安全。

8.2.3 混凝土结构在建设和使用过程中出现不同程度、不同形式的裂缝，这是一个相当普遍的现象，大体积混凝土结构出现裂缝更普遍。在全国调查的高层建筑地下结构中，底板出现裂缝的现象占调查总数的 20% 左右，地下室的外墙混凝土出现裂缝的现象占调查总数的 80% 左右。据裂缝原因分析，属于由变形（温度、湿度、地基沉降）引起的约占 80% 以上，属于荷载引起的约占 20% 左右。为避免大体积混凝土工程在浇筑过程中，由于水泥水化热引起的混凝土内部温度和温度应力的剧烈变化，从而导致混凝土发生裂缝，需对混凝土表面和内部的温度进行监测，采取有效措施控制混凝土浇筑块体因水化热引起的升温速度、混凝土浇筑块体的内外温差及降温速度，防止混凝土出现有害的温度裂缝（包括混凝土收缩）。

8.3 基坑检验

8.3.1 本条规定的基坑与基槽开挖后应检验的内容，是对几十年来工程实践，特别是北京地区工程实践经验的总结。关于钎探（本规范改为轻型圆锥动力触探），北京市建设工程质量监督总站及北京市勘察设计管理处曾于 1987 年 6 月 18 日联合发文〔市质监总站质字（87）第 35 号、市设管处管字（87）第 1 号〕，规定"钎探钎锤一律按《工业与民用建筑地基基础设计规范》附录四之二，轻便触探器穿心锤的质量 10kg，钎探杆直径 $\phi25$ 焊上圆锥头，净长度 1.5m～1.8m，上部穿心锤自由净落距离等于 500mm"。因此，标准的钎探与轻型圆锥动力触探意义相同，本条条文作了相应的规定。

8.3.4 基坑检验过程中当发现洞穴、古墓、古井、暗沟、防空掩体及地下埋设物，或槽底土质受到施工的扰动、受冻、浸泡和冲刷、干裂等，应在现场提出对设计和施工处理的建议。

8.4 建筑物沉降观测

8.4.1 本条重点强调了水准点的埋设要求。目前有些工程在进行建筑物沉降观测时，通常使用浅埋或施工单位设置的普通水准点。由于水准点不稳定，并时常受周围环境和区域沉降的影响，致使建筑物实测沉降较小、甚至出现"上浮"。实际上这种情况所获得的实测沉降数据只是建筑物的相对沉降，不能真实反映建筑物的实际沉降量。因此水准点的埋设质量直接影响建筑物沉降观测的准确性。

8.4.4 高层建筑地下室埋置较深，为获取完整的沉降观测资料，沉降观测应从基础底板浇筑后立即进行埋点观测。由于高层建筑荷载较大，地基压缩层较深，一般地基土固结变形都需要较长的时间。大量实测工程也证明，高层建筑在结构封顶或竣工后，其后期沉降还是较大的。但目前多数建筑物仅在施工期间进行沉降观测，甚至在结构主体封顶或竣工后立刻停止沉降观测。不仅没有了解建筑物竣工后的沉降发展规律，而且也未真正获取建筑物完整的实测沉降数据。建筑物沉降观测工作量不大，经费较低，但确有较高的应用价值。设计单位和建设方即可依据观测结果规避建设风险，也可积累工程经验，为优化类似工程的地基基础设计方案提供可靠依据。

8.4.5 现行行业规范《建筑变形测量规范》JGJ 8 规定的稳定标准沉降速率为（1～4）mm/100d，主要是根据北京、上海、天津、济南和西安 5 个城市的稳定控制指标确定的。其中，北京、上海和济南为 1mm/100d；天津为（1～1.7）mm/100d；西安为（2～4）mm/100d。实际应用中，稳定标准应根据不同地区地基土压缩性综合确定。

中华人民共和国行业标准

塔式起重机混凝土基础工程技术规程

Technical specification for concrete foundation
engineering of tower cranes

JGJ/T 187—2009

批准部门：中华人民共和国住房和城乡建设部
施行日期：２０１０年７月１日

中华人民共和国住房和城乡建设部
公 告

第 421 号

关于发布行业标准《塔式起重机混凝土基础工程技术规程》的公告

现批准《塔式起重机混凝土基础工程技术规程》为行业标准，编号为 JGJ/T 187‑2009，自 2010 年 7 月 1 日起实施。

本规程由我部标准定额研究所组织中国建筑工业出版社出版发行。

中华人民共和国住房和城乡建设部
2009 年 10 月 30 日

前 言

根据住房和城乡建设部《关于印发〈2008 年工程建设标准规范制订、修订计划（第一批）〉的通知》（建标〔2008〕102 号）的要求，规程编制组经广泛调查研究，认真总结实践经验，参考有关国际标准和国外先进标准，并在广泛征求意见的基础上，制定了本规程。

本规程的主要技术内容是：1. 总则；2. 术语和符号；3. 基本规定；4. 地基计算；5. 板式和十字形基础；6. 桩基础；7. 组合式基础；8. 施工及质量验收。

本规程由住房和城乡建设部负责管理，由华丰建设股份有限公司负责具体技术内容的解释。执行过程中如有意见或建议，请寄送华丰建设股份有限公司（地址：浙江省宁波市科技园区江南路 1017 号，邮政编码：315040）。

本 规 程 主 编 单 位：华丰建设股份有限公司
中国建筑科学研究院

本 规 程 参 编 单 位：浙江大学
浙江大学宁波理工学院
歌山建设集团有限公司
华锦建设股份有限公司
浙江省建设机械集团有限公司
中建六局第二建筑工程有限公司

本规程主要起草人：华锦耀　罗文龙　王兼嵘
谢新宇　吴佳雄　方鹏飞
吕国玉　赵剑泉　吴恩宁
张　辉

本规程主要审查人：钱力航　潘秋元　樊良本
张振拴　李耀良　刘启安
顾仲文　刘兴旺
朱良锋

目　次

Contents

1 总 则

1.0.1 为了在塔式起重机（以下简称塔机）混凝土基础工程的设计与施工中做到安全适用、技术先进、经济合理、确保质量、保护环境、方便施工，制定本规程。

1.0.2 本规程适用于建筑工程施工过程中的塔机混凝土基础工程的设计及施工。

1.0.3 塔机混凝土基础工程的设计与施工应根据地质勘察资料，综合考虑工程结构类型及布置、施工条件、环境影响、使用条件和工程造价等因素，因地制宜，做到科学设计、精心施工。

1.0.4 本规程规定了塔机混凝土基础工程的设计与施工的基本技术要求。当本规程与国家法律、行政法规的规定相抵触时，应按国家法律、行政法规的规定执行。

1.0.5 塔机混凝土基础工程的设计与施工，除应符合本规程规定外，尚应符合国家现行有关标准的规定。

2 术语和符号

2.1 术 语

2.1.1 塔式起重机混凝土基础 concrete foundation of tower crane

用于安装固定塔机、保证塔机正常使用且传递其各种作用到地基的混凝土结构。

2.1.2 组合式基础 combined foundation

由若干格构式钢柱或钢管柱与其下端连接的基桩以及上端连接的混凝土承台或型钢平台组成的基础。

2.1.3 十字形基础 cross foundation

由长度和截面相同的两条相互垂直等分且节点加腋的混凝土条形基础组成的基础。

2.1.4 塔式起重机的独立状态 independent state of tower crane

塔机与邻近建筑物无任何连接的状态。

2.1.5 塔式起重机的附着状态 attachment state of tower crane

塔机通过附着装置与邻近建筑物连接的状态。

2.1.6 塔式起重机自重荷载 dead load of tower crane

塔机各部分（包括平衡重）的重力作用。

2.1.7 塔式起重机起重荷载 lifting load of tower crane

塔机总起重量的重力作用。

2.1.8 基本风压 reference wind pressure

作用在塔机上风荷载的基准压力。

2.1.9 工作状态 in-service state

塔机处于司机控制之下进行作业的状态（吊载运转、空载运转或间歇停机）。

2.1.10 非工作状态 out of service state

塔机处于所有机构停止运动、切断动力电源、不吊载，并采取防风保护措施的状态。

2.1.11 最大起重力矩 maximum load moment

最大额定起重量重力与其在设计确定的各种组合臂长中所能达到的最大工作幅度的乘积。

2.1.12 结构充实率 structural adequacy ratio

塔机迎风面杆件和节点净投影面积除以迎风面轮廓面积的值。

2.1.13 等效均布风荷载 equivalent uniform wind load

根据荷载效应相等的原则，将塔机沿计算高度分布的风荷载标准值换算为均布的风荷载标准值。

2.1.14 塔式起重机的基础节 the based segment of tower crane

塔机塔身和基础相连接的一节。

2.1.15 塔式起重机的预埋节 the embedded segment of tower crane

塔机塔身预埋入基础且和基础节相连接的一节。

2.2 符 号

2.2.1 作用和作用效应

F_{gk} ——塔机各部分的自重荷载标准值；

F_g ——考虑荷载分项系数的塔机自重荷载设计值；

F_{qk} ——塔机的起重荷载标准值；

F_q ——考虑荷载分项系数的塔机起重荷载设计值；

F_k ——荷载效应标准组合时，塔机作用于基础顶面的竖向力；

F ——荷载效应基本组合时，塔机作用于基础的竖向力；

F_{vk} ——荷载效应标准组合时，塔机作用于基础顶面的水平力；

F_v ——荷载效应基本组合时，塔机作用于基础顶面的水平力；

G_k ——基础自重及其上土的自重标准值；

G ——考虑荷载分项系数的基础自重及其上土的自重；

M_k ——塔机作用于基础的力矩或截面的弯矩标准值；

M ——塔机作用于基础的力矩或截面的弯矩设计值；

M_{sk} ——塔机风荷载作用于基础顶面的力矩标准值；

M_s ——塔机风荷载作用于基础顶面的力矩设

计值；

N —— 作用于格构式钢柱的轴心力设计值；

P_k —— 相应于荷载效应标准组合时，基础底面处的平均压力值；

P_i —— 相应于荷载效应基本组合时，基础 i 截面对应的底面压力设计值；

Q_k —— 相应于荷载效应标准组合时的单桩所受竖向力标准值；

Q —— 相应于荷载效应基本组合时的单桩轴向压力设计值；

Q' —— 相应于荷载效应基本组合时的单桩轴向拔力设计值；

q_{sk} —— 塔机所受风均布线荷载标准值；

q_s —— 塔机所受风均布线荷载设计值；

T_k —— 塔机作用于基础的扭矩标准值；

T —— 塔机作用于基础的扭矩设计值；

w_0 —— 基本风压。

2.2.2 抗力和材料性能

f_a —— 修正后的地基承载力特征值；

f_{ak} —— 地基承载力特征值；

f_{spk} —— 复合地基承载力特征值；

f_c —— 混凝土轴心受压强度设计值；

f_y —— 普通钢筋强度设计值；

q_{pa} —— 桩端土的承载力特征值；

q_{sa} —— 桩周土的摩阻力特征值；

R_a —— 单桩竖向承载力特征值；

R'_a —— 单桩竖向抗拔承载力特征值。

2.2.3 几何参数

A —— 基础底面面积；

A_p —— 桩的截面积；

B —— 塔机的塔身桁架结构宽度；

b —— 矩形基础底面或基础梁截面的宽度；

d —— 桩身直径、方桩截面边长或基础埋置深度；

H —— 塔机的计算高度或格构式钢柱的总长度；

H_0 —— 塔机的起重高度或格构式钢柱的计算长度；

h —— 基础或基础梁截面的高度；

h_0 —— 基础截面有效高度；

L —— 矩形承台对角线上两端桩轴线的距离；

l —— 矩形基础底面长度；

U_p —— 桩的截面周长。

2.2.4 计算系数

α —— 塔机的风向系数；

α_0 —— 塔机桁架结构的平均充实率；

β_z —— 风振系数；

η_b —— 基础宽度的承载力修正系数；

η_d —— 基础埋深的承载力修正系数；

λ —— 基桩抗拔系数或轴心受压构件的长细比；

μ_z —— 风压等效高度变化系数；

μ_s —— 风荷载体型系数；

φ —— 轴心受压构件的稳定系数。

3 基 本 规 定

3.0.1 塔机的基础形式应根据工程地质、荷载大小与塔机稳定性要求、现场条件、技术经济指标，并结合塔机制造商提供的《塔机使用说明书》的要求确定。

3.0.2 塔机基础的设计应按独立状态下的工作状态和非工作状态的荷载分别计算。塔机基础工作状态的荷载应包括塔机和基础的自重荷载、起重荷载、风荷载，并应计入可变荷载的组合系数，其中起重荷载不应计入动力系数；非工作状态下的荷载应包括塔机和基础的自重荷载、风荷载。

3.0.3 塔机工作状态的基本风压应按 $0.20kN/m^2$ 取用，风荷载作用方向应按起重力矩同向计算；非工作状态的基本风压应按现行国家标准《建筑结构荷载规范》GB 50009 中给出的 50 年一遇的风压取用，且不小于 $0.35kN/m^2$，风荷载作用方向应从平衡臂吹向起重臂；塔机的风荷载可按本规程附录 A 的规定进行简化计算。

3.0.4 塔机基础和地基应分别按下列规定进行计算：

1 塔机基础及地基均应满足承载力计算的有关规定；

2 不符合本规程第 4.2.1 条规定的塔机基础应进行地基变形计算；

3 不符合本规程第 4.3.1 条规定的塔机基础应进行稳定性计算。

3.0.5 地基基础设计时所采用的荷载效应最不利组合与相应的抗力限值应符合下列规定：

1 按地基承载力确定基础底面积及埋深或按单桩承载力确定桩数时，传至基础或承台底面上的荷载效应应按正常使用极限状态下荷载效应的标准组合，相应的抗力应采用地基承载力特征值或单桩承载力特征值；

2 计算地基变形时，传至基础底面上的荷载效应应按正常使用极限状态下荷载效应的准永久组合，相应的限值应为地基变形允许值；

3 计算基坑边坡或斜坡稳定性，荷载效应应按承载能力极限状态下荷载效应的基本组合计算，其分项系数均应取 1.0；

4 在确定基础或桩承台高度、计算基础内力、确定配筋和验算材料强度时，传给基础的荷载效应组合和相应的基底反力，应按承载能力极限状态下荷载效应的基本组合计算，并应采用相应的分项系数；

5 基础设计的结构重要性系数应取 1.0。

3.0.6 塔机基础设计缺少计算资料时，可采用塔机制造商提供的《塔机使用说明书》的基础荷载，包括工作状态和非工作状态的垂直荷载、水平荷载、倾覆力矩、扭矩以及非工作状态的基本风压；若非工作状态时塔机现场的基本风压大于《塔机使用说明书》提供的基本风压，则应按本规程附录 A 的规定对风荷载予以换算。

3.0.7 塔机独立状态的计算高度（H）应按基础顶面至锥形塔帽一半处高度或平头式塔机的臂架顶取值。

3.0.8 塔机地基基础设计，可以所在工程的《岩土工程勘察报告》作为地质条件的依据，必要时应在设定的塔机基础位置补充勘探点。

4 地 基 计 算

4.1 地基承载力计算

4.1.1 塔机在独立状态时，作用于基础的荷载应包括塔机作用于基础顶的竖向荷载标准值（F_k）、水平荷载标准值（F_{vk}）、倾覆力矩（包括塔机自重、起重荷载、风荷载等引起的力矩）荷载标准值（M_k）、扭矩荷载标准值（T_k），以及基础及其上土的自重荷载标准值（G_k），见图 4.1.1。

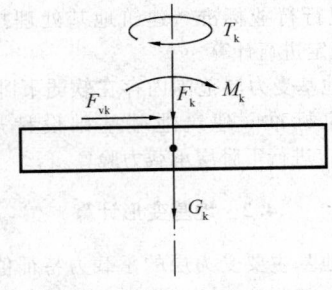

图 4.1.1　基础荷载

4.1.2 矩形基础地基承载力计算应符合下列规定：

1 基础底面压力应符合下列公式要求：

　　1） 当轴心荷载作用时：

$$p_k \leqslant f_a \qquad (4.1.2\text{-}1)$$

式中：p_k ——相应于荷载效应标准组合时，基础底面处的平均压力值；

　　　f_a ——修正后的地基承载力特征值。

　　2） 当偏心荷载作用时，除符合式（4.1.2-1）要求外，尚应符合下式要求：

$$p_{kmax} \leqslant 1.2 f_a \qquad (4.1.2\text{-}2)$$

式中：p_{kmax} ——相应于荷载效应标准组合时，基础底面边缘的最大压力值。

　　2 基础底面的压力可按下列公式确定：

　　1） 当轴心荷载作用时：

$$p_k = \frac{F_k + G_k}{bl} \qquad (4.1.2\text{-}3)$$

式中：F_k ——塔机作用于基础顶面的竖向荷载标准值；

　　　G_k ——基础及其上土的自重标准值；

　　　b ——矩形基础底面的短边长度；

　　　l ——矩形基础底面的长边长度。

　　2） 当偏心荷载作用时：

$$p_{kmax} = \frac{F_k + G_k}{bl} + \frac{M_k + F_{vk} \cdot h}{W} \qquad (4.1.2\text{-}4)$$

式中：M_k ——相应于荷载效应标准组合时，作用于矩形基础顶面短边方向的力矩值；

　　　F_{vk} ——相应于荷载效应标准组合时，作用于矩形基础顶面短边方向的水平荷载值；

　　　h ——基础的高度；

　　　W ——基础底面的抵抗矩。

　　3） 当偏心距 $e > \dfrac{b}{6}$ 时（图 4.1.2），p_{kmax} 应按下式计算：

$$p_{kmax} = \frac{2(F_k + G_k)}{3la} \qquad (4.1.2\text{-}5)$$

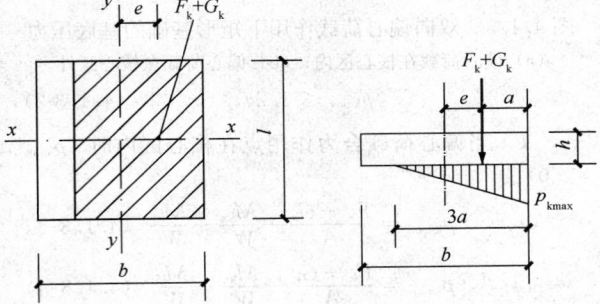

图 4.1.2　单向偏心荷载 $\left(e > \dfrac{b}{6}\right)$ 作用下的基底压力计算示意

式中：a ——合力作用点至基础底面最大压力边缘的距离。

　　3 偏心距 e 应按式（4.1.2-6）计算，并应符合式（4.1.2-7）要求：

$$e = \frac{M_k + F_{kv} \cdot h}{F_k + G_k} \qquad (4.1.2\text{-}6)$$

$$e \leqslant b/4 \qquad (4.1.2\text{-}7)$$

　　4 当塔机基础为十字形时，可采用简化计算法，即倾覆力矩标准值（M_k）、水平荷载标准值（F_{vk}）仅由与其作用方向相同的条形基础承载，竖向荷载标准值（F_k 和 G_k）应由全部基础承载。

4.1.3 方形基础和底面边长比小于或等于 1.1 的矩形基础应按双向偏心受压作用验算地基承载力，塔机倾覆力矩的作用方向应取基础对角线方向（图 4.1.3），基础底面的压力应符合下列公式要求：

$$p_k \leqslant f_a \qquad (4.1.3\text{-}1)$$

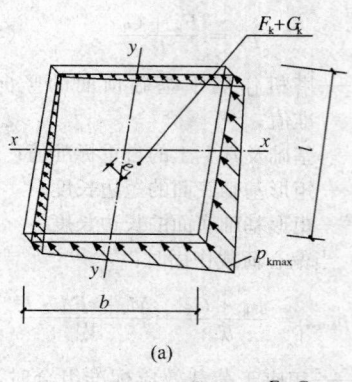

(a)

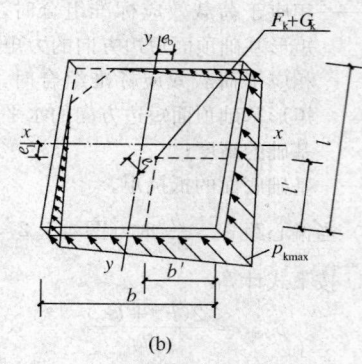

(b)

图 4.1.3 双向偏心荷载作用下矩形基础的基底压力
（a）偏心荷载在核心区内；（b）偏心荷载在核心区外

$$p_{kmax} \leqslant 1.2 f_a \qquad (4.1.3\text{-}2)$$

1 当偏心荷载合力作用点在核心区内时（$p_{kmin} \geqslant 0$）：

$$p_{kmax} = \frac{F_k + G_k}{A} + \frac{M_{kx}}{W_x} + \frac{M_{ky}}{W_y} \qquad (4.1.3\text{-}3)$$

$$p_{kmin} = \frac{F_k + G_k}{A} - \frac{M_{kx}}{W_x} - \frac{M_{ky}}{W_y} \qquad (4.1.3\text{-}4)$$

式中：p_{kmax}、p_{kmin} —— 相应于荷载效应标准组合时，基础底面边缘的最大、最小压力值；

F_k —— 塔机作用于基础顶面的竖向荷载标准值；

G_k —— 基础及其上土的自重标准值；

A —— 基础底面面积；

M_{kx}，M_{ky} —— 相应于荷载效应标准组合时，作用于基础底面对 x、y 轴的力矩值；

W_x，W_y —— 基础底面对 x、y 轴的抵抗矩。

2 当偏心荷载合力作用点在核心区外时（$p_{kmin} < 0$）：

$$p_{kmax} = \frac{F_k + G_k}{3b'l'} \qquad (4.1.3\text{-}5)$$

$$e = \frac{M_k + F_{kv} \cdot h}{F_k + G_k} \qquad (4.1.3\text{-}6)$$

$$b'l' \geqslant 0.125bl \qquad (4.1.3\text{-}7)$$

$$b' = \frac{b}{2} - e_b \qquad (4.1.3\text{-}8)$$

$$l' = \frac{l}{2} - e_l \qquad (4.1.3\text{-}9)$$

式中：F_{kv} —— 相应于荷载效应标准组合时，作用于基础顶面的水平荷载值；

e —— 偏心距；

b —— 方形基础和底面边长比小于或等于 1.1 的矩形基础 x 方向的底面边长；

l —— 方形基础和底面边长比小于或等于 1.1 的矩形基础 y 方向的底面边长；

h —— 基础的高度；

b' —— 偏心荷载合力作用点至 e_b 一侧 x 方向基础边缘的距离；

l' —— 偏心荷载合力作用点至 e_l 一侧 y 方向基础边缘的距离；

e_b —— 偏心距在 x 方向的投影长度；

e_l —— 偏心距在 y 方向的投影长度。

4.1.4 基础底面允许部分脱开地基土的面积不应大于底面全面积的 1/4。

4.1.5 地基承载力特征值按《岩土工程勘察报告》取用，当基础宽度大于 3m 或埋置深度大于 0.5m 时，应将《岩土工程勘察报告》提供的地基承载力特征值或荷载试验等方法确定的地基承载力特征值，按现行国家标准《建筑地基基础设计规范》GB 50007 的规定进行修正。

4.1.6 对于经过地基处理的复合地基的承载力特征值，应按现行行业标准《建筑地基处理技术规范》JGJ 79 的规定进行计算。

4.1.7 当地基受力层范围内存在软弱下卧层时，应按现行国家标准《建筑地基基础设计规范》GB 50007 的规定进行下卧层承载力验算。

4.2 地基变形计算

4.2.1 当地基主要受力层的承载力特征值（f_{ak}）不小于 130kPa 或小于 130kPa 但有地区经验，且黏性土的状态不低于可塑（液性指数 I_L 不大于 0.75）、砂土的密实度不低于稍密时，可不进行塔机基础的天然地基变形验算，其他塔机基础的天然地基均应进行变形验算。

注：地基主要受力层指塔机板式基础下为 1.5b（b 为基础底面宽度），十字形基础下为 3b（b 为其中任一条形基础的底面宽度），且厚度不小于 5m 范围内的地基土层。

4.2.2 当塔机基础符合下列情况之一时，应进行地基变形验算：

1 基础附近地面有堆载可能引起地基产生过大的不均匀沉降；

2 地基持力层下有软弱下卧层或厚度较大的填土。

4.2.3 基础下的地基变形计算可按现行国家标准

《建筑地基基础设计规范》GB 50007 的规定执行。

4.2.4 基础的沉降量不得大于 50mm；倾斜率（$\tan\theta$）不得大于 0.001，且应按下式计算：

$$\tan\theta = \frac{|s_1 - s_2|}{b} \qquad (4.2.4)$$

式中：θ——基础底面的倾角（°）；

s_1、s_2——基础倾斜方向两边缘的最终沉降量（mm）；

b——基础倾斜方向的基底宽度（mm）。

4.3 地基稳定性计算

4.3.1 当塔机基础底标高接近边坡坡底或基坑底部，并符合下列要求之一时，可不作地基稳定性验算（图4.3.1）：

1 a 不小于 2.0m，c 不大于 1.0m，f_{ak} 不小于 130kN/m²，且地基持力层下无软弱下卧层；

2 采用桩基础。

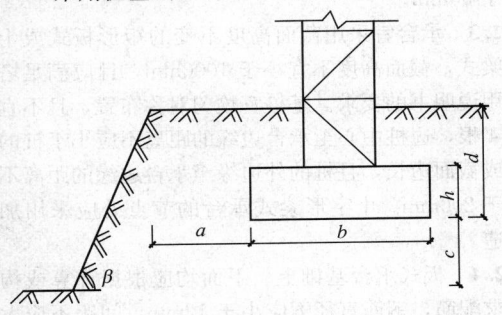

图 4.3.1 基础位于边坡的示意
a—基础底面外边缘线至坡顶的水平距离；b—垂直于坡顶边缘线的基础底面边长；c—基础底面至坡（坑）底的竖向距离；d—基础埋置深度；β—边坡坡角

4.3.2 处于边坡内且不符合本规程第 4.3.1 条规定的塔机基础，应根据地区经验采用圆弧滑动面方法进行边坡的稳定性分析。

5 板式和十字形基础

5.1 一般规定

5.1.1 混凝土基础的形式构造应根据塔机制造商提供的《塔机使用说明书》及现场工程地质等要求，选用板式基础或十字形基础。

5.1.2 确定基础底面尺寸和计算基础承载力时，基底压力应符合本规程第 4 章地基计算的规定；基础配筋应按受弯构件计算确定。

5.1.3 基础埋置深度的确定应综合考虑工程地质、塔机的荷载大小和相邻环境条件及地基土冻胀影响等因素。基础顶面标高不宜超出现场自然地面。在冻土地区的基础应采取构造措施避免基底及基础侧面的土受冻胀作用。

5.2 构造要求

5.2.1 基础高度应满足塔机预埋件的抗拔要求，且不宜小于 1000mm，不宜采用坡形或台阶形截面的基础。

5.2.2 基础的混凝土强度等级不应低于 C25，垫层混凝土强度等级不应低于 C10，混凝土垫层厚度不宜小于 100mm。

5.2.3 板式基础在基础表层和底层配置直径不应小于 12mm、间距不应大于 200mm 的钢筋，且上、下层主筋应用间距不大于 500mm 的竖向构造钢筋连接；十字形基础主筋应按梁式配筋，主筋直径不应小于 12mm，箍筋直径不应小于 8mm 且间距不应大于 200mm，侧向构造纵筋的直径不应小于 10mm 且间距不应大于 200mm。板式和十字形基础架立筋的截面积不宜小于受力筋截面积的一半。

5.2.4 预埋于基础中的塔机基础节锚栓或预埋节，应符合塔机制造商提供的《塔机使用说明书》规定的构造要求，并应有支盘式锚固措施。

5.2.5 矩形基础的长边与短边长度之比不宜大于 2，宜采用方形基础，十字形基础的节点处应采用加腋构造。

5.3 基础计算

5.3.1 基础的配筋应按现行国家标准《混凝土结构设计规范》GB 50010 有关规定进行受弯、受剪计算。

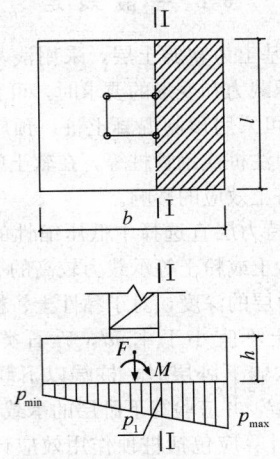

图 5.3.2 板式基础基底压力示意

5.3.2 计算板式基础承载力时，应将塔机作用于基础的 4 根立柱所包围的面积作为塔身柱截面，计算受弯、受剪的最危险截面取柱边缘处（图 5.3.2）。基底净反力应采用式（5.3.2）求得的基底平均压力设计值（p）。

$$p = \frac{p_{\max} + p_1}{2} \qquad (5.3.2)$$

式中：$p_{\max}$——按本规程第 4.1 节规定且采用荷载效

应基本组合计算的基底边缘的最大压力值；

p_1——按本规程第 4.1 节规定且采用荷载效应基本组合计算的塔机立柱边的基底压力值。

5.3.3 计算十字形基础时，倾覆力矩设计值（M）和水平荷载设计值（F_v）应按其中任一条形基础纵向作用计算，竖向荷载设计值（F）应由全部基础承受（图 5.3.3）。

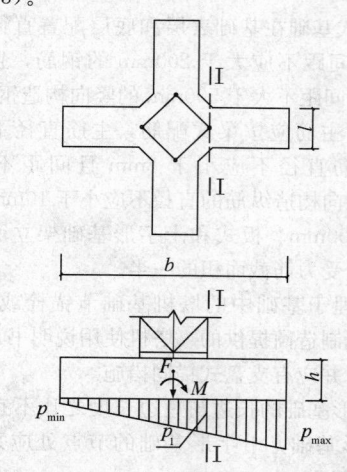

图 5.3.3 十字形基础基底压力示意

6 桩 基 础

6.1 一 般 规 定

6.1.1 当地基土为软弱土层，采用浅基础不能满足塔机对地基承载力和变形的要求时，可采用桩基础。

6.1.2 基桩可采用预制混凝土桩、预应力混凝土管桩、混凝土灌注桩或钢管桩等，在软土中采用挤土桩时，应考虑挤土效应的影响。

6.1.3 桩端持力层宜选择中低压缩性的黏性土、中密或密实的砂土或粉土等承载力较高的土层。桩端全断面进入持力层的深度，对于黏性土、粉土不宜小于 $2d$，对于砂土不宜小于 $1.5d$，碎石类土不宜小于 $1d$；当存在软弱下卧层时，桩端以下硬持力土层厚度不宜小于 $3d$，并应验算下卧层的承载力。

6.1.4 桩基计算应包括桩顶作用效应计算、桩基竖向抗压及抗拔承载力计算、桩身承载力计算、桩承台计算等，可不计算桩基的沉降变形。

6.1.5 桩基础设计应符合现行行业标准《建筑桩基技术规范》JGJ 94 的规定。

6.1.6 当塔机基础位于岩石地基时，必要时可采用岩石锚杆基础。

6.2 构 造 要 求

6.2.1 桩基构造应符合现行行业标准《建筑桩基技

术规范》JGJ 94 的规定。预埋件应按《塔机使用说明书》布置。桩身和承台的混凝土强度等级不应小于 C25，混凝土预制桩强度等级不应小于 C30，预应力混凝土实心桩的混凝土强度等级不应小于 C40。

6.2.2 基桩应按计算和构造要求配置钢筋。纵向钢筋的最小配筋率，对于灌注桩不宜小于 0.20%～0.65%（小直径桩取高值）；对于预制桩不宜小于 0.8%；对于预应力混凝土管桩不宜小于 0.45%。纵向钢筋应沿桩周边均匀布置，其净距不应小于 60mm，非预应力混凝土桩的纵向钢筋不应小于 6 Φ 12。箍筋应采用螺旋式，直径不应小于 6mm，间距宜为 200mm～300mm。桩顶以下 5 倍基桩直径范围内的箍筋间距应加密，间距不应大于 100mm。当基桩属抗拔桩或端承桩时，应等截面或变截面通长配筋。灌注桩和预制桩主筋的混凝土保护层厚度不应小于 35mm，水下灌注桩主筋的混凝土保护层厚度不应小于 50mm。

6.2.3 承台宜采用截面高度不变的矩形板式或十字形梁式，截面高度不宜小于 1000mm，且应满足塔机使用说明书的要求。基桩宜均匀对称布置，且不宜少于 4 根，边桩中心至承台边缘的距离不应小于桩的直径或截面边长，且桩的外边缘至承台边缘的距离不应小于 200mm。十字形梁式承台的节点处应采用加腋构造。

6.2.4 板式承台基础上、下面均应根据计算或构造要求配筋，钢筋直径不应小于 12mm，间距不应大于 200mm，上、下层钢筋之间应设置竖向架立筋，宜沿对角线配置暗梁。十字形承台应按两个方向的梁分别配筋，承受正、负弯矩的主筋应按计算配置，箍筋不宜小于 φ8，间距不宜大于 200mm。

6.2.5 当桩径（d）小于 800mm 时，基桩嵌入承台的长度不宜小于 50mm；当桩径（d）不小于 800mm 时，基桩嵌入承台的长度不宜小于 100mm。

6.2.6 基桩主筋伸入承台基础的锚固长度不应小于 35d（主筋直径），对于抗拔桩，桩顶主筋的锚固长度应按现行国家标准《混凝土结构设计规范》GB 50010 确定。对预应力混凝土管桩和钢管桩，宜采用植于桩芯混凝土不少于 6 Φ 20 的主筋锚入承台基础。预应力混凝土管桩和钢管桩中的桩芯混凝土长度不应小于 2 倍桩径，且不应小于 1000mm，其强度等级宜比承台提高一级。

6.3 桩 基 计 算

6.3.1 桩顶作用效应，应取沿矩形或方形承台对角线方向（即塔机塔身截面的对角线方向）的倾覆力矩和水平荷载及竖向荷载进行计算。当采用十字形承台时，倾覆力矩和水平荷载的作用应取其中一条形承台按其纵向作用进行计算，竖向荷载应按全部基桩承受进行计算。

6.3.2 基桩的桩顶作用效应应按下列公式计算：

1 轴心竖向力作用下：

$$Q_k = \frac{F_k + G_k}{n} \qquad (6.3.2-1)$$

2 偏心竖向力作用下：

$$Q_{kmax} = \frac{F_k + G_k}{n} + \frac{M_k + F_{vk}h}{L} \qquad (6.3.2-2)$$

$$Q_{kmin} = \frac{F_k + G_k}{n} - \frac{M_k + F_{vk}h}{L} \qquad (6.3.2-3)$$

式中：Q_k —— 荷载效应标准组合轴心竖向力作用下，基桩的平均竖向力；

Q_{kmax} —— 荷载效应标准组合偏心竖向力作用下，角桩的最大竖向力；

Q_{kmin} —— 荷载效应标准组合偏心竖向力作用下，角桩的最小竖向力；

F_k —— 荷载效应标准组合时，作用于桩基承台顶面的竖向力；

G_k —— 桩基承台及其上土的自重标准值，水下部分按浮重度计；

n —— 桩基中的桩数；

M_k —— 荷载效应标准组合时，沿矩形或方形承台的对角线方向，或沿十字形承台中任一条形承台纵向作用于承台顶面的力矩；

F_{vk} —— 荷载效应标准组合时，塔机作用于承台顶面的水平力；

h —— 承台的高度；

L —— 矩形承台对角线或十字形承台中任一条形承台两端基桩的轴线距离。

6.3.3 桩基竖向承载力应符合下列公式要求：

$$Q_k \leqslant R_a \qquad (6.3.3-1)$$

$$Q_{kmax} \leqslant 1.2R_a \qquad (6.3.3-2)$$

式中：R_a —— 单桩竖向承载力特征值。

6.3.4 单桩竖向承载力特征值可按下式计算：

$$R_a = u\sum q_{sia} \cdot l_i + q_{pa} \cdot A_p \qquad (6.3.4)$$

式中：u —— 桩身周长；

q_{sia} —— 第 i 层岩土的桩侧阻力特征值；

l_i —— 第 i 层岩土的厚度；

q_{pa} —— 桩端端阻力特征值；

A_p —— 桩底端横截面面积。

6.3.5 桩的抗拔承载力应符合下列公式要求：

$$Q_k' \leqslant R_a' \qquad (6.3.5-1)$$

$$R_a' = u\sum \lambda_i q_{sia} l_i + G_p \qquad (6.3.5-2)$$

式中：Q_k' —— 按荷载效应标准组合计算的基桩拔力，即按本规程公式（6.3.2-3）计算 Q_{kmin} 出现的负值（取其绝对值）；

R_a' —— 单桩竖向抗拔承载力特征值；

λ_i —— 抗拔系数，当无试验资料且桩的入土深度不小于 6.0m 时，可根据土质和桩

的入土深度，取 $\lambda_i = 0.5 \sim 0.8$（砂性土，桩入土较浅时取低值；黏性土和粉土，桩入土较深时取高值）；

G_p —— 桩身的重力标准值，水下部分按浮重度计。

6.3.6 桩身承载力计算

1 轴心受压桩桩身承载力应符合下式规定：

$$Q \leqslant \psi_c f_c A_{ps} + 0.9 f_y' A_s' \qquad (6.3.6-1)$$

式中：Q —— 荷载效应基本组合下的桩顶轴向压力设计值；

ψ_c —— 基桩成桩工艺系数，混凝土预制桩和预应力混凝土空心桩取 0.85；干作业非挤土灌注桩取 0.90；泥浆护壁和套管护壁非挤土灌注桩和挤土灌注桩取 0.70～0.80；软土地区挤土灌注桩取 0.60；

f_c —— 混凝土轴心抗压强度设计值；

A_{ps} —— 桩身截面面积；

f_y' —— 纵向主筋抗压强度设计值；

A_s' —— 纵向主筋截面面积。

2 轴心抗拔桩桩身承载力应符合下式规定：

$$Q' \leqslant f_y A_s + f_{py} A_{ps} \qquad (6.3.6-2)$$

式中：Q' —— 荷载效应基本组合下的桩顶轴向拉力设计值；

f_y、f_{py} —— 普通钢筋、预应力钢筋的抗拉强度设计值；

A_s、A_{ps} —— 普通钢筋、预应力钢筋的截面面积。

3 轴心抗拔桩的裂缝控制宜按三级裂缝控制等级计算。

6.4 承 台 计 算

Ⅰ 受弯及受剪计算

6.4.1 桩基承台应进行受弯、受剪承载力计算，应将塔机作用于承台的 4 根立柱所包围的面积作为柱截面，承台弯矩、剪力应按本规程第 6.4.2 条和第 6.4.3 条规定计算，受弯、受剪承载力和配筋应按现行国家标准《混凝土结构设计规范》GB 50010 的规定进行计算。

6.4.2 多桩矩形承台弯矩的计算截面应取在塔机基础节柱边（见图 6.4.2，h_0 为承台在柱边截面的有效高度），弯矩可按下列公式计算：

$$M_x = \sum N_i y_i \qquad (6.4.2-1)$$

$$M_y = \sum N_i x_i \qquad (6.4.2-2)$$

式中：M_x、M_y —— 分别为绕 x 轴、y 轴方向计算截面处的弯矩设计值；

x_i、y_i —— 分别为垂直 y 轴、x 轴方向自桩轴线到相应计算截面的距离；

N_i —— 不计承台自重及其上土重，在荷

载效应基本组合下的第 i 桩的竖向反力设计值。

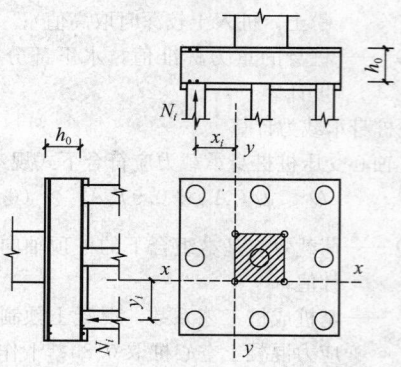

图 6.4.2 承台弯矩计算示意

6.4.3 板式承台应按现行行业标准《建筑桩基技术规范》JGJ 94 的规定进行截面受剪承载力验算。

6.4.4 当板式承台基础下沿对角线布置 4~5 根基桩时，宜在桩顶配置暗梁（图 6.4.5-1）。

6.4.5 对于十字形梁式承台和板式承台中暗梁的弯矩与剪力计算，应视基桩为不动铰支座，可按简支梁或连续梁计算（图 6.4.5-1、图 6.4.5-2），倾覆力矩设计值 M 应按其中任一梁纵向作用，竖向荷载设计值 F 应由全部基础承受。连续梁宜对称配置承受正、负弯矩的主筋；简支梁架立筋的截面积不宜小于受力筋截面积的一半。暗梁计算截面的宽度应不小于桩径。

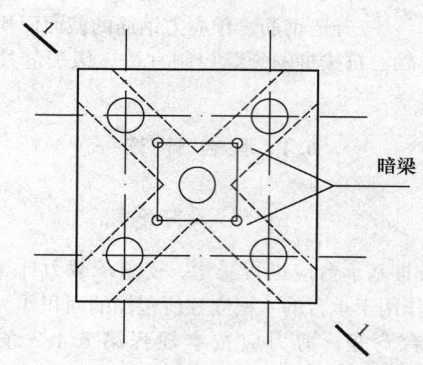

图 6.4.5-1 板式承台暗梁平面

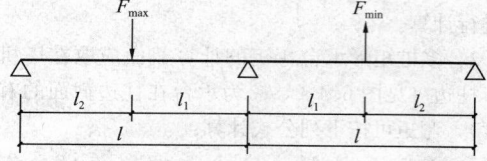

图 6.4.5-2 暗梁（1-1 截面）计算简图

注：图中 l 为对角线方向的基桩轴线间距，集中荷载（F_{max}、F_{min}）作用点的尺寸（l_1、l_2）按塔机立柱的实际间距确定。

塔机对角线上两立柱对基础的集中荷载设计值可按下式计算：

$$F_{max}^{\ \ } \atop F_{min} = \frac{F}{4} \pm \frac{M}{L_1} \qquad (6.4.5)$$

式中：F_{min}^{max} ——塔机倾覆力矩沿塔身截面对角线方向作用时，相应对角线上两立柱对基础的集中荷载设计值；

F ——塔机荷载效应基本组合时作用于基础顶的竖向荷载；

M ——塔机荷载效应基本组合时作用于基础顶的倾覆力矩；

L_1 ——塔机塔身截面对角线上两立柱轴线间的距离。

Ⅱ 受冲切计算

6.4.6 桩基承台厚度应满足基桩对承台的冲切承载力要求。

6.4.7 对位于塔机塔身柱冲切破坏锥体以外的基桩，承台受角桩冲切的承载力可按下式计算（图 6.4.7）：

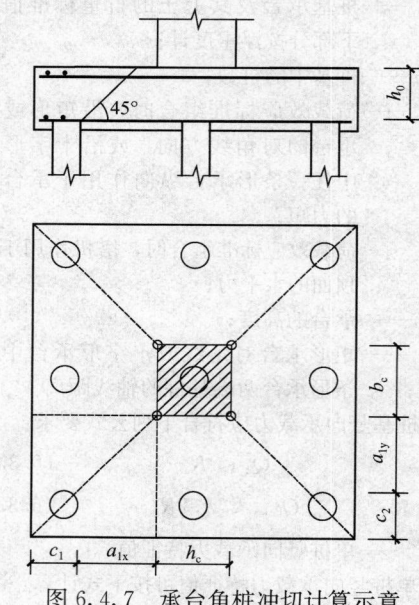

图 6.4.7 承台角桩冲切计算示意

$$N_l \leqslant [\beta_{1x}(c_2 + a_{1y}/2) + \beta_{1y}(c_1 + a_{1x}/2)]\beta_{hp} \cdot f_t \cdot h_0 \qquad (6.4.7-1)$$

$$\beta_{1x} = \frac{0.56}{\lambda_{1x} + 0.2} \qquad (6.4.7-2)$$

$$\beta_{1y} = \frac{0.56}{\lambda_{1y} + 0.2} \qquad (6.4.7-3)$$

式中：N_l ——荷载效应基本组合时，不计承台及其上土重的角桩桩顶的竖向力设计值；

β_{1x}、β_{1y} ——角桩冲切系数；

c_1、c_2 ——角桩内边缘至承台外边缘的水平距离；

a_{1x}、a_{1y} ——从承台底角桩顶内边缘引 45° 冲切线与承台顶面相交点至角桩内边缘的水平距离；当塔机塔身柱边位于该 45° 线以内时，则取由塔机塔身柱边与桩内边缘连线为冲切锥体的锥线；

β_{hp}——承台受冲切承载力截面高度影响系数，当 $h \leqslant 800mm$ 时，β_{hp} 取 1.0；$h \geqslant 2000mm$ 时，β_{hp} 取 0.9；其间按线性内插法取值；

f_t——承台混凝土抗拉强度设计值；

h_0——承台外边缘的有效高度；

λ_{1x}，λ_{1y}——角桩冲跨比，其值应满足 0.25～1.0，

$$\lambda_{1x} = \frac{a_{1x}}{h_0}, \quad \lambda_{1y} = \frac{a_{1y}}{h_0}$$

7 组合式基础

7.1 一般规定

7.1.1 当塔机安装于地下室基坑中，根据地下室结构设计、围护结构的布置和工程地质条件及施工方便的原则，塔机基础可设置于地下室底板下、顶板上或底板至顶板之间。

7.1.2 组合式基础可由混凝土承台或型钢平台、格构式钢柱或钢管柱及灌注桩或钢管桩等组成（图7.1.2）。

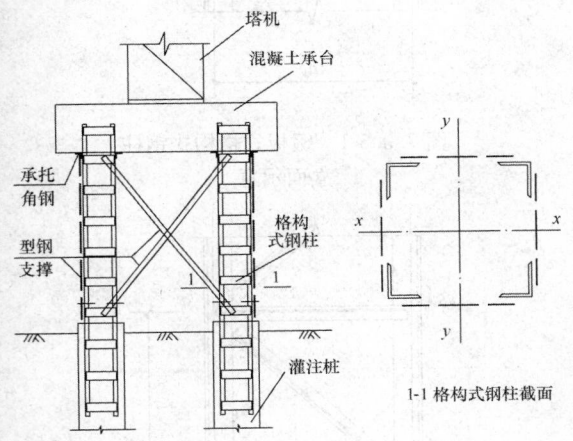

图 7.1.2 组合式基础立面示意

7.1.3 混凝土承台、基桩应按本规程第 6 章桩基础的相关规定进行设计。

7.1.4 型钢平台的设计应符合现行国家标准《钢结构设计规范》GB 50017 的有关规定，由厚钢板和型钢主次梁焊接或螺栓连接而成，型钢主梁应连接于格构式钢柱，宜采用焊接连接。

7.1.5 塔机在地下室中的基桩宜避开底板的基础梁、承台及后浇带或加强带。

7.1.6 随着基坑土方的分层开挖，应在格构式钢柱外侧四周及时设置型钢支撑，将各格构式钢柱连接为整体（图 7.1.2）。型钢支撑的截面积不宜小于格构式钢柱分肢的截面积，与钢柱分肢及缀件的连接焊缝厚度不宜小于 6mm，绕角焊缝长度不宜小于 200mm。

当格构式钢柱的计算长度（H_0）超过 8m 时，宜设置水平型钢剪刀撑，剪刀撑的竖向间距不宜超过 6m，其构造要求同竖向型钢支撑。

7.2 基础构造

7.2.1 混凝土承台构造应符合现行行业标准《建筑桩基技术规范》JGJ 94 和《塔机使用说明书》及本规程第5.2 节、第 6.2 节规定。

7.2.2 格构式钢柱的布置应与下端的基桩轴线重合且宜采用焊接四肢组合式对称构件，截面轮廓尺寸不宜小于 400mm×400mm，分肢宜采用等边角钢，且不宜小于 L90mm×8mm；缀件宜采用缀板式，也可采用缀条（角钢）式。格构式钢柱伸入承台的长度不宜低于承台厚度的中心。格构式钢柱的构造应符合现行国家标准《钢结构设计规范》GB 50017 的规定，其中缀件的构造应符合本规程附录 B 的规定。

7.2.3 灌注桩的构造应符合现行行业标准《建筑桩基技术规范》JGJ 94 的规定，其截面尺寸应满足格构式钢柱插入基桩钢筋笼的要求。灌注桩在格构式钢柱插入部位的箍筋应加密，间距不应大于 100mm。

7.2.4 格构式钢柱上端伸入混凝土承台的锚固长度应满足抗拔要求，宜在邻接承台底面处焊接承托角钢（规格同分肢），下端伸入灌注桩的锚固长度不宜小于 2.0m，且应与基桩的纵筋焊接。

7.3 基础计算

7.3.1 混凝土承台基础计算应符合现行国家标准《混凝土结构设计规范》GB 50010 和现行行业标准《建筑桩基技术规范》JGJ 94 的规定。可视格构式钢柱为基桩，应按本规程第 6.4 节规定进行受弯、受剪承载力计算。

7.3.2 格构式钢柱应按轴心受压构件设计，并应符合下列公式规定：

1 格构式钢柱受压整体稳定性应符合下式要求：

$$\frac{N_{max}}{\varphi A} \leqslant f \qquad (7.3.2-1)$$

式中：N_{max}——格构式钢柱单柱最大轴心受压力设计值，应符合本规程第 6.3 节规定且取荷载效应的基本组合值计算；

A——构件毛截面面积，即分肢毛截面面积之和；

f——钢材抗拉、抗压强度设计值；

φ——轴心受压构件的稳定系数，应根据构件的换算长细比 λ_{0max} 和钢材屈服强度，按现行国家标准《钢结构设计规范》GB 50017 - 2003 的规定"按 b 类截面查表 C-2"取用。

2 格构式钢柱的换算长细比应符合下式要求：

$$\lambda_{0max} \leqslant [\lambda] \qquad (7.3.2-2)$$

式中：λ_{0max}——格构式钢柱绕两主轴 x、y 的换算长
细比中大值（图 7.3.2）；

[λ]——轴心受压构件允许长细比，取 150。

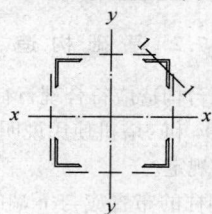

图 7.3.2 格构式
组合构件截面

3 格构式钢柱分肢的长细比应符合下列公式
要求：

当缀件为缀板时：

$$\lambda_1 \leqslant 0.5\lambda_{0max}, \text{且 } \lambda_1 \leqslant 40 \qquad (7.3.2\text{-}3)$$

当缀件为缀条时：

$$\lambda_1 \leqslant 0.7\lambda_{0max} \qquad (7.3.2\text{-}4)$$

式中：λ_1——格构式钢柱分肢对最小刚度轴 1-1 的长
细比（图 7.3.2），其计算长度应取两缀
板间或横缀条间的净距离。

7.3.3 格构式轴心受压构件换算长细比（λ_0）应按下
列公式计算：

当缀件为缀板时（图 7.3.2）：

$$\lambda_{0x} = \sqrt{\lambda_x^2 + \lambda_1^2} \qquad (7.3.3\text{-}1)$$

$$\lambda_{0y} = \sqrt{\lambda_y^2 + \lambda_1^2} \qquad (7.3.3\text{-}2)$$

当缀件为缀条时（图 7.3.2）：

$$\lambda_{0x} = \sqrt{\lambda_x^2 + 40A/A_{1x}} \qquad (7.3.3\text{-}3)$$

$$\lambda_{0y} = \sqrt{\lambda_y^2 + 40A/A_{1y}} \qquad (7.3.3\text{-}4)$$

$$\lambda_x = H_0 / \sqrt{I_x/(4A_0)} \qquad (7.3.3\text{-}5)$$

$$\lambda_y = H_0 / \sqrt{I_y/(4A_0)} \qquad (7.3.3\text{-}6)$$

$$I_x = 4[I_{x0} + A_0 (a/2 - Z_0)^2] \qquad (7.3.3\text{-}7)$$

$$I_y = 4[I_{y0} + A_0 (a/2 - Z_0)^2] \qquad (7.3.3\text{-}8)$$

式中：A_{1x}——构件截面中垂直于 x 轴的各斜缀条的
毛截面面积之和；

A_{1y}——构件截面中垂直于 y 轴的各斜缀条的
毛截面面积之和；

$\lambda_x(\lambda_y)$——整个构件对 x 轴（y 轴）的长细比；

H_0——格构式钢柱的计算长度，取承台厚度
中心至格构式钢柱底的长度；

A_0——格构式钢柱分肢的截面面积；

I——格构式钢柱的截面惯性矩；

I_{x0}——格构式钢柱的分肢平行于分肢形心 x
轴的惯性矩；

I_{y0}——格构式钢柱的分肢平行于分肢形心 y
轴的惯性矩；

a——格构式钢柱的截面边长；

Z_0——分肢形心轴距分肢外边缘距离。

7.3.4 缀件所受剪力应按下式计算：

$$V = \frac{Af}{85}\sqrt{\frac{f_y}{235}} \qquad (7.3.4)$$

式中：A——为格构式钢柱四肢的毛截面面积之和，A
$= 4A_0$；

f——钢材的抗拉、抗压强度设计值；

f_y——钢材的强度标准值（屈服强度）。

剪力 V 值可认为沿构件全长不变，此剪力应由
构件两侧承受该剪力的缀件面平均分担。

7.3.5 缀件设计（图 7.3.5-1、图 7.3.5-2）应符合
下列公式要求

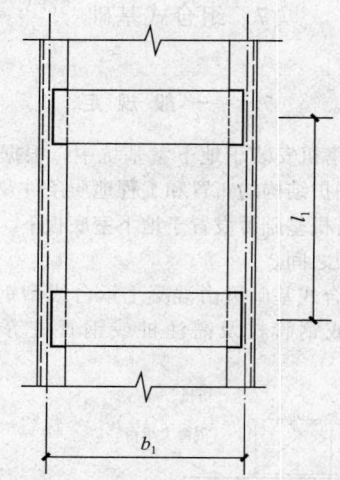

图 7.3.5-1 缀板式格构式钢柱
立面示意

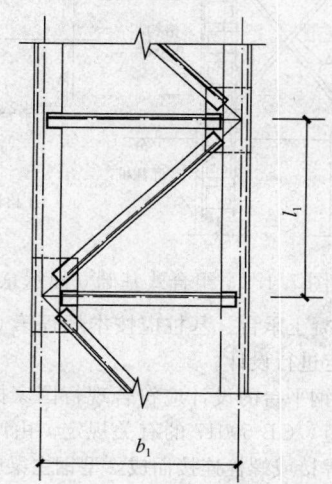

图 7.3.5-2 缀条式格构式钢柱
立面示意

1 缀板应按受弯构件设计，弯矩和剪力值应按
下列公式计算：

$$M_0 = \frac{Vl_1}{4} \qquad (7.3.5\text{-}1)$$

$$V_0 = \frac{Vl_1}{2 \cdot b_1} \qquad (7.3.5\text{-}2)$$

2 斜缀条应按轴心受压构件设计，轴向压力值应按下式计算：

$$N_0 = \frac{V}{2 \cdot \cos \alpha} \qquad (7.3.5\text{-}3)$$

式中：M_0 ——单个缀板承受的弯矩；

V_0 ——单个缀板承受的剪力；

N_0 ——单个斜缀条承受的轴向压力；

b_1 ——分肢型钢形心轴之间的距离；

l_1 ——格构式钢柱的一个节间长度，即相邻缀板轴线距离；

α ——斜缀条和水平面的夹角。

7.3.6 格构式钢柱的连接焊缝应按现行国家标准《钢结构设计规范》GB 50017 进行设计，并应符合本规程附录 B 的规定。

8 施工及质量验收

8.1 基础施工

8.1.1 基础施工前应按塔机基础设计及施工方案做好准备工作，必要时塔机基础的基坑应采取支护及降排水措施。

8.1.2 基础的钢筋绑扎和预埋件安装后，应按设计要求检查验收，合格后方可浇捣混凝土，浇捣中不得碰撞、移位钢筋或预埋件，混凝土浇筑后应及时保湿养护。基础四周应回填土方并夯实。

8.1.3 安装塔机时基础混凝土应达到 80% 以上设计强度，塔机运行使用时基础混凝土应达到 100% 设计强度。

8.1.4 基础混凝土施工中，在基础顶面四角应作好沉降及位移观测点，并作好原始记录，塔机安装后应定期观测并记录，沉降量和倾斜率不应超过本规程第 4.2.4 条规定。

8.1.5 吊装组合式基础的格构式钢柱时，垂直度和上端偏移值不应大于本规程表 8.5.5 规定的允许值。格构式钢柱分肢应位于灌注桩的钢筋笼内且应与灌注桩的主筋焊接牢固。

8.1.6 对组合式基础，随着基坑土方的分层开挖，应按本规程第 7.1.6 条规定采用逆作法设置格构式钢柱的型钢支撑。

8.1.7 基坑开挖中应保护好组合式基础的格构式钢柱。开挖到设计标高后，应立即浇筑工程混凝土基础的垫层，宜在组合式基础的混凝土承台或型钢平台投影范围内加厚垫层（不宜小于 200mm）并掺入早强剂。格构式钢柱在底板厚度的中央位置，应在分肢型钢上焊接止水钢板。

8.1.8 基础的防雷接地应按现行行业标准《建筑机械使用安全技术规程》JGJ 33 的规定执行。

8.2 地基土检查验收

8.2.1 塔机基础的基坑开挖后应按现行国家标准《建筑地基基础工程施工质量验收规范》GB 50202 的规定进行验槽，应检验坑底标高、长度和宽度、坑底平整度及地基土性是否符合设计要求，地质条件是否符合岩土工程勘察报告。

8.2.2 基础土方开挖工程质量检验标准应符合现行国家标准《建筑地基基础工程施工质量验收规范》GB 50202 的规定。

8.2.3 地基加固工程应在正式施工前进行试验段施工，并应论证设定的施工参数及加固效果。为验证加固效果所进行的载荷试验，其最大加载压力不应小于设计要求压力值的 2 倍。

8.2.4 经地基处理后的复合地基的承载力应达到设计要求的标准。检验方法应按现行行业标准《建筑地基处理技术规范》JGJ 79 的规定执行。

8.2.5 地基土的检验除符合本节规定外，尚应符合现行国家标准《建筑地基基础工程施工质量验收规范》GB 50202 的有关规定，必要时应检验塔机基础下的复合地基。

8.3 基础检查验收

8.3.1 钢材、水泥、砂、石子、外加剂等原材料进场时，应按现行国家标准《混凝土结构工程施工质量验收规范》GB 50204 和《钢结构工程施工质量验收规范》GB 50205 的规定作材料性能检验。

8.3.2 基础的钢筋绑扎后，应作隐蔽工程验收。隐蔽工程应包括塔机基础节的预埋件或预埋节等。验收合格后方可浇筑混凝土。

8.3.3 基础混凝土的强度等级必须符合设计要求。用于检查结构构件混凝土强度的试件，应在混凝土浇筑地点随机抽取。取样与试件留置应符合现行国家标准《混凝土结构工程施工质量验收规范》GB 50204 的有关规定。

8.3.4 基础结构的外观质量不应有严重缺陷，不宜有一般缺陷，对已经出现的严重缺陷或一般缺陷应采用相关处理方案进行处理，重新验收合格后方可安装塔机。

8.3.5 基础的尺寸允许偏差应符合表 8.3.5 的规定。

表 8.3.5 塔机基础尺寸允许偏差和检验方法

项 目	允许偏差（mm）	检验方法
标高	±20	水准仪或拉线、钢尺检查
平面外形尺寸（长度、宽度、高度）	±20	钢尺检查
表面平整度	10、$L/1000$	水准仪或拉线、钢尺检查
洞穴尺寸	±20	钢尺检查

续表 8.3.5

项 目		允许偏差（mm）	检验方法
预埋锚栓	标高（顶部）	±20	水准仪或拉线、钢尺检查
	中心距	±2	钢尺检查

注：表中 L 为矩形或十字形基础的长边。

8.3.6 基础工程验收除应符合本节要求外，尚应符合现行国家标准《混凝土结构工程施工质量验收规范》GB 50204 的规定。

8.4 桩基检查验收

8.4.1 预制桩（包括预制混凝土桩、预应力混凝土管桩、钢桩）施工过程中应进行下列检验：

　　1 打入深度、停锤标准、静压终止压力值及桩身（或架）垂直度检查；

　　2 接桩质量、接桩间歇时间及桩顶完整状况；

　　3 每米进尺锤击数、最后 1.0m 锤击数、总锤击数、最后三阵贯入度及桩尖标高等。

8.4.2 灌注桩施工过程中应进行下列检验：

　　1 灌注混凝土前，应按现行行业标准《建筑桩基技术规范》JGJ 94 的规定，对已成孔的中心位置、孔深、孔径、垂直度、孔底沉渣厚度进行检验；

　　2 应对钢筋笼安放的实际位置等进行检查，并应填写相应质量检测、检查记录。

8.4.3 混凝土灌注桩的强度等级应按现行行业标准《建筑桩基技术规范》JGJ 94 的规定进行检验。

8.4.4 成桩桩位偏差的检查应按现行国家标准《建筑地基基础工程施工质量验收规范》GB 50202 和行业标准《建筑桩基技术规范》JGJ 94 的规定执行。

8.4.5 桩基宜随同主体结构基础的工程桩进行承载力和桩身质量检验。

8.4.6 基桩与承台的连接构造以及主筋的锚固长度应符合本规程第 6.2 节规定和现行行业标准《建筑桩基技术规范》JGJ 94 的规定。

8.5 格构式钢柱检查验收

8.5.1 钢材及焊接材料的品种、规格、性能等应符合国家产品标准和设计要求。焊条等焊接材料与母材的匹配应符合设计要求及现行行业标准《建筑钢结构焊接技术规程》JGJ 81 的规定。

8.5.2 焊工应经考试合格并取得合格证书。

8.5.3 焊缝厚度应符合设计要求，焊缝表面不得有裂纹、焊瘤、气孔、夹渣、弧坑裂纹、电弧擦伤等缺陷。

8.5.4 格构式钢柱及缀件的拼接误差应符合设计要求及现行国家标准《钢结构工程施工质量验收规范》GB 50205 的规定。

8.5.5 格构式钢柱的安装误差应符合表 8.5.5 的规定。

表 8.5.5　格构式钢柱安装的允许偏差

项 目	允许偏差（mm）	检验方法
柱端中心线对轴线的偏差	0～20	用吊线和钢尺检查
柱基准点标高	±10	用水准仪检查
柱轴线垂直度	$0.5H/100$ 且≤35	用经纬仪或吊线和钢尺检查

注：表中 H 为格构式钢柱的总长度。

附录 A　塔机风荷载计算

A.1　风荷载标准值计算

A.1.1 垂直于塔机表面上的风荷载标准值（w_k），应按下式计算：

$$w_k = 0.8\beta_z\mu_s\mu_z w_0 \qquad (A.1.1)$$

式中：w_k ——风荷载标准值（kN/m^2）；

　　　β_z ——风振系数；

　　　μ_s ——风荷载体型系数；

　　　μ_z ——风压等效高度变化系数；

　　　w_0 ——基本风压（kN/m^2）；

A.1.2 塔机的风振系数可根据不同的基本风压（w_0）和地面粗糙度类别及塔机的计算高度（H）按表 A.1.2 确定。

表 A.1.2　塔机风振系数 β_z

w_0 (kN/m²)	地面粗糙度类别															
	A				B				C				D			
	H (m)				H (m)				H (m)				H (m)			
	30	40	45	50	30	40	45	50	30	40	45	50	30	40	45	50
0.20	1.48	1.48	1.49	1.49	1.59	1.59	1.59	1.59	1.80	1.77	1.77	1.77	2.24	2.13	2.11	2.09
0.25	1.49	1.49	1.50	1.50	1.61	1.61	1.61	1.61	1.82	1.79	1.79	1.79	2.24	2.15	2.14	2.11
0.30	1.50	1.50	1.51	1.51	1.62	1.62	1.62	1.62	1.83	1.81	1.81	1.80	2.26	2.17	2.16	2.14
0.35	1.51	1.51	1.52	1.52	1.63	1.63	1.63	1.63	1.84	1.82	1.82	1.82	2.28	2.18	2.18	2.16
0.40	1.52	1.52	1.53	1.53	1.64	1.64	1.64	1.64	1.85	1.83	1.83	1.83	2.30	2.21	2.20	2.18
0.45	1.53	1.53	1.54	1.54	1.65	1.65	1.65	1.65	1.87	1.84	1.84	1.84	2.31	2.24	2.21	2.19
0.50	1.53	1.53	1.54	1.54	1.66	1.65	1.66	1.66	1.88	1.85	1.85	1.85	2.33	2.24	2.23	2.21
0.55	1.54	1.54	1.55	1.55	1.67	1.66	1.66	1.67	1.89	1.87	1.87	1.86	2.34	2.26	2.24	2.22

续表 A.1.2

w_0 (kN/m²)	地面粗糙度类别															
	A H(m)				B H(m)				C H(m)				D H(m)			
	30	40	45	50	30	40	45	50	30	40	45	50	30	40	45	50
0.60	1.54	1.55	1.55	1.56	1.67	1.67	1.67	1.67	1.90	1.88	1.87	1.87	2.35	2.27	2.25	2.23
0.65	1.55	1.55	1.56	1.56	1.68	1.67	1.68	1.68	1.90	1.88	1.88	1.88	2.36	2.28	2.27	2.24
0.70	1.55	1.56	1.56	1.57	1.68	1.68	1.69	1.69	1.91	1.89	1.89	1.88	2.37	2.29	2.28	2.26
0.75	1.56	1.56	1.57	1.58	1.69	1.69	1.69	1.69	1.92	1.90	1.89	1.89	2.38	2.30	2.29	2.27
0.80	1.56	1.57	1.57	1.58	1.70	1.69	1.70	1.70	1.93	1.90	1.90	1.90	2.39	2.31	2.30	2.28
0.85	1.57	1.57	1.58	1.59	1.70	1.70	1.70	1.70	1.93	1.91	1.91	1.91	2.40	2.32	2.31	2.29
0.90	1.57	1.57	1.59	1.59	1.70	1.70	1.71	1.71	1.94	1.91	1.91	1.92	2.41	2.33	2.31	2.29
0.95	1.57	1.58	1.59	1.60	1.71	1.71	1.71	1.71	1.95	1.92	1.92	1.92	2.42	2.34	2.32	2.30
1.00	1.58	1.58	1.60	1.60	1.71	1.71	1.72	1.72	1.96	1.93	1.93	1.93	2.43	2.35	2.33	2.31
1.05	1.58	1.59	1.60	1.60	1.71	1.72	1.72	1.73	1.96	1.93	1.93	1.93	2.44	2.35	2.34	2.31
1.10	1.59	1.59	1.60	1.61	1.72	1.72	1.73	1.73	1.96	1.94	1.94	1.94	2.44	2.36	2.35	2.32
1.15	1.59	1.60	1.61	1.61	1.72	1.72	1.73	1.74	1.97	1.94	1.95	1.94	2.45	2.37	2.35	2.33
1.20	1.59	1.60	1.61	1.62	1.73	1.73	1.74	1.74	1.97	1.95	1.95	1.95	2.46	2.37	2.36	2.33
1.25	1.59	1.60	1.61	1.62	1.73	1.74	1.74	1.75	1.98	1.95	1.95	1.95	2.47	2.38	2.36	2.34
1.30	1.60	1.61	1.62	1.62	1.73	1.74	1.75	1.75	1.98	1.96	1.96	1.96	2.47	2.39	2.37	2.34
1.35	1.60	1.61	1.62	1.63	1.74	1.74	1.75	1.76	1.98	1.96	1.96	1.96	2.48	2.39	2.37	2.35
1.40	1.60	1.61	1.62	1.63	1.74	1.75	1.75	1.76	1.99	1.97	1.97	1.97	2.49	2.40	2.38	2.36
1.45	1.60	1.61	1.63	1.63	1.75	1.75	1.76	1.76	1.99	1.97	1.97	1.97	2.49	2.40	2.38	2.36
1.50	1.61	1.62	1.63	1.63	1.75	1.75	1.76	1.76	1.99	1.97	1.97	1.98	2.50	2.41	2.39	2.37

注：1 地面粗糙度的类别按现行国家标准《建筑结构荷载规范》GB 50009 第 7.2.1 条确定。
  2 此表分别按塔机独立计算高度（H）为 30m、40m、45m、50m 编制，当计算高度（H）在 30m～40m、40m～45m 或 45m～50m 之间，可按线性插入法查表取值。
  3 此表按锥形塔帽小车变幅的塔机编制，其他类型的塔机应按现行国家标准《高耸结构设计规范》GB 50135 的规定自行计算。

A.1.3 塔机的风荷载体型系数（μ_s），当塔身为型钢或方钢管杆件的桁架时，取 1.95；当塔身为圆钢管杆件的桁架时，可根据不同的基本风压（w_0）和风压等效高度变化系数（μ_z）按表 A.1.3 确定。

表 A.1.3 塔机圆钢管杆件桁架的体型系数 μ_s

风压等效高度变化系数 μ_z	基本风压 w_0（kN/m²）											
	0.20	0.30	0.40	0.50	0.60	0.70	0.80	0.90	1.00	1.20	1.40	1.50
0.62	1.80	1.80	1.80	1.76	1.73	1.70	1.66	1.63	1.59	1.52	1.45	1.42
0.65	1.80	1.80	1.79	1.76	1.72	1.68	1.65	1.61	1.57	1.50	1.43	1.39
0.66	1.80	1.80	1.79	1.75	1.72	1.68	1.64	1.61	1.57	1.49	1.42	1.38
0.69	1.80	1.80	1.78	1.74	1.71	1.67	1.63	1.59	1.55	1.47	1.40	1.36
0.84	1.80	1.80	1.75	1.70	1.66	1.61	1.56	1.51	1.47	1.37	1.28	1.23
0.92	1.80	1.78	1.73	1.68	1.63	1.58	1.53	1.47	1.42	1.32	1.22	1.16

续表 A.1.3

风压等效高度变化系数 μ_z	基本风压 w_0（kN/m²）											
	0.20	0.30	0.40	0.50	0.60	0.70	0.80	0.90	1.00	1.20	1.40	1.50
0.96	1.80	1.78	1.72	1.67	1.62	1.56	1.51	1.45	1.40	1.29	1.18	1.13
0.99	1.80	1.77	1.72	1.66	1.61	1.55	1.49	1.44	1.38	1.27	1.16	1.11
1.20	1.80	1.74	1.67	1.60	1.53	1.47	1.40	1.33	1.27	1.13	1.00	0.93
1.29	1.79	1.72	1.65	1.58	1.50	1.43	1.36	1.29	1.22	1.07	0.93	0.90
1.34	1.79	1.71	1.64	1.56	1.49	1.41	1.34	1.26	1.19	1.04	0.90	0.90
1.39	1.78	1.70	1.63	1.55	1.47	1.39	1.31	1.24	1.16	1.00	0.90	0.77
1.54	1.77	1.68	1.59	1.51	1.42	1.34	1.25	1.16	1.07	0.90	0.90	0.90
1.65	1.75	1.66	1.57	1.48	1.38	1.29	1.20	1.11	1.01	0.90	0.90	0.90
1.69	1.75	1.65	1.56	1.46	1.36	1.28	1.18	1.09	0.99	0.90	0.90	0.90
1.73	1.74	1.65	1.55	1.45	1.36	1.26	1.16	1.07	0.97	0.90	0.90	0.90

注：当风压等效高度变化系数（μ_z）、基本风压（w_0）处于表列中间值时，可按线性插入法取值。

A.1.4 塔机的风压高度变化系数，可采用等效高度变化系数（μ_z）将风荷载转化为等效均布线荷载，当塔机独立计算高度（H）为30m、40m、45m、50m，根据不同的地面粗糙度，可按表A.1.4确定。

表 A.1.4 塔机风压等效高度变化系数 μ_z

塔机独立计算高度 H（m）	地面粗糙度类别			
	A	B	C	D
30	1.54	1.20	0.84	0.62
40	1.65	1.29	0.92	0.65
45	1.69	1.34	0.96	0.66
50	1.73	1.39	0.99	0.69

注：当塔机独立计算高度（H）为30m~40m，或40m~45m及45m~50m之间，可按线性插入法查表取值。

A.1.5 当风沿着塔机塔身方形截面的对角线方向吹时（图A.1.5），风荷载应乘以风向系数（α），即α取为风向着方形截面任一边作用时的1.2倍。

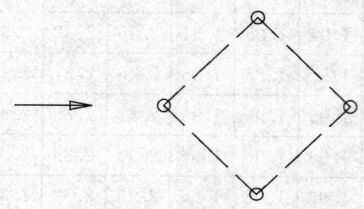

图 A.1.5 沿塔机塔身截面对角线的风向

A.1.6 塔身前后片桁架的平均充实率（α_0），对塔身无加强标准节的塔机宜取0.35；对塔身的加强标准节占爬升架以下一半的塔机宜取0.40；加强标准节处于中间值时可按线性插入法取值。

A.2 独立塔机工作状态时风荷载计算

A.2.1 工作状态时塔机风荷载的等效均布线标准值应按下列公式计算：

$$q_{sk} = w_k A / H \qquad (A.2.1-1)$$
$$w_k = 0.8\beta_z \mu_s \mu_z w_0 \qquad (A.2.1-2)$$
$$A = \alpha_0 BH \qquad (A.2.1-3)$$

式中：q_{sk} ——塔机工作状态时，风荷载的等效均布线荷载标准值（kN/m）；

w_0 ——塔机工作状态时，基本风压值取0.20kN/m^2；

A ——塔身单片桁架结构迎风面积（m^2）；

α_0 ——塔身前后片桁架的平均充实率；

B ——塔身桁架结构宽度（m）；

H ——塔机独立状态下计算高度（m）。

A.2.2 工作状态时，作用在塔机上风荷载的水平合力标准值应按下式计算：

$$F_{sk} = q_{sk} \cdot H \qquad (A.2.2)$$

式中：F_{sk} ——作用在塔机上风荷载的水平合力标准值（kN）。

A.2.3 工作状态时，风荷载作用在基础顶面的力矩标准值应按下式计算：

$$M_{sk} = 0.5F_{sk} \cdot H \qquad (A.2.3)$$

式中：M_{sk} ——风荷载作用在基础顶面的力矩标准值（kN·m），应按起重力矩同方向计算。

A.3 独立塔机非工作状态时风荷载计算

A.3.1 非工作状态时塔机风荷载的等效均布线荷载标准值应按下列公式计算：

$$q'_{sk} = w'_k A / H \qquad (A.3.1-1)$$
$$w'_k = 0.8\beta_z \mu_s \mu_z w'_0 \qquad (A.3.1-2)$$
$$A = \alpha_0 BH \qquad (A.3.1-3)$$

式中：q'_{sk} ——非工作状态时，风荷载的等效均布线荷载标准值（kN/m）；

w'_k ——非工作状态时，风荷载标准值（kN/m^2）；

w'_0 ——非工作状态时的基本风压（kN/m^2），应按当地50年一遇的风压取用，且不小于0.35kN/m^2。

A.3.2 非工作状态时，作用在塔机上风荷载的水平合力标准值应按下式计算：

$$F'_{sk} = q'_{sk} \cdot H \qquad (A.3.2)$$

式中：F'_{sk} ——非工作状态时，作用在塔机上风荷载的水平合力标准值（kN）。

A.3.3 非工作状态时，风荷载作用在基础顶面上的力矩标准值应按下式计算：

$$M'_{sk} = 0.5F'_{sk} \cdot H \qquad (A.3.3)$$

式中：M'_{sk} ——风荷载作用在基础顶面上的力矩标准值（kN·m），应按从平衡臂吹向起重臂计算。

附录 B 格构式钢柱缀件的构造要求

B.0.1 缀板型格构式钢柱（图B.0.1）中，同一截面处缀板的线刚度之和不应小于格构式钢柱分肢线刚度的6倍。缀板尺寸应取为：

缀板高度：$d \geqslant \dfrac{2}{3}b_1$；

缀板厚度：$t \geqslant \dfrac{1}{40}b_1$ 且 $t \geqslant 6\text{mm}$；

缀板间距：$l_1 \leqslant 2b_1$，且应符合本规程公式（7.3.2-3）中分肢长细比的规定。

式中：b_1 ——分肢型钢形心轴之间的距离。

B.0.2 缀条型格构式钢柱（图B.0.2）中，斜缀条与构件轴线间的夹角应在40°~60°范围内。缀条截面常用单个角钢，不宜小于L56×5，长细比不宜大于80。横缀条间距（l_1）应符合本规程公式（7.3.2-4）

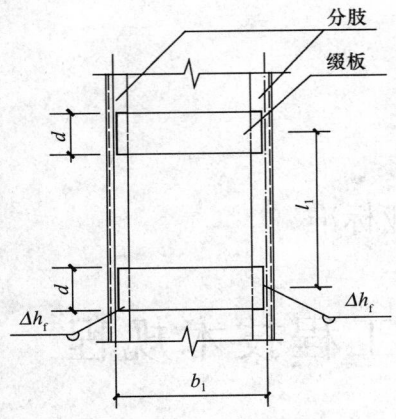

图 B.0.1 缀板式
格构式钢柱立面图

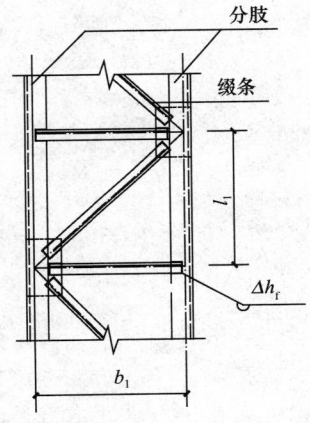

图 B.0.2 缀条式格
构式钢柱立面图

中分肢长细比的规定。

B.0.3 缀件与格构式钢柱分肢应电焊连接，缀件与分肢搭接的长度不宜小于分肢截面宽度的一半，否则应采用节点板连接。对缀板宜采用绕角焊（图B.0.1），对缀条宜采用三面围焊（图B.0.2）。角焊缝的焊脚尺寸 h_f 不宜小于 5mm，且不宜大于缀件的厚度。

本规程用词说明

1 为便于在执行本规程条文时区别对待，对要求严格程度不同的用词说明如下：

1）表示很严格，非这样做不可的：

正面词采用"必须"，反面词采用"严禁"；

2）表示严格，在正常情况下均应这样做的：

正面词采用"应"，反面词采用"不应"或"不得"；

3）表示允许稍有选择，在条件允许时首先应该这样做的：

正面词采用"宜"，反面词采用"不宜"；

4）表示有选择，在一定条件下可以这样做的，采用"可"。

2 条文中指明应按其他有关标准执行的写法为："应符合……的规定"或"应按……执行"。

引用标准名录

1 《建筑地基基础设计规范》GB 50007

2 《建筑结构荷载规范》GB 50009

3 《混凝土结构设计规范》GB 50010

4 《钢结构设计规范》GB 50017

5 《高耸结构设计规范》GB 50135

6 《建筑地基基础工程施工质量验收规范》GB 50202

7 《混凝土结构工程施工质量验收规范》GB 50204

8 《钢结构工程施工质量验收规范》GB 50205

9 《建筑机械使用安全技术规程》JGJ 33

10 《建筑地基处理技术规范》JGJ 79

11 《建筑钢结构焊接技术规程》JGJ 81

12 《建筑桩基技术规范》JGJ 94

中华人民共和国行业标准

塔式起重机混凝土基础工程技术规程

JGJ/T 187—2009

条 文 说 明

制　订　说　明

《塔式起重机混凝土基础工程技术规程》JGJ/T 187-2009，经住房和城乡建设部 2009 年 10 月 30 日以第 421 号公告批准、发布。

本规程制订过程中，编制组开展多项专题研究，进行了大量的调查研究和分析验证，总结了我国塔机混凝土基础设计和施工的实践经验，同时参考了国外先进技术标准，与相关的国家和行业标准进行了协调，且广泛征求了有关单位和专家的意见，最后经审查定稿。

为便于广大设计、施工、科研、学校等单位有关人员在使用本规程时能正确理解和执行条文规定，《塔式起重机混凝土基础工程技术规程》编制组按章、节、条顺序编制了本规程的条文说明，对条文规定的目的、依据以及执行中需注意的有关事项进行了说明。但是，本条文说明不具备与规程正文同等的法律效力，仅供使用者作为理解和把握规程规定的参考。在使用中如发现本条文说明有不妥之处，请将意见函寄华丰建设股份有限公司（地址：浙江省宁波市科技园区江南路 1017 号，邮政编码：315040）。

目　　次

1 总 则

1.0.1 本条说明制定本规程的目的和指导思想。

1.0.2 本条说明本规程的适用范围。建筑工程调查表明，塔机基础大部分采用固定式混凝土结构，故本规程对塔机混凝土基础的设计原则、计算公式、施工方法以及质量检查验收作出的规定均针对塔机的固定式混凝土基础。

1.0.3 本条说明本规程各章节内容的共性要求。

2 术语和符号

2.1 术 语

本节给出 15 个有关塔机混凝土基础工程方面的专用术语，根据现行国家标准《建筑结构设计术语和符号标准》GB/T 50083、《建筑结构荷载规范》GB 50009、《塔式起重机》GB/T 5031、《塔式起重机设计规范》GB/T 13752 的相应内容综合而成。

塔机的自重荷载、起重荷载、起重力矩均按《塔机使用说明书》进行计算分析。结构充实率意义与《建筑结构荷载规范》GB 50009 中挡风系数意义相同，即桁架杆件和节点挡风的净投影面积除以桁架的轮廓面积。

2.2 符 号

本节符号按现行国家标准《工程结构设计基本术语和通用符号》GBJ 132 和《建筑结构设计术语和符号标准》GB/T 50083 的规定，并结合《建筑地基基础设计规范》GB 50007、《建筑结构荷载规范》GB 50009、《高耸结构设计规范》GB 50135、《塔式起重机设计规范》GB/T 13752 及现行行业标准《建筑桩基技术规范》JGJ 94 的相应内容综合而成。

3 基 本 规 定

3.0.1 塔机的固定式混凝土基础形式有板式（矩形、方形等）、十字形、桩基及组合式基础。

3.0.2 塔机在独立状态时，所承受的风荷载等水平荷载及倾覆力矩、扭矩对基础的作用效应最大；附着状态（安装附墙装置后）时，塔机虽然增加了标准节自重，但对基础设计起控制作用的各种水平荷载及倾覆力矩、扭矩等主要由附墙装置承担，故附着状态可不计算，本条是塔机基础设计的基本原则。

根据现行国家标准《建筑结构荷载规范》GB 50009-2001（2006 年版）第 4.6 节规定，设计地基基础时不应计入起重荷载的动力系数。

3.0.3 工作状态基本风压按现行国家标准《塔式起重机设计规范》GB/T 13752 的规定为 0.25kN/m²；按现行国家标准《塔式起重机》GB/T 5031 的规定，此风压为塔机顶部值，且是单一的风力系数，小于本规程的风荷载多项系数之乘积；按现行行业标准《建筑机械使用安全技术规程》JGJ 33 的规定，六级及以上大风应立即停止作业，相应的基本风压为 0.12kN/m²；综合上述规定，故取工作状态的基本风压为 0.20kN/m²。

非工作状态时，按现行国家标准《高耸结构设计规范》GB 50135-2006 第 4.2.1 条规定，取当地 50 年一遇的基本风压，且不得小于 0.35kN/m²。塔机起重臂的受风面积大于平衡臂，风荷载作用下迅速稳定时，从平衡臂吹向起重臂，实际情况如此。

根据《建筑结构荷载规范》GB 50009-2001（2006 年版）第 7.5.1 条规定，塔机基础设计不应计入阵风系数。

3.0.4 根据现行国家标准《建筑地基基础设计规范》GB 50007 的规定和塔机的使用特点，本条规定了地基基础设计的原则，各类塔机的地基基础均应满足承载力计算的有关规定，作出了可不做地基变形验算和稳定性验算的规定，将地基变形验算和稳定性验算控制在合适的范围。基坑支护结构和边坡支护结构若已考虑塔机基础的荷载，则边坡稳定性验算可不进行。

3.0.5 根据现行国家标准《建筑地基基础设计规范》GB 50007 的规定和塔机的使用特点，将设计塔机地基基础不同内容时所采用的荷载与作用的不同组合值以及相应的抗力限值作出明确的规定。

3.0.6 塔机基础设计缺少计算资料指塔机制造商提供的《塔机使用说明书》中没有塔机各部分的构造、自重及重心位置的说明，即无法按本规程第 6.3.1 条~6.4.7 条条文说明的实例那样分析计算塔机的荷载。非工作状态下塔机现场的基本风压大于《塔机使用说明书》提供的基本风压，应按本规程附录 A 的规定对风荷载引起的倾覆力矩予以换算，否则不安全；可采用简化的换算方法，将现场基本风压超出《塔机使用说明书》基本风压的差值按本规程附录 A 的规定进行计算，将计算所得的倾覆力矩、水平荷载分别与《塔机使用说明书》提供的倾覆力矩、水平荷载同向叠加。

3.0.7 平头式塔机指臂架与塔身为 T 形结构形式的上回转塔机。

3.0.8 "必要时应在设定的塔机基础位置补充勘探点"，指工程的《岩土工程勘察报告》无法满足塔机进行基础设计的情况。

4 地 基 计 算

4.1 地基承载力计算

4.1.1 分析塔机制造商的《塔机使用说明书》提供

的荷载案例，可参考本规程第6.3.1条～6.4.7条的条文说明中图4所示的各荷载及相应尺寸。

塔机在工作状态、非工作状态的荷载标准组合值有明显差异时，可只取最不利者计算，否则应分别验算地基承载力。塔机基础实际施工时，为了方便塔机拆卸，多数不在基础顶面填土，故本规程基础自重标准值（G_k）是否含基顶填土重量，应按实际施工中基础顶面有否填土计算。考虑建筑工程施工后期的工作需要，基础顶面埋深宜在竣工的地面标高0.5m以下。

4.1.2 地基承载力特征值应按现行国家标准《建筑地基基础设计规范》GB 50007-2002第5.2.4条的规定进行修正。塔机在独立状态时，无论工作状态或非工作状态的荷载组合，作用于基础的荷载多数为偏心荷载，故本规程主要规定了偏心荷载作用下的计算公式。本条所列公式适用于矩形基础，且倾覆力矩标准值（M_k）、水平荷载标准值（F_{vk}）应沿矩形基础的短边方向作用。矩形基础底面的长宽比小于或等于1.1时应按方形基础计算。限制偏心距的规定与本规程第4.1.4条规定一致。

当塔机基础为十字形时，采用简化计算法，即倾覆力矩标准值（M_k）、水平荷载标准值（F_{vk}）仅由其中一条形基础承载，基础底面的抵抗矩（W）宜计入节点加腋部分；竖向荷载仍由全部基础承载。

4.1.3 塔机倾覆力矩并非始终和基础的两边b或l平行作用，实际上倾覆力矩随着起重臂的转动是多向性作用，故应按最危险方向即沿方形基础和底面边长小于或等于1:1的矩形基础对角线方向作用，此时基础底面的抵抗矩W最小，倾覆力矩均按塔机塔身截面的对角线计算。公式（4.1.3-3）、（4.1.3-4）、（4.1.3-5）、（4.1.3-6）、（4.1.3-7）取自现行国家标准《高耸结构设计规范》GB 50135-2006第7.2.2条和第7.2.3条规定。基础在核心区内受荷载合力作用是指板式基础底面没有部分脱开地基土，即 p_{kmin} 不小于0；M_{kx}、M_{ky}取作用于基础底面沿塔机塔身截面对角线方向的倾覆力矩在x、y轴的投影值。

4.1.4 本条文取自现行国家标准《高耸结构设计规范》GB 50135的规定，考虑塔机倾覆后果的严重性，比现行国家标准《塔式起重机设计规范》GB/T 13752的规定有所提高。可通过控制偏心距符合本条规定的要求：对矩形基础偏心距（e）不大于 $\frac{b}{4}$；对方形基础和底面边长比小于或等于1.1的矩形基础偏心距（e）不大于 $0.21b$（倾覆力矩沿塔身截面的对角线作用）。

4.2 地基变形计算

4.2.1 本条规定参照了现行国家标准《高耸结构设计规范》GB 50135-2006表7.1.1规定，并考虑塔机

基础的使用特点，作出可不做地基变形验算的规定，将地基变形的验算控制在较少的范围。

4.2.2 本条规定取自现行国家标准《高耸结构设计规范》GB 50135-2006第7.1.1条。

4.2.3 根据现行行业标准《建筑机械使用安全技术规程》JGJ 33-2001第4.4.17条规定，塔机的塔身垂直度偏差值不大于4/1000是塔机正常工作的必要条件，塔机基础工作周期虽不长，但地基变形过大会涉及安全，故作出地基变形计算的规定。

4.2.4 本条规定参照现行国家标准《高耸结构设计规范》GB 50135和现行行业标准《建筑机械使用安全技术规程》JGJ 33作出规定。

4.3 地基稳定性计算

4.3.1 根据本条规定的参数和塔机制造商提供的常用塔机荷载数据，按现行国家标准《建筑边坡工程技术规范》GB 50330的规定，经过验算，符合要求。

4.3.2 根据现行国家标准《建筑边坡工程技术规范》GB 50330的规定，采用圆弧滑动面条分法分析边坡地基稳定性系数。

5 板式和十字形基础

5.1 一般规定

5.1.2 根据现行国家标准《建筑地基基础设计规范》GB 50007的规定，天然地基和复合地基承载的塔机基础，基底压力均需满足地基承载力计算的规定；工程实践表明，塔机固定式混凝土基础均为扩展基础，故作出本条规定。

5.1.3 本章基础的内容主要针对天然或复合地基上的基础，桩基承台的有关规定见本规程第6章桩基础。考虑基础的稳定要求，作出基础埋深的规定，且有利于工程的后期施工，见本规程第4.1.1条的条文说明。

5.2 构造要求

5.2.2 本条对塔机基础混凝土结构的最低混凝土强度等级作了规定，该条规定是保证基础承载力的基本条件。现行行业标准《建筑机械使用安全技术规程》JGJ 33-2001的第4.4.2条规定塔机基础的混凝土强度不低于C35，但该条规定的依据（现行国家标准《塔式起重机安全规程》GB 5144-2006第10.6节）并未规定混凝土的最低强度等级。考虑塔机的使用特点，故此条规定比现行国家标准《混凝土结构设计规范》GB 50010规定的最低混凝土强度等级提高了一级。

5.2.3 考虑塔机基础的重要性，本条文的规定比现行国家标准《建筑地基基础设计规范》GB 50007-

2002 第 8.2 节规定略提高。塔机基础在倾覆力矩作用下，基础受到塔机锚栓等的上拔作用，产生负弯矩，故规定了基础架立筋的截面积不宜小于受力筋截面积的一半，必要时主筋宜上、下层对称配筋。

5.2.4 塔机基础节锚栓和预埋节的构造可参照本规程第 6.4.6 条的条文说明。

5.2.5 考虑矩形基础的长边与短边之比大于 2 时，不利于短边方向的抗倾覆稳定性，即长边方向的材料不能充分利用，故规定了长短边长的比值限制。十字形基础的节点处采用加腋构造，有利于基础的稳定和避免应力集中。

5.3 基础计算

5.3.1 根据现行国家标准《混凝土结构设计规范》GB 50010 - 2002 第 7.6 节的规定，塔机基础在剪力和扭矩共同作用下，验算其剪应力之和应不大于 $0.25\beta_c f_c$（β_c 为混凝土强度影响系数，对强度等级 C25～C50 时，β_c 等于 1）。考虑一般塔机基础所受的扭矩 T_k 较小，例如 QTZ63 塔机的 T_k 等于 228kN·m，QTZ80 塔机的 T_k 等于 305kN·m，ZJ6012 塔机的 T_k 等于 350kN·m，ZJ7030 塔机的 T_k 等于 660kN·m，远小于混凝土基础 1/4 的开裂扭矩 $[T]$；对方形基础长 5m、宽 5m、高 1.2m，且混凝土强度等级为 C25 时，$[T]$ 为 7880kN·m。故简化设计中可不考虑扭矩的作用。

当塔机基础节设有斜撑时，可简化为无斜撑计算，但基础钢筋宜按对称式配置正负弯矩筋。按现行国家标准《建筑地基基础设计规范》GB 50007 - 2002 第 8.2.7 条规定，本节所列公式中的荷载不包括基础及其上土的自重。净反力是指扣除基础及其上土自重后传至基础底面的压应力。

5.3.2 塔机的塔身是立体桁架式钢结构，力的作用机理和结构构造类同于格构式钢柱，故规定了塔机的 4 根立柱所包围的面积作为塔身柱截面。

倾覆力矩设计值 M 按基础主轴 x、y 方向分别作用，计算基底压力，再计算基础的内力、配筋。按公式 (5.3.2) 计算出塔机的塔身柱边基础截面的内力弯矩与精确计算值相比，误差一般在 5% 内。

5.3.3 为了和本规程上述公式中符号一致，即倾覆力矩作用方向的基础底面边长为 b，故注图 5.3.3 中条形基础纵向尺寸为 b，横向尺寸为 l。

6 桩 基 础

6.1 一 般 规 定

6.1.2 根据工程地质情况、塔机的荷载、施工条件、施工场地环境等因素，通过技术经济比较分析后选用桩型，一般塔机基础的基桩可随同工程桩的桩型。考虑挤土桩对桩和周围环境的影响，可按现行行业标准《建筑桩基技术规范》JGJ 94 - 2008 第 7.4.9 条规定采取相应的防挤土措施。

6.1.3 本条文摘自现行行业标准《建筑桩基技术规范》JGJ 94 的规定。

6.1.4 根据现行行业标准《建筑桩基技术规范》JGJ 94 - 2008 第 3.1.4 条规定和塔机桩基础的实际情况，规定了可不计算桩基的沉降变形。

6.2 构 造 要 求

6.2.1、6.2.2 当塔机基桩属抗拔桩或端承桩时，根据现行行业标准《建筑桩基技术规范》JGJ 94 - 2008 第 4.1.1 条规定，应等截面或变截面通长配筋。考虑塔机基础使用的特点，纵向钢筋直径略有提高。预应力混凝土管桩的混凝土强度等级和配筋构造按国家标准图集《预应力混凝土管桩》03SG409 取用。

6.2.3 考虑塔机基础使用的特点，承台下的基桩宜按 x、y 轴双向均匀对称式布置，且不宜少于 4 根，以满足塔机任意方向倾覆力矩的作用。基桩外边缘至承台边缘距离的规定比现行行业标准《建筑桩基技术规范》JGJ 94 略有提高。目前国内塔机基础也有采用大直径的单桩承台，其水平承载力和位移经验算应符合现行行业标准《建筑桩基技术规范》JGJ 94 的要求。

6.2.4 考虑塔机基础承台的特殊性，适用的承台形式主要为矩形板式和十字形梁式，当板式承台下布置 4～5 根桩时，宜沿对角线设置桩顶暗梁，且塔机基础节的立柱位于暗梁上。

6.3 桩 基 计 算

6.3.1 考虑塔机倾覆力矩作用方向的可变性，故倾覆力矩和水平荷载应按承台的对角线作用（最危险方向）布置，计算出角桩的受压和受拔荷载最大值；非角桩可采用与角桩相同的截面配筋，以方便施工。当采用十字形承台时，采用简化计算，即倾覆力矩和水平荷载仅由其中一条形承台下的基桩承载，竖向荷载仍由全部基桩承受。

6.3.2 根据现行行业标准《建筑桩基技术规范》JGJ 94 的规定和塔机的使用特点以及建筑工程资料，塔机基础的桩型一般与工程桩相同，承台下的基桩常采用均匀对称式布置。塔机的倾覆力矩沿矩形或方形承台对角线方向或十字形承台中任一条形基础作用时，角桩的桩顶竖向力最大。为了简化计算，假定非角桩仅参与承受竖向荷载。当承台下布置 4 或 5 根桩时（图 6.4.5-1），公式 (6.3.2-2)、(6.3.2-3) 属精确计算式。

6.3.4 塔机基础的单桩竖向承载力特征值可根据地质条件和桩型相同工程桩的静载试桩资料确定；考虑塔机基础的基桩使用特点，即基桩长度不同于工程桩,故作出本条经验参数法的规定。

6.3.5 本条规定取自现行行业标准《建筑桩基技术规范》JGJ 94 - 2008 第 5.8.8 条规定。

6.3.6 考虑塔机基础的基桩使用时间较短,可按允许出现裂缝的三级裂缝控制等级计算,见现行行业标准《建筑桩基技术规范》JGJ 94 - 2008 第 5.8.8 条规定。

6.4 承台计算

I 受弯及受剪计算

6.4.2 本条文参照现行行业标准《建筑桩基技术规范》JGJ 94 的承台受弯计算公式,将塔机的 4 根立柱所包围的面积简化为塔机柱截面考虑(图 6.4.2 的阴影部分)。当塔机基础节设有斜撑时,可简化为无斜撑计算,同时在承台上面参照正弯矩值配置负弯矩筋。考虑塔机基础承台均不用三桩承台,故略掉三桩承台的受弯计算公式。

6.4.3 本条板式承台指无暗梁的情况,设置暗梁的计算按本规程第 6.4.5 条规定。

6.4.4 暗梁的钢筋按本规程第 6.4.5 条计算配置,配置暗梁的板式承台的表层和底层钢筋按本规程第 6.2.4 条构造要求配置。

6.4.5 当承台基础下布置 4 根或 5 根基桩时,承台梁可分别按集中荷载作用下的简支梁或连续梁计算。根据现行行业标准《建筑桩基技术规范》JGJ 94 的规定,采用荷载效应的基本组合值,不计承台及其上土自重。图 6.4.5-2 中的集中荷载按实际情况的 F_{max} 或 F_{min} 值布置,图中支座(基桩)按实际情况布置。板式承台应按本规程本节规定计算受冲切承载力。

II 受冲切计算

6.4.6 塔机与混凝土基础的连接形式有:通过预埋于基础的锚栓连接塔机基础节(图 1)、直接将预埋节预埋于基础(图 2)。由于锚栓下部有二道支盘式锚固构造,预埋节的立柱底有支盘和立柱之间有横杆

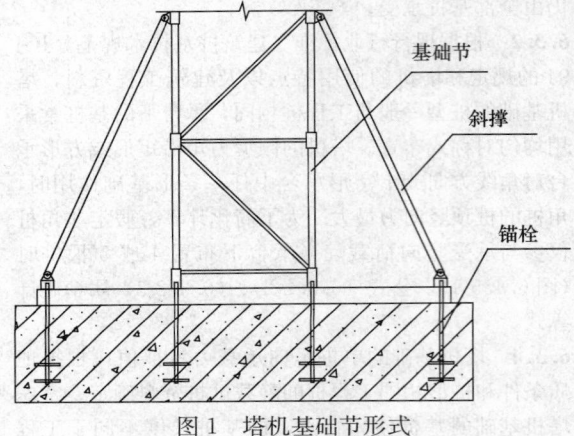

图 1 塔机基础节形式

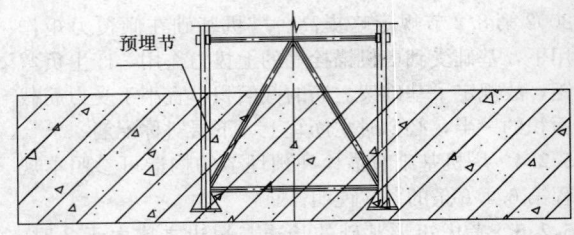

图 2 塔机预埋节形式

连接且与基础钢筋连接,故在承台厚度满足本规程第 6.2 节构造要求和《塔机使用说明书》的要求下,塔机立柱对承台的冲切可不验算,本规程只规定了基桩对承台的冲切计算。

6.4.7 塔机的倾覆力矩沿矩形或方形承台的对角线方向作用时,角桩的桩顶作用力最大,且冲切破坏体的侧面积最小,故仅规定承台受角桩冲切的承载力要求。

为简化计算,将塔机基础节的 4 根立柱所包围的面积作为塔身柱截面,当角桩轴线位于塔机塔身柱冲切破坏锥体以内时,且承台高度符合构造要求,可不进行承台受角桩冲切的承载力计算。

6.3.1~6.4.7 桩基础设计实例

I 塔机及桩基概况

1 塔机概况

根据工程实况,采用塔机型号为 QTZ60,塔身为方钢管桁架结构,塔身桁架结构宽度为 1.6m,最大起重量为 6t,最大起重力矩为 69t·m,最大吊物幅度 50m,结构充实率 $\alpha_0 = 0.35$,独立状态塔机最大起吊高度 40m,塔机计算高度 43m(取至锥形塔帽的一半高度),现场为 B 类地面粗糙度。塔机以独立状态计算,分工作状态和非工作状态两种工况分别进行基础的受力分析。

2 桩基概况

根据现场的《岩土工程勘察报告》和工程桩的桩型,塔基的基桩选用先张法预应力混凝土管桩 PC-AB550(100)-11.10.9a,桩身的混凝土强度等级为 C60,桩端持力层为可塑状态的粉质黏土,单桩竖向承载力特征值 $R_a = 750$kN,单桩竖向抗拔承载力特征值 $R'_a = 550$kN,承台尺寸 $b×l×h = 4800$mm×4800mm×1250mm,承台埋置深度为 1.5m,承台顶面不覆土。塔机工作地点为深圳市,在丰水期的地下水位为自然地面下 1m,桩基础平面示意图及 A-A 剖面图如图 3 所示。

II 桩基所受荷载的计算分析

塔机 QTZ60 的竖向荷载简图如图 4 所示。图中各参数摘自浙江建机集团生产的 QTZ60 塔机的使用说明书。各种型号规格的塔机荷载简图应按实画出并计算。

1 自重荷载及起重荷载

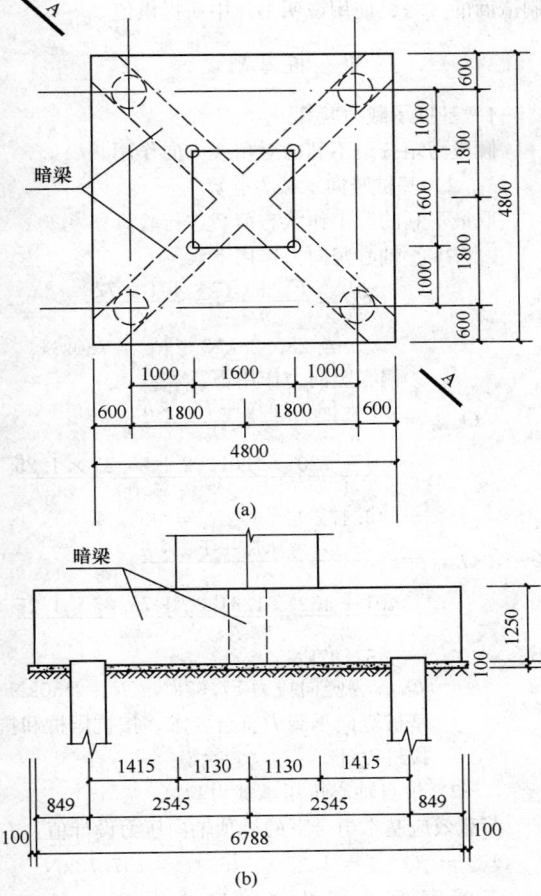

(a)

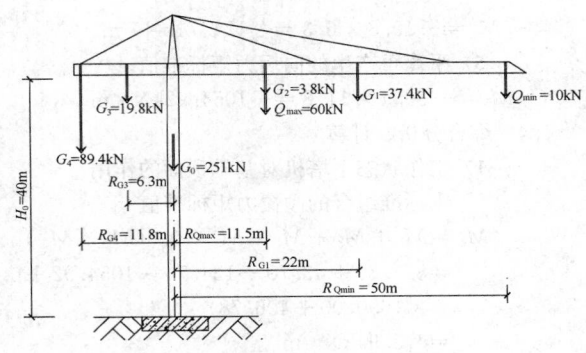

图 4　QTZ60 塔机竖向荷载简图

图中：G_0——塔身自重；

　　　G_1——起重臂自重；

　　　G_2——小车和吊钩自重；

　　　G_3——平衡臂自重；

　　　G_4——平衡块自重；

　　　Q_{max}——最大起重荷载；

　　　Q_{min}——最小起重荷载；

　　　R_{Gi}——塔机各分部重心至塔身中心的距离；

　　　R_{Qi}——最大或最小起重荷载至塔身中心相应的最大距离。

$$M_{sk} = 0.5F_{vk} \cdot H = 0.5 \times 18.92 \times 43$$
$$= 406.78 \text{kN} \cdot \text{m}$$

2）非工作状态下塔机塔身截面对角线方向所受风荷载标准值（见本规程附录 A）

①塔机所受风线荷载标准值（深圳市 $w'_0 = 0.75 \text{ kN/m}^2$）

$$q'_{sk} = 0.8\alpha\beta_z\mu_s\mu_z w'_0 \alpha_0 BH/H$$
$$= 0.8 \times 1.2 \times 1.69 \times 1.95 \times 1.32$$
$$\times 0.75 \times 0.35 \times 1.6$$
$$= 1.75 \text{kN/m}$$

②塔机所受风荷载水平合力标准值

$$F'_{vk} = q'_{sk} \cdot H = 1.75 \times 43 = 75.25 \text{kN}$$

③基础顶面风荷载产生的力矩标准值

$$M'_{sk} = 0.5F'_{sk} \cdot H = 0.5 \times 75.25$$
$$\times 43$$
$$= 1617.88 \text{kN} \cdot \text{m}$$

3　塔机的倾覆力矩

塔机自身产生的倾覆力矩，向前（起重臂方向）为正，向后为负。

1）大臂自重产生的向前力矩标准值

$$M_1 = 37.4 \times 22 = 822.80 \text{kN} \cdot \text{m}$$

2）最大起重荷载产生的最大向前起重力矩标准值（Q_{max} 比 Q_{min} 产生的力矩大）

$$M_2 = 60 \times 11.5 = 690.00 \text{kN} \cdot \text{m}$$

3）小车位于上述位置时的向前力矩标准值

$$M_3 = 3.8 \times 11.5 = 43.70 \text{kN} \cdot \text{m}$$

4）平衡臂产生的向后力矩标准值

(b)

图 3　桩基平面示意及 A-A 剖面图

（a）桩基平面示意；（b）A-A 剖面图

1）塔机自重标准值

$$F_{k1} = 401.00 \text{ kN}$$

2）基础自重标准值

$$G_k = 4.8 \times 4.8 \times 1.25 \times 25 = 720.00 \text{ kN}$$

丰水期：$G'_k = 4.8 \times 4.8 \times 1.25 \times (25 - 10) = 432.00 \text{ kN}$

3）起重荷载标准值

$$F_{qk} = 60.00 \text{ kN}$$

2　风荷载计算

1）工作状态下塔机塔身截面对角线方向所受风荷载标准值（见本规程附录 A）

①塔机所受风均布线荷载标准值（$w_0 = 0.20 \text{ kN/m}^2$）

$$q_{sk} = 0.8\alpha\beta_z\mu_s\mu_z w_0 \alpha_0 BH/H$$
$$= 0.8 \times 1.2 \times 1.59 \times 1.95 \times 1.32$$
$$\times 0.20 \times 0.35 \times 1.6$$
$$= 0.44 \text{kN/m}$$

②塔机所受风荷载水平合力标准值

$$F_{vk} = q_{sk} \cdot H = 0.44 \times 43 = 18.92 \text{kN}$$

③基础顶面风荷载产生的力矩标准值

$M_4 = -19.8 \times 6.3 = -124.74 \mathrm{kN \cdot m}$

5）平衡重产生的向后力矩标准值

$M_5 = -89.4 \times 11.8 = -1054.92 \mathrm{kN \cdot m}$

4 综合分析、计算

1）工作状态下塔机对基础顶面的作用

①标准组合的倾覆力矩标准值

$M_k = M_1 + M_3 + M_4 + M_5 + 0.9(M_2 + M_{sk})$

$= 822.80 + 43.70 - 124.74 - 1054.92 + 0.9$

$\times (690.00 + 406.78)$

$= 673.94 \mathrm{kN \cdot m}$

②水平荷载标准值 $F_{vk} = 18.92 \mathrm{kN}$

③竖向荷载标准值

塔机自重：$F_{k1} = 401.00 \mathrm{kN}$

基础自重：$G_k = 720.00 \mathrm{kN}$

起重荷载：$F_{qk} = 60.00 \mathrm{kN}$

$F_k = F_{k1} + G_k + F_{qk}$

$= 401.00 + 720.00 + 60.00 =$

$1181.00 \mathrm{kN}$

2）非工作状态下塔机对基础顶面的作用

①标准组合的倾覆力矩标准值

$M'_k = M_1 + M_4 + M_5 + M'_{sk}$

$= 822.80$

$- 124.74 - 1054.92 + 1617.88$

$= 1261.02 \mathrm{kN \cdot m}$

无起重荷载，小车收拢于塔身边，故没有力矩 M_2、M_3。

②水平荷载标准值 $F'_{vk} = 75.25 \mathrm{kN}$

③竖向荷载标准值

塔机自重：$F_{k1} = 401.00 \mathrm{kN}$

基础自重：$G_k = 720.00 \mathrm{kN}$

$F'_k = F_{k1} + G_k = 401.00 + 720.00 =$

$1121.00 \mathrm{kN}$

根据现行国家标准《建筑结构荷载规范》GB 50009-2001（2006年版）第3.2.4条规定，工作状态的荷载效应组合标准值（S_k）按下式计算：

$$S_k = S_{Gk} + 0.9 \sum_{i=1}^{n} S_{Qik}$$

式中：S_{Gk}——按永久荷载标准值计算的荷载效应值；

S_{Qik}——按可变荷载标准值计算的荷载效应值。

比较上述两种工况的计算，可知本例塔机在非工作状态时对基础传递的倾覆力矩最大，故应按非工作状态的荷载组合进行地基基础设计。控制工况下（非工作状态）的倾覆力矩标准值小于塔机制造商的《塔机使用说明书》中所提供值，原因是塔机制造商的提供值系按现行国家标准《塔式起重机设计规范》GB/T 13752规定的基本风压 $0.80 \mathrm{kN/m^2}$（离地面高度20m以下）、$1.10 \mathrm{kN/m^2}$（离地面高度20m以上）计算。若塔机现场的基本风压大于 $1.00 \mathrm{kN/m^2}$，按本规程规定进行计算的结果，倾覆力矩标准值大于塔机

制造商的《塔机使用说明书》中所提供值。

Ⅲ 桩基础设计

1 基桩承载力验算

倾覆力矩按最不利的对角线方向作用。

1）基桩竖向承载力验算

取最不利的非工作状态荷载进行验算。

①轴心竖向力作用下：

$Q_k = \dfrac{F'_k + G_k}{n} = \dfrac{401 + 720}{4}$

$= 280.25 \mathrm{kN} < R_a = 750 \mathrm{kN}$

②偏心竖向力作用下：

$Q_{kmax} = \dfrac{F'_k + G_k}{n} + \dfrac{M'_k + F'_{vk} \cdot h}{L}$

$= \dfrac{401 + 720}{4} + \dfrac{1261.02 + 75.25 \times 1.25}{5.09}$

$= 546.47 \mathrm{kN} < 1.2R_a = 900 \mathrm{kN}$

$Q_{kmin} = \dfrac{F'_k + G'_k}{n} - \dfrac{M'_k + F'_{vk} \cdot h}{L}$

$= \dfrac{401 + 432}{4} - \dfrac{1261.02 + 75.25 \times 1.25}{5.09}$

$= -57.97 \mathrm{kN}$

Q_{kmin} 为竖向拔力 $57.97 \mathrm{kN} < R'_a = 550 \mathrm{kN}$

基桩竖向承载力符合要求，按抗压桩和抗拔桩设计。

2）桩身轴心抗压承载力验算

荷载效应基本组合下的桩顶轴向压力设计值：

$Q_{max} = \gamma Q_{kmax} = 1.35 \times 546.47 = 737.73 \mathrm{kN}$

查国家标准图集《预应力混凝土管桩》03SG409得：

先张法预应力混凝土管桩 PC-AB550（100）-11.10.9a桩身结构竖向承载力设计值：

$N = 2700 \mathrm{kN}$

$Q_{max} < N$

桩身轴心受压承载力符合要求。

3）桩身轴心抗拔承载力验算

荷载效应基本组合下的桩顶轴向拉力设计值：

$Q' = \gamma Q_{kmin} = 1.35 \times 57.97 = 78.26 \mathrm{kN}$

$N' = f_y A_s + f_{py} A_{ps} = 0 + 1040 \times 11 \times 90$

$= 1029.6 \mathrm{kN}$

$Q' < N'$

桩身轴心抗拔承载力符合要求，预应力混凝土管桩的连接按国家标准图集《预应力混凝土管桩》03SG409等强度焊接，预应力混凝土管桩与承台的连接应符合本规程第6.2.6条规定。

2 桩基承台计算

计算承台受弯、受剪及受冲切承载力时，不计承台及其上土自重。

1）承台受冲切验算

角桩轴线位于塔机塔身柱的冲切破坏锥体以内，且承台高度符合构造要求，故可不进行承台受角桩冲切的承载力验算。

2）承台暗梁配筋计算

承台暗梁截面 $b \times h = 600\text{mm} \times 1250\text{mm}$，混凝土强度等级为 C25，钢筋采用 HRB335，混凝土保护层厚度为 50mm（即预应力管桩嵌入承台的长度）。

①荷载计算

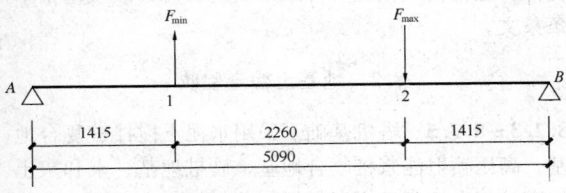

图 5　暗梁计算简图

塔机塔身截面对角线上立杆的荷载设计值：

$$F_{\min}^{\max} = \frac{\gamma F_k'}{n} \pm \frac{\gamma M_k'}{L} = \frac{1.35 \times 401}{4} \pm \frac{1.35 \times 1261.02}{2.26}$$

$$= \begin{Bmatrix} 888.60\text{kN} \\ -617.92\text{kN} \end{Bmatrix}$$

暗梁计算简图如下：

②受弯计算

A、B 支座反力：

$R_A = -199.11\text{kN}$（支座反力向下）；$R_B = 469.79\text{kN}$（支座反力向上）。

最大弯矩在截面 2 位置，弯矩设计值：

$$M_2 = 469.79 \times 1.415 = 664.75\text{kN} \cdot \text{m}$$

根据现行国家标准《混凝土结构设计规范》GB 50010 - 2002 第 7.2.1 条规定，按强度等级为 C25 混凝土，钢筋为 HRB335 的矩形截面单筋梁计算，配筋为：

$$A_s = 1899\ \text{mm}^2$$

实配 6Φ20，$A_s = 1884\ \text{mm}^2 \approx 1899\ \text{mm}^2$，相差 0.8%，符合要求。

③受剪计算

按现行国家标准《混凝土结构设计规范》GB 50010 - 2002 第 7.5.7 条、第 10.2.9～10.2.11 条规定设计。

最大剪力在 B 支座截面，剪力设计值：

$$V_{\max} = 469.79\ \text{kN}$$

混凝土受剪承载力：

$$\frac{1.75}{\lambda + 1} f_t b h_0 = \frac{1.75}{1.5 + 1} \times 1.27 \times 600 \times 1190$$

$$= 634.75\text{kN} > V_{\max}$$

式中计算截面的剪跨比：$\lambda = \dfrac{a}{h_0} = \dfrac{1.415}{1.19} < 1.5$，取 $\lambda = 1.5$。

箍筋按构造要求进行配筋，ϕ8@200（4 肢箍）。

3　桩承台配筋

1）暗梁配筋截面简图如图 6 所示。架立筋为 6Φ14，受力筋为 6Φ20，箍筋为 ϕ8@200（4 肢箍）。

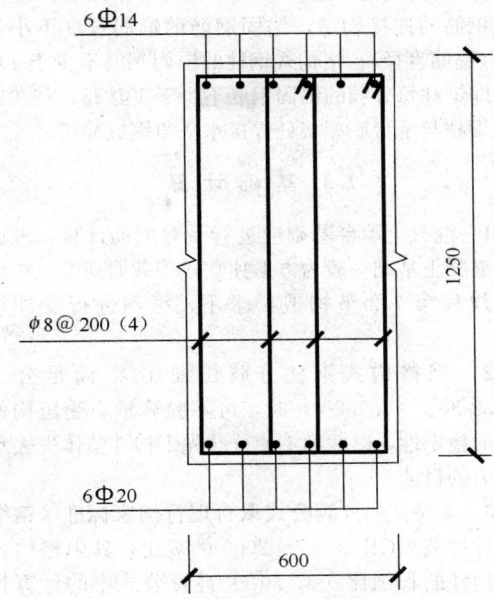

图 6　暗梁截面配筋简图

2）承台基础上下面均配钢筋网Φ12 双向@200。

7　组合式基础

7.1　一般规定

7.1.1　为满足地下室基坑围护结构施工和基坑挖土的需要，并考虑拆除方便，一般塔机基础承台宜布置于顶板之上，且留有切割格构式钢柱的净空间。若利用地下室底板作为塔机基础，应经过工程设计单位同意。若塔机基础布置于底板下，应符合本规程第 5、6 章的规定。

7.1.5　考虑地下室底板的基础梁、承台的水平钢筋容易和格构式钢柱相碰，后浇带和加强带迟于底板浇捣混凝土，不利于塔机基础稳定，故作出本条规定。

7.1.6　格构式钢柱的型钢支撑斜杆和水平面的夹角宜按 45°～60°布置。格构式钢柱计算高度见本规程第 7.3.3 条规定。参照现行国家标准《钢结构设计规范》GB 50017 - 2003 第 8.4 节规定，设置水平型钢剪刀撑有利于增强基础的抗扭承载力。

7.2　基础构造

7.2.1　格构式钢柱的外边缘至承台边缘的距离，以及钢柱下端基桩的外边缘至承台（投影）边缘的距离不小于 200mm。

7.2.2　缀条式格构式钢柱的缀件采用角钢，缀板式格构式钢柱的缀件采用钢板，宜采用后者，以利于插入灌注桩的钢筋笼中，且构造简单。

7.2.4 格构式钢柱上端深入承台处可采用焊接竖向锚固钢筋的连接构造，锚固钢筋的锚固长度不小于 $35d$（锚筋直径）；格构式钢柱的锚固钢筋不少于 4 Φ 25，即钢柱每分肢的锚固钢筋不少于 1 Φ 25。宜在格构式钢柱与承台底相接处焊接水平角钢抗冲切。

7.3 基 础 计 算

7.3.1 混凝土承台基础应进行受弯配筋计算，考虑塔机混凝土基础一般为方形独立式等截面高度，在满足本规程第 7.2 节构造要求下，可不进行受冲切验算。

7.3.2 当格构式钢柱分肢长细比 λ_1 满足公式（7.3.2-3）、（7.3.2-4）时，可不验算轴心受压构件分肢的稳定性，以达到不使分肢先于构件整体失去承载能力的目的。

7.3.3 本条文的计算公式取自现行国家标准《钢结构设计规范》GB 50017－2003 的规定，其中格构式钢柱构件的长细比（λ_x、λ_y）计算公式中的计算长度（H_0）规定为承台厚度中心至格构式钢柱底（插入灌注桩的底端）的高度，系参照现行行业标准《建筑桩基技术规范》JGJ 94－2008 第 5.8.4 条的规定，按格构式钢柱的上、下端近似为铰接考虑，故下端嵌入灌注桩应有最小长度的规定，且当基坑开挖至设计标高时，应快速浇捣混凝土垫层，详见本规程第 8.1.7 条基础施工的有关规定。格构式钢柱截面宜设计为方形，即 λ_{0x} 等于 λ_{0y}，λ_x 等于 λ_y。若有特殊情况，截面也可设计为其他形式，其长细比按现行国家标准《钢结构设计规范》GB 50017 的规定计算。本条的公式和图 7.3.2 所示的格构式组合构件截面相一致。

7.3.5 本条文公式中的 M_0、V_0、N_0 均指单个缀件的内力。格构式钢柱的缀板在满足本规程附录 B 格构式钢柱缀件的构造要求时，本条文的公式可不验算。

8 施工及质量验收

8.1 基 础 施 工

8.1.3 塔机安装应在基础验收合格后进行，一次性安装高度不宜超过《塔机使用说明书》规定的最大独立高度的一半，宜分次升高至所需的最大独立高度。

8.1.4 基础沉降及位移观测方法同建筑主体结构工程。

8.1.5 格构式钢柱和灌注桩的钢筋笼焊接后一起沉入孔位，垂直度和上端偏位值容易因疏忽失去控制，故作出此条规定。

8.1.6 随着基坑土方的分层开挖，承台基础下的各

格构式钢柱之间逆作式（自上而下）及时设置竖向型钢支撑（图 7.1.2），较高（H_0 不小于 8m）格构式钢柱设置水平剪刀撑，有利于抗塔机回转产生的扭矩。

8.1.7 基坑开挖到设计标高时，由于柱脚没有水平构件，是格构式钢柱受力最不利的状态，故规定了本条条文。

8.2 地基土检查验收

8.2.3～8.2.5 塔机基础下采用水泥土搅拌桩复合地基、高压喷射注浆桩复合地基、砂桩地基、土和灰土挤密桩复合地基及水泥粉煤灰碎石桩复合地基，其承载力检验应符合现行国家标准《建筑地基基础工程施工质量验收规范》GB 50202 的规定。可以工程复合地基的检验代替，必要时应检验塔基下的复合地基。

8.3 基础检查验收

8.3.4 本条规定取自现行国家标准《混凝土结构工程施工质量验收规范》GB50204 的相关规定。

8.3.5 本条规定考虑塔机基础属临时结构，参照现行国家标准《混凝土结构工程施工质量验收规范》GB 50204－2002 的表 8.3.2-2，略有放宽。

8.4 桩基检查验收

8.4.5 塔机基础的基桩检验可以用本工程同样条件下的工程桩作替代，进行承载力和桩身质量的检验，当桩型或地质条件不同时，宜按现行行业标准《建筑基桩检测技术规范》JGJ 106 的规定，单独进行塔机基础的基桩检测。

8.5 格构式钢柱检查验收

8.5.5 本条规定参照现行国家标准《钢结构工程施工质量验收规范》GB 50205 的规定，考虑塔机基础为临时性结构，格构式钢柱随同灌注桩的钢筋笼安放就位，故本规程表 8.5.5 的允许偏差略有放宽。

附录 A 塔机风荷载计算

A.1 风荷载标准值计算

A.1.1 0.8 为风压修正系数。一般塔机在单位工程上的使用时间为 2 年～3 年，按 30 年一遇的基本风压已属安全（国家现行行业标准《建筑施工扣件式钢管脚手架安全技术规范》JGJ130 规定按 30 年一遇的基本风压计算，且乘以 0.7 修正系数；国家现行行业标准《建筑施工模板安全技术规范》JGJ 162 规定按 10 年一遇的基本风压计算），本规程取 50 年一遇的基本风压，同时考虑风荷载的风振动力作用传至基础时将会削弱，故此对风压进行折减修正，修正系数取 0.8。本条公式中其他系数可查现行国家标准《建筑

结构荷载规范》GB 50009 以及《高耸结构设计规范》GB 50135 的有关规定，可按本附录查表取值。按本规程第 3.0.3 条规定，工作状态下的基本风压取 0.20kN/m²；非工作状态下取当地 50 年一遇的基本风压，但不小于 0.35kN/m²。

A.1.2 制定塔机风振系数（β_z）说明如下：

根据现行国家标准《建筑结构荷载规范》GB 50009 和《高耸结构设计规范》GB 50135 的规定，按照不同的基本风压（w_0）、塔机的计算高度（H）以及地面粗糙度类别，计算出不同的塔机风振系数（β_z），以方便应用。

1 混凝土基础的塔机桁架结构的基本自振周期（T）

根据现行国家标准《建筑结构荷载规范》GB 50009—2001（2006 年版）的附录 E 简化计算：

$$T = 0.012H$$

式中：H——塔机的计算高度。

2 脉动增大系数（ξ）

以基本风压（w_0）和基本自振周期（T）代入公式 $w_0 T^2$，且按现行国家标准《高耸结构设计规范》GB 50135-2006 第 4.2.9 条注 3 的规定，对于 A、B、C、D 类地面的基本风压分别乘以粗糙度系数 1.38、1.00、0.62、0.32，按现行国家标准《高耸结构设计规范》GB 50135-2006 表 4.2.9-1 查出无维护钢结构的脉动增大系数（ξ）。

3 根据现行国家标准《高耸结构设计规范》GB 50135-2006 规定的公式计算：

$$\beta_z = 1 + \xi \varepsilon_1 \varepsilon_2$$

式中：β_z——风振系数；

ξ——脉动增大系数；

ε_1——考虑风压脉动和风压高度变化的影响系数，按塔机独立计算高度（H）和相应的地面粗糙度查现行国家标准《高耸结构设计规范》GB 50135-2006 表 4.2.9-2 确定；

ε_2——考虑振型和结构外形的影响系数，按塔机重心的相对高度 $\dfrac{Z}{H} = 0.65$，塔身顶部和底部的宽度比为 1，且考虑现行国家标准《高耸结构设计规范》GB 50135-2006 第 4.2.9 条注 5 的规定，查 GB 50135-2006 表 4.2.9-3 确定。

A.1.3 制定塔机风荷载体型系数（μ_z）说明如下：

根据现行国家标准《建筑结构荷载规范》GB 50009 的规定，按塔身为前后片桁架式结构，并分别考虑桁架由钢管或型钢组成，计算出不同的风荷载体型（简化）系数，以方便应用。μ_s 均指塔机桁架杆件净迎风投影面积的风荷载体型系数。

根据现行国家标准《建筑结构荷载规范》

GB 50009-2001（2006 年版）表 7.3.1 的规定：

单榀桁架的整体体型系数：$\mu_{st} = \phi \mu'_s$ （1）

n 榀桁架的整体体型系数：$\mu_{stw} = \mu_{st} \dfrac{1-\eta^n}{1-\eta}$ （2）

式中：μ_{st}——单榀桁架的整体体型系数；

μ'_s——桁架构件的体型系数，对方钢管或型钢杆件按《建筑结构荷载规范》GB 50009-2001（2006 年版）表 7.3.1 第 31 项采用；对圆钢管杆件按第 36（b）项采用；

ϕ——桁架的挡风系数 $\phi = \dfrac{A_n}{A}$，即本规程的结构充实率 α_0；

n——塔机的塔身前后桁架榀数，取 $n = 2$；

η——查《建筑结构荷载规范》GB 50009-2001（2006 年版）表 7.3.1 第 32 项，取 $\eta = 0.5$；

μ_{stw}——n 榀桁架的整体体型系数。

1 型钢或方钢管杆件桁架

单榀桁架的整体体型系数：$\mu_{st} = \phi \mu'_s = 1.3\phi$

塔身的整体体型系数：$\mu_{stw} = \mu_{st} \dfrac{1-\eta^2}{1-\eta} = 1.3\phi \times \dfrac{1-0.5^2}{1-0.5} = 1.95\phi$

塔身桁架迎风面净投影面积的体型系数：$\mu_s = \dfrac{\mu_{stw}}{\phi} = \dfrac{1.95\phi}{\phi} = 1.95$

2 圆钢管杆件桁架

塔机的计算高度为 30m～50m，塔机立杆、横杆、斜腹杆的钢管加权平均直径取 90mm。考虑塔身立杆、横杆、腹杆表面均无凸出高度，即表面凸出高度 $\Delta \approx 0$。

根据不同的计算高度及地面粗糙度类别，按本规程表 A.1.4 查取风压等效高度变化系数（μ_z）；按风压等效高度变化系数（μ_z）、塔身杆件表面情况 $\Delta \approx 0$、杆件高宽比 $\dfrac{H}{d} > 25$ 以及基本风压（w_0），根据《建筑结构荷载规范》GB 50009-2001（2006 年版）表 7.3.1 第 36（b）项，插入法查出 μ'_s，然后根据上述公式（1）、（2）计算塔身桁架迎风净投影面积的体型系数（μ_s）。

A.1.4 本条规定说明可以通过塔机独立计算高度（H）和地面粗糙度类别查表确定塔机的风压等效高度变化系数，以便简化计算。

风压等效高度变化系数（μ_z）编制过程如下：

按现行国家标准《建筑结构荷载规范》GB 50009-2001（2006 年版）第 7.2.2 条规定，分别查出 A、B、C、D 类地面在不同高度处的风压高度变化系数，并画出以 w_0 为单位的实际风压图（图 7），然后根据风荷载作用于基础顶面的合力相等原则，计算出均布线荷载的等效系数（μ_{z1}）；再根据风荷载作用于基础顶面的力矩相等原则，计算出均布线荷载的等效系数（μ_{z2}），最终取系数 μ_{z1} 和 μ_{z2} 的平均值作为该塔机风荷载的等效高度变化系数（μ_z），见图8。

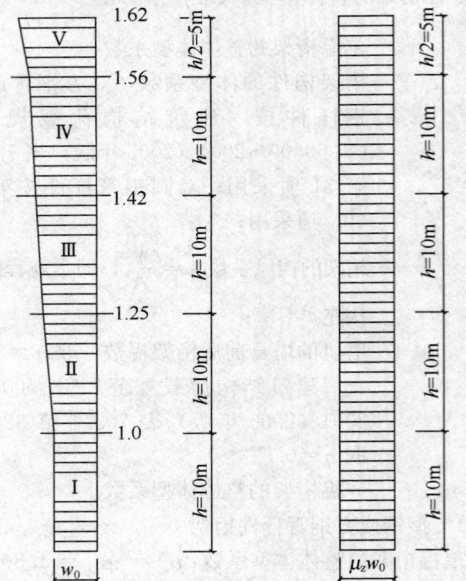

图7　考虑高度变化系数的实际风压图　　图8　简化高度变化系数的等效风压图

取 μ_{z1} 与 μ_{z2} 的平均值作为塔机风荷载的等效高度变化系数，经分析表明，虽然风荷载作用于基础顶面的力矩少了 4.0%，但风荷载的合力大了 5.0%，故风荷载合力乘以基础高度的力矩增大值可弥补前者至基本相等。

A.1.5　本条文取自现行国家标准《塔式起重机设计规范》GB/T 13752－92第 4.2 节、第 4.3 节规定，应按矩形基础或十字形基础上塔机的实际布置情况，决定是否乘以风向系数（α）。

A.1.6　塔机桁架结构的平均充实率（α_0），已考虑塔身桁架、爬梯、爬升架、司机室、平衡重及电器箱等迎风面积。

A.2　独立塔机工作状态时风荷载计算

A.2.2、A.2.3　独立塔机工作状态的风荷载计算实例

塔机独立状态计算高度为 $H=40\text{m}$，塔身方钢管桁架的截面为 1.6m×1.6m，无加强标准节。在工作状态下，基本风压取值为 0.20kN/m²，地面粗糙度为 B 类。

1　工作状态时塔机风荷载的等效均布线荷载标准值计算：

$$q_{sk} = w_k A/H = 0.8\beta_z\mu_s\mu_z w_0\alpha_0 BH/H$$
$$= 0.8\times1.59\times1.95\times1.29\times w_0\times0.35\times1.6H/H$$
$$= 1.79w_0 = 1.79\times0.20$$
$$= 0.36\text{kN/m}$$

2　工作状态时塔机风荷载的水平合力标准值：
$$F_{sk} = q_{sk}\cdot H = 0.36\times40 = 14.4\text{kN}$$

3　工作状态时风荷载作用在基础顶面的力矩标准值：

$$M_{sk} = 0.5F_{sk}\cdot H = 0.5\times14.4\times40 = 288\text{kN}\cdot\text{m}$$

4　当风沿着塔机塔身方形截面的对角线方向吹时，上述风荷载效应值应乘以风向系数（α）。

A.3　独立塔机非工作状态时风荷载计算

A.3.1~A.3.3　独立塔机非工作状态的风荷载计算实例

塔机独立状态计算高度为 $H=40\text{m}$，塔身方钢管桁架的截面为 1.6m×1.6m，无加强标准节。在非工作状态下，按现行国家标准《建筑结构荷载规范》GB 50009，基本风压取值为 0.75kN/m²（深圳市），地面粗糙度为 B 类。

1　非工作状态时塔机风荷载的等效均布线荷载标准值计算：

$$q'_{sk} = w'_k A/H = 0.8\beta_z\mu_s\mu_z w'_0\alpha_0 BH/H$$
$$= 0.8\times1.69\times1.95\times1.29\times w'_0\times0.35\times1.6H/H$$
$$= 1.9w'_0 = 1.9\times0.75$$
$$= 1.43\text{kN/m}$$

2　非工作状态时塔机风荷载的水平合力标准值：
$$F'_{sk} = q'_{sk}\cdot H = 1.43\times40 = 57.2\text{kN}$$

3　非工作状态时风荷载作用在基础顶面的力矩标准值：

$$M'_{sk} = 0.5F'_{sk}\cdot H = 0.5\times57.2\times40 = 1144.00\text{kN}\cdot\text{m}$$

4　当风沿着塔机塔身方形截面的对角线方向吹时，上述风荷载效应值应乘以风向系数（α）。

附录B　格构式钢柱缀件的构造要求

B.0.1　根据现行国家标准《钢结构设计规范》GB 50017－2003第 8.4.1条规定，作出缀板线刚度的规定；对 4 肢组合式钢柱，柱的同一截面处缀板的线刚度之和为 4 块缀板的线刚度之和。为方便格构式钢柱插入灌注桩中，宜优先选用缀板作为缀件，缀板高度取为厘米的整数倍。

采用缀条式格构式钢柱时，图 B.0.2 中节点板可设置于分肢型钢的外侧或内侧。

中华人民共和国行业标准

混凝土预制拼装塔机基础技术规程

Technical specification for prefabricated
concrete block assembled base of tower crane

JGJ/T 197—2010

批准部门：中华人民共和国住房和城乡建设部
施行日期：２０１１年１月１日

中华人民共和国住房和城乡建设部
公　告

第 726 号

关于发布行业标准
《混凝土预制拼装塔机基础技术规程》的公告

　　现批准《混凝土预制拼装塔机基础技术规程》为行业标准，编号为 JGJ/T 197-2010，自 2011 年 1 月 1 日起实施。

　　本规程由我部标准定额研究所组织中国建筑工业出版社出版发行。

中华人民共和国住房和城乡建设部

2010 年 8 月 3 日

前　　言

　　根据住房和城乡建设部《关于印发〈2008 年工程建设标准规范制订、修订计划（第一批）〉的通知》（建标［2008］102 号）的要求，规程编制组经广泛调查研究，认真总结实践经验，参考有关国际标准和国外先进标准，并在广泛征求意见的基础上，制定本规程。

　　本规程的主要技术内容是：1. 总则；2. 术语和符号；3. 基本规定；4. 设计；5. 制作与检验；6. 拼装与验收；7. 运输、维护与报废。

　　本规程由住房和城乡建设部负责管理，由江苏省苏中建设集团股份有限公司负责具体技术内容的解释。执行过程中，如有意见或建议，请寄送江苏省苏中建设集团股份有限公司（地址：江苏省南通市海安中坝南路 18 号，邮政编码：226600）。

　　本 规 程 主 编 单 位：江苏省苏中建设集团股份有限公司

　　本 规 程 参 编 单 位：南京工业大学
　　　　　　　　　　　　东南大学

江苏省建筑科学研究院有限公司
南京建工建筑机械安全检测所
江苏建华建设有限公司
南通市第七建筑安装工程有限公司
淮安市金塔塔机基础制造有限公司

　　本规程主要起草人员：从卫民　李延和　钱　红
　　　　　　　　　　　　岳晨曦　李　明　崔田田
　　　　　　　　　　　　张　健　陈忠范　徐　朗
　　　　　　　　　　　　潘丽玲　徐　健

　　本规程主要审查人员：钱力航　茅承钧　顾泰昌
　　　　　　　　　　　　陈礼建　李守林　张耀庭
　　　　　　　　　　　　胡　成　罗洪富　姜　宁
　　　　　　　　　　　　张文明

目　次

Contents

1 总　则

1.0.1 为使混凝土预制拼装塔机基础在设计、安装、验收和使用中做到安全适用、技术先进、经济合理、保证质量、重复利用，制定本规程。

1.0.2 本规程适用于小车变幅水平臂额定起重力矩不超过400kN·m的塔式起重机预制混凝土基础的设计、制作、拼装、验收和使用维护。

1.0.3 本规程规定了混凝土预制拼装塔机基础的基本技术要求。当本规程与国家法律、行政法规的规定相抵触时，应按国家法律、行政法规的规定执行。

1.0.4 混凝土预制拼装塔机基础的设计、制作、安装、验收、使用及维护除应符合本规程外，尚应符合国家现行有关标准的规定。

2　术语和符号

2.1　术　语

2.1.1 混凝土预制拼装塔机基础 prefabricated concrete block assembled base of tower crane
　　通过拼装连接索将经过专门设计的混凝土预制件拼装成一体，用于传递塔式起重机荷载至地基的基础。简称预制塔机基础。

2.1.2 中心件 cruciform block
　　置于预制塔机基础中心部位的十字形混凝土预制件。

2.1.3 过渡件 extending block
　　扩展预制塔机基础长度的混凝土预制件。

2.1.4 端件 outer block
　　预制塔机基础端部的混凝土预制件。

2.1.5 配重块 ballast block
　　搁置于过渡件、端件之间且中部悬空用以抗倾覆的混凝土预制件。

2.1.6 定位剪力键 shear resisting positioning couplings
　　设置在相邻预制件之间用于限制预制件连接的形位公差并起到抗剪作用的钢制耦合件。

2.1.7 拼装连接索 joining strand
　　将预制件连接成整体的预应力钢绞线。

2.1.8 配件 fittings
　　与预制件和拼装连接索配套使用的螺栓、螺母、垫圈、垫板、锚具、承压板等的总称。

2.2　符　号

2.2.1　材料性能

f_c——混凝土轴心抗压强度设计值；

f_{ptk}——预应力钢绞线强度标准值；

f_t——混凝土轴心抗拉强度设计值；

f_t^b——螺栓抗拉强度设计值；

f_y——钢筋的抗拉强度设计值；

f_{yv}——箍筋抗拉强度设计值；

f_v——定位剪力键钢材的抗剪强度设计值。

2.2.2　作用、作用效应及承载力

f_a——修正后的地基承载力特征值；

f_{ak}——地基主要受力层的承载力特征值；

F——预制塔机基础与塔式起重机连接处单根主肢杆上的地脚螺栓的最大拉力设计值；

F_{hk}^t——塔式起重机作用在其基础顶面上的水平荷载标准值；

F_v——塔式起重机作用在其基础顶面上的垂直荷载设计值；

F_{vk}^b——塔式起重机作用在其基础底面上的垂直荷载标准值；

F_{vk}^t——塔式起重机作用在其基础顶面上的垂直荷载标准值；

F_y——每根地脚螺栓的预紧力；

G_k——预制塔机基础自重及配重的标准值；

M——塔式起重机作用在其基础底面上的弯矩设计值；

M_k^b——塔式起重机作用在其基础底面上的弯矩标准值；

M_k^t——塔式起重机作用在其基础顶面上的弯矩标准值；

M_{max}——预制塔机基础梁截面内的最大弯矩设计值；

M_R——抗滑力矩；

M_S——滑动力矩；

M_{stb}——预制塔机基础抵抗倾覆的力矩值；

M_{dst}——塔式起重机作用在其基础上的倾覆力矩值；

M_y——螺栓副的预紧力矩；

N——单个地脚螺栓的拉力设计值；

N_{p0}——拼装连接索考虑损失后的拉力的合力设计值；

$p_{k,m}$——预制塔机基础底面上的平均压力标准值；

$p_{k,max}$——预制塔机基础底面边缘处的最大压力标准值；

$p_{k,min}$——预制塔机基础底面边缘处的最小压力标准值；

V——剪力设计值；

σ_{con}——预应力钢绞线张拉控制应力；

σ_l——预应力钢绞线的预应力损失值；

σ_{pe}——预应力钢绞线的有效预应力。

2.2.3　几何参数

A——预制塔机基础底面积；

A_0——混凝土基础换算截面面积；

A_p——预应力钢绞线截面面积；

A_{p1}——单根预应力钢绞线的截面面积；

A_s——预制塔机基础翼缘受力钢筋的截面面积；

A_{so}——定位剪力键的截面总面积；

A_{sv}——同一截面内各肢箍筋的全部截面面积；

a——塔身截面对角线上两根主肢杆形心间距；

b——预制塔机基础梁截面的宽度；

b_0——基础端件的宽度；

d——螺栓的公称直径；

d_e——螺栓的有效直径；

h——预制塔机基础梁截面高度；

h_0——截面有效高度；

l——预制塔机基础底面的长度；

l_0——预制塔机基础最小的抗倾覆力臂；

W_{min}——预制塔机基础的最小截面抵抗矩。

2.2.4 计算系数及其他

K_{stb}——抗倾覆稳定性系数；

n——基础底部预应力钢绞线数量；塔机每根主肢杆上的地脚螺栓数量；

α——荷载不均匀系数。

3 基 本 规 定

3.0.1 预制塔机基础应由定位剪力键和拼装连接索将中心件、过渡件、端件连接而成，配重块应按计算配置。

3.0.2 预制塔机基础应安装牢固、连接可靠。

3.0.3 预制塔机基础应拼装便利，在正常维护下应能重复使用。

3.0.4 预制件的混凝土强度等级不应低于 C40，其相关指标应符合现行国家标准《混凝土结构设计规范》GB 50010 的规定。

3.0.5 混凝土预制件应配置 HRB400 级或 HRB335 级钢筋，其相关指标应符合现行国家标准《混凝土结构设计规范》GB 50010 的规定。

3.0.6 拼装连接索应采用抗拉强度标准值 f_{ptk} 为 1860N/mm² 的无粘结高强低松弛预应力钢绞线，其相关指标应符合现行国家标准《预应力混凝土用钢绞线》GB/T 5224 的规定。

3.0.7 预埋件、承压板等宜采用 Q235、Q345、Q390 和 Q420 钢，其相关指标应符合现行国家标准《钢结构设计规范》GB 50017 的规定。

3.0.8 地脚螺栓应采用 40Cr 钢并经调质处理，调质后其极限抗拉强度不应小于 750N/mm²，屈服强度不得小于 550N/mm²，相关指标应符合现行国家标准《紧固件机械性能》GB 3098 的规定。

3.0.9 锚具质量应符合现行国家标准《预应力筋用锚具、夹具和连接器》GB/T 14370 的要求。

4 设 计

4.1 一 般 规 定

4.1.1 预制塔机基础的设计计算应符合现行国家标准《建筑地基基础设计规范》GB 50007 的规定，其地基基础设计等级宜取为丙级。

4.1.2 预制塔机基础的地基承载力特征值不应低于 80kN/m²。地基承载力特征值及相应设计指标宜根据岩土工程勘察报告取值，当持力层为表层土且岩土工程勘察报告中未提供表层土承载力时，可通过现场测试确定。

4.1.3 预制件设计应符合下列要求：

1 预制件设计应构造简单、坚固耐用，便于制作、运输和拼装；

2 整体平面布置应合理规范；

3 截面形式宜采用倒 T 形，其截面尺寸宜符合建筑模数。

4.1.4 预制塔机基础设计包括下列内容：

1 基础底面承载力验算、地基稳定性验算、基础抗倾覆验算、基础承载力计算；

2 受拉区拼装连接索根据计算确定，并按构造要求布置受压区拼装连接索；

3 编写预制塔机基础设计说明；

4 绘制预制塔机基础平面布置组合图；

5 绘制预制件配筋图及模板图；

6 绘制预埋件和拼装连接索布置图；

7 绘制定位剪力键详图和布置图。

4.2 结构设计计算

4.2.1 作用在预制塔机基础上的荷载及其荷载效应组合应符合下列规定：

1 作用在预制塔机基础顶面的荷载应由塔式起重机生产厂家按现行国家标准《塔式起重机设计规范》GB/T 13752 提供。塔式起重机作用在基础顶面上的垂直荷载标准值、水平荷载标准值、弯矩标准值及扭矩标准值分别为 F_{vk}^t、F_{hk}^t、M_k^t、T_k^t（图 4.2.1-1）。

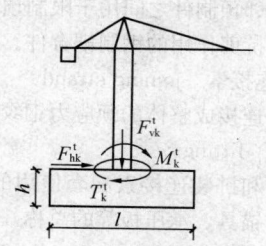

图 4.2.1-1 基础顶面荷载标准值

2 对预制塔机基础的底面压力进行验算时，作用在基础底面上的荷载应采用标准组合。标准组合中取用的垂直荷载标准值和弯矩标准值应按下列公式计算：

$$F_{vk}^b = F_{vk}^t + G_k \qquad (4.2.1\text{-}1)$$

$$M_k^b = M_k^t + F_{hk}^t \cdot h \qquad (4.2.1\text{-}2)$$

式中：F_{vk}^b——作用在基础底面上的垂直荷载标准值（kN）；

G_k——预制塔机基础的自重及配重的标准值（kN）；

M_k^b——预制塔机基础作用在其基础底面上的弯矩标准值（kN·m）；

h——预制塔机基础梁截面高度（mm）。

3 对预制塔机基础进行抗倾覆验算时，应采用荷载基本组合设计值。倾覆力矩和抗倾覆力矩应按下列公式计算（图 4.2.1-2）：

$$M_{stb} = 0.9l_0 \times F_{vk}^b \qquad (4.2.1\text{-}3)$$

$$M_{dst} = 1.4M_k^t + 1.0F_{hk}^t h \qquad (4.2.1\text{-}4)$$

$$l_0 = \frac{\sqrt{2}}{4}(l + b_0) \qquad (4.2.1\text{-}5)$$

式中：M_{stb}——预制塔机基础抵抗倾覆的力矩值（kN·m）；

M_{dst}——塔式起重机作用在基础上的倾覆力矩值（kN·m）；

l_0——预制塔机基础最小的抗倾覆力臂（mm）；

b_0——基础端件的宽度（mm）；

l——预制塔机基础底面的长度（mm）。

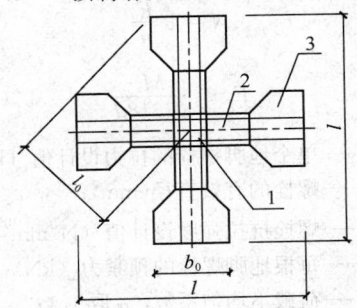

图 4.2.1-2 最小抗倾覆力臂示意图
1—中心件；2—过渡件；3—端件

4 对预制塔机基础进行截面承载力计算时，垂直荷载设计值和弯矩设计值应按下列公式计算：

$$F_v = 1.35F_{vk}^t \qquad (4.2.1\text{-}6)$$

$$M = 1.4M_k^t + 1.0F_{hk}^t h \qquad (4.2.1\text{-}7)$$

式中：F_v——塔式起重机作用在其基础顶面上的垂直荷载设计值（kN）；

M——塔式起重机作用在其基础底面上的弯矩设计值（kN·m）。

4.2.2 预制塔机基础的地基承载力应符合下列规定：

1 塔式起重机在偏心荷载作用下基础底面的压力应按下式确定（图 4.2.2）：

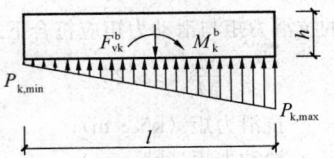

图 4.2.2 基底压力示意图

$$\left.\begin{array}{c} p_{k,max} \\ p_{k,min} \end{array}\right\} = \frac{F_{vk}^b}{A} \pm \frac{M_k^b}{W_{min}} \qquad (4.2.2\text{-}1)$$

式中：$p_{k,max}$——预制塔机基础底面边缘的最大压力标准值（kN/m²）；

$p_{k,min}$——预制塔机基础底面边缘的最小压力标准值（kN/m²）；

W_{min}——预制塔机基础的最小截面抵抗矩（m³）；

A——预制塔机基础底面积（m²）。

2 基础底面的压力，应符合下列公式要求：

$$p_{k,m} \leqslant f_a \qquad (4.2.2\text{-}2)$$

$$p_{k,max} \leqslant 1.2f_a \qquad (4.2.2\text{-}3)$$

式中：$p_{k,m}$——预制塔机基础底面上的平均压力标准值（kN/m²）；

f_a——经过宽度和深度修正后的地基承载力特征值（kPa）。

当基底出现零应力区时，偏心距 e 应小于 $l/4$；偏心距 e（m）应按下列公式计算：

$$e = \frac{M_k^b}{F_{vk}^b} \qquad (4.2.2\text{-}4)$$

4.2.3 预制塔机基础的地基稳定性计算应符合下列规定：

1 当预制塔机基础底面标高接近土坡底或基坑底（图 4.2.3），当 h' 不大于 1.0m、a' 不小于 2.0m、f_{ak} 不小于 130kN/m² 且地基持力层无软弱下卧层时，可不做地基稳定性验算。

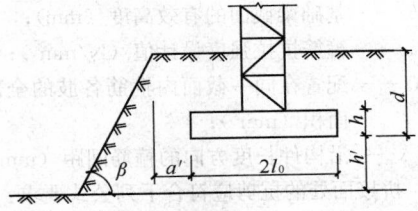

图 4.2.3 基础底面外边缘至坡顶的水平距离示意

a'—基础底面外边缘至坡顶的水平距离；$2l_0$—垂直于坡顶边缘线的基础底面边长；h'—基础底面至坡（坑）底的竖向距离；d—基础的埋置深度；β—边坡坡角

2 当预制塔机基础处于边坡内且不符合上款规定时，应进行边坡的稳定性验算，可按现行国家标准《建筑边坡工程技术规范》GB 50330 的规定，按圆弧滑动面法进行计算。最危险滑动面上的诸力对滑动中心所产生的抗滑力矩与滑动力矩应符合下式要求：

$$\frac{M_R}{M_S} \geqslant 1.25 \qquad (4.2.3)$$

式中：M_R——抗滑力矩（kN·m）；

M_S——滑动力矩（kN·m）。

4.2.4 预制塔机基础的抗倾覆稳定性应符合下式要求：

$$K_{stb} \leqslant \frac{M_{stb}}{M_{dst}} \qquad (4.2.4)$$

式中：K_{stb}——抗倾覆稳定性系数：当预制塔机基础有埋深时，K_{stb}应按不小于 2.0 取值；无埋深时，K_{stb}应按不小于 2.2 取值。

4.2.5 倒 T 形预制件在受压翼缘中配置的受力钢筋截面面积应按下式计算，且应满足最小配筋率的要求：

$$A_s = \frac{M_I}{0.9 f_y h_0} \qquad (4.2.5)$$

式中：M_I——预制塔机基础倒 T 形预制件中的最大弯矩设计值（kN·m）；

A_s——预制塔机基础翼缘每米长的受力钢筋的截面面积（mm²）；

f_y——钢筋的抗拉强度设计值（N/mm²）；

h_0——预制塔机基础翼缘的有效高度（mm）。

4.2.6 预制塔机基础梁的受剪承载力应符合下列规定：

1 整体抗剪应符合下式要求：

$$V \leqslant 0.65 \left(0.7 f_t b h_0 + 1.25 f_{yv} \frac{A_{sv}}{s} h_0 \right)$$

$$(4.2.6\text{-}1)$$

式中：V——构件斜截面上的最大剪力设计值（kN）；

f_t——混凝土轴心抗拉强度设计值（N/mm²）；

b——基础梁截面的宽度（mm）；

h_0——基础梁截面的有效高度（mm）；

f_{yv}——箍筋抗拉强度设计值（N/mm²）；

A_{sv}——配置在同一截面内箍筋各肢的全部截面面积（mm²）；

s——沿构件长度方向的箍筋间距（mm）。

2 拼接面处的抗剪应符合下列公式要求：

$$V \leqslant 0.5 N_{p0} \qquad (4.2.6\text{-}2)$$

$$A_{so} \geqslant (V - 0.2 N_{p0})/f_v \qquad (4.2.6\text{-}3)$$

式中：V——拼接面处的剪力设计值（kN）；

N_{p0}——拼装连接索考虑损失后的拉力的合力设计值（kN）：当 N_{p0} 大于 $0.3 f_c A_0$ 时，应取 N_{p0} 等于 $0.3 f_c A_0$，此处，A_0 为构件的换算截面面积，f_c 为混凝土轴心抗压强度设计值；

A_{so}——定位剪力键的截面总面积（mm²）；

f_v——定位剪力键钢材的抗剪强度设计值（N/mm²）。

4.2.7 预制塔机基础地脚螺栓的设计应符合下列规定：

1 地脚螺栓孔附加横向箍筋总截面面积 A_{sv} 应符合下列公式要求：

$$A_{sv} \geqslant \frac{F}{0.8 f_{yv}} \qquad (4.2.7\text{-}1)$$

$$F = \frac{M_k^t}{a} - \frac{F_{vk}^t}{4} \qquad (4.2.7\text{-}2)$$

式中：A_{sv}——承受地脚螺栓拉力所需的附加横向钢筋总截面面积（mm²）；

F——预制塔机基础与塔式起重机连接处单根主肢杆上地脚螺栓组的最大拉力设计值（kN），见图 4.2.7；

a——塔身截面对角线上两根主肢杆形心间距（mm）。

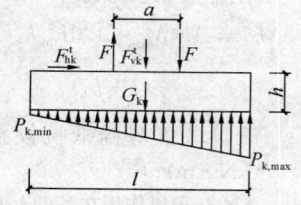

图 4.2.7 地脚螺栓受力示意图

2 地脚螺栓的拉力应按下列公式验算：

$$N \leqslant \frac{\pi d_e^2}{4} f_t^b - F_y \qquad (4.2.7\text{-}3)$$

$$N = \alpha \frac{F}{n} \qquad (4.2.7\text{-}4)$$

$$F_y \leqslant \frac{M_y}{0.318 d} \qquad (4.2.7\text{-}5)$$

式中：N——单个地脚螺栓的拉力设计值（kN）；

d_e——螺栓的有效直径（mm）；

f_t^b——螺栓抗拉强度设计值（N/mm²）；

F_y——每根地脚螺栓的预紧力（kN）；

α——荷载不均匀系数，α 取 1.1；

n——每根主肢杆上的地脚螺栓数量（个）；

M_y——螺栓副的预紧力矩（kN·m），按塔式起重机说明书或现行国家标准《塔式起重机设计规范》GB/T 13752 的有关规定取值；

d——螺栓的公称直径（mm）。

4.2.8 预制塔机基础拼装连接索的设计应符合下列规定：

1 拼装连接索施加的有效预应力应按下式计算：

$$\sigma_{pe} = \sigma_{con} - \sigma_l \qquad (4.2.8\text{-}1)$$

式中：σ_{pe}——预应力钢绞线的有效预应力（N/mm²）；

σ_{con}——预应力钢绞线张拉控制应力（N/mm²），可取 $\sigma_{con} = 0.55 f_{ptk}$；

σ_l——预应力钢绞线的预应力损失值，σ_l 取

$200N/mm^2$；

f_{ptk}——预应力钢绞线强度标准值（N/mm^2）。

2　预应力钢绞线的截面面积和根数可按下列公式计算：

$$A_p \geqslant \frac{M_{max}}{0.9h_0\sigma'_{pe}} \quad (4.2.8-2)$$

$$n = \frac{A_p}{A_{p1}} \quad (4.2.8-3)$$

式中：A_p——预应力钢绞线截面面积（mm^2）；

M_{max}——预制塔机基础梁截面内的最大弯矩设计值（$kN \cdot m$）；

σ'_{pe}——考虑拼接缝影响，经折减后的有效预应力（N/mm^2），$\sigma'_{pe} = 0.85\sigma_{pe}$；

h_0——预制塔机基础梁的有效高度，取基础截面顶部到下部钢绞线合力点的距离（mm）；

n——基础底部预应力钢绞线数量（根），取整数；

A_{p1}——单根预应力钢绞线的截面面积（mm^2）。

4.2.9　对预制塔机基础预应力张拉和锚固端、地脚螺栓孔部位，应按现行国家标准《混凝土结构设计规范》GB 50010进行局部受压承载力计算，并配置必要的间接钢筋网或螺旋式钢筋。

4.2.10　对符合本规程适用范围的，即额定起重力矩不超过400kN·m的塔式起重机基础，可不进行正常使用极限状态裂缝控制验算和挠度验算。

4.3　构 造 要 求

4.3.1　预制塔机基础下应设置强度等级为C15的素混凝土垫层，垫层厚度应不小于100mm；垫层上宜设置5mm～10mm细砂作为滑动层。

4.3.2　预制件（基础梁）箍筋直径不应小于8mm，且不应小于受力筋直径的25%。箍筋宜采用对焊封闭箍筋；也可采用末端做成135°弯钩、弯钩端部平直段长度不应小于10倍箍筋直径的搭接封闭箍筋。

4.3.3　地脚螺栓孔口周围应设置双向$\phi6@100$网片作为抗裂钢筋。

4.3.4　地脚螺栓的直径不应小于24mm。

4.3.5　预制件拼接面处的角部应设置截面不小于50mm×5mm的防碰撞等边角钢。

4.3.6　张拉端及固定端应配置构造钢筋网片$\phi6@100$或螺旋钢筋。

4.3.7　受压区（基础顶面）拼装连接索的预应力钢绞线不应少于2根。

4.3.8　预制塔机基础内穿拼装连接索的孔应按水平直线布置，十字梁两个方向孔高差不应大于25mm。

4.3.9　地脚螺栓预留孔处，梁两侧应配置2根$\Phi12$构造钢筋。

4.3.10　拼接面处定位剪力键的数量不应少于3个，定位剪力键距截面边缘的距离不得小于100mm。

4.3.11　预制塔机基础倒T形预制件翼缘高度不应小于200mm；当翼缘高度大于250mm时，宜采用变厚度翼板，翼板坡度不应大于1∶3。

4.3.12　当预制件梁腹板高度大于450mm时，应在梁两侧面沿高度配置纵向构造钢筋，每侧纵向构造钢筋的截面面积不应小于腹板截面面积的0.1%，且其间距不宜大于200mm。

4.3.13　张拉端、固定端的承压板厚度不应小于12mm。

4.3.14　预制件梁底板配置的非预应力纵向受力钢筋的最小配筋率不应小于0.15%。

4.3.15　预制件梁底板中受力钢筋的混凝土保护层厚度不应小于40mm。

4.3.16　定位剪力键的锚筋应设置3根不小于$\Phi12$的钢筋，且长度不应小于300mm。

5　制作与检验

5.1　预制件的制作与检验

5.1.1　预制件应在固定场所集中制作与检验。

5.1.2　预制件应严格按照设计图纸加工制作。

5.1.3　预制件所使用的材料，应具有合格证、检验试验报告。

5.1.4　预制件制作过程的质量控制应符合现行国家标准《混凝土结构工程施工质量验收规范》GB 50204的相关规定。

5.1.5　预制件的制作允许偏差与检验方法应符合表5.1.5的要求。

表5.1.5　预制件尺寸允许偏差与检验方法

项　目	允许偏差（mm）	检验方法
轴　线	+5 0	钢尺检查
几何尺寸	±5	角尺和量尺检查
表面平整度	+5 0	2m靠尺和塞尺检查
预埋件中心线位置	+5 0	钢尺检查
预留孔中心线位置	±3	钢尺检查
预留洞中心线位置	±10	钢尺检查
主筋保护层厚度	+10 -5	钢尺或保护层厚度测定仪量测

续表 5.1.5

项　目	允许偏差（mm）	检验方法
对角线差	+10 0	钢尺量两个对角线

5.2　拼装连接索及配件的检验

5.2.1　拼装连接索的检验应符合下列规定：

1　首次使用钢绞线的检验应按现行行业标准《无粘结预应力混凝土结构技术规程》JGJ 92 的有关规定执行，并应具有产品出厂合格证和出厂检验报告。

2　重复使用的钢绞线应符合下列要求：

1）钢绞线不应产生塑性变形；

2）单根钢丝不得产生脆断或裂缝；

3）钢绞线不得出现明显锈蚀脱皮，因锈蚀使截面面积减少 5% 以上的钢绞线不得使用；

4）钢绞线使用次数不得超过 20 次；

5）钢绞线在同一夹持区使用不应超过 6 次。

5.2.2　锚具、地脚螺栓等质量要求应按本规程第 3.0.8、3.0.9 条规定执行。

5.3　出　厂　检　验

5.3.1　应对预制件的几何尺寸、数量以及拼装质量逐件进行实测检验。

5.3.2　应对配件的数量、型号、形状尺寸进行检查。

5.3.3　按本规程第 5.3.1 条、第 5.3.2 条要求检验合格后，应出具产品出厂合格证。

6　拼装与验收

6.1　一　般　规　定

6.1.1　拼装前应制定合理的拼装方案。预制塔机基础的拼装宜符合本规程附录 A 的规定。

6.1.2　拼装单位应具有预应力施工资质，拼装应由专门人员施工。

6.1.3　预制塔机基础严禁设置在积水浸泡的地基和冻土地基上。使用过程中严禁基槽内积水。当预制塔机基础位于不良工程地质环境时，应有保证基础及地基稳定的技术措施。

6.1.4　张拉用千斤顶和压力表应配套标定、配套使用；张拉设备的标定期限不应超过半年；当张拉设备出现不正常现象时或千斤顶检修后，应重新标定。

6.1.5　吊装预制件时应设专人指挥，预制件起吊应平稳，不得偏斜和大幅度摆动。

6.1.6　钢绞线在张拉或拆除时，严禁在基础梁两端正前方站人或穿越，工作人员应位于千斤顶侧面操作。

6.2　拼　装

6.2.1　预制塔机基础拼装可按图 6.2.1 所示流程进行：

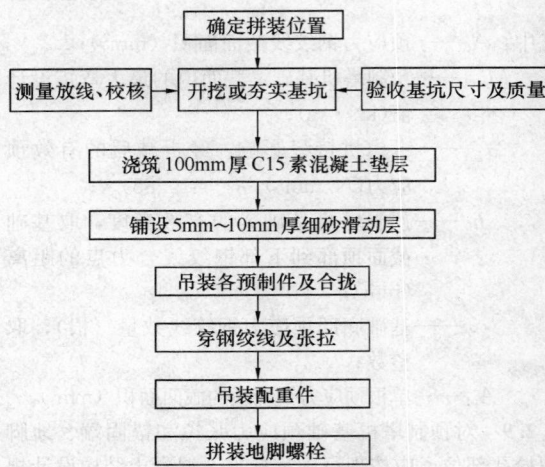

图 6.2.1　预制塔机基础拼装流程

6.2.2　预制塔机基础拼装前应进行下列准备工作：

1　确认拼装位置的地基承载力特征值；

2　收集相邻建筑、道路、管线、边坡等相关资料；

3　拼装场地的道路应平整坚实、无障碍物，并满足运输和吊装要求；

4　依据设计要求清点预制件和配件数量，核对型号；

5　根据设计和相关规范的要求检查预制件和配件质量；

6　必须对拼装机具进行校核、检查；

7　组织拼装人员进行技术交底。

6.2.3　预制塔机基础的拼装应符合下列规定：

1　拼装位置应符合项目施工组织设计的要求；

2　基坑的尺寸及深度应达到设计要求，开挖后应对基坑底部进行夯实；

3　素混凝土垫层的平整度不得大于 5mm；

4　在预制件吊装过程中不应破坏砂滑动层，构件高差、平整度应满足设计要求；

5　预制件应按设计要求吊装，起吊时绳索与构件水平面夹角不宜小于 45°；

6　应按平面布置依次吊装中心件、过渡件、端件，定位剪力键的凹件与凸件应紧密咬合，预制件的间隙不应大于 8mm；

7　预制件的中心位置应与轴线重合；

8　预制件的拼接面缝隙内不得有杂物；

9　配重块应搁置于基础边缘，中部应悬空，并与基础有可靠连接；配重块搁置未达设计配置的总重量前，不得安装塔机；

10　地脚螺栓的预留长度应满足使用要求；

11　预制塔机基础周边包括张拉索端部应砌挡墙围护，挡墙下部留泄水孔。

6.2.4　拼装连接索应按下列规定进行施工：

1　拼装连接索的张拉程序和张拉力应符合预制塔机基础的设计要求；

2　拼装连接索张拉首先应进行合拢张拉，待拼装构件完全合拢后再正式进行逐根对称张拉；张拉时应严格控制油泵压力表值，读数偏差不得大于 0.5MPa，张拉过程应由监理人员进行现场监督，并应按本规程附录 B 填写拼装连接索张拉施工记录表；

3　张拉后，各预制件的拼接应严密，预制件拼接面缝隙不应大于 0.2mm，构件间的高差不应大于 2mm；

4　拼装连接索的锚具及保留的钢绞线外露部分应设置全密封的防护套，在套上防护套之前应先在锚具外露钢绞线上涂覆油脂或其他可清洗的防腐材料。

6.3　验　　收

6.3.1　预制塔机基础拼装质量应符合下列要求：

1　预制塔机基础底部与垫层之间缝隙应用黄砂塞紧；

2　张拉力应满足设计要求；

3　预制塔机基础的表面不得有结构性裂纹；

4　预制塔机基础的压重应符合设计要求；

5　地脚螺栓连接不得松动，螺栓副预紧力矩应符合塔式起重机说明书的要求；

6　锚具、夹片应清洁，张拉后锚具及外露钢绞线应满涂防腐油脂，并用专用护套套牢；

7　当预制塔机基础无埋深时，端件周边应抹 40mm×40mm、强度等级为 M15 的水泥砂浆带。

6.3.2　预制塔机基础的拼装允许偏差及检验方法应符合表 6.3.2 的规定。

表 6.3.2　预制塔机基础拼装允许偏差及检验方法

项　　目	允许偏差	检验方法
构件轴线	$^{+3}_{\ 0}$mm	钢尺检查
整体尺寸	$^{+15}_{-10}$mm	钢尺检查
预制件间高差	$^{+2}_{\ 0}$mm	水平仪测量
预制件拼接面缝隙	$^{+0.2}_{\ 0}$mm	裂缝观察仪观测

续表 6.3.2

项　　目	允许偏差	检验方法
预制件与垫层之间缝隙	$^{+2}_{\ 0}$mm	塞尺检查
安装面水平度	$^{+1}_{\ 0}$‰	水平仪测量

6.3.3　预制塔机基础验收后，应按本规程附录 C 填写预制塔机基础拼装验收记录表。

6.3.4　正常使用三个月或遇六级以上风、暴雨后，应对预制塔机基础进行检查，并应按本规程附录 D 填写预制塔机基础安全使用巡查记录表。

6.4　拆除和堆放

6.4.1　预制塔机基础拆除应符合下列规定：

1　基础上方的塔机拆除完毕，回填材料清理后，方可进行拆除；

2　张拉端、固定端头应留出足够的工作面；

3　退锚时工作锚具距锚环不应小于 200mm，退锚拉力应缓慢增加，当夹片退出 2mm～3mm 后，即刻用专用工具拨出，不得用手取出；

4　退锚时钢绞线最大拉应力不应大于 $0.75f_{ptk}$；

5　钢绞线全部抽出以前不得拆除预制塔机基础。

6.4.2　拆除预制塔机基础工艺流程应按图 6.4.2 所示流程进行。

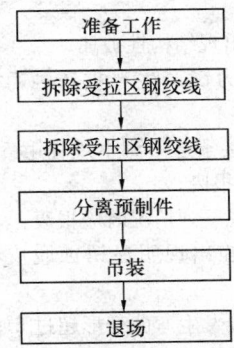

图 6.4.2　拆除预制塔机基础工艺流程

6.4.3　拆除钢绞线应采用张拉千斤顶并与工作锚栓相应的卸荷座按下列程序操作：

1　将卸荷座穿过钢绞线套在工作锚上；

2　将千斤顶安装到钢绞线上，锚固好后进行缓慢张拉；

3　当锚固端夹片松动时，方可用钳子自卸荷座出口处拔出夹片；

4　缓慢回油使钢绞线松动，最后卸下千斤顶等设备，抽出钢绞线。

6.4.4　预制件的堆放应符合下列规定：

1　堆放场地应平整、坚实；

2 预制件之间连接面、定位剪力键凹孔处不得有杂物，并应按预制件的编号进行堆放。

7 运输、维护与报废

7.1 运 输

7.1.1 预制件运输应根据其长度、高度、重量选用合适的车辆。

7.1.2 预制件在运输车辆上应水平放置，并用绳索绑扎牢固，预制件与绳索接触的边角应采用柔性衬垫。

7.2 维 护

7.2.1 当预制件有非结构性破损时，应进行修补后方可继续使用。

7.2.2 配件使用一个周期后，应按下列要求进行维护：

1 钢绞线应涂防腐油，外加套管保护；

2 螺栓螺纹用钢丝刷刷净，满涂防腐油脂；

3 定位剪力键的凹凸面用钢丝刷刷去浮锈，满涂防腐油脂；

4 外露铁件用钢丝刷刷去浮锈，涂防锈漆二度。

7.3 报 废

7.3.1 预制塔机基础预制件出现下列情况时应报废：

1 预制件在主要受力部位出现宽度大于 0.3mm 的裂缝；

2 预制件出现结构性破坏；

3 定位剪力键产生严重锈蚀，截面面积减少 10% 以上。

7.3.2 拼装连接索达不到本规程第 5.2.1 条中的重复使用要求时应报废。

7.3.3 配件出现下列情况时应报废：

1 地脚螺栓出现明显锈蚀脱皮，截面面积减少 10%；

2 地脚螺栓发生弯曲变形超过 5°；

3 地脚螺栓螺纹出现严重变形或有严重锈蚀；

4 地脚螺栓使用次数达 10 次以上；

5 夹片出现断裂或平绞破损超过 5%；

6 锚环出现裂缝、变形或环面出现塑性变形；

7 压板出现塑性变形达到 5% 以上弯度；

8 压板出现明显锈蚀脱皮，截面面积减少 10% 以上。

附录 A 预制塔机基础拼装结构图

A.0.1 预制塔机基础可按图 A.0.1 进行拼装。图中的配重块为满配示意，实际工程应用的配重块应按计算配置。

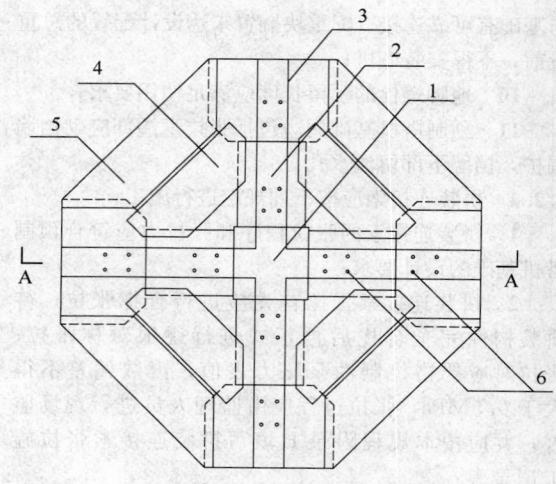

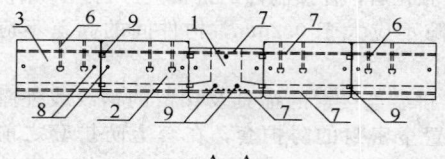

A—A

图 A.0.1 拼装结构图

1—中心件；2—过渡件；3—端件；
4—配重块；5—配重块；6—地脚
螺栓孔；7—预应力孔；8—吊装孔；
9—定位剪力键

A.0.2 预制塔机基础组成件应由中心件(图 A.0.2-1)、过渡件（图 A.0.2-2）、端件（图 A.0.2-3）、定位剪力键（图 A.0.2-4）构成。

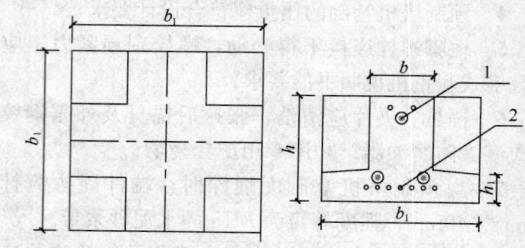

图 A.0.2-1 中心件

1—定位剪力键；2—预应力孔

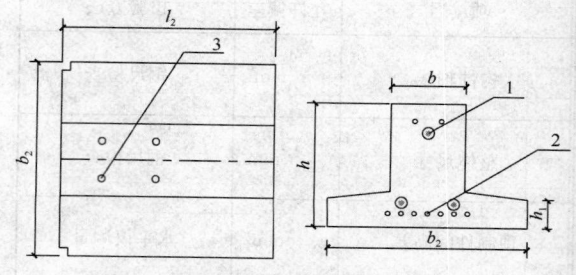

图 A.0.2-2 过渡件

1—定位剪力键；2—预应力孔；3—地脚螺栓孔

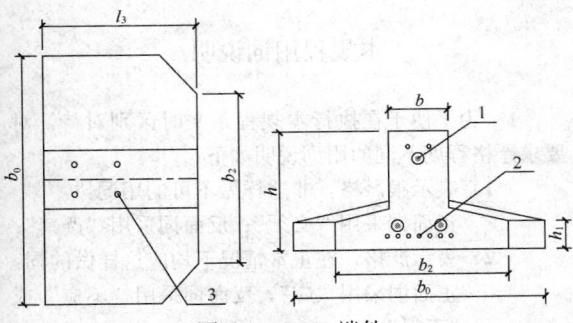

图 A.0.2-3 端件
1—定位剪力键；2—预应力孔；3—地脚螺栓孔

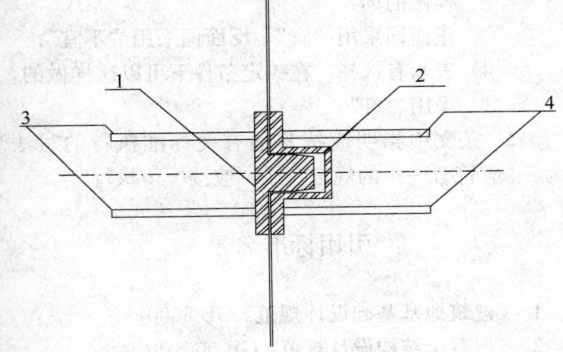

图 A.0.2-4 定位剪力键构造示意图
1—凸件；2—凹件；3—焊接于凸件上的钢筋；
4—焊接于凹件上的钢筋

附录 B 拼装连接索张拉施工记录表

表 B 拼装连接索张拉施工记录表

工程名称			施工地点		
施工单位			项目负责人		
钢绞线规格		设计张拉应力		要求压表读数	
张拉设备		张拉日期		操作人	
序号	位置	编号	张拉时间	压力表（测力计）读数	复测读数

张拉记录人：　　　监理工程师（建设单位负责人）：　　　质检员：

附录 C 预制塔机基础拼装验收记录表

表 C 预制塔机基础拼装验收记录表

工程名称		预制塔机基础拼装施工单位		
塔机类型		基础类型		
检 查 项 目	验收标准	检查数值		结 论
地基承载力特征值（kN/m²）	设计要求			
配重块总重量（kN）	设计要求			
垫层平整度（mm）	6.2.3.3			
预制件拼装后整体尺寸（mm）	6.3.2			
预制件表面破损情况	7.3.1			
张拉后预制件之间缝隙（mm）	6.3.2			
预制件与垫层之间缝隙（mm）	6.3.2			
钢绞线、锚具表面锈蚀或破损情况	7.3.2			
外露钢绞线、锚具保护	7.2.2			
承压板受力后情况	7.3.3			
基础周边的围护挡墙	6.2.3			
安装面水平度	6.3.2			
验收结果	预制塔机基础拼装单位（盖章） 代表（签字）： 年 月 日			
验收结论	工程监理人员（签字）： 塔机使用单位代表（签字）： 年 月 日			

注：表中"验收标准"栏中数字指本规程的条款号。

附录 D 预制塔机基础安全使用巡查记录表

表 D 预制塔机基础安全使用巡查记录表

编号：　　　　巡查时间：

工程名称		塔机使用单位		
塔机型号		塔机基础类型		
巡查地点		工地负责人		
检查内容			检查标准	检查结果
基础	基础上方配重		设计要求	
	预制件之间缝隙		6.3.2	
螺栓及锚固压板	地脚螺栓连接紧固情况		6.3.1	
	锚固压板变形情况		7.3.3	
	地脚螺栓涂油及保护		7.2.2	
	地脚螺栓弯曲变形		7.3.3	
钢绞线及锚具	端头压板变形		7.3.3	
	张拉端伸出部分防护		6.3.1	
	锚具、夹片、防护套异常情况		7.3.3	
周边围护及地基	基础周边挡土墙情况		6.2.3	
	基础局部沉降引起的塔身倾斜		≤2‰	
	基础周边环境		6.1.3	
	邻近深基坑情况		6.1.3	
巡查单位意见	巡查人（签字）：　年 月 日	塔机使用单位意见	负责人（签字）：　年 月 日	监理单位意见　监理工程师（签字）：　年 月 日

注：1 检查结果达不到标准的，暂停使用并调整，经再次检查合格后方可使用；

　　2 表中"检查标准"栏中数字指本规程的条款号。

本规程用词说明

1 为了便于在执行本规程条文时区别对待，对要求严格程度不同的用词说明如下：

　　1）表示很严格，非这样做不可的用词：

　　　正面词采用"必须"；反面词采用"严禁"；

　　2）表示严格，在正常情况下均应这样做的词：

　　　正面词采用"应"，反面词采用"不应"或"不得"；

　　3）表示允许稍有选择，在条件允许时首先这样做的词：

　　　正面词采用"宜"，反面词采用"不宜"；

　　4）表示有选择，在一定条件下可以这样做的，采用"可"。

2 条文中指明应按其他有关标准执行的写法为："应符合……的规定"或"应按……执行"。

引用标准名录

1 《建筑地基基础设计规范》GB 50007

2 《混凝土结构设计规范》GB 50010

3 《钢结构设计规范》GB 50017

4 《混凝土结构工程施工质量验收规范》GB 50204

5 《建筑边坡工程技术规范》GB 50330

6 《紧固件机械性能》GB 3098

7 《预应力混凝土用钢绞线》GB/T 5224

8 《塔式起重机设计规范》GB/T 13752

9 《预应力筋用锚具、夹具和连接器》GB/T 14370

10 《无粘结预应力混凝土结构技术规程》JGJ 92

中华人民共和国行业标准

混凝土预制拼装塔机基础技术规程

JGJ/T 197—2010

条 文 说 明

制 订 说 明

《混凝土预制拼装塔机基础技术规程》JGJ/T 197-2010，经住房和城乡建设部 2010 年 8 月 3 日以第 726号公告批准发布。

本规程制订过程中，编制组进行了大量的调查分析，开展了多项专题研究和验证性试验，总结了我国工程建设 3 万多台次预制拼装塔机基础应用的工程实践经验，参考了国内外先进的相关文献资料，首次规范了混凝土预制拼装塔机基础的设计，制作与检验，拼装与验收，运输、维护与报废，较全面地体现了预制拼装塔机基础的安全适用、技术先进、经济合理、保证质量、重复利用、节能环保的总体要求。

为便于广大设计、施工、科研、学校等单位有关人员在使用本规程时能正确理解和执行条文规定，《混凝土预制拼装塔机基础技术规程》编制组按章、节、条、款顺序编制了本规程的条文说明，对条文规定的目的、依据、及执行过程中需注意的有关事项进行了说明。但是，本条文说明不具备与标准正文同等的法律效力，仅供使用者作为理解和把握标准规定的参考。

目　次

1 总　则

1.0.1 预制塔机基础是一项自成体系的成套技术，该技术适应了建筑工业化、机械化、高效、快捷、文明施工和节能环保的要求，已在江苏、安徽、山东、河南、四川、陕西、山西等省推广应用 3 万多台次。为促进预制塔机基础技术的发展和保证安全施工，在总结现有实践经验的基础上制定了本规程。

1.0.2 本条界定了本规程的适用范围，供预制塔机基础的设计、制作、拼装单位应用。额定起重力矩为塔机制造厂家提供的起重性能表（或曲线）所给出的额定起重力与相应的工作幅度的乘积，在塔式起重机使用过程中不应超过此限值。

1.0.4 本规程主要针对倒 T 形的基础截面形式。其他基础截面形式，除应执行本规程以外，尚应结合具体情况，符合国家现行有关标准的规定要求。

2　术语和符号

2.1　术　语

本规程列出 8 个术语是为了使与预制塔机基础有关的俗称和不统一的称呼在本规程及今后的使用中形成单一的概念，利用已知或根据其概念特征赋予其涵义，但不一定是术语的准确定义。

2.2　符　号

本规程的符号按照以下次序以字母的顺序列出：
——大写拉丁字母位于小写字母之前（A、a、B、b 等）；
——无脚标的字母位于有脚标的字母之前（B、B_m、C、C_m 等）；
——希腊字母位于拉丁字母之后；
公式中的符号概念已在正文中表述的不再列出。

3　基本规定

3.0.1 本条简明地说明了预制塔机基础组成部分。预制件包括中心件、过渡件、端件、配重块；拼装连接索是指将预制件连接成整体的预应力钢绞线；配件包括固定张拉装置零件、螺栓、螺母、垫圈、垫板等。

3.0.2 预制件之间是通过钢绞线张拉连接，拼接面处由预应力拼装面的摩擦力及定位剪力键抗剪，预制塔机基础与塔式起重机之间通过地脚螺栓连接。为保证预制塔机基础拼装、使用安全，组成预制塔机基础的各系统之间的连接应保证安全可靠。

3.0.4 预制塔机基础的预制件主要为钢筋混凝土构件，由于预制件之间采用高强钢绞线预应力技术进行连接，结构体系属于无粘结后张拉预应力结构，根据《混凝土结构设计规范》GB 50010 第 4.1.2 条规定，要求混凝土强度等级不应低于 C40。

3.0.5 本规程在钢筋方面提倡使用 HRB400 级钢筋，与预制件的混凝土强度等级 C40 相匹配。

3.0.6 拼装连接索的作用是先采用穿索方式将预制件串联在一起，然后对索施加预应力使各个预制件连成整体组成共同受力的预制塔机基础。

在不考虑现场安装条件，仅将预制塔机基础拼装在空旷的地面上时，各种类型的预应力钢绞线和预应力钢筋均可作拼装连接索。从经济合理、安全可靠、实际应用和方便操作等因素上考虑，拼装连接索应具备如下几方面的性能：

1）应具备较高的强度。索的强度较高，设计计算所需的索的根数就少，则便于预制件的截面尺寸控制、拼装预制件时施工方便。

2）应具备可装拆功能。预制塔机基础是可重复使用的拼装式基础。要求拼装连接索的锚固系统能够装拆。换句话说要求拼装连接索张拉锚固可靠，又能拆除基础时退锚方便。

3）应具备一定的柔软性。预制塔机基础的使用场地是各式各样的，大多数情况下预制塔机基础的基槽深度为 0.5m～0.8m，特殊情况下基础埋深为零（直接使用混凝土地面为预制塔机基础的持力层）或基础埋深大于 1.0m（表层杂填土为新填土或属于软弱土层，层厚大于 1.0m）。在基槽内具有一定深度时，要求索要具有一定的柔软性才能便于穿索施工。

经过对现有的预应力钢筋和钢绞线进行适用性分析和大量的实际使用经验总结，$f_{ptk} = 1860 \text{ N/mm}^2$ 的无粘结高强低松弛预应力钢绞线是适合的选择之一。

3.0.7 为了扩大钢材在预制塔机基础中的应用范围，本条列入了《钢结构设计规范》GB 50017 中规定的牌号，当采用其他牌号的钢材时，尚应符合相应有关标准的规定和要求。

3.0.8 传统塔机基础的地脚螺栓通常采用 45 号钢或 45 号钢经调质处理，本规程中的塔机基础是预制装塔机基础且是多次重复使用的，对地脚螺栓的要求应更高，采用 40Cr 并经调质处理后，提高了螺栓机械性能，其许用应力不应小于《塔式起重机设计规范》GB/T 13752-92 标准中规定螺栓连接的许用应力的 1.7 倍。

4 设 计

4.1 一般规定

4.1.1 塔式起重机基础为临时性结构，选择设计等级为丙级，因基础在双向预应力作用下，基础整体刚度较大，均匀的沉降变形对塔机在独立高度的使用没有影响，一般情况下可不进行地基变形验算。

4.1.2 本条文规定了地基承载力特征值的最低值及地基承载力的主要确定方法。由于岩土工程勘察报告中常常不提供表层土的承载力特征值，甚至不提供表层土的相关参数，针对预制塔机基础的地基持力层多数为表层土的情况，本文提出了表层土地基承载力特征值可通过现场测试。现场测试可选用轻型动力触探和静力触探试验等方法。

4.1.3 本条对预制塔机基础的结构构造、整体平面布置、截面形式等设计作出了规定。

4.1.4 本条规定了预制塔机基础设计应包含的内容。

4.2 结构设计计算

4.2.1 本条主要是对作用在预制塔机基础顶面上的标准荷载的取值和对预制塔机基础在进行基础底面压力验算、抗倾覆验算、基础截面设计时所应选用的荷载分别作出的规定。

根据现行国家标准《塔式起重机设计规范》GB/T 13752-92 第4.6.3条规定，混凝土基础的抗倾覆稳定性验算和地面压应力验算均用到了塔式起重机作用在基础上的荷载 M、F_v、F_h，这些荷载是生产厂商经过工况分析，选取最不利工况时的荷载组合确定出的荷载值并在使用说明书中给出。

《塔式起重机设计规范》GB/T 13752-92 采用许用应力法，地面许用压应力是按《工业与民用建筑地基基础设计规范》TJ 7-74 地基土的容许承载力确定的。现在使用的《建筑地基基础设计规范》GB 50007-2002 为概率极限状态设计方法，鉴于《工业与民用建筑地基基础设计规范》TJ 7-74 地基土容许承载力与《建筑地基基础设计规范》GB 50007-2002 中的地基承载力特征值相当，可以近似认为《塔式起重机设计规范》GB/T 13752-92 规范中的 M、F_v、F_h（由生产厂商提供，具体分为工作状态和非工作状态两种情况。设计时应分别按工作状态和非工作状态进行计算，从安全角度比较后取值）与《建筑地基基础设计规范》GB 50007-2002 规范中的荷载标准值对应，即与本条中出现的 M_k、F_{vk}、F_{hk} 相对应。

由于塔式起重机荷载中永久荷载为自重，可变荷载为风荷载、起升荷载、运行冲击荷载等，生产厂商给出的垂直荷载 F_v、水平荷载 F_h 及弯矩 M 均没有具体组合方法，所以本条第2～4款中给出了与《建筑地基基础设计规范》GB 50007-2002 对应的荷载组合值：

1) 塔式起重机的垂直荷载 F_{vk} 主要由自重，起升荷载等所占比例较小，所以属于永久荷载控制的情况。

   ①标准组合时荷载分项系数取1.0；

   ②基本组合时垂直荷载分项系数取1.35；

   ③计算抗倾覆弯矩时垂直荷载分项系数按照《建筑结构荷载规范》GB 50009 规范第3.2.5条规定取0.9。

2) 塔式起重机作用在基础顶面的水平荷载 F_{hk} 主要由风荷载组成，属于可变荷载，在计算中乘上基础高度组合到弯矩中去。在弯矩的组合中，该项不起控制作用。

   ①在标准组合中荷载分项系数取1.0，荷载组合值系数取0.6，则 $1×0.6=0.6<1.0$，从安全角度取1.0；

   ②在基本组合中荷载分项系数取1.4，荷载组合系数0.6，则 $1.4×0.6=0.84<1.0$，从安全角度取1.0。

3) 塔式起重机作用在基础顶面的弯矩 M_k 主要由风荷载和起升荷载产生，属于可变荷载且起控制作用。

   ①在标准组合中荷载分项系数取1.0，荷载组合值系数取1.0；

   ②在基本组合中荷载分项系数取1.4。

4.2.2 本条主要是按照现行国家标准《建筑地基基础设计规范》GB 50007-2002 中5.2节的相关规定确定的。本规程中的预制塔机基础为十字形或近似十字形基础，与矩形基础的计算有所不同，用本条款公式（4.2.2-1）计算 $p_{k,max}$、$p_{k,min}$ 时可采用简化计算，即作用在基础底面上的弯矩标准值 M_k 仅由与其作用方向相同的条形基础承载，且与此对应的截面抵抗矩为 W_{min}，垂直荷载 F_{vk} 由全部基础承载；公式（4.2.2-2）、（4.2.2-3）中的 f_a 根据地质勘察报告取值，未提供表层土地基承载力特征值时，按本规程4.1.2条中的方法确定。当地基承载力达不到设计要求，应对地基进行处理。地基处理应符合《建筑地基处理技术规程》JGJ 79 的规定，处理方案应有注册结构工程师或注册岩土工程师签章。对于基底出现零应力区时偏心距值的取定，根据《塔式起重机设计规范》GB/T 13752-92 第4.6.3条规定，混凝土基础的抗倾覆稳定性公式中 $e≤b/3$，此时在该偏心距范围内对应的基础脱开地基土的面积不大于1/2的基础底面面积，本条款中的偏心距 e 取小于 $l/4$，对于目前所使用的预制塔机基础，经计算沿十字梁方向基础脱开地基土的面积小于1/6的基础底面面积，沿十字梁45°方向基础脱开地基土的面积小于1/16的基础底面面积，均在规范规定的范围内。

4.2.3 本条规定1中的参数和塔机制造商提供的常用塔机荷载数据，按现行国家标准《建筑边坡工程技术规范》GB 50330 的规定，经过验算符合要求；本条规定2可根据《建筑边坡工程技术规范》GB 50330－2002 第5.2.3条中的公式计算。

4.2.4 预制塔机基础的抗倾覆稳定性计算是涉及塔吊安全使用的重要内容，其抗倾覆稳定性应符合《塔式起重机设计规范》GB/T 13752 及《塔式起重机安全规程》GB 5144 的要求；本条给出了抗倾覆稳定性验算的公式，式中抗倾覆稳定性系数 K_{stb} 由《塔式起重机设计规范》抗倾覆稳定性验算中偏心距的要求推算为1.5，考虑预制塔机基础的形状与整体现浇塔机基础的区别并偏于安全，有埋深（预制塔机基础的顶面位于地表以下）时为2.0，无埋深时提高到2.2。

4.2.5 预制塔机基础的截面设计计算是设计制造预制塔机基础混凝土预制件、连接件以及拼装要求的主要工作。该截面设计计算的方法主要参照《混凝土结构设计规范》GB 50010 的有关规定和公式，公式中的 $0.9h_0$ 为截面内力臂的近似值。

4.2.6 本条中基础梁的受剪承载力计算分两块进行，一是对基础整体梁的抗剪计算，另一个是对拼接面处的抗剪计算。基础整体梁的受剪承载力计算公式（4.2.6-1）是根据《混凝土结构设计规范》GB 50010 第7.5.4条中公式（7.5.4-1）、（7.5.4-2）、（7.5.4-3）稍作调整，因为本规程中的预制塔机基础是通过拼装连接索将预制件连成整体，其构成形式类同节段式混凝土桥梁，因此参照 AASHOT《节段式混凝土桥梁设计和施工指导性规范》第8.3.6条，抗剪强度折减系数取为0.65；由预加力所提高的构件受剪承载力 $0.05N_{p0}$，为偏于安全，忽略不计。拼接面处的剪力设计值 V 为上部塔机传递给预制塔机基础的垂直荷载、弯矩、水平荷载在拼接面处产生的剪力的矢量和；若塔机生产厂家提供扭矩值时，则在计算剪力合力时应予以考虑，否则不予考虑。公式（4.2.6-2）中的 $0.5N_{p0}$ 是考虑由预加力在混凝土面与面之间的摩擦所增加的拼接面处的剪力设计值，式中0.5的摩擦系数，依据《重力式码头设计与施工规范》JTJ 290－98 第3.4.10条规定，混凝土面与混凝土面摩擦系数为0.55，本式中取0.5偏于安全。公式（4.2.6-3）再设置定位剪力键是为了提高拼接面处的安全度，且便于拼装施工，精确定位。

4.2.7 地脚螺栓孔应设于梁的中下部，参照《混凝土结构设计规范》GB 50010 第10.2.13条的规定，地脚螺栓的拉力应全部由附加箍筋承受，箍筋应沿地脚螺栓孔两侧布置，并从梁底伸到梁顶，做成封闭式。为提高可靠度，附加箍筋的设计强度 f_{yv} 乘以降低系数0.8。

根据《机械设计（下）》（西北工业大学主编，1979年1月第一版）式（17-26），螺栓的预紧力 F_y

与预紧力矩 M_y 之间的关系式为：

$$F_y = \cfrac{M_y}{\dfrac{d_2}{2}\tan(\alpha + \varphi_v) + \dfrac{f}{3}\left(\dfrac{D_0^3 - d^2}{D_0^2 - d^2}\right)}$$

式中：d——螺纹公称直径（mm）；

d_2——螺纹中径（mm），$d_2 \approx 0.9d$；

α——螺纹升角（°），$\alpha \approx 2.5°$；

φ_v——三角螺纹的当量摩擦角（°），$\varphi_v = \tan^{-1} f_v$，$f_v = 0.3 \sim 0.4$，取 $f_v = 0.35$ 时，$\varphi_v = \tan^{-1} 0.35 = 19.29°$；

f——螺母与支承面间的摩擦系数，对于加工过的金属表面，$f = 0.2$；

D_0——螺母环形支承面的外径（mm），可近似取 $D_0 = 1.7d$。

将以上各参数代入上式，可整理得公式（4.2.7-5）。

4.2.8 根据《混凝土结构设计规范》GB 50010 第6.1.3条规定并考虑到体外张拉和重复使用等因素，取 $\sigma_{con} = 0.55 f_{ptk}$。由于拼装连接索的作用类似于粘结预应力束，参照美国公路桥梁规范（AASHTO）规定，$\sigma_l = 221 \text{N/mm}^2 \sim 228 \text{N/mm}^2$，美国后张混凝土协会（PTI）建议 $\sigma_l = 138 \text{N/mm}^2$，本规程建议取 $\sigma_l = 200 \text{N/mm}^2$。关于 σ'_{pe} 计算式中的0.85系数是参照 AASHOT《节段式混凝土桥梁设计和施工指导性规范》第8.3.6条抗弯强度折减系数取为0.85。

4.2.9 本条按《混凝土结构设计规范》GB 50010－2002 第7.8节的内容确定。

4.2.10 预制塔机基础可以认为是采用倒楼盖形式的弹性地基梁，这种形式不会产生很大的挠度，因此不需进行挠度验算。如果在使用状态下截面内产生拉力，则裂缝将集中发生在拼接缝处，所以对于额定起重力矩不超过 400kN·m 的塔式起重机基础，可不进行裂缝验算。

4.3 构 造 要 求

4.3.1～4.3.16 针对预制塔机基础的预制件提出了具体的构造要求，这些要求是必须保证的。

5 制作与检验

5.1 预制件的制作与检验

5.1.1 预制塔机基础对预制件的质量要求较高，应采用工厂化制作。

5.1.5 为保证预制塔机基础的整体性，对预制件尺寸的允许偏差要求比现行国家标准《混凝土结构工程施工质量验收规范》GB 50204 高。

5.2 拼装连接索及配件的检验

5.2.1、5.2.2 拼装连接索及配件的质量直接影响预制塔机基础的安全使用，拼装连接索及配件质量必须满足相应要求。

6 拼装与验收

6.1 一般规定

6.1.1 本条要求施工现场的管理人员在组织预制塔机基础施工时，应结合施工现场的场地、起重作业量、作业人员的情况及可能出现的问题做通盘考虑和安排，制定具体的拼装方案。为清楚反映预制塔机基础的拼装构成，附录 A 给出了截面形式为倒 T 形的预制塔机基础的拼装结构图。

6.1.2 由于预制塔机基础拼装具有预应力张拉施工等技术要求，预制塔机基础拼装单位应有预应力施工的资质，施工操作的人员应经过专门的培训。

6.1.3 经积水浸泡的地基的承载力将会减小以致达不到预制拼装基础对地基承载力的要求，冻土地基也存在同样的情况。另外，由于基槽内积水使拼装连接索的锚固装置浸泡于水中会对其锚固性能造成不利影响。条文对此作出严格的禁止规定，并在本规程的第 6.2.4 条第 4 款对锚具及钢绞线外露部分的防腐处理和套上防护套保护处理作出具体规定。当预制拼装基础位于深基坑边或一面有堆载时，应按本规程的第 4.2.3 条进行抗滑移稳定性验算。

6.1.4 本条对张拉机具提出相应的要求。

6.1.5、6.1.6 本条是安全施工要求，拼装施工过程必须做到安全、可靠、高效。"安全第一，预防为主，综合治理"是安全生产的基本方针，操作人员应严格遵守"不伤害自己、不伤害他人和不被他人伤害"的现场安全施工的"三不"原则，为防止钢绞线在张拉和拆除时发生意外，特制定本条文。

6.2 拼装

6.2.2 拼装前的准备工作

　2　为确保塔机基础在拼装和使用过程中做到安全、合理、高效的安全生产，须掌握相关环境资料。

　4　预制塔机基础的拼装施工是按预制件设计"对号入座"，保证拼装顺利进行。

　6　为使拼装达到设计要求应检查机具精度及性能。

　7　预制塔机基础拼装前通过技术交底，将拼装要点和质量要求落实到班组和操作人员，这是确保拼装施工质量的必要措施。

6.2.3 本条对拼装施工过程中的各个方面作出具体规定和要求。

6.2.4 拼装连接索张拉施工是整个拼装施工的关键，张拉过程及张拉值记录应由监理人员进行现场监督，以确保拼装施工质量。本条文第 4 款对锚具及外露钢绞线的防腐处理和保护是确保该基础安全使用的措施之一。

6.3 验收

质量验收及安全使用巡查是预制塔机基础施工及使用管理中的关键控制点之一，本节条文分别就拼装质量、拼装允许偏差检验方法、安装验收的记录和安全使用巡查记录等给出了具体规定。本规定所涉及部分应按照国家标准《混凝土结构工程施工质量验收规范》GB 50204 和《建筑地基基础工程施工质量验收规范》GB 50202 执行。

6.4 拆除和堆放

6.4.1~6.4.3 规定了预制塔机基础的拆除程序、拆除过程中的具体要求和方法。

6.4.4 预制塔机基础是重复使用的预制件拼装组成的基础，对堆放提出了相关要求，否则会使预制件受损。

7 运输、维护与报废

7.1 运输

7.1.1、7.1.2 预制件运输车辆的选择及预制件在车上的位置、绑扎方法等是运输过程中注意成品保护的重要环节，为保证预制件从出厂到拼装现场的质量不因运输过程中的装车、绑扎等方法不当造成预制件降低质量水平和使用效果而提出的要求。

7.2 维护

7.2.1、7.2.2 对使用后的预制件及配件的维护，重点从影响预制件及配件重复使用质量方面，提出了具体维护方法的要求。

7.3 报废

7.3.1~7.3.3 预制件和配件的质量影响到预制塔机基础的安全使用。因此，该条详细的给出多项报废要求，应严格执行。

中华人民共和国行业标准

大型塔式起重机混凝土基础工程
技术规程

Technical specification for concrete foundation engineering
of large tower cranes

JGJ/T 301—2013

批准部门：中华人民共和国住房和城乡建设部
施行日期：２０１４年１月１日

中华人民共和国住房和城乡建设部
公 告

第 65 号

住房城乡建设部关于发布行业标准
《大型塔式起重机混凝土基础工程
技术规程》的公告

现批准《大型塔式起重机混凝土基础工程技术规程》为行业标准，编号为 JGJ/T 301-2013，自 2014 年 1 月 1 日起实施。

本规程由我部标准定额研究所组织中国建筑工业出版社出版发行。

中华人民共和国住房和城乡建设部

2013 年 6 月 24 日

前 言

根据住房和城乡建设部《关于印发〈2012 年工程建设标准规范制订、修订计划〉的通知》（建标〔2012〕5 号）的要求，规程编制组经广泛调查研究，认真总结实践经验，参考有关国际标准和国外先进标准，并在广泛征求意见的基础上，编制本规程。

本规程的主要技术内容是：1. 总则；2. 术语和符号；3. 基本规定；4. 设计；5. 构件制作及装配与拆卸；6. 检查与验收。

本规程由住房和城乡建设部负责管理，由北京九鼎同方技术发展有限公司负责具体技术内容的解释。执行过程中如有意见或建议，请寄送北京九鼎同方技术发展有限公司（地址：北京市昌平区昌平北站广场西侧，邮政编码：102200）。

本 规 程 主 编 单 位：北京九鼎同方技术发展有限公司

国强建设集团有限公司

本 规 程 参 编 单 位：中国建筑科学研究院建筑机械化研究分院

清华大学

同济大学

北京工业大学

北京起重运输机械设计研究院

本规程主要起草人员：赵正义 路全满 陈 希

杨亦贵 李守林 钱稼茹

薛伟辰 彭凌云 赵春晖

果 刚 郝雨辰 王兴玲

杨宏建 罗 刚 王银可

本规程主要审查人员：杨嗣信 钱力航 魏吉祥

徐克诚 孙宗辅 惠跃荣

华锦耀 熊学玉 郑念中

黄轶逸 施锦飞

目　次

Contents

1 总 则

1.0.1 为规范大型塔式起重机混凝土基础工程的技术要求，做到技术先进、安全适用、节能环保和保证质量，制定本规程。

1.0.2 本规程适用于建筑工程施工中额定起重力矩400kN·m～3000kN·m 的固定式塔式起重机装配式混凝土基础（简称装配式塔机基础）的设计、构件制作、装配与拆卸、检查与验收。

1.0.3 装配式塔机基础的设计、构件制作、装配与拆卸、检查与验收，除应符合本规程外，尚应符合国家现行有关标准的规定。

2 术语和符号

2.1 术 语

2.1.1 大型塔式起重机混凝土基础 concrete foundation for large tower crane

设于额定起重力矩 400kN·m～3000kN·m 的固定式塔式起重机之下，并与其垂直连接的、由一组截面为倒 T 形预制混凝土构件水平组合装配而成、可重复装配使用的梁板结构。

2.1.2 中心件 center piece

位于装配式塔机基础平面中心部位的预制混凝土构件。

2.1.3 过渡件 transition connecting piece

位于装配式塔机基础中心件与端件之间，并沿基础梁平面十字轴线对称设置的、其外立面与中心件和端件的外立面之间紧密配合的预制混凝土构件。

2.1.4 端件 end piece

位于装配式塔机基础外端，其外立面与过渡件的外立面紧密配合的预制混凝土构件。

2.1.5 基础梁 foundation beam

位于装配式塔机基础底板之上并与底板连成一体的、平面为十字形的混凝土结构。

2.1.6 混凝土抗剪件 concrete shear member

设于装配式塔机基础预制混凝土构件相邻立面上紧密配合的钢筋混凝土凹凸键。

2.1.7 钢定位键 steel key

设于装配式塔机基础预制混凝土构件相邻立面上紧密配合的钢质凹凸键。

2.1.8 水平连接构造 horizontal connection structure

设于装配式塔机基础的预制混凝土构件中，能使预制混凝土构件水平连接成整体、能承受塔机荷载的构造。

2.1.9 垂直连接构造 vertical connection structure

设于装配式塔机基础的预制混凝土构件的上部，能使塔机与装配式塔机基础垂直连接、保证塔机稳定及安全使用的构造。

2.1.10 压重件 pressure part

设于装配式塔机基础底板上能补足基础预制混凝土构件的总重力与基础设计总重力的差额的预制混凝土配重件或固体散料。

2.1.11 散料仓壁板 bulk silo wall

设于装配式塔机基础外缘与基础梁板结构连接的、防止固体散料移动的混凝土板或钢板。

2.1.12 转换件 conversion device

能使一种形式的装配式塔机基础与多种形式的塔机垂直连接并可重复使用的构件。

2.2 符 号

2.2.1 材料性能：

f_c ——混凝土轴心抗压强度设计值；

f_t ——混凝土轴心抗拉强度设计值；

f_{vl} ——钢定位键的抗剪强度设计值；

f_{ptk} ——钢绞线极限强度标准值；

f_y、f_{yv} ——斜筋、箍筋的抗拉强度设计值。

2.2.2 作用和作用效应：

f_a ——修正后的地基承载力特征值；

$[F]$ ——垂直连接螺栓的最大容许作用力；

F ——单根垂直连接螺栓的承载力设计值；

F_g ——基础的自重及压重的标准值；

F_k ——相应于作用的标准组合下塔机作用于基础顶面的垂直荷载标准值；

F_L ——单根垂直连接螺栓的承载力标准值；

F_n ——相应于作用的标准组合下塔机作用于基础顶面的水平荷载标准值；

F_v ——相应于作用的基本组合下塔机作用于基础顶面的垂直荷载；

M ——相应于作用的基本组合下塔机作用于基础底面的倾覆力矩值；

M_D ——装配式塔机基础抗倾覆力矩值；

M_H ——滑动力矩；

M_k ——相应于作用的标准组合下塔机作用于基础顶面的力矩标准值；

M_R ——抗滑力矩；

p_k ——相应于作用的标准组合下基础底面的平均压力值；

$p_{k,max}$ ——相应于作用的标准组合下基础底面边缘的最大压力值；

$p_{k,min}$ ——相应于作用的标准组合下基础底面边缘的最小压力值；

T_k ——相应于作用的标准组合下塔机作用于基础顶面的扭矩标准值；

V_{CS} ——构件斜截面上混凝土和箍筋的受剪承载

力的设计值；

V_D —— 配置斜筋处剪力设计值；

V_Q —— 混凝土抗剪件截面剪力设计值；

σ_{con} —— 钢绞线的张拉控制应力设计值；

σ_{pe} —— 钢绞线的有效预应力；

σ_l —— 钢绞线的全部预应力损失值。

2.2.3 几何参数：

A —— 基础底面面积；

A_0 —— 单根钢绞线的截面面积；

A_{p1}，A_{p2} —— 下部、上部钢绞线束总截面面积；

A_{so} —— 钢定位键的截面面积；

A_{sb} —— 同一截面内斜筋的截面面积；

A_{sv} —— 同一截面内各肢箍筋的全部截面面积；

b —— 正方形基础边长；

b' —— 基础梁截面的宽度；

h —— 基础的高度；

h_0 —— 基础梁截面的有效高度；

h_j —— 混凝土抗剪件的截面高度；

l —— 塔身的宽度；

S —— 基础梁纵向的箍筋间距；

W —— 基础底面的抵抗矩。

2.2.4 计算系数：

k_1 —— 安全系数；

β —— 折减系数。

3 基 本 规 定

3.0.1 装配式塔机基础的地基应符合现行国家标准《高耸结构设计规范》GB 50135、《建筑地基基础设计规范》GB 50007 和《建筑地基基础工程施工质量验收规范》GB 50202 的规定。

3.0.2 装配式塔机基础的水平组合形式应为倒 T 形截面的各预制混凝土构件通过十字交叉无粘结预应力钢绞线水平连接成底板平面为正方形，与其上的十字形基础梁为一体可重复装配的梁板结构，该十字形基础梁的中心与基础底板中心重合（图 3.0.2），并应在底板上设置压重件；同一套装配式塔机基础的各预制混凝土构件的平面位置及方向应固定，且不得换位装配；非同一套装配式塔机基础的预制混凝土构件不得混合装配。

3.0.3 装配式塔机基础预制混凝土构件的连接面上应设置混凝土抗剪件，预制混凝土构件连接后混凝土抗剪件应相互吻合，并应在预制混凝土构件连接面上设置钢定位键。

3.0.4 在装配式塔机基础上，应设置能与塔机进行垂直连接的转换件（图 3.0.4）。

3.0.5 塔身基础节的底面形心应与基础平面形心及基础垂直连接系统的中心相重合。

3.0.6 装配式塔机基础与无底架的塔身基础节连接，

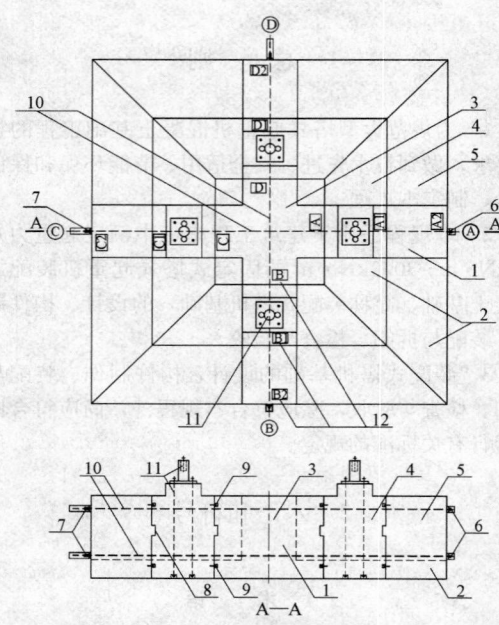

图 3.0.2 装配式塔机基础的平面、剖面示意

1—基础梁；2—底板；3—中心件；4—过渡件；5—端件；6—固定端；7—张拉端；8—混凝土抗剪件；9—钢定位键；10—钢绞线束及预埋孔道；11—垂直连接构造；12—预制混凝土构件安装方位编号

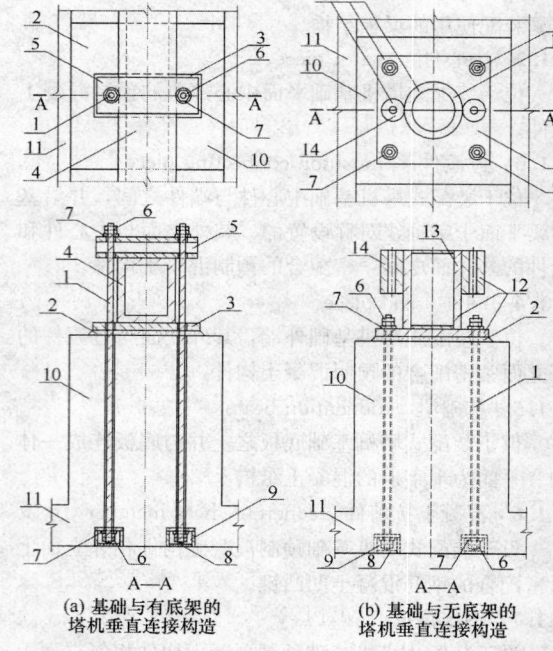

(a) 基础与有底架的　　　(b) 基础与无底架的
　　塔机垂直连接构造　　　　塔机垂直连接构造

图 3.0.4 基础与塔机垂直连接示意

1—垂直连接螺栓；2—高强度水泥砂浆；3—垫板；4—塔机底架梁；5—横梁；6—螺母；7—垫圈；8—封闭塞；9—垂直连接螺栓下端构造盒；10—基础梁；11—底板；12—转换件；13—垂直连接管；14—垂直连接螺栓连接套筒

在基础梁上预留垂直连接螺栓孔应符合下列规定：

1 在基础梁的平面中心至梁外端的范围内，预留垂直连接螺栓孔的组数不应多于 3 组，且严禁与水平孔道相互贯通；

2 垂直连接螺栓孔中心与梁外立面的距离不应小于 100mm，同 1 组 2 个垂直连接螺栓中心的距离不应小于 200mm；

3 1 组垂直连接螺栓孔的数量不应多于 2 个；

4 2 个垂直连接螺栓孔为 1 组的 2 组垂直连接螺栓孔之间的纵向距离不应小于 400mm；

5 1 个垂直连接螺栓孔为 1 组的与 2 个垂直连接螺栓孔为 1 组的 2 组垂直连接螺栓孔之间的纵向距离不应小于 200mm；

6 垂直连接螺栓孔径不应大于梁宽的 1/15。

3.0.7 装配式塔机基础与有底架的塔身基础节连接，在基础梁上预留垂直连接螺栓孔应符合下列规定：

1 在基础梁的平面中心至梁外端的范围内，预留垂直连接螺栓孔的组数不应多于 4 组，且严禁与水平孔道相互贯通；

2 垂直连接螺栓孔中心与梁外立面的距离不应小于 100mm，同 1 组 2 个垂直连接螺栓孔中心的距离不应小于 120mm；

3 1 组垂直连接螺栓孔的数量不应多于 2 个；

4 2 个垂直连接螺栓孔为 1 组的 2 组垂直连接螺栓孔之间的纵向距离不应小于 700mm；

5 1 个垂直连接螺栓孔为 1 组的与 2 个垂直连接螺栓孔为 1 组的 2 组垂直连接螺栓孔之间的纵向距离不应小于 200mm；

6 垂直连接螺栓孔径不应大于梁宽的 1/12。

3.0.8 装配式塔机基础所用的材料应符合下列规定：

1 装配式塔机基础的预制混凝土构件的混凝土材料应符合现行国家标准《混凝土结构工程施工质量验收规范》GB 50204 的相关规定，预制混凝土构件强度等级不应低于 C40，附属件混凝土强度等级不应低于 C30，并应符合现行国家标准《混凝土结构设计规范》GB 50010 的相关规定；

2 基础水平组合连接用钢绞线应选用 1×7 型直径 15.2mm 极限强度标准值为 1860N/mm² 或 1960N/mm² 的钢绞线，并应符合现行国家标准《预应力混凝土用钢绞线》GB/T 5224 的相关规定；

3 装配式塔机基础的垂直连接螺栓的材料和物理力学性能应符合现行国家标准《紧固件机械性能 螺栓、螺钉和螺柱》GB/T 3098.1 和《紧固件机械性能 螺母 粗牙螺纹》GB/T 3098.2 的规定，并应符合塔机使用说明书的规定；

4 装配式塔机基础的水平连接构造所用的锚环、锚片和连接器应符合现行国家标准《预应力筋用锚具、夹具和连接器》GB/T 14370 的规定；

5 装配式塔机基础的预制混凝土构件的受力筋宜选用 HRB400 级钢筋，也可采用 HRB335 级钢筋，其屈服强度标准值、极限强度标准值和工艺性能应符合现行国家标准《混凝土结构设计规范》GB 50010

6 装配式塔机基础使用的预埋件、承压板宜采用 Q295、Q345、Q390 和 Q420 级钢，其屈服强度标准值、极限强度标准值和工艺性能应符合现行国家标准《低合金高强度结构钢》GB/T 1591 的规定。

4 设　计

4.1 一般规定

4.1.1 装配式塔机基础的设计计算应符合现行国家标准《建筑地基基础设计规范》GB 50007 和《高耸结构设计规范》GB 50135 的规定。

4.1.2 装配式塔机基础设计时应具备与其装配的固定式塔机的技术性能和荷载资料，且技术性能和荷载资料应符合国家现行标准《塔式起重机设计规范》GB/T 13752 和《塔式起重机混凝土基础工程技术规程》JGJ/T 187 的相关规定。

4.1.3 装配式塔机基础的地基承载力特征值不宜低于 120kPa。地基承载力特征值可根据勘察报告、载荷试验或原位测试等并结合工程实践经验综合确定，地基承载力验算应符合国家现行相关标准的规定。

4.1.4 装配式塔机基础的预制混凝土构件设计应符合下列规定：

1 构造宜简单、耐用、便于制作、运输和周转使用；

2 截面尺寸宜符合建筑模数，单件重量宜为 2t～4t。

4.1.5 装配式塔机基础性能的计算与验算应包括下列内容：

1 装配式塔机基础的地基承载力验算；

2 装配式塔机基础的地基稳定性验算；

3 预制混凝土构件水平连接钢绞线的计算与配置；

4 塔机与基础垂直连接构造的计算与配置；

5 预制混凝土构件钢筋的计算与配置。

4.1.6 绘制装配式塔机基础施工图，并应符合下列要求：

1 装配式塔机基础的平、立、剖面及节点详图，应按建筑制图标准绘制；

2 预制混凝土构件在平、立、剖面图上应标注垂直连接构造、水平连接构造和各种埋件的位置和尺寸；

3 装配式塔机基础预制混凝土构件的模板图和装配图应符合现行国家标准《混凝土结构工程施工规范》GB 50666 的规定。

4.1.7 应编写装配式塔机基础的装配说明书。

4.2 结构设计计算

4.2.1 装配式塔机基础应按塔机独立状态的工作状

态和非工作状态时的荷载效应组合进行设计计算，并应符合现行国家标准《塔式起重机设计规范》GB/T 13752的相关规定，验算地基承载力时，传至基础底面上的作用效应应采用正常使用极限状态下作用的标准组合。相应的抗力应采用地基承载力特征值或单桩承载力特征值；验算基础截面、确定配筋和材料强度时，应按承载能力极限状态下作用的基本组合，并应采用相应的分项系数。

4.2.2 作用在装配式塔机基础上的荷载及其荷载效应组合应符合下列规定：

1 作用在装配式塔机基础顶面的荷载应由塔机生产厂家按现行国家标准《塔式起重机设计规范》GB/T 13752提供。作用于基础的荷载应包括塔机作用于基础顶面的垂直荷载标准值（F_k）、水平荷载标准值（F_n）、力矩标准值（M_k）、扭矩标准值（T_k）以及基础的自重及压重的标准值（F_g）。当塔机现场风荷载的基本风压值大于现行国家标准《塔式起重机设计规范》GB/T 13752或塔机使用说明书的规定时，应按实际的基本风压值进行荷载组合和计算（图4.2.2）。

2 相应于作用的基本组合下塔机作用于基础顶面的垂直荷载应按下式计算：

$$F_v = 1.35 F_k \qquad (4.2.2-1)$$

式中：F_v —— 相应于作用的基本组合下塔机作用于基础顶面的垂直荷载（kN）；

F_k —— 相应于作用的标准组合下塔机作用于基础顶面上的垂直荷载标准值（kN）。

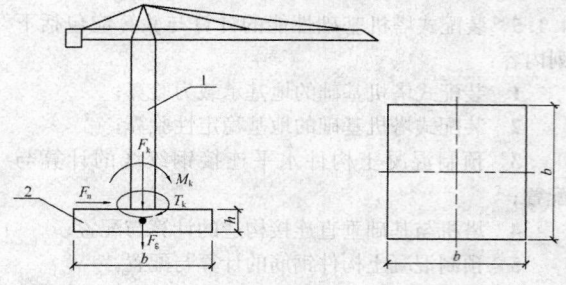

图 4.2.2 装配式塔机基础结构受力
1—塔机；2—装配式塔机基础

3 相应于作用的基本组合下塔机作用于基础底面的倾覆力矩值应按下式计算：

$$M = 1.4(M_k + F_n \cdot h) \qquad (4.2.2-2)$$

式中：M —— 相应于作用的基本组合下塔机作用于基础底面的倾覆力矩值（kN·m）；

M_k —— 相应于作用的标准组合下塔机作用于基础顶面的力矩标准值（kN·m）；

F_n —— 相应于作用的标准组合下塔机作用于基础顶面的水平荷载标准值（kN）；

h —— 基础的高度（m）。

4.2.3 装配式塔机基础抗倾覆稳定性应符合下式的

要求：

$$M_D \geqslant k_1 M \qquad (4.2.3)$$

式中：M_D —— 装配式塔机基础抗倾覆力矩值（kN·m）；

k_1 —— 安全系数，应取1.2。

4.2.4 装配式塔机基础受弯承载力计算应符合现行国家标准《混凝土结构设计规范》GB 50010的规定。

4.3 地基承载力

4.3.1 装配式塔机基础的地基承载力应符合下列规定：

1 当轴心荷载作用时：

$$p_k \leqslant f_a \qquad (4.3.1-1)$$

式中：p_k —— 相应于作用的标准组合下基础底面的平均压力值（kPa）；

f_a —— 修正后的地基承载力特征值（kPa），应按现行国家标准《建筑地基基础设计规范》GB 50007的规定采用。

2 当偏心荷载作用时，除应符合式（4.3.1-1）的要求外，尚应符合下式要求：

$$p_{k,max} \leqslant 1.2 f_a \qquad (4.3.1-2)$$

式中：$p_{k,max}$ —— 相应于作用的标准组合下基础底面边缘的最大压力值（kPa）。

3 当基础承受偏心荷载作用时，基础底面脱开地基土的面积不应大于底面全面积的1/4。

4.3.2 当轴心荷载和合力作用点在基础核心区内时，基础底面压力可按下列公式计算：

1 当轴心荷载作用时：

$$p_k = \frac{F_k + F_g}{A} \qquad (4.3.2-1)$$

式中：A —— 基础底面面积（m²）；

F_g —— 基础的自重及压重的标准值（kN）。

2 当偏心荷载作用时（$p_{k,min} \geqslant 0$）：

$$p_{k,max} = \frac{F_k + F_g}{A} + \frac{M_k + F_n \cdot h}{W} \qquad (4.3.2-2)$$

$$p_{k,min} = \frac{F_k + F_g}{A} - \frac{M_k + F_n \cdot h}{W} \qquad (4.3.2-3)$$

式中：W —— 基础底面的抵抗矩（m³）；

$p_{k,min}$ —— 相应于作用的标准组合下基础底面边缘的最小压力值（kPa）。

3 当双向偏心荷载作用时（$p_{k,min} \geqslant 0$）：

$$p_{k,max} = \frac{F_k + F_g}{A} + \frac{M_{kx}}{W_x} + \frac{M_{ky}}{W_y} \qquad (4.3.2-4)$$

$$p_{k,min} = \frac{F_k + F_g}{A} - \frac{M_{kx}}{W_x} - \frac{M_{ky}}{W_y} \qquad (4.3.2-5)$$

式中：M_{kx}、M_{ky} —— 相应于作用的标准组合下塔机传给基础对 x 轴和 y 轴的力矩值（kN·m）；

W_x、W_y —— 基础底面对 x 轴、y 轴的抵抗矩（m³）。

4.3.3 当在核心区外承受偏心荷载时，偏心距可按下式计算：

$$e = \frac{M_k + F_n \cdot h}{F_k + F_g} \tag{4.3.3}$$

式中：e——偏心距（m），应小于或等于基础宽度的 1/4。

4.3.4 当偏心荷载作用在核心区外时，基础底面压力可按下列公式确定：

1 正方形基础承受单向偏心荷载作用时（图 4.3.4-1）：

$$p_{k,max} = \frac{2(F_k + F_g)}{3ab} \tag{4.3.4-1}$$

$$3a \geqslant 0.75b \tag{4.3.4-2}$$

式中：b——正方形基础边长（m）；

a——合力作用点至基础底面最大压力边缘的距离（m）。

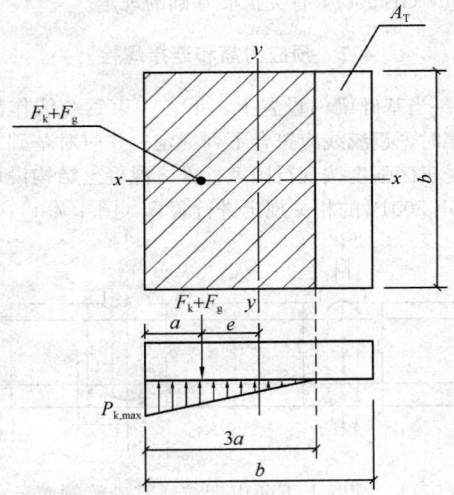

图 4.3.4-1　在单向偏心荷载作用下，正方形基础底面部分脱开时的基底压力示意

A_T—基底脱开面积；e—偏心距

2 正方形基础承受双向偏心荷载，塔机倾覆力矩的作用方向在基础对角线方向时（图 4.3.4-2）：

$$p_{k,max} = \frac{F_k + F_g}{3a_x a_y} \tag{4.3.4-3}$$

$$a_x a_y \geqslant 0.101b^2 \tag{4.3.4-4}$$

$$a_x = \frac{b}{2} - e_x \tag{4.3.4-5}$$

$$a_y = \frac{b}{2} - e_y \tag{4.3.4-6}$$

$$e_x = \frac{M_{kx}}{F_k + F_g} \tag{4.3.4-7}$$

$$e_y = \frac{M_{ky}}{F_k + F_g} \tag{4.3.4-8}$$

式中：a_x——合力作用点至 e_x 一侧基础边缘的距离（m）；

a_y——合力作用点至 e_y 一侧基础边缘的距离（m）；

e_x——x 方向的偏心距（m）；

e_y——y 方向的偏心距（m）。

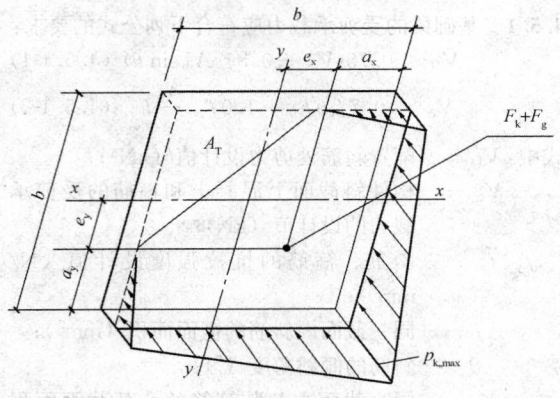

图 4.3.4-2　在双向偏心荷载作用下，正方形基础底面部分脱开时的基底压力示意

4.3.5 当正方形基础承受单向或双向偏心荷载时，应以计算得出的基础底面边缘 2 个最大的压力值（$p_{k,max}$）中的较大值作为计算基础底面的平均压力值（p_k）的依据，并应进行验算。

4.4　地基稳定性

4.4.1 装配式塔机基础底面边缘到坡顶的水平距离 c（图 4.4.1）应符合下式要求，但不得小于 2.5m：

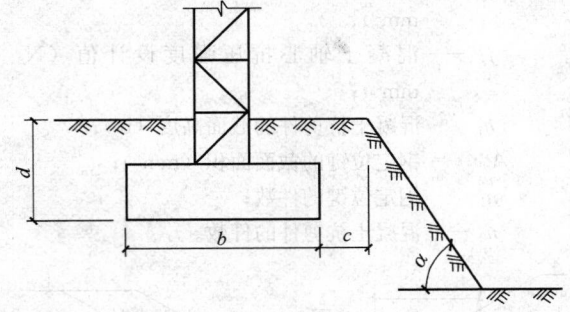

图 4.4.1　基础底面外边缘线至坡顶的水平距离示意

$$c \geqslant 2.5b - \frac{d}{\tan \alpha} \tag{4.4.1}$$

式中：c——基础边缘至坡顶的水平距离（m）；

d——基础埋置深度（m）；

α——边坡坡角（°）。

4.4.2 当装配式塔机基础处于边坡内且不符合本规程第 4.4.1 条的规定时，应根据现行国家标准《建筑地基基础设计规范》GB 50007 的规定，采用圆弧滑动面法进行边坡稳定验算。最危险滑动面上的全部力对滑动中心产生的抗滑动力矩与滑动力矩应符合下式规定：

$$\frac{M_R}{M_H} \geqslant 1.2 \tag{4.4.2}$$

式中：M_R ——抗滑力矩（kN·m）；

M_H ——滑动力矩（kN·m）。

4.5 剪切承载力

4.5.1 基础梁的受剪承载力应符合下列公式的要求：

$$V_D \leq 0.75(V_{cs} + 0.8f_y A_{sb} \sin\theta) \quad (4.5.1\text{-}1)$$

$$V_{cs} = 0.7f_t b' h_0 + 1.0f_{yv}\frac{A_{sv}}{s}h_0 \quad (4.5.1\text{-}2)$$

式中：V_D ——配置斜筋处剪力设计值（kN）；

V_{cs} ——构件斜截面上混凝土和箍筋的受剪承载力的设计值（kN）；

f_y、f_{yv} ——斜筋、箍筋的抗拉强度设计值（N/mm²）；

A_{sb} ——同一截面内斜筋的截面面积（mm²）；

θ ——斜筋的倾斜角度（°）；

A_{sv} ——同一截面内各肢箍筋的全部截面面积（mm²）；

f_t ——混凝土轴心抗拉强度设计值（N/mm²）；

h_0 ——基础梁截面的有效高度（m）；

S ——基础梁纵向的箍筋间距（m）；

b' ——基础梁截面的宽度（m）。

4.5.2 基础梁连接面的抗剪件承载力应符合下式要求（图4.5.2）：

$$V_Q \leq 0.75(n_1 f_{v1} A_{so} + 0.25n_2 f_c b' h_j) \quad (4.5.2)$$

式中：V_Q ——混凝土抗剪件截面剪力设计值（kN）；

f_{v1} ——钢定位键的抗剪强度设计值（N/mm²）；

f_c ——混凝土轴心抗压强度设计值（N/mm²）；

h_j ——混凝土抗剪件的截面高度（m）；

A_{so} ——钢定位键的截面面积（mm²）；

n_1 ——钢定位键的件数；

n_2 ——混凝土抗剪件的件数。

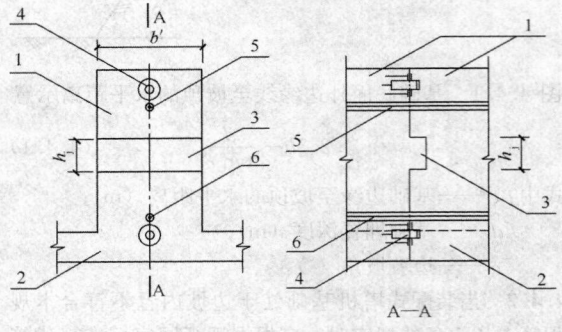

图4.5.2 基础梁受剪承载力示意

1—基础梁；2—底板；3—混凝土抗剪件；4—钢定位键；
5—上部钢绞线束；6—下部钢绞线束

4.6 非预应力钢筋

4.6.1 装配式塔机基础的预制混凝土构件的非预应力受力钢筋计算，应按基础最不利荷载效应基本组合下承受的力矩分配到预制混凝土构件各部位，分别计算，并应符合现行国家标准《混凝土结构设计规范》GB 50010关于预应力混凝土构件中的普通受力钢筋的设计计算和纵向钢筋最小配筋率的规定。预制混凝土构件的底板下层受力主筋和上层受力主筋应分别按底板承受的地基反力和压重件的重力计算所得的弯矩进行计算；在复核截面受压区强度时，不应将下层或上层受力钢筋作为受压钢筋纳入计算；基础梁内的上、下纵向非预应力钢筋不应作为受压区钢筋纳入基础梁的抗弯强度计算。

4.6.2 装配式塔机基础的预制混凝土构件的构造配筋应符合现行国家标准《混凝土结构设计规范》GB 50010中受扭构件配置的纵向、横向、构造钢筋和箍筋的规定，并应符合现行国家标准《建筑地基基础设计规范》GB 50007有关扩展基础的规定。

4.7 预应力筋和连接螺栓

4.7.1 当基础梁内设置上、下各1束钢绞线作为水平连接时，钢绞线应符合下列规定；并应对基础梁混凝土受压区强度按现行国家标准《混凝土结构设计规范》GB 50010的相关规定进行验算（图4.7.1）：

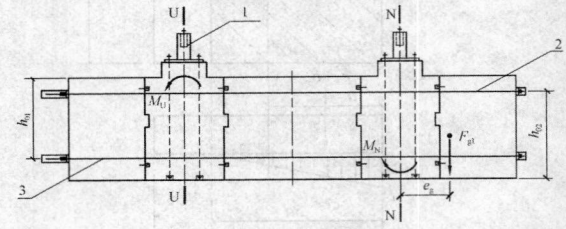

图4.7.1 配置上下两束钢绞线基础梁剖面示意

1—转换件；2—上部钢绞线束；3—下部钢绞线束

1 下部钢绞线束的截面面积和根数应按下列公式计算：

$$A_{p1} = \frac{M_U}{0.875\beta\sigma_{pe}h_{01}} \quad (4.7.1\text{-}1)$$

$$\sigma_{pe} = \sigma_{con} - \sigma_l \quad (4.7.1\text{-}2)$$

$$\lambda_1 = \frac{A_{p1}}{A_0} \quad (4.7.1\text{-}3)$$

式中：β ——折减系数，应取0.85；

σ_{pe} ——钢绞线的有效预应力（N/mm²）；

σ_{con} ——钢绞线的张拉控制应力设计值，可取 $(0.45 \sim 0.55)f_{ptk}$（N/mm²）；

σ_l ——钢绞线的全部预应力损失值，当计算值小于或等于80N/mm²时，σ_l取80N/mm²；当计算值大于80N/mm²时，按现行国家标准《混凝土结构设计规范》GB 50010规定中各种条件引起的损失值计算取值；

A_{p_1} ——下部钢绞线束总截面面积（mm^2）；

A_0 ——单根钢绞线的截面面积（mm^2）；

M_U ——作用于基础梁 U—U 截面的弯矩设计值（$kN \cdot m$）；

λ_1 ——下部使用钢绞线数量（根）；

h_{01} ——下部钢绞线束计算的截面有效高度（m）。

2 上部钢绞线束的截面面积和根数应按下列公式计算：

$$A_{p2} \geqslant \frac{M_N}{0.9\beta\sigma_{pe}h_{02}} \qquad (4.7.1-4)$$

$$M_N = F_{g1} \cdot e_g \qquad (4.7.1-5)$$

$$\lambda_2 = \frac{A_{p2}}{A_0} \qquad (4.7.1-6)$$

式中：M_N ——作用于基础梁 N-N 截面的弯矩设计值（$kN \cdot m$）；

A_{p2} ——上部钢绞线束总截面面积（mm^2）；

F_{g1} ——N-N 截面以外的基础的自重及压重（kN）；

e_g ——N-N 截面以外的基础重力合力点到 N-N 截面的距离（mm）；

λ_2 ——上部使用钢绞线数量（根）；

h_{02} ——上部钢绞线束计算的截面有效高度（mm）。

4.7.2 当基础梁内设置一束钢绞线连接时，计算上部正弯矩 M_Q 时，应符合本规程公式（4.7.1-1）的规定；验算下部负弯矩 M_P 时，应符合本规程公式（4.7.1-4）的规定，取其中的大值作为一束钢绞线的设计值；并应按现行国家标准《混凝土结构设计规范》GB 50010 的相关规定对基础梁混凝土上部受压区面积进行验算（图4.7.2）。

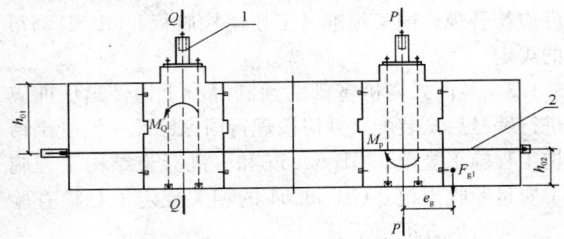

图 4.7.2 配置一束钢绞线基础梁剖面示意
1—转换件；2—钢绞线束

4.7.3 装配式塔机基础的垂直连接螺栓的最大容许作用力不应小于装配式塔机基础与之装配的塔机使用说明书要求配置的塔机与基础的垂直连接螺栓的最大容许作用力，并应按下列公式进行验算，取二者中较大值来配置装配式塔机基础与塔机连接的垂直连接螺栓：

$$F_L = \frac{M_k}{2l} \cdot \frac{1}{n} \qquad (4.7.3-1)$$

$$F = 1.35F_L \qquad (4.7.3-2)$$

$$F \leqslant [F] \qquad (4.7.3-3)$$

式中：F_L ——单根垂直连接螺栓的承载力标准值（kN）；

F ——单根垂直连接螺栓的承载力设计值（kN）；

n ——塔身与基础的每个垂直连接点的螺栓数量（根）；

l ——塔身的宽度（m）；

$[F]$ ——垂直连接螺栓的最大容许作用力（kN），应按现行国家标准《紧固件机械性能 螺栓、螺钉和螺柱》GB/T 3098.1 的规定取值。

4.8 构 造 要 求

4.8.1 装配式塔机基础的预制混凝土构件的水平连接应使用钢绞线。钢绞线应设于预制混凝土构件中的水平预留通轴线长度的孔道中。当装配式塔机基础截面高度不小于1.5m时，应沿梁轴线在梁的上、下部分别设置钢绞线束。上部钢绞线束的合力点至基础梁上表面的距离不宜小于250mm，且钢绞线不应少于2根；下部钢绞线束合力点至基础底面的距离不宜小于300mm，当需设置双束钢绞线时，可在基础梁截面轴线两侧水平对称设置。当基础截面高度小于1.5m时，应设一束钢绞线，钢绞线束合力点位置应在与基础底面的距离应为1/4～1/3基础高范围内，平面位置应与预制混凝土构件轴线重合。

4.8.2 装配式塔机基础的预制混凝土构件的配筋除应按梁、板分别计算配置外，纵向非预应力受力钢筋配筋率不应小于0.15%，且配置的钢筋应符合下列规定：

1 受力筋直径不应小于10mm，梁的箍筋直径不应小于8mm；

2 压重件应按双排双向配置纵向受力筋，其直径宜为10mm～16mm；

3 基础梁截面高度大于700mm时，应在梁的两侧设置直径不小于10mm、间距不大于200mm的纵向构造钢筋，并应以直径不小于8mm、间距不大于300mm的单肢箍筋相连；

4 在预制混凝土构件基础梁内应纵向成排设置2根直径大于14mm、强度等级为 HRB335 或 HRB400 的斜筋，通梁高设置，其倾斜度宜为60°或45°；

5 混凝土底板上部宜双向单排配置主筋，其直径宜为8mm～12mm；

6 预制混凝土构件的其他部位宜配置构造钢筋，其直径宜为6mm～8mm；

7 预制混凝土构件应设置足够的预埋件，预埋件及其锚筋的设置方法、位置、尺寸长度和锚固形式应符合现行国家标准《混凝土结构设计规范》GB 50010 的相关规定。

4.8.3 当基础梁截面宽不大于 300mm 时，宜采用双肢箍筋；当基础梁截面宽度大于 300mm 时，宜采用四肢箍筋。

4.8.4 装配式塔机基础垂直连接螺栓孔的内壁应设置钢管，钢管壁厚不应小于 2.5mm，且应以与钢管焊接的间距不大于 200mm、直径不小于 8mm 的 HPB300 钢筋环与混凝土锚固。

4.8.5 装配式塔机基础的预制混凝土构件的连接面应设置不少于 1 组混凝土抗剪件和 1 组钢定位键。混凝土抗剪件应按构造要求配置钢筋，并应按混凝土抗剪件外形配置弯曲钢筋，钢筋宜选用直径 5mm 的预应力钢丝，间距不宜大于 100mm，横向分布筋的间距不宜大于 100mm，混凝土抗剪件混凝土保护层应为 15mm；钢定位键宜选用定型的定位键，截面形状应为正多边形或圆形，最小截面积不应小于 700mm²，并应焊接经计算后配置的锚固钢筋。

4.8.6 当预制混凝土构件连接面的梁上设置的混凝土抗剪件的抗剪力低于设计要求时，应在预制混凝土构件底板相邻连接面上增设混凝土抗剪件，其截面高度不应小于 90mm。

4.8.7 预制混凝土构件和其他附属件钢筋混凝土保护层厚度应符合表 4.8.7 的规定。

表 4.8.7 预制混凝土构件和其他附属件钢筋混凝土保护层厚度（mm）

构件及附件	上面	底面	侧立面
基础构件	40	40	40
压重件	35	35	35
散料仓壁板	25	25	15

4.8.8 钢绞线在基础梁中应呈十字交叉布置，中心件之外的预制混凝土构件内预留钢绞线的孔道中心高差不应大于 2mm。

4.8.9 钢绞线的固定端和张拉端部件宜采用定型的钢制产品。

4.8.10 装配式塔机基础底板的边缘厚度不应小于 200mm。

4.8.11 当塔机与装配式塔机基础垂直连接时，宜在预制混凝土构件中设置垂直螺栓孔和螺栓下端的螺栓锚固构造盒与螺栓套管焊接，形成封闭盒，在螺栓锚固构造盒内应设有可反复装配的垂直连接螺栓（图 3.0.4）。

4.8.12 在预制混凝土构件的两侧立面上应对称设置预留吊装销孔。

4.8.13 装配式塔机基础可设置在桩基础上，基础桩和承桩台的设计、施工及验收应符合国家现行标准《建筑地基基础设计规范》GB 50007 和《建筑桩基技术规范》JGJ 94 的规定，并应符合装配式塔机基础的使用要求。

4.8.14 装配式塔机基础在装配时应按塔机使用说明书的要求设置规定电阻值的避雷接地设施，且应符合现行国家标准《塔式起重机》GB/T 5031 的有关规定。

5 构件制作及装配与拆卸

5.1 构件制作

5.1.1 预制混凝土构件的制作应符合下列规定：

1 预制混凝土构件的制作应执行现行国家标准《混凝土结构设计规范》GB 50010、《混凝土结构工程施工规范》GB 50666 和《混凝土结构工程施工质量验收规范》GB 50204 的相关规定；

2 制作构件用的原材料、预埋件、零部件及模板均应经过检查和验收，并应符合相关质量标准和验收标准；

3 预制混凝土构件应在加工平台上由具备专业生产能力和生产条件的企业制作；

4 在预制混凝土构件制作过程中，应由技术部门对施工程序进行监督和指导。

5.1.2 预埋件和零部件的制作应符合下列规定：

1 预埋件和零部件应按设计要求加工制作，焊接的部件应符合现行国家标准《钢结构工程施工质量验收规范》GB 50205 的相关规定；

2 预制混凝土构件的铸钢预埋件和钢定位键应按设计要求由专业厂家铸造，并应按设计要求焊接锚固钢筋；

3 橡胶封闭圈应现场制作或选购，其材质和强度应符合现行国家标准《工业用橡胶板》GB/T 5574 的规定。

5.1.3 装配式塔机基础的预制混凝土构件出厂前应进行编号后试装配，并应按现行国家标准《混凝土结构工程施工规范》GB 50666 和《混凝土结构工程施工质量验收规范》GB 50204 的相关规定进行检查验收，合格后方可出厂。

5.2 装配与拆卸

5.2.1 装配式塔机基础装配前应检查基础的装配条件，并应符合下列规定：

1 装配式塔机基础设置的环境条件应符合下列规定：

1）基坑的定位应符合塔机使用方的要求，基坑的深度、四壁和基底的土质应达到设计要求；

2）基底的地基承载力应经检测，并应达到设计要求；

  3）在季节性冻土层上不得装配基础；

  4）垫层下方 1.5m 深度范围内有水、油、气、电等管线设备的地基严禁装配基础；

  5）基坑外缘 3m 范围内有积水不得装配基础；

  6）垫层的几何尺寸、水平度和平整情况应达到设计要求。

  2 装配条件应符合下列规定：

  1）应由专业装配技能的人员从事装配和拆卸工作；

  2）应配备装配用的各种仪器和仪表及工具，仪器和仪表应经校核，并应在有效使用期内；

  3）应配备满足吊装作业条件的起重机械；

  4）在端件垫层以外应留有 1.5m×1.5m 的工作空间；

  5）在压重件安装完成前，不得安装塔身基础节之上的任何塔机结构。

5.2.2 对装配式塔机基础预制混凝土构件的检查，应按新出厂的或多次重复使用的两种情况分别检查，新出厂的基础构件有产品合格证的可进行安装，重复使用的构件装配前应对构件和配套的零部件逐一进行检查和检测，达到装配要求和使用条件后进行装配。

5.2.3 预制混凝土构件装配时应在混凝土垫层上铺设厚度为 20mm 的中砂层，装配的顺序、方法及要求应符合装配说明书的有关规定。

5.2.4 预制混凝土构件的装配与钢绞线张拉应符合现行行业标准《无粘结预应力混凝土结构技术规程》JGJ 92 的规定，钢绞线张拉应控制张拉应力值和伸长值，二者均应符合设计要求，且应单向张拉钢绞线。在张拉时应使用带顶压器的千斤顶或安装防松退构造，并应按本规程附录 A 表 A.0.1 填写记录。

5.2.5 在装配水平连接构造张拉钢绞线时，当钢绞线水平位置在自然地坪以上时，在钢绞线轴线外固定端和张拉端外侧 10m×3m 范围内严禁非操作人员通过和逗留，并应设专人看护；操作人员不得在钢绞线轴线方向进行操作。

5.2.6 装配式塔机基础的水平连接构造的固定端和张拉端，必须置于封闭的防护构造内，并应符合现行行业标准《无粘结预应力混凝土结构技术规程》JGJ 92 的规定（图 5.2.6）。

5.2.7 装配式塔机基础的预制混凝土构件装配完成后，应及时装配压重件。当采用散料时，上表面应以水泥砂浆或细石混凝土保护层覆盖。保护层的厚度宜为 20mm，且应从中心向外侧做成 2% 的坡度。

5.2.8 当装配式塔机基础装配在室外地坪垫层上时，预制混凝土构件和水平连接构造装配完成后应在混凝土板的外边缘与垫层之间做高度和宽度不小于

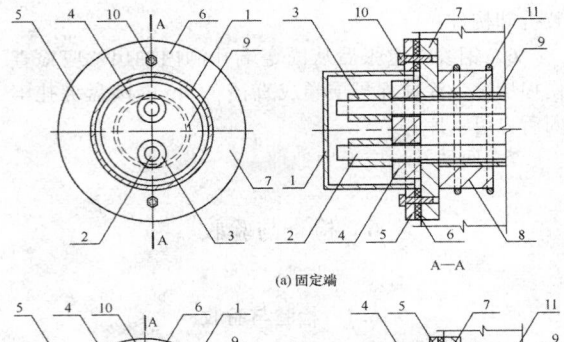

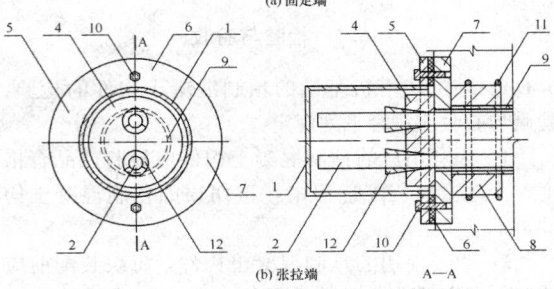

图 5.2.6 固定端、张拉端示意

1—封闭套筒；2—钢绞线；3—挤压锚头；4—承压板；5—套筒封口圈；6—橡胶封闭圈；7—承压圈；8—肋板；9—钢绞线预埋孔道管；10—固定连接螺栓；11—附加筋；12—锚片

100mm、坡度为 45° 的细石混凝土封闭护角（图 5.2.8）。

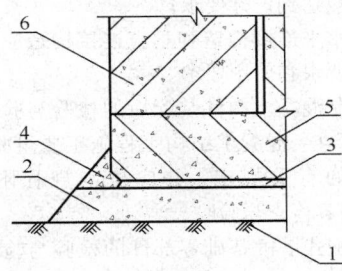

图 5.2.8 基础设置方式为全露式的护角构造示意

1—室外地坪；2—混凝土垫层；3—中砂垫层；4—豆石混凝土护角；5—预制混凝土构件；6—压重件

5.2.9 有底架的塔机与基础装配时，应在塔机与基础连接处设钢垫板，垫板厚度不应小于 10mm，长度应大于塔机底架宽度，宽度不应小于 100mm，钢垫板与基础梁上表面之间的缝隙应采用强度等级不小于 M15 的干硬性水泥砂浆填充密实。

5.2.10 装配式塔机基础的拆卸应符合下列规定：

  1 塔机结构应全部拆除；

  2 压重件与基础应分离，或散料压重件已经清除且散料仓壁板已与基础分离，预制混凝土构件已全部暴露后方可拆卸；

  3 装配式塔机基础的固定端和张拉端外处应有 1.5m×1.5m 可供退张操作的空间；

  4 应采用与张拉相同的方法逐根退张，钢绞线退张时的控制应力不应大于 $0.75 f_{ptk}$；

  5 应按装配说明书中的装配顺序相反的顺序吊

装拆卸构件；

6 钢绞线退张后从固定端孔洞内抽出，应检查伤损情况，涂抹保护层卷成直径 1.5m 的圆盘绑扎牢固后方可入库；

7 回填基坑应至原地坪。

6 检查与验收

6.1 检验与验收

6.1.1 装配式塔机基础的预制混凝土构件的检验、检测与验收应符合下列规定：

1 对新出厂的预制混凝土构件应检验产品合格证，在运输和装配过程中严重伤损的预制混凝土构件，不应使用。

2 重复使用的预制混凝土构件，每次装配前应按现行国家标准《混凝土结构工程施工质量验收规范》GB 50204 的相关规定对预制混凝土构件进行鉴定验收，并应符合下列规定：

1）装配条件和环境条件应达到装配要求；

2）装配式塔机基础型号规格应与塔机匹配；

3）预制混凝土构件的数量、几何尺寸和强度应达到设计要求；

4）水平连接构造和垂直连接构造应达到设计要求和使用要求。

3 预制混凝土构件装配后的检验与验收应符合现行国家标准《混凝土结构工程施工质量验收规范》GB 50204 的有关规定，并应按本规程附录 A 表 A.0.3 的内容检查与验收。

6.1.2 装配式塔机基础零部件的检验与验收应符合下列规定：

1 垂直连接螺栓的强度等级、直径和最大容许作用力及使用次数的检查，应符合现行国家标准《紧固件机械性能　螺栓、螺钉和螺柱》GB/T 3098.1 和《紧固件机械性能　螺母　粗牙螺纹》GB/T 3098.2 的相关规定；当垂直连接螺栓为高强度螺栓，以最大容许载荷紧固时使用次数不应多于 2 次；有底架塔机与装配式塔机基础连接的螺栓，按不大于最大容许载荷 50% 紧固时，使用次数不应多于 8 次；且使用总年限不应多于 5 年，可根据施工记录或使用标记进行查验。在使用中应按塔机使用说明书规定，应定期对螺栓的紧固进行复验，并应按本规程附录 A 表 A.0.2 填写记录；

2 钢绞线的型号、直径、极限强度标准值和锚环、锚片的检查应符合现行国家标准《预应力混凝土用钢绞线》GB/T 5224 和《预应力筋用锚具、夹具和连接器》GB/T 14370 的有关规定；钢绞线的同一夹持区可重复夹持 4 次，钢绞线重复使用总次数不应多于 16 次，使用总年限不应多于 8 年，可根据施工记

录或使用标记进行查验；

3 钢制零部件的检查与验收，应符合现行国家标准《钢结构工程施工质量验收规范》GB 50205 的相关规定。

6.1.3 装配式塔机基础和塔机组合连接的整体检验与验收应符合下列规定：

1 应检查塔机的垂直度，并应符合现行国家标准《塔式起重机》GB/T 5031 的有关规定；

2 应检验塔机的绝缘接地设备和绝缘电阻值，并应符合现行国家标准《塔式起重机》GB/T 5031 的相关规定；

3 装配式塔机基础和塔机装配组合连接的整体在使用中遇 6 级以上大风、暴雨等特殊情况时应立即停止工作，塔机的回转机构应处于自由状态，大风、暴雨过后应及时对基础的沉降进行观测，对装配式塔机基础和塔身的垂直度进行测量，并应符合现行国家标准《塔式起重机》GB/T 5031 的有关规定，应对垂直连接螺栓的紧固力矩值进行复查，并应按本规程附录 A 表 A.0.2 和表 A.0.3 填写记录。

6.2 报废条件

6.2.1 装配式塔机基础的预制混凝土构件符合下列条件之一时应报废：

1 预制混凝土构件质量有严重外形缺陷，不能继续使用的；

2 预制混凝土构件的各种技术性能，未达到设计要求的；

3 预制混凝土构件主要连接面不能紧密配合的；

4 预制混凝土构件装配组合后，装配式塔机基础与塔机不能配套使用的。

6.2.2 一套装配式塔机基础的预制混凝土构件总件数中有 40% 达到报废条件的应整套报废。

6.2.3 钢绞线符合下列条件之一时应报废：

1 存在对装配后的水平连接构造功能产生不利影响的破损和变形；

2 有断丝、裂纹或严重锈蚀的；

3 受力后产生塑性变形或在张拉过程中发生单根钢丝脆断的；

4 钢绞线重复使用次数达到 16 次的或使用年限达到 8 年的。

6.2.4 锚环出现裂纹、变形或不能继续使用的应报废。

6.2.5 锚片有裂痕和损坏的，或齿槽出现变形而丧失夹持钢绞线功能的应报废。

6.2.6 垂直连接螺栓符合下列条件之一时应报废：

1 螺纹出现变形或螺杆产生塑性变形的；

2 当高强度螺栓承受最大容许载荷，使用次数达到 2 次的，或有底架塔机与装配式塔机基础连接的螺栓在承受不超过最大容许载荷 50% 的条

件下使用次数达到 8 次的，或使用年限达到 5 年的。

6.2.7 转换件或其他垂直连接构造的零部件出现裂纹、变形或磨损后，不符合设计要求或现行国家标准《钢结构工程施工质量验收规范》GB 50205 的有关规定时应报废。

6.2.8 当散料仓壁板符合下列条件之一时应报废：

　　1 钢制散料仓在使用过程中严重变形不能再修复的；

　　2 钢制散料仓严重锈蚀，强度和刚度不符合设计要求的；

　　3 混凝土散料仓壁板变形大于现行国家标准《混凝土结构工程施工质量验收规范》GB 50204 有关规定的。

附录 A　检验及验收表

表 A.0.1　钢绞线张拉力施工记录表

工程名称：		装配式塔机基础型号：			
装配式塔机基础使用单位：		施工地点：			
张拉单位：		张拉日期：　　　年　月　日			
张拉机型号：		钢绞线型号：			
钢绞线张拉力设计值（kN/根）：		设计压力表显示值（MPa）：			

部位		钢绞线编号	已使用年限	使用次数	压力表显示值（MPa）	允许偏差	评定结果
上部	AC轴	1					
		2					
		3					
	BD轴	1					
		2					
		3					
下部	AC轴	1				3%	
		2					
		3					
		4					
		5					
		6					
		7					
		8					
		9					
		10					

续表 A.0.1

部位		钢绞线编号	已使用年限	使用次数	压力表显示值（MPa）	允许偏差	评定结果
下部	BD轴	1				3%	
		2					
		3					
		4					
		5					
		6					
		7					
		8					
		9					
		10					

记录人员＿＿＿＿＿　基础使用单位验收负责人＿＿＿＿＿

施工负责人＿＿＿＿＿

　　　　　　　　　　　　　　　　　年　月　日

注：1　钢绞线十字交叉以 AC 和 BD 各为钢绞线轴线顺序；

　　2　压力表显示值为对所使用的压力表的性能和张拉设计值换算所得；

　　3　填写"评定结果"项时，在允许偏差范围内的用"√"表示；在允许偏差范围外的用"×"表示；

　　4　当"评定结果"项出现"×"时评定结果为不合格。

表 A.0.2　垂直连接螺栓的紧固记录表

工程名称：		装配式塔机基础型号：	装配式塔机基础安装单位：	装配紧固日期：
施工地点：		与基础配套的塔机型号：	力矩扳手型号：	复测紧固日期：

基础使用说明书规定的单根螺栓的紧固力矩值：　　　（kN·m）

项目 组		已使用年限				使用次数				装配紧固值				复测紧固值				允许偏差				评定结果			
	编号	1	2	3	4	1	2	3	4	1	2	3	4	1	2	3	4	1	2	3	4	1	2	3	4
A	左																								
	右																								
B	左																								
	右																								
C	左																								
	右																								
D	左																								
	右																								

评定结果：

记录人员＿＿＿＿＿　施工负责人＿＿＿＿＿　基础使用单位验收负责人＿＿＿＿＿

　　　　　　　　　　　　　　　　　年　月　日

注：1　有底架的塔机与装配式塔机基础垂直连接四个方向（A、B、C、D），每个方向限定 4 组垂直连接螺栓；"左、右"（相对基础轴线而言，顺时针为右侧、逆时针为左侧）表示 1 组 2 根螺栓沿基础梁设置的横向位置，单根螺栓填在左、右之间的横线上；"编号"（编号顺序自基础中心向外纵向排序）表示每组左、右连接螺栓纵向点位；

　　2　无底架的塔机与装配式塔机基础垂直连接四个方向（A、B、C、D），每个方向限定 3 组垂直连接螺栓；"左、右"表示 1 组 2 根螺栓沿基础梁设置的横向位置，单根螺栓填在左、右之间的横线上；"编号"表示每组连接螺栓点数；

　　3　根据螺栓已使用时间和次数，填写"已使用年限"项和"使用次数"项；填写"评定结果"项时，在允许偏差范围内的用"√"表示；在允许偏差范围外的用"×"表示；

　　4　当"评定结果"项出现"×"时评定结果为不合格。

表 A.0.3　装配式塔机基础的装配质量验收单

工程名称：			装配式塔机基础型号：			
施工地点：			与基础配套的塔机型号：			

	序号	项　目	允许偏差值	实测值	评定结果	检验人员签字
检查验收内容	1	地基承载力 使用说明书规定值（kPa）	≥设计值			
	2	基础轴线	2mm			
	3	垂直连接螺栓间的距离尺寸	±2mm			
	4	回填散料密度 使用说明书规定值（g/cm³）	≥设计值			
		或混凝土压重件位移	4mm			
	5	单根钢绞线张拉力 使用说明书规定的张拉设计值（kN）	+3%			
	6	垂直连接螺栓紧固力矩值 使用说明书规定值（N·m）	+2%			
	7	轴线为同一直线的基础梁两端上面高差	6mm			
	8	防雷接地电阻值	不大于4Ω			
	9	塔机垂直度	<4/1000			

判定结果：

装配式塔机基础安装单位（盖章）
施工负责人（签字）：

年　月　日

验收结论：

建筑行政主管部门负责人（签字）：
塔机使用单位验收代表（签字）：

年　月　日

注：1　填写"评定结果"项时，在允许偏差范围内的用"√"表示；在允许偏差范围外的用"×"表示；
　　2　当"评定结果"项出现"×"时评定结果为不合格。

本规程用词说明

1　为便于在执行本规程条文时区别对待，对要求严格程度不同的用词说明如下：

1）表示很严格，非这样做不可的：
　　正面词采用"必须"，反面词采用"严禁"；
2）表示严格，在正常情况下均应这样做的：
　　正面词采用"应"，反面词采用"不应"或"不得"；
3）表示允许稍有选择，在条件许可时首先应这样做的：
　　正面词采用"宜"，反面词采用"不宜"；
4）表示有选择，在一定条件下可以这样做的，采用"可"。

2　条文中指明应按其他有关标准执行的写法为："应符合……的规定"或"应按……执行"。

引用标准名录

1　《建筑地基基础设计规范》GB 50007
2　《混凝土结构设计规范》GB 50010
3　《高耸结构设计规范》GB 50135
4　《建筑地基基础工程施工质量验收规范》GB 50202
5　《混凝土结构工程施工质量验收规范》GB 50204
6　《钢结构工程施工质量验收规范》GB 50205
7　《混凝土结构工程施工规范》GB 50666
8　《低合金高强度结构钢》GB/T 1591
9　《紧固件机械性能　螺栓、螺钉和螺柱》GB/T 3098.1
10　《紧固件机械性能　螺母　粗牙螺纹》GB/T 3098.2
11　《塔式起重机》GB/T 5031
12　《预应力混凝土用钢绞线》GB/T 5224
13　《工业用橡胶板》GB/T 5574
14　《塔式起重机设计规范》GB/T 13752
15　《预应力筋用锚具、夹具和连接器》GB/T 14370
16　《无粘结预应力混凝土结构技术规程》JGJ 92
17　《建筑桩基技术规范》JGJ 94
18　《塔式起重机混凝土基础工程技术规程》JGJ/T 187

中华人民共和国行业标准

大型塔式起重机混凝土基础工程
技术规程

JGJ/T 301—2013

条 文 说 明

制 订 说 明

《大型塔式起重机混凝土基础工程技术规程》
JGJ/T 301-2013 经住房和城乡建设部 2013 年 6 月
24 日以第 65 号公告批准、发布。

本规程编制过程中，编制组对国内建筑施工中使
用的固定式塔式起重机混凝土基础使用状况进行了调
查研究，总结了我国工程建设中装配式塔式起重机混
凝土基础设计施工的实践经验，同时参考了国外先进
技术法规、技术标准，通过试验取得了装配式塔式起
重机混凝土基础设计、构件制作和检查与验收所需的
重要技术参数，且广泛征求了有关单位和专家的意

见，最后经审查定稿。

为便于广大设计、施工、科研、学校等单位有关
人员在使用本规程时能正确理解和执行条文规定，
《大型塔式起重机混凝土基础工程技术规程》编制组
按章、节、条顺序编制了本规程的条文说明，对条文
规定的目的、依据以及执行中需注意的有关事项进行
了说明。但是，本条文说明不具备与规程正文同等的
法律效力，仅供使用者作为理解和把握规程规定的
参考。

目 次

1 总 则

1.0.1 本条说明制定本规程的目的、意义和指导思想。装配式塔机基础技术是一项由我国独立自主研发的新技术体系，适用于建筑工程使用的固定式塔式起重机。在现有材料条件下，实现了基础的重复使用，并在节约资源、节能环保基础上明显提高了综合经济效益和社会效益。已在国内 21 个省、市、自治区推广应用，配套国内外 115 个厂家生产的 87 个不同型号的固定式塔式起重机 15.8 万台，共完成单项工程 26.71 万项，总建筑面积 12.67 亿 m²。为适应装配式塔机基础新技术在我国建筑行业全面迅速推广应用，保证其安全和综合效益的实现，并为其拓展应用积累经验，创造条件，制定本规程。

1.0.2 本条说明本规程的适用范围。对国内建筑施工市场调查表明，建筑行业实际使用的固定式塔式起重机的额定起重力矩绝大多数在 400kN·m～3000kN·m，故本规程对装配式塔机基础的设计原则、计算公式、制作与装配和使用做出的规定均针对额定起重力矩 400kN·m～3000kN·m 的固定式塔式起重机。

1.0.3 本规程主要针对由倒 T 形截面的预制混凝土构件水平组合装配而成的混凝土底板平面形状为正方形的独立梁板结构基础。其他截面、平面形式的装配式塔机基础，除应执行本规程以外，尚应符合国家现行有关标准的规定。

2 术语和符号

2.1 术 语

本规程列出了 12 个术语，所用的术语是参照我国现行国家标准《塔式起重机》GB/T 5031、《工程结构设计基本术语和通用符号》GBJ 132 和《建筑结构设计术语和符号标准》GB/T 50083 的规定编写的，并从装配式塔机基础的角度赋予其特定的涵义。

2.2 符 号

本规程对所列符号分别作出了定义，所列符号按现行国家标准《工程结构设计基本术语和通用符号》GBJ 132、《建筑结构设计术语和符号标准》GB/T 50083 的规定，并结合《建筑地基基础设计规范》GB 50007、《高耸结构设计规范》GB 50135、《混凝土结构设计规范》GB 50010 和《塔式起重机设计规范》GB/T 13752 的内容综合而成。

3 基本规定

3.0.1 塔式起重机的结构属于高耸结构，适用于建筑工程，所以装配式塔机基础的设计与施工除应符合本规程外，尚应符合现行国家标准《高耸结构设计规范》GB 50135、《建筑地基基础设计规范》GB 50007 和《建筑地基基础工程施工质量验收规范》GB 50202 的相关规定。

3.0.2 本条规定了本规程的标准化对象——装配式塔机基础的特点、结构形式和水平组合时各构件位置，及整体平面形状。本规程选用基础混凝土底板组合后平面为正方形的形式，其目的是最大限度的优化基础平面图形，充分发挥地基承载力。针对目前建筑工程所使用的固定式塔机的塔身平面为正方形的情况，在基础设计抗倾覆力矩和地基承载力标准值相同的条件下，基础底面为正方形时比三角形、正多边形和圆形的占地面积都小，而基础占地面积大小对建筑施工是有多方面影响的，所以，装配式塔机基础的优化始于平面图形的优化。

3.0.3 基础构件的连接面上应设置混凝土抗剪件和钢定位键，目的在于提高预制混凝土构件相邻连接面的抗剪切防位移能力，混凝土抗剪件和钢定位键在预制混凝土构件重复组合或分解时应具有吻合或分离的功能。

3.0.4 本条规定了装配式塔机基础能匹配多种同性能、不同连接构造形式的塔机，实现"一基配多机"的要求，是预制的装配式塔机基础工厂化、产业化的重要技术条件之一。

3.0.5 本条规定是为了将固定式塔机的荷载按设计要求传给装配式塔机基础，保证装配式塔机基础各部件承受的荷载与设计计算一致，以保证装配式塔机基础整体的安全稳定。

3.0.6、3.0.7 规定了基础梁上预留垂直连接螺栓孔洞数量、直径和位置。装配式塔机基础在塔机荷载作用下要具备抗弯、剪、扭的综合承载力，而装配式塔机基础的一个主要构造特征是在基础梁集中承受最大弯矩、最大剪力和最大扭矩的区段设置垂直连接构造的预留垂直连接螺栓孔，因此必须对垂直连接螺栓孔的组数、内径，沿基础梁纵向、横向的距离进行严格控制并严禁垂直连接螺栓孔与水平孔洞相互贯通，以确保装配式塔机基础的结构稳定性和耐久性。

条文中"同 1 组 2 个垂直连接螺栓孔中心的距离"是沿基础梁平面纵轴线对称设置的 2 个垂直连接螺栓孔中心的距离；"纵向距离"是沿基础梁平面纵轴线方向的距离。

3.0.8 本条对装配式塔机基础的以下内容作出规定：预制混凝土构件的材料、混凝土强度等级；水平连接构造的预应力材料的型号、规格和极限标准强度；垂直连接螺栓的材料、物理力学性能；水平连接构造的主要零部件的性能；预制混凝土构件内钢筋的型号、强度标准值和工艺性能；钢预埋件、承压板和钢材型号、强度标准和工艺性能等。其目的在于确保装配式塔机基础整体构造的质量、装配式塔机基础与塔机垂直连接构造的安全稳定，从而为装配式塔机基础的耐久和重复使用提供物质条件。

4 设　计

4.1　一　般　规　定

4.1.1　装配式塔机基础是构筑物基础，属于建筑工程的一部分；装配式塔机基础是专为固定式塔机提供稳定支撑作用的，而固定式塔机的结构特征属于高耸结构，故装配式塔机基础的设计应符合现行国家标准《建筑地基基础设计规范》GB 50007 和《高耸结构设计规范》GB 50135 的规定，装配式塔机基础整体刚度较大，装配在地基土质均匀、承载力达到设计要求的地基承载力特征值的地基上时可不作地基变形验算。

4.1.2　与装配式塔机基础装配的固定式塔机的技术性能和工作性能数据应从塔机出厂时随机的塔机使用说明书中查找，装配式塔机基础所受各种荷载与现行行业标准《塔式起重机混凝土基础工程技术规程》JGJ/T 187 的规定一致。

4.1.3　装配式塔机基础的地基承载力可通过工程地质勘测报告取得，当地质条件复杂没有勘测资料时，应通过原位测试确定。当地基承载力特征值小于120kPa 时，可按相关标准的规定对地基进行处理，达到要求后，用作装配式塔机基础的地基。

4.1.4　本条规定了装配式塔机基础的预制混凝土构件的几何形状的特征，应符合装配式塔机基础生产、装配、运输和重复使用的要求，并为最大限度地缩小基础占地面积提供条件。

4.1.5～4.1.7　规定了确保实现装配式塔机基础各项技术经济指标的主要设计内容和制作、装配及使用的必要技术条件的资料内容。

4.2　结构设计计算

4.2.1　本条对装配式塔机基础的设计计算和验算的规则作出规定。固定式塔式起重机在工作状态下和非工作状态下对装配式塔机基础产生的作用力不同，对地基产生的作用也不同，因此，计算装配式塔机基础强度和地基承载力的荷载取值方法不同。本规程在进行荷载效应组合计算时的取值方法执行现行国家标准《塔式起重机设计规范》GB/T 13752 和现行行业标准《塔式起重机混凝土基础工程技术规程》JGJ/T 187 的规定；在进行基础结构设计计算时应符合现行国家标准《塔式起重机设计规范》GB/T 13752、《建筑地基基础设计规范》GB 50007 和《混凝土结构设计规范》GB 50010 的规定；只有这样，装配式塔机基础的设计才有科学依据并保证装配式塔机基础结构的稳

定安全。

4.2.2　**1**　本条规定了作用于装配式塔机基础上的荷载及其荷载效应组合取值项目和取值依据：

　　1）作用于基础顶面的垂直荷载标准值（F_k）；
　　2）作用于基础顶面的水平荷载标准值（F_n）；
　　3）作用于基础顶面的力矩荷载标准值（M_k）；
　　4）作用于基础顶面的水平扭矩荷载标准值（T_k）；
　　5）基础的自重及压重的标准值（F_g）。

上列 5 种取值项目是装配式塔机基础设计所需要的。

2　由于固定式塔式起重机为适应不同的施工作用要求，有不同的高度和不同的臂架长度及不同的配重，造成塔机垂直荷载的变化，因此对塔机垂直荷载的计算取值进行综合考量并作出了相关规定。

3　固定式塔式起重机作用于装配式塔机基础底面的倾覆力矩值是装配式塔机基础的地基承载力计算的关键内容，装配式塔机基础的抗倾覆力矩能力更是基础稳定的关键因素之一，因此对作用于装配式塔机基础底面的倾覆力矩值的取值，应在荷载效应标准组合条件下形成的作用于装配式塔机基础顶面上的力矩荷载值与作用在基础顶面上的水平力所产生的扭矩值之和的基础上附加一个组合安全系数 1.4 后共同构成装配式塔机基础承受的倾覆力矩的取值，既保证装配式塔机基础的安全稳定，又不会造成大的设计浪费。

4.2.3　公式（4.2.3）规定了装配式塔机基础的抗倾覆力矩设计值的取值依据；限定了装配式塔机基础的稳定条件。

4.2.4　装配式塔机基础是由预应力混凝土构件组成，本条规定了装配式塔机基础的抗弯承载力的计算应符合现行国家标准《混凝土结构设计规范》GB 50010 的规定。

4.3　地基承载力

4.3.1、4.3.2　装配式塔机基础地基承载力公式（4.3.1-1）、公式（4.3.1-2）、公式（4.3.2-1）、公式（4.3.2-2）和公式（4.3.2-3）与现行国家标准《高耸结构设计规范》GB 50135 和《建筑地基基础设计规范》GB 50007 的规定和要求一致，公式（4.3.2-4）和公式（4.3.2-5）与现行国家标准《高耸结构设计规范》GB 50135 一致。

4.3.3　装配式塔机基础地基底面出现零应力，且基底脱开地基土面积不大于全部面积的 1/4 时，装配式塔机基础底面应力合力点至基础中心的距离（偏心距）计算公式（4.3.3）与现行行业标准《塔式起重机混凝土基础工程技术规程》JGJ/T 187 的规定一致。

公式（4.3.3）作为装配式塔机基础承受偏心荷载的合力点位于基础的核心区外，且基底脱开地基土

面积不大于全部面积的 1/4 时偏心距（e）的计算公式，也是现行国家标准《塔式起重机设计规范》GB/T 13752 中基础的抗倾覆稳定性验算公式。本规程对偏心距（e）取值作了相应的规定，控制了偏心荷载的偏心距，也就保证了基础的稳定性。

4.3.4 基础在核心区外承受单向偏心荷载，且基底脱开地基土面积不大于全部面积的 1/4 时，验算地基承载力的基础底面压力公式（4.3.4-1）和公式（4.3.4-2）与现行国家标准《高耸结构设计规范》GB 50135 规定一致。基础在核心区外承受双向偏心荷载，且基底脱开地基土面积不大于全部面积的 1/4，塔机倾覆力矩的作用方向在基础对角线方向时，验算地基承载力的基础底面压力公式（4.3.4-3）与现行国家标准《高耸结构设计规范》GB 50135 规定一致，正方形基础平面是矩形平面中的一个特例，公式（4.3.4-4）"$a_x a_y \geq 0.101 b^2$" 限定了正方形基础承受双向偏心荷载时偏心距的最大值，使 360° 任意方向偏心距的 "$F_k + F_g$" 的合力点处于地基压力合力点之内，从而确保了地基稳定性。

4.3.5 正方形基础在核心区以外承受单向偏心荷载与双向偏心荷载的基础边缘最大压力值 $p_{k.max}$ 是不同的。理论计算和实践证明，正方形基础承受双向偏心荷载时，基础承受的倾覆力矩方向与正方形的平面对角线重合，在基底脱开地基土面积不大于全部面积 1/4 的条件下，基础边缘最大压应力值 $p_{k.max}$ 要大于基础承受相同值的倾覆力矩方向与正方形的平面十字轴线重合，且基底脱开地基土面积不大于全部面积 1/4 的条件下，基础边缘最大压应力值，取两种验算方法中的基础边缘压力值中的大值作为基础设计的荷载效应标准组合下基础底面平均压力值 p_k 的计算依据，可以保证基础承受 360° 任意方向的偏心荷载。

4.4 地基稳定性

4.4.1、4.4.2 基础处在边坡范围内时稳定条件计算和有关基础稳定性的规定对基础进行稳定性计算应符合现行国家标准《建筑地基基础设计规范》GB 50007 的有关规定。

4.5 剪切承载力

4.5.1 装配式塔机基础梁任意截面的抗剪承载力：基础梁抗剪切承载力计算公式（4.5.1-1）和公式（4.5.1-2）是在国家标准《混凝土结构设计规范》GB 50010 - 2010 的计算公式（6.3.8-1）和公式（6.3.4-2）的基础上进行微调，去掉了 $V_P = 0.05 N_{P0}$，V_P 是由预加钢绞线张拉时提高构件截面抗剪承载力，$0.05 N_{P0}$ 很小可以忽略不计，另增加了装配式塔机基础梁截面抗剪的折减系数（参考美国公路桥梁规范《节段式混凝土桥梁设计和施工指导性规范》AASHOT 表 5.5.4.2.2-1 的规定，折减系数取 0.75）。

4.5.2 装配式塔机基础的预制混凝土构件连接面设置抗剪构造的受剪承载力公式（4.5.2），在连接面上设置了混凝土抗剪件和钢定位键，加强了连接面的抗剪切能力，均按混凝土抗剪件和钢定位键的受剪面积乘以混凝土抗剪件和钢定位键剪切容许应力和混凝土抗剪件和钢定位键的数量计算，但考虑到抗剪件和定位件不同时工作及其材料强度的差异，增加折减系数 0.75。装配式塔机基础的预制混凝土构件的连接面不是绝对的平面，在水平连接构造的预应力作用下，预制混凝土构件的连接面上会产生很大的摩擦力作为连接面处的抗剪切内力储备，混凝土抗剪件中配置钢筋增加的剪切承载力未纳入计算，提高了连接面处的抗剪切承载力。

4.6 非预应力钢筋

4.6.1、4.6.2 装配式塔机基础的预制混凝土构件的非预应力受力钢筋设计计算，最主要的是底板的受力钢筋设计计算。底板的下层受力钢筋的计算应符合现行国家标准《建筑地基基础设计规范》GB 50007 扩展基础的底板下层受力主筋计算的规定，但应注意地基压应力沿基础梁自外向内的递减分布的情况，底板混凝土受压区应配置经计算的受力钢筋以承受抗压自重和底板上承载的压重件的重力总和；但下层或上层受力主筋不作为相应的上部或下部受压钢筋纳入压区强度计算；因为装配式塔机基础底板所承受的正、负弯矩是随着塔机传给基础的倾覆力矩的方向变化而变化的，所以在计算底板的下层和上层受力钢筋时，只对计算截面进行混凝土受压区的复核计算，目的在于提高底板在频繁承受正、负弯矩过程中的抗弯强度和构件的耐久性。

基础梁中设置的上、下非预应力钢筋因在各预制混凝土构件的连接面处断开，无法实现力的有效传递，故基础梁中配置的纵向非预应力钢筋应按构件的构造配筋配置。

装配式塔机基础的各预制混凝土构件的构造配筋应按现行国家标准《混凝土结构设计规范》GB 50010 中抗剪扭矩构件的要求并应符合最小配筋率的规定。

4.7 预应力筋和连接螺栓

4.7.1 装配式塔机基础水平连接钢绞线的计算分为两种情况设置，当基础梁内设置上、下各 1 束钢绞线作水平连接的预应力受力筋时：

1 按装配式塔机基础的基础梁承受塔机传给倾覆力矩的受力分析，基础梁内下部设置的钢绞线的最大应力区段位于塔机与装配式塔机基础预制混凝土构件的基础梁上的垂直连接构造中心，即基础梁的 U-U 截面。

公式（4.7.1-2）符合现行国家标准《混凝土结

构设计规范》GB 50010 关于预应力混凝土结构构件最小预应力张拉控制值 $0.40f_{ptk}$ 和最大值 $0.75f_{ptk}$ 的规定；由于各种不利条件造成的预应力损失，为了提高张拉控制应力规定允许提高 $0.05f_{ptk}$；钢绞线在退张时是在原张拉的基础上对钢绞线再次张拉使钢绞线再度伸长，才能实现退张，应在实际张拉控制应力与允许最大张拉应力之间留有钢绞线退张时的附加应力，所以钢绞线控制应力设计值取（$0.45\sim0.55$）f_{ptk}，σ_l 预应力总损失值，经过多项工程实践计算的总结均在 $170N/mm^2 \sim 210N/mm^2$ 之间，取 $\sigma_l = 210N/mm^2$；σ_{pe} 是钢绞线张拉时的有效应力控制值；由于装配式塔机基础是多件组合而成的，公式（4.7.1-1）考虑到构件连接时的折减，参考美国公路桥梁规范《节段式混凝土桥梁设计和施工指导性规范》AASHOT 的规定，折减系数取 0.85。

0.875 是钢绞线的内力臂系数（按行国家标准《混凝土结构设计规范》GB 50010 的公式计算，临界高度为 0.311，$\gamma_s = 1-0.5\times0.311 = 0.8445$，考虑到钢绞线重复使用的不利因素，取内力臂系数为 0.875），$0.875h_0$ 值限定了基础梁上部受压区的高度，在复核上部受压区面积时，实际上是复核梁的宽度。

2 在基础梁的 U-U 截面承受塔机传给基础的最大正弯矩（M_U）的同时，基础梁的 N-N 截面承受截面以外的基础自重和压重对 N-N 截面形成的最大负弯矩（M_N）。公式（4.7.1-4）中 $0.9h_0$ 与公式（4.7.1-1）的 $0.875h_0$ 的区别之根据在于，对 N-N 截面的上部钢绞线束这一受拉钢筋而言，复核其对应的混凝土受压区面积时，基础梁和底板形成的倒 T 形下翼缘的受压区面积显然大于同样高度的基础梁上部受压区面积，再者，基础梁的 N-N 截面所承受的负弯矩要比 U-U 截面承受的正弯矩小了很多，因此上部钢绞线束的内力臂系数定为 0.9，公式（4.7.1-3）和（4.7.1-6）中的 n_1 和 n_2 应采用小数进位整数取值。

4.7.2 基础梁内配置一束钢绞线时，基础梁 Q-Q 截面承受塔机传给装配式塔机基础的最大弯矩，钢绞线根数应按公式（4.7.1-1）、（4.7.1-2）和（4.7.1-3）计算，基础梁承受 P-P 截面以外的基础自重和压重对 P-P 截面产生的负弯矩所需的钢绞线的根数，以公式（4.7.1-4）、（4.7.1-5）和（4.7.1-6）进行验算；取对基础梁的 Q-Q 和 P-P 两个截面的钢绞线计算结果中的大值作为钢绞线的配置根数。

4.7.3 本条规定了装配式塔机基础垂直连接螺栓的配置与设计，首先应符合与之装配的固定式塔机使用说明书关于垂直连接螺栓的力学性能的要求，并且以公式（4.7.3-1）～公式（4.7.3-3）进行验算，取二者中较大值作为装配式塔机基础的垂直连接螺栓力学性能的要求。垂直连接螺栓的最大容许载荷按现行国

家标准《紧固件机械性能　螺栓、螺钉和螺柱》GB/T 3098.1 规定取值，以保证垂直连接螺栓的力学性能。

鉴于装配式塔机基础的每个垂直连接构造在承受塔机对基础的倾覆力矩、水平扭矩在不同方向上的不同和垂直连接螺栓特定的平面位置的不同及紧固预紧力的差值，也就产生了同 1 组连接螺栓中各螺栓受力的不均匀性，为防止由于受力不均造成的应力集中，引起的个别垂直连接螺栓的超过设计值的载荷，以公式（4.7.3-2）给按 M_k 计算的垂直连接螺栓的承载力附加一个不均匀系数 1.35。

4.8 构 造 要 求

4.8.1 对于装配式塔机基础的水平连接构造系统的预应力主筋的束数和预埋水平孔道位置的规定，是根据大量工程实践和长期经验积累做出的。

1 当装配式塔机基础的高度大于或等于 1.5m 时，基础高决定装配式塔机基础承受的倾覆力矩相对较大，根据装配式塔机基础稳定性、耐久性要求，将承受倾覆力矩梁的受拉主筋钢绞线设置于基础梁的下端部，以实现 h_{01} 的最大化和结构内力的最大化，从而最大限度地节约受力筋；将针对基础整体性和基础重力产生的力矩而设置的预应力主筋设置于基础梁的上端部，也可以实现 h_{02} 的最大化，从而最大限度地节约预应力主筋；在此基础上进一步增加结构的整体性和控制基础的高度。为了给梁上部混凝土受压区施加预应力，以减少梁在承受最大弯矩时的变形，且增加梁的整体性和刚度，规定梁上部钢绞线束的钢绞线数量至少为 2 根，作为上部钢绞线束的钢绞线的最少根数；当设于基础梁下端部的下部钢绞线束的钢绞线数量大于 10 根时宜分为 2 束，水平对称于基础梁轴线设置，并使 2 束钢绞线的合力点距离在 200mm～300mm，作为防止应力集中的构造措施。位于基础梁上端部或下端部的钢绞线束的部位应符合预应力筋固定端和张拉端的构造要求，并应对该部位混凝土的集中受压荷载进行验算，以确保装配式塔机基础的结构稳定性和耐久性。

2 当装配式塔机基础的高度小于 1.5m 时，梁高决定的装配式塔机基础承受的倾覆力矩相对较小，而水平连接构造的功能更多地偏重于装配式塔机基础的整体性，在基础梁截面形心点偏下的部位设置，一束钢绞线既可满足装配式塔机基础结构承受的正、负弯矩，也能满足基础整体性的要求，同时减少了预埋孔道和固定端、张拉端构造的数量而明显提高装配式塔机基础的抗压剪扭强度和整体稳定性，该钢绞线束预埋孔道在基础梁高的设置位置应按对基础的受力分析计算确定，以确保装配式塔机基础的结构安全和重复使用效果。

4.8.2 本条规定了装配式塔机基础配置的部分构造钢筋和受力筋的型号和布置要求，及锚固钢筋的设置方法、位置、长度尺寸及锚固形式的具体要求，定型预埋件可按设计施工图进行定型加工制作后按受力情况增加焊接一定数量锚固筋。

4.8.3 根据装配式塔机基础的预制混凝土构件的受力复杂情况，对于大于300mm宽的梁宜采用四肢箍作为梁的箍筋。以提高混凝土结构的抗剪扭能力。

4.8.4 装配式塔机基础与塔机的垂直连接螺栓孔垂直贯穿了基础梁，且设置垂直连接螺栓孔的位置又是基础梁剪扭受力集中的部位，垂直连接螺栓孔的设置无疑会对基础梁的抗剪扭内力产生十分不利的影响，且垂直连接螺栓孔更是应力集中部位，因此，应对垂直连接螺栓孔采取加固措施，可避免这一构造薄弱环节在剪扭的集中作用下成为基础梁破坏的根源和突破口。

4.8.5 本条规定了在预制混凝土构件的连接面上，在不影响水平连接构造的空间部位设置混凝土抗剪件和钢定位键，但不少于各1组，对混凝土抗剪件和钢定位键分别作了规定，这对预制混凝土构件的安装定位、基础结构的整体性和抗剪切性能具有关键作用。

4.8.6 在基础梁上设置的混凝土抗剪件和钢制定位键的抗剪强度达不到设计值的，应在底板的相邻连接面上增设混凝土抗剪件补充抗剪力的不足。

4.8.7 针对装配式塔机基础的使用环境和附属件的特定位置，本条规定了预制混凝土构件及附属件的钢筋混凝土保护层厚度，这对结构安全和延长装配式塔机基础的使用寿命有重要作用。

4.8.8 中心件之外的钢绞线水平预埋孔道纵向轴心的标高位置决定了装配式塔机基础水平连接钢绞线的中心位置和抗倾覆内力的大小，四个方向的预埋孔道的纵向轴心若水平高差超过本规程规定的±2mm时，其直接的后果是造成装配式塔机基础抵抗各个方向的倾覆力矩的内力差别明显加大，使装配式塔机基础的结构产生不同方向的显著内力差，这对于承受水平360°任意方向的倾覆力矩和垂直力、水平力和水平扭矩的共同作用，对装配式塔机基础的稳定性有重要影响。因此，对各水平预埋件孔道的水平高差进行严格控制对结构安全十分重要。

4.8.9 水平连接构造的固定端的构造和张拉端的构造，宜优选采用铸造厂按设计生产的定型产品，也可以自行加工和焊接，但应保证产品的质量要求和工作性能要求。

4.8.10 基础构件的底板厚度应大于或等于200mm，与现行国家标准《建筑地基基础设计规范》GB 50007的规定一致。

4.8.11 在垂直连接螺栓套管下端设置与预制混凝土构件既可锚固又能分解的封闭构造，应满足垂直连接螺栓重复使用、可更换的装配式塔机基础的特定构造

要求。

4.8.12 设计装配式塔机基础的预制混凝土构件的预留吊装孔和与之配合的专用吊装构造设施，而不采用传统的预制混凝土构件上预埋钢筋吊环的做法，因为预制混凝土构件长期处于潮湿的地下或露天环境，吊环锈蚀严重，不符合装配式塔机基础重复使用和耐久性要求，故针对装配式塔机基础特点，专设了吊装构造设施，以保证预制混凝土构件吊装的方便和安全。

4.8.13 装配式塔机基础装配到湿陷地基上，或地基承载力达不到装配式塔机基础的装配条件时，可采用桩基础，承桩台的设计应按桩基础的位置条件和构件的桩数并符合相关的规范和规定，因地制宜地进行设计和施工，并应符合相关要求。在承桩台上装配基础，桩基础的规定和要求应执行国家现行标准《建筑地基基础设计规范》GB 50007 和《建筑地基处理技术规范》JGJ 79 的桩基础的要求。

4.8.14 固定式塔机属于高耸结构，避免雷击是其安全的重要内容之一，在装配式塔机基础的装配过程中，应按《塔式起重机》GB/T 5031 的规定做好防雷接地设施，并对接地电阻值进行检测，使其符合要求。

5 构件制作及装配与拆卸

5.1 构 件 制 作

5.1.1 本规程规定了装配式塔机基础制作的适合条件和技术条件。

1 装配式塔机基础的各预制混凝土构件属于预应力构件，其组合后能承受塔机的荷载和倾覆力矩，本规程规定各预制混凝土构件制作应执行现行国家施工规范和验收标准的规定。

2 由于在制作预制混凝土构件的过程中预埋受力的定型的钢制埋件，应提前采购或加工，并且要在预埋件上焊接符合设计要求的锚固钢筋作为埋件的锚固件，并按相关的标准进行检查和验收。

3、4 装配式塔机基础是由各预制混凝土构件加工后通过十字空间交叉无粘接预应力水平连接构造，把各预制混凝土构件组合成一个底平面为正方形的并能与塔机结构连接的独立梁板式结构；由于各预制混凝土构件为预应力构件和重复装配的要求，对预制混凝土构件的几何形状尺寸和材料要求严格，预制混凝土构件的制作应由具有相当的生产设备条件、专业技能、人员素质、管理水平符合生产要求的企业来加工制作。

5.1.2 预埋件和零部件制作的要求。

1 由于各预埋件和零部件对基础结构的重要性，在制作时应遵照设计图和施工图的要求制作和焊接，且应符合相关的技术标准和验收标准的要求。

2 规定铸钢预埋件和钢定位键由专业生产厂家按设计要求制作，既可保证质量又能节约成本。

3 装配式塔机基础各预制混凝土构件预留有钢绞线的孔道，在预制混凝土构件的连接面的孔道口端部和固定端、张拉端的零件配合部位设置橡胶封闭圈为防水、防潮，本规程要求橡胶封闭圈的材质应符合相关国家标准的要求，目的是保证连接构造的密封性，实现构造的耐久性。

5.1.3 装配式塔机基础各预制混凝土构件的制作是一个复杂的系统工程，各预制混凝土构件制作完成后是否达到设计要求，水平连接构造和垂直连接构造的配合程度是否符合设计要求，应通过试装配进行检验，在装配过程中发现问题进行处理，最终应经过相关技术人员的鉴定合格后才允许出厂装配。

5.2 装配与拆卸

5.2.1 本规程对装配式塔机基础在装配前对装配条件提出了要求。

1 环境条件：

1）基坑条件：对基础的定位和基坑四壁的防护（直接影响到塔机的使用）和稳定及安装过程的安全具有十分重要的意义；

2）地基承载力对基础的安全和稳定具有决定性的作用，装配式塔机基础装配前应对地基承载力进行确认；

3）在季节性冻土层上装配装配式塔机基础是造成装配式塔机基础沉降不均以致倒塔事故的重要隐患；

4）装配式塔机基础设置的位置下方 1.5m 深度范围内是地基持力层，在此深度范围内埋有水、油、气和电的管线，在塔机作用下会产生地基不均匀受力，会对管线的安全造成不利影响，以致发生损坏管线的重大事故；

5）基坑外缘 3m 范围内有积水存在会对地基产生影响，造成基础不均匀下沉；

6）垫层的几何尺寸、水平度和平整情况对装配式塔机基础的装配和稳定性有重要影响。

2 装配条件：

1）装配式塔机基础的装配具有特殊的工艺流程和专业技术要求，应由掌握装配式塔机基础技能的技术工人进行操作，否则会对装配式塔机基础的装配质量乃至塔机的安全产生重大隐患；

2）装配式塔机基础的装配应有必要的专用仪器、工具，否则无法控制装配式塔机基础的装配质量，会给塔机安全留下重大隐患；

3）根据现场情况不同，装配式塔机基础对起重机械的要求也不同，应使用满足吊装条

件的起重机械，才能保证预制混凝土构件的装配顺利；

4）装配式塔机基础的预制混凝土构件的端件上应设置水平连接构造的固定端构造和张拉端构造，对钢绞线进行张拉和固定端、张拉端的装配应有一定的工作空间；

5）固定式塔机在安装过程中会产生相当大的倾覆力矩，只有装配式塔机基础的预制混凝土构件和压重件全部装配完毕应达到基础的重力要求，才能抵抗塔机装配过程中产生的倾覆力矩，确保塔机安装的顺利和安全。

5.2.2 装配式塔机基础的重复使用的特点，决定了预制混凝土构件的多次移位和重复装配，预制混凝土构件及配件的完好是装配式塔机基础安全稳定的前提条件。

5.2.3 本条规定在装配式塔机基础底板的下面与混凝土垫层上面之间设置中砂垫层，其作用是使地基承载力均匀地传给底板，这对防止装配式塔机基础的不均匀沉降有重要作用。

5.2.4 严格有效地控制钢绞线的张拉力符合设计要求，并采取锚片防脱退措施，可防止由塔机工作过程的振动造成锚片的松退，对保证装配式塔机基础的抗倾覆能力符合设计要求至关重要。

5.2.5 在装配式塔机基础的水平连接构造对钢绞线张拉或退张的过程中应设置安全防护区域，操作人员不得违规操作，是确保水平连接构造装配全过程人员安全的重要措施。

5.2.6 装配式塔机基础的水平连接构造的固定端和张拉端是水平连接构造的关键构造，将其置于可装配的封闭构造内的意义一是确保装配式塔机基础的结构安全，二是防水、防锈，延长构造的使用寿命，满足装配式塔机基础重复使用和降低成本的要求。

5.2.7 本条规定了使用散料压重件时，应在散料上面设保护层，以防散料流失，造成压重件重力达不到设计要求，给装配式塔机基础的安全稳定造成隐患。

5.2.8 本条规定了当装配式塔机基础的设置方式为全露时，防止底板边缘之下的中砂垫层移位流失致使装配式塔机基础出现不均匀沉降，同时防止装配式塔机基础在塔机传来的水平扭矩作用下出现基础整体水平位移。

5.2.9 本条规定了有底架的塔机与装配式塔机基础进行垂直连接时，底架与基础梁之间设置垫板，并在垫板下面与基础梁上面之间设干硬性水泥砂浆垫层，通过调整水泥砂浆垫层厚度来控制垫板上面水平并使塔机的垂直力均匀地传给基础梁，这是保证装配式塔机基础结构稳定的重要措施。

5.2.10 本条规定了装配式塔机基础拆卸的条件。

1 塔机结构未全部拆除不得进行预制混凝土构件的分解，否则会造成垂直拆除作业出现安全事故；

2 装配式塔机基础的预制混凝土构件未全部暴露，会影响预制混凝土构件的分解和吊移；

3 装配式塔机基础的固定端、张拉端之外没有足够的操作空间，无法进行水平连接构造的拆卸工作，且会造成安全事故；

4 退张控制拉力超过 $0.75f_{ptk}$，会造成钢绞线的断丝或整根拉断，造成安全事故，又使钢绞线无法重复使用；

5 装配式塔机基础的预制混凝土构件是定位的，应按装配时的安装顺序的逆顺序进行拆卸；

6 钢绞线是易损零件，本款规定了应及时对拆卸下来的钢绞线采取保护措施，以备重复使用；

7 装配式塔机基础的预制混凝土构件吊移后，回填基坑，以防人员跌入造成安全事故。

6 检查与验收

6.1 检验与验收

6.1.1 本条对装配式塔机基础的预制混凝土构件的检查、检测与验收的方法和标准作出了规定。

1 对新出厂的装配式塔机基础的预制混凝土构件的检验；

2 对重复使用装配前的装配式塔机基础的预制混凝土构件的检验；

3 对重复使用装配后的装配式塔机基础的预制混凝土构件的检验。

通过严格的检验程序和检验内容，保证装配式塔机基础的装配程序顺利和装配式塔机基础的结构稳定安全。

6.1.2 本条规定了装配式塔机基础的零部件的检验方法与标准。

1 根据有关标准的规定，高强度螺栓按最大允许载荷紧固时，允许使用次数不得多于 2 次；根据长时间和大量使用实践，规定有底架的塔机的垂直连接螺栓在不大于最大允许载荷 50% 紧固时，垂直连接螺栓的使用次数可以增加到 8 次，但又同时规定了使用年限不得超过 5 年，因为垂直连接螺栓长期暴露于自然环境，锈蚀无法避免，使用时间过久，对螺栓的截面和配合都会产生不利影响。

2 由于装配式塔机基础的钢绞线设计拉力值 $(0.45\sim0.55)f_{ptk}$，远低于 $0.75f_{ptk}$ 的最高限值，造成钢绞线的疲劳有限，且造成锚片与钢绞线的咬合力较低，这为钢绞线的重复使用创造了条件，大量工程实践证明，钢绞线与锚片在同一夹持区段内重复夹持次数不多于 4 次，只要在固定端和张拉端的两个锚固夹持区之间的钢绞线受力区段，钢绞线的截面上设有

受过夹持的刻痕，钢绞线的张拉端锚固是可靠的；对钢绞线调换锚片夹持区的次数限定为 4 次，其结果是限定钢绞线在规定的使用条件下可以重复使用不多于 16 次；同时限定了钢绞线的总使用年限，为防止钢绞线超长时间的使用造成疲劳影响钢绞线的力学性能；

3 钢制零部件是水平连接构造和垂直连接构造的重要组成部分，严格的检查与验收，对保证装配式塔机基础的结构安全和重复使用有重要意义。

6.1.3 本条规定了装配式塔机基础与塔机组合连接后，在塔机作业前及作业中进行检验的内容。

1 塔机装配后垂直度是保证塔机安全作业的重要指标，塔机垂直度在现行国家标准规定的范围内，塔机方可作业；

2 塔机的接地设施安装和电阻值应符合现行国家标准的要求，以保证塔机和司机在雷雨天的安全；

3 塔机在作业工程中突遇 6 级以上大风、暴雨等天气情况，使塔机的回转机构处于自主状态，可防止臂架在大风作用下转动时产生的水平扭矩造成对塔的扭伤；大风暴雨过后及时检测塔机的垂直度以保证塔机安全；大风、暴雨造成对塔机的不定向、不定量的推力使塔机受力振动，容易使装配式塔机基础与塔机的垂直连接螺栓出现松动，及时地检查紧固，对塔机的安全有重要意义。

6.2 报废条件

6.2.1 本条规定了装配式塔机基础的预制混凝土构件的报废条件；预制混凝土构件是装配式塔机基础的结构主体，预制混凝土构件的质量直接关系到装配式塔机基础的结构性能，所以应认真执行本规程规定的预制混凝土构件的报废标准，杜绝预制混凝土构件"带病作业"造成基础整体功能的"短板效应"，给装配式塔机基础的性能带来隐患。

6.2.2 根据装配式塔机基础的预制混凝土构件水平组合后整体受力的结构特点，装配式塔机基础的预制混凝土构件总数中有 40% 的预制混凝土构件达到报废条件会对装配式塔机基础的整体功能产生难以预测的不利影响，给基础安全造成重大隐患，应整体报废。

6.2.3 本条规定了钢绞线的报废条件，从而保证装配式塔机基础的水平连接构造的功能达到设计要求，保证装配式塔机基础的整体性和抗倾覆内力符合设计要求。

6.2.4、6.2.5 对水平连接构造的主要配件锚环和锚片的报废作出了明确规定，保证了装配式塔机基础水平连接构造的整体功能，从而消除了水平连接构造的功能因配件质量问题而达不到设计要求的可能。

6.2.6 垂直连接螺栓的功能是装配式塔机基础与塔机进行组合连接、荷载传递的关键零部件。严格执行

垂直连接螺栓报废标准，是保证塔机安全稳定的重要环节，杜绝功能达不到标准要求的垂直连接螺栓进入装配环节，是关乎塔机安全的一项十分重要的工作。

6.2.7 本条明确了转换件和其他垂直连接构造的零部件的报废条件。为保证装配式塔机基础与塔机的垂直连接构造的整体功能符合设计要求，提供了质量保证的前提条件。

6.2.8 本条明确了散料仓壁板的报废条件；散料压重件的稳定是装配式塔机基础的重力稳定的前提条件之一，会对装配式塔机基础的抗倾覆稳定性产生决定性作用，所以散料仓壁板的功能得到保证，需要报废的应报废。

中华人民共和国国家标准

湿陷性黄土地区建筑规范

Code for building construction in collapsible loess regions

GB 50025—2004

主编部门：陕 西 省 计 划 委 员 会
批准部门：中华人民共和国建设部
施行日期：2 0 0 4 年 8 月 1 日

中华人民共和国建设部
公　告

第 213 号

建设部关于发布国家标准
《湿陷性黄土地区建筑规范》的公告

现批准《湿陷性黄土地区建筑规范》为国家标准，编号为：GB 50025—2004，自 2004 年 8 月 1 日起实施。其中，第 4.1.1、4.1.7、5.7.2、6.1.1、8.1.1、8.1.5、8.2.1、8.3.1（1）、8.3.2（1）、8.4.5、8.5.5、9.1.1 条（款）为强制性条文，必须严格执行。原《湿陷性黄土地区建筑规范》GBJ 25—90 同时废止。

本规范由建设部标准定额研究所组织中国建筑工业出版社出版发行。

中华人民共和国建设部
2004 年 3 月 1 日

前　言

根据建设部建标〔1998〕94 号文下达的任务，由陕西省建筑科学研究设计院会同有关勘察、设计、科研和高校等 16 个单位组成修订组，对现行国家标准《湿陷性黄土地区建筑规范》GBJ 25—90（以下简称原规范）进行了全面修订。在修订期间，广泛征求了全国各有关单位的意见，经多次讨论和修改，最后由陕西省计划委员会组织审查定稿。

本次修订的《湿陷性黄土地区建筑规范》系统总结了我国湿陷性黄土地区四十多年来，特别是近十年来的科研成果和工程建设经验，并充分反映了实施原规范以来所取得的科研成果和建设经验。

原规范经修订后（以下简称本规范）分为总则、术语和符号、基本规定、勘察、设计、地基处理、既有建筑物的地基加固和纠倾、施工、使用与维护等 9 章、9 个附录，比原规范增加条文 3 章，减少附录 2 个。修改和增加的主要内容是：

1. 原规范附录一中的名词解释，通过修改和补充作为术语，列入本规范第 2 章；删除了饱和黄土，增加了压缩变形、湿陷变形、湿陷起始压力、湿陷系数、自重湿陷系数、自重湿陷量的实测值、自重湿陷量的计算值和湿陷量的计算值等术语。

2. 建筑物分类和建筑工程的设计措施等内容，经修改和补充后作为基本规定，独立为一章，放在勘察、设计的前面，体现了它在本规范中的重要性，并解决了各类建筑的名称出现在建筑物分类之后的问题。

3. 原规范中的附录六，通过修改和补充，将其放入本规范的第 4 章第 4 节"测定黄土湿陷性的试验"。

4. 将陕西关中地区的修正系数 β_0 由 0.70 改为 0.90，修改后自重湿陷量的计算值与实测值接近，对提高评定关中地区场地湿陷类型的准确性有实际意义。

5. 近年来，7、8 层的建筑不断增多，基底压力和地基压缩层深度相应增大，本次修订将非自重湿陷性黄土场地地基湿陷量的计算深度，由基底下 5m 改为累计至基底下 10m（或地基压缩层）深度止，并相应增大了勘探点的深度。

6. 划分场地湿陷类型和地基湿陷等级，采用现场试验的实测值和室内试验的计算值相结合的方法，在自重湿陷量的计算值和湿陷量的计算值分别引入修正系数 β_0 值和 β 值后，其计算值和实测值的差异显著缩小，从而进一步提高了湿陷性评价的准确性和可靠性。

7. 本规范取消了原规范在地基计算中规定的承载力的基本值、标准值和设计值以及附录十"黄土的承载力表"。

本规范在地基计算中规定的地基承载力特征值，可由勘察部门根据现场原位测试结果或结合当地经验与理论公式计算确定。

基础底面积，按正常使用极限状态下荷载效应的标准组合，并按修正后的地基承载力特征值确定。

8. 针对湿陷性黄土的特点，进一步明确了在湿陷性黄土场地采用桩基础的设计和计算等原则。

9. 根据场地湿陷类型、地基湿陷等级和建筑物类别，采取地基处理措施，符合因地因工程制宜，技术经济合理，对确保建筑物的安全使用有重要作用。

10. 增加了既有建筑物的地基加固和纠倾等内容，使今后开展这方面的工作有章可循。

11. 根据新搜集的资料，将原规范附录二中的"中国湿陷性黄土工程地质分区略图"及其附表 2-1 作了部分修改和补充。

原图经修改后，扩大了分区范围，填补了原规范分区图中未包括的有关省、区，便于勘察、设计人员进行场址选择或可行性研究时，对分区范围内黄土的厚度、湿陷性质、湿陷类型和分布情况有一个概括的了解和认识。

12. 在本规范附录 J 中，增加了检验或测定垫层、强夯和挤密等方法处理地基的承载力及有关变形参数的静载荷试验要点。

原规范通过全面修订，增加了一些新的内容，更加系统和完善，符合我国国情和湿陷性黄土地区的特点，体现了我国现行的建设政策和技术政策。本规范实施后对全面指导我国湿陷性黄土地区的建设，确保工程质量，防止和减少地基湿陷事故，都将产生显著的技术经济效益和社会效益。

本规范中以黑体字标志的条文为强制性条文，必须严格执行。本规范由建设部负责管理和对强制性条文的解释，陕西省建筑科学研究设计院负责具体技术内容的解释。在执行过程中，请各单位结合工程实践，认真总结经验，如发现需要修改或补充之处，请将意见和建议寄陕西省建筑科学研究设计院（地址：陕西省西安市环城西路 272 号，邮政编码：710082）。

本规范主编单位：陕西省建筑科学研究设计院

本规范参编单位：机械工业部勘察研究院
西北综合勘察设计研究院
甘肃省建筑科学研究院
山西省建筑设计研究院
国家电力公司西北勘测设计研究院
中国建筑西北设计研究院
西安建筑科技大学
山西省勘察设计研究院
甘肃省建筑设计研究院
山西省电力勘察设计研究院
兰州有色金属建筑研究院
国家电力公司西北电力设计院
新疆建筑设计研究院
陕西省建筑设计研究院
中国石化集团公司兰州设计院

主要起草人：罗宇生（以下按姓氏笔画排列）

文 君	田春显	刘厚健	朱武卫
任会明	汪国烈	张 敷	张苏民
沈励操	杨静玲	邵 平	张豫川
张 炜	李建春	林在贯	郑永强
武 力	赵祖禄	郭志勇	高永贵
高凤熙	程万平	滕文川	罗金林

目　　次

1 总 则

1.0.1 为确保湿陷性黄土地区建筑物（包括构筑物）的安全与正常使用，做到技术先进，经济合理，保护环境，制定本规范。

1.0.2 本规范适用于湿陷性黄土地区建筑工程的勘察、设计、地基处理、施工、使用与维护。

1.0.3 在湿陷性黄土地区进行建设，应根据湿陷性黄土的特点和工程要求，因地制宜，采取以地基处理为主的综合措施，防止地基湿陷对建筑物产生危害。

1.0.4 湿陷性黄土地区的建筑工程，除应执行本规范的规定外，尚应符合有关现行的国家强制性标准的规定。

2 术语和符号

2.1 术 语

2.1.1 湿陷性黄土 collapsible loess
在一定压力下受水浸湿，土结构迅速破坏，并产生显著附加下沉的黄土。

2.1.2 非湿陷性黄土 noncollapsible loess
在一定压力下受水浸湿，无显著附加下沉的黄土。

2.1.3 自重湿陷性黄土 loess collapsible under overburden pressure
在上覆土的自重压力下受水浸湿，发生显著附加下沉的湿陷性黄土。

2.1.4 非自重湿陷性黄土 loess noncollapsible under overburden pressure
在上覆土的自重压力下受水浸湿，不发生显著附加下沉的湿陷性黄土。

2.1.5 新近堆积黄土 recently deposited loess
沉积年代短，具高压缩性，承载力低，均匀性差，在 50~150kPa 压力下变形较大的全新世（Q_4^2）黄土。

2.1.6 压缩变形 compression deformation
天然湿度和结构的黄土或其他土，在一定压力下所产生的下沉。

2.1.7 湿陷变形 collapse deformation
湿陷性黄土或具有湿陷性的其他土（如欠压实的素填土、杂填土等），在一定压力下，下沉稳定后，受水浸湿所产生的附加下沉。

2.1.8 湿陷起始压力 Initial collapse pressure
湿陷性黄土浸水饱和，开始出现湿陷时的压力。

2.1.9 湿陷系数 coefficient of collapsibility
单位厚度的环刀试样，在一定压力下，下沉稳定后，试样浸水饱和所产生的附加下沉。

2.1.10 自重湿陷系数 coefficient of collapsibility under overburden pressure
单位厚度的环刀试样，在上覆土的饱和自重压力下，下沉稳定后，试样浸水饱和所产生的附加下沉。

2.1.11 自重湿陷量的实测值 measured collapse under overburden pressure
在湿陷性黄土场地，采用试坑浸水试验，全部湿陷性黄土层浸水饱和所产生的自重湿陷量。

2.1.12 自重湿陷量的计算值 computed collapse under overburden pressure
采用室内压缩试验，根据不同深度的湿陷性黄土试样的自重湿陷系数，考虑现场条件计算而得的自重湿陷量的累计值。

2.1.13 湿陷量的计算值 computed collapse
采用室内压缩试验，根据不同深度的湿陷性黄土试样的湿陷系数，考虑现场条件计算而得的湿陷量的累计值。

2.1.14 剩余湿陷量 remnant collapse
将湿陷性黄土地基湿陷量的计算值，减去基底下拟处理土层的湿陷量。

2.1.15 防护距离 protection distance
防止建筑物地基受管道、水池等渗漏影响的最小距离。

2.1.16 防护范围 area of protection
建筑物周围防护距离以内的区域。

2.2 符 号

A——基础底面积

a——压缩系数

b——基础底面的宽度

d——基础埋置深度，桩身（或桩孔）直径

E_s——压缩模量

e——孔隙比

f_a——修正后的地基承载力特征值

f_{ak}——地基承载力特征值

I_p——塑性指数

l——基础底面的长度，桩身长度

p_k——相应于荷载效应标准组合基础底面的平均压力值

p_0——基础底面的平均附加压力值

p_{sh}——湿陷起始压力值

q_{pa}——桩端土的承载力特征值

q_{sa}——桩周土的摩擦力特征值

R_a——单桩竖向承载力特征值

S_r——饱和度

w——含水量

w_L——液限

w_p——塑限

w_{op}——最优含水量

γ——土的重力密度，简称重度

γ_0——基础底面以上土的加权平均重度，地下水位以下取有效重度

θ——地基的压力扩散角

η_b——基础宽度的承载力修正系数

η_d——基础埋深的承载力修正系数

ψ_s——沉降计算经验系数

δ_s——湿陷系数

δ_{zs}——自重湿陷系数

Δ_{zs}——自重湿陷量的计算值

Δ'_{zs}——自重湿陷量的实测值

Δ_s——湿陷量的计算值

β_0——因地区土质而异的修正系数

β——考虑地基受水浸湿的可能性和基底下土的侧向挤出等因素的修正系数

3 基 本 规 定

3.0.1 拟建在湿陷性黄土场地上的建筑物，应根据其重要性、地基受水浸湿可能性的大小和在使用期间对不均匀沉降限制的严格程度，分为甲、乙、丙、丁四类，并应符合表 3.0.1 的规定。

表 3.0.1　建筑物分类

建筑物分类	各类建筑的划分
甲 类	高度大于 60m 和 14 层及 14 层以上体型复杂的建筑 高度大于 50m 的构筑物 高度大于 100m 的高耸结构 特别重要的建筑 地基受水浸湿可能性大的重要建筑 对不均匀沉降有严格限制的建筑
乙 类	高度为 24～60m 的建筑 高度为 30～50m 的构筑物 高度为 50～100m 的高耸结构 地基受水浸湿可能性较大的重要建筑 地基受水浸湿可能性大的一般建筑
丙 类	除乙类以外的一般建筑和构筑物
丁 类	次要建筑

当建筑物各单元的重要性不同时，可根据各单元的重要性划分为不同类别。甲、乙、丙、丁四类建筑的划分，可结合本规范附录 E 确定。

3.0.2 防止或减小建筑物地基浸水湿陷的设计措施，可分为下列三种：

1 地基处理措施

消除地基的全部或部分湿陷量，或采用桩基础穿透全部湿陷性黄土层，或将基础设置在非湿陷性黄土

层上。

2 防水措施

1）基本防水措施：在建筑物布置、场地排水、屋面排水、地面防水、散水、排水沟、管道敷设、管道材料和接口等方面，应采取措施防止雨水或生产、生活用水的渗漏。

2）检漏防水措施：在基本防水措施的基础上，对防护范围内的地下管道，应增设检漏管沟和检漏井。

3）严格防水措施：在检漏防水措施的基础上，应提高防水地面、排水沟、检漏管沟和检漏井等设施的材料标准，如增设可靠的防水层、采用钢筋混凝土排水沟等。

3 结构措施

减小或调整建筑物的不均匀沉降，或使结构适应地基的变形。

3.0.3 对甲类建筑和乙类中的重要建筑，应在设计文件中注明沉降观测点的位置和观测要求，并应注明在施工和使用期间进行沉降观测。

3.0.4 对湿陷性黄土场地上的建筑物和管道，在设计文件中应附有使用与维护说明。建筑物交付使用后，有关方面必须按本规范第 9 章的有关规定进行维护和检修。

3.0.5 在湿陷性黄土地区的非湿陷性土场地上设计建筑地基基础，应按现行国家标准《建筑地基基础设计规范》GB 50007 的有关规定执行。

4 勘 察

4.1 一 般 规 定

4.1.1 在湿陷性黄土场地进行岩土工程勘察应查明下列内容，并应结合建筑物的特点和设计要求，对场地、地基作出评价，对地基处理措施提出建议。

1 黄土地层的时代、成因；

2 湿陷性黄土层的厚度；

3 湿陷系数、自重湿陷系数和湿陷起始压力随深度的变化；

4 场地湿陷类型和地基湿陷等级的平面分布；

5 变形参数和承载力；

6 地下水等环境水的变化趋势；

7 其他工程地质条件。

4.1.2 中国湿陷性黄土工程地质分区，可按本规范附录 A 划分。

4.1.3 勘察阶段可分为场址选择或可行性研究、初步勘察、详细勘察三个阶段。各阶段的勘察成果应符合各相应设计阶段的要求。

对场地面积不大，地质条件简单或有建筑经验的地区，可简化勘察阶段，但应符合初步勘察和详细勘

察两个阶段的要求。

对工程地质条件复杂或有特殊要求的建筑物，必要时应进行施工勘察或专门勘察。

4.1.4 编制勘察工作纲要，应按下列条件和要求进行：

1 不同的勘察阶段；

2 场地及其附近已有的工程地质资料和地区建筑经验；

3 场地工程地质条件的复杂程度，特别是黄土层的分布和湿陷性变化特点；

4 工程规模，建筑物的类别、特点，设计和施工要求。

4.1.5 场地工程地质条件的复杂程度，可分为以下三类：

1 简单场地：地形平缓，地貌、地层简单，场地湿陷类型单一，地基湿陷等级变化不大；

2 中等复杂场地：地形起伏较大，地貌、地层较复杂，局部有不良地质现象发育，场地湿陷类型、地基湿陷等级变化较复杂；

3 复杂场地：地形起伏很大，地貌、地层复杂，不良地质现象广泛发育，场地湿陷类型、地基湿陷等级分布复杂，地下水位变化幅度大或变化趋势不利。

4.1.6 工程地质测绘，除应符合一般要求外，还应包括下列内容：

1 研究地形的起伏和地面水的积聚、排泄条件，调查洪水淹没范围及其发生规律；

2 划分不同的地貌单元，确定其与黄土分布的关系，查明湿陷凹地、黄土溶洞、滑坡、崩坍、冲沟、泥石流及地裂缝等不良地质现象的分布、规模、发展趋势及其对建设的影响；

3 划分黄土地层或判别新近堆积黄土，应分别符合本规范附录 B 或附录 C 的规定；

4 调查地下水位的深度、季节性变化幅度、升降趋势及其与地表水体、灌溉情况和开采地下水强度的关系；

5 调查既有建筑物的现状；

6 了解场地内有无地下坑穴，如古墓、井、坑、穴、地道、砂井和砂巷等。

4.1.7 采取不扰动土样，必须保持其天然的湿度、密度和结构，并应符合Ⅰ级土样质量的要求。

在探井中取样，竖向间距宜为 1m，土样直径不宜小于 120mm；在钻孔中取样，应严格按本规范附录 D 的要求执行。

取土勘探点中，应有足够数量的探井，其数量应为取土勘探点总数的 1/3～1/2，并不宜少于 3 个。探井的深度宜穿透湿陷性黄土层。

4.1.8 勘探点使用完毕后，应立即用原土分层回填夯实，并不应小于该场地天然黄土的密度。

4.1.9 对黄土工程性质的评价，宜采用室内试验和

原位测试成果相结合的方法。

4.1.10 对地下水位变化幅度较大或变化趋势不利的地段，应从初步勘察阶段开始进行地下水位动态的长期观测。

4.2 现 场 勘 察

4.2.1 场址选择或可行性研究勘察阶段，应进行下列工作：

1 搜集拟建场地有关的工程地质、水文地质资料及地区的建筑经验；

2 在搜集资料和研究的基础上进行现场调查，了解拟建场地的地形地貌和黄土层的地质时代、成因、厚度、湿陷性，有无影响场地稳定的不良地质现象和地质环境等问题；

3 对工程地质条件复杂，已有资料不能满足要求时，应进行必要的工程地质测绘、勘察和试验等工作；

4 本阶段的勘察成果，应对拟建场地的稳定性和适宜性作出初步评价。

4.2.2 初步勘察阶段，应进行下列工作：

1 初步查明场地内各土层的物理力学性质、场地湿陷类型、地基湿陷等级及其分布，预估地下水位的季节性变化幅度和升降的可能性；

2 初步查明不良地质现象和地质环境等问题的成因、分布范围，对场地稳定性的影响程度及其发展趋势；

3 当工程地质条件复杂，已有资料不符合要求时，应进行工程地质测绘，其比例尺可采用 1∶1000～1∶5000。

4.2.3 初步勘察勘探点、线、网的布置，应符合下列要求：

1 勘探线应按地貌单元的纵、横线方向布置，在微地貌变化较大的地段予以加密，在平缓地段可按网格布置。初步勘察勘探点的间距，宜按表 4.2.3 确定。

表 4.2.3 初步勘察勘探点的间距（m）

场地类别	勘探点间距	场地类别	勘探点间距
简单场地	120～200	复杂场地	50～80
中等复杂场地	80～120		

2 取土和原位测试的勘探点，应按地貌单元和控制性地段布置，其数量不得少于全部勘探点的 1/2。

3 勘探点的深度应根据湿陷性黄土层的厚度和地基压缩层深度的预估值确定，控制性勘探点应有一定数量的取土勘探点穿透湿陷性黄土层。

4 对新建地区的甲类建筑和乙类中的重要建筑，应按本规范 4.3.8 条进行现场试坑浸水试验，并应按自重湿陷量的实测值判定场地湿陷类型。

5 本阶段的勘察成果，应查明场地湿陷类型，为确定建筑物总平面的合理布置提供依据，对地基基础方案、不良地质现象和地质环境的防治提供参数与建议。

4.2.4 详细勘察阶段，应进行下列工作：

1 详细查明地基土层及其物理力学性质指标，确定场地湿陷类型、地基湿陷等级的平面分布和承载力。

2 勘探点的布置，应根据总平面和本规范 3.0.1 条划分的建筑物类别以及工程地质条件的复杂程度等因素确定。详细勘察勘探点的间距，宜按表 4.2.4-1 确定。

表 4.2.4-1 **详细勘察勘探点的间距（m）**

建筑类别 场地类别	甲	乙	丙	丁
简单场地	30～40	40～50	50～80	80～100
中等复杂场地	20～30	30～40	40～50	50～80
复杂场地	10～20	20～30	30～40	40～50

3 在单独的甲、乙类建筑场地内，勘探点不应少于 4 个。

4 采取不扰动土样和原位测试的勘探点不得少于全部勘探点的 2/3，其中采取不扰动土样的勘探点不宜少于 1/2。

5 勘探点的深度应大于地基压缩层的深度，并应符合表 4.2.4-2 的规定或穿透湿陷性黄土层。

表 4.2.4-2 **勘探点的深度（m）**

湿陷类型	非自重湿陷性黄土场地	自重湿陷性黄土场地	
		陇西、陇东—陕北—晋西地区	其他地区
勘探点深度 （自基础底面算起）	>10	>15	>10

4.2.5 详细勘察阶段的勘察成果，应符合下列要求：

1 按建筑物或建筑群提供详细的岩土工程资料和设计所需的岩土技术参数，当场地地下水位有可能上升至地基压缩层的深度以内时，宜提供饱和状态下的强度和变形参数。

2 对地基作出分析评价，并对地基处理、不良地质现象和地质环境的防治等方案作出论证和建议。

3 对深基坑应提供坑壁稳定性和抽、降水等所需的计算参数，并分析对邻近建筑物的影响。

4 对桩基工程的桩型、桩的长度和桩端持力层深度提出合理建议，并提供设计所需的技术参数及单桩竖向承载力的预估值。

5 提出施工和监测的建议。

4.3 测定黄土湿陷性的试验

4.3.1 测定黄土湿陷性的试验，可分为室内压缩试验、现场静载荷试验和现场试坑浸水试验三种。

（Ⅰ）室内压缩试验

4.3.2 采用室内压缩试验测定黄土的湿陷系数 δ_s、自重湿陷系数 δ_{zs} 和湿陷起始压力 p_{sh}，均应符合下列要求：

1 土样的质量等级应为 Ⅰ 级不扰动土样；

2 环刀面积不应小于 $5000mm^2$，使用前应将环刀洗净风干，透水石应烘干冷却；

3 加荷前，应将环刀试样保持天然湿度；

4 试样浸水宜用蒸馏水；

5 试样浸水前和浸水后的稳定标准，应为每小时的下沉量不大于 0.01mm。

4.3.3 测定湿陷系数除应符合 4.3.2 条的规定外，还应符合下列要求：

1 分级加荷至试样的规定压力，下沉稳定后，试样浸水饱和，附加下沉稳定，试验终止。

2 在 0～200kPa 压力以内，每级增量宜为 50kPa；大于 200kPa 压力，每级增量宜为 100kPa。

3 湿陷系数 δ_s 值，应按下式计算：

$$\delta_s = \frac{h_p - h'_p}{h_0} \qquad (4.3.3)$$

式中 h_p——保持天然湿度和结构的试样，加至一定压力时，下沉稳定后的高度（mm）；

h'_p——上述加压稳定后的试样，在浸水（饱和）作用下，附加下沉稳定后的高度（mm）；

h_0——试样的原始高度（mm）。

4 测定湿陷系数 δ_s 的试验压力，应自基础底面（如基底标高不确定时，自地面下 1.5m）算起：

1）基底下 10m 以内的土层应用 200kPa，10m 以下至非湿陷性黄土层顶面，应用其上覆土的饱和自重压力（当大于 300kPa 压力时，仍应用 300kPa）；

2）当基底压力大于 300kPa 时，宜用实际压力；

3）对压缩性较高的新近堆积黄土，基底下 5m 以内的土层宜用 100～150kPa 压力，5～10m 和 10m 以下至非湿陷性黄土层顶面，应分别用 200kPa 和上覆土的饱和自重压力。

4.3.4 测定自重湿陷系数除应符合 4.3.2 条的规定外，还应符合下列要求：

1 分级加荷，加至试样上覆土的饱和自重压力，下沉稳定后，试样浸水饱和，附加下沉稳定，试验终止；

2 试样上覆土的饱和密度，可按下式计算：

$$\rho_s = \rho_d \left(1 + \frac{S_r e}{d_s}\right) \qquad (4.3.4\text{-}1)$$

式中 ρ_s——土的饱和密度（g/cm³）；

ρ_d——土的干密度（g/cm³）；

S_r——土的饱和度，可取 $S_r = 85\%$；

e——土的孔隙比；

d_s——土粒相对密度；

3 自重湿陷系数 δ_{zs} 值，可按下式计算：

$$\delta_{zs} = \frac{h_z - h'_z}{h_0} \qquad (4.3.4\text{-}2)$$

式中 h_z——保持天然湿度和结构的试样，加压至该试样上覆土的饱和自重压力时，下沉稳定后的高度（mm）；

h'_z——上述加压稳定后的试样，在浸水（饱和）作用下，附加下沉稳定后的高度（mm）；

h_0——试样的原始高度（mm）。

4.3.5 测定湿陷起始压力除应符合 4.3.2 条的规定外，还应符合下列要求：

1 可选用单线法压缩试验或双线法压缩试验。

2 从同一土样中所取环刀试样，其密度差值不得大于 0.03g/cm³。

3 在 0~150kPa 压力以内，每级增量宜为 25~50kPa，大于 150kPa 压力每级增量宜为 50~100kPa。

4 单线法压缩试验不应少于 5 个环刀试样，均在天然湿度下分级加荷，分别加至不同的规定压力，下沉稳定后，各试样浸水饱和，附加下沉稳定，试验终止。

5 双线法压缩试验，应按下列步骤进行：

1）应取 2 个环刀试样，分别对其施加相同的第一级压力，下沉稳定后应将 2 个环刀试样的百分表读数调整一致，调整时并应考虑各仪器变形量的差值。

2）应将上述环刀试样中的一个试样保持天然湿度下分级加荷，加至最后一级压力，下沉稳定后，试样浸水饱和，附加下沉稳定，试验终止。

3）应将上述环刀试样中的另一个试样浸水饱和，附加下沉稳定后，在浸水饱和状态下分级加荷，下沉稳定后继续加荷，加至最后一级压力，下沉稳定，试验终止。

4）当天然湿度的试样，在最后一级压力下浸水饱和，附加下沉稳定后的高度与浸水饱和试样在最后一级压力下的下沉稳定后的高度不一致，且相对差值不大于 20% 时，应以前者的结果为准，对浸水饱和试样的试验结果进行修正；如相对差值大于 20% 时，应重新试验。

（Ⅱ）现场静载荷试验

4.3.6 在现场测定湿陷性黄土的湿陷起始压力，可采用单线法静载荷试验或双线法静载荷试验，并应分别符合下列要求：

1 单线法静载荷试验：在同一场地的相邻地段和相同标高，应在天然湿度的土层上设 3 个或 3 个以上静载荷试验，分级加压，分别加至各自的规定压力，下沉稳定后，向试坑内浸水至饱和，附加下沉稳定后，试验终止；

2 双线法静载荷试验：在同一场地的相邻地段和相同标高，应设 2 个静载荷试验。其中 1 个应设在天然湿度的土层上分级加压，加至规定压力，下沉稳定后，试验终止；另 1 个应设在浸水饱和的土层上分级加压，加至规定压力，附加下沉稳定后，试验终止。

4.3.7 在现场采用静载荷试验测定湿陷性黄土的湿陷起始压力，尚应符合下列要求：

1 承压板的底面积宜为 0.50m²，试坑边长或直径应为承压板边长或直径的 3 倍，安装载荷试验设备时，应注意保持试验土层的天然湿度和原状结构，压板底面下宜用 10~15mm 厚的粗、中砂找平。

2 每级加压增量不宜大于 25kPa，试验终止压力不应小于 200kPa。

3 每级加压后，按每隔 15、15、15、15min 各测读 1 次下沉量，以后为每隔 30min 观测 1 次，当连续 2h 内，每 1h 的下沉量小于 0.10mm 时，认为压板下沉已趋稳定，即可加下一级压力。

4 试验结束后，应根据试验记录，绘制判定湿陷起始压力的 p-s_s 曲线图。

（Ⅲ）现场试坑浸水试验

4.3.8 在现场采用试坑浸水试验确定自重湿陷量的实测值，应符合下列要求：

1 试坑宜挖成圆（或方）形，其直径（或边长）不应小于湿陷性黄土层的厚度，并不应小于 10m；试坑深度宜为 0.50m，最深不应大于 0.80m。坑底宜铺 100mm 厚的砂、砾石。

2 在坑底中部及其他部位，应对称设置观测自重湿陷的深标点，设置深度及数量宜按各湿陷性黄土层顶面深度及分层数确定。在试坑底部，由中心向坑边以不少于 3 个方向，均匀设置观测自重湿陷的浅标点；在试坑外沿浅标点方向 10~20m 范围内设置地面观测标点，观测精度为 ±0.10mm。

3 试坑内的水头高度不宜小于 300mm，在浸水过程中，应观测湿陷量、耗水量、浸湿范围和地面裂缝。湿陷稳定可停止浸水，其稳定标准为最后 5d 的平均湿陷量小于 1mm/d。

4 设置观测标点前，可在坑底面打一定数量及深度的渗水孔，孔内应填满砂砾。

5 试坑内停止浸水后，应继续观测不少于 10d，且连续 5d 的平均下沉量不大于 1mm/d，试验终止。

4.4 黄土湿陷性评价

4.4.1 黄土的湿陷性，应按室内浸水（饱和）压缩试验，在一定压力下测定的湿陷系数 δ_s 进行判定，并应符合下列规定：

    1 当湿陷系数 δ_s 值小于 0.015 时，应定为非湿陷性黄土；

    2 当湿陷系数 δ_s 值等于或大于 0.015 时，应定为湿陷性黄土。

4.4.2 湿性黄土的湿陷程度，可根据湿陷系数 δ_s 值的大小分为下列三种：

    1 当 $0.015 \leqslant \delta_s \leqslant 0.03$ 时，湿陷性轻微；

    2 当 $0.03 < \delta_s \leqslant 0.07$ 时，湿陷性中等；

    3 当 $\delta_s > 0.07$ 时，湿陷性强烈。

4.4.3 湿陷性黄土场地的湿陷类型，应按自重湿陷量的实测值 Δ'_{zs} 或计算值 Δ_{zs} 判定，并应符合下列规定：

    1 当自重湿陷量的实测值 Δ'_{zs} 或计算值 Δ_{zs} 小于或等于 70mm 时，应定为非自重湿陷性黄土场地；

    2 当自重湿陷量的实测值 Δ'_{zs} 或计算值 Δ_{zs} 大于 70mm 时，应定为自重湿陷性黄土场地；

    3 当自重湿陷量的实测值和计算值出现矛盾时，应按自重湿陷量的实测值判定。

4.4.4 湿陷性黄土场地自重湿陷量的计算值 Δ_{zs}，应按下式计算：

$$\Delta_{zs} = \beta_0 \sum_{i=1}^{n} \delta_{zsi} h_i \qquad (4.4.4)$$

式中 δ_{zsi}——第 i 层土的自重湿陷系数；

       h_i——第 i 层土的厚度（mm）；

       β_0——因地区土质而异的修正系数，在缺乏实测资料时，可按下列规定取值：

    1）陇西地区取 1.50；

    2）陇东—陕北—晋西地区取 1.20；

    3）关中地区取 0.90；

    4）其他地区取 0.50。

    自重湿陷量的计算值 Δ_{zs} 应自天然地面（当挖、填方的厚度和面积较大时，应自设计地面）算起，至其下非湿陷性黄土层的顶面止，其中自重湿陷系数 δ_{zs} 值小于 0.015 的土层不累计。

4.4.5 湿陷性黄土地基受水浸湿饱和，其湿陷量的计算值 Δ_s 应符合下列规定：

    1 湿陷量的计算值 Δ_s，应按下式计算：

$$\Delta_s = \sum_{i=1}^{n} \beta \delta_{si} h_i \qquad (4.4.5)$$

式中 δ_{si}——第 i 层土的湿陷系数；

       h_i——第 i 层土的厚度（mm）；

       β——考虑基底下地基土的受水浸湿可能性和侧向挤出等因素的修正系数，在缺乏实测资料时，可按下列规定取值：

    1）基底下 0～5m 深度内，取 $\beta=1.50$；

    2）基底下 5～10m 深度内，取 $\beta=1$；

    3）基底下 10m 以下至非湿陷性黄土层顶面，在自重湿陷性黄土场地，可取工程所在地区的 β_0 值。

    2 湿陷量的计算值 Δ_s 的计算深度，应自基础底面（如基底标高不确定时，自地面下 1.50m）算起；在非自重湿陷性黄土场地，累计至基底下 10m（或地基压缩层）深度止；在自重湿陷性黄土场地，累计至非湿陷黄土层的顶面止。其中湿陷系数 δ_s（10m 以下为 δ_{zs}）小于 0.015 的土层不累计。

4.4.6 湿陷性黄土的湿陷起始压力 p_{sh} 值，可按下列方法确定：

    1 当按现场静载荷试验结果确定时，应在 p-s（压力与浸水下沉量）曲线上，取其转折点所对应的压力作为湿陷起始压力值。当曲线上的转折点不明显时，可取浸水下沉量（s_s）与承压板直径（d）或宽度（b）之比值等于 0.017 所对应的压力作为湿陷起始压力值。

    2 当按室内压缩试验结果确定时，在 p-δ_s 曲线上宜取 $\delta_s = 0.015$ 所对应的压力作为湿陷起始压力值。

4.4.7 湿陷性黄土地基的湿陷等级，应根据湿陷量的计算值和自重湿陷量的计算值等因素，按表 4.4.7 判定。

表 4.4.7 湿陷性黄土地基的湿陷等级

湿陷类型 Δ_{zs} (mm) Δ_s (mm)	非自重湿陷性场地 $\Delta_{zs} \leqslant 70$	自重湿陷性场地	
		$70 < \Delta_{zs} \leqslant 350$	$\Delta_{zs} > 350$
$\Delta_s \leqslant 300$	Ⅰ（轻微）	Ⅱ（中等）	—
$300 < \Delta_s \leqslant 700$	Ⅱ（中等）	*Ⅱ（中等）或Ⅲ（严重）	Ⅲ（严重）
$\Delta_s > 700$	Ⅱ（中等）	Ⅲ（严重）	Ⅳ（很严重）

*注：当湿陷量的计算值 $\Delta_s > 600$mm、自重湿陷量的计算值 $\Delta_{zs} > 300$mm 时，可判为Ⅲ级，其他情况可判为Ⅱ级。

5 设 计

5.1 一般规定

5.1.1 对各类建筑采取设计措施，应根据场地湿陷类型、地基湿陷等级和地基处理后下部未处理湿陷性黄土层的湿陷起始压力值或剩余湿陷量，结合当地建筑经验和施工条件等综合因素确定，并应符合下列规定：

    1 各级湿陷性黄土地基上的甲类建筑，其地基处理应符合本规范 6.1.1 条第 1 款和 6.1.3 条的要求，但防水措施和结构措施可按一般地区的规定设计。

2 各级湿陷性黄土地基上的乙类建筑，其地基处理应符合本规范 6.1.1 条第 2 款和 6.1.4 条的要求，并应采取结构措施和检漏防水措施。

3 Ⅰ级湿陷性黄土地基上的丙类建筑，应按本规范 6.1.5 条第 1 款的规定处理地基，并应采取结构措施和基本防水措施；Ⅱ、Ⅲ、Ⅳ级湿陷性黄土地基上的丙类建筑，其地基处理应符合本规范 6.1.1 条第 2 款和 6.1.5 条第 2、3 款的要求，并应采取结构措施和检漏防水措施。

4 各级湿陷性黄土地基上的丁类建筑，其地基可不处理。但在Ⅰ级湿陷性黄土地基上，应采取基本防水措施；在Ⅱ级湿陷性黄土地基上，应采取结构措施和基本防水措施；在Ⅲ、Ⅳ级湿陷性黄土地基上，应采取结构措施和检漏防水措施。

5 水池类构筑物的设计措施，应符合本规范附录 F 的规定。

6 在自重湿陷性黄土场地，如室内设备和地面有严格要求时，应采取检漏防水措施或严格防水措施，必要时应采取地基处理措施。

5.1.2 对各类建筑采取设计措施，除应符合 5.1.1 条的规定外，还可按下列情况确定：

1 在湿陷性黄土层很厚的场地上，当甲类建筑消除地基的全部湿陷量或穿透全部湿陷性黄土层确有困难时，应采取专门措施；

2 场地内的湿陷性黄土层厚度较薄和湿陷系数较大，经技术经济比较合理时，对乙类建筑和丙类建筑，也可采取措施消除地基的全部湿陷量或穿透全部湿陷性黄土层。

5.1.3 各类建筑物的地基符合下列中的任一款，均可按一般地区的规定设计。

1 地基湿陷量的计算值小于或等于 50mm。

2 在非自重湿陷性黄土场地，地基内各土层的湿陷起始压力值，均大于其附加压力与上覆土的饱和自重压力之和。

5.1.4 对设备基础应根据其重要性与使用要求和场地的湿陷类型、地基湿陷等级及其受水浸湿可能性的大小确定设计措施。

5.1.5 在新近堆积黄土场地上，乙、丙类建筑的地基处理厚度小于新近堆积黄土层的厚度时，应按本规范 6.1.7 条的规定验算下卧层的承载力，并应按本规范 5.6.2 条规定计算地基的压缩变形。

5.1.6 建筑物在使用期间，当湿陷性黄土场地的地下水位有可能上升至地基压缩层的深度以内时，各类建筑的设计措施除应符合本章的规定外，尚应符合本规范附录 G 的规定。

5.2 场址选择与总平面设计

5.2.1 场址选择应符合下列要求：

1 具有排水畅通或利于组织场地排水的地形条件；

2 避开洪水威胁的地段；

3 避开不良地质环境发育和地下坑穴集中的地段；

4 避开新建水库等可能引起地下水位上升的地段；

5 避免将重要建设项目布置在很严重的自重湿陷性黄土场地或厚度大的新近堆积黄土和高压缩性的饱和黄土等地段；

6 避开由于建设可能引起工程地质环境恶化的地段。

5.2.2 总平面设计应符合下列要求：

1 合理规划场地，做好竖向设计，保证场地、道路和铁路等地表排水畅通；

2 在同一建筑物范围内，地基土的压缩性和湿陷性变化不宜过大；

3 主要建筑物宜布置在地基湿陷等级低的地段；

4 在山前斜坡地带，建筑物宜沿等高线布置，填方厚度不宜过大；

5 水池类构筑物和有湿润生产工艺的厂房等，宜布置在地下水流向的下游地段或地形较低处。

5.2.3 山前地带的建筑场地，应整平成若干单独的台地，并应符合下列要求：

1 台地应具有稳定性；

2 避免雨水沿斜坡排泄；

3 边坡宜做护坡；

4 用陡槽沿边坡排泄雨水时，应保证使雨水由边坡底部沿排水沟平缓地流动，陡槽的结构应保证在暴雨时土不受冲刷。

5.2.4 埋地管道、排水沟、雨水明沟和水池等与建筑物之间的防护距离，不宜小于表 5.2.4 规定的数值。当不能满足要求时，应采取与建筑物相应的防水措施。

表 5.2.4 埋地管道、排水沟、雨水明沟和水池等与建筑物之间的防护距离（m）

建筑类别	地基湿陷等级			
	Ⅰ	Ⅱ	Ⅲ	Ⅳ
甲	—	—	8～9	11～12
乙	5	6～7	8～9	10～12
丙	4	5	6～7	8～9
丁	—	5	6	7

注：1 陇西地区和陇东—陕北—晋西地区，当湿陷性黄土层的厚度大于 12m 时，压力管道与各类建筑的防护距离，不宜小于湿陷性黄土层的厚度；

2 当湿陷性黄土层内有碎石土、砂土夹层时，防护距离可大于表中数值；

3 采用基本防水措施的建筑，其防护距离不得小于一般地区的规定。

5.2.5 防护距离的计算：对建筑物，应自外墙轴线算起；对高耸结构，应自基础外缘算起；对水池，应自池壁边缘（喷水池等应自回水坡边缘）算起；对管道、排水沟，应自其外壁算起。

5.2.6 各类建筑与新建水渠之间的距离，在非自重湿陷性黄土场地不得小于12m；在自重湿陷性黄土场地不得小于湿陷性黄土层厚度的3倍，并不应小于25m。

5.2.7 建筑场地平整后的坡度，在建筑物周围6m内不宜小于0.02，当为不透水地面时，可适当减小；在建筑物周围6m外不宜小于0.005。

当采用雨水明沟或路面排水时，其纵向坡度不应小于0.005。

5.2.8 在建筑物周围6m内应平整场地，当为填方时，应分层夯（或压）实，其压实系数不得小于0.95；当为挖方时，在自重湿陷性黄土场地，表面夯（或压）实后宜设置150～300mm厚的灰土面层，其压实系数不得小于0.95。

5.2.9 防护范围内的雨水明沟，不得漏水。在自重湿陷性黄土场地宜设混凝土雨水明沟，防护范围外的雨水明沟，宜做防水处理，沟底下均应设灰土（或土）垫层。

5.2.10 建筑物处于下列情况之一时，应采取畅通排除雨水的措施：

1 邻近有构筑物（包括露天装置）、露天吊车、堆场或其他露天作业场等；

2 邻近有铁路通过；

3 建筑物的平面为 E、U、H、L、□ 等形状构成封闭或半封闭的场地。

5.2.11 山前斜坡上的建筑场地，应根据地形修筑雨水截水沟。

5.2.12 防洪设施的设计重现期，宜略高于一般地区。

5.2.13 冲沟发育的山区，应尽量利用现有排水沟排走山洪，建筑场地位于山洪威胁的地段，必须设置排洪沟。排洪沟和冲沟应平缓地连接，并应减少弯道，采用较大的坡度。在转弯及跌水处，应采取防护措施。

5.2.14 在建筑场地内，铁路的路基应有良好的排水系统，不得利用道渣排水。路基顶面的排水应引向远离建筑物的一侧。在暗道床处，应将基床表面翻松夯（或压）实，也可采用优质防水材料处理。道床内应设防止积水的排水措施。

5.3 建 筑 设 计

5.3.1 建筑设计应符合下列要求：

1 建筑物的体型和纵横墙的布置，应利于加强其空间刚度，并具有适应或抵抗湿陷变形的能力。多层砌体承重结构的建筑，体型应简单，长高比不宜大于3。

2 妥善处理建筑物的雨水排水系统，多层建筑的室内地坪应高出室外地坪450mm。

3 用水设施宜集中设置，缩短地下管线并远离主要承重基础，其管道宜明装。

4 在防护范围内设置绿化带，应采取措施防止地基土受水浸湿。

5.3.2 单层和多层建筑物的屋面，宜采用外排水；当采用有组织外排水时，宜选用耐用材料的水落管，其末端距离散水面不应大于300mm，并不应设置在沉降缝处；集水面积大的外水落管，应接入专设的雨水明沟或管道。

5.3.3 建筑物的周围必须设置散水。其坡度不得小于0.05，散水外缘应略高于平整后的场地，散水的宽度应按下列规定采用。

1 当屋面为无组织排水时，檐口高度在8m以内宜为1.50m；檐口高度超过8m，每增高4m宜增宽250mm，但最宽不宜大于2.50m。

2 当屋面为有组织排水时，在非自重湿陷性黄土场地不得小于1m，在自重湿陷性黄土场地不得小于1.50m。

3 水池的散水宽度宜为1～3m，散水外缘超出水池基底边缘不应小于200mm，喷水池等的回水坡或散水的宽度宜为3～5m。

4 高耸结构的散水宜超出基础底边缘1m，并不得小于5m。

5.3.4 散水应用现浇混凝土浇筑，其下应设置150mm厚的灰土垫层或300mm厚的土垫层，并应超出散水和建筑物外墙基础底外缘500mm。

散水宜每隔6～10m设置一条伸缩缝。散水与外墙交接处和散水的伸缩缝，应用柔性防水材料填封，沿散水外缘不宜设置雨水明沟。

5.3.5 经常受水浸湿或可能积水的地面，应按防水地面设计。对采用严格防水措施的建筑，其防水地面应设可靠的防水层。地面坡向集水点的坡度不得小于0.01。地面与墙、柱、设备基础等交接处应做翻边，地面下应做300～500mm厚的灰土（或土）垫层。

管道穿过地坪应做好防水处理。排水沟与地面混凝土宜一次浇筑。

5.3.6 排水沟的材料和做法，应根据地基湿陷等级、建筑物类别和使用要求选定，并应设置灰土（或土）垫层。在防护范围内宜采用钢筋混凝土排水沟，但在非自重湿陷性黄土场地，室内小型排水沟可采用混凝土浇筑，并应做防水面层。对采用严格防水措施的建筑，其排水沟应增设可靠的防水层。

5.3.7 在基础梁底下预留空隙，应采取有效措施防止地面水渗入地基。对地下室内的采光井，应做好防、排水设施。

5.3.8 防护范围内的各种地沟和管沟（包括有可能

积水、积汽的沟）的做法，均应符合本规范5.5.5～5.5.12条的要求。

5.4 结 构 设 计

5.4.1 当地基不处理或仅消除地基的部分湿陷量时，结构设计应根据建筑物类别、地基湿陷等级或地基处理后下部未处理湿陷性黄土层的湿陷起始压力值或剩余湿陷量以及建筑物的不均匀沉降、倾斜和构件等不利情况，采取下列结构措施：

　　1 选择适宜的结构体系和基础型式；

　　2 墙体宜选用轻质材料；

　　3 加强结构的整体性与空间刚度；

　　4 预留适应沉降的净空。

5.4.2 当建筑物的平面、立面布置复杂时，宜采用沉降缝将建筑物分成若干个简单、规则，并具有较大空间刚度的独立单元。沉降缝两侧，各单元应设置独立的承重结构体系。

5.4.3 高层建筑的设计，应优先选用轻质高强材料，并应加强上部结构刚度和基础刚度。当不设沉降缝时，宜采取下列措施：

　　1 调整上部结构荷载合力作用点与基础形心的位置，减小偏心；

　　2 采用桩基础或采用减小沉降的其他有效措施，控制建筑物的不均匀沉降或倾斜值在允许范围内；

　　3 当主楼与裙房采用不同的基础型式时，应考虑高、低不同部位沉降差的影响，并采取相应的措施。

5.4.4 丙类建筑的基础埋置深度，不应小于1m。

5.4.5 当有地下管道或管沟穿过建筑物的基础或墙时，应预留洞孔。洞顶与管道及管沟顶面的净空高度；对消除地基全部湿陷量的建筑物，不宜小于200mm；对消除地基部分湿陷量和未处理地基的建筑物，不宜小于300mm。洞边与管沟外壁必须脱离。洞边与承重外墙转角处外缘的距离不宜小于1m；当不能满足要求时，可采用钢筋混凝土框加强。洞底距基础底不应小于洞宽的1/2，并不宜小于400mm，当不能满足要求时，应局部加深基础或在洞底设置钢筋混凝土梁。

5.4.6 砌体承重结构建筑的现浇钢筋混凝土圈梁、构造柱或芯柱，应按下列要求设置：

　　1 乙、丙类建筑的基础内和屋面檐口处，均应设置钢筋混凝土圈梁。单层厂房与单层空旷房屋，当檐口高度大于6m时，宜适当增设钢筋混凝土圈梁。

　　乙、丙类中的多层建筑：当地基处理后的剩余湿陷量分别不大于150mm、200mm时，均应在基础内、屋面檐口处和第一层楼盖处设置钢筋混凝土圈梁，其他各层宜隔层设置；当地基处理后的剩余湿陷量分别大于150mm和200mm时，除在基础内应设置钢筋混凝土圈梁外，并应每层设置钢筋混凝土圈梁。

　　2 在Ⅱ级湿陷性黄土地基上的丁类建筑，应在基础内和屋面檐口处设置配筋砂浆带；在Ⅲ、Ⅳ级湿陷性黄土地基上的丁类建筑，应在基础内和屋面檐口处设置钢筋混凝土圈梁。

　　3 对采用严格防水措施的多层建筑，应每层设置钢筋混凝土圈梁。

　　4 各层圈梁均应设在外墙、内纵墙和对整体刚度起重要作用的内横墙上，横向圈梁的水平间距不宜大于16m。

　　圈梁应在同一标高处闭合，遇有洞口时应上下搭接，搭接长度不应小于其竖向间距的2倍，且不得小于1m。

　　5 在纵、横圈梁交接处的墙体内，宜设置钢筋混凝土构造柱或芯柱。

5.4.7 砌体承重结构建筑的窗间墙宽度，在承受主梁处或开间轴线处，不应小于主梁或开间轴线间距的1/3，并不应小于1m；在其他承重墙处，不应小于0.60m。门窗洞孔边缘至建筑物转角处（或变形缝）的距离不应小于1m。当不能满足上述要求时，应在洞孔周边采用钢筋混凝土框加强，或在转角及轴线处加设构造柱或芯柱。

　　对多层砌体承重结构建筑，不得采用空斗墙和无筋过梁。

5.4.8 当砌体承重结构建筑的门、窗洞或其他洞孔的宽度大于1m，且地基未经处理或未消除地基的全部湿陷量时，应采用钢筋混凝土过梁。

5.4.9 厂房内吊车上的净空高度；对消除地基全部湿陷量的建筑，不宜小于200mm；对消除地基部分湿陷量或地基未经处理的建筑，不宜小于300mm。

　　吊车梁应设计为简支。吊车梁与吊车轨之间应采用能调整的连接方式。

5.4.10 预制钢筋混凝土梁的支承长度，在砖墙、砖柱上不宜小于240mm；预制钢筋混凝土板的支承长度，在砖墙上不宜小于100mm，在梁上不应小于80mm。

5.5 给水排水、供热与通风设计

（Ⅰ）给水、排水管道

5.5.1 设计给水、排水管道，应符合下列要求：

　　1 室内管道宜明装。暗设管道必须设置便于检修的设施。

　　2 室外管道宜布置在防护范围外。布置在防护范围内的地下管道，应简捷并缩短其长度。

　　3 管道接口应严密不漏水，并具有柔性。

　　4 设置在地下管道的检漏管沟和检漏井，应便于检查和排水。

5.5.2 地下管道应结合具体情况，采用下列管材：

1 压力管道宜采用球墨铸铁管、给水铸铁管、给水塑料管、钢管、预应力钢筒混凝土管或预应力钢筋混凝土管等。

2 自流管道宜采用铸铁管、塑料管、离心成型钢筋混凝土管、耐酸陶瓷管等。

3 室内地下排水管道的存水弯、地漏等附件，宜采用铸铁制品。

5.5.3 对埋地铸铁管应做防腐处理。对埋地钢管及钢配件宜设加强防腐层。

5.5.4 屋面雨水悬吊管道引出外墙后，应接入室外雨水明沟或管道。

在建筑物的外墙上，不得设置洒水栓。

5.5.5 检漏管沟，应做防水处理。其材料与做法可根据不同防水措施的要求，按下列规定采用：

1 对检漏防水措施，应采用砖壁混凝土槽形底检漏管沟或砖壁钢筋混凝土槽形底检漏管沟。

2 对严格防水措施，应采用钢筋混凝土检漏管沟。在非自重湿陷性黄土场地可适当降低标准；在自重湿陷性黄土场地，对地基受水浸湿可能性大的建筑，宜增设可靠的防水层。防水层应做保护层。

3 对高层建筑或重要建筑，当有成熟经验时，可采用其他形式的检漏管沟或有电汛检漏系统的直埋管中管设施。

对直径较小的管道，当采用检漏管沟确有困难时，可采用金属或钢筋混凝土套管。

5.5.6 设计检漏管沟，除应符合本规范5.5.5条的要求外，还应符合下列规定：

1 检漏管沟的盖板不宜明设。当明设时或在人孔处，应采取防止地面水流入沟内的措施。

2 检漏管沟的沟底应设坡度，并应坡向检漏井。进、出户管的检漏管沟，沟底坡度宜大于0.02。

3 检漏管沟的截面，应根据管道安装与检修的要求确定。在使用和构造上需保持地面完整或当地下管道较多并需集中设置时，宜采用半通行或通行管沟。

4 不得利用建筑物和设备基础作为沟壁或井壁。

5 检漏管沟在穿过建筑物基础或墙处不得断开，并应加强其刚度。检漏管沟穿出外墙的施工缝，宜设在室外检漏井处或超出基础3m处。

5.5.7 对甲类建筑和自重湿陷性黄土场地上乙类中的重要建筑，室内地下管线宜敷设在地下或半地下室的设备层内。穿出外墙的进、出户管段，宜集中设置在半通行管沟内。

5.5.8 穿基础或穿墙的地下管道、管沟，在基础或墙内预留洞的尺寸，应符合本规范5.4.5条的规定。

5.5.9 设计检漏井，应符合下列规定：

1 检漏井应设置在管沟末端和管沟沿线的分段检漏处；

2 检漏井内宜设集水坑，其深度不得小于300mm；

3 当检漏井与排水系统接通时，应防止倒灌。

5.5.10 检漏井、阀门井和检查井等，应做防水处理，并应防止地面水、雨水流入检漏井或阀门井内。在防护范围内的检漏井、阀门井和检查井等，宜采用与检漏管沟相应的材料。

不得利用检查井、消火栓井、洒水栓井和阀门井等兼作检漏井。但检漏井可与检查井或阀门井共壁合建。

不宜采用闸阀套筒代替阀门井。

5.5.11 在湿陷性黄土场地，对地下管道及其附属构筑物，如检漏井、阀门井、检查井、管沟等的地基设计，应符合下列规定：

1 应设150～300mm厚的土垫层；对埋地的重要管道或大型压力管道及其附属构筑物，尚应在土垫层上设300mm厚的灰土垫层。

2 对埋地的非金属自流管道，除应符合上述地基处理要求外，还应设置混凝土条形基础。

5.5.12 当管道穿过井（或沟）时，应在井（或沟）壁处预留洞孔。管道与洞孔间的缝隙，应采用不透水的柔性材料填塞。

5.5.13 管道穿过水池的池壁处，宜设柔性防水套管或在管道上加设柔性接头。水池的溢水管和泄水管，应接入排水系统。

（Ⅱ）供热管道与风道

5.5.14 采用直埋敷设的供热管道，选用管材应符合国家有关标准的规定。对重点监测管段，宜设置报警系统。

5.5.15 采用管沟敷设的供热管道，在防护距离内，管沟的材料及做法，应符合本规范5.5.5条和5.5.6条的要求；各种地下井、室，应采用与管沟相应的材料及做法；在防护距离外的管沟或采用基本防水措施，其管沟或井、室的材料和做法，可按一般地区的规定设计。阀门不宜设在沟内。

5.5.16 供热管沟的沟底坡度宜大于0.02，并应坡向室外检查井，检查井内应设集水坑，其深度不应小于300mm。

检查井可与检漏井合并设置。

在过门地沟的末端应设检漏孔，地沟内的管道应采取防冻措施。

5.5.17 直埋敷设的供热管道、管沟和各种地下井、室及构筑物等的地基处理，应符合本规范5.5.11条的要求。

5.5.18 地下风道和地下烟道的人孔或检查孔等，不得设在有可能积水的地方。当确有困难时，应采取措施防止地面水流入。

5.5.19 架空管道和室内外管网的泄水、凝结水、不得任意排放。

5.6 地 基 计 算

5.6.1 湿陷性黄土场地自重湿陷量的计算值和湿陷性黄土地基湿陷量的计算值，应按本规范 4.4.4 条和 4.4.5 条的规定分别进行计算。

5.6.2 当湿陷性黄土地基需要进行变形验算时，其变形计算和变形允许值，应符合现行国家标准《建筑地基基础设计规范》GB 50007 的有关规定。但其中沉降计算经验系数 ψ_s 可按表 5.6.2 取值。

表 5.6.2 沉降计算经验系数

$\overline{E}_s$ (MPa)	3.30	5.00	7.50	10.00	12.50	15.00	17.50	20.00
ψ_s	1.80	1.22	0.82	0.62	0.50	0.40	0.35	0.30

$\overline{E}_s$ 为变形计算深度范围内压缩模量的当量值，应按下式计算：

$$\overline{E}_s = \frac{\sum A_i}{\sum \dfrac{A_i}{E_{si}}} \quad (5.6.2)$$

式中 A_i——第 i 层土附加应力系数曲线沿土层厚度的积分值；

E_{si}——第 i 层土的压缩模量值（MPa）。

5.6.3 湿陷性黄土地基承载力的确定，应符合下列规定：

1 地基承载力特征值，应保证地基在稳定的条件下，使建筑物的沉降量不超过允许值；

2 甲、乙类建筑的地基承载力特征值，可根据静载荷试验或其他原位测试、公式计算，并结合工程实践经验等方法综合确定；

3 当有充分依据时，对丙、丁类建筑，可根据当地经验确定；

4 对天然含水量小于塑限含水量的土，可按塑限含水量确定土的承载力。

5.6.4 基础底面积，应按正常使用极限状态下荷载效应的标准组合，并按修正后的地基承载力特征值确定。当偏心荷载作用时，相应于荷载效应标准组合，基础底面边缘的最大压力值，不应超过修正后的地基承载力特征值的 1.20 倍。

5.6.5 当基础宽度大于 3m 或埋置深度大于 1.50m 时，地基承载力特征值应按下式修正：

$$f_a = f_{ak} + \eta_b \gamma (b-3) + \eta_d \gamma_m (d-1.50)$$
$$(5.6.5)$$

式中 f_a——修正后的地基承载力特征值（kPa）；

f_{ak}——相应于 $b=3m$ 和 $d=1.50m$ 的地基承载力特征值（kPa），可按本规范 5.6.3 条的原则确定；

η_b、η_d——分别为基础宽度和基础埋深的地基承载力修正系数，可按基底下土的类别由表 5.6.5 查得；

γ——基础底面以下土的重度（kN/m³），地下水位以下取有效重度；

γ_m——基础底面以上土的加权平均重度（kN/m³），地下水位以下取有效重度；

b——基础底面宽度（m），当基础宽度小于 3m 或大于 6m 时，可分别按 3m 或 6m 计算；

d——基础埋置深度（m），一般可自室外地面标高算起；当为填方时，可自填土地面标高算起，但填方在上部结构施工后完成时，应自天然地面标高算起；对于地下室，如采用箱形基础或筏形基础时，基础埋置深度可自室外地面标高算起；在其他情况下，应自室内地面标高算起。

**表 5.6.5 基础宽度和埋置深度
的地基承载力修正系数**

土 的 类 别	有关物理指标	承载力修正系数	
		η_b	η_d
晚更新世（Q₃）、全新世（Q₁¹）湿陷性黄土	$w \leqslant 24\%$	0.20	1.25
	$w > 24\%$	0	1.10
新近堆积（Q₄²）黄土		0	1.00
饱和黄土①②	e 及 I_L 都小于 0.85	0.20	1.25
	e 或 I_L 大于 0.85	0	1.10
	e 及 I_L 都不小于 1.00	0	1.00

注：①只适用于 $I_p > 10$ 的饱和黄土；
②饱和度 $S_r \geqslant 80\%$ 的晚更新世（Q₃）、全新世（Q₁¹）黄土。

5.6.6 湿陷性黄土地基的稳定性计算，除应符合现行国家标准《建筑地基基础设计规范》GB 50007 的有关规定外，尚应符合下列要求：

1 确定滑动面时，应考虑湿陷性黄土地基中可能存在的竖向节理和裂隙；

2 对有可能受水浸湿的湿陷性黄土地基，土的强度指标应按饱和状态的试验结果确定。

5.7 桩 基 础

5.7.1 在湿陷性黄土场地，符合下列中的任一款，均宜采用桩基础：

1 采用地基处理措施不能满足设计要求的建筑；

2 对整体倾斜有严格限制的高耸结构；

3 对不均匀沉降有严格限制的建筑和设备基

础；

    4 主要承受水平荷载和上拔力的建筑或基础；

    5 经技术经济综合分析比较，采用地基处理不合理的建筑。

5.7.2 在湿陷性黄土场地采用桩基础，桩端必须穿透湿陷性黄土层，并应符合下列要求：

    1 在非自重湿陷性黄土场地，桩端应支承在压缩性较低的非湿陷性黄土层中；

    2 在自重湿陷性黄土场地，桩端应支承在可靠的岩（或土）层中。

5.7.3 在湿陷性黄土场地较常用的桩基础，可分为下列几种：

    1 钻、挖孔（扩底）灌注桩；

    2 挤土成孔灌注桩；

    3 静压或打入的预制钢筋混凝土桩。

    选用时，应根据工程要求、场地湿陷类型、湿陷性黄土层厚度、桩端持力层的土质情况、施工条件和场地周围环境等因素确定。

5.7.4 在湿陷性黄土层厚度等于或大于 10m 的场地，对于采用桩基础的建筑，其单桩竖向承载力特征值，应按本规范附录 H 的试验要点，在现场通过单桩竖向承载力静载荷浸水试验测定的结果确定。

    当单桩竖向承载力静载荷试验进行浸水确有困难时，其单桩竖向承载力特征值，可按有关经验公式和本规范 5.7.5 条的规定进行估算。

5.7.5 在非自重湿陷性黄土场地，当自重湿陷量的计算值小于 70mm 时，单桩竖向承载力的计算应计入湿陷性黄土层内的桩长按饱和状态下的正侧阻力。在自重湿陷性黄土场地，除不计自重湿陷性黄土层内的桩长按饱和状态下的正侧阻力外，尚应扣除桩侧的负摩擦力。对桩侧负摩擦力进行现场试验确有困难时，可按表 5.7.5 中的数值估算。

表 5.7.5 桩侧平均负摩擦力特征值（kPa）

自重湿陷量的计算值（mm）	钻、挖孔灌注桩	预制桩
70~200	10	15
>200	15	20

5.7.6 单桩水平承载力特征值，宜通过现场水平静载荷浸水试验的测试结果确定。

5.7.7 在 (Ⅰ)、Ⅱ区的自重湿陷性黄土场地，桩的纵向钢筋长度应沿桩身通长配置。在其他地区的自重湿陷性黄土场地，桩的纵向钢筋长度，不应小于自重湿陷性黄土层的厚度。

5.7.8 为提高桩基的竖向承载力，在自重湿陷性黄土场地，可采取减小桩侧负摩擦力的措施。

5.7.9 在湿陷性黄土场地进行钻、挖孔及扩底施工过程中，应严防雨水和地表水流入桩孔内。当采用泥浆护壁钻孔施工时，应防止泥浆水对周围环境的不利影响。

5.7.10 湿陷性黄土场地的工程桩，应按有关现行国家标准的规定进行检测，并应按本规范 5.7.5 条的规定对其检测结果进行调整。

6 地 基 处 理

6.1 一 般 规 定

6.1.1 当地基的湿陷变形、压缩变形或承载力不能满足设计要求时，应针对不同土质条件和建筑物的类别，在地基压缩层内或湿陷性黄土层内采取处理措施，各类建筑的地基处理应符合下列要求：

    1 甲类建筑应消除地基的全部湿陷量或采用桩基础穿透全部湿陷性黄土层，或将基础设置在非湿陷性黄土层上；

    2 乙、丙类建筑应消除地基的部分湿陷量。

6.1.2 湿陷性黄土地基的平面处理范围，应符合下列规定：

    1 当为局部处理时，其处理范围应大于基础底面的面积。在非自重湿陷性黄土场地，每边应超出基础底面宽度的 1/4，并不应小于 0.50m；在自重湿陷性黄土场地，每边应超出基础底面宽度的 3/4，并不应小于 1m。

    2 当为整片处理时，其处理范围应大于建筑物底层平面的面积，超出建筑物外墙基础外缘的宽度，每边不宜小于处理土层厚度的 1/2，并不应小于 2m。

6.1.3 甲类建筑消除地基全部湿陷量的处理厚度，应符合下列要求：

    1 在非自重湿陷性黄土场地，应将基础底面以下附加压力与上覆土的饱和自重压力之和大于湿陷起始压力的所有土层进行处理，或处理至地基压缩层的深度止。

    2 在自重湿陷性黄土场地，应处理基础底面以下的全部湿陷性黄土层。

6.1.4 乙类建筑消除地基部分湿陷量的最小处理厚度，应符合下列要求：

    1 在非自重湿陷性黄土场地，不应小于地基压缩层深度的 2/3，且下部未处理湿陷性黄土层的湿陷起始压力值不应小于 100kPa。

    2 在自重湿陷性黄土场地，不应小于湿陷性黄土层深度的 2/3，且下部未处理湿陷性黄土层的剩余湿陷量不应大于 150mm。

    3 如基础宽度大或湿陷性黄土层厚度大，处理地基压缩层深度的 2/3 或全部湿陷性黄土层深度的 2/3 确有困难时，在建筑物范围内应采用整片处理。其处理厚度：在非自重湿陷性黄土场地不应小于 4m，且下部未处理湿陷性黄土层的湿陷起始压力值不宜小于100kPa；在自重湿陷性黄土场地不应小于6m，且下部未处理湿陷性黄土层的剩余湿陷量不宜大于150mm。

6.1.5 丙类建筑消除地基部分湿陷量的最小处理厚度，应符合下列要求：

1 当地基湿陷等级为Ⅰ级时：对单层建筑可不处理地基；对多层建筑，地基处理厚度不应小于1m，且下部未处理湿陷性黄土层的湿陷起始压力值不宜小于100kPa。

2 当地基湿陷等级为Ⅱ级时：在非自重湿陷性黄土场地，对单层建筑，地基处理厚度不应小于1m，且下部未处理湿陷性黄土层的湿陷起始压力值不宜小于80kPa；对多层建筑，地基处理厚度不宜小于2m，且下部未处理湿陷性黄土层的湿陷起始压力值不宜小于100kPa；在自重湿陷性黄土场地，地基处理厚度不应小于2.50m，且下部未处理湿陷性黄土层的剩余湿陷量，不应大于200mm。

3 当地基湿陷等级为Ⅲ级或Ⅳ级时，对多层建筑宜采用整片处理，地基处理厚度分别不应小于3m或4m，且下部未处理湿陷性黄土层的剩余湿陷量，单层及多层建筑均不应大于200mm。

6.1.6 地基压缩层的深度：对条形基础，可取其宽度的3倍；对独立基础，可取其宽度的2倍。如小于5m，可取5m，也可按下式估算：

$$p_z = 0.20 p_{cz} \qquad (6.1.6)$$

式中 p_z——相应于荷载效应标准组合，在基础底面下 z 深度处土的附加压力值（kPa）；

p_{cz}——在基础底面下 z 深度处土的自重压力值（kPa）。

在 z 深度处以下，如有高压缩性土，可计算至 $p_z = 0.10 p_{cz}$ 深度处止。

对筏形和宽度大于10m的基础，可取其基础宽度的0.80~1.20倍，基础宽度大者取小值，反之取大值。

6.1.7 地基处理后的承载力，应在现场采用静载荷试验结果或结合当地建筑经验确定，其下卧层顶面的承载力特征值，应满足下式要求：

$$p_z + p_{cz} \leqslant f_{az} \qquad (6.1.7)$$

式中 p_z——相应于荷载效应标准组合，下卧层顶面的附加压力值（kPa）；

p_{cz}——地基处理后，下卧层顶面上覆土的自重压力值（kPa）；

f_{az}——地基处理后，下卧层顶面经深度修正后土的承载力特征值（kPa）。

6.1.8 经处理后的地基，下卧层顶面的附加压力值 p_z，对条形基础和矩形基础，可分别按下式计算：
条形基础

$$p_z = \frac{b(p_k - p_c)}{b + 2z\tan\theta} \qquad (6.1.8\text{-}1)$$

矩形基础

$$p_z = \frac{lb(p_k - p_c)}{(b + 2z\tan\theta)(l + 2z\tan\theta)} \qquad (6.1.8\text{-}2)$$

式中 b——条形或矩形基础底面的宽度（m）；

l——矩形基础底面的长度（m）；

p_k——相应于荷载效应标准组合，基础底面的平均压力值（kPa）；

p_c——基础底面土的自重压力值（kPa）；

z——基础底面至处理土层底面的距离（m）；

θ——地基压力扩散线与垂直线的夹角，一般为22°~30°，用素土处理宜取小值，用灰土处理宜取大值，当 $z/b < 0.25$ 时，可取 $\theta = 0°$。

6.1.9 当按处理后的地基承载力确定基础底面积及埋深时，应根据现场原位测试确定的承载力特征值进行修正，但基础宽度的地基承载力修正系数宜取零，基础埋深的地基承载力修正系数宜取1。

6.1.10 选择地基处理方法，应根据建筑物的类别和湿陷性黄土的特性，并考虑施工设备、施工进度、材料来源和当地环境等因素，经技术经济综合分析比较后确定。湿陷性黄土地基常用的处理方法，可按表6.1.10选择其中一种或多种相结合的最佳处理方法。

表 6.1.10　湿陷性黄土地基常用的处理方法

名　　称	适　用　范　围	可处理的湿陷性黄土层厚度（m）
垫层法	地下水位以上，局部或整片处理	1~3
强夯法	地下水位以上，$S_r \leqslant 60\%$ 的湿陷性黄土，局部或整片处理	3~12
挤密法	地下水位以上，$S_r \leqslant 65\%$ 的湿陷性黄土	5~15
预浸水法	自重湿陷性黄土场地，地基湿陷等级为Ⅲ级或Ⅳ级，可消除地面下6m以下湿陷性黄土层的全部湿陷性	6m以上，尚应采用垫层或其他方法处理
其他方法	经试验研究或工程实践证明行之有效	

6.1.11 在雨期、冬期选择垫层法、强夯法和挤密法等处理地基时，施工期间应采取防雨和防冻措施，防止填料（土或灰土）受雨水淋湿或冻结，并应防止地面水流入已处理和未处理的基坑或基槽内。

选择垫层法和挤密法处理湿陷性黄土地基，不得使用盐渍土、膨胀土、冻土、有机质等不良土料和粗颗粒的透水性（如砂、石）材料作填料。

6.1.12 地基处理前，除应做好场地平整、道路畅通和接通水、电外，还应清除场地内影响地基处理施工的地上和地下管线及其他障碍物。

6.1.13 在地基处理施工进程中，应对地基处理的施工质量进行监理，地基处理施工结束后，应按有关现行国家标准进行工程质量检验和验收。

6.1.14 采用垫层、强夯和挤密等方法处理地基的承载力特征值，应按本规范附录 J 的静载荷试验要点，在现场通过试验测定结果确定。

试验点的数量，应根据建筑物类别和地基处理面积确定。但单独建筑物或在同一土层参加统计的试验点，不宜少于 3 点。

6.2 垫 层 法

6.2.1 垫层法包括土垫层和灰土垫层。当仅要求消除基底下 1~3m 湿陷性黄土的湿陷量时，宜采用局部（或整片）土垫层进行处理，当同时要求提高垫层土的承载力及增强水稳性时，宜采用整片灰土垫层进行处理。

6.2.2 土（或灰土）的最大干密度和最优含水量，应在工程现场采取有代表性的扰动土样采用轻型标准击实试验确定。

6.2.3 土（或灰土）垫层的施工质量，应用压实系数 λ_c 控制，并应符合下列规定：

1 小于或等于 3m 的土（或灰土）垫层，不应小于 0.95；

2 大于 3m 的土（或灰土）垫层，其超过 3m 部分不应小于 0.97。

垫层厚度宜从基础底面标高算起。压实系数 λ_c 可按下式计算：

$$\lambda_c = \frac{\rho_d}{\rho_{dmax}} \qquad (6.2.3)$$

式中 λ_c——压实系数；

ρ_d——土（或灰土）垫层的控制（或设计）干密度（g/cm³）；

ρ_{dmax}——轻型标准击实试验测得土（或灰土）的最大干密度（g/cm³）。

6.2.4 土（或灰土）垫层的承载力特征值，应根据现场原位（静载荷或静力触探等）试验结果确定。当无试验资料时，对土垫层不宜超过 180kPa，对灰土垫层不宜超过 250kPa。

6.2.5 施工土（或灰土）垫层，应先将基底下拟处理的湿陷性黄土挖出，并利用基坑内的黄土或就地挖出的其他黏性土作填料，灰土应过筛和拌合均匀，然后根据所选用的夯（或压）实设备，在最优或接近最优含水量下分层回填、分层夯（或压）实至设计标高。

灰土垫层中的消石灰与土的体积配合比，宜为 2∶8 或 3∶7。

当无试验资料时，土（或灰土）的最优含水量，宜取该场地天然土的塑限含水量为其填料的最优含水量。

6.2.6 在施工土（或灰土）垫层进程中，应分层取样检验，并应在每层表面以下的 2/3 厚度处取样检验土（或灰土）的干密度，然后换算为压实系数，取样的数量及位置应符合下列规定：

1 整片土（或灰土）垫层的面积每 100~500m²，每层 3 处；

2 独立基础下的土（或灰土）垫层，每层 3 处；

3 条形基础下的土（或灰土）垫层，每 10m 每层 1 处；

4 取样点位置宜在各层的中间及离边缘 150~300mm。

6.3 强 夯 法

6.3.1 采用强夯法处理湿陷性黄土地基，应先在场地内选择有代表性的地段进行试夯或试验性施工，并应符合下列规定：

1 试夯点的数量，应根据建筑场地的复杂程度、土质的均匀性和建筑物的类别等综合因素确定。在同一场地内如土性基本相同，试夯或试验性施工可在一处进行；否则，应在土质差异明显的地段分别进行。

2 在试夯过程中，应测量每个夯点每夯击 1 次的下沉量（以下简称夯沉量）。

3 试夯结束后，应从夯击终止时的夯面起至其下 6~12m 深度内，每隔 0.50~1.00m 取土样进行室内试验，测定土的干密度、压缩系数和湿陷系数等指标，必要时，可进行静载荷试验或其他原位测试。

4 测试结果，当不满足设计要求时，可调整有关参数（如夯锤质量、落距、夯击次数等）重新进行试夯，也可修改地基处理方案。

6.3.2 夯点的夯击次数和最后 2 击的平均夯沉量，应按试夯结果或试夯记录绘制的夯击次数和夯沉量的关系曲线确定。

6.3.3 强夯的单位夯击能，应根据施工设备、黄土地层的时代、湿陷性黄土层的厚度和要求消除湿陷性黄土层的有效深度等因素确定。一般可取 1000~4000kN·m/m²，夯锤底面宜为圆形，锤底的静压力宜为 25~60kPa。

6.3.4 采用强夯法处理湿陷性黄土地基，土的天然含水量宜低于塑限含水量 1%~3%。在拟夯实的土层内，当土的天然含水量低于 10% 时，宜对其增湿至接近最优含水量；当土的天然含水量大于塑限含水量 3% 以上时，宜采用晾干或其他措施适当降低其含水量。

6.3.5 对湿陷性黄土地基进行强夯施工，夯锤的质量、落距、夯点布置、夯击次数和夯击遍数等参数，宜与试夯选定的相同，施工中应有专人监测和记录。

夯击遍数宜为 2~3 遍。最末一遍夯击后，再以低能量（落距 4~6m）对表层松土满夯 2~3 击，也可将表层松土压实或清除，在强夯土表面以上并宜设置 300~500mm 厚的灰土垫层。

6.3.6 采用强夯法处理湿陷性黄土地基，消除湿陷性黄土层的有效深度，应根据试夯测试结果确定。在有效深度内，土的湿陷系数 δ_s 均应小于 0.015。选择强夯方案处理地基或当缺乏试验资料时，消除湿陷性黄土层的有效深度，可按表 6.3.6 中所列的相应单击夯击能进行预估。

表 6.3.6 采用强夯法消除湿陷性黄土层的有效深度预估值（m）

土的名称 单击夯击能 (kN・m)	全新世（Q₄）黄土、晚更新世（Q₃）黄土	中更新世（Q₂）黄土
1000~2000	3~5	—
2000~3000	5~6	—
3000~4000	6~7	—
4000~5000	7~8	—
5000~6000	8~9	7~8
7000~8500	9~12	8~10

注：1 在同一栏内，单击夯击能小的取小值，单击夯击能大的取大值；
2 消除湿陷性黄土层的有效深度，从起夯面算起。

6.3.7 在强夯施工过程中或施工结束后，应按下列要求对强夯处理地基的质量进行检测：

1 检查强夯施工记录，基坑内每个夯点的累计夯沉量，不得小于试夯时各夯点平均夯沉量的 95%；

2 隔 7~10d，在每 500~1000m² 面积内的各夯点之间任选一处，自夯击终止时的夯面起至其下 5~12m 深度内，每隔 1m 取 1~2 个土样进行室内试验，测定土的干密度、压缩系数和湿陷系数。

3 强夯土的承载力，宜在地基强夯结束 30d 左右，采用静载荷试验测定。

6.4 挤 密 法

6.4.1 采用挤密法时，对甲、乙类建筑或在缺乏建筑经验的地区，应于地基处理施工前，在现场选择有代表性的地段进行试验或试验性施工，试验结果应满足设计要求，并应取得必要的参数再进行地基处理施工。

6.4.2 挤密孔的孔位，宜按正三角形布置。孔心距可按下式计算：

$$S = 0.95\sqrt{\frac{\eta_c \rho_{dmax} D^2 - \rho_{do} d^2}{\eta_c \rho_{dmax} - \rho_{do}}} \qquad (6.4.2)$$

式中 S——孔心距（m）；

D——挤密填料孔直径（m）；

d——预钻孔直径（m）；

ρ_{do}——地基挤密前压缩层范围内各层土的平均干密度（g/cm³）；

ρ_{dmax}——击实试验确定的最大干密度（g/cm³）；

$\overline{\eta_c}$——挤密填孔（达到 D）后，3 个孔之间土的平均挤密系数不宜小于 0.93。

6.4.3 当挤密处理深度不超过 12m 时，不宜预钻孔，挤密直径宜为 0.35~0.45m；当挤密处理深度超过 12m 时，可预钻孔，其直径（d）宜为 0.25~0.30m，挤密填料孔直径（D）宜为 0.50~0.60m。

6.4.4 挤密填孔后，3 个孔之间土的最小挤密系数 η_{dmin}，可按下式计算：

$$\eta_{dmin} = \frac{\rho_{do}}{\rho_{dmax}} \qquad (6.4.4)$$

式中 η_{dmin}——土的最小挤密系数：甲、乙类建筑不宜小于 0.88；丙类建筑不宜小于 0.84；

ρ_{do}——挤密填孔后，3 个孔之间形心点部位土的干密度（g/cm³）。

6.4.5 孔底在填料前必须夯实。孔内填料宜用素土或灰土，必要时可用强度高的填料如水泥土等。当防（隔）水时，宜填素土；当提高承载力或减小处理宽度时，宜填灰土、水泥土等。填料时，宜分层回填夯实，其压实系数不宜小于 0.97。

6.4.6 成孔挤密，可选用沉管、冲击、夯扩、爆扩等方法。

6.4.7 成孔挤密，应间隔分批进行，孔成后应及时夯填。当为局部处理时，应由外向里施工。

6.4.8 预留松动层的厚度：机械挤密，宜为 0.50~0.70m；爆扩挤密，宜为 1~2m。冬季施工可适当增大预留松动层厚度。

6.4.9 挤密地基，在基底下宜设置 0.50m 厚的灰土（或土）垫层。

6.4.10 孔内填料的夯实质量，应及时抽样检查，其数量不应少于总孔数的 2%，每台班不应少于 1 孔。在全部孔深内，宜每 1m 取土样测定干密度，检测点的位置应在距孔心 2/3 孔半径处。孔内填料的夯实质量，也可通过现场试验测定。

6.4.11 对重要或大型工程，除应按 6.4.10 条检测外，还应进行下列测试工作综合判定：

1 在处理深度内，分层取样测定挤密土及孔内填料的湿陷性及压缩性；

2 在现场进行静载荷试验或其他原位测试。

6.5 预浸水法

6.5.1 预浸水法宜用于处理湿陷性黄土层厚度大于 10m，自重湿陷量的计算值不小于 500mm 的场地。浸水前宜通过现场试坑浸水试验确定浸水时间、耗水量和湿陷量等。

6.5.2 采用预浸水法处理地基，应符合下列规定：

1 浸水坑边缘至既有建筑物的距离不宜小于 50m，并应防止由于浸水影响附近建筑物和场地边坡的稳定性；

2 浸水坑的边长不得小于湿陷性黄土层的厚度，当浸水坑的面积较大时，可分段进行浸水；

3 浸水坑内的水头高度不宜小于 300mm，连续浸水时间以湿陷变形稳定为准，其稳定标准为最后 5d 的平均湿陷量小于 1mm/d。

6.5.3 地基预浸水结束后，在基础施工前应进行补充勘察工作，重新评定地基土的湿陷性，并应采用垫层或其他方法处理上部湿陷性黄土层。

7 既有建筑物的地基加固和纠倾

7.1 单液硅化法和碱液加固法

7.1.1 单液硅化法和碱液加固法适用于加固地下水位以上、渗透系数为 0.50～2.00m/d 的湿陷性黄土地基。在自重湿陷性黄土场地，采用碱液加固法应通过现场试验确定其可行性。

7.1.2 对于下列建筑物，宜采用单液硅化法或碱液法加固地基：

1 沉降不均匀的既有建筑物和设备基础；

2 地基浸水引起湿陷，需要阻止湿陷继续发展的建筑物或设备基础；

3 拟建的设备基础和构筑物。

7.1.3 采用单液硅化法或碱液法加固湿陷性黄土地基，施工前应在拟加固的建筑物附近进行单孔或多孔灌注溶液试验，确定灌注溶液的速度、时间、数量或压力等参数。

7.1.4 灌注溶液试验结束后，隔 10d 左右，应在试验范围的加固深度内量测加固土的半径，取土样进行室内试验，测定加固土的压缩性和湿陷性等指标。必要时应进行沉降观测，至沉降稳定止，观测时间不应少于半年。

7.1.5 对酸性土和已渗入沥青、油脂及石油化合物的地基土，不宜采用单液硅化法或碱液法加固地基。

（Ⅰ）单液硅化法

7.1.6 单液硅化法按其灌注溶液的工艺，可分为压力灌注和溶液自渗两种。

1 压力灌注宜用于加固自重湿陷性黄土场地上拟建的设备基础和构筑物的地基，也可用于加固非自重湿陷性黄土场地上既有建筑物和设备基础的地基。

2 溶液自渗宜用于加固自重湿陷性黄土地基上既有建筑物和设备基础的地基。

7.1.7 单液硅化法应由浓度为 10%～15% 的硅酸钠（$Na_2O \cdot nSiO_2$）溶液掺入 2.5% 氯化钠组成，其相对密度宜为 1.13～1.15，但不应小于 1.10。

硅酸钠溶液的模数值宜为 2.50～3.30，其杂质含量不应大于 2%。

7.1.8 加固湿陷性黄土的溶液用量，可按下式计算：

$$X = \pi r^2 h n d_N \alpha \qquad (7.1.8)$$

式中 X——硅酸钠溶液的用量（t）；

r——溶液扩散半径（m）；

h——自基础底面算起的加固土深度（m）；

$\bar{n}$——地基加固前土的平均孔隙率（%）；

d_N——压力灌注或溶液自渗时硅酸钠溶液的相对密度；

α——溶液填充孔隙的系数，可取 0.60～0.80。

7.1.9 采用单液硅化法加固湿陷性黄土地基，灌注孔的布置应符合下列要求：

1 灌注孔的间距：压力灌注宜为 0.80～1.20m；溶液自渗宜为 0.40～0.60m；

2 加固拟建的设备基础和建筑物的地基，应在基础底面下按正三角形满堂布置，超出基础底面外缘的宽度每边不应小于 1m；

3 加固既有建筑物和设备基础的地基，应沿基础侧向布置，且每侧不宜少于 2 排。

7.1.10 压力灌注溶液的施工步骤，应符合下列要求：

1 向土中打入灌注管和灌注溶液，应自基础底面标高起向下分层进行；

2 加固既有建筑物地基时，在基础侧向应先施工外排，后施工内排；

3 灌注溶液的压力宜由小逐渐增大，但最大压力不宜超过 200kPa。

7.1.11 溶液自渗的施工步骤，应符合下列要求：

1 在拟加固的基础底面或基础侧向将设计布置的灌注孔部分或全部打（或钻）至设计深度；

2 将配好的硅酸钠溶液注满各灌注孔，溶液面宜高出基础底面标高 0.50m，使溶液自行渗入土中；

3 在溶液自渗过程中，每隔 2～3h 向孔内添加一次溶液，防止孔内溶液渗干。

7.1.12 采用单液硅化法加固既有建筑物或设备基础的地基时，在灌注硅酸钠溶液过程中，应进行沉降观测，当发现建筑物或设备基础的沉降突然增大或出现异常情况时，应立即停止灌注溶液，待查明原因后，再继续灌注。

7.1.13 硅酸钠溶液全部灌注结束后，隔 10d 左右，应按下列规定对已加固的地基土进行检测：

1 检查施工记录，各灌注孔的加固深度和注入土中的溶液量与设计规定应相同或接近；

2 应采用动力触探或其他原位测试，在已加固土的全部深度内进行检测，确定加固土的范围及其承载力。

（Ⅱ）碱液加固法

7.1.14 当土中可溶性和交换性的钙、镁离子含量大于 10mg·eq/100g 干土时，可采用氢氧化钠（NaOH）一种溶液注入土中加固地基。否则，应采用氢氧化钠和氯化钙两种溶液轮番注入土中加固地基。

7.1.15 碱液法加固地基的深度，自基础底面算起，一般为 2~5m。但应根据湿陷性黄土层深度、基础宽度、基底压力与湿陷事故的严重程度等综合因素确定。

7.1.16 碱液可用固体烧碱或液体烧碱配制。加固 1m³ 黄土需氢氧化钠约为干土质量的 3%，即 35~45kg。碱液浓度宜为 100g/L，并宜将碱液加热至 80~100℃再注入土中。采用双液加固时，氯化钙溶液的浓度宜为 50~80g/L。

7.2 坑式静压桩托换法

7.2.1 坑式静压桩托换法适用于基础及地基需要加固补强的下列建筑物：

1 地基浸水湿陷，需要阻止不均匀沉降和墙体裂缝发展的多层或单层建筑；

2 部分墙体出现裂缝或严重裂缝，但主体结构的整体性完好，基础地基经采取补强措施后，仍可继续安全使用的多层和单层建筑；

3 地基土的承载力或变形不能满足使用要求的建筑。

7.2.2 坑式静压桩的桩位布置，应符合下列要求：

1 纵、横墙基础交接处；

2 承重墙基础的中间；

3 独立基础的中心或四角；

4 地基受水浸湿可能性大或较大的承重部位；

5 尽量避开门窗洞口等薄弱部位。

7.2.3 坑式静压桩宜采用预制钢筋混凝土方桩或钢管桩。方桩边长宜为 150~200mm，混凝土的强度等级不宜低于 C20；钢管桩直径宜为 φ159mm，壁厚不得小于 6mm。

7.2.4 坑式静压桩的入土深度自基础底面标高算起，桩尖应穿透湿陷性黄土层，并应支承在压缩性低（或较低）的非湿陷性黄土（或砂、石）层中，桩尖插入非湿陷性黄土中的深度不宜小于 0.30m。

7.2.5 托换管安放结束后，应按下列要求对压桩完毕的托换坑内及时进行回填：

1 托换坑坑面以上至桩顶面（即托换管底面）0.20m 以下，桩的周围可用灰土分层回填夯实；

2 基础底面以下至灰土层顶面，桩及托换管的周围宜用 C20 混凝土浇筑密实，使其与原基础连成整体。

7.2.6 坑式静压桩的质量检验，应符合下列要求：

1 制桩前或制桩期间，必须分别抽样检测水泥、钢材和混凝土试块的安定性、抗拉或抗压强度，检验结果必须符合设计要求；

2 检查压桩施工记录，并作为验收的原始依据。

7.3 纠 倾 法

7.3.1 湿陷性黄土场地上的既有建筑物，其整体倾斜超过现行国家标准《建筑地基基础设计规范》GB 50007 规定的允许倾斜值，并影响正常使用时，可采用下列方法进行纠倾：

1 湿法纠倾——主要为浸水法；

2 干法纠倾——包括横向或竖向掏土、加压法和顶升法。

7.3.2 对既有建筑物进行纠倾设计，应根据建筑物倾斜的程度、原因、上部结构、基础类型、整体刚度、荷载特征、土质情况、施工条件和周围环境等因素综合分析。纠倾方案应安全可靠、经济合理。

7.3.3 在既有建筑物地基的压缩层内，当土的湿陷性较大、平均含水量小于塑限含水量时，宜采用浸水法或横向掏土法进行纠倾，并应符合下列规定：

1 纠倾施工前，应在现场进行渗水试验，测定土的渗透速度、渗透半径、渗水量等参数，确定土的渗透系数；

2 浸水法的注水孔（槽）至邻近建筑物的距离不宜小于 20m；

3 根据拟纠倾建筑物的基础类型和地基土湿陷性的大小，预留浸水滞后的预估沉降量。

7.3.4 在既有建筑物地基的压缩层内，当土的平均含水量大于塑限含水量时，宜采用竖向掏土法或加压法纠倾。

7.3.5 当上部结构的自重较小或局部变形大，且需要使既有建筑物恢复到正常或接近正常位置时，宜采用顶升法纠倾。

7.3.6 当既有建筑物的倾斜较大，采用上述一种纠倾方法不易达到设计要求时，可将上述几种纠倾方法结合使用。

7.3.7 符合下列中的任意一款，不得采用浸水法纠倾：

1 距离拟纠倾建筑物 20m 内，有建筑物或有地下构筑物和管道；

2 靠近边坡地段；

3 靠近滑坡地段。

7.3.8 在纠倾过程中，必须进行现场监测工作，并应根据监测信息采取相应的安全措施，确保工程质量和施工安全。

7.3.9 为防止建筑物再次发生倾斜，经分析认为确有必要时，纠倾施工结束后，应对建筑物地基进行加固，并应继续进行沉降观测，连续观测时间不应少于半年。

8 施 工

8.1 一 般 规 定

8.1.1 在湿陷性黄土场地，对建筑物及其附属工程进行施工，应根据湿陷性黄土的特点和设计要求采取措施防止施工用水和场地雨水流入建筑物地基（或基坑内）引起湿陷。

8.1.2 建筑施工的程序，宜符合下列要求：

1 统筹安排施工准备工作，根据施工组织设计的总平面布置和竖向设计的要求，平整场地，修通道路和排水设施，砌筑必要的护坡和挡土墙等；

2 先施工建筑物的地下工程，后施工地上工程。对体型复杂的建筑物，先施工深、重、高的部分，后施工浅、轻、低的部分；

3 敷设管道时，先施工排水管道，并保证其畅通。

8.1.3 在建筑物范围内填方整平或基坑、基槽开挖前，应对建筑物及其周围 3～5m 范围内的地下坑穴进行探查与处理，并绘图和详细记录其位置、大小、形状及填充情况等。

在重要管道和行驶重型车辆和施工机械的通道下，应对空虚的地下坑穴进行处理。

8.1.4 施工基础和地下管道时，宜缩短基坑或基槽的暴露时间。在雨季、冬季施工时，应采取专门措施，确保工程质量。

8.1.5 在建筑物邻近修建地下工程时，应采取有效措施，保证原有建筑物和管道系统的安全使用，并应保持场地排水畅通。

8.1.6 隐蔽工程完工时，应进行质量检验和验收，并应将有关资料及记录存入工程技术档案作为竣工验收文件。

8.2 现 场 防 护

8.2.1 建筑场地的防洪工程应提前施工，并应在汛期前完成。

8.2.2 临时的防洪沟、水池、洗料场和淋灰池等至建筑物外墙的距离，在非自重湿陷性黄土场地，不宜小于 12m；在自重湿陷性黄土场地，不宜小于 25m。遇有碎石土、砂土等夹层时应采取有效措施，防止水渗入建筑物地基。

临时搅拌站至建筑物外墙的距离，不宜小于

10m，并应做好排水设施。

8.2.3 临时给、排水管道至建筑物外墙的距离，在非自重湿陷性黄土场地，不宜小于 7m；在自重湿陷性黄土场地，不应小于 10m。管道应敷设在地下，防止冻裂或压坏，并应通水检查，不漏水后方可使用。给水支管安装有阀门，在水龙头处，应设排水设施，将废水引至排水系统，所有临时给、排水管线，均应绘在施工总平面图上，施工完毕必须及时拆除。

8.2.4 取土坑至建筑物外墙的距离，在非自重湿陷性黄土场地，不应小于 12m；在自重湿陷性黄土场地，不应小于 25m。

8.2.5 制作和堆放预制构件或重型吊车行走的场地，必须整平夯实，保持场地排水畅通。如在建筑物内预制构件，应采取有效措施防止地基浸水湿陷。

8.2.6 在现场堆放材料和设备时，应采取有效措施保持场地排水畅通。对需要浇水的材料，宜堆放在距基坑或基槽边缘 5m 以外，浇水时必须有专人管理，严禁水流入基坑或基槽内。

8.2.7 对场地给水、排水和防洪等设施，应有专人负责管理，经常进行检修和维护。

8.3 基坑或基槽的施工

8.3.1 浅基坑或基槽的开挖与回填，应符合下列规定：

1 当基坑或基槽挖至设计深度或标高时，应进行验槽；

2 在大型基坑内的基础位置外，宜设不透水的排水沟和集水坑，如有积水应及时排除；

3 当大型基坑内的土挖至接近设计标高，而下一工序不能连续进行时，宜在设计标高以上保留 300～500mm 厚的土层，待继续施工时挖除；

4 从基坑或基槽内挖出的土，堆放距离基坑或基槽壁的边缘不宜小于 1m；

5 设置土（或灰土）垫层或施工基础前，应在基坑或基槽底面打底夯，同一夯点不宜少于 3 遍。当表层土的含水量过大或局部地段有松软土层时，应采取晾干或换土等措施；

6 基础施工完毕，其周围的灰、砂、砖等，应及时清除，并应用素土在基础周围分层回填夯实，至散水垫层底面或至室内地坪垫层底面止，其压实系数不宜小于 0.93。

8.3.2 深基坑的开挖与支护，应符合下列要求：

1 深基坑的开挖与支护，必须进行勘察与设计；

2 深基坑的支护与施工，应综合分析工程地质与水文地质条件、基础类型、基坑开挖深度、降排水条件、周边环境对基坑侧壁位移的要求，基坑周边荷载、施工季节、支护结构的使用期限等因素，做到因地制宜，合理设计、精心施工、严格监控；

3 湿陷性黄土场地的深基坑支护，尚应符合以下规定：

　　1）深基坑开挖前和深基坑施工期间，应对周围建筑物的状态、地下管线、地下构筑物等状况进行调查与监测，并应对基坑周边外宽度为 1～2 倍的开挖深度内进行土体垂直节理和裂缝调查，分析其对坑壁稳定性的影响，并及时采取措施，防止水流入裂缝内；

　　2）当基坑壁有可能受水浸湿时，宜采用饱和状态下黄土的物理力学指标进行设计与验算；

　　3）控制基坑内地下水所需的水文地质参数，宜根据现场试验确定。在基坑内或基坑附近采用降水措施时，应防止降水对周围环境产生不利影响。

8.4 建筑物的施工

8.4.1 水暖管沟穿过建筑物的基础时，不得留施工缝。当穿过外墙时，应一次做到室外的第一个检查井，或距基础 3m 以外。沟底应有向外排水的坡度。施工中应防止雨水或地面水流入地基，施工完毕，应及时清理、验收、加盖和回填。

8.4.2 地下工程施工超出设计地面后，应进行室内和室外填土，填土厚度在 1m 以内时，其压实系数不得小于 0.93，填土厚度大于 1m 时，其压实系数不宜小于 0.95。

8.4.3 屋面施工完毕，应及时安装天沟、水落管和雨水管道等，直接将雨水引至室外排水系统，散水的伸缩缝不得设在水落管处。

8.4.4 底层现浇钢筋混凝土结构，在浇筑混凝土与养护过程中，应随时检查，防止地面浸水湿陷。

8.4.5 当发现地基浸水湿陷和建筑物产生裂缝时，应暂时停止施工，切断有关水源，查明浸水的原因和范围，对建筑物的沉降和裂缝加强观测，并绘图记录，经处理后方可继续施工。

8.5 管道和水池的施工

8.5.1 各种管材及其配件进场时，必须按设计要求和有关现行国家标准进行检查。

8.5.2 施工管道及其附属构筑物的地基与基础时，应将基槽底夯实不少于 3 遍，并应采取快速分段流水作业，迅速完成各分段的全部工序。管道敷设完毕，应及时回填。

8.5.3 敷设管道时，管道应与管基（或支架）密合，管道接口应严密不漏水。金属管道的接口焊缝不得低于Ⅲ级。新、旧管道连接时，应先做好排水设施。当昼夜温差大或在负温度条件下施工时，管道敷设后，宜及时保温。

8.5.4 施工水池、检漏管沟、检漏井和检查井等，必须确保砌体砂浆饱满、混凝土浇捣密实、防水层严密不漏水。穿过池（或井、沟）壁的管道和预埋件，

应预先设置，不得打洞。铺设盖板前，应将池（或井、沟）底清理干净。池（或井、沟）壁与基槽间，应用素土或灰土分层回填夯实，其压实系数不应小于 0.95。

8.5.5 管道和水池等施工完毕，必须进行水压试验。不合格的应返修或加固，重做试验，直至合格为止。

　　清洗管道用水、水池用水和试验用水，应将其引至排水系统，不得任意排放。

8.5.6 埋地压力管道的水压试验，应符合下列规定：

　　1 管道试压应逐段进行，每段长度在场地内不宜超过 1000m，在场地外空旷地区不得超过 1000m。分段试压合格后，两段之间管道连接处的接口，应通水检查，不漏水后方可回填。

　　2 在非自重湿陷性黄土场地，管基经检查合格后，沟槽间填至管顶上方 0.50m 后（接口处暂不回填），应进行 1 次强度和严密性试验。

　　3 在自重湿陷性黄土场地，非金属管道的管基经检查合格后，应进行 2 次强度和严密性试验：沟槽回填前，应分段进行强度和严密性的预先试验；沟槽回填后，应进行强度和严密性的最后试验。对金属管道，应进行 1 次强度和严密性试验。

8.5.7 对城镇和建筑群（小区）的室外埋地压力管道，试验压力应符合表 8.5.7 规定的数值。

表 8.5.7　管道水压的试验压力（MPa）

管材种类	工作压力 P	试验压力
钢　　　管	P	$P+0.50$ 且不应小于 0.90
铸铁管及球墨铸铁管	$\leqslant 0.50$	$2P$
	$\geqslant 0.50$	$P+0.50$
预应力钢筋混凝土管 预应力钢筒混凝土管	$\leqslant 0.60$	$1.50P$
	$\geqslant 0.60$	$P+0.30$

　　压力管道强度和严密性试验的方法与质量标准，应符合现行国家标准《给水排水管道工程施工及验收规范》的有关规定。

8.5.8 建筑物内埋地压力管道的试验压力，不应小于 0.60MPa；生活饮用水和生产、消防合用管道的试验压力应为工作压力的 1.50 倍。

　　强度试验，应先加压至试验压力，保持恒压 10min，检查接口、管道和管道附件无破损及无漏水现象时，管道强度试验为合格。

　　严密性试验，应在强度试验合格后进行。对管道进行严密性试验时，宜将试验压力降至工作压力加 0.10MPa，金属管道恒压 2h 不漏水，非金属管道恒压 4h 不漏水，可认为合格，并记录为保持试验压力所补充的水量。

在严密性的最后试验中，为保持试验压力所补充的水量，不应超过预先试验时各分段补充水量及阀件等渗水量的总和。

工业厂房内埋地压力管道的试验压力，应按有关专门规定执行。

8.5.9 埋地无压管道（包括检查井、雨水管）的水压试验，应符合下列规定：

1 水压试验采用闭水法进行；

2 试验应分段进行，宜以相邻两段检查井间的管段为一分段。对每一分段，均应进行2次严密性试验：沟槽回填前进行预先试验；沟槽回填至管顶上方0.50m以后，再进行复查试验。

8.5.10 室外埋地无压管道闭水试验的方法，应符合现行国家标准《给水排水管道工程施工及验收规范》的有关规定。

8.5.11 室内埋地无压管道闭水试验的水头应为一层楼的高度，并不应超过8m；对室内雨水管道闭水试验的水头，应为注满立管上部雨水斗的水位高度。

按上述试验水头进行闭水试验，经24h不漏水，可认为合格，并记录在试验时间内，为保持试验水头所补充的水量。

复查试验时，为保持试验水头所补充的水量不应超过预先试验的数值。

8.5.12 对水池应按设计水位进行满水试验。其方法与质量标准应符合现行国家标准《给水排水构筑物施工及验收规范》的有关规定。

8.5.13 对埋地管道的沟槽，应分层回填夯实。在管道外缘的上方0.50m范围内应仔细回填，压实系数不得小于0.90，其他部位回填土的压实系数不得小于0.93。

9 使用与维护

9.1 一般规定

9.1.1 在使用期间，对建筑物和管道应经常进行维护和检修，并应确保所有防水措施发挥有效作用，防止建筑物和管道的地基浸水湿陷。

9.1.2 有关管理部门应负责组织制订维护管理制度和检查维护管理工作。

9.1.3 对勘察、设计和施工中的各项技术资料，如勘察报告、设计图纸、地基处理的质量检验、地下管道的施工和竣工图等，必须整理归档。

9.1.4 在既有建筑物的防护范围内，增添或改变用水设施时，应按本规范有关规定采取相应的防水措施和其他措施。

9.2 维护和检修

9.2.1 在使用期间，给水、排水和供热管道系统（包括有水或有汽的所有管道、检查井、检漏井、阀门井等）

应保持畅通，遇有漏水或故障，应立即断绝水源、汽源，故障排除后方可继续使用。

每隔3～5年，宜对埋地压力管道进行工作压力下的泄压检查，对埋地自流管道进行常压泄漏检查。发现泄漏，应及时检修。

9.2.2 必须定期检查检漏设施。对采用严格防水措施的建筑，宜每周检查1次；其他建筑，宜每半个月检查1次。发现有积水或堵塞物，应及时修复和清除，并作记录。

对化粪池和检查井，每半年应清理1次。

9.2.3 对防护范围内的防水地面、排水沟和雨水明沟，应经常检查，发现裂缝及时修补。每年应全面检修1次。

对散水的伸缩缝和散水与外墙交接处的填塞材料，应经常检查和填补。如散水发生倒坡时，必须及时修补和调整，并应保持原设计坡度。

建筑场地应经常保持原设计的排水坡度，发现积水地段，应及时用土填平夯实。

在建筑物周围6m以内的地面应保持排水畅通，不得堆放阻碍排水的物品和垃圾，严禁大量浇水。

9.2.4 每年雨季前和每次暴雨后，对防洪沟、缓洪调节池、排水沟、雨水明沟及雨水集水口等，应进行详细检查，清除淤积物，整理沟堤，保证排水畅通。

9.2.5 每年入冬以前，应对可能冻裂的水管采取保温措施，供暖前必须对供热管道进行系统检查（特别是过门管沟处）。

9.2.6 当发现建筑物突然下沉，墙、梁、柱或楼板、地面出现裂缝时，应立即检查附近的供热管道、水管和水池等。如有漏水（汽），必须迅速断绝水（汽）源，观测建筑物的沉降和裂缝及其发展情况，记录其部位和时间，并会同有关部门研究处理。

9.3 沉降观测和地下水位观测

9.3.1 维护管理部门在接管沉降观测和地下水位观测工作时，应根据设计文件、施工资料及移交清单，对水准基点、观测点、观测井及观测资料和记录，逐项检查、清点和验收。如有水准基点损坏、观测点不全或观测井填塞等情况，应由移交单位补齐或清理。

9.3.2 水准基点、沉降观测点及水位观测井，应妥善保护。每年应根据地区水准控制网，对水准基点校核1次。

9.3.3 建筑物的沉降观测，应按有关现行国家标准执行。

地下水位观测，应按设计要求进行。

观测记录，应及时整理，并存入工程技术档案。

9.3.4 当发现建筑物沉降和地下水位变化出现异常情况时，应及时将所发现的情况反馈给有关方面进行研究与处理。

表 A 湿陷性黄土的物理力学性质指标

分区	亚区	地貌	黄土层厚度 (m)	湿陷性黄土层厚度 (m)	地下水埋藏深度 (m)	含水量 w (%)	天然密度 ρ (g/cm³)	液限 w_L (%)	塑性指数	孔隙比 e	压缩系数 a (MPa⁻¹)	湿陷系数 δ_s	自重湿陷系数 δ_{zs}	特征简述
陇西地区（Ⅰ）		低阶地	4~25	3~16	4~18	6~25	1.20~1.80	21~30	4~12	0.70~1.20	0.10~0.90	0.020~0.200	0.010~0.200	自重湿陷性黄土分布很广，湿陷性黄土厚度通常大于10m，地基湿陷等级多为Ⅲ~Ⅳ级，湿陷性敏感
		高阶地	15~100	8~35	20~80	3~20	1.20~1.80	21~30	5~12	0.80~1.30	0.10~0.70	0.020~0.220	0.010~0.200	自重湿陷性黄土分布广，湿陷性黄土厚度通常大于10m，地基湿陷等级一般为Ⅲ~Ⅳ级，湿陷性较敏感
陇东-陕北-晋西地区（Ⅱ）		低阶地	3~30	4~11	4~14	10~24	1.40~1.70	20~30	7~13	0.97~1.18	0.26~0.67	0.019~0.079	0.005~0.041	低阶地多属非自重湿陷性黄土，湿陷性黄土和黄土塬多属自重湿陷性黄土，高阶地；在渭北高原湿陷性黄土层厚度一般大于10m，在秦岭北高原多为4~10m，地基湿陷等级一般为Ⅰ~Ⅲ级，自重湿陷性黄土层一般埋藏较深，湿陷发生较迟缓
		高阶地	50~150	10~15	40~60	9~22	1.40~1.60	26~31	8~12	0.80~1.20	0.17~0.63	0.023~0.088	0.006~0.048	
关中地区（Ⅲ）		低阶地	5~20	4~10	6~18	14~28	1.50~1.80	22~32	9~12	0.94~1.13	0.24~0.64	0.029~0.076	0.003~0.039	低阶地多属非自重湿陷性黄土，高阶地（包括山麓堆积）多属自重湿陷性黄土；高阶地湿陷性黄土厚度多为5~10m，个别地段小于5m或大于10m，地基湿陷等级一般加Ⅰ~Ⅲ级；低阶地新近堆积（Q4）黄土分布较普遍，土的结构松散，压缩性较高；冀北部分地区黄土含砂量大
		高阶地	50~100	6~23	14~40	11~21	1.40~1.70	27~32	10~13	0.95~1.21	0.17~0.63	0.030~0.080	0.005~0.042	
山西-冀北地区（Ⅳ）	汾河流域-冀北区（Ⅳ₁）	低阶地	5~15	2~10	4~8	6~19	1.40~1.70	25~29	8~12	0.58~1.10	0.24~0.87	0.030~0.070	—	低阶地多属非自重湿陷性黄土，高阶地湿陷性黄土层厚度一般小于5m，土的结构较密实，压缩性较低；该区浅部分布新近堆积黄土，土的压缩性高
		高阶地	30~100	5~20	50~60	11~24	1.50~1.60	27~31	10~13	0.97~1.31	0.12~0.62	0.015~0.089	0.007~0.040	
	晋东南区（Ⅳ₂）		30~53	2~12	4~7	18~23	1.50~1.80	27~33	10~13	0.85~1.02	0.29~1.00	0.030~0.070	0.015~0.052	一般为非自重湿陷性黄土，湿陷性黄土层厚度一般小于5m，局部地区为5~10m，土的结构较疏松，压缩性低；在黄土边缘地及山北麓，含水量高，湿陷系数小，地基湿陷等级为Ⅰ~Ⅱ级，黄土分布不具湿陷性
河南地区（Ⅴ）			6~25	4~8	5~25	16~21	1.60~1.80	26~32	10	0.86~1.07	0.18~0.33	0.023~0.045		一般为非自重湿陷性黄土，土的结构较密实，压缩性较低；该区浅部分布新近堆积黄土，土的压缩性高
冀鲁地区（Ⅵ）	河北区（Ⅵ₁）		3~30	2~6	5~12	14~18	1.60~1.70	25~29	9~13	0.85~1.00	0.18~0.60	0.024~0.048		一般为非自重湿陷性黄土，湿陷性黄土一般为Ⅰ级，土的结构密实，压缩性低，含砂量较高，湿陷性黄土的结构较密实，湿陷性黄土分布不连续
	山东区（Ⅵ₂）		3~20	2~6	5~8	15~23	1.60~1.70	28~31	10~13	0.85~0.90	0.19~0.51	0.020~0.041		
边缘地区（Ⅶ）	宁蒙地区（Ⅶ₁）		5~30	1~10	5~25	7~13	1.40~1.60	22~27	7~10	1.02~2.14	0.22~0.57	0.032~0.059		为非自重湿陷性黄土，一般为Ⅰ~Ⅱ级，地基湿陷等级较低，含砂量较多，黄土湿陷性及湿陷性黄土层厚度小于5m，含砂量较高，地基湿陷等级为Ⅰ级
	河西走廊区（Ⅶ₂）	低阶地	5~10	2~5	5~10	14~18	1.60~1.70	23~32	8~12	—	0.17~0.36	0.029~0.050	0.040	靠近山西、陕西的地区，陕西的地区，湿陷性黄土的结构疏松，压缩性较高，地基湿陷等级为Ⅰ级，黄土层厚度及湿陷性黄土层厚度小于8m，天然分布为Ⅰ级，局部为Ⅲ级，含砂量较多，黄土层厚度及湿陷性黄土层厚度变化大，主要分布山及山麓斜坡，河流斜坡及山麓坡，北疆零星分布，南疆呈零至全分布
		高阶地	5~15	5~11	5~10	6~20	1.50~1.70	19~27	8~10	0.87~1.05	0.11~0.77	0.026~0.048	0.069	
	内蒙中部-辽西区（Ⅶ₃）		10~20	8~15	12	12~18	1.50~1.90	19~27	9~11	0.85~0.99	0.10~0.40	0.020~0.041		一般为非自重湿陷性黄土，Ⅱ级，局部为Ⅲ级，黄土层较厚，黄土主要局中上部，洪积局部，呈连续条状分布
	新疆-甘西-青海区（Ⅶ₄）		3~30	2~10	1~20	3~27	1.30~2.00	19~34	6~18	0.69~1.30	0.10~1.05	0.015~0.199		

附录 B 黄土地层的划分

表 B

时　代	地层的划分		说　明
全新世（Q_4）黄土	新黄土	黄土状土	一般具湿陷性
晚更新世（Q_3）黄土		马兰黄土	
中更新世（Q_2）黄土	老黄土	离石黄土	上部部分土层具湿陷性
早更新世（Q_1）黄土		午城黄土	不具湿陷性

注：全新世（Q_4）黄土包括湿陷性（Q_4^1）黄土和新近堆积（Q_4^2）黄土。

附录 C 判别新近堆积黄土的规定

C.0.1 在现场鉴定新近堆积黄土，应符合下列要求：

1 堆积环境：黄土塬、梁、峁的坡脚和斜坡后缘，冲沟两侧及沟口处的洪积扇和山前坡积地带，河道拐弯处的内侧，河漫滩及低阶地，山间或黄土梁、峁之间凹地的表部，平原上被淹埋的池沼洼地。

2 颜色：灰黄、黄褐、棕褐，常相杂或相间。

3 结构：土质不均、松散、大孔排列杂乱。常混有岩性不一的土块，多虫孔和植物根孔。铣挖容易。

4 包含物：常含有机质，斑状或条状氧化铁；有的混砂、砾或岩石碎屑；有的混有砖瓦陶瓷碎片或朽木片等人类活动的遗物，在大孔壁上常有白色钙质粉末。在深色土中，白色物呈现菌丝状或条纹状分布；在浅色土中，白色物呈星点状分布，有时混钙质结核，呈零星分布。

C.0.2 当现场鉴别不明确时，可按下列试验指标判定：

1 在 $50\sim150$kPa 压力段变形较大，小压力下具高压缩性。

2 利用判别式判定

$$R = -68.45e + 10.98a - 7.16\gamma + 1.18w$$

$$R_0 = -154.80$$

当 $R > R_0$ 时，可将该土判为新近堆积黄土。

式中　e——土的孔隙比；

　　　a——压缩系数（MPa^{-1}），宜取 $50\sim150$kPa 或 $0\sim100$kPa 压力下的大值；

　　　w——土的天然含水量（%）；

　　　γ——土的重度（kN/m^3）。

附录 D 钻孔内采取不扰动土样的操作要点

D.0.1 在钻孔内采取不扰动土样，必须严格掌握钻进方法、取样方法，使用合适的清孔器，并应符合下列操作要点：

1 应采用回转钻进，应使用螺旋（纹）钻头，控制回次进尺的深度，并应根据土质情况，控制钻头的垂直进入速度和旋转速度，严格掌握"1 米 3 钻"的操作顺序，即取土间距为 1m 时，其下部 1m 深度内仍按上述方法操作；

2 清孔时，不应加压或少许加压，慢速钻进，应使用薄壁取样器压入清孔，不得用小钻头钻进，大钻头清孔。

D.0.2 应用"压入法"取样，取样前应将取土器轻轻吊放至孔内预定深度处，然后以匀速连续压入，中途不得停顿，在压入过程中，钻杆应保持垂直不摇摆，压入深度以土样超过盛土段 $30\sim50$mm 为宜。当使用有内衬的取样器时，其内衬应与取样器内壁紧贴（塑料或酚醛压管）。

D.0.3 宜使用带内衬的黄土薄壁取样器，对结构较松散的黄土，不宜使用无内衬的黄土薄壁取样器，其内径不宜小于 120mm，刃口壁的厚度不宜大于 3mm，刃口角度为 $10°\sim12°$，控制面积比为 $12\%\sim15\%$，其尺寸规格可按表 D 采用，取样器的构造见附图 D。

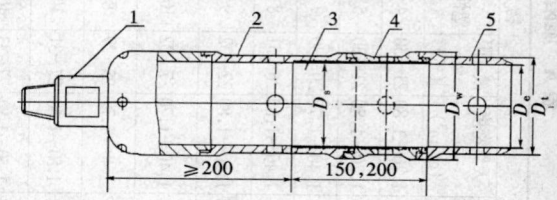

图 D 黄土薄壁取样器示意图

1—导径接头 2—废土筒 3—衬管 4—取样管
5—刃口　D_s—衬管内径　D_w—取样管外径
D_e—刃口内径　D_t—刃口外径

表 D 黄土薄壁取样器的尺寸

外径(mm)	刃口内径(mm)	放置内衬后内径(mm)	盛土筒长(mm)	盛土筒厚(mm)	余(废)土筒长(mm)	面积比(%)	切削刃口角度(°)
<129	120	122	150,200	$2.00\sim2.50$	200	<15	12

D.0.4 在钻进和取样过程中，应遵守下列规定：

1 严禁向钻孔内注水；

2 在卸土过程中，不得敲打取土器；

3 土样取出后，应检查土样质量，如发现土样有受压、扰动、碎裂和变形等情况时，应将其废弃并重新采取土样；

4 应经常检查钻头、取土器的完好情况，当发现钻头、取土器有变形、刃口缺损时，应及时校正或更换；

5 对探井内和钻孔内的取样结果，应进行对比、检查，发现问题及时改进。

附录 E 各类建筑的举例

表 E

各类建筑	举 例
甲	高度大于 60m 的建筑；14 层及 14 层以上的体型复杂的建筑；高度大于 50m 的筒仓；高度大于 100m 的电视塔；大型展览馆、博物馆；一级火车站主楼；6000 人以上的体育馆；标准游泳馆；跨度不小于 36m、吊车额定起重量不小于 10000t 的机加工车间；不小于 100t 的水压机车间；大型热处理车间；大型电镀车间；大型炼钢车间；大型轧钢压延车间，大型电解车间；大型煤气发生站；大型火力发电站主体建筑；大型选矿、选煤车间；煤矿主井多绳提升井塔；大型水厂；大型污水处理厂；大型游泳池；大型漂、染车间；大型屠宰车间；10000t 以上的冷库；净化工房；有剧毒或有放射污染的建筑
乙	高度为 24～60m 的建筑；高度为 30～50m 的筒仓；高度为 50～100m 的烟囱；省（市）级影剧院、民航机场指挥及候机楼、铁路信号、通讯楼、铁路机务洗修库、高校试验楼；跨度等于或大于 24m、小于 36m 和吊车额定起重量等于或大于 30t、小于 100t 的机加工车间；小于 10000t 的水压机车间；中型轧钢车间；中型选矿车间、中型火力发电厂主体建筑；中型水厂；中型污水处理厂；中型漂、染车间；大中型浴室；中型屠宰车间
丙	7 层及 7 层以下的多层建筑；高度不超过 30m 的筒仓、高度不超过 50m 的烟囱；跨度小于 24m、吊车额定起重量小于 30t 的机加工车间，单台小于 10t 的锅炉房；一般浴室、食堂、县（区）影剧院、理化试验室；一般的工具、机修、木工车间、成品库
丁	1～2 层的简易房屋、小型车间和小型库房

附录 F 水池类构筑物的设计措施

F.0.1 水池类构筑物应根据其重要性、容量大小、地基湿陷等级，并结合当地建筑经验，采取设计措施。

埋地管道与水池之间或水池相互之间的防护距离：在自重湿陷性黄土场地，应与建筑物之间的防护距离的规定相同，当不能满足要求时，必须加强池体的防渗漏处理；在非自重湿陷性黄土场地，可按一般地区的规定设计。

F.0.2 建筑物防护范围内的水池类构筑物，当技术经济合理时，应架空明设于地面（包括地下室地面）以上。

F.0.3 水池类构筑物应采用防渗现浇钢筋混凝土结构。预埋件和穿池壁的套管，应在浇筑混凝土前埋设，不得事后钻孔、凿洞。不宜将爬梯嵌入水位以下的池壁中。

F.0.4 水池类构筑物的地基处理，应采用整片土（或灰土）垫层。在非自重湿陷性黄土场地，灰土垫层的厚度不宜小于 0.30m，土垫层的厚度不应小于 0.50m；在自重湿陷性黄土场地，对一般水池，应设 1.00～2.50m 厚的土（或灰土）垫层，对特别重要的水池，宜消除地基的全部湿陷量。

土（或灰土）垫层的压实系数不得小于 0.97。

基槽侧向宜采用灰土回填，其压实系数不宜小于 0.93。

附录 G 湿陷性黄土场地地下水位上升时建筑物的设计措施

G.0.1 对未消除全部湿陷量的地基，应根据地下水位可能上升的幅度，采取防止增加不均匀沉降的有效措施。

G.0.2 建筑物的平面、立面布置，应力求简单、规则。当有困难时，宜将建筑物分成若干简单、规则的单元。单元之间拉开一定距离，设置能适应沉降的连接体或采取其他措施。

G.0.3 多层砌体承重结构房屋，应有较大的刚度，房屋的单元长高比，不宜大于 3。

G.0.4 在同一单元内，各基础的荷载、型式、尺寸和埋置深度，应尽量接近。当门廊等附属建筑与主体建筑的荷载相差悬殊时，应采取有效措施，减少主体建筑下沉对门廊等附属建筑的影响。

G.0.5 在建筑物的同一单元内，不宜设置局部地下室。对有地下室的单元，应用沉降缝将其与相邻单元分开，并应采取有效措施。

G.0.6 建筑物沉降缝处的基底压力，应适当减小。

G.0.7 在建筑物的基础附近，堆放重物或堆放重型设备时，应采取有效措施，减小附加沉降对建筑物的影响。

G.0.8 对地下室和地下管沟，应根据地下水位上升的可能，采取防水措施。

G.0.9 在非自重湿陷性黄土场地，应根据填方厚度、地下水位可能上升的幅度，判断场地转化为自重湿陷性黄土场地的可能性，并采取相应的防治措施。

附录 H 单桩竖向承载力 静载荷浸水试验要点

H.0.1 单桩竖向承载力静载荷浸水试验,应符合下列规定:

1 当试桩进入湿陷性黄土层内的长度不小于10m时,宜对其桩周和桩端的土体进行浸水;

2 浸水坑的平面尺寸(边长或直径):如只测定单桩竖向承载力特征值,不宜小于5m;如需要测定桩侧的摩擦力,不宜小于湿陷性黄土层的深度,并不应小于10m;

3 试坑深度不宜小于500mm,坑底面应铺100～150mm厚度的砂、石,在浸水期间,坑内水头高度不宜小于300mm。

H.0.2 单桩竖向承载力静载荷浸水试验,可选择下列方法中的任一款:

1 加载前向试坑内浸水,连续浸水时间不宜少于10d,当桩周湿陷性黄土层深度内的含水量达到饱和时,在继续浸水条件下,可对单桩进行分级加载,加至设计荷载值的1.00～1.50倍,或加至极限荷载止;

2 在土的天然湿度下分级加载,加至单桩竖向承载力的预估值,沉降稳定后向试坑内昼夜浸水,并观测在恒压下的附加下沉量,直至稳定,也可在继续浸水条件下,加至极限荷载止。

H.0.3 设置试桩和锚桩,应符合下列要求:

1 试桩数量不宜少于工程桩总数的1%,并不应少于3根;

2 为防止试桩在加载中桩头破坏,对其桩顶应适当加强;

3 设置锚桩,应根据锚桩的最大上拔力,纵向钢筋截面应按桩身轴力变化配置,如需利用工程桩作锚桩,应严格控制其上拔量;

4 灌注桩的桩身混凝土强度应达到设计要求,预制桩压(或打)入土中不得少于15d,方可进行加载试验。

H.0.4 试验装置、量测沉降用的仪表,分级加载额定量,加、卸载的沉降观测和单桩竖向承载力的确定等要求,应符合现行国家标准《建筑地基基础设计规范》GB50007的有关规定。

附录 J 垫层、强夯和挤密等地基 的静载荷试验要点

J.0.1 在现场采用静载荷试验检验或测定垫层、强夯和挤密等方法处理地基的承载力及有关变形参数,应符合下列规定:

1 承压板应为刚性,其底面宜为圆形或方形。

2 对土(或灰土)垫层和强夯地基,承压板的直径(d)或边长(b),不宜小于1m,当处理土层厚度较大时,宜分层进行试验。

3 对土(或灰土)挤密桩复合地基:

1)单桩和桩间土的承压板直径,宜分别为桩孔直径的1倍和1.50倍。

2)单桩复合地基的承压板面积,应为1根土(或灰土)挤密桩承担的处理地基面积。当桩孔按正三角形布置时,承压板直径(d)应为桩距的1.05倍,当桩孔按正方形布置时,承压板直径应为桩距的1.13倍。

3)多桩复合地基的承压板,宜为方形或矩形,其尺寸应按承压板下的实际桩数确定。

J.0.2 开挖试坑和安装载荷试验设备,应符合下列要求:

1 试坑底面的直径或边长,不应小于承压板直径或边长的3倍;

2 试坑底面标高,宜与拟建的建筑物基底标高相同或接近;

3 应注意保持试验土层的天然湿度和原状结构;

4 承压板底面下应铺10～20mm厚度的中、粗砂找平;

5 基准梁的支点,应设在压板直径或边长的3倍范围以外;

6 承压板的形心与荷载作用点应重合。

J.0.3 加荷等级不宜少于10级,总加载量不宜小于设计荷载值的2倍。

J.0.4 每加一级荷载的前、后,应分别测记1次压板的下沉量,以后每0.50h测记1次,当连续2h内,每1h的下沉量小于0.10mm时,认为压板下沉已趋稳定,即可加下一级荷载。且每级荷载的间隔时间不应少于2h。

J.0.5 当需要测定处理后的地基土是否消除湿陷性时,应进行浸水载荷试验,浸水前,宜加至1倍设计荷载,下沉稳定后向试坑内昼夜浸水,连续浸水时间不宜少于10d,坑内水头不应小于200mm,附加下沉稳定,试验终止。必要时,宜继续浸水,再加1倍设计荷载后,试验终止。

J.0.6 当出现下列情况之一时,可终止加载:

1 承压板周围的土,出现明显的侧向挤出;

2 沉降s急骤增大,压力-沉降(p-s)曲线出现陡降段;

3 在某一级荷载下,24h内沉降速率不能达到稳定标准;

4 s/b(或s/d)≥0.06。

当满足前三种情况之一时,其对应的前一级荷载可定为极限荷载。

J.0.7 卸荷可分为 3~4 级，每卸一级荷载测记回弹量，直至变形稳定。

J.0.8 处理后的地基承载力特征值，应根据压力（p）与承压板沉降量（s）的 p-s 曲线形态确定：

1 当 p-s 曲线上的比例界限明显时，可取比例界限所对应的压力；

2 当 p-s 曲线上的极限荷载小于比例界限的 2 倍时，可取极限荷载的一半；

3 当 p-s 曲线上的比例界限不明显时，可按压板沉降（s）与压板直径（d）或宽度（b）之比值即相对变形确定：

1）土垫层地基、强夯地基和桩间土，可取 s/d 或 $s/b = 0.010$ 所对应的压力；

2）灰土垫层地基，可取 s/d 或 $s/b = 0.006$ 所对应的压力；

3）灰土挤密桩复合地基，可取 s/d 或 $s/b = 0.006~0.008$ 所对应的压力；

4）土挤密桩复合地基，可取 s/d 或 $s/b = 0.010$ 所对应的压力。

按相对变形确定上述地基的承载力特征值，不应大于最大加载压力的 1/2。

本规范用词说明

1 为了便于在执行本规范条文时区别对待，对要求严格程度不同的用词说明如下：

1）表示很严格，非这样做不可的用词
正面词采用"必须"，反面词采用"严禁"；

2）表示严格，在正常情况下均应这样做的用词
正面词采用"应"，反面词采用"不应"或"不得"；

3）表示允许稍有选择，在条件许可时首先应这样做的用词
正面词采用"宜"，反面词采用"不宜"。

表示有选择，在一定条件下可以这样做的，采用"可"。

2 条文中指定必须按其他有关标准执行时，写法为"应符合……的规定"。非必须按所指的标准或其他规定执行时，写法为"可参照……"。

中华人民共和国国家标准

湿陷性黄土地区建筑规范

GB 50025—2004

条 文 说 明

目 次

1 总　则

1.0.1 本规范总结了"GBJ25—90规范"发布以来的建设经验和科研成果，并对该规范进行了全面修订。它是湿陷性黄土地区从事建筑工程的技术法规，体现了我国现行的建设政策和技术政策。

在湿陷性黄土地区进行建设，防止地基湿陷，保证建筑工程质量和建（构）筑物的安全使用，做到技术先进、经济合理、保护环境，这是制订本规范的宗旨和指导思想。

在建设中必须全面贯彻国家的建设方针，坚持按正常的基建程序进行勘察、设计和施工。边勘察、边设计、边施工和不勘察进行设计和施工，应成为历史，不应继续出现。

1.0.2 我国湿陷性黄土主要分布在山西、陕西、甘肃的大部分地区，河南西部和宁夏、青海、河北的部分地区，此外，新疆维吾尔自治区、内蒙古自治区和山东、辽宁、黑龙江等省，局部地区亦分布有湿陷性黄土。

湿陷性黄土地区建筑工程（包括主体工程和附属工程）的勘察、设计、地基处理、施工、使用与维护，均应按本规范的规定执行。

1.0.3 湿陷性黄土是一种非饱和的欠压密土，具有大孔和垂直节理，在天然湿度下，其压缩性较低，强度较高，但遇水浸湿时，土的强度显著降低，在附加压力或在附加压力与土的自重压力下引起的湿陷变形，是一种下沉量大、下沉速度快的失稳性变形，对建筑物危害性大。为此本条仍按原规范规定，强调在湿陷性黄土地区进行建设，应根据湿陷性黄土的特点和工程要求，因地制宜，采取以地基处理为主的综合措施，防止地基浸水湿陷对建筑物产生危害。

防止湿陷性黄土地基湿陷的综合措施，可分为地基处理、防水措施和结构措施三种。其中地基处理措施主要用于改善土的物理力学性质，减小或消除地基的湿陷变形；防水措施主要用于防止或减少地基受水浸湿；结构措施主要用于减小和调整建筑物的不均匀沉降，或使上部结构适应地基的变形。

显然，上述三种措施的作用及功能各不相同，故本规范强调以地基处理为主的综合措施，即以治本为主，治标为辅，标、本兼治，突出重点，消除隐患。

1.0.4 本规范是根据我国湿陷性黄土的特征编制的，湿陷性黄土地区的建设工程除应执行本规范的规定外，对本规范未规定的有关内容，尚应执行有关现行的国家强制性标准的规定。

3 基本规定

3.0.1 本次修订将建筑物分类适当修改后独立为一

章，作为本规范的第3章，放在勘察、设计的前面，解决了各类建筑的名称出现在建筑物分类之前的问题。

建筑物的种类很多，使用功能不尽相同，对建筑物分类的目的是为设计采取措施区别对待，防止不论工程大小采取"一刀切"的措施。

原规范把地基受水浸湿可能性的大小作为建筑物分类原则的主要内容之一，反映了湿陷性黄土遇水湿陷的特点，工程界早已确认，本规范继续沿用。地基受水浸湿可能性的大小，可归纳为以下三种：

1　地基受水浸湿可能性大，是指建筑物内的地面经常有水或可能积水、排水沟较多或地下管道很多；

2　地基受水浸湿可能性较大，是指建筑物内局部有一般给水、排水或暖气管道；

3　地基受水浸湿可能性小，是指建筑物内无暖管道。

原规范把高度大于40m的建筑划为甲类，把高度为24～40m的建筑划为乙类。鉴于高层建筑日益增多，而且高度越来越高，为此，本规范把高度大于60m和14层及14层以上体型复杂的建筑划为甲类，把高度为24～60m的建筑划为乙类。这样，甲类建筑的范围不致随部分建筑的高度增加而扩大。

凡是划为甲类建筑，地基处理均要求从严，不允许留剩余湿陷量，各类建筑的划分，可结合本规范附录E的建筑举例进行类比。

高层建筑的整体刚度大，具有较好的抵抗不均匀沉降的能力，但对倾斜控制要求较严。

埋地设置的室外水池，地基处于卸荷状态，本规范对水池类构筑物不按建筑物对待，未作分类，关于水池类构筑物的设计措施，详见本规范附录F。

3.0.2 原规范规定的三种设计措施，在湿陷性黄土地区的工程建设中已使用很广，对防治地基湿陷事故，确保建筑物安全使用具有重要意义，本规范继续使用。防止和减小建筑物地基浸水湿陷的设计措施，可分为地基处理、防水措施和结构措施三种。

在三种设计措施中，消除地基的全部湿陷量或采用桩基础穿透全部湿陷性黄土层，主要用于甲类建筑；消除地基的部分湿陷量，主要用于乙、丙类建筑；丁类属次要建筑，地基可不处理。

防水措施和结构措施，一般用于地基不处理或消除地基部分湿陷量的建筑，以弥补地基处理的不足。

3.0.3 原规范对沉降观测虽有规定，但尚未引起有关方面的重视，沉降观测资料寥寥无几，建筑物出了事故分析亦很困难，目前许多单位对此有不少反映，普遍认为通过沉降观测，可掌握计算与实测沉降量的关系，并可为发现事故提供信息，以便查明原因及时对事故进行处理。为此，本条继续规定对甲类建筑和乙类中的重要建筑应进行沉降观测，对其他建筑各单位可根据实际情况自行确定是否观测，但要避免观测项目太多，不能长期坚持而流于形式。

4 勘 察

4.1 一般规定

4.1.1 湿陷性黄土地区岩土勘察的任务，除应查明黄土层的时代、成因、厚度、湿陷性、地下水位深度及变化等工程地质条件外，尚应结合建筑物功能、荷载与结构等特点对场地与地基作出评价，并就防止、降低或消除地基的湿陷性提出可行的措施建议。

4.1.3 按国家的有关规定，一个工程建设项目的确定和批准立项，必须有可行性研究为依据；可行性研究报告中要求有必要的关于工程地质条件的内容，当工程项目的规模较大或地层、地质与岩土性质较复杂时，往往需进行少量必要的勘察工作，以掌握关于场地湿陷类型、湿陷量大小、湿陷性黄土层的分布与厚度变化、地下水位的深浅及有无影响场址安全使用的不良地质现象等的基本情况。有时，在可行性研究阶段会有不只一个场址方案，这时就有必要对它们分别做一定的勘察工作，以利场址的科学比选。

4.1.7 现行国家标准《岩土工程勘察规范》规定，土试样按扰动程度划分为四个质量等级，其中只有Ⅰ级土试样可用于进行土类定名、含水量、密度、强度、压缩性等试验，因此，显而易见，黄土土试样的质量等级必须是Ⅰ级。

正反两方面的经验一再证明，探井是保证取得Ⅰ级湿陷性黄土土样质量的主要手段，国内、国外都是如此。基于这一认识，本规范加强了对采取土试样的要求，要求探井数量宜为取土勘探点总数的1/3～1/2，且不宜少于3个。

本规范允许在"有足够数量的探井"的前提下，用钻孔采取土试样。但是，仅仅依靠好的薄壁取土器，并不一定能取得不扰动的Ⅰ级土试样。前提是必须先有合理的钻井工艺，保证拟取的土试样不受钻进操作的影响，保持原状，不然，再好的取样工艺和科学的取土器也无济于事。为此，本规范要求在钻孔中取样时严格按附录D的规定执行。

4.1.9 近年来，原位测试技术在湿陷性黄土地区已有不同程度的使用，但是由于湿陷性黄土的主要岩土技术指标，必须能直接反映土湿陷性的大小，因此，除了浸水载荷试验和试坑浸水试验（这两种方法有较多应用）外，其他原位测试技术只能说有一定的应用，并发挥着相应的作用。例如，采用静力触探了解地层的均匀性，划分地层，确定地基承载力，计算单桩承载力等。除此，标准贯入试验、轻型动力触探、重型动力触探，乃至超重型动力触探等也有不同程度的应用，不过它们的对象一般是湿陷性黄土地基中的

非湿陷性黄土层、砂砾层或碎石层，也常用于检测地基处理的效果。

4.2 现场勘察

4.2.1 地质环境对拟建工程有明显的制约作用，在场址选择或可行性研究勘察阶段，增加对地质环境进行调查了解很有必要。例如，沉降尚未稳定的采空区，有毒、有害的废弃物等，在勘察期间必须详细调查了解和探查清楚。

不良地质现象，包括泥石流、滑坡、崩塌、湿陷凹地、黄土溶洞、岸边冲刷、地下潜蚀等内容。地质环境，包括地下采空区、地面沉降、地裂缝、地下水的水位上升、工业及生活废弃物的处置和存放、空气及水质的化学污染等内容。

4.2.2～4.2.3 对场地存在的不良地质现象和地质环境问题，应查明其分布范围、成因类型及对工程的影响。

1 建设和环境是互相制约的，人类活动可以改造环境，但环境也制约工程建设，据瑞典国际开发署和联合国的调查，由于环境恶化，在原有的居住环境中，已无法生存而不得不迁移的"环境难民"，全球达2500万人之多。因此工程建设尚应考虑是否会形成新的地质环境问题。

2 原规范第6款中，勘探点的深度"宜为10～20m"，一般满足多层建（构）筑物的需要，随着建筑物向高、宽、大方向发展，本规范改为勘探点的深度，应根据湿陷性黄土层的厚度和地基压缩层深度的预估值确定。

3 原规范第3款"当按室内试验资料和地区建筑经验不能明确判定场地湿陷类型时，应进行现场试坑浸水试验，按实测自重湿陷量判定"。本规范4.3.8条改为"对新建地区的甲类和乙类中的重要建筑，应进行现场试坑浸水试验，按自重湿陷的实测值判定场地湿陷类型"。

由于人口的急剧增加，人类的居住空间已从冲洪积平原、低阶地，向黄土塬和高阶地发展，这些区域基本上无建筑经验，而按室内试验结果计算出的自重湿陷量与现场试坑浸水试验的实测值往往不完全一致，有些地区相差较大，故对上述情况，改为"按自重湿陷的实测值判定场地湿陷类型"。

4.2.4～4.2.5

1 原规范第4款，详细勘察勘探点的间距只考虑了场地的复杂程度，而未与建筑类别挂钩，本规范改为结合建筑类别确定勘探点的间距。

2 原规范第5款，勘探点的深度"除应大于地基压缩层的深度外，对非自重湿陷性黄土场地还应大于基础底面以下5m"。随着多、高层建筑的发展，基础宽度的增大，地基压缩层的深度也相应增大，为此，本规范将原规定大于5m改为大于10m。

3 湿陷系数、自重湿陷系数、湿陷起始压力均为黄土场地的主要岩土参数，详勘阶段宜将上述参数绘制在随深度变化的曲线图上，并宜进行相关分析。

4 当挖、填方厚度较大时，黄土场地的湿陷类型、湿陷等级可能发生变化，在这种情况下，应自挖（或填）方整平后的地面（或设计地面）标高算起。勘察时，设计地面标高如不确定，编制勘察方案宜与建设方紧密配合，使其尽量符合实际，以满足黄土湿陷性评价的需要。

5 针对工程建设的现状及今后发展方向，勘察成果增补了深基坑开挖与桩基工程的有关内容。

4.3 测定黄土湿陷性的试验

4.3.1 原规范中的黄土湿陷性试验放在附录六，本规范将其改为"测定黄土湿陷性的试验"放入第4章第3节，修改后，由附录变为正文，并分为室内压缩试验、现场静载荷试验和现场试坑浸水试验。

室内压缩试验主要用于测定黄土的湿陷系数、自重湿陷系数和湿陷起始压力；现场静载荷试验可测定黄土的湿陷性和湿陷起始压力，基于室内压缩试验测定黄土的湿陷性比较简便，而且可同时测定不同深度的黄土湿陷性，所以仅规定在现场测定湿陷起始压力；现场试坑浸水试验主要用于确定自重湿陷量的实测值，以判定场地湿陷类型。

（Ⅰ）室内压缩试验

4.3.2 采用室内压缩试验测定黄土的湿陷性应遵守有关统一的要求，以保证试验方法和过程的统一性及试验结果的可比性。这些要求包括试验土样、试验仪器、浸水水质、试验变形稳定标准等方面。

4.3.3～4.3.4 本条规定了室内压缩试验测定湿陷系数的试验程序，明确了不同试验压力范围内每级压力增量的允许数值，并列出了湿陷系数的计算式。

本条规定了室内压缩试验测定自重湿陷系数的试验程序，同时给出了计算试样上覆土的饱和自重压力所需饱和密度的计算公式。

4.3.5 在室内测定土样的湿陷起始压力有单线法和双线法两种。单线法试验较为复杂，双线法试验相对简单，已有的研究资料表明，只要对试样及试验过程控制得当，两种方法得到的湿陷起始压力试验结果基本一致。

但在双线法试验中，天然湿度试样在最后一级压力下浸水饱和附加下沉稳定高度与浸水饱和试样在最后一级压力下的下沉稳定高度通常不一致，如图4.3.5所示，$h_0 ABCC_1$ 曲线与 $h_0 AA_1 B_2 C_2$ 曲线不闭合，因此在计算各级压力下的湿陷系数时，需要对试验结果进行修正。研究表明，单线法试验的物理意义更为明确，其结果更符合实际，对试验结果进行修正时以单线法为准来修正浸水饱和试样各级压力下的稳

定高度，即将 $A_1 B_2 C_2$ 曲线修正至 $A_1 B_1 C_1$ 曲线，使饱和试样的终点 C_2 与单线法试验的终点 C_1 重合，以此来计算各级压力下的湿陷系数。

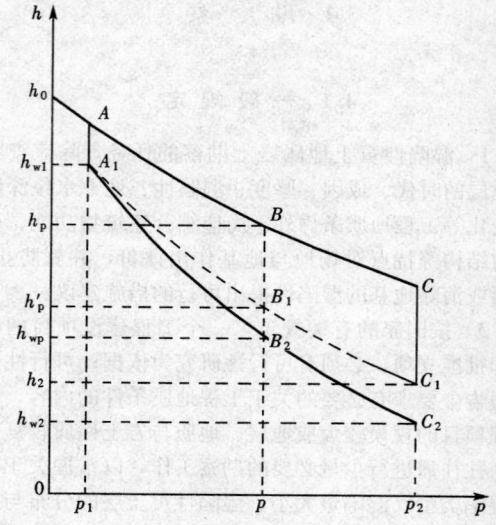

图 4.3.5 双线法压缩试验

在实际计算中，如需计算压力 p 下的湿陷系数 δ_s，则假定：

$$\frac{h_{w1} - h_2}{h_{w1} - h_{w2}} = \frac{h_{w1} - h'_p}{h_{w1} - h_{wp}} = k$$

有，$h'_p = h_{w1} - k(h_{w1} - h_{wp})$

得：$\delta_s = \dfrac{h_p - h'_p}{h_0} = \dfrac{h_p - [h_{w1} - k(h_{w1} - h_{wp})]}{h_0}$

其中，$k = \dfrac{h_{w1} - h_2}{h_{w1} - h_{w2}}$，它可作为判别试验结果是否可以采用的参考指标，其范围宜为 1.0 ± 0.2，如超出此限，则应重新试验或舍弃试验结果。

计算实例：某一土样双线法试验结果及对试验结果的修正与计算见下表。

p(kPa)	25	50	75	100	150	200	浸 水
h_p(mm)	19.940	19.870	19.778	19.685	19.494	19.160	17.280
h_{wp}(mm)	19.855	19.260	19.006	18.440	17.605	17.075	
	$k = (19.855 - 17.280) \div (19.855 - 17.075) = 0.926$						
h'_p	19.855	19.570	19.069	18.545	17.772	17.280	
δ_s	0.004	0.015	0.035	0.062	0.086	0.094	

绘制 $p \sim \delta_s$ 曲线，得 $\delta_s = 0.015$ 对应的湿陷起始压力 p_{sh} 为 50kPa。

（Ⅱ）现场静载荷试验

4.3.6 现场静载荷试验主要用于测定非自重湿陷性黄土场地的湿陷起始压力，自重湿陷性黄土场地的湿陷起始压力值小，无使用意义，一般不在现场测定。

在现场测定湿陷起始压力与室内试验相同，也分为单线法和双线法。二者试验结果有的相同或接近，有的互有大小。一般认为，单线法试验结果较符合实际，但单线法的试验工作量较大，在同一场地的相同标高及相同土层，单线法需做3台以上静载荷试验，而双线法只需做2台静载荷试验（一个为天然湿度，一个为浸水饱和）。

本条对现场测定湿陷起始压力的方法与要求作了规定，可选择其中任一方法进行试验。

4.3.7 本条对现场静载荷试验的承压板面积、试坑尺寸、分级加压增量和加压后的观测时间及稳定标准等进行了规定。

承压板面积通常为 $0.25m^2$、$0.50m^2$ 和 $1m^2$ 三种。通过大量试验研究比较，测定黄土湿陷和湿陷起始压力，承压板面积宜为 $0.50m^2$，压板底面宜为方形或圆形，试坑深度宜与基础底面标高相同或接近。

（Ⅲ）现场试坑浸水试验

4.3.8 采用现场试坑浸水试验可确定自重湿陷量的实测值，用以判定场地湿陷类型比较准确可靠，但浸水试验时间较长，一般需要1～2个月，而且需要较多的用水。本规范规定，在缺乏经验的新建地区，对甲类和乙类中的重要建筑，应采用试坑浸水试验，乙类中的一般建筑和丙类建筑以及有建筑经验的地区，均可按自重湿陷量的计算值判定场地湿陷类型。

本条规定了浸水试验的试坑尺寸采用"双指标"控制，此外，还规定了观测自重湿陷量的深、浅标点的埋设方法和观测要求以及停止浸水的稳定标准等。上述规定，对确保试验数据的完整性和可靠性具有实际意义。

4.4 黄土湿陷性评价

黄土湿陷性评价，包括全新世 Q_4（Q_4^1 及 Q_4^2）黄土、晚更新世 Q_3 黄土、部分中更新世 Q_2 黄土的土层、场地和地基三个方面，湿陷性黄土包括非自重湿陷性黄土和自重湿陷性黄土。

4.4.1 本条规定了判定非湿陷性黄土和湿陷性黄土的界限值。

黄土的湿陷性通常是在现场采取不扰动土样，将其送至试验室用有侧限的固结仪测定，也可用三轴压缩仪测定。前者试验操作较简便，我国自20世纪50年代至今，生产单位一直广泛使用；后者试样制备及操作较复杂，多为教学和科研使用。鉴于此，本条仍按"GBJ 25—90规范"规定及各生产单位习惯采用的固结仪进行压缩试验，根据试验结果，以湿陷系数 $\delta_s < 0.015$ 定为非湿陷性黄土，湿陷系数 $\delta_s \geq 0.015$，定为湿陷性黄土。

4.4.2 本条是新增内容。多年来的试验研究资料和工程实践表明，湿陷系数 $\delta_s \leq 0.03$ 的湿陷性黄土，湿陷起始压力值较大，地基受水浸湿时，湿陷性轻微，对建筑物危害性较小；$0.03 < \delta_s \leq 0.07$ 的湿陷性黄土，湿陷性中等或较强烈，湿陷起始压力值小的具有自重湿陷性，地基受水浸湿时，下沉速度较快，附加下沉量较大，对建筑物有一定危害性；$\delta_s > 0.07$ 的湿陷性黄土，湿陷起始压力值小的具有自重湿陷性，地基受水浸湿时，湿陷性强烈，下沉速度快，附加下沉量大，对建筑物危害性大。勘察、设计，尤其地基处理，应根据上述湿陷系数的湿陷特点区别对待。

4.4.3 本条将判定场地湿陷类型的实测自重湿陷量和计算自重湿陷量分别改为自重湿陷量的实测值和计算值。

自重湿陷量的实测值是在现场采用试坑浸水试验测定，自重湿陷量的计算值是在现场采取不同深度的不扰动土样，通过室内浸水压缩试验在上覆土的饱和自重压力下测定。

4.4.4 自重湿陷量的计算值与起算地面有关。起算地面标高不同，场地湿陷类型往往不一致，以往在建设中整平场地，由于挖、填方的厚度和面积较大，致使场地湿陷类型发生变化。例如，山西某矿生活区，在勘察期间判定为非自重湿陷性黄土场地，后来整平场地，部分地段填方厚度达3～4m，下部土层的压力增大至50～80kPa，超过了该场地的湿陷起始压力值而成为自重湿陷性黄土场地。建筑物在使用期间，管道漏水浸湿地基引起湿陷事故，室外地面亦出现裂缝，后经补充勘察查明，上述事故是由于场地整平，填方厚度过大产生自重湿陷所致。由此可见，当场地的挖方或填方的厚度和面积较大时，测定自重湿陷系数的试验压力和自重湿陷量的计算值，均应自整平后的（或设计）地面算起，否则，计算和判定结果不符合现场实际情况。

此外，根据室内浸水压缩试验资料和现场试坑浸水试验资料分析，发现在同一场地，自重湿陷量的实测值和计算值相差较大，并与场地所在地区有关。例如：陇西地区和陇东—陕北—晋西地区，自重湿陷量的实测值大于计算值，实测值与计算值之比值均大于1；陕西关中地区自重湿陷量的实测值与计算值有的接近或相同，有的互有大小，但总体上相差较小，实测值与计算值之比值接近1；山西、河南、河北等地区，自重湿陷量的实测值通常小于计算值，实测值与计算值之比值均小于1。

为使同一场地自重湿陷量的实测值与计算值接近或相同，对因地区土质而异的修正系数 β_0，根据不同地区，分别规定不同的修正值：陇西地区为1.5；陇东—陕北—晋西地区为1.2；关中地区为0.9；其他地区为0.5。

同一场地，自重湿陷量的实测值与计算值的比较见表4.4.4。

表 4.4.4　同一场地自重湿陷量的实测值与计算值的比较

地区名称	试验地点	浸水试坑尺寸(m×m)	自重湿陷量的实测值(mm)	计算值(mm)	实测值÷计算值
陇西	兰州砂井驿	10×10 14×14	185 155	104 91.20	1.78 1.70
	兰州龚家湾	11.75×12.10 12.70×13.00	567 635	360	1.57 1.77
	兰州连城铝厂	34×55 34×17	1151.50 1075	540	2.13 1.99
	兰州西固棉纺厂	15×15 *5×5	860 360	231.50*	δ_{zs}为在天然湿度的土自重压力下求得
	兰州东岗钢厂	φ10 10×10	959 870	501	1.91 1.74
	甘肃天水	16×28	586	405	1.45
	青海西宁	15×15	395	250	1.58
陇东陕北晋西	宁夏七营	φ15 20×5	1288 1172	935 855	1.38 1.38
	延安丝绸厂	9×9	357	229	1.56
	陕西合阳糖厂	10×10 *5×5	477 182	365	1.31
	河北张家口	φ11	105	88.75	1.10
陕西关中	陕西富平张桥	10×10	207	212	0.97
	陕西三原	10×10	338	292	1.16
	西安韩森寨	12×12 *6×6	364 25	308	1.19
	西安北郊524厂	φ12*	90	142	0.64
	陕西宝鸡二电	20×20	344	281.50	1.22
山西、河北等	山西榆次	φ10	86	126 202	0.68 0.43
	山西潞城化肥厂	φ15	66	120	0.55
	山西河津铝厂	15×15	92	171	0.53
	河北矾山	φ20	213.5	480	0.45

4.4.5 本条规定说明如下:

1 按本条规定求得的湿陷量是在最不利情况下的湿陷量,且是最大湿陷量,考虑采用不同含水量下的湿陷量,试验较复杂,不容易为生产单位接受,故本规范仍采用地基土受水浸湿达饱和时的湿陷量作为评定湿陷等级采取设计措施的依据。这样试验较简便,并容易推广使用,但本条规定,并不是指湿陷性

黄土只在饱和含水量状态下才产生湿陷。

2 根据试验研究资料,基底下地基土的侧向挤出与基础宽度有关,宽度小的基础,侧向挤出大,宽度大的基础,侧向挤出小或无侧向挤出。鉴于基底下0～5m深度内,地基土受水浸湿及侧向挤出的可能性大,为此本条规定,取$\beta=1.5$;基底下5～10m深度内,取$\beta=1$;基底下10m以下至非湿陷性黄土层顶面,在非自重湿陷性黄土场地可不计算,在自重湿陷性黄土场地,可取工程所在地区的β_0值。

3 湿陷性黄土地基的湿陷变形量大,下沉速度快,且影响因素复杂,按室内试验计算结果与现场试验结果往往有一定差异,故在湿陷量的计算公式中增加一项修正系数β,以调整其差异,使湿陷量的计算值接近实测值。

4 原规范规定,在非自重湿陷性黄土场地,湿陷量的计算深度累计至基底下5m深度止,考虑近年来,7～8层的建筑不断增多,基底压力和地基压缩层深度相应增大,为此,本条将其改为累计至基底下10m(或压缩层)深度止。

5 一般建筑基底下10m内的附加压力与土的自重压力之和接近200kPa,10m以下附加压力很小,忽略不计,主要是上覆土层的自重压力。当以湿陷系数δ_s判定黄土湿陷性时,其试验压力应自基础底面(如基底标高不确定时,自地面下1.5m)算起,10m内的土层用200kPa,10m以下至非湿陷性黄土层顶面,直接用其上覆土的饱和自重压力(当大于300kPa时,仍用300kPa),这样湿陷性黄土层深度的下限不致随土自重压力增加而增大,且勘察试验工作量也有所减少。

基底下10m以下至非湿陷性黄土层顶面,用其上覆土的饱和自重压力测定的自重湿陷系数值,既可用于自重湿陷量的计算,也可取代湿陷系数δ_s用于湿陷量的计算,从而解决了基底下10m以下,用300kPa测定湿陷系数与用上覆土的饱和自重压力的测定结果互不一致的矛盾。

4.4.6 湿陷起始压力是反映非自重湿陷性黄土特性的重要指标,并具有实用价值。本条规定了按现场静载荷试验结果和室内压缩试验结果确定湿陷起始压力的方法。前者根据20组静载荷试验资料,按湿陷系数$\delta_s=0.015$所对应的压力,相当于在p-s_s曲线上的s_s/b(或s_s/d)=0.017。为此规定,如p-s曲线上的转折点不明显,可取浸水下沉量(s_s)与承压板直径(d)或宽度(b)之比值等于0.017所对应的压力作为湿陷起始压力值。

4.4.7 非自重湿陷性黄土场地湿陷量的计算深度,由基底下5m改为累计至基底下10m深度后,自重湿陷性黄土场地和非自重湿陷性黄土场地湿陷量的计算值均有所增大,为此将Ⅱ～Ⅲ级和Ⅲ～Ⅳ级的地基湿陷等级界限值作了相应调整。

5 设　计

5.1 一 般 规 定

5.1.1 设计措施的选取关系到建筑物的安全与技术经济的合理性，本条根据湿陷性黄土地区的建筑经验，对甲、乙、丙三类建筑采取以地基处理措施为主，对丁类建筑采取以防水措施为主的指导思想。

大量工程实践表明，在Ⅲ～Ⅳ级自重湿陷性黄土场地上，地基未经处理，建筑物在使用期间地基受水浸湿，湿陷事故难以避免。

例如：**1** 兰州白塔山上有一座古塔建筑，系砖木结构，距今约600余年，20世纪70年代前未发现该塔有任何破裂或倾斜，80年代为搞绿化引水上山，在塔周围种植了一些花草树木，浇水过程中水渗入地基引起湿陷，导致塔身倾斜，墙体裂缝。

2 兰州西固绵纺厂的染色车间，建筑面积超过10000m²，湿陷性黄土层的厚度约15m，按"BJG20—66规范"评定为Ⅲ级自重湿陷性黄土地基，基础下设置500mm厚度的灰土垫层，采取严格防水措施，投产十多年，维护管理工作搞得较好，防水措施发挥了有效作用，地基未受水浸湿，1974～1976年修订"BJG20—66规范"，在兰州召开征求意见会时，曾邀请该厂负责维护管理工作的同志在会上介绍经验。但以后由于人员变动，忽视维护管理工作，地下管道年久失修，过去采取的防水措施都失去作用，1987年在该厂调查时，由于地基受水浸湿引起严重湿陷事故的无粮上浆房已被拆去，而染色车间亦丧失使用价值，所有梁、柱和承重部位均已设置临时支撑，后来该车间也拆去。

类似上述情况的工程实例，其他地区也有不少，这里不一一例举。由这些实例不难看出，未处理或未彻底消除湿陷性的地基，所采取的防水措施一旦失效，地基就有可能浸水湿陷，影响建筑物的安全与正常使用。

本规范保留了原规范对各类建筑采取设计措施的同时，在非自重湿陷性黄土场地增加了地基处理后对下部未处理湿陷性黄土的湿陷起始压力值的要求。这些规定，对保证工程质量，减少湿陷事故，节约投资都是有益的。

3 通过对原规范多年使用，在总结经验的基础上，对原规定的防水措施进行了调整。有关地基处理的要求均按本规范第6章地基处理的规定执行。

4 本规范将丁类建筑地基一律不处理，改为对丁类建筑的地基可不处理。

5 近年来在实际工程中，乙、丙类建筑部分室内设备和地面也有严格要求，因此，本规范将该条单列，增加了必要时可采取地基处理措施的内容。

5.1.2 本条规定是在特殊情况下采取的措施，它是5.1.1条的补充。湿陷性黄土地基比较复杂，有些特殊情况，按一般规定选取设计措施，技术经济不一定合理，而补充规定比较符合实际。

5.1.3 本条规定，当地基内各层土的湿陷起始压力值均大于基础附加压力与上覆土的饱和自重压力之和时，地基即使充分浸水也不会产生湿陷，按湿陷起始压力设计基础尺寸的建筑，可采用天然地基，防水措施和结构措施均可按一般地区的规定设计，以降低工程造价，节约投资。

5.1.4 对承受较大荷载的设备基础，宜按建筑物对待，采取与建筑物相同的地基处理措施和防水措施。

5.1.5 新近堆积黄土的压缩性高、承载力低，当乙、丙类建筑的地基处理厚度小于新近堆积黄土层的厚度时，除应验算下卧层的承载力外，还应计算下卧层的压缩变形，以免因地基处理深度不够，导致建筑物产生有害变形。

5.1.6 据调查，建筑物建成后，由于生产、生活用水明显增加，以及周围环境水等影响，地下水位上升不仅非自重湿陷性黄土场地存在，近些年来某些自重湿陷性场地亦不例外，严重者影响建筑物的安全使用，故本条规定未区分非自重湿陷性黄土场地和自重湿陷性黄土场地，各类建筑的设计措施除应按本章的规定执行外，尚应符合本规范附录G的规定。

5.2 场址选择与总平面设计

5.2.1 近年来城乡建设发展较快，设计机构不断增加，设计人员的素质和水平很不一致，场址选择一旦失误，后果将难以设想，不是给工程建设造成浪费，就是不安全，为此本条将场址选择由宜符合改为应符合下列要求。

此外，地基湿陷等级高或厚度大的新近堆积黄土、高压缩性的饱和黄土等地段，地基处理的难度大，工程造价高，所以应避免将重要建设项目布置在上述地段。这一规定很有必要，值得场址选择和总平面设计引起重视。

5.2.2 山前斜坡地带，下伏基岩起伏变化大，土层厚薄不一，新近堆积黄土往往分布在这些地段，地基湿陷等级较复杂，填方厚度过大，下部土层的压力明显增大，土的湿陷类型就会发生变化，即由"非自重湿陷性黄土场地"变为"自重湿陷性黄土场地"。

挖方，下部土层一般处于卸荷状态，但挖方容易破坏或改变原有的地形、地貌和排水线路，有的引起边坡失稳，甚至影响建筑物的安全使用，故对挖方也应慎重对待，不可到处任意开挖。

考虑到水池类建筑物和有湿润生产过程的厂房，其地基容易受水浸湿，并容易影响邻近建筑物。因此，宜将上述建筑布置在地下水流向的下游地段或地形较低处。

5.2.3 将原规范中的山前地带的建筑场地，应整平成若干单独的台阶改为台地。近些年来，随着基本建设事业的发展和尽量少占耕地的原则，山前斜坡地带的利用比较突出，尤其在 ⓘ～Ⓜ区，自重湿陷性黄土分布较广泛，山前坡地，地质情况复杂，必须采取措施处理后方可使用。设计应根据山前斜坡地带的黄土特性和地层构造、地形、地貌、地下水位等情况，因地制宜地将斜坡地带划分成单独的台地，以保证边坡的稳定性。

边坡容易受地表水流的冲刷，在整平单独台地时，必须有组织地引导雨水排泄，此外，对边坡宜做护坡或在坡面种植草皮，防止坡面直接受雨水冲刷，导致边坡失稳或产生滑移。

5.2.4 本条表 5.2.4 规定的防护距离的数值，主要是针对消除部分湿陷量的乙、丙类建筑和不处理地基的丁类建筑所作的规定。

规范中有关防护距离，系根据编制 BJG 20—60 规范时，在西安、兰州等地区模拟的自渗管道试验结果，并结合建筑物调查资料而制定的。几十年的工程实践表明，原有表中规定的这些数值，基本上符合实际情况。通过在兰州、太原、西安等地区的进一步调查，并结合新的湿陷等级和建筑类别，本规范将防护距离的数值作了适当调整和修改，乙类建筑包括24～60m 的高层建筑，在Ⅲ～Ⅳ级自重湿陷性黄土场地上，防护距离的数值比原规定增大 1～2m，丙类建筑一般为多层办公楼和多层住宅楼等，相当于原规范中的乙类和丙类建筑，由于Ⅰ～Ⅱ级非自重湿陷性黄土场地的湿陷起始压力值较大，湿陷事故较少，为此，将非自重湿陷性黄土场地的防护距离比原规范规定减少约1m。

5.2.5 防护距离的计算，将宜自…算起，改为应自…算起。

5.2.6 据调查，当自重湿陷性黄土层厚度较大时，新建水渠与建筑物之间的防护距离仅用 25m 控制不够安全。

例如：**1** 青海有一新建工程，湿陷性黄土层厚度约17m，采用预浸水法处理地基，浸水坑边缘距既有建筑物37m，浸水过程中水渗透至既有建筑物地基引起湿陷，导致墙体开裂。

2 兰州东岗有一水渠远离既有建筑物30m，由于水渠漏水，该建筑物发生裂缝。

上述实例说明，新建水渠距既有建筑物的距离30m偏小，本条规定在自重湿陷性黄土场地，新建水渠距既有建筑物的距离不得小于湿陷性黄土层厚度的3倍，并不应小于25m，用"双指标"控制更为安全。

5.2.14 新型优质的防水材料日益增多，本条未做具体规定，设计时可结合工程的实际情况或使用功能等特点选用。

5.3 建 筑 设 计

5.3.1 多层砌体承重结构建筑，其长高比不宜大于3，室内地坪高出室外地坪不应小于 450mm。

上述规定的目的是：

1 前者在于加强建筑物的整体刚度，增强其抵抗不均匀沉降的能力。

2 后者为建筑物周围排水畅通创造有利条件，减少地基浸水湿陷的机率。

工程实践表明，长高比大于3的多层砌体房屋，地基不均匀下沉往往导致建筑物严重破坏。

例如：**1** 西安某厂有一幢四层宿舍楼，系砌体结构，内墙承重，尽管基础内和每层都设有钢筋混凝土圈梁，但由于房屋的长高比大于 3.5，整体刚度较差，地基不均匀下沉，内、外墙普遍出现裂缝，严重影响使用。

2 兰州化学公司有一幢三层试验楼，砌体承重结构，外墙厚370mm，楼板和屋面板均为现浇钢筋混凝土，条形基础，埋深 1.50m，地基湿陷等级为Ⅲ级，具有自重湿陷性，且未采取处理措施，建筑物使用期间曾两次受水浸湿，建筑物的沉降最大值达551mm，倾斜率最大值为18‰，被迫停止使用。后来，对其地基和建筑采用浸水和纠倾措施，使该建筑物恢复原位，重新使用。

上述实例说明，长高比大于3的建筑物，其整体刚度和抵抗不均匀沉降的能力差，破坏后果严重，加固的难度大而且不一定有效，长高比小于 3 的建筑物，虽然严重倾斜，但整体刚度好，未导致破坏，易于修复和恢复使用功能。

此外，本条规定用水设施宜集中设置，缩短地下管线，使漏水限制在较小的范围内，便于发现和检修。

5.3.3 沿建筑物外墙周围设置散水，有利于屋面水、地面水顺利地排向雨水明沟或其他排水系统，以远离建筑物，避免雨水直接从外墙基础侧面渗入地基。

5.3.4 基础施工后，其侧向一般比较狭窄，回填夯实操作困难，而且不好检查，故规定回填土的干密度比土垫层的干密度小，否则，一方面难以达到，另一方面夯击过头影响基础。但为防止建筑物的屋面水、周围地面水从基础侧面渗入地基，增宽散水及其垫层的宽度较为有利，借以覆盖基础侧向的回填土，本条对散水垫层外缘和建筑物外墙基底外缘的宽度，由原规定 300mm 改为 500mm。

一般地区的散水伸缩缝间距为 6～12m，湿陷性黄土地区气候寒冷，昼夜温差大，气候对散水混凝土的影响也大，并容易使其产生冻胀和开裂，成为渗水的隐患，基于上述理由，便将散水伸缩缝改为每隔6～10m 设置一条。

5.3.5 经常受水浸湿或可能积水的地面，建筑物地基容易受水浸湿，所以应按防水地面设计。

近年来，随着建材工业的发展，出现了不少新的优质可靠防水材料，使用效果良好，受到用户的重视和推广。为此，本条推荐采用优质可靠卷材防水层或其他行之有效的防水层。

5.3.7 为适应地基的变形，在基础梁底下往往需要预留一定高度的净空，但对此若不采取措施，地面水便可从梁底下的净空渗入地基。为此，本条规定应采取有效措施，防止地面水从梁底下的空隙渗入地基。

随着高层建筑的兴起，地下采光井日益增多，为防止雨水或其他水渗入建筑物地基引起湿陷，本条规定对地下室采光井应做好防、排水设施。

5.4 结 构 设 计

5.4.1 **1** 增加建筑物类别条件

划分建筑物类别的目的，是为了针对不同情况采用严格程度不同的设计措施，以保证建筑物在使用期内满足承载能力及正常使用的要求。原规范未提建筑物类别的条件，本次修订予以增补。

2 取消原规范中"构件脱离支座"的条文。该条文是针对砌体结构为简支构件的情况，已不适应目前中、高层建筑结构型式多样化的要求，故予取消。

3 增加墙体宜采用轻质材料的要求

原规范仅对高层建筑建议采用轻质高强材料，而对多层砌体房屋则未提及。实际上，我国对多层砌体房屋的承重墙体，推广应用 KP1 型黏土多孔砖及混凝土小型空心砌块已积累不少经验，并已纳入相应的设计规范。本次修订增加了墙体改革的内容。当有条件时，对承重墙、隔墙及围护墙等，均提倡采用轻质材料，以减轻建筑物自重，减小地基附加压力，这对在非自重湿陷性黄土场地上按湿陷起始压力进行设计，有重要意义。

5.4.2 将原规范建筑物的"体型"一词，改为"平面、立面布置"。

因使用功能及建筑多样化的要求，有的建筑物平面布置复杂，凸凹较多；有的建筑物立面布置复杂，收进或外挑较多；有的建筑物则上述两种情况兼而有之。本次修订明确指出"建筑物平面、立面布置复杂"，比原规范的"体型复杂"更为简捷明了。

与平面、立面布置复杂相对应的是简单、规则。就考虑湿陷变形特点对建筑物平面、立面布置的要求而言，目前因无足够的工程经验，尚难提出量化指标。故本次修订只能从概念设计的角度，提出原则性的要求。

应注意到我国湿陷性黄土地区，大都属于抗震设防地区。在具体工程设计中，应根据地基条件、抗震设防要求与温度区段长度等因素，综合考虑设置沉降缝的问题。

原规范规定"砌体结构建筑物的沉降缝处，宜设

置双墙"。就结构类型而言，仅指砌体结构；就承重构件而言，仅指墙体。以上提法均有涵盖面较窄之嫌。如砌体结构的单外廊式建筑，在沉降缝处则应设置双墙、双柱。

沉降缝处不宜采用牛腿搭梁的做法。一是结构单元要保证足够的空间刚度，不应形成三面围合，靠缝一侧开敞的形式；二是采用牛腿搭梁的"铰接"做法，构造上很难实现理想铰；一旦出现较大的沉降差时，由于沉降缝两侧的结构单元未能彻底脱开而互相牵扯、互相制约，将会导致沉降缝处局部损坏较严重的不良后果。

5.4.3 **1** 将原规范的"宜"均改为"应"，且加上"优先"二字，强调高层建筑减轻建筑物自重尤为重要。

2 增加了当不设沉降缝时，宜采取的措施：

1) 高层建筑肯定属于甲、乙类建筑，均采取了地基处理措施——全部或部分消除地基湿陷量。本条建议是在上述地基处理的前提下考虑的。

2) 第 1 款、第 2 款未明确区分主楼与裙房之间是否设置沉降缝，以与 5.4.2 条"平面、立面布置复杂"相呼应；第 3 款则指主楼与裙房之间未设沉降缝的情况。

5.4.4 甲、乙类建筑的基础埋置深度均大于 1m，故只规定丙类建筑基础的埋置深度。

5.4.5 调整了原规范第 2 条"管沟"与"管道"的顺序，使之与该条第一行的词序相同。

5.4.6 **1** 在钢筋混凝土圈梁之前增加"现浇"二字（以下各款不再重复），即不提倡采用装配整体式圈梁，以利于加强砌体结构房屋的整体性。

2 增加了构造柱、芯柱的内容，以适应砌体结构块材多样性的要求。

3 原规范未包括单层厂房、单层空旷砖房的内容，参照现行国家标准《砌体结构设计规范》GB 50003 中 6.1.2 条的精神予以增补。

4 在第 2 款中，将原"混凝土配筋带"改为"配筋砂浆带"，以方便施工。

5 在第 4 款中增加了横向圈梁水平间距限值的要求，主要是考虑增强砌体结构房屋的整体性和空间刚度。

纵、横向圈梁在平面内互相拉结（特别是当楼、屋盖采用预制板时）才能发挥其有效作用。横向圈梁水平间距不大于 16m 的限值，是按照现行国家标准《砌体结构设计规范》表 3.2.1，房屋静力计算方案为刚性时对横墙间距的最严格要求而规定的。对于多层砌体房屋，实则规定了横墙的最大间距；对于单层厂房或单层空旷砖房，则要求将屋面承重构件与纵向圈梁能可靠拉结。

对整体刚度起重要作用的横墙系指大房间的横隔墙、楼梯间横墙及平面局部凸凹部位凹角处的横

墙等。

6 增加了圈梁遇洞口时惯用的构造措施,应符合现行国家标准《砌体结构设计规范》GB 50003 和《建筑抗震设计规范》GB 50011 的有关规定。

7 增加了设置构造柱、芯柱的要求。

砌体结构由于所用材料及连接方式的特点决定了它的脆性性质,使其适应不均匀沉降的能力很差;而湿陷变形的特点是速度快、变形量大。为改善砌体房屋的变形能力以及当墙体出现较大裂缝后,仍能保持一定的承担竖向荷载的能力,为增强其整体性和空间刚度,应将圈梁与构造柱或芯柱协调配合设置。

5.4.7 增加了芯柱的内容。

5.4.8 增加了预制钢筋混凝土板在梁上支承长度的要求。

5.5 给水排水、供热与通风设计

(Ⅰ) 给水、排水管道

5.5.1 在建筑物内、外布置给排水管道时,从方便维护和管理着眼,有条件的理应采取明设方式。但是,随着高层建筑日益增多,多层建筑已很普遍,管道集中敷设已成趋势,或由于建筑物的装修标准高,需要暗设管道。尤其在住宅和公用建筑物内的管道布置已趋隐蔽,再强调应尽量明装已不符合工程实际需要。目前,只有在厂房建筑内管道明装是适宜的,所以本条改为"室内管道宜明装。暗设管道必须设置便于检修的设施。"这样规定,既保证暗设管道的正常运行,又能满足一旦出现事故,也便于发现和检修,杜绝漏水浸入地基。

为了保证建筑物内、外合理设置给排水设施,对建筑物防护范围外和防护范围内的管道布置应有所区别。

"室外管道宜布置在防护范围外",这主要指建筑物内无用水设施,仅是户外有外网管道或是其他建筑物的配水管道,此时就可以将管道远离该建筑物布置在防护距离外,该建筑物内的防水措施即可从简;若室内有用水设施,在防护范围内包括室内地下一定有管道敷设,在此情况下,则要求"应简捷,并缩短其长度",再按本规范 5.1.1 条和 5.1.2 条的规定,采取综合设计措施。在防水措施方面,采用设有检漏防水的设施,使渗漏水的影响,控制在较小的、便于检查的范围内。

无论是明管、还是暗管,管道本身的强度及接口的严密性均是防止建筑物湿陷事故的第一道防线。据调查统计,由于管道接口和管材损坏发生渗漏而引起的湿陷事故率,仅次于场地积水引起的事故率。所以,本条规定"管道接口应严密不漏水,并具有柔性"。过去,在压力管道中,接口使用石棉水泥材料较多。此类接口仅能承受微量不均匀变形,实际仍属

刚性接口,一旦断裂,由于压力水作用,事故发生迅速,且不易修复,还容易造成恶性循环。

近年来,国内外开展柔性管道系统的技术研究。这种系统有利于消除温差或施工误差引起的应力转移,增强管道系统及其与设备连接的安全性。这种系统采用的元件主要是柔性接口管,柔性接口阀门,柔性管接头,密封胶圈等。这类柔性管件的生产,促进了管道工程的发展。

湿陷性黄土地区,为防止因管道接口漏水,一直寻求理想的柔性接口。随着柔性管道系统的开发应用,这一问题相应得到解决。目前,在压力管道工程中,逐渐采用柔性接口,其形式有:卡箍式、松套式、避震喉、不锈钢波纹管,还有专用承插柔性接口管及管件。它们有的在管道系统全部接口安设,有的是在一定数量接口间隔安设,或者在管道转换方向(如三通、四通)的部分接口处安设。这对由于各种原因招致的不均匀沉降都有很好的抵御能力。

随着国家建设的发展,为"节约资源,保护环境",湿陷性黄土地区对压力管道系统应逐渐推广采用相适应的柔性接口。

室内排水(无压)管道,建设部对住宅建筑有明确规定:淘汰砂模铸造铸铁排水管,推广柔性接口机制铸铁排水管;在《建筑给水排水设计规范》中,也要求建筑排水管道采用粘接连接的排水塑料管和柔性接口的排水铸铁管。这对高层建筑和地震区建筑的管道抵抗不均匀沉降、防震起到有效的作用。考虑到湿陷性黄土地区的地震烈度大都在 7 度以上(仅塔克拉玛干沙漠,陕北白于山与毛乌苏沙漠之间小于 6 度)。就是说,湿陷性黄土地区兼有湿陷、震陷双重危害性。在湿陷性黄土地区,理应明确在防护范围内的地上、地下敷设的管道须加强设防标准,以柔性接口连接,无论架设和埋设的管道,包括管沟内架设,均应考虑采用柔性接口。

室外地下直埋(即小区、市政管道)排水管,由调查得知,60%~70%的管线均因管材和接口损坏漏水,严重影响附近管线和线路的安全运行。此类管受交通和多种管线的相互干扰,很难理想布置,一旦漏水,修复工作量较大。基于此情况,应提高管材材质标准,且在适当部位和有条件的地方,均应做柔性接口,同时加强对管基的处理。对管道与构筑物(如井、沟、池壁)连接部位,因属受力不均匀的薄弱部位,也应加强管道接口的严密和柔韧性。

综上所述,在湿陷性黄土地区,应适当推广柔性管道接口,以形成柔性管道系统。

5.5.2 本条规定是管材选用的范围。

压力管道的材质,据调查,普遍反映球墨铸铁管的柔韧性好,造价适中,管径适用幅度大(在 DN200~DN2200 之间),而且具有胶圈承插柔性接口、防腐内衬、开孔技术易掌握,便于安装等优点。此类

管材，在湿陷性黄土地区应为首选管材。但在建筑小区内或建筑物内的进户管，因受管径限制，没有小口径球墨铸铁管，则在此部位只有采用塑料管、给水铸铁管，或者不锈钢管等。有的工程甚至采用铜管。

镀锌钢管材质低劣，使用过程中内壁锈蚀，易滋生细菌和微生物，对饮用水产生二次污染，危害人体健康。建设部在 2000 年颁发通知："在住宅建筑中禁止使用镀锌钢管。"工厂内的工业用水管道虽然无严格限制，但在生产、生活共用给水系统中，也不能采用镀锌钢管。

塑料管与传统管材相比，具有重量轻、耐腐蚀、水流阻力小、节约能源、安装简便、迅速、综合造价较低等优点，受到工程界的青睐。随着科学技术不断提高，原材料品质的改进，各种添加剂的问世，塑料管的质量已大幅度提高，并克服了噪声大的弱点。近十年来，塑料管开发的种类有硬质聚氯乙烯（UP-VC）管、氯化聚氯乙烯（CPVC）管、聚乙烯（PE）管、聚丙烯（PP—R）管、铝塑复合（PAP）管、钢塑复合（SP）管等 20 多种塑料管。其中品种不同，规格不同，分别适宜于各种不同的建筑给水、排水管材及管件和城市供水、排水管材及管件。规范中不一一列举。需要说明的是目前市场所见塑料管材质量参差不齐，规格系列不全，管材、管件配套不完善，甚至因质量监督不力，尚有伪劣产品充斥市场。鉴于国家已确定塑料管材为科技开发重点，并逐步完善质量管理措施，并制定相关塑料产品标准，塑料管材的推广应用将可得到有力的保证。工程中无论采用何种塑料管，必须按有关现行国家标准进行检验。凡符合国家标准并具有相应塑料管道工程的施工及验收规范的才可选用。

通过工程实践，在采用检漏、严格防水措施时，塑料管在防护范围内仍应设置在管沟内；在室外，防护范围外地下直埋敷设时，应采用市政用塑料管并尽量避开外界人为活动因素的影响和上部荷载的干扰，采取深埋方式，同时做好管基处理较为妥当。

预应力钢筋混凝土管是 20 世纪 60～70 年代发展起来的管材。近年来发现，大量地下钢筋混凝土管的保护层脱落，管身露筋引起锈蚀，管壁冒汗、渗水，管道承压降低，有的甚至发生爆管，地面大面积塌方，给就近的综合管线（如给水管、电缆管等）带来危害……实践证明，预应力钢筋混凝土管的使用年限约为 20～30 年，而且自身有难以修复的致命弱点。今后需加强研究改进，寻找替代产品，故本次修订，将其排序列后。

耐酸陶瓷管、陶土管，质脆易断，管节短、接口多，对防水不利，但因有一定的防腐蚀能力，经济适用，在管沟内敷设或者建筑物防护范围外深埋尚可，故保留。

本条新增加预应力钢筒混凝土管。

预应力钢筒混凝土管在国内尚属新型管材。制管工艺由美国引进，管道缩写为"PCCP"。目前，我国无锡、山东、深圳等地均有生产。管径大多在 $\phi600\sim\phi3000$mm，工程应用已近 1000km。各项工程都是一次通水成功，符合滴水不漏的要求。管材结构特点：混凝土层夹钢筒，外缠绕预应力钢丝并喷涂水泥砂浆层。管连接用橡胶圈承插口。该管同时生产有转换接口、弯头、三通、双橡胶圈承插口，极大地方便了管线施工。该管材接口严密不漏水，综合造价低、易维护、好管理，作为输水管线在湿陷性黄土地区是值得推荐的好管材，故本条特别列出。

自流管道的管材，据调查反映：人工成型或人工机械成型的钢筋混凝土管，基本属于土法振捣的钢筋混凝土管，因其质量不过关，故本规范不推荐采用，保留离心成型钢筋混凝土管。

5.5.5 以往在严格防水措施的检漏管沟中，仅采用油毡防水层。近年来，工程实践表明，新型的复合防水材料及高分子卷材均具有防水可靠、耐热、耐寒、耐久，施工方便，价格适中，是防水卷材的优良品种。涂膜防水层、水泥聚合物涂膜防水层、氰凝防水材料等，都是高效、优质防水材料。当今，技术发展快，产品种类繁多，不再一一列举。只要是可靠防水层，均可应用。为此，在本规范规定的严格防水措施中，对管沟的防水材料，将卷材防水层或塑料油膏防水改为可靠防水层。防水层并应做保护层。

自 20 世纪 60 年代起，检漏设施主要是检漏管沟和检漏井。这种设施占地多，显得陈旧落后，而且使用期间，务必经常维护和检修才能有效。近年来，由国外引进的高密度聚乙烯外护套管聚氨质泡沫塑料预制直埋保温管，具有较好的保温、防水、防潮作用。此管简称为"管中管"。某些工程，在管道上还装有渗漏水检测报警系统，增加了直埋管道的安全可靠性，可以代替管沟敷设。经技术经济分析，"管中管"的造价低于管沟。该技术在国内已大面积采用，取得丰富经验。至于有"电讯检漏系统"的报警装置，仅在少量工程中采用，尤其热力管道和高寒地带的输配水管道，取得丰富经验。现在建设部已颁发《高密度聚乙烯外护套管聚氨脂泡沫塑料预制直埋保温管》城建建工产品标准。这对采用此类直埋管提供了可靠保证。规范对高层建筑或重要建筑，明确规定可采用有电讯检漏系统的"直埋管中管"设施。

5.5.6 排水出户管道一般具有 0.02 的坡度，而给水进户管道管径小，坡度也小。在进出户管沟的沟底，往往忽略了排水方向，沟底多见积水长期聚集，对建筑物地基造成浸水隐患。本条除强调检漏管沟的沟底坡向外，并增加了进、出户管的管沟沟底坡度宜大于 0.02 的规定。

考虑到高层建筑或重要建筑大都设有地下室或半地下室。为方便检修，保护地基不受水浸湿，管道设计应充分利用地下部分的空间，设置管道设备层。为此，本条明确规定，对甲类建筑和自重湿陷性黄土场地上乙类中的重要建筑，室内地下管线宜敷设在地下室或半地下室的设备层内，穿出外墙的进出户管段，宜集中设置在半通行管沟内，这样有利于加强维护和检修，并便于排除积水。

5.5.11 非自重湿陷性黄土场地的管道工程，虽然管道、构筑物的基底压力小，一般不会超过湿陷起始压力，但管道是一线型工程；管道与附属构筑物连接部位是受力不均匀的薄弱部位。受这些因素影响，易造成管道损坏，接口开裂。据非自重湿陷性黄土场地的工程经验，在一些输配水管道及其附属构筑物基底做土垫层和灰土垫层，效果很好，故本条扩大了使用范围，凡是湿陷性黄土地区的管基和基底均这样做管基。

5.5.13 原规范要求管道穿水池池壁处设柔性防水套管，管道从套管伸出，环形壁缝用柔性填料封堵。据调查反映，多数施工难以保证质量，普遍有渗水现象。工程实践中，多改为在池壁处直接埋设带有止水环的管道，在管道外加设柔性接口，效果很好，故本条增加了此种做法。

（Ⅱ）供热管道与风道

5.5.14 本条强调了在湿陷性黄土地区应重视选择质量可靠的直埋供热管道的管材。采用直埋敷设热力管道，目前技术已较成熟，国内广大采暖地区采用直埋敷设热力管道已占主流。近年来，经过工程技术人员的努力探索，直埋敷设热力管道技术被大量推广应用。国家并颁布有相应的行业标准，即：《城镇直埋供热管道工程技术规程》CJJ/T 81 及《聚氨酯泡沫塑料预制保温管》CJ/T 3002。但由于国内市场不规范，生产了大量的低标准管材，有关部门已注意到此种倾向。为保证湿陷性黄土地区直埋敷设供热管道总体质量，本规范不推荐采用玻璃钢保护壳，因其在现场施工条件下，质量难以保证。

5.5.15～5.5.16 热力管道的管沟遍布室内和室外，甚至防护范围外。室内暖气管沟较长，沟内一般有检漏井，检漏井可与检查井合并设置。所以本条规定，管沟的沟底应设坡向室外检漏井的坡度，以便将水引向室外。

据调查，暖气管道的过门沟，渗漏水引起地基湿陷的机率较高。尤其在自重湿陷性黄土强烈的Ⅰ、Ⅱ区，冬季较长，过门沟及其沟内装置一旦有渗漏水，如未及时发现和检修，管道往往被冻裂，为此增加在过门管沟的末端应采取防冻措施的规定，防止湿陷事故的发生或恶化。

5.5.17 本条增加了对"直埋敷设供热管道"地基处理的要求。直埋供热管道在运行时要承受较大的轴向应力，为细长不稳定压杆。管道是依靠覆土而保持稳定的，当敷设地点的管道地基发生湿陷时，有可能产生管道失稳，故应对"直埋供热管道"的管基进行处理，防止产生湿陷。

5.5.18～5.5.19 随着高层建筑的发展以及内装修标准的提高，室内空调系统日益增多，据调查，目前室内外管网的泄水、凝结水，任意引接和排放的现象较严重。为此，本条增加对室内、外管网的泄水、凝结水不得任意排放的规定，以便引起有关方面的重视，防止地基浸水湿陷。

5.6 地 基 计 算

5.6.1 计算黄土地基的湿陷变形，主要目的在于：

1　根据自重湿陷量的计算值判定建筑场地的湿陷类型；

2　根据基底下各土层累计的湿陷量和自重湿陷量的计算值等因素，判定湿陷性黄土地基的湿陷等级；

3　对于湿陷性黄土地基上的乙、丙类建筑，根据地基处理后的剩余湿陷量并结合其他综合因素，确定设计措施的采取。

对于甲、乙类建筑或有特殊要求的建筑，由于荷载和压缩层深度比一般建筑物相对较大，所以在计算地基湿陷量或地基处理后的剩余湿陷量时，可考虑按实际压力相应的湿陷系数和压缩层深度的下限进行计算。

5.6.2 变形计算在地基计算中的重要性日益显著，对于湿陷性黄土地基，有以下几个特点需要考虑：

1　本规范明确规定在湿陷性黄土地区的建设中，采取以地基处理为主的综合措施，所以在计算地基土的压缩变形时，应考虑地基处理后压缩层范围内土的压缩性的变化，采用地基处理后的压缩模量作为计算依据；

2　湿陷性黄土在近期浸水饱和后，土的湿陷性消失并转化为高压缩性，对于这类饱和黄土地基，一般应进行地基变形计算；

3　对需要进行变形验算的黄土地基，其变形计算和变形允许值，应符合现行国家标准《建筑地基基础设计规范》的规定。考虑到黄土地区的特点，根据原机械工业部勘察研究院等单位多年来在黄土地区积累的建（构）筑物沉降观测资料，经分析整理后得到沉降计算经验系数（即沉降实测值与按分层总和法所得沉降计算值之比）与变形计算深度范围内压缩模量的当量值之间存在着一定的相关关系，如条文中的表5.6.2；

4　计算地基变形时，传至基础底面上的荷载效应，应按正常使用极限状态准永久组合，不应计入风荷载和地震作用。

5.6.3 本条对黄土地基承载力明确了以下几点：

1 为了与现行国家标准《建筑地基基础设计规范》相适应，以地基承载力特征值作为地基计算的代表数值。其定义为在保证地基稳定的条件下，使建筑物或构筑物的沉降量不超过容许值的地基承载能力。

2 地基承载力特征值的确定，对甲、乙类建筑，可根据静载荷试验或其他原位测试、公式计算并结合工程实践经验等方法综合确定。当有充分根据时，对乙、丙、丁类建筑可根据当地经验确定。

本规范对地基承载力特征值的确定突出了两个重点：一是强调了载荷试验及其他原位测试的重要作用；二是强调了系统总结工程实践经验和当地经验（包括地区性规范）的重要性。

5.6.4 本条规定了确定基础底面积时计算荷载和抗力的相应规定。荷载效应应根据正常使用极限状态标准组合计算；相应的抗力应采用地基承载力特征值。当偏心作用时，基础底面边缘的最大压力值，不应超过修正后的地基承载力特征值的1.2倍。

5.6.5 本规范对地基承载力特征值的深、宽修正作如下规定：

1 深、宽修正计算公式及其符号意义与现行国家标准《建筑地基基础设计规范》相同；

2 深、宽修正系数取值与《湿陷性黄土地区建筑规范》GBJ 25—90相同，未作修改；

3 对饱和黄土的有关物理性质指标分档说明作了一些更改，分别改为 e 及 I_L（两个指标）都小于0.85，e 或 I_L（其中只要有一个指标）大于0.85，e 及 I_L（两个指标）都不小于1三档。另外，还规定只适用于 $I_p > 10$ 的饱和黄土（粉质黏土）。

5.6.6 对于黄土地基的稳定性计算，除满足一般要求外，针对黄土地区的特点，还增加了两条要求。一条是在确定滑动面（或破裂面）时，应考虑黄土地基中可能存在的竖向节理和裂隙。这是因为在实际工程中，黄土地基（包括斜坡）的滑动面（或破裂面）与饱和软黏土和一般黏性土是不相同的；另一条是在可能被水浸湿的黄土地基，强度指标应根据饱和状态的试验结果求得。这是因为对于湿陷性黄土来说，含水量增加会使强度显著降低。

5.7 桩 基 础

5.7.1 湿陷性黄土场地，地基一旦浸水，便会引起湿陷给建筑物带来危害，特别是对于上部结构荷载大并集中的甲、乙类建筑；对整体倾斜有严格限制的高耸结构；对不均匀沉降有严格限制的甲类建筑和设备基础以及主要承受水平荷载和上拔力的建筑或基础等，均应从消除湿陷性的危害角度出发，针对建筑物的具体情况和场地条件，首先从经济技术条件上考虑采取可靠的地基处理措施，当采用地基处理措施不能满足设计要求或经济技术分析比较，采用地基处理不适宜的建筑，可采用桩基础。自20世纪70年代以

来，陕西、甘肃、山西等湿陷性黄土地区，大量采用了桩基础，均取得了良好的经济技术效果。

5.7.2 在湿陷性黄土场地桩周浸水后，桩身尚有一定的正摩擦力，在充分发挥并利用桩周正摩擦力的前提下，要求桩端支承在压缩性较低的非湿陷性黄土层中。

自重湿陷性黄土场地建筑物地基浸水后，桩周土可能产生负摩擦力，为了避免由此产生下拉力，使桩的轴向力加大而产生较大沉降，桩端必须支承在可靠的持力层中。桩底端应坐落在基岩上，采用端承桩；或桩底端坐落在卵石、密实的砂类土和饱和状态下液性指数 $I_L < 0$ 的硬黏性土层上，采用以端承力为主的摩擦端承桩。

除此之外，对于混凝土灌注桩纵向受力钢筋的配置长度，虽然在规范中没有提出明确要求，但在设计中应有所考虑。对于在非自重湿陷性黄土层中的桩，虽然不会产生较大的负摩擦力，但一经浸水桩周土可能变软或产生一定量的负摩擦力，对桩产生不利影响。因此，建议桩的纵向钢筋除应自桩顶按1/3桩长配置外，配筋长度尚应超过湿陷性黄土层的厚度；对于在自重湿陷性黄土层中的端承桩，由于桩侧可能承受较大的负摩擦力，中性点截面处的轴向压力往往大于桩顶，全桩长的轴向压力均较大。因此，建议桩身纵向钢筋应通长配置。

5.7.3 在湿陷性黄土地区，采用的桩型主要有：钻、挖孔（扩底）灌注桩，沉管灌注桩，静压桩和打入式钢筋混凝土预制桩等。选用桩型时，应根据工程要求、场地湿陷类型、地基湿陷等级、岩土工程地质条件、施工条件及场地周围环境等综合因素确定。如在非自重湿陷性黄土场地，可采用钻、挖孔（扩底）灌注桩，近年来，陕西关中地区普遍采用锅锥钻、挖成孔的灌注桩施工工艺，获得较好的经济技术效果；在地基湿陷性等级较高的自重湿陷性黄土场地，宜采用干作业成孔（扩底）灌注桩；还可充分利用黄土能够维持较大直立边坡的特性，采用人工挖孔（扩底）灌注桩；在可能条件下，可采用钢筋混凝土预制桩，沉桩工艺有静力压桩法和打入法两种。但打入法因噪声大和污染严重，不宜在城市中采用。

5.7.4 本节规定了在湿陷性黄土层厚度等于或大于10m的场地，对于采用桩基础的甲类建筑和乙类中的重要建筑，其单桩竖向承载力特征值应通过静载荷浸水试验方法确定。

同时还规定，对于采用桩基础的其他建筑，其单桩竖向承载力特征值，可按有关规范的经验公式估算，即：

$$R_a = q_{pa} \cdot A_p + u q_{sa}(l - Z) - u \overline{q}_{sa} Z$$

(5.7.4-1)

式中 q_{pa}——桩端土的承载力特征值（kPa）；

A_p——桩端横截面的面积（m^2）；

u——桩身周长（m）；

$\overline{q_{sa}}$——桩周土的平均摩擦力特征值（kPa）；

l——桩身长度（m）；

Z——桩在自重湿陷性黄土层的长度（m）。

对于上式中的 q_{pa} 和 q_{sa} 值，均应按饱和状态下的土性指标确定。饱和状态下的液性指数，可按下式计算：

$$I_l = \frac{S_r e / D_r - w_p}{w_L - w_p} \qquad (5.7.4\text{-}2)$$

式中 S_r——土的饱和度，可取 85%；

e——土的孔隙比；

D_r——土粒相对密度；

w_L、w_p——分别为土的液限和塑限含水量，以小数计。

上述规定的理由如下：

1 湿陷性黄土层的厚度越大，湿陷性可能越严重，由此产生的危害也可能越大，而采用地基处理方法从根本上消除其湿陷性，有效范围大多在 10m 以内，当湿陷性黄土层等于或大于 10m 的场地，往往要采用桩基础。

2 采用桩基础一般都是甲、乙类建筑。其中一部分是地基受水浸湿可能性大的重要建筑；一部分是高、重建筑，地基一旦浸水，便有可能引起湿陷给建筑物带来危害。因此，确定单桩竖向承载力特征值时，应按饱和状态考虑。

3 天然黄土的强度较高，当桩的长度和直径较大时，桩身的正摩擦力相当大。在这种情况下，即使桩端支承在湿陷性黄土层上，在进行载荷试验时如不浸水，桩的下沉量也往往不大。例如，20 世纪 70 年代建成投产的甘肃刘家峡化肥厂碱洗塔工程，采用的井桩基础未穿透湿陷性黄土层，但由于载荷试验未进行浸水，荷载加至 3000kN，下沉量仅 6mm。井桩按单桩竖向承载力特征值为 1500kN 进行设计，当时认为安全系数取 2 已足够安全，但建成投产后不久，地基浸水产生了严重的湿陷事故，桩周土体的自重湿陷量达 600mm，桩周土的正摩擦力完全丧失，并产生负摩擦力，使桩基产生了大量的下沉。由此可见，湿陷性黄土地区的桩基静载荷试验，必须在浸水条件下进行。

5.7.5 桩周的自重湿陷性黄土层浸水后发生自重湿陷时，将产生土层对桩的向下位移，桩将产生一个向下的作用力，即负摩擦力。但对于非自重湿陷性黄土场地和自重湿陷性黄土场地，负摩擦力将有不同程度的发挥。因此，在确定单桩竖向承载力特征值时，应分别采取如下措施：

1 在非自重湿陷性黄土场地，当自重湿陷量小于 50mm 时，桩侧由此产生的负摩擦力很小，可忽略

不计，桩侧主要还是正摩擦力起作用。因此规定，此时"应计入湿陷性黄土层范围内饱和状态下的桩侧正摩擦力"。

2 在自重湿陷性黄土场地，确定单桩竖向承载力特征值时，除不计湿陷性黄土层范围内饱和状态下的桩侧正摩擦力外，尚应考虑桩侧的负摩擦力。

1）按浸水载荷试验确定单桩竖向承载力特征值时，由于浸水坑的面积较小，在试验过程中，桩周土体一般还未产生自重湿陷，因此应从试验结果中扣除湿陷性黄土层范围内的桩侧正、负摩擦力。

2）桩侧负摩擦力应通过现场浸水试验确定，但一般情况下不容易做到。因此，许多单位提出希望规范能给出具体数据或参考值。

自 20 世纪 70 年代开始，我国有关单位根据设计要求，在青海大通、兰州和西安等地，采用悬吊法实测桩侧负摩擦力，其结果见表 5.7.5-1。

表 5.7.5-1　用悬吊法实测的桩周负摩擦力

桩的类型	试验地点	自重湿陷量的实测值（mm）	桩侧平均负摩擦力（kPa）
挖孔灌注桩	兰　州	754	16.30
	青　海	60	15.00
预制桩	兰　州	754	27.40
	西　安	90	14.20

国外有关标准中规定桩侧负摩擦力可采用正摩擦力的数值，但符号相反。现行国家标准《建筑地基基础设计规范》对桩周正摩擦力特征值 q_{sa} 规定见表 5.7.5-2。

表 5.7.5-2　预制桩的桩侧正摩擦力的特征值

土的名称	土的状态	正摩擦力（kPa）
黏性土	$I_L > 1$	10～17
	$0.75 < I_L \leqslant 1.00$	17～24
粉土	$e > 0.90$	10～20
	$0.70 < e \leqslant 0.90$	20～30

如黄土的液限 $w_L = 28\%$，塑限 $w_p = 18\%$，孔隙比 $e \geqslant 0.90$，饱和度 $S_r \geqslant 80\%$ 时，液性指数一般大于 1，按照上述规定，饱和状态黄土层中预制桩桩侧的正摩擦力特征值为 10～20kPa，与现场负摩擦力的实测结果大体上相符。

关于桩的类型对负摩擦力的影响

试验结果表明，预制桩的侧表面虽比灌注桩平滑，但其单位面积上的负摩擦力却比灌注桩为大。这主要是由于预制桩在打桩过程中将桩周土挤密，挤密土在桩周形成一层硬壳，牢固地粘附在桩侧表面上。桩周土体发生自重湿陷时不是沿桩身而是沿硬壳层滑

移，增加了桩的侧表面面积，负摩擦力也随之增大。因此，对于具有挤密作用的预制桩与无挤密作用的钻、挖孔灌注桩，其桩侧负摩擦力应分别给出不同的数值。

关于自重湿陷量的大小对负摩擦力的影响

兰州钢厂两次负摩擦力的测试结果表明，经过 8 年之后，由于地下水位上升，地基土的含水量提高以及地面堆载的影响，场地土的湿陷性降低，负摩擦力值也明显减小，钻孔灌注桩两次的测试结果见表 5.7.5-3。

表 5.7.5-3　兰州钢厂钻孔灌注桩负摩擦力的测试结果

时　间	自重湿陷量的实测值（mm）	桩身平均负摩擦力（kPa）
1975 年	754	16.30
1988 年	100	10.80

试验结果表明，桩侧负摩擦力与自重湿陷量的大小有关，土的自重湿陷性愈强，地面的沉降速度愈大，桩侧负摩擦力值也愈大。因此，对自重湿陷量 $\Delta_{zs} < 200mm$ 的弱自重湿陷性黄土与 $\Delta_{zs} \geqslant 200mm$ 较强的自重湿陷性黄土，桩侧负摩擦力的数值差异较大。

3）对桩侧负摩擦力进行现场试验确有困难时，GBJ 25—90 规范曾建议按表 5.7.5-4 中的数值估算：

表 5.7.5-4　桩侧平均负摩擦力（kPa）

自重湿陷量的计算值（mm）	钻、挖孔灌注桩	预制桩
70～100	10	15
≥200	15	20

鉴于目前自重湿陷性黄土场地桩侧负摩擦力的试验资料不多，本规范有关桩侧负摩擦力计算的规定，有待于今后通过不断积累资料逐步完善。

5.7.6　在水平荷载和弯矩作用下，桩身将产生挠曲变形，并挤压桩侧土体，土体则对桩产生水平抗力，其大小和分布与桩的变形以及土质条件、桩的入土深度等因素有关。设在湿陷性黄土层中的桩，在天然含水量条件下，桩侧土对桩往往可以提供较大的水平抗力；一旦浸水桩周土变软，强度显著降低，从而桩周土体对桩侧的水平抗力就会降低。

5.7.8　在自重湿陷性黄土层中的桩基，一经浸水桩侧产生的负摩擦力，将使桩基竖向承载力不同程度的降低。为了提高桩基的竖向承载力，设在自重湿陷性黄土场地的桩基，可采取减小桩侧负摩擦力的措施，如：

1　在自重湿陷性黄土层中，桩的负摩擦力试验资料表明，在同一类土中，挤土桩的负摩擦力大于非

挤土桩的负摩擦力。因此，应尽量采用非挤土桩（如钻、挖孔灌注桩），以减小桩侧负摩擦力。

2　对位于中性点以上的桩侧表面进行处理，以减小负摩擦力的产生。

3　桩基施工前，可采用强夯、挤密土桩等进行处理，消除上部或全部土层的自重湿陷性。

4　采取其他有效而合理的措施。

5.7.9　本条规定的目的是：

1　防止雨水和地表水流入桩孔内，避免桩孔周围土产生自重湿陷；

2　防止泥浆护壁或钻孔法的泥浆循环液，渗入附近自重湿陷黄土地基引起自重湿陷。

6　地基处理

6.1　一般规定

6.1.1　当地基的变形（湿陷、压缩）或承载力不能满足设计要求时，直接在天然土层上进行建筑或仅采取防水措施和结构措施，往往不能保证建筑物的安全与正常使用，因此本条规定应针对不同土质条件和建筑物的类别，在地基压缩层内或湿陷性黄土层内采取处理措施，以改善土的物理力学性质，使土的压缩性降低、承载力提高、湿陷性消除。

湿陷变形是当地基的压缩变形还未稳定或稳定后，建筑物的荷载不改变，而是由于地基受水浸湿引起的附加变形（即湿陷）。此附加变形经常是局部和突然发生的，而且很不均匀，尤其是地基受水浸湿初期，一昼夜内往往可产生 150～250mm 的湿陷量，因而上部结构很难适应和抵抗量大、速率快及不均匀的地基变形，故对建筑物的破坏性大，危害性严重。

湿陷性黄土地基处理的主要目的：一是消除其全部湿陷量，使处理后的地基变为非湿陷性黄土地基，或采用桩基础穿透全部湿陷性黄土层，使上部荷载通过桩基础传递至压缩性低或较低的非湿陷性黄土（岩）层上，防止地基产生湿陷，当湿陷性黄土层厚度较薄时，也可直接将基础设置在非湿陷性黄土（岩）层上；二是消除地基的部分湿陷量，控制下部未处理湿陷性黄土层的剩余湿陷量或湿陷起始压力值符合本规范的规定数值。

鉴于甲类建筑的重要性、地基受水浸湿的可能性和使用上对不均匀沉降的严格限制等与乙、丙类建筑有所不同，地基一旦发生湿陷，后果很严重，在政治、经济等方面将会造成不良影响或重大损失，为此，不允许甲类建筑出现任何破坏性的变形，也不允许因地基变形影响建筑物正常使用，故对其处理从严，要求消除地基的全部湿陷量。

乙、丙类建筑涉及面广，地基处理过严，建设投资将明显增加，因此规定消除地基的部分湿陷量，然

后根据地基处理的程度及下部未处理湿陷性黄土层的剩余湿陷量或湿陷起始压力值的大小，采取相应的防水措施和结构措施，以弥补地基处理的不足，防止建筑物产生有害变形，确保建筑物的整体稳定性和主体结构的安全。地基一旦浸水湿陷，非承重部位出现裂缝，修复容易，且不影响安全使用。

6.1.2 湿陷性黄土地基的处理，在平面上可分为局部处理与整片处理两种。

"BGJ 20—66"、"TJ 25—78" 和 "GBJ 25—90" 等规范，对局部处理和整片处理的平面范围，在有关处理方法，如土（或灰土）垫层法、重夯法、强夯法和土（或灰土）挤密桩法等的条文中都有具体规定。

局部处理一般按应力扩散角（即 $B = b + 2Z\tan\theta$）确定，每边超出基础的宽度，相当于处理土层厚度的 1/3，且不小于 400mm，但未按场地湿陷类型不同区别对待；整片处理每边超出建筑物外墙基础外缘的宽度，不小于处理土层厚度的 1/2，且不小于 2m。考虑在同一规范中，对相同性质的问题，在不同的地基处理方法中分别规定，显得分散和重复。为此本次修订将其统一放在地基处理第 1 节 "一般规定" 中的 6.1.2 条进行规定。

对局部处理的平面尺寸，根据场地湿陷类型的不同作了相应调整，增大了自重湿陷性黄土场地局部处理的宽度。局部处理是将大于基础底面下一定范围内的湿陷性黄土层进行处理，通过处理消除拟处理土层的湿陷性，改善地基应力扩散，增强地基的稳定性，防止地基受水浸湿产生侧向挤出，由于局部处理的平面范围较小，地沟和管道等漏水，仍可自其侧向渗入下部未处理的湿陷性黄土层引起湿陷，故采取局部处理措施，不考虑防水、隔水作用。

整片处理是将大于建（构）筑物底层平面范围内的湿陷性黄土层进行处理，通过整片处理消除拟处理土层的湿陷性，减小拟处理土层的渗透性，增强整片处理土层的防水作用，防止大气降水、生产及生活用水，从上向下或侧向渗入下部未处理的湿陷性黄土层引起湿陷。

6.1.3 试验研究成果表明，在非自重湿陷性黄土场地，仅在上覆土的自重压力下受水浸湿，往往不产生自重湿陷或自重湿陷量的实测值小于 70mm，在附加压力与上覆土的饱和自重压力共同作用下，建筑物地基受水浸湿后的变形范围，通常发生在基础底面下地基的压缩层内，压缩层深度下限以下的湿陷性黄土层，由于附加应力很小，地基即使充分受水浸湿，也不产生湿陷变形，故对非自重湿陷性黄土地基，消除其全部湿陷量的处理厚度，规定为基础底面以下附加压力与上覆土的饱和自重压力之和大于或等于湿陷起始压力的全部湿陷性黄土层，或按地基压缩层的深度确定，处理至附加压力等于土自重压力 20%（即 $p_z = 0.20p_{cz}$）的土层深度止。

在自重湿陷性黄土场地，建筑物地基充分浸水时，基底下的全部湿陷性黄土层产生湿陷，处理基础底面下部分湿陷性黄土层只能减小地基的湿陷量，欲消除地基的全部湿陷量，应处理基础底面以下的全部湿陷性黄土层。

6.1.4 根据湿陷性黄土地基充分受水浸湿后的湿陷变形范围，消除地基部分湿陷量应主要处理基础底面以下湿陷性大（$\delta_s \geqslant 0.07$、$\delta_{zs} \geqslant 0.05$）及湿陷性较大（$\delta_s \geqslant 0.05$、$\delta_{zs} \geqslant 0.03$）的土层，因为贴近基底下的上述土层，附加应力大，并容易受管道和地沟等漏水引起湿陷，故对建筑物的危害性大。

大量工程实践表明，消除建筑物地基部分湿陷量的处理厚度太小时，一是地基处理后下部未处理湿陷性黄土层的剩余湿陷量大；二是防水效果不理想，难以做到阻止生产、生活用水以及大气降水，自上向下渗入下部未处理的湿陷性黄土层，潜在的危害性未全部消除，因而不能保证建筑物地基不发生湿陷事故。

乙类建筑包括高度为 24～60m 的建筑，其重要性仅次于甲类建筑，基础之间的沉降差亦不宜过大，避免建筑物产生不允许的倾斜或裂缝。

建筑物调查资料表明，地基处理后，当下部未处理湿陷性黄土层的剩余湿陷量大于 220mm 时，建筑物在使用期间地基受水浸湿，可产生严重及较严重的裂缝；当下部未处理湿陷性黄土层的剩余湿陷量大于 130mm 小于或等于 220mm 时，建筑物在使用期间地基受水浸湿，可产生轻微或较轻微的裂缝。

考虑地基处理后，特别是整片处理的土层，具有较好的防水、隔水作用，可保护下部未处理的湿陷性黄土层不受水或少受水浸湿，其剩余湿陷量则有可能不产生或不充分产生。

基于上述原因，本条对乙类建筑规定消除地基部分湿陷量的最小处理厚度，在非自重湿陷性黄土场地，不应小于地基压缩层深度的 2/3，并控制下部未处理湿陷性黄土层的湿陷起始压力值不应小于 100kPa；在自重湿陷性黄土场地，不应小于全部湿陷性黄土层深度的 2/3，并控制下部未处理湿陷性黄土层的剩余湿陷量不应大于 150mm。

对基础宽度大或湿陷性黄土层厚度大的地基，处理地基压缩层深度的 2/3 或处理全部湿陷性黄土层深度的 2/3 确有困难时，本条规定在建筑物范围内应采用整片处理。

6.1.5 丙类建筑包括多层办公楼、住宅楼和理化试验室等，建筑物的内外一般装有上、下水管道和供热管道，使用期间建筑物内局部范围内存在漏水的可能性，其地基处理的好坏，直接关系着城乡用户的财产和安全。

考虑在非自重湿陷性黄土场地，Ⅰ 级湿陷性黄土地基，湿陷性轻微，湿陷起始压力值较大。单层建筑荷载较轻，基底压力较小，为发挥湿陷起始压力的作用，地基可不处理；而多层建筑的基底压力一般大于湿陷起始压力值，地基不处理，湿陷难以避免。为此本条规定，对多层丙类建筑，地基处理厚度不应小于1m，且下部未处理湿陷性黄土层的湿陷起始压力值不宜小于100kPa。

在非自重湿陷性黄土场地和自重湿陷性黄土场地都存在Ⅱ级湿陷性黄土地基，其自重湿陷量的计算值：前者不大于70mm，后者大于70mm，不大于300mm。地基浸水时，二者具有中等湿陷性。本条规定：在非自重湿陷性黄土场地，单层建筑的地基处理厚度不应小于1m，且下部未处理湿陷性黄土层的湿陷起始压力值不宜小于80kPa；多层建筑的地基处理厚度不应小于2m，且下部未处理湿陷性黄土层的湿陷起始压力值不宜小于100kPa。在自重湿陷性黄土场地湿陷起始压力值小，无使用意义，因此，不论单层或多层建筑，其地基处理厚度均不宜小于2.50m，且下部未处理湿陷性黄土层的剩余湿陷量不应大于200mm。

地基湿陷等级为Ⅲ级或Ⅳ级，均为自重湿陷性黄土场地，湿陷性黄土层厚度较大，湿陷性分别属于严重和很严重，地基受水浸湿，湿陷性敏感，湿陷速度快，湿陷量大。本条规定，对多层建筑宜采用整片处理，其目的是通过整片处理既可消除拟处理土层的湿陷性，又可减小拟处理土层的渗透性，增强整片处理土层的防水、隔水作用，以保护下部未处理的湿陷性黄土层难以受水浸湿，使其剩余湿陷量不产生或不全部产生，确保建筑物安全正常使用。

6.1.6 试验研究资料表明，在非自重湿陷性黄土场地，湿陷性黄土地基在附加压力和上覆土的饱和自重压力下的湿陷变形范围主要是在压缩层深度内。本条规定的地基压缩层深度：对条形基础，可取其宽度的3倍，对独立基础，可取其宽度的2倍。也可按附加压力等于土自重压力20%的深度处确定。

压缩层深度除可用于确定非自重湿陷性黄土地基湿陷量的计算深度和地基的处理厚度外，并可用于确定非自重湿陷性黄土场地上的勘探点深度。

6.1.7~6.1.9 在现场采用静载荷试验检验地基处理后的承载力比较准确可靠，但试验工作量较大，宜采取抽样检验。此外，静载荷试验的压板面积较小，地基处理厚度大时，如不分层进行检验，试验结果只能反映上部土层的情况，同时由于消除部分湿陷量的地基，下部未处理的湿陷性黄土层浸水时仍有可能产生湿陷。而地基湿陷是在水和压力的共同作用下产生的，基底压力大，对减小湿陷不利，故处理后的地基承载力不宜用得过大。

6.1.10 湿陷性黄土的干密度小，含水量较低，属于欠压密的非饱和土，其可压（或夯）实和可挤密的效果好，采取地基处理措施应根据湿陷性黄土的特点和

工程要求，确定地基处理的厚度及平面尺寸。地基通过处理可改善土的物理力学性质，使拟处理土层的干密度增大、渗透性减小、压缩性降低、承载力提高、湿陷性消除。为此，本条规定了几种常用的成孔挤密或夯实挤密的地基处理方法及其适用范围。

6.1.11 雨期、冬期选择土（或灰土）垫层法、强夯法或挤密法处理湿陷性黄土地基，不利因素较多，尤其垫层法，挖、填土方量大，施工期长，基坑和填料（土及灰土）容易受雨水浸湿或冻结，施工质量不易保证。施工期间应合理安排地基处理的施工程序，加快施工进度，缩短地基处理及基坑（槽）的暴露时间。对面积大的场地，可分段进行处理，采取防雨措施确有困难时，应做好场地周围排水，防止地面水流入已处理和未处理的场地（或基坑）内。在雨天和负温度下，并应防止土料、灰土和土源受雨水浸泡或冻结，施工中土呈软塑状态或出现"橡皮土"时，说明土的含水量偏大，应采取措施减小其含水量，将"橡皮土"处理后方可继续施工。

6.1.12 条文内对做好场地平整、修通道路和接通水、电等工作进行了规定。上述工作是为完成地基处理施工必须具备的条件，以确保机械设备和材料进入现场。

6.1.13 目前从事地基处理施工的队伍较多、较杂，技术素质高低不一。为确保地基处理的质量，在地基处理施工进程中，应有专人或专门机构进行监理，地基处理施工结束后，应对其质量进行检验和验收。

6.1.14 土（或灰土）垫层、强夯和挤密等方法处理地基的承载力，在现场采用静载荷试验进行检验比较准确可靠。为了统一试验方法和试验要求，在本规范附录J中增加静载荷试验要点，将有章可循。

6.2 垫 层 法

6.2.1 本规范所指的垫层是素土或灰土垫层。

垫层法是一种浅层处理湿陷性黄土地基的传统方法，在湿陷性黄土地区使用较广泛，具有因地制宜、就地取材和施工简便等特点，处理厚度一般为1~3m，通过处理基底下部分湿陷性黄土层，可以减小地基的湿陷量。处理厚度超过3m，挖、填土方量大，施工期长，施工质量不易保证，选用时应通过技术经济比较。

6.2.3 垫层的施工质量，对其承载力和变形有直接影响。为确保垫层的施工质量，本条规定采用压实系数λ_c控制。

压实系数λ_c是控制（或设计要求）干密度ρ_d与室内击实试验求得土（或灰土）最大干密度ρ_{dmax}的比值（即$\lambda_c = \dfrac{\rho_d}{\rho_{dmax}}$）。

目前我国使用的击实设备分为轻型和重型两种。前者击锤质量为2.50kg，落距为305mm，单位体积

的击实功为 591.60kJ/m³，后者击锤质量为 4.50kg，落距为 457mm，单位体积的击实功为 2682.70kJ/m³，前者的击实功是后者的 4.53 倍。

采用上述两种击实设备对同一场地的 3∶7 灰土进行击实试验，轻型击实设备得出的最大干密度为 1.56g/m³，最优含水量为 20.90%；重型击实设备得出的最大干密度为 1.71g/m³，最优含水量为 18.60%。击实试验结果表明，3∶7 灰土的最大干密度，后者是前者的 1.10 倍。

根据现场检验结果，将该场地 3∶7 灰土垫层的干密度与按上述两种击实设备得出的最大干密度的比值（即压实系数）汇总于表 6.2.2。

表 6.2.2　3∶7 灰土垫层的干密度与压实系数

检验点号	土　样			压实系数	
	深度(m)	含水量(%)	干密度(g/cm³)	轻　型	重　型
1 号	0.10	17.10	1.56	1.000	0.914
	0.30	14.10	1.60	1.026	0.938
	0.50	17.80	1.65	1.058	0.967
2 号	0.10	15.63	1.57	1.006	0.920
	0.30	14.93	1.61	1.032	0.944
	0.50	16.25	1.71	1.096	1.002
3 号	0.10	19.89	1.57	1.006	0.920
	0.30	14.96	1.65	1.058	0.967
	0.50	15.64	1.67	1.071	0.979
4 号	0.10	15.10	1.64	1.051	0.961
	0.30	16.94	1.68	1.077	0.985
	0.50	16.10	1.69	1.083	0.991
	0.70	15.74	1.67	1.091	0.979
5 号	0.10	16.00	1.59	1.019	0.932
	0.30	16.68	1.74	1.115	1.020
	0.50	16.66	1.75	1.122	1.026
6 号	0.10	18.40	1.55	0.994	0.909
	0.30	18.60	1.65	1.058	0.967
	0.50	18.10	1.64	1.051	0.961

上表中的压实系数是按现场检测的干密度与室内采用轻型和重型两种击实设备得出的最大干密度的比值，二者相差近 9%，前者大，后者小。由此可见，采用单位体积击实功不同的两种击实设备进行击实试验，以相同数值的压实系数作为控制垫层质量标准是不合适的，而应分别规定。

"GBJ 25—90 规范"在第四章第二节第 4.2.4 条中，对控制垫层质量的压实系数，按垫层厚度不大于 3m 和大于 3m，分别统一规定为 0.93 和 0.95，未区

分轻型和重型两种击实设备单位体积击实功不同，得出的最大干密度也不同等因素。本次修订将压实系数按轻型标准击实试验进行了规定，而对重型标准击实试验未作规定。

基底下 1～3m 的土（或灰土）垫层是地基的主要持力层，附加应力大，且容易受生产及生活用水浸湿，本条规定的压实系数，现场通过精心施工是可以达到的。

当土（或灰土）垫层厚度大于 3m 时，其压实系数：3m 以内不应小于 0.95，大于 3m，超过 3m 部分不应小于 0.97。

6.2.4 设置土（或灰土）垫层主要在于消除拟处理土层的湿陷性，其承载力有较大提高，并可通过现场静载荷试验或动、静触探等试验确定。当无试验资料时，按本条规定取值可满足工程要求，并有一定的安全储备。总之，消除部分湿陷量的地基，其承载力不宜用得太高，否则，对减小湿陷不利。

6.2.5～6.2.6 垫层质量的好坏与施工因素有关，诸如土料或灰土的含水量、灰与土的配合比、灰土拌合的均匀程度、虚铺土（或灰土）的厚度、夯（或压）实次数等是否符合设计规定。

为了确保垫层的施工质量，施工中将土料过筛，在最优或接近最优含水量下，将土（或灰土）分层夯实至关重要。

在施工进程中应分层取样检验，检验点位置应每层错开，即：中间、边缘、四角等部位均应设置检验点。防止只集中检验中间，而不检验或少检验边缘及四角，并以每层表面下 2/3 厚度处的干密度换算的压实系数，符合本规范的规定为合格。

6.3 强 夯 法

6.3.1 采用强夯法处理湿陷性黄土地基，在现场选点进行试夯，可以确定在不同夯击能下消除湿陷性黄土层的有效深度，为设计、施工提供有关参数，并可验证强夯方案在技术上的可行性和经济上的合理性。

6.3.2 夯点的夯击次数以达到最佳次数为宜，超过最佳次数再夯击，容易将表层土夯松，消除湿陷性黄土层的有效深度并不增大。在强夯施工中，夯击次数既不是越少越好，也不是越多越好。最佳或合适的夯击次数可按试夯记录绘制的夯击次数与夯击下沉量（以下简称夯沉量）的关系曲线确定。

单击夯击能量不同，最后 2 击平均夯沉量也不同。单击夯击能量大，最后 2 击的平均夯沉量也大；反之，则小。最后 2 击平均夯沉量符合规定，表示夯击次数达到要求，可通过试夯确定。

6.3.3～6.3.4 本条表 6.3.3 中的数值，总结了黄土地区有关强夯试夯资料及工程实践经验，对选择强夯方案，预估消除湿陷性黄土层的有效深度有一定作用。

强夯法的单位夯击能，通常根据消除湿陷性黄土层的有效深度确定。单位夯击能大，消除湿陷性黄土层的深度也相应大，但设备的起吊能力增加太大往往不易解决。在工程实践中常用的单位夯击能多为1000～4000kN·m，消除湿陷性黄土层的有效深度一般为3～7m。

6.3.5 采用强夯法处理湿陷性黄土地基，土的含水量至关重要。天然含水量低于10%的土，呈坚硬状态，夯击时表层土容易松动，夯击能量消耗在表层土上，深部土层不易夯实，消除湿陷性黄土层的有效深度小；天然含水量大于塑限含水量3%以上的土，夯击时呈软塑状态，容易出现"橡皮土"；天然含水量相当于或接近最优含水量的土，夯击时土粒间阻力较小，颗粒易于互相挤密，夯击能量向纵深方向传递，在相应的夯击次数下，总夯沉量和消除湿陷性黄土层的有效深度均大。为方便施工，在工地可采用塑限含水量 w_p －（1%～3%）或 $0.6w_L$（液限含水量）作为最优含水量。

当天然土的平均含水量低于最优含水量5%以上时，宜对拟夯实的土层加水增湿，并可按下式计算：

$$Q = (w_{op} - \overline{w}) \frac{\overline{\rho}}{1 + 0.01w} h \cdot A \quad (6.3.5)$$

式中　Q——增湿拟夯实土层的计算加水量（m³）；

　　w_{op}——最优含水量（%）；

　　$\overline{w}$——在拟夯实层范围内，天然土的含水量加权平均值（%）；

　　$\overline{\rho}$——在拟夯实层范围内，天然土的密度加权平均值（g/cm³）；

　　h——拟增湿的土层厚度（m）；

　　A——拟进行强夯的地基土面积（m²）。强夯施工前3～5d，将计算加水量均匀地浸入拟增湿的土层内。

6.3.6 湿陷性黄土处于或略低于最优含水量，孔隙内一般不出现自由水，每夯完一遍不必等孔隙水压力消散，采取连续夯击，可减少吊车移位，提高强夯施工效率，对降低工程造价有一定意义。

夯点布置可结合工程具体情况确定，按正三角形布置，夯点之间的土夯实较均匀。第一遍夯点夯击完毕后，用推土机将高出夯坑周围的土推至夯坑内填平，再在第一遍夯点之间布置第二遍夯点，第二遍夯击是将第二遍夯点及第一遍填平的夯坑同时进行夯击，完毕后，用推土机平整场地；第三遍夯点通常满堂布置，夯击完毕后，用推土机再平整一次场地；最后一遍用轻锤、低落距（4～5m）连续满拍2～3击，将表层土夯实拍平，完毕后，经检验合格，在夯面以上宜及时铺设一定厚度的灰土垫层或混凝土垫层，并进行基础施工，防止强夯表层土晒裂或受雨水浸泡。

第一遍和第二遍夯击主要是将夯坑底面以下的土层进行夯实，第三遍和最后一遍拍夯主要是将夯坑底面以上的填土及表层松土夯实拍平。

6.3.7 为确保采用强夯法处理地基的质量符合设计要求，在强夯施工进程中和施工结束后，对强夯施工及其地基土的质量进行监督和检验至关重要。强夯施工过程中主要检查强夯施工记录，基础内各夯点的累计夯沉量应达到试夯或设计规定的数值。

强夯施工结束后，主要是在已夯实的场地内挖探井取土样进行室内试验，测定土的干密度、压缩系数和湿陷系数等指标。当需要在现场采用静载荷试验检验强夯土的承载力时，宜于强夯施工结束一个月左右进行。否则，由于时效因素，土的结构和强度尚未恢复，测试结果可能偏小。

6.4 挤　密　法

6.4.1 本条增加了挤密法适用范围的部分内容，对一般地区的建筑，特别是有一些经验的地区，只要掌握了建筑物的使用情况、要求和建筑物场地的岩土工程地质情况以及某些必要的土性参数（包括击实试验资料等），就可以按照本节的条文规定进行挤密地基的设计计算。工程实践及检验测试结果表明，设计计算的准确性能够满足一般地区和建筑的使用要求，这也是从原规范开始比过去显示出来的一种进步。对这类工程，只要求地基挤密结束后进行检验测试就可以了，它是对设计效果和施工质量的检验。

对某些比较重要的建筑和缺乏工程经验的地区，为慎重起见，可在地基处理施工前，在工程现场选择有代表性的地段进行试验或试验性施工，必要时应按实际的试验测试结果，对设计参数和施工要求进行调整。

当地基土的含水量略低于最优含水量（指击实试验结果）时，挤密的效果最好；当含水量过大或者过小时，挤密效果不好。

当地基土的含水量 $w \geqslant 24\%$、饱和度 $S_r > 65\%$ 时，一般不宜直接选用挤密法。但当工程需要时，在采取了必要的有效措施后，如对孔周围的土采取有效"吸湿"和加强孔填料强度，也可采用挤密法处理地基。

对含水量 $w < 10\%$ 的地基土，特别是在整个处理深度范围内的含水量普遍很低，一般宜采取增湿措施，以达到提高挤密法的处理效果。

相比之下，爆扩挤密比其他方法挤密，对地基土含水量的要求要严格一些。

6.4.2 此条规定了挤密地基的布孔原则和孔心距的确定方法，原规范第4.4.2条和第4.4.3条的条文说明仍适合于本条规定。

本条的孔心距计算式与原规范计算式基本相同，仅在式中增加了"预钻孔直径"项。对无预钻孔的挤密法，计算式中的预钻孔直径为"0"，此时的计算式与原规范完全一样。

此条与原规范比较，除包括原规范的内容外，还增加了预钻孔的选用条件和有关的孔径规定。

6.4.3 当挤密法处理深度较大时，才能够充分体现出预钻孔的优势。当处理深度不太大的情况下，采用不预钻孔的挤密法，将比采用预钻孔的挤密法更加优越，因为此时在处理效果相同的条件下，前者的孔心距将大于后者（指与挤密填料孔直径的相对比值），后者需要增加孔内的取土量和填料量，而前者没有取土量，孔内填料量比后者少。在孔心距相同的情况下，预钻孔挤密比不预钻孔挤密，多预钻孔体积的取土量和相当于预钻孔体积的夯填量。为此，在本条中作了挤密法处理深度小于 12m 时，不宜预钻孔，当处理深度大于 12m 时可预钻孔的规定。

6.4.4 此条与原规范的第 4.4.3 条相同，仅将原规范的"成孔后"改为"挤密填料后"，以适合包括"预钻孔挤密"在内的各种挤密法。

6.4.5 此条包括了原规范第 4.4.4 条的全部内容，为帮助人们正确、合理、经济的选用孔内填料，增加了如何选用孔内填料的条文规定。

根据大量的试验研究和工程实践，符合施工质量要求的夯实灰土，其防水、隔水性明显不如素土（指符合一般施工质量要求的素填土），孔内夯填灰土及其他强度高的材料，有提高复合地基承载力或减小地基处理宽度的作用。

6.4.6 原规范条文中提出了挤密法的几种具体方法，如沉管、爆扩、冲击等。虽说冲击法挤密中涵盖了"夯扩法"的内容，但鉴于近 10 年在西安、兰州等地工程中，采用了比较多的挤密，其中包括一些"土法"与"洋法"预钻孔后的夯扩挤密，特别在处理深度比较大或挤密机械不便进入的情况下，比较多的选用了夯扩挤密或采用了一些特制的挤密机械（如小型挤密机等）。

为此，在本条中将"夯扩"法单独列出，以区别以往冲击法中包含的不够明确的内容。

6.4.7 为提高地基的挤密效果，要求成孔挤密应间隔分批、及时夯填，这样可以使挤密地基达到有效、均匀、处理效果好。在局部处理时，必须强调由外向里施工，否则挤密不好，影响到地基处理效果。而在整片处理时，应首先从边缘开始、分行、分点、分批，在整个处理场地平面范围内均匀分布，逐步加密进行施工，不宜像局部处理时那样，过份强调由外向里的施工原则，整片处理应强调"从边缘开始、均匀分布、逐步加密、及时夯填"的施工顺序和施工要求。

6.4.8 规定了不同挤密方法的预留松动层厚度，与原规范规定基本相同，仅对个别数字进行了调整，以更加适合工程实际。

6.4.11 为确保工程质量，避免设计、施工中可能出现的问题，增加了这一条规定。

对重要或大型工程，除应按 6.4.11 条检测外，还应进行下列测试工作，综合判定实际的地基处理效果。

　1　在处理深度内应分层取样，测定孔间挤密土和孔内填料的湿陷性、压缩性、渗透性等；

　2　对挤密地基进行现场载荷试验、局部浸水与大面积浸水试验、其他原位测试等。

通过上述试验测试，所取得的结果和试验中所揭示的现象，将是进一步验证设计内容和施工要求是否合理、全面，也是调整补充设计内容和施工要求的重要依据，以保证这些重要或大型工程的安全可靠及经济合理。

6.5　预 浸 水 法

6.5.1 本条规定了预浸水法的适用范围。工程实践表明，采用预浸水法处理湿陷性黄土层厚度大于 10m 和自重湿陷量的计算值大于 500mm 的自重湿陷性黄土场地，可消除地面下 6m 以下土层的全部湿陷性，地面下 6m 以上土层的湿陷性也可大幅度减小。

6.5.2 采用预浸水法处理自重湿陷性黄土地基，为防止在浸水过程中影响周边邻近建筑物或其他工程的安全使用以及场地边坡的稳定性，要求浸水坑边缘至邻近建筑物的距离不宜小于 50m，其理由如下：

　1　青海省地质局物探队的拟建工程，位于西宁市西郊西川河南岸Ⅲ级阶地，该场地的湿陷性黄土层厚度为 13～17m。青海省建筑勘察设计院于 1977 年在该场地进行勘察，为确定场地的湿陷类型，曾在现场采用 15m×15m 的试坑进行浸水试验。

　2　为消除拟建住宅楼地基土的湿陷性，该院于 1979 年又在同一场地采用预浸法进行处理，浸水坑的尺寸为 53m×33m。

试坑浸水试验和预浸水法的实测结果以及地表开裂范围等，详见表 6.5.2。

青海省物探队拟建场地

表 6.5.2　试坑浸水试验和预浸水法的实测结果

时间	浸　　水		自重湿陷量的实测值（mm）		地表开裂范围（m）	
	试坑尺寸（m×m）	时　间（昼夜）	一般	最大	一般	最大
1977 年	15×15	64	300	400	14	18
1979 年	53×33	120	650	904	30	37

从表 6.5.2 的实测结果可以看出，试坑浸水试验和预浸水法，二者除试坑尺寸（或面积）及浸水时间有所不同外，其他条件基本相同，但自重湿陷量的实

测值与地表开裂范围相差较大。说明浸水影响范围与浸水试坑面积的大小有关。为此，本条规定采用预浸水法处理地基，其试坑边缘至周边邻近建筑物的距离不宜小于 50m。

6.5.3 采用预浸水法处理地基，土的湿陷性及其他物理力学性质指标有很大变化和改善，本条规定浸水结束后，在基础施工前应进行补充勘察，重新评定场地或地基土的湿陷性，并应采用垫层法或其他方法对上部湿陷性黄土层进行处理。

7 既有建筑物的地基加固和纠倾

7.1 单液硅化法和碱液加固法

7.1.1 碱液加固法在自重湿陷性黄土场地使用较少，为防止采用碱液加固法加固既有建筑物地基产生附加沉降，本条规定加固自重湿陷性黄土地基应通过试验确定其可行性，取得必要的试验数据，再扩大其应用范围。

7.1.2 当既有建筑物和设备基础出现不均匀沉降，或地基受水浸湿产生湿陷时，采用单液硅化法或碱液加固法对其地基进行加固，可阻止其沉降和裂缝继续发展。

采用上述方法加固拟建的构筑物或设备基础的地基，由于上部荷载还未施加，在灌注溶液过程中，地基不致产生附加下沉，经加固的地基，土的湿陷性消除，比天然土的承载力可提高 1 倍以上。

7.1.3 地基加固施工前，在拟加固地基的建筑物附近进行单孔或多孔灌注溶液试验，主要目的为确定设计施工所需的有关参数，并可查明单液硅化法或碱液加固法加固地基的质量及效果。

7.1.4～7.1.5 地基加固完毕后，通过一定时间的沉降观测，可取得建筑物或设备基础的沉降有无稳定或发展的信息，用以评定加固效果。

（Ⅰ）单液硅化法

7.1.6 单液硅化加固湿陷性黄土地基的灌注工艺，分为压力灌注和溶液自渗两种。

压力灌注溶液的速度快，渗透范围大。试验研究资料表明，在灌注溶液过程中，溶液与土接触初期，尚未产生化学反应，被浸湿的土体强度不但未提高，并有所降低，在自重湿陷严重的场地，采用此法加固既有建筑物地基时，其附加沉降可达 300mm 以上，既有建筑物显然是不允许的。故本条规定，压力单液硅化宜用于加固自重湿陷性黄土场地上拟建工程的地基，也可用于加固非自重湿陷性黄土场地上的既有建筑物地基。非自重湿陷性黄土的湿陷起始压力值较大，当基底压力不大于湿陷起始压力时，不致出现附加沉降，并已为工程实践和试验研究资料所证明。

压力灌注需要加压设备（如空压机）和金属灌注管等，加固费用较高，其优点是水平向的加固范围较大，基础底面以下的部分土层也能得到加固。

溶液自渗的速度慢，扩散范围小，溶液与土接触初期，被浸湿的土体小，既有建筑物和设备基础的附加沉降很小（一般约 10mm），对建筑物无不良影响。

溶液自渗的灌注孔可用钻机或洛阳铲完成，不要用灌注管和加压等设备，加固费用比压力灌注的费用低，饱和度不大于 60% 的湿陷性黄土，采用溶液自渗，技术上可行，经济上合理。

7.1.7 湿陷性黄土的天然含水量较小，孔隙中不出现自由水，采用低浓度（10%～15%）的硅酸钠溶液注入土中，不致被孔隙中的水稀释。

此外，低浓度的硅酸钠溶液，粘滞度小，类似水一样，溶液自渗较畅通。

水玻璃（即硅酸钠）的模数值是二氧化硅与氧化钠（百分率）之比，水玻璃的模数值越大，表明 SiO_2 的成分越多。因为硅化加固主要是由 SiO_2 对土的胶结作用，水玻璃模数值的大小对加固土的强度有明显关系。试验研究资料表明，模数值为 $\frac{SiO_2\%}{Na_2O\%}=1$ 的纯偏硅酸钠溶液，加固土的强度很小，完全不适合加固土的要求，模数值在 2.50～3.30 范围内的水玻璃溶液，加固土的强度可达最大值。当模数值超过 3.30 以上时，随着模数值的增大，加固土的强度反而降低。说明 SiO_2 过多，对加固土的强度有不良影响，因此，本条规定采用单液硅化加固湿陷性黄土地基，水玻璃的模数值宜为 2.50～3.30。

7.1.8 加固湿陷性黄土的溶液用量与土的孔隙率（或渗透性）、土颗粒表面等因素有关，计算溶液量可作为采购材料（水玻璃）和控制工程总预算的主要参数。注入土中的溶液量与计算溶液量相同，说明加固土的质量符合设计要求。

7.1.9 为使加固土体联成整体，按现场灌注溶液试验确定的间距布置灌注孔较合适。

加固既有建筑物和设备基础的地基，只能在基础侧向（或周边）布置灌注孔，以加固基础侧向土层，防止地基产生侧向挤出。但对宽度大的基础，仅加固基础侧向土层，有时难以满足工程要求。此时，可结合工程具体情况在基础侧向布置斜向基础底面中心以下的灌注孔，或在其台阶布置穿透基础的灌注孔，使基础底面下的土层获得加固。

7.1.10 采用压力灌注，溶液有可能冒出地面。为防止在灌注溶液过程中，溶液出现上冒，灌注管打入土中后，在连接胶皮管时，不得摇动灌注管，以免灌注管外壁与土脱离产生缝隙，灌注溶液前，并应将灌注管周围的表层土夯实或采取其他措施进行处理。灌注压力由小逐渐增大，剩余溶液不多时，可适当提高压力，但最大压力不宜超过 200kPa。

7.1.11 溶液自渗，不需要分层打灌注管和分层灌注溶液。设计布置的灌注孔，可用钻机或洛阳铲一次钻（或打）至设计深度。孔成后，将配好的溶液注满灌注孔，溶液面宜高出基础底面标高 0.50m，借助孔内水头高度使溶液自行渗入土中。

灌注孔数量不多时，钻（或打）孔和灌溶液，可全部一次施工，否则，可采取分批施工。

7.1.12 灌注溶液前，对拟加固地基的建筑物进行沉降和裂缝观测，并可同加固结束后的观测情况进行比较。

在灌注溶液过程中，自始至终进行沉降观测，有利于及时发现问题并及时采取措施进行处理。

7.1.13 加固地基的施工记录和检验结果，是验收和评定地基加固质量好坏的重要依据。通过精心施工，才能确保地基的加固质量。

硅化加固土的承载力较高，检验时，采用静力触探或开挖取样有一定难度，以检查施工记录为主，抽样检验为辅。

（Ⅱ）碱液加固法

7.1.14 碱液加固法分为单液和双液两种。当土中可溶性和交换性的钙、镁离子含量大于本条规定值时，以氢氧化钠一种溶液注入土中可获得较好的加固效果。如土中的钙、镁离子含量较低，采用氢氧化钠和氯化钙两种溶液先后分别注入土中，也可获得较好的加固效果。

7.1.15 在非自重湿陷性黄土场地，碱液加固地基的深度可为基础宽度的 2～3 倍，或根据基底压力和湿陷性黄土层深度等因素确定。已有工程采用碱液加固地基的深度大都为 2～5m。

7.1.16 将碱液加热至 80～100℃再注入土中，可提高碱液加固地基的早期强度，并对减小拟加固建筑物的附加沉降有利。

7.2 坑式静压桩托换法

7.2.1 既有建筑物的沉降未稳定或还在发展，但尚未丧失使用价值，采用坑式静压桩托换法对其基础地基进行加固补强，可阻止该建筑物的沉降、裂缝或倾斜继续发展，以恢复使用功能。托换法适用于钢筋混凝土基础或基础内设有地（或圈）梁的多层及单层建筑。

7.2.2 坑式静压桩托换法与硅化、碱液或其他加固方法有所不同，它主要是通过托换桩将原有基础的部分荷载传给较好的下部土层中。

桩位通常沿纵、横墙的基础交接处、承重墙基础的中间、独立基础的四角等部位布置，以减小基底压力，阻止建筑物沉降不再继续发展为主要目的。

7.2.3 坑式静压桩主要是在基础底面以下进行施工，预制桩或金属管桩的尺寸都要按本条规定制作或加工。尺寸过大，搬运及操作都很困难。

7.2.4 静压桩的边长较小，将其压入土中对桩周的土挤密作用较小，在湿陷性黄土地基中，采用坑式静压桩，可不考虑消除土的湿陷性，桩尖应穿透湿陷性黄土层，并应支承在压缩性低或较低的非湿陷性黄土层中。桩身在自重湿陷性黄土层中，尚应考虑扣去桩侧的负摩擦力。

7.2.5 托换管的两端，应分别与基础底面及桩顶面牢固连接，当有缝隙时，应用铁片塞严实，基础的上部荷载通过托换管传给桩及桩端下部土层。为防止托换管腐蚀生锈，在托换管外壁宜涂刷防锈油漆，托换管安放结束后，其周围宜浇筑 C20 混凝土，混凝土内并可加适量膨胀剂，也可采用膨胀水泥，使混凝土与原基础接触紧密，连成整体。

7.2.6 坑式静压桩属于隐蔽工程，将其压入土中后，不便进行检验，桩的质量与砂、石、水泥、钢材等原材料以及施工因素有关。施工验收，应侧重检验控制桩的原材料化验结果以及钢材、水泥出厂合格证、混凝土试块的试验报告和压桩记录等内容。

7.3 纠 倾 法

7.3.1 某些已经建成并投入使用的建筑物，甚至某些正在建造中的建筑物，由于场地地基土的湿陷性及压缩性较高，雨水、场地水、管网水、施工用水、环境水管理不好，使地基土发生湿陷变形及压缩变形，造成建筑物倾斜和其他形式的不均匀下沉、建筑物裂缝和构件断裂等，影响建筑物的使用和安全。在这种情况下，解决工程事故的方法之一，就是采取必要的有效措施，使地基过大的不均匀变形减小到符合建筑物的允许值，满足建筑物的使用要求，本规范称此法为纠倾法。

湿陷性黄土浸水湿陷，这是湿陷性黄土地区有别于其他地区的一个特点。由此出发，本条将纠倾法分为湿法和干法两种。

浸水湿陷是一种有害的因素，但可以变有害为有利，利用湿陷性黄土浸水湿陷这一特性，对建筑物地基相对下沉较小的部位进行浸水，强迫其下沉，使既有建筑物的倾斜得以纠正，本法称为湿法纠倾。兰化有机厂生产楼地基下沉停产事故、窑街水泥厂烟囱倾斜事故等工程中，采用了湿法纠倾，使生产楼恢复生产、烟囱扶正，并恢复了它们的使用功能，节省了大量资金。

对某些建、构筑物，由于邻近范围内有建、构筑物或有大量的地下构筑物等，采用湿法纠倾，将会威胁到邻近地上或地下建、构筑物的安全，在这种情况下，对地基应选择不浸水或少浸水的方法，对不浸水的方法，称为干法纠倾，如掏土法、加压法、顶升法等。早在 20 世纪 70 年代，甘肃省建筑科学研究院用加压法处理了当时影响很大的天水军民两用机场跑道下沉全工程停工的特大事故，使整个工程复工，经过近 30 年的使用考验，证明处理效果很好。

又如甘肃省建筑科学研究院对兰化烟囱的纠倾，采用了小切口竖向调整和局部横向扇形掏土法；西北铁科院对兰州白塔山的纠倾，采用了横向掏土和竖向顶升法，都取得了明显的技术、经济和社会效益。

7.3.2 在湿陷性黄土场地对既有建筑物进行纠倾时，必须全面掌握原设计与施工的情况、场地的岩土工程地质情况、事故的现状、产生事故的原因及影响因素、地基的变形性质与规律、下沉的数量与特点、建筑物本身的重要性和使用上的要求、邻近建筑物及地下构筑物的情况、周围环境等各方面的资料，当某些重要资料缺少时，应先进行必要的补充工作，精心做好纠倾前的准备。纠倾方案，应充分考虑到实施过程中可能出现的不利情况，做到有对策、留余地，安全可靠、经济合理。

7.3.3~7.3.6 规定了纠倾法的适用范围和有关要求。

采用浸水法时，一定要注意控制浸水范围、浸水量和浸水速率。地基下沉的速率以 5~10mm/d 为宜，当达到预估的浸水滞后沉降量时，应及时停水，防止产生相反方向的新的不均匀变形，并防止建筑物产生新的损坏。

采用浸水法对既有建筑物进行纠倾，必须考虑到对邻近建筑物的不利影响，应有一定的安全防护距离。一般情况下，浸水点与邻近建筑物的距离，不宜小于1.5倍湿陷性黄土层深度的下限，并不宜小于20m；当土层中有碎石类土和砂土夹层时，还应考虑到这些夹层的水平向串水的不利影响，此时防护距离宜取大值；在土体水平向渗透性小于垂直向和湿陷性黄土层深度较小（如小于10m）的情况下，防护距离也可适当减小。

当采用浸水法纠倾难于达到目的时，可将两种或两种以上的方法因地、因工程制宜地结合使用，或将几种干法纠倾结合使用，也可以将干、湿两种方法合用。

7.3.7 本条从安全角度出发，规定了不得采用浸水法的有关情况。

靠近边坡地段，如果采用浸水法，可能会使本来稳定的边坡成为不稳定的边坡，或使原来不太稳定的边坡进一步恶化。

靠近滑坡地段，如果采用浸水法，可能会使土体含水量增大，滑坡体的重量加大，土的抗剪强度减小，滑动面的阻滑作用减小，滑坡体的滑动作用增大，甚至会触发滑坡体的滑动。

所以在这些地段，不得采用浸水法纠倾。

附近有建、构筑物和地下管网时，采用浸水法，可能顾此失彼，不但会损害附近地面、地下的建、构筑物及管网，还可能由于管道断裂，建筑物本身有可能产生新的次生灾害，所以在这种情况下，不宜采用浸水法。

7.3.8 在纠倾过程中，必须对拟纠倾的建筑物和周围情况进行监控，并采取有效的安全措施，这是确保工程质量和施工安全的关键。一旦出现异常，应及时处理，不得拖延时间。

纠倾过程中，监测工作一般包括下列内容：

1 建筑物沉降、倾斜和裂缝的观测；

2 地面沉降和裂缝的观测；

3 地下水位的观测；

4 附近建筑物、道路和管道的监测。

7.3.9 建筑物纠倾后，如果在使用过程中还可能出现新的事故，经分析认为确实存在着潜在的不利因素时，应对该建筑物进行地基加固并采取其他有效措施，防止事故再次发生。

对纠倾后的建筑物，开始宜缩短观测的间隔时间，沉降趋于稳定后，间隔时间可适当延长，一旦发现沉降异常，应及时分析原因，采取相应措施增加观测次数。

8 施 工

8.1 一 般 规 定

8.1.1~8.1.2 合理安排施工程序，关系着保证工程质量和施工进度及顺利完成湿陷性黄土地区建设任务的关键。以往在建设中，有些单位不是针对湿陷性黄土的特点安排施工，而是违反基建程序和施工程序，如只图早开工，忽视施工准备，只顾房屋建筑，不重视附属工程；只抓主体工程，不重视收尾竣工……因而往往造成施工质量低劣、返工浪费、拖延进度以及地基浸水湿陷等事故，使国家财产遭受不应有的损失，施工程序的主要内容是：

1 强调做好施工准备工作和修通道路、排水设施及必要的护坡、挡土墙等工程，可为施工主体工程创造条件；

2 强调"先地下后地上"的施工程序，可使施工人员重视并抓紧地下工程的施工，避免场地积水浸入地基引起湿陷，并防止由于施工程序不当，导致建筑物产生局部倾斜或裂缝；

3 强调先修通排水管道，并先完成其下游，可使排水畅通，消除不良后果。

8.1.3 本条规定的地下坑穴，包括古墓、古井和砂井、砂巷。这些地下坑穴都埋藏在地表下不同深度内，是危害建筑物安全使用的隐患，在地基处理或基础施工前，必须将地下坑穴探查清楚与处理妥善，并应绘图、记录。

目前对地下坑穴的探查和处理，没有统一规定。如：有的由建设部门或施工单位负责，也有的由文物部门负责。由于各地情况不同，故本条仅规定应探查和处理的范围，而未规定完成这项任务的具体部门或单位，各地可根据实际情况确定。

8.1.4 在湿陷性黄土地区，雨季和冬季约占全年时间的 1/3 以上，对保证施工质量，加快施工进度的不利因素较多，采取防雨、防冻措施需要增加一定的工程造价，但绝不能因此而不采取有效的防雨、防冻措施。

基坑（或槽）暴露时间过长，基坑（槽）内容易积水，基坑（槽）壁容易崩塌，在开挖基坑（槽）或大型土方前，应充分做好准备工作，组织分段、分批流水作业，快速施工，各工序之间紧密配合，尽快完成地基基础和地下管道等的施工与回填，只有这样，才能缩短基坑（槽）的暴露时间。

8.1.5 近些年来，城市建设和高层建筑发展较迅速，地下管网及其他地下工程日益增多，房屋越来越密集，在既有建筑物的邻近修建地下工程时，不仅要保证地下工程自身的安全，而且还应采取有效措施确保原有建筑物和管道系统的安全使用。否则，后果不堪设想。

8.2 现场防护

8.2.1 湿陷性黄土地区气候比较干燥，年降雨量较少，一般为 300～500mm，而且多集中在 7～9 三个月，因此暴雨较多，危害性较大，建筑场地的防洪工程不但应提前施工，并应在雨季到来之前完成，防止洪水淹没现场引起灾害。

8.2.2 施工期间用的临时防洪沟、水池、洗料场、淋灰池等，其设施都很简易，渗漏水的可能性大，应尽可能将这些临时设施布置在施工现场的地形较低处或地下水流向的下游地段，使其远离主要建筑物，以防止或减少上述临时设施的渗漏水渗入建筑物地基。

据调查，在非自重湿陷性黄土场地，水渠漏水的横向浸湿范围约为 10～12m，淋灰池漏水的横向浸湿范围与上述数值基本相同，而在自重湿陷性黄土场地，水渠漏水的横向浸湿范围一般为 20m 左右。为此，本条对上述设施距建筑物外墙的距离，按非自重湿陷性黄土场地和自重湿陷性黄土场地，分别规定为不宜小于 12m 和 25m。

8.2.3 临时给水管是为施工用水而装设的临时管道，施工结束后务必及时拆除，避免将临时给水管道，长期埋在地下腐蚀漏水。例如，兰州某办公楼的墙体严重裂缝，就是由于竣工后未及时拆除临时给水管道而被埋在地下腐蚀漏水所造成的湿陷事故。总结已有经验教训，本条规定，对所有临时给水管道，均应在施工期间将其绘在施工总平图上，以便检查和发现，施工完毕，不再使用时，应立即拆除。

8.2.4 已有经验说明，不少取土坑成为积水坑，影响建筑物安全使用，为此本条规定，在建筑物周围 20m 范围内不得设置取土坑。当确有必要设置时，应设在现场的地形较低处，取土完毕后，应用其他土将取土坑回填夯实。

8.3 基坑或基槽的施工

8.3.3 随着建设的发展，湿陷性黄土地区的基坑开挖深度越来越大，有的已超过 10m，原来认为湿陷性黄土地区基坑开挖不需要采取支护措施，现在已经不能满足工程建设的要求，而黄土地区基坑事故却屡有发生。因而有必要在本规范内新增有关湿陷性黄土地区深基坑开挖与支护的内容。

除了应符合现行国家标准《岩土工程勘察规范》和国家行业标准《建筑基坑支护技术规程》的有关规定外，湿陷性黄土地区的深基坑开挖与支护还有其特殊的要求，其中最为突出的有：

1 要对基坑周边外宽度为 1～2 倍开挖深度的范围内进行土体裂隙调查，并分析其对坑壁稳定性的影响。一些工程实例表明，黄土坑壁的失稳或破坏，常常呈现坍落或坍滑的形式，滑动面或破坏面的后壁常呈现直立或近似直立，与土体中的垂直节理或裂隙有关。

2 湿陷性黄土遇水增湿后，其强度将显著降低导致坑壁失稳。不少工程实例表明，黄土地区的基坑事故大都与黄土坑壁浸水增湿软化有关。所以对黄土基坑来说，严格的防水措施是至关重要的。当基坑壁有可能受水浸湿时，宜采用饱和状态下黄土的物理力学性质指标进行设计与验算。

3 在需要对基坑进行降低地下水位时，所需的水文地质参数特别是渗透系数，宜根据现场试验确定，而不应根据室内渗透试验确定。实践经验表明，现场测定的渗透系数将比室内测定结果要大得多。

8.4 建筑物的施工

8.4.1 各种施工缝和管道接口质量不好，是造成管沟和管道渗漏水的隐患，对建筑物危害极大。为此，本条规定，各种管沟应整体穿过建筑物基础。对穿过外墙的管沟要求一次做到室外的第一个检查井或距基础 3m 以外，防止在基础内或基础附近接头，以保证接头质量。

8.5 管道和水池的施工

8.5.1 管材质量的优、劣，不仅影响其使用寿命，更重要的是关系到是否漏水渗入地基。近些年，由于市场管理不规范，产品鉴定不严格，一些不符合国家标准的劣质产品流入施工现场，给工程带来危害。为把好质量关，本条规定，对各种管材及其配件进场时，必须按设计要求和有关现行国家标准进行检查。经检查不合格的不得使用。

8.5.2 根据工程实践经验，从管道基槽开挖至回填结束，施工时间越长，问题越多。本条规定，施工道及其附属构筑物的地基与基础时，应采取分段、流水作业，或分段进行基槽开挖、检验和回填。即：完成一段，再施工另一段，以便缩短管道和沟槽的暴露时间，防止雨水和其他水流入基槽内。

8.5.6 对埋地压力管道试压次数的规定：

1 据调查，在非自重湿陷性黄土场地（如西安地区），大量埋地压力管道安装后，仅进行1次强度和严密性试验，在沟槽回填过程中，对管道基础和管道接口的质量影响不大。进行1次试压，基本上能反映出管道的施工质量。所以，在非自重湿陷性黄土场地，仍按原规范规定应进行1次强度和严密性试验。

2 在自重湿陷性黄土场地（如兰州地区），普遍反映，非金属管道进行2次强度和严密性试验是必要的。因为非金属管道各品种的加工、制作工艺不稳定，施工过程中易损易坏。从工程实例分析，管道接口处的事故发生率较高，接口处易产生环向裂缝，尤其在管基垫层质量较差的情况下，回填土时易造成隐患。管口在回填土后一旦产生裂缝，稍有渗漏，自重湿陷性黄土的湿陷很敏感，极易影响前、后管基下沉，管口拉裂，扩大破坏程度，甚至造成返工。所以，本规范要求做2次强度和严密性试验，而且是在沟槽回填前、后分别进行。

金属管道，因其管材质量相对稳定；大口径管道接口已普遍采用橡胶止水环的柔性材料；小口径管道接口施工质量有所提高；直埋管中管，管材材质好，接口质量严密……从金属管道整体而言，均有一定的抗不均匀沉陷的能力。调查中，普遍认为没有必要做2次试压。所以，本次修订明确指出，金属管道进行1次强度和严密性试验。

8.5.7 从压力管道的功能而言，有两种状况：在建筑物基础内外，基本是防护距离以内，为其建筑物的生产、生活直接服务的附属配水管道。这些管道的管径较小，但数量较多，很繁杂，可归为建筑物内的压力管道；还有的是穿越城镇或建筑群区域内（远离建筑物）的主体输水管道。此类管道虽然不在建筑物防护距离之内，但从管道自身的重要性和管道直接埋地的敷设环境看，对建筑群区域的安全存在不可忽视的威协。这些压力管道在本规范中基本属于构筑物的范畴，是建筑物的室外压力管道。

原规范中规定：埋地压力管道的强度试验压力应符合有关现行国家标准的规定；严密性试验的压力值为工作压力加100kPa。这种写法没有区分室内和室外压力管道，较为笼统。在工程实践中，一些单位反映，目前室内、室外压力管道的试压标准较混乱无统一标准遵循。

1998年建设部颁发实施的国家标准《给水排水管道工程施工及验收规范》（以下简称"管道规范"）解决了室外压力管道试压问题。该"管道规范"明确规定适用于城镇和工业区的室外给排水管道工程的施工及验收；在严密性试验中，"管道规范"的要求明显高于原规范，其试验方法与质量检测标准也较高。考虑到湿陷性黄土对防水有特殊要求，所以，室外压

力管道的试压标准应符合现行国家标准"管道规范"的要求。

在本次修订中，明确规定了室外埋地压力管道的试验压力值，并强调强度和严密性的试验方法、质量检验标准，应符合现行国家标准《给水排水管道工程施工及验收规范》的有关规定，这是最基本的要求。

8.5.8 本条对室内管道，包括防护范围内的埋地压力管道进行水压试验，基本上仍按原规范规定，高于一般地区的要求。其中规定室内管道强度试验的试验压力值，在严密性试验时，沿用原规范规定的工作压力加0.10MPa。测试时间：金属管道仍为2h，非金属管道为4h，并尽量使试验工作在一个工作日内完成。

建筑物内的工业埋地压力给水管道，因随工艺要求不同，有其不同的要求，所以本条另写，按有关专门规定执行。

塑料管品种繁多，又不断更新，国家标准正陆续制定，尚未系列化，所以，本规范对塑料管的试压要求未作规定。在塑料管道工程中，对塑料管的试压要求，只有参照非金属管的要求试压或者按相应现行国家标准执行。

8.5.9 据调查，雨水管道漏水引起的湿陷事故率仅次于污水管。雨水汇集在管道内的时间虽短暂，但量大，来得猛、管道又易受外界因素影响。如：小区内雨水管距建筑物基础近；有的屋面水落管入地后直埋于柱基附近，再与地下雨水管相接，本身就处于不均匀沉降敏感部位；小区和市政雨水管防渗漏效果的好坏将直接影响交通和环境……所以，在湿陷性黄土地区，提高了对雨水管的施工和试验检验的标准，与污水管同等对待，当作埋地无压管道进行水压试验，同时明确要求采用闭水法试验。

8.5.10 本条将室外埋地无压管道单独规定，采用闭水试验方法，具体实施应按"管道规范"规定，比原规范规定的试验标准有所提高。

8.5.11 本条与8.5.10条相对应，将室内埋地无压管道的水压试验单独规定。至于采用闭水法试验，注水水头，室内雨水管闭水试验水头的取值都与原规范一致。因合理、适用，则未作修订。

8.5.12 现行国家标准《给水排水构筑物施工验收规范》，对水池满水试验的充水水位观测，蒸发量测定，渗水量计算等都有详细规定和严格要求。本次修订，本规范仅将原规范条文改写为对水池应按设计水位进行满水试验。其方法与质量标准应符合《给水排水构筑物施工及验收规范》的规定和要求。

8.5.13 工程实例说明，埋地管道沟槽回填质量不规范，有的甚至凹陷有隐患。为此，本次修订，明确在0.50m范围内，压实系数按0.90控制，其他部位按0.95控制。基本等同于池（沟）壁与基槽间的标准，保护管道，也便于定量检验。

9 使用与维护

9.1 一般规定

9.1.1～9.1.2 设计、施工所采取的防水措施，在使用期间能否发挥有效作用，关键在于是否经常坚持维护和检修。工程实践和调查资料表明，凡是对建筑物和管道重视维护和检修的使用单位，由于建筑物周围场地积水、管道漏水引起的湿陷事故就少，否则，湿陷事故就多。

为了防止和减少湿陷事故的发生，保证建筑物和管道的安全使用，总结已有的经验教训，本章规定，在使用期间，应对建筑物和管道经常进行维护和检修，以确保设计、施工所采取的防水措施发挥有效作用。

用户部门应根据本章规定，结合本部门或本单位的实际，安排或指定有关人员负责组织制订使用与维护管理细则，督促检查维护管理工作，使其落到实处，并成为制度化、经常化，避免维护管理流于形式。

9.1.4 据调查，在建筑物使用期间，有些单位为了改建或扩建，在原有建筑物的防护范围内随意增加或改变用水设备，如增设开水房、淋浴室等，但没有按规范规定和原设计意图采取相应的防水措施和排水设施，以至造成许多湿陷事故。本条规定，有利于引起使用部门的重视，防止有章不循。

9.2 维护和检修

9.2.1～9.2.6 本节各条都是维护和检修的一些要求和做法，其规定比较具体，故未作逐条说明，使用单位只要认真按本规范规定执行，建筑物的湿陷事故有可能杜绝或减到最少。

埋地管道未设检漏设施，其渗漏水无法检查和发现。尽管埋地管道大都是设在防护范围外，但如果长期漏水，不仅使大量水浪费，而且还可能引起场地地下水位上升，甚至影响建筑物安全使用，为此，9.2.1条规定，每隔3～5年，对埋地压力管道进行工作压力下的泄漏检查，以便发现问题及时采取措施进行检修。

9.3 沉降观测和地下水位观测

9.3.3～9.3.4 在使用期间，对建筑物进行沉降观测和地下水位观测的目的是：

1 通过沉降观测可及时发现建筑物地基的湿陷变形。因为地基浸水湿陷往往需要一定的时间，只要按规范规定坚持经常对建筑物和地下水位进行观测，即可为发现建筑物的不正常沉降情况提供信息，从而可以采取措施，切断水源，制止湿陷变形的发展。

2 根据沉降观测和地下水位观测的资料，可以分析判断地基变形的原因和发展趋势，为是否需要加固地基提供依据。

附录 A 中国湿陷性黄土 工程地质分区略图

本附录A说明为新增内容。随着城市高层建筑的发展，岩土工程勘探的深度也在不断加深，人们对黄土的认识进一步深入，因此，本次修订过程中，除了对原版面的清晰度进行改观，主要收集和整理了山西、陕西、甘肃、内蒙古和新疆等地区有关单位近年来的勘察资料。对原图中的湿陷性黄土层厚度、湿陷系数等数据进行了部分修改和补充，共计27个城镇点，涉及到陕西、甘肃、山西等省、区。在边缘地区 Ⅶ 区新增内蒙古中部—辽西区 Ⅶ₃ 和新疆—甘西—青海区 Ⅶ₄；同时根据最新收集的张家口地区的勘察资料，据其湿陷类型和湿陷等级将该区划分在山西—冀北地区即汾河流域—冀北区 Ⅳ₁。本次修订共新增代表性城镇点19个，受资料所限，略图中未涉及的地区还有待于进一步补充和完善。

湿陷性黄土在我国分布很广，主要分布在山西、陕西、甘肃大部分地区以及河南的西部。此外，新疆、山东、辽宁、宁夏、青海、河北以及内蒙古的部分地区也有分布，但不连续。本图为湿陷性黄土工程地质分区略图，它使人们对全国范围内的湿陷性黄土性质和分布有一个概括的认识和了解，图中所标明的湿陷性黄土层厚度和高、低价地湿陷系数平均值，大多数资料的收集和整理源于建筑物集中的城镇区，而对于该区的台塬、大的冲积扇、河漫滩等地貌单元的资料或湿陷性黄土层厚度与湿陷系值，则应查阅当地的工程地质资料或分区详图。

附录 C 判别新近堆积黄土的规定

C.0.1 新近堆积黄土的鉴别方法，可分为现场鉴别和按室内试验的指标鉴别。现场鉴别是根据场地所处地貌部位、土的外观特征进行。通过现场鉴别可以知道哪些地段和地层，有可能属于新近堆积黄土，在现场鉴别把握性不大时，可以根据土的物理力学性质指标作出判别分析，也可按两者综合分析判定。

新近堆积黄土的主要特点是，土的固结成岩作用差，在小压力下变形较大，其所反映的压缩曲线与晚更新世（Q_3）黄土有明显差别。新近堆积黄土是在小压力下（0～100kPa 或 50～150kPa）呈现高压缩性，而晚更新世（Q_3）黄土是在 100～200kPa 压力段压缩性的变化增大，在小压力下变形不大。

C.0.2 为对新近堆积黄土进行定量判别，并利用土的物理力学性质指标进行了判别函数计算分析，将新近堆积黄土和晚更新世（Q_3）黄土的两组样品作判别分析，可以得到以下四组判别式：

$$R = -6.82e + 9.72a \qquad \text{(C. 0.2-1)}$$

$R_0 = -2.59$，判别成功率为 79.90%

$$R = -10.86e + 9.77a - 0.48\gamma \qquad \text{(C. 0.2-2)}$$

$R_0 = -12.27$，判别成功率为 80.50%

$$R = -68.45e + 10.98a - 7.16\gamma + 1.18w \qquad \text{(C. 0.2-3)}$$

$R_0 = -154.80$，判别成功率为 81.80%

$$R = -65.19e + 10.67a - 6.91\gamma + 1.18w + 1.79w_L \qquad \text{(C. 0.2-4)}$$

$R_0 = -152.80$，判别成功率为 81.80%

当有一半土样的 $R > R_0$ 时，所提供指标的土层为新近堆积黄土。式中 e 为土的孔隙比；a 为 $0 \sim 100\text{kPa}$，$50 \sim 150\text{kPa}$ 压力段的压缩系数之大者，单位为 MPa^{-1}；γ 为土的重度，单位为 kN/m^3；w 为土的天然含水量（%）；w_L 为土的液限（%）。

判别实例：

陕北某场地新近堆积黄土，判别情况如下：

1 现场鉴定

拟建场地位于延河Ⅰ级阶地，部分地段位于河漫滩，在场地表面分布有 $3 \sim 7\text{m}$ 厚黄褐～褐黄色的粉土，土质结构松散，孔隙发育，见较多虫孔及植物根孔，常混有粉质粘土土块及砂、砾或岩石碎屑，偶见陶瓷及朽木片。从现场土层分布及土性特征看，可初步定为新近堆积黄土。

2 按试验指标判定

根据该场地对应地层的土样室内试验结果，$w = 16.80\%$，$\gamma = -14.90 \text{kN/m}^3$，$e = 1.070$，$a_{50-150} = 0.68\text{MPa}^{-1}$，代入附（C. 0.2-3）式，得 $R = -152.64 > R_0 = -154.80$，通过计算有一半以上的土性指标达到了上述标准。

由此可以判定该场地上部的黄土为新近堆积黄土。

附录 D 钻孔内采取不扰动土样的操作要点

D. 0.1～D. 0.2 为了使土样不受扰动，要注意掌握的因素很多，但主要有钻进方法，取样方法和取样器三个环节。

采用合理的钻进方法和清孔器是保证取得不扰动土样的第一个前提，即钻进方法与清孔器的选用，首先着眼于防止或减少孔底拟取土样的扰动，这对结构敏感的黄土显得更为重要。选择合理的取样器，是保证采取不扰动土样的关键。经过多年来的工程实践，以及西北综合勘察设计研究院、国家电力公司西北电力设计院、信息产业部电子综合勘察院等，通过对探井与钻孔取样的直接对比，其结果（见附表 D-2）证明：按附录 D 中的操作要点，使用回转钻进、薄壁清孔器清孔、压入法取样，能够保证取得不扰动土样。

目前使用的黄土薄壁取样器中，内衬大多使用镀锌薄钢板。由于薄钢板重复使用容易变形，内外壁易粘附残留的蜡和土等弊病，影响土样的质量，因此将逐步予以淘汰，并以塑料或酚醛层压纸管代替。

D. 0.3 近年来，在湿陷性黄土地区勘察中，使用的黄土薄壁取样器的类型有：无内衬和有内衬两种。为了说明按操作要点以及使用两种取样器的取样效果，在同一勘探点处，对探井与两种类型三种不同规格、尺寸的取样器（见附表 D-1）的取土质量进行直接对比，其结果（见附表 D-2）说明：应根据土质结构、当地经验、选择合适的取样器。

当采用有内衬的黄土薄壁取样器取样时，内衬必须是完好、干净、无变形，且与取样器的内壁紧贴。当采用无内衬的取样器取样时，内壁必须均匀涂抹润滑油，取土样时，应使用专门的工具将取样器中的土样缓缓推出。但在结构松散的黄土层中，不宜使用无内衬的取样器。以免土样从取样器另装入盛土筒过程中，受到扰动。

钻孔内取样所使用的几种黄土薄壁取样器的规格，见附表 D-1。

同一勘探点处，在探井内与钻孔内的取样质量对比结果，见附表 D-2。

西安咸阳机场试验点，在探井内与钻孔内的取样质量对比，见附表 D-3。

附表 D-1 黄土薄壁取土器的尺寸、规格

取土器类型	最大外径（mm）	刃口内径（mm）	样筒内径（mm）无衬	样筒内径（mm）有衬	盛土筒长（mm）	盛土筒厚（mm）	余（废）土筒长（mm）	面积比（%）	切削刃口角度（℃）	生产单位
TU—127 —1	127	118.5	—	120	150	3.00	200	14.86	10	西北综合勘察设计研究院
TU—127 —2	127	120	121	—	200	2.25	200	7.57	10	
TU—127 —3	127	116	118	—	185	2.00	264	6.90	12.50	信息产业部电子综勘院

附表 D-2　同一勘探点在探井内与钻孔内的取样质量对比表

取样方法／对比指标　试验场地	孔 隙 比 (e)				湿陷系数 (δₛ)				备注
	探井	TU127-1	TU127-2	TU127-3	探井	TU127-1	TU127-2	TU127-3	
咸阳机场	1.084	1.116	1.103	1.146	0.065	0.055	0.069	0.063	
平均差	—	0.032	0.019	0.062	—	0.001	0.004	0.002	
西安等驾坡	1.040	1.042	1.069	1.024	0.032	0.027	0.035	0.030	
平均差	—	0.002	0.029	0.016	—	0.005	0.003	0.002	Q₃黄土
陕西蒲城	1.081	1.070			0.050	0.044			
平均差	—	0.011			—	0.006			
陕西永寿	0.942	—		0.964	0.056			0.073	
平均差	—			0.022	—			0.017	
湿陷等级	按钻孔试验结果评定的湿陷等级与探井完全吻合								

附表 D-3　西安咸阳机场在探井内与钻孔内的取土质量对比表

取样方法／对比指标　取土深度(m)	孔 隙 比 (e)				湿陷系数 (δₛ)			
	探井	钻孔 1	钻孔 2	钻孔 3	探井	钻孔 1	钻孔 2	钻孔 3
1.00~1.15	1.097	—	1.060		0.103	—	—	—
2.00~2.15	1.035	1.045	1.010	1.167	0.086	0.070	0.066	0.081
3.00~3.15	1.152	1.118	0.991	1.184	0.067	0.058	0.039	0.087
4.00~4.15	1.222	1.336	1.316	1.106	0.069	0.075	0.077	0.050
5.00~5.15	1.174	1.251	1.249	1.323	0.071	0.060	0.061	0.080
6.00~6.15	1.173	1.264	1.256	1.192		0.089	0.085	0.068
7.00~7.15	1.258	1.209	1.238	1.194	0.083	0.079	0.084	0.065
8.00~8.15	1.770	1.202	1.217	1.205	0.102	0.091	0.079	0.079
9.00~9.15	1.103	1.057	1.117	1.152	0.046	0.029	0.057	0.066
10.00~10.15	1.018	1.040	1.121	1.131	0.026	0.016	0.036	0.038
11.00~11.15	0.776	0.926	0.888	0.993	0.002	0.018	0.006	0.010
12.00~12.15	0.824	0.830	0.770	0.963	0.040	0.020	0.009	0.016
说　明	钻孔 1 采用 TU127-1 型取土器；钻孔 2 采用 TU127-2 型取土器；钻孔 3 采用 TU127-3 型取土器							

附录 G　湿陷性黄土场地地下水位上升时建筑物的设计措施

湿陷性黄土地基土增湿和减湿,对其工程特性均有显著影响。本措施主要适用于建筑物在使用期内,由于环境条件恶化导致地下水位上升影响地基主要持力层的情况。

G.0.1　未消除地基全部湿陷量,是本附录的前提条件。

G.0.2~G.0.7　基本保持原规范条文的内容,仅在个别处作了文字修改,主要是为防止不均匀沉降采取的措施。

G.0.8　设计时应考虑建筑物在使用期间,因环境条件变化导致地下水位上升的可能,从而对地下室和地下管沟采取有效的防水措施。

G.0.9　本条是根据山西省引黄工程太原呼延水厂的工程实例编写的。该厂距汾河二库的直线距离仅7.8km,水头差高达50m。厂址内的工程地质条件很复杂,有非自重湿陷性黄土场地与自重湿陷性黄土场地,且有碎石地层露头。水厂设计地面分为三个台地,有填方,也有挖方。在方案论证时,与会专家均指出,设计应考虑原非自重湿陷性黄土场地转化为自重湿陷性黄土场地的可能性。这里，填方与地下水位上升是导致场地湿陷类型转化的外因。

附录 H 单桩竖向承载力
静载荷浸水试验要点

H.0.1~H.0.2 对单桩竖向承载力静载荷浸水试验提出了明确的要求和规定。其理由如下：

湿陷性黄土的天然含水量较小，其强度较高，但它遇水浸湿时，其强度显著降低。由于湿陷性黄土与其他黏性土的性质有所不同，所以在湿陷性黄土场地上进行单桩承载力静载荷试验时，要求加载前和加载至单桩竖向承载力的预估值后向试坑内昼夜浸水，以使桩身周围和桩底端持力层内的土均达到饱和状态，否则，单桩竖向静载荷试验测得的承载力偏大，不安全。

附录 J 垫层、强夯和挤密等
地基的静载荷试验要点

J.0.1 荷载的影响深度和荷载的作用面积密切相关。

压板的直径越大，影响深度越深。所以本条对垫层地基和强夯地基上的载荷试验压板的最小尺寸作了规定，但当地基处理厚度大或较大时，可分层进行试验。

挤密桩复合地基静载荷试验，宜采用单桩或多桩复合地基静载荷试验。如因故不能采用复合地基静载荷试验，可在桩顶和桩间土上分别进行试验。

J.0.5 处理后的地基土密实度较高，水不易下渗，可预先在试坑底部打适量的浸水孔，再进行浸水载荷试验。

J.0.6 对本条规定的试验终止条件说明如下：

1 为地基处理设计（或方案）提供参数，宜加至极限荷载终止；

2 为检验处理地基的承载力，宜加至设计荷载值的 2 倍终止。

J.0.8 本条提供了三种地基承载力特征值的判定方法。大量资料表明，垫层的压力-沉降曲线一般呈直线或平滑的曲线，复合地基载荷试验的压力-沉降曲线大多是一条平滑的曲线，均不易找到明显的拐点。因此承载力按控制相对变形的原则确定较为适宜。本条首次对土（或灰土）垫层的相对变形值作了规定。

中华人民共和国行业标准

湿陷性黄土地区建筑基坑工程
安全技术规程

Technical specifications for safe retaining and
protection of building foundation excavation
engineering in collapsible loess regions

JGJ 167—2009
J 859—2009

批准部门：中华人民共和国住房和城乡建设部
施行日期：２００９年７月１日

中华人民共和国住房和城乡建设部
公　告

第 242 号

关于发布行业标准《湿陷性黄土地区建筑基坑工程安全技术规程》的公告

现批准《湿陷性黄土地区建筑基坑工程安全技术规程》为行业标准，编号为 JGJ 167 - 2009，自 2009 年 7 月 1 日起实施。其中，第 3.1.5、5.1.4、5.2.5、13.2.4 条为强制性条文，必须严格执行。

本规程由我部标准定额研究所组织中国建筑工业出版社出版发行。

中华人民共和国住房和城乡建设部
2009 年 3 月 15 日

前　言

根据原建设部《关于印发〈2007 年工程建设标准规范制订、修订计划（第一批）〉的通知》（建标 [2007] 125 号）的要求，规程编制组在深入调查研究，认真总结国内外科研成果和大量实践经验，并在广泛征求意见的基础上，制定了本规程。

本规程的主要技术内容是：1. 总则；2. 术语和符号；3. 基本规定；4. 基坑工程勘察；5. 坡率法；6. 土钉墙；7. 水泥土墙；8. 排桩；9. 降水与土方工程；10. 基槽工程；11. 环境保护与监测；12. 基坑工程验收；13. 基坑工程的安全使用与维护以及相关附录。

本规程以黑体字标志的条文为强制性条文，必须严格执行。

本规程由住房和城乡建设部负责管理和对强制性条文的解释，由陕西省建设工程质量安全监督总站负责具体技术内容的解释。

本规程主编单位：陕西省建设工程质量安全监督总站

（地址：西安市龙首北路西段 7 号航天新都 5 楼；邮政编码：710015）

本规程参编单位：中国有色金属工业西安勘察设计研究院
　　　　　　　　西北综合勘察设计研究院
　　　　　　　　中国有色金属工业西安岩土工程公司
　　　　　　　　陕西工程勘察研究院
　　　　　　　　甘肃省地基基础有限责任公司
　　　　　　　　陕西地质工程总公司
　　　　　　　　西安市勘察测绘院
　　　　　　　　机械工业勘察设计研究院
　　　　　　　　西北有色勘测工程公司
　　　　　　　　山西省勘察设计研究院
　　　　　　　　陕西三秦工程技术质量咨询有限责任公司
　　　　　　　　信息产业部电子综合勘察研究院

本规程主要起草人：

姚建强	朱沈阳	李三红
万增亭	王俊川	田树玉
边尔伦	魏乐军	任澍华
吴小梅	吴群昌	李玉林
徐张建	邱祖全	柳宗仁
赵晓峰	原永智	杨宝山
蔡金选	朱金生	夏　季
丁守宽	任占厚	赵瑞青
杨　震	李西海	王宝峰
王　军	夏　杰	杨宏昌

目　次

1 总 则

1.0.1 为保证湿陷性黄土地区建筑基坑工程在各环节中做到安全适用、技术先进、经济合理和保护环境，制定本规程。

1.0.2 本规程适用于湿陷性黄土地区建筑基坑工程的勘察、设计、施工、检测、监测的技术安全及管理。

1.0.3 基坑工程应综合考虑基坑及其周边一定范围内的工程地质与水文地质条件、开挖深度、周边环境、基坑重要性、受水浸湿的可能性、施工条件、支护结构使用期限等因素，并应结合工程经验，做到精心设计、合理布局、严格施工、有效监管。

1.0.4 湿陷性黄土地区建筑基坑工程除应符合本规程的规定外，尚应符合国家现行有关标准的规定。

2 术语和符号

2.1 术 语

2.1.1 湿陷性黄土 collapsible loess
在一定压力的作用下受水浸湿时，土的结构迅速破坏，并产生显著附加下沉的黄土。

2.1.2 建筑基坑 building foundation pit
为进行建筑物（包括构筑物）基础与地下室施工所开挖的地面以下空间，包括基槽。

2.1.3 基坑侧壁 foundation pit wall
构成基坑围体的某一侧面。

2.1.4 基坑周边环境 surroundings foundation pit
基坑开挖影响范围内包括既有建（构）筑物、道路、地下设施、地下管线、岩土体及地下水体等的统称。

2.1.5 基坑支护 retaining and protecting for foundation excavation
为保证地下结构施工及基坑周边环境的安全，对基坑侧壁及周边环境采用的支挡、加固与保护措施。

2.1.6 坡率法 slope ratio method
通过选择合理的边坡坡度进行放坡，依靠土体自身强度保持基坑侧壁稳定的无支护基坑开挖施工方法。

2.1.7 土钉墙 soil-nailed wall
采用土钉加固的基坑侧壁土体与护面等组成的支护结构。

2.1.8 水泥土墙 cement-soil wall
由水泥土桩相互搭接形成的格栅状、壁状等形式的重力式支护与挡水结构。

2.1.9 排桩 soldier piles
以某种桩型按队列式布置组成的基坑支护结构。

2.1.10 土层锚杆 ground anchor
由设置于钻孔内，端部伸入稳定土层中的钢筋或钢绞线与孔内注浆体组成的受拉杆体。

2.1.11 冠梁 top beam
设置在支护结构顶部的钢筋混凝土连梁或钢质连梁。

2.1.12 腰梁 waist beam
设置在支护结构顶部以下，传递支护结构、锚杆或内支撑支点力的钢筋混凝土梁或钢梁。

2.1.13 支点 bearing point
锚杆或支撑体系对支护结构的水平约束点。

2.1.14 支点刚度系数 stiffness of fulcrum bearing
锚杆或支撑体系对支护结构的水平向反作用力与其相应位移的比值。

2.1.15 嵌固深度 embedded depth
桩墙结构在基坑开挖底面以下的埋置深度。

2.1.16 截水帷幕 cut-off curtain
用于阻截或减少基坑周围及底部地下水渗入基坑而采用的连续止水体。

2.1.17 防护范围 area of protection
基坑周边防护距离以内的区域。

2.1.18 信息施工法 information feed back construction method
根据施工现场的地质情况和监测数据，对地质结论、设计参数进行验证，对施工安全性进行判断并及时修正施工方案的施工方法。

2.1.19 动态设计法 information feed back design method
根据施工勘察和信息施工法反馈的资料，对地质结论、设计参数及设计方案进行再验证。如确认原设计条件有较大变化，及时补充、修改原设计的设计方法。

2.1.20 基坑工程监测 monitoring for foundation excavation
在基坑开挖及地下工程施工过程中，对基坑侧壁和支护结构的内力、变形、周围环境条件的变化等进行系统的观测和分析，并将监测结果及时反馈，以指导设计和施工的工作。

2.1.21 安全设施 safety device
为保护人、机械的安全，在基坑工程中设置的护栏、标志、防电等设施的总称。

2.2 符 号

2.2.1 抗力和材料性能
A_s——土钉中钢筋截面面积；
c_k——土的黏聚力标准值；
e——土的孔隙比；
e_{pk}——被动土压力标准值；
f_{ck}、f_c——混凝土轴心抗压强度标准值、设计

f_{cu28} —— 养护 28d 的水泥土立方体抗压强度标准值；

f_{py}、f'_{py} —— 预应力钢筋的抗拉、抗压强度设计值；

f_y、f'_y —— 普通钢筋的抗拉、抗压强度设计值；

f_{yk}、f_{pyk} —— 普通钢筋、预应力钢筋抗拉强度标准值；

k —— 土的渗透系数；

K_p —— 被动土压力系数；

k_s —— 基坑开挖面以下土体弹簧系数；

K_T —— 支点刚度系数（弹簧系数）；

m —— 地基土水平抗力系数的比例系数；

R —— 结构构件抗力的设计值；

R_t —— 锚杆（土钉）抗拔承载力特征值；

S —— 荷载效应基本组合的设计值；

S_k —— 荷载效应的标准组合值；

w —— 土的天然含水量；

γ —— 土的重力密度（简称土的重度）；

γ_{cs} —— 水泥土墙的平均重度；

φ_k —— 土的内摩擦角标准值。

2.2.2 作用和作用效应

e_{ak} —— 水平荷载标准值；

K_0 —— 静止土压力系数；

K_a —— 主动土压力系数；

M —— 弯矩设计值；

M_k —— 弯矩标准值；

T_d —— 锚杆抗拔力设计值；

T_{hk} —— 支点力标准值；

T_k —— 土钉受拉荷载标准值；

V —— 剪力设计值；

V_k —— 剪力标准值。

2.2.3 几何参数

A —— 桩（墙）身截面面积；

b —— 墙身厚度；

d —— 桩身设计直径；

h —— 基坑开挖深度；

h_d —— 支护结构嵌固深度设计值；

s_a —— 排桩中心距。

2.2.4 计算系数

K —— 安全系数；

γ_0 —— 重要性系数。

3 基 本 规 定

3.1 设 计 原 则

3.1.1 本规程所列各种支护结构，除特殊说明外，均应按正常使用一年的临时性结构进行设计，并应保证安全；永久性基坑工程设计使用年限不应低于受其影响的邻近建（构）筑物的使用年限。

3.1.2 基坑工程设计可分为下列两类极限状态：

　　1 承载能力极限状态：对应于支护结构达到承载力破坏，锚固或支挡系统失效或基坑侧壁失稳；

　　2 正常使用极限状态：对应于支护结构和基坑边坡变形达到结构本身或保护建（构）筑物的正常使用限值或影响其耐久性能。

3.1.3 基坑工程设计采用的荷载效应最不利组合和与之相应的抗力限值应符合下列规定：

　　1 按地基承载力确定支护结构立柱（肋柱或桩）和挡墙的基础底面积及其埋深时，荷载效应组合应采用正常使用极限状态的标准组合，相应的抗力应采用地基承载力特征值；

　　2 计算基坑侧壁与支护结构的稳定性和锚杆等锚固体与土层的锚固长度时，荷载效应组合应采用承载能力极限状态的基本组合，但其荷载分项系数均取 1.0；也可对由永久荷载效应控制的基本组合采用简化规则，荷载效应基本组合的设计值（S）应按下式确定：

$$S = 1.35 S_k \leqslant R \qquad (3.1.3)$$

式中　R —— 结构构件抗力的设计值；

　　　　S_k —— 荷载效应的标准组合值。

　　3 在确定锚杆、土钉、支护结构立柱、挡板、挡墙截面尺寸、内力、配筋和验算材料强度时，荷载效应组合应采用承载能力极限状态的基本组合，并应采用相应的分项系数，支护结构重要性系数 γ_0 应按相关规定采用；

　　4 计算锚杆变形和支护结构水平位移与垂直位移时，荷载效应组合应采用正常使用极限状态的准永久组合，可不计入地震作用。

3.1.4 根据基坑工程的开挖深度、地下历史文物等与基坑侧壁的相对距离比、基坑周边环境条件和坑壁土受水浸湿可能性等，按破坏后果的严重性依据表 3.1.4 可将基坑侧壁分为 3 个安全等级。支护结构设计中应根据不同的安全等级选用下列相应的重要性系数：

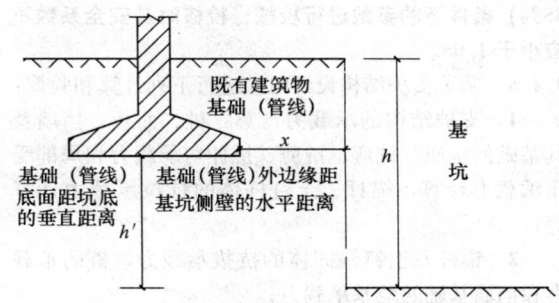

图 3.1.4　相邻建筑物基础（管线）
与基坑相对关系示意

表 3.1.4　基坑侧壁安全等级划分

开挖深度 h (m)	环境条件与工程地质、水文地质条件								
	α<0.5			0.5≤α≤1.0			α>1.0		
	Ⅰ	Ⅱ	Ⅲ	Ⅰ	Ⅱ	Ⅲ	Ⅰ	Ⅱ	Ⅲ
h>12	一级			一级			一级		
6<h≤12	一级			一级		二级	一级		二级
h≤6	一级	二级		二级			二级		三级

注：1　h——基坑开挖深度（m）。

2　α——相对距离比（α=x/h'），为邻近建（构）筑物基础外边缘（或管线最外边缘）距基坑侧壁的水平距离与基础（管线）底面距基坑底垂直距离的比值（见图 3.1.4）。

3　环境条件与工程地质、水文地质条件分类：

Ⅰ——复杂。存在下列情况之一时，可视为复杂：1）基坑侧壁受水浸湿可能性大；2）基坑工程降水深度大于 6m，降水对周边环境有较大影响；3）坑壁土多为填土层或软弱黄土层。

Ⅱ——较复杂。存在下列情况之一时，可视为较复杂：1）基坑侧壁受水浸湿可能性较大；2）基坑工程降水深度介于 3～6m，降水对周边环境有一定的影响；3）坑壁土局部为填土层或软弱黄土层。

Ⅲ——简单。具有下述全部条件时，可视为简单：1）基坑侧壁受水浸湿可能性不大；2）基坑工程降水深度小于 3m，降水对周边环境影响轻微；3）坑壁土很少有填土层或软弱黄土层。

4　同一基坑依周边条件不同，可划分为不同的侧壁安全等级。

1　一级：破坏后果很严重，$\gamma_0=1.10$；

2　二级：破坏后果严重，$\gamma_0=1.00$；

3　三级：破坏后果不严重，$\gamma_0=0.90$。

有特殊要求的基坑工程可依据具体情况适当提高重要性系数。对永久性基坑工程，重要性系数 γ_0 应提高 0.10。

3.1.5　对安全等级为一级且易于受水浸湿的坑壁以及永久性坑壁，设计中应采用天然状态下的土性参数进行稳定和变形计算，并应采用饱和状态（$s_r=85\%$）条件下的参数进行校核；校核时其安全系数不应小于 1.05。

3.1.6　基坑支护结构设计时应进行下列计算和验算：

1　支护结构的承载力计算：桩、面板、挡墙及其基础的抗压、抗弯、抗剪、抗冲切承载力和局部受压承载力计算，锚杆、土钉杆体的抗拉承载力计算等；

2　锚杆及土钉锚固体的抗拔承载力，桩的承载力和挡墙基础的地基承载力；

3　支护结构整体和局部稳定性；

4　对变形有控制要求的基坑工程，应结合当地工程经验进行变形验算，同时应采取有效的综合措施保证基坑边坡和邻近建（构）筑物，地下管线的变形应满足安全使用要求；

5　地下水控制计算和验算；

6　对施工期间可能出现的不利工况进行验算。

3.1.7　基坑支护结构设计应考虑结构变形、地下水位升降对周边环境变形的影响，并应符合下列规定：

1　对于安全等级为一级和周边环境变形有限定要求的二级建筑基坑侧壁，应根据周边环境重要性、对变形的适应能力及岩土工程性质等因素确定支护结构变形限值，最大变形限值应符合设计要求。当设计无要求时，最大水平位移限值可按表 3.1.7 确定。

表 3.1.7　支护结构安全使用最大水平位移限值

安全等级	水平位移限值 (mm)	安全等级	水平位移限值 (mm)
一级	0.0025 h	三级	0.0060 h
二级	0.0040 h		

注：h——基坑开挖深度（mm）。

2　降低地下水对相邻建（构）筑物产生的沉降量允许值，可采用现行国家标准《建筑地基基础设计规范》GB 50007 规定的建筑物地基变形允许值。

3　当建筑基坑邻近重要管线或支护结构用作永久性结构时，其安全使用水平变形和竖向变形应按特殊要求进行控制。

3.1.8　基坑工程设计应具备下列资料：

1　满足基坑工程设计及施工要求的岩土工程勘察报告；

2　用地红线范围图，建（构）筑物总平面图，地下结构平面图、剖面图，地基处理和基础平面布置及其结构图，基础埋深等；

3　临近已有建（构）筑物、道路、地下管线及设施的类型、分布情况、结构形式及质量状况，基础形式、埋深、地基处理情况、重要性及其现状等；

4　基坑周边地面可能的堆载及大型机械车辆运行情况，施工现场用水及排水量大的建（构）筑物分布情况；

5　当地基坑工程经验及施工能力；

6　基坑周围地面排水情况，地面雨水、污水、上下水管线排入或渗入基坑坡体的可能性及其管理控制资料。

3.1.9　基坑工程不同支护体系的计算模式应与所采用的坑壁土体土性指标、土工试验方法以及设计安全系数相适应。

3.1.10　基坑工程设计应包括下列内容：

1　支护体系的方案技术经济比较和选型；

2　支护结构的承载力、稳定和变形计算；

3　基坑内外土体稳定性验算；

4　基坑降水或截水帷幕设计以及围护墙的抗渗

设计；

5 基坑开挖与地下水变化引起的基坑内外土体的变形及其对工程本身基础桩安全、临近建筑物和周力环境安全的影响；

6 基坑开挖施工方法、顺序及与基坑工程安全使用相关的检测、监测内容和要求；

7 基坑工程设计支护结构的安全有效期限；

8 支护结构的变形限值及报警值。

3.1.11 基坑工程设计应考虑下列荷载：

1 土压力、水压力；

2 一般地面超载；

3 影响范围内建筑物荷载；

4 施工荷载及场地内运输时车辆所产生的荷载；

5 永久性支护结构或支护结构作为主体结构一部分时应考虑地震作用。

3.1.12 基坑土体的强度计算指标宜根据基坑降水情况、坑内地基处理加固方法、工程类型和桩的分布形式，并结合工程经验进行适当调整。

3.1.13 基坑支护结构形式应依据场地工程地质与水文地质条件、场地湿陷类型及地基湿陷等级、开挖深度、周边环境、当地施工条件及施工经验等选用。同一基坑可采用一种支护结构形式，也可采用几种支护结构形式或组合，同一坡体水平向宜采用相同的支护形式。湿陷性黄土地区常用的支护结构形式可按表3.1.13选用。

表3.1.13 支护结构选型

结构类型	适 用 条 件
锚、撑式排桩	1 基坑侧壁安全等级为一、二、三级； 2 当地下水位高于基坑底面时，应采取降水或排桩加截水帷幕措施； 3 基坑外地下空间允许占用时，可采用锚拉式支护；基坑边土体为软弱黄土且坑外空间不允许占用时，可采用内撑式支护
悬臂式排桩	1 基坑侧壁安全等级为二、三级； 2 基坑采取降水或采取截水帷幕措施时； 3 基坑外地下空间不允许占用时
土钉墙	1 基坑侧壁安全等级一般为二、三级，且基坑坡体为非饱和黄土； 2 单一土钉墙支护深度不宜超过12m，当与预应力锚杆、排桩等组合使用时，可超过此限； 3 当地下水位高于基坑底面时，应采取排水措施； 4 不适于淤泥、淤泥质土、饱和软黄土
水泥土墙	1 基坑侧壁安全等级宜为三级； 2 一般支护深度不宜大于6m； 3 水泥土桩施工范围内地基承载力宜大于150kPa

表3.1.13

结构类型	适 用 条 件
放坡	1 基坑侧壁安全等级宜为二、三级； 2 场地应满足放坡条件； 3 地下水位高于坡脚时，应采取降水措施； 4 可独立或与上述其他结构结合使用

注：对于基坑上部采用放坡或土钉墙，下部采用排桩的组合支护形式时，上部放坡或土钉墙高度不宜大于基坑总深度的1/2，且应严格控制排桩顶部水平位移。

3.2 施 工 要 求

3.2.1 安全等级为一级的基坑工程设计，应采用动态设计法及信息施工法。

3.2.2 基坑工程施工前应编制专项施工方案，主要内容应包括：

1 支护结构具体施工方案和部署；

2 基坑排水、降水方案与支护施工的交叉及实施，截水帷幕施工的布置；

3 支护施工对土方开挖的具体要求及控制要素；

4 支护施工过程中的安全及质量、进度保证措施；

5 支护施工过程基坑安全监测、检测方案及预警措施；

6 防止坑壁受水浸湿的具体措施；

7 安全应急预案。

3.2.3 基坑工程专项施工方案应经单位技术负责人审批，项目总监理工程师认可后方可实施。

3.2.4 基坑工程施工应按照专项施工方案中所要求的安全技术和措施执行。对参与施工的作业人员应进行专项安全教育，未参加安全教育的人员不得从事现场作业生产。

3.3 水 平 荷 载

3.3.1 作用于支护结构的水平荷载应包括土压力、水压力以及邻近建筑和地面荷载引起的附加土压力。

3.3.2 当支护结构位于地下水位以下时，作用在支护结构上的土压力和水压力，对砂土、碎石土应按水土分算方法计算，对黏性土和粉土可按水土合算方法计算。

3.3.3 支护结构上的水平荷载应按当地经验确定。当无经验时土压力宜按朗肯土压力理论计算。当按朗肯土压力计算时，作用在支护结构上任意点的水平荷载标准值（e_{ak}）可按下列规定计算（见图3.3.3）：

1 对于黏性土、粉土和位于地下水位以上的砂土、碎石土：

$$e_{ak} = (\sigma_k + \Sigma \gamma_i h_i) K_a - 2c_k \sqrt{K_a} \quad (3.3.3\text{-}1)$$

2 对于地下水位以下的砂土、碎石土：

$$e_{ak} = (\sigma_k + \Sigma\gamma_i h_i)K_a + (z - h_{wa})\gamma_w$$
$$(3.3.3-2)$$

式中 K_a ——计算点土层的主动土压力系数，可按本规程第 3.3.4 条规定计算；

      σ_k ——支护结构外侧附加荷载产生的作用于深度 z 处的附加竖向应力标准值，可按本规程第 3.3.5 条规定计算；

      h_i ——计算点以上第 i 层土的厚度（m）；

      γ_i ——计算点以上第 i 层土的重度（kN/m³）；水位以上采用天然重度；水位以下，对于黏性土、粉土采用饱和重度，对于砂土及碎石土采用浮重度；

      c_k ——计算点土层的黏聚力标准值（kPa）；

      z ——计算点深度（m）；

      h_{wa} ——基坑外侧水位埋深（m）；

      γ_w ——水的重度（kN/m³）。

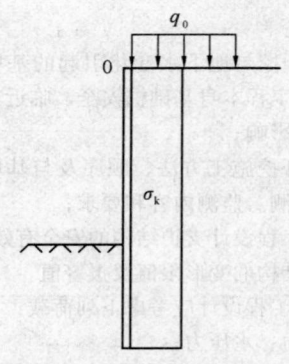

图 3.3.5-1 半无限均布地面荷载附加竖向应力计算简图

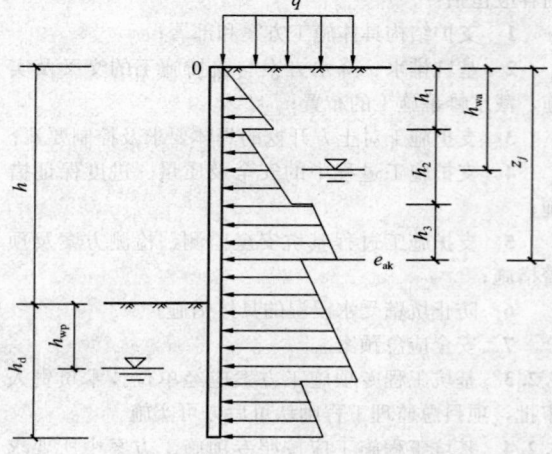

图 3.3.3 水平荷载标准值计算简图

3.3.4 计算点土层的主动土压力系数（K_a）应按下式计算：

$$K_a = \text{tg}^2\left(45^\circ - \frac{\varphi_k}{2}\right) \quad (3.3.4)$$

式中 K_a ——土层的主动土压力系数；

      φ_k ——计算点土层的内摩擦角标准值（°）。

3.3.5 支护结构外侧地面荷载、建筑物荷载等产生的竖向附加应力值（σ_k）可按下列规定计算：

  1 当支护结构外侧地面考虑施工材料、施工机具堆放、道路行车等荷载时，宜按满布的均布荷载计算，计算点深度处的附加竖向应力标准值（σ_k）可按下式计算（见图 3.3.5-1）：

$$\sigma_k = q_0 \quad (3.3.5-1)$$

式中 q_0 ——均布荷载（kPa）。

  2 距支护结构距离为 b_1 处，在与支护结构走向平行方向作用有宽度为 b 的条形基础荷载时，基坑外侧 CD 范围内计算深度处的附加竖向应力标准值（σ_k）可按下式计算（见图 3.3.5-2）：

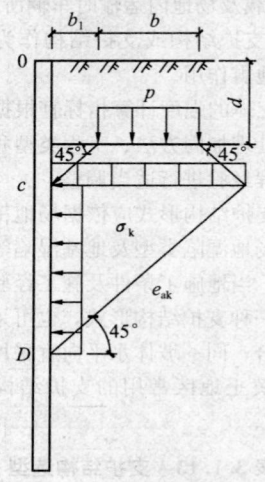

图 3.3.5-2 条形（矩形）均布荷载附加竖向应力计算简图

$$\sigma_k = (p - \gamma d)\frac{b}{b + 2b_1} \quad (3.3.5-2)$$

式中 p ——基础下基底压力标准值（kPa），当（$p - rd$）<0 时，取 0；

      d ——基础埋深（m）；

      γ ——基底以上土的平均重度（kN/m³）；

      b_1 ——距支护结构距离（m）。

  3 距支护结构距离为 b_1 处有作用宽度为 b，长度为 1 的矩形基础荷载时，基坑外侧 CD 范围内计算深度处的附加竖向应力标准值（σ_k）可按下式计算：

$$\sigma_k = (p - \gamma d)\frac{bl}{(b + 2b_1)(l + 2b_1)}$$
$$(3.3.5-3)$$

3.3.6 对严格限制位移的支护结构，水平荷载宜采用静止土压力计算：

$$e_{ak} = (\sigma_k + \Sigma\gamma_i h_i)K_0 \quad (3.3.6)$$

式中 γ_i ——计算点以上第 i 层土的重度（kN/m³）；

      h_i ——计算点以上第 i 层土的厚度（m）；

      K_0 ——计算点处的静止土压力系数。

3.3.7 静止土压力系数宜通过试验确定，当无试验条件和经验资料时，对正常固结土可按表 3.3.7 估算。

表 3.3.7 静止土压力系数（K_0）

土类	坚硬土	硬塑—可塑黏性土、粉土、砂土	可塑—软塑黏性土	软塑黏性土	流塑黏性土
K_0	0.20～0.40	0.40～0.50	0.50～0.60	0.60～0.75	0.75～0.80

3.4 被 动 土 压 力

3.4.1 基坑内侧作用在支护结构上任意点的被动土压力标准值可按下列规定计算（见图 3.4.1）：

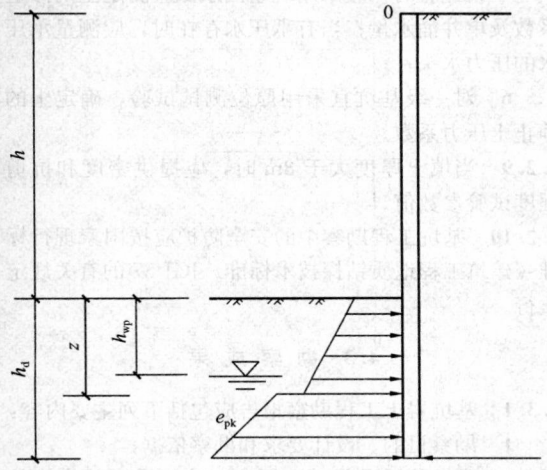

图 3.4.1 被动土压力标准值计算简图

1 对于黏性土、粉土和地下水位以上的砂土、碎石土：

$$e_{pk} = \Sigma \gamma_i h_i K_p + 2c_k \sqrt{K_p} \quad (3.4.1\text{-}1)$$

式中 e_{pk} ——被动土压力标准值（kPa）。

2 对于地下水位以下的砂土、碎石土：

$$e_{pk} = \Sigma \gamma_i h_i K_p + 2c_k \sqrt{K_p} + (z - h_{wp})(1 - K_p)\gamma_w$$
$$(3.4.1\text{-}2)$$

式中 K_p ——计算点土层的被动土压力系数，可按本规程第 3.4.2 条规定计算；

h_{wp} ——基坑内侧地下水位埋深（m）。

3.4.2 计算点土层的被动土压力系数应按下式计算：

$$K_p = \tan^2\left(45° + \frac{\varphi_k}{2}\right) \quad (3.4.2)$$

3.4.3 当基坑内侧被动区土体经人工降水或加固处理后，土体力学强度指标可根据试验或可靠经验确定。

3.4.4 当支护结构位移有严格限制时，可根据经验对被动土压力进行折减。可根据支护结构最大容许侧向位移值的大小，将被动土压力强度标准值乘以 0.50～0.90 的折减系数；或可按弹性地基反力法计算确定实际发挥的被动土压力值。

4 基坑工程勘察

4.1 一 般 规 定

4.1.1 基坑工程的岩土工程勘察宜与拟建工程勘察同步进行。在初步勘察阶段，应根据岩土工程条件，初步判定基坑开挖可能发生的工程问题和需要采取的支护措施；在详细勘察阶段，应针对基坑工程的设计、施工要求进行勘察。

4.1.2 当已有勘察资料不能满足基坑工程设计和施工要求时，应进行专项勘察。

4.1.3 在进行基坑工程勘察之前应取得以下资料：

1 附有坐标和周边已有建（构）筑物的总平面布置图；

2 场地及周边地下管线、人防工程及其他地下构筑物的分布图；

3 拟建建（构）筑物相对应的 ±0.000 绝对标高、结构类型、荷载情况、基础埋深和地基基础形式；

4 拟建场地地面标高、坑底标高和基坑平面尺寸；

5 当地常用的基坑支护方式、降水方法和施工经验等。

4.1.4 基坑的岩土工程勘察应包含下列主要内容：

1 基坑及其周围岩土的成因类型、岩性、分布规律及其物理与力学性质，应重点查明湿陷性土和填土的分布情况；

2 地层软弱结构面（带）的分布特征、力学性质及与基坑开挖临空面的组合关系等；

3 地下含水层和隔水层的厚度、埋藏及分布特征（横向分布是否稳定，隔水层是否有天窗等），与基坑工程有关的地下水（包括上层滞水、潜水和承压水）的补给、排泄及各层地下水之间的水力联系等；

4 支护结构设计、地下水控制设计及基坑开挖、降水对周围环境影响评价所需的计算参数。

4.1.5 岩土工程勘察的方法和工作量宜按基坑侧壁安全等级合理选择和确定。对一、二级基坑工程宜采用多种勘探测试方法，综合分析评价岩土的特性参数。当场地有可能为自重湿陷性黄土场地时，应布置适量探井。

4.1.6 勘探范围宜根据拟建建（构）筑物的范围、基坑拟开挖的深度和场地岩土工程条件确定，宜在基坑周围相当于基坑开挖深度的 1～2 倍范围内布置勘探点，对饱和软黄土分布较厚的区域宜适当扩大勘探范围。

4.2 勘 察 要 求

4.2.1 基坑周围环境调查应包括以下内容：

1 周围2～3倍基坑深度范围内建（构）筑物的高度、结构类型、基础形式、尺寸、埋深、地基处理情况和使用现状；

2 周围2～3倍基坑深度范围内各类地下管线的类型、材质、分布、重要性、使用情况，对施工振动和变形的承受能力，地面和地下贮水、输水等用水设施的渗漏情况及其对基坑工程的影响程度；

3 对基坑及周围2～3倍基坑深度范围内存在的旧建筑基础、人防工程、其他洞穴、地裂缝、厚层人工填土、高陡边坡等不良工程地质现象，应查明其空间分布特征和对基坑工程的影响；

4 基坑四周道路及运行车辆载重情况；

5 基坑周围地表水的汇集和排泄情况；

6 场地附近正在抽降地下水的施工现场，应查明其降深、影响范围和可能的停抽时间；

7 相邻已有基坑工程的支护方法和对拟建场地的影响。

4.2.2 勘探点间距应根据地层复杂程度确定，宜为20～35m，地层复杂时，应加密勘探点；在基坑支护结构附近及转角处宜布有勘探点。

4.2.3 勘探点深度应根据基坑工程设计要求确定，不应小于基坑深度的2.5倍；当遇到厚层饱和黄土或为满足降水设计的需要，勘探点应适当加深，但在此深度内遇到岩石时，可根据岩石类别和支护要求适当减少。

4.2.4 采取不扰动土试样和原位测试的勘探点数量不得少于全部勘探点的2/3，其中采取不扰动土试样的勘探点不宜少于全部勘探点的1/2，取样数量对每一主要岩土层的每一重点试验项目不应少于6个，为进行抗剪强度试验、渗透试验和湿陷性试验而采取的土试样，其质量等级应为Ⅰ级。

4.2.5 勘察时应及时测量孔内初见水位和经一定时间间隔稳定后的稳定水位。当存在多层地下水，且某些层位的地下水对基坑工程影响较大时，可设置专门性的地下水观测孔，分别观测各分层的地下潜水位及承压水头。

4.2.6 勘探孔及探井施工结束后，应及时夯实回填，回填质量应满足相关规定。

4.2.7 室内土工试验宜符合下列要求：

1 除常规试验项目外，还应进行土的湿陷性试验、抗剪强度试验和渗透试验。如分布有岩石，宜进行岩石在天然和饱和状态下的单轴抗压强度试验；如分布有砂土，宜增加休止角试验。

2 土的抗剪强度指标试验条件应与计算模型配套，可采用三轴固结不排水剪切试验；当有经验时，也可采用直接剪切（固结快剪）试验；对于一级基坑，应采用三轴试验。

3 对于重要性为一级、浸水可能性比较大或分布在自重湿陷性黄土场地的基坑，宜测定天然状态及

饱和状态下的抗剪强度指标。

4 对地下水应进行腐蚀性试验。

5 当估算相邻建筑在基坑降水后的沉降量时，应进行土的先期固结压力试验。

4.2.8 原位测试应符合下列要求：

1 对砂土应进行标准贯入试验；

2 对粉土和黏性土宜进行标准贯入试验或静力触探试验；

3 对饱和黄土、淤泥和淤泥质土等软土宜进行静力触探及十字板剪切试验；

4 对碎石类土应进行动力触探试验；

5 当场地水文地质条件复杂或降水深度较大而缺乏工程经验时，宜采用现场抽水试验测定土的渗透系数及单井涌水量；当有承压水存在时，应测量承压水的压力水头；

6 对一级基坑宜采用原位测试试验，确定土的静止土压力系数。

4.2.9 当填土厚度大于3m时，应提供密度和抗剪强度试验参数值。

4.2.10 基坑工程勘察中的安全防护应按国家现行标准《建筑工程地质钻探技术标准》JGJ 87 的有关规定执行。

4.3 勘 察 成 果

4.3.1 基坑岩土工程勘察报告应包括下列主要内容：

1 勘察目的、设计要求和勘察依据；

2 基坑的平面尺寸、深度，建议采用的支护结构类型；

3 场地位置、地形地貌、地层结构、岩土的物理、力学性能指标和基坑支护设计所需参数的建议值；

4 场地地下水的类型、层数、埋藏条件、水位变化幅度和地下水控制设计所需水文地质参数的建议值；

5 对基坑侧壁安全等级和基坑开挖、支护方案、地下水控制方案提出建议，并说明施工中应注意的问题；

6 对场地周边环境条件及基坑开挖、支护和降水的影响进行评价，对检测和监测工作提出建议；

7 对周边环境的调查结果。

4.3.2 基坑岩土工程勘察报告应包括下列附件：

1 勘探点平面位置图，应附拟建建（构）筑物轮廓线和周围已有建（构）筑物、管线、道路的分布情况；

2 沿基坑边线的工程地质剖面图和垂直基坑边线的工程地质剖面图，工程地质剖面图上宜附有基坑开挖底线；

3 室内试验和原位测试成果的有关图表；

4 必要时绘制关键地层层面等值线图等。

4.3.3 当基坑岩土工程勘察与拟建建（构）筑物岩

土工程勘察同步进行时，勘察报告应有专门的章节论述基坑工程的内容。

5 坡 率 法

5.1 一 般 规 定

5.1.1 当场地开阔、坑壁土质较好、地下水位较深及基坑开挖深度较浅时，可优先采用坡率法。同一工程可视场地具体条件采用局部放坡或全深度、全范围放坡开挖。

5.1.2 对开挖深度不大于 5m、完全采用自然放坡开挖、不需支护及降水的基坑工程，可不进行专门设计。应由基坑土方开挖单位对其施工的可行性进行评价，并应采取相应的措施。

5.1.3 采用坡率法时，基坑侧壁坡度（高宽比）应符合本规程第 5.2 节的设计要求；当坡率法与其他基坑支护方法结合使用时，应按相关规定进行设计。

5.1.4 当有下列情况之一时，不应采用坡率法：

    1 放坡开挖对拟建或相邻建（构）筑物及重要管线有不利影响；

    2 不能有效降低地下水位和保持基坑内干作业；

    3 填土较厚或土质松软、饱和，稳定性差；

    4 场地不能满足放坡要求。

5.2 设 计

5.2.1 对于同时符合下列条件的基坑，可不放坡而进行垂直开挖：

    1 场地地下水位低于基坑设计底标高；

    2 基坑深度范围内土质较均匀，松散杂填土或素填土层较薄，且含水率较低；

    3 坑边无动荷载和静荷载，土的静止自立高度大于 3m，且开挖深度不大于 2m。

5.2.2 当基坑深度超过垂直开挖的深度限值时，采用坡率法应依据坑壁岩土的类别、性状、基坑深度、开挖方法及坑边荷载情况等条件按表 5.2.2 确定放坡坡度。

5.2.3 基坑侧壁形式（见图 5.2.3）按坡率分级情况可分为下列 3 种形式：

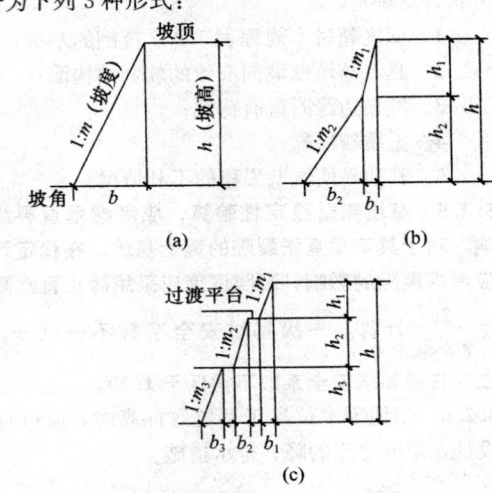

图 5.2.3 基坑侧壁形式
(a) 单坡型；(b) 折线型；(c) 台阶型

表 5.2.2 土质基坑侧壁放坡坡度允许值（高宽比）

岩土类别	岩土性状	坑深在 5m 之内	坑深 5～10m
杂填土	中密—密实	1∶0.75～1∶1.00	—
黄土	黄土状土（Q₄）	1∶0.50～1∶0.75	1∶0.75～1∶1.00
	马兰黄土（Q₃）	1∶0.30～1∶0.50	1∶0.50～1∶0.75
	离石黄土（Q₂）	1∶0.20～1∶0.30	1∶0.30～1∶0.50
	午城黄土（Q₁）	1∶0.10～1∶0.20	1∶0.20～1∶0.30
粉土	稍湿	1∶1.00～1∶1.25	1∶1.25～1∶1.50
黏性土	坚硬	1∶0.75～1∶1.00	1∶1.00～1∶1.25
	硬塑	1∶1.00～1∶1.25	1∶1.25～1∶1.50
	可塑	1∶1.25～1∶1.50	1∶1.50～1∶1.75
砂土	—	自然休止角（内摩擦角）	—
碎石土（充填物为坚硬、硬塑状态的黏性土、粉土）	密实	1∶0.35～1∶0.50	1∶0.50～1∶0.75
	中密	1∶0.50～1∶0.75	1∶0.75～1∶1.00
	稍密	1∶0.75～1∶1.00	1∶1.00～1∶1.25
碎石土（充填物为砂土）	密实	1∶1.00	—
	中密	1∶1.40	
	稍密	1∶1.60	

1 单坡型（一坡到顶）：适用于基坑深度小于 10m 的一般均质侧壁、小于 15m 的黄土侧壁及岩石侧壁；

2 折线型：适用于基坑深度较大，且上下土层性状有较大差别的土质侧壁，可根据坑壁岩土的变化采用不同的坡率；

3 台阶型：当基坑深度较大或地层不均匀时，应根据工程实际条件在岩土分界或一定深度处设置一级或多级过渡平台，对于土层的平台宽度不宜小于 1.0m，对于岩石的平台宽度不宜小于 0.5m。

5.2.4 对下列情况的基坑侧壁坡率值应通过稳定性分析计算确定：

1 深度超过本规程表 5.2.2 范围的基坑；

2 具有与坑壁坡向一致的软弱结构面；

3 坑顶边缘附近有荷载；

4 土质较松软；

5 其他易使坑壁失稳的不利情况。

5.2.5 基坑侧壁稳定性验算，应考虑垂直裂缝的影响，对于具有垂直张裂隙的黄土基坑，在稳定计算中应考虑裂隙的影响，裂隙深度应采用静止直立高度 z_0 = $\dfrac{2c}{\gamma}\dfrac{1}{\sqrt{k_a}}$ 计算。一级基坑安全系数不得低于 **1.30**，二、三级基坑安全系数不得低于 **1.20**。

5.2.6 地下水位高于基坑底标高时，应进行降水设计，采取适当的降、排水措施。

5.3 构 造 要 求

5.3.1 基坑周围地面应向远离基坑方向形成排水坡势，并应沿基坑外围设置排水沟及截水沟，基坑周围排水应畅通，严禁地表水渗入基坑周边土体和冲刷坡体。

5.3.2 基坑坑底应视具体情况设置排水系统，坑底不得积水和冲刷边坡，在影响边坡稳定的范围内不得积水。

5.3.3 对台阶型坑壁，应在过渡平台上设置排水沟，排水沟不应渗漏。

5.3.4 当坡面有渗水时，应根据实际情况设置外倾的泄水孔，对坡体内的积水应采取导排措施，确保其不渗入、不冲刷坑壁。

5.3.5 对于土质坑壁或易软化的岩质坑壁，应视土层条件、施工季节、坑壁裸露时间等具体情况采取适当的坡面和坡脚保护措施，如覆盖薄膜、砂浆抹面、设置挂网喷射混凝土或混凝土面层、堆放土（砂）袋或砌筑砖（石）挡墙等。

5.3.6 当坡面有旧房基础、孤石等不稳定块体存在时，应予以清除，并应采取有效措施进行加固处理。

5.4 施 工

5.4.1 施工前应核验基坑位置及开挖尺寸线，施工过程中应经常检查平面位置、坑底标高、坑壁坡度、

排水及降水系统，并应随时观测周围的环境变化。

5.4.2 土方开挖必须遵循自上而下的开挖顺序，分层、分段按设计的工况进行。

5.4.3 机械开挖时，对坡体土层应预留 10～20cm，由人工予以清除，修坡与检查工作应随时跟进，确保坑壁无超挖，坡面无虚土，坑壁坡度及坡面平整度满足设计要求。

5.4.4 在距离坑顶边线 2.0m 范围内及坡面上，严禁堆放弃土及建筑材料等；在 2.0m 以外堆土时，堆置高度不应大于 1.5m；重型机械在坑边作业宜设置专门平台或深基础；土方运输车辆应在设计安全防护距离范围外行驶。

5.4.5 配合机械作业的清底、平整、修坡等人员，应在机械回转半径以外工作；当需在回转半径以内工作时，应停止机械回转并制动后，方可作业。

6 土 钉 墙

6.1 一 般 规 定

6.1.1 土钉墙适用于地下水位以上或经人工降水后具有一定临时自稳能力土体的基坑支护。不适用于对变形有严格要求的基坑支护。

6.1.2 土钉墙设计、施工及使用期间应采取措施，防止外来水体浸入基坑边坡土体。

6.1.3 当土钉墙用于杂填土层、湿软黄土层及砂土、碎石土层时，应采取有效措施保证成孔质量。

6.2 设 计 计 算

6.2.1 土钉墙设计计算应包括以下内容：

1 土钉的设计计算；

2 不同开挖工况条件下的整体稳定性验算；

3 喷射混凝土面层的设计以及土钉与面层的连接设计。

6.2.2 单根土钉受拉承载力应符合下式要求：

$$T_{jk} \leqslant R_{tj} \qquad (6.2.2)$$

式中 T_{jk} ——第 j 根土钉受拉荷载标准值（kN），可按本规程第 6.2.3 条确定；

R_{tj} ——第 j 根土钉抗拔承载力特征值（kN），可按本规程第 6.2.4 条确定。

6.2.3 单根土钉受拉荷载标准值可按下式计算：

$$T_{jk} = \xi e_{ajk} s_{xj} s_{zj} / \cos\alpha_j \qquad (6.2.3\text{-}1)$$

其中

$$\xi = \tan\frac{\beta - \varphi_k}{2}\left(\cot\frac{\beta + \varphi_k}{2} - \cot\beta\right)$$

$$\tan^2\left(45° + \frac{\varphi_k}{2}\right) \qquad (6.2.3\text{-}2)$$

式中 ξ ——折减系数；

e_{ajk} ——第 j 根土钉位置处的水平荷载标准值（kPa）；

s_{xj}、s_{zj}——第 j 根土钉与相邻土钉的平均水平、垂直间距（m）；

α_j——第 j 根土钉与水平面的夹角（°）；

β——土钉墙坡面与水平面的夹角（°）。

6.2.4 土钉抗拉拔承载力特征值可按下式计算（见图 6.2.4）：

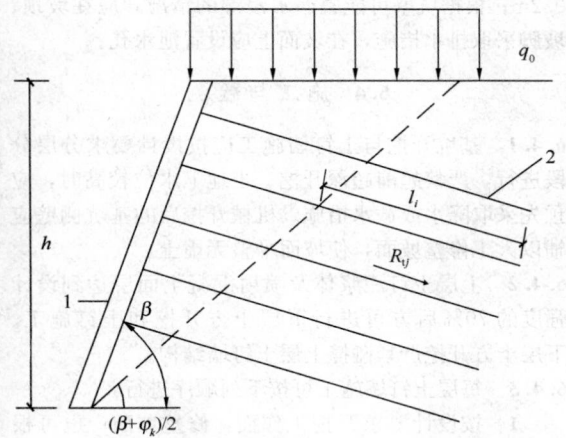

图 6.2.4 土钉抗拉拔承载力计算简图

1—喷射混凝土面层；2—土钉

$$R_{tj} = \frac{1}{K}\pi d_{nj}\sum q_{si} l_i \qquad (6.2.4)$$

式中 K——土钉抗拔承载力安全系数，基坑侧壁安全等级为一级时取 2.0，基坑侧壁安全等级为二、三级时，可根据基坑具体情况取 1.8～1.5；

d_{nj}——第 j 根土钉锚固体直径（m）；

l_i——第 j 根土钉在直线破裂面外穿越第 i 层稳定土体内的长度（m），破裂面与水平面的夹角为 $\dfrac{\beta+\varphi_k}{2}$；

q_{si}——土钉穿越第 i 层土体与锚固体极限摩阻力值（kPa），对基坑侧壁安全等级为一级的基坑，应由现场试验确定，试验方法可按现行国家标准《建筑地基基础设计规范》GB 50007 中土层锚杆的有关规定执行；对基坑侧壁安全等级为二、三级的基坑，如无试验资料，可按表 6.2.4 确定。

表 6.2.4 土钉锚固体与土体极限摩阻力值

土的名称	土的状态	q_{si}（kPa）
填土	—	15～20
黏性土 （包括 $I_p>10$ 的黄土）	$I_L>1.00$	20～32
	$0.75<I_L\leqslant1.00$	32～44
	$0.50<I_L\leqslant0.75$	44～58
	$0.25<I_L\leqslant0.50$	58～72
	$0<I_L\leqslant0.25$	72～84
	$I_L\leqslant0$	84～88

续表 6.2.4

土的名称	土的状态	q_{si}（kPa）
粉土 （包括 $I_p\leqslant10$ 的黄土）	$e>0.90$	30～40
	$0.75<e\leqslant0.90$	40～60
	$e<0.75$	60～85
粉细砂	稍密	30～40
	中密	40～60
	密实	60～85
中砂	稍密	40～60
	中密	60～80
	密实	80～100
粗砂	稍密	60～90
	中密	90～120
	密实	120～150
砾砂	中密、密实	130～180

注：1 表中 I_p 为土的塑性指数；I_L 为土的液性指数；e 为土的孔隙比；

　　2 表中数据适用于重力注浆或低压注浆的土钉，高压注浆时可适当提高；

　　3 表中填土数据适用于堆填时间在 10 年以上且主要由黏性土、粉土组成的填土，其他类型的填土应根据经验确定；

　　4 对于一级黄土基坑及永久性黄土基坑宜取饱和状态下的液性指数确定土的极限摩阻力值。

6.2.5 土钉钢筋截面面积应满足下式要求：

$$A_s \geqslant \frac{1.35\gamma_0 T_{jk}}{f_y} \qquad (6.2.5)$$

式中 A_s——土钉中钢筋截面面积（m²）；

f_y——土钉中钢筋抗拉强度设计值（N/mm²），应按现行国家标准《混凝土结构设计规范》GB 50010 取值；

γ_0——基坑工程侧壁的重要性系数。

6.2.6 土钉墙整体稳定性分析应考虑施工期间不同开挖阶段及基坑底面以下可能的滑动面，可采用圆弧滑动面简单条分法（见图 6.2.6），按下式进行计算：

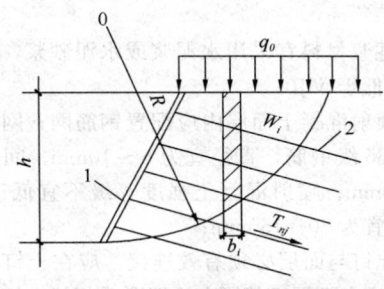

图 6.2.6 整体稳定性验算简图

1—喷射混凝土面层；2—土钉

$$\frac{s\sum_{i=1}^{n}c_{ik}l_i+s\sum_{i=1}^{n}(w_i+q_0b_i)\cos\theta_i\tan\varphi_{ik}+\sum_{j=1}^{m}T_{nj}\left[\cos(\alpha_j+\theta_i)+\frac{1}{2}\sin(\alpha_j+\theta_i)\tan\varphi_{ik}\right]}{s\sum_{i=1}^{n}(w_i+q_0b_i)\sin\theta_i}\geqslant K$$

(6.2.6)

式中 K ——土钉墙整体稳定性安全系数,对基坑侧壁安全等级为一、二、三级分别不应小于 1.30、1.25、1.20;

n ——滑动体分条数;

m ——滑动体内土钉数;

w_i ——第 i 条土重(kN);

b_i ——第 i 分条宽度(m);

c_{ik} ——第 i 分条滑裂面处土体的黏聚力标准值(kPa);

φ_{ik} ——第 i 分条滑裂面处土体的内摩擦角标准值(°);

θ_i ——第 i 分条滑裂面处中点切线与水平面夹角(°);

L_i ——第 i 分条滑裂面处弧长(m);

s ——计算滑动体单元厚度(m);

T_{nj} ——第 j 根土钉在圆弧滑裂面外锚固体与土体的极限抗拉力值(kN),可按本规程第 6.2.7 条确定。

6.2.7 单根土钉在圆弧滑裂面外锚固体与土体的极限抗拉力值 T_{nj} 可按下式确定:

$$T_{nj}=\pi d_{nj}\sum q_{si}l_{ni} \qquad (6.2.7)$$

式中 l_{ni} ——第 j 根土钉在圆弧滑裂面外穿越第 i 层稳定土体的长度(m)。

6.3 构 造

6.3.1 土钉墙设计及构造应符合下列规定:

1 土钉墙墙面坡度不宜大于 1:0.10;

2 土钉的长度宜为开挖深度的 0.5~1.2 倍,间距宜为 1~2m,与水平面夹角宜为 5°~20°;

3 土钉钢筋应采用 HRB335 级或 HRB400 级钢筋,钢筋直径宜为 16~32mm,土钉钻孔直径宜为 80~150mm;

4 注浆材料宜采用水泥浆或水泥砂浆,其强度等级不宜低于 M10;

5 喷射混凝土面层内应配置钢筋网,网筋宜采用 HRB235 级钢筋,直径宜为 6~10mm,间距宜为 150~300mm;喷射混凝土强度等级不宜低于 C20,面层厚度宜为 80~150mm;

6 土钉与面层必须有效连接,应在土钉端头设置承压板或在面层钢筋网上设置联系相邻土钉端头的加强筋,并应与土钉采用螺栓或钢筋焊接连接;当采用钢筋焊接连接时,在图纸中应注明焊缝长度、高度及焊接钢筋的型号、直径和长度;

7 坡面面层上下段钢筋搭接长度应大于 300mm。

6.3.2 土钉墙顶部地面应做一定宽度的砂浆或混凝土护面,土钉墙面层插入基坑底面以下不应小于 0.2m;根据坑壁可能遭遇水浸湿的情况,应在坡顶、坡脚采取排水措施,在坡面上应设置泄水孔。

6.4 施工与检测

6.4.1 基坑开挖与土钉墙施工应按设计要求分层分段进行,严禁超前超深开挖。当地下水位较高时,应预先采取降水或截水措施。机械开挖后的基坑侧壁应辅以人工修整坡面,使坡面平整无虚土。

6.4.2 上层土钉注浆体及喷射混凝土面层达到设计强度的 70% 后方可进行下层土方开挖和土钉施工。下层土方开挖严禁碰撞上层土钉墙结构。

6.4.3 每层土钉墙施工可按下列顺序进行:

1 按设计要求开挖工作面,修整坡面;也可根据需要,在坡面修整后,初步喷射一层混凝土;

2 成孔,安设土钉钢筋,注浆;

3 绑扎或焊接钢筋网,进行土钉筋与钢筋网的连接;

4 设置土钉墙厚度控制标志及喷射混凝土面层。

6.4.4 土钉成孔施工严禁孔内加水,并宜符合下列规定:

1 孔径允许偏差:+10mm,-5mm;

2 孔深允许偏差:+100mm,-50mm;

3 孔距允许偏差:±100mm;

4 倾角允许偏差:5%。

6.4.5 土钉注浆所用水泥浆的水灰比宜为 0.45~0.50;水泥砂浆的灰砂比宜为 1:1~1:2(重量比),水灰比宜为 0.38~0.45。

6.4.6 土钉注浆作业应符合下列规定:

1 注浆前应将孔内残留或松动的杂土清除干净;

2 注浆时应将注浆管插至距孔底 250~500mm处,孔口溢浆后,边拔边注,孔口部位应设置止浆塞及排气管;压力注浆时应在注满后保持压力 3~5min,重力注浆应在注满、初凝前补浆 1~2 次;注浆充盈系数应大于 1;

3 水泥浆或水泥砂浆应拌合均匀,随拌随用,一次拌合的水泥浆或水泥砂浆应在初凝前用完;

4 土钉钢筋应设定位支架,定位支架间距不超过 2m,土钉主筋宜居中。

6.4.7 喷射混凝土面层中的钢筋网铺设应符合下列规定:

1 钢筋网应与坡面保留一定间隙,钢筋保护层厚度不宜小于 20mm;

2 钢筋网可采用绑扎或焊接,其网格误差及搭接长度应符合相关要求；

3 钢筋网与土钉应连接牢固。

6.4.8 喷射混凝土的混合材料中，水泥与砂石的重量比宜为1∶4.0～1∶4.5，含砂率宜为50%～60%，水灰比宜为0.4～0.5。

6.4.9 喷射混凝土作业应符合下列规定：

1 喷射作业应分段进行，同一分段内喷射顺序应自上而下，一次喷射厚度不宜小于40mm；

2 喷射时，喷头与受喷面应垂直，宜保持距离0.8～1.2m；

3 喷射混凝土混合料应拌合均匀，随拌随用，存放时间不应超过2h；当掺速凝剂时，存放时间不得超过20min；

4 喷射混凝土终凝2h后，应喷水养护，养护时间应根据气温条件，延续3～7d。

6.4.10 对于严格控制变形的基坑，当采用预应力锚杆—土钉墙联合支护时，锚杆施工除应满足本规程第8.6.2条规定外，尚应在预应力锚杆张拉锁定后进行下段开挖支护。

6.4.11 土钉墙施工安全应符合下列要求：

1 施工中应每班检查注浆、喷射机械密封和耐压情况，检查输料管、送风管的磨损和接头连接情况，防止因输料管爆裂、松脱喷浆喷砂伤人；

2 施工作业前应保证输料管顺直无堵管；送电、送风前应通知有关人员；处理施工故障应先断电、停机；施工中以及处理故障时，注浆管和喷射管头前方严禁站人；

3 分层设置时，开挖深度不应大于2m；

4 喷射混凝土作业人员应配戴个人防尘用具。

6.4.12 土钉墙应按下列规定进行质量检测：

1 当采用抗拔试验检测土钉承载力时，同一条件下，试验数量宜为土钉总数的1%，且不应少于3根；

2 注浆用的水泥浆或水泥砂浆应做试块进行抗压强度试验，试块数量宜每批注浆取不少于1组，每组试块6个；

3 喷射混凝土应进行抗压强度试验，试块数量宜每喷射500m²取一组；对于小于500m²的独立基坑工程，取样不应少于1组，每组试块3个；

4 喷射混凝土面层厚度应采用钻孔或其他方法检测，检测点数量宜每100m²面积1组，每组不应少于3点。

7 水泥土墙

7.1 一般规定

7.1.1 水泥土墙可单独使用，用于挡土或同时兼作隔水；也可与钢筋混凝土排桩等联合使用，水泥土墙

（桩）主要起隔水作用。

7.1.2 水泥土墙适用于淤泥、淤泥质土、黏土、粉质黏土、粉土、砂类土、素填土及饱和黄土类土等。

7.1.3 单独采用水泥土墙进行基坑支护时，适用于基坑周边无重要建筑物，且开挖深度不宜大于6m的基坑。当采用加筋（插筋）水泥土墙或与锚杆、钢筋混凝土排桩等联合使用时，其支护深度可大于6m。

7.1.4 水泥土墙断面宜采用连续型或格栅型（见图7.1.4）。

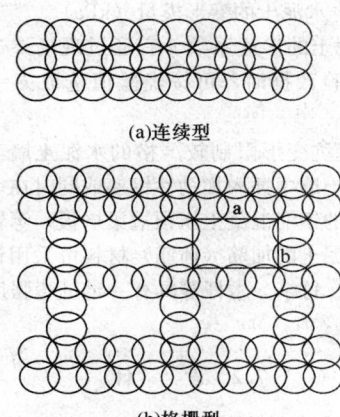

(a)连续型

(b)格栅型

图 7.1.4　水泥土墙断面形式

当采用格栅型时，每个格子内的土体面积应满足下列公式的要求：

$$\Sigma F\gamma_i \leqslant \Sigma(0.5\sim0.7)\tau_{0i}U \quad (7.1.4\text{-}1)$$

$$F = a \cdot b \quad (7.1.4\text{-}2)$$

$$\tau_{0i} = K_{ai}\sigma_m\tan\varphi_{ki} + c_{ki} \quad (7.1.4\text{-}3)$$

式中　F——格子内土的面积（m²）；

U——格子的周长（m），2($a+b$)；

a——格子的边长（m）；

b——格子的宽度（m）；

γ_i——桩间第i层土的重度（kN/m³）；

τ_{0i}——第i层土与桩的摩阻力（kPa）；

K_{ai}——第i层土的主动土压力系数；

σ_m——第i层土平均自重应力（kPa）；

c_{ki}，φ_{ki}——分别为第i层土的黏聚力（kPa）及内摩擦角标准值（°）。

7.1.5 水泥土墙的施工方法可采用深层搅拌法或高压喷射注浆法。深层搅拌施工宜优先采用喷浆法；当土的含水量较大（饱和度大于80%）、基坑较浅且无严格防渗要求时，也可采用喷粉法。

7.1.6 水泥土的抗压、抗剪、抗拉强度应通过试验确定。当进行初步设计时，也可采用水泥土立方体抗压强度$f_{cu,28}$，通过下列公式估算水泥土的抗剪及抗拉强度：

$$\tau_f = \frac{1}{3}f_{cu,28} \quad (7.1.6\text{-}1)$$

$$\sigma_t = \frac{1}{10} f_{cu,28} \qquad (7.1.6-2)$$

式中 　$f_{cu,28}$——水泥土立方体 28d 抗压强度标准值（kPa）；

　　　　τ_f——水泥土的抗剪强度标准值（kPa）；

　　　　σ_t——水泥土的抗拉强度标准值（kPa）。

7.1.7 水泥土的变形模量宜通过试验确定。当无试验资料时，可按下式估算：

$$E = (100 \sim 150) f_{cu,28} \qquad (7.1.7)$$

式中 　E——水泥土的变形模量（kPa）。

7.1.8 水泥土的渗透系数 k 宜通过现场渗透试验确定。当无试验数据时，可按经验值选取 $k = 10^{-8} \sim 10^{-6}$ cm/s。

7.1.9 对基坑变形限制较严格的水泥土墙工程，可采用在水泥土墙中插入加劲性钢筋或同时在墙顶加设强度等级低的钢筋混凝土压顶冠梁（板）等辅助性增强措施。水泥土的加筋（插筋）材料可采用钢筋、钢架管、型钢、竹竿、木杆等具有一定抗弯强度的韧性材料。

7.2 设　　计

7.2.1 水泥土墙的设计必须进行整体稳定性验算和正截面承载力验算。

7.2.2 水泥土墙的宽度（b）和嵌固深度（h_d）应经试算确定。初定尺寸时可按下列公式估算：

$$b_0 = (0.4 \sim 0.8) h \qquad (7.2.2-1)$$

$$h_{d0} = (0.6 \sim 1.0) h \qquad (7.2.2-2)$$

式中 　b_0——初定水泥土墙的宽度（m）；

　　　　h_{d0}——初定嵌固深度（m）；

　　　　h——水泥土墙的挡土高度（m）。

7.2.3 水泥土墙稳定性验算可沿基坑方向取单位延长米（1.0m）进行，其主要内容应包括：抗倾覆、抗水平滑动、抗圆弧滑动、抗基坑底隆起、抗渗透破坏和基坑底抗突涌稳定性，并应符合下列要求：

　　1 对于渗透性低的黄土，抗倾覆稳定性应按下列公式验算（见图 7.2.3-1）：

$$\frac{\sum M_{Ep} + G\dfrac{b}{2} - UL_w}{\sum M_{Ea} + \sum M_w} \geq 1.6 \qquad (7.2.3-1)$$

$$U = \frac{\gamma_w (h_{wa} + h_{wp}) b}{2} \qquad (7.2.3-2)$$

式中 　$\sum M_{Ep}$、$\sum M_{Ea}$——分别为被动土压力与主动土压力绕墙前趾 0 点的力矩之和（kN·m）；

　　　　$\sum M_w$——墙前与墙后水压力对 0 点的力矩之和（kN·m）；

　　　　G——墙身重量（kN）；

　　　　b——墙身厚度（m）；

　　　　U——作用于墙底面上的水浮力（kN）；

　　　　h_{wa}——主动侧地下水位至墙底的距离（m）；

　　　　h_{wp}——被动侧地下水位至墙底的距离（m）；

　　　　L_w——U 的合力作用点距 0 点的距离（m）。

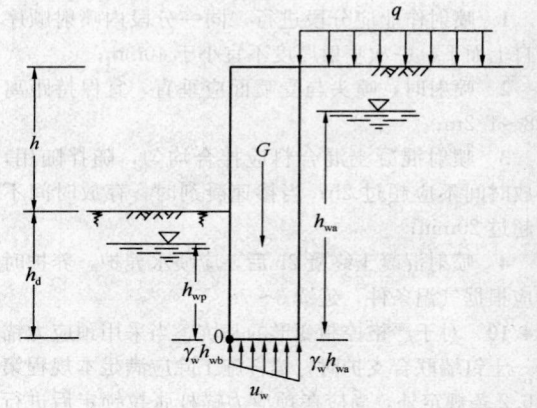

图 7.2.3-1　抗倾覆稳定性验算简图

对于渗透性较强的土体，应单独计算作用于挡墙上的水压力和渗流力，同时按浮重度计算相应的土压力。

　　2 抗水平滑动稳定性应按下式验算：

$$\frac{\sum E_p + (G - U)\tan\varphi_k + c_k b}{\sum E_a + \sum E_w} \geq 1.3 \qquad (7.2.3-3)$$

式中 　$\sum E_p$、$\sum E_a$——分别为被动土压力与主动土压力的合力（kN）；

　　　　$\sum E_w$——作用于墙前墙后水压力的合力（kN）；

　　　　c_k、φ_k——分别为墙底土层的黏聚力标准值（kPa）和内摩擦角标准值（°）。

由于墙底水泥浆的拌合作用，c_k、φ_k 值可适当提高使用。

　　3 当组成基坑边坡土体为黄土时，抗圆弧滑动稳定性应按本规程附录 A 验算。

　　4 当基坑底为软土时，应验算坑底土抗隆起稳定性。抗隆起稳定性应按下列公式验算（见图 7.2.3-2）：

$$\frac{cN_c + \gamma_2 h_d N_q}{\gamma_1 (h + h_d) + q} \geq 1.6 \qquad (7.2.3-4)$$

$$N_q = \tan^2 \left(45° + \frac{\varphi_k}{2}\right) e^{\pi\tan\varphi} \qquad (7.2.3-5)$$

$$N_c = \frac{N_q - 1}{\tan\varphi_k} \qquad (7.2.3-6)$$

式中 　N_q、N_c——承载力系数；

　　　　γ_1、γ_2——分别为墙后和墙前土层的平均重度(kN/m³)，水下用浮重度；

q——地面均布荷载（kPa）。

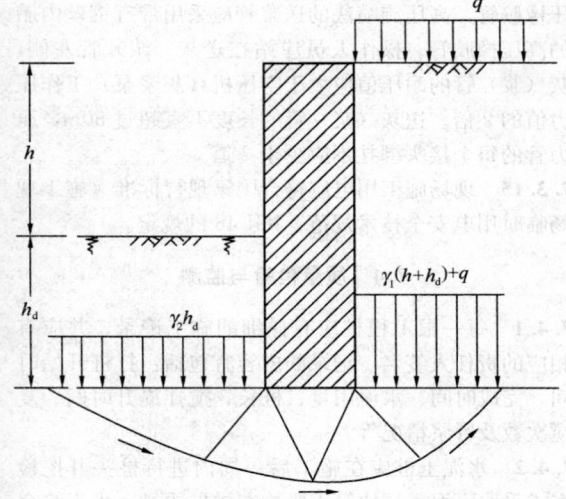

图 7.2.3-2 抗隆起稳定性验算简图

5 当设计考虑墙的隔水作用时，尚应进行抗渗透破坏稳定性验算。抗渗透破坏稳定性验算应按下列公式验算（见图 7.2.3-3）：

$$\frac{i_{cr}}{i} \geqslant 2.5 \qquad (7.2.3\text{-}7)$$

$$i_{cr} = \frac{G_s - 1}{1 + e} \qquad (7.2.3\text{-}8)$$

$$i = \frac{h_w}{L} \qquad (7.2.3\text{-}9)$$

$$L = h_w + 2h_d \qquad (7.2.3\text{-}10)$$

式中 i_{cr}——极限平均水力坡度；

G_s——坑底土颗粒的相对密度；

e——坑底土的孔隙比；

i——平均水力坡度；

h_w——墙两侧的水头差（m）；

L——产生水头损失的最短渗透流线长度（m）。

6 当基坑底面以下存在承压含水层时，基坑底抗突涌稳定性应按下式验算：

$$\frac{\gamma_s h_s}{\gamma_w H_w} \geqslant 1.1 \qquad (7.2.3\text{-}11)$$

式中 γ_s——基坑底面至不透水层底的平均重度（kN/m³）；

h_s——基坑底面至不透水层底的厚度（m）；

H_w——承压水高于不透水层层面的水头高度（m）。

7.2.4 水泥土墙设计除应符合本规程第 7.2.3 条的规定外，尚应按下列规定进行正截面承载力验算和墙体剪应力验算：

1 单位延长米墙体的墙底端和墙身正应力由下式确定：

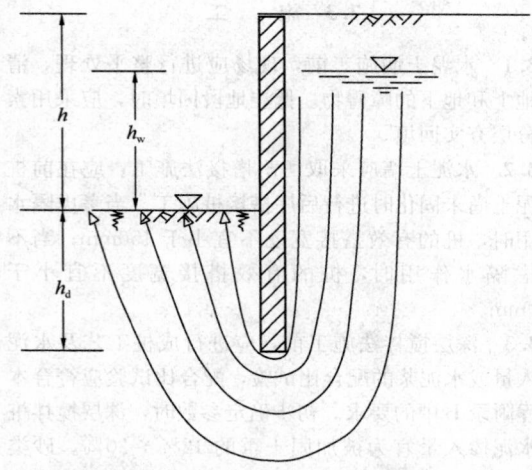

图 7.2.3-3 抗渗透破坏稳定性验算简图

$$\begin{matrix} p_{kmax} \\ p_{kmin} \end{matrix} = \gamma_{cs} \cdot z + q \pm \frac{M_k}{W} \qquad (7.2.4\text{-}1)$$

式中 p_{kmax}、p_{kmin}——计算断面水泥土墙两侧的最大和最小正应力（kPa）；

γ_{cs}——水泥土墙的平均重度（kN/m³）；

z——由墙顶至计算截面的深度（m）；

M_k——水泥土墙计算截面处的弯矩标准值（kN·m）；

W——水泥土墙计算截面处的抵抗矩（m³）。

2 墙底地基土承载力必须满足下列公式要求：

$$p_{kmax} \leqslant 1.2 f_a \qquad (7.2.4\text{-}2)$$

$$p_{kmin} \geqslant 0 \qquad (7.2.4\text{-}3)$$

式中 f_a——墙底面处经深度修正后的地基承载力特征值（kPa）。

3 水泥土墙墙身应力应满足下列公式要求：

$$p_{kmax} \leqslant 0.3 f_{cu,28} \qquad (7.2.4\text{-}4)$$

$$p_{kmin} \geqslant 0 \qquad (7.2.4\text{-}5)$$

4 水泥土墙体剪力应满足下列公式要求：

$$V_k \leqslant \frac{0.1 f_{cu,28} \lambda_b}{K_j} \qquad (7.2.4\text{-}6)$$

式中 V_k——墙体剪力标准值（kN）；

λ_b——每延长米墙体范围内的桩体所占的面积（m²）；

K_j——水泥土强度不均匀系数，一般取 2.0。

7.2.5 水泥土墙的桩顶水平位移应根据当地类似工程实测资料，可采用工程类比法进行估算。当无足够经验时，可通过有限元法或弹性桩的原理进行计算。

7.3 施 工

7.3.1 水泥土墙施工前，现场应进行整平处理，清除地上和地下的障碍物。低洼地段回填时，应采用素土分层夯实回填。

7.3.2 水泥土墙应采取切割搭接法施工。应在前桩水泥土尚未固化时进行后序搭接桩施工。当考虑隔水作用时，桩的有效搭接宽度不宜小于 150mm；当不考虑隔水作用时，桩的有效搭接宽度不宜小于 100mm。

7.3.3 深层搅拌法施工前，应进行成桩工艺及水泥掺入量或水泥浆的配合比试验，配合比试验应符合本规程附录 B 中的要求。初步确定参数时，深层搅拌桩的水泥掺入量宜为被加固土重的 12%～20%。砂类土宜采用较低的掺入量，软弱土层宜采用较高的掺入量。高压旋喷法的水泥掺入比可采用被加固土重的 20%～30%。

7.3.4 搅拌桩施工应保证桩身全段水泥含量的均匀性，并应采用搅拌深度自动记录仪。

7.3.5 喷浆搅拌法施工时，水泥浆液的配置可根据地层情况，加入适量的缓凝剂、减水剂，以增加浆液的流动性和可泵性。水泥浆的水灰比不宜大于 0.6。喷浆口距搅拌头中心的距离不应小于搅拌头半径的 2/3，应尽量减少返浆量。

7.3.6 高压旋喷法施工前，应通过试喷成桩工艺试验，确定在不同土层中加固体的最小直径等施工技术参数。水泥浆的水灰比宜为 1.0～1.5，喷浆压力宜采用 20～30MPa。

7.3.7 施工时配制的水泥浆液，放置时间不应超过 4h，否则应作为废浆处理。

7.3.8 水泥土墙的施工桩位偏差不应大于 50mm，垂直度偏差不宜大于 1.0%，桩径允许偏差为 4%。桩的搭接施工应连续进行，相邻桩施工间隔时间不宜超过 4h。当桩身设置插筋时，桩身插筋应在单桩施工完成后及时进行。

7.3.9 水泥土墙应有 28d 以上龄期且其立方体抗压强度标准值 $f_{cu,28}$ 大于 1.0MPa 时方能进行基坑开挖。在基坑开挖时应保证不损坏桩体，分段分层开挖。

7.3.10 喷粉搅拌法在打开送灰罐（小灰罐）时，应确保罐内压力已经释放完毕。严禁带压开罐，防止造成人身意外伤害和水泥粉尘喷撒。

7.3.11 喷粉搅拌法应对空气压缩机的安全限压装置按要求进行定期检查，确保安全阀的泄压安全有效。

7.3.12 喷粉搅拌法气压调节排放管应放置在（浸没于）水桶（坑）中，并加盖数层浸湿的厚层遮盖帘；当送灰搅拌接近孔口时，应及时停止送风并采取喷淋（浇水）措施，以防止水泥粉尘的喷撒。

7.3.13 剩余或废弃的水泥浆液，应采取就地处理措施。严禁将水泥浆液排入下水（污水）管道，以防止水泥浆液凝结堵塞管道。

7.3.14 深层搅拌法的送灰（浆）管可采用普通的高压橡胶管，高压旋喷法的送浆管应采用带有钢丝内胎的高压橡胶管。操作人员应站在送灰（浆）管左侧，灰（浆）管的耐压值应大于空压机（灰浆泵）工作压力值的 2 倍。送灰（浆）管的长度不宜超过 50m，压力管的每个接头绑扎不应少于 2 道。

7.3.15 现场施工用电应符合国家现行标准《施工现场临时用电安全技术规范》JGJ 46 的规定。

7.4 质量检验与监测

7.4.1 每一根工程桩应有详细的施工记录，并应有相应的责任人签名。记录的内容宜包括：打桩开始时间、完成时间、水泥用量、桩长、搅拌提升时间、复搅次数及冒浆情况等。

7.4.2 水泥土桩应在施工后一周内进行桩头开挖检查或采取水泥土试块等手段检查成桩质量；当不符合设计要求时，应及时采取相应的补救措施。

7.4.3 水泥土墙应在达到设计开挖龄期后，采用钻孔取芯法检测墙身完整性，钻芯数量不宜小于总桩数的 0.5%，且不应少于 5 根；并应根据水泥土强度设计要求对芯样进行单轴抗压强度试验。

7.4.4 水泥土墙支护工程，在基坑开挖过程中应监测桩顶位移。观测点的布设、观测时间间隔及观测技术要求应符合本规程和设计的规定。

8 排 桩

8.1 一 般 规 定

8.1.1 采用悬臂式排桩，桩径不宜小于 600mm；采用排桩—锚杆结构，桩径不宜小于 400mm；采用人工挖孔工艺时，排桩桩径不宜小于 800mm。当排桩相邻建（构）筑物等较近时，不宜采用冲击成孔工艺进行灌注桩施工；当采用钻孔灌注桩时，应防止塌孔对相邻建（构）筑物的影响。

8.1.2 排桩与冠梁的混凝土强度等级不宜低于 C20；当桩孔内有水或干作业浇筑难以保证振捣质量时，应采用水下混凝土浇筑方法，混凝土各项指标应符合国家现行标准《建筑桩基技术规范》JGJ 94 关于水下混凝土浇筑的相关规定。

8.1.3 排桩的纵向受力钢筋应采用 HRB335 或 HRB400 级钢筋，数量不宜少于 8 根。箍筋宜采用 HRB235 级钢筋，并宜采用螺旋筋，纵向受力钢筋的保护层厚度不应小于 35mm，水下灌注混凝土时不宜小于 50mm。冠梁纵向受力钢筋的保护层厚度不应小于 25mm。

8.1.4 排桩桩顶宜设置钢筋混凝土冠梁与桩身连接，当冠梁仅起连系梁作用时，可按构造配筋，冠梁宽度

（水平方向）不宜小于桩径，冠梁高度（竖直方向）不宜小于400mm。当冠梁作为内支撑、锚杆的传力构件或作为空间结构构件时，应按计算内力确定冠梁的尺寸和配筋。

8.1.5 基坑开挖后，应及时对桩间土采取防护措施以维护其稳定，可采用内置钢丝网或钢筋网的喷射混凝土护面等处理方法。当桩间渗水时，应在护面设泄水孔。

8.1.6 锚杆尺寸和构造应符合下列要求：

1 土层锚杆自由段长度应满足本规程第8.5.6条的要求，且不宜小于5m；

2 锚杆杆体外露长度应满足锚杆底座、腰梁尺寸及张拉作业要求；

3 锚杆直径宜为120～150mm；

4 锚杆杆体安装时，应设置定位支架，定位支架间距宜为1.5～2.0m。

8.1.7 锚杆布置应符合下列要求：

1 锚杆上下排垂直间距不宜小于2.0m，水平间距不宜小于1.5m；

2 锚杆锚固体上覆土层厚度不宜小于4.0m；

3 锚杆倾角宜为15°～25°，且不应大于45°。

8.1.8 锚杆注浆体宜采用水泥浆或水泥砂浆，其强度等级不宜低于M15。

8.2 嵌固深度及支点力计算

8.2.1 悬臂式排桩嵌固深度设计值 h_d 宜按下式确定（见图8.2.1）：

$$\frac{h_p \sum E_{pj}}{h_a \sum E_{ai}} \geqslant K \qquad (8.2.1)$$

式中 $\sum E_{pj}$——桩底以上的基坑内侧各土层对每一根桩提供的被动土压力标准值 e_{pjk} 的合力（kN），被动土压力计算宽度取排桩中心距；

h_p——合力 $\sum E_{pj}$ 作用点至桩底的距离（m）；

$\sum E_{ai}$——桩底以上的基坑外侧各土层对每一根桩产生的水平荷载标准值 e_{aik} 的合力

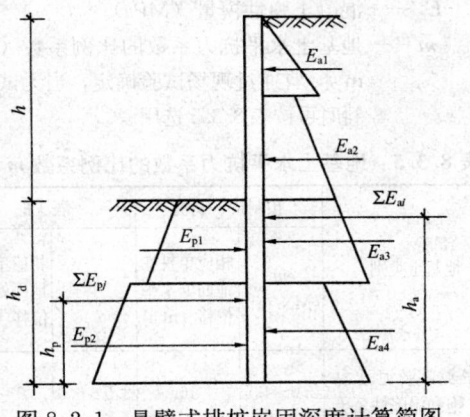

图 8.2.1 悬臂式排桩嵌固深度计算简图

（kN），水平荷载计算宽度取排桩中心距；

h_a——合力 $\sum E_{ai}$ 作用点至桩底的距离（m）；

K——抗倾覆安全系数。当基坑侧壁安全等级为一、二、三级时，K 值分别取1.5、1.4、1.3。

8.2.2 单层支点排桩支点水平力标准值及嵌固深度设计值 h_d 宜按下式计算（见图8.2.2-1、图8.2.2-2）：

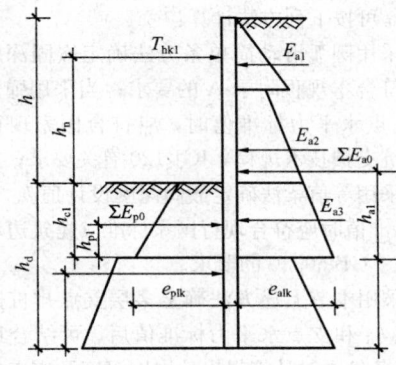

图 8.2.2-1 单层支点排桩支点力计算简图

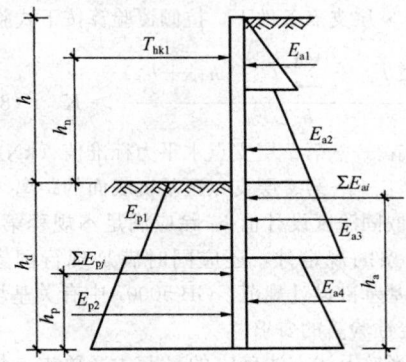

图 8.2.2-2 单层支点排桩嵌固深度计算简图

1 排桩设定弯矩零点位置至基坑底面的距离 h_{c1} 按下式确定：

$$e_{a1k} = e_{p1k} \qquad (8.2.2-1)$$

2 支点水平力标准值 T_{hk1} 按下式计算：

$$T_{hk1} = \frac{h_{a1} \sum E_{ac} - h_{p1} \sum E_{pc}}{h_{T1} + h_{c1}} \qquad (8.2.2-2)$$

式中 e_{a1k}——水平荷载标准值（kN/m²）；

e_{p1k}——被动土压力标准值（kN/m²）；

$\sum E_{ac}$——设定弯矩零点位置以上的基坑外侧各土层对每一根桩产生水平荷载标准值的合力（kN），水平荷载计算宽度取排桩中心距；

h_{a1}——合力 $\sum E_{ac}$ 作用点至设定弯矩零点的距离（m）；

$\sum E_{pc}$——设定弯矩零点位置以上的基坑内侧各

土层对每一根桩提供被动土压力标准值的合力（kN），被动土压力计算宽度取排桩中心距；

h_{p1}——合力 ΣE_{pc} 作用点至设定弯矩零点的距离（m）；

h_{T1}——支点至基坑底面的距离（m）。

3 嵌固深度设计值 h_d 应按下式确定：

$$\frac{h_p \Sigma E_{pj} + T_{hk1}(h_{T1} + h_d)}{h_a \Sigma E_{ai}} \geq K \qquad (8.2.2-3)$$

8.2.3 多层支点排桩支点水平力标准值及嵌固深度设计值 h_d 可按下列方法计算：

1 采用圆弧滑动简单条分法确定嵌固深度设计值 h_d 应符合本规程附录 A 的要求；当采用弹性支点法计算支点水平力标准值时，应符合国家现行标准《建筑基坑支护技术规程》JGJ 120 有关要求；

2 采用等值梁法确定嵌固深度设计值 h_d 及支点水平力标准值时应符合现行国家标准《建筑边坡工程技术规范》GB 50330 的要求。

8.2.4 采用本节上述方法确定多层支点排桩嵌固深度设计值 h_d 和支点水平力标准值后，可结合地区经验及工程条件，对计算得出的嵌固深度及支点水平力进行调整，但在调整后，应验算各工况下的抗倾覆稳定状态。n 层支点条件下，抗倾覆验算按下式验算：

$$\frac{h_P \Sigma E_{pj} + \sum_{x=1}^{n} T_{hkx}(h_{Tx} + h_d)}{h_a \Sigma E_{ai}} \geq K \qquad (8.2.4)$$

式中 T_{hkx}——第 x 层支点水平力标准值（kN）；

h_{Tx}——第 x 层支点至基坑底面的距离（m）。

8.2.5 嵌固深度设计值 h_d 除应满足本规程第 8.2.1～8.2.3 条的规定外，还应同时满足现行国家标准《建筑地基基础设计规范》GB 50007 中有关基坑底抗隆起稳定性验算的要求。

8.2.6 当按上述方法确定的悬臂式及单支点排桩嵌固深度设计值 $h_d < 0.3h$ 时，宜取 $h_d = 0.3h$；多支点排桩嵌固深度设计值 $h_d < 0.2h$ 时，宜取 $h_d = 0.2h$。

8.3 结 构 计 算

8.3.1 排桩的结构计算可根据基坑深度、周边环境、地质条件和地面荷载等因素分段按平面问题计算，水平荷载计算宽度可取排桩的中心距。对每一个计算剖面，应取不利条件下的计算参数。

8.3.2 基坑分层开挖时，应对实际开挖过程的各工况分别进行结构计算，并按各工况结构计算的最大值进行支护结构设计。

8.3.3 应根据基坑深度和规模、基坑周边环境条件和地质条件、变形控制要求等因素，选择下列结构计算方法：

1 对于多层支点排桩结构，宜采用弹性支点法计算结构内力与变形；

2 对于悬臂式排桩及单层支点排桩，可采用本规程第 8.2.1、8.2.2 条确定的静力平衡条件计算结构内力；对于有变形控制要求的悬臂式排桩及单层支点排桩，可采用弹性地基梁法计算内力及变形量。

8.3.4 当采用弹性支点法进行结构计算时，结构支点的边界条件、锚杆刚度、支护结构嵌固段土的水平抗力计算宽度和水平抗力系数应按国家现行标准《建筑基坑支护技术规程》JGJ 120 有关规定确定。

8.3.5 排桩变形计算应符合下列要求：

1 计算排桩变形时，宜以基坑底面为界将桩分成两部分，基坑底面以上部分应按悬臂梁求解，基坑底面以下部分（排桩嵌固段）应按弹性地基梁求解。

2 按弹性地基梁 m 法计算排桩嵌固段变形应符合下列要求：

1）应根据本规程第 8.2 节的要求计算排桩嵌固深度设计值 h_d；

2）排桩中单根桩承受侧压力的计算宽度宜取排桩中心距；抗力计算宽度 b_0 可按下列规定计算，当计算结果大于排桩中心距时应取排桩中心距。

圆形桩：直径 $d \leq 1m$ 时，$b_0 = 0.9(1.5d + 0.5)$

$$(8.3.5-1)$$

$d > 1m$ 时，$b_0 = 0.9(d + 1)$

$$(8.3.5-2)$$

方形桩：边长 $b \leq 1m$ 时，$b_0 = 1.5b + 0.5$

$$(8.3.5-3)$$

$b > 1m$ 时，$b_0 = b + 1.0$

$$(8.3.5-4)$$

3）桩的水平变形系数 α 应按下式计算：

$$\alpha = \sqrt[5]{\frac{mb_0}{EI}} \qquad (8.3.5-5)$$

$$EI = 0.85E_c I_0 \qquad (8.3.5-6)$$

$$I_0 = \pi d^4 / 64 \text{（圆形桩）} \qquad (8.3.5-7)$$

式中 α——水平变形系数（1/m）；

b_0——抗力计算宽度（m）；

EI——桩身抗弯刚度（kN·m²）；

E_c——混凝土弹性模量（MPa）；

m——地基土水平抗力系数的比例系数（MN/m⁴），宜通过现场试验确定，当无试验资料时可按表 8.3.5 选用。

表 8.3.5 地基土水平抗力系数的比例系数 m 值

地基土类别	预制桩、钢桩		灌注桩	
	m (MN/m⁴)	相应单桩在地面处水平位移 (mm)	m (MN/m⁴)	相应单桩在地面处水平位移 (mm)
淤泥，淤泥质黏土，饱和湿陷性黄土	2.0～4.5	10	2.5～6.0	6～12

续表 8.3.5

地基土类别	预制桩、钢桩		灌注桩	
	m (MN/m⁴)	相应单桩在地面处水平位移（mm）	m (MN/m⁴)	相应单桩在地面处水平位移（mm）
流塑（$I_L>1$）、软塑（$0.75<I_L\leqslant1$）状黏性土，$e>0.9$ 粉土，松散粉细砂	4.5~6.0	10	6~14	4~8
可塑（$0.25<I_L\leqslant0.75$）状黏性土，$e=0.75~0.9$ 粉土，湿陷性黄土，稍密细砂	6.0~10.0	10	14~35	3~6
硬塑（$0<I_L\leqslant0.25$）、坚硬（$I_L\leqslant0$）状黏性土，湿陷性黄土，$e<0.75$ 粉土，中密的中粗砂	10~22	10	35~100	2~5
中密、密实的砾砂、碎石类土	—	—	100~300	1.5~3.0

注：1 当桩顶水平位移大于表列数值或灌注桩配筋率较高（≥0.65%）时，m 值应适当降低；
   2 当水平荷载为长期或经常出现的荷载时，应将表列数值乘以 0.4 降低采用。

　　4）基坑底面处（弹性地基梁顶面）水平位移 y_0 及转角 ϕ_0，应由下式计算：

$$y_0 = \frac{H_0}{\alpha^3 EI}A_f + \frac{M_0}{\alpha^2 EI}B_f \qquad (8.3.5-8)$$

$$\phi_0 = \frac{H_0}{\alpha^2 EI}B_f + \frac{M_0}{\alpha EI}C_f \qquad (8.3.5-9)$$

式中　H_0、M_0——作用在弹性地基梁顶面的水平力及弯矩，数值上分别等于悬臂梁底端的剪力（kN）及弯矩（kN·m）；

　　　　y_0——水平位移（m）；

　　　　ϕ_0——转角（rad）；

　　　　A_f、B_f、C_f——影响函数值，据国家现行标准《建筑桩基技术规范》JGJ 94 查得。

　　3 悬臂式排桩桩身最大水平位移发生在桩顶，桩顶位移可按下式计算（见图8.3.5）：

$$\Delta = y_0 + \phi_0 \cdot H + f_0 \qquad (8.3.5-10)$$

式中　Δ——桩顶位移（m）；

　　　　f_0——假定固定端在基坑底面时，悬臂梁在坑底以上侧压力作用下顶端产生的水平位移（m），按本规程附录C计算；

　　　　H——排桩悬臂段长度（m）。

　　4 根据本规程第8.2节计算多（单）支点排桩

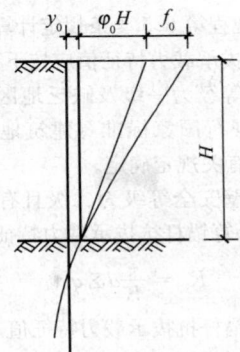

图 8.3.5　悬臂桩桩顶位移计算简图

各支点水平力 T_{hk} 及侧向土压力后，桩顶位移可按式（8.3.5-10）计算。

8.4　排桩截面承载力计算

8.4.1　确定排桩的截面时，截面弯矩设计值 M_d、截面剪力设计值 V_d 应按下列公式计算：

$$M_d = 1.35\gamma_0 M_k \qquad (8.4.1-1)$$

$$V_d = 1.35\gamma_0 V_k \qquad (8.4.1-2)$$

式中　γ_0——重要性系数；

　　　　M_k——截面弯矩标准值（kN·m），宜按本规程第8.3.3条规定计算；

　　　　V_k——截面剪力标准值（kN），宜按本规程第8.3.3条规定计算。

8.4.2　混凝土结构排桩的正截面受弯及斜截面受剪承载力计算应符合现行国家标准《混凝土结构设计规范》GB 50010 的有关规定，并应符合有关构造要求。

8.5　锚杆计算

8.5.1　锚杆抗拔力标准值宜按下列规定计算：

　　1　锚杆水平间距与桩间距相同时，锚杆抗拔力标准值宜按下列公式计算：

$$T_k = T_{hk}/\cos\theta \qquad (8.5.1-1)$$

式中　T_k——锚杆抗拔力标准值（kN）；

　　　　T_{hk}——支点水平力标准值（kN），可按本规程第8.2节相应规定计算；

　　　　θ——锚杆与水平面的夹角（°）。

　　2　锚杆水平间距与桩间距不相同时，锚杆抗拔力标准值宜按下列公式计算：

$$T_k = \frac{T_{hk}}{\cos\theta} \cdot \frac{S_m}{S_z} \qquad (8.5.1-2)$$

式中　S_m——锚杆水平间距（m）；

　　　　S_z——排桩间距（m）。

8.5.2　锚杆抗拔力设计值 T_d 应按下式计算：

$$T_d = 1.35\gamma_0 T_k \qquad (8.5.2)$$

8.5.3　锚杆抗拔力计算应符合下式规定：

$$T_d \leqslant R_t \qquad (8.5.3)$$

式中　R_t——锚杆抗拔承载力特征值（kN），应按本规程第 8.5.4 条规定计算。

8.5.4 锚杆抗拔承载力特征值应按下列规定确定：

1 对安全等级为一级及缺乏地区经验的二级基坑侧壁，应按现行国家标准《建筑地基基础设计规范》GB 50007 有关规定确定。

2 基坑侧壁安全等级为二级且有临近工程经验时，可按下式计算锚杆抗拔承载力特征值：

$$R_t = \frac{\pi}{K} d \sum q_{si} l_i \qquad (8.5.4)$$

式中　R_t ——锚杆抗拔承载力特征值（kN）；

　　　d ——锚杆锚固体直径（m）；

　　　l_i ——第 i 层土中锚固段长度（m）；

　　　q_{si} ——土体与锚固体的极限摩阻力标准值（kPa），应根据当地经验取值，当无经验时可按表 8.5.4 取值；

　　　K ——土体与锚固体摩阻力安全系数，当基坑侧壁安全等级为一级时取 2，基坑侧壁安全等级为二、三级时，可根据基坑具体情况取 1.80～1.50。

3 基坑侧壁安全等级为三级时，可按本规程公式（8.5.4）确定锚杆抗拔承载力特征值。

4 对于塑性指数大于 17 的土层中的锚杆应按国家现行标准《建筑基坑支护技术规程》JGJ 120 中有关要求进行蠕变试验。

表 8.5.4　土体与锚固体极限摩阻力值

土的名称	土的状态	q_{si}（kPa）
填土	—	16～20
淤泥	—	10～16
淤泥质土	—	16～20
黏性土（包括 $I_P > 10$ 的黄土）	$I_L > 1.00$	18～30
	$0.75 < I_L \leqslant 1.00$	30～40
	$0.50 < I_L \leqslant 0.75$	40～53
	$0.25 < I_L \leqslant 0.50$	53～65
	$0 < I_L \leqslant 0.25$	65～73
	$I_L \leqslant 0$	73～80
粉土	$e > 0.90$	22～44
	$0.75 < e \leqslant 0.90$	44～64
	$e \leqslant 0.75$	64～100
粉细砂	稍密	22～42
	中密	42～63
	密实	63～85
中砂	稍密	54～74
	中密	74～90
	密实	90～120
粗砂	稍密	90～130
	中密	130～170
	密实	170～200
砾砂	中密、密实	190～260

注：表中 q_{si} 系采用直孔一次常压灌浆工艺计算值；当采用二次灌浆或扩孔工艺时可适当提高。

8.5.5 锚杆杆体的截面面积应符合下列规定：

1 普通钢筋截面面积应按下式计算：

$$A_s \geqslant \frac{T_d}{f_y} \qquad (8.5.5-1)$$

2 预应力钢筋截面面积应按下式计算：

$$A_p \geqslant \frac{T_d}{f_{py}} \qquad (8.5.5-2)$$

式中　A_s、A_p ——普通钢筋、预应力钢筋杆体截面面积（mm²）；

　　　f_y、f_{py} ——普通钢筋、预应力钢筋抗拉强度设计值（N/mm²）。

8.5.6 锚杆自由段长度（l_f）宜按下式计算（见图 8.5.6）：

$$l_f = l_t \frac{\sin\left(45° - \frac{\varphi_k}{2}\right)}{\sin\left(45° + \frac{\varphi_k}{2} + \theta\right)} \qquad (8.5.6)$$

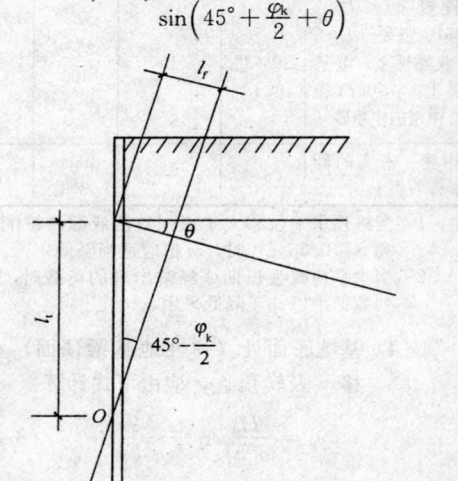

图 8.5.6　锚杆自由段长度计算简图

式中　l_f ——锚杆自由段长度（m）；

　　　l_t ——锚杆锚头中点至排桩设定弯矩零点[即由公式（8.2.2-1）确定的位置]处的距离（m）；

　　　φ_k ——土体各土层厚度加权内摩擦角标准值（°）。

8.5.7 锚杆锁定值应根据支护结构变形要求及锚固段地层条件确定，宜取锚杆抗拔承载力特征值的 0.50～0.65 倍。

8.6　施工与检测

8.6.1 排桩施工应符合下列要求：

1 垂直轴线方向的桩位偏差不宜大于 50mm；垂直度偏差不宜大于 1%，且不应影响地下结构的施工；

2 当排桩不承受垂直荷载时，钻孔灌注桩桩底沉渣不宜超过 200mm；当沉渣难以控制在规定范围时，应通过加大钻孔深度来保证有效桩长达到设计要求；当排桩兼作承重结构时，桩底沉渣应按国家现行标准《建筑桩基技术规范》JGJ 94 的有关要求执行；

3 采用灌注桩工艺的排桩宜采取隔桩施工的成孔顺序，并应在灌注混凝土 24h 后进行邻桩成孔施工；

4 沿周边非均匀配置纵向钢筋的排桩，钢筋笼在绑扎、吊装和安放时，应保证钢筋笼的安放方向与设计方向一致，钢筋笼纵向钢筋的平面角度误差不应大于 10°；

5 冠梁施工前，应将排桩桩顶浮浆凿除并清理干净，桩顶以上出露的钢筋长度应达到设计要求；

6 灌注桩成孔后应及时进行孔口覆盖；

7 灌注桩钢筋笼宜整体制作，整体吊装；如采用分段制作，孔口对接时，在孔口宜采用能保证质量的钢筋连接工艺，并应加强隐蔽验收检查。

8.6.2 锚杆的施工应符合下列要求：

1 锚杆孔位垂直方向偏差不宜大于 100mm，偏斜角度不应大于 2°；锚杆孔深和杆体长度不应小于设计长度；

2 锚杆注浆时，一次注浆管距孔底距离宜为 100～200mm；

3 当一次注浆采用水泥浆时，水泥浆的水灰比宜为 0.45～0.50；当采用水泥砂浆时，灰砂比宜为 1∶1～1∶2，水灰比宜为 0.38～0.45；二次高压注浆宜使用水灰比为 0.45～0.55 的水泥浆；

4 二次高压注浆压力宜控制在 2.5～5.0MPa，注浆时间可根据注浆工艺试验确定或在第一次注浆锚固体的强度达到 5MPa 后进行；

5 锚杆的张拉与锁定应符合下列规定：

1）锚固段强度大于 15MPa 并达到设计强度的 75% 后，方可进行；

2）锚杆宜张拉至设计荷载的 0.9～1.0 倍后，再按设计要求锁定；

3）锚杆张拉时的锚杆杆体应力不应超过锚杆杆体强度标准值的 0.65 倍。

8.6.3 腰梁的施工应符合下列要求：

1 型钢腰梁的焊接应按现行国家标准《钢结构工程施工质量验收规范》GB50205 的有关规定执行；

2 安装腰梁时应使其与排桩桩体结合紧密，不得脱空。

8.6.4 土方开挖与回填应符合下列规定：

1 应在排桩达到设计强度后进行土方开挖；如提前开挖，应由设计人员根据土方分层开挖深度及进度，对排桩强度进行复核；

2 单层或多层锚杆支护的排桩，锚杆施工面以下的土方开挖应在该层锚杆锁定后进行；

3 支撑的卸除应在土方回填高度符合设计要求后进行。

8.6.5 排桩的检测应符合下列要求：

1 宜采用低应变动测法检测桩身完整性，检测数量不宜少于总桩数的 10%，且不宜少于 5 根；

2 当根据低应变动测法判定的桩身缺陷有可能影响桩的水平承载力时，应采用钻芯法补充检测。

8.6.6 锚杆的检测应符合下列要求：

1 锚杆抗拔力检测数量不应少于总数的 5%，且不应少于 3 根，试验要求应符合现行国家标准《建筑地基基础设计规范》GB 50007 有关规定；

2 锚杆抗拔力检测应随机抽样，抽样应能代表不同地段土层的土性和不同抗拔力要求；对施工质量有疑义的锚杆应进行抽检。

9 降水与土方工程

9.1 一般规定

9.1.1 基坑降水的设计和施工应根据场地及周边工程地质条件、水文地质条件和环境条件并结合基坑支护和基础施工方案综合分析、确定。

9.1.2 基坑降水宜优先采用管井降水；当具有施工经验或具备条件时，亦可采用集水明排或其他降水方法。

9.1.3 土方工程施工前应进行挖填方的平衡计算，并应综合考虑基坑工程的各道工序及土方的合理运距。

9.1.4 土方开挖前，应做好地面排水，必要时应做好降低地下水位的工作。

9.1.5 当挖方较深时，应采取必要的基坑支护措施，防止坑壁坍塌，避免危害工程周边环境。

9.1.6 平整场地的表面坡度应符合设计要求；当设计无要求时，排水沟方向的坡度不应小于 2‰。

9.1.7 土方工程施工，应经常测量和校核其平面位置、水平标高和边坡坡度。平面控制桩和水准控制点应采取可靠的保护措施，并应定期复测和检查。土方堆置应符合本规程第 5.4.4 条规定。

9.1.8 雨期和冬期施工应采取防水、排水、防冻等措施，确保基坑及坑壁不受水浸泡、冲刷、受冻。

9.2 管井降水

9.2.1 降水井宜在基坑外缘采用封闭式布置，井间距应大于 15 倍井管直径，在地下水补给方向应适当加密；当地下水位较浅而基坑面积较大且开挖较深时，也可在基坑内设置降水井，布井时应设置一定数量的观测井。

9.2.2 降水井的深度应根据设计降水深度、含水层的埋藏分布和降水井的出水能力确定。设计降水深度在基坑范围内不宜小于基坑底面以下 1.5m。

9.2.3 降水井的数量（n）可按下式计算：

$$n = 1.1 \frac{Q}{q} \tag{9.2.3}$$

式中 Q ——基坑总涌水量（m^3/d），可按本规程附录 D 计算；

q ——设计单井出水量（m^3/d），可按本规程第 9.2.4 条计算。

9.2.4 设计单井（管井）的出水量（q）可按下式确定：

$$q = 120\pi r_s l \sqrt[3]{k} \tag{9.2.4}$$

式中 r_s ——过滤器半径（m）；

l ——过滤器进水部分长度（m）；

k ——含水层渗透系数（m/d）。

9.2.5 管井过滤器长度宜与含水层厚度一致。

9.2.6 群井抽水时，各井点单井过滤器进水部分长度，可按下列公式验算：

$$y_0 > l \tag{9.2.6-1}$$

式中 y_0 ——单井井管进水长度（m），可按下列规定计算：

1 潜水完整井

$$y_0 = \sqrt{H^2 - \frac{0.732Q}{k}\left(\lg R_0 - \frac{1}{n}\lg nr_0^{n-1} r_w\right)} \tag{9.2.6-2}$$

$$R_0 = r_0 + R \tag{9.2.6-3}$$

式中 r_0 ——圆形基坑半径（m），非圆形基坑可按本规程附录 D 计算；

r_w ——管井半径（m）；

H ——潜水含水层厚度（m）；

R_0 ——基坑等效半径与降水井影响半径之和；

R ——降水井影响半径（m），可按本规程附录 D 计算。

2 承压完整井

$$y_0 = H' - \frac{0.366Q}{kM}\left(\lg R_0 - \frac{1}{n}\lg nr_0^{n-1} r_w\right) \tag{9.2.6-4}$$

式中 H' ——承压水位至该承压含水层底板的距离（m）；

M ——承压含水层厚度（m）。

当过滤器工作部分长度小于 2/3 含水层厚度时，应采用非完整井公式计算。若不满足上式条件，应调整井点数量和井点间距，再进行验算。当井距足够小仍不能满足要求时应考虑基坑内布井。

9.2.7 基坑中心点水位降深计算可按下列方法确定：

1 完整井稳定流降水深度可按下式计算：

1）潜水完整井稳定流

$$S = H - \sqrt{H^2 - \frac{Q}{1.366k}\left[\lg R_0 - \frac{1}{n}\lg(r_1 r_2 KKr_n)\right]} \tag{9.2.7-1}$$

2）承压完整井稳定流

$$S = \frac{0.366Q}{kM}\left[\lg R_0 - \frac{1}{n}(\lg r_1 r_2 KKr_n)\right] \tag{9.2.7-2}$$

式中 S ——在基坑中心处或各井点中心处地下水位降深（m）；

$r_1, r_2, \cdots\cdots, r_n$ ——各井距基坑中心或各井中心处的距离（m）。

2 对非完整井或非稳定流应根据具体情况采用相应的计算方法。

3 当计算出的降深不能满足降水设计要求时，应重新调整井数、布井方式。

9.2.8 管井降水应考虑临近建筑物在降水漏斗范围内因降水引起的沉降，其沉降量可按分层总和法计算。

9.2.9 管井结构应符合下列要求：

1 管井井管直径应根据含水层的富水性及水泵性能选取，井管外径不宜小于 200mm，井管内径宜大于水泵外径 50mm；

2 沉砂管长度不宜小于 3m；

3 无砂混凝土滤水管、钢制、铸铁和钢筋骨架过滤器的孔隙率分别不宜小于 15%、30%、23% 和 50%；

4 井管外滤料宜选用磨圆度较好的硬质岩石，不宜采用棱角状石渣料、风化料或其他黏土质岩石。滤料规格宜满足下列要求：

1）对于砂土含水层

$$D_{50} = (6 \sim 8)d_{50} \tag{9.2.9-1}$$

式中 D_{50}、d_{50} ——分别为填料和含水层颗粒分布累计曲线上重量为 50% 所对应的颗粒粒径（mm）；

2）对于 $d_{20} < 2mm$ 的碎石类土含水层

$$D_{50} = (6 \sim 8)d_{20} \tag{9.2.9-2}$$

3）对于 $d_{20} \geq 2mm$ 的碎石类土含水层，可充填粒径为 10～20mm 的滤料；

4）滤料不均匀系数应小于 2。

9.2.10 抽水设备可采用普通潜水泵或深井潜水泵，水泵的出水量及扬程应根据基坑开挖深度、地下水位埋深、基坑内水位降深和排水量的大小选用，并应大于设计值的 20%～30%。

9.2.11 管井成孔时采用清水钻进工艺；当采用泥浆钻进工艺时，井管下沉后必须充分洗井，保持过滤器的畅通。

9.2.12 水泵应置于设计深度处，水泵吸水口应始终保持在动水位以下。成井后应进行单井试抽检查降水效果，必要时应调整降水方案。降水过程中，应定期取样测试含砂量，含砂量不应大于 0.5‰。

9.3 土方开挖

9.3.1 土方开挖前应进行定位放线，确定预留坡道类型；单幅坡道的宽度应大于土方车辆宽度 1.50m，并应根据土方的外运量合理安排运力及行走路线。

施工现场出入口，应设置车辆清洗装置及场地。对外运弃土的车辆，应安排专人进行清洁，严禁路途抛撒。

9.3.2 施工过程中应经常检查平面位置、坑底面标高、边坡坡度、地下水的降深情况。专职安全员应随时观测周边的环境变化。

土方开挖施工过程中，基坑边缘及挖掘机械的回转半径内严禁人员逗留。特种机械作业人员应持证上岗。

基坑的四周应设置安全围栏并应牢固可靠。围栏的高度不应低于 1.20m，并应设置明显的安全警告标示牌。当基坑较深时，应设置人员上下的专用通道。

夜间施工时，现场应具备充足的照明条件，不得留有照明死角。每个照明灯具应设置单独的漏电保护器。电源线应采用架空设置；当不具备架空条件时，可采用地沟埋设，在车辆的通行地段，应先将电源线穿入护管后再埋入地下。

9.3.3 放坡开挖的边坡值应符合本规程表 5.2.2 的规定，土钉墙、水泥土墙及排桩支护方式的开挖应符合相应章节的规定。

9.3.4 土方开挖工程的质量检查应符合下列要求：

1 边坡坡度应符合设计要求，且不得留有虚土；基底土性应符合设计要求，并应经勘察、设计、监理等单位确认；基坑开挖的深度、长度、宽度及表面平整度应符合现行国家标准《建筑地基基础工程施工质量验收规范》GB 50202 的要求；

2 检查点每 100～400m² 应取 1 点，且不应少于 10 点。长度、宽度和边坡均应为每 20m 取 1 点，每边不应少于 1 点。

9.4 土 方 回 填

9.4.1 土方回填前应清除坑底的垃圾、树根等杂物，清除积水、淤泥、松土层，并应验收基底标高。土方回填时，应在坑底表面压实后进行。

9.4.2 对回填土料应按设计要求进行检验，当其含水率和配合比等参数满足要求后方可填入。

9.4.3 土方回填施工过程中应检查排水措施、每层填筑厚度、含水量和压实程度。回填土的分层铺设厚度及压实遍数应根据土质、压实系数及所用机具确定。当无施工经验时，可按表 9.4.3 选用。

表 9.4.3 填土施工时的虚土分层铺设厚度及压实遍数

压实机具	分层厚度（mm）	每层压实遍数
平碾	250～300	6～8
振动压实机	250～350	3～4
柴油打夯机	200～250	3～4
人工打夯	<200	3～4

9.4.4 土方回填应采取如下安全措施：

1 土方回填前应掌握现场土质情况，按技术交底顺序分层分段回填；分层回填时应由深到浅，操作进程应紧凑，不得留间隔空隙，避免塌方；

2 土方回填施工过程中应检查基坑侧壁变化，必要时可在软弱处采用钢管、木板、方木支撑；当发现有裂纹或部分塌方时，应采取果断措施，将人员撤离，排除隐患；

3 打夯机的操作人员应穿绝缘胶鞋并佩戴绝缘胶皮手套；

4 坑槽上电缆应架空 2.0m 以上，不得拖地和埋压土中；坑槽内电缆、电线应采取防磨损、防潮、防断等保护措施。

9.4.5 土方回填施工结束后，应检查标高、边坡坡度、压实程度等，检验标准应符合现行国家标准《建筑地基基础工程施工质量验收规范》GB 50202 的要求。

10 基 槽 工 程

10.1 一 般 规 定

10.1.1 基槽工程可分为建（构）筑物基槽和市政工程各种管线基槽。

10.1.2 基槽开挖前应查明基槽影响范围内建（构）筑物的结构类型、层数、基础类型、埋深、基础荷载大小及上部结构的现状。

10.1.3 基槽开挖前必须查明基槽开挖影响范围内的各类地下设施，包括上水、下水、电缆、光缆、消防管道、燃气、热力等管线和管道的分布、使用状况及对变形的要求等。

10.1.4 查明基槽影响范围内的道路及车辆载重情况。

10.1.5 基槽开挖必须保证基槽及邻近的建（构）筑物、地下各类管线和道路的安全。

10.1.6 基槽工程可采用垂直开挖、放坡开挖或内支撑方式开挖。

10.2 设 计

10.2.1 基槽工程的设计可按当地同类条件基槽工程的经验及常用的支护方式、方法和施工经验进行。

10.2.2 对需要支护的基槽工程应根据基槽周边环境、开挖深度、工程地质及水文地质条件、施工设备和施工季节采用内支撑（木支撑或钢支撑），支护范围可根据具体工程条件采用部分支护或全部支护。

10.2.3 支护结构必须满足强度、稳定性和变形的要求。

10.2.4 当地下水位低于基槽底的设计标高，基槽开挖深度范围内土质均匀，土体静止自立高度较大，周边近距离内无动荷载和静荷载，施工期较短且开挖深度小于2.0m时，可采用无支护垂直开挖。

10.2.5 基槽开挖深度大于2.0m，基槽周围有放坡条件时，应采用局部或全深度的放坡开挖，放坡开挖的边坡允许值应符合本规程第5章的有关要求。

10.2.6 基槽的稳定性验算应符合本规程第5.2.5条的有关要求。

10.2.7 设计应对基槽的长度、宽度、深度（或槽底标高），回填土的土料、含水量，分层回填厚度、压实机具、压实遍数、分层压实系数、检测方法等作出明确规定。

10.3 施工、回填与检测

10.3.1 施工前应核验基槽开挖位置，施工中应经常测量和校核其平面位置、水平标高及坡度。

10.3.2 基槽土方开挖的顺序、方法必须与设计相一致，并应遵循"开槽支撑，先撑后挖，分层开挖，严禁超挖"的原则。

10.3.3 施工中基槽边堆置土方的高度和安全距离应符合设计要求。

10.3.4 基槽开挖时，应对周围环境进行观察和监测；当出现异常情况时，应及时反馈并处理，待恢复正常后方可施工。

10.3.5 基槽可采用机械和人工开挖，当基槽开挖范围内分布有地下设施、管线或管道时，必须采用人工开挖。对开挖中暴露的管线应采取保护或加固措施，不得碰撞和损坏，重要管线必须设置警示标志。

10.3.6 基槽开挖时应避免槽底土受扰动，宜保留100~200mm厚的土层暂不挖去，待铺填垫层时再采用人工挖至设计标高。

10.3.7 基槽开挖至设计标高后，应对其进行保护，经验槽合格后方可进行地基处理或基础施工，对验槽中发现的墓、井、坑、穴等应按有关规定妥善处理。对验槽发现的与勘察报告不同之处，应查清范围并弄清其工程性状，必要时应补充或修改原设计。

10.3.8 基槽回填时，应按设计要求进行，对回填土料的质量、含水量、分层回填厚度、压实遍数、压实系数应按设计要求进行检查和检测。

10.3.9 基槽施工应缩短基槽暴露时间，并应做好场地用水、生活污水及雨水的疏导工作，防止地表水渗入。

10.3.10 基槽工程在开挖及回填中，应监测地层中的有害气体，并应采取戴防毒面具、送风送氧等有效防护措施。当基槽较深时，应设置人员上下坡道或爬梯，不得在槽壁上掏坑攀登上下。

11 环境保护与监测

11.1 一般规定

11.1.1 基坑工程设计前，应调查清楚基坑周边的地下管线和相邻建（构）筑物的位置、现状及地基基础条件，并应提出相应的防治措施。

11.1.2 基坑工程方案设计应有必要的安全储备；实施阶段必须按设计要求进行施工，确保工程质量。当遇现场情况与原勘察、设计不符时，应立即反馈，必要时应对原设计进行补充或修改，对可能发生的险情应进行及时处理。

11.1.3 基坑周边环境的变形控制应符合下列要求：

1 基坑周边地面沉降不得影响相邻建（构）筑物的正常使用，所产生的差异沉降不得大于建（构）筑物地基变形的允许值；

2 基坑周边土体变形不得影响各类管线的使用，不得超过管线变形的允许值；

3 当基坑周边有城市道路、地铁、隧道及储油、储气等重要设施时，基坑周边土体位移不得造成其结构破坏、发生渗漏或影响其正常运行。

11.1.4 基坑工程设计中应明确提出监测项目和具体要求，包括监测点布置、观测精度、监测频度及监控报警值等。在选择设计安全系数和其他参数时，应考虑现场监测的水平和可靠性。

11.2 环境保护

11.2.1 基坑工程对周边环境影响的评价应包括下列主要内容：

1 开挖后土体应力状态的变化、产生的变形、引起相邻建（构）筑物的不均匀沉降以及沉降开裂和倾斜的可能性；

2 基坑侧壁发生局部破坏或整体失稳滑移，使破坏、滑移区内的建（构）筑物严重倾斜或倒塌，地下管线断裂的可能性；

3 防渗措施失效，侧壁水土流失，土层淘空，引起地面及建（构）筑物急剧沉降，地下管线断裂的可能性；

4 长时间、大幅度的基坑降水引起大范围地面沉降以及邻近建（构）筑物变形开裂的可能性；

5 大面积深开挖引起卸载回弹对邻近建（构）筑物变形开裂的可能性；

6 施工产生的噪声、振动以及废弃物对环境与居民生活产生不利影响及其给邻近建（构）筑物造成损害的可能性；

7 超出地界设置的锚杆、土钉等支护设施对相邻场地已有或拟建的建（构）筑物基础、管线和设施造成危害的可能性。

11.2.2 基坑工程造成周围土体沉降范围应按下列方法确定：

1 坑壁或基槽影响范围宜为基坑深度的1~2倍；

2 基坑降水可按降水漏斗半径确定。

11.2.3 降水、回灌和隔渗应采取信息施工法，应严密监测，及时反馈信息，修改和补充设计，指导后续工序。应对出水量、水位、隔渗底板变形、支护结构和邻近建（构）筑物的沉降与侧向位移等进行持续观测，定期分析。观测中应包括以下主要内容：

1 降水和回灌过程中应通过观测孔监测基坑内外水位变化，观测孔应具有反映水位动态变化的足够灵敏度；

2 回灌过程中，应控制地下水位，严禁因超灌引起湿陷事故；

3 对竖向隔渗，应监测基坑开挖过程中坑壁侧的鼓胀变形及渗漏情况；

4 对水平封底应预留观测孔，并应定期测量水头变化，指导防渗排水作业。

11.2.4 在施工前应查明距基坑边 1 倍开挖深度范围内的地下管线的位置、埋深、使用情况等，当情况不明时，应开挖检查。对漏水的上水管和下水管，应先修复或移位后，再进行基坑工程的施工。

11.2.5 当受基坑工程影响的建（构）筑物和各类管线、管道的变形不能满足控制要求时，应采取土体加固、结构托换、暴露或架空管线、管道等防范措施。同时宜考虑加固施工过程中土体强度短期降低效应，必要时应采取保护措施。

11.2.6 基坑工程周边环境保护的施工措施应符合下列要求：

1 应缩短基坑暴露时间，减少基坑的后期变形；

2 对基坑侧壁安全等级为一、二级的基坑工程应进行变形监测；

3 应做好场地的施工用水、生活污水和雨水的疏导管理工作，地面水不得渗入基坑周边；当地面有裂缝出现时，必须及时采用黏土或水泥砂浆封堵；

4 采取放坡开挖的基坑，其坑壁坡度和坡高应符合本规程表 5.2.2 的规定，并应采用分层有序开挖，应控制在坑边堆放弃物和其他荷载，保持坡体干燥，做好坡面和坡角的保护工作；

5 应控制基坑周边的超载，对载重车辆通过的地段，应铺设走道板或进行地基加固；

6 应控制降水工程的降深。

11.3 监　测

11.3.1 在基坑开挖前应制定切实可行的现场监测方案，其主要内容应包括监测目的、监测项目、监测点布置、监测方法、精度要求、监测周期、监测项目报警值、监测结果处理要求和监测结果反馈制度等。

11.3.2 施工时应按现场监测方案实施，及时处理监测结果，并应将结果及时向监理、设计、施工人员进行信息反馈。必要时，应根据现场监测结果采取相应的措施。

11.3.3 基坑工程的监测项目应根据基坑侧壁安全等级和具体特点按表 11.3.3 进行选择。

表 11.3.3　基坑监测项目表

监测项目	基坑侧壁安全等级		
	一级	二级	三级
支护结构的水平位移	△	△	△
周围建（构）筑物、地下管线变形	△	△	◇
地面沉降、地下水位	△	△	◇
锚杆拉力	△	△	◇
桩、墙内力	△	◇	◇
支护结构界面上侧向压力	◇	○	○

注：△—应测项目；◇—宜测项目；○—可不测项目。

11.3.4 现场监测应以仪器观测为主、目测辅助调查相结合的方法进行。目测调查的内容应包括下列内容：

1 了解基坑工程的设计与施工情况、基坑周围的建（构）筑物、重要地下设施的分布情况和现状，检查基坑周围水管渗漏情况、煤气管道变形情况、道路及地表开裂情况以及建（构）筑物的开裂变位情况，并做好资料的记录和整理工作；

2 检查支护结构的开裂变位情况，检查支护桩侧、支护墙面、主要支撑连接点等关键部位的开裂变位情况及防渗结构漏水的情况；

3 记录降雨和气温等情况，调查自然环境条件（大气降水、冻融等）对基坑工程的影响程度。

11.3.5 监测点的布置宜满足下列要求：

1 坑壁土体顶部和支护结构顶部的水平位移与垂直位移观测点应沿基坑周边布置，在每边的中部和端部均应布置监测点，其监测点的间距不宜大于20m，当基坑侧壁安全等级高或地层结构条件复杂时应适当加密；

2 距基坑周边 1 倍坑深范围内的地下管线和 2 倍坑深范围内的建（构）筑物应观测其变形；地下管线的沉降监测点可设置于管线的顶部，必要时也可设置在底部的地层中；对进行基坑降水的工程，建筑物变形监测点的设置范围应与降水漏斗的范围相当；

3 支护结构的内力、支撑构件的轴力、锚杆的拉力监测点应布置在受力较大且具有代表性的部位；

4 基坑周围地表沉降和地下水位的监测点应结合工程实际选择具有代表性的部位；

5 土体分层竖向位移及支护结构界面侧向位移或压力的监测点应设置在基坑纵横轴线上具有代表性的部位；

6 基坑周围地表裂缝、建（构）筑物裂缝和支护结构裂缝应进行全方位观测，应选取裂缝宽度较大，有代表性的部位观测并记录其裂缝宽度、长度、走向和变化速率等。

11.3.6 变形监测基准点数量不应少于 3 点，应设在基坑工程影响范围以外易于观测和保护的地段。

11.3.7 现场监测的准备工作应在基坑开挖前完成，变形监测项目应在基坑开挖前测得初始值，应力和应变监测项目应在测试元件埋设完成，经调试合格后测得初始值。初始值的观测次数不应少于 2 次。

11.3.8 从基坑开挖直至基坑内建（构）筑物外墙土方回填完毕，均应做观测工作。各项目监测的时间间隔及监控报警值可根据施工进度、监测对象相关的规范、重要程度及支护结构设计要求在监测方案中予以确定。当监测值接近监测报警值或监测结果变化速率较大时，应加密观测次数。当有事故征兆时，应连续监测，并及时向监理、设计和施工方报告监测结果。

11.3.9 现场监测的仪器应满足观测精度和量程的要求，并应按规定进行校验。

11.3.10 监测数据应及时分析整理，绘制沉降、位移、构件内力和变形等随时间变化的关系曲线，并应对其发展趋势作出评价。

11.3.11 监测过程中，可根据设计要求提交阶段性监测成果报告。工程结束时应提交完整的监测报告，报告内容应包括：

1 工程概况；

2 监测项目和各测点的平面、立面布置图；

3 采用的仪器设备和监测方法；

4 监测数据、处理方法和监测结果过程曲线；

5 监测结果评价及发展趋势预测。

12 基坑工程验收

12.1 一 般 规 定

12.1.1 基坑工程的验收，应依据专项施工组织设计、环境保护措施、检测与监测方案及报告进行。

12.1.2 参加基坑工程验收的勘察、设计、施工、监理、检测及监测单位和个人必须具备相应的资质和资格。

12.1.3 基坑工程施工过程中的隐蔽部位（环节）在隐蔽前，应进行中间质量验收。

12.1.4 基坑变形报警值应以设计指标为依据。

12.2 验 收 内 容

12.2.1 基坑工程竣工后，其质量验收应按设计及本规程相关要求进行。

12.2.2 基坑工程竣工后，其安全检查应按专项施工组织设计及本规程相关要求进行。

12.2.3 基坑工程验收资料应包括下列内容：

1 支护结构勘察设计文件及施工图审查报告；

2 专项施工组织设计；

3 施工记录、竣工资料及竣工图；

4 基坑工程与周围建（构）筑物位置关系图；

5 原材料的产品合格证、出厂检验报告、进场复验报告或委托试验报告；

6 混凝土试块或砂浆试块抗压强度试验报告及评定结果；

7 锚杆或土钉抗拔试验检测报告、水泥土墙及排桩的质量检测报告；

8 基坑和周围建（构）筑物监测报告；

9 设计变更通知、重大问题处理文件和技术洽商记录；

10 基坑工程的使用维护规划和应急预案。

12.3 验收程序和组织

12.3.1 基坑工程完成后，施工单位应自行组织有关人员进行检查评定，确认自检合格后，向建设单位提交工程验收申请。

12.3.2 建设单位收到工程验收申请后，应由建设单位组织施工、勘察、设计、监理、检测、监测及基坑使用等单位进行基坑工程验收。

12.3.3 单位工程质量验收合格后，建设单位应在规定时间内，将工程竣工验收报告和有关文件交付基坑使用单位归档；大型永久性的基坑工程应报建设行政管理部门备案。

13 基坑工程的安全使用与维护

13.1 一 般 规 定

13.1.1 基坑工程验收前，其安全管理工作应由基坑施工单位承担；施工完毕，在按规定的程序和内容组织验收合格后，基坑工程的安全管理工作应由下道工序施工单位承担。

13.1.2 进入安全管理后，基坑使用单位应在进行下道作业前，检查作业安全交底与演练，并应制定检查、监测方案等。

13.1.3 基坑开挖（支护）单位在完成合同约定的工程任务后，将工程移交下一道作业工序时，应由工程监理单位组织，移交和接收单位共同参加。移交单位应同时将相关的水文及工程地质资料、支护和安全技术资料、环境状况分析等同时移交，并应办理移交签字手续。

13.2 安 全 措 施

13.2.1 对深度超过 2.00m 的基坑施工，应在基坑四周设置高度大于 0.15m 的防水围挡，并应设置防护栏杆，防护栏杆埋深应大于 0.60m，高度宜为 1.00～1.10m，栏杆柱距不得大于 2.00m，距离坑边水平距离不得小于 0.50m。

13.2.2 基坑周边 1.2m 范围内不得堆载，3m 以内限制堆载，坑边严禁重型车辆通行。当支护设计中已考虑堆载和车辆运行时，必须按设计要求进行，严禁超载。

13.2.3 在基坑边 1 倍基坑深度范围内建造临时住房或仓库时，应经基坑支护设计单位允许，并经施工企业技术负责人、工程项目总监批准，方可实施。

13.2.4 基坑的上、下部和四周必须设置排水系统，流水坡向应明显，不得积水。基坑上部排水沟与基坑边缘的距离应大于 2m，沟底和两侧必须作防渗处理。基坑底部四周应设置排水沟和集水坑。

13.2.5 雨期施工时，应有防洪、防暴雨的排水措施及材料设备，备用电源应处在良好的技术状态。

13.2.6 在基坑的危险部位或在临边、临空位置，设置明显的安全警示标志或警戒。

13.2.7 当夜间进行基坑施工时，设置的照明充足，灯光布局合理，防止强光影响作业人员视力，必要时应配备应急照明。

13.2.8 基坑开挖时支护单位应编制基坑安全应急预案，并经项目总监批准。应急预案中所涉及的机械设备与物料，应确保完好，存放在现场并便于立即投入使用。

13.3 安全控制

13.3.1 工程监理单位对基坑开挖、支护等作业应实施全过程旁站监理，对施工中存在的安全隐患，应及时制止，要求立即整改。对拒不整改的，应向建设单位和安全监督机构报告，并下达停工令。

13.3.2 在基坑支护或开挖前，必须先对基坑周边环境进行检查，发现对施工作业有影响的不安全因素，应事先排除，达到安全生产条件后，方可实施作业。

13.3.3 施工单位在作业前，必须对从事作业的人员进行安全技术交底，并应进行事故应急救援演练。

13.3.4 施工中，应定期检查基坑周围原有的排水管沟，不得有渗水漏水迹象；当地表水、雨水渗入土坡或挡土结构外侧土层时，应立即采取措施妥善处理。

13.3.5 施工单位应有专人对基坑安全进行巡查，每天早晚各 1 次，雨期应增加巡查次数，并应做好记录，发现异常情况应及时报告。

13.3.6 对基坑监测数据应及时进行分析整理；当变形值超过设计警戒值时，应发出预警，停止施工，撤离人员，并应按应急预案中的措施进行处理。

附录 A 圆弧滑动简单条分法

A.0.1 水泥土墙、多层支点排桩嵌固深度计算

值（h_0）宜按整体稳定条件，采用圆弧滑动简单条分法按下式确定（见图 A），当嵌固深度下部存在软弱土层时，尚应继续验算软弱下卧层整体稳定性：

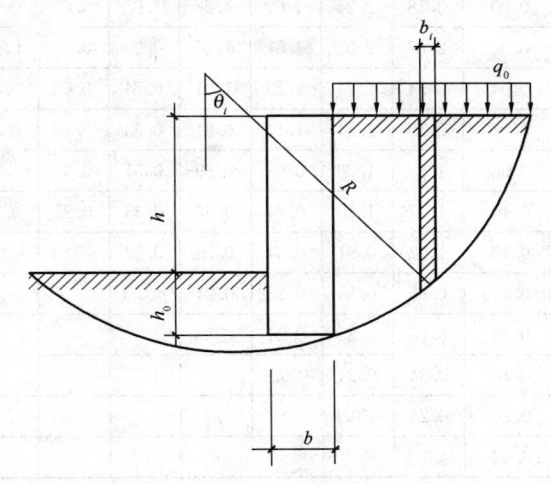

图 A 嵌固深度计算简图

$$\frac{\sum c_{ik} l_i + \sum (q_0 b_i + w_i) \cos\theta_i \tan\varphi_{ik}}{\sum (q_0 b_i + w_i) \sin\theta_i} \geqslant K$$

(A.0.1)

式中 h_0——嵌固深度（m）；

c_{ik}、φ_{ik}——最危险滑动面上第 i 土条滑动面上土的黏聚力、内摩擦角标准值；

l_i——第 i 土条的弧长（m）；

b_i——第 i 土条的宽度（m）；

K——整体稳定性安全系数，对基坑侧壁安全等级为一、二、三级分别不应小于 1.30、1.25、1.20；

w_i——作用于滑裂面上第 i 土条的重量（kN），按上覆土层的天然土重计算；

θ_i——第 i 土条弧线中点切线与水平线夹角（°）。

A.0.2 对于均质黏性土及地下水位以上的粉土或砂类土，嵌固深度计算值（h_0）可按下式确定：

$$h_0 = n_0 h$$

(A.0.2)

式中 n_0——嵌固深度系数，当 K 取 1.3 时，可根据三轴试验（当有可靠经验时，可采用直接剪切试验）确定的土层固结不排水（固结快）剪内摩擦角 φ_k 及黏聚力系数 δ 由表 A 得；黏聚力系数 δ 可按本规程第 A.0.3 条确定。

A.0.3 黏聚力系数 δ 应按下式确定：

$$\delta = c_k / \gamma h$$

(A.0.3)

式中 γ——土的天然重度（kN/m³）。

A.0.4 嵌固深度设计值可按下式确定：

$$h_d = 1.1 h_0$$

(A.0.4)

表 A　嵌固深度系数 n_0 表（地面超载 $q_0＝0$）

δ \ φ_k	7.5	10.0	12.5	15.0	17.5	20.0	22.5	25.0	27.5	30.0	32.5	35.0	37.5	40.0	42.5
0.00	3.18	2.24	1.69	1.28	1.05	0.80	0.67	0.55	0.40	0.31	0.26	0.25	0.15	<0.1	
0.02	2.87	2.03	1.51	1.15	0.90	0.72	0.58	0.44	0.36	0.26	0.19	0.14	<0.1		
0.04	2.54	1.74	1.29	1.01	0.74	0.60	0.47	0.36	0.24	0.14	0.13	<0.1			
0.06	2.19	1.54	1.11	0.81	0.63	0.48	0.36	0.27	0.17	0.12	<0.1				
0.08	1.89	1.28	0.94	0.69	0.51	0.35	0.26	0.15	<0.1	<0.1					
0.10	1.57	1.05	0.74	0.52	0.35	0.25	0.13	<0.1							
0.12	1.22	0.81	0.54	0.36	0.22	<0.1	<0.1								
0.14	0.95	0.55	0.35	0.24	<0.1										
0.16	0.68	0.35	0.24	<0.1											
0.18	0.34	0.24	<0.1												
0.20	0.24	<0.1													
0.22	<0.1														

附录 B　水泥土的配比试验

B. 0. 1　水泥土的配比试验，应符合水泥土的加固应用机理，并应满足水泥土在不同施工工艺条件下的实际工作状态，且应达到下列目的：

　1　为水泥土的强度设计提供依据；

　2　为施工工艺参数制定提供依据；

　3　为施工质量检验标准提供依据。

B. 0. 2　试验仪器和方法应采用现行的土工试验仪器及砂浆试验仪器，可按室内土工试验方法并按砂浆试验的操作方法进行。

B. 0. 3　试验土料应从工程现场拟加固土层中选取具有代表性的土样，可采用厚层塑料袋封装，以保持其天然湿度。

　每种配比土料的取样质量不宜少于 10kg。

B. 0. 4　水泥的选用应符合下列要求：

　1　水泥应选用早强型、强度等级为 32.5R 级及以上的普通硅酸盐水泥（P. O32.5R）。当有特殊要求时，亦可选用其他品种的水泥。

　水泥的出厂日期不得超过 3 个月，否则应在试验前重新测定其强度等级。

　2　水泥掺量应采用水泥掺入比 α_w（％）来表示，即水泥掺入质量与被加固湿土质量的百分比值。可选用 10％、12％、15％、18％、20％和 25％等掺入比值。

B. 0. 5　外加剂可选用适宜的早强剂或减水剂。添加的比例可按其使用说明书采用。也可根据工程需要，选用粉煤灰或膨润土作为外加剂。粉煤灰的添加量不宜超过水泥掺入量的 100％，膨润土的添加量不宜超过水泥掺入量的 50％。

B. 0. 6　试块的制作及养护应符合下列要求：

　1　水泥土的配制方法，应按选定的水泥掺入比和施工工艺，采用不同的配制指标。当采用喷粉法工艺时，应将水泥土的质量密度作为配制指标；当采用喷浆法或高压旋喷法工艺时，应将水泥浆液的施工水灰比作为配制指标。

　水泥土在配制前，应先测定试验用土料的现有含水率。当试验土料的现有含水率与地勘报告提供的该层土天然含水率的差值达到±2％及以上时，应将试验土料的现有含水率调配至该层土的天然含水率，然后依照下列步骤和方法进行配制：

　　1）喷粉法：

　　第一步：计算水泥土的相对密度

$$d_c = d_s(1-\alpha_w) + d\alpha_w \qquad (B. 0. 6\text{-}1)$$

式中　d_c——水泥土的相对密度；

　　　d_s——一般黏性土的相对密度，可取 2.70（或取地勘报告实测值）；

　　　d——水泥的相对密度，可取 3.10（或实测值）；

　　　α_w——水泥掺入比（％）。

　　第二步：计算水泥土的干密度

$$\rho_{dc} = \rho/(1+0.01W) + \rho\alpha_w \qquad (B. 0. 6\text{-}2)$$

或

$$\rho_{dc} = \rho_d + \rho\alpha_w \qquad (B. 0. 6\text{-}3)$$

式中　ρ_{dc}——水泥土的干密度（g/cm^3）；

　　　ρ——被加固地基土的天然密度（g/cm^3）；

　　　ρ_d——被加固地基土的干密度（g/cm^3）；

　　　W——被加固地基土的天然含水率（％）。

　ρ、ρ_d、W 三项指标均按地勘报告实测统计值查取。

　　第三步：计算并确定水泥土试件的制作密度

$$\rho_c = [0.01S_r(d_c\rho_w - \rho_{dc})/d_c] + \rho_{dc}$$

(B. 0. 6-4)

式中 ρ_c——水泥土试件的制作密度（g/cm³）；

S_r——水泥土的饱和度（按水下工作状态 S_r = 100）；

ρ_w——水的密度，取 1g/cm³。

2）喷浆法或高压旋喷法：

应按试验所用土料的质量，根据施工时采用的水灰比以及所选用的外加剂等，称量相应质量的水泥干粉、水以及外加剂等，一起混合均匀制成水泥浆液。喷浆搅拌法施工水灰比可采用 0.5，高压旋喷法施工水灰比可采用 1.0。

2 试块制作应按确定的试验配比方案，将称量好的土料、水泥干粉，放入搅拌器皿内，用搅拌铲人工拌合，直至拌合料搅拌均匀。

试块的制作应选用边长为 70.7mm 的立方体砂浆试模，并应符合下列要求：

1）喷粉法：按水泥土试件的制作密度，计算并称量每个立方体试模所需的水泥土填料量，将拌制好的水泥土拌合料分三层均匀填入试模。填料可采用压样法控制水泥土

的制作密度，确保试块内的空气排出。

2）喷浆法（或高压旋喷法）：装入拌制好的水泥土拌合料至试模体积的一半，一边插捣一边用小手锤击振试模 50 下，然后将水泥土拌合料装满试模，再边插捣边用小手锤击振试模 50 下，确保试块内的空气排出。

试块制作完成后将表面刮平，用塑料布覆盖以保持水分，防止过快蒸发。试块成型 1～2d 后拆除试模。脱模试块称重后放入标准养护室中（或将脱模试块装入塑料袋内密封后置于标准水中），分别进行各龄期的养护。

每种配比的试块制作数量不应少于 6 个。

B. 0. 7 当试块达到预定养护龄期时，应采用压力试验机测定其立方体的抗压强度。

作为施工材料强度检验的试块，可进行短龄期的早强试验（宜采用不少于 7d 的试块）。当早期强度试验满足设计要求时，该配比即可投入工程使用。

抗压试验结束后，应提交各种试验配比条件下、不同龄期的水泥土强度，并标明各个试块不同龄期的质量密度。

附录 C　悬臂梁内力及变位计算公式

表 C　悬臂梁内力及变位计算公式

荷载模式	计算简图	计算公式
均布荷载		$H_0 = qH$　$M_0 = qH^2/2$ $$f_x = \frac{qH^4}{24EI}\left[3 - \frac{4x}{H} + \left(\frac{x}{H}\right)^4\right]$$ 式中　H_0、M_0——分别为悬臂梁底端作用于基座上的水平力（kN）及弯矩（kN·m）； f_x——梁上坐标 x 处，梁的水平位移(m)。
三角形荷载		$H_0 = qH/2$　$M_0 = qH^2/6$ $$f_x = \frac{qH^4}{120EI}\left[4 - \frac{5x}{H} + \left(\frac{x}{H}\right)^5\right]$$

荷载模式	计算简图	计算公式
局部均布荷载		$H_0 = cq \quad M_0 = bcq$ $0 \leqslant x \leqslant d:$ $f_x = \dfrac{qc}{24EI}[12b^2H - 4b^3 + ac^2 - (12b^2+c^2)x]$ $d < x \leqslant c+d:$ $f_x = \dfrac{qc}{24EI}[12b^2H - 4b^3 + ac^2 - (12b^2+c^2)x + (x-d)^4/c]$ $x > c+d:$ $f_x = \dfrac{qc}{6EI}[3b^2H - b^3 - 3b^2x + (x-a)^3]$
局部三角形荷载		$H_0 = cq/2 \quad M_0 = qcb/2$ $0 \leqslant x \leqslant d:$ $f_x = \dfrac{qc}{72EI}\left[18b^2H - 6b^3 + ac^2 - \dfrac{2c^3}{45} - (18b^2+c^2)x\right]$ $d < x \leqslant c+d:$ $f_x = \dfrac{qc}{72EI}\left[18b^2H - 6b^3 + ac^2 - \dfrac{2c^3}{45}\right.$ $\left. - (18b^2+c^2)x + \dfrac{3(x-d)^5}{5c^2}\right]$ $x > c+d:$ $f_x = \dfrac{qc}{12EI}[3b^2H - b^3 - 3b^2x + (x-a)^3]$
集中荷载		$H_0 = -T \quad M_0 = Tb$ $0 \leqslant x \leqslant a:$ $f_x = \dfrac{-Tb^2H}{6EI}\left(3 - \dfrac{b}{H} - \dfrac{3x}{H}\right)$ $x > a:$ $f_x = \dfrac{-Tb^3}{6EI}\left[2 - \dfrac{3(x-a)}{b} + \dfrac{(x-a)^3}{b^3}\right]$

附录 D 基坑涌水量计算

D.0.1 均质含水层潜水完整井基坑涌水量可按下列规定计算（见图 D.0.1）：

1 当基坑远离边界时，涌水量可按下式计算：

$$Q = 1.366k\dfrac{(2H-S)S}{\lg\left(1 + \dfrac{R}{r_0}\right)} \qquad (D.0.1\text{-}1)$$

式中 Q——基坑涌水量（m^3/d）；

　　　k——渗透系数（m/d）；

　　　H——潜水含水层厚度（m）；

　　　S——基坑水位降深（m）；

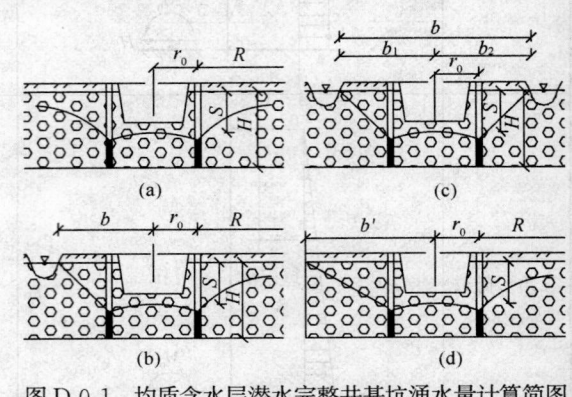

图 D.0.1 均质含水层潜水完整井基坑涌水量计算简图

(a) 基坑远离边界；(b) 岸边降水；(c) 基坑位于两地表水体间；(d) 基坑靠近隔水边界

R——降水影响半径（m），按本规程第 D.0.7
条规定计算；

r_0——基坑等效半径（m），按本规程第 D.0.6
条规定计算。

2 当岸边降水时，涌水量可按下式计算：

$$Q = 1.366k \frac{(2H-S)S}{\lg \dfrac{2b}{r_0}}, \quad b < 0.5R$$

$$(D.0.1-2)$$

3 当基坑位于两个地表水体之间或位于补给区
与排泄区之间时，涌水量可按下式计算：

$$Q = 1.366k \frac{(2H-S)S}{\lg \left[\dfrac{2(b_1+b_2)}{\pi r_0} \cos \dfrac{\pi(b_1-b_2)}{2(b_1+b_2)} \right]}$$

$$(D.0.1-3)$$

4 当基坑靠近隔水边界时，涌水量可按下式计
算：

$$Q = 1.366k \frac{(2H-S)S}{2\lg(R+r_0) - \lg r_0(2b+r_0)},$$

$$b' < 0.5R \quad (D.0.1-4)$$

D.0.2 均质含水层潜水非完整井基坑涌水量可按下
列规定计算（见图 D.0.2）：

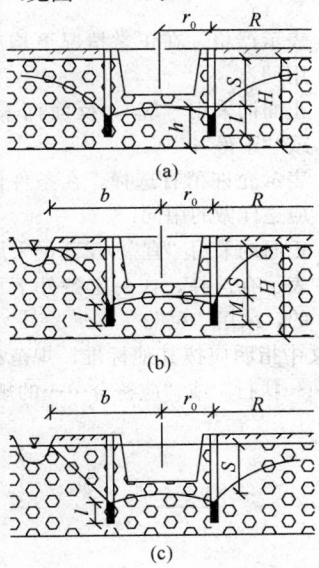

图 D.0.2　均质含水层潜水非完整
井基坑涌水量计算简图
(a) 基坑远离边界；(b) 近河基坑含水层
厚度不大；(c) 近河基坑含水层厚度很大

1 当基坑远离边界时，涌水量可按下式计算：

$$Q = 1.366k \frac{H^2 - h_m^2}{\lg \left(1 + \dfrac{R}{r_0}\right) + \dfrac{h_m - l}{l} \lg \left(1 + 0.2 \dfrac{h_m}{r_0}\right)}$$

$$(D.0.2-1)$$

$$h_m = \frac{H+h}{2} \quad (D.0.2-2)$$

2 当近河基坑降水，含水层厚度不大时，涌水
量可按下式计算：

$$Q = 1.366kS \left[\frac{l+S}{\lg \dfrac{2b}{r_0}} + \frac{l}{\lg \dfrac{0.66l}{r_0} + 0.25 \dfrac{l}{M} \cdot \lg \dfrac{b^2}{M^2 - 0.14l^2}} \right],$$

$$b > \frac{M}{2} \quad (D.0.2-3)$$

式中　M——由含水层底板到过滤器有效工作部分中
点的长度。

3 当近河基坑降水，含水层厚度很大时，涌水
量可按下列公式计算：

$$Q = 1.366kS \left[\frac{l+S}{\lg \dfrac{2b}{r_0}} + \frac{l}{\lg \dfrac{0.66l}{r_0} - 0.22 \operatorname{arsh} \dfrac{0.44l}{b}} \right],$$

$$b > l \quad (D.0.2-4)$$

$$Q = 1.366kS \left[\frac{l+S}{\lg \dfrac{2b}{r_0}} + \frac{l}{\lg \dfrac{0.66l}{r_0} - 0.11 \dfrac{l}{b}} \right],$$

$$b > l \quad (D.0.2-5)$$

D.0.3 均质含水层承压水完整井涌水量可按下列规
定计算（见图 D.0.3）：

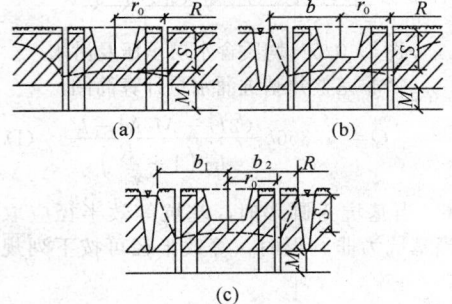

图 D.0.3　均质含水层承压水完整井
基坑涌水量计算简图
(a) 基坑远离边界；(b) 基坑位于岸边；
(c) 基坑位于两地表水体间

1 当基坑远离边界时，涌水量可按下式计算：

$$Q = 2.73k \frac{MS}{\lg \left(1 + \dfrac{R}{r_0}\right)} \quad (D.0.3-1)$$

式中　M——承压含水层厚度（m）。

2 当基坑位于河岸边时，涌水量可按下式计算：

$$Q = 2.73k \frac{MS}{\lg \left(\dfrac{2b}{r_0}\right)}, \quad b < 0.5R \quad (D.0.3-2)$$

3 当基坑位于两个地表水体之间或位于补给区
与排泄区之间时，涌水量可按下式计算：

$$Q = 2.73k \frac{MS}{\lg \left[\dfrac{2(b_1+b_2)}{\pi r_0} \cos \dfrac{\pi(b_1-b_2)}{2(b_1+b_2)} \right]}$$

$$(D.0.3-3)$$

D.0.4 均质含水层承压水非完整井基坑涌水量可按
下式计算（见图 D.0.4）：

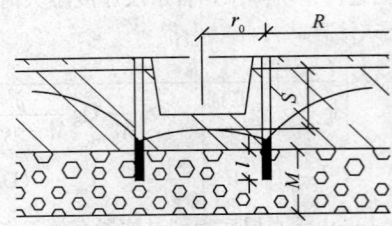

图 D.0.4　均质含水层承压水非
完整井基坑涌水量计算简图

$$Q = 2.73k \frac{MS}{\lg\left(1 + \dfrac{R}{r_0}\right) + \dfrac{M-l}{l}\lg\left(1 + 0.2\dfrac{M}{r_0}\right)}$$

$$(D.0.4)$$

D.0.5　均质含水层承压及潜水非完整井基坑涌水量可按下式计算（见图 D.0.5）：

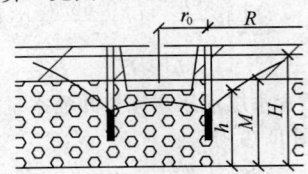

图 D.0.5　均质含水层承压及潜水
非完整井基坑涌水量计算简图

$$Q = 1.366k \frac{(2H-M)M-h^2}{\lg\left(1 + \dfrac{R}{r_0}\right)} \quad (D.0.5)$$

D.0.6　当基坑为圆形时，基坑等效半径应取圆半径；当基坑为非圆形时，等效半径可按下列规定计算：

　　1　矩形基坑等效半径可按下式计算：

$$r_0 = 0.29(a+b) \quad (D.0.6\text{-}1)$$

式中　a、b——分别为基坑的长、短边长度（m）。

　　2　不规则块状基坑等效半径可按下式计算：

$$r_0 = \sqrt{A/\pi} \quad (D.0.6\text{-}2)$$

式中　A——基坑面积（m^2）。

D.0.7　降水井影响半径宜通过试验或根据当地经验确定，当基坑侧壁安全等级为二、三级时，可按下列公式计算：

　　1　潜水含水层：

$$R = 2S\sqrt{kH} \quad (D.0.7\text{-}1)$$

式中　R——降水影响半径（m）；

　　　　S——基坑水位降深（m）；

　　　　k——渗透系数（m/d）；

　　　　H——含水层厚度（m）。

　　2　承压含水层：

$$R = 10S\sqrt{k} \quad (D.0.7\text{-}2)$$

本规程用词说明

　　1　为便于在执行本规程条文时区别对待，对于要求严格程度不同的用词说明如下：

　　　　1） 表示很严格，非这样做不可的用词：

　　　　　　正面词采用"必须"，反面词采用"严禁"；

　　　　2） 表示严格，在正常情况下均应这样做的用词：

　　　　　　正面词采用"应"，反面词采用"不应"或"不得"；

　　　　3） 表示允许稍有选择，在条件许可时首先应这样做的用词：

　　　　　　正面词采用"宜"，反面词采用"不宜"；

　　　　　　表示有选择，在一定条件下可以这样做的，采用"可"。

　　2　条文中指明应按其他标准、规范执行的写法为："应按……执行"或"应符合……的规定"。

中华人民共和国行业标准

湿陷性黄土地区建筑基坑工程
安全技术规程

JGJ 167—2009

条 文 说 明

前　言

《湿陷性黄土地区建筑基坑工程安全技术规程》JGJ 167—2009 经住房和城乡建设部 2009 年 3 月 15 日以第 242 号公告批准、发布。

为便于广大设计、施工、科研、学校等单位有关人员在使用本规程时能正确理解和执行条文规定，《湿陷性黄土地区建筑基坑工程安全技术规程》编制组按章、节、条顺序编制了本规程的条文说明，供使用者参考。在使用中如发现本条文说明有不妥之处，请将意见函寄陕西省建设工程质量安全监督总站（地址：西安市龙首北路西段 7 号航天新都 5 楼；邮政编码：710015）。

目　次

1 总 则

1.0.1 20世纪80年代以来，我国城市建设迅猛发展，基坑支护的重要性逐渐被人们所认识，支护结构设计、施工技术水平也随着工程经验的积累而提高。本规程在确保基坑边坡稳定的条件下，总结已有经验，力求使支护结构设计与施工达到安全与经济的合理平衡。

1.0.2 本规程所依据的工程经验来自湿陷性黄土地区的特点，在遇到特殊地质条件时应按当地经验应用。

1.0.3 基坑支护结构设计与基坑周边条件，尤其是与支护结构的侧压力密切相关，而决定侧压力的大小和变化却与土层性质及与本条所述各种因素有关。在设计中应充分考虑基坑所处环境条件、基坑施工及使用时间的影响。

基坑工程的设计、施工和监测宜由同一个单位完成，是为了加强质量安全工作管理的衔接性及连续性，增强责任感，同时亦有利于动态设计、信息法施工的有效运转，避免工作中相互扯皮、责任不清的情况出现。

1.0.4 基坑支护工程是岩土工程的一部分，与其他如桩基工程、地基处理工程等相关，本规程仅对湿陷性黄土地区建筑基坑支护工程设计、施工、检测和监测、验收、安全使用与维护方面具有独立性的部分作了规定，而在其他标准规范中已有的条文不再重复。如桩基施工可按《建筑桩基技术规范》JGJ 94—2008执行，均匀配筋圆形混凝土桩截面受弯承载力可按《混凝土结构设计规范》GB 50010—2002执行等。

3 基 本 规 定

3.1 设 计 原 则

3.1.1 支护结构多为维护基坑安全开挖和地下基础及结构部分正常施工而采用的临时性构筑物，据以往正常情况施工经验，一般深基坑工程需6～12月，才能完成回填，至少要经过一个雨季，而雨季对深基坑安全影响甚大，故本条规定按保证安全和正常使用一年期限考虑支护结构设计有效期；而永久性基坑工程设计有效使用期限应与被保护建（构）筑物使用年限相同，并依具体情况而有所区别。

3.1.2 为保证支护结构耐久性和防腐性达到正常使用极限状态的功能要求，支护结构钢筋混凝土构件的构造和抗裂应按现行有关规定执行。锚杆是承受较高拉应力的构件，其锚固砂浆的裂缝开展较大，计算一般难以满足规范要求，设计中应采取严格的防腐构造措施，以保证锚杆的耐久性。

3.1.3 为与现行国家标准《建筑地基基础设计规范》GB 50007—2002和《建筑边坡工程技术规范》GB 50330—2002基本精神同步，按基坑工程边坡受力特点，考虑以下荷载组合：

1 涉及地基承载力和锚固体计算时采用地基承载力特征值，荷载效应采用正常使用极限状态的标准组合；

2、3 按支护结构承载力极限状态设计时，荷载效应组合应为承载能力极限状态基本组合；

4 进行基坑边坡变形验算时，仅考虑荷载的长期组合，即正常使用极限状态的准永久组合，不考虑偶然荷载作用。

3.1.4 根据黄土地区基坑工程的重要性、工程规模、所处环境及坑壁黄土受水浸湿可能性，按其失效可能产生后果的严重性，分为三级。

黄土地区习惯上将开挖深度超过5m的基坑列为深基坑，考虑近年深基坑工程数量日益增多，甘肃省基坑工程技术规程已施行多年，按深度划分：$h > 12\mathrm{m}$为复杂工程；$h \leqslant 6\mathrm{m}$为简单工程，本规程以此深度作为分级依据之一。

分级同时考虑了环境条件和水文地质、工程地质条件，且将环境条件列为主要考虑要素，主要是由于深基坑多处于大、中城市，黄土地区为中华民族发源地，古建筑及历史文物较多，且城市中地下管线分布密集，对变形敏感，一旦功能受损，影响较大。再者，考虑黄土基坑受水浸湿后，坑侧坡体与基坑1倍等深范围内变形较大，极易开裂或坍塌，因而需严加保护。而1倍等深范围以外的建（构）筑物则受此影响相对较小，因而采用了相对距离比α的概念。并在此条件下，依受水浸湿影响、工程降水影响、坑壁土土质影响，将坑壁边坡分为3类，进行区别对待，体现了可靠性和经济合理性的统一。

3.1.5 黄土地区基坑事故一般都和水的浸入有关，对于一级基坑事故的危害性是严重的，当其受水浸湿的几率比较高时，一定要保证其浸水时的安全性；永久性基坑在长期使用过程中有受水浸湿的可能性，所以应对这两类基坑坑壁进行浸水条件下的校核；由于浸水只是一种可能，现场浸水情况也不会像室内试验那样完全彻底，同时考虑到经济性问题，建议校核时采用较低的安全度。在进行这种校核时，可采用较低的重要性系数和安全系数。

3.1.6 对应承载能力极限状态应进行支护结构承载能力和基坑土体可能出现破坏的计算和验算，而正常使用极限状态的计算主要是对结构和土体的变形计算。对一级边坡的变形控制，按第3.1.7条执行或依当地工程经验和工程类比法进行，并在基坑工程施工和监测中采用控制性措施解决。

3.1.7 国内各地区建筑基坑支护结构位移允许或控制值，见表1～9。

1 支护结构水平位移限值主要针对一级基坑和二级基坑。限值采用是为使支护结构可正常使用且不对周边环境和安全造成严重影响。黄土基坑的破坏和失稳具有突发性，因而给定一个限值，对支护结构顶端最大位移进行设计控制是必要的。表3.1.7中数据主要依西安地区经验，并参考相关省、市地方标准确定。

1）上海市标准《基坑工程设计规程》DBJ 08—61—97中相关规定：

表1 一、二级基坑变形的设计和监测控制

	墙顶位移 （cm）		墙体最大位移 （cm）		地面最大沉降 （cm）	
	监测值	设计值	监测值	设计值	监测值	设计值
一级工程	3	5	5	8	3	5
二级工程	6	10	8	12	6	10

注：1 三级基坑，宜按二级基坑标准控制，当环境条件许可时可适当放宽；

2 确定变形控制标准时，应考虑变形时空效应，并控制监测值的变化速率；一级工程变形速率宜≤2mm/d，二级工程变形速率宜≤3mm/d。

2）《深圳地区建筑深基坑支护技术规范》SJG 05—96中相关规定：

表2 支护结构最大水平位移允许值

安全等级	排桩、地下连续墙、 坡率法、土钉墙	钢板桩、深层搅拌桩
一级	0.0025H	—
二级	0.0050H	0.0100H
三级	0.0100H	0.0200H

注：H为基坑深度。

3）《建筑基坑工程技术规范》YB 9258—97中相关规定：

表3 基坑边坡支护位移允许值

基坑边坡支护破坏后影响程度及 基坑工程周围状况	最大位移 允许值
基坑边坡支护破坏后的影响严重或很严重 基坑边坡支护滑移面内有重要建（构）筑物	H/300
基坑边坡支护破坏后影响较严重 基坑边坡滑移面内有重要建（构）筑物	H/200
基坑边坡支护破坏后影响一般或轻微 基坑周边15m以内有主要建（构）筑物	H/150

注：1 H为基坑开挖深度；

2 本表适用于深度18m以内的基坑。

4）《广州地区建筑基坑支护技术规定》GJB 02—98中相关规定：

表4 支护结构最大水平位移控制值

安全等级	最大水平位移控制值 （mm）	最大水平位移与 坑深控制比值
一级	30	0.0025H
二级	50	0.0040H
三级	100	0.0200H

注：H为基坑深度、位移控制值中两者中最小值。

5）孙家乐等（1996）针对北京地区提出的水平位移及平均变形速率控制值：

表5 水平位移及变形速率控制值

坡肩处水平位移 （mm）	平均变形速率 （mm/d）	备注
≤30	0.1≤	安全域
30～50	0.1～0.5	警戒域
＞50	≥0.5	危险域

注：平均变形速率自开挖到基底时起算（10d内）。

6）《武汉地区深基坑工程技术指南》WBJ1—1—7—95中规定：

表6 安全等级与相应最大水平位移

安全等级	最大水平位移δ（mm）
一级	≤40
二级	≤100
三级	≤200

7）北京市标准《建筑基坑支护技术规程》DB 11/489—2007中规定：

表7 最大水平变形限值

一级基坑	0.002h
二级基坑	0.004h
三级基坑	0.006h

注：h为基坑深度。

2 人工降水对基坑相邻建（构）筑物竖向变形影响不可忽视，应满足相邻建（构）筑物地基变形允许值。

表8 差异沉降和相应建筑物的反应

建筑结构类型	$\dfrac{\delta}{l}$	建筑物反应
砖混结构；建筑物长高比小于10；有圈梁，天然地基，条形基础	达1/150	隔墙及承重墙多产生裂缝，结构发生破坏
一般钢筋混凝土框架结构	达1/150	发生严重变形
	达1/500	开始出现裂缝

建筑结构类型	$\dfrac{\delta}{l}$	建筑物反应
高层（箱、筏基、桩基）	达 1/250	可观察到建筑物倾斜
单层排架厂房（天然地基或桩基）	达 1/300	行车运转困难，导轨面需调整，隔墙有裂缝
有斜撑框架结构	达 1/600	处于安全极限状态
对沉降差反应敏感，机器基础	达 1/800	机器使用可能会发生困难，处于可运行极限状态

注：l 为建筑物长度，δ 为差异沉降。

3 各类地下管线对变形的承受能力因管线的新旧、埋设情况、材料结构、管节长度和接头构造不同而相差甚远，必须事先调查清楚。接头是管线最易受损的部位，可以将管接头对差异沉降产生相对转角的承受能力作为设计和监控的依据。对难以查清的煤气管、上水管及重要通信电缆管，可按相对转角 1/100 或由这些管线的管理单位提供数据，作为设计和监控标准。

重要地下管线对变形要求严格，如天然气管线要求变形不超过 1cm，故管线变形应按行业规定特殊要求对待。

表9 《广州地区建筑基坑支护技术规定》GJB 02—98 中推荐管线容许倾斜限值

管线类型及接头形式		局部倾斜值
铸铁水管、钢筋混凝土水管	承插式	≤0.008
铸铁水管	焊接式	≤0.010
煤气管	焊接式	≤0.004

3.1.8 基坑工程设计应具备的资料：

1 基坑支护结构的设计与施工首先要认真阅读和分析岩土工程勘察报告，了解基坑周边土层的分布、构成、物理力学性质、地下水条件及土的渗透性能等，以便选择合理的支护结构体系并进行设计计算。这里要强调说明的是：目前一般针对建筑场地和地基勘察而完成的岩土工程勘察报告，并不能完全满足基坑支护设计需求，尤其是对一级基坑工程，一般勘察报告提供的工程地质剖面和各项土工参数不能完全满足设计要求。因而强调以满足基坑工程设计及施工需要为前提，必要时可由支护设计方提出，进行专门的基坑工程勘察。

2 取得用地界线、建筑总平面、地下结构平面、剖面图和地基处理、基础形式及埋深等参数，主要是

考虑在满足基础施工可能的前提条件下，尽量减小基坑土方开挖范围和支护工程量，尽可能做到对周边环境的保护。

3 邻近建筑和地下设施及结构质量、基坑周边已有道路、地下管线等情况，主要依靠业主提供或协调，进行现场调查取得。经验证明在城区开挖深基坑时，周边关系较复杂，而且地下管线（包括人防地毯等）属多个部门管理，仅业主提供往往不够及时，也不尽能满足设计要求，且提供的成果往往与实际情况并不完全符合，因而强调设计应重视现场调查和实地了解情况，据实设计。

4 基坑工程应考虑施工荷载（堆料、设备）及可能布置的机械车辆运行路线，应考虑上部施工塔吊安装位置及工地临时建筑位置与基坑的距离，尤其是工地大量用水建筑（食堂、厕所、洗车台等）与基坑的安全距离，并采用切实措施保证用水不渗入基坑周边土体。

5 当地基坑工程经验及施工能力对支护设计至关重要，尤其是在缺乏工程经验的地区进行支护设计时，更要注意了解、收集当地已有的经验和教训，据此按工程类比法指导设计。

6 此条用于判定基坑在使用期间受水浸湿的可能性。黄土由于其特殊性，遇水湿陷、软化，强度迅速降低且基坑侧壁土体重量迅速增加，十分不利，因而对基坑周围地面和地下管线排水渗入或排入基坑坡体的可能性应取得可靠资料。黄土基坑发生过的工程事故多与水浸入有关，因而设计对浸水可能性的判定和相应预防措施的采用，尤为重要。

3.1.9 考虑黄土地区目前基坑工程设计的现状，土体作用于支护结构上的侧压力计算，采用朗肯土压力理论，对地下水位以下土体计算侧压力时，砂土和粉土的渗透性较好，且土的孔隙中有重力水，可采用水土分算原则，即分别计算土压力和水压力，二者之和即为总侧压力。黏土、粉质黏土渗透性差，以土粒和孔隙水共同组成的土体的饱和重度计算土的侧压力。黄土具大孔隙结构，垂向渗透性能好，黄土中有重力水，但以竖向运移为主，结合长期使用习惯，按水土合算原则进行。

采用土的抗剪强度参数应与土压力计算模式相配套，采用水土分算时，理论上应采用三轴固结不排水（CU）试验中有效应力抗剪强度指标黏聚力 c' 和内摩擦角 φ' 或直剪（固结慢剪）的峰值强度指标，并采用土的有效重度；采用水土合算时，理论上应采用三轴固结不排水剪切（CU）的总应力强度指标 c 和 φ 或直剪（固结快剪）试验指标，并采用土的饱和重度。但是考虑实际应用中，岩土工程勘察报告提供 c' 和 φ' 存在一定困难。另外考虑到支护设计软件按建设部行业标准编制，这些软件在黄土地区应用已较广泛。不同标准土压力计算的规定见表10。

表 10　不同标准土压力计算的规定

标　准	计算方法	计算参数	土压力调整
建设部行业标准《建筑基坑支护技术规程》JGJ 120—99	采用朗肯理论：砂土、粉土水土分算，黏性土有经验时水土合算	直剪固快峰值 c、φ 或三轴 c_{cu}、φ_{cu}	主动侧开挖面以下土自重压力不变
冶金部行业标准《建筑基坑工程技术规范》YB 9258—97	采用朗肯或库伦理论：按水土分算原则计算，有经验时对黏性土也可以水土合算	分算时采用有效应力指标 c'、φ' 或用 c_{cu}、φ_{cu} 代替；合算时采用 c_{cu}、φ_{cu} 乘以 0.7 的强度折减系数	有邻近建筑物基础时 $K_{ma}=(K_0+K_a)/2$；被动区不能充分发挥时 $K_{mp}=(0.3\sim0.5)K_p$
《武汉地区深基坑工程技术指南》WBJ 1—1—7—95	采用朗肯理论：黏性土、粉土水土合算，砂土水土分算，有经验时也可水土合算	分算时采用有效应力指标 c'、φ'，合算时采用总应力指标 c、φ，提供有效强度指标的经验值	一般不作调整
《深圳地区建筑深基坑支护技术规定》SJ 05—96	采用朗肯理论：水位以上水土合算，水位以下黏性土水土合算，黏土、砂土碎石土水土分算	分算时采用有效应力指标 c'、φ'，合算时采用总应力指标 c、φ	无规定
上海市标准《基坑工程设计规程》DBJ 08—61—97	采用朗肯理论：以水土分算为主，对水泥土围护结构水土合算	水土分算采用 c_{cu}、φ_{cu}，水土合算采用经验动力压力系数 η_a	对有支撑的围护结构开挖面以下土压力为矩形分布。提出动用土压力概念，提高的主动土压力系数介于 $(K_a+K_0)/2$ 之间，降低被动土压力系数介于 $(0.5\sim0.9)K_p$ 之间
《广州地区建筑基坑支护技术规定》GJB 02—98	采用朗肯理论：以水土分算为主，有经验时对黏性土、淤泥可水土合算	采用 c_{cu}、φ_{cu}，有经验时可采用其他参数	开挖面以下采用矩形分布模式
甘肃省标准《建筑基坑工程技术规程》DB 62/25—3001—2000	采用朗肯理论，必要时可采用库仑理论：存在地下水时，宜按水压力与土压力分算原则计算，对黏性土、淤泥、淤泥质土也可按水土合算原则计算	水土分算采用 c'、φ'，水土合算采用 c_{cu}、φ_{cu} 或固结快剪 c、φ	基坑内侧被动区土体经加固处理后，加固土体强度指标根据可靠经验确定

3.1.10 基坑支护结构设计应从稳定、承载力、变形三个方面进行验算：

1 稳定：指基坑周围土体的稳定性，不发生土体滑动破坏，不因渗流影响造成流土、管涌以及支护结构失稳；

2 承载力：支护结构的承载力应满足构件承载力设计要求；

3 变形：因基坑开挖造成的土层移动及地下水位升降变化引起的周围变形，不得超过基坑周边建筑物、地下设施的允许变形值，不得影响基坑工程基桩安全或地下结构正常施工。

黄土地区深基坑施工一般多与基坑人工降水同步实施，多采用坑外降水。坑外降水可减少支护结构主动侧水压力，同时由于土中水的排出，饱和黄土的力学性状发生明显改善，但坑外降水，由于降水漏斗影响范围较大，在基坑周围相当于 5 倍降水深度的范围内有建筑物和地下管线时，应慎重对待。必要时应采取隔水或回灌措施，控制有害沉降发生。基坑工程设计文件应包括降水要求，明确降水措施、降水深度、降水时间等。降水设备的选型和成井工艺，通常由施工单位依地质条件、基坑条件及开挖过程，在施工组织设计中进行深化和明确。

基坑工程施工过程中的监测应包括对支护结构和周边环境的监测，随着基坑开挖，对支护结构系统内力、变形进行测试，掌握其工作性能和状态。对影响区内建（构）筑物和地下管线变形进行观测，了解基坑降水和开挖过程对其影响程度，对基坑工程施工进行预警和安全性评价。支护结构变形报警值通常以 0.8 倍的变形限值考虑。

3.1.11 基坑工程设计考虑的主要作用荷载有：

1 土压力、水压力是支护结构设计的主要荷载，其取值大小及合理与否，对支护结构内力和变形计算影响显著。目前国内主要还是应用朗肯公式计算。

2 一般地面超载：指坑边临时荷载，如施工器材、机具等，一般可根据场地容纳情况按 $10\sim20kN/m^2$ 考虑，场地宽阔时取低值，场地狭窄时取高值。

3 影响区范围内建（构）筑物荷载：对影响区范围内建（构）筑物的荷载，可依基础形式、埋深条件及临坑建筑立面情况进行简化，按集中荷载、条形荷载或均布荷载考虑。

4 施工荷载及可能有场地内运输车辆往返产生的荷载：施工荷载指坑边用作施工堆料场地或其他施工用途所产生的荷载，超过一般地面荷载时，应据实计算。基坑施工过程中由于土方开挖及施工进料，需要场内车辆通行或相邻有道路通行，应根据车辆荷载大小、行驶密度及与坑边距离等综合考虑。地面超载及车辆行驶等动荷载往往引起支护结构变形增大，有的甚至使支护结构长期承载力降低，应引起重视。

邻近基础施工：在黄土地区深基坑如进行人工降水，对相邻地块基坑工程总体而言是有利的，但对相邻地块土体支护，不宜同时进行，或只需进行一次，这要结合实际情况分析确定。

5 当支护结构兼用作主体结构永久构件时，如逆作法施工的支撑作为主体结构的地下室梁板、柱、内墙等，在内力计算时，除了计算基坑施工时的内力外，还应计算永久使用时的内力，在地震设防区，还应考虑地震作用力。

3.1.12 黄土地区深基坑支护工程与人工降水同时实施时，因有土方开挖要求，降水应先期进行。黄土以垂向渗透为主，降水实施后，原基坑侧及坑底的饱和黄土在降水期间，变为非饱和黄土，土的力学性能会有一定改善；深基坑地基处理采用桩基础或复合地基增强体后，被动区的土体力学强度有明显提高，因而应结合工程经验，依地基加固桩的类型、密集程度和分布位置、形式，适当提高土的力学性能指标。黄土的强度指标大小与土的干密度（密实程度）和含水量（物理状态）关系密切，当干密度为确定值时，随含水量增大（液性指数增加），c、φ值减小，尤以黏聚力减少较多。而在基坑工程中，采用基坑排水措施时，情况则恰恰相反，土的强度指标随土中含水量减小而增大，并以黏聚力恢复提高为主。不同情况下的抗剪强度见表11～表13。

表11 不同密实程度及不同含水状态时黄土的 c、φ 值变化

土的状态		硬塑		可塑		软塑	
	w（%）	14.3～15.5		18.3～21.9		24.4～27.9	
强度值 r_a（kN/m³）		c（kPa）	φ（°）	c（kPa）	φ（°）	c（kPa）	φ（°）
12.5～12.7		32	31.0	21	30.0	2	26.0
13.6～13.8		35	29.0	20	28.0	5	26.0
14.2～14.4		46	29.0	26	27.0	2	26.0
14.8～15.0		80	28.0	52	27.0	2	26.0
15.3～15.5		132	36.0	70	31.0	26	25.0

值得指出的是，黄土地区基坑坍塌工程事故大多与坑壁土体浸水增湿密切相关，按正常状态计算的深基坑，往往由于局部坑壁浸水增湿，土体重度增大而强度大幅降低，酿成坍塌或塌滑事故，对此类情况，设计应给予足够重视，并依基坑重要性等级进行综合考虑设防，尤其应做好坑外地表排水，杜绝水渗入和浸泡坡体，酿成工程事故。

表12 甘肃省标准《建筑基坑工程技术规程》DB 62/25—3001—2000 推荐的 Q_3、Q_4 黄土抗剪强度指标参考值

w（%） 强度 w_L/e	≤10		13		16		19	
	c（kPa）	φ（°）	c（kPa）	φ（°）	c（kPa）	φ（°）	c（kPa）	φ（°）
22	23	27.0	21	26.3	19	25.7	17	25.0
25	23	27.3	21	26.6	19	26.0	17	25.3
28	22	27.6	20	26.9	18	26.3	16	25.6
31	21	27.9	19	27.2	17	26.6	15	25.9
34	21	28.2	19	27.5	17	26.9	15	26.2

w（%） 强度 w_L/e	22		25		28	
	c（kPa）	φ（°）	c（kPa）	φ（°）	c（kPa）	φ（°）
22	15	24.4	13	23.7	11	23.0
25	14	24.7	12	24.0	10	23.3
28	14	25.0	12	24.3	10	23.6
31	13	25.3	11	24.6	9	23.9
34	12	25.6	10	24.9	8	24.2

注：1 表中 c、φ 中间值可插入计算；
　　2 以黏性土为主的素填土可按天然土指标乘以折减系数 0.7；
　　3 w 为土的含水量，w_L 为液限，e 为孔隙比；
　　4 回归方程：
　　　　$c=35.25-0.22w_L/e-0.7w(\gamma=0.72)$
　　　　$\varphi=27.0+0.1w_L/e-0.22w(\gamma=0.70)$

表13 甘肃省标准《建筑基坑工程技术规程》DB 62/25—3001—2000 推荐的砂土、碎石土和第三系砂岩抗剪强度参考值

岩土种类	状态	c（kPa）	φ（°）
砂土	粗砂	—	30～38
	中砂	—	26～34
	细砂	—	24～32
	粉砂	—	22～30
碎石土	稍密	—	32～36
	中密	—	37～42
	密实	—	43～48
砂岩	强风化	25～30	28～32
砂质黏土岩	中风化	31～40	33～48

注：1 砂土强度依据规范资料结合使用经验提出；
　　2 碎石土强度依据河西走廊地区 30 余组大直径直剪和现场剪力试验结果推荐；
　　3 砂岩、砂质黏土岩按兰州等地 50 余组不固结不排水三轴剪力试验资料统计后提出。

3.1.13 支护结构的选型是进行技术经济条件综合比较分析的结果。合理的支护结构选型不仅是对整个基坑，而且是针对同一基坑的不同边坡侧壁而言的。因为基坑支护一般都是临时性的，少则半年，多则一年，半永久性和永久性支护较少，相对而言，其经济合理性则成为基坑工程设计的决定因素。鉴于此，细划基坑支护坡体，按坡体的不同地质条件、外荷条件和环境条件等，考虑选用合理结构形式，显得尤为重要。这里强调同一基坑侧壁坡体应注意采用不同形式进行上下、左右平面组合时的变形协调，以免在其结合部位由于变形差异，形成局部突变，留下工程隐患。

3.2 施工要求

3.2.1 采用动态设计和信息施工法，是基坑工程支护设计和施工的基本原则，由于基坑工程的复杂性和不可预见性，当土性参数难以准确测定，设计理论和方法带有经验性和类比性时，根据施工中反馈信息和监控资料完善设计，是客观求实、准确安全的设计方法，可以达到以下效果：

1 避免采用土的基本数据失误；

2 可依施工中真实情况，对原设计进行校核、补充、完善；

3 变形监测和现场宏观监控资料是减少风险，加强质量和安全管理的重要依据，利于进行警戒、风险评估和采取应急措施；

4 有利于进行工程经验积累，总结和推进基坑工程技术发展。

3.2.2 本条强调基坑工程施工前应具备的基本资料，强调了针对不同类型、不同等级的基坑工程应制订适立性良好、较为周密和完备的施工组织设计。基坑工程的最大风险往往不是在结构体施工完成后，而是在支护工程施工过程中。据实测资料，基坑工程边坡土本变形和应力最高时段多出现在基坑工程尚未最后完成时。实践中，也不乏由于工程地质、水文地质条件的变化，或由于土方开挖深度过大、局部支护及监测措施未能及时到位、预警措施不力而导致支护结构尚未能够发挥作用便失效，使支护工程功亏一篑的实例，因而强调了施工过程对支护结构设计实现中质量、安全的要点。

3.2.3 按照有关规定，对达到一定规模的基坑支护与降水工程、土方开挖应进行专项设计，编制专项施工方案，并附具安全验算结果。因基坑工程是一项专业性很强、技术难度较大、牵涉面较广的系统工程，设计工作必须由具备相应资质和专业能力较强的单位承担，以保证基坑工程设计方案的合理与安全。但当基坑开挖深度较小、自然地下水位低于基坑底面、场地开阔、周边条件简单、能够按照坡率法的要求进行自然放坡时，

基坑工程相对比较简单，可以按照习惯做法，由上部结构施工单位依据勘察设计单位提出的建议措施编制施工方案，经施工单位技术负责人、总监理工程师签字后予以实施。

3.3 水 平 荷 载

3.3.2 水土分算或水土合算，主要是考虑土的渗透性影响，使作用于支护结构上的水平荷载尽量接近实际，并考虑了目前国内使用习惯。

3.3.3 朗肯土压力理论应用普遍，假设条件墙背直立光滑，土体表面水平，与基坑工程实际较接近。一般认为，朗肯公式计算主动土压力偏大，被动土压力偏小，这对基坑工程安全是有利的。实际主动土压力和被动土压力都是极限平衡状态下的土压力，并不完全符合实际，发挥土压力大小与墙体变位大小有关，表14给出了国外有关规范和手册达到极限土压力所需的墙体变位。

3.3.5 本条各款说明如下：

1 当基坑边缘有大面积堆载时，竖向均布压力分布为直线型，不随深度衰减；

表14 发挥主动和被动土压力所需的变位

规 范		主动土压力	被动土压力
		水平位移 转动 y/h_0	水平位移 转动 y/h_0
欧洲地基基础规范		$0.001H$, 0.002 （绕墙底转动）	$0.005H$, 0.100 （绕墙底转动）
		0.005 （绕墙顶转动）	0.020 （绕墙顶转动）
加拿大岩土工程手册	密实砂土	0.001	0.020
	松散砂土	0.004	0.060
	坚硬黏性土	0.010	0.020
	松软黏性土	0.020	0.040

2、3 当基坑外侧有平行基坑边缘方向时的条形（或矩形）荷载时，按简化方法计算作用于支护结构上的附加压力，条形（或矩形）基础下附加应力的扩散角均按45°考虑，即在支护结构上的作用深度等同于附加应力扩散后的作用宽度，荷载按均布考虑。

3.3.6、3.3.7 基坑工程设计中，当受保护建（构）筑物或环境条件，对基坑边坡位移限制很小或不允许有位移发生时，要按静止压力作为侧向压力。静止土压力系数 K_0 值随土的类别、状态、土体密实度、固结程度而有所不同，一般宜在工程勘察中通过现场试验或室内试验测定。当无试验条件时，对正常固结土可查表3.3.7采用。实际基坑设计中，依对支护结构变形控制的严格程度，侧向土压力可从静止土压力 E_0 变化到主动土压力 E_a，应依实际情况进行侧向土压力修正，即按实际情况进行土压力计算（见图1）。

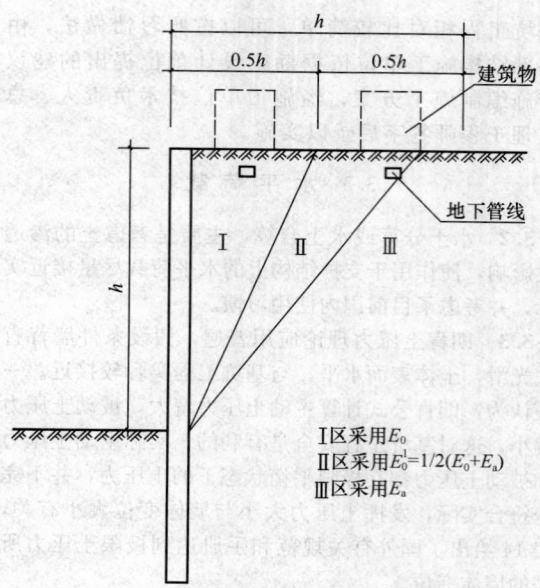

$$\text{I区采用} E_0$$
$$\text{II区采用} E_0' = 1/2(E_0 + E_a)$$
$$\text{III区采用} E_a$$

图 1 基坑侧壁分区采用水平荷载示意

3.4 被动土压力

3.4.1～3.4.4 被动土压力实际是一种极限平衡状态时的侧向抗力,从图3.4.1可以看出,被动土压力充分发挥所需的墙体变位远远大于主动土压力,因而在实际应用中被动土压力值是一种理想状态的抗力值。当支护结构对位移限制愈小,所能发挥的被动土压力愈低,因此应根据实际情况对计算的被动土压力值进行折减。建议的折减系数是参考了上海地区的经验。

考虑基坑内侧被动区黄土采用人工降水或地基加固(尤其是采用复合地基增强体处理)后,土的性状有明显改善,力学强度会有较大提高,因而宜据试验或经验值确定力学指标后进行计算,以使计算被动土压力值更接近实际工况。

4 基坑工程勘察

4.1 一般规定

4.1.1、4.1.2 这两条规定了基坑工程勘察与所在拟建工程勘察的关系。一般情况下基坑工程勘察和所在拟建工程的详细勘察阶段同时进行。当已有勘察资料不能满足基坑工程设计和施工的要求时,应专门进行基坑工程的补充勘察。目前的勘察文件的主要内容着眼于持力层、下卧层及划定的建筑轮廓线的研究,而不重视浅部及建筑周边地质条件的岩土参数取值,而这些内容正是基坑工程所需要的,所以作以上规定。

4.1.3 本条规定了在进行基坑工程勘察之前应取得或应搜集的一些与基坑有关的基本资料。主要包括能反映拟建建(构)筑物与已有建(构)筑物和地下管线之间关系的相关图纸、拟开挖基坑失稳影响范围内的基本情况、基坑的深度、大小和当地的工程经验等。

4.1.4 一方面,从多起黄土基坑工程事故调查结果来看,黄土遇水导致强度很快降低是事故产生的主要原因之一;另一方面,黄土分布区地下水位往往分布较深,使城区特别是老城区反复挖填成为可能,填土的不均匀分布及填土与原始土之间存在的工程性质严重差异是事故产生的另一主要原因。因此强调了基坑的岩土工程勘察应重点查明湿陷性土和填土的分布情况以及软弱结构面的分布、产状、充填情况、组合关系等。

4.1.5 为准确查明场地是否为自重湿陷性黄土场地,要求勘察时应布置适量探井。

4.1.6 考虑到湿陷性黄土基坑的失稳范围一般小于1倍的基坑深度,因此规定宜在基坑周围相当于基坑开挖深度的1～2倍范围内布置勘探点。对饱和软土,由于强度参数低,失稳影响范围较大,因此要求对其分布较厚的区域宜适当扩大勘探范围。

4.2 勘察要求

4.2.1 基坑周围环境调查的对象主要指会对基坑工程产生影响或受基坑工程影响的周围建(构)筑物、道路、地下管线、贮输水设施及相关活动等。

4.2.2 本条规定勘探点间距一般为20～35m,地层简单时,可取大值;地层较复杂时,可取小值;地层复杂时,应增加勘探点。

4.2.3 本条规定勘探点深度不应小于基坑深度的2.5倍,主要是为了满足支护桩设计和施工的要求。若为厚层饱和软黄土,支护桩将会更长,因此勘探点深度应适当加深。若存在降水问题,勘探点深度亦应满足降水井设计和施工的要求。

4.2.4 本条主要引用了《岩土工程勘察规范》GB 50021—2001和《湿陷性黄土地区建筑规范》GB 50025—2004的相关要求。

4.2.5 常见的地下水类型有上层滞水、潜水和承压水,勘察时应查明其类型并及时测量初见水位和静止水位。

4.2.6 为防止地表水沿勘探孔下渗,规定勘探工作结束后,应及时夯实回填。

4.2.7 本条规定了不同情况下的室内土工试验要求。对土的抗剪强度指标测定,强调了试验条件应与分析计算方法配套,当场地可能为自重湿陷性黄土场地时宜分别测定天然状态与饱和状态下的抗剪强度指标;基坑工程计算参数的试验方法、用途和计算方法参见表15。

4.2.8 本条规定了不同地层的原位测试要求。对水文地质条件复杂或降深较大而没有工程经验的场地,为取得符合实际的计算参数,建议采用现场抽水试验测定土的渗透系数及单井涌水量;基坑工程计算参数的试验方法、用途和计算方法参见表 15。

表 15 基坑工程计算参数的试验方法、用途和计算方法

计算参数	试验方法	用途和计算方法
土体密度 ρ 含水量 w 土粒相对密度（比重）G_s	室内土工试验	土压力、土坡稳定、抗渗流稳定等计算
砂土休止角	室内土工试验	估算砂土内摩擦角
内摩擦角 φ 黏聚力 c	1 总应力法，三轴不固结不排水（UU）试验，对饱和软黏土应在有效自重压力下固结后再剪	抗隆起验算和整体稳定性验算
	2 总应力法，三轴固结不排水（CU）试验	饱和黏性土用土水合算计算土压力
	3 有效应力法，三轴固结不排水测孔隙水压力的（$\overline{CU}$）试验，求有效强度参数	用土水分算法计算土压力
十字板剪切强度 c_u	原位十字板剪切试验	抗隆起验算、整体稳定性验算
标准贯入试验击数 N	现场标准贯入试验	判断砂土密实度或按经验公式估计 φ 值
渗透系数 k	室内渗透试验，现场抽水试验	降水和截水设计
基床系数 K_V、K_H	基床系数荷载试验要点见《高层建筑岩土工程勘察规程》JGJ 72—2004 附录 H，旁压试验、扁铲侧胀试验	支护结构按弹性地基梁计算

4.2.9 填土在基坑支护工程中有重要的影响，由于填土的成分、历史差别较大，其参数亦有很大差别，对于西安城区老填土可取 $c=10\text{kPa}$，$\varphi=15°$，对于重要基坑，必要时可进行野外剪切试验。

4.3 勘察成果

4.3.1 本条规定了基坑岩土工程勘察报告应包括的主要内容。增加了对场地周边环境条件以及基坑开挖、支护和降水对其影响进行评价的内容，并要求对基坑工程的安全等级提出建议。

4.3.2 相对于一般岩土工程勘察报告所附图表而言，本条作出以下特殊规定：

 1 勘探点平面位置图上应附有周围已有建（构）筑物、管线、道路的分布情况；

 2 必要时应绘制垂直基坑边线的剖面图；

 3 工程地质剖面图上宜附有基坑开挖线。

4.3.3 一般情况下基坑岩土工程勘察均与所在拟建建筑物岩土工程勘察同时进行，因此本条规定勘察报告必须有专门论述基坑工程的章节。

5 坡 率 法

5.1 一 般 规 定

5.1.1 坡率法在一定环境条件下是一种便捷、安全、经济的基坑开挖施工方法，具有放坡开挖的条件时，宜尽量采用。同一基坑的各边环境条件往往不尽相同，不能全部采用坡率法进行开挖时，可根据实际情况，在局部区域（如基坑的某一边或某一深度范围内）采用坡率法。

5.1.2 采用坡率法进行基坑开挖，开挖范围较大，制定开挖方案时，应充分考虑周边条件，制定切实有效的施工技术方案及环境保护措施，加强基坑监测，确保基坑边坡稳定及周边安全。

5.1.3 本章所述坡率法，是指能够按照坡度允许值（表 5.2.2）进行自然放坡，无需采取任何支护措施的基坑开挖方法。当放坡坡度达不到要求时，应与其他基坑支护方法相结合，并在方案设计时考虑所能达到的放坡条件对边坡稳定的有利影响，其他标准另有规定者除外。

5.1.4 本条强调了在选用坡率法时应谨慎对待的几种场地条件。

5.2 设 计

5.2.1、5.2.2 在黄土地区，当具备基坑开挖深度很浅、土质较均匀、含水量较低等条件时可垂直开挖，但垂直开挖的深度应视土质情况限定在一定深度范围之内。表 5.2.2 是采用坡率法时应考虑的条件和坡度允许值。

对黄土基坑垂直开挖的高度宜按土的临界自立高度计算确定，$h_0 = \dfrac{2c}{\gamma}\tan\left(45° + \dfrac{\varphi_k}{2}\right)$ 西安地区一般为 3~4m，只要做好防水工作，直立坑壁是安全稳定的。

表 5.2.2 适用于时间较长的基坑侧壁，其所列允许高宽比较大，对基坑工程难以实施，土方量过大。如在西安地区基坑边按高、宽比 1∶0.2~1∶0.3（相当于坡角 $\beta=78.7°~73.3°$），若按泰勒（Taylor）稳定系数图查得 N_s（当 $\varphi_k=20°$ 时），约为 7.2~7.8，则坑壁的稳定高度 $h_0 = \dfrac{N_s c}{r}$，接近 10m，c、φ 值大时，可达 10m 以上。西安地区 10m 左右基坑，如条件允

许，可按 1∶0.2～1∶0.3 放坡，并做好防水工作，坑壁是安全的，这种工程实例已不鲜见。

5.2.3 边坡的形式多样，分级放坡时，各分级段应根据土层条件确定符合本段坡度要求的坡率。均质侧壁是指地质结构、构造、性质比较均匀的侧壁。

5.2.5 对于具有垂直张裂隙的黄土基坑，在稳定计算中应考虑裂隙的影响，裂隙深度可近似用静止直立高度 $z_0 = \dfrac{2c}{\gamma\sqrt{k_a}}$ 计算。

根据长安大学李同录教授等近几年的研究成果，当基坑坡顶存在垂直张裂隙（即考虑拉裂深度的影响时），一般圆弧计算法的安全系数比实际结果的要大，见表 16、表 17；也就是在黄土地区的基坑中，其后缘常存在拉裂隙这一特殊情况，其深度和黄土的静止自立高度计算公式一致；此时最危险滑弧应该沿裂缝底部向下扩展。

表 16　考虑垂直张裂隙时不同计算方法的结果
（c＝20kPa）

计算方法		坡高 6m		坡高 8m		坡高 10m		坡高 12m	
		坡比 1∶0.3		坡比 1∶0.5		坡比 1∶0.7		坡比 1∶1	
		安全系数	拉裂深度	安全系数	拉裂深度	安全系数	拉裂深度	安全系数	拉裂深度
c＝20kPa φ＝20° γ＝17kN/m³	瑞典条分法	1.34	0	1.24	0	1.18	0	1.21	0
	简化毕肖普法	1.27	0	1.2	0	1.18	0	1.24	0
	瑞典条分法	1.13	3.36	1.1	3.36	1.09	3.36	1.16	3.36
	简化毕肖普法	1.15	3.36	1.13	3.36	1.13	3.36	1.21	3.36

表 17　考虑垂直张裂隙时不同计算方法的结果
（c＝30kPa）

计算方法		坡高 6m		坡高 8m		坡高 10m		坡高 12m	
		坡比 1∶0.3		坡比 1∶0.5		坡比 1∶0.7		坡比 1∶1	
		安全系数	拉裂深度	安全系数	拉裂深度	安全系数	拉裂深度	安全系数	拉裂深度
c＝30kPa φ＝20° γ＝17kN/m³	瑞典条分法	1.82	0	1.64	0	1.54	0	1.54	0
	简化毕肖普法	1.72	0	1.58	0	1.53	0	1.57	0
	瑞典条分法	1.89	5.04	1.51	5.04	1.43	5.04	1.47	5.04
	简化毕肖普法	1.98	5.04	1.57	5.04	1.54	5.04	1.54	5.04

5.3　构造要求

5.3.1～5.3.5 任何水源浸泡边坡土体、基坑周边土体及坑底土体都会对边坡稳定造成不利影响，因此，

采取恰当的排水措施，作好坡面保护，保证排水畅通至关重要。

5.3.6 坡面上凸现旧房基础、孤石等不稳定块体，在基坑开挖中经常遇到，且不确定因素较多，随着开挖工况的变化，可能加剧其危险性，为防止突然降落造成安全事故，应予以清除或加固处理。

基坑在施工过程中，如遇局部发生坍塌时，应及时采取措施进行处理：

1 自上而下清除塌方，将坑壁坡度进一步放缓；

2 增设过渡平台；

3 在坡脚处堆放土（砂）袋进行挡土；

4 采取其他有效措施进行坑壁加固等。

6　土　钉　墙

6.1　一般规定

土钉墙是一种原位加固土技术，已在国内外成功用于土质基坑支护工程，在湿陷性黄土地区应用也有多年的历史，取得了较为明显的技术、经济及安全效果。本规程中的土钉墙主要由原位土体中钻孔置入钢筋的注浆式土钉和喷射混凝土面层组成，对于其他类型土钉（如打入钢筋注浆式土钉或打入钢管、角钢不注浆式土钉等）和其他类型面层（如现浇混凝土面层、预制混凝土面层等）的土钉墙可参照本规程使用。

本规程对土钉墙适用的地质条件进行了限制，把土钉墙限于地下水以上或经人工降水后的土体，主要原因在于地下水以下难以实现；另外，从土钉墙施工工艺要求，作为土钉墙支护的土体必须具有一定临时自稳能力，以便给出时间进行土钉墙的施工。

从土钉墙在基坑的应用情况看，在黄土地区单独作为支护结构，支护深度一般为 15m 以内，也有最深达到 18m 者，本规程在编制中曾对土钉墙深度作了限定，后经讨论认为，在黄土地区宜给该支护方法留下充分发展空间，同时也考虑到，当土钉墙与适当放坡相结合，与预应力锚杆及微型桩等支护结构联合使用可使深度增加，因而取消了限值。另外，土钉墙单独使用，对变形有严格要求的情况不适用。但在土钉墙的应用中常与预应力锚杆、排桩以及超前花管、微型桩联合使用来控制变形和解决一些其他基坑工程问题。

从工程经验来看，土钉墙发生事故大多与水的作用有关，尤其对黄土基坑，水不仅使土钉墙自重增大，更重要的是大大降低了土的抗剪强度和土钉与土体间的摩阻力，引起整体或局部破坏，因此，在一般规定中强调土钉墙设计、施工及使用期间对外来水的防范，更不能以土钉墙作为挡水结构。

6.2　设计计算

6.2.1 土钉墙工程设计计算一般主要进行土钉设计

计算、土钉墙内部整体稳定性分析，必要时按类似重力挡土墙进行外部稳定性计算（如抗倾覆、抗水平滑动、抗基坑隆起等）。对临时性支护来说，喷射混凝土面层不是主要的受力构件，往往不作计算，按构造规定一定厚度的喷射钢筋网，就可以了。

6.2.3 目前基本上都采用单根土钉受拉荷载由局部土体主动土压力计算的方法，并考虑有斜面的土钉墙荷载折减系数。

6.2.4 对一级基坑土钉受拉承载力应由现场抗拔试验所获得的土钉锚固体与土体界面摩阻力 q_{si} 计算，由于本规程未对土钉抗拔试验作相应的规定，所以，试验参照《建筑地基基础设计规范》GB 50007—2002附录关于土层锚杆试验的有关规定，其承载力特征值取极限值的 1/2。对于二、三级基坑当无试验资料时，可采用经验值，其安全系数取 1.5～1.8。

本条根据工程经验所取的直线破裂面，并不一定是真正的潜在破坏面，只是用来保证土钉有一定长度。直线型破裂面与水平面的夹角，对直立边坡通常是取 $45° + \varphi/2$，而土钉墙并非直立，本规程按 $1:0.10～0.75$，考虑到坡角大小因素，取 $(\beta+\varphi)/2$。拿 $45°+\varphi/2$ 与 $(\beta+\varphi)/2$ 相比，前者大于等于后者，对于确定土钉长度而言偏于安全。

对于表 6.2.4 中黄土的极限摩阻力取值，因目前经验值较少，仍结合一般性土列入，但对湿陷性黄土可按饱和状态下的土性指标确定，饱和状态下的液性指数可按公式 $I_1 = \dfrac{S_r e/G_s - w_p}{w_l - w_p}$，其公式符号意义、取值同《湿陷性黄土地区建筑规范》GB 50025—2004有关说明。

6.2.6 土钉墙整体稳定性分析的方法较多，规范采用圆弧滑动面简单条分法，所列计算式是一种半经验半理论公式，使用起来较简便。式中考虑到 T_{nj} 对滑裂面的正压力不能全部发挥，故根据经验对其作 1/2折减。第 i 条土重 $w_i = \gamma_i b_i h_i$，当土体有渗流作用时，水下部分在式（6.2.6）的分母按饱和重度计算，分子按浮重度计算。

土钉的有效极限抗拉力是位于土钉最危险圆弧滑裂面以外，对土体整体滑动有约束作用的抗拉力。

6.3 构　造

6.3.1 本条是根据土钉墙工程经验给出的，可根据实际工程情况选用和调整。

6.3.2 本条主要针对防水而列，土钉墙是在土体无水状态下正常工作，因此须采取必要的措施防止地表水渗入土体，防止降水措施不力，在坡后积水。

6.4 施工与检测

6.4.1、6.4.2 土钉墙是随着开挖逐渐形成的，所以土钉墙施工必须遵循自上而下分层、分段的工序要求，每层开挖深度符合设计要求，并应使上层土钉注浆体与喷射混凝土面层达到一定强度。

6.4.3 规范所列施工顺序为常规做法，具体工程中可根据实际情况对施工顺序作适当调整。

6.4.4～6.4.11 主要对土钉注浆体和喷射混凝土的配比以及作业作出了一些规定，这些规定大多都是长期以来施工经验的总结，可以保证土钉墙的质量。

6.4.12 土钉锚固体和喷射混凝土面层抗压强度合格的条件见相关规范规定；喷射混凝土厚度合格的条件一般为：全部检查孔处厚度平均值大于设计厚度，最小厚度不小于设计厚度的 80%，并不小于 50mm。

7　水　泥　土　墙

7.1　一　般　规　定

7.1.1 水泥土墙可单独用作挡土和隔水，也可与钢筋混凝土排桩等联合使用，仅起隔水作用。水泥土墙（桩）与钢筋混凝土排桩联合使用的常用形式见图2：

(a) 水泥土旋喷桩与钢筋混凝土排桩

(b) 水泥土旋喷桩与钢筋混凝土排桩

(c) 水泥土桩单独成壁

(d) 高喷板墙与钢筋混凝土排桩

图 2　水泥土墙（桩）与钢筋混凝土排桩
联合使用的常用形式

7.1.2 水泥土墙施工方法包括深层搅拌桩法（粉喷和浆喷）和旋喷桩法。搅拌法施工主要适用于土质偏软、含水量偏大的土层；旋喷法除适用于上述土层外，还适用于砂类土和人工填土等。当用于有机质土或其他具有腐蚀性的土和地下水时宜通过试验确定其可用性。

7.1.3 根据国内经验，单独采用水泥土墙进行基坑支护和隔水时，基坑深度不宜超过 6m。这主要是由技术和经济两个方面的因素决定，水泥土墙结构本身抗拉强度偏低，主要依靠墙体的自重来平衡土压力，设计中往往不允许墙体出现拉应力。因此当基坑深度较大时，必然导致水泥土墙的宽度过大，影响其经济性。

7.1.4 为保证水泥土墙形成连续的挡土结构，桩与桩之间应有一定的搭接宽度。为保证形成复合体，格栅结构的格子不宜过大，格子内土体面积应满足一定要求。以下为上海和深圳地区经验公式。

上海市经验公式：

$$F \leqslant \left(\frac{1}{2} \sim \frac{1}{1.5}\right)\frac{\tau_0 u}{\gamma} \qquad (1)$$

式中 F——格子内土的面积（m^2）；
γ——土的重度（kN/m^3）；
τ_0——土的抗剪强度（kPa）；
u——格子的周长（m）。

深圳市经验公式：

$$F \leqslant (0.5 \sim 0.7)\frac{c_0 u}{\gamma} \qquad (2)$$

式中 c_0——格子内土体直剪固结快剪黏聚力强度指标（kPa）。

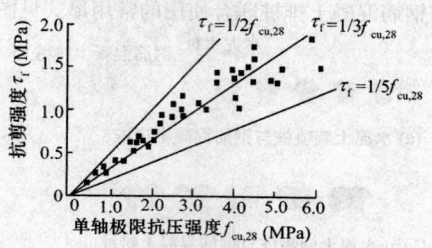

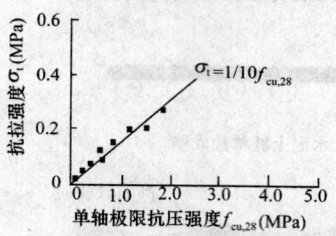

图 3 水泥土抗剪强度、抗拉强度与
单轴极限抗压强度的关系

7.1.6 据国内研究资料，水泥土的抗剪强度随抗压强度的提高而提高，但随着抗压强度增大，两者的比值减小。一般地说，当单轴极限抗压强度 $f_{cu,28} = 0.5 \sim 4.0MPa$ 时，其黏聚力 $c = 0.1 \sim 1.1MPa$，内摩擦角 φ 约为 $20° \sim 30°$。当 $f_{cu,28} < 1.5MPa$ 时，水泥土的抗拉强度 σ_t 约等于 $0.2MPa$。水泥土抗剪强度、抗拉强度与单轴极限抗压强度的关系见图 3。

7.1.7 水泥土的变形模量 E 与单轴极限抗压强度 $f_{cu,28}$ 有关，但其关系尚无定论。国内的研究认为：当 $f_{cu,28} = 0.5 \sim 4.0MPa$ 时，$E = (100 \sim 150)f_{cu,28}$。

7.2 设 计

7.2.3 公式(7.2.3-1)～(7.2.3-6)均为各种文献和规范常采用的公式。

公式(7.2.3-2)，由于成桩时水泥浆液与墙底土层的拌合作用，墙底土层的黏聚力 c_0 及内摩擦角 φ_0 可适当提高使用。

公式(7.2.3-3)，抗圆弧滑动稳定性验算采用简单条分法计算，计算滑动力矩时墙体浸润线以下到下游水位以上的部分，其土体用饱和重度，计算抗滑力矩时用有效重度。

公式(7.2.3-4)，N_c 和 N_q 为普朗德尔（Prandtl）承载力系数，也可根据工程实际条件采用其他承载力系数公式进行计算。

7.2.4 水泥土墙（桩）抗拉强度降低，正截面承载力验算要求控制墙（桩）身不出现拉应力（即 $p_{kmin} \geqslant 0$），最大压应力不大于其抗压强度的 0.3 倍（即 $p_{kmax} \leqslant 0.3f_{cu,28}$）。

7.2.5 鉴于目前对水泥挡土墙水平位移计算的理论尚不完善，因此水泥土墙墙顶水平位移的估算应充分考虑地区类似工程的经验。粗略估算挡墙水平位移时，可按经验公式(3)进行估算。式(3)适用于嵌固深度 $h_d = (0.8 \sim 1.2)h$，墙宽 $b = (0.6 \sim 1.0)h$ 的水泥土墙结构。

$$y = \frac{h^2 L}{b h_d} \cdot \xi \qquad (3)$$

式中 y——墙顶计算水平位移（mm）；
h——水泥土墙挡土高度（m）；
L——计算基坑侧壁纵向长度（m）；
b——水泥土墙宽度（m）；
h_d——水泥土墙的嵌固深度（m）；
ξ——施工质量系数，根据经验取 $0.5 \sim 1.5$，质量越好，取值越小。

7.3 施 工

7.3.3 国内试验研究表明，水泥土的无侧限抗压强度随水泥掺入比增大而增大。图 4 是水泥土无侧限抗压强度与水泥掺入比的大致关系，供选择配比时参考。

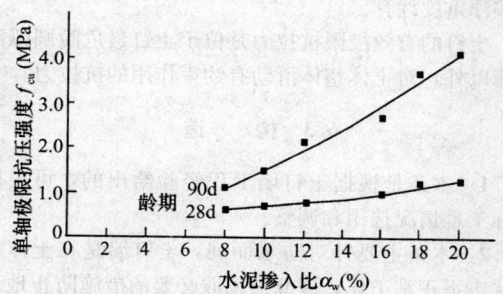

图 4 水泥土无侧限抗压强度
与水泥掺入比的关系

7.3.4 工程实践表明，水泥土的强度不仅仅取决于水泥含量的大小，同时与搅拌的均匀程度密切相关。搅拌的次数越多，拌合的越均匀，其强度也越高。

在水泥掺入比一定的条件下，水泥土搅拌桩的桩身承载力及桩身承载力的均匀性，主要取决于两点：一是桩身全段喷粉量或喷浆量的均匀性；二是桩身全段的搅拌次数（水泥土搅拌的均匀性）。因此，在施工中需做好这两点。

1 对于喷粉搅拌：须配置具有能瞬时检测每延米出粉量的粉体计量装置，并全程采用"单喷四搅"工艺。为保证桩身全段水泥含量的均匀性，强调了施工时必须配置具有能检测出瞬时出粉量的计量装置（普遍采用悬挂式"电子秤"）。正常施工时，每延米的含灰量确定后，应沿桩身全段、自下而上一次喷射完成。

2 对于喷浆搅拌：应采用单桩一次性配浆、总量控制、分次喷搅的施工方法，单桩全程应采用"双喷四搅"或"三喷四搅"工艺。为保证桩身全段水泥含量的均匀性，并减少返浆浪费，大多数的施工单位，普遍采用一次性制备好单桩所需要的总浆量，然后分次喷搅的施工方法。如果采用一次性喷搅，很可能会造成比较严重的返浆和浪费，使桩身的含灰量得不到保证。

3 为保证桩身全段强度的均匀性，规定了桩身全段应采用不少于两个回次的全程搅拌（"四搅"工艺）。这也是对搅拌桩桩身全段全程搅拌次数的最低要求。

在一定程度上来讲，水泥土桩的施工工艺是决定桩身水泥含量均匀性，也是决定桩身承载力均匀性的主要因素。如果施工中因故（机械损坏、停电、人为因素、意外情况等）造成某段桩身的水泥含量不足时，应对该深度段的桩身再次补充喷粉或喷浆搅拌，并且应上下各外延 0.5m。规范条文中对此虽未明确提出，但这已经是施工常识，工程施工中均应照此办理。

7.3.9 水泥土的抗压强度随其龄期而增长。《建筑地基处理技术规范》JGJ 79—2002 规定，对竖向承载的水泥土强度宜取 90d 龄期试块的立方体抗压强度平均值，对于承受水平荷载的水泥土强度宜取 28d 龄期试块的立方体抗压强度平均值。

8 排 桩

8.2 嵌固深度及支点力计算

目前，在排桩支护设计中，应用较多的两种方法是极限平衡法和弹性地基梁法。极限平衡法所需岩土参数易于取得，工程实践积累经验较多，但由于不能反映支护结构的变形情况，且计算所采用的桩前抗力为被动土压力，达到被动土压力所需的位移条件是正常支护结构所不允许的，因此，极限平衡法的理论依据一直受到质疑。弹性地基梁法假定桩周土为"弹性"介质，虽然这种假定与土层实际并不完全一致，但当桩周土抗力对于降低的应力水平时，该法具有一定的

合理性。如果桩周土抗力远超出土的"弹性"性质的应力范围，计算结果是不可靠的。

由于湿陷性黄土地区缺乏足够数量的支护结构变形及应力观测资料，难以根据实测结果评价不同计算方法的优劣。本规程对嵌固深度和单层支点力的计算仍采用极限平衡法。对于多层支点力，可采用弹性支点法和等值梁法。

通常用两种方法来保证排桩嵌固深度具有一定安全储备，第一种方法是规定排桩嵌固深度应满足抗倾覆力矩超过倾覆力矩一定比值，如《建筑基坑支护技术规程》JGJ 120—99；第二种方法是根据抗倾覆力矩与倾覆力矩相等确定临界状态桩长，然后将土压力零点以下桩长乘以大于 1 的系数（经验嵌固系数）予以加长，如《建筑基坑工程技术规范》YB 9258—97。与第二种方法通过加大结构尺寸提高安全储备相比，第一种方法安全储备更直观。本规程采用第一种方法。

8.2.4 本条主要针对计算出的各层支点力差异较大的情况，将差异较大的支点力予以调整，有利于锚杆采用同种规格，减少锚杆试验的数量。但强调调整后应对各工况抗倾覆稳定状态予以复核。

8.3 结 构 计 算

8.3.5 排桩变形计算：在用极限平衡法计算出嵌固深度和支点力后，采用弹性地基梁法进行变形验算。采用弹性地基梁法时，应该注意所采用的 m 值是在一定变形条件下测得的。计算出的基坑底面处的排桩变形量应与试验测定 m 值时的试桩变形量相当，否则，应对 m 值进行适当修正。当计算多（单）支点排桩桩顶位移时，根据本规程第 8.2 节计算多（单）支点排桩各支点水平力 T_{hk}（若调整支点力，可采用调整后的各支点力），在得到多（单）支点排桩各支点水平力 T_{hk} 及侧向土压力后，与悬臂式排桩类似，多（单）支点排桩位移可按式（8.3.5-10）计算，与悬臂式排桩不同之处在于计算 f_0 时尚应计入各支点水平力 T_{hk} 之作用。

8.5 锚 杆 计 算

8.5.4 锚杆抗拔承载力特征值强调了现场试验的取值原则，经验参数估算方法仅用于安全等级为三级的基坑，对于一、二级基坑，该法仅作为试验的预估值。应该指出，表 8.5.4 对于湿陷性黄土的适应性有待进一步检验，根据一些工程的经验，对于含水量极低的黄土地层，一次注浆工艺条件下，由于注浆后水分被周围地层很快吸收，导致锚固体收缩以及周围土层软化，利用表 8.5.4 按照液性指数 I_L 确定的 q_{si} 计算得出的承载力比经锚杆拉拔试验确定的承载力往往偏大。

为了与《建筑地基基础设计规范》GB 50007—2002 保持一致，本规程将土层与锚固体极限摩阻力标准值计算得出的锚杆极限承载力或现场试验取得的锚杆极限承载力，除以安全系数 2，取为锚杆的抗拔承载力特征值；

现行行业标准《建筑基坑支护技术规程》JGJ 120—99 将锚杆极限承载力除以分项系数 1.3 作为设计值。

8.5.7 锚杆锁定后，随着下一阶段开挖，基坑壁将会进一步发生变形，合理的锚杆锁定力是在基坑开挖至设计深度时将支护结构的变形控制在设计允许变形范围内。如锚杆锁定力偏大，则开挖至设计深度时，支护结构变形量偏小，支护结构承受的土压力偏大，对支护结构安全不利；反言之，如锚杆锁定力偏小，则开挖至设计深度时，支护结构变形量偏大，对相邻建筑及管线安全不利。因此，锚杆锁定力宜根据锚杆抗拔力标准值和锚杆锁定后支护结构的控制变形量利用锚杆拉拔试验曲线确定。

8.6 施工与检测

8.6.1 由于护坡桩配筋率通常较高，当钢筋笼分段制作，孔口对接时，采用焊接工艺连接往往不能保证焊接质量，存在质量通病。而对接部位往往处在桩身弯矩较大的部位。因此，钢筋笼宜整体制作或采用其他能确保钢筋连接质量的工艺。

9 降水与土方工程

9.1 一 般 规 定

9.1.1 在基坑开挖中，为提供地下工程作业条件，确保基坑边坡稳定、基坑周围建(构)筑物、道路及地下设施的安全，对地下水进行控制是基坑支护设计必不可少的内容。

9.1.2 合理确定地下水控制的方案是保证工程质量，加快工程进度，取得良好社会和经济效益的关键。通常应根据地质条件、环境条件、施工条件和支护结构设计条件等因素综合考虑。

在黄土地区，一般多采用管井降水，故本规程仅给出管井降水的内容。有关截水及回灌可参考其他相关规程执行。管井降水时，应有 2 个以上的观察孔。

9.1.3 基坑开挖前应考虑基坑的隆起情况出现。基底土隆起往往伴随着对周边环境的影响，尤其当周边有地下管线、建(构)筑物和永久性道路时。

9.1.4、9.1.5 有不少施工现场由于缺乏排水和降低地下水位的措施，对施工产生影响。土方施工应尽快完成，以避免造成集水、坑底隆起及对环境影响增大。

9.1.6 平整场地表面坡度本应由设计规定，但鉴于现行国家标准《建筑地基基础设计规范》GB 50007—2002 中无此项规定，故条文中规定：如设计无要求时，一般应向排水沟方向做成不小于 2‰的坡度。

9.1.7、9.1.8 在土方工程施工测量中，除开工前的复测放线外，还应配合施工对平面位置(包括放坡线、分界线、边坡的上口线和底口线等)、边坡坡度(包括放坡线、弯坡等)和标高(包括各个地段的标高)等经常进行测量，校核是否符合设计要求。上述施工测量的基准——平面控制桩和水准控制点，也应定期进行复测和检查。

对雨期和冬期施工可参照相应地方标准执行。

基坑、管沟挖土要分层进行，分层厚度应根据工程具体情况(包括土质、环境等)决定，开挖本身是一种卸荷过程，防止局部区域挖土过深、卸载过速，引起土体失稳，同时在施工中应不损伤支护结构，以保证基坑的安全。

重要的基坑工程，及时支撑安装极为重要，根据工程实践，基坑变形与施工时间有很大关系，因此，施工过程应尽量缩短工期，特别是在支撑体系形成前的基坑暴露时间更应减少，要重视基坑变形的时空效应。

9.2 管 井 降 水

9.2.1 本条规定了降水井的布置原则。

9.2.3 本条规定了封闭式布置的降水井数量计算方法。考虑到井管堵塞或抽气会影响排水效果，因此，在计算所需的井数基础上增加 10%。基坑涌水量是根据水文地质条件、降水区的形状、面积、支护设计对降水的要求按附录 D 计算，列出的计算公式是常用的。凡未列入的计算公式可以参照有关水文地质、工程地质手册，选用计算公式时应注意其适用条件。

9.2.4 单井的出水量取决于所在地区的水文地质条件、过滤器的结构、成井工艺和抽水设备能力。本条根据经验和理论规定了管井的出水能力。根据西安地区经验，饱和黄土在粒径成分上接近黏性土，但其透水性却近似于细砂，实测透水系数可达 25m/d。

9.2.5 试验表明，在相同条件下井的出水能力随过滤器长度的增加而增加，增加过滤器长度对提高降水效率是重要的，然而当过滤器达到某一长度后，继续增加的效果不显著。因此，本条规定了过滤器与含水层的相对长度的确定原则是既要保证有足够的过滤长度，但又不能过长，以致降水效率降低。

9.2.6 利用大井法所计算出的基坑涌水量 Q，分配到基坑四周的各降水井，尚应对因群井干扰工作条件下的单井出水量进行验算。

9.2.7 当检验干扰井群的单井流量满足基坑涌水量的要求后，降水井的数量和间距即确定，然后进一步对由于干扰井群的抽水所降低基坑地下水位进行验算，计算所用的公式实际上是大井法计算基坑涌水量的公式，只是公式中的涌水量(Q)为已知。

基坑中心水位下降值的验算，是降水设计的核心，它决定了整个降水方案是否成立，它涉及降水井的结构和布局的变更等一系列优化过程，这也是一个试算过程。

除了利用上述条文的计算公式外，也可以利用专门性的水文地质勘察工作，如群井抽水试验或降水工程施工前试验性群井降水，在现场实测基坑范围内降水量和各个降水井水位降深的关系，以及地下水位下降与时间的关系，利用这些关系拟合出相关曲线，从而用单相关或复相关关系，确定相关函数，推测各种布井条件下基坑水位下降数值，以便选择最佳的降水方案。此种方法对水文地质结构比较复杂的基坑降水计算尤为合适。

条文中列出的公式为稳定流条件下潜水基坑降水的计算式。对于非稳定流的计算可参考有关水文地质计算手册。

9.3 土 方 开 挖

9.3.2 土方工程在施工中应检查平面位置、水平标高、边坡坡度、排水、降水系统及周围环境的影响。

9.4 土 方 回 填

9.4.3 填方工程的施工参数，如每层填筑厚度、压实遍数及压实系数，对重要工程均应做现场试验后确定，或由设计提供。

10 基 槽 工 程

10.1 一 般 规 定

10.1.2 基槽影响范围内建(构)筑物的结构类型、层数、基础类型、埋深、基础荷载大小和上部结构现状对基槽工程的设计、施工及支护措施有很大的影响，故施工开挖前应查明。

10.1.3 由于没有完全查明基槽开挖影响范围内的各类地下设施，包括电缆、光缆、煤气、天然气、污水、雨水、热力等管线或管道的分布和性质而导致它们被破坏的工程事故时有发生，有些还引起比较严重的后果，因此可通过地面标志或到城市规划部门查阅地下管线图，查明管线位置和走向，必要时可委托有关部门通过开挖、物探、使用专用仪器或其他有效方法进行管线调查。本条强调基槽开挖前必须查明地下管线的分布、性质和现状。

10.2 设 计

10.2.1 基槽工程尤其是市政工程基槽一般都是临时性开挖，施工时间短，其支护一般都是临时性的，设计时应充分考虑当地同类基槽工程的设计经验及基槽施工支护方式、方法和经验。

10.2.2 同一基槽工程由于周边环境、开挖深度、填土厚度、地质条件等不同，可根据具体工程条件采用部分支护和全部支护。

10.2.4 湿陷性黄土地区基槽开挖，由于黄土的天然强度较高，垂直开挖 3～5m，基槽槽壁短时间内也会是稳定的，但地表水下渗、管道漏水、降雨等其他因素往往会导致黄土强度降低，引起槽壁土体坍塌。基

槽工程一般开挖宽度有限，一旦坑壁失稳，常常危及在基槽内作业人员的生命安全，故规定垂直开挖深度为 2.0m。

10.3 施工、回填与检测

10.3.5 由于对地下管线情况不了解而盲目开挖造成电缆、光缆、天然气管道、自来水管道被挖断的安全事故时有发生，其造成的后果往往十分严重。此类事故，一般都是机械开挖所致，因此该条强调在有管线分布的地方，基槽必须采用人工开挖，且对重要管线必须设置警示标志。

10.3.8 市政基槽工程其回填土料一般采用原土料进行回填，其土质及含水量变化较大，对其质量一般不进行检测，但回填质量不好导致的地面下沉，路面变形时有发生，甚至引起下埋管道、管线变形开裂、易燃易爆气体泄漏和水管开裂等恶性事故发生。因此，其回填质量主要是在施工过程中进行控制，在回填时应按设计要求检查其回填土料、含水量、分层回填厚度、压实遍数。当设计有检测要求时，应按设计要求进行检测。

10.3.9 基槽施工应尽量缩短基槽暴露时间，以减少基槽侧壁的后期变形。

11 环境保护与监测

11.1 一 般 规 定

11.1.1 基坑周边环境的保护是基坑支护工程必须包括的一项工作。基坑周边环境调查需在基坑工程设计前进行。由于管线一般隐蔽于地下，调查可以采用收集资料、现场调查、管线探测及开挖验证等方法，目的在于查明基坑影响范围内管线的平面位置、深度及管线的种类、性质和现状等情况，以便在设计时采取相应的保护和监测措施。

11.2 环 境 保 护

11.2.2 黄土地区深基坑工程施工可能影响的范围通常为基坑深度的 1～2 倍。上海市标准《基坑工程设计规程》DBJ 08—61—97 按下式考虑：

$$B_0 = H\tan(45° - \varphi/2) \tag{4}$$

式中　B_0 ——土体沉降影响范围(m)；

　　　H ——开挖深度(m)；

　　　φ ——土体内摩擦角(°)，取 H 深度范围内各土层厚度的加权平均值。

11.2.3 地下水的抽降和回灌是需要严格控制的，抽降和回灌在时间和数量上的不当都可能给基坑工程造成危害。信息法施工是使降水工程得以有效实施和控制的管理方法，有利于降水工程取得预期效果，在发生异常情况时，也能及时发现并采取措施。

11.2.5 对于紧邻基坑的已有建（构）筑物，在基坑支护设计时一般都已作为荷载给予考虑了，但也会有一些特殊情况需要对相邻的建（构）筑物进行地基的加固处理。第一类处理方法是加固基础下持力层的地基土，如注浆法、高压喷射注浆法，采用这类方法需在基础两侧打孔注浆，施工对居住在这些建筑物内的人员的生活、工作有一定影响，若控制不当，还可能导致附加沉降，故在湿陷性黄土地区较少使用。但如能克服上述缺陷，也可采用。第二类处理方法是将基础荷载传递到坑底深度以下性能良好的地基土中，常用的方法是桩式托换，在基坑开挖前，采用树根桩或静压桩进行基础托换，这是黄土地区行之有效的一种方法，具有荷载传递明确，可靠性高的优点，但在加固桩设计及施工中，应注意基坑开挖所产生的水平力对托换桩的影响。

11.3 监　　测

11.3.1 基坑工程的监测是保障基坑工程安全运行的重要措施，应作为基坑工程的一项重要组成部分，将监测方案纳入基坑工程的设计中。

11.3.2 监测工作实施中应严格执行信息反馈制度，一是许多基坑事故是可以借及时的信息反馈得以避免；二是有些监测工作的实施人员不一定理解监测信息的意义，应报告设计及监理人员，及时进行处置。

11.3.3 每个基坑工程都必须进行监测，但监测项目的选择不仅关系到基坑工程的安全，也关系到监测费用的大小。随意增加监测项目是一种浪费，但盲目减少也可能因小失大，造成严重的后果。监测项目和采用手段应由基坑支护设计人员根据工程的重要性、基坑规模、岩土工程条件等因素综合确定，确定的监测手段至少应能得到影响基坑安全的关键性参数。

11.3.4 目测调查也是基坑监测中一个不可缺少的部分。在已有的工程经验中，有许多是建立在目测调查基础上的，目测调查有时可以更及时地反映异常情况。此外，目测调查的资料也有利于分析基坑支护出现异常的原因。

11.3.5 各种监测点的位置、间距是因基坑而异的，每个基坑有它自身的条件和特点，故本条只给出监测点布置的基本原则。监测点布置应掌握的原则如下：

　　1　布设范围应大于预估可能出现危害性变形的范围；

　　2　监测点设置在基坑支护结构的最大受力部位和最大变形部位；

　　3　监测已有结构或管线最可能因开挖发生事故的部位。

11.3.6 影响范围一般是距基坑周边的距离应不少于5倍坑深度的范围，且不宜少于30～50m，但用于降水沉降观测的基准点，应设在降水影响半径之外。

11.3.8 因基坑间条件的差异，基坑监测的时间间隔

不便作统一的规定。原则上，开挖较浅时，监测周期较长，开挖较深时，监测周期较短；工程等级高时，监测周期较短，工程等级低时，监测周期较长；在一个工程的施工期内，不同时段的监测周期也是有区别的，表18给出的监测周期是比较严格的，可供工程中参考。

表 18　现场监测的时间间隔参考表

基坑工程 安全等级	施工阶段	基坑开挖深度			
		≤5m	5～10m	10～15m	>15m
一级	开挖面深度 ≤5m		1d	2d	2d	2d
	开挖面深度 5～10m	—	1d	1d	1d
	开挖面深度 >10m	—	—	12h	12h
	挖完以后时间 <7d	1d	1d	12h	12h
	挖完以后时间 7～15d	3d	2d	1d	1d
	挖完以后时间 15～30d	7d	4d	2d	1d
	挖完以后时间 >30d	10d	7d	5d	3d
二级	开挖面深度 ≤5m	2d	3d	3d	3d
	开挖面深度 5～10m	—	2d	2d	2d
	开挖面深度 >10m	—	—	1d	1d
	挖完以后时间 <7d	2d	2d	1d	1d
	挖完以后时间 7～15d	5d	3d	2d	2d
	挖完以后时间 15～30d	10d	7d	4d	3d
	挖完以后时间 >30d	10d	10d	7d	5d

注：当基坑工程安全等级为三级时，时间间隔可适当延长。

11.3.10 本条是与11.3.2条相呼应的条款。监测者的监测结果反馈给设计人员后，设计人员应及时分析，并评价发展趋势和研究可能出现事故的对策。每个基坑应根据其基坑条件结合设计人员的工程经验设定报警值，达到报警值水平时应及时通报相关人员并采取预警措施。

11.3.11 基坑工程监测报告对积累地区基坑工程经验是十分宝贵的资料，不论基坑工程是否安全运行，都需要整理资料，编制报告。

监测内容宜包括变形监测、应力应变监测、地下水动态监测等。其具体对象、方法可按表19采用。各种监测技术工作均应符合有关专业规范、规程的规定。

表 19　监测对象与方法

项　目	对　象	方　法
变形	地面、坑壁、坑底土体、支护结构（桩、锚、内支撑、连续墙等）、建（构）筑物、地下设施等	目测调查，对倾斜、开裂、鼓突等迹象进行丈量、记录、绘制图形或摄影；埋设测斜管、分层沉降仪测量深层土体变形；精密水准、导线测量水平和垂直位移，经纬仪投影测量倾斜

项　目	对　象	方　法
应力应变	支护结构中的受力构件、土体	预埋应力传感器、钢筋应力计、电阻应变片等测量元件；埋设土压力盒
地下水动态	地下水位、水压、抽（排）水量、含砂量	设置地下水位观测孔；埋设孔隙水压力计；对抽水流量、含砂量定期观测、记录

12　基坑工程验收

12.1　一般规定

基坑的支护与开挖方案，各地均有严格的规定，应按当地的要求，对方案进行申报，经批准后才能施工。降水、排水系统对维护基坑的安全极为重要，必须在基坑开挖施工期间安全运转，应随时检查其工作状况。临近有建（构）筑物或有公共设施，在降水过程中要予以观测，不得因降水而危及它们的安全。许多围护结构由水泥土搅拌桩、钻孔灌注桩、高压喷射桩等构成，因在本规程中这类桩的验收已提及，可按相应的规定、标准验收，其他结构在本章内均有标准可查。

湿陷性黄土与其他岩土相比，对水更为敏感，如果防水、排水措施不当，一旦地表水或地下水管渗漏浸入基坑侧壁土体，将会使基坑侧壁土体强度降低、自重压力加大，从而给支护结构带来危害乃至造成安全事故。

12.2　验收内容

本节主要强调了质量和安全的验收和检查应按设计文件、专项施工组织设计和本规程的相关内容进行。

12.3　验收程序和组织

12.3.1　本条规定基坑工程完成后，施工单位首先要依据质量标准、设计图纸等组织有关人员进行自检，并对检查结果进行评定，符合要求后向建设单位提交工程验收报告和完整的质量资料，请建设单位组织验收。

12.3.2　本条规定基坑工程质量验收应由建设单位负责人或项目负责人组织，由于勘察、设计、施工、监理单位都是责任主体，因此勘察、设计、施工单位负责人（或项目负责人）、施工单位的技术、质量负责人和监理单位的总监理工程师均应参加验收。

下道工序的施工单位（基桩及上部结构施工单位）对基坑工程的合理使用，涉及基坑工程的安全，所以，在基坑工程验收合格的前提下，其安全合理的维护及使用对基坑安全是至关重要的。

12.3.3　本条主要强调了基坑工程施工及使用单位的责任划分及移交程序，对于城市专用地下商场、停车库、人防工程显得尤为重要。对于大型永久性基坑，建设单位应依据《建设工程质量管理条例》和住房和城乡建设部有关规定，到县级以上人民政府建设行政主管部门或其他有关部门备案，否则，不允许投入使用。

13　基坑工程的安全使用与维护

本章内容主要是根据第 393 号国务院令公布的《建设工程安全生产管理条例》的精神及《建筑地基基础工程施工质量验收规范》GB 50202—2002、《建筑工程施工质量验收统一标准》GB 50300—2001 的内容和验收程序，结合湿陷性黄土地区的基坑施工实际情况制订的。基坑工程的施工一般由专业队伍进行，所以在本章强调了基坑工程的验收、交接及基坑工程在使用过程中的安全管理，便于强化各责任主体的责任感，划分工程责任主体的安全责任。

施工过程中的安全管理在"基本规定"及各章节中均有具体要求，基坑工程是大面积卸荷过程，易引起周边环境的变化，特别是使用过程中水的浸入及周边的随意堆载，保护措施的设置及降水方案的合理性、监测工作质量的高低，直接影响着施工使用中的基坑工程安全、人身安全以及周边建（构）筑物的安全。所以，基坑工程的安全不光涉及勘察、设计、施工单位的责任，其环境保护是基坑工程安全的重要组成部分，涉及使用单位（下道工序的施工单位）、监测单位、监理单位、降水单位的工作质量及责任心。我国目前的基坑工程事故大多发生在基坑工程使用过程中（当然也有设计、施工质量原因），这也是本章规定在基坑工程投入使用前，应先按程序进行验收合格后，进入安全管理状态的原因，这一点也是与我国目前国情及相关法规、验收标准的精神相一致的。

基坑工程具有许多特征：其一是临时性工程，认为安全储备相对可以小些，与地区性、地质条件有关，又涉及岩土工程、结构工程及施工技术互相交叉的学科，所以造价高，但又不愿投入较多资金，可是一旦出现事故，处理十分困难，造成的经济损失和社会影响往往十分严重；其二是基坑工程施工及使用周期相对较长，从开挖到完成地面以下的全部隐蔽工程，常需经历多次降雨，以及周边堆载、振动、施工失当、监测与维护失控等许多不利条件，其安全度的随机性较大，事故的发生往往具有突发性。所以，本章主要强调了基坑工程在使用过程中的安全使用与维护。

中华人民共和国国家标准

膨胀土地区建筑技术规范

Technical code for buildings in expansive soil regions

GB 50112—2013

主编部门：中华人民共和国住房和城乡建设部
批准部门：中华人民共和国住房和城乡建设部
施行日期：2 0 1 3 年 5 月 1 日

中华人民共和国住房和城乡建设部
公　告

第 1587 号

住房城乡建设部关于发布国家标准
《膨胀土地区建筑技术规范》的公告

现批准《膨胀土地区建筑技术规范》为国家标准，编号为 GB 50112－2013，自 2013 年 5 月 1 日起实施。其中，第 3.0.3、5.2.2、5.2.16 条为强制性条文，必须严格执行。原国家标准《膨胀土地区建筑技术规范》GBJ 112－87 同时废止。

本规范由我部标准定额研究所组织中国建筑工业出版社出版发行。

中华人民共和国住房和城乡建设部
2012 年 12 月 25 日

前　言

本规范是根据住房和城乡建设部《关于印发〈2009年工程建设标准规范制订、修订计划〉的通知》（建标[2009]88 号）的要求，由中国建筑科学研究院会同有关设计、勘察、施工、研究与教学单位，对原国家标准《膨胀土地区建筑技术规范》GBJ 112－87 修订而成。

本规范在修订过程中，修订组经广泛调查研究，认真总结实践经验，并广泛征求意见，最后经审查定稿。

本规范共分 7 章和 9 个附录。主要技术内容有：总则、术语和符号、基本规定、勘察、设计、施工、维护管理等。

本次修订主要技术内容有：

1. 增加了术语、基本规定、膨胀土自由膨胀率与蒙脱石含量、阳离子交换量的关系（附录 A）等。

2. "岩土的工程特性指标"计算表达式。

3. 坡地上基础埋深的计算公式。

本规范中以黑体字标志的条文为强制性条文，必须严格执行。

本规范由住房和城乡建设部负责管理和对强制性条文的解释，由中国建筑科学研究院负责日常管理和具体技术内容的解释。执行本规范过程中如有意见或建议，请寄送中国建筑科学研究院国家标准《膨胀土地区建筑技术规范》管理组（地址：北京市北三环东路 30 号；邮编：100013），以供今后修订时参考。

本 规 范 主 编 单 位：中国建筑科学研究院
本 规 范 参 编 单 位：中国建筑技术集团有限公司
中国有色金属工业昆明勘察设计研究院
中国航空规划建设发展有限公司
中国建筑西南勘察设计研究院有限公司
广西华蓝岩土工程有限公司
中国人民解放军总后勤部建筑设计研究院
云南省设计院
中航勘察设计研究院有限公司
中南建筑设计院股份有限公司
中南勘察设计院有限公司
广西大学
云南锡业设计院
中铁二院工程集团有限责任公司建筑工程设计研究院

本规范主要起草人员：陈希泉　黄熙龄　朱玉明
陆忠伟　刘文连　汤小军
康景文　卢玉南　孙国卫
林　闽　王笃礼　徐厚军
张晓玉　欧孝夺　陆家宝
龚宪伟　陈修礼　何友其
陈冠尧

本规范主要审查人员：袁内镇　张　雁　陈祥福
顾宝和　宋二祥　汪德果
邓　江　杨俊峰　杨旭东
殷建春　王惠昌　滕延京

目　次

Contents

1 总　则

1.0.1 为了在膨胀土地区建筑工程中贯彻执行国家的技术经济政策，做到安全适用、技术先进、经济合理、保护环境，制定本规范。

1.0.2 本规范适用于膨胀土地区建筑工程的勘察、设计、施工和维护管理。

1.0.3 膨胀土地区的工程建设，应根据膨胀土的特性和工程要求，综合考虑地形地貌条件、气候特点和土中水分的变化情况等因素，注重地方经验，因地制宜，采取防治措施。

1.0.4 膨胀土地区建筑工程勘察、设计、施工和维护管理，除应符合本规范外，尚应符合有关现行国家标准的规定。

2　术语和符号

2.1　术　语

2.1.1 膨胀土　expansive soil

土中黏粒成分主要由亲水性矿物组成，同时具有显著的吸水膨胀和失水收缩两种变形特性的黏性土。

2.1.2 自由膨胀率　free swelling ratio

人工制备的烘干松散土样在水中膨胀稳定后，其体积增加值与原体积之比的百分率。

2.1.3 膨胀潜势　swelling potentiality

膨胀土在环境条件变化时可能产生胀缩变形或膨胀力的量度。

2.1.4 膨胀率　swelling ratio

固结仪中的环刀土样，在一定压力下浸水膨胀稳定后，其高度增加值与原高度之比的百分率。

2.1.5 膨胀力　swelling force

固结仪中的环刀土样，在体积不变时浸水膨胀产生的最大内应力。

2.1.6 膨胀变形量　value of swelling deformation

在一定压力下膨胀土吸水膨胀稳定后的变形量。

2.1.7 线缩率　linear shrinkage ratio

天然湿度下的环刀土样烘干或风干后，其高度减少值与原高度之比的百分率。

2.1.8 收缩系数　coefficient of shrinkage

环刀土样在直线收缩阶段含水量每减少1%时的竖向线缩率。

2.1.9 收缩变形量　value of shrinkage deformation

膨胀土失水收缩稳定后的变形量。

2.1.10 胀缩变形量　value of swelling-shrinkage deformation

膨胀土吸水膨胀与失水收缩稳定后的总变形量。

2.1.11 胀缩等级　grade of swelling-shrinkage

膨胀土地基胀缩变形对低层房屋影响程度的地基评价指标。

2.1.12 大气影响深度　climate influenced layer

在自然气候影响下，由降水、蒸发和温度等因素引起地基土胀缩变形的有效深度。

2.1.13 大气影响急剧层深度　climate influenced markedly layer

大气影响特别显著的深度。

2.2　符　号

2.2.1 作用和作用效应

P_e——土的膨胀力；

p_k——相应于荷载效应标准组合时，基础底面处的平均压力值；

p_{kmax}——相应于荷载效应标准组合时，基础底面边缘的最大压力值；

Q_k——对应于荷载效应标准组合，最不利工况下作用于桩顶的竖向力；

s_c——地基分级变形量；

s_e——地基土的膨胀变形量；

s_{es}——地基土的胀缩变形量；

s_s——地基土的收缩变形量；

v_e——在大气影响急剧层内桩侧土的最大胀拔力标准值。

2.2.2 材料性能和抗力

f_a——修正后的地基承载力特征值；

f_{ak}——地基承载力特征值；

q_{sa}——桩的侧阻力特征值；

q_{pa}——桩的端阻力特征值；

w_1——地表下1m处土的天然含水量；

w_p——土的塑限含水量；

γ_m——基础底面以上土的加权平均重度；

δ_{ef}——土的自由膨胀率；

δ_{ep}——某级荷载下膨胀土的膨胀率；

δ_s——土的竖向线缩率；

λ_s——土的收缩系数；

ψ_w——土的湿度系数。

2.2.3 几何参数

A_P——桩端截面积；

d——基础埋置深度；

d_a——大气影响深度；

h_i——第 i 层土的计算厚度；

h_0——土样的原始高度；

h_w——某级荷载下土样浸水膨胀稳定后的高度；

l——建筑物相邻柱基的中心距离；

l_a——桩端进入大气影响急剧层以下或非膨胀土层中的长度；

l_p——基础外边缘至坡肩的水平距离；

u_p——桩身周长；

v_0——土样原始体积;

v_w——土样在水中膨胀稳定后的体积;

z_i——第 i 层土的计算深度;

z_{en}——膨胀变形计算深度;

z_{sn}——收缩变形计算深度;

β——设计斜坡的角度。

2.2.4 设计参数和计算系数

ψ_e——膨胀变形量计算经验系数;

ψ_{es}——胀缩变形量计算经验系数;

ψ_s——收缩变形量计算经验系数;

λ——桩侧土的抗拔系数。

3 基 本 规 定

3.0.1 膨胀土应根据土的自由膨胀率、场地的工程地质特征和建筑物破坏形态综合判定。必要时,尚应根据土的矿物成分、阳离子交换量等试验验证。进行矿物分析和化学分析时,应注重测定蒙脱石含量和阳离子交换量,蒙脱石含量和阳离子交换量与土的自由膨胀率的相关性可按本规范表 A 采用。

3.0.2 膨胀土场地上的建筑物,可根据其重要性、规模、功能要求和工程地质特征以及土中水分变化可能造成建筑物破坏或影响正常使用的程度,将地基基础分为甲、乙、丙三个设计等级。设计时,应根据具体情况按表 3.0.2 选用。

表 3.0.2 膨胀土场地地基基础设计等级

设计等级	建筑物和地基类型
甲级	1) 覆盖面积大、重要的工业与民用建筑物; 2) 使用期间用水量较大的湿润车间、长期承受高温的烟囱、炉、窑以及负温的冷库等建筑物; 3) 对地基变形要求严格或对地基往复升降变形敏感的高温、高压、易燃、易爆的建筑物; 4) 位于坡地上的重要建筑物; 5) 胀缩等级为Ⅲ级的膨胀土地基上的低层建筑物; 6) 高度大于3m的挡土结构、深度大于5m的深基坑工程
乙级	除甲级、丙级以外的工业与民用建筑物
丙级	1) 次要的建筑物; 2) 场地平坦、地基条件简单且荷载均匀的胀缩等级为Ⅰ级的膨胀土地基上的建筑物

3.0.3 地基基础设计应符合下列规定:

1 建筑物的地基计算应满足承载力计算的有关规定;

2 地基基础设计等级为甲级、乙级的建筑物,均应按地基变形设计;

3 建造在坡地或斜坡附近的建筑物以及受水平荷载作用的高层建筑、高耸构筑物和挡土结构、基坑支护等工程,尚应进行稳定性验算。验算时应计及水平膨胀力的作用。

3.0.4 地基基础设计时,所采用的作用效应设计值应符合现行国家标准《建筑地基基础设计规范》GB 50007 的有关规定。

3.0.5 膨胀土地区建筑物设计使用年限及耐久性设计,应符合现行国家标准《工程结构可靠性设计统一标准》GB 50153 的规定。

3.0.6 地基基础设计等级为甲级的建筑物,应按本规范附录 B 的要求进行长期的升降和水平位移观测。地下室侧墙和高度大于 3m 的挡土结构,宜对侧墙和挡土结构进行土压力观测。

4 勘 察

4.1 一 般 规 定

4.1.1 膨胀土地区的岩土工程勘察可分为可行性研究勘察、初步勘察和详细勘察阶段。对场地面积较小、地质条件简单或有建设经验的地区,可直接进行详细勘察。对地形、地质条件复杂或有大量建筑物破坏的地区,应进行施工勘察等专门性的勘察工作。各阶段勘察除应符合现行国家标准《岩土工程勘察规范》GB 50021 的规定外,尚应符合本规范第 4.1.2 条~第 4.1.6 条的规定。

4.1.2 可行性研究勘察应对拟建场址的稳定性和适宜性作出初步评价。可行性研究勘察应包括下列内容:

1 搜集区域地质资料,包括土的地质时代、成因类型、地形形态、地层和构造。了解原始地貌条件,划分地貌单元;

2 采取适量原状土样和扰动土样,分别进行自由膨胀率试验,初步判定场地内有无膨胀土及其膨胀潜势;

3 调查场地内不良地质作用的类型、成因和分布范围;

4 调查地表水集聚、排泄情况,以及地下水类型、水位及其变化幅度;

5 收集当地不少于 10 年的气象资料,包括降水量、蒸发力、干旱和降水持续时间以及气温、地温等,了解其变化特点;

6 调查当地建筑经验,对已开裂破坏的建筑物进行研究分析。

4.1.3 初步勘察应确定膨胀土的胀缩等级,应对场地的稳定性和地质条件作出评价，并应为确定建筑总平面布置、主要建筑物地基基础方案和预防措施，以及不良地质作用的防治提供资料和建议，同时应包括下列内容：

1 当工程地质条件复杂且已有资料不满足设计要求时，应进行工程地质测绘，所用比例尺宜采用1/1000～1/5000；

2 查明场地内滑坡、地裂等不良地质作用，并评价其危害程度；

3 预估地下水位季节性变化幅度和对地基土胀缩性、强度等性能的影响；

4 采取原状土样进行室内基本物理力学性质试验、收缩试验、膨胀力试验和50kPa压力下的膨胀率试验，判定有无膨胀土及其膨胀潜势，查明场地膨胀土的物理力学性质及地基胀缩等级。

4.1.4 详细勘察应查明各建筑物地基土层分布及其物理力学性质和胀缩性能，并应为地基基础设计、防治措施和边坡防护，以及不良地质作用的治理提供详细的工程地质资料和建议，同时应包括下列内容：

1 采取原状土样进行室内50kPa压力下的膨胀率试验、收缩试验及其资料的统计分析，确定建筑物地基的胀缩等级；

2 进行室内膨胀力、收缩和不同压力下的膨胀率试验；

3 对于地基基础设计等级为甲级和乙级中有特殊要求的建筑物，应按本规范附录C的规定进行现场浸水载荷试验；

4 对地基基础设计和施工方案、不良地质作用的防治措施等提出建议。

4.1.5 勘探点的布置、孔深和土样采取，应符合下列要求：

1 勘探点的布置及控制性钻孔深度应根据地形地貌条件和地基基础设计等级确定，钻孔深度不应小于大气影响深度，且控制性勘探孔不应小于8m，一般性勘探孔不应小于5m；

2 取原状土样的勘探点应根据地基基础设计等级、地貌单元和地基土胀缩等级布置，其数量不应少于勘探点总数的1/2；详细勘察阶段，地基基础设计等级为甲级的建筑物，不应少于勘探点总数的2/3，且不得少于3个勘探点；

3 采取原状土样应从地表下1m处开始，在地表下1m至大气影响深度内，每1m取土样1件；土层有明显变化处，宜增加取土数量；大气影响深度以下，取土间距可为1.5m～2.0m。

4.1.6 钻探时，不得向孔内注水。

4.2 工程特性指标

4.2.1 自由膨胀率试验应按本规范附录D的规定进行。膨胀土的自由膨胀率应按下式计算：

$$\delta_{ef} = \frac{\nu_w - \nu_0}{\nu_0} \times 100 \qquad (4.2.1)$$

式中：δ_{ef}——膨胀土的自由膨胀率（%）；

ν_w——土样在水中膨胀稳定后的体积（mL）；

ν_0——土样原始体积（mL）。

4.2.2 膨胀率试验应按本规范附录E和附录F的规定执行。某级荷载下膨胀土的膨胀率应按下式计算：

$$\delta_{ep} = \frac{h_w - h_0}{h_0} \times 100 \qquad (4.2.2)$$

式中：δ_{ep}——某级荷载下膨胀土的膨胀率（%）；

h_w——某级荷载下土样在水中膨胀稳定后的高度（mm）；

h_0——土样原始高度（mm）。

4.2.3 膨胀力试验应按本规范附录F的规定执行。

4.2.4 收缩系数试验应按本规范附录G的规定执行。膨胀土的收缩系数应按下式计算：

$$\lambda_s = \frac{\Delta \delta_s}{\Delta w} \qquad (4.2.4)$$

式中：λ_s——膨胀土的收缩系数；

$\Delta \delta_s$——收缩过程中直线变化阶段与两点含水量之差对应的竖向线缩率之差（%）；

Δw——收缩过程中直线变化阶段两点含水量之差（%）。

4.3 场地与地基评价

4.3.1 场地评价应查明膨胀土的分布及地形地貌条件，并应根据工程地质特征及土的膨胀潜势和地基胀缩等级等指标，对建筑场地进行综合评价，对工程地质及土的膨胀潜势和地基胀缩等级进行分区。

4.3.2 建筑场地的分类应符合下列要求：

1 地形坡度小于5°，或地形坡度为5°～14°且距坡肩水平距离大于10m的坡顶地带，应为平坦场地；

2 地形坡度大于等于5°，或地形坡度小于5°且同一建筑物范围内局部地形高差大于1m的场地，应为坡地场地。

4.3.3 场地具有下列工程地质特征及建筑物破坏形态，且土的自由膨胀率大于等于40%的黏性土，应判定为膨胀土：

1 土的裂隙发育，常有光滑面和擦痕，有的裂隙中充填有灰白、灰绿等杂色黏土。自然条件下呈坚硬或硬塑状态；

2 多出露于二级或二级以上的阶地、山前和盆地边缘的丘陵地带。地形较平缓，无明显自然陡坎；

3 常见有浅层滑坡、地裂。新开挖坑（槽）壁易发生坍塌等现象；

4 建筑物多呈"倒八字"、"X"或水平裂缝，裂缝随气候变化而张开和闭合。

4.3.4 膨胀土的膨胀潜势应按表4.3.4分类。

表 4.3.4 膨胀土的膨胀潜势分类

自由膨胀率 δ_{ef}（%）	膨胀潜势
$40 \leqslant \delta_{ef} < 65$	弱
$65 \leqslant \delta_{ef} < 90$	中
$\delta_{ef} \geqslant 90$	强

4.3.5 膨胀土地基应根据地基胀缩变形对低层砌体房屋的影响程度进行评价，地基的胀缩等级可根据地基分级变形量按表 4.3.5 分级。

表 4.3.5 膨胀土地基的胀缩等级

地基分级变形量 s_c（mm）	等级
$15 \leqslant s_c < 35$	Ⅰ
$35 \leqslant s_c < 70$	Ⅱ
$s_c \geqslant 70$	Ⅲ

4.3.6 地基分级变形量应根据膨胀土地基的变形特征确定，可分别按本规范式（5.2.8）、式（5.2.9）和式（5.2.14）进行计算，其中土的膨胀率应按本规范附录 E 试验确定。

4.3.7 地基承载力特征值可由载荷试验或其他原位测试、结合工程实践经验等方法综合确定，并应符合下列要求：

　　1 荷载较大的重要建筑物宜采用本规范附录 C 现场浸水载荷试验确定；

　　2 已有大量试验资料和工程经验的地区，可按当地经验确定。

4.3.8 膨胀土的水平膨胀力可根据试验资料或当地经验确定。

5 设　计

5.1 一般规定

5.1.1 膨胀土地基上建筑物的设计应遵循预防为主、综合治理的原则。设计时，应根据场地的工程地质特征和水文气象条件以及地基基础的设计等级，结合当地经验，注重总平面和竖向布置，采取消除或减小地基胀缩变形量以及适应地基不均匀变形能力的建筑和结构措施；并应在设计文件中明确施工和维护管理要求。

5.1.2 建筑物地基设计应根据建筑结构对地基不均匀变形的适应能力，采取相应的措施。地基分级变形量小于 15mm 以及建造在常年地下水位较高的低洼场地上的建筑物，可按一般地基设计。

5.1.3 地下室外墙的土压力应同时计及水平膨胀力的作用。

5.1.4 对烟囱、炉、窑等高温构筑物和冷库等低温建筑物，应根据可能产生的变形危害程度，采取隔热保温措施。

5.1.5 在抗震设防地区，建筑和结构防治措施应同时满足抗震构造要求。

5.2 地基计算

Ⅰ 基础埋置深度

5.2.1 膨胀土地基上建筑物的基础埋置深度，应综合下列条件确定：

　　1 场地类型；

　　2 膨胀土地基胀缩等级；

　　3 大气影响急剧层深度；

　　4 建筑物的结构类型；

　　5 作用在地基上的荷载大小和性质；

　　6 建筑物的用途，有无地下室、设备基础和地下设施，基础形式和构造；

　　7 相邻建筑物的基础埋深；

　　8 地下水位的影响；

　　9 地基稳定性。

5.2.2 膨胀土地基上建筑物的基础埋置深度不应小于 1m。

5.2.3 平坦场地上的多层建筑物，以基础埋深为主要防治措施时，基础最小埋深不应小于大气影响急剧层深度；对于坡地，可按本规范第 5.2.4 条确定；建筑物对变形有特殊要求时，应通过地基胀缩变形计算确定，必要时，尚应采取其他措施。

5.2.4 当坡地坡角为 $5° \sim 14°$，基础外边缘至坡肩的水平距离为 $5m \sim 10m$ 时，基础埋深（图 5.2.4）可按下式确定：

$$d = 0.45 d_a + (10 - l_p) \tan\beta + 0.30 \quad (5.2.4)$$

式中：d——基础埋置深度（m）；

　　　d_a——大气影响深度（m）；

　　　β——设计斜坡坡角（°）；

　　　l_p——基础外边缘至坡肩的水平距离（m）。

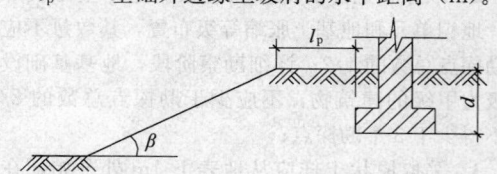

图 5.2.4　坡地上基础埋深计算示意

Ⅱ 承载力计算

5.2.5 基础底面压力应符合下列规定：

　　1 当轴心荷载作用时，基础底面压力应符合下式要求：

$$p_k \leqslant f_a \quad (5.2.5\text{-}1)$$

式中：p_k——相应于荷载效应标准组合时，基础底面处的平均压力值（kPa）；

f_a——修正后的地基承载力特征值（kPa）。

2 当偏心荷载作用时，基础底面压力除应符合式（5.2.5-1）要求外，尚应符合下式要求：

$$p_{kmax} \leqslant 1.2 f_a \qquad (5.2.5-2)$$

式中：p_{kmax}——相应于荷载效应标准组合时，基础底面边缘的最大压力值（kPa）。

5.2.6 修正后的地基承载力特征值应按下式计算：

$$f_a = f_{ak} + \gamma_m (d - 1.0) \qquad (5.2.6)$$

式中：f_{ak}——地基承载力特征值（kPa），按本规范第 4.3.7 条的规定确定；

γ_m——基础底面以上土的加权平均重度，地下水位以下取浮重度。

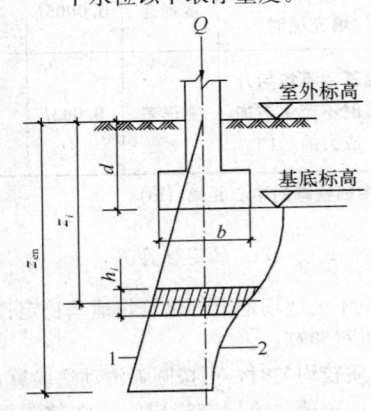

图 5.2.8 地基土的膨胀变形计算示意
1—自重压力曲线；2—附加压力曲线

Ⅲ 变 形 计 算

5.2.7 膨胀土地基变形量，可按下列变形特征分别计算：

1 场地天然地表下 1m 处土的含水量等于或接近最小值或地面有覆盖且无蒸发可能，以及建筑物在使用期间，经常有水浸湿的地基，可按膨胀变形量计算；

2 场地天然地表下 1m 处土的含水量大于 1.2 倍塑限含水量或直接受高温作用的地基，可按收缩变形量计算；

3 其他情况下可按胀缩变形量计算。

5.2.8 地基土的膨胀变形量应按下式计算：

$$s_e = \psi_e \sum_{i=1}^{n} \delta_{epi} \cdot h_i \qquad (5.2.8)$$

式中：s_e——地基土的膨胀变形量（mm）；

ψ_e——计算膨胀变形量的经验系数，宜根据当地经验确定，无可依据经验时，三层及三层以下建筑物可采用 0.6；

δ_{epi}——基础底面下第 i 层土在平均自重压力与对应于荷载效应准永久组合时的平均附

加压力之和作用下的膨胀率（用小数计），由室内试验确定；

h_i——第 i 层土的计算厚度（mm）；

n——基础底面至计算深度内所划分的土层数，膨胀变形计算深度 z_{en}（图 5.2.8），应根据大气影响深度确定，有浸水可能时可按浸水影响深度确定；

5.2.9 地基土的收缩变形量应按下式计算：

$$s_s = \psi_s \sum_{i=1}^{n} \lambda_{si} \cdot \Delta w_i \cdot h_i \qquad (5.2.9)$$

式中：s_s——地基土的收缩变形量（mm）；

ψ_s——计算收缩变形量的经验系数，宜根据当地经验确定，无可依据经验时，三层及三层以下建筑物可采用 0.8；

λ_{si}——基础底面下第 i 层土的收缩系数，由室内试验确定；

Δw_i——地基土收缩过程中，第 i 层土可能发生的含水量变化平均值（以小数表示），按本规范式（5.2.10-1）计算；

n——基础底面至计算深度内所划分的土层数，收缩变形计算深度 z_{sn}（图 5.2.9），应根据大气影响深度确定；当有热源影响时，可按热源影响深度确定；在计算深度内有稳定地下水位时，可计算至水位以上 3m。

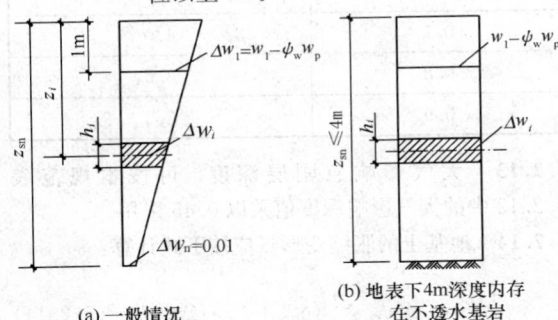

(a) 一般情况　　(b) 地表下4m深度内存在不透水基岩

图 5.2.9 地基土收缩变形计算含水量变化示意

5.2.10 收缩变形计算深度内各土层的含水量变化值（图 5.2.9），应按下列公式计算。地表下 4m 深度内存在不透水基岩时，可假定含水量变化值为常数［图 5.2.9（b）］：

$$\Delta w_i = \Delta w_1 - (\Delta w_1 - 0.01) \frac{z_i - 1}{z_{sn} - 1}$$

$$(5.2.10\text{-}1)$$

$$\Delta w_1 = w_1 - \psi_w w_p \qquad (5.2.10\text{-}2)$$

式中：Δw_i——第 i 层土的含水量变化值（以小数表示）；

Δw_1——地表下 1m 处土的含水量变化值（以小数表示）；

w_1、w_p ——地表下 1m 处土的天然含水量和塑限（以小数表示）；

ψ_w ——土的湿度系数，在自然气候影响下，地表下 1m 处土层含水量可能达到的最小值与其塑限之比。

5.2.11 土的湿度系数应根据当地 10 年以上土的含水量变化确定，无资料时，可根据当地有关气象资料按下式计算：

$$\psi_w = 1.152 - 0.726\alpha - 0.00107c \quad (5.2.11)$$

式中：α ——当地 9 月至次年 2 月的月份蒸发力之和与全年蒸发力之比值（月平均气温小于 0℃的月份不统计在内）。我国部分地区蒸发力及降水量的参考值可按本规范附录 H 取值；

c ——全年中干燥度大于 1.0 且月平均气温大于 0℃月份的蒸发力与降水量差值之总和（mm），干燥度为蒸发力与降水量之比值。

5.2.12 大气影响深度应由各气候区土的深层变形观测或含水量观测及地温观测资料确定；无资料时，可按表 5.2.12 采用。

表 5.2.12 大气影响深度（m）

土的湿度系数 ψ_w	大气影响深度 d_a
0.6	5.0
0.7	4.0
0.8	3.5
0.9	3.0

5.2.13 大气影响急剧层深度，可按本规范表 5.2.12 中的大气影响深度值乘以 0.45 采用。

5.2.14 地基土的胀缩变形量应按下式计算：

$$s_{es} = \psi_{es} \sum_{i=1}^{n} (\delta_{epi} + \lambda_{si} \cdot \Delta w_i) h_i \quad (5.2.14)$$

式中：s_{es} ——地基土的胀缩变形量（mm）；

ψ_{es} ——计算胀缩变形量的经验系数，宜根据当地经验确定，无可依据经验时，三层及三层以下可取 0.7。

5.2.15 膨胀土地基变形量取值，应符合下列规定：

1 膨胀变形量应取基础的最大膨胀上升量；
2 收缩变形量应取基础的最大收缩下沉量；
3 胀缩变形量应取基础的最大胀缩变形量；
4 变形差取相邻两基础的变形量之差；
5 局部倾斜取砌体承重结构沿纵墙 6m～10m 内基础两点的变形量之差与其距离的比值。

5.2.16 膨胀土地基上建筑物的地基变形计算值，不应大于地基变形允许值。地基变形允许值应符合表 5.2.16 的规定。表 5.2.16 中未包括的建筑物，其地基变形允许值应根据上部结构对地基变形的适应能力及功能要求确定。

表 5.2.16 膨胀土地基上建筑物地基变形允许值

结构类型		相对变形		变形量（mm）
		种类	数值	
砌体结构		局部倾斜	0.001	15
房屋长度三到四开间及四角有构造柱或配筋砌体承重结构		局部倾斜	0.0015	30
工业与民用建筑相邻柱基	框架结构无填充墙时	变形差	0.001l	30
	框架结构有填充墙时	变形差	0.0005l	20
	当基础不均匀升降时不产生附加应力的结构	变形差	0.003l	40

注：l 为相邻柱基的中心距离（m）。

Ⅳ 稳定性计算

5.2.17 位于坡地场地上的建筑物地基稳定性，应按下列规定进行验算：

1 土质较均匀时，可按圆弧滑动法验算；
2 土层较薄，土层与岩层间存在软弱层时，应取软弱层面为滑动面进行验算；
3 层状构造的膨胀土，层面与坡面斜交，且交角小于 45°时，应验算层面的稳定性。

5.2.18 地基稳定性安全系数可取 1.2。验算时，应计算建筑物和堆料的荷载、水平膨胀力，并应根据试验数据或当地经验计及削坡卸荷应力释放、土体吸水膨胀后强度衰减的影响。

5.3 场址选择与总平面设计

5.3.1 场址选择宜符合下列要求：

1 宜选择地形条件比较简单，且土质比较均匀、胀缩性较弱的地段；
2 宜具有排水畅通或易于进行排水处理的地形条件；
3 宜避开地裂、冲沟发育和可能发生浅层滑坡等地段；
4 坡度宜小于 14°并有可能采用分级低挡土结构治理的地段；
5 宜避开地下溶沟、溶槽发育、地下水变化剧烈的地段。

5.3.2 总平面设计应符合下列要求：

1 同一建筑物地基土的分级变形量之差，不宜大于 35mm；

2 竖向设计宜保持自然地形和植被，并宜避免大挖大填；

3 挖方和填方地基上的建筑物，应防止挖填部分地基的不均匀性和土中水分变化所造成的危害；

4 应避免场地内排水系统管道渗水对建筑物升降变形的影响；

5 地基基础设计等级为甲级的建筑物，应布置在膨胀土埋藏较深、胀缩等级较低或地形较平坦的地段；

6 建筑物周围应有良好的排水条件，距建筑物外墙基础外缘5m范围内不得积水。

5.3.3 场地内的排洪沟、截水沟和雨水明沟，其沟底应采取防渗处理。排洪沟、截水沟的沟边土坡应设支挡。

5.3.4 地下给、排水管道接口部位应采取防渗漏措施，管道距建筑物外墙基础外缘的净距不应小于3m。

5.3.5 场地内应进行环境绿化，并应根据气候条件、膨胀土地基胀缩等级，结合当地经验采取下列措施：

1 建筑物周围散水以外的空地，宜多种植草皮和绿篱；

2 距建筑物外墙基础外缘4m以外的空地，宜选用低矮、耐修剪和蒸腾量小的树木；

3 在湿度系数小于0.75或孔隙比大于0.9的膨胀土地区，种植桉树、木麻黄、滇杨等速生树种时，应设置隔离沟，沟与建筑物距离不应小于5m。

5.4 坡地和挡土结构

5.4.1 建筑场地条件符合本规范第4.3.2条第2款规定时，建筑物应按坡地场地进行设计，并应符合下列规定：

1 应按本规范第5.2.17条和第5.2.18条的规定验算坡体的稳定性；

2 应采取防止坡体水平位移和坡体内土的水分变化对建筑物影响的措施；

3 对不稳定或潜在不稳定的斜坡，应先进行滑坡治理。

5.4.2 防治滑坡应综合工程地质、水文地质和工程施工影响等因素，分析可能产生滑坡的主要因素，并应结合当地建设经验，采取下列措施：

1 应根据计算的滑体推力和滑动面或软弱结合面的位置，设置一级或多级抗滑支挡，或采取其他措施；

2 挡土结构基础埋深应由稳定性验算确定，并应埋置在滑动面以下，且不应小于1.5m；

3 应设置场地截水、排水及防渗系统，对坡体裂缝应进行封闭处理；

4 应根据当地经验在坡面干砌或浆砌片石，设置支撑盲沟，种植草皮等。

5.4.3 挡土墙设计应符合下列构造要求（图5.4.3）：

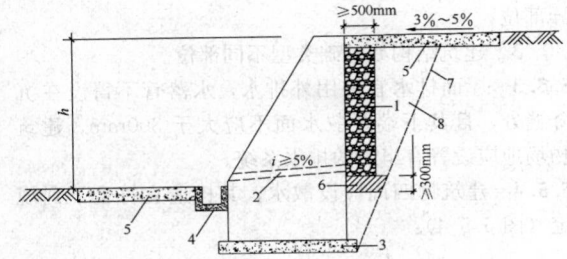

图5.4.3 挡土墙构造示意

1—滤水层；2—泄水孔；3—垫层；4—防渗排水沟；
5—封闭地面；6—隔水层；7—开挖面；8—非膨胀土

1 墙背碎石或砂卵石滤水层的宽度不应小于500mm。滤水层以外宜选用非膨胀性土回填，并应分层压实；

2 墙顶和墙脚地面应设封闭面层，宽度不宜小于2m；

3 挡土墙每隔6m～10m和转角部位应设变形缝；

4 挡土墙墙身应设泄水孔，间距不应大于3m，坡度不应小于5%，墙背泄水孔口下方应设置隔水层，厚度不应小于300mm。

5.4.4 高度不大于3m的挡土墙，主动土压力宜采用楔体试算法确定。当构造符合本规范第5.4.3条规定时，土压力的计算可不计水平膨胀力的作用。破裂面上的抗剪强度指标应采用饱和快剪强度指标。当土体中有明显通过墙址的裂隙或层面时，尚应以该面作为破裂面验算其稳定性。

5.4.5 高度大于3m的挡土结构土压力计算时，应根据试验数据或当地经验确定土体膨胀后抗剪强度衰减的影响，并应计算水平膨胀力的作用。

5.4.6 坡地上建筑物的地基设计，符合下列条件时，可按平坦场地上建筑物的地基进行设计：

1 布置在坡顶的建筑物，按本规范第5.4.3条设置挡土墙且基础外边缘距挡土墙距离大于5m；

2 布置在挖方地段的建筑物，基础外边缘至坡脚支挡结构的净距大于3m。

5.5 建筑措施

5.5.1 在满足使用功能的前提下，建筑物的体型应力求简单，并应符合下列要求：

1 建筑物选址宜位于膨胀土层厚度均匀，地形坡度小的地段；

2 建筑物宜避让胀缩性相差较大的土层，应避开地裂带，不宜建在地下水位升降变化大的地段。当无法避免时，应采取设置沉降缝或提高建筑结构整体抗变形能力等措施。

5.5.2 建筑物的下列部位，宜设置沉降缝：

1 挖方与填方交界处或地基土显著不均匀处；

2 建筑物平面转折部位、高度或荷重有显著差异部位；

3 建筑结构或基础类型不同部位。

5.5.3 屋面排水宜采用外排水，水落管不得设在沉降缝处，且其下端距散水面不应大于 300mm。建筑物场地应设置有组织的排水系统。

5.5.4 建筑物四周应设散水，其构造宜符合下列规定（图5.5.4）：

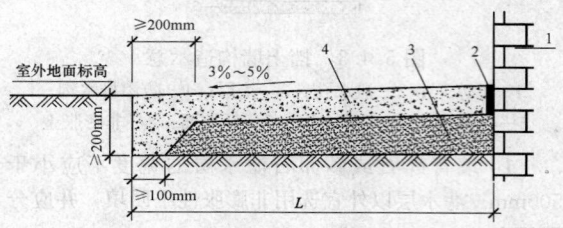

图 5.5.4 散水构造示意
1—外墙；2—交接缝；3—垫层；4—面层

1 散水面层宜采用 C15 混凝土或沥青混凝土，散水垫层宜采用 2∶8 灰土或三合土，面层和垫层厚度宜按表 5.5.4 选用；

2 散水面层的伸缩缝间距不应大于 3m；

3 散水最小宽度应按表 5.5.4 选用。散水外缘距基槽不应小于 300mm，坡度应为 3%～5%；

4 散水与外墙的交接缝和散水之间的伸缩缝，应填嵌柔性防水材料。

表 5.5.4 散水构造尺寸

地基胀缩等级	散水最小宽度 L (m)	面层厚度 (mm)	垫层厚度 (mm)
Ⅰ	1.2	≥100	≥100
Ⅱ	1.5	≥100	≥150
Ⅲ	2.0	≥120	≥200

5.5.5 平坦场地胀缩等级为Ⅰ级、Ⅱ级的膨胀土地基，当采用宽散水作为主要防治措施时，其构造应符合下列规定（图5.5.5）：

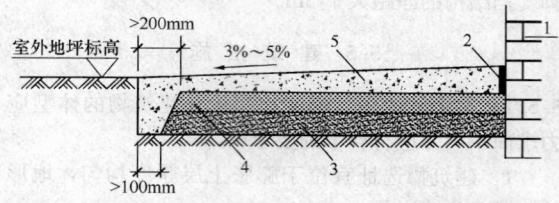

图 5.5.5 宽散水构造示意
1—外墙；2—交接缝；3—垫层；4—隔热保温层；5—面层

1 面层可采用强度等级 C15 的素混凝土或沥青混凝土，厚度不应小于 100mm；

2 隔热保温层可采用 1∶3 石灰焦渣，厚度宜为

100mm～200mm；

3 垫层可采用 2∶8 灰土或三合土，厚度宜为 100mm～200mm；

4 胀缩等级为Ⅰ级的膨胀土地基散水宽度不应小于 2m，胀缩等级为Ⅱ级的膨胀土地基散水宽度不应小于 3m，坡度宜为 3%～5%。

5.5.6 建筑物的室内地面设计应符合下列要求：

1 对使用要求严格的地面，可根据地基土的胀缩等级按本规范附录 J 要求，采取相应的设计措施。胀缩等级为Ⅲ级的膨胀土地基和使用要求特别严格的地面，可采取地面配筋或地面架空等措施。经常用水房间的地面应设防水层，并应保持排水通畅；

2 大面积地面应设置分格变形缝。地面、墙体、地沟、地坑和设备基础之间宜用变形缝隔开。变形缝内应填嵌柔性防水材料；

3 对使用要求没有严格限制的工业与民用建筑地面，可按普通地面进行设计。

5.5.7 建筑物周围的广场、场区道路和人行便道设计，应符合下列要求：

1 建筑物周围的广场、场区道路和人行便道的标高应低于散水外缘；

2 广场应设置有组织的截水、排水系统，地面做法可按本规范第 5.5.6 条第 2 款的规定进行设计；

3 场区道路宜采用 2∶8 灰土上铺砌大块石及砂卵石垫层、沥青混凝土或沥青表面处置面层。路肩宽度不应小于 0.8m；

4 人行便道宜采用预制块铺设，并宜与房屋散水相连接。

5.6 结 构 措 施

5.6.1 建筑物结构设计应符合下列规定：

1 应选择适宜的结构体系和基础形式；

2 应加强基础和上部结构的整体强度和刚度。

5.6.2 砌体结构设计应符合下列规定：

1 承重墙体应采用实心墙，墙厚不应小于 240mm，砌体强度等级不应低于 MU10，砌筑砂浆强度等级不应低于 M5，不应采用空斗墙、砖拱、无砂大孔混凝土和无筋中型砌块；

2 建筑平面拐角部位不应设置门窗洞口，墙体尽端至门窗洞口边的有效宽度不宜小于 1m；

3 楼梯间不宜设在建筑物的端部。

5.6.3 砌体结构的圈梁设置应符合下列要求：

1 砌体结构除应在基础顶部和屋盖处各设置一道钢筋混凝土圈梁外，对于Ⅰ级、Ⅱ级膨胀土地基上的多层房屋，其他楼层可隔层设置圈梁；对于Ⅲ级膨胀土地基上的多层房屋，应每层设置圈梁；

2 单层工业厂房的围护墙体除应在基础顶部和屋盖处各设置一道钢筋混凝土圈梁外，对于Ⅰ级、Ⅱ级膨胀土地基，应沿墙高每隔 4m 增设一道圈梁；对

于Ⅲ级膨胀土地基，应沿墙高每隔 3m 增设一道圈梁；

　　3　圈梁应在同一平面内闭合；

　　4　基础顶面和屋盖处的圈梁高度不应小于240mm，其他位置的圈梁不应小于180mm。圈梁的纵向配筋不应小于4ϕ12，箍筋不应小于ϕ6@200。基础圈梁混凝土强度等级不应低于C25，其他位置圈梁混凝土强度等级不应低于C20。

5.6.4　砌体结构应设置构造柱，并应符合下列要求：

　　1　构造柱应设置在房屋的外墙拐角、楼（电）梯间、内、外墙交接处、开间大于4.2m的房间纵、横墙交接处或隔开间横墙与内纵墙交接处；

　　2　构造柱的截面不应小于240mm×240mm，纵向钢筋不应小于4ϕ12，箍筋不应小于ϕ6@200，混凝土强度等级不应低于C20；

　　3　构造柱与圈梁连接处，构造柱的纵筋应上下贯通穿过圈梁，或锚入圈梁不小于35d；

　　4　构造柱可不单独设置基础，但纵筋应伸入基础圈梁或基础梁内不小于35d。

5.6.5　门窗洞口或其他洞孔宽度大于等于600mm时，应采用钢筋混凝土过梁，不得采用砖拱过梁。在底层窗台处宜设置60mm厚的钢筋混凝土带，并应与构造柱拉接。

5.6.6　预制钢筋混凝土梁支承在墙体上的长度不应小于240mm；预制钢筋混凝土板支承在墙体上的长度不应小于100mm、支承在梁上的长度不应小于80mm。预制钢筋混凝土梁、板与支承部位应可靠拉接。

5.6.7　框、排架结构的围护墙体与柱应采取可靠拉接，且宜砌置在基础梁上，基础梁下宜预留100mm空隙，并应做防水处理。

5.6.8　吊车梁应采用简支梁，吊车梁与吊车轨道之间应采用便于调整的连接方式。吊车顶面与屋架下弦的净空不宜小于200mm。

5.7　地基基础措施

5.7.1　膨胀土地基处理可采用换土、土性改良、砂石或灰土垫层等方法。

5.7.2　膨胀土地基换土可采用非膨胀性土、灰土或改良土，换土厚度应通过变形计算确定。膨胀土土性改良可采用掺和水泥、石灰等材料，掺和比和施工工艺应通过试验确定。

5.7.3　平坦场地上胀缩等级为Ⅰ级、Ⅱ级的膨胀土地基宜采用砂、碎石垫层。垫层厚度不应小于300mm。垫层宽度应大于基底宽度，两侧宜采用与垫层相同的材料回填，并应做好防、隔水处理。

5.7.4　对较均匀且胀缩等级为Ⅰ级的膨胀土地基，可采用条形基础，基础埋深较大或基底压力较小时，宜采用墩基础；对胀缩等级为Ⅲ级或设计等级为甲级的膨胀土地基，宜采用桩基础。

5.7.5　桩基础设计时，基桩和承台的构造和设计计算，除应符合现行国家标准《建筑地基基础设计规范》GB 50007 的规定外，尚应符合本规范第5.7.6条～第5.7.9条的规定。

5.7.6　桩顶标高低于大气影响急剧层深度的高、重建筑物，可按一般桩基础进行设计。

5.7.7　桩顶标高位于大气影响急剧层深度内的三层及三层以下的轻型建筑物，桩基础设计应符合下列要求：

　　1　按承载力计算时，单桩承载力特征值可根据当地经验确定；无资料时，应通过现场载荷试验确定；

　　2　按变形计算时，桩基础升降位移应符合本规范第5.2.16条的要求。桩端进入大气影响急剧层深度以下或非膨胀土层中的长度应符合下列规定：

　　1）按膨胀变形计算时，应符合下式要求：

$$l_a \geq \frac{v_e - Q_k}{u_p \cdot \lambda \cdot q_{sa}} \qquad (5.7.7-1)$$

　　2）按收缩变形计算时，应符合下式要求：

$$l_a \geq \frac{Q_k - A_p \cdot q_{pa}}{u_p \cdot q_{sa}} \qquad (5.7.7-2)$$

　　3）按胀缩变形计算时，计算长度应取式（5.7.7-1）和式（5.7.7-2）中的较大值，且不得小于4倍桩径及1倍扩大端的直径，最小长度应大于1.5m。

式中：l_a——桩端进入大气影响急剧层以下或非膨胀土层中的长度（m）；

　　v_e——在大气影响急剧层内桩侧土的最大胀拔力标准值，应由当地经验或试验确定（kN）；

　　Q_k——对应于荷载效应标准组合，最不利工况下作用于桩顶的竖向力，包括承台和承台上土的自重（kN）；

　　u_p——桩身周长（m）；

　　λ——桩侧土的抗拔系数，应由试验或当地经验确定；当无此资料时，可按现行行业标准《建筑桩基技术规范》JGJ 94 的相关规定取值；

　　A_p——桩端截面积（m²）；

　　q_{pa}——桩的端阻力特征值（kPa）；

　　q_{sa}——桩的侧阻力特征值（kPa）。

5.7.8　当桩身承受胀拔力时，应进行桩身抗拉强度和裂缝宽度控制验算，并应采取通长配筋，最小配筋率应符合现行国家标准《建筑地基基础设计规范》GB 50007 的规定。

5.7.9　桩承台梁下应留有空隙，其值应大于土层浸水后的最大膨胀量，且不应小于100mm。承台梁两侧应采取防止空隙堵塞的措施。

5.8 管　道

5.8.1 给水管和排水管宜敷设在防渗管沟中，并应设置便于检修的检查井等设施；管道接口应严密不漏水，并宜采用柔性接头。

5.8.2 地下管道及其附属构筑物的基础，宜设置防渗垫层。

5.8.3 检漏井应设置在管沟末端和管沟沿线分段检查处，井内应设置集水坑。

5.8.4 地下管道或管沟穿过建筑物的基础或墙时，应设预留孔洞。洞与管沟或管道间的上下净空不宜小于100mm。洞边与管沟外壁应脱开，其缝隙应采用不透水的柔性材料封堵。

5.8.5 对高压、易燃、易爆管道及其支架基础的设计，应采取防止地基土不均匀胀缩变形可能造成危害的地基处理措施。

6 施　工

6.1 一　般　规　定

6.1.1 膨胀土地区的建筑施工，应根据设计要求、场地条件和施工季节，针对膨胀土的特性编制施工组织设计。

6.1.2 地基基础施工前应完成场地平整、挡土墙、护坡、截洪沟、排水沟、管沟等工程，并应保持场地排水通畅、边坡稳定。

6.1.3 施工用水应妥善管理，并应防止管网漏水。临时水池、洗料场、淋灰池、截洪沟及搅拌站等设施距建筑物外墙的距离，不应小于10m。临时生活设施距建筑物外墙的距离，不应小于15m，并应做好排（隔）水设施。

6.1.4 堆放材料和设备的施工现场，应采取保持场地排水畅通的措施。排水流向应背离基坑（槽）。需大量浇水的材料，堆放在距基坑（槽）边缘的距离不应小于10m。

6.1.5 回填土应分层回填夯实，不得采用灌（注）水作业。

6.2 地基和基础施工

6.2.1 开挖基坑（槽）发现地裂、局部上层滞水或土层地质情况等与勘察文件不符合时，应及时会同勘察、设计等单位协商处理措施。

6.2.2 地基基础施工宜采取分段作业，施工过程中基坑（槽）不得暴晒或泡水。地基基础工程宜避开雨天施工；雨期施工时，应采取防水措施。

6.2.3 基坑（槽）开挖时，应及时采取封闭措施。土方开挖应在基底设计标高以上预留150mm～300mm土层，并应待下一工序开始前继续挖除，验

槽后，应及时浇筑混凝土垫层或采取其他封闭措施。

6.2.4 坡地土方施工时，挖方作业应由坡上方自上而下开挖；填方作业应自下而上分层压实。坡面形成后，应及时封闭。

开挖土方时应保护坡脚。坡顶弃土至开挖线的距离应通过稳定性计算确定，且不应小于5m。

6.2.5 灌注桩施工时，成孔过程中严禁向孔内注水。孔底虚土经清理后，应及时灌注混凝土成桩。

6.2.6 基础施工出地面后，基坑（槽）应及时分层回填，填料宜选用非膨胀土或经改良后的膨胀土，回填压实系数不应小于0.94。

6.3 建筑物施工

6.3.1 底层现浇钢筋混凝土楼板（梁），宜采用架空或桁架支模的方法，并应避免直接支撑在膨胀土上。浇筑和养护混凝土过程中应注意养护水的管理，并应防止水流（渗）入地基内。

6.3.2 散水应在室内地面做好后立即施工。施工前应先夯实基土，基土为回填土时，应检查回填土质量，不符合要求时，应重新处理。伸缩缝内的防水材料应充填密实，并应略高于散水，或做成脊背形状。

6.3.3 管道及其附属建筑物的施工，宜采用分段快速作业法。管道和电缆沟穿过建筑物基础时，应做好接头。室内管沟敷设时，应做好管沟底的防渗漏及倾向室外的坡度。管道敷设完成后，应及时回填、加盖或封面。

6.3.4 水池、水沟等水工构筑物应符合防漏、防渗要求，混凝土浇筑时不宜留施工缝，必须留缝时应加止水带，也可在池壁及底板增设柔性防水层。

6.3.5 屋面施工完毕，应及时安装天沟、落水管，并应与排水系统及时连通。散水的伸缩缝应避开水落管。

6.3.6 水池、水塔等溢水装置应与排水管沟连通。

7 维护管理

7.1 一　般　规　定

7.1.1 膨胀土场地内的建筑物、管道、地面排水、环境绿化、边坡、挡土墙等使用期间，应按设计要求进行维护管理。

7.1.2 管理部门应对既有建筑物及其附属设施制定维护管理制度，并应对维护管理工作进行监督检查。

7.1.3 使用单位应妥善保管勘察、设计和施工中的相关技术资料，并应实施维护管理工作，建立维护管理档案。

7.2 维护和检修

7.2.1 给水、排水和供热管道系统遇有漏水或其他

故障时，应及时进行检修和处理。

7.2.2 排水沟、雨水明沟、防水地面、散水等应定期检查，发现开裂、渗漏、堵塞等现象时，应及时修复。

7.2.3 除按本规范第 3.0.6 条的规定进行升降观测的建筑物外，其他建筑物也应定期观察使用状况。当发现墙柱裂缝、地面隆起开裂、吊车轨道变形、烟囱倾斜、窑体下沉等异常现象时，应做好记录，并应及时采取处理措施。

7.2.4 坡脚地带不得任意挖土，坡肩地带不应大面积堆载，建筑物周围不得任意开挖和堆土。不能避免时，应采取必要的保护措施。

7.2.5 坡体位移情况应定期观察，当出现裂缝时，应及时采取治理措施。

7.2.6 场区内的绿化，应按设计要求的品种和距离种植，并应定期修剪。绿化地带浇水应控制水量。

7.3 损坏建筑物的治理

7.3.1 建筑物及其附属设施，出现危及安全或影响使用功能的开裂等损坏情况时，应及时会同勘察、设计部门调查分析、查明损坏原因。

7.3.2 建筑物的损坏等级应按现行国家标准《民用建筑可靠性鉴定标准》GB 50292 的有关规定鉴定；应根据损坏程度确定治理方案，并应及时付诸实施。

附录 A 膨胀土自由膨胀率与蒙脱石含量、阳离子交换量的关系

表 A 膨胀土的自由膨胀率与蒙脱石含量、阳离子交换量的关系

自由膨胀率 δ_{ef}（%）	蒙脱石含量（%）	阳离子交换量 CEC（NH_4^+）（mmol/kg 土）	膨胀潜势
$40 \leqslant \delta_{ef} < 65$	7～14	170～260	弱
$65 \leqslant \delta_{ef} < 90$	14～22	260～340	中
$\delta_{ef} \geqslant 90$	>22	>340	强

注：1 表中蒙脱石含量为干土全重含量的百分数，采用次甲基蓝吸附法测定；
  2 对不含碳酸盐的土样，采用醋酸铵法测定其阳离子交换量；对含碳酸盐的土样，采用氯化铵—醋酸铵法测定其阳离子交换量。

附录 B 建筑物变形观测方法

B.0.1 变形观测可包括建筑物的升降、水平位移、基础转动、墙体倾斜和裂缝变化等项目。

B.0.2 变形观测方法、所用仪器和精度，应符合现行行业标准《建筑变形测量规范》JGJ 8 的规定。

B.0.3 水准基点设置应符合下列要求：

1 水准基点的埋设应以不受膨胀土胀缩变形影响为原则，宜埋设在邻近的基岩露头或非膨胀土层内。基点应按现行国家标准《工程测量规范》GB 50026规定的二等水准要求布置。邻近没有非膨胀土土层时，可在多年的深水井壁上或在常年潮湿、保水条件良好的地段设置深埋式水准基点。深埋式水准基点应加设套管，并应加强保湿措施；

2 深埋式水准基点（图 B.0.3）不宜少于 3 个。每次变形观测时，应进行水准基点校核。水准基点离建筑物较远时，可在建筑物附近设置观测水准基点，其深度不得小于该地区的大气影响深度。

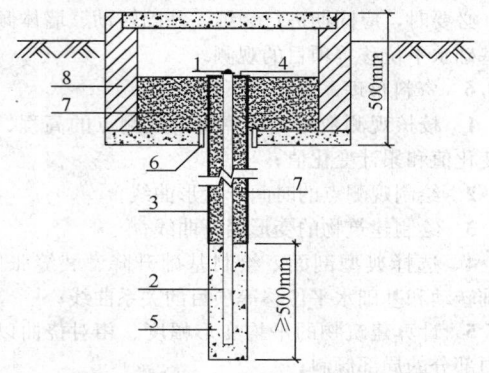

图 B.0.3 深埋式水准基点示意
1—焊接在钢管上的水准标芯；2—ϕ30mm～50mm 钢管；
3—ϕ60mm～110mm 套管；4—导向环；5—底部现浇混凝土；6—油毡二层；7—木屑；8—保护井

B.0.4 观测点设置应符合下列要求：

1 观测点的布置应全面反映建筑物的变形情况，在砌体承重的房屋转角处、纵横墙交接处以及横墙中部，应设置观测点；在房屋转角附近宜加密至每隔2m 设 1 个观测点；承重内隔墙中部应设置内墙观测点，室内地面中心及四周应设置地面观测点。框架结构的房屋沿柱基或纵横轴线应设置观测点。烟囱、水塔、油罐等构筑物的观测点应沿周边对称设置。每栋建筑物可选择最敏感的（1～2）个剖面设置观测点；

2 建筑物墙体和地面裂缝观测应选择重点剖面设置观测点（图 B.0.4）。每条裂缝应在不同位置上

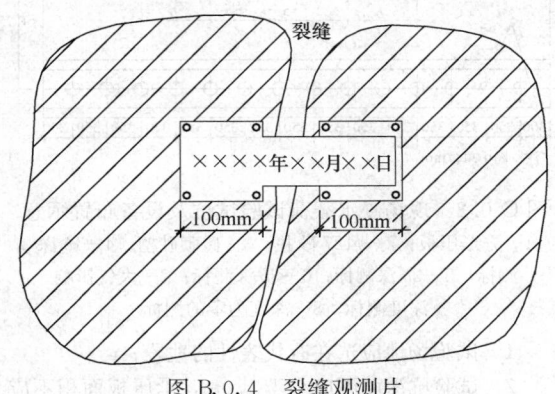

图 B.0.4 裂缝观测片

设置两组以上的观测标志；

3 观测点的埋设可按建筑物的特点采用不同的类型，观测点的埋设应符合现行行业标准《建筑变形测量规范》JGJ 8 的规定。

B.0.5 对新建建筑物，应自施工开始即进行升降观测，并应在施工过程的不同荷载阶段进行定期观测。竣工后，应每月进行一次。观测工作宜连续进行 5 年以上。在掌握房屋季节性变形特点的基础上，应选择收缩下降的最低点和膨胀上升的最高点，以及变形交替的季节，每年观测 4 次。在久旱和连续降雨后应增加观测次数。

必要时，应同期进行裂缝、基础转动、墙体倾斜及基础水平位移等项目的观测。

B.0.6 资料整理，应包括下列内容：

1 校核观测数据，计算每个观测点的高程、逐次变化值和累计变化值；

2 绘制观测点的时间—变形曲线；

3 绘制建筑物的变形展开曲线；

4 选择典型剖面，绘制基础升降、裂缝张闭、基础转动和基础水平位移等项目的关系曲线；

5 计算建筑物的平均变形幅度、相对挠曲以及易损部分的局部倾斜；

6 编写观测报告。

附录 C 现场浸水载荷试验要点

C.0.1 现场浸水载荷试验可用于以确定膨胀土地基的承载力和浸水时的膨胀变形量。

C.0.2 现场浸水载荷试验（图 C.0.2）的方法与步骤，应符合下列规定：

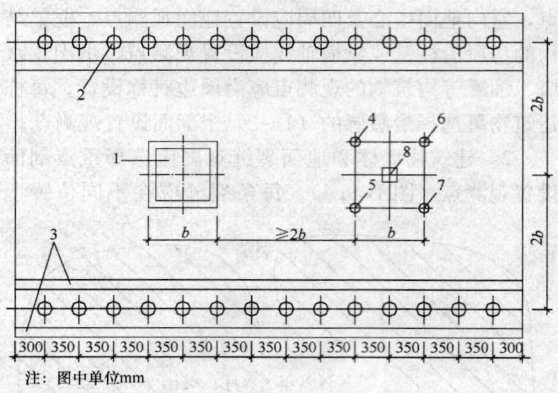

图 C.0.2 现场浸水载荷试验试坑及设备布置示意

1—方形压板；2—$\phi127$ 砂井；3—砖砌砂槽；4—$1b$ 深测标；5—$2b$ 深测标；6—$3b$ 深测标；7—大气影响深度测标；8—深度为零的测标

1 试验场地应选在有代表性的地段；

2 试验坑深度不应小于 1.0m，承压板面积不应

小于 $0.5m^2$，采用方形承压板时，其宽度 b 不应小于 707mm；

3 承压板外宜设置一组深度为零、$1b$、$2b$、$3b$ 和等于当地大气影响深度的分层测标，或采用一孔多层测标方法，以观测各层土的膨胀变形量；

4 可采用砂井和砂槽双面浸水。砂槽和砂井内应填满中、粗砂，砂井的深度不应小于当地的大气影响深度，且不应小于 $4b$；

5 应采用重物分级加荷和高精度水准仪观测变形量；

6 应分级加荷至设计荷载。当土的天然含水量大于或等于塑限含水量时，每级荷载可按 25kPa 增加；当土的天然含水量小于塑限含水量时，每级荷载可按 50kPa 增加；每级荷载施加后，应按 0.5h、1h 各观测沉降一次，以后可每隔 1h 或更长一些时间观测一次，直至沉降达到相对稳定后再加下一级荷载；

7 连续 2h 的沉降量不大于 0.1mm/h 时可认为沉降稳定；

8 当施加最后一级荷载（总荷载达到设计荷载）沉降达到稳定标准后，应在砂槽和砂井内浸水，浸水水面不应高于承压板底面；浸水期间应每 3d 观测一次膨胀变形；膨胀变形相对稳定的标准为连续两个观测周期内，其变形量不应大于 0.1mm/3d。浸水时间不应少于两周；

9 浸水膨胀变形达到相对稳定后，应停止浸水并按本规范第 C.0.2 条第 6、7 款要求继续加荷直至达到极限荷载；

10 试验前和试验后应分层取原状土样在室内进行物理力学试验和膨胀试验。

C.0.3 现场浸水载荷试验资料整理及计算，应符合下列规定：

1 应绘制各级荷载下的变形和压力曲线（图 C.0.3）以及分层测标变形与时间关系曲线，确定土的承载力和可能的膨胀量；

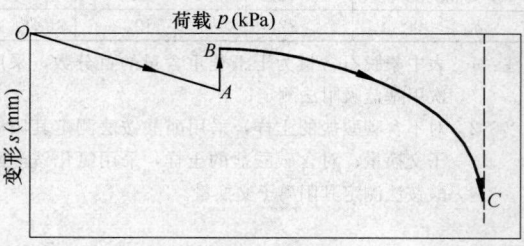

图 C.0.3 现场浸水载荷试验 p-s 关系曲线示意

OA—分级加载至设计荷载；AB—浸水膨胀稳定；
BC—分级加载至极限荷载

2 同一土层的试验点数不应少于 3 点，当实测值的极差不大于其平均值的 30% 时，可取平均值为其承载力极限值，应取极限荷载的 1/2 作为地基土承载力的特征值；

3 必要时可用试验指标按承载力公式计算其承载力,并应与现场载荷试验所确定的承载力值进行对比。在特殊情况下,可按地基设计要求的变形值在 p-s 曲线上选取所对应的荷载作为地基土承载力的特征值。

附录 D 自由膨胀率试验

D.0.1 自由膨胀率试验可用于判定黏性土在无结构力影响下的膨胀潜势。

D.0.2 试验仪器设备应符合下列规定:

1 玻璃量筒容积应为 50mL,最小分度值应为 1mL。容积和刻度应经过校准;

2 量土杯容积应为 10mL,内径应为 20mm;

3 无颈漏斗上口直径应为 50mm~60mm,下口直径应为 4mm~5mm;

4 搅拌器应由直杆和带孔圆盘构成,圆盘直径应小于量筒直径 2mm,盘上孔径宜为 2mm(图 D.0.2);

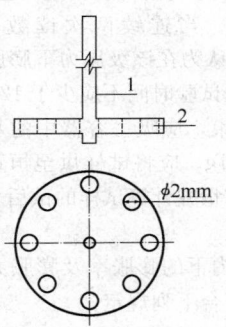

图 D.0.2 搅拌器示意
1—直杆;2—圆盘

5 天平最大称量应为 200g,最小分度值应为 0.01g;

6 应选取的其他试验仪器设备包括平口刮刀、漏斗支架、取土匙和孔径 0.5mm 的筛等。

D.0.3 试验方法与步骤应符合下列规定:

1 应用四分对角法取代表性风干土 100g,应碾细并全部过 0.5mm 筛,石子、姜石、结核等应去除;

2 应将过筛的试样拌匀,并应在 105℃~110℃下烘至恒重,同时应在干燥器内冷却至室温;

3 应将无颈漏斗放在支架上,漏斗下口应对准量土杯中心并保持 10mm 距离(图 D.0.3);

4 应用取土匙取适量试样倒入漏斗中,倒土时匙应与漏斗壁接触,且应靠近漏斗底部,应边倒边用细铁丝轻轻搅动,并应避免漏斗堵塞。当试样装满量土杯并开始溢出时,应停止向漏斗倒土,应移开漏斗刮去杯口多余的土。应将量土杯中试样倒入匙中,再次将量土杯(图 D.0.3)置于漏斗下方,应将匙中土

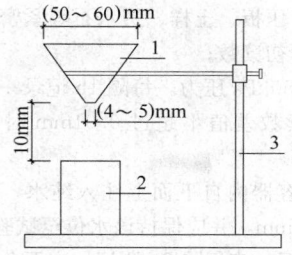

图 D.0.3 漏斗与量土杯示意
1—无颈漏斗;2—量土杯;3—支架

按上述方法倒入漏斗,使其全部落入量土杯中,刮去多余土后称量量土杯中试样质量。本步骤应进行两次重复测定,两次测定的差值不得大于 0.1g;

5 应在量筒内注入 30mL 纯水,并加入 5mL 浓度为 5%的分析纯氯化钠溶液。应将量土杯中试样倒入量筒内,用搅拌器搅拌悬液,上近液面,下至筒底,上下搅拌各 10 次,用纯水清洗搅拌器及量筒壁,使悬液达 50mL;

6 待悬液澄清后,应每隔 2h 测读一次土面高度(估读 0.1mL)。直至两次读数差值不大于 0.2mL,可认为膨胀稳定,土面倾斜时,读数可取其中值;

7 应按本规范式(4.2.1)计算自由膨胀率。

附录 E 50kPa 压力下的膨胀率试验

E.0.1 50kPa 压力下的膨胀率试验可用于 50kPa 压力和有侧限条件下原状土或扰动土样的膨胀率测定。

E.0.2 膨胀率试验仪器设备应符合下列规定:

1 压缩仪试验前应校准在 50kPa 压力下的仪器压缩量;

2 试样面积应为 3000mm² 或 5000mm²,高应为 20mm;

3 百分表最大量程应为 5mm~10mm,最小分度值应为 0.01mm;

4 环刀面积应为 3000mm² 或 5000mm²,高应为 25mm;

5 天平最大称量应为 200g,最小分度值应为 0.01g;

6 推土器直径应略小于环刀内径,高度应为 5mm。

E.0.3 膨胀率试验方法与步骤应符合下列规定:

1 应用内壁涂有薄层润滑油带护环的环刀切取代表性试样,用推土器将试样推出 5mm,削去多余的土,称其重量准确至 0.01g,测定试前含水量;

2 应按压缩试验要求,将试样装入容器内,放入透水石和薄型滤纸,加压盖板,调整杠杆使之水平。加 1kPa~2kPa 压力(保持该压力至试验结束,不计算在加荷压力之内),并加 50kPa 的瞬时压力,

使加荷支架、压板、土样、透水石等紧密接触，调整百分表，记下初读数；

3 应加 50kPa 压力，每隔 1h 记录一次百分表读数。当两次读数差值不超过 0.01mm 时，即为下沉稳定；

4 应向容器内自下而上注入纯水，使水面超过试样顶面约 5mm，并应保持该水位至试验结束；

5 浸水后，应每隔 2h 测记一次百分表读数，当连续两次读数不超过 0.01mm 时，可以为膨胀稳定，随即卸荷至零，膨胀稳定后，记录读数；

6 试验结束，应吸去容器中的水，取出试样称其重量，准确至 0.01g。应将试样烘至恒重，在干燥器内冷却至室温，称量并计算试样的试后含水量、密度和孔隙比。

E.0.4 试验资料整理和校核应符合下列规定：

1 50kPa 压力下的膨胀率应按下式计算：

$$\delta_{e50} = \frac{z_{50} + z_{c50} - z_0}{h_0} \times 100 \quad (E.0.4)$$

式中：δ_{e50}——在 50kPa 压力下的膨胀率（%）；

z_{50}——压力为 50kPa 时试样膨胀稳定后百分表的读数（mm）；

z_{c50}——压力为 50kPa 时仪器的变形值（mm）；

z_0——压力为零时百分表的初读数（mm）；

h_0——试样加荷前的原始高度（mm）。

2 试后孔隙比应按本规范式（F.0.4-2）计算，计算值与实测值之差不应大于 0.01。

附录 F 不同压力下的膨胀率及膨胀力试验

F.0.1 不同压力下的膨胀率及膨胀力试验可用于测定有侧限条件下原状土或扰动土样的膨胀率与压力之间的关系，以及土样在体积不变时由于膨胀产生的最大内应力。

F.0.2 不同压力下的膨胀率及膨胀力试验仪器设备应符合下列规定：

1 压缩仪试验前应校准仪器在不同压力下的压缩量和卸荷回弹量；

2 试样面积为 3000mm² 或 5000mm²，高应为 20mm；

3 百分表最大量程应为 5mm～10mm，最小分度值应为 0.01mm；

4 环刀面积应为 3000mm² 或 5000mm²，高应为 25mm；

5 天平最大称量应为 200g，最小分度值应为 0.01g；

6 推土器直径应略小于环刀内径，高度应为 5mm。

F.0.3 不同压力下的膨胀率及膨胀力试验方法与步骤，应符合下列规定：

1 应用内壁涂有薄层润滑油带有护环的环刀切取代表性试样，由推土器将试样推出 5mm，削去多余的土，称其重量准确至 0.01g，测定试前含水量；

2 应按压缩试验要求，将试样装入容器内，放入干透水石和薄型滤纸。调整杠杆使之水平，加 1kPa～2kPa 的压力（保持该压力至试验结束，不计算在加荷压力之内）并加 50kPa 瞬时压力，使加荷支架、压板、试样和透水石等紧密接触。调整百分表，并记录初读数；

3 应对试样分级连续在 1min～2min 内施加所要求的压力。所要求的压力可根据工程的要求确定，但应略大于试样的膨胀力。压力分级，当要求的压力大于或等于 150kPa 时，可按 50kPa 分级；当压力小于 150kPa 时，可按 25kPa 分级；压缩稳定的标准应为连续两次读数差值不超过 0.01mm；

4 应向容器内自下而上注入纯水，使水面超过试样上端面约 5mm，并应保持至试验终止。待试样浸水膨胀稳定后，应按加荷等级分级卸荷至零；

5 试验过程中每退一级荷重，应相隔 2h 测记一次百分表读数。当连续两次读数的差值不超过 0.01mm 时，可认为在该级压力下膨胀达到稳定，但每级荷重下膨胀试验时间不应少于 12h；

6 试验结束，应吸去容器中的水，取出试样称量，准确至 0.01g。应将试样烘至恒重，在干燥器内冷却至室温，称量并计算试样的试后含水量、密度和孔隙比。

F.0.4 不同压力下的膨胀率及膨胀力试验资料的整理和校核，应符合下列规定：

1 各级压力下的膨胀率应按下式计算：

$$\delta_{epi} = \frac{z_p + z_{cp} - z_0}{h_0} \times 100 \quad (F.0.4-1)$$

式中：δ_{epi}——某级荷载下膨胀土的膨胀率（%）；

z_p——在一定压力作用下试样浸水膨胀稳定后百分表的读数（mm）；

z_{cp}——在一定压力作用下，压缩仪卸荷回弹的校准值（mm）；

z_0——试样压力为零时百分表的初读数（mm）；

h_0——试样加荷前的原始高度（mm）。

2 试样的试后孔隙比应按下式计算：

$$e = \frac{\Delta h_0}{h_0}(1 + e_0) + e_0 \quad (F.0.4-2)$$

$$\Delta h_0 = z_{p0} + z_{c0} - z_0 \quad (F.0.4-3)$$

式中：e——试样的试后孔隙比；

Δh_0——卸荷至零时试样浸水膨胀稳定后的变形量（mm）；

z_{p0}——试样卸荷至零时浸水膨胀稳定后百分表

读数（mm）；

z_{c0}——为压缩仪卸荷至零时的回弹校准值（mm）（图 F.0.4-1）；

e_0——试样的初始孔隙比。

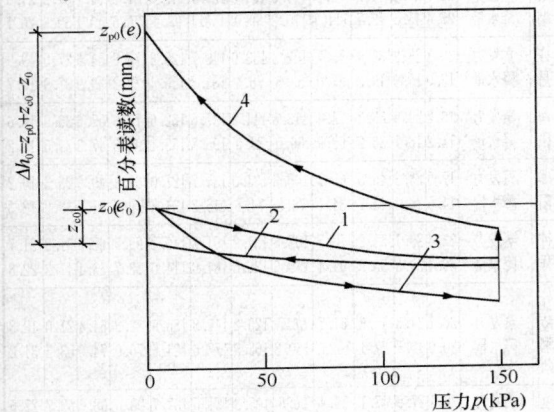

图 F.0.4-1 Δh_0 计算示意

1—仪器压缩校准曲线；2—仪器回弹校准曲线；
3—土样加荷压缩曲线；4—土样浸水卸荷膨胀曲线

3 计算的试后孔隙比与实测值之差不应大于 0.01。

4 应以各级压力下的膨胀率为纵坐标，压力为横坐标，绘制膨胀率与压力的关系曲线，该曲线与横坐标的交点为试样的膨胀力（图 F.0.4-2）。

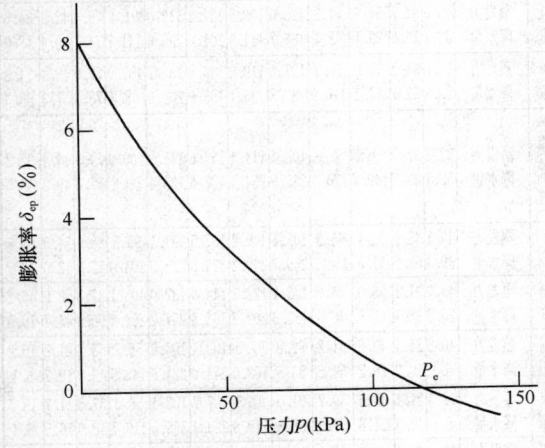

图 F.0.4-2 膨胀率-压力曲线示意

附录 G 收 缩 试 验

G.0.1 收缩试验可用于测定黏性土样的线收缩率、收缩系数等指标。

G.0.2 收缩试验的仪器设备应符合下列规定：

1 收缩试验装置（图 G.0.2）的测板直径应为 10mm，多孔垫板直径应为 70mm，板上小孔面积应占整个面积的 50% 以上；

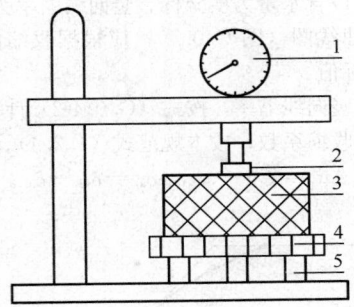

图 G.0.2 收缩试验装置示意图

1—百分表；2—测板；3—土样；
4—多孔垫板；5—垫块

2 环刀面积应为 3000mm², 高应为 20mm；

3 推土器直径应为 60mm，推进量应为 21mm；

4 天平最大称量应为 200g，最小分度值应为 0.01g；

5 百分表最大量程应为 5mm～10mm，最小分度值应为 0.01mm。

G.0.3 收缩试验的方法与步骤应符合下列规定：

1 应用内壁涂有薄层润滑油的环刀切取试样，用推土器从环刀内推出试样（若试样较松散应采用风干脱环法），立即把试样放入收缩装置，使测板位于试样上表面中心处（图 G.0.2）；称取试样重量，准确至 0.01g；调整百分表，记下初读数。在室温下自然风干，室温超过 30℃时，宜在恒温（20℃）条件下进行；

2 试验初期，应根据试样的初始含水量及收缩速度，每隔 1h～4h 测记一次读数，先读百分表读数，后称试样的重量；称量后，应将百分表调回至称重前的读数处。因故停止试验时，应采取措施保湿；

3 两日后，应根据试样收缩速度，每隔 6h～24h 测读一次，直至百分表读数小于 0.01mm；

4 试验结束，应取下试样，称量，在 105℃～110℃下烘至恒重，称干土重量。

G.0.4 收缩试验资料整理及计算应符合下列规定：

1 试样含水量应按下式计算：

$$w_i = \left(\frac{m_i}{m_d} - 1 \right) \times 100 \qquad (G.0.4-1)$$

式中：w_i——与 m_i 对应的试样含水量（%）；

m_i——某次称得的试样重量（g）；

m_d——试样烘干后的重量（g）。

2 竖向线缩率应按下式计算：

$$\delta_{si} = \frac{z_i - z_0}{h_0} \times 100 \qquad (G.0.4-2)$$

式中：δ_{si}——与 z_i 对应的竖向线缩率（%）；

z_i——某次百分表读数（mm）；

z_0——百分表初始读数（mm）；

h_0——试样原始高度（mm）。

3 应以含水量为横坐标、竖向线缩率为纵坐标，绘制收缩曲线图（图G.0.4）；应根据收缩曲线确定下列各指标值：

　　1) 竖向线缩率，按式（G.0.4-2）计算；

　　2) 收缩系数，按本规范式（4.2.4）计算。

其中：$\Delta w = w_1 - w_2$，$\Delta\delta_s = \delta_{s2} - \delta_{s1}$。

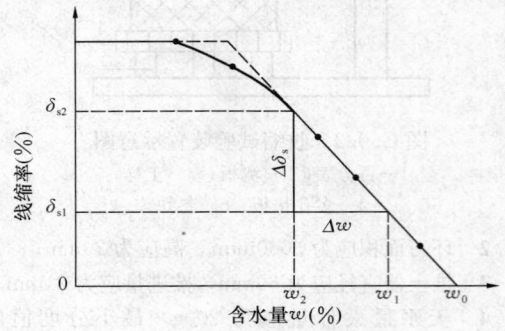

图 G.0.4　收缩曲线示意

4 收缩曲线的直线收缩段不应少于三个试验点数据，不符合要求时，应在试验资料中注明该试验曲线无明显直线段。

附录 H　中国部分地区的蒸发力及降水量表

表 H　中国部分地区的蒸发力及降水量（mm）

站名	项别\月份	1	2	3	4	5	6	7	8	9	10	11	12
汉中	蒸发力	14.2	20.6	43.6	60.3	94.1	114.8	121.5	118.1	57.4	39.0	17.6	11.9
	降水量	7.5	10.7	32.2	68.1	86.6	110.2	158.0	141.7	146.9	80.3	38.0	9.3
安康	蒸发力	18.5	27.0	51.0	67.3	98.3	122.8	132.6	131.9	67.2	43.9	20.6	16.3
	降水量	4.4	11.1	33.2	80.8	88.5	78.6	120.7	118.7	133.2	70.2	32.8	7.0
通州	蒸发力	15.6	21.5	51.0	87.3	136.9	144.0	130.5	111.2	74.4	44.6	20.1	12.3
	降水量	2.7	7.7	9.2	22.7	35.6	70.6	197.1	243.5	64.0	21.0	7.8	1.6
唐山	蒸发力	14.3	20.3	49.8	83.0	138.0	140.8	126	112.4	75.5	45.0	20.4	19.1
	降水量	2.1	6.2	6.5	27.8	24.3	64.4	224.8	196.5	46.2	22.5	6.9	4.0
泰安	蒸发力	16.8	24.9	56.8	85.6	132.5	148.1	123.6		78.5	54.6	23.8	14.2
	降水量	5.5	8.7	16.5	36.8	42.4	87.4	228.8	163.2	70.7	32.2	26.4	8.1
兖州	蒸发力	16.0	24.9	58.2	87.7	137.9	158.5	140.3	129.5	81.0	56.6	24.8	14.7
	降水量	8.2	11.2	20.4	42.1	40.0	90.4	237.1	156.7	60.8	30.0	27.0	11.3
临沂	蒸发力	17.2	24.3	53.1	78.9	123.9	143.2	123.3		77.5	55.2	25.6	15.5
	降水量	11.5	15.1	24.4	54.7	53.4	98.4	284.8	183.1	160.4	38.3	32.3	13.3
文登	蒸发力	13.2	20.2	47.7	71.5	120.4	121.1	110.4	112.3	73.4	48.0	21.4	12.0
	降水量	15.7	12.5	22.4	44.3	43.3	82.4	234.1	194.3	107.9	36.0	35.3	16.3
南京	蒸发力	19.5	24.9	50	70	103.5	120	140	139.1	80.7	59	27.3	17.8
	降水量	31.8	53.0	78.7	98.7	97.3	139.9	182.0	121.0	100.9	44.3	53.2	21.2
蚌埠	蒸发力	19.0	25.0	52.0	74.4	114.3	136.9	137.2	136.0	79.1	57.8	28.2	18.5
	降水量	26.6	32.6	60.8	62.5	74.3	106.8	205.8	153.7	80.0	38.2	40.3	22.0
合肥	蒸发力	19.0	24.6	51.3	71.7	111.5	131.9	150.0	146.3	80.8	59.2	27.9	18.5
	降水量	33.6	50.2	75.4	106.1	105.9	96.3	181.5	114.1	80.0	43.2	52.5	31.5

续表 H

站名	项别\月份	1	2	3	4	5	6	7	8	9	10	11	12
巢湖	蒸发力	22.8	27.6	54.2	72.6	111.3	134.8	159.7	149.9	84.2	64.7	31.2	21.6
	降水量	27.4	45.5	73.7	111.1	110.2	89.0	158.1	98.9	76.6	40.1	59.6	26.1
许昌	蒸发力	20.3	26.8	33.0	75.7	122.3	153.0	140.7	125.2	76.8	54.6	27.5	19.0
	降水量	13.0	15.0	19.8	53.0	53.8	70.4	185.7	156.4	72.2	39.9	37.9	10.7
南阳	蒸发力	19.2	29.9	53.3	74.4	113.8	144.8	137.6	132.6	78.8	55.6	26.5	18.6
	降水量	14.2	16.1	36.2	69.9	66.0	84.0	196.8	163.1	93.8	47.3	31.5	10.2
郧阳	蒸发力	17.5	23.3	46.5	65.7	105.3	131.0	135.7	127.0	69.4	49.0	23.3	16.2
	降水量	14.5	20.3	43.7	84.1	74.8	74.7	145.2	134.6	109.7	61.7	38.9	12.3
钟祥	蒸发力	23.4	29.1	52	70.5	108.5	131.2	151.3	146.2	89.9	62.5	31.9	21.7
	降水量	26.4	30.3	55	99.4	119.5	136.0	184.6	114.0	73.7	53.1	47.2	22.8
江陵荆州	蒸发力	20.1	24.8	45.6	61.7	96.5	120.2	146.8	136.9	82.3	54.0	27.0	18.8
	降水量	30.0	40.7	77.1	132.7	160.2	165.9	177.6	124.6	70.0	74.0	53.5	31.2
全州	蒸发力	29.1	27.9	47.1	59.4	90.6	105.8	151.5	137.7	98.6	68	35.7	27.5
	降水量	55.0	89.0	131.9	250.1	231.0	198.9	110.6	130.8	48.3	69.9	86.0	58.6
桂林	蒸发力	32.5	31.2	47.7	61.6	91.5	106.7	138.4	133.1	106.9	78.5	42.9	33.5
	降水量	55.6	76.1	134.0	279.7	318.4	315.8	224.2	166.9	65.2	97.3	83.2	56.6
百色	蒸发力	31.6	36.9	67.6	90.5	123.1	117.9	134.1	128.6	96.8	68.3	40.0	26.4
	降水量	19.9	17.3	31.1	66.1	168.7	195.7	170.3	189.3	109.4	81.3	39.6	17.7
田东	蒸发力	37.1	41.2	70.1	68.0	125.1	122.0	138.5	132.8	101.1	73.9	42.7	35.5
	降水量	17.4	22.3	37.2	46.0	159.6	153.7	211.2	134.5	67.3	37.2		22.4
贵港	蒸发力	41.8	36.7	52.7	67.6	110.6	109.2	135.0	133.1	111.4	91.2	52.1	42.1
	降水量	33.3	48.4	63.2	144.0	183.6	302.5	221.4	244.9	101.4	66.8	38.0	27.4
南宁	蒸发力	25.1	33.4	51.2	71.3	116.0	115.7	136.3	136.0	109.9	81.7	46.1	35.3
	降水量	40.2	41.8	63.0	84.1	183.3	241.8	179.9	203.6	110.1	67.0	43.3	25.1
上思	蒸发力	45.0	34.7	54.9	74.3	123.0	125.0	127.2		91.4	73.4	42.5	34.6
	降水量	23.4	26.0	32.1	62.4	126.7	144.3	201.0	235.6	141.7	74.1	40.4	18.0
来宾	蒸发力	36.0	34.2	51.3	76.4	107.5	112.6	140.7	135.7	107.0	79.9	43.4	34.2
	降水量	28.8	52.7	67.2	116.9	182.8	296.1	195.9	209.0	68.5	78.3	57.3	36.3
韶关曲江	蒸发力	32.2	31.8	51.4	65.0	103.6	111.4	155.6	141.2	109.9	79.5	44.4	32.2
	降水量	52.4	83.2	149.7	226.2	239.9	264.1	127.6	138.4	90.8	49.3	45.5	43.5
广州	蒸发力	40.1	35.9	53.1	66.2	105.4	109.2	137.5	131.1	99.5	88.4	54.5	41.8
	降水量	39.3	62.5	91.3	158.2	266.7	299.2	220.0	225.5	204.0	52.2	42.0	19.7
湛江	蒸发力	43.0	37.1	55.9	26.9	123.6	144.9	132.0	105.1	87.8	58.9		46.2
	降水量	25.2	38.7	63.5	40.6	163.3	209.2	163.5	251.2	254.4	90.4	44.7	19.5
绵阳	蒸发力	16.8	21.4	43.8	61.2	92.8	97.0	109.4	104.0	56.7	38.2	21.9	15.2
	降水量	6.1	10.9	20.2	54.5	83.5	162.0	244.0	224.6	143.5	43.9	19.7	6.1
成都	蒸发力	17.5	21.4	43.6	59.7	91.0	94.3	107.7	102.1	56.0	37.5	21.7	15.7
	降水量	5.1	11.3	21.8	51.3	88.3	119.8	229.4	365.5	113.7	48.0	16.5	6.4
昭通	蒸发力	23.4	31.4	66.1	83.0	97.7	81.9	101.9	92.8	61.7	40.1	27.2	21.2
	降水量	5.6	6.6	12.6	26.6	74.3	144.1	162.0	124.4	101.2	62.2	15.2	7.0
昆明	蒸发力	35.6	47.2	85.1	103.4	122.6	91.9	90.2	90.3	67.6	53.0	36.9	30.1
	降水量	10.0	9.9	13.6	19.7	78.5	182.0	216.5	195.1	123.0	94.9	33.6	16.0
开远	蒸发力	44.4	56.9	99.6	116.7	140.2	105.4	107.5	100.8	81.6	66.5	44.2	39.2
	降水量	14.2	12.4	25.9	40.9	55.7	131.8	166.6	103.6	131.6	81.1	27.7	14.9
元江	蒸发力	54.2	69.4	114.3	123.3	148.7	118.8	121.2	116.0	95.3	76.4	52.2	44.8
	降水量	12.5	11.1	17.2	41.9	90.8	142.6	132.1	133.0	72.4	74.1	17.1	26.9
文山	蒸发力	36.1	45.8	84.3	104.4	120.8	94.5	99.3	93.6	70.5	59.5	40.4	34.3
	降水量	13.7	12.4	24.5	61.6	141.9	154.0	194.6	175.0	103.6	64.9	31.1	23.0
蒙自	蒸发力	40.4	58.4	100.8	117.6	134.5	102.3	102.6	99.7	78.7	66.0	47.8	41.3
	降水量	12.9	16.4	30.0	49.6	90.1	131.0	150.2	150.5	81.1	52.8	27.7	19.8
贵阳	蒸发力	21.0	25.0	51.8	70.3	90.9	92.7	116.9	110.1	74.4	46.7	28.1	21.1
	降水量	19.7	21.1	33.2	108.3	191.8	213.2	178.9	142.0	82.6	89.2	55.9	25.7

注：表中"站名"为气象站所在地。

附录 J 使用要求严格的地面构造

表 J 混凝土地面构造要求

设计要求	δ_{ep0}（%） $2\leqslant\delta_{ep0}$ <4	$\delta_{ep0}\geqslant4$
混凝土垫层厚度(mm)	100	120
换土层总厚度 h(mm)	300	$300+(\delta_{ep0}-4)$ $\times100$
变形缓冲层材料最小粒径(mm)	$\geqslant150$	$\geqslant200$

注：1 表中 δ_{ep0} 取膨胀试验卸荷到零时的膨胀率；
　　2 变形缓冲层材料可采用立砌漂石、块石，要求小头朝下；
　　3 换土层总厚度 h 为室外地面标高至变形缓冲层底标高的距离。

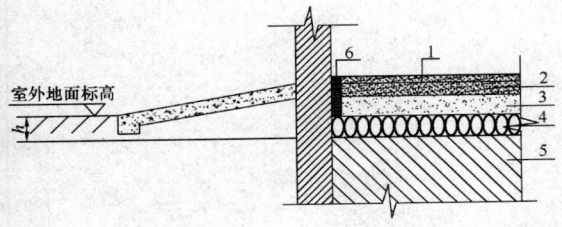

图 J 混凝土地面构造示意
1—面层；2—混凝土垫层；3—非膨胀土填充层；
4—变形缓冲层；5—膨胀土地基；6—变形缝

本规范用词说明

1 为便于在执行本规范条文时区别对待，对要求严格程度不同的用词说明如下：

1）表示很严格，非这样做不可的：
正面词采用"必须"，反面词采用"严禁"；

2）表示严格，在正常情况下均应这样做的：
正面词采用"应"，反面词采用"不应"或"不得"；

3）表示允许稍有选择，在条件许可时首先应这样做的：
正面词采用"宜"，反面词采用"不宜"；

4）表示有选择，在一定条件下可以这样做的，采用"可"。

2 条文中指明应按其他有关标准执行的写法为："应按……执行"或"应符合……的规定"。

引用标准名录

1 《建筑地基基础设计规范》GB 50007
2 《岩土工程勘察规范》GB 50021
3 《工程测量规范》GB 50026
4 《工程结构可靠性设计统一标准》GB 50153
5 《民用建筑可靠性鉴定标准》GB 50292
6 《建筑变形测量规范》JGJ 8
7 《建筑桩基技术规范》JGJ 94

中华人民共和国国家标准

膨胀土地区建筑技术规范

GB 50112—2013

条 文 说 明

修 订 说 明

《膨胀土地区建筑技术规范》GB 50112－2013，经住房和城乡建设部 2012 年 12 月 25 日以第 1587 号公告批准、发布。

本规范是在《膨胀土地区建筑技术规范》GBJ 112－87 的基础上修订而成的。《膨胀土地区建筑技术规范》GBJ 112－87 的主编单位是中国建筑科学研究院，参编单位是中国有色金属总公司昆明勘察院、航空航天部第四规划设计研究院、云南省设计院、个旧市建委设计室、湖北省综合勘察设计研究院、陕西省综合勘察院、中国人民解放军总后勤部营房设计院、平顶山市建委、航空航天部勘察公司、平顶山矿务局科研所、云南省云锡公司、广西区建委综合设计院、湖北省工业建筑设计院、广州军区营房设计所。主要起草人为黄熙龄、陆忠伟、何信芳、穆伟贤、徐祖森、陈希泉、陈林、汪德果、陈开山、王思义。

本规范修订过程中，修订组进行了广泛的调查研究，总结了我国工程建设的实践经验，同时参考了国外先进技术法规、技术标准。

为便于广大设计、施工、科研、学校等单位有关人员在使用本规范时能正确理解和执行条文规定，《膨胀土地区建筑技术规范》修订组按章、节、条顺序编制了本规范的条文说明，对条文规定的目的、依据以及执行中需注意的有关事项进行了说明。但是，本条文说明不具备与规范正文同等的法律效力，仅供使用者作为理解和把握规范规定的参考。在使用中若发现本条文说明有不妥之处，请将意见函寄中国建筑科学研究院。

目　次

1 总　则

1.0.1　本条明确了制定本规范的目的和指导思想：在膨胀土地区的工程建设过程中，针对膨胀土的特性，结合当地的工程经验，认真执行国家的经济技术政策。保护环境，特别是保持地质环境中的原始地形地貌、天然泄排水系统和植被不遭到破坏以及合理的环境绿化也是预防膨胀土危害的重要措施，应予以高度重视。

1.0.2　本规范定义的膨胀土不包括膨胀类岩石、膨胀性含盐岩土以及受酸和电解液等污染的土。当建设工程遇有该情况时，应进行专门研究。

1.0.3　为实现膨胀土地区建筑工程的安全和正常使用，遵照《工程结构可靠性设计统一标准》GB 50153的有关规定，在岩土工程勘察、工程设计和施工以及维护管理等方面提出下列要求：

1）我国膨胀土分布广泛，成因类型和矿物组成复杂，应根据土的自由膨胀率、工程地质特征和房屋开裂破坏形态综合判定膨胀土；

2）建筑场地的地形地貌条件和气候特点以及土的膨胀潜势决定着膨胀土对建筑工程的危害程度。场地条件应考虑上述因素的影响，以地基的分级变形量为指示性指标综合评价；

3）膨胀土上的房屋受环境诸因素变化的影响，经常承受反复不均匀升降位移的作用，特别是坡地上的房屋还伴随有水平位移，较小的位移幅度往往导致低层砌体结构房屋的破坏，且难于修复。因此，对膨胀土的危害应遵循"预防为主，综合治理"的原则。

上述要求是根据膨胀土的特性以及当前国内外对膨胀土科学研究的现状和经验总结提出的。一般地基只有在极少数情况下才考虑气候条件与土中水分变化的影响，但对膨胀土地基，大量降雨、严重干旱就足以导致房屋大幅度位移而破坏。土中水分变化不仅与气候有关，还受覆盖、植被和热源等影响，这些都是在设计中必须考虑的因素。

1.0.4　本规范各章节的技术要求和措施是针对膨胀土地基的特性制定的，按照工程建设程序，在岩土工程勘察、荷载效应和地震设防以及结构设计等方面还应符合有关现行国家标准的规定。

2　术语和符号

2.1　术　语

根据《工程建设标准编写规定》（建标〔2008〕

182号）的要求，新增了本规范相关术语的定义及其英文术语。主要包括膨胀土及其特性参数、指标的术语。

2.1.1　本规范对膨胀土的定义包括三个内容：

1）控制膨胀土胀缩势能大小的物质成分主要是土中蒙脱石的含量、离子交换量以及小于 $2\mu m$ 黏粒含量。这些物质成分本身具有较强的亲水特性，是膨胀土具有较大胀缩变形的物质基础；

2）除亲水特性外，物质本身的结构也很重要，电镜试验证明，膨胀土的微观结构属于面—面叠聚体，它比团粒结构有更大的吸水膨胀和失水收缩的能力；

3）任何黏性土都具有胀缩性，问题在于这种特性对房屋安全的危害程度。本规范以未经处理的一层砌体结构房屋的极限变形幅度15mm作为划分标准，当计算建筑物地基土的胀缩变形量超过此值时，即应按本规范进行勘察、设计、施工和维护管理。

2.2　符　号

符号以沿用《膨胀土地区建筑技术规范》GBJ 112-87既有符号为主，按属性分为四类：作用和作用效应、材料性能和抗力、几何参数、设计参数和计算系数。并根据现行标准体系对以下参数符号进行了修改：

1）"地基承载力标准值（f_k）"改为"地基承载力特征值（f_{ak}）"；

2）"桩侧与土的容许摩擦力（$[f_s]$）"改为"桩的侧阻力特征值（q_{sa}）"；

3）"桩端单位面积的容许承载力（$[f_p]$）"改为"桩的端阻力特征值（q_{pa}）"。

3　基　本　规　定

3.0.1　膨胀土一般为黏性土，就其黏土矿物学来说，黏土矿物的硅氧四面体和铝氧八面体的表面都富存负电荷，并吸附着极性水分子形成不同厚度的结合水膜，这是所有黏土吸水膨胀的共性。而蒙脱石 $[(Mg \cdot Al)_2 (Si_4 O_{10}) (OH)_2 \cdot nH_2O]$ 是在富镁的微碱性环境中生成的含镁和水的硅铝酸盐矿物，它的比表面积高达 $810m^2/g$，约为伊利石的10倍。蒙脱石不但具有结合水膜增厚的膨胀（俗称粒间膨胀），而且具有伊利石、高岭石、绿泥石等矿物所没有的极为显著的晶格间膨胀。国外的研究表明：蒙脱石的含水量在 10%、29.5% 和 59% 的 d（001）晶面间距分别为 $11.2Å$、$15.1Å$ 和 $17.8Å$。当蒙脱石加水到呈胶体时，其晶面间距可达 $20Å$ 左右，而钠蒙脱石在淡水中的晶面间距可达 $120Å$，体积增大10倍。因此，蒙脱石的含量决定着黏土膨胀潜势的强弱。这与 Na_2SO_4 在一定温度下能吸附 10 个水分子形成 $Na_2SO_4 \cdot 10H_2O$ 的盐胀性有着本质的区别。黏土的膨胀不仅与蒙脱石含量关系密切，而且与其表面吸附的可交换阳离子种类有关。钠蒙脱石比钙蒙脱石具有更大的膨胀潜势就是一个例证。

20 世纪 80 年代"膨胀土地基设计"课题组以及近期曲永新研究员等人的研究表明：我国膨胀土的分布广，矿物成分复杂多变，土中小于 $2\mu m$ 的黏粒含量一般大于 30%。作为膨胀性矿物的蒙脱石常以混层的形式出现，如伊利石/蒙脱石、高岭石/蒙脱石和绿泥石/蒙脱石等。而混层比（即蒙脱石占混层矿物总数的百分数）的大小决定着膨胀潜势的强弱。

所谓综合判定并非多指标判定，而是根据自由膨胀率并综合工程地质特征和房屋开裂破坏形态作多因素判定。膨胀土地区的工程地质特征和房屋开裂破坏形态是地基土长期胀缩往复循环变形的表征，是膨胀土固有的属性，在一般地基上罕见。

自由膨胀率是干土颗粒在无结构力影响时的膨胀特性指标，且较为直观，试验方法简单易行。大量试验研究表明：自由膨胀率与土的蒙脱石含量和阳离子交换量有较好的相关关系，见图 1 和图 2。图中的试验数据是全国有代表性膨胀土的试验资料的统计分析结果。试验用土样都是在不同开裂破坏程度房屋的附近取得的，其中尚有一般黏土和红黏土。

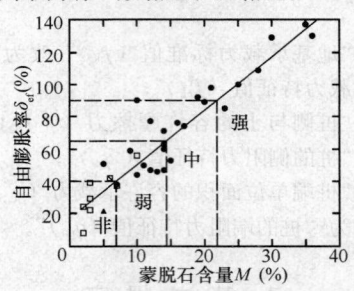

图 1　蒙脱石含量与自由膨胀率关系

• 膨胀土；△ 一般黏土；□ 红黏土

$\delta_{ef} = 3.3459M + 16.894 \quad R^2 = 0.8114$

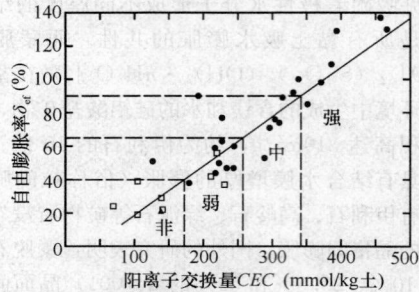

图 2　阳离子交换量与自由膨胀率关系

• 膨胀土；△ 一般黏土；□ 红黏土

$\delta_{ef} = 0.2949CEC - 10.867 \quad R^2 = 0.7384$

当自由膨胀率小于 40%、蒙脱石含量小于 7%、阳离子交换量小于 170 时，地基的分级变形量小于 15mm，低层砌体结构房屋完好或有少量微小裂缝，可判为非膨胀土；当土的自由膨胀率大于 90%、蒙脱石含量大于 22%、阳离子交换量大于 340 时，地基的分级变形量可能大于 70mm，房屋会严重开裂破坏，裂缝宽度可达 100mm 以上。本规范附录 A 和表 A.0.1 以及第 4.3.3 条和第 4.3.4 条就是根据上述资料制定的。

我国幅员辽阔，膨胀土的成因类型和矿物组成复杂，对膨胀土胀缩机理的研究和认识尚处于逐步提高、统一认识的阶段。本规范对膨胀土的判定及其指标的选取着重于建筑工程的工程意义，而非拘泥于土质学和矿物学的理论分析。矿物和化学分析费用高、时间长，一般试验室难于承担。当工程的规模大、功能要求严格且对土的膨胀性能有疑问时，可按本规范附录 A 的规定，通过矿物和化学分析进一步验证确认。

3.0.2 膨胀土上建筑物的地基基础设计等级是根据下列因素确定的：

　　1) 建筑物的建筑规模和使用要求；

　　2) 场地工程地质特征；

　　3) 诸多环境因素影响下地基产生往复胀缩变形对建筑物所造成的危害程度等。

本规范表 3.0.2 的甲级建筑物中，覆盖面积大的重要工业与民用建筑物系指规模面积大的生产车间和大型民用公共建筑（如展览馆、体育场馆、火车站、机场候机楼和跑道等）。由于占地面积大，膨胀土中的水分变化受"覆盖效应"影响较大。大面积的建筑覆盖，基本上隔绝了大气降水和地面蒸发对土中水分变化的影响。在室内外和土中上下温度和湿度梯度的驱动下，水分向建筑物中部区域迁移而集聚而导致结构物的隆起；而在建筑物四周，受气候变化的影响较大，结构会产生较大幅度的升降位移。上述中部区域的隆起和四周升降位移是不均匀的，幅度达到一定的程度将导致建筑结构产生难于承受的次应力而破坏。再者，大型结构跨度大，结构形式往往是新型的网架或壳体屋盖和组合柱，对基础差异升降位移要求严格且适应能力较差，容易遭到破坏或影响正常使用。

用水量较大的湿润车间，如自来水厂、污水处理厂和造纸、纺织印染车间等大型的储水构筑物须采取严格的防水措施，以防止长时间的跑冒滴漏导致土中水分增加而产生过大的膨胀变形；而烟囱、炉、窑由于长期的高温烘烤会导致基础下部和周围的土体失水收缩。如有一炼焦炉三面环绕的烟道长期经受 200℃ 的高温烘烤，引起地基土大量失水，产生了 53mm 的附加沉降，使总沉降量达到 106mm，差异沉降 79mm，基础底板出现多条裂缝。长期工作在低温或负温条件下的冷藏、冷冻库房等建筑物，与环境温度差异较大，在温度梯度驱动下，水分向建筑物下的土体转移，引起幅度较大的不均匀膨胀变形，使房屋开裂而影响使用。设计时必须采取保温隔热措施。

精密仪器仪表制造和使用车间、测绘用房以及高温、高压和易燃、易爆的化工厂、核电站等的生产装置和管道等设施，或鉴于生产工艺和使用精度需要，或因为安全防护，对建筑地基的总变形和差异变形要求极为严格，地基基础设计必须采取相应的对策。

位于坡地上的房屋，其临坡面的墙体变形与平坦场地有很大差异。由于坡地临空面大，土中水分的变化对大气降水和蒸发的影响敏感，房屋平均变形和差异变形的幅度大于平坦场地。地基的变形特点除有竖向位移外，还兼有较大的水平位移，当土中水分变化较大时，这种水平位移是不可逆的。因此，坡地上房屋开裂破坏程度比平坦场地严重，将建于坡地上的重要建筑物（如纪念性建筑、高档民用房屋等）的地基基础设计等级列为甲级。

胀缩等级为Ⅲ级的地基，其低层房屋的变形量可能大于70mm，设计的技术难度和处理费用较高，有时需采取多种措施综合治理，必要时还需要在加强上部结构刚度的同时采用桩基础。膨胀土地区的挡土结构，当高度不大于3m时，只要符合本规范第5.4.3条的构造要求，一般都是安全的，这是总结建筑经验的结果。对于高度大于3m的挡土结构，在设计计算时要考虑土中裂隙发育程度和土体遇水膨胀后抗剪强度的降低，并考虑水平膨胀力的影响。因此，在计算参数和滑裂面选取以及水平膨胀力取值等方面的技术难度高，需进行专门研究。对于膨胀土地区深基坑的支护设计，存在同样的问题需要认真应对。

本规范表3.0.2中地基基础设计等级为丙级的建筑物，由于场地平坦、地基条件简单均匀，且地基土的胀缩等级为Ⅰ级，其最大变形幅度一般小于35mm，只要采取一些简单的预防措施就能保证其安全和正常使用。

建筑物规模和结构形式繁多，影响膨胀土地基变形的因素复杂，技术难度高，设计时应根据建筑物和地基的具体情况确定其设计等级。本规范表3.0.2中未包含的内容，应参考现行国家标准《建筑地基基础设计规范》GB 50007中有关的规定执行。

3.0.3 根据建筑物地基基础设计等级及长期荷载作用下地基胀缩变形和压缩变形对上部结构的影响程度，本条规定了膨胀土地基的设计原则：

    1）所有建筑物的地基计算和其他地基一样必须满足承载力的要求，这是保证建筑物稳定的基本要求。

    2）膨胀土上的建筑物遭受开裂破坏多为砌体结构的低层房屋，四层以上的建筑物很少有危害产生。低层砌体结构的房屋一般整体刚度和强度较差，基础埋深较浅，土中

水分变化容易受环境因素的影响，长期往复的不均匀胀缩变形使结构遭受正反两个方向的挠曲变形作用。即使在较小的位移幅度下，也常可导致建筑物的破坏，且难于修复。因此，膨胀土地基的设计必须按变形计算控制，严格控制地基的变形量不超过建筑物地基允许的变形值。这对下列设计等级为甲、乙级的建筑物尤为重要：

    (1) 建筑规模大的建筑物；

    (2) 使用要求严格的建筑物；

    (3) 建筑场地为坡地和地基条件复杂的建筑物。

对于高重建筑物作用于地基主要受力层中的压力大于土的膨胀力时，地基变形主要受土的压缩变形和可能的失水收缩变形控制，应对其压缩变形和收缩变形进行设计计算。

    3）对于设计等级为丙级的建筑物，当其地基条件简单，荷载差异不大，且采取有效的预防胀缩措施时，可不做变形验算。

    4）建造于斜坡及其邻近的建筑物和经常受水平荷载作用的高层建筑以及挡土结构的失稳是灾难性的。建筑地基和挡土结构的失稳，一方面是由于荷载过大，土中应力超过土体的抗剪强度引起的，必须通过设计计算予以保证；另一方面，土中水的作用是主要的外因，所谓"十滑九水"对于膨胀土地基来说更为贴切。水不但导致土体膨胀而使其抗剪强度降低，同时也产生附加的水平膨胀力，设计时应考虑其影响，并采取防水保湿措施，保持土中水分的相对平衡。

3.0.6 本条规定地基基础设计等级为甲级的建筑物应进行长期的升降和水平位移观测，其目的是为建筑物后期的维护管理提供指导，同时，也为地区的膨胀土研究积累经验与数据。

4 勘 察

4.1 一般规定

4.1.1 根据膨胀土的特点，在现行国家标准《岩土工程勘察规范》GB 50021的基础上，增加了一些膨胀土地区岩土工程勘察的特殊要求：

    1）各勘察阶段应增加的工作；

    2）勘探布点及取土数量与深度；

    3）试验项目，如膨胀试验、收缩试验等。

4.1.2 明确可行性研究勘察阶段以工程地质调查为主，主要内容为初步查明有无膨胀土。工程地质调查的内容是按综合判定膨胀土的要求提出的，即土的自由膨胀率、工程地质特征、建筑物损坏情况等。

4.1.3 初步勘察除要求查明不良地质作用、地貌、地下水等情况外，还要求进行原状土基本物理力学性质、膨胀、收缩、膨胀力试验，以确定膨胀土的膨胀潜势和地基胀缩等级，为建筑总平面布置、主要建筑物地基基础方案和预防措施以及不良地质作用的防治提供资料和建议。

4.1.4 详细勘察除一般要求外，应确定各单体建筑物地基土层分布及其物理力学性质和胀缩性能，为地基基础的设计、防治措施和边坡防护以及不良地质作用的治理，提供详细的工程地质资料和建议。

4.1.5 结合膨胀土地基的特殊情况，对勘探点的布置、孔深和土样采取提出要求。根据大气影响深度及胀缩性评价所需的最少土样数量，规定膨胀土地面下8m 以内必须采取土样，地基基础设计等级为甲级的建筑物，取原状土样的勘探点不得少于 3 个。大气影响深度范围内是膨胀土的活动带，故要求增加取样数量。经多年现场观测，我国膨胀土地区平坦场地的大气影响深度一般在 5m 以内，地面 5m 以下由于土的含水量受大气影响较小，故采取土样进行胀缩性试验的数量可适当减少。但如果地下水位波动很大，或有溶沟溶槽水时，则应根据具体情况确定勘探孔的深度和取原状土样的数量。

对于膨胀土地区的高层建筑，其岩土工程勘察尚应符合现行国家标准《岩土工程勘察规范》GB 50021 的相关规定。

4.2 工程特性指标

4.2.1～4.2.4 膨胀土的工程特性指标包括自由膨胀率、不同压力下的膨胀率、膨胀力和收缩系数等四项，本规范附录 D～附录 G 对试验方法的技术要求作了具体的规定。

自由膨胀率是判定膨胀土时采用的指标，不能反映原状土的胀缩变形，也不能用来定量评价地基土的胀缩幅度。不同压力下的膨胀率和收缩系数是膨胀土地区设计计算变形的两项主要指标。膨胀力较大的膨胀土，地基计算压力也可相应增大，在选择基础形式及基底压力时，膨胀力是很有用的指标。

4.3 场地与地基评价

4.3.1 膨胀土场地的综合评价是工程实践经验的总结，包括工程地质特征、自由膨胀率及场地复杂程度三个方面。工程地质特征与自由膨胀率是判别膨胀土的主要依据，但都不是唯一的，最终的决定因素是地基的分级变形量及胀缩的循环变形特性。

在使用本规范时，应特别注意收缩性强的土与膨胀土的区分。膨胀土的处理措施有些不适于收缩性强的土，如地面处理、基础埋深、防水处理等方面两者有很大的差别。对膨胀土而言，既要防止收缩，又要防止膨胀。

此外，膨胀土分布的规律和均匀性较差，在一栋建筑物场地内，有的属膨胀土，有的不属膨胀土。有些地层上层是非膨胀土，而下层是膨胀土。在一个场区内，这种例子更多。因此，对工程地质及土的膨胀潜势和地基的胀缩等级进行分区具有重要意义。

4.3.2 在场地类别划分上没有采用现行国家标准《岩土工程勘察规范》GB 50021 规定的三个场地等级：一级场地（复杂场地）、二级场地（中等复杂场地）和三级场地（简单场地），而采用平坦场地和坡地场地。膨胀土地区自然坡很缓，超过 14°就有蠕动和滑坡的现象，同时，大于 5°坡上的建筑物变形受地的影响而沉降量也较大。房屋损坏严重，处理费用较高。为使设计施工人员明确膨胀土坡地的危害及治理方法的特别要求，将三级场地（简单场地）划为平坦场地，将二级场地（中等复杂场地）和一级场地（复杂场地）划为坡地场地。膨胀土地区坡地的坡度大于14°已属于不良地形，处理费用太高，一般应避开。建议在一般情况下，不要将建筑物布置在大于 14°的坡地上。

场地类别划分的依据：膨胀土固有的特性是胀缩变形，土的含水量变化是胀缩变形的重要条件。自然环境不同，对土的含水量影响也随之而异，必然导致胀缩变形的显著区别。平坦场地和坡地场地处于不同的地形地貌单元上，具有各自的自然环境，便形成了独自的工程地质条件。根据对我国膨胀土分布地区的 8 个省、9 个研究点的调查，从坡地场地上房屋的损坏程度、边坡变形和斜坡上的房屋变形特点等来说明将其划分为两类场地的必要性。

1）坡地场地

（1）建筑物损坏普遍而严重，两次调查统计见表 1。

表 1　坡地上建筑物损坏情况调查统计

序号	建筑物位置	调查统计
1	坡顶建筑物	调查了 324 栋建筑物，损坏的占 64.0%，其中严重损坏的占 24.8%
2	坡腰建筑物	调查了 291 栋建筑物，损坏的占 77.4%，其中严重损坏的占 30.6%
3	坡脚建筑物	调查了 36 栋建筑物，损坏的占 6.8%，其损坏程度仅为轻微～中等
4	阶地及盆地中部建筑物	由于地形地貌简单、场地平坦，除少量建筑物遭受破坏外，大多数完好

（2）边坡变形特点

湖北郧县人民法院附近的斜坡上，曾布置了 2 个剖面的变形观测点，测点布置见图 3，观测结果列于表 2。从观测结果来看，在边坡上的各测点不但有升降变形，而且有水平位移；升降变形幅度和水平位移量都以坡面上的点最大，随着离坡面距离的增大而逐渐减小；当其离坡面 15m 时，尚有 9mm 的水平位移，也就是说，边坡的影响距离至少在 15m 左右；水平位移的发展导致坡肩地裂的产生。

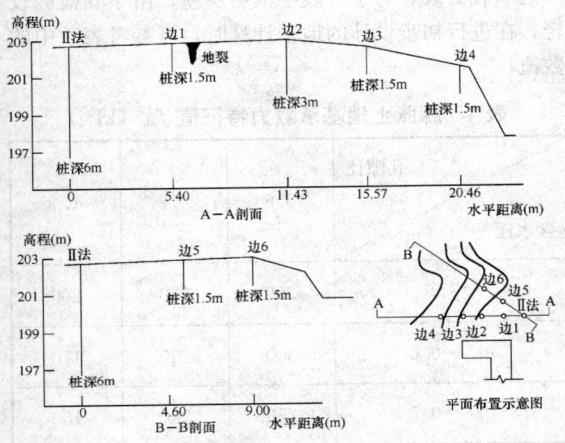

图 3　湖北郧县人民法院边坡变形
观测测点布置示意

表 2　湖北郧县人民法院边坡观测结果

剖面长度（m）	点号	间距（m）	水平位移（mm）		点号	升降变形幅度（mm）
			"+"	"－"		
20.46（Ⅱ法～测点边 4）	Ⅱ法～边 1	5.40	4.00	3.10	Ⅱ法	10.29
	～边 2	11.43		9.90	边 1	49.29
	～边 3	15.57	20.60	10.70	边 2	34.66
	～边 4	20.46	34.20		边 3	47.45
					边 4	47.07
9.00（Ⅱ法～测点边 6）	Ⅱ法～边 5	4.60	3.00	6.10	边 5	45.01
	～边 6	9.00	24.40		边 6	51.96

注：1. "+" 表示位移量增大，"－" 表示位移量减小；
　　2. 测点"边 1"～"边 2"间有一条地裂。

（3）坡地场地上建筑物变形特征

云南个旧东方红农场小学教室及个旧冶炼厂 5 栋家属宿舍，均处于 5°～12° 的边坡上，7 年的升降观测，发现临坡面的变形与时间关系曲线是逐年渐次下降的，非临坡面基本上是波状升降。观测结果列于表 3。从观测结果来看，临坡面观测点的变形幅度是非临坡面的 1.35 倍，边坡的影响加剧了建筑物临坡面的变形，从而导致建筑物的损坏。

表 3　云南个旧东方红农场等处 5°～12°
边坡上建筑物升降变形观测结果

建筑物名称	至坡面距离（m）	坎高（m）	临坡面（前排）的变形幅度（mm）			非临坡面（后排）的变形幅度（mm）		
			点号	最大	平均	点号	最大	平均
东方红农场小学教室（Ⅰ₁）	4.0	3.2	Ⅰ₁～1	88.10	118.60	Ⅰ₁～7	103.30	90.00
			～2	119.70		～8	100.10	
			～3	146.80		～9	114.40	
			～4	112.80		～10	48.10	
			～5	125.50				
个旧冶炼厂家属宿舍（Ⅱ₂）	4.4	2.13～2.60	Ⅱ₂～1	25.20	16.60	Ⅱ₂～4	8.10	14.10
			～2	25.10		～5	20.10	
			～3	12.30				
个旧冶炼厂家属宿舍（Ⅱ₃）	4.0	1.00～1.16	Ⅱ₃～1	28.70	24.40	Ⅱ₃～4	8.70	10.25
			～2	11.50		～5	11.80	
			～3	25.10				
			～4	32.30				
个旧冶炼厂家属宿舍（Ⅱ₄）	4.6	1.75～2.61	Ⅱ₄～1	36.50	25.18	Ⅱ₄～5	12.90	15.37
			～2	11.00		～6	22.60	
			～3	20.80		～7	10.60	
			～4	30.60				
			～8	27.00				
个旧冶炼厂家属宿舍（Ⅱ₅）	2.0	0.75～1.09	Ⅱ₅～1	50.30	49.40	Ⅱ₅～6	44.20	44.20
			～2	23.50				
			～3	34.70				
			～4	24.30				
			～7	62.20				
			～8	42.10				
总体比较					46.84			34.78

表 3 中 Ⅰ₁ 栋建筑物：地形坡度为 5°，一面临坡，无挡土墙；Ⅱ₂～Ⅱ₅ 栋建筑物：地形坡度为 12°，Ⅱ₃～Ⅱ₅ 栋两面临坡。Ⅱ₂ 栋一面临坡，有挡土墙。

（4）上述调查结果揭示了坡地场地的复杂性，说明坡地场地有其独特的工程地质条件：

① 地形地貌与地质组成结构密切相关。一般情况下地质组成的成层性基本与山坡一致，建筑物场地选择在斜坡时，场地平整挖填后，地基往往不均匀，见图 4。由于地基土的不均匀，土的含水量也就有差

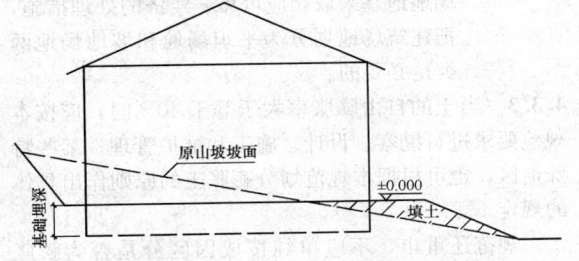

图 4　坡地场地上的建筑物地质剖面示意

异。在这种情况下，建筑物建成后，地基土的含水量与起始状态不一致，在新的环境下重新平衡，从而产生土的不均匀胀缩变形，对建筑物产生不利的影响。

② 坡地场地切坡平整后，在场地的前缘形成陡坡或土坎。土中水的蒸发既有坡肩蒸发，也有临空的坡面蒸发。鉴于两面蒸发和随距蒸发面的距离增加而蒸发逐渐减弱的状况，边坡楔形干燥区呈近似三角形（坡脚至坡肩上一点的连线与坡肩与坡面形成的三角形）。若山坡上冲沟发育而遭受切割时，就可能形成二向坡或三向坡，楔形干燥区也相应地增加。蒸发作用是如此，雨水浸润作用同样如此。两者比较，以蒸发作用最为显著，边坡的影响使坡地场地楔形干燥区内土的含水量急剧变化。东方红农场小学教室边坡地带土的含水量观测结果表明：楔形干燥区内土的含水量变化幅度为 4.7%～8.4%，楔形干燥区外土的含水量变化幅度为 1.7%～3.4%，前者是后者的（2.21～3.36）倍。由于楔形干燥区内土的含水量变化急剧，导致建筑物临坡面的变形是非临坡面的 1.35 倍（表 3）。这说明边坡对建筑物影响的复杂性。

③ 场地开挖边坡形成后，由于土的自重应力和土的回弹效应，坡体内土的应力要重新分布：坡肩处产生张力，形成张力带；坡脚处最大主应力方向产生旋转，临空面附近，最小主应力急剧降低，在坡面上降为"0"，有时甚至转变为拉应力。最大最小主应力差相应而增，形成坡体内最大的剪力区。

膨胀土边坡，当其土因受雨水浸润而膨胀时，土的自重压力对竖向变形有一定的制约作用。但坡体内的侧向应力有愈靠近坡面而显著降低和在临空面上降至"0"的特点，在此种应力状态下，加上膨胀引起的侧向膨胀力作用，坡体变形便向坡外发展，形成较大的水平位移。同时，坡体内土体受水浸润，抗剪强度大为衰减，坡顶处的张力带必将扩展，坡脚处剪应力区的应力更加集中，更加促使边坡的变形，甚至演变成蠕动和塑性滑坡。

2）平坦场地
平坦场地的地形地貌简单，地基土相对较为均匀，地基水分蒸发是单向的。形成与坡地场地工程地质条件大不相同的特点。

3）综上所述，平坦场地与坡地场地具有不同的工程地质条件，为便于有针对地对坡地场地地基采取相应可靠、经济的处理措施，把建筑场地划分为平坦场地和坡地场地两类是必要的。

4.3.3 当土的自由膨胀率大于等于 40% 时，应按本规范要求进行勘察、设计、施工和维护管理。某些特殊地区，也可根据本规范划分膨胀土的原则作出具体的规定。

规范还重申，不应单纯按成因区分是否为膨胀土。例如下蜀纪黏土，在武昌青山地区属非膨胀土，

而合肥地区则属膨胀土；红黏土有的属于膨胀土，有的则不属于膨胀土。因此，划分场区地基土的胀缩等级具有重要的工程意义。

4.3.7 为研究膨胀土地基的承载力问题，在全国不同自然地质条件的有代表性的试验点进行了 65 台载荷试验、85 台旁压试验、64 孔标准贯入试验以及 87 组室内抗剪强度试验，试图经过统计分析找出其规律。但因我国膨胀土的成因类型多，土质复杂且不均，所得结果离散性大。因此，很难给出一个较为统一的承载力表。对于一般中低层房屋，由于其荷载较轻，在进行初步设计的地基计算时，可参考表 4 中的数值。

表 4 　膨胀土地基承载力特征值 f_{ak} （kPa）

含水比 ＼ 孔隙比	0.6	0.9	1.1
＜0.5	350	280	200
0.5～0.6	300	220	170
0.6～0.7	250	200	150

表 4 中含水比为天然含水量与液限的比值；表 4 适用于基坑开挖时土的天然含水量小于等于勘察取土试验时土的天然含水量。

鉴于不少地区已有较多的载荷试验资料及实测建筑物变形资料，可以建立地区性的承载力表。

对于高重或重要的建筑物应采用本规范规定的承载力试验方法并结合当地经验综合确定地基承载力。试验表明，土吸水愈多，膨胀量愈大，其强度降低愈多，俗称"天晴一把刀，下雨一团糟"。因此，如果先浸水后做试验，必将得到较小的承载力，这显然不符合实际情况。正确的方法是，先加载至设计压力，然后浸水，再加荷载至极限值。

采用抗剪强度指标计算地基承载力时，必须注意裂隙的发育及方向。在三轴饱和不固结不排水剪试验中，常常发生浸水后试件立即沿裂隙面破坏的情况，所得抗剪强度太低，也不符合半无限体的集中受压条件。此情况不应直接用该指标进行承载力计算。

4.3.8 膨胀土地基的水平膨胀力可采用室内试验或现场试验测定，但现场的试验数据更接近实际，其试验方法和步骤、试验资料整理和计算方法建议如下，该试验可测定场地原状土和填土的水平膨胀力。实施时可根据不同需要予以简化。

1 试验方法和步骤

1）选择有代表性的地段作为试验场地，试坑和试验设备的布置如图 5 所示；

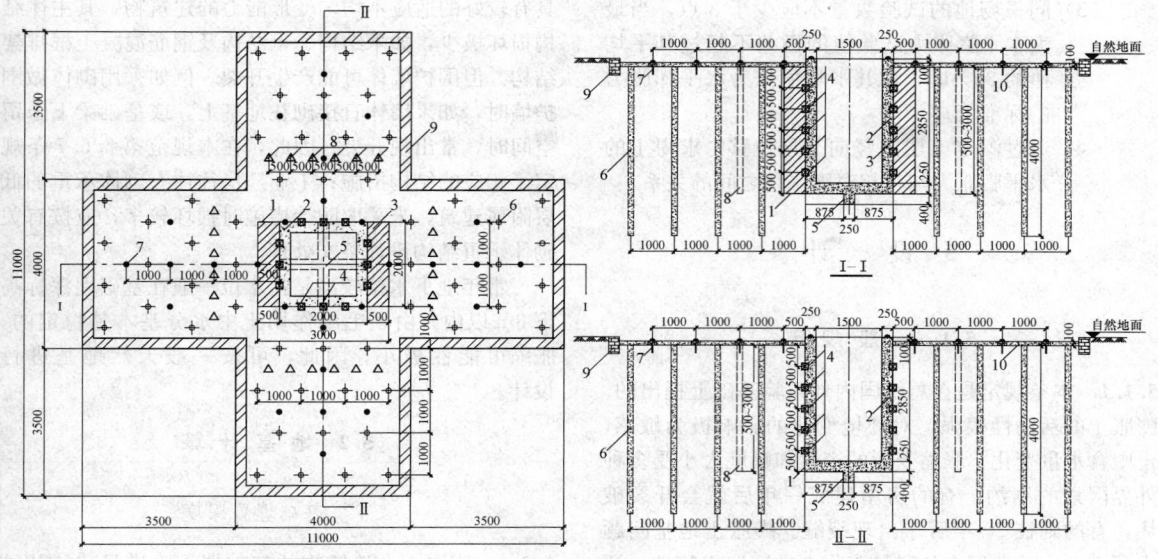

图 5　现场水平膨胀力试验试坑和试验设备布置示意（图中单位：mm）

1—试验坑；2—钢筋混凝土井；3—非膨胀土；4—压力盒；5—抗滑梁；6—φ127砂井；7—地表观测点；
8—深层观测点（深度分别为0.5m、1.0m、1.5m、2.0m、2.5m、3.0m）；9—砖砌墙；10—砂层

2）挖除试验区表层土，并开挖2m×3m深3m的试验坑；

3）试验坑内现场浇筑2m×2m高3.2m的钢筋混凝土井，相对的一组井壁与坑壁浇灌在一起，另一组井壁与坑壁之间留0.5m的间隙，间隙采用非膨胀土分层回填，人工压实，压实系数不小于0.94。钢筋混凝土井底部设置抗水平移动的抗滑梁；

4）钢筋混凝土井浇筑前，在井壁外侧地表下0.5m、1.0m、1.5m、2.0m、2.5m处设置5层土压力盒，每层布置12个土压力盒（每侧布置3个）；

5）试验坑四周均匀布置φ127的浸水砂井，砂井内填满中、粗砂，深度不小于当地大气影响急剧层深度，且不小于4m；

6）浸水砂井设置区域的四周采用砖砌墙形成砂槽，槽内满铺厚100mm的中、粗砂；

7）布置地表和深层观测点（图5），以测定地面及深层土体的竖向变形。观测水准基点及观测精度要求符合本规范附录B的有关规定；

8）土压力盒、地表观测点和深层观测点在浸水前测定其初测值；

9）在砂槽和砂井内浸水，浸水初期至少每8h观测一次，以捕捉最大水平膨胀力。后期可延长观测间隔时间，但每周不少于一次，直至膨胀稳定。观测包括压力盒读数、地表观测点和深层观测点测量等。测点某一时刻的水平膨胀力值等于压力盒测试值与其初测值之差；

10）试验前和试验后，分层取原状土样在室内进行物理力学试验和竖向不同压力下的膨胀率及膨胀力试验。

2　试验资料整理及计算

1）绘制不同深度水平膨胀力随时间的变化曲线（图6），以确定不同深度的最大水平膨胀力；

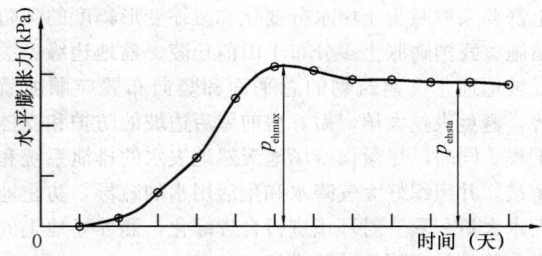

图 6　深度 h 处水平膨胀压力随时间变化曲线示意

2）绘制水平膨胀力随深度的分布曲线（图7）；

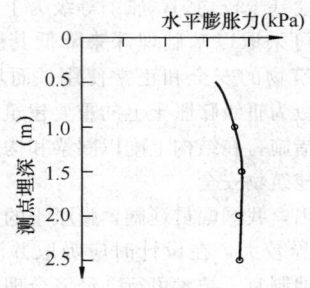

图 7　水平膨胀力随深度分布曲线示意

3）同一场地的试验数量不应少于 3 点，当最大水平膨胀力试验值的极差不超过其平均值的 30% 时，取其平均值作为水平膨胀力的标准值；

4）通过测定土层的竖向分层位移，求得土的水平膨胀力与其相对膨胀量之间的关系。

5 设 计

5.1 一般规定

5.1.1 本条规定是在总结国内外经验基础上提出的。膨胀土的活动性很强，对环境变化的影响极为敏感，土中含水量变化、胀缩变形的产生和幅度大小受多种外界因素的制约。有的房屋建成一年后就会开裂破坏，有的则在 20 年后才出现裂缝。膨胀土地基问题十分复杂，虽然国内外科技工作者在膨胀土特性、评价和设计处理方面进行了大量的研究和实测工作，但目前尚未形成一门系统的学科。特别是在膨胀土危害防治方面尚需进一步研究和实践。

建造在膨胀土地基上的低层房屋，若不采取预防措施时，10mm～20mm 的胀缩变形幅度就能导致砌体结构的破坏，比一般地基上的允许变形值要小得多。之前，在国内和外事工程中由于对膨胀土的特性缺乏认识，造成新建房屋成片开裂破坏，损失极大。因此，在膨胀土上进行工程建设时，必须树立预防为主的理念，有时在可行性研究阶段应予"避让"。

所谓"综合治理"就是在设计、施工和维护管理上都要采取减少土中水分变化和胀缩变形幅度的预防措施。我国膨胀土多分布于山前丘陵、盆地边缘、缓丘坡地地带。建筑物的总平面和竖向布置应顺坡就势，避免大挖大填，做好房前屋后边坡的防护和支挡工程。同时，尽量保持场地天然地表水的排泄系统和植被，并组织好大气降水和生活用水的疏导，防止地面水大量积聚。对环境进行合理绿化，涵养场地土的水分等都是宏观的预防措施。

单体工程设计时，应根据建筑物规模和重要性综合考虑地基基础设计等级和工程地质条件，采取本规范规定的单一措施或以一种措施为主辅以其他措施预防。例如：地基土较均匀，胀缩等级为Ⅰ、Ⅱ级膨胀土上的房屋可采取以基础埋深来降低其胀缩变形幅度，保证建筑物的安全和正常使用；而场地条件复杂，胀缩等级为Ⅲ级膨胀土上的重要建筑物，以桩基为主要预防措施，在结构上配以圈梁和构造柱等辅助措施，确保建筑物安全。

应当指出，我国幅员辽阔，膨胀土的成因类型和气候条件差异较大，在设计时应吸取并注重地方经验，做到因地制宜、技术可行、经济合理。

5.1.2 根据膨胀土地区的调查材料，膨胀土地基上

具有较好的适应不均匀变形能力的建筑物，其主体结构损坏极少，如木结构、钢结构及钢筋混凝土框排架结构。但围护墙体可能产生开裂。例如采用砌体做围护墙时，如果墙体直接砌在地基上，或基础梁下未留空间时，常出现开裂。因此，在本规范第 5.6.7 条规定了相应的结构措施；工业厂房往往有砌体承重的低层附属建筑，未采取防治措施时损坏较多，应按有关砌体承重结构设计条文处理。

常年地下水位较高是指水位一般在基础埋深标高下 3m 以内，由于毛细作用土中水分基本是稳定的，胀缩可能性极小。因此，可按一般天然地基进行设计。

5.2 地基计算

Ⅰ 基础埋置深度

5.2.1 膨胀土上建筑物的基础埋深除满足建筑的结构类型、基础形式和用途以及设备设施等要求外，尚应考虑膨胀土的地质特征和胀缩等级对结构安全的影响。

5.2.2 膨胀土场地大量的分层测标、含水量和地温等多年观测结果表明：在大气应力的作用下，近地表土层长期受到湿胀干缩循环变形的影响，土中裂隙发育，土的强度指标特别是凝聚力严重降低，坡地上的大量浅层滑动也往往发生在地表下 1.0m 的范围内。该层是活动性极为强烈的地带，因此，本规范规定建筑物基础埋置深度不应小于 1.0m。

5.2.3 当以基础埋深为主要预防措施时，对于平坦场地，基础埋深不应小于当地的大气影响急剧层。例如：安徽合肥基础埋深大于 1.6m 时，地基的胀缩变形量已能满足要求，可不再采取其他防治措施；云南鸡街地区有 6 栋平房基础埋深 1.5m～2.0m，经过多年的位移观测，房屋的变形幅度仅为 1.4mm～4.7mm，房屋完好无损。而另一栋房屋基础埋深为 0.6m，房屋的位移幅度达到 49.6mm，房屋严重破坏。但是，对于胀缩等级为Ⅰ级的膨胀土地基上的（1～2）层房屋，过大的基础埋深可能使得造价偏高。因此，可采用墩式基础、柔性结构以及宽散水、砂垫层等措施减小基础埋深。如在某地损坏房屋地基上建造的试验房屋，采用墩式基础加砂垫层后，基础埋深为 0.5m，也未发现房屋开裂。但是离地表 1m 深度内地基土含水量变化幅度及上升、下降变形都较大，对Ⅱ、Ⅲ级膨胀土上的建筑物容易引起开裂。

由于各种结构的允许变形值不同，通过变形计算确定合适的基础埋深，是比较有效而经济的方法。

5.2.4 式（5.2.4）是基于坡度小于 14° 边坡为稳定边坡的概念以及本规范第 4.3.2 条第 1 款平坦场地的条件而定的。当场地的坡度为 5°～14°、基础外边缘距坡肩距离大于 10m 时，按平坦场地考虑；小于等

于 10m 时，基础埋深的增加深度按 $(10-l_p)\tan\beta+0.30$ 取用，以降低因坡地临空面增大而引起的环境变化对土中水分的影响。

Ⅱ 承载力计算

5.2.6 鉴于膨胀土中发育着不同方向的众多裂隙，有时还存在薄的软弱夹层，特别是吸水膨胀后土的抗剪强度指标 C、ϕ 值呈较大幅度降低的特性，膨胀土地基承载力的修正不考虑基础宽度的影响，而深度修正系数取 1.0。原苏联学者索洛昌用天然含水量为 $32\% \sim 37\%$ 的膨胀土在无荷条件下浸水膨胀稳定后进行快剪试验，ϕ 值由 $14°$ 降为 $7°$，降低了 50%；C 值由 67kPa 降为 15kPa，降低了 78%。我国学者廖济川用天然含水量为 28% 的滑坡后土样进行先干缩后浸水的快剪及固结快剪试验，其 C、ϕ 值都减少了 50% 以上。

Ⅲ 变形计算

5.2.7 对全国膨胀土地区 7 个省中 167 栋不同场地条件有代表性的房屋和构筑物（其中包括 23 栋新建试验房）进行了（$4 \sim 10$）年的竖向和水平位移、墙体裂缝、室内外不同深度的土体变形和含水量、地温以及树木影响的观测工作，对 158 栋较完整的资料进行统计分析表明，由于各地场地、气候和覆盖等条件的不同，膨胀土地基的竖向变形特征可分为上升型、下降型和升降循环波动型三种，如图 8 所示。

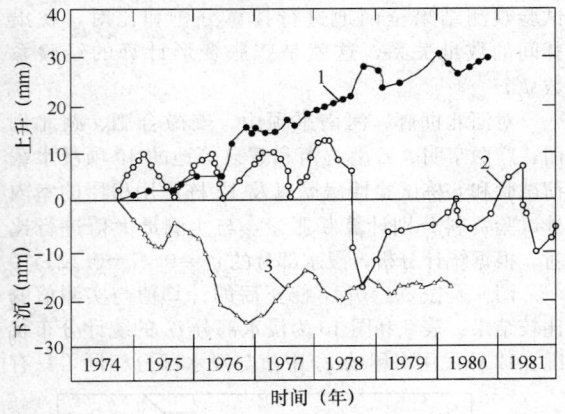

图 8 膨胀土上房屋的变形形态
1—上升型变形；2—升降循环型变形；3—下降型变形

表 5 是我国膨胀土地区 155 栋有代表性的房屋长期竖向位移观测结果的统计。

表 5 膨胀土上房屋位移统计

地区	位移形态	上升型（栋数）	下降型（栋数）	升降循环型（栋数）
云南	蒙自	1	10	5
	江水地	1	4	2
	鸡街	4	14	6

续表 5

地区	位移形态	上升型（栋数）	下降型（栋数）	升降循环型（栋数）
广西	南宁	1	5	5
	宁明		10	5
	贵县	1	2	1
	柳州	2		
广东	湛江	2		4
河北	邯郸	1		5
河南	平顶山	12	9	
安徽	合肥		3	14
湖北	荆门	3		3
	郧县		5	8
	枝江		1	2
	卫家店			3
小计（占%）		28（18.1%）	63（40.6%）	64（41.3%）

上升型位移是由于房屋建成后地基土吸水膨胀产生变形，导致房屋持续多年的上升，如图 8 中的曲线 1。例如：河南平顶山市一栋平房建于 1975 年的旱季，房屋各点均持续上升，到 1979 年上升量达到 45mm。应当指出，房屋各处的上升是不均匀的，且随季节波动，这种不均匀变形达到一定程度，就会导致房屋开裂破坏。产生上升型位移的主要原因如下：

1）建房时气候干旱，土中含水量偏低；
2）基坑长期曝晒；
3）建筑物使用期间长期受水浸润。

波动型的特点是房屋位移随季节性降雨、干旱等气候变化而周期性的上升或下降，一个水文年基本为一循环周期，如图 8 曲线 2。我国膨胀土多分布于亚干旱和亚湿润气候区，土的天然含水量接近塑限，房屋位移随气候变化的特征比较明显。表 6 是各地气候与房屋位移状况的对照。可以看出，在广西、云南地区，房屋一般在二、三季度的雨季因土中含水量增加而膨胀上升；在四、一季度的旱季随土中水分大量蒸发而收缩下沉。但长江以北的中原、江淮和华北地区，情况却与之相反。这是因为该地区雨季集中在（$7 \sim 8$）月份，并常以暴雨形式出现，地面径流量大，向土中渗入量少。房屋的位移主要受地温梯度的变化影响而上升或下降。在冬、春季节，地表温度远低于下部恒温带。根据土中水分由高温向低温转移的规律，水分由下部向上部转移，使上部土中的含水量增大而导致地基土上升；在夏、秋季节，水分向下转移并有大量的地面蒸发，使地基失水而收缩下沉。

表6　各地气候与房屋位移

项目 地区	年蒸发量(mm) 年降雨量(mm)	雨季		旱季		地温(℃)	
		起止日期 降雨占总数(%)	位移	起止日期 降雨占总数(%)	位移	深度(m)	最高(日期) 最低(日期)
云南 (蒙自、鸡街)	2369.3 852.4	5~8月 75%	上升	10~4月 25%	下降	0.2	25.8(8月) 14.0(1月)
广西 (南宁、宁明)	1681.1 1356.6	4~9月 69%	上升	10~3月 31%	下降	0.5	28.0(9月) 15.6(1月)
湖北 (郧县、荆门)	1600.0 100.0	4~10月 89%	下降	11~3月 11%	上升	0.5	26.8(8月) 5.5(1月)
河南平顶山	2154.6 759.1	6~9月 64%	下降	10~5月 36%	上升	0.4	27.6(8月) 5.2(1月)
安徽合肥	1538.9 969.5	4~9月 62%	下降	10~3月 38%	上升	0.2	32.1(8月) 4.9(1月)
河北邯郸	1901.7 603.1	7~8月 70%	下降	11~5月 30%	上升	0.5	25.2(7月) 2.5(1月)

下降型常出现在土的天然含水量较高（例如大于 $1.2w_p$）或建筑物靠近边坡地带，如图8中的曲线3。在平坦场地，房屋下降位移主要是土中水分减少，地基产生收缩变形的结果。土中水分减少，可能是气候干旱，水分大量蒸发的结果，也可能是局部热源或蒸腾量大的种木（如桉树）大量吸取土中水分的结果。至于临坡建筑物，位移持续下降，一方面是坡体临空面大于平地，土中水分更容易蒸发而导致较平坦场地更大的收缩变形。另一方面，坡体向外侧移而产生的竖向变形（即剪应变引起），这种在三向应力条件下侧向位移引起的竖向变形是不可逆的。湖北郧县膨胀土边坡观测中就发现了上述状况，它的发展必然导致坡体滑动。上述下降收缩变形量的计算是指土体失水收缩而引起的竖向下沉，在设计中应避免后一种情况的发生。

本条给出的天然地表下 1.0m 深度处的含水量值，是经统计分析得出的一般规律，未包括荷载、覆盖、地温之差等作用的影响。当土中的应力大于其膨胀力时，土体就不会发生膨胀变形，由收缩变形控制。对于高重的建筑物，当基础埋于大气影响急剧层以下时，主要受地基土的压缩变形控制，应按相关技术标准进行建筑物的沉降计算。

5.2.8 式 (5.2.8) 实际上是地基土在不同压力下各层土膨胀量的分层总和。计算图式和参数的选择是根据膨胀土两个重要性质确定的：

1）当土的初始含水量一定时，上覆压力小膨胀量大，压力大时膨胀量小。当压力超过土的膨胀力时就不膨胀，并出现压缩，膨胀力与膨胀量呈非线性关系。在计算过程中，如某压力下的膨胀率为负值时，即不发生膨胀变形，该层土的膨胀量为零。

2）当土的上覆压力一定时，初始含水量高的土膨胀量小，初始含水量低的土膨胀量大。含水量与膨胀量之间也为非线性关系。地基土的膨胀变形过程是其含水量不断增加的过程，膨胀量随其含水量的增加而持续增大，最终到达某一定值。因此，膨胀量的计算值是预估的最终膨胀变形量，而不是某一时段的变形量。

3）关于膨胀变形计算的经验系数

室内和原位的膨胀试验以及房屋的变形观测资料，都能反映地基土的膨胀变形随土中含水量和上覆压力的不同而变化的特征，为我们提供了用室内试验指标来计算地基膨胀变形量的可能性。但是，由室内试验指标提供的计算参数，是用厚度和面积都较小的试件，在有侧限的环刀内经充分浸水而取得的。而地基土在膨胀变形过程中，受力情况及浸水和边界条件都与室内试验有着较大的差别。上述因素综合影响的结果给计算膨胀变形量和实测变形量之间带来较大的差别。为使计算膨胀变形量较为接近实际，必须对室内外的试验观测结果全面地进行计算分析和比对，找出其间的数量关系，这就是膨胀变形计算的经验系数 ψ_e。

对河北邯郸、河南平顶山、安徽合肥、湖北荆门、广西宁明、云南鸡街和蒙自等地的40项浸水载荷试验和6栋试验性房屋以及12栋民用房屋的室内外试验资料分别计算膨胀量，与实测最大值进行比对。根据统计分析，浸水部分的 $\psi_e = 0.47 \pm 0.12$。

图9是按 $\psi_e = 0.47$ 修正后的计算值与实测值的比较结果。表7和图10为浸水部分 ψ_e 的统计分布状况。12栋民用房屋的 ψ_e 中值与浸水部分相同，只有

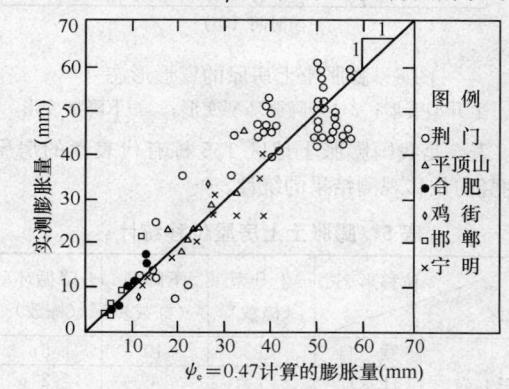

图9　计算膨胀量与实测膨胀量的比较

平顶山地区的 ψ_e 偏大且离散性也较大，这是由于室内试验资料较少且欠完整的缘故。考虑到实际应用，取 $\psi_e=0.6$ 时，对 80% 的房屋是偏于安全的。

表 7　膨胀量（浸水部分）计算的经验系数 ψ_e 统计分布

ψ_e	0.1~0.2	0.2~0.3	0.3~0.4	0.4~0.5	0.5~0.6	0.6~0.7	0.7~0.8	0.8~0.9	总数
频数	1	0	31	41	28	8	1	3	
频率	0.89	0.00	27.43	36.28	24.78	7.08	0.89	2.65	113
累计频率	0.89	0.89	28.32	64.60	89.38	96.46	97.35	100.00	

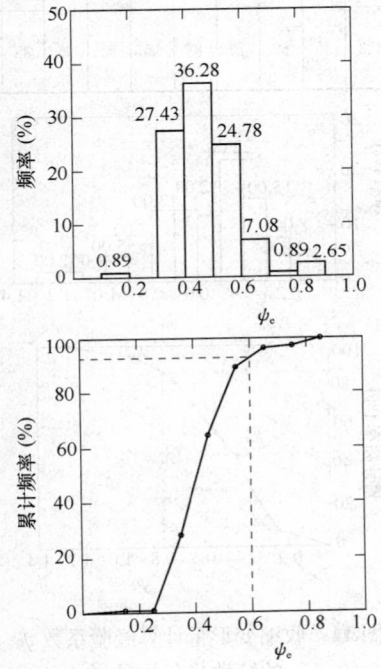

图 10　膨胀变形量计算经验系数 ψ_e 的统计分布状况

5.2.9 失水收缩是膨胀土的另一属性。收缩变形量的大小取决于土的成分、密度和初始含水量。

1）就同一性质的膨胀土而言，在相同条件下，其初始含水量 w_0 越高（饱和度越高，孔隙比越大），在收缩过程中失水量就越多，收缩变形量也就越大。表 8 和图 11 是广西南宁原状土样室内收缩试验所测得的收缩量与含水量之间的关系。图中的三条曲线表明，当土样的起始含水量分别为 36.0%~44.7%，并同样干燥到缩限 w_s 时，其线缩率 δ_s 从 3.7% 增大到 7.3%。所谓缩限，是土体在收缩变形过程中，由半固态转入固态时的界限含水量。从每条曲线的斜率变化可以看出：当土体的含水量达到缩限之后，

土体虽然仍在失水，但其变形量已经很小，从对建筑工程的影响来说，已失去其实际的意义。

表 8　同质土的线缩率 δ_s 与含水量 w 关系

土号	γ (g/m³)	w_0 (%)	e_0	δ_s (%)	w_s (%)	收缩系数 λ_s
I-1	1.76	44.7	1.22	7.3	25.5	0.38
I-2	1.80	41.9	1.13	5.7	26.0	0.37
I-3	1.89	36.0	0.94	3.7	26.0	0.37

2）收缩变形量主要取决于土体本身的收缩性能以及含水量变化幅度，表 9 和图 12 为不同质土的线缩率 δ_s 与含水量 w 关系。由图 11 和图 12 可知：当土体在收缩过程中其含水量在某一起始值与缩限之间变化时，收缩变形量与含水量间的变化呈直线关系，其斜率因土质不同而异。取直线段的斜率作为收缩变形量的计算参数，即土的收缩系数 λ_s。$\lambda_s=\dfrac{\Delta\delta_s}{\Delta w}$，其中，$\Delta w$ 为图 12 中直线段两点含水量之差值（%），$\Delta\delta_s$ 为与 Δw 对应的线缩率的变化值。

表 9　不同质土的线缩率 δ_s 与含水量 w 关系

土号	γ (g/m³)	w_0 (%)	e_0	收缩系数 λ_s
2A-1	2.02	22.0	0.63	0.55
9-1	2.04	20.6	0.59	0.28

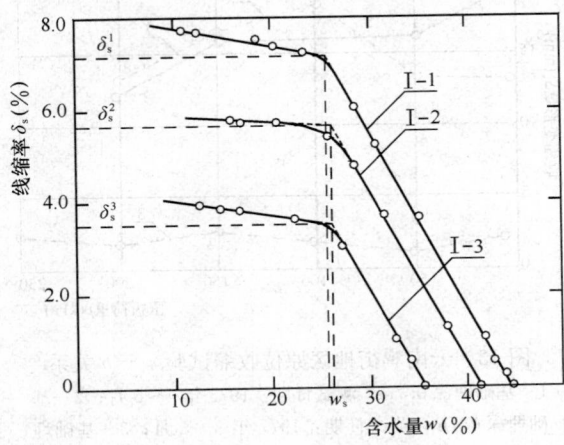

图 11　同质土的线缩率 δ_s 与含水量 w 关系

3）土失水收缩与外部荷载作用下的固结压密变形是同向的变形，都是孔隙比减少、密度增大的结果。但两者有根本性的区别：失水收缩主要是土的黏粒周围薄膜水或晶

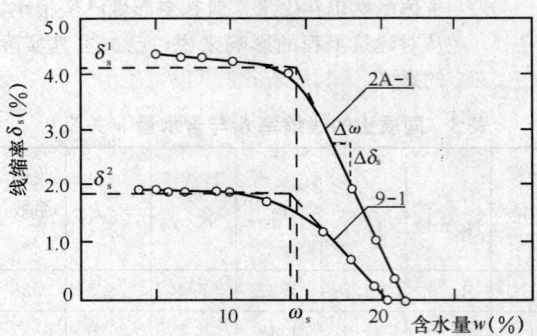

图 12　不同质土的线缩率 δ_s 与含水量 w 关系

格水大量散失的结果；固结压密变形是在荷重的作用下土颗粒移动重新排列的结果（特别是非饱和土，在一般压力下并无固结排水现象）。由收缩产生的内应力要比固结压密产生的内应力大得多。虽然实际工程中膨胀土的失水收缩和荷载作用下的压缩沉降变形难于分开，但在试验室内可有意识地将两种性质不同的变形区别开来。

4）膨胀土多呈坚硬和半坚硬状态，其压缩模量大。在一般低层房屋所能产生的压力范围内，土的密度改变较小。所以，土在收缩前所处的压力大小对收缩量的影响较小；至于收缩过程中，土样一旦收缩便处于超压密状态，压力改变土密度的影响更可以忽略不计。图 13 为云南鸡街地区，膨胀土在自然风干条件下，不同荷载的压板试验沉降稳定后，在干旱季节所测得的收缩变形量，可说明上述问题。

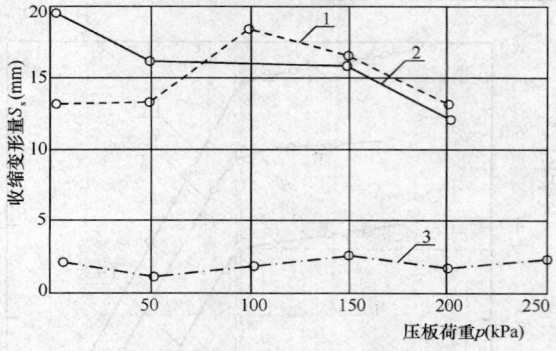

图 13　云南鸡街地区原位收缩试验 $s_s - p$ 关系
1—基础埋深 0.7m，测试日期：1975 年 4～5 月；2—基础埋深 0.7m，测试日期：1977 年 3～5 月；3—基础埋深 2.0m，测试日期：1977 年 10～12 月

5）关于收缩变形计算的经验系数

与膨胀变形量计算的道理一样，小土样的室内试验提供的计算指标与原位地基土在收缩变形过程中的工作条件存在一定的差别。为使计算的收缩变形量与实测的变形量较为接近，在全国几个膨胀土地区结合

实际工程，进行了室内外的试验观测工作，并按收缩变形计算公式进行计算与统计分析，以确定收缩变形量计算值与实测值之间的关系。对四个地区 15 栋民用房屋室内外试验资料进行计算并与实测值比对，其结果为收缩变形量计算经验系数 $\psi_s = 0.58 \pm 0.23$。取 $\psi_s = 0.8$，对实际工程而言，80% 是偏于安全的，ψ_s 的统计分布见表 10 和图 14。

表 10　收缩量计算的经验系数 ψ_s 统计分布

ψ_s	0.2～0.3	0.3～0.4	0.4～0.5	0.5～0.6	0.6～0.7	0.7～0.8	0.8～0.9	0.9～1.0	1.0～1.1	1.1～1.2	1.2～1.3	总数
频数	8	15	22	12	13	13	7	5	1	2	2	
频率	8	15	22	12	13	13	7	5	1	2	2	100
累计频率	8	23	45	57	70	83	90	95	96	98	100	

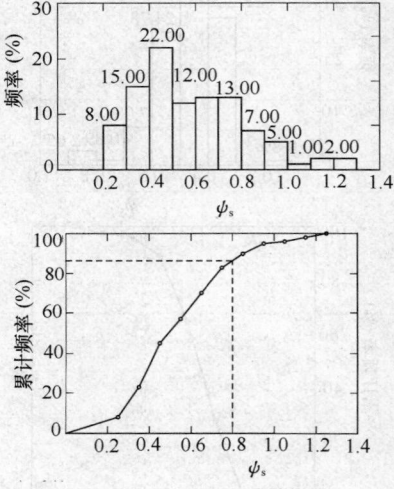

图 14　收缩变形量计算经验系数 ψ_s 的统计分布状况

6）计算收缩变形量的公式是一个通式，其中最困难的是含水量变化值，应根据引起水分减少的主要因素确定。局部热源及树木蒸腾很难采用计算来确定其收缩变形量。

5.2.10、5.2.11 87 规范编制时的研究证明，我国膨胀土在自然气候影响下，土的最小含水量与塑限之间有密切关系。同时，在地下水位深的情况下，土中含水量的变化主要受气候因素的降水和蒸发之间的湿度平衡所控制。由此，可根据长期（10 年以上）含水量的实测资料，预估土的湿度系数值。从地区看，某一地区的气候条件比较稳定，可以用上述方法统计解决，这样可能更准确。从全国看，特别是一些没有观测资料的地区，最小含水量仍无法预测，因此，原规范组建立了气候条件与湿度系数的关系。从此关系中，还可预测某些地区膨胀土的胀缩势能可能产生的影响，及其对建筑物的危害程度。例如，在湿度系数为 0.9 的地区，即使为强亲水性的膨胀土，其地基上的胀缩等级可能为弱的 I 级，而在 0.7、0.6 的地区可能是 II、III 级。即土质完全相同的情况下，在湿度系数较高的地区，其分级变形量将低于湿度系数较低的地区；在湿度系数较低的地区，其分级变形量将高于湿度系数较高的地区。

湿度系数计算举例：

1) 某膨胀土地区，中国气象局（1951～1970）年蒸发力和降水量月平均值资料如表 11，干燥度大于 1 的月份的蒸发力和降水量月平均值资料如表 12。

表 11　某地 20 年蒸发力和降水量月平均值

月份 \ 项目	蒸发力 (mm)	降水量 (mm)
1	21.0	19.7
2	25.0	21.8
3	51.8	33.2
4	70.3	108.3
5	90.9	191.8
6	92.7	213.2
7	116.9	178.9
8	110.1	142.0
9	74.7	82.5
10	46.7	89.2
11	28.1	55.9
12	21.1	25.7

表 11 中由于实际蒸发量尚难全面科学测定，中国气象局按彭曼（H. L. Penman）公式换算出蒸发力。经证实，实用效果较好。公式包括日照、气温、辐射平衡、相对湿度、风速等气象要素。

表 12　干燥度大于 1 的月份的蒸发力和降水量

月份	蒸发力 (mm)	降水量 (mm)
1	21.0	19.7
2	25.0	21.8
3	51.8	33.2

2) 计算过程见表 13。

表 13　湿度系数 ψ_w 计算过程表

序号	计算参数	计算值
①	全年蒸发力之和	749.0
②	九月至次年二月蒸发力之和	216.3
③	$\alpha=②/①$	0.289
④	$c=$ 全年中干燥度>1 的月份的蒸发力减降水量差值的总和	23.1
⑤	0.726α	0.210
⑥	$0.00107c$	0.025
⑦	湿度系数 $\psi_w = 1.152 - 0.726\alpha - 0.00107c$	0.917

由表 13 可知，算例湿度系数 $\psi_w \approx 0.9$。

5.2.12　实测资料表明，环境因素的变化对胀缩变形及土中水分变化的影响是有一定深度范围的。该深度除与当地的气象条件（如降雨量、蒸发量、气温和湿度以及地温等）有关外，还与地形地貌、地下水和土层分布有关。图 15 是云南鸡街在两年内对三个工程场地四个剖面的含水量沿深度变化的统计结果。在地表下 0.5m 处含水量变化幅度为 7%；而在 4.5m 处，变化幅度为 2%，其环境影响已很微弱。图 16 由深层测标测得土体变形幅度沿其深度衰减的状况，表明平坦场地与坡地地形差别的影响较为显著。本规范表 5.2.12 给出的数值是根据平坦场地上多个实测资料，结合当地气象条件综合分析的结果，它不包括局部热源、长期浸水以及树木蒸腾吸水等特殊状况。

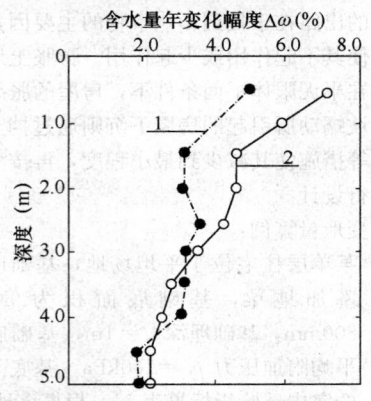

图 15　土中含水量沿深度的变化
1—室内；2—室外

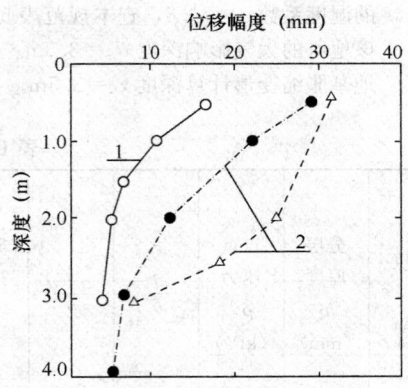

图 16　不同地形条件下的分层位移量
1—湖北荆门（平坦场地）；
2—湖北郧县（山地坡肩）

5.2.14　室内土样在一定压力下的干湿循环试验与实际建筑的胀缩波动变形的观测资料表明：膨胀土吸水膨胀和失水收缩变形的可逆性是其一种重要的属性。其胀缩变形的幅度同样取决于压力和初始含水量的大小。因此，膨胀土胀缩变形量的大小也完全可通过室内试验获得的特性指标 δ_{epi} 和 λ_{si} 以及上覆压力的大小和水分变化的幅度估算。本规范式（5.2.14）实质上是式（5.2.8）和式（5.2.9）的叠加综合。

大量现场调查以及沉降观测证明，膨胀土地基上的房屋损坏，在建筑场地稳定的条件下，均系长期的往复地基胀缩变形所引起。同时，轻型房屋比重型房屋变形大，且不均匀，损坏也重。因此，设计的指导思想是控制建筑物地基的最大变形幅度使其不大于建筑物地基所允许的变形值。

引起变形的因素很多，有些问题目前尚不清楚，有些问题要通过复杂的试验和计算才能取得。例如有边坡时房屋变形值要比平坦地形时大，其增大的部分决定于在旱、雨循环条件下坡体的水平位移。在这方面虽然可以定性地说明一些问题，但从计算上还没有找到合适简化的方法。土力学中类似这样的问题很多，解决的出路在于找到影响事物的主要因素，通过技术措施使其不起作用或少起作用。膨胀土地基变形计算，指在半无限体平面条件下，房屋的胀缩变形计算。对边坡蠕动所引起的房屋下沉则通过挡土墙、护坡、保湿等措施使其减少到最小程度，再按变形控制的原则进行设计。

胀缩变形量算例：

1）某单层住宅位于平坦场地，基础形式为墩基加地梁，基础底面积为 800mm × 800mm，基础埋深 $d=1$m，基础底面处的平均附加压力 $p_0=100$kPa。基底下各层土的室内试验指标见表 14。根据该地区 10 年以上有关气象资料统计并按本规范式（5.2.11）计算结果，地表下 1m 处膨胀土的湿度系数 $\psi_w=0.8$，查本规范表 5.2.12，该地区的大气影响深度 $d_a=3.5$m。因而取地基胀缩变形计算深度 $z_n=3.5$m。

表 14　土的室内试验指标

土号	取土深度 (m)	天然含水量 w	塑限 w_p	不同压力下的膨胀率 δ_{epi}				收缩系数 λ_s
				0 (kPa)	25 (kPa)	50 (kPa)	100 (kPa)	
1#	0.85～1.00	0.205	0.219	0.0592	0.0158	0.0084	0.0008	0.28
2#	1.85～2.00	0.204	0.225	0.0718	0.0357	0.0290	0.0187	0.48
3#	2.65～2.80	0.232	0.232	0.0435	0.0205	0.0156	0.0083	0.31
4#	3.25～3.40	0.242	0.242	0.0597	0.0303	0.0249	0.0157	0.37

2）将基础埋深 d 至计算深度 z_n 范围的土按 0.4 倍基础宽度分成 8 层，并分别计算出各分层顶面处的自重压力 p_{ci} 和附加压力 p_{0i}（图 17）。

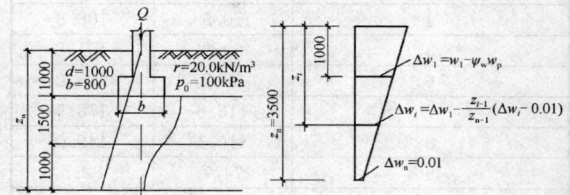

图 17　地基胀缩变形量计算分层示意

3）求出各分层的平均总压力 p_i，在各相应的 $\delta_{ep}-p$ 曲线上查出 δ_{epi}，并计算 $\sum\limits_{i=1}^{n} \delta_{epi} \cdot h_i$（表 15）：

$$s_e = \sum_{i=1}^{n} \delta_{epi} \cdot h_i = 43.3\text{mm}$$

表 15　膨胀变形量计算表

点号	深度 z_i (m)	分层厚度 h_i (mm)	自重压力 p_{ci} (kPa)	$\dfrac{l}{b}$	$\dfrac{z_i-d}{b}$	附加压力系数 α	附加压力 p_{zi} (kPa)	平均值（kPa）			膨胀率 δ_{epi}	膨胀量 $\delta_{epi} \cdot h_i$ (mm)	累计膨胀量 $\sum\limits_{i=1}^{n} \delta_{epi} \cdot h_i$ (mm)
								自重压力 p_{0i}	附加压力 p_z	总压力 p_i			
0	1.00		20.0		0	1.000	100.0						
		320						23.2	90.00	113.20		0	0
1	1.32		26.4		0.400	0.800	80.0						
		320						29.6	62.45	92.05	0.0015	0.5	0.5
2	1.64		32.8		0.800	0.449	44.9						
		320						36.0	35.30	71.30	0.0240	7.7	8.2
3	1.96		39.2		1.200	0.257	25.7						
		320						42.4	20.85	63.25	0.0250	8.0	16.2
4	2.28		45.6	1.0	1.600	0.160	16.0						
		320						47.8	14.05	61.85	0.0260	8.3	24.5
5	2.50		50.0		1.875	0.121	12.1						
		320						53.2	10.30	63.50	0.0130	4.2	28.7
6	2.82		56.4		2.275	0.085	8.5						
		320						59.6	7.50	67.10	0.0220	7.0	35.7
7	3.14		62.8		2.675	0.065	6.5						
		360						66.4	5.65	72.05	0.0210	7.6	43.3
8	3.50		70.0		3.125	0.048	4.8						

表15中基础长度为L(mm)，基础宽度为b(mm)。

4）表14查出地表下1m处的天然含水量为w_1=0.205，塑限w_p=0.219；

则 $\Delta w_1 = w_1 - \psi_{es} w_p = 0.205 - 0.8 \times 0.219 = 0.0298$

按本规范公式（5.2.10—1），$\Delta w_i = \Delta w_1 -$ $(w_1 - 0.01)\dfrac{z_i - 1}{z_n - 1}$，分别计算出各分层土的含水量变化值，并计算 $\sum_{i=1}^{n} \lambda_{si} \cdot \Delta w_i \cdot h_i$（表16）：

$$s_s = \sum_{i=1}^{n} \lambda_{si} \cdot \Delta w_i \cdot h_i = 19.4\text{mm}$$

表16 收缩变形量计算表

点号	深度 z_i (m)	分层厚度 h_i (mm)	计算深度 z_n (m)	$\Delta w_1 = w_1 - \psi_w w_p$	$\dfrac{z_i-1}{z_n-1}$	Δw_i	平均值 Δw_i	收缩系数 λ_{si}	收缩量 $\lambda_{si}\cdot\Delta w_i\cdot h_i$ (mm)	累计收缩量 (mm)
0	1.00	320			0	0.0298	0.0285	0.28	2.6	2.6
1	1.32	320			0.13	0.0272	0.0260	0.28	2.3	4.9
2	1.64	320			0.26	0.0247	0.0235	0.48	3.6	8.5
3	1.96	320			0.38	0.0223	0.0210	0.48	3.2	11.7
4	2.28	320	3.50	0.0298	0.51	0.0197	0.0188	0.48	2.9	14.6
5	2.50	320			0.60	0.0179	0.0166	0.31	1.6	16.2
6	2.82	320			0.73	0.0153	0.0141	0.37	1.7	17.9
7	3.14	360			0.86	0.0128	0.0114	0.37	1.5	19.4
8	3.50				1.00	0.0100				

5）由本规范式（5.2.14），求得地基胀缩变形总量为：

$$s_{es} = \psi_{es}(s_e + s_s) = 0.7 \times (43.3 + 19.4) = 43.9\text{mm}$$

5.2.16 通过对55栋新建房屋位移观测资料的统计，并结合国外有关资料的分析，得出表5.2.16有关膨胀土上建筑物地基变形值的允许值。上述55栋房屋有的在结构上采取了诸如设置钢筋混凝土圈梁（或配筋砌体）、构造柱等加强措施，其结果按不同状况分述如下：

1）砌体结构

表17和表18为砌体结构的实测变形量与其开裂破坏的状况。

表17 砖石承重结构的变形量

变形量(mm)		<10	10~20	20~30	30~40	40~50	50~60
完好 29栋	栋数	17	6	1	3	1	1
	%	58.62	20.69	3.45	10.34	3.45	3.45
墙体开裂 17栋	栋数	2	7	5	2	1	
	%	11.76	41.18	29.41	11.76	5.88	

表18 砖石承重结构的局部倾斜值

局部倾斜（‰）		<1	1~2	2~3	3~4
完好 18栋	栋数	7	8	2	1
	%	38.89	44.44	11.11	5.56
墙体开裂 14栋	栋数	0	8	5	1
	%	0	57.14	35.72	7.14

从46栋砖石承重结构的变形量可以看出：29栋完好房屋中，变形量小于10mm的占其总数的58.62%；小于20mm的占其总数的79.31%。17栋损坏房屋中，88.24%的房屋变形量大于10mm。

从32栋砖石承重结构的局部倾斜值可以看出：18栋完好房屋中，局部倾斜值小于1‰的占其总数的38.89%；小于2‰的占其总数的83.33%。14栋墙体开裂房屋的局部倾斜值均大于1‰，在1‰~2‰时其损坏率达到57.14%。

综上所述，对于砖石承重结构，当其变形量小于等于15mm，局部倾斜值小于等于1‰时，房屋一般不会开裂破坏。

2）墙体设置钢筋混凝土圈梁或配筋的砌体结构

表19列出了7栋墙体设置钢筋混凝土圈梁或配筋砌体的房屋，其中完好的房屋有5栋，其变形量为4.9mm~26.3mm；局部倾斜为0.83‰~1.55‰。两栋开裂损坏的房屋变形量为19.2mm~40.2mm；局部倾斜为1.33‰~1.83‰。其中办公楼（三层）上部结构的处理措施为：在房屋的转角处设置钢筋混凝土构造柱，三道圈梁，墙体配筋。建筑场地地质条件复杂且有局部浸水和树木影响。房屋竣工后不到一年就开裂破坏。招待所（二层）墙体设置两道圈梁，内外墙交接处及墙端配筋。房屋的平面为"「コ"形，三个单元由沉降缝隔开。场地的地质条件单一。房屋两端破坏较重，中间单元整体倾斜，损坏较轻。因此，设置圈梁或配筋的砌体结构，房屋的允许变形量取小于等于30mm；局部倾斜值取小于等于1.5‰。

表 19　承重墙设圈梁或配筋的砖砌体

工程名称	变形量 （mm）	局部倾斜 （‰）	房屋状况
宿舍（Ⅰ-4）	26.3	1.52	完好
宿舍（Ⅰ-5）	21.4	1.03	完好
塑胶车间	19.7	0.83	完好
试验房（Ⅰ-5）	4.9	1.55	完好
试验房（2）	6.3	0.94	完好
办公楼	19.2	1.33	损坏
招待所	40.2	1.83	损坏

3）钢筋混凝土排架结构

钢筋混凝土排架结构的工业厂房，只观测了两栋。其中一栋仅墙体开裂，主要承重结构完好无损。见表20。

表 20　钢筋混凝土排架结构

工程名称	变形量 （mm）	变形差	房屋状况
机修车间	27.5	0.0025l	墙体开裂
反射炉车间	4.3	0.0003l	完好

机修车间1979年6月外纵墙开裂时的最大变形量为27.5mm，相邻两柱间的变形差为0.0025l。到1981年12月最大变形量达41.3mm，变形差达0.003l。究其原因，归咎于附近一棵大桉树的吸水蒸腾作用，引起地基土收缩下沉。从而导致墙体开裂。但主体结构并未损坏。

单层排架结构的允许变形值，主要由相邻柱基的升降差控制。对有桥式吊车的厂房，应保证其纵向和横向吊车轨道面倾斜不超过3‰，以保证吊车的正常运行。

我国现行的地基基础设计规范规定：单层排架结构基础的允许沉降量在中低压缩性土上为120mm；吊车轨面允许倾斜：纵向0.004，横向0.003。原苏联1978年出版的《建筑物地基设计指南》中规定：由于不均匀沉降在结构中不产生附加应力的房屋，其沉降差为0.006l，最大或平均沉降量不大于150mm。对膨胀土地基，将上述数值分别乘以0.5和0.25的系数。即升降差取0.003l，最大变形量为37.5mm。结合现有有限的资料，可取最大变形量为40mm，升降差取0.003l为单层排架结构（6m柱距）的允许变形量。

4）从全国调查研究的结果表明：膨胀土上损坏较多的房屋是砌体结构；钢筋混凝土排架和框架结构房屋的破坏较少。砖砌烟囱有因倾斜过大被拆除的实例，但无完整的观测资料。对于浸湿房屋和高温构筑物主要应做好防水和隔热措施。对于表中未包括的其他房屋和构筑物地基的允许变形量，可根据上部结构对膨胀土特殊变形状况的适应能力以及使用要求，参考有关规定确定。

5）上述变形量的允许值与国外一些报道的资料基本相符，如原苏联的索洛昌认为：膨胀土上的单层房屋不设置任何预防措施，当变形量达到10mm～20mm时，墙体将出现约为10mm宽的裂缝。对于钢筋混凝土框架结构，允许变形量为20mm；对于未配筋加强的砌体结构，允许变形量为20mm，配筋加强时可加大到35mm。根据南非大量膨胀土上房屋的观测资料，J·E·詹宁格斯等建议当房屋的变形量大于12mm～15mm时，必须采取专门措施预先加固。

6）膨胀土上房屋的允许变形量之所以小于一般地基土，原因在于膨胀土变形的特殊性。在各种外界因素（如土质的不均匀性、季节气候、地下水、局部水源和热源、树木和房屋覆盖的作用等）影响下，房屋随着地基持续的不均匀变形，常常呈现正反两个方向的挠曲。房屋所承受的附加应力随着升降变形的循环往复而变化，使墙体的强度逐渐衰减。在竖向位移的同时，往往伴随有水平位移及基础转动，几种位移共同作用的结果，使结构处于更为复杂的应力状态。从膨胀土的特征来看，土质一般情况下较坚硬，调整上部结构不均匀变形的作用也较差。鉴于上述种种因素，膨胀土上低层砌体结构往往在较小的位移幅度时就产生开裂破坏。

Ⅳ　稳定性计算

5.2.17　根据目前获得的大量工程实践资料，虽然膨胀土具有自身的工程特性，但在比较均匀或其他条件无明显差异的情况下，其滑面形态基本上属于圆弧形，可以按一般均质土体的圆弧滑动法验算其稳定性。当膨胀土中存在相对软弱的夹层时，地基的失稳往往沿此面首先滑动，因此将此面作为控制性验算面。层状构造土系指两类不同土层相间成韵律的沉积物、具有明显层状构造特征的土。由于层状构造土的层状特性，表现在其空间分布上的不均匀性、物理性指标的差异性、力学性指标的离散性、设计参数的不确定性等方面使土的各向异性特征更加突出。因此，其特性基本控制了场地的稳定性。当层面与坡面斜交的交角大于45°时，稳定性由层状构造土的自身特性所控制，小于45°时，由土层间特性差异形成相对软弱带所控制。

5.3 场址选择与总平面设计

5.3.1 本条第 4 款"坡度小于 14°并有可能采用分级低挡土墙治理的地段",这里所指的坡度是指自然坡,它是根据近百个坡体的调查后得出的斜坡稳定坡度值。但应说明,地形坡度小于 14°,大于或等于 5°坡角时,还有滑动可能,应按坡地地基有关规定进行设计。

本条第 5 款要求是针对深层膨胀土的变形提出的。一般情况下,膨胀土场地(或地区)地下水埋藏较深,膨胀土的变形主要受气候、温差、覆盖等影响。但是在岩溶发育地区,地下水活动在岩土界面处,有可能出现下层土的胀缩变形,而这种变形往往局限在一个狭长的范围内,同时,也有可能出现土洞。在这种地段建设问题较多,治理费用高,故应尽量避开。

5.3.2 本条规定同一建筑物地基土的分级胀缩变形量之差不宜大于 35mm,膨胀土地基上房屋的允许变形量比一般土低。在表 5.2.16 中允许变形值均小于 40mm。如果同一建筑物地基土的分级胀缩变形量之差大于 35mm,则该建筑物处于两个不同地基等级的土层上,其结果将造成处理上的困难,费用大量增加。因此,最好避免这种情况,如不可能时,可用沉降缝将建筑物分成独立的单元体,或采用不同基础形式或不同基础埋深,将变形调整到允许变形值。

5.3.5 绿化环境不仅对人类的生存和身心健康有着重要的社会效益,对膨胀土地区的建筑物安危也有着举足轻重的作用。合理植被具有涵养土中水分并保持相对平稳的积极效应,在建筑物近旁单独种植吸水和蒸腾量大的树木(如桉树),往往使房屋遭到较严重的破坏。特别是在土的湿度系数小于 0.75 和孔隙比大于 0.9 的地区更为突出。调查和实测资料表明,一棵高 16m 的桉树一天耗水可达 457kg。云南蒙自某 6 号楼在其四周零星种植树杆直径 0.4m~0.6m 的桉树,由于大量吸取土中水分,该建筑地基最大下沉量达 96mm,房屋严重开裂。同样在云南鸡街的一栋房屋,其近旁有一棵矮小桉树,从 1975 年至 1977 年房屋因桉树吸水下沉量为 4mm;但从 1977 年底到 1979 年 5 月的一年半时间,随着桉树长大吸水量的增加,房屋下沉量达 46.4mm,房屋严重开裂破坏。上述情形国外也曾大量报道,如在澳大利亚墨尔本东区,膨胀土上房屋开裂破坏原因有 75% 是不合理种植蒸腾量大的树木引起的。所以,本条规定房屋周围绿化植被宜选种蒸腾量小的女贞、落叶果树和针叶树种或灌木,且宜成林,并离开建筑物不小于 4m 的距离。种植高大乔木时,应在距建筑物外墙不小于 5m 处设置灰土隔离沟,确保人居和自然的和谐共存。

5.4 坡地和挡土结构

5.4.1、5.4.2 非膨胀土坡地只需验算坡体稳定性,但对膨胀土坡地上的建筑,仅满足坡体稳定要求还不足以保证房屋的正常使用。为此,提出了考虑坡体水平移动和坡体内土的含水量变化对建筑物的影响,这种影响主要来自下列方面:

1)挖填过大时,土体原来的含水量状态会发生变化,需经过一段时间后,地基土中的水分才能达到新的平衡;

2)由于平整场地破坏了原有地貌、自然排水系统及植被,土的含水量将因蒸发而大量减少,如果降雨,局部土质又会发生膨胀;

3)坡面附近土层受多向蒸发的作用,大气影响深度将大于坡肩较远的土层;

4)坡比较陡时,旱季会出现裂缝、崩坍。遇雨后,雨水顺裂隙渗入坡体,又可能出现浅层滑动。久旱之后的降雨,往往造成坡体滑动,这是坡地建筑设计中至关重要的问题。

防治滑坡包括排水措施、设置支挡和设置护坡三个方面。护坡对膨胀土边坡的作用不仅是防止冲刷,更重要的是保持坡体内含水量的稳定。采用全封闭的面层只能防止蒸发,但将造成土体水分增加而有胀裂的可能,因此采用支撑盲沟间植草的办法可以收到调节坡内水分的作用。

5.4.3~5.4.5 建造在膨胀土中的挡土结构(包括挡土墙、地下室外墙以及基坑支护结构等)都要承受水平膨胀力的作用。水平膨胀变形和膨胀压力是土体三向膨胀的问题,它比单纯的竖向膨胀要复杂得多。"膨胀土地基设计"专题组曾在 20 世纪 80 年代在三轴仪上对原状膨胀土样进行试验研究工作,其结果是:在三轴仪测得的竖向膨胀率比固结仪上测得的数值小,有的竖向膨胀比横向膨胀大;有的却相反。土的成因类型和矿物组成不同是导致上述结果的主要原因。广西大学柯尊敬教授通过试验研究也得出了土中矿物颗粒片状水平排列时土的竖向膨胀潜势大于横向的结论。中国建筑科学研究院研究人员在黄熙龄院士指导下,在改进的三轴仪上对黑棉土(非洲)和粉色膨胀土(安徽淮南)重塑土样的侧向变形性质进行试验研究表明:膨胀土的三向膨胀性能在土性和压力等条件不变时,线膨胀率和体膨胀率随土的密度增大和初始含水量减小而增大;压力是抑制膨胀变形的主要因素,图 18 是非洲黑棉土($w = 35.0\%$,$\gamma_d = 12.4\text{kN/m}^3$)的试验结果。由图中曲线可知:保持径向变形为定值时,竖向压力 σ_1 小时侧向压力 σ_3 也小;竖向压力 σ_1 大时侧向压力 σ_3 亦大。当径向变形为零时,所需的侧向压力即为水平膨胀力。同样,竖向压力大时,其水平膨胀力亦大。这与现场在土自重压力

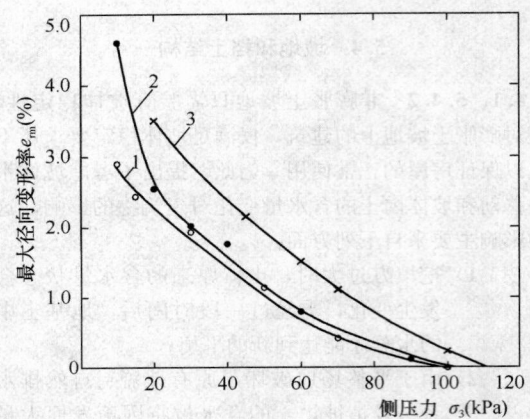

图 18　最大径向膨胀率与侧压力关系

1—σ_1＝30kPa；2—σ_1＝50kPa；3—σ_1＝80kPa

下通过浸水试验测得的结果是一致的，即当土性和土的初始含水量一定时，土的水平膨胀力在一定深度范围内随深度（自重压力）的增加而增大。

　　膨胀土水平膨胀力的大小与竖向膨胀力一样，都应通过室内和现场的测试获得。湖北荆门在地表下2m深范围内经过四年的浸水试验，观测到的水平膨胀力为（10～16）kPa。原铁道部科学研究院西北研究所张颖钧采用安康、成都狮子山、云南蒙自等地的土样，在自制的三向膨胀仪上用边长40mm的立方体试样测得的原状土水平膨胀力为7.3kPa～21.6kPa，约为其竖向膨胀力的一半；而其击实土样的水平膨胀力为15.1kPa～50.4kPa，约为其竖向膨胀力的0.65倍；在初始含水量基本一致的前提下，重塑土样的水平膨胀力约为原状土样的2倍。

　　前苏联的索洛昌曾对萨尔马特黏土在现场通过浸水试验测试水平膨胀力，天然含水量为31.1%、干密度为13.8kN/m³的侧壁填土在1.0m～3.0m深度内的水平膨胀力是随深度增加而增大，最大值分别为49kPa、51kPa和53kPa，相应的稳定值分别为41kPa、41kPa和43kPa。土在浸水过程的初期水平膨胀力达到一峰值后，随着土体的膨胀其密度和强度降低，压力逐渐减小至稳定值。在工程应用时，索洛昌建议可不考虑水平膨胀力沿深度的变化，取0.8倍的最大值进行设计计算。

　　上述试验结果表明：作用于挡土结构上的水平膨胀力相当大，是导致膨胀土上挡土墙破坏失效的主要原因，设计时应考虑水平膨胀力的作用。在总结国内成功经验的基础上，本规范第5.4.3条对于高度小于3m的挡土墙提出构造要求。当墙背设置砂卵石等散体材料时，一方面可起到滤水的作用，另一方面还可起到一定的缓冲膨胀变形、减小膨胀力的作用。

　　因此，墙后最好选用非膨胀土作为填料。无非膨胀土时，可在一定范围内填膨胀土与石灰的混合料，离墙顶1m范围内，可填膨胀土，但砂石滤水层不得

取消。高度小于等于3m的挡土墙，在满足本条构造要求的情况下，才可不考虑土的水平膨胀力。应当说明，挡土墙设计考虑膨胀土水平压力后，造价将成倍增加，从经济上看，填膨胀性材料是不合适的。

　　虽然在膨胀土地区的挡土结构中进行过一些水平力测试试验，但因膨胀土成因复杂、土质不均，所得结果离散性大。鉴于缺少试验及实测资料，对高度大于3m的挡土墙的膨胀土水平压力取值，设计者应根据地方经验或试验资料确定。

　　5.4.6　在膨胀土地基的坡地上建造房屋，除了与非膨胀土坡地建筑一样必须采取抗滑、排水等措施外，本条目的是为了减少房屋地基变形的不均匀程度，使房屋的损坏尽可能降到最低程度，指明设有挡土墙的建筑物的位置。如符合本条两条件时，坡地上建筑物的地基设计，实际上可转变为平坦场地上建筑物的地基设计，这样，本规范有关平坦场地上建筑物地基设计原则皆可按照执行了。除此之外，本规范第5.2.4条还规定了坡地上建筑物的基础埋深。

　　需要说明，87规范编制时，调查了坡上一百余栋设有挡土墙与未设挡土墙的房屋，两者相比，前者损坏较后者轻微。从理论上可以说明这个结论的合理性，前面已经介绍了影响坡上房屋地基变形很不均匀的因素，其中长期影响变形的因素是气候，靠近坡肩部分因受多面蒸发影响，大气影响深度最深，随着距坡肩距离的增加，影响深度逐渐接近于平坦地形条件下的影响深度。因此，建在坡地上的建筑物若不设挡土墙时最好将建筑物布置在离坡肩较远的地方。设挡土墙后蒸发条件改变为垂直向，与平坦地形条件下相近，变形的不均匀性将会减少，建筑物的损坏也将减轻。所以采用分级低挡土墙是坡地建筑的一个很有效的措施，它有节约用地、围护费用少的经济效益。

　　除设低挡土墙的措施外，还要考虑挖填方所造成的不均匀性，所以在本规范第5章第5、6节建筑措施和结构措施中还有相应的要求。

5.5　建　筑　措　施

　　5.5.2　沉降缝的设置系根据膨胀土地基上房屋损坏情况的调查提出的。在设计时应注意，同一类型的膨胀土，扰动后重新夯实与未经扰动的相比，其膨胀或收缩特性都不相同。如果基础分别埋在挖方和填方上时，在挖填方交界处的墙体及地面常常出现断裂。因此，一般都采用沉降缝分离的方法。

　　5.5.4、5.5.5　房屋四周受季节性气候和其他人为活动的影响大，因而，外墙部位土的含水量变化和结构的位移幅度都较室内大，容易遭到破坏。当房屋四周辅以混凝土等宽散水时（宽度大于2m），能起到防水和保湿的作用，使外墙的位移量减小。例如，广西宁明某相邻办公楼间有一混凝土球场，尽管办公楼的另两端均在急剧下沉，邻近球场一端的位移幅度却很

小。再如四川成都某仓库，两相邻库房间由三合土覆盖，此端房屋的位移幅度仅为未覆盖端的1/5。同样在湖北郧县种子站仓库前有一大混凝土晒场，房屋四周也有宽散水，整栋房屋的位移幅度仅为3mm左右。而同一地区房屋的位移幅度都远大于这一数值，致使其严重开裂。

图19是成都军区后勤部营房设计所在某试验房散水下不同部位的升降位移试验资料。从图中曲线可以看出，房屋四周一定宽度的散水对减小膨胀土上基础的位移起到了明显的作用。应当指出，大量的实际调查资料证明，作为主要预防措施来说，散水对于地势平坦、胀缩等级为Ⅰ、Ⅱ级的膨胀土其效果较好；对于地形复杂和胀缩等级为Ⅲ级的膨胀土上的房屋，散水应配合其他措施使用。

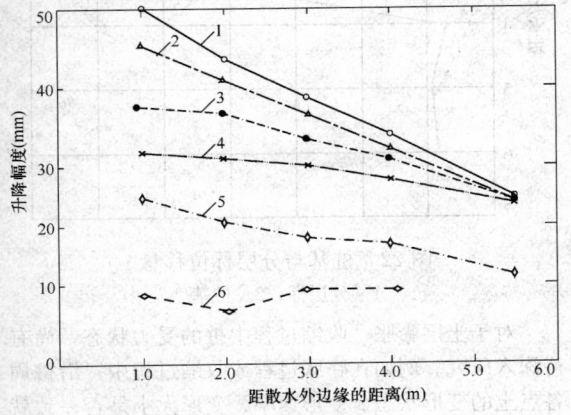

图19　散水下不同部位的位移

1—0.5m深标；2—1.0m深标；3—1.5m深标；
4—2.0m深标；5—3.0m深标；6—4.0m深标

5.5.6　膨胀土上房屋室内地面的开裂、隆起比较常见，大面积处理费用太高。因此，处理的原则分为两种，一是要求严格的地面，如精密加工车间、大型民用公共建筑等，地面的不均匀变形会降低产品的质量或正常使用，后果严重。二是如食堂、住宅的地面，开裂后可修理使用。前者可根据膨胀量大小换土处理，后者宜将大面积浇筑面层改为分段浇筑嵌缝处理方法，或采用铺砌的办法。对于某些使用要求特别严格的地面，还可采用架空楼板方法。

5.6　结构措施

5.6.1　根据调查材料，膨胀土地基上的木结构、钢结构及钢筋混凝土框排架结构具有较好的适应不均匀变形能力，主体结构损坏极少，膨胀土地区房屋应优先采用这些结构体系。

5.6.3　圈梁设置有助于提高房屋的整体性并控制裂缝的发展。根据房屋沉降观测资料得知，膨胀土上建筑物地基的变形有的是反向挠曲，也有的是正向挠曲，有时在同一栋建筑内同时出现反向挠曲和正向挠

曲，特别在房屋的端部，反向挠曲变形较多，因此在本条中特别强调设置顶部圈梁的作用，并将其高度增加至240mm。

5.6.4　砌体结构中设置构造柱的作用主要在于对墙体的约束，有助于提高房屋的整体性并增加房屋的刚度。构造柱须与各层圈梁或梁板连接才能发挥约束作用。

5.6.7　钢和钢筋混凝土框、排架结构本身具有足够的适应变形的能力，但围护墙体仍易开裂。当以砌体作围护结构时，应将砌体放在基础梁上，基础梁与土表面脱空以防土的膨胀引起梁的过大变形。

5.6.8　有吊车的厂房，由于不均匀变形会引起吊车卡轨，影响使用，故要求连接方法便于调整并预留一定空隙。

5.7　地基基础措施

5.7.1、5.7.2　膨胀土的改良一般是在土中掺入一定比例的石灰、水泥或粉煤灰等材料，较适用于换土。采用上述材料的浆液向原状土地基中压力灌浆的效果不佳，应慎用。

大量室内外试验和工程实践表明：土中掺入2%～8%的石灰粉并拌和均匀是简单、经济的方法。表21是王新征用河南南阳膨胀土进行室内试验的结果。

表21　掺入石灰粉后膨胀土胀缩性试验结果表

掺灰量（%）	龄期（d）	膨胀试验			收缩试验	
		无压膨胀率（%）	50kPa膨胀率（%）	膨胀力（kPa）	缩限（%）	线缩率（%）
0		36.0	9.3	284.0	16.20	3.10
6	7	0.5	0.0	9.6	5.20	1.90
	28	0.2	0.0	0.7	4.30	1.07

膨胀土中掺入一定比例的石灰后，通过Ca^+离子交换、水化和碳化以及孔隙充填和粘结作用，可以降低甚至消除土的膨胀性，并能提高扰动土的强度。使用时应根据土的膨胀潜势通过试验确定石灰的掺量。石灰宜用熟石灰粉，施工时土料最大粒径不应大于15mm，并控制其含水量，拌和均匀，分层压实。

5.7.5～5.7.9　桩在膨胀土中的工作性状相当复杂，上部土层因水分变化而产生的胀缩变形对桩有不同的效应。桩的承载力与土性、桩长、土中水分变化幅度和桩顶作用的荷载大小关系密切。土体膨胀时，因含水量增加和密度减小导致桩侧阻和端阻降低；土体收缩时，可能导致该部分土体产生大量裂缝，甚至与桩体脱离而丧失桩侧阻力（图20）。因此，在桩基设计时应考虑桩周土的胀缩变形对其承载力的不利影响。

对于低层房屋的短桩来说，土体膨胀隆起时，胀拔力将导致桩的上拔。国内外的现场试验资料表明：

图 20　膨胀土收缩时桩周土体与桩体
脱离情况现场实测

土层的膨胀隆起量决定桩的上拔量，上部土层隆起量较大，且随深度增加而减小，对桩产生上拔作用；下部土层隆起量小甚至不膨胀，将抑制桩的上拔，起到"锚固作用"，如图 21 所示。

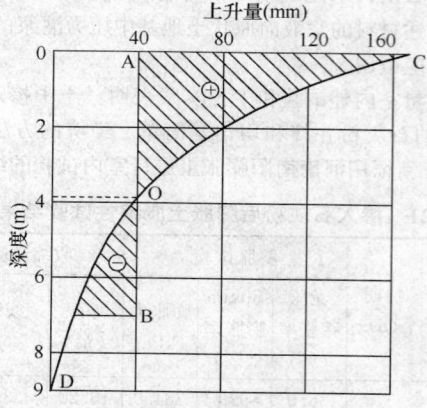

图 21　土层隆起量与桩的上升量关系

　　图中 CD 表示 9m 深度内土的膨胀隆起量随深度的变化曲线，AB 则为 7m 桩长的单桩上拔量为 40mm。CD 和 AB 线交点 O 处土的隆起量与桩的上拔量相等，即称为"中性点"。O 点以上桩承受胀拔力，以下则为"锚固力"。当由胀拔力产生的上拔力大于"锚固力"时，桩就会被上拔。为抑制上拔量，在桩基设计时，桩顶荷载应等于或略大于上拔力。

　　上述中性点的位置和胀拔力的大小与土的膨胀潜势和土中水分变化幅度及深度有关。目前国内外关于胀拔力大小的资料很少，只能通过现场试验或地方经验确定。至于膨胀土中桩基的设计，只能提出计算原则。在所提出原则中分别考虑了膨胀和收缩两种情况。在膨胀时考虑了桩周胀拔力，该值宜通过现场试验确定。在收缩时因裂缝出现，不考虑收缩时所产生的负摩擦力，同样也不考虑在大气影响急剧层内的侧阻力。云南锡业公司与原冶金部昆明勘察公司曾为此进行试验：桩径 230mm，桩长分别为 3m、4m，桩尖脱空，3m 桩长荷载为 42.0kN，4m 桩长为 57.6kN；

经过两年观察，3m 桩下沉达 60mm 以上，4m 桩仅为 6mm 左右，与深标观测值接近（图 22）。当地实测大气影响急剧层为 3.3m，可以看出 3.3m 长度内还有一定的摩阻力来抵抗由于收缩后桩上承受的荷载。因此，假定全部荷重由大气影响急剧层以下的桩长来承受是偏于安全的。

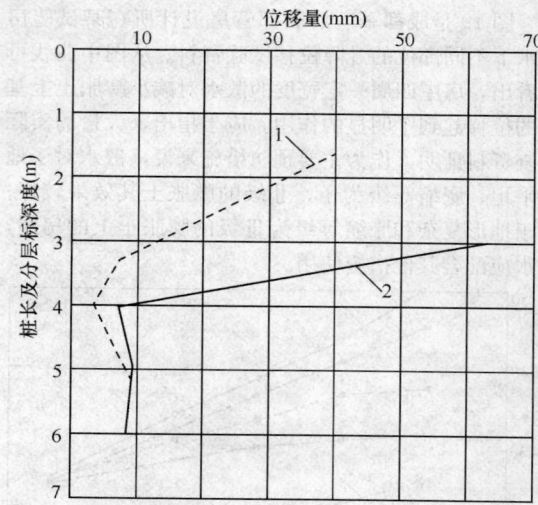

图 22　桩基与分层标位移量
1—分层标；2—桩基

　　对于土层膨胀、收缩过程中桩的受力状态，尚有待深入研究。例如在膨胀过程或收缩过程中，沿桩周各点土的变形状态、变形速率、变形大小是否一致就是一个问题。本规范在考虑桩的设计原则时，假定在大气影响急剧层深度内桩的胀拔力存在，及土层收缩时桩周出现裂缝情况。今后还需进一步研究，验证假定的合理性并找出简便的计算模型。

　　膨胀土中单桩承载力及其在大气影响层内桩侧土的最大胀拔力可通过室内试验或现场浸水胀拔力和承载力试验确定，但现场的试验数据更接近实际，其试验方法和步骤、试验资料整理和计算建议如下。实施时可根据不同情况予以简化。

1　试验的方法和步骤

　1）选择有代表性的地段作为试验场地，试验桩和试验设备的布置如图 23 的所示；

　2）胀拔力试验桩桩径宜为 $\phi 400$，工程桩试验桩按设计桩长和桩径设置。试验桩间距不小于 3 倍桩径，试验桩与锚桩间距不小于 4 倍桩径；

　3）每组试验可布置三根试验桩，桩长分别为大气影响急剧层深度、大气影响深度和设计桩长深度；

　4）桩长为大气影响急剧层深度和大气影响深度的胀拔力试验桩，其桩端脱空不小于 100mm；

　5）采用砂槽和砂井双面浸水。砂槽和砂井内填满中、粗砂，砂井的深度不小于当地的

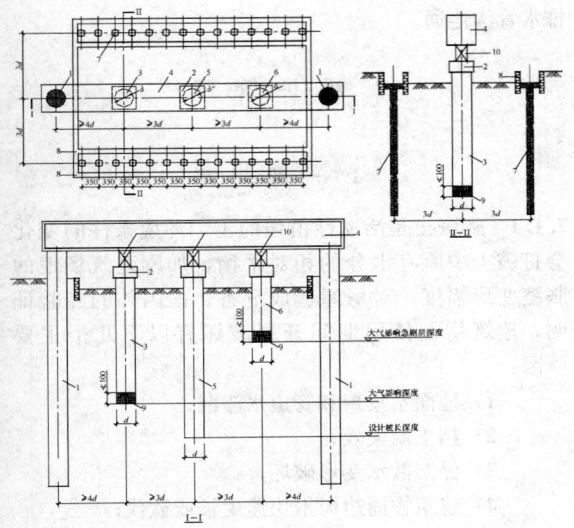

图 23　桩的现场浸水胀拔力和承载力试验
布置示意（图中单位：mm）

1—锚桩；2—桩帽；3—胀拔力试验桩（大气影响深度）；
4—支承梁；5—工程桩试验桩；6—胀拔力试验桩（大气
影响急剧层深度）；7—φ127 砂井；8—砖砌砂槽；9—桩
端空隙；10—测力计（千斤顶）

大气影响深度；

6）试验宜采用锚桩反力梁装置，其最大抗拔
　能力除满足试验荷载的要求外，应严格控
　制锚桩和反力梁的变形量；

7）试验桩桩顶设置测力计，现场浸水初期至
　少每 8h 进行一次桩的胀拔力观测，以捕捉
　最大的胀拔力，后期可加大观测时间间隔，
　直至浸水膨胀稳定；

8）浸水膨胀稳定后，停止浸水并将桩顶测力
　计更换为千斤顶，采用慢速加载维持法进
　行单桩承载力试验，测定浸水条件下的单
　桩承载力；

9）试验前和试验后，分层取原状土样在室内
　进行物理力学试验和膨胀试验。

2　试验资料整理及计算

1）绘制桩的现场浸水胀拔力随时间发展变化
　曲线（图 24）；

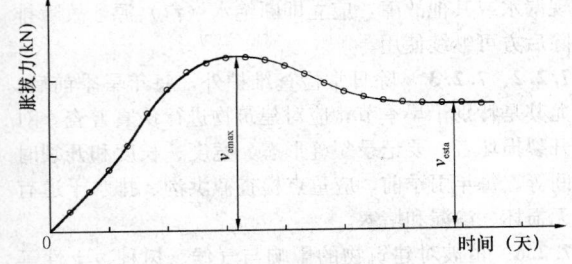

图 24　桩的现场浸水胀拔力随时间发
展变化曲线示意

2）根据桩长为大气影响急剧层深度或大气影
　响深度试验桩的现场实测单桩最大胀拔力，
　可按下式计算大气影响急剧层深度或大气
　影响深度内桩侧土的最大胀切力平均值：

$$\overline{q}_{esk} = \frac{v_{emax}}{\pi \cdot d \cdot l}$$

式中：$\overline{q}_{esk}$——大气影响急剧层深度或大气影响深度
　　　　内桩侧土的最大胀切力平均值（kPa）；
　　　v_{emax}——单桩最大胀拔力实测值（kN）；
　　　　d——试验桩桩径（m）；
　　　　l——试验桩桩长（m）。

3）浸水条件下，根据桩长为大气影响急剧层
　深度或大气影响深度试验桩测定的单桩极
　限承载力，可按下式计算浸水条件下大气
　影响急剧层深度或大气影响深度内桩侧阻
　力特征值的平均值：

$$\overline{q}_{sa} = \frac{Q_u}{2 \cdot \pi \cdot d \cdot l}$$

式中：$\overline{q}_{sa}$——浸水条件下，大气影响急剧层深度或大
　　　　气影响深度内桩侧阻力特征值的平均值
　　　　（kPa）；
　　　Q_u——浸水条件下，单桩极限承载力实测值
　　　　（kN）。

4）浸水条件下，工程桩试验桩单桩极限承载
　力的测定，应符合现行国家标准《建筑地
　基基础设计规范》GB 50007的有关规定；

5）同一场地的试验数量不应少于 3 点，当基
　桩最大胀拔力或极限承载力试验值的极差
　不超过其平均值的 30% 时，取其平均值作
　为该场地基桩最大胀拔力或极限承载力的
　标准值。

5.8　管　道

5.8.1～5.8.3　地下管道的附属构筑物系指管沟、检
查井、检漏井等。管道接头的防渗漏措施仅仅是技术
保证，重要的是保持长期的定时检查和维修。因此，
检漏井等的设置对于检查管道是否漏水是一项关键措
施。对于要求很高的建筑物，有必要采用地下管道集
中排水的方法，才可能做到及时发现、及时维修。

5.8.4　管道在基础下通过时易因局部承受地基胀缩
往复变形和应力，容易遭到损坏而发生渗漏，故应尽
量避免。必须穿越时，应采取措施。

6　施　工

6.1　一　般　规　定

6.1.1　膨胀土地区的建筑施工，是落实设计措施、
保证建筑物的安全和正常使用的重要环节。因此，

要求施工人员应掌握膨胀土工程特性，在施工前作好施工准备工作，进行技术交底，落实技术责任制。

6.1.2 本条规定旨在说明膨胀土地区的工程建设必须遵循"先治理，后建设"的原则，也是落实"预防为主，综合治理"要求的重要环节。由于膨胀土含有大量的亲水矿物，伴随土体湿度的变化产生较大体积胀缩变化。因此，在地基基础施工前，应首先完成对场地的治理，减少施工时地基土含水量的变化幅度，从而防止场地失稳或后期地基胀缩变形量的增大。先期治理措施包括：

　　1）场地平整；
　　2）挡土墙、护坡等确保场地稳定的挡土结构施工；
　　3）截洪沟、排水沟等确保场地排水畅通的排水系统施工；
　　4）后期施工可能会增加主体结构地基胀缩变形量的工程应先于主体进行施工，如管沟等。

6.2 地基和基础施工

6.2.1～6.2.4 地基和基础施工，要确保地基土的含水量变化幅度减少到最低。施工方案和施工措施都应围绕这一目的实施。因此，膨胀土场地上进行开挖工程时，应采取严格保护措施，防止地基土体遭到长时间的曝露、风干、浸湿或充水。分段开挖、及时封闭，是减少地基土的含水量变化幅度的主要措施；预留部分土层厚度，到下一道工序开始前再清除，能同时达到防止持力层土的扰动和减少水分较大变化的目的。

　　对开挖深度超过5m（含5m）的基坑（槽）的土方开挖、支护工程，以及开挖深度虽未超过5m，但地质条件、周围环境和地下管线复杂，或影响毗邻建筑（构筑）物安全的基坑（槽）的土方开挖、支护工程，应对其安全施工方案进行专项审查。

6.2.6 基坑（槽）回填土，填料可选用非膨胀土、弱膨胀土及掺有石灰或其他材料的膨胀土，并保证一定的压实度。对于地下室外墙处的肥槽，宜采用非膨胀土或经改良的弱膨胀土及级配砂石作填料，可减少水平膨胀力的不利影响。

6.3 建筑物施工

6.3.1 为防止现浇钢筋混凝土养护水渗入地基，不应多次或大量浇水养护，宜用润湿法养护。

　　现浇混凝土时，其模板不宜支在地面上，采用架空法支模较好；构造柱应采用相邻砖墙做模板以保证相互结合。

6.3.6 工程竣工使用后，防止建（构）筑物给排水渗入地基，其给排水系统应有效连通，溢水装置应与排水管沟连通。

7 维护管理

7.1 一般规定

7.1.1 膨胀土是活动性很强的土，环境条件的变化会打破土中原有水分的相对平衡，加剧建筑场地的胀缩变形幅度，对房屋造成危害。国内外的经验证明，建筑物在使用期间开裂破坏有以下几个主要原因：

　　1）地面水集聚和管道水渗漏；
　　2）挡土墙失效；
　　3）保湿散水变形破坏；
　　4）建筑物周边树木快速生长或砍伐；
　　5）建筑物周边绿化带过多浇灌等。

　　例如：湖北某厂仓库结构施工期间，外墙中部留有一大坑未填埋，坑中长期积水而使土体膨胀，导致该处墙体开裂，室内地坪大面积开裂。再如：广西宁明一使用不到一年的房屋，因大量生活用水集聚浸泡地基土，房屋最大上升量达65mm而造成墙体开裂。

　　因此，膨胀土地区的建筑物，不仅在设计时要求采取有效的预防措施，施工质量合格，在使用期间做好长期有效的维护管理工作也至关重要，维护管理工作是膨胀土地区建筑技术不可或缺的环节。只有做好维护管理工作，才能保证建筑物的安全和正常使用。

7.1.2、7.1.3 维护管理工作应根据设计要求，由业主单位的管理部门制定制度和详细的实施计划，并负责监督检查。使用单位应建立建设工程档案，设计图纸、竣工图、设计变更通知、隐蔽工程施工验收记录和勘察报告及维护管理记录应及时归档，妥善保管。管理人员更换时，应认真办理上述档案的交接手续。

7.2 维护和检修

7.2.1 给水、排水和供热管道系统，主要包括有水或有汽的所有管道、检查井、检漏井、阀门井等。发现漏水或其他故障，应立即断绝水（汽）源，故障排除后方可继续使用。

7.2.2、7.2.3 除日常检查维护外，每年旱季前后，尤其是特别干旱季节，应对建筑物进行认真普查。对开裂损坏者，要记录裂缝形态、宽度、长度和开裂时间等。每年雨季前，应重点检查截洪沟、排水干道带有无损坏、渗漏和堵塞。

7.2.6 植被对建筑物的影响与气候、树种、土性等因素有关。为防止绿化不当对建筑物造成危害，绿化方案（植物种类、间距及防治措施等）不得随意更改。提倡采用喷灌、滴灌等现代节水灌溉技术。

7.3　损坏建筑物的治理

7.3.1 为了避免对损坏建筑物盲目拆除并就地重建，建了又坏，造成严重浪费，要求发现建筑物损坏，应及时会同有关单位全面调查，分析原因。必要时应进行维护勘察。

7.3.2 应按有关标准的规定，鉴定建筑物的损坏程度。区别不同情况，采取相应的治理措施。做到对症下药，标本兼治。

中华人民共和国行业标准

既有建筑地基基础加固技术规范

Technical code for improvement of soil and
foundation of existing buildings

JGJ 123—2012

批准部门：中华人民共和国住房和城乡建设部
施行日期：２０１３年６月１日

中华人民共和国住房和城乡建设部
公 告

第 1452 号

住房城乡建设部关于发布行业标准
《既有建筑地基基础加固技术规范》的公告

现批准《既有建筑地基基础加固技术规范》为行业标准，编号为 JGJ 123‑2012，自 2013 年 6 月 1 日起实施。其中，第 3.0.2、3.0.4、3.0.8、3.0.9、3.0.11、5.3.1 条为强制性条文，必须严格执行。原行业标准《既有建筑地基基础加固技术规范》JGJ 123‑2000 同时废止。

本规范由我部标准定额研究所组织中国建筑工业出版社出版发行。

中华人民共和国住房和城乡建设部

2012 年 8 月 23 日

前 言

根据住房和城乡建设部《关于印发〈2009 年工程建设标准规范制订、修订计划〉的通知》（建标〔2009〕88 号）的要求，规范编制组经广泛调查研究，认真总结实践经验，参考有关国际标准和国外先进标准，并在广泛征求意见的基础上，修订了《既有建筑地基基础加固技术规范》JGJ 123‑2000。

本规范的主要技术内容是：总则、术语和符号、基本规定、地基基础鉴定、地基基础计算、增层改造、纠倾加固、移位加固、托换加固、事故预防与补救、加固方法、检验与监测。

本规范修订的主要技术内容是：1. 增加术语一节；2. 增加既有建筑地基基础加固设计的基本要求；3. 增加邻近新建建筑、深基坑开挖、新建地下工程对既有建筑产生影响时，应采取对既有建筑的保护措施；4. 增加不同加固方法的承载力和变形计算方法；5. 增加托换加固；6. 增加地下水位变化过大引起的事故预防与补救；7. 增加检验与监测；8. 增加既有建筑地基承载力持载再加荷载荷试验要点；9. 增加既有建筑桩基础单桩承载力持载再加荷载荷试验要点；10. 增加既有建筑地基基础鉴定评价的要求；11. 原规范纠倾加固和移位一章，调整为纠倾加固、移位加固两章；12. 修订增层改造、事故预防和补救、加固方法等内容。

本规范中以黑体字标志的条文为强制性条文，必须严格执行。

本规范由住房和城乡建设部负责管理和对强制性条文的解释，由中国建筑科学研究院负责具体技术内容的解释。执行过程中如有意见或建议，请寄送中国建筑科学研究院（地址：北京市北三环东路 30 号，邮编：100013）。

本 规 范 主 编 单 位：中国建筑科学研究院

本 规 范 参 编 单 位：福建省建筑科学研究院
河南省建筑科学研究院
北京交通大学
同济大学
山东建筑大学
中国建筑技术集团有限公司

本规范主要起草人员：滕延京 张永钧 刘金波
张天宇 赵海生 崔江余
叶观宝 李 湛 张 鑫
李安起 冯 禄

本规范主要审查人员：沈小克 顾国荣 张丙吉
康景文 柳建国 柴万先
潘凯云 滕文川 杨俊峰
袁内镇 侯伟生

目 次

Contents

1 总　则

1.0.1 为了在既有建筑地基基础加固的设计、施工和质量检验中贯彻执行国家的技术经济政策，做到安全适用、技术先进、经济合理、确保质量、保护环境，制定本规范。

1.0.2 本规范适用于既有建筑因勘察、设计、施工或使用不当；增加荷载、纠倾、移位、改建、古建筑保护；遭受邻近新建建筑、深基坑开挖、新建地下工程或自然灾害的影响等需对其地基和基础进行加固的设计、施工和质量检验。

1.0.3 既有建筑地基基础加固设计、施工和质量检验除应执行本规范外，尚应符合国家现行有关标准的规定。

2　术语和符号

2.1　术　语

2.1.1　既有建筑　existing building

已实现或部分实现使用功能的建筑物。

2.1.2　地基基础加固　soil and foundation improvement

为满足建筑物使用功能和耐久性的要求，对建筑地基和基础采取加固技术措施的总称。

2.1.3　既有建筑地基承载力特征值　characteristic value of subsoil bearing capacity of existing buildings

由载荷试验测定的在既有建筑荷载作用下地基土固结压密后再加荷，压力变形曲线线性变形段内规定的变形所对应的压力值，其最大值为再加荷段的比例界限值。

2.1.4　既有建筑单桩竖向承载力特征值　characteristic value of a single pile bearing capacity of existing buildings

由单桩静载荷试验测定的在既有建筑荷载作用下桩周和桩端土固结压密后再加荷，荷载变形曲线线性变形段内规定的变形所对应的荷载值，其最大值为再加荷段的比例界限值。

2.1.5　增层改造　vertical extension

通过增加建筑物层数，提高既有建筑使用功能的方法。

2.1.6　纠倾加固　improvement for tilt rectifying

为纠正建筑物倾斜，使之满足使用要求而采取的地基基础加固技术措施的总称。

2.1.7　移位加固　improvement for building shifting

为满足建筑物移位要求，而采取的地基基础加固技术措施的总称。

2.1.8　托换加固　improvement for underpinning

通过在结构与基础间设置构件或在地基中设置构件，改变原地基和基础的受力状态，而采取托换技术进行地基基础加固的技术措施的总称。

2.2　符　号

2.2.1　作用和作用效应

F_k——作用的标准组合时基础加固或增加荷载后上部结构传至基础顶面的竖向力；

G_k——基础自重和基础上的土重；

H_k——作用的标准组合时基础加固或增加荷载后桩承台底面所受水平力；

M_k——作用的标准组合时基础加固或增加荷载后作用于基础底面的力矩；

M_{xk}——作用的标准组合时作用于承台底面通过桩群形心的 x 轴的力矩；

M_{yk}——作用的标准组合时作用于承台底面通过桩群形心的 y 轴的力矩；

N——滑板承受的竖向作用力；

N_a——顶升支承点的荷载；

p_k——作用的标准组合时基础加固或增加荷载后基础底面处的平均压力；

p_{kmax}——作用的标准组合时基础加固或增加荷载后基础底面边缘的最大压力；

p_{kmin}——作用的标准组合时基础加固或增加荷载后基础底面边缘的最小压力；

P_p——静压桩施工设计最终压桩力；

Q——单片墙线荷载或单柱集中荷载；

Q_k——作用的标准组合时基础加固或增加荷载后桩基中轴心竖向力作用下任一单桩的竖向力。

2.2.2　材料的性能和抗力

F——水平移位总阻力；

f_a——修正后的既有建筑地基承载力特征值；

f_0——滑板材料抗压强度；

p_s——静压桩压桩时的比贯入阻力；

q_{pa}——桩端端阻力特征值；

q_{sia}——桩侧阻力特征值；

R_a——既有建筑单桩竖向承载力特征值；

R_{Ha}——既有建筑单桩水平承载力特征值；

W——基础加固或增加荷载后基础底面的抵抗矩，建筑物基底总竖向荷载；

μ——行走机构摩擦系数。

2.2.3　几何参数

A——基础底面面积；

A_p——桩底端横截面面积；

A_0——滑动式行走机构上下轨道滑板的水平面积；

d——设计桩径；

s——地基最终变形量；

s_0——地基基础加固前或增加荷载前已完成的地基变形量；

s_1——地基基础加固后或增加荷载后产生的地基变形量；

s_2——原建筑荷载下尚未完成的地基变形量；

u_p——桩身周长。

2.2.4 设计参数和计算系数

n——桩基中的桩数或顶升点数；

q——石灰桩每延米灌灰量；

η_c——充盈系数。

3 基 本 规 定

3.0.1 既有建筑地基基础加固，应根据加固目的和要求取得相关资料后，确定加固方法，并进行专业设计与施工。施工完成后，应按国家现行有关标准的要求进行施工质量检验和验收。

3.0.2 既有建筑地基基础加固前，应对既有建筑地基基础及上部结构进行鉴定。

3.0.3 既有建筑地基基础加固设计与施工，应具备下列资料：

1 场地岩土工程勘察资料。当无法搜集或资料不完整，不能满足加固设计要求时，应进行重新勘察或补充勘察。

2 既有建筑结构、地基基础设计资料和图纸、隐蔽工程施工记录、竣工图等。当搜集的资料不完整，不能满足加固设计要求时，应进行补充检验。

3 既有建筑结构、基础使用现状的鉴定资料，包括沉降观测资料、裂缝、倾斜观测资料等。

4 既有建筑改扩建、纠倾、移位等对地基基础的设计要求。

5 对既有建筑可能产生影响的邻近新建建筑、深基坑开挖、降水、新建地下工程的有关勘察、设计、施工、监测资料等。

6 受保护建筑物的地基基础加固要求。

3.0.4 既有建筑地基基础加固设计，应符合下列规定：

1 应验算地基承载力。

2 应计算地基变形。

3 应验算基础抗弯、抗剪、抗冲切承载力。

4 受较大水平荷载或位于斜坡上的既有建筑物地基基础加固，以及邻近新建建筑、深基坑开挖、新建地下工程基础埋深大于既有建筑基础埋深并对既有建筑产生影响时，应进行地基稳定性验算。

3.0.5 邻近新建建筑、深基坑开挖、新建地下工程对既有建筑产生影响时，除应优化新建地下工程施工方案外，尚应对既有建筑采取深基坑开挖支挡、地下墙（桩）隔离地基应力和变形、地基基础或上部结构加固等保护措施。

3.0.6 既有建筑地基基础加固设计，可按下列步骤进行：

1 根据加固的目的，结合地基基础和上部结构的现状，考虑上部结构、基础和地基的共同作用，选择并制定加固地基、加固基础或加强上部结构刚度和加固地基基础相结合的方案。

2 对制定的各种加固方案，应分别从预期加固效果，施工难易程度，施工可行性和安全性，施工材料来源和运输条件，以及对邻近建筑和周围环境的影响等方面进行技术经济分析和比较，优选加固方法。

3 对选定的加固方法，应通过现场试验确定具体施工工艺参数和施工可行性。

3.0.7 既有建筑地基基础加固使用的材料，应符合国家现行有关标准对耐久性设计的要求。

3.0.8 加固后的既有建筑地基基础使用年限，应满足加固后的既有建筑设计使用年限的要求。

3.0.9 纠倾加固、移位加固、托换加固施工过程应设置现场监测系统，监测纠倾变位、移位变位和结构的变形。

3.0.10 既有建筑地基基础的鉴定、加固设计和施工，应由具有相应资质的单位和有经验的专业人员承担。承担既有建筑地基基础加固施工的工程管理和技术人员，应掌握所承担工程的地基基础加固技术与质量要求，严格进行质量控制和工程监测。当发现异常情况时，应及时分析原因并采取有效处理措施。

3.0.11 既有建筑地基基础加固工程，应对建筑物在施工期间及使用期间进行沉降观测，直至沉降达到稳定为止。

4 地基基础鉴定

4.1 一 般 规 定

4.1.1 既有建筑地基基础鉴定应按下列步骤进行：

1 搜集鉴定所需要的基本资料。

2 对搜集到的资料进行初步分析，制定现场调查方案，确定现场调查的工作内容及方法。

3 结合搜集的资料和调查的情况进行分析，提出检验方法并进行现场检验。

4 综合分析评价，作出鉴定结论和加固方法的建议。

4.1.2 现场调查应包括下列内容：

1 既有建筑使用历史和现状，包括建筑物的实际荷载、变形、开裂等情况，以及前期鉴定、加固情况。

2 相邻的建筑、地下工程和管线等情况。

3 既有建筑改造及保护所涉及范围内的地基情况。

4 邻近新建建筑、深基坑开挖、新建地下工程的现状情况。

4.1.3 具有下列情况时，应进行现场检验：

    1 基本资料无法搜集齐全时。

    2 基本资料与现场实际情况不符时。

    3 使用条件与设计条件不符时。

    4 现有资料不能满足既有建筑地基基础加固设计和施工要求时。

4.1.4 具有下列情况时，应对既有建筑进行沉降观测：

    1 既有建筑的沉降、开裂仍在发展。

    2 邻近新建建筑、深基坑开挖、新建地下工程等，对既有建筑安全仍有较大影响。

4.1.5 既有建筑地基基础鉴定，应对下列内容进行分析评价：

    1 既有建筑地基基础的承载力、变形、稳定性和耐久性。

    2 引起既有建筑开裂、差异沉降、倾斜的原因。

    3 邻近新建建筑、深基坑开挖和降水、新建地下工程或自然灾害等，对既有建筑地基基础已造成的影响或仍然存在的影响。

    4 既有建筑地基基础加固的必要性，以及采用的加固方法。

    5 上部结构鉴定和加固的必要性。

4.1.6 鉴定报告应包含下列内容：

    1 工程名称，地点，建设、勘察、设计、监理和施工单位，基础、结构形式，层数，改造加固的设计要求，鉴定目的，鉴定日期等。

    2 现场的调查情况。

    3 现场检验的方法、仪器设备、过程及结果。

    4 计算分析与评价结果。

    5 鉴定结论及建议。

4.2 地 基 鉴 定

4.2.1 应结合既有建筑原岩土工程勘察资料，重点分析下列内容：

    1 地基土层的分布及其均匀性，尤其是沟、塘、古河道、墓穴、岩溶、土洞等的分布情况。

    2 地基土的物理力学性质，特别是软土、湿陷性土、液化土、膨胀土、冻土等的特殊性质。

    3 地下水的水位变化及其腐蚀性的影响。

    4 建造在斜坡上或相邻深基坑的建筑物场地稳定性。

    5 自然灾害或环境条件变化，对地基土工程特性的影响。

4.2.2 地基的检验应符合下列规定：

    1 勘探点位置或测试点位置应靠近基础，并在建筑物变形较大或基础开裂部位重点布置，条件允许时，宜直接布置在基础之下。

    2 地基土承力宜选择静载荷试验的方法进行检验，对于重要的增层、增加荷载等建筑，应按本规范附录 A 的规定，进行基础下载荷试验，或按本规范附录 B 的规定，进行地基土持载再加荷载荷试验，检测数量不宜少于 3 点。

    3 选择井探、槽探、钻探、物探等方法进行勘探，地下水埋深较大时，优先选用人工探井的方法，采用物探方法时，应结合人工探井、钻孔等其他方法进行验证，验证数量不应少于 3 点。

    4 选用静力触探、标准贯入、圆锥动力触探、十字板剪切或旁压试验等原位测试方法，并结合不扰动土样的室内物理力学性质试验，进行现场检验，其中每层地基土的原位测试数量不应少于 3 个，土样的室内试验数量不应少于 6 组。

4.2.3 地基分析评价应包括下列内容：

    1 地基承载力、地基变形的评价；对经常受水平荷载作用的高层建筑，以及建造在斜坡上或边坡附近的建（构）筑物，应验算地基稳定性。

    2 引起既有建筑开裂、差异沉降、倾斜等的原因。

    3 邻近新建建筑，深基坑开挖和降水，新建地下工程或自然灾害等，对既有建筑地基基础已造成的影响，以及仍然存在的影响。

    4 地基加固的必要性，提出加固方法的建议。

    5 提出地基加固设计所需的有关参数。

4.3 基 础 鉴 定

4.3.1 基础的现场调查，应包括下列内容：

    1 基础的外观质量。

    2 基础的类型、尺寸及埋置深度。

    3 基础的开裂、腐蚀或损坏程度。

    4 基础的倾斜、弯曲、扭曲等情况。

4.3.2 基础的检验可采用下列方法：

    1 基础材料的强度，可采用非破损法或钻孔取芯法检验。

    2 基础中的钢筋直径、数量、位置和锈蚀情况，可通过局部凿开或非破损方法检验。

    3 桩的完整性可通过低应变法、钻孔取芯法检验，桩的长度可通过开挖、钻孔取芯法或旁孔透射法等方法检验，桩的承载力可通过静载荷试验检验。

4.3.3 基础的检验应符合下列规定：

    1 对具有代表性的部位进行开挖检验，检验数量不应少于 3 处。

    2 对开挖露出的基础应进行结构尺寸、材料强度、配筋等结构检验。

    3 对已开裂的或处于有腐蚀性地下水中的基础钢筋锈蚀情况应进行检验。

    4 对重要的增层、增加荷载等采用桩基础的建筑，宜按本规范附录 C 的规定进行桩的持载再加荷载荷试验。

4.3.4 基础的分析评价应包括下列内容：

1 结合基础的裂缝、腐蚀或破损程度，以及基础材料的强度等，对基础结构的完整性和耐久性进行分析评价。

2 对于桩基础，应结合桩身质量检验、场地岩土的工程性质、桩的施工工艺、沉降观测记录、载荷试验资料等，结合地区经验对桩的承载力进行分析和评价。

3 进行基础结构承载力验算，分析基础加固的必要性，提出基础加固方法的建议。

5 地基基础计算

5.1 一般规定

5.1.1 既有建筑地基基础加固设计计算，应符合下列规定：

1 地基承载力、地基变形计算及基础验算，应符合现行国家标准《建筑地基基础设计规范》GB 50007 的有关规定。

2 地基稳定性计算，应符合国家现行标准《建筑地基基础设计规范》GB 50007 和《建筑地基处理技术规范》JGJ 79 的有关规定。

3 抗震验算，应符合现行国家标准《建筑抗震设计规范》GB 50011 的有关规定。

5.1.2 既有建筑地基基础加固设计，应遵循新、旧基础，新增桩和原有桩变形协调原则，进行地基基础计算。新、旧基础的连接应采取可靠的技术措施。

5.2 地基承载力计算

5.2.1 地基基础加固或增加荷载后，基础底面的压力，可按下列公式确定：

1 当轴心荷载作用时：

$$p_k = \frac{F_k + G_k}{A} \quad (5.2.1\text{-}1)$$

式中：p_k ——相应于作用的标准组合时，地基基础加固或增加荷载后，基础底面的平均压力值（kPa）；

F_k ——相应于作用的标准组合时，地基基础加固或增加荷载后，上部结构传至基础顶面的竖向力值（kN）；

G_k ——基础自重和基础上的土重（kN）；

A ——基础底面积（m²）。

2 当偏心荷载作用时：

$$p_{kmax} = \frac{F_k + G_k}{A} + \frac{M_k}{W} \quad (5.2.1\text{-}2)$$

$$p_{kmin} = \frac{F_k + G_k}{A} - \frac{M_k}{W} \quad (5.2.1\text{-}3)$$

式中：p_{kmax} ——相应于作用的标准组合时，地基基础加固或增加荷载后，基础底面边缘最大压力值（kPa）；

M_k ——相应于作用的标准组合时，地基基础加固或增加荷载后，作用于基础底面的力矩值（kN·m）；

p_{kmin} ——相应于作用的标准组合时，地基基础加固或增加荷载后，基础底面边缘最小压力值（kPa）；

W ——基础底面的抵抗矩（m³）。

5.2.2 既有建筑地基基础加固或增加荷载时，地基承载力计算应符合下列规定：

1 当轴心荷载作用时：

$$p_k \leqslant f_a \quad (5.2.2\text{-}1)$$

式中：f_a ——修正后的既有建筑地基承载力特征值（kPa）。

2 当偏心荷载作用时，除应符合式（5.2.2-1）要求外，尚应符合下式规定：

$$p_{kmax} \leqslant 1.2 f_a \quad (5.2.2\text{-}2)$$

5.2.3 既有建筑地基承载力特征值的确定，应符合下列规定：

1 当不改变基础埋深及尺寸，直接增加荷载时，可按本规范附录 B 的方法确定。

2 当不具备持载试验条件时，可按本规范附录 A 的方法，并结合土工试验、其他原位试验结果以及地区经验等综合确定。

3 既有建筑外接结构地基承载力特征值，应按外接结构的地基变形允许值确定。

4 对于需要加固的地基，应采用地基处理后检验确定的地基承载力特征值。

5 对扩大基础的地基承载力特征值，宜采用原天然地基承载力特征值。

5.2.4 地基基础加固或增加荷载后，既有建筑桩基础群桩中单桩桩顶竖向力和水平力，应按下列公式计算：

1 轴心竖向力作用下：

$$Q_k = \frac{F_k + G_k}{n} \quad (5.2.4\text{-}1)$$

2 偏心竖向力作用下：

$$Q_{ik} = \frac{F_k + G_k}{n} \pm \frac{M_{xk} y_i}{\sum y_i^2} \pm \frac{M_{yk} x_i}{\sum x_i^2} \quad (5.2.4\text{-}2)$$

3 水平力作用下：

$$H_{ik} = \frac{H_k}{n} \quad (5.2.4\text{-}3)$$

式中：Q_k ——地基基础加固或增加荷载后，轴心竖向力作用下任一单桩的竖向力（kN）；

F_k ——相应于作用的标准组合时，地基基础加固或增加荷载后，作用于桩基承台顶面的竖向力（kN）；

G_k ——地基基础加固或增加荷载后，桩基承台自重及承台上土自重（kN）；

n ——桩基中的桩数；

Q_{ik} ——地基基础加固或增加荷载后，偏心竖向力作用下第 i 根桩的竖向力（kN）；

M_{xk}、M_{yk} ——相应于作用的标准组合时，作用于承台底面通过桩群形心的 x、y 轴的力矩（kN·m）；

x_i、y_i ——桩 i 至桩群形心的 y、x 轴线的距离（m）；

H_k ——相应于作用的标准组合时，地基基础加固或增加荷载后，作用于承台底面的水平力（kN）；

H_{ik} ——地基基础加固或增加荷载后，作用于任一单桩的水平力（kN）。

5.2.5 既有建筑单桩承载力计算，应符合下列规定：

1 轴心竖向力作用下：

$$Q_k \leqslant R_a \qquad (5.2.5-1)$$

式中：R_a ——既有建筑单桩竖向承载力特征值（kN）。

2 偏心竖向力作用下，除满足公式（5.2.5-1）外，尚应满足下式要求：

$$Q_{ikmax} \leqslant 1.2R_a \qquad (5.2.5-2)$$

式中：Q_{ikmax} ——基础中受力最大的单桩荷载值（kN）。

3 水平荷载作用下：

$$H_{ik} \leqslant R_{Ha} \qquad (5.2.5-3)$$

式中：R_{Ha} ——既有建筑单桩水平承载力特征值（kN）。

5.2.6 既有建筑单桩承载力特征值的确定，应符合下列规定：

1 既有建筑下原有的桩，以及新增加的桩的单桩竖向承载力特征值，应通过单桩竖向静载荷试验确定；既有建筑原有桩的单桩静载荷试验，可按本规范附录 C 进行；在同一条件下的试桩数量，不宜少于增加总桩数的 1%，且不应少于 3 根；新增加桩的单桩竖向承载力特征值，应按现行国家标准《建筑地基基础设计规范》GB 50007 的方法确定。

2 原有桩的单桩竖向承载力特征值，有地区经验时，可按地区经验确定。

3 新增加的桩初步设计时，单桩竖向承载力特征值可按下式估算：

$$R_a = q_{pa}A_p + u_p \Sigma q_{sia}l_i \qquad (5.2.6-1)$$

式中：R_a ——单桩竖向承载力特征值（kN）；

q_{pa}，q_{sia} ——桩端端阻力、桩侧阻力特征值（kPa），按地区经验确定；

A_p ——桩底端横截面面积（m²）；

u_p ——桩身周边长度（m）；

l_i ——第 i 层岩土的厚度（m）。

4 桩端嵌入完整或较完整的硬质岩中，可按下式估算单桩竖向承载力特征值：

$$R_a = q_{pa}A_p \qquad (5.2.6-2)$$

式中：q_{pa} ——桩端岩石承载力特征值（kN）。

5.2.7 在既有建筑原基础内增加桩时，宜按新增加的全部荷载，由新增加的桩承担进行承载力计算。

5.2.8 对既有建筑的独立基础、条形基础进行扩大基础，并增加桩时，可按既有建筑原地基增加的承载力承担部分新增荷载、其余新增加的荷载由桩承担进行承载力计算，此时地基土承担部分新增荷载的基础面积应按原基础面积计算。

5.2.9 既有建筑桩基础扩大基础并增加桩时，可按新增加的荷载由原基础桩和新增加桩共同承担，进行承载力计算。

5.2.10 当地基持力层范围内存在软弱下卧层时，应进行软弱下卧层地基承载力验算，验算方法应符合现行国家标准《建筑地基基础设计规范》GB 50007 的有关规定。

5.2.11 对邻近新建建筑、深基坑开挖、新建地下工程改变原建筑地基基础设计条件时，原建筑地基应根据改变后的条件，按现行国家标准《建筑地基基础设计规范》GB 50007 的规定进行承载力验算。

5.3 地基变形计算

5.3.1 既有建筑地基基础加固或增加荷载后，建筑物相邻柱基的沉降差、局部倾斜、整体倾斜值的允许值，应符合现行国家标准《建筑地基基础设计规范》GB 50007 的有关规定。

5.3.2 对有特殊要求的保护性建筑，地基基础加固或增加荷载后的地基变形允许值，应按建筑物的保护要求确定。

5.3.3 对地基基础加固或增加荷载的既有建筑，其地基最终变形量可按下式确定：

$$s = s_0 + s_1 + s_2 \qquad (5.3.3)$$

式中：s ——地基最终变形量（mm）；

s_0 ——地基基础加固前或增加荷载前，已完成的地基变形量，可由沉降观测资料确定，或根据当地经验估算（mm）；

s_1 ——地基基础加固或增加荷载后产生的地基变形量（mm）；

s_2 ——原建筑物尚未完成的地基变形量（mm），可由沉降观测结果推算，或根据地方经验估算；当原建筑物基础沉降已稳定时，此值可取零。

5.3.4 地基基础加固或增加荷载后产生的地基变形量，可按下列规定计算：

1 天然地基不改变基础尺寸时，可按增加荷载量，采用由本规范附录 B 试验得到的变形模量计算。

2 扩大基础尺寸或改变基础形式时，可按增加荷载量，以及扩大后或改变后的基础面积，采用原地基压缩模量计算。

3 地基加固时，可采用加固后经检验测得的地基压缩模量或变形模量计算。

5.3.5 采用增加桩进行地基基础加固的建筑物基础沉降，可按下列规定计算：

1 既有建筑不改变基础尺寸，在原基础内增加桩时，可按增加荷载量，采用桩基础沉降计算方法计算。

2 既有建筑独立基础、条形基础扩大基础增加桩时，可按新增加的桩承担的新增荷载，采用桩基础沉降计算方法计算。

3 既有建筑桩基础扩大基础增加桩时，可按新增加的荷载，由原基础桩和新增加桩共同承担荷载，采用桩基础沉降计算方法计算。

6 增层改造

6.1 一般规定

6.1.1 既有建筑增层改造后的地基承载力、地基变形和稳定性计算，以及基础结构验算，应符合本规范第5章的有关规定。采用外套结构增层时，应按新建工程的要求，确定地基承载力。

6.1.2 当采用新、旧结构通过构造措施相连接的增层方案时，除应满足地基承载力条件外，尚应分别对新、旧结构进行地基变形验算，并应满足新、旧结构变形协调的设计要求；当既有建筑局部增层时，应进行结构分析，并进行地基基础验算。

6.1.3 当既有建筑的地基承载力和地基变形，不能满足增层荷载要求时，可按本规范第11章有关方法进行加固。

6.1.4 既有建筑增层改造时，对其地基基础加固工程，应进行质量检验和评价，待隐蔽工程验收合格后，方可进行上部结构的施工。

6.2 直接增层

6.2.1 对沉降稳定的建筑物直接增层时，其地基承载力特征值，可根据增层工程的要求，按下列方法综合确定：

1 按基底土的载荷试验及室内土工试验结果确定：

  1）按本规范附录B的规定进行载荷试验确定地基承载力；

  2）在原建筑物基础下1.5倍基础宽度的深度范围内，取原状土进行室内土工试验，确定地基土的抗剪强度指标，以及土的压缩模量等参数，并结合地区经验，确定地基承载力特征值。

2 按地区经验确定：

建筑物增层时，可根据既有建筑原基底压力值、建筑使用年限、地基土的类别，并结合当地建筑物增层改造的工程经验确定，但其值不宜超过原地基承载力特征值的1.20倍。

6.2.2 直接增层需新设承重墙时，应采用调整新、旧基础底面积，增加桩基础或地基处理等方法，减少基础的沉降差。

6.2.3 直接增层时，地基基础的加固设计，应符合下列规定：

1 加大基础底面积时，加大的基础底面积宜比计算值增加10%。

2 采用桩基础承受增层荷载时，应符合本规范第5.2.8条的规定，并验算基础沉降。

3 采用锚杆静压桩加固时，当原钢筋混凝土条形基础的宽度或厚度不能满足压桩要求时，压桩前应先加宽或加厚基础。

4 采用抬梁或挑梁承受新增层结构荷载时，梁的截面尺寸及配筋应通过计算确定。

5 上部结构和基础刚度较好，持力层埋置较浅，地下水位较低，施工开挖对原结构不会产生附加下沉和开裂时，可采用加深基础或在原基础下做坑式静压桩加固。

6 施工条件允许时，可采用树根桩、旋喷桩等方法加固。

7 采用注浆法加固既有建筑地基时，对注浆加固易引起附加变形的地基，应进行现场试验，确定其适用性。

8 既有建筑为桩基础时，应检查原桩体质量及状况，实测土的物理力学性质指标，确定桩间土的压密状况，按桩土共同工作条件，提高原桩基础的承载能力。对于承台与土层脱空情况，不得考虑桩土共同工作。当桩数不足时，应补桩；对已腐烂的木桩或破损的混凝土桩，应经加固处理后，方可进行增层施工。

9 对于既有建筑无地质勘察资料或原地质勘察资料过于简单不能满足设计需要、而建筑物下有人防工程或场地条件复杂，以及地基情况与原设计发生了较大变化时，应补充进行岩土工程勘察。

10 采用扶壁柱式结构直接增层时，柱体应落在新设置的基础上，新、旧基础宜连成整体，且应满足新、旧基础变形协调条件，不满足时应进行地基加固处理。

6.3 外套结构增层

6.3.1 采用外套结构增层，可根据土质、地下水位、新增结构类型及荷载大小选用合理的基础形式。

6.3.2 位于微风化、中风化硬质岩地基上的外套增层工程，其基础类型与埋深可与原基础不同，新、旧基础可相连在一起，也可分开设置。

6.3.3 采用外套结构增层，应评价新设基础对原基础的影响，对原基础产生超过允许值的附加沉降和倾斜时应对新设基础地基进行处理或采用桩基础。

6.3.4 外套结构的桩基施工，不得扰动原地基基础。

6.3.5 外套结构增层采用天然地基或采用由旋喷桩、搅拌桩等构成的复合地基，应考虑地基受荷后的变形，避免增层后，新、旧结构产生标高差异。

6.3.6 既有建筑有地下室，外套增层结构宜采用桩基础，桩位布置应避开原地下室挑出的底板；如需凿除部分底板时，应通过验算确定；新、旧基础不得相连。

7 纠倾加固

7.1 一般规定

7.1.1 纠倾加固适用于整体倾斜值超过现行国家标准《建筑地基基础设计规范》GB 50007 规定的允许值，且影响正常使用或安全的既有建筑纠倾。

7.1.2 应根据工程实际情况，选择迫降纠倾和顶升纠倾的方法，复杂建筑纠倾可采用多种纠倾方法联合进行。

7.1.3 既有建筑纠倾加固设计前，应进行倾斜原因分析，对纠倾施工方案进行可行性论证，并对上部结构进行安全性评估。当上部结构不能满足纠倾施工安全性要求时，应对上部结构进行加固。当可能发生再度倾斜时，应确定地基加固的必要性，并提出加固方案。

7.1.4 建筑物纠倾加固设计应具备下列资料：

1 纠倾建筑物有关设计和施工资料。

2 建筑场地岩土工程勘察资料。

3 建筑物沉降观测资料。

4 建筑物倾斜现状及结构安全性评价。

5 纠倾施工过程结构安全性评价分析。

7.1.5 既有建筑纠倾加固后，建筑物的整体倾斜值及各角点纠倾位移值应满足设计要求。尚未通过竣工验收的倾斜建筑物，纠倾后的验收标准，应符合有关新建工程验收标准要求。

7.1.6 纠倾加固完成后，应立即对工作槽（孔）进行回填，对施工破损面进行修复；当上部结构因纠倾施工产生裂损时，应进行修复或加固处理。

7.2 迫降纠倾

7.2.1 迫降纠倾应根据地质条件、工程对象及当地经验，采用掏土纠倾法（基底掏土纠倾法、井式纠倾法、钻孔取土纠倾法）、堆载纠倾法、降水纠倾法、地基加固纠倾法和浸水纠倾法等方法。

7.2.2 迫降纠倾的设计，应符合下列规定：

1 对建筑物倾斜原因，结构和基础形式、整体刚度，工程地质条件，环境条件等进行综合分析，遵循确保安全、经济合理、技术可靠、施工方便的原则，确定迫降纠倾方法。

2 迫降纠倾不应对上部结构产生结构损伤和破坏。当施工对周边建筑物、场地和管线等产生不良影响时，应采取有效技术措施。

3 纠倾后的地基承载力，地基变形和稳定性应按本规范第 5 章的有关规定进行验算，防止纠倾后的再度倾斜。当既有建筑的地基承载力和变形不能满足要求时，可按本规范第 11 章有关方法进行加固。

4 应确定各控制点的迫降纠倾量。

5 纠倾施工工艺和操作要点。

6 设置迫降的监控系统。沉降观测点纵向布置每边不应少于 4 点，横向每边不应少于 2 点，相邻测点间距不应大于 6m，且建筑物角点部位应设置倾斜值观测点。

7 应根据建筑物的结构类型和刚度确定纠倾速率。迫降速率不宜大于 5mm/d，迫降接近终止时，应预留一定的沉降量，以防发生过纠现象。

8 应制定出现异常情况的应急预案，以及防止过量纠倾的技术处理措施。

7.2.3 迫降纠倾施工，应符合下列规定：

1 施工前，应对建筑物及现场进行详细查勘，检查纠倾施工可能影响的周边建筑物和场地设施，并应采取措施消除迫降纠倾施工的影响，或降低影响程度及影响范围，并做好查勘记录。

2 编制详细的施工技术方案和施工组织设计。

3 在施工过程中，应做到设计、施工紧密配合，严格按设计要求进行监测，及时调整迫降量及施工顺序。

7.2.4 基底掏土纠倾法可分为人工掏土法或水冲掏土法，适用于匀质黏性土、粉土、填土、淤泥质土和砂土上的浅埋基础建筑物的纠倾。当缺少地方经验时，应通过现场试验确定具体施工方法和施工参数，且应符合下列规定：

1 人工掏土法可选择分层掏土、室外开槽掏土、穿孔掏土等方法，掏土范围、沟槽位置、宽度、深度应根据建筑物迫降量、地基土性质、基础类型、上部结构荷载中心位置等，结合当地经验和现场试验综合确定。

2 掏挖时，应先从沉降量小的部位开始，逐渐过渡，依次掏挖。

3 当采用高压水冲掏土时，水冲压力、流量应根据土质条件通过现场试验确定，水冲压力宜为 1.0MPa～3.0MPa，流量宜为 40L/min。

4 水冲过程中，掏土槽应逐渐加深，不得超宽。

5 当出现掏土过量，或纠倾速率超出控制值时，应立即停止掏土施工。当纠倾至设计控制值可能出现过纠现象时，应立即采用砾砂、细石或卵石进行回填，确保安全。

7.2.5 井式纠倾法适用于黏性土、粉土、砂土、淤泥、淤泥质土或填土等地基上建筑物的纠倾。井式纠倾施工，应符合下列规定：

1 取土工作井，可采用沉井或挖孔护壁等方式形成，具体应根据土质情况及当地经验确定，井壁宜采用钢筋混凝土，井的内径不宜小于 800mm，井壁混凝土强度等级不得低于 C15。

2 井孔施工时，应观察土层的变化，防止流砂、涌土、塌孔、突陷等意外情况出现。施工前，应制定相应的防护措施。

    3 井位应设置在建筑物沉降量较小的一侧，井位可布置在室内，井位数量、深度和间距应根据建筑物的倾斜情况、基础类型、场地环境和土层性质等综合确定。

    4 当采用射水施工时，应在井壁上设置射水孔与回水孔，射水孔孔径宜为150mm～200mm，回水孔孔径宜为60mm；射水孔位置，应根据地基土质情况及纠倾量进行布置，回水孔宜在射水孔下方交错布置。

    5 高压射水泵工作压力、流量，宜根据土层性质，通过现场试验确定。

    6 纠倾达到设计要求后，工作井及射水孔均应回填，射水孔可采用生石灰和粉煤灰拌合料回填。

7.2.6 钻孔取土纠倾法适用于淤泥、淤泥质土等软弱地基上建筑物的纠倾。钻孔取土纠倾施工，应符合下列规定：

    1 应根据建筑物不均匀沉降情况和土层性质，确定钻孔位置和取土顺序。

    2 应根据建筑物的底面尺寸和附加应力的影响范围，确定钻孔的直径及深度，取土深度不应小于3m，钻孔直径不应小于300mm。

    3 钻孔顶部3m深度范围内，应设置套管或套筒，保护浅层土体不受扰动，防止地基出现局部变形过大。

7.2.7 堆载纠倾法适用于淤泥、淤泥质土和松散填土等软弱地基上体量较小且纠倾量不大的浅埋基础建筑物的纠倾。堆载纠倾施工，应符合下列规定：

    1 应根据工程规模、基底附加压力的大小及土质条件，确定堆载纠倾施加的荷载量、荷载分布位置和分级加载速率。

    2 应评价地基土的整体稳定，控制加载速率；施工过程中，应进行沉降观测。

7.2.8 降水纠倾法适用于渗透系数大于10^{-4}cm/s的地基土层的浅埋基础建筑物的纠倾。设计施工前，应论证施工对周边建筑物及环境的影响，并采取必要的隔水措施。降水施工，应符合下列规定：

    1 人工降水的井点布置、井深设计及施工方法，应按抽水试验或地区经验确定。

    2 纠倾时，应根据建筑物的纠倾量来确定抽水量大小及水位下降深度，并应设置水位观测孔，随时记录所产生的水力坡降，与沉降实测值比较，调整纠倾水位降深。

    3 人工降水时，应采取措施防止对邻近建筑地基造成影响，且应在邻近建筑附近设置水位观测井和回灌井；降水对邻近建筑产生的附加沉降超过允许值时，可采取设置地下隔水墙等保护措施。

    4 建筑物纠倾接近设计值时，应预留纠倾值的1/10～1/12作为滞后回倾值，并停止降水，防止建筑物过纠。

7.2.9 地基加固纠倾法适用于淤泥、淤泥质土等软弱地基上沉降尚未稳定、整体刚度较好且倾斜量不大的既有建筑物的纠倾。应根据结构现况和地区经验确定适用性。地基加固纠倾施工，应符合下列规定：

    1 优先选择托换加固地基的方法。

    2 先对建筑物沉降较大一侧的地基进行加固，使该侧的建筑物沉降减少；根据监测结果，再对建筑物沉降较小一侧的地基进行加固，迫使建筑物倾斜纠正，沉降稳定。

    3 对注浆等可能产生增大地基变形的加固方法，应通过现场试验确定其适用性。

7.2.10 浸水纠倾法适用于湿陷性黄土地基上整体刚度较大的建筑物的纠倾。当缺少当地经验时，应通过现场试验，确定其适用性。浸水纠倾施工，应符合下列规定：

    1 根据建筑结构类型和场地条件，可选用注水孔、坑或槽等方式注水纠倾。注水孔、注水坑（槽）应布置在建筑物沉降量较小的一侧。

    2 浸水纠倾前，应通过现场注水试验，确定渗透半径、浸水量与渗透速度的关系。当采用注水孔（坑）浸水时，应确定注水孔（坑）布置、孔径或坑的平面尺寸、孔（坑）深度、孔（坑）间距及注水量；当采用注水槽浸水时，应确定槽宽、槽深及分隔段的注水量；工程设计，应明确水量控制和计量系统。

    3 浸水纠倾前，应设置严密的监测系统及防护措施。应根据基础类型、地基土层参数、现场试验数据等估算注水后的后期纠倾值，防止过纠的发生；设置限位桩；对注水流入沉降较大一侧地基采取防护措施。

    4 当浸水纠倾的速率过快时，应立即停止注水，并回填生石灰料或采取其他有效的措施；当浸水纠倾速率较慢时，可与其他纠倾方法联合使用。

7.2.11 当纠倾速率较小，或原纠倾方法无法满足纠倾要求时，可结合掏土、降水、堆载等方法综合使用进行纠倾。

7.3 顶 升 纠 倾

7.3.1 顶升纠倾适用于建筑物的整体沉降及不均匀沉降较大，以及倾斜建筑物基础为桩基础等不适用采用迫降纠倾的建筑纠倾。

7.3.2 顶升纠倾，可根据建筑物基础类型和纠倾要求，选用整体顶升纠倾、局部顶升纠倾。顶升纠倾的最大顶升高度不宜超过800mm；采用局部顶升纠倾，应进行顶升过程结构的内力分析，对结构产生裂缝等损伤，应采取结构加固措施。

7.3.3 顶升纠倾的设计，应符合下列规定：

    1 通过上部钢筋混凝土顶升梁与下部基础梁组

成上、下受力梁系，中间采用千斤顶顶升，受力梁系平面上应连续闭合，且应进行承载力及变形等验算（图7.3.3-1）。

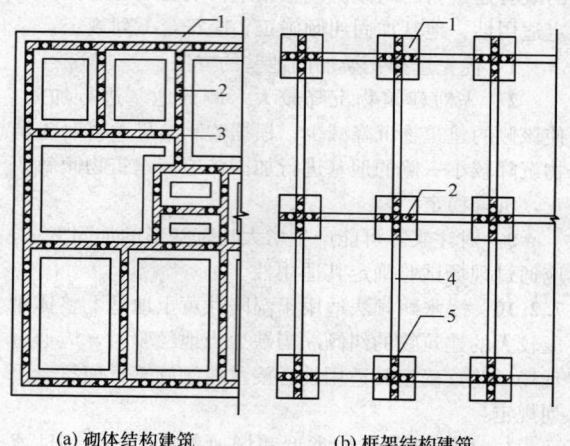

(a) 砌体结构建筑   (b) 框架结构建筑

图 7.3.3-1　千斤顶平面布置图

1—基础；2—千斤顶；3—托换梁；
4—连系梁；5—后置牛腿

2　顶升梁应通过托换加固形成，顶升托换梁宜设置在地面以上 500mm 位置，当基础梁埋深较大时，可在基础梁上增设钢筋混凝土千斤顶底座，并与基础连成整体。顶升梁、千斤顶、底座应形成稳固的整体（图7.3.3-2）。

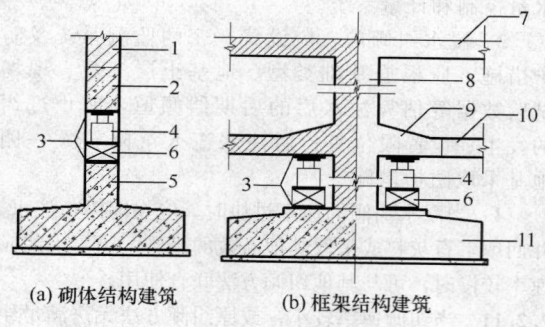

(a) 砌体结构建筑   (b) 框架结构建筑

图 7.3.3-2　顶升梁、千斤顶、底座布置

1—墙体；2—钢筋混凝土顶升梁；3—钢垫板；4—千斤顶；
5—钢筋混凝土基础梁；6—垫块（底座）；7—框架梁；
8—框架柱；9—托换牛腿；10—连系梁；11—原基础

3　对砌体结构建筑，可根据墙体线荷载分布布置顶升点，顶升点间距不宜大于 1.5m，且应避开门窗洞及薄弱承重构件位置；对框架结构建筑，应根据柱荷载大小布置。单片墙或单柱下顶升点数量，可按下式估算：

$$n \geqslant K \frac{Q}{N_a} \qquad (7.3.3)$$

式中：n ——顶升点数（个）；

　　　Q ——相应于作用的标准组合时，单片墙总荷载或单柱集中荷载（kN）；

N_a ——顶升支承点千斤顶的工作荷载设计值（kN），可取千斤顶额定工作荷载的0.8；

　K ——安全系数，可取 2.0。

4　顶升量可根据建筑物的倾斜值、使用要求以及设计过纠量确定。纠倾后，倾斜值应符合现行国家标准《建筑地基基础设计规范》GB 50007 的要求。

7.3.4　砌体结构建筑的顶升梁系，可按倒置在弹性地基上的墙梁设计，并应符合下列规定：

1　顶升梁设计时，计算跨度应取相邻三个支承点中两边缘支点间的距离，并进行顶升梁的截面承载力及配筋设计。

2　当既有建筑的墙体承载力验算不能满足墙梁的要求时，可调整支承点的间距或对墙体进行加固补强。

7.3.5　框架结构建筑的顶升梁系的设置，应为有效支承结构荷载和约束框架柱的体系。顶升梁系包含顶升牛腿及连系梁两个部分，牛腿应按后设置牛腿设计，并应符合下列规定：

1　计算分析截断前、后柱端的抗压，抗弯和抗剪承载力是否满足顶升要求。

2　后设置牛腿，应符合现行国家标准《混凝土结构设计规范》GB 50010 的规定，并验算牛腿的正截面受弯承载力，局部受压承载力及斜截面的受剪承载力。

3　后设置牛腿设计时，钢筋的布置、焊接长度及（植筋）锚固应符合现行国家标准《混凝土结构设计规范》GB 50010 和《混凝土结构加固设计规范》GB 50367 的有关规定。

7.3.6　顶升纠倾的施工，应按下列步骤进行：

1　顶升梁系的托换施工。

2　设置千斤顶底座及顶升标尺，确定各点顶升值。

3　对每个千斤顶进行检验，安放千斤顶。

4　顶升前两天内，应设置完成监测测量系统，对尚存在连接的墙、柱等结构，以及水、电、暖气和燃气等进行截断处理。

5　实施顶升施工。

6　顶升到位后，应及时进行结构连接和回填。

7.3.7　顶升纠倾的施工，应符合下列规定：

1　砌体结构建筑的顶升梁应分段施工，梁分段长度不应大于 1.5m，且不应大于开间墙段的 1/3，并应间隔进行施工。主筋应预留搭接或焊接长度，相邻分段混凝土接头处，应按混凝土施工缝做法进行处理。当上部砌体无法满足托换施工要求，可在各段设置支承芯垫，其间距应视实际情况确定。

2　框架结构建筑的顶升梁、牛腿施工，宜按柱间隔进行，并应设置必要的辅助措施（如支撑等）。当在原柱中钻孔植筋时，应分批（次）进行，每批（次）钻孔削弱后的柱净截面，应满足柱承载力计算要求。

3 顶升的千斤顶上、下应设置应力扩散的钢垫块，顶升过程应均匀分布，且应有不少于30%的千斤顶保持与顶升梁、垫块、基础梁连成一体。

4 顶升前，应对顶升点进行承载力试验。试验荷载应为设计荷载的1.5倍，试验数量不应少于总数的20%，试验合格后，方可正式顶升。

5 顶升时，应设置水准仪和经纬仪观测站。顶升标尺应设置在每个支承点上，每次顶升量不宜超过10mm。各点顶升量的偏差，应小于结构的允许变形。

6 顶升应设统一的监测系统，并应保证千斤顶按设计要求同步顶升和稳固。

7 千斤顶回程时，相邻千斤顶不得同时进行；回程前，应先用楔形垫块进行保护，或采用备用千斤顶支顶进行保护，并保证千斤顶底座平稳。楔形垫块及千斤顶底座垫块，应采用外包钢板的混凝土垫块或钢垫块。垫块使用前，应进行强度检验。

8 顶升达到设计高度后，应立即在墙体交叉点或主要受力部位增设垫块支承，并迅速进行结构连接。顶升高度较大时，应设置安全保护措施。千斤顶应待结构连接达到设计强度后，方可分批分期拆除。

9 结构的连接处应不低于原结构的强度，纠倾施工受到削弱时，应进行结构加固补强。

8 移位加固

8.1 一般规定

8.1.1 建筑物移位加固适用于既有建筑物需保留而改变其平面位置的整体移位。

8.1.2 建筑物移位，按移动方法可分为滚动移位和滑动移位两种，应优先采用滚动移位方法；滑动移位方法适用于小型建筑物。

8.1.3 建筑物移位加固设计前，应具备下列资料：

1 移位总平面布置。

2 场地及移位路线的岩土工程勘察资料。

3 既有建筑物相关设计和施工资料，以及检测鉴定报告。

4 既有建筑物结构现状分析。

5 移位施工对周边建筑物、场地、地下管线的影响分析。

8.1.4 建筑物移位加固，应对上部结构进行安全性评估。当上部结构不能满足移位施工要求时，应对上部结构进行加固或采取有效的支撑措施。

8.1.5 建筑物移位加固设计时，应对移位建筑的地基承载力和变形进行验算。当不满足移位要求时，应对地基基础进行加固。

8.1.6 建筑移位就位后，应对建筑物轴线、垂直度进行测量，其水平位置偏差应为±40mm，垂直度位

移增量应为±10mm。

8.1.7 移位工程完成后，应立即对工作槽（孔）进行回填、回灌，当上部结构因移位施工产生裂损时，应进行修复或加固处理。

8.2 设　计

8.2.1 设计前，应调查核实作用在结构上的实际荷载，并对建筑物轴线及构件的实际尺寸进行现场测量核对，并对结构或构件的材料强度、实际配筋进行抽检。

8.2.2 移位加固设计，应考虑恒荷载、活荷载及风荷载的组合，恒荷载及活荷载应按实际荷载取值，当无可靠依据时，活荷载标准值及基本风压值应符合现行国家标准《建筑结构荷载规范》GB 50009的规定；移位施工期间的基本风压，可按当地10年一遇的风压值采用。

8.2.3 建筑物移位加固设计，应包括托换结构梁系、移位地基基础、移动装置、施力系统和结构连接等设计内容。

8.2.4 托换结构梁系的设计，应符合下列规定：

1 托换梁系由上轨道梁、托换梁及连系梁组成（图8.2.4）。托换梁系应考虑移位过程中，上部结构竖向荷载和水平荷载的分布和传递，以及移位时的最不利组合，可按承载能力极限状态进行设计。荷载分项系数，应符合现行国家标准《建筑结构荷载规范》GB 50009的规定。

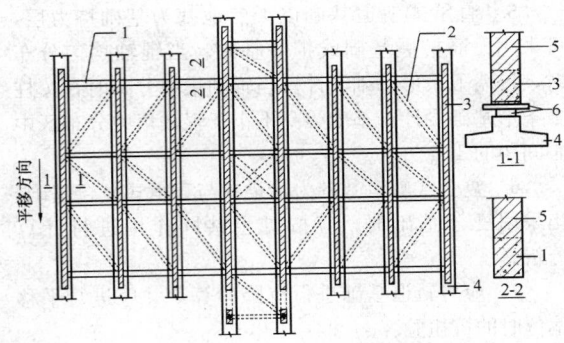

图 8.2.4　托换梁系构件组成示意

1—托换梁；2—连系梁；3—上轨道梁；4—轨道基础；
5—墙（柱）；6—移动装置

2 托换梁可按简支梁、连续梁设计。对砌体结构，当上部砌体及托换梁符合现行国家标准《砌体结构设计规范》GB 50003的要求时，可按简支墙梁、连续墙梁设计。

3 上轨道梁应根据地基承载力、上部荷载及上部结构形式，选用连续上轨道梁或悬挑上轨道梁。连续上轨道梁可按无翼缘的柱（墙）下条形基础梁设计。悬挑上轨道梁宜用于柱构件下，且应以柱中线对称布置，按悬挑梁或牛腿设计。上轨道梁线刚度，应

满足梁底反力直线分布假定。

4 根据上部结构的整体性、刚度、平移路线地基情况，以及水平移位类型等情况对托换梁系的平面内、外刚度进行设计。

8.2.5 移位加固地基基础设计，应包括轨道地基基础及新址地基基础，且应符合下列规定：

1 轨道地基设计时，原地基承载力特征值或单桩承载力特征值可乘以系数 1.20；轨道基础应按永久性工程设计，荷载分项系数按现行国家标准《混凝土结构设计规范》GB 50010 的规定采用。当验算不满足移位要求时，地基基础加固方法可按本规范第 11 章选用。

2 新址地基基础应符合新建工程的要求，且应考虑移位过程中的荷载不利布置，以及就位后的结构布置，进行地基基础的设计；当就位地基基础由新、旧两部分组成时，应考虑新、旧基础的变形协调条件。

3 轨道基础，可根据荷载传递方式分为抬梁式、直承式及复合式。设计时，应根据场地质条件，以及建筑物原基础形式选择轨道基础形式。

4 抬梁式轨道基础由下轨道梁及集中布置的桩基础或独立基础组成。下轨道梁应考虑移位过程荷载的不利布置，按连续梁进行正截面受弯承载力及斜截面承载力计算，其梁高不得小于梁跨度的 1/6。当下轨道梁直接支承于桩上时，其构造尚应满足承台梁的构造要求。

5 直承式轨道基础以天然地基为基础持力层，可采用无筋扩展基础或扩展基础。当辊轴均匀分布时，按墙下条形基础设计。当辊轴集中分布时，按柱下条形基础设计，基础梁高不小于辊轴集中分布区中心间距的 1/6。

6 复合式轨道基础为抬梁式与直承式复合基础，当采用复合基础时，应按桩土共同作用进行计算分析。

7 应对轨道基础进行沉降验算，并应进行平移偏位时的抗扭验算。

8.2.6 移动装置可分为滚动式及滑动式两种，设计应符合下列规定：

1 滚动式移动装置（图 8.2.6）上、下承压板宜采用钢板，厚度应根据荷载大小计算确定，且不宜小于 20mm。辊轴可采用直径不小于 50mm 的实心钢棒或直径不小于 100mm 的厚壁钢管混凝土棒，辊轴间距应根据计算确定，且不宜大于 200mm。辊轴的径向承压力宜通过试验确定，也可用下式计算实心钢辊轴的径向承压力设计值 P_i：

$$P_i = k_p \frac{40 dl f^2}{E} \qquad (8.2.6\text{-}1)$$

式中：k_p——经验系数，由试验或施工经验确定，一

般可取 0.6；

d——辊轴直径（mm）；

l——辊轴有效承压长度（mm），取上、下承压长度的较小值；

f——辊轴的抗压强度设计值（N/mm²）；

E——钢材的弹性模量（N/mm²）。

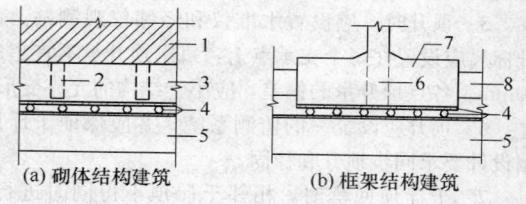

图 8.2.6 水平移位辊轴均匀分布构造示意
1—墙；2—托换梁；3—连续上轨道梁；4—移动装置；
5—轨道基础；6—墙（柱）；7—悬挑上轨道梁；8—连系梁

2 滑动式行走机构上、下轨道滑板的水平面积 A_0，应根据滑板的耐压性能，按下式计算：

$$A_0 \geq \frac{N}{f_0} \qquad (8.2.6\text{-}2)$$

式中：N——滑板承受的竖向作用力设计值（N）；

f_0——滑板材料抗压强度设计值（N/mm²）。

8.2.7 施力系统设计，应符合下列规定：

1 移位动力的施加可采用牵引、顶推和牵引顶推组合三种施力方式。牵引式适用于重量较小的建筑物移位，顶推式及牵引顶推组合方式适用于重量较大的建筑物移位。当建筑物旋转移位时，应优先选用牵引式或牵引顶推组合方式。

2 移位设计时，水平移位总阻力 F 可按下式计算：

$$F = k_s (iW + \mu W) \qquad (8.2.7\text{-}1)$$

式中：k_s——经验系数，由试验或施工经验确定，可取 1.5～3.0；

i——移位路线下轨道坡度；

W——作用的标准组合时建筑物基底总竖向荷载（kN）；

μ——行走机构摩擦系数，应根据试验确定。

3 施力点应根据荷载分布均匀布置，施力点的竖向位置应靠近上轨道底面，施力点的数量可按下式估算：

$$n = k_G \frac{F}{T} \qquad (8.2.7\text{-}2)$$

式中：n——施力点数量（个）；

k_G——经验系数，当采用滚动式行走机构时取 1.5，当采用滑行式行走机构时取 2.0；

F——水平移位总阻力，按本规范式（8.2.7-1）计算；

T——施力点额定工作荷载值（kN）。

8.2.8 建筑物移位就位后，应进行上部结构与新址

地基基础的连接设计,连接设计应符合下列规定:

1 连接构件应按国家有关标准的要求进行承载力和变形计算。

2 砌体结构建筑移位就位后,上部构造柱纵筋应与新址基础中预埋构造柱纵筋连接,连接区段箍筋间距应加密,且不大于100mm,托换梁系与基础间的空隙采用细石混凝土填充密实。

3 框架结构柱的连接应按计算确定。新址基础应预埋柱筋与上部框架柱纵筋连接,连接区段箍筋间距应加密,且不应大于100mm。柱连接区段采用细石混凝土灌注,连接区段宜采用外包钢筋混凝土套、外包型钢法等进行加固。

4 对于特殊建筑,当抗震设计要求无法满足时,可结合移位加固采用减震、隔震技术连接。

8.3 施 工

8.3.1 移位加固施工前,应编制详细的施工技术方案和施工组织设计。

8.3.2 托换梁施工,除应符合本规范第7.3.7条的规定外,尚应符合下列规定:

1 施工前,应设置水平标高控制线,上轨道梁底面标高应保证在同一水平面上。

2 上轨道梁施工时,可分段入上承压板,并保证其在同一水平面上,上承压板宜可靠固定在上轨道梁底面,板端部应设置防翘曲构造措施。

3 当设计需要双向移位时,其上承压板可在托换施工时,进行双向预埋;也可先进行单向预埋,另一方向可在换向时进行置换。

8.3.3 移位加固地基基础施工,应符合下列规定:

1 轨道基础顶面标高应保证在同一水平面上,其表面应平整。

2 轨道地基基础和新址地基基础施工后,经检验达到设计要求时,方可进行移位施工。

8.3.4 移动装置施工,应符合下列规定:

1 移动装置包括上、下承压板,滚动支座或滑动支座,可在托换施工时,分段预先安装;也可在托换施工完成后,采取整体顶升后,一次性安装。

2 当采用滚动移位时,可采用直径不小于50mm的钢辊轴作为滚动支座;采用滑动移位时,可采用合适的橡胶支座作为滑动支座,其规格、型号等应统一。

3 当采用工具式下承压板时,每根承压板长度宜为2000mm,相互间连接构件应根据移位反力,按钢结构设计进行计算。

4 当移位距离较长时,宜采用可移动、可重复使用、易拆装的工具式下承压板,并与反力支座结合。

8.3.5 移位施工,应符合下列规定:

1 移位前,应对上托换梁系和移位地基基础等进行施工质量检验及验收。

2 移位前,应对移动装置、反力装置、施力系统、控制系统、监测系统、应急措施等进行检验与检查。

3 正式移位前,应进行试验性移位,检验各装置与系统的工作状态和安全可靠性能,并测读各移位轨道推力,当推力与设计值有较大差异时,应分析其原因。

4 移动施工时,动力施加应遵循均匀、分级、缓慢、同步的原则,动力系统应有测读装置,移动速度不宜大于50mm/min,应设置限制滚动装置,及时纠正移位中产生的偏移。

5 移位施工时,应避免建筑物长时间处于新、旧基础交接处,减少不均匀沉降对移位施工的影响。

6 移位施工过程中,应对上部建筑结构进行实时监测。出现异常时,应立即停止移位施工,待查明原因,消除隐患后,方可继续施工。

7 当折线、曲线移位施工过程需进行换向,或建筑物移位完成后,需置换或拆除移动装置时,可采用整体顶升方法,顶升施工应符合本规范第7.3.7条的规定。

9 托 换 加 固

9.1 一般规定

9.1.1 发生下列情况时,可采用托换技术进行既有建筑地基基础加固:

1 地基不均匀变形引起建筑物倾斜、裂缝。

2 地震、地下洞穴及采空区土体移动,软土地基沉陷等引起建筑物损害。

3 建筑功能改变,结构承重体系改变,基础形式改变。

4 新建地下工程,邻近新建建筑,深基坑开挖,降水等引起建筑物损害。

5 地铁及地下工程穿越既有建筑,对既有建筑地基影响较大时。

6 古建筑保护。

7 其他需采用基础托换的工程。

9.1.2 托换加固设计,应根据工程的结构类型、基础形式、荷载情况以及场地地基情况进行方案比选,分别采用整体托换、局部托换或托换与加强建筑物整体刚度相结合的设计方案。

9.1.3 托换加固设计,应满足下列规定:

1 按上部结构、基础、地基变形协调原则进行承载力、变形验算。

2 当既有建筑基础沉降、倾斜、变形、开裂超过国家有关标准规定的控制指标时,应在原因分析的基础上,进行地基基础加固设计。

9.1.4 托换加固施工前，应制定施工方案；施工过程中，应对既有建筑结构变形、裂缝、基础沉降进行监测；工程需要时，尚应进行应力（或应变）监测。

9.2 设 计

9.2.1 整体托换加固的设计，应符合下列规定：

 1 对于砌体结构，应在承重墙与基础梁间设置托换梁，对于框架结构，应在承重柱与基础间设置托换梁。

 2 砌体结构的托换梁，可按连续梁计算。框架结构的托换梁，可按倒置的牛腿计算。

 3 基础梁应进行地基承载力和变形验算；原基础梁刚度不满足时，应增大截面尺寸；地基承载力和变形验算不满足要求时，可按本规范第11章的方法进行地基加固。

 4 按托换过程中最不利工况，进行上部结构内力复核。

 5 分析评价进行上部结构加固的必要性及采取的保护措施。

9.2.2 局部托换加固的设计，应符合下列规定：

 1 进行上部结构的受力分析，确定局部托换加固的范围，明确局部托换的变形控制标准。

 2 进行局部托换加固的地基承载力和变形验算。

 3 进行局部托换基础或基础梁的内力验算。

 4 按局部托换最不利工况，进行上部结构的内力、变形复核。

 5 分析评价进行上部结构加固的必要性及采取的保护措施。

9.2.3 地基承载力和变形不满足设计要求时，应进行地基基础加固。加固方法可按本规范第11章的规定采用锚杆静压桩、树根桩、加大基础底面积或采用抬墙梁、坑（墩）式托换，以及采用复合地基、桩基相结合的托换方式，并对地基加固后的基础内力进行验算，必要时，应采取基础加固措施。

9.2.4 新建地铁或地下工程穿越建筑物时，地基基础托换加固设计应符合下列规定：

 1 应进行穿越工程对既有建筑物影响的分析评价，计算既有建筑的内力和变形。影响较小时，可采用加强建筑物基础刚度和结构刚度，或采用隔断防护措施的方法；可能引起既有建筑裂缝和正常使用时，可采用地基加固和基础、上部结构加固相结合的方法；穿越施工既有建筑存在安全隐患时，应采用加强上部结构的刚度、局部改变结构承重体系和加固地基基础的方法。

 2 需切断建筑物桩体或在桩端下穿越时，应采用桩梁式托换、桩筏式托换以及增加基础整体刚度、扩大基础的荷载托换体系，必要时，应采用整体托换技术。

 3 穿越天然地基、复合地基的建筑物托换加固，应采用桩梁式托换、桩筏式托换或地基注浆加固的方法。

9.2.5 既有建筑功能改造，改变上部结构承重体系或基础形式，地基基础托换加固设计，可采用下列方法：

 1 建筑物需增加层高或因建筑物沉降量过大，需抬升时，可采用整体托换。

 2 建筑物改变平面尺寸，增大开间或使用面积，改变承重体系时，可采用局部托换。

 3 建筑物增加地下室，宜采用桩基进行整体托换。

9.2.6 因地震、地下洞穴及采空区土体移动、软土地基变形、地下水位变化、湿陷等造成地基基础损害时，地基基础托换加固，可采用下列方法：

 1 建筑物不能正常使用时，可采用整体托换加固，也可采用改变基础形式的方法进行处理。

 2 结构（包括基础）构件损害，不能满足设计要求时，可采用局部托换及结构构件加固相结合的方法。

 3 地基承载力和变形不满足要求时，应进行地基加固。

9.2.7 采用抬墙法托换，应符合下列规定：

 1 抬墙梁应根据其受力特点，按现行国家标准《混凝土结构设计规范》GB 50010 的规定进行结构设计。

 2 抬墙梁的位置，应避开一层门窗洞口，当不能避开时，应对抬墙梁上方的门窗洞口采取加强措施。

 3 当抬墙梁与上部墙体材料不同时，抬墙梁处的墙体，应进行局部承压验算。

9.2.8 采用桩式托换，应满足下列规定：

 1 当有地下洞穴、采空区影响时，应进行成桩的可行性分析。

 2 评估托换桩的施工对原基础的影响。对产生影响的基础采取加固处理后，方可进行托换桩的施工。

 3 布桩时，托换桩与新建地下工程、采空区、地下洞穴净距不应小于1.0m，托换桩端进入地下工程、采空区、地下洞穴底面以下土层的深度不应小于1.0m。

 4 采取减少托换桩与原基础沉降差的措施。

9.3 施 工

9.3.1 采用钢筋混凝土坑（墩）式托换时，应在既有基础基底部位采用膨胀混凝土、分次浇筑、排气等措施充填密实；当既有基础两侧土体存在高度差时，应采取防止基础侧移的措施。

9.3.2 采用桩式托换时，应采用对地基土扰动较小的成桩方法进行施工。

10 事故预防与补救

10.1 一般规定

10.1.1 当既有建筑因外部条件改变，可能引起的地基基础变形影响其正常使用或危及安全时，应遵循预防为主的原则，采取必要措施，确保既有建筑的安全。

10.1.2 既有建筑地基基础出现工程事故时的补救，应符合下列原则：

1 分析判断造成工程事故的原因。

2 分析判断事故对整体结构安全及建筑物正常使用的影响。

3 分析判断事故对周围建筑物、道路、管线的影响。

4 采取安全、快速、施工方便、经济的补救方案。

10.1.3 当重要的既有建筑物地基存在液化土时，或软土地区建筑物因地震可能产生震陷时，应按现行国家标准《建筑抗震设计规范》GB 50011 的规定进行地基、基础或上部结构加固。

10.2 地基不均匀变形过大引起事故的补救

10.2.1 对于建造在软土地基上出现损坏的建筑，可采取下列补救措施：

1 对于建筑体型复杂或荷载差异较大引起的不均匀沉降，或造成建筑物损坏时，可根据损坏程度采用局部卸载，增加上部结构或基础刚度，加深基础，锚杆静压桩，树根桩加固等补救措施。

2 对于局部软弱土层或暗塘、暗沟等引起差异沉降较大，造成建筑物损坏时，可采用锚杆静压桩、树根桩等加固补救措施。

3 对于基础承受荷载过大或加荷速率过快，引起较大沉降或不均匀沉降，造成建筑物损坏时，可采用卸除部分荷载、加大基础底面积或加深基础等减小基底附加压力的措施。

4 对于大面积地面荷载或大面积填土引起柱基、墙基不均匀沉降，地面大量凹陷，或柱身、墙身断裂时，可采用锚杆静压桩或树根桩等加固。

5 对于地质条件复杂或荷载分布不均，引起建筑物倾斜较大时，可按本规范第7章有关规定选用纠倾加固措施。

10.2.2 对于建造在湿陷性黄土地基上出现损坏的建筑，可采取下列补救措施：

1 对非自重湿陷性黄土场地，当湿陷性土层较薄，湿陷变形已趋稳定或估计再次浸水湿陷量较小时，可选用上部结构加固措施；当湿陷性土层较厚，湿陷变形较大或估计再次浸水湿陷量较大时，可选用

石灰桩、灰土挤密桩、坑式静压桩、锚杆静压桩、树根桩、硅化法或碱液法等进行加固，加固深度宜达到基础压缩层下限。

2 对自重湿陷性黄土场地，可选用灰土挤密桩、坑式静压桩、锚杆静压桩、树根桩或灌注桩等进行加固。加固深度宜穿透全部湿陷性土层。

10.2.3 对于建造在人工填土地基上出现损坏的建筑，可采取下列补救措施：

1 对于素填土地基，由于浸水引起较大的不均匀沉降而造成建筑物损坏时，可采用锚杆静压桩、树根桩、灌注桩、坑式静压桩、石灰桩或注浆等进行加固。加固深度应穿透素填土层。

2 对于杂填土地基上损坏的建筑，可根据损坏程度，采用加强上部结构或基础刚度，并进行锚杆静压桩、灌注桩、旋喷桩、石灰桩或注浆等加固。

3 对于冲填土地基上损坏的建筑，可采用本规范第10.2.1条的规定进行加固。

10.2.4 对于建造在膨胀土地基上出现损坏的建筑，可采取下列补救措施：

1 对建筑物损坏轻微，且膨胀等级为Ⅰ级的膨胀土地基，可采用设置宽散水及在周围种植草皮等保护措施。

2 对于建筑物损坏程度中等，且膨胀等级为Ⅰ、Ⅱ级的膨胀土地基，可采用加强结构刚度和设置宽散水等处理措施。

3 对于建筑物损坏程度较严重或膨胀等级为Ⅲ级的膨胀土地基，可采用锚杆静压桩、树根桩、坑式静压桩或加深基础等加固方法。桩端应埋置在非膨胀土层中或伸到大气影响深度以下的土层中。

4 建造在坡地上的损坏建筑物，除应对地基或基础加固外，尚应在坡地周围采取保湿措施，防止多向失水造成的危害。

10.2.5 对于建造在土岩组合地基上，因差异沉降造成建筑物损坏，可根据损坏程度，采用局部加深基础、锚杆静压桩、树根桩、坑式静压桩或旋喷桩等加固措施。

10.2.6 对于建造在局部软弱地基上，因差异沉降过大造成建筑物损坏，可根据损坏程度，采用局部加深基础或桩基加固等措施。

10.2.7 对于基底下局部基岩出露或存在大块孤石，造成建筑物损坏，可将局部基岩或孤石凿去，铺设褥垫层或采用在土层部位加深基础或桩基加固等。

10.3 邻近建筑施工引起事故的预防与补救

10.3.1 当邻近工程的施工对既有建筑可能产生影响时，应查明既有建筑的结构和基础形式、结构状态、建成年代和使用情况等，根据邻近工程的结构类型、荷载大小、基础埋深、间隔距离以及土质情况等因素，分析可能产生的影响程度，并提出相应的预防

措施。

10.3.2 当软土地基上采用有挤土效应的桩基，对邻近既有建筑有影响时，可在邻近既有建筑一侧设置砂井、排水板、应力释放孔或开挖隔离沟，减小沉桩引起的孔隙水压力和挤土效应。对重要建筑，可设地下挡墙。

10.3.3 遇有振动效应的地基处理或桩基施工时，可采用开挖隔振沟，减少振动波传递。

10.3.4 当邻近建筑开挖基槽、人工降低地下水或迫降纠倾施工等，可能造成土体侧向变形或产生附加应力时，可对既有建筑进行地基基础局部加固，减小该侧地基附加应力，控制基础沉降。

10.3.5 在邻近既有建筑进行人工挖孔桩或钻孔灌注桩时，应防止地下水的流失及土的侧向变形，可采用回灌、截水措施或跳挖、套管护壁施工方法等，并进行沉降观测，防止既有建筑出现不均匀沉降而造成裂损。

10.3.6 当邻近工程施工造成既有建筑裂损或倾斜时，应根据既有建筑的结构特点、结构损害程度和地基土层条件，采用本规范第 7 章、第 9 章和第 11 章的方法对既有建筑地基基础进行加固。

10.4 深基坑工程引起事故的预防与补救

10.4.1 当既有建筑周围进行新建工程基坑施工时，应分析新建工程基坑支护施工过程、基坑支护体系变形、基坑降水、基坑失稳等对既有建筑地基基础安全的影响，并采取有效的预防措施。

10.4.2 基坑支护工程对既有建筑地基基础的保护设计，应包括下列内容：

　　1 查清既有建筑的地基基础和上部结构现状，分析基坑土方开挖对既有建筑的影响。

　　2 查清基坑支护工程周围管线的位置、尺寸和埋深以及采取的保护措施。

　　3 当地下水位较高需要降水时，应采用帷幕截水、回灌等技术措施，避免由于地下水位下降影响邻近既有建筑和周围管线的安全。

　　4 基坑采用锚杆支护结构时，避免采用对邻近既有建筑地基稳定和基础安全有影响的锚杆施工工艺。

　　5 应在既有建筑上和深基坑周边设置水平变形和竖向变形观测点。当水平或竖向变形速率超过规定时，应立即停止施工，分析原因，并采取相应的技术措施。

　　6 对可能发生的基坑工程事故，应制定应急处理方案。

10.4.3 当基坑内降水开挖，造成邻近既有建筑或地下管线发生沉降、倾斜或裂损时，应立刻停止坑内降水，查出事故原因，并采取有效加固措施。应在基坑截水墙外侧，靠近邻近既有建筑附近设置水位观测井

和回灌井。

10.4.4 当邻近既有建筑为桩基础或新建建筑采用打入式桩基础时，新建基坑支护结构外缘与邻近既有建筑的距离不应小于基坑开挖深度的 1.5 倍。无法满足最小安全距离时，应采用隔振沟或钢筋混凝土地下连续墙等保护既有建筑安全的基坑支护形式。

10.4.5 当既有建筑临近基坑时，该侧基坑周边不得搭建临时施工建筑和库房，不得堆放建筑材料和弃土，不得停放大型施工机械和车辆。基坑周边地面应做护面和排水沟，使地面水流向坑外，并防止雨水、施工用水渗入地下或坑内。

10.4.6 当既有建筑或地下管线因深基坑施工而出现倾斜、裂缝或损坏时，应根据既有建筑的上部结构特点、结构损害程度和地基土层条件，采用本规范第 7 章、第 9 章和第 11 章的方法对既有建筑地基基础进行加固或对地下管线采取保护措施。

10.5 地下工程施工引起事故的预防与补救

10.5.1 当地下工程施工对既有建筑、地下管线或道路造成影响时，可采用隔断墙将既有建筑、地下管线或道路隔开或对既有建筑地基进行加固。隔断墙可采用钢板桩、树根桩、深层搅拌桩、注浆加固或地下连续墙等；对既有建筑地基加固，可采用锚杆静压桩、树根桩或注浆加固等方法，加固深度应大于地下工程底面深度。

10.5.2 应对地下工程施工影响范围内的通信电缆、高压、易燃和易爆管道等管线采取预防保护措施。

10.5.3 应对地下工程施工影响范围内的既有建筑和地下管线的沉降和水平位移进行监测。

10.6 地下水位变化过大引起事故的预防与补救

10.6.1 对于建造在天然地基上的既有建筑，当地下水位降低幅度超出设计条件时，应评价地下水位降低引起的附加沉降对既有建筑的影响，当附加沉降值超过允许值时应对既有建筑地基采取加固处理措施；当地下水位升高幅度超出设计条件时，应对既有建筑采取增加荷载、增设抗浮桩等加固处理措施。

10.6.2 对于采用桩或刚性桩复合地基的既有建筑物，应计算因地下水位降低引起既有建筑基础产生的附加沉降。

10.6.3 对于建造在湿陷性黄土、膨胀土、冻胀土和回填土地基上的既有建筑，地下水位变化过大引起事故的预防与补救措施应符合下列规定：

　　1 对于建造在湿陷性黄土地基上的既有建筑，应分析地下水位升高产生的湿陷对既有建筑地基变形的影响。当既有建筑地基湿陷沉降量超过现行国家标准《湿陷性黄土地区建筑规范》GB 50025 的要求时，应按本规范第 10.2.2 条的规定，对既有建筑采取加固处理措施。

2 对于建造在膨胀土或冻胀土上的既有建筑，应分析地下水位升高产生的膨胀或冻胀对既有建筑基础的影响，不满足正常使用要求时可按本规范第10.2.4条的规定采取补救措施。

3 对建造在回填土上的既有建筑，当地下水位升高，造成既有建筑的地基附加变形超过允许值时，可按照本规范第10.2.3条的规定，对既有建筑采取加固处理措施。

11 加 固 方 法

11.1 一 般 规 定

11.1.1 确定地基基础加固施工方案时，应分析评价施工工艺和方法对既有建筑附加变形的影响。

11.1.2 对既有建筑地基基础加固采取的施工方法，应保证新、旧基础可靠连接，导坑回填应达到设计密实度要求。

11.1.3 当选用钢管桩等进行既有建筑地基基础加固时，应采取有效的防腐或增加钢管腐蚀量壁厚的技术保护措施。

11.2 基础补强注浆加固

11.2.1 基础补强注浆加固适用于因不均匀沉降、冻胀或其他原因引起的基础裂损的加固。

11.2.2 基础补强注浆加固施工，应符合下列规定：

1 在原基础裂损处钻孔，注浆管直径可为25mm，钻孔与水平面的倾角不应小于30°，钻孔孔径不应小于注浆管的直径，钻孔孔距可为0.5m～1.0m。

2 浆液材料可采用水泥浆或改性环氧树脂等，注浆压力可取0.1MPa～0.3MPa。如果浆液不下沉，可逐渐加大压力至0.6MPa，浆液在10min～15min内不再下沉，可停止注浆。

3 对单独基础每边钻孔不应少于2个；对条形基础应沿基础纵向分段施工，每段长度可取1.5m～2.0m。

11.3 扩 大 基 础

11.3.1 扩大基础加固包括加大基础底面积法、加深基础法和抬墙梁法等。

11.3.2 加大基础底面积法适用于当既有建筑物荷载增加、地基承载力或基础底面积尺寸不满足设计要求，且基础埋置较浅，基础具有扩大条件时的加固，可采用混凝土套或钢筋混凝土套扩大基础底面积。设计时，应采取有效措施，保证新、旧基础的连接牢固和变形协调。

11.3.3 加大基础底面积法的设计和施工，应符合下列规定：

1 当基础承受偏心受压荷载时，可采用不对称加宽基础；当承受中心受压荷载时，可采用对称加宽基础。

2 在灌注混凝土前，应将原基础凿毛和刷洗干净，刷一层高强度等级水泥浆或涂混凝土界面剂，增加新、老混凝土基础的粘结力。

3 对基础加宽部分，地基上应铺设厚度和材料与原基础垫层相同的夯实垫层。

4 当采用混凝土套加固时，基础每边加宽后的外形尺寸应符合现行国家标准《建筑地基基础设计规范》GB 50007中有关无筋扩展基础或刚性基础台阶宽高比允许值的规定，沿基础高度隔一定距离应设置锚固钢筋。

5 当采用钢筋混凝土套加固时，基础加宽部分的主筋应与原基础内主筋焊接连接。

6 对条形基础加宽时，应按长度1.5m～2.0m划分单独区段，并采用分批、分段、间隔施工的方法。

11.3.4 当不宜采用混凝土套或钢筋混凝土套加大基础底面积时，可将原独立基础改成条形基础；将原条形基础改成十字交叉条形基础或筏形基础；将原筏形基础改成箱形基础。

11.3.5 加深基础法适用于浅层地基土层可作为持力层，且地下水位较低的基础加固。可将原基础埋置深度加深，使基础支承在较好的持力层上。当地下水位较高时，应采取相应的降水或排水措施，同时应分析评价降排水对建筑物的影响。设计时，应考虑原基础能否满足施工要求，必要时，应进行基础加固。

11.3.6 基础加深的混凝土墩可以设计成间断的或连续的。施工时，应先设置间断的混凝土墩，并在挖掉墩间土后，灌注混凝土形成连续墩式基础。基础加深的施工，应按下列步骤进行：

1 先在贴近既有建筑基础的一侧分批、分段、间隔开挖长约1.2m、宽约0.9m的竖坑，对坑壁不能直立的砂土或软弱地基，应进行坑壁支护，竖坑底面埋深应大于原基础底面埋深1.5m。

2 在原基础底面下，沿横向开挖与基础同宽，且深度达到设计持力层深度的基坑。

3 基础下的坑体，应采用现浇混凝土灌注，并在距原基础底面下200mm处停止灌注，待养护一天后，用掺入膨胀剂和速凝剂的干稠水泥砂浆填入基底空隙，并挤实填筑的砂浆。

11.3.7 当基础为承重的砖石砌体、钢筋混凝土基础梁时，墙基应跨越两墩之间，如原基础强度不能满足两墩间的跨越，应在坑间设置过梁。

11.3.8 对较大的柱基用基础加深法加固时，应将柱基面积划分为几个单元进行加固，一次加固不宜超过基础总面积的20%，施工顺序，应先从角端处开始。

11.3.9 抬墙梁法可采用预制的钢筋混凝土梁或钢

梁，穿过原房屋基础梁下，置于基础两侧预先做好的钢筋混凝土桩或墩上。抬墙梁的平面位置应避开一层门窗洞口。

11.4 锚杆静压桩

11.4.1 锚杆静压桩法适用于淤泥、淤泥质土、黏性土、粉土、人工填土、湿陷性黄土等地基加固。

11.4.2 锚杆静压桩设计，应符合下列规定：

1 锚杆静压桩的单桩竖向承载力可通过单桩载荷试验确定；当无试验资料时，可按地区经验确定，也可按国家现行标准《建筑地基基础设计规范》GB 50007 和《建筑桩基技术规范》JGJ 94 有关规定估算。

2 压桩孔应布置在墙体的内外两侧或柱子四周。设计桩数应由上部结构荷载及单桩竖向承载力计算确定；施工时，压桩力不得大于该加固部分的结构自重荷载。压桩孔可预留，或在扩大基础上由人工或机械开凿，压桩孔的截面形状，可做成上小下大的截头锥形，压桩孔洞口的底板、板面应设保护附加钢筋，其孔口每边不宜小于桩截面边长的 50mm～100mm。

3 当既有建筑基础承载力和刚度不满足压桩要求时，应对基础进行加固补强，或采用新浇筑钢筋混凝土挑梁或抬梁作为压桩承台。

4 桩身制作除应满足现行行业标准《建筑桩基技术规范》JGJ 94 的规定外，尚应符合下列规定：

1）桩身可采用钢筋混凝土桩、钢管桩、预制管桩、型钢等；

2）钢筋混凝土桩宜采用方形，其边长宜为 200mm～350mm；钢管桩直径宜为 100mm～600mm，壁厚宜为 5mm～10mm；预制管桩直径宜为 400mm～600mm，壁厚不宜小于 10mm；

3）每段桩节长度，应根据施工净空高度及机具条件确定，每段桩节长度宜为 1.0m～3.0m；

4）钢筋混凝土桩的主筋配置应按计算确定，且应满足最小配筋率要求。当方桩截面边长为 200mm 时，配筋不宜少于 4φ10；当边长为 250mm 时，配筋不宜少于 4φ12；当边长为 300mm 时，配筋不宜少于 4φ14；当边长为 350mm 时，配筋不宜少于 4φ16；抗拔桩主筋由计算确定；

5）钢筋宜选用 HRB335 级以上，桩身混凝土强度等级不应小于 C30 级；

6）当单桩承载力设计值大于 1500kN 时，宜选用直径不小于 φ400mm 的钢管桩；

7）当桩身承受拉应力时，桩节的连接应采用焊接接头；其他情况下，桩节的连接可采用硫磺胶泥或其他方式连接。当采用硫磺胶泥接头连接时，桩节两端连接处，应设置焊接钢筋网片，一端应预埋插筋，另一端应预留插筋孔和吊装孔；当采用焊接接头时，桩节的两端均应设置预埋连接件。

5 原基础承台除应满足承载力要求外，尚应符合下列规定：

1）承台周边至边桩的净距不宜小于 300mm；

2）承台厚度不宜小于 400mm；

3）桩顶嵌入承台内长度应为 50mm～100mm；当桩承受拉力或有特殊要求时，应在桩顶四角增设锚固筋，锚固筋伸入承台内的锚固长度，应满足钢筋锚固要求；

4）压桩孔内应采用混凝土强度等级为 C30 或不低于基础强度等级的微膨胀早强混凝土浇筑密实；

5）当原基础厚度小于 350mm 时，压桩孔应采用 2φ16 钢筋交叉焊接于锚杆上，并应在浇筑压桩孔混凝土时，在桩孔顶面以上浇筑桩帽，厚度不得小于 150mm。

6 锚杆应根据压桩力大小通过计算确定。锚杆可采用带螺纹锚杆、端头带镦粗锚杆或带爪肢锚杆，并应符合下列规定：

1）当压桩力小于 400kN 时，可采用 M24 锚杆；当压桩力为 400kN～500kN 时，可采用 M27 锚杆；

2）锚杆螺栓的锚固深度可采用 12 倍～15 倍螺栓直径，且不应小于 300mm，锚杆露出承台顶面长度应满足压桩机具要求，且不应小于 120mm；

3）锚杆螺栓在锚杆孔内的胶粘剂可采用植筋胶、环氧砂浆或硫磺胶泥等；

4）锚杆与压桩孔、周围结构及承台边缘的距离不应小于 200mm。

11.4.3 锚杆静压桩施工应符合下列规定：

1 锚杆静压桩施工前，应做好下列准备工作：

1）清理压桩孔和锚杆孔施工工作面；

2）制作锚杆螺栓和桩节；

3）开凿压桩孔，孔壁凿毛，将原承台钢筋割断后弯起，待压桩后再焊接；

4）开凿锚杆孔，应确保锚杆孔内清洁干燥后再埋设锚杆，并以胶粘剂加以封固。

2 压桩施工应符合下列规定：

1）压桩架应保持竖直，锚固螺栓的螺母或锚具应均衡紧固，压桩过程中，应随时拧紧松动的螺母；

2）就位的桩节应保持竖直，使千斤顶、桩节及压桩孔轴线重合，不得采用偏心加压；压桩时，应垫钢板或桩垫，套上钢桩帽再进行压桩。桩位允许偏差应为 ±20mm，桩节垂直度允许偏差应为桩节长度的±1.0%；钢管桩平整度允许偏差应为±2mm，接桩处的坡口应为45°，焊缝应饱满、无气孔、无杂质，焊缝高度应为 $h=t+1$（mm，t 为壁厚）；

3）桩应一次连续压到设计标高。当必须中途停压时，桩端应停留在软弱土层中，且停压的间隔时间不宜超过24h；

4）压桩施工应对称进行，在同一个独立基础上，不应数台压桩机同时加压施工；

5）焊接接桩前，应对准上、下节桩的垂直轴线，且应清除焊面铁锈后，方可进行满焊施工；

6）采用硫磺胶泥接桩时，其操作施工应按现行国家标准《建筑地基基础工程施工质量验收规范》GB 50202 的规定执行；

7）可根据静力触探资料，预估最大压桩力选择压桩设备。最大压桩力 $P_{p(z)}$ 和设计最终压桩力 P_p 可分别按式（11.4.3-1）和式（11.4.3-2）计算：

$$P_{p(z)} = K_s \cdot p_{s(z)} \quad (11.4.3-1)$$
$$P_p = K_p \cdot R_d \quad (11.4.3-2)$$

式中：$P_{p(z)}$——桩入土深度为 z 时的最大压桩力（kN）；

K_s——换算系数（m²），可根据当地经验确定；

$p_{s(z)}$——桩入土深度为 z 时的最大比贯入阻力（kPa）；

P_p——设计最终压桩力（kN）；

K_p——压桩力系数，可根据当地经验确定，且不宜小于 2.0；

R_d——单桩竖向承载力特征值（kN）。

8）桩尖应达到设计深度，且压桩力不小于设计单桩承载力 1.5 倍时的持续时间不少于 5min 时，可终止压桩；

9）封桩前，应凿毛和刷洗干净桩顶桩侧表面，并涂混凝土界面剂，压桩孔内封桩应采用 C30 或 C35 微膨胀混凝土，封桩可采用不施加预应力的方法或施加预应力的方法。

11.4.4 锚杆静压桩质量检验，应符合下列规定：

1 最终压桩力与桩压入深度，应符合设计要求。

2 桩帽梁、交叉钢筋及焊接质量，应符合设计要求。

3 桩位允许偏差应为±20mm。

4 桩节垂直度允许偏差不应大于桩节长度的 1.0%。

5 钢管桩平整度允许偏差应为±2mm，接桩处的坡口应为45°，接桩处焊缝应饱满、无气孔、无杂质，焊缝高度应为 $h=t+1$（mm，t 为壁厚）。

6 桩身试块强度和封桩混凝土试块强度，应符合设计要求。

11.5 树 根 桩

11.5.1 树根桩适用于淤泥、淤泥质土、黏性土、粉土、砂土、碎石土及人工填土等地基加固。

11.5.2 树根桩设计，应符合下列规定：

1 树根桩的直径宜为 150mm～400mm，桩长不宜超过 30m，桩的布置可采用直桩或网状结构斜桩。

2 树根桩的单桩竖向承载力可通过单桩载荷试验确定；当无试验资料时，也可按现行国家标准《建筑地基基础设计规范》GB 50007 的有关规定估算。

3 桩身混凝土强度等级不应小于 C20；混凝土细石骨料粒径宜为 10mm～25mm；钢筋笼外径宜小于设计桩径的 40mm～60mm；主筋直径宜为 12mm～18mm；箍筋直径宜为 6mm～8mm，间距宜为 150mm～250mm；主筋不得少于 3 根；桩承受压力作用时，主筋长度不得小于桩长的 2/3；桩承受拉力作用时，桩身应通长配筋；对直径小于 200mm 树根桩，宜注水泥砂浆，砂粒粒径不宜大于 0.5mm。

4 有经验地区，可用钢管代替树根桩中的钢筋笼，并采用压力注浆提高承载力。

5 树根桩设计时，应对既有建筑的基础进行承载力的验算。当基础不满足承载力要求时，应对原基础进行加固或增设新的桩承台。

6 网状结构树根桩设计时，可将桩及周围土体视作整体结构进行整体验算，并应对网状结构中的单根树根桩进行内力分析和计算。

7 网状结构树根桩的整体稳定性计算，可采用假定滑动面不通过网状结构树根桩的加固体进行计算，有地区经验时，可按圆弧滑动法，考虑树根桩的抗滑力进行计算。

11.5.3 树根桩施工，应符合下列规定：

1 桩位允许偏差应为±20mm；直桩垂直度和斜桩倾斜度允许偏差不应大于 1%。

2 可采用钻机成孔，穿过原基础混凝土。在土层中钻孔时，应采用清水或天然地基泥浆护壁；可在孔口附近下一段套管；作为端承桩使用时，钻孔应全桩长下套管。钻孔到设计标高后，清孔至孔口泛清水为止；当土层中有地下水，且成孔困难时，可采用套管跟进成孔或利用套管替代钢筋笼一次成桩。

3 钢筋笼宜整根吊放。当分节吊放时，节间钢筋搭接焊缝采用双面焊时，搭接长度不得小于 5 倍钢筋直径；采用单面焊时，搭接长度不得小于 10 倍钢筋直径。注浆管应直插到孔底，需二次注浆的树根桩应插两根注浆管，施工时，应缩短吊放和焊接时间。

4 当采用碎石和细石填料时，填料应经清洗，投入量不应小于计算桩孔体积的 90%。填灌时，应同时采用注浆管注水清孔。

5 注浆材料可采用水泥浆、水泥砂浆或细石混

合设计要求。

凝土, 当采用碎石填灌时, 注浆应采用水泥浆。

6 当采用一次注浆时, 泵的最大工作压力不应低于 1.5MPa。注浆时, 起始注浆压力不应小于 1.0MPa, 待浆液经注浆管从孔底压出后, 注浆压力可调整为 0.1MPa～0.3MPa, 浆液泛出孔口时, 应停止注浆。

当采用二次注浆时, 泵的最大工作压力不宜低于 4.0MPa, 且待第一次注浆的浆液初凝时, 方可进行第二次注浆。浆液的初凝时间根据水泥品种和外加剂掺量确定, 且宜为 45min～100min。第二次注浆压力宜为 1.0MPa～3.0MPa, 二次注浆不宜采用水泥砂浆和细石混凝土;

7 注浆施工时, 应采用间隔施工、间歇施工或增加速凝剂掺量等技术措施, 防止出现相邻桩冒浆和窜孔现象。

8 树根桩施工, 桩身不得出现缩颈和塌孔。

9 拔管后, 应立即在桩顶填充碎石, 并在桩顶 1m～2m 范围内补充注浆。

11.5.4 树根桩质量检验, 应符合下列规定:

1 每 3 根～6 根桩, 应留一组试块, 并测定试块抗压强度。

2 应采用载荷试验检验树根桩的竖向承载力, 有经验时, 可采用动测法检验桩身质量。

11.6 坑式静压桩

11.6.1 坑式静压桩适用于淤泥、淤泥质土、黏性土、粉土、湿陷性黄土和人工填土且地下水位较低的地基加固。

11.6.2 坑式静压桩设计, 应符合下列规定:

1 坑式静压桩的单桩承载力, 可按现行国家标准《建筑地基基础设计规范》GB 50007 的有关规定估算。

2 桩身可采用直径为 100mm～600mm 的开口钢管, 或边长为 150mm～350mm 的预制钢筋混凝土方桩, 每节桩长可按既有建筑基础下坑的净空高度和千斤顶的行程确定。

3 钢管桩管内应满灌混凝土, 桩管外宜做防腐处理, 桩段之间的连接宜用焊接连接; 钢筋混凝土预制桩, 上、下桩节之间宜用预埋插筋并采用硫磺胶泥接桩, 或采用上、下桩节预埋铁件焊接成桩。

4 桩的平面布置, 应根据既有建筑的墙体和基础形式及荷载大小确定, 可采用一字形、三角形、正方形或梅花形等布置方式, 应避开门窗等墙体薄弱部位, 且应设置在结构受力节点位置。

5 当既有建筑基础承载力不能满足压桩反力时, 应对原基础进行加固, 增设钢筋混凝土地梁、型钢梁或钢筋混凝土垫块, 加强基础结构的承载力和刚度。

11.6.3 坑式静压桩施工, 应符合下列规定:

1 施工时, 先在贴近被加固建筑物的一侧开挖

竖向工作坑, 对砂土或软弱土等地基应进行坑壁支护, 并在基础梁、承台梁或直接在基础底面下开挖竖向工作坑。

2 压桩施工时, 应在第一节桩桩顶上安置千斤顶及测力传感器, 再驱动千斤顶压桩, 每压入下一节桩后, 再接上一节桩。

3 钢管桩各节的连接处可采用套管接头; 当钢管桩较长或土中有障碍物时, 需采用焊接接头, 整个焊口 (包括套管接头) 应为满焊; 预制钢筋混凝土方桩, 桩尖可将主筋合拢焊在桩尖辅助钢筋上, 在密实砂和碎石类土中, 可在桩尖处包以钢板桩靴, 桩与桩间接头, 可采用焊接或硫磺胶泥接头。

4 桩位允许偏差应为 ±20mm; 桩节垂直度允许偏差不应大于桩节长度的 1%。

5 桩尖到达设计深度后, 压桩力不得小于单桩竖向承载力特征值的 2 倍, 且持续时间不应少于 5min。

6 封桩可采用预应力法或非预应力法施工:

1) 对钢筋混凝土方桩, 压桩达到设计深度后, 应采用 C30 微膨胀早强混凝土将桩与原基础浇筑成整体;

2) 当施加预应力封桩时, 可采用型钢支架托换, 再浇筑混凝土; 对钢管桩, 应根据工程要求, 在钢管内浇筑微膨胀早强混凝土, 最后用混凝土将桩与原基础浇筑成整体。

11.6.4 坑式静压桩质量检验, 应符合下列规定:

1 最终压桩力与压桩深度, 应符合设计要求。

2 桩材试块强度, 应符合设计要求。

11.7 注 浆 加 固

11.7.1 注浆加固适用于砂土、粉土、黏性土和人工填土等地基加固。

11.7.2 注浆加固设计前, 宜进行室内浆液配比试验和现场注浆试验, 确定设计参数和检验施工方法及设备; 有地区经验时, 可按地区经验确定设计参数。

11.7.3 注浆加固设计, 应符合下列规定:

1 劈裂注浆加固地基的浆液材料可选用以水泥为主剂的悬浊液, 或选用水泥和水玻璃的双液型混合液。防渗堵漏注浆的浆液可选用水玻璃、水玻璃与水泥的混合液或化学浆液, 不宜采用对环境有污染的化学浆液。对有地下水流动的地基土层加固, 不宜采用单液水泥浆, 宜采用双液注浆或其他初凝时间短的速凝配方。压密注浆可选用低坍落度的水泥砂浆, 并应设置排水通道。

2 注浆孔间距应根据现场试验确定, 宜为 1.2m～2.0m; 注浆孔可布置在基础内、外侧或基础内, 基础内注浆后, 应采取措施对基础进行封孔。

3 浆液的初凝时间, 应根据地基土质条件和注浆目的确定, 砂土地基中宜为 5min～20min, 黏性土

地基中宜为 1h～2h。

4 注浆量和注浆有效范围的初步设计，可按经验公式确定。施工图设计前，应通过现场注浆试验确定。在黏性土地基中，浆液注入率宜为 15%～20%。注浆点上的覆盖土厚度不应小于 2.0m。

5 劈裂注浆的注浆压力，在砂土中宜为 0.2MPa～0.5MPa，在黏性土中宜为 0.2MPa～0.3MPa；对压密注浆，水泥砂浆浆液坍落度宜为 25mm～75mm，注浆压力宜为 1.0MPa～7.0MPa。当采用水泥-水玻璃双液快凝浆液时，注浆压力不应大于 1MPa。

11.7.4 注浆加固施工，应符合下列规定：

1 施工场地应预先平整，并沿钻孔位置开挖沟槽和集水坑。

2 注浆施工时，宜采用自动流量和压力记录仪，并应及时对资料进行整理分析。

3 注浆孔的孔径宜为 70mm～110mm，垂直度偏差不应大于 1%。

4 花管注浆施工，可按下列步骤进行：

1）钻机与注浆设备就位；

2）钻孔或采用振动法将花管置入土层；

3）当采用钻孔法时，应从钻杆内注入封闭泥浆，插入孔径为 50mm 的金属花管；

4）待封闭泥浆凝固后，移动花管自下向上或自上向下进行注浆。

5 塑料阀管注浆施工，可按下列步骤进行：

1）钻机与灌浆设备就位；

2）钻孔；

3）当钻孔钻到设计深度后，从钻杆内灌入封闭泥浆，或直接采用封闭泥浆钻孔；

4）插入塑料单向阀管到设计深度。当注浆孔较深时，阀管中应加入水，以减小阀管插入土层时的弯曲；

5）待封闭泥浆凝固后，在塑料阀管中插入双向密封注浆芯管，再进行注浆，注浆时，应在设计注浆深度范围内自下而上（或自上而下）移动注浆芯管；

6）当使用同一塑料阀管进行反复注浆时，每次注浆完毕后，应用清水冲洗塑料阀管中的残留浆液。对于不宜采用清水冲洗的场地，宜用陶土浆灌满阀管内。

6 注浆管注浆施工，可按下列步骤进行：

1）钻机与灌浆设备就位；

2）钻孔或采用振动法将金属注浆管压入土层；

3）当采用钻孔法时，应从钻杆内灌入封闭泥浆，然后插入金属注浆管；

4）待封闭泥浆凝固后（采用钻孔法时），捅去金属管的活络堵头进行注浆，注浆时，应在设计注浆深度范围内，自下而上移动注浆管。

7 低坍落度砂浆压密注浆施工，可按下列步骤进行：

1）钻机与灌浆设备就位；

2）钻孔或采用振动法将金属注浆管置入土层；

3）向底层注入低坍落度水泥砂浆，应在设计注浆深度范围内，自下而上移动注浆管。

8 封闭泥浆的 7d 立方体试块的抗压强度应为 0.3MPa～0.5MPa，浆液黏度应为 80″～90″。

9 注浆用水泥的强度等级不宜小于 32.5 级。

10 注浆时可掺用粉煤灰，掺入量可为水泥重量的 20%～50%。

11 根据工程需要，浆液拌制时，可根据下列情况加入外加剂：

1）加速浆体凝固的水玻璃，其模数应为 3.0～3.3。水玻璃掺量应通过试验确定，宜为水泥用量的 0.5%～3%；

2）为提高浆液扩散能力和可泵性，可掺加表面活性剂（或减水剂），其掺加量应通过试验确定；

3）为提高浆液均匀性和稳定性，防止固体颗粒离析和沉淀，可掺加膨润土，膨润土掺加量不宜大于水泥用量的 5%；

4）可掺加早强剂、微膨胀剂、抗冻剂、缓凝剂等，其掺加量应分别通过试验确定。

12 注浆用水不得采用 pH 值小于 4 的酸性水或工业废水。

13 水泥浆的水灰比宜为 0.6～2.0，常用水灰比为 1.0。

14 劈裂注浆的流量宜为 7L/min～15L/min。充填型灌浆的流量不宜大于 20L/min。压密注浆的流量宜为 10L/min～40L/min。

15 注浆管上拔时，宜使用拔管机。塑料阀管注浆时，注浆芯管每次上拔高度应与阀管开孔间距一致，且宜为 330mm；花管或注浆管注浆时，每次上拔或下钻高度宜为 300mm～500mm；采用砂浆压密注浆，每次上拔高度宜为 400mm～600mm。

16 浆体应经过搅拌机充分搅拌均匀后，方可开始压注。注浆过程中，应不停缓慢搅拌，搅拌时间不应大于浆液初凝时间。浆液在泵送前，应经过筛网过滤。

17 在日平均温度低于 5℃ 或最低温度低于 -3℃ 的条件下注浆时，应在施工现场采取保温措施，确保浆液不冻结。

18 浆液水温不得超过 35℃，且不得将盛浆桶和注浆管路在注浆体静止状态暴露于阳光下，防止浆液凝固。

19 注浆顺序应根据地基土质条件、现场环境、周边排水条件及注浆目的等确定，并应符合下列规定：

1）注浆应采用先外围后内部的跳孔间隔的注浆施工，不得采用单向推进的压注方式；

2）对有地下水流动的土层注浆，应自水头高的一端开始注浆；

3）对注浆范围以外有边界约束条件时，可采用从边界约束远侧往近侧推进的注浆方式，深度方向宜由下向上进行注浆；

4）对渗透系数相近的土层注浆，应先注浆封顶，再由下至上进行注浆。

20 既有建筑地基注浆时，应对既有建筑及其邻近建筑、地下管线和地面的沉降、倾斜、位移和裂缝进行监测，且应采用多孔间隔注浆和缩短浆液凝固时间等技术措施，减少既有建筑基础、地下管线和地面因注浆而产生的附加沉降。

11.7.5 注浆加固地基的质量检验，应符合下列规定：

1 注浆检验时间应在注浆施工结束 28d 后进行。质量检测方法可用标准贯入试验、静力触探试验、轻便触探试验或静载荷试验对加固地层进行检测。对注浆效果的评定，应注重注浆前后数据的比较，并结合建筑物沉降观测结果综合评价注浆效果。

2 应在加固土的全部深度范围内，每间隔 1.0m 取样进行室内试验，测定其压缩性、强度或渗透性。

3 注浆检验点应设在注浆孔之间，检测数量应为注浆孔数的 2%～5%。当检验点合格率小于或等于 80%，或虽大于 80% 但检验点的平均值达不到强度或防渗的设计要求时，应对不合格的注浆区实施重复注浆。

4 应对注浆凝固体试块进行强度试验。

11.8 石 灰 桩

11.8.1 石灰桩适用于加固地下水位以下的黏性土、粉土、松散粉细砂、淤泥、淤泥质土、杂填土或饱和黄土等地基加固，对重要工程或地质条件复杂而又缺乏经验的地区，施工前，应通过现场试验确定其适用性。

11.8.2 石灰桩加固设计，应符合下列规定：

1 石灰桩桩身材料宜采用生石灰和粉煤灰（火山灰或其他掺合料）。生石灰氧化钙含量不得低于 70%，含粉量不得超过 10%，最大块径不得大于 50mm。

2 石灰桩的配合比（体积比）宜为生石灰∶粉煤灰＝1∶1、1∶1.5 或 1∶2。为提高桩身强度，可掺入适量水泥、砂或石屑。

3 石灰桩桩径应由成孔机具确定。桩距宜为 2.5 倍～3.5 倍桩径，桩的布置可按三角形或正方形布置。石灰桩地基处理的范围应比基础的宽度加宽 1 排～2 排桩，且不小于加固深度的一半。石灰桩桩长

应由加固目的和地基土质等决定。

4 成桩时，石灰桩材料的干密度 ρ_d 不应小于 1.1t/m³，石灰桩每延米灌灰量可按下式估算：

$$q = \eta_c \frac{\pi d^2}{4} \qquad (11.8.2)$$

式中：q——石灰桩每延米灌灰量（m³/m）；

η_c——充盈系数，可取 1.4～1.8。振动管外投料成桩取高值；螺旋钻成桩取低值；

d——设计桩径（m）。

5 在石灰桩顶部宜铺设 200mm～300mm 厚的石屑或碎石垫层。

6 复合地基承载力和变形计算，应符合现行行业标准《建筑地基处理技术规范》JGJ 79 的有关规定。

11.8.3 石灰桩施工，应符合下列规定：

1 根据加固设计要求、土质条件、现场条件和机具供应情况，可选用振动成桩法（分管内填料成桩和管外填料成桩）、锤击成桩法、螺旋钻成桩法或洛阳铲成桩工艺等。桩位中心点的允许偏差不应超过桩距设计值的 8%，桩的垂直度允许偏差不应大于桩长的 1.5%。

2 采用振动成桩法和锤击成桩法施工时，应符合下列规定：

1）采用振动管内填料成桩法时，为防止生石灰膨胀堵住桩管，应加压缩空气装置及空中加料装置；管外填料成桩，应控制每次填料数量及沉管的深度；采用锤击成桩法时，应根据锤击的能量，控制分段的填料量和成桩长度；

2）桩顶上部空孔部分，应采用 3∶7 灰土或素土填孔封顶。

3 采用螺旋钻成桩法施工时，应符合下列规定：

1）根据成孔时电流大小和土质情况，检验场地情况与原勘察报告和设计要求是否相符；

2）钻杆达设计要求深度后，提钻检查成孔质量，清除钻杆上泥土；

3）施工过程中，将钻杆沉入孔底，钻杆反转，叶片将填料边搅拌边压入孔底，钻杆被密的填料逐渐顶起，钻尖升至离地面 1.0m～1.5m 或预定标高后停止填料，用 3∶7 灰土或素土封顶。

4 洛阳铲成桩法适用于施工场地狭窄的地基加固工程。洛阳铲成桩直径可为 200mm～300mm，每层回填料厚度不宜大于 300mm，用杆状重锤分层夯实。

5 施工过程中，应设专人监测成孔及回填料的质量，并做好施工记录。如发现地基土质与勘察资料不符，应查明情况并采取有效处理措施后，方可继续施工。

6 当地基土含水量很高时，石灰桩应由外向内

或沿地下水流方向施打，且宜采用间隔跳打施工。

11.8.4 石灰桩质量检验，应符合下列规定：

1 施工时，应及时检查施工记录。当发现回填料不足，缩径严重时，应立即采取补救处理措施。

2 施工过程中，应检查施工现场有无地面隆起异常及漏桩现象；并应按设计要求，抽查桩位、桩距，详细记录，对不符合质量要求的石灰桩，应采取补救处理措施。

3 质量检验可在施工结束28d后进行。检验方法可采用标准贯入、静力触探以及钻孔取样室内试验等测试方法，检测项目应包括桩体和桩间土强度，验算复合地基承载力。

4 对重要或大型工程，应进行复合地基载荷试验。

5 石灰桩的检验数量不应少于总桩数的2%，且不得少于3根。

11.9 其他地基加固方法

11.9.1 旋喷桩适用于处理淤泥、淤泥质土、黏性土、粉土、砂土、黄土、素填土和碎石土等地基。对于砾石粒径过大，含量过多及淤泥、淤泥质土有大量纤维质的腐殖土等，应通过现场试验确定其适用性。

11.9.2 灰土挤密桩适用于处理地下水位以上的粉土、黏性土、素填土、杂填土和湿陷性黄土等地基。

11.9.3 水泥土搅拌桩适用于处理正常固结的淤泥与淤泥质土、素填土、软－可塑黏性土、松散－中密粉细砂、稍密－中密粉土、松散－稍密中粗砂、饱和黄土等地基。

11.9.4 硅化注浆可分双液硅化法和单液硅化法。当地基土为渗透系数大于2.0m/d的粗颗粒土时，可采用双液硅化法（水玻璃和氯化钙）；当地基的渗透系数为0.1m/d～2.0m/d的湿陷性黄土时，可采用单液硅化法（水玻璃）；对自重湿陷性黄土，宜采用无压力单液硅化法。

11.9.5 碱液注浆适用于处理非自重湿陷性黄土地基。

11.9.6 人工挖孔混凝土灌注桩适用于地基变形过大或地基承载力不足等情况的基础托换加固。

11.9.7 旋喷桩、灰土挤密桩、水泥土搅拌桩、硅化注浆、碱液注浆的设计与施工应符合现行行业标准《建筑地基处理技术规范》JGJ 79 的有关规定。人工挖孔混凝土灌注桩的设计与施工应符合现行行业标准《建筑桩基技术规范》JGJ 94 的有关规定。

12 检验与监测

12.1 一般规定

12.1.1 既有建筑地基基础加固工程，应按设计要求及现行国家标准《建筑地基基础工程施工质量验收规范》GB 50202 的规定进行质量检验。

12.1.2 对既有建筑地基基础加固工程，当监测数据出现异常时，应立即停止施工，分析原因，必要时采取调整既有建筑地基基础加固设计或施工方案的技术措施。

12.2 检 验

12.2.1 既有建筑地基基础加固施工，基槽开挖后，应进行地基检验。当发现与勘察报告和设计文件不一致，或遇到异常情况时，应结合地质条件，提出处理意见；对加固设计参数取值、施工方案实施影响大时，应进行补充勘察。

12.2.2 应对新、旧基础结构连接构件进行检验，并提供隐蔽工程检验报告。

12.2.3 基础补强注浆加固基础，应在基础补强后，对基础钻芯取样进行检验。

12.2.4 采用锚杆静压桩、坑式静压桩，应进行下列检验：

1 桩节的连接质量。

2 桩顶标高、桩位偏差等。

3 最终压桩力及压入深度。

12.2.5 采用现浇混凝土施工的树根桩、混凝土灌注桩，应进行下列检验：

1 提供经确认的原材料力学性能检验报告，混凝土试件留置数量及制作养护方法、混凝土抗压强度试验报告，钢筋笼制作质量检验报告等。

2 桩顶标高、桩位偏差等。

3 对桩的承载力应进行静载荷试验检验。

12.2.6 注浆加固施工后，应进行下列检验：

1 采用钻孔取样检验，室内试验测定加固土体的抗剪强度、压缩模量等，检验地基土加固土层的均匀性。

2 加固后地基土承载力的静载荷试验；有地区经验时，可采用标准贯入试验、静力触探试验，并结合地区经验进行加固后地基土承载力检验。

12.2.7 复合地基加固施工后，应对地基处理的施工质量进行检验：

1 桩顶标高、桩位偏差等。

2 增强体的密实度或强度。

3 复合地基承载力的静载荷试验，增强体承载力和桩身完整性检验。

12.2.8 纠倾加固和移位加固施工，应对顶升梁或托换梁的施工质量进行检验。

12.2.9 托换加固施工，应对托换结构以及连接构造进行检验，并提供隐蔽工程检验报告。

12.3 监 测

12.3.1 既有建筑地基基础加固施工时，应对影响范围内的周边建筑物、地下管线等市政设施的沉降和位移进行监测。

12.3.2 既有建筑地基基础加固施工降水对周边环境有影响时，应对有影响的建筑物及地下管线、道路进行沉降监测，对地下水位的变化进行监测。

12.3.3 外套结构增层，应对外套结构新增荷载引起的既有建筑附加沉降进行监测。

12.3.4 迫降纠倾施工，应在施工过程中对建筑物的沉降、倾斜值及结构构件的变形、裂缝进行监测，直到纠倾施工结束，监测周期应根据纠倾速率确定。

12.3.5 顶升纠倾施工，应在施工过程中对建筑物的倾斜值，结构构件的变形、裂缝以及千斤顶的工作状态进行监测，必要时，应对结构的内力进行监测。

12.3.6 移位施工过程中，应对建筑物结构构件的变形、裂缝以及施力系统的工作状态进行实时监测，必要时，应对结构的内力进行监测。

12.3.7 托换加固施工，应对建筑的沉降、倾斜、裂缝进行监测，必要时，应对建筑的水平移位或结构内力（或应变）进行监测。

12.3.8 注浆加固施工，应对施工引起的建筑物附加沉降进行监测。

12.3.9 采用加大基础底面积、加深基础进行基础加固时，应对开挖施工槽段内结构的变形和裂缝情况进行监测。

附录 A 既有建筑基础下地基土载荷试验要点

A.0.1 本试验要点适用于测定地下水位以上既有建筑地基的承载力和变形模量。

A.0.2 试验压板面积宜取 $0.25m^2 \sim 0.50m^2$，基坑宽度不应小于压板宽度或压板直径的 3 倍。试验时，应保持试验土层的原状结构和天然湿度。在试压土层的表面，宜铺不大于 20mm 厚的中、粗砂层找平。

A.0.3 试验位置应在承重墙的基础下，加载反力可利用建筑物的自重，使千斤顶上的测力计直接与基础下钢板接触（图 A.0.3）。钢板大小和厚度，可根据基础材料强度和加载大小确定。

A.0.4 在含水量较大或松散的地基土中挖试验坑时，应采取坑壁支护措施。

A.0.5 加载分级、稳定标准、终止加载条件和承载力取值，应按现行国家标准《建筑地基基础设计规范》GB 50007 的规定执行。

A.0.6 在试验挖坑时，可同时取土样检验其物理力学性质，并对地基承载力取值和地基变形进行综合

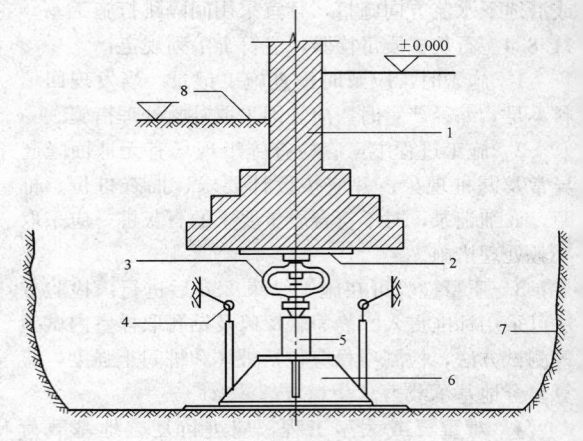

图 A.0.3 载荷试验示意

1—建筑物基础；2—钢板；3—测力计；4—百分表；
5—千斤顶；6—试验压板；7—试坑壁；8—室外地坪

分析。

A.0.7 当既有建筑基础下有垫层时，试验压板应埋置在垫层下的原土层上。

A.0.8 试验结束后，应及时采用低强度等级混凝土将基坑回填密实。

附录 B 既有建筑地基承载力持载再加荷载荷试验要点

B.0.1 本试验要点适用于测定既有建筑基础再增加荷载时的地基承载力和变形模量。

B.0.2 试验压板可取方形或圆形。压板宽度或压板直径，对独立基础、条形基础应取基础宽度。对基础宽度大，试验条件不满足时，应考虑尺寸效应对检测结果的影响，并结合结构和基础形式以及地基条件综合分析，确定地基承载力和地基变形模量；当场地地基无软弱下卧层时，可用小尺寸压板的试验确定，但试验压板的面积不宜小于 $2.0m^2$。

B.0.3 试验位置应在与原建筑物地基条件相同的场地进行，并应尽量靠近既有建筑物。试验压板的底标高应与原建筑物基础底标高相同。试验时，应保持试验土层的原状结构和天然湿度。

B.0.4 在试压土层的表面，宜铺不大于 20mm 厚的中、粗砂层找平。基坑宽度不应小于压板宽度或压板直径的 3 倍。

B.0.5 试验使用的荷载稳压设备稳压偏差允许值不应大于施加荷载的 $\pm 1\%$；沉降观测仪表 24h 的漂移值不应大于 0.2mm。

B.0.6 加载分级、稳定标准、终止加载条件应按现行国家标准《建筑地基基础设计规范》GB 50007 的规定执行。试验加荷至原基底使用荷载压力时应进行持载。持载时，应继续进行沉降观测。持载时间不得

少于 7d。然后再继续分级加载，直至试验完成。

B.0.7 在含水量较大或松散的地基土中挖试验坑时，应采取坑壁支护措施。

B.0.8 既有建筑再加荷地基承载力特征值的确定，应符合下列规定：

　　1 当再加荷压力-沉降曲线上有比例界限时，取该比例界限所对应的荷载值。

　　2 当极限荷载小于对应比例界限的荷载值的 2 倍时，取极限荷载值的一半。

　　3 当不能按上述两款要求确定时，可取再加荷压力-沉降曲线上 $s/b=0.006$ 或 $s/d=0.006$ 所对应的荷载，但其值不应大于最大加载量的一半。

　　4 取建筑物地基的允许变形值对应的荷载值。

　　注：s 为载荷板沉降值；b、d 分别为载荷板的宽度或直径。

B.0.9 同一土层参加统计的试验点不应少于 3 点，各试验实测值的极差不得超过其平均值的 30%，取平均值作为该土层的既有建筑再加荷的地基承载力特征值。既有建筑再加荷的地基变形模量，可按比例界限所对应的荷载值和变形进行计算，或按规定的变形对应的荷载值进行计算。

附录 C　既有建筑桩基础单桩承载力持载再加荷载荷试验要点

C.0.1 本试验要点适用于测定既有建筑桩基础再增加荷载时的单桩承载力。

C.0.2 试验桩应在与原建筑物地基条件相同的场地，并应尽量靠近既有建筑物，按原设计的尺寸、长度、施工工艺制作。开始试验的时间：桩在砂土中入土 7d 后；黏性土不得少于 15d；对于饱和软黏土不得少于 25d；灌注桩应在桩身混凝土达到设计强度后，方能进行。

C.0.3 加载反力装置，试桩、锚桩和基准桩之间的中心距离，加载分级，稳定标准，终止加载条件，卸载观测应按现行国家标准《建筑地基基础设计规范》GB 50007 的规定执行。试验加荷至原基桩使用荷载时，应进行持载。持载时，应继续进行沉降观测。持载时间不得少于 7d。然后再继续分级加载，直至试验完成。

C.0.4 试验使用的荷载稳压设备稳压偏差允许值不应大于施加荷载的 ±1%；沉降观测仪表 24h 的漂移值不应大于 0.2mm。

C.0.5 既有建筑再加荷的单桩竖向极限承载力确定，应符合下列规定：

　　1 作再加荷的荷载-沉降（Q-s）曲线和其他辅助分析所需的曲线。

　　2 当曲线陡降段明显时，取相应于陡降段起点

的荷载值。

　　3 当出现 $\frac{\Delta s_{n+1}}{\Delta s_n} \geqslant 2$ 且经 24h 尚未达到稳定而终止试验时，取终止试验的前一级荷载值。

　　4 Q-s 曲线呈缓变型时，取桩顶总沉降量 s 为 40mm 所对应的荷载值。

　　5 按上述方法判断有困难时，可结合其他辅助分析方法综合判定。对桩基沉降有特殊要求时，应根据具体情况选取。

　　6 参加统计的试桩，当满足其极差不超过平均值的 30% 时，可取其平均值作为单桩竖向极限承载力。极差超过平均值的 30% 时，宜增加试桩数量，并分析离差过大的原因，结合工程具体情况，确定极限承载力。对桩数为 3 根及 3 根以下的柱下桩台，取最小值。

C.0.6 再加荷的单桩竖向承载力特征值的确定，应符合下列规定：

　　1 当再加荷压力-沉降曲线上有比例界限时，取该比例界限所对应的荷载值。

　　2 当极限荷载小于对应比例界限荷载值的 2 倍时，取极限荷载值的一半。

　　3 当按既有建筑单桩允许变形进行设计时，应按 Q-s 曲线上允许变形对应的荷载确定。

本规范用词说明

　　1 为便于在执行本规范条文时区别对待，对要求严格程度不同的用词说明如下：

　　　1）表示很严格，非这样做不可的：

　　　　正面词采用"必须"，反面词采用"严禁"；

　　　2）表示严格，在正常情况下均应这样做的：

　　　　正面词采用"应"，反面词采用"不应"或"不得"；

　　　3）表示允许稍有选择，在条件许可时首先应这样做的：

　　　　正面词采用"宜"，反面词采用"不宜"；

　　　4）表示有选择，在一定条件可以这样做的，采用"可"。

　　2 条文中指明应按其他有关标准执行的写法为："应按……执行"或"应符合……的规定"。

引用标准名录

1 《砌体结构设计规范》GB 50003

2 《建筑地基基础设计规范》GB 50007

3 《建筑结构荷载规范》GB 50009

4 《混凝土结构设计规范》GB 50010

5 《建筑抗震设计规范》GB 50011

6 《湿陷性黄土地区建筑规范》GB 50025

7 《建筑地基基础工程施工质量验收规范》
GB 50202

8 《混凝土结构加固设计规范》GB 50367

9 《建筑变形测量规范》JGJ 8

10 《建筑地基处理技术规范》JGJ 79

11 《建筑桩基技术规范》JGJ 94

中华人民共和国行业标准

既有建筑地基基础加固技术规范

JGJ 123—2012

条 文 说 明

修 订 说 明

《既有建筑地基基础加固技术规范》JGJ 123－2012，经住房和城乡建设部 2012 年 8 月 23 日以第 1452 号公告批准、发布。

本规范是在《既有建筑地基基础加固技术规范》JGJ 123－2000 的基础上修订而成的，上一版的主编单位是中国建筑科学研究院，参编单位是同济大学、北方交通大学、福建省建筑科学研究院，主要起草人员是张永钧、叶书麟、唐业清、侯伟生。本次修订的主要技术内容是：1. 既有建筑地基基础加固设计的基本规定；2. 邻近新建建筑、深基坑开挖、新建地下工程对既有建筑产生影响时，对既有建筑采取的保护措施；3. 不同加固方法的承载力和变形计算方法；4. 托换加固；5. 地下水位变化过大引起的事故预防与补救；6. 检验与监测要求；7. 既有建筑地基承载力持载再加荷载荷试验要点；8. 既有建筑桩基础单桩承载力持载再加荷载荷试验要点；9. 既有建筑地基基础鉴定评价要求；10. 增层改造、事故预防和补救、加固方法等。

本次规范修订过程中，编制组进行了广泛的调查研究，总结了我国建筑地基基础领域的实践经验，同时参考了国外先进技术法规、技术标准，通过调研、征求意见及工程试算，对增加和修订内容的反复讨论、分析、论证，取得了重要技术参数。

为便于广大设计、施工、科研、学校等单位有关人员在使用本规范时能正确理解和执行条文规定，《既有建筑地基基础加固技术规范》编制组按章、节、条顺序编制了本规范的条文说明，对条文规定的目的、依据以及执行中需注意的有关事项进行了说明，还着重对强制性条文的强制性理由作了解释。但是，本条文说明不具备与规范正文同等的法律效力，仅供使用者作为理解和把握规范规定的参考。

目　　次

1 总　则

1.0.1 根据我国情况，既有建筑因各种原因需要进行地基基础加固者，从建造年代来看，除少数古建筑和新中国成立前建造的建筑外，绝大多数是新中国成立以来建造的建筑，其中又以新中国成立初期至20世纪70年代末建造的建筑占主体，改革开放以来建造的大量建筑，也有一小部分需要进行加固。就建筑类型而言，有工业建筑和构筑物，也有公用建筑和大量住宅建筑。因而，需要进行地基基础加固的既有建筑范围很广、数量很多、工程量很大、投资很高。因此，既有建筑地基基础加固的设计和施工必须认真贯彻国家的各项技术经济政策，做到技术先进、经济合理、安全适用、确保质量、保护环境。

1.0.2 本条规定了规范的适用范围。增加荷载包括加固改造增加的荷载以及直接增层增加的荷载；自然灾害包括地震、风灾、水灾、泥石流、海啸等。

3 基本规定

3.0.1 本条是对地基基础加固的设计、施工、质量检测的总体要求。既有建筑使用后地基土经压密固结作用后，其工程性质与天然地基不同，应根据既有建筑地基基础的工作性状制定设计方案和施工组织设计，精心施工，保证加固后的建筑安全使用。

3.0.2 既有建筑在进行加固设计和施工之前，应先对地基、基础和上部结构进行鉴定，根据鉴定结果，确定加固的必要性和可能性，针对地基、基础和上部结构的现状分析和评价，进行加固设计，制定施工方案。

3.0.3 本条是对既有建筑地基基础加固前应取得资料的规定。

3.0.4 本条是对既有建筑地基基础加固设计的要求。既有建筑地基基础加固设计，应满足地基承载力、变形和稳定性要求。既有建筑在荷载作用下地基土已固结压密，再加荷时的荷载分担、基底反力分布与直接加荷的天然地基不同，应按新老地基基础的共同作用分析结果进行地基基础加固设计。

3.0.5 邻近新建建筑、深基坑开挖、新建地下工程对既有建筑产生影响时，改变了既有建筑地基基础的设计条件，一方面应在邻近新建建筑、深基坑开挖、新建地下工程设计时对既有建筑地基基础的原设计进行复核，同时在邻近新建建筑、深基坑开挖、新建地下工程自身的结构设计时应对其长期荷载作用的荷载取值、变形条件考虑既有建筑的作用。不满足时，应优先采取调整邻近新建建筑的规划设计、新建地下工程施工方案、深基坑开挖支护、地下墙（桩）隔离地基应力和变形等对既有建筑的保护措施，需要时应进

行既有建筑地基基础或上部结构加固。

3.0.6 在选择地基基础加固方案时，本条强调应根据所列各种因素对初步选定的各种加固方案进行对比分析，选定最佳的加固方法。

大量工程实践证明，在进行地基基础设计时，采用加强上部结构刚度和承载力的方法，能减少地基的不均匀变形，取得较好的技术经济效果。因此，在选择既有建筑地基基础加固方案时，同样也应考虑上部结构、基础和地基的共同作用，采取切实可行的措施，既可降低费用，又可收到满意的效果。

3.0.7 地基基础加固使用的材料，包括水泥、碱液、硅酸钠以及其他胶结材料等，应符合环境保护要求，根据场地类别不同加固方法形成的增强体或基础结构应符合耐久性设计要求。

3.0.8 根据现行国家标准《工程结构可靠性设计统一标准》GB 50153的要求，既有建筑加固后的地基基础设计使用年限应满足加固后的建筑物设计使用年限。

3.0.9 纠倾加固、移位加固、托换加固施工过程可能对结构产生损伤或产生安全隐患，必须设置现场监测系统，监测纠倾变位、移位变位和结构的变形，根据监测结果及时调整设计和施工方案，必要时启动应急预案，保证工程按设计完成。目前按工程建设需要，纠倾加固、移位加固、托换加固工程的设计图纸和施工组织设计，均应进行专项审查，通过审查后方可实施。

3.0.10 既有建筑地基基础加固的施工，一般来说，具有技术要求高、施工难度大、场地条件差、不安全因素多、风险大等特点，本条特别强调施工人员应具备较高的素质。施工过程中除了应有专人负责质量控制外，还应有专人负责严密的监测，当出现异常情况时，应采取果断措施，以免发生安全事故。

3.0.11 既有建筑进行地基基础加固时，沉降观测是一项必须做的工作，它不仅是施工过程中进行监测的重要手段，而且是对地基基础加固效果进行评价和工程验收的重要依据。由于地基基础加固过程中容易引起对周围土体的扰动，因此，施工过程中对邻近建筑和地下管线也应进行监测。沉降观测终止时间应按设计要求确定，或按国家现行标准《工程测量规范》GB 50026和《建筑变形测量规范》JGJ 8的有关规定确定。

4 地基基础鉴定

4.1 一般规定

4.1.1 既有建筑地基基础进行鉴定可采用以下步骤（图1）：

由于现场实际情况的变化，鉴定程序可根据实际

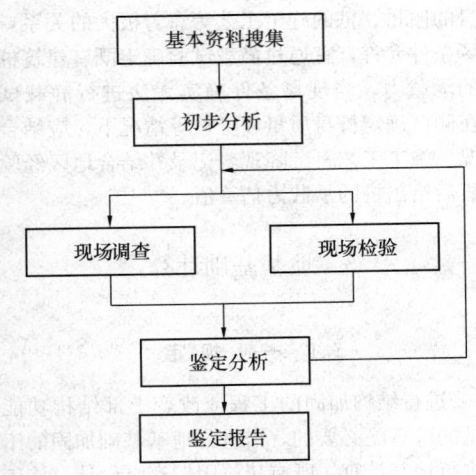

図 1 鉴定工作程序框图

（图中文字：基本资料搜集 → 初步分析 → 现场调查 / 现场检验 → 鉴定分析 → 鉴定报告）

情况调整。例如：所鉴定的既有建筑基本资料严重缺失，则首先应进行现场调查，根据调查的情况分析确定现场检验方法和内容。根据现场调查及现场检验获得的资料作出分析，根据分析结果再到现场进行进一步的调查和必要的现场检验，才可能给出鉴定结论。现场调查情况与搜集的资料不符或在现场检验后发现新的问题而需要进一步的检验。

4.1.2 由于地基基础的隐蔽性，现场检验困难、复杂，不可能进行大面积的现场检验，在进行现场检验前，应首先在所掌握的基本资料基础上进行初步分析，根据初步分析的结果，确定下一步现场检验的工作重点和工作内容，并根据现场实际情况确定可以采用的现场检验方法。无论是资料搜集还是现场调查都应围绕加固的目的结合初步分析结果进行。资料搜集和现场调查过程中可能发生对初步分析结果更进一步深入的分析结果，两者应结合进行。

4.1.3、4.1.4 当根据所搜集和调查的资料仍无法对既有建筑的地基基础作出正确评价时，应进行现场检验和沉降观测，严禁凭空推断而得出鉴定结论。

基础的沉降是反映地基基础情况的一个最直接的综合指标，而目前往往无法获得连续的、真实的沉降观测资料。当既有建筑的变形仍在发展，根据当前状况得出的鉴定结果并不能代表既有建筑以后的情况，也需要进一步进行沉降观测。

当需要了解历史沉降情况而缺乏有效的沉降资料时，也可根据设计标高结合现场调查情况依照当地经验进行估算。

4.1.5 分析评价是鉴定工作的重要内容之一，需要根据所得到的资料围绕加固的目的、结合当地经验进行综合分析。除了给出既有建筑地基基础的承载力、变形、稳定性和耐久性的分析评价外，尚应根据加固目的的不同进行下列相应的分析评价：

1 因勘察、设计、施工或因使用不当而进行的既有建筑地基基础加固，应在充分了解引起建筑物开裂、沉降、倾斜的原因后，才能针对原因提出合理有效的加固方法，因此，对于此类加固，应分析引起既有建筑的开裂、沉降、倾斜的原因，以便确定合理有效的加固方法。

2 增加荷载、纠倾、移位、改建、古建筑保护而进行的既有建筑地基基础加固，只有在对既有建筑地基基础的实际承载力和改造、保护的要求比较后，才能确定出既有建筑的地基基础是否需要进行加固及如何加固，故此类加固应针对改造、保护的要求，结合既有建筑的地基基础的现状，来比较分析既有建筑改造、保护时地基加固的必要性。

3 遭受邻近新建建筑、深基坑开挖、新建地下工程或自然灾害的影响而进行的既有建筑地基基础加固，应首先分析清楚对既有建筑地基基础已造成的影响和仍然存在的影响情况后，才能采取有效措施消除已经造成的影响和避免进一步的影响，所以对于该类地基基础加固应对既有建筑的影响情况作出分析评价。

另外，对既有建筑地基基础进行鉴定的主要目的就是为了进行既有建筑地基基础加固，因此，对既有建筑地基基础的分析评价尚应结合现场条件来分析不同地基基础加固方法的适用性和可行性，以便给出建议的地基基础加固方法；当涉及上部结构的问题时，应对上部结构鉴定和加固的必要性进行分析，必要时提出进行上部结构鉴定和加固的建议。

4.1.6 本条规定为鉴定报告应该包含的基本内容。为了使得鉴定报告内容完整，有针对性，报告的内容有时尚应包括必要的情况说明甚至证明材料等。

鉴定结论是鉴定报告的核心内容，必须叙述用词规范、表达内容明确。同时为了使得鉴定报告确实能够对既有建筑地基基础加固的设计和施工起到一定的指导作用，鉴定结论的内容除了给出对既有建筑地基基础的评价外，尚应给出对加固设计和施工方法的建议。

鉴定报告应包含调查资料及现场测试数据和曲线，以及必要的计算分析过程和分析评价结果，严禁鉴定报告仅有鉴定结论而无数据和分析过程。

4.2 地基鉴定

4.2.1 地基基础需要加固的原因与场地工程地质、水文地质情况以及由于环境条件变化或者是地下水的变化关系密切，这种情况需结合既有建筑原岩土工程勘察报告中提供的水文、岩土数据，结合现场调查和检验的结果，进行比较分析。

4.2.2 地基检验的方法应根据加固的目的和现场条件选用，作以下几点说明：

1 当有原岩土工程勘察报告且勘察报告的内容较齐全时，可补充少量代表性的勘探点和原位测试点，一方面用来验证原岩土工程勘察报告的数据，另一方面比较前后水位、岩土的物理力学参数等变化情况。

2　对于一般的工程，测点在变形较大部位（如既有建筑的四个"大角"及对应建筑物的重心点位置）或其附近布置即可，而对于重要的既有建筑，应根据既有建筑的情况在中间部位增加 1 个～3 个测点。

当仅仅需要查明局部岩土情况时，也可仅仅在需要查明的部位布置 3 个～5 个测点。但当土层变化较大如探测原始冲沟的分布情况时，则需要根据情况增加测点。

3　当条件允许时宜在基础下取不扰动土样进行室内土的物理力学性质试验。当无地下水时勘探点应尽量采用人工挖槽的方法，该方法还可以利用开挖的坑槽对基础进行现场调查和检测。坑槽的布置应分段，严禁集中布置而对基础产生影响。

4　目前越来越多的物理勘探方法应用在工程测试中，但由于各种物探方法都有着这样或那样的局限，因此，实际工程中应采用物探方法与常规勘探方法相结合的方式来进行地基的检验测试，利用物探方法快速方便的优点进行大面积检测，对物探检测发现的异常点采用常规勘探方法（如开挖、钻探等）来验证物探检测结果和确定具体数据。

5　对于重要的增加荷载如增层改造的建筑，应按本规范规定的方法通过现场荷载试验确定地基土的承载力特征值。

4.2.3　地基进行评价时地区经验很重要，应结合当地经验根据现场调查和检验结果进行综合分析评价。

4.3　基 础 鉴 定

4.3.1～4.3.3　基础为隐蔽工程，由于现场条件的限制，其检测不可能大面积展开，因此应根据初步分析结果结合现场调查情况，确定代表性的部位进行检测，现场检测可按下述方法步骤进行：

1　确定代表性的检查点位置。一般选取上部变形较大处、荷载较大处及上部结构对沉降敏感处对应的位置或附近作为代表性点，另选取 2 处～3 处一般性代表点，一般性代表点应随机均匀布置。

2　开挖目测检查基础的情况。

3　根据开挖检查的结果，根据现场实际条件选用合适的检测方法对基础进行结构检测，如基础为桩基时尚需进行基桩完整性和承载力检测。

4　对于重要的增加荷载如增层改造的建筑，采用桩基时应按本规范规定的方法通过现场载荷试验确定基桩的承载力特征值。

4.3.4　基础结构的评价，重点是结构承载力、完整性和耐久性评价。涉及地基评价的数据包括基础尺寸、埋深等，应给出检测评价结果。

桩的承载力不但和桩周土的性质有关，而且还和桩本身的质量、桩的施工工艺等有着极大的关系，如果现场条件允许，宜通过静载试验确定既有建筑桩基中桩的承载力，当现场条件确实无法进行静载试验时，在测试确定桩身质量、桩长等情况下，应结合地质情况、施工工艺、沉降观测记录并结合地区经验综合分析后给出桩的承载力估算值。

5　地基基础计算

5.1　一 般 规 定

5.1.1　进行结构加固的工程或改变上部结构功能时对地基的验算是必要的，需进行地基基础加固的工程均应进行地基计算。既有建筑因勘察、设计、施工或使用不当，增加荷载，遭受邻近新建建筑、深基坑开挖、新建地下工程或自然灾害的影响等可能产生对建筑物稳定性的不利影响，应进行稳定性计算。既有建筑地基基础加固或增加荷载时，尚应对基础的抗冲、剪、弯能力进行验算。

5.1.2　既有建筑地基在建筑物荷载作用下，地基土经压密固结作用，承载力提高，在一定荷载作用下，变形减少，加固设计可充分利用这一特性。但扩大基础或增加桩进行加固时，新旧基础、新增加桩与原基础桩由于地基变形的差异，地基反力的分布是按变形协调的原则，新旧基础、新增加桩与原基础桩分担的荷载与天然地基时有所不同，应按变形协调的原则进行设计。扩大基础或改变基础形式时应保证新旧基础采取可靠的连接构造。

5.2　地基承载力计算

5.2.3　既有建筑地基承载力特征值的确定，应根据既有建筑地基基础的工作性状确定。既有建筑地基土的压密在荷载作用下已完成或基本完成，再加荷时地基土的"压密效应"，使其增加荷载的一部分由原地基土承担。

1　本规范附录 B 是采用与原基础、地基条件基本相同条件下，通过持载试验确定承载力，用于不改变原基础尺寸、埋深条件直接增加荷载的设计条件。中国建筑科学研究院地基所的试验结果表明（图 2），原地基土在压力下固结压密后再加荷，荷载变形曲线明显变缓，表明其承载力提高。图 3 的结果表明，持载 7d 后（粉质黏土），变形趋于稳定。

2　采用本规范附录 B 进行试验有困难时，可按本规范附录 A 的方法结合土工试验、其他原位试验结果结合地区经验综合确定。

3　外接结构的地基变形允许值一般较严格，应根据场地特性和加固施工的措施，按变形允许值确定地基承载力特征值。

4　加固后的地基应采用在地基处理后通过检验

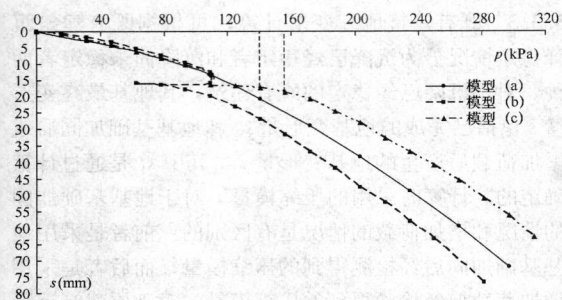

图 2 直接加载模型（a）、持载后扩大
基础加载模型（b）和持载后继续加载模型（c）
p-s 曲线对比

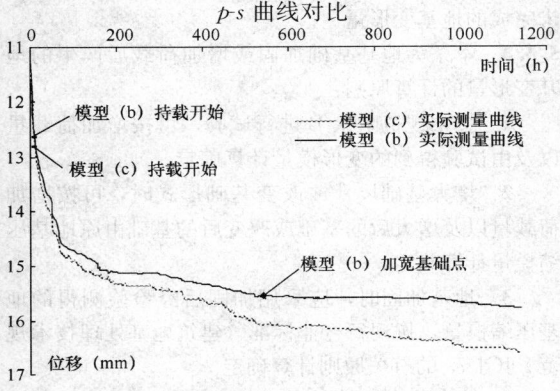

图 3 基础板(b)和(c)在持载时
位移随时间发展情况

确定的地基承载力特征值。

5 扩大基础加固或改变基础形式，再加荷时原基础仍能承担部分荷载，可采用本规范附录 B 的方法确定其增加值，其余增加荷载由扩大基础承担而采用原地基承载力特征值设计，相对简单。

模型试验的结果见图 4。

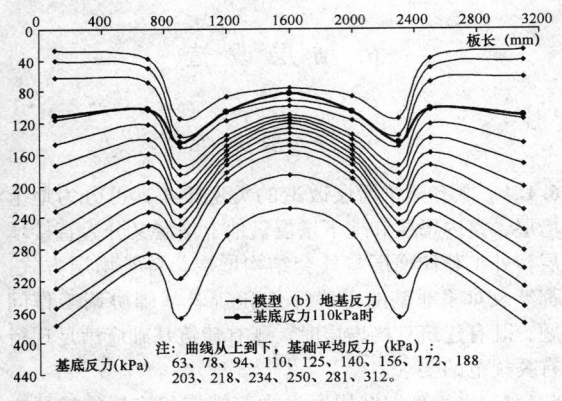

图 4 模型（b）基底下的地基反力

当附加荷载小于先前作用荷载的 42.8％时，上部荷载基本上由旧基础承担。但当附加荷载增加到先前作用荷载的 100％时，新旧基础开始共同承担上部荷载。此时基底反力基本上呈现平均分布状态。

但扩大基础再加荷的荷载变形曲线变形比未扩大

基础时的变形大，为简化设计，本次修订建议采用扩大基础加固或改变基础形式加固时，仍采用天然地基承载力特征值设计。

5.2.6 本条为既有建筑单桩承载力特征值的确定原则。

既有建筑下原有的桩以及新增加的桩单桩竖向承载力特征值应通过单桩竖向静载荷试验确定。既有建筑原有的桩单桩的静载荷试验，有条件时应在既有建筑下进行，无条件时可按本规范附录 C 的方法进行；既有建筑下原有的桩的单桩竖向承载力特征值，有地区经验时也可按地区经验确定。

5.2.7 天然地基在使用荷载下持载，土层固结完成后在原基础内增加桩的试验结果，新增荷载在再加荷的初始阶段，大部分荷载由新增加的桩承担。

模型试验独立基础持载结束后在基础内植入树根桩形成桩基础再加载，在荷载达到 320 kN 前，承台下地基土反力增加很小（表1），这说明上部结构传来的荷载几乎由树根桩承担。随着上部结构的荷载增大，承台下地基土反力有了一定的增长，在加荷的中后期，承台下地基土分担的上部结构荷载达到 30％左右。

表 1 桩土分担荷载

荷载(kN)	240	280	320	360	400	440
荷载增加(kN)①	40	80	120	160	200	240
桩承担荷载(kN)	35.50	78.12	117.11	146.19	164.42	184.36
土承担荷载(kN)	4.50	1.88	2.89	13.81	35.58	55.64
桩土分担荷载比	7.89	41.55	40.52	10.59	4.62	3.31
荷载(kN)	480	520	560	600	640	680
荷载增加(kN)②	280	320	360	400	440	480
桩承担荷载(kN)	208.74	228.81	255.97	273.95	301.51	324.62
土承担荷载(kN)	71.26	91.19	104.03	126.05	138.49	155.38
桩土分担荷载比	2.93	2.51	2.46	2.17	2.18	2.09

注：①和②是指对 200kN 增加值。

5.2.8 既有建筑原地基增加的承载力可按本规范第 5.2.3 条的原则确定，地基土承担部分新增荷载的基础面积应按原基础面积计算。

模型试验独立基础持载结束后扩大基础底面积并植入树根桩，基础上部结构传来的荷载由原独立基础下的地基土、扩大基础底面积下的地基土、桩共同承担（表2）。

表 2 桩土分担荷载

荷载(kN)	240	280	340	400	460	520	580
荷载增加(kN)	40	80	140	200	260	320	380
桩承担荷载(kN)	18.5	37.7	64.2	104.2	148.1	180.8	219.3
桩土分担荷载比(kN)	0.86	0.89	0.85	1.09	1.32	1.30	1.36
荷载(kN)	640	700	760	820	880	940	1000
荷载增加(kN)	440	500	560	620	680	740	800
桩承担荷载(kN)	253.7	293.0	324.9	357.8	382.7	410.4	432.9
桩土分担荷载比(kN)	1.36	1.41	1.38	1.36	1.29	1.25	1.18

5.2.9 本条原则的试验资料如下：

模型试验原桩基础持载结束后扩大基础底面积并植入树根桩，桩土分担荷载见表3。可知在增加荷载量为原荷载量时，新增加桩与原桩基础桩分担的荷载虽先后不同，但几乎共同分担。

表 3 桩土分担荷载

荷载(kN)	240	280	360	440	520	600
荷载增加(kN)	40	80	160	240	320	400
原基础桩顶荷载增加(kN)	6.17	11.06	14.66	20.06	25.28	31.78
新基础桩顶荷载增加(kN)	3.05	8.02	15.23	23.76	32.09	39.42
桩承担荷载	36.88	76.32	119.56	175.28	229.48	284.80
桩分担总荷载比	0.92	0.95	0.75	0.73	0.72	0.71
桩土分担荷载比	11.82	20.74	2.96	2.71	2.54	2.47
荷载(kN)	760	840	920	1000	1160	1320
荷载增加(kN)	560	640	720	800	960	1120
原基础桩顶荷载增加(kN)	47.24	57.33	66.58	75.88	87.96	102.00
新基础桩顶荷载增加(kN)	54.18	60.68	67.44	75.49	96.50	112.95
桩承担荷载	405.68	472.04	536.08	605.48	737.84	859.80
桩分担总荷载比	0.72	0.74	0.74	0.76	0.77	0.77
桩土分担荷载比	2.63	2.81	2.91	3.11	3.32	3.30

5.2.11 邻近新建建筑、深基坑开挖、新建地下工程改变既有建筑地基设计条件的复核，应包括基础侧限条件、深宽修正条件、地下水条件等。

5.3 地基变形计算

5.3.1 加固后既有建筑的地基变形控制重要的是差异沉降和倾斜两项指标，国家标准《建筑地基基础设计规范》GB 50007－2011 表 5.3.4 中给出砌体承重结构基础的局部倾斜、工业与民用建筑相邻柱基的沉降差、桥式吊车轨面的倾斜（按不调整轨道考虑）、多层和高层建筑的整体倾斜、高耸结构基础的倾斜值是保证建筑物正常使用和结构安全的数值，工程设计应严格控制。既有建筑加固后的建筑物整体沉降控制，对于有相邻基础连接或地下管线连接时应视工程情况控制，可采取临时工程措施，包括断开、改变连接方式等，不允许时应对建筑物整体沉降控制，采用减少建筑物整体沉降的处理措施或顶升托换抬高建筑等方法。

5.3.2 有特殊要求的建筑物，包括古建筑、历史建筑等保护，要求保持现状；或者建筑物变形有更严格的要求时，应按建筑物的地基变形允许值，进行地基变形控制。

5.3.3 既有建筑地基变形计算，可根据既有建筑沉降稳定情况分为沉降已经稳定者和沉降尚未稳定者两种。对于沉降已经稳定的既有建筑，其地基最终变形量 s 包括已完成的地基变形量 s_0 和地基基础加固后或增加荷载后产生的地基变形量 s_1，其中 s_1 是通过计算确定的。计算时采用的压缩模量，对于地基基础加固的情况和增加荷载的情况是有区别的：前者是采用地基基础加固后经检测得到的压缩模量，而后者是采用增加荷载前经检验得到的压缩模量。对于原建筑沉降尚未稳定且增加荷载的既有建筑，其地基最终变形量 s 除了包括上述 s_0 和 s_1 外，尚应包括原建筑荷载下尚未完成的地基变形量 s_2。

5.3.4 本条为地基基础加固或增加荷载后产生的地基变形量的计算原则：

1 按本规范附录 B 进行试验，可按增加荷载量以及由试验得到的变形模量计算确定。

2 增大基础尺寸或改变基础形式时，可按增加荷载量以及增大后的基础或改变后的基础由原地基压缩模量计算确定。

3 地基加固时，应采用加固后经检验测得的地基压缩模量，按现行行业标准《建筑地基处理技术规范》JGJ 79 的有关原则计算确定。

5.3.5 本条为既有建筑基础为桩基础时的基础沉降计算原则：

1 按桩基础的变形计算方法，其变形为桩端下卧层的变形。

2 增加的桩承担的新增荷载，为新增荷载减去原地基承载力提高承担的荷载。

3 既有建筑桩基础扩大基础增加桩时，可按新增加的荷载由原基础桩和新增加桩共同承担荷载按桩基础计算确定，此时可不考虑桩间土分担荷载。

6 增 层 改 造

6.1 一 般 规 定

6.1.1 既有建筑增层改造的类型较多，可分为地上增层、室内增层和地下增层。地上增层又分为直接增层，外扩整体增层与外套结构增层。各类增层方式，都涉及对原地基的正确评价和新老基础协调工作问题。既有建筑直接增层时，既有建筑基础应满足现行有关规范的要求。

6.1.2 采用新旧结构通过构造措施相连接的增层方案时，地基承载力应按变形协调条件确定。

6.2 直 接 增 层

6.2.1 确定直接增层地基承载力特征值的方法，本规范推荐了试验法和经验法。经验法是指当地的成熟经验，如没有这方面材料的积累，应采用试验法。

对重要建筑物的地基承载力确定，应采用两种以上方法综合确定。直接增层时，由于受到原墙体强度和地基承载力限制，一般不宜增层太多，通常不宜超过3层。

6.2.2 直接增层需新设承重墙基础，确定新基础宽度时，应以新旧纵横墙基础能均匀下沉为前提，可按以下经验公式确定新基础宽度：

$$b' = \frac{F+G}{f_a}M \qquad (1)$$

式中：b'——新基础宽度（m）；

$F+G$——作用的标准组合时单位基础长度上的线荷载（kN/m）；

f_a——修正后的地基承载力特征值（kPa）；

M——增大系数，建议按 $M = E_{s2}/E_{s1} > 1$ 取值；

E_{s1}、E_{s2}——分别为新旧基础下地基土的压缩模量。

6.2.3 直接增层时，地基基础的加固方法应根据地基基础的实际情况和增层荷载要求选用。本规范列出的部分方法都有其适用条件，还可参考各地区经验选用适合、有效的方法。

采用抬梁或挑梁承受新增层结构荷载时，梁可置于原基础或地梁下，当采用预制的抬梁时，梁、桩和基础应紧密连接，并应验算抬梁或挑梁与基础或地梁间的局部受压、受弯、受剪承载力。

6.3 外套结构增层

6.3.1~6.3.6 当既有建筑增加楼层较多时常采用外套结构增层的形式。外套结构的地基基础应按新建工程设计。施工时应将新旧基础分开，互不干扰，并避免对既有建筑地基的扰动，而降低其承载力。

对位于高水位深厚软土地基上建筑物的外套结构增层，由于增层结构荷载一般较大，常采用埋置较深的桩基础。在桩基施工成孔时，易对原基础（尤其是浅埋基础）产生影响，引起基础附加下沉，造成既有建筑下沉或开裂等，因此应根据工程的具体情况，选择合理的地基处理方法和基础加固施工方案。

7 纠倾加固

7.1 一般规定

7.1.1 纠倾的建筑层数多数在8层以内，构筑物高度多数在25m以内。近年来，国内已有高层建筑纠倾成功的例子，这些建筑物其整体倾斜多数超过0.7%，即超过现行行业标准《危险房屋鉴定标准》JGJ 125的危险临界值，影响安全使用；也有部分虽未超过危险临界值，但已超过设计规定的允许值，影响正常使用。

7.1.2 既有建筑纠倾加固方法可分为迫降纠倾和顶升纠倾两类。

迫降纠倾是从地基入手，通过改变地基的原始应力状态，强迫建筑物下沉；顶升纠倾是从建筑结构入手，通过调整结构自身来满足纠倾的目的。因此从总体来讲，迫降纠倾要比顶升纠倾经济、施工简便，但遇到不适合采用迫降纠倾时即可采用顶升纠倾。特殊情况可综合采用多种纠倾方法。

7.1.3 建筑物的倾斜多数是由于地基原因造成的，或是浅基础的变形控制欠佳，或是由于桩基和地基处理设计、施工质量问题等，建筑物纠倾施工将影响地基基础和上部结构的受力状态，因此纠倾加固设计应根据现状条件分析产生倾斜的原因，论证纠倾可行性，对上部结构进行安全评估，确保建筑物安全。如果建筑物的倾斜原因包括建筑物荷载中心偏移等，应论证地基加固的必要性，提出地基加固方法，防止再度倾斜。

7.1.4 建筑物纠倾加固设计是指导纠倾加固施工的技术性文件，以往有些纠倾工程存在直接按经验方法施工的情况，存在一定盲目性，因此有必要明确纠倾加固前期应做的工作，使之做到经济、合理、确保安全。

7.1.5 由于既有建筑物各角点倾斜值与其自身原有垂直度有关，因此对于纠倾加固后的验收，规定了以设计要求控制，对于尚未通过竣工验收的建筑物规定按新建工程验收要求控制。

7.1.6 施工过程中开挖的槽、孔等在工程完工后如不及时进行回填等处理将会对建筑物安全使用和人们日常生活带来安全隐患，水、电、暖等设施与日常生活有关，应予重视。

要加强对避雷设施修复后的检查与检测。当上部结构产生裂损时，应由设计单位明确加固修复处理方法。

7.2 迫降纠倾

7.2.1 迫降纠倾是通过人工或机械的办法来调整地基土体固有的应力状态，使建筑物原来沉降较小侧的地基土土体应力增加，迫使土体产生新的竖向变形或侧向变形，使建筑物在短时间内沉降加剧，达到纠倾的目的。

7.2.2 迫降纠倾与建筑物特征、地质情况、采用的迫降方法等有关，因此迫降的设计应围绕几个主要环节进行：选择合理的纠倾方法；编制详细的施工工艺；确定各个部位迫降量；设置监控系统；制定实施计划。根据选择的方法和编制的操作规程，做到有章可循，否则盲目施工往往失败或达不到预期的效果。由于纠倾施工会影响建筑物，因此强调了对主体结构不应产生损伤和破坏，对非主体结构的裂损应为可修复范围，否则应在纠倾加固前先进行加固处理。纠倾后应防止出现再次倾斜的可能性，必要时应对地基基础进行加固处理。对于纠倾过程可能存在的结构裂损、局部破坏应有加固处理预案。

纠倾加固施工过程可能出现危及安全的情况，设计时应有应急预案。过量纠倾可能会产生结构的再次损伤，应该防止其出现，设计时必须制定防止过量纠倾的技术措施。

7.2.3 迫降纠倾是一种动态设计信息化施工过程，因此沉降观测是极其重要的，同时观测结果应反馈给设计，以调整设计，指导施工，这就要求设计施工紧密配合。迫降纠倾施工前应做好详细的施工组织设计，并详细勘察周围场地现状，确定影响范围，做好查勘记录，采取措施防止出现对相邻建筑物和设施可能产生的影响。

7.2.4 基底掏土纠倾法是在基础底面以下进行掏挖土体，削弱基础下土体的承载面积迫使沉降，其特点是可在浅部进行处理，机具简单，操作方便。人工掏土法早在 20 世纪 60 年代初期就开始使用，已经处理了相当多的多层倾斜建筑。水冲掏土法则是 20 世纪 80 年代才开始应用研究，它主要利用压力水泵代替人工。该法直接在基础底面下操作，通过掏冲带出部分土体，因此对匀质土比较适用，施工时控制掏土槽的宽度及位置是非常重要的，也是掏土迫降效果好坏或成败的关键。

7.2.5 井式纠倾法是利用工作井（孔）在基础下一定深度范围内进行排土、冲土，一般包括人工挖孔、沉井两种。井壁有钢筋混凝土壁、混凝土孔壁，为确保施工安全，对于软土或砂土地基应先试挖成井，方可大面积开挖井（孔）施工。

井式纠倾法可分为两种：一种是通过挖井（孔）排土、抽水直接迫降，这种在沿海软土地区比较适用；另一种是通过井（孔）辐射孔进行射水掏冲土迫降。可视土质情况选择。

工作井（孔）一般是设置在建筑物周边，在沉降较小侧多设置，沉降较大侧少设置或不设置。建筑的宽度比较大时，井（孔）也可设置在室内，每开间设一个井（孔），可根据不同的迫降量布置辐射孔。

为方便施工井底深度宜比射水孔位置低。

工作井可用砂土或砂石混合料分层夯实回填，也可用灰土比为 2∶8 的灰土分层夯实回填，接近地面 1m 范围内的井壁应拆除。

7.2.6 钻孔取土纠倾法是通过机械钻孔取土成孔，依靠钻孔所形成的临空面，使土体产生侧向变形形成淤孔，反复钻孔取土使建筑物下沉。

7.2.7 堆载纠倾法适用于小型工程且地基承载力比较低的土层条件，对大型工程项目一般不适用，此法常与其他方法联合使用。

沉降观测应及时绘制荷载-沉降-时间关系曲线，及时调整堆载量，防止过纠，保证施工安全。

7.2.8 降水纠倾法适用的地基土主要取决于降水的方法，当采用真空法或电渗法时，也适用于淤泥土，但在既有建筑邻近使用应慎重，若有当地成功经验也可采用。采用人工降水时应注意对水资源保护以及对环境影响。

7.2.9 加固纠倾法，实际上是对沉降大的部分采用地基托换补强，使其沉降减少；而沉降小的一侧仍继续下沉，这样慢慢地调整原来的差异沉降。这种方法一般用于差异沉降不大且沉降未稳定尚有一定沉降量的建筑物纠倾。使用该方法时，由于建筑物沉降未稳定，应对上部结构变形的适应能力进行评价，必要时应采取临时支撑或采取结构加固措施。

7.2.10 浸水纠倾法是利用湿陷性黄土遇水湿陷的特性对建筑物进行纠倾的，为了确保纠倾安全，必须通过系统的现场试验确定各项设计、施工参数，施工过程中应设置水量控制计量系统以及监测系统，确保浸水量准确，应有必要的防护措施，如预设限沉的桩基等，当水量过量时可采用生石灰吸收。

7.3 顶升纠倾

7.3.1 顶升纠倾是通过钢筋混凝土或砌体的结构托换加固技术，将建筑物的基础和上部结构沿某一特定的位置进行分离，采用钢筋混凝土进行加固、分段托换、形成全封闭的顶升托换梁（柱）体系。设置能支承整个建筑物的若干个支承点，通过这些支承点的顶升设备的启动，使建筑物沿某一直线（点）作平面转动，即可使倾斜建筑物得到纠正。若大幅度调整各支承点的顶高量，即可提高建筑物的标高。

顶升纠倾过程是一种基础沉降差异快速逆补偿过程，当地基土的固结度达 80% 以上，基础沉降接近稳定时，可通过顶升纠倾来调整剩余不均匀沉降。

顶升纠倾法仅对沉降较大处顶升，而沉降小处仅作分离及同步转动，其目的是将已倾斜的建筑物纠正，该法适用于各类倾斜建筑物。

7.3.2 顶升纠倾早期在福建、浙江、广东等省应用较多，现在国内应用已较普遍，这足以证明顶升纠倾技术是一种可靠的技术，但如何正确使用却是问题的关键。某工程公司承接了一栋三层住宅的顶升纠倾，由于施工未能遵循一般的规律，顶升施工作用与反作用力，即基础梁与托换梁这对关系不具备，顶升机没有足够的安全储备和承托垫块无法提供稳定性等原因造成重大的工程事故。从理论上顶升高度是没有限值的，但为确保顶升的稳定性，本规范规定顶升纠倾最大顶升高度不宜超过 80cm。因为当一次顶升高度达到 80cm 时，其顶升的建筑物整体稳定性存在较大风险，目前国内虽已有顶升 240cm 的成功例子，但实际是分多次顶升施工的。

整体顶升也可应用于建筑物竖向抬升，提高其空间使用功能。

7.3.3 顶升纠倾设计必须遵循下列原则：

1 顶升应通过钢筋混凝土组成的一对上、下受力梁系实施，虽然在实际工程中已出现类似利用锚杆静压桩、原有基础或地基作为反力基座来进行顶升纠倾，其应用主要为较小型建筑物，且实际工程不多，尚缺乏普遍性，并存在一定的不确定因素和危险性，因此规范仍强调应由上、下梁系受力。

2 原规范采用荷载设计值，荷载分项系数约为1.35，本次修订改为采用荷载标准组合值，安全系数调整为2.0，以保持安全储备与原规范一致。

3 托换梁（柱）体系应是一套封闭式的钢筋混凝土结构体系。

4 顶升是在钢筋混凝土梁柱之间进行，因此顶升梁及底座都应该是钢筋混凝土的整体结构。

5 顶升的支托垫块必须是钢板混凝土块或钢垫块，具有足够的承载力及平整度，且是组合装配的工具式垫块，可抵抗水平力。顶升过程中保证上下顶升梁及千斤顶、垫块有不少于30%支点可连成一整体。

顶升量的确定应包括三个方面：

1）纠正建筑物倾斜所需各点的顶升量，可根据不同倾斜率及距离计算。

2）使用要求需要的整体顶升量。

3）过纠量。考虑纠正以后建筑物沉降尚未稳定还有少量的倾斜，则可通过超量的纠正来调整最终的垂直度。这个量应通过沉降计算确定，要求超过的纠倾量或最终稳定的倾斜值应满足现行国家标准《建筑地基基础设计规范》GB 50007 的要求，当计算不能满足时，则应进行地基基础加固。

7.3.4 砌体结构建筑的荷载是通过砌体传递的。根据顶升的技术特点，顶升时砌体结构的受力特点相当于墙梁作用体系或将托换梁上的墙体视为弹性地基，托换梁按支座反力作用下的弹性地基梁设计。考虑协同工作的差异，顶升梁的支座计算距离可按图5所示选取。有地区经验时也可加大顶升梁的刚度，不考虑墙体的刚度，按连续梁进行顶升梁设计。

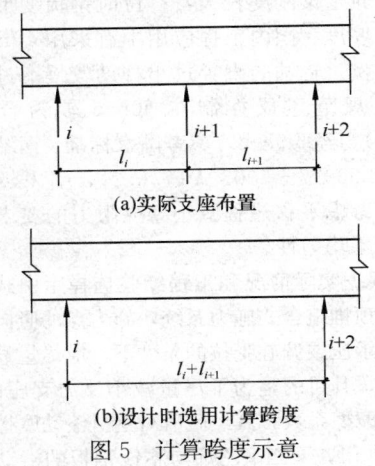

(a)实际支座布置

(b)设计时选用计算跨度

图5 计算跨度示意

7.3.5 框架结构荷载是通过框架柱传递的，顶升力应作用于框架柱下，但是要将框架柱切断，首先必须增设一个能支承整体框架柱的结构体系，这个结构托换体系就是后设置的牛腿及连系梁共同组成的。连系梁应能约束框架柱间的变位及调整差异顶升量。

纠倾前建筑已出现倾斜，结构的内力有不同程度的变化，断柱时结构的内力又将发生改变，因此设计时应对各种状态下的结构内力进行验算。

7.3.6 顶升纠倾一般分为顶升梁系托换，千斤顶设置与检验，测量监测系统设置，统一指挥系统设置、整体顶升、结构连接修复等步骤。

7.3.7 砌体结构进行顶升托换梁施工前，必须对墙体按平面进行分段，其分段长度不应大于1.5m，应根据砌体质量考虑在分段长度内每0.5m～0.6m先开凿一个竖槽，设置一个芯垫（芯垫埋入托换梁不取出，应不影响托换梁的承载力、钢筋绑扎及混凝土浇筑施工），用高强度等级水泥砂浆塞紧。预留搭接钢筋向两边凿槽外伸，且相邻墙段应间隔进行，并每段长不超过开间段的1/3，门窗洞口位置保证连续不得中断。

框架结构建筑的施工应先进行后设置牛腿、连系梁及千斤顶下支座的施工。由于凿除结构柱的保护层，露出部分主筋，因此一定要间隔进行，待托换梁（柱）体系达到强度后再进行相邻柱施工。当全部托换完成并经过试顶后确定承载力满足设计要求，方可进行断柱施工。

顶升前应对顶升点进行试顶试验，试验的抽检数量不少于20%，试验荷载为设计值的1.5倍，可分五级施工，每级历时1min～2min并观测顶升梁的变形情况。

每次顶升最大值不超过10mm，主要考虑到位置的先后对结构的影响，按结构允许变形（0.003～0.005）l 来限制顶升量。

若千斤顶的最大间距为1.2m，则结构允许变形差为（0.003～0.005）×1200＝3.6mm～6.0mm。

当顶升到位的先后误差为30%时，变形差3mm<3.6mm。

基于上述原因，力求协调一致，因此强调统一指挥系统，千斤顶同步工作。当有条件采用电气自动化控制全液压机械顶升，则可靠度更高。

顶升到位后应立即进行连接，因为此时整体建筑靠支承点支承着，若是有地震等的影响会出现危险，所以应尽量缩短这种不利时间。

8 移位加固

8.1 一般规定

8.1.1 由于城市改造、市政道路扩建、规划变更、场地用途改变、兴建地下建筑等需要建筑物搬迁移位或转动一定的角度,有时为了更好地保护古建、文物建筑,减少拆除重建,均可采用移位加固技术。目前移位技术在国内已得到广泛应用,已有十二层建筑物移位的成功经验。但一般多用于多层建筑的同一水平面移位,对大幅度改变其标高的工程未见实例。

8.1.2 由于移位滚动摩阻小于移位滑动摩阻,且滚动移位的施工精度要求相对滑动移位要低些。在实际工程中一般多数采用滚动方法,滑动方法仅在小型建筑物有应用,在大型建筑物应用应慎重。

8.1.3 移位所涉及的建筑结构及地基基础问题专业技术性强,要求在移位方案确定前应先通过搜集资料、补充计算验算、补充勘察等取得有关资料。

8.1.4 建筑物移位时对原结构有一定影响,在移位过程中建筑物将处于运动状态和受力不稳定状态,相对于移位前有许多不利因素,因此应对移位的建筑物进行必要的安全性评估。评估的主要内容为建筑物的结构整体性、抵抗竖向及水平向变形的能力。

8.1.5 建筑移位将改变原地基基础的受力状态,经验算后若不能满足移位过程或移位后的要求,则应进行地基基础加固,可选用本规范第 11 章有关加固方法。

8.1.6 建筑物移位后的验收主要包含建筑物轴线偏差和垂直度偏差,由于建筑物移位过程不可避免存在偏位,因此,轴线偏差控制在±40mm 以内认为是适宜的,对垂直度允许误差在±10mm。

8.2 设 计

8.2.1 一般情况下建筑物经多年使用后,其使用功能均可能存在一定程度变化,对使用较久的建筑设计前应调查核实其现状。

8.2.2 考虑到移位加固施工是一个短期过程,移位过程建筑物已停止使用。为使设计更为合理,建议恒荷载和活荷载按实际荷载取值,基本风压按当地 10 年一遇的风压采用。

由于移位加固工程的复杂性和不确定因素较多,设计时应注重概念设计,应尽量全面地考虑到各种不利因素,按最不利情况设计,从而确保建筑物安全。

8.2.4 托换梁系设计应遵循的原则:

1 托换梁系由上轨道梁、托换梁或连系梁组成,与顶升纠倾托换一样,托换梁系是通过托换方式形成的一个梁系,其设计应考虑上部结构竖向荷载受力和移位时水平荷载的传递,根据最不利组合按承载能力极限状态设计,其荷载分项系数按现行国家标准《建筑结构荷载规范》GB 50009 采用。

2 托换梁是以上轨道梁为支座,可按简支梁或连续梁设计,托换梁的作用与转换梁相同,用于传递不连续的竖向荷载,由于一般需通过分段托换施工形成,故称为托换梁。对砌体结构当满足条件时其托换梁可按简支墙梁或连续墙梁设计。

3 上轨道梁可分成连续和悬挑两种类型,一般连续式上轨道梁用于砌体结构,而悬挑式上轨道梁用于框架结构或砌体结构中的柱构件。

4 在移位过程中,托换梁系平面内不可避免产生一定的不平衡力或力矩,因此造成偏位或对旋转轴心产生拉力。各下轨道基础(指抬梁式下轨道基础)也有可能存在不均匀的沉降变形,所以在进行托换梁系的设计时应充分考虑平移路线地基情况、水平移位类型、上部结构的整体性和刚度等,对托换梁系的平面内和平面外刚度进行设计。

8.2.5 移位地基基础包括移位过程中轨道地基基础和就位后新址地基基础,其设计原则如下:

1 轨道地基应满足建筑物行进过程中不出现过大沉降或不均匀沉降,其地基承载力特征值可考虑乘以 1.20 的系数采用。轨道基础设计的荷载分项系数应按现行国家标准《混凝土结构设计规范》GB 50010 采用。当有可靠工程经验时,当轨道基础利用建筑物原基础时,考虑长期荷载作用效应,原地基承载力特征值或单桩承载力特征值可提高 20%。

2 新址地基基础按新建工程设计,但应注意移位加固的特点,考虑移位就位时的荷载不利布置和一次性加载效应。

3 轨道基础形式是根据上部结构荷载传递与场地地质条件确定的,应综合考虑经济性和可靠性。

7 移位过程中的轨道地基基础沉降差和沉降量将直接影响移位施工,由于移位过程中不可避免会出现偏位,因此应对其进行抗扭计算。特别在抬升式轨道基础设计中,应考虑偏位产生的对小直径桩的偏心作用,并保证轨道基础梁有一定的抗扭刚度。

8.2.6 滚动式移动装置主要由上、下承压板与钢轴组成,在实际工程中,承压板一般为钢板,主要起扩散滚轴径向压应力的作用,避免轨道基础混凝土产生局部承压破坏,其扩散面积与钢板厚度有关。规范建议采用的钢板厚度不宜小于 20mm。地基较好,轨道梁刚度较大,移位时钢板变形小时可适当减少厚度。国内工程应用中有采用 10mm 钢板成功的实例。辊轴的直径过小移动较慢,过大易产生偏位,规范建议控制在 50mm 较为合适。式(8.2.6-1)为经验公式,参考国家标准《钢结构设计规范》GB 50017-2003 式(7.6.2),引入经验系数 k_p 以综合考虑平移过程减小摩擦阻力的要求以及辊轴受力的不均匀性。

8.2.7 根据实际情况和工程经验选择牵引式、顶推式或牵引顶推组合式施力系统,施力点的竖向位置在满足局部承压或偏心受拉的条件下,应尽量靠近托换梁系底面,其目的是为了尽量减小反力支座的弯曲。行走机构摩擦系数,其经验值对钢辊轴滚动摩擦系数可取 0.05~0.1,聚四氟乙烯与不锈钢板的滑动摩擦系数可取 0.05~0.07。

8.2.8 建筑物就位后的连接关系到建筑物后期使用安全，因此要保证不改变原有结构受力状态，连接可靠性不低于原有标准。对于框架结构而言，由于框柱主筋一般在同一平面切断，因此，要求对此区域进行加强。

结合移位加固对建筑物采用隔震、减震措施进行抗震加固可节省较多费用。因此建筑物移位且需抗震加固时应综合考虑进行设计与施工。

8.3 施 工

8.3.1 移位加固施工具有特殊性，应编制专项的施工技术方案和施工组织设计方案，并应通过专项论证后实施。

8.3.2 托换梁系中的上轨道梁的施工质量将直接影响到移位加固实施，其关键点在于上轨道梁底标高是否水平，及各上轨道梁底标高是否在同一水平面。

8.3.3 移位地基基础施工应严格按统一的水平标高控制线施工，保证其顶面标高在同一水平面上。其控制措施可在其地基基础顶面采用高强度材料进行补平，对局部超高区域可采用机械打磨修整。

8.3.4 移位装置包含上承压板、下承压板、滚动或滑行支座，其型号、材质等应统一，防止产生变形差。托换施工时预先安装其优点是节省费用，但施工要求较高；采用后期整体顶升后一次性安装其优点是水平控制较易调整，但增加费用。

工具式下承压板由槽钢、钢板、混凝土加工制作而成，其大样示意图见图 6，其优点是可移动、可拆装、可重复使用，使用方便，节省费用。

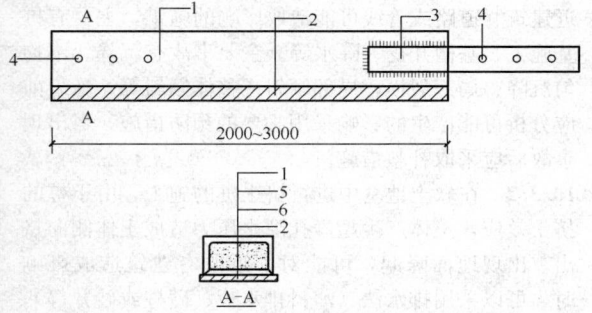

图 6 组合式下轨道板
1—槽钢；2—封底钢板；3—连接钢板；
4—ϕ20 孔；5—细石混凝土；6—ϕ6@200

8.3.5 移位实施前应对托换梁系和移位地基基础等进行验收，对移位装置、反力装置、施力系统、控制系统、监测系统、指挥系统、应急措施等进行检验和检查。确认合格后，方可实施移位施工。

正式移位前的试验性移位，主要是检测各装置与系统间的工作状态和安全可靠性能，测试各施力点推力与理论计算值差异，以便复核与调整。

移位过程中应控制移动速度并应及时调整偏位，其偏位宜采用辊轴角度来调整。对于建筑物长时间处于新旧基础交接处时应考虑不均匀沉降对上部结构及后续移位产生的不利影响，对上部结构应进行实时监测，确保上部结构安全。

建筑物移位加固近年来得到了较大发展，其技术也日趋完善与成熟，从早期小型、低层、手动千斤顶或卷扬机外加动力，发展到目前多层或高层、液压千斤顶外加动力系统。在施力系统、控制系统、监测系统、指挥系统等方面尚可应用现代科技技术，增加自动化程度。

9 托 换 加 固

9.1 一 般 规 定

9.1.1 "托换技术"是指对结构荷载传递路径改变的结构加固或地基加固的通称，在地基基础加固工程中广泛应用。本节所指"托换加固"，是对采用托换技术所需进行的地基基础加固措施的总称。在纠倾工程、移位工程中采用的"托换技术"尚应符合第 7章、第 8 章的有关规定。

9.1.2 托换加固工程的设计应根据工程的结构类型、基础形式、荷载情况以及场地地基情况进行方案比选，选择设计可靠、施工技术可行且安全的方案。

9.1.3 托换加固是在原有受力体系下进行，其实施应按上部结构、基础、地基共同作用，按托换地基与原地基变形协调原则进行承载力、变形验算。为保证工程安全，当既有建筑沉降、倾斜、变形、开裂已出现超过国家现行有关标准规定的控制指标时，应采取相应处理措施，或制定适用于该托换工程的质量控制标准。

9.1.4 托换加固工程对既有建筑结构变形、裂缝、基础沉降进行监测，是保证工程安全、校核设计符合性的重要手段，必须严格执行。

9.2 设 计

9.2.1 本条为既有建筑整体托换加固设计的要求。整体托换加固，应在上部结构满足整体托换要求条件下进行，并进行必要的计算分析。

9.2.2 局部托换加固的受力分析难度较大，确定局部托换加固的范围以及局部托换的位移控制标准应考虑既有建筑的变形适应能力。

9.2.4 这是近年工程中产生的新的问题。穿越工程的评价分析方法，采用的托换技术，以及采用桩梁式托换、桩筏式托换以及增加基础整体刚度、扩大基础的荷载托换体系等，应根据工程情况具体分析确定。

9.2.5 既有建筑功能改造，改变上部结构承重体系或基础形式，地基基础托换加固设计方案应结合工程经验、施工技术水平综合分析后确定。

9.2.6 针对因地震、地下洞穴及采空区土体移动、软土地基变形、地下水变化、湿陷等造成地基基础损害，提出地基基础托换加固可采用的方法。

9.3 施 工

9.3.1、9.3.2 托换加固施工中可能对持力土层产生扰动，基础侧移等情况，应采取必要的工程措施。

10 事故预防与补救

10.1 一般规定

10.1.1 对于既有建筑，地基基础出现工程事故，轻则需加固处理，且加固处理一般比较困难；重则造成既有建筑的破坏，出现人员伤亡和重大经济损失。因此，对于既有建筑地基基础工程事故应采取预防为主的原则，避免事故发生。

10.1.2 本条为地基基础事故补救的一般原则。对于地基基础工程事故处理应遵循的原则首先应保证相关人员的安全，其次应分析事故原因，避免事故进一步扩大。采取的加固措施应具备安全、施工速度快、经济的特点。

10.1.3 20 世纪五六十年代甚至更早的一些建筑，在勘察、设计阶段未进行抗震设防。当地震发生时由于液化和震陷造成建筑物的破坏。如我国的邢台地震、唐山地震、日本的阪神地震都有类似报道。采用天然地基的建筑物，液化常常造成建筑物的倾斜或整体倾覆。对于坡地岸边采用桩基的建筑物，可能会造成桩头部位混凝土受到剪压破坏。在软土地区采用天然地基的建筑，地震可能造成震陷，如 1976 年唐山地震影响到天津，天津汉沽的一些建筑震陷超过 600mm。因此，对于一些重要的既有建筑物，可能存在液化或震陷问题时，应按现行国家标准《建筑抗震设计规范》GB 50011 进行鉴定和加固。

10.2 地基不均匀变形过大引起事故的补救

10.2.1 软土地基系指主要由淤泥、淤泥质土或其他高压缩性土层构成的地基。这类地基土具有压缩性高、强度低、渗透性弱等特点，因此这类地基的变形特征除了建筑物沉降和不均匀沉降大以外，沉降稳定历时长，所以在选用补救措施时，尚应考虑加固后地基变形问题。此外，由于我国沿海地区的淤泥和淤泥质土一般厚度都较大，因此在采用本条的补救措施时，尚需考虑加固深度以下地基的变形。

10.2.2 湿陷性黄土地基的变形特征是在受水浸湿部位出现湿陷变形，一般变形量较大且发展迅速。在考虑选用补救措施时，首先应估计有无再次浸水的可能性，以及场地湿陷类型和等级，选择相应的措施。在确定加固深度时，对非自重湿陷性黄土场地，宜达到基础压缩层下限；对自重湿陷性黄土场地，宜穿透全部湿陷性土层。

10.2.3 人工填土地基中最常见的地基事故是发生在以黏性土为填料的素填土地基中。这种地基如堆填时间较短，又未经充分压实，一般比较疏松，承载力较低，压缩性高且不均匀，一旦遇土具有较强湿陷性，造成建筑物因大量沉降和不均匀沉降而开裂损坏，所以在采用各种补救措施时，加固深度均应穿透素填土层。

10.2.4 膨胀土是指土中黏粒成分主要由亲水性矿物组成，同时具有显著的吸水膨胀和失水收缩两种变形特性的黏性土。由于膨胀土的胀缩变形是可逆的，随着季节气候的变化，反复失水吸水，使地基不断产生反复升降变形，而导致建筑物开裂损坏。

目前采用胀缩等级来反映胀缩变形的大小，所以在选用补救措施时，应以建筑物损坏程度和胀缩等级作为主要依据。此外，对于建造在坡地上的损坏建筑，要贯彻"先治坡，后治房"的方针，才能取得预期的效果。

10.2.5 土岩组合地基上损坏的建筑主要是由于土层与基岩压缩性相差悬殊，而造成建筑物在土岩交界部位出现不均匀沉降而引起裂缝或损坏。由于土岩组合地基情况较为复杂，所以首先应详细探明地质情况，选用切合实际的补救措施。

10.3 邻近建筑施工引起事故的预防与补救

10.3.1 目前城市用地越来越紧张，建筑物密度也越来越大，相邻建筑施工的影响应引起高度重视，对邻近建筑、道路或管线可能造成影响的施工，主要有桩基施工、基槽开挖、降水等。主要事故有沉降、不均匀沉降、局部裂损，局部倾斜或整体倾斜等。施工前应分析可能产生的影响采用必要的预防措施，当出现事故后应采取补救措施。

10.3.2 在软土地基中进行挤土桩的施工，由于桩的挤土效应，土体产生超静孔隙水压力造成土体侧向挤出，出现地面隆起，可能对邻近既有建筑造成影响时，可以采用排水法（塑料排水板、砂桩或砂井等）、应力释放孔法或隔离沟等来预防对邻近既有建筑的影响，对重要的建筑可设地下挡墙阻挡挤土产生的影响。

10.3.5 人工挖孔桩是一种既简便又经济的桩基施工方法，被广泛地采用，但人工挖孔桩施工对周围影响较大，主要表现在降低地下水位后出现流砂、土的侧向变形等，应分析可能造成的影响并采取相应预防措施。

10.4 深基坑工程引起事故的预防与补救

10.4.1 基坑支护施工过程、基坑支护体系变形、基坑降水、基坑失稳都可能对既有建筑地基基础造成破坏，特别是在深厚淤泥、淤泥质土、饱和黏性土或饱和粉细砂等地层中开挖基坑，极易发生事故，对这类场地和深基坑必须充分重视，对可能发生的危害事故应有分析、有准备、预先做好危害事故的预防措施。

10.4.2 本条为基坑支护设计对既有建筑的保护措施：

2 近年来的一些基坑支护事故表明，如化粪池、污水井、给水排水管线的漏水均会造成基坑的破坏，影响既有建筑的安全。原因一是化粪池、污水井、给水排水管线原来就存在渗漏水现象，周围土体含水量高、强度低，如采用土钉墙支护会造成局部失稳；原因二是基坑水平变形过大，造成管线开裂，水渗透到基坑造成基坑破坏。这些基坑事故都可能危害既有建筑的安全。

3 我国每年都有基坑支护降水造成既有建筑、道路、管线开裂的报道，因此，地下水位较高时，宜避免采用开敞式降水方案，当既有建筑为天然地基时，支护结构应采用帷幕止水方案。

4 锚杆或土钉下穿既有建筑基础时，施工过程对基底土的扰动及浆液凝固前都可能产生沉降，如锚杆的倾斜角偏大则会出现建筑物的倾斜，应尽量避免下穿既有建筑基础。当无法解决锚杆对邻近建筑物的安全造成的影响时，应变更基坑支护方案。

5 基坑工程事故，影响到周边建筑物、构筑物及地下管线，工程损失很大。为了确保基坑及其周边既有建筑的安全，首先要有安全可靠的支护结构方案，其次要重视信息化施工，掌握基坑受力和变形状态，及时发现问题，迅速妥善处理。

10.4.3 基坑降水常引发基坑周边建筑物倾斜、地面或路面下陷开裂等事故，防止的关键在于保持基坑外水位的降深，一般可采取设置回灌井和有效的止水墙等措施。反之，不设回灌井，忽视对水位和邻近建筑物的观测或止水墙工程粗糙漏水，必然导致严重后果。因此，在地下水位较高的场地，地下水处理是保证基坑工程安全的重要技术措施。

10.4.4 在既有建筑附近进行打入式桩基础施工对既有建筑地基基础影响较大，应采取有效措施，保证既有建筑安全。

10.4.5 基坑周边不准修建临时工棚，因为场地边的临建工棚对环境卫生、工地施工安全、特别是对基坑安全会造成很大威胁。地表水或雨水渗漏对基坑安全不利，应采取疏导措施。

10.5 地下工程施工引起事故的预防与补救

10.5.1 隔断法是在既有建筑附近进行地下工程施工时，为避免或减少土体位移与变形对建筑物的影响，而在既有建筑与施工地面间设置隔断墙（如钢板桩、地下连续墙、树根桩或深层搅拌桩等墙体）予以保护

的方法，国外称侧向托换（lateral underpinning）。墙体主要承受地下工程施工引起的侧向土压力，减少地基差异变形。上海市延安东路外滩天文台由于越江隧道经过其一侧时，就是采用树根桩进行隔断法加固的。

当地下工程施工时，会产生影响范围内的地面建筑物或地下管线的位移和变形，可在施工前对既有建筑的地基基础进行加固，其加固深度应大于地下工程的底面埋置深度，则既有建筑的荷载可直接传递至地下工程的埋置深度以下。

10.5.3 在地下工程施工过程中，为了及时掌握邻近建筑物和地下管线的沉降和水平位移情况，必须及时进行相应的监测。首先需在待测的邻近建筑或地下管线上设置观测点，其数量和位置的确定应能正确反映邻近建筑或地下管线关键点的沉降和位移情况，进行信息化施工。

10.6 地下水位变化过大引起事故的预防与补救

10.6.1 地下水位降低会增大建筑物沉降，造成道路、设备管线的开裂，因此在既有建筑周围大面积降水时，对既有建筑应采取保护措施。当地下水位的上升可能超过抗浮设防水位时，应重新进行抗浮设计验算，必要时应进行抗浮加固。

10.6.2 地下水位下降造成桩周土的沉降，对桩产生负摩阻力，相当于增大了桩身轴力，会增大沉降。

10.6.3 对于一些特殊土，如湿陷性黄土、膨胀土、回填土，地下水位上升都能造成地基变形，应采取预防措施。

11 加固方法

11.1 一般规定

11.1.1 既有建筑地基基础进行加固时，应分析评价由于施工扰动所产生的对既有建筑物附加变形的影响。由于既有建筑物在长期使用下，变形已处于稳定状态，对地基基础进行加固时，必然要改变已有的受力状态，通过加固处理会使新旧地基基础受力重新分配。首先应对既有建筑原有受力体系分析，然后根据加固的措施重新考虑加固后的受力体系。通常可借助于计算机对各种过程进行模拟，而且能对各种工况进行分析计算，对复杂的受力体系有定量的、较全面的了解。这个工作也是最近几年随着电子计算机的广泛应用才得以实现的。

对于有地区经验，可按地区经验评价。

11.1.2 既有地基基础加固对象是已投入使用的建筑物，在不影响正常使用的前提下达到加固改造目的。新建基础与既有基础连接的变形协调，各种地基基础

加固方法的地基变形协调，应在设计要求的条件下通过严格的施工质量控制实现。导坑回填施工应达到设计要求的密实度，保证地基基础工作条件。

锚杆静压桩加固，当采用钢筋混凝土方桩时，顶进至设计深度后即可取出千斤顶，再用 C30 微膨胀早强混凝土将桩与原基础浇筑成整体。当控制变形严格，需施加预应力封桩时，可采用型钢支架托换，而后浇筑混凝土。对钢管桩，应根据工程要求，在钢管内浇筑 C20 微膨胀早强混凝土，最后用 C30 混凝土将桩与原基础浇筑成整体。

抬墙梁法施工，穿过原建筑物的地圈梁，支承于砖砌、毛石或混凝土新基础上。基础下的垫层应与原基础采用同一材料，并且做在同一标高上。浇筑抬墙梁时，应充分振捣密实，使其与地圈梁底紧密结合。若抬墙梁采用微膨胀混凝土，其与地圈梁挤密效果更佳。抬墙梁必须达到设计强度，才能拆除模板和墙体。

树根桩在既有基础上钻孔施工，树根桩完成后，在套管与孔之间采用非收缩的水泥浆注满。为了增强套管与水泥浆体之间的荷载传递能力，在套管置入之前，在钢套管上焊上一定间距的钢筋剪力环。树根桩在既有基础上钻孔施工，树根桩完成后，在套管与孔之间采用非收缩的水泥浆注满。

11.1.3 钢管桩表面应进行防腐处理，但实施的效果难于检验，采用增加钢管桩腐蚀量壁厚，较易实施。

11.2 基础补强注浆加固

11.2.1、11.2.2 基础补强注浆加固法的特点是：施工方便，可以加强基础的刚度与整体性。但是，注浆的压力一定要控制，压力不足，会造成基础裂缝不能充满，压力过高，会造成基础裂缝加大。实际施工时应进行试验性补强注浆，结合原基础材料强度和粘结强度，确定注浆施工参数。

注浆施工时的钻孔倾角是指钻孔中心线与地平面的夹角，倾角不应小于 30°，以免钻孔困难。注浆孔布置应在基础损伤检测结果基础上进行，间距不宜超过 2.0m。

封闭注浆孔，对混凝土基础，采用的水泥砂浆强度不应低于基础混凝土强度；对砌体基础，水泥砂浆强度不应低于原基础砂浆强度。

11.3 扩大基础

11.3.2、11.3.3 扩大基础底面积加固的特点是：1. 经济；2. 加强基础刚度与整体性；3. 减少基底压力；4. 减少基础不均匀沉降。

对条形基础应按长度 1.5m～2.0m 划分成单独区段，分批、分段、间隔分别进行施工。绝不能在基础全长上挖成连续的坑槽或使坑槽内地基土暴露过久而使原基础产生或加剧不均匀沉降。沿基础高度隔一定距离应设置锚固钢筋，可使加固的新浇混凝土与原有基础混凝土紧密结合成为整体。

当既有建筑的基础开裂或地基基础不满足设计要求时，可采用混凝土套或钢筋混凝土套加大基础底面积，以满足地基承载力和变形的设计要求。

当基础承受偏心受压时，可采用不对称加宽；当承受中心受压时，可采用对称加宽。原则上应保持新旧基础的结合，形成整体。

对加套混凝土或钢筋混凝土的加宽部分，应采用与原基础垫层的材料及厚度相同的夯实垫层，可使加套后的基础与原基础的基底标高和应力扩散条件相同和变形协调。

11.3.4 采用混凝土或钢筋混凝土套加大基础底面积尚不能满足地基承载力和变形等的设计要求时，可将原独立基础改成条形基础；将原条形基础改成十字交叉条形基础或筏形基础；将原筏形基础改成箱形基础。这样更能扩大基底面积，用以满足地基承载力和变形的设计要求；另外，由于加强了基础的刚度，也可减少地基的不均匀变形。

11.3.5、11.3.6 加深基础法加固的特点是：1. 经济；2. 有效减少基础沉降；3. 不得连续或集中施工；4. 可以是间断墩式也可以是连续墩式。

加深基础法是直接在基础下挖土槽坑，再在坑内浇筑混凝土，以增大原基础的埋置深度，使基础直接支承在较好的持力层上，用以满足设计对地基承载力和变形的要求。其适用范围必须在浅层有较好的持力层，不然会因采用人工挖坑而费工费时又不经济；另外，场地的地下水位必须较低才合适，不然人工挖坑时会造成邻近土的流失，即使采取相应的降水或排水措施，在施工上也会带来困难，而降水亦会导致对既有建筑产生附加不均匀沉降的隐患。

所浇筑的混凝土墩可以是间断的或连续的，主要取决于被托换的既有建筑的荷载大小和墩下地基土的承载能力及其变形性能。

鉴于施工是采用挖槽坑的方法，所以国外对基础加深法称坑式托换（pit underpinning）；亦因在坑内要浇筑混凝土，故国外对这种施工方法亦有称墩式托换（pier underpinning）。

11.3.7 如果加固的基础跨越较大时，应验算两墩之间能否满足承载力和变形的要求，如计算强度和变形不满足既有建筑原设计的要求，应采取设置过梁措施或采取托换措施，以保证施工中建筑物的安全。

11.3.9 抬墙梁法类似于结构的"托梁换柱法"，因此在采用这种方法时，必须掌握结构的形式和结构荷载的分布，合理地设置梁下桩的位置，同时还要考虑桩与原基础的受力及变形协调。抬墙梁的平面位置应避开一层门窗洞口，不能避开时，应对抬墙梁上的门窗洞口采取加强措施，并应验算梁支承处砖墙的局部承压强度。

11.4 锚杆静压桩

11.4.1 锚杆静压桩是锚杆和静压桩结合形成的桩基施工工艺。它是通过在基础上埋设锚杆固定压桩架，以既有建筑的自重荷载作为压桩反力，用千斤顶将桩段从基础中预留或开凿的压桩孔内逐段压入土中，再将桩与基础连接在一起，从而达到提高基础承载力和控制沉降的目的。

11.4.2、11.4.3 当既有建筑基础承载力不满足压桩所需的反力时，则应对基础进行加固补强；也可采用新浇筑的钢筋混凝土挑梁或抬梁作为压桩的承台。

封桩是锚杆静压桩技术的关键工序，封桩可分别采用不施加预应力的方法及施加预应力的方法。

不施加预应力的方法封桩工序（图7）为：

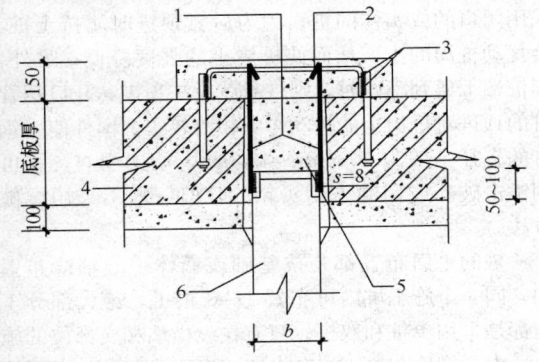

图 7　锚杆静压桩封桩节点示意
1—锚固筋（下端与桩焊接，上端弯折后与交叉钢筋焊接）；2—交叉钢筋；3—锚杆（与交叉钢筋焊接）；4—基础；5—C30 微膨胀混凝土；6—钢筋混凝土桩

清除压桩孔周围桩帽梁区域内的泥土-将桩帽帽梁区域内基础混凝土表面清洗干净-清洗压桩孔壁-清除压桩孔内的泥水-焊接交叉钢筋-检查-浇捣 C30 或 C35 微膨胀混凝土-检查封桩孔有无渗水。锚固筋不宜少于 4 Φ 14。

对沉降敏感的建筑物或要求加固后制止沉降起到立竿见影效果的建筑物（如古建筑、沉降缝两侧等部位），其封桩可采用预加预应力的方法（图8）。通过预加反力封桩，附加沉降可以减少，收到良好的效果。

具体做法：在桩顶上预加反力（预加反力值一般为 1.2 倍单桩承载力），此时底板上保留了一个相反的上拔力，由此减少了基底反力，在桩顶预加反力作用下，桩身即形成了一个预加反力区，然后将桩与基础底板浇捣微膨胀混凝土，形成整体，待封桩混凝土硬结后拆除桩顶上千斤顶，桩身有很大的回弹力，从而减少基础的拖带沉降，起到减少沉降的作用。

常用的预加反力装置为一种利用特制短反力架，通过特制的预加反力短柱，使千斤顶和桩顶起到传递荷载的作用，然后当千斤顶施加要求的反力后，立即浇

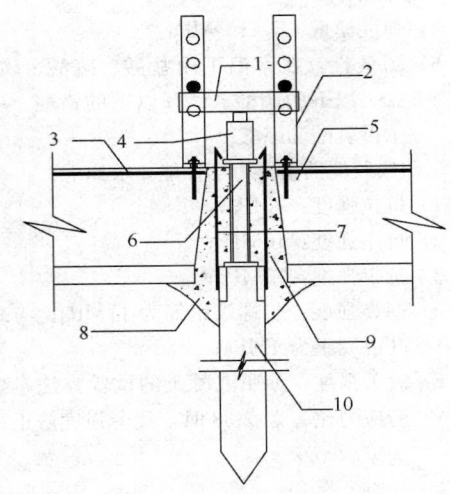

图 8　预加反力封桩示意
1—反力架；2—压桩架；3—板面钢筋；4—千斤顶；
5—锚杆；6—预加反力钢杆（槽钢或钢管）；7—锚固筋；
8—C30 微膨胀混凝土；9—压桩孔；10—钢筋混凝土桩

捣 C30 或 C35 微膨胀早强混凝土，当封桩混凝土强度达到设计要求后，拆除千斤顶和反力架。

1）锚杆静压桩对工程地质勘察除常规要求外，应补充进行静力触探试验。

2）压桩施工时不宜数台压桩机同时在一个独立柱基上施工，压桩施工应一次到位。

3）条形基础桩位靠近基础两侧，减少基础的弯矩。独立柱基围绕柱子对称布置，板基、筏基靠近荷载大的部位及基础边缘，尤其角的部位，适应马鞍形基底接触应力分布。

大型锚杆静压桩法可用于新建高层建筑桩基工程中经常遇到的类似断桩、缩径、偏斜、接头脱开等质量事故工程，以及既有高层建筑的使用功能改变或裙房区的加层等基础托换加固工程。

在加固工程中硫磺胶泥是一种常用的连接材料，下面对硫磺胶泥的配合比和主要物理力学性能指标简单介绍。

1 硫磺胶泥的重量配合比为：硫磺：水泥：砂：聚硫橡胶（44：11：44：1）。

2 硫磺胶泥的主要物理性能如下：

1）热变性：硫磺胶泥的强度与温度的关系：在 60°C 以内强度无明显影响；120°C 时变液态且随着温度的继续升高，由稠变稀；到 140°C～145°C 时，密度最大且和易性最好；170°C 时开始沸腾；超过 180°C 开始焦化，且遇明火即燃烧。

2）重度：22.8kN/m³～23.2kN/m³。

3）吸水率：硫磺胶泥的吸水率与胶泥制作质量、重度及试件表面的平整度有关，一般为 0.12%～0.24%。

4）弹性模量：5×10⁴MPa。

5）耐酸性：在常温下耐盐酸、硫酸、磷酸、40%以下的硝酸、25%以下的铬酸、中等浓度乳酸和醋酸。

3　硫磺胶泥的主要力学性能要求如下：

1）抗拉强度：4MPa；

2）抗压强度：40MPa；

3）抗折强度：10MPa；

4）握裹强度：与螺纹钢筋为11MPa；与螺纹孔混凝土为4MPa；

5）疲劳强度：参照混凝土的试验方法，当疲劳应力比 ρ 为 0.38 时，疲劳强度修正系数为 $\gamma_p > 0.8$。

11.5　树　根　桩

11.5.1　树根桩也称为微型桩或小桩，树根桩适用于各种不同的土质条件，对既有建筑的修复、增层、地下铁道的穿越以及增加边坡稳定性等托换加固都可应用，其适用性非常广泛。

11.5.2　树根桩设计时，应对既有建筑的基础进行有关承载力的验算。当不满足要求时，应先对原基础进行加固或增设新的桩承台。树根桩的单桩竖向承载力可按载荷试验得到，也可按国家现行标准《建筑地基基础设计规范》GB 50007 有关规定结合地区经验估算，但应考虑既有建筑的地基变形条件的限制和考虑桩身材料强度的要求。设计人员要根据被加固建筑物的具体条件，预估既有建筑所能承受的最大沉降量。在载荷试验中，可由荷载-沉降曲线上求出相应允许沉降量的单桩竖向承载力。

11.5.3　树根桩的施工由于采用了注浆成桩的工艺，根据上海经验通常有 50% 以上的水泥浆液注入周围土层，从而增大了桩侧摩阻力。树根桩施工可采用二次注浆工艺。采用二次注浆可提高桩极限摩阻力的30%～50%。由于二次注浆通常在某一深度范围内进行，极限摩阻力的提高仅对该土层范围而言。

如采用二次注浆，则需待第一次注浆的浆液初凝时方可进行。第二次注浆压力必须克服初凝浆液的凝聚力并剪裂周围土体，从而产生劈裂现象。浆液的初凝时间一般控制在 45min～60min 范围，而第二次注浆的最大压力一般不大于 4MPa。

拔管后孔内混凝土和浆液面会下降，当表层土质松散时会出现浆液流失现象，通常的做法是立即在桩顶填充碎石和补充注浆。

11.5.4　树根桩试块取自成桩后的桩顶混凝土，按现行国家标准《混凝土结构设计规范》GB 50010，试块尺寸为 150mm 立方体，其强度等级由 28d 龄期的用标准试验方法测得的抗压强度值确定。树根桩静载荷试验可参照混凝土灌注桩试验方法进行。

11.6　坑式静压桩

11.6.1　坑式静压桩是采用既有建筑自重做反力，用千斤顶将桩段逐段压入土中的施工方法。千斤顶上的反力梁可利用原有基础下的基础梁或基础板，对无基础梁或基础板的既有建筑，则可将底层墙体加固后再进行坑式静压桩施工。这种对既有建筑地基的加固方法，国外称压入桩（jacked piles）。

当地基土中含有较多的大块石、坚硬黏性土或密实的砂土夹层时，由于桩压入时难度较大，需要根据现场试验确定其适用与否。

11.6.2　国内坑式静压桩的桩身多数采用边长为 150mm～250mm 的预制钢筋混凝土方桩，亦有采用桩身直径为 100mm～600mm 开口钢管，国外一般不采用闭口的或实体的桩，因为后者顶进时属挤土桩，会扰动桩周的土，从而使桩周土的强度降低；另外，当桩端下遇到障碍时，则桩身就无法顶进。开口钢管桩的顶进对桩周土的扰动影响相对较小，国外使用钢管的直径一般为 300mm～450mm，如遇漂石，亦可用锤击破碎或用冲击钻头钻除，但一般不采用爆破方法。

桩的平面布置都是按基础或墙体中心轴线布置的，同一个施工坑内可布置 1～3 根桩，绝大部分工程都是采用单桩和双桩。只有在纵横墙相交部位的施工坑内，横墙布置 1 根和纵墙 2 根形成三角的 3 根静压桩。

11.6.3　由于压桩过程中是动摩擦力，因此压桩力达 2 倍设计单桩竖向承载力特征值相应的深度土层内，对于细粒土一般能满足静载荷试验时安全系数为 2 的要求；遇有碎石土，卵石土粒径较大的夹层时，压入困难时，应采取掏土、振动等技术措施，保证单桩承载力。

对于静压桩与基础梁（或板）的连接，一般采用木模或临时砖模，再在模内浇灌 C30 混凝土，防止混凝土干缩与基础脱离。

为了消除静压桩顶进至设计深度后，取出千斤顶时桩身的卸载回弹，可采用克服或消除这种卸载回弹的预应力方法。其做法是预先在桩顶上安装钢制托换支架，在支架上设置两台并排的同吨位千斤顶，垫好垫块后同步压至压桩终止压力后，将已截好的钢管或工字钢的钢柱塞入桩顶与原基础底面间，并打入钢楔挤紧后，千斤顶同步卸荷至零，取出千斤顶，拆除托换支架，对填塞钢柱的上下两端周边应焊牢，最后用 C30 混凝土将其与原基础浇筑成整体。

封桩可根据要求采用预应力法或非预应力法施工。施工工艺可参考第 11.4 节锚杆静压桩封桩方法。

11.7　注　浆　加　固

11.7.1　注浆加固（grouting）亦称灌浆法，是指利用液压、气压或电化学原理，通过注浆管把浆液注入地层中，浆液以填充、渗透和挤密等方式，将土颗粒或岩石裂隙中的水分和空气排除后占据其位置，经一定时间后，浆液将原来松散的土粒或裂隙胶结成一个整体，形成一个结构新、强度大、防水性能高和化学稳定性良好的"结石体"。

注浆加固的应用范围有：

1 提高地基土的承载力、减少地基变形和不均匀变形。

2 进行托换技术，对古建筑的地基加固常用。

3 用以纠倾和抬升建筑。

4 用以减少地铁施工时的地面沉降，限制地下水的流动和控制施工现场土体的位移等。

11.7.2 注浆加固的效果与注浆材料、地基土性质、地下水性质关系密切，应通过现场试验确定加固效果，施工参数，注浆材料配比、外加剂等，有经验的地区应结合工程经验进行设计。注浆加固设计依加固目的，应满足土的强度、渗透性、抗剪强度等要求，加固后的地基满足均匀性要求。

11.7.3 浆液材料可分为下列几类（图9）：

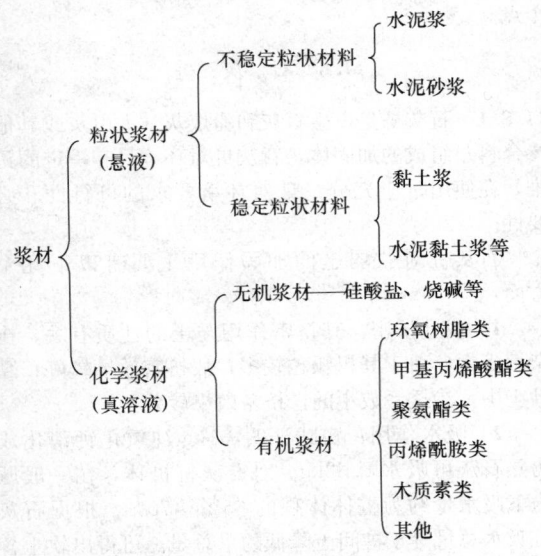

图 9　浆液材料

注浆按工艺性质分类可分为单液注浆和双液注浆。在有地下水流动的情况下，不应采用单液水泥浆，而应采用双液注浆，及时凝结，以免流失。

初凝时间是指在一定温度条件下，浆液混合剂到丧失流动性的这一段时间。在调整初凝时间时必须考虑气温、水温和液温的影响。单液注浆适合于凝固时间长，双液注浆适合于凝固时间短。

假定软土的孔隙率 $n=50\%$，充填率 $\alpha=40\%$，故浆液注入率约为 20%。

若注浆点上覆盖土厚度小于 2m，则较难避免在注浆初期产生"冒浆"现象。

按浆液在土中流动的方式，可将注浆法分为三类：

1 渗透注浆

浆液在很小的压力下，克服地下水压、土粒孔隙间的阻力和本身流动的阻力，渗入土体的天然孔隙，并与土粒骨架产生固化反应，在土层结构基本不受扰动和破坏的情况下达到加固的目的。

渗透注浆适用于渗透系数 $k>10^{-4}$ cm/s 的砂性土。

2 劈裂注浆

当土的渗透系数 $k<10^{-4}$ cm/s，应采用劈裂注浆，在劈裂注浆中，注浆管出口的浆液对周围地层施加了附加压应力，使土体产生剪切裂缝，而浆液则沿裂缝面劈裂。当周围土体是非匀质体时，浆液首先劈入强度最低的部分土体。当浆液的劈裂压力增大到一定程度时，再劈入另一部分强度较高的部分土体，这样劈入土体中的浆液便形成了加固土体的网络或骨架。

从实际加固地基开挖情况看，浆液的劈裂途径有竖向的、斜向的和水平向的。竖向劈裂是由土体受到扰动而产生的竖向裂缝；斜向的和水平向的劈裂是浆液沿软弱的或夹砂的土层劈裂而形成的。

3 压密注浆

压密注浆是指通过钻孔在土中灌入极浓的浆液，在注浆点使土体压密，在注浆管端部附近形成"浆泡"，当浆泡的直径较小时，灌浆压力基本上沿钻孔的径向扩展。随着浆泡尺寸的逐渐增大，便产生较大的上抬力而使地面抬动。浆泡的形状一般为球形或圆柱形。浆泡的最后尺寸取决于土的密度、湿度、力学条件、地表约束条件、灌浆压力和注浆速率等因素。离浆泡界面 0.3m～2.0m 内的土体都能受到明显的加密。评价浆液稠度的指标通常是浆液的坍落度。如采用水泥砂浆浆液，则坍落度一般为 25mm～75mm，注浆压力为 1MPa～7MPa。当坍落度较小时，注浆压力可取上限值。

渗透、劈裂和压密一般都会在注浆过程中同时出现。

"注浆压力"是指浆液在注浆孔口的压力，注浆压力的大小取决于以上三种注浆方式的不同、土性的不同和加固设计要求的不同。

由于土层的上部压力小，下部压力大，浆液就有向上抬高的趋势。灌注深度大，上抬不明显，而灌注深度浅，则上抬较多，甚至溢到地面上来，此时可用多孔间歇注浆法，亦即让一定数量的浆液灌入上层孔隙大的土中后，暂停工作让浆液凝固，这样就可把上抬的通道堵死；或者加快浆液的凝固时间，使浆液（双液）出注浆管就凝固。

11.7.4 注浆压力和流量是施工中的两个重要参数，任何注浆方式均应有压力和流量的记录。自动流量和压力记录仪能随时记录并打印出注浆过程中的流量和压力值。

在注浆过程中，对注浆的流量、压力和注浆总流量中，可分析地层的空隙、确定注浆的结束条件、预测注浆的效果。

注浆施工方法较多，以上海地区而论最为常用的是花管注浆和单向阀管注浆两种施工方法。对一般工程的注浆加固，还是以花管注浆作为注浆工艺的主体。

花管注浆的注浆管在头部 1m～2m 范围内侧壁开孔，孔眼为梅花形布置，孔眼直径一般为 3mm～4mm。注浆管的直径一般比锥尖的直径小 1mm～2mm。有时为防止孔眼堵塞，可在开口的孔眼外再包一圈橡皮环。

为防止浆液沿管壁上冒，可加一些速凝剂或压浆后间歇数小时，使在加固层表面形成一层封闭层。如在地表有混凝土之类的硬壳覆盖的情况，也可将注浆管一次压到设计深度，再由下而上分段施工。

花管注浆工艺虽简单，成本低廉，但其存在的缺点是：1 遇卵石或块石层时沉管困难；2 不能进行二次注浆；3 注浆时易于冒浆；4 注浆深度不及塑料单向阀管。

注浆时可采用粉煤灰代替部分水泥的原因是：

1 粉煤灰颗粒的细度比水泥还细，及其占优势的球形颗粒，使比仅含有水泥和砂的浆液更容易泵送，用粉煤灰代替部分水泥或砂，可保持浆体的悬浮状态，以免发生离析和减少沉积来改善可泵性和可灌性。

2 粉煤灰具有火山灰活性，当加入到水泥中可增加胶结性，这种反应产生的粘结力比水泥砂浆间的粘结更为坚固。

3 粉煤灰含有一定量的水溶性硫酸盐，增强了水泥浆的抗硫酸盐性。

4 粉煤灰掺入水泥的浆液比一般水泥浆液用的水少，而通常浆液的强度与水灰比有关，它随水的减少而增加。

5 使用粉煤灰可达到变废为宝，具有社会效益，并节约工程成本。

每段注浆的终止条件为吸浆量小于 1L/min～2L/min。当某段注浆量超过设计值的 1 倍～1.5 倍时，应停止注浆，间歇数小时后再注，以防浆液扩展到加固段以外。

为防止邻孔串浆，注浆顺序应按跳孔间隔注浆方式进行，并宜采用先外围后内部的注浆施工方法，以防浆液流失。当地下水流速较大时，应考虑浆液在水流中的迁移效应，应从水头高的一端开始注浆。

在浆液进行劈裂的过程中，产生超孔隙水压力，孔隙水压力的消散使土体固结和劈裂浆体的凝结，从而提高土的强度和刚度。但土层的固结要引起土层的

沉降和位移。因此，土体加固的效应与土体扰动的效应是同时发展的过程，其结果是导致加固土体的效应和某种程度土体的变形，这就是单液注浆的初期会产生地基附加沉降的原因。而多孔间隔注浆和缩短浆液凝固时间等措施，能尽量减少既有建筑基础因注浆而产生的附加沉降。

11.7.5 注浆施工质量高不等于注浆效果好，因此，在设计和施工中，除应明确规定某些质量指标外，还应规定所要达到的注浆效果及检查方法。

1 计算灌浆量，可利用注浆过程中的流量和压力曲线进行分析，从而判断注浆效果。

2 由于浆液注入地层的不均匀性，采用地球物理检测方法，实际上存在难以定量和直接反映的缺点。标准贯入、轻型动力触探和静力触探的检测方法，简单实用，但它存在仅能反映取样点的加固效果的特点，因此对地基注浆加固效果评价的检查数量应满足统计要求，检验标准应通过现场试验对比校核使用。

3 检验点的数量和合格的标准除应按规范条文执行外，对不足 20 孔的注浆工程，至少应检测 3 个点。

11.8 石 灰 桩

11.8.1 石灰桩是由生石灰和粉煤灰（火山灰或其他掺合料）组成的加固体。石灰桩对环境具有一定的污染，在使用时应充分论证对环境要求的可行性和必要性。

石灰桩对软弱土的加固作用主要有以下几个方面：

1 成孔挤密：其挤密作用与土的性质有关。在杂填土中，由于其粗颗粒较多，故挤密效果较好；黏性土中，渗透系数小的，挤密效果较差。

2 吸水作用：实践证明，1kg 纯氧化钙消化成为熟石灰可吸水 0.32kg。对石灰桩桩体，在一般压力下吸水量约为桩体体积的 65%～70%。根据石灰桩吸水总量等于桩间土降低的水总量，可得出软土含水量的降低值。

3 膨胀挤密：生石灰具有吸水膨胀作用，在压力 50kPa～100kPa 时，膨胀量为 20%～30%，膨胀的结果使桩周土挤密。

4 发热脱水：1kg 氧化钙在水化时可产生 280cal 热量，桩身温度可达 200℃～300℃，使土产生一定的气化脱水，从而导致土中含水量下降、孔隙比减小、土颗粒靠拢挤密，在所加固区的地下水位也有一定的下降，并促使某些化学反应形成，如水化硅酸钙的形成。

5 离子交换：软土中钠离子与石灰中的钙离子发生置换，改善了桩间土的性质，并在石灰桩表层形成一个强度很高的硬层。

以上这些作用，使桩间土的强度提高、对饱和粉土和粉细砂还改善了其抗液化性能。

6 置换作用：软土为强度较高的石灰桩所代替，从而增加了复合地基承载力，其复合地基承载力的大小，取决于桩身强度与置换率大小。

11.8.2 石灰桩桩径主要取决于成孔机具，目前使用的桩管常用的有直径 325mm 和 425mm 两种；用人工洛阳铲成孔的一般为 200mm～300mm，机动洛阳铲成孔的直径可达 400mm～600mm。

石灰桩的桩距确定，与原地基土的承载力和设计要求的复合地基承载力有关，一般采用 2.5 倍～3.5 倍桩径。根据山西省的经验，采用桩距 3.0 倍～3.5 倍桩径的，地基承载力可提高 0.7 倍～1.0 倍；采用桩距 2.5 倍～3.0 倍桩径的，地基承载力可提高 1.0 倍～1.5 倍。

桩的布置可采用三角形或正方形，而采用等边三角形布置更为合理，它使桩周土的加固较为均匀。

桩的长度确定，应根据地质情况而定，当软弱土层厚度不大时，桩长宜穿过软弱土层，也可先假定桩长，再对软弱下卧层强度和地基变形进行验算后确定。

石灰桩处理范围一般要超出基础轮廓线外围 1 排～2 排，是基底压力向外扩散的需要，另外考虑基础边桩的挤密效果较差。

11.8.4 石灰桩施工记录是评估施工质量的重要依据，结合抽检结果可作出质量检验评价。

通过现场原位测试的标准贯入、静力触探以及钻孔取样进行室内试验，检测石灰桩施工质量及其周围土的加固效果。桩周土的测试点应布置在等边三角形或正方形的中心，因为该处挤密效果较差。

11.9 其他地基加固方法

11.9.1 旋喷桩是利用钻机钻进至土层的预定位置后，以高压设备通过带有喷嘴的注浆管使浆液以 20MPa～40MPa 的高压射流从喷嘴中喷射出来，冲击破坏土体，同时钻杆以一定速度渐渐向上提升，将浆液与土粒强制搅拌混合，浆液凝固后，在土中形成固结加固体。

固结加固体形状与喷射流移动方向有关。一般分为旋转喷射（简称旋喷）、定向喷射（简称定喷）和摆动喷射（简称摆喷）三种形式。托换加固中一般采用旋转喷射，即旋喷桩。当前，高压喷射注浆法的基本工艺类型有：单管法、二重管法、三重管法和多重管法等四种方法。

旋喷固结体的直径大小与土的种类和密实程度有较密切的关系。对黏性土地基加固，单管旋喷注浆加固体直径一般为 0.3m～0.8m；三重管旋喷注浆加固体直径可达 0.7m～1.8m；二重管旋喷注浆加固体直径介于上述二者之间。多重管旋喷直径为 2.0m ～4.0m。

一般在黏性土和黄土中的固结体，其抗压强度可达 5MPa～10MPa，砂类土和砂砾层中的固结体其抗压强度可达 8MPa～20MPa。

11.9.2 灰土挤密桩适应于无地下水的情况下，其特点是：1 经济；2 灵活性、机动性强；3 施工简单，施工作业面小等。灰土挤密桩法施作时一定要对称施工，不得使用生石灰与土拌合，应采用消解后的石灰，以防灰料膨胀不均匀造成基础拉裂。

11.9.3 水泥土搅拌桩由于设备较大，一般不用于既有建筑物基础下的地基加固。在相邻建筑施工时，要考虑其挤土效应对相邻基础的影响。

11.9.4 化学灌浆的特点是适应性比较强，施工作业面小，加固效果比较快。但是，这种方法对地下水有一定的污染，当施工场地位于饮水源、河流、湖泊、鱼池等附近时，对注浆材料和浆液配比要严格控制。

11.9.6 人工挖孔混凝土灌注桩的特点就是能提供较大的承载能力，同时易于检查持力层的土质情况是否符合设计要求。缺点是施工作业面要求大，施工过程容易扰动周边的土。该方法应在保证安全的条件下实施。

12 检验与监测

12.1 一般规定

12.1.1 地基基础加固施工后，应按设计要求及现行国家标准《建筑地基基础工程施工质量验收规范》GB 50202 的规定进行施工质量检验。对于有特殊要求或国家标准没有具体要求的，可按设计要求或专门制定针对加固项目的检验标准及方法进行检验。

12.1.2 地基基础加固工程应在施工期间进行监测，根据监测结果采取调整既有建筑地基基础加固设计或施工方案的技术措施。

12.2 检 验

12.2.1 基槽检验是重要的施工检验程序，应按隐蔽工程要求进行。

12.2.2 新旧结构构件的连接构造应进行检验，提供隐蔽工程检验报告。

12.2.3 对基础钻芯取样，可采用目测方法检验浆液的扩散半径、浆液对基础裂缝的填充效果；尚应进行抗压强度试验测定注浆后基础的强度。钻芯取样数量，对条形基础宜每隔 5m～10m，或每边不少于 3 个，对独立柱基础，取样数可取 1 个～2 个，取样孔宜布置在两个注浆孔中间的位置。

12.2.7 复合地基加固可在原基础上开孔并对既有建筑基础下地基进行加固，也可用于扩大基础加固中既有建筑基础外的地基加固，或两者联合使用。但在原基础内实施难度较大，目前实际工程不多。对于扩大基础加固施工质量的检验，可根据场地条件按《建筑地基处理技术规范》JGJ 79 的要求确定检验方法。

12.3 监　　测

12.3.1、12.3.2 基槽开挖和施工降水等可能对周边环境造成影响，为保证周边环境的安全和正常使用，应对周边建筑物、管线的变形及地下水位的变化等进行监测。

12.3.4、12.3.5 纠倾加固施工，当各点的顶升量和迫降量不一致时，可能造成结构产生新的裂损，应对结构的变形和裂缝进行监测，根据监测结果进行施工控制。

12.3.6 移位施工过程中，当建筑物处于新旧基础交接处时，由于新旧基础的地基变形不同，可能造成建筑物产生新的损害，因此应对建筑物的变形、裂缝等进行监测。

12.3.7 托换加固要改变结构或地基的受力状态，施工时应对建筑的沉降、倾斜、开裂进行监测。

12.3.8 注浆加固施工会引起建筑物附加沉降，应在施工期间进行建筑物沉降监测。视沉降发展速率，施工后的一段时间也应进行沉降监测。

12.3.9 采用加大基础底面积加固法、加深基础加固法对基础进行加固时，当开挖施工槽段内结构在加固前已产生裂缝或加固施工时产生裂缝或变形时，应对开挖施工槽段内结构的变形和裂缝情况进行监测，确保安全。

中华人民共和国国家标准

地下工程防水技术规范

Technical code for waterproofing of
underground works

GB 50108—2008

主编部门：国 家 人 民 防 空 办 公 室
批准部门：中华人民共和国住房和城乡建设部
施行日期：２ ０ ０ ９ 年 ４ 月 １ 日

中华人民共和国住房和城乡建设部
公 告

第 172 号

住房和城乡建设部关于发布国家标准
《地下工程防水技术规范》的公告

现批准《地下工程防水技术规范》为国家标准，编号为GB 50108—2008，自 2009 年 4 月 1 日起实施。其中，第 3.1.4、3.2.1、3.2.2、4.1.22、4.1.26（1、2）、5.1.3 条（款）为强制性条文，必须严格执行。原《地下工程防水技术规范》GB 50108—2001 同时废止。

本规范由我部标准定额研究所组织中国计划出版社出版发行。

中华人民共和国住房和城乡建设部
二〇〇八年十一月二十七日

前　言

本规范是根据建设部"关于印发《2005 年工程建设标准规范制定、修订计划（第一批）》的通知"建标函〔2005〕84 号的要求，由总参工程兵科研三所会同有关单位，对国家标准《地下工程防水技术规范》GB 50108—2001 进行修订的基础上编制完成的。

本规范共分 10 章，主要内容包括：总则；术语；地下工程防水设计；地下工程混凝土结构主体防水；地下工程混凝土结构细部构造防水；地下工程排水；注浆防水；特殊施工法的结构防水；地下工程渗漏水治理；其他规定。

本次修编的主要内容是：提高了防水等级为二级的地下工程防水标准；增加新的防水材料和防水施工技术；与国内外相关规范协调与接轨；重视结构耐久性和环境保护；淘汰落后的防水材料，对不适应国家发展要求的条文进行修改。

本规范中以黑体字标志的条文为强制性条文，必须严格执行。

本规范由住房和城乡建设部负责管理和对强制性条文的解释，由国家人民防空办公室负责日常管理，由总参工程兵科研三所负责具体技术内容的解释。本规范在执行过程中，请各单位结合工程实践，认真总结经验，注意积累资料，随时将意见和建议反馈给总参工程兵科研三所（地址：河南洛阳，总参工程兵科研三所，邮政编码：471023），以供今后修订时参考。

本规范主编单位、参编单位和主要起草人：

主 编 单 位： 总参工程兵科研三所

参 编 单 位： 山西建筑工程（集团）总公司
中冶集团建筑研究总院
上海市隧道工程轨道交通设计研究院
中铁工程设计咨询集团有限公司
中国建筑科学研究院
中铁隧道集团有限公司科研所
深圳大学建筑设计研究院
中国建筑业协会建筑防水分会
北京城建设计研究总院有限责任公司
中国建筑防水材料工业协会

主要起草人： 冀文政　朱忠厚　张玉玲　朱祖熹
姚源道　李承刚　李治国　蔡庆华
雷志梁　张道真　曲　慧　郭德友
卓　越　哈成德　沈秀芳　潘水艳

目　　次

1 总 则

1.0.1 为使地下工程防水的设计和施工符合确保质量、技术先进、经济合理、安全适用的要求，制定本规范。

1.0.2 本规范适用于工业与民用建筑地下工程、防护工程、市政隧道、山岭及水底隧道、地下铁道、公路隧道等地下工程防水的设计和施工。

1.0.3 地下工程防水的设计和施工应遵循"防、排、截、堵相结合，刚柔相济，因地制宜，综合治理"的原则。

1.0.4 地下工程防水的设计和施工应符合环境保护的要求，并应采取相应措施。

1.0.5 地下工程的防水，应积极采用经过试验、检测和鉴定并经实践检验质量可靠的新材料、新技术、新工艺。

1.0.6 地下工程防水的设计和施工，除应符合本规范外，尚应符合国家现行有关标准的规定。

2 术 语

2.0.1 胶凝材料 cementitious material，or binder
用于配制混凝土的硅酸盐水泥及粉煤灰、磨细矿渣、硅粉等矿物掺合料的总称。

2.0.2 水胶比 water to binder ratio
混凝土配制时的用水量与胶凝材料总量之比。

2.0.3 可操作时间 operational time
单组分材料从容器打开或多组分材料从混合起，至不适宜施工的时间。

2.0.4 涂膜抗渗性 impermeability of film coating
涂料固化后的膜体抵抗地下水渗透的能力。

2.0.5 涂膜耐水性 water resistance of film coating
涂料固化后的膜体在水长期浸泡下保持各种性能指标的能力。

2.0.6 聚合物水泥防水涂料 polymer cement waterproof coating
以聚合物乳液和水泥为主要原料，加入其他添加剂制成的双组分防水涂料。

2.0.7 高分子自粘胶膜防水卷材 self-adhesive wateroofing membrane with macromolecular carrier
以合成高分子片材为底膜，单面覆有高分子自粘胶膜层，用于预铺反粘法施工的防水卷材。

2.0.8 预铺反粘法 pre-applied full bonding installation
将覆有高分子自粘胶膜层的防水卷材空铺在基面上，然后浇筑结构混凝土，使混凝土浆料与卷材胶膜层紧密结合的施工方法。

2.0.9 自粘聚合物改性沥青防水卷材 self-adbering polymer modified bituinous worteroof sheet
以高聚物改性沥青为主体材料，整体具有自粘性的防水卷材。

2.0.10 暗钉圈 concealed nail washer
设置于基层表面，并由与塑料防水板相热焊的材料组成，用于固定塑料防水板的垫圈。

2.0.11 无钉铺设 non-nails layouts
将塑料防水板通过热焊固定于暗钉圈或悬挂在基层上的一种铺设方法。

2.0.12 背衬材料 backing material
用于控制密封材料的嵌缝深度，防止密封材料和接缝底部粘结而设置的可变形材料。

2.0.13 预注浆 pre-grouting
工程开挖前使浆液预先充填围岩裂隙，以达到堵塞水流、加固围岩的目的所进行的注浆。

2.0.14 衬砌前围岩注浆 surrounding ground grouting before lining
工程开挖后，在衬砌前对毛洞的围岩加固和止水所进行的注浆。

2.0.15 回填注浆 back-fill grouting
在工程衬砌完成后，为充填衬砌和围岩间空隙所进行的注浆。

2.0.16 衬砌后围岩注浆 surrounding ground grouting after lining
在回填注浆后需要增强衬砌的防水能力时，对围岩进行的注浆。

2.0.17 凝胶时间 gel time
浆液自配制或混合时起至不流动时的时间。

2.0.18 复合管片 composite segment
钢板与混凝土复合制成的管片。

2.0.19 密封垫 gasket
由工厂加工预制，在现场粘贴于管片密封垫沟槽内，用于管片接缝防水的密封材料。

2.0.20 螺孔密封圈 bolt hole sealing washer
为防止管片螺栓孔渗漏水而设置的密封垫圈。

3 地下工程防水设计

3.1 一 般 规 定

3.1.1 地下工程应进行防水设计，并应做到定级准确、方案可靠、施工简便、耐久适用、经济合理。

3.1.2 地下工程防水方案应根据工程规划、结构设计、材料选择、结构耐久性和施工工艺等确定。

3.1.3 地下工程的防水设计，应根据地表水、地下水、毛细管水等的作用，以及由于人为因素引起的附近水文地质改变的影响确定。单建式的地下工程，宜采用全封闭、部分封闭的防排水设计；附建式的全地下或半地下工程的防水设防高度，应高出室外地坪高程 500mm 以上。

3.1.4 地下工程迎水面主体结构应采用防水混凝土，并应根据防水等级的要求采取其他防水措施。

3.1.5 地下工程的变形缝（诱导缝）、施工缝、后浇带、穿墙管（盒）、预埋件、预留通道接头、桩头等细部构造，应加强防水措施。

3.1.6 地下工程的排水管沟、地漏、出入口、窗井、风井等，应采取防倒灌措施；寒冷及严寒地区的排水沟应采取防冻措施。

3.1.7 地下工程的防水设计，应根据工程的特点和需要搜集下列资料：

 1 最高地下水位的高程、出现的年代，近几年的实际水位高程和随季节变化情况；

 2 地下水类型、补给来源、水质、流量、流向、压力；

 3 工程地质构造，包括岩层走向、倾角、节理及裂隙，含水地层的特性、分布情况和渗透系数，溶洞及陷穴，填土区、湿陷性土和膨胀土层等情况；

 4 历年气温变化情况、降水量、地层冻结深度；

 5 区域地形、地貌、天然水流、水库、废弃坑井以及地表水、洪水和给水排水系统资料；

 6 工程所在区域的地震烈度、地热，含瓦斯等有害物质的资料；

 7 施工技术水平和材料来源。

3.1.8 地下工程防水设计，应包括下列内容：

 1 防水等级和设防要求；

 2 防水混凝土的抗渗等级和其他技术指标、质量保证措施；

 3 其他防水层选用的材料及其技术指标、质量保证措施；

 4 工程细部构造的防水措施，选用的材料及其技术指标、质量保证措施；

 5 工程的防排水系统、地面挡水、截水系统及工程各种洞口的防倒灌措施。

3.2 防 水 等 级

3.2.1 地下工程的防水等级应分为四级，各等级防水标准应符合表 3.2.1 的规定。

表 3.2.1　地下工程防水标准

防水等级	防水标准
一级	不允许渗水，结构表面无湿渍
二级	不允许漏水，结构表面可有少量湿渍； 工业与民用建筑：总湿渍面积不应大于总防水面积（包括顶板、墙面、地面）的1/1000；任意100m²防水面积上的湿渍不超过2处，单个湿渍的最大面积不大于0.1m²； 其他地下工程：总湿渍面积不应大于总防水面积的2/1000；任意100m²防水面积上的湿渍不超过3处，单个湿渍的最大面积不大于0.2m²；其中，隧道工程还要求平均渗水量不大于0.05L/（m²·d），任意100m²防水面积上的渗水量不大于0.15L/（m²·d）

续表 3.2.1

防水等级	防水标准
三级	有少量漏水点，不得有线流和漏泥砂； 任意100m²防水面积上的漏水或湿渍点数不超过7处，单个漏水点的最大漏水量不大于2.5L/d，单个湿渍的最大面积不大于0.3m²
四级	有漏水点，不得有线流和漏泥砂； 整个工程平均漏水量不大于2L/（m²·d）；任意100m²防水面积上的平均漏水量不大于4L/（m²·d）

3.2.2 地下工程不同防水等级的适用范围，应根据工程的重要性和使用中对防水的要求按表 3.2.2 选定。

表 3.2.2　不同防水等级的适用范围

防水等级	适用范围
一级	人员长期停留的场所；因有少量湿渍会使物品变质、失效的贮物场所及严重影响设备正常运转和危及工程安全运营的部位；极重要的战备工程、地铁车站
二级	人员经常活动的场所；在有少量湿渍的情况下不会使物品变质、失效的贮物场所及基本不影响设备正常运转和工程安全运营的部位；重要的战备工程
三级	人员临时活动的场所；一般战备工程
四级	对渗漏水无严格要求的工程

3.3 防水设防要求

3.3.1 地下工程的防水设防要求，应根据使用功能、使用年限、水文地质、结构形式、环境条件、施工方法及材料性能等因素确定。

 1 明挖法地下工程的防水设防要求应按表 3.3.1-1 选用；

 2 暗挖法地下工程的防水设防要求应按表 3.3.1-2 选用。

3.3.2 处于侵蚀性介质中的工程，应采用耐侵蚀的防水混凝土、防水砂浆、防水卷材或防水涂料等防水材料。

3.3.3 处于冻融侵蚀环境中的地下工程，其混凝土抗冻融循环不得少于 300 次。

3.3.4 结构刚度较差或受振动作用的工程，宜采用延伸率较大的卷材、涂料等柔性防水材料。

表 3.3.1-1　明挖法地下工程防水设防要求

工程部位		主体结构							施工缝							后浇带					变形缝（诱导缝）					
防水措施		防水混凝土	防水卷材	防水涂料	塑料防水板	膨润土防水材料	防水砂浆	金属防水板	遇水膨胀止水条（胶）	外贴式止水带	中埋式止水带	外抹防水砂浆	外涂防水涂料	水泥基渗透结晶型防水涂料	预埋注浆管	补偿收缩混凝土	外贴式止水带	预埋注浆管	遇水膨胀止水条（胶）	防水密封材料	中埋式止水带	外贴式止水带	可卸式止水带	防水密封材料	外贴防水卷材	外涂防水涂料
防水等级	一级	应选	应选一至二种						应选二种							应选	应选二种		应选		应选	应选一至二种				
	二级	应选	应选一种						应选一至二种							应选	应选一至二种		应选		应选	应选一至二种				
	三级	应选	宜选一种						宜选一至二种							应选	宜选一至二种		应选		应选	宜选一至二种				
	四级	宜选	—						宜选一种							应选	宜选一种		应选		应选	宜选一种				

表 3.3.1-2　暗挖法地下工程防水设防要求

工程部位		衬砌结构						内衬砌施工缝						内衬砌变形缝（诱导缝）				
防水措施		防水混凝土	塑料防水板	防水砂浆	防水涂料	防水卷材	金属防水层	外贴式止水带	预埋注浆管	遇水膨胀止水条（胶）	防水密封材料	中埋式止水带	水泥基渗透结晶型防水涂料	中埋式止水带	外贴式止水带	可卸式止水带	防水密封材料	遇水膨胀止水条（胶）
防水等级	一级	必选	应选一至二种					应选一至二种						应选	应选一至二种			
	二级	应选	应选一种					应选一种						应选	应选一种			
	三级	宜选	宜选一种					宜选一种						应选	宜选一种			
	四级	宜选	宜选一种					宜选一种						应选	宜选一种			

4　地下工程混凝土结构主体防水

4.1　防水混凝土

Ⅰ　一般规定

4.1.1　防水混凝土可通过调整配合比，或掺加外加剂、掺合料等措施配制而成，其抗渗等级不得小于 P6。

4.1.2　防水混凝土的施工配合比应通过试验确定，试配混凝土的抗渗等级应比设计要求提高 0.2MPa。

4.1.3　防水混凝土应满足抗渗等级要求，并应根据地下工程所处的环境和工作条件，满足抗压、抗冻和抗侵蚀性等耐久性要求。

Ⅱ　设　计

4.1.4　防水混凝土的设计抗渗等级，应符合表 4.1.4 的规定。

表 4.1.4　防水混凝土设计抗渗等级

工程埋置深度 H（m）	设计抗渗等级
$H < 10$	P6
$10 \leqslant H < 20$	P8
$20 \leqslant H < 30$	P10
$H \geqslant 30$	P12

注：1　本表适用于Ⅰ、Ⅱ、Ⅲ类围岩（土层及软弱围岩）。
　　2　山岭隧道防水混凝土的抗渗等级可按国家现行有关标准执行。

4.1.5 防水混凝土的环境温度不得高于 80℃；处于侵蚀性介质中防水混凝土的耐侵蚀要求应根据介质的性质按有关标准执行。

4.1.6 防水混凝土结构底板的混凝土垫层，强度等级不应小于 C15，厚度不应小于 100mm，在软弱土层中不应小于 150mm。

4.1.7 防水混凝土结构，应符合下列规定：

1 结构厚度不应小于 250mm；

2 裂缝宽度不得大于 0.2mm，并不得贯通；

3 钢筋保护层厚度应根据结构的耐久性和工程环境选用，迎水面钢筋保护层厚度不应小于 50mm。

Ⅲ 材　料

4.1.8 用于防水混凝土的水泥应符合下列规定：

1 水泥品种宜采用硅酸盐水泥、普通硅酸盐水泥，采用其他品种水泥时应经试验确定；

2 在受侵蚀性介质作用时，应按介质的性质选用相应的水泥品种；

3 不得使用过期或受潮结块的水泥，并不得将不同品种或强度等级的水泥混合使用。

4.1.9 防水混凝土选用矿物掺合料时，应符合下列规定：

1 粉煤灰的品质应符合现行国家标准《用于水泥和混凝土中的粉煤灰》GB 1596 的有关规定，粉煤灰的级别不应低于 Ⅱ 级，烧失量不应大于 5%，用量宜为胶凝材料总量的 20%～30%，当水胶比小于 0.45 时，粉煤灰用量可适当提高；

2 硅粉的品质应符合表 4.1.9 的要求，用量宜为胶凝材料总量的 2%～5%；

表 4.1.9　硅粉品质要求

项　　目	指　标
比表面积（m^2/kg）	≥15000
二氧化硅含量（%）	≥85

3 粒化高炉矿渣粉的品质要求应符合现行国家标准《用于水泥和混凝土中的粒化高炉矿渣粉》GB/T 18046 的有关规定；

4 使用复合掺合料时，其品种和用量应通过试验确定。

4.1.10 用于防水混凝土的砂、石，应符合下列规定：

1 宜选用坚固耐久、粒形良好的洁净石子；最大粒径不宜大于 40mm，泵送时其最大粒径不应大于输送管径的 1/4；吸水率不应大于 1.5%；不得使用碱活性骨料；石子的质量要求应符合国家现行标准《普通混凝土用碎石或卵石质量标准及检验方法》JGJ 53 的有关规定；

2 砂宜选用坚硬、抗风化性强、洁净的中粗砂，不宜使用海砂；砂的质量要求应符合国家现行标准《普通混凝土用砂质量标准及检验方法》JGJ 52 的有关规定。

4.1.11 用于拌制混凝土的水，应符合国家现行标准《混凝土用水标准》JGJ 63 的有关规定。

4.1.12 防水混凝土可根据工程需要掺入减水剂、膨胀剂、防水剂、密实剂、引气剂、复合型外加剂及水泥基渗透结晶型材料，其品种和用量应经试验确定，所用外加剂的技术性能应符合国家现行有关标准的质量要求。

4.1.13 防水混凝土可根据工程抗裂需要掺入合成纤维或钢纤维，纤维的品种及掺量应通过试验确定。

4.1.14 防水混凝土中各类材料的总碱量（Na_2O 当量）不得大于 $3kg/m^3$；氯离子含量不应超过胶凝材料总量的 0.1%。

Ⅳ 施　工

4.1.15 防水混凝土施工前应做好降排水工作，不得在有积水的环境中浇筑混凝土。

4.1.16 防水混凝土的配合比，应符合下列规定：

1 胶凝材料用量应根据混凝土的抗渗等级和强度等级等选用，其总用量不宜小于 $320kg/m^3$；当强度要求较高或地下水有腐蚀性时，胶凝材料用量可通过试验调整。

2 在满足混凝土抗渗等级、强度等级和耐久性条件下，水泥用量不宜小于 $260kg/m^3$。

3 砂率宜为 35%～40%，泵送时可增至 45%。

4 灰砂比宜为 1:1.5～1:2.5。

5 水胶比不得大于 0.50，有侵蚀性介质时水胶比不宜大于 0.45。

6 防水混凝土采用预拌混凝土时，入泵坍落度宜控制在 120～160mm，坍落度每小时损失值不应大于 20mm，坍落度总损失值不应大于 40mm。

7 掺加引气剂或引气型减水剂时，混凝土含气量应控制在 3%～5%。

8 预拌混凝土的初凝时间宜为 6～8h。

4.1.17 防水混凝土配料应按配合比准确称量，其计量允许偏差应符合表 4.1.17 的规定。

表 4.1.17　防水混凝土配料计量允许偏差

混凝土组成材料	每盘计量（%）	累计计量（%）
水泥、掺合料	±2	±1
粗、细骨料	±3	±2
水、外加剂	±2	±1

注：累计计量仅适用于微机控制计量的搅拌站。

4.1.18 使用减水剂时，减水剂宜配制成一定浓度的溶液。

4.1.19 防水混凝土应分层连续浇筑，分层厚度不得大于 500mm。

4.1.20 用于防水混凝土的模板应拼缝严密、支撑牢固。

4.1.21 防水混凝土拌合物应采用机械搅拌，搅拌时间不宜小于 2min。掺外加剂时，搅拌时间应根据外加剂的技术要求确定。

4.1.22 防水混凝土拌合物在运输后如出现离析，必须进行二次搅拌。当坍落度损失后不能满足施工要求时，应加入原水胶比的水泥浆或掺加同品种的减水剂进行搅拌，严禁直接加水。

4.1.23 防水混凝土应采用机械振捣，避免漏振、欠振和超振。

4.1.24 防水混凝土应连续浇筑，宜少留施工缝。当留设施工缝时，应符合下列规定：

1 墙体水平施工缝不应留在剪力最大处或底板与侧墙的交接处，应留在高出底板表面不小于300mm的墙体上。拱（板）墙结合的水平施工缝，宜留在拱（板）墙接缝线以下150～300mm处。墙体有预留孔洞时，施工缝距孔洞边缘不应小于300mm。

2 垂直施工缝应避开地下水和裂隙水较多的地段，并宜与变形缝相结合。

4.1.25 施工缝防水构造形式宜按图 4.1.25-1、4.1.25-2、4.1.25-3、4.1.25-4 选用，当采用两种以上构造措施时可进行有效组合。

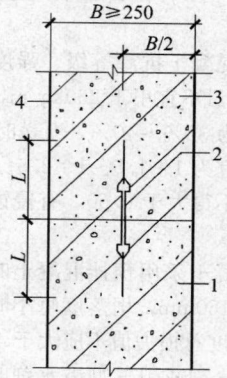

图 4.1.25-1 施工缝防水构造（一）

钢板止水带 L≥150；橡胶止水带 L≥200；钢边橡胶止水带 L≥120；1—先浇混凝土；2—中埋止水带；3—后浇混凝土；4—结构迎水面

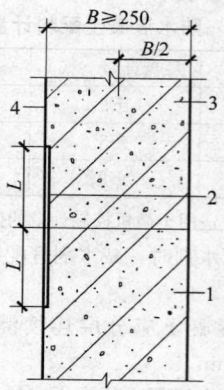

图 4.1.25-2 施工缝防水构造（二）

外贴止水带 L≥150；外涂防水涂料 L=200；外抹防水砂浆 L=200；1—先浇混凝土；2—外贴止水带；3—后浇混凝土；4—结构迎水面

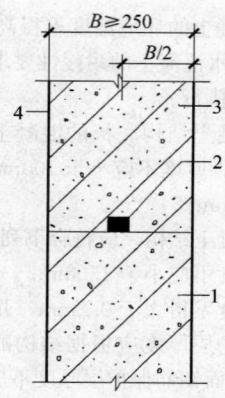

图 4.1.25-3 施工缝防水构造（三）

1—先浇混凝土；2—遇水膨胀止水条（胶）；
3—后浇混凝土；4—结构迎水面

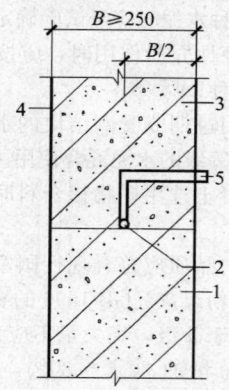

图 4.1.25-4 施工缝防水构造（四）

1—先浇混凝土；2—预埋注浆管；3—后浇混凝土；4—结构迎水面；5—注浆导管

4.1.26 施工缝的施工应符合下列规定：

1 水平施工缝浇筑混凝土前，应将其表面浮浆和杂物清除，然后铺设净浆或涂刷混凝土界面处理剂、水泥基渗透结晶型防水涂料等材料，再铺 30～50mm 厚的 1∶1 水泥砂浆，并应及时浇筑混凝土；

2 垂直施工缝浇筑混凝土前，应将其表面清理干净，再涂刷混凝土界面处理剂或水泥基渗透结晶型防水涂料，并应及时浇筑混凝土；

3 遇水膨胀止水条（胶）应与接缝表面密贴；

4 选用的遇水膨胀止水条（胶）应具有缓胀性能，7d 的净膨胀率不宜大于最终膨胀率的 60%，最终膨胀率宜大于 220%；

5 采用中埋式止水带或预埋式注浆管时，应定位准确、固定牢靠。

4.1.27 大体积防水混凝土的施工，应符合下列规定：

1 在设计许可的情况下，掺粉煤灰混凝土设计强度等级的龄期宜为 60d 或 90d。

2 宜选用水化热低和凝结时间长的水泥。

3 宜掺入减水剂、缓凝剂等外加剂和粉煤灰、磨细矿渣粉等掺合料。

4 炎热季节施工时，应采取降低原材料温度、减少混凝土运输时吸收外界热量等降温措施，入模温度不应大于 30℃。

5 混凝土内部预埋管道，宜进行水冷散热。

6 应采取保温保湿养护。混凝土中心温度与表面温度的差值不应大于 25℃，表面温度与大气温度的差值不应大于 20℃，温降梯度不得大于 3℃/d，养护时间不应少于 14d。

4.1.28 防水混凝土结构内部设置的各种钢筋或绑扎铁丝，不得接触模板。用于固定模板的螺栓必须穿过混凝土结构时，可采用工具式螺栓或螺栓加堵头，螺栓上应加焊方形止水环。拆模后应将留下的凹槽用密封材料封堵密实，并应用聚合物水泥砂浆抹平（图 4.1.28）。

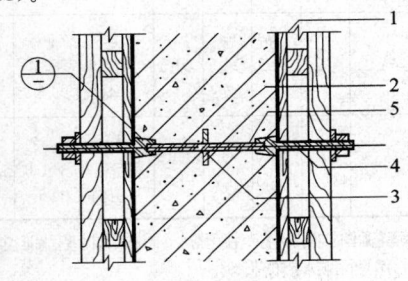

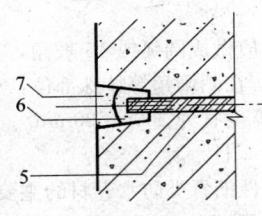

(拆模后) ①

图 4.1.28 固定模板用螺栓的防水构造
1—模板；2—结构混凝土；3—止水环；4—工具式螺栓；
5—固定模板用螺栓；6—密封材料；7—聚合物水泥砂浆

4.1.29 防水混凝土终凝后应立即进行养护，养护时间不得少于 14d。

4.1.30 防水混凝土的冬期施工，应符合下列规定：

1 混凝土入模温度不应低于 5℃；

2 混凝土养护应采用综合蓄热法、蓄热法、暖棚法、掺化学外加剂等方法，不得采用电热法或蒸气直接加热法；

3 应采取保湿保温措施。

4.2 水泥砂浆防水层

Ⅰ 一般规定

4.2.1 防水砂浆应包括聚合物水泥防水砂浆、掺外加剂或掺合料的防水砂浆，宜采用多层抹压法施工。

4.2.2 水泥砂浆防水层可用于地下工程主体结构的迎水面或背水面，不应用于受持续振动或温度高于 80℃的地下工程防水。

4.2.3 水泥砂浆防水层应在基础垫层、初期支护、围护结构及内衬结构验收合格后施工。

Ⅱ 设 计

4.2.4 水泥砂浆的品种和配合比设计应根据防水工程要求确定。

4.2.5 聚合物水泥防水砂浆厚度单层施工宜为 6～8mm，双层施工宜为 10～12mm；掺外加剂或掺合料的水泥防水砂浆厚度宜为 18～20mm。

4.2.6 水泥砂浆防水层的基层混凝土强度或砌体用的砂浆强度均不应低于设计值的 80%。

Ⅲ 材 料

4.2.7 用于水泥砂浆防水层的材料，应符合下列规定：

1 应使用硅酸盐水泥、普通硅酸盐水泥或特种水泥，不得使用过期或受潮结块的水泥；

2 砂宜采用中砂，含泥量不应大于 1%，硫化物和硫酸盐含量不应大于 1%；

3 拌制水泥砂浆用水，应符合国家现行标准《混凝土用水标准》JGJ 63 的有关规定；

4 聚合物乳液的外观：应为均匀液体，无杂质、无沉淀、不分层。聚合物乳液的质量要求应符合国家现行标准《建筑防水涂料用聚合物乳液》JC/T 1017 的有关规定；

5 外加剂的技术性能应符合现行国家有关标准的质量要求。

4.2.8 防水砂浆主要性能应符合表 4.2.8 的要求。

表 4.2.8 防水砂浆主要性能要求

防水砂浆种类	粘结强度（MPa）	抗渗性（MPa）	抗折强度（MPa）	干缩率（%）
掺外加剂、掺合料的防水砂浆	＞0.6	≥0.8	同普通砂浆	同普通砂浆
聚合物水泥防水砂浆	＞1.2	≥1.5	≥8.0	≤0.15

防水砂浆种类	吸水率（%）	冻融循环（次）	耐碱性	耐水性（%）
掺外加剂、掺合料的防水砂浆	≤3	＞50	10% NaOH 溶液浸泡 14d 无变化	—
聚合物水泥防水砂浆	≤4	＞50	—	≥80

注：耐水性指标是指砂浆浸水 168h 后材料的粘结强度及抗渗性的保持率。

Ⅳ 施 工

4.2.9 基层表面应平整、坚实、清洁，并应充分湿润、无明水。

4.2.10 基层表面的孔洞、缝隙，应采用与防水层相同的防水砂浆堵塞并抹平。

4.2.11 施工前应将预埋件、穿墙管预留凹槽内嵌填密封材料后，再施工水泥砂浆防水层。

4.2.12 防水砂浆的配合比和施工方法应符合所掺材料的规定，其中聚合物水泥防水砂浆的用水量应包括乳液中的含水量。

4.2.13 水泥砂浆防水层应分层铺抹或喷射，铺抹时应压实、抹平，最后一层表面应提浆压光。

4.2.14 聚合物水泥防水砂浆拌合后应在规定时间内用完，施工中不得任意加水。

4.2.15 水泥砂浆防水层各层应紧密粘合，每层宜连续施工；必须留设施工缝时，应采用阶梯坡形槎，但离阴阳角处的距离不得小于 200mm。

4.2.16 水泥砂浆防水层不得在雨天、五级及以上大风中施工。冬期施工时，气温不应低于 5℃。夏季不宜在 30℃ 以上或烈日照射下施工。

4.2.17 水泥砂浆防水层终凝后，应及时进行养护，养护温度不宜低于 5℃，并应保持砂浆表面湿润，养护时间不得少于 14d。

　　聚合物水泥防水砂浆未达到硬化状态时，不得浇水养护或直接受雨水冲刷，硬化后应采用干湿交替的养护方法。潮湿环境中，可在自然条件下养护。

4.3 卷材防水层

Ⅰ 一般规定

4.3.1 卷材防水层宜用于经常处在地下水环境，且受侵蚀性介质作用或受振动作用的地下工程。

4.3.2 卷材防水层应铺设在混凝土结构的迎水面。

4.3.3 卷材防水层用于建筑物地下室时，应铺设在结构底板垫层至墙体防水设防高度的结构基面上；用于单建式的地下工程时，应从结构底板垫层铺设至顶板基面，并应在外围形成封闭的防水层。

Ⅱ 设 计

4.3.4 防水卷材的品种规格和层数，应根据地下工程防水等级、地下水位高低及水压力作用状况、结构构造形式和施工工艺等因素确定。

4.3.5 卷材防水层的卷材品种可按表 4.3.5 选用，并应符合下列规定：

　　1 卷材外观质量、品种规格应符合国家现行有关标准的规定；

　　2 卷材及其胶粘剂应具有良好的耐水性、耐久性、耐刺穿性、耐腐蚀性和耐菌性。

4.3.6 卷材防水层的厚度应符合表 4.3.6 的规定。

表 4.3.5 卷材防水层的卷材品种

类 别	品 种 名 称
高聚物改性沥青类防水卷材	弹性体改性沥青防水卷材
	改性沥青聚乙烯胎防水卷材
	自粘聚合物改性沥青防水卷材
合成高分子类防水卷材	三元乙丙橡胶防水卷材
	聚氯乙烯防水卷材
	聚乙烯丙纶复合防水卷材
	高分子自粘胶膜防水卷材

表 4.3.6 不同品种卷材的厚度

卷材品种	高聚物改性沥青类防水卷材			合成高分子类防水卷材			
	弹性体改性沥青防水卷材、改性沥青聚乙烯胎防水卷材	自粘聚合物改性沥青防水卷材		三元乙丙橡胶防水卷材	聚氯乙烯防水卷材	聚乙烯丙纶复合防水卷材	高分子自粘胶膜防水卷材
		聚酯毡胎体	无胎体				
单层厚度 (mm)	≥4	≥3	≥1.5	≥1.5	≥1.5	卷材:≥0.9 粘结料:≥1.3 芯材厚度≥0.6	≥1.2
双层总厚度 (mm)	≥(4+3)	≥(3+3)	≥(1.5+1.5)	≥(1.2+1.2)	≥(1.2+1.2)	卷材:≥(0.7+0.7) 粘结料:≥(1.3+1.3) 芯材厚度≥0.5	—

注：1 带有聚酯毡胎体的自粘聚合物改性沥青防水卷材应执行国家现行标准《自粘聚合物改性沥青聚酯胎防水卷材》JC 898；

　　2 无胎体的自粘聚合物改性沥青防水卷材应执行国家现行标准《自粘橡胶沥青防水卷材》JC 840。

4.3.7 阴阳角处应做成圆弧或 45°坡角，其尺寸应根据卷材品种确定。在阴阳角等特殊部位，应增做卷材加强层，加强层宽度宜为 300～500mm。

Ⅲ 材 料

4.3.8 高聚物改性沥青类防水卷材的主要物理性能，应符合表 4.3.8 的要求。

表 4.3.8 高聚物改性沥青类防水卷材的主要物理性能

项 目		性能要求				
		弹性体改性沥青防水卷材			自粘聚合物改性沥青防水卷材	
		聚酯毡胎体	玻纤毡胎体	聚乙烯膜胎体	聚酯毡胎体	无胎体
可溶物含量 (g/m²)		3mm 厚≥2100 4mm 厚≥2900			3mm 厚 ≥2100	—
拉伸性能	拉力 (N/50mm)	≥800 (纵横向)	≥500 (纵横向)	≥140 (纵向) ≥120 (横向)	≥450 (纵横向)	≥180 (纵横向)
	延伸率 (%)	最大拉力时 ≥40 (纵横向)	—	断裂时 ≥250 (纵横向)	最大拉力时 ≥30 (纵横向)	断裂时≥200 (纵横向)
低温柔度 (℃)		−25，无裂纹				
热老化后低温柔度 (℃)		−20，无裂缝			−22，无裂纹	
不透水性		压力 0.3MPa，保持时间 120min，不透水				

4.3.9 合成高分子类防水卷材的主要物理性能，应符合表4.3.9的要求。

表4.3.9 合成高分子类防水卷材的主要物理性能

项 目	性能要求			
	三元乙丙橡胶防水卷材	聚氯乙烯防水卷材	聚乙烯丙纶复合防水卷材	高分子自粘胶膜防水卷材
断裂拉伸强度	≥7.5MPa	≥12MPa	≥60N/10mm	≥100N/10mm
断裂伸长率	≥450%	≥250%	≥300%	≥400%
低温弯折性	-40℃，无裂纹	-20℃，无裂纹	-20℃，无裂纹	-20℃，无裂纹
不透水性	压力0.3MPa，保持时间120min，不透水			
撕裂强度	≥25kN/m	≥40kN/m	≥20N/10mm	≥120N/10mm
复合强度（表层与芯层）	—	—	≥1.2N/mm	—

4.3.10 粘贴各类防水卷材应采用与卷材材性相容的胶粘材料，其粘结质量应符合表4.3.10的要求。

表4.3.10 防水卷材粘结质量要求

项 目		自粘聚合物改性沥青防水卷材粘合面		三元乙丙橡胶和聚氯乙烯防水卷材胶粘剂	合成橡胶胶粘带	高分子自粘胶膜防水卷材粘合面
		聚酯毡胎体	无胎体			
剪切状态下的粘合性（卷材-卷材）(N/10mm)≥	标准试验条件	40或卷材断裂	20或卷材断裂	20或卷材断裂	20或卷材断裂	40或卷材断裂
粘结剥离强度（卷材-卷材）	标准试验条件(N/10mm)≥	15或卷材断裂		15或卷材断裂	4或卷材断裂	—
	浸水168h后保持率(%)	70		70	80	—
与混凝土粘结强度（卷材-混凝土）	标准试验条件(N/10mm)≥	15或卷材断裂		15或卷材断裂	6或卷材断裂	20或卷材断裂

4.3.11 聚乙烯丙纶复合防水卷材应采用聚合物水泥防水粘结材料，其物理性能应符合表4.3.11的要求。

表4.3.11 聚合物水泥防水粘结材料物理性能

项 目		性能要求
与水泥基面的粘结拉伸强度（MPa）	常温7d	≥0.6
	耐水性	≥0.4
	耐冻性	≥0.4
可操作时间（h）		≥2
抗渗性（MPa，7d）		≥1.0
剪切状态下的粘合性（N/mm，常温）	卷材与卷材	≥2.0或卷材断裂
	卷材与基面	≥1.8或卷材断裂

Ⅳ 施 工

4.3.12 卷材防水层的基面应坚实、平整、清洁，阴阳角处应做圆弧或折角，并应符合所用卷材的施工要求。

4.3.13 铺贴卷材严禁在雨天、雪天、五级及以上大风中施工；冷粘法、自粘法施工的环境气温不宜低于5℃，热熔法、焊接法施工的环境气温不宜低于-10℃。施工过程中下雨或下雪时，应做好已铺卷材的防护工作。

4.3.14 不同品种防水卷材的搭接宽度，应符合表4.3.14的要求。

表4.3.14 防水卷材搭接宽度

卷材品种	搭接宽度（mm）
弹性体改性沥青防水卷材	100
改性沥青聚乙烯胎防水卷材	100
自粘聚合物改性沥青防水卷材	80
三元乙丙橡胶防水卷材	100/60（胶粘剂/胶粘带）
聚氯乙烯防水卷材	60/80（单焊缝/双焊缝）
	100（胶粘剂）
聚乙烯丙纶复合防水卷材	100（粘结料）
高分子自粘胶膜防水卷材	70/80（自粘胶/胶粘带）

4.3.15 防水卷材施工前，基面应干净、干燥，并应涂刷基层处理剂；当基面潮湿时，应涂刷湿固化型胶粘剂或潮湿界面隔离剂。基层处理剂的配制与施工应符合下列要求：

1 基层处理剂应与卷材及其粘结材料的材性相容；

2 基层处理剂喷涂或刷涂应均匀一致，不应露底，表面干燥后方可铺贴卷材。

4.3.16 铺贴各类防水卷材应符合下列规定：

1 应铺设卷材加强层。

2 结构底板垫层混凝土部位的卷材可采用空铺法或点粘法施工，其粘结位置、点粘面积应按设计要求确定；侧墙采用外防外贴法的卷材及顶板部位的卷材应采用满粘法施工。

3 卷材与基面、卷材与卷材间的粘结应紧密、牢固；铺贴完成的卷材应平整顺直，搭接尺寸应准确，不得产生扭曲和皱折。

4 卷材搭接处和接头部位应粘贴牢固，接缝口应封严或采用材性相容的密封材料封缝。

5 铺贴立面卷材防水层时，应采取防止卷材下滑的措施。

6 铺贴双层卷材时，上下两层和相邻两幅卷材的接缝应错开1/3～1/2幅宽，且两层卷材不得相互垂直铺贴。

4.3.17 弹性体改性沥青防水卷材和改性沥青聚乙烯胎防水卷材采用热熔法施工应加热均匀，不得加热不足或烧穿卷材，搭接缝部位应溢出热熔的改性沥青。

4.3.18 铺贴自粘聚合物改性沥青防水卷材应符合下列规定：

1 基层表面应平整、干净、干燥、无尖锐突起

物或孔隙;

2 排除卷材下面的空气,应辊压粘贴牢固,卷材表面不得有扭曲、皱折和起泡现象;

3 立面卷材铺贴完成后,应将卷材端头固定或嵌入墙体顶部的凹槽内,并应用密封材料封严;

4 低温施工时,宜对卷材和基面适当加热,然后铺贴卷材。

4.3.19 铺贴三元乙丙橡胶防水卷材应采用冷粘法施工,并应符合下列规定:

1 基底胶粘剂应涂刷均匀,不应露底、堆积;

2 胶粘剂涂刷与卷材铺贴的间隔时间应根据胶粘剂的性能控制;

3 铺贴卷材时,应辊压粘贴牢固;

4 搭接部位的粘合面应清理干净,并应采用接缝专用胶粘剂或胶粘带粘结。

4.3.20 铺贴聚氯乙烯防水卷材,接缝采用焊接法施工时,应符合下列规定:

1 卷材的搭接缝可采用单焊缝或双焊缝。单焊缝搭接宽度应为 60mm,有效焊接宽度不应小于 30mm;双焊缝搭接宽度应为 80mm,中间应留设 10~20mm 的空腔,有效焊接宽度不宜小于 10mm。

2 焊接缝的结合面应清理干净,焊接应严密。

3 应先焊长边搭接缝,后焊短边搭接缝。

4.3.21 铺贴聚乙烯丙纶复合防水卷材应符合下列规定:

1 应采用配套的聚合物水泥防水粘结材料;

2 卷材与基层粘贴应采用满粘法,粘结面积不应小于 90%,刮涂粘结料应均匀,不应露底、堆积;

3 固化后的粘结料厚度不应小于 1.3mm;

4 施工完的防水层应及时做保护层。

4.3.22 高分子自粘胶膜防水卷材宜采用预铺反粘法施工,并应符合下列规定:

1 卷材宜单层铺设;

2 在潮湿基面铺设时,基面应平整坚固、无明显积水;

3 卷材长边应采用自粘边搭接,短边应采用胶粘带搭接,卷材端部搭接区应相互错开;

4 立面施工时,在自粘边位置距离卷材边缘 10~20mm 内,应每隔 400~600mm 进行机械固定,并应保证固定位置被卷材完全覆盖;

5 浇筑结构混凝土时不得损伤防水层。

4.3.23 采用外防外贴法铺贴卷材防水层时,应符合下列规定:

1 应先铺平面,后铺立面,交接处应交叉搭接。

2 临时性保护墙宜采用石灰砂浆砌筑,内表面宜做找平层。

3 从底面折向立面的卷材与永久性保护墙的接触部位,应采用空铺法施工;卷材与临时性保护墙或围护结构模板的接触部位,应将卷材临时贴附在该墙

上或模板上,并应将顶端临时固定。

4 当不设保护墙时,从底面折向立面的卷材接槎部位应采取可靠的保护措施。

5 混凝土结构完成,铺贴立面卷材时,应先将接槎部位的各层卷材揭开,并应将其表面清理干净,如卷材有局部损伤,应及时进行修补;卷材接槎的搭接长度,高聚物改性沥青类卷材应为 150mm,合成高分子类卷材应为 100mm;当使用两层卷材时,卷材应错槎接缝,上层卷材应盖过下层卷材。

卷材防水层甩槎、接槎构造见图 4.3.23。

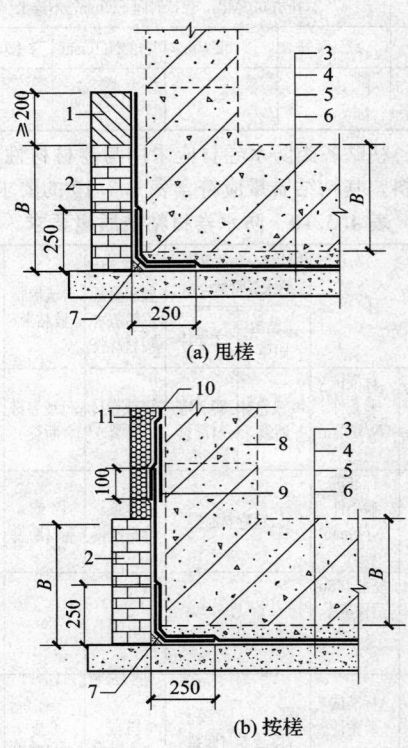

(a) 甩槎

(b) 接槎

图 4.3.23 卷材防水层甩槎、接槎构造
1—临时保护墙;2—永久保护墙;3—细石混凝土保护层;4—卷材防水层;5—水泥砂浆找平层;6—混凝土垫层;7—卷材加强层;8—结构墙体;9—卷材加强层;10—卷材防水层;11—卷材保护层

4.3.24 采用外防内贴法铺贴卷材防水层时,应符合下列规定:

1 混凝土结构的保护墙内表面应抹厚度为 20mm 的 1∶3 水泥砂浆找平层,然后铺贴卷材。

2 卷材宜先铺立面,后铺平面;铺贴立面时,应先铺转角,后铺大面。

4.3.25 卷材防水层经检查合格后,应及时做保护层,保护层应符合下列规定:

1 顶板卷材防水层上的细石混凝土保护层,应符合下列规定:

1)采用机械碾压回填土时,保护层厚度不宜小于 70mm;

2）采用人工回填土时，保护层厚度不宜小于50mm；

3）防水层与保护层之间宜设置隔离层。

2 底板卷材防水层上的细石混凝土保护层厚度不应小于50mm。

3 侧墙卷材防水层宜采用软质保护材料或铺抹20mm厚1：2.5水泥砂浆层。

4.4 涂料防水层

Ⅰ 一般规定

4.4.1 涂料防水层应包括无机防水涂料和有机防水涂料。无机防水涂料可选用掺外加剂、掺合料的水泥基防水涂料、水泥基渗透结晶型防水涂料。有机防水涂料可选用反应型、水乳型、聚合物水泥等涂料。

4.4.2 无机防水涂料宜用于结构主体的背水面，有机防水涂料宜用于地下工程主体结构的迎水面，用于背水面的有机防水涂料应具有较高的抗渗性，且与基层有较好的粘结性。

Ⅱ 设 计

4.4.3 防水涂料品种的选择应符合下列规定：

1 潮湿基层宜选用与潮湿基面粘结力大的无机防水涂料或有机防水涂料，也可采用先涂无机防水涂料而后再涂有机防水涂料构成复合防水涂层；

2 冬期施工宜选用反应型涂料；

3 埋置深度较深的重要工程、有振动或有较大变形的工程，宜选用高弹性防水涂料；

4 有腐蚀性的地下环境宜选用耐腐蚀性较好的有机防水涂料，并应做刚性保护层；

5 聚合物水泥防水涂料应选用Ⅱ型产品。

4.4.4 采用有机防水涂料时，基层阴阳角应做成圆弧形，阴角直径宜大于50mm，阳角直径宜大于10mm，在底板转角部位应增加胎体增强材料，并应增涂防水涂料。

4.4.5 防水涂料宜采用外防外涂或外防内涂（图4.4.5-1、4.4.5-2）。

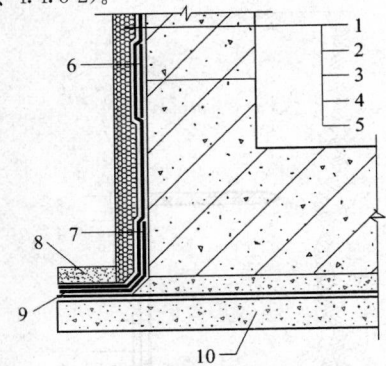

图 4.4.5-1 防水涂料外防外涂构造
1—保护墙；2—砂浆保护层；3—涂料防水层；4—砂浆找平层；5—结构墙体；6—涂料防水层加强层；7—涂料防水加强层；8—涂料防水层搭接部位保护层；9—涂料防水层搭接部位；10—混凝土垫层

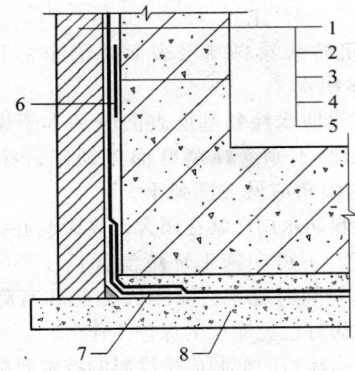

图 4.4.5-2 防水涂料外防内涂构造
1—保护墙；2—涂料保护层；3—涂料防水层；4—找平层；5—结构墙体；6—涂料防水层加强层；7—涂料防水加强层；8—混凝土垫层

4.4.6 掺外加剂、掺合料的水泥基防水涂料厚度不得小于3.0mm；水泥基渗透结晶型防水涂料的用量不应小于1.5kg/m²，且厚度不应小于1.0mm；有机防水涂料的厚度不得小于1.2mm。

Ⅲ 材 料

4.4.7 涂料防水层所选用的涂料应符合下列规定：

1 应具有良好的耐水性、耐久性、耐腐蚀性及耐菌性；

2 应无毒、难燃、低污染；

3 无机防水涂料应具有良好的湿干粘结性和耐磨性，有机防水涂料应具有较好的延伸性及较大适应基层变形能力。

4.4.8 无机防水涂料的性能指标应符合表4.4.8-1的规定，有机防水涂料的性能指标应符合表4.4.8-2的规定。

表 4.4.8-1 无机防水涂料的性能指标

涂料种类	抗折强度(MPa)	粘结强度(MPa)	一次抗渗性(MPa)	二次抗渗性(MPa)	冻融循环(次)
掺外加剂、掺合料水泥基防水涂料	≥4	≥1.0	≥0.8	—	＞50
水泥基渗透结晶型防水涂料	≥4	≥1.0	≥1.0	≥0.8	＞50

表 4.4.8-2 有机防水涂料的性能指标

涂料种类	可操作时间(min)	潮湿基面粘结强度(MPa)	抗渗性(MPa) 涂膜(120min)	抗渗性(MPa) 砂浆迎水面	抗渗性(MPa) 砂浆背水面	浸水168h后拉伸强度(MPa)	浸水168h后断裂伸长率(%)	耐水性(%)	表干(h)	实干(h)
反应型	≥20	≥0.5	≥0.3	≥0.8	≥0.3	≥1.7	≥400	≥80	≤12	≤24
水乳型	≥50	≥0.2	≥0.3	≥0.8	≥0.3	≥1.5	≥350	≥80	≤4	≤12
聚合物水泥	≥30	≥1.0	≥0.3	≥0.6	≥0.6	≥1.5	≥80	≥80	≤4	≤12

注：1 浸水168h后的拉伸强度和断裂伸长率是在浸水取出后只经擦干即进行试验所得到的值；

2 耐水性指标是指材料浸水168h后取出擦干进行试验，其粘结强度及抗渗性的保持率。

4.4.9 无机防水涂料基层表面应干净、平整、无浮浆和明显积水。

4.4.10 有机防水涂料基层表面应基本干燥，不应有气孔、凹凸不平、蜂窝麻面等缺陷。涂料施工前，基层阴阳角应做成圆弧形。

4.4.11 涂料防水层严禁在雨天、雾天、五级及以上大风时施工，不得在施工环境温度低于 5℃ 及高于 35℃ 或烈日暴晒时施工。涂膜固化前如有降雨可能时，应及时做好已完涂层的保护工作。

4.4.12 防水涂料的配制应按涂料的技术要求进行。

4.4.13 防水涂料应分层刷涂或喷涂，涂层应均匀，不得漏刷漏涂；接槎宽度不应小于 100mm。

4.4.14 铺贴胎体增强材料时，应使胎体层充分浸透防水涂料，不得有露槎及褶皱。

4.4.15 有机防水涂料施工完后应及时做保护层，保护层应符合下列规定：

　　1 底板、顶板应采用 20mm 厚 1：2.5 水泥砂浆层和 40～50mm 厚的细石混凝土保护层，防水层与保护层之间宜设置隔离层；

　　2 侧墙背水面保护层应采用 20mm 厚 1：2.5 水泥砂浆；

　　3 侧墙迎水面保护层宜选用软质保护材料或 20mm 厚 1：2.5 水泥砂浆。

4.5 塑料防水板防水层

Ⅰ 一般规定

4.5.1 塑料防水板防水层宜用于经常受水压、侵蚀性介质或受振动作用的地下工程防水。

4.5.2 塑料防水板防水层宜铺设在复合式衬砌的初期支护和二次衬砌之间。

4.5.3 塑料防水板防水层宜在初期支护结构趋于基本稳定后铺设。

Ⅱ 设 计

4.5.4 塑料防水板防水层应由塑料防水板与缓冲层组成。

4.5.5 塑料防水板防水层可根据工程地质、水文地质条件和工程防水要求，采用全封闭、半封闭或局部封闭铺设。

4.5.6 塑料防水板防水层应牢固地固定在基面上，固定点的间距应根据基面平整情况确定，拱部宜为 0.5～0.8m、边墙宜为 1.0～1.5m、底部宜为 1.5～2.0m。局部凹凸较大时，应在凹处加密固定点。

Ⅲ 材 料

4.5.7 塑料防水板可选用乙烯-醋酸乙烯共聚物、乙烯-沥青共混聚合物、聚氯乙烯、高密度聚乙烯类或其他性能相近的材料。

4.5.8 塑料防水板应符合下列规定：

　　1 幅宽宜为 2～4m；

　　2 厚度不得小于 1.2mm；

　　3 应具有良好的耐刺穿性、耐久性、耐水性、耐腐蚀性、耐菌性；

　　4 塑料防水板主要性能指标应符合表 4.5.8 的规定。

表 4.5.8　塑料防水板主要性能指标

项　目	性能指标			
	乙烯-醋酸乙烯共聚物	乙烯-沥青共混聚合物	聚氯乙烯	高密度聚乙烯
拉伸强度（MPa）	≥16	≥14	≥10	≥16
断裂延伸率（%）	≥550	≥500	≥200	≥550
不透水性，120min（MPa）	≥0.3	≥0.3	≥0.3	≥0.3
低温弯折性	-35℃无裂纹	-35℃无裂纹	-20℃无裂纹	-35℃无裂纹
热处理尺寸变化率（%）	≤2.0	≤2.5	≤2.0	≤2.0

4.5.9 缓冲层宜采用无纺布或聚乙烯泡沫塑料，缓冲层材料的性能指标应符合表 4.5.9 的规定。

表 4.5.9　缓冲层材料性能指标

性能指标＼材料名称	抗拉强度（N/50mm）	伸长率（%）	质量（g/m²）	顶破强度（kN）	厚度（mm）
聚乙烯泡沫塑料	>0.4	≥100	—	≥5	≥5
无纺布	纵横向>700	纵横向≥50	>300	—	—

4.5.10 暗钉圈应采用与塑料防水板相容的材料制作，直径不应小于 80mm。

Ⅳ 施 工

4.5.11 塑料防水板防水层的基面应平整、无尖锐突出物；基面平整度 D/L 不应大于 1/6。

　　注：D 为初期支护基面相邻两凸面间凹进去的深度；L 为初期支护基面相邻两凸面间的距离。

4.5.12 铺设塑料防水板前应先铺缓冲层，缓冲层应采用暗钉圈固定在基面上（图 4.5.12）。钉距应符合

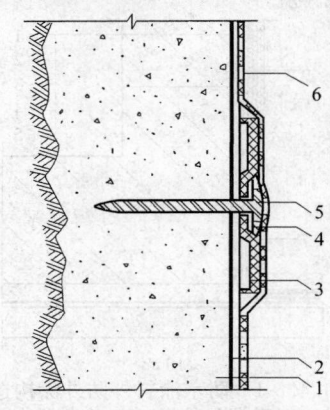

图 4.5.12　暗钉圈固定缓冲层

1—初期支护；2—缓冲层；3—热塑性暗钉圈；4—金属垫圈；5—射钉；6—塑料防水板

本规范第 4.5.6 条的规定。

4.5.13 塑料防水板的铺设应符合下列规定：

　　1 铺设塑料防水板时，宜由拱顶向两侧展铺，并应边铺边用压焊机将塑料板与暗钉圈焊接牢靠，不得有漏焊、假焊和焊穿现象。两幅塑料防水板的搭接宽度不应小于 100mm。搭接缝应为热熔双焊缝，每条焊缝的有效宽度不应小于 10mm；

　　2 环向铺设时，应先拱后墙，下部防水板应压住上部防水板；

　　3 塑料防水板铺设时宜设置分区预埋注浆系统；

　　4 分段设置塑料防水板防水层时，两端应采取封闭措施。

4.5.14 接缝焊接时，塑料板的搭接层数不得超过三层。

4.5.15 塑料防水板铺设时应少留或不留接头，当留设接头时，应对接头进行保护。再次焊接时应将接头处的塑料防水板擦拭干净。

4.5.16 铺设塑料防水板时，不应绷得太紧，宜根据基面的平整度留有充分的余地。

4.5.17 防水板的铺设应超前混凝土施工，超前距离宜为 5～20m，并应设临时挡板防止机械损伤和电火花灼伤防水板。

4.5.18 二次衬砌混凝土施工时应符合下列规定：

　　1 绑扎、焊接钢筋时应采取防刺穿、灼伤防水板的措施；

　　2 混凝土出料口和振捣棒不得直接接触塑料防水板。

4.5.19 塑料防水板防水层铺设完毕后，应进行质量检查，并应在验收合格后进行下道工序的施工。

4.6　金属防水层

4.6.1 金属防水层可用于长期浸水、水压较大的水工及过水隧道，所用的金属板和焊条的规格及材料性能，应符合设计要求。

4.6.2 金属板的拼接应采用焊接，拼接焊缝应严密。竖向金属板的垂直接缝，应相互错开。

4.6.3 主体结构内侧设置金属防水层时，金属板应与结构内的钢筋焊牢，也可在金属防水层上焊接一定数量的锚固件（图 4.6.3）。

4.6.4 主体结构外侧设置金属防水层时，金属板应焊在混凝土结构的预埋件上。金属板经焊缝检查合格后，应将其与结构间的空隙用水泥砂浆灌实（图 4.6.4）。

4.6.5 金属板防水层应用临时支撑加固。金属板防水层底板上应预留浇捣孔，并应保证混凝土浇筑密实，待底板混凝土浇筑完后应补焊严密。

4.6.6 金属板防水层如先焊成箱体，再整体吊装就位时，应在其内部加设临时支撑。

4.6.7 金属板防水层应采取防锈措施。

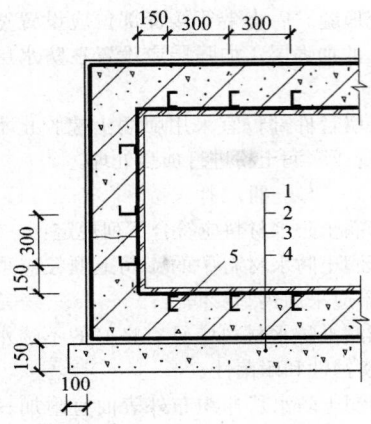

图 4.6.3　金属板防水层

1—金属板；2—主体结构；3—防水砂浆；4—垫层；5—锚固筋

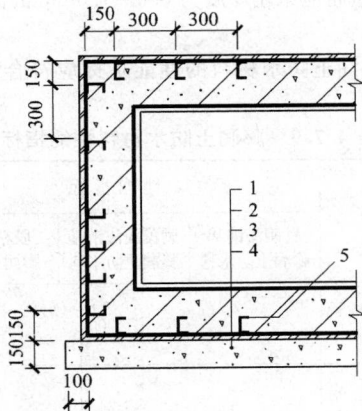

图 4.6.4　金属板防水层

1—防水砂浆；2—主体结构；3—金属板；4—垫层；5—锚固筋

4.7　膨润土防水材料防水层

Ⅰ　一般规定

4.7.1 膨润土防水材料包括膨润土防水毯和膨润土防水板及其配套材料，采用机械固定法铺设。

4.7.2 膨润土防水材料防水层应用于 pH 值为 4～10 的地下环境，含盐量较高的地下环境应采用经过改性处理的膨润土，并应经检测合格后使用。

4.7.3 膨润土防水材料防水层应用于地下工程主体结构的迎水面，防水层两侧应具有一定的夹持力。

Ⅱ　设　计

4.7.4 铺设膨润土防水材料防水层的基层混凝土强度等级不得小于 C15，水泥砂浆强度等级不得低于 M7.5。

4.7.5 阴、阳角部位应做成直径不小于 30mm 的圆弧或 30×30mm 的坡角。

4.7.6 变形缝、后浇带等接缝部位应设置宽度不小于 500mm 的加强层，加强层应设置在防水层与结构外表面之间。

4.7.7 穿墙管件部位宜采用膨润土橡胶止水条、膨润土密封膏或膨润土粉进行加强处理。

Ⅲ 材 料

4.7.8 膨润土防水材料应符合下列规定：

1 膨润土防水材料中的膨润土颗粒采用钠基膨润土，不应采用钙基膨润土；

2 膨润土防水材料应具有良好的不透水性、耐久性、耐腐蚀性和耐菌性；

3 膨润土防水毯非织布外表面宜附加一层高密度聚乙烯膜；

4 膨润土防水毯的织布层和非织布层之间应连结紧密、牢固，膨润土颗粒应分布均匀；

5 膨润土防水板的膨润土颗粒应分布均匀、粘贴牢固，基材应采用厚度为 0.6～1.0mm 的高密度聚乙烯片材。

4.7.9 膨润土防水材料的性能指标应符合表 4.7.9 的要求。

表 4.7.9 膨润土防水材料性能指标

项 目	性 能 指 标		
	针刺法钠基膨润土防水毯	刺覆膜法钠基膨润土防水毯	胶粘法钠基膨润土防水毯
单位面积质量（g/m²、干重）	≥4000		
膨润土膨胀指数（ml/2g）	≥24		
拉伸强度（N/100mm）	≥600	≥700	≥600
最大负荷下伸长率（%）	≥10	≥10	≥8
剥离强度	非制造布-编织布（N/10cm）	≥40	≥40	—
	PE膜-非制造布（N/10cm）	—	≥30	≥30
渗透系数（cm/s）	≤5×10⁻¹¹	≤5×10⁻¹²	≤1×10⁻¹³
滤失量（ml）	≤18		
膨润土耐久性/（ml/2g）	≥20		

Ⅳ 施 工

4.7.10 基层应坚实、清洁，不得有明水和积水。平整度应符合本规范第 4.5.11 条的规定。

4.7.11 膨润土防水材料应采用水泥钉和垫片固定。立面和斜面上的固定间距宜为 400～500mm，平面上应在搭接缝处固定。

4.7.12 膨润土防水毯的织布面应与结构外表面或底板垫层混凝土密贴；膨润土防水板的膨润土面应与结构外表面或底板垫层密贴。

4.7.13 膨润土防水材料应采用搭接法连接，搭接宽度应大于 100mm。搭接部位的固定位置距搭接边缘的距离宜为 25～30mm，搭接处应涂膨润土密封膏。平面搭接缝可干撒膨润土颗粒，用量宜为 0.3～0.5kg/m。

4.7.14 立面和斜面铺设膨润土防水材料时，应上层压着下层，卷材与基层、卷材与卷材之间应密贴，并应平整无褶皱。

4.7.15 膨润土防水材料分段铺设时，应采取临时防护措施。

4.7.16 甩槎与下幅防水材料连接时，应将收口压板、临时保护膜等去掉，并应将搭接部位清理干净，涂抹膨润土密封膏，然后搭接固定。

4.7.17 膨润土防水材料的永久收口部位应用收口压条和水泥钉固定，并应用膨润土密封膏覆盖。

4.7.18 膨润土防水材料与其他防水材料过渡时，过渡搭接宽度应大于 400mm，搭接范围内应涂抹膨润土密封膏或铺撒膨润土粉。

4.7.19 破损部位应采用与防水层相同的材料进行修补，补丁边缘与破损部位边缘的距离不应小于 100mm；膨润土防水板表面膨润土颗粒损失严重时应涂抹膨润土密封膏。

4.8 地下工程种植顶板防水

Ⅰ 一般规定

4.8.1 地下工程种植顶板的防水等级应为一级。

4.8.2 种植土与周边自然土体不相连，且高于周边地坪时，应按种植屋面要求设计。

4.8.3 地下工程种植顶板结构应符合下列规定：

1 种植顶板应为现浇防水混凝土，结构找坡，坡度宜为 1%～2%；

2 种植顶板厚度不应小于 250mm，最大裂缝宽度不应大于 0.2mm，并不得贯通；

3 种植顶板的结构荷载设计应按国家现行标准《种植屋面工程技术规程》JGJ 155 的有关规定执行。

4.8.4 地下室顶板面积较大时，应设计蓄水装置；寒冷地区的设计，冬秋季时宜将种植土中的积水排出。

Ⅱ 设 计

4.8.5 种植顶板防水设计应包括主体结构防水、管线、花池、排水沟、通风井和亭、台、架、柱等构配件的防排水、泛水设计。

4.8.6 地下室顶板为车道或硬铺地面时，应根据工程所在地区现行建筑节能标准进行绝热（保温）层的设计。

4.8.7 少雨地区的地下工程顶板种植土宜与大于1/2周边的自然土体相连，若低于周边土体时，宜设置蓄排水层。

4.8.8 种植土中的积水宜通过盲沟排至周边土体或建筑排水系统。

4.8.9 地下工程种植顶板的防排水构造应符合下列要求：

　　1 耐根穿刺防水层应铺设在普通防水层上面。

　　2 耐根穿刺防水层表面应设置保护层，保护层与防水层之间应设置隔离层。

　　3 排（蓄）水层应根据渗水性、储水量、稳定性、抗生物性和碳酸盐含量等因素进行设计；排（蓄）水层应设置在保护层上面，并应结合排水沟分区设置。

　　4 排（蓄）水层上应设置过滤层，过滤层材料的搭接宽度不应小于200mm。

　　5 种植土层与植被层应符合国家现行标准《种植屋面工程技术规程》JGJ 155 的有关规定。

4.8.10 地下工程种植顶板防水材料应符合下列要求：

　　1 绝热（保温）层应选用密度小、压缩强度大、吸水率低的绝热材料，不得选用散状绝热材料；

　　2 耐根穿刺层防水材料的选用应符合国家相关标准的规定或具有相关权威检测机构出具的材料性能检测报告；

　　3 排（蓄）水层应选用抗压强度大且耐久性好的塑料排水板、网状交织排水板或轻质陶粒等轻质材料。

Ⅲ　绿化改造

4.8.11 已建地下工程顶板的绿化改造应经结构验算，在安全允许的范围内进行。

4.8.12 种植顶板应根据原有结构体系合理布置绿化。

4.8.13 原有建筑不能满足绿化防水要求时，应进行防水改造。加设的绿化工程不得破坏原有防水层及其保护层。

Ⅳ　细部构造

4.8.14 防水层下不得埋设水平管线。垂直穿越的管线应预埋套管，套管超过种植土的高度应大于150mm。

4.8.15 变形缝应作为种植分区边界，不得跨缝种植。

4.8.16 种植顶板的泛水部位应采用现浇钢筋混凝土，泛水处防水层高出种植土应大于250mm。

4.8.17 泛水部位、水落口及穿顶板管道四周宜设置200~300mm宽的卵石隔离带。

5　地下工程混凝土结构细部构造防水

5.1　变　形　缝

Ⅰ　一般规定

5.1.1 变形缝应满足密封防水、适应变形、施工方便、检修容易等要求。

5.1.2 用于伸缩的变形缝宜少设，可根据不同的工程结构类别、工程地质情况采用后浇带、加强带、诱导缝等替代措施。

5.1.3 变形缝处混凝土结构的厚度不应小于300mm。

Ⅱ　设　　　计

5.1.4 用于沉降的变形缝最大允许沉降差值不应大于30mm。

5.1.5 变形缝的宽度宜为20~30mm。

5.1.6 变形缝的防水措施可根据工程开挖方法、防水等级按本规范表 3.3.1-1、3.3.1-2 选用。变形缝的几种复合防水构造形式，见图 5.1.6-1~5.1.6-3。

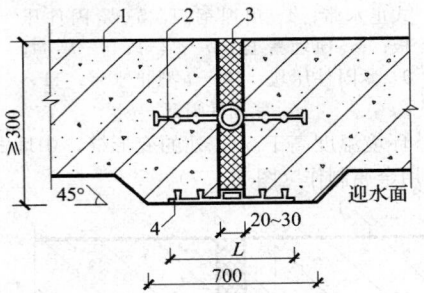

图 5.1.6-1　中埋式止水带与外贴
防水层复合使用

外贴式止水带 L≥300
外贴防水卷材 L≥400
外涂防水涂层 L≥400

1—混凝土结构；2—中埋式止水带；
3—填缝材料；4—外贴止水带

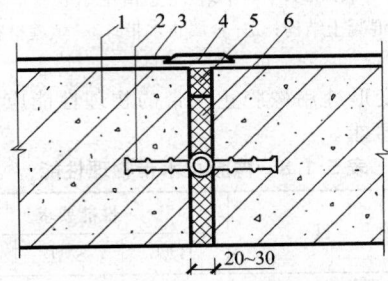

图 5.1.6-2　中埋式止水带与嵌缝
材料复合使用

1—混凝土结构；2—中埋式止水带；
3—防水层；4—隔离层；5—密封
材料；6—填缝材料

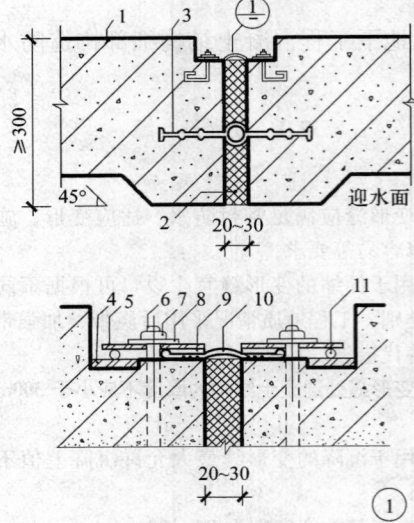

图 5.1.6-3 中埋式止水带与可卸式止水
带复合使用

1—混凝土结构；2—填缝材料；3—中埋式止水带；4—预埋钢板；5—紧固件压板；6—预埋螺栓；7—螺母；8—垫圈；9—紧固件压块；10—Ω型止水带；11—紧固件圆钢

5.1.7 环境温度高于 50℃ 处的变形缝，中埋式止水带可采用金属制作（图 5.1.7）。

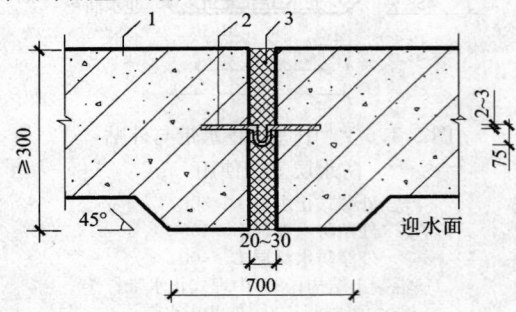

图 5.1.7 中埋式金属止水带

1—混凝土结构；2—金属止水带；3—填缝材料

Ⅲ 材 料

5.1.8 变形缝用橡胶止水带的物理性能应符合表5.1.8 的要求。

表 5.1.8 橡胶止水带物理性能

项 目		性能要求		
		B 型	S 型	J 型
硬度（邵尔 A，度）		60±5	60±5	60±5
拉伸强度（MPa）		≥15	≥12	≥10
扯断伸长率（%）		≥380	≥380	≥300
压缩永久变形	70℃×24h，%	≤35	≤35	≤25
	23℃×168h，%	≤20	≤20	≤20
撕裂强度（kN/m）		≥30	≥25	≥25
脆性温度（℃）		≤−45	≤−40	≤−40

续表 5.1.8

项 目			性能要求		
			B 型	S 型	J 型
热空气老化	70℃×168h	硬度变化（邵尔 A，度）	+8	+8	—
		拉伸强度（MPa）	≥12	≥10	—
		扯断伸长率（%）	≥300	≥300	—
	100℃×168h	硬度变化（邵尔 A，度）	—	—	+8
		拉伸强度（MPa）	—	—	≥9
		扯断伸长率（%）	—	—	≥250
橡胶与金属粘合			断面在弹性体内		

注：1 B 型适用于变形缝用止水带，S 型适用于施工缝用止水带，J 型适用于有特殊耐老化要求的接缝用止水带；
2 橡胶与金属粘合指标仅适用于具有钢边的止水带。

5.1.9 密封材料应采用混凝土建筑接缝用密封胶，不同模量的建筑接缝用密封胶的物理性能应符合表5.1.9 的要求。

表 5.1.9 建筑接缝用密封胶物理性能

项 目			性能要求			
			25（低模量）	25（高模量）	20（低模量）	20（高模量）
流动性	下垂度（N 型）	垂直（mm）	≤3			
		水平（mm）	≤3			
	流平性（S 型）		光滑平整			
挤出性（ml/min）			≥80			
弹性恢复率（%）			≥80		≥60	
拉伸模量（MPa）	23℃ −20℃		≤0.4 和 ≤0.6	>0.4 或 >0.6	≤0.4 和 ≤0.6	>0.4 或 >0.6
定伸粘结性			无破坏			
浸水后定伸粘结性			无破坏			
热压冷拉后粘结性			无破坏			
体积收缩率（%）			≤25			

注：体积收缩率仅适用于乳胶型和溶剂型产品。

Ⅳ 施 工

5.1.10 中埋式止水带施工应符合下列规定：

1 止水带埋设位置应准确，其中间空心圆环应与变形缝的中心线重合；

2 止水带应固定，顶、底板内止水带应成盆状安设；

3 中埋式止水带先施工一侧混凝土时，其端模应支撑牢固，并应严防漏浆；

4 止水带的接缝宜为一处，应设在边墙较高位置上，不得设在结构转角处，接头宜采用热压焊接。

5 中埋式止水带在转弯处应做成圆弧形，（钢边）橡胶止水带的转角半径不应小于 200mm，转角半径应随止水带的宽度增大而相应加大。

5.1.11 安设于结构内侧的可卸式止水带施工时应符合下列规定：

　　1 所需配件应一次配齐；

　　2 转角处应做成 45°折角，并应增加紧固件的数量。

5.1.12 变形缝与施工缝均用外贴式止水带（中埋式）时，其相交部位宜采用十字配件（图 5.1.12-1）。变形缝用外贴式止水带的转角部位宜采用直角配件（图 5.1.12-2）。

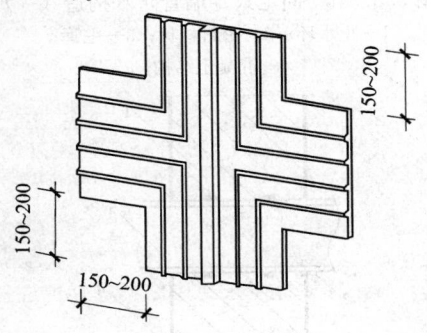

图 5.1.12-1　外贴式止水带在施工缝与
变形缝相交处的十字配件

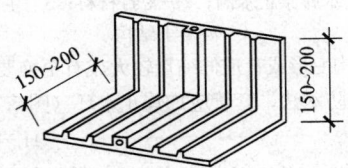

图 5.1.12-2　外贴式止水带在转角
处的直角配件

5.1.13 密封材料嵌填施工时，应符合下列规定：

　　1 缝内两侧基面应平整干净、干燥，并应刷涂与密封材料相容的基层处理剂；

　　2 嵌缝底部应设置背衬材料；

　　3 嵌填应密实连续、饱满，并应粘结牢固。

5.1.14 在缝表面粘贴卷材或涂刷涂料前，应在缝上设置隔离层。卷材防水层、涂料防水层的施工应符合本规范第 4.3 和 4.4 节的有关规定。

5.2 后 浇 带

Ⅰ 一般规定

5.2.1 后浇带宜用于不允许留设变形缝的工程部位。

5.2.2 后浇带应在其两侧混凝土龄期达到 42d 后再施工；高层建筑的后浇带施工应按规定时间进行。

5.2.3 后浇带应采用补偿收缩混凝土浇筑，其抗渗和抗压强度等级不应低于两侧混凝土。

Ⅱ 设 计

5.2.4 后浇带应设在受力和变形较小的部位，其间距和位置应按结构设计要求确定，宽度宜为 700～1000mm。

5.2.5 后浇带两侧可做成平直缝或阶梯缝，其防水构造形式宜采用图 5.2.5-1～5.2.5-3。

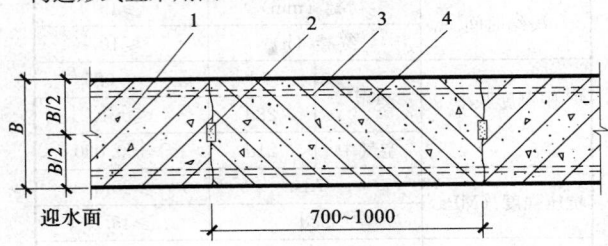

图 5.2.5-1　后浇带防水构造（一）
1—先浇混凝土；2—遇水膨胀止水条（胶）；3—结构主筋；
4—后浇补偿收缩混凝土

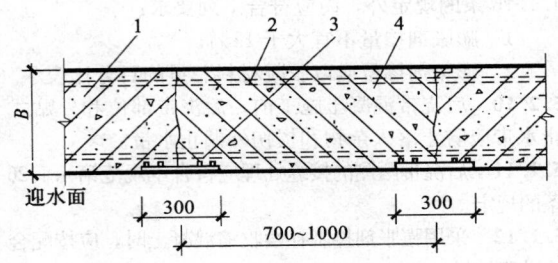

图 5.2.5-2　后浇带防水构造（二）
1—先浇混凝土；2—结构主筋；3—外贴式止水带；
4—后浇补偿收缩混凝土

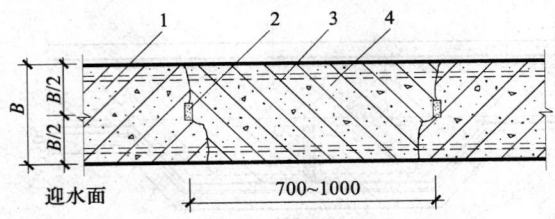

图 5.2.5-3　后浇带防水构造（三）
1—先浇混凝土；2—遇水膨胀止水条（胶）；
3—结构主筋；4—后浇补偿收缩混凝土

5.2.6 采用掺膨胀剂的补偿收缩混凝土，水中养护 14d 后的限制膨胀率不应小于 0.015%，膨胀剂的掺量应根据不同部位的限制膨胀率设定值经试验确定。

Ⅲ 材 料

5.2.7 用于补偿收缩混凝土的水泥、砂、石、拌合水及外加剂、掺合料等应符合本规范第 4.1 节的有关规定。

5.2.8 混凝土膨胀剂的物理性能应符合表 5.2.8 的要求。

表 5.2.8　混凝土膨胀剂物理性能

项　目		性能指标
细度	比表面积（m²/kg）	≥250
	0.08mm 筛余（%）	≤12
	1.25mm 筛余（%）	≤0.5
凝结时间	初凝（min）	≥45
	终凝（h）	≤10
限制膨胀率（%）	水中　7d	≥0.025
	28d	≤0.10
	空气中　21d	≥-0.020
抗压强度（MPa）	7d	≥25.0
	28d	≥45.0
抗折强度（MPa）	7d	≥4.5
	28d	≥6.5

Ⅳ　施　工

5.2.9 补偿收缩混凝土的配合比除应符合本规范第4.1.16 条的规定外，尚应符合下列要求：

1 膨胀剂掺量不宜大于 12%；

2 膨胀剂掺量应以胶凝材料总量的百分比表示。

5.2.10 后浇带混凝土施工前，后浇带部位和外贴式止水带应防止落入杂物和损伤外贴式止水带。

5.2.11 后浇带两侧的接缝处理应符合本规范第4.1.26 条的规定。

5.2.12 采用膨胀剂拌制补偿收缩混凝土时，应按配合比准确计量。

5.2.13 后浇带混凝土应一次浇筑，不得留设施工缝；混凝土浇筑后应及时养护，养护时间不得少于28d。

5.2.14 后浇带需超前止水时，后浇带部位的混凝土应局部加厚，并应增设外贴式或中埋式止水带（图 5.2.14）。

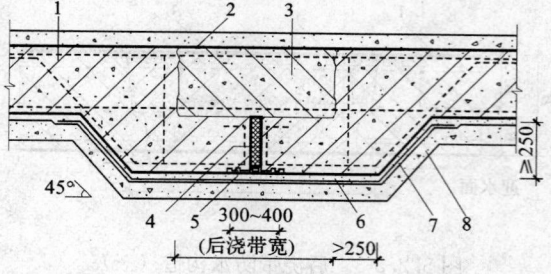

图 5.2.14　后浇带超前止水构造
1—混凝土结构；2—钢丝网片；3—后浇带；4—填缝材料；
5—外贴式止水带；6—细石混凝土保护层；7—卷材防水层；
8—垫层混凝土

5.3　穿墙管（盒）

5.3.1 穿墙管（盒）应在浇筑混凝土前预埋。

5.3.2 穿墙管与内墙角、凹凸部位的距离应大于250mm。

5.3.3 结构变形或管道伸缩量较小时，穿墙管可采用主管直接埋入混凝土内的固定式防水法，主管应加焊止水环或环绕遇水膨胀止水圈，并应在迎水面预留凹槽，槽内应采用密封材料嵌填密实。其防水构造形式宜采用图 5.3.3-1 和 5.3.3-2。

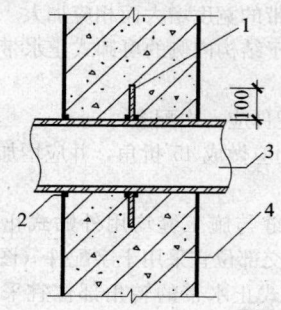

图 5.3.3-1　固定式穿墙管防水构造（一）
1—止水环；2—密封材料；3—主管；
4—混凝土结构

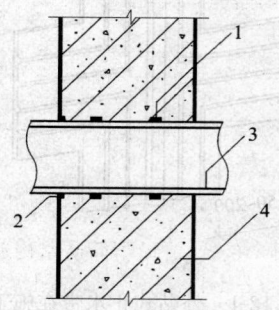

图 5.3.3-2　固定式穿墙管防水构造（二）
1—遇水膨胀止水圈；2—密封材料；3—主管；
4—混凝土结构

5.3.4 结构变形或管道伸缩量较大或有更换要求时，应采用套管式防水法，套管应加焊止水环（图 5.3.4）。

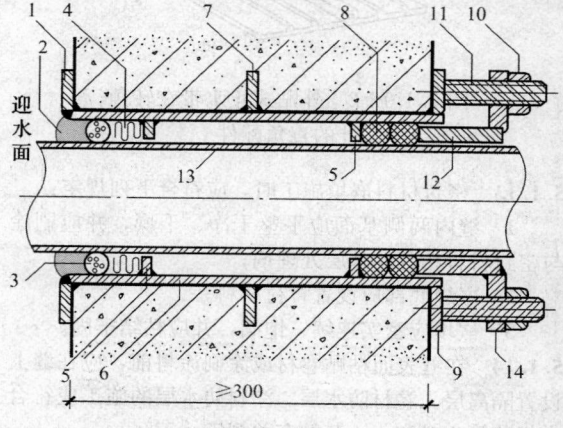

图 5.3.4　套管式穿墙管防水构造
1—翼环；2—密封材料；3—背衬材料；4—充填材料；
5—挡圈；6—套管；7—止水环；8—橡胶圈；9—翼盘；
10—螺母；11—双头螺栓；12—短管；13—主管；
14—法兰盘

5.3.5 穿墙管防水施工时应符合下列要求：

1 金属止水环应与主管或套管满焊密实，采用套管式穿墙防水构造时，翼环与套管应满焊密实，并应在施工前将套管内表面清理干净；

2 相邻穿墙管间的间距应大于 300mm；

3 采用遇水膨胀止水圈的穿墙管，管径宜小于 50mm，止水圈应采用胶粘剂满粘固定于管上，并应涂缓胀剂或采用缓胀型遇水膨胀止水圈。

5.3.6 穿墙管线较多时，宜相对集中，并应采用穿墙盒方法。穿墙盒的封口钢板应与墙上的预埋角钢焊严，并应从钢板上的预留浇注孔注入柔性密封材料或细石混凝土（图 5.3.6）。

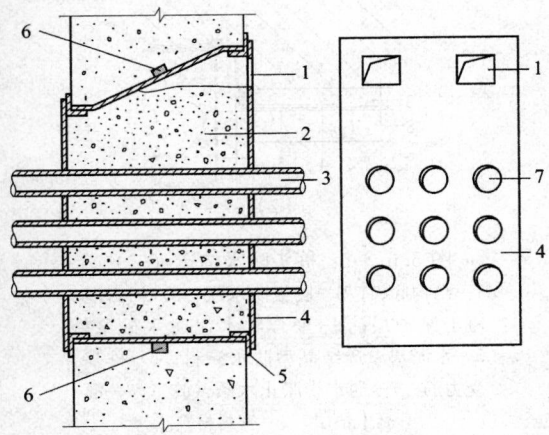

图 5.3.6　穿墙群管防水构造

1—浇注孔；2—柔性材料或细石混凝土；3—穿墙管；
4—封口钢板；5—固定角钢；6—遇水膨胀止水条；
7—预留孔

5.3.7 当工程有防护要求时，穿墙管除应采取防水措施外，尚应采取满足防护要求的措施。

5.3.8 穿墙管伸出外墙的部位，应采取防止回填时将管体损坏的措施。

5.4　埋　设　件

5.4.1 结构上的埋设件应采用预埋或预留孔（槽）等。

5.4.2 埋设件端部或预留孔（槽）底部的混凝土厚度不得小于 250mm，当厚度小于 250mm 时，应采取局部加厚或其他防水措施（图 5.4.2）。

5.4.3 预留孔（槽）内的防水层，宜与孔（槽）外的结构防水层保持连续。

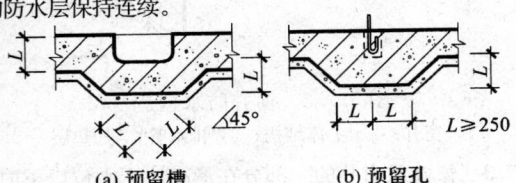

(a) 预留槽　　　(b) 预留孔

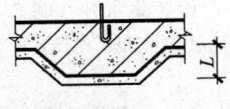

(c) 预埋件

图 5.4.2　预埋件或预留孔（槽）处理

5.5　预留通道接头

5.5.1 预留通道接头处的最大沉降差值不得大于 30mm。

5.5.2 预留通道接头应采取变形缝防水构造形式（图 5.5.2-1、5.5.2-2）。

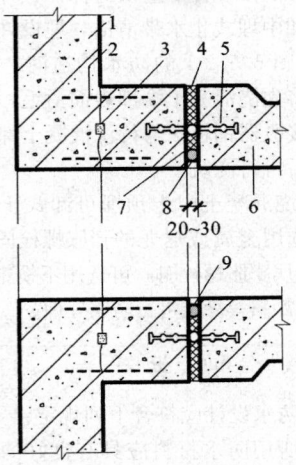

图 5.5.2-1　预留通道接头防水构造（一）

1—先浇混凝土结构；2—连接钢筋；3—遇水膨胀
止水条（胶）；4—填缝材料；5—中埋式止水带；
6—后浇混凝土结构；7—遇水膨胀橡胶条（胶）；
8—密封材料；9—填充材料

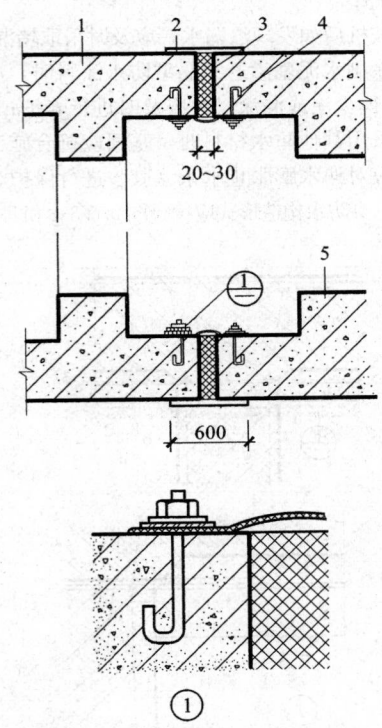

图 5.5.2-2　预留通道接头防水构造（二）

1—先浇混凝土结构；2—防水涂料；3—填缝材料；
4—可卸式止水带；5—后浇混凝土结构

5.5.3 预留通道接头的防水施工应符合下列规定：

1 中埋式止水带、遇水膨胀橡胶条（胶）、预埋注浆管、密封材料、可卸式止水带的施工应符合本规范第 5.1 节的有关规定；

2 预留通道先施工部位的混凝土、中埋式止水带和防水相关的预埋件等应及时保护，并应确保端部表面混凝土和中埋式止水带清洁，埋设件不得锈蚀；

3 采用图 5.5.2-1 的防水构造时，在接头混凝土施工前应将先浇混凝土端部表面凿毛，露出钢筋或预埋的钢筋接驳器钢板，与待浇混凝土部位的钢筋焊接或连接好后再行浇筑；

4 当先浇混凝土中未预埋可卸式止水带的预埋螺栓时，可选用金属或尼龙的膨胀螺栓固定可卸式止水带。采用金属膨胀螺栓时，可选用不锈钢材料或用金属涂膜、环氧涂料等涂层进行防锈处理。

5.6 桩 头

5.6.1 桩头防水设计应符合下列规定：

1 桩头所用防水材料应具有良好的粘结性、湿固化性；

2 桩头防水材料应与垫层防水层连为一体。

5.6.2 桩头防水施工应符合下列规定：

1 应按设计要求将桩顶剔凿至混凝土密实处，并应清洗干净；

2 破桩后如发现渗漏水，应及时采取堵漏措施；

3 涂刷水泥基渗透结晶型防水涂料时，应连续、均匀，不得少涂或漏涂，并应及时进行养护；

4 采用其他防水材料时，基面应符合施工要求；

5 应对遇水膨胀止水条（胶）进行保护。

5.6.3 桩头防水构造形式应符合图 5.6.3-1 和 5.6.3-2 的规定。

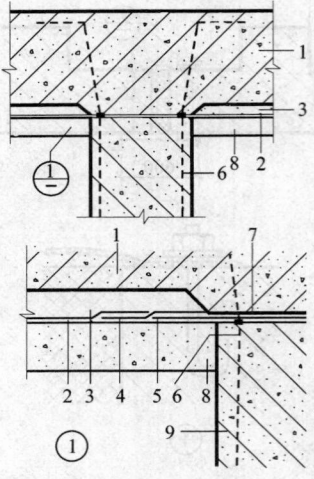

图 5.6.3-1 桩头防水构造（一）

1—结构底板；2—底板防水层；3—细石混凝土保护层；4—防水层；5—水泥基渗透结晶型防水涂料；6—桩基受力筋；7—遇水膨胀止水条（胶）；8—混凝土垫层；9—桩基混凝土

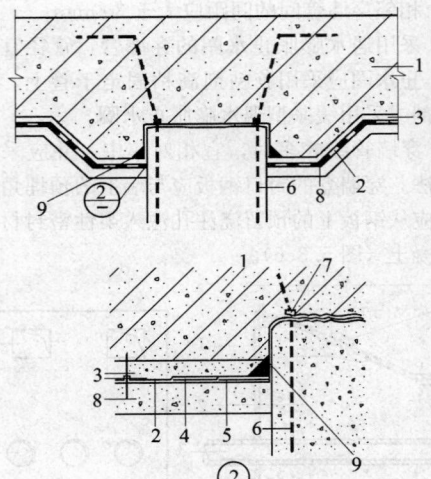

图 5.6.3-2 桩头防水构造（二）

1—结构底板；2—底板防水层；3—细石混凝土保护层；4—聚合物水泥防水砂浆；5—水泥基渗透结晶型防水涂料；6—桩基受力筋；7—遇水膨胀止水条（胶）；8—混凝土垫层；9—密封材料

5.7 孔 口

5.7.1 地下工程通向地面的各种孔口应采取防地面水倒灌的措施。人员出入口高出地面的高度宜为 500mm，汽车出入口设置明沟排水时，其高度宜为 150mm，并应采取防雨措施。

5.7.2 窗井的底部在最高地下水位以上时，窗井的底板和墙应做防水处理，并宜与主体结构断开（图 5.7.2）。

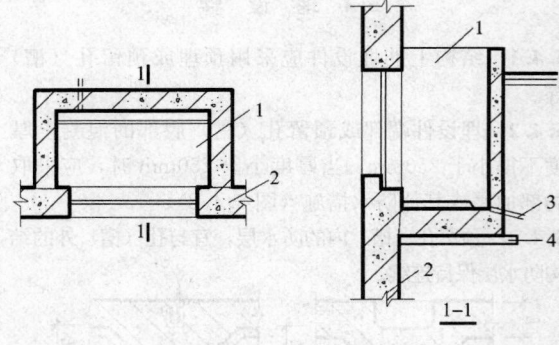

图 5.7.2 窗井防水构造

1—窗井；2—主体结构；3—排水管；4—垫层

5.7.3 窗井或窗井的一部分在最高地下水位以下时，窗井应与主体结构连成整体，其防水层也应连成整体，并应在窗井内设置集水井（图 5.7.3）。

5.7.4 无论地下水位高低，窗台下部的墙体和底板应做防水层。

5.7.5 窗井内的底板，应低于窗下缘 300mm。窗井墙高出地面不得小于 500mm。窗井外地面应做散水，

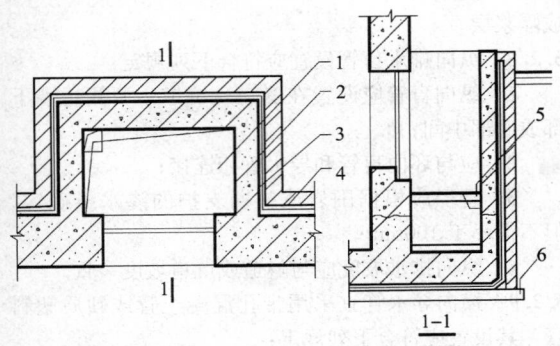

图 5.7.3 窗井防水构造

1—窗井；2—防水层；3—主体结构；4—防
水层保护；5—集水井；6—垫层

散水与墙面间应采用密封材料嵌填。

5.7.6 通风口应与窗井同样处理，竖井窗下缘离室外地面高度不得小于 500mm。

5.8 坑、池

5.8.1 坑、池、储水库宜采用防水混凝土整体浇筑，内部应设防水层。受振动作用时应设柔性防水层。

5.8.2 底板以下的坑、池，其局部底板应相应降低，并应使防水层保持连续（图 5.8.2）。

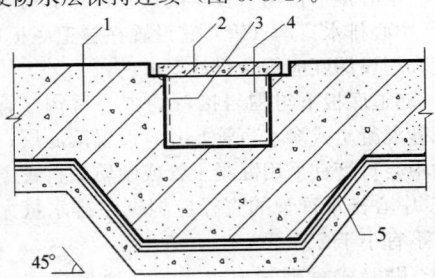

图 5.8.2 底板下坑、池的防水构造

1—底板；2—盖板；3—坑、池防水层；
4—坑、池；5—主体结构防水层

6 地下工程排水

6.1 一般规定

6.1.1 制定地下工程防水方案时，应根据工程情况选用合理的排水措施。

6.1.2 有自流排水条件的地下工程，应采用自流排水法。无自流排水条件且防水要求较高的地下工程，可采用渗排水、盲沟排水、盲管排水、塑料排水板排水或机械抽水等排水方法。但应防止由于排水造成水土流失危及地面建筑物及农田水利设施。

通向江、河、湖、海的排水口高程，低于洪（潮）水位时，应采取防倒灌措施。

6.1.3 隧道、坑道工程应采用贴壁式衬砌，对防水防潮要求较高的工程应采用复合式衬砌，也可采用离壁式衬砌或衬套。

6.2 设 计

6.2.1 地下工程的排水应形成汇集、流径和排出等完整的排水系统。

6.2.2 地下工程应根据工程地质、水文地质及周围环境保护要求进行排水设计。

6.2.3 地下工程采用渗排水法时应符合下列规定：

1 宜用于无自流排水条件、防水要求较高且有抗浮要求的地下工程；

2 渗排水层应设置在工程结构底板以下，并应由粗砂过滤层与集水管组成（图 6.2.3）；

3 粗砂过滤层总厚度宜为 300mm，如较厚时应分层铺填，过滤层与基坑土层接触处，应采用厚度 100～150mm，粒径 5～10mm 的石子铺填；过滤层顶面与结构底面之间，宜干铺一层卷材或 30～50mm 厚的 1:3 水泥砂浆作隔浆层；

4 集水管应设置在粗砂过滤层下部，坡度不宜小于 1%，且不得有倒坡现象。集水管之间的距离宜为 5～10m。渗入集水管的地下水导入集水井后应用泵排走。

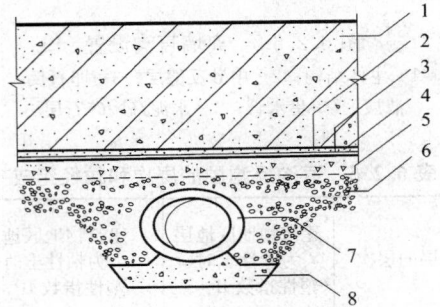

图 6.2.3 渗排水层构造

1—结构底板；2—细石混凝土；3—底板防水层；
4—混凝土垫层；5—隔浆层；6—粗砂过滤层；
7—集水管；8—集水管座

6.2.4 盲沟排水宜用于地基为弱透水性土层、地下水量不大或排水面积较小，地下水位在建筑底板以下或在丰水期地下水位高于建筑底板的地下工程，也可用于贴壁式衬砌的边墙及结构底部排水。

盲沟排水应设计为自流排水形式，当不具备自流排水条件时，应采取机械排水措施。

6.2.5 盲沟排水应符合下列要求：

1 宜将基坑开挖时的施工排水明沟与永久盲沟结合。

2 盲沟与基础最小距离的设计应根据工程地质情况选定；盲沟设置应符合图 6.2.5-1 和图 6.2.5-2 的规定。

3 盲沟反滤层的层次和粒径组成应符合表 6.2.5 的规定。

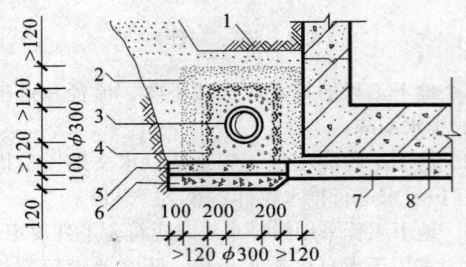

图 6.2.5-1　贴墙盲沟设置
1—素土夯实；2—中砂反滤层；3—集水管；
4—卵石反滤层；5—水泥/砂/碎石层；6—碎石夯实层；
7—混凝土垫层；8—主体结构

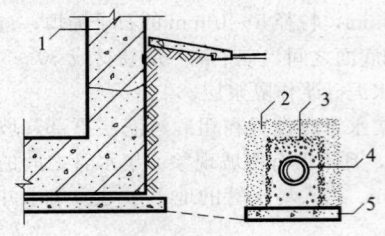

图 6.2.5-2　离墙盲沟设置
1—主体结构；2—中砂反滤层；3—卵石反
滤层；4—集水管；5—水泥/砂/碎石层

表 6.2.5　盲沟反滤层的层次和粒径组成

反滤层的层次	建筑物地区地层为砂性土时（塑性指数 IP<3）	建筑物地区地层为粘性土时（塑性指数 IP>3）
第一层（贴天然土）	用 1～3mm 粒径砂子组成	用 2～5mm 粒径砂子组成
第二层	用 3～10mm 粒径小卵石组成	用 5～10mm 粒径小卵石组成

　　4　渗排水管宜采用无砂混凝土管；

　　5　渗排水管应在转角处和直线段每隔一定距离设置检查井，井底距渗排水管底应留设 200～300mm 的沉淀部分，井盖应采取密封措施。

6.2.6　盲管排水宜用于隧道结构贴壁式衬砌、复合式衬砌结构的排水，排水体系应由环向排水盲管、纵向排水盲管或明沟等组成。

6.2.7　环向排水盲沟（管）设置应符合下列规定：

　　1　应沿隧道、坑道的周边固定于围岩或初期支护表面；

　　2　纵向间距宜为 5～20m，在水量较大或集中出水点应加密布置；

　　3　应与纵向排水盲管相连；

　　4　盲管与混凝土衬砌接触部位应外包无纺布形

成隔浆层。

6.2.8　纵向排水盲管设置应符合下列规定：

　　1　纵向盲管应设置在隧道（坑道）两侧边墙下部或底部中间；

　　2　应与环向盲管和导水管相连接；

　　3　管径应根据围岩或初期支护的渗水量确定，但不得小于 100mm；

　　4　纵向排水坡度应与隧道或坑道坡度一致。

6.2.9　横向导水管宜采用带孔混凝土管或硬质塑料管，其设置应符合下列规定：

　　1　横向导水管应与纵向盲管、排水明沟或中心排水盲沟（管）相连；

　　2　横向导水管的间距宜为 5～25m，坡度宜为 2%；

　　3　横向导水管的直径应根据排水量大小确定，但内径不得小于 50mm。

6.2.10　排水明沟的设置应符合下列规定：

　　1　排水明沟的纵向坡度应与隧道或坑道坡度一致，但不得小于 0.2%；

　　2　排水明沟应设置盖板和检查井；

　　3　寒冷及严寒地区应采取防冻措施。

6.2.11　中心排水盲沟（管）设置应符合下列规定：

　　1　中心排水盲沟（管）宜设置在隧道底板以下，其坡度和埋设深度应符合设计要求。

　　2　隧道底板下与围岩接触的中心盲沟（管）宜采用无砂混凝土或渗水盲管，并应设置反滤层；仰拱以上的中心盲管宜采用混凝土管或硬质塑料管。

　　3　中心排水盲管的直径应根据渗排水量大小确定，但不宜小于 250mm。

6.2.12　贴壁式衬砌围岩渗水，可通过盲沟（管）、暗沟导入底部排水系统，其排水系统构造应符合图 6.2.12 的规定。

6.2.13　离壁式衬砌的排水应符合下列规定：

　　1　围岩稳定和防潮要求高的工程可设置离壁式衬砌，衬砌与岩壁间的距离，拱顶上部宜为 600～800mm，侧墙处不应小于 500mm；

　　2　衬砌拱部宜作卷材、塑料防水板、水泥砂浆等防水层；拱肩应设置排水沟，沟底应预埋排水管或设置排水孔，直径宜为 50～100mm，间距不宜大于 6m；在侧墙和拱肩处应设置检查井(图 6.2.13)；

　　3　侧墙外排水沟应做成明沟，其纵向坡度不应小于 0.5%。

6.2.14　衬套排水应符合下列规定：

　　1　衬套外形应有利于排水，底板宜架空。

　　2　离壁衬套与衬砌或围岩的间距不应小于 150mm，在衬套外侧应设置明沟；半离壁衬套应在拱肩处设置排水沟。

　　3　衬套应采用防火、隔热性能好的材料制作，接缝宜采用嵌缝、粘结、焊接等方法密封。

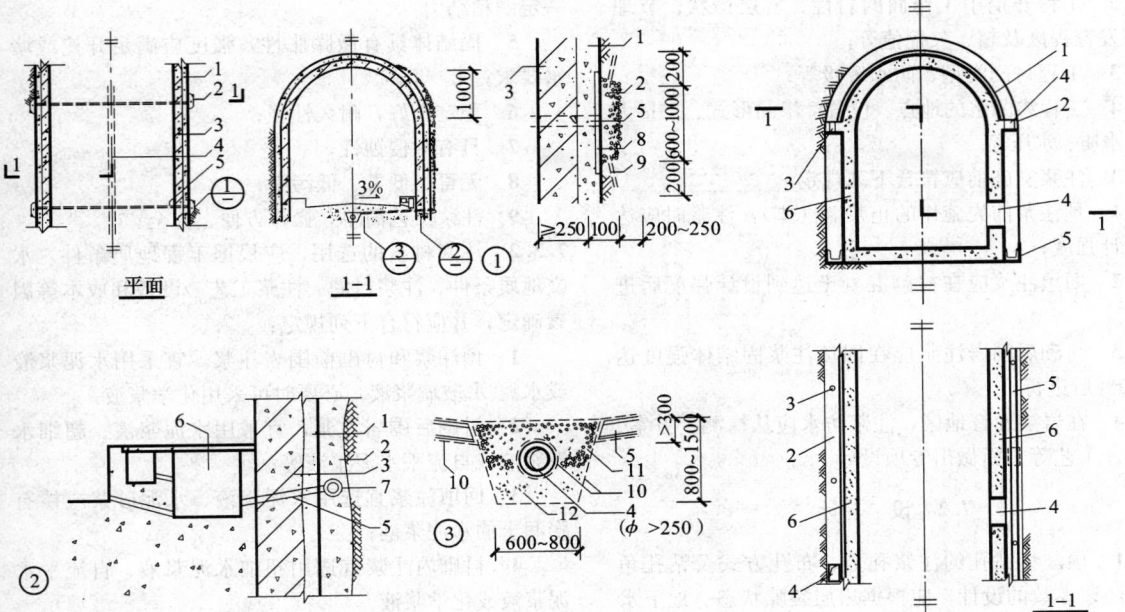

图 6.2.12　贴壁式衬砌排水构造
1—初期支护；2—盲沟；3—主体结构；4—中心排水盲管；
5—横向排水管；6—排水明沟；7—纵向集水盲管；8—隔浆层；
9—引流孔；10—无纺布；11—无砂混凝土；12—管座混凝土

图 6.2.13　离壁式衬砌
排水构造
1—防水层；2—拱肩排水沟；3—排水孔；
4—检查孔；5—外排水沟；6—内衬混凝土

6.3　材　料

6.3.1　环、纵向盲沟（管）宜采用塑料丝盲沟，其规格、性能应符合国家现行标准《软式透水管》JC 937 的有关规定。

6.3.2　中心盲沟（管）宜采用预制无砂混凝土管，强度不应小于 3MPa。

6.3.3　塑料排水板的规格和性能应符合国家现行标准《塑料排水板质量检验标准》JTJ/T 257 和本规范第 4.5 节的有关规定。

6.4　施　工

6.4.1　纵向盲沟铺设前，应将基坑底铲平，并应按设计要求铺设碎砖（石）混凝土层。

6.4.2　集水管应放置在过滤层中间。

6.4.3　盲管应采用塑料（无纺布）带、水泥钉等固定在基层上，固定点拱部间距宜为 300～500mm，边墙宜为 1000～1200mm，在不平处应增加固定点。

6.4.4　环向盲管宜整条铺设，需要有接头时，宜采用与盲管相配套的标准接头及标准三通连接。

6.4.5　铺设于贴壁式衬砌、复合式衬砌隧道或坑道中的盲沟（管），在浇灌混凝土前，应采用无纺布包裹。

6.4.6　无砂混凝土管连接时，可采用套接或插接，连接应牢固，不得扭曲变形和错位。

6.4.7　隧道或坑道内的排水明沟及离壁式衬砌夹层内的排水沟断面，应符合设计要求，排水沟表面应平整、光滑。

6.4.8　不同沟、槽、管应连接牢固，必要时可外加无纺布包裹。

7　注浆防水

7.1　一般规定

7.1.1　注浆方案应根据工程地质及水文地质条件制定，并应符合下列要求：

1　工程开挖前，预计涌水量大的地段、断层破碎带和软弱地层，应采用预注浆；

2　开挖后有大股涌水或大面积渗漏水时，应采用衬砌前围岩注浆；

3　衬砌后渗漏水严重的地段或充填壁后的空隙地段，应进行回填注浆；

4　衬砌后或回填注浆后仍有渗漏水时，宜采用衬砌内注浆或衬砌后围岩注浆。

7.1.2　注浆施工前应搜集下列资料：

1　工程地质纵横剖面图及工程地质、水文地质资料，如围岩孔隙率、渗透系数、节理裂隙发育情况、涌水量、水压和软土地层颗粒级配、土壤标准贯入试验值及其物理力学指标等；

2 工程开挖中工作面的岩性、岩层产状、节理裂隙发育程度及超、欠挖值等；

3 工程衬砌类型、防水等级等；

4 工程渗漏水的地点、位置、渗漏形式、水量大小、水质、水压等。

7.1.3 注浆实施前应符合下列规定：

1 预注浆前先施作的止浆墙（垫），注浆时应达到设计强度；

2 回填注浆应在衬砌混凝土达到设计强度后进行；

3 衬砌后围岩注浆应在回填注浆固结体强度达到 70% 后进行。

7.1.4 在岩溶发育地区，注浆防水应从探测、方案、机具、工艺等方面做出专项设计。

7.2 设 计

7.2.1 预注浆钻孔的注浆孔数、布孔方式及钻孔角度等注浆参数的设计，应根据岩层裂隙状态、地下水情况、设备能力、浆液有效扩散半径、钻孔偏斜率和对注浆效果的要求等确定。

7.2.2 预注浆的段长，应根据工程地质、水文地质条件、钻孔设备及工期要求确定，宜为 10～50m，但掘进时应保留止水岩垫（墙）的厚度。注浆孔底距开挖轮廓的边缘，宜为毛洞高度（直径）的 0.5～1 倍，特殊工程可按计算和试验确定。

7.2.3 衬砌前围岩注浆应符合下列规定：

1 注浆深度宜为 3～5m；

2 应在软弱地层或水量较大处布孔；

3 大面积渗漏时，布孔宜密，钻孔宜浅；

4 裂隙渗漏时，布孔宜疏，钻孔宜深；

5 大股涌水时，布孔应在水流上游，且自涌水点四周由远到近布设。

7.2.4 回填注浆孔的孔径，不宜小于 40mm，间距宜为 5～10m，并应按梅花形排列。

7.2.5 衬砌后围岩注浆钻孔深入围岩不应大于 1m，孔径不宜小于 40mm，孔距可根据渗漏水情况确定。

7.2.6 岩石地层预注浆或衬砌后围岩注浆的压力，应大于静水压力 0.5～1.5MPa，回填注浆及衬砌内注浆的压力应小于 0.5MPa。

7.2.7 衬砌内注浆钻孔应根据衬砌渗漏水情况布置，孔深宜为衬砌厚度的 1/3～2/3，注浆压力宜为 0.5～0.8MPa。

7.3 材 料

7.3.1 注浆材料应符合下列规定：

1 原料来源广，价格适宜；

2 具有良好的可灌性；

3 凝胶时间可根据需要调节；

4 固化时收缩小，与围岩、混凝土、砂土等有

一定的粘结力；

5 固结体具有微膨胀性，强度应满足开挖或堵水要求；

6 稳定性好，耐久性强；

7 具有耐侵蚀性；

8 无毒、低毒、低污染；

9 注浆工艺简单，操作方便、安全。

7.3.2 注浆材料的选用，应根据工程地质条件、水文地质条件、注浆目的、注浆工艺、设备和成本等因素确定，并应符合下列规定：

1 预注浆和衬砌前围岩注浆，宜采用水泥浆液或水泥-水玻璃浆液，必要时可采用化学浆液；

2 衬砌后围岩注浆，宜采用水泥浆液、超细水泥浆液或自流平水泥浆液等；

3 回填注浆宜选用水泥浆液、水泥砂浆或掺有膨润土的水泥浆液；

4 衬砌内注浆宜选用超细水泥浆液、自流平水泥浆液或化学浆液。

7.3.3 水泥类浆液宜选用普通硅酸盐水泥，其他浆液材料应符合有关规定。浆液的配合比，应经现场试验后确定。

7.4 施 工

7.4.1 注浆孔数量、布置间距、钻孔深度除应符合设计要求外，尚应符合下列规定：

1 注浆孔深小于 10m 时，孔位最大允许偏差应为 100mm，钻孔偏斜率最大允许偏差应为 1%；

2 注浆孔深大于 10m 时，孔位最大允许偏差应为 50mm，钻孔偏斜率最大允许偏差应为 0.5%。

7.4.2 岩石地层或衬砌内注浆前，应将钻孔冲洗干净。

7.4.3 注浆前，应进行测定注浆孔吸水率和地层吸浆速度等参数的压水试验。

7.4.4 回填注浆时，对岩石破碎、渗漏水量较大的地段，宜在衬砌与围岩间采用定量、重复注浆法分段设置隔水墙。

7.4.5 回填注浆、衬砌后围岩注浆施工顺序，应符合下列规定：

1 应沿工程轴线由低到高，由下往上，从少水处到多水处；

2 在多水地段，应先两头，后中间；

3 对竖井应由上往下分段注浆，在本段内应从下往上注浆。

7.4.6 注浆过程中应加强监测，当发生围岩或衬砌变形、堵塞排水系统、窜浆、危及地面建筑物等异常情况时，可采取下列措施：

1 降低注浆压力或采用间歇注浆，直到停止注浆；

2 改变注浆材料或缩短浆液凝胶时间；

3 调整注浆实施方案。

7.4.7 单孔注浆结束的条件，应符合下列规定：

1 预注浆各孔段均应达到设计要求并应稳定10min，且进浆速度应为开始进浆速度的1/4或注浆量达到设计注浆量的80%；

2 衬砌后回填注浆及围岩注浆应达到设计终压；

3 其他各类注浆，应满足设计要求。

7.4.8 预注浆和衬砌后围岩注浆结束前，应在分析资料的基础上，采取钻孔取芯法对注浆效果进行检查，必要时应进行压（抽）水试验。当检查孔的吸水量大于 1.0L/min·m 时，应进行补充注浆。

7.4.9 注浆结束后，应将注浆孔及检查孔封填密实。

8 特殊施工法的结构防水

8.1 盾构法隧道

8.1.1 盾构法施工的隧道，宜采用钢筋混凝土管片、复合管片等装配式衬砌或现浇混凝土衬砌。衬砌管片应采用防水混凝土制作。当隧道处于侵蚀性介质的地层时，应采取相应的耐侵蚀混凝土或外涂耐侵蚀的外防水涂层的措施。当处于严重腐蚀地层时，可同时采取耐侵蚀混凝土和外涂耐侵蚀的外防水涂层措施。

8.1.2 不同防水等级盾构隧道衬砌防水措施应符合表 8.1.2 的要求。

表 8.1.2 不同防水等级盾构隧道的衬砌防水措施

措施选择 防水等级	高精度管片	接缝防水				混凝土内衬或其他内衬	外防水涂料
		密封垫	嵌缝	注入密封剂	螺孔密封圈		
一级	必选	必选	全隧道或部分区段应选	可选	可选	宜选	对混凝土有中等以上腐蚀的地层应选，在非腐蚀地层宜选
二级	必选	必选	部分区段宜选	可选	必选	局部宜选	对混凝土有中等以上腐蚀的地层宜选
三级	应选	应选	部分区段宜选	—	应选	—	对混凝土有中等以上腐蚀的地层宜选
四级	可选	宜选	可选	—	—	—	—

8.1.3 钢筋混凝土管片应采用高精度钢模制作，钢模宽度及弧、弦长允许偏差宜为±0.4mm。

钢筋混凝土管片制作尺寸的允许偏差应符合下列规定：

1 宽度应为±1mm；

2 弧、弦长应为±1mm；

3 厚度应为+3mm，—1mm。

8.1.4 管片防水混凝土的抗渗等级应符合本规范表

4.1.4 的规定，且不得小于 P8。管片应进行混凝土氯离子扩散系数或混凝土渗透系数的检测，并宜进行管片的单块抗渗检漏。

8.1.5 管片应至少设置一道密封垫沟槽。接缝密封垫宜选择具有合理构造形式、良好弹性或遇水膨胀性、耐久性、耐水性的橡胶类材料，其外形应与沟槽相匹配。弹性橡胶密封垫材料、遇水膨胀橡胶密封垫胶料的物理性能应符合表 8.1.5-1 和表 8.1.5-2 的规定。

表 8.1.5-1 弹性橡胶密封垫材料物理性能

序号	项 目		指标	
			氯丁橡胶	三元乙丙胶
1	硬度（邵尔 A，度）		45±5~60±5	55±5~70±5
2	伸长率（%）		≥350	≥330
3	拉伸强度（MPa）		≥10.5	≥9.5
4	热空气老化 70℃×96h	硬度变化值（邵尔 A，度）	≤+8	≤+6
		拉伸强度变化率（%）	≥—20	≥—15
		扯断伸长率变化率（%）	≥—30	≥—30
5	压缩永久变形（70℃×24h）（%）		≤35	≤28
6	防霉等级		达到与优于 2 级	达到与优于 2 级

注：以上指标均为成品切片测试的数据，若只能以胶料制试样测试，则其伸长率、拉伸强度的性能数据应达到本规定的 120%。

表 8.1.5-2 遇水膨胀橡胶密封垫胶料物理性能

序号	项 目		性能要求		
			PZ-150	PZ-250	PZ-400
1	硬度（邵尔 A，度）		42±7	42±7	45±7
2	拉伸强度（MPa）		≥3.5	≥3.5	≥3
3	扯断伸长率（%）		≥450	≥450	≥350
4	体积膨胀倍率（%）		≥150	≥250	≥400
5	反复浸水试验	拉伸强度（MPa）	≥3	≥3	≥2
		扯断伸长率（%）	≥350	≥350	≥250
		体积膨胀倍率（%）	≥150	≥250	≥300
6	低温弯折（—20℃×2h）		无裂纹		
7	防霉等级		达到与优于 2 级		

注：1 成品切片测试应达到本指标的 80%；

2 接头部位的拉伸强度指标不得低于本指标的 50%；

3 体积膨胀倍率是浸泡前后的试样质量的比率。

8.1.6 管片接缝密封垫应被完全压入密封垫沟槽内，密封垫沟槽的截面积应大于或等于密封垫的截面积，其关系宜符合下式：

$$A = (1 \sim 1.15) A_0 \qquad (8.1.6)$$

式中 A——密封垫沟槽截面积；

A_0——密封垫截面积。

管片接缝密封垫应满足在计算的接缝最大张开量和估算的错位量下、埋深水头的 $2 \sim 3$ 倍水压下不渗漏的技术要求；重要工程中选用的接缝密封垫，应进行一字缝或十字缝水密性的试验检测。

8.1.7 螺孔防水应符合下列规定：

1 管片肋腔的螺孔口应设置锥形倒角的螺孔密封圈沟槽；

2 螺孔密封圈的外形应与沟槽相匹配，并应有利于压密止水或膨胀止水。在满足止水的要求下，螺孔密封圈的断面宜小。

螺孔密封圈应为合成橡胶或遇水膨胀橡胶制品，其技术指标要求应符合本规范表 8.1.5-1 和表 8.1.5-2 的规定。

8.1.8 嵌缝防水应符合下列规定：

1 在管片内侧环纵向边沿设置嵌缝槽，其深宽比不应小于 2.5，槽深宜为 $25 \sim 55mm$，单面槽宽宜为 $5 \sim 10mm$；嵌缝槽断面构造形状应符合图 8.1.8 的规定。

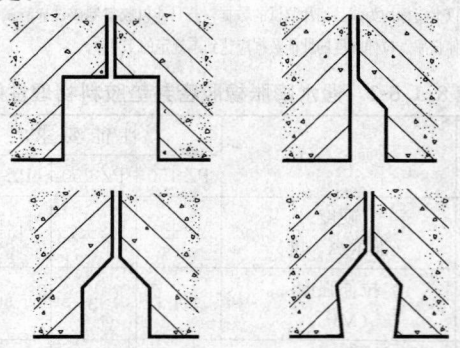

图 8.1.8 管片嵌缝槽断面构造形式

2 嵌缝材料应有良好的不透水性、潮湿基面粘结性、耐久性、弹性和抗下坠性。

3 应根据隧道使用功能和本规范表 8.1.2 中的防水等级要求，确定嵌缝作业区的范围与嵌填嵌缝槽的部位，并采取嵌缝堵水或引排水措施。

4 嵌缝防水施工应在盾构千斤顶顶力影响范围外进行。同时，应根据盾构施工方法、隧道的稳定性确定嵌缝作业开始的时间。

5 嵌缝作业应在接缝堵漏和无明显渗水后进行，嵌缝槽表面混凝土如有缺损，应采用聚合物水泥砂浆或特种水泥修补，强度应达到或超过混凝土本体的强度。嵌缝材料嵌填时，应先刷涂基层处理剂，嵌填应密实、平整。

8.1.9 复合式衬砌的内层衬砌混凝土浇筑前，应将

外层管片的渗漏水引排或封堵。采用塑料防水板等夹层防水层的复合式衬砌，应根据隧道排水情况选用相应的缓冲层和防水板材料，并应按本规范第 4.5 和 6.4 节的有关规定执行。

8.1.10 管片外防水涂料宜采用环氧或改性环氧涂料等封闭型材料、水泥基渗透结晶型或硅氧烷类等渗透自愈型材料，并应符合下列规定：

1 耐化学腐蚀性、抗微生物侵蚀性、耐水性、耐磨性应良好，且应无毒或低毒；

2 在管片外弧面混凝土裂缝宽度达到 0.3mm 时，应仍能在最大埋深处水压下不渗漏；

3 应具有防杂散电流的功能，体积电阻率应高。

8.1.11 竖井与隧道结合处，可用刚性接头，但接缝宜采用柔性材料密封处理，并宜加固竖井洞圈周围土体。在软土地层距竖井结合处一定范围内的衬砌段，宜增设变形缝。变形缝环面应贴设垫片，同时应采用适应变形量大的弹性密封垫。

8.1.12 盾构隧道的连接通道及其与隧道接缝的防水应符合下列规定：

1 采用双层衬砌的连接通道，内衬应采用防水混凝土。衬砌支护与内衬间宜设塑料防水板与土工织物组成的夹层防水层，并宜配以分区注浆系统加强防水。

2 当采用内防水层时，内防水层宜为聚合物水泥砂浆等抗裂防渗材料。

3 连接通道与盾构隧道接头应选用缓膨胀型遇水膨胀类止水条（胶）、预留注浆管以及接头密封材料。

8.2 沉 井

8.2.1 沉井主体应采用防水混凝土浇筑，分段制作时，施工缝的防水措施应根据其防水等级按本规范表 3.3.1-1 选用。

8.2.2 沉井施工缝的施工应符合本规范第 4.1.25 条的规定。固定模板的螺栓穿过混凝土井壁时，螺栓部位的防水处理应符合本规范第 4.1.28 条的规定。

8.2.3 沉井的干封底应符合下列规定：

1 地下水位应降至底板底高程 500mm 以下，降水作业应在底板混凝土达到设计强度，且沉井内部结构完成并满足抗浮要求后，方可停止；

2 封底前井壁与底板连接部位应凿毛或涂刷界面处理剂，并应清洗干净；

3 待垫层混凝土达到 50% 设计强度后，浇筑混凝土底板，应一次浇筑，并应分格连续对称进行；

4 降水用的集水井应采用微膨胀混凝土填筑密实。

8.2.4 沉井水下封底应符合下列规定：

1 水下封底宜采用水下不分散混凝土，其坍落度宜为 $200 \pm 20mm$；

2 封底混凝土应在沉井全部底面积上连续均匀浇筑，浇筑时导管插入混凝土深度不宜小于1.5m；

3 封底混凝土应达到设计强度后，方可从井内抽水，并应检查封底质量，对渗漏水部位应进行堵漏处理；

4 防水混凝土底板应连续浇筑，不得留设施工缝，底板与井壁接缝处的防水措施应按本规范表3.3.1-1选用，施工要求应符合本规范第4.1.25条的规定。

8.2.5 当沉井与位于不透水层内的地下工程连接时，应先封住井壁外侧含水层的渗水通道。

8.3 地下连续墙

8.3.1 地下连续墙应根据工程要求和施工条件划分单元槽段，宜减少槽段数量。墙体幅间接缝应避开拐角部位。

8.3.2 地下连续墙用作主体结构时，应符合下列规定：

1 单层地下连续墙不应直接用于防水等级为一级的地下工程墙体。单墙用于地下工程墙体时，应使用高分子聚合物泥浆护壁材料。

2 墙的厚度宜大于600mm。

3 应根据地质条件选择护壁泥浆及配合比，遇有地下水含盐或受化学污染时，泥浆配合比应进行调整。

4 单元槽段整修后墙面平整度的允许偏差不宜大于50mm。

5 浇筑混凝土前应清槽、置换泥浆和清除沉渣，沉渣厚度不应大于100mm，并应将接缝面的泥皮、杂物清理干净。

6 钢筋笼浸泡泥浆时间不应超过10h，钢筋保护层厚度不应小于70mm。

7 幅间接缝应采用工字钢或十字钢板接头，锁口管应能承受混凝土浇筑时的侧压力，浇筑混凝土时不得发生位移和混凝土绕管。

8 胶凝材料用量不应少于400kg/m³，水胶比应小于0.55，坍落度不得小于180mm，石子粒径不宜大于导管直径的1/8。浇筑导管埋入混凝土深度宜为1.5～3m，在槽段端部的浇筑导管与端部的距离宜为1～1.5m，混凝土浇筑应连续进行。冬期施工时应采取保温措施，墙顶混凝土未达到设计强度50%时，不得受冻。

9 支撑的预埋件应设置止水片或遇水膨胀止水条（胶），支撑部位及墙体的裂缝、孔洞等缺陷应采用防水砂浆及时修补；墙体幅间接缝如有渗漏，应采用注浆、嵌填弹性密封材料等进行防水处理，并应采取引排措施。

10 底板混凝土应达到设计强度后方可停止降水，并应将降水井封堵密实。

11 墙体与工程顶板、底板、中楼板的连接处均应凿毛，并应清洗干净，同时应设置1～2道遇水膨胀止水条（胶）；接驳器处宜喷涂水泥基渗透结晶型防水涂料或涂抹聚合物水泥防水砂浆。

8.3.3 地下连续墙与内衬构成的复合式衬砌，应符合下列规定：

1 应用作防水等级为一、二级的工程；

2 应根据基坑基础形式、支撑方式内衬构造特点选择防水层；

3 墙体施工应符合本规范第8.3.2条第3～10款的规定，并应按设计规定对墙面、墙缝渗漏水进行处理，并应在基面找平满足设计要求后施工防水层及浇筑内衬混凝土；

4 内衬墙应采用防水混凝土浇筑，施工缝、变形缝和诱导缝的防水措施应按本规范表3.3.1-1选用，并应与地下连续墙墙缝互相错开。施工要求应符合本规范第4.1和5.1节的有关规定。

8.3.4 地下连续墙作为围护并与内衬墙构成叠合结构时，其抗渗等级要求可比本规范第4.1.4条规定的抗渗等级降低一级；地下连续墙与内衬墙构成分离式结构时，可不要求地下连续墙的混凝土抗渗等级。

8.4 逆筑结构

8.4.1 直接采用地下连续墙作围护的逆筑结构，应符合本规范第8.3.1和8.3.2条的规定。

8.4.2 采用地下连续墙和防水混凝土内衬的复合式逆筑结构，应符合下列规定：

1 可用于防水等级为一、二级的工程。

2 地下连续墙的施工应符合本规范第8.3.2条第3～8、10款的规定。

3 顶板、楼板及下部500mm的墙体应同时浇筑，墙体的下部应做成斜坡形；斜坡形下部应预留300～500mm空间，并应待下部先浇混凝土施工14d后再行浇筑；浇筑前所有缝面应凿毛、清理干净，并应设置遇水膨胀止水条（胶）和预埋注浆管。上部施工缝设置遇水膨胀止水条时，应使用胶粘剂和射钉（或水泥钉）固定牢靠。浇筑混凝土应采用补偿收缩混凝土（图8.4.2）。

4 底板应连续浇筑，不宜留设施工缝，底板与桩头相交处的防水处理应符合本规范第5.6节的有关规定。

8.4.3 采用桩基支护逆筑法施工时，应符合下列规定：

1 应用于各防水等级的工程；

2 侧墙水平、垂直施工缝，应采取二道防水措施；

3 逆筑施工缝、底板、底板与桩头的接缝做法应符合本规范第8.4.2条第3、4款的规定。

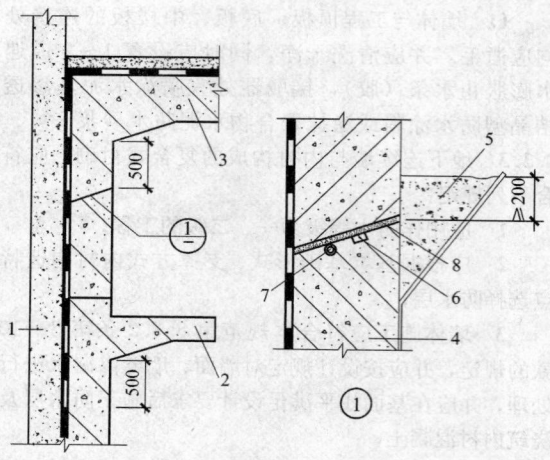

图 8.4.2　逆筑法施工接缝防水构造

1—地下连续墙；2—楼板；3—顶板；4—补偿收缩混凝土；5—应凿去的混凝土；6—遇水膨胀止水条或预埋注浆管；7—遇水膨胀止水胶；8—粘结剂

8.5　锚喷支护

8.5.1　喷射混凝土施工前，应根据围岩裂隙及渗漏水的情况，预先采用引排或注浆堵水。

采用引排措施时，应采用耐侵蚀、耐久性好的塑料丝盲沟或弹塑性软式导水管等导水材料。

8.5.2　锚喷支护用作工程内衬墙时，应符合下列规定：

1　宜用于防水等级为三级的工程；

2　喷射混凝土宜掺入速凝剂、膨胀剂或复合型外加剂、钢纤维与合成纤维等材料，其品种及掺量应通过试验确定；

3　喷射混凝土的厚度应大于 80mm，对地下工程变截面及轴线转折点的阳角部位，应增加 50mm 以上厚度的喷射混凝土；

4　喷射混凝土设置预埋件时，应采取防水处理；

5　喷射混凝土终凝 2h 后，应喷水养护，养护时间不得少于 14d。

8.5.3　锚喷支护作为复合式衬砌的一部分时，应符合下列规定：

1　宜用于防水等级为一、二级工程的初期支护；

2　锚喷支护的施工应符合本规范第 8.5.2 条第 2～5 款的规定。

8.5.4　锚喷支护、塑料防水板、防水混凝土内衬的复合式衬砌，应根据工程情况选用，也可将锚喷支护和离壁式衬砌、衬套结合使用。

9　地下工程渗漏水治理

9.1　一般规定

9.1.1　渗漏水治理前应掌握工程原防水、排水系统

的设计、施工、验收资料。

9.1.2　渗漏水治理施工时应按先顶（拱）后墙而后底板的顺序进行，宜少破坏原结构和防水层。

9.1.3　有降水和排水条件的地下工程，治理前应做好降水、排水工作。

9.1.4　治理过程中应选用无毒、低污染的材料。

9.1.5　治理过程中的安全措施、劳动保护应符合有关安全施工技术规定。

9.1.6　地下工程渗漏水治理，应由防水专业设计人员和有防水资质的专业施工队伍承担。

9.2　方案设计

9.2.1　渗漏水治理方案设计前应搜集下列资料：

1　原设计、施工资料，包括防水设计等级、防排水系统及使用的防水材料性能、试验数据；

2　工程所在位置周围环境的变化；

3　渗漏水的现状、水源及影响范围；

4　渗漏水的变化规律；

5　衬砌结构的损害程度；

6　运营条件、季节变化、自然灾害对工程的影响；

7　结构稳定情况及监测资料。

9.2.2　大面积严重渗漏水可采取下列措施：

1　衬砌后和衬砌内注浆止水或引水，待基面无明水或干燥后，用掺外加剂防水砂浆、聚合物水泥砂浆、挂网水泥砂浆或防水涂料等加强处理；

2　引水孔最后封闭；

3　必要时采用贴壁混凝土衬砌。

9.2.3　大面积轻微渗漏水和漏水点，可先采用速凝材料堵水，再做防水砂浆抹面或防水涂层等永久性防水层加强处理。

9.2.4　渗漏水较大的裂缝，宜采用钻斜孔法或凿缝法注浆处理，干燥或潮湿的裂缝宜采用骑缝注浆法处理。注浆压力及浆液凝结时间应按裂缝宽度、深度进行调整。

9.2.5　结构仍在变形、未稳定的裂缝，应待结构稳定后再进行处理。

9.2.6　需要补强的渗漏水部位，应选用强度较高的注浆材料，如水泥浆、超细水泥浆、自流平水泥灌浆材料、改性环氧树脂、聚氨酯等浆液，必要时可在止水后再做混凝土衬砌。

9.2.7　锚喷支护工程渗漏水部位，可采用引水带或导管排水，也可喷涂快凝材料及化学注浆堵水。

9.2.8　细部构造部位渗漏水处理可采取下列措施：

1　变形缝和新旧结构接头，应先注浆堵水或引水，再采用嵌填遇水膨胀止水条、密封材料，也可设置可卸式止水带等方法处理；

2　穿墙管和预埋件可先采用快速堵漏材料止水，再采用嵌填密封材料、涂抹防水涂料、水泥砂浆等措

施处理;

3 施工缝可根据渗水情况采用注浆、嵌填密封防水材料及设置排水暗槽等方法处理,表面应增设水泥砂浆、涂料防水层等加强措施。

9.3 治理材料

9.3.1 衬砌后注浆宜选用特种水泥浆,掺有膨润土、粉煤灰等掺合料的水泥浆或水泥砂浆。

9.3.2 工程结构注浆宜选用水泥类浆液,有补强要求时可选用改性环氧树脂注浆材料;裂缝堵水注浆宜选用聚氨酯或丙烯酸盐等化学浆液。

9.3.3 防水抹面材料宜选用掺各种外加剂、防水剂、聚合物乳液的水泥砂浆。

9.3.4 防水涂料宜选用与基面粘结强度高和抗渗性好的材料。

9.3.5 导水、排水材料宜选用排水板、金属排水槽或渗水盲管等。

9.3.6 密封材料宜选用硅酮、聚硫橡胶类、聚氨酯类等柔性密封材料,也可选用遇水膨胀止水条(胶)。

9.4 施 工

9.4.1 地下工程渗漏水治理施工应按制订的方案进行。

9.4.2 治理过程中应严格每道工序的操作,上道工序未经验收合格,不得进行下道工序施工。

9.4.3 治理过程中应随时检查治理效果,并应做好隐蔽施工记录。

9.4.4 地下工程渗漏水治理除应做好防水措施外,尚应采取排水措施。

9.4.5 竣工验收应符合下列规定:

1 施工质量应符合设计要求;

2 施工资料应包括施工技术总结报告、所用材料的技术资料、施工图纸等。

10 其他规定

10.0.1 地下工程与城市给、排水管道的水平距离宜大于 2.5m,当不能满足时,地下工程应采取有效的防水措施。

10.0.2 地下工程在施工期间对工程周围的地表水,应采取截水、排水、挡水和防洪措施。

10.0.3 地下工程雨季进行防水混凝土和其他防水层施工时,应采取防雨措施。

10.0.4 明挖法地下工程的结构自重大于静水压力造成的浮力,在自重不足时应采取锚桩或其他抗浮措施。

10.0.5 明挖法地下工程防水施工时,应符合下列规定:

1 地下水位应降至工程底部最低高程 500mm 以下,降水作业应持续至回填完毕;

2 工程底板范围内的集水井,在施工排水结束后应采用微膨胀混凝土填筑密实;

3 工程顶板、侧墙留设大型孔洞时,应采取临时封闭、遮盖措施。

10.0.6 明挖法地下工程的混凝土和防水层的保护层验收合格后,应及时回填,并应符合下列规定:

1 基坑内杂物应清理干净、无积水。

2 工程周围 800mm 以内宜采用灰土、粘土或亚粘土回填,其中不得含有石块、碎砖、灰渣、有机杂物以及冻土。

3 回填施工应均匀对称进行,并应分层夯实。人工夯实每层厚度不应大于 250mm,机械夯实每层厚度不应大于 300mm,并应采取保护措施;工程顶部回填土厚度超过 500mm 时,可采用机械回填碾压。

10.0.7 地下工程上的地面建筑物周围应做散水,宽度不宜小于 800mm,散水坡度宜为 5%。

10.0.8 地下工程建成后,其地面应进行整修,地质勘察和施工留下的探坑等应回填密实,不得积水。工程顶部不宜设置蓄水池或修建水渠。

附录 A 安全与环境保护

A.0.1 防水工程中不得采用现行国家标准《职业性接触毒物危害程度分级》GB 5044—8 中划分为Ⅲ级(中度危害)和Ⅲ级以上毒物的材料。

A.0.2 当配制和使用有毒材料时,现场必须采取通风措施,操作人员必须穿防护服、戴口罩、手套和防护眼镜,严禁毒性材料与皮肤接触和入口。

A.0.3 有毒材料和挥发性材料应密封贮存,妥善保管和处理,不得随意倾倒。

A.0.4 使用易燃材料时,应严禁烟火。

A.0.5 使用有毒材料时,作业人员应按规定享受劳保福利和营养补助,并应定期检查身体。

本规范用词说明

1 为便于在执行本规范条文时区别对待,对要求严格程度不同的用词说明如下:

1) 表示很严格,非这样做不可的用词:
正面词采用"必须",反面词采用"严禁"。

2) 表示严格,在正常情况下均应这样做的用词:
正面词采用"应",反面词采用"不应"或"不得"。

3）表示允许稍有选择，在条件许可时首先应这样做的用词：

正面词采用"宜"，反面词采用"不宜"；

表示有选择，在一定条件下可以这样做的用词，采用"可"。

2 本规范中指明应按其他有关标准、规范执行的写法为"应符合……的规定"或"应按……执行"。

中华人民共和国国家标准

地下工程防水技术规范

GB 50108—2008

条 文 说 明

前　言

《地下工程防水技术规范》GB 50108—2008 的修编，对参编单位和参编人员进行了调整，得到北京圣洁防水材料有限公司、深圳卓宝科技股份有限公司、广东科顺化工实业有限公司、成都赛特防水材料有限责任公司、格雷斯中国有限公司、捷高科技（苏州）有限公司、上海渗克防水材料有限公司、深圳港创建材股份有限公司的协助与支持。

为便于广大设计、施工、科研、学校等单位有关人员在使用规范时能正确理解和执行条文规定，《地下工程防水技术规范》编制组按章、节、条顺序编制了规范的条文说明，供使用者参考。在使用过程中如发现本条文说明有不妥之处，请将意见函寄总参工程兵科研三所（地址：河南洛阳市总参工程兵科研三所，邮政编码：471023）。

目　次

1 总　　则

1.0.1 地下工程由于深埋在地下，时刻受地下水的渗透作用，如防水问题处理不好，致使地下水渗漏到工程内部，将会带来一系列问题：影响人员在工程内正常的工作和生活；使工程内部装修和设备加快锈蚀。使用机械排除工程内部渗漏水，需要耗费大量能源和经费，而且大量的排水还可能引起地面和地面建筑物不均匀沉降和破坏等。另外，据有关资料记载，美国有 20% 左右的地下室存在氡污染，而氡是通过地下水渗漏渗入到工程内部聚积在内表面的。我国地下工程内部氡污染的情况如何，尚未见到相关报道，但如地下工程存在渗漏水则会使氡污染的可能性增加。

为适应我国地下工程建设的需要，使新建、续建、改建的地下工程能合理正常地使用，充分发挥其经济效益、社会效益、战备效益，因此对地下工程的防水设计、施工内容做出相应规定是极为必要的。在防水设计和施工中，要贯彻质量第一的思想，把确保质量放在首位。

1.0.2 本规范适用于普遍性的、带有共性要求的新建、改建和续建的地下工程防水，包括：

1　工业与民用建筑地下工程，如医院、旅馆、商场、影剧院、洞库、电站、生产车间等；

2　市政地下工程，如城市共用沟、城市公路隧道、人行过街道、水工涵管等；

3　地下铁道，如城市地铁区间隧道、地下铁道车站等；

4　防护工程，为战时防护要求而修建的国防和人防工程，如指挥工程、人员掩蔽工程、疏散通道等；

5　铁路、公路隧道、山岭及水底隧道等。

1.0.3 防水原则既要考虑如何适应地下工程种类的多样性问题，也要考虑如何适应地下工程所处地域的复杂性的问题，同时还要使每个工程的防水设计者在符合总的原则的基础上可根据各自工程的特点有适当选择的自由。原规范提出的防水原则基本符合上述要求，从修编过程中征求的意见来看，使用单位对这一原则也是基本满意的。

规范从材性角度要求在地下工程防水中刚性防水材料和柔性防水材料结合使用。实际上目前地下工程不仅大量使用刚性防水材料，如结构主体采用防水混凝土，也大量使用柔性防水材料，如细部构造处的一些部位、主体结构加强防水层也采取柔性防水材料。因此地下工程防水方案设计时要结合工程使用情况和地质环境条件等因素综合考虑。

1.0.4 保护环境是我国的基本国策，考虑到地下工程防水施工中的噪音、材料、施工废弃物等会对周围生态环境造成不利影响，因此地下工程防水设计、施工时必须从选择施工方法、材料等方面事先考虑其对周围环境的影响程度，并有针对性地采取措施，使对周围生态环境的影响减至最小。

1.0.5 由于防水材料是保证地下工程防水质量的关键，因此，在推广应用新材料、新技术、新工艺时应优先采用经国家权威检测部门检验合格且具有一定生产规模和应用效果较好的产品。

3　地下工程防水设计

3.1　一般规定

3.1.1 地下工程种类繁多，其重要性和使用要求各有不同，有的工程对防水有特殊要求，有的工程在少量渗水情况下并不影响使用，在同一工程中其主要部位要求不渗水，但次要部位可允许有少量渗水。为避免过分要求高指标或片面降低防水标准，造成工程造价高或维修使用困难，因此地下工程防水应做到定级准确、方案可靠、经济合理。

3.1.2 地下工程的耐久性很大程度上取决于结构施工过程中的质量控制、质量保证以及使用过程中的维修与管理，为此建设部出版了《混凝土结构耐久性设计与施工指南》。该指南根据耐久性要求将结构设计使用年限分为 100 年、50 年、30 年三个等级，地下工程的设计寿命一般超过 50 年，因此本条增加了"应根据结构耐久性"做好防水方案的规定。

3.1.3 地下工程不仅受地下水、上层滞水、毛细管水等作用，也受地表水的作用，同时随着人们对水资源保护意识的加强，合理开发利用水资源的人为活动将会引起水文地质条件的改变，也会对地下工程造成影响，因此地下工程不能单纯以地下最高水位来确定工程防水标高。对单建式地下工程应采用全封闭、部分封闭的防排水设计（全封闭、部分封闭系指防水层的封闭程度）。对附建式的全地下或半地下工程的设防高度，应高出室外地坪高程 500mm 以上，确保地下工程的正常使用。

3.1.4 防水混凝土自防水结构作为工程主体的防水措施已普遍为地下工程界所接受，根据各地的意见，修编时将原规范中的"地下工程的钢筋混凝土结构应采用防水混凝土浇筑"改为"地下工程迎水面主体结构应采用防水混凝土浇筑"，其意思是地下工程除直接与地下水接触的围护结构采用防水混凝土浇筑外，内部隔墙可以不采用防水混凝土，如民用建筑地下室，其内隔墙可以不采用防水混凝土。

3.2　防水等级

3.2.1、3.2.2 原规范规定的防水等级划分为四级，经过五年来的使用，从防水工程界的反映来看基本上是符合实际、切实可行的。因此这次修编仍保留原防水等级的划分，但对二级防水等级标准进行了局部修改，理由如下：

1 二级防水等级标准是按湿渍来反映的，这是它合理的一面。与"工业与民用建筑……任意 100m^2 防水面积的湿渍不超过 2 处，单个湿渍的最大面积不大于 0.1m^2"的规定是匹配的。理由是"任意 100m^2"是指包括建筑中渗水最集中区，因此与整个建筑总湿面积为总防水面积的 1/1000 绝不应对等，更何况以上的表述还意味着任意 100m^2 防水面积的湿渍远小于建筑总湿面积的平均值。理论上讲，"任意 100m^2 防水面积上的湿渍比例"应是"建筑总湿面积的比例的"2 倍。

2 关于隧道渗漏水量的比较和检测，国内外早已达成的共识是：规定单位面积的渗水量（或包括单位时间），如：渗水量 L/(m^2·d)、湿渍面积×湿渍数/100m^2，这样就撇开了工程断面和长度，可比性强，也比较客观。

3 隧道工程还要求"平均渗水量不大于 0.05L/(m^2·d)，任意 100m^2 防水面积上的渗水量不大于 0.15L/(m^2·d)"，基本是合理的。"整体"与"任意"的关系，与其他地下工程一样分别为 2～4 倍，考虑到隧道的总内表面积通常较大，故定为 3 倍。

4 考虑到国外的有关隧道等级标准（包括二级）都与渗水量挂钩〔L/(m^2·d)〕，目前国内设计上，防水等级为二级的隧道工程，尤其是圆形隧道或房屋建筑的地下建筑的渗水量的提法有所差别，即隧道工程已按国际惯例提出 L/(m^2·d) 的指标，包括整体与局部，其倍数关系，应与湿迹一致，因此，这次修编时增补了这方面的内容。

在进行防水设计时，可根据表中规定的适用范围，结合工程的实际情况合理确定工程的防水等级。如办公用房属人员长期停留场所，档案库、文物库属少量湿迹会使物品变质、失效的贮物场所，配电间、地下铁道车站顶部属少量湿迹会严重影响设备正常运转和危及工程安全运营的场所或部位，指挥工程属极重要的战备工程，故都定为一级；而一般生产车间属人员经常活动的场所，地下车库属有少量湿迹不会使物品变质、失效的场所，电气化隧道、地铁隧道、城市公路隧道、公路隧道侧墙属有少量湿迹基本不影响设备正常运转和工程安全运营的场所或部位，人员掩蔽工程属重要的战备工程，故应定为二级；城市地下公共管线沟属人员临时活动场所，战备交通隧道和疏散干道属一般战备工程，可定为三级。对于一个工程（特别是大型工程），因工程内部各部分的用途不同，其防水等级可以有所差别，设计时可根据表中适用范围的原则分别予以确定。但设计时要防止防水等级低的部位的渗漏水影响防水等级高的部位的情况。

3.3 防水设防要求

3.3.1 地下工程的防水可分为两部分，一是结构主体防水，二是细部构造特别是施工缝、变形缝、诱导缝、后浇带的防水。目前结构主体采用防水混凝土结构自防水其防水效果尚好，而细部构造，特别是施工缝、变形缝的渗漏水现象较多。针对目前存在的这种情况，明挖法施工时不同防水等级的地下工程防水方案分为四部分内容，即主体、施工缝、后浇带、变形缝（诱导缝）。对于结构主体，目前普遍应用的是防水混凝土自防水结构，当工程的防水等级为一级时，应再增设两道其他防水层，当工程的防水等级为二级时，可视工程所处的水文地质条件、环境条件、工程设计使用年限等不同情况，应再增设一道其他防水层。之所以做这样的规定，除了确保工程的防水要求外，还考虑到下面的因素：即混凝土材料过去人们一直认为是永久性材料，但通过长期实践，人们逐渐认识到混凝土在地下工程中会受地下水侵蚀，其耐久性会受到影响。现在我国地下水特别是浅层地下水受污染比较严重，而防水混凝土又不是绝对不透水的材料，据测定抗渗等级为 P8 的防水混凝土的渗透系数为（5～8）×10^{-10} cm/s。所以地下水对地下工程的混凝土结构、钢筋的侵蚀破坏已是一个不容忽视的问题。防水等级为一、二级的工程，多是一些比较重要、投资较大、要求使用年限长的工程，为确保这些工程的使用寿命，单靠防水混凝土来抵抗地下水的侵蚀其效果是有限的，而防水混凝土和其他防水层结合使用则可较好地解决这一矛盾。对于施工缝、后浇带、变形缝，应根据不同防水等级选用不同的防水措施，防水等级越高，拟采用的措施越多，一方面是为了解决目前缝隙渗漏率高的状况，另一方面是由于缝的工程量相对于结构主体来说要小得多，采用多种措施也能做到精心施工，容易保证工程质量。暗挖法与明挖法不同处是工程内垂直施工缝多，其防水做法与水平施工缝有所区别。

这次修编在表 3.3.1-1 主体结构防水措施中增加了膨润土防水材料，施工缝防水措施中增加了预埋注浆管和水泥基渗透结晶型防水材料。之所以这样修改，是因为近年来膨润土防水材料在地下工程尤其是城市地铁、房建地下室防水中的应用实例越来越多，如北京地铁、南京地铁、成都地铁、上海金茂大厦等，取得了较好的防水效果和实践经验，并制定了行业标准《钠基膨润土防水毯》JG/T 193。预埋注浆管也是近年来处理施工缝漏水的新增措施。施工缝在使用过程中如果发生渗漏水，可通过预埋注浆管直接注浆。从应用实例来看，效果比较理想，因此增补了这方面的内容。水泥基渗透结晶型防水材料在施工缝中的应用也比较多，普遍反映防水效果较好。但值得注意的是二级及以上防水工程中单独采用水泥基渗透结晶型防水涂料防水要慎重对待。

调研过程中，设计、施工单位普遍反映遇水膨胀止水条在新建工程变形缝使用时，防水效果不明显，因此在变形缝防水措施中取消了"遇水膨胀止水条"，保留了原有的其他防水措施。

调研过程中，专家和施工单位反映，防水砂浆不能单独用于防水等级为一至二级的地下工程的主体防水，因为防水砂浆是刚性防水材料，一旦结构发生变形，砂浆防水层将随结构开裂而开裂，从而失去防水作用，因此应在主体结构防水措施中将防水砂浆删除。考虑到国内在地下工程防水中，基本上采用聚合物防水砂浆和掺外加剂、掺合料的防水砂浆，与普通砂浆相比，防水性能有较大提高，因此将"防水砂浆"这一措施保留。2006 年 11 月，建设部科技发展促进中心向全国推行了"FS$_{101}$、FS$_{102}$刚性防水技术"项目，这项成果是在掺 FS$_{101}$ 防水混凝土主体结构的基础上抹掺 FS$_{102}$ 的防水砂浆，近几年在北方地区多项地下工程防水中应用，取得了较好的防水效果。但在选用这项技术时要根据工程地质情况、工期要求综合考虑。

暗挖法地下工程主体结构包括复合式衬砌（叠合式）、离壁式（分离式）衬砌、贴壁式（复合式）衬砌、喷射混凝土衬砌和衬套等几种形式。原规范表 3.3.1-2 主体防水一栏中，是按衬砌结构形式来考虑防水措施的，容易产生误解，这次修编主体结构防水措施是按防水材料选用，一是与表 3.3.1-1 协调，二是便于操作，使设计者对防水措施一目了然。

在选用两表进行地下工程防水设计时，应符合"防、排、截、堵相结合，刚柔相济，因地制宜，综合治理"的原则，两种以上防水措施的复合使用，要根据结构特点、材料性能、施工可操作性进行有选择性的复合使用，达到有效互补、增强防水的目的。

此条只讲了明挖法和暗挖法施工的地下工程的不同防水等级的防水措施，采用其他施工方法施工的地下工程不同防水等级的防水措施拟结合其施工特点放在本规范第 8 章各节内叙述。

需要指出的是，由于我国南北地区环境条件差异较大，对干旱少雨和土壤渗透性较好的地区，在进行地下工程防水设计和防水材料选择时，可根据实际情况酌情考虑。

3.3.4 当地下工程长宽比较大时，工程结构的横向刚度较大，纵向刚度较小，如不适当加大结构的纵向刚度则结构容易开裂形成渗漏水通道。另外，由于工程较长，混凝土干燥收缩、温度变化收缩导致混凝土开裂的可能性也大大增加，因此设计时对以上两个方面要特别重视。当基坑支护结构（如地下连续墙）与各结构的内衬墙共同受力时，设计时应采取措施控制两者的不均匀沉降，以减少不均匀沉降对结构的不利影响；在结构设计时还可通过适当增加内衬墙的厚度、底板纵向梁的刚度来提高整个地下工程纵向刚度；对于防止干缩、温度引起混凝土开裂等问题，在设计时可采用合理设置诱导缝、后浇带、适当增加纵向构造钢筋等措施来解决。在防水材料选择时，要根据计算的结构变形量选用延伸率大的卷材、涂料等柔性防水材料。

4 地下工程混凝土结构主体防水

4.1 防水混凝土

Ⅰ 一般规定

4.1.1 防水混凝土是通过调整配合比，掺加外加剂、掺合料等方法配制而成的一种混凝土，其抗渗等级是根据素混凝土试验室内试验测得，而地下工程结构主体中钢筋密布，对混凝土的抗渗性有不利影响，为确保地下工程结构主体的防水效果，故将地下工程结构主体的防水混凝土抗渗等级定为不小于 P6。

4.1.2 规定试配防水混凝土的抗渗压力应比设计要求高 0.2MPa，是因为混凝土抗渗压力是试验室得出的数值，而施工现场条件比试验室差，其影响混凝土抗渗性能的因素有些难以控制，因此抗渗等级应提高一个等级（0.2MPa）。

本条修编时在抗渗等级前面增加了"试配混凝土的"几个字，目的是明确抗渗等级提高一级是对试配混凝土的抗渗性试验而言的。

4.1.3 在建筑工程中，混凝土的配制一般是以抗压强度要求作为主要设计依据的，20 世纪 70 年代后期由于环境劣化，混凝土质量不良，导致工程事故时有发生，因此混凝土的耐久性、安全性问题引起了国内外的关注，对有耐久性要求的工程提出了混凝土以耐久性、可靠性作为主要的设计理念。地下工程所处的环境较为复杂、恶劣，结构主体长期浸泡在水中或受到各种侵蚀介质的侵蚀以及冻融、干湿交替的作用，易使混凝土结构随着时间的推移，逐渐产生劣化，因此地下工程混凝土的防水性有时比强度更为重要。各种侵蚀介质对混凝土的破坏与混凝土自身的透水性和吸水性密切相关。故防水混凝土的配制首先应以满足抗渗等级要求作为主要设计依据，同时也应根据工程所处环境条件和工作条件需要，相应满足抗压、抗冻和耐腐蚀性要求。

Ⅱ 设 计

4.1.4 防水混凝土抗渗等级选用表是参照各地工程实践经验制定的，通过几年来的应用，效果较好，这次修编，为与其他相关规范或标准协调，将防水混凝土抗渗等级表示方法由原来的"S"改为"P"，并增加了埋置深度的上下限值，便于设计时选用。

4.1.5 当防水混凝土用于具有一定温度的工作环境时，其抗渗性随着温度提高而降低，温度越高则降低越显著，当温度超过 250℃时，混凝土几乎失去抗渗能力（表 1），因此规定，最高使用温度不得超过 80℃。

这次修编将原来的"处于侵蚀性介质中防水混凝土的耐侵蚀系数，不应小于 0.8"，修改为"处于侵蚀性介质中防水混凝土的耐侵蚀要求应根据介质的性质按有关标准执行"。之所以这样修改，是因为地下工程的环境比较复杂，每个工程的水文地质条件不尽相同，侵蚀破坏途径也不一样，耐侵蚀系数也不好测试，因此，作了修改。

表 1　不同加热温度的防水混凝土抗渗性能表

加热温度（℃）	抗渗压力（MPa）
常温	1.8
100	1.1
150	0.8
200	0.7
250	0.6
300	0.4

4.1.6　目前地下工程中普遍采用预拌混凝土。对于预拌混凝土来说，很难配出低于 C15 的混凝土，根据调研搜集的这种情况，对此条不做修改。

4.1.7　本条说明如下：

1　关于防水混凝土衬砌厚度。防水混凝土能防水，除了混凝土致密、孔隙率小、开放性孔隙少以外，还需要一定的厚度，这样就使地下水从混凝土中渗透的距离增大，也就是阻水截面加大，当混凝土内部的阻力大于外部水压力时，地下水就只能渗透到混凝土中一定距离而停下来，因此防水混凝土结构必须有一定厚度才能抵抗地下水的渗透。考虑到现场施工的不利因素及钢筋混凝土中钢筋的引水作用，把防水混凝土衬砌的最小厚度定为 250mm，通过这几年的使用来看，防水效果明显，这次修编予以保留。

2　关于防水混凝土裂缝宽度。一般钢筋混凝土工程，都是以混凝土裂缝宽度 0.2mm 进行设计的，在地下工程中宽度小于0.2mm的裂缝多数可以自行愈合，所以规定裂缝宽度不得大于0.2mm，并不得贯通。

3　关于钢筋混凝土保护层厚度。我国地下工程建设正在持续不断地发展，由于地下工程所处环境的复杂多变所引发材料性能的劣化，影响结构安全性与适用性的现象日益突出，此外，有关单位还提出了工程结构须满足 50～100 年的安全使用年限要求，因此，在修改规范时，对钢筋保护层厚度慎重地进行了审核。

钢筋保护层的厚度对提高混凝土结构的耐久性、抗渗性极为重要。据有关资料介绍，一般氯盐或碳化从混凝土表面扩散到钢筋表面引起钢筋锈蚀的时间与混凝土保护层厚度的平方成正比。当保护层厚度分别为 40mm、30mm、20mm 时，钢筋产生移位或保护层厚度发生负偏差时，5mm 的误差就能使钢筋锈蚀的时间分别缩短 24％、30％、44％，由此可见保护层越薄其受到的损害越大，因此保护层必须具有足够的厚度。此外，国内外有关标准，均对混凝土结构的钢筋保护层作了明确的规定，内容如下：

1）英国混凝土结构设计规范 BS 8110 规定，设计寿命为 60 年的工程 C40 混凝土要求钢筋保护层厚度不小于 40mm。

2）美国 ACI 规范中规定，钢筋直径大于 16mm 时保护层的厚度应为 50mm。

3）日本建筑学会有关标准中规定，室外的承重墙保护层厚度为 50mm，室内为 40mm。该学会 2003 年出版的钢筋混凝土建筑物设计施工指南中对使用寿命为 30 年的楼板、屋面板、非承重墙主筋最小保护层厚度分别为室内 30mm 和室外 40mm。使用年限为 100 年的工程，楼板、屋面板、非承重墙室内为 40mm，室外为 50mm；梁、柱和承重墙室内为 50mm，室外为 60mm。对与水接触的承重梁、柱与挡土墙无年限要求，保护层厚度分别为 50mm 和 70mm。

4）我国《混凝土结构耐久性规范》GB 50010—2002 规定，基础中纵向钢筋保护层厚度（钢筋外边缘至混凝土表面距离）不应小于 40mm。此外还应考虑施工负误差 Δ 之和（现浇构件 Δ 取 5～10mm）及箍筋与主筋应具有同样厚度的保护层要求，故最终保护层厚度约为 50mm 左右。

钢筋保护层厚度对提高混凝土结构耐久性和抗渗性极为重要，为与国内外有关规范协调一致，并与国际标准接轨，规范规定的迎水面钢筋保护层厚度不应小于 50mm 是适宜的。

在海水环境或其他腐蚀介质环境中，可参照有关规范规定适当提高混凝土的保护层厚度。

钢筋保护层厚度的确定，除在结构上应保证钢筋与混凝土共同作用外，在耐久性方面还应有效地保护钢筋，使其在设计使用年限内，不因自然因素的影响而出现钢筋锈蚀的现象。

Ⅲ　材　料

4.1.8　本条作了两处修改，一是取消了"水泥的强度等级不应低于 32.5MPa"的规定，二是规定防水混凝土只采用普通硅酸盐水泥和硅酸盐水泥，取消了其他品种的水泥。

关于防水混凝土水泥品种的选用，原规范规定，在不受侵蚀介质作用时，宜采用硅酸盐水泥、普通硅酸盐水泥、火山灰质硅酸盐水泥、粉煤灰硅酸盐水泥、矿渣硅酸盐水泥五个品种，这次修改为"水泥品种宜采用硅酸盐水泥、普通硅酸盐水泥，使用其他品种水泥时应经试验确定"。这是因为硅酸盐水泥无任何矿物混合料，普通硅酸盐水泥掺有 5%～15% 的掺合料，而其他三个品种的水泥生产时均掺有大量的矿物掺合料取代等量的硅酸盐熟料，如，矿渣硅酸盐水泥允许掺有 20%～70% 的粒化高炉矿渣粉，火山灰质硅酸盐水泥掺有 20%～50% 的火山灰质材料；粉煤灰硅酸盐水泥掺有 20%～40% 的粉煤灰。由于所掺入的矿物掺合料品种、质量、数量的不同，生产出的水泥性能有很大差异。近年来一般工程特别是防水工程，混凝土主要采用硅酸盐水泥或普通硅酸盐水泥，掺入矿物掺合料进行配制，工程中已很少采用火山灰硅酸盐、矿渣硅酸盐和粉煤灰硅酸盐等水泥，故采用上述三种水泥时，应通过试验确定其配合比，以确保防水混凝土的质量。

在受侵蚀性介质或冻融作用时，可以根据侵蚀介质的不同，选择相应的水泥品种或矿物掺合料。

4.1.9 矿物掺合料品种很多，但用于配制防水混凝土的矿物掺合料主要是粉煤灰、硅粉及粒化高炉矿渣粉。掺合料的品质对防水混凝土性能影响较大，掺量必须严格控制。

粉煤灰可以有效地改善混凝土的抗化学侵蚀性（如氯化物侵蚀、碱-骨料反应、硫酸盐侵蚀等）其最佳掺量一般在 20% 以上，但掺粉煤灰后混凝土的强度发展较慢，故掺量不宜过多，以 20%～30% 为宜。另外粉煤灰对水胶比非常敏感，在低水胶比（0.40～0.45）时，粉煤灰的作用才能发挥得较充分。

掺入硅粉可明显提高混凝土强度及抗化学腐蚀性，但随着硅粉掺量的增加其需水量随之增加，混凝土的收缩也明显加大，当掺量大于 8% 时强度会降低，因此硅灰掺量不宜过高，以 2%～5% 为宜。

4.1.10 本条说明如下：

1 关于骨料粒径。混凝土孔隙大小，对其本身的抗渗性能的影响是显著的。混凝土的空隙可分为施工孔隙和构造孔隙两大类。构造孔隙是由于配比问题引起的，它主要包括胶孔、毛细孔和沉降缝隙等。沉降缝隙是在混凝土结构形成时，骨料与水泥因各自的比重和粒径大小不一致，在重力作用下，产生不同程度的相对沉降所引起的。混凝土浇灌后，粗骨料沉降较快，并较早地固定下来，而水泥砂浆则在粗骨料间继续沉降，水被析出，其中一部分沿着毛细管通道析出至混凝土表面，另一部分则聚集在粗骨料下表面形成积水层。水蒸发后形成沉降缝隙，粗骨料粒径越大，则这种沉降越大，也就越不利于防水。

在混凝土硬化过程中，石子不收缩，石子周围的水泥浆则收缩，两者变形不一致。石子越大，周长越大，与砂浆收缩的差值越大，使砂浆与石子间产生微细裂缝。这些缝隙的存在使混凝土的有效阻水截面显著减少，压力水容易透过。因此，防水混凝土的石子粒径不宜过大，以不超过 40mm 为宜。

泵送防水混凝土的石子最大粒径应根据输送管的

管径决定，其石子最大粒径不应大于管径的 1/4，否则将影响泵送。

2 由于防水混凝土水泥用量相对较高，使用粉细砂更易产生裂缝，因此应优先选用中砂。

3 砂、石子含泥量对混凝土抗渗性影响很大，粘土降低水泥与骨料的粘结力，尤其是颗粒粘土，体积不稳定，干燥时收缩，潮湿时膨胀，对混凝土有很大的破坏作用。因此防水混凝土施工时，对骨料含泥量应严格控制。

与原规范相比，本条增加了"不宜使用海砂"的规定，这是因为海砂含有氯离子（Cl^-），会对混凝土产生破坏，在没有河沙的条件时，对海砂进行处理后才能使用。

4.1.11 掺外加剂是提高防水混凝土的密实性的手段之一，根据目前工程中应用外加剂种类的情况，新增了渗透结晶型外加剂的内容。另外根据国产外加剂质量情况，增加了对外加剂质量指标的要求。

4.1.13 防水混凝土要起到防水作用，除混凝土本身具有较高的密实性、抗渗性以外，还要求混凝土施工完后不开裂，特别是不能产生贯穿性裂缝。为了防止或减少混凝土裂缝的产生，在配制混凝土时加入一定量的钢纤维或合成纤维，可有效提高混凝土的抗裂性，近年来的工程实践已证明了这一点。可用于防水混凝土的纤维种类很多，掺加纤维后混凝土的成本相应提高，故条文中增加了"所用纤维的品种及掺量应通过试验确定"这一使用条件。

4.1.14 本条在原条文控制总碱量的基础上又增加了对 Cl^- 含量的控制要求。

碱骨料反应引起混凝土破坏已成为一个世界性普遍存在的问题。由于地下工程长期受地下水、地表水的作用，如果混凝土中水泥和外加剂中含碱量高，遇到混凝土中的集料具有碱活性时，即有引起碱骨料反应的危险，因此在地下工程中应对所用的水泥和外加剂的含碱量有所控制，以避免碱骨料反应的发生。国内外对混凝土中含碱量的规定各不相同，英国规定混凝土每立方米含碱量不超过 3kg，对不重要工程可放宽至 4.5kg；南非一些国家认为混凝土每立方米含碱量小于 1.8kg 时较安全，1.8～3.8kg 时为可疑危害，大于 3.8kg 时为有害；北京市建委于 1995 年 3 月 1 日规定：对于应用于桥梁、地下铁道、人防、自来水厂大型水池、承压输水管、水坝、深基础、桩基等外露或地下结构以及经常处于潮湿环境的建筑结构工程（包括构筑物）必须选用低碱外加剂，每立方米混凝土含碱量不得超过 1kg。根据以上资料，规范建议每立方米防水混凝土中各类材料的总碱量（Na_2O 当量）不得大于 3kg。

Cl^- 含量高会导致混凝土中的钢筋锈蚀，是影响结构耐久性的主要危害之一，应给予足够的重视。为了减少氯盐的危害，在配制防水混凝土时，首先应严格控制混凝土各种原材料（水泥、矿物掺合料、骨料、拌合水和外加剂等）中的 Cl^- 含量。

当 Cl^- 在混凝土内达到一定浓度时，钢筋才会发生锈蚀，此时的浓度称为临界浓度。许多国家的有关标准对混凝土中的 Cl^- 含量均有不同限量规定，具体量值也不完全一致。

美国 ACI 混凝土结构设计规范规定处于海水等氯盐环境下的混凝土，Cl^- 含量不应超过 0.15%。

日本土木学会编制的规范中规定，对耐久性要求较高的钢筋混凝土，Cl^- 含量不超过 0.3kg/m³，一般钢筋混凝土 Cl^- 含量不超过 0.6kg/m³。若按每立方米混凝土采用 400kg 胶凝材料计算，0.3kg/m³ Cl^- 含量约占胶凝材料的 0.15% 左右。与美国规定大致相同。

国内《混凝土结构耐久性设计与施工指南》中限定混凝土原材料（水泥、矿物掺合料、集料、外加剂、拌合水等）中引入的氯离子总量，应不超过胶凝材料重量的 0.1%。

引发钢筋锈蚀的 Cl^- 临界浓度变化很大（约在 0.10%~2.5% 之间），对混凝土的影响与混凝土自身的质量、配比、保护层厚度，环境条件等因素有关，很难准确地提出一个统一的限值。在参照国内外有关资料的基础上，结合地下工程的特点，提出 Cl^- 含量不应超过胶凝材料总量的 0.1% 的规定。

Ⅳ 施 工

4.1.15 防水混凝土施工前及时排除基坑内的积水十分重要，施工过程还应保证基坑处于无水状态。

大气降雨、地面水的流入以及施工用水的积存都将影响防水混凝土拌合物的配比，增大其坍落度，延长凝结硬化时间，直接影响混凝土的密实性、抗渗性和抗压强度。

4.1.16 本条有较大修改，在混凝土配制的理念及材料组成上均与原规范有较大不同，引用了当前普遍采用的胶凝材料的概念。

混凝土的配制一直是以 28d 抗压强度作为衡量其质量的主要指标，并片面认为只有极具活性的水泥才能赋予混凝土足够的强度，常常以增加水泥用量或提高水泥强度等级作为获得理想强度的手段，却忽略了由于水泥产生大量的水化热使混凝土开裂，耐久性降低的弊病。

随着混凝土技术的发展，现代混凝土的设计理念也在更新，尽可能减少硅酸盐水泥用量而掺入一定量且具有活性的粉煤灰、粒化高炉矿渣、硅灰等矿物掺合料，使混凝土在获得所需抗压强度的同时，能获得良好的耐久性、抗渗性、抗化学侵蚀性、抗裂性等技术性能，并可降低成本，获得明显的经济效益。但水泥用量也不能过低，经大量试验研究和工程实践，配制防水混凝土时水泥用量不应小于 260kg/m³ 和胶凝材料的总用量不宜小于 320kg/m³，当地下水有侵蚀

性介质和对耐久性有较高要求时，水泥和胶凝材料用量可适当调整。

随着混凝土技术的发展，为了适应混凝土性能的要求，包括防水混凝土在内的混凝土原材料组成也在发生变化。作为胶凝材料的主角——水泥固然仍占主导地位，但其他胶凝材料（粉煤灰、矿渣粉、硅粉等）的用量正在大幅提升，其用量约占混凝土全部胶凝材料的 25%~35%，甚至更多。

水泥以外的其他胶凝材料，它们均具有不同程度的活性，对改善混凝土性能起着重要作用。胶凝材料活性的激发，同样要依赖其与水的结合反应，因此必须有足够的水分才能使混凝土充分水化。

基于以上原因，修编后的规范条文中，以胶凝材料的用量取代传统的水泥用量，并以水胶比（即水与胶凝材料之比）取代传统的水灰比，并提出水胶比不得大于 0.5 的要求。

4.1.22 针对施工中遇到坍落度不满足施工要求时有随意加水的现象，本条做了严禁直接加水的规定。因随意加水将改变原有规定的水灰比，而水灰比的增大将不仅影响混凝土的强度，而且对混凝土的抗渗性影响极大，将会造成渗漏水的隐患。

4.1.25 用于施工缝的防水措施有很多种，如外贴止水带、外贴防水卷材、外涂防水涂料等，虽造价高，但防水效果好。施工缝上敷设腻子型遇水膨胀止水条或遇水膨胀橡胶止水条的做法也较为普遍，且随着缓胀问题的解决，此法的效果会更好。中埋式止水带用于施工缝的防水效果一直不错，中埋式止水带从材质上看，有钢板和橡胶两种，从防水角度上这两种材料均可使用。防护工程中，宜采用钢板止水带，以确保工程的防护效果。目前预埋注浆管用于施工缝的防水做法应用较多，防水效果明显，故这次修改将其列入，但采用此种方法时要注意注浆时机，一般在混凝土浇灌 28d 后、结构装饰施工前注浆或使用过程中施工缝出现漏水时注浆更好。

4.1.26 施工缝的防水质量除了与选用的构造措施有关外，还与施工质量有很大的关系，本条根据各地的实践经验，对原条文进行了修改。

1 水平施工缝防水措施中增加了涂刷水泥基渗透结晶型防水涂料的内容，做法是在混凝土终凝后（一般来说，夏季在混凝土浇筑后 24h，冬季则在 36~48h，具体视气温、混凝土强度等级而定，气温高、混凝土强度等级高者可短些），立即用钢丝刷将表面浮浆刷除，边刷边用水冲洗干净，并保持湿润，然后涂刷水泥基渗透结晶型防水涂料或界面处理剂，目的是使新老混凝土结合得更好。如不先铺水泥砂浆层或铺的厚度不够，将会出现工程界俗称的"烂根"现象，极易造成施工缝的渗漏水。还应注意铺水泥砂浆层或刷界面处理剂、水泥基渗透结晶型防水涂料后，应及时浇筑混凝土，若时间间隔过久，水泥砂浆

已凝固，则起不到使新老混凝土紧密结合的作用，仍会留下渗漏水的隐患。

施工缝凿毛也是增强新老混凝土结合力的有效方法，但在垂直施工缝中凿毛作业难度较大，不宜提倡。

本条规定的施工缝防水措施，对于具体工程而言，并不是所列的方法都采用，而是根据具体情况灵活掌握，如采用水泥基渗透结晶型防水涂料，就不一定采用界面处理剂，但水泥砂浆是要采用的，这是保证新老混凝土结合的主要措施。

2 遇水膨胀止水条（胶），国内常用的有腻子型和制品型两种。腻子型止水条必须具有一定柔软性，与混凝土基面结合紧密，在完全包裹的状态下使用才能更好地发挥作用，达到理想的止水效果。工程实践和试验证明，腻子型止水条的硬度（用 C 型微孔材料硬度计测试）小于 40 度（相当邵氏硬度 10 度左右）时，其柔软度方符合工程使用要求，如硬度过大，安装时与混凝土基面很难密贴，浇注混凝土后止水条与混凝土界面间留下缝隙造成渗水隐患。

关于遇水膨胀止水条的缓胀性，目前有两种解决方法，一是采用自身具有缓胀性的橡胶制作，二是在遇水膨胀止水条表面涂缓胀剂。在选用遇水膨胀止水条时，可将 21d 的膨胀率视为最终膨胀率。

在完全包裹约束状态的（施工缝、后浇带、穿墙管等）部位，可使用腻子型的遇水膨胀止水条，腻子型的遇水膨胀止水条在水温 23℃±2℃ 和蒸馏水中测得的技术性能如表 2 所示。

表 2　腻子型遇水膨胀止水条技术性能

项　　目	技 术 指 标
硬度（C 型微孔材料硬度计）	≤40 度
7d 膨胀率	≤最终膨胀率的 60%
最终膨胀率（21d）	≥220%
耐热性（80℃×2h）	无流淌
低温柔性（−20℃×2h，绕 φ10 圆棒）	无裂纹
耐水性（浸泡 15h）	整体膨胀无碎块

目前，国内应用较多的遇水膨胀止水条（胶）产品，其膨胀率大多在 200% 左右。

3 中埋式止水带只有位置埋设准确、固定牢固才能起到止水作用。

4.1.27 大体积混凝土与普通混凝土的区别表面上看是厚度不同，但实质的区别是大体积混凝土内部的热量不如表面的热量散失得快，容易造成内外温差过大，所产生的温度应力使混凝土开裂。因此判断是否属于大体积混凝土既要考虑混凝土的浇筑厚度，又要考虑水泥品种、强度等级、每立方米水泥用量等因素，比较准确的方法是通过计算水泥水化热所引起的

混凝土的温升值与环境温度的差值大小来判别。一般来说，当其差值小于 25℃ 时，所产生的温度应力将会小于混凝土本身的抗拉强度，不会造成混凝土的开裂，当差值大于 25℃ 时，所产生的温度应力有可能大于混凝土本身的抗拉强度，造成混凝土的开裂，此时就可判定该混凝土属大体积混凝土，并应按条文中规定的措施进行施工，以确保混凝土不开裂。

通过水泥水化热来计算温升值比较麻烦，《工程结构裂缝控制》（王铁梦著）中根据最近几年来的现场实测降温曲线及实测数据，经统计整理水化热温升值，可直接应用于相类似的工程。

表 3 中的数据是在下列试验条件下获得的，供设计施工单位参考。①水泥品种：矿渣水泥；②水泥强度等级：42.5MPa；③水泥用量：275kg/m³；④模板：钢模板；⑤养护条件：两层草包保温养护。

当使用其他品种水泥、强度等级、模板、水泥用量有变化时，应将表 3 中的数值乘以修正系数：

$$T_{max} = T \cdot k_1 \cdot k_2 \cdot k_3 \cdot k_4 \qquad (1)$$

各修正系数的值见表 4。

表 3　混凝土结构物水化热温升值（T）

壁厚 (m)	温升 T (℃)	夏季（气温 32~38℃）		壁厚 (m)	温升 T (℃)	冬季（气温 −5~3℃）	
		入模温度 (℃)	最高温度 (℃)			入模温度 (℃)	最高温度 (℃)
0.5	6	30~35	36~41	0.5	5	10~15	15~20
1.0	10	30~35	40~45	1.0	9	10~15	19~24
2.0	20	30~35	50~55	2.0	18	10~15	28~33
3.0	30	30~35	60~65	3.0	27	10~15	37~42
4.0	40	30~35	70~75	4.0	36	10~15	46~51

表 4　修 正 系 数

水泥强度等级修正系数 k_1	水泥品种修正系数 k_2	水泥用量修正系数 k_3	模板修正系数 k_4
32.5MPa 1.00 42.5MPa 1.13	矿渣水泥　1.00 普通硅酸盐水泥 1.20	$k_3 = w/275$ w 为实际水泥用量 (kg/m³)	钢模板　1.0 木模板　1.4 其他保温模板 1.4

表 4 中如遇有中间状态可用插入法确定。

现举例说明表 3、表 4 两表的具体用法。某工程混凝土厚度 2m，采用强度等级为 42.5MPa 的普通硅酸盐 525 号水泥，水泥用量 360kg/m³，木模板，夏季施工，试计算最高温升。

$$T_{max} = T \cdot k_1 \cdot k_2 \cdot k_3 \cdot k_4$$
$$= 20 \times 1.13 \times 1.2 \times 360/275 \times 1.4$$
$$= 49.7℃$$

夏季入模温度为 32.5℃，则混凝土的最高温度可达 49.7℃ + 32.5℃ = 82.2℃。而有一类似工程的实测温度记录为 80℃，故以上两表直接用于相似的工程中，是比较切合实际的。

根据各地大体积混凝土施工的经验，增补了大体

积混凝土施工时防止裂缝产生的有关技术措施。大体积混凝土施工时，一是要尽量减少水泥水化热，推迟放热高峰出现的时间，如采用60d龄期的混凝土强度作为设计强度（此点必须征得设计单位的同意），以降低水泥用量；掺粉煤灰可替代部分水泥，既可降低水泥用量，且由于粉煤灰的水化反应较慢，可推迟放热高峰的出现时间；掺外加剂也可减少水泥、水的用量，推迟放热高峰出现的时间；夏季施工时采用冰水拌合、砂石料场遮阳等措施可降低混凝土的出机和入模温度。以上这些措施可减少混凝土硬化过程中的温度应力值。二是进行保温保湿养护，使混凝土硬化过程中产生的温差应力小于混凝土本身的抗拉强度，从而可避免混凝土产生贯穿性的有害裂缝。

大体积混凝土开裂主要是水泥水化热使混凝土温度升高引起的，采取掺加矿物掺合料或采用水化热低的水泥等措施控制混凝土温度升高和温度变化速度在一定范围内，就可以避免出现裂缝。低热或中热水泥，因产量满足不了所有大体积混凝土工程的需求，故在水利工程大坝工程等用的较多，而一般工业民用建筑工程大多采用掺加粉煤灰、磨细矿渣粉等矿物掺合料的措施，可获得很好的效果。

4.1.28 在采用螺栓堵堵头的方法时，人们创造出一种工具式螺栓，可简化施工操作并可反复使用，因此重点介绍了这种构造做法。

4.1.29 防水混凝土的养护是至关重要的。在浇筑后，如混凝土养护不及时，混凝土内部的水分将迅速蒸发，使水泥水化不完全。而水分蒸发会造成毛细管网彼此连通，形成渗水通道，同时混凝土收缩增大，出现龟裂，抗渗性急剧下降，甚至完全丧失抗渗能力。若养护及时，防水混凝土在潮湿的环境中或水中硬化，能使混凝土内的游离水分蒸发缓慢，水泥水化充分，水泥水化生成物堵塞毛细孔隙，因而形成不连通的毛细孔，提高混凝土的抗渗性。表5给出了不同养护龄期的混凝土的抗渗性能，供参考。

表5　不同养护龄期的混凝土抗渗性能

养护方式	雾室养护			备注
龄期（d）	7	14	23	水灰比为0.5，砂率为35%
坍落度（cm）	7.1	7.1	7.1	
抗渗压力（MPa）	1.1	>3.5	>3.5	

4.1.30 地下工程进行冬期施工时，必须采取一定的技术措施。因为混凝土温度在4℃时，强度增长速度仅为15℃时的1/2。当混凝土温度降到－4℃时，水泥水化作用停止，混凝土强度也停止增长。水冻结后，体积膨胀8%～9%，使混凝土内部产生很大的冻胀应力。如果此时混凝土的强度较低，就会被冻裂，使混凝土内部结构破坏，造成强度、抗渗性显著下降。

冬期施工措施，既要便于施工、成本低，又要保证混凝土质量，具体应根据施工现场条件选择。

化学外加剂主要是防冻剂。在混凝土拌合物拌合用水中加入防冻剂能降低水溶液的冰点，保证混凝土在低温或负温下硬化。如掺亚硝酸钠-三乙醇胺防冻剂的防水混凝土，可在外界温度不低于－10℃的条件下硬化。但由于防冻剂的掺入会使溶液的导电能力倍增，故此不得在高压电源和大型直流电源的工程中应用。在施工时，还要适当延长混凝土的搅拌时间，混凝土入模温度应为正温，振捣要密实，并要注意早期养护。

暖棚法是采取暖棚加温，使混凝土在正温下硬化，当建筑物体积不大或混凝土工程量集中的工程，宜采用此法。暖棚法施工时，暖棚内可以采用蒸汽管片或低压电阻片加热，使暖棚保持在5℃以上，混凝土入模温度也应为正温。在室外平均气温为－15℃以下的结构，应优先采用蓄热法。采用蓄热法需经热工计算，根据每立方米混凝土从浇筑完毕的温度降到0℃的过程中，透过模板及覆盖的保温材料所放出的热量与混凝土所含的热量及水泥在此期间所放出的水化热之和相平衡，与此同时混凝土的强度也正好达到临界强度。当利用水泥水化热不能满足热量平衡时，可采用原材料加热法（分别加热水、砂、石）或增加保温材料的热阻。

蒸汽加热法和电加热法，由于易使混凝土局部热量集中，故不宜在防水混凝土冬期施工中使用。

4.2　水泥砂浆防水层

Ⅰ　一般规定

4.2.1 根据目前国内外刚性防水材料发展趋势及近10年来国内防水工程实践的情况，掺外加剂、防水剂、掺合料的防水砂浆和聚合物水泥防水砂浆的应用越来越多，由于普通水泥砂浆操作程序较多，在地下工程防水中的应用相应减少，所以这次修编中，取消了有关普通防水砂浆的条文。

Ⅱ　设　计

4.2.5 根据防水砂浆的特性及目前应用的实际情况，对砂浆防水层的厚度进行了规定，对掺外加剂、防水剂和掺合料的水泥砂浆防水层，其厚度定为18～20mm，对聚合物水泥砂浆防水层单层使用厚度为6～8mm，双层使用厚度为10～12mm。

Ⅲ　材　料

4.2.7 在砂浆中掺用聚合物进行改性的做法越来越普遍，所以有必要列出对聚合物乳液和外加剂的主要技术要求。目前使用的聚合物种类较多，在地下工程中常用的聚合物有：乙烯-醋酸乙烯共聚物、聚丙烯酸酯、有机硅、丁苯胶乳、氯丁胶乳等。

4.2.8 由于取消了普通水泥砂浆防水层，只保留了掺外加剂、掺合料防水砂浆和聚合物水泥防水砂浆，因此本条修改为"防水砂浆的性能应符合表4.2.8"的规定，表中数据结合地下工程的特点和有关新的材料标准（如《聚合物水泥、渗透结晶型防水材料应用技术规程 CECS 195：2006》）进行了修改。

目前掺各种外加剂、掺合料、聚合物的防水砂浆品种繁多，给设计、施工单位选用这些材料带来一定的困难，但规范中又不可能一一列出。为便于设计、施工单位选用，根据地下工程防水的要求，列出选用这些材料所配制的防水砂浆应满足的主要技术性能指标要求。凡符合这些指标要求的材料，设计和施工单位方可使用。

Ⅳ 施 工

4.2.17 本条规定了聚合物水泥砂浆应采用干湿交替养护的方法。聚合物水泥砂浆早期（硬化后7d内）采用潮湿养护的目的是为了使水泥充分水化而获得一定的强度，后期采用自然养护的目的是使胶乳在干燥状态下使水分尽快挥发而固化形成连续的防水膜，赋予聚合物水泥砂浆良好的防水性能。

4.3 卷材防水层

Ⅰ 一般规定

4.3.1 本条明确提出卷材防水层的适用范围，这是根据地下工程所处特定环境需要和卷材性能提出的。

与原规范相比，本条增加了"卷材防水层宜用于经常处在地下水环境"这句话，更具针对性，亦指处于干旱少雨地区或在地下水位以上的工程，可以采取其他防水措施。

4.3.2 本条提出卷材防水层应铺设在结构迎水面的基面上，其作用有三：一是保护结构不受侵蚀性介质侵蚀，二是防止外部压力水渗入到结构内部引起锈蚀钢筋，三是克服卷材与混凝土基面的粘结力小的缺点。

4.3.3 在渗漏治理工程中，经常遇到有些工程地下室的卷材防水层只铺设外墙，底板部位不做，防水层不交圈，导致产生渗漏水。因此本条强调：

1 附建式地下室采用卷材防水层时，卷材应从结构底板垫层连续铺设至外墙顶部防水设防高度的基面上。

2 外墙顶部的防水设防高度，应符合规范第3.1.3条的规定，即高出室外地坪高程500mm以上。

3 单建式地下室的卷材防水层应铺设至顶板的表面，在外围形成封闭的防水层。

Ⅱ 设 计

4.3.4 本条较原规范进一步明确：采用卷材防水层应根据哪些原则选择防水卷材和适宜的卷材层数。

4.3.5 通过近10年来政府建设行政主管部门制订的防水材料发展技术政策和总结地下工程卷材防水的设计和施工经验，本条归纳了在地下工程广泛采用的高

聚物改性沥青类防水卷材和合成高分子类防水卷材的主要品种，便于设计时按规范第4.3.4条的原则选用。表4.3.5列出的卷材为推荐品种。根据地下工程防水施工技术，可选用的其他类别防水卷材有："带有自粘层的防水卷材"和"预铺/湿铺防水卷材"。这次修订中取消了塑性体（APP）改性沥青防水卷材，这是因为塑性体（APP）改性沥青防水卷材的主要特性表现在耐热度较高等方面，更适合在屋面工程防水中使用。

4.3.6 卷材防水层必须具有足够的厚度，才能保证防水的可靠性和耐久性。地下防水工程对卷材厚度的要求是根据卷材的原材料性质、生产工艺、物理性能与使用环境等因素决定的。本条列表中，按卷材品种和使用卷材的层数，分别给出了卷材的最小厚度要求，供设计卷材防水层时选用。

按照此表选择卷材防水层的厚度时要注意以下问题：

1 弹性体（SBS）改性沥青防水卷材单层使用时，应选用聚酯毡胎，不宜选用玻纤胎；双层使用时，必须有一层聚酯毡胎。

2 《中华人民共和国建设部公告》第218号规定："聚乙烯膜厚度在0.5mm以下的聚乙烯丙纶复合防水卷材，不得用于房屋建筑的屋面工程和地下防水工程"。因此，本条对聚乙烯丙纶复合防水卷材的聚乙烯膜芯材的厚度进行了规定。

3 高分子自粘胶膜防水卷材厚度宜采用1.2mm的品种，在地下防水工程中应用时，一般采用单层铺设。

4 自粘类防水卷材现执行的是国家现行标准《自粘聚合物改性沥青聚酯胎防水卷材》JC 898和国家现行标准《自粘橡胶沥青防水卷材》JC 840，目前这两个标准正在修订，将合并统一命名为"自粘聚合物改性沥青防水卷材"，分为聚酯毡胎体、无胎体两类，届时可按新的材料标准执行。

4.3.7 由于卷材质量的提高，适当放宽增贴加强层的数量与宽度，改为加强层可铺设一层，宽度为300～500mm。

Ⅲ 材 料

4.3.8、4.3.9 由于防水卷材产品标准的某些技术指标不能满足地下工程的需要，考虑到地下工程使用年限长，质量要求高，工程渗漏维修无法更换材料等特点，故规范除列出两大类可供选用的卷材品种外，并以其产品标准为基础，结合地下工程的特点和需要，经研究比较，制订出适应于地下工程要求的防水卷材物理性能，分别列于表4.3.8、4.3.9中。设计选用和对卷材进行质量检验时均应按两表的要求执行。

在制定两表防水卷材物理性能指标时，参考下列标准：

弹性体改性沥青防水卷材 GB 18242；

改性沥青聚乙烯胎防水卷材 GB 18967；

自粘聚合物改性沥青聚酯胎防水卷材 JC 898；

自粘橡胶沥青防水卷材 JC 840；

三元乙丙橡胶防水卷材 GB 18173.1（代号 JL₁）；

聚氯乙烯防水卷材 GB 12952；

聚乙烯丙纶复合防水卷材 GB 18173.1（代号 FS₂）；

高分子自粘胶膜防水卷材 GB 18173.1（代号 FS₂）。

在市场推出的产品中，有些品种是新产品，与传统的防水材料及施工技术有很大不同，因此选用这些材料应根据工程特点和施工条件而定。现对这些防水卷材的特性表述如下：

1　自粘改性沥青类防水卷材。

1）"自粘聚合物改性沥青聚酯胎防水卷材"，是"弹性体改性沥青防水卷材"的延伸产品，因卷材的沥青涂盖料具有自粘性能，故称本体自粘卷材，其特点是采用冷粘法施工。

2）自粘橡胶沥青防水卷材是一种以 SBS 等弹性体和沥青为基料，无胎体，以树脂膜为上表面材料或无膜（双面自粘），采用防粘隔离层的卷材，厚度以选择 1.5mm 或 2.0mm 为宜。这种卷材具有良好的接缝不透水性、低温柔性、延伸性、自愈性、粘结性，以及冷粘法施工等特点。

3）"带自粘层的防水卷材"系近年来国内研发的新产品，是一类在高聚物改性沥青防水卷材、合成高分子防水卷材的表面涂有一层自粘橡胶沥青胶料，或在胎体两面涂盖自粘胶料混合层的卷材，采用水泥砂浆或聚合物水泥砂浆与基层粘结（湿铺法施工），构成自粘卷材复合防水系统，其特点是：使胶料中的高聚物与水泥砂浆及后续浇筑的混凝土结合，产生较强的粘结力；可在潮湿基面上施工，简化防水层施工工序；采用"对接附加自粘封口条连接工艺，可使卷材接缝实现胶粘胶"的模式。

2　聚乙烯丙纶复合防水卷材。

该卷材归类于高分子防水卷材复合片中树脂类品种，其特点是：由卷材与聚合物水泥防水粘结材料复合构成防水层，可在潮湿基面上施工。需要指出的是：聚乙烯丙纶复合防水卷材生产使用的聚乙烯必须是成品原生料；卷材两面热覆的丙纶纤维必须是长纤维无纺布；卷材必须采用一次成型工艺生产；在现场配制用于粘结卷材的聚合物水泥防水粘结材料应是以聚合物乳液或聚合物再分散性粉末等材料和水泥为主要材料组成，不得使用水泥净浆或水泥与聚乙烯醇缩合物混合的材料。

表 4.3.9 项目及性能要求中的复合强度指标依据国家标准《高分子防水材料　第一部分：片材》GB 18173.1—2006 的 FS₂ 规定设置，该标准目前正在修订，标准修订后，此项指标及检测方法按新标准要求

执行。

3　高分子自粘胶膜防水卷材。

该卷材系在一定厚度的高密度聚乙烯膜面上涂覆一层高分子胶料复合制成的一种自粘性防水卷材，归类于高分子防水卷材复合片中树脂类品种（FS₂），其特点是具有较高的断裂拉伸强度和撕裂强度，胶膜的耐水性好，一、二级的防水工程单层使用时也能达到防水要求，采用预铺反粘法施工，由卷材表面的胶膜与结构混凝土发生粘结作用。

需要指出的是，卷材的搭接缝和接头要采用配套的粘结材料。

4.3.10　卷材的粘结质量是保证卷材防水层不产生渗漏的关键之一。表 4.3.10 根据不同品种卷材的特性分别列出要求达到的粘结性能。

4.3.11　聚乙烯丙纶复合防水卷材的防水性能依靠卷材和聚合物水泥防水粘结材料复合提供，因此要求粘结材料不仅要有粘结性，还应具有防水性能。为保证现场配制粘结材料的质量，本条根据《聚乙烯丙纶卷材复合防水工程技术规程》CECS 199：2006，列出了聚合物水泥防水胶结料的物理性能指标，供设计施工时参考。

Ⅳ　施　　工

4.3.14　为保证防水层卷材接缝的粘结质量，根据地下工程防水的特点，提出了铺贴各种卷材搭接宽度的要求。

4.3.15　本条是为提高卷材与基面的粘结力而提出的统一要求。铺贴沥青类防水卷材前，为保证粘结质量，基面应涂刷基层处理剂（过去称"冷底子油"），这是一种传统做法。近几年研发的自粘聚合物改性沥青防水卷材和自粘橡胶沥青防水卷材，均为冷粘法铺贴，亦有必要采用基层处理剂。合成高分子防水卷材采用胶粘剂冷粘法铺贴，当基层较潮湿时，有必要选用湿固化型胶粘剂或潮湿界面隔离剂。

4.3.16　本条归纳了铺贴各类卷材防水层应遵守的基本规定。本条中的第 2 款：结构底板垫层混凝土部位的卷材可采用空铺法或点粘法施工，主要是考虑地下工程的工期一般较紧，要求基层干燥达到符合卷材铺设要求需时较长，以及防水层上压有较厚的底板防水混凝土等因素，因此允许该部位卷材采用空铺或点粘施工。

4.3.17　铺贴弹性体改性沥青防水卷材的特点是采用热熔法施工，比较适合地下工程基面较潮湿和工期较紧的情况。为满足粘结性的基本要求，宜选用现行国家标准《弹性体改性沥青防水卷材》GB 18242 规定的表面隔离材料为细砂，规格为 PY-S 的 SBS 改性沥青防水卷材Ⅱ型的产品。

4.3.18　自粘聚合物改性沥青防水卷材的特点是冷粘法施工，符合环保节能要求。铺贴自粘聚合物改性沥青防水卷材，为了提高卷材与基面的粘结性，涂刷基

层处理剂和在铺贴卷材时将搭接部位适当加热是十分必要的。

铺贴自粘聚合物改性沥青防水卷材（无胎体）的施工工艺要求较高，施工前应制订操作要点和技术措施。

4.3.19 采用胶粘剂冷粘法铺贴三元乙丙橡胶防水卷材，施工质量要求较高。由于硫化橡胶类卷材表面具有惰性，影响粘结质量，因此本条强调卷材接缝应采用配套的专用胶粘材料，包括胶粘剂、胶粘带和密封胶等。

4.3.20 以聚氯乙烯防水卷材为代表的合成树脂类热塑性卷材，其特点是卷材搭接采用焊接法（本体焊接）施工，可以保证卷材接缝的粘结质量，提高防水层密封的可靠性。

4.3.21 本条规定了聚乙烯丙纶复合防水卷材的施工基本要点，为保证防水工程质量，除应选择具有这方面施工经验的单位外，还应按照《聚乙烯丙纶卷材复合防水工程技术规程》CECS 199：2006 的规定施工。

4.3.22 本条规定了高分子自粘胶膜防水卷材施工的基本要点，为保证防水工程质量，应选择具有这方面施工经验的单位，按照该卷材应用技术规程或工法的规定施工。

4.3.23 本条对甩槎、接槎图进行了修改，使其更适合当前地下工程的防水做法。

4.3.24 采用外防内贴法铺设卷材防水层，混凝土结构的保护墙也可为支护结构（如喷锚支护或灌注桩）。近年来研发的预铺反粘施工技术是针对外防内贴施工的一项新技术，可以保证卷材与结构全粘结，若防水层局部受到破坏，渗水不会在卷材防水层与结构之间到处窜流。

4.3.25 与原规范相比，本条分别规定了工程顶板采用机械或人工回填土时的混凝土保护层厚度，便于施工时操作。在防水层和保护层之间宜设置隔离层，如采用干铺油毡，以防止保护层伸缩破坏防水层。

侧墙采用软质材料保护层是为避免回填土时损伤防水层。软质保护材料可采用沥青基防水保护板、塑料排水板或聚苯乙烯泡沫板等材料。

卷材防水层采用预铺反粘法施工时，可不作保护层。

4.4 涂料防水层

Ⅰ 一般规定

4.4.1 地下工程应用的防水涂料既有有机类涂料，也有无机类涂料。

有机类涂料主要为高分子合成橡胶及合成树脂乳液类涂料。无机类涂料主要是水泥类无机活性涂料，水泥基防水涂料中可掺入外加剂、防水剂、掺合料等，水泥基渗透结晶型防水涂料是一种以水泥、石英砂等为基材，掺入各种活性化学物质配制的一种新型刚性防水材料。它既可作为防水剂直接加入混凝土中，也可作为防水涂层涂刷在混凝土基面上。该材料借助其中的载体不断向混凝土内部渗透，并与混凝土中某种组分形成不溶于水的结晶体充填毛细孔道，大大提高混凝土的密实性和防水性，在地下工程防水中应用日益增多。聚合物水泥防水涂料，是以有机高分子聚合物为主要基料，加入少量无机活性粉料，具有比一般有机涂料干燥快、弹性模量低、体积收缩小、抗渗性好的优点。

4.4.2 有机防水涂料常用于工程的迎水面，这是充分发挥有机防水涂料在一定厚度时有较好的抗渗性，在基面上（特别是在各种复杂表面上）能形成无接缝的完整的防水膜的长处，又能避免涂料与基面粘结力较小的弱点。目前有些有机涂料的粘结性、抗渗性均较高，已用在埋深 10～20m 地下工程的背水面。

无机防水涂料由于凝固快，与基面有较强的粘结力，最宜用于背水面混凝土基层上做防水过渡层。

Ⅱ 设 计

4.4.3 地下工程由于受施工工期的限制，要想使基面达到比较干燥的程度较难，因此在潮湿基面上施作涂料防水层是地下工程常遇到的问题之一。目前一些有机或无机涂料在潮湿基面上均有一定的粘结力，可从中选用粘结力较大的涂料。在过于潮湿的基面上还可采用两种涂料复合使用的方法，即先涂无基防水涂料，利用其凝固快和与其他涂层防水层粘结好的特点，作成防水过渡层，而后再涂反应型、水乳型、聚合物水泥涂料。

冬期施工时，由于气温低，用水乳型涂料已不适宜，此时宜选用反应型涂料。溶剂型涂料也适于在冬期施工使用，但由于涂料中溶剂挥发会给环境造成污染，故不宜在封闭的地下工程中使用。

聚合物水泥防水涂料分为Ⅰ型和Ⅱ型两个产品，Ⅱ型是以水泥为主的防水涂料，主要用于长期浸水环境下的建筑防水工程。与原规范相比，本条增加了在地下工程防水中应选用聚合物水泥防水涂料为Ⅱ型产品的规定。

聚合物水泥防水涂料，是以丙烯酸酯等聚合物乳液和水泥为主要原料，加入其他外加剂制得的双组分水性建筑防水涂料。

聚合物水泥防水涂料发展很快，1990 年上海从日本大关化学有限公司引进的自闭型聚合物水泥防水涂料，除具有聚合物水泥防水涂料良好的柔韧性、粘结性、安全环保的特点外，还有独特的龟裂自封闭特性。目前国内已有 200 多项地下工程应用此种涂料，防水面积达 $1.8 \times 10^6 m^2$，最早施工的防水工程已有 10 年之久。国家现行标准《聚合物水泥防水涂料》JC/T 894—2001 标准即将修订，此涂料将被纳入其中。

4.4.4 阴阳角处因不好涂刷，故要在这些部位设置增强材料，并增加涂刷遍数，以确保这些部位的施工质量。底板相对工程的其他部位来说承受水压力较大，且后续工序有可能损坏涂层 防水层，故也应予以加强。

4.4.5 在地下工程中，防水涂料既有外防外涂、也有外防内涂施工做法，本条推荐了这两种做法的构造做法供参考。

4.4.6 防水涂料必须具有一定的厚度才能保证其防水功能，所以本条对各类涂料的厚度作了相应修改，便于设计时选用。

从水泥基渗透结晶型防水涂料的应用情况看，反映了不少问题，一是涂层厚度不好控制，二是单位用量与抗渗性的关系，再加上该产品标准中存在的问题，使这类材料目前市场比较混乱，产品质量良莠不齐，假冒伪劣产品时常出现，严重影响了地下工程的防水质量。水泥基渗透结晶型防水涂料中活性成分的拥有量是一定的，要想得到更多的生成物堵塞混凝土结构的毛细孔隙，必须有一定的厚度或单位面积用量。所以本次修编除将水泥基渗透结晶型防水涂料的涂层厚度由原来的 0.8mm 改为 1.0mm 外，又规定其用量不得少于 1.5kg/m²。

Ⅲ 材 料

4.4.7、4.4.8 这两条是对材料的要求，是根据地下工程对材料的基本要求和目前材料性能的现状提出来的。

防水涂料品种较多，既给设计和施工单位在材料选择上有较大余地，又给如何选择适合于地下工程防水要求的材料造成一定难度。根据地下工程防水对涂料的要求及现有涂料的性能，在表 4.4.8-1、表 4.4.8-2 中分无机涂料和有机涂料两大类分别规定了其性能指标要求。要想在地下工程中充分发挥防水涂料的防水作用，一是要有可操作时间，可操作时间过短的涂料将不利于大面积防水涂料施工；二是要有一定的粘结强度，特别是在潮湿基面（基面饱和但无渗漏水）上，粘结强度一定要高，因地下工程施工工期较紧，不允许基面干燥后再进行防水涂料施工。抗渗性是防水涂料最重要的性能，尤其是水泥基渗透结晶型防水涂料的二次抗渗性能，充分体现了这类材料堵塞混凝土结构孔隙的能力。对有机涂料表中分别规定涂膜在砂浆迎水面、背水面所应达到的值；有机防水涂料的特点是有较好的延伸率，根据目前在地下工程中应用较广的几种防水涂料提出了这一指标值，考虑地下工程的使用要求，此处提出的是浸水后的延伸率值；耐水性也是用于地下工程中的涂料需要强调的一个指标，因地下工程处于地下水的包围之中，如涂料遇水产生溶胀现象，性能降低，就会失去其应有的防水功能。目前国内尚无适用于地下工程防水涂料耐水性试验的方法和标准，表中的方法和标准是根据地下工程使用要求制定的；实干时间也是实际

施工中应注意的指标，它也是根据目前材料的实际情况提出的。

在进行两表数据的制定时，参考了下列标准：

聚氨酯防水涂料 GB/T 19250；
聚合物乳液建筑防水涂料 JC/T 864；
聚合物水泥防水涂料 JC/T 894；
聚氯乙烯弹性防水涂料 JC 674；
水泥基渗透结晶型防水材料 GB 18445。

Ⅳ 施 工

4.4.9 涂料施工前必须对基层表面的缺陷和渗水进行认真处理。因为涂料尚未凝固时，如受到水压力的作用会使涂料无法凝固或形成空洞，形成渗漏水的隐患。基面干净、无浮浆，有利于涂料均匀涂敷，并与基面有一定的粘结力。基面干燥在地下工程中很难做到，所以此条只提出无水珠、不渗水的要求。

本次修编，保留了原来的内容，只是将部分文字进行了修改。

4.4.10 基层阴阳角涂布较难，根据工程实践，规定阴阳角做成圆弧形，以确保这些部位的涂布质量。

4.4.15 涂料防水层的施工只是地下工程施工过程中的一道工序，其后续工序，如回填、底板及侧墙绑扎钢筋、浇筑混凝土等均有可能损伤已做好的涂料防水层，特别是有机防水涂料防水层。所以本条对涂料防水层的保护层作法做出了明确的规定。

4.5 塑料防水板防水层

Ⅰ 一 般 规 定

4.5.1 本条明确提出塑料防水板防水层的适用范围，这是根据地下工程施工方法（如矿山法施工）与所处特定环境需要结合塑料防水板性能提出的。

4.5.2 塑料防水板防水层属外防水结构，铺设在初期支护与二次衬砌之间。防水板不仅起防水作用，而且对初期支护和二次衬砌还起到隔离和润滑作用，防止二次衬砌混凝土因初期支护表面不平而出现开裂，保护和发挥二次衬砌的防水效果。

4.5.3 一般情况下，为保护塑料防水板防水层的完整性，防水层铺设宜超前二次衬砌 1～2 个衬砌循环，即初期支护基本稳定后，二次衬砌要提前施做，亦应按设计要求铺设塑料防水板防水层。初期支护结构基本稳定的条件是：隧道净空变形速度为 0.2mm/d。

Ⅱ 设 计

4.5.4 塑料防水板防水层由缓冲层与塑料防水板组成。铺设前，必须先铺设缓冲层，这样一方面有利于无钉铺设工艺的实施，另一方面防止防水板被刺穿。

4.5.5 全封闭铺设适合于以堵为主的工程，半封闭铺设适合于排堵结合型的工程，局部铺设适合于地下水不发育，且防水要求不高的隧道。水量大、水压高的工程，不宜进行全封闭防水，应采取堵结合或限量排放的防水形式。

Ⅲ　材　料

4.5.8　本条修改时，参考了现行国家标准《地下防水工程质量验收规范》GB 50208，结合地下工程防水的特点和不同材质制作的塑料防水板的要求，依据《高分子防水材料》GB 18173.1 的标准规定，提出了塑料防水板的物理力学性能，便于在设计施工中选用。

防水板的幅宽应尽量宽些，这样防水板的搭接缝数量就会少些，如 1m 宽的防水板的搭接缝数量是 4m 宽板的 4 倍，而搭接缝又是防水板防水的薄弱环节。但防水板的幅宽又不能过宽，否则防水板的重量变大，会造成铺设困难。

根据近年来工程实践来看，防水板的幅宽以 2～4m 为宜。

防水板的厚度与板的重量、造价、防水性能有关，板过厚则较重，于铺设不利，且造价较高，但过薄又不易保证防水施工质量，根据我国目前的使用情况，在地下工程防水中应用时，塑料防水板的厚度不得小于 1.2mm。

防水板铺设于初期支护与二次衬砌之间，在二次衬砌浇筑时会受到一定的拉力，故应有足够的抗拉强度。

初期支护为锚喷支护时，支护后围岩仍在变形，即使整个工程建成后，由于使用或地质等方面的原因，工程结构也存在着变形问题，故防水板应有较高的延伸率。

耐刺穿性是施工中对材料提出的要求，因二次衬砌时有的地段需要采用钢筋混凝土结构，在绑扎钢筋时会对防水板造成损伤，故要求防水板有一定的耐刺穿性，以免板被刺破使其完整的防水性遭到破坏。

防水板因长期处于地下并要长期发挥其防水性能，故应具有良好的耐久性、耐腐蚀性、耐菌性。

抗渗性是防水板非常重要的性能。但目前的试验方法不能反映防水板处于地下受水长期作用这一条件，而要制定一套符合地下工程使用环境的试验方法也不是短期能解决的问题，故只好沿用现在工程界公认的试验方法所测得的数据。

防水板的物理力学性能是根据现在使用较多的几种防水板的性能综合考虑提出的，有些防水板的某些指标值可能远远大于表中的规定值，设计选用时可根据工程的要求及投资等情况合理选用。

4.5.9　本条规定了地下工程中常用的塑料防水板防水层缓冲层材料的种类和技术性能。

Ⅳ　施　工

4.5.11　铺设基面要求比较平整，是为了保证防水板的铺设和焊接质量。不平整的处理方法是，当喷射混凝土厚度达到设计要求时，可在低凹处涂抹水泥砂浆；如喷射混凝土厚度小于设计厚度时，必须用喷射混凝土找平。

防水板系在初期支护如喷射混凝土、地下连续墙上铺设，要求初期支护基层表面十分平整则费时费力，故条文中只要宜平整，并根据工程实践的经验提出平整度的定量指标，以便于铺设防水板。但基层表面上伸出的钢筋头、铁丝等坚硬物体必须予以清除，以免损伤防水板。

4.5.12　设缓冲层，一是因基层表面不太平整，铺设缓冲层后便于铺设防水板；二是能避免基层表面的坚硬物体清除不彻底时刺破防水板；三是有的缓冲层（如土工布）有渗排水性能，能起到引排水的作用。

目前，市场上出现了无纺布和塑料板结合在一起的复合防水板，其铺设一般采用吊铺或撑铺，质量难以保证，为保证防水层施工质量，应先铺垫层，再铺设防水板，真正达到无钉铺设。

4.5.13　本条增加了"塑料防水板铺设时的分区注浆系统"。

1　两幅塑料板的搭接宽度应视开挖面（基石）的平整度确定，铁路隧道设计规范确定，不应小于 150mm，搭接太宽造成浪费，因此仍保持原规范搭接宽度为 100mm 的规定。

为确保防水板的整体性，搭接缝不宜采用粘结法，因胶粘剂在地下长期使用很难确保其性能不变。采用焊接法时，应采用双焊缝，一方面能确保焊接效果，另一方面也便于充气检查焊缝质量。

2　下部防水板压住上部防水板这一规定是为了使防水板外侧上部的渗漏水能顺利流下，不至于积聚在防水板的搭接处形成渗漏水的隐患。

3　设置分区注浆的目的是防止渗水到处乱窜。

4　分段设置防水板时，若两侧封闭不好，则地下水会从此处流出。由于防水板与混凝土粘结性不好，工程上一般采用设过渡层的方法，即选用一种既能与防水板焊接，又能与混凝土结合的材料作为过渡层，以保证防水板两侧封闭严密。

4.5.14　层数太多，焊接后太厚，焊接机无法施焊，采用焊枪大面积焊接质量难以保证，但从工艺要求上难以避免三层，超过三层时，应采取措施避开。

4.5.16　防水层绷得太紧，一是与基面不密贴，难以保证二次衬砌厚度；二是浇筑混凝土时，固定点容易拉脱。至于预留多少合适，应根据基面平整度决定。当然也不能太松，一则浪费材料，二则防水层容易打折。

4.5.17　防水板的铺设和内衬混凝土的施工是交叉作业，如两者施工距离过近，则相互间易受干扰，但过远，有时受施工条件限制达不到规定的要求，且过铺好的防水板会因自重造成脱落。根据现在施工的经验，两者施工距离宜为 5～20m。

4.5.18　混凝土施工时，应对塑料防水板防水层进行保护，本条提出了两项保护措施，其他措施可根据需要在施工细则中规定。

4.5.19 本条是自检内容，二次衬砌前还应按验收标准进行隐蔽工程检查验收。

4.6 金属防水层

4.6.1、4.6.2 金属板防水层由于重量大，造价高，一般的下防水工程中很少采用，但对于一些抗渗要求较高、且面积较小的工程，如冶炼厂的浇铸坑、电炉基坑等，可采用金属防水层。在一些受施工工艺限制并兼有防水防冲撞等功能需要的地下工程也采用金属板防水层。作为传统的防水层，早期的沉管隧道外包防水层几乎均由它包揽。其厚度与材质，由沉管所处的水下地层水文地质等环境作用条件经试验后，确定不同钢板的腐蚀速率，进而设计选定，同时也可加涂防锈涂层或设阴极保护。钢板防水层可与混凝土中的钢筋连接成一体。

如今随着工程塑料，高分子防水材料的不断面世，它的应用在减少，但由于它有可以替代模板，强度高等长处，故仍在很多海底沉管隧道工程的底板使用（包括我国香港、广州新建的沉管隧道）。同时，为防止海水腐蚀，往往还设阴极保护。

金属板包括钢板、铜板、铝板、合金钢板等。金属板和焊条应由设计部门根据工艺要求及具体情况确定，故对选材问题规范不作限制。

金属板防水层采用焊接拼接，检验焊缝质量是至关重要的。对外观检查和无损检验不合格的焊缝，应予以修整或补焊。

4.6.5 在内防水做法时，金属防水层是预先设置的，因此金属防水层底板上应预留浇捣孔，以便于底板混凝土的浇捣、排气，确保底板混凝土的浇捣质量。

4.6.6 有些炉坑金属防水层，系焊接成型后整体吊装，应采取内部加设临时支撑和防止箱体变形措施。

4.6.7 防水层应加保护，规范只提到了防锈，对金属板需用的其他保护材料应按设计规定使用。

4.7 膨润土防水材料防水层

Ⅰ 一般规定

4.7.1 国内的膨润土防水材料目前有三种产品，一是针刺法钠基膨润土防水毯，由两层土工布包裹钠基膨润土颗粒针刺而成的毯状材料，如图1（a）所示，表示代号为GCL-ZP。二是针刺覆膜法钠基膨润土防水毯，是在针刺法钠基膨润土防水毯的非织造土工布外表面上复合一层高密度聚乙烯薄膜，如图1（b）所示，表示代号为GCL-0F。三是胶粘法钠基膨润土防水毯（也称为防水板），是用胶粘剂把膨润土颗粒粘结到高密度聚乙烯板上，压缩生产的一种钠基膨润土防水毯，如图1（c）所示，表示代号为GCL-AH。一般采用机械固定法固定在结构的迎水面上。

4.7.2 膨润土与淡水反应后，膨胀为自身重量的5

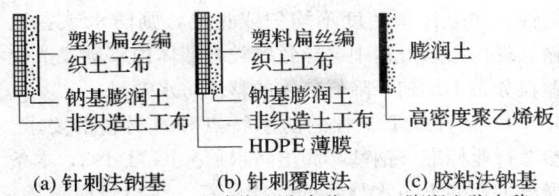

(a) 针刺法钠基膨润土防水毯　(b) 针刺覆膜法钠基膨润土防水毯　(c) 胶粘法钠基膨润土防水毯

图1　钠基膨润土防水毯

倍、自身体积的13倍左右，靠粘结性和膨胀性发挥止水功能，这里的淡水是指不会降低膨润土膨胀功能且不含有害物质的水。当地下水不是淡水而是污水时，膨润土难以发挥防水功能，不能使用普通的天然钠基膨润土，而应该使用防污膨润土。地下水是否是污水，可通过测定电子传导度（EC）、总污度（TDS）或PH来确定。而盐水的电导度都比较高，必须使用防污膨润土。

4.7.3 膨润土防水材料在有限的空间内吸水膨胀才能防水，膨润土材料防水层两侧的夹持力不应小于0.014MPa，如果膨润土材料防水层两侧的密实度（一般85%以上）不够，膨润土不能正常发挥止水功能。另外膨润土材料防水层两侧不能有影响密实度的其他物质，比如聚苯板、聚乙烯泡沫塑料等柔性材料。另外，膨润土材料防水层应与结构物外表面密贴才会在结构物表面形成胶体隔膜，从而达到防水的目的。

Ⅱ 设 计

4.7.5 膨润土防水毯在阴、阳角部位可采用膨润土颗粒、膨润土棒材、水泥砂浆进行倒角处理，倒角时阴角可做成30～50mm的坡角或圆角，阳角可做成30mm坡角或圆角，根据工程具体情况确定。如不进行倒角处理，会导致转角部位出现剪切破坏或膨润土颗粒损失，影响整体防水质量。

Ⅲ 材 料

4.7.8 钠基膨润土颗粒或粉剂是生产膨润土防水材料的主材。钠基膨润土分为天然钠基膨润土和人工钠化处理的膨润土，两种膨润土的物性指标差距不大，均可作为防水材料。一般情况下天然钠基膨润土的性能高于人工钠化处理的膨润土的性能，但由于国内的天然钠基膨润土储量有限，在保证防水性能不变的情况下也可采用人工钠化处理的膨润土。人工钠化处理的膨润土是对其他种类的膨润土进行合理的加工，具有与天然钠基膨润土相同的物理性能，技术性能特别是耐久性符合行业标准《钠基膨润土防水毯》JG/T 193，同样可以在地下工程防水中使用。钙基膨润土的稳定性差，膨胀倍率低，一般用于铸造、泥浆护壁等，不能作为防水材料使用。

膨润土颗粒通过针刺法固定在编织布和无纺布之间，针刺的密度、均匀度会影响膨润土颗粒的分散均匀性，如果针刺密度不均匀或过小，则防水毯在运输、现场搬运过程中会导致颗粒在毯体内移动，造成颗粒分布不均匀，降低毯体的整体防水效果。

4.7.9 结合地下工程的防水特点和对材料的要求，参考行业标准《钠基膨润土防水毯》JG/T 193，本条提出了膨润土防水材料的性能指标，供设计时选用，其性能指标的检验可按行业标准《钠基膨润土防水毯》JG/T 193 规定的方法进行。

Ⅳ 施　工

4.7.12 膨润土防水材料只有与现浇混凝土结构表面密贴，才能遇水膨胀后对结构裂缝、疏松部位起到封堵修补作用，也不易出现窜水现象。

膨润土防水材料铺设在底板垫层表面时，由于后续绑扎、焊接钢筋对膨润土防水材料防水层的破坏较多，雨天容易出现积水，会大大降低膨润土防水材料的整体防水效果。

4.7.15 膨润土防水材料分段铺设完毕后，由于绑扎钢筋等后续工程施工需要一定的时间，膨润土材料长时间暴露，会影响防水效果，因此应在膨润土防水材料表面覆盖塑料薄膜等挡水材料，避免下雨或施工用水导致膨润土材料提前膨胀。雨水直接淋在膨润土防水材料表面时导致膨润土颗粒提前膨胀，并在雨水的冲刷过程中出现流失的现象，在地下工程中经常发生，严重降低了膨润土防水材料的防水性能。特别是在雨季施工时，应采取临时遮挡措施对膨润土防水材料进行有效的保护。

4.7.16 在预留通道部位，膨润土防水毯的甩槎需要经过几个星期或几个月的长时间暴露，编织布和无纺布长期在阳光暴晒下逐渐老化变脆，造成甩槎部分缓慢断裂脱落，影响后期膨润土防水材料的搭接。因此对于膨润土防水毯需要长时间甩槎的部位应采取遮挡措施，避免阳光直射在膨润土防水材料表面。

4.8　地下工程种植顶板防水

Ⅰ　一般规定

4.8.1 地下工程顶板种植通常作为景观设计而成为公众活动场所，一旦渗漏维修，会在较大范围内影响正常使用。特别是顶板种植规模较大，土层厚，维修困难，因此，规定其防水等级为一级（主要是顶板防水）。若整体防水选两种，则要有一层耐根穿刺层。

4.8.2 种植土与周边自然土体不相连，且高于周边地坪时，应按种植屋面要求，设计蓄排水层，并将植土表面的水及植土中的积水通过暗沟排出。

顶板种植土与周边土体相连，积水会渗入周边土体，一般可不设蓄排水层。

4.8.3 本条说明如下：

1 排水坡度（结构找坡）可以减少构造层次，是提高防水可靠程度的有力措施之一。实际上，很难找到理想的找坡材料（既坚实、耐久，又轻而不裂）。

特别是随着小锅炉的日渐淘汰，传统的找坡材料（炉渣混凝土）已渐被陶粒混凝土取代，但陶粒混凝土贵，工艺要求严，做不好易开裂；加气混凝土、水泥有同样的问题。至于水泥膨胀珍珠岩、水泥膨胀蛭石，更因其强度低、含水率高，尤其不适用于种植屋面。如用水泥砂浆、细石混凝土找坡，是明显不合理的做法，落后、浪费、易裂，荷重大增。结构找坡，为防水层直接提供了坚实的基础，也消除了防水失败后形成的永久蓄水层。

2 标准叙述应为"裂缝控制等级为三级，ω_{max} <0.2mm"。裂缝表述为裂缝宽度不应大于 0.2mm。

3 种植顶板结构荷载包括活荷载、构造荷载和植物荷载等，不同的行业设计要求不同，设计时应按实际设计进行计算。《种植屋面工程防水技术规程》JGJ 155 中叙述了种植植物与荷载的关系，列于表 6，供设计时参考选用。

表 6　初栽植物荷重及种植荷载参考值

植物类型	小乔木（带土球）	大灌木	小灌木	地被或草坪
植物高度（m）或面积	2.0～2.5	1.5～2.0	1.0～1.5	1.0（m²）
植物重量（kg/株）	80～120	60～80	30～60	5～30（kg/m²）
种植荷载（kg/m²）	250～300	150～250	100～150	50～100

表 6 中选择植物应考虑植物生长产生的活荷载变化，一般情况下，树高增加 2 倍，其重量增加 8 倍，需 10 年时间；种植荷载包括种植区构造层自然状态下的整体荷载。

4.8.4 我国大部分城市缺水，收集雨水，符合可持续发展战略思想，不可忽视。对于年降水量少于 1000mm 的地区应设置雨水收集系统。实际上，有时降水量与城市是否缺水并不一定完全对应；因此，本条文只规定了面积较大时，应设计蓄水装置，并按工程实际条件确定。

最简单的雨水收集系统就是设置蓄水池，将多余的雨水收集过滤后再用于浇灌。这就要求排水设施必须能够收集来自雨水管和绿地表面的积水，并能使雨水汇入蓄水池。

Ⅱ　设　　计

4.8.5 顶板种植，特别是花园式的种植，因种植部分及池、亭、路、阶，高低错落，节点千变万化，必须使防排水、耐根穿刺均在变化处有可靠的连接才能形成系统的连续密封防水。因此将构造设计的内容统一综合考虑就显得十分重要。

4.8.6 顶板局部为车道或硬铺地时，应设计绝热（保温）层，避免温度变化产生裂缝，也是防止产生冷凝水的重要措施之一。需要设置绝热（保温）层的顶板，种植土以外的其他部分也应设置绝热层。两部分绝热层应综合起来考虑。

4.8.7 顶板种植在多雨地区应避免低于周边土体。少雨地区的顶板种植，与土体相连，且低于土体，可更好的积蓄水分。

4.8.8 种植顶板有时因降水形成滞水，当积水上升到一定高度，并浸没植物根系时，可能会造成根系的腐烂。因此，设置排水层就非常必要。排水层与盲沟配套使用，可使构造简单，也不减少植株种植面积。

本条还有一层含义，就是种植土中的积水应纳入总平面各部分的排水系统中综合考虑。

4.8.9 本条说明如下：

1 耐根穿刺防水层设置在普通防水层上面的目的是防止植物根系刺破防水层。严格说，只有在混凝土中加纤维，减少终凝前后的裂缝，增加其防水性、抗裂性（韧性），并处理好分格缝处的耐根穿才能为耐根穿刺做出贡献。《种植屋面工程防水技术规程》JGJ 155 中规定了耐根穿刺防水材料的种类和物理性能指标，在进行防水设计时可参照选用。

2 主要考虑园艺操作对耐根穿刺防水层的损坏。

3 主要考虑蓄排水材料的有效使用寿命。粒料蓄水量小，排水性能与总体厚度及粒料粒径有关，应作好滤水，才能保证其有效使用。

4 有些简易种植，可能采用毯状专用蓄排水层，并兼作滤水层。其搭接不需要重叠。

4.8.10 本条说明如下：

1 保温隔热材料品种较多，密度大小悬殊，模压聚苯乙烯板材密度为 $15\sim30kg/m^3$，而加气混凝土类板材密度为 $400\sim600kg/m^3$。为了减轻荷载，隔热材料一般选用喷涂硬泡聚氨酯和聚苯乙烯泡沫塑料板，也可采用其他保温隔热材料。

2 目前国内耐根穿刺防水材料有十多种，有铅锡锑合金防水卷材、复合铜胎基 SBS 改性沥青防水卷材、铜箔胎 SBS 改性沥青防水卷材、铝箔胎 SBS 改性沥青防水卷材、聚乙烯胎高聚物改性沥青防水卷材、聚氯乙烯防水卷材（内增强型）等品种，《种植屋面工程防水技术规程》JGJ 155 列出了这几种材料的物理性能，设计选用时可参考。

目前，我国正在编制耐根穿刺防水材料试验方法标准，待发布后应按标准规定执行；在发布前，设计选用耐根穿刺防水材料时，生产厂家需提供相应的检验报告或三年以上的种植工程证明。

3 排水材料的品种较多，为了减轻荷载，应尽量选用轻质材料。本条列举了两种排水材料，供参考。这两种排水材料的性能见表7、表8。

表 7　凸凹型排水板物理性能

项目	单位面积质量（g/m²）	凸凹高度（mm）	抗压强度（kN/m²）	抗拉强度（N/10mm）	延伸率（%）
性能要求	500～900	≥7.5	≥150	≥200	≥25

表 8　网状交织排水板物理性能

项目	抗压强度（kN/m²）	表面开孔率（%）	空隙率（%）	通水量（cm³/s）	耐酸碱稳定性
性能要求	50	95～97	85～90	389	稳定

Ⅲ　绿化改造

4.8.11 已建地下室顶板，应经结构专业复核计算，满足强度安全要求后，方可进行绿化改造。

4.8.13 为满足绿化要求而加砌的花台、水池，埋设管线等，不得打开或破坏原有防水层及其保护层。不能满足防水要求而进行防水改造时，应充分考虑防水层、耐根穿刺层、保护层、蓄排水层的设置。

Ⅳ　细部构造

4.8.14 钢管在植土中很快就会锈蚀，应采取防腐措施。

4.8.15 顶板平缝防排水，国内外均无简单可靠的构造。因此，顶板种植不应跨缝设计。但缝两侧上翻，形成钢筋混凝土泛水，将通常设置的混凝土压盖板变成现浇混凝土花池，并生根于一侧，出挑形成盖缝，则不算作跨缝种植。

4.8.16 泛水部位设计钢筋混凝土反梁或翻边是传统的防水构造措施。用于种植顶板，应一次整浇，不留施工缝。若分次浇，应凿毛、植筋，按地下室水平缝作防水处理。

4.8.17 局部设置隔离带，可以方便维修，特别是水落口，一定不能被植物遮蔽或被植土覆盖，以确保任何情况下，水落口都畅通无阻。其他有关局部也应防止植物蔓延造成泛水边缘的侵蚀。

有些情况下卵石隔离带可兼做排水明沟，有很好的装饰效果，也方便维修。卵石隔离带的宽度，一般为 200～400mm 宽，顶板种植规模较大时，可 300～500mm 宽。

5　地下工程混凝土结构细部构造防水

5.1　变　形　缝

Ⅰ　一般规定

5.1.1 设置变形缝的目的是为了适应地下工程由于温度、湿度作用及混凝土收缩、徐变而产生的水平变位，以及地基不均匀沉降而产生的垂直变位，以保证工程结构的安全和满足密封防水的要求。在这个前提下，还应考虑其构造合理、材料易得、工艺简单、检修方便等要求。

5.1.2 伸缩缝的设置距离一直是防水工程界关心的问题，目前就这一问题的探索和实践一直十分活跃，但尚未取得一致的看法。国外对伸缩缝间距的规定有三种情况，一是前苏联、东欧、法国等国家，规定室内和土中的伸缩缝间距约为 30～40m，而英国规定处于露天条件下连续浇筑钢筋混凝土构造物最小伸缩缝间距为 7m；二是美国，没有明确规定伸缩缝的间距，而只要求设计者根据结构温度应力计算和配筋，自己确定合理的伸缩缝间距；三是日本，虽有要求，如伸缩缝间距不大于 30m，施工缝间距为 9m，但设计人员往往按自己的经验和各公司的内部规定进行设计。国内规定伸缩缝间距为 30m，但由于地下工程的规模越来越大，而在城市中建设的地下工程工期往往有一定的要求，加上多设缝以后缝的防水处理难度较大，因此工程界采取了不少措施，如设置后浇带、加强带、诱导缝等，以取消伸缩缝或延长伸缩缝的间距。后浇带是过去常用的一种措施，这种措施对减少混凝土干缩和温度变化收缩产生的裂缝起到较好的抑制作用，但由于后浇带需待一定时间后才能浇筑混凝土，故对工期要求较紧的工程应用时受到一定限制。加强带是工程界使用的一种新的方法，它是在原规定的伸缩缝间距上，留出 1m 左右的距离，浇筑混凝土时缝间和其他地方同时浇筑，但缝间浇筑掺入膨胀剂的补偿收缩混凝土。宝鸡、沧州、济南等地采用这种方法后，伸缩缝间距可延长至 60～80m。哈尔滨在混凝土中采用掺 FS101 外加剂措施后，伸缩缝间距达到 80～100m。诱导缝是上海地铁采用的一种方法，在原设置伸缩缝的地方作好防水处理，并在结构受力许可的条件下减少这部分（1m 左右）位置上的结构配筋，有意削弱这部分结构的强度，使混凝土伸缩应力造成的裂缝尽在这一位置上产生。采用这一措施后，其他部位混凝土裂缝明显减少，这一方法虽有一定效果，但尚不能令人满意。

根据上述情况，条文作了相应规定。

5.1.3 因变形缝处是防水的薄弱环节，特别是采用中埋式止水带时，止水带将此处的混凝土分为两部分，会对变形缝处的混凝土造成不利影响，因此条文作了变形缝处混凝土局部加厚的规定。

Ⅱ 设 计

5.1.4 沉降缝和伸缩缝统称变形缝，由于两者防水做法有很多相同之处，故一般不细加区分。但实际上两者是有一定区别的，沉降缝主要用在上部建筑变化明显的部位及地基差异较大的部位，而伸缩缝是为了解决因干缩变形和温度变化所引起的变形以避免产生裂缝而设置的，因此修编时针对这点对两种缝作了相应的规定。沉降缝的渗漏水比较多，除了选材、施工

等诸多因素外，沉降量过大也是一个重要原因。目前常用的止水带中，带钢边的橡胶止水带虽大大增加了与混凝土的粘结力，但如沉降量过大，也会造成钢边止水带与混凝土脱开，使工程渗漏。根据现有材料适应变形能力的情况，本条规定了沉降缝最大允许沉降差值。

5.1.5 对防水要求来说，如果用于沉降的变形缝宽度过大，则会使处理变形缝的材料在同一水头作用下所承受的压力增加，这对防水是不利的，但如变形缝宽度过小，在采取一些防水措施时施工有一定难度，无法按设计要求施工。根据目前工程实践，本条规定了变形缝宽度的取值范围，如果工程有特殊要求，可根据实际需要确定宽度。用于伸缩的变形缝在板、墙等处往往留有剪力杆、凹凸榫处，接缝宽了不利于结构受力与控制沉降。

5.1.6 随着地下空间的开发利用，地下工程的数量越来越多，埋置深度越来越深，由于变形缝是防水薄弱环节，因此变形缝的渗漏成为地下工程的通病之一。规范表 3.3.1-1、3.3.1-2 根据防水等级和工程开挖方法对变形缝的防水措施作了相应的规定，本条只列举几种复合形式作为例子。

5.1.7 中埋式金属止水带一般可选择不锈钢、紫铜等材料制作，厚度宜为 2～3mm。由于其防腐、造价、加工、适应变形能力小等原因，目前应用很少，但在环境温度较高场合使用较为合适。综合上述情况，本条规定对环境温度高于 50℃处的变形缝，宜采用 2mm 厚的不锈钢片或紫铜片止水带。不锈钢片或紫铜片止水带应是整条的，接缝应采用焊接方式，焊接应严密平整，并经检验合格后方可安装。

Ⅲ 材 料

5.1.8 止水带一般分为刚性（金属）止水带和柔性（橡胶或塑料）止水带两类。目前，由于生产塑料及橡塑止水带的挤出成型工艺问题，造成外观尺寸误差较大，其物理力学性能不如橡胶止水带；橡胶止水带的材质是以氯丁橡胶、三元乙丙橡胶为主，其质量稳定、适应能力强，国内外采用较普遍。

表 5.1.8 给出的变形缝用止水带物理性能的技术性能指标，主要是参考《高分子防水材料 第二部分 止水带》GB 18173.2 提出的，施工时应抽样复检拉伸强度、扯断伸长率和撕裂强度等项目。

钢边橡胶止水带是在止水带的两边加有钢板，使用时可起到增加止水带的渗水长度和加强止水带与混凝土的锚固作用，多在重要的地下工程中使用。表 5.1.8 所列橡胶与金属粘合指标，适用于具有钢边的橡胶止水带。

5.1.9 原规范只规定了密封材料的最大拉伸强度、最大伸长率和拉伸压缩循环，给设计施工时的选材带来不便，这次修编，根据变形缝的使用功能和密封材料的弹性模量提出了一些性能指标，比较符合工程实

1—26—52

际。

变形缝所用密封材料，必须经受得起长期的压缩和拉伸、振动及疲劳等作用。本条规定密封材料应采用混凝土接缝用密封胶，密封胶应具有一定弹性、粘结性、耐候性和位移能力。同时，由于密封胶是不定型的膏状体，因此还应具有一定的流动性和挤出性。表5.1.9给出的密封胶的物理性能，主要是参考《混凝土建筑接缝用密封胶》JC/T 881—2001 提出的。密封胶按位移能力分为 25 和 20 两个级别，按拉伸模量分为低模量（LM）和高模量（HM）两个次级别，也称为弹性密封胶。施工现场应抽样复检拉伸模量、定伸粘结性和断裂伸长率等项目。

选用时应注意，迎水面宜采用低模量的密封材料、背水面宜采用高模量的密封材料。

Ⅳ 施 工

5.1.10 变形缝的渗漏水除设计不合理的原因之外，施工不合理也是一个重要的原因，针对目前存在的一些问题，本条做了相关规定。

中埋式止水带施工时常存在以下问题：一是顶、底板止水带下部的混凝土不易振捣密实，气泡也不易排出，且混凝土凝固时产生的收缩易使止水带与下面的混凝土产生缝隙，从而导致变形缝漏水。根据这种情况，条文中规定顶、底板中的止水带安装成盆形，有助于消除上述弊端。二是中埋式止水带的安装，在先浇一侧混凝土时，端模被止水带分为两块，给模板固定造成困难，故条文中规定端模要支撑牢固，防止漏浆。施工时由于端模支撑不牢，不仅造成漏浆，而且也不敢按规定要求进行振捣，致使变形缝处的混凝土密实性较差，从而导致渗漏水。三是止水带的接缝是止水带本身的防水薄弱处，因此接缝愈少愈好，考虑到工程规模不同，缝的长度不一，故对接缝数量未做严格的限定。四是转角处止水带不能折成直角，故条文规定转角处应做成圆弧形，以便于止水带的安设。

5.1.11 可卸式止水带全靠其配件压紧橡胶止水带止水，故配件质量是保证防水的一个重要因素，因此要求配件一次配齐，特别是在两侧混凝土浇筑时间有一定间隔时，更要确保配件质量。另外，金属配件的防腐蚀很重要，是保证配件可卸的关键。

另外，转角处的可卸式止水带还存在不易密贴的问题，故在转角处除要做成45°折角外，还应增加紧固件的数量，以确保此处的防水施工质量。

5.1.12 当采用外贴式止水带时，在变形缝与施工缝相交处，由于止水带的型式不同，现场进行热压接头有一定困难；在转角部位，由于过大的弯曲半径会造成齿牙不同的绕曲和扭转，同时减少转角部位钢筋的混凝土保护层。故本条规定变形缝与施工缝的相交部位宜采用十字配件，变形缝的转角部位宜采用直角配件。

5.1.13 要使嵌填的密封材料具有良好的防水性能，除了嵌填的密封材料要密实外，缝两侧的基面处理也十分重要，否则密封材料与基面粘结不紧密，就起不到防水作用。另外，嵌缝材料下面的背衬材料不可忽视，否则会使密封材料三向受力，对密封材料的耐久性和防水性都有不利影响。

由于基层处理剂涂刷完毕后再铺设背衬材料，将会对两侧基面的基面处理剂有一定的破坏，削弱基层处理剂的作用，故本条还规定基层处理剂应在铺设背衬材料后进行。

5.1.14 密封材料变形时的应变值大小不仅与材料变形量的绝对值大小成正比，而且与缝的原始宽度成反比，在缝上设置隔离层后，比如在缝上先放置 $\phi40\sim60mm$ 聚乙烯泡沫棒，可起到增加缝的原始宽度的作用，这使得在缝变形大小相同的情况下，材料变形的应变值大小不相同，增加了隔离层后，材料变形的应变值可以减小，使材料更能适应缝间的变形。

5.2 后 浇 带

Ⅰ 一 般 规 定

5.2.1 后浇带是在地下工程不允许留设变形缝，而实际长度超过了伸缩缝的最大间距，所设置的一种刚性接缝。虽然先后浇筑混凝土的接缝形式和防水混凝土施工缝大致相同，但后浇带位置与结构形式、地质情况、荷载差异等有很大关系，故后浇带应按设计要求留设。

5.2.2 后浇带应在两侧混凝土干缩变形基本稳定后施工，混凝土的收缩变形一般在龄期为 6 周后才能基本稳定，在条件许可时，间隔时间越长越好。

高层建筑后浇带的施工除满足上述条件外，尚应符合国家现行标准《高层建筑混凝土结构技术规程》JGJ 3—2002 第 13.5.9 条的要求，对高层建筑后浇带的施工应按规定时间进行。这里所指按规定时间应通过地基变形计算和建筑物沉降观测，并在地基变形基本稳定情况下才可以确定。

高层建筑一般是按照上部结构、基础与地基的共同作用进行变形计算，其计算值不应大于地基变形允许值；必要时，还需要分别预估建筑物在施工期间和使用期间的地基变形值。测定建筑地基沉降量、沉降差及沉降速度，是一种十分直观的方法。一般情况下，若沉降速度小于 $0.01\sim0.04m/d$ 时，可认为已进入稳定阶段，具体取值宜根据各地区地基土的压缩性确定。如工程需要适当提前浇筑后浇带混凝土，应采取有效措施，并取得设计单位同意。

5.2.3 补偿收缩混凝土是在混凝土中加入一定量的膨胀剂，使混凝土产生微膨胀，在有配筋的情况下，能够补偿混凝土的收缩，提高混凝土抗裂性和抗渗性。后浇带采用补偿收缩混凝土，是为了使新旧混凝土粘结牢固，避免出现新的收缩裂缝造成工程渗漏水的隐患。补偿收缩混凝土配合比设计，尚应满足防水混凝土的抗渗和强度等级要求，故规定补偿收缩混凝土的抗渗和强度等级不应低于两侧混凝土。

Ⅱ 设 计

5.2.4 后浇带部位在结构中实际形成了两条施工缝，对结构在该处的受力有些影响，所以应设在变形较小的部位。

后浇带的间距是根据近年来工程实践总结出来的。采用补偿收缩混凝土时，底板后浇带的最大间距可延长至60m；超过60m时，可用膨胀加强带代替后浇带。加强带宽度宜为1～2m，加强带外用限制膨胀率大于0.015%的补偿收缩混凝土浇筑，带内用限制膨胀率大于0.03%、强度等级提高5MPa的膨胀混凝土浇筑。

后浇带的宽度主要考虑：一是对后浇带部位和外贴式止水带的保护，二是对落入后浇带内的杂物清理，三是对施工缝处理和埋设遇水膨胀止水条，故后浇带宽度宜为700～1000mm。

5.2.5 本条取消了原规范对钢筋主盘断开的规定，因为这一规定是结构方面的问题，与防水无关。

后浇带两侧的留缝形式，根据施工条件可做成平直缝或阶梯缝。选用的遇水膨胀止水条应具有缓胀性能，其7d的膨胀率不应大于最终膨胀率的60%，当不符合时应采取表面涂缓胀剂的措施。

5.2.6 采用膨胀剂的补偿收缩混凝土，其性能指标的确定：一是在不影响抗压强度条件下膨胀率要尽量增大；二是干缩落差要小。现行国家标准《混凝土外加剂应用技术规范》GB 50119—2003 第 8.3.1 条已明确指出：补偿收缩混凝土收缩受到限制才会产生裂缝，而混凝土膨胀在限制条件下才能产生预压应力。

假设预压应力 σ_c 为 0.2MPa，根据公式 $\sigma_c = \mu \cdot E_s \cdot \varepsilon_2$（$\mu$——配筋率；$E_s$——钢筋弹性模量；$\varepsilon_2$——限制膨胀率），就可以确定 ε_2 值。补偿收缩混凝土膨胀率应按现行国家标准《混凝土外加剂应用技术规范》GB 50119—2003 附录 B 的规定，通过计算得出：当 σ_c 为 0.2～0.7MPa 时，其限制膨胀率 ε_2 的最大值为0.05%，最小值为0.015%。因此，本条规定补偿收缩混凝土水中养护 14d 的限制膨胀率应不小于 0.015%。由资料表明：美国规定限制膨胀率为 0.03%，日本规范为 0.015% 以上。我国大量试验结果，认为限制膨胀率在 0.025%～0.040% 范围内，其补偿效果较好。鉴于测定补偿收缩混凝土干缩率的养护期太长，不利于在工程中应用，故本条不予规定。

我国膨胀剂品种有 10 多种，按国家现行标准《混凝土膨胀剂》JC 476 的规定，膨胀剂最大掺量（替代水泥率）不宜超过 12%；近年来我国已研制生产低碱掺量的膨胀剂，用于补偿收缩混凝土时，膨胀剂推荐最低掺量不宜小于 6%。由于膨胀剂的品种不同，掺量不同，它与水泥、外加剂和掺合料存在适应性问题，同时应根据不同结构部位的约束条件，设定限制膨胀剂，进行补偿收缩混凝土配合比设计，经试验确定膨胀剂的掺量。

Ⅲ 材 料

5.2.8 混凝土膨胀剂是指与水泥、水拌合后经水化反应生成钙矾石或氢氧化钙，使混凝土产生膨胀的一种外加剂。膨胀剂种类较多，从国内外应用效果和可靠性来看，以形成钙矾石和氢氧化钙的膨胀剂性能较为稳定。现行行业标准《混凝土膨胀剂》JC 476 中把混凝土膨胀剂分为三类：硫铝酸钙类、氧化钙类和复合膨胀剂类。鉴于我国的混凝土中大多掺入粉煤灰、矿渣粉等掺合料，膨胀剂也可视为特殊掺合料。表 5.2.8 规定的混凝土膨胀剂的物理性能，主要是参考《混凝土膨胀剂》JC 476 中的有关物理性能指标。施工现场应抽样复检细度、凝结时间、水中 7d 限制膨胀率、抗压强度和抗折强度等项目。

Ⅳ 施 工

5.2.9 按现行国家标准《混凝土外加剂应用技术规范》GB 50119—2003 中的规定，补偿收缩混凝土中膨胀剂的掺量宜为 6%～12%。混凝土配合比中膨胀剂的掺量多少合适，应根据限制膨胀率的设定值经试验确定。

近年来，混凝土除水泥作为胶凝材料外，尚有粉煤灰、硅粉等掺合料作为胶凝材料；膨胀剂可和水泥、掺合料共同作为胶凝材料，因此规定膨胀剂掺量应以胶凝材料总量的百分比表示。

补偿收缩混凝土配合比设计与普通混凝土配合比设计基本相同，所不同的是膨胀剂掺量（替代胶凝材料率），应符合下列规定：

1 以水泥和膨胀剂为胶凝材料的混凝土。

设基准混凝土配合比中水泥用量为 m_s，膨胀剂取代水泥率为 K，则膨胀剂用量为：

$$m_s = m_{c0} \cdot K \tag{2}$$

水泥用量为：

$$m_c = m_{c0} - m_e \tag{3}$$

2 以水泥、掺合料膨胀剂为胶凝材料的混凝土。

设基准混凝土配合比中水泥用量为 m_c'，掺合料用量为 m_E'，膨胀剂取代胶凝材料率为 K，则膨胀剂用量为：

$$m_s = (m_c + m_E') K \tag{4}$$

掺合料用量为：

$$m_E = m_E' (1-K) \tag{5}$$

水泥用量为：

$$m_c = m_c' (1-K) \tag{6}$$

5.2.10 为了保证后浇带部位的防水质量，必须保证带内清洁，同时也应对预设的防水设施进行有效保护，否则很难保证防水质量。

5.2.11 后浇带的两条接缝实际是两条施工缝，因此缝的处理应符合防水混凝土施工缝的处理规定。

5.2.12 掺膨胀剂的补偿收缩混凝土，大多用于控制有害裂缝的钢筋混凝土结构工程，以往绝大多数设计图纸只写混凝土掺入膨胀剂、强度等级和抗渗等级，而对混凝土的限制膨胀率没有提出具体要求，造成膨胀剂少掺或误掺，起不到补偿收缩的作用，从而出现有害裂缝。施工单位或混凝土搅拌站，应根据设计要求确定膨胀剂的最佳掺量，在满足混凝土强度和抗渗要求的同时，达到补偿收缩混凝土的限制膨胀率。只有这样，才能达到控制结构出现裂缝的效果。

5.2.13 后浇带采用补偿收缩混凝土，可以避免出现新的收缩裂缝造成工程渗漏水的隐患，如果后浇带施工留设施工缝，就会大大降低后浇带的抗渗性，因此强调后浇带混凝土应一次浇筑。

混凝土养护时间对混凝土的抗渗性尤为重要，混凝土早期脱水或养护过程中缺少必要的水分和温度，则抗渗性将大幅度降低甚至完全消失，其影响远较强度敏感。因此，当混凝土进入终凝以后即应开始浇水养护，使混凝土外露表面始终保持湿润状态。后浇带混凝土必须充分湿润地养护 6 周，以避免后浇带混凝土的收缩，使混凝土接缝更严密。

5.2.14 后浇带如在有水情况下施工，很难把缝清理干净，不能保证接缝的防水质量，因此在地下水分较高，需要进行超前止水时，可采用本条所推荐的方法。

底板后浇带部位混凝土的局部加厚，主要是用于坑底排水，并使钢筋保护层不受建筑的垃圾影响。当有降水条件时，后浇带部位混凝土也可局部加厚，此时，可不设外贴式止水带。

5.3 穿墙管（盒）

5.3.1 预先埋设穿墙管（盒），主要是为了避免浇筑混凝土完成后，再重新凿洞破坏防水层，以形成工程渗漏水的隐患。

5.3.2 本条规定的距离要求是为了便于防水施工和管道安装施工操作。

5.3.3 穿墙管外壁与混凝土交界处是防水薄弱环节，穿墙管中部加上止水环可改变水的渗透路径，延长水的渗透路线，加遇水膨胀橡胶则可堵塞渗水通道，从而达到防水目的。针对目前穿墙管部位渗漏水较多的情况再增设一道嵌缝防水层，以确保穿墙管部位的防水性能。另外，止水环的形状以方形为宜，以避免管道安装时所加外力引起穿墙管的转动。

5.3.4 当穿墙管与混凝土的相对变形较大或有更换要求时，管道外壁交界处会产生间隙而渗漏，此时采用套管式穿墙管，可使穿墙管与套管发生相对位移时不致渗漏。

5.3.5 止水环的作用是改变地下水的渗透路径，延长渗透路线。如果止水环与管不满焊，或满焊而不密

实，则止水环与管接触处仍是防水薄弱环节，故止水环与管一定要满焊密实。套管内因还需采用其他防水措施，故其内壁表面应清理干净，以保证防水施工的质量。

管间距离过小，防水混凝土在此处不易振捣密实，同时采用其他防水措施时，因操作空间太小，易影响其他防水措施的质量，故对管间距做了相应规定。

5.3.7 对有防护要求的地下工程，穿墙管部位不仅是防水薄弱环节，也是防护薄弱环节，因此此时的措施要兼顾防水和防护两方面的要求。

5.3.8 伸出迎水面外的穿墙管可能在回填时被损坏，一旦损坏不仅影响使用，而且可能形成渗漏水通道，故应采取可靠措施，如施工时在管的下部加支撑的方法，回填时在管的周围细心操作等，以杜绝此类现象发生。

5.4 埋 设 件

5.4.1 埋设件的预先埋设是为了避免破坏工程的防水层，如采用滑模式钢模施工确无预埋条件时，方可后埋，但必须采用有效的防水措施。

5.5 预留通道接头

5.5.1 参见规范第 5.1.4 条的条文说明。

5.5.2 本条取消了原规范图 5.5.2-1 的防水构造形式，原因是这种做法在地下工程防水中的应用较少，且此做法只起防潮作用，不起防水作用，故予以取消。

预留通道接头是防水的薄弱环节之一，这不仅由于接头两边的结构重量及荷载可能有较大差异，从而可能产生较大的沉降变形，而且由于接头两边的施工时间先后不一，其间隔可达几年之久。条文中的两种防水构造做法，既能适应较大沉降变形，同时由于遇水膨胀止水条、可卸式止水带、嵌缝材料等均是在通道接头完成后才设置的，所以比较适合通道接头防水这种特殊情况。

5.5.3 由于预留通道接头两边施工时间先后不一，因此特别要强调中埋式止水带的保护，以免止水带受老化影响降低其性能，同时也要保持先浇部分混凝土端部表面平整、清洁，使遇水膨胀止水条和可卸式止水带有良好的接触面。而预埋件的锈蚀将严重影响后续工序的施工，故应保护好。

5.6 桩 头

5.6.1 近年来因桩头处理不好引起工程渗漏水的情况时有发生，分析其原因，主要是在以下几个部位形成的：

1 桩头钢筋与混凝土间；

2 底板与桩头间的施工缝；

3 混凝土桩身与地基土两者膨胀收缩不一致形成缝隙。

因此本条规定了桩头所用防水材料的性能，并强调桩头防水应与主体防水连成一体，形成整体防水性。

5.6.3 本条列举的桩头防水构造是近年来应用较好的几种做法，供桩头防水设计时参考。

5.7 孔 口

5.7.1 十年来的实践表明，原定的出入口高出地面的高度偏低，时常造成孔口倒灌现象，现予以适当加高。

5.7.2 窗井的底部在最高地下水位以上时，为了方便施工，降低造价，利于泄水，窗井的底板和墙宜与主体断开，以免窗井底部积水流入窗内。

6 地下工程排水

6.1 一般规定

6.1.1 排水是指采用疏导的方法将地下水有组织地经排水系统排出，以削弱水对地下结构的压力，减小水对结构的渗透，从而辅助地下工程达到防水的目的。因此，地下工程在进行防水方案选择时，可根据工程所处的环境地质条件，适当考虑排水措施。

6.1.2 当排水口标高确定无法高于最高洪（潮）水位标高时，为使地下工程的地下水能顺利排出，必须采取防倒灌措施。

6.2 设 计

6.2.1 地下工程种类繁多，施工方法各异，但除了全封闭防水结构以外，都应该根据自身的特点，设置完整的排水体系，有自流排水条件的工程和山岭隧道、坑道，应通过明沟或暗沟（管）将水排出工程以外，无自流排水条件的工程，如地铁、地下室、水底隧道等，应设置集水坑或集水井，将汇入坑（井）中的水用机械排出。

渗排水、盲沟排水适用于无自流排水条件的地下工程，具体采用时应对地下水文及地质情况分析后确定。

本章所指的盲沟是指具有过滤层的盲沟。热塑性塑料丝盲沟因其过滤与排水一体化，故纳入盲管范畴中。

6.2.3 与原规范相比，本条增加了渗排水方法的适用范围。对地下水较丰富、土层属于透水性砂质土的地基，应设置渗排水层；对常年地下水位低于建筑物底板，只有丰水期内水位较高、土层为弱透水性的地基，可考虑盲沟排水。

本条介绍了渗排水层的构造、施工程序及要求。

设计渗排水层时，应合理选择排水材料。

渗排水法是将排水层渗出的水，通过集水管流入集水井内，然后采用专用水泵机械排水。集水管可采用无砂混凝土集水管或软塑盲管，可根据工程的排水量大小、造价等因素进行选用。

6.2.4、6.2.5 盲沟排水，一般设在建筑物周围，使地下水流入盲沟内，根据地形使水自动排走。如受地形限制，没有自流排水条件，则可设集水井，再由水泵抽走。

盲沟排水适用于地基为弱透水性土层，地下水量不大、排水面积较小或常年地下水位低于地下建筑室内地坪，只有雨季丰水期的短期内稍高于地下建筑室内地坪的地下防水工程。

6.2.6 本条增加了盲管排水的适用范围。

纵向排水盲管汇集拱顶、侧墙围岩表面下渗的地下水，而后通过排水明沟将水排至工程外。横向排水沟是将衬砌后排水明沟未排走的水及底板下部水引至中心排水盲管排走。

6.2.7 盲管（导水管）即弹塑软式透水管，是以高强弹簧钢丝为骨架，经特殊防腐处理绕成的弹簧圈，外包无纺布和高强涤纶丝而成。它具有良好的透水性且不易堵塞，能随围岩基面紧贴铺设。导水管铺设的位置和每处铺设的数量应根据现场围岩的渗漏水具体情况确定。

6.2.10 地下工程种类较多，所处位置的环境条件和渗水大小不尽相同，因此排水量也不尽相同，与原规范相比，本条取消了"排水明沟断面尺寸表"，使设计者可根据工程具体条件灵活确定。

6.2.12 贴壁式衬砌在隧道、坑道应用较多，由于多数有自流排水条件，因此在做好衬砌本体防水的同时，也要充分利用自流排水条件，形成完整的防排水系统。

贴壁式衬砌的排水系统分为两部分：一部分是将围岩的渗漏水从拱顶、侧墙引至基底即本条介绍的盲沟、盲管（导水管）、暗沟等几种方法；一部分是将水引至工程的基底排水系统。盲沟所用的材料来源广泛，造价低，但施工较麻烦，特别是拱顶部分。而拱顶部分采用钻孔引流措施时，由于拱部钻孔较困难，还需先设钻孔室，投资较大，所以只作为一种措施以供选择。

6.2.13 离壁式衬砌在国防工程中应用较多，其衬砌与围岩间的距离主要是为便于人员检查、维修而定的最小尺寸。

为加强离壁式衬砌拱部防水效果，工程上一般采用防水砂浆、铺设塑料防水板或防水卷材加强防水。在选择防水卷材时，由于拱部湿度较大，应选用湿基面粘结的防水卷材，如聚乙烯丙纶复合防水卷材，也可采用水泥基渗透结晶型防水涂料。

6.2.14 本条说明如下：

1 衬套外形要有利于排水，一般可用人字形坡或拱形，底板架空则有利于防潮。

2 为便于设置排水沟，保证一定的空气隔离层厚度，以提高防潮效果，因此规定离壁衬套与衬砌或围岩的间距。

3 早期的衬套材料一般采用普通玻璃钢或塑料布，这两种材料防火性能不能满足地下工程防火对材料的要求，而金属板因其导热系数大，在衬套内外温差较大时容易结露，影响衬套内部的使用功能。故本条对衬套材料性能只作原则性的规定，以避免产生目前工程应用中的弊端。

6.3 材　料

6.3.1 国家发改委 2004 年发布的《软式透水管》JC 937 建材行业标准规定弹簧盲管的主要性能指标如下：

1 外径尺寸允许偏差应符合表 9 要求；

表 9　外径尺寸允许偏差

规　格	FH50	FH80	FH100	FH150	FH200	FH250	FH300
外径尺寸允许偏差	±2.0	±2.5	±3.0	±3.5	±4.0	±6.0	±8.0

2 构造要求：包括钢丝直径、间距和保护层厚度应符合表 10 要求。

表 10　构造要求

项　目		规　格						
		FH50	FH80	FH100	FH150	FH200	FH250	FH300
钢丝	直径 (mm)	≥1.6	≥2.0	≥2.6	≥3.5	≥4.5	≥5.0	≥5.5
	间距 (圈/m)	≥55	≥40	≥34	≥25	≥19	≥19	≥17
	保护层厚度 (mm)	≥0.30	≥0.34	≥0.36	≥0.38	≥0.42	≥0.60	≥0.60

表 10 中，钢丝直径可加大并减少每米的圈数，但应保证能满足表 12 所列耐压扁平率的要求。

3 滤布要求：滤布性能应符合表 11 要求；

表 11　盲管滤布性能

项　目	性能指标						
	FH50	FH80	FH100	FH150	FH200	FH250	FH300
纵向抗拉强度 (kN/5cm)	≥1.0						
纵向伸长率 (%)	≥12						
横向抗拉强度 (kN/5cm)	≥0.8						
横向伸长率 (%)	≥12						

续表 11

项　目	性能指标						
	FH50	FH80	FH100	FH150	FH200	FH250	FH300
圆球顶破强度 (kN)	≥1.1						
CBR 顶破强力 (kN)	≥2.8						
渗透系数 K_{20} (cm/s)	≥0.1						
等效孔径 O_{95} (mm)	≥0.06～0.25						

表 11 中，圆球顶破强度试验及 CBR 顶破强力试验只需进行其中的一项，FH50 由于滤布面积较小，应采用圆球顶破强度试验；FH80 及以上建议采用 CBR 顶破强力试验。

4 耐压扁平率：应符合表 12 要求。

表 12　耐压扁平率

规　格		FH50	FH80	FH100	FH150	FH200	FH250	FH300
耐压扁平率	1%	≥400	≥720	≥1600	≥3120	≥4000	≥4800	≥5600
	2%	≥720	≥1600	≥3120	≥4000	≥4800	≥5600	≥6400
	3%	≥1480	≥3120	≥4800	≥6400	≥6800	≥7200	≥7600
	4%	≥2640	≥4800	≥6000	≥7200	≥8400	≥8800	≥9600
	5%	≥4400	≥6000	≥7200	≥8000	≥9200	≥10400	≥12000

6.3.2 规定无砂混凝土排水管强度的目的是防止施工或使用过程中被压扁而缩小排水空间。

6.4 施　工

6.4.1 纵向盲沟兼渗水和排水两项功能，铺设前必须将底部铲平，并按设计要求铺设碎砖（石）混凝土层，以防止盲沟在使用过程中局部沉降，造成排水不畅。

6.4.2 集水管在汇集地下水过程中，泥砂和水一道进入集水管中，造成泥砂沉积。因此，必须将其置入过滤层中间，地下水过滤后再进入集水管中。

6.4.3 盲管应与岩壁密贴，集排水功能才能很好发挥，同时，为防止后序工种施工时盲管脱离，必须固定牢固，并在不平处加设固定点。

6.4.4 环向、纵向盲管接头部位要连接好，使汇集的地下水顺利排出。目前盲管生产厂家都配套生产了标准接头、异径接头和三通等，为施工创造了条件，施工中尽量采用标准接头，以提高排水质量。

6.4.5 在贴壁式、复合式（无塑料板防水层段）铺设的盲管，在施工混凝土前，应用塑料布、无纺布等包裹起来，以防混凝土中的水泥砂浆进入盲管中堵塞盲管。

7 注浆防水

7.1 一般规定

7.1.1 注浆分类方法很多，按施工顺序可分为预注浆和后注浆；按注浆目的可分为加固注浆和堵水注浆；按浆液扩散形态可分为渗透注浆和劈裂注浆等等。

高压喷射注浆属于结构加固的内容，和防水无太大关系，所以修改时将此删除。

本条所列条款可单独进行，也可按工程情况采用几种注浆方法，确保工程达到要求的防水等级。

7.1.2 收集资料的目的是为了更好地确定注浆方案。本条规定了资料搜集的内容，包括工程防水等级、水文地质条件等，因工程的防水等级与注浆所采用的方法、材料及造价密切相关。

7.1.3 预注浆（特别是工作面预注浆）时为防止浆液从工作面漏出，必须施作止浆墙。止浆墙有平底式或单级球面式，其厚度按以下经验公式求得：

（1）单级球面形止浆墙：

$$B = \frac{P_0 (r^2 + h^2)^2}{4r^2 h^2} \frac{1}{[\sigma]} \approx \frac{P_0 r}{[\sigma]} \qquad (7)$$

式中　B——单面球形止浆墙厚（m）；

　　　P_0——注浆终压（MPa）；

　　　r——开挖半径（m）；

　　　h——球面矢高（m）；

　　　$[\sigma]$——混凝土允许抗压强度（MPa），即止浆墙设计强度。

（2）平底式止浆墙：

$$B_n = \frac{P_0 r}{[\sigma]} + 0.3r \qquad (8)$$

式中　B_n——平底式止浆墙厚度（m），其他符号意义同前。

由于止浆墙厚度是按止浆墙混凝土设计强度计算的，预注浆时混凝土止浆墙必须达到设计强度才可进行。

为保证注浆安全和质量，一般止浆墙的安全系数取2~3。

7.2 设计

7.2.2 预注浆的段长，不仅要考虑工程地质和水文地质条件（主要是把相同孔隙率或裂隙宽度的地层放在同一注浆段内，以便浆液均匀扩散），而且要考虑工作实际和钻孔时间，充分发挥钻机效率，缩短工程建设工期。

随着液压凿岩台车的引进，凿岩能力加大，因此，注浆段长以10~50m为宜。由于开挖后要留2~3m止浆岩墙，注浆段越长，开挖也越长，工期越短；但钻孔越深，钻孔速度越低，进度越慢。因此，合理选择段长是加快注浆工期的关键。

7.2.6 注浆压力是浆液在裂隙中扩散、充填、压实、脱水的动力。注浆压力太低，浆液就不能充填裂隙，扩散范围也有限，注浆质量也差。注浆压力太高，会引起裂隙扩大，岩层移动和抬升，浆液易扩散到预定注浆范围之外，造成浪费。特别在浅埋隧道，会引起地表隆起，破坏地面设施，造成事故，因此，合理选择注浆压力，是注浆成败的关键。因此规范规定预注浆比静水压力大0.5~1.5MPa，回填注浆及衬砌内注浆压力应小于0.5MPa。

7.2.7 衬砌内注浆通常用于处理结构渗漏水，为防止壁后泥砂涌入影响注浆效果或浆液流失，因此规定孔深宜为壁厚的1/3~2/3。

7.3 材料

7.3.2 注浆材料的品种很多，且某种材料不能完全符合所有条件，因此必须根据工程水文地质条件、注浆目的、注浆工艺及设备、成本等因素综合考虑，合理选择注浆材料。

1 预注浆、衬砌前围岩注浆，注浆情况比较复杂，裂隙孔隙有大有小，裂隙宽度大于0.2mm的岩层或砂子平均粒径大于1.0mm的粗砂地层可采用水泥浆、水泥—水玻璃浆；裂隙宽度小于0.2mm的岩层或平均粒径小于1.0mm的中细砂层，且堵水要求较高，可采用超细水泥浆、超细水泥-水玻璃浆，特殊情况下可采用化学浆液。也可将水泥浆和化学浆配合使用。

2 防水混凝土衬砌一般孔隙小、裂缝细微，普通水泥浆颗粒大，难以注入，必须选用特种水泥浆或化学浆。

特种水泥浆是除普通水泥浆之外的其他水泥浆，如超细水泥浆、自流平水泥浆、硫铝酸盐水泥浆等。

7.4 施工

7.4.1 钻孔精度是注浆效果好坏的关键，因此，要尽量保证开孔误差和钻孔偏斜率。

一般孔按规范条文控制，但对堵水要求较高的孔或单排注浆帷幕孔，可按设计要求，不受此限。

7.4.4 根据近年来的实践，条文中规定了设置隔水墙的做法。

7.4.7 注浆要求、注浆目的不同，注浆结束标准也不相同，因此本次保留了原规范规定的注浆结束标准的要求。

7.4.8 注浆结束前，为了检验注浆效果，防止开挖时发生坍塌涌水事故，必须进行注浆效果检查。通常是在分析资料的基础上采取钻孔取芯法进行检查。有条件时，还可采用物探进行检查。

分析资料时要结合注浆设计、注浆记录、注浆结束标准，分析各注浆孔的注浆效果，看哪些达到了标准，哪些是薄弱环节，有无漏注或未达到结束标准的孔，原因何在，如何补救等。

钻孔取芯法是按设计要求在注浆薄弱地方，钻检查孔，检查浆液扩散、固结情况，并进行压水（抽）水试验，检查地层的吸水率（透水率），计算渗透系数及开挖时的出水量。

8 特殊施工法的结构防水

8.1 盾构法隧道

8.1.1 盾构隧道开挖掘进中用现浇混凝土成为隧道衬砌的方式虽然还存在，但国内工程中极少使用，绝大部分都采用预制衬砌。故规范取消了这方面的提法。

随着对混凝土结构耐久性的重视，管片混凝土采用耐侵蚀混凝土的技术已很成熟，因此，当隧道处于侵蚀性介质的地层时，首先应考虑耐侵蚀混凝土措施；也可采用外防水涂层来抵御侵蚀性离子侵入的措施。对于严重腐蚀地层，两项耐侵蚀措施一起采用更为可靠。

8.1.2 根据多年来的工程实践，对原规范"不同等级的盾构隧道衬砌防水设防措施表"进行了修改。修改内容如下：

1 修改了外防水涂料的使用范围。外防水涂料的品种，包括了水泥基渗透结晶型、硅氧烷类渗透型材料与环氧类封闭型材料。不仅有防腐蚀作用，也能起到防渗作用，在工程实践中都有使用，故均列入。在一级防水等级中，从加强耐久性着眼，即使非侵蚀地层也"宜选"，对混凝土有中等以上腐蚀的地层则"应选"。在二、三级防水等级中，因并非隧道经过的全部地段都有侵蚀性介质，并且各地段埋深差异也可能很大，因而要求也不尽相同，故用"对混凝土有中等以上腐蚀的地层宜选"。

2 对防水等级二、三级的隧道工程，明确不要求采用全隧道嵌缝措施。局部区段也只是"宜"嵌缝。总之，反映了国内外盾构隧道弱化嵌缝防水的趋势。

3 取消了混凝土内衬的使用范围。盾构隧道设计与施工内衬的做法，总体上在不断减少。盾构隧道如果施作内衬，则主要根据使用功能的需要，设计全内衬砌或局部内衬，如输水隧道为了减少输水壁面阻力、大型公路隧道为路面以下空间的利用，盾构隧道为加强防水能力；包括防止地下水渗入或输水盾构隧道内水的流失而施作内衬。正因为如此，按防水等级来确定是否选择内衬就欠科学，故表8.1.2中删去

了这一项。

8.1.3 管片的精度直接影响拼装后隧道衬砌接缝缝隙的防水。因此本条对钢筋混凝土管片的制作钢模及管片本身的尺寸误差作了相应规定，以保证管片拼装后隧道衬砌接缝缝隙的防水性能。

8.1.4 管片防水混凝土抗渗等级应符合规范第4.1.4条的规定，且不得小于P8的理由是：

1 目前盾构法隧道管片防水混凝土≥C30时，混凝土试块的抗渗等级都大于P8，通常达到P10。

2 国内施工的盾构隧道管片混凝土试块抗渗等级均大于P8。

3 根据国内外地下工程对密封材料的抗水压要求，有不少是按抗实际水压力的3倍进行设计，显然管片抗渗等级至少应与接缝抗水压能力相当。

本条增加了对管片进行 Cl^- 扩散系数或渗透系数检测的规定，这是因为对管片进行 Cl^- 扩散系数或渗透系数检测是判断其耐久性的主要手段，尤其是对处于侵蚀性地层的隧道衬砌而言。鉴于国内对有关检测的设备、方法（如检测 Cl^- 扩散系数的自然扩散法、RCM法、NEL法以及电量法等等）要求不一，检测标准尚无正式规定，因而条文中也不做具体规定（包括定量要求）。

8.1.5 密封垫是衬砌防水的首要防线，应对其技术性能指标做出规定。由于目前密封垫的材质以氯丁橡胶、三元乙丙橡胶为主，这里将弹性密封垫分为氯丁橡胶与三元乙丙橡胶。遇水膨胀橡胶应用较多，技术也较为成熟，所以通过表8.1.5-1、8.1.5-2将这三种（包括以它们为主、适量加入其他橡胶为辅的混合胶）材料的部分性能作为检验项目。所列性能指标中的防霉、热老化等性能检测较繁杂，可列入形式检验项目。遇水膨胀橡胶的技术性能指标及测试方法，这里按国家规定列出。溶出物量是一项反映耐久性的重要指标，它受试件断面、浸泡时间、浸泡量、试件是否受约束等影响，故此指标可作试验时比较，未作正式指标列入。按规定，密封垫应直接从成品切片制成试样测试，由于遇水膨胀橡胶密封垫的断面尺寸一般较小，难以由成品切片检测，故宜从胶料制取试样。

表中数据的制定参考了现行国家标准《高分子防水材料 第3部分 遇水膨胀橡胶》GB/T 18173.3。

8.1.6 本条对文字的表述做了一些修改，以便表达得更明确。国外近年设计弹性橡胶密封垫时，对原规范公式（8.1.6）有所突破，即密封垫断面中的孔越来越多、呈蜂窝状的趋势。这时，规范公式（8.1.6）$A = (1 \sim 1.15)A_0$，其中的系数远大于"$1 \sim 1.15$"。由于尚未成为主流，这次对此将"应"改为"宜"，更为确切。

另外，需要补充的是：由于对深（浅）埋隧道要求的埋深水头分别为实际埋深水头的2倍和3倍，故

设计时应规定密封垫的技术要求，即它能适应的最大接缝张开量、错位量和埋深水头。而这些技术要求又应通过目前已普遍确认的模拟管片一字缝、十字缝水密性试验检测验证。

8.1.7 早期的螺孔密封圈是直接设在环向纵面螺孔口的，目的是防水与防腐，由于固定困难等问题，现几乎不再使用。在管片肋腔螺孔口加工成锥形的沟槽较方便，也利于螺孔密封圈的固定与压密，因而成为普遍的做法。

螺孔密封圈与沟槽相匹配的含义是它的外形与构造最利于在沟槽中压密与固定，最利于防水。

螺孔密封圈虽也有石棉沥青、塑料等制品，但最多的还是橡胶类制品（包括遇水膨胀橡胶），故条文中加以突出。

8.1.8 鉴于目前嵌缝槽的形式已趋于集中，可以归结成图 8.1.8 所示的几类，并对槽的深、宽尺寸及其关系加以定量的规定。

与地面建筑、道路工程变形缝嵌缝槽不同，因隧道衬砌嵌缝材料在背水面防水，故嵌缝槽槽深应大于槽宽，又由于盾构隧道衬砌承受水压较大，相对变形较小，因而嵌缝材料应是：

1 中、高弹性模量类的防水密封材料，如聚硫、聚氨酯、改性环氧类材料，也可以是有限制膨胀措施下的遇水膨胀类腻子或密封材料等未定型类材料。

2 特殊外形的预制密封件为主，辅以柔性密封材料或扩张型材料构成复合密封件。

根据我国常用的定型与不定型两类材料特性以及施工的要求，参考德国 STUVA、美国盾构隧道接缝密封膏应用指南及日本有关实践，提出的嵌缝槽深宽比为 >2.5。

3 之所以作出本条第 3 款的规定，是因为一方面底部嵌缝对避免隧道，尤其是铁路隧道沉降是有一定功效的；整环嵌缝对水工隧道减少流动阻力是有利的；顶部嵌缝对防止渗漏影响公路隧道、地铁隧道的运营安全与防腐蚀是需要的；另一方面，随着盾构隧道防水技术的发展和隧道渗漏水量的减少，嵌缝在根本上不能防水、止水，只是起到疏引作用，故目前国内外越来越少进行管片整体嵌缝。目前的嵌缝更多的是起的堵水与引排水的功效。

8.1.9 复合式衬砌在盾构隧道中也有使用，根据实际工程的做法增加了缓冲层、防水板的应用等规定。

8.1.10 对有侵蚀性介质的地层，或埋深显著增加的地段等需要增强衬砌防腐蚀、防水能力时，需要采用外防水涂料。

上海地铁一号线、新加坡地铁线、香港地铁二号线采用的分别是环氧-焦油氯磺化聚乙烯、环氧-聚氨酯、环氧-焦油、改性沥青类，在埃及哈迈德·哈姆迪水下公路隧道管片外背面也有类似材料采用，在委内瑞拉加拉加斯地铁以及国内几条地铁新线将部分采

用水泥基渗透结晶型防水涂料。环氧类防腐蚀涂料封闭性好，水泥基渗透结晶型涂料、硅氧烷类涂料渗透性好，具有潮湿面施工的特性。两类材料各有所长，均可选择。

8.1.11 为满足环缝变形要求，变形缝环面上需设置垫片，因而变形缝密封垫的高度应加厚。通常是在原密封垫表面用同样材料的橡胶薄片，或遇水膨胀橡胶薄片叠合或复合，作为适应变形量大的密封垫。

8.1.12 本条中新增了盾构隧道的连接通道及其与隧道接缝防水的三项规定。这是由于地铁盾构隧道、公路盾构隧道等盾构隧道为安全逃生等多种需要往往设置连接通道，这方面的防水已成为盾构隧道防水的重要组成部分。规定主要针对连接通道广泛采用的矿山法施工，强调了复合式对砌夹层防水层，也点到了分区注浆系统。考虑到在承压水地层施工风险大，不排除采用内防水层。另外，连接通道与盾构隧道接头是防水难点，提出了几种较有效的防水材料设防。

8.2 沉　　井

8.2.1 各种沉井因用途不同对防水的要求也不同。由于沉井施工的环境与明挖法相近，故不同防水等级的沉井施工缝防水措施可参照明挖法的防水措施。

8.3 地下连续墙

8.3.2 采用地下连续墙既做工程周围土体的支护，又兼做地下工程的内衬时，作为永久性结构的一部分，无疑对降低工程造价、缩短工程周期、充分利用地下空间都极为有利。但由于地下连续墙的钢筋混凝土是在泥浆中浇筑，影响混凝土质量的因素较多，从耐久性考虑较不利，加上连续墙幅间接缝的防水处理难度较大，从耐久性要求，通常不适合防水等级为一级的地下工程。但也不强行限制，因为不少地铁车站已采用单层地下墙为主体结构，且防水效果尚好，尤其在强调采用高分子稳定浆液作为护壁泥浆时，混凝土的质量，包括耐久性得到提高，故规定为不宜用作防水等级为一级的地下工程中。根据修改后防水等级适用范围的规定，有的工程各部位防水等级可有差别，故不能说采用地下连续墙做内衬的整个工程均为防水等级为二级以下的工程。当其工程顶、底板的防水等级要求较高，而墙面防水等级较低或受施工环境限制时，则可使用地下连续墙直接作主体结构的墙体。

地下连续墙直接作为主体结构的墙体时，需要有一定的厚度才能保证工程达到所要求的防水等级。根据近年来工程实践经验，其厚度以不小于 0.6m 为宜。

成槽精度越高，对防水越有利，但施工难度加大，根据目前的施工水平提出"整修后墙面平整度的允许偏差不宜大于 50mm"的要求。

幅间接缝是防水的薄弱环节，根据工程实践提出两种较好的形式。锁口管的质量也是影响幅间接缝防水质量的一个因素，所以条文中也对此作了相应要求。

在强调工程耐久性与设计使用寿命的今天，单层地下连续墙直接用于防水等级为一级的地下工程的墙体的做法是不符合耐久性设计要求的，因此将"不宜"改为"不应"，并规定只有用"高分子聚合物作为护壁泥浆"才可以采用地下连续墙作为单墙结构墙体。

有关水泥用量的提法已不合适，应提胶凝材料才合理。由于水泥可以是纯硅，也可以为普硅，强度等级可以为42.5级、52.5级（尤其沿海地区）。原规定水泥用量超 400kg/m³，绝对没必要，强度会太高。实践表明，胶凝材料 ≥400kg/m³ 较为合适，原先坍落度规定 200±20mm，应取消上限，目前为配置高流态的混凝土，坍落度可以大于 250mm，使其流动性、保水性更好，且宜提扩展度指标，而随着未来深基础工程增多，地下墙超深时必须使用高坍落度、大扩展度的自密实混凝土。

顶板，底板的防水措施与本节关系不大，故作删除。

8.3.3 地下连续墙作为复合衬砌的一部分，不直接作为主体结构的墙体使用，而主体结构用防水混凝土浇筑时，可用做防水等级为一、二级工程。但应指出，由于地下连续墙和直接作主体结构的墙体在板的位置上的钢筋连为一体，此处防水如处理不好，极易形成渗漏水通道，而一旦直接作主体结构的墙体渗漏，很难找出渗漏水点，因此直接作主体结构的墙体，特别是这些细部构造的施工更要精心。

为了解决地下连续墙与直接作主体结构的墙体因钢筋相连造成防水难度加大这一问题，目前有些工程直接作主体结构的墙体与地下连续墙已不相连，在两者之间的塑料防水板防水层可以连续铺设形成一个完整的防水层，防水效果很好，故本条第3款对此做了相应的规定。

8.3.4 针对地下墙与内衬墙构成叠合结构墙，且埋设较深（至结构底板长过 20m）时，若完全按照4.1.4 条中混凝土抗渗等级与埋深的对应关系来要求混凝土的抗渗等级，势必会因追求混凝土高的抗渗等级而降低它的坍落度或扩展度（除非用代价很高的高效减水剂等措施），影响实际的浇筑密实性，显然是不合理的。在结合诸多工程实践和广泛征求专家意见的基础上提出"抗渗等级降低一级"的规定。至于地下墙作为分离式结构的临时围护墙时，显然就不能按防水混凝土那样要求其抗渗等级。

8.4 逆筑结构

8.4.1 逆筑法是由上而下逐层进行地下工程结构施工的一种方法。近十年来采用此种方法施工的工程日渐增多，无论是单建式地下工程还是附建式地下工程均有采用。除地下连续墙不用再加设临时支撑外，其他做法均与 8.3.2 条相同。

8.4.2 当采用地下连续墙和防水混凝土内衬的复合式衬砌的逆筑法施工时，为确保整个工程的防水等级达到一、二级要求，必须处理好逆接施工缝的防水。逆接施工缝与顶板、中楼板的距离要大些，否则不便于逆接施工缝处的混凝土浇筑施工；逆接施工缝采用土胎模，容易做成斜坡形，目前工程中也常用这种形式，故本条予以推荐；在浇筑侧墙混凝土时，一次浇筑至逆接施工缝在施工时要方便快速，但不利于防水，因逆接施工缝本身就是防水薄弱环节，一次浇至逆接施工缝时，由于混凝土沉降收缩、干燥收缩等原因会在逆接施工缝处形成裂缝，造成渗漏水隐患，又因整个侧墙的工程量较大，如全部用补偿收缩混凝土浇筑则会使工程造价增加，故本条规定逆接施工缝处采用二次浇筑，待先浇混凝土收缩大部分完成后再进行浇筑，以确保逆接施工缝处的防水质量。这些年在逆接施工缝部位采用单组分遇水膨胀密封胶和预埋注浆管作为防水措施较为成功，因此在逆作法结构施工缝处补入了这两项防水措施。

8.4.3 在城市地下工程的建设中，特别是处于闹市区和交通繁忙地带的单建式地下工程建设中，为了尽量减少施工对城市生活的影响，在地下水位较低（低于地下工程底部标高）的区域，也常采用不用地下连续墙的逆筑法施工。这种方法施工时顶板的防水处理较容易，可参照明挖法施工的做法，逆接施工缝的做法可参照第 8.4.2 条的规定。比较难办的是由于没有地下连续墙这一初期支护，而施工时为了安全不可能把结构内的土体一次挖除，而需边挖边浇筑混凝土侧墙，这就会留下一些垂直施工缝，而垂直施工缝又与水平施工缝、逆接施工缝相交，给防水处理带来较大难度。故施工时在保证安全的前提下应尽量少留垂直施工缝，需要留设时一方面要做好垂直施工缝本身的防水，同时也要做好垂直施工缝与水平施工缝、逆接施工缝相交处的防水处理，确保工程的防水要求。逆筑法的底板应一次浇筑，同时按防水等级的要求做好底板与侧墙、桩柱相交处的防水处理。

8.5 锚喷支护

8.5.2 锚喷支护的混凝土因是喷射施工，影响混凝土质量的因素较多，因此不宜直接单独用于防水等级高的工程的主体结构。

因影响喷射混凝土抗渗性能的因素较多，故取消了喷射混凝土抗渗等级的要求。外加剂和掺合料等对喷射混凝土的抗渗性能影响较大，特别是对收缩开裂及后期强度下降有较大影响，故喷射混凝土中可掺入纤维作为抗裂措施，各种外加剂的掺量应通过试验确定。

地下工程变截面及曲线转折点的阳角，即突出部位，喷射混凝土的质量往往不易保证，因此规定此处喷射混凝土的厚度应在原设计的基础上增加50mm。

8.5.3 复合式衬砌既有防水板防水层，又有内衬防水混凝土，故可用于防水等级为一、二级的工程。

9 地下工程渗漏水治理

9.1 一般规定

9.1.1 在渗漏水治理前，熟悉掌握工程的原防排水设计、施工记录和验收资料，对原防排水的位置，施工中的防水设计变更，材料选择做到心中有数，可为治理时的方案制定带来帮助。

9.1.3 地下工程渗漏水治理中要重视排水工作，主要是将水量大的渗漏水排走，目的是减小渗漏水压，给防水创造条件。排水的方法通常有两种，一种是自流排水，另一种是机械排水，当地形条件允许时尽可能采取自流排水，只有受到地形条件限制的时候，才将渗漏水通过排水沟引至集水井内，用水泵定期将水排出。

9.1.4 防水堵漏时，应尽量选用无毒或低毒的防水材料，以保护施工人员身体和周围环境。为防止污染环境，除了对现场废水、废液妥善处理外，施工时还应对周围饮用水源加强监测。

9.1.6 防水施工是技术性强、标准要求较高的防水材料再加工过程，应由有资质等级证书的防水专业施工队伍来承担，操作人员必须经过专业培训，考核合格，并取得建设行政管理部门所发的上岗证方可进行施工。虽然我国的建筑防水从业人员迅猛发展，各类防水专业施工队伍形成了一定规模，但在市场经济发展过程中存在着施工队伍良莠不齐的问题，不少从业人员中，真正了解建筑防水工程的构造、材料特点、使用方法以及具备施工操作技能的人员很少，并且民工队伍较多，很难确保堵漏工程的质量，有的工程经过几个施工队伍处理后还存在渗水的现象。为保证国家财产不受重大损失和确保堵漏工程的质量，防水工作应由专业设计人员和具有防水资质的专业队伍来完成。

9.2 方案设计

9.2.2、9.2.3 大面积的渗漏水是地下工程渗漏水的主要表现形式之一，它在渗水的工程中所占比例高达95%以上，几乎所有的渗水工程都存在这类问题。造成这类渗水的原因来自设计与施工两方面。表现特征为：渗水基面多为麻面；渗水点有大有小，且分布密集；渗水面积大。

大面积严重渗漏水一般采用综合治理的方法，即刚柔结合多道防线。首先疏通漏水孔洞，引水泄压，在分散低压力渗水基面上涂抹速凝防水材料，然后涂抹刚柔性防水材料，最后封堵引水孔洞。并根据工程结构破坏程度和需要采用贴壁混凝土衬砌加强处理。其处理顺序是：

大漏引水—小漏止水—涂抹快凝止水材料—柔性防水—刚性防水—注浆堵水—必要时贴壁混凝土衬砌加强。

大面积的轻微渗漏水和漏水点是指漏水不十分明显，只有湿迹和少量滴水的点。这种形式的渗水处理一般采用速凝材料直接封堵，也可对漏水点注浆堵漏，然后做防水砂浆抹面或涂抹柔性防水材料、水泥基渗透结晶型防水涂料等。当采用涂料防水时防水层表面要采取保护措施。

9.2.4 裂缝渗漏水一般根据漏水量和水压力来采取堵漏措施。对于水压较小和渗水量不大的裂缝或空洞，可将裂缝按设计要求剔成较小深度和宽度的"V"形槽，槽内用速凝材料填压密实。对于水压和渗水量都较大的裂缝常采用注浆方法处理。注浆材料有环氧树脂、聚氨酯等，也可采用超细水泥浆液。裂缝渗漏水处理完毕后，表面用掺外加剂防水砂浆、聚合物防水砂浆或涂料等防水材料加强防水。

近年来，采用"骑缝"和"钻斜孔"的方法处理裂缝渗水的实例越来越多，效果也比较明显，因此增加了这方面的内容。

9.2.7 喷射混凝土和锚杆联合支护，不仅是安全可靠的支护形式，而且是在岩层中构筑地下工程最为优越的衬砌形式，这种方法在铁路隧道、矿山工程等地下工程中都已大量采用。喷锚支护一般作为临时支护来考虑，要想作为永久衬砌必须解决防水问题。

喷射混凝土施工前，要对围岩渗水情况进行调查，对不同的渗水形式采用不同的防水方法。明显的裂隙渗漏水和点漏水，可采用下弹簧管、半圆铁皮、钻孔引流等方法将渗漏水排走。大面积的片状渗漏水，可用玻璃棉等做引水带，紧贴岩壁渗水处，将水引到排水沟内。无明显渗漏水或间歇性渗水地段，可在两层喷射混凝土层间用快凝材料做防水层。当喷射混凝土层有明显的渗漏水时，可采用注浆的方法堵水，注浆孔深度根据裂隙情况而定，一般为 $1.8 \sim 2.0m$，常用的注浆材料有水泥-水玻璃、聚氨酯等，注浆压力 $0.3 \sim 0.5MPa$。

9.2.8 在地下工程渗漏水中细部构造部位占主要部分，尤其是变形缝几乎是十缝九漏。由于该部位的防水操作困难，质量难以保证，经常出现止水带固定不牢，位置不准确，石子过分集中于止水带附近或止水带两侧混凝土振捣不密实等现象，致使防水失败。施工缝和穿墙管的渗漏水在地下工程中也比较常见。对于这些部位的渗漏水处理可采用以下方法：施工缝、变形缝一般是采用综合治理的措施即注浆防水与嵌缝和抹面保护相结合，具体做法是将变形缝内的原密封材料清除，深度约 100mm，施工缝沿缝凿槽，清洗干净，漏水较大部位埋设引水管，把缝内主要漏水引出缝外，对其余较小的渗漏水用快凝材料封堵。然后嵌填密封防水材料，并抹水泥砂浆保护层或压上保护钢板，待这些工序做完后，注浆堵水。

穿墙管与预埋件的渗水处理步骤是：将穿墙管或预埋件周围的混凝土凿开，找出最大漏水点后，用快凝胶浆或注浆的方法堵水，然后涂刷防水涂料或嵌填密封防水材料，最后用掺外加剂水泥砂浆或聚合物水泥砂浆进行表面保护。

9.3 治理材料

9.3.1 在地下工程中，围岩与衬砌之间存在有一定的间隙，这种间隙有大有小。为防止围岩漏水危及衬砌结构，往往根据工程的需要进行注浆处理。注浆时为节省材料，一般是注入水泥浆液，掺有膨润土、粉煤灰等掺合料的水泥浆，水泥砂浆等粗颗粒材料。

9.3.2 壁内注浆的目的是堵水与加固，封堵混凝土衬砌由于施工缺陷所造成的渗漏水。混凝土毕竟是密实性的材料，壁内缺陷很小，粗颗粒的材料如水泥浆液很难达到预期的堵水目的。因此必须选择渗透性能好的灌浆材料，使其在一定压力下渗入衬砌结构内起到堵水加固的作用。超细水泥由于其对环境不存在污染，可以灌入细度模数 $M_K = 0.86$ 的特细和粉细砂层以及宽度小于 $30\mu m$ 的裂隙中，并在一些地下工程渗漏水治理中应用，取得了较好的防水效果。所以本条推荐超细水泥和目前常用的环氧树脂、聚氨酯等浆液。

9.3.3 在地下工程结构的内表面和外表面做防水砂浆抹面防水，是我国传统的简便有效的防水方法，特别是在结构自防水或外贴卷材防水失败后，往往用这种方法补救。防水砂浆做法很多，五层抹面是最普通的方法，它不使用任何防水外加剂，仅利用不同配比的素浆和砂浆分层次交错抹压而成连续封闭的整体防水层，这种方法上世纪 40 年代就已应用，具有几十年的历史。随着防水技术的发展，普通防水抹面已被掺有各种外加剂、防水剂和聚合物乳液的砂浆所代替，且技术性能有很大进步，施工程序也有所简化。

在国外，防水砂浆的使用也很普遍，表 13 列举日本防水砂浆在各种工程上的应用情况，从表中可以看到，砂浆防水在日本地下防水中无论新建工程还是旧有工程渗漏水补修中的使用比例都很大，且有逐年上升的趋势。

用于防水砂浆的外加剂品种主要有萘磺酸盐、三聚氰胺磺酸盐、松香皂、氯化物金属盐、无机铝盐、有机硅和 FS_{102} 渗透结晶型等。

表 13 日本防水砂浆使用情况

年度	地下防水		屋面防水		外墙防水		室内防水	
	新工程	旧工程	新工程	旧工程	新工程	旧工程	新工程	旧工程
1981	17.5%	—	1%		19.5%	—		
1983	19.6%	9.2%	0	0	9.5%	3.6%	25.2%	24.4%
1984	23%	16.1%	0.6%		7.8%	5.1%	30.4%	20.3%

聚合物乳液的种类有很多种，但国内常用的主要是聚醋酸乙烯乳液、苯丙乳液、丙烯酸酯共聚乳液、环氧树脂及氯丁胶乳液等。

9.3.4 涂料由于可在各种形状的部位进行涂布施工，因此在地下工程渗漏水治理中也常用到。目前，防水涂料的种类很多，每种涂料有其一定的使用范围，由于渗漏水治理是在背水面作业，对防水涂料的粘结性有较高要求，因此这次修改时，只提选择"与基面粘结强度高和抗渗性好的材料"，不具体提出涂料的种类，使用时应根据地下工程防水特点、材料性能和近年来的施工实践，灵活选用。

9.3.6 密封材料按材性可分为合成高分子密封材料、高聚物改性沥青密封材料及定型密封材料，地下工程中使用的密封材料为合成高分子密封材料和定型密封材料。

合成高分子密封材料多采用硅酮、聚硫橡胶类、聚氨酯类等材料，它们的性能应符合规范第 5.1.9 条的规定。

定型密封材料的主要品种有遇水膨胀橡胶条、自粘性橡胶止水条等。遇水膨胀橡胶条是以改性橡胶为基料而制成的一种新型防水材料，它一方面具有橡胶制品的优良弹性和延展性，起到弹性密封作用；另一方面当结构变形量超过材料的弹性复原率时，在膨胀倍率范围内具有遇水膨胀的特性，起到以水止水的功能，这种双重止水机理提高了防水效果，目前这种防水材料有各种定型产品。自粘性橡胶是由特种合成橡胶掺入各种助剂加工而成的弹塑性腻子状聚合物，它具有橡胶腻子充填空隙的性能，同时在一定压力下又具有与混凝土良好的粘着性能。它们主要用于地下工程的变形缝、施工缝、穿墙管等接缝的防水。

地下工程中由于经常受水侵蚀，使用密封防水材料时要注意以下问题：

1 密封材料经常承受水压作用易产生较大拉伸变形，不宜使用圆形或方形背衬材料，应用薄片背衬材料，并防止三面粘结。

2 材料不能因长期受水浸泡而产生胀溶，污染水质。

3 受振动、温差、结构变形等影响接缝并产生活动时，要选用弹性或弹塑性好的密封材料。

4 密封材料与基层的粘结，不能因为长期浸水而造成粘结老化，发生粘结剥离破坏，因此应选择适当的耐水基层处理剂。

9.4 施 工

9.4.2 在渗漏水治理的各道工序中，有的属于隐蔽工程，如嵌缝作业的基面处理、注浆工程等，它关系到防水的质量好坏，必须做好施工中的记录工作，随时进行检查，发现问题及时处理，上道工序未经验收合格，不得进行下道工序施工，确保堵漏工作的质量。

10 其 他 规 定

10.0.4 明挖法地下工程在回填前，由于地下水位上升，工程浮起破坏事故曾多次发生。例如，武汉某工程位于亚粘土地区，埋深6.75m，地下水位-1.0m，建筑面积850.39m²，工程为三跨结构。1980年工程主体完工后，尚未回填，大雨将工程全部淹没，工程上浮1.8m，造成工程底板断裂破坏。因此工程应有抗浮力措施。

10.0.5 根据各地工程实践，地下水位应降到工程底部最低标高500mm以下较为合理。如控制距离较小，往往会造成基础施工困难，而影响地下工程防水质量。

由于一般工程的抗浮力均考虑工程上部覆土的重量，如在防水工程完工而尚未回填时就停止抽水，则有可能由于水位上升而造成工程上浮，导致工程防水层破坏，因此规范规定降水作业直至回填作业完毕为止。

10.0.6 工程实践证明，密实的回填是工程防水的一道防线，而疏松的回填不仅起不到防水作用，还使得回填区成为一个积水区。回填密实程度与回填土的质量有很大关系，因此对土质也相应提出了要求。为此规范规定在工程范围800mm以内宜采用灰土、粘土、亚粘土、黄土回填，考虑到有的地区取土困难，可采用原土，但不得夹有石块、碎砖、灰渣及有机物等，也不得用冻土。

采用机械进行回填碾压时，土中产生的压应力随着深度增加而逐渐减少，超过一定深度后，工程受机械回填碾压影响减小，其深度与施工机械、土质、土的含水量等因素有关。

1 《铁路工程技术规范》条文说明："涵顶具有不少于1m的填土厚度时，机械才能越过涵顶"。因为涵顶填土厚度1m以上时，一般说来涵洞可以消除机械冲击影响，并可将机械压力匀散减小。

2 10t压路机碾压最佳含水量状态下的轻亚粘土，其压实影响可达0.45m，若为重粘土，则只能达到0.3m。

3 北京地铁规定：回填厚度超过0.6m，才允许采用机械回填碾压。

综合上述数据，规范规定允许机械回填碾压时的回填厚度值。

中华人民共和国国家标准

人民防空工程施工及验收规范

Code for construction and acceptance of civil
air defence works

GB 50134－2004

主编部门：国家人民防空办公室
批准部门：中华人民共和国建设部
施行日期：２００４年８月１日

中华人民共和国建设部
公 告

第 245 号

建设部关于发布国家标准
《人民防空工程施工及验收规范》的公告

现批准《人民防空工程施工及验收规范》为国家标准,编号为 GB 50134—2004,自 2004 年 8 月 1 日起实施。其中,第 3.1.2、3.1.5、3.3.2、3.3.3、3.3.4、3.3.5、3.3.6、3.3.10、3.3.11、3.3.12、3.5.1、6.2.1、6.2.2、6.2.5、6.2.6、6.3.1、6.3.2、6.3.3、6.3.4、6.3.6、6.3.7、6.3.8、6.3.9、6.3.10、6.4.1、6.4.2、6.4.5、6.4.10、6.4.11、6.4.12、6.3.13、6.4.14、6.4.16、6.5.1、6.5.2、9.1.1、9.1.3、9.2.1、9.3.1、9.3.2、9.3.3、9.4.1、9.4.3、9.6.1、9.6.2、9.6.3、9.6.4、10.1.1、10.1.2、10.1.3、10.1.4、10.1.5、10.1.6、10.1.7、10.1.8、10.1.9、10.2.1、10.2.2、10.2.3、10.2.4、10.2.5、10.2.6、10.3.3、10.3.4、10.3.5、10.4.1、10.4.2、10.5.3、10.5.4、11.1.1、11.1.2、11.1.3、11.2.1、11.2.4、11.2.5、11.2.6、11.2.7、11.2.8、11.3.1、11.3.3、11.3.4、11.3.5、11.3.6、11.4.8、11.5.5、11.5.6、11.5.7、11.5.9、11.5.10、11.6.1、11.6.2、11.6.3、11.6.4 条为强制性条文,必须严格执行。原《人防工程施工及验收规范》GBJ 134—90同时废止。

本规范由建设部标准定额研究所组织中国计划出版社出版发行。

中华人民共和国建设部
二○○四年六月十八日

前　言

根据国家人民防空办公室 [2001] 国人防办字第51号文件要求,对《人防工程施工及验收规范》GBJ 134—90 进行修订。

本规范共分十一章,其主要内容有:总则,术语,坑道、地道掘进,不良地质地段施工,逆作法施工,钢筋混凝土施工,顶管施工,盾构施工,孔口防护设施的制作及安装,管道与附件安装,设备安装等。

本规范修订的主要内容有:

增加了术语一章。

增加了逆作法施工一章。

增加了坑道、地道掘进施工中喷锚支护规定。

增加了钢筋制作、泵送混凝土和大体积混凝土施工规定。

调整、补充了防爆波活门、胶管活门、防爆超压排气活门、自动排气活门安装和防护功能平战转换施工要求。

补充了通风机、除湿机、消声设备、变压器安装内容。

将设备安装、设备安装工程的防腐、消声、防火和设备安装工程的验收合并为一章。

删除了部分技术比较落后、与相关标准重复或不协调的内容。

本规范以黑体字标识的条文为强制性条文,必须严格执行。

本规范由建设部负责管理和对强制性条文的解释,辽宁省人防建筑设计研究院负责具体技术内容的解释。

本规范在执行过程中,如发现需要修改和补充之处,请将意见和有关资料寄辽宁省人防建筑设计研究院(沈阳市北陵大街 45－4 号,邮政编码 110032),以便今后修订时参考。

本标准的主编单位、参编单位和主要起草人:

主 编 单 位: 辽宁省人防建筑设计研究院

参 编 单 位: 上海市地下建筑设计院
上海市人防工程管理公司
解放军理工大学工程兵工程学院
南京市人民防空办公室

主要起草人: 周成玉　王德佳　陈楚平　徐炜林
胡炳洪　李丽娟　黄志强　唐　蓉
沈瑞和　王述俊　王永泉　孙正林
高瑞清　孔大力　徐立成

目　次

1 总 则

1.0.1 为了提高人民防空工程（以下简称人防工程）的施工水平，降低工程造价，保证工程质量，制定本规范。

1.0.2 本规范适用于新建、扩建和改建的各类人防工程的施工及验收。

1.0.3 人防工程施工前，应具备下列文件：

1 工程地质勘察报告；

2 经过批准的施工图设计文件；

3 施工区域内原有地下管线、地下构筑物的图纸资料；

4 经过批准的施工组织设计或施工方案；

5 必要的试验资料。

1.0.4 工程施工应符合设计要求。所使用的材料、构件和设备，应具有出厂合格证并符合产品质量标准；当无合格证时，应进行检验，符合质量要求方可使用。

1.0.5 当工程施工影响邻近建筑物、构筑物或管线等的使用和安全时，应采取有效措施进行处理。

1.0.6 工程施工中应对隐蔽工程作记录，并应进行中间或分项检验，合格后方可进行下一工序的施工。

1.0.7 设备安装工程应与土建工程紧密配合，土建主体工程结束并检验合格后，方可进行设备安装。

1.0.8 工程施工质量验收时，应提供下列文件和记录：

1 图纸会审、设计变更、洽商记录；

2 原材料质量合格证书及检（试）验报告；

3 工程施工记录；

4 隐蔽工程验收记录；

5 混凝土试件及管道、设备系统试验报告；

6 分项、分部工程质量验收记录；

7 竣工图以及其他有关文件和记录。

1.0.9 人防工程施工及验收，除应遵守本规范外，尚应符合国家现行有关标准规范的规定。

1.0.10 人防工程施工时的安全技术、环境保护、防火措施等，必须符合有关的专门规定。

2 术 语

2.0.1 人民防空工程 civil air defence works

为保障人民防空指挥、通信、掩蔽等需要而建造的防护建筑。人民防空工程分为单建掘开式工程、坑道工程、地道工程和防空地下室。

2.0.2 单建掘开式工程 cut-and-cover works

单独建设的采用明挖法施工，且大部分结构处于原地表以下的工程。

2.0.3 坑道工程 undermined works with low exit

大部分主体地坪高于最低出入口地面的暗挖工程。

2.0.4 地道工程 undermined works without low exit

大部分主体地坪低于最低出入口地面的暗挖工程。

2.0.5 防空地下室 civil air defence basement

为保障人民防空指挥、通信、掩蔽等需要，具有预定防护功能的地下室。

2.0.6 明挖 open-cut

地下工程地基上方全部岩、土层被扰动的开挖。采用明挖的地下工程施工方法称明挖法。

2.0.7 暗挖 undermine

不扰动地下工程上部岩土层的开挖。采用暗挖的地下工程施工方法称暗挖法。

2.0.8 防护门 blast door

能阻挡冲击波但不能阻挡毒剂通过的门。

2.0.9 防护密闭门 blast airtight door

既能阻挡冲击波又能阻挡毒剂通过的门。

2.0.10 密闭门 airtight door

能阻挡毒剂通过但不能阻挡冲击波通过的门。

2.0.11 门框墙 door-frame wall

在门孔四周保障门扇就位并承受门扇传来的荷载的墙。

2.0.12 防爆波活门 blast valve

简称活门。装于通风口或排烟口处，在冲击波到来时能迅速自动关闭的防冲击波设备。

2.0.13 密闭阀门 airtight valve

保障通风系统密闭的阀门。包括手动式和手、电动两用式密闭阀门。

2.0.14 自动排气活门 automatic exhaust valve

靠阀门两侧空气压差作用自动启闭的具有抗冲击波余压功能的排风活门。能直接抗冲击波的称防爆超压排气活门。

2.0.15 防爆防毒化粪池 blastproof and gasproof septictank

能阻止冲击波和毒剂等由排水管道进入工程内部的化粪池。

2.0.16 水封井 trapped well

用静止水柱阻止毒剂进入工程内部的设施。

2.0.17 防护密闭隔墙 protective airtight partition wall

既能抗御核爆冲击波和炸弹气浪作用，又能阻止毒剂通过的隔墙。

2.0.18 密闭隔墙 airtight partition wall

主要用于阻止毒剂通过的隔墙。

2.0.19 防冲击波闸门 defence shock wave gate

防止冲击波由管道进入工程内部的闸门。

3 坑道、地道掘进

3.1 一般规定

3.1.1 本章适用于岩体中坑道、地道的掘进施工及验收。

3.1.2 穿越建筑物、构筑物、街道、铁路等的坑道、地道掘进时，应采取连续作业和可靠的安全措施。

3.1.3 坑道、地道的轴线方向、高程、纵坡和口部位置均应符合设计要求。

3.1.4 通过松软破碎地带的大断面坑道、地道，宜采用导洞超前掘进的施工方法。导洞超前长度应根据地质情况、导洞的布置和通风条件等因素经综合技术经济比较后确定。

3.1.5 坑道、地道掘进时，应采取湿式钻孔、洒水装碴和加强通风等综合防尘措施。

3.2 施工测量

3.2.1 施工中应对轴线方向、高程和距离进行复测。复测应符合下列规定：

1 复测轴线方向，每个测点应进行两个以上测回；

2 复测高程时，水准测量的前后视距宜相等，水准尺的读数应精确到毫米；

3 复测两标准桩之间轴线长度时，应采用钢尺测量，其偏差不应超过 0.2‰。

3.2.2 口部测量应符合下列规定：

1 应根据口部中心桩测设底部起挖桩和上部起挖桩；在明显和便于保护的地点设置水准点，并应设高程标志；

2 在距底部起挖桩和上部起挖桩3m以外，宜各设一对控制中心桩；

3 在洞口掘进5m以后，宜在洞口底部埋设标桩。

3.2.3 坑道、地道掘进必须标设中线和腰线，并应符合下列规定：

1 宜采用经纬仪标设坑道、地道的方向。当采用经纬仪标设方向时，宜每隔 30m 设一组中线，每组不少于 3 条，其间距不小于 2m；

2 宜采用水准仪标设坑道、地道的坡度。当采用水准仪标设坡度时，宜每隔 20m 设 3 对腰线点，其间距不小于 2m；

3 坑道、地道掘进时，应每隔 100m 对中线和腰线进行一次校核。

3.3 工程掘进

3.3.1 坑道、地道掘进应采用光面爆破。光面爆破的爆破参数，可按下列规定采用：

1 炮孔深度宜为1.8~3.5m；

2 周边炮孔间距为350~600mm；

3 周边炮孔密集系数为0.5~1.0；

4 周边炮孔药卷直径为20~25mm；

5 当采用2号岩石硝铵炸药时，周边炮孔单位长度装药量：软岩为 70~120g/m，中硬岩为 200~300g/m；硬岩为 300~350g/m。

3.3.2 当掘进对穿、斜交、正交坑道、地道时，必须有准确的实测图。当两个作业面相距小于或等于 15m 时，应停止一面作业。

3.3.3 钻孔作业应符合下列规定：

1 钻孔前应将作业面清出实底；

2 必须采用湿式钻孔法钻孔，其水压不得小于 0.3MPa，风压不得小于 0.5MPa；

3 严禁沿残留炮孔钻进。

3.3.4 严禁采用不符合产品标准的爆破器材；在有地下水的地段，所用爆破器材应符合防水要求。

3.3.5 坑道、地道掘进宜采用火花起爆或电力起爆。当采用火花起爆时，每卷导火索在使用前均应将两端各切去 50mm，并从一端取 1m 作燃速试验；导火索的长度应根据点火人员在点燃全部导火索后能隐蔽到安全地点所需的时间确定，但不得小于 1.2m。当采用电力起爆时，电雷管使用前，应进行导电性能检验，输出电流不应大于 50mA；在同一爆破网路内，当电阻小于 1.2Ω 时，雷管的电阻差不应大于 0.2Ω；当电阻为 1.2~2Ω 时，电阻差不应大于0.3Ω；电爆母线和连接线必须采用绝缘导线。

3.3.6 当施工现场的杂散电流值大于 30mA 时，不应采用电力起爆。当受条件限制需采用电力起爆时，应采取下列防杂散电流的措施：

1 检查电气设备的接地质量；

2 爆破导线不得有破损和裸露接头；

3 应采用紫铜桥丝低电阻雷管或无桥丝电雷管，并应采用高能发爆器引爆。

3.3.7 运输轨道的铺设，应符合下列规定：

1 钢轨型号：人力推斗车不宜小于 8kg/m，机车牵引不应小于 15kg/m；

2 线路坡度：人力推斗车不宜超过 15‰，机车牵引不宜超过 25‰，洞外卸碴线尽端应设有 5‰~10‰的上坡段；

3 轨道的宽度允许偏差应为＋6mm、－4mm，轨顶标高偏差应小于 2mm，轨道接头处轨顶水平偏差应小于3mm；

4 曲线段轨距加宽值及外轨超高值应符合表 3.3.7的规定；

5 采用机车牵引时，曲线段两钢轨之间应加拉杆。

表 3.3.7 曲线段轨距加宽值及外轨超高值

曲线半径 (m)	轨距加宽值（mm）		外轨超高值（mm）	
	轨 距		轨 距	
	600	750	600	750
6	15	15	30	35
8	10	10	25	30
10	10	10	20	25

曲线半径 （m）	轨距加宽值（mm）		外轨超高值（mm）	
	轨　距		轨　距	
	600	750	600	750
12	10	10	15	20
14	10	10	10	15
15	5	10	10	15

3.3.8 坑道内采用汽车运输时，车行道的坡度不宜大于 12%；单车道净宽不得小于车宽加 2m；双车道净宽不得小于 2 倍车宽加2.5m。

3.3.9 车辆运行速度和前后车距离，应符合下列规定：

　　1 机车牵引列车，在洞内车速应小于 2.5m/s；在洞外车速应小于 3.5m/s；前后列车距离应大于60m；

　　2 人力推斗车车速应小于1.7m/s，前后车距离应大于20m；

　　3 人力手推车车速应小于1m/s，前后车距离应大于 7m；

　　4 自卸汽车在洞内行车速度应小于10km/h。

3.3.10 斗车和手推车均应有可靠的刹车装置，严禁溜放跑车。

3.3.11 掘进工作面需要风量的计算，应符合下列规定：

　　1 放炮后 15min 内能把工作面的炮烟排出；

　　2 按掘进工作面同时工作的最多人数计算，每人每分钟的新鲜空气量不应少于 4m³；

　　3 风流速度不得小于 0.15m/s；

　　4 当采用混合式通风时，压入式扇风机必须在炮烟全部排出后方可停止运转。

3.3.12 掘进工作面的通风，应符合下列规定：

　　1 当采用混合式通风时，压入式扇风机的出风口与抽出式扇风机的入风口的距离不得小于 15m；

　　2 当采用风筒接力通风时，扇风机间的距离，应根据扇风机特性曲线和风筒阻力确定；接力通风的风筒直径不得小于 400mm；每节风筒直径应一致，在扇风机吸入口一端应设置长度不小于 10m 的硬质风筒；

　　3 压入式扇风机和启动装置，必须安装在进风通道中，与回风口的距离不得小于 10m；

　　4 扇风机与工作面的电气设备，应采用风、电闭锁装置。

3.4　临 时 支 护

3.4.1 喷射混凝土支护，应符合下列规定：

　　1 喷射混凝土的原材料：

　　　1）应选用普通硅酸盐水泥，其标号不得低于 32.5 级；受潮或过期结块的水泥严禁使用；

　　　2）应采用坚硬干净的中砂或粗砂，细度模数应大于 2.5，含水率不宜大于 7%；

　　　3）应采用坚硬耐久的卵石或碎石，其粒径不宜大于 15mm；

　　　4）不得使用含有酸、碱或油的水。

　　2 混合料的配比应准确。称量的允许偏差：水泥和速凝剂应为±2%，砂、石应为±3%。

　　3 混合料应采用机械搅拌。强制式搅拌机的搅拌时间不宜少于 1min，自落式搅拌机的搅拌时间不宜少于 2min。

　　4 混合料应随拌随用，不掺速凝剂时存放时间不应超过 2h，掺速凝剂时存放时间不应超过 20min。

　　5 喷射前应清洗岩面。喷射作业中应严格控制水灰比：喷砂浆应为 0.45～0.55，喷混凝土应为 0.4～0.45。混凝土的表面应平整、湿润光泽、无干斑或流淌现象。终凝 2h 后应喷水养护。

　　6 速凝剂的掺量应通过试验确定。混凝土的初凝时间不应超过 5min，终凝时间不应超过 10min。

　　7 当混凝土采取分层喷射时，第一层喷射厚度：墙 50～100mm，拱 30～60mm；下一层的喷射应在前一层混凝土终凝后进行，当间隔时间超过 2h，应先喷水湿润混凝土表面。

　　8 喷射混凝土的回弹率，墙不应大于 15%，拱不应大于 25%。

3.4.2 锚杆支护应符合下列规定：

　　1 锚杆的孔深和孔径应与锚杆类型、长度、直径相匹配；

　　2 孔内的积水及岩粉应吹洗干净；

　　3 锚杆的杆体使用前应平直、除锈、除油；

　　4 锚杆尾端的托板应紧贴壁面，未接触部位必须楔紧，锚杆体露出岩面的长度不应大于喷射混凝土的厚度；

　　5 锚杆必须做抗拔力试验，其检验评定方法应符合国家现行标准《锚杆喷射混凝土支护技术规范》的规定。

3.4.3 钢筋网喷射混凝土支护应符合下列规定：

　　1 钢筋使用前应清除污锈；

　　2 钢筋网与岩面的间隙不应小于30mm，钢筋保护层厚度不应小于 25mm；

　　3 钢筋网应与锚杆或其他锚定装置联结牢固；

　　4 当采用双层钢筋网时，第二层钢筋网应在第一层钢筋网被混凝土覆盖后铺设。

3.4.4 钢纤维喷射混凝土支护应符合下列规定：

　　1 钢纤维的长度宜一致，并不得含有其他杂物；

　　2 钢纤维不得有明显的锈蚀和油渍；

　　3 混凝土粗骨料的粒径不宜大于10mm；

　　4 钢纤维掺量应为混合料重量的3%～6%；应搅拌均匀，不得成团。

3.5 工程验收

3.5.1 坑道、地道掘进允许偏差应符合表 3.5.1 的规定。

表 3.5.1　坑道、地道掘进允许偏差

项　　目	允许偏差（mm）
口部水平位置偏移	100
口部标高	±100
毛洞坡度	±10%
毛洞宽度	+100
（从中线至任何一帮）	−20
毛洞高度	+100
（从腰线分别至底部、顶部）	−30
预留孔中心线位置偏移	20
预留洞中心线位置偏移	50

3.5.2 毛洞局部超挖不得大于 150mm，且其累计面积不得大于毛洞总面积的 15%。

3.5.3 毛洞中心线局部偏移不得超过 200mm，且其累计长度不得大于毛洞全长的 15%。

3.5.4 毛洞坡度局部偏差不得超过 20%，且其累计长度不得大于毛洞全长的 20%。

4　不良地质地段施工

4.1　一般规定

4.1.1 当坑道、地道掘进后围岩自稳时间不能满足支护要求时，宜采用先加固后掘进的方法。

4.1.2 工程通过不良地质地段，应符合下列规定：

　1　宜采用风镐等机械挖掘；

　2　当采用爆破掘进时，应打浅眼、放小炮，并应控制掘进进尺和炮孔装药量；

　3　应采用新奥法，边掘进、边量测、边衬砌；

　4　当不采用全断面掘进时，掘进后应立即进行临时支护，并应根据支护状况和量测结果，再进行全断面掘进和永久衬砌；

　5　当工程上方有建筑物、构筑物时，在掘进过程中应测量围岩的位移、地面的沉降量和锚杆、喷层等的受力状况。

4.2　超前锚杆支护

4.2.1 在未扰动而破碎的岩层、结构面裂隙发育的块状岩层或松散渗水的岩层中掘进坑道、地道，宜采用超前锚杆支护。

4.2.2 超前锚杆宜采用有钢支撑的超前锚杆或悬吊式超前锚杆。锚杆的尾部支撑必须坚固（见图 4.2.2-1、图 4.2.2-2）。

4.2.3 锚杆与毛洞轴线的夹角应根据地质条件确定，并应符合下列规定：

　1　在未扰动而破碎的岩层中，宜采用全长固结砂浆锚杆，其与毛洞轴线夹角宜为 12°～20°；

　2　在结构面裂隙发育的块状岩层中，宜采用全长固结砂浆锚杆，其与毛洞轴线夹角宜为 35°～50°；

　3　在松散渗水的岩层中，宜采用素锚杆，其与毛洞轴线夹角宜为 6°～15°。

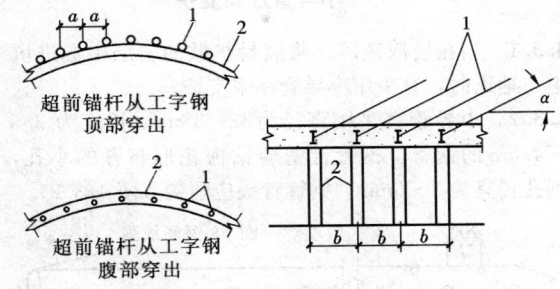

图 4.2.2-1　有钢支撑的超前锚杆
1—锚杆；2—钢支撑
a—锚杆间距；b—钢支撑间距；α—锚杆倾角

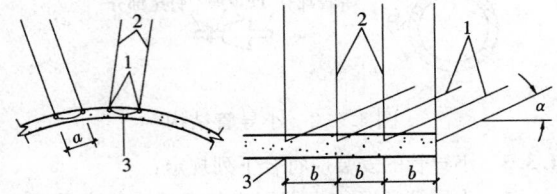

图 4.2.2-2　悬吊式超前锚杆
1—超前锚杆；2—径向锚杆；3—横向连接短筋
a—超前锚杆间距；b—爆破进尺；α—锚杆倾角

4.2.4 锚杆的长度可按下式确定（图 4.2.4）：

$$L = a + b + c \qquad (4.2.4)$$

式中　L——锚杆长度（mm）；

　　　a——锚杆尾部长度，宜为 200mm；

　　　b——开挖进尺（mm）；

　　　c——在围岩中的锚杆前端长度，不宜小于 700mm。

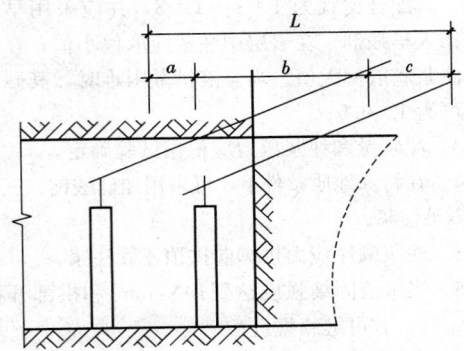

图 4.2.4　超前锚杆长度

4.2.5 锚杆间距应根据围岩状况确定。当采用单层锚杆时，宜为 200～400mm；当采用双层或多层锚杆时，宜为 400～600mm。

4.2.6 上、下层锚杆应错开布置，且层间距不宜大于 2m。

4.2.7 锚杆宜采用热轧 HRB335 级钢筋或热轧钢管。钢筋直径宜为 18～22mm，钢管直径宜为 32～38mm。

4.3 小导管注浆支护

4.3.1 当在松散破碎、浆液易扩散的岩层中掘进坑道、地道时，宜采用小导管注浆支护。

4.3.2 小导管宜采用直径为 32～38mm、长度为 3.5～4.5m 的钢管。钢管管壁应钻梅花形布置的小孔，其孔径宜为 3～6mm。钢管管头应削尖（图 4.3.2）。

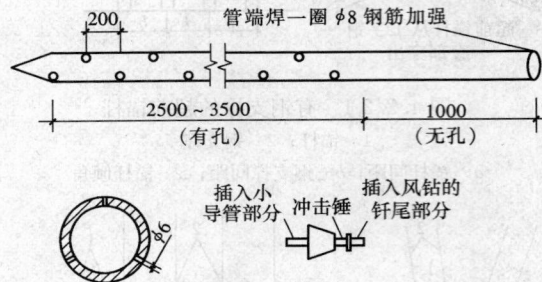

图 4.3.2　小导管结构

4.3.3 小导管的安装应符合下列规定：

　　1 小导管间距应根据围岩状况确定。当采用单层小导管时，其间距宜为 200～400mm；当采用双层小导管时，其间距宜为 400～600mm。

　　2 上、下层小导管应错开布置，其排距不宜大于其长度的1/2。

　　3 小导管外张角度应根据注浆胶结拱的厚度确定，宜为10°～25°。

4.3.4 小导管注浆应符合下列规定：

　　1 注浆前，应向作业面喷射混凝土，喷层厚度不宜小于 50mm。

　　2 浆液可为水泥浆或水泥砂浆。当采用水泥砂浆时，其配合比宜为 1∶1～1∶3，并应采用早强水泥或掺入早强剂。在岩层中注浆应取偏小值；在松散体中注浆应取偏大值。当浆液扩散困难时，其砂浆配合比可为 1∶0.5。

　　3 注浆量和注浆压力应根据试验确定。

　　4 在特殊地质条件下，可采用加硅酸钠、三乙醇胺等双液注浆。

　　5 注浆顺序应由拱脚向拱顶逐管注浆。

4.3.5 当浆液固结强度达到10N/mm²和拱部开挖后不坍塌时，方可继续掘进。

4.4 管棚支护

4.4.1 在回填土堆积层、断层破碎带等地层中掘进坑道、地道时，宜采用管棚支护。

4.4.2 管棚支护的长度不宜大于40m。

4.4.3 管棚宜采用厚壁钢管。其直径不应小于100mm；长度宜为 2～3m。钢管之间的净距宜为 400～700mm。

4.4.4 管棚钢管接头材料强度应与钢管强度相等。接头应交错布置。

4.4.5 在岩层中钻孔，钻头直径宜比钢管直径大 4mm。

4.4.6 管棚应靠近拱顶布置，管棚钢管与衬砌的距离应小于 400mm。

4.4.7 在钻孔过程中，应及时测量钻孔方位。当钻孔钻进深度小于或等于 5m 时，方位测量不宜少于 5 次；当钻进深度大于 5m 时，每钻进 2～3m 应进行一次方位测量。对每次测量的钻孔方位，其允许偏差不应超过 1‰。

4.4.8 当钻孔偏斜超过允许偏差时，应在孔内注入水泥砂浆，并待水泥砂浆的强度达到 10N/mm² 后，方可重新钻孔。

4.4.9 钻孔完毕，并经检查其位置、方向、深度、角度等均符合要求后，方可进行管棚施工。

4.4.10 当钻进过程中易产生塌孔时，宜以钢管代替钻杆，在钢管前端镶焊合金片，并随钻随接钢管。

4.4.11 当要求控制坑道、地道上方的地面下沉时，钢管外的空隙应注浆充填密实。

4.4.12 管棚注浆应符合下列规定：

　　1 钢管安装完毕，应将管内岩粉冲洗干净；

　　2 水泥浆的水灰比宜为0.5～1.0；

　　3 水泥浆注浆压力不应大于0.2MPa；

　　4 水泥砂浆注浆压力不应小于0.2MPa。

5　逆作法施工

5.1　一般规定

5.1.1 当在城市交通中心、商业密集区域构筑人防工程时，可采用逆作法施工。

5.1.2 逆作法施工宜采用先施工顶板，再施工墙（柱），最后施工底板的程序。

5.2　钻　孔

5.2.1 钻机应符合下列规定：

　　1 钻机应运行平稳，纵、横方向应移动方便；

　　2 应有自动调整钻杆垂直度的装置和起吊能力；

　　3 钻头带有螺旋叶片部分的长度，应大于或等于钻孔柱的长度；螺旋叶片的直径应与钻孔柱直径相等。

5.2.2 钻机就位并校正钻杆垂直度后，应一次钻进，中间不得提钻；钻进速度不宜大于 26r/min。

5.2.3 提钻速度不宜大于1m/min；严禁反转提钻。

5.2.4 钻头应对准施工放线给定的钻孔中心点，偏差不应超过 2mm；在钻孔定位的同时应进行钻杆垂直度的检查与校正。

5.3 灌注混凝土

5.3.1 在混凝土灌注时，不得出现混凝土离析现象。宜采用边灌注混凝土、边振捣、边提升导管的施工方法。

5.3.2 钢筋骨架的吊装就位宜利用钻机的起重设备进行。在钢筋骨架就位前，宜在孔壁周边放置 3 根距离相等的 φ25 钢管，作为控制骨架的"导轨"；骨架就位后，混凝土灌注前将"导轨"拔出。

5.3.3 顶板、底板、墙的混凝土浇筑，应符合本规范第 6.4 节的规定。

5.4 土 模

5.4.1 顶板、梁、拱、无梁顶板柱帽等构件的底模，宜采用土模（土底模）。土底模土层不应扰动；如有扰动，应压实。

5.4.2 土底模施工宜采用机械或人工方法明挖至顶板、梁、拱、无梁顶板柱帽等构件底面标高以上 10cm 处后，用铁锹铲平至构件底面标高以下 2cm，抹 2cm 厚 M5 水泥砂浆，并做隔离层。

5.4.3 侧墙靠岩土一侧的模板，可采用土外模（侧墙土模）。当采用侧墙土模时，每次挖土进尺宜为 4～5m。

5.5 土方暗挖

5.5.1 土方开挖应符合下列规定：

　　1 宜采用先挖导洞再全面开挖的方法；

　　2 导洞开挖宽度不宜大于2m；

　　3 侧墙导洞开挖应与浇筑侧墙混凝土同时进行；

　　4 挖柱四周土体的尺寸，不得超过柱基础的平面尺寸；

　　5 侧墙每次开挖进尺不宜超过5m，且较每次浇筑侧墙混凝土长度长 1.0～1.5m；

　　6 应按测量定位线开挖，防止出现超挖或欠挖。

5.5.2 土方运输应符合下列规定：

　　1 施工竖井应设置人行爬梯，严禁人员乘坐吊盘出入；

　　2 施工竖井地面、地下均应设置联系信号；

　　3 在吊盘上必须设置限速器和超高器。

5.6 下 接 柱

5.6.1 当出现下列情况时，可采用下接柱：

　　1 由于地质条件钻孔不能成孔；

　　2 遇到建筑物基础等障碍物，无法成孔；

　　3 由于地面架空线路高度所限，钻机在钻孔位置无法作业；

　　4 工程柱子数量较少，采用钻机钻孔方法不经济。

5.6.2 下接柱施工可采用以下方法：在浇筑柱帽或

梁时，将柱受力筋按钢筋接头所需长度插入土中，在柱帽或梁下面设刹肩，再开挖土方，挖至柱下暴露出插入的接头钢筋。在开挖面上架设基础钢筋和柱主筋，并与插入接头钢筋连接，同时浇筑柱和基础混凝土。

5.6.3 当柱下土方开挖后，应及时加设临时支撑，宜在柱帽四个角部设支撑点。支撑材料的规格、数量，应根据柱高、板跨、结构型式、地面荷载等因素，经计算确定。

5.7 刹 肩

5.7.1 在侧墙及下接柱的肩部、顶板底面下不小于 50cm 处，应设置刹肩。

5.7.2 刹肩混凝土浇筑应在柱、墙等构件混凝土浇筑 7d 后进行。浇筑刹肩混凝土应采用比构件混凝土强度高一个等级的干硬性膨胀混凝土，且必须填塞饱满，振捣密实。

5.7.3 在侧墙刹肩顶部、顶板以下宜设置一个以板厚加下反高度为梁高的通长过梁。通长过梁一端可支撑在未开挖的土体上，另一端支撑在已经浇筑混凝土的侧墙上。

5.8 砂 构 造 层

5.8.1 当灌注柱混凝土时，应在中间层板或基础的位置灌注砂层。在浇筑中间层板或基础时取出砂，再设置钢筋并浇筑混凝土。

5.8.2 灌注砂层应符合下列规定：

　　1 砂层上标高，应高出预接构件标高 10cm，防止混凝土振捣时砂层下沉，保证预接构件尺寸；

　　2 砂层应潮湿，防止砂层吸收混凝土中水分而影响混凝土质量；

　　3 在浇筑预接构件混凝土时，应清理钢筋表面，防止出现砂粒附着现象；

　　4 在预接构件顶部应采用干硬性膨胀混凝土，并振捣密实。

6 钢筋混凝土施工

6.1 一 般 规 定

6.1.1 人防工程施工宜采用商品混凝土。

6.1.2 混凝土各分项工程的施工，应在前一分项工程检查合格后进行。

6.2 模 板 安 装

6.2.1 模板及其支架应符合下列规定：

　　1 必须具有足够的强度、刚度和稳定性；

　　2 能可靠地承载新浇筑混凝土的自重和侧压力，以及在施工过程中新产生的荷载；

　　3 保证工程结构和构件各部分形状、尺寸和相互位置的正确；

　　4 模板的接缝不应漏浆；

　　5 临空墙、门框墙的模板安装，其固定模板的对拉螺栓上严禁采用套管、混凝土预制件等。

6.2.2 模板及其支架在安装过程中，必须设置防倾覆的临时固定设施。

6.2.3 现浇钢筋混凝土梁、板，当跨度等于或大于4m时，模板应起拱；当设计无具体要求时，起拱高度宜为全跨长度的1‰～3‰。

6.2.4 模板安装的允许偏差应符合表6.2.4的规定。

表 6.2.4　模板安装的允许偏差

项　目		允许偏差（mm）
轴线位置		5
标　高		±5
截面尺寸		±5
表面平整度		5
垂直度		3
相邻两板表面高低差		2
预埋管、预留孔中心线位置		3
预埋螺栓	中心线位置	2
	外露长度	+10 　0
预留洞	中心线位置	10
	截面内部尺寸	+10 　0

6.2.5 模板及其支架拆除时的混凝土强度，应符合设计要求；当设计无具体要求时，应符合下列规定：

　　1 侧模，在混凝土强度能保证其表面及棱角不因拆除模板而受损坏后，方可拆除；

　　2 底模，在混凝土强度符合表6.2.5规定后，方可拆除。

表 6.2.5　拆模时所需混凝土强度

结构类型	结构跨度 （m）	按设计的混凝土强度标准值 的百分率计（%）
板	≤2	50
	2～8	75
	＞8	100
梁、拱、壳	≤8	75
	＞8	100

注："设计的混凝土强度标准值"系指与设计混凝土强度等级相应的混凝土立方体抗压强度。

6.2.6 已拆除模板及其支架的结构，在混凝土强度符合设计混凝土强度等级的要求后，方可承受全部使用荷载；当施工荷载所产生的效应比使用荷载的效应更为不利时，必须经过核算，加设临时支撑。

6.3　钢筋制作

6.3.1 钢筋应有出厂质量证明书或试验报告单，钢筋表面和每捆（盘）钢筋均应有标志。进场时应按批号及直径分批检验。检验内容包括查对标志、外观检查，并按现行国家有关标准的规定抽取试样作力学性能试验，合格后方可使用。

钢筋在加工过程中，如发现脆断、焊接性能不良或力学性能显著不正常等现象，尚应对该批钢筋进行化学成分检验或其他专项检验。

6.3.2 钢筋的级别、种类和直径应按设计要求采用。当需要代换时，应征得设计单位的同意，并应符合下列规定：

　　1 不同种类钢筋的代换，应按钢筋受拉承载力设计值相等的原则进行，可采用下式计算求得：

$$A_{s1} f_{y1} \gamma_{d1} = A_{s2} f_{y2} \gamma_{d2} \qquad (6.3.2)$$

式中　A_{s1}、f_{y1}、γ_{d1}——分别为原设计钢筋的计算截面面积（mm²）、强度设计值（N/mm²）、动荷载作用下材料强度综合调整系数；

　　　　A_{s2}、f_{y2}、γ_{d2}——分别为拟代换钢筋的计算截面面积（mm²）、强度设计值（N/mm²）、动荷载作用下材料强度综合调整系数。

γ_d 可按表6.3.2选用。

表 6.3.2　材料强度综合调整系数 γ_d

钢筋种类	综合调整系数 γ_d
HPB 235 级	1.50
HRB 335 级	1.35
HRB 400 级 RRB 400 级	1.20

　　2 钢筋代换后，应满足设计规定的钢筋间距、锚固长度、最小钢筋直径、根数等要求；

　　3 对重要受力构件不宜用光面钢筋代换变形（带肋）钢筋；

　　4 梁的纵向受力钢筋与弯起钢筋应分别进行代换。

6.3.3 钢筋的表面应洁净、无损伤，油渍、漆污和铁锈等应在使用前清除干净。带有颗粒状或片状老锈的钢筋不得使用。钢筋应平直，无局部曲折。

6.3.4 钢筋的弯钩或弯折应符合下列规定：

　　1 HPB 225 级钢筋末端需做180°弯钩，其圆弧弯曲直径不应小于钢筋直径的2.5倍，平直部分长度不宜小于钢筋直径的3倍；

　　2 HRB 335 级和 HRB 400 级、RRB 400 级钢筋末端需做90°或135°弯折，HRB 335 级钢筋的弯曲直径不宜小于钢筋直径的4倍；HRB 400 级、RRB 400 级钢筋不宜小于钢筋直径的5倍；平直部分长度应按设计要求确定；

　　3 弯起钢筋中间部位弯折处的弯曲直径不应小于钢筋直径的5倍。

6.3.5 钢筋加工的允许偏差，应符合表6.3.5的规定。

表 6.3.5　钢筋加工的允许偏差

项　　　目	允许偏差（mm）
受力钢筋顺长度方向全长的净尺寸	±10
弯起钢筋的弯折位置	±20

6.3.6　钢筋的焊接接头应符合下列规定：

1　设置在同一构件内的焊接接头应相互错开；

2　在任一焊接接头中心至长度为钢筋直径 35 倍且不小于 500mm 的区段内，同一根钢筋不得有 2 个接头；在该区段内有接头的受力钢筋截面面积占受力钢筋总截面面积的百分率，受拉区不宜超过 50%，受压区不限；

3　焊接接头距钢筋弯折处，不应小于钢筋直径的 10 倍，且不宜位于构件最大弯矩处。

6.3.7　钢筋的绑扎接头应符合下列规定：

1　搭接长度的末端距钢筋弯折处，不得小于钢筋直径的 10 倍，接头不宜位于构件最大弯矩处；

2　受拉区域内，HPB 235 级钢筋绑扎接头的末端应做弯钩，HRB 335 级和 HRB 400 级、RRB 400 级钢筋可不做弯钩；

3　直径不大于 12mm 的受压 HPB 235 级钢筋的末端，以及轴心受压构件中任意直径的受力钢筋的末端，可不做弯钩，但搭接长度不应小于钢筋直径的 35 倍；

4　钢筋搭接处，应在中心和两端用铁丝扎牢；

5　受拉钢筋绑扎接头的搭接长度，应符合表 6.3.7 的规定；受压钢筋绑扎接头的搭接长度，应取受拉钢筋绑扎接头搭接长度的 0.7 倍。

表 6.3.7　受拉钢筋绑扎接头的搭接长度

钢　筋　类　型		混凝土强度等级		
		C20	C25	高于 C25
HPB 235 级钢筋		35d	30d	25d
月牙纹	HRB 335 级钢筋	45d	40d	35d
	HRB 400 级钢筋 RRB 400 级钢筋	55d	50d	45d

注：1　当 HRB 335 级和 HRB 400 级、RRB 400 级钢筋直径 d 大于 25mm 时，其受拉钢筋的搭接长度应按表中数值增加 5d。

2　当螺纹钢筋直径 d 不大于 25mm 时，其受拉钢筋的搭接长度应按表中数值减少 5d。

3　在任何情况下，纵向受拉钢筋的搭接长度不应小于 300mm；受压钢筋的搭接长度不应小于 200mm。

4　两根直径不同钢筋的搭接长度，以较细钢筋直径计算。

6.3.8　各受力钢筋之间的绑扎接头位置应相互错开。从任一绑扎接头中心至搭接长度的 1.3 倍区段内，有绑扎接头的受力钢筋截面面积占受力钢筋总截面面积百分率，受拉区不得超过 25%；受压区不得超过 50%。在绑扎接头区段内，受力钢筋截面面积不得超过受力钢筋总截面面积的 50%。

6.3.9　受力钢筋的混凝土保护层厚度应符合设计要求；当设计无具体要求时，在正常环境下，不宜小于 25mm；在高湿度环境下，不宜小于 45mm。

6.3.10　绑扎或焊接的钢筋网和钢筋骨架，不得有变形、松脱和开焊。钢筋位置的允许偏差应符合表 6.3.10 的规定。

表 6.3.10　钢筋位置的允许偏差

项　　　目		允许偏差（mm）
钢筋网的长度、宽度		±10
网眼尺寸	焊　　接	±10
	绑　　扎	±20
骨架的宽度、高度		±50
骨架的长度		±10
受力钢筋	间　　距	±10
	排　　距	±5
箍筋、构造筋间距	焊　　接	±10
	绑　　扎	±20
焊接预埋件	中心线位置	5
	水平高差	+3 0
受力钢筋保护层	梁、柱	±5
	墙、板（拱）	±3

6.4　混凝土浇筑

6.4.1　水泥进场必须有出厂合格证或进场试验报告，并应对其品种、标号、包装仓号、出厂日期等检查验收。

当对水泥质量有怀疑或水泥出厂超过 3 个月（快硬硅酸盐水泥超过 1 个月）时，应做复查试验，并按试验结果使用。

6.4.2　混凝土中掺用外加剂的质量应符合现行国家标准的要求，外加剂的品种及掺量必须根据对混凝土性能的要求、施工条件、混凝土所采用的原材料和配合比等因素经试验确定。

6.4.3　混凝土的施工配制强度可按下式确定：

$$f_{cuo} = f_{cuk} + 1.645\sigma \qquad (6.4.3\text{-}1)$$

式中　f_{cuo}——混凝土的施工配制强度（N/mm²）；

f_{cuk}——设计的混凝土强度标准值（N/mm²）；

σ——施工单位的混凝土强度标准差（N/mm²）。

当施工单位不具有近期的同一品种混凝土强度资料时，σ 可按表 6.4.3 取用。

表 6.4.3　σ 值（N/mm²）

混凝土强度等级	低于 C20	C20～C35	高于 C35
σ	4.0	5.0	6.0

施工单位具有近期同一品种混凝土强度资料时，σ 应按下式计算：

$$\sigma = \sqrt{\frac{\sum_{i=1}^{N} f_{cui}^2 - N \cdot mf_{cu}^2}{N-1}} \qquad (6.4.3\text{-}2)$$

式中 f_{cui}——统计周期内同一品种混凝土第 i 组试件的强度值（N/mm²）；

mf_{cu}——统计周期内同一品种混凝土 N 组强度的平均值（N/mm²）；

N——统计周期内同一品种混凝土试件的总组数，$N \geqslant 25$。

注：1 "同一品种混凝土"系指强度等级相同，且生产工艺和配合比基本相同的混凝土。

2 当混凝土强度等级为 C20 或 C25 时，如计算得到的 $\sigma < 2.5$N/mm²，取 $\sigma = 2.5$N/mm²；当混凝土强度等级高于 C25 时，如计算得到的 $\sigma < 3.0$N/mm²，取 $\sigma = 3.0$N/mm²。

6.4.4 泵送混凝土的配合比，应符合下列规定：

1 骨料最大粒径与输送管内径之比，碎石不宜大于 1:3，卵石不宜大于 1:2.5；通过 0.315mm 筛孔的砂不应小于 15%；砂率宜为 40%~50%；

2 最小水泥用量宜为 300kg/m³；

3 混凝土的坍落度宜为 80~180mm；

4 混凝土内宜掺加适量的外加剂。

6.4.5 泵送混凝土施工，应符合下列规定：

1 混凝土的供应，必须保证输送混凝土泵能连续工作；

2 输送管线宜直，转弯宜缓，接头应严密；

3 泵送前应先用适量的与混凝土内成分相同的水泥浆或水泥砂浆润滑输送管内壁；当泵送间歇时间超过 45min 或混凝土出现离析现象时，应立即用压力水或其他方法冲洗管内残留的混凝土；

4 在泵送过程中，受料斗内应有足够的混凝土，防止吸入空气产生阻塞。

6.4.6 在浇筑混凝土前，对模板内的杂物和钢筋上的油污等应清理干净；对模板的缝隙和孔洞应予堵严；对木模板应浇水湿润，但不得有积水。

6.4.7 混凝土自高处倾落的自由高度，不应超过 2m；当浇筑高度超过 2m 时，应采用串筒、溜管或振动溜管使混凝土下落。

6.4.8 混凝土浇筑层的厚度，当采用插入式振捣器时，应为振捣作用部分长度的 1.25 倍；当采用表面振动器时，应为 200mm。

6.4.9 采用振捣器捣实混凝土，应符合下列规定：

1 每一振点的振捣延续时间，应使混凝土表面呈现浮浆和不再沉落；

2 当采用插入式振捣器时，捣实混凝土的移动间距，不宜大于振捣器作用半径的 1.5 倍；振捣器与模板的距离，不应大于其作用半径的 0.5 倍，并应避免碰撞钢筋、模板、预埋件等；振捣器插入下层混凝土内的深度不应小于 50mm；

3 当采用表面振动器时，其移动间距应保证振动器的平板能覆盖已振实部分的边缘。

6.4.10 **大体积混凝土的浇筑应合理分段分层进行**，使混凝土沿高度均匀上升；浇筑应在室外气温较低时进行，混凝土浇筑温度不宜超过 28℃。

注：混凝土浇筑温度系指混凝土振捣后，在混凝土 50~100mm 深处的温度。

6.4.11 工程口部、防护密闭段、采光井、水库、水封井、防毒井、防爆井等有防护密闭要求的部位，应一次整体浇筑混凝土。

6.4.12 浇筑混凝土时，应按下列规定制作试块：

1 口部、防护密闭段应各制作一组试块；

2 每浇筑 100m³ 混凝土应制作一组试块；

3 变更水泥品种或混凝土配合比时，应分别制作试块；

4 防水混凝土应制作抗渗试块。

6.4.13 坑道、地道采用先墙后拱法浇筑混凝土时，应符合下列规定：

1 浇筑侧墙时，两边侧墙应同时分段分层进行；

2 浇筑顶拱时，应从两侧拱脚向上对称进行；

3 超挖部分在浇筑前，应采用毛石回填密实。

6.4.14 采用先拱后墙法浇筑混凝土时，应符合下列规定：

1 浇筑顶拱时，拱架标高应提高 20~40mm；拱脚超挖部分应采用强度等级相同的混凝土回填密实；

2 顶拱浇筑后，混凝土达到设计强度的 70% 及以上方可开挖侧墙；

3 浇筑侧墙时，必须消除拱脚处浮碴和杂物。

6.4.15 后浇缝的施工，应符合下列规定：

1 后浇缝应在受力和变形较小的部位，其宽度可为 0.8~1m；

2 后浇缝宜在其两侧混凝土龄期达到 42d 后施工；

3 施工前，应将接缝处的混凝土凿毛，清除干净，保持湿润，并刷水泥浆；

4 后浇缝应采用补偿收缩混凝土浇筑，其配合比应经试验确定，强度宜高于两侧混凝土一个等级；

5 后浇缝混凝土的养护时间不得少于 28d。

6.4.16 施工缝的位置，应符合下列规定：

1 顶板、底板不宜设施工缝，顶拱、底拱不宜设纵向施工缝；

2 侧墙的水平施工缝应设在高出底板表面不小于 500mm 的墙体上；当侧墙上有孔洞时，施工缝距孔洞边缘不宜小于 300mm；

3 当采用先墙后拱法时，水平施工缝宜设在起拱线以下 300~500mm 处；当采用先拱后墙法时，水平施工缝可设在起拱线处，但必须采取防水措施；

4 垂直施工缝应避开地下水和裂隙水较多的地段。

6.4.17 对已浇筑完毕的混凝土，应加以覆盖和浇水养护，并应符合下列规定：

1 应在浇筑完毕后 12h 内对混凝土加以覆盖和浇水；

2 浇水养护时间，对采用硅酸盐水泥、普通硅酸盐水泥或矿渣硅酸盐水泥拌制的混凝土，不得少于7d；对掺用缓凝型外加剂或有抗渗性要求的混凝土，不得少于14d；

3 浇水次数应能保持混凝土处于润湿状态；

4 养护用水应与拌制用水相同；

5 当日平均气温低于5℃时，不得浇水。

6.4.18 混凝土表面缺陷的修整，应符合下列规定：

1 面积较小且数量不多的蜂窝或露石的混凝土表面，可用1：2～1：2.5的水泥砂浆抹平，在抹砂浆之前，必须用钢丝刷或加压水洗刷基层；

2 较大面积的蜂窝、露石或露筋，应按其全部深度凿去薄弱的混凝土层和个别突出的骨料颗粒，然后用钢丝刷或加压水洗刷表面，再用比原混凝土强度等级提高一级的细骨料混凝土堵塞并捣实。

6.5 工程验收

6.5.1 混凝土应振捣密实。按梁、柱的件数和墙、板、拱有代表性的房间各抽查10%，且不得少于3处。当每个检查件有蜂窝、孔洞、主筋露筋、缝隙夹渣层时，其蜂窝、孔洞面积、主筋露筋长度和缝隙夹渣层长度、深度，应符合下列规定：

1 梁、柱上任何一处的蜂窝面积不大于1000cm²，累计不大于2000cm²；孔洞面积不大于40cm²，累计不大于80cm²；主筋露筋长度不大于10cm，累计不大于20cm；缝隙夹渣层长度和深度均不大于5cm。

2 墙、板、拱上任何一处的蜂窝面积不大于2000cm²，累计不大于4000cm²；孔洞面积不大于100cm²，累计不大于200cm²；主筋露筋长度不大于20cm，累计不大于40cm；缝隙夹渣层长度不大于20cm，深度不大于5cm，且不多于2处。

6.5.2 现浇混凝土结构的允许偏差应符合表6.5.2的规定。

表6.5.2 现浇混凝土结构的允许偏差

项　目		允许偏差（mm）
轴线位置		10
标　高	层　高	±10
	全　高	±30
截面尺寸	柱、梁	±5
	墙、板（拱）	+8 −5
柱、墙垂直度		5
表面平整度		8
预埋管、预留孔中心线位置		5
预埋螺栓中心线位置		5
预留洞中心线位置		15
电梯井	井筒长、宽对中心线	+25 0
	井筒全高垂直度	H/1000且不大于30

注：H为电梯井筒全高（mm）。

7 顶管施工

7.1 一般规定

7.1.1 在膨胀土层中宜采用钢筋混凝土管顶管施工。施工时严禁采用水力机械开挖。在海水浸蚀或盐碱地区，采用钢管顶管施工时，应采取防腐蚀措施。

7.1.2 当顶管采用钢筋混凝土管时，混凝土强度不得小于30N/mm²。其管端面容许顶力可采用下式计算：

$$[R_t] = \frac{C \cdot A}{100S} \tag{7.1.2}$$

式中 R_t——管端面容许顶力（kN）；

　　　C——管体抗压强度（MPa）；

　　　A——加压面积（cm²）；

　　　S——安全系数，一般为2.5～3.0。

7.1.3 当顶管采用钢管时，宜采用普通低碳钢管，管壁厚度应符合设计要求；钢管内径圆度应小于5mm，两钢管端平接间隙应小于3mm。

7.1.4 顶管覆土厚度应大于顶管直径的2倍。

7.2 施工准备

7.2.1 顶管工作井可采用钢筋混凝土沉井或由地下连续墙等构筑。

7.2.2 顶管工作井的设置，应符合下列规定：

1 工作井的平面尺寸应满足顶管操作的需要；

2 工作井的后壁必须具有足够的强度和稳定性；

3 当计算总顶推力大于8000kN时，应采用中间接力顶。

7.2.3 顶管的导轨铺设，应符合下列规定：

1 两导轨的轨顶标高应相等；轨顶标高的允许偏差应为+3mm、−2mm，并应预留压缩高度；

2 导轨前端与工作井井壁之间的距离不应小于1m；钢管底面与井底板之间的距离不应小于0.8m。

7.2.4 千斤顶的安装，应符合下列规定：

1 千斤顶应沿顶管圆周对称布置，每对千斤顶的顶力必须相同；

2 千斤顶的顶力中心应位于顶管管底以上、顶管直径高度的1/3～2/5处；

3 千斤顶安装位置的允许偏差不应超过3mm；其头部严禁向上倾斜，向下偏差不应超过3mm，水平偏差不应超过2mm；

4 每台千斤顶均应有独立的控制系统。

7.2.5 顶进工具管安放在导轨上后，应测量其前后端的中心偏差和相对高差。

7.2.6 顶铁安装应符合下列规定：

1 顶管顶进时，环形顶铁和弧形顶铁应配合使用；

2 纵向顶铁的中心线应与顶管轴线平行，纵向顶铁应与横向顶铁垂直相接；

3 纵向顶铁着力点应位于顶管管底以上、顶管直径高度1/3～2/5处；

4 顶铁与导轨接触处必须平整光滑，顶铁与顶管端面之间应采用可塑性材料衬垫。

7.2.7 在粉砂土层中顶管时，应采取防止流砂涌入工作井的措施。

7.3 顶管顶进

7.3.1 开顶前，必须对所有顶进设备进行全面检查，并进行试顶，确无故障后方可顶进。

7.3.2 向工作井下管时，严禁冲撞导轨；下管处的下方严禁站人。

7.3.3 工具管出洞时，管头宜高出顶管轴线2～5mm，水平偏差不应超过3mm。

7.3.4 顶进作业应符合下列规定：

1 顶进作业中当油压突然升高时，应立即停止顶进，查明原因并进行处理后，方可继续顶进；

2 千斤顶活塞的伸出长度不得大于允许冲程；在顶进过程中，顶铁两侧不得停留人；

3 当顶进不连续作业时，应保持工具管端部充满土塞；当土塞可能松塌时，应在工具管端部注满压力水；

4 当地表不允许隆起变形时，严禁采用闷顶。

7.3.5 在顶管外有承压地下水或在砂砾层中顶进时，应随时对管外空隙充填触变泥浆。长距离顶管应设置中继接力环。

7.3.6 顶进过程中，排除障碍物后形成的空隙应填实，位于顶管上部的枯井、洞穴等应进行注浆或回填。

7.3.7 采用水力机械开挖，应符合下列规定：

1 高压泵应设在工作井附近，水枪出口处的水压应大于1MPa；

2 应在工具管进入土层500mm后进行冲水，严禁高压水冲射工具管刃口以外的土体。

7.3.8 在地下水压差较大的土层中顶进时，应采用管头局部气压法顶进。当在地下水位以下顶进时，地下水位高出机头顶部的距离，应等于或大于机头直径的1/2；当穿越河道顶进时，顶管的覆土厚度不得小于2m。

7.3.9 局部气压法顶进，应符合下列规定：

1 工具管胸板上所有密封装置应符合密闭要求；

2 在气压下冲、吸泥时，气压应小于地下水水压；

3 当吸泥莲蓬头堵塞需要打开胸板清石孔进行处理时，必须将钢管顶进200～300mm，并严禁带气压打开清石孔封板；

4 当顶进正面阻力过大时，可冲去工具管前端

格栅外的部分土体。

7.3.10 钢筋混凝土管接头所用的钢套环应焊接牢固；清除焊渣后应进行除锈、防腐、防水处理。

7.3.11 钢管焊接应符合下列规定：

1 钢管对口焊接时，管口偏差不应超过壁厚的10%，且不得大于3mm；

2 在钢管焊接结束后，方可开动千斤顶；

3 钢管底部焊接应在钢管焊口脱离导轨后进行。

7.4 顶进测量与纠偏

7.4.1 顶进过程中，每班均应根据测量结果绘制顶管轴线轨迹图。

7.4.2 顶管正常掘进时，应每隔800～1000mm测量一次。当发现偏差进行校正时，应每隔500mm测量一次，并应及时纠偏。

7.4.3 在纠偏过程中，应勤测量，多微调。每次纠偏角度宜为10′～20′，不得大于1°。

7.4.4 当采用没有螺栓定位器的工具管纠偏时，连续顶进压力应小于35MPa。

7.4.5 当顶管直径大于2m、入土长度小于20m时，可采取调整顶力中心的方法纠偏，并应保持顶进设备稳定。

7.4.6 宜采用测力纠偏或测力自控纠偏。

7.5 工程验收

7.5.1 顶管过程中，对下列各分项工程应进行中间检验：

1 顶管工作井的坐标位置；

2 管段的接头质量；

3 顶管轴线轨迹。

7.5.2 顶管工程竣工验收应提交下列文件：

1 工程竣工图；

2 测量、测试记录；

3 中间检验记录；

4 工程质量试验报告；

5 工程质量事故的处理资料。

7.5.3 顶管的允许偏差应符合表7.5.3的规定。

表 7.5.3　顶管的允许偏差

项　　目	允许偏差（mm）
顶管中心线水平方向偏移	300
顶管中心线垂直方向偏移	300
钢管接口处管壁错位	0.2δ 且不大于 3
钢筋混凝土管接口处管壁错位	0.05δ 且不大于 10
钢管变形	$0.03D$

注：δ 为管壁厚度；D 为顶管直径。

8 盾构施工

8.1 一般规定

8.1.1 本章适用于软土地层中网格式、气压式等中小型盾构施工。

8.1.2 盾构型式的选择应根据土层性质、施工地区的地形、地面建筑及地下管线等情况，经综合技术经济比较后确定。

8.1.3 盾构顶部的最小覆土厚度，应根据地面建筑物、地下管线、工程地质情况及盾构型式等确定，且不宜小于盾构直径的2倍。

8.1.4 平行掘进的两个盾构之间最小净距，应根据施工地区的地质情况、盾构大小、掘进方法、施工间隔时间等因素确定，且不得小于盾构直径。

8.1.5 盾构施工中，必须采取有效措施防止危及地面和地下建筑物、构筑物的安全。

8.2 施工准备

8.2.1 盾构工作井应符合下列规定：

    1 拼装用工作井的宽度应比盾构直径大1.6～2m；长度应满足初期掘进出土、管片运输的要求；底板标高宜低于洞口底部1m；

    2 拆卸用工作井的大小应满足盾构的起吊和拆卸的要求；

    3 盾构基座和后座应有足够的强度和刚度；

    4 盾构基座上的导轨定位必须准确，基座上应预留安装用的托轮位置。

8.2.2 盾构掘进前，应建立地面、地下测量控制网，并应定期进行复测。控制点应设在不易扰动和便于测量的地点。

8.2.3 后座管片宜拼成开口环，且应有加强整体刚性的闭合刚架支撑。

8.2.4 拆除洞口封板到盾构切口进入地层过程中，应预先采取地基加固措施。

8.3 盾构掘进

8.3.1 盾构工作面的开挖和支撑方法，应根据地质条件、地道断面、盾构类型、开挖与出土的机械设备等因素，经综合技术经济比较后确定。

8.3.2 采用网格式盾构时，在土体被挤入盾构后方可开挖。

8.3.3 当不能采取降水或地基加固等措施时，可采用气压式盾构施工。

8.3.4 气压式盾构的变压闸应包括人行闸和材料闸。人行闸和材料闸应符合下列规定：

    1 人行闸宜采用圆筒形，其直径不应小于1.85m；出入口高度不应小于1.6m，宽度不应小于0.6m；闸内应设置单独的加压、减压阀门和通信设备；

    2 材料闸的直径与长度应满足施工运输的要求，其直径宜为2～2.5m；长度宜为8～12m；闸内轨道与成洞段运输轨道标高应一致。

8.3.5 气压式盾构的气压设备的配备，应符合下列规定：

    1 空压机应有足够的备用量。当工作用空压机少于2台时，应备用1台；当工作用空压机为3台及以上时，应每3台备用1台；

    2 气压盾构从贮气罐到施工区段，应设有2套独立的输气管路。

8.3.6 气压式盾构进行水下地道施工时，其空气压力不得大于静水压力。

8.3.7 盾构掘进测量应符合下列规定：

    1 应在不受盾构掘进影响的位置设置控制点；

    2 在成洞过程中，应及时测量管片环的里程、平面和高程的偏差；

    3 在施工过程中，应及时测量地表变形和地道沉降量。

8.3.8 盾构千斤顶应沿支撑环圆周均匀分布；千斤顶的数量不应少于管片数的2倍。

8.3.9 盾构掘进应符合下列规定：

    1 应按编组程序开启各类油泵及操纵阀，待各级压力表数值满足要求后，盾构方可掘进；

    2 盾构掘进可采用连续掘进或间歇掘进，其速度宜为60～90cm/min；

    3 盾构每次掘进距离应比管片宽度大200～250mm；

    4 盾构停止掘进时，应保持开挖面的稳定；

    5 盾构掘进轴线的允许偏差不应超过15mm。

8.3.10 盾构临近拆卸井口时，应控制掘进速度和出土量。

8.3.11 盾构掘进时，井点降水的时间宜提前7～10d；当地下水已疏干，土体基本稳定后，应根据开挖面土体情况逐步降低气压，拆门进洞。

8.3.12 在盾构到达拆卸用工作井之前，应在井内安装盾构基座。盾构在井内应搁置平稳，并应便于拆卸和检修。

8.4 管片拼装及防水处理

8.4.1 管片拼装应符合下列规定：

    1 管片的最大弧弦长度不宜大于4m；

    2 管片应按拼装顺序分块编号；

    3 管片宜采用先纵向后环向的顺序拼装；其接缝宜设置在内力较小的45°或135°位置。

8.4.2 管片接缝防水应符合下列规定：

    1 密封防水材料应质地均匀，粘结力强，耐酸碱，并有足够的强度；

2 接缝槽内的油污应清除干净；

3 接缝防水处理应在不受盾构千斤顶推力影响的管片环内进行。

8.4.3 当采用复合衬砌时，应在外层管片接缝及结构渗漏处理完毕后，进行内层衬砌。

8.5 压浆施工

8.5.1 盾构掘进过程中，必须在盾尾和管片之间及时压浆充填密实。

8.5.2 压浆施工应符合下列规定：

1 压浆量宜为管片背后空隙体积的1.2～1.5倍；当盾构覆土深度为10～15m时，压浆压力宜为0.4～0.5MPa；

2 加在管片压浆孔上的压力球阀应在压浆24h后拆除，并应采取安全保护措施；

3 补充压浆宜在暂停掘进时进行，压浆量宜为空隙体积的0.5～1倍；

4 严禁在压浆泵工作时拆除管路、松动接头或进行检修。

8.6 工程验收

8.6.1 盾构施工的中间检验应包括下列内容：

1 盾构工作井的坐标；

2 管片加工精度、拼装质量和接缝防水效果；

3 掘进方向、地表变形、地道沉降。

8.6.2 竣工验收应提交下列文件：

1 工程竣工图；

2 中间检验记录；

3 设计变更通知单；

4 工程质量测试报告；

5 工程质量事故的处理资料。

8.6.3 盾构施工的允许偏差应符合表8.6.3的规定。

表 8.6.3　盾构施工的允许偏差

项　　目		允许偏差（mm）
管片环圆环面平整度		5
管片环圆度		20
管片环环缝和纵缝宽度		3
地道轴线位置	水平方向	50
	垂直方向	50

9 孔口防护设施的制作及安装

9.1 防护门、防护密闭门、密闭门门框墙的制作

9.1.1 门框墙的混凝土浇筑，应符合下列规定：

1 门框墙应连续浇筑，振捣密实，表面平整光滑，无蜂窝、孔洞、露筋；

2 预埋件应除锈并涂防腐油漆，其安装的位置应准确，固定应牢靠；

3 带有颗粒状或片状老锈，经除锈后仍留有麻点的钢筋严禁按原规格使用；钢筋的表面应保持清洁。

9.1.2 钢筋的规格、形状、尺寸、数量、接头位置和制作，应符合设计要求和本规范第6.3节的规定。

9.1.3 门框墙的混凝土应振捣密实。每道门框墙的任何一处麻面面积不得大于门框墙总面积的**0.5%**，且应修整完好。

9.2 防护门、防护密闭门、密闭门的安装

9.2.1 门扇安装应符合下列规定：

1 门扇上下铰页受力均匀，门扇与门框贴合严密，门扇关闭后密封条压缩量均匀，严密不漏气；

2 门扇启闭比较灵活，闭锁活动比较灵敏，门扇外表面标有闭锁开关方向；

3 门扇能自由开到终止位置；

4 门扇的零部件齐全，无锈蚀，无损坏。

9.2.2 密封条安装应符合下列规定：

1 密封条接头宜采用45°坡口搭接，每扇门的密封条接头不宜超过2处；

2 密封条应固定牢靠，压缩均匀；局部压缩量允许偏差不应超过设计压缩量的20%；

3 密封条不得涂抹油漆。

9.3 防爆波活门、防爆超压排气活门的安装

9.3.1 防爆波悬摆活门安装，应符合下列规定：

1 底座与胶板粘贴应牢固、平整，其剥离强度不应小于**0.5MPa**；

2 悬板关闭后底座胶垫贴合应严密；

3 悬板应启闭灵活，能自动开启到限位座；

4 闭锁定位机构应灵活可靠。

9.3.2 胶管活门安装，应符合下列规定：

1 活门门框与胶板粘贴牢固、平整，其剥离强度不应小于 **0.5MPa**；

2 门扇关闭后与门框贴合严密；

3 胶管、卡箍应配套保管，直立放置；

4 胶管应密封保存。

9.3.3 防爆超压排气活门、自动排气活门安装，应符合下列规定：

1 活门开启方向必须朝向排风方向；

2 穿墙管法兰和在轴线视线上的杠杆均必须铅直；

3 活门在设计超压下能自动启闭，关闭后阀盘与密封圈贴合严密。

9.4 防护功能平战转换施工

9.4.1 人防工程防护功能平战转换施工应坚持安全可靠、就地取材、加工和安装快速简便的原则。

9.4.2 防护功能平战转换施工宜采用标准化、通用化、定型化的防护设备和构件。

9.4.3 防护功能平战转换预埋件的材质、规格、型号、位置等必须符合设计要求；预埋件应除锈、涂防腐漆并与主体结构应连接牢固。

9.4.4 人防工程的下列各项应在施工、安装时一次完成：

1 采用钢筋混凝土或混凝土浇筑的部位；

2 供战时使用的出入口、连通口及其他孔口的防护设施；

3 防爆波清扫口、给水引入管和排水出户管。

9.5 防护设施的包装、运输和堆放

9.5.1 防护设施的包装，应符合下列规定：

1 各类防护设施均应具有产品出厂合格证；

2 防护设施的零、部件必须齐全，并不得锈蚀和损坏；

3 防护设施分部件包装时，应注明配套型号、名称和数量。

9.5.2 门扇、门框的运输，应符合下列规定：

1 门扇混凝土强度达到设计强度的70%后，方可进行搬移和运输；

2 门扇和钢框应与车身固定牢靠，避免剧烈碰撞和振动。

9.5.3 防护设施的堆放，应符合下列规定：

1 堆放场地应平整、坚固、无积水；

2 金属构件不得露天堆放；

3 各种防护设施应分类堆放；

4 密闭门及钢框应立式堆放，并支撑牢靠；

5 门扇水平堆放时，其内表面应朝下；应在两长边放置同规格的条形垫木；在门扇的跨中处不得放置垫木。

9.6 工 程 验 收

9.6.1 门扇、门框墙制作的允许偏差应符合表9.6.1的规定。

表9.6.1 门扇、门框墙制作的允许偏差

项 目	允许偏差（mm）			
	混凝土圆拱门、门框墙		混凝土平板门、门框墙	钢结构门、门框墙
	门孔宽≤5000	门孔宽>5000		
门扇宽度	±3	±5	±5	±3
门扇高度	±5	±8	±5	±3
门扇厚度	3	5	5	3
门扇内表面的平面度	—	—	3	2
门扇扭曲	±3	±5	—	—
门扇弧长	±4	±6	—	—
铰页同轴度	1	1	1	1

续表9.6.1

项 目	允许偏差（mm）			
	混凝土圆拱门、门框墙		混凝土平板门、门框墙	钢结构门、门框墙
	门孔宽≤5000	门孔宽>5000		
闭锁位置偏移	±2	±3	±3	±2
门框两对角线相差	5	7	5	5
门框墙垂直度	6	8	5	5

9.6.2 钢筋混凝土门扇安装的允许偏差应符合表9.6.2的规定。

表9.6.2 钢筋混凝土门扇安装允许偏差

项 目		允许偏差（mm）
门扇与门框贴合	L≤2000	2.5
	2000<L≤3000	3
	3000<L≤5000	4
	L>5000	5

注：L——门孔长边尺寸（mm）。

9.6.3 钢结构门扇安装的允许偏差应符合表9.6.3的规定。

表9.6.3 钢结构门扇安装允许偏差

项 目		允许偏差（mm）
门扇与门框贴合	L≤2000	2
	2000<L≤3000	2.5
	3000<L≤5000	3
	L>5000	4

注：L——门孔长边尺寸（mm）。

9.6.4 防爆波悬摆活门、防爆超压排气活门、自动排气活门安装的允许偏差应符合表9.6.4的规定。

表9.6.4 防爆波悬摆活门、防爆超压排气活门、自动排气活门安装的允许偏差

项 目		允许偏差（mm）
防爆波悬摆活门	坐 标	10
	标 高	±5
	框正、侧面垂直度	5
防爆超压排气活门、自动排气活门	坐 标	10
	标 高	±5
	平衡锤连杆垂直度	5

10 管道与附件安装

10.1 密闭穿墙短管的制作及安装

10.1.1 当管道穿越防护密闭隔墙时，必须预埋带有

密闭翼环和防护抗力片的密闭穿墙短管。当管道穿越密闭隔墙时，必须预埋带有密闭翼环的密闭穿墙短管。

10.1.2　给水管、压力排水管、电缆电线等的密闭穿墙短管，应采用壁厚大于 3mm 的钢管。

10.1.3　通风管的密闭穿墙短管，应采用厚 2～3mm 的钢板焊接制作，其焊缝应饱满、均匀、严密。

10.1.4　密闭翼环应采用厚度大于 3mm 的钢板制作。钢板应平整，其翼高宜为 30～50mm。密闭翼环与密闭穿墙短管的结合部位应满焊。

10.1.5　密闭翼环应位于墙体厚度的中间，并应与周围结构钢筋牢。密闭穿墙短管的轴线应与所在墙面垂直，管端面应平整。

10.1.6　密闭穿墙短管两端伸出墙面的长度，应符合下列规定：

　　1　电缆、电线穿墙短管宜为 30～50mm；

　　2　给水排水穿墙短管应大于 40mm；

　　3　通风穿墙短管应大于 100mm。

10.1.7　密闭穿墙短管作套管时，应符合下列规定：

　　1　在套管与管道之间应用密封材料填充密实，并应在管口两端进行密闭处理。填料长度应为管径的 3～5 倍，且不得小于 100mm；

　　2　管道在套管内不得有接口；

　　3　套管内径应比管道外径大 30～40mm。

10.1.8　密闭穿墙短管应在朝向核爆冲击波来端加装防护抗力片。抗力片宜采用厚度大于 6mm 的钢板制作。抗力片上槽口宽度应与所穿越的管线外径相同；两块抗力片的槽口必须对插。

10.1.9　当同一处有多根管线需作穿墙密闭处理时，可在密闭穿墙短管两端各焊上一块密闭翼环。两块密闭翼环均应与所在墙体的钢筋焊牢，且不得露出墙面。

10.2　通风管道与附件的制作及安装

10.2.1　在第一道密闭阀门至工程口部的管道与配件，应采用厚 2～3mm 的钢板焊接制作。其焊缝应饱满、均匀、严密。

10.2.2　染毒区的通风管道应采用焊接连接。通风管道与密闭阀门应采用带密封槽的法兰连接，其接触应平整；法兰垫圈应采用整। 圈无接口橡胶密封圈。

10.2.3　主体工程内通风管与配件的钢板厚度应符合设计要求。当设计无具体要求时，钢板厚度应大于 0.75mm。

10.2.4　工程测压管在防护密闭门外的一端应有向下的弯头；另一端宜设在通风机房或控制室，并应安装球阀。通过防毒通道的测压管，其接口应采用焊接。

10.2.5　通风管的测定孔、洗消取样管应与管同时制作。测定孔和洗消取样管应封堵。

10.2.6　通风管内气流方向、阀门启闭方向及开启度，应标示清晰、准确。

10.3　给水排水管道、供油管道与附件的安装

10.3.1　压力排水管宜采用给水铸铁管、镀锌管、镀锌钢管或 UPVC 塑料管，其接口应采用油麻填充或石棉水泥抹口，不得采用水泥砂浆抹口。

10.3.2　油管丝扣连接的填料，应采用甘油和红丹粉的调和物，不得采用铅油麻丝。油管法兰连接的垫板，应采用两面涂石墨的石棉纸板，不得采用普通橡胶垫圈。

10.3.3　防爆清扫口安装，应符合下列要求：

　　1　当采用防护盖板时，盖板应采用厚度大于 3mm 的镀锌或镀铬钢板制作；其表面应光洁，安装应严密；

　　2　清扫口安装高度应低于周围地面 3～5mm。

10.3.4　与工程外部相连的管道的控制阀门，应安装在工程内靠近防护墙处，并应便于操作，启闭灵活，有明显的标志。控制阀门的工作压力应大于 1MPa。控制阀门在安装前，应逐个进行强度和严密性检验。

10.3.5　各种阀门启闭方向和管道内介质流向，应标示清晰、准确。

10.4　电缆、电线穿管的安装

10.4.1　电缆、电线在穿越密闭穿墙短管时，应清除管内积水、杂物。在管内两端应采用密封材料充填，填料应捣固密实。

10.4.2　电缆、电线暗配管穿越防护密闭隔墙或密闭隔墙时，应在墙两侧设置过线盒，盒内不得有接线头。过线盒穿线后应密封，并加盖板。

10.4.3　灯头盒、开关盒、接线盒等应紧贴模板固定，并应与电缆、电线暗配管连接牢固。暗配管应与结构钢筋点焊牢固。

10.4.4　电缆、电线暗配敷设完毕后，暗配管管口应密封。

10.5　排烟管与附件的安装

10.5.1　排烟管宜采用钢管或铸铁管。当采用焊接钢管时，其壁厚应大于 3mm；管道连接宜采用焊接。当采用法兰连接时，法兰面应平整，并应有密封槽；法兰之间应衬垫耐热胶垫。

10.5.2　埋设于混凝土内的铸铁排烟管，宜采用法兰连接。

10.5.3　排烟管应沿轴线方向设置热胀补偿器。单向套管伸缩节应与前后排烟管同心。柴油机排烟管与排烟总管的连接段应有缓冲设施。

10.5.4　排烟管的安装，应符合下列规定：

　　1　坡度应大于 0.5%，放水阀应设在最低处；

　　2　清扫孔堵板应有耐热垫层，并固定严密；

3 当排烟管穿越隔墙时，其周围空隙应采用石棉绳填充密实；

4 排烟管与排烟道连接处，应预埋带有法兰及密闭翼环的密闭穿墙短管。

10.5.5 排烟管的地面出口端应设防雨帽；在伸出地面 150～200mm 处，应采取防止排烟管堵塞的措施。

10.6 管道防腐涂漆

10.6.1 管道安装后不易涂漆的部位应预先涂漆。

10.6.2 涂漆前应清除被涂表面的铁锈、焊渣、毛刺、油、水等污物。

10.6.3 涂漆施工必须有相应的防火措施。

10.6.4 有色金属管、不锈钢管、镀锌钢管、镀锌铁皮和铝皮保护层，可不涂漆。但接头和破损处应涂漆。

10.6.5 埋地管道或地沟内的管道，应先涂两道防锈漆，再涂两道沥青漆；工程内明敷的管道，应先涂两道防锈漆，再涂两道面漆。

10.6.6 埋地铸铁管，应涂两道沥青漆，再涂一道面漆；工程内明敷的铸铁管，应先涂两道防锈漆，再涂一道面漆。

10.6.7 涂层质量应符合下列规定：

1 涂层应均匀，颜色应一致；

2 涂膜应附着牢固，无剥落、皱纹、气泡、针孔等缺陷；

3 涂层应完整，无损坏、流淌。

11 设备安装

11.1 设备基础

11.1.1 基础表面应光滑、平整，并应设有坡向四周的坡度。

11.1.2 基础混凝土养护 14d 后，方可安装设备；二次浇筑混凝土养护 28d 后，设备方可运转。

11.1.3 混凝土设备基础的允许偏差，应符合表 11.1.3 的规定。

表 11.1.3 混凝土设备基础的允许偏差

项 目		允许偏差（mm）
坐标位置（纵横轴线）		20
不同平面的标高		0 −20
平面外形尺寸		±20
平面水平度	每 1m	5
	全长	10
垂直度	每 1m	5
	全高	10
预埋地脚螺栓	顶部标高	+20 0
	中心距	±2

续表 11.1.3

项 目		允许偏差（mm）
预留地脚螺栓孔	中心线位置	10
	深 度	+20 0
	垂直度	10

11.2 通风设备安装

11.2.1 通风机安装应符合下列规定：

1 风机试运转时，叶轮旋转方向正确，经不少于 2h 运转后，滑动轴承温升不超过 35℃，最高温度不超过 70℃；滚动轴承温升不超过 40℃，最高温度不超过 80℃；

2 离心风机与减振台座接触紧密，螺栓拧紧，并有防松装置；

3 管道风机采用减振吊架安装时，风机与减振吊架连接紧密，牢固可靠；采用支、托架安装时，风机与减振器及支架、托架连接紧密，稳固可靠。

11.2.2 除湿机、柜式空调机安装应放置平稳，固定牢靠，两法兰在同一轴线上自然平齐相对。无强制连接，连接紧密，不漏风。

11.2.3 通风机、除湿机和柜式空调机安装的允许偏差，应符合表 11.2.3 的规定。

表 11.2.3 通风机、除湿机和柜式空调机安装的允许偏差

项 目		允许偏差（mm）
通风机	中心线的平面位置	10
	标 高	±10
	皮带轮轮宽中心平面位置	1
	传动轴水平度	0.2/1000
除湿机、柜式空调机	联轴器同心度 径向位移	0.05
	联轴器同心度 轴向倾斜	0.2/1000
	坐 标	3
	垂直度（每 1m）	2

11.2.4 过滤器、纸除尘器、过滤吸收器安装应符合下列规定：

1 各种设备的型号、规格、额定风量必须符合设计要求；

2 各种设备的安装方向必须正确；

3 设备与管路连接时，宜采用整体性的橡皮软管接头，并不得漏气；固定支架应平正、稳定；

4 过滤器的安装应固定牢固，过滤器与框架、框架与维护结构之间无明显缝隙；

5 纸除尘器和过滤吸收器的安装，应固定牢固，位置准确，连接严密。

11.2.5 消声器安装应符合下列规定：

1 消声器框架必须牢固，共振腔的隔板尺寸正确，隔板与壁板结合处贴紧，外壳严密不漏；

2 消声器安装方向必须正确，并单独设置支

（吊）架；

3 消声片单体安装后固端必须牢固，片距均匀；

4 消声片状材料粘贴牢固、平整，散状材料充填均匀、无明显下沉；

5 消声复面材料顺气流方向拼接，无损坏；穿孔板无毛刺，孔距排列均匀。

11.2.6 密闭阀门安装，应符合下列规定：

1 安装前应进行检查，其密闭性能应符合产品技术要求；

2 安装时，阀门上箭头标志方向应与冲击波的方向一致；

3 开关指示针的位置与阀门板的实际开关位置应相同，启闭手柄的操作位置应准确；

4 阀门应用吊钩或支架固定，吊钩不得吊在手柄及锁紧装置上。

11.2.7 密闭阀门安装的允许偏差，应符合表11.2.7的规定。

表11.2.7 密闭阀门安装的允许偏差

项 目	允许偏差（mm）
坐 标	3
标 高	±3

11.2.8 测压装置安装，应符合下列规定：

1 测压管连接应采用焊接，并应满焊、不漏气；

2 管路阀门与配件连接应严密；

3 测压板应做防腐处理和用膨胀螺丝固定；

4 测压仪器应保持水平安置。

11.3 给水排水设备安装

11.3.1 口部冲洗阀安装，应符合下列规定：

1 暗装管道时，冲洗阀不应突出墙面；

2 明装管道时，冲洗阀应与墙面平行；

3 冲洗阀配用的冲洗水管和水枪应就近设置。

11.3.2 穿越水库水位线以下的水管，应在水库的墙面预埋防水短管，并应符合下列规定：

1 有扰动力作用时，应预埋柔性防水短管；

2 无扰动力作用时，可预埋带有翼环的防水短管；

3 预埋管的位置、标高允许偏差不得超过5mm，伸出水库墙外的长度不应小于100mm。

11.3.3 自备水源井必须设置井盖；在地下水位高于工程底板或有压力水区域，必须加设密闭盖板。

11.3.4 防爆波闸阀安装，应符合下列规定：

1 闸阀宜在防爆波井浇筑前安装；

2 闸阀与管道应采用法兰连接；闸阀的阀杆应朝上，两端法兰盘应对称紧固；

3 闸阀应启闭灵活，严密不漏；

4 闸阀开启方向应标示清晰，止回阀安装方向应正确。

11.3.5 防爆防毒化粪池管道安装，应符合下列规定：

1 进、出水管应选用给水铸铁管；铸铁管应无裂纹、铸疤等缺陷；

2 三通管应固定牢固、平直，其上部应用密闭盖板封堵。

11.3.6 排水水封井管道安装，应符合下列规定：

1 水封井盖板应严密，并易于开启；

2 进、出水管的安装位置应正确，接头应严密牢固；

3 进、出水管的弯头应伸入水封面以下300mm。

11.3.7 排水防爆波井的进、出水管管口应用钢筋网保护。网眼宜为30mm×30mm；钢筋网宜采用φ16～φ22的钢筋焊接制作。

11.4 电气设备安装

11.4.1 柴油发电机安装，应符合下列规定：

1 机组在试运转中，润滑油压力和温度，冷却水进、出口温度，排烟温度必须符合设备技术文件的规定；

2 各机件的接合处和管道系统，必须保证无漏油、漏水、漏烟和漏气现象；

3 排烟管与日用油箱的距离必须保持在1.5m及以上；

4 机座与支座、机座与导轨、机座与垫铁间各贴合面接触紧密，连接牢固；

5 机组在额定负荷、50%负荷、空载试运转时，机件运转平稳、均匀，无异常发热；

6 电气、热工仪表、信号安装位置准确，连接牢固，指示正确，灵敏可靠。

11.4.2 柴油发电机组两轴同心度及水平度的允许偏差，应符合表11.4.2的规定。

表11.4.2 柴油发电机组两轴同心度及水平度允许偏差

项 目		允许偏差（mm）
135系列	同心度	0.3
	水平度	0.1
160系列	同心度	0.3
	水平度	0.1
250系列	同心度	0.2
	水平度	0.1
300系列	同心度	0.2
	水平度	0.1

11.4.3 变压器安装，应符合下列规定：

1 位置正确，就位后轮子固定可靠；装有气体继电器的变压器顶盖，沿气体继电器的气流方向有

1%～1.5%的升高坡度；

  2 变压器与线路连接紧密，连接螺栓的锁紧装置齐全，瓷套管不受外力；

  3 零线沿器身向下接至接地装置的线段固定牢靠；

  4 器身各附件间连接的导线有保护管，保护管、接线盒固定牢靠，盒盖齐全。

11.4.4 落地式配电柜（箱）的安装，应符合下列规定：

  1 成排安装的配电柜（箱）应安装在基础型钢上。基础型钢应平直；型钢顶面高出地面应等于或大于 10mm；同一室内的基础型钢水平允许偏差不应超过 1mm/m，全长不应超过 5mm；

  2 基础型钢应有良好接地；

  3 柜（箱）的垂直度允许偏差不应大于 1.5mm/m。

11.4.5 挂墙式配电箱（盘）的安装，应符合下列规定：

  1 固定配电箱（盘），宜采用镀锌或铜质螺栓，不得采用预埋木砖；

  2 嵌墙暗装配电箱的箱体应与墙面齐平。

11.4.6 成排或集中安装的同一墙面上的电器设备的高差不应超过 5mm，同一室内电器设备的高差不应超过 10mm。

11.4.7 灯具安装符合下列规定：

  1 灯具的安装应牢固，宜采用悬吊固定；当采用吸顶灯时，应加装橡皮衬垫；

  2 接零或接地的灯具金属外壳，应有专用螺丝与接零或接地网连接；

  3 宜采用铜质瓷灯座，开关的拉线宜采用尼龙绳等耐潮绝缘的材料；

  4 各种信号应有特殊标志，并标示清晰，指示正确。

11.4.8 电气接地装置安装，应符合下列规定：

  1 应利用钢筋混凝土结构的钢筋网作自然接地体，用作自然接地体的钢筋网应焊接成整体；

  2 当采用自然接地体不能满足要求时，宜在工程内渗水井、水库、污水池中放置镀锌钢板作人工接地体，并不得损坏防水层；

  3 不宜采用外引式的人工接地体。当采用外引接地时，应从不同口部或不同方向引进接地干线。接地干线穿越防护密闭隔墙、密闭隔墙时，应做防护密闭处理。

11.5 设备安装工程的消声与防火

11.5.1 安装有动力扰动的设备，当不设减震装置时，应采用厚5～10mm中等硬度的橡皮平板衬垫。

11.5.2 当管道用支架、吊钩固定时，应采用软质材料作衬垫。管道自由端不得摆动。

11.5.3 机房内的消声器及消声后的风管应做隔声处理，可外包厚 30～50mm 的吸声材料。

11.5.4 当管、线穿越隔声墙时，管道与墙、电线与管道之间的空隙应用吸声材料填充密实。

11.5.5 设备安装时，严禁采用明火施工。

11.5.6 配电箱、板，严禁采用可燃材料制作。

11.5.7 发热器件必须进行防火隔热处理，严禁直接安装在建筑装修层上。

11.5.8 电热设备的电源引入线，应剥除原有绝缘，并套入瓷套管。瓷套管的长度应大于 100mm。

11.5.9 处于易爆场所的电气设备，应采用防爆型。电缆、电线应穿管敷设，导线接头不得设在易爆场所。

11.5.10 在顶棚内的电缆、电线必须穿管敷设，导线接头应采用密封金属接线盒。

11.6 设备安装工程的验收

11.6.1 通风系统试验应符合下列规定：

  1 防毒密闭管路及密闭阀门的气密性试验，充气加压 5.06×10^4 Pa，保持 5min 不漏气；

  2 过滤吸收器的气密性试验，充气加压 1.06×10^4 Pa 后 5min 内下降值不大于 660Pa；

  3 过滤式通风工程的超压试验，超压值应为 30～50Pa；

  4 清洁式、过滤式和隔绝式通风方式相互转换运行，各种通风方式的进风、送风、排风及回风的风量和风压，满足设计要求；

  5 各主要房间的温度和相对湿度应满足平时使用要求。

11.6.2 给水排水设备检验应符合下列规定：

  1 管道、配件及附件的规格、数量、标高等符合设计要求；各种阀门安装位置及方向正确，启闭灵活；

  2 管道坡度符合设计要求；

  3 给水管、压力排水管、供油管、自流排水管系统无漏水；

  4 给水排水机械设备及卫生器具的规格、型号、安装位置、标高等符合设计要求；

  5 地漏、检查口、清扫口的数量、规格、位置、标高等符合设计要求；

  6 防爆波闸阀型号、规格符合设计要求；闸阀启闭灵活，指示明显、正确；

  7 防爆防毒化粪池、水封井密封性能良好，管道畅通；

  8 防爆波密闭堵板密封良好。

11.6.3 给水排水系统试验应符合下列规定：

  1 清洁式通风时，水泵的供水量符合设计要求；

  2 过滤式通风时，洗消用水量、饮用水量符合设计要求；

3 柴油发电机组、空调机冷却设备的进、出水温度、供水量等符合设计要求;

4 水库或油库,当贮满水或油时,在 24h 内液位无明显下降,在规定时间内能将水或油排净;

5 渗水井的渗水量符合设计要求。

11.6.4 电气系统试验应包括下列内容:

1 检查电源切换的可靠性和切换时间;

2 测定设备运行总负荷;

3 检查事故照明及疏散指示电源的可靠性;

4 测定主要房间的照度;

5 检查用电设备远控、自控系统的联动效果;

6 测定各接地系统的接地电阻。

11.6.5 柴油发电机组的试运行应符合下列规定:

1 空载运行应在设备检查、试验合格后进行,空载运行时间不应少于 30min;

2 负载运行应在空载运行正常后进行。试运行时,负荷应由空载状态逐步增加并在额定容量的 25%、50%、75% 的负荷下各运行 1h,满载运行不少于 2h;

3 超载运行应在额定容量110%的负荷下运行 30min;

4 并车试验应在各机组单机运行试验正常后进行。并车装置性能应可靠。各并车机组在 50% 额定负荷以上时,有功功率和无功功率分配差度均应符合设计要求;

5 自启动试验应在上述试验正常后进行,且不应少于 3 次。机组各项功能应符合设计要求。

11.6.6 柴油发电机组的检验应符合下列规定:

1 检验应包括下列项目:

1)润滑油压力和温度,冷却水进、出口温度和排烟温度;

2)各机件的接合处和管路系统情况;

3)运动机件在额定负荷、50%负荷、空载下的运行情况;

4)充电发电机的充电和启动贮气瓶的充气情况;

5)附属装置的工作情况;

6)电气、热工仪表、信号指示。

2 测定记录应包括下列项目:

1)机组及辅机系统各种运行状态的工作情况;

2)柴油机的瞬态和稳态调速率;

3)机组的温升;

4)油耗;

5)烟色;

6)压缩空气或蓄电池的启动瞬时压降、启动后的压力或电压及可启动次数;

7)发电机调压性能;

8)并车、自启动、调频调载装置的运行参数。

11.6.7 装有远距离自动控制台和机房仪表台的柴油发电机组,尚应进行下列检验:

1 分别用自动和手动远动控制的方法进行试运转;

2 进行自启动系统可靠性试验,测定启动时间;

3 声光报警信号情况;

4 柴油机调速和停车电磁阀工作情况;

5 机房和控制室联络信号装置工作情况。

本规范用词说明

1 为便于在执行本规范条文时区别对待,对要求严格程度不同的用词说明如下:

1)表示很严格,非这样做不可的用词:

正面词采用"必须",反面词采用"严禁"。

2)表示严格,在正常情况下均应这样做的用词:

正面词采用"应",反面词采用"不应"或"不得"。

3)表示允许稍有选择,在条件许可时首先应这样做的用词:

正面词采用"宜",反面词采用"不宜";

表示有选择,在一定条件下可以这样做的用词,采用"可"。

2 本规范中指明应按其他有关标准、规范执行的写法为"应符合……的规定"或"应按……执行"。

中华人民共和国国家标准

人民防空工程施工及验收规范

GB 50134—2004

条 文 说 明

目　次

1 总 则

1.0.2 各类人防工程包括坑道工程、地道工程、单建掘开式工程和附建式防空地下室等人防工程。

1.0.3 工程地质勘察报告包括水文地质资料。一般情况下，大型人防工程施工要作施工组织设计，中、小型工程施工要有施工方案。

1.0.4 人防工程施工所使用的材料、构件和设备的质量，在一定程度上决定着工程质量，一定要严加控制。像水泥、砂、石、外加剂等建筑材料，应该有出厂合格证或试验报告；构件和设备应具有出厂合格证；电缆应具有经专门机构检测的试验记录。

1.0.5 根据施工实践经验，在邻近原有建筑物、构筑物和管线进行施工时，施工前需要了解邻近建筑物、构筑物的结构和基础详细情况，以及地下管线的分布情况。施工中需要采取加固等有效措施，防止损坏原有建筑物、构筑物和管线，确保其安全使用。

1.0.6 人防工程施工中，隐蔽工程较多。为保证施工质量，需要及时进行中间检验或对分项工程进行检验。不合格的要及时进行修补。

1.0.9 人防工程施工条件复杂，综合性强，涉及面广。由于国务院有关部门对工程施工制订了很多国家标准，本规范内容不可能包括所有的规定。因此，在进行人防工程施工时，要将本规范和其他有关现行国家标准配合使用。这些国家标准主要有：《混凝土结构工程施工及验收规范》、《地下防水工程施工及验收规范》、《锚杆喷射混凝土技术规范》、《地基与基础工程施工及验收规范》、《土方与爆破工程施工及验收规范》、《通风与空调工程施工及验收规范》等。

3 坑道、地道掘进

3.1 一 般 规 定

3.1.2 当坑道、地道穿越建筑物、构筑物、街道、铁路路基等时，如果开挖面暴露时间过长，将影响其安全。因此要连续作业，同时要采取有效的安全措施，如经常观测其沉降、变形和稳定情况。有时还要采取加固措施，以保证临近建筑物、构筑物等的安全。

3.1.4 导洞超前掘进的施工方法，主要是控制围岩暴露面的大小和暴露时间，使围岩应力不致增长过大，从而维护围岩的稳定。导洞的作用主要是展开作业面，为洞主体开创快速施工的条件。导洞先头掘进，可用以探明地质情况，敷设各种施工管线，便于施工、通风、排水、运输和施工测量等。

3.1.5 坑道、地道掘进时，加强通风是防尘措施中最主要的手段。通风方式分自然通风和机械通风。一般情况下，要采用机械通风。

3.2 施 工 测 量

3.2.1 坑道、地道施工测量中的疏忽和错误，往往不易及时发现，因此要求重复测量和两次计算，并建立严格的检查复核制度。

3.2.2 口部施工前需做好测量定位工作，选好各种控制点，如口部中心桩、口部水准基点、高程标志、控制中心桩和进洞中心线的基准点等。引测上述控制点，最好采用三角网测量法或口外导线引测定位，以确保测量精度。

3.3 工 程 掘 进

3.3.1 光面爆破是岩石爆破施工中的成熟技术。它能使周边轮廓面较精确地达到设计要求，超挖、欠挖量小，岩石不出现明显的爆震裂缝，对围岩的破坏轻微。光面爆破日益成为地下工程中主要的爆破施工方法。

条文中所称的软岩是指岩石的抗压强度小于20MPa；中硬岩是指岩石的抗压强度为 20～40MPa；硬岩是指岩石的抗压强度大于 40 MPa。

3.3.5 导火索在运输保管过程中，每卷导火索的两端容易受到损坏，如药量外泄、外层线脱落等，致使燃速受到影响，故在使用前每端要切去 50mm 不用。导火索因温度、湿度、气压等的变化而燃速也随之发生变化，故要在使用前做燃速试验。

3.3.6 所谓杂散电流，是存在于电源电路以外的杂乱游散的电流，其方向和大小随时变化。如用钢轨作回路的架线，在电机车附近，在变压器周围等均有杂散电流产生。当杂散电流值超过电雷管的准爆电流值时，有可能发生早爆事故。施工中应引起足够重视。

3.3.7～3.3.10 目前，坑道、地道掘进中运输作业主要靠机车牵引列车、汽车、人力推斗车、人力手推车等。经过调研发现，在运输作业中，由于没有重视运输轨道的铺设，没有重视控制车辆运行速度，甚至发生溜放跑车现象等，从而造成人身伤亡事故的事例不少。因此，经总结矿山、铁道、人防等部门多年的施工经验和教训，对坑道、地道掘进中运输作业提出了一些要求，以保证安全施工。

3.3.11、3.3.12 坑道、地道掘进施工中，工作面空气中可能含有许多有害物质，如一氧化碳、二氧化碳、硫化氢、游离二氧化硅、氮氧化物、甲烷等。根据实践经验，只要加强通风，保证本条文中规定的新鲜空气量和风流速度，就能使工作面空气中的有害物质降低到允许浓度，保证人体健康。

3.4 临 时 支 护

3.4.1 喷射混凝土施工后应检测其抗压强度。喷射混凝土抗压强度，要以同批内标准芯样的抗压强度代表值来评定。施工后钻取芯样数量：每 30～50m 不少于 1 组，芯样每组 5 个。每组芯样的抗压强度代表值为 5 个芯样试验结果的平均值；5 个芯样中的过大或过小的强度值，与中间值相比超过 15% 时，可用中间值代表该组的强度。

芯样可采用钻取法或凿方切割法制作。钻取法：用钻机在经 28d 养护的喷射混凝土结构上直接钻取直径 50mm、长度大于 50mm 的芯样，用切割机加工成端面平行的圆柱体试块。凿方切割法：在经 14d 养护的喷射混凝土结构上用凿岩机打密排钻孔，取出长约 35cm、宽约 15cm 的混凝土块，用切割机加工成 10cm×10cm×10cm 立方体试块，养护至 28d 进行试验。

3.4.2 为保证支护质量，锚杆要做抗拔力试验。锚杆的试验数量为每 30～50m，锚杆在 300 根以下，抽样不少于 1 组；300 根以上，每增加 1～30 根，相应多抽样 1 组。每组锚杆不少于 3 根。

4 不良地质地段施工

4.1 一般规定

4.1.1 详细研究围岩的地面环境和工程地质与水文地质情况，分析推断岩石的允许暴露面积和时间，是决定采取正确的工程措施，保证安全顺利通过的前提。一般来说，地质条件越差，坑道上方的建筑物或构筑物传入地层的压力越大，则开挖后岩石允许暴露的面积越小和时间越短。如在破碎、松软且含水的断层破碎带与强风化地层中掘进，则围岩无自稳时间，而且作业面常朝前坍塌。工程通过不良地质地段，须坚持以预防塌方为主的原则。当开挖后来不及进行支护就会产生塌方、沉降等事故时，就要采用先超前支护稳定地层然后开挖的方法。

4.1.2 工程通过不良地质地段时，应尽量用风镐等机械开挖，以减小对围岩的震动，这是防止塌方的有效方法。不得不用爆破法开挖时，应打浅眼，放小炮，控制周边围岩的稳定。国外测得，较成功的光面爆破对围岩的扰动约为普通爆破法的 1/4～1/6。

当不采用全断面掘进时，可采用环形开挖或上半断面开挖，以便减小围岩的暴露面积和时间。开挖后要及时进行临时支护，一般采用喷锚支护。支护的范围包括周边围岩，有时也包括作业面和暂时保留的核心。全断面衬砌即第二次衬砌，包括底板和底拱。根据工程实践，在未封底时，常因底鼓使墙脚向内挤坏，发展而导致全部支护破坏。因此，及时设置底板以封闭整个支护环，成为新奥法的原则之一。

4.2 超前锚杆支护

4.2.1 超前锚杆支护是用钻机将钢筋或钢管作为锚杆压入未开挖段，支护围岩，以便掘进施工。

4.2.3 超前锚杆与毛洞轴线的夹角主要根据地质和地下水条件决定。在松散渗水岩层中，全长固结砂浆锚杆往往不能施力或不起作用。由于地下水和渗流作用，锚杆间形成的塌落拱被破坏而扩大，直至穿过锚杆层，使锚杆不起作用。因此要用素锚杆。

4.2.5 锚杆间距应根据围岩松散破碎程度确定。围岩性质越差，间距取值越小；围岩性质越好，间距取值越大。

4.2.6 根据实践经验，超前锚杆两层间的距离一般取 1.0～1.5m，最大不超过 2m。

4.3 小导管注浆支护

4.3.1 小导管注浆是沿拱部开挖外轮廓线以一定角度打入四周带孔的钢管，并向管内注浆，使小导管周围岩层形成一固结拱壳。小导管本身又起超前锚杆的作用。

4.3.3 小导管单层或双层支护的选择，是按石质破碎程度和地压大小决定的，地压大宜用双层。当欲形成的注浆胶结拱越厚，小导管外张角度就越大。

4.3.4 小导管注浆水泥砂浆配合比一般为水泥：砂＝1：1～1：3。岩层中注浆，应取偏小值；松散体如塌方、碴体注浆，应取偏大值。如浆液扩散困难亦可为 1：0.5。除掌握好配合比外，还要通过确定适宜的注浆压力和注浆量来控制注浆范围和饱满程度。一般多以压力控制，如注浆压力已达预定值则为饱满。如注浆压力已达预定指标而压力不上升，则应找出原因（如有跑浆通路等），并采用间歇注浆、改变砂浆配合比等措施。在特殊地质条件下，可改用双液注浆，如加水玻璃、三乙醇胺等。

注浆范围即拱圈达到预计胶结厚度，是由设计确定，经实验验证，通过注浆量注浆压力反映出来的。

4.4 管棚支护

4.4.1 管棚法是在坑道周边钻入钢管，拱部开挖后，利用围岩的自稳时间，安设钢支撑和喷射混凝土，形成临时钢管承载棚架，然后构筑永久性衬砌。

4.4.2 根据工程实践，管棚支护长度不宜过大，因为长度过大则承受地压过大。所以要及时构筑永久衬砌以确保结构安全。

4.4.3、4.4.4 管棚钢管之间的距离与它承受的荷载及钢管直径、壁厚有关，荷载小、管径大宜取较大值，反之取较小值。国外管棚使用的钢管一般直径较大，多在 200mm 左右。我国可根据实行情况，有条件也应取直径大点的，以提高其刚度，一般不要小于 100mm。管段之间接头要与钢管等强。为了使接头不处于同一断面，应交错布置。

4.4.7 由于管棚长度大，只有严格控制钻孔钻进方向，才能保证管棚的质量，而控制钻孔方向开始几米是否准确最重要。根据工程实践经验，在 5m 以内测量 5 次以上比较合适。

4.4.8 对钻孔纠偏的办法是用水泥砂浆注满偏斜过大的孔，待水泥砂浆达到和周围介质强度相近，且不低于 10N/mm² 后，再重新进行钻孔。

4.4.10 在不塌孔的岩石中，可取出钻杆后再安装管棚钢管；在松散破碎的岩石中，取出钻杆可能塌孔使钢管无法插入时，需采取一次钻进法，即采取以钢管代替钻杆，将钢管连续钻进到预计位置不取岩芯退钻，不回收钻头的钻进方法。

4.4.11、4.4.12 注浆是为了充填管内外的空隙，增大钢管的刚度，以钢管固结和支撑围岩。水泥浆的注浆压力，当升到 0.1～0.2MPa 时，可改用压注水泥砂浆。压注水泥砂浆压力应不低于 0.2MPa，一般为 0.3～0.4MPa。当欲增大浆液扩散范围，压力则要相应增大，具体数值需根据试验确定。

5 逆作法施工

5.1 一般规定

5.1.1 逆作法施工一般是先施工顶板，再施工墙（柱），最后施工底板，自上而下明挖暗挖相结合的施工方法。其优点就是施工顶板后即可覆土恢复地面交通等功能，因此常被用于交通中心、商业密集区域构筑人防工程。

5.2 钻 孔

5.2.1 钻机是指在地表面或顶板底面土模上用钻机向下钻孔，以便浇灌柱混凝土。

5.2.4 在钻孔定位同时应进行钻杆垂直度的检查与校正。具体检查校正方法：如果钻机带有检查装置，可以自行进行检查校正；如果钻机没有检查装置，可以利用两台经纬仪，在两个方向进行检查校正。

5.3 灌注混凝土

5.3.1 在柱的混凝土灌注时，为了防止混凝土出现离析现象，可在灌注时，将钢导管（直径 350mm 钢管）用钻机吊车放入离孔底 50cm 处，把混凝土由导管顶部投料口灌入，将从导管底部溢出。当导管内积存 70～80cm 厚混凝土时，开动导管顶部的偏心电机，通过导管的振动使管内混凝土继续溢出，再由投料口补充，使导管内保持 70～80cm 厚混凝土。这时均匀慢速向上提导管，形成边投料、边振捣、边提升导管的连续过程。

5.4 土 模

5.4.3 侧墙土模的作法是按定位线开挖至侧墙外边缘，用铁锹铲平，然后检查局部有无少挖部分，若有

必须铲至外边缘，以便保证侧墙厚度。若有超挖部分，可不用处理，待浇筑侧墙混凝土时一起浇筑即可。

侧墙内模一般采用支撑模板，可采用一般定型钢模。模板支撑架有两种形式，一种是利用 1.4# 槽钢、两端设 ϕ20 螺栓孔；另一种为 12# 槽钢，一侧用钢筋为腹杆焊成的小框架。内模的长度一般要大于混凝土浇筑进尺一个模板长度，这样可以使模板连接方便，混凝土接缝密实平整。

5.5 土方暗挖

5.5.2 土方运输包括水平运输和垂直运输。水平运输可采用双轮手推车，也可采用皮带运输机等机械方法。垂直运输是将土方通过竖井龙门架吊盘吊送到高架台上，倒入汽车料斗。吊装电葫芦一般为 3～5t，也可采用卷扬机。吊盘尺寸一般为 2.2×1.8～2.4×2.2m。钢丝绳一般采用 ϕ15～ϕ20。手推车大小、电葫芦起重量、吊盘尺寸都要由工程进度、出土方量来确定。

5.7 刹 肩

5.7.1、5.7.2 刹肩是处理垂直受力构件自下向上接施工缝的方法。刹肩设在侧墙下接柱的肩部、顶板底面以下，形成一个斜坡（如图 1 所示），当侧墙和柱自

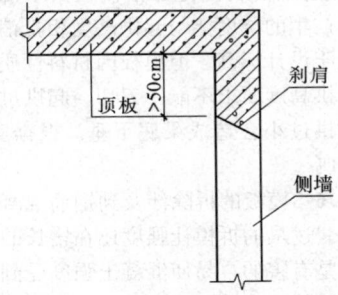

图 1 刹肩

下而上浇筑混凝土至刹肩处，便于浇筑和振捣密实。

5.8 砂构造层

5.8.1、5.8.2 灌注砂层的目的是为了在已浇筑混凝

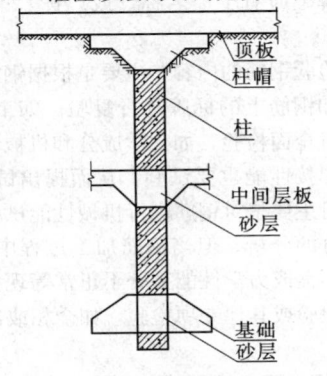

图 2 砂构造层

土柱上，预留连接中间层板和底层基础等构件的位置，以便避免其施工时拆凿柱混凝土（如图 2 所示）。

6 钢筋混凝土施工

6.1 一般规定

6.1.1 鉴于商品混凝土具有技术先进、质量可靠稳定等优点，各地特别是大中城市越来越逐步推广使用商品混凝土。由于人防工程对于结构防护功能和防水性能要求高，有的工程尚需采用大体积混凝土，因此人防工程凡是有条件采用商品混凝土的，要尽量采用商品混凝土，这既是现实需要，也是发展方向。

6.2 模板安装

6.2.1、6.2.2 模板安装全过程应具有稳定性，避免出现倒塌事故，这个问题十分重要。所以要求模板及其支架在安装过程中，必须设置足够的临时固定设施以防倾覆。为满足这一要求，在模板施工方案中，要明确施工分段、施工安装顺序和临时固定设施的布置、措施等。同时，对模板的运输、吊装等过程也应考虑稳定性及必要的临时加固措施。

6.2.3 模板起拱的目的是保证模板由于混凝土、钢筋重量作用产生的挠度能与起拱高度相抵消，保持梁底标高不低于设计标高。但模板因材料性质、支撑方法不同，起拱高度要求不能一刀切，起拱过大将影响板平整，起拱过小会造成梁底下垂。根据实践经验，提出 1‰～3‰。

6.2.5、6.2.6 模板的拆除涉及到钢筋混凝土结构的安全和质量。过早的拆模让强度还在增长的混凝土早期承受荷载是有害的，易使混凝土强度受到影响，并可能产生裂缝等人为缺陷。

6.3 钢筋制作

6.3.1 钢筋出厂时应有试验报告单和标志。标志应字迹清楚，牢固可靠，每捆（盘）钢筋上至少挂两个标牌，标牌上应有工厂名称（或厂标）、钢号、批号等印记。

现场检验钢筋的内容，主要是根据钢筋的出厂质量证明书和钢筋上的标牌进行复验。如果没有证件，就需要进行全面检验，如化学成分和机械性能，甚至对钢筋的焊接性能也要试验，从而提出试验报告单。复验的项目主要是对钢筋进行机械性能试验，一般不做化学成分的分析。但当钢筋加工过程中发现脆断、焊接性能不良或力学性能显著不正常等现象，还要做化学成分检验或其他专项检验，如金相或冲击韧性的试验。

6.3.4 根据工程实践要求，有必要对钢筋的弯钩和

弯折作出规定，以防止弯曲直径过小导致钢筋在加工或安装过程中发生脆断或带来隐患。

图3～图5分别为钢筋末端180°弯钩，90°或135°弯折，钢筋弯折加工示意图。

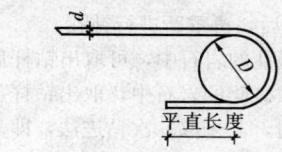

图 3　钢筋末端 180°弯钩
D—钢筋的弯曲直径；d—钢筋直径

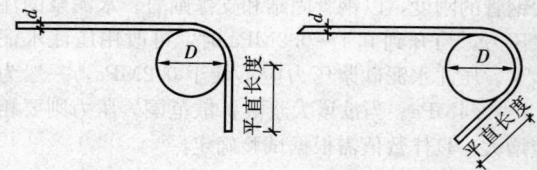

图 4　钢筋末端 90°或 135°弯折
D—钢筋的弯曲直径；d—钢筋直径

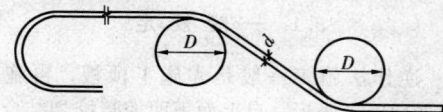

图 5　钢筋弯折加工
D—钢筋的弯曲直径；d—钢筋直径

6.3.9 钢筋的混凝土保护层，对促进钢筋与混凝土的共同工作、防止钢筋锈蚀、提高结构的耐久性，具有重要作用。鉴于人防工程结构处于地下潮湿环境，为防止钢筋锈蚀，提高结构的耐久性，钢筋保护层厚度应适当提高。在正常环境下，即在工程内部环境下，不宜小于 25mm；在高湿度环境下，比如水库、工程处于饱和土中等情况，不宜小于 45mm。国外有的规定不小于 60～70mm。

6.4 混凝土浇筑

6.4.4、6.4.5 泵送混凝土是用混凝土泵沿管道输送和浇筑混凝土拌合物的施工方法。泵送混凝土可一次连续完成水平运输和垂直运输，而且可以进行浇筑，因而效率高、劳动力省，尤其适用于大体积混凝土工程。

泵送混凝土对原材料要求较严，对配合比要求较高，对施工组织要求较严密，以保证连续进行输送，避免有较长时间的间歇而造成堵塞。

泵送混凝土施工，要求混凝土具有可泵性，即具有一定的流动性和较好的粘塑性，要求泌水小，不易分离。对于大体积混凝土，还要采取措施降低水化热。

根据施工单位的经验，在泵送混凝土时，应使受

料斗内充满混凝土，以防其吸入空气而阻塞。当混凝土泵停车时，要每隔几分钟开泵一次。当泵送间歇时间超过45min或混凝土浇筑完毕时，应用压力水冲洗输送管内残留的混凝土，以防止混凝土在泵内固结。

6.4.11 为提高人防工程的防护密闭性能，工程口部、防护密闭段、通道与房间接头、转弯、水库、水封井、防毒井及其他重要部位，都要一次整体浇筑混凝土。

6.4.14 采用先拱后墙法浇筑混凝土时，由于浇筑后拱圈可能下沉，根据实践经验要将拱脚标高提高20～40mm。

6.4.15 掘开式人防工程，为解决混凝土浇筑后沉降不均或伸缩的问题，经常设置后浇缝。经总结施工经验，采用补偿收缩混凝土浇筑后浇缝的方法较好。补偿收缩混凝土，可以直接采用膨胀水泥，也可以采用普通水泥加膨胀剂配制。

6.4.16 一般情况下，在结构混凝土施工中，完全不设施工缝是不可能的。然而，施工缝极易成为结构上的弱点（抗剪力的弱点）。因此，施工缝应设在结构受剪力较小且便于施工的部位。但在施工中，施工人员很难掌握什么地方是结构受剪力较小的部位。为此，根据上述原则，提出了具体设置施工缝的部位，以供施工人员掌握。

7 顶管施工

7.1 一般规定

7.1.1 由于钢筋混凝土管重量大、刚度大，能抵抗土体膨胀压力，因此在膨胀土中顶管宜采用钢筋混凝土管，以防止顶管周围的土遇水膨胀后，使管变形。同时，在施工过程中，工作井周围要加强排水，并防止排水管道渗漏，不要采用水力切削。

为防止管材受海水或盐碱等侵蚀，一般采用钢筋混凝土管；若采用钢管，需有可靠的防腐蚀措施，以防止管道因受侵蚀而造成穿孔破坏。

7.1.2 管端面所能承受的顶力有一定限度，超过此限度管端就要破裂。管端面容许顶力的大小一般取决于管体强度、加压面积以及顶铁与管端面间的接触状态等。应该通过计算确定。

7.2 施工准备

7.2.1 顶管施工的工作井一般采用永久性钢筋混凝土沉井或地下连续墙工作井，以便在顶管工程竣工后，利用工作井作工程出入口或作为永久构筑物一部分。这样既方便顶管施工，又可降低工程的总造价。

7.2.2 后壁结构及其尺寸，主要取决于管径大小和

后壁土体的被动土压力——土抗力。由于最大顶力一般在顶进段接近完成时出现，所以要充分利用土抗力。在工程施工过程中要注意后壁土的压缩变形，将残余变形值控制在20mm以内。当计算所需总顶推力大于8000kN时，应采用中间接力顶，以免工作井后壁结构受力过大而破坏。

7.2.6 顶铁是顶进过程中的传力工具。其功能是延长千斤顶的行程，传递顶力并均衡管端面的局部承压力。顶铁一般用型钢焊成，其强度和刚度要根据使用要求进行核算。

7.2.7 在粉砂土质中顶管，可在沉井下沉前或地下连续墙施工时，将穿墙管用粘土填满捣实或用楔形木块填实塞紧；亦可采用井点降水等措施固结穿墙管土体，以保证打开穿墙管封板时无大量流砂涌入井内。

7.3 顶管顶进

7.3.3 工具管由于自重的原因易产生前端"叩头"现象，使顶进轴线出现偏差，甚至改变顶进轴线的方向。因而当工具管出洞时，其前端要偏高2～5mm（视土质条件而定，土质松软取大值），以便抵消因管端"叩头"而产生的下沉量。

7.3.4 在顶进过程中，为了防止事故，需注意以下问题：

1 在顶进过程中，若顶管不向前反而向后压缩后壁，纵向顶铁向上隆起或向下啃垫木，这就是后壁破坏前的预兆。发现这种现象要停止顶进，退回千斤顶行程，检查原因，采取措施后再顶进。否则，后壁破坏，修理困难，可能要另建新后壁。

2 顶进过程中容易发生崩铁事故，其原因是纵向顶铁过长而顶力偏斜产生偏心荷载所致，或与后壁压缩不均产生倾斜有关。为保障操作人员的生命安全，在顶进过程中顶铁两侧不得停留任何人。

3 闷顶（即不出土挤压顶进）时，土体被挤入工具管内形成坚硬的土塞。由于土与管壁间的摩擦阻力逐步增大，土在管内挤到一定程度后就不再挤入管内，而是在管端造成一个密实而坚硬的土锥，随着顶进的继续，土锥四周土层所受的挤压力不断增大。一般覆土深度小于顶进管道直径2.5倍的地层，地表将产生隆起变形。该区域的地下构筑物、地面建筑物将随之遭受破坏。

7.3.5 触变泥浆可填补顶管外壁与土层间的空隙，以使管外土体保持稳定。因此，在顶管外有承压水或在砂砾层中顶进时，为减小顶进阻力和保持管壁外土体的稳定，需要随时对管外空隙充填触变泥浆。

7.3.7 为了保证安全，需先挤压顶进再射流破土。水枪破土时要在格板以内破碎土块，严禁射流冲到刃口以外造成超挖。水压要根据破碎土质需要而定，一般工作压力以1～1.2MPa为宜。

7.3.8、7.3.9 顶管最小覆土厚度是能否采用气压法

稳定工作面的主要条件之一。一般在地下水位以下顶进时，机头顶部的地下水位至少为机头直径的1/2。当穿越河道顶进时，顶管的覆土厚度需保持1倍的顶管直径，且不小于2m。这样可防止压缩空气施加压力挤压顶管上部的土层，产生裂缝，破坏土压和水压与气压之间的平衡，危及设备及操作人员的安全。

当吸泥莲蓬头被堵塞、水力机械失效、需打开胸板清石孔处理时，要将顶管顶入到一个新的位置，一般可顶200～300mm。

局部气压顶进过程中，应根据工作面土层及地下水的变化情况调整气压，不需要时也可以不加气压。

7.3.11 钢管管段间的接口强度和质量直接影响施工进度和工程质量。顶进过程中，顶管前端偏移往往使管尾端与续接钢管的管口难于对齐，此时不要随意切割管尾端部。续接钢管轴线只有与入土钢管轴线保持一致，入土钢管的偏移才能逐渐得到纠正。否则，偏差越来越大。

7.4 顶进测量与纠偏

7.4.2 在顶管顶进过程中，需不断对高程、方向和转角进行测量，在正常顶进时，最好每隔800～1000mm测量一次。当发现偏差（不超过3mm）需要进行校正时，最好每隔500mm测量一次。开始顶进时，为了保证工具管按设计轨道前进，需增加测量次数。顶进测量是顶管施工中重要的测量工作。

7.4.3、7.4.4 工具管长度与纠偏时顶管的灵敏度密切相关。工具管越短，自重越轻，管顶部土压力越小，相应纠偏力矩也越小。在顶进过程中，最好勤测量、多微调，及时发现偏差，及时加以校正。

8 盾 构 施 工

8.1 一 般 规 定

8.1.1 盾构施工是坑道地道暗挖法施工方法之一。盾构是地下工程施工时进行地层开挖及衬砌拼装时起支护作用的施工设备，由于开挖方法及开挖面支撑方法不同，种类很多。但其基本构造由盾构壳体和开挖机构、推进系统、衬砌拼装系统组成。

8.1.2 不同的盾构施工方法，其适用范围、技术难易程度及对地表产生的变形量均不相同。在易于产生流砂、涌土、塌方等不稳定地层中，一般要采用网格式盾构或局部气压盾构。

8.1.3 地表变形与盾构掘进时的埋深及所处区域的地质条件有关。地层条件较差时，如淤泥质粉土及粉砂层等饱和地层，一经扰动很易丧失稳定而引起地表变形。一般盾构工程埋设越深，盾构掘进时地表变形的影响越小。反之亦然。

8.1.4 盾构施工产生的地表变形，当一个盾构施工

时，变形范围接近土的破坏棱体；当两个盾构施工时，破坏角度约为45°～47°。因此，平行掘进的两个盾构之间的最小距离，需根据施工地区的地质情况、盾构大小、掘进方法、施工间隔时间等因素确定。一般相邻两盾构外壁间距要大于盾构直径。

8.1.5 为保证盾构施工安全，需注意以下两个方面：一是在选择盾构施工线路时，尽量避开地面建筑群或使建筑物处于地表沉降均匀的范围内。在不同的地质条件和环境下，采用合理的盾构开挖方法。二是在施工过程中，严格控制开挖面的挖土量，及时充填盾构与管片背面之间的建筑物空隙，以控制地表变形。

8.2 施 工 准 备

8.2.2 由于盾构施工一般为单向掘进，又有与预定工作井贯通的要求，所以要在原有城市测量控制网的基础上建立地面与地下控制测量系统。测量内容除管道的成洞测量外，还要有地表变形测量和管道沉降测量。

8.2.3 后座管片的作用是传递盾构的顶力。为了不影响垂直运输，并确保后座管片闭合环不产生大的影响，一般在工作井内将圆环拼装成开口环。开口环部分需要设置具有足够刚度的闭合刚架支撑。

8.2.4 由于工作井外土体软弱且饱含地下水，盾构出洞时可能遇有流砂、涌土或坍塌现象，故一般要预先采取土层加固措施，如采用地层化学灌浆、冻结、降水等方法。

8.3 盾 构 掘 进

8.3.2 网格式盾构是把盾构开挖面用钢板构成许多小的格栅，当盾构推进时网格切入地层，将开挖面土层切成许多条状土体挤入盾构内。这些土落入盾构底部的提土转盘内。如不及时将土运出，不但影响盾构继续推进，而且使管片拼装工作无法进行。

网格式盾构一般不能超挖，其纠偏靠调整千斤顶编组。

8.3.3、8.3.4 气压式盾构施工中，人员、土方、材料和工具等由常压段进入气压段，或由气压段到常压段须经过变压处理。人行闸是施工人员进出气压段用的变压设备，其设施以考虑人员的安全为主。材料闸是材料、设备、出土、管片等进出气压段用的变压设施，其直径一般为2～2.5m，长度为8～12m。

8.3.6 为防止在水下施工时因气压增大使土层发生冒顶、坍塌、涌水以致危及整个工程施工，故空气压力不要大于静水压力。

8.3.7 盾构掘进测量主要是对新拼装环的里程、平面、高程偏离值和成环管片的水平、垂直度、环面坡度进行测量。

地表变形测量是为了观察盾构施工时对地表的影响程度，对指定地段上布置的纵、横断面沉降标志点

进行测量。对需要重点保护的地面建筑物及地下管线都要测量其变形情况。

地道沉降测量是为了防止由于地道下沉而影响正常使用。在盾构管片拼装成环并脱出盾尾后，每隔一定距离布置一个沉降标志点，以便定期观察测量。

8.3.8 盾构千斤顶活塞杆尾部的顶块，一般是以中心传压方式将顶力传至管片结构，同时使顶力均匀分布。若千斤顶的顶力超过管片的自身强度，往往会将管片顶裂。因此，可增大千斤顶活塞杆尾部顶块与管片的接触面积，或增加千斤顶数量，以减小每台千斤顶的最大工作顶力。千斤顶的最大工作顶力一般取决于管片强度。

8.3.11 井点降水的时间一般提前7～10d。经检查证明地下水已疏干，土体基本稳定后再拆门进洞。否则，有可能造成流砂、涌土等事故发生。

8.4 管片拼装及防水处理

8.4.1 一般小断面地道管片可分为4～6块。地道直径为6m左右，管片则可分为6～8块。管片的最大弧弦长度不要大于4m，管片越薄，其长度应越短。管片的拼装形式有通缝拼装及错缝拼装两种。一般采用错缝拼装，因错缝后能加强圆环缝缝刚度，约束接缝变形。从受力角度考虑，最好将管片接缝设置在内力较小的45°或135°处，使管片环具有较好的刚度和强度。

8.4.2 提高管片的制作精度和采用高弹性密封垫，是管片接缝防水的有效措施。

高精度的管片可以减小接缝间隙，使管片在没有衬垫的情况下接触面不致产生过大的局部接触应力。目前日本生产的钢筋混凝土管片，其单块各部尺寸偏差为±1.0mm。

我国有关单位生产的管片精度是：宽度为±1.0mm，弧弦长（张角值）为1.0mm，厚度为±3.0mm。

高弹性密封垫设置在管片接缝中，既能靠压密防水，又能靠弹性复原力适应地道沉降和变形产生接缝的防水。因此要求高弹性密封垫能在通道的设计水压下不漏水，并能承受千斤顶顶力、螺栓扭力、压浆压力，在地层土压力和自重等荷载作用下，具有较高的弹性复原力、良好的耐久性和稳定性。

8.5 压浆施工

8.5.1 当盾构向前推进、管片环脱出盾尾后，管片环与外围土层间存在一定空隙。该空隙如无充填物及时支撑，便将膨胀以致坍塌，造成地表沉降。因此，及时在盾构与管片背面的建筑空隙里压注充填材料，是控制地表沉降的一个关键环节。为保证压浆工作的及时性，当管片环脱出盾尾后应立即压注充填材料。

8.5.2 压入管片外的浆体，一般会发生收缩，而且

由于盾构施工时纠偏或局部超挖以及地层可能有各种空隙等，每环的实际建筑空隙是变化而无法估计的。所以压浆量要超过理论空隙体积，一般取计算建筑空隙的120%～150%。

在施工中，压浆量是视具体情况而定。由于过量的压浆会引起地表局部隆起和跑浆，并对管片受力不利。因此除控制压浆量外，还要控制压浆压力。目前在软土中施工，盾构顶部覆土10～15m时，压浆压力一般取0.4～0.5MPa。

9 孔口防护设施的制作及安装

9.1 防护门、防护密闭门、密闭门门框墙的制作

9.1.1～9.1.3 防护门、防护密闭门、密闭门门框墙都采用现浇钢筋混凝土施工。门框墙质量好坏，直接关系到工程的防护功能，因此对施工质量要求很高，不仅对钢筋、混凝土材质要求高，而且对施工质量要求也很高，比如要求无蜂窝、孔洞、露筋等缺陷；即使有麻面，也对其面积作出限制，且对麻面要修整完好。

9.2 防护门、防护密闭门、密闭门的安装

9.2.1 门扇质量好坏直接影响门的安装质量。门扇基本上是工厂加工制作，对于门扇的材质要求、制作质量、加工工艺、公差配合等有专门规定，如《人民防空工程防护设备产品质量检验标准》、《钢结构密闭门和防护密闭门产品质量分等》等。因此在门扇进货后，应查看产品合格说明书，当有疑义时，有必要对照前述规定检验门扇的质量。

9.3 防爆波活门、防爆超压排气活门的安装

9.3.1 防爆波悬摆活门是人防工程中经常使用的防护设备，对其质量检验项目、质量指标、检验规则和方法等都有规定，需要时可查看《悬摆式防爆波活门产品质量分等》。

9.3.3 防爆超压排气活门、自动排气活门是过滤通风时维持工程内超压的自动控制排气装置。只有当活门板上所受的正压力大于重锤的平衡力时，活门才自动开启排风。活门受力具有定向性，安装时不要装反。

为保证活门在设计超压下（一般为30～50Pa）能自动开启，活门重锤必须垂直向下。否则，将给重锤杆带来附加扭力，影响活门的开启。

10 管道与附件安装

10.1 密闭穿墙短管的制作及安装

10.1.1 防毒气是人防工程战时防护功能之一。管道

穿越防护密闭隔墙、密闭隔墙时，管道与钢筋混凝土接触面因混凝土收缩引起间隙，毒气容易沿缝渗透。试验证明，带有密闭翼环的密闭穿墙短管能增加毒气渗透通道长度，延长渗透时间，减少毒气渗入剂量，是一种有效的防毒密闭措施。

10.1.4 增加密闭翼环的高度，虽对密闭有利，但过高会给施工带来不便。试验证明，翼高取 30~50mm 较为适宜。密闭翼环的钢板平整，有利于混凝土捣固密实，提高密闭性能。

10.1.5 如预埋的密闭穿墙短管位置不正，管口不平整，将直接影响前后管路的连接。为防止在捣固混凝土时短管发生错位，要求密闭翼环与钢筋牢。

对密闭穿墙短管两端伸出混凝土墙面的长度的规定，是为了保证满足管路的连接、填充密封材料的长度及安装附件的最小长度的要求。

10.1.6 密闭穿墙短管位置不正，管口不平整，将直接影响前后管路的连接。为防止在捣固混凝土时短管发生错位，要求密闭翼环与钢筋焊牢。

10.1.7 填充密封材料的目的，是阻止毒气沿穿墙套管内空隙渗入，保证工程的整体气密性，利用工程形成超压。试验表明，用石棉沥青作填料，其长度为管径的 3~5 倍，在受 0.1MPa 气压时，密闭穿墙短管未发生漏气现象。

10.1.8 密闭穿墙短管内的密封材料在直接受核爆冲击波作用下，易遭到破坏，故需增设防护抗力片。

防护抗力片是装设在密闭穿墙短管受冲击波端的防护部件，具有抗御冲击波沿短管与所穿管线的空隙侵入工程内的作用。试验证明，加装外丝扣螺帽套，填料为软橡皮时，其承受压力为 0.5MPa；加装内丝扣螺帽，填料为石棉沥青时，其承受压力为 0.1MPa。

为了便于制作、安装，根据上述试验数值，可将内、外丝扣螺帽改为厚度大于 6mm 的两块钢板，作为防护抗力片。

10.2 通风管道与附件的制作及安装

10.2.3 通常地面建筑制作风管的钢板最小厚度为 0.5mm。由于人防工程比地面建筑较为潮湿，根据各地实践经验，考虑风管的防潮防腐，其钢板厚度应大于 0.75mm。

10.2.4 为防止冲击波沿测压管进入工程内，故测压管需设防护消波装置。试验证明，采用测压管一端管口向下弯头，另一端加装球阀的方法，能避开冲击波的正向冲击压力，抵消部分余压，是一种简易、有效的消波措施。

10.2.5 测定孔和洗消取样管是通风系统中的量测部件，若在风管安装后，再开孔制作，容易引起风管的变形和破坏其外表面的油漆。因此，制作风管时应同时制作测定孔和洗消取样管。

洗消取样管是设置在染毒风管上供取样化验及清洗风管用带弯头的三通短管。

10.3 给水排水管道、供油管道与附件的安装

10.3.1 据调查，有些施工单位对承插铸铁管接口施工不够重视。当采用水泥砂浆抹口时，工程竣工后经常发现在接口处漏水；此外，排水铸铁管比给水铸铁管的管壁薄、承压小、质量差、易渗水，对工程的防潮、除湿很不利。故要选用抗渗、承压性能较好的给水铸铁管或镀锌钢管；并要采用油麻填充用石棉水泥抹口。

10.3.4 设置控制阀门的目的：

1 在空袭警报时关闭，用以防止由于外部管道破坏致使冲击波、毒剂、放射性沾染物沿管道进入工程内部，危及人员和设备的安全；

2 当内部管道检修时，便于截断工程内、外水路。

控制阀门是给水排水管道的关键防护部件。因此对产品质量、安装质量及工作压力，都有严格的要求，应逐个进行强度和严密性试验。经过 Z44T-10 型 $Dg50$ 和 $Dg100$ 阀门进行抗爆试验表明，它能满足三级人防工程抗冲击波超压的要求。四、五级人防工程虽抗力要求低些，但由于工作压力为 1MPa 的阀门是给水排水工程中常用部件，因此也应按上述要求选用。

10.4 电缆、电线穿管的安装

10.4.2 防护密闭隔墙或密闭隔墙两侧设置密闭过线盒，不仅便于穿线，而且能解决较长管路的密闭处理问题，防止毒剂沿穿管侵入。

10.4.3、10.4.4 人防工程一般利用衬砌结构的钢筋网作为自然接地体，金属暗配管作为接地干线。暗配管与钢筋点焊，不仅可减小接地电阻值，而且能防止在浇筑混凝土时暗配管发生移动错位。暗配管管口做密封处理，是为了防止管内结露积水造成导线及管腐烂。

10.5 排烟管与附件的安装

10.5.3 据调查，在有些人防工作中，柴油发电机组的漏烟、漏气现象严重影响电站工作环境，妨碍正常运行操作。而漏烟一般是由于排烟管的热涨补偿器及缓冲设施安装质量不好造成的。如果安装套管伸缩节和波纹管时，前后排烟管不同心，则波纹管补偿器受力方向不正确，妨碍排烟管的自由伸缩，从而引起排烟管的变形或波纹管拉裂，造成漏烟、漏气。

10.5.5 在排烟管伸出地面 150~200mm 处，采取防止排烟管堵塞的措施通常有以下几种：

1 两截排烟管之间直接点焊数点；

2 两截排烟管之间用法兰连接时，采用铁丝绑

扎而不采用螺栓固定。

这样，当排烟管遭受冲击波袭击时，上截排烟管容易被吹掉，而下截排烟管（即人防工程所用的排烟管）仍可保持完好。

11 设 备 安 装

11.2 通风设备安装

11.2.4 过滤器、纸除尘器等是过滤式通风中的关键设备，关系到战时工程防护通风的成败，所以必须由专业厂生产，并具有产品检验合格证。

设备内装有超细玻璃纤维纸、m 型丝棉纸、活性碳等，受潮后易失效。因此，存放期超过规定年限时，应由技术部门检验合格才能使用。

11.3 给水排水设备安装

11.3.4 防爆波井为钢筋混凝土结构，一般是与工程头部整体浇筑的。由于防爆波井体积较小，所以浇筑混凝土前最好将防爆波闸阀安装好。若条件不允许，可暂时连上一根钢管，以便安装闸阀时校正中心。

11.3.6 排水水封井的作用主要是防止毒气沿着排水管道渗入工程内部，并便于检查清理管道。进、出水管的 90°弯头应伸入水封面以下 300mm，是为了保持排水管道良好的水封性能。

11.3.7 排水防爆波井的进、出水管管口用网眼 30mm×30mm 的钢筋网保护，主要作用是避免井内卵石、碎块等杂物进入管内。

11.4 电气设备安装

11.4.8 人防工程内利用结构钢筋网作自然接地体具有不易腐蚀，不易受到机械损伤，使用期长，接地电阻稳定，投资少，维护简单等优点，经实际使用一般能满足接地电阻值的要求。如上海某设计院对采用人防工程底板钢筋网作为接地体进行实测，其接地电阻值不超过 0.5Ω。绑扎钢筋的铁丝容易腐蚀造成接触不良，因此，作为接地体的钢筋网应进行焊接，以利减小接地电阻值。

接地干线从不同方向引入工程构成环路，无论是战时遭受核爆袭击或平时运行，都能提高接地装置的可靠性。

2

施 工 技 术

中华人民共和国行业标准

混凝土泵送施工技术规程

Technical specification for construction of concrete pumping

JGJ/T 10—2011

批准部门：中华人民共和国住房和城乡建设部
施行日期：２０１２年３月１日

中华人民共和国住房和城乡建设部
公　　告

第 1061 号

关于发布行业标准
《混凝土泵送施工技术规程》的公告

现批准《混凝土泵送施工技术规程》为行业标准，编号为 JGJ/T 10 - 2011，自 2012 年 3 月 1 日起实施。原行业标准《混凝土泵送施工技术规程》JGJ/T 10 - 95 同时废止。

本规程由我部标准定额研究所组织中国建筑工业出版社出版发行。

中华人民共和国住房和城乡建设部

2011 年 7 月 13 日

前　　言

根据住房和城乡建设部《关于印发"2008 年工程建设标准规范制订、修订计划（第一批）"的通知》（建标〔2008〕102 号）的要求，规程编制组经广泛调查研究，认真总结实践经验，参考有关国际标准和国外先进标准，并在广泛征求意见的基础上，修订本规程。

本规程的主要技术内容是：1　总则；2　术语和符号；3　混凝土泵送施工方案设计；4　泵送混凝土的运输；5　混凝土的泵送；6　泵送混凝土的浇筑；7　施工安全与环境保护；8　泵送混凝土质量控制。

本次修订的主要技术内容是：1　增加了术语；2　增加了 C60 以上混凝土泵送的有关内容；3　取消了"泵送混凝土原材料和配合比"的有关条文，与相关标准协调；4　修改了泵送过程中的换算压力损失值；5　修改了部分泵送工艺要求；6　增加了施工安全与环境保护有关内容；7　根据施工流程调整了规程章节结构。

本规程由住房和城乡建设部负责管理，由中国建筑科学研究院负责具体技术内容的解释。执行过程中如有意见或建议，请寄送中国建筑科学研究院（地址：北京市北三环东路 30 号；邮编：100013）。

本 规 程 主 编 单 位：中国建筑科学研究院

浙江省二建建设集团有限公司

本规程参编单位：三一重工股份有限公司
中建六局二公司
唐山建设集团有限责任公司
同济大学
华丰建设股份有限公司
武汉理工大学
建研建材有限公司
廊坊凯博建设机械科技有限公司

本规程主要起草人员：张声军　陈春雷　易秀清
于吉鹏　程启国　应惠清
孙启峰　马保国　张幸祥
韦庆东　王　平　孟晓东

本规程主要审查人员：龚　剑　何　穆　邵凯平
卓　新　李海波　唐明贤
吴月华　王桂玲　王瑞堂
陈天民　何云军　秦兆文
胡裕新　王骁敏

目　次

Contents

1 总 则

1.0.1 为提高混凝土泵送施工质量,促进混凝土泵送技术的发展,制定本规程。

1.0.2 本规程适用于建筑工程、市政工程的混凝土泵送施工,本规程不适用于轻骨料混凝土的泵送施工。

1.0.3 混凝土泵送施工应编制施工方案,前项工序验收合格方可进行混凝土泵送施工。

1.0.4 混凝土泵送施工除应符合本规程外,尚应符合国家现行有关标准的规定。

2 术语和符号

2.1 术 语

2.1.1 泵送混凝土 pumping concrete

可通过泵压作用沿输送管道强制流动到目的地并进行浇筑的混凝土。

2.1.2 混凝土可泵性 concrete pumpability

表示混凝土在泵压下沿输送管道流动的难易程度以及稳定程度的特性。

2.1.3 混凝土布料设备 concrete distributor

可将臂架伸展覆盖一定区域范围对混凝土进行布料浇筑的装置或设备。

2.2 符 号

K_1——粘着系数;

K_2——速度系数;

L——混凝土泵送管路系统的累计水平换算距离;

L_1——混凝土搅拌运输车往返距离;

L_{max}——混凝土泵最大水平输送距离;

N_1——混凝土搅拌运输车台数;

N_2——混凝土泵台数;

P_e——混凝土泵额定工作压力;

P_f——混凝土泵送系统附件及泵体内部压力损失;

P_{max}——混凝土泵送的最大阻力;

ΔP_H——混凝土在水平输送管内流动每米产生的压力损失;

Q——混凝土浇筑体积量;

Q_1——每台混凝土泵的实际平均输出量;

Q_{max}——每台混凝土泵的最大输出量;

r——混凝土输送管半径;

S_0——混凝土搅拌运输车平均行车速度;

S_1——混凝土坍落度;

$\dfrac{t_2}{t_1}$——混凝土泵分配阀切换时间与活塞推压混凝土时间之比;

T_0——混凝土泵送计划施工作业时间;

T_1——每台混凝土搅拌运输车总计停歇时间;

V_1——每台混凝土搅拌运输车容量;

V_2——混凝土拌合物在输送管内的平均流速;

α——混凝土输送管倾斜角;

α_1——配管条件系数;

α_2——径向压力与轴向压力之比;

β——混凝土输送管弯头张角;

η——作业效率;

η_N——搅拌运输车容量折减系数。

3 混凝土泵送施工方案设计

3.1 一 般 规 定

3.1.1 混凝土泵送施工方案应根据混凝土工程特点、浇筑工程量、拌合物特性以及浇筑进度等因素设计和确定。

3.1.2 混凝土泵送施工方案应包括下列内容:

1 编制依据;

2 工程概况;

3 施工技术条件分析;

4 混凝土运输方案;

5 混凝土输送方案;

6 混凝土浇筑方案;

7 施工技术措施;

8 施工安全措施;

9 环境保护技术措施;

10 施工组织。

3.1.3 当多台混凝土泵同时泵送或与其他输送方法组合输送混凝土时,应根据各自的输送能力,规定浇筑区域和浇筑顺序。

3.2 混凝土可泵性分析

3.2.1 在混凝土泵送方案设计阶段,应根据施工技术要求、原材料特性、混凝土配合比、混凝土拌制工艺、混凝土运输和输送方案等技术条件分析混凝土的可泵性。

3.2.2 混凝土的骨料级配、水胶比、砂率、最小胶凝材料用量等技术指标应符合现行行业标准《普通混凝土配合比设计规程》JGJ 55 中有关泵送混凝土的要求。

3.2.3 不同入泵坍落度或扩展度的混凝土,其泵送高度宜符合表 3.2.3 的规定。

表 3.2.3 混凝土入泵坍落度与泵送高度关系表

最大泵送高度 (m)	50	100	200	400	400 以上
入泵坍落度 (mm)	100~140	150~180	190~220	230~260	—
入泵扩展度 (mm)				450~590	600~740

3.2.4 泵送混凝土宜采用预拌混凝土。当需要在现场搅拌混凝土时，宜采用具有自动计量装置的集中搅拌方式，不得采用人工搅拌的混凝土进行泵送。

3.2.5 混凝土供应方应有严格的质量保障体系，供应能力应符合连续泵送的要求。混凝土的性能除应符合设计要求外，尚应符合现行国家标准《预拌混凝土》GB/T 14902 的有关规定。

3.2.6 泵送混凝土搅拌的最短时间，应符合现行国家标准《预拌混凝土》GB/T 14902 的有关规定。当混凝土强度等级高于 C60 时，泵送混凝土的搅拌时间应比普通混凝土延长 20s～30s。

3.2.7 拌制强度等级高于 C60 的泵送混凝土时，应根据现场具体情况增加坍落度和经时坍落度损失的检测频率，并做好相应记录。

3.3 混凝土泵的选配

3.3.1 应根据混凝土输送管路系统布置方案及浇筑工程量、浇筑进度以及混凝土坍落度、设备状况等施工技术条件，确定混凝土泵的选型。

3.3.2 混凝土泵的实际平均输出量可根据混凝土泵的最大输出量、配管情况和作业效率，按下式计算：

$$Q_1 = \eta \alpha_1 Q_{max} \qquad (3.3.2)$$

式中：Q_1——每台混凝土泵的实际平均输出量（m³/h）；

Q_{max}——每台混凝土泵的最大输出量（m³/h）；

α_1——配管条件系数，可取 0.8～0.9；

η——作业效率。根据混凝土搅拌运输车向混凝土泵供料的间断时间、拆装混凝土输送管和布料停歇等情况，可取 0.5～0.7。

3.3.3 混凝土泵的配备数量可根据混凝土浇筑体积量、单机的实际平均输出量和计划施工作业时间，按下式计算：

$$N_2 = \frac{Q}{Q_1 T_0} \qquad (3.3.3)$$

式中：N_2——混凝土泵的台数，按计算结果取整，小数点以后的部分应进位；

Q——混凝土浇筑体积量（m³）；

Q_1——每台混凝土泵的实际平均输出量（m³/h）；

T_0——混凝土泵送计划施工作业时间（h）。

3.3.4 混凝土泵的额定工作压力应大于按下式计算的混凝土最大泵送阻力：

$$P_{max} = \frac{\Delta P_H L}{10^6} + P_f \qquad (3.3.4)$$

式中：P_{max}——混凝土最大泵送阻力（MPa）；

L——各类布置状态下混凝土输送管路系统的累计水平换算距离，可按本规程附录 A 表 A.0.1 换算累加确定（m）；

ΔP_H——混凝土在水平输送管内流动每米产生的压力损失，可按本规程附录 B 公式（B.0.2-1）计算（Pa/m）；

P_f——混凝土泵送系统附件及泵体内部压力损失，当缺乏详细资料时，可按本规程附录 B 表 B.0.1 取值累加计算（MPa）。

3.3.5 混凝土泵的最大水平输送距离，可按下列方法之一确定：

1 由试验确定；

2 根据混凝土泵的最大出口压力、配管情况、混凝土性能指标和输出量，按下式计算：

$$L_{max} = \frac{P_e - P_f}{\Delta P_H} \times 10^6 \qquad (3.3.5)$$

式中：L_{max}——混凝土泵最大水平输送距离（m）；

P_e——混凝土泵额定工作压力（MPa）；

P_f——混凝土泵送系统附件及泵体内部压力损失（MPa）；

ΔP_H——混凝土在水平输送管内流动每米产生的压力损失（Pa/m）；

3 根据产品的性能表（曲线）确定。

3.3.6 混凝土泵不宜采用接力输送的方式。当必须采用接力泵输送混凝土时，接力泵的设置位置应使上、下泵的输送能力匹配。对设置接力泵的结构部位应进行承载力验算，必要时应采取加固措施。

3.3.7 混凝土泵集料斗应设置网筛。

3.4 混凝土运输车的选配

3.4.1 泵送混凝土宜采用搅拌运输车运输，运输车性能应符合现行行业标准《混凝土搅拌运输车》GB/T 26408 的有关规定。

3.4.2 当混凝土泵连续作业时，每台混凝土泵所需配备的混凝土搅拌运输车数量，可按下式计算：

$$N_1 = \frac{Q_1}{60 V_1 \eta_V} \left(\frac{60 L_1}{S_0} + T_1 \right) \qquad (3.4.2)$$

式中：N_1——混凝土搅拌运输车台数，按计算结果取整数，小数点以后的部分应进位；

Q_1——每台混凝土泵的实际平均输出量，按本规程公式（3.3.2）计算（m³/h）；

V_1——每台混凝土搅拌运输车容量（m³）；

η_V——搅拌运输车容量折减系数，可取 0.90～0.95；

S_0——混凝土搅拌运输车平均行车速度（km/h）；

L_1——混凝土搅拌运输车往返距离（km）；

T_1——每台混凝土搅拌运输车总计停歇时间（min）。

3.5 混凝土输送管的选配

3.5.1 混凝土输送管应根据工程特点、施工场地条件、混凝土浇筑方案等进行合理选型和布置。输送管布置宜平直，宜减少管道弯头用量。

3.5.2 混凝土输送管规格应根据粗骨料最大粒径、混凝土输出量和输送距离以及拌合物性能等进行选择，宜符合表 3.5.2 规定，并应符合现行国家标准《无缝钢管尺寸、外形、重量及允许偏差》GB/T 17395 的有关规定。

表 3.5.2　混凝土输送管最小内径要求

粗骨料最大粒径（mm）	输送管最小内径（mm）
25	125
40	150

3.5.3 混凝土输送管强度应满足泵送要求，不得有龟裂、孔洞、凹凸损伤和弯折等缺陷。应根据最大泵送压力计算出最小壁厚值。

3.5.4 管接头应具有足够强度，并能快速装拆，其密封结构应严密可靠。

3.6　布料设备的选配

3.6.1 布料设备的选型与布置应根据浇筑混凝土的平面尺寸、配管、布料半径等要求确定，并应与混凝土输送泵相匹配。

3.6.2 布料设备的输送管最小内径应符合本规程表 3.5.2 的规定。

3.6.3 布料设备的作业半径宜覆盖整个混凝土浇筑范围。

4　泵送混凝土的运输

4.1　一般规定

4.1.1 泵送混凝土的供应，应根据技术要求、施工进度、运输条件以及混凝土浇筑量等因素编制供应方案。混凝土的供应过程应加强通信联络、调度，确保连续均衡供料。

4.1.2 混凝土在运输、输送和浇筑过程中，不得加水。

4.2　泵送混凝土的运输

4.2.1 混凝土搅拌运输车的施工现场行驶道路，应符合下列规定：

　　1 宜设置环形车道，并应满足重车行驶要求；

　　2 车辆出入口处，宜设交通安全指挥人员；

　　3 夜间施工时，现场交通出入口和运输道路上应有良好照明，危险区域应设安全标志。

4.2.2 混凝土搅拌运输车装料前，应排净拌筒内积水。

4.2.3 泵送混凝土的运输延续时间应符合现行国家

标准《预拌混凝土》GB/T 14902 的有关规定。

4.2.4 混凝土搅拌运输车向混凝土泵卸料时，应符合下列规定：

　　1 为了使混凝土拌合均匀，卸料前应高速旋转拌筒；

　　2 应配合泵送过程均匀反向旋转拌筒向集料斗内卸料；集料斗内的混凝土应满足最小集料量的要求；

　　3 搅拌运输车中断卸料阶段，应保持拌筒低速转动；

　　4 泵送混凝土卸料作业应由具备相应能力的专职人员操作。

5　混凝土的泵送

5.1　一般规定

5.1.1 混凝土泵送施工现场，应配备通信联络设备，并应设专门的指挥和组织施工的调度人员。

5.1.2 当多台混凝土泵同时泵送或与其他输送方法组合输送混凝土时，应分工明确、互相配合、统一指挥。

5.1.3 炎热季节或冬期施工时，应采取专门技术措施。冬期施工尚应符合现行行业标准《建筑工程冬期施工规程》JGJ/T 104 的有关规定。

5.1.4 混凝土泵的操作应严格按照使用说明书和操作规程进行。

5.1.5 混凝土泵送宜连续进行。混凝土运输、输送、浇筑及间歇的全部时间不应超过国家现行标准的有关规定；如超过规定时间时，应临时设置施工缝，继续浇筑混凝土，并应按施工缝要求处理。

5.2　混凝土泵送设备安装

5.2.1 混凝土泵安装场地应平整坚实、道路畅通、接近排水设施、便于配管。

5.2.2 同一管路宜采用相同管径的输送管，除终端出口处外，不得采用软管。

5.2.3 垂直向上配管时，地面水平管折算长度不宜小于垂直管长度的 1/5，且不宜小于 15m；垂直泵送高度超过 100m 时，混凝土泵机出料口处应设置截止阀。

5.2.4 倾斜或垂直向下泵送施工时，且高差大于 20m 时，应在倾斜或垂直管下端设置弯管或水平管，弯管和水平管折算长度不宜小于 1.5 倍高差。

5.2.5 混凝土输送管的固定应可靠稳定。用于水平输送的管路应采用支架固定；用于垂直输送的管路支架应与结构牢固连接。支架不得支承在脚手架上，应符合下列规定：

　　1 水平管的固定支撑宜具有一定离地高度；

2 每根垂直管应有两个或两个以上固定点；

3 如现场条件受限，可另搭设专用支承架；

4 垂直管下端的弯管不应作为支承点使用，宜设钢支撑承受垂直管重量；

5 应严格按要求安装接口密封圈，管道接头处不得漏浆。

5.2.6 手动布料设备不得支承在脚手架上，也不得直接支承在钢筋上，宜设置钢支撑将其架空。

5.3 混凝土的泵送

5.3.1 泵送混凝土时，混凝土泵的支腿应伸出调平并插好安全销，支腿支撑应牢固。

5.3.2 混凝土泵与输送管连通后，应对其进行全面检查。混凝土泵送前应进行空载试运转。

5.3.3 混凝土泵送施工前应检查混凝土送料单，核对配合比，检查坍落度，必要时还应测定混凝土扩展度，在确认无误后方可进行混凝土泵送。

5.3.4 泵送混凝土的入泵坍落度不宜小于100mm，对强度等级超过C60的泵送混凝土，其入泵坍落度不宜小于180mm。

5.3.5 混凝土泵启动后，应先泵送适量清水以湿润混凝土泵的料斗、活塞及输送管的内壁等直接与混凝土接触部位。泵送完毕后，应清除泵内积水。

5.3.6 经泵送清水检查，确认混凝土泵和输送管中无异物后，应选用下列浆液中的一种润滑混凝土泵和输送管内壁：

1 水泥净浆；

2 1：2水泥砂浆；

3 与混凝土内除粗骨料外的其他成分相同配合比的水泥砂浆。

润滑用浆料泵出后应妥善回收，不得作为结构混凝土使用。

5.3.7 开始泵送时，混凝土泵应处于匀速缓慢运行并随时可反泵的状态。泵送速度应先慢后快，逐步加速。同时，应观察混凝土泵的压力和各系统的工作情况，待各系统运转正常后，方可以正常速度进行泵送。

5.3.8 泵送混凝土时，应保证水箱或活塞清洗室中水量充足。

5.3.9 在混凝土泵送过程中，如需加接输送管，应预先对新接管道内壁进行湿润。

5.3.10 当混凝土泵出现压力升高且不稳定、油温升高、输送管明显振动等现象而泵送困难时，不得强行泵送，并应立即查明原因，采取措施排除故障。

5.3.11 当输送管堵塞时，应及时拆除管道，排除堵塞物。拆除的管道重新安装前应湿润。

5.3.12 当混凝土供应不及时时，宜采取间歇泵送方式，放慢泵送速度。间歇泵送可采用每隔4min～5min进行两个行程反泵，再进行两个行程正泵的泵

送方式。

5.3.13 向下泵送混凝土时，应采取措施排除管内空气。

5.3.14 泵送完毕时，应及时将混凝土泵和输送管清洗干净。

6 泵送混凝土的浇筑

6.1 一般规定

6.1.1 泵送混凝土的浇筑应符合现行国家标准《混凝土结构工程施工质量验收规范》GB 50204的有关规定。

6.1.2 应有效控制混凝土的均匀性和密实性，混凝土应连续浇筑使其成为连续的整体。

6.1.3 泵送浇筑应预先采取措施避免造成模板内钢筋、预埋件及其定位件移动。

6.2 混凝土的浇筑

6.2.1 混凝土的浇筑顺序，应符合下列规定：

1 当采用输送管输送混凝土时，宜由远而近浇筑；

2 同一区域的混凝土，应按先竖向结构后水平结构的顺序分层连续浇筑。

6.2.2 混凝土的布料方法，应符合下列规定：

1 混凝土输送管末端出料口宜接近浇筑位置。浇筑竖向结构混凝土，布料设备的出口离模板内侧不应小于50mm。应采取减缓混凝土下料冲击的措施，保证混凝土不发生离析。

2 浇筑水平结构混凝土，不应在同一处连续布料，应水平移动分散布料。

7 施工安全与环境保护

7.1 一般规定

7.1.1 混凝土泵送施工应符合国家安全与环境保护方面的有关规定。

7.1.2 混凝土输送泵及布料设备在转移、安装固定、使用时的安全要求，应符合产品安装使用说明书及相关标准的规定。

7.2 安全规定

7.2.1 用于泵送混凝土的模板及其支承件的设计，应考虑混凝土泵送浇筑施工所产生的附加作用力，并按实际工况对模板及其支撑件进行强度、刚度、稳定性验算。浇筑过程中应对模板和支架进行观察和维护，发现异常情况应及时进行处理。

7.2.2 对安装于垂直管下端钢支撑、布料设备及接

力泵的结构部位应进行承载力验算，必要时应采取加固措施。布料设备尚应验算其使用状态的抗倾覆稳定性。

7.2.3 在有人员通过之处的高压管段、距混凝土泵出口较近的弯管，宜设置安全防护设施。

7.2.4 当输送管发生堵塞而需拆卸管夹时，应先对堵塞部位混凝土进行卸压，混凝土彻底卸压后方可进行拆卸。为防止混凝土突然喷射伤人，拆卸人员不应直接面对输送管管夹进行拆卸。

7.2.5 排除堵塞后重新泵送或清洗混凝土泵时，末端输送管的出口应固定，并应朝向安全方向。

7.2.6 应定期检查输送管道和布料管道的磨损情况，弯头部位应重点检查，对磨损较大、不符合使用要求的管道应及时更换。

7.2.7 在布料设备的作业范围内，不得有高压线或影响作业的障碍物。布料设备与塔吊和升降机械设备不得在同一范围内作业，施工过程中应进行监护。

7.2.8 应控制布料设备出料口位置，避免超出施工区域，必要时应采取安全防护设施，防止出料口混凝土坠落。

7.2.9 布料设备在出现雷雨、风力大于6级等恶劣天气时，不得作业。

7.3 环境保护

7.3.1 施工现场的混凝土运输通道，或现场拌制混凝土区域，宜采取有效的扬尘控制措施。

7.3.2 设备油液不能直接泄漏在地面上，应使用容器收集并妥善处理。

7.3.3 废旧油品、更换的油液过滤器滤芯等废物应集中清理，不得随地丢弃。

7.3.4 设备废弃的电池、塑料制品、轮胎等对环境有害的零部件，应分类回收，依据相关规定处理。

7.3.5 设备在居民区施工作业时，应采取降噪措施。搅拌、泵送、振捣等作业的允许噪声，昼间为70dB（A声级），夜间为55dB（A声级）。

7.3.6 输送管的清洗，应采用有利于节水节能、减少排污量的清洗方法。

7.3.7 泵送和清洗过程中产生的废弃混凝土或清洗残余物，应按预先确定的处理方法和场所，及时进行妥善处理，并不得将其用于未浇筑的结构部位中。

8 泵送混凝土质量控制

8.0.1 应建立质量控制保证体系，制定保证质量的技术措施。

8.0.2 泵送混凝土的原材料及其储存、计量应符合现行国家标准《预拌混凝土》GB/T 14902的有关规定，原材料的储备量应满足泵送要求。

8.0.3 泵送混凝土质量应符合现行国家标准《混凝土结构工程施工质量验收规范》GB 50204和《预拌混凝土》GB/T 14902的有关规定。

8.0.4 泵送混凝土的质量控制除应符合现行国家标准《预拌混凝土》GB/T 14092的相关规定外，尚应符合下列规定：

1 泵送混凝土的可泵性试验，可按现行国家标准《普通混凝土拌合物性能试验方法标准》GB/T 50080有关压力泌水试验的方法进行检测，10s时的相对压力泌水率不宜大于40%。

2 混凝土入泵时的坍落度及其允许偏差，应符合表8.0.4的规定。

3 混凝土强度的检验评定，应符合现行国家标准《混凝土强度检验评定标准》GB/T 50107的规定。

表 8.0.4　混凝土坍落度允许偏差

坍落度（mm）	坍落度允许偏差（mm）
100～160	±20
>160	±30

8.0.5 出泵混凝土的质量检查，应按现行国家标准《混凝土结构工程施工质量验收规范》GB 50204的有关规定进行。用作评定结构或构件混凝土强度质量的试件，应在浇筑地点取样、制作，且混凝土的取样、试件制作、养护和试验均应符合现行国家标准《混凝土强度检验评定标准》GB/T 50107的规定。

附录 A　混凝土输送管换算

A.0.1 混凝土输送管的泵送阻力宜按表A.0.1进行等效换算。

表 A.0.1　混凝土输送管水平换算长度表

管类别或布置状态	换算单位	管规格		水平换算长度（m）
向上垂直管	每米	管径（mm）	100	3
			125	4
			150	5
倾斜向上管（输送管倾斜角为 α，图 A.0.1）	每米	管径（mm）	100	$\cos\alpha + 3\sin\alpha$
			125	$\cos\alpha + 4\sin\alpha$
			150	$\cos\alpha + 5\sin\alpha$
垂直向下及倾斜向下管	每米	—		1
锥形管	每根	锥径变化（mm）	175→150	4
			150→125	8
			125→100	16
弯管（弯头张角为 β，$\beta \leqslant 90°$，图 A.0.1）	每只	弯曲半径（mm）	500	$12\beta/90$
			1000	$9\beta/90$
胶管	每根	长 3m～5m		20

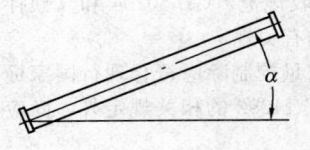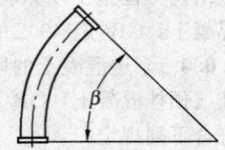

图 A.0.1 布管计算角度示意

附录 B 混凝土泵送阻力计算

B.0.1 混凝土泵送系统附件的估算压力损失宜按表B.0.1取值累加计算。

表 B.0.1 混凝土泵送系统附件的估算压力损失

附件名称		换算单位	估算压力损失（MPa）
管路截止阀		每个	0.1
泵体附属结构	分配阀	每个	0.2
	启动内耗	每台泵	1.0

B.0.2 混凝土在水平输送管内流动每米产生的压力损失宜按下列公式计算，采用其他方法确定压力损失时，宜通过试验验证。

$$\Delta P_H = \frac{2}{r} \left[K_1 + K_2 \left(1 + \frac{t_2}{t_1} \right) V_2 \right] \alpha_2$$
（B.0.2-1）

$$K_1 = 300 - S_1 \qquad \text{(B.0.2-2)}$$
$$K_2 = 400 - S_1 \qquad \text{(B.0.2-3)}$$

式中：ΔP_H——混凝土在水平输送管内流动每米产生的压力损失（Pa/m）；

r——混凝土输送管半径（m）；

K_1——粘着系数（Pa）；

K_2——速度系数（Pa·s/m）；

S_1——混凝土坍落度（mm）；

$\dfrac{t_2}{t_1}$——混凝土泵分配阀切换时间与活塞推压

混凝土时间之比，当设备性能未知时，可取 0.3；

V_2——混凝土拌合物在输送管内的平均流速（m/s）；

α_2——径向压力与轴向压力之比，对普通混凝土取 0.90。

本规程用词说明

1 为便于在执行本规程条文时区别对待，对要求严格程度不同的用词说明如下：

  1） 表示很严格，非这样做不可的：
    正面词采用"必须"，反面词采用"严禁"；

  2） 表示严格，在正常情况均应这样做的：
    正面词采用"应"，反面词采用"不应"或"不得"；

  3） 对表示允许稍有选择，在条件许可时首先应这样做的：
    正面词采用"宜"，反面词采用"不宜"。

  4） 表示有选择，在一定条件下可以这样做的，采用"可"。

2 条文中指明应按其他有关标准执行的写法为："应符合……的规定"或"应按……执行"。

引用标准名录

1 《普通混凝土拌合物性能试验方法标准》GB/T 50080

2 《混凝土强度检验评定标准》GB/T 50107

3 《混凝土结构工程施工质量验收规范》GB 50204

4 《预拌混凝土》GB/T 14902

5 《无缝钢管尺寸、外形、重量及允许偏差》GB/T 17395

6 《混凝土搅拌运输车》GB/T 26408

7 《普通混凝土配合比设计规程》JGJ 55

8 《建筑工程冬期施工规程》JGJ/T 104

中华人民共和国行业标准

混凝土泵送施工技术规程

JGJ/T 10—2011

条 文 说 明

修 订 说 明

《混凝土泵送施工技术规程》JGJ/T 10‑2011，经住房和城乡建设部 2011 年 7 月 13 日以第 1061 号公告批准、发布。

本规程是在《混凝土泵送施工技术规程》JGJ/T 10‑95 的基础上修订而成，上一版的主编单位是中国建筑科学研究院，参编单位是北京市第五建筑工程公司、上海市第八建筑工程公司、同济大学、湖北建设机械厂，主要起草人员是崔朝栋、王忠鹏、齐大文、赵志缙、施国璋。

本次修订增加了术语以及施工安全与环境保护章节，并增加了 C60 以上混凝土泵送的有关内容，取消了"泵送混凝土原材料和配合比"的有关条文，修改了泵送过程中的换算压力损失值，修改了部分泵送工艺要求，并根据实际施工流程需要调整了章节结构。

本规程修订过程中，编制组进行了广泛的调查研究，总结了我国工程建设混凝土泵送施工的实践经验，同时参考了国外先进技术法规、技术标准，通过试验取得了多项重要技术参数。

为便于广大设计、施工、科研、学校等单位的有关人员在使用本规程时能正确理解和执行条文规定，《混凝土泵送施工技术规程》编制组按章、节、条顺序编制了本规程的条文说明，对条文规定的目的、依据以及执行中需注意的有关事项进行了说明。但是，本条文说明不具备与标准正文同等的法律效力，仅供使用者作为理解和把握标准规定的参考。

目　次

1 总 则

1.0.2 鉴于我国在市政（包括路桥、隧道、地铁等）、水利水电等工程中已成功地应用混凝土泵送施工，故在本规程适用范围中，列入该类工程，以便推广应用混凝土泵送施工。

因轻骨料混凝土泵送存在一些特殊性，在我国缺乏试验研究且工程实践较少，故不包括轻骨料混凝土泵送。

根据目前技术形势，本次修订新增了 C60 以上混凝土泵送施工的相关内容，但对 C60 以上混凝土的泵送仍需要注意积累资料、总结经验，以便进一步改进和完善。

1.0.3 混凝土泵送施工技术性强，一般应连续进行，对混凝土输送管的选择布置、泵送混凝土供应、混凝土泵送与浇筑、施工管理等要求较高，且均需在施工组织设计中充分考虑，所以混凝土泵送施工应制定严密的施工方案，故将原"施工组织设计"改为"施工方案"。

1.0.4 混凝土泵送施工时的技术、安全、劳动保护、防火、环保等要求，必须符合国家现行有关标准的规定。

3 混凝土泵送施工方案设计

3.1 一 般 规 定

3.1.2 施工技术条件分析是泵送工艺控制的首要环节，该过程主要根据施工要求、原材料特性、混凝土配合比、混凝土拌制工艺、混凝土运输和输送方案等技术条件分析混凝土的可泵性，以评估其工艺可行性，如有不合理之处，应在泵送施工前及时协商调整，以保证后期工艺顺利进行。混凝土运输方案、混凝土输送方案、混凝土浇筑方案是混凝土泵送施工方案设计的关键内容，主要对混凝土运输设备、泵送设备、输送管路、布料设备等进行设计和配置。

3.2 混凝土可泵性分析

3.2.1 在泵压作用下，混凝土拌合物通过管道进行输送，这是泵送混凝土的显著特点。泵送混凝土应满足可泵性要求，这是与普通混凝土配合比设计的主要不同之处。

3.2.2 确定泵送混凝土的配合比时，仍可采用普通方法施工的混凝土配合比设计方法，故泵送混凝土配合比设计应符合普通混凝土配合比设计有关标准的规定。但还需考虑混凝土拌合物在泵压作用下的管道输送的特点，在水泥用量、坍落度、砂率等方面应予以特殊考虑，并宜根据具体泵送条件（材料、设备、气

温等）经试配确定配合比。如果缺乏经验或必要时，尚应通过试泵送确定配合比。

3.2.3 表 3.2.3 主要是根据原规程内容以及上海建工集团等单位提供的超高层建筑施工经验数据而提出的，本次修订增大了泵送高度范围，并提出了扩展度要求。

3.2.4 根据《商务部、公安部、建设部、交通部关于限期禁止在城市城区现场搅拌混凝土的通知》（商改发〔2003〕341 号）的规定，禁止在城市城区现场搅拌混凝土，城市城区必须使用预拌混凝土；禁止采用手工搅拌的混凝土进行泵送的理由是：（1）人工拌制的混凝土质量，由于计量难以准确控制和拌合方法无法达到要求，混凝土质量不能满足设计配合比的质量要求；（2）人工搅拌混凝土的效率低，往往不能满足当前混凝土输送泵的最低排量的技术要求，故不能保证混凝土泵送连续工作，此时，混凝土输送管路因混凝土供应中断频率太高而发生堵塞事故；（3）混凝土人工搅拌工艺的技术落后、劳动强度大。

3.3 混凝土泵的选配

3.3.1 日本建筑学会制订的《混凝土泵送施工规程》规定：混凝土泵的型号要根据配管计划、输送管水平换算距离及平均单位时间所需的输送量来确定。日本土木学会制订的《混凝土泵送施工规程》规定：混凝土泵的型号必须考虑混凝土种类、品质、配管计划及泵送条件来确定。

我国各施工单位都应根据混凝土浇筑计划、要求的最大输出量和最大输送距离来选择混凝土泵的型号。选型的重点是确定混凝土泵的额定压力、额定排量、台数等参数。

3.3.2 公式（3.3.2）是根据《建筑技术》1990 年第 11 期中《混凝土泵送的机理及计算方法》一文提出的。

日本学者毛见虎雄提出混凝土泵的平均输出量按下式计算：

$$Q_1 = Q_{max} \cdot \eta = Q_{max} \cdot \frac{T}{\Sigma T} \qquad (1)$$

式中：Q_1——混凝土泵的平均输出量；

Q_{max}——混凝土泵的最大输出量（m^3/h）；

η——作业效率；

T——混凝土泵的实际作业时间（h）；

ΣT——混凝土泵的全部作业时间（h）。

其提供的作业效率 η 在建筑工程中平均为 0.6 左右，取值 0.4～0.9。根据我国实际施工情况，作业效率取值 0.5～0.7 较宜。

3.3.3 日本建筑学会规定，确定混凝土泵的台数，必须核对每小时的平均输出量和预定型号的最大输出量，同时要考虑操作上产生的各种时间中断造成的效率降低的因素。日本土木学会规定：混凝土泵的数

量，必须根据所需要的泵送量和预定型号的输出量来确定。我国在实际施工中，可按公式（3.3.3）确定混凝土泵的台数。

重要工程的混凝土泵送施工，混凝土泵的所需台数，除根据计算确定外，宜有一定的备用台数。

3.3.5 在泵送混凝土施工中，有时需确定混凝土泵的最大输送距离，以便确定其是否满足施工要求。

如果具备试验条件，试验确定最可靠；也可按实际配管情况，根据公式计算最大输送距离；如制造商提供有可靠的产品性能表（或曲线），亦可参照确定。

3.3.7 为防止粒径过大骨料或异物入泵造成堵塞，混凝土集料斗必须设置网筛，该网筛同时可防止人体误入搅拌区造成伤害。

3.4 混凝土运输车的选配

3.4.1 泵送混凝土坍落度一般都比较大，为使泵送混凝土在运输过程中不产生分层离析现象，确保泵送混凝土的质量和顺利泵送，泵送混凝土宜采用搅拌运输车运送，国家现行标准《预拌混凝土》GB/T 14902 对运输车也提出了相应要求。

3.4.2 本公式为经验公式，是根据北京市第五建筑公司的《板柱剪力墙体系 BUPC—飞模—泵送工法（WJGF—004—90）》等文献中推荐的公式确定的。经过在几个泵送混凝土施工实例中的应用和测算，在正常条件下，基本能满足使用要求。例如：北京市朝阳区东大桥百货商场工程的顶层楼板混凝土泵送施工，混凝土搅拌运输车所需台数的选定如下。

已知条件：单台混凝土泵设计平均输出量 Q_1 为 $30m^3/h$；

使用的混凝土搅拌运输车容量 V_1 为 $6m^3$；

混凝土搅拌运输车的平均车速 S_0 为 $20km/h$；

混凝土搅拌运输车往返运输距离 L_1 为 $5km$；

混凝土搅拌运输车一个运输周期的总计停歇时间 T_1 为 $30min$。

所需搅拌运输车台数按公式计算如下：

$$N_1 = \frac{30}{60 \times 6 \times 0.95} \times \left(\frac{60 \times 5}{20} + 30 \right) \quad (2)$$
$$= 3.947$$

故选 4 台混凝土搅拌运输车。

在混凝土泵送作业时，实际测定的情况是：在交通条件正常情况下，混凝土能够保证连续供应。由于顶板混凝土泵送布料间断时间过长，使每台混凝土搅拌运输车在施工现场停留时间为 15min～25min。又由于此运输路程当时有外宾车队经过，大型运输车辆需绕行，致使第 3 台和第 4 台混凝土搅拌车间隔大约 55min。但采取了降低混凝土泵排量及间断泵送措施，

没有发生比较大的问题。

此公式在其他施工项目中应用时，基本能满足泵送混凝土施工需要。为了保证泵送混凝土的连续供应，混凝土搅拌车的运输量应大于泵送量。由于混凝土运输过程受交通条件的影响比较大，而我国大中城市的交通状况比较差，尤其是繁华的闹市区进行泵送混凝土施工，交通条件更为恶劣，因此往往会出现用此公式计算确定的车辆台数与实际需求量不符。由于交通不畅通、混凝土泵待料和施工准备条件不足造成间歇停泵，使混凝土搅拌运输车辆积压的现象也时有发生。因此建议：应通过通信联络，加强车辆调度及时解决车辆积压问题。为解决因交通不畅致使混凝土泵待料问题，应在利用上述公式选定所需台数的基础上适当安排（1～2）台储备机动车辆。

3.5 混凝土输送管的选配

3.5.1 经过多年混凝土泵送施工的实践，证明宜按照本规定的原则进行配管。同时日本建筑学会亦规定，配管要根据浇筑计划、浇筑顺序、浇筑速度来确定。输送管的长度尽可能短，并尽可能少用弯管和橡胶软管，以减少压力损失。

3.5.2 日本建筑学会规定，输送管尺寸要根据泵送条件、混凝土泵送难易程度、单位时间的平均输出量和粗骨料的最大粒径进行选择。表 3.5.2 提出了输送管径与粗骨料最大粒径的关系，应予满足，否则易产生堵塞等故障。

3.5.3 输送管要求采用无龟裂、无孔、无凸面损伤的材料，往高处泵送或压力特别大时，要尽可能采用管壁较厚的输送管。

3.6 布料设备的选配

3.6.1 布料设备应能覆盖整个结构平面，并能均匀、迅速地进行布料。

3.6.3 本条规定的目的是有利于连续浇筑，并减少移动设备等附加工作量。

4 泵送混凝土的运输

4.1 一般规定

4.1.1 泵送混凝土的连续均匀供应是为了确保符合国家现行标准《混凝土结构工程施工质量验收规范》GB 50204 的规定，混凝土的供应必须保证混凝土泵能连续工作，故应根据泵送混凝土施工方案编制混凝土供应计划。影响混凝土供应计划能否实现的主要因素是：混凝土搅拌站、搅拌运输车、混凝土泵及其他附属设备的技术状况是否完好；上述设备的技术性能是否匹配和满足供应计划要求；以及混凝土的原材料供应情况、混凝土供应期间的气候条件和道路交通条

件、混凝土泵作业时排量的选定等。总之，保证混凝土泵能够连续作业的主要目的就是要确保混凝土泵送浇筑质量和混凝土输送管路不因混凝土供应中断时间过长，而发生堵塞事故。

4.1.2 在混凝土运输过程中随意加水是当前常见的不良现象，严重影响混凝土后期强度，应予控制和纠正。搅拌运输车在行驶过程中，给混凝土泵喂料前和喂料过程中均不得往拌筒内加水，以保证混凝土质量。

4.2 泵送混凝土的运输

4.2.1 混凝土搅拌运输车自重及载重较大，一般满载质量都在 20t 以上，同时考虑施工时倒车、调度等因素，故行车道应满足重车行驶要求，且宜设置循环行车道，尽量避免交会车。

4.2.2 混凝土搅拌站每次为混凝土搅拌运输车提供的商品混凝土都要符合泵送混凝土的设计配合比（包括用水量），而残留在混凝土搅拌运输车中的积水，如果不清除掉，无疑会改变混凝土的设计配合比，使混凝土质量得不到保障。

4.2.4 规定卸料前高速旋转拌筒的原因如下：泵送混凝土在拌筒内由于运输过程中拌筒转速受到限制，易发生离析现象或得不到充分的拌合，卸料前泵送混凝土往往难以达到均匀性要求。为了确保泵送混凝土经过运输后仍能够保证质量，使混凝土泵送作业顺利进行，应在给混凝土泵喂料前高速旋转运输车拌筒，以使混凝土在拌筒内再次拌合均匀，保证混凝土的质量。拌筒的旋转时间应根据不同混凝土搅拌车的具体要求和实际泵送混凝土的作业情况而定。

喂料时保证集料斗最小集料量的原因是：避免因空气进入泵管引起"空气锁"，易增加活塞磨损，并导致管路堵塞，或可能在出口处形成混凝土高压喷射等危险现象。

为防止混凝土发生离析，搅拌运输车中断卸料阶段也应保持拌筒低速转动。

5 混凝土的泵送

5.1 一 般 规 定

5.1.1 施工现场必须设有通信装置。如：对讲机、无线电话和信号灯等，并必须配备泵送混凝土施工的专业指挥人员。混凝土泵送施工，在混凝土的拌制、运输、泵送、布料和浇筑的全过程中，是远距离、多工种、多单位和多设备的同时协作施工。为确保混凝土泵送施工能连续、顺利和快速进行，根据工程规模大小在现场设置通信设备，进行搅拌站、搅拌运输车、混凝土泵、布料设备与浇筑点之间的泵送施工进度等信息的及时联络是十分必要的。同时在现场设置

适当的指挥系统，进行统一指挥，及时协调处理出现的矛盾，也是必不可少的。

5.1.3 炎热季节施工，宜用湿布、湿袋等材料遮盖露天的混凝土输送管，避免暴晒。严寒季节施工，宜用保温材料包裹混凝土输送管，防止管内混凝土受冻，并保证混凝土的入模温度。

5.1.5 本条参考日本建筑学会的《混凝土泵送施工规程》和上海市第四建筑工程公司的《高层建筑结构泵送混凝土工法》编写的。能否连续泵送混凝土，是混凝土泵送施工成败的关键因素之一。如混凝土泵的输送管中的混凝土超过了初凝时间减去布料入模和振捣密实所必需的时间，则因混凝土质量不合格，将导致管道堵塞。所以当遇到混凝土供应中断等情况时，应采取慢速和间歇泵送，但一定要满足所泵送的混凝土从搅拌到浇筑完毕的延续时间不超过初凝时间的要求。

5.2 混凝土泵送设备安装

5.2.1 日本建筑学会规定：混凝土泵要设置在混凝土供应方便和便于配管处。用混凝土搅拌运输车运送混凝土时，如有可能，对于一台混凝土泵要便于停放两台混凝土搅拌运输车。其次还要配备排水、供水设施，如有必要还要设置照明设备。日本土木学会规定：混凝土泵的设置必须水平、稳定，并有利于混凝土搅拌运输车靠近。同时，本条中的内容亦为我国施工经验的总结。

5.2.2 我国经过多年混凝土泵送施工的实践证明宜按照本条规定的原则进行配管，布管尽可能少用弯管和橡胶软管，以减小泵送阻力。

5.2.3 垂直向上配管时，随着高度的增加，混凝土势能增加，混凝土存在回流的趋势，因此应在混凝土泵与垂直配管之间铺设一定长度的水平管道，以保证有足够的阻力阻止混凝土回流。水平配管长度与垂直管长度的比值要求多种多样，从 1∶3～1∶10 者皆有，但当前要求 1∶5 者较多。

日本土木学会制订的《混凝土泵送施工规程》中规定原则上要安装截止阀。根据我国泵送混凝土施工经验，垂直输送高度超过 100m 时，应设截止阀，且宜安装在离泵机出口 3m～6m（即 1～2 节输送管）处。

5.2.4 向下配置的管道底部应设有足量的弯头或水平配管，以平衡混凝土因自重产生的下压力，避免在管道中产生真空段。

5.2.5 这是我国泵送混凝土施工经验的总结。水平管支撑应具有一定离地高度，以便于排除堵管或清洗时拆管；为克服泵送过程产生的反作用力，垂直管道必须牢固地固定，因单点无法固定，至少需要两点定位。垂直管下端的弯管不能作为上部管道的支撑，并应保证弯管易于拆除，以便处理堵管等故障。

5.2.6 我国有关施工规范已明确规定脚手架不得作为其他施工设备的支撑，以防发生安全事故。根据日本建筑学会的《混凝土泵送施工规程》和我国的施工实际经验，对混凝土泵送施工时的钢筋骨架保护也应有明确规定。由于泵送法浇筑混凝土的速度快、分层厚，甚至有时会出现布料超厚现象，容易造成对钢筋骨架的压缩变形，所以根据工程实际需要，对楼板和块体结构的钢筋骨架要设置足够的钢支撑。

5.3 混凝土的泵送

5.3.1 因混凝土泵工作时会产生较大的振动，为保证安全，应支撑稳定。

5.3.2 在混凝土泵启动前，应对混凝土泵的各种用油的储量、水箱中水位、液压系统是否漏油、换向阀的磨损及接口是否严密、搅拌轴运转是否正常等关键部位进行全面检查，且应在其符合要求后才能开机。

5.3.3 混凝土泵送工艺较为复杂，泵送前检查配比设计和坍落度属过程控制，有利于保证顺利施工。

5.3.4 大量的施工经验表明，当混凝土入泵坍落度小于 100mm 时，泵送困难。而对于高强混凝土，因其运动黏度较大，坍落度需要达到 180mm 以上才能保证顺利施工。

5.3.5 在泵送润滑水泥砂浆或水泥浆前，先泵送适量水的作用是：第一，可湿润混凝土泵的料斗、活塞及输送管内壁等直接与混凝土接触的部位，减少润滑水泥砂浆用量和强度的损失；第二，可检查混凝土泵和输送管中有无异物，接头是否严密。

5.3.6 新铺设或重复安装的管道以及混凝土泵的活塞和料斗，一般都较干燥且吸水性较大。泵送适量水泥砂浆或水泥净浆后，能使混凝土泵的料斗、活塞及输送管内壁充分润滑形成一层润滑膜，从而有利于减小混凝土的流动阻力。润滑浆的种类可根据各地经验，按本规程选用。一般常选用与混凝土成分相同的水泥砂浆作润滑浆。水灰比宜为 0.5～0.6，润滑浆的体积量可根据混凝土泵操作说明提供的定额和管道长度来确定。

5.3.7 本条根据各地泵送混凝土的实际操作经验而编写。开始泵送时，可能遇到难以预料的复杂情况，先进行慢速泵送有利于监视泵送系统状态；逐步加载进入正常工作状态，也有利于延长设备使用寿命。混凝土泵随时能反泵，有利于快速处理可能出现的管路系统等的异常。

5.3.8 水箱是指汽车式泵的盛水器，活塞清洗室是指固定式泵的盛水器。根据施工经验：如果混凝土泵盛水器水量不足，轻者易使水温升高；重者会造成机械故障，使混凝土不能连续泵送。

5.3.9 本规定的目的是防止混凝土水分被管壁吸收，并润滑减少阻力。

5.3.10 当出现混凝土泵送困难时，可采用木槌敲击

输送管的弯管、锥形管，因为混凝土通过这些部位比通过直管困难，用木槌可将这些部位的混凝土敲击松散，使其顺利通过管道，恢复正常泵送，避免堵塞。

5.3.11 本规定的目的是防止混凝土水分被管壁吸收，并减少泵送阻力。

5.3.12 间歇正泵和反泵是为防止混凝土结块或离析沉淀造成管道堵塞事故。

5.3.13 向下泵送混凝土时，由于混凝土自由下落，压缩管内混凝土下面的空气，易形成气柱阻碍混凝土下落，同时也易使混凝土产生离析，因此开始向下泵送混凝土时，要先排气，使管内混凝土下面的空气不能形成气柱，从而使混凝土能正常自由向下流动。待输送管下段的混凝土有了一定压力时，关闭排气装置进入正常泵送。部分混凝土泵操作要求向下泵送混凝土前，先在管中放入海棉球，也是适宜的措施。

5.3.14 当混凝土泵送完毕时，及时清洗干净混凝土泵和输送管，有利于再次泵送时减少摩阻力，顺利进行泵送。长距离的输送管宜用水清洗。对于垂直管道，也可从上向下用压缩空气吹洗管道。但是水洗法和空气吹洗法都会有混凝土、石子和过滤器从输送管顶端飞出的危险，所以清洗混凝土泵和输送管时，必须要有专人统一指挥，认真执行有关清洗的操作规程，以确保安全泵送。

6 泵送混凝土的浇筑

6.1 一般规定

6.1.1 《混凝土结构工程施工质量验收规范》GB 50204 中明确规定，混凝土浇筑过程应有效控制混凝土的均匀性和密实性。为确保各浇筑区域之间的混凝土在初凝时间内结合，应根据工程结构特点、平面形状和几何尺寸、混凝土供应和泵送设备能力、劳动力和管理能力，以及周围场地大小等条件，预先划分好混凝土浇筑区域。

6.1.3 由于拆装输送管牵动软管布料和排除故障等原因，操作人员常会碰动钢筋骨架；启动混凝土泵时，管道脉冲和振捣混凝土时横向流动产生的水平推力，也会造成钢筋骨架移位；所以对于钢筋骨架，除绑扎牢固外，还宜在钢筋竖横交错节点等主要部位，采用电焊工艺连接牢固。

6.2 混凝土的浇筑

6.2.1 当采用输送管道输送混凝土时，由远至近浇筑混凝土，不仅布料、拆管和移动布料设备等不会影响先浇筑混凝土的质量，而且施工过程中，拆管等工作是越来越少，便于施工。浇筑泵送混凝土时，为了方便施工，提高工效，缩短浇筑时间，保证浇筑质量，应当认真确定合理的浇筑次序，并加以严格

执行。

6.2.2 浇筑竖向结构泵送混凝土时，混凝土不得直冲侧模板内侧面和钢筋骨架，主要目的是防止混凝土离析。浇筑楼板和块体结构泵送混凝土时，为避免将混凝土集中布入一个地方，除了应水平移动布料管外，还应配足操作人员和设备。

7 施工安全与环境保护

7.1 一般规定

7.1.2 本条是根据国内外有关标准和施工经验编写的，认真执行各类混凝土泵的使用说明规定，不仅有利于施工安全，而且也有利于顺利进行泵送和浇筑，延长混凝土泵的使用寿命。

7.2 安全规定

7.2.1 混凝土泵送浇筑与其他浇筑方法相比，其浇筑速度快，混凝土坍落度大、流动性大，混凝土是在泵压作用下入模的，且在入模经振捣密实后的较短时间内就会对模板产生最大的侧压力。所以更容易对模板产生局部性的侧压力增大，使模板变形或移位。为此，在设计模板时，对模板和支架必须考虑耐侧压和采取必要的加固措施。

7.2.2 支撑结构部位需承受泵、布料机或输送管的重力或反作用力，工作时又产生振动，所以其所处的结构要按动荷载进行验算，如承载能力不足，则需进行加固。布料设备经常需要进行高空作业或大跨度作业，作业过程中又存在一定冲击，其抗倾覆稳定性非常重要。

7.2.3 高压管段、泵出口附近弯管受力较大，由于各种因素，它们存在爆管的风险，为保证通过人员的安全，应设安全防护措施。

7.2.4 堵管时，管内往往存在一定的压力，未卸压而直接拆管，会发生突然喷射伤人的事故，这一点很容易被忽视，需要引起重视。即便卸压后，也可能在局部管段存在较小压力，所以操作者不得面对管口操作，以防混凝土喷向人体尤其是面部。

7.2.5 本条目的是防止堵塞物或废浆高速飞出或管端甩动伤人。

7.2.6 在泵送安全风险中，因管道磨损过度而在泵送过程中发生爆管现象占较大比重，需严加防范。

7.2.7 本条目的是防止布料设备与空中障碍物发生运动干涉导致撞击或触电事故。布料设备移动布料臂架前，应检查周围是否有障碍物，以防臂架触碰障碍物，引起重大安全事故。

7.2.9 一般布料设备露天作业且展开面较大，大风天气作业可能使设备受到较大附加风载，设备存在倾覆的危险，故不得作业。

7.3 环境保护

7.3.1 运输通道或混凝土搅拌区域可能产生大量扬尘，这是施工现场环境的重要污染源，需严格加以控制。

7.3.2 混凝土泵一般采用液压系统，在维护保养甚至使用过程中易产生油液泄漏，需提前准备容器收集泄漏物，以防污染作业环境并减少清理工作量。

7.3.4 废弃物的分类回收有利于废弃物的处理和再生利用。

7.3.5 在居民区施工时，混凝土的搅拌、泵送、振捣等的作业噪声，往往会对居民生活休息造成一定影响，应尽可能采取措施降低噪声。本条允许的噪声值根据现行国家标准《建筑施工场界噪声限值》GB 12523 中的规定确定。

8 泵送混凝土质量控制

8.0.1 要保证泵送混凝土的质量，就应建立严格的质量控制体系。

8.0.2 泵送混凝土原材料必须合格，为此规定对原材料进行合格验收。同时为防止材料变质和使用混乱，故又对保管、存放作了规定。对原材料储备量要求的目的，主要是为了满足泵送混凝土连续作业要求。

8.0.4 混凝土的可泵性评价方法是一个比较复杂的问题。用压力泌水率控制混凝土的可泵性，国内外已进行了不少研究。上海、天津、广州等地已积累了一定的实践经验。根据《普通混凝土拌合物性能试验方法标准》GB/T 50080 测定的 10s 时的相对压力泌水率（以下记为 S_{10}）要求，是根据中国建研院混凝土所、铁道建科院、天津建科所、广东四建等单位的120 多个试验数据经统计分析得来的。统计结果为：单掺（外加剂）、双掺（外加剂、粉煤灰），S_{10} 平均值分别为 28.9% 和 24.5%。仅掺粉煤灰时平均值为43.4%。广东四建的《高层建筑一次泵送混凝土工法》中 S_{10} 控制在 20% 左右，上海南浦大桥工程高强泵送混凝土 18 个压力泌水试验数据的平均值为36.9%，故规定 S_{10} 宜不超过 40%。目前混凝土原材料成分日益复杂，在修订本标准的研究试验中发现，在添加高效减水剂的情况下，压力泌水率可能很低，但可泵性并不一定符合要求，所以有关压力泌水率的技术要求是必要条件，而非充分条件，还需要本行业积累有关经验和数据，形成更完善的技术体系。

混凝土坍落度允许误差表是根据国家现行标准以及我国混凝土泵送施工经验确定的。

8.0.5 评定结构或构件混凝土强度质量的试块取样、制作，其目的是检验泵送到建筑物中的混凝土是否符合设计配合比要求。日本有关标准规定：应在向建筑物浇筑的配管口进行取样和制作。结合我国施工经验,评定泵送混凝土强度质量的试块,亦应在浇筑地点取样、制作。为检验泵送入模的混凝土强度质量,应严格执行此项规定。

附录 A 混凝土输送管换算

A.0.1 日本建筑学会 1979 年修订的《混凝土泵送施工规程》及日本土木学会 1985 年编制的《混凝土泵送施工规程》中输送管的水平换算长度如表 1 所示,表 A.0.1 即是参考本表确定的。

表 1 混凝土输送管的水平换算长度

项 目	单位	规 格	水平换算长度（m）
向上垂直管	每米	100A (4B)	3 (3)
		125A (5B)	4 (4)
		150A (6B)	5 (5)
锥形管	每根	175A→150A	4 (3)
		150A→125A	8 (3)
		125A→100A	16 (3)
90°弯管	每根	R=0.5m	12 (6)
		R=1.0m	9 (6)
软 管	每根	5m～8m	20 (20)

表 1 中 R 代表弯曲半径,A 代表单位毫米,B 代表单位英寸。"水平换算长度"栏内括号中的数字是日本土木学会数据,括号外的数字是日本建筑学会数据。

附录 B 混凝土泵送阻力计算

B.0.1 表 B.0.1 是根据三一重工总结的泵送施工数据而修订的。该表相对原规程有所简化,其中管卡阻力计算被删去,因国内现用管卡阻力较小,可以忽略。

B.0.2 本条是根据国外 S·Morinaga 公式制定的。单位长度水平管产生的压力损失的确定,常见的还有以下两种计算方法:

1 日本建筑学会提供的计算图表

表 2 输送普通混凝土时单位长度水平管的压力损失（10⁵Pa/m）

混凝土坍落度（mm）	管径（mm）	输出量（m³/h）				
		20	30	40	50	60
80	100	0.18	0.21	0.24	0.28	0.32
	125	0.11	0.12	0.13	0.15	0.17

续表 2

混凝土坍落度（mm）	管径（mm）	输出量（m³/h）				
		20	30	40	50	60
120	100	0.15	0.18	0.21	0.25	0.28
	125	0.10	0.11	0.12	0.13	0.14
150	100	0.12	0.15	0.18	0.21	0.24
	125	0.09	0.10	0.11	0.12	0.13
180	100	0.10	0.12	0.14	0.17	0.20
	125	0.07	0.08	0.09	0.10	0.11
210	100	0.08	0.10	0.12	0.14	0.16
	125	0.05	0.06	0.07	0.08	0.09

2 日本土木学会《混凝土泵送施工规程》推荐的计算公式

其公式内容与 S·Morinaga 公式基本相同,主要区别是分配阀的切换时间与活塞推压混凝土时间之比取值不同,其经验值一般取为 0.20。

利用这三种方法计算所得的示例如表 3 所示,计算时应注意混凝土坍落度的单位为毫米（mm）。国内一般采用 S·Morinaga 算法,更偏于安全。

表 3 不同计算方法求得的单位长度水平管的压力损失

管径（mm）	坍落度（mm）	输出量（m³/h）	图表（10⁵Pa/m）	日本土木学会推荐的公式（10⁵Pa/m）	S·Morinaga公式（10⁵Pa/m）
125	80	50	0.15	0.189	0.199
		60	0.17	0.214	0.226
	150	50	0.12	0.141	0.149
		60	0.13	0.161	0.170
	210	50	0.08	0.100	0.106
		60	0.09	0.115	0.123

在上海环球金融中心泵送施工的计算和实测数据如表 4,该工程采用三一重工 90CH2135D 型混凝土输送泵进行施工,混凝土强度等级为 C40～C60,输送管实际内径 128mm。由表 4 看,现行计算方法用于指导混凝土泵及其配管的设计选型是偏于安全的。

表 4 上海环球金融中心计算与实测泵压数据表

测试位置	垂直高度（m）	水平距离（m）	90°弯头（个）	45°弯头（个）	平均坍落度（mm）	混凝土排量（m³）	计算泵送压力（MPa）	实测泵送压力（MPa）
1 (F52)	230	120	12	2	180	41.7	13	12.5
2 (F78)	340	120	14	2	180	51.3	20.6	16
3 (F93)	414	120	16	2	200	51.3	21.8	19
4 (F101)	492	120	16	2	200	48.1	24	20

中华人民共和国行业标准

混凝土基层喷浆处理技术规程

Technical specification for interface guniting
on concrete base

JGJ/T 238—2011

批准部门：中华人民共和国住房和城乡建设部
施行日期：２０１１年１２月１日

中华人民共和国住房和城乡建设部
公　告

第 899 号

关于发布行业标准《混凝土基层喷浆
处理技术规程》的公告

现批准《混凝土基层喷浆处理技术规程》为行业标准，编号为 JGJ/T 238 - 2011，自 2011 年 12 月 1 日起实施。

本规程由我部标准定额研究所组织中国建筑工业出版社出版发行。

中华人民共和国住房和城乡建设部
2011 年 1 月 28 日

前　言

根据住房和城乡建设部《关于印发〈2009 年工程建设标准规范制订、修订计划〉的通知》（建标〔2009〕88 号）的要求，规程编制组经广泛调查研究，认真总结实践经验，参考有关国际标准和国外先进标准，并在广泛征求意见的基础上，编制本规程。

本规程的主要技术内容：1. 总则；2. 术语；3. 材料技术要求；4. 施工；5. 验收。

本规程由住房和城乡建设部负责管理，由云南工程建设总承包公司负责具体技术内容的解释。执行过程中如有意见或建议，请寄送云南工程建设总承包公司（地址：昆明市环南新村 27 号，邮政编码：650011）。

本 规 程 主 编 单 位：云南工程建设总承包公司
　　　　　　　　　　云南建工集团有限公司

本 规 程 参 编 单 位：云南省建筑科学研究院
　　　　　　　　　　云南省建筑工程设计院
　　　　　　　　　　北京建工集团有限责任公司

中建一局集团第三建筑有限公司
甘肃省建设投资（控股）集团总公司
昆明理工大学
云南大学

本规程主要起草人员：纳　杰　陈文山　谢其华
　　　　　　　　　　甘永辉　陈宇彤　孟　红
　　　　　　　　　　刘国强　杨　杰　熊　英
　　　　　　　　　　邓丽萍　宁宏翔　欧阳文璟
　　　　　　　　　　杨习涛　孙　群　彭　彪
　　　　　　　　　　杜庆檐　张　辉　钟　阳
　　　　　　　　　　汪亚冬　王　伟　刘　源
　　　　　　　　　　徐　清　吕　龙

本规程主要审查人员：宋中南　木　铭　姚利君
　　　　　　　　　　庄发玉　李向阳　周绍波
　　　　　　　　　　江　嵩　杜　杰　乔亚玲
　　　　　　　　　　张秀芳　李　荣

目　次

Contents

1 总 则

1.0.1 为使混凝土基层喷浆处理做到技术先进、经济合理、安全适用、保证工程质量，制定本规程。

1.0.2 本规程适用于新建、扩建和改建的建筑工程的混凝土基层喷浆处理施工与质量验收。

1.0.3 混凝土基层喷浆施工与质量验收除应符合本规程的规定外，尚应符合国家现行有关标准的规定。

2 术 语

2.0.1 喷浆 guniting

采用专业设备将浆料直接喷射到作业面上的施工工艺。

2.0.2 胶料 glue liquor

由有机材料和增稠类外加剂等，按一定的比例混合而成的材料。

2.0.3 喷浆浆料 gunite sizing

由混凝土界面砂浆和水配制而成，或由胶料、水泥、细骨料和水配制而成，用于混凝土基层喷浆处理的材料。

3 材料技术要求

3.1 原 材 料

3.1.1 配制喷浆浆料用胶料应符合现行行业标准《混凝土界面处理剂》JC/T 907的规定。

3.1.2 配制喷浆浆料用水泥应符合下列规定：

1 宜选用普通硅酸盐水泥，并应符合现行国家标准《通用硅酸盐水泥》GB 175的规定；使用其他品种水泥时应经试验试配确定。

2 使用中对水泥质量有怀疑或水泥出厂超过三个月应进行复验，并应按复验结果使用。

3.1.3 喷浆浆料所用细骨料应符合现行行业标准《普通混凝土用砂、石质量及检验方法标准》JGJ 52的有关规定，宜选用中粗砂，并应符合下列规定：

1 细骨料最大粒径不得大于2.5mm。

2 选用天然砂时，泥块含量不得大于1.5%，含泥量不得大于5%。

3 选用人工砂时，石粉含量及含泥量均不得大于5%。

3.1.4 喷浆浆料所用拌合用水应符合现行行业标准《混凝土用水标准》JGJ 63的规定。

3.1.5 原材料进场时，供方应按规定批次向需方提供质量证明文件，质量证明文件应包括性能检验报告或合格证等，胶料还应提供使用说明书。

3.1.6 原材料进场时，应对材料外观、规格、等级、生产日期等进行检查，并应对其主要技术指标按进场批次进行复验，并应符合下列规定：

1 应按现行国家标准《水泥胶砂强度检验方法（ISO法）》GB/T 17671和《水泥标准稠度用水量、凝结时间、安定性检验方法》GB/T 1346等的有关规定对水泥的强度、安定性、凝结时间及其他必要指标进行检验。同一生产厂家、同一品种、同一等级且连续进场的水泥，袋装不超过200t为一检验批，散装不超过500t为一检验批。

2 应按现行国家标准《建筑用砂》GB/T 14684的有关规定对细骨料颗粒级配、含泥量、泥块含量指标进行检验。细骨料不超过400m³或600t为一检验批。

3 应按现行行业标准《混凝土界面处理剂》JC/T 907的有关规定对混凝土界面砂浆或胶料的剪切粘结强度、拉伸粘结强度进行检验。混凝土界面砂浆或胶料不超过50t为一检验批。

3.1.7 原材料进场后，应按种类、批次分开贮存与堆放，标识明晰，并应符合下列规定：

1 袋装水泥应按品种、批次分开堆放，并应做好防雨、防潮措施，高温季节应有防晒措施。散装水泥宜采用散装罐贮存。

2 细骨料应按品种、规格分别堆放，不得混入杂物，并应保持洁净与颗粒级配均匀。骨料堆放场地的地面宜做硬化处理，并应设必要的排水措施。

3 胶料应放置在阴凉干燥处，防止日晒、受冻、污染、进水或蒸发。如有沉淀现象，应再经性能检验合格后方可使用。

3.2 浆 料

3.2.1 喷浆浆料应符合现行行业标准《混凝土界面处理剂》JC/T 907的有关规定。

3.2.2 喷浆浆料应符合下列规定：

1 喷浆浆料的稠度宜为80mm～100mm。

2 喷浆浆料的分层度不宜大于10mm。

3 喷浆浆料和基层的粘结力不应小于0.4MPa。

3.2.3 喷浆浆料应按现行行业标准《建筑砂浆基本性能试验方法标准》JGJ/T 70的相关规定进行稠度、分层度检查，应按现行行业标准《建筑工程饰面砖粘结强度检验标准》JGJ 110的相关规定进行喷浆浆料与基层粘结力检查。

4 施 工

4.1 施工设备机具

4.1.1 混凝土基层喷浆施工设备应选用强制式砂浆搅拌机、砂浆自动或半自动喷浆机。

4.1.2 混凝土基层喷浆施工用计量设备应符合下列

要求:

1 台秤、喷浆机空气压缩机压力表应按国家有关规定进行校验合格,并处于有效期内。

2 台秤称量范围应为 1kg～100kg,称量精度应为 50g。

3 压力表应与喷浆设备相匹配。

4.2 喷浆浆料制备

4.2.1 喷浆浆料配合比应考虑原材料性能、稠度和粘结力的要求以及施工技术水平、施工条件等因素,经试配后确定。

4.2.2 喷浆浆料拌制应对原材料采用质量法进行计量,且允许偏差应满足表 4.2.2 的规定。

表 4.2.2　原材料每盘称量的允许误差

材料名称	允许偏差
混凝土界面砂浆	±3%
胶料	±2%
水泥	±3%
细骨料	±3%
拌合水	±3%

4.2.3 浆料应采用强制性搅拌机进行搅拌,并应搅拌均匀。搅拌时间宜为 150s～180s。

4.3 喷浆施工

4.3.1 混凝土基层喷浆施工时,最低环境温度不应低于 5℃。雨天不宜进行室外喷浆施工。

4.3.2 混凝土基层应清洁,无油污、隔离剂等,混凝土基层应清理,缺陷应修补。

4.3.3 喷浆施工前混凝土基层应保持湿润。

4.3.4 正式喷浆前,应进行现场墙面试喷。试喷面积不应小于 10m²,且应以圆点、网状形式均匀覆盖基层,其喷浆点厚度宜为 1mm～3mm,圆点底部直径宜为 2mm～5mm,经外观质量检查达到要求后方可实施正式喷浆施工。

4.3.5 喷浆施工时,浆料稠度应满足本规程第 3.2.2 条的要求。

4.3.6 喷浆施工时,喷枪宜与作业面垂直,且喷射压力宜为 0.4MPa～1.0MPa;喷枪枪头与结构面的距离宜为 0.6m～1.5m。

4.3.7 喷浆应均匀,对喷射不均匀的部位应进行补喷。

4.4 养护

4.4.1 喷浆完毕 12h 后应采用喷雾养护,喷雾程度应保持墙面完全湿润,每天 2～3 次,喷雾养护不应少于 3d。

5 验 收

5.1 一般规定

5.1.1 混凝土基层喷浆施工应按照下列规定划分检验批:

1 室外喷浆施工每一栋楼每 3000m²～5000m² 应划分为一个检验批,不足 3000m² 也应划分为一个检验批。

2 室内喷浆施工每 50 个自然间(大面积房间、走廊按喷浆面积 30m² 为一间)应划分为一个检验批,且面积不应大于 1000m²,不足 50 间也应划分为一个检验批。

5.1.2 混凝土基层抹灰喷涂施工检查数量应符合下列规定:

1 室外喷浆施工每 100m² 应至少检查一处,每处不得小于 10m²。

2 室内喷浆施工每个检验批应至少抽查 10%,并不得少于 3 间,不足 3 间时应全数检查。

5.1.3 混凝土基层喷浆施工质量验收时应提交下列技术资料并归档:

1 混凝土基层抹灰界面喷浆施工所用原材料的产品合格证书、性能检测报告和进场抽检复检记录。

2 试喷记录及试喷检测报告。

3 施工工艺记录和施工质量检验记录。

5.2 主控项目

5.2.1 喷浆浆料应均匀覆盖基层。

检验方法:随机抽取 5 个测点,用刀片垂直于基层割取 20mm×20mm 涂层试样。将试样表面处理干净,用卡尺测量涂层厚度,最大厚度差不应大于 2mm。

5.2.2 喷浆浆料平均覆盖率不得小于 65%,单点覆盖率不得小于 55%。

检验方法:按本规程附录 A 执行。

5.2.3 喷浆浆料与混凝土基层应粘结牢固,粘结力不应小于 0.4MPa。

检验方法:按现行行业标准《建筑工程饰面砖粘结强度检验标准》JGJ 110 的相关规定执行。

5.3 一般项目

5.3.1 混凝土基层喷浆施工所用原材料的品种、型号和性能应符合设计要求。

检验方法:检查产品合格证书、性能检测报告和进场验收记录。

5.3.2 混凝土基层喷浆浆料界面应均匀、平整。

检验方法:观察检查。

附录 A 喷浆覆盖率检验方法

A.0.1 喷浆覆盖率可采用专用百格网按下列步骤进行检验：

1 应在检验批中随机抽取 5 个测区，每个测区面积宜为 1m² 左右，应在测区范围内随机抽取 3 个测点。

2 应将百格网置于测点工作面上，统计网格内浆料占据的格数，该格数与百格网总格数之比，为该测点的单点覆盖率。

3 测区平均覆盖率为该测区 3 个测点单点覆盖率的算术平均值。

4 检验批的覆盖率为该检验批中 5 个测区平均覆盖率的算术平均值。

A.0.2 专用百格网外形尺寸应为 200mm×200mm，并应纵横均分 10 格。

本规程用词说明

1 为便于在执行本规程条文时区别对待，对要求严格程度不同的用词说明如下：

1）表示很严格，非这样做不可的：
正面词采用"必须"，反面词采用"严禁"；

2）表示严格，在正常情况下均应这样做的：

正面词采用"应"，反面词采用"不应"或"不得"；

3）表示允许稍有选择，在条件许可时首先应这样做的：
正面词采用"宜"，反面词采用"不宜"；

4）表示有选择，在一定条件下可以这样做的，采用"可"。

2 条文中指明应按其他有关标准执行的写法为："应符合……的规定"或"应按……执行"。

引用标准名录

1 《通用硅酸盐水泥》GB 175

2 《水泥标准稠度用水量、凝结时间、安定性检验方法》GB/T 1346

3 《建筑用砂》GB/T 14684

4 《水泥胶砂强度检验方法（ISO 法）》GB/T 17671

5 《普通混凝土用砂、石质量及检验方法标准》JGJ 52

6 《混凝土用水标准》JGJ 63

7 《建筑砂浆基本性能试验方法标准》JGJ/T 70

8 《建筑工程饰面砖粘结强度检验标准》JGJ 110

9 《混凝土界面处理剂》JC/T 907

中华人民共和国行业标准

混凝土基层喷浆处理技术规程

JGJ/T 238—2011

条 文 说 明

制 定 说 明

《混凝土基层喷浆处理技术规程》JGJ/T 238 - 2011，经住房和城乡建设部 2011 年 1 月 28 日以第 899 号公告批准、发布。

本规程制订过程中，编制组进行了广泛的调查研究，总结了我国工程建设中混凝土基层喷浆处理的实践经验，同时参考了国外先进技术法规、技术标准，通过浆料稠度、分层度及粘结力试验取得了本规程的重要技术参数。

为便于广大设计、施工、科研、学校等单位有关人员在使用本规程时能正确理解和执行条文规定，《混凝土基层喷浆处理技术规程》编制组按章、节、条顺序编制了本规程的条文说明，对条文规定的目的、依据以及执行中需注意的有关事项进行了说明。但是，本条文说明不具备与规程正文同等的法律效力，仅供使用者作为理解和把握规程规定的参考。

目　　次

1 总　则

1.0.1 制订本规程的目的是为了规范混凝土基层喷浆处理施工与质量验收，增强混凝土基层与外装饰层之间的粘结性能，做到技术先进、经济合理、可靠适用、保证质量。

1.0.2 本规程的适用范围是：新建、扩建和改建的建筑工程的混凝土基层喷浆处理。混凝土基层包括了现场浇筑混凝土墙面、混凝土砌块类墙面、混凝土构件面、混凝土预制构件面。

3　材料技术要求

3.1　原　材　料

3.1.1 优先选用混凝土界面砂浆，各项性能应满足《混凝土界面处理剂》JC/T 907 的要求。也可选用胶料在现场加入细骨料、水泥及拌合用水后使用。但胶料的物理力学性能应符合《混凝土界面处理剂》JC/T 907－2002 表 1 的规定。并对水泥及细骨料的使用作了相应的规定。

3.1.2、3.1.3 材料质量是保证喷浆工程质量的基础，因此，喷浆工程所用材料如水泥、水、砂、胶料等基本材料应符合设计要求及国家现行有关产品的规定，并应有出厂合格证；材料进场时应进行现场验收，不合格的材料不得用在喷浆工程上。

3.1.4 本条对喷浆浆料拌合用水作了规定。

3.1.5～3.1.7 对进入现场的原材料的检验项目、检验批及检验指标作出了具体的规定，检验不合格的原材料不得用于喷浆施工中。并对材料的贮存和堆放进行了规定：

水泥强度按《水泥胶砂强度检验方法（ISO 法）》GB/T 17671 规定进行；安定性、凝结时间按《水泥标准稠度用水量、凝结时间、安定性检验方法》GB/T 1346 规定进行。细骨料细度模数、粒径、泥块含量、含泥量、石粉含量按《建筑用砂》GB/T 14684 规定进行。胶料性能检测按《混凝土界面处理剂》JC/T 907 的规定进行。

3.2　浆　料

浆料技术要求及检测方法：

1　喷浆浆料的立方体抗压强度当设计不作规定时，其强度宜不低于抹灰砂浆的立方体抗压强度；

2　通过多例工程的实际应用，喷浆浆料的稠度按 80mm～100mm，分层度不宜大于 10mm，强度等级采用 M7.5、M10，其喷浆施工操作及施工质量能得到较好控制；

3　本节还规定了浆料性能的试验方法。

4　施　工

4.2　喷浆浆料制备

浆料配制是喷浆工程质量控制的关键，应优先采用工厂生产的混凝土界面砂浆；在条件不具备的情况下，也可使用符合标准要求的胶料在施工现场加入水泥、细骨料及水按一定的比例拌合而成。喷浆浆料试配时应着重控制稠度、分层度、粘结力指标。配合比通过试配确定，各组成材料严格计量。经试验搅拌时间为 150s～180s 时，其搅拌的均匀和稠度能满足要求。

4.3　喷浆施工

4.3.1 混凝土基层界面喷浆施工的环境温度过低会对其凝结时间和固化有影响，本条对施工作业时的最低环境温度作了规定，不得低于 5℃。外墙面喷浆施工时若遇风速过大或下雨天时，喷浆的施工操作和施工质量难以控制，且施工安全难以保证，故当遇风速过大或下雨天时对于外墙面的喷浆应停止施工。

4.3.2、4.3.3 规定了喷浆施工前应清理混凝土基层面，因油污及隔离剂附着在混凝土基层会使喷浆层不能有效牢固附着于混凝土基层面。为保证水泥胶砂与混凝土基层面有效牢固附着，还应对基层面的小孔洞用与所喷浆料相同的配合比浆料修补，并将混凝土基层面喷水充分润湿。

4.3.4 为保证混凝土基层喷浆的质量，并考虑到作业面施工完成后进行检测的难度及滞后性，在本条中规定在正式施工前必须进行试喷，且经监理验收合格后方可实施正式喷浆。

4.3.6 喷射压力过大会造成施工过程的不安全，并且喷射的均匀程度难以控制，喷枪与作业面的距离及角度也是保证喷浆的均匀性的关键，故本条对其喷射压力、喷枪与作业面的距离及其角度作出了具体的规定，应按本规程严格执行。

4.3.7 对喷射不均匀的部位可进行补喷，补喷时应严格控制其均匀度及界面的凹凸均匀性，确保补喷成功。

4.4　养　护

4.4.1 喷浆完成后 12h 起应喷雾养护，对于干燥高温及风大季节每天还应增加喷雾次数以保证喷浆面充分润湿，经养护达到要求强度。

5　验　收

5.1　一　般　规　定

5.1.1、5.1.2 检验批的划分、检查数量的确定是在充分考虑抽样频率具有代表性、典型性以及可操作性的前提下，根据实际施工检查验收工作经验总结得出。

5.1.3 本条对质量验收时须提交的资料进行了规定。

5.2 主 控 项 目

本节检查质量的确定、要求及检测方法是根据实际施工检查验收工作经验总结得出的。

检查粘结力的要求是根据设计一般要求及实际检查验收工作经验总结得出。对粘结力抽检部位（试喷），进行全覆盖（100％覆盖率）喷浆处理，以便于粘结力检测时标准块的粘结。考虑全覆盖与65％覆盖率的差异，经试验确定，全覆盖检测时，粘结力大于0.6MPa，方能满足65％覆盖率时，粘结力大于0.4MPa的要求。

中华人民共和国行业标准

混凝土结构工程无机材料后锚固技术规程

Technical specification for post-anchoring used
in concrete structure with inorganic anchoring material

JGJ/T 271—2012

批准部门：中华人民共和国住房和城乡建设部
施行日期：２０１２年８月１日

中华人民共和国住房和城乡建设部
公　告

第1282号

关于发布行业标准《混凝土结构工程无机材料后锚固技术规程》的公告

现批准《混凝土结构工程无机材料后锚固技术规程》为行业标准，编号为JGJ/T 271－2012，自2012年8月1日起实施。

本规程由我部标准定额研究所组织中国建筑工业出版社出版发行。

中华人民共和国住房和城乡建设部

2012年2月8日

前　言

根据住房和城乡建设部《关于印发〈2010年工程建设标准规范制订、修订计划〉的通知》（建标[2010] 43号）的要求，规程编制组经广泛调查研究，认真总结实践经验，参考有关国际标准和国外先进标准，并在广泛征求意见的基础上，编制本规程。

本规程的主要技术内容是：1. 总则；2. 术语和符号；3. 材料要求；4. 设计；5. 施工；6. 检验与验收。

本规程由住房和城乡建设部负责管理，由济南四建（集团）有限责任公司负责具体技术内容的解释。执行过程中如有意见和建议，请寄送济南四建（集团）有限责任公司（地址：山东省济南市天桥区济洛路163号，邮政编码：250031）。

本规程主编单位：济南四建（集团）有限责任公司
潍坊昌大建设集团有限责任公司

本规程参编单位：山东省建筑科学研究院
河北省建筑科学研究院
烟台大学
郑州大学
青海省建筑建材科学研究院
甘肃省建筑科学研究院
江苏省建筑科学研究院有限公司
滨州市建设工程质量监督站
济宁市建设工程质量监督站
重庆市建筑科学研究院
山东华森混凝土有限公司
潍坊市建设工程质量安全监督站
济南中方加固改建有限公司
广州穗监工程质量安全检测中心
青岛固立特建材科技有限公司
山东省建筑设计研究院
重庆建工住宅建设有限公司

本规程主要起草人员：崔士起　成　勃　曹晓岩
朱九洲　张连悦　郑广斌
梁玉国　周新刚　刘立新
高永强　晏大玮　顾瑞南
焦海棠　赵吉刚　姜丽萍
李建业　马玉善　张　健
谢慧东　王东军　王自福
鲁统卫　李战发　焦自明
余炳星　吴福成　孙树勋
边智慧　冯　坚　张京街
陈　放　邢庆毅　张　奚
张维汇　初明进　任广平
周尚永　刘宗建　王国力
王宝科　王泉波　王维奇

本规程主要审查人员：高小旺　郝挺宇　李　杰
周学军　焦安亮　鲁爱民
王金玉　刘俊岩　徐承强

目　次

Contents

1 总 则

1.0.1 为促进无机材料后锚固技术在混凝土结构工程中的合理应用，做到技术先进、安全适用、经济合理、确保质量，制定本规程。

1.0.2 本规程适用于钢筋混凝土、预应力混凝土以及素混凝土结构采用无机材料进行后锚固工程的设计、施工与验收；不适用于轻骨料混凝土及特种混凝土结构的后锚固。

1.0.3 采用无机材料进行后锚固的混凝土结构抗震设防烈度不应大于 8 度 （0.2g），且不应直接承受动力荷载重复作用。

1.0.4 混凝土结构工程无机材料后锚固技术除应符合本规程外，尚应符合国家现行有关标准的规定。

2 术语和符号

2.1 术 语

2.1.1 无机材料后锚固胶 inorganic anchorage adhesive

以无机胶凝材料为主要原料，加入填料和其他添加剂制得的用于锚固的胶，简称无机胶。

2.1.2 锚筋 anchorage bars

用于后锚固工程中的光圆或带肋钢筋。

2.1.3 无机材料后锚固技术 technic of post-anchorage used in concrete structure with inorganic anchoring material

采用无机胶将锚筋有效地锚固于既有混凝土结构中的技术。

2.1.4 基体 base

用于锚固锚筋并承受锚筋传递作用的混凝土结构或构件。

2.1.5 抗拔承载力检验 anchorage capacity test

沿锚筋轴线施加轴向拉拔荷载，以检验其锚固性能的现场试验。抗拔承载力检验可分为破坏性检验和非破坏性检验。

2.1.6 锚孔 drilling hole

进行锚固工程时，为布置锚筋而施工的钻孔。

2.2 符 号

B——基体沿锚固方向的尺寸；

D——锚孔直径；

d——锚筋直径；

d_1——机械锚固墩头直径；

$f_{bd,1}$——锚筋与无机胶的粘结强度设计值；

$f_{bd,2}$——无机胶与混凝土基体的粘结强度设计值；

f_s——锚筋锚固段在承载力极限状态下的强度设

计值；

h——机械锚固墩头长度；

l_{ds}——锚固深度设计值；

l_s——锚固深度计算值；

$l_{s,1}$——锚筋与无机胶界面的锚固深度计算值；

$l_{s,2}$——无机胶与基体界面的锚固深度计算值；

N_s——锚筋受拉承载力设计值；

N_0——锚筋的极限抗拔承载力实测值；

α_{spt}——为防止混凝土劈裂引用的计算系数；

γ_1——后锚固连接重要性系数；

η——群锚效应折减系数；

ξ——带肋钢筋机械锚固系数；

σ_s——进行后锚固深度计算时采用的锚筋应力计算值；

ψ_{ae}——考虑植筋位移延性要求的修正系数；

ψ_N——考虑结构构件受力状态对锚筋受拉承载力影响的修正系数。

3 材 料 要 求

3.0.1 无机胶可按供货状态分为散装粉料式和锚固包式，应根据现场条件合理选用。

3.0.2 无机胶性能应满足表 3.0.2 的技术要求，其检验方法和抽样数量应符合现行行业标准《混凝土结构工程用锚固胶》JG/T 340 的规定。

表 3.0.2 无机胶技术要求

序号	项 目			要 求
1	外观质量			色泽均匀、无结块
2	施工时的使用温度范围			满足产品说明书标称的使用温度范围
3	拌合物性能	泌水率（%）		0
		凝结时间（min）	初凝	≥30
			终凝	≤120
		氯离子含量（%）		≤0.1
4	胶体性能	竖向膨胀率（%）	1d	≥0.1
			28d	≥0.1
		抗压强度（MPa）	1d	≥30.0
			28d	≥60.0
5	约束拉拔条件下带肋钢筋与混凝土的粘结强度（MPa）（φ25，锚固深度150mm）	C30 混凝土		≥8.5
		C60 混凝土		≥14.0

注：氯离子含量系指其占胶凝材料总量的百分比。

3.0.3 无机胶中集料最大粒径不应大于 0.5mm。

3.0.4 基体应密实，后锚固区域不应有裂缝、风化等劣化现象，并应能承担锚筋传递的作用。

3.0.5 基体混凝土抗压强度实际值不宜低于 20MPa，且不应低于 15MPa。

3.0.6 本规程所指锚筋应为光圆钢筋、带肋钢筋等非预应力筋，其质量应符合现行国家标准《钢筋混凝土用钢 第 1 部分：热轧光圆钢筋》GB 1499.1、《钢筋混凝土用钢 第 2 部分：热轧带肋钢筋》GB 1499.2、《钢筋混凝土用余热处理钢筋》GB 13014 等相关标准的规定。

4 设 计

4.1 一般规定

4.1.1 后锚固连接设计所采用的设计使用年限应与整个被连接结构的设计使用年限一致。

4.1.2 后锚固工程实施前应对后锚固部位的混凝土强度、基体尺寸及钢筋位置等项目进行检测，对后锚固部位的混凝土密实程度进行检查。

4.1.3 后锚固连接设计，应根据被连接结构类型、锚固连接受力性质的不同，对其破坏形态加以控制，应保证结构构件破坏时不发生锚筋滑脱或基体破坏。

4.1.4 后锚固深度应按锚固深度设计值确定，并应满足构造要求。

4.1.5 光圆钢筋锚固段的端部应采取机械锚固措施，带肋钢筋锚固段的端部可采取机械锚固措施。

4.2 计 算

4.2.1 锚筋锚固段在承载力极限状态下的强度设计值 f_s 应符合下式规定：

$$f_s \leqslant \frac{\eta}{\gamma_0 \cdot \gamma_1} f_y \qquad (4.2.1)$$

式中：η——群锚效应折减系数：对于受拉锚筋，相邻锚筋之间的净距不大于最小锚筋直径的 3 倍时取 0.75，相邻锚筋净距大于最小锚筋直径的 10 倍时取 1.0，其间按线性插值法确定；对于受压锚筋取 1.0；

f_y——锚筋原材料抗拉强度设计值，应按现行国家标准《混凝土结构设计规范》GB 50010 取值；

γ_0——结构重要性系数，应按现行国家标准《建筑结构可靠度设计统一标准》GB 50068 的规定，安全等级为一、二、三级的建筑结构，分别不应小于 1.1、1.0、0.9；

γ_1——后锚固连接重要性系数：对于破坏后果很严重的重要锚固，取 1.2；一般的锚固取 1.1。

4.2.2 进行后锚固深度计算时采用的锚筋应力计算值 σ_s 应符合下列公式的规定：

$$\sigma_s \geqslant f_s \qquad (4.2.2\text{-}1)$$
$$\sigma_s \leqslant f_{yk} \qquad (4.2.2\text{-}2)$$

式中：f_{yk}——锚筋原材料抗拉强度标准值，应按现行国家标准《混凝土结构设计规范》GB 50010 取值。

4.2.3 锚筋的锚固深度计算值 l_s 应按下式计算：

$$l_s = \max\{l_{s,1}, l_{s,2}\} \qquad (4.2.3)$$

式中：$l_{s,1}$——锚筋与无机胶界面的锚固深度计算值（mm）；

$l_{s,2}$——无机胶与基体界面的锚固深度计算值（mm）。

4.2.4 锚筋与无机胶界面的锚固深度计算值 $l_{s,1}$ 应按下式计算：

$$l_{s,1} = \xi \frac{0.2\alpha_{spt}d\sigma_s}{f_{bd,1}} \qquad (4.2.4)$$

式中：ξ——带肋钢筋端部机械锚固影响系数，取 0.8；其余均取 1.0；

α_{spt}——为防止混凝土劈裂引用的计算系数，按表 4.2.4 取值；

d——锚筋直径（mm）；

σ_s——锚筋应力计算值（MPa）；

$f_{bd,1}$——锚筋与无机胶的粘结强度设计值，宜通过试验取得粘结强度标准值，试验方法应符合国家标准《混凝土结构加固设计规范》GB 50367 - 2006 附录 K 的规定，材料分项系数可取 1.4；无试验数据时，锚筋为光圆钢筋且采取机械锚固措施时可取 3.5MPa，锚筋为带肋钢筋时可取 5.0MPa。

表 4.2.4 考虑混凝土劈裂影响的计算系数 α_{spt}

混凝土保护层厚度（mm）		25	30	35	≥40
锚筋直径 d（mm）	≤20	1.0	1.0	1.0	1.0
	25	1.1	1.05	1.0	1.0
	32	1.25	1.15	1.1	1.05

4.2.5 无机胶与基体界面的锚固深度计算值 $l_{s,2}$ 应按下式计算：

$$l_{s,2} = \frac{0.2\alpha_{spt}d\sigma_s}{f_{bd,2}} \cdot \frac{d}{D} \qquad (4.2.5)$$

式中：α_{spt}——为防止混凝土劈裂引入的计算系数，按本规程表 4.2.4 取值，此时表中锚筋直径 d 按孔径 D 考虑；

$\dfrac{d}{D}$——锚筋直径 d 与锚孔直径 D 的比值，当 $\dfrac{d}{D} < 0.65$ 时，取 $\dfrac{d}{D} = 0.65$；

$f_{bd,2}$——无机胶与基体的粘结强度设计值，按表 4.2.5 取值。

表 4.2.5　无机胶与基体的粘结强度设计值

基体情况	混凝土强度等级					
	C15	C20	C25	C30	C40	≥C60
$f_{bd,2}$（MPa）	1.7	2.3	2.7	3.4	3.6	4.0

4.2.6　锚筋的锚固深度设计值 l_{ds} 应符合下式规定：

$$l_{ds} \geq \psi_N \psi_{ae} \psi_d l_s \qquad (4.2.6)$$

式中：ψ_N——考虑结构构件受力状态对锚筋受拉承载力影响的修正系数，当为悬挑结构构件时，取 1.5，当为非悬挑的重要构件接长时，取 1.15，当为其他构件时，取 1.0；

ψ_{ae}——考虑后锚固位移延性要求的修正系数，对抗震等级为一、二级的混凝土结构，取 1.25；对抗震等级为三、四级的混凝土结构，取 1.1；

ψ_d——考虑锚筋公称直径的修正系数，公称直径不大于 25mm 时，取 1.0；公称直径大于 25mm 时，取 1.1。

4.3　构造措施

4.3.1　按构造要求的最小锚固深度 l_{min} 应取 $12d$ 和 150mm 的较大值，对于悬挑结构构件，尚应乘以 1.5 的修正系数。

4.3.2　按构造要求的最大锚固深度 l_{max} 应满足下列公式的规定：

1　受压锚筋
$$l_{max} \leq B - \max(10d, 100) \qquad (4.3.2\text{-}1)$$

2　其他锚筋
$$l_{max} \leq B - \max(5d, 50) \qquad (4.3.2\text{-}2)$$

式中：B——基体沿锚固方向的尺寸（mm）；
d——锚筋直径（mm）。

4.3.3　锚孔直径与锚筋直径的对应关系应满足表 4.3.3 的要求。

表 4.3.3　锚孔直径与锚筋直径的对应关系

锚筋直径 d（mm）	≤16	>16，≤25	>25
锚孔直径 D（mm）	≥d+4	≥d+6	≥d+8

4.3.4　机械锚固措施（图 4.3.4）可采取墩头、焊接等方法取得，其端部的直径 d_1、长度 h 应符合下列公式的规定：

$$d_1 \geq \begin{cases} d+3 & (d \leq 16\text{mm}) \\ d+5 & (16\text{mm} < d \leq 25\text{mm}) \\ d+7 & (d > 25\text{mm}) \end{cases}$$

$$\qquad (4.3.4\text{-}1)$$

$$h \geq d \qquad (4.3.4\text{-}2)$$

4.3.5　锚筋与基体边缘的最小净距应符合下列规定：

1　当锚筋与基体边缘之间有不少于 2 根垂直于

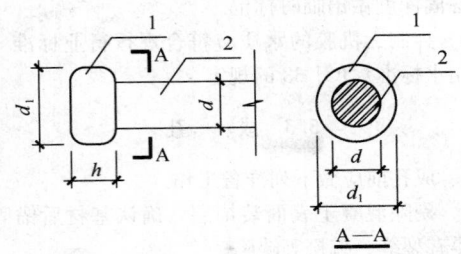

图 4.3.4　机械锚固措施示意图
1—机械锚固；2—锚筋

锚筋方向的钢筋，且配筋量不小于 $\phi8@100$ 或其等代截面积时，锚筋与基体边缘的最小净距不应小于 $3d$ 和 50mm 的较大值；

2　其余情况时，锚筋与基体边缘的最小净距不应小于 $5d$ 和 100mm 的较大值。

5　施　工

5.1　一般规定

5.1.1　后锚固施工现场质量管理应有相应的施工技术标准、健全的质量管理体系、施工质量控制和质量检验制度。

5.1.2　后锚固施工项目应有施工组织设计和施工技术方案，并经审查批准。

5.1.3　后锚固施工应分为成孔、锚固等工序。

5.1.4　施工单位在每道工序完成后均应进行自检，并经有关单位确认其技术要求符合本规程的规定，形成隐蔽工程验收记录后，方能进行下一道工序的施工。

5.2　材　料

5.2.1　无机胶进场时应对其品种、级别、包装或散装仓号、出厂日期等进行检查，应有产品出厂质量保证书和产品说明书，应符合设计要求及现行行业标准《混凝土结构工程用锚固胶》JG/T 340 的规定。

无机胶存放期间不得受潮，不得有结块。当在使用中对无机胶质量有怀疑或无机胶出厂超过两个月时，应对其外观质量、初凝时间、氯离子含量、1d 抗压强度进行复验，并按复验结果使用。

5.2.2　锚筋进场时应有质量合格证书，进场后应抽取试件作力学性能检验，抽取方法及锚筋性能应符合现行国家标准《钢筋混凝土用钢　第 1 部分：热轧光圆钢筋》GB 1499.1、《钢筋混凝土用钢　第 2 部分：热轧带肋钢筋》GB 1499.2、《钢筋混凝土用余热处理钢筋》GB 13014 等的规定。

5.2.3　锚筋应平直、无损伤，表面不得有裂纹、油污、颗粒状或片状老锈。锚筋锚固段应除去浮锈，宜根据锚固深度做出临时标记。

5.2.4 拌制无机胶的水质应符合现行行业标准《混凝土用水标准》JGJ 63 的规定。

5.3 成 孔

5.3.1 成孔前应做下列准备工作：

1 剔除混凝土表面装饰层，确认基材后锚固区域不得有裂缝、疏松等缺陷；

2 对既有结构的钢筋布置情况进行调查，成孔时未经设计单位认可不得损伤原结构钢筋。

5.3.2 锚孔质量应符合下列规定：

1 锚孔孔壁应完整，不应有裂纹和损伤；

2 锚孔内应洁净，不应有粉末、污垢和杂物；

3 锚孔位置、深度和直径的尺寸偏差应符合表5.3.2 的规定。

表 5.3.2 锚孔尺寸偏差

位置（mm）	深度（mm）	直径（mm）
10	≥10，且≤30	≥0，且≤5

5.4 锚 固

5.4.1 锚固施工时锚孔孔壁宜潮湿，但锚孔内不得有积水。

5.4.2 无机胶与水拌合时不得掺入其他任何外加剂或掺合料，并应符合下列规定：

1 采用散装粉料式无机胶时，应按随货提供的产品说明书上的推荐用水量加入水并搅拌均匀。机械搅拌时，搅拌时间宜为 1min～2min；人工搅拌时，宜先加入 2/3 的用水量搅拌 2min，随后加入剩余用水量继续搅拌至均匀。

2 采用锚固包式无机胶时，应将锚固包浸入水中，按随货提供的产品说明书上推荐的时间浸泡后取出。吸水后锚固包包装纸应不破损，折断锚固包，其断面中央应不见干料。

5.4.3 锚固时应先将制备好的无机胶注入锚孔内，然后将锚筋插入锚孔。锚筋的锚固深度应满足设计要求，锚筋与孔壁的间隙应均匀，间隙中应充满无机胶，不应有气泡或缝隙。

采用锚固包形式无机胶时，浸水后的锚固包送入锚孔前应将包装纸去除。

5.4.4 施工中废弃的锚孔，应采用无机胶填实。

5.5 成品保护

5.5.1 后锚固完毕后 3h 内应对无机胶加以覆盖并保湿养护，保湿时间不宜少于 24h。外露无机胶表面不应有龟裂或分层裂缝。冬期施工时，应考虑相应措施。

5.5.2 对锚筋成品应进行保护，24h 内不得对其进行碰撞，72h 内不得承受外部荷载作用。

5.5.3 锚筋可采用焊接方式连接，焊接时无机胶的龄期不得少于 72h。

6 检验与验收

6.1 检 验

6.1.1 后锚固质量检验应包括下列内容：

1 文件资料检查；

2 锚筋、无机胶的类别、规格检查；

3 锚孔质量检查；

4 锚固质量检查；

5 锚筋抗拔承载力检验。

6.1.2 文件资料检查应包括下列内容：

1 设计施工图纸、设计变更等相关文件；

2 无机胶的质量保证文件（含产品使用说明书、检验报告、合格证、生产日期、进场复验报告等）；

3 锚筋的质量合格证书（含锚筋型号、材料规格等）；

4 经审查批准的施工组织设计和施工技术方案；

5 施工过程中各工序自检记录、隐蔽工程验收记录等；

6 基体混凝土强度现场检测报告；

7 工程中重大问题的处理方法和验收记录；

8 其他必要的文件和记录。

6.1.3 锚孔质量检查应包括下列内容：

1 锚孔的位置、深度、直径；

2 锚孔的清孔情况；

3 锚孔周围基体不得存在缺陷；

4 成孔时不得损伤原有钢筋。

6.1.4 锚固质量检查应包括下列内容：

1 锚筋规格、位置、直径等；

2 无机胶硬化情况；

3 锚筋的锚固情况。

6.1.5 锚筋抗拔承载力检验宜在后锚固施工完毕 3d后进行，锚筋抗拔承载力检验方法应符合本规程附录A 的规定。

6.1.6 后锚固质量的检验可按工作班、楼层或施工段划分为若干检验批。

6.1.7 检验批的质量检验应符合下列规定：

1 对材料的进场复验，应按进场的批次和产品的抽样检验方案执行；

2 对锚固承载力检验，应按本规程附录 A执行；

3 对其余项目，应按同一检验批数量的 10%，且不应少于 5 处进行随机抽样。

6.2 验 收

6.2.1 检验批合格质量应符合下列规定：

1 锚筋抗拔承载力抽样检验满足设计及本规程附录 A 的要求；

2 其余项目的质量经抽样检验合格；当采用计数检验时，合格点率不应小于 80%，且不合格点的最大偏差均不应大于允许偏差的 1.5 倍；

3 具有完整的施工操作依据、质量检查记录。

.2.2 后锚固工程施工质量验收合格应符合下列规定：

1 有完整的文件资料且均为合格；

2 所有检验批检验均合格。

.2.3 后锚固工程施工质量不符合要求时，应按下列规定进行处理：

1 返工返修，应重新进行验收；

2 经有资质的检测单位检测鉴定达到设计要求的，应予以验收；

3 经有资质的检测单位检测鉴定达不到设计要求，但经原后锚固设计单位核算并确认仍可满足结构安全和使用功能的，可予以验收；

4 经返修或加固处理后能够满足结构安全使用要求的工程，可根据技术处理方案和协商文件进行验收。

.2.4 经返修或加固处理后仍不能满足结构安全使用要求的工程，不得验收。

附录 A 锚筋抗拔承载力现场检验方法及质量评定

A.1 基 本 规 定

A.1.1 本方法适用于混凝土结构工程无机材料后锚固施工质量的现场检验。

A.1.2 后锚固施工质量现场检验抽样时，应以同一规格型号、基本相同的施工条件和受力状态的锚筋为同一检验批。

A.1.3 锚筋抗拔承载力检验应分为破坏性检验和非破坏性检验，并应符合下列规定：

1 破坏性检验用于检验完成后不再继续工作、并与其他锚筋应处于同一施工工艺水平的锚筋；破坏性检验应按同一检验批数量的 1%，且不少于 3 根进行随机抽样；

2 非破坏性检验用于检验完成后仍将处于工作状态的锚筋；对于重要结构构件及生命线工程非结构构件，非破坏性检验应按同一检验批数量的 3%，且不少于 5 根进行随机抽样；对于一般结构及其他非结构构件，非破坏性检验应按同一检验批数量的 2%，且不少于 5 根进行随机抽样。

A.1.4 检验方法的选用应符合下列规定：

1 对仲裁性检验或委托方认为有必要时，应采用破坏性检验。

2 对重要结构构件及生命线工程非结构构件，可采取破坏性检验或非破坏性检验。当采取破坏性检验时，应选择易修复或重新锚固的位置。

3 对其他工程锚筋，宜采取非破坏性检验。

A.1.5 现场检验应由通过计量认证、有相应检测资质的单位进行，检测人员应经专门培训并考核合格，所用仪器应符合本规程附录 A 第 A.2 节的要求。

A.2 仪 器 设 备 要 求

A.2.1 现场检验用的仪器、设备应处于校验有效期内。

A.2.2 测力系统应符合下列规定：

1 压力表和千斤顶的量程应为最大试验荷载的 (1.5～5.0) 倍，压力表精度不应低于 1.5 级；

2 测力系统整机误差应为 ±2% F.S.。

A.3 试 验 装 置

A.3.1 试验前应检查试验装置，使各部件均处于正常状态。

A.3.2 抗拔承载力检验的支撑环应紧贴基体，保证施加的荷载直接传递至被检验锚筋，且荷载作用线应与被检验锚筋的轴线重合。

A.3.3 加荷设备支撑环内径 D_0 应符合下式规定：

$$D_0 \geqslant \max(7d, 150\text{mm}) \qquad (A.3.3)$$

A.4 加 载 方 法

A.4.1 破坏性检验的检验荷载值不应小于 $1.45N_s$；非破坏性检验的检验荷载值不应小于 $1.15N_s$，其中锚筋受拉承载力设计值 N_s 应符合下式规定：

$$N_s \geqslant f_s A_s \qquad (A.4.1)$$

式中：f_s——锚筋锚固段在承载力极限状态下的强度设计值，应由设计单位提供。设计单位未提供时，宜取 f_y；

A_s——所检锚筋材料的截面面积。

A.4.2 锚筋抗拔承载力检验应采取连续加载的方法。加载时应匀速加至检验荷载值或出现破坏状态，加载时间应为 2min～3min。

A.4.3 当出现下列情况之一时，应终止加荷，并匀速卸荷，该锚筋抗拔承载力检验结束：

1 试验荷载达到检验荷载值并持荷 3min 后；

2 锚筋钢材拉伸破坏或基体出现裂缝等破坏现象时。

A.5 检 验 结 果 评 定

A.5.1 出现下列情况之一时可以判定该锚筋抗拔承载力合格：

1 在检验荷载值作用下 3min 的时间内，基体无开裂，锚固段不发生明显滑移；

2 达到检验荷载值且锚筋钢材拉伸破坏。

A.5.2 当不能满足本规程第 A.5.1 条时，应对该锚筋抗拔承载力评定为不合格。

A.5.3 检验批的合格评定应符合下列规定：

1 当一个检验批所抽取的锚筋抗拔承载力全数合格时，应评定该批为合格批；

2 当一个检验批所抽取的锚筋中有 5% 及 5% 以下（不足一根，按一根计）抗拔承载力不合格时，应另抽取 3 根锚筋进行破坏性检验，当抗拔承载力检验结果全数合格，应评定该批为合格批；

3 其他情况时，均应评定该批为不合格批。

本规程用词说明

1 为便于在执行本规程条文时区别对待，对要求严格程度不同的用词说明如下：

1） 表示很严格，非这样做不可的：

正面词采用"必须"；反面词采用"严禁"。

2） 表示严格，在正常情况下均应这样做的：

正面词采用"应"；反面词采用"不应"或"不得"。

3） 表示允许稍有选择，在条件许可时首先应这样做的：

正面词采用"宜"；反面词采用"不宜"。

4） 表示有选择，在一定条件下可以这样做的，采用"可"。

2 条文中指明应按其他有关标准执行的写法为："应符合……的规定"或"应按……执行"。

引用标准名录

1 《混凝土结构设计规范》 GB 50010

2 《建筑结构可靠度设计统一标准》 GB 50068

3 《混凝土结构加固设计规范》 GB 50367

4 《钢筋混凝土用钢 第1部分：热轧光圆钢筋》GB 1499.1

5 《钢筋混凝土用钢 第2部分：热轧带肋钢筋》GB 1499.2

6 《钢筋混凝土用余热处理钢筋》 GB 13014

7 《混凝土用水标准》 JGJ 63

8 《混凝土结构工程用锚固胶》 JG/T 340

中华人民共和国行业标准

混凝土结构工程无机材料后锚固技术规程

JGJ/T 271—2012

条 文 说 明

制 订 说 明

《混凝土结构工程无机材料后锚固技术规程》JGJ/T 271-2012，经住房和城乡建设部 2012 年 2 月 8 日以第 1282 号公告批准、发布。

本规程制订过程中，编制组对混凝土结构工程中采用无机材料进行后锚固时的材料要求、设计、施工、检验与验收等进行了调查研究，总结了我国各地的实践经验，同时参考借鉴了国外先进技术法规、技术标准，通过大量试验取得了一系列重要技术参数。

为便于广大设计、施工、科研、学校等单位的有关人员在使用本规程时能正确理解和执行条文规定，《混凝土结构工程无机材料后锚固技术规程》编制组按章、节、条顺序编制了本规程的条文说明，对条文规定的目的、依据以及执行中需要注意的有关事项进行了说明。但是，本条文说明不具备与规程正文同等的法律效力，仅供使用者作为理解和把握规程规定的参考。

目　次

1 总　则

1.0.1 混凝土结构工程中的后锚固连接技术与预埋连接技术相比，一方面具有施工简便、使用灵活、时间限制少等优点，另一方面其可能出现的破坏形态较多且较为复杂。后锚固技术所使用的锚固材料大致可分为无机材料和有机材料。我国先后颁布了《混凝土结构后锚固技术规程》JGJ 145 - 2004、《混凝土结构加固设计规范》GB 50367 - 2006 等标准，对采用有机材料进行后锚固的设计、施工等作了规定，但均未涉及采用无机材料的内容。无机后锚固材料是以无机胶凝材料为主要原料，加入填料和其他添加剂制得的用于锚固的胶，其特点是加入适量的水拌合后，具有早强、高强、微膨胀的性能，可以将普通钢筋有效地锚固于混凝土内。无机后锚固材料具有耐久性好、无毒环保等优点，在国内已有较多的工程应用，为安全可靠、经济合理地使用无机材料后锚固技术，确保后锚固工程质量，制定本规程。

1.0.2、1.0.3 后锚固连接的受力性能与基体材料的种类密切相关，目前国内外的科研成果及使用经验主要集中在现行国家标准《混凝土结构设计规范》GB 50010 所适用的钢筋混凝土、预应力混凝土以及素混凝土结构。对于轻骨料混凝土及特种混凝土结构以及位于抗震烈度大于 8 度（0.2g）的地区及承受直接动力荷载重复作用的混凝土结构工程，目前尚无相应的研究资料，暂不适用于本规程。

3 材料要求

3.0.1 散装粉料式一般 2kg～25kg 为一个包装，使用时称取一定的无机胶，配以相应比例的水，搅拌均匀后注入孔内；锚固包式是采用透水纸将松散的无机胶包装成比锚孔直径稍小的圆柱体，使用前将圆柱体浸入水中使其充分吸水，然后将无机胶放入孔内。

3.0.3 无机胶中集料过多、粒径过大可能造成后锚固施工困难，并可能影响无机胶的性能，从而影响后锚固效果。

3.0.4 后锚固区域指基体承担锚筋的作用时，产生较明显效应的区域。后锚固区域如存在劣化现象，将影响锚筋的锚固效果，可能过早产生破坏。

3.0.5 原基体的混凝土强度过低，将明显降低无机胶与混凝土间的有效粘结，故本条对采用后锚固技术进行加固和改造的基体作出了最低强度的限制。对于混凝土基体的强度要求，现行国家标准《混凝土结构加固设计规范》GB 50367 中规定重要构件为 C25，一般构件为 C20；现行行业标准《混凝土结构后锚固技术规程》JGJ 145 中规定不应低于 C20。本次试验针对 C20 以下的混凝土结构进行了专题研究，试验结

果表明，在采取了相应的措施后，锚筋仍能满足锚固要求。

3.0.6 预应力筋的锚固应由专门的锚夹具来实现，不应采用本规程的后锚固技术。后锚固用的钢筋，应能符合国家现行有关标准的规定。

4 设　计

4.1 一般规定

4.1.2 混凝土强度是设计锚固深度的重要参数，密实的混凝土是可靠锚固的前提，确定后锚固的位置、锚筋直径等参数同样需要了解基体尺寸及钢筋位置。

4.1.3 后锚固破坏类型可分为锚筋钢材破坏、锚筋滑脱及基体破坏。锚筋钢材破坏一般具有明显的塑性变形；锚筋滑脱及基体破坏均属脆性破坏，应加以控制。

4.1.4 后锚固深度应同时满足锚固深度设计值和构造要求。

4.1.5 带肋钢筋能较好地与结构胶粘剂结合，可以保证锚固效果。圆钢与无机胶之间的粘结强度较低，因此在使用光圆钢筋作为锚筋时，应加设机械锚固措施。

4.2 计　算

4.2.1 考虑到后锚固难以做到预埋钢筋的锚固深度和弯折形状，故在设计时，锚筋的设计抗拉强度采取了一定的折减，以提高锚筋在承载力极限状态下的可靠性。锚筋达到设计规定的应力时不应发生拔出破坏或基体破坏等后锚固破坏。

在混凝土构件受力过程中，不同位置锚筋的最大设计应力是不完全相同的，没有必要要求锚筋在所有截面上均达到屈服强度。当后锚固部位的锚筋受力较大时，可采取增加锚筋数量等方法解决。

后锚固连接重要性系数 γ_1，对于破坏后果很严重的重要锚固取 1.2，一般的锚固取 1.1，是参照现行行业标准《混凝土结构后锚固技术规程》JGJ 145 - 2004 第 4.2.4 条的规定选取的。

关于本条的群锚效应折减系数的取值说明如下：在山东省建筑科学研究院的试验中，两根锚筋的群锚效应（Φ 12 间距 36mm）折减系数为 0.8；在河北省建筑科学研究院的试验中，两根锚筋的群锚效应（Φ 12 间距 120mm）折减系数为 0.71。本规程群锚效应折减最小取 0.75。Φ 12 锚筋无约束时，C15 混凝土破坏范围的半径大约是 140mm，深度 50mm，考虑到破坏混凝土 25mm 深度范围浮浆层强度较弱，即锚筋间距 140mm（12d）就不会相互影响了（图 1）。对于强度稍高的混凝土，该作用半径明显变小，本规程统一规定为 10d 以上不再相互影响。后锚固工程中净距

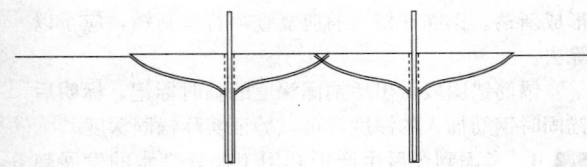

图 1 群锚破坏界面示意图

大于 $10d$ 的情况较少，一般出现在现浇板类锚筋等工程中。受压锚筋破坏时一般不会出现椎体破坏的形式，此时可不考虑群锚效应。

4.2.3～4.2.5 锚固深度计算值考虑了机械锚固、基体混凝土强度、锚孔直径与锚筋直径的关系、锚筋种类（光圆钢筋或带肋钢筋）、锚孔与边缘的最小距离（有无钢筋的影响）等条件的影响：

　　1 混凝土强度不同，则混凝土与无机胶粘结强度不同，但无机胶与锚筋的粘结强度不变；

　　2 考虑了锚筋端部附加锚固的有利影响；

　　3 考虑了锚孔直径的影响，在一定范围内锚孔直径越大，对锚固越有利，但锚孔直径不可能无限制增大，故对锚孔直径的有利作用系数进行了限制；

　　4 无机胶与基体界面的锚固深度计算值 $l_{s,2}$ 的计算公式由锚筋与无机锚固胶界面的锚固深度计算值 $l_{s,1}$ 的计算公式推导而来。

根据现行国家标准《混凝土结构设计规范》GB 50010 - 2010 第 8.3.3 条的规定，采用机械锚固的，可取锚固深度计算值的 $0.6l_s$，本规程中机械锚固尺寸偏小，取 $0.8l_s$。由于机械锚固措施不会大于钻孔范围，故在无机胶与基体界面的锚固深度计算值 $l_{s,1}$ 中没有机械锚固措施的影响。

公式中考虑了混凝土强度的影响。中国建筑科学研究院结构所针对新旧混凝土界面的粘结强度进行了一系列的试验研究，研究结果中 C20 及以上混凝土等级的粘结强度均小于本规程的规定（表 1）。本规程 C15 混凝土与无机胶结合面按该研究的粘结强度取值是偏于保守的。

表 1　结合面混凝土抗剪强度 f_{vk}（N/mm²）

混凝土强度等级	C10	C15	C20	C25	C30	C35	C40	C45	C50	C60
f_{vk}	1.25	1.70	2.10	2.50	2.85	3.20	3.50	3.80	3.90	4.10

劈裂影响的计算系数按现行国家标准《混凝土结构加固设计规范》GB 50367 的规定取值，粘结强度设计值取基体混凝土强度不小于 C60 的情况，这是因为此时的基体为无机胶，无机胶的强度不小于 C60。

光圆钢筋粘结强度按行业标准《水泥基灌浆材料》JC/T 986 的技术要求，圆钢不小于 4.0MPa。现行国家标准《混凝土结构设计规范》GB 50010 中规定混凝土材料的分项系数取 1.4，无机胶参照执行，

并考虑光圆钢筋端部的机械锚固措施的有利作用，取 3.5MPa。

根据材料要求，带肋钢筋与 C30 混凝土之间的粘结强度应不小于 8.5MPa，材料分项系数为 1.4，设计值可不小于 6.1MPa；按国家标准《混凝土结构加固设计规范》GB 50367 - 2006 第 12.2.4 条的规定，基体混凝土强度不小于 C60 时取 5.0MPa，本规程取较低值。

4.3　构造措施

4.3.1 现行国家标准《混凝土结构设计规范》GB 50010 - 2010 第 9.2.2 条，简支梁和连续梁简支端的下部纵向受力钢筋深入支座内的锚固深度，对带肋钢筋不应小于 $12d$，对光圆钢筋不应小于 $15d$；第 9.3.5 条，梁柱节点中梁钢筋的锚固要求：计算中不利用该钢筋强度时，伸入支座的锚固深度对带肋钢筋不小于 $12d$，对光圆钢筋不小于 $15d$。采取机械锚固措施的锚筋锚固可取锚固深度计算值的 60%。故本规程最小锚固深度取 $12d$。

有专家指出牛腿、框架节点等构造措施不应小于 $20d$。本规程已在锚筋的锚固深度设计值中考虑了受力状态为悬挑时的影响系数 1.5，此时的锚固深度设计值均已大于 $20d$，故不再在构造措施中另行规定。

依据本规程的计算公式，锚筋受拉状态下锚固深度一般为 $16d～35d$，在工程中可以较为顺利地实现。如混凝土强度较低、受力状态较严格等状态时锚固深度较大，实施较为困难，可考虑采用其他方法综合处理。

4.3.2 本条文规定了最大锚固深度，有利于保证后锚固基体的结构受力性能，同时降低现场施工难度。锚固深度过大，在施工过程中，如控制不当时会出现穿透基体，引起基体损伤过大。对于受压锚筋，由于锚筋的弹性模量远大于无机胶的弹性模量，故锚筋端部对基体的局部压力仍然较大，剩余混凝土厚度过薄还可能造成局部冲切破坏（图 2）。

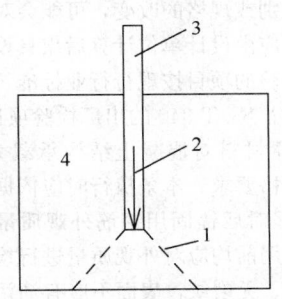

图 2　局部冲切破坏示意图
1—冲切破坏椎体最不利一侧的斜截面；2—锚筋对混凝土的局部压力 N；3—锚筋；4—基体

4.3.3 本条文规定了锚孔直径与锚筋直径的对应关

系。锚孔直径过小，则无机胶与混凝土界面的界面面积较小，无机胶层较薄，膨胀量较小，不利于无机胶与锚筋的锚固；锚孔直径亦不应过大，过大不仅施工困难、费工费料，而且更容易对原结构和已有钢筋造成损伤。

4.3.4 在锚筋末端设置机械锚固是减小锚固长度的有效方式，其原理是利用受力钢筋端部机械锚固的锚头对无机胶的局部挤压作用加大锚固承载力，减小发生锚筋滑移的可能性。机械锚固措施应与锚筋端部连接牢靠，本规程参照现行国家标准《混凝土结构设计规范》GB 50010－2010中第8.3.3条规定了机械锚固措施。

4.3.5 锚筋距混凝土边缘过小容易发生混凝土边缘的劈裂破坏，故应对锚筋与混凝土边缘的最小距离加以限制。

5 施 工

5.1 一般规定

5.1.1 根据现行国家标准《建筑结构施工质量验收统一标准》GB 50300 的有关规定，本条对混凝土结构无机材料后锚固施工现场和施工项目的质量管理体系和质量保证体系提出了要求。施工单位应推行生产控制和合格控制的全过程质量控制。对施工现场质量管理，要求有相应的施工技术标准、健全的质量管理体系、施工质量控制和质量检验制度。

5.1.2 对具体的施工项目，要求有经审查批准的施工组织设计和施工技术方案，对涉及结构安全和人身安全的内容，应有明确的规定和相应的措施。

5.2 材 料

5.2.1 无机锚固材料进场时，应根据产品合格证检查其品种、型号、级别、规格和出厂日期，并有序存放，以免造成混料错批。无机锚固材料或锚筋的品种、型号、级别或规格的改变，可能会对后锚固锚固力产生影响，应由设计单位计算后出具设计变更通知书。无机胶复验的项目按现行行业标准《混凝土结构工程用锚固胶》JG/T 340 的出厂检验项目执行。

5.2.2 锚筋原材料对混凝土结构承载力至关重要，对其质量应严格要求。本条执行时应依据相关要求。

5.2.3 为加强对后锚固用钢筋外观质量的控制，钢筋进场时和使用前均应对外观质量进行检查。钢筋应平直、无损伤、无裂纹，表面不应有油污、颗粒状或片状老锈，以免影响钢筋强度和与无机胶的有效粘结。

后锚固之前有专门对锚筋除锈、除油污的工序，但此项工序与后锚固往往间隔有一段时间，而钢筋表面的钝化层被除去后，很容易在潮湿的空气中氧化，形成新锈。钢筋在植入前应复查，若有新锈，应予以除去。

锚筋锚固段做出后锚固深度的临时标记，标明后锚固时钢筋插入的深度，可以验证实际锚固深度。

5.2.4 考虑到今后生产中利用工业处理水的发展趋势，除采用饮用水外，也可采用其他水源，但其质量应符合现行行业标准《混凝土用水标准》JGJ 63 的规定。

5.3 成 孔

5.3.1 成孔前应查明后锚固区域内不得有缺陷、裂缝；应采用有效手段探明原有钢筋的位置，未经设计许可，在成孔时不得伤及原有钢筋。

钻孔工具采用冲击钻和水钻均可，两类工具成孔孔壁粗糙程度略有不同，但均不会影响正常锚固。钻孔时遇到原有钢筋，有可能对原有结构造成损害，并容易卡住钻头，并可能对施工人员和机械设备造成伤害。故后锚固时应避开原有钢筋。采用水钻时，钻头遇到钢筋时操作人员不易察觉，应尤其注意避免对原有钢筋造成损伤。

5.3.2 后锚固孔壁如有裂缝或其他局部损伤，在后锚固完成后的结构受力过程中，有可能在局部受拉、受压时首先破坏，降低结构承载力。

本条文还规定了钻孔位置、深度、直径的允许偏差，以保证后锚固工程的施工质量。过大的尺寸偏差可能影响基体的受力性能、使用功能，也可能影响下一步工序的顺利进行。

后锚固位置偏差过大可能造成锚筋的受力状态与设计不一致，影响结构安全；由于钻头端部为锥状，加上无机胶的影响，锚筋实际植入的深度往往小于锚孔实际深度，故要求锚孔实际深度值应比锚固设计深度值大 10mm。

5.4 锚 固

5.4.1 孔壁保持潮湿可以增强无机锚固材料与基体的粘结，但孔内积水将影响无机胶的配合比，故注入无机胶时不得有积水。

5.4.2 无机胶中的掺料配比是生产研究单位经过多种配方对比后优选而来的，优选时考虑了多种因素的影响，且生产时添加掺料配比统一、质量稳定。施工中随意增添掺料将可能使无机胶的某些指标发生较大的偏差，质量波动较大，影响后锚固的施工质量。

无机类锚固胶的用水量比对锚固的强度、可操作性等均有很大影响，用水量应严格按产品使用说明书的要求，固定专人负责配制和复核。无机类锚固胶的配制，应避免无机胶溅出，避免无机胶内混入空气、粉尘、油污等。

锚固包的浸入水中的时间与锚固包的直径有关，浸水时间过长可能造成无机胶初凝或包装纸破损；浸水时间过短可能造成锚固包内部仍为干料。

5.4.3 后锚固的施工可按以下方法进行：

将制备好的无机胶注入孔内，注入量可参考产品说明书，并根据本次工程的实际情况来确定，一般为锚孔深度的 $1/2 \sim 2/3$，并以锚筋插入孔内后有少量无机胶溢出孔口为宜。无机胶注入孔内后，应立即将锚筋边旋转边插入孔内，避免将空气带入孔内，并可使钢筋充分接触无机胶。锚筋插入锚孔后并校正方向，使锚筋的锚固深度、位置满足设计要求。锚筋的锚固深度范围内应充满无机胶，否则应立即拔出钢筋，重新注入无机胶再插入钢筋，不应在钢筋与孔壁之间的缝隙直接注入无机胶。

锚固包的包装纸在施工过程中难以被充分捣碎并均匀分布于胶体中，并可能会在无机胶与混凝土壁之间形成部分隔离层，从而影响粘结强度。因此本规程规定浸水后的锚固包送入锚孔前应将包装纸去除。

无机胶注入孔内可采取下列方式进行：

1 利用无机胶流动性好的特点，依靠自重自由流至孔的最深处。

2 仅靠无机胶的自重不能满足施工要求时，采用高位料斗提高无机胶的位能差，使无机胶自由流至孔的最深处。

3 采用增压或减压设备，使无机胶达到孔的最深处并使无机胶充满所填充的部位。

无机胶有继续溢出趋势的，可采用吸水材料堵住孔口。此时无机胶的水灰比减小，流动性会相应减小。

5.4.4 后锚固施工时会产生深度位置等不满足要求的废孔，废孔如不进行处理，则可能造成混凝土内部缺陷，影响结构安全。

5.5 成 品 保 护

5.5.1 虽然大部分无机胶与外界不接触，但无机胶表面失水可能产生较深的裂缝，影响锚筋的锚固性能。

5.5.2 无机胶硬化强度增长需要一定的时间，过早的碰撞和外部荷载作用可能使胶层内部产生微裂缝，影响粘结性能。故规定从无机胶初凝到养护时间完成的时间内，不得触动锚筋，锚筋不得承受外部荷载作用，以免影响锚筋的锚固效果。

5.5.3 根据试验数据，现场养护条件下72h，无机胶的抗压强度一般能达到40MPa以上。无机胶与混凝土属同类型的材料，理论分析和试验数据均表明，此时焊接产生的短时间高温不会对无机胶的粘结性能产生影响，因此作了本条规定。

6 检验与验收

6.1 检 验

6.1.4 后锚固外观质量检查方便快捷，可作为后锚固质量的初步检查。检查时可用圆钢钉刻画等方式检查无机胶硬化程度；可用手拔、摇等方式初步检查锚筋的锚固情况。

6.1.5 锚筋抗拔承载力检验需无机胶达到一定的强度后才能进行。虽然无机胶在标准养护状态下1d即可达到30MPa，但考虑到工程现场条件的不确定性，一般要求宜在施工完毕3d后进行抗拔承载力检验。如果养护温度过低，检验的时间可相应延后。

6.2 验 收

6.2.1~6.2.4 本节内容是根据现行国家标准《建筑工程施工质量验收统一标准》GB 50300 的相关要求规定的。

附录 A 锚筋抗拔承载力现场检验方法及质量评定

A.1 基 本 规 定

A.1.1 对后锚固工程进行锚筋抗拔承载力现场检测，检测时锚筋、无机胶、基体均受力，较为全面地反映了后锚固工程的质量。

A.1.2 规定了同一检验批的定义，以便现场检验时抽检。

A.1.3、A.1.4 规定了破坏性检验和非破坏性检验的选用原则和抽检数量。

破坏性检验反映了无机胶后锚固的最终抗拔承载力，对于较为重要的后锚固工程，应采取此方法进行检验。但检验破坏后的锚筋已作废，需要重新进行后锚固，有些情况下（如梁柱节点处）在基体上难以再次找到后锚固的空间，并增加施工费用、难度和工期，此时采取非破坏性检验。

具体的抽检部位一般由建设、监理和施工单位共同确定。

A.2 仪器设备要求

A.2.1 为保证测试数据准确，现场检验所用的设备，如拉拔仪、测力仪等，应保证其处于校验有效期。

A.3 试 验 装 置

A.3.3 加荷设备的支撑环与锚筋净距如果尺寸过小，将对孔口混凝土形成约束，从而造成拉拔承载力提高的假象，故规定本条。现行行业标准《混凝土结构后锚固技术规程》JGJ 145 - 2004 规定为 max（12d，250），但锚筋间距往往小于12d，现场检验时支撑环的放置易受周边钢筋的影响；现采用现行国家标准《建筑结构加固工程施工质量验收规范》GB

50550 中的规定，并规定了最小值。

A.4 加 载 方 法

A.4.1 根据现行国家标准《建筑结构加固工程施工质量验收规范》GB 50550－2010 附录 W.5.2 的要求，破坏性检验用安全系数，对于钢材破坏时取 1.45。若在此检验荷载下未发生锚固破坏现象，可判定为检验结果合格；非破坏性检验取 1.15 倍设计荷载系根据《建筑结构加固工程施工质量验收规范》GB 50550－2010 第 W.4.1 条的规定。加载时间的规定，《建筑结构加固工程施工质量验收规范》GB 50550－2010 中取 2min～3min 加载至设定的检验荷载，2min～7min 加载至破坏荷载。

有文献中还提到分级加荷法和分级循环加荷法，但未能说明分级加荷和分级循环加荷与连续加荷检验之间的联系，为保证检验标准的唯一性，本规程只采用连续加载法。

A.5 检验结果评定

A.5.1 现行国家标准《建筑结构加固工程施工质量验收规范》GB 50550、现行行业标准《混凝土结构后锚固技术规程》JGJ 145 等标准中规定持荷期间荷载不降低或降低不超过 5％ 为合格。在实际操作中，有可能因为加载设备的原因（如千斤顶油缸密闭性能不好等）造成荷载降低，容易造成争议。故本规程规定保持检验荷载值 3min，观察锚筋根部是否有明显滑移。

A.5.2 后锚固破坏状态可分为界面破坏（锚固胶与混凝土界面破坏或锚固胶与锚筋界面破坏）、锚筋受拉破坏（锚筋拉断）和基体破坏（混凝土锥状受拉破坏、基体边缘破坏或混凝土劈裂破坏）三类。破坏状态中含有界面破坏时，锚筋瞬间滑移，锚筋抗拔承载力急剧下降，属脆性破坏特征，应予以避免；破坏状态为锚筋受拉破坏时，应对锚筋材料是否满足现行国家标准《钢筋混凝土用钢 第 1 部分：热轧光圆钢筋》GB 1499.1、《钢筋混凝土用钢 第 2 部分：热轧带肋钢筋》GB 1499.2 等标准的要求进行检验；破坏状态为基体破坏时，应对后锚固的位置、基体混凝土强度、基体内部密实情况、设计情况等进行检查，研究相应的处理措施。

中华人民共和国行业标准

混凝土结构耐久性修复与防护技术规程

Technical specification for rehabilitation and protection
of concrete structures durability

JGJ/T 259—2012

批准部门：中华人民共和国住房和城乡建设部
施行日期：２０１２年８月１日

中华人民共和国住房和城乡建设部
公 告

第 1322 号

关于发布行业标准《混凝土结构
耐久性修复与防护技术规程》的公告

现批准《混凝土结构耐久性修复与防护技术规程》为行业标准，编号为 JGJ/T 259－2012，自 2012 年 8 月 1 日起实施。

本规程由我部标准定额研究所组织中国建筑工业出版社出版发行。

中华人民共和国住房和城乡建设部
2012 年 3 月 1 日

前 言

根据原建设部《关于印发〈二○○一～二○○二年度工程建设城建、建工行业标准制订、修订计划〉的通知》（建标〔2002〕84 号）的要求，编制组经广泛调查研究，认真总结实践经验，参考有关国际标准和国外先进标准，并在广泛征求意见的基础上，编制本规程。

本规程的主要内容是：1 总则，2 术语，3 基本规定，4 钢筋锈蚀修复，5 延缓碱骨料反应措施及其防护，6 冻融损伤修复，7 裂缝修补，8 混凝土表面修复与防护。

本规程由住房和城乡建设部负责管理，由中冶建筑研究总院有限公司负责具体技术内容的解释。执行过程中如有意见或建议，请寄送至中冶建筑研究总院有限公司《混凝土结构耐久性修复与防护技术规程》管理组（地址：北京市海淀区西土城路33号，邮编 100088）。

本规程主编单位：中冶建筑研究总院有限公司

本规程参编单位：国家工业建筑诊断与改造工程技术研究中心
上海房地产科学研究院
南京水利科学研究院
中国建筑材料科学研究总院
中国京冶工程技术有限公司
武汉理工大学
清华大学
北京交通大学
铁道部运输局
广东省建筑科学研究院
阿克苏诺贝尔特种化学（上海）有限公司
富斯乐有限公司
广州市胜特建筑科技开发有限公司

本规程主要起草人员：惠云玲 郝挺宇 郭小华
陈 洋 岳清瑞 洪定海
王 玲 陈友治 朋改非
林志伸 郭永重 邱元品
朱雅仙 常好诵 陈秋霞
陈夏新 陈琪星 覃维祖
陆瑞明 赵为民 常正非
张 量 吴如军 韩金田
范卫国 徐龙贵 周云龙

本规程主要审查人员：李国胜 赵铁军 王庆霖
巴恒静 张家启 包琦玮
牟宏远 何 真 谢永江
冷发光 李克非

目　次

Contents

1 总　则

1.0.1 为使既有混凝土结构的耐久性修复与防护做到技术先进，经济合理，安全适用，确保质量，制定本规程。

1.0.2 本规程适用于既有混凝土结构耐久性修复与防护工程的设计、施工及验收。本规程不适用于轻骨料混凝土及特种混凝土结构。

1.0.3 混凝土结构耐久性修复与防护的设计、施工及验收，除应符合本规程的规定外，尚应符合国家现行有关标准的规定。

2 术　语

2.0.1 耐久性修复　durability rehabilitation
采用技术手段，使耐久性损伤的结构或其构件恢复到修复设计要求的活动。

2.0.2 耐久性防护　durability protection
采用技术手段，维持混凝土结构耐久性达到期望水平的活动。

2.0.3 钢筋阻锈剂　corrosion inhibitor for steel bar
加入混凝土或砂浆中或涂刷在混凝土或砂浆表面，能够阻止或减缓钢筋腐蚀的化学物质。

2.0.4 混凝土防护面层　surface coating
涂抹或喷涂覆盖在混凝土表面并与之牢固粘结的防护层。

2.0.5 界面处理材料　interfacial bonding agent
用于混凝土修复区域界面处增强相互粘结力的材料。

2.0.6 电化学保护　electrochemical protection
对被保护钢筋施加一定的阴极电流，通过改变钢筋的电位或钢筋所处的腐蚀环境，使其不再腐蚀的保护方法。阴极保护、电化学脱盐和电化学再碱化统称为电化学保护。

2.0.7 阴极保护　cathodic protection
给钢筋持续施加一定密度的阴极电流，使钢筋不能进行释放电子的阳极反应（腐蚀）的技术措施。

2.0.8 电化学脱盐　electrochemical chloride extraction
给钢筋短期施加密度较大的阴极电流，使混凝土中带负电荷的氯离子在电场作用下迁移出混凝土保护层，同时也由于阴极反应适当提高钢筋周围的 pH 值，使钢筋再钝化的技术措施。

2.0.9 电化学再碱化　electrochemical realkalization
给钢筋短期施加密度较大的阴极电流，使钢筋周围已中性化（包括碳化）的混凝土 pH 值提高到 11 以上，使钢筋再钝化的技术措施。

3 基本规定

3.0.1 混凝土结构在下列情况下应进行耐久性修复与防护：

1　结构已出现较严重的耐久性损伤；

2　耐久性评定不满足要求的结构；

3　达到设计使用年限拟继续使用，经评估需要时。

3.0.2 混凝土结构在下列情况下宜进行耐久性修复与防护：

1　结构已经出现一定的耐久性损伤；

2　使用年限较长的结构或对结构耐久性要求较高的重要建（构）筑物；

3　结构进行维修改造、改建或用途及使用环境改变时。

3.0.3 混凝土结构耐久性修复与防护应根据损伤原因与程度、工作环境、结构的安全性和耐久性要求等因素，按下列基本工作程序进行：

1　耐久性调查、检测与评定；

2　修复与防护设计；

3　修复与防护施工；

4　检验与验收。

3.0.4 耐久性调查、检测与评定应按照下列规定进行：

1　混凝土结构耐久性状况调查及检测应包括结构及构件原有状况、现有状况和使用情况等。根据工程实际情况和要求调查和检测下列内容：

1）混凝土结构的使用环境、建筑物使用历史及维修改造情况；

2）设计资料调查，包括设计图纸、地质勘察报告、结构类型、工程结构用途、建筑物的相互关系；

3）施工情况调查，包括混凝土原材料、配合比、养护方式及钢筋有关试验记录；

4）混凝土外观状况调查与检测，包括混凝土外观损伤类型、位置、大小；混凝土裂缝情况及渗漏水情况；混凝土表面干湿状态、有无污垢；

5）混凝土质量调查与检测，包括混凝土强度、弹性模量、钢筋保护层厚度、吸水率、氯离子含量、碳化深度、钢筋锈蚀状况、碱骨料反应。

2　混凝土结构耐久性的评定应根据国家现行相关标准进行。结构环境作用等级的划分原则应符合现行国家标准《混凝土结构耐久性设计规范》GB/T 50476 的规定。

3.0.5 修复与防护设计应根据不同结构类型及其环境作用等级、耐久性损伤原因及类型、预期修复效果、目标使用年限等，制定相应的修复与防护设计方案，并应包括下列内容：

1　目的、范围；

2　设计依据；

3 修复与防护方案或图纸；

4 材料性能及要求；

5 施工工艺要求；

6 检验及验收要求。

3.0.6 修复与防护施工应制定严格的施工方案。修复施工宜按基层处理、界面处理、修复处理、表层处理四个工序进行。修复防护施工工艺及操作要求的制定应根据所选择材料的性能、施工条件及周围环境、修复防护方法进行。

3.0.7 检验与验收应符合下列规定：

1 质量检验宜包括材料检验和实体检验：

材料检验：材料应提供型式检验和出厂检验报告，关键材料应进行进场复验。

实体检验：对重要结构、重要部位、关键工序，可在施工现场进行实体检验。

2 工程验收应按现行国家标准《建筑工程施工质量验收统一标准》GB 50300 的规定执行，应按分部、分项工程验收及竣工验收两个阶段进行。

分部、分项工程验收：在隐蔽工程和检验批验收合格的基础上，应提交原材料的产品合格证与质量检验报告单（出厂检验报告及进场复检验报告等）、现场配制材料配合比报告、施工过程中重要工序的自检验和交接检记录、抽样检验报告、见证检测报告、隐蔽工程验收记录、分部工程观感验收记录、实体抽样检验验收记录等文件。

竣工验收：除应满足分部、分项工程验收的规定外，尚应提交竣工报告、施工组织设计或施工方案、竣工图、设计变更和施工洽商等文件。

3.0.8 混凝土结构耐久性调查检测与评定、修复与防护设计、施工应由具有相应工程经验的单位承担。

4 钢筋锈蚀修复

4.1 一般规定

4.1.1 修复前，结构的使用环境、钢筋锈蚀原因、范围及程度应根据调查、检测及评定结果确定。

4.1.2 根据调查与检测结果，修复设计方案宜按表4.1.2选用。

表 4.1.2 修复设计方案

序号	锈蚀原因	修复方案	
		一般锈蚀	严重锈蚀
1	中性化诱发	表面防护处理 钢筋阻锈处理	钢筋阻锈处理 电化学再碱化
2	掺入型氯化物诱发	钢筋阻锈处理 表面迁移阻锈处理	钢筋阻锈处理 电化学脱盐 阴极保护

续表 4.1.2

序号	锈蚀原因	修复方案	
		一般锈蚀	严重锈蚀
3	渗入型氯化物诱发	表面防护处理 表面迁移阻锈处理 钢筋阻锈处理	钢筋阻锈处理 电化学脱盐 阴极保护

注：1 修复设计时，应根据结构实际情况选用表格中的一种方案或同时采用多种方案；

2 当环境作用等级为Ⅰ-B、Ⅰ-C时，应采取特殊的表面防护处理措施并具有较强的憎水能力；当环境作用等级为Ⅲ、Ⅳ时，应采取特殊的表面防护处理措施并具有较强的抗氯离子扩散能力。

4.1.3 钢筋锈蚀修复处理，应进行钢筋阻锈处理及混凝土表面处理。对严重盐污染大气环境下的重要结构，宜在钢筋开始腐蚀尚未引起混凝土顺筋胀裂的早期，采用阴极保护、电化学脱盐等技术进行修复防护处理。当采用电化学保护方法进行钢筋锈蚀修复时应经专门论证。

4.2 材 料

4.2.1 钢筋阻锈处理材料可采用修补材料、掺入型钢筋阻锈剂、钢筋表面钝化剂和表面迁移型阻锈剂，并应符合下列规定：

1 在钢筋阻锈处理中应采用钢筋阻锈剂抑制混凝土中钢筋的电化学腐蚀；

2 修补材料宜掺入适量的掺入型阻锈剂，同时，不应影响修复材料的各项性能，其基本性能应符合现行行业标准《钢筋阻锈剂应用技术规程》JGJ/T 192的规定；

3 钢筋表面钝化剂宜修复已锈蚀的钢筋混凝土结构，钢筋表面钝化剂应涂刷在钢筋表面并应与钢筋具有良好的粘结能力；

4 表面迁移型阻锈剂宜用于防护与修复工程，表面迁移型阻锈剂应涂刷在混凝土结构表面，并应渗透到钢筋周围。

4.2.2 电化学保护材料应符合本规程附录A.1的规定。

4.3 钢筋阻锈修复施工

4.3.1 混凝土表面迁移阻锈处理修复工艺应符合下列规定：

1 混凝土表面基层应清理干净，并应保持干燥；

2 在混凝土表面应喷涂表面迁移型阻锈剂；

3 表面防护处理应符合设计要求。

4.3.2 钢筋阻锈处理修复工艺除应按基层处理、界面处理、修复处理和表面防护处理进行外，尚应符合下列规定：

1 修复范围内已锈蚀的钢筋应完全暴露并进行

除锈处理;

2 在钢筋表面应均匀涂刷钢筋表面钝化剂;

3 在露出钢筋的断面周围应涂刷迁移型阻锈剂;

4 凿除部位应采用掺有阻锈剂的修补砂浆修复至原断面,当对承载能力有影响时,应对其进行加固处理;

5 构件保护层修复后,在表面宜涂刷迁移型阻锈剂。

4.4 电化学保护施工

4.4.1 电化学保护可采用阴极保护、电化学脱盐和电化学再碱化,并应符合下列规定:

1 阴极保护可用于普通混凝土结构中钢筋的保护;

2 电化学脱盐可用于盐污染环境中的混凝土结构;

3 电化学再碱化可用于混凝土中性化导致钢筋腐蚀的混凝土结构;

4 预应力混凝土结构不得进行电化学脱盐与再碱化处理;静电喷涂环氧涂层钢筋拼装的构件不得采用任何电化学保护;当预应力混凝土结构采用阴极保护时,应进行可行性论证。

4.4.2 当采用电化学保护时,应根据环境差异及所选用阳极类型,把所需保护的混凝土结构分为彼此独立的、区域面积为 $50m^2 \sim 100m^2$ 的保护区域。

4.4.3 电化学保护的可行性论证、设计、施工、检测、管理应由有工程经验的单位实施。

4.4.4 电化学保护施工应符合本规程附录 A.2 的规定。

4.5 检验与验收

4.5.1 掺入型阻锈剂、迁移型阻锈剂、修补材料等关键材料应进行进场复验,材料性能应符合现行行业标准《钢筋阻锈剂应用技术规程》JGJ/T 192、《混凝土结构修复用聚合物水泥砂浆》JG/T 336 等有关标准和设计的规定。

4.5.2 钢筋阻锈修复检验应符合下列规定:

1 修复完成后,应进行外观检查。表面应平整,修复材料与基层间粘结应牢靠,无裂缝、脱层、起鼓、脱落等现象,当对粘结强度有要求时,现场应进行拉拔试验确定粘结强度;

2 当对抗压强度与物理化学性能有要求时,可对修复材料留置试块检测其相应性能;

3 对修补质量有怀疑时,可采用钻芯取样、超声波或金属敲击法进行检验。

4.5.3 电化学保护检验与验收应符合本规程附录 A.3 的规定。

5 延缓碱骨料反应措施及其防护

5.1 一般规定

5.1.1 应在对混凝土碱骨料反应检测分析的基础上确定工程结构的损伤程度,并应综合考虑工程重要性及修复费用,按下列规定确定修复方案:

1 对判断已发生碱骨料反应的结构,应在对未来活性和膨胀发展进行评估的基础上采取延缓碱骨料反应损伤的措施;

2 工程检测如果发现混凝土尚未发生碱骨料反应破坏,但存在发生碱骨料反应条件时,宜采取预防和防护措施;

3 当碱骨料反应破坏严重或者是对结构安全性有影响时,宜考虑更换或者拆除相应的构件或者结构。

5.1.2 延缓碱骨料反应可采用封堵裂缝、涂刷表面憎水防护材料等技术措施。

5.1.3 防护或延缓碱骨料反应措施实施后应进行定期的检查。

5.2 材 料

5.2.1 碱骨料反应损伤修补材料应与混凝土基体紧密结合,耐久性好,在修复后应防止外部环境中潮湿水分侵入混凝土。

5.2.2 裂缝处理可采用填充密封材料或灌浆。对于活动性裂缝,应采用极限变形较大的延性材料修补,灌浆材料应具有可灌性。

5.2.3 表面憎水防护材料应满足透气防水的要求,应保护混凝土结构免受周围环境的影响。

5.3 延缓碱骨料反应施工

5.3.1 对于存在发生碱骨料反应条件,尚未出现碱骨料反应破坏的混凝土结构,宜对结构混凝土表面进行防护处理,混凝土表面防护施工应按本规程第8.3.2条的规定进行。

5.3.2 对于已发生碱骨料反应,外观出现裂缝的混凝土结构,应按下列步骤进行施工:

1 基层处理:应清除裂缝表面松散物及混凝土表面反应物等物质,并应干燥表面;

2 裂缝封堵:应根据裂缝的宽度、深度、分布及特征,选择表面处理法、压力灌浆法、填充密封法进行裂缝封堵,裂缝封堵应按本规程第7.3节的规定进行;

3 涂刷表面防护材料:应根据选择的材料按本规程第8.3.2条的规定涂刷表面防护材料。

5.4 检验与验收

5.4.1 灌缝材料、表面防护材料等关键材料应进行进场复验，其性能应符合现行行业标准《混凝土裂缝修复灌浆树脂》JG/T 264 和《混凝土结构防护用渗透型涂料》JG/T 337 等相关标准和设计的规定。

5.4.2 延缓碱骨料反应施工后应进行定期检查，记录和测量裂缝的发展情况。

6 冻融损伤修复

6.1 一般规定

6.1.1 应在对混凝土冻融损伤调查分析的基础上确定结构冻融损伤程度，并应综合考虑工程重要性，按下列规定确定修复方案：

    1 已出现冻融损伤的结构，应按冻融损伤程度的不同分为下列两种类型进行修复：

      1）结构混凝土表面未出现剥落，但出现开裂；

      2）结构混凝土表面出现剥落或酥松。

    2 当冻融破坏严重或对结构安全性有影响时，宜更换或拆除相应的构件或结构。

6.2 材 料

6.2.1 选择冻融损伤修复材料时，应综合考虑冻融损伤性质、影响因素、损伤区域大小、特征和剥落程度，修复材料可选用修补砂浆、灌浆材料和高性能混凝土及界面处理材料，并应符合下列规定：

    1 当结构混凝土表面未出现剥落但出现开裂时，宜用灌浆材料和修补砂浆进行修复；

    2 当结构混凝土表面出现了剥落或酥松时，宜采用高性能混凝土、修补砂浆、灌浆材料及界面处理材料进行修复。

6.2.2 修复材料除应符合现行国家有关标准规定外，尚应符合下列规定：

    1 应选用强度等级不低于 42.5 的硅酸盐水泥或普通硅酸盐水泥；

    2 应掺用引气剂，修复材料中含气量宜为 4%～6%；

    3 修复材料的强度不应低于修复结构中原混凝土的设计强度；

    4 修复材料的抗冻等级不应低于原混凝土抗冻等级。

6.3 冻融损伤修复施工

6.3.1 对结构混凝土表面未出现剥落但出现开裂的情况，宜先清除冻伤混凝土，再应按本规程第 7.3 节的规定注入灌浆材料，修补裂缝。然后应在原混凝土结构表面进行修补，宜用修补砂浆进行防护。

6.3.2 对结构混凝土表面出现剥落或酥松的情况，修复宜按基层处理、界面处理、修复处理和表面防护处理四步进行，除应满足本规程第 8.3.1 条外，尚应

符合下列规定：

    1 对基层处理，应剔除受损混凝土并露出基层未损伤混凝土；

    2 对界面处理，当剥蚀深度小于 30mm 时，可采用涂刷界面处理材料进行处理；当剥蚀深度不小于 30mm 时，基层混凝土和修复材料之间除应涂刷界面处理材料外，尚宜采用锚筋增强其粘结能力；

    3 对修复施工，当剥蚀深度小于 30mm 时，宜采用修补砂浆或灌浆材料进行修复；当剥蚀深度不小于 30mm 时，宜采用高性能混凝土或灌浆材料进行修复；

    4 根据工程实际需要按本规程第 8.3.2 条的规定进行表面防护处理。

6.3.3 修复后，应进行保温、保湿养护，被修复部分不得遭受冻害。

6.4 检验与验收

6.4.1 修补砂浆、灌浆材料、高性能混凝土、界面处理材料、引气剂等关键材料应进行进场复验，其性能应符合国家现行标准《水泥基灌浆材料应用技术规范》GB/T 50448、《混凝土外加剂应用技术规范》GB 50119 以及《混凝土结构修复用聚合物水泥砂浆》JG/T 336、《混凝土界面处理剂》JC/T 907 的规定。

6.4.2 冻融损伤修复检验应符合下列规定：

    1 当对混凝土中气泡间距有要求时，可从修复材料中取样，进行磨片加工，采用微观试验方法测定修复材料中的气泡间距系数，并应符合现行国家标准《混凝土结构耐久性设计规范》GB/T 50476 和设计的规定。

    2 当对抗压强度、抗冻等级、抗渗等级有要求时，可对修复材料留置试块检测其抗压强度、抗冻等级、抗渗等级，有条件时，可检测其动弹性模量并计算抗冻耐久性指数，并应符合现行国家标准《混凝土结构耐久性设计规范》GB/T 50476 的规定。

7 裂 缝 修 补

7.1 一般规定

7.1.1 裂缝修补前应对裂缝进行调查和检测，内容可包括裂缝宽度、裂缝深度、裂缝状态及特征、裂缝所处环境、裂缝是否稳定、裂缝是否渗水和裂缝产生的原因，并应根据调查和检测结果确定裂缝修补方法。修补方法可分为表面处理法、压力灌浆法、填充密封法。

7.1.2 由于钢筋锈蚀、碱骨料反应、冻融损伤引起的裂缝，其处理应分别按本规程第 4、5、6 章的规定进行修复。

7.2 材　　料

7.2.1 混凝土结构裂缝修补材料可分为表面处理材料、压力灌浆材料、填充密封材料三大类。裂缝修补材料应能与混凝土基体紧密结合且耐久性好。

7.2.2 混凝土结构裂缝表面处理材料可采用环氧胶泥、成膜涂料、渗透性防水剂等材料，其使用应符合下列规定：

1　环氧胶泥宜用于稳定、干燥裂缝的表面封闭，裂缝封闭后应能抵抗灌浆的压力；

2　成膜涂料宜用于混凝土结构的大面积表面裂缝和微细活动裂缝的表面封闭；

3　渗透性防水剂遇水后能化合结晶为稳定的不透水结构，宜用于微细渗水裂缝迎水面的表面处理。

7.2.3 混凝土结构裂缝填充密封材料可采用环氧胶泥、聚合物水泥砂浆以及沥青油膏等材料。对于活动性裂缝，应采用柔性材料修补。

7.2.4 混凝土结构裂缝压力灌浆材料可采用环氧树脂、甲基丙烯酸树脂、聚氨酯类等材料。其性能应符合现行行业标准《混凝土裂缝修复灌浆树脂》JG/T 264 的规定。有补强加固要求的浆液，固化后的抗压、抗拉强度应高于被修补的混凝土基材。

7.3 裂缝修补施工

7.3.1 表面处理法施工应符合下列规定：

1　应清除裂缝表面松散物；有油污处应用丙酮清洗；潮湿裂缝表面应清除积水；在进行下步工序前，裂缝表面应干燥。

2　所选择的材料应均匀涂抹在裂缝表面。

3　涂覆厚度及范围应符合设计及材料使用规定。

7.3.2 压力灌浆法施工应符合下列规定：

1　表面处理：裂缝灌浆前，应清除裂缝表面的灰尘、浮渣和松散混凝土，并应将裂缝两侧不小于50mm 宽度清理干净，且应保持干燥。

2　设置灌浆嘴：灌注施工可采用专用的灌注器具进行，宜设置灌浆嘴。其灌注点间距宜为 200mm～300mm 或根据裂缝宽度和裂缝深度综合确定。对于大体积混凝土或大型结构上的深裂缝，可在裂缝位置钻孔，当裂缝形状或走向不规则时，宜加钻斜孔，增加灌浆通道。钻孔后，应将钻孔清理干净并保证灌浆通道畅通，钻孔灌浆的裂缝孔内宜用灌浆管，对灌注有困难的裂缝，可先在灌注点凿出"V"形槽，再设置灌浆嘴。

3　封闭裂缝：灌浆嘴设置后，宜用环氧胶泥封闭，形成一个密闭空腔。应预留浆液进出口。

4　密封检查：裂缝封闭后应进行压气试漏，检查密封效果。试漏应待封缝胶泥或砂浆达到一定强度后进行。试漏前应沿裂缝涂一层肥皂水，然后从灌浆嘴通入压缩空气，凡漏气处，均应予修补密封直至不漏为止。

5　灌浆：根据裂缝特点用灌浆泵或注胶瓶注浆。应检查灌浆机具运行情况，并应用压缩空气将裂缝吹干净，再用灌浆泵或针筒注胶瓶将浆液压入缝隙，宜从下向上逐渐灌注，并应注满。

6　修补后处理：等灌浆材料凝固后，方可将灌缝器具拆除，然后进行表面处理。

7.3.3 填充密封法施工应符合下列规定：

1　应沿裂缝将混凝土开凿成宽 2cm～3cm、深 2cm～3cm 的"V"形槽；

2　应清除缝内松散物；

3　应用所选择的材料嵌填裂缝，直至与原结构表面持平。

7.3.4 裂缝修补处理后，可根据设计需要进行表面防护处理。

7.4 检验与验收

7.4.1 表面处理材料、填充密封材料和压力灌浆材料等关键材料应进行进场复验，其性能应满足现行国家行业标准《混凝土裂缝修复灌浆树脂》JG/T 264 等相关标准和设计的要求。

7.4.2 裂缝修补检验应满足下列规定：

1　裂缝表面清理后封闭前应复验灌嘴，是否准确可靠；

2　裂缝灌浆后应检查灌浆是否密实，可钻芯取样检查灌缝效果。

8 混凝土表面修复与防护

8.1 一般规定

8.1.1 混凝土表面修复前，应对缺陷和损伤情况进行调查，修复方案应根据缺陷和损伤的程度和原因制定。

8.1.2 混凝土表面防护应符合下列规定：

1　混凝土表面防护，应在完成结构缺陷与损伤的修复之后进行；

2　根据防护设计的不同要求，表面防护可采用憎水浸渍、防护涂层或表面覆盖等方法进行，并应满足渗透性、抗侵蚀性、钢筋防锈性、裂缝桥接能力及外观等性能要求。

8.2 材　　料

8.2.1 混凝土表面修复材料可采用界面处理材料和修补砂浆，修补砂浆的抗压强度、抗拉强度、抗折强度不应低于基材混凝土。

8.2.2 混凝土表面防护材料应根据实际工程需要选择，可采用无机材料、有机高分子材料以及复合材料，并应符合下列规定：

1 在环境介质侵蚀作用下，防护材料不得发生鼓胀、溶解、脆化和开裂现象；

2 防护材料应满足结构耐久性防护的要求，根据不同的环境条件和耐久性损伤类型宜分别具有抗碳化、抗渗透、抗氯离子和硫酸盐侵蚀、保护钢筋性能；

3 用于抗磨作用的防护面层，应在其使用寿命内不被磨损而脱离结构表面；

4 防护面层应与混凝土表面粘结牢固，在其使用寿命内，不应出现开裂、空鼓、剥落现象。

8.3 表面修复与防护施工

8.3.1 混凝土表面修复施工应符合下列规定：

1 混凝土结构表面修复的工序可分为基层处理、界面处理、修补砂浆施工和养护。

2 基层处理：对需要修复的区域应作出标记，然后宜沿修复区域的边缘切一条深度不小于10mm的切口。剔除表面区域内已经污染或损伤的混凝土，深度不应小于10mm；修复区边缘混凝土应进行凿毛处理，对混凝土和露出的钢筋表面应进行彻底清洁，对遭受化学腐蚀的部分，应采用高压水进行冲洗，并应彻底清除腐蚀物。

3 界面处理：修补砂浆施工前，应将裸露的钢筋固定好并进行阻锈处理，待其干燥后应采用清水对混凝土基面彻底润湿，然后喷涂或刷涂界面处理材料。

4 修补砂浆施工：根据构件的受力情况、施工部位及现场状况可采用涂抹、机械喷涂及支模浇筑方法进行施工。

5 养护：修补砂浆施工后，宜进行养护。

8.3.2 混凝土表面防护施工应符合下列规定：

1 表面防护前应进行去掉浮尘、油污或其他化学污染物的表面处理工作，对劣化的混凝土表层，宜先打磨清除，再用水清洗。对不宜用水清洗的表面，可用高压空气吹扫。

2 混凝土表面防护材料应按其配比要求进行配制或调制。

3 采用渗透型保护涂料对混凝土表面进行憎水浸渍时，宜采用喷涂或刷涂法施工，且施工时应保证混凝土表面及内部充分干燥。当采用其他有机材料时，底层宜干燥。

4 采用无机或复合材料进行混凝土表面防护时，宜抹涂施工，并应符合下列规定：

　1）无机砂浆类材料面层施工时，应充分润湿混凝土基底部位，不得空鼓和脱落。

　2）复合类材料面层施工时，应保证混凝土表面及内部充分干燥，不得起鼓和剥落。

　3）当混凝土表面整体施工时，分隔缝应错缝设置。

　4）当混凝土立面或顶面的防护面层厚度大于10mm时，宜分层施工。每层抹面厚度宜为5mm～10mm，应待前一层触干后，方可进行下一层施工。

　5）施工完毕后，表面触干即应进行喷雾（水或养护剂）养护或覆盖塑料薄膜、麻袋。潮湿养护期间如遇寒潮或下雨，应加以覆盖，养护温度不应低于5℃。

5 当混凝土表面需多层防护时，应先等第一层防护材料施工完毕，检查合格后，方可进行第二层的防护材料施工。

8.4 检验与验收

8.4.1 表面修复材料和表面防护材料应进行进场复验，其性能应满足现行行业标准《混凝土结构修复用聚合物砂浆》JG/T 336、《混凝土界面处理剂》JC/T 907、《聚合物水泥防水砂浆》JC/T 984、《混凝土结构防护用成膜型涂料》JG/T 335等相关标准规定和设计的要求。

附录A 电化学保护

A.1 材　料

A.1.1 电化学保护的材料和设备可采用阳极系统、电解质、检测和控制系统、电缆和直流电源等，并应符合下列规定：

1 阴极保护阳极系统应能在保护期间提供并均匀分布保护区域所需的保护电流。阳极材料的设计和选择，应满足保护系统的设计寿命要求和电流承载能力。

2 电化学脱盐和再碱化的阳极系统应由网状或条状阳极与浸没阳极的电解质溶液组成，电化学脱盐所用电解质宜采用$Ca(OH)_2$饱和溶液或自来水；电化学再碱化所用电解质宜采用0.5M～1M的Na_2CO_3水溶液等。

3 检测和控制系统的埋入式参比电极可选用Ag/AgCl/0.5mol/LKCl凝胶电极和Mn/MnO_2/0.5mol/L NaOH电极；便携式参比电极可选用Ag/AgCl/0.5mol/L KCl电极。参比电极的精度应达到±5 mV（20℃24h）。钢筋/混凝土电位的检测设备可采用精度不低于±1mV、输入阻抗不小于10MΩ的数字万用表，也可选用符合测量要求的其他数据记录仪。

4 电源电缆、阳极电缆、阴极电缆、参比电极电缆和钢筋/混凝土电位测量电缆应适合使用环境，并应满足长期使用的要求。电缆芯的最小截面尺寸可按通过125%设计电流时的电压降确定。

5 直流电源应满足长期不间断供电要求，应具有技术性能稳定、维护简单的特点和抗过载、防雷、抗干扰、防腐蚀、故障保护等功能。直流电源的输出电流和输出电压应根据使用条件、辅助阳极类型、保护单元所需电流和回路电阻计算确定。

A.1.2 阴极保护宜采用经证实有效的阳极系统，也可选用经室内以及现场试验应用与实践充分验证的新型阳极系统，并应符合下列规定：

1 外加电流阴极保护的阳极系统可在下列三种系统中选用：

1）可采用混凝土表面安装网状贵金属阳极与优质水泥砂浆或聚合物改性水泥砂浆覆盖层组成的阳极系统；

2）可采用条状贵金属主阳极与含碳黑填料的水性或溶剂性导电涂层次阳极组成的阳极系统；

3）可采用开槽埋设于构件中的贵金属棒状阳极与导电聚合物回填物组成的阳极系统。

2 牺牲阳极式阴极保护的阳极系统可在下列两种系统中选用：

1）可采用锌板与降低回路电阻的回填料组成的阳极系统；

2）可采用涂覆于混凝土表面的导电底涂料与锌喷涂层组成的阳极系统。

A.2 电化学保护施工

A.2.1 电化学保护工程施工可分为凿除和修补损伤区混凝土保护层、电连接保护单元内钢筋、安装监测与控制系统、安装阳极系统、制作和铺设电缆、安装直流电源等工序，并应符合下列规定：

1 实施电化学保护前，应先清除已胀裂、层裂的混凝土保护层和钢筋上的锈层，并应采用电导率和物理特性与原混凝土基层接近的水泥基材料修复凿除部位至原断面，对结构安全性有影响时应进行加固处理；

2 各保护区内钢筋之间以及钢筋与混凝土中其他金属件之间应成为电连接整体，阳极系统与阴极系统（钢筋）间不得存在短路现象；

3 电化学保护的监测与控制系统、阳极系统中各部件的规格、性能、安装位置等应符合设计要求。直流电源安装应按现行国家标准《电气装置安装工程低压电器施工及验收规范》GB 50254的规定执行。各种电缆应有唯一性标识。

A.2.2 电化学保护技术的特征应符合表 A.2.2 的规定。

表 A.2.2　电化学保护技术的特征

项　目	阴极保护	电化学脱盐	电化学再碱化
通电时间	在防腐蚀期间持续通电	约8周	100h～200h

续表 A.2.2

项　目	阴极保护	电化学脱盐	电化学再碱化
电流密度（A/m²）	0.001～0.05	1～2	1～2
通电电压(V)	<15	5～50	5～50
电解液	—	$Ca(OH)_2$ 饱和溶液或自来水	0.5M～1M 的 Na_2CO_3 水溶液
确认效果的方法	测定电位或电位衰减/发展值	测定混凝土的氯离子含量和钢筋电位	测定混凝土 pH 值和钢筋电位
确认效果的时间	在防腐蚀期间定期检测	通电结束后	通电结束后

A.2.3 电化学保护电流密度除应使保护效果达到本规程第 A.3.5 条的规定外，尚应控制在不降低阳极系统和混凝土质量的范围内。具体保护电流密度宜通过经验数据或进行现场试验确定，也可按照表 A.2.2 选取，不同条件混凝土结构阴极保护电流密度也可按表 A.2.3 选取。

表 A.2.3　宜采用的阴极保护电流密度

钢筋周围的环境及钢筋的状况	保护电流密度（mA/m²）（按保护钢筋面积计）
碱性、干燥、有氯盐，混凝土（优质）保护层厚，钢筋轻微锈蚀	3～7
潮湿、有氯盐、混凝土质量差，保护层薄或中等厚度	8～20
氯盐含量高、潮湿而且干湿交替、富氧，混凝土保护层薄，气候炎热，钢筋锈蚀严重	30～50

A.2.4 电化学保护系统调试应符合下列规定：

1 应以设计电流的 10%～20% 进行初始通电，测量直流电源的输出电压和输出电流以及钢筋/混凝土电位，所有部件的安装、连接应正确；

2 对外加电流阴极保护，试通电正常后，应逐步加大阴极保护电流，直至钢筋/混凝土的电位满足本规程第 A.3.5 条的规定；对电化学脱盐和电化学再碱化，试通电正常后，应逐步加大保护电流，直至设计值。

A.2.5 电化学脱盐和再碱化保护系统通电结束后，应及时拆除混凝土表面阳极系统及其配件，采用高压淡水清洗经处理的混凝土表面并应进行表面修复处理或表面防护处理。

A.3 检验与验收

A.3.1 电化学保护工程所用的设备、材料和仪器应经过实际应用或有关试验验证，并应有出厂合格证或质量检验报告。

A.3.2 电化学保护系统安装完毕后，应进行下列方面的检验：

    1 逐一检查所用的阳极、电缆、参比电极、仪器设备规格、数量、安装位置是否符合设计要求；

    2 检查保护系统所有部件安装是否牢固、是否有损坏，电缆和设备连接是否正确；

    3 测量保护单元内钢筋的电连接性和钢筋网与阳极系统之间的电绝缘性，电缆的绝缘电阻和电连续性，检测埋设参比电极的初始数据；

    4 测量保护区域内钢筋的自然电位和混凝土原始氯离子含量或 pH 值。

A.3.3 在通电实施过程中，应根据本规程第 A.2.2 条的方法定期确认保护效果，直至满足本规程第 A.3.5 条的规定。电化学脱盐和电化学再碱化的电解液还应定期检测、更换，并应保持一定的碱度。

A.3.4 在阴极保护持续运行期间，每年应定期对保护系统进行检查和维护，应定期检测和记录电源设备的输出电压、输出电流和钢筋保护电位。

A.3.5 电化学保护效果应符合下列规定：

    1 阴极保护在整个保护寿命期间，各保护单元内钢筋/混凝土电位应符合下列规定之一：

        1）去除 IR 降后的保护电位范围普通钢筋应为 $-720\text{mV} \sim -1100\text{mV}$（相对于 Ag/AgCl/0.5mol/LKCl 参比电极）；预应力钢筋应为 $-720\text{mV} \sim -900\text{mV}$（相对于 Ag/AgCl/0.5mol/LKCl 参比电极）；

        2）钢筋电位的极化衰减值或极化发展值不应少于 100mV。

    2 电化学脱盐处理后，混凝土内氯离子含量应低于临界氯离子浓度。

    3 电化学再碱化处理后，混凝土 pH 值应大于 11。

本规程用词说明

    1 为便于在执行本规程条文时区别对待，对要求严格程度不同的用词说明如下：

        1）表示很严格，非这样做不可的：

            正面词采用"必须"，反面词采用"严禁"；

        2）表示严格，在正常情况下均应这样做的：

            正面词采用"应"，反面词采用"不应"或"不得"；

        3）表示允许稍有选择，在条件许可时首先应这样做的：

            正面词采用"宜"，反面词采用"不宜"；

        4）表示有选择，在一定条件下可以这样做的，采用"可"。

    2 条文中指明应按其他有关标准执行的写法为："应符合……的规定"或"应按……执行"。

引用标准名录

    1 《混凝土外加剂应用技术规范》GB 50119

    2 《电气装置安装工程　低压电器施工及验收规范》GB 50254

    3 《建筑工程施工质量验收统一标准》GB 50300

    4 《水泥基灌浆材料应用技术规范》GB/T 50448

    5 《混凝土结构耐久性设计规范》GB/T 50476

    6 《钢筋阻锈剂应用技术规程》JGJ/T 192

    7 《混凝土裂缝修复灌浆树脂》JG/T 264

    8 《混凝土结构防护用成膜型涂料》JG/T 335

    9 《混凝土结构修复用聚合物水泥砂浆》JG/T 336

    10 《混凝土结构防护用渗透型涂料》JG/T 337

    11 《混凝土界面处理剂》JC/T 907

    12 《聚合物水泥防水砂浆》JC/T 984

中华人民共和国行业标准

混凝土结构耐久性修复与防护技术规程

JGJ/T 259—2012

条 文 说 明

制 订 说 明

《混凝土结构耐久性修复与防护技术规程》JGJ/T 259-2012，经住房和城乡建设部 2012 年 3 月 1 日以第 1322 号公告批准、发布。

本规程制订过程中，针对我国既有混凝土结构耐久性损伤及修复工程特点，编制组进行了大量的工程调查及试验研究，总结了我国混凝土结构耐久性修复与防护方面的实践经验。同时参考了欧洲、美国和日本现有修复方面先进的技术规范，结合国内实际，提出切实可行的做法。

为便于广大设计、施工、科研、学校等单位有关人员在使用本规程时能正确理解和执行条文规定，《混凝土结构耐久性修复与防护技术规程》编制组按章、节、条顺序编制了本规程的条文说明，对条文规定的目的、依据以及执行中需注意的有关事项进行了说明。但是，本条文说明不具备与规程正文同等的法律效力，仅供使用者作为理解和把握规程规定的参考。

目　次

1 总　则

1.0.1 国内外对混凝土结构耐久性的重视程度与日俱增。在我国，目前由于结构耐久性不足造成的结构寿命缩短甚至出现重大事故的实例很多。对混凝土结构及时、有效地进行修复与防护可显著改善其耐久性状况，大大延长结构服役寿命。以往混凝土结构的修复工作没有得到应有的重视，不少修复陷入修—坏—再修—再坏的怪圈，造成了资源的极大浪费，严重背离了我国可持续发展的基本战略。本规程的出发点在于规范混凝土结构耐久性的修复与防护，延长结构使用寿命。混凝土结构耐久性的修复、防护涉及因素复杂，有些相关机理目前还在深入研究之中，本规程的编制是基于现有的认识水平，为满足目前工程需要而首次编制的。

1.0.2、1.0.3 本规程的适用范围是既有混凝土结构耐久性的修复与防护，强调影响结构耐久性的因素，对由于耐久性引起的承载能力不足而需进行的加固问题，须按照有关加固规范与本规程的规定并行处理。

有关部门已制定的混凝土结构现场检测标准、混凝土结构耐久性评定标准中，对如何评估结构耐久性现状已有详细描述，这些工作构成了科学修复的基础。目前混凝土结构加固等相关规范中部分也涉及耐久性内容，本条主要强调应与上述内容相协调。

混凝土结构广泛用于各种自然及人工环境下，特殊地区、特殊环境下的混凝土结构耐久性修复与防护，除应符合本规程的相关规定外，尚应符合国家现行有关标准的规定，采取相应的防护措施。尤其对极端严重腐蚀环境下的结构耐久性，应与地方或行业中相关的防腐蚀技术规范等内容相符合。

3 基本规定

3.0.1、3.0.2 我国没有建筑物定期检测评价法规，新加坡的建筑物管理法强制规定，居住建筑在建造后10年及以后每隔10年必须进行强制鉴定，公共、工业建筑则为建造后5年及以后每隔5年进行一次强制鉴定。日本通常要求建筑物服役20年后进行一次鉴定。英国等国家对于体育馆等人员密集的公共建筑作了强制定期鉴定规定。根据我国工程经验，良好使用环境下民用建筑无缺陷的室内构件一般可使用50年；而处于潮湿环境下的室内构件和室外构件往往使用20年～30年就需要维修；使用环境较恶劣的工业建筑使用25年～30年即需大修；处于严酷环境下的工程结构甚至不足10年即出现严重的耐久性损伤。因此在保证建筑物安全性的前提下，民用建筑使用30年～40年、工业建筑及露天结构使用20年左右宜进行耐久性评估与修复。大型桥梁、地铁、大型公共建筑等重要的基础设施以及处于严酷环境下的工程结

构，则应根据具体情况进行耐久性评定修复与防护。而久性不满足要求的结构主要是指不满足耐久性评定标准或耐久性设计规范要求以及其他存在耐久性问题的结构。本条提出了进行耐久性修复与防护的原则规定。

3.0.3 本条明确了进行混凝土结构耐久性修复与防护时应综合考虑的因素，并规定了进行耐久性修复与防护的基本工作程序，可根据工程的重要性、规模、复杂程度等特点制定详细的工作流程。应在耐久性调查、检测与评估的基础上进行耐久性修复与防护设计。耐久性修复前，应提供修复所需全部技术资料，特别应提供结构耐久性现状鉴定报告。

3.0.4 本条给出了建议的混凝土结构耐久性调查、检测内容，可根据工程的具体情况选择相应的调查和检测内容，条文未包括全部检测内容，如有时需检测混凝土表层渗透性、氯离子扩散系数、混凝土孔结构等，应根据工程实际情况确定混凝土结构耐久性调查、检测内容。

混凝土结构耐久性评定有关内容可参考国家现行标准《混凝土结构耐久性评定标准》CECS 220执行。

3.0.5 混凝土结构耐久性修复与防护设计方案作为技术性文件，应包括工程概况、建造年代及条文规定的内容，但格式可以不统一。

3.0.6 鉴于修复与防护施工的复杂性和多样性，在施工前应根据实际工程特点制定严格的施工方案，以确保施工质量，一般修复施工宜按基层处理、界面处理、修复处理、表层处理四个工序进行，对于一些简单的修复施工也可按其中的部分工序进行，基层处理和界面处理是保证基层混凝土与修复材料间粘结效果的重要措施，表层处理可以减少环境对结构的作用，为延长结构的耐久性，应对表层处理效果定期检查，10年～15年宜检查一次。当表层处理质量不能满足要求时，应重新进行处理。

3.0.7 本条对混凝土结构耐久性修复与防护工程质量检验和工程验收作了一般性规定，各种不同损伤类型的修复还应符合相应各章的检验与验收的规定。

1 由于修复与防护工程的工程量一般比新建工程小，本条只要求对重要结构、重要部位和关键工序，可在施工现场进行实体检验，且本规程未对关键工序作强制性规定，应根据不同损伤类型、修复工艺、所处环境和下一目标使用年限确定关键工序，并在修复与防护设计方案中加以规定。

2 工程验收宜按分部、分项工程验收和竣工验收两个阶段进行，可将不同损伤类型（如钢筋锈蚀修复、延缓碱骨料反应措施及防护、冻融损伤修复、裂缝修补、混凝土表面修复与防护）的修复工程划分为一个分部工程，再按具体的修复工艺划分分项工程。

修复与防护完工后，外观检查是最基本的要求。修复材料与基层混凝土的粘结强度直接影响修复质量，为了确保修复质量，对修复面积较大、修复厚度较厚或特殊重要工程，可采用现场拉拔试验的方法确

定其粘结强度。

当修复材料为现场配制时，其配合比及试验结果报告应在修复施工前提供，以确保修复材料的性能指标满足设计和施工要求。

3.0.8 与一般工程相比，混凝土结构耐久性调查、检测与评定、修复与防护设计、施工的专业性较强，应由具有相应工程经验的单位承担。

4 钢筋锈蚀修复

4.1 一 般 规 定

4.1.1 修复前，应进行调查与检测，查阅结构相关的原始设计、施工详图、施工说明、验收与竣工资料、材料试验报告、使用与维修记录等；应进行现场普查、详细检测及进行必要的室内试验；以鉴定结构现状，确定使用环境、钢筋锈蚀原因、范围及程度。

现场普查应记录暴露于不同自然环境、应力状态下的各区域不同构件、部位的损伤（包括表面缺陷、裂缝、锈斑、层裂、剥落、渗漏、变形等）状态和分布，并确定进一步进行详细检测的典型范围和要求。

现场详细检测应包括在典型检测范围内无损检测混凝土保护层厚度、混凝土电阻率、钢筋半电池电位图，检测氯离子含量或碳化深度的分布，据此判断钢筋腐蚀范围及程度。

4.1.2 本条给出了钢筋锈蚀修复方案选择宜根据调查与检测结果，考虑钢筋锈蚀程度、钢筋锈蚀原因和环境作用等级等综合确定。对处于Ⅰ-B、Ⅰ-C 类潮湿环境中的钢筋锈蚀修复问题，应在修复完成后防止外界水分侵入构件内部导致钢筋继续锈蚀，故需在表面建立憎水防护层；对处于Ⅲ、Ⅳ类盐污染环境中的钢筋锈蚀修复问题，应在修复完成后防止外界氯离子再次侵入构件，故需在表面建立阻止氯离子进入的隔离层。环境作用等级的划分原则应符合现行国家标准《混凝土结构耐久性设计规范》GB/T 50476 的规定。

钢筋锈蚀产生的原因分为混凝土中性化诱发、掺入型氯化物诱发、渗入型氯化物诱发三种。混凝土中性化诱发是指空气中的二氧化碳等气体气相扩散到混凝土的毛细孔中，与孔隙液中的氢氧化钙发生反应，从而使孔隙液的 pH 值降低，当中性化深度达到钢筋表面时，钢筋钝化膜遭受破坏，在具备一定水和氧的条件下，钢筋开始锈蚀；掺入型氯化物诱发是指由于新拌混凝土中掺入氯化物早强剂、防冻剂或采用海水、海砂等拌制混凝土，当钢筋周围的氯离子浓度达到临界浓度，钢筋钝化膜遭受破坏，并导致钢筋锈蚀；渗入型氯化物诱发是指周围环境中的氯离子通过混凝土孔隙到混凝土内部，当钢筋周围的氯离子浓度达到临界浓度，钢筋钝化膜遭受破坏，并导致钢筋锈蚀。

钢筋锈蚀程度分为一般锈蚀和严重锈蚀两种，锈蚀程度可通过检测钢筋混凝土构件的半电池电位进行判断。根据已有工程经验和研究成果，当半电池电位为 $-200\text{mV} \sim -350\text{mV}$ 时，可认为钢筋一般锈蚀，当半电池电位小于 -350mV 时，可通过以下两方面进行判断，当符合其中一项时，即认为钢筋严重锈蚀：

    1) 构件表面外观状况：构件表面已开始出现较多的锈斑、局部流锈水、局部层裂（鼓起）和混凝土保护层出现 0.3mm～3mm 的顺筋锈胀裂缝和顺筋剥落等现象。

    2) 钢筋表面外观状况：钢筋出现锈皮或浅锈坑，钢筋截面开始减小。

当构件表面广泛出现锈斑、流锈水、层裂（鼓起），混凝土保护层广泛出现较宽的顺筋锈胀裂缝网或成片地剥落、露筋时，应检查钢筋锈蚀造成的截面损失率，若其截面损失超过 5%，则需补筋加固。

钢筋锈蚀电位、构件和钢筋表面状况仅能判断钢筋目前的锈蚀状况，为了掌握钢筋锈蚀的发展趋势，还应通过钢筋腐蚀速率和混凝土电阻率综合判断。

4.1.3 过去传统的局部修补方法，难以全面彻底清除导致腐蚀破损的原因，也难以阻止腐蚀继续发展。以阻锈剂处理局部修补部位的钢筋和老混凝土界面处，该问题得到一定程度的改善。对于严重盐污染的重要结构，建议在钢筋开始锈蚀的初期，及时实施电化学保护，则具有显著的技术经济效果。

阴极保护是根据钢筋腐蚀只发生于释放自由电子的阳极区的电化学本质，对钢筋持续施加阴极电流，使其表面各处不再发生释放电子的阳极反应。外加电流阴极保护，需持续施加并定期检测、监控保护电流，以保证保护范围内的具有电连续性的所有钢筋在剩余使用期间均可获得正常的保护。牺牲阳极阴极保护，无需直流电源和检测监控装置，无需对保护电流持续进行调控和维修管理，但因牺牲阳极所能提供的保护电流有限，故适用范围和年限有限。电化学脱盐（对于中性化混凝土为电化学再碱化）是在短期内以外加电源与临时设置于混凝土表面的阳极和电解质溶液，对被保护范围内所有具有电连续性的钢筋施加大的阴极电流，通过离子的电迁移及钢筋上的阴极反应，使盐污染（或中性化）的混凝土中氯离子浓度在短期内降低到低于钢筋腐蚀所需的临界浓度以下，同时提高了钢筋附近混凝土孔隙液的 pH 值，从而恢复并可在断电后长期保持钢筋的钝态，免除钢筋腐蚀。

对盐污染（或中性化）混凝土结构实施电化学保护的必要性，是因为传统的修补方式（完全清除钢筋锈蚀所引起的胀裂的混凝土保护层，清除露出钢筋上的锈皮，用优质砂浆或混凝土补平），即使修补质量好，也不能制止局部修补附近（外表尚完好但混凝土已被盐污染或中性化到钢筋）成为新的阳极而发生腐蚀，在这些表面追加抗盐污染或防中性化的涂层，已不能制止腐蚀发生。如将局部修补范围扩大到在剩余使用期内预期会发生腐蚀之处，必然会大大增加修补工程量和造价，以及结构停止运行的间接损失，甚至实际上往往是行不通的。电化学保护则可以经济可靠地制止腐蚀的发展，特别是在盐污染或中性化已广泛存在，但它们所引起的钢筋腐蚀破坏范围和程度尚局限于较小范围的严重锈蚀初期，若能及时实施电化学保护，其技术经济效果尤为突出。

鉴于电化学保护基本知识与技能尚未被广泛普及，而电化学保护技术含量高，其功效高低与其可行性论证、设计、施工、检测、管理是否合乎要求关系密切，因此，规定应经专门论证后再实施。

4.2 材　　料

4.2.1 修复材料掺入阻锈剂后，不仅应使其对混凝土拌合物的凝结时间、工作度、力学强度无不良影响，同时还应有良好的体积稳定性、较小的收缩性、良好的抗渗性、良好的抗裂性、材质的均匀性、良好的抗氯离子扩散性能等。掺入阻锈剂主要为了显著地提高钢筋表面钝化膜的稳定性，显著提高引起钢筋锈蚀的氯离子临界浓度或抗中性化的临界 pH 值。由于阻锈剂类型、品种、适用掺量和工艺目前尚难以明确规定，因此，本规程目前只提出基本要求和原则规定。

4.3 钢筋阻锈修复施工

4.3.1 本条对在混凝土保护层上表面迁移阻锈处理施工做了规定。目前国内对基层处理重视不够，只有确保基层处理质量，才能最大限度地发挥表面迁移阻锈处理的作用。

4.3.2 本条规定了钢筋阻锈处理修复时的工艺。修复前，应将修复范围内已锈蚀的钢筋完全暴露并进行除锈处理；钢筋除锈后，应采用钢筋表面钝化使已锈蚀的钢筋重新钝化；为了保护修复范围附近的钢筋免遭锈蚀，应在修复范围钢筋四周和修复后构件表面涂刷迁移型阻锈剂；为了使修复材料能更好地保护修复范围内的钢筋，修复用的混凝土或砂浆应含有掺入型阻锈剂。应结合工程实际情况，按本规程第 8.2.2 条选择表面防护材料，并按本规程第 8.3.2 条进行表面防护处理。

4.4 电化学保护施工

4.4.1 钢筋混凝土电化学保护是在混凝土表面、外部或内部，设置阳极，在阳极与埋设于混凝土中的钢材之间，通以直流电流，利用在钢材表面或混凝土内部发生的电化学反应，进行修复保护。本规程的电化学保护分为阴极保护技术、电化学脱盐技术、混凝土再碱化技术等几种，其中阴极保护又可分为外加电流阴极保护和牺牲阳极阴极保护。

近年电化学脱盐技术在我国海港码头上已得到大量推广应用，外加电流阴极保护也在跨海大桥等盐污染混凝土结构上开始应用，牺牲阳极的阴极保护在海港工程中也已示范性的试用成功。有必要也有可能制定相应规范，以保证和推动该项技术的应用。

以环氧涂层钢筋剪切、焊接加工成的钢筋网（笼）浇筑的钢筋混凝土构件，禁止采用任何电化学保护技术。因为在这种构件内，各根钢筋之间被环氧涂层（绝缘层）隔开，不具备电连续性，若实施电化学保护，则必然会引起严重的杂散电流腐蚀。

采用无金属套管的预应力高强钢丝预应力混凝土结构，如果采用外加电流密度较大的电化学脱盐或再碱化技术时，则由于很可能引起氢脆或应力腐蚀而导致预应力筋突然断裂破坏。因此这种预应力结构不允许采用电化学脱盐和电化学再碱化。

保护电流密度过大，会显著提高钢筋周围混凝土的碱度，促进碱活性骨料发生膨胀反应，故含有碱活性骨料的结构也应慎用电化学保护，必要时，可以在电解质或现浇的混凝土拌合物中掺适量锂化合物，以降低或消除碱活性骨料的膨胀反应。

4.4.2 一座结构各构件的湿度、氯盐污染程度、保护层厚度和几何尺寸等常有差异，因而造成钢筋自腐蚀电位和混凝土电阻存在较大的差异。为使电化学保护连续有效，应将钢筋周围环境存在显著差异的各个区域，分成彼此独立的单元，并与相应的阳极系统构成独立的电流回路。当结构中钢筋腐蚀程度存在显著差异时，也应划分成不同单元进行分别修复；当使用的阳极系统在某些区域得到的电流数量有限或所选用阳极类型的电阻受环境影响较大时，应增加分区数量。一般建议，分区单元面积为 $50m^2 \sim 100m^2$，但视结构形状与环境条件可适当变动。

4.4.3 鉴于电化学保护基本知识与技能尚未广泛普及，而电化学保护技术含量高，其功效高低取决于其可行性论证、设计、施工、检测、管理是否符合要求。因此，本规程规定钢筋混凝土结构的电化学保护的各阶段工作，应由具备相应工程经验的单位承担。

4.5 检验与验收

4.5.2 修复与防护完工后，外观检查是最基本的要求。修复材料与基层混凝土的粘结强度直接影响修复质量，为了确保修复质量，对修复面积较大、修复厚度较厚或特殊重要工程，可采用现场拉拔试验的方法确定其粘结强度。

对修复面积大、修复材料用量较大的结构，可参照现行有关规范要求预留试块，至少预留三组，现场实体检测可采用取芯、回弹及拉拔试验的方法确定。

5 延缓碱骨料反应措施及其防护

5.1 一 般 规 定

5.1.1 碱骨料反应（Alkali-Aggregate Reaction，简

称 AAR）指混凝土中的碱与骨料中的活性组分之间发生的破坏性膨胀反应，是影响混凝土长期耐久性和安全性的最主要因素之一。该反应不同于其他混凝土病害，其开裂破坏是整体性的，且目前尚无有效的修补方法，而其中的碱碳酸盐反应的预防尚无有效措施。在各种混凝土病害中，钢筋锈蚀、冻融破坏和碱骨料反应都会引起混凝土开裂而出现裂纹，从而相互促进、加速破坏，使耐久性迅速下降，最终导致混凝土破坏。

碱骨料反应包括三种类型：碱硅酸反应、碱硅酸盐反应（慢膨胀型碱硅酸反应）和碱碳酸盐反应。一般认为，碱硅酸盐反应本质上是一种慢膨胀型碱硅酸反应，所以，本规程按碱骨料反应包括碱硅酸反应和碱碳酸盐反应两类。

不论哪一种类型的碱骨料反应必须具备如下三个条件，才会对混凝土工程造成损坏：一是配制混凝土时由水泥、骨料（海砂）、外加剂和拌合水中带进混凝土中一定数量的碱，或者混凝土处于有碱渗入的环境中；二是有一定数量的碱活性骨料存在；三是潮湿环境，可以供应反应物吸水膨胀时所需的水分。只有具备这三个条件，才有可能发生碱骨料反应工程破坏。因此，对混凝土结构应先进行检测分析，若具备上述三个条件但尚未发生，需进行预防；若已发生，则需分析活性骨料含量、活性矿物成分、混凝土碱含量、水分供应情况等，最好结合实验室试验判断将来的膨胀潜力，进而采取相应的处理办法。

国内外的 AAR 研究工作一般都集中在诊断和防治上（如 AAR 的反应进程和破坏机理、混凝土中碱骨料反应环的测定方法、使用矿物掺合料预防 AAR 等），修补和维护工作是第二位的。在多数情况下，已经确诊是发生 AAR 的结构会被拆除或部分重建，如高速公路路面、混凝土轨枕等，因为已经不能服役或者很危险了。

5.1.2 在不拆除结构或更换构件时，延缓 AAR 的措施一般有裂缝封堵、止水两大类。因骨料、混凝土碱含量不能改变，只能采取断绝水分供应的方法抑制碱骨料反应。国外也有报道用锂盐溶液喷洒构件表面抑制碱骨料反应的修复方法，但长期效果如何尚未获得公认的结果，另外价格较高也是阻碍这种方法普及的另一因素。

5.1.3 以目前国内外的经验，必须长期监测针对碱骨料反应的修复效果，以及时发现是否有异常发生。如日本对发生碱骨料反应桥墩修复后，定期的检查、检测已持续了近 20 年。我国某铁路线上有 200 多孔制造于 20 世纪 80 年代初的预应力混凝土梁，在 1990 年前后经检测确认梁体开裂的原因是发生了碱骨料反应，经相关部门修补、评估后，认为还可服役，目前对整治的效果还在观察中。

5.2 材　　料

5.2.2 作为碱骨料反应最直接和可见的外部现象，裂缝会导致混凝土材料的渗透性增大，影响结构的整体性。修复工作中首先可能做的就是封堵裂缝。裂缝的注入和密封应该在对未来活性和膨胀仔细评估的基础上。用压缩空气清除干净裂缝及附近区域，注入密封剂来封堵宽的裂缝，有助于阻止外界侵蚀性介质的侵入，同时还能阻断凝胶流动和凝胶填充的通道。

本条强调采用极限变形较大的材料封堵裂缝，是因为碱骨料反应的裂缝不会在修补后马上停止发展，如果用较脆性的材料封堵，可能会引起新的开裂。例如某桥梁曾采用普通环氧树脂注入修补，但过一段时间后，所修补处附近出现了新的裂缝。

5.2.3 表面憎水防护材料是一种保护混凝土结构免受周围环境和正在进行的碱骨料反应的有效可靠的措施。如：使用柔性的聚合物水泥砂浆涂层（含有聚丙烯树脂、硅酸盐水泥和外加剂）、硅烷防护剂等。选择的表面憎水防护材料应该具备如下要求：

1 应该对常用的服役条件具有足够的抵抗力，如对紫外线、浪溅区和磨蚀环境（海工结构）、干湿和冷热循环等。如：大坝和水电站在发生 AAR 破坏的同时，还受到干湿和冻融循环的复合破坏，表面防护材料必须具有足够的保护能力；

2 减少 AAR 的表面防护材料应该与混凝土有很好的相容性，足够的粘结或者能够渗入不规则混凝土表面及潮湿的碱性基底（如使用硅烷时）；

3 应能使混凝土内部水分可以向外界散发，而外界液体水分无法进入混凝土内部。

在世界范围内，在使用此类涂层、密封剂、渗透剂、浸渍剂、隔膜时还不能总是令人满意。因为同类的涂层在性能和抵抗外部侵蚀的能力上差别很大，有的长期耐久性很差。硅烷防护剂已经被广泛使用，现有的数据显示在试验室条件下，烷基和烷氧基硅烷能够阻止水分和氯离子的侵入，但对孔径分布和混凝土碳化无明显的影响。现场数据表明，裂缝在 0.5mm～2.0mm 时，硅烷的渗透性很小，硅烷是拒水性的，但不是防水剂或孔隔断剂，多数情况下，其渗透和浸渍的深度不超过 1mm，这个有限的深度防止渗透的有效性会随着环境劣化很快衰退的。近年来研发的新型硅烷、硅氧烷材料，渗透深度有了较大提高，可用于修复碱骨料反应影响的混凝土结构。另外，一些高柔性的聚合物水泥砂浆涂层也已用于此类修复工程。

5.4 检验与验收

5.4.2 碱骨料反应是一个长期的过程，为了确定已经采取的延缓与防护措施是否有效，应进行定期检查。

6 冻融损伤修复

6.1 一般规定

6.1.1 根据实际工程中和试验研究中常见的冻融损伤现象，冻融造成的混凝土材料损伤主要是引发混凝土开裂与裂缝扩展，裂缝扩展又引发表面剥落。因此，根据混凝土表面开裂和剥落情况可将混凝土冻融损伤分为两种类型进行修复。

当冻融破坏非常严重或对结构安全性要求特别高时，考虑到其修复难度大、修复费用高、维护成本大等因素，宜考虑更换或拆除某些破坏严重的构件或结构，以降低其全寿命周期成本，增加结构的安全性。

混凝土冻融损伤修复调查宜按表1进行。

表1 混凝土冻融损伤修复的调查内容

调查项目		具体内容	备注
冻融损伤的部位特征	朝向		
	是否属水位变化区或易被水所饱和的部位		
气候特征	常年气温分布		
	最冷月平均气温		
	每年气温正负交替次数		
	冻融循环次数		
损伤区特征	损伤破坏形态		
	损伤区域大小		
	损伤深度		
	钢筋外露情况		
设计资料	设计依据的标准、规范		
	设计说明书		
	设计图		
	混凝土设计指标		
施工资料	原材料		
	配合比		
	浇筑与养护		
	试验数据		
	质量控制		
	环境条件		
	验收资料		
管理状况	冻融损伤发展过程		
	养护修理记录		
	是否有冲磨剥蚀、钢筋锈蚀、混凝土化学侵蚀等病害发生或多种病害同时发生		
对结构物的影响	安全性		
	耐久性		
	外观		
有条件时的混凝土检测	抗压强度		
	动弹性模量		
	抗冻等级		
	抗渗等级		
	微观结构		

6.2 材料

6.2.1 根据冻融损伤性质、影响因素、损伤区域大小、特征和剥落程度等因素可选用修补砂浆、灌浆材料和高性能混凝土。并确定修复材料中外加剂的种类和含量。

6.2.2 选用强度等级不低于42.5的硅酸盐水泥或普通硅酸盐水泥，是因为这些水泥的凝结硬化速度快，避免混凝土或砂浆在较早龄期发生冻融损伤。

必须掺用引气剂，是因为引气剂可提高混凝土或砂浆的抗冻性。

6.3 冻融损伤修复施工

6.3.1、6.3.2 分别规定了结构混凝土表面出现剥落和未出现剥落时采取的修复施工方法，但无论对于哪种情况，在冻融损伤修复前均需要清除冻伤混凝土，否则难以达到修复效果。

对于处于严酷环境（如去冰盐环境）下的结构，当采用混凝土或灌浆材料修复时，可采用耐候性钢板作为模板在混凝土表面进行包覆处理。

6.3.3 施工时应进行保温、保湿养护，避免发生混凝土的冻害。因为即使采用了合理设计、配制并经快冻法抗冻性试验检验确认的修复材料，如果养护不当，仍有可能发生材料的早期冻伤，形成永久性缺陷，则该修复材料的抗冻性将有所降低，不能满足工程的要求。

6.4 检验与验收

6.4.2 在冻融损伤修复前，必要时，可从修复材料中取样，进行磨片加工，采用微观试验方法测定修复材料中的气泡间距系数，可按照现行国家标准《混凝土结构耐久性设计规范》GB/T 50476相关要求执行。修复材料的抗冻等级应不低于原混凝土抗冻等级，并应满足当地的气候条件及部位设计所需的抗冻等级。

在修复施工前，宜按照现行国家标准《普通混凝土长期性能和耐久性能试验方法标准》GB/T 50082中混凝土抗冻性试验快冻法，用修复材料制作抗冻试件，并进行混凝土拟修复施工期间所处环境条件下的保温、保湿养护，其目的是确保修复材料在实际施工条件下进行正常的凝结硬化，避免在较早龄期发生冻融损伤，修复材料到28d龄期时具备工程所要求的抗冻性。在28d龄期时，开始进行快冻法抗冻性试验，该抗冻性试验必须采用快冻法，不得以慢冻法代替。修复材料的抗冻等级应分别高于或等于原混凝土抗冻等级。

对修复材料用量较大的结构，可参照现行有关规范要求预留试块，至少预留三组，现场实体检测可采用取芯、回弹及拉拔试验的方法确定。

7 裂缝修补

7.1 一般规定

7.1.1 本条给出了裂缝调查的主要内容以及常用的裂缝修补方法。裂缝调查时应特别注意裂缝是否渗水和裂缝是否稳定，以便有针对性的采用堵漏和柔性材料修复。由温度应力产生的裂缝会随温度变化而活动，宜首先考虑降低结构的温度变化幅度，再行修复裂缝。当裂缝是由于结构变形而引起时，应查明结构变形原因，有针对性的采取限制变形的措施。根据已查明的裂缝性状及裂缝宽度，并考虑环境作用等级的影响，可按表2确定裂缝修补方法。

表2 混凝土结构不同裂缝的修补方法

环境作用等级	裂缝宽度(mm)	裂缝性状			
		活动裂缝	渗水裂缝	表面裂缝	稳定裂缝
I-A	<0.3	表面处理法 压力灌浆法 填充密封法	表面处理法 压力灌浆法	表面处理法	表面处理法 压力灌浆法
I-B、I-C	<0.2				
I-A	≥0.3	压力灌浆法 填充密封法	压力灌浆法 填充密封法	表面处理法 填充密封法	压力灌浆法 填充密封法
I-B、I-C	≥0.2				

对其他环境作用等级下的裂缝处理，除采用 I-B、I-C 下的裂缝修复方法外，还应采取特殊防护处理措施。

7.1.2 由于钢筋锈蚀、碱骨料反应和冻融等引起的损伤中经常出现裂缝，而且其机理比较复杂，因此对于此类裂缝的修补在满足本章的相关要求外，还应满足相应各章的特殊要求。

7.2 材料

7.2.1 本条给出了裂缝修补材料的分类及基本要求。裂缝修补的目的是恢复结构的整体性和耐久性，在修补后能防止外部环境中有害介质从裂缝处侵蚀混凝土，因此要求修补材料要能和混凝土有较好的粘结性能和较好的耐久性。大部分修补材料为高分子材料，紫外线照射、高低温交替及干湿交替等不利环境下耐久性较差，裂缝修补后应做表面防护处理。

7.2.2 本条给出了混凝土结构裂缝表面修补材料的主要种类和适用范围，使用时还应特别注意优先选用无毒无害的环保材料。渗透性防水剂一般不能用于活动裂缝的表面修补。

7.2.3 本条给出了混凝土结构裂缝填充密封材料的主要种类和适用范围。

7.2.4 本条给出了混凝土结构裂缝灌浆材料的主要

种类。灌浆浆液的黏度应根据裂缝宽度调整，较细的裂缝应采用黏度较低的浆液灌注，浆液固化时间应适合灌注施工要求，浆液固化后应有一定的弹性。

7.3 裂缝修补施工

7.3.1 本条给出了裂缝表面处理的一般施工程序。裂缝表面处理时，沿裂缝两侧各 20mm～30mm 宽度清理干净，并保持干燥。潮湿渗水裂缝一般应灌注堵漏剂以保护构件内部钢筋，防止锈蚀。只有稳定较细的裂缝在迎水面处理时才能使用渗透结晶材料进行表面处理。

7.3.2 压力灌浆法是将裂缝表面封闭后，再压力灌注灌浆材料，恢复构件的整体性。施工时尚应注意裂缝表面宜用结构胶或环氧胶泥封闭，宽 20mm～30mm，长度延伸出缝端 50mm～100mm，确保封闭可靠。凿"V"形槽的裂缝应封闭到与原表面平。根据裂缝特点可选用灌浆泵或注胶瓶注浆。灌浆前试气工序很重要，试气压力一般可控制在 0.3MPa～0.4MPa。化学浆液的灌浆压力宜为 0.2MPa～0.3MPa，压力应逐渐升高，达到规定压力后，应保持压力稳定，以满足灌浆要求。灌浆停止的标志一般为吸浆率小于 0.05L/min，在继续压注 5min～10min 后即可停止灌浆。

7.3.3 本条给出了填充密封法施工的一般要求。填充密封法一般是针对混凝土结构表面较大的裂缝。开凿"V"形槽时其深度一般不超过钢筋保护层厚度。应注意界面粘结处理，以防止原来一条裂缝经修补后粘结不好变成两条裂缝。

7.4 检验与验收

7.4.2 为检查裂缝的密封效果及贯通情况，可在裂缝封闭之后、灌浆之前用压缩空气试漏。为防止水进入裂缝后引起灌浆材料固化不良及与混凝土粘结性能下降，不应使用压力水试漏。压力水检查灌浆是否密实时，压力值应略小于灌浆压力，基本不吸水不渗漏可认定为合格。

采用钻芯取样方法也可以检查裂缝灌浆效果，但对原结构有一定的损伤，一般情况下不建议采用。

8 混凝土表面修复与防护

8.1 一般规定

8.1.1 混凝土表面修复包括表面损伤修复和表面缺陷修复。表面损伤是指混凝土在使用过程中由于环境作用造成的腐蚀、剥落、分层损伤；表面缺陷是指混凝土在施工过程中遗留的先天缺陷。

本章混凝土表面修复是对混凝土结构出现的表面缺陷和表面损伤进行的常规修复，由于外界化学侵蚀，如氯离子侵蚀、碳化、钢筋锈蚀、碱骨料反应、冻融循环引起的混凝土损伤修复,还应满足本规程其他章节规定的特殊要求。

混凝土表面修复前,应对混凝土表面缺陷和损伤情况进行调查,并根据缺陷和损伤的程度及原因制定修复方案,混凝土结构表面缺陷与损伤调查宜包括如下内容:

1 表面:干湿状态、有无污垢;

2 外观损伤:类型、范围、分布;

3 裂缝:位置、类型、宽度、深度、长度;

4 分层、疏松、起皮:区域、深度;

5 剥落和凸起:数量、大小、深度;

6 蜂窝、狗洞:位置、大小、数量;

7 锈斑或腐蚀侵蚀、磨损、撞损、白化;

8 外露钢筋;

9 翘曲和扭曲;

10 先前的局域修补或其他修补;

11 构件所处环境、服役环境中侵蚀性介质、混凝土中性化程度。

8.1.2 混凝土表面防护适用于新建工程和既有工程的耐久性维护。

对于特殊重要的新建工程、设计使用寿命较长的新建工程,在设计时规定需作表面防护的或在建成后发现无法达到设计使用寿命时,可采用混凝土表面防护,阻止或延缓混凝土碳化,抵抗混凝土遭受环境介质的侵蚀,保护钢筋免受或减缓锈蚀作用。

对于既有工程,在进行混凝土结构耐久性修复后,可根据需要进行混凝土表面防护,当混凝土表面尚未出现耐久性损伤时,为延缓混凝土结构劣化,增强混凝土对钢筋的保护作用,延长结构使用寿命,也可进行混凝土表面防护处理。

8.2 材　料

8.2.1 混凝土结构表面修复的耐久性与修复材料同基础混凝土的相容性有关。该相容性可以划分为三个不同的类别:功能相容性、环境相容性、尺寸相容性。

功能相容性是指修复材料同基础混凝土之间物理性能的关系。修复材料的抗压、抗折、抗拉强度应不低于基础混凝土;修复材料与基础混凝土的粘结强度应足够大以保证破坏不发生在界面。

环境相容性是指修复材料抵抗环境侵蚀的能力,并应考虑到需要完全覆裹钢筋而不造成空洞。

尺寸相容性是指修复材料在使用期间保持体积稳定的能力。这要求修复材料具有低收缩以及与基础混凝土类似的热膨胀系数。

8.2.2 选择防护材料时,应根据防护对象、防护对象所处的条件、使用情况等,结合防护材料的物理力学性能和抗侵蚀能力等因素加以综合考虑。

8.3 表面修复与防护施工

8.3.1 界面处理材料受环境因素影响较大,在室外环境条件下,为保证混凝土表面修复时界面的稳定性,界面处理材料的选用应与环境条件相适应。

8.3.2 混凝土配合比不当、施工质量差造成混凝土表面有浮浆、密实性差或强度降低时,其表层容易剥落。在做防护面层前应予以清除。对于无机防护材料或无机有机复合防护材料,除洁净混凝土表面外,为了增加防护层与混凝土表面的粘结力,防止脱空,一般还应凿毛混凝土的表层。防护面层与混凝土表面的粘结效果取决于施工时混凝土表面的状况,如表面洁净情况、干燥情况、温度等,还与施工的方法与程序有关。

配制表面防护材料时,要保证充分拌合均匀,但不宜剧烈搅动。要按照防护材料的凝结时间要求使用完,如发现凝团、结块等现象不得使用。

若混凝土结构表面出现裂缝,应按照混凝土裂缝修补工艺先进行裂缝的处理。除此之外,质量低劣的混凝土或与土体接触部分的混凝土表面,应先进行防水处理。水从外表面向混凝土内部扩散和渗透,会降低防护层的防护效果和寿命。

混凝土表面防护层采用抹涂、喷涂或刷涂方法施工,要根据防护材料的特性和防护方案确定,并满足防护要求。

附录 A　电化学保护

A.1 材　料

A.1.1、A.1.2 给出了电化学保护中所涉及材料和设备的种类,以及选用原则和要求。

A.2 电化学保护施工

A.2.1 为了保证电化学保护技术能有效发挥作用,应在实施电化学保护之前对被保护的钢筋混凝土结构进行必要的检查和修整,保证钢筋与阳极系统之间既存在良好的离子通路,又不会造成短路。

如果被保护的钢筋混凝土存在因钢筋锈蚀胀裂、剥落或其他原因导致混凝土分层破损,均需凿除这些破损的混凝土保护层,清除钢筋上的锈层。然后对保护区域内混凝土上凿除部位或其他分层部位用水泥基修补材料修复至原断面,必要时应进行加固处理。

在保护范围内,所有需保护的钢筋均应具有良好的电连续性,否则没有电连接的钢筋会发生杂散电流腐蚀;阴极系统和阳极系统之间的短路会使阴极保护系统失效。所以,在实施电化学保护之前,应对钢筋的电连接性和阴极与阳极之间的短路现象进行必要的检测和评定。

A.2.2、A.2.3 为了决定初期保护电流密度,有必要通过阴极极化试验和现场试验决定。

采用电化学保护时,阳极电位正移量与电流成正比,与所用阳极材料的类别而有所不同。

采用外加电流阴极保护时，应确认在工作电流密度下阳极电位不超过析氯电位，以避免在长期的运行过程与阳极接触的混凝土被劣化；对于牺牲阳极方式的阴极保护，牺牲阳极输出电流是由混凝土电阻、钢筋和阳极之间的电位差以及牺牲阳极材料决定的，一般不易控制。在设计时，应设置必要的阳极面积，以获得所需的保护电流密度。

电化学脱盐（再碱化）的电流密度应在考虑阴极的钢筋面积、混凝土的密实性以及污染程度等各种条件后，取适当的值。为确保实施期间的安全性，必须选择对人体的安全电压值。另外，为了让氯离子的脱出或再碱化，大于 $0.5A/m^2$ 的电流密度是必要的。但是如果采用的电流密度过高，电化学脱盐（再碱化）处理会对混凝土产生严重的负面作用。因此，不能随便地增大电流密度。从实际情况来看，一般 $1A/m^2 \sim 2A/m^2$ 的电流密度是合适的。

A.3 检验与验收

A.3.5 电化学保护的准则引自美国腐蚀工程师学会（NACE）1990 制定的 RP0290-90《大气中钢筋混凝土结构外加电流阴极保护推荐性规程》、英国标准 BS7361 的第一部分（1991）、日本土木学会《电气化学防蚀工法设计施工指针（案）》（2001）、欧洲标准 EN 12696《混凝土中钢的阴极保护》（2000）和欧洲标准草案 prEN 14038-1《钢筋混凝土电化学再碱化与脱盐处理—第一部分：再碱化》。按此准则，混凝土中的钢筋是能得到充分保护的。

中华人民共和国行业标准

现浇塑性混凝土防渗芯墙施工技术规程

Technical specification for construction of plastic concrete core wall

JGJ/T 291—2012

批准部门：中华人民共和国住房和城乡建设部
施行日期：２０１３年５月１日

中华人民共和国住房和城乡建设部
公 告

第 1561 号

住房城乡建设部关于发布行业标准《现浇塑性混凝土防渗芯墙施工技术规程》的公告

现批准《现浇塑性混凝土防渗芯墙施工技术规程》为行业标准，编号为 JGJ/T 291-2012，自 2013 年 5 月 1 日起实施。

本规程由我部标准定额研究所组织中国建筑工业出版社出版发行。

中华人民共和国住房和城乡建设部
2012 年 12 月 24 日

前 言

根据住房和城乡建设部《关于印发〈2010 年工程建设标准规范制订、修订计划〉的通知》（建标〔2010〕43 号）的要求，规程编制组经广泛调查研究，认真总结实践经验，参考有关国际标准和国外先进标准，并在广泛征求意见的基础上，编制本规程。

本规程的主要技术内容是：1 总则；2 术语和符号；3 基本规定；4 墙体材料；5 施工平台与导墙；6 成槽施工；7 塑性混凝土浇筑；8 墙段连接；9 施工质量检查。

本规程由住房和城乡建设部负责管理，由云南建工水利水电建设有限公司负责具体技术内容的解释。执行过程中如有意见或建议，请寄送云南建工水利水电建设有限公司（地址：云南省昆明市官渡区东郊路 89 号；邮编：650041）。

本规程主编单位：云南建工水利水电建设有限公司
云南建工第四建设有限公司

本规程参编单位：中国水利水电第十四工程局有限公司
云南建工集团有限公司
郑州大学
云南工程建设总承包公司
云南建工第五建设有限公司
云南省建筑科学研究院
云南省第三建筑工程公司
昆明理工大学
云南农业大学
云南省水利水电勘测设计研究院
云南润诺建筑工程检测有限公司

本规程主要起草人员：沈家文　陈文山　王天锋
俞志明　陈 杰　张雷顺
李平先　郭进军　张国林
王明聪　代绍海　庄军国
王自忠　唐忠鸿　赵永任
周建萍　焦伦杰　熊 英
李家祥　邓 岗　罗卓英
袁 梅　赵家声　曹庆明

本规程主要审查人员：肖树斌　顾晓鲁　杨 斌
高文生　龚 剑　钱力航
刘文连　江 嵩　杨再富
周永祥　仲晓林　陈忠平
张留俊　丛蔼森

目　　次

Contents

1 总 则

1.0.1 为规范塑性混凝土防渗芯墙施工，做到安全适用、技术先进、经济合理、确保质量、保护环境，制定本规程。

1.0.2 本规程适用于建筑工程塑性混凝土防渗芯墙的施工。

1.0.3 塑性混凝土防渗芯墙的施工除应符合本规程外，尚应符合国家现行有关标准的规定。

2 术语和符号

2.1 术 语

2.1.1 塑性混凝土 plastic concrete

由水、水泥、膨润土或黏土、粗骨料、细骨料及外加剂配制而成，水泥用量较少，具有较好防渗性能、较低弹性模量、较低弹强比和较大极限变形的混凝土。

2.1.2 塑性混凝土防渗芯墙 plastic concrete core wall

以塑性混凝土为墙体材料，挖槽或立模后浇筑成型，具有较好变形性能和抗渗性能，成墙后两侧均不悬空的防渗墙体。

2.1.3 地下塑性混凝土防渗芯墙 underground plastic concrete core wall

在泥浆护壁的条件下，用各种专用机械挖槽，然后用直升导管法在槽孔内浇筑塑性混凝土形成的柔性地下防渗墙体。

2.1.4 地上塑性混凝土防渗芯墙 ground plastic concrete core wall

在地面上逐层立模、逐层分段浇筑塑性混凝土、逐层填筑两侧土体形成的地上填筑体内的防渗墙体。

2.1.5 弹强比 elastic modulus-to-strength ratio

塑性混凝土弹性模量与抗压强度的比值。

2.1.6 水胶比 water-to-binder radio

塑性混凝土中，用水量与所有胶结材料总用量的比值。

2.1.7 胶结材料 cementing material

塑性混凝土中，水泥、膨润土、黏土、粉煤灰等掺和材料的统称。

2.1.8 导墙 guide wall

在较浅深度内平行防渗墙轴线修建的，起导向、保护孔口和承重作用的临时挡土墙。

2.1.9 槽孔 trench

为浇筑地下防渗墙墙段而钻凿或挖掘的狭长深槽。

2.1.10 墙段 wall segments

混凝土防渗芯墙的一段，作为独立单元浇筑混凝土。

2.1.11 主孔 primary hole

防渗墙槽孔中第一次序施工的单孔；其编号为奇数。

2.1.12 副孔 secondary hole

防渗墙槽孔中第二次序施工的单孔，副孔位于主孔之间。

2.1.13 钻劈法 drill-split method

用钢丝绳冲击钻机钻凿主孔和劈打副孔形成槽孔的一种防渗芯墙造孔成槽施工方法。

2.1.14 钻抓法 drill-clamshell method

用冲击或回转钻机先钻主孔，然后用抓斗挖掘其间副孔形成槽孔的一种防渗墙造孔成槽施工方法。

2.1.15 抓取法 grab method

只用抓斗挖槽机挖掘地层，形成槽孔的一种防渗芯墙造孔成槽施工方法。

2.1.16 铣削法 grinding

用专用的铣槽机铣削地层形成槽孔的一种防渗芯墙造孔成槽施工方法。

2.2 符 号

A——试件截面积；

C_V——离差系数；

E_b——塑性混凝土变形模量；

E_{PC}——塑性混凝土弹性模量；

F_1——应力为30%轴心抗压强度时的荷载；

F_2——应力为60%轴心抗压强度时的荷载；

$f_{pcu,k}$——塑性混凝土设计龄期的强度标准值；

$f_{pcu,o}$——塑性混凝土施工配制强度；

K——渗透系数或测量标距；

L——渗水高度；

P——渗透压力；

Q——稳定流量；

t——概率度系数；

α——修正系数；

β——标准差与塑性混凝土施工配制强度的关系系数；

σ——标准差；

ε_{max}——塑性混凝土的极限应变。

3 基 本 规 定

3.0.1 塑性混凝土防渗芯墙施工前，应具备下列文件和资料：

1 塑性混凝土防渗芯墙的设计图纸和技术要求；

2 工程地质、水文地质和气象资料；

3 环境保护要求；

4 泥浆及墙体原材料的产地、质量等。

3.0.2 在建（构）筑物及道路、管线附近建造塑性混凝土防渗芯墙时，应了解建（构）筑物的结构和基础情况，当影响安全时应制定相应保护措施。

3.0.3 在建（构）筑物及道路、管线附近建造塑性混凝土防渗芯墙时，应定期进行建（构）筑物的沉降、位移观测。

3.0.4 施工供水、供电、供浆、道路、排污、混凝土拌制等辅助设施应在开工前准备就绪，并应完成施工平台和导墙的修建。

3.0.5 开工前应根据设计要求和施工条件，完成水泥、膨润土、黏土等各种原材料的选择、检验工作。

3.0.6 开工前应完成塑性混凝土配合比的试验、设计工作；当施工准备时间较短时，可用快速试验方法或早期强度确定临时配合比；但设计龄期的试验应继续进行。

3.0.7 施工前应设置防渗芯墙中心线定位点、水准基点和导墙沉陷观测点。

3.0.8 施工过程中，应及时清除施工现场的废水、废浆、废渣，集中处理后妥善排放。

3.0.9 施工过程中，应设专人按本规程附录 A 的规定填写各项施工记录和质量检测记录。

4 墙 体 材 料

4.1 塑性混凝土原材料

4.1.1 塑性混凝土宜掺入适量膨润土。

4.1.2 塑性混凝土用水应符合现行行业标准《混凝土用水标准》JGJ 63 的规定。

4.1.3 塑性混凝土用水泥应符合现行国家标准《通用硅酸盐水泥》GB 175 的规定。拌制塑性混凝土不宜选用火山灰质硅酸盐水泥。

4.1.4 塑性混凝土所用的膨润土应符合现行国家标准《膨润土》GB/T 20973 中"未处理膨润土"的质量标准。

4.1.5 塑性混凝土中的黏性土在湿掺（泥浆）时的黏粒含量宜大于 50%，干掺时的黏粒含量宜大于 35%，含砂量均宜小于 5%。

4.1.6 塑性混凝土的细骨料宜选用中砂并应符合表 4.1.6 的规定。

表 4.1.6 细骨料的品质要求

项 目	指 标		备 注
	天然砂	人工砂	
石粉含量（按质量计）（%）	—	<15	
含泥量（按质量计）（%）	<5.0	—	
泥块含量（按质量计）（%）	<2.0	<2.0	
质量损失（%）	<8	—	
单级最大压碎指标（%）	—	<25	

续表

项 目	指 标		备 注
	天然砂	人工砂	
硫化物及硫酸盐含量（%）	<0.5	<0.5	折算成 SO_3，按质量计
有机物（比色法）	合格	合格	—
云母含量（按质量计）（%）	<2.0	<2.0	—
轻物质含量（%）	<1.0	<1.0	—

4.1.7 塑性混凝土用粗骨料应符合下列规定：

　　1 粗骨料宜采用天然卵石，也可采用人工碎石；

　　2 当墙厚不大于 400mm 时，粗骨料应选用粒径为 5mm~20mm 的连续级配料；当墙厚大于 400mm 时，粗骨料的最大粒径不宜大于 40mm，其中粒径为 20mm~40mm 的用量不应大于总用量的 50%；

　　3 粗骨料品质应符合表 4.1.7 的规定：

表 4.1.7 粗骨料的品质要求

项 目	指 标	备 注
含泥量（按质量计）（%）	<1.5	—
泥块含量（按质量计）（%）	<0.7	—
坚固性（质量损失）（%）	<5	
硫化物及硫酸盐含量（%）	<0.5	折算成 SO_3，按质量计
有机物（比色法）	合格	
针片状颗粒（按质量计）（%）	<15	
卵石压碎指标	<16	
碎石压碎指标	<30	

4.1.8 粉煤灰应符合现行国家标准《用于水泥和混凝土中的粉煤灰》GB/T 1596 的规定，并选用Ⅰ级或Ⅱ级粉煤灰。

4.2 塑性混凝土配合比

4.2.1 塑性混凝土配合比，应满足设计龄期的物理性能要求和施工和易性要求。

4.2.2 塑性混凝土配合比设计，宜采用正交试验设计法，并应对试验结果进行极差分析和方差分析。

4.2.3 影响试验的因素较多时，可采用均匀试验设计法，并应对试验结果进行回归分析。

4.2.4 当采用正交试验设计法或均匀试验设计法时，初选出几组基本符合技术指标要求的配合比后，应通过复选试验和终选试验确定采用的配合比。

4.2.5 塑性混凝土中的水泥用量不应少于 80kg/m³，膨润土的用量不应少于 40kg/m³，胶结材料的总用量不应少于 240kg/m³，砂率不应低于 45%，水胶比宜为 0.85~1.20。

4.2.6 引气剂的掺量应根据塑性混凝土的含气量要求确定。

4.2.7 塑性混凝土施工配制强度可按下式计算：

$$f_{pcu,o} = f_{pcu,k} + t\sigma \qquad (4.2.7\text{-}1)$$

$$\sigma = \beta f_{pcu,k} \qquad (4.2.7\text{-}2)$$

式中：$f_{pcu,o}$——塑性混凝土施工配制强度（MPa）；

$f_{pcu,k}$——塑性混凝土设计龄期的强度标准值（MPa）；

β——标准差与塑性混凝土施工配制强度的关系系数；

σ——标准差；

t——概率度系数；t、β 与 $f_{pcu,k}$ 的关系可按本规程附录 B 确定。

4.2.8 塑性混凝土强度保证率不应小于 80%，也不宜大于 85%；实测强度最小值不应低于设计龄期强度标准值的 75%。

4.3 塑性混凝土性能指标

4.3.1 塑性混凝土拌合物应符合下列规定：

1 地下防渗芯墙塑性混凝土拌合物的密度不应小于 2100kg/m³；泌水率应小于 3%；入孔坍落度应为 180mm~220mm，扩展度应为 340mm~400mm；坍落度保持 150mm 以上的时间不应小于 1h；

2 地上立模浇筑防渗芯墙塑性混凝土拌合物的密度不应小于 2200kg/m³；泌水率应小于 2%；入孔坍落度应为 140mm~160mm；

3 塑性混凝土初凝时间不应小于 6h，终凝时间不应大于 24h。

4.3.2 塑性混凝土的力学性能应符合下列规定：

1 28d 抗压强度应为 1.0MPa~5.0MPa；

2 弹性模量宜为防渗墙周围介质弹性模量的 1~5 倍，且不应大于 2000MPa；

3 弹强比宜为 200~500；

4.3.3 塑性混凝土的渗透系数应为 10^{-6} cm/s~10^{-8} cm/s，渗透破坏坡降不宜小于 300。

5 施工平台与导墙

5.1 施工平台的布置与结构

5.1.1 塑性混凝土防渗芯墙施工平台应平整、稳固，其宽度及承载能力应满足大型施工设备和运输车辆作业的需要。

5.1.2 施工平台的高度应满足顺畅排出废水、废浆、废渣的需要。

5.1.3 施工平台孔口处的高程应高出施工期最高设计地下水位 2.0m 以上，并应考虑施工过程中地下水位上升的影响。

5.1.4 钻机和抓斗的工作平台应分别布置在槽孔两侧。应在钻机工作平台上铺设平行于防渗墙轴线的供钻机左右移动的铁轨和枕木。倒渣平台应有向外的坡度，并敷设厚度为 15cm~20cm 的浆砌石或混凝土面层。

5.2 导墙的布置与结构

5.2.1 成槽施工前应先在槽孔两侧修筑导墙，导墙内侧间距宜比防渗墙厚度大 80mm~160mm，有冲击钻机参与施工时取较大值，全抓斗施工时取较小值。

5.2.2 导墙的结构、断面形式及尺寸应根据地质条件、防渗墙厚度、深度和最大施工荷载确定，并应符合下列规定：

1 导墙的中心线应与防渗墙轴线重合，允许偏差为 ±15mm；

2 导墙宜采用矩形、直角梯形、L 形等断面形式的现浇少筋混凝土结构；也可采用石砌、钢板、或混凝土预制导墙；

3 导墙的高度宜为 1.0m~2.0m；导墙顶面应高出施工平台地面 100mm；墙顶高程允许偏差为 ±20mm。

5.3 导墙与施工平台修筑

5.3.1 导墙应建在坚实的地基上，对于松散或软弱地基土，应采取加固措施。

5.3.2 导墙外侧应采用黏性土回填并夯实；填土时在导墙间应采取支护措施，防止导墙倾覆或位移。

5.3.3 混凝土导墙一次连续浇筑的长度不应小于 20m；分段浇筑的导墙，各段之间应采用斜面搭接的方式连接。

5.3.4 在填土地基上建施工平台时，应碾压密实，压实度不应小于 97%；在填料中宜含有 20% 以上的黏性土，且不得掺入粒径大于 15cm 的块石。

5.3.5 导墙的内墙面应垂直，并与防渗墙轴线平行，各部位的允许偏差均为 ±20mm。

5.3.6 施工期内应对导墙的沉降、位移进行监测。

6 成槽施工

6.1 固壁泥浆

6.1.1 泥浆应符合下列规定：

1 拌制泥浆的土料可选用膨润土、黏土或两者的混合料；

2 膨润土的质量指标应符合表 6.1.1 的规定；

表 6.1.1 拌制泥浆的膨润土质量指标

项目	黏度计600r/min读数	塑性黏度（mPa·s）	屈服值/塑性黏度	滤失量（mL）	含水量（%）	75μm筛余量（%）
指标	≥23	≥6	≤3	≤20	≤10	≤4.0

3 拌制泥浆的膨润土质量指标的测定与计算方法应符合现行国家标准《膨润土》GB/T 20973 的规定；

4 拌制泥浆的黏土应进行物理试验和化学分析。黏土的黏粒含量宜大于 45%、塑性指数宜大于 20、含砂量应小于 5%、二氧化硅与三氧化二铝含量的比值宜为 3～4。

6.1.2 泥浆性能指标、配合比及处理剂的品种和掺加率，应根据地层特性、成槽方法、泥浆用途通过试验选定；泥浆性能指标应符合表 6.1.2 的规定。

表 6.1.2 固壁泥浆性能指标

项 目	单 位	膨润土泥浆各阶段性能指标		黏土泥浆性能指标
		新制	供重复使用	新制
密度	g/cm³	1.05～1.1	1.05～1.25	1.1～1.2
马氏漏斗黏度	s	32～50	32～60	32～40
失水量	mL/30min	≤30	≤50	≤30
泥皮厚	mm	≤3	≤6	2～4
pH 值	—	>7	>7	7～9
含砂量	%			≤5
胶体率	%			≥96
1min 静切力	N/m²			2.0～5.0

6.1.3 泥浆制作方法应通过试验确定。应按规定的配合比配制泥浆，各种成分的加量允许误差为 ±5%。当使用泥浆处理剂时，其掺量允许误差为 ±1%。

6.1.4 膨润土泥浆应采用立式高速搅拌机拌制，每盘搅拌时间不应少于 3min；黏土泥浆应采用卧式双轴低速搅拌机拌制，每盘搅拌时间不应少于 30min。

6.1.5 新制膨润土泥浆在储浆池中的存放时间不应低于 24h；泥浆池中存放的泥浆应采用压缩空气或其他方法经常搅拌，保持均匀。

6.1.6 造孔泥浆和清孔泥浆宜回收，经处理后可重复使用。废弃的泥浆应妥善排放，避免污染环境。

6.1.7 防渗墙施工中应按下列规定对泥浆质量进行检测：

1 在选定制浆材料和泥浆配合比后，应按本规程表 6.1.2 的要求全面检测一次泥浆的性能指标；

2 对于新拌制的泥浆，每台搅拌机每班应取样检测密度、漏斗黏度、含砂量 1～2 次；

3 对于贮存中的泥浆，每班应从储浆池的上部和下部取样检测密度、漏斗黏度、含砂量一次；

4 对于槽孔内的泥浆，每个槽孔在挖槽过程中至少应从 2 个不同深度部位取样检测密度、漏斗黏度、含砂量、稳定性、胶体率、失水量、泥皮厚度、

pH 值三次；

5 清孔前应检测一次距孔底 0.5m～1.0m 处的泥浆的密度、漏斗黏度和含砂量。

6.2 造孔成槽

6.2.1 成槽方法选择应符合下列规定：

1 成槽方法应根据地层条件、设计要求和工期要求等因素进行选择；

2 当墙的厚度大于 300mm 时，可采用抓取法、钻劈法、钻抓法、铣槽法等方法成槽；

3 对于墙厚不大于 300mm 的薄型防渗墙，宜采用射水法、薄型抓斗法、锯槽法、链斗式挖槽机法等方法成槽。

6.2.2 槽孔轴线应符合设计要求，并由测量基准点控制。

6.2.3 槽孔长度应根据工程地质及水文地质条件、施工部位、成槽方法、施工机具性能、成槽时间、混凝土生产能力、浇筑导管布置及墙体平面形状等因素确定，宜为 5.0m～8.0m。

6.2.4 槽孔宜分两期间隔施工；同时施工的槽孔之间应留有安全距离。

6.2.5 成槽过程中应不断向槽内补充泥浆，泥浆面应保持在导墙顶面以下 300mm～500mm，且不应低于导墙底面。

6.2.6 对漏失地层应采取预防漏浆塌孔的措施，发现漏浆时应立即堵漏和补浆。

6.2.7 成槽施工时遇孤石或硬岩，可采用重凿冲砸或钻孔爆破的方法处理。采用爆破法时应保证槽壁安全。

6.2.8 成槽后应进行终孔质量检验，成槽质量应符合下列规定：

1 槽壁、槽底应平整，槽宽应符合设计要求；

2 孔位偏差不应大于 30mm；

3 槽孔深度（包括入岩深度）应符合设计要求；

4 孔斜率不应大于 0.6%；接头部位在任一深度处的允许偏差值，应为设计墙厚的 1/3；墙端结合面的宽度不应小于墙的厚度。

6.2.9 采用钻劈法进行成槽施工时应符合下列规定：

1 根据地质条件选择合理的副孔长度；

2 开孔钻头直径应大于终孔钻头直径；

3 应经常检查钻孔偏斜情况，发现问题及时处理；

4 相邻主孔终孔前不得劈打其间的副孔。

6.2.10 采用钻抓法进行成槽施工时应符合下列规定：

1 主孔的中心距不应大于抓斗的最大开度；

2 应先用钻机钻进主孔，主孔检验合格后再用抓斗抓取副孔；

3 正确操作抓斗，经常检查孔斜情况，发现问

题及时处理。

6.2.11 采用抓取法和铣削法进行成槽施工时，主孔长度应等于抓斗的最大开度或铣头长度，副孔长度宜为主孔长度的 1/2～2/3。

6.3 清孔换浆

6.3.1 槽孔终孔后，经质量检验合格后方可进行清孔换浆。

6.3.2 清孔换浆宜采用泵吸反循环法或气举反循环法，不得用抓斗抓取代替泥浆反循环清孔。

6.3.3 清孔换浆前应采用抓斗、抽砂筒等机具进行初步的清孔。

6.3.4 清孔换浆前在制浆站的储浆池内应储备足够的新鲜泥浆，在清孔换浆过程中应置换孔内 1/2～2/3 的泥浆。

6.3.5 清孔换浆设备的能力应能满足清孔质量和清孔速度的需要。

6.3.6 清孔质量检验在清孔换浆完成 1h 后进行，检验结果应符合下列规定：

1 孔底淤积厚度不应大于 100mm；

2 膨润土泥浆的密度不应大于 $1.1g/cm^3$，马氏漏斗黏度不应大于 42s，含砂量不应大于 4%；

3 黏土泥浆的密度不应大于 $1.25g/cm^3$，马氏漏斗黏度不应大于 50s，含砂量不应大于 6%；

4 泥浆取样位置应距孔底 0.5m～1.0m。

6.3.7 清孔检验合格后应在 4h 内开始浇筑；否则在浇筑前应再次进行清孔检验；检验不合格时，应重新清孔。

6.3.8 当槽孔与已施工的墙体连接时，应对墙体表面进行刷洗，直至刷洗工具不带泥屑、孔底淤积不再增加时为止。

7 塑性混凝土浇筑

7.1 塑性混凝土的制备与运输

7.1.1 塑性混凝土制备应符合下列规定：

1 塑性混凝土应采用强制式混凝土搅拌机搅拌，应准确称取各组成材料，在投料过程中不得停止搅拌。搅拌应均匀，搅拌时间应通过试验确定。

2 黏土与膨润土宜采用湿掺法，湿掺法应符合下列规定：

1）应检测黏土、膨润土的含水量，并据此调整配合比；

2）水、黏土、膨润土应先拌制成均匀的泥浆储存备用；

3）向搅拌机内装料的顺序宜为砂、水泥、碎石、泥浆。

3 当采用干掺法时，应先将黏土晒干、粉碎、

过筛，向搅拌机内装料的顺序宜为砂、土料、水泥、碎石，干拌均匀后再加入水和外加剂搅拌至均匀。

7.1.2 塑性混凝土运输应符合下列规定：

1 应采用混凝土搅拌车运输，运输能力不应小于平均计划浇筑强度的 1.5 倍，并应大于最大计划浇筑强度；

2 在运输过程中应不停搅拌，运到施工现场后应取样检测其和易性，不合格的塑性混凝土不得使用；

3 塑性混凝土的供应和浇筑应连续进行，因故中断的时间不宜超过 40min；

4 当采用泵送方式时，应符合现行行业标准《混凝土泵送施工技术规程》JGJ/T 10 的规定。

7.2 塑性混凝土地下浇筑

7.2.1 塑性混凝土的性能应符合本规程第 4.3.1 条的规定。

7.2.2 地下塑性混凝土防渗芯墙浇筑前应做好下列准备工作：

1 应制定浇筑方案，其主要内容有：计划浇筑方量、浇筑高程、浇筑机具、劳动组织、混凝土配合比、原材料品种及用量、浇筑方法、浇筑顺序等；

2 应绘制浇筑槽孔纵剖面图及浇筑导管布置；

3 应检测骨料含水量，按塑性混凝土配合比进行试配和调整；

4 应在地面上对浇筑导管进行检查和试配，并作标识和记录。

7.2.3 混凝土浇筑导管的结构和布置应符合下列规定：

1 导管内径宜为 200mm～250mm，最小内径不得小于最大骨料粒径的 6 倍，最大外径根据墙厚确定；

2 一个槽孔使用两套以上导管浇筑时，导管中心距应为 3.5m～4.0m；导管中心至槽孔端部或接头管壁面的距离应为 1.0m～1.5m；当孔底高差大于 250mm 时，导管底部中心应放置在该导管控制范围内的最低处；导管出口距槽底的高度应为 150mm～250mm；

3 导管的强度应能承受最大浇筑压力，导管的连接和密封应可靠，导管连接后的斜率不应大于 0.5%。

7.2.4 塑性混凝土浇筑过程应符合下列规定：

1 塑性混凝土浇筑前，在导管内应放入可浮起的隔离球或隔离物；浇筑时应先注入少量水泥砂浆，再注入塑性混凝土挤出隔离球或隔离物，并埋住导管出口；

2 导管埋入塑性混凝土的深度应为 1.0m～6.0m；

3 塑性混凝土浇筑应连续进行，塑性混凝土面

的上升速度不应小于 2m/h，随着塑性混凝土面的上升及时提升、拆卸导管；

4 塑性混凝土的浇筑面应保持均匀上升，各处的高差不应大于 500mm；

5 每隔 30min 应测量一次槽孔内塑性混凝土面的高度，每隔 2h 应测量一次导管内塑性混凝土的高度，并做好记录。

7.2.5 发现导管漏浆、堵塞、提升困难及塑性混凝土面上升速度与实浇混凝土量严重不符时，应立即停止浇筑，并查明原因及时处理。

7.2.6 防渗墙实际浇筑高程应高于设计墙顶高程 500mm。

7.3 塑性混凝土地上浇筑

7.3.1 地上塑性混凝土防渗芯墙浇筑前应先立模；模板形式应根据设计要求选用；可采用钢模板，也可采用砌石模板。

7.3.2 钢模板安装应符合下列规定：

1 模板应具有足够的强度、刚度和稳定性；

2 模板的板面应清洁、平整接缝处应严密、不漏浆；

3 模板应便于安装和拆卸；

4 模板制作和安装的偏差应在允许范围内；

5 模板板面应涂刷隔离剂。

7.3.3 钢模板的拆卸应符合下列规定：

1 拆模时的强度应达到设计要求；

2 不应损伤塑性混凝土墙体；

3 拆模后应及时在墙体两侧填土。

7.3.4 砌石模板施工应符合下列规定：

1 所用石料应坚硬、完整，石料表面应无泥土、灰尘等污物；

2 毛石砌体的灰缝厚度宜为 20mm～30mm，砂浆应饱满，石块间较大的空隙应先填砂浆，后用石块嵌实；不得先填石块后塞砂浆；

3 砌筑第一层毛石时，应先铺砂浆再砌毛石，并使毛石的大面朝下；

4 浆砌体砌筑到预定分层高度后，应将其与塑性混凝土墙体的结合面用 M7.5 级砂浆抹平；

5 一边砌石一边应进行两侧的填筑。

7.3.5 地上塑性混凝土防渗芯墙浇筑应符合下列规定：

1 应分层浇筑，分层厚度宜为 2.0m～2.5m。当防渗芯墙的长度较大时，每一浇筑层尚应分段施工，分段长度宜为 12.0m～20.0m。

2 采用分段跳块浇筑方法时，每一块的浇筑应连续进行。

3 采用不分段通仓浇筑方法时，应根据塑性混凝土的拌合、运输、浇筑能力和模板安装速度等确定浇筑层的高度。每层浇筑应连续进行，相邻两层的浇

筑间隔时间不应超出塑性混凝土的初凝时间。

4 浇筑过程应符合下列规定：

1）浇筑前应将模板内的杂物清理干净，并湿润模板或砌体；

2）塑性混凝土的浇筑面应均匀上升；

3）不符合质量要求的混凝土不应入仓；

4）在浇筑过程中应防止发生模板漏浆、松动和变形；

5）应避免出现塑性混凝土离析现象。

7.3.6 对塑性混凝土防渗芯墙的养护应符合下列规定：

1 每浇筑一层都应采用塑料薄膜覆盖养护；

2 浇筑完毕后，应采用塑料薄膜或厚度不小于 300mm 的湿土覆盖墙顶，养护时间不应少于 14d；

3 应做好测温记录，记录每天的最高温度和最低温度。

8 墙 段 连 接

8.1 地下防渗芯墙墙段连接

8.1.1 在保证槽孔稳定的前提下，宜减少墙段接缝。

8.1.2 墙段连接可采用接头管法、钻凿法、铣削法等。

8.1.3 墙段连接采用接头管法时，应符合下列规定：

1 接头管应能承受最大的混凝土压力和起拔力，其连接应可靠，接卸应方便；

2 接头管直径不应小于设计墙厚，接头管的长度、结构和下设深度应满足设计要求和拔管需要；

3 拔管成孔所用的吊车、拔管机等设备应具有足够的起吊、拔管能力；

4 使用液压拔管机起拔接头管时，应验算地基及导墙的承载能力，防止槽口坍塌；

5 接头管吊放时要准确，允许偏斜率为 0.5%；

6 接头管的开始起拔时间和管外混凝土的脱管龄期应通过试验确定，各部位混凝土的实际脱管龄期与预定脱管龄期相差不得大于 20min；

7 应经常微动接头管，观察拔管阻力；拔管间断时间不得大于 30min；当管内泥浆面不下降时，不得继续拔管；

8 应随着接头管拔出、管内泥浆面下降及时向接头管内充填泥浆；

9 应做好混凝土浇筑记录和拔管记录，根据记录显示的情况确定每次拔管的时间和高度，及时起拔接管。

8.1.4 墙段连接采用钻凿法时应符合下列规定：

1 在已浇一期墙段混凝土终凝后方可开始钻凿接头孔；

2 一、二期墙段至少搭接一钻长度（与墙厚

相同）；当一期墙段的端孔向内偏斜时，应根据偏斜情况向一期墙段方向适当移动接头孔的开孔位置；

3 墙段套接两次钻孔中心的允许偏差为墙厚的1/3，墙段连接处的墙厚应满足设计要求。

8.1.5 墙段连接采用铣削法时，应符合下列规定：

1 一期墙段的长度应根据槽孔的深度和孔斜率由设计确定，二期墙段的长度宜等于铣槽机铣头的长度；

2 二期槽孔的开孔位置应根据一期墙段端孔的实测孔斜率确定；

3 接缝的位置应准确，并应将其标记在导墙上。

8.2 地上防渗芯墙结合面处理

8.2.1 地上墙体与地基或地下墙体之间的连接应符合下列规定：

1 地上墙体与地基或地下墙体的连接应采用混凝土基座；

2 墙体与岸坡连接应采用混凝土垫座；

3 基座、垫座应采用渐变扩大断面形式，底宽应为墙宽的（2～3）倍；

4 混凝土基座、垫座表面应进行处理，结合面的质量应满足设计要求。

8.2.2 同一层塑性混凝土分段浇筑时，各段之间可采用垂直面加止水带的连接方式，也可采用斜面搭接方式。

8.2.3 墙段间采用斜面搭接时应符合下列规定：

1 宜通仓浇筑，不留施工缝。

2 在先浇塑性混凝土尚未初凝时浇筑后浇塑性混凝土，可不对结合面进行处理。

3 在先浇塑性混凝土初凝后浇筑后浇塑性混凝土时，应按下列规定对结合面进行处理：

  1) 应清除结合面上的浆膜、松软层和松动泥石；

  2) 应对结合面进行刷毛和清洗，并排除积水；刷毛后的粗糙度应均匀；

  3) 应对结合面充分湿润，在结合面上摊铺一层厚度为10mm～15mm的界面剂。界面剂宜采用砂浆或水灰比为1:1的水泥浆；

  4) 应采用柔性刷来回刷压界面剂（2～3）次，使界面剂均匀；

  5) 界面剂摊铺工作完成后，应立即浇筑后期塑性混凝土。

4 结合面应设纵向键槽。

8.2.4 地上塑性混凝土防渗芯墙墙段间垂直结合面的处理应符合下列规定：

1 拆除墙端模板后，应清除浆膜等杂物，进行刷毛处理，粗糙度应均匀；

2 浇筑邻段塑性混凝土墙时，墙端结合面应保持湿润状态；

3 分期施工的墙段连接处宜采取止水措施，止水做法应符合设计要求。

9 施工质量检查

9.1 工序质量检查内容

9.1.1 施工质量检查应按施工工序逐项进行。

9.1.2 上道工序检查不合格时，不得进入下道工序。

9.1.3 工序质量应按本规程第4、5、6、7章的有关规定检查下列项目：

1 施工平台：平整度、台面尺寸、高程；

2 导墙：中心线位置、高度、强度、顶面高程、内侧间距等；

3 模板：强度、刚度、稳定性、位置、尺寸、密封性等；

4 槽孔：孔位、孔深、孔斜、槽宽、入岩深度、墙段连接等；

5 泥浆：原材料、密度、黏度、稳定性、含砂量等；

6 清孔：孔内泥浆性能、孔底淤积厚度、接头孔刷洗质量等；

7 塑性混凝土制备：原材料、配合比、性能等；

8 浇筑：导管间距、埋深、混凝土面上升速度、终浇高度、孔口取样试件的坍落度、扩展度、凝结时间、28d龄期的抗压强度、弹性模量和渗透系数等；

9 墙段连接：接头孔的直径、垂直度、成孔深度、搭接墙厚等；

10 结合面处理：刷毛、清理、界面湿润度、厚度、止水措施等；

11 养护：覆盖、浇水、湿润、养护时间等。

9.1.4 应做好施工记录和资料统计分析整理工作。

9.1.5 施工质量检查尚应依据下列文件和资料：

1 设计图纸、说明书、技术要求、设计变更及补充文件；

2 各施工工序的施工记录和质量检查记录。

9.2 塑性混凝土取样

9.2.1 塑性混凝土取样应在浇筑地点随机进行。

9.2.2 应在塑性混凝土开始浇筑前，检查塑性混凝土的坍落度和扩展度，每班取样检查不应少于2次。

9.2.3 对于塑性混凝土抗压强度试件，每个墙段取试样不应少于一组；不分缝通仓分层浇筑时，每浇筑100m³取试样不应少于一组。

9.2.4 对于塑性混凝土弹性模量试件，每10个墙段取试样不应少于一组；不分缝通仓分层浇筑，每浇筑500m³取试样不应少于一组；当采用不同配合比时，每种配合比试样不应少于一组。

9.2.5 对于塑性混凝土抗渗性能试件，每 3 个墙段取试样不应少于一组；不分缝通仓分层浇筑，每浇筑 300m³ 取试样不应少于一组；当采用不同配合比时，每种配合比试样不应少于一组。

9.2.6 对于塑性混凝土抗压强度试验和抗渗性能试验，每组试样不应少于 3 个；对于弹性模量试验，每组试样不应少于 3 个。

9.3 塑性混凝土性能检测

9.3.1 坍落度与扩展度试验应符合现行国家标准《普通混凝土拌合物性能试验方法标准》GB/T 50080 的规定。

9.3.2 凝结时间试验应符合现行国家标准《普通混凝土拌合物性能试验方法标准》GB/T 50080 的规定。

9.3.3 抗压强度试验应符合现行国家标准《普通混凝土力学性能试验方法标准》GB/T 50081 的规定。

但试验时应选用最大加载能力为 300kN 的加载设备，且应具有加荷速度指示装置或加荷速度控制装置。加荷应连续均匀，加荷速度不应大于 0.10MPa/s。

9.3.4 弹性模量可采用本规程附录 C 的试验方法测定，也可采用其他操作可行、误差可控的方法测定。

9.3.5 渗透系数宜采用本规程附录 D 的流量法测定，也可采用其他操作可行、误差可控的方法测定。渗透系数的合格率不应低于 80%。

9.4 墙体质量检查

9.4.1 墙体质量检查应在成墙 28d 后进行。

9.4.2 墙体质量检查应包括下列内容：

1 墙体的均匀性、完整性、密实性及墙厚；

2 墙体的抗压强度、弹性模量、变形模量、渗透系数、渗透破坏坡降等物理力学性能指标；

3 墙段连接质量、墙体与周边地基、岩体的接触质量。

9.4.3 墙体质量应根据墙体形式、厚度、强度以及检测设备采用下列一种或几种方法检测：

1 钻孔取芯检查；

2 注（压）水试验检查；

3 开挖检查；

4 无损检测。

9.4.4 钻孔取芯检查应符合下列规定：

1 强度小于 3.0MPa 和墙厚小于 400mm 的墙体，不宜进行钻孔取芯和压水试验；

2 钻孔应位于墙体轴线上，孔位应随机布置，且宜在墙段接头处布置部分骑缝直孔和穿过墙段接缝的斜孔；

3 钻孔斜率应小于 0.4%；

4 每 10 个施工槽孔应有一个检查孔，每个标段的检查孔不应少于 3 个，或根据验收要求确定；

5 取芯钻孔应与注水试验孔相结合；进行注水试验的检查孔应有部分骑缝钻孔；

6 检查孔孔径不应大于墙厚的 1/3，宜为 91mm ～130mm；

7 塑性混凝土检查孔应采用金刚石双管取芯钻具或金刚石薄壁钻头钻钻进；钻进时应采取低钻压、低转速、小水量等防止孔壁和芯样破坏的措施；

8 应对检查孔芯样进行抗压强度、弹性模量、变形模量试验；芯样试件的抗压强度试验应符合本规程第 9.3.3 条的规定；

9 芯样试件的弹性模量、变形模量试验应符合本规程第 9.3.4 条的规定；当试件的尺寸较小时，试验可在土工三轴试验仪上进行；

10 对所有检查孔的芯样均应进行岩性描述，工程竣工验收前所有芯样均应妥善保存；

11 防渗芯墙留下的检查孔应及时用 0.5：1 的微膨胀水泥浆或水泥砂浆回填。

9.4.5 开挖检查墙体质量应符合下列规定：

1 开挖应在防渗墙两侧同时进行；

2 探坑数应根据验收要求确定，且不少于 3 个；

3 至少有一个开挖位置在墙段连接处；

4 探坑长度宜为 3.0m～5.0m，深度宜为 2.5m ～5.0m，宽度不宜小于 1m；

5 探坑开挖后应检查下列项目：

1）墙体及墙段搭接处的厚度；

2）墙体表面的平整度和垂直度；

3）墙段的连接处的接缝宽度、接触面形状、充填物性质等；

4）塑性混凝土是否均匀密实，有无夹泥、混浆、孔洞、断墙等现象。

9.4.6 注水试验应符合下列规定：

1 采用操作简单、试验迅速、水头压力较小的钻孔注水试验方法；

2 墙厚大于 400mm、抗压强度大于 3.0MPa 的塑性混凝土防渗芯墙可采用钻孔压水试验。压水试验的压力不造成墙体破坏。

9.4.7 对不宜采用钻孔取芯方法检查的墙体，可采用超声波法和弹性波透射层析成像法等方法，对墙体质量进行综合评价。

附录 A 施工质量检查记录表

A.0.1 地下塑性混凝土防渗芯墙施工平台质量检查记录表应按表 A.0.1 采用。

表 A.0.1　地下塑性混凝土防渗芯墙施工平台质量检查记录表

工程名称			施工单位	
检查部位				
项次	检查项目	质量标准	检查结果	
1	填筑密实度	不小于97%		
2	平台布置	满足施工需要		
3	平台高程	孔口处高于设计地下水位2.0m以上	平台高程	
			地下水位	
4	平台平整度	偏差小于1%		
5	平台表面硬化	满足设计要求		
6	成槽机械轨道	位置及高程偏差均小于5mm		
施工单位检查评定结果	质量检查员：		年 月 日	
监理（建设）单位验收结论	监理工程师：		年 月 日	

A.0.2　地下塑性混凝土防渗芯墙施工导墙质量检查记录表应按表 A.0.2 采用。

表 A.0.2　地下塑性混凝土防渗芯墙施工导墙质量检查记录表

工程名称			施工单位	
检查部位				
项次	检查项目	质量标准	检查结果	
1	导墙结构形式	符合设计要求		
2	导墙地基	坚实且无大块石		
3	中心线位置	允许偏差±15mm		
4	导墙高度	允许偏差±20mm		
5	顶面高出地面高度	50mm～100mm		
6	导墙顶面高程	允许偏差±20mm		
7	导墙内侧间距	允许偏差±20mm		
施工单位检查评定结果	质量检查员：		年 月 日	
监理（建设）单位验收结论	监理工程师：		年 月 日	

A.0.3　地上塑性混凝土防渗芯墙模板安装质量检查记录表应按表 A.0.3 采用。

表 A.0.3　地上塑性混凝土防渗芯墙模板安装质量检查记录表

工程名称			施工单位	
分部工程名称			模板层数	
项次	检查项目	质量标准	检查结果	
1	模板类型	符合设计要求		
2	内侧宽度	符合设计要求		
3	模板高度	符合设计要求		
4	模板垂直度	符合设计要求		
5	定位和支撑	具有足够的刚度、强度和稳定性		
6	模板板面	砌石模板面浇筑前应湿润		
		钢模板面应清洁、平整、光滑、涂隔离剂		
7	模板接缝	模板接缝应严密		
施工单位检查评定结果	质量检查员：		年 月 日	
监理（建设）单位验收结论	监理工程师：		年 月 日	

A.0.4　地下塑性混凝土防渗芯墙成槽和造孔质量检查记录表应按表 A.0.4-1、表 A.0.4-2 采用。

表 A.0.4-1　地下塑性混凝土防渗芯墙成槽质量检查记录表

工程名称			施工单位	
槽孔编号			起止桩号	
成槽方法			终孔日期	年 月 日
项次	检查项目	质量标准	检查结果	
1	槽孔长度	符合设计要求		
2	槽孔宽度	符合设计要求		
3	槽孔位置	轴线方向误差≤50mm；侧面方向误差≤30mm	侧面方向误差	
			轴线方向误差	
4	槽孔深度	满足设计要求		
5	孔斜率	不大于0.6%		
6	墙端结合面宽度	不小于设计墙厚	墙厚	
			结合面宽度	
7	入岩或嵌入不透水层深度	满足设计要求		
施工单位检查评定结果	质量检查员：		年 月 日	
监理（建设）单位验收结论	监理工程师：		年 月 日	

表 A.0.4-2 地下塑性混凝土防渗芯墙
造孔质量检查记录表

施工单位__施工机组__检查孔位__第__页

槽孔编号__槽孔长度__m桅杆高__m检查时间__

设计孔深: m		实测孔深: m	孔位偏差: mm		钻具规格mm
孔斜检查					
孔深 (m)	垂直墙身方向			平行墙身方向			备注

孔深 (m)	孔口偏差 (mm)	孔底偏差 (mm)	孔斜率 (%)	孔口偏差 (mm)	孔底偏差 (mm)	孔斜率 (%)	备注

机长　　　质检　　　记录　　　监理

注：上游方向偏差为正值，下游方向偏差为负值；面向下游左偏差为正，右偏差为负。

A.0.5 地下塑性混凝土防渗芯墙清孔质量检查记录表应按表 A.0.5 采用。

表 A.0.5 地下塑性混凝土防渗芯墙
清孔质量检查记录表

工程名称		施工单位	
槽孔编号		起止桩号	
清孔方法		清孔检查时间	
清孔开始时间		清孔结束时间	
项次	检查项目	质量标准	检查结果
1	孔底淤积厚度	不大于100mm	
2	孔内泥浆密度	膨润土泥浆≤1.10g/cm³ 黏土泥浆≤1.25g/cm³	
3	孔内泥浆黏度	马氏漏斗黏度≤42s	
4	孔内泥浆含砂量	膨润土泥浆≤4% 黏土泥浆≤6%	
5	接头洗刷	钻头基本不带泥屑，孔底淤积不再增加	
施工单位 检查评定结果		质量检查员:　　　年 月 日	
监理（建设） 单位验收结论		监理工程师:　　　年 月 日	

A.0.6 塑性混凝土拌合质量检查记录表应按表 A.0.6 采用。

表 A.0.6 塑性混凝土拌合质量
检查记录表

工程名称			施工单位	
槽孔编号			起止桩号	
单元工程量			天气	
项次		项目	设计指标	检验结果
1	原材料称量 配合比	水泥____kg		
		砂子____kg		
		石子____kg		
		粉煤灰____kg		
		膨润土____kg		
		黏土____kg		
		外加剂____kg		
		水____kg		
2	砂子含水量			
3	黏土含水量			
4	拌合时间		符合设计要求	
5	孔口坍落度		18cm～22cm	
6	孔口扩展度		34cm～40cm	
施工单位 检查评定结果			质量检查员:　　　年 月 日	
监理（建设） 单位验收结论			监理工程师:　　　年 月 日	

A.0.7 地上塑性混凝土防渗芯墙浇筑质量检查记录表应按表 A.0.7 采用。

表 A.0.7 地上塑性混凝土防渗芯墙
浇筑质量检查记录表

工程名称		施工单位	
浇筑层数		仓号	
浇筑方式		单元工程量	
项次	检查项目	质量标准	检查结果
1	前层混凝土浇筑结束时间	浇筑间隔时间不大于混凝土初凝时间	
2	开始浇筑时间	同上	
3	仓内清理	仓内杂物清理干净	
4	本层浇筑高度	应符合设计要求	
5	浇筑仓长	应符合设计要求	
6	模板接缝	严密不漏浆	
7	混凝土面上升速度	应符合设计要求	
8	模板稳定性	不发生松动、弯曲和不允许的位移	
施工单位 检查评定结果		质量检查员:　　　年 月 日	
监理（建设） 单位验收结论		监理工程师:　　　年 月 日	

注：若结合面为施工缝，应进行结合面处理；若设止水措施，应符合设计要求。

A.0.8 地下塑性混凝土防渗芯墙浇筑质量检查记录表应按表 A.0.8 采用。

表 A.0.8 地下塑性混凝土防渗芯墙浇筑质量检查记录表

工程名称		施工单位	
槽孔编号		起止桩号	
槽孔长度		计划方量	
开浇时间		终浇时间	
检查项目	质量标准	检查结果	
导管	导管直径	符合规程要求	
	导管中心间距	3.5m~4.0m	
	导管至槽端距离	1.0m~1.5m	
	管底距槽底距离	15cm~25cm	
	导管埋深	1m~6m	
混凝土浇筑	混凝土面上升速度	不小于 2m/h	
	混凝土面高差	在 0.5m 以内	
	浇筑中断时间	不超过 40min	
	终浇高程	高于设计墙顶 50cm	
	实浇方量	大于计划浇筑方量	
施工单位检查评定结果		质量检查员： 年 月 日	
监理（建设）单位验收结论		监理工程师： 年 月 日	

A.0.9 地上塑性混凝土防渗芯墙结合面处理质量检查记录表应按表 A.0.9 采用。

表 A.0.9 地上塑性混凝土防渗芯墙结合面处理质量检查记录表

工程名称		施工单位	
浇筑层数		结合面位置	
结合面形式		处理时间	
检查项目	质量标准	检查结果	
墙体与地基连接	与地基连接方式	符合设计要求	
	与岸坡连接方式	符合设计要求	
	结合面处理	符合设计要求	
墙段结合面	刷毛遍数	（3~5）遍	
	粗糙度均匀性	粗糙度均匀	
	结合面湿润	洒水湿润	
	止水装置	符合设计要求	
施工缝结合面	刷毛均匀性	粗糙度均匀	
	结合面清理	符合规程要求	
	界面剂	符合设计要求	
	止水措施	符合设计要求	
施工单位检查评定结果		质量检查员： 年 月 日	
监理（建设）单位验收结论		监理工程师： 年 月 日	

A.0.10 塑性混凝土防渗芯墙墙段连接质量检查记录表应按表 A.0.10 采用。

表 A.0.10 塑性混凝土防渗芯墙墙段连接质量检查记录表

工程名称		施工单位	
接头孔编号		接头孔桩号	
设计墙厚		接头孔深度	
检查项目		质量标准	检查结果
钻凿法墙段连接	接头孔直径	符合设计要求	
	接头孔实际深度	符合设计要求	
	第一次钻孔孔形	孔斜率≤0.3%	
	第二次钻孔孔形	孔斜率≤0.3%	
	一、二次钻孔中心偏差	小于 1/3 墙厚	
	墙段搭接厚度	符合设计要求	
接头管法墙段连接	第一次钻孔孔形	孔斜率≤0.3%	
	接头管直径	不小于设计墙厚	
	接头管下设深度	符合设计要求	
	接头管下设位置	中心偏差≤3cm	
	拔管成孔效果	孔壁完整无坍塌	
	拔管成孔率	大于 90%	
施工单位检查评定结果		质量检查员： 年 月 日	
监理（建设）单位验收结论		监理工程师： 年 月 日	

A.0.11 塑性混凝土防渗芯墙浇筑取样质量检查记录表应按表 A.0.11 采用。

表 A.0.11 塑性混凝土防渗芯墙浇筑取样质量检查记录表

工程名称		施工单位	
槽孔编号		起止桩号	
浇筑层数		仓号	
检查项目		质量标准	检查结果
施工性能	坍落度	18cm~22cm，每班检查 2 次，开浇前必须检查	
	扩展度	34cm~40cm，应每班检查 2 次，开浇前必须检查	
	黏聚性	无离析，应每班检查 2 次，开浇前必须检查	
力学与抗渗性能	抗压强度试件	每个墙段至少取样一组；不分缝通仓分层浇筑每 100m³ 至少取样一组	
	弹性模量试件	每 10 个墙段至少取样一组；通仓分层浇筑每 500m³ 至少取样一组；不同配合比至少取样一组	
	渗透系数试件	每 3 个墙段应取样一组；通仓分层浇筑每 300m³ 至少取样一组；不同配合比至少取样一组	
施工单位检查评定结果		质量检查员： 年 月 日	
监理（建设）单位验收结论		监理工程师： 年 月 日	

A.0.12　塑性混凝土防渗芯墙墙体检查孔和钻孔取芯质量检查记录表应按表 A.0.12-1 和表 A.0.12-2 采用。

表 A.0.12-1　塑性混凝土防渗芯墙墙体检查孔质量检查记录表

工程名称		施工单位	
槽孔编号		混凝土龄期	
钻孔位置		钻孔编号	
防渗墙厚度		设计抗压强度	
钻头形式		主轴转速	
检查项目	质量标准	检查结果	
钻孔位置	符合监理要求		
钻孔角度	符合监理要求		
钻孔数量	符合监理要求		
芯样直径	符合监理要求		
钻孔深度	符合监理要求		
岩芯采取率	符合监理要求		
孔斜率	应小于 0.4%		
施工单位检查评定结果	质量检查员：　　　　　年　月　日		
监理（建设）单位验收结论	监理工程师：　　　　　年　月　日		

表 A.0.12-2　塑性混凝土防渗芯墙墙体钻孔取芯质量检查记录表

钻孔编号					钻孔位置		
钻具类型					钻孔角度		
进给速度					取样时间	自____至____	
序号	钻头规格（mm）	进尺（m）	孔深（m）	芯样长度（m）	芯样块数	采取率（%）	芯样外观质量
施工单位检查评定结果	质量检查员：　　　　　年　月　日						
监理（建设）单位验收结论	监理工程师：　　　　　年　月　日						

A.0.13　塑性混凝土防渗芯墙墙体开挖质量检查记录表应按表 A.0.13 采用。

表 A.0.13　塑性混凝土防渗芯墙墙体开挖质量检查记录表

工程名称			施工单位	
探坑编号			探坑位置	
混凝土强度			设计墙厚	
探坑尺寸			开挖时间	
开挖部位	检查项目		质量标准	检查结果
上游侧	墙体外观质量	墙体厚度	不小于设计厚度	
		搭接厚度	不小于设计墙厚	
		墙体表面	平整、垂直	
		墙段结合面	结合紧密无夹泥	
		混凝土质量	密实、均匀、无蜂窝、混浆、夹泥现象	
下游侧	墙体外观质量	墙体厚度	不小于设计厚度	
		搭接厚度	不小于设计墙厚	
		墙体表面	平整、垂直	
		墙段结合面	结合紧密无夹泥	
		塑性混凝土质量	密实、均匀、无蜂窝、混浆、夹泥现象	
施工单位检查评定结果	质量检查员：　　　　　年　月　日			
监理（建设）单位验收结论	监理工程师：　　　　　年　月　日			

附录 B　塑性混凝土配制强度计算表

B.0.1　保证率与概率度系数的关系应符合表 B.0.1 的规定。

表 B.0.1　保证率与概率度系数的关系

概率度系数 t	0.525	0.675	0.840	1.040	1.280	1.645	3.000
保证率 P（%）	70.0	75.0	80.0	85.0	90.0	95.0	99.9

B.0.2　标准差与设计标准强度和概率度系数的关系应符合表 B.0.2 的规定。

表 B.0.2　标准差与设计标准强度和概率度系数关系

β ＼ $f_{pcu,k}$（MPa） ＼ t	1～2	3～5	6～9	10～15
0.70	0.43	0.36	0.32	0.27
0.80	0.45	0.38	0.33	0.28
0.90	0.47	0.39	0.34	0.29
1.00	0.49	0.41	0.35	0.30
1.10	0.52	0.43	0.36	0.31
1.20	0.55	0.44	0.38	0.32
1.30	0.58	0.47	0.39	0.33
1.40	0.61	0.49	0.41	0.34
1.50	0.65	0.51	0.43	0.35
1.60	0.70	0.54	0.45	0.36
1.70	0.75	0.57	0.47	0.38
1.80	0.81	0.61	0.49	0.39
1.90	0.88	0.65	0.51	0.41
2.00	0.97	0.69	0.54	0.43

附录 C 塑性混凝土弹性模量试验方法

C.0.1 塑性混凝土弹性模量宜采用边长为 150mm×150mm×300mm 的棱柱体试件，也可采用 ϕ150mm×300mm 的圆柱体试件和边长为 100mm×100mm×300mm 的棱柱体试件。

C.0.2 压力试验机应符合现行国家标准《普通混凝土力学性能试验方法标准》GB/T 50081 的规定。

C.0.3 塑性混凝土标准养护时间为 28d，相同配合比、相同龄期、相同养护条件的 6 个试件为一组。

C.0.4 试验方法应符合下列规定：

1 试件应保持潮湿；试件从养护室取出后，应将其表面与上下承压板板面擦净，立即进行试验；

2 试件端面应平整；

3 试件长度的允许误差为 1mm；

4 取 3 个试件测定塑性混凝土轴心抗压强度，另取 3 个试件测定塑性混凝土的弹性模量；

5 将试件放在试验机的上下压板中间，上下压板与试件之间应放置钢垫板；承压面平整度允许误差为边长的 0.03%；试件的中心应与试验机下压板中心对准；开动试验机，当垫板与压板将接触时，如有明显偏斜，应调整球座，使试件受压均匀；

6 应变的测定标距采用试件全长；变形测量可采用千分表、百分表或电子位移计等；测量时应将测表安装在磁性表架上，磁性表架安装在试验机的下承压板上，测表表头与上承压板边缘接触；测表应分别安装在试件两侧对称位置，分别测量整个试件两侧的变形值；

7 试验前先进行试件对中预压；加载至试件应力为 0.10MPa，保持 90s 后记录变形值；接着进行正式预压，连续均匀加载至试件应力为轴心抗压强度的 60%（F_2），保持 60s 后记录变形值，然后卸载至轴心抗压强度的 30%（F_1），并保持 60s；加载速度不应大于 0.10MPa/s，变形速度不应大于 10μm/s；

8 两侧变形测量仪读数差值与其平均值之比应小于 15%，否则应重新对中试件再试验；

9 预压后进行正式试验。从 F_1 连续均匀加载至 F_2，保持 60s 后记录变形值；然后加载至破坏，并记录破坏荷载和极限变形值（图 C.0.4）。

C.0.5 塑性混凝土的弹性模量和变形模量计算应符合下列规定：

1 塑性混凝土的弹性模量应按下式计算，计算值应精确至 10MPa：

$$E_{PC} = \frac{\alpha (F_2 - F_1) L}{A \Delta L} \qquad (C.0.5\text{-}1)$$

式中：E_{PC}——塑性混凝土弹性模量（MPa）；

F_1——应力为 30%轴心抗压强度时的荷载（N）；

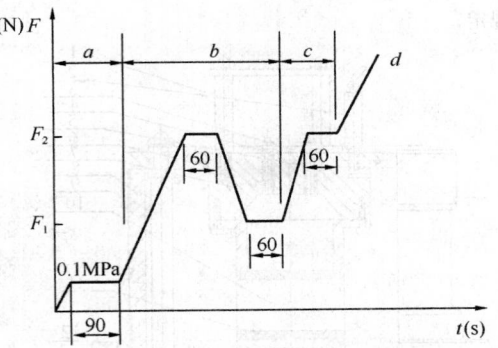

图 C.0.4 弹性模量试验加荷过程示意图

F—荷载；t—时间；a—对中预压；b—正式预压；
c—弹性模量测试；d—至试件破坏；

F_2——应力为 60%轴心抗压强度时的荷载（N）；

A——试件承压面积（mm²）；

L——测量标距（mm）；

ΔL——应力从轴心抗压强度的 30%增加到 60%试件两侧变形的平均值（mm）；

α——修正系数。当试件长径比为 2 时，$\alpha = 0.9$；当试件长径比为 3 时，$\alpha = 0.95$。

2 塑性混凝土的变形模量应按下式计算：

$$E_b = \frac{\alpha (F_2 - F_1) L}{A \Sigma \Delta L} \qquad (C.0.5\text{-}2)$$

式中：E_b——塑性混凝土变形模量（MPa）；

$\Sigma \Delta L$——应力从 0.1MPa 至轴心抗压强度 60%时试件的累计变形（mm）。

3 塑性混凝土极限变应按下式计算：

$$\varepsilon_{max} = \frac{100 \Delta L_{max}}{L} \qquad (C.0.5\text{-}3)$$

式中：ε_{max}——塑性混凝土的极限应变（%）；

L——测量标距（mm）；

ΔL_{max}——从对中荷载至试件破坏前的试件总变形（mm）。

C.0.6 试验结果确定应符合下列规定：

1 应将三个试件测试值的算术平均值作为该组试件的弹性模量值；

2 三个试件中有一个试件的轴心抗压强度值与用于确定检验控制荷载的轴心抗压强度值相差超过 20%时，弹性模量值应按另两个试件测试值的算术平均值计算；

3 三个试件中有两个试件的轴心抗压强度值与用于确定检验控制荷载的轴心抗压强度值相差超过 20%时，此次试验结果无效。

附录 D 塑性混凝土渗透性试验方法

D.0.1 渗透试验装置应符合下列规定：

1 塑性混凝土渗透仪的构造应符合图 D.0.1 的

规定；

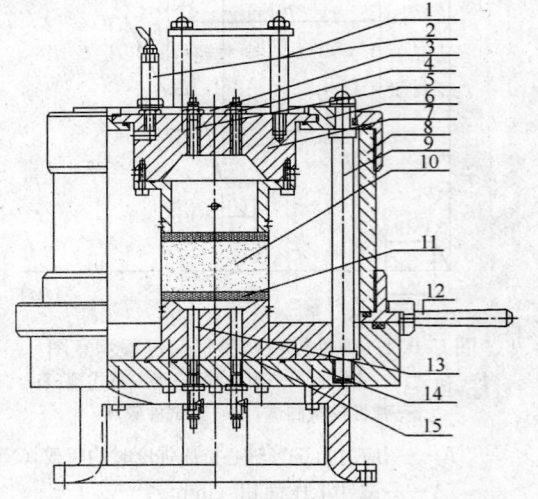

图 D.0.1 塑性混凝土渗透仪构造图

1—压力室活动上盖把手；2—接周围压力；3—压力室活动上盖；4—上排水排气管；5—接量管；6—压力室上盖；7—顶帽；8—压力室壁；9—压力室立柱；10—试样；11—透水石；12—把手；13—接渗透压力；14—压力室底座；15—下排水排气管

2 压力源采用气压，通过压力控制柜和封闭的压力水箱将气压转换成水压。试验时可根据试件混凝土的配合比和性能指标选择围压和渗透压力组合，试验压力宜为 0～6MPa。围压应大于渗透压力的 1.5 倍，可采用水压也可采用气压；

3 渗透试验仪及气、水管路各部件之间的连接应牢固，密封应良好，不得漏气、漏水。试件四周应采用密封胶、乳胶膜和大于试验压力的围压密封；

4 试件上下各垫一块透水石，由下部进水，上部出水，出水管应连接带刻度的量水管。在渗透试验装置压力室的上、下部各设一个排气孔，试验前可通过施加少许围压和渗透压力将安装试件时带入的气体全部排出。

D.0.2 试件准备应符合下列规定：

1 试件应为直径 150mm、高度 120mm 的圆柱体；

2 3 个同时制作、同样养护、同一龄期的试件为一组，分别测其渗透系数；

3 试件龄期应为 28d；应在标准养护条件下达到试验龄期的前几天将试件上下表面打毛，并在清水中浸泡饱和；试验前一天从养护室取出并擦拭干净；

4 试件表面晾干后应在其圆柱面上涂一层厚度为 0.5mm～1.0mm 的密封胶，套上乳胶膜，乳胶膜向上、向下各伸出 5cm。

D.0.3 渗透试验方法应符合下列规定：

1 试验前，将试件按三轴剪力试验方法装入压力室，旋紧压力室上盖，并检查压力室是否有漏气、

漏水现象；

2 确定压力室密封完好后，施加少许压力将乳胶膜与试件之间的空气通过排气管排出，也可采用真空抽气装置把气体抽出；

3 当试件内部排气完成后，在压力室内施加一定的围压，将试件内部多余的水排出，确定无多余水和气体后方可进行渗透试验；

4 在压力室内施加设定的围压和渗透压力，渗透压力应小于围压。应确保乳胶膜贴紧试件，防止绕渗。渗透压力宜为 0.2 MPa～0.5MPa，常用 0.24 MPa，围压应大于渗透压力的 1.5 倍；

5 应持续观测量水管读数，直至渗流稳定；然后连续记录数次渗流量读数，得到稳定的渗流量，由此通过计算确定渗透系数和渗透比降；

6 渗透系数试验完成后，对同一试件继续逐步加压至可能达到的最大压力或渗透破坏压力；由此通过计算确定最大渗透比降或渗透破坏比降。

D.0.4 渗透系数应按下式计算：

$$K = \frac{QL}{100AP} \qquad (D.0.4)$$

式中：K——渗透系数（cm/s）；

Q——稳定流量（cm^3/s）；

A——试件截面积（$176.71cm^2$）；

P——渗透压力（MPa）；

L——渗水高度（cm）。

D.0.5 宜取三个试件得出的渗透系数平均值作为试验的结果数据；当有一个试件或一个数据不能用时，可取另外两个数据的平均值作为试验的结果数据。

本规程用词说明

1 为便于在执行本规程条文时区别对待，对要求严格程度不同的用词说明如下：

1）表示很严格，非这样做不可的：

正面词采用"必须"，反面词采用"严禁"；

2）表示严格，在正常情况下均应这样做的：

正面词采用"应"，反面词采用"不应"或"不得"；

3）表示允许稍有选择，在条件许可时首先应这样做的：

正面词采用"宜"，反面词采用"不宜"；

4）表示有选择，在一定条件下可以这样做的，采用"可"。

2 条文中指明应按其他有关标准执行的写法为："应符合……的规定"或"应按……执行"。

引用标准名录

1 《普通混凝土拌合物性能试验方法标准》

GB/T 50080

  2 《普通混凝土力学性能试验方法标准》GB/
T 50081

  3 《通用硅酸盐水泥》GB 175

  4 《用于水泥和混凝土中的粉煤灰》GB/

T 1596

  5 《膨润土》GB/T 20973

  6 《混凝土泵送施工技术规程》JGJ/T 10

  7 《混凝土用水标准》JGJ 63

中华人民共和国行业标准

现浇塑性混凝土防渗芯墙施工技术规程

JGJ/T 291—2012

条　文　说　明

制 订 说 明

《现浇塑性混凝土防渗芯墙施工技术规程》JGJ/T 291-2012，经住房和城乡建设部 2012 年 12 月 24 日以第 1561 号公告批准、发布。

本规程制订过程中，编制组进行了大量的调查研究，总结了我国塑性混凝土防渗芯墙施工的实践经验，同时参考了国外先进技术法规、技术标准，通过塑性混凝土配合比试验、渗透性试验等取得了塑性混凝土防渗芯墙的重要技术参数。

为便于广大设计、施工、科研、学校等单位有关人员在使用本规程时能正确理解和执行条文的规定，《现浇塑性混凝土防渗芯墙施工技术规程》编制组按章、节、条编制了本规程的条文说明，对条文规定的目的、依据以及执行中需注意的有关事项进行了说明。但是，本条文说明不具备与规程正文同等的法律效力，仅供使用者作为理解和把握规程规定的参考。

目 次

1 总　则

1.0.2　本规程适用于建筑工程中的地下塑性混凝土防渗墙工程和地上填筑体内的塑性混凝土防渗墙工程的施工。

2 术语和符号

2.1 术　语

2.1.1　在塑性混凝土制备过程中，可单掺膨润土或单掺黏土，也可掺入膨润土又掺入黏土。

2.1.9　混凝土防渗墙分段施工，单元工程浇筑混凝土前称"槽孔"，浇筑混凝土后称"墙段"。"槽孔"由数个单孔组成，单孔分为主孔和副孔，主孔和副孔相间布置，先施工主孔，后施工副孔，主孔和副孔连通后形成槽孔。由于各墙段之间要搭接相当墙厚的长度，槽孔与墙段在轴线方向的长度不一定相同。"槽孔"是指槽形的孔，而不是圆形的孔，是多年来混凝土防渗墙施工的专用名词。

3 基本规定

3.0.1　本条文所涉及的资料是施工单位编制施工方案、组织施工必备的基本资料。为保证施工的顺利进行，开工前施工单位必须积极主动收集各种与施工有关的施工要求和施工条件资料，特别是地质资料。地质资料的主要内容如下：

1　防渗芯墙中心线处的勘探孔柱状图和地质剖面图，深基坑支护设计的专项勘察报告；

2　地基的分层情况、厚度、颗粒组成、密实程度及透水性；

3　地下水的水位、承压水资料；

4　基岩的岩性、地质构造、透水性、风化程度与深度；

5　可能存在的孤石、反坡、深槽、断层破碎带等情况。

当地质资料不足时应进行补充勘探。

3.0.2、3.0.3　在建（构）筑物附近修建混凝土防渗墙，往往会对建（构）筑物产生一定影响，引起建（构）筑物沉降、位移和裂缝等。因此，应了解建（构）筑物的结构与基础情况，在施工中对建（构）筑物进行监测十分重要，发现问题应及时采取有效措施处理。

3.0.4～3.0.7　这四条涵盖了塑性混凝土防渗芯墙施工的主要准备工作。混凝土防渗芯墙施工的辅助设施多，准备工作量大，而且往往要求在极短的时间内完成。准备工作是否按时到位关系到项目的成败，施工

管理者必须精心筹划。

3.0.8　塑性混凝土防渗芯墙施工需使用大量的水和泥浆，废水、废浆的清理和排放问题关系到施工现场的安全和对周边环境的影响，应认真考虑，妥善安排。

3.0.9　塑性混凝土防渗芯墙工程是地下隐蔽工程，施工质量难以全面检查，存在的质量问题难以及时发现，发现后难以补救；因此必须严格控制施工过程质量，以工作质量和行为质量来保证工程质量。各种专用的施工记录和检测记录是反映施工过程质量、工序质量的重要依据，必须认真填写，妥善保存。

4 墙体材料

4.1 塑性混凝土原材料

4.1.1　膨润土是一种以蒙脱石矿物为主的黏土，其主要特性是能够大量吸水膨胀，亲水性强，在浓度较小的情况下就能制成稳定的泥浆。膨润土颗粒水化后能够吸附大量的水分子，从而减少了混凝土中能够自由移动的水分子数量，提高了混凝土的抗渗性能；同时膨润土颗粒能与水泥水化后的产物形成网状结构胶体，提高了混凝土的变形性能。

膨润土在塑性混凝土中的作用，普通黏土不能完全取代，适量掺用膨润土是必要的；但膨润土在混凝土中能发挥作用的数量有限，掺量过多会降低混凝土的流动性，势必大幅度提高水胶比，从而降低混凝土的强度和抗渗性能。

综上所述，塑性混凝土中有必要掺膨润土，但不宜大量单掺膨润土，有条件时适量掺加黏土、粉煤灰等材料更有利改善塑性混凝土的性能，降低工程造价。

4.1.3　按照现行国家标准《通用硅酸盐水泥》GB 175，火山灰质硅酸盐水泥是在硅酸盐水泥熟料中掺入 20%～40% 的火山灰质混合材料，再加适量的石膏磨细制成的一种水硬性胶凝材料。由于这种水泥需水量较大，要比普通硅酸盐水泥增加 10%～15% 的用水量，易泌水，故塑性混凝土不宜选用火山灰质硅酸盐水泥。按照现行国家标准《通用硅酸盐水泥》GB 175，复合硅酸盐水泥也允许掺加 20%～50% 的活性混合材料或非活性混合材料，因此要谨慎使用。

4.1.4　天然膨润土有钠基膨润土和钙基膨润土两种。我国膨润土资源丰富，以钙基膨润土为主，钙基膨润土占膨润土储量的绝大部分。钠基膨润土的制浆性能优于钙基膨润土。

根据现行国家标准《膨润土》GB/T 20973，国产商品膨润土分为：钻井膨润土、未处理膨润土和 OCMA 膨润土三种。其中"钻井膨润土"是石油钻

井用的天然钠基膨润土，制浆性能好，但料源极少，价格昂贵。"OCMA 膨润土"是经过人工钠化处理的钙基膨润土，性能符合石油钻井配制泥浆要求；但产量较少，价格昂贵。"未处理膨润土"是未经人工化学处理的天然钙基膨润土，料源广，是防渗墙施工常用的膨润土；用它拌制固壁泥浆时须加分散剂，但可用于配制塑性混凝土；因为在混凝土中并不要求膨润土具有很高的分散性。

4.1.5 本条是对用于拌制塑性混凝土的普通黏土的性质要求。黏土的性质不仅与矿物成分有关，而且与天然颗粒细度有关。黏土颗粒越细，其水化能力越强，吸附的水分子越多。黏粒是指黏土中粒径小于 0.005mm 的颗粒，黏土中的黏粒含量越高，其黏性越强，塑性指数越大。用于墙体材料黏土的性能指标应略低于制浆黏土性能指标；实践证明，黏粒含量大于 40%、塑性指数大于 17 的黏土已完全能满足配制塑性混凝土的要求。

4.1.6 细骨料（砂）的品质和用量直接影响到塑性混凝土的和易性和物理力学性质。配制塑性混凝土宜采用中砂，按现行国家标准《建筑用砂》GB/T 14684 的规定，其细度模数为 3.0~2.3。

本规程采用现行国家标准《建筑用砂》GB/T 14684 中的品质标准。考虑到塑性混凝土原材料含有膨润土、黏土等，对砂的"含泥量"和"泥块含量"指标有所放宽。天然砂"含泥量"、天然砂和人工砂"泥块含量"均为现行国家标准《建筑用砂》GB/T 14684 中的Ⅲ类砂标准；"石粉含量"取小于 15%，这比现行国家标准《建筑用砂》GB/T 14684 中"石粉含量"Ⅲ类指标 7% 放宽了许多。其他品质要求都是Ⅱ类标准。

4.1.7 降低粗骨料粒径和加大砂率有利于改善塑性混凝土的变形性能，但同时也加大了工程造价，增加了料源困难。国外塑性混凝土防渗墙的最大骨料粒径一般为 32mm。我国厚度 400mm 以下的塑性混凝土防渗墙的最大骨料粒径都限制在 20mm。厚度大于 400mm，特别是墙厚 600 mm 以上的塑性混凝土防渗墙，最大骨料粒径多为 40mm。根据现实情况，只对厚度 400mm 以下的薄型塑性混凝土防渗墙明确规定最大骨料粒径为 20mm；厚度大于 400mm 的塑性混凝土防渗墙的最大骨料粒径可为 40mm，但限制粒径 20mm~40mm 粗骨料的用量。

现行国家标准《建筑用卵石、碎石》GB/T 14685 中粗骨料按卵石、碎石技术要求分为三类。塑性混凝土本身强度较低，且含有黏土、膨润土，因此没有必要选用较高的卵、碎石压碎指标和含泥量指标。本规程表 4.1.7 中的针片状颗粒指标和含泥量指标均为现行国家标准《建筑用卵石、碎石》GB/T 14685 中的Ⅲ类标准。考虑到耐久性和抗腐蚀性需要，硫化物及硫酸盐含量和质量损失取Ⅰ类指标。

4.2 塑性混凝土配合比

塑性混凝土的性能和材料组成与普通混凝土不同，由于掺加了大量的黏土、膨润土，造成水泥用量减少、用水量增大；为降低塑性混凝土的弹性模量，加大了砂率，减小了粗骨料粒径。普通混凝土配合比设计方法不再适用于塑性混凝土配合比设计。

4.2.1 考虑到普通混凝土和目前塑性混凝土都取 28d 抗压强度、弹性模量和渗透系数为标准值，以及尽量减少施工工期、试验周期等因素，本规程规定将塑性混凝土 28d 抗压强度、弹性模量和渗透系数作为标准值。

塑性混凝土抗压强度随龄期的变化规律与普通混凝土不同，抗压强度早期增长速度较慢，中期增长较快，后期增长又放缓。试验表明，塑性混凝土 28d 抗压强度约为 90d 抗压强度的 60%。塑性混凝土防渗墙原型观测和试验资料表明，塑性混凝土的渗透系数随着龄期延长而变小，龄期 1 年至 2 年，渗透系数可减小 10~20 倍。由于塑性混凝土强度随龄期的增加有较大程度的提高，渗透性有较大程度的降低，使其后期的安全性提高。

4.2.2 正交试验设计法在试验点设计上遵循"均衡分散性"与"整齐可比性"的正交性原则。在已有塑性混凝土配合比设计中，正交试验设计法得到了较为广泛的应用。塑性混凝土配合比设计，宜采用正交试验设计法。

采用正交试验设计，应正确确定试验因素和水平，选用合适的正交表进行表头设计，列出试验方案并按试验方案进行试验。对正交试验设计试验结果，应进行极差分析和方差分析。

4.2.3 在因素多、水平多的情况下，可采用与正交试验设计法相比试验次数较少的均匀试验设计法。采用均匀试验设计法应正确确定试验因素和水平，选用合适的均匀试验设计表及使用表，根据使用表列出试验方案，按试验方案进行试验。对均匀试验设计试验结果，应采用回归分析法处理试验数据。为了减小试验误差对结果的影响，每一组配合比试验的试件数不应少于 3 个，各因素量值水平宜适度增加。

4.2.5 本条根据国内外研究成果和实际工程资料提出了塑性混凝土原材料用量的合理范围，可供塑性混凝土配合比设计参考。

对塑性混凝土中骨料掺量认识不一，已建工程掺量在 $1200kg/m^3$~$1800kg/m^3$。有研究者认为 $900kg/m^3$~$1300kg/m^3$ 为宜，也有研究者认为还可以再减少。研究表明，对于最大骨料粒径为 20mm 的塑性混凝土，骨料掺量约为 $1500 kg/m^3$ 较合适。如果掺量过大，将使塑性混凝土中的骨料相互接触，增大弹性模量。

根据正交试验结果，塑性混凝土中掺加水泥质量 10%～40%的粉煤灰对降低弹强比有利。

4.2.7 本条提出了塑性混凝土配制强度计算方法的建议。配制强度的计算，有均方差（σ）法和离差系数（C_V）法，前者是离散性的绝对值，后者是离散性的相对值。近年来，国内多数规范采用了均方差法，其原因是，在强度等级大于 20MPa 时，在同等质量控制水平下，σ 的变化很小，用标准差法反而更方便；所以对于普通混凝土采用均方差法是合适的。塑性混凝土的强度较低，受天然材料性质的影响，抗压强度的离散性较大，强度均方差极不稳定，现有规范不适用；而不同强度塑性混凝土的离差系数却相对稳定，离差系数随强度大小变化有一定的规律性，强度越小离差系数越大；通过离差系数可以较直观地判断混凝土强度离散性的大小，故本条推荐采用离差系数法。

有关专家对国内已建塑性混凝土防渗墙的统计资料进行分析后，提出的塑性混凝土抗压强度离差系数（C_V）可按表 1 采用。

表 1　塑性混凝土抗压强度离差系数 C_V

设计抗压强度标准值（MPa）	9～6	5～3	2～1
计算配制抗压强度的 C_V 的参照值	0.26	0.29	0.33

考虑到现行行业标准《普通混凝土配合比设计规程》JGJ 55 中混凝土配制强度的计算是采用标准差法，本条中的塑性混凝土施工配制强度计算公式仍用标准差表示，但这里的标准差须根据离差系数统计数据求得，$\sigma=\beta f_{pcu,k}$，$\beta=C_V/(1-tC_V)$。附录 B 规定了标准差与塑性混凝土施工配制强度的关系系数（β）与设计强度标准值（$f_{pcu,k}$）和概率度系数（t）的关系。

4.2.8 考虑到塑性混凝土的早期强度较低，后期强度增长较快，90d 的强度约为 28d 强度的 1.5 倍；用 28d 龄期强度作为标准强度不尽合理。此外塑性混凝土强度的离散性较大，对施工强度的保证率和最低强度均不宜要求过高。塑性混凝土防渗芯墙深埋地下，主要起防渗作用，有 80% 以上的强度保证率即可满足要求。

4.3　塑性混凝土性能指标

4.3.1 本条规定了防渗墙塑性混凝土拌合物的性能指标，对塑性混凝土拌合物的密度、保水性、流动性提出了具体要求。实践证明，满足这些要求才能保证施工顺利进行，才能保证成墙质量。

地下防渗墙塑性混凝土密度过小不利于混凝土充分置换孔内泥浆，应予以限制。塑性混凝土拌合物泌水率是衡量塑性混凝土保水性的指标，泌水率低混凝

土的匀质性、稳定性好。

塑性混凝土应有适宜的稠度和良好的和易性。实践证明，对于泥浆下浇筑的混凝土，入孔坍落度低于 180mm 浇筑很困难，因此实际坍落度应以孔口测量数据为准。为了使浇入孔内的塑性混凝土均匀扩散，达到一定的扩散半径，塑性混凝土从入孔到扩散基本结束，坍落度保持在 150mm 以上的时间不应小于 1h。

为了保证塑性混凝土的黏聚性，本条规定扩展度应为 340mm～400mm。扩展度太小，施工性能差；扩展度太大，黏聚性差，会导致混凝土离析。初凝时间过短会给混凝土浇筑施工和接头孔拔管施工造成困难，终凝时间过长会影响施工进度。

4.3.2 本条指出了塑性混凝土的力学性能指标，这是国际上业界人士公认的塑性混凝土适用范围；具体到某一个工程，抗压强度与弹性模量如何匹配，是一个还没有完全解决的问题，往往会发生矛盾。

28d 弹性模量与 28d 抗压强度的比值称为弹强比。弹强比是评价塑性混凝土性能的主要指标。弹强比越小，墙体受力后的应力状态越好。塑性混凝土配合比设计的主要目标就是在强度满足要求的前提下，尽量降低弹强比；这个目标需要经过大量的试验工作才能达到。

4.3.3 本条指出了塑性混凝土的抗渗性能指标。渗透系数的变化范围较大（10^{-6} cm/s～10^{-8} cm/s），这是因为塑性混凝土原材料的种类较多，配合比复杂。塑性混凝土抗渗性能完全能满足一般工程的需要，但由于强度较低，干缩量较大，抗渗等级只能达到 W1～W3，所以不能在常规混凝土渗透仪上进行试验，只能用流量法测其渗透系数。

5　施工平台与导墙

5.1　施工平台的布置与结构

5.1.1 施工平台的宽度应满足施工需要，指满足施工设备和运输车辆作业与行走的需要。其中施工设备的选择受地层、工期等客观条件的影响，不同的施工设备和工艺对平台宽度的要求差别很大，故在此对平台宽度不便作出统一的规定。

5.1.2 塑性混凝土施工需要使用大量的水和泥浆，能否顺畅排出废水、废浆、废渣关系到环境保护和槽孔安全，如果废水倒渗孔内就会造成塌孔事故；要解决这一问题施工平台必须与四周的地面有一定的高差。

5.1.3 在防渗墙造孔施工过程中，孔内泥浆面相对于地下水位的高差越大，浆柱压力对孔壁的支撑作用越大，因此施工平台的高度对槽孔的稳定有重要影响，在确定施工平台高程时必须首先考虑槽孔的安

全。一定要避免因为想节省工程量而造成大面积塌孔，这样会造成更大的损失。

指明是孔口处的高度是因为施工平台不是平的，防渗墙槽孔两边的钻机平台和倒砂平台为排水、排浆向外都有一定的坡度，只有导墙的顶面是平的，此处的高程最大，称孔口高程，孔内泥浆面的高度由它控制。

不同的施工期设计洪水频率，最高地下水位是不同的，这里不写清楚，设计单位和施工单位在确定施工平台高程时无所适从。

实践证明，施工平台高出地下水位 2m 是最低要求，现在普遍使用的膨润土泥浆密度很小，有条件时施工平台宜高一些。

5.2 导墙的布置与结构

5.2.1 导墙的功用不仅是在开挖槽孔时给开挖机具导向，保护泥浆液面处于波动状态槽口的稳定，还要承受土压及施工机械等荷载，并要支撑混凝土导管、钢筋笼、接头管（板）等临时荷载；因此防渗墙施工前一定要先修导墙。导墙应具有一定强度和刚度，并应建在稳定的地基上。

导墙内间距，在用抓斗、液压铣槽机成槽时，宜大于设计墙厚 80mm～100mm；在用冲击钻机成槽时，宜大于设计墙厚 100mm～160mm。

5.2.2 由于施工荷载较大，采用现浇钢筋混凝土结构导墙较为安全，其断面形式常用的有矩形、直角梯形、L形、倒L形、[形等。在地质条件合适、槽孔施工周期较短的情况下，也可用钢结构导墙，其优点是可周转使用，降低成本。

导墙高度由槽口土质条件、所承受的荷载和槽孔施工周期等因素决定。由于导墙底面必须低于泥浆面，导墙的高度一般为 1.0m～2.0m。为了防止污水流入槽孔和便于成槽施工，导墙顶面应高出施工平台地面 50mm～100mm。

5.3 导墙与施工平台修筑

5.3.1 地下防渗墙成槽施工过程中，不论漏浆发生在什么部位，塌孔均发生在上部孔口处，因此导墙下面的地基必须坚固密实。

5.3.2 导墙外侧应采用黏性土回填并夯实是为了防止施工平台上的废水、废浆倒流槽孔。在导墙间加设撑顶支护是防止导墙倾覆或位移的重要措施。

5.3.3 在防渗墙成槽施工过程中，导墙相当于孔口的两根连续梁，长度越大，承载能力越大。

5.3.4 在工期紧张的情况下，填方地基一般难以做到密实，特别是底部与原地面的结合处，容易发生漏浆塌孔事故。填筑施工平台时往往采用开挖料，里面的大块石若不清除，将给防渗墙成槽施工造成极大的困难。

6 成槽施工

6.1 固壁泥浆

6.1.1 本条对泥浆原材料的品质提出了要求。泥浆原材料有膨润土和普通黏土（简称"黏土"）两种。膨润土泥浆性能优于黏土泥浆，如采用循环出渣、回收净化再重复使用的工艺，其耗量和成本将大幅度下降，对环境的污染也小，因此宜优先选用膨润土制浆。在当地无较好的黏土，而膨润土因运距等原因成本太高时，可考虑使用两种土料的混合料制浆，其配比通过试验确定。

膨润土是以蒙脱石为主要矿物成分的一种黏土。根据蒙脱石含量的高低，可把膨润土划分为钠质膨润土和钙质膨润土，钠质膨润土优于钙质膨润土。

本规程表 6.1.1 中的膨润土质量指标根据现行国家标准《钻井液材料规范》GB/T 5005 和《膨润土》GB/T 20973 制定，但根据原石油部《钻井用膨润土》SY/T 5060 和防渗墙施工实际情况作了适当调整。防渗墙施工常用的是未处理钙基膨润土；故只能参照钻井用"未处理膨润土"的质量指标，根据塑性混凝土防渗墙施工的实际需要提出膨润土的质量指标；不能过高，也不能缺项；否则在实际工作中无法操作，难以保证质量。

黏土的成分复杂、物理性质不一，本条要求应对黏土进行物理试验和化学分析，当黏土的黏粒含量难以达到 40% 的指标时，应适当掺加膨润土。

6.1.2 本条依据国外的资料和近年来国内应用膨润土泥浆的实践经验，制定了膨润土泥浆和黏土泥浆的性能指标。该指标应根据地层情况如漏失地层、松软地层、高承压水位地层等因素予以修正。

以往现场测试泥浆黏度的仪器有两种，一种是苏式漏斗（500/700mL），一种是采用 API（美国石油协会）标准的马氏漏斗（946/1500mL）；黏土泥浆用苏式漏斗，膨润土泥浆用马氏漏斗；国外多用马式漏斗，本规程中统一采用马氏漏斗，以便与国际接轨。

泥浆密度是一项对于槽壁稳定非常重要的指标，不能只有上限没有下限，泥浆密度太小不能保证槽孔安全，故本条将新制膨润土泥浆的密度定为 1.05g/cm³～1.10g/cm³，将重复使用膨润土泥浆的密度定为 1.05g/cm³～1.25g/cm³。

6.1.3 膨润土泥浆应充分搅拌，充分溶胀后再使用，否则会影响泥浆的失水量和黏度。不同的膨润土、拌制方法、泥浆浓度，需要的搅拌时间和溶胀时间不同，应通过试验确定。

6.1.4 高速搅拌机是指搅拌转速达 1200r/min 以上的搅拌机，膨润土泥浆用低速搅拌机难以搅拌均匀，而含有大量土块的普通黏土不可能用高速搅拌机搅拌，粉碎后的黏土也可用高速搅拌机搅拌。

6.1.5 一般情况下膨润土与水均匀混合后 3h 就有较大的溶胀，经过一天就可达到完全溶胀。新制泥浆需要提前使用时，应适当延长搅拌时间。泥浆池中的泥浆应采用压缩空气或其他方法经常搅拌，使之保持均匀。

6.1.6 泥浆回收重复使用是泥浆管理的重要环节，对于环境保护、节省材料、降低造价均有重要意义。常用的泥浆处理设备为泥浆净化机，泥浆净化机由振动筛和旋流除砂器组成。

6.1.7 本条规定了泥浆质量检查制度，是保证泥浆质量，乃至整个工程质量的重要措施。

6.2 造孔成槽

6.2.1 地下防渗芯墙施工常用的造孔成槽方法是钻劈法和钻抓法。钻劈法是用钢丝绳冲击钻机先钻主孔（导孔），然后劈打副孔连通成槽的施工方法。钻抓法是先用击钻机钻主孔（导孔），然后用抓斗挖槽机抓取副孔连通成槽的施工方法。钻劈法是最早使用的成槽方法，特点是能适应各种地层，但工效较低；目前在含有孤石、漂石的复杂地层中造孔仍然离不开钻劈法。钻抓法充分发挥了两种成槽设备的优势，施工速度快，但抓斗对地层的适应能力较差。

随着施工技术的进步，成槽方法在不断改进。在地质条件复杂的地层中修建防渗墙，应灵活机动地选择成槽方法和成槽机具。任何先进设备均有其局限性，同一设备不可能在所有地层中都可以达到高效施工。

6.2.2 本条是关于控制防渗墙施工轴线的要求。

6.2.3 本条为确定槽孔长度的一般原则。地下防渗墙施工，通常是将整个墙体长度按墙设计平面构造要求和施工可能性划分为若干单元槽段，按一定顺序进行的。

槽段划分就是确定单元槽段的长度。单元槽段越长，墙段接头数量越少，可提高墙体整体性和防渗能力，简化施工，提高工效。但由于种种原因，单元槽段长度受到限制，必须根据设计要求和施工条件综合考虑确定。决定单元槽段长度的因素主要有：设计构造要求；墙体深度和厚度；地质、水文条件，开挖槽面的稳定性；对相邻建（构）筑物的影响；成槽机械的一次挖槽长度；泥浆生产和护壁能力；单位时间内塑性混凝土供应能力；导管的作用半径；起拔接头管的能力；施工技术的可能性；连续操作有效工作时间等。其中最重要的是槽壁的稳定性。单元槽段的长度多取 5m～8m，也有取 10m 甚至更长的情况。

6.2.4 地下槽孔防渗墙须分段施工，分段长度一般为 5m～8m。为了加快进度和保证安全，一般采用间隔施工的方法，即先施工 1、3、5、7、9 号槽段，后施工 2、4、6、8、10 号槽段，先施工的称"一期槽段"，后施工的称二期"槽段"。在单个槽孔里面也是采用这种方法施工。在某些特殊情况下也可能相邻槽孔同时施工，这时就要注意防止发生两个槽孔串通事故。

6.2.5 本条规定是为了保持槽内具有足够的泥浆静压力，以维持孔壁稳定。计算和实践表明，保持泥浆面高于地下水位 2m 以上能保持槽内有足够的泥浆静压力。从开始成槽施工到混凝土浇筑结束之前的这段时间内都需要进行浆面控制。

6.2.6 当已知存在漏失地层时，应做好堵漏材料和处理方案准备，在成槽前或成槽过程中发现问题及时进行处理。预防漏浆主要有下列措施：

1 对槽孔两侧一定深度内土体进行加密处理；

2 在槽孔两侧地基预先进行高压喷射注浆或水泥灌浆；

3 使用防渗性能良好、黏度较大的固壁泥浆；

4 在松散、漏失地层中钻进，应随时向孔内投入适量黏土，以增加孔底泥浆的稠度；

5 必要时在泥浆中加入防漏失材料。

处理漏浆主要有下列措施：

1 发生大量漏浆时应立即起钻，中断造孔，迅速向槽孔内补充泥浆，保持浆面高度不低于导墙底部；

2 在泥浆中掺加膨润土、粉煤灰、锯末、棉子壳、纸屑、麻屑、人造纤维等堵漏材料；

3 向孔底投放黏土、水泥、砂、碎石、黏土球等堵漏材料，用钻头捣实并挤入漏浆孔洞。

6.2.8 槽孔成槽后应进行终孔质量检验，检验不合格不得进入清孔、浇筑工序，要重新修正。槽孔终孔是指：整个槽孔中的各个单孔全部钻到了经过监理确认的终孔深度；各个单孔之间全部连通，没有障碍物，孔宽全部满足要求；各单孔和单孔之间的孔斜率全部在允许的范围内；墙段之间的搭接厚度满足设计要求。

槽孔终孔检验，可以采用重锤法，也可以采用超声波法，超声波法的检测结果比较准确，对于重要或对孔形有严格要求的工程，应采用超声波测井仪进行检测。

重锤法就是直接用造孔钻头在全槽孔内按一定的上下、左右间距逐点检查，通过测量钻头钢丝绳在孔口的偏斜距离，计算出钻头所在部位的偏斜距离，然后根据孔深计算出各测点的孔斜率。终孔检验时必须有监理人员在场监督并确认检查结果。

6.2.9 钻劈法属于传统的成槽工艺，对地层适应性强，多用于砂卵石或含漂石地层中，但工效较低，其设备是冲击钻机或冲击反循环钻机。

6.2.10 钻抓法由钻机和抓斗配合施工，适用于多数复杂地层，总体工效高于钻劈法。钻机可以是冲击钻机、冲击反循环钻机或回转钻机等，抓斗可以是液压抓斗或机械抓斗。

6.2.11 抓取法为纯抓斗施工，目前在国内属于较新的槽孔建造工艺，多适用于细颗粒地层，工效高于上述两种工艺，但成槽精度相对稍低。施工设备可以是液压抓斗或钢丝绳抓斗。钢丝绳抓斗配以重凿也可用于复杂地基处理甚至嵌岩作业。

铣削法是用液压铣槽机铣削地层形成槽孔的一种方法，是最新的槽孔建造工艺，多用于砾石以下细颗粒松散地层和软弱岩层。该法施工效率高、成槽质量好，但成本较高。

6.3 清孔换浆

6.3.1 槽孔终孔质量检验合格，经监理签发合格证后方可进行清孔换浆。

6.3.2 清孔的方法主要有抽筒法、泵吸反循环法、气举反循环法、潜水泵法等。由于泵吸法和气举法相对于传统的抽筒法更能保证清孔质量，提高清孔速度，因此本条规定清孔换浆方法宜采用泵吸法或气举法。

泵吸法中的反循环泵吸法是一种常用的清孔方法。该方法是将砂石泵吸浆管下至孔底，沿墙轴线移动，将孔底携渣泥浆抽至孔外，同时自孔口注入新鲜泥浆。

在槽深小于 50m 时，泵吸法效率较高。当槽深较大时，宜采用气举法，气举法清孔深度可达 100m 以上。

6.3.3 初步清孔是指用抓斗或抽砂筒将孔底的大块钻渣先捞出孔外，以免在反循环清孔时堵塞排渣管。但不得用抓斗抓取代替泥浆反循环清孔。

6.3.4 为了保证槽孔浇筑时混凝土自上而下置换孔内泥浆的效果，必须在清孔前用新鲜泥浆置换孔内的大密度、大黏度、大含砂量泥浆。不合格泥浆主要集中在槽孔下部，故不一定要将全槽孔泥浆都换出。

6.3.5 清孔换浆设备的能力主要是指：反循环砂石泵的排量、扬程，空压机的压力、排量，排渣管的直径等。

6.3.6 本条规定了清孔换浆质量指标和检测时机。要求清孔换浆结束 1h 后再进行清孔质量检查，是因为在清孔过程中被悬浮起来的泥砂在混凝土浇筑开始之前还会沉降到孔底。

6.3.7 槽孔清孔检验合格后，要下设完浇筑导管才能开始浇筑混凝土，一般 4h 是足够的；若由于孔深过大等原因造成延误，孔底淤积厚度可能增加，这时就要重新清孔。清孔方法有潜水砂石泵法、导管法等。

6.3.8 对后期槽孔一端或两端圆弧形塑性混凝土孔壁上附着的泥皮应进行刷洗，最后一遍刷洗完毕后，掉落在端孔内的淤积物的厚度应在规定的限度以内。

7 塑性混凝土浇筑

7.1 塑性混凝土的制备与运输

7.1.1 塑性混凝土的制备与普通混凝土基本相同，只是增加了掺入黏土、膨润土等工序。由于膨润土容易成团，很难搅拌均匀，所以要求采用强制式搅拌机搅拌，并适当延长搅拌时间；最好是采用湿掺法。搅拌时间一定要通过试验确定。

黏土和膨润土的掺入有两种方法：干掺法和湿掺法。干掺法是指将水泥、膨润土、黏土等与骨料先混合搅拌，然后再加水搅拌。由于黏土中含有水分和土块，干掺前需先晒干、粉碎、过筛后装袋备用。

湿掺法是事先将黏土、膨润土拌制成泥浆备用，不是搅拌混凝土时先在混凝土搅拌机内直接拌制泥浆。搅拌泥浆须用专用设备，在混凝土搅拌机内不可能搅拌均匀；特别是黏土泥浆需要较长的搅拌时间，不可能在混凝土搅拌过程中完成。要注意的是，泵送泥浆的最大浓度只能达到 $10\% \sim 14\%$。

7.1.2 为了保证塑性混凝土的质量，对混凝土拌合物运输的基本要求是：运输能力要够；运输中不离析、不漏浆；运输时间要短，保证运至孔口的混凝土应具有良好的施工性能。

"最大计划浇筑强度"是指最长槽孔或计划一次连续浇筑的几个槽孔，在浇筑过程中能满足混凝土面上升速度要求的浇筑强度。

浇筑中断往往是由于机械故障、突然停电等原因造成。中断时间过长导管和孔内的混凝土将失去流动性，从而导致堵管事故，甚至断墙事故。

7.2 塑性混凝土地下浇筑

7.2.1 塑性混凝土的施工性能主要是指塑性混凝土的流动性和黏聚性。流动性用坍落度和扩展度两个指标表示。黏聚性尚无现场快速检测方法，只能目测。为保证塑性混凝土的施工性能满足要求，浇筑前应测试骨料含水量；并进行混凝土试配，必要时调整配比。开浇后第一车混凝土必须取样检测混凝土的坍落度，发现问题及时调整。

7.2.2 本条是对混凝土浇筑准备工作的要求，这些准备工作对于泥浆下混凝土浇筑是必须的，关系到槽段浇筑的成败，必须提前认真做好。除了自身的准备工作外，还要与供料方、供电方、试验室等外协单位协商好配合事项。

7.2.3 本条是对浇筑导管的要求。导管是泥浆下混凝土浇筑的关键环节，事前应对导管的直径、壁厚、管节长度、结构、强度、连接方式、管节配置等进行精心设计，精心选择，精心加工，认真检查。导管在槽段中布置应符合设计和规范要求。本规程第 6.2.8

条规定了孔斜率不应大于 0.6%，故相应规定导管不能有过大的弯曲，下到孔中部分的斜率不应大于 0.5%，否则下管时会破坏孔壁。

7.2.4 本条是对浇筑过程控制的要求。槽段泥浆下浇筑是不可直观的隐蔽工程，必须以过程质量、工艺质量、行为质量保证工程质量，因此地下防渗墙浇筑施工有严格的工艺要求和记录要求。在浇筑过程中必须按预定的间隔时间测量、记录混凝土面上升、导管埋深等情况，导管的提升、拆卸操作必须严格根据记录和规程要求进行。

7.2.5 本条是对浇筑事故处理的要求。槽段浇筑前要有预防事故的措施和处理事故的预案，要准备好各种处理事故的工具材料。发生事故后要查明原因，尽快组织力量妥善处理，尽量减少损失。

7.2.6 墙顶难免有少量混浆混凝土需要凿除，故超浇 50cm。

7.3 塑性混凝土地上浇筑

7.3.1 地上塑性混凝土防渗芯墙的成墙方式可分为两类，一类是在既有建筑物上开挖浇筑成墙，它的施工过程与地下防渗墙基本相同；另一类是从地基向上建槽浇筑成墙，这种成墙方式需要模板。模板可分为两种，一是永久性模板，即成墙后模板不拆除。另一种是非永久性模板，即需要拆除的模板。永久性模板多采用浆砌石体，即砌石模，非永久性模板多采用钢模板。

砌石模不仅可以利用芯墙两侧的砌石体作模板，节省木材与钢材，而且砌石体弹性模量与墙体弹性模量之比约为 2~11，是较理想的模量搭配。砌石模的厚度取决于槽内浇筑塑性混凝土和砌石模两侧填土压实产生的侧向压力，应通过计算确定，使其在侧向压力作用下不发生位移。当砌石与浇筑过程采用"层砌层浇"方式时，已有工程采用的砌石模厚度约为 0.6m~1.0m。当塑性混凝土芯墙采用薄层通仓浇筑时，砌石模厚度可以减小到 0.35m~0.40m。

7.3.2 塑性混凝土防渗芯墙浇筑采用钢模板时，为了保证模板的强度、刚度和稳定性，模板安装一般采用对拉配合外部斜撑；为了防止漏浆，模板之间的接缝通常用胶带粘贴或敷设泡沫双面胶条，为拆模方便，钢模应涂隔离剂或采取其他易脱模的措施。

7.3.3 塑性混凝土拆模时的强度不宜具体规定，应在综合考虑模板类型、施工进度、塑性混凝土强度等因素后确定，必要时进行试验。塑性混凝土强度达到其表面及棱角不因拆模而损伤时方可拆模。拆模时不应敲打，敲打会对墙体造成损伤。拆模困难时应查找模板安装、拆模时间与方法等原因。若模板安装后，两侧不填土，先浇筑塑性混凝土，拆模后，应及时填土。

7.3.4 砌筑砌石模时，应在砌筑前洒水湿润，否则，在浇筑时会引起塑性混凝土失水，造成墙体侧面干缩裂缝和影响塑性混凝土与砌石之间的粘结。

7.3.5 地上塑性混凝土防渗芯墙是通过安装模板或砌石代替模板，逐层浇筑成型的防渗墙。浇筑时应有足够的拌合、运输能力，宜采用不分缝通仓浇筑方式。不分缝通仓浇筑又分为通仓薄层浇筑和通仓厚层浇筑。每层浇筑厚度，应根据后层浇筑时，前层浇筑的塑性混凝土仍未初凝的原则确定。

7.3.6 砌石模防渗墙两侧的砌石为永久性模板，防渗墙的侧面养护不存在问题；钢模等非永久性模板，每浇筑一层拆模后立即填土，墙体侧面也不需要再采取其他养护措施。塑性混凝土防渗墙养护主要指逐层浇筑时的养护，每浇筑一层都应及时采用塑料薄膜覆盖墙顶。

8 墙 段 连 接

8.1 地下防渗芯墙墙段连接

8.1.1 防渗墙墙段连接处是薄弱环节，在能保证槽段稳定的前提下，尽量加大槽段长度，减少墙段接头。

8.1.2 防渗墙段连接有：钻凿法、接头管法、双反弧法、铣削法等，常用的是钻凿法和接头管法。钻凿法直接用钻机钻接头孔，不需另外的设备，操作简便；但接头孔容易偏斜，且浪费工时和材料。接头管法的成孔效果较好，质量有保证，现在多采用接头管法，逐渐淘汰钻凿法。

8.1.3 拔管成孔成败的关键是正确选择并适当控制混凝土的脱管龄期。起拔早了会造成混凝土孔壁坍塌，不能成孔；起拔晚了会危及孔口的安全。防渗墙混凝土能成孔的最小脱管龄期与混凝土的特性、孔径、孔深、浇筑速度、温度等因素有关，一般为 5h~8h，甚至更长，必须通过试验确定，并在开始浇筑时取样复核。混凝土的龄期应从浇筑导管管口高于此部位后（此点的混凝土已处于静止状态后）开始计算。

为了掌握接头管外各接触部位混凝土的实际龄期，应详细掌握混凝土的浇筑情况，因此，施工前应绘制能够全面反映混凝土浇筑、导管提升、接头管起拔过程的记录表。该记录表上既有各种施工数据，又有多条过程曲线，能直观地判断各部位混凝土的龄期、应该脱管的时间和实际脱管龄期。在施工中应及时、准确地记录施工过程。浇筑施工与拔管施工应紧密配合，浇筑速度不宜过快。开浇 3h 后开始微动，此后活动接头管的间隔时间不应超过 30min，每次提升 1cm~2cm，以消除混凝土的粘结力。微动的时间不宜过早，也不宜过于频繁，否则对混凝土的凝结和孔壁稳定不利。当管底混凝土的龄期达到确定的脱管龄期后，就可以按照混凝土的浇筑速度逐步起拔接头管。

8.1.4 墙段连接钻凿法即施工二期墙段时在一期墙

段两端套打一钻的连接方法，其接缝呈半圆弧形，一般要求接头处的墙厚不小于设计墙厚。

接头孔偏斜对墙段连接处的墙厚有不利影响。由于墙体混凝土与四周地层的硬度不同，所以钻孔时极易发生偏斜；特别是深度较大的接头孔，钻孔时间越长混凝土的强度越高，越容易发生偏斜，越往下越难打。所以施工接头孔时，既要严格控制孔斜，又要抓紧时间、加快进度。

8.1.5 墙段连接采用铣削法适用于用液压双轮铣槽机成槽的防渗墙工程。采用铣削法时，一期墙段之间的距离小于铣槽机铣头的长度，铣槽机从上到下同时铣掉两个一期墙段的端部，形成的墙段接缝不是弧形，而是锯齿形。铣削法成败的关键在于控制和掌握两侧一期墙段的孔斜，正确选择铣削位置，确保从上到下都能同时铣到两侧的一期墙段。

8.2 地上防渗芯墙结合面处理

8.2.1 本条是关于地上防渗芯墙与地基连接的要求。为了防止墙体与地基的连接处出现渗漏，一方面要求地基应具有足够的强度，另一方面应采取连接技术措施。如在塑性混凝土防渗芯墙与地基或地下防渗墙的连接处设置混凝土基座，在塑性混凝土防渗芯墙与岸坡的连接处设置混凝土垫座。

8.2.2～8.2.4 地上塑性混凝土防渗芯墙立模分段分层浇筑，分层厚度为 2.0m～2.5m，每一层分段长度为 12m～20m，各段之间采用斜面或直面连接。先浇混凝土初凝结束前继续浇筑的，结合面不需处理。先浇塑性混凝土初凝结束后再浇筑的，二者的结合面称施工缝，施工缝应进行处理。无论是力学性能还是抗渗性能，施工缝都是较差的位置之一。施工缝处理的好坏，直接影响塑性混凝土防渗墙的性能。根据试验，结合面的性能与结合面粗糙度、湿润程度和界面剂有关。

到目前为止，国内外还没有相应规范或规程对结合面粗糙度评定方法做出明确规定，均匀刷毛基本能满足粗糙度要求。结合面湿润程度对结合面性能有较大影响。若结合面干燥，界面剂会因失水收缩，收缩产生的剪力会削弱结合面结合强度。湿润结合面水分不宜过多，不得留有积水。试验表明，界面处于饱和状态最好。界面剂可采用与塑性混凝土具有同样配合比（不含粗骨料）的砂浆或 1:1 的水泥净浆，试验表明，二者的性能相近。刷界面剂非常重要，应使其均匀、细腻、密实。

9 施工质量检查

9.1 工序质量检查内容

9.1.1 对防渗墙工程的质量检查，可分为工序质量

检查和墙体质量检查。工序质量检查在施工过程中进行，墙体质量检查在成墙后抽查。

9.1.2 每道工序都要有详细的施工记录和检查记录。

9.2 塑性混凝土取样

9.2.1 取样试验是为了了解施工中浇筑的塑性混凝土性能，对塑性混凝土的性能和墙体质量进行评定，因此应在浇筑地点的孔口随机取样。

9.2.2～9.2.6 抽取试件组数应以拌合批次、浇筑量、台班、墙段、层次等一个或几个作为控制因素。

槽孔塑性混凝土防渗墙和分缝跳浇浇筑的模板塑性混凝土防渗墙，每个墙段不论体积多少，抗压强度试件至少取样一组。

不分缝通仓分层浇筑的模板塑性混凝土防渗墙，分层为控制因素，以该因素所得试件试验结果，有利于评价每层浇筑质量，但若一层浇筑的塑性混凝土方量较小，取样频率就会太高，因此，应与浇筑方量结合确定取样次数，本规程规定每浇筑 100m³ 取样不应少于一组。

抗渗试验、弹性模量试验较抗压强度试验复杂，故检查频次应减少，只取少量的检测数据。

上述抽取试件组数是基于同配合比、同批次拌合，当配合比或拌合批次不同时，即使是同一墙段或层，也应增加抽样组数。每组抽取试件个数，应符合第 9.3 节塑性混凝土性能检测要求。为稳妥起见，每组试件个数可适度增加。

9.3 塑性混凝土性能检测

9.3.3 本规程要求抗压强度试验方法应符合现行国家标准《普通混凝土力学性能试验方法标准》GB/T 50081 的规定。但应注意，由于塑性混凝土强度较普通混凝土强度低得多，因此对加载设备与加载速度的要求与《普通混凝土力学性能试验方法标准》GB/T 50081 有所不同。

9.3.4 塑性混凝土由于强度低、变形大，不能采用常规弹性模量试验方法。本规程采用标距取试件全长、减少预压次数并缩短预压时间的试验方法，同时要求用同一试件的总变形量计算出变形模量和极限应变，以全面反映所测试塑性混凝土的变形性能。

9.3.5 现行行业标准《混凝土抗渗仪》JG/T 249 和劈开法测试混凝土的相对渗透系数主要存在下列问题：

1 由于塑性混凝土的体积收缩量较大，采用常规试验设备和试验方法环缝密封问题不容易解决，对试验结果影响较大；

2 塑性混凝土的强度较低，劈开时破裂面不完整，难以准确测量渗透距离；而且试验时间太长，工作量太大，试验费用过高；

3 塑性混凝土的吸水率难以测定，因为塑性混

凝土不能脱水，脱水后就会立即破散，将试件烘干后再吸水的办法不可行；

4 塑性混凝土中水的存在形式与普通混凝土不同，有能移动的自由水分子，也有被膨润土颗粒吸附的不能自由移动的水分子，一概清除不符合塑性混凝土吸水率的实际情况。

所以塑性混凝土的渗透性试验采用流量法，通过测定渗透压力和渗透流量直接得出渗透系数。

9.4 墙体质量检查

9.4.4 钻孔取芯是墙体质量检查的方法之一。通过对芯样的检查、试验了解墙体塑性混凝土有无夹泥和冷缝、是否密实、与基岩面接触情况、墙底沉渣厚度等。

芯样直径应考虑骨料最大粒径的影响，芯样直径一般不宜小于骨料最大粒径的 6 倍，骨料最大粒径越大，钻孔直径应越大。但墙厚较薄时，钻孔直径过大，会影响墙体整体性，损伤较为严重。

取芯钻孔孔斜率对芯样成功率有较大影响。为了保证钻孔有较高的垂直度，取芯钻孔孔斜率不宜大于 0.4%。

取芯钻孔深度宜控制在 5.0m～8.0m。当取芯深度较深时，由于孔斜率、振动、芯样应力释放等因素，芯样破碎较严重。

钻孔应选择合适的孔径。粗骨料最大粒径小、墙体厚度薄、孔径可小些；粗骨料最大粒径大、墙体厚度大，孔径可大些。本条规定孔径不应大于墙厚的 1/3，宜为 70mm～150mm。

芯样抗压强度试验宜使用直径 100mm、高径比 1∶1 的塑性混凝土圆柱体试件。若采用小直径芯样试件，其直径不应小于 70mm。试验表明：同样养护、同样龄期的直径 100mm 或直径 70mm～75mm、高径比 1∶1 的塑性混凝土圆柱体试件与边长 150mm 的立方体试件抗压强度基本相当。

9.4.5 本条规定当塑性混凝土防渗芯墙达到一定龄期后，沿墙轴线布设开挖检查点，检查墙体的均匀性和完整性、墙段连接和厚度。由于只能在上部进行开挖检查，故检查结果不作为墙体质量综合评价的主要依据。

9.4.6 塑性混凝土墙体中的检查孔孔壁粗糙，孔径大小不一，卡塞困难，做注水试验时不能完全照搬规程规范，要根据具体情况采用既合理又简便的试验方法。

9.4.7 对于塑性混凝土，由于其强度很低，取芯率高低不应作为评判质量的标准。可采用无损检测如超声波法和弹性波透射层析成像法（简称 CT 法）等方法进行墙体质量检测，但由于物探的局限性，其检测结果只能作为对墙体质量综合评价的依据之一。

中华人民共和国国家标准

钢结构焊接规范

Code for welding of steel structures

GB 50661—2011

主编部门：中华人民共和国住房和城乡建设部
批准部门：中华人民共和国住房和城乡建设部
施行日期：２０１２年８月１日

中华人民共和国住房和城乡建设部
公　告

第 1212 号

关于发布国家标准
《钢结构焊接规范》的公告

现批准《钢结构焊接规范》为国家标准，编号为 GB 50661-2011，自 2012 年 8 月 1 日起实施。其中，第 4.0.1、5.7.1、6.1.1、8.1.8 条为强制性条文，必须严格执行。

本规范由我部标准定额研究所组织中国建筑工业出版社出版发行。

中华人民共和国住房和城乡建设部

2011 年 12 月 5 日

前　言

本规范根据原建设部《关于印发〈2007 年工程建设标准规范制订、修订计划（第二批）〉的通知》（建标〔2007〕126 号）的要求，由中冶建筑研究总院有限公司会同有关单位编制而成。

本规范提出了钢结构焊接连接构造设计、制作、材料、工艺、质量控制、人员等技术要求。同时，为贯彻执行国家技术经济政策，反映钢结构建设领域可持续发展理念，本规范在控制钢结构焊接质量的同时，加强了节能、节材与环境保护等要求。

本规范在编制过程中，总结了近年来我国钢结构焊接的实践经验和研究成果，编制组开展了多项专题研究，充分采纳了已在工程实际中应用的焊接新技术、新工艺、新材料，并借鉴了有关国际标准和国外先进标准，广泛征求了各方面的意见，对具体内容进行了反复讨论和修改，经审查定稿。

本规范的主要内容有：总则，术语和符号，基本规定，材料，焊接连接构造设计，焊接工艺评定，焊接工艺，焊接检验，焊接补强与加固等。

本规范中以黑体字标志的条文为强制性条文，必须严格执行。

本规范由住房和城乡建设部负责管理和对强制性条文的解释，由中冶建筑研究总院有限公司负责具体技术内容的解释。请各单位在本规范执行过程中，总结经验，积累资料，随时将有关意见和建议反馈给中冶建筑研究总院有限公司《钢结构焊接规范》国家标准管理组（地址：北京市海淀区西土城路 33 号；邮政编码：100088；电子邮箱：jyz3408@263.net），以供今后修订时参考。

本 规 范 主 编 单 位：中冶建筑研究总院有限公司
中国二冶集团有限公司

本 规 范 参 编 单 位：国家钢结构工程技术研究中心
中国京冶工程技术有限公司
中国航空工业规划设计研究院
宝钢钢构有限公司
宝山钢铁股份有限公司
中冶赛迪工程技术股份有限公司
水利部水工金属结构质量检验测试中心
江苏沪宁钢机股份有限公司
浙江东南网架股份有限公司
北京远达国际工程管理咨询有限公司
上海中远川崎重工钢结构有限公司
陕西省建筑科学研究院
中铁山桥集团有限公司
浙江精工钢结构有限公司
北京三杰国际钢结构有限公司

上海宝冶建设有限公司

中建钢构有限公司

中建一局钢结构工程有限公司

北京市市政工程设计研究总院

中国电力科学研究院

北京双圆工程咨询监理有限公司

天津二十冶钢结构制造有限公司

大连重工·起重集团有限公司

武钢集团武汉冶金重工有限公司

武钢集团金属结构有限责任公司

本规范主要起草人员：刘景凤　周文瑛　段　斌
　　　　　　　　　　苏　平　侯兆新　马德志
　　　　　　　　　　葛家琪　屈朝霞　费新华
　　　　　　　　　　马　鹰　江文琳　李翠光
　　　　　　　　　　范希贤　董晓辉　刘绪明
　　　　　　　　　　张宣关　徐向军　戴为志
　　　　　　　　　　尹敏达　王　斌　卢立香
　　　　　　　　　　戴立先　何维利　徐德录
　　　　　　　　　　刘明学　张爱民　王　晖
　　　　　　　　　　胡银华　吴佑明　任文军
　　　　　　　　　　贺明玄　曹晓春　王　建
　　　　　　　　　　高　良　刘　春

本规范主要审查人员：杨建平　李本端　鲍广鉴
　　　　　　　　　　贺贤娟　但泽义　吴素君
　　　　　　　　　　张心东　施天敏　尹士安
　　　　　　　　　　张玉玲　吴成材

目　次

Contents

1 总　　则

1.0.1 为在钢结构焊接中贯彻执行国家的技术经济政策，做到技术先进、经济合理、安全适用、确保质量、节能环保，制定本规范。

1.0.2 本规范适用于工业与民用钢结构工程中承受静荷载或动荷载、钢材厚度不小于 3mm 的结构焊接。本规范适用的焊接方法包括焊条电弧焊、气体保护电弧焊、药芯焊丝自保护焊、埋弧焊、电渣焊、气电立焊、栓钉焊及其组合。

1.0.3 钢结构焊接必须遵守国家现行安全技术和劳动保护等有关规定。

1.0.4 钢结构焊接除应符合本规范外，尚应符合国家现行有关标准的规定。

2　术语和符号

2.1　术　　语

2.1.1 消氢热处理　hydrogen relief heat treatment

对于冷裂纹倾向较大的结构钢，焊接后立即将焊接接头加热至一定温度（250℃～350℃）并保温一段时间，以加速焊接接头中氢的扩散逸出，防止由于扩散氢的积聚而导致延迟裂纹产生的焊后热处理方法。

2.1.2 消应热处理　stress relief heat treatment

焊接后将焊接接头加热到母材 A_{c1} 线以下的一定温度（550℃～650℃）并保温一段时间，以降低焊接残余应力，改善接头组织性能为目的的焊后热处理方法。

2.1.3 过焊孔　weld access hole

在构件焊缝交叉的位置，为保证主要焊缝的连续性，并有利于焊接操作的进行，在相应位置开设的焊缝穿越孔。

2.1.4 免于焊接工艺评定　prequalification of WPS

在满足本规范相应规定的某些特定焊接方法和参数、钢材、接头形式、焊接材料组合的条件下，可以不经焊接工艺评定试验，直接采用本规范规定的焊接工艺。

2.1.5 焊接环境温度　temperature of welding circumstance

施焊时，焊件周围环境的温度。

2.1.6 药芯焊丝自保护焊　flux cored wire selfshield arc welding

不需外加气体或焊剂保护，仅依靠焊丝药芯在高温时反应形成的熔渣和气体保护焊接区进行焊接的方法。

2.1.7 检测　testing

按照规定程序，由确定给定产品的一种或多种特

性进行检验、测试处理或提供服务所组成的技术操作。

2.1.8 检查　inspection

对材料、人员、工艺、过程或结果的核查，并确定其相对于特定要求的符合性，或在专业判断的基础上，确定相对于通用要求的符合性。

2.2　符　　号

α——焊缝坡口角度；

h——焊缝坡口深度；

b——焊缝坡口根部间隙；

P——焊缝坡口钝边高度；

h_e——焊缝计算厚度；

z——焊缝计算厚度折减值；

h_f——焊脚尺寸；

h_k——加强焊脚尺寸；

L——焊缝的长度；

B——焊缝宽度；

C——焊缝余高；

Δ——对接焊缝错边量；

$D(d)$——主（支）管直径；

Φ——直径；

Ψ——两面角；

δ——试样厚度；

t——板、壁的厚度；

a——间距；

W——型钢杆件的宽度；

Σ_f——角焊缝名义应力；

T_f——角焊缝名义剪应力；

η——焊缝强度折减系数；

f_f^w——角焊缝的抗剪强度设计值；

$HV10$——试验力为 98.07N（10kgf），保持荷载（10～15）s 的维氏硬度；

R_{eH}——上屈服强度；

R_{eL}——下屈服强度；

R_m——抗拉强度；

A——断后伸长率；

Z——断面收缩率。

3　基　本　规　定

3.0.1 钢结构工程焊接难度可按表 3.0.1 分为 A、B、C、D 四个等级。钢材碳当量（CEV）应采用公式（3.0.1）计算。

$$CEV(\%) = C + \frac{Mn}{6} + \frac{Cr + Mo + V}{5}$$
$$+ \frac{Cu + Ni}{15}(\%) \qquad (3.0.1)$$

注：本公式适用于非调质钢。

表 3.0.1　钢结构工程焊接难度等级

影响因素[a] 焊接难度等级	板厚 t (mm)	钢材 分类[b]	受力状态	钢材碳 当量 CEV(%)
A(易)	$t \leqslant 30$	I	一般静 载拉、压	$CEV \leqslant 0.38$
B(一般)	$30 < t$ $\leqslant 60$	II	静载且板厚 方向受拉或 间接动载	$0.38 < CEV$ $\leqslant 0.45$
C(较难)	$60 < t$ $\leqslant 100$	III	直接动载、抗 震设防烈度 等于 7 度	$0.45 < CEV$ $\leqslant 0.50$
D(难)	$t > 100$	IV	直接动载、抗 震设防烈度大 于等于 8 度	$CEV > 0.50$

注：a　根据表中影响因素所处最难等级确定整体焊接难度；
　　b　钢材分类应符合本规范表 4.0.5 的规定。

3.0.2　钢结构焊接工程设计、施工单位应具备与工程结构类型相应的资质。

3.0.3　承担钢结构焊接工程的施工单位应符合下列规定：

1　具有相应的焊接质量管理体系和技术标准；

2　具有相应资格的焊接技术人员、焊接检验人员、无损检测人员、焊工、焊接热处理人员；

3　具有与所承担的焊接工程相适应的焊接设备、检验和试验设备；

4　检验仪器、仪表应经计量检定、校准合格且在有效期内；

5　对承担焊接难度等级为 C 级和 D 级的施工单位，应具有焊接工艺试验室。

3.0.4　钢结构焊接工程相关人员的资格应符合下列规定：

1　焊接技术人员应接受过专门的焊接技术培训，且有一年以上焊接生产或施工实践经验；

2　焊接技术负责人除应满足本条 1 款规定外，还应具有中级以上技术职称。承担焊接难度等级为 C 级和 D 级焊接工程的施工单位，其焊接技术负责人应具有高级技术职称；

3　焊接检验人员应接受过专门的技术培训，有一定的焊接实践经验和技术水平，并具有检验人员上岗资格证；

4　无损检测人员必须由专业机构考核合格，其资格证应在有效期内，并按考核合格项目及权限从事无损检测和审核工作。承担焊接难度等级为 C 级和 D 级焊接工程的无损检测审核人员应具备现行国家标准《无损检测人员资格鉴定与认证》GB/T 9445 中的 3 级资格要求；

5　焊工应按所从事钢结构的钢材种类、焊接节点形式、焊接方法、焊接位置等要求进行技术资格考试，并取得相应的资格证书，其施焊范围不得超越资

格证书的规定；

6　焊接热处理人员应具备相应的专业技术。用电加热设备加热时，其操作人员应经过专业培训。

3.0.5　钢结构焊接工程相关人员的职责应符合下列规定：

1　焊接技术人员负责组织进行焊接工艺评定，编制焊接工艺方案及技术措施和焊接作业指导书或焊接工艺卡，处理施工过程中的焊接技术问题；

2　焊接检验人员负责对焊接作业进行全过程的检查和控制，出具检查报告；

3　无损检测人员应按设计文件或相应规范规定的探伤方法及标准，对受检部位进行探伤，出具检测报告；

4　焊工应按照焊接工艺文件的要求施焊；

5　焊接热处理人员应按照热处理作业指导书及相应的操作规程进行作业。

3.0.6　钢结构焊接工程相关人员的安全、健康及作业环境应遵守国家现行安全健康相关标准的规定。

4　材　料

4.0.1　钢结构焊接工程用钢材及焊接材料应符合设计文件的要求，并应具有钢厂和焊接材料厂出具的产品质量证明书或检验报告，其化学成分、力学性能和其他质量要求应符合国家现行有关标准的规定。

4.0.2　钢材及焊接材料的化学成分、力学性能复验应符合国家现行有关工程质量验收标准的规定。

4.0.3　选用的钢材应具备完善的焊接性资料、指导性焊接工艺、热加工和热处理工艺参数、相应钢材的焊接接头性能数据等资料；新材料应经专家论证、评审和焊接工艺评定合格后，方可在工程中采用。

4.0.4　焊接材料应由生产厂提供熔敷金属化学成分、性能鉴定资料及指导性焊接工艺参数。

4.0.5　钢结构焊接工程中常用国内钢材按其标称屈服强度分类应符合表 4.0.5 的规定。

表 4.0.5　常用国内钢材分类

类别号	标称屈 服强度	钢材牌号举例	对应标准号
I	$\leqslant 295 MPa$	Q195、Q215、 Q235、Q275	GB/T 700
		20、25、15Mn、 20Mn、25Mn	GB/T 699
		Q235q	GB/T 714
		Q235GJ	GB/T 19879
		Q235NH、Q265GNH、 Q295NH、Q295GNH	GB/T 4171
		ZG 200-400H、 ZG 230-450H、 ZG 275-485H	GB/T 7659
		G17Mn5QT、G20Mn5N、 G20Mn5QT	CECS 235

续表 4.0.5

类别号	标称屈服强度	钢材牌号举例	对应标准号
II	>295MPa 且 ≤370MPa	Q345	GB/T 1591
		Q345q、Q370q	GB/T 714
		Q345GJ	GB/T 19879
		Q310GNH、Q355NH、Q355GNH	GB/T 4171
III	>370MPa 且 ≤420MPa	Q390、Q420	GB/T 1591
		Q390GJ、Q420GJ	GB/T 19879
		Q420q	GB/T 714
		Q415NH	GB/T 4171
IV	>420MPa	Q460、Q500、Q550、Q620、Q690	GB/T 1591
		Q460GJ	GB/T 19879
		Q460NH、Q500NH、Q550NH	GB/T 4171

注：国内新钢材和国外钢材按其屈服强度级别归入相应类别。

4.0.6 T形、十字形、角接接头，当其翼缘板厚度不小于 40mm 时，设计宜采用对厚度方向性能有要求的钢板。钢材的厚度方向性能级别应根据工程的结构类型、节点形式及板厚和受力状态等情况按现行国家标准《厚度方向性能钢板》GB/T 5313 的有关规定进行选择。

4.0.7 焊条应符合现行国家标准《碳钢焊条》GB/T 5117、《低合金钢焊条》GB/T 5118 的有关规定。

4.0.8 焊丝应符合现行国家标准《熔化焊用钢丝》GB/T 14957、《气体保护电弧焊用碳钢、低合金钢焊丝》GB/T 8110 及《碳钢药芯焊丝》GB/T 10045、《低合金钢药芯焊丝》GB/T 17493 的有关规定。

4.0.9 埋弧焊用焊丝和焊剂应符合现行国家标准《埋弧焊用碳钢焊丝和焊剂》GB/T 5293、《埋弧焊用低合金钢焊丝和焊剂》GB/T 12470 的有关规定。

4.0.10 气体保护焊使用的氩气应符合现行国家标准《氩》GB/T 4842 的有关规定，其纯度不应低于 99.95%。

4.0.11 气体保护焊使用的二氧化碳应符合现行行业标准《焊接用二氧化碳》HG/T 2537 的有关规定。焊接难度为 C、D 级和特殊钢结构工程中主要构件的重要焊接节点，采用的二氧化碳质量应符合该标准中优等品的要求。

4.0.12 栓钉焊使用的栓钉及焊接瓷环应符合现行国家标准《电弧螺柱焊用圆柱头焊钉》GB/T 10433 的有关规定。

5 焊接连接构造设计

5.1 一般规定

5.1.1 钢结构焊接连接构造设计，应符合下列规定：

1 宜减少焊缝的数量和尺寸；

2 焊缝的布置宜对称于构件截面的中性轴；

3 节点区的空间应便于焊接操作和焊后检测；

4 宜采用刚度较小的节点形式，宜避免焊缝密集和双向、三向相交；

5 焊缝位置应避开高应力区；

6 应根据不同焊接工艺方法选用坡口形式和尺寸。

5.1.2 设计施工图、制作详图中标识的焊缝符号应符合现行国家标准《焊缝符号表示法》GB/T 324 和《建筑结构制图标准》GB/T 50105 的有关规定。

5.1.3 钢结构设计施工图中应明确规定下列焊接技术要求：

1 构件采用钢材的牌号和焊接材料的型号、性能要求及相应的国家现行标准；

2 钢结构构件相交节点的焊接部位、有效焊缝长度、焊脚尺寸、部分焊透焊缝的焊透深度；

3 焊缝质量等级，有无损检测要求时应标明无损检测的方法和检查比例；

4 工厂制作单元及构件拼装节点的允许范围，并根据工程需要提出结构设计应力图。

5.1.4 钢结构制作详图中应标明下列焊接技术要求：

1 对设计施工图中所有焊接技术要求进行详细标注，明确钢结构构件相交节点的焊接部位、焊接方法、有效焊缝长度、焊缝坡口形式、焊脚尺寸、部分焊透焊缝的焊透深度、焊后热处理要求；

2 明确标注焊缝坡口详细尺寸，如有钢衬垫标注钢衬垫尺寸；

3 对于重型、大型钢结构，明确工厂制作单元和工地拼装焊接的位置，标注工厂制作或工地安装焊缝；

4 根据运输条件、安装能力、焊接可操作性和设计允许范围确定构件分段位置和拼装节点，按设计规范有关规定进行焊缝设计并提交原设计单位进行结构安全审核。

5.1.5 焊缝质量等级应根据钢结构的重要性、荷载特性、焊缝形式、工作环境以及应力状态等情况，按下列原则选用：

1 在承受动荷载且需要进行疲劳验算的构件中，凡要求与母材等强连接的焊缝应焊透，其质量等级应符合下列规定：

1）作用力垂直于焊缝长度方向的横向对接焊

缝或 T 形对接与角接组合焊缝，受拉时应
为一级，受压时不应低于二级；

2）作用力平行于焊缝长度方向的纵向对接焊
缝不应低于二级；

3）铁路、公路桥的横梁接头板与弦杆角焊缝
应为一级，桥面板与弦杆角焊缝、桥面板
与 U 形肋角焊缝（桥面板侧）不应低于
二级；

4）重级工作制（A6～A8）和起重量 $Q \geqslant 50t$
的中级工作制（A4、A5）吊车梁的腹板与
上翼缘之间以及吊车桁架上弦杆与节点板
之间的 T 形接头焊缝应焊透，焊缝形式宜
为对接与角接的组合焊缝，其质量等级不
应低于二级。

2 不需要疲劳验算的构件中，凡要求与母材等强
的对接焊缝宜焊透，其质量等级受拉时不应低于二级，
受压时不宜低于二级。

3 部分焊透的对接焊缝、采用角焊缝或部分焊
透的对接与角接组合焊缝的 T 形接头，以及搭接连
接角焊缝，其质量等级应符合下列规定：

1）直接承受动荷载且需要疲劳验算的结构和
吊车起重量等于或大于 50t 的中级工作制
吊车梁以及梁柱、牛腿等重要节点不应低
于二级；

2）其他结构可为三级。

5.2 焊缝坡口形式和尺寸

5.2.1 焊接位置、接头形式、坡口形式、焊缝类型
及管结构节点形式（图 5.2.1）代号，应符合表 5.2.1-
1～表 5.2.1-5 的规定。

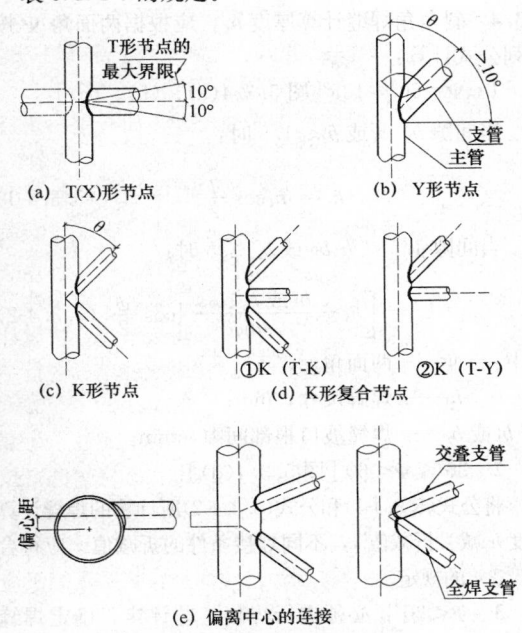

(a) T(X)形节点　　　　(b) Y 形节点

(c) K 形节点　　(d) K 形复合节点
　　　　　　　　①K (T-K)　②K (T-Y)

(e) 偏离中心的连接

图 5.2.1　管结构节点形式

表 5.2.1-1　焊接位置代号

代 号	焊接位置
F	平焊
H	横焊
V	立焊
O	仰焊

表 5.2.1-2　接头形式代号

代 号	接头形式
B	对接接头
T	T 形接头
X	十字接头
C	角接接头
F	搭接接头

表 5.2.1-3　坡口形式代号

代 号	坡口形式
I	I 形坡口
V	V 形坡口
X	X 形坡口
L	单边 V 形坡口
K	K 形坡口
U^a	U 形坡口
J^a	单边 U 形坡口

注：a 当钢板厚度不小于 50mm 时，可采用 U 形或 J 形
坡口。

表 5.2.1-4　焊缝类型代号

代 号	焊缝类型
B(G)	板（管）对接焊缝
C	角接焊缝
B_c	对接与角接组合焊缝

表 5.2.1-5　管结构节点形式代号

代 号	节点形式
T	T 形节点
K	K 形节点
Y	Y 形节点

5.2.2 焊接接头坡口形式、尺寸及标记方法应符合
本规范附录 A 的规定。

5.3 焊缝计算厚度

5.3.1 全焊透的对接焊缝及对接与角接组合焊缝，
采用双面焊时，反面应清根后焊接，其焊缝计算厚度
h_e 对于对接焊缝应为焊接部位较薄的板厚，对于对接
与角接组合焊缝（图 5.3.1），其焊缝计算厚度 h_e 应

为坡口根部至焊缝两侧表面（不计余高）的最短距离之和；采用加衬垫单面焊，当坡口形式、尺寸符合本规范表 A.0.2～表 A.0.4 的规定时，其焊缝计算厚度 h_e 应为坡口根部至焊缝表面（不计余高）的最短距离。

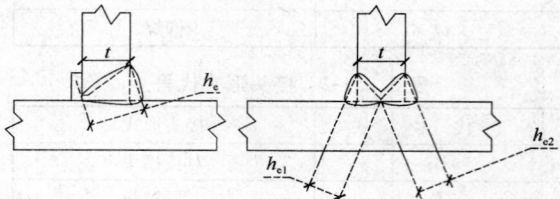

图 5.3.1　全焊透的对接与角接组合焊缝计算厚度 h_e

5.3.2　部分焊透对接焊缝及对接与角接组合焊缝，其焊缝计算厚度 h_e（图 5.3.2）应根据不同的焊接方法、坡口形式及尺寸、焊接位置对坡口深度 h 进行折减，并应符合表 5.3.2 的规定。

　　V 形坡口 $\alpha \geqslant 60°$ 及 U、J 形坡口，当坡口尺寸符合本规范表 A.0.5～表 A.0.7 的规定时，焊缝计算厚度 h_e 应为坡口深度 h。

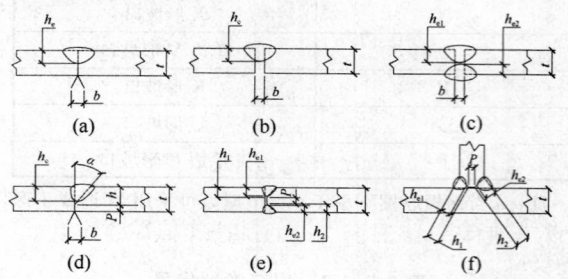

图 5.3.2　部分焊透的对接焊缝及对接
与角接组合焊缝计算厚度

表 5.3.2　部分焊透的对接焊缝及对接与角接组合焊缝计算厚度

图号	坡口形式	焊接方法	t (mm)	α (°)	b (mm)	P (mm)	焊接位置	焊缝计算厚度 h_e (mm)
5.3.2(a)	I 形坡口单面焊	焊条电弧焊	3	—	1.0～1.5	—	全部	$t-1$
5.3.2(b)	I 形坡口单面焊	焊条电弧焊	$3<t$ $\leqslant 6$	—	$\frac{t}{2}$	—	全部	$\frac{t}{2}$
5.3.2(c)	I 形坡口双面焊	焊条电弧焊	$3<t$ $\leqslant 6$	—	$\frac{t}{2}$	—	全部	$\frac{3}{4}t$
5.3.2(d)	单 V 形坡口	焊条电弧焊	$\geqslant 6$	45	0	3	全部	$h-3$
5.3.2(d)	L 形坡口	气体保护焊	$\geqslant 6$	45	0	3	F, H	h
							V, O	$h-3$
5.3.2(d)	L 形坡口	埋弧焊	$\geqslant 12$	60	0	6	F	h
							H	$h-3$

续表 5.3.2

图号	坡口形式	焊接方法	t (mm)	α (°)	b (mm)	P (mm)	焊接位置	焊缝计算厚度 h_e (mm)
5.3.2(e)、(f)	K 形坡口	焊条电弧焊	$\geqslant 8$	45	0	3	全部	h_1+h_2 -6
5.3.2(e)、(f)	K 形坡口	气体保护焊	$\geqslant 12$	45	0	3	F, H	h_1+h_2
							V, O	h_1+h_2-6
5.3.2(e)、(f)	K 形坡口	埋弧焊	$\geqslant 20$	60	0	6	F	h_1+h_2

5.3.3　搭接角焊缝及直角角焊缝计算厚度 h_e（图 5.3.3）应按下列公式计算（塞焊和槽焊焊缝计算厚度 h_e 可按角焊缝的计算方法确定）：

　　1　当间隙 $b \leqslant 1.5$ 时：

$$h_e = 0.7h_f \qquad (5.3.3\text{-}1)$$

　　2　当间隙 $1.5 < b \leqslant 5$ 时：

$$h_e = 0.7(h_f - b) \qquad (5.3.3\text{-}2)$$

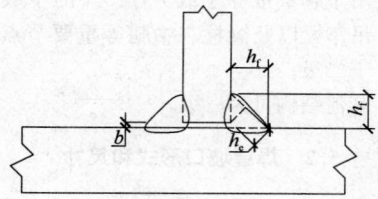

图 5.3.3　直角角焊缝及搭接角焊缝计算厚度

5.3.4　斜角角焊缝计算厚度 h_e，应根据两面角 Ψ 按下列公式计算：

　　1　$\Psi = 60°\sim135°$［图 5.3.4(a)、(b)、(c)］：

当间隙 b、b_1 或 $b_2 \leqslant 1.5$ 时：

$$h_e = h_f \cos\frac{\psi}{2} \qquad (5.3.4\text{-}1)$$

当间隙 $1.5 < b$、b_1 或 $b_2 \leqslant 5$ 时：

$$h_e = \left[h_f - \frac{b(\text{或}\ b_1 \text{、} b_2)}{\sin\psi} \right]\cos\frac{\psi}{2} \qquad (5.3.4\text{-}2)$$

式中：　Ψ——两面角，(°)；

　　　　h_f——焊脚尺寸，mm；

b、b_1 或 b_2——焊缝坡口根部间隙，mm。

　　2　$30° \leqslant \Psi < 60°$［图 5.3.4(d)]：

　　将公式(5.3.4-1)和公式(5.3.4-2)所计算的焊缝计算厚度 h_e 减去折减值 z，不同焊接条件的折减值 z 应符合表 5.3.4 的规定。

　　3　$\Psi < 30°$：必须进行焊接工艺评定，确定焊缝计算厚度。

表 5.3.4　30°≤Ψ＜60°时的焊缝计算厚度折减值 z

两面角 Ψ	焊接方法	折减值 z(mm)	
		焊接位置 V 或 O	焊接位置 F 或 H
60°＞Ψ ≥45°	焊条电弧焊	3	3
	药芯焊丝自保护焊	3	0
	药芯焊丝气体保护焊	3	0
	实心焊丝气体保护焊	3	0
45°＞Ψ ≥30°	焊条电弧焊	6	6
	药芯焊丝自保护焊	6	3
	药芯焊丝气体保护焊	10	6
	实心焊丝气体保护焊	10	6

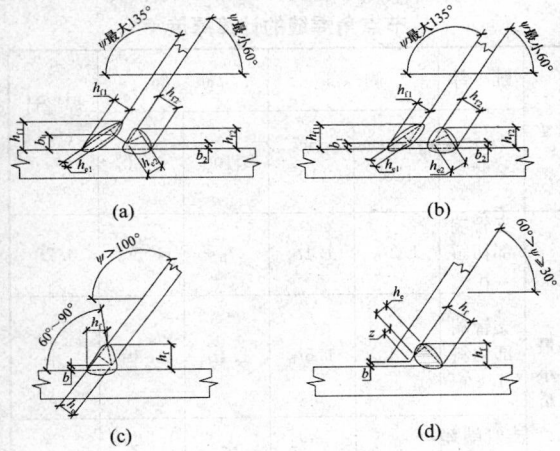

(a)　　　　　　　(b)

(c)　　　　　　　(d)

图 5.3.4　斜角角焊缝计算厚度

Ψ—两面角；b、b_1 或 b_2—根部间隙；h_f—焊脚尺寸；
h_e—焊缝计算厚度；z—焊缝计算厚度折减值

5.3.5 圆钢与平板、圆钢与圆钢之间的焊缝计算厚度 h_e 应按下列公式计算：

1 圆钢与平板连接[图 5.3.5(a)]：

$$h_e = 0.7h_f \qquad (5.3.5-1)$$

2 圆钢与圆钢连接[图 5.3.5(b)]：

$$h_e = 0.1(\varphi_1 + 2\varphi_2) - a \qquad (5.3.5-2)$$

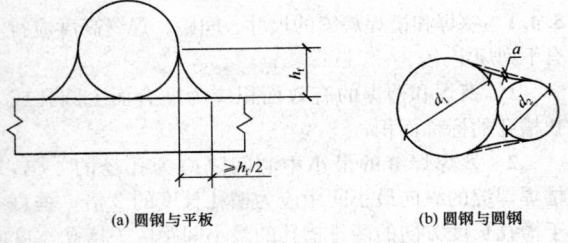

(a) 圆钢与平板　　　　(b) 圆钢与圆钢

图 5.3.5　圆钢与平板、圆钢与圆钢焊缝计算厚度

式中：φ_1——大圆钢直径，mm；

φ_2——小圆钢直径，mm；

a——焊缝表面至两个圆钢公切线的间距，mm。

5.3.6 圆管、矩形管 T、Y、K 形相贯节点的焊缝计算厚度 h_e，应根据局部两面角 Ψ 的大小，按相贯节点趾部、侧部、跟部各区和局部细节计算取值(图 5.3.6-1、图 5.3.6-2)，且应符合下列规定：

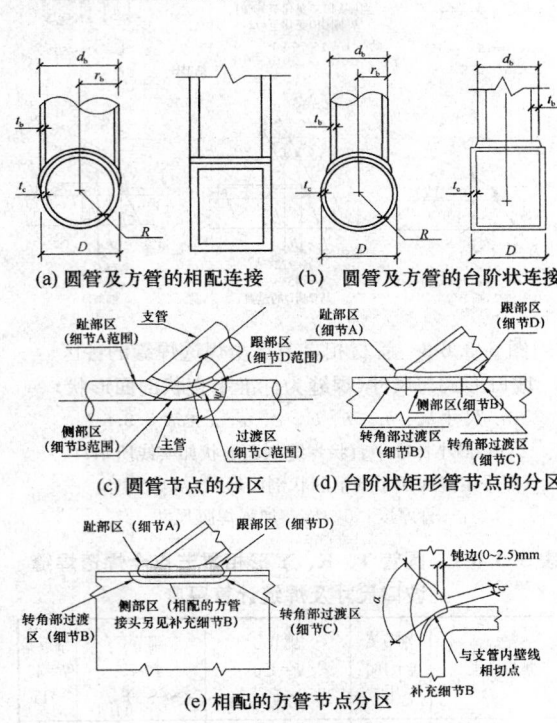

(a) 圆管及方管的相配连接　　(b) 圆管及方管的台阶状连接

(c) 圆管节点的分区　　(d) 台阶状矩形管节点的分区

(e) 相配的方管节点分区

图 5.3.6-1　圆管、矩形管相贯节点焊缝分区

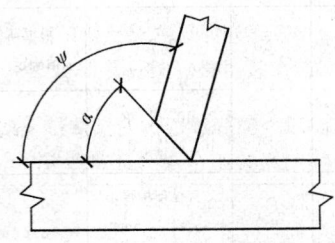

图 5.3.6-2　局部两面角 Ψ
和坡口角度 α

1 管材相贯节点全焊透焊缝各区的形式及尺寸细节应符合图 5.3.6-3 的要求，焊缝坡口尺寸及计算厚度宜符合表 5.3.6-1 的规定；

2 管材台阶状相贯节点部分焊透焊缝各区坡口形式与尺寸细节应符合图 5.3.6-4(a)的要求；矩形管材相配的相贯节点部分焊透焊缝各区坡口形式与尺寸细节应符合图 5.3.6-4(b)的要求。焊缝计算厚度的折减值 z 应符合本规范表 5.3.4 的规定；

3 管材相贯节点各区细节应符合图 5.3.6-5 的要求，角焊缝的焊缝计算厚度 h_e 应符合表 5.3.6-2 的规定。

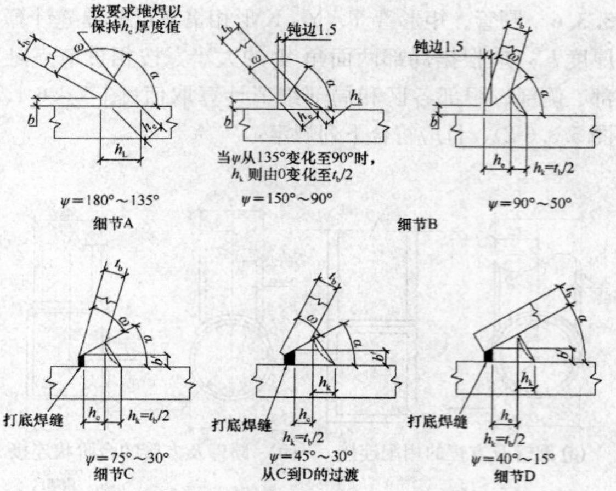

图 5.3.6-3 管材相贯节点全焊透焊缝的各区
坡口形式与尺寸(焊缝为标准平直状剖面形状)

1—尺寸 h_e、h_L、b、b'、ϕ、ω、α 见表 5.3.6-1;

2—最小标准平直状焊缝剖面形状如实线所示;

3—可采用虚线所示的下凹状剖面形状;4—支
管厚度;5—h_k:加强焊脚尺寸

**表 5.3.6-1 圆管 T、K、Y 形相贯节点全焊透焊缝
坡口尺寸及焊缝计算厚度**

坡口尺寸		细节 A $\Psi=180°$ $\sim135°$	细节 B $\Psi=150°$ $\sim50°$	细节 C $\Psi=75°$ $\sim30°$	细节 D $\Psi=40°$ $\sim15°$
坡口角度 α	最大	90°	$\Psi\leqslant105°$; 60° Ψ 较大时60°	40°; Ψ 较大时60°	
	最小	45°	37.5°; Ψ 较小时 $1/2\Psi$	$1/2\Psi$	
支管端部斜削角度 ω	最大	—	90°	根据所需的 α 值确定	
	最小	—	10° 或 $\Psi >$ 105°; 45°	10°	
根部间隙 b	最大	5mm	气体保护焊: $\alpha>45°$: 6mm $\alpha<45°$: 8mm 焊条电弧焊和药芯焊丝自保护焊: 6mm		
	最小	1.5mm	1.5mm		
打底焊后坡口底部宽度 b'	最大	—	—	焊条电弧焊和药芯焊丝自保护焊: $\alpha=25°\sim40°$: 3mm $\alpha=15°\sim25°$: 5mm 气体保护焊: $\alpha=30°\sim40°$: 3mm $\alpha=25°\sim30°$: 6mm $\alpha=20°\sim25°$: 10mm $\alpha=15°\sim20°$: 13mm	

续表 5.3.6-1

坡口尺寸	细节 A $\Psi=180°$ $\sim135°$	细节 B $\Psi=150°$ $\sim50°$	细节 C $\Psi=75°$ $\sim30°$	细节 D $\Psi=40°$ $\sim15°$
焊缝计算厚度 h_e	$\geqslant t_b$	$\Psi \geqslant 90°$ 时, $\geqslant t_b$; $\Psi < 90°$ 时, $\geqslant \dfrac{t_b}{\sin\Psi}$	$\geqslant \dfrac{t_b}{\sin\Psi}$, 最大 $1.75t_b$	$\geqslant 2t_b$
h_L	$\geqslant \dfrac{t_b}{\sin\Psi}$, 最大 $1.75t_b$	—	焊缝可堆焊至满足要求	—

注:坡口角度 $\alpha<30°$ 时应进行工艺评定;由打底焊道保证坡口底部必要的宽度 b'。

**表 5.3.6-2 管材 T、Y、K 形相贯
节点角焊缝的计算厚度**

Ψ		趾 部	侧 部		跟 部		焊缝计算厚度 (h_e)
		$>120°$	$110°\sim$ $120°$	$100°\sim$ $110°$	$\leqslant100°$	$<60°$	
最小 h_f	支管端部切斜 t_b	$1.2t_b$	$1.1t_b$		$1.5t_b$		$0.7t_b$
	支管端部切斜 $1.4t_b$	$1.8t_b$	$1.6t_b$		$1.4t_b$	$1.5t_b$	t_b
	支管端部整个切斜 $60°\sim90°$ 坡口角	$2.0t_b$	$1.75t_b$		$1.5t_b$	$1.5t_b$ 或 $1.4t_b$ $+z$ 取较大值	$1.07t_b$

注:1 低碳钢($R_{eH}\leqslant280MPa$)圆管,要求焊缝与管材超强匹配的弹性工作应力设计时,$h_e=0.7t_b$;要求焊缝与管材等强匹配的极限强度设计时,$h_e=1.0t_b$;

2 其他各种情况,$h_e=t_c$ 或 $h_e=1.07t_b$ 中较小值;t_c 为主管壁厚。

5.4 组焊构件焊接节点

5.4.1 塞焊和槽焊焊缝的尺寸、间距、焊缝高度应符合下列规定:

1 塞焊和槽焊的有效面积应为贴合面上圆孔或长槽孔的标称面积;

2 塞焊焊缝的最小中心间隔应为孔径的 4 倍,槽焊焊缝的纵向最小间距应为槽孔长度的 2 倍,垂直于槽孔长度方向的两排槽孔的最小间距应为槽孔宽度的 4 倍;

3 塞焊孔的最小直径不得小于开孔板厚度加 8mm,最大直径应为最小直径值加 3mm 和开孔件厚度的 2.25 倍两值中较大者。槽孔长度不应超过开孔件厚度的 10 倍,最小及最大槽宽规定应与塞焊孔的

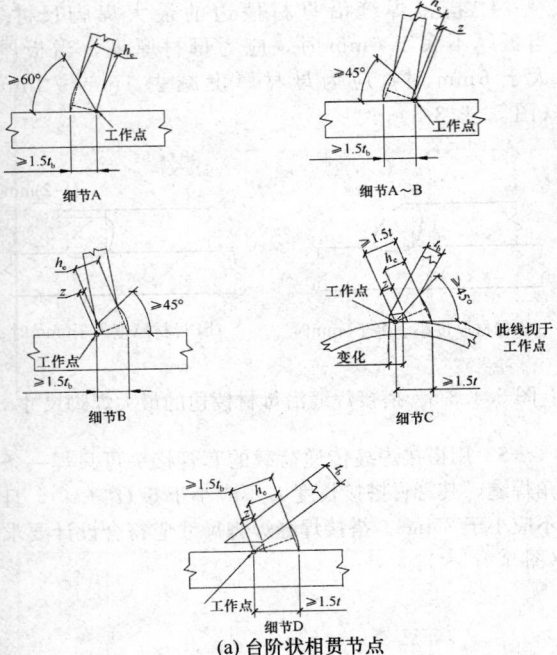

图 5.3.6-4　管材相贯节点部分焊透
焊缝各区坡口形式与尺寸（一）

1—t 为 t_b、t_c 中较薄截面厚度；
2—除过渡区域或跟部区域外，其余部位削斜到边缘；
3—根部间隙 0mm～5mm；4—坡口角度 $\alpha < 30°$
时应进行工艺评定；5—焊缝计算厚度 $h_e > t_b$，
z 折减尺寸见本规范表 5.3.4；6—方管截面角部过
渡区的接头应制作成从一细部圆滑过渡到另一细部，
焊接的起点与终点都应在方管的平直部位，转角部
位应连续焊接，转角处焊缝应饱满

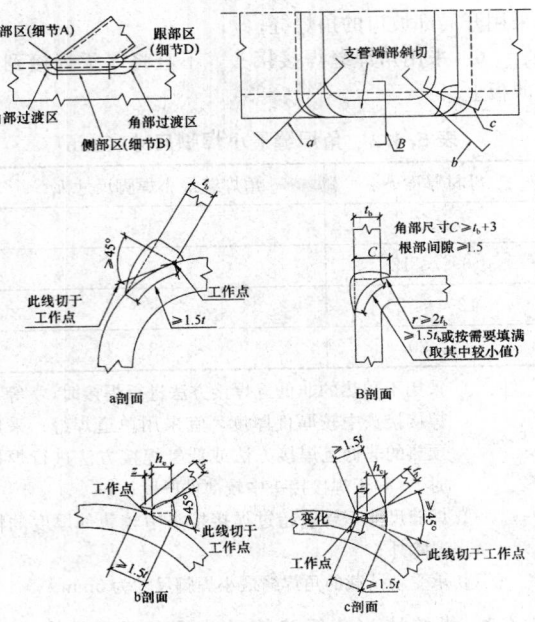

(b) 矩形管材相配的相贯节点

图 5.3.6-4　管材相贯节点部分焊
透焊缝各区坡口形式与尺寸（二）

1—t 为 t_b、t_c 中较薄截面厚度；
2—除过渡区域或跟部区域外，其余部位削斜到边缘；
3—根部间隙 0mm～5mm；4—坡口角度 $\alpha < 30°$ 时
应进行工艺评定；5—焊缝计算厚度 $h_e > t_b$；
z 折减尺寸见本规范表 5.3.4；6—方管截面角部
过渡区的接头应制作成从一细部圆滑过渡到另一细部，
焊接的起点与终点都应在方管的平直部位，转角部位应
连续焊接，转角处焊缝应饱满

最小及最大孔径规定相同；

　　4　塞焊和槽焊的焊缝高度应符合下列规定：

　　1）当母材厚度不大于 16mm 时，应与母材厚度相同；

　　2）当母材厚度大于 16mm 时，不应小于母材厚度的一半和 16mm 两值中较大者。

　　5　塞焊焊缝和槽焊焊缝的尺寸应根据贴合面上承受的剪力计算确定。

5.4.2　角焊缝的尺寸应符合下列规定：

　　1　角焊缝的最小计算长度应为其焊脚尺寸（h_f）的 8 倍，且不应小于 40mm；焊缝计算长度应为扣除引弧、收弧长度后的焊缝长度；

　　2　角焊缝的有效面积应为焊缝计算长度与计算厚度（h_e）的乘积。对任何方向的荷载，角焊缝上的应力应视为作用在这一有效面积上；

　　3　断续角焊缝焊段的最小长度不应小于最小计算长度；

　　4　角焊缝最小焊脚尺寸宜按表 5.4.2 取值；

　　5　被焊构件中较薄板厚度不小于 25mm 时，宜

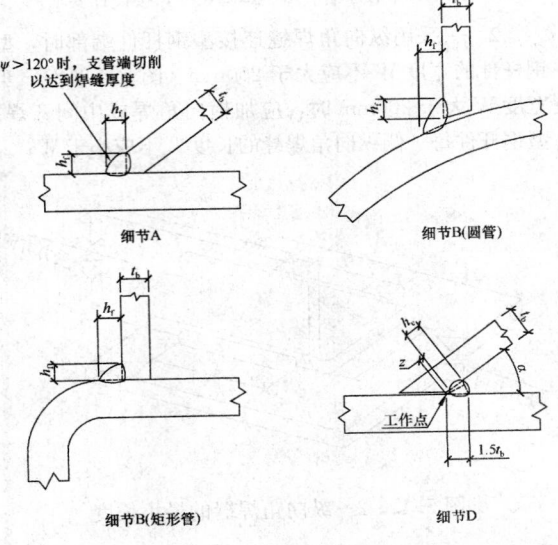

图 5.3.6-5　管材相贯节点角焊缝
接头各区形状与尺寸

1—t_b 为较薄件厚度；2—h_f 为最小焊脚尺寸

采用开局部坡口的角焊缝；

6 采用角焊缝焊接接头，不宜将厚板焊接到较薄板上。

表 5.4.2 角焊缝最小焊脚尺寸（mm）

母材厚度 $t^{①}$	角焊缝最小焊脚尺寸 $h_f^{②}$
$t \leqslant 6$	$3^{③}$
$6 < t \leqslant 12$	5
$12 < t \leqslant 20$	6
$t > 20$	8

注：① 采用不预热的非低氢焊接方法进行焊接时，t 等于焊接接头中较厚件厚度，宜采用单道焊缝；采用预热的非低氢焊接方法或低氢焊接方法进行焊接时，t 等于焊接接头中较薄件厚度；
　　② 焊缝尺寸不要求超过焊接接头中较薄件厚度的情况除外；
　　③ 承受动荷载的角焊缝最小焊脚尺寸为 5mm。

5.4.3 搭接接头角焊缝的尺寸及布置应符合下列规定：

1 传递轴向力的部件，其搭接接头最小搭接长度应为较薄件厚度的 5 倍，且不应小于 25mm（图 5.4.3-1），并应施焊纵向或横向双角焊缝；

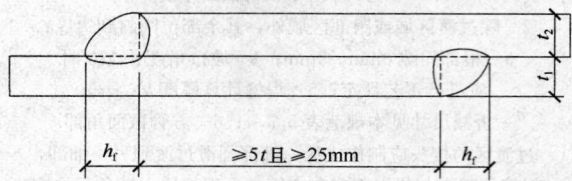

图 5.4.3-1 搭接接头双角焊缝的要求

t—t_1 和 t_2 中较小者；h_f—焊脚尺寸，按设计要求

2 只采用纵向角焊缝连接型钢杆件端部时，型钢杆件的宽度 W 不应大于 200mm（图 5.4.3-2），当宽度 W 大于 200mm 时，应加横向角焊或中间塞焊；型钢杆件每一侧纵向角焊缝的长度 L 不应小于 W；

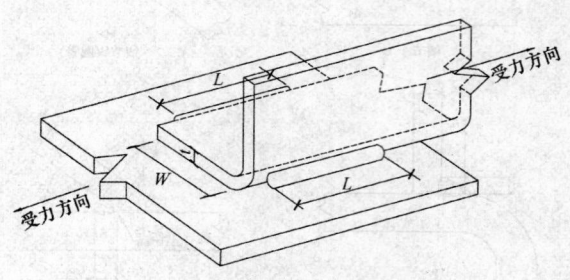

图 5.4.3-2 纵向角焊缝的最小长度

3 型钢杆件搭接接头采用围焊时，在转角处应连续施焊。杆件端部搭接角焊缝作绕焊时，绕焊长度不应小于焊脚尺寸的 2 倍，并应连续施焊；

4 搭接焊缝沿母材棱边的最大焊脚尺寸，当板厚不大于 6mm 时，应为母材厚度，当板厚大于 6mm 时，应为母材厚度减去 1mm～2mm（图 5.4.3-3）；

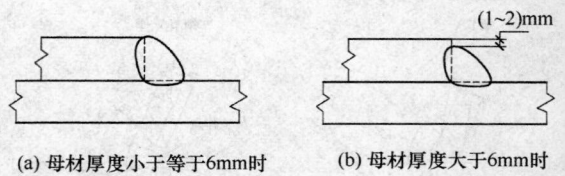

(a) 母材厚度小于等于6mm时　　(b) 母材厚度大于6mm时

图 5.4.3-3 搭接焊缝沿母材棱边的最大焊脚尺寸

5 用搭接焊缝传递荷载的套管接头可只焊一条角焊缝，其管材搭接长度 L 不应小于 5（$t_1 + t_2$），且不应小于 25mm。搭接焊缝焊脚尺寸应符合设计要求（图 5.4.3-4）。

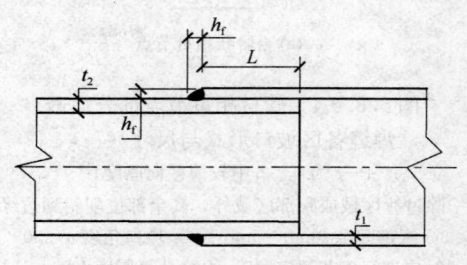

图 5.4.3-4 管材套管连接的
搭接焊缝最小长度

5.4.4 不同厚度及宽度的材料对接时，应作平缓过渡，并应符合下列规定：

1 不同厚度的板材或管材对接接头受拉时，其允许厚度差值（$t_1 - t_2$）应符合表 5.4.4 的规定。当厚度差值（$t_1 - t_2$）超过表 5.4.4 的规定时应将焊缝焊成斜坡状，其坡度最大允许值应为 1：2.5，或将较厚板的一面或两面及管材的内壁或外壁在焊前加工成斜坡，其坡度最大允许值应为 1：2.5（图 5.4.4）。

**表 5.4.4 不同厚度钢材对接
的允许厚度差**（mm）

较薄钢材厚度 t_2	$5 \leqslant t_2 \leqslant 9$	$9 < t_2 \leqslant 12$	$t_2 > 12$
允许厚度差 $t_1 - t_2$	2	3	4

2 不同宽度的板材对接时，应根据施工条件采用热切割、机械加工或砂轮打磨的方法使之平缓过渡，其连接处最大允许坡度值应为 1：2.5 [图 5.4.4 (e)]。

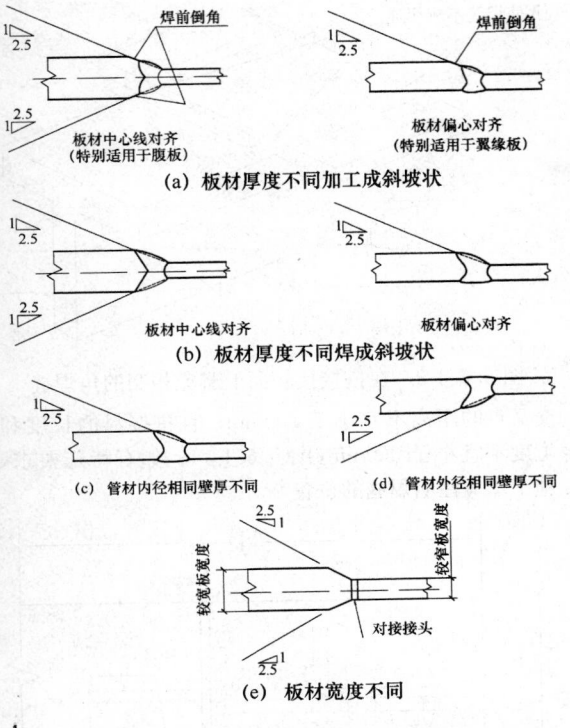

(a) 板材厚度不同加工成斜坡状

(b) 板材厚度不同焊成斜坡状

(c) 管材内径相同壁厚不同　　　(d) 管材外径相同壁厚不同

(e) 板材宽度不同

图 5.4.4　对接接头部件厚度、
宽度不同时的平缓过渡要求

5.5　防止板材产生层状撕裂的节点、选材和工艺措施

5.5.1　在 T 形、十字形及角接接头设计中，当翼缘板厚度不小于 20mm 时，应避免或减少使母材板厚方向承受较大的焊接收缩应力，并宜采取下列节点构造设计：

1　在满足焊透深度要求和焊缝致密性条件下，宜采用较小的焊接坡口角度及间隙[图 5.5.1-1(a)]；

2　在角接接头中，宜采用对称坡口或偏向于侧板的坡口[图 5.5.1-1(b)]；

3　宜采用双面坡口对称焊接代替单面坡口非对称焊接[图 5.5.1-1(c)]；

4　在 T 形或角接接头中，板厚方向承受焊接拉应力的板材端头宜伸出接头焊缝区[图 5.5.1-1(d)]；

5　在 T 形、十字形接头中，宜采用铸钢或锻钢过渡段，并宜以对接接头取代 T 形、十字形接头[图 5.5.1-1(e)、图 5.5.1-1(f)]；

6　宜改变厚板接头受力方向，以降低厚度方向的应力(图 5.5.1-2)；

7　承受静荷载的节点，在满足接头强度计算要求的条件下，宜用部分焊透的对接与角接组合焊缝代替全焊透坡口焊缝(图 5.5.1-3)。

5.5.2　焊接结构中母材厚度方向上需承受较大焊接收缩应力时，应选用具有较好厚度方向性能的钢材。

5.5.3　T 形接头、十字接头、角接接头宜采用下列

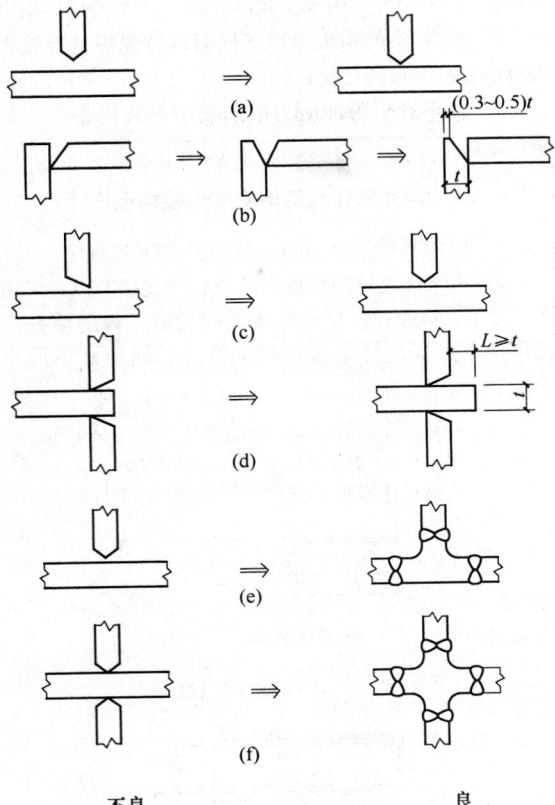

不良　　　　　　　　良

图 5.5.1-1　T 形、十字形、角接接头
防止层状撕裂的节点构造设计

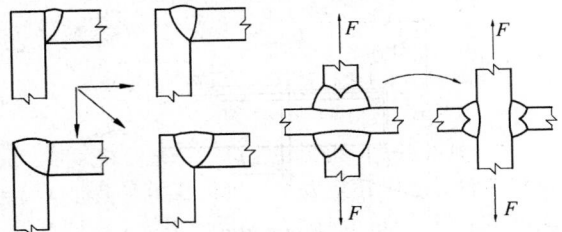

图 5.5.1-2　改善厚度方向焊接应力大小的措施

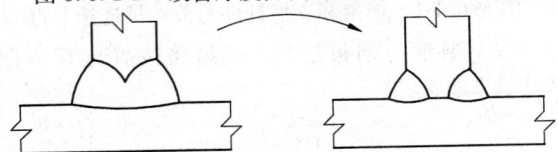

图 5.5.1-3　采用部分焊透对接与
角接组合焊缝代替全焊透坡口焊缝

焊接工艺和措施：

1　在满足接头强度要求的条件下，宜选用具有较好熔敷金属塑性性能的焊接材料；应避免使用熔敷金属强度过高的焊接材料；

2　宜采用低氢或超低氢焊接材料和焊接方法进行焊接；

3　可采用塑性较好的焊接材料在坡口内翼缘板表面上先堆焊塑性过渡层；

4 应采用合理的焊接顺序，减少接头的焊接拘束应力；十字接头的腹板厚度不同时，应先焊具有较大熔敷量和收缩量的接头；

5 在不产生附加应力的前提下，宜提高接头的预热温度。

5.6 构件制作与工地安装焊接构造设计

5.6.1 构件制作焊接节点形式应符合下列规定：

1 桁架和支撑的杆件与节点板的连接节点宜采用图 5.6.1-1 的形式；当杆件承受拉力时，焊缝应在搭接杆件节点板的外边缘处提前终止，间距 a 不应小于 h_f；

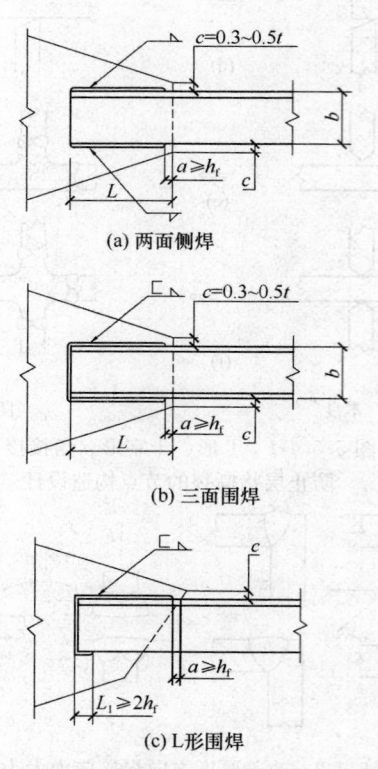

(a) 两面侧焊

(b) 三面围焊

(c) L形围焊

图 5.6.1-1 桁架和支撑杆件与节点板连接节点

2 型钢与钢板搭接，其搭接位置应符合图 5.6.1-2 的要求；

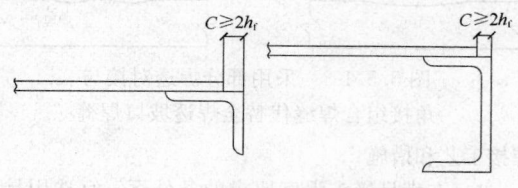

图 5.6.1-2 型钢与钢板搭接节点

h_f—焊脚尺寸

3 搭接接头上的角焊缝应避免在同一搭接接触面上相交(图 5.6.1-3)；

4 要求焊缝与母材等强和承受动荷载的对接接头，其纵横两方向的对接焊缝，宜采用 T 形交叉；

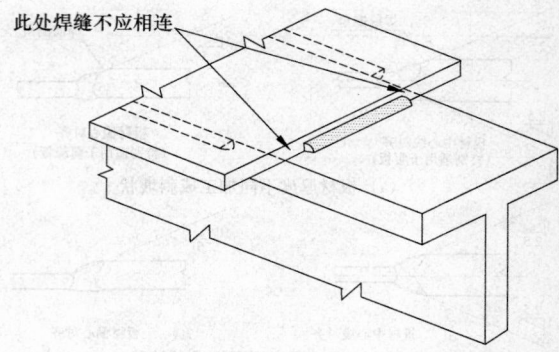

此处焊缝不应相连

图 5.6.1-3 在搭接接触面上避免相交的角焊缝

交叉点的距离不宜小于 200mm，且拼接料的长度和宽度不宜小于 300mm(图 5.6.1-4)；如有特殊要求，施工图应注明焊缝的位置；

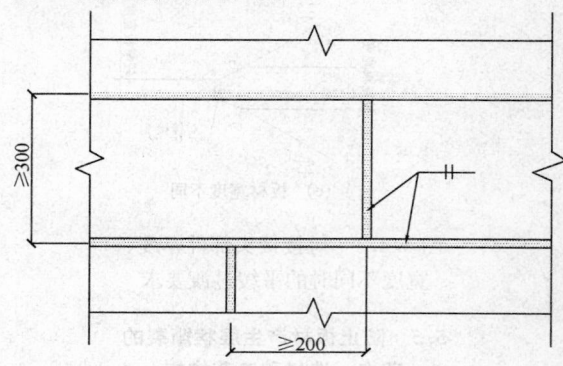

图 5.6.1-4 对接接头 T 形交叉

5 角焊缝作纵向连接的部件，如在局部荷载作用区采用一定长度的对接与角接组合焊缝来传递荷载，在此长度以外坡口深度应逐步过渡至零，且过渡长度不应小于坡口深度的 4 倍；

6 焊接箱形组合梁、柱的纵向焊缝，宜采用全焊透或部分焊透的对接焊缝(图 5.6.1-5)；要求全焊透时，应采用衬垫单面焊[图 5.6.1-5(b)]；

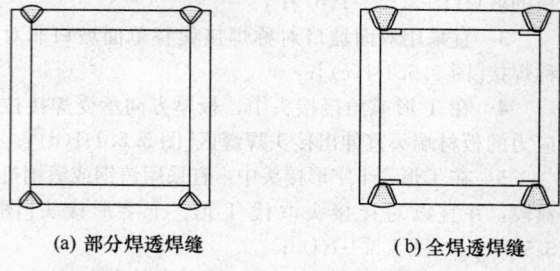

(a) 部分焊透焊缝　　　　(b) 全焊透焊缝

图 5.6.1-5 箱形组合柱的纵向组装焊缝

7 只承受静荷载的焊接组合 H 形梁、柱的纵向连接焊缝，当腹板厚度大于 25mm 时，宜采用全焊透焊缝或部分焊透焊缝[图 5.6.1-6(b)、(c)]；

8 箱形柱与隔板的焊接，应采用全焊透焊缝[图 5.6.1-7(a)]；对无法进行电弧焊焊接的焊缝，宜采用电渣焊焊接，且焊缝宜对称布置[图 5.6.1-7(b)]；

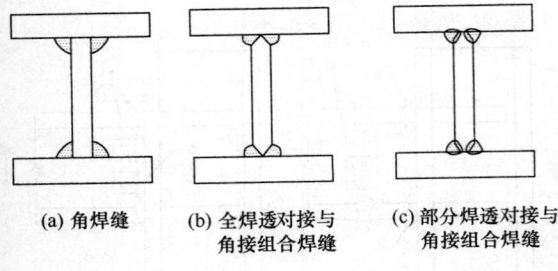

(a) 角焊缝　　(b) 全焊透对接与　　(c) 部分焊透对接与
　　　　　　　　　角接组合焊缝　　　　角接组合焊缝

图 5.6.1-6　角焊缝、全焊透及部分焊透
对接与角接组合焊缝

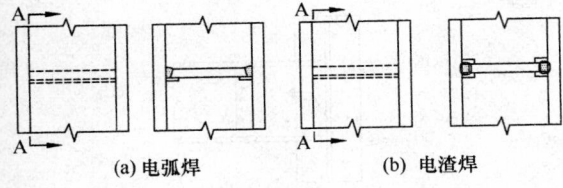

(a) 电弧焊　　　　　　(b) 电渣焊

图 5.6.1-7　箱形柱与隔板的焊接接头形式

9 钢管混凝土组合柱的纵向和横向焊缝,应采用双面或单面全焊透接头形式(高频焊除外),纵向焊缝焊接接头形式见图 5.6.1-8;

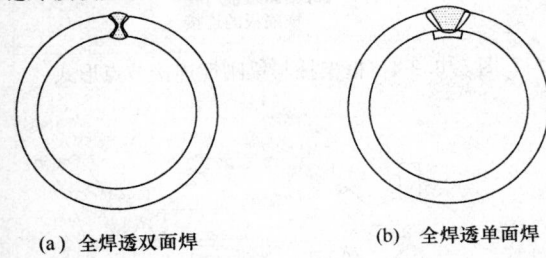

(a) 全焊透双面焊　　　　(b) 全焊透单面焊

图 5.6.1-8　钢管柱纵向焊缝焊接接头形式

10 管-球结构中,对由两个半球焊接而成的空心球,采用不加肋和加肋两种形式时,其构造见图 5.6.1-9。

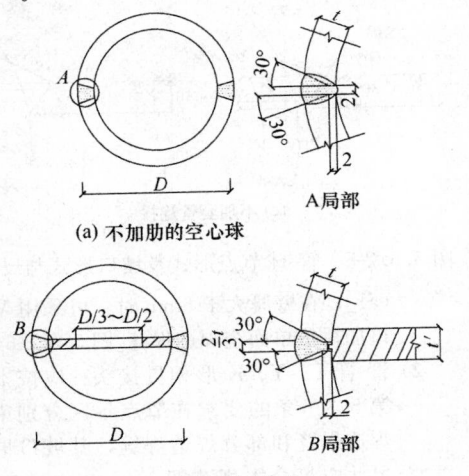

(a) 不加肋的空心球

(b) 加肋的空心球

图 5.6.1-9　空心球制作焊接接头形式

5.6.2 工地安装焊接节点形式应符合下列规定:

1 H 形框架柱安装拼接接头宜采用高强度螺栓和焊接组合节点或全焊接节点[图 5.6.2-1(a)、图 5.6.2-1(b)]。采用高强度螺栓和焊接组合节点时,腹板应采用高强度螺栓连接,翼缘板应采用单 V 形坡口加衬垫全焊透焊缝连接[图 5.6.2-1(c)]。采用全焊接节点时,翼缘板应采用单 V 形坡口加衬垫全焊透焊缝,腹板宜采用 K 形坡口双面部分焊透焊缝,反面不应清根;设计要求腹板全焊透时,如腹板厚度不大于 20mm,宜采用单 V 形坡口加衬垫焊接[图5.6.2-1(d)],如腹板厚度大于 20mm,宜采用 K 形坡口,应反面清根后焊接[图 5.6.2-1(e)];

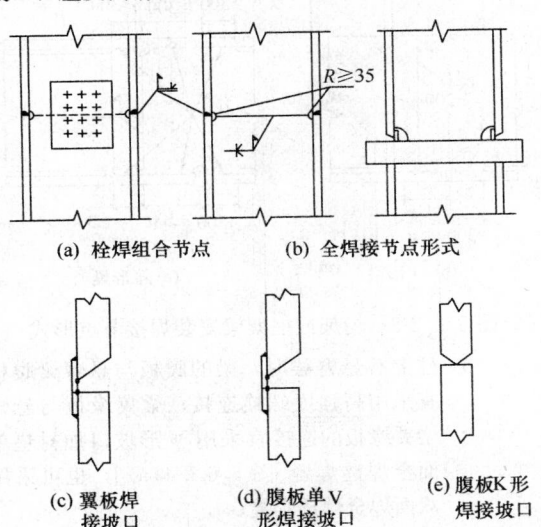

(a) 栓焊组合节点　　　(b) 全焊接节点形式

(c) 翼板焊　　(d) 腹板单 V　　(e) 腹板 K 形
接坡口　　　形焊接坡口　　　焊接坡口

图 5.6.2-1　H 形框架柱安装拼接节点及坡口形式

2 钢管及箱形框架柱安装拼接应采用全焊接头,并应根据设计要求采用全焊透焊缝或部分焊透焊缝。全焊透焊缝坡口形式应采用单 V 形坡口加衬垫,见图 5.6.2-2;

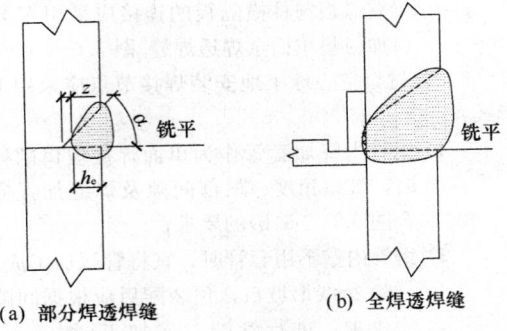

(a) 部分焊透焊缝　　　(b) 全焊透焊缝

图 5.6.2-2　箱形及钢管框架柱安装拼接接头坡口形式

3 桁架或框架梁中,焊接组合 H 形、T 形或箱形钢梁的安装拼接采用全焊连接时,翼缘板与腹板拼接截面形式见图 5.6.2-3,工地安装纵焊缝焊接质量要求应与两侧工厂制作焊缝质量要求相同;

4 框架柱与梁刚性连接时,应采用下列连接节点形式:

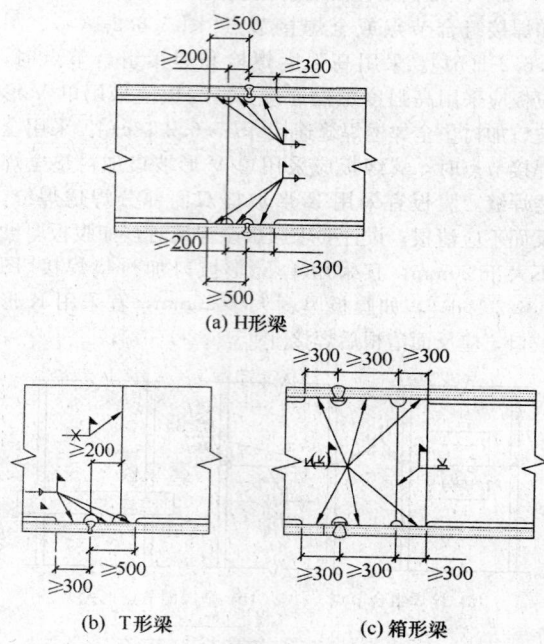

(a) H形梁

(b) T形梁　　　　(c) 箱形梁

图 5.6.2-3　桁架或框架梁安装焊接节点形式

　　1) 柱上有悬臂梁时，梁的腹板与悬臂梁腹板宜采用高强度螺栓连接；梁翼缘板与悬臂梁翼缘板的连接宜采用 V 形坡口加衬垫单面全焊透焊缝[图 5.6.2-4(a)]，也可采用双面焊全焊透焊缝；

　　2) 柱上无悬臂梁时，梁的腹板与柱上已焊好的承剪板宜采用高强度螺栓连接，梁翼缘板与柱身的连接应采用单边 V 形坡口加衬垫单面全焊透焊缝[图 5.6.2-4(b)]；

　　3) 梁与 H 形柱弱轴方向刚性连接时，梁的腹板与柱的纵筋板宜采用高强度螺栓连接；梁翼缘板与柱横隔板的连接应采用 V 形坡口加衬垫单面全焊透焊缝[图 5.6.2-4(c)]。

　　5　管材与空心球工地安装焊接节点应采用下列形式：

　　1) 钢管内壁加套管作为单面焊接坡口的衬垫时，坡口角度、根部间隙及焊缝加强应符合图 5.6.2-5(b)的要求；

　　2) 钢管内壁不用套管时，宜将管端加工成 30°～60°折线形坡口，预装配后应根据间隙尺寸要求，进行管端二次加工[图 5.6.2-5(c)]；要求全焊透时，应进行焊接工艺评定试验和接头的宏观切片检验以确认坡口尺寸和焊接工艺参数。

　　6　管-管连接的工地安装焊接节点形式应符合下列要求：

　　1) 管-管对接：在壁厚不大于 6mm 时，可采用 I 形坡口加衬垫单面全焊透焊缝[图 5.6.2-6

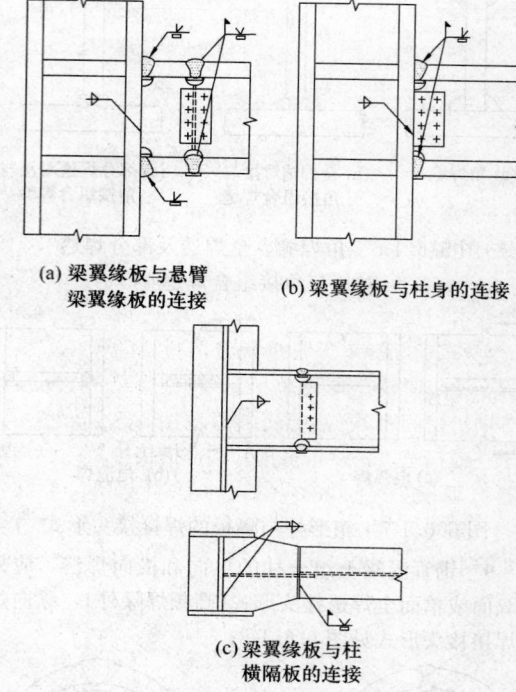

(a) 梁翼缘板与悬臂梁翼缘板的连接　　(b) 梁翼缘板与柱身的连接

(c) 梁翼缘板与柱横隔板的连接

图 5.6.2-4　框架柱与梁刚性连接节点形式

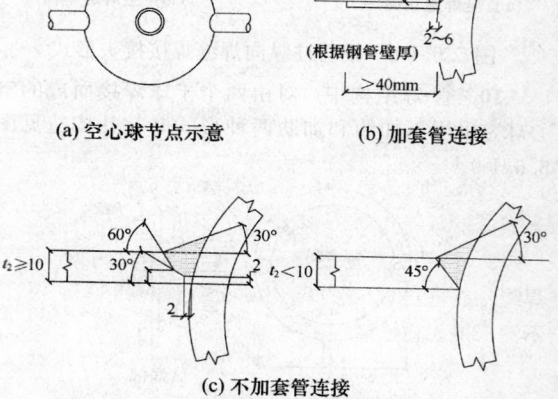

(a) 空心球节点示意　　(b) 加套管连接

(c) 不加套管连接

图 5.6.2-5　管-球节点形式及坡口形式与尺寸

　　(a)]；在壁厚大于 6mm 时，可采用 V 形坡口加衬垫单面全焊透焊缝[图 5.6.2-6(b)]；

　　2) 管-管 T、Y、K 形相贯接头：应按本规范第 5.3.6 条的要求在节点各区分别采用全焊透焊缝和部分焊透焊缝，其坡口形式及尺寸应符合本规范图 5.3.6-3、图 5.3.6-4 的要求；设计要求采用角焊缝时，其坡口形式及尺寸应符合本规范图 5.3.6-5 的要求。

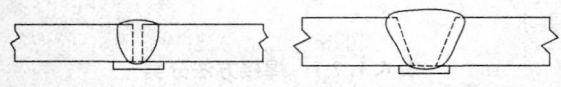

(a) I 形坡口对接　　(b) V形坡口对接

图 5.6.2-6　管-管对接连接节点形式

5.7　承受动载与抗震的焊接构造设计

5.7.1　承受动载需经疲劳验算时，严禁使用塞焊、槽焊、电渣焊和气电立焊接头。

5.7.2　承受动载时，塞焊、槽焊、角焊、对接接头应符合下列规定：

　　1　承受动载不需要进行疲劳验算的构件，采用塞焊、槽焊时，孔或槽的边缘到构件边缘在垂直于应力方向上的间距不应小于此构件厚度的 5 倍，且不应小于孔或槽宽度的 2 倍；构件端部搭接接头的纵向角焊缝长度不应小于两侧焊缝间的垂直间距 a，且在无塞焊、槽焊等其他措施时，间距 a 不应大于较薄件厚度 t 的 16 倍，见图 5.7.2；

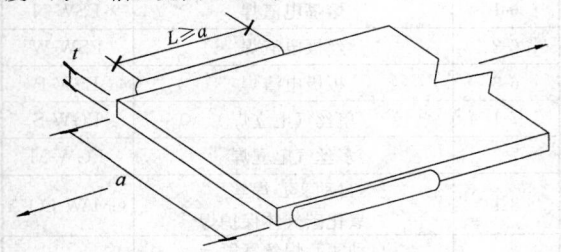

图 5.7.2　承受动载不需进行疲劳验算时
构件端部纵向角焊缝长度及间距要求

a—不应大于 16t（中间有塞焊焊缝或槽焊焊缝时除外）

　　2　严禁采用焊脚尺寸小于 5mm 的角焊缝；

　　3　严禁采用断续坡口焊缝和断续角焊缝；

　　4　对接与角焊组合焊缝和 T 形接头的全焊透坡口焊缝应采用角焊缝加强，加强焊脚尺寸应不小于接头较薄件厚度的 1/2，但最大值不得超过 10mm；

　　5　承受动载需经疲劳验算的接头，当拉应力与焊缝轴线垂直时，严禁采用部分焊透对接焊缝、背面不清根的无衬垫焊缝；

　　6　除横焊位置以外，不宜采用 L 形和 J 形坡口；

　　7　不同板厚的对接接头承受动载时，应按本规范第 5.4.4 条的规定做成平缓过渡。

5.7.3　承受动载构件的组焊节点形式应符合下列规定：

　　1　有对称横截面的部件组合节点，应以构件轴线对称布置焊缝，当应力分布不对称时应作相应调整；

　　2　用多个部件组叠成构件时，应沿构件纵向采用连续焊缝连接；

　　3　承受动载荷需经疲劳验算的桁架，其弦杆和腹杆与节点板的搭接焊缝应采用围焊，杆件焊缝间距

不应小于 50mm。节点板连接形式应符合图 5.7.3-1 的要求；

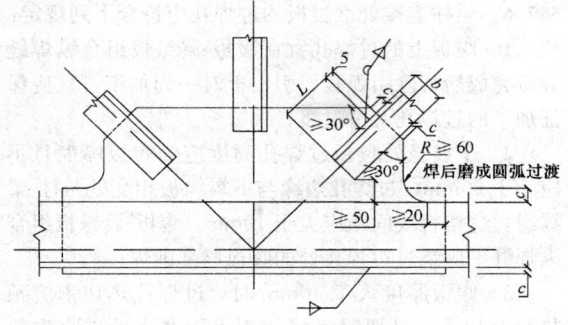

图 5.7.3-1　桁架弦杆、腹杆与节点板连接形式
$L > b$；$c \geq 2h_f$

　　4　实腹吊车梁横向加劲板与翼缘板之间的焊缝应避免与吊车梁纵向主焊缝交叉。其焊接节点构造宜采用图 5.7.3-2 的形式。

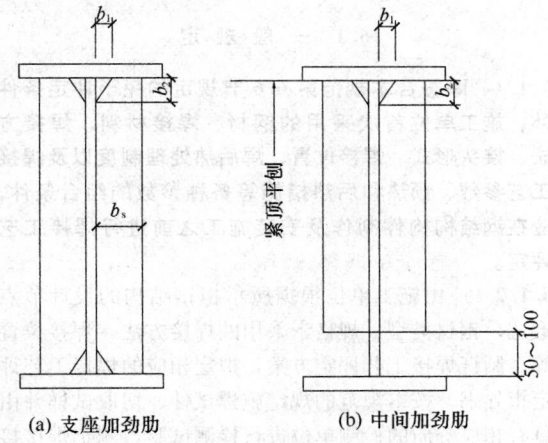

(a) 支座加劲肋　　　　(b) 中间加劲肋

图 5.7.3-2　实腹吊车梁横向加劲肋板连接构造
$b_1 \approx \dfrac{b_s}{3}$ 且 ≤40mm；$b_2 \approx \dfrac{b_s}{2}$ 且 ≤60mm

5.7.4　抗震结构框架柱与梁的刚性连接节点焊接时，应符合下列规定：

　　1　梁的翼缘板与柱之间的对接与角接组合焊缝的加强焊脚尺寸应不小于翼缘板厚的 1/4，但最大值不得超过 10mm；

　　2　梁的下翼缘板与柱之间宜采用 L 或 J 形坡口无衬垫单面全焊透焊缝，并应在反面清根后封底焊成平缓过渡形状；采用 L 形坡口加衬垫单面全焊透焊缝时，焊接完成后应去除全部长度的衬垫及引弧板、引出板，打磨清除未熔合或夹渣等缺陷后，再封底焊成平缓过渡形状。

5.7.5　柱连接焊缝引弧板、引出板、衬垫应符合下列规定：

　　1　引弧板、引出板、衬垫均应去除；

　　2　去除时应沿柱-梁交接拐角处切割成圆弧过渡，且切割表面不得有大于 1mm 的缺棱；

3 下翼缘衬垫沿长度去除后必须打磨清理接头背面焊缝的焊渣等缺欠，并应焊补至焊缝平缓过渡。

5.7.6 梁柱连接处梁腹板的过焊孔应符合下列规定：

1 腹板上的过焊孔宜在腹板-翼缘板组合纵焊缝焊接完成后切除引弧板、引出板时一起加工，且应保证加工的过焊孔圆滑过渡；

2 下翼缘处腹板过焊孔高度应为腹板厚度且不应小于 20mm，过焊孔边缘与下翼缘板相交处与柱-梁翼缘焊缝熔合线间距应大于 10mm。腹板-翼缘板组合纵焊缝不应绕过过焊孔处的腹板厚度围焊；

3 腹板厚度大于 40mm 时，过焊孔热切割应预热 65℃以上，必要时可将切割表面磨光后进行磁粉或渗透探伤；

4 不应采用堆焊方法封堵过焊孔。

6 焊接工艺评定

6.1 一般规定

6.1.1 除符合本规范第 6.6 节规定的免予评定条件外，施工单位首次采用的钢材、焊接材料、焊接方法、接头形式、焊接位置、焊后热处理制度以及焊接工艺参数、预热和后热措施等各种参数的组合条件，应在钢结构构件制作及安装施工之前进行焊接工艺评定。

6.1.2 应由施工单位根据所承担钢结构的设计节点形式，钢材类型、规格，采用的焊接方法，焊接位置等，制订焊接工艺评定方案，拟定相应的焊接工艺评定指导书，按本规范的规定施焊试件、切取试样并由具有相应资质的检测单位进行检测试验，测定焊接接头是否具有所要求的使用性能，并出具检测报告；应由相关机构对施工单位的焊接工艺评定施焊过程进行见证，并由具有相应资质的检查单位根据检测结果及本规范的相关规定对拟定的焊接工艺进行评定，并出具焊接工艺评定报告。

6.1.3 焊接工艺评定的环境应反映工程施工现场的条件。

6.1.4 焊接工艺评定中的焊接热输入、预热、后热制度等施焊参数，应根据被焊材料的焊接性制订。

6.1.5 焊接工艺评定所用设备、仪表的性能应处于正常工作状态，焊接工艺评定所用的钢材、栓钉、焊接材料必须能覆盖实际工程所用材料并应符合相关标准要求，并应具有生产厂出具的质量证明文件。

6.1.6 焊接工艺评定试件应由该工程施工企业中持证的焊接人员施焊。

6.1.7 焊接工艺评定所用的焊接方法、施焊位置分类代号应符合表 6.1.7-1、表 6.1.7-2 及图 6.1.7-1～图 6.1.7-4 的规定，钢材类别应符合本规范表 4.0.5 的规定，试件接头形式应符合本规范表 5.2.1 的

要求。

表 6.1.7-1 焊接方法分类

焊接方法类别号	焊接方法	代　号
1	焊条电弧焊	SMAW
2-1	半自动实心焊丝二氧化碳气体保护焊	GMAW-CO$_2$
2-2	半自动实心焊丝富氩＋二氧化碳气体保护焊	GMAW-Ar
2-3	半自动药芯焊丝二氧化碳气体保护焊	FCAW-G
3	半自动药芯焊丝自保护焊	FCAW-SS
4	非熔化极气体保护焊	GTAW
5-1	单丝自动埋弧焊	SAW-S
5-2	多丝自动埋弧焊	SAW-M
6-1	熔嘴电渣焊	ESW-N
6-2	丝极电渣焊	ESW-W
6-3	板极电渣焊	ESW-P
7-1	单丝气电立焊	EGW-S
7-2	多丝气电立焊	EGW-M
8-1	自动实心焊丝二氧化碳气体保护焊	GMAW-CO$_2$A
8-2	自动实心焊丝富氩＋二氧化碳气体保护焊	GMAW-ArA
8-3	自动药芯焊丝二氧化碳气体保护焊	FCAW-GA
8-4	自动药芯焊丝自保护焊	FCAW-SA
9-1	非穿透栓钉焊	SW
9-2	穿透栓钉焊	SW-P

表 6.1.7-2 施焊位置分类

焊接位置		代号	焊接位置	代号
板材			管材	水平转动平焊	1G
	平	F	竖立固定横焊	2G
	横	H	水平固定全位置焊	5G
	立	V	倾斜固定全位置焊	6G
	仰	O	倾斜固定加挡板全位置焊	6GR

6.1.8 焊接工艺评定结果不合格时，可在原焊件上就不合格项目重新加倍取样进行检验。如还不能达到合格标准，应分析原因，制订新的焊接工艺评定方案，按原步骤重新评定，直到合格为止。

6.1.9 除符合本规范第 6.6 节规定的免予评定条件外，对于焊接难度等级为 A、B、C 级的钢结构焊接工程，其焊接工艺评定有效期应为 5 年；对于焊接难度等级为 D 级的钢结构焊接工程应按工程项目进行

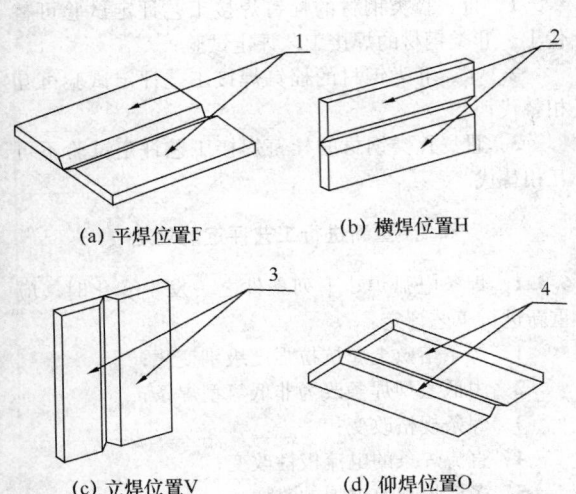

图 6.1.7-1　板材对接试件焊接位置
1—板平放，焊缝轴水平；2—板横立，焊缝轴水平；
3—板 90°放置，焊缝轴垂直；4—板平放，焊缝轴水平

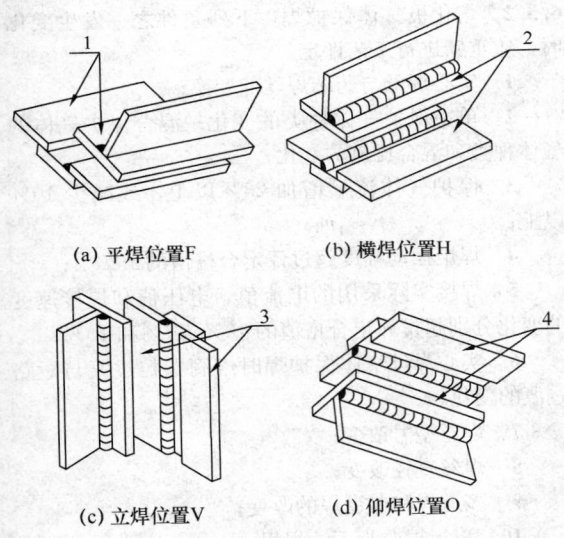

图 6.1.7-2　板材角接试件焊接位置
1—板 45°放置，焊缝轴水平；2—板平放，焊缝轴水平；
3—板竖立，焊缝轴垂直；4—板平放，焊缝轴水平

焊接工艺评定。

6.1.10　焊接工艺评定文件包括焊接工艺评定报告、焊接工艺评定指导书、焊接工艺评定记录表、焊接工艺评定检验结果表及检验报告，应报相关单位审查备案。焊接工艺评定文件宜采用本规范附录 B 的格式。

6.2　焊接工艺评定替代规则

6.2.1　不同焊接方法的评定结果不得互相替代。不同焊接方法组合焊接可用相应板厚的单种焊接方法评定结果替代，也可用不同焊接方法组合焊接评定，但弯曲及冲击试样切取位置应包含不同的焊接方法；同

(a) 焊接位置 1G（转动）
管平放（±15°）焊接时转动，在顶部及附近平焊

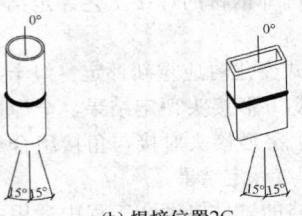

(b) 焊接位置 2G
管竖立（±15°）焊接时不转动，焊缝横焊

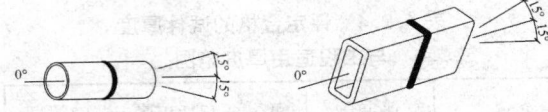

(c) 焊接位置 5G
管平放并固定（±15°）施焊时不转动，焊缝平、立、仰焊

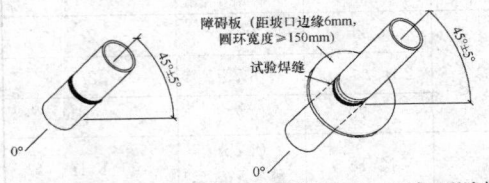

(d) 焊接位置 6G　　(e) 焊接位置 6GR(T、K 或 Y 形连接)
管倾斜固定（45°±5°）焊接时不转动

图 6.1.7-3　管材对接试件焊接位置

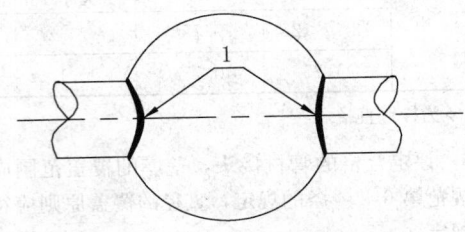

图 6.1.7-4　管-球接头试件
1—焊接位置分类按管材对接接头

种牌号钢材中，质量等级高的钢材可替代质量等级低的钢材，质量等级低的钢材不可替代质量等级高的钢材。

6.2.2　除栓钉焊外，不同钢材焊接工艺评定的替代规则应符合下列规定：

　　1　不同类别钢材的焊接工艺评定结果不得互相替代；

　　2　Ⅰ、Ⅱ类同类别钢材中当强度和质量等级发生变化时，在相同供货状态下，高级别钢材的焊接工艺评定结果可替代低级别钢材；Ⅲ、Ⅳ类同类别钢材中的焊接工艺评定结果不得相互替代；除Ⅰ、Ⅱ类别钢材外，不同类别的钢材组合焊接时应重新评定，不得用单类钢材的评定结果替代；

3 同类别钢材中轧制钢材与铸钢、耐候钢与非耐候钢的焊接工艺评定结果不得互相替代,控轧控冷(TMCP)钢、调质钢与其他供货状态的钢材焊接工艺评定结果不得互相替代;

4 国内与国外钢材的焊接工艺评定结果不得互相替代。

6.2.3 接头形式变化时应重新评定,但十字形接头评定结果可替代 T 形接头评定结果,全焊透或部分焊透的 T 形或十字形接头对接与角接组合焊缝评定结果可替代角焊缝评定结果。

6.2.4 评定合格的试件厚度在工程中适用的厚度范围应符合表 6.2.4 的规定。

表 6.2.4 评定合格的试件厚度与工程适用厚度范围

焊接方法类别号	评定合格试件厚度(t)(mm)	工程适用厚度范围	
		板厚最小值	板厚最大值
1、2、3、4、5、8	≤25	3mm	2t
	25<t≤70	0.75t	2t
	>70	0.75t	不限
6	≥18	0.75t 最小 18mm	1.1t
7	≥10	0.75t 最小 10mm	1.1t
9	1/3φ≤t<12	t	2t,且不大于 16mm
	12≤t<25	0.75t	2t
	t≥25	0.75t	1.5t

注:φ 为栓钉直径。

6.2.5 评定合格的管材接头,壁厚的覆盖范围应符合本规范第 6.2.4 条的规定,直径的覆盖原则应符合下列规定:

1 外径小于 600mm 的管材,其直径覆盖范围不应小于工艺评定试验管材的外径;

2 外径不小于 600mm 的管材,其直径覆盖范围不应小于 600mm。

6.2.6 板材对接与外径不小于 600mm 的相应位置管材对接的焊接工艺评定可互相替代。

6.2.7 除栓钉焊外,横焊位置评定结果可替代平焊位置,平焊位置评定结果不可替代横焊位置。立、仰焊接位置与其他焊接位置之间不可互相替代。

6.2.8 有衬垫与无衬垫的单面焊全焊透接头不可互相替代;有衬垫单面焊全焊透接头和反面清根的双面焊全焊透接头可互相替代;不同材质的衬垫不可互相替代。

6.2.9 当栓钉材质不变时,栓钉焊被焊钢材应符合下列替代规则:

1 Ⅲ、Ⅳ类钢材的栓钉焊接工艺评定试验可替代Ⅰ、Ⅱ类钢材的焊接工艺评定试验;

2 Ⅰ、Ⅱ类钢材的栓钉焊接工艺评定试验可互相替代;

3 Ⅲ、Ⅳ类钢材的栓钉焊接工艺评定试验不可互相替代。

6.3 重新进行工艺评定的规定

6.3.1 焊条电弧焊,下列条件之一发生变化时,应重新进行工艺评定:

1 焊条熔敷金属抗拉强度级别变化;

2 由低氢型焊条改为非低氢型焊条;

3 焊条规格改变;

4 直流焊条的电流极性改变;

5 多道焊和单道焊的改变;

6 清焊根改为不清焊根;

7 立焊方向改变;

8 焊接实际采用的电流值、电压值的变化超出焊条产品说明书的推荐范围。

6.3.2 熔化极气体保护焊,下列条件之一发生变化时,应重新进行工艺评定:

1 实心焊丝与药芯焊丝的变换;

2 单一保护气体种类的变化;混合保护气体的气体种类和混合比例的变化;

3 保护气体流量增加 25% 以上,或减少 10% 以上;

4 焊炬摆动幅度超过评定合格值的±20%;

5 焊接实际采用的电流值、电压值和焊接速度的变化分别超过评定合格值的 10%、7% 和 10%;

6 实心焊丝气体保护焊时熔滴颗粒过渡与短路过渡的变化;

7 焊丝型号改变;

8 焊丝直径改变;

9 多道焊和单道焊的改变;

10 清焊根改为不清焊根。

6.3.3 非熔化极气体保护焊,下列条件之一发生变化时,应重新进行工艺评定:

1 保护气体种类改变;

2 保护气体流量增加 25% 以上,或减少 10% 以上;

3 添加焊丝或不添加焊丝的改变;冷态送丝和热态送丝的改变;焊丝类型、强度级别型号改变;

4 焊炬摆动幅度超过评定合格值的±20%;

5 焊接实际采用的电流值和焊接速度的变化分别超过评定合格值的 25% 和 50%;

6 焊接电流极性改变。

6.3.4 埋弧焊,下列条件之一发生变化时,应重新进行工艺评定:

1 焊丝规格改变;焊丝与焊剂型号改变;

2 多丝焊与单丝焊的改变;

3 添加与不添加冷丝的改变;

4 焊接电流种类和极性的改变;

5 焊接实际采用的电流值、电压值和焊接速度变化分别超过评定合格值的 10%、7%和 15%;

6 清焊根改为不清焊根。

6.3.5 电渣焊,下列条件之一发生变化时,应重新进行工艺评定:

1 单丝与多丝的改变;板极与丝极的改变;有、无熔嘴的改变;

2 熔嘴截面积变化大于 30%,熔嘴牌号改变;焊丝直径改变;单、多熔嘴的改变;焊剂型号改变;

3 单侧坡口与双侧坡口的改变;

4 焊接电流种类和极性的改变;

5 焊接电源伏安特性为恒压或恒流的改变;

6 焊接实际采用的电流值、电压值、送丝速度、垂直提升速度变化分别超过评定合格值的 20%、10%、40%、20%;

7 偏离垂直位置超过 10°;

8 成形水冷滑块与挡板的变换;

9 焊剂装入量变化超过 30%。

6.3.6 气电立焊,下列条件之一发生变化时,应重新进行工艺评定:

1 焊丝型号和直径的改变;

2 保护气种类或混合比例的改变;

3 保护气流量增加 25%以上,或减少 10%以上;

4 焊接电流极性改变;

5 焊接实际采用的电流值、送丝速度和电压值的变化分别超过评定合格值的 15%、30%和 10%;

6 偏离垂直位置变化超过 10°;

7 成形水冷滑块与挡板的变换。

6.3.7 栓钉焊,下列条件之一发生变化时,应重新进行工艺评定:

1 栓钉材质改变;

2 栓钉标称直径改变;

3 瓷环材料改变;

4 非穿透焊与穿透焊的改变;

5 穿透焊中被穿透板材厚度、镀层量增加与种类的改变;

6 栓钉焊接位置偏离平焊位置 25°以上的变化或平焊、横焊、仰焊位置的改变;

7 栓钉焊接方法改变;

8 预热温度比评定合格的焊接工艺降低 20℃或高出 50℃以上;

9 焊接实际采用的提升高度、伸出长度、焊接时间、电流值、电压值的变化超过评定合格值的±5%;

10 采用电弧焊时焊接材料改变。

6.4 试件和检验试样的制备

6.4.1 试件制备应符合下列要求:

1 选择试件厚度应符合本规范表 6.2.4 中规定的评定试件厚度对工程构件厚度的有效适用范围;

2 试件的母材材质、焊接材料、坡口形式、尺寸和焊接必须符合焊接工艺评定指导书的要求;

3 试件的尺寸应满足所制备试样的取样要求。各种接头形式的试件尺寸、试样取样位置应符合图 6.4.1-1~图 6.4.1-8 的要求。

6.4.2 检验试样种类及加工应符合下列规定:

1 检验试样种类和数量应符合表 6.4.2 的规定。

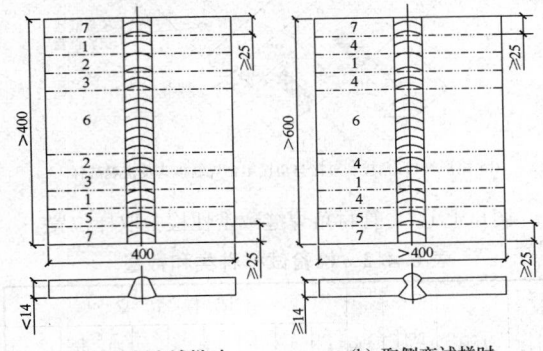

(a) 不取侧弯试样时   (b) 取侧弯试样时

图 6.4.1-1 板材对接接头试件及试样取样

1—拉伸试样;2—背弯试样;3—面弯试样;4—侧弯试样;5—冲击试样;6—备用;7—舍弃

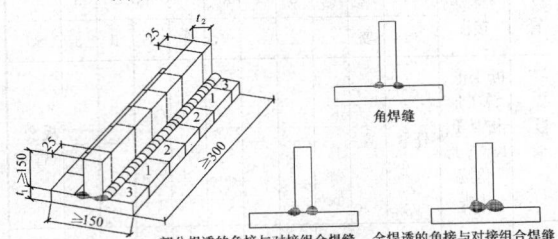

图 6.4.1-2 板材角焊缝和 T 形对接与角接组合焊缝接头试件及宏观试样的取样

1—宏观酸蚀试样;2—备用;3—舍弃

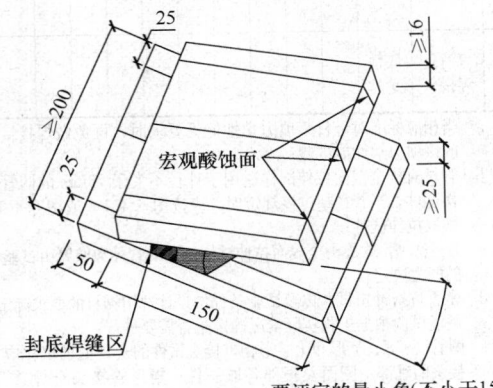

图 6.4.1-3 斜 T 形接头(锐角根部)

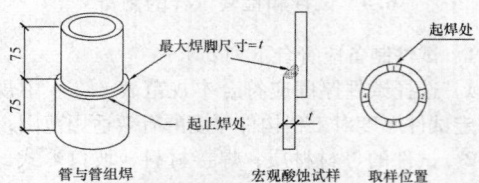

管与管组焊   最大焊脚尺寸=t   起焊处

起止焊处   宏观酸蚀试样   取样位置

(a) 圆管套管接头与宏观试样

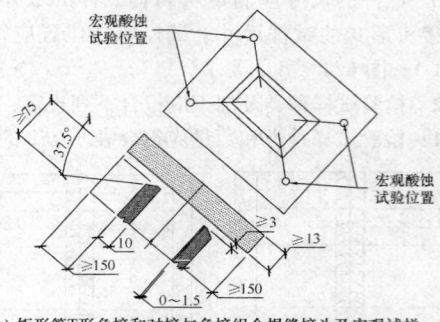

宏观酸蚀试验位置

宏观酸蚀试验位置

(b) 矩形管T形角接和对接与角接组合焊缝接头及宏观试样

图 6.4.1-4　管材角焊缝致密性检验取样位置

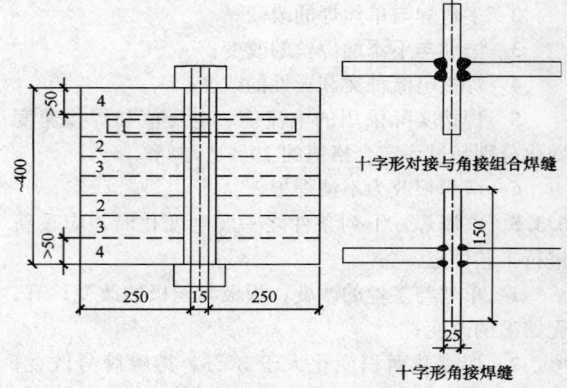

十字形对接与角接组合焊缝

十字形角接焊缝

图 6.4.1-5　板材十字形角接(斜角接)及对接
与角接组合焊缝接头试件及试样取样
1—宏观酸蚀试样；2—拉伸试样、冲击试样(要求时)；
3—舍弃

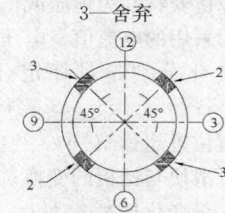

(a) 拉力试验为整管时弯曲试样取样位置

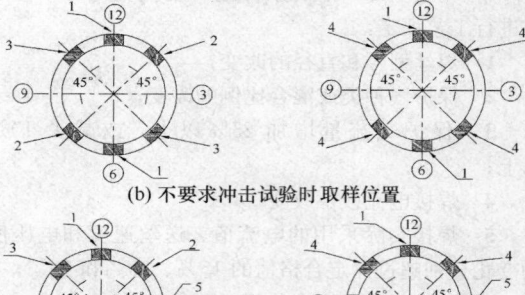

(b) 不要求冲击试验时取样位置

(c) 要求冲击试验时取样位置

图 6.4.1-6　管材对接接头试件、试样及取样位置
③⑥⑨⑫—钟点记号，为水平固定位置焊接时的定位
1—拉伸试样；2—面弯试样；3—背弯试样；
4—侧弯试样；5—冲击试样

表 6.4.2　检验试样种类和数量[a]

母材形式	试件形式	试件厚度(mm)	无损探伤	试样数量						冲击[d]		宏观酸蚀及硬度[e,f]
				全断面拉伸	拉伸	面弯	背弯	侧弯	30°弯曲	焊缝中心	热影响区	
板、管	对接接头	<14	要	管2[b]	2	2	2			3	3	
		≥14	要		2			4		3	3	
板、管	板T形、斜T形和管T、K、Y形角接接头	任意	要									板2[g]、管4
板	十字形接头	任意	要		2					3	3	2
管-管	十字形接头	任意	要	2[c]								4
管-球												2
板-焊钉	栓钉焊接头	底板≥12		5				5				

注：a　当相应标准对母材某项力学性能无要求时，可免做焊接接头的该项力学性能试验；
b　管材对接全截面拉伸试样适用于外径不大于76mm的圆管对接试件，当管径超过该规定时，应按图6.4.1-6或图6.4.1-7截取拉伸试件；
c　管-管、管-球接头全截面拉伸试样适用的管径和壁厚由试验机的能力决定；
d　是否进行冲击试验以及试验条件按设计选用钢材的要求确定；
e　硬度试验根据工程实际情况确定是否需要进行；
f　圆管T、K、Y形和十字形相贯接头试件的宏观酸蚀试样应在接头的趾部、侧面及跟部各取一件；矩形管T形接头全焊透T、K、Y形接头试件的宏观酸蚀试样应在接头的角部各取一个，详见图6.4.1-4；
g　斜T形接头(锐角根部)按图6.4.1-3进行宏观酸蚀检验。

2　对接接头检验试样的加工应符合下列要求：
1) 拉伸试样的加工应符合现行国家标准《焊接接头拉伸试验方法》GB/T 2651的有关规定；根据试验机能力可采用全截面拉伸试样或沿厚度方向分层取样；分层取样时试样厚度应覆盖焊接试件的全厚度；应按试验机的能力和要求加工；
2) 弯曲试样的加工应符合现行国家标准《焊接接头弯曲试验方法》GB/T 2653的有关规定；焊缝余高或衬垫应采用机械方法去除至与母材齐平，试样受拉面应保留母材原轧制表

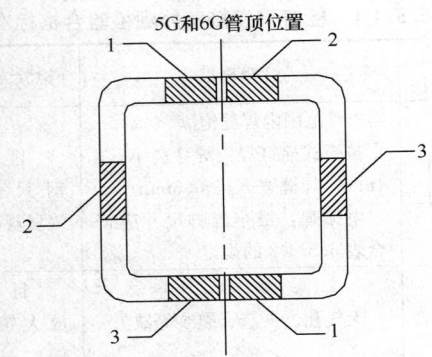

图 6.4.1-7　矩形管材对接接头试样取样位置

1—拉伸试样；2—面弯或侧弯试样、冲击试样（要求时）；
3—背弯或侧弯试样、冲击试样（要求时）

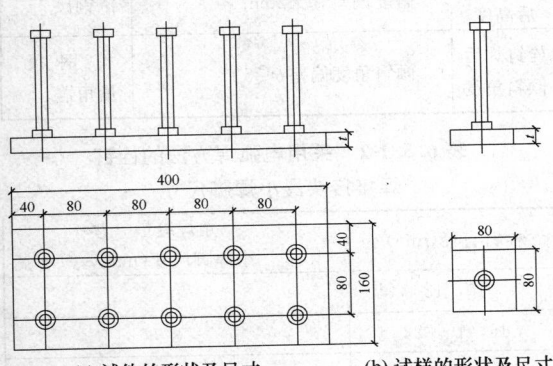

(a) 试件的形状及尺寸　　(b) 试样的形状及尺寸

图 6.4.1-8　栓钉焊焊接试件及试样

面；当板厚大于 40mm 时可分片切取，试样厚度应覆盖焊接试件的全厚度；

3）冲击试样的加工应符合现行国家标准《焊接接头冲击试验方法》GB/T 2650 的有关规定；其取样位置单面焊时应位于焊缝正面，双面焊时应位于后焊面，与母材原表面的距离不应大于 2mm；热影响区冲击试样缺口加工位置应符合图 6.4.2-1 的要求，不同牌号钢材焊接时其接头热影响区冲击试样应取自对冲击性能要求较低的一侧；不同焊接方法组合的焊接接头，冲击试样的取样应能覆盖所有焊接方法焊接的部位（分层取样）；

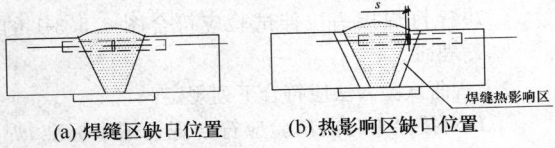

(a) 焊缝区缺口位置　　(b) 热影响区缺口位置

图 6.4.2-1　对接接头冲击试样缺口加工位置

注：热影响区冲击试样根据不同焊接工艺，缺口轴线至试样轴线与熔合线交点的距离 $S = 0.5mm \sim 1mm$，并应尽可能使缺口多通过热影响区。

4）宏观酸蚀试样的加工应符合图 6.4.2-2 的要

求。每块试样应取一个面进行检验，不得将同一切口的两个侧面作为两个检验面。

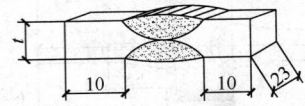

图 6.4.2-2　对接接头宏观酸蚀试样

3　T 形角接接头宏观酸蚀试样的加工应符合图 6.4.2-3 的要求。

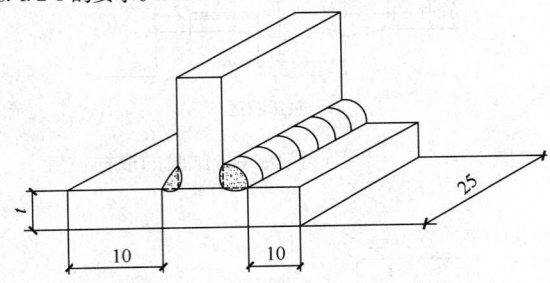

图 6.4.2-3　角接接头宏观酸蚀试样

4　十字形接头检验试样的加工应符合下列要求：

1）接头拉伸试样的加工应符合图 6.4.2-4 的要求；

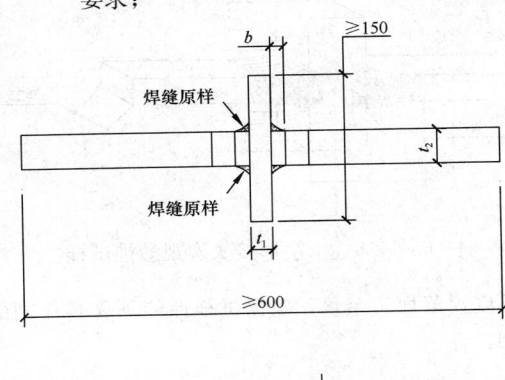

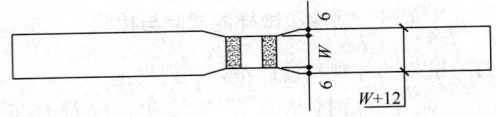

图 6.4.2-4　十字形接头拉伸试样

t_2—试验材料厚度；b—根部间隙；$t_2 < 36mm$ 时，$W = 35mm$，$t_2 \geq 36$ 时，$W = 25mm$；平行区长度：$t_1 + 2b + 12mm$

2）接头冲击试样的加工应符合图 6.4.2-5 的要求；

3）接头宏观酸蚀试样的加工应符合图 6.4.2-6 的要求，检验面的选取应符合本条第 2 款第 4 项的规定。

5　斜 T 形角接接头、管-球接头、管-管相贯接头的宏观酸蚀试样的加工宜符合图 6.4.2-2 的要求，检验面的选取应符合本条第 2 款第 4 项的规定。

6　采用热切割取样时，应根据热切割工艺和试

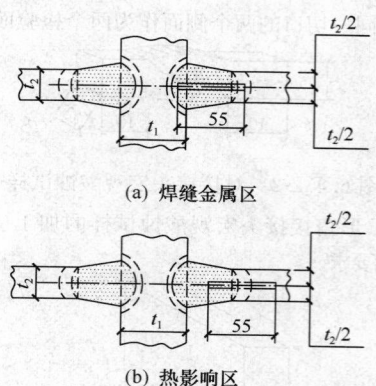

(a) 焊缝金属区

(b) 热影响区

图 6.4.2-5　十字形接头冲击试验的取样位置

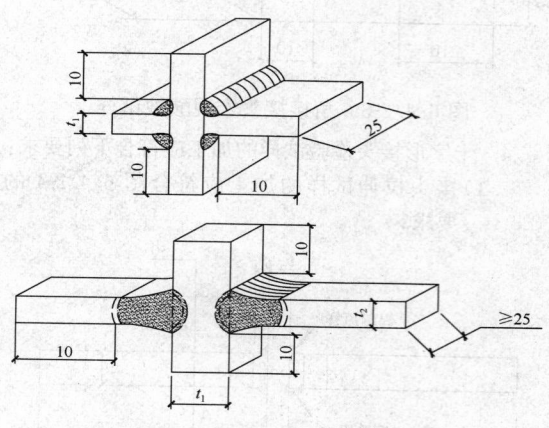

图 6.4.2-6　十字形接头宏观酸蚀试样

件厚度预留加工余量，确保试样性能不受热切割的影响。

6.5　试件和试样的试验与检验

6.5.1　试件的外观检验应符合下列规定：

1　对接、角接及 T 形等接头，应符合下列规定：

1) 用不小于 5 倍放大镜检查试件表面，不得有裂纹、未焊满、未熔合、焊瘤、气孔、夹渣等超标缺陷；

2) 焊缝咬边总长度不得超过焊缝两侧长度的 15%，咬边深度不得超过 0.5mm；

3) 焊缝外观尺寸应符合本规范第 8.2.2 条中一级焊缝的要求（需疲劳验算结构的焊缝外观尺寸应符合本规范第 8.3.2 条的要求）；试件角变形可以冷矫正，可以避开焊缝缺陷位置取样。

2　栓钉焊接接头外观检验应符合表 6.5.1-1 的要求。当采用电弧焊方法进行栓钉焊接时，其焊缝最小焊脚尺寸还应符合表 6.5.1-2 的要求。

表 6.5.1-1　栓钉焊接接头外观检验合格标准

外观检验项目	合格标准	检验方法
焊缝外形尺寸	360°范围内焊缝饱满 拉弧式栓钉焊：焊缝高 $K_1 \geqslant$ 1mm；焊缝宽 $K_2 \geqslant 0.5$mm 电弧焊：最小焊脚尺寸应符合表 6.5.1-2 的规定	目测、钢尺、焊缝量规
焊缝缺欠	无气孔、夹渣、裂纹等缺欠	目测、放大镜（5 倍）
焊缝咬边	咬边深度≤0.5mm，且最大长度不得大于 1 倍的栓钉直径	钢尺、焊缝量规
栓钉焊后高度	高度偏差≤±2mm	钢尺
栓钉焊后倾斜角度	倾斜角度偏差 $\theta \leqslant 5°$	钢尺、量角器

表 6.5.1-2　采用电弧焊方法的栓钉焊接接头最小焊脚尺寸

栓钉直径(mm)	角焊缝最小焊脚尺寸(mm)
10，13	6
16，19，22	8
25	10

6.5.2　试件的无损检测应在外观检验合格后进行，无损检测方法应根据设计要求确定。射线探伤应符合现行国家标准《金属熔化焊焊接接头射线照相》GB/T 3323 的有关规定，焊缝质量不低于 BⅡ级；超声波探伤应符合现行国家标准《钢焊缝手工超声波探伤方法和探伤结果分级》GB 11345 的有关规定，焊缝质量不低于 BⅡ级。

6.5.3　试样的力学性能、硬度及宏观酸蚀试验方法应符合下列规定：

1　拉伸试验方法应符合下列规定：

1) 对接接头拉伸试验应符合现行国家标准《焊接接头拉伸试验方法》GB/T 2651 的有关规定；

2) 栓钉焊接接头拉伸试验应符合图 6.5.3-1 的要求。

2　弯曲试验方法应符合下列规定：

1) 对接接头弯曲试验应符合现行国家标准《焊接接头弯曲试验方法》GB/T 2653 的有关规定，弯心直径为 4δ（δ 为弯曲试样厚度），弯曲角度为 180°；面弯、背弯时试样厚度应为试件全厚度（δ<14mm）；侧弯时试样厚度 δ=10mm，试件厚度不大于 40mm 时，试样宽度应为试件的全厚度，试件厚度大于

40mm 时，可按 20mm～40mm 分层取样；

2）栓钉焊接头弯曲试验应符合图 6.5.3-2 的
要求。

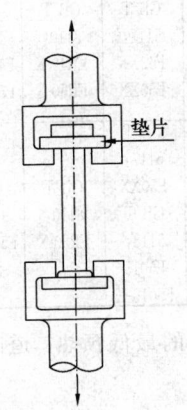

图 6.5.3-1　栓钉焊接头试样
拉伸试验方法

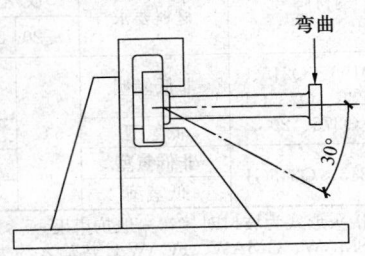

图 6.5.3-2　栓钉焊接头试样
弯曲试验方法

3 冲击试验应符合现行国家标准《焊接接头冲击试验方法》GB/T 2650 的有关规定。

4 宏观酸蚀试验应符合现行国家标准《钢的低倍组织及缺陷酸蚀检验法》GB 226 的有关规定。

5 硬度试验应符合现行国家标准《焊接接头硬度试验方法》GB/T 2654 的有关规定；采用维氏硬度 HV_{10}，硬度测点分布应符合图 6.5.3-3～图 6.5.3-5 的要求，焊接接头各区域硬度测点为 3 点，其中部分焊透对接与角接组合焊缝在焊缝区和热影响区测点可为 2 点，若热影响区狭窄不能并排分布时，该区域测点可平行于焊缝熔合线排列。

6.5.4 试样检验合格标准应符合下列规定：

1 接头拉伸试验应符合下列规定：

1）接头母材为同钢号时，每个试样的抗拉强度不应小于该母材标准中相应规格规定的下限值；对接接头母材为两种钢号组合时，每个试样的抗拉强度不应小于两种母材标准中相应规格规定下限值的较低者；厚板分片取样时，可取平均值；

2）栓钉焊接头拉伸时，当拉伸试样的抗拉荷载大于或等于栓钉焊接端力学性能规定的最小抗拉荷载时，则无论断裂发生于何处，均为

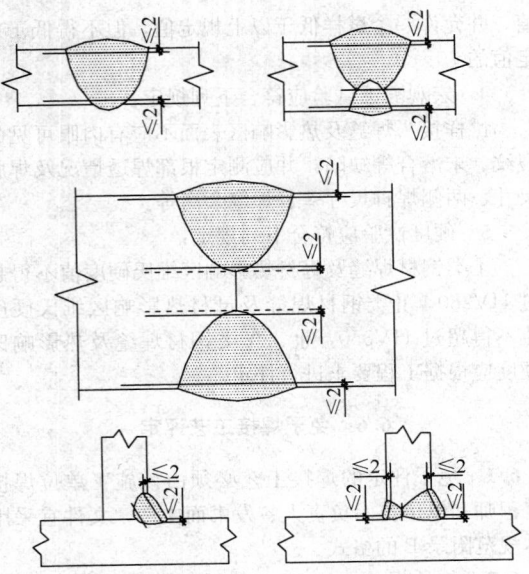

图 6.5.3-3　硬度试验测点位置

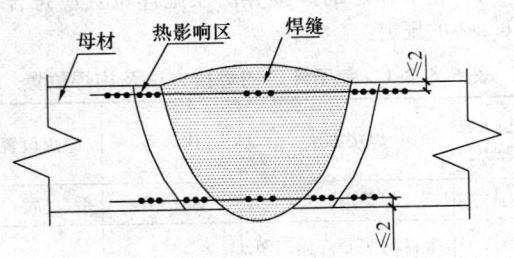

图 6.5.3-4　对接焊缝硬度试验测点分布

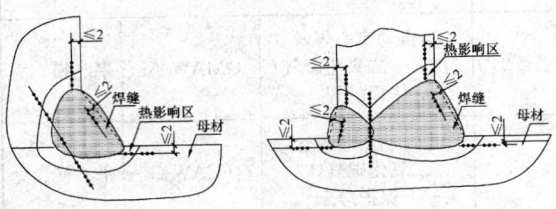

图 6.5.3-5　对接与角接组合焊缝硬度试验测点分布
合格。

2 接头弯曲试验应符合下列规定：

1）对接接头弯曲试验：试样弯至 180°后应符合下列规定：

各试样任何方向裂纹及其他缺欠单个长度不应大于 3mm；

各试样任何方向不大于 3mm 的裂纹及其他缺欠的总长不应大于 7mm；

四个试样各种缺欠总长不应大于 24mm；

2）栓钉焊接头弯曲试验：试样弯曲至 30°后焊接部位无裂纹。

3 冲击试验应符合下列规定：

焊缝中心及热影响区粗晶区各三个试样的冲击功平均值应分别达到母材标准规定或设计要求的最低

值，并允许一个试样低于以上规定值，但不得低于规定值的 70%。

4 宏观酸蚀试验应符合下列规定：

试样接头焊缝及热影响区表面不应有肉眼可见的裂纹、未熔合等缺陷，并应测定根部焊透情况及焊脚尺寸、两侧焊脚尺寸差、焊缝余高等。

5 硬度试验应符合下列规定：

Ⅰ类钢材焊缝及母材热影响区维氏硬度值不得超过 HV280，Ⅱ类钢材焊缝及母材热影响区维氏硬度值不得超过 HV350，Ⅲ、Ⅳ类钢材焊缝及热影响区硬度应根据工程要求进行评定。

6.6 免予焊接工艺评定

6.6.1 免予评定的焊接工艺必须由该施工单位焊接工程师和单位技术负责人签发书面文件，文件宜采用本规范附录 B 的格式。

6.6.2 免予焊接工艺评定的适用范围应符合下列规定：

1 免予评定的焊接方法及施焊位置应符合表 6.6.2-1 的规定。

表 6.6.2-1 免予评定的焊接方法及施焊位置

焊接方法类别号	焊接方法	代号	施焊位置
1	焊条电弧焊	SMAW	平、横、立
2-1	半自动实心焊丝二氧化碳气体保护焊（短路过渡除外）	GMAW-CO₂	平、横、立
2-2	半自动实心焊丝富氩＋二氧化碳气体保护焊	GMAW-Ar	平、横、立
2-3	半自动药芯焊丝二氧化碳气体保护焊	FCAW-G	平、横、立
5-1	单丝自动埋弧焊	SAW（单丝）	平、平角
9-2	非穿透栓钉焊	SW	平

2 免予评定的母材和焊缝金属组合应符合表 6.6.2-2 的规定，钢材厚度不应大于 40mm，质量等级应为 A、B 级。

表 6.6.2-2 免予评定的母材和匹配的焊缝金属要求

母材			焊条(丝)和焊剂-焊丝组合分类等级			
钢材类别	母材最小标称屈服强度	钢材牌号	焊条电弧焊 SMAW	实心焊丝气体保护焊 GMAW	药芯焊丝气体保护焊 FCAW-G	埋弧焊 SAW（单丝）
Ⅰ	＜235MPa	Q195 Q215	GB/T 5117：E43XX	GB/T 8110：ER49-X	GB/T 10045：E43XT-X	GB/T 5293：F4AX-H08A

续表 6.6.2-2

母材			焊条(丝)和焊剂-焊丝组合分类等级			
Ⅰ	≥235MPa 且 ＜300MPa	Q235 Q275 Q235GJ	GB/T 5117：E43XX E50XX	GB/T 8110：ER49-X ER50-X	GB/T 10045：E43XT-X E50XT-X	GB/T 5293：F4AX-H08A GB/T 12470：F48A-H08MnA
Ⅱ	≥300MPa 且 ≤355MPa	Q345 Q345GJ	GB/T 5117：E50XX GB/T 5118：E5015 E5016-X	GB/T 8110：ER50-X	GB/T 17493：E50XT-X	GB/T 5293：F5AX-H08MnA GB/T 12470：F48A-H08MnA F48A-H10Mn2 F48A-H10Mn2A

3 免予评定的最低预热、道间温度应符合表 6.6.2-3 的规定。

表 6.6.2-3 免予评定的钢材最低预热、道间温度

钢材类别	钢材牌号	设计对焊接材料要求	接头最厚部件的板厚 t(mm)	
			t≤20	20＜t≤40
Ⅰ	Q195、Q215、Q235、Q235GJ Q275、20	非低氢型	5℃	20℃
		低氢型		5℃
Ⅱ	Q345、Q345GJ	非低氢型		40℃
		低氢型		20℃

注：1 接头形式为坡口对接，一般拘束度；
2 SMAW、GMAW、FCAW-G 热输入约为 15kJ/cm ～ 25kJ/cm；SAW-S 热输入约为 15kJ/cm ～ 45kJ/cm；
3 采用低氢型焊材时，熔敷金属扩散氢（甘油法）含量应符合下列规定：
焊条 E4315、E4316 不应大于 8mL/100g；
焊条 E5015、E5016 不应大于 6mL/100g；
药芯焊丝不应大于 6mL/100g。
4 焊接接头板厚不同时，应按最大板厚确定预热温度；焊接接头材质不同时，应按高强度、高碳当量的钢材确定预热温度；
5 环境温度不应低于 0℃。

4 焊缝尺寸应符合设计要求，最小焊脚尺寸应符合本规范表 5.4.2 的规定；最大单道焊焊缝尺寸应符合本规范表 7.10.4 的规定。

5 焊接工艺参数应符合下列规定：

1）免予评定的焊接工艺参数应符合表 6.6.2-4 的规定；

2）要求完全焊透的焊缝，单面焊时应加衬垫，双面焊时应清根；

3）焊条电弧焊焊接时焊道最大宽度不应超过焊条标称直径的 4 倍，实心焊丝气体保护焊、药芯焊丝气体保护焊焊接时焊道最大宽度不应超过 20mm；

4）导电嘴与工件距离：埋弧自动焊 40mm±10mm；气体保护焊 20mm±7mm；

5）保护气种类：二氧化碳；富氩气体，混合比例为氩气 80%＋二氧化碳 20%；

6)保护气流量：20L/min～50L/min。

6 免予评定的各类焊接节点构造形式、焊接坡口的形式和尺寸必须符合本规范第5章的要求，并应符合下列规定：

1)斜角角焊缝两面角 $\psi > 30°$；

2)管材相贯接头局部两面角 $\psi > 30°$。

7 免予评定的结构荷载特性应为静载。

8 焊丝直径不符合表6.6.2-4的规定时，不得免予评定。

9 当焊接工艺参数按表6.6.2-4、表6.6.2-5的规定值变化范围超过本规范第6.3节的规定时，不得免予评定。

表6.6.2-4 各种焊接方法免予评定的焊接工艺参数范围

焊接方法代号	焊条或焊丝型号	焊条或焊丝直径(mm)	电流(A)	电流极性	电压(V)	焊接速度(cm/min)
SMAW	EXX15 EXX16 EXX03	3.2	80～140	EXX15：直流反接	18～26	8～18
		4.0	110～210	EXX16：交、直流	20～27	10～20
		5.0	160～230	EXX03：交流	20～27	10～20
GMAW	ER-XX	1.2	打底180～260 填充220～320 盖面220～280	直流反接	25～38	25～45
FCAW	EXX1T1	1.2	打底160～260 填充220～320 盖面220～280	直流反接	25～38	25～55
SAW	HXXX	3.2	400～600	直流反接或交流	24～40	25～65
		4.0	450～700		24～40	
		5.0	500～800		34～40	

注：表中参数为平、横焊位置。立焊电流应比平、横焊减小10%～15%。

表6.6.2-5 拉弧式栓钉焊免予评定的焊接工艺参数范围

焊接方法代号	栓钉直径(mm)	电流(A)	电流极性	焊接时间(s)	提升高度(mm)	伸出长度(mm)
SW	13	900～1000	直流正接	0.7	1～3	3～4
	16	1200～1300		0.8		4～5

6.6.3 免予焊接工艺评定的钢材表面及坡口处理、焊接材料储存及烘干、引弧板及引出板、焊后处理、焊接环境、焊工资格等要求应符合本规范的规定。

7 焊 接 工 艺

7.1 母 材 准 备

7.1.1 母材上待焊接的表面和两侧应均匀、光洁，且应无毛刺、裂纹和其他对焊缝质量有不利影响的缺陷。待焊接的表面及距焊缝坡口边缘位置30mm范围内不得有影响正常焊接和焊缝质量的氧化皮、锈蚀、油脂、水等杂质。

7.1.2 焊接接头坡口的加工或缺陷的清除可采用机加工、热切割、碳弧气刨、铲凿或打磨等方法。

7.1.3 采用热切割方法加工的坡口表面质量应符合现行行业标准《热切割 气割质量和尺寸偏差》JB/T 10045.3的有关规定；钢材厚度不大于100mm时，割纹深度不应大于0.2mm；钢材厚度大于100mm时，割纹深度不应大于0.3mm。

7.1.4 割纹深度超过本规范第7.1.3条的规定，以及坡口表面上的缺口和凹槽，应采用机械加工或打磨清除。

7.1.5 母材坡口表面切割缺陷需要进行焊接修补时，应根据本规范规定制订修补焊接工艺，并应记录存档；调质钢及承受动荷载需经疲劳验算的结构，母材坡口表面切割缺陷的修补还应报监理工程师批准后方可进行。

7.1.6 钢材轧制缺欠（图7.1.6）的检测和修复应符合下列要求：

1 焊接坡口边缘上钢材的夹层缺欠长度超过25mm时，应采用无损检测方法检测其深度。当缺欠深度不大于6mm时，应用机械方法清除；当缺欠深度大于6mm且不超过25mm时，应用机械方法清除后焊接修补填满；当缺欠深度大于25mm时，应采用超声波测定其尺寸，如果单个缺欠面积（$a \times d$）或聚集缺欠的总面积不超过被切割钢材总面积（$B \times L$）的4%时为合格，否则不应使用；

2 钢材内部的夹层，其尺寸不超过本条第1款的规定且位置离母材坡口表面距离 b 不小于25mm时不需要修补；距离 b 小于25mm时应进行焊接修补；

3 夹层是裂纹时，裂纹长度 a 和深度 d 均不大于50mm时应进行焊接修补；裂纹深度 d 大于50mm或累计长度超过板宽的20%时不应使用；

4 焊接修补应符合本规范第7.11节的规定。

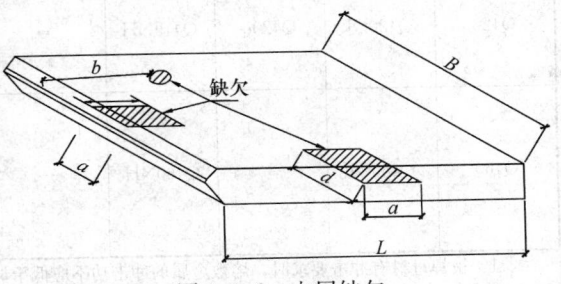

图7.1.6 夹层缺欠

7.2 焊接材料要求

7.2.1 焊接材料熔敷金属的力学性能不应低于相应

母材标准的下限值或满足设计文件要求。

7.2.2 焊接材料贮存场所应干燥、通风良好，应由专人保管、烘干、发放和回收，并应有详细记录。

7.2.3 焊条的保存、烘干应符合下列要求：

  1 酸性焊条保存时应有防潮措施，受潮的焊条使用前应在100℃～150℃范围内烘焙1h～2h；

  2 低氢型焊条应符合下列要求：

    1）焊条使用前应在300℃～430℃范围内烘焙1h～2h，或按厂家提供的焊条使用说明书进行烘干。焊条放入时烘箱的温度不应超过规定最高烘焙温度的一半，烘焙时间以烘箱达到规定最高烘焙温度后开始计算；

    2）烘干后的低氢焊条应放置于温度不低于120℃的保温箱中存放、待用；使用时应置于保温筒中，随用随取；

    3）焊条烘干后在大气中放置时间不应超过4h，用于焊接Ⅲ、Ⅳ类钢材的焊条，烘干后在大气中放置时间不应超过2h。重新烘干次数不应超过1次。

7.2.4 焊剂的烘干应符合下列要求：

  1 使用前应按制造厂家推荐的温度进行烘焙，已受潮或结块的焊剂严禁使用；

  2 用于焊接Ⅲ、Ⅳ类钢材的焊剂，烘干后在大气中放置时间不应超过4h。

7.2.5 焊丝和电渣焊的熔化或非熔化导管表面以及栓钉焊接端面应无油污、锈蚀。

7.2.6 栓钉焊瓷环保存时应有防潮措施，受潮的焊接瓷环使用前应在120℃～150℃范围内烘焙1h～2h。

7.2.7 常用钢材的焊接材料可按表7.2.7的规定选用，屈服强度在460MPa以上的钢材，其焊接材料的选用应符合本规范第7.2.1条的规定。

表7.2.7 常用钢材的焊接材料推荐表

母 材					焊 接 材 料			
GB/T 700 和 GB/T 1591 标准钢材	GB/T 19879 标准钢材	GB/T 714 标准钢材	GB/T 4171 标准钢材	GB/T 7659 标准钢材	焊条电弧焊 SMAW	实心焊丝气体保护焊 GMAW	药芯焊丝气体保护焊 FCAW	埋弧焊 SAW
Q215	—	—	—	ZG200-400H ZG230-450H	GB/T 5117：E43XX	GB/T 8110：ER49-X	GB/T 10045：E43XTX-X GB/T 17493：E43XTX-X	GB/T 5293：F4XX-H08A
Q235 Q275	Q235GJ	Q235q	Q235NH Q265GNH Q295NH Q295GNH	ZG275-485H	GB/T 5117：E43XX E50XX GB/T 5118：E50XX-X	GB/T 8110：ER49-X ER50-X	GB/T 10045：E43XTX-X E50XTX-X GB/T 17493：E43XTX-X E49XTX-X	GB/T 5293：F4XX-H08A GB/T 12470：F48XX-H08MnA
Q345 Q390	Q345GJ Q390GJ	Q345q Q370q	Q310GNH Q355NH Q355GNH	—	GB/T 5117：E50XX GB/T 5118：E5015、16-X E5515、16-Xa	GB/T 8110：ER50-X ER55-X	GB/T 10045：E50XTX-X GB/T 17493：E50XTX-X	GB/T 5293：F5XX-H08MnA F5XX-H10Mn2 GB/T 12470：F48XX-H08MnA F48XX-H10Mn2 F48XX-H10Mn2A
Q420	Q420GJ	Q420q	Q415NH	—	GB/T 5118：E5515、16-X E6015、16-Xb	GB/T 8110 ER55-X ER62-Xb	GB/T 17493：E55XTX-X	GB/T 12470：F55XX-H10Mn2A F55XX-H08MnMoA
Q460	Q460GJ	—	Q460NH	—	GB/T 5118：E5515、16-X E6015、16-X	GB/T 8110 ER55-X	GB/T 17493：E55XTX-X E60XTX-X	GB/T 12470：F55XX-H08MnMoA F55XX-H08Mn2MoVA

注：1 被焊母材有冲击要求时，熔敷金属的冲击功不应低于母材规定；

    2 焊接接头板厚不小于25mm时，宜采用低氢型焊接材料；

    3 表中X对应焊材标准中的相应规定；

    a 仅适用于厚度不大于35mm的Q3459钢及厚度不大于16mm的Q3709钢；

    b 仅适用于厚度不大于16mm的Q4209钢。

7.3 焊接接头的装配要求

7.3.1 焊接坡口尺寸宜符合本规范附录 A 的规定。组装后坡口尺寸允许偏差应符合表 7.3.1 的规定。

表 7.3.1 坡口尺寸组装允许偏差

序号	项　目	背面不清根	背面清根
1	接头钝边	±2mm	—
2	无衬垫接头根部间隙	±2mm	+2mm −3mm
3	带衬垫接头根部间隙	+6mm −2mm	
4	接头坡口角度	+10° −5°	+10° −5°
5	U 形和 J 形坡口 根部半径	+3mm −0mm	

7.3.2 接头间隙中严禁填塞焊条头、铁块等杂物。

7.3.3 坡口组装间隙偏差超过表 7.3.1 规定但不大于较薄板厚度 2 倍或 20mm 两值中较小值时，可在坡口单侧或两侧堆焊。

7.3.4 对接接头的错边量不应超过本规范表 8.2.2 的规定。当不等厚部件对接接头的错边量超过 3mm 时，较厚部件应按不大于 1：2.5 坡度平缓过渡。

7.3.5 采用角焊缝及部分焊透焊缝连接的 T 形接头，两部件应密贴，根部间隙不应超过 5mm；当间隙超过 5mm 时，应在待焊板端表面堆焊并修磨平整使其间隙符合要求。

7.3.6 T 形接头的角焊缝连接部件的根部间隙大于 1.5mm 且小于 5mm 时，角焊缝的焊脚尺寸应按根部间隙值予以增加。

7.3.7 对于搭接接头及塞焊、槽焊以及钢衬垫与母材间的连接接头，接触面之间的间隙不应超过 1.5mm。

7.4 定 位 焊

7.4.1 定位焊必须由持相应资格证书的焊工施焊，所用焊接材料应与正式焊缝的焊接材料相当。

7.4.2 定位焊缝附近的母材表面质量应符合本规范第 7.1 节的规定。

7.4.3 定位焊缝厚度不应小于 3mm，长度不应小于 40mm，其间距宜为 300mm～600mm。

7.4.4 采用钢衬垫的焊接接头，定位焊宜在接头坡口内进行；定位焊焊接时预热温度宜高于正式施焊预热温度 20℃～50℃；定位焊缝与正式焊缝应具有相同的焊接工艺和焊接质量要求；定位焊焊缝存在裂纹、气孔、夹渣等缺陷时，应完全清除。

7.4.5 对于要求疲劳验算的动荷载结构，应根据结构特点和本节要求制定定位焊工艺文件。

7.5 焊 接 环 境

7.5.1 焊条电弧焊和自保护药芯焊丝电弧焊，其焊接作业区最大风速不宜超过 8m/s，气体保护电弧焊不宜超过 2m/s，如果超出上述范围，应采取有效措施以保障焊接电弧区域不受影响。

7.5.2 当焊接作业处于下列情况之一时严禁焊接：

　1 焊接作业区的相对湿度大于 90％；

　2 焊件表面潮湿或暴露于雨、冰、雪中；

　3 焊接作业条件不符合现行国家标准《焊接与切割安全》GB 9448 的有关规定。

7.5.3 焊接环境温度低于 0℃但不低于−10℃时，应采取加热或防护措施，应确保接头焊接处各方向不小于 2 倍板厚且不小于 100mm 范围内的母材温度，不低于 20℃或规定的最低预热温度二者的较高值，且在焊接过程中不应低于这一温度。

7.5.4 焊接环境温度低于−10℃时，必须进行相应焊接环境下的工艺评定试验，并应在评定合格后再进行焊接，如果不符合上述规定，严禁焊接。

7.6 预热和道间温度控制

7.6.1 预热温度和道间温度应根据钢材的化学成分、接头的拘束状态、热输入大小、熔敷金属含氢量水平及所采用的焊接方法等综合因素确定或进行焊接试验。

7.6.2 常用钢材采用中等热输入焊接时，最低预热温度宜符合表 7.6.2 的要求。

表 7.6.2 常用钢材最低预热温度要求（℃）

钢材 类别	接头最厚部件的板厚 t（mm）				
	$t \leqslant 20$	$20 < t \leqslant 40$	$40 < t \leqslant 60$	$60 < t \leqslant 80$	$t > 80$
Ⅰ [a]	—	—	40	50	80
Ⅱ	—	20	60	80	100
Ⅲ	20	60	80	100	120
Ⅳ [b]	20	80	100	120	150

注：1　焊接热输入约为 15kJ/cm～25kJ/cm，当热输入每增大 5kJ/cm 时，预热温度可比表中温度降低 20℃；

2　当采用非低氢焊接材料或焊接方法焊接时，预热温度应比表中规定的温度提高 20℃；

3　当母材施焊处温度低于 0℃时，应根据焊接作业环境、钢材牌号及板厚的具体情况将表中预热温度适当增加，且应在焊接过程中保持这一最低道间温度；

4　焊接接头板厚不同时，应按接头中较厚板的板厚选择最低预热温度和道间温度；

5　焊接接头钢材不同时，应按接头中较高强度、较高碳当量的钢材选择最低预热温度；

6　本表不适用于供货状态为调质处理的钢材；控轧控冷（TMCP）钢最低预热温度可由试验确定；

7　"—"表示焊接环境在 0℃以上时，可不采取预热措施；

a　铸钢除外，Ⅰ类钢材中的铸钢预热温度宜参照Ⅱ类钢材的要求确定；

b　仅限于Ⅳ类钢材中的 Q460、Q460GJ 钢。

7.6.3 电渣焊和气电立焊在环境温度为 0℃ 以上施焊时可不进行预热；但板厚大于 60mm 时，宜对引弧区域的母材预热且预热温度不应低于 50℃。

7.6.4 焊接过程中，最低道间温度不应低于预热温度；静载结构焊接时，最大道间温度不宜超过 250℃；需进行疲劳验算的动荷载结构和调质钢焊接时，最大道间温度不宜超过 230℃。

7.6.5 预热及道间温度控制应符合下列规定：

1 焊前预热及道间温度的保持宜采用电加热法、火焰加热法，并应采用专用的测温仪器测量；

2 预热的加热区域应在焊缝坡口两侧，宽度应大于焊件施焊处板厚的 1.5 倍，且不应小于 100mm；预热温度宜在焊件受热面的背面测量，测量点应在离电弧经过前的焊接点各方向不小于 75mm 处；当采用火焰加热器预热时正面测温应在火焰离开后进行。

7.6.6 Ⅲ、Ⅳ类钢材及调质钢的预热温度、道间温度的确定，应符合钢厂提供的指导性参数要求。

7.7 焊后消氢热处理

7.7.1 当要求进行焊后消氢热处理时，应符合下列规定：

1 消氢热处理的加热温度应为 250℃～350℃，保温时间应根据工件板厚按每 25mm 板厚不小于 0.5h，且总保温时间不得小于 1h 确定。达到保温时间后应缓冷至常温；

2 消氢热处理的加热和测温方法应按本规范第 7.6.5 条的规定执行。

7.8 焊后消应力处理

7.8.1 设计或合同文件对焊后消除应力有要求时，需经疲劳验算的动荷载结构中承受拉应力的对接接头或焊缝密集的节点或构件，宜采用电加热器局部退火和加热炉整体退火等方法进行消除应力处理；如仅为稳定结构尺寸，可采用振动法消除应力。

7.8.2 焊后热处理应符合现行行业标准《碳钢、低合金钢焊接构件焊后热处理方法》JB/T 6046 的有关规定。当采用电加热器对焊接构件进行局部消除应力热处理时，尚应符合下列要求：

1 使用配有温度自动控制仪的加热设备，其加热、测温、控温性能应符合使用要求；

2 构件焊缝每侧面加热板（带）的宽度应至少为钢板厚度的 3 倍，且不应小于 200mm；

3 加热板（带）以外构件两侧宜用保温材料适当覆盖。

7.8.3 用锤击法消除中间焊层应力时，应使用圆头手锤或小型振动工具进行，不应对根部焊缝、盖面焊缝或焊缝坡口边缘的母材进行锤击。

7.8.4 用振动法消除应力时，应符合现行行业标准《焊接构件振动时效工艺参数选择及技术要求》JB/T

10375 的有关规定。

7.9 引弧板、引出板和衬垫

7.9.1 引弧板、引出板和钢衬垫板的钢材应符合本规范第 4 章的规定，其强度不应大于被焊钢材强度，且应具有与被焊钢材相近的焊接性。

7.9.2 在焊接接头的端部应设置焊缝引弧板、引出板，应使焊缝在提供的延长段上引弧和终止。焊条电弧焊和气体保护电弧焊焊缝引弧板、引出板长度应大于 25mm，埋弧焊引弧板、引出板长度应大于 80mm。

7.9.3 引弧板和引出板宜采用火焰切割、碳弧气刨或机械等方法去除，去除时不得伤及母材并将割口处修磨至与焊缝端部平整。严禁采用锤击去除引弧板和引出板。

7.9.4 衬垫材质可采用金属、焊剂、纤维、陶瓷等。

7.9.5 当使用钢衬垫时，应符合下列要求：

1 钢衬垫应与接头母材金属贴合好，其间隙不应大于 1.5mm；

2 钢衬垫在整个焊缝长度内应保持连续；

3 钢衬垫应有足够的厚度以防止烧穿。用于焊条电弧焊、气体保护电弧焊和自保护药芯焊丝电弧焊焊接方法的衬垫板厚度不应小于 4mm；用于埋弧焊焊接方法的衬垫板厚度不应小于 6mm；用于电渣焊焊接方法的衬垫板厚度不应小于 25mm；

4 应保证钢衬垫与焊缝金属熔合良好。

7.10 焊接工艺技术要求

7.10.1 焊接施工前，施工单位应制定焊接工艺文件用于指导焊接施工，工艺文件可依据本规范第 6 章规定的焊接工艺评定结果进行制定，也可依据本规范第 6 章对符合免除工艺评定条件的工艺直接制定焊接工艺文件。焊接工艺文件应至少包括下列内容：

1 焊接方法或焊接方法的组合；

2 母材的规格、牌号、厚度及适用范围；

3 填充金属的规格、类别和型号；

4 焊接接头形式、坡口形式、尺寸及其允许偏差；

5 焊接位置；

6 焊接电源的种类和电流极性；

7 清根处理；

8 焊接工艺参数，包括焊接电流、焊接电压、焊接速度、焊层和焊道分布等；

9 预热温度及道间温度范围；

10 焊后消除应力处理工艺；

11 其他必要的规定。

7.10.2 对于焊条电弧焊、实心焊丝气体保护焊、药芯焊丝气体保护焊和埋弧焊（SAW）焊接方法，每一道焊缝的宽深比不应小于 1.1。

7.10.3 除用于坡口焊缝的加强角焊缝外，如果满足设计要求，应采用最小角焊缝尺寸，最小角焊缝尺寸应符合本规范表 5.4.2 的规定。

7.10.4 对于焊条电弧焊、半自动实心焊丝气体保护焊、半自动药芯焊丝气体保护焊、药芯焊丝自保护焊和自动埋弧焊焊接方法，其单道焊最大焊缝尺寸宜符合表 7.10.4 的规定。

表 7.10.4　单道焊最大焊缝尺寸

焊道类型	焊接位置	焊缝类型	焊接方法		
			焊条电弧焊	气体保护焊和药芯焊丝自保护焊	单丝埋弧焊
根部焊道最大厚度	平焊	全部	10mm	10mm	
	横焊		8mm	8mm	
	立焊		12mm	12mm	
	仰焊		8mm	8mm	
填充焊道最大厚度	全部	全部	5mm	6mm	6mm
单道角焊缝最大焊脚尺寸	平焊	角焊缝	10mm	12mm	12mm
	横焊		8mm	10mm	8mm
	立焊		12mm	12mm	—
	仰焊		8mm	8mm	—

7.10.5 多层焊时应连续施焊，每一焊道焊接完成后应及时清理焊渣及表面飞溅物，遇有中断施焊的情况，应采取适当的保温措施，必要时应进行后热处理，再次焊接时重新预热温度应高于初始预热温度。

7.10.6 塞焊和槽焊可采用焊条电弧焊、气体保护电弧焊及药芯焊丝自保护焊等焊接方法。平焊时，应分层焊接，每层熔渣冷却凝固后必须清除再重新焊接；立焊和仰焊时，每道焊缝焊完后，应待熔渣冷却并清除再施焊后续焊道。

7.10.7 在调质钢上严禁采用塞焊和槽焊焊缝。

7.11　焊接变形的控制

7.11.1 钢结构焊接时，采用的焊接工艺和焊接顺序应能使最终构件的变形和收缩最小。

7.11.2 根据构件上焊缝的布置，可按下列要求采用合理的焊接顺序控制变形：

　　1　对接接头、T 形接头和十字接头，在工件放置条件允许或易于翻转的情况下，宜双面对称焊接；有对称截面的构件，宜对称于构件中性轴焊接；有对称连接杆件的节点，宜对称于节点轴线同时对称焊接；

　　2　非对称双面坡口焊缝，宜先在深坡口面完成部分焊缝，然后完成浅坡口面焊缝焊接，最后完成深坡口面焊缝焊接。特厚板宜增加轮流对称焊接的循环次数；

　　3　对长焊缝宜采用分段退焊法或多人对称焊

接法；

　　4　宜采用跳焊法，避免工件局部热量集中。

7.11.3 构件装配焊接时，应先焊收缩量较大的接头，后焊收缩量较小的接头，接头应在小的拘束状态下焊接。

7.11.4 对于有较大收缩或角变形的接头，正式焊接前应采用预留焊接收缩裕量或反变形方法控制收缩和变形。

7.11.5 多组件构成的组合构件应采取分部组装焊接，矫正变形后再进行总装焊接。

7.11.6 对于焊缝分布相对于构件的中性轴明显不对称的异形截面的构件，在满足设计要求的条件下，可采用调整填充焊缝熔敷量或补偿加热的方法。

7.12　返　修　焊

7.12.1 焊缝金属和母材的缺欠超过相应的质量验收标准时，可采用砂轮打磨、碳弧气刨、铲凿或机械加工等方法彻底清除。对焊缝进行返修，应按下列要求进行：

　　1　返修前，应清洁修复区域的表面；

　　2　焊瘤、凸起或余高过大，应采用砂轮或碳弧气刨清除过量的焊缝金属；

　　3　焊缝凹陷或弧坑、焊缝尺寸不足、咬边、未熔合、焊缝气孔或夹渣等应在完全清除缺陷后进行焊补；

　　4　焊缝或母材的裂纹应采用磁粉、渗透或其他无损检测方法确定裂纹的范围及深度，用砂轮打磨或碳弧气刨清除裂纹及其两端各 50mm 长的完好焊缝或母材，修整表面或磨除气刨渗碳层后，应采用渗透或磁粉探伤方法确定裂纹是否彻底清除，再重新进行焊补。对于拘束度较大的焊接接头的裂纹用碳弧气刨清除前，宜在裂纹两端钻止裂孔；

　　5　焊接返修的预热温度应比相同条件下正常焊接的预热温度提高 30℃～50℃，并应采用低氢焊接材料和焊接方法进行焊接；

　　6　返修部位应连续焊接。如中断焊接时，应采取后热、保温措施，防止产生裂纹；厚板返修焊宜采用消氢处理；

　　7　焊接裂纹的返修，应由焊接技术人员对裂纹产生的原因进行调查和分析，制定专门的返修工艺方案后进行；

　　8　同一部位两次返修后仍不合格时，应重新制定返修方案，并经业主或监理工程师认可后方可实施。

7.12.2 返修焊的焊缝应按原检测方法和质量标准进行检测验收，填报返修施工记录及返修前后的无损检测报告，作为工程验收及存档资料。

7.13　焊　件　矫　正

7.13.1 焊接变形超标的构件应采用机械方法或局部

加热的方法进行矫正。

7.13.2 采用加热矫正时，调质钢的矫正温度严禁超过其最高回火温度，其他供货状态的钢材的矫正温度不应超过 800℃或钢厂推荐温度两者中的较低值。

7.13.3 构件加热矫正后宜采用自然冷却，低合金钢在矫正温度高于 650℃时严禁急冷。

7.14 焊 缝 清 根

7.14.1 全焊透焊缝的清根应从反面进行，清根后的凹槽应形成不小于 10°的 U 形坡口。

7.14.2 碳弧气刨清根应符合下列规定：

　　1 碳弧气刨工的技能应满足清根操作技术要求；

　　2 刨槽表面应光洁，无夹碳、粘渣等；

　　3 Ⅲ、Ⅳ类钢材及调质钢在碳弧气刨后，应使用砂轮打磨刨槽表面，去除渗碳淬硬层及残留熔渣。

7.15 临 时 焊 缝

7.15.1 临时焊缝的焊接工艺和质量要求应与正式焊缝相同。临时焊缝清除时应不伤及母材，并应将临时焊缝区域修磨平整。

7.15.2 需经疲劳验算结构中受拉部件或受拉区域严禁设置临时焊缝。

7.15.3 对于Ⅲ、Ⅳ类钢材、板厚大于 60mm 的Ⅰ、Ⅱ类钢材、需经疲劳验算的结构，临时焊缝清除后，应采用磁粉或渗透探伤方法对母材进行检测，不允许存在裂纹等缺陷。

7.16 引弧和熄弧

7.16.1 不应在焊缝区域外的母材上引弧和熄弧。

7.16.2 母材的电弧擦伤应打磨光滑，承受动载或Ⅲ、Ⅳ类钢材的擦伤处还应进行磁粉或渗透探伤检测，不得存在裂纹等缺陷。

7.17 电渣焊和气电立焊

7.17.1 电渣焊和气电立焊的冷却块或衬垫块以及导管应满足焊接质量要求。

7.17.2 采用熔嘴电渣焊时，应防止熔嘴上的药皮受潮和脱落，受潮的熔嘴应经过 120℃约 1.5h 的烘焙后方可使用，药皮脱落、锈蚀和带有油污的熔嘴不得使用。

7.17.3 电渣焊和气电立焊在引弧和熄弧时可使用钢制或铜制引熄弧块。电渣焊使用的铜制引熄弧块长度不应小于 100mm，引弧槽的深度不应小于 50mm，引弧槽的截面积应与正式电渣焊焊头的截面积一致，可在引弧块的底部加入适当的碎焊丝（ϕ1mm×1mm）便于起弧。

7.17.4 电渣焊用焊丝应控制 S、P 含量，同时应具有较高的脱氧元素含量。

7.17.5 电渣焊采用 Ⅰ 形坡口（图 7.17.5）时，坡口间隙 b 与板厚 t 的关系应符合表 7.17.5 的规定。

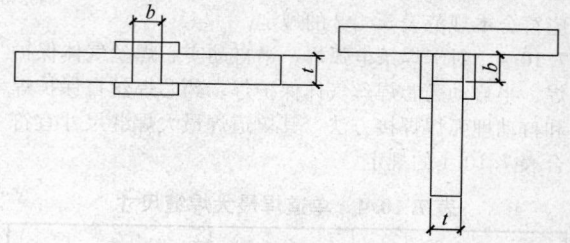

图 7.17.5　电渣焊 Ⅰ 形坡口

表 7.17.5　电渣焊 Ⅰ 形坡口间隙与板厚关系

母材厚度 t（mm）	坡口间隙 b（mm）
$t \leqslant 32$	25
$32 < t \leqslant 45$	28
$t > 45$	30～32

7.17.6 电渣焊焊接过程中，可采用填加焊剂和改变焊接电压的方法，调整渣池深度和宽度。

7.17.7 焊接过程中出现电弧中断或焊缝中间存在缺陷，可钻孔清除已焊焊缝，重新进行焊接。必要时应刨开面板采用其他焊接方法进行局部焊补，返修后应重新按检测要求进行无损检测。

8　焊 接 检 验

8.1　一 般 规 定

8.1.1 焊接检验应按下列要求分为两类：

　　1 自检，是施工单位在制造、安装过程中，由本单位具有相应资质的检测人员或委托具有相应检验资质的检测机构进行的检验；

　　2 监检，是业主或其代表委托具有相应检验资质的独立第三方检测机构进行的检验。

8.1.2 焊接检验的一般程序包括焊前检验、焊中检验和焊后检验，并应符合下列规定：

　　1 焊前检验应至少包括下列内容：

　　　　1）按设计文件和相关标准的要求对工程中所用钢材、焊接材料的规格、型号（牌号）、材质、外观及质量证明文件进行确认；

　　　　2）焊工合格证及认可范围确认；

　　　　3）焊接工艺技术文件及操作规程审查；

　　　　4）坡口形式、尺寸及表面质量检查；

　　　　5）组对后构件的形状、位置、错边量、角变形、间隙等检查；

　　　　6）焊接环境、焊接设备等条件确认；

　　　　7）定位焊缝的尺寸及质量认可；

　　　　8）焊接材料的烘干、保存及领用情况检查；

　　　　9）引弧板、引出板和衬垫板的装配质量检查。

　　2 焊中检验应至少包括下列内容：

1）实际采用的焊接电流、焊接电压、焊接速度、预热温度、层间温度及后热温度和时间等焊接工艺参数与焊接工艺文件的符合性检查；

2）多层多道焊焊道缺欠的处理情况确认；

3）采用双面焊清根的焊缝，应在清根后进行外观检查及规定的无损检测；

4）多层多道焊中焊层、焊道的布置及焊接顺序等检查。

3 焊后检验应至少包括下列内容：

1）焊缝的外观质量与外形尺寸检查；

2）焊缝的无损检测；

3）焊接工艺规程记录及检验报告审查。

8.1.3 焊接检验前应根据结构所承受的荷载特性、施工详图及技术文件规定的焊缝质量等级要求编制检验和试验计划，由技术负责人批准并报监理工程师备案。检验方案应包括检验批的划分、抽样检验的抽样方法、检验项目、检验方法、检验时机及相应的验收标准等内容。

8.1.4 焊缝检验抽样方法应符合下列规定：

1 焊缝处数的计数方法：工厂制作焊缝长度不大于1000mm时，每条焊缝应为1处；长度大于1000mm时，以1000mm为基准，每增加300mm焊缝数量应增加1处；现场安装焊缝每条焊缝应为1处。

2 可按下列方法确定检验批：

1）制作焊缝以同一工区（车间）按300～600处的焊缝数量组成检验批；多层框架结构可以每节柱的所有构件组成检验批；

2）安装焊缝以区段组成检验批；多层框架结构以每层（节）的焊缝组成检验批。

3 抽样检验除设计指定焊缝外应采用随机取样方式取样，且取样中应覆盖到该批焊缝中所包含的所有钢材类别、焊接位置和焊接方法。

8.1.5 外观检测应符合下列规定：

1 所有焊缝应冷却到环境温度后方可进行外观检测。

2 外观检测采用目测方式，裂纹的检查应辅以5倍放大镜并在合适的光照条件下进行，必要时可采用磁粉探伤或渗透探伤检测，尺寸的测量应用量具、卡规。

3 栓钉焊接接头的焊缝外观质量应符合本规范表6.5.1-1或表6.5.1-2的要求。外观质量检验合格后进行打弯抽样检查，合格标准：当栓钉弯曲至30°时，焊缝和热影响区不得有肉眼可见的裂纹，检查数量不应小于栓钉总数的1%且不少于10个。

4 电渣焊、气电立焊接头的焊缝外观成形应光滑，不得有未熔合、裂纹等缺陷；当板厚小于30mm时，压痕、咬边深度不应大于0.5mm；板厚不小于

30mm时，压痕、咬边深度不应大于1.0mm。

8.1.6 焊缝无损检测报告签发人员必须持有现行国家标准《无损检测人员资格鉴定与认证》GB/T 9445规定的2级或2级以上资格证书。

8.1.7 超声波检测应符合下列规定：

1 对接及角接接头的检验等级应根据质量要求分为A、B、C三级，检验的完善程度A级最低，B级一般，C级最高，应根据结构的材质、焊接方法、使用条件及承受载荷的不同，合理选用检验级别。

2 对接及角接接头检验范围见图8.1.7，其确定应符合下列规定：

1）A级检验采用一种角度的探头在焊缝的单面单侧进行检验，只对能扫查到的焊缝截面进行探测，一般不要求作横向缺欠的检验。母材厚度大于50mm时，不得采用A级检验。

2）B级检验采用一种角度探头在焊缝的单面双侧进行检验，受几何条件限制时，应在焊缝单面、单侧采用两种角度探头（两角度之差大于15°）进行检验。母材厚度大于100mm时，应采用双面双侧检验，受几何条件限制时，应在焊缝双面单侧，采用两种角度探头（两角度之差大于15°）进行检验，检验应覆盖整个焊缝截面。条件允许时应作横向缺欠检验。

3）C级检验至少应采用两种角度探头在焊缝的单面双侧进行检验。同时应作两个扫查方向和两种探头角度的横向缺欠检验。母材厚度大于100mm时，应采用双面双侧检验。检查前应将对接焊缝余高磨平，以便探头在焊缝上作平行扫查。焊缝两侧斜头扫查经过母材部分应采用直探头作检查。当焊缝母材厚度不小于100mm，或窄间隙焊缝母材厚度不小于40mm时，应增加串列式扫查。

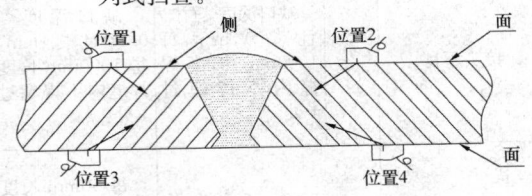

图8.1.7 超声波检测位置

8.1.8 抽样检验应按下列规定进行结果判定：

1 抽样检验的焊缝数不合格率小于2%时，该批验收合格；

2 抽样检验的焊缝数不合格率大于5%时，该批验收不合格；

3 除本条第5款情况外抽样检验的焊缝数不合格率为2%～5%时，应加倍抽检，且必须在原不合

格部位两侧的焊缝延长线各增加一处，在所有抽检焊缝中不合格率不大于3%时，该批验收合格，大于3%时，该批验收不合格；

4 批量验收不合格时，应对该批余下的全部焊缝进行检验；

5 检验发现1处裂纹缺陷时，应加倍抽查，在加倍抽检焊缝中未再检查出裂纹缺陷时，该批验收合格；检验发现多于1处裂纹缺陷或加倍抽查又发现裂纹缺陷时，该批验收不合格，应对该批余下焊缝的全数进行检查。

8.1.9 所有检出的不合格焊接部位应按本规范第7.11节的规定予以返修至检查合格。

8.2 承受静荷载结构焊接质量的检验

8.2.1 焊缝外观质量应满足表8.2.1的规定。

表 8.2.1 焊缝外观质量要求

检验项目＼焊缝质量等级	一级	二级	三级
裂纹	不允许		
未焊满	不允许	≤ 0.2mm + 0.02t 且 ≤1mm，每 100mm 长度焊缝内未焊满累积长度≤25mm	≤ 0.2mm + 0.04t 且 ≤2mm，每 100mm 长度焊缝内未焊满累积长度≤25mm
根部收缩	不允许	≤ 0.2mm + 0.02t 且 ≤1mm，长度不限	≤ 0.2mm + 0.04t 且 ≤2mm，长度不限
咬边	不允许	深度≤0.05t 且 ≤ 0.5mm，连续长度 ≤ 100mm，且焊缝两侧咬边总长 ≤10% 焊缝全长	深度≤0.1t 且 ≤ 1mm，长度不限
电弧擦伤	不允许		允许存在个别电弧擦伤
接头不良	不允许	缺口深度≤0.05t 且 ≤ 0.5mm，每 1000mm 长度焊缝内不得超过1处	缺口深度≤ 0.1t 且 ≤1mm，每 1000mm 长度焊缝内不得超过1处
表面气孔	不允许		每 50mm 长度焊缝内允许存在直径<0.4t 且≤3mm 的气孔2个；孔距应≥6倍孔径
表面夹渣	不允许		深≤ 0.2t，长≤ 0.5t 且 ≤20mm

注：t 为母材厚度。

8.2.2 焊缝外观尺寸应符合下列规定：

1 对接与角接组合焊缝（图8.2.2），加强角焊缝尺寸 h_k 不应小于 $t/4$ 且不应大于 10mm，其允许偏差应为 $h_k{}^{+0.4}_{0}$。对于加强焊角尺寸 h_k 大于 8.0mm 的角焊缝其局部焊脚尺寸允许低于设计要求值 1.0mm，但总长度不得超过焊缝长度的 10%；焊接 H 形梁腹板与翼缘板的焊缝两端在其两倍翼缘板宽度范围内，焊缝的焊脚尺寸不得低于设计要求值；焊缝余高应符合本规范表 8.2.4 的要求。

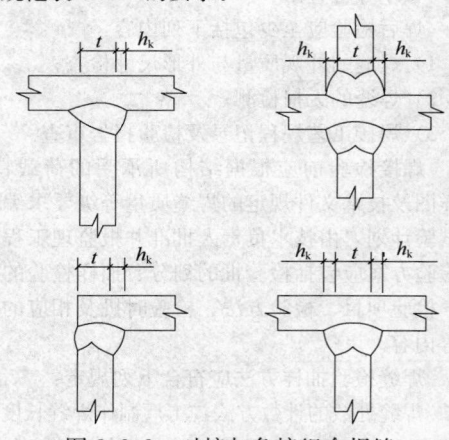

图 8.2.2 对接与角接组合焊缝

2 对接焊缝与角焊缝余高及错边允许偏差应符合表 8.2.2 的规定。

表 8.2.2 焊缝余高和错边允许偏差（mm）

序号	项目	示意图	允许偏差	
			一、二级	三级
1	对接焊缝余高（C）		B<20 时，C 为 0～3；B≥20 时，C 为 0～4	B<20 时，C 为 0～3.5；B≥20 时，C 为 0～5
2	对接焊缝错边（Δ）		Δ<0.1t 且≤2.0	Δ<0.15t 且≤3.0
3	角焊缝余高（C）		h_f≤6 时 C 为 0～1.5；h_f>6 时 C 为 0～3.0	

注：t 为对接接头较薄件母材厚度。

8.2.3 无损检测的基本要求应符合下列规定：

1 无损检测应在外观检测合格后进行。Ⅲ、Ⅳ

类钢材及焊接难度等级为 C、D 级时，应以焊接完成 24h 后无损检测结果作为验收依据；钢材标称屈服强度不小于 690MPa 或供货状态为调质状态时，应以焊接完成 48h 后无损检测结果作为验收依据。

2 设计要求全焊透的焊缝，其内部缺欠的检测应符合下列规定：

1）一级焊缝应进行 100% 的检测，其合格等级不应低于本规范第 8.2.4 条中 B 级检验的Ⅱ级要求；

2）二级焊缝应进行抽检，抽检比例不应小于 20%，其合格等级不应低于本规范第 8.2.4 条中 B 级检测的Ⅲ级要求。

3 三级焊缝应根据设计要求进行相关的检测。

8.2.4 超声波检测应符合下列规定：

1 检验灵敏度应符合表 8.2.4-1 的规定；

表 8.2.4-1 距离-波幅曲线

厚度(mm)	判废线(dB)	定量线(dB)	评定线(dB)
3.5～150	φ3×40	φ3×40-6	φ3×40-14

2 缺欠等级评定应符合表 8.2.4-2 的规定；

表 8.2.4-2 超声波检测缺欠等级评定

评定等级	检验等级		
	A	B	C
	板厚 t（mm）		
	3.5～50	3.5～150	3.5～150
Ⅰ	2t/3；最小 8mm	t/3；最小 6mm 最大 40 mm	t/3；最小 6mm 最大 40mm
Ⅱ	3t/4；最小 8mm	2t/3；最小 8mm 最大 70mm	2t/3；最小 8mm 最大 50mm
Ⅲ	<t；最小 16mm	3t/4；最小 12mm 最大 90mm	3t/4；最小 12mm 最大 75mm
Ⅳ	超过Ⅲ级者		

3 当检测板厚在 3.5mm～8mm 范围时，其超声波检测的技术参数应按现行行业标准《钢结构超声波探伤及质量分级法》JG/T 203 执行；

4 焊接球节点网架、螺栓球节点网架及圆管 T、K、Y 节点焊缝的超声波探伤方法及缺陷分级应符合现行行业标准《钢结构超声波探伤及质量分级法》JG/T 203 的有关规定；

5 箱形构件隔板电渣焊焊缝无损检测，除应符合本规范第 8.2.3 条的相关规定外，还应按本规范附录 C 进行焊缝焊透宽度、焊缝偏移检测；

6 对超声波检测结果有疑义时，可采用射线检测验证；

7 下列情况之一宜在焊前用超声波检测 T 形、十字形、角接接头坡口处的翼缘板，或在焊后进行翼缘板的层状撕裂检测：

1）发现钢板有夹层缺欠；

2）翼缘板、腹板厚度不小于 20mm 的非厚度方向性能钢板；

3）腹板厚度大于翼缘板厚度且垂直于该翼缘板厚度方向的工作应力较大。

8 超声波检测设备及工艺要求应符合现行国家标准《钢焊缝手工超声波探伤方法和探伤结果分级》GB/T 11345 的有关规定。

8.2.5 射线检测应符合现行国家标准《金属熔化焊接接头射线照相》GB/T 3323 的有关规定，射线照相的灵量等级不应低于 B 级的要求，一级焊缝评定合格等级不应低于Ⅱ级的要求，二级焊缝评定合格等级不应低于Ⅲ级的要求。

8.2.6 表面检测应符合下列规定：

1 下列情况之一应进行表面检测：

1）设计文件要求进行表面检测；

2）外观检测发现裂纹时，应对该批中同类焊缝进行 100% 的表面检测；

3）外观检测怀疑有裂纹缺陷时，应对怀疑的部位进行表面检测；

4）检测人员认为有必要时。

2 铁磁性材料应采用磁粉检测表面缺欠。不能使用磁粉检测时，应采用渗透检测。

8.2.7 磁粉检测应符合现行行业标准《无损检测 焊缝磁粉检测》JB/T 6061 的有关规定，合格标准应符合本规范第 8.2.1 条、第 8.2.2 条中外观检测的有关规定。

8.2.8 渗透检测应符合现行行业标准《无损检测 焊缝渗透检测》JB/T 6062 的有关规定，合格标准应符合本规范第 8.2.1 条、第 8.2.2 条中外观检测的有关规定。

8.3 需疲劳验算结构的焊缝质量检验

8.3.1 焊缝的外观质量应无裂纹、未熔合、夹渣、弧坑未填满及超过表 8.3.1 规定的缺欠。

表 8.3.1 焊缝外观质量要求

检验项目 焊缝质量等级	一级	二级	三级
裂纹	不允许		
未焊满	不允许		≤ 0.2mm + 0.02t 且 ≤1mm，每 100mm 长度焊缝内未焊满累积长度≤25mm

续表 8.3.1

检验项目	焊缝质量等级 一级	二级	三级
根部收缩	不允许		≤0.2mm+0.02t 且≤1mm，长度不限
咬边	不允许	深度≤0.05t 且≤0.3mm，连续长度≤100mm 且焊缝两侧咬边总长≤10%焊缝全长	深度≤0.1t 且≤0.5mm，长度不限
电弧擦伤	不允许		允许存在个别电弧擦伤
接头不良	不允许		缺口深度≤0.05t 且≤0.5mm，每1000mm 长度焊缝内不得超过1处
表面气孔	不允许		直径小于1.0mm，每米不多于3个，间距不小于20mm
表面夹渣	不允许		深≤0.2t，长≤0.5t 且≤20mm

注：1 t 为母材厚度；
　　2 桥面板与弦杆角焊缝、桥面板侧的桥面板与U形肋角焊缝、腹板侧受拉区竖向加劲肋角焊缝的咬边缺陷应满足一级焊缝的质量要求。

8.3.2 焊缝的外观尺寸应符合表 8.3.2 的规定。

表 8.3.2　焊缝外观尺寸要求（mm）

项　目	焊缝种类	允许偏差
焊脚尺寸	主要角焊缝[a]（包括对接与角接组合焊缝）	$h_f{}^{+2.0}_{\ \ 0}$
	其他角焊缝	$h_f{}^{+2.0}_{-1.0}$[b]
焊缝高低差	角焊缝	任意25mm 范围高低差≤2.0mm
余高	对接焊缝	焊缝宽度 b ≤20mm 时≤2.0mm 焊缝宽度 b >20mm 时≤3.0mm
余高铲磨后	表面高度	横向对接焊缝	高于母材表面不大于0.5mm 低于母材表面不大于0.3mm
	表面粗糙度		不大于50μm

注：a 主要角焊缝是指主要杆件的盖板与腹板的连接焊缝；
　　b 手工焊角焊缝全长的10%允许 $h_f±3.8$。

8.3.3 无损检测应符合下列规定：

1 无损检测应在外观检查合格后进行。Ⅰ、Ⅱ

类钢材及焊接难度等级为 A、B 级时，应以焊接完成24h 后检测结果作为验收依据，Ⅲ、Ⅳ 类钢材及焊接难度等级为 C、D 级时，应以焊接完成48h 后的检查结果作为验收依据。

2 板厚不大于 30mm（不等厚对接时，按较薄板计）的对接焊缝除按本规范第 8.3.4 条的规定进行超声波检测外，还应采用射线检测抽检其接头数量的10%且不少于一个焊接接头。

3 板厚大于 30mm 的对接焊缝除按本规范第8.3.4 条的规定进行超声波检测外，还应增加接头数量的10%且不少于一个焊接接头，按检验等级为 C级、质量等级为不低于一级的超声波检测，检测时焊缝余高应磨平，使用的探头折射角应有一个为45°，探伤范围应为焊缝两端各 500mm。焊缝长度大于1500mm 时，中部应加探 500mm。当发现超标缺欠时应加倍检验。

4 用射线和超声波两种方法检验同一条焊缝，必须达到各自的质量要求，该焊缝方可判定为合格。

8.3.4 超声波检测应符合下列规定：

1 超声波检测设备和工艺要求应符合现行国家标准《钢焊缝手工超声波探伤方法和探伤结果分级》GB/T 11345 的有关规定。

2 检测范围和检验等级应符合表 8.3.4-1 的规定。距离-波幅曲线及缺欠等级评定应符合表 8.3.4-2、表 8.3.4-3 的规定。

表 8.3.4-1　焊缝超声波检测范围和检验等级

焊缝质量级别	探伤部位	探伤比例	板厚 t (mm)	检验等级
一、二级横向对接焊缝	全长	100%	10≤t≤46	B
	—	—	46<t≤80	B（双面双侧）
二级纵向对接焊缝	焊缝两端各 1000mm	100%	10≤t≤46	B
	—	—	46<t≤80	B（双面双侧）
二级角焊缝	两端螺栓孔部位并延长 500mm，板梁主梁及纵、横梁跨中加探 1000mm	100%	10≤t≤46	B（双面单侧）
	—	—	46<t≤80	B（双面单侧）

表 8.3.4-2　超声波检测距离-波幅曲线灵敏度

焊缝质量等级	板厚 (mm)	判废线	定量线	评定线
对接焊缝 一、二级	10≤t≤46	φ3×40-6dB	φ3×40-14dB	φ3×40-20dB
	46<t≤80	φ3×40-2dB	φ3×40-10dB	φ3×40-16dB

续表 8.3.4-2

焊缝质量 量等级	板厚 (mm)	判废线	定量线	评定线
全焊透对接 与角接组合 焊缝一级	$10 \leq t \leq 80$	$\phi 3 \times 40\text{-}4\text{dB}$	$\phi 3 \times 40\text{-}10\text{dB}$	$\phi 3 \times 40\text{-}16\text{dB}$
		$\phi 6$	$\phi 3$	$\phi 2$
角焊 缝二 级	部分焊透 对接与角 接组合 焊缝 $10 \leq t \leq 80$	$\phi 3 \times 40\text{-}4\text{dB}$	$\phi 3 \times 40\text{-}10\text{dB}$	$\phi 3 \times 40\text{-}16\text{dB}$
	贴角 焊缝 $10 \leq t \leq 25$	$\phi 1 \times 2$	$\phi 1 \times 2\text{-}6\text{dB}$	$\phi 1 \times 2\text{-}12\text{dB}$
	$25 \leq t \leq 80$	$\phi 1 \times 2 + 4\text{dB}$	$\phi 1 \times 2\text{-}4\text{dB}$	$\phi 1 \times 2\text{-}10\text{dB}$

注：1 角焊缝超声波检测采用铁路钢桥制造专用柱孔标准试块或与其校准过的其他孔形试块；

　　2 $\phi 6$、$\phi 3$、$\phi 2$ 表示纵波探伤的平底孔参考反射体尺寸。

表 8.3.4-3　超声波检测缺欠等级评定

焊缝质量 等级	板厚 t (mm)	单个缺欠 指示长度	多个缺欠的 累计指示长度
对接焊 缝一级	$10 \leq t \leq 80$	$t/4$， 最小可为 8mm	在任意 $9t$， 焊缝长度 范围不超过 t
对接焊 缝二级	$10 \leq t \leq 80$	$t/2$， 最小可为 10mm	在任意 $4.5t$， 焊缝长度 范围不超过 t
全焊透对接 与角接组合 焊缝一级	$10 \leq t \leq 80$	$t/3$， 最小可为 10mm	—
角焊缝二级	$10 \leq t \leq 80$	$t/2$， 最小可为 10mm	—

注：1 母材板厚不同时，按较薄板评定；

　　2 缺欠指示长度小于 8mm 时，按 5mm 计。

8.3.5　射线检测应符合现行国家标准《金属熔化焊焊接接头射线照相》GB/T 3323 的有关规定，射线照相质量等级不应低于 B 级，焊缝内部质量等级不应低于Ⅱ级。

8.3.6　磁粉检测应符合现行行业标准《无损检测　焊缝磁粉检测》JB/T 6061 的有关规定，合格标准应符合本规范第 8.2.1 条、第 8.2.2 条中外观检验的有关规定。

8.3.7　渗透检测应符合现行行业标准《无损检测　焊缝渗透检测》JB/T 6062 的有关规定，合格标准应符合本规范第 8.2.1 条、第 8.2.2 条中外观检测的有关规定。

9　焊接补强与加固

9.0.1　钢结构焊接补强和加固设计应符合现行国家标准《建筑结构加固工程施工质量验收规范》GB 50550 及《建筑抗震设计规范》GB 50011 的有关规定。补强与加固的方案应由设计、施工和业主等各方共同研究确定。

9.0.2　编制补强与加固设计方案时，应具备下列技术资料：

　　1　原结构的设计计算书和竣工图，当缺少竣工图时，应测绘结构的现状图；

　　2　原结构的施工技术档案资料及焊接性资料，必要时应在原结构构件上截取试件进行检测试验；

　　3　原结构或构件的损坏、变形、锈蚀等情况的检测记录及原因分析，并应根据损坏、变形、锈蚀等情况确定构件（或零件）的实际有效截面；

　　4　待加固结构的实际荷载资料。

9.0.3　钢结构焊接补强或加固设计，应考虑时效对钢材塑性的不利影响，不应考虑时效后钢材屈服强度的提高值。

9.0.4　对于受气相腐蚀介质作用的钢结构构件，应根据所处腐蚀环境按现行国家标准《工业建筑防腐蚀设计规范》GB 50046 进行分类。当腐蚀削弱平均量超过原构件厚度的 25% 以及腐蚀削弱平均量虽未超过 25% 但剩余厚度小于 5mm 时，应对钢材的强度设计值乘以相应的折减系数。

9.0.5　对于特殊腐蚀环境中钢结构焊接补强和加固问题应作专门研究确定。

9.0.6　钢结构的焊接补强或加固，可按下列两种方式进行：

　　1　卸载补强或加固：在需补强或加固的位置使结构或构件完全卸载，条件允许时，可将构件拆下进行补强或加固；

　　2　负荷或部分卸载状态下进行补强或加固：在需补强或加固的位置上未经卸载或仅部分卸载状态下进行结构或构件的补强或加固。

9.0.7　负荷状态下进行补强与加固工作时，应符合下列规定：

　　1　应卸除作用于待加固结构上的可变荷载和可卸除的永久荷载。

　　2　应根据加固时的实际荷载（包括必要的施工荷载），对结构、构件和连接进行承载力验算，当待加固结构实际有效截面的名义应力与其所用钢材的强度设计值之间的比值符合下列规定时应进行补强或加固：

　　　1）β 不大于 0.8（对承受静态荷载或间接承受动态荷载的构件）；

　　　2）β 不大于 0.4（对直接承受动态荷载的构件）。

　　3　轻钢结构中的受拉构件严禁在负荷状态下进行补强和加固。

9.0.8　在负荷状态下进行焊接补强或加固时，可根据具体情况采取下列措施：

1 必要的临时支护；

2 合理的焊接工艺。

9.0.9 负荷状态下焊接补强或加固施工应符合下列要求：

1 对结构最薄弱的部位或构件应先进行补强或加固；

2 加大焊缝厚度时，必须从原焊缝受力较小部位开始施焊。道间温度不应超过 200℃，每道焊缝厚度不宜大于 3mm；

3 应根据钢材材质，选择相应的焊接材料和焊接方法。应采用合理的焊接顺序和小直径焊材以及小电流、多层多道焊接工艺；

4 焊接补强或加固的施工环境温度不宜低于 10℃。

9.0.10 对有缺损的构件应进行承载力评估。当缺损严重，影响结构安全时，应立即采取卸载、加固措施或对损坏构件及时更换；对一般缺损，可按下列方法进行焊接修复或补强：

1 对于裂纹，应查明裂纹的起止点，在起止点分别钻直径为 12mm～16mm 的止裂孔，彻底清除裂纹后并加工成侧边斜面角大于 10°的凹槽，当采用碳弧气刨方法时，应磨掉渗碳层。预热温度宜为 100℃～150℃，并应采用低氢焊接方法按全焊透对接焊缝要求进行。对承受动荷载的构件，应将补焊焊缝的表面磨平；

2 对于孔洞，宜将孔边修整后采用加盖板的方法补强；

3 构件的变形影响其承载能力或正常使用时，应根据变形的大小采取矫正、加固或更换构件等措施。

9.0.11 焊接补强与加固应符合下列要求：

1 原有结构的焊缝缺欠，应根据其对结构安全影响的程度，分别采取卸载或负荷状态下补强与加固，具体焊接工艺应按本规范第 7.11 节的相关规定执行。

2 角焊缝补强宜采用增加原有焊缝长度（包括增加端焊缝）或增加焊缝有效厚度的方法。当负荷状态下采用加大焊缝厚度的方法补强时，被补强焊缝的长度不应小于 50mm；加固后的焊缝应力应符合下式要求：

$$\sqrt{\sigma_f^2 + \tau_f^2} \leqslant \eta \times f_f^w \qquad (9.0.11)$$

式中：σ_f——角焊缝按有效截面（$h_e \times l_w$）计算垂直于焊缝长度方向的名义应力；

τ_f——角焊缝按有效截面（$h_e \times l_w$）计算沿长度方向的名义剪应力；

η——焊缝强度折减系数，可按表 9.0.11 采用；

f_f^w——角焊缝的抗剪强度设计值。

表 9.0.11 焊缝强度折减系数 η

被加固焊缝的长度（mm）	≥600	300	200	100	50
η	1.0	0.9	0.8	0.65	0.25

9.0.12 用于补强或加固的零件宜对称布置。加固焊缝宜对称布置，不宜密集、交叉，在高应力区和应力集中处，不宜布置加固焊缝。

9.0.13 用焊接方法补强铆接或普通螺栓接头时，补强焊缝应承担全部计算荷载。

9.0.14 摩擦型高强度螺栓连接的构件用焊接方法加固时，拴接、焊接两种连接形式计算承载力的比值应在 1.0～1.5 范围内。

附录 A 钢结构焊接接头坡口形式、尺寸和标记方法

A.0.1 各种焊接方法及接头坡口形式尺寸代号和标记应符合下列规定：

1 焊接方法及焊透种类代号应符合表 A.0.1-1 的规定。

表 A.0.1-1 焊接方法及焊透种类代号

代号	焊接方法	焊透种类
MC	焊条电弧焊	完全焊透
MP		部分焊透
GC	气体保护电弧焊药芯焊丝自保护焊	完全焊透
GP		部分焊透
SC	埋弧焊	完全焊透
SP		部分焊透
SL	电渣焊	完全焊透

2 单、双面焊接及衬垫种类代号应符合表 A.0.1-2 的规定。

表 A.0.1-2 单、双面焊接及衬垫种类代号

反面衬垫种类		单、双面焊接	
代号	使用材料	代号	单、双焊接面规定
BS	钢衬垫	1	单面焊接
BF	其他材料的衬垫	2	双面焊接

3 坡口各部分尺寸代号应符合表 A.0.1-3 的规定。

表 A.0.1-3 坡口各部分的尺寸代号

代 号	代表的坡口各部分尺寸
t	接缝部位的板厚（mm）

续表 A.0.1-3

代　号	代表的坡口各部分尺寸
b	坡口根部间隙或部件间隙（mm）
h	坡口深度（mm）
p	坡口钝边（mm）
α	坡口角度（°）

4 焊接接头坡口形式和尺寸的标记应符合下列规定：

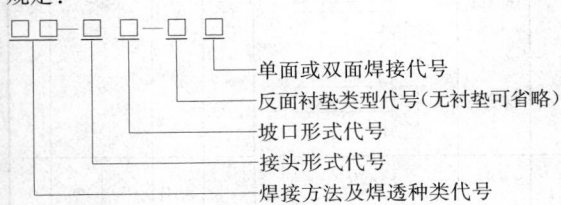

标记示例：焊条电弧焊、完全焊透、对接、Ⅰ形坡口、背面加钢衬垫的单面焊接接头表示为 MC-BⅠ-B$_s$1。

A.0.2 焊条电弧焊全焊透坡口形式和尺寸宜符合表 A.0.2 的要求。

A.0.3 气体保护焊、自保护焊全焊透坡口形式和尺寸宜符合表 A.0.3 的要求。

A.0.4 埋弧焊全焊透坡口形式和尺寸宜符合表 A.0.4 要求。

A.0.5 焊条电弧焊部分焊透坡口形式和尺寸宜符合表 A.0.5 的要求。

A.0.6 气体保护焊、自保护焊部分焊透坡口形式和尺寸宜符合表 A.0.6 的要求。

A.0.7 埋弧焊部分焊透坡口形式和尺寸宜符合表 A.0.7 的要求。

表 A.0.2 焊条电弧焊全焊透坡口形式和尺寸

序号	标记	坡口形状示意图	板厚（mm）	焊接位置	坡口尺寸（mm）	备注
1	MC-BI-2 / MC-TI-2 / MC-CI-2		3～6	F H V O	$b=\dfrac{t}{2}$	清根
2	MC-BI-B1 / MC-CI-B1		3～6	F H V O	$b=t$	

续表 A.0.2

序号	标记	坡口形状示意图	板厚（mm）	焊接位置	坡口尺寸（mm）		备注
3	MC-BV-2 / MC-CV-2		≥6	F H V O	$b=0\sim3$ $p=0\sim3$ $\alpha_1=60°$		清根
4	MC-BV-B1		≥6	F, H V, O	b	α_1	
					6	45°	
				F, V O	10	30°	
					13	20°	
					$p=0\sim2$		
	MC-CV-B1		≥12	F, H V, O	b	α_1	
					6	45°	
				F, V O	10	30°	
					13	20°	
					$p=0\sim2$		
5	MC-BL-2 / MC-TL-2 / MC-CL-2		≥6	F H V O	$b=0\sim3$ $p=0\sim3$ $\alpha_1=45°$		清根
6	MC-BL-B1			F H V O	b	α_1	
	MC-TL-B1		≥6	F, H V, O (F, V, O)	6	45°	
					(10)	(30°)	
	MC-CL-B1			F, H V, O (F, V, O)	$p=0\sim2$		
7	MC-BX-2		≥16	F H V O	$b=0\sim3$ $H_1=\dfrac{2}{3}(t-p)$ $p=0\sim3$ $H_2=\dfrac{1}{3}(t-p)$ $\alpha_1=45°$ $\alpha_2=60°$		清根

序号	标记	坡口形状示意图	板厚(mm)	焊接位置	坡口尺寸(mm)	备注
8	MC-BK-2 MC-TK-2 MC-CK-2		≥16	F H V O	$b = 0 \sim 3$ $H_1 = \dfrac{2}{3}(t-p)$ $p = 0 \sim 3$ $H_2 = \dfrac{1}{3}(t-p)$ $\alpha_1 = 45°$ $\alpha_2 = 60°$	清根

表 A.0.3 气体保护焊、自保护焊全焊透坡口形式和尺寸

序号	标记	坡口形状示意图	板厚(mm)	焊接位置	坡口尺寸(mm)	备注
1	GC-BI-2 GC-TI-2 GC-CI-2		3~8	F H V O	$b = 0 \sim 3$	清根
2	GC-BI-B1 GC-CI-B1		6~10	F H V O	$b = t$	
3	GC-BV-2 GC-CV-2		≥6	F H V O	$b = 0 \sim 3$ $p = 0 \sim 3$ $\alpha_1 = 60°$	清根
4	GC-BV-B1 GC-CV-B1		≥6 ≥12	F V O	b α_1 6 45° 10 30° $p = 0 \sim 2$	

序号	标记	坡口形状示意图	板厚(mm)	焊接位置	坡口尺寸(mm)	备注
5	GC-BL-2 GC-TL-2 GC-CL-2		≥6	F H V O	$b = 0 \sim 3$ $p = 0 \sim 3$ $\alpha_1 = 45°$	清根
6	GC-BL-B1 GC-TL-B1 GC-CL-B1		≥6	F, H V, O	b α_1 6 45° (F) (10) (30°) $p = 0 \sim 2$	
7	GC-BX-2		≥16	F H V O	$b = 0 \sim 3$ $H_1 = \dfrac{2}{3}(t-p)$ $p = 0 \sim 3$ $H_2 = \dfrac{1}{3}(t-p)$ $\alpha_1 = 45°$ $\alpha_2 = 60°$	清根
8	GC-BK-2 GC-TK-2 GC-CK-2		≥16	F H V O	$b = 0 \sim 3$ $H_1 = \dfrac{2}{3}(t-p)$ $p = 0 \sim 3$ $H_2 = \dfrac{1}{3}(t-p)$ $\alpha_1 = 45°$ $\alpha_2 = 60°$	清根

表 A.0.4　埋弧焊全焊透坡口形式和尺寸

序号	标记	坡口形状示意图	板厚(mm)	焊接位置	坡口尺寸(mm)	备注
1	SC-BI-2		6~12	F	$b=0$	清根
	SC-TI-2		6~10	F		
	SC-CI-2		6~10	F		
2	SC-BI-B1		6~10	F	$b=t$	
	SC-CI-B1					
3	SC-BV-2		≥12	F	$b=0$ $H_1=t-p$ $p=6$ $\alpha_1=60°$	清根
	SC-CV-2		≥10	F	$b=0$ $p=6$ $\alpha_1=60°$	清根
4	SC-BV-B1		≥10	F	$b=8$ $H_1=t-p$ $p=2$ $\alpha_1=30°$	
	SC-CV-B1					
5	SC-BL-2		≥12	F	$b=0$ $H_1=t-p$ $p=6$ $\alpha_1=55°$	清根
			≥10	H		
	SC-TL-2		≥8	F	$b=0$ $H_1=t-p$ $p=6$ $\alpha_1=60°$	清根
	SC-CL-2		≥8	F	$b=0$ $H_1=t-p$ $p=6$ $\alpha_1=55°$	清根
6	SC-BL-B1		≥10	F	b ｜ α_1 6 ｜ 45° 10 ｜ 30° $p=2$	
	SC-TL-B1					
	SC-CL-B1					
7	SC-BX-2		≥20	F	$b=0$ $H_1=\dfrac{2}{3}(t-p)$ $p=6$ $H_2=\dfrac{1}{3}(t-p)$ $\alpha_1=45°$ $\alpha_2=60°$	清根
8	SC-BK-2		≥20	F	$b=0$ $H_1=\dfrac{2}{3}(t-p)$ $p=5$ $H_2=\dfrac{1}{3}(t-p)$ $\alpha_1=45°$ $\alpha_2=60°$	清根
			≥12	H		
	SC-TK-2		≥20	F	$b=0$ $H_1=\dfrac{2}{3}(t-p)$ $p=5$ $H_2=\dfrac{1}{3}(t-p)$ $\alpha_1=45°$ $\alpha_2=60°$	清根
	SC-CK-2		≥20	F	$b=0$ $H_1=\dfrac{2}{3}(t-p)$ $p=5$ $H_2=\dfrac{1}{3}(t-p)$ $\alpha_1=45°$ $\alpha_2=60°$	清根

表 A.0.5 焊条电弧焊部分焊透坡口形式和尺寸

序号	标记	坡口形状示意图	板厚(mm)	焊接位置	坡口尺寸(mm)	备注
1	MP-BI-1 MP-CI-1		3~6	F H V O	$b=0$	
2	MP-BI-2		3~6	F H V O	$b=0$	
	MP-CI-2		6~10	F H V O	$b=0$	
3	MP-BV-1 MP-BV-2 MP-CV-1 MP-CV-2		≥6	F H V O	$b=0$ $H_1\geqslant 2\sqrt{t}$ $p=t-H_1$ $\alpha_1=60°$	
4	MP-BL-1 MP-BL-2 MP-CL-1 MP-CL-2		≥6	F H V O	$b=0$ $H_1\geqslant 2\sqrt{t}$ $p=t-H_1$ $\alpha_1=45°$	
5	MP-TL-1 MP-TL-2		≥10	F H V O	$b=0$ $H_1\geqslant 2\sqrt{t}$ $p=t-H_1$ $\alpha_1=45°$	
6	MP-BX-2		≥25	F H V O	$b=0$ $H_1\geqslant 2\sqrt{t}$ $p=t-H_1-H_2$ $H_2\geqslant 2\sqrt{t}$ $\alpha_1=60°$ $\alpha_2=60°$	

续表 A.0.5

序号	标记	坡口形状示意图	板厚(mm)	焊接位置	坡口尺寸(mm)	备注
7	MP-BK-2 MP-TK-2 MP-CK-2		≥25	F H V O	$b=0$ $H_1\geqslant 2\sqrt{t}$ $p=t-H_1-H_2$ $H_2\geqslant 2\sqrt{t}$ $\alpha_1=45°$ $\alpha_2=45°$	

表 A.0.6 气体保护焊、自保护焊部分焊透坡口形式和尺寸

序号	标记	坡口形状示意图	板厚(mm)	焊接位置	坡口尺寸(mm)	备注
1	GP-BI-1 GP-CI-1		3~10	F H V O	$b=0$	
2	GP-BI-2		3~10	F H V O	$b=0$	
	GP-CI-2		10~12			
3	GP-BV-1 GP-BV-2 GP-CV-1 GP-CV-2		≥6	F H V O	$b=0$ $H_1\geqslant 2\sqrt{t}$ $p=t-H_1$ $\alpha_1=60°$	

续表 A.0.6

序号	标记	坡口形状示意图	板厚(mm)	焊接位置	坡口尺寸(mm)	备注
4	GP-BL-1		≥6	F H V O	$b=0$ $H_1 \geqslant 2\sqrt{t}$ $p=t-H_1$ $\alpha_1=45°$	
	GP-BL-2					
	GP-CL-1		6~24			
	GP-CL-2					
5	GP-TL-1		≥10	F H V O	$b=0$ $H_1 \geqslant 2\sqrt{t}$ $p=t-H_1$ $\alpha_1=45°$	
	GP-TL-2					
6	GP-BX-2		≥25	F H V O	$b=0$ $H_1 \geqslant 2\sqrt{t}$ $p=t-H_1-H_2$ $H_2 \geqslant 2\sqrt{t}$ $\alpha_1=60°$ $\alpha_2=60°$	
7	GP-BK-2		≥25	F H V O	$b=0$ $H_1 \geqslant 2\sqrt{t}$ $p=t-H_1-H_2$ $H_2 \geqslant 2\sqrt{t}$ $\alpha_1=45°$ $\alpha_2=45°$	
	GP-TK-2					
	GP-CK-2					

表 A.0.7 埋弧焊部分焊透坡口形式和尺寸

序号	标记	坡口形状示意图	板厚(mm)	焊接位置	坡口尺寸(mm)	备注
1	SP-BI-1		6~12	F	$b=0$	
	SP-CI-1					
2	SP-BI-2		6~20	F	$b=0$	
	SP-CI-2					

续表 A.0.7

序号	标记	坡口形状示意图	板厚(mm)	焊接位置	坡口尺寸(mm)	备注
3	SP-BV-1		≥14	F	$b=0$ $H_1 \geqslant 2\sqrt{t}$ $p=t-H_1$ $\alpha_1=60°$	
	SP-BV-2					
	SP-CV-1					
	SP-CV-2					
4	SP-BL-1		≥14	F H	$b=0$ $H_1 \geqslant 2\sqrt{t}$ $p=t-H_1$ $\alpha_1=60°$	
	SP-BL-2					
	SP-CL-1					
	SP-CL-2					
5	SP-TL-1		≥14	F H	$b=0$ $H_1 \geqslant 2\sqrt{t}$ $p=t-H_1$ $\alpha_1=60°$	
	SP-TL-2					
6	SP-BX-2		≥25	F	$b=0$ $H_1 \geqslant 2\sqrt{t}$ $p=t-H_1-H_2$ $H_2 \geqslant 2\sqrt{t}$ $\alpha_1=60°$ $\alpha_2=60°$	
7	SP-BK-2		≥25	F H	$b=0$ $H_1 \geqslant 2\sqrt{t}$ $p=t-H_1-H_2$ $H_2 \geqslant 2\sqrt{t}$ $\alpha_1=60°$ $\alpha_2=60°$	
	SP-TK-2					
	SP-CK-2					

附录 B 钢结构焊接工艺评定报告格式

B.0.1 钢结构焊接工艺评定报告封面见图 B.0.1。

B.0.2 钢结构焊接工艺评定报告目录应符合表 B.0.2 的规定。

B.0.3 钢结构焊接工艺评定报告格式应符合表 B.0.3-1～表 B.0.3-12 的规定。

钢结构焊接工艺评定报告

报告编号：＿＿＿＿＿＿

编　　制：＿＿＿＿＿＿＿＿＿＿＿＿

审　　核：＿＿＿＿＿＿＿＿＿＿＿＿

批　　准：＿＿＿＿＿＿＿＿＿＿＿＿

单　　位：＿＿＿＿＿＿＿＿＿＿＿＿

日　　期：＿＿＿年＿＿＿月＿＿＿日

图 B.0.1　钢结构焊接工艺评定报告封面

表 B.0.2　焊接工艺评定报告目录

序号	报 告 名 称	报告编号	页数
1			
2			
3			
4			
5			
6			
7			
8			
9			
10			

续表 B.0.2

序号	报 告 名 称	报告编号	页数
11			
12			
13			
14			
15			
16			
17			
18			
19			
20			

表 B.0.3-1　焊接工艺评定报告

共 页 第 页

工程(产品)名称				评定报告编号				
委托单位				工艺指导书编号				
项目负责人				依据标准	《钢结构焊接规范》GB 50661-2011			
试样焊接单位				施焊日期				
焊工		资格代号		级别				
母材钢号		板厚或管径×壁厚		轧制或热处理状态		生产厂		

化学成分(%)和力学性能

	C	Mn	Si	S	P	Cr	Mo	V	Cu	Ni	B	$R_{eH}(R_{el})$ (N/mm²)	R_m (N/mm²)	A (%)	Z (%)	A_{kv} (J)
标准																
合格证																
复验																

$C_{eq,IIW}$ (%)	$C+\dfrac{Mn}{6}+\dfrac{Cr+Mo+V}{5}+\dfrac{Cu+Ni}{15}=$	P_{cm}(%)	$C+\dfrac{Si}{30}+\dfrac{Mn+Cu+Cr}{20}+\dfrac{Ni}{60}+\dfrac{Mo}{15}+\dfrac{V}{10}+5B=$

焊接材料	生产厂	牌号	类型	直径(mm)	烘干制度(℃×h)	备注
焊条						
焊丝						
焊剂或气体						

焊接方法		焊接位置		接头形式	
焊接工艺参数	见焊接工艺评定指导书		清根工艺		
焊接设备型号			电源及极性		
预热温度(℃)		道间温度(℃)		后热温度(℃)及时间(min)	
焊后热处理					

评定结论: 本评定按《钢结构焊接规范》GB 50661-2011 的规定,根据工程情况编制工艺评定指导书、焊接试件、制取并检验试样、测定性能,确认试验记录正确,评定结果为: ＿＿＿＿。焊接条件及工艺参数适用范围按本评定指导书规定执行

评定	年 月 日	评定单位:	(签章)
审核	年 月 日		
技术负责	年 月 日		年 月 日

表 B.0.3-2　焊接工艺评定指导书

共　页　第　页

工程名称				指导书编号		
母材钢号		板厚或管径×壁厚		轧制或热处理状态	生产厂	
焊接材料	生产厂	牌号	型号	类　型	烘干制度(℃×h)	备注
焊条						
焊丝						
焊剂或气体						
焊接方法			焊接位置			
焊接设备型号			电源及极性			
预热温度(℃)		道间温度		后热温度(℃)及时间(min)		
焊后热处理						

接头及坡口尺寸图 / 焊接顺序图

焊接工艺参数

道次	焊接方法	焊条或焊丝牌号　φ(mm)	焊剂或保护气	保护气体流量(L/min)	电流(A)	电压(V)	焊接速度(cm/min)	热输入(kJ/cm)	备注

技术措施

焊前清理		道间清理	
背面清根			
其他：			

编制		日期	年　月　日	审核		日期	年　月　日

表 B.0.3-3　焊接工艺评定记录表

共　页　第　页

工程名称		指导书编号	
焊接方法	焊接位置	设备型号	电源及极性
母材钢号	类别	生产厂	
母材板厚或管径×壁厚		轧制或热处理状态	

接头尺寸及施焊道次顺序

焊接材料

		牌号	型号	类型
焊条	生产厂		批号	
	烘干温度(℃)		时间(min)	
焊丝	牌号	型号	规格(mm)	
	生产厂		批号	
焊剂或气体	牌号		规格(mm)	
	生产厂			
	烘干温度(℃)		时间(min)	

施焊工艺参数记录

道次	焊接方法	焊条(焊丝)直径(mm)	保护气体流量(L/min)	电流(A)	电压(V)	焊接速度(cm/min)	热输入(kJ/cm)	备注

施焊环境	室内/室外	环境温度(℃)	相对湿度　　%
预热温度(℃)	道间温度(℃)	后热温度(℃)	时间(min)
后热处理			

技术措施

焊前清理		道间清理	
背面清根			
其他			

焊工姓名		资格代号		级别		施焊日期	年　月　日

记录		日期	年　月　日	审核		日期	年　月　日

表 B.0.3-4 焊接工艺评定检验结果

非 破 坏 检 验				
试验项目	合格标准	评定结果	报告编号	备注
外　观				
X　光				
超声波				
磁　粉				

拉伸试验	报告编号			弯曲试验	报告编号			
试样编号	R_{eH} (R_{el}) (MPa)	R_m (MPa)	断口位置	评定结果	试样编号	试验类型	弯心直径 D(mm)	弯曲角度	评定结果

冲击试验	报告编号			宏观金相	报告编号	
试样编号	缺口位置	试验温度 (℃)	冲击功 A_{kv}(J)	评定结果:		

硬度试验　报告编号

评定结果:

评定结果:

其他检验:

检验		日期	年　月　日	审核		日期	年　月　日

表 B.0.3-5 栓钉焊焊接工艺评定报告

工程(产品)名称			评定报告编号	
委托单位			工艺指导书编号	
项目负责人			依据标准	
试样焊接单位			施焊日期	
焊　工	资格代号		级别	

施焊材料	牌号	型号或材质	规格	热处理或表面状态	烘干制度 (℃×h)	备注
焊接材料						
母　材						
穿透焊板材						
焊　钉						
瓷　环						

焊接方法		焊接位置		接头形式	
焊接工艺参数	见焊接工艺评定指导书				
焊接设备型号		电源及极性			

备　注:

评定结论:
　　本评定按《钢结构焊接规范》GB 50661-2011 的规定,根据工程情况编制工艺评定指导书、焊接试件、制取并检验试样、测定性能,确认试验记录正确,评定结果为:
————。
　　焊接条件及工艺参数适用范围应按本评定指导书规定执行

评定		年 月 日	检测评定单位:　　　　(签章)
审核		年 月 日	
技术负责		年 月 日	年　月　日

表 B.0.3-6 栓钉焊焊接工艺评定指导书

工程名称		指导书编号		
焊接方法		焊接位置		
设备型号		电源及极性		
母材钢号	类别	厚度(mm)	生产厂	

接头及试件形式	施焊材料				
	焊接材料	牌号	型号	规格(mm)	
		生产厂		批号	
	穿透焊钢材	牌号	规格(mm)		
		生产厂	表面镀层		
	焊钉	牌号	规格(mm)		
		生产厂			
	瓷环	牌号	规格(mm)		
		生产厂			
	烘干温度(℃)及时间(min)				

焊接工艺参数	序号	电流(A)	电压(V)	时间(s)	保护气体流量(L/min)	伸出长度(mm)	提升高度(mm)	备注
	1							
	2							
	3							
	4							
	5							
	6							
	7							
	8							
	9							
	10							

技术措施	焊前母材清理	
	其他:	

编制		日期	年 月 日	审核		日期	年 月 日

表 B.0.3-7 栓钉焊焊接工艺评定记录表

工程名称		指导书编号		
焊接方法		焊接位置		
设备型号		电源及极性		
母材钢号	类别	厚度(mm)	生产厂	

接头及试件形式	施焊材料				
	焊接材料	牌号	型号	规格(mm)	
		生产厂		批号	
	穿透焊钢材	牌号	规格(mm)		
		生产厂	表面镀层		
	焊钉	牌号	规格(mm)		
		生产厂			
	瓷环	牌号	规格(mm)		
		生产厂			
	烘干温度(℃)及时间(min)				

施焊工艺参数记录

序号	电流(A)	电压(V)	时间(s)	保护气体流量(L/min)	伸出长度(mm)	提升高度(mm)	环境温度(℃)	相对湿度(%)	备注
1									
2									
3									
4									
5									
6									
7									
8									
9									

技术措施	焊前母材清理	
	其他:	

焊工姓名		资格代号		级别		施焊日期	年 月 日
编制		日期	年 月 日	审核		日期	年 月 日

表 B.0.3-8　栓钉焊焊接工艺评定试样检验结果

焊 缝 外 观 检 查					
检验项目	实测值（mm）			规定值（mm）	检验结果
	0°	90°	180°	270°	

检验项目	实测值（mm）				规定值（mm）	检验结果
焊缝高					>1	
焊缝宽					>0.5	
咬边深度					<0.5	
气孔					无	
夹渣					无	

拉伸试验	报告编号			
试样编号	抗拉强度 R_m（MPa）	断口位置	断裂特征	检验结果

弯曲试验	报告编号			
试样编号	试验类型	弯曲角度	检验结果	备注
	锤击	30°		
	锤击	30°		
	锤击	30°		
	锤击	30°		
	锤击	30°		

其他检验：

检验		日期	年 月 日	审核		日期	年 月 日

表 B.0.3-9　免予评定的焊接工艺报告

工程（产品）名称		报告编号	
施工单位		工艺编号	
项目负责人		依据标准	《钢结构焊接规范》GB 50661－2011
母材钢号		板厚或管径×壁厚	轧制或热处理状态	生产厂

化学成分（%）和力学性能

	C	Mn	Si	S	P	Cr	Mo	V	Cu	Ni	B	$R_{eH}(R_{el})$ (N/mm²)	R_m (N/mm²)	A (%)	Z (%)	A_{kv} (J)
标准																
合格证																
复验																

$C_{eq,IIW}$（%）	$C + \dfrac{Mn}{6} + \dfrac{Cr+Mo+V}{5} + \dfrac{Cu+Ni}{15} =$	P_{cm}（%）	$C + \dfrac{Si}{30} + \dfrac{Mn+Cu+Cr}{20} + \dfrac{Ni}{60} + \dfrac{Mo}{15} + \dfrac{V}{10} + 5B =$

焊接材料	生产厂	牌号	类型	直径(mm)	烘干制度（℃×h）	备注
焊条						
焊丝						
焊剂或气体						

焊接方法		焊接位置		接头形式	
焊接工艺参数	见免于评定的焊接工艺		清根工艺		
焊接设备型号			电源及极性		
预热温度（℃）		道间温度（℃）		后热温度（℃）及时间(min)	
焊后热处理					

本报告按《钢结构焊接规范》GB 50661－2011 第 6.6 节关于免予评定 7 焊接工艺的规定，根据工程情况编制免予评定的焊接工艺报告。焊接条件及工艺参数适用范围按本报告规定执行

编制		年 月 日	编制单位：	（签章）
审核		年 月 日		
技术负责		年 月 日		年 月 日

表 B. 0. 3-10　免于评定的焊接工艺

共　页　第　页

工程名称			工艺编号		
母材钢号		板厚或 管径× 壁厚	轧制或 热处理状态		生产厂
焊接材料	生产厂	牌号	型号	类型	烘干制度 (℃×h)	备注
焊条						
焊丝						
焊剂或气体						
焊接方法			焊接位置			
焊接设备型号			电源及极性			
预热温度(℃)		道间温度		后热温度(℃) 及时间(min)		
焊后热处理						

接头及坡口尺寸图 / 焊接顺序图

道次	焊接 方法	焊条或焊丝		焊剂或 保护气	保护气体 流量 (L/min)	电流 (A)	电压 (V)	焊接速度 (cm/min)	热输入 (kJ/cm)	备注
		牌号	φ(mm)							

焊接工艺参数

技术措施	焊前清理		道间清理	
	背面清根			
	其他：			

编制		日期	年 月 日	审核		日期		年 月 日

表 B. 0. 3-11　免于评定的栓钉焊焊接工艺报告

共　页　第　页

工程(产品)名称		报告编号	
施工单位		工艺编号	
项目负责人		依据标准	

施焊材料	牌号	型号或材质	规格	热处理或 表面状态	烘干制度 (℃×h)	备注
焊接材料						
母材						
穿透焊板材						
焊钉						
瓷环						

焊接方法		焊接位置		接头形式	
焊接工艺参数	见免于评定的栓钉焊焊接工艺(编号：＿＿＿＿)				
焊接设备型号		电源及极性			

备注：

本报告按《钢结构焊接规范》GB 50661-2011 第 6.6 节关于免予评定的焊接工艺的规定，根据工程情况编制免予评定的栓钉焊焊接工艺。焊接条件及工艺参数适用范围按本报告规定执行

编制		年 月 日	编制单位：　　　　(签章)
审核		年 月 日	
技术负责		年 月 日	年 月 日

表 B.0.3-12　免于评定的栓钉焊焊接工艺

共　页　第　页

工程名称		工艺编号		
焊接方法		焊接位置		
设备型号		电源及极性		
母材钢号	类别	厚度(mm)	生产厂	

接头及试件形式	施焊材料				
	焊接材料	牌号	型号	规格(mm)	
		生产厂		批号	
	穿透焊钢材	牌号	规格(mm)		
		生产厂	表面镀层		
	焊钉	牌号	规格(mm)		
		生产厂			
	瓷环	牌号	规格(mm)		
		生产厂			
	烘干温度(℃)及时间(min)				

焊接工艺参数	序号	电流(A)	电压(V)	时间(s)	伸出长度(mm)	提升高度(mm)	备注

技术措施	焊前母材清理	
	其他:	

编制		日期	年 月 日	审核		日期	年 月 日

附录 C　箱形柱（梁）内隔板电渣焊缝焊透宽度的测量

C.0.1　应采用超声波垂直探伤法以使用的最大声程作为探测范围调整时间轴，在被探工件无缺陷的部位将钢板的第一次底面反射回波调至满幅的 80% 高度作为探测灵敏度基准，垂直于焊缝方向从焊缝的终端开始以 100mm 间隔进行扫查，并应对两端各 50mm+t_1 范围进行全面扫查（图 C.0.1）。

C.0.2　焊接前必须在面板外侧标记上焊接预定线，探伤时以该预定线为基准线。

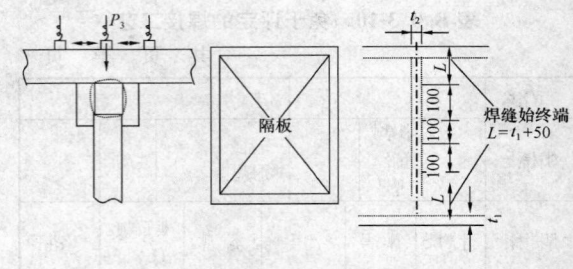

图 C.0.1　扫查方法示意

C.0.3　应把探头从焊缝一侧移动至另一侧，底波高度达到 40% 时的探头中心位置作为焊透宽度的边界点，两侧边界点间距即为焊透宽度。

C.0.4　缺陷指示长度的测定应符合下列规定：

1　焊透指示宽度不足时，应按本规范第 C.0.3 条规定扫查求出的焊透指示宽度小于隔板尺寸的沿焊缝长度方向的范围作为缺陷指示长度；

2　焊透宽度的边界点错移时，应将焊透宽度边界点向焊接预定线内侧沿焊缝长度方向错位超过 3mm 的范围作为缺陷指示长度；

3　缺陷在焊缝长度方向的位置应以缺陷的起点表示。

本规范用词说明

1　为便于在执行本规范条文时区别对待，对要求严格程度不同的用词说明如下：

　　1）表示很严格，非这样做不可的用词：
　　　　正面词采用"必须"，反面词采用"严禁"；

　　2）表示严格，在正常情况均应这样做的用词：
　　　　正面词采用"应"，反面词采用"不应"或"不得"；

　　3）表示允许稍有选择，在条件许可时首先应这样做的用词：
　　　　正面词采用"宜"，反面词采用"不宜"；

　　4）表示有选择，在一定条件下可以这样做的，采用"可"。

2　条文中指明应按其他有关标准执行的写法为："应符合……的规定"或"应按……执行"。

引用标准名录

1　《建筑抗震设计规范》GB 50011

2　《工业建筑防腐蚀设计规范》GB 50046

3　《建筑结构制图标准》GB/T 50105

4　《建筑结构加固工程施工质量验收规范》GB 50550

5　《钢的低倍组织及缺陷酸蚀检验法》GB 226

6　《焊缝符号表示法》GB/T 324

7　《焊接接头冲击试验方法》GB/T 2650

8 《焊接接头拉伸试验方法》GB/T 2651

9 《焊接接头弯曲试验方法》GB/T 2653

10 《焊接接头硬度试验方法》GB/T 2654

11 《金属熔化焊焊接接头射线照相》GB/T 3323

12 《氩》GB/T 4842

13 《碳钢焊条》GB/T 5117

14 《低合金钢焊条》GB/T 5118

15 《埋弧焊用碳钢焊丝和焊剂》GB/T 5293

16 《厚度方向性能钢板》GB/T 5313

17 《气体保护电弧焊用碳钢、低合金钢焊丝》GB/T 8110

18 《无损检测人员资格鉴定与认证》GB/T 9445

19 《焊接与切割安全》GB 9448

20 《碳钢药芯焊丝》GB/T 10045

21 《电弧螺柱焊用圆柱头焊钉》GB/T 10433

22 《钢焊缝手工超声波探伤方法和探伤结果分级》GB 11345

23 《埋弧焊用低合金钢焊丝和焊剂》GB/T 12470

24 《熔化焊用钢丝》GB/T 14957

25 《低合金钢药芯焊丝》GB/T 17493

26 《钢结构超声波探伤及质量分级法》JG/T 203

27 《碳钢、低合金钢焊接构件焊后热处理方法》JB/T 6046

28 《无损检测　焊缝磁粉检测》JB/T 6061

29 《无损检测　焊缝渗透检测》JB/T 6062

30 《热切割　气割质量和尺寸偏差》JB/T 10045.3

31 《焊接构件振动时效工艺参数选择及技术要求》JB/T 10375

32 《焊接用二氧化碳》HG/T 2537

中华人民共和国国家标准

钢结构焊接规范

GB 50661—2011

条 文 说 明

制 定 说 明

《钢结构焊接规范》GB 50661－2011，经住房和城乡建设部 2011 年 12 月 5 日以第 1212 号公告批准、发布。

本规范制订过程中，编制组进行了大量的调查研究，总结了我国钢结构焊接施工领域的实践经验，同时参考了国外先进技术法规、技术标准，通过大量试验与实际应用验证，取得了钢结构焊接施工及质量验收等方面的重要技术参数。

为便于广大设计、施工、科研、学校等单位有关人员在使用本规范时能正确理解和执行条文规定，《钢结构焊接规范》编制组按章、节、条顺序编制了本规范的条文说明，对条文规定的目的、依据以及执行中需注意的有关事项进行了说明（还着重对强制性条文的强制理由作了解释）。但是，本条文说明不具备与标准正文同等的法律效力，仅供使用者作为理解和把握规范规定的参考。

目　次

1 总 则

1.0.1 本规范对钢结构焊接给出的具体规定，是为了保证钢结构工程的焊接质量和施工安全，为焊接工艺提供技术指导，使钢结构焊接质量满足设计文件和相关标准的要求。钢结构焊接，应贯彻节材、节能、环保等技术经济政策。本规范的编制主要根据我国钢结构焊接技术发展现状，充分考虑现行的各行业相关标准，同时借鉴欧、美、日等先进国家的标准规定，适当采用我国钢结构焊接的最新科研成果、施工实践编制而成。

1.0.2 在荷载条件、钢材厚度以及焊接方法等方面规定了本规范的适用范围。

对于一般桁架或网架（壳）结构、多层和高层梁—柱框架结构的工业与民用建筑钢结构、公路桥梁钢结构、电站电力塔架、非压力容器罐体以及各种设备钢构架、工业炉窑罐壳体、照明塔架、通廊、工业管道支架、人行过街天桥或城市钢结构跨线桥等钢结构的焊接可参照本规范规定执行。

对于特殊技术要求领域的钢结构，根据设计要求和专门标准的规定补充特殊规定后，仍可参照本规范执行。

本条所列的焊接方法包括了目前我国钢结构制作、安装中广泛采用的焊接方法。

1.0.3 焊接过程是钢材的热加工过程，焊接过程中产生的火花、热量、飞溅物等往往是建筑工地火灾事故的起因，如果安全措施不当，会对焊工的身体造成伤害。因此，焊接施工必须遵守国家现行安全技术和劳动保护的有关规定。

1.0.4 本规范是有关钢结构制作和安装工程对焊接技术要求的专业性规范，是对钢结构相关规范的补充和深化。因此，在钢结构工程焊接施工中，除应按本规范的规定执行外，还应符合国家现行有关强制性标准的规定。

2 术语和符号

2.1 术 语

国家标准《焊接术语》GB/T 3375 中所确立的相应术语适用于本规范，此外，本规范规定了 8 个特定术语，这些术语是从钢结构焊接的角度赋予其涵义的。

2.2 符 号

本规范给出了 29 个符号，并对每一个符号给出了相应的定义，本规范各章节中均有引用，其中材料力学性能符号，与现行国家标准《金属材料 拉伸试验 第 1 部分：室温试验方法》GB/T 228.1 相一致，强度符号用英文字母 R、伸长率用英文字母 A、断面收缩率用英文字母 Z 表示。鉴于目前有些相关的产品标准未进行修订，为避免力学性能符号的引用混乱，建议在试验报告中，力学性能名称及其新符号之后，用括号标出旧符号，例如：上屈服强度 R_{eH}（σ_{sU}），下屈服强度 R_{eL}（σ_{sL}），抗拉强度 R_m（σ_b），规定非比例延伸强度 $R_{p0.2}$（$\sigma_{p0.2}$），伸长率 A（δ_5），断面收缩率 Z（Ψ）等。

3 基 本 规 定

3.0.1 本规范适用的钢材类别、结构类型比较广泛，基本上涵盖了目前钢结构焊接施工的实际需要。为了提高钢结构工程焊接质量，保证结构使用安全，根据影响施工焊接的各种基本因素，将钢结构工程焊接按难易程度区分为易、一般、较难和难四个等级。针对不同情况，施工企业在承担钢结构工程时应具备与焊接难度相适应的技术条件，如施工企业的资质、焊接施工装备能力、施工技术和人员水平能力、焊接工艺技术措施、检验与试验手段、质保体系和技术文件等。

表 3.0.1 中钢材碳当量采用国际焊接学会推荐的公式，研究表明，该公式主要适用于含碳量较高的钢（含碳量≥0.18%），20 世纪 60 年代以后，世界各国为改进钢的性能和焊接性，大力发展了低碳微合金元素的低合金高强钢，对于这类钢，该公式已不适用，为此提出了适用于含碳量较低（0.07%～0.22%）钢的碳当量公式 P_{cm}。

$$P_{cm}(\%) = C + \frac{Si}{30} + \frac{Mn + Cu + Cr}{20}$$
$$+ \frac{Ni}{60} + \frac{Mo}{15} + \frac{V}{10} + 5B \qquad (1)$$

但目前国内大部分现行钢材标准主要还是以国际焊接学会 IIW 的碳当量 CEV 作为评价其焊接性优劣的指标，为了与钢材标准规定相一致，本规范仍然沿用国际焊接学会 IIW 的碳当量 CEV 公式，对于含碳量小于 0.18% 的情况，可通过试验或采用 P_{cm} 评价钢材焊接性。

板厚的区分，是按照目前国内钢结构的中厚板使用情况，将 $t \leqslant 30mm$ 定为易焊的结构，将 $t = 30mm$～$60mm$ 定为焊接难度一般的结构，将 $t = 60mm$～$100mm$ 定为较难焊接的结构，$t > 100mm$ 定为难焊的结构。

受力状态的区分参照了有关设计规程。

3.0.2、3.0.3 鉴于目前国内钢结构工程承包的实际情况，结合近二十年来的实际施工经验和教训，要求承担钢结构工程制作安装的企业必须具有相应的资质等级、设备条件、焊接技术质量保证体系，并配备具有金属材料、焊接结构、焊接工艺及设备等方面专业知识的焊接技术责任人员，强调对施工企业焊接相关从业人员的资质要求，明确其职责，是非常必要的。

随着大中城市现代化的进程，在钢结构的设计中越来越多的采用一些超高、超大新型钢结构。这些结构中焊接节点设计复杂，接头拘束度较大，一旦发生质量问题，尤其是裂纹，往往对工程的安全、工期和投资造成很大损失。目前，重大工程中经常采用一些进口钢材或新型国产钢材，这样就要求施工单位必须全面了解其冶炼、铸造、轧制上的特点，掌握钢材的焊接性，才能制订出正确的焊接工艺，确保焊接施工质量。此两条规定了对于特殊结构或采用高强度钢材、特厚材料及焊接新工艺的钢结构工程，其制作、安装单位应具备相应的焊接工艺试验室和基本的焊接试验开发技术人员，是非常必要的。

3.0.4 本规范对焊接相关人员的资格作出了明确规定，借以加强对各类人员的管理。

焊接相关人员，包括焊工、焊接技术人员、焊接检验人员、无损检测人员、焊接热处理人员，是焊接实施的直接或间接参与者，是焊接质量控制环节中的重要组成部分，焊接从业人员的专业素质是关系到焊接质量的关键因素。2008 年北京奥运会场馆钢结构工程的成功建设和四川彩虹大桥的倒塌，从正反两个方面都说明了加强焊接从业人员管理的重要性。近年来，随着我国钢结构的突飞猛进，焊接从业人员的数量急剧增加，但由于国内没有相应的准入机制和标准，缺乏对相关人员的有效考核和管理致使一些钢结构企业的焊接从业人员管理水平不高，尤其是在焊工资格管理方面部分企业甚至处于混乱状态，在钢结构工程的生产制作、施工安装过程中埋下隐患，对整个工程的质量安全造成不良影响。因此本标准借鉴欧、美、日等发达国家的先进经验，对焊接从业人员的考核要求从焊工、无损检测人员扩充到了其他相关人员。我国现行可供执行的焊接从业人员技术资格考试规程包括锅炉压力容器相关规程中的人员资格考试标准，对从事该行业的焊工、检验员、无损检测人员等进行必需的考试认可，其焊工的考试资格可以作为钢结构焊工的基本考试要求予以认可。另外，现行行业标准《冶金工程建设焊工考试规程》YB/T 9259 则是针对钢结构焊接施工的特点，制定了焊工技术资格考试的基本资格考试、定位焊资格考试和建筑钢结构焊工手法操作技能附加考试规程，可以满足钢结构焊工技术资格考试的要求。

3.0.5 本条对焊接相关人员的职责作出了规定，其中焊接检验人员负责对焊接作业进行全过程的检查和控制，出具检查报告。所谓检查报告，是根据若干检测报告的结果，通过对材料、人员、工艺、过程或质量的核查进行综合判断，确定其相对于特定要求的符合性，或在专业判断的基础上，确定相对于通用要求的符合性所出具的书面报告，如焊接工艺评定报告、焊接材料复验报告等。与检查报告不同，检测报告是对某一产品的一种或多种特性进行测试并提供检测结果，如材料力学性能检测报告、无损检测报告等。

出具检测报告、检查报告的检测机构或检查机构均应具有相应检测、检查资质，其中，检测机构应通过国家认证认可监督管理委员会的 CMA 计量认证（具备国家有关法律、行政法规规定的基本条件和能力，可以向社会出具具有证明作用的数据和结果）或中国合格评定国家认可委员会的试验室认可（符合 CNAS-CL01《检测和校准试验室能力能力认可准则》idt ISO/IEC 17025 的要求）。

3.0.6 焊接过程是钢材的热加工过程，焊接过程中产生的火花、热量、飞溅物、噪声以及烟尘等都是影响焊接相关人员身心健康和安全的不可忽视的因素，从事焊接生产的相关人员必须遵守国家现行安全健康相关标准的规定，其焊接施工环境中的场地、设备及辅助机具的使用和存放，也必须遵守国家现行相关标准的规定。

4 材 料

4.0.1 合格的钢材及焊接材料是获得良好焊接质量的基本前提，其化学成分和力学性能是影响焊接性的重要指标，因此钢材及焊接材料的质量要求必须符合国家现行相关标准的规定。

本条为强制性条文，必须严格执行。

4.0.2 钢材的化学成分决定了钢材的碳当量数值，化学成分是影响钢材的焊接性和焊接接头安全性的重要因素之一。在工程前期准备阶段，钢结构焊接施工企业就应确切的了解所用钢材的化学成分和力学性能，以作为焊接性试验、焊接工艺评定以及钢结构制作和安装的焊接工艺及措施制订的依据。并应按国家现行有关工程质量验收规范要求对钢材的化学成分和力学性能进行必要的复验。

不论对于国产钢材或国外钢材，除满足本规范免予评定规定的材料外，其焊接施工前，必须按本规范第 6 章的要求进行焊接工艺评定试验，合格后制订出相应的焊接工艺文件或焊接作业指导书。钢材的碳当量，是作为制订焊接工艺评定方案时所考虑的重要因素，但非唯一因素。

4.0.3 焊接材料的选配原则，根据设计要求，除保证焊接接头强度、塑性不低于钢材标准规定的下限值以外，还应保证焊接接头的冲击韧性不低于母材标准规定的冲击韧性下限值。

4.0.4 新材料是指未列入国家或行业标准的材料，或已列入国家或行业标准，但对钢厂或焊接材料生产厂为首次试制或生产。鉴于目前国内新材料技术开发工作发展迅速，其产品的性能和质量良莠不齐，新材料的使用必须有严格的规定。

4.0.5 钢材可按化学成分、强度、供货状态、碳当量等进行分类。按钢材的化学成分分类，可分为低碳钢、低合金钢和不锈钢等；按钢材的标称屈服强度分类，可分为235MPa、295MPa、345MPa、370MPa、390MPa、420MPa、460MPa等级别；按钢材的供货状态分类，可分为热轧钢、正火钢、控轧钢、控轧控冷（TMCP）钢、TMCP＋回火处理钢、淬火＋回火钢、淬火＋自回火钢等。

本规范中，常用国内钢材分类是按钢材的标称屈服强度级别划分的。常用国外钢材大致对应于国内钢材分类见表1所示，由于国内外钢材屈服强度标称值与实际值的差别不尽相同，国外钢材难以完全按国内钢材进行分类，所以只能兼顾参照国内钢材的标称和实际屈服强度来大体区分。

表1　常用国外钢材的分类

类别号	屈服强度（MPa）	国外钢材牌号举例	国外钢材标准
I	195～245	SM400（A、B）t≤200mm；SM400C t≤100mm	JIS G 3106－2004
	215～355	SN400（A、B）6mm<t≤100mm；SN400C 16mm<t≤100mm	JIS G 3136－2005
	145～185	S185 t≤250mm	EN 10025－2：2004
	175～235	S235JR t≤250mm	EN 10025－2：2004
	175～235	S235J0 t≤250mm	
	165～235	S235J2 t≤400mm	
	195～235	S235 J0W t≤150mm；S275 J2W t≤150mm	EN 10025－5：2004
	≥260	S260NC t≤20mm	EN 10149－3：1996
	≥250	ASTM A36/A36M	ASTM A36/A36M－05
	225～295	E295 t≤250mm	EN 10025－2：2004
	205～275	S275 JR t≤250mm	EN 10025－2：2004
	205～275	S275 J0 t≤250mm	
	195～275	S275 J2 t≤400mm	
	205～275	S275 N t≤250mm；S275 NL t≤250mm	EN 10025－3：2004
	240～275	S275 M t≤150mm；S275 ML t≤150mm	EN 10025－4：2004
II	≥290	ASTM A572/A572M Gr42 t≤150mm	ASTM A572/A572M－06
	≥315	S315NC t≤20mm	EN 10149－3：1996
	≥315	S315MC t≤20mm	EN 10149－2：1996
	275～325	SM490（A、B）t≤200mm；SM490C t≤100mm	JIS G 3106－2004
	325～365	SM490Y（A、B）t≤100mm	JIS G 3106－2004
	295～445	SN490B 6mm<t≤100mm；SN490C 16mm<t≤100mm	JIS G 3136－2005

续表1

类别号	屈服强度（MPa）	国外钢材牌号举例	国外钢材标准
II	255～335	E335 t≤250mm	EN 10025－2：2004
	275～355	S355 JR t≤250mm	EN 10025－2：2004
	275～355	S355J0 t≤250mm	
	265～355	S355J2 t≤400mm	
	265～355	S355K2 t≤400mm	
	275～355	S355 N t≤250mm；S355 NL t≤250mm	EN 10025－3：2004
	320～355	S355 M t≤150mm；S355 ML t≤150mm	EN 10025－4：2004
	345～355	S355 J0WP t≤40mm；S355 J2WP t≤40mm	EN 10025－5：2004
	295～355	S355 J0W t≤150mm；S355 J2W t≤150mm；S355 K2W t≤150mm	EN 10025－5：2004
	≥345	ASTM A572/A572M Gr50 t≤100mm	ASTM A572/A572M－06
	≥355	S355NC t≤20mm	EN 10149－3：1996
	≥355	S355MC t≤20mm	EN 10149－2：1996
	≥345	ASTM A913/A913M Gr50	ASTM A913/A913M－07
	285～360	E360 t≤250mm	EN 10025－2：2004
III	325～365	SM520（B、C）t≤100mm	JIS G 3106－2004
	≥380	ASTM A572/A572M Gr55 t≤50mm	ASTM A572/A572M－06
	≥415	ASTM A572/A572M Gr60 t≤32mm	ASTM A572/A572M－06
	≥415	ASTM A913/A913M Gr60	ASTM A913/A913M－07
	320～420	S420 N t≤250mm；S420 NL t≤250mm	EN 10025－3：2004
	365～420	S420 M t≤150mm；S420 ML t≤150mm	EN 10025－4：2004
IV	420～460	SM570 t≤100mm	JIS G 3106－2004
	≥450	ASTM A572/A572M Gr65 t≤32mm	ASTM A572/A572M－06
	≥420	S420NC t≤20mm	EN 10149－3：1996
	≥420	S420MC t≤20mm	EN 10149－2：1996
	380～450	S450 J0 t≤150mm	EN 10025－2：2004
	370～460	S460 N t≤200mm；S460 NL t≤200mm	EN 10025－3：2004
	385～460	S460 M t≤150mm；S460 ML t≤150mm	EN 10025－4：2004
	400～460	S460 Q t≤150mm；S460 QL t≤150mm；S460 QL1 t≤150mm	EN 10025－6：2004
	≥460	S460MC t≤20mm	EN 10149－2：1996
	≥450	ASTM A913/A913M Gr65	ASTM A913/A913M－07

4.0.6 T形、十字形、角接节点，当翼缘板较厚时，由于焊接收缩应力较大，且节点拘束度大，而使板材在近缝区或近板厚中心区沿轧制带状组织晶间产生台阶状层状撕裂。这种现象在国内外工程中屡有发生。焊接工艺技术人员虽然针对这一问题研究出一些改善、克服层状撕裂的工艺措施，取得了一定的实践经验（见本规范第5.5.1条），但要从根本上解决问题，必须提高钢材自身的厚度方向即Z向性能。因此，在设计选材阶段就应考虑选用对于有厚度方向性能要求的钢材。

对于有厚度方向性能要求的钢材，在质量等级后面加上厚度方向性能级别（Z15、Z25 或 Z35），如 Q235GJD Z25。有厚度方向性能要求时，其钢材的 P、S 含量，断面收缩率值的要求见表2。

表2　钢板厚度方向性能级别及其磷、硫含量、断面收缩率值

级别	磷含量（质量分数），≤（%）	含硫量（质量分数），≤（%）	断面收缩率（Ψ_Z，%）	
			三个试样平均值，≥	单个试样值，≥
Z15	≤0.020	0.010	15	10
Z25		0.007	25	15
Z35		0.005	35	25

4.0.7~4.0.9 焊接材料熔敷金属中扩散氢的测定方法应依据现行国家标准《熔敷金属中扩散氢测定方法》GB/T 3965 的规定进行。水银置换法只用于焊条电弧焊；甘油置换法和气相色谱法适用于焊条电弧焊、埋弧焊及气体保护焊。当用甘油置换法测定的熔敷金属材料中的扩散氢含量小于 2mL/100g 时，必须使用气相色谱法测定。钢材分类为Ⅲ、Ⅳ类钢种匹配的焊接材料扩散氢含量指标，由供需双方协商确定，也可以要求供应商提供。埋弧焊时应按现行国家标准并根据钢材的强度级别、质量等级和牌号选择适当焊剂，同时应具有良好的脱渣性等焊接工艺性能。

4.0.11 现行行业标准《焊接用二氧化碳》HG/T 2537 规定的焊接用二氧化碳组分含量要求见表3。重要焊接节点的定义参照现行国家标准《钢结构工程施工质量验收规范》GB 50205 的规定。

表3　焊接用二氧化碳组分含量的要求

项 目	组分含量（%）		
	优等品	一等品	合格品
二氧化碳含量（不小于）	99.9	99.7	99.5
液态水	不得检出	不得检出	不得检出
油			
水蒸气+乙醇含量（不大于）	0.005	0.02	0.05
气味	无异味	无异味	无异味

注：表中对以非发酵法所得的二氧化碳、乙醇含量不作规定。

5　焊接连接构造设计

5.1　一般规定

5.1.1 钢结构焊接节点的设计原则，主要应考虑便于焊工操作以得到致密的优质焊缝，尽量减少构件变形、降低焊接收缩应力的数值及其分布不均匀性，尤其是要避免局部应力集中。

现代建筑钢结构类型日趋复杂，施工中会遇到各种焊接位置。目前无论是工厂制作还是工地安装施工中仰焊位置已广泛应用，焊工技术水平也已提高，因此本规范未把仰焊列为应避免的焊接操作位置。

对于截面对称的构件，焊缝布置对称于构件截面中性轴的规定是减少构件整体变形的根本措施。但对于桁架中角钢类非对称型材构件端部与节点板的搭接角焊缝，并不需要把焊缝对称布置，因其对构件变形影响不大，也不能提高其承载力。

为了满足建筑艺术的要求，钢结构形状日益多样化，这往往使节点复杂、焊缝密集甚至于立体交叉，而且板厚大、拘束度大使焊缝不能自由收缩，导致双向、三向焊接应力产生，这种焊接残余应力一般能达到钢材的屈服强度值。这对焊接延迟裂纹以及板材层状撕裂的产生是极重要的影响因素之一。一般在选材上采取控制碳当量，控制焊缝扩散氢含量，工艺上采取预热甚至于消氢热处理，但即使不产生裂纹，施焊后节点区在焊接收缩应力作用下，由于晶格畸变产生的微观应变，将使材料塑性下降，相应强度及硬度增高，使结构在工作荷载作用下产生脆性断裂的可能性增大。因此，要求节点设计时尽可能避免焊缝密集、交叉并使焊缝布置避开高应力区是非常必要的。

此外，为了结构安全而对焊缝几何尺寸要求宁大勿小这种做法是不正确的，不论设计、施工或监理各方都要走出这一概念上的误区。

5.1.2 施工图中应采用统一的标准符号标注，如焊缝计算厚度、焊接坡口形式等焊接有关要求，可以避免在工程实际中因理解偏差而产生质量问题。

5.1.3 本条明确了钢结构设计施工图的具体技术要求：

1　现行国家标准《钢结构设计规范》GB 50017 - 2003 第 1.0.5 条（强条）规定："在钢结构设计文件中应注明建筑结构的设计使用年限、钢材牌号、连接材料的型号（或钢号）和对钢材所要求的力学性能、化学成分及其他的附加保证项目。此外，还应注明所要求的焊缝形式、焊缝质量等级、端面刨平顶紧部位及对施工的要求。"其中"对施工的要求"指的是什么，在标准中没有明确指出，本规范作为具体的技术规范，需要在具体条文中予以明确。

2　钢结构设计制图分为钢结构设计施工图和

钢结构施工详图两个阶段。钢结构设计施工图应由具有设计资质的设计单位完成，其内容和深度应满足进行钢结构制作详图设计的要求。

3 本条编制依据《钢结构设计制图深度和表示方法》（03G102），同时参照美国《钢结构焊接规范》AWS D1.1 对钢结构设计施工图的焊接技术要求进行规定。

4 由于构件的分段制作或安装焊缝位置对结构的承载性能有重要影响，同时考虑运输、吊装和施工的方便，特别强调应在设计施工图中明确规定工厂制作和现场拼装节点的允许范围，以保证工程焊接质量与结构安全。

5.1.4 本条明确了钢结构制作详图的具体技术要求：

1 钢结构制作详图一般应由具有钢结构专项设计资质的加工制作单位完成，也可由有该项资质的其他单位完成。钢结构制作详图是对钢结构施工图的细化，其内容和深度应满足钢结构制作、安装的要求。

2 本条编制依据《钢结构设计制图深度和表示方法》（03G102），同时参照美国《钢结构焊接规范》AWS D1.1 对钢结构制作详图焊接技术的要求进行规定。

3 本条明确要求制作详图应根据运输条件、安装能力、焊接可操作性和设计允许范围确定构件分段位置和拼装节点，按设计规范有关规定进行焊缝设计并提交设计单位进行安全审核，以便施工企业遵照执行，保证工程焊接质量与结构安全。

5.1.5 焊缝质量等级是焊接技术的重要控制指标，本条参照现行国家标准《钢结构设计规范》GB 50017，并根据钢结构焊接的具体情况作出了相应规定：

1 焊缝质量等级主要与其受力情况有关，受拉焊缝的质量等级要高于受压或受剪的焊缝；受动荷载的焊缝质量等级要高于受静荷载的焊缝。

2 由于本规范涵盖了钢结构桥梁，因此参照现行行业标准《铁路钢桥制造规范》TB 10212 增加了对桥梁相应部位角焊缝质量等级的规定。

3 与现行国家标准《钢结构设计规范》GB 50017 不同，将"重级工作制（A6～A8）和起重量 $Q \geqslant 50t$ 的中级工作制（A4、A5）吊车梁的腹板与上翼缘之间以及吊车桁架上弦杆与节点板之间的 T 形接头焊缝"的质量等级规定纳入本条第 1 款第 4 项，不再单独列款。

4 不需要疲劳验算的构件中，凡要求与母材等强的对接焊缝宜焊透，与现行国家标准《钢结构设计规范》GB 50017 规定的"应予焊透"有所放松，这也是考虑钢结构行业的实际情况，避免要求过严而造成不必要的浪费。

5 本条第 3 款中，根据钢结构焊接实际情况，在现行国家标准《钢结构设计规范》GB 50017 的基础上，增加了"部分焊透的对接焊缝"及"梁柱、牛腿等重要节点"的内容，第 1 项中的质量等级规定由原来的"焊缝的外观质量标准应符合二级"改为"焊缝的质量等级应符合二级"。

5.2 焊缝坡口形式和尺寸

5.2.1、5.2.2 现行国家标准《气焊、焊条电弧焊、气体保护焊和高能束焊的推荐坡口》GB/T 985.1 和《埋弧焊的推荐坡口》GB/T 985.2 中规定了坡口的通用形式，其中坡口部分尺寸均给出了一个范围，并无确切的组合尺寸；GB/T 985.1 中板厚 40mm 以上、GB/T 985.2 中板厚 60mm 以上均规定采用 U 形坡口，且没有焊接位置规定及坡口尺寸及装配允差规定。总的来说，上述两个国家标准比较适合于可以使用焊接变位器等工装设备及坡口加工、组装要求较高的产品，如机械行业中的焊接加工，对钢结构制作的焊接施工则不尽适合，尤其不适合于钢结构工地安装中各种钢材厚度和焊接位置的需要。目前大型、大跨度、超高层建筑钢结构多由国内进行施工图设计，在本规范中，将坡口形式和尺寸的规定与国际先进国家标准接轨是十分必要的。美国与日本国家标准中全焊透焊缝坡口的规定差异不大，部分焊透焊缝坡口的规定有些差异。美国《钢结构焊接规范》AWS D1.1 中对部分焊透焊缝坡口的最小焊缝尺寸规定值较小，工程中很少应用。日本建筑施工标准规范《钢结构工程》JASS 6（96 年版）所列的日本钢结构协会《焊缝坡口标准》JSSI 03（92 年底版）中，对部分焊透焊缝规定最小坡口深度为 $2\sqrt{t}$（t 为板厚）。实际上日本和美国的焊缝坡口形式标准在国际和国内均已广泛应用。本规范参考了日本标准的分类排列方式，综合选用美、日两国标准的内容，制订了三种常用焊接方法的标准焊缝坡口形式与尺寸。

5.3 焊缝计算厚度

5.3.1～5.3.6 焊缝计算厚度是结构设计中构件焊缝承载应力计算的依据，不论是角焊缝、对接焊缝或角接与对接组合焊缝中的全焊透焊缝或部分焊透焊缝，还是管材 T、K、Y 形相贯接头中的全焊透焊缝、部分焊透焊缝、角焊缝，都存在着焊缝计算厚度的问题。对此，设计者应提出明确要求，以免在焊接施工过程中引起混淆，影响结构安全。参照美国《钢结构焊接规范》AWS D1.1，对于对接焊缝、对接与角接组合焊缝，其部分焊透焊缝计算厚度的折减值在第 5.3.2 条给出了明确规定，见表 5.3.2。如果设计者应用该表中的折减值对焊缝承载应力进行计算，即可允许采用不加衬垫的全焊透坡口形式，反面不清根焊接。施工中不使用碳弧气刨清根，对提高施工效率和保障施工安全有很大好处。国内目前某些由日本企业设计的钢结构工程中采用了这种坡口形式，如北京国贸二期超高层钢结构等工程。

同样参照美国《钢结构焊接规范》AWS D1.1，在第5.3.4条中对斜角焊缝不同两面角（Ψ）时的焊缝计算厚度计算公式及折减值，在第5.3.6条中对管材T、K、Y形相贯接头全焊透、部分焊透及角焊缝的各区焊缝计算厚度或折减值以及相应的坡口尺寸作了明确规定，以供施工图设计时使用。

5.4 组焊构件焊接节点

5.4.1 为防止母材过热，规定了塞焊和槽焊的最小间隔及最大直径。为保证焊缝致密性，规定了最小直径与板厚关系。塞焊和槽焊的焊缝尺寸应按传递剪力计算确定。

5.4.2 为防止因热输入量过小而使母材热影响区冷却速度过快而形成硬化组织，规定了角焊缝最小长度、断续角焊缝最小长度及角焊缝的最小焊脚尺寸。采用低氢焊接方法，由于降低了氢对焊缝的影响，其最小角焊缝尺寸可比采用非低氢焊接方法时小一些。

5.4.3 本条规定参照了美国《钢结构焊接规范》AWS D1.1。

为防止搭接接头角焊缝在荷载作用下张开，规定了搭接接头角焊缝在传递部件受轴向力时，应采用双角焊缝。

为防止搭接接头受轴向力时发生偏转，规定了搭接接头最小搭接长度。

为防止构件因翘曲而使贴合不好，规定了搭接接头纵向角焊缝连接构件端部时的最小焊缝长度，必要时应增加横向角焊或塞焊。

为保证构件受拉力时有效传递荷载，构件受压时保持稳定，规定了断续搭接角焊缝最大纵向间距。

为防止焊接时材料棱边熔塌，规定了搭接焊缝与材料棱边的最小距离。

5.4.4 不同厚度、不同宽度材料对接焊时，为了减小材料因截面及外形突变造成的局部应力集中，提高结构使用安全性，参照美国《钢结构焊接规范》AWS D1.1及日本建筑施工标准《钢结构工程》JASS 6，规定了当焊缝承受的拉应力超过设计容许拉应力的三分之一时，不同厚度及宽度材料对接时的坡度过渡最大允许值为1：2.5，以减小材料因截面及外形突变造成的局部应力集中，提高结构使用安全性。

5.5 防止板材产生层状撕裂的节点、选材和工艺措施

5.5.1～5.5.3 在T形、十字形及角接接头焊接时，由于焊接收缩应力作用于板厚方向（即垂直于板材纤维的方向）而使板材产生沿轧制带状组织晶间的台阶状层状撕裂。这一现象在国外钢结构焊接工程实践中早已发现，并经过多年试验研究，总结出一系列防止

层状撕裂的措施，在本规范第4.0.6条中已规定了对材料厚度方向性能的要求。本条主要从焊接节点形式的优化设计方面提出要求，目的是减小焊缝截面和焊接收缩应力，使焊接收缩力尽可能作用于板材的轧制纤维方向，同时也给出了防止层状撕裂的相应的焊接工艺措施。

需要注意的是目前我国钢结构正处于蓬勃发展的阶段，近年来在重大工程项目中已发生过多起由层状撕裂而引起的工程质量问题，应在设计与材料要求方面给予足够的重视。

5.6 构件制作与工地安装焊接构造设计

5.6.1 本条规定的节点形式中，第1、2、4、6、7、8、9款为生产实践中常用的形式；第3、5款引自美国《钢结构焊接规范》AWS D1.1。其中第5款适用于为传递局部载荷，采用一定长度的全焊透坡口对接与角接组合焊缝的情况，第10款为现行行业标准《空间网格结构技术规程》JGJ 7的规定，目的是为避免焊缝交叉、减小应力集中程度、防止三向应力，以防止焊接裂纹产生，提高结构使用安全性。

5.6.2 本条规定的安装节点形式中，第1、2、4款与国家现行有关标准一致；第3款桁架或框架梁安装焊接节点为国内一些施工企业常用的形式。这种焊接节点已在国内一些大跨度钢结构中得到应用，它不仅可以避免焊缝立体交叉，还可以预留一段纵向焊缝最后施焊，以减小横向焊缝的拘束度。第5款的图5.6.2-5(c)为不加衬套的球一管安装焊接节点形式，管端在现场二次加工调整钢管长度和坡口间隙，以保证单面焊透。这种焊接节点的坡口形式可以避免加衬套固定焊接后管长及安装间隙不易调整的缺点，在首都机场四机位大跨度网架工程中已成功应用。

5.7 承受动载与抗震的焊接构造设计

5.7.1 由于塞焊、槽焊、电渣焊和气电立焊焊接热输入大，会在接头区域产生过热的粗大组织，导致焊接接头塑韧性下降而达不到承受动载需经疲劳验算钢结构的焊接质量要求，所以本条为强制性条文。

本条为强制性条文，必须严格执行。

5.7.2 本条对承受动载时焊接节点作出了规定。如承受动载需经疲劳验算时塞焊、槽焊的禁用规定，间接承受动载时塞焊、槽焊孔与板边垂直于应力方向的净距离，角焊缝的最小尺寸，部分焊透焊缝、单边V形和单边U形坡口的禁用规定以及不同板厚、板宽对焊接接头的过渡坡度的规定均引自美国《钢结构焊接规范》AWS D1.1；角接与对接组合焊缝和T形接头坡口焊缝的加强焊角尺寸要求则给出了最小和最大的限制。需要注意的是，对承受与焊缝轴线垂直的动载拉应力的焊缝，禁止采用部分焊透焊缝、无衬垫单面焊、未经评定的非钢衬垫单面焊；不同板厚对接接

头在承受各种动载力（拉、压、剪）时，其接头斜坡过渡不应大于1：2.5。

5.7.3 本条中第1、2两款引自美国《钢结构焊接规范》AWS D1.1；第3、4两款是根据现行国家标准《钢结构设计规范》GB 50017中有关要求而制订，目的是便于制作施工中注意焊缝的设置，更好的保证构件的制作质量。

5.7.4 本条为抗震结构框架柱与梁的刚性节点焊接要求，引自美国《钢结构焊接规范》AWS D1.1。经历了美国洛杉矶大地震和日本坂神大地震后，国外钢结构专家在对震害后柱-梁节点断裂位置及破坏形式进行了统计并分析其原因，据此对有关规范作了修订，即推荐采用无衬垫单面全焊透焊缝（反面清根后封底焊）或采用陶瓷衬垫单面焊双面成形的焊缝。

5.7.5 本条规定了引弧板、引出板及衬垫板的去除及去除后的处理要求。引弧板、引出板可以用气割工艺割去，但钢衬垫板去除不能采用气割方法，宜采用碳弧气刨方法去除。

6 焊接工艺评定

6.1 一般规定

6.1.1 由于钢结构工程中的焊接节点和焊接接头不可能进行现场实物取样检验，为保证工程焊接质量，必须在构件制作和结构安装施工焊接前进行焊接工艺评定。现行国家标准《钢结构工程施工质量验收规范》GB 50205对此有明确的要求并将焊接工艺评定报告列入竣工资料必备文件之一。

本规范参照美国《钢结构焊接规范》AWS D1.1，并充分考虑国内钢结构焊接的实际情况，增加了免予焊接工艺评定的相关规定。所谓免予焊接工艺评定就是把符合本规范规定的钢材种类、焊接方法、焊接坡口形式和尺寸、焊接位置、匹配的焊接材料、焊接工艺参数规范化。符合这种规范化焊接工艺规程或焊接作业指导书，施工企业可以不再进行焊接工艺评定试验，而直接使用免予焊接工艺评定的焊接工艺。

本条为强制性条文，必须严格执行。

6.1.2～6.1.10 焊接工艺评定所用的焊接参数，原则上是根据被焊钢材的焊接性试验结果制订，尤其是热输入、预热温度及后热制度。对于焊接性已经被充分了解，有明确的指导性焊接工艺参数，并已在实践中长期使用的国内、外生产的成熟钢种，一般不需要由施工企业进行焊接性试验。对于国内新开发生产的钢种，或者由国外进口未经使用过的钢种，应由钢厂提供焊接性试验评定资料，否则施工企业应进行焊接性试验，以作为制订焊接工艺评定参数的依据。施工企业进行焊接工艺评定还必须根据施工工程的特点和

企业自身的设备、人员条件确定具体焊接工艺，如实记录并与实际施工相一致，以保证施工中得以实施。

考虑到目前国内钢结构飞速发展，在一定时期内，钢结构制作、施工企业的变化尤其是人员、设备、工艺条件也比较大，因此，根据国内实际情况，第6.1.9条根据焊接难度等级对焊接工艺评定的有效期作出了规定。

6.2 焊接工艺评定替代规则

6.2.1、6.2.2 同种牌号钢材中，质量等级高，是指钢材具有更高的冲击功要求，其对焊接材料、焊接工艺参数的选择要求更为严格，因此当质量等级高的钢材焊接工艺评定合格后，必然满足质量等级低的钢材的焊接工艺要求。由于本规范中的Ⅰ、Ⅱ类钢材中，其同类别钢材主要合金成分相似，焊接工艺也比较接近，当高强度、高韧性的钢材工艺评定试验合格后，必然也适用于同类的低级别钢材。而Ⅲ、Ⅳ类钢材，其同类别钢材的主要合金成分或交货状态往往差异较大，为了保证钢结构的焊接质量，要求每一种钢材必须单独进行焊接工艺评定。

6.3 重新进行工艺评定的规定

6.3.1～6.3.7 不同的焊接工艺方法中，各种焊接工艺参数对焊接接头质量产生影响的程度不同。为了保证钢结构焊接施工质量，根据大量的试验结果和实践经验并参考国外先进标准的相关规定，本节各条分别规定了不同焊接工艺方法中各种参数的最大允许变化范围。

6.5 试件和试样的试验与检验

6.5.1～6.5.4 本节对试件和试样的试验与检验作出了相应规定，在基本采用现行行业标准《建筑钢结构焊接技术规程》JGJ 81的相应条款的基础上，增加了硬度试验的相应要求，同时根据现行行业标准《建筑钢结构焊接技术规程》JGJ 81的应用情况，去掉了十字接头、T形接头弯曲试验的要求，使规范更加科学、合理，可操作性大大增强。

6.6 免予焊接工艺评定

6.6.1 对于一些特定的焊接方法和参数、钢材、接头形式和焊接材料种类的组合，其焊接工艺已经长期使用，实践证明，按照这些焊接工艺进行焊接所得到的焊接接头性能良好，能够满足钢结构焊接的质量要求。本着经济合理、安全适用的原则，本规范借鉴了美国《钢结构焊接规范》AWS D1.1，并充分考虑到国内实际情况，对免予评定焊接工艺作出了相应规定。当然，采用免予评定的焊接工艺并不免除对钢结构制作、安装企业资质及焊工个人能力的要求，同时有效的焊接质量控制和监督也必不可少。在实际生产

中，应严格执行规范规定，通过免予评定焊接工艺文件编制可实际操作的焊接工艺，并经焊接工程师和技术负责人签发后，方可使用。

6.6.2 本条规定了免予评定所适用的焊接方法、母材、焊接材料及焊接工艺，在实际应用中必须严格遵照执行。

7 焊 接 工 艺

7.1 母 材 准 备

7.1.1 接头坡口表面质量是保证焊接质量的重要条件，如果坡口表面不干净，焊接时带入各种杂质及碳、氢等物质，是产生焊接热裂纹和冷裂纹的原因。若坡口面上存在氧化皮或铁锈等杂质，在焊缝中可能还会产生气孔。鉴于坡口表面状况对焊缝质量的影响，本条给出了相应规定，与《美国钢结构规范》AWS D1.1、《加拿大钢结构规范》W59 要求相一致。

7.1.3～7.1.5 热切割的坡口表面粗糙度因钢材的厚度不同，割纹深度存在差别，若出现有限深度的缺口或凹槽，可通过打磨或焊接进行修补。

7.1.6 当钢材的切割面上存在钢材的轧制缺陷如夹渣、夹杂物、脱氧产物或气孔等时，其浅的和短的缺陷可以通过打磨清除，而较深和较长的缺陷应采用焊接进行修补，若存在严重的或较难焊接修补的缺陷，该钢材不得使用。

7.2 焊接材料要求

7.2.1 焊接材料对焊接结构的安全性有着极其重要的影响，其熔敷金属化学成分和力学性能及焊接工艺性能应符合国家现行标准的规定，施工企业应采取抽样方法进行验证。

7.2.2 焊接材料的保管规定主要目的是为防止焊接材料锈蚀、受潮和变质，影响其正常使用。

7.2.3 由于低氢型焊条一般用于重要的焊接结构，所以对低氢型焊条的保管要求更为严格。

低氢型焊条焊接前应进行高温烘焙，去除焊条药皮中的结晶水和吸附水，主要是为了防止焊条药皮中的水分在施焊过程中经电弧热分解使焊缝金属中扩散氢含量增加，而扩散氢是焊接延迟裂纹产生的主要因素之一。

调质钢、高强度钢及桥梁结构的焊接接头对氢致延迟裂纹比较敏感，应严格控制其焊接材料中的氢来源。

7.2.4 埋弧焊时，焊剂对焊缝金属具有保护和参与合金化的作用，但焊剂受到油、氧化皮及其他杂质的污染会使焊缝产生气孔并影响焊接工艺性能。对焊剂进行防潮和烘焙处理，是为了降低焊缝金属中的扩散氢含量。需要说明的是，如果焊剂经过严格的防潮和

烘焙处理，试验证明熔敷金属的扩散氢含量不大于 8mL/100g，可以认为埋弧焊也是一种低氢的焊接方法。

7.2.5 实心焊丝和药芯焊丝的表面油污和锈蚀等杂质会影响焊接操作，同时容易造成气孔和增加焊缝中的含氢量，应禁止使用表面有油污和锈蚀的焊丝。

7.2.6 栓钉焊接瓷环应确保焊缝挤出后的成型，栓钉焊接瓷环受潮后会影响栓钉焊的工艺性能及焊接质量，所以焊前应烘干受潮的焊接瓷环。

7.3 焊接接头的装配要求

7.3.1～7.3.7 焊接接头的坡口及装配精度是保证焊接质量的重要条件，超出公差要求的坡口角度、钝边尺寸、根部间隙会影响焊接施工操作和焊接接头质量，同时也会增大焊接应力，易于产生延迟裂缝。

7.4 定 位 焊

7.4.1～7.4.5 定位焊缝的焊接质量对整体焊缝质量有直接影响，应从焊前预热、焊材选用、焊工资格及施焊工艺等方面给予充分重视，避免造成正式焊缝中的焊接缺陷。

7.5 焊 接 环 境

7.5.1 实践经验表明：对于焊条电弧焊和自保护药芯焊丝电弧焊，当焊接作业区风速超过 8m/s，对于气体保护电弧焊，当焊接作业区风速超过 2m/s 时，焊接熔渣或气体对熔化的焊缝金属保护环境就会遭到破坏，致使焊缝金属中产生大量的密集气孔。所以实际焊接施工过程中，应避免在上述风速条件下进行施焊，必须进行施焊时应设置防风屏障。

7.5.2～7.5.4 焊接作业环境不符合要求，会对焊接施工造成不利影响。应避免在工件潮湿或雨、雪天气下进行焊接操作，因为水分是氢的来源，而氢是产生焊接延迟裂纹的重要因素之一。

低温会造成钢材脆化，使得焊接过程的冷却速度加快，易于产生淬硬组织，对于碳当量相对较高的钢材焊接是不利的，尤其是对于厚板和接头拘束度大的结构影响更大。本条对低温环境施焊作出了具体规定。

7.6 预热和道间温度控制

7.6.1～7.6.6 对于最低预热温度和道间温度的规定，主要目的是控制焊缝金属和热影响区的冷却速度，降低焊接接头的冷裂倾向。预热温度越高，冷却速度越慢，会有效地降低焊接接头的淬硬倾向和裂纹倾向。

对调质钢而言，不希望较慢的冷却速度，且钢厂也不推荐如此。

本条是根据常用钢材的化学成分、中等结构拘束

度、常用的低氢焊接方法和焊接材料以及中等热输入条件给出的可避免焊接接头出现淬硬或裂纹的最低温度。实践经验及试验证明：焊接一般拘束度的接头时，按本条规定的最低预热温度和道间温度，可以防止接头产生裂纹。在实际焊接施工过程中，为获得无裂纹、塑性好的焊接接头，预热温度和道间温度应高于本条规定的最低值。为避免母材过热产生脆化而降低焊接接头的性能，对道间温度的上限也作出了规定。

实际工程结构焊接施工时，应根据母材的化学成分、强度等级、碳当量、接头的拘束状态、热输入大小、焊缝金属含氢量水平及所采用的焊接方法等因素综合判断或进行焊接试验，以确定焊接时的最低预热温度。如果有充分的试验数据证明，选择的预热温度和道间温度能够防止接头焊接时裂纹的产生，可以选择低于表7.6.2规定的最低预热温度和道间温度。

为了确保焊接接头预热温度均匀，冷却时具有平滑的冷却梯度，本条对预热的加热范围作出了规定。

电渣焊、气电立焊，热输入较大，焊接速度较慢，一般对焊接预热不作要求。

7.7 焊后消氢热处理

7.7.1 焊缝金属中的扩散氢是延迟裂纹形成的主要影响因素，焊接接头的含氢量越高，裂纹的敏感性越大。焊后消氢热处理的目的就是加速焊接接头中扩散氢的逸出，防止由于扩散氢的积聚而导致延迟裂纹的产生。当然，焊接接头裂纹敏感性还与钢种的化学成分、母材拘束度、预热温度以及冷却条件有关，因此要根据具体情况来确定是否进行焊后消氢热处理。

焊后消氢热处理应在焊后立即进行，处理温度与钢材有关，但一般为 200℃～350℃，本规范规定为250℃～350℃。温度太低，消氢效果不明显；温度过高，若超出马氏体转变温度则容易在焊接接头中残存马氏体组织。

如果在焊后立即进行消应力热处理，则可不必进行消氢热处理。

7.8 焊后消应力处理

7.8.1～7.8.4 焊后消应力处理目前国内多采用热处理和振动两种方法。消应力热处理目的是为了降低焊接残余应力或保持结构尺寸的稳定性，主要用于承受较大拉应力的厚板对接焊缝、承受疲劳应力的厚板或节点复杂、焊缝密集的重要受力构件；局部消应力热处理通常用于重要焊接接头的应力消减。振动消应力处理虽然能达到消减一定应力的目的，但其效果目前学术界还难以准确界定。如果为了稳定结构尺寸，采用振动消应力方法对构件进行整体处理既方便又经济。

某些调质钢、含钒钢和耐大气腐蚀钢进行消应力热处理后，其显微组织可能发生不良变化，焊缝金属或热影响区的力学性能会产生恶化，甚至产生裂纹，应慎重选择消应力热处理。

此外，还应充分考虑消应力热处理后可能引起的构件变形。

7.9 引弧板、引出板和衬垫

7.9.1～7.9.5 在焊接接头的端部设置引弧板、引出板的目的是：避免因引弧时由于焊接热量不足而引起焊接裂纹，或熄弧时产生焊缝缩孔和裂纹，以影响接头的焊接质量。

引弧板、引出板和衬垫板所用钢材应对焊缝金属性能不产生显著影响，不要求与母材材质相同，但强度等级不应高于母材，焊接性不应比所焊母材差。考虑到承受周期性荷载结构的特殊性，桥梁结构的引弧板、引出板和衬垫板用钢材应为在同一钢材标准条件下不大于被焊母材强度等级的任何钢材。

为确保焊缝的完整性，规定了引弧板、引出板的长度；为防止烧穿，规定了钢衬垫板的厚度。为避免未焊的Ⅰ对接接头形成严重缺口导致焊缝中横向裂纹并延伸和扩展到母材中，要求钢衬垫板在整个焊缝长度内连续或采用熔透焊拼接。

采用铜块和陶瓷作为衬垫主要目的是强制焊缝成形，同时防止烧穿，在大热输入焊接或在狭小的空间结构焊接（如全熔透钢管）中经常使用，但需要注意的是，不得将铜和陶瓷熔入焊缝，以免影响焊缝内部质量。

7.10 焊接工艺技术要求

7.10.1 施工单位用于指导实际焊接操作的焊接工艺文件应根据本规范要求和工艺评定结果进行编制。只有符合本规范要求或经评定合格的焊接工艺方可确保获得满足质量要求的焊缝。如果施工过程中不严格执行焊接工艺文件，将对焊接结构的安全性带来较大隐患，应引起足够关注。

7.10.2 焊道形状是影响焊缝裂纹的重要因素。由于母材的冷却作用，熔融的焊缝金属凝固沿母材金属的边缘开始，并向中部发展直至完成这一过程，最后凝固的液态金属位于通过焊缝中心线的平面内。如果焊缝深度大于其表面宽度，则在焊缝中心凝固之前，焊缝表面可能凝固，此时作用于仍然热的、半液态的焊缝中央或心部的收缩力会导致焊缝中心裂纹并使其扩展而贯穿焊缝纵向全长。

7.10.3 本条规定的最小角焊缝尺寸是基于焊接时应保证足够的热输入，以降低焊缝金属或热影响区产生裂纹的可能性，同时与较薄的连接件（厚度）保持合理的比例。如果最小角焊缝尺寸大于设计尺寸，应按本条规定的最小角焊缝尺寸执行。

7.10.4 本条对于 SMAW、GMAW、FCAW 和

SAW 焊接方法，规定了最大根部焊道厚度、最大填充焊道厚度、最大单道角焊缝尺寸和最大单道焊焊层宽度，主要目的是为了在焊接过程中确保焊接的可操作性和焊缝质量的稳定。实践证明，超出上述限制进行焊接操作，对焊缝的外观质量和内部质量都会产生不利影响。施工单位应按本条规定严格执行。

7.11　焊接变形的控制

7.11.1～7.11.6　焊接变形控制主要目的是保证构件或结构要求的尺寸，但有时对焊接变形控制的同时会造成结构焊接应力和焊接裂纹倾向增大，因此应采取合理的焊接工艺措施、装焊顺序、平衡焊接热输入等方法控制焊接变形，避免采用刚性固定或强制措施控制焊接变形。本条给出的一些方法，是实践经验的总结，可根据实际结构情况合理的采用，对控制构件的焊接变形是十分有效的。

7.12　返　修　焊

7.12.1、7.12.2　焊缝金属或部分母材的缺欠超过相应的质量验收标准时，施工单位可以选择局部修补或全部重焊。焊接或母材的缺陷修补前应分析缺陷的性质和种类及产生原因。如果不是因焊工操作或执行工艺参数不严格而造成的缺陷，应从工艺方面进行改进，编制新的工艺并经过焊接试验评定合格后进行修补，以确保返修成功。多次对同一部位进行返修，会造成母材的热影响区的热应变脆化，对结构的安全有不利影响。

7.13　焊件矫正

7.13.1～7.13.3　允许局部加热矫正焊接变形，但所采用的加热温度应避免引起钢的性能发生变化。本条规定的最高矫正温度是为了防止材质发生变化。在一定温度之上避免急冷，是为了防止淬硬组织的产生。

7.14　焊缝清根

7.14.1　为保证焊缝的焊透质量，必须进行反面清根。清根不彻底或清根后坡口形式不合理容易造成焊缝未焊透和焊接裂纹的产生。

7.14.2　碳弧气刨作为缺陷清除和反面清根的主要手段，其操作工艺对焊接的质量有相当大的影响。碳弧气刨时应避免夹碳、夹渣等缺陷的产生。

7.15　临时焊缝

7.15.1、7.15.2　临时焊缝焊接时应避免焊接区域的母材性能改变和留存焊接缺陷，因此焊接临时焊缝采用的焊接工艺和质量要求与正式焊缝相同。对于 Q420、Q460 等级钢材或厚板大于 40mm 的低合金钢，临时焊缝清除后应采用磁粉或着色方法检测，以确保母材中不残留焊接裂纹或出现淬硬裂纹，对结构

的安全产生不利影响。

7.16　引弧和熄弧

7.16.1　在非焊接区域母材上进行引弧和熄弧时，由于焊接引弧热量不足和迅速冷却，可能导致母材的硬化，形成弧坑裂纹和气孔，成为导致结构破坏的潜在裂纹源。施工过程中应避免这种情况的发生。

7.17　电渣焊和气电立焊

7.17.1～7.17.7　电渣焊主要用于箱形构件内横隔板的焊接。电渣焊是利用电阻热对焊丝熔化建立熔池，再利用熔池的电阻热对填充焊丝和接头母材进行熔化而形成焊接接头。调节焊接工艺参数和焊剂填加量以建立合适大小的熔池是确保电渣焊焊缝质量的关键。

电渣焊的焊接热量较大，引弧时为防止引弧块被熔化而造成熔池建立失败，一般采用铜制引熄弧块，且规定其长度不小于 100mm。规定引弧槽的截面与接头的截面大致相同，主要考虑到在引弧槽中建立的熔池转换到正式接头时，如果截面积相差较大，将造成正式接头的熔合不良或衬垫板烧穿，导致电渣焊失败。

为避免电渣焊时焊缝产生裂纹和缩孔，应采用脱氧元素含量充分且 S、P 含量较低的焊丝。

为了使焊缝金属与接头的坡口面完全熔合，必须在积累了足够的热量状态下开始焊接。如果焊接过程因故中断，熔渣或熔池开始凝固，可重新引弧焊接直至焊缝完成，但应对焊缝重新焊接处的上、下两端各 150mm 范围内进行超声波检测，并对停弧位置进行记录。

8　焊　接　检　验

8.1　一　般　规　定

8.1.1　自检是钢结构焊接质量保证体系中的重要步骤，涉及焊接作业的全过程，包括过程质量控制、检验和产品最终检验。自检人员的资质要求除应满足本规范的相关规定外，其无损检测人员数量的要求尚需满足产品所需检测项目每项不少于两名 2 级及 2 级以上人员的规定。监检同自检一样是产品质量保证体系的一部分，但需由具有资质的独立第三方来完成。监检的比例需根据设计要求及结构的重要性确定，对于焊接难度等级为 A、B 级的结构，监检的主要内容是无损检测，而对于焊接难度等级为 C、D 级的结构其监检内容还应包括过程中的质量控制和检验，见证检验应由具有资质的独立第三方来完成，但见证检验是业主或政府行为，不在产品质量保证范围内。

8.1.2　本条强调了过程检验的重要性，对过程检验的程序和内容进行了规定。就焊接产品质量控制而

言，过程控制比焊后无损检测显得更为重要，特别是对高强钢或特种钢，产品制造过程中工艺参数对产品性能和质量的影响更为直接，产生的不利后果更难于恢复，同时也是用常规无损检测方法无法检测到的。因此正确的过程检验程序和方法是保证产品质量的重要手段。

8.1.3 焊缝在结构中所处的位置不同，承受荷载不同，破坏后产生的危害程度也不同，因此对焊缝质量的要求理应不同。如果一味提高焊缝的质量要求将造成不必要的浪费。本规范参照美国《钢结构焊接规范》AWS D1.1，根据承受荷载不同将焊缝分成动载和静载结构，并提出不同的质量要求。同时要求按设计图及说明文件规定荷载形式和焊缝等级，在检查前按照科学的方法编制检查方案，并由质量工程师批准后实施。设计文件对荷载形式和焊缝等级要求不明确的应依据现行国家标准《钢结构设计规范》GB 50017及本规范的相关规定执行，并须经原设计单位签认。

8.1.4 在现行国家标准《钢结构工程施工质量验收规范》GB 50205中部分探伤的要求是对每条焊缝按规定的百分比进行探伤，且每处不小于200mm。这样规定虽然对保证每条焊缝质量是有利的，但检验工作量大，检验成本高，特别是结构安装焊缝都不长，大部分焊缝为梁一柱连接焊缝，每条焊缝的长度大多在250mm～300mm之间。以概率论为基础的抽样理论表明，制定合理的抽样方案（包括批的构成、采样规定、统计方法），抽样检验的结果完全可以代表该批的质量，这也是与钢结构设计以概率论为基础相一致的。

为了组成抽样检验中的检验批，首先必须知道焊缝个体的数量。一般情况下，作为检验对象的钢结构安装焊缝长度大多较短，通常将一条焊缝作为一个焊缝个体。在工厂制作构件时，箱形钢柱（梁）的纵焊缝、H形钢柱（梁）的腹板一翼板组合焊缝较长，此时可将一条焊缝划分为每300mm为一个检验个体。检验批的构成原则上以同一条件的焊缝个体为对象，一方面要使检验结果具有代表性，另一方面要有利于统计分析缺陷产生的原因，便于质量管理。

取样原则上按随机取样方式，随机取样方法有多种，例如将焊缝个体编号，使用随机数表来规定取样部位等。但要强调的是对同一批次抽查焊缝的取样，一方面要涵盖该批焊缝所涉及的母材类别和焊接位置、焊接方法，以便于客观反映不同难度下的焊缝合格率结果；另一方面自检、监检及见证检验所抽查的对象应尽可能避免重复，只有这样才能达到更有效的控制焊缝质量的目的。

8.1.5 焊接接头在焊接过程中、焊缝冷却过程中及以后相当长的一段时间内均可产生裂纹，但目前钢结构用钢由于生产工艺及技术水平的提高，产生延迟裂纹的几率并不高，同时，在随后的生产制作过程中，

还要进行相应的无损检测。为避免由于检测周期过长使工期延误造成不必要的浪费，本规范借鉴欧美等国家先进标准，规定外观检测应在焊缝冷却以后进行。由于裂纹很难用肉眼直接观察到，因此在外观检测中应用放大镜观察，并注意应有充足的光线。

8.1.6 无损检测是技术性较强的专业技术，按照我国各行业无损检测人员资格考核管理的规定，1级人员只能在2级或3级人员的指导下从事检测工作。因此，规定1级人员不能独立签发检测报告。

8.1.7 超声波检测的检验等级分为A、B、C三级，与现行国家标准《钢焊缝手工超声波探伤方法和探伤结果分级》GB/T 11345和现行行业标准《钢结构超声波探伤及质量分级法》JG/T 203基本相同，只是对B级的规定作了局部修改。修改的原因是上述两标准在此规定上对建筑钢结构而言存在缺陷，易增加漏检比例。GB 11345和JG/T 203中规定：B级检验采用一种角度探头在焊缝单面双侧检测。母材厚度大于100mm时，双面双侧检测。条件许可应作横向检测。但在钢结构中存在大量无法进行单面双侧检测的节点，为弥补这一缺陷本规范规定：受几何条件限制时，可在焊缝单面、单侧采用两种角度探头（两角度之差大于15°）进行检验。

8.1.8 本条实际上是引入允许不合格率的概念，事实上，在一批检查个数中要达到100%合格往往是不切实际的，既无必要，也浪费大量资源。本着安全、适度的原则，并根据近几年来钢结构焊缝检验的实际情况及数据统计，规定小于抽样数的2%时为合格，大于5%时为不合格，2%～5%之间时加倍抽检，不仅确保钢结构焊缝的质量安全，也反映了目前我国钢结构焊接施工水平。

本条为强制性条文，必须严格执行。

8.2 承受静荷载结构焊接质量的检验

8.2.1、8.2.2 外观检测包括焊缝外观缺陷检测和焊缝几何尺寸测量两部分。

8.2.3 无损检测必须在外观检测合格后进行。

裂纹可在焊接、焊缝冷却及以后相当长的一段时间内产生。Ⅰ、Ⅱ类钢材产生焊接延迟裂纹的可能性很小，因此规定在焊缝冷却到室温进行外观检测后即可进行无损检测。Ⅲ、Ⅳ类钢材若焊接工艺不当则具有产生焊缝延迟裂纹的可能性，且裂纹延迟时间较长，有些国外规范规定此类钢焊接裂纹的检查应在焊后48h进行。考虑到工厂存放条件、现场安装进度、工序衔接的限制以及随着时间延长，产生延迟裂纹的几率逐渐减小等因素，本规范对Ⅲ、Ⅳ类钢材及焊接难度等级为C、D级的结构，规定以24h后无损检测的结果作为验收的依据。对钢材标称屈服强度大于690MPa（调质状态）的钢材，考虑产生延迟裂纹的可能性更大，故规定以焊后48h的无损检测结果作为

验收依据。

内部缺陷的检测一般可用超声波探伤和射线探伤。射线探伤具有直观性、一致性好的优点，但其成本高、操作程序复杂、检测周期长，尤其是钢结构中大多为T形接头和角接头，射线检测的效果差，且射线探伤对裂纹、未熔合等危害性缺陷的检出率低。超声波探伤则正好相反，操作程序简单、快速，对各种接头形式的适应性好，对裂纹、未熔合的检测灵敏度高，因此世界上很多国家对钢结构内部质量的控制采用超声波探伤。本规范原则规定钢结构焊缝内部缺陷的检测宜采用超声波探伤，如有特殊要求，可在设计图纸或订货合同中另行规定。

本规范将二级焊缝的局部检验定为抽样检验。这一方面是基于钢结构焊缝的特殊性；另一方面，目前我国推行全面质量管理已有多年的经验，采用抽样检测是可行的，在某种程度上更有利于提高产品质量。

8.2.4 目前钢结构节点设计大量采用局部熔透对接、角接及纯贴角焊缝的节点形式，除纯贴角焊缝节点形式的焊缝内部质量国内外尚无现行无损检测标准外，对于局部熔透对接及角接焊缝均可采用超声波方法进行检测，因此，应与全熔透焊一样对其焊缝的内部质量提出要求。

本条对承受静荷载结构焊缝的超声波检测灵敏度及评定缺陷的允许长度作了适当调整，放宽了评定尺度。这样做的主要目的：一是区别对待静载结构与动载结构焊缝的质量评定；二是尽量减少因不必要的返修造成的浪费及残余应力。

为此规范主编单位进行了大量的试验研究，对国内外相关标准如：《钢焊缝手工超声波探伤方法和探伤结果分级》GB/T 11345、《承压设备无损检测 第3部分：超声检测》JB/T 4730.3、《船舶钢焊缝超声波检测工艺和质量分级》CB/T 3559、《铁路钢桥制造规范》TB 10212、《公路桥涵施工技术规范》JTG/T F50、《起重机械无损检测 钢焊缝超声检测》JB/T 10559、《钢结构焊接规范》AWS D1.1/D1.1M、《超声波探伤评定验收标准》EN 1712、《焊接接头超声波探伤》EN 1714、《铁素体钢超声波检验方法》JIS Z 3060等以《钢焊缝手工超声波探伤方法和探伤结果分级》GB/T 11345为基础进行了对比试验（其中包括理论计算和模拟试验）。通过对试验结果的分析、比较得出如下结论：

《钢焊缝手工超声波探伤方法和探伤结果分级》GB/T 11345标准的检测灵敏度及缺陷评定等级在参与对比的标准中处于中等偏严的水平。

在参与对比的标准中《超声波探伤评定验收标准》EN 1712检测灵敏度最低。

在参与对比的标准中《钢结构焊接规范》AWS D1.1和《起重机械无损检测 钢焊缝超声检测》JB/T 10559标准在小于20mm范围内允许的单个缺陷长度最大，《超声波探伤评定验收标准》EN 1712在20mm～100mm范围内允许的单个缺陷长度最大。

参照上述对比结果，对《钢焊缝手工超声波探伤方法和探伤结果分级》GB/T 11345标准的检测灵敏度及缺陷评定等级进行了适当的调整，本规范中所采用的检测灵敏度及缺陷评定等级与《钢结构焊接规范》AWS D1.1/D1.1M标准相当。

对于目前在高层钢结构、大跨度桁架结构箱形柱（梁）制造中广泛采用的隔板电渣焊的检验，本规范参照日本标准《铁素体钢超声波检验方法》JIS Z 3060以附录的形式给出了探伤方法。

随着钢结构技术进步，对承受板厚方向荷载的厚板（δ≥40mm）结构产生层状撕裂的原因认识越来越清晰，对材料的质量要求越来越明确。但近年来一些薄板结构（δ≤40mm）出现层状撕裂问题，有的还造成严重的经济损失。针对这一现象本规范提出相应的检测要求，以杜绝类似情况的发生。

8.2.5 射线探伤作为钢结构内部缺陷检验的一种补充手段，在特殊情况采用，主要用于对接焊缝的检测，按现行国家标准《金属熔化焊焊接接头射线照相》GB/T 3323的有关规定执行。

8.2.6～8.2.8 表面检测主要是作为外观检查的一种补充手段，其目的主要是为了检查焊接裂纹，检测结果的评定按外观检验的有关要求验收。一般来说，磁粉探伤的灵敏度要比渗透检测高，特别是在钢结构中，要求作磁粉探伤的焊缝大部分为角焊缝，其中立焊缝的表面不规则，清理困难，渗透探伤效果差，且渗透探伤难度较大，费用高。因此，为了提高表面缺陷检出率，规定铁磁性材料制作的工件应尽可能采用磁粉检测方法进行检测。只有在因结构形状的原因（如探伤空间狭小）或材料的原因（如材质为奥氏体不锈钢）不能采用磁粉探伤时，宜采用渗透探伤。

8.3 需疲劳验算结构的焊缝质量检验

8.3.1～8.3.7 承受疲劳荷载结构的焊缝质量检验标准基本采用了现行行业标准《铁路钢桥制造规范》TB 10212及《公路桥涵施工技术规范》JTG/T F50的内容，只是增加了磁粉和渗透探伤作为检测表面缺陷的手段。

9 焊接补强与加固

9.0.1 我国现有的有关钢结构加固的技术标准为行业标准《钢结构检测评定及加固技术规程》YB 9257和中国工程建设标准化协会标准《钢结构加固技术规范》CECS 77，抗震设计规范有现行国家标准《建筑抗震设计规范》GB 50011和《构筑物抗震设计规范》GB 50191。为使原有钢结构焊接补强加固安全可靠、经济合理、施工方便、切合实际，加固方案应由设计、施工、业主三方结合，共同研究决定，以便于实践。

9.0.2 原始资料是加固设计必不可少的，是进行设计计算的重要依据。资料越完整，补强加固就越能做到经济合理、安全可靠。

9.0.3～9.0.5 钢材的时效性能系指随时间的推移，钢材的屈服强度增高塑性降低的现象。在对原结构钢材进行试验时应考虑这一影响。在加固设计时，不应考虑由于时效硬化而提高的屈服强度，仍按原有钢材的强度进行计算。当塑性显著降低，延伸率低于许可值时，其加固计算应按弹性阶段进行，即不应考虑内力重分布。对于有气相腐蚀介质作用的钢构件，当腐蚀较严重时，除应考虑腐蚀对原有截面的削弱外，根据已有资料，还应考虑钢材强度的降低。钢材强度的降低幅度与腐蚀介质的强弱有关，腐蚀介质的强弱程度按现行国家标准《工业建筑防腐蚀设计规范》GB 50046 确定。

9.0.7 在负荷状态下进行加固补强时，除必要的施工荷载和难于移动的固定设备或装置外，其他活动荷载都必须卸除。用圆钢、小角钢制成的轻钢结构因杆件截面较小，焊接加固时易使原有构件因焊接加热而丧失承载能力，所以不宜在负荷状态下采用焊接加固。特别是圆钢拉杆，更严禁在负荷状态下焊接加固。对原有结构构件中的应力限制主要参考原苏联的有关经验和国内的几个工程试验，同时还吸收了国内的钢结构加固工程经验。原苏联于 1987 年在《改建企业钢结构加固计算建议》中认为所有构件（不论承受静力荷载或是动力荷载）都可按内力重分布原则进行计算，仅对加固时原有构件的名义应力 σ^o（即不考虑次应力和残余应力，按弹性阶段计算的应力）与钢材强度设计值 f 的比值 β 限制如下：

$$\beta = \frac{\sigma^o}{f} \leqslant 0.2$$ 特重级动力荷载作用下的结构；

$$\beta = \frac{\sigma^o}{f} \leqslant 0.4$$ 对承受动力荷载，其极限塑性应变值为 0.001 的结构；

$$\beta = \frac{\sigma^o}{f} \leqslant 0.8$$ 对承受静力荷载，其极限塑性应变值为 0.002～0.004 的结构。

国内关于在负荷状态下焊接加固资料都提出了加固时原有构件中的应力极限值可以达到（0.6～0.8）f。而且在静态荷载下，都可按内力重分布原则进行计算。本章对在负荷状态下采用焊接加固，规定对承受静态荷载的构件，原有构件中的名义应力不应大于钢材强度设计值的 80%，承受动态荷载时，原有构件中的名义应力不应大于强度设计值的 40%。其理由是：

1 原苏联的资料和我国的一些试验和加固工程实践都证明对承受静态荷载的构件取 $\beta \leqslant 0.8$ 是可行的。对承受动态荷载的构件，因本规程不考虑内力重

分布，故参考原苏联的经验，适当扩大应用范围，取 $\beta \leqslant 0.4$。

2 在工程实际中要完全卸荷或大量卸荷一般都是难以实现的。在钢结构中，钢屋架是长期在高应力状态下工作的，因为大部分屋架所承受的荷载中，永久荷载大都占屋面总荷载的 80% 左右，要卸掉这部分荷载（扒掉油毡、拆除大型屋面板）是比较困难的。若应力限制值取强度设计值的 80%，则大多数焊接加固工程都可以在负荷状态下进行。

9.0.8 $\beta \leqslant 0.8$ 这一限制值虽然安全可靠，但仍然比较高，而且还须考虑在焊接过程中，焊接产生的高温会使一部分母材的强度和弹性模量在短时间内降低，故在施工过程中仍应根据具体情况采取必要的安全措施，以防万一。

9.0.9 负荷状态下实施焊接补强和加固是一项艰巨而复杂的工作。由于外部环境和条件差，影响因素多，比新建工程的困难更大，必须认真地进行施工组织设计。本条规定的各项要求是施工中应遵循的最基本事项，也是国内外实践经验的总结。按照要求执行，方能做到安全可靠、经济合理。

9.0.10 对有缺损的钢构件承载能力的评估可根据现行行业标准《钢结构检测评定及加固技术规程》YB 9257 进行。关于缺损的修补方法是总结国内外的经验而得到的。其中裂纹的修补是根据原苏联及国内的实践经验，用热加工矫正变形的温度限制值是参照美国《钢结构焊接规范》AWS D1.1 的规定。

9.0.11 焊缝缺陷的修补方法是根据国内实践经验提出的。采用加大焊缝厚度和加长焊缝长度两种方法来加固角焊缝都是行之有效的。国外资料介绍加长角焊缝长度时，对原有焊缝中的应力限值是不超过焊缝的计算强度。但加大角焊缝厚度时，由于焊接时的热影响会使部分焊缝暂时退出工作，从而降低了原有角焊缝的承载能力。所以对在负荷状态下加大角焊缝厚度时，必须对原有角焊缝中的应力加以限制。

我国有关单位的试验资料指出，焊缝加厚时，原有焊缝中的应力应限制在 $0.8 f^w_f$ 以内。据原苏联 20 世纪 60 年代通过试验得出的结论是：加厚焊缝时，焊接接头的最大强度损失一般为 10%～20%。

根据近年来国内的试验研究，在负荷状态下加厚焊缝时，由于施焊时的热作用，在温度 $T \geqslant 600℃$ 区域内的焊缝将退出工作，致使焊缝的平均强度降低。经计算分析并简化后引入了原焊缝在加固时的强度降低系数 η，详见现行中国工程建设标准化协会标准《钢结构加固技术规范》CECS 77 的相关规定。本规范引用了这条规定。

9.0.12 对称布置主要是使补强或加固的零件及焊缝受力均匀，新旧杆件易于共同工作。其他要求是为了避免加固焊缝对原有构件产生不利影响。

9.0.13 考虑铆钉或普通螺栓经焊接补强加固后不能

与焊缝共同工作，因此规定全部荷载应由焊缝承受，保证补强安全可靠。

9.0.14 先栓后焊的高强度螺栓摩擦型连接是可以和焊缝共同工作的，日本、美国、挪威等国以及 ISO 的钢结构设计规范均允许它们共同受力。这种共同工作也为我国的试验研究所证实。虽然我国钢结构设计规范还未纳入这一内容，但考虑在加固这一特定情况下是可以允许的。所以本条作出了可共同工作的原则规定。另外，根据国内的试验研究，加固后两种连接承载力的比例应在 1.0～1.5 范围内，否则荷载将主要由强的连接承担，弱的连接基本不起作用。

中华人民共和国行业标准

钢结构高强度螺栓连接技术规程

Technical specification for high strength bolt
connections of steel structures

JGJ 82—2011

批准部门：中华人民共和国住房和城乡建设部
施行日期：２０１１年１０月１日

中华人民共和国住房和城乡建设部
公 告

第 875 号

关于发布行业标准《钢结构高强度
螺栓连接技术规程》的公告

现批准《钢结构高强度螺栓连接技术规程》为行业标准，编号为 JGJ 82-2011，自 2011 年 10 月 1 日起实施。其中，第 3.1.7、4.3.1、6.1.2、6.2.6、6.4.5、6.4.8 条为强制性条文，必须严格执行。原行业标准《钢结构高强度螺栓连接的设计、施工及验收规程》JGJ 82-91 同时废止。

本规程由我部标准定额研究所组织中国建筑工业出版社出版发行。

中华人民共和国住房和城乡建设部
2011 年 1 月 7 日

前 言

根据原建设部《关于印发〈2004 年工程建设标准规范制订、修订计划〉的通知》（建标〔2004〕66 号）的要求，规程编制组经广泛调查研究，认真总结实践经验，参考有关国际标准和国外先进标准，并在广泛征求意见的基础上，修订本规程。

本规程的主要技术内容是：1. 总则；2. 术语和符号；3. 基本规定；4. 连接设计；5. 连接接头设计；6. 施工；7. 施工质量验收。

本规程修订的主要技术内容是：1. 增加调整内容：由原来的 3 章增加调整到 7 章；增加第 2 章 "术语和符号"、第 3 章 "基本规定"、第 5 章 "接头设计"；原来的第二章 "连接设计" 调整为第 4 章，原来第三章 "施工及验收" 调整为第 6 章 "施工" 和第 7 章 "施工质量验收"；2. 增加孔型系数，引入标准孔、大圆孔和槽孔概念；3. 增加涂层摩擦面及其抗滑移系数 μ；4. 增加受拉连接和端板连接接头，并提出杠杆力计算方法；5. 增加栓焊并用连接接头；6. 增加转角法施工和检验；7. 细化和明确高强度螺栓连接分项工程检验批。

本规程中以黑体字标志的条文为强制性条文，必须严格执行。

本规程由住房和城乡建设部负责管理和强制性条文的解释，由中冶建筑研究总院有限公司负责具体技术内容的解释。执行过程中如有意见或建议，请寄送中冶建筑研究总院有限公司（地址：北京市海淀区西土城路 33 号，邮编：100088）。

本 规 程 主 编 单 位：中冶建筑研究总院有限公司

本 规 程 参 编 单 位：国家钢结构工程技术研究中心
铁道科学研究院
中冶京诚工程技术有限公司
包头钢铁设计研究总院
清华大学
青岛理工大学
天津大学
北京工业大学
西安建筑科技大学
中国京冶工程技术有限公司
北京远达国际工程管理有限公司
中冶京唐建设有限公司
浙江杭萧钢构股份有限公司
上海宝冶建设有限公司
浙江精工钢结构有限公司
浙江泽恩标准件有限公司
北京三杰国际钢结构有限公司
宁波三江检测有限公司
北京多维国际钢结构有限公司

	北京首钢建设集团有限公司		陈志华	严洪丽	程书华
			陈桥生	郭剑云	郝际平
	五洋建设集团股份有限公司		洪 亮	蒋荣夫	张圣华
			张亚军	孟令阁	
本规程主要起草人员：	侯兆欣	柴 昶 沈家骅	本规程主要审查人员：	沈祖炎	陈禄如 刘树屯
	贺贤娟	文双玲 王 燕		柯长华	徐国彬 赵基达
	王元清	何文汇 王 清		尹敏达	范 重 游大江
	马天鹏	杨强跃 张爱林		李元齐	

目　　次

Contents

1 总　则

1.0.1 为在钢结构高强度螺栓连接的设计、施工及质量验收中做到技术先进、经济合理、安全适用、确保质量，制定本规程。

1.0.2 本规程适用于建筑钢结构工程中高强度螺栓连接的设计、施工与质量验收。

1.0.3 高强度螺栓连接的设计、施工与质量验收除应符合本规程外，尚应符合国家现行有关标准的规定。

2 术语和符号

2.1 术　语

2.1.1 高强度大六角头螺栓连接副　heavy-hex high strength bolt assembly

由一个高强度大六角头螺栓，一个高强度大六角螺母和两个高强度平垫圈组成一副的连接紧固件。

2.1.2 扭剪型高强度螺栓连接副　twist-off-type high strength bolt assembly

由一个扭剪型高强度螺栓，一个高强度大六角螺母和一个高强度平垫圈组成一副的连接紧固件。

2.1.3 摩擦面　faying surface

高强度螺栓连接板层之间的接触面。

2.1.4 预拉力（紧固轴力）　pre-tension

通过紧固高强度螺栓连接副而在螺栓杆轴方向产生的，且符合连接设计所要求的拉力。

2.1.5 摩擦型连接　friction-type joint

依靠高强度螺栓的紧固，在被连接件间产生摩擦阻力以传递剪力而将构件、部件或板件连成整体的连接方式。

2.1.6 承压型连接　bearing-type joint

依靠螺杆抗剪和螺杆与孔壁承压以传递剪力而将构件、部件或板件连成整体的连接方式。

2.1.7 杠杆力（撬力）作用　prying action

在受拉连接接头中，由于拉力荷载与螺栓轴心线偏离引起连接件变形和连接接头中的杠杆作用，从而在连接件边缘产生的附加压力。

2.1.8 抗滑移系数　mean slip coefficient

高强度螺栓连接摩擦面滑移时，滑动外力与连接中法向压力（等同于螺栓预拉力）的比值。

2.1.9 扭矩系数　torque-pretension coefficient

高强度螺栓连接中，施加于螺母上的紧固扭矩与其在螺栓导入的轴向预拉力（紧固轴力）之间的比例系数。

2.1.10 栓焊并用连接　connection of sharing on a shear load by bolts and welds

考虑摩擦型高强度螺栓连接和贴角焊缝同时承担同一剪力进行设计的连接接头形式。

2.1.11 栓焊混用连接　joint with combined bolts and welds

在梁、柱、支撑构件的拼接及相互间的连接节点中，翼缘采用熔透焊缝连接，腹板采用摩擦型高强度螺栓连接的连接接头形式。

2.1.12 扭矩法　calibrated wrench method

通过控制施工扭矩值对高强度螺栓连接副进行紧固的方法。

2.1.13 转角法　turn-of-nut method

通过控制螺栓与螺母相对转角值对高强度螺栓连接副进行紧固的方法。

2.2 符　号

2.2.1 作用及作用效应

F——集中荷载；

M——弯矩；

N——轴心力；

P——高强度螺栓的预拉力；

Q——杠杆力（撬力）；

V——剪力。

2.2.2 计算指标

f——钢材的抗拉、拉压和抗弯强度设计值；

f_c^b——高强度螺栓连接件的承压强度设计值；

f_t^b——高强度螺栓的抗拉强度设计值；

f_v——钢材的抗剪强度设计值；

f_v^b——高强度螺栓的抗剪强度设计值；

N_c^b——单个高强度螺栓的承压承载力设计值；

N_t^b——单个高强度螺栓的受拉承载力设计值；

N_v^b——单个高强度螺栓的受剪承载力设计值；

σ——正应力；

τ——剪应力。

2.2.3 几何参数

A——毛截面面积；

A_{eff}——高强度螺栓螺纹处的有效截面面积；

A_f——一个翼缘毛截面面积；

A_n——净截面面积；

A_w——腹板毛截面面积；

a——间距；

d——直径；

d_0——孔径；

e——偏心距；

h——截面高度；

h_f——角焊缝的焊脚尺寸；

I——毛截面惯性矩；

l——长度；

S——毛截面面积矩。

2.2.4 计算系数及其他

k ——扭矩系数；

n ——高强度螺栓的数目；

n_i ——所计算截面上高强度螺栓的数目；

n_v ——螺栓的剪切面数目；

n_f ——高强度螺栓传力摩擦面数目；

μ ——高强度螺栓连接摩擦面的抗滑移系数；

N_v ——单个高强度螺栓所承受的剪力；

N_t ——单个高强度螺栓所承受的拉力；

P_c ——高强度螺栓施工预拉力；

T_c ——施工终拧扭矩；

T_{ch} ——检查扭矩。

3 基 本 规 定

3.1 一 般 规 定

3.1.1 高强度螺栓连接设计采用概率论为基础的极限状态设计方法，用分项系数设计表达式进行计算。除疲劳计算外，高强度螺栓连接应按下列极限状态准则进行设计：

1 承载能力极限状态应符合下列规定：

  1）抗剪摩擦型连接的连接件之间产生相对滑移；

  2）抗剪承压型连接的螺栓或连接件达到剪切强度或承压强度；

  3）沿螺栓杆轴方向受拉连接的螺栓或连接件达到抗拉强度；

  4）需要抗震验算的连接其螺栓或连接件达到极限承载力。

2 正常使用极限状态应符合下列规定：

  1）抗剪承压型连接的连接件之间应产生相对滑移；

  2）沿螺栓杆轴方向受拉连接的连接件之间应产生相对分离。

3.1.2 高强度螺栓连接设计，宜符合连接强度不低于构件的原则。在钢结构设计文件中，应注明所用高强度螺栓连接副的性能等级、规格、连接类型及摩擦型连接摩擦面抗滑移系数值等要求。

3.1.3 承压型高强度螺栓连接不得用于直接承受动力荷载重复作用且需要进行疲劳计算的构件连接，以及连接变形对结构承载力和刚度等影响敏感的构件连接。

  承压型高强度螺栓连接不宜用于冷弯薄壁型钢构件连接。

3.1.4 高强度螺栓连接长期受辐射热（环境温度）达150℃以上，或短时间受火焰作用时，应采取隔热降温措施予以保护。当构件采用防火涂料进行防火保护时，其高强度螺栓连接处的涂料厚度不应小于相邻构件的涂料厚度。

当高强度螺栓连接的环境温度为 100℃～150℃时，其承载力应降低 10%。

3.1.5 直接承受动力荷载重复作用的高强度螺栓连接，当应力变化的循环次数等于或大于 5×10^4 次时，应按现行国家标准《钢结构设计规范》GB 50017中的有关规定进行疲劳验算，疲劳验算应符合下列原则：

1 抗剪摩擦型连接可不进行疲劳验算，但其连接处开孔主体金属应进行疲劳验算；

2 沿螺栓轴向抗拉为主的高强度螺栓连接在动力荷载重复作用下，当荷载和杠杆力引起螺栓轴向拉力超过螺栓受拉承载力 30%时，应对螺栓拉应力进行疲劳验算；

3 对于进行疲劳验算的受拉连接，应考虑杠杆力作用的影响；宜采取加大连接板厚度等加强连接刚度的措施，使计算所得的撬力不超过荷载外拉力值的 30%；

4 栓焊并用连接应按全部剪力由焊缝承担的原则，对焊缝进行疲劳验算。

3.1.6 当结构有抗震设防要求时，高强度螺栓连接应按现行国家标准《建筑抗震设计规范》GB 50011等相关标准进行极限承载力验算和抗震构造设计。

3.1.7 在同一连接接头中，高强度螺栓连接不应与普通螺栓连接混用。承压型高强度螺栓连接不应与焊接连接并用。

3.2 材料与设计指标

3.2.1 高强度大六角头螺栓（性能等级 8.8s 和 10.9s）连接副的材质、性能等应分别符合现行国家标准《钢结构用高强度大六角头螺栓》GB/T 1228、《钢结构用高强度大六角螺母》GB/T 1229、《钢结构用高强度垫圈》GB/T 1230 以及《钢结构用高强度大六角头螺栓、大六角螺母、垫圈技术条件》GB/T 1231 的规定。

3.2.2 扭剪型高强度螺栓（性能等级 10.9s）连接副的材质、性能等应符合现行国家标准《钢结构用扭剪型高强度螺栓连接副》GB/T 3632 的规定。

3.2.3 承压型连接的强度设计值应按表 3.2.3 采用。

表 3.2.3 承压型高强度螺栓连接的强度设计值（N/mm²）

螺栓的性能等级、构件钢材的牌号和连接类型		抗拉强度 f_t^b	抗剪强度 f_v^b	承压强度 f_c^b
承压型连接	高强度螺栓连接副 8.8s	400	250	—
	高强度螺栓连接副 10.9s	500	310	—
	连接处构件 Q235	—	—	470
	连接处构件 Q345	—	—	590
	连接处构件 Q390	—	—	615
	连接处构件 Q420	—	—	655

3.2.4 高强度螺栓连接摩擦面抗滑移系数 μ 的取值应符合表 3.2.4-1 和表 3.2.4-2 中的规定。

表 3.2.4-1 钢材摩擦面的抗滑移系数 μ

连接处构件接触面的处理方法		构件的钢号			
		Q235	Q345	Q390	Q420
普通钢结构	喷砂 (丸)	0.45	0.50	0.50	0.50
	喷砂 (丸) 后生赤锈	0.45	0.50	0.50	0.50
	钢丝刷清除浮锈或未经处理的干净轧制表面	0.30	0.35	0.40	0.40
冷弯薄壁型钢结构	喷砂 (丸)	0.40	0.45	—	—
	热轧钢材轧制表面清除浮锈	0.30	0.35	—	—
	冷轧钢材轧制表面清除浮锈	0.25	—	—	—

注：1 钢丝刷除锈方向应与受力方向垂直；
　　2 当连接构件采用不同钢号时，μ 应按相应的较低值取值；
　　3 采用其他方法处理时，其处理工艺及抗滑移系数值均应经试验确定。

表 3.2.4-2 涂层摩擦面的抗滑移系数 μ

涂层类型	钢材表面处理要求	涂层厚度 (μm)	抗滑移系数
无机富锌漆	Sa2 $\frac{1}{2}$	60～80	0.40 *
锌加底漆 (ZINGA)		60～80	0.45
防滑防锈硅酸锌漆		80～120	0.45
聚氨酯富锌底漆或醇酸铁红底漆	Sa2 及以上	60～80	0.15

注：1 当设计要求使用其他涂层（热喷铝、镀锌等）时，其钢材表面处理要求、涂层厚度以及抗滑移系数均应经试验确定。
　　2 *当连接板材为 Q235 钢时，对于无机富锌漆涂层抗滑移系数 μ 值取 0.35。
　　3 防滑防锈硅酸锌漆、锌加底漆 (ZINGA) 不应采用手工涂刷的施工方法。

3.2.5 每一个高强度螺栓的预拉力设计取值应按表 3.2.5 采用。

表 3.2.5 一个高强度螺栓的预拉力 P (kN)

螺栓的性能等级	螺栓规格						
	M12	M16	M20	M22	M24	M27	M30
8.8s	45	80	125	150	175	230	280
10.9s	55	100	155	190	225	290	355

3.2.6 高强度螺栓连接的极限承载力取值应符合现行国家标准《建筑抗震设计规范》GB 50011 有关规定。

4 连 接 设 计

4.1 摩擦型连接

4.1.1 摩擦型连接中，每个高强度螺栓的受剪承载力设计值应按下式计算：

$$N_v^b = k_1 k_2 n_f \mu P \qquad (4.1.1)$$

式中：k_1 —— 系数，对冷弯薄壁型钢结构（板厚 $t \leqslant 6mm$）取 0.8；其他情况取 0.9；

k_2 —— 孔型系数，标准孔取 1.0；大圆孔取 0.85；荷载与槽孔长方向垂直时取 0.7；荷载与槽孔长方向平行时取 0.6；

n_f —— 传力摩擦面数目；

μ —— 摩擦面的抗滑移系数，按本规程表 3.2.4-1 和表 3.2.4-2 采用；

P —— 每个高强度螺栓的预拉力（kN），按本规程表 3.2.5 采用；

N_v^b —— 单个高强度螺栓的受剪承载力设计值（kN）。

4.1.2 在螺栓杆轴方向受拉的连接中，每个高强度螺栓的受拉承载力设计值应按下式计算：

$$N_t^b = 0.8P \qquad (4.1.2)$$

式中：N_t^b —— 单个高强度螺栓的受拉承载力设计值（kN）。

4.1.3 高强度螺栓连接同时承受剪力和螺栓杆轴方向的外拉力时，其承载力应按下式计算：

$$\frac{N_v}{N_v^b} + \frac{N_t}{N_t^b} \leqslant 1 \qquad (4.1.3)$$

式中：N_v —— 某个高强度螺栓所承受的剪力（kN）；

N_t —— 某个高强度螺栓所承受的拉力（kN）。

4.1.4 轴心受力构件在摩擦型高强度螺栓连接处的强度应按下列公式计算：

$$\sigma = \frac{N'}{A_n} \leqslant f \qquad (4.1.4-1)$$

$$\sigma = \frac{N}{A} \leqslant f \qquad (4.1.4-2)$$

式中：A —— 计算截面处构件毛截面面积（mm^2）；

A_n —— 计算截面处构件净截面面积（mm^2）；

f —— 钢材的抗拉、拉压和抗弯强度设计值（N/mm^2）；

N —— 轴心拉力或轴心压力（kN）；

N' —— 折算轴力（kN），$N' = \left(1 - 0.5\frac{n_1}{n}\right)N$；

n —— 在节点或拼接处，构件一端连接的高强度螺栓数；

n_1 —— 计算截面（最外列螺栓处）上高强度螺栓数。

4.1.5 在构件节点或拼接接头的一端，当螺栓沿受力方向连接长度 l_1 大于 $15d_0$ 时，螺栓承载力设计值应乘以折减系数 $\left(1.1 - \frac{l_1}{150d_0}\right)$。当 l_1 大于 $60d_0$ 时，折减系数为 0.7，d_0 为相应的标准孔孔径。

4.2 承压型连接

4.2.1 承压型高强度螺栓连接接触面应清除油污及

浮锈等，保持接触面清洁或按设计要求涂装。设计和施工时不应要求连接部位的摩擦面抗滑移系数值。

4.2.2 承压型连接的构造、选材、表面除锈处理以及施加预拉力等要求与摩擦型连接相同。

4.2.3 承压型连接承受螺栓杆轴方向的拉力时，每个高强度螺栓的受拉承载力设计值应按下式计算：

$$N_t^b = A_{eff} f_t^t \tag{4.2.3}$$

式中：A_{eff} ——高强度螺栓螺纹处的有效截面面积（mm^2），按表 4.2.3 选取。

表 4.2.3　螺栓在螺纹处的有效截面面积 A_{eff}（mm^2）

螺栓规格	M12	M16	M20	M22	M24	M27	M30
A_{eff}	84.3	157	245	303	353	459	561

4.2.4 在受剪承压型连接中，每个高强度螺栓的受剪承载力，应按下列公式计算，并取受剪和承压承载力设计值中的较小者。

受剪承载力设计值：

$$N_v^b = n_v \frac{\pi d^2}{4} f_v^b \tag{4.2.4-1}$$

承压承载力设计值：

$$N_c^b = d \sum t f_c^b \tag{4.2.4-2}$$

式中：n_v ——螺栓受剪面数目；

d ——螺栓公称直径（mm）；在式（4.2.4-1）中，当剪切面在螺纹处时，应按螺纹处的有效截面面积 A_{eff} 计算受剪承载力设计值；

$\sum t$ ——在不同受力方向中一个受力方向承压构件总厚度的较小值（mm）。

4.2.5 同时承受剪力和杆轴方向拉力的承压型连接的高强度螺栓，应分别符合下列公式要求：

$$\sqrt{\left(\frac{N_v}{N_v^b}\right)^2 + \left(\frac{N_t}{N_t^b}\right)^2} \leqslant 1 \tag{4.2.5-1}$$

$$N_v \leqslant N_c^b / 1.2 \tag{4.2.5-2}$$

4.2.6 轴心受力构件在承压型高强度螺栓连接处的强度应按本规程第 4.1.4 条规定计算。

4.2.7 在构件的节点或拼接接头的一端，当螺栓沿受力方向连接长度 l_1 大于 $15 d_0$ 时，螺栓承载力设计值应按本规程第 4.1.5 条规定乘以折减系数。

4.2.8 抗剪承压型连接正常使用极限状态下的设计计算应按照本规程第 4.1 节有关规定进行。

4.3　连 接 构 造

4.3.1 每一杆件在高强度螺栓连接节点及拼接接头的一端，其连接的高强度螺栓数量不应少于 2 个。

4.3.2 当型钢构件的拼接采用高强度螺栓时，其拼接件宜采用钢板；当连接处型钢斜面斜度大于 1/20 时，应在斜面上采用斜垫板。

4.3.3 高强度螺栓连接的构造应符合下列规定：

1 高强度螺栓孔径应按表 4.3.3-1 匹配，承压型连接螺栓孔径不应大于螺栓公称直径 2mm。

2 不得在同一个连接摩擦面的盖板和芯板同时采用扩大孔型（大圆孔、槽孔）。

表 4.3.3-1　高强度螺栓连接的孔径匹配（mm）

螺栓公称直径			M12	M16	M20	M22	M24	M27	M30
标准圆孔	直径		13.5	17.5	22	24	26	30	33
大圆孔	直径		16	20	24	28	30	35	38
孔型　槽孔	长度	短向	13.5	17.5	22	24	26	30	33
		长向	22	30	37	40	45	50	55

3 当盖板按大圆孔、槽孔制孔时，应增大垫圈厚度或采用孔径与标准垫圈相同的连续型垫板。垫圈或连续垫板厚度应符合下列规定：

　1）M24 及以下规格的高强度螺栓连接副，垫圈或连续垫板厚度不宜小于 8mm；

　2）M24 以上规格的高强度螺栓连接副，垫圈或连续垫板厚度不宜小于 10mm；

　3）冷弯薄壁型钢结构的垫圈或连续垫板厚度不宜小于连接板（芯板）厚度。

4 高强度螺栓孔距和边距的容许间距应按表 4.3.3-2 的规定采用。

表 4.3.3-2　高强度螺栓孔距和边距的容许间距

名　称	位置和方向			最大容许间距（两者较小值）	最小容许间距
中心间距	外排（垂直内力方向或顺内力方向）			$8d_0$ 或 $12t$	$3d_0$
	中间排	垂直内力方向		$16d_0$ 或 $24t$	
		顺内力方向	构件受压力	$12d_0$ 或 $18t$	
			构件受拉力	$16d_0$ 或 $24t$	
	沿对角线方向			—	
中心至构件边缘距离	顺力方向				$2d_0$
	切割边或自动手工气割边			$4d_0$ 或 $8t$	$1.5d_0$
	轧制边、自动气割边或锯割边				

注：1　d_0 为高强度螺栓连接板的孔径，对槽孔为短向尺寸；t 为外层较薄板件的厚度；

　　2　钢板边缘与刚性构件（如角钢、槽钢等）相连的高强度螺栓的最大间距，可按中间排的数值采用。

4.3.4 设计布置螺栓时，应考虑工地专用施工工具的可操作空间要求。常用扳手可操作空间尺寸宜符合表 4.3.4 的要求。

表 4.3.4 施工扳手可操作空间尺寸

扳手种类	参考尺寸（mm）		示意图
	a	b	
手动定扭矩扳手	$1.5d_0$ 且不小于 45	$140+c$	
扭剪型电动扳手	65	$530+c$	
大六角电动扳手	M24 及以下 50	$450+c$	
	M24 以上 60	$500+c$	

5 连接接头设计

5.1 螺栓拼接接头

5.1.1 高强度螺栓全栓拼接接头适用于构件的现场全截面拼接，其连接形式应采用摩擦型连接。拼接接头宜按等强原则设计，也可根据使用要求按接头处最大内力设计。当构件按地震组合内力进行设计计算并控制截面选择时，尚应按现行国家标准《建筑抗震设计规范》GB 50011 进行接头极限承载力的验算。

5.1.2 H 型钢梁截面螺栓拼接接头（图 5.1.2）的计算原则应符合下列规定：

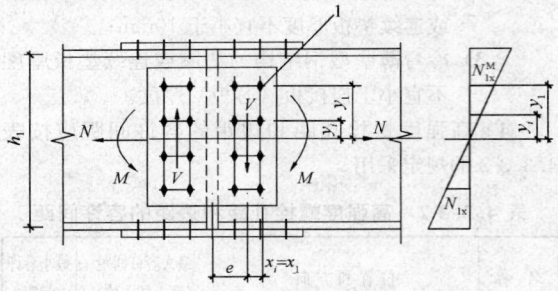

图 5.1.2 H 型钢梁高强度螺栓拼接接头
1—角点 1 号螺栓

1 翼缘拼接板及拼接缝每侧的高强度螺栓，应能承受按翼缘净截面面积计算的翼缘受拉承载力；

2 腹板拼接板及拼接缝每侧的高强度螺栓，应能承受拼接截面的全部剪力及按刚度分配到腹板上的弯矩；同时拼接处拼材与螺栓的受剪承载力不应小于构件截面受剪承载力的 50%；

3 高强度螺栓在弯矩作用下的内力分布应符合平截面假定，即腹板角点上的螺栓水平剪力值与翼缘螺栓水平剪力值成线性关系；

4 按等强原则计算腹板拼接时，应按与腹板净截面承载力等强计算；

5 当翼缘采用单侧拼接板或双侧拼接板中夹有垫板拼接时，螺栓的数量应按计算增加 10%。

5.1.3 在 H 型钢梁截面螺栓拼接接头中的翼缘螺栓计算应符合下列规定：

1 拼接处需由螺栓传递翼缘轴力 N_f 的计算，应符合下列规定：

1） 按等强拼接原则设计时，应按下列公式计算，并取二者中的较大者：

$$N_f = A_{nf} f \left(1 - 0.5\frac{n_1}{n}\right) \quad (5.1.3-1)$$

$$N_f = A_f f \quad (5.1.3-2)$$

式中：A_{nf} ——一个翼缘的净截面面积（mm²）；

A_f ——一个翼缘的毛截面面积（mm²）；

n_1 ——拼接处构件一端翼缘高强度螺栓中最外列螺栓数目。

2） 按最大内力法设计时，可按下式计算取值：

$$N_f = \frac{M_1}{h_1} + N_1 \frac{A_f}{A} \quad (5.1.3-3)$$

式中：h_1 ——拼接截面处，H 型钢上下翼缘中心间距离（mm）；

M_1 ——拼接截面处作用的最大弯矩（kN·m）；

N_1 ——拼接截面处作用的最大弯矩相应的轴力（kN）。

2 H 型钢翼缘拼接缝一侧所需的螺栓数量 n 应符合下式要求：

$$n \geq N_f / N_v^b \quad (5.1.3-4)$$

式中：N_f ——拼接处需由螺栓传递的上、下翼缘轴向力（kN）。

5.1.4 在 H 型钢梁截面螺栓拼接接头中的腹板螺栓计算应符合下列规定：

1 H 型钢腹板拼接缝一侧的螺栓群角点栓 1（图 5.1.2）在腹板弯矩作用下所承受的水平剪力 N_{1x}^M 和竖向剪力 N_{1y}^M，应按下列公式计算：

$$N_{1x}^M = \frac{(MI_{wx}/I_x + Ve)y_1}{\sum (x_i^2 + y_i^2)} \quad (5.1.4-1)$$

$$N_{1y}^M = \frac{(MI_{wx}/I_x + Ve)x_1}{\sum (x_i^2 + y_i^2)} \quad (5.1.4-2)$$

式中：e ——偏心距（mm）；

I_{wx} ——梁腹板的惯性矩（mm⁴），对轧制 H 型钢，腹板计算高度取至弧角的上下边缘点；

I_x ——梁全截面的惯性矩（mm⁴）；

M ——拼接截面的弯矩（kN·m）；

V ——拼接截面的剪力（kN）；

N_{1x}^M ——在腹板弯矩作用下，角点栓 1 所承受的水平剪力（kN）；

N_{1y}^M ——在腹板弯矩作用下，角点栓 1 所承受的竖向剪力（kN）；

x_i ——所计算螺栓至栓群中心的横标距（mm）；

y_i ——所计算螺栓至栓群中心的纵标距（mm）。

2 H 型钢腹板拼接缝一侧的螺栓群角点栓 1（图 5.1.2）在腹板轴力作用下所承受的水平剪力 N_{1x}^N 和竖向剪力 N_{1y}^N，应按下列公式计算：

$$N_{1x}^N = \frac{N}{n_w} \cdot \frac{A_w}{A} \qquad (5.1.4-3)$$

$$N_{1y}^V = \frac{V}{n_w} \qquad (5.1.4-4)$$

式中：A_w——梁腹板截面面积（mm^2）；

N_{1x}^N——在腹板轴力作用下，角点栓 1 所承受的同号水平剪力（kN）；

N_{1y}^V——在剪力作用下每个高强度螺栓所承受的竖向剪力（kN）；

n_w——拼接缝一侧腹板螺栓的总数。

3 在拼接截面处弯矩 M 与剪力偏心弯矩 Ve、剪力 V 和轴力 N 作用下，角点 1 处螺栓所受的剪力 N_v 应满足下式的要求：

$$N_v = \sqrt{(N_{1x}^M + N_{1x}^N)^2 + (N_{1y}^M + N_{1y}^N)^2} \leqslant N_v^b \qquad (5.1.4-5)$$

5.1.5 螺栓拼接接头的构造应符合下列规定：

1 拼接板材质应与母材相同；

2 同一类拼接节点中高强度螺栓连接副性能等级及规格应相同；

3 型钢翼缘斜面斜度大于 1/20 处应加斜垫板；

4 翼缘拼接板宜双面设置；腹板拼接板宜在腹板两侧对称配置。

5.2 受拉连接接头

5.2.1 沿螺栓杆轴方向受拉连接接头（图 5.2.1），由 T 形受拉件与高强度螺栓连接承受并传递拉力，适用于吊挂 T 形件连接节点或梁柱 T 形连接节点。

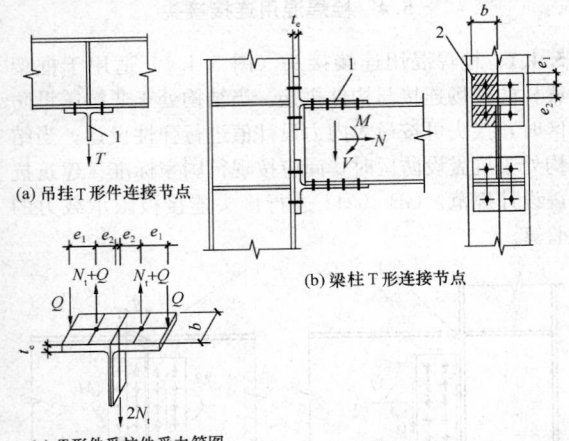

(a) 吊挂 T 形连接节点

(b) 梁柱 T 形连接节点

(c) T 形件受拉件受力简图

图 5.2.1　T 形受拉件连接接头
1—T 形受拉件；2—计算单元

5.2.2 T 形件受拉连接接头的构造应符合下列规定：

1 T 形受拉件的翼缘厚度不宜小于 16mm，且不宜小于连接螺栓的直径；

2 有预拉力的高强度螺栓受拉连接接头中，高强度螺栓预拉力及其施工要求应与摩擦型连接相同；

3 螺栓应紧凑布置，其间距除应符合本规程第 4.3.3 条规定外，尚应满足 $e_1 \leqslant 1.25\,e_2$ 的要求；

4 T 形受拉件宜选用热轧剖分 T 型钢。

5.2.3 计算不考虑撬力作用时，T 形受拉连接接头应按下列规定计算确定 T 形件翼缘板厚度与连接螺栓。

1 T 形件翼缘板的最小厚度 t_{ec} 按下式计算：

$$t_{ec} = \sqrt{\frac{4e_2 N_t^b}{bf}} \qquad (5.2.3-1)$$

式中：b——按一排螺栓覆盖的翼缘板（端板）计算宽度（mm）；

e_1——螺栓中心到 T 形件翼缘边缘的距离（mm）；

e_2——螺栓中心到 T 形件腹板边缘的距离（mm）。

2 一个受拉高强度螺栓的受拉承载力应满足下式要求：

$$N_t \leqslant N_t^b \qquad (5.2.3-2)$$

式中：N_t——一个高强度螺栓的轴向拉力（kN）。

5.2.4 计算考虑撬力作用时，T 形受拉连接接头应按下列规定计算确定 T 形件翼缘板厚度、撬力与连接螺栓。

1 当 T 形件翼缘厚度小于 t_{ec} 时应考虑撬力作用影响，受拉 T 形件翼缘板厚度 t_e 按下式计算：

$$t_e \geqslant \sqrt{\frac{4e_2 N_t}{\psi bf}} \qquad (5.2.4-1)$$

式中：ψ——撬力影响系数，$\psi = 1 + \delta\alpha'$；

δ——翼缘板截面系数，$\delta = 1 - \frac{d_0}{b}$；

α'——系数，当 $\beta \geqslant 1.0$ 时，α' 取 1.0；当 $\beta < 1.0$ 时，$\alpha' = \frac{1}{\delta}\left(\frac{\beta}{1-\beta}\right)$，且满足 $\alpha' \leqslant 1.0$；

β——系数，$\beta = \frac{1}{\rho}\left(\frac{N_t^b}{N_t} - 1\right)$；

ρ——系数，$\rho = \frac{e_2}{e_1}$。

2 撬力 Q 按下式计算：

$$Q = N_t^b\left[\delta\alpha\rho\left(\frac{t_e}{t_{ec}}\right)^2\right] \qquad (5.2.4-2)$$

式中：α——系数，$\alpha = \frac{1}{\delta}\left[\frac{N_t}{N_t^b}\left(\frac{t_{ec}}{t_e}\right)^2 - 1\right] \geqslant 0$。

3 考虑撬力影响时，高强度螺栓的受拉承载力应按下列规定计算：

1) 按承载能力极限状态设计时应满足下式要求：

$$N_t + Q \leqslant 1.25 N_t^b \qquad (5.2.4-3)$$

2) 按正常使用极限状态设计时应满足下式要求：

$$N_t + Q \leqslant N_t^b \qquad (5.2.4-4)$$

5.3 外伸式端板连接接头

5.3.1 外伸式端板连接为梁或柱端头焊以外伸端板，

再以高强度螺栓连接组成的接头（图5.3.1）。接头可同时承受轴力、弯矩与剪力，适用于钢结构框架（刚架）梁柱连接节点。

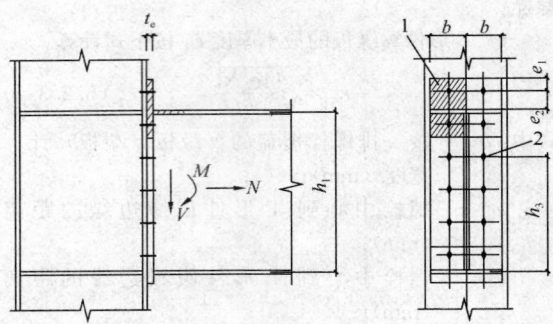

图5.3.1　外伸式端板连接接头
1—受拉T形件；2—第三排螺栓

5.3.2　外伸式端板连接接头的构造应符合下列规定：

1　端板连接宜采用摩擦型高强度螺栓连接；

2　端板的厚度不宜小于16mm，且不宜小于连接螺栓的直径；

3　连接螺栓至板件边缘的距离在满足螺栓施拧条件下应采用最小间距紧凑布置；端板螺栓竖向最大间距不应大于400mm；螺栓布置与间距除应符合本规程第4.3.3条规定外，尚应满足 $e_1 \leqslant 1.25 e_2$ 的要求；

4　端板直接与柱翼缘连接时，相连部位的柱翼缘板厚度不应小于端板厚度；

5　端板外伸部位宜设加劲肋；

6　梁端与端板的焊接宜采用熔透焊缝。

5.3.3　计算不考虑撬力作用时，应按下列规定计算确定端板厚度与连接螺栓。计算时接头在受拉螺栓部位按T形件单元（图5.3.1阴影部分）计算。

1　端板厚度应按本规程公式（5.2.3-1）计算。

2　受拉螺栓按T形件（图5.3.1阴影部分）对称于受拉翼缘的两排螺栓均匀受拉计算，每个螺栓的最大拉力 N_t 应符合下式要求：

$$N_t = \frac{M}{n_2 h_1} + \frac{N}{n} \leqslant N_t^b \qquad (5.3.3\text{-}1)$$

式中：M——端板连接处的弯矩；

N——端板连接处的轴拉力，轴力沿螺栓轴向为压力时不考虑（$N = 0$）；

n_2——对称布置于受拉翼缘侧的两排螺栓的总数（如图5.3.1中 $n_2 = 4$）；

h_1——梁上、下翼缘中心间的距离。

3　当两排受拉螺栓承载力不能满足公式（5.3.3-1）要求时，可计入布置于受拉区的第三排螺栓共同工作，此时最大受拉螺栓的拉力 N_t 应符合下式要求：

$$N_t = \frac{M}{h_1 \left[n_2 + n_3 \left(\dfrac{h_3}{h_1} \right)^2 \right]} + \frac{N}{n} \leqslant N_t^b$$

$$(5.3.3\text{-}2)$$

式中：n_3——第三排受拉螺栓的数量（如图5.3.1中 $n_3 = 2$）；

h_3——第三排螺栓中心至受压翼缘中心的距离（mm）。

4　除抗拉螺栓外，端板上其余螺栓按承受全部剪力计算，每个螺栓承受的剪力应符合下式要求：

$$N_v = \frac{V}{n_v} \leqslant N_v^b \qquad (5.3.3\text{-}3)$$

式中：n_v——抗剪螺栓总数。

5.3.4　计算考虑撬力作用时，应按下列规定计算确定端板厚度、撬力与连接螺栓。计算时接头在受拉螺栓部位按T形件单元（图5.3.1阴影部分）计算。

1　端板厚度应按本规程式（5.2.4-1）计算；

2　作用于端板的撬力 Q 应按本规程式（5.2.4-2）计算；

3　受拉螺栓按对称于梁受拉翼缘的两排螺栓均匀受拉承担全部拉力计算，每个螺栓的最大拉力应符合下式要求：

$$\frac{M}{n_t h_1} + \frac{N}{n} + Q \leqslant 1.25 N_t^b \qquad (5.3.4)$$

当轴力沿螺栓轴向为压力时，取 $N = 0$。

4　除抗拉螺栓外，端板上其余螺栓可按承受全部剪力计算，每个螺栓承受的剪力应符合式（5.3.3-3）的要求。

5.4　栓焊混用连接接头

5.4.1　栓焊混用连接接头（图5.4.1）适用于框架梁柱的现场连接与构件拼接。当结构处于非抗震设防区时，接头可按最大内力设计值进行弹性设计；当结构处于抗震设防区时，尚应按现行国家标准《建筑抗震设计规范》GB 50011进行接头连接极限承载力的验算。

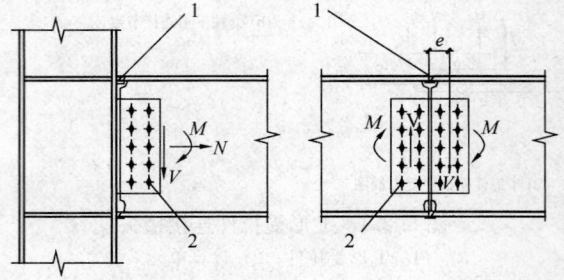

（a）梁柱栓焊节点　　　　　（b）梁栓焊拼接接头

图5.4.1　栓焊混用连接接头
1—梁翼缘熔透焊；2—梁腹板高强度螺栓连接

5.4.2　梁、柱、支撑等构件的栓焊混用连接接头中，腹板连（拼）接的高强度螺栓的计算及构造，应符合本规程第5.1节以及下列规定：

1 按等强方法计算拼接接头时，腹板净截面宜考虑锁口孔的折减影响；

2 施工顺序宜在高强度螺栓初拧后进行翼缘的焊接，然后再进行高强度螺栓终拧；

3 当采用先终拧螺栓再进行翼缘焊接的施工工序时，腹板拼接高强度螺栓宜采取补拧措施或增加螺栓数量10％。

5.4.3 处于抗震设防区且由地震作用组合控制截面设计的框架梁柱焊混用接头，当梁翼缘的塑性截面模量小于梁全截面塑性截面模量的70％时，梁腹板与柱的连接螺栓不得少于2列，且螺栓总数不得小于计算值的1.5倍。

5.5 栓焊并用连接接头

5.5.1 栓焊并用连接接头（图5.5.1）宜用于改造、加固的工程。其连接构造应符合下列规定：

1 平行于受力方向的侧焊缝端部起弧点距板边不应小于 h_f，且与最外端的螺栓距离应不小于 $1.5 d_0$；同时侧焊缝末端应连续绕角焊不小于 $2 h_f$ 长度；

2 栓焊并用连接的连接板边缘与焊件边缘距离不应小于30mm。

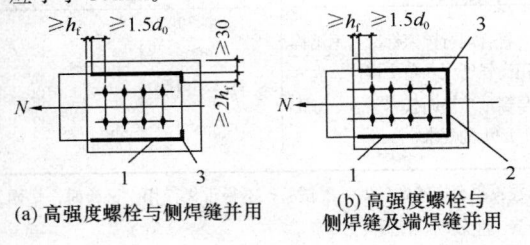

(a) 高强度螺栓与侧焊缝并用　　(b) 高强度螺栓与侧焊缝及端焊缝并用

图5.5.1　栓焊并用连接接头

1—侧焊缝；2—端焊缝；3—连续绕焊

5.5.2 栓焊并用连接的施工顺序应先高强度螺栓紧固，后实施焊接。焊缝形式应为贴角焊缝。高强度螺栓直径和焊缝尺寸应按栓、焊各自受剪承载力设计值相差不超过3倍的要求进行匹配。

5.5.3 栓焊并用连接的受剪承载力应分别按下列公式计算：

1 高强度螺栓与侧焊缝并用连接

$$N_{wb} = N_{fs} + 0.75N_{bv} \qquad (5.5.3-1)$$

式中：N_{bv} ——连接接头中摩擦型高强度螺栓连接受剪承载力设计值（kN）；

N_{fs} ——连接接头中侧焊缝受剪承载力设计值（kN）；

N_{wb} ——连接接头的栓焊并用连接受剪承载力设计值（kN）。

2 高强度螺栓与侧焊缝及端焊缝并用连接

$$N_{wb} = 0.85N_{fs} + N_{fe} + 0.25N_{bv} \qquad (5.5.3-2)$$

式中：N_{fe} ——连接接头中端焊缝受剪承载力设计值（kN）。

5.5.4 在既有摩擦型高强度螺栓连接接头上新增角焊缝进行加固补强时，其栓焊并用连接设计应符合下列规定：

1 摩擦型高强度螺栓连接和角焊缝焊接连接应分别承担加固焊接补强前的荷载和加固焊接补强后所增加的荷载；

2 当加固前进行结构卸载或加固焊接补强前的荷载小于摩擦型高强度螺栓连接承载力设计值25％时，可按本规程第5.5.3条进行连接设计。

5.5.5 当栓焊并用连接采用先栓后焊的施工工序时，应在焊接24h后对离焊缝100mm范围内的高强度螺栓补拧，补拧扭矩应为施工终拧扭矩值。

5.5.6 摩擦型高强度螺栓连接不宜与垂直受力方向的贴角焊缝（端焊缝）单独并用连接。

6 施　工

6.1 储运和保管

6.1.1 大六角头高强度螺栓连接副由一个螺栓、一个螺母和两个垫圈组成，使用组合应按表6.1.1规定。扭剪型高强度连接副由一个螺栓、一个螺母和一个垫圈组成。

表6.1.1　大六角头高强度螺栓连接副组合

螺　栓	螺　母	垫　圈
10.9s	10H	（35～45）HRC
8.8s	8H	（35～45）HRC

6.1.2 高强度螺栓连接副应按批配套进场，并附有出厂质量保证书。高强度螺栓连接副应在同批内配套使用。

6.1.3 高强度螺栓连接副在运输、保管过程中，应轻装、轻卸，防止损伤螺纹。

6.1.4 高强度螺栓连接副应按包装箱上注明的批号、规格分类保管；室内存放，堆放应有防止生锈、潮湿及沾染脏物等措施。高强度螺栓连接副在安装使用前严禁随意开箱。

6.1.5 高强度螺栓连接副的保管时间不应超过6个月。当保管时间超过6个月后使用时，必须按要求重新进行扭矩系数或紧固轴力试验，检验合格后，方可使用。

6.2 连接构件的制作

6.2.1 高强度螺栓连接构件的栓孔孔径应符合设计要求。高强度螺栓连接构件制孔允许偏差应符合表6.2.1的规定。

表 6.2.1　高强度螺栓连接构件制孔允许偏差（mm）

公称直径			M12	M16	M20	M22	M24	M27	M30
孔型	标准圆孔	直径	13.5	17.5	22.0	24.0	26.0	30.0	33.0
		允许偏差	+0.43 / 0	+0.43 / 0	+0.52 / 0	+0.52 / 0	+0.52 / 0	+0.84 / 0	+0.84 / 0
		圆度	1.00				1.50		
	大圆孔	直径	16.0	20.0	24.0	28.0	30.0	35.0	38.0
		允许偏差	+0.43 / 0	+0.43 / 0	+0.52 / 0	+0.52 / 0	+0.52 / 0	+0.84 / 0	+0.84 / 0
		圆度	1.00				1.50		
	槽孔	长度 短向	13.5	17.5	22.0	24.0	26.0	30.0	33.0
		长度 长向	22.0	30.0	37.0	40.0	45.0	50.0	55.0
		允许偏差 短向	+0.43 / 0	+0.43 / 0	+0.52 / 0	+0.52 / 0	+0.52 / 0	+0.84 / 0	+0.84 / 0
		允许偏差 长向	+0.84 / 0	+0.84 / 0	+1.00 / 0	+1.00 / 0	+1.00 / 0	+1.00 / 0	+1.00 / 0
中心线倾斜度			应为板厚的3%，且单层板应为2.0mm，多层板叠组应为3.0mm						

6.2.2　高强度螺栓连接构件的栓孔孔距允许偏差应符合表 6.2.2 的规定。

表 6.2.2　高强度螺栓连接构件孔距允许偏差（mm）

孔距范围	<500	501～1200	1201～3000	>3000
同一组内任意两孔间	±1.0	±1.5	—	—
相邻两组的端孔间	±1.5	±2.0	±2.5	±3.0

注：孔的分组规定：

　　1　在节点中连接板与一根杆件相连的所有螺栓孔为一组；

　　2　对接接头在拼接板一侧的螺栓孔为一组；

　　3　在两相邻节点或接头间的螺栓孔为一组，但不包括上述 1、2 两款所规定的孔；

　　4　受弯构件翼缘上的孔，每米长度范围内的螺栓孔为一组。

6.2.3　主要构件连接和直接承受动力荷载重复作用且需要进行疲劳计算的构件，其连接高强度螺栓孔应采用钻孔成型。次要构件连接且板厚小于或等于 12mm 时可采用冲孔成型，孔边应无飞边、毛刺。

6.2.4　采用标准圆孔连接处板迭上所有螺栓孔，均应采用量规检查，其通过率应符合下列规定：

　　1　用比孔的公称直径小 1.0mm 的量规检查，每组至少应通过 85%；

　　2　用比螺栓公称直径大（0.2～0.3）mm 的量规检查（M22 及以下规格为大 0.2mm，M24～M30 规格为大 0.3mm），应全部通过。

6.2.5　按本规程第 6.2.4 条检查时，凡量规不能通过的孔，必须经施工图编制单位同意后，方可扩钻或补焊后重新钻孔。扩钻后的孔径不应超过 1.2 倍螺栓直径。补焊时，应用与母材相匹配的焊条补焊，严禁用钢块、钢筋、焊条等填塞。每组孔中经补焊重新钻孔的数量不得超过该组螺栓数量的 20%。处理后的孔应作出记录。

6.2.6　高强度螺栓连接处的钢板表面处理方法及除锈等级应符合设计要求。连接处钢板表面应平整、无焊接飞溅、无毛刺、无油污。经处理后的摩擦型高强度螺栓连接的摩擦面抗滑移系数应符合设计要求。

6.2.7　经处理后的高强度螺栓连接处摩擦面应采取保护措施，防止沾染脏物和油污。严禁在高强度螺栓连接处摩擦面上作标记。

6.3　高强度螺栓连接副和摩擦面抗滑移系数检验

6.3.1　高强度大六角头螺栓连接副应进行扭矩系数、螺栓楔负载、螺母保证载荷检验，其检验方法和结果应符合现行国家标准《钢结构用高强度大六角头螺栓、大六角螺母、垫圈技术条件》GB/T 1231 规定。高强度大六角头螺栓连接副扭矩系数的平均值及标准偏差应符合表 6.3.1 的要求。

表 6.3.1　高强度大六角头螺栓连接副扭矩系数平均值及标准偏差值

连接副表面状态	扭矩系数平均值	扭矩系数标准偏差
符合现行国家标准《钢结构用高强度大六角头螺栓、大六角螺母、垫圈技术条件》GB/T l231 的要求	0.110～0.150	≤0.0100

注：每套连接副只做一次试验，不得重复使用。试验时，垫圈发生转动，试验无效。

6.3.2　扭剪型高强度螺栓连接副应进行紧固轴力、螺栓楔负载、螺母保证载荷检验，检验方法和结果应符合现行国家标准《钢结构用扭剪型高强度螺栓连接副》GB/T 3632 规定。扭剪型高强度螺栓连接副的紧固轴力平均值及标准偏差应符合表 6.3.2 的要求。

表 6.3.2　扭剪型高强度螺栓连接副紧固轴力平均值及标准偏差值

螺栓公称直径		M16	M20	M22	M24	M27	M30
紧固轴力值（kN）	最小值	100	155	190	225	290	355
	最大值	121	187	231	270	351	430
标准偏差（kN）		≤10.0	≤15.4	≤19.0	≤22.5	≤29.0	≤35.4

注：每套连接副只做一次试验，不得重复使用。试验时，垫圈发生转动，试验无效。

6.3.3　摩擦面的抗滑移系数（图 6.3.3）应按下列规定进行检验：

　　1　抗滑移系数检验应以钢结构制作检验批为单位，由制作厂和安装单位分别进行，每一检验批三组；单项工程的构件摩擦面选用两种及两种以上表面处理工艺时，则每种表面处理工艺均需检验；

2 抗滑移系数检验用的试件由制作厂加工，试件与所代表的构件应为同一材质、同一摩擦面处理工艺、同批制作，使用同一性能等级的高强度螺栓连接副，并在相同条件下同批发运；

3 抗滑移系数试件宜采用图 6.3.3 所示形式（试件钢板厚度 $2t_2 \geqslant t_1$）；试件的设计应考虑摩擦面在滑移之前，试件钢板的净截面仍处于弹性状态；

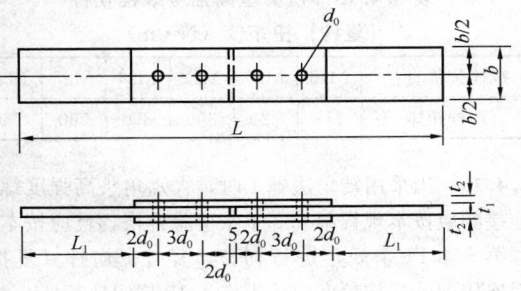

图 6.3.3　抗滑移系数试件

4 抗滑移系数应在拉力试验机上进行并测出其滑移荷载；试验时，试件的轴线应与试验机夹具中心严格对中；

5 抗滑移系数 μ 应按下式计算，抗滑移系数 μ 的计算结果应精确到小数点后 2 位。

$$\mu = \frac{N}{n_f \cdot \sum P_t} \qquad (6.3.3)$$

式中　N——滑移荷载；

n_f——传力摩擦面数目，$n_f = 2$；

P_t——高强度螺栓预拉力实测值（误差小于或等于 2%），试验时控制在 $0.95P \sim 1.05P$ 范围内；

$\sum P_t$——与试件滑动荷载一侧对应的高强度螺栓预拉力之和。

6 抗滑移系数检验的最小值必须大于或等于设计规定值。当不符合上述规定时，构件摩擦面应重新处理。处理后的构件摩擦面应按本节规定重新检验。

6.4　安　　装

6.4.1 高强度螺栓长度 l 应保证在终拧后，螺栓外露丝扣为 2～3 扣。其长度应按下式计算：

$$l = l' + \Delta l \qquad (6.4.1)$$

式中　l'——连接板层总厚度（mm）；

Δl——附加长度（mm），$\Delta l = m + n_w s + 3p$；

m——高强度螺母公称厚度（mm）；

n_w——垫圈个数；扭剪型高强度螺栓为 1，大六角头高强度螺栓为 2；

s——高强度垫圈公称厚度（mm）；

p——螺纹的螺距（mm）。

当高强度螺栓公称直径确定之后，Δl 可按表 6.4.1 取值。但采用大圆孔或槽孔时，高强度垫圈公

称厚度（s）应按实际厚度取值。根据式 6.4.1 计算出的螺栓长度按修约间隔 5mm 进行修约，修约后的长度为螺栓公称长度。

表 6.4.1　高强度螺栓附加长度 Δl（mm）

螺栓公称直径	M12	M16	M20	M22	M24	M27	M30
高强度螺母公称厚度	12.0	16.0	20.0	22.0	24.0	27.0	30.0
高强度垫圈公称厚度	3.00	4.00	4.00	5.00	5.00	5.00	5.00
螺纹的螺距	1.75	2.00	2.50	2.50	3.00	3.00	3.50
大六角头高强度螺栓附加长度	23.0	30.0	35.5	39.5	43.0	46.0	50.5
扭剪型高强度螺栓附加长度	—	26.0	31.5	34.5	38.0	41.0	45.5

6.4.2 高强度螺栓连接处摩擦面如采用喷砂（丸）后生赤锈处理方法时，安装前应以细钢丝刷除去摩擦面上的浮锈。

6.4.3 对因板厚公差、制造偏差或安装偏差等产生的接触面间隙，应按表 6.4.3 规定进行处理。

表 6.4.3　接触面间隙处理

项目	示 意 图	处 理 方 法
1		$\Delta < 1.0$mm 时不予处理
2	磨斜面	$\Delta = （1.0 \sim 3.0）$mm 时将厚板一侧磨成 1:10 缓坡，使间隙小于 1.0mm
3		$\Delta > 3.0$mm 时加垫板，垫板厚度不小于 3mm，最多不超过 3 层，垫板材质和摩擦面处理方法应与构件相同

6.4.4 高强度螺栓连接安装时，在每个节点上应穿入的临时螺栓和冲钉数量，由安装时可能承担的荷载计算确定，并应符合下列规定：

1 不得少于节点螺栓总数的 1/3；

2 不得少于 2 个临时螺栓；

3 冲钉穿入数量不宜多于临时螺栓数量的 30%。

6.4.5 **在安装过程中，不得使用螺纹损伤及沾染脏物的高强度螺栓连接副，不得用高强度螺栓兼作临时螺栓。**

6.4.6 工地安装时，应按当天高强度螺栓连接副需要使用的数量领取。当天安装剩余的必须妥善保管，不得乱扔、乱放。

6.4.7 高强度螺栓的安装应在结构构件中心位置调

整后进行，其穿入方向应以施工方便为准，并力求一致。高强度螺栓连接副组装时，螺母带圆台面的一侧应朝向垫圈有倒角的一侧。对于大六角头高强度螺栓连接副组装时，螺栓头下垫圈有倒角的一侧应朝向螺栓头。

6.4.8 安装高强度螺栓时，严禁强行穿入。当不能自由穿入时，该孔应用铰刀进行修整，修整后孔的最大直径不应大于 1.2 倍螺栓直径，且修孔数量不应超过该节点螺栓数量的 25%。修孔前应将四周螺栓全部拧紧，使板迭密贴后再进行铰孔。严禁气割扩孔。

6.4.9 按标准孔型设计的孔，修整后孔的最大直径超过 1.2 倍螺栓直径或修孔数量超过该节点螺栓数量的 25% 时，应经设计单位同意。扩孔后的孔型尺寸应作记录，并提交设计单位，按大圆孔、槽孔等扩大孔型进行折减后复核计算。

6.4.10 安装高强度螺栓时，构件的摩擦面应保持干燥，不得在雨中作业。

6.4.11 大六角头高强度螺栓施工所用的扭矩扳手，班前必须校正，其扭矩相对误差应为 ±5%，合格后方准使用。校正用的扭矩扳手，其扭矩相对误差应为 ±3%。

6.4.12 大六角头高强度螺栓拧紧时，应只在螺母上施加扭矩。

6.4.13 大六角头高强度螺栓的施工终拧扭矩可由下式计算确定：

$$T_c = kP_c d \qquad (6.4.13)$$

式中：d ——高强度螺栓公称直径（mm）；

k ——高强度螺栓连接副的扭矩系数平均值，该值由第 6.3.1 条试验测得；

P_c ——高强度螺栓施工预拉力（kN），按表 6.4.13 取值；

T_c ——施工终拧扭矩（N·m）。

表 6.4.13　高强度大六角头螺栓施工预拉力（kN）

螺栓性能等级	螺栓公称直径						
	M12	M16	M20	M22	M24	M27	M30
8.8s	50	90	140	165	195	255	310
10.9s	60	110	170	210	250	320	390

6.4.14 高强度大六角头螺栓连接副的拧紧应分为初拧、终拧。对于大型节点应分为初拧、复拧、终拧。初拧扭矩和复拧扭矩为终拧扭矩的 50% 左右。初拧或复拧后的高强度螺栓应用颜色在螺母上标记，按本规程第 6.4.13 条规定的终拧扭矩值进行终拧。终拧后的高强度螺栓应用另一种颜色在螺母上标记。高强度大六角头螺栓连接副的初拧、复拧、终拧宜在一天内完成。

6.4.15 扭剪型高强度螺栓连接副的拧紧应分为初拧、终拧。对于大型节点应分为初拧、复拧、终拧。

初拧扭矩和复拧扭矩值为 $0.065 \times P_c \times d$，或按表 6.4.15 选用。初拧或复拧后的高强度螺栓应用颜色在螺母上标记，用专用扳手进行终拧，直至拧掉螺栓尾部梅花头。对于个别不能用专用扳手进行终拧的扭剪型高强度螺栓，应按本规程第 6.4.13 条规定的方法进行终拧（扭矩系数可取 0.13）。扭剪型高强度螺栓连接副的初拧、复拧、终拧宜在一天内完成。

表 6.4.15　扭剪型高强度螺栓初拧（复拧）扭矩值（N·m）

螺栓公称直径	M16	M20	M22	M24	M27	M30
初拧扭矩	115	220	300	390	560	760

6.4.16 当采用转角法施工时，大六角头高强度螺栓连接副应按本规程第 6.3.1 条检验合格，且应按本规程第 6.4.14 条规定进行初拧、复拧。初拧（复拧）后连接副的终拧角度应按表 6.4.16 规定执行。

表 6.4.16　初拧（复拧）后大六角头高强度螺栓连接副的终拧转角

螺栓长度 L 范围	螺母转角	连接状态
$L \leqslant 4d$	1/3 圈（120°）	
$4d < L \leqslant 8d$ 或 200mm 及以下	1/2 圈（180°）	连接形式为一层芯板加两层盖板
$8d < L \leqslant 12d$ 或 200mm 以上	2/3 圈（240°）	

注：1　螺母的转角为螺母与螺栓杆之间的相对转角；

　　2　当螺栓长度 L 超过螺栓公称直径 d 的 12 倍时，螺母的终拧角度应由试验确定。

6.4.17 高强度螺栓在初拧、复拧和终拧时，连接处的螺栓应按一定顺序施拧，确定施拧顺序的原则为由螺栓群中央顺序向外拧紧，和从接头刚度大的部位向约束小的方向拧紧（图 6.4.17）。几种常见接头螺栓施拧顺序应符合下列规定：

1　一般接头应从接头中心顺序向两端进行（图 6.4.17a）；

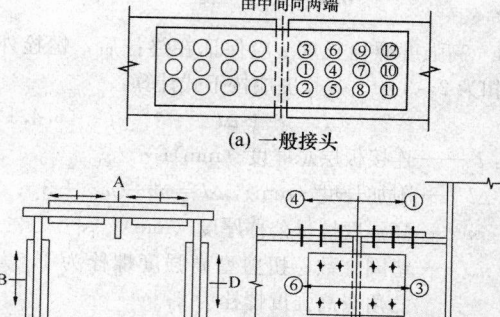

(a) 一般接头

(b) 箱形接头　　(c) 工字梁接头

图 6.4.17　常见螺栓连接接头施拧顺序

2 箱形接头应按 A、C、B、D 的顺序进行（图 6.4.17b）；

3 工字梁接头栓群应按①～⑥顺序进行（图 6.4.17c）；

4 工字形柱对接螺栓紧固顺序为先翼缘后腹板；

5 两个或多个接头栓群的拧紧顺序应先主要构件接头，后次要构件接头。

6.4.18 对于露天使用或接触腐蚀性气体的钢结构，在高强度螺栓拧紧检查验收合格后，连接处板缝应及时用腻子封闭。

6.4.19 经检查合格后的高强度螺栓连接处，防腐、防火应按设计要求涂装。

6.5 紧固质量检验

6.5.1 大六角头高强度螺栓连接施工紧固质量检查应符合下列规定：

1 扭矩法施工的检查方法应符合下列规定：

　1）用小锤（约 0.3kg）敲击螺母对高强度螺栓进行普查，不得漏拧；

　2）终拧扭矩应按节点数抽查 10%，且不应少于 10 个节点；对每个被抽查节点应按螺栓数抽查 10%，且不应少于 2 个螺栓；

　3）检查时先在螺杆端面和螺母上画一直线，然后将螺母拧松约 60°；再用扭矩扳手重新拧紧，使两线重合，测得此时的扭矩应在 $0.9T_{ch} \sim 1.1T_{ch}$ 范围内。T_{ch} 应按下式计算：

$$T_{ch} = kPd \qquad (6.5.1)$$

式中：P——高强度螺栓预拉力设计值（kN），按本规程表 3.2.5 取用；

　　　T_{ch}——检查扭矩（N·m）。

　4）如发现有不符合规定的，应再扩大 1 倍检查，如仍有不合格者，则整个节点的高强度螺栓应重新施拧；

　5）扭矩检查宜在螺栓终拧 1h 以后、24h 之前完成；检查用的扭矩扳手，其相对误差应为±3%。

2 转角法施工的检查方法应符合下列规定：

　1）普查初拧后在螺母与相对位置所画的终拧起始线和终止线所夹的角度应达到规定值；

　2）终拧转角应按节点数抽查 10%，且不应少于 10 个节点；对每个被抽查节点按螺栓数抽查 10%，且不应少于 2 个螺栓；

　3）在螺杆端面和螺母相对位置画线，然后全部卸松螺母，再按规定的初拧扭矩和终拧角度重新拧紧螺栓，测量终止线与原终止线画线间的角度，应符合本规程表 6.4.16 要求，误差在±30°者为合格；

　4）如发现有不符合规定的，应再扩大 1 倍检

查，如仍有不合格者，则整个节点的高强度螺栓应重新施拧；

　5）转角检查宜在螺栓终拧 1h 以后、24h 之前完成。

6.5.2 扭剪型高强度螺栓终拧检查，以目测尾部梅花头拧断为合格。对于不能用专用扳手拧紧的扭剪型高强度螺栓，应按本规程第 6.5.1 条的规定进行终拧紧固质量检查。

7 施工质量验收

7.1 一般规定

7.1.1 高强度螺栓连接分项工程验收应按现行国家标准《钢结构工程施工质量验收规范》GB 50205 和本规程的规定执行。

7.1.2 高强度螺栓连接分项工程检验批合格质量标准应符合下列规定：

1 主控项目必须符合现行国家标准《钢结构工程施工质量验收规范》GB 50205 中合格质量标准的要求；

2 一般项目其检验结果应有 80% 及以上的检查点（值）符合现行国家标准《钢结构工程施工质量验收规范》GB 50205 中合格质量标准的要求，且允许偏差项目中最大超偏差值不应超过其允许偏差限值的 1.2 倍；

3 质量检查记录、质量证明文件等资料应完整。

7.1.3 当高强度螺栓连接分项工程施工质量不符合现行国家标准《钢结构工程施工质量验收规范》GB 50205 和本规程的要求时，应按下列规定进行处理：

1 返工或更换高强度螺栓连接副的检验批，应重新进行验收；

2 经有资质的检测单位检测鉴定能够达到设计要求的检验批，应予以验收；

3 经有资质的检测单位检测鉴定达不到设计要求，但经原设计单位核算认为能够满足结构安全的检验批，可予以验收；

4 经返修或加固处理的检验批，如满足安全使用要求，可按处理技术方案和协商文件进行验收。

7.2 检验批的划分

7.2.1 高强度螺栓连接分项工程检验批宜与钢结构安装阶段分项工程检验批相对应，其划分宜遵循下列原则：

1 单层结构按变形缝划分；

2 多层及高层结构按楼层或施工段划分；

3 复杂结构按独立刚度单元划分。

7.2.2 高强度螺栓连接副进场验收检验批划分宜遵循下列原则：

1 与高强度螺栓连接分项工程检验批划分一致；

2 按高强度螺栓连接副生产出厂检验批批号，宜以不超过 2 批为 1 个进场验收检验批，且不超过 6000 套；

3 同一材料（性能等级）、炉号、螺纹（直径）规格、长度（当螺栓长度≤100mm 时，长度相差≤15mm；当螺栓长度＞100mm 时，长度相差≤20mm，可视为同一长度）、机械加工、热处理工艺及表面处理工艺的螺栓、螺母、垫圈为同批，分别由同批螺栓、螺母及垫圈组成的连接副为同批连接副。

7.2.3 摩擦面抗滑移系数验收检验批划分宜遵循下列原则：

1 与高强度螺栓连接分项工程检验批划分一致；

2 以分部工程每 2000t 为一检验批；不足 2000t 者视为一批进行检验；

3 同一检验批中，选用两种及两种以上表面处理工艺时，每种表面处理工艺均需进行检验。

7.3 验 收 资 料

7.3.1 高强度螺栓连接分项工程验收资料应包含下列内容：

1 检验批质量验收记录；

2 高强度大六角头螺栓连接副或扭剪型高强度螺栓连接副见证复验报告；

3 高强度螺栓连接摩擦面抗滑移系数见证试验报告（承压型连接除外）；

4 初拧扭矩、终拧扭矩（终拧转角）、扭矩扳手检查记录和施工记录等；

5 高强度螺栓连接副质量合格证明文件；

6 不合格质量处理记录；

7 其他相关资料。

本规程用词说明

1 为便于在执行本规程条文时区别对待，对要求严格程度不同的用词说明如下：

　1）表示很严格，非这样做不可的：
　　　正面词采用"必须"，反面词采用"严禁"；

　2）表示严格，在正常情况下均应这样做的：
　　　正面词采用"应"，反面词采用"不应"或"不得"；

　3）表示允许稍有选择，在条件许可时首先应这样做的：
　　　正面词采用"宜"，反面词采用"不宜"；

　4）表示有选择，在一定条件下可以这样做的，采用"可"。

2 条文中指明应按其他有关标准执行的写法为："应符合……的规定"或"应按……执行"。

引用标准名录

1 《建筑抗震设计规范》GB 50011

2 《钢结构设计规范》GB 50017

3 《钢结构工程施工质量验收规范》GB 50205

4 《钢结构用高强度大六角头螺栓》GB/T 1228

5 《钢结构用高强度大六角螺母》GB/T 1229

6 《钢结构用高强度垫圈》GB/T 1230

7 《钢结构用高强度大六角头螺栓、大六角螺母、垫圈技术条件》GB/T 1231

8 《钢结构用扭剪型高强度螺栓连接副》GB/T 3632

中华人民共和国行业标准

钢结构高强度螺栓连接技术规程

JGJ 82—2011

条 文 说 明

修 订 说 明

《钢结构高强度螺栓连接技术规程》JGJ 82 - 2011，经住房和城乡建设部 2011 年 1 月 7 日以第 875 号公告批准、发布。

本规程是在《钢结构高强度螺栓连接的设计、施工及验收规程》JGJ 82 - 91 的基础上修订而成，上一版的主编单位是湖北省建筑工程总公司，参编单位是包头钢铁设计研究院、铁道部科学院、冶金部建筑研究总院、北京钢铁设计研究总院，主要起草人员是柴昶、吴有常、沈家骅、程季青、李国兴、肖建华、贺贤娟、李云、罗经亩。本规程修订的主要技术内容是：1. 增加、调整内容：由原来的 3 章增加调整到 7 章；增加第 2 章"术语和符号"、第 3 章"基本规定"、第 5 章"接头设计"；原第二章"连接设计"调整为第 4 章，原第三章"施工及验收"调整为第 6 章"施工"和第 7 章"施工质量验收"；2. 增加孔型系数，引入标准孔、大圆孔和槽孔概念；3. 增加涂层摩擦面及其抗滑移系数；4. 增加受拉连接和端板连接接头，并提出杠杆力（撬力）计算方法；5. 增加栓焊并用连接接头；6. 增加转角法施工和检验内容；7. 细化和明确高强度螺栓连接分项工程检验批。

本规程修订过程中，编制组进行了一般调研和专题调研相结合的调查研究，总结了我国工程建设的实践经验，对本次新增内容"孔型系数"、"涂层摩擦面抗滑移系数"、"栓焊并用连接"、"转角法施工"等进行了大量试验研究，并参考国内外类似规范而取得了重要技术参数。

为便于广大设计、施工、科研、学校等单位有关人员在使用本规程时能正确理解和执行条文规定，《钢结构高强度螺栓连接技术规程》编制组按章、节、条顺序编制了本规程的条文说明，对条文规定的目的、依据以及执行中需注意的有关事项进行了说明，还着重对强制性条文的强制性理由做了解释。但是，本条文说明不具备与规程正文同等的法律效力，仅供使用者作为理解和把握规程规定的参考。

目　次

1 总 则

1.0.1 本条为编制本规程的宗旨和目的。

1.0.2 本条明确了本规程的适用范围。

1.0.3 本规程的编制是以原行业标准《钢结构高强度螺栓连接的设计、施工及验收规程》JGJ 82-91 为基础，对现行国家标准《钢结构设计规范》GB 50017、《冷弯薄壁型钢结构技术规范》GB 50018 及《钢结构工程施工质量验收规范》GB 50205 等规范中有关高强度螺栓连接的内容，进行细化和完善，对上述三个规范中没有涉及但实际工程实践中又遇到的内容，参照国内外相关试验研究成果和标准引入和补充，以满足工程实际要求。

2 术语和符号

2.1 术 语

本规程给出了 13 个有关高强度螺栓连接方面的特定术语，该术语是从钢结构高强度螺栓连接设计与施工的角度赋予其涵义的，但涵义又不一定是术语的定义。本规程给出了相应的推荐性英文术语，该英文术语不一定是国际上的标准术语，仅供参考。

2.2 符 号

本规程给出了 41 个符号及其定义，这些符号都是本规程各章节中所引用且未给具体解释的。对于在本规程各章节条文中所使用的符号，应以本条或相关条文中的解释为准。

3 基 本 规 定

3.1 一 般 规 定

3.1.1 高强度螺栓的摩擦型连接和承压型连接是同一个高强度螺栓连接的两个阶段，分别为接头滑移前、后的摩擦和承压阶段。对承压型连接来说，当接头处于最不利荷载组合时才发生接头滑移直至破坏，荷载没有达到设计值的情况下，接头可能处于摩擦阶段。所以承压型连接的正常使用状态定义为摩擦型连接是符合实际的。

沿螺栓杆轴方向受拉连接接头在外拉力的作用下也分两个阶段，首先是连接端板之间被拉脱离前，螺栓拉应力变化很小，被拉脱离后螺栓或连接件达到抗拉强度而破坏。当外拉力(含撬力)不超过 $0.8P$(摩擦型连接螺栓受拉承载力设计值)时，连接端板之间不会被拉脱离，因此将定义为受拉连接的正常使用状态。

3.1.2 目前国内只有高强度大六角头螺栓连接副(10.9s、8.8s)和扭剪型高强度螺栓连接副(10.9s)两种产品，从设计计算角度上没有区别，仅施工方法和构造上稍有差别。因此设计可以不选定产品类型，由施工单位根据工程实际及施工经验来选定产品类型。

3.1.3 因承压型连接允许接头滑移，并有较大变形，故对承受动力荷载的结构以及接头变形会引起结构内力和结构刚度有较大变化的敏感构件，不应采用承压型连接。

冷弯薄壁型钢因板壁很薄，孔壁承压能力非常低，易引起连接板撕裂破坏，并因承压承载力较小且低于摩擦承载力，使用承压型连接非常不经济，故不宜采用承压型连接。但当承载力不是控制因素时，可以考虑采用承压型连接。

3.1.4 高环境温度会引起高强度螺栓预拉力的松弛，同时也会使摩擦面状态发生变化，因此对高强度螺栓连接的环境温度应加以限制。试验结果表明，当温度低于 100℃ 时，影响很小。当温度在(100~150)℃ 范围时，钢材的弹性模量折减系数在 0.966 左右，强度折减很小。中冶建筑研究总院有限公司的试验结果表明，当接头承受 350℃ 以下温度烘烤时，螺栓、螺母、垫圈的基本性能及摩擦面抗滑移系数基本保持不变。温度对高强度螺栓预拉力有影响，试验结果表明，当温度在(100~150)℃ 范围时，螺栓预拉力损失增加约为 10%，因此本条规定降低 10%。当温度超过 150℃ 时，承载力降低显著，采取隔热防护措施应更经济合理。

3.1.5 对摩擦型连接，当其疲劳荷载小于滑移荷载时，螺栓本身不会产生交变应力，高强度螺栓没有疲劳破坏的情况。但连接板或拼接板母材有疲劳破坏的情况发生。本条中循环次数的规定是依据现行国家标准《钢结构设计规范》GB 50017 的有关规定确定的。

高强度螺栓受拉时，其连接螺栓有疲劳破坏可能，国内外研究及国外规范的相关规定表明，螺栓应力低于螺栓抗拉强度 30% 时，或螺栓所产生的轴向拉力(由荷载和杠杆力引起)低于螺栓受拉承载力 30% 时，螺栓轴向应力几乎没有变化，可忽略疲劳影响。当螺栓应力超过螺栓抗拉强度 30% 时，应进行疲劳验算，由于国内有关高强度螺栓疲劳强度的试验不足，相关规范中没有设计指标可依据，因此目前只能针对个案进行试验，并根据试验结果进行疲劳设计。

3.1.6 现行国家标准《建筑抗震设计规范》GB 50011 规定钢结构构件连接除按地震组合内力进行弹性设计外，还应进行极限承载力验算，同时要满足抗震构造要求。

3.1.7 高强度螺栓连接和普通螺栓连接的工作机理完全不同，两者刚度相差悬殊，同一接头中两者并用没有意义。承压型连接允许接头滑移，并有较大变形，而焊缝的变形有限，因此从设计概念上，承压型连接不能和焊接并用。本条涉及结构连接的安全，为从设计源头上把关，定为强制性条款。

3.2 材料与设计指标

3.2.1 当设计采用进口高强度大六角头螺栓(性能等级 8.8s 和 10.9s)连接副时，其材质、性能等应符合相应产品标准的规定。设计计算参数的取值应有可靠依据。

3.2.2 当设计采用进口扭剪型高强度螺栓(性能等级 10.9s)连接副时，其材质、性能等应符合相应产品标准的规定。设计计算参数的取值应有可靠依据。

3.2.3 当设计采用其他钢号的连接材料时，承压强度取值应有可靠依据。

3.2.4 高强度螺栓连接摩擦面抗滑移系数可按表 3.2.4 规定值取值，也可按摩擦面的实际情况取值。当摩擦承力不起控制因素时，设计可以适当降低摩擦面抗滑移系数值。设计应考虑施工单位在设备及技术条件上的差异，慎重确定摩擦面抗滑移系数值，以保证连接的安全度。

喷砂应优先使用石英砂；其次为铸钢砂；普通的河砂能够起到除锈的目的，但对提高摩擦面抗滑移系数效果不理想。

喷丸(或称抛丸)是钢材表面处理常用的方法，其除锈的效果较好，但对满足高摩擦面抗滑移系数的要求有一定的难度。对于不同抗滑移系数要求的摩擦面处理，所使用的磨料(主要是钢丸)成分要求不同。例如，在钢丸中加入部分钢丝切丸或破碎钢丸，以及增加磨料循环使用次数等措施都能改善摩擦面处理效果。这些工艺措施需要加工厂家多年经验积累和总结。

对于小型工程、加固改造工程以及现场处理，可以采用手工砂轮打磨的处理方法，此时砂轮打磨的方向应与受力方向垂直，打磨的范围不应小于 4 倍螺栓直径。手工砂轮打磨处理的摩擦面抗滑移系数离散相对较大，需要试验确定。

试验结果表明，摩擦面处理后生成赤锈的表面，其摩擦面抗滑移系数会有所提高，但安装前应除去浮锈。

本条新增加涂层摩擦面的抗滑移系数值，其中无机富锌漆是依据现行国家标准《钢结构设计规范》GB 50017 的有关规定制定。防滑防锈硅酸锌漆已在铁路桥梁中广泛应用，效果很好。锌加底漆(ZINGA)属新型富锌类底漆，其锌颗粒较小，在国内外所进行试验结果表明，抗滑移系数值取 0.45 是可靠的。同济大学所进行的试验结果表明，聚氨酯富锌底漆或醇酸铁红底漆抗滑移系数平均值在 0.2 左右，取 0.15 是有足够可靠度的。

涂层摩擦面的抗滑移系数值与钢材表面处理及涂层厚度有关，因此本条列出钢材表面处理及涂层厚度有关要求。当钢材表面处理及涂层厚度不符合本条的要求时，应需要试验确定。

在实际工程中，高强度螺栓连接摩擦面采用热喷铝、镀锌、喷锌、有机富锌以及其他底漆处理，其涂层摩擦面的抗滑移系数值需要有可靠依据。

3.2.5 高强度螺栓预拉力 P 只与螺栓性能等级有关。当采用进口高强度大六角头螺栓和扭剪型高强度螺栓时，预拉力 P 取值应有可靠依据。

3.2.6 抗震设计中构件的高强度螺栓连接或焊接连接尚应进行极限承载力设计验算，据此本条作出了相应规定。具体计算方法见《建筑抗震设计规范》GB 50011－2010 第 8.2.8 条。

4 连接设计

4.1 摩擦型连接

4.1.1 本条所列螺栓受剪承载力计算公式与现行国家标准《钢结构设计规范》GB 50017 规定的基本公式相同，仅将原系数 0.9 替换为 k_1，并增加系数 k_2。

k_1 可取值为 0.9 与 0.8，后者适用于冷弯型钢等较薄板件(板厚 $t \leqslant 6mm$)连接的情况。

k_2 为孔型系数，其取值系参考国内外试验研究及相关标准确定的。中冶建筑研究总院有限公司所进行的试验结果表明，M20 高强度螺栓大圆孔和槽型孔孔型系数分别为 0.95 和 0.86，M24 高强度螺栓大圆孔和槽型孔孔型系数分别为 0.95 和 0.87，因此本条参照美国规范的规定，高强度螺栓大圆孔和槽型孔孔型系数分别为 0.85、0.7、0.6。另外美国规范所采用的槽型孔分短槽孔和长槽孔，考虑到我国制孔加工工艺的现状，本次只考虑一种尺寸的槽型孔，其短向尺寸与标准圆孔相同，但长向尺寸介于美国规范短槽孔和长槽孔尺寸的中间。正常情况下，设计应采用标准圆孔。

涂层摩擦面对预拉力松弛有一定的影响，但涂层摩擦面抗滑移系数值中已考虑该因素，因此不再折减。

摩擦面抗滑移系数的取值原则上应按本规程 3.2.4 条采用，但设计可以根据实际情况适当调整。

4.1.5 本条所规定的折减系数同样适用于栓焊并用连接接头。

4.2 承压型连接

4.2.1 除正常使用极限状态设计外，承压型连接承载力计算中没有摩擦面抗滑移系数的要求，因此连接板表面可不作摩擦面处理。虽无摩擦面处理的要求，但其他如除锈、涂装等设计要求不能降低。

由于承压型连接和摩擦型连接是同一高强度螺栓

连接的两个不同阶段，因此，两者在设计和施工的基本要求(除抗滑移系数外)是一致的。

4.2.3 按照现行国家标准《钢结构设计规范》GB 50017的规定，公式4.2.3是按承载能力极限状态设计时螺栓达到其受拉极限承载力。

4.2.8 由于承压型连接和摩擦型连接是同一高强度螺栓连接的两个不同阶段，因此，将摩擦型连接定义为承压型连接的正常使用极限状态。按正常使用极限状态设计承压型连接的抗剪、抗拉以及剪、拉同时作用计算公式同摩擦型连接。

4.3 连 接 构 造

4.3.1 高强度大六角头螺栓扭矩系数和扭剪型高强度螺栓紧固轴力以及摩擦面抗滑移系数都是统计数据，再加上施工的不确定性以及螺栓延迟断裂问题，单独一个高强度螺栓连接的不安全隐患概率要高，一旦出现螺栓断裂，会造成结构的破坏，本条为强制性条文。

对不施加预拉力的普通螺栓连接，在个别情况下允许采用一个螺栓。

4.3.3 本条列出了高强度螺栓连接孔径匹配表，其内容除原有规定外，参照国内外相应规定与资料，补充了大圆孔、槽孔的孔径匹配规定，以便于应用。对于首次引入大圆孔、槽孔的应用，设计上应谨慎采用，有三点值得注意：

1 大圆孔、槽孔仅限在摩擦型连接中使用；

2 只允许在芯板或盖板其中之一按相应的扩大孔型制孔，其余仍按标准圆孔制孔；

3 当盖板采用大圆孔、槽孔时，为减少螺栓预拉力松弛，应增设连续型垫板或使用加厚垫圈(特制)。

考虑工程施工的实际情况，对承压型连接的孔径匹配关系均按与摩擦型连接相同取值(现行国家标准《钢结构设计规范》GB 50017对承压型连接孔径要求比摩擦型连接严)。

4.3.4 高强度螺栓的施拧均需使用特殊的专用扳手，也相应要求必需的施拧操作空间，设计人员在布置螺栓时应考虑这一施工要求。实际工程中，常有为紧凑布置而净空限制过小的情况，造成施工困难或大部分施拧均采用手工套筒，影响施工质量与效率，这一情况应尽量避免。表4.3.4仅为常用扳手的数据，供设计参考，设计可根据施工单位的专用扳手尺寸来调整。

5 连接接头设计

5.1 螺栓拼接接头

5.1.1 高强度螺栓全栓拼接接头应采用摩擦型连接，

以保证连接接头的刚度。当拼接接头设计内力明确且不变号时，可根据使用要求按接头处最大内力设计，其所需接头螺栓数量较少。当构件按地震组合内力进行设计计算并控制截面选择时，应按现行国家标准《建筑抗震设计规范》GB 50011进行连接螺栓极限承载力的验算。

5.1.2 本条适用于H型钢梁截面螺栓拼接接头，在拼接截面处可有弯矩M与剪力偏心弯矩Ve、剪力V和轴力N共同作用，一般情况弯矩M为主要内力。

5.1.3 本条对腹板拼接螺栓的计算只列出按最大内力计算公式，当腹板拼接按等强原则计算时，应按与腹板净截面承载力等强计算。同时，按弹性计算方法要求，可仅对受力较大的角点栓1(图5.1.2)处进行验算。

一般情况下H型钢柱与支撑构件的轴力N为主要内力，其腹板的拼接螺栓与拼接板宜按与腹板净截面承载力等强原则计算。

5.2 受拉连接接头

5.2.3、5.2.4 T形受拉件在外加拉力作用下其翼缘板发生弯曲变形，而在板边缘产生撬力，撬力会增加螺栓的拉力并降低接头的刚度，必要时在计算中考虑其不利影响。T形件撬力作用计算模型如图1所示，分析时假定翼缘与腹板连接处弯矩M与翼缘板栓孔中心净截面处弯矩M_2'均达到塑性弯矩值，并由平衡条件得：

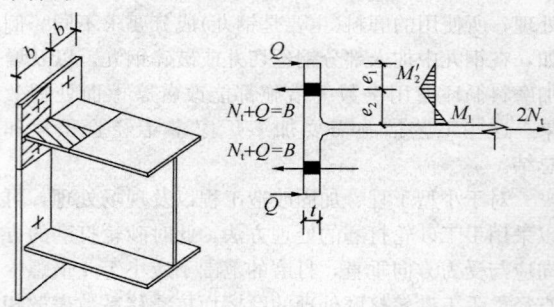

(a)计算单元　　　　(b)T形件计算简图

图1　T形件计算模型

$$B = Q + N_t \qquad (1)$$

$$M_2' = Qe_1 \qquad (2)$$

$$M_1 + M_2' - N_t e_2 = 0 \qquad (3)$$

经推导后即可得到计入撬力影响的翼缘厚度计算公式如下：

$$t = \sqrt{\frac{4N_t e_2}{b f_y (1 + \alpha\delta)}} \qquad (4)$$

式中：f_y为翼缘钢材的屈服强度，α、δ为相关参数。当$\alpha = 0$时，撬力$Q = 0$，并假定螺栓受力N_t达到N_t^b，以钢板设计强度f代替屈服强度f_y，则得到

翼缘厚度 t_c 的计算公式(5)。故可认为 t_c 为 T 形件不考虑撬力影响的最小厚度。撬力 $Q=0$ 意味着 T 形件翼缘在受力中不产生变形,有较大的抗弯刚度,此时,按欧洲规范计算要求 t_c 不应小于 $(1.8\sim2.2)d(d$ 为连接螺栓直径),这在实用中很不经济。故工程设计宜适当考虑撬力并减少翼缘板厚度。即当翼缘板厚度小于 t_c 时,T 形连接件及其连接应考虑撬力的影响,此时计算所需的翼缘板较薄,T 形件刚度较弱,但同时连接螺栓会附加撬力 Q,从而会增大螺栓直径或提高强度级别。本条根据上述公式推导与使用条件,并参考了美国钢结构设计规范(AISC)中受拉 T 形连接接头设计方法,分别提出了考虑或不考虑撬力的 T 形受拉接头的设计方法与计算公式。由于推导中简化了部分参数,计算所得撬力值会略偏大。

$$t_c = \sqrt{\frac{4N_t^b e_2}{bf}} \qquad (5)$$

公式中的 N_t^b 取值为 $0.8P$,按正常使用极限状态设计时,应使高强度螺栓受拉板间保留一定的压紧力,保证连接件之间不被拉离;按承载能力极限状态设计时应满足式(5.2.4-3)的要求,此时螺栓轴向拉力控制在 $1.0P$ 的限值内。

5.3 外伸式端板连接接头

5.3.1 端板连接接头分外伸式和平齐式,后者转动刚度只及前者的 30%,承载力也低很多。除组合结构半刚性连接节点外,已较少应用,故本节只列出外伸式端板连接接头。图 5.3.1 外伸端板连接接头仅为典型图,实际工程中可按受力需要做成上下端均为外伸端板的构造。关于接头连接一般应采用摩擦型连接,对门式刚架等轻钢结构也宜采用承压型连接。

5.3.2 本条根据工程经验与国内外相关规定的要求,列出了外伸端板的构造规定。当考虑撬力作用时,外伸端板的构造尺寸(见图 5.3.1)应满足 $e_1 \leqslant 1.25e_2$ 的要求。这是由于计算模型假定在极限荷载作用时杠杆力分布在端板边缘,若 e_1 与 e_2 比值过大,则杠杆力的分布由端板边缘向内侧扩展,与杠杆力计算模型不符,为保证计算模型的合理性,因此应限制 $e_1 \leqslant 1.25e_2$。

为了减小弯矩作用下端板的弯曲变形,增加接头刚度,宜在外伸端板的中间设竖向短加劲肋。同时考虑梁受拉翼缘的全部撬力均由梁端焊缝传递,故要求该部位焊缝为熔透焊缝。

5.3.3、5.3.4 按国内外研究与相关资料,外伸端板接头计算均可按受拉 T 形件单元计算,本条据此提出了相关的计算公式。主要假定是对称于受拉翼缘的两排螺栓均匀受拉,以及转动中心在受压翼缘中心。关于第三排螺栓参与受拉工作是按陈绍蕃教授的有关论文列入的。对于上下对称布置螺栓的外伸式端板连接接头,本条计算公式同样适用。当考虑撬力作用

时,受拉螺栓宜按承载能力极限状态设计。当按正常使用极限状态设计时,公式(5.3.4)右边的 1.25N_t^b 改为 N_t^b 即可。

5.4 栓焊混用连接接头

5.4.1 栓焊混用连接接头是多、高层钢结构梁柱节点中最常用的接头形式,本条中图示了此类典型节点,规定了接头按弹性设计与极限承载力验算的条件。

5.4.2 混用连接接头中,腹板螺栓连(拼)接的计算构造仍可参照第 5.1 节的规定进行。同时,结合工程经验补充提出了有关要求。翼缘焊缝焊后收缩有可能会引起腹板高强度螺栓连接摩擦面发生滑移,因此对施工的顺序有所要求,施工单位应采取措施以避免腹板摩擦面滑移。

5.5 栓焊并用连接接头

5.5.1 栓焊并用连接在国内设计中应用尚少,故原则上不宜在新设计中采用。

5.5.2 从国内外相关标准和研究文献以及试验研究看,摩擦型高强度螺栓连接与角焊缝能较好地共同工作,当螺栓的规格、数量等与焊缝尺寸相匹配到一定范围时,两种连接的承载力可以叠加,甚至超过两者之和。据此本文提出节点构造匹配的规定。

5.5.3 综合国内外相关标准和研究文献以及试验研究结果得出并用系数,计算分析和试验结果证明栓焊并用连接承载力长度折减系数要小于单独螺栓或焊接连接,本条不考虑这一有利因素,偏于安全。

5.5.4 在加固改造或事故处理中采用栓焊并用连接比较现实,本条结合国外相关标准和研究文献以及试验研究,给出比较实用、简化的设计计算方法。

5.5.5 焊接时高强度螺栓处的温度有可能超过 100℃,而引起高强度螺栓预拉力松弛,因此需要对靠近焊缝的螺栓补拧。

5.5.6 由于端焊缝与摩擦型高强度螺栓连接的刚度差异较大,目前对于摩擦型高强度螺栓连接单独与端焊缝并用连接的研究尚不充分,本次修订暂不纳入。

6 施 工

6.1 储运和保管

6.1.1 本条规定了大六角头高强度螺栓连接副的组成、扭剪型高强度螺栓连接副的组成。

6.1.2 高强度螺栓连接副的质量是影响高强度螺栓连接安全性的重要因素,必须达到螺栓标准中技术条件的要求,不符合技术条件的产品,不得使用。因此,每一制造批必须由制造厂出具质量保证书。由于高强度螺栓连接副制造厂是按批保证扭矩系数或紧固

轴力，所以在使用时应在同批内配套使用。

6.1.3 螺纹损伤后将会改变高强度螺栓连接副的扭矩系数或紧固轴力，因此在运输、保管过程中应轻装、轻卸，防止损伤螺纹。

6.1.4 本条规定了高强度螺栓连接副在保管过程中应注意事项，其目的是为了确保高强度螺栓连接副使用时同批；尽可能保持出厂状态，以保证扭矩系数或紧固轴力不发生变化。

6.1.5 现行国家标准《钢结构用高强度大六角头螺栓、大六角螺母、垫圈技术条件》GB/T 1231 和《钢结构用扭剪型高强度螺栓连接副》GB/T 3632 中规定高强度螺栓的保质期 6 个月。在不破坏出厂状态情况下，对超过 6 个月再次使用的高强度螺栓，需重新进行扭矩系数或轴力复验，合格后方准使用。

6.2 连接构件的制作

6.2.1 根据第 4.3.3 条，增加大圆孔和槽孔两种孔型。并规定大圆孔和槽孔仅限于盖板或芯板之一，两者不能同时采用大圆孔和槽孔。

6.2.3 当板厚时，冲孔工艺会使孔边产生微裂纹和变形，钢板表面的不平整降低钢结构疲劳强度。随着冲孔设备及加工工艺的提高，允许板厚小于或等于 12mm 时可冲孔成型，但对于承受动力荷载且需进行疲劳计算的构件连接以及主体结构梁、柱等构件连接不应采用冲孔成型。孔边的毛刺和飞边将影响摩擦面板层密贴。

6.2.6 钢板表面不平整，有焊接飞溅、毛刺等将会使板面不密贴，影响高强度螺栓连接的受力性能，另外，板面上的油污将大幅度降低摩擦面的抗滑移系数，因此表面不得有油污。表面处理方法的不同，直接影响摩擦面的抗滑移系数的取值，设计图中要求的处理方法决定了抗滑移系数值的大小，故加工中必须与设计要求一致。

6.2.7 高强度螺栓连接处钢板表面上，如粘有脏物和油污，将大幅度降低板面的抗滑移系数，影响高强度螺栓连接的承载能力，所以摩擦面上严禁作任何标记，还应加以保护。

6.3 高强度螺栓连接副和摩擦面抗滑移系数检验

6.3.1、6.3.2 高强度螺栓运到工地后，应按规定进行有关性能的复验。合格后方准使用，是使用前把好质量的关键。其中高强度大六角头螺栓连接副扭矩系数复验和扭剪型高强度螺栓连接副紧固轴力复验是现行国家标准《钢结构工程施工质量验收规范》GB 50205 进场验收中的主控项目，应特别重视。

6.3.3 本条规定抗滑移系数应分别经制造厂和安装单位检验。当抗滑移系数符合设计要求时，方准出厂和安装。

1 制造厂必须保证所制作的钢结构构件摩擦面的抗滑移系数符合设计规定，安装单位应检验运至现场的钢结构构件摩擦面的抗滑移系数是否符合设计要求；考虑到每项钢结构工程的数量和制造周期差别较大，因此明确规定了检验批量的划分原则及每一批应检验的组数；

2 抗滑移系数检验不能在钢结构构件上进行，只能通过试件进行模拟测定；为使试件能真实地反映构件的实际情况，规定了试件与构件为相同的条件；

3 为了避免偏心引起测试误差，本条规定了试件的连接形式采用双面对接拼接；为使试件能真实反映实际构件，因此试件的连接计算应符合有关规定；试件滑移时，试板仍处于弹性状态；

4 用拉力试验测得的抗滑移系数值比用压力试验测得的小，为偏于安全，本条规定了抗滑移系数检验采用拉力试验；为避免偏心对试验值的影响，试验时要求试件的轴线与试验机夹具中心线严格对中；

5 在计算抗滑移系数值时，对于大六角头高强度螺栓 P_t 为拉力试验前拧在试件上的高强度螺栓实测预拉力值；因为高强度螺栓预拉力值的大小对测定抗滑移系数有一定的影响，所以本条规定了每个高强度螺栓拧紧预拉力的范围；

6 为确保高强度螺栓连接的可靠性，本条规定了抗滑移系数检验的最小值必须大于或等于设计值，否则就认为构件的摩擦面没有处理好，不符合设计要求，钢结构不能出厂或者工地不能进行拼装，必须对摩擦面作重新处理，重新检验，直到合格为止。

监理工程师将试验合格的摩擦面作为样板，对照检查构件摩擦面处理结果，有参考和借鉴的作用。

6.4 安 装

6.4.1 相同直径的螺栓其螺纹部分的长度是固定的，其值为螺母厚度加 5～6 扣螺纹。使用过长的螺栓将浪费钢材，增加不必要的费用，并给高强度螺栓施拧时带来困难，有可能出现拧到头的情况。螺栓太短的会使螺母受力不均匀，为此本条提出了螺栓长度的计算公式。

6.4.4 构件安装时，应用冲钉来对准连接节点各板层的孔位。应用临时螺栓和冲钉是确保安装精度和安全的必要措施。

6.4.5 螺纹损伤及沾染脏物的高强度螺栓连接副其扭矩系数将会大幅度变大，在同样终拧扭矩下达不到螺栓设计预拉力，直接影响连接的安全性。用高强度螺栓兼作临时螺栓，由于该螺栓从开始使用到终拧完成相隔时间较长，在这段时间内因环境等各种因素的影响（如下雨等），其扭矩系数将会发生变化，特别是螺纹损伤概率极大，会严重影响高强度螺栓终拧预拉力的准确性，因此，本条规定高强度螺栓不能兼作临时螺栓。

6.4.6 为保证大六角头高强度螺栓的扭矩系数和扭

剪型高强度螺栓的轴力，螺栓、螺母、垫圈及表面处理出厂时，按批配套装箱供应。因此要求用到螺栓应保持其原始出厂状态。

6.4.7 对于大六角头高强度螺栓连接副，垫圈设置内倒角是为了与螺栓头下的过渡圆弧相配合，因此在安装时垫圈带倒角的一侧必须朝向螺栓头，否则螺栓头就不能很好与垫圈密贴，影响螺栓的受力性能。对于螺母一侧的垫圈，因倒角侧的表面平整、光滑，拧紧时扭矩系数较小，且离散率也较小，所以垫圈有倒角一侧应朝向螺母。

6.4.8 强行穿入螺栓，必然损伤螺纹，影响扭矩系数从而达不到设计预拉力。气割扩孔的随意性大，切割面粗糙，严禁使用。修整后孔的最大直径和修孔数量作强制性规定是必要的。

6.4.9 过大孔，对构件截面局部削弱，且减少摩擦接触面，与原设计不一致，需经设计核算。

6.4.11 大六角头高强度螺栓，采用扭矩法施工时，影响预拉力因素除扭矩系数外，就是拧紧机具及扭矩值，所以规定了施拧用的扭矩扳手和矫正扳手的误差。

6.4.13 高强度螺栓连接副在拧紧后会产生预拉力损失，为保证连接副在工作阶段达到设计预拉力，为此在施拧时必须考虑预拉力损失值，施工预拉力比设计预拉力增加10%。

6.4.14 由于连接处钢板不平整，致使先拧与后拧的高强度螺栓预拉力有很大的差别，为克服这一现象，提高拧紧预拉力的精度，使各螺栓受力均匀，高强度螺栓的拧紧应分为初拧和终拧。当单排（列）螺栓个数超过15时，可认为是属于大型接头，需要进行复拧。

6.4.15 扭剪型高强度螺栓连接副不进行扭矩系数检验，其初拧（复拧）扭矩值参照大六角头高强度螺栓连接副扭矩系数的平均值（0.13）确定。

6.4.16 在某些情况下，大六角头高强度螺栓也可采用转角法施工。高强度螺栓连接副首先须经第6.3.1条检验合格方可应用转角法施工。大量转角试验用一层芯板、两层盖板基础上得出，所以作出三层板规定。本条是参考国外（美国和日本）标准及中冶建筑研究总院有限公司试验研究成果得出。作为国内第一次引入转角法施工，对其适用范围有较严格的规定，应符合下列要求：

    1 螺栓直径规格范围为：M16、M20、M22、M24；

    2 螺栓长度在12d之内；

    3 连接件（芯板和盖板）均为平板，连接件两面与螺栓轴垂直；

    4 连接形式为双剪接头（一层芯板加两层盖板）；

    5 按本规程第6.4.14条初拧（复拧），并画出转角起始标记，按本条进行终拧。

6.4.17 螺栓群由中央顺序向外拧紧，为使高强螺

栓连接处板层能更好密贴。

6.4.19 高强度螺栓连接副在工厂制造时，虽经表面防锈处理，有一定的防锈能力，但远不能满足长期使用的防锈要求，故在高强度螺栓连接处，不仅要对钢板进行涂漆防锈，对高强度螺栓连接副也应按照设计要求进行涂漆防锈、防火。

6.5 紧固质量检验

6.5.1 考虑到在进行施工质量检查时，高强度螺栓的预拉力损失大部分已经完成，故在检查扭矩计算公式中，高强度螺栓的预拉力采用设计值。现行国家标准《钢结构工程施工质量验收规范》GB 50205中终拧扭矩的检验是按照施工扭矩值的±10%以内为合格，由于预拉力松弛等原因，终拧扭矩值基本上在1.0～1.1倍终拧扭矩标准值范围内（施工扭矩值＝1.1倍终拧扭矩标准值），因此本条规定与现行国家标准《钢结构工程施工质量验收规范》GB 50205并无实质矛盾，待修订时统一。

6.5.2 不能用专用扳手拧紧的扭剪型高强度螺栓，应根据所采用的紧固方法（扭矩法或转角法）按本规程第6.5.1条的规定进行检查。

7 施工质量验收

7.1 一般规定

7.1.1 高强度螺栓连接属于钢结构工程中的分项工程之一，其施工质量的验收按照现行国家标准《钢结构工程施工质量验收规范》GB 50205执行，对于超出《钢结构工程施工质量验收规范》GB 50205的项目可按本规程的规定进行验收。

7.1.2、7.1.3 本节中列出的合格质量标准及不合格项目的处理程序来自于现行国家标准《钢结构工程施工质量验收规范》GB 50205和《建筑工程施工质量验收统一标准》GB 50300，其目的是强调并便于工程使用。

7.2 检验批的划分

7.2.1 高强度螺栓连接分项工程检验批划分应按现行国家标准《钢结构工程施工质量验收规范》GB 50205的规定执行。

7.2.2 高强度螺栓连接副进场验收属于高强度螺栓连接分项工程中的验收项目，其验收批的划分除考虑高强度螺栓连接分项工程检验批划分外，还应考虑出厂批及螺栓规格。

    高强度螺栓连接副进场验收属于复验，其产品标准中规定出厂检验最大批量不超过3000套，作为复验的最大批量不宜超过2个出厂检验批，且不宜超过6000套。

同一材料(性能等级)、炉号、螺纹(直径)规格、长度(当螺栓长度≤100mm时，长度相差≤15mm；当螺栓长度＞100mm时，长度相差≤20mm，可视为同一长度)、机械加工、热处理工艺及表面处理工艺的螺栓为同批；同一材料、炉号、螺纹规格、厚度、机械加工、热处理工艺及表面处理工艺的螺母为同批；同一材料、炉号、直径规格、厚度、机械加工、热处理工艺及表面处理工艺的垫圈为同批。分别由同批螺栓、螺母及垫圈组成的连接副为同批连接副。

7.2.3 摩擦面抗滑移系数检验属于高强度螺栓连接分项工程中的一个强制性检验项目，其检验批的划分除应考虑高强度螺栓连接分项检验批外，还应考虑不同的处理工艺和钢结构用量。

中华人民共和国行业标准

建筑钢结构防腐蚀技术规程

Technical specification for anticorrosion
of building steel structure

JGJ/T 251—2011

批准部门：中华人民共和国住房和城乡建设部
施行日期：2 0 1 2 年 3 月 1 日

中华人民共和国住房和城乡建设部
公　告

第 1070 号

关于发布行业标准《建筑钢结构
防腐蚀技术规程》的公告

现批准《建筑钢结构防腐蚀技术规程》为行业标准，编号为 JGJ/T 251－2011，自 2012 年 3 月 1 日起实施。

本规程由我部标准定额研究所组织中国建筑工业

出版社出版发行。

中华人民共和国住房和城乡建设部

2011 年 7 月 13 日

前　　言

根据住房和城乡建设部《关于印发〈2009 年工程建设标准规范制订、修订计划（第一批）〉的通知》（建标〔2009〕88 号）的要求，规程编制组经广泛调查研究，认真总结实践经验，参考相关国内标准和国际标准，并在广泛征求意见的基础上，制定本规程。

本规程的主要技术内容是：1 总则；2 术语和符号；3 设计；4 施工；5 验收；6 安全、卫生和环境保护；7 维护管理；相关附录。

本规程由住房和城乡建设部负责管理，由河南省第一建筑工程集团有限责任公司负责具体技术内容的解释。执行过程中如有意见或建议，请寄送河南省第一建筑工程集团有限责任公司（地址：河南省郑州市黄河路 23 号，邮政编码：450014）。

本 规 程 主 编 单 位：河南省第一建筑工程集团有限责任公司
林州建总建筑工程有限公司

本 规 程 参 编 单 位：总参通信工程设计研究院
陕西建工集团机械施工有限公司
河北建设集团有限公司

新蒲建设集团有限公司
郑州航空工业管理学院
河南省第一建设集团第七建筑工程有限公司
郑州市第一建筑工程集团有限公司
许昌中原建设（集团）有限公司
广东嘉宝莉化工（集团）有限公司

本规程主要起草人员：

胡伦坚	王　虎	陈汉昌
胡伦基	陈　震	李怀增
冯俊昌	李存良	候会杰
孙惠民	谢晓鹏	谢继义
马发现	冯敬涛	王雁钧
刘　轶	雷　霆	靳鹏飞
王红军	赵东波	李继宇
吴家岳		

本规程主要审查人员：

王明贵	石永久	刘立新
樊鸿卿	梁建智	周书信
林向军	许　平	刘登良

目　次

Contents

1 总　　则

1.0.1 为规范建筑钢结构防腐蚀设计、施工、验收和维护的技术要求，保证工程质量，做到技术先进、安全可靠、经济合理，制定本规程。

1.0.2 本规程适用于大气环境中的新建建筑钢结构的防腐蚀设计、施工、验收和维护。

1.0.3 建筑钢结构防腐蚀设计、施工、验收和维护，除应符合本规程的规定外，尚应符合国家现行有关标准的规定。

2 术语和符号

2.1 术　　语

2.1.1 腐蚀速率　corrosion rate

单位时间内钢结构构件腐蚀效应的数值。

2.1.2 大气腐蚀　atmospheric corrosion

材料与大气环境中介质之间产生化学和电化学作用而引起的材料破坏。

2.1.3 腐蚀裕量　corrosion allowance

设计钢结构构件时，考虑使用期内可能产生的腐蚀损耗而增加的相应厚度。

2.1.4 涂装　coating

将涂料涂覆于基体表面，形成具有防护、装饰或特定功能涂层的过程。

2.1.5 表面预处理　surface pretreatment

为改善涂层与基体间的结合力和防腐蚀效果，在涂装之前用机械方法或化学方法处理基体表面，以达到符合涂装要求的措施。

2.1.6 除锈等级　grade of removing rust

表示涂装前钢材表面锈层等附着物清除程度的分级。

2.1.7 防护层使用年限　service life of protective layer

在合理设计、正确施工、正常使用和维护的条件下，防腐蚀保护层预估的使用年限。

2.1.8 附着力　adhesive force

干涂膜与其底材之间的结合力。

2.1.9 金属热喷涂　metal thermal spraying

用高压空气、惰性气体或电弧等将熔融的耐蚀金属喷射到被保护结构物表面，从而形成保护性涂层的工艺过程。

2.1.10 涂层缺陷　coating defect

由于表面预处理不当、涂料质量和涂装工艺不良而造成的遮盖力不足、漆膜剥离、针孔、起泡、裂纹和漏涂等缺陷。

2.2 符　　号

$\Delta\delta$——单面腐蚀裕量；

K——单面平均腐蚀速率；

P——保护效率；

t_l——防腐蚀保护层的设计使用年限；

t——钢结构的设计使用年限。

3 设　　计

3.1 一　般　规　定

3.1.1 建筑钢结构应根据环境条件、材质、结构形式、使用要求、施工条件和维护管理条件等进行防腐蚀设计。

3.1.2 大气环境对建筑钢结构长期作用下的腐蚀性等级可按表 3.1.2 进行确定。

表 3.1.2 大气环境对建筑钢结构长期作用下的腐蚀性等级

腐蚀类型		腐蚀速率 (mm/a)	腐蚀环境		
腐蚀性等级	名称		大气环境气体类型	年平均环境相对湿度(%)	大气环境
I	无腐蚀	<0.001	A	<60	乡村大气
II	弱腐蚀	0.001~0.025	A	60~75	乡村大气
			B	<60	城市大气
III	轻腐蚀	0.025~0.05	A	>75	乡村大气
			B	60~75	城市大气
			C	<60	工业大气
IV	中腐蚀	0.05~0.2	B	>75	城市大气
			C	60~75	工业大气
			D	<60	海洋大气
V	较强腐蚀	0.2~1.0	C	>75	工业大气
			D	60~75	海洋大气
VI	强腐蚀	1.0~5.0	D	>75	海洋大气

注：1 在特殊场合与额外腐蚀负荷作用下，应将腐蚀类型提高等级；

2 处于潮湿状态或不可避免结露的部位，环境相对湿度应取大于75%；

3 大气环境气体类型可根据本规程附录A进行划分。

3.1.3 当钢结构可能与液态腐蚀性物质或固态腐蚀性物质接触时，应采取隔离措施。

3.1.4 在大气腐蚀环境下，建筑钢结构设计应符合下列规定：

1 结构类型、布置和构造的选择应满足下列要求：

1）应有利于提高结构自身的抗腐蚀能力；

2）应能有效避免腐蚀介质在构件表面的积聚；

3）应便于防护层施工和使用过程中的维护和检查。

2 腐蚀性等级为Ⅳ、Ⅴ或Ⅵ级时，桁架、柱、主梁等重要受力构件 不应采用格构式构件和冷弯薄壁型钢。

3 钢结构杆件应采用实腹式或闭口截面，闭口截面端部应进行封闭；封闭截面进行热镀浸锌时，应采取开孔防爆措施。腐蚀性等级为Ⅳ、Ⅴ或Ⅵ级时，钢结构杆件截面不应采用由双角钢组成的T形截面和由双槽钢组成的工形截面。

4 钢结构杆件采用钢板组合时，截面的最小厚度不应小于6mm；采用闭口截面杆件时，截面的最小厚度不应小于4mm；采用角钢时，截面的最小厚度不应小于5mm。

5 门式刚架构件宜采用热轧H型钢；当采用T型钢或钢板组合时，应采用双面连续焊缝。

6 网架结构宜采用管形截面、球型节点。腐蚀性等级为Ⅳ、Ⅴ或Ⅵ级时，应采用焊接连接的空心球节点。当采用螺栓球节点时，杆件与螺栓球的接缝应采用密封材料填嵌严密，多余螺栓孔应封堵。

7 不同金属材料接触的部位，应采取隔离措施。

8 桁架、柱、主梁等重要钢构件和闭口截面杆件的焊缝，应采用连续焊缝。角焊缝的焊脚尺寸不应小于8mm；当杆件厚度小于8mm时，焊脚尺寸不应小于杆件厚度。加劲肋应切角，切角的尺寸应满足排水、施工维修要求。

9 焊条、螺栓、垫圈、节点板等连接构件的耐腐蚀性能，不应低于主体材料。螺栓直径不应小于12mm。垫圈不应采用弹簧垫圈。螺栓、螺母和垫圈应采用热镀浸锌防护，安装后再采用与主体结构相同的防腐蚀措施。

10 高强度螺栓构件连接处接触面的除锈等级，不应低于Sa2$\frac{1}{2}$，并宜涂无机富锌涂料；连接处的缝隙，应嵌刮耐腐蚀密封膏。

11 钢柱柱脚应置于混凝土基础上，基础顶面宜高出地面不小于300mm。

12 当腐蚀性等级为Ⅵ级时，重要构件宜选用耐候钢。

3.1.5 对设计使用年限不小于25年、环境腐蚀性等级大于Ⅳ级且使用期间不能重新涂装的钢结构部位，其结构设计应留有适当的腐蚀裕量。钢结构的单面腐蚀裕量可按下式计算：

$$\Delta\delta = K[(1-P)t_l + (t-t_l)] \quad (3.1.5)$$

式中——$\Delta\delta$——钢结构单面腐蚀裕量（mm）；

K——钢结构单面平均腐蚀速率（mm/a），碳钢单面平均腐蚀速率可按本规程表3.1.2取值，也可现场实测确定；

P——保护效率（％），在防腐蚀保护层的设计使用年限内，保护效率可按表3.1.5取值；

t_l——防腐蚀保护层的设计使用年限（a）；

t——钢结构的设计使用年限（a）。

表3.1.5 保护效率取值（％）

环 境 \ 腐蚀性等级	Ⅰ	Ⅱ	Ⅲ	Ⅳ	Ⅴ	Ⅵ
室外	95	90	85	80	70	60
室内	95	95	90	85	80	70

3.2 表 面 处 理

3.2.1 钢结构在涂装之前应进行表面处理。

3.2.2 防腐蚀设计文件应提出表面处理的质量要求，并应对表面除锈等级和表面粗糙度作出明确规定。

3.2.3 钢结构在除锈处理前，应清除焊渣、毛刺和飞溅等附着物，对边角进行钝化处理，并应清除基体表面可见的油脂和其他污物。

3.2.4 钢结构在涂装前的除锈等级除应符合现行国家标准《涂装前钢材表面锈蚀等级和除锈等级》GB 8923的有关规定外，尚应符合表3.2.4规定的不同涂料表面最低除锈等级。

表3.2.4 不同涂料表面最低除锈等级

项 目	最低除锈等级
富锌底涂料	Sa2$\frac{1}{2}$
乙烯磷化底涂料	
环氧或乙烯基酯玻璃鳞片底涂料	Sa2
氯化橡胶、聚氨酯、环氧、聚氯乙烯萤丹、高氯化聚乙烯、氯磺化聚乙烯、醇酸、丙烯酸环氧、丙烯酸聚氨酯等底涂料	Sa2 或 St3
环氧沥青、聚氨酯沥青底涂料	St2
喷铝及其合金	Sa3
喷锌及其合金	Sa2$\frac{1}{2}$

注：1 新建工程重要构件的除锈等级不应低于Sa2$\frac{1}{2}$；

2 喷射或抛射除锈后的表面粗糙度宜为40μm～75μm，且不应大于涂层厚度的1/3。

3.3 涂 层 保 护

3.3.1 涂层设计应符合下列规定：

1 应按照涂层配套进行设计；

2 应满足腐蚀环境、工况条件和防腐蚀年限要求；

3 应综合考虑底涂层与基材的适应性，涂料各层之间的相容性和适应性，涂料品种与施工方法的适应性。

3.3.2 涂层涂料宜选用有可靠工程实践应用经验的，经证明耐蚀性适用于腐蚀性物质成分的产品，并应采用环保型产品。当选用新产品时应进行技术和经济论证。防腐蚀涂装同一配套中的底漆、中间漆和面漆应有良好的相容性，且宜选用同一厂家的产品。建筑钢结构常用防腐蚀保护层配套可按本规程附录B选用。

3.3.3 防腐蚀面涂料的选择应符合下列规定：

  1 用于室外环境时，可选用氯化橡胶、脂肪族聚氨酯、聚氯乙烯萤丹、氯磺化聚乙烯、高氯化聚乙烯、丙烯酸聚氨酯、丙烯酸环氧等涂料。

  2 对涂层的耐磨、耐久和抗渗性能有较高要求时，宜选用树脂玻璃鳞片涂料。

3.3.4 防腐蚀底涂料的选择应符合下列规定：

  1 锌、铝和含锌、铝金属层的钢材，其表面应采用环氧底涂料封闭；底涂料的颜料应采用锌黄类。

  2 在有机富锌或无机富锌底涂料上，宜采用环氧云铁或环氧铁红的涂料。

3.3.5 钢结构的防腐蚀保护层最小厚度应符合表3.3.5的规定。

表 3.3.5　钢结构防腐蚀保护层最小厚度

防腐蚀保护层设计使用年限（a）	钢结构防腐蚀保护层最小厚度（μm）				
	腐蚀性等级 Ⅱ级	腐蚀性等级 Ⅲ级	腐蚀性等级 Ⅳ级	腐蚀性等级 Ⅴ级	腐蚀性等级 Ⅵ级
$2 \leqslant t_l < 5$	120	140	160	180	200
$5 \leqslant t_l < 10$	160	180	200	220	240
$10 \leqslant t_l \leqslant 15$	200	220	240	260	280

注：1　防腐蚀保护层厚度包括涂料层的厚度或金属层与涂料层复合的厚度；

  2　室外工程的涂层厚度宜增加 20μm～40μm。

3.3.6 涂层与钢铁基层的附着力不宜低于 5MPa。

3.4　金属热喷涂

3.4.1 在腐蚀性等级为Ⅳ、Ⅴ或Ⅵ级腐蚀环境类型中的钢结构防腐蚀宜采用金属热喷涂。

3.4.2 金属热喷涂用的封闭剂应具有较低的黏度，并应与金属涂层具有良好的相容性。金属热喷涂用的涂装层涂料应与封闭层有相容性，并应有良好的耐蚀性。金属热喷涂用的封闭剂、封闭涂料和涂装层涂料可按本规程附录C进行选用。

3.4.3 大气环境下金属热喷涂系统最小局部厚度可按表3.4.3选用。

表 3.4.3　大气环境下金属热喷涂系统最小局部厚度

防腐蚀保护层设计使用年限（a）	金属热喷涂系统	最小局部厚度（μm）		
		腐蚀等级Ⅳ级	腐蚀等级Ⅴ级	腐蚀等级Ⅵ级
$5 \leqslant t_l < 10$	喷锌＋封闭	120＋30	150＋30	200＋60
	喷铝＋封闭	120＋30	120＋30	150＋60
	喷锌＋封闭＋涂装	120＋30＋100	150＋30＋100	200＋30＋100
	喷铝＋封闭＋涂装	120＋30＋100	120＋30＋100	150＋30＋100
$10 \leqslant t_l \leqslant 15$	喷铝＋封闭	120＋60	150＋60	250＋60
	喷 Ac 铝＋封闭	120＋60	150＋60	200＋60
	喷铝＋封闭＋涂装	120＋30＋100	150＋30＋100	250＋30＋100
	喷 Ac 铝＋封闭＋涂装	120＋30＋100	150＋30＋100	200＋30＋100

注：腐蚀严重和维护困难的部位应增加金属涂层的厚度。

3.4.4 热喷涂金属材料宜选用铝、铝镁合金或锌铝合金。

4　施　　工

4.1　一　般　规　定

4.1.1 建筑钢结构防腐蚀工程应编制施工方案。

4.1.2 钢结构防腐蚀工程施工使用的设备、仪器应具备出厂质量合格证或质量检验报告。设备、仪器应经计量检定合格且在时效期内方可使用。

4.1.3 钢结构防腐蚀材料的品种、规格、性能等应符合国家现行有关产品标准和设计的规定。

4.2　表　面　处　理

4.2.1 表面处理方法应根据钢结构防腐蚀设计要求的除锈等级、粗糙度和涂层材料、结构特点及基体表面的原始状况等因素确定。

4.2.2 钢结构在除锈处理前应进行表面净化处理，表面脱脂净化方法可按 表4.2.2选用。当采用溶剂做清洗剂时，应采取通风、防火、呼吸保护和防止皮肤直接接触溶剂等防护措施。

表 4.2.2　表面脱脂净化方法

表面脱脂净化方法	适用范围	注意事项
采用汽油、过氯乙烯、丙酮等溶剂清洗	清除油脂、可溶污物、可溶涂层	若需保留旧涂层，应使用对该涂层无损的溶剂。溶剂及抹布应经常更换

续表 4.2.2

表面脱脂 净化方法	适用范围	注意事项
采用如氢氧 化钠、碳酸钠 等碱性清洗剂 清洗	除掉可皂化涂 层、油脂和污物	清洗后应充分冲 洗,并作钝化和干 燥处理
采用 OP 乳 化剂等乳化 清洗	清除油脂及其 他可溶污物	清洗后应用水冲 洗干净,并作干燥 处理

4.2.3 喷射清理后的钢结构除锈等级应符合本规程第 3.2.4 条的规定。工作环境应满足空气相对湿度低于 85%,施工时钢结构表面温度应高于露点 3℃以上。露点可按本规程附录 D 进行换算。

4.2.4 喷射清理所用的压缩空气应经过冷却装置和油水分离器处理。油水分离器应定期清理。

4.2.5 喷射式喷砂机的工作压力宜为 0.50MPa～0.70MPa;喷砂机喷口处的压力宜为 0.35MPa～0.50MPa。

4.2.6 喷嘴与被喷射钢结构表面的距离宜为 100mm～300mm;喷射方向与被喷射钢结构表面法线之间的夹角宜为 15°～30°。

4.2.7 当喷嘴孔口磨损直径增大 25% 时,宜更换喷嘴。

4.2.8 喷射清理所用的磨料应清洁、干燥。磨料的种类和粒度应根据钢结构表面的原始锈蚀程度、设计或涂装规格书所要求的喷射工艺、清洁度和表面粗糙度进行选择。壁厚大于或等于 4mm 的钢构件可选用粒度为 0.5mm～1.5mm 的磨料,壁厚小于 4mm 的钢构件应选用粒度小于 0.5mm 的磨料。

4.2.9 涂层缺陷的局部修补和无法进行喷射清理时可采用手动和动力工具除锈。

4.2.10 表面清理后,应采用吸尘器或干燥、洁净的压缩空气清除浮尘和碎屑,清理后的表面不得用手触摸。

4.2.11 清理后的钢结构表面应及时涂刷底漆,表面处理与涂装之间的间隔时间不宜超过 4h,车间作业或相对湿度较低的晴天不应超过 12h。否则,应对经预处理的有效表面采用干净牛皮纸、塑料膜等进行保护。涂装前如发现表面被污染或返锈,应重新清理至原要求的表面清洁度等级。

4.2.12 喷砂工人在进行喷砂作业时应穿戴防护用具,在工作间内进行喷砂作业时呼吸用空气应进行净化处理。喷砂完工后,应采用真空吸尘器、无水的压缩空气除去喷砂残渣和表面灰尘。

4.3 涂层施工

4.3.1 钢结构涂层施工环境应符合下列规定:

1 施工环境温度宜为 5℃～38℃,相对湿度不宜大于 85%;

2 钢材表面温度应高于露点 3℃以上;

3 在大风、雨、雾、雪天、有较大灰尘及强烈阳光照射下,不宜进行室外施工;

4 当施工环境通风较差时,应采取强制通风。

4.3.2 涂装前应对钢结构表面进行外观检查,表面除锈等级和表面粗糙度应满足设计要求。

4.3.3 涂装方法和涂刷工艺应根据所选用涂料的物理性能、施工条件和被涂钢结构的形状进行确定,并应符合涂料规格书或产品说明书的规定。

4.3.4 防腐蚀涂料和稀释剂在运输、储存、施工及养护过程中,不得与酸、碱等化学介质接触。严禁明火,并应采取防尘、防曝晒措施。

4.3.5 需在工地拼装焊接的钢结构,其焊缝两侧应先涂刷不影响焊接性能的车间底漆,焊接完毕后应对焊缝热影响区进行二次表面清理,并应按设计要求进行重新涂装。

4.3.6 每次涂装应在前一层涂膜实干后进行。

4.3.7 涂料储存环境温度应在 25℃以下。常见涂料施工的间隔时间和储存期应符合产品说明书的相关规定。

4.3.8 钢结构防腐蚀涂料涂装结束,涂层应自然养护后方可使用。其中化学反应类涂料形成的涂层,养护时间不应少于 7d。

4.4 金属热喷涂

4.4.1 采用金属热喷涂施工的钢结构表面除锈等级、表面粗糙度、热喷涂材料的规格和质量指标、涂层系统的选择应符合本规程第 3.2.4 条和第 3.4 节的有关规定。

4.4.2 金属热喷涂方法可采用气喷涂或电喷涂法。

4.4.3 采用金属热喷涂的钢结构表面应进行喷射或抛射处理。

4.4.4 采用金属热喷涂的钢结构构件应与未喷涂的钢构件做到电气绝缘。

4.4.5 表面处理与热喷涂施工之间的间隔时间,晴天不得超过 12h,雨天、有雾的气候条件下不得超过 2h。

4.4.6 工作环境的大气温度低于 5℃、钢结构表面温度低于露点 3℃和空气相对湿度大于 85% 时,不得进行金属热喷涂施工操作。

4.4.7 热喷涂金属丝应光洁、无锈、无油、无折痕,金属丝直径宜为 2.0mm 或 3.0mm。

4.4.8 金属热喷涂所用的压缩空气应干燥、洁净,同一层内各喷涂带之间应有 1/3 的重叠宽度。喷涂时应留出一定的角度。

4.4.9 金属热喷涂层的封闭剂或首道封闭涂料施工宜在喷涂层尚有余温时进行,并宜采用刷涂方式施工。

4.4.10 钢构件的现场焊缝两侧应预留 100mm~150mm 宽度涂刷车间底漆临时保护，待工地拼装焊接后，对预留部分应按相同的技术要求重新进行表面清理和喷涂施工。

4.4.11 装卸、运输或其他施工作业过程应采取防止金属热喷涂层局部损坏的措施。如有损坏，应按设计要求和施工工艺进行修补。

5 验 收

5.1 一 般 规 定

5.1.1 建筑钢结构防腐蚀工程可按钢结构制作或钢结构安装工程检验批的划分原则划分为一个或若干个检验批。

5.1.2 建筑钢结构防腐蚀工程质量验收记录应符合下列规定：

　　1 施工现场质量管理检查记录可按现行国家标准《建筑工程施工质量验收统一标准》GB 50300 进行；

　　2 检验批验收记录应本规程附录 E 填写；

　　3 分项工程验收记录可按现行国家标准《建筑工程施工质量验收统一标准》GB 50300 进行。

5.1.3 建筑钢结构防腐蚀工程验收时，应提交下列资料：

　　1 设计文件及设计变更通知书；

　　2 磨料、涂料、热喷涂材料的产地与材质证明书；

　　3 基层检查交接记录；

　　4 隐蔽工程记录；

　　5 施工检查、检测记录；

　　6 竣工图纸；

　　7 修补或返工记录；

　　8 交工验收记录。

5.2 表 面 处 理

Ⅰ 主 控 项 目

5.2.1 涂装前钢材表面除锈应符合设计要求和国家现行有关标准的规定。处理后的钢材表面不应有焊渣、焊疤、灰尘、油污、水和毛刺等。当设计无要求时，钢材表面除锈等级应符合本规程第 3.2.4 条的规定。

　　检查数量：小型钢构件按构件数应抽查构件数量的 10%，且不应少于 3 件。大型、整体钢结构每 50m² 对照检查 1 次，且每工班检查次数不少于 1 次。

　　检查方法：用铲刀检查和用现行国家标准《涂装前钢材表面锈蚀等级和除锈等级》GB 8923 规定的图片对照观察检查。

5.2.2 涂装前钢材表面粗糙度检验应按现行国家标准《涂装前钢材表面粗糙度等级的评定（比较样块

法）》GB/T 13288 的有关规定。

　　检查数量：在同一检验批内，应抽查构件数量的 10%，且不应少于 3 件。

　　检查方法：用标准样块目视比较评定表面粗糙度等级，或用剖面检测仪、粗糙度仪直接测定表面粗糙度。采用比较样块法时，每一评定点面积不小于 50mm²；采用剖面检测仪或粗糙度仪直接检测时，取评定长度为 40mm，在此长度范围内测 5 点，取其算术平均值为该评定点的表面粗糙度值；当采用两种方法的检测结果不一致时，应以剖面检测仪、粗糙度仪直接检测的结果为准。

Ⅱ 一 般 项 目

5.2.3 涂装施工前应进行外观检查，表面不得有污染或返锈。涂装完成后，构件的标志、标记和编号应清晰完整。

　　检查数量：全数检查。

　　检查方法：观察检查。

5.2.4 表面清理和涂装作业施工环境的温度和湿度应符合设计要求。

　　检查数量：每工班不得少于 3 次。

　　检查方法：应采用温湿度仪进行测量，并应按本规程附录 D 换算对应的露点。

5.3 涂 层 施 工

Ⅰ 主 控 项 目

5.3.1 涂料、涂装遍数和涂层厚度均应符合设计要求。当设计对涂层厚度无要求时，室外涂层干漆膜总厚度不应小于 150μm。室内涂层干漆膜总厚度不应小于 125μm，且允许偏差为 −25μm~0μm。每遍涂层干漆膜厚度的允许偏差为 −5μm~0μm。

　　检查数量：在同一检验批内，应抽查构件数量的 10%，且不应少于 3 件。

　　检查方法：用干漆膜测厚仪检查。每个构件检测 5 处，每处的数值为 3 个相距 50mm 测点涂层干漆膜厚度的平均值。

5.3.2 涂层的附着力应满足设计要求。

　　检查数量：每 200m² 检测数量不得少于 1 次，且总检测数量不得少于 3 次。

　　检查方法：按现行国家标准《色漆和清漆 拉开法附着力试验》GB/T 5210 或《色漆和清漆 漆膜划格试验》GB/T 9286 的有关规定执行。

Ⅱ 一 般 项 目

5.3.3 涂料涂层应均匀，无明显皱皮、流坠、针眼和气泡等。

　　检查数量：全数检查。

　　检查方法：观察检查。

5.3.4 构件表面不应误涂、漏涂，涂层不应脱皮和返锈等。

检查数量：全数检查。

检查方法：观察检查。

5.4 金属热喷涂

Ⅰ 主控项目

5.4.1 金属热喷涂涂层厚度应符合设计要求。

检查数量：平整的表面每 10m² 表面上的测量基准面数量不得少于 3 个，不规则的表面可适当增加基准面数量。

检查方法：按现行国家标准《热喷涂涂层厚度的无损测量方法》GB 11374 的有关规定执行。

5.4.2 金属热喷涂涂层结合性能检验应符合设计要求。

检查数量：每 200m² 检测数量不得少于 1 次，且总检测数量不得少于 3 次。

检查方法：按现行国家标准《金属和其他无机覆盖层热喷涂锌、铝及其合金》GB/T 9793 的有关规定执行。

Ⅱ 一般项目

5.4.3 金属热喷涂涂层的外观应均匀一致，涂层不得有气孔、裸露底材的斑点、附着不牢的金属熔融颗粒、裂纹及其他影响使用性能的缺陷。

检查数量：全数检查。

检查方法：观察检查。

6 安全、卫生和环境保护

6.1 一般规定

6.1.1 钢结构防腐蚀工程的施工应符合国家有关法律、法规对环境保护的要求，并应有妥善的劳动保护和安全防范措施。

6.2 安全、卫生

6.2.1 涂装作业安全、卫生应符合现行国家标准《涂装作业安全规程　涂漆工艺安全及其通风净化》GB 6514、《金属和其他无机覆盖层　热喷涂　操作安全》GB 11375、《涂装作业安全规程　安全管理通则》GB 7691 和《涂装作业安全规程　涂漆前处理工艺安全及其通风净化》GB 7692 的有关规定。

6.2.2 涂装作业场所空气中有害物质不得超过最高允许浓度。

6.2.3 施工现场应远离火源，不得堆放易燃、易爆和有毒物品。

6.2.4 涂料仓库及施工现场应有消防水源、灭火器和消防器具，并应定期检查。消防道路应畅通。

6.2.5 密闭空间涂装作业应使用防爆灯具，安装防爆报警装置；作业完成后油漆在空气中的挥发物消散前，严禁电焊修补作业。

6.2.6 施工人员应正确穿戴工作服、口罩、防护镜等劳动保护用品。

6.2.7 所有电气设备应绝缘良好，临时电线应选用胶皮线，工作结束后应切断电源。

6.2.8 工作平台的搭建应符合有关安全规定。高空作业人员应具备高空作业资格。

6.3 环境保护

6.3.1 涂料产品的有机挥发物含量（VOC）应符合国家现行相关的要求。

6.3.2 施工现场应保持清洁，产生的垃圾等应及时收集并妥善处理。

6.3.3 露天作业时应采取防尘措施。

7 维护管理

7.0.1 建筑钢结构的防腐蚀维护管理应包括下列内容：

　　1 应根据定期检查和特殊检查情况，判断钢结构和防腐蚀保护层的状态；

　　2 应根据检查的结果对钢结构的防腐蚀效果做出判断，确定更新或修复的范围。

7.0.2 建筑钢结构的腐蚀与防腐蚀检查可分为定期检查和特殊检查。定期检查的项目、内容和周期应符合表 7.0.2 的规定。

表 7.0.2　定期检查的项目、内容和周期

检查项目	检查内容	检查周期（a）
防腐蚀保护层外观检查	涂层破损情况	1
防腐蚀保护层防腐蚀性能检查	鼓泡、剥落、锈蚀	5
腐蚀量检测	测定钢结构壁厚	5

7.0.3 钢结构防腐蚀涂装的现场修复应符合下列规定：

　　1 防腐蚀保护层破损处的表面清理宜采用喷砂除锈，其除锈等级应达到现行国家标准《涂装前钢材表面锈蚀等级和除锈等级》GB 8923 中规定的 Sa2$\frac{1}{2}$ 级。当不具备喷砂条件时，可采用动力或手工除锈，其除锈等级应达到 St3 级。

　　2 搭接部位的防腐蚀保护层表面应无污染、附着物，并应具有一定的表面粗糙度。

　　3 修补涂料宜采用与原涂装配套或能相容的防腐涂料，并应能满足现场的施工环境条件，修补涂料

的存储和使用应符合产品使用说明书的要求。

7.0.4 钢结构防腐蚀维护施工应有妥善的安全防护措施和环境保护措施。

7.0.5 钢结构防腐蚀维护管理档案应包括下列内容：

    1 钢结构的设计资料、施工资料和竣工资料；

    2 防腐蚀保护层的设计资料、施工资料和竣工资料；

    3 定期检查、特殊检查的检查记录，检查记录包括工程名称、检查方式、日期、环境条件和发现异常的部位与程度；

    4 各项检查所提出的建议、结论和处理意见；

    5 涂装维护的设计和施工方案；

    6 涂装维护的施工记录、检测记录和验收结论。

附录 A 大气环境气体类型

表 A 大气环境气体类型

大气环境 气体类型	腐蚀性 物质名称	腐蚀性物质含量 （kg/m³）
A	二氧化碳	$<2\times10^{-3}$
	二氧化硫	$<5\times10^{-7}$
	氟化氢	$<5\times10^{-8}$
	硫化氢	$<1\times10^{-8}$
	氮的氧化物	$<1\times10^{-7}$
	氯	$<1\times10^{-7}$
	氯化氢	$<5\times10^{-8}$

续表 A

大气环境 气体类型	腐蚀性 物质名称	腐蚀性物质含量 （kg/m³）
B	二氧化碳	$>2\times10^{-3}$
	二氧化硫	$5\times10^{-7}\sim1\times10^{-5}$
	氟化氢	$5\times10^{-8}\sim5\times10^{-6}$
	硫化氢	$1\times10^{-8}\sim5\times10^{-6}$
	氮的氧化物	$1\times10^{-7}\sim5\times10^{-6}$
	氯	$1\times10^{-7}\sim1\times10^{-6}$
	氯化氢	$5\times10^{-8}\sim5\times10^{-6}$
C	二氧化硫	$1\times10^{-5}\sim2\times10^{-4}$
	氟化氢	$5\times10^{-6}\sim1\times10^{-5}$
	硫化氢	$5\times10^{-6}\sim1\times10^{-4}$
	氮的氧化物	$5\times10^{-6}\sim2.5\times10^{-5}$
	氯	$1\times10^{-6}\sim5\times10^{-6}$
	氯化氢	$5\times10^{-6}\sim1\times10^{-5}$
D	二氧化硫	$2\times10^{-4}\sim1\times10^{-3}$
	氟化氢	$1\times10^{-5}\sim1\times10^{-4}$
	硫化氢	$>1\times10^{-4}$
	氮的氧化物	$2.5\times10^{-5}\sim1\times10^{-4}$
	氯	$5\times10^{-6}\sim1\times10^{-5}$
	氯化氢	$1\times10^{-5}\sim1\times10^{-4}$

注：当大气中同时含有多种腐蚀性气体时，腐蚀级别应取最高的一种或几种为基准。

附录 B 常用防腐蚀保护层配套

表 B 常用防腐蚀保护层配套

除锈等级	涂层构造									涂层总厚度（μm）	使用年限(a)		
	底层			中间层			面层				较强腐蚀、强腐蚀	中腐蚀	轻腐蚀、弱腐蚀
	涂料名称	遍数	厚度（μm）	涂料名称	遍数	厚度（μm）	涂料名称	遍数	厚度（μm）				
Sa2 或 St3	醇酸底涂料	2	60	—	—	—	醇酸面涂料	2	60	120	—	—	2～5
								3	100	160	—	2～5	5～10
	与面层同品种的底涂料	2	60	—	—	—	氯化橡胶、高氯化聚乙烯、氯磺化聚乙烯等面涂料	2	60	120	—	—	2～5
		2	60					3	100	160	—	2～5	5～10
		3	100					3	100	200	2～5	5～10	10～15
	环氧铁红底涂料	2	60	环氧云铁中间涂料	1	70		2	70	200	2～5	5～10	10～15
		2	60		1	80		3	100	240	5～10	10～11	>15

续表 B

除锈等级	涂层构造									涂层总厚度(μm)	使用年限(a)		
	底层			中间层			面层				较强腐蚀、强腐蚀	中腐蚀	轻腐蚀、弱腐蚀
	涂料名称	遍数	厚度(μm)	涂料名称	遍数	厚度(μm)	涂料名称	遍数	厚度(μm)				
Sa2 或 St3	环氧铁红底涂料	2	60	环氧云铁中间涂料	1	70	环氧、聚氨酯、丙烯酸环氧、丙烯酸聚氨酯等面涂料	2	70	200	2~5	5~10	10~15
		2	60		1	80		3	100	240	5~10	10~11	>15
Sa2$\frac{1}{2}$		2	60		2	120		3	100	280	10~15	>15	>15
		2	60		1	70	环氧、聚氨酯、丙烯酸环氧、丙烯酸聚氨酯等厚膜型面涂料	2	150	280	10~15	>15	>15
		2	60	—	—	—	环氧、聚氨酯等玻璃鳞片面涂料	3	260	320	>15	>15	>15
							乙烯基酯玻璃鳞片面涂料	2					
Sa2 或 St3	聚氯乙烯萤丹底涂料	3	100	—	—	—	聚氯乙烯萤丹面涂料	2	60	160	5~10	10~11	>15
		3	100					3	100	200	10~11	>15	>15
Sa2$\frac{1}{2}$		2	80				聚氯乙烯含氟萤丹面涂料	2	60	140	5~10	>15	>15
		3	110					2	60	170	10~11	>15	>15
		3	100					3	100	200	>15	>15	>15
Sa2$\frac{1}{2}$	富锌底涂料	见表注	70	环氧云铁中间涂料	1	60	环氧、聚氨酯、丙烯酸环氧、丙烯酸聚氨酯等面涂料	2	70	200	5~10	10~15	>15
			70		1	70		3	100	240	10~11	>15	>15
			70		2	110		3	100	280	>15	>15	>15
			70		1	60	环氧、聚氨酯丙烯酸环氧、丙烯酸聚氨酯等厚膜型面涂料	2	150	280	>15	>15	>15
Sa3(用于铝层)、Sa2$\frac{1}{2}$(用于锌层)	喷涂锌、铝及其合金的金属覆盖层120μm，其上再涂环氧密封底涂料20μm			环氧云铁中间涂料	1	40	环氧、聚氨酯、丙烯酸环氧、丙烯酸聚氨酯等面涂料	2	60	240	10~15	>15	>15
								3	100	280	>15	>15	>15
							环氧、聚氨酯、丙烯酸环氧、丙烯酸聚氨酯等厚膜型面涂料	1	100	280	>15	>15	>15

注：1 涂层厚度系指干膜的厚度。

2 富锌底涂料的遍数与品种有关，当采用正硅酸乙酯富锌底涂料、硅酸锂富锌底涂料、硅酸钾富锌底涂料时，宜为1遍；当采用环氧富锌底涂料、聚氨酯富锌底涂料、硅酸钠富锌底涂料和冷涂锌底涂料时，宜为2遍。

附录 C　常用封闭剂、封闭涂料和涂装层涂料

表 C　常用封闭剂、封闭涂料和涂装层涂料

类型	种类	成膜物质	主颜料	主要性能
封闭剂	磷化底漆	聚乙烯醇缩丁醛	四盐基铬酸锌	能形成磷化-钝化膜，可提高封闭层、封闭涂料的相容性及防腐性能

类型	种 类	成膜物质	主颜料	主要性能
封闭剂	双组分环氧漆	环氧	铬酸锌、磷酸锌或云母氧化铁	能形成磷化-钝化膜，可提高封闭层、封闭涂料的相容性及防腐性能，与环氧类封闭涂料或涂层涂料配套
	双组分聚氨酯	聚氨基甲酸酯	锌铬黄或磷酸锌	能形成磷化-钝化膜，可提高封闭层、封闭涂料的相容性及防腐性能，与聚氨酯类封闭或涂层涂料配套
封闭涂料或涂装层涂料	双组分环氧或环氧沥青	环氧沥青	—	耐潮、耐化学药品性能优良，但耐候性差
	双组分聚氨酯漆	聚氨基甲酸酯	—	综合性能优良，耐潮湿、耐化学药品性能好，有些品种具有良好的耐候性，可用于受阳光直射的大气区域

附录 D 露点换算表

表 D 露点换算表

大气环境相对湿度（%）	环境温度（℃）									
	−5	0	5	10	15	20	25	30	35	40
95	−6.5	−1.3	3.5	8.2	13.3	18.3	23.2	28.0	33.0	38.2
90	−6.9	−1.7	3.1	7.8	12.9	17.9	22.7	27.5	32.5	37.7
85	−7.2	−2.0	2.6	7.3	12.5	17.4	22.1	27.0	32.0	37.1
80	−7.7	−2.8	1.9	6.5	11.5	16.5	21.0	25.9	31.0	36.2
75	−8.4	−3.6	0.9	5.6	10.4	15.4	19.9	24.7	29.6	35.0
70	−9.2	−4.5	−0.2	4.59	9.1	14.2	18.5	23.3	28.1	33.5
65	−10.0	−5.4	−1.0	3.3	8.0	13.0	17.4	22.0	26.8	32.0
60	−10.8	−6.0	−2.1	2.3	6.7	11.9	16.2	20.6	25.3	30.5
55	−11.5	−7.4	−3.2	1.0	5.6	10.4	14.8	19.1	23.0	28.0
50	−12.8	−8.4	−4.4	−0.3	4.1	8.6	13.3	17.5	22.2	27.1
45	−14.3	−9.6	−5.7	−1.5	2.6	7.0	11.7	16.0	20.2	25.2
40	−15.9	−10.7	−7.3	−3.1	0.9	5.4	9.5	14.0	18.2	23.0
35	−17.5	−12.1	−8.6	−4.7	−0.8	3.4	7.4	12.0	16.1	20.6
30	−19.9	−14.3	−10.2	−6.9	−2.9	1.3	5.2	9.2	13.7	18.0

注：中间值可按直线插入法取值。

附录 E 建筑钢结构防腐蚀涂装
检验批质量验收记录

表 E 建筑钢结构防腐蚀涂装检验批质量验收记录表

工程名称			检验批部位	
施工单位			项目经理	
监理单位			总监理工程师	
施工依据标准			分包单位负责人	

	主控项目	合格质量标准	施工单位检验评定记录或结果	监理(建设)单位验收记录或结果	备 注
1	表面除锈	5.2.1			
2	表面粗糙度	5.2.2			
3	涂层厚度	5.3.1			
4	涂层结合性能	5.3.2			
5	金属喷涂层厚度	5.4.1			
6	金属喷涂层结合性能	5.4.2			
	一般项目	合格质量标准	施工单位检验评定记录或结果	监理(建设)单位验收记录或结果	备 注
1	涂装前表面外观	5.2.3			
2	施工环境温度和湿度	5.2.4			
3	涂层外观	5.3.3、5.3.4			
4	金属喷涂层外观	5.4.3			

施工单位检验评定结果	班组长:
	或专业工长:
	  年 月 日
		质检员:
		或项目技术负责人:
		  年 月 日

监理(建设)单位验收结论	监理工程师(建设单位项目技术人员):	年 月 日

本规程用词说明

1 为便于在执行本规程条文时区别对待，对于要求严格程度不同的用词说明如下：

1）表示很严格，非这样做不可的：

正面词采用"必须"，反面词采用"严禁"；

2）表示严格，在正常情况下均应这样做的：

正面词采用"应"，反面词采用"不应"或"不得"；

3）表示允许稍有选择，在条件许可时首先应这样做的：

正面词采用"宜"，反面词采用"不宜"；

4）表示有选择，在一定条件下可以这样做的，采用"可"。

2 条文中指明必须按其他标准、规范执行的写法为"按……执行"或"应符合……的规定"

引用标准名录

1 《建筑工程施工质量验收统一标准》GB 50300

2 《色漆和清漆 拉开法附着力试验》GB/T 5210

3 《涂装作业安全规程 涂漆工艺安全及其通风净化》GB 6514

4 《涂装作业安全规程 安全管理通则》GB 7691

5 《涂装作业安全规程 涂漆前处理工艺安全及其通风净化》GB 7692

6 《涂装前钢材表面锈蚀等级和除锈等级》GB 8923

7 《色漆和清漆 漆膜划格试验》GB/T 9286

8 《金属和其他无机覆盖层热喷涂 锌、铝及其合金》GB/T 9793

9 《热喷涂涂层厚度的无损测量方法》GB 11374

10 《金属和其他无机覆盖层 热喷涂 操作安全》GB 11375

11 《涂装前钢材表面粗糙度等级的评定（比较样块法）》GB/T 13288

中华人民共和国行业标准

建筑钢结构防腐蚀技术规程

JGJ/T 251—2011

条 文 说 明

制 定 说 明

《建筑钢结构防腐蚀技术规程》JGJ/T 251－2011，经住房和城乡建设部 2011 年 7 月 13 日以第 1070 号公告批准、发布。

本规程制定过程中，编制组进行了广泛的调查和研究，总结了国内外先进技术法规、技术标准，通过对不同环境条件下建筑钢结构防腐蚀情况的区别，做出了具体的规定。

为便于广大设计、施工、科研、学校等单位有关人员在使用本规程时能正确理解和执行条文的规定，《建筑钢结构防腐蚀技术规程》编制组按章、节、条、款顺序编制了本规程的条文说明，对条文规定的目的、依据以及执行中需注意的有关事项进行了说明。但是，本条文说明不具备与规程正文同等的法律效力，仅供使用者作为理解和把握规程规定的参考。

目　次

1 总　　则

1.0.1 本条为制定本规程的目的。随着建筑工程中钢材用量的迅速增长，钢结构的腐蚀问题日益突出。选择适当的防腐蚀技术、合理的设计、科学的施工、适度的维护管理，是确保建筑钢结构工程安全、耐久的重要措施。

1.0.2 本条规定了本规程的适用范围。本规程仅考虑在大气环境中的新建建筑工程钢结构的防腐蚀设计、施工、检验和维护。由于钢桩在建筑工程中尚未广泛应用，因此未包括在本规程的适用范围之中。

3 设　　计

3.1 一般规定

3.1.1 本条是对建筑钢结构防腐蚀工程的一般要求，防腐蚀是一门边缘学科，建筑钢结构工程由于所处腐蚀环境类型不同，造成的腐蚀速率有很大的差别，适用的防腐蚀方法也各不相同。因此，根据腐蚀环境类型和使用条件，选择适宜的防腐蚀措施，才能做到先进、经济、实用。

3.1.2 由于大气环境中所含的腐蚀性物质的成分、浓度、相对湿度是影响钢结构腐蚀的关键因素。本条根据《大气环境腐蚀性分类》GB/T 15957，按影响钢结构腐蚀的主要气体成分及其含量，将环境气体分为A、B、C、D四种类型。大气相对湿度（RH）类型分为干燥型（$RH<60\%$）、普通型（$RH=60\%\sim75\%$）、潮湿型（$RH>75\%$）。根据碳钢在不同大气环境下暴露第一年的腐蚀速率（mm/a），将腐蚀环境类型分为六大类。

进行建筑钢结构防腐蚀设计时，可按建筑钢结构所处位置的大气环境和年平均环境相对湿度确定大气环境腐蚀性等级。当大气环境不易划分时，大气环境腐蚀性等级应由设计进行确定。

在特殊场合与额外腐蚀负荷作用下，应将腐蚀类型提高等级。例如：①风沙大的地区，因风携带颗粒（沙子等）使钢结构发生磨蚀的情况；②钢结构上用于（人或车辆）通行或有机械重负载并定期移动的表面；③经常有吸潮性物质沉积于钢结构表面的情况。

考虑到处于潮湿状态或不可避免结露部位的标准应相应提高，对如厕浴间等类似的局部环境将大气相对湿度按$RH>75\%$考虑。

3.1.3 因为钢结构主要是承担结构荷载的，可以通过隔离措施避免与液态腐蚀性物质或固态腐蚀性物质接触，以便可以达到经济、实用的目的。

3.1.4 本条给出了在腐蚀环境下结构设计应符合的

规定。对本条各款说明如下：

2 钢结构构件和杆件形式，对结构或杆件的腐蚀速率有重大影响。按照材料集中原则的观点，截面的周长与面积之比愈小，则抗腐蚀性能愈高。薄壁型钢壁较薄，稍有腐蚀对承载力影响较大；格构式结构杆件的截面较小，加上缀条、缀板较多，表面积大，不利于钢结构防腐蚀。

3 闭口截面杆件端部封闭是防腐蚀要求。闭口截面的杆件采用热镀浸锌工艺防护时，杆件端部不应封闭，应采取开孔防爆措施，以保证安全。若端部封闭后再进行热浸镀锌处理，则可能会因高温引起爆炸。

4 为保证钢构件的耐久性，应有一定的截面厚度要求。太薄的杆件一旦腐蚀便很快丧失承载力。规程中规定的截面厚度最小限值，是根据使用经验确定的。杆件均指的是单件杆件。

5 门式刚架是近年来使用较多的钢结构，它造型简捷，受力合理。在腐蚀条件下推荐采用热轧H型钢。因整体轧制，表面平整，无焊缝，可达到较好的耐腐蚀性能。采用双面连续焊缝，使焊缝的正反面均被堵死，密封性能好。

6 网架结构能够实现大跨度空间且造型美观，近年发展迅速，应用于许多工业与民用建筑。钢管截面和球型节点是各类网架中杆件外表面积小、防腐蚀性能好且便于施工的空间结构形式，也是工业建筑中广泛应用的形式。

焊接连接的空心球节点虽然比较笨重，施工难度大，但其防腐蚀性能好，承载力高，连接相对灵活。在大气环境腐蚀性等级为Ⅳ、Ⅴ或Ⅵ级时不推荐螺栓球节点，因钢管与球节点螺栓连接时，接缝处难以保持严密。

网架作为大跨度结构构件，防腐蚀非常重要，螺栓球接缝处理和多余螺栓孔封堵都是防止腐蚀性气体进入的重要措施。

7 不同金属材料接触时会发生电化学反应，腐蚀严重，故要在接触部位采取防止电化学腐蚀的隔离措施。如采用硅橡胶垫做隔离层并加密封措施。

8 焊接连接的防腐蚀性能优于螺栓连接和铆接，但焊缝的缺陷会使涂层难以覆盖，且焊缝表面常夹有焊渣又不平整，容易吸附腐蚀性介质，同时焊缝处一般均有残余应力存在，所以，焊缝常常先于主体材料腐蚀。焊缝是传力和保证结构整体性的关键部位，对其焊脚尺寸应有最小要求。断续焊缝容易产生缝隙腐蚀，若闭口截面的连接焊缝采用断续焊缝，腐蚀介质和水汽容易从焊缝空隙中渗入内部。所以对重要构件和闭口截面杆件的焊缝应采用连续焊缝。

加劲肋切角的目的是排水，避免积水和积灰加重腐蚀，也便于涂装。焊缝不得把切角堵死。国际标准《色漆和清漆　防护漆体系对钢结构的腐蚀防护》ISO

12944 中提出加劲肋切角半径不应小于 50mm。

9 构件的连接材料，如焊条、螺栓、节点板等，其耐腐蚀性能（包括防护措施）不应低于主体材料，以保证结构的整体性。弹簧垫圈（如防松垫圈、齿状垫圈）容易产生缝隙腐蚀。

11 钢柱柱脚均应置于混凝土基础上，不允许采用钢柱插入地下再包裹混凝土的做法。钢柱于地上、地下形成阴阳极，雨季环境湿度高或积水时，电化学腐蚀严重。另外，室内外地坪常因排水不畅而积水，规定钢柱基础顶面宜高出地面不小于 300mm，是为了避免柱脚积水锈蚀。

12 耐候钢即耐大气腐蚀钢，是在钢中加入少量合金元素，如铜、铬、镍等，使其在工业大气中形成致密的氧化层，即金属基体的保护层，以提高钢材的耐候性能，同时保持钢材具有良好的焊接性能。在大气环境下，耐候钢表面也需要采用涂料防腐。耐候钢表面的钝化层增强了与涂料附着力。另外，耐候钢的锈层结构致密，不易脱落，腐蚀速率减缓。故涂装后的耐候钢与普通钢材相比，有优越的耐蚀性，适宜在室外环境使用。

参考已有部分实验结果，在有些地区为了使钢结构防腐蚀的经济效益更为明显，在腐蚀性等级为 V 级时，重要构件也可采用耐候钢。

3.1.5 目前各种常规的防腐蚀措施，均难以确保100％的保护度。涂层和金属热喷涂层即使在设计使用年限内，也会因针孔或机械破损而造成小面积局部腐蚀。使用中不能重新涂装的钢结构部位是指对于防腐蚀维护不易实施的钢结构及其部位。如在构造上不能避免难于检查、清刷和油漆之处，以及能积留湿气和大量灰尘的死角、凹槽或有特殊要求的部位，可以在结构设计时留有适当的腐蚀裕量。由于封闭结构内氧气不能得到有效补充，腐蚀过程不可能连续进行，因此无需考虑防腐蚀措施。

《钢结构设计规范》GB 50017—2003 条文说明第8.9.2 条提出，不能重新刷油的部位应采取特殊的防锈措施，必要时亦可适当加厚截面的厚度。本规程第3.1.5 条的相关规定是国内现行的有效防锈措施，对设计使用年限大于或等于 25 年，所处环境的腐蚀性等级较高（大于Ⅳ级）的建筑物，使用期间不能重新涂装的钢结构部位，考虑钢结构防腐蚀措施失效后，钢结构的继续锈蚀可能危害建筑物安全时，应考虑腐蚀裕量。

3.2 表 面 处 理

3.2.1 有多种因素影响防腐蚀保护层的有效使用寿命，如涂装前钢材表面处理质量、涂料的品种、组成、涂膜的厚度、涂装道数、施工环境条件及涂装工艺等。表 1 列出已作的相关调查关于各种因素对涂层寿命影响的统计结果。

表 1 各种因素对涂层寿命的影响表

因　　素	影响程度（％）
表面处理质量	49.5
涂膜厚度	19.1
涂料种类	4.9
其他因素	26.5

由表 1 可见，表面处理质量是涂层过早破坏的主要影响因素，对金属热喷涂层和其他防腐蚀覆盖层与基体的结合力，表面处理质量也有极重要的作用。因此，规定钢结构在涂装之前应进行表面处理。

3.2.4 现行国家标准《涂装前钢材表面锈蚀等级和除锈等级》GB 8923 规定了涂装前钢材表面锈蚀程度和除锈质量的目视评定等级。对涂装前钢结构的表面状态，包括锈蚀等级和除锈等级都作出了明确的规定。

涂层与基体金属的结合力主要依靠涂料极性基团与金属表面极性分子之间的相互吸引，粗糙度的增加，可显著加大金属的表面积，从而提高了涂膜的附着力。但粗糙度过大也会带来不利的影响，当涂料厚度不足时，轮廓峰顶处常会成为早期腐蚀的起点。因此，规定在一般情况下表面粗糙度值不宜超过涂装系统总干膜厚度的 1/3。

3.3 涂 层 保 护

3.3.2 防腐蚀涂装配套中的底漆、中间漆和面漆因使用功能不同，对主要性能的要求也有所差异，但同一配套中的底漆、中间漆、面漆宜有良好的相容性。

在涂装配套中，因底漆、中间漆和面漆所起作用不同，各厂家同类产品的成分配比也有所差别。如果一个涂装系统采用不同厂家的产品，配套性难以保证。一旦出现质量问题，不易分析原因，也难以确定责任者，因此宜选用同一厂家的产品。

3.3.3 对本条各款说明如下：

1 聚氨酯涂料是聚氨基甲酸酯树脂涂料的简称。聚氨酯涂料的耐候性与型号有关，脂肪族的耐候性好，而芳香族的耐候性差。聚氨酯取代乙烯互穿网络涂料属于耐候性聚氨酯涂料，本规程不作为单一品种列入。含羟基丙烯酸酯与脂肪族多异氰酸酯反应而成的丙烯酸聚氨酯涂料，具有很好的耐候性和耐腐蚀性能。

聚氯乙烯萤丹涂料含有萤丹颜料成分，对被涂覆的基层表面起到较好的屏蔽和隔离介质作用，而且对金属基层具有磷化、钝化作用。该涂料对盐酸及中等浓度的硫酸、硝酸、醋酸、碱和大多数的盐类等介质，具有较好的耐腐蚀性能。不含萤丹的聚氯乙烯涂料的性能很差。另外，一些单位通过试验和工程实践表明，若在聚氯乙烯萤丹涂料中加入适量的氟树脂，其耐温、耐老化和耐腐蚀性能更好。

    2 树脂玻璃鳞片涂料能否用于室外取决于树脂的耐候性。

3.3.4 锌黄的化学成分是铬酸锌，由它配制而成的锌黄底涂料适用于钢铁表面。

3.3.5 用于钢结构的防腐蚀保护层一般分为三大类：第一类是喷、镀金属层上加防腐蚀涂料的复合面层；第二类是含富锌底漆的涂层；第三类是不含金属层，也不含富锌底漆的涂层。

    钢结构涂层的厚度，应根据构件的防护层使用年限及其腐蚀性等级确定。因为防护层使用年限增大到 10a～15a，故本条所规定的涂层厚度比目前一般建筑防腐蚀工程上的实际涂层稍厚；室外构件应适当增加涂层厚度。

3.4 金属热喷涂

    金属热喷涂是利用各种热源，将欲喷涂的固体涂层材料加热至熔化或软化，借助高速气流的雾化效果使其形成微细熔滴，喷射沉积到经过处理的基体表面形成金属涂层的技术。金属热喷涂最早在 20 世纪 40年代应用于防腐蚀方面，已经具备了几十年的经验。金属热喷涂主要有喷锌和喷铝两种，作为钢结构的底层，有着很好的耐蚀性能。金属热喷涂广泛用于新建、重建或维护保养时对于金属部分的修补。在大气环境中喷铝层和喷锌层是最长效保护系统的首要选择。喷铝层是大气环境中钢结构使用较多的一种选择，比喷锌层的耐蚀性能还要强。喷铝层与钢铁的结合力强，工艺灵活，可以现场施工，适用于重要的不易维修的钢铁桥梁。在很多环境下，金属热喷涂层的寿命可以达到 15a 以上。但是其处理速度较慢，施工标准又高，使得最初的费用相对较高，但它的长期使用寿命表明是经济有效的。和所有涂层一样，金属热喷涂系统的性能是由高质量的施工，包括表面处理、使用的材料、施工设备以及施工技术等来保证的。

4 施 工

4.1 一 般 规 定

4.1.3 根据有关资料显示，钢结构防腐蚀材料中挥发性有机化合物含量不得大于 40%，施工时可据此作为参考。

4.2 表 面 处 理

4.2.2 钢结构表面的焊渣、毛刺和飞溅物等附着物会造成涂层的局部缺陷。钢结构在除锈前，应进行表面净化处理：用刮刀、砂轮等工具除去焊渣、毛刺和飞溅的熔粒，用清洁剂或碱液、火焰等清除钢结构表面油污，用淡水冲洗至中性。小面积油污可采用溶剂擦洗。

    脱脂净化的目的是除去基体表面的油脂和机械加工润滑剂等污物。这些有机物附着在基体金属表面上，会严重影响涂层的附着力，并污染喷（抛）射处理时所用的磨料。

    残存的清洗剂，特别是碱性清洗剂，也会影响涂层的附着力。

    多数溶剂都易燃且有一定的毒性，采取相应的防护措施是必要的，如通风、防火、呼吸保护和防止皮肤直接接触溶剂等。

4.2.4 由空压机所提供的压缩空气含有一定的油和水，油会严重影响涂层的附着力，水会加速被涂覆钢结构返锈。空压机的压缩空气温度较高，一般约 70℃～80℃，用未经冷却的空气直接喷射温度相对较低的钢结构表面，可能会产生冷凝现象。油水分离器内部的过滤材料经过一定时间使用后会失效，应予更换。

4.2.8 磨料的选择是表面清理中的重要环节，一般A 级和 B 级锈蚀等级的钢构件选用丸状磨料；C 级和 D 级锈蚀等级使用棱角状磨料效率较高；丸状和棱角状混合磨料适用于各种原始锈蚀等级的钢结构表面。

4.2.9 手工除锈不能除去附着牢固的氧化皮，动力除锈也无法清除蚀孔中的铁锈，且动力除锈有抛光作用，降低涂层的附着力，因此不适用于大面积建筑钢结构的表面清理，只能作为修复或辅助手段。

4.3 涂 层 施 工

4.3.5 焊缝及焊接热影响区是涂料保护的薄弱环节之一，本条为质量强化措施。根据部分工程的施工情况可对焊缝热影响区进行界定，在焊缝两侧 50mm 范围内应先涂刷不影响焊接性能的车间底漆。

4.3.7 表面清理与涂装之间的间隔时间越短越好，具体时间间隔要求因施工现场的空气相对湿度和粉尘含量的不同而有较大区别。根据部分工程钢结构施工情况，对于空气的相对湿度小于 60% 的晴天，表面预处理与涂装施工之间的间隔时间不应超过 12h。

4.4 金属热喷涂

4.4.2 金属热喷涂工艺有火焰喷涂法、电弧喷涂法和等离子喷涂法等。由于环境条件和操作因素所限，目前在工程上应用的热喷涂方法仍以火焰喷涂法较多。该方法用氧气和乙炔焰熔化金属丝，由压缩空气吹送至待喷涂结构表面，即本条的气喷涂。

    电弧喷涂技术近年来发展很快，它的地位已超过火焰喷涂，成为防腐蚀施工最重要的热喷涂方法。在电弧喷涂过程中，两根金属丝被加载至 18V～40V 的直流电压，每根丝带有不同的极性。它们作为自耗电极，彼此绝缘，并同时被送丝机构送进。在喷涂枪的前端两根金属丝相遇，引燃产生电弧，电弧使两金属丝的尖端熔化，用压缩空气把熔化的金属雾化，并对雾化的金属细滴加速，使它们喷向工件形成涂层。在大面积钢结构热喷涂防腐蚀施工中，电弧喷涂的独特优越性是其他方法所不及的。这包括：特别高的涂层结合强度、突出的经济性、工艺易于掌握、喷涂质量容易保证等。当需要高生产效率及长时间连续喷涂时，电弧喷涂的优越性可以得到特别好的发挥。

4.4.3 金属热喷涂层对表面处理的要求很高，表面粗糙度值也比涂料大，手工和动力除锈无法满足其表面处理要求。

4.4.4 金属热喷涂常用的材料为锌铝及合金，其电极电位比钢结构低。在腐蚀性电解质中，如果采用热喷涂防腐蚀的钢构件与未采用热喷涂的钢构件相连接。金属涂层便成了牺牲阳极，会溶解自身，并对未喷涂部位提供保护电流，从而导致喷涂层过早失效，未能达到预期的保护寿命。

值得注意的是，金属热喷涂构件通过预埋铁件与混凝土中的结构钢筋连接，如果该混凝土结构处于经常性的潮湿状态中，也会促使金属热喷涂层溶解破坏。

4.4.5 缩短表面预处理与热喷涂施工之间的时间间隔，可以减少被保护钢结构表面返锈和结露的机会，使生成的氧化膜厚度较薄，喷镀颗粒容易击破，从而保证金属热喷涂层的附着力。

基材表面预处理后 30min 内基材表面的电极电位没有明显变化，而在 2h～3h 内基本是稳定的。随着时间的增加，其表面的电极电位值开始升高，活化强度减弱，镀层与基材的结合强度下降。这是由于表面氧化膜的生成厚度与喷镀颗粒撞击表面时能否破裂有关：2h～3h 之内，很薄的氧化膜很易被高速喷射的喷镀颗粒击破；2h～3h 之后，氧化膜过厚，喷镀颗粒不易击破，对镀层与基材起着隔绝的作用，从而破坏镀层与基材的附着。

间隔时间越短越好，具体时间间隔要求因施工现场的空气相对湿度和粉尘含量的不同而有较大区别。

4.4.6 被喷涂钢结构表面在大气温度低于 5℃、温度低于露点 3℃，或空气相对湿度大于 85% 时，容易结露形成水膜，从而造成金属热喷涂层的附着力显著下降。

4.4.7 热喷涂用金属材料的品质指标采用了现行国家标准《金属和其他无机覆盖层热喷涂 锌、铝及其合金》GB/T 9793 的规定。工程上常用的热喷涂材料一般为 ϕ3.0mm 的金属丝。

锌应符合现行国家标准《锌锭》GB/T 470 中规定的 Zn99.99 的质量要求。

铝应符合现行国家标准《变形铝及铝合金化学成分》GB/T 3190 中规定的 1060 的质量要求。

锌铝合金的金属组成应为锌 85%～87%，铝 13%～15%。锌铝合金中锌应符合现行国家标准《锌

锭》GB/T 470 中规定的 Zn99.99 的质量要求，铝应符合现行国家标准《变形铝及铝合金化学成分》GB/T 3190 中规定的 1060 的质量要求。

铝镁合金的金属组成应为镁 4.8%～5.5%，铝 94.5%～95.2%。

Ac 铝的金属组成应为硒 0.1%～0.3%，铝 99.7%～99.9%。

4.4.8 根据有关资料显示，喷涂角度 80° 为最好。垂直喷镀时，半熔融状态的雾状微粒，以很快的速度堆积，会有部分空隙中的空气无法驱出而形成较多孔穴；有部分金属微粒从结构表面碰落回到镀层金属雾中去，使金属微粒互相碰撞，削弱镀层微粒对结构表面冲击力量，造成镀层疏松、附着力降低。若角度过小，高速喷射的金属微粒会产生滑冲和驱散现象。这样既降低镀层的附着力，同时又浪费材料。

4.4.9 在金属热喷涂层的封闭剂或首道封闭涂料施工时，如果喷涂层的温度过高，会对封闭材料的性能产生不良甚至破坏性影响，温度过低会影响渗透封闭效果。

5 验 收

5.3 涂层施工

5.3.1 涂层的干漆膜厚度应采用精度不低于 10% 的测厚仪进行检测，测厚仪应经标准样块调零修正，每一测点应测取 3 次读数，每次测量的位置相距 50mm，取 3 次读数的算术平均值为此点的测定值。测定值达到设计厚度的测点数不应少于总测点数的 85%，且最小测值不得低于设计厚度的 85%。

6 安全、卫生和环境保护

6.1 一般规定

6.1.1 建筑钢结构的防腐蚀施工所使用的材料、设备和工艺，可能会对作业人员的身体健康和人身安全产生不利影响，也可能对施工环境和使用环境造成一定程度的污染，因此作出本条规定。

7 维护管理

7.0.1 根据定期检查和特殊检查情况，判断钢结构和其防腐蚀保护层是否处于正常状态。如果未发现异常，将检查记录作为结构物管理档案的一部分保存；如果发现异常情况，可根据异常情况的性质和程度对钢结构的防腐蚀效果作出判断，决定是否需要对防腐蚀保护层进行修复或更新，进而决定修复的范围和程度。

7.0.2 特殊检查的检查项目和内容可根据具体情况确定，或选择定期检查项目中的一项或几项。

对定期检查各项目的内容、方式、作用及相互关系说明如下：

防腐蚀保护层外观检查是对涂装钢结构进行的一般性检查，主要方法为目视检查保护层是否有破损及分辨破损的类型，估测破损的范围和程度，填写检测记录表，作为防腐蚀修复或结构补强的判断依据。

防腐蚀保护层防腐蚀性能检查是对防腐蚀保护层进行详细检查和测定，通过记录防腐蚀保护层的变色、粉化、鼓泡、剥落、返锈和破损面积等对防腐蚀保护层的保护性能进行评定，以便决定是否采取修复措施。

钢结构腐蚀量的检测原则上采用无破损检测方法，用超声波测厚仪测量钢结构的壁厚，根据设计原始厚度和使用时间推算出腐蚀量和腐蚀速率。厚度测定结果可用于评价防腐蚀措施的保护效果，判断是否需要进行修复或补强。

每次重大自然灾害后（如地震、台风等）应对钢结构防腐蚀进行全面检查。

中华人民共和国行业标准

钢筋焊接及验收规程

Specification for welding and acceptance of reinforcing steel bars

JGJ 18—2012

批准部门：中华人民共和国住房和城乡建设部
施行日期：２０１２年８月１日

中华人民共和国住房和城乡建设部
公 告

第 1324 号

关于发布行业标准《钢筋焊接
及验收规程》的公告

现批准《钢筋焊接及验收规程》为行业标准，编号为 JGJ 18-2012，自 2012 年 8 月 1 日起实施。其中，第 3.0.6、4.1.3、5.1.7、5.1.8、6.0.1、7.0.4 条为强制性条文，必须严格执行。原行业标准《钢筋焊接及验收规程》JGJ 18-2003 同时废止。

本规程由我部标准定额研究所组织中国建筑工业出版社出版发行。

中华人民共和国住房和城乡建设部
2012 年 3 月 1 日

前 言

根据住房和城乡建设部《关于印发 2009 年工程建设标准规范制定、修订计划的通知》（建标〔2009〕88 号）文的要求，标准修订组经广泛调查研究，认真总结实践经验，参考有关国际标准和国外先进标准，并在广泛征求意见的基础上，修订本规程。

本规程主要技术内容是：1 总则；2 术语和符号；3 材料；4 钢筋焊接；5 质量检验与验收；6 焊工考试；7 焊接安全。

本规程修订的主要内容是：

1 增加细晶粒热轧钢筋焊接；

2 增加部分术语和符号；

3 钢筋电渣压力焊的钢筋直径下限，从 14mm 延伸至 12mm；

4 在焊接工艺方法方面，增加箍筋闪光对焊的内容，从原来"钢筋闪光对焊"中列出，单独成节；

5 在钢筋电弧焊中，增加了二氧化碳气体保护电弧焊；

6 在钢筋气压焊方面，增加了半自动钢筋固态气压焊和钢筋氧液化石油气熔态气压焊；

7 在预埋件 T 形接头焊接中增加了钢筋埋弧螺柱焊；

8 提高了接头外观质量的规定；

9 增加了"焊接安全"的规定。

本规程中以黑体字标志的条文为强制性条文，必须严格执行。

本规程由住房和城乡建设部负责管理和对强制性条文的解释，由陕西省建筑科学研究院负责具体技术内容的解释。在执行过程中如有意见或建议，请寄送

陕西省建筑科学研究院（地址：西安市环城西路北段 272 号，邮编：710082）。

本规程主编单位：陕西省建筑科学研究院

本规程参编单位：陕西建工集团总公司
中国建筑科学研究院
北京建工集团有限责任公司
中国水利水电十二工程局有限公司
上海市建设工程检测行业协会
国家建筑钢材质量监督检验中心
中冶建筑研究总院有限公司
贵州省建设工程质量监督总站
中铁二局第一工程有限公司
钢铁研究总院
无锡市日新机械厂
成都斯达特焊接研究所
西安市阎良区建设局
广东省清远市代建项目管理局
陕西省第三建筑工程公司
冶金工业信息标准研究院
首钢总公司

山东石横特钢集团有限
公司
郑州市建设工程质量检测
有限公司
宁波市富隆焊接设备科技
有限公司

本规程主要起草人员：吴成材　陆建勇　张宣关
　　　　　　　　　　李增福　王晓锋　冯　跃
　　　　　　　　　　李本端　纪怀钦　朱建国

　　　　　　　　　　　　马德志　杨力列　袁远刚
　　　　　　　　　　　　彭　云　邹士平　黄贤聪
　　　　　　　　　　　　孙小雷　杨秀敏　宫　平
　　　　　　　　　　　　冯　超　鲁丽燕　柴建铭
　　　　　　　　　　　　张连杰　郑奶谷
本规程主要审查人员：潘际銮　白生翔　翁宇庆
　　　　　　　　　　徐滨士　徐有邻　王丽敏
　　　　　　　　　　薛永武　邵传炳　艾永祥
　　　　　　　　　　邵志范

目　次

Contents

1 总 则

1.0.1 为在钢筋焊接施工中采用合理的焊接工艺，统一质量验收标准，做到施工安全，确保质量，技术先进，节材节能，制定本规程。

1.0.2 本规程适用于一般工业与民用建筑工程混凝土结构中的钢筋焊接施工及质量检验与验收。

1.0.3 钢筋的焊接施工及其质量检验与验收，除应按本规程执行外，尚应符合国家现行有关标准的规定。

2 术语和符号

2.1 术 语

2.1.1 热轧光圆钢筋 hot rolled plain bars

经热轧成型，横截面通常为圆形，表面光滑的成品钢筋。

2.1.2 普通热轧钢筋 hot rolled bars

按热轧状态交货的钢筋，其金相组织主要是铁素体加珠光体，不得有影响使用性能的其他组织（如基圆上出现的回火马氏体组织）存在。

2.1.3 细晶粒热轧钢筋 hot rolled bars of fine grains

在热轧过程中，通过控轧和控冷工艺形成的细晶粒钢筋。其金相组织主要是铁素体加珠光体，不得有影响使用性能的其他组织（如基圆上出现的回火马氏体组织）存在，晶粒度不粗于 9 级。

2.1.4 余热处理钢筋 quenching and self-tempering ribbed steel bars

热轧后利用热处理原理进行表面控制冷却，并利用芯部余热自身完成回火处理所得的成品钢筋。余热处理钢筋有多种牌号，需要焊接时，应选用 RRB400W 可焊接余热处理钢筋。

2.1.5 冷轧带肋钢筋 cold-rolled ribbed steel wires and bars

热轧圆盘条经冷轧后，在其表面带有沿长度方向均匀分布的三面或二面横肋的钢筋。

2.1.6 冷拔低碳钢丝 cold-drawn low-carbon steel wire

低碳钢热轧圆盘条或热轧光圆钢筋经一次或多次冷拔制成的光圆钢丝。

2.1.7 钢筋电阻点焊 resistance spot welding of reinforcing steel bar

将两钢筋（丝）安放成交叉叠接形式，压紧于两电极之间，利用电阻热熔化母材金属，加压形成焊点的一种压焊方法。

2.1.8 钢筋闪光对焊 flash butt welding of reinforcing steel bar

将两钢筋以对接形式水平安放在对焊机上，利用电阻热使接触点金属熔化，产生强烈闪光和飞溅，迅速施加顶锻力完成的一种压焊方法。

2.1.9 箍筋闪光对焊 flash butt welding of stirrup

将待焊箍筋两端以对接形式安放在对焊机上，利用电阻热使接触点金属熔化，产生强烈闪光和飞溅，迅速施加顶锻力，焊接形成封闭环式箍筋的一种压焊方法。

2.1.10 钢筋焊条电弧焊 shielded metal arc welding of reinforcing steel bar

钢筋焊条电弧焊是以焊条作为一极，钢筋为另一极，利用焊接电流通过产生的电弧热进行焊接的一种熔焊方法。

2.1.11 钢筋二氧化碳气体保护电弧焊 carbon-dioxide arc welding of reinforcing steel bar

以焊丝作为一极，钢筋为另一极，并以二氧化碳气体作为电弧介质，保护金属熔滴、焊接熔池和焊接区高温金属的一种熔焊方法。二氧化碳气体保护电弧焊简称 CO_2 焊。

2.1.12 钢筋电渣压力焊 electroslag pressure welding of reinforcing steel bar

将两钢筋安放成竖向对接形式，通过直接引弧法或间接引弧法，利用焊接电流通过两钢筋端面间隙，在焊剂层下形成电弧过程和电渣过程，产生电弧热和电阻热，熔化钢筋，加压完成的一种压焊方法。

2.1.13 钢筋气压焊 gas pressure welding of reinforcing steel bar

采用氧乙炔火焰或氧液化石油气火焰（或其他火焰），对两钢筋对接处加热，使其达到热塑性状态（固态）或熔化状态（熔态）后，加压完成的一种压焊方法。

2.1.14 预埋件钢筋埋弧压力焊 submerged-arc pressure welding of reinforcing steel bar at prefabricated components

将钢筋与钢板安放成 T 形接头形式，利用焊接电流通过，在焊剂层下产生电弧，形成熔池，加压完成的一种压焊方法。

2.1.15 预埋件钢筋埋弧螺柱焊 submerged-arc stud welding of reinforcing steel bar at prefabricated components

用电弧螺柱焊焊枪夹持钢筋，使钢筋垂直对准钢板，采用螺柱焊电源设备产生强电流、短时间的焊接电弧，在熔剂层保护下使钢筋焊接端面与钢板间产生熔池后，适时将钢筋插入熔池，形成 T 形接头的焊接方法。

2.1.16 待焊箍筋 waiting weld stirrup

用调直的钢筋，按箍筋的内净空尺寸和角度弯制成设计规定的形状，等待进行闪光对焊的半成品箍筋。

2.1.17 对焊箍筋　butt welded stirrup

待焊箍筋经闪光对焊形成的封闭环式箍筋。

2.1.18 压入深度　pressed depth

在焊接骨架或焊接网的电阻点焊中，两钢筋（丝）相互压入的深度。

2.1.19 焊缝余高　reinforcement; excess weld metal

焊缝表面两焊趾连线上的那部分金属高度。

2.1.20 熔合区　bond

焊接接头中，焊缝与热影响区相互过渡的区域。

2.1.21 热影响区　heat-affected zone

焊接或热切割过程中，钢筋母材因受热的影响（但未熔化），使金属组织和力学性能发生变化的区域。

2.1.22 延性断裂　ductile fracture

形成暗淡且无光泽的纤维状剪切断口的断裂。

2.1.23 脆性断裂　brittle fracture

由解理断裂或许多晶粒沿晶界断裂而产生有光泽断口的断裂。

2.2 符　号

2.2.1 钢筋符号

Φ——HPB 300 热轧光圆钢筋；
Φ^b——CDW550 冷拔低碳钢丝；
Φ^R——CRB550 冷轧带肋钢筋；
Φ——HRB335 热轧带肋钢筋；
Φ^F——HRBF335 细晶粒热轧带肋钢筋；
Φ——HRB400 热轧带肋钢筋；
Φ^F——HRBF400 细晶粒热轧带肋钢筋；
Φ^{RW}——RRB400W 可焊接余热处理钢筋；
Φ——HRB500 热轧带肋钢筋；
Φ^F——HRBF500 细晶粒热轧带肋钢筋。

2.2.2 钢筋焊接接头尺寸符号

a_g——箍筋内净长度；
b——焊缝表面宽度；
b_g——箍筋内净宽度；
b_h——回火焊道；
b_r——绕焊焊道；
d——钢筋（箍筋）直径；
d_y——压入深度；
f_y——压焊面；
h_y——焊缝余高；
K——焊脚尺寸；
l——帮条长度、搭接长度；
L_g——箍筋下料长度；
S——焊缝有效厚度。

2.2.3 焊接工艺符号

A——烧化留量；

a_1——左烧化留量；
a_2——右烧化留量；
A_1——一次烧化留量；
$a_{1.1}$——左一次烧化留量；
$a_{2.1}$——右一次烧化留量；
A_2——二次烧化留量；
$a_{1.2}$——左二次烧化留量；
$a_{2.2}$——右二次烧化留量；
B——预热留量；
b_1——左预热留量；
b_2——右预热留量；
C——顶锻留量；
c_1——左顶锻留量；
c_2——右顶锻留量；
c_1'——左有电顶锻留量；
c_2'——右有电顶锻留量；
c_1''——左无电顶锻留量；
c_2''——右无电顶锻留量；
F_j——夹紧力；
F_d——顶锻力；
F_t——弹性压力；
I_2——二次电流；
I_{2f}——二次分流电流；
I_{2h}——二次焊接电流；
L_1——左调伸长度；
L_2——右调伸长度；
S——动钳口位移；
t_1——烧化时间；
$t_{1.1}$——一次烧化时间；
$t_{1.2}$——二次烧化时间；
t_2——预热时间；
t_3——顶锻时间；
$t_{3.1}$——有电顶锻时间；
$t_{3.2}$——无电顶锻时间；
Δ——焊接总留量。

2.2.4 钢筋力学性能试验符号

A——断后伸长率；
R_{eH}——上屈服强度；
R_{eL}——下屈服强度；
R_m——抗拉强度。

3　材　料

3.0.1 焊接钢筋的化学成分和力学性能应符合国家现行有关标准的规定。

3.0.2 预埋件钢筋焊接接头、熔槽帮条焊接头和坡口焊接头中的钢板和型钢，可采用低碳钢或低合金钢，其力学性能和化学成分应符合现行国家标准《碳素结构钢》GB/T 700 或《低合金高强度结构钢》

GB/T 1591 中的规定。

3.0.3 钢筋焊条电弧焊所采用的焊条，应符合现行国家标准《碳钢焊条》GB/T 5117 或《低合金钢焊条》GB/T 5118 的规定。钢筋二氧化碳气体保护电弧焊所采用的焊丝，应符合现行国家标准《气体保护电弧焊用碳钢、低合金钢焊丝》GB/T 8110 的规定。其焊条型号和焊丝型号应根据设计确定；若设计无规定时，可按表 3.0.3 选用。

表 3.0.3　钢筋电弧焊所采用焊条、焊丝推荐表

钢筋牌号	电弧焊接头形式			
	帮条焊 搭接焊	坡口焊 熔槽帮条焊 预埋件 穿孔塞焊	窄间隙焊	钢筋与钢板 搭接焊 预埋件 T 形角焊
HPB300	E4303 ER50-X	E4303 ER50-X	E4316 E4315 ER50-X	E4303 ER50-X
HRB335 HRBF335	E5003 E4303 E5016 E5015 ER50-X	E5003 E5016 E5015 ER50-X	E5016 E5015 ER50-X	E5003 E4303 E5016 E5015 ER50-X
HRB400 HRBF400	E5003 E5516 E5515 ER50-X	E5503 E5516 E5515 ER55-X	E5516 E5515 ER55-X	E5003 E5516 E5515 ER50-X
HRB500 HRBF500	E5503 E6003 E6016 E6015 ER55-X	E6003 E6016 E6015	E6016 E6015	E5503 E6003 E6016 E6015 ER55-X
RRB400W	E5003 E5516 E5515 ER50-X	E5503 E5516 E5515 ER55-X	E5516 E5515 ER55-X	E5003 E5516 E5515 ER50-X

3.0.4 焊接用气体质量应符合下列规定：

　　1 氧气的质量应符合现行国家标准《工业氧》GB/T 3863 的规定，其纯度应大于或等于 99.5%；

　　2 乙炔的质量应符合现行国家标准《溶解乙炔》GB 6819 的规定，其纯度应大于或等于 98.0%；

　　3 液化石油气应符合现行国家标准《液化石油气》GB 11174 或《油气田液化石油气》GB 9052.1 的各项规定；

　　4 二氧化碳气体应符合现行化工行业标准《焊接用二氧化碳》HG/T 2537 中优等品的规定。

3.0.5 在电渣压力焊、预埋件钢筋埋弧压力焊和预埋件钢筋埋弧螺柱焊中，可采用熔炼型 HJ 431 焊剂；在埋弧螺柱焊中，亦可采用氟碱型烧结焊剂 SJ101。

3.0.6 施焊的各种钢筋、钢板均应有质量证明书；焊条、焊丝、氧气、溶解乙炔、液化石油气、二氧化碳气体、焊剂应有产品合格证。

　　钢筋进场时，应按国家现行相关标准的规定抽取试件并作力学性能和重量偏差检验，检验结果必须符合国家现行有关标准的规定。

　　检验数量：按进场的批次和产品的抽样检验方案确定。

　　检验方法：检查产品合格证、出厂检验报告和进场复验报告。

3.0.7 各种焊接材料应分类存放、妥善处理；应采取防止锈蚀、受潮变质等措施。

4　钢筋焊接

4.1　基本规定

4.1.1 钢筋焊接时，各种焊接方法的适用范围应符合表 4.1.1 的规定。

表 4.1.1　钢筋焊接方法的适用范围

焊接方法		接头形式	适用范围	
			钢筋牌号	钢筋直径 (mm)
电阻点焊			HPB300	6~16
			HRB335　HRBF335	6~16
			HRB400　HRBF400	6~16
			HRB500　HRBF500	6~16
			CRB550	4~12
			CDW550	3~8
闪光对焊			HPB300	8~22
			HRB335　HRBF335	8~40
			HRB400　HRBF400	8~40
			HRB500　HRBF500	8~40
			RRB400W	8~32
箍筋闪光对焊			HPB300	6~18
			HRB335　HRBF335	6~18
			HRB400　HRBF400	6~18
			HRB500　HRBF500	6~18
			RRB400W	8~18
电弧焊	帮条焊	双面焊	HPB300	10~22
			HRB335　HRBF335	10~40
			HRB400　HRBF400	10~40
			HRB500　HRBF500	10~32
			RRB400W	10~25
		单面焊	HPB300	10~22
			HRB335　HRBF335	10~40
			HRB400　HRBF400	10~40
			HRB500　HRBF500	10~32
			RRB400W	10~25

焊接方法	接头形式	适用范围 钢筋牌号	适用范围 钢筋直径（mm）
电弧焊 / 搭接焊 / 双面焊		HPB300	10～22
		HRB335 HRBF335	10～40
		HRB400 HRBF400	10～40
		HRB500 HRBF500	10～32
		RRB400W	10～25
搭接焊 / 单面焊		HPB300	10～22
		HRB335 HRBF335	10～40
		HRB400 HRBF400	10～40
		HRB500 HRBF500	10～32
		RRB400W	10～25
熔槽帮条焊		HPB300	20～22
		HRB335 HRBF335	20～40
		HRB400 HRBF400	20～40
		HRB500 HRBF500	20～32
		RRB400W	20～25
电弧坡口焊 / 平焊		HPB300	18～22
		HRB335 HRBF335	18～40
		HRB400 HRBF400	18～40
		HRB500 HRBF500	18～32
		RRB400W	18～25
电弧坡口焊 / 立焊		HPB300	18～22
		HRB335 HRBF335	18～40
		HRB400 HRBF400	18～40
		HRB500 HRBF500	18～32
		RRB400W	18～25
钢筋与钢板搭接焊		HPB300	8～22
		HRB335 HRBF335	8～40
		HRB400 HRBF400	8～40
		HRB500 HRBF500	8～32
		RRB400W	8～25
窄间隙焊		HPB300	16～22
		HRB335 HRBF335	16～40
		HRB400 HRBF400	16～40
		HRB500 HRBF500	18～32
		RRB400W	18～25
预埋件钢筋电弧焊 / 角焊		HPB300	6～22
		HRB335 HRBF335	6～25
		HRB400 HRBF400	6～25
		HRB500 HRBF500	10～20
		RRB400W	10～20
预埋件钢筋电弧焊 / 穿孔塞焊		HPB300	20～22
		HRB335 HRBF335	20～32
		HRB400 HRBF400	20～32
		HRB500	20～28
		RRB400W	20～28
预埋件钢筋电弧焊 / 埋弧压力焊 埋弧螺柱焊		HPB300	6～22
		HRB335 HRBF335	6～28
		HRB400 HRBF400	6～28
电渣压力焊		HPB300	12～22
		HRB335	12～32
		HRB400	12～32
		HRB500	12～32

焊接方法	接头形式	适用范围 钢筋牌号	适用范围 钢筋直径（mm）
气压焊 / 固态		HPB300	12～22
		HRB335	12～40
气压焊 / 熔态		HRB400	12～40
		HRB500	12～32

注：1　电阻点焊时，适用范围的钢筋直径指两根不同直径钢筋交叉叠接中较小钢筋的直径；

2　电弧焊含焊条电弧焊和二氧化碳气体保护电弧焊两种工艺方法；

3　在生产中，对于有较高要求的抗震结构用钢筋，在牌号后加 E，焊接工艺可按同级别热轧钢筋施焊；焊条应采用低氢型碱性焊条；

4　生产中，如果有 HPB235 钢筋需要进行焊接时，可按 HPB300 钢筋的焊接材料和焊接工艺参数，以及接头质量检验与验收的有关规定施焊。

4.1.2　电渣压力焊应用于柱、墙等构筑物现浇混凝土结构中竖向受力钢筋的连接；不得用于梁、板等构件中水平钢筋的连接。

4.1.3　在钢筋工程焊接开工之前，参与该项工程施焊的焊工必须进行现场条件下的焊接工艺试验，应经试验合格后，方准于焊接生产。

4.1.4　钢筋焊接施工之前，应清除钢筋、钢板焊接部位以及钢筋与电极接触处表面上的锈斑、油污、杂物等；钢筋端部当有弯折、扭曲时，应予以矫直或切除。

4.1.5　带肋钢筋进行闪光对焊、电弧焊、电渣压力焊和气压焊时，应将纵肋对纵肋安放和焊接。

4.1.6　焊剂应存放在干燥的库房内，若受潮时，在使用前应经 250℃～350℃烘焙 2h。使用中回收的焊剂应清除熔渣和杂物，并应与新焊剂混合均匀后使用。

4.1.7　两根同牌号、不同直径的钢筋可进行闪光对焊、电渣压力焊或气压焊。闪光对焊时钢筋径差不得超过 4mm，电渣压力焊或气压焊时，钢筋径差不得超过 7mm。焊接工艺参数可在大、小直径钢筋焊接工艺参数之间偏大选用，两根钢筋的轴线应在同一直线上，轴线偏移的允许值应按较小直径钢筋计算；对接头强度的要求，应按较小直径钢筋计算。

4.1.8　两根同直径、不同牌号的钢筋可进行闪光对焊、电弧焊、电渣压力焊或气压焊，其钢筋牌号应在本规程表 4.1.1 规定的范围内。焊条、焊丝和焊接工艺参数应按较高牌号钢筋选用，对接头强度的要求应按较低牌号钢筋强度计算。

4.1.9　进行电阻点焊、闪光对焊、埋弧压力焊、埋弧螺柱焊时，应随时观察电源电压的波动情况；当电源电压下降大于 5%、小于 8% 时，应采取提高焊接变压器级数等措施；当大于或等于 8% 时，不得进行焊接。

4.1.10 在环境温度低于 -5℃ 条件下施焊时，焊接工艺应符合下列要求：

　　1 闪光对焊时，宜采用预热闪光焊或闪光—预热闪光焊；可增加调伸长度，采用较低变压器级数，增加预热次数和间歇时间。

　　2 电弧焊时，宜增大焊接电流，降低焊接速度。电弧帮条焊或搭接焊时，第一层焊缝应从中间引弧，向两端施焊；以后各层控温施焊，层间温度应控制在 150℃～350℃ 之间。多层施焊时，可采用回火焊道施焊。

4.1.11 当环境温度低于 -20℃ 时，不应进行各种焊接。

4.1.12 雨天、雪天进行施焊时，应采取有效遮蔽措施。焊后未冷却接头不得碰到雨和冰雪，并应采取有效的防滑、防触电措施，确保人身安全。

4.1.13 当焊接区风速超过 8m/s 在现场进行闪光对焊或焊条电弧焊时，当风速超过 5m/s 进行气压焊时，当风速超过 2m/s 进行二氧化碳气体保护电弧焊时，均应采取挡风措施。

4.1.14 焊机应经常维护保养和定期检修，确保正常使用。

4.2　钢筋电阻点焊

4.2.1 混凝土结构中钢筋焊接骨架和钢筋焊接网，宜采用电阻点焊制作。

4.2.2 钢筋焊接骨架和钢筋焊接网在焊接生产中，当两根钢筋直径不同时，焊接骨架较小钢筋直径小于或等于 10mm 时，大、小钢筋直径之比不宜大于 3 倍；当较小钢筋直径为 12mm～16mm 时，大、小钢筋直径之比不宜大于 2 倍。焊接网较小钢筋直径不得小于较大钢筋直径的 60%。

4.2.3 电阻点焊的工艺过程中，应包括预压、通电、锻压三个阶段（图 4.2.3）。

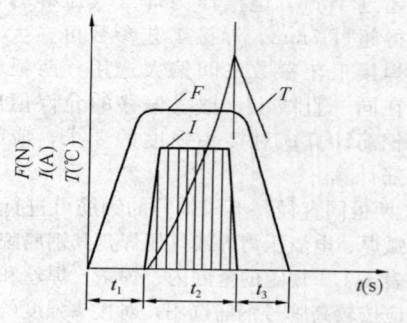

图 4.2.3　点焊过程示意

F—压力；I—电流；T—温度；t—时间；t_1—预压时间；
t_2—通电时间；t_3—锻压时间

4.2.4 电阻点焊的工艺参数应根据钢筋牌号、直径及焊机性能等具体情况，选择变压器级数、焊接通电时间和电极压力。

4.2.5 焊点的压入深度应为较小钢筋直径的 18%～25%。

4.2.6 钢筋焊接网、钢筋焊接骨架宜用于成批生产；焊接时应按设备使用说明书中的规定进行安装、调试和操作，根据钢筋直径选用合适电极压力、焊接电流和焊接通电时间。

4.2.7 在点焊生产中，应经常保持电极与钢筋之间接触面的清洁平整；当电极使用变形时，应及时修整。

4.2.8 钢筋点焊生产过程中，应随时检查制品的外观质量；当发现焊接缺陷时，应查找原因并采取措施，及时消除。

4.3　钢筋闪光对焊

4.3.1 钢筋闪光对焊可采用连续闪光焊、预热闪光焊或闪光—预热闪光焊工艺方法（图 4.3.1）。生产中，可根据不同条件按下列规定选用：

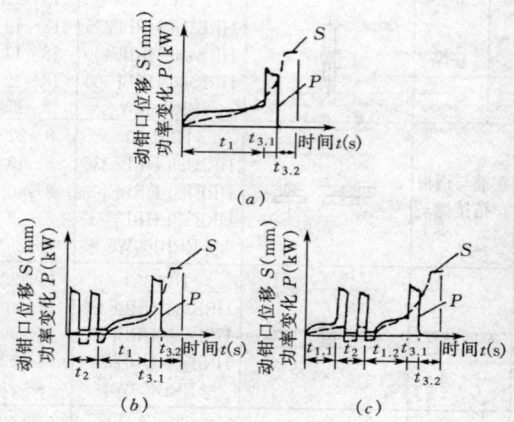

图 4.3.1　钢筋闪光对焊工艺过程图解

S—动钳口位移；P—功率变化；t—时间；
t_1—烧化时间；$t_{1.1}$—一次烧化时间；
$t_{1.2}$—二次烧化时间；t_2—预热时间；
$t_{3.1}$—有电顶锻时间；$t_{3.2}$—无电顶锻时间

　　1 当钢筋直径较小，钢筋牌号较低，在本规程表 4.3.2 规定的范围内，可采用"连续闪光焊"；

　　2 当钢筋直径超过本规程表 4.3.2 规定，钢筋端面较平整，宜采用"预热闪光焊"；

　　3 当钢筋直径超过本规程表 4.3.2 规定，且钢筋端面不平整，应采用"闪光—预热闪光焊"。

4.3.2 连续闪光焊所能焊接的钢筋直径上限，应根据焊机容量、钢筋牌号等具体情况而定，并应符合表 4.3.2 的规定。

表 4.3.2　连续闪光焊钢筋直径上限

焊机容量 （kVA）	钢筋牌号	钢筋直径 （mm）
160 (150)	HPB300	22
	HRB335　HRBF335	22
	HRB400　HRBF400	20
100	HPB300	20
	HRB335　HRBF335	20
	HRB400　HRBF400	18
80 (75)	HPB300	16
	HRB335　HRBF335	14
	HRB400　HRBF400	12

4.3.3　施焊中，焊工应熟练掌握各项留量参数（图4.3.3），以确保焊接质量。

4.3.4　闪光对焊时，应按下列规定选择调伸长度、烧化留量、顶锻留量以及变压器级数等焊接参数：

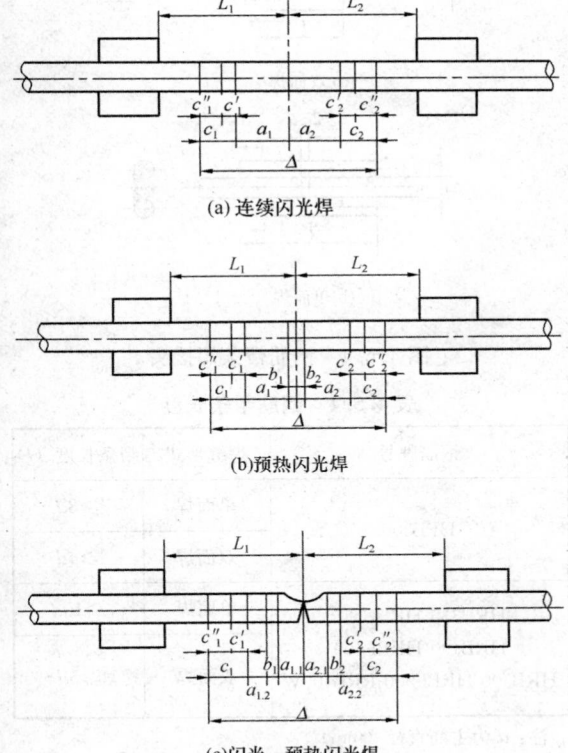

(a) 连续闪光焊

(b)预热闪光焊

(c)闪光—预热闪光焊

图 4.3.3　钢筋闪光对焊三种工艺方法留量图解

L_1、L_2—调伸长度；$a_1 + a_2$—烧化留量；$a_{1.1} + a_{2.1}$—一次烧化留量；$a_{1.2} + a_{2.2}$—二次烧化留量；$b_1 + b_2$—预热留量；$c_1 + c_2$—顶锻留量；$c_1' + c_2'$—有电顶锻留量；$c_1'' + c_2''$—无电顶锻留量；Δ—焊接总留量

1　调伸长度的选择，应随着钢筋牌号的提高和钢筋直径的加大而增长，主要是减缓接头的温度梯度，防止热影响区产生淬硬组织；当焊接 HRB400、HRBF400 等牌号钢筋时，调伸长度宜在 40mm～60mm 内选用；

2　烧化留量的选择，应根据焊接工艺方法确定。当连续闪光焊时，闪光过程应较长；烧化留量应等于两根钢筋在断料时切断机刀口严重压伤部分（包括端面的不平整度），再加 8mm～10mm；当闪光—预热闪光焊时，应区分一次烧化留量和二次烧化留量。一次烧化留量不应小于 10mm，二次烧化留量不应小于 6mm；

3　需要预热时，宜采用电阻预热法。预热留量应为 1mm～2mm，预热次数应为 1 次～4 次；每次预热时间应为 1.5s～2s，间歇时间应为 3s～4s；

4　顶锻留量应为 3mm～7mm，并应随钢筋直径的增大和钢筋牌号的提高而增加。其中，有电顶锻留量约占 1/3，无电顶锻留量约占 2/3，焊接时必须控制得当。焊接 HRB500 钢筋时，顶锻留量宜稍微增大，以确保焊接质量。

4.3.5　当 HRBF335 钢筋、HRBF400 钢筋、HRBF500 钢筋或 RRB400W 钢筋进行闪光对焊时，与热轧钢筋比较，应减小调伸长度，提高焊接变压器级数，缩短加热时间，快速顶锻，形成快热快冷条件，使热影响区长度控制在钢筋直径的 60% 范围之内。

4.3.6　变压器级数应根据钢筋牌号、直径、焊机容量以及焊接工艺方法等具体情况选择。

4.3.7　HRB500、HRBF500 钢筋焊接时，应采用预热闪光焊或闪光—预热闪光焊工艺。当接头拉伸试验结果，发生脆性断裂或弯曲试验不能达到规定要求时，尚应在焊机上进行焊后热处理。

4.3.8　在闪光对焊生产中，当出现异常现象或焊接缺陷时，应查找原因，采取措施，及时消除。

4.4　箍筋闪光对焊

4.4.1　箍筋闪光对焊的焊点位置宜设在箍筋受力较小一边的中部。不等边的多边形柱箍筋对焊点位置宜设在两个边上的中部。

4.4.2　箍筋下料长度应预留焊接总留量（Δ），其中包括烧化留量（A）、预热留量（B）和顶锻留量（C）。

矩形箍筋下料长度可按下式计算：

$$L_g = 2(a_g + b_g) + \Delta \qquad (4.4.2)$$

式中：L_g——箍筋下料长度（mm）；

a_g——箍筋内净长度（mm）；

b_g——箍筋内净宽度（mm）；

Δ——焊接总留量（mm）。

当切断机下料，增加压痕长度，采用闪光—预热闪光焊工艺时，焊接总留量 Δ 随之增大，约为 $1.0d$（d 为箍筋直径）。上列计算箍筋下料长度经试焊后核对，箍筋外皮尺寸应符合设计图纸的规定。

4.4.3 钢筋切断和弯曲应符合下列规定：

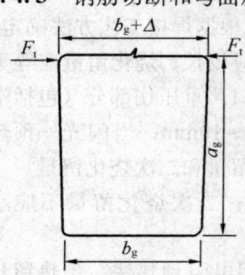

图 4.4.3 待焊箍筋

a_g—箍筋内净长度；b_g—箍筋内净宽度；Δ—焊接总留量；F_t—弹性压力

1 钢筋切断宜采用钢筋专用切割机下料；当用钢筋切断机时，刀口间隙不得大于 0.3mm；

2 切断后的钢筋端面应与轴线垂直，无压弯、无斜口；

3 钢筋按设计图纸规定尺寸弯曲成型，制成待焊箍筋，应使两个对焊钢筋头完全对准，具有一定弹性压力（图 4.4.3）。

4.4.4 待焊箍筋为半成品，应进行加工质量的检查，属中间质量检查。按每一工作班、同一牌号钢筋、同一加工设备完成的待焊箍筋作为一个检验批，每批随机抽查 5% 件。检查项目应符合下列规定：

1 两钢筋头端面应闭合，无斜口；

2 接口处应有一定弹性压力。

4.4.5 箍筋闪光对焊应符合下列规定：

1 宜使用 100kVA 的箍筋专用对焊机；

2 宜采用预热闪光焊，焊接工艺参数、操作要领、焊接缺陷的产生与消除措施等，可按本规程第 4.3 节相关规定执行；

3 焊接变压器级数应适当提高，二次电流稍大；

4 两钢筋顶锻闭合后，应延续数秒钟再松开夹具。

4.4.6 箍筋闪光对焊过程中，当出现异常现象或焊接缺陷时，应查找原因，采取措施，及时消除。

4.5 钢筋电弧焊

4.5.1 钢筋电弧焊时，可采用焊条电弧焊或二氧化碳气体保护电弧焊两种工艺方法。二氧化碳气体保护电弧焊设备应由焊接电源、送丝系统、焊枪、供气系统、控制电路 5 部分组成。

4.5.2 钢筋二氧化碳气体保护电弧焊时，应根据焊机性能、焊接接头形状、焊接位置等条件选用下列焊接工艺参数：

1 焊接电流；

2 极性；

3 电弧电压（弧长）；

4 焊接速度；

5 焊丝伸出长度（干伸长）；

6 焊枪角度；

7 焊接位置；

8 焊丝直径。

4.5.3 钢筋电弧焊应包括帮条焊、搭接焊、坡口焊、窄间隙焊和熔槽帮条焊 5 种接头形式。焊接时，应符合下列规定：

1 应根据钢筋牌号、直径、接头形式和焊接位置，选择焊接材料，确定焊接工艺和焊接参数；

2 焊接时，引弧应在垫板、帮条或形成焊缝的部位进行，不得烧伤主筋；

3 焊接地线与钢筋应接触良好；

4 焊接过程中应及时清渣，焊缝表面应光滑，焊缝余高应平缓过渡，弧坑应填满。

4.5.4 帮条焊时，宜采用双面焊（图 4.5.4a）；当不能进行双面焊时，可采用单面焊（图 4.5.4b），帮条长度应符合表 4.5.4 的规定。当帮条牌号与主筋相同时，帮条直径可与主筋相同或小一个规格；当帮条直径与主筋相同时，帮条牌号可与主筋相同或低一个牌号等级。

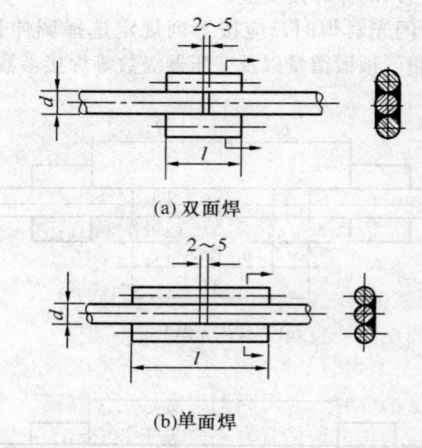

(a) 双面焊

(b) 单面焊

图 4.5.4 钢筋帮条焊接头

表 4.5.4 钢筋帮条长度

钢筋牌号	焊缝形式	帮条长度（l）
HPB300	单面焊	$\geqslant 8d$
	双面焊	$\geqslant 4d$
HRB335 HRBF335 HRB400 HRBF400 HRB500 HRBF500 RRB400W	单面焊	$\geqslant 10d$
	双面焊	$\geqslant 5d$

注：d 为主筋直径（mm）。

4.5.5 搭接焊时，宜采用双面焊（图 4.5.5a）。当不能进行双面焊时，可采用单面焊（图 4.5.5b）。搭接长度可与本规程表 4.5.4 帮条长度相同。

4.5.6 帮条焊接头或搭接焊接头的焊缝有效厚度 S 不应小于主筋直径的 30%；焊缝宽度 b 不应小于主筋直径的 80%（图 4.5.6）。

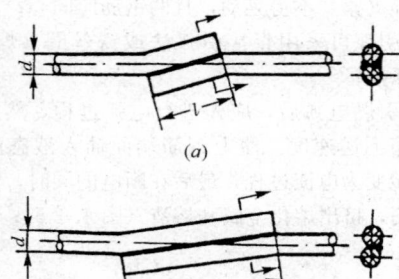

图 4.5.5　钢筋搭接焊接头

d—钢筋直径；l—搭接长度

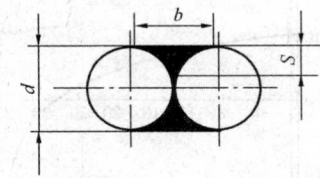

图 4.5.6　焊缝尺寸示意

d—钢筋直径；b—焊缝宽度；

S—焊缝有效厚度

4.5.7　帮条焊或搭接焊时，钢筋的装配和焊接应符合下列规定：

1　帮条焊时，两主筋端面的间隙应为 2mm ~5mm；

2　搭接焊时，焊接端钢筋宜预弯，并应使两钢筋的轴线在同一直线上；

3　帮条焊时，帮条与主筋之间应用四点定位焊固定；搭接焊时，应用两点固定；定位焊缝与帮条端部或搭接端部的距离宜大于或等于 20mm；

4　焊接时，应在帮条焊或搭接焊形成焊缝中引弧；在端头收弧前应填满弧坑，并应使主焊缝与定位焊缝的始端和终端熔合。

4.5.8　坡口焊的准备工作和焊接工艺应符合下列规定（图 4.5.8）：

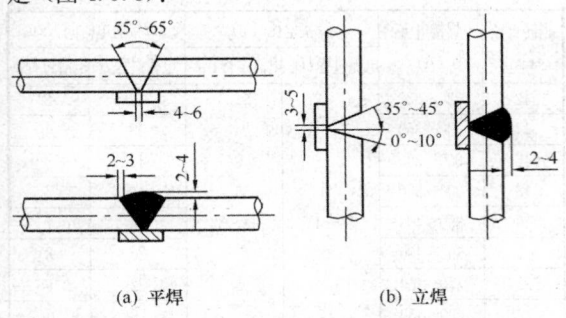

(a) 平焊　　　　　(b) 立焊

图 4.5.8　钢筋坡口焊接头

1　坡口面应平顺，切口边缘不得有裂纹、钝边和缺棱；

2　坡口角度应在规定范围内选用；

3　钢垫板厚度宜为 4mm~6mm，长度宜为 40mm~60mm；平焊时，垫板宽度应为钢筋直径加 10mm；立焊时，垫板宽度宜等于钢筋直径；

4　焊缝的宽度应大于 V 形坡口的边缘 2mm~3mm，焊缝余高应为 2mm~4mm，并平缓过渡至钢筋表面；

5　钢筋与钢垫板之间，应加焊二层、三层侧面焊缝；

6　当发现接头中有弧坑、气孔及咬边等缺陷时，应立即补焊。

4.5.9　窄间隙焊应用于直径 16mm 及以上钢筋的现场水平连接。焊接时，钢筋端部应置于铜模中，并应留出一定间隙，连续焊接，熔化钢筋端面，使熔敷金属填充间隙并形成接头（图 4.5.9）；其焊接工艺应符合下列规定：

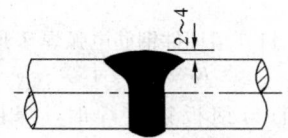

图 4.5.9　钢筋窄间隙焊接头

1　钢筋端面应平整；

2　宜选用低氢型焊接材料；

3　从焊缝根部引弧后应连续进行焊接，左右来回运弧，在钢筋端面处电弧应少许停留，并使熔合；

4　当焊至端面间隙的 4/5 高度后，焊缝逐渐扩宽；当熔池过大时，应改连续焊为断续焊，避免过热；

5　焊缝余高应为 2mm~4mm，且应平缓过渡至钢筋表面。

4.5.10　熔槽帮条焊应用于直径 20mm 及以上钢筋的现场安装焊接。焊接时应加角钢作垫板模。接头形式（图 4.5.10）、角钢尺寸和焊接工艺应符合下列规定：

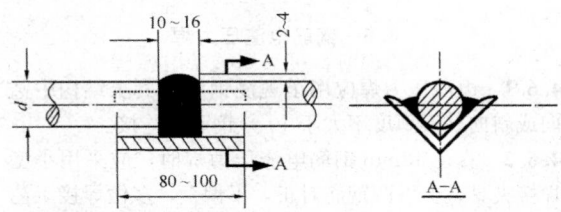

图 4.5.10　钢筋熔槽帮条焊接头

1　角钢边长宜为 40mm~70mm；

2　钢筋端头应加工平整；

3　从接缝处垫板引弧后应连续施焊，并应使钢筋端部熔合，防止未焊透、气孔或夹渣；

4　焊接过程中应及时停焊清渣；焊平后，再进行焊缝余高的焊接，其高度应为 2mm~4mm；

5　钢筋与角钢垫板之间，应加焊侧面焊缝 1 层

～3层，焊缝应饱满，表面应平整。

4.5.11 预埋件钢筋电弧焊 T 形接头可分为角焊和穿孔塞焊两种（图 4.5.11），装配和焊接时，应符合下列规定：

　　1 当采用 HPB300 钢筋时，角焊缝焊脚尺寸（K）不得小于钢筋直径的 50%；采用其他牌号钢筋时，焊脚尺寸（K）不得小于钢筋直径的 60%；

　　2 施焊中，不得使钢筋咬边和烧伤。

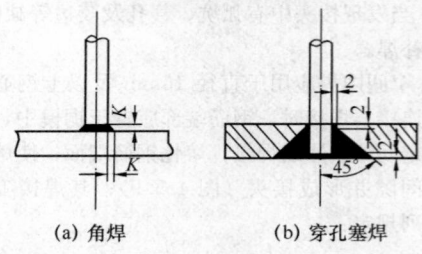

(a) 角焊　　　　(b) 穿孔塞焊

图 4.5.11　预埋件钢筋电弧焊 T 形接头
K—焊脚尺寸

4.5.12 钢筋与钢板搭接焊时，焊接接头（图 4.5.12）应符合下列规定：

　　1 HPB300 钢筋的搭接长度（l）不得小于 4 倍钢筋直径，其他牌号钢筋搭接长度（l）不得小于 5 倍钢筋直径；

　　2 焊缝宽度不得小于钢筋直径的 60%，焊缝有效厚度不得小于钢筋直径的 35%。

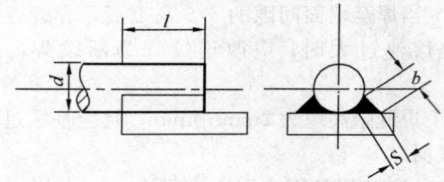

图 4.5.12　钢筋与钢板搭接焊接头
d—钢筋直径；l—搭接长度；
b—焊缝宽度；S—焊缝有效厚度

4.6　钢筋电渣压力焊

4.6.1 电渣压力焊应用于现浇钢筋混凝土结构中竖向或斜向（倾斜度不大于 10°）钢筋的连接。

4.6.2 直径 12mm 钢筋电渣压力焊时，应采用小型焊接夹具，上下两钢筋对正，不偏歪，多做焊接工艺试验，确保焊接质量。

4.6.3 电渣压力焊焊机容量应根据所焊钢筋直径选定，接线端应连接紧密，确保良好导电。

4.6.4 焊接夹具应具有足够刚度，夹具形式、型号应与焊接钢筋配套，上下钳口应同心，在最大允许荷载下应移动灵活，操作便利，电压表、时间显示器应配备齐全。

4.6.5 电渣压力焊工艺过程应符合下列规定：

　　1 焊接夹具的上下钳口应夹紧于上、下钢筋上；

钢筋一经夹紧，不得晃动，且两钢筋应同心；

　　2 引弧可采用直接引弧法或铁丝圈（焊条芯）间接引弧法；

　　3 引燃电弧后，应先进行电弧过程，然后，加快上钢筋下送速度，使上钢筋端面插入液态渣池约 2mm，转变为电渣过程，最后在断电的同时，迅速下压上钢筋，挤出熔化金属和熔渣（图 4.6.5）；

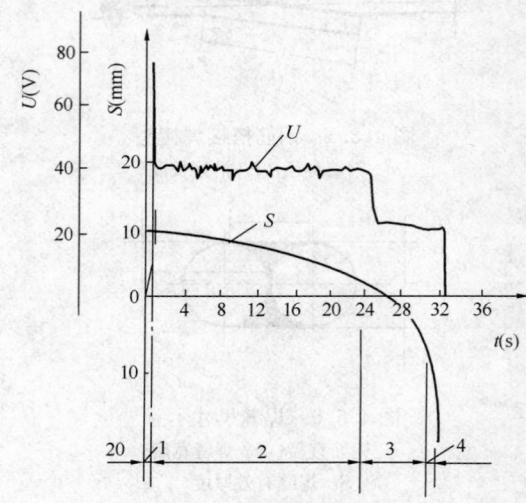

图 4.6.5　φ28mm 钢筋电渣压力焊工艺过程图示
U—焊接电压；S—上钢筋位移；t—焊接时间
1—引弧过程；2—电弧过程；3—电渣过程；4—顶压过程

　　4 接头焊毕，应稍作停歇，方可回收焊剂和卸下焊接夹具；敲去渣壳后，四周焊包凸出钢筋表面的高度，当钢筋直径为 25mm 及以下时不得小于 4mm；当钢筋直径为 28mm 及以上时不得小于 6mm。

4.6.6 电渣压力焊焊接参数应包括焊接电流、焊接电压和焊接通电时间；采用 HJ431 焊剂时，宜符合表 4.6.6 的规定。采用专用焊剂或自动电渣压力焊机时，应根据焊剂或焊机使用说明书中推荐数据，通过试验确定。

表 4.6.6　电渣压力焊焊接参数

钢筋直径 (mm)	焊接电流 (A)	焊接电压 (V)		焊接通电时间 (s)	
		电弧过程 $U_{2.1}$	电渣过程 $U_{2.2}$	电弧过程 t_1	电渣过程 t_2
12	280～320			12	2
14	300～350			13	4
16	300～350			15	5
18	300～350			16	6
20	350～400	35～45	18～22	18	7
22	350～400			20	8
25	350～400			22	9
28	400～450			25	10
32	450～500			30	11

4.6.7 在焊接生产中焊工应进行自检，当发现偏心、弯折、烧伤等焊接缺陷时，应查找原因，采取措施，及时消除。

4.7 钢筋气压焊

4.7.1 气压焊可用于钢筋在垂直位置、水平位置或倾斜位置的对接焊接。

4.7.2 气压焊按加热温度和工艺方法的不同，可分为固态气压焊和熔态气压焊两种，施工单位应根据设备等情况选择采用。

4.7.3 气压焊按加热火焰所用燃料气体的不同，可分为氧乙炔气压焊和氧液化石油气气压焊两种。氧液化石油气火焰的加热温度稍低，施工单位应根据具体情况选用。

4.7.4 气压焊设备应符合下列规定：

　　1 供气装置应包括氧气瓶、溶解乙炔气瓶或液化石油气瓶、减压器及胶管等；溶解乙炔气瓶或液化石油气瓶出口处应安装干式回火防止器；

　　2 焊接夹具应能夹紧钢筋，当钢筋承受最大的轴向压力时，钢筋与夹头之间不得产生相对滑移；应便于钢筋的安装定位，并在施焊过程中保持刚度；动夹头应与定夹头同心，并且当不同直径钢筋焊接时，亦应保持同心；动夹头的位移应大于或等于现场最大直径钢筋焊接时所需要的压缩长度；

　　3 采用半自动钢筋固态气压焊或半自动钢筋熔态气压焊时，应增加电动加压装置、带有加压控制开关的多嘴环管加热器，采用固态气压焊时，宜增加带有陶瓷切割片的钢筋常温直角切断机；

　　4 当采用氧液化石油气火焰进行加热焊接时，应配备梅花状喷嘴的多嘴环管加热器。

4.7.5 采用固态气压焊时，其焊接工艺应符合下列规定：

　　1 焊前钢筋端面应切平、打磨，使其露出金属光泽，钢筋安装夹牢，预压顶紧后，两钢筋端面局部间隙不得大于 3mm；

　　2 气压焊加热开始至钢筋端面密合前，应采用碳化焰集中加热；钢筋端面密合后可采用中性焰宽幅加热；钢筋端面合适加热温度应为 1150℃～1250℃；钢筋镦粗区表面的加热温度应稍高于该温度，并随钢筋直径增大而适当提高；

　　3 气压焊顶压时，对钢筋施加的顶压力应为 30MPa～40MPa；

　　4 三次加压法的工艺过程应包括：预压、密合和成型 3 个阶段（图 4.7.5）；

　　5 当采用半自动钢筋固态气压焊时，应使用钢筋常温直角切断机断料，两钢筋端面间隙应控制在 1mm～2mm，钢筋端面应平滑，可直接焊接。

4.7.6 采用熔态气压焊时，焊接工艺应符合下列规定：

　　1 安装时，两钢筋端面之间应预留 3mm～5mm 间隙；

　　2 当采用氧液化石油气熔态气压焊时，应调整

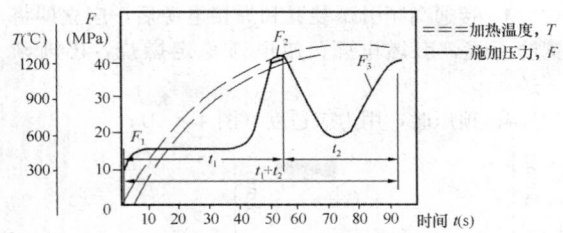

图4.7.5　φ25mm 钢筋三次加压法焊接工艺过程图示

t_1——碳化焰对准钢筋接缝处集中加热时间；F_1——一次加压、预压；t_2——中性焰往复宽幅加热时间；F_2——二次加压、接缝密合；t_1+t_2——根据钢筋直径和火焰热功率而定；F_3——三次加压、镦粗成型

好火焰，适当增大氧气用量；

　　3 气压焊开始时，应首先使用中性焰加热，待钢筋端头至熔化状态，附着物随熔滴流走，端部呈凸状时，应加压，挤出熔化金属，并密合牢固。

4.7.7 在加热过程中，当在钢筋端面缝隙完全密合之前发生灭火中断现象时，应将钢筋取下重新打磨、安装，然后点燃火焰进行焊接。当灭火中断发生在钢筋端面缝隙完全密合之后，可继续加热加压。

4.7.8 在焊接生产中，焊工应自检，当发现焊接缺陷时，应查找原因，并采取措施，及时消除。

4.8 预埋件钢筋埋弧压力焊

4.8.1 预埋件钢筋埋弧压力焊设备应符合下列规定：

　　1 当钢筋直径为 6mm 时，可选用 500 型弧焊变压器作为焊接电源；当钢筋直径为 8mm 及以上时，应选用 1000 型弧焊变压器作为焊接电源；

　　2 焊接机构应操作方便、灵活；宜装有高频引弧装置；焊接地线宜采取对称接地法，以减少电弧偏移（图 4.8.1）；操作台面上应装有电压表和电流表；

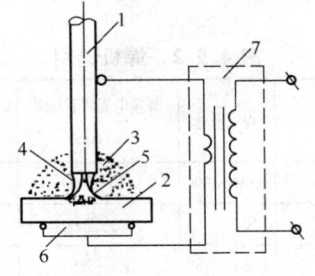

图 4.8.1　对称接地示意

1—钢筋；2—钢板；3—焊剂；4—电弧；
5—熔池；6—铜板电极；7—焊接变压器

　　3 控制系统应灵敏、准确，并应配备时间显示装置或时间继电器，以控制焊接通电时间；

4.8.2 埋弧压力焊工艺过程应符合下列规定：

　　1 钢板应放平，并应与铜板电极接触紧密；

　　2 将锚固钢筋夹于夹钳内，应夹牢；并应放好挡圈，注满焊剂；

3 接通高频引弧装置和焊接电源后，应立即将钢筋上提，引燃电弧，使电弧稳定燃烧，再渐渐下送；

4 顶压时，用力应适度（图 4.8.2）；

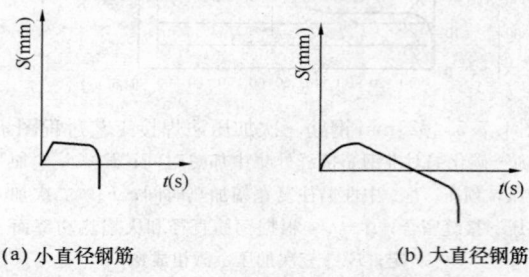

(a) 小直径钢筋　　　　　　　　(b) 大直径钢筋

图 4.8.2　预埋件钢筋埋弧压力焊上钢筋位移
S—钢筋位移；t—焊接时间

5 敲去渣壳，四周焊包凸出钢筋表面的高度，当钢筋直径为 18mm 及以下时，不得小于 3mm，当钢筋直径为 20mm 及以上时，不得小于 4mm。

4.8.3 埋弧压力焊的焊接参数应包括引弧提升高度、电弧电压、焊接电流和焊接通电时间。

4.8.4 在埋弧压力焊生产中，引弧、燃弧（钢筋维持原位或缓慢下送）和顶压等环节应紧密配合；焊接地线应与铜板电极接触紧密，并应及时消除电极钳口的铁锈和污物，修理电极钳口的形状。

4.8.5 在埋弧压力焊生产中，焊工应自检，当发现焊接缺陷时，应查找原因，并采取措施，及时消除。

4.9　预埋件钢筋埋弧螺柱焊

4.9.1 预埋件钢筋埋弧螺柱焊设备应包括：埋弧螺柱焊机、焊枪、焊接电缆、控制电缆和钢筋夹头等。

4.9.2 埋弧螺柱焊机应由晶闸管整流器和调节-控制系统组成，有多种型号，在生产中，应根据表 4.9.2 选用。

表 4.9.2　焊机选用

序号	钢筋直径（mm）	焊机型号	焊接电流调节范围（A）	焊接时间调节范围（s）
1	6~14	RSM~1000	100~1000	1.30~13.00
2	14~25	RSM~2500	200~2500	1.30~13.00
3	16~28	RSM~3150	300~3150	1.30~13.00

4.9.3 埋弧螺柱焊焊枪有电磁铁提升式和电机拖动式两种，生产中，应根据钢筋直径和长度选用焊枪。

4.9.4 预埋件钢筋埋弧螺柱焊工艺应符合下列规定：

1 将预埋件钢板放平，在钢板的远处对称点，用两根电缆将钢板与焊机的正极连接，将焊枪与焊机的负极连接，连接应紧密、牢固；

2 将钢筋推入焊枪的夹持钳内，顶紧于钢板，在焊剂挡圈内注满焊剂；

3 应在焊机上设定合适的焊接电流和焊接通电时间；应在焊枪上设定合适的钢筋伸出长度和钢筋提升高度（表 4.9.4）；

表 4.9.4　埋弧螺柱焊焊接参数

钢筋牌号	钢筋直径（mm）	焊接电流（A）	焊接时间（s）	提升高度（mm）	伸出长度（mm）	焊剂牌号	焊机型号
HPB300 HRB335 HRBF335 HRB400 HRBF400	6	450~550	3.2~2.3	4.8~5.5	5.5~6.0	HJ 431 SJ 101	RSM1000
	8	470~580	3.4~2.5	4.8~5.5	5.5~6.5		RSM1000
	10	500~600	3.8~2.8	5.0~6.0	5.5~7.0		RSM1000
	12	550~650	4.0~3.0	5.5~6.5	6.5~7.0		RSM1000
	14	600~700	4.4~3.2	5.8~6.6	6.8~7.2		RSM1000/2500
	16	850~1100	4.8~4.0	7.0~8.5	7.5~8.5		RSM2500
	18	950~1200	5.2~4.5	7.2~8.6	7.8~8.8		RSM2500
	20	1000~1250	6.5~5.2	8.0~10.0	8.0~9.0		RSM3150/2500
	22	1200~1350	6.7~5.5	8.0~10.5	8.2~9.2		RSM3150/2500
	25	1250~1400	8.8~7.8	9.0~11.0	8.4~10.0		RSM3150/2500
	28	1350~1550	9.2~8.5	9.5~11.0	9.0~10.5		RSM3150

4 按动焊枪上按钮"开"，接通电源，钢筋上提，引燃电弧（图 4.9.4）；

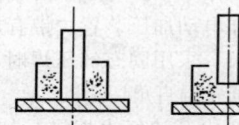

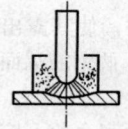 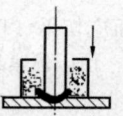 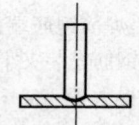

(a)套上焊剂挡圈，　　(b) 接通电源，钢筋
注满焊剂　　　　　上提，引燃电弧

(c) 燃弧　　(d) 钢筋插入熔池，　(e) 打掉渣壳，
自动断电　　　　焊接完成

图 4.9.4　预埋件钢筋埋弧螺柱焊示意

5 经过设定燃弧时间，钢筋自动插入熔池，并断电；

6 停息数秒钟，打掉渣壳，四周焊包应凸出钢筋表面：当钢筋直径为 18mm 及以下时，凸出高度不得小于 3mm；当钢筋直径为 20mm 及以上时，凸出高度不得小于 4mm。

5　质量检验与验收

5.1　基本规定

5.1.1 钢筋焊接接头或焊接制品（焊接骨架、焊接网）应按检验批进行质量检验与验收。检验批的划分应符合本规程第5.2节~第5.8节的有关规定。质量检验与验收应包括外观质量检查和力学性能检验，并划分为主控项目和一般项目两类。

5.1.2 纵向受力钢筋焊接接头验收中，闪光对焊接头、电弧焊接头、电渣压力焊接头、气压焊接头和非纵向受力箍筋闪光对焊接头、预埋件钢筋T形接头的连接方式应符合设计要求，并应全数检查，检查方法为目视观察。焊接接头力学性能检验应为主控项目。焊接接头的外观质量检查应为一般项目。

5.1.3 不属于专门规定的电阻焊点和钢筋与钢板电弧搭接焊接头可只做外观质量检查，属一般项目。

5.1.4 纵向受力钢筋焊接接头、箍筋闪光对焊接头、预埋件钢筋T形接头的外观质量检查应符合下列规定：

1 纵向受力钢筋焊接接头，每一检验批中应随机抽取10%的焊接接头；箍筋闪光对焊接头和预埋件钢筋T形接头应随机抽取5%的焊接接头。检查结果，外观质量应符合本规程第5.3节~第5.8节中有关规定；

2 焊接接头外观质量检查时，首先应由焊工对所焊接头或制品进行自检；在自检合格的基础上由施工单位项目专业质量检查员检查，并将检查结果填写于本规程附录A"钢筋焊接接头检验批质量验收记录."

5.1.5 外观质量检查结果，当各小项不合格数均小于或等于抽检数的15%，则该批焊接接头外观质量评为合格；当某一小项不合格数超过抽检数的15%时，应对该批焊接接头该小项逐个进行复检，并剔出不合格接头。对外观质量检查不合格接头采取修整或补焊措施后，可提交二次验收。

5.1.6 施工单位项目专业质量检查员应检查钢筋、钢板质量证明书、焊接材料产品合格证和焊接工艺试验时的接头力学性能试验报告。钢筋焊接接头力学性能检验时，应在接头外观质量检查合格后随机切取试件进行试验。试验方法应按现行行业标准《钢筋焊接接头试验方法标准》JGJ/T 27 有关规定执行。试验报告应包括下列内容：

1 工程名称、取样部位；
2 批号、批量；
3 钢筋生产厂家和钢筋批号、钢筋牌号、规格；
4 焊接方法；
5 焊工姓名及考试合格证编号；
6 施工单位；
7 焊接工艺试验时的力学性能试验报告。

5.1.7 钢筋闪光对焊接头、电弧焊接头、电渣压力焊接头、气压焊接头、箍筋闪光对焊接头、预埋件钢筋T形接头的拉伸试验，应从每一检验批接头中随机切取三个接头进行试验并应按下列规定对试验结果进行评定：

1 符合下列条件之一，应评定该检验批接头拉伸试验合格：

　　1）3个试件均断于钢筋母材，呈延性断裂，其抗拉强度大于或等于钢筋母材抗拉强度标准值。

　　2）2个试件断于钢筋母材，呈延性断裂，其抗拉强度大于或等于钢筋母材抗拉强度标准值；另一试件断于焊缝，呈脆性断裂，其抗拉强度大于或等于钢筋母材抗拉强度标准值的1.0倍。

注：试件断于热影响区，呈延性断裂，应视作与断于钢筋母材等同；试件断于热影响区，呈脆性断裂，应视作与断于焊缝等同。

2 符合下列条件之一，应进行复验：

　　1）2个试件断于钢筋母材，呈延性断裂，其抗拉强度大于或等于钢筋母材抗拉强度标准值；另一试件断于焊缝，或热影响区，呈脆性断裂，其抗拉强度小于钢筋母材抗拉强度标准值的1.0倍。

　　2）1个试件断于钢筋母材，呈延性断裂，其抗拉强度大于或等于钢筋母材抗拉强度标准值；另2个试件断于焊缝或热影响区，呈脆性断裂。

3 3个试件均断于焊缝，呈脆性断裂，其抗拉强度均大于或等于钢筋母材抗拉强度标准值的1.0倍，应进行复验。当3个试件中有1个试件抗拉强度小于钢筋母材抗拉强度标准值的1.0倍，应评定该检验批接头拉伸试验不合格。

4 复验时，应切取6个试件进行试验。试验结果，若有4个或4个以上试件断于钢筋母材，呈延性断裂，其抗拉强度大于或等于钢筋母材抗拉强度标准值，另2个或2个以下试件断于焊缝，呈脆性断裂，其抗拉强度大于或等于钢筋母材抗拉强度标准值的1.0倍，应评定该检验批接头拉伸试验复验合格。

5 可焊接余热处理钢筋RRB400W焊接接头拉伸试验结果，其抗拉强度应符合同级别热轧带肋钢筋抗拉强度标准值540MPa的规定。

6 预埋件钢筋T形接头拉伸试验结果，3个试件的抗拉强度均大于或等于表5.1.7的规定值时，应评定该检验批接头拉伸试验合格。若有一个接头试件抗拉强度小于表5.1.7的规定值时，应进行复验。

复验时，应切取6个试件进行试验。复验结果，其抗拉强度均大于或等于表5.1.7的规定值时，应评定该检验批接头拉伸试验复验合格。

表5.1.7 预埋件钢筋T形接头抗拉强度规定值

钢筋牌号	抗拉强度规定值（MPa）
HPB300	400
HRB335、HRBF335	435
HRB400、HRBF400	520
HRB500、HRBF500	610
RRB400W	520

5.1.8 钢筋闪光对焊接头、气压焊接头进行弯曲试验时，应从每一个检验批接头中随机切取 3 个接头，焊缝应处于弯曲中心点，弯心直径和弯曲角度应符合表 5.1.8 的规定。

表 5.1.8 接头弯曲试验指标

钢筋牌号	弯心直径	弯曲角度（°）
HPB300	2d	90
HRB335、HRBF335	4d	90
HRB400、HRBF400、RRB400W	5d	90
HRB500、HRBF500	7d	90

注：1 d 为钢筋直径（mm）；
　　2 直径大于 25mm 的钢筋焊接接头，弯心直径应增加 1 倍钢筋直径。

弯曲试验结果应按下列规定进行评定：

1 当试验结果，弯曲至 90°，有 2 个或 3 个试件外侧（含焊缝和热影响区）未发生宽度达到 0.5mm 的裂纹，应评定该检验批接头弯曲试验合格。

2 当有 2 个试件发生宽度达到 0.5mm 的裂纹，应进行复验。

3 当有 3 个试件发生宽度达到 0.5mm 的裂纹，应评定该检验批接头弯曲试验不合格。

4 复验时，应切取 6 个试件进行试验。复验结果，当不超过 2 个试件发生宽度达到 0.5mm 的裂纹时，应评定该检验批接头弯曲试验复验合格。

5.1.9 钢筋焊接接头或焊接制品质量验收时，应在施工单位自行质量评定合格的基础上，由监理（建设）单位对检验批有关资料进行检查，组织项目专业质量检查员等进行验收，并应按本规程附录 A 规定记录。

5.2 钢筋焊接骨架和焊接网

5.2.1 不属于专门规定的焊接骨架和焊接网可按下列规定的检验批只进行外观质量检查：

1 凡钢筋牌号、直径及尺寸相同的焊接骨架和焊接网应视为同一类型制品，且每 300 件作为一批，一周内不足 300 件的亦应按一批计算，每周至少检查一次；

2 外观质量检查时，每批应抽查 5%，且不得少于 5 件。

5.2.2 焊接骨架外观质量检查结果，应符合下列规定：

1 焊点压入深度应符合本规程第 4.2.5 条的规定；

2 每件制品的焊点脱落、漏焊数量不得超过焊点总数的 4%，且相邻两焊点不得有漏焊及脱落；

3 应量测焊接骨架的长度、宽度和高度，并应抽查纵、横方向 3 个~5 个网格的尺寸，其允许偏差

应符合表 5.2.2 的规定；

4 当外观质量检查结果不符合上述规定时，应逐件检查，并剔出不合格品。对不合格品经整修后，可提交二次验收。

表 5.2.2 焊接骨架的允许偏差

项　目		允许偏差（mm）
焊接骨架	长　度	±10
	宽　度	±5
	高　度	±5
骨架钢筋间距		±10
受力主筋	间　距	±15
	排　距	±5

5.2.3 焊接网外形尺寸检查和外观质量检查结果，应符合下列规定：

1 焊点压入深度应符合本规程第 4.2.5 条的规定；

2 钢筋焊接网间距的允许偏差应取 ±10mm 和规定间距的 ±5% 的较大值；网片长度和宽度的允许偏差应取 ±25mm 和规定长度的 ±0.5% 的较大值；网格数量应符合设计规定；

3 钢筋焊接网焊点开焊数量不应超过整张网片交叉点总数的 1%，并且任一根钢筋上开焊点不得超过该支钢筋上交叉点总数的一半；焊接网最外边钢筋上的交叉点不得开焊；

4 钢筋焊接网表面不应有影响使用的缺陷；当性能符合要求时，允许钢筋表面存在浮锈和因矫直造成的钢筋表面轻微损伤。

5.3 钢筋闪光对焊接头

5.3.1 闪光对焊接头的质量检验，应分批进行外观质量检查和力学性能检验，并应符合下列规定：

1 在同一台班内，由同一个焊工完成的 300 个同牌号、同直径钢筋焊接接头应作为一批。当同一台班内焊接的接头数量较少，可在一周之内累计计算；累计仍不足 300 个接头时，应按一批计算；

2 力学性能检验时，应从每批接头中随机切取 6 个接头，其中 3 个做拉伸试验，3 个做弯曲试验；

3 异径钢筋接头可只做拉伸试验。

5.3.2 闪光对焊接头外观质量检查结果，应符合下列规定：

1 对焊接头表面应呈圆滑、带毛刺状，不得有肉眼可见的裂纹；

2 与电极接触处的钢筋表面不得有明显烧伤；

3 接头处的弯折角度不得大于 2°；

4 接头处的轴线偏移不得大于钢筋直径的 1/10，且不得大于 1mm。

5.4 箍筋闪光对焊接头

5.4.1 箍筋闪光对焊接头应分批进行外观质量检查和力学性能检验，并应符合下列规定：

1 在同一台班内，由同一焊工完成的 600 个同牌号、同直径箍筋闪光对焊接头作为一个检验批；如超出 600 个接头，其超出部分可以与下一台班完成接头累计计算；

2 每一检验批中，应随机抽查 5% 的接头进行外观质量检查；

3 每个检验批中应随机切取 3 个对焊接头做拉伸试验。

5.4.2 箍筋闪光对焊接头外观质量检查结果，应符合下列规定：

1 对焊接头表面应呈圆滑、带毛刺状，不得有肉眼可见裂纹；

2 轴线偏移不得大于钢筋直径的 1/10，且不得大于 1mm；

3 对焊接头所在直线边的顺直度检测结果凹凸不得大于 5mm；

4 对焊箍筋外皮尺寸应符合设计图纸的规定，允许偏差应为 ±5mm；

5 与电极接触处的钢筋表面不得有明显烧伤。

5.5 钢筋电弧焊接头

5.5.1 电弧焊接头的质量检验，应分批进行外观质量检查和力学性能检验，并应符合下列规定：

1 在现浇混凝土结构中，应以 300 个同牌号钢筋、同形式接头作为一批；在房屋结构中，应在不超过连续二楼层中 300 个同牌号钢筋、同形式接头作为一批；每批随机切取 3 个接头，做拉伸试验；

2 在装配式结构中，可按生产条件制作模拟试件，每批 3 个，做拉伸试验；

3 钢筋与钢板搭接焊接头可只进行外观质量检查。

注：在同一批中若有 3 种不同直径的钢筋焊接接头，应在最大直径钢筋接头和最小直径钢筋接头中分别切取 3 个试件进行拉伸试验。钢筋电渣压力焊接头、钢筋气压焊接头取样均同。

5.5.2 电弧焊接头外观质量检查结果，应符合下列规定：

1 焊缝表面应平整，不得有凹陷或焊瘤；

2 焊接接头区域不得有肉眼可见的裂纹；

3 焊缝余高应为 2mm～4mm；

4 咬边深度、气孔、夹渣等缺陷允许值及接头尺寸的允许偏差应符合表 5.5.2 的规定。

表 5.5.2 钢筋电弧焊接头尺寸偏差及缺陷允许值

名　　称		单位	接 头 形 式		
			帮条焊	搭接焊钢筋与钢板搭接焊	坡口焊窄间隙焊熔槽帮条焊
帮条沿接头中心线的纵向偏移		mm	0.3d		
接头处弯折角度		°	2	2	2
接头处钢筋轴线的偏移		mm	0.1d	0.1d	0.1d
			1	1	1
焊缝宽度		mm	+0.1d	+0.1d	
焊缝长度		mm	−0.3d	−0.3d	
咬边深度		mm	0.5	0.5	0.5
在长 2d 焊缝表面上的气孔及夹渣	数量	个	2	2	—
	面积	mm²	6	6	—
在全部焊缝表面上的气孔及夹渣	数量	个	—	—	2
	面积	mm²	—	—	6

注：d 为钢筋直径（mm）。

5.5.3 当模拟试件试验结果不符合要求时，应进行复验。复验应从现场焊接接头中切取，其数量和要求与初始试验相同。

5.6 钢筋电渣压力焊接头

5.6.1 电渣压力焊接头的质量检验，应分批进行外观质量检查和力学性能检验，并应符合下列规定：

1 在现浇钢筋混凝土结构中，应以 300 个同牌号钢筋接头作为一批；

2 在房屋结构中，应在不超过连续二楼层中 300 个同牌号钢筋接头作为一批；当不足 300 个接头时，仍应作为一批；

3 每批随机切取 3 个接头试件做拉伸试验。

5.6.2 电渣压力焊接头外观质量检查结果，应符合下列规定：

1 四周焊包凸出钢筋表面的高度，当钢筋直径为 25mm 及以下时，不得小于 4mm；当钢筋直径为 28mm 及以上时，不得小于 6mm；

2 钢筋与电极接触处，应无烧伤缺陷；

3 接头处的弯折角度不得大于 2°；

4 接头处的轴线偏移不得大于 1mm。

5.7 钢筋气压焊接头

5.7.1 气压焊接头的质量检验，应分批进行外观质量检查和力学性能检验，并应符合下列规定：

1 在现浇钢筋混凝土结构中，应以 300 个同牌号钢筋接头作为一批；在房屋结构中，应在不超过连续二楼层中 300 个同牌号钢筋接头作为一批；当不足 300 个接头时，仍应作为一批；

2 在柱、墙的竖向钢筋连接中，应从每批接头中随机切取 3 个接头做拉伸试验；在梁、板的水平钢筋连接中，应另切取 3 个接头做弯曲试验；

3 在同一批中，异径钢筋气压焊接头只可做拉伸试验。

5.7.2 钢筋气压焊接头外观质量检查结果，应符合下列规定：

1 接头处的轴线偏移 e 不得大于钢筋直径的 1/10，且不得大于 1mm（图 5.7.2a）；当不同直径钢筋焊接时，应按较小钢筋直径计算；当大于上述规定值，但在钢筋直径的 3/10 以下时，可加热矫正；当大于 3/10 时，应切除重焊；

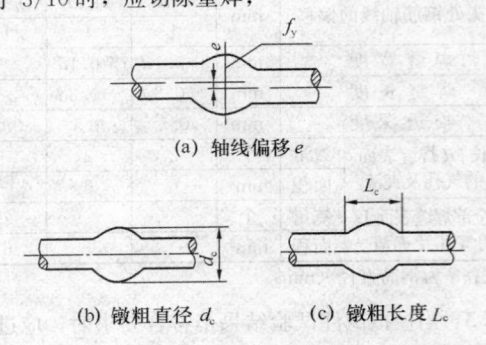

(a) 轴线偏移 e

(b) 镦粗直径 d_c　　(c) 镦粗长度 L_c

图 5.7.2　钢筋气压焊接头外观质量图解

f_y—压焊面

2 接头处表面不得有肉眼可见的裂纹；

3 接头处的弯折角度不得大于 2°；当大于规定值时，应重新加热矫正；

4 固态气压焊接头镦粗直径 d_c 不得小于钢筋直径的 1.4 倍，熔态气压焊接头镦粗直径 d_c 不得小于钢筋直径的 1.2 倍（图 5.7.2b）；当小于上述规定值时，应重新加热镦粗；

5 镦粗长度 L_c 不得小于钢筋直径的 1.0 倍，且凸起部分平缓圆滑（图 5.7.2c）；当小于上述规定值时，应重新加热镦长。

5.8　预埋件钢筋 T 形接头

5.8.1 预埋件钢筋 T 形接头的外观质量检查，应从同一台班内完成的同类型预埋件中抽查 5%，且不得少于 10 件。

5.8.2 预埋件钢筋 T 形接头外观质量检查结果，应符合下列规定：

1 焊条电弧焊时，角焊缝焊脚尺寸（K）应符合本规程第 4.5.11 条第 1 款的规定；

2 埋弧压力焊或埋弧螺柱焊时，四周焊包凸出钢筋表面的高度，当钢筋直径为 18mm 及以下时，不得小于 3mm；当钢筋直径为 20mm 及以上时，不得小于 4mm；

3 焊缝表面不得有气孔、夹渣和肉眼可见裂纹；

4 钢筋咬边深度不得超过 0.5mm；

5 钢筋相对钢板的直角偏差不得大于 2°。

5.8.3 预埋件外观质量检查结果，当有 2 个接头不符合上述规定时，应对全数接头的这一项目进行检

查，并剔出不合格品，不合格接头经补焊后可提交二次验收。

5.8.4 力学性能检验时，应以 300 件同类型预埋件作为一批。一周内连续焊接时，可累计计算。当不足 300 件时，亦应按一批计算。应从每批预埋件中随机切取 3 个接头做拉伸试验。试件的钢筋长度应大于或等于 200mm，钢板（锚板）的长度和宽度应等于 60mm，并视钢筋直径的增大而适当增大（图 5.8.4）。

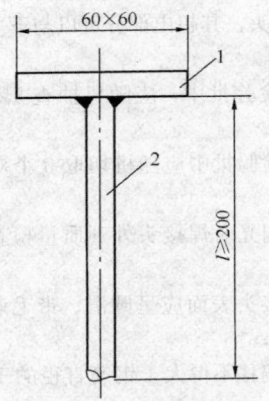

图 5.8.4　预埋件钢筋 T 形接头拉伸试件

1—钢板；2—钢筋

5.8.5 预埋件钢筋 T 形接头拉伸试验时，应采用专用夹具。

6　焊　工　考　试

6.0.1 从事钢筋焊接施工的焊工必须持有钢筋焊工考试合格证，并应按照合格证规定的范围上岗操作。

6.0.2 经专业培训结业的学员，或具有独立焊接工作能力的焊工，均应参加钢筋焊工考试。

6.0.3 焊工考试应由经设区市或设区市以上建设行政主管部门审查批准的单位负责进行。对考试合格的焊工应签发考试合格证，考试合格证式样应符合本规程附录 B 的规定。

6.0.4 钢筋焊工考试应包括理论知识考试和操作技能考试两部分；经理论知识考试合格的焊工，方可参加操作技能考试。

6.0.5 理论知识考试应包括下列内容：

1 钢筋的牌号、规格及性能；

2 焊机的使用和维护；

3 焊条、焊剂、氧气、溶解乙炔、液化石油气、二氧化碳气体的性能和选用；

4 焊前准备、技术要求、焊接接头和焊接制品的质量检验与验收标准；

5 焊接工艺方法及其特点，焊接参数的选择；

6 焊接缺陷产生的原因及消除措施；

7 电工知识;

8 焊接安全技术知识。

具体内容和要求应由各考试单位按焊工报考焊接方法对应出题。

6.0.6 焊工操作技能考试用的钢筋、焊条、焊剂、氧气、溶解乙炔、液化石油气、二氧化碳气体等，应符合本规程有关规定，焊接设备可根据具体情况确定。

6.0.7 焊工操作技能考试评定标准应符合表6.0.7的规定；焊接方法、钢筋牌号及直径、试件组合与组数，应由考试单位根据实际情况确定。焊接参数应由焊工自行选择。

表 6.0.7　焊工操作技能考试评定标准

焊接方法		钢筋牌号	钢筋直径（mm）	每组试件数量		评定标准
				拉伸	弯曲	
闪光对焊		Φ、Φ、ΦF、Φ、ΦF、Φ、ΦRW	8～32	3	3	拉伸试验应按本规程第5.1.7条规定进行评定； 弯曲试验应按本规程第5.1.8条规定进行评定
箍筋闪光对焊		Φ、Φ、ΦF、Φ、ΦF、Φ、ΦRW	6～18	3	—	
电弧焊	帮条平焊 帮条立焊	Φ、Φ、ΦF、Φ、ΦF、Φ、ΦRW	20～32	3	—	拉伸试验应按本规程第5.1.7条规定进行评定
	搭接平焊 搭接立焊	Φ、Φ、ΦF、Φ、ΦF、Φ、ΦRW	20～32			
	熔槽帮条焊	Φ、Φ、ΦF、Φ、ΦF、Φ、ΦRW	20～40			
	坡口平焊 坡口立焊	Φ、Φ、ΦF、Φ、ΦF、Φ、ΦRW	18～32			
	窄间隙焊	Φ、Φ、ΦF、Φ、ΦF、Φ、ΦRW	16～40			
电渣压力焊		Φ、Φ、Φ	12～32	3	—	拉伸试验应按本规程第5.1.7条规定进行评定
气压焊		Φ、Φ、Φ	12～40	3	3	拉伸试验应按本规程第5.1.7条规定进行评定； 弯曲试验应按本规程第5.1.8条规定进行评定
预埋件钢筋T形接头	焊条电弧焊	Φ、Φ、ΦF、Φ、ΦF、ΦRW	6～28	3	—	拉伸试验应按本规程第5.1.7条规定进行评定
	埋弧压力焊 埋弧螺柱焊	Φ、Φ、Φ、Φ、ΦF				

注：箍筋焊工考试时，提前将钢筋切断、弯曲加工成合格的待焊箍筋。

6.0.8 当拉伸试验、弯曲试验结果，在一组试件中仅有1个试件未达到规定的要求时，可补焊一组试件进行补试，但不得超过一次。试验要求应与初始试验相同。

6.0.9 持有合格证的焊工当在焊接生产中三个月内出现两批不合格品时，应取消其合格资格。

6.0.10 持有合格证的焊工，每两年应复试一次；当脱离焊接生产岗位半年以上，在生产操作前应首先进行复试。复试可只进行操作技能考试。

6.0.11 焊工考试完毕，考试单位应填写"钢筋焊工考试结果登记表"，连同合格证复印件一起，立卷归档备查。

6.0.12 工程质量监督单位应对上岗操作的焊工随机抽查验证。

7　焊 接 安 全

7.0.1 安全培训与人员管理应符合下列规定：

1 承担钢筋焊接工程的企业应建立健全钢筋焊接安全生产管理制度，并应对实施焊接操作和安全管理人员进行安全培训，经考核合格后方可上岗；

2 操作人员必须按焊接设备的操作说明书或有关规程，正确使用设备和实施焊接操作。

7.0.2 焊接操作及配合人员应按下列规定并结合实际情况穿戴劳动防护用品：

1 焊接人员操作前，应戴好安全帽，佩戴电焊手套、围裙、护腿，穿阻燃工作服；穿焊工皮鞋或电焊工劳保鞋，应戴防护眼镜（滤光或遮光镜）、头罩或手持面罩；

2 焊接人员进行仰焊时，应穿戴皮制或耐火材质的套袖、披肩罩或斗篷，以防头部灼伤。

7.0.3 焊接工作区域的防护应符合下列规定：

1 焊接设备应安放在通风、干燥、无碰撞、无剧烈振动、无高温、无易燃品存在的地方；特殊环境条件下还应对设备采取特殊的防护措施；

2 焊接电弧的辐射及飞溅范围，应设不可燃或耐火板、罩、屏，防止人员受到伤害；

3 焊机不得受潮或雨淋；露天使用的焊接设备应予以保护，受潮的焊接设备在使用前必须彻底干燥并经适当试验或检测；

4 焊接作业应在足够的通风条件下（自然通风或机械通风）进行，避免操作人员吸入焊接操作产生的烟气流；

5 在焊接作业场所应当设置警告标志。

7.0.4 焊接作业区防火安全应符合下列规定：

1 焊接作业区和焊机周围 **6m** 以内，严禁堆放装饰材料、油料、木材、氧气瓶、溶解乙炔气瓶、液化石油气瓶等易燃、易爆物品；

2 除必须在施工工作面焊接外，钢筋应在专门搭设的防雨、防潮、防晒的工房内焊接；工房的屋顶应有安全防护和排水设施，地面应干燥，应有防止飞溅的金属火花伤人的设施；

3 高空作业的下方和焊接火星所及范围内，必须彻底清除易燃、易爆物品；

4 焊接作业区应配置足够的灭火设备，如水池、沙箱、水龙带、消火栓、手提灭火器。

7.0.5 各种焊机的配电开关箱内，应安装熔断器和漏电保护开关；焊接电源的外壳应有可靠的接地或接零；焊机的保护接地线应直接从接地极处引接，其接地电阻值不应大于4Ω。

7.0.6 冷却水管、输气管、控制电缆、焊接电缆均应完好无损；接头处应连接牢固，无渗漏，绝缘良好；发现损坏应及时修理；各种管线和电缆不得挪作拖拉设备的工具。

7.0.7 在封闭空间内进行焊接操作时，应设专人监护。

7.0.8 氧气瓶、溶解乙炔气瓶或液化石油气瓶、干式回火防止器、减压器及胶管等，应防止损坏。发现压力表指针失灵，瓶阀、胶管有泄漏，应立即修理或更换；气瓶必须进行定期检查，使用期满或送检不合格的气瓶禁止继续使用。

7.0.9 气瓶使用应符合下列规定：

1 各种气瓶应摆放稳固；钢瓶在装车、卸车及运输时，应避免互相碰撞；氧气瓶不能与燃气瓶、油类材料以及其他易燃物品同车运输；

2 吊运钢瓶时应使用吊架或合适的台架，不得使用吊钩、钢索和电磁吸盘；钢瓶使用完时，要留有一定的余压力；

3 钢瓶在夏季使用时要防止暴晒，冬季使用时如发生冻结、结霜或出气量不足时，应用温水解冻。

7.0.10 贮存、使用、运输氧气瓶、溶解乙炔气瓶、液化石油气瓶、二氧化碳气瓶时，应分别按照原国家质量技术监督局颁发的现行《气瓶安全监察规定》和原劳动部颁发的现行《溶解乙炔气瓶安全监察规程》中有关规定执行。

附录 A 钢筋焊接接头检验批质量验收记录

A.0.1 钢筋闪光对焊接头检验批质量验收记录应符合表 A.0.1 的规定。

表 A.0.1 钢筋闪光对焊接头检验批质量验收记录

工程名称			验收部位					
施工单位			批号及批量					
施工执行标准名称及编号		《钢筋焊接及验收规程》JGJ 18－2012	钢筋牌号及直径（mm）					
项目经理			施工班组长					
主控项目		质量验收规程的规定		施工单位检查评定记录			监理（建设）单位验收记录	
	1	接头试件拉伸试验	5.1.7条					
	2	接头试件弯曲试验	5.1.8条					
一般项目		质量验收规程的规定		抽查数	合格数	不合格	监理（建设）单位验收记录	
	1	对焊接头表面应呈圆滑、带毛刺状，不得有肉眼可见的裂纹	5.3.2条					
	2	与电极接触处的钢筋表面不得有明显烧伤	5.3.2条					
	3	接头处的弯折角度不得大于2°	5.3.2条					
	4	轴线偏移不得大于钢筋直径的1/10，且不得大于1mm	5.3.2条					
施工单位检查评定结果			项目专业质量检查员： 年 月 日					
监理（建设）单位验收结论			监理工程师（建设单位项目专业技术负责人）： 年 月 日					

注：1 一般项目各小项检查评定不合格时，在小格内打×号；
    2 本表由施工单位项目专业质量检查员填写，监理工程师（建设单位项目专业技术负责人）组织项目专业质量检查员等进行验收。

A.0.2 箍筋闪光对焊接头检验批质量验收记录应符

合表 A.0.2 的规定。

表 A.0.2 箍筋闪光对焊接头检验批质量验收记录

工程名称				验收部位		
施工单位				批号及批量		
施工执行标准名称及编号	《钢筋焊接及验收规程》JGJ 18－2012			钢筋牌号及直径（mm）		
项目经理				施工班组长		
主控项目	质量验收规程的规定		施工单位检查评定记录		监理(建设)单位验收记录	
主控项目	1	接头试件拉伸试验	5.1.7条			
一般项目	质量验收规程的规定		施工单位检查评定记录			监理(建设)单位验收记录
一般项目			抽查数	合格数	不合格	
一般项目	1	对焊接头表面应呈圆滑、带毛刺状，不得有肉眼可见的裂纹	5.4.2条			
一般项目	2	轴线偏移不得大于钢筋直径的1/10，且不得大于1mm	5.4.2条			
一般项目	3	直线边凹凸不得大于5mm	5.4.2条			
一般项目	4	箍筋外皮尺寸应符合设计图纸规定，偏差在±5mm之内	5.4.2条			
一般项目	5	与电极接触处无明显烧伤	5.4.2条			
施工单位检查评定结果	项目专业质量检查员： 年　月　日					
监理(建设)单位验收结论	监理工程师(建设单位项目专业技术负责人)： 年　月　日					

注：1 一般项目各小项检查评定不合格时，在小格内打×记号；
　　2 本表由施工单位项目专业质量检查员填写，监理工程师（建设单位项目专业技术负责人）组织项目专业质量检查员等进行验收。

A.0.3 钢筋电弧焊接头检验批质量验收记录应符合表 A.0.3 的规定。

表 A.0.3 钢筋电弧焊接头检验批质量验收记录

工程名称				验收部位		
施工单位				批号及批量		
施工执行标准名称及编号	《钢筋焊接及验收规程》JGJ 18－2012			钢筋牌号及直径（mm）		
项目经理				施工班组长		
主控项目	质量验收规程的规定		施工单位检查评定记录		监理(建设)单位验收记录	
主控项目	1	接头试件拉伸试验	5.1.7条			
一般项目	质量验收规程的规定		施工单位检查评定记录			监理(建设)单位验收记录
一般项目			抽查数	合格数	不合格	
一般项目	1	焊缝表面应平整，不得有凹陷或焊瘤	5.5.2条			
一般项目	2	接头区域不得有肉眼可见裂纹	5.5.2条			
一般项目	3	咬边深度、气孔、夹渣等缺陷允许值及接头尺寸允许偏差应符合表5.5.2规定	表5.5.2			
一般项目	4	焊缝余高应为2mm～4mm	5.5.2条			
施工单位检查评定结果	项目专业质量检查员： 年　月　日					
监理(建设)单位验收结论	监理工程师(建设单位项目专业技术负责人)： 年　月　日					

注：1 一般项目各小项检查评定不合格时，在小格内打×记号；
　　2 本表由施工单位项目专业质量检查员填写，监理工程师（建设单位项目专业技术负责人）组织项目专业质量检查员等进行验收。

A.0.4 钢筋电渣压力焊接头检验批质量验收记录应符合表 A.0.4 的规定。

A.0.5 钢筋气压焊接头检验批质量验收记录应符合表 A.0.5 的规定。

表 A.0.4 钢筋电渣压力焊接头检验批质量验收记录

工程名称			验收部位			
施工单位			批号及批量			
施工执行标准名称及编号	《钢筋焊接及验收规程》JGJ 18-2012		钢筋牌号及直径(mm)			
项目经理			施工班组组长			

主控项目	质量验收规程的规定		施工单位检查评定记录		监理(建设)单位验收记录	
	1 接头试件拉伸试验	5.1.7条				

	质量验收规程的规定		施工单位检查评定记录			监理(建设)单位验收记录
			抽查数	合格数	不合格	
一般项目	1	当钢筋直径小于或等于25mm时,焊包高度不得小于4mm;当钢筋直径大于或等于28mm时,焊包高度不得小于6mm	5.6.2条			
	2	钢筋与电极接触处无烧伤缺陷	5.6.2条			
	3	接头处的弯折角度不得大于2°	5.6.2条			
	4	轴线偏移不得大于1mm	5.6.2条			

施工单位检查评定结果	项目专业质量检查员: 年 月 日
监理(建设)单位验收结论	监理工程师(建设单位项目专业技术负责人): 年 月 日

注：1 一般项目各小项检查评定不合格时，在小格内打×记号；
　　2 本表由施工单位项目专业质量检查员填写，监理工程师（建设单位项目专业技术负责人）组织项目专业质量检查员等进行验收。

表 A.0.5 钢筋气压焊接头检验批质量验收记录

工程名称			验收部位			
施工单位			批号及批量			
施工执行标准名称及编号	《钢筋焊接及验收规程》JGJ 18-2012		钢筋牌号及直径(mm)			
项目经理			施工班组组长			

主控项目	质量验收规程的规定		施工单位检查评定记录		监理(建设)单位验收记录	
	1 接头试件拉伸试验	5.1.7条				
	2 接头试件弯曲试验	5.1.8条				

	质量验收规程的规定		施工单位检查评定记录			监理(建设)单位验收记录
			抽查数	合格数	不合格	
一般项目	1	轴线偏移不得大于钢筋直径的1/10,且不得大于1mm	5.7.2条			
	2	接头处表面不得有肉眼可见的裂纹	5.7.2条			
	3	接头处的弯折角度不得大于2°	5.7.2条			
	4	固态镦粗直径不得小于1.4d,熔态镦粗直径不得小于1.2d	5.7.2条			
	5	镦粗长度不得小于1.0d,d为钢筋直径	5.7.2条			

施工单位检查评定结果	项目专业质量检查员: 年 月 日
监理(建设)单位验收结论	监理工程师(建设单位项目专业技术负责人): 年 月 日

注：1 一般项目各小项检查评定不合格时，在小格内打×记号；
　　2 本表由施工单位项目专业质量检查员填写，监理工程师（建设单位项目专业技术负责人）组织项目专业质量检查员等进行验收。

A.0.6 预埋件钢筋 T 形接头检验批质量验收记录应符合表 A.0.6 的规定。

表 A.0.6　预埋件钢筋 T 形接头检验批质量验收记录

工程名称				验收部位			
施工单位				批号及批量			
施工执行标准名称及编号			《钢筋焊接及验收规程》JGJ 18-2012	钢筋牌号及直径（mm）			
项目经理				施工班组组长			

主控项目		质量验收规程的规定		施工单位检查评定记录			监理(建设)单位验收记录
	1	接头试件拉伸试验	5.1.7条				

一般项目		质量验收规程的规定		施工单位检查评定记录			监理(建设)单位验收记录
				抽查数	合格数	不合格	
	1	焊条电弧焊时：角焊缝焊脚尺寸（K）应符合第4.5.11条第1款的规定	4.5.11条				
	2	埋弧压力焊和埋弧螺柱焊时，四周焊包凸出钢筋表面的高度应符合第5.8.2条第2款的规定	5.8.2条				
	3	焊缝表面不得有气孔、夹渣和肉眼可见裂纹	5.8.2条				
	4	钢筋咬边深度不得超过0.5mm	5.8.2条				
	5	钢筋相对钢板的直角偏差不得大于2°	5.8.2条				

施工单位检查评定结果	项目专业质量检查员： 　　　　　　　　　　年　月　日
监理(建设)单位验收结论	监理工程师(建设单位项目专业技术负责人)： 　　　　　　　　　　年　月　日

注：1　一般项目各小项检查评定不合格时，在小格内打×记号；
　　2　本表由施工单位项目专业质量检查员填写，监理工程师（建设单位项目专业技术负责人）组织项目专业质量检查员等进行验收。

附录 B　钢筋焊工考试合格证

塑料封套　　　　　　　　　　　　　　　　　封1

钢筋焊工考试

合格证

省　　　市
钢筋焊工考试委员会

塑料封套（硬纸）　　　　　　　　　　　　封2

本证授予操作范围

操作方法＿＿＿＿＿＿＿

省　　　市
钢筋焊工考试委员会
审查批准：省市建设行政主管部门名称

塑料封套（硬纸）　　　　　　　　　封3　　　　　证芯　　　　　　　　　第1页

注 意 事 项

1　本证仅限证明焊工操作技能用；

2　本证应妥善保存，不得转借他人；

3　本证记载各项，不得私自涂改；

4　本证的有效期为两年；超过有效期限，本证无效。

合格证编号：_____

姓　　　名：_____

性　　　别：_____

出生年月：_____

工作单位：_____

考试单位：_____

照　片

钢印

省　　　市
钢筋焊工考试委员会（公章）

发证日期：_____ 年　月　日

塑料封套　　　　　　　　　　　　　封4　　　　　证芯　　　　　　　　　第2页

理论知识考试：

操作技能考试：

日期	焊接方法	试件编号	钢筋牌号及直径(mm)	拉伸试验(MPa)	弯曲试验(90°)

考试委员会主任：

年　月　日

日 常 工 作 质 量 记 录

年　月至　年　月

工程名称_____

焊接方法_____

检验记录档案号_____

合格率_____

事故记录：

复 试 签 证

日　期	内 容 说 明	负责人签字

注：复试合格签证的有效期为两年。

本规程用词说明

1　为便于在执行本规程条文时区别对待，对于要求严格程度不同的用词说明如下：

1）表示很严格，非这样做不可的：

正面词采用"必须"；反面词采用"严禁"；

2）表示严格，在正常情况下均应这样做的：

正面词采用"应"；反面词采用"不应"或"不得"；

3）表示允许稍有选择，在条件许可时首先应这样做的：

正面词采用"宜"；反面词采用"不宜"；

4）表示有选择，在一定条件下可以这样做的，采用"可"。

2　条文中指明应按其他有关标准执行的写法为："应符合……的规定"或"应按……执行"。

引用标准名录

1　《碳素结构钢》GB/T 700

2　《低合金高强度结构钢》GB/T 1591

3　《工业氧》GB/T 3863

4　《碳钢焊条》GB/T 5117

5　《低合金钢焊条》GB/T 5118

6　《溶解乙炔》GB 6819

7　《气体保护电弧焊用碳钢、低合金钢焊丝》GB/T 8110

8　《油气田液化石油气》GB 9052.1

9　《液化石油气》GB 11174

10　《钢筋焊接接头试验方法标准》JGJ/T 27

11　《焊接用二氧化碳》HG/T 2537

中华人民共和国行业标准

钢筋焊接及验收规程

JGJ 18—2012

条 文 说 明

修 订 说 明

《钢筋焊接及验收规程》JGJ 18-2012，经住房和城乡建设部 2012 年 3 月 1 日以第 1324 号公告批准、发布。

本规程是在行业标准《钢筋焊接及验收规程》JGJ 18-2003 的基础上修订完成的。上一版的主编单位是陕西省建筑科学研究设计院，参编单位是：北京建工集团有限责任公司、北京中建建筑科学技术研究院、上海住总集团总公司、四川省建筑科学研究院、北京市建设工程质量监督总站、北京第一通用机械厂对焊机分厂、江苏省无锡市日新机械厂、中国水利水电第十二工程局施工技术研究所、首钢总公司技术研究院、贵州钢龙焊接技术有限公司。主要起草人员是：陈金安、吴成材、艾永祥、刘子健、纪怀钦、李蔷、陈英辉、张玉平、付洪、邹士平、李本端、李永东、袁远刚。

本次修订的主要内容是：增加了钢筋焊接方法，修正了焊接工艺参数，提高了钢筋焊接接头外观质量的规定。

本规程在修订过程中，编制组对细晶粒钢筋焊接进行了试验研究，规定了适用范围；对 φ12 钢筋电渣压力焊、二氧化碳气体保护电弧焊、半自动钢筋固态气压焊、氧液化石油气熔态气压焊、预埋钢筋埋弧螺柱焊等进行了调查研究，收集试验研究报告和新技术工程应用证明，总结生产实践经验，列入本规程；同时参考了国际标准《焊接 钢筋焊接 第 1 部分：承载焊接接头》ISO 17660-1：2006（Welding-Welding of reinforcing steel-Part 1：Load-bearing welded joints）和日本工业标准《钢筋混凝土用钢筋气压焊接头试验方法及判定标准》JIS Z 3120：2009（鉄筋コンクリ一ト用棒鋼ガス压接继手の试驗方法及び判定基準），通过部分验证试验取得有用的工艺参数。

为便于广大设计、施工、科研、学校等单位有关人员在使用本规程时能正确理解和执行条文规定，《钢筋焊接及验收规程》编制组按章、节、条顺序编写了本规程条文说明，对条文规定的目的、依据及执行中需注意的有关事项进行了说明，还着重对强制性条文的强制性理由作了解释。但是，本条文说明不具备与规程正文同等的法律效力，仅供使用者作为理解和把握规程规定的参考。

目　次

1 总 则

1.0.1 本规程对钢筋焊接设备、焊接材料、焊接工艺、焊接质量检验与验收给出具体规定，是为了保证钢筋焊接质量和施工安全。这些规定是总结我国试验研究成果和生产实践经验编制而成。

1.0.2 本规程适用于一般工业与民用建筑工程混凝土结构中钢筋焊接施工及质量检验与验收。如结构工程对钢筋焊接接头性能有特殊要求时，例如：动载疲劳性能，耐腐蚀性能，低温冲击吸收功等，应按照设计要求，并结合工程实际情况加做相应的接头性能试验。

其他土木工程，可参照使用本规程。

1.0.3 本规程是现行国家标准《混凝土结构设计规范》GB 50010 和《混凝土结构工程施工质量验收规范》GB 50204 相配套的专业技术标准。因此，在钢筋焊接施工中，除执行本规程规定外，尚应符合国家有关标准的规定，例如，在同一构件内钢筋焊接接头的设置，应符合现行国家标准《混凝土结构工程施工质量验收规范》GB 50204 中有关规定。

2 术语和符号

2.1 术 语

2.1.1 摘自现行国家标准《钢筋混凝土用钢 第 1 部分：热轧光圆钢筋》GB 1499.1。

2.1.2、2.1.3 摘自现行国家标准《钢筋混凝土用钢 第 2 部分：热轧带肋钢筋》GB 1499.2。

2.1.4 摘自现行国家标准《钢筋混凝土用余热处理钢筋》GB 13014。

2.1.5 摘自现行国家标准《冷轧带肋钢筋》GB 13788。

2.1.6 摘自现行行业标准《冷拔低碳钢丝应用技术规程》JGJ 19。

2.1.13 钢筋气压焊加热达到固态的，约 1150℃～1250℃，称钢筋固态气压焊；加热达到熔态的，在 1540℃以上，称钢筋熔态气压焊。

2.1.15 预埋件钢筋埋弧螺柱焊是将埋弧焊与螺柱焊很好结合，从而获得发明专利的一项新技术。

2.1.16、2.1.17 这两个术语是根据箍筋闪光对焊技术从试验研究到推广应用的需要而新增的。

2.1.18 压入深度为电阻点焊的焊点外观质量检查术语（图 1）。

2.1.19 焊缝余高为电弧焊接头外观质量检查术语（图 2）。

在《钢筋焊接及验收规程》JGJ 18－2003 中，焊缝余高规定为≤3mm，这次修订中，根据有关单位建

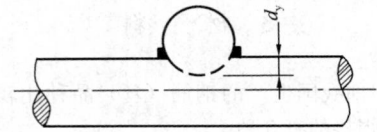

图 1 压入深度（d_y）

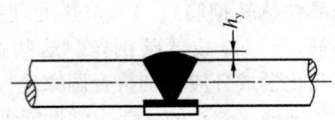

图 2 焊缝余高（h_y）

议，改为 2mm～4mm，这就是，应该有一些余高，起到对焊缝的加强作用；同时，不应过高，避免产生应力集中。

2.1.21 焊接接头一般由焊缝、熔合区、热影响区、母材四部分组成。"焊缝"和"母材"易于理解，故只列入"熔合区"和"热影响区"两个术语。热影响区又可分成晶粒长大的粗晶区（又称过热区）、混晶区（又称不完全相变、不完全重结晶区）、细晶区（重结晶区）和再结晶区四部分。

钢筋焊接接头热影响区宽度主要决定于焊接方法；其次为焊接热输入。当采用较大热输入时，对不同焊接接头进行测定，其热影响区宽度如下，供参考使用：

1 钢筋电阻点焊焊点：0.5d；

2 钢筋闪光对焊接头：0.7d；

3 钢筋电弧焊接头：6mm～10mm；

4 钢筋电渣压力焊接头：0.8d；

5 钢筋气压焊接头：1.0d；

6 预埋件钢筋埋弧压力焊接头和埋弧螺柱焊接头：0.8d。

注：d 为钢筋直径（mm）。

2.1.22、2.1.23 这两个术语是根据现行国家标准《金属材料 力学性能试验术语》GB/T 10623 中 6.1.8"塑性断裂百分率"和 6.1.7"脆性断裂百分率"两个术语的解释，对《钢筋焊接及验收规程》JGJ 18－2003 中原有术语的解释稍作修改。

2.2 符 号

2.2.1 主要摘自现行国家标准《混凝土结构设计规范》GB 50010。

2.2.2 L_g、b_g、a_g 三个符号是在这次修订中，因增加箍筋闪光对焊的需要而增列；其余符号均自本标准上一版规程《钢筋焊接及验收规程》JGJ 18－2003 中延用。

2.2.3 从上一版规程《钢筋焊接及验收规程》JGJ 18－2003 中延用。

2.2.4 摘自现行国家标准《金属材料 拉伸试验 第 1 部分：室温试验方法》GB/T 228.1。

3 材　　料

3.0.1 目前我国生产的钢筋（丝）品种比较多，其中，进行焊接的有 5 种：

1 热轧光圆钢筋；2 热轧带肋钢筋（含普通热轧钢筋和细晶粒热轧钢筋）；3 余热处理钢筋；4 冷轧带肋钢筋；5 冷拔低碳钢丝。这些钢筋（丝）的力学性能和化学成分应分别符合国家现行标准的规定。不同牌号钢筋（丝）的主要力学性能见表 1。

表 1　不同牌号钢筋（丝）的主要力学性能

序号	钢筋牌号	屈服强度 R_{eL}（或 $R_{p0.2}$）（MPa）	抗拉强度 R_m（MPa）	伸长率（%）		符号
				A	$A_{11.3}$	
		不小于				
1	HPB300	300	420	25		Φ
2	HRB335 HRBF335	335	455	17		Φ ΦF
3	HRB400 HRBF400	400	540	16		Φ ΦF
4	HRB500 HRBF500	500	630	15		Φ ΦF
5	RRB400W	430	570	16		ΦRW
6	CRB550	500	550		8	ΦR
7	CDW550		550			Φb

注：RRB400W 钢筋牌号和主要力学性能摘自国家标准《钢筋混凝土用余热处理钢筋》GB 13014，W 表示可焊，指的是闪光对焊和电弧焊等工艺，其化学成分规定为：碳（C）不大于 0.25%，硅（Si）不大于 0.80%，锰、磷、硫含量与 RRB400 相同，碳当量（C_{eq}）不大于 0.50%。

3.0.2 在预埋件钢筋 T 形接头、熔槽帮条焊接头和坡口焊接头中的钢板和型钢，可采用低碳钢或低合金钢，其力学性能和化学成分应符合现行国家标准《碳素结构钢》GB/T 700 或《低合金高强度结构钢》GB/T 1591 中的规定。

3.0.3 有关焊条的规定说明如下：

1 本规程按现行国家标准《碳钢焊条》GB/T 5117 中有关焊条型号列出。焊条型号的第一个字母 E（Electrode）表示焊条，前两位数字表示熔敷金属抗拉强度的最小值，第三位数字表示焊条的焊接位置，第三位数字和第四位数字组合时，表示焊接电流种类及药皮类型。药皮类型有很多种。表 3.0.3 中，凡后两位数字为"03"的焊条，为钛钙型药皮焊条（酸性），交、直流两用，工艺性能良好，是最常用焊条之一。在实际生产中，根据具体情况，亦可选用相同熔敷金属抗拉强度的其他药皮类型焊条。

2 窄间隙焊用焊条，当焊接 HPB300 钢筋，可采用 E4316、E4315 焊条；焊接 HRB335 或

HRBF335 钢筋，应采用 E5016、E5015 焊条；焊接 HRB400 或 HRBF400 钢筋，应采用 E5516、E5515 焊条。后两位数字为"16"焊条，其药皮类型为低氢钾型，交流或直流反接；后两位数字为"15"焊条，其药皮类型为低氢钠型，直流反接。该两种焊条均为碱性焊条；采用该两种焊条焊后，熔敷金属中含氢量极低，延性和冲击吸收功较高。

3 余热处理钢筋及细晶粒热轧钢筋进行焊条电弧焊时，宜优先采用低氢型碱性焊条，亦可采用酸性焊条。

4 在钢筋帮条焊和搭接焊中，当焊接 HRB335 钢筋时，一般采用 E50×× 型焊条，但是也可以采用不与母材等强的 E4303 焊条；现说明如下：

在这些接头中，荷载施加于接头的力不是由与钢筋等截面的焊缝金属抗拉力所承受，而是由焊缝金属抗剪力承受。焊缝金属抗剪力等于焊缝剪切面积乘以抗剪强度。所以，虽然采用该种型号焊条，其熔敷金属抗拉强度小于钢筋抗拉强度（约为 90%），焊缝金属的抗剪强度小于抗拉强度（60%），但焊缝金属剪切面积大于钢筋横截面面积甚多（约为 3.0 倍）。故允许采用 E4303 型焊条（熔敷金属抗拉强度为 420N/mm²，约 43kgf/mm²）进行 HRB335 钢筋帮条焊和搭接焊。举例计算如下：

以直径 25mm HRB335 钢筋双面搭接焊为例，采用 E4303 焊条。

钢筋抗拉力 490.9×455＝223359.5N

焊缝剪切面积：长按 $4d$ 计，100mm
　　　　　　　　厚按 $0.3d$ 计，7.5mm

两条焊缝剪切面积：2×100 ×7.5＝1500mm²

焊缝金属抗剪强度为抗拉强度的 60%，0.6×420＝252N/mm²

焊缝金属抗剪力为：

　　　　1500×252＝378000N

焊缝金属抗剪力与钢筋抗拉力之比为：

　　　　378000/223359.5＝1.69

此外，大量试验和多年来生产应用表明，能完全满足要求，是安全的。

当进行钢筋坡口焊时，本规程中规定，对 HRB335 钢筋进行焊接时不仅采用 E5003 型焊条，并且钢筋与钢垫板之间，应加焊二层或三层侧面焊缝，这对接头起到一定加强作用。

表 3.0.3 中 ER 表示焊丝，49、50、55 表示熔敷金属抗拉强度最低值为 490MPa、500MPa、550MPa。焊丝又有多种牌号，其化学成分见现行国家标准《气体保护电弧焊用碳钢、低合金钢焊丝》GB/T 8110。

焊丝直径为 0.6mm、0.8mm、1.0mm、1.2mm、1.6mm、2.0mm、2.2mm 多种。常用的焊丝直径为 1.0mm 和 1.2mm。每盘焊丝重 15kg～20kg。

3.0.4 对氧气的质量要求，根据现行国家标准《工

业氧》GB/T 3863 中规定，氧含量，按体积百分数，优等品指标为≥99.5%，一等品为≥99.2%。本规程中规定：按体积百分数，氧含量≥99.5%。

在现行国家标准《溶解乙炔》GB 6819 中规定，溶解乙炔的质量标准如下：乙炔纯度，按体积比，大于或等于98%；磷化氢、硫化氢含量，应使用硝酸银试纸不变色。

在推广应用氧液化石油气气压焊时，应使用符合现行国家标准《液化石油气》GB 11174 或《油气田液化石油气》GB 9052.1 中规定质量要求的液化石油气。

现行化工行业标准《焊接用二氧化碳》HG/T 2537 中规定，优等品要求二氧化碳含量（V/V）不得低于99.9%，水蒸气与乙醇总含量（m/m）不得高于0.005%，无异味；本规程要求采用优等品。分类见表2（注：二氧化碳气体在电弧高温作用下将发生分解，因而是一种活性气体）。

表 2　焊接用二氧化碳组分含量的要求

项　目	组　分　含　量		
	优等品	一等品	合格品
二氧化碳含量，V/V，$10^{-2} \geqslant$	99.9	99.7	99.5
液态水　油	不得检出	不得检出	不得检出
水蒸气＋乙醇含量，m/m，$10^{-2} \leqslant$	0.005	0.02	0.05
气味	无异味	无异味	无异味

注：对以非发酵法所得的二氧化碳，乙醇含量不作规定。

3.0.5 在钢筋电渣压力焊和埋弧压力焊生产中，多年来一直借用埋弧焊的常用焊剂。1985 年之前，焊剂无国家标准，但有企业标准和焊接材料说明书。原焊剂企业标准中，焊剂牌号按其化学成分来划分。HJ 431 焊剂为一种高锰高硅低氟焊剂，是一种最常用熔炼型焊剂；此外，HJ 330 焊剂是一种中锰高硅低氟焊剂，应用亦较多，这二种焊剂的化学成分见表3。

表 3　HJ 330 和 HJ 431 焊剂化学成分（%）

焊剂牌号	SiO_2	CaF_2	CaO	MgO	Al_2O_3
HJ 330	44～48	3～6	≤3	16～20	≤4
HJ 431	40～44	3～6.5	≤5.5	5～7.5	≤4

焊剂牌号	MnO	FeO	K_2O+NaO	S	P
HJ 330	22～26	≤1.5		≤0.08	≤0.08
HJ 431	34～38	≤1.8		≤0.08	≤0.08

原焊剂企业标准，焊剂牌号的划分不涉及填充焊丝，适合于钢筋电渣压力焊、预埋件钢筋埋弧压力焊和预埋件钢筋埋弧螺柱焊的实际情况；并且绝大部分焊剂生产厂至今仍沿用原企业标准。因此，在本规程中规定"可采用 HJ431 焊剂"。HJ 为焊剂汉语拼音第一字母。

在现行国家标准《埋弧焊用低合金钢焊丝和焊剂》GB/T 12470 中规定，完整的焊丝－焊剂型号如下：第一个字母为 F，表示焊剂（Flux）；之后，由熔敷金属拉伸性能、试样状态、熔敷金属冲击吸收功、焊丝牌号和扩散氢限值组成。但是在电渣压力焊、埋弧压力焊和埋弧螺柱焊时，不添加焊丝，无熔敷金属，因此无法使用现行国家标准《埋弧焊用低合金钢焊丝和焊剂》GB/T 12470 中规定的焊剂型号。

3.0.6 本条文强调各种钢筋和焊接材料必须质量合格、可靠。

2010 年 12 月 20 日，住房和城乡建设部关于发布国家标准《混凝土结构工程施工质量验收规范》GB 50204－2002 局部修订的公告（第 849 号），对 5.2.1 条钢筋进场复验作出规定，如正文；现已列入该项国家标准（2011 年版）。

对于每批钢筋的检验数量，应按相关产品标准执行，国家标准《钢筋混凝土用钢　第 1 部分：热轧光圆钢筋》GB 1499.1－2008 和《钢筋混凝土用钢　第 2 部分：热轧带肋钢筋》GB 1499.2－2007 中规定每批抽取 5 个试件，先进行重量偏差检验，再取其中 2 个试件进行力学性能检验。

本规程中，涉及原材料进场检查数量和检验方法时，除有明确规定外，均应按以上叙述理解、执行。

本条文为强制性条文，应严格执行。

4　钢筋焊接

4.1　基本规定

4.1.1 本条各种焊接方法的适用范围，作了一些修改：

1 取消了 HPB235 钢筋，是贯彻国家逐步淘汰低强度钢筋的政策；考虑到《钢筋混凝土用钢　第 1 部分：热轧光圆钢筋》GB 1499.1－2008 中还有 HPB235 牌号钢筋以及某些偏远地区可能有这些钢筋存在，在表 4.1.1 注中予以补充说明。

2 HPB300 是新牌号钢筋，但是从其化学成分和力学性能分析，其焊接性能良好，增加列入。

3 在新的国家标准《钢筋混凝土用余热处理钢筋》GB 13014 中，规定 RRB400W 钢筋的化学成分中，C、Si 及 C_{eq} 含量均比 RRB400 钢筋低，故在表 4.1.1 的闪光对焊和电弧焊适用范围中，增加列入。

4.1.2 电渣压力焊适用于竖向钢筋的连接；若将钢筋竖向焊接，然后放置于梁、板构件中作水平钢筋之用，是不合适的。

4.1.3 在工程开工或者每批钢筋正式焊接之前，无论采用何种焊接工艺方法，均须采用与生产相同条件进行焊接工艺试验，以便了解钢筋焊接性能，选择最佳焊接参数，以及掌握担负生产的焊工的技术水平。每种牌号、每种规格钢筋试件数量和要求与本规程第5章"质量检验与验收"中规定相同。若第1次未通过，应改进工艺，调整参数，直至合格为止。采用的焊接工艺参数应作好记录，以备查考。

在焊接过程中，如果钢筋牌号、直径发生变更，应同样进行焊接工艺试验。本条是强制性条文，应严格执行。

4.1.4 焊前准备工作的好坏直接影响焊接质量，为了防止焊接接头产生夹渣、气孔等缺陷，在焊接区域内，钢筋表面铁锈、油污、熔渣等应清除；影响接头成型的钢筋端部弯折、劈裂等，应予矫正或切除。

4.1.5 带肋钢筋进行对接连接时，应将纵肋对纵肋，以获得足够的有效连接面积，这是总结生产经验而规定的。

4.1.6 本条文规定，焊剂若受潮，必须提前进行烘焙，以防止产生气孔；使用过的焊剂与新焊剂掺和使用时，应是少量的，比例要合适。

4.1.7 在工程施工中经常遇到不同直径钢筋的连接，本次规程修订中，通过实验作出规定。

4.1.8 通过本次规程修订所做试验，作出规定。

4.1.9 生产实践证明，在采用上述焊接方法时，电源电压的波动对焊接质量有较大影响。在现场施工时，由于用电设备多，往往造成电压降较大。为此要求焊接电源箱内装设电压表，焊工可随时观察电压波动情况，及时调整焊接工艺参数，以保证焊接质量。

4.1.10 根据试验资料表明，在实验室条件下对普通低合金钢钢筋23个钢种、2300个负温焊接接头的工艺性能、力学性能、金相、硬度以及冷却速度等作了系统的试验研究，认为闪光对焊在−28℃施焊，电弧焊在−50℃下进行焊接时，如焊接工艺和参数选择适当，其接头的综合性能良好。但是考虑到试点工程最低温度为−23℃，以及由于温度过低，工人操作不便，为确保工程质量，故规定当环境温度低于−20℃时，不应进行各种焊接。

负温焊接与常温焊接相比，主要是一个负温引起的冷却速度加快的问题。因此，其接头构造和焊接工艺必须遵守常温焊接的规定外，还需在焊接工艺参数上作一些必要的调整。

1 预热：在负温条件下进行帮条电弧焊或搭接电弧焊时，从中部引弧，对两端就起到了预热的作用；

2 缓冷：采用多层施焊时，层间温度控制在150℃～350℃之间，使接头热影响区附近的冷却速度减慢1倍～2倍左右，从而减弱了淬硬倾向，改善了

接头的综合性能；

3 回火：如果采用上述两种工艺，还不能保证焊接质量时，则采用"回火焊道施焊法"，其作用是对原来的热影响区起到回火的效果。回火温度为500℃左右。如一旦产生淬硬组织，经回火后将产生回火马氏体、回火索氏体组织，从而改善接头的综合性能（图3）。

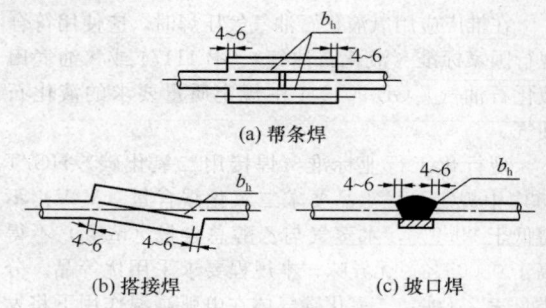

图3 钢筋负温电弧焊回火焊道示意
b_h—回火焊道

4.1.11 见第4.1.10条条文说明。

4.1.12 焊后未冷却接头若碰到雨或冰雪，易产生淬硬组织，应该防止。

4.1.13 风速为7.9m/s时，为四级风力；风速为5.4m/s时，为三级风力。

4.2 钢筋电阻点焊

4.2.1 采用电阻点焊焊接钢筋骨架或钢筋网，是一种生产率高，质量好的工艺方法，应积极推广采用。

4.2.2 在焊接骨架中，若大小钢筋直径之比相差悬殊，不利于保证钢筋焊接质量；焊接网大小钢筋直径之比与现行国家标准《钢筋混凝土用钢 第3部分：钢筋焊接网》GB/T 1499.3保持一致。

4.2.3 本条文强调电阻点焊工艺过程中，必须经过三个阶段，若缺少"预压"或"锻压"阶段，必将影响焊接质量。

4.2.4 当采用DN3-75型气压式点焊机焊接HPB300钢筋或CDW550钢丝时，焊接通电时间应符合表4的规定，电极压力应符合表5的规定。

表4 焊接通电时间（s）

变压器级数	较小钢筋直径（mm）						
	4	5	6	8	10	12	14
1	1.10	0.12					
2	0.08	0.07					
3	—	—	0.22	0.70	1.50		
4	—	—	0.20	0.60	1.25	2.50	4.00
5	—	—	—	0.50	1.00	2.00	3.50
6	—	—	—	0.40	0.75	1.50	3.00
7	—	—	—	—	0.50	1.20	2.50

注：点焊HRB335、HRBF335、HRB400、HRBF400、HRB500、HRBF500或CRB550钢筋时，焊接通电时间可延长20%～25%。

表 5　电极压力（N）

较小钢筋直径 （mm）	HPB300	HRB335　HRBF335 HRB400　HRBF400 HRB500　HRBF500 CRB550　CDW550
4	980～1470	1470～1960
5	1470～1960	1960～2450
6	1960～2450	2450～2940
8	2450～2940	2940～3430
10	2940～3920	3430～3920
12	3430～4410	4410～4900
14	3920～4900	4900～5880

4.2.5　焊点压入深度过小，不能保证焊点的抗剪力；压入深度过大，对于冷轧带肋钢筋或冷拔低碳钢丝，会影响主筋的抗拉强度。

4.2.6　在焊接生产中，准确调整好各个电极之间的距离，经常检查各个焊点的焊接电流和焊接通电时间，十分重要；特别是采用钢筋焊接网成型机组，配置多个焊接变压器，更要认真安装、调试和操作，以确保各焊点质量。

4.2.7　电极的质量及表面状态对点焊质量影响较大，因此提出上述两点规定，以保证点焊质量和延长电极的使用寿命。

4.2.8　点焊制品焊接缺陷及消除措施见表 6。

表 6　点焊制品焊接缺陷及消除措施

焊接缺陷	产　生　原　因	消　除　措　施
焊点过烧	1　变压器级数过高； 2　通电时间太长； 3　上下电极不对中心； 4　继电器接触失灵	1　降低变压器级数； 2　缩短通电时间； 3　切断电源，校正电极； 4　清理触点，调节间隙
焊点脱落	1　电流过小； 2　压力不够； 3　压入深度不足； 4　通电时间太短	1　提高变压器级数； 2　加大弹簧压力或调大气压； 3　调整两电极间距离符合压入深度要求； 4　延长通电时间
钢筋表面烧伤	1　钢筋和电极接触表面太脏； 2　焊接时没有预压过程或预压力过小； 3　电流过大； 4　电极变形	1　清刷电极与钢筋表面的铁锈和油污； 2　保证预压过程和适当的预压力； 3　降低变压器级数； 4　修理或更换电极

4.3　钢筋闪光对焊

4.3.1　钢筋闪光对焊具有效率高、材料省、施焊方便，宜优先使用。施焊时，应选用合适的工艺方法和焊接参数。

4.3.2　连续闪光焊工艺方法简单、生产效率高，是焊工常用的一种方法，但是，采用这一方法，主要与焊机的容量、钢筋牌号和直径大小有密切关系，一定容量的焊机只能焊接与相适应规格的钢筋。因此，表 4.3.2 对连续闪光焊采用不同容量的焊机时，对不同牌号钢筋所能焊接的上限直径加以规定，以保证焊接质量。当超过表中限值时，应采用预热闪光焊或闪光—预热闪光焊。

4.3.4　本条列出各项工艺参数均十分重要，例如，顶锻留量太大，会形成过大的镦粗头；太小又可能使焊缝结合不良，降低了强度。经验证明，顶锻留量以 3mm～7mm 为宜。

电阻预热法即：顶紧、通电、电阻预热、松开、再顶紧……

4.3.5　本条文规定的焊接工艺措施的目的是，缩小热影响区宽度和缩短焊接接头的冷却时间 $t_{8/5}$。当采用其他焊接方法时，该项工艺措施亦可参考采用。

4.3.6　本条文强调要根据钢筋牌号、直径、焊机容量以及不同的工艺方法，选择合适变压器级数；如果太低，次级电压也低，焊接电流小，就会使闪光困难，加热不足，更不能利用闪光保护焊口免受氧化；相反，如果变压器级数太高，闪光过强，也会使大量热量被金属微粒带走，钢筋端部温度升不上去。

4.3.7　焊后热处理可按下列程序进行：

　　1　待接头冷却至常温，将电极钳口调至最大间距，重新夹紧；

　　2　应采用最低的变压器级数，进行脉冲式通电加热；每次脉冲循环，应包括通电时间和间歇时间，约为 3s；

　　3　焊后热处理温度应在 750℃～850℃ 之间，随后在环境温度下自然冷却。

4.3.8　钢筋闪光对焊的操作要领是：

　　1　预热要充分；

　　2　顶锻前瞬间闪光要强烈；

　　3　顶锻快而有力。

闪光对焊的异常现象、焊接缺陷及消除措施见表 7。

表 7　闪光对焊异常现象、焊接缺陷及消除措施

异常现象和焊接缺陷	产　生　原　因	消　除　措　施
烧化过分剧烈并产生强烈的爆炸声	1　变压器级数过高； 2　烧化速度太快	1　降低变压器级数； 2　减慢烧化速度
闪光不稳定	1　电极底部或钢筋表面有氧化物； 2　变压器级数太低； 3　烧化速度太慢	1　消除电极底部和钢筋表面的氧化物； 2　提高变压器级数； 3　加快烧化速度

续表7

异常现象和焊接缺陷	产生原因	消除措施
接头有氧化膜、未焊透或夹渣	1 预热程度不足； 2 临近顶锻时的烧化速度太慢； 3 带电顶锻不够； 4 顶锻加压力太慢； 5 顶锻压力不足	1 增加预热程度； 2 加快临近顶锻时的烧化速度； 3 确保带电顶锻过程； 4 加快顶锻压力； 5 增大顶锻压力
接头中有缩孔	1 变压器级数过高； 2 烧化过程过分强烈； 3 顶锻留量或顶锻压力不足	1 降低变压器级数； 2 避免烧化过程过分强烈； 3 适当增大顶锻留量或顶锻压力
焊缝金属过烧	1 预热过分； 2 烧化速度太慢，烧化时间过长； 3 带电顶锻时间过长	1 减低预热程度； 2 加快烧化速度，缩短焊接时间； 3 避免过多带电顶锻
接头区域裂纹	1 钢筋母材碳、硫、磷可能超标； 2 预热程度不足	1 检验钢筋的碳、硫、磷含量；若不符合规定时应更换钢筋； 2 采取低频预热方法，增加预热程度
钢筋表面微熔及烧伤	1 钢筋表面有铁锈或油污； 2 电极内表面有氧化物； 3 电极钳口磨损； 4 钢筋未夹紧	1 消除钢筋被夹紧部位的铁锈或油污； 2 消除电极内表面的氧化物； 3 改进电极槽口形状，增大接触面积； 4 夹紧钢筋

4.4 箍筋闪光对焊

4.4.1 本条文规定，一是便于施焊，二是确保结构安全。

4.4.2 本条强调箍筋下料长度应准确，要通过计算，并经试焊确定，使箍筋外皮尺寸符合设计图纸的规定。

4.4.3 钢筋的切断和端面质量对于箍筋焊接有很大影响，这里强调两点：一是按设计图纸规定弯曲成型，制成待焊箍筋；二是两个对焊头完全对准，具有一定弹性压力。

4.4.4 待焊箍筋的加工质量对于整个箍筋具有十分重要的作用，故规定要进行中间检查。

4.4.5 由于二次电流中存在分流现象（图4），因此焊接变压器级数应适当提高。

4.4.6 箍筋闪光对焊的异常现象、焊接缺陷及消除措施见表8。

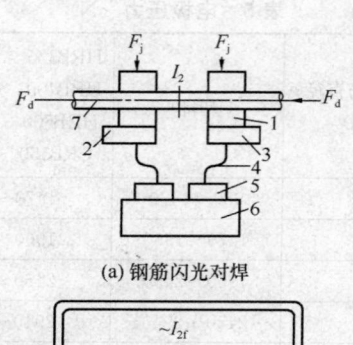

(a) 钢筋闪光对焊

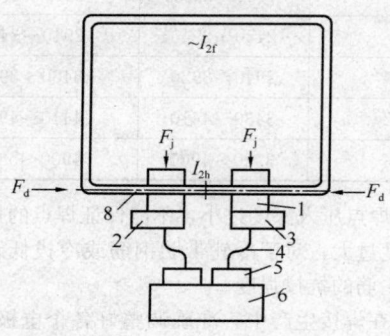

(b) 箍筋闪光对焊

图4 对焊机的焊接回路与分流

1—电极；2—定板；3—动板；4—次级软导线；
5—次级线圈；6—变压器；7—钢筋；8—箍筋；
F_j—夹紧力；F_d—顶锻力；
I_2—二次电流；I_{2h}—二次焊接电流；
I_{2f}—二次分流电流

表8 箍筋闪光对焊的异常现象、焊接缺陷及消除措施

异常现象和焊接缺陷	产生原因	消除措施
箍筋下料尺寸不准，钢筋头歪斜	1 箍筋下料长度未经试验确定； 2 钢筋调直切断机性能不稳定	1 箍筋下料长度必须经弯曲和对焊试验确定； 2 选用性能稳定、下料误差±3mm，能确保钢筋端面垂直于轴线的调直切断机
待焊箍筋两头分离、错位	1 接头处两钢筋之间没有弹性压力； 2 两钢筋头未对准	1 制作箍筋时将接头对面边的两个90°角弯成87°～89°角，使接头处产生弹性压力F_t； 2 将两钢筋头对准
焊接接头被拉开	1 电极钳口变形； 2 钢筋头变形； 3 两钢筋头未对正	1 修整电极钳口或更换电极； 2 矫直变形的钢筋头； 3 将箍筋两头对正

4.5 钢筋电弧焊

4.5.1 半自动二氧化碳气体保护电弧焊，具有设备轻巧、操作方便、焊接速度快、熔深大、变形小、清渣容易、适应性强等优点，其缺点是飞溅较大。近几年来，在钢筋焊接工程中开始推广应用，应积累经验。

4.5.2 对半自动二氧化碳气体保护电弧焊焊接工艺参数说明如下：

1 焊接电流

焊接电流与送丝速度或熔化速度以非线性关系变化，当送丝速度增加时，焊接电流也随之增大。

2 极性

大多采用反接，即焊丝接正极。这时，电弧稳定，熔滴过渡平稳，飞溅较低，焊缝成型较好，熔深较大。

3 电弧电压（弧长）

当弧长过长，难以使电弧潜入焊件表面；弧长过短，容易引起短路。当电弧电压过高时，容易产生气孔、飞溅和咬边；电弧电压过低时，会使焊丝插入熔池，成桩状。常用电弧电压是：短路过渡 20V～22V，喷射过渡 25V～28V。

4 焊接速度

中等焊接速度时熔深最大。焊接速度降低时，单位长度焊缝上熔敷金属增加，焊接速度过快时，会产生咬边倾向。

5 焊丝伸出长度（干伸长）

焊丝伸出长度是指导电嘴端头到焊丝端头的距离，短路过渡时合适的焊丝伸出长度是 6mm～13mm，其他熔滴过渡形式时为 13mm～25mm。

6 焊枪角度

在平角焊时，焊丝轴线与水平板面成 45°。

7 焊接接头位置

在平焊、横焊位置时，可以获得良好焊缝成型，当仰焊和向上立焊时，若是喷射过渡，容易引起铁水流失，要注意防范。

8 焊丝直径

半自动焊多用 $\phi0.6mm～\phi1.6mm$ 焊丝，自动焊多用 $\phi1.6mm～\phi5.0mm$ 焊丝。在钢筋结构制作与安装中，大部分为半自动焊，以 $\phi1.2mm$ 焊丝为例，常用焊接电流为 220A。

4.5.3 本条文中提出的几点要求，例如：焊接地线不得随意乱搭；焊接地线与钢筋接触不良时，很容易发生起弧现象，烧伤钢筋或局部产生淬硬组织，形成脆断的起源点。在钢筋焊接区域之外随意引燃电弧，同样也会产生上述缺陷。这些都是焊工容易忽视而又是十分重要的问题。

4.5.4 钢筋帮条时，若采用双面焊，接头中应力传递对称、平衡，受力性能良好；若采用单面焊，则较差。因此，尽可能采用双面焊。

帮条长度是根据计算和试验而定，多年生产应用表明，是可靠的。

4.5.5 当需要时，为防止钢筋搭接焊接头受拉时，在焊缝两端钢筋开裂，引起脆断，在焊缝两端可稍加绕焊，但不得烧伤主筋（图5）。

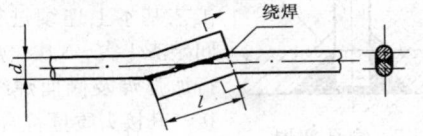

图 5 钢筋搭接焊

d—钢筋直径；l—搭接长度；b_r—绕焊焊道

4.5.6 焊缝有效厚度（S）很重要，当需要时，应截切试件，将断面磨光、腐蚀后，可以测出。

4.5.7 在电弧焊接头中，定位焊缝是接头的重要组成部分。为了保证质量，不得随便点焊，尤其不能在帮条或搭接端头的主筋上点焊。否则，对于HRB335、HRB400 钢筋，很容易因定位焊缝过小、冷却速度快而发生裂纹和产生淬硬组织，形成脆断的起源点。因此，本条文作了"定位焊缝与帮条或搭接端部的距离宜大于或等于 20mm"的规定。

在钢筋搭接焊时，焊接端钢筋宜适当预弯，以保证两钢筋的轴线在一直线上，这样，接头受力性能良好。

4.5.8 本条文中，对钢筋坡口焊提出一些要求。据调查，钢筋坡口焊在一些火电厂房建设中应用较多。这种结构一般钢筋较密，在焊接时坡口背面不易焊到，容易产生气孔、夹渣等缺陷，焊缝成型也比较困难。通过试验研究和生产实践表明，坡口平焊和坡口立焊时，加一块钢垫板，这样效果很好。不仅便于施焊，也容易保证焊接质量。钢筋与钢垫板之间，加焊侧面焊缝，目的是提高接头强度，保证质量。

4.5.9 根据窄间隙焊的试验研究和生产应用总结而提出的焊接工艺过程（图6）。推广应用表明可以取得良好技术经济效果。

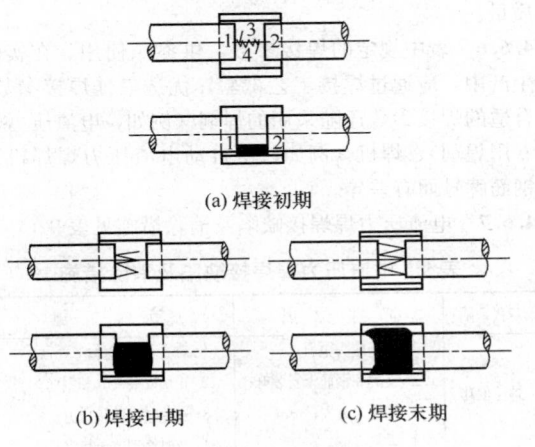

(a) 焊接初期

(b) 焊接中期　　　　(c) 焊接末期

图 6 窄间隙焊工艺过程示意

1～4—焊工操作顺序

4.5.10 根据水利水电部门的试验报告，采用以角钢作垫模的熔槽焊接头形式，专门焊接直径 20mm 及以

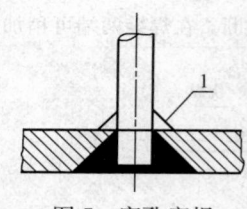

图 7 穿孔塞焊
1—内侧加焊角焊缝

上的粗直径钢筋。接头间隙 10mm～16mm，其施焊工艺基本上连续进行，中间敲渣 1 次～3 次。焊后进行加强焊及侧面焊缝的焊接，其接头质量符合要求，效果较好。角钢长 80mm～100mm，并与钢筋焊牢，具有帮条作用，结合其工艺特点，定名为熔槽帮条焊。

4.5.11 在采用穿孔塞焊中，当需要时，可在内侧加焊一圈角焊缝，以提高接头强度（图 7）。

4.6 钢筋电渣压力焊

4.6.1 钢筋电渣压力焊适用于竖向钢筋，或者倾斜度在 10°范围内钢筋的焊接；若再增大倾斜度，会影响熔池的维持和焊包成型。

4.6.2 本次规程修订，根据工程中墙体钢筋连接的需要和多个试点工程的实践，从原规程钢筋下限直径为 14mm，延伸至 12mm。由于 12mm 钢筋直径较细、较软，焊接夹具夹挂后，钢筋容易弯曲。因此规定应采用小型焊接夹具，多做焊接工艺试验，几个工程应用证明效果良好。

4.6.3 钢筋电渣压力焊时，可采用交流（或直流）焊接电源；焊机容量应根据现场最大直径钢筋选用。

4.6.4 本条文对焊接夹具提出一些技术要求，使其可靠、耐用。各工厂生产的焊接夹具形式不同，型号亦较多，应根据钢筋直径、现场施工条件选用。

4.6.5 根据调研，多数采用直接引弧法，当然，也有采用间接引弧法，即用焊条芯（铁丝圈）引弧。规定四周焊包凸出钢筋表面的高度不得小于 4mm，或者 6mm，表明钢筋周边均已熔化，以确保焊接接头质量。

4.6.6 表中规定的焊接参数，供参照使用，在实际生产中，应通过焊接工艺试验，优选最佳焊接参数。合适的焊接参数还随采用的焊剂（例如，电渣压力焊专用焊剂）、焊机（例如，全自动电渣压力焊焊机）、钢筋牌号而有差异。

4.6.7 电渣压力焊焊接缺陷及消除措施见表 9。

表 9　电渣压力焊焊接缺陷及消除措施

焊接缺陷	产　生　原　因	消　除　措　施
轴线偏移	1 钢筋端头歪斜； 2 夹具和钢筋未安装好； 3 顶压力太大； 4 夹具变形	1 矫直钢筋端部； 2 正确安装夹具和钢筋； 3 避免过大的顶压力； 4 及时修理或更换夹具
弯折	1 钢筋端部弯折； 2 上钢筋未放牢正； 3 拆卸夹具过早； 4 夹具损坏松动	1 矫直钢筋端部； 2 注意安装和扶持上钢筋； 3 避免焊后过快拆卸夹具； 4 修理或者更换夹具

续表 9

焊接缺陷	产　生　原　因	消　除　措　施
咬边	1 焊接电流太大； 2 焊接通电时间太长； 3 上钢筋顶压不到位	1 减小焊接电流； 2 缩短焊接时间； 3 注意上钳口的起点和止点，确保上钢筋顶压到位
未焊合	1 焊接电流太小； 2 焊接通电时间不足； 3 上夹头下送不畅	1 增大焊接电流； 2 避免焊接时间过短； 3 检修夹具，确保上钢筋下送自如
焊包不均	1 钢筋端面不平整； 2 焊剂填装不匀； 3 钢筋熔化量不足	1 钢筋端面应平整； 2 填装焊剂尽量均匀； 3 延长电渣过程时间，适当增加熔化量
烧伤	1 钢筋夹持部位有锈； 2 钢筋未夹紧	1 钢筋导电部位除净铁锈； 2 尽量夹紧钢筋
焊包下淌	1 焊剂筒下方未堵严； 2 回收焊剂太早	1 彻底封堵焊剂筒的漏孔； 2 避免焊后过快回收焊剂

4.7 钢筋气压焊

4.7.1 气压焊用的多嘴环管加热器和加压器比较轻巧，能随意移动，故可在多种焊接位置进行施焊。

4.7.2 两种焊接工艺方法各有特点，例如，采用固态气压焊时，增加了两钢筋之间的结合面积，接头外形整齐；采用熔态气压焊时，简化了对钢筋端面的要求，操作简便。

4.7.3 液化石油气是油田开采或炼油工业中的副产品，它在常温常压下呈现气态，其主要成分是丙烷（C_3H_8），占 50%～80%，其余是丁烷（C_4H_{10}），还有少量丙烯（C_3H_6）及丁烯（C_4H_8），为碳氢化合物组成的混合物。

液化石油气约在 0.8MPa～1.5MPa 压力下即变成液体，便于瓶装储存运输。

液化石油气与氧气混合燃烧的火焰温度为 2200℃～2800℃，稍低于氧乙炔火焰。

丙烷完全燃烧的整个化学反应式是：

$$C_3H_8 + 5O_2 \longrightarrow 3CO_2 + 4H_2O + 530.38kJ/mol$$

燃烧分两个阶段，第一阶段是：

$$C_3H_8 + 1.5O_2 \longrightarrow 3CO + 4H_2$$

来源于氧气瓶的氧与液化石油气瓶中丙烷的有效混合而燃烧，形成焰芯；并产生中间产物 $3CO + 4H_2$（图 8）。

第二阶段是：中间产物与火焰周围空气中供给的氧燃烧，形成外焰：

$$3CO + 4H_2 + 3.5O_2 \longrightarrow 3CO_2 + 4H_2O$$

同样，丁烷完全燃烧的整个化学反应式是：

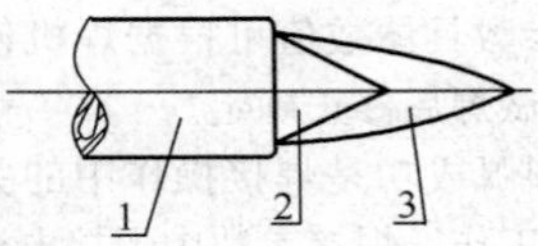

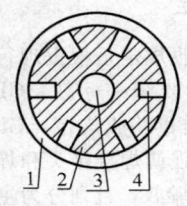

图 8　氧液化石油气火焰
1—喷嘴；2—焰芯；
3—外焰

$$C_4H_{10}+6.5O_2 \longrightarrow 4CO_2+5H_2O+687.94kJ/mol$$

第一阶段燃烧是：

$$C_4H_{10}+2O_2 \longrightarrow 4CO+5H_2$$

第二阶段燃烧是：

$$4CO+5H_2+4.5O_2 \longrightarrow 4CO_2+5H_2O$$

从以上第一阶段燃烧反应式可以看出：一份丙烷需要从氧气瓶供给 1.5 份氧；一份丁烷需要 2.0 份氧。所以在氧液化石油气火焰调节时，若是中性焰，氧与液化石油气的比例应该是约 1.7：1（质量比）；实际施焊时，氧的比例还要高一些。

4.7.4 所有焊接设备各部件应坚固耐用，气管接头不得漏气，电气线路接触良好，自动控制系统反应灵敏，气瓶质量符合国家有关安全监察规程的规定。使用过程中，不得违规操作。

梅花状喷嘴中间有一个大孔，四周 6 个小孔（图 9）。

图 9　梅花状喷嘴端面形状
1—紫铜；2—黄铜；
3—大孔；4—小孔

4.7.5 当使用钢筋常温直角切断机断料时，由于陶瓷片高速切断，不产生高温，不产生氧化膜，不用打磨，端面平滑，因而可直接焊接。焊工操作液压开关，节省辅助工，提高工效。

当两钢筋直径不同时，应适当调整焊接工艺参数。

4.7.7 强调在钢筋端面缝隙完全密合之前，如果发生灭火中断现象，为了保证焊接质量，必须将钢筋取下，重新打磨、安装，然后点燃火焰进行焊接操作。

4.7.8 气压焊焊接缺陷及消除措施见表 10。

表 10　气压焊焊接缺陷及消除措施

焊接缺陷	产 生 原 因	消 除 措 施
轴线偏移（偏心）	1 焊接夹具变形，两夹头不同心，或夹具刚度不够； 2 两钢筋安装不正； 3 钢筋接合端面倾斜； 4 钢筋未夹紧进行焊接	1 检查夹具，及时修理或更换； 2 重新安装夹紧； 3 切平钢筋端面； 4 夹紧钢筋再焊
弯折	1 焊接夹具变形，两夹头不同心； 2 平焊时，钢筋自由端过长； 3 焊接夹具拆卸过早	1 检验夹具，及时修理或更换； 2 缩短钢筋自由端长度； 3 熄火后半分钟再拆夹具

续表 10

焊接缺陷	产 生 原 因	消 除 措 施
镦粗直径不够	1 焊接夹具动夹头有效行程不够； 2 顶压油缸有效行程不够； 3 加热温度不够； 4 压力不够	1 检查夹具和顶压油缸，及时更换； 2 采用适宜的加热温度及压力
镦粗长度不够	1 加热幅度不够宽； 2 顶压力过大过急	1 增大加热幅度； 2 加压应平稳
钢筋表面严重烧伤	1 火焰功率过大； 2 加热时间过长； 3 加热器摆动不匀	调整加热火焰，正确掌握操作方法
未焊合	1 加热温度不够或热量分布不均； 2 顶压力过小； 3 接合端面不洁； 4 端面氧化； 5 中途灭火或火焰不当	合理选择焊接参数，正确掌握操作方法

4.8　预埋件钢筋埋弧压力焊

4.8.1 本条文对埋弧压力焊的设备作出一些规定，要求可靠、耐用。

4.8.2 埋弧压力焊工艺的技术关键，在于正确掌握焊接的各个过程，本条文对此作了规定。

4.8.3 当采用 500 型焊接变压器时，焊接参数见表 11，可改善接头成型，使四周焊包更加均匀。

表 11　埋弧压力焊焊接参数

钢筋牌号	钢筋直径（mm）	引弧提升高度（mm）	电弧电压（V）	焊接电流（A）	焊接通电时间（s）
HPB300 HRB335 HRBF335 HRB400 HRBF400	6	2.5	30～35	400～450	2
	8	2.5	30～35	500～600	3
	10	2.5	30～35	500～650	5
	12	3.0	30～35	500～650	8
	14	3.5	30～35	500～650	15
	16	3.5	30～40	500～650	22
	18	3.5	30～40	500～650	30
	20	3.5	30～40	500～650	33
	22	4.0	30～40	500～650	36

有的施工单位已有 1000 型焊接变压器，可采用大电流、短时间的强参数焊接法，以提高劳动生产率。

例如：焊接 $\phi 10mm$ 钢筋时，采用焊接电流 550A～650A，焊接通电时间 4s；焊接 $\phi 16mm$ 钢筋时，650A～800A，11s；焊接 $\phi 25mm$ 钢筋时，650A～

800A，23s。

4.8.5 预埋件钢筋埋弧压力焊焊接缺陷及消除措施见表12。

表12 预埋件钢筋埋弧压力焊焊接缺陷及消除措施

焊接缺陷	产生原因	消除措施
钢筋咬边	1 焊接电流太大或焊接时间过长； 2 顶压力不足	1 减小焊接电流或缩短焊接时间； 2 增大压力量
气孔	1 焊剂受潮； 2 钢筋或钢板上有锈、油污	1 烘焙焊剂； 2 清除钢板或钢筋上的铁锈、油污
夹渣	1 焊剂中混入杂物； 2 过早切断焊接电流； 3 顶压太慢	1 清除焊剂中熔渣等杂物； 2 避免过早断焊接电流； 3 加快顶压速度
未焊合	1 焊接电流太小，通电时间太短； 2 顶压力不足	1 增大焊接电流，增加焊接通电时间； 2 适当加大压力
焊包不均匀	1 焊接地线接触不良； 2 未对称接地	1 保证焊接地线的接触良好； 2 使焊接处对称导电
钢板焊穿	1 焊接电流太大或焊接时间过长； 2 钢板局部悬空	1 减小焊接电流或减少焊接通电时间； 2 避免钢板局部悬空
钢筋淬硬脆断	1 焊接电流太大，焊接时间太短； 2 钢筋化学成分超标	1 减小焊接电流，延长焊接时间； 2 检查钢筋化学成分
钢板凹陷	1 焊接电流太大，焊接时间太短； 2 顶压力太大，压入量过大	1 减小焊接电流，延长焊接时间； 2 减小顶压力，减小压入量

4.9 预埋件钢筋埋弧螺柱焊

4.9.1 预埋件钢筋埋弧螺柱焊的特点是：强电流、短时间，它主要依靠埋弧螺柱焊机和焊枪来实施。

4.9.2 埋弧螺柱焊机一般采用晶闸管整流器供电，为了使焊接过程稳定，要求电源为直流、下降特性，钢筋接电源的负极（正接极性）；负载持续率一般为3%～10%，空载电压在70V～100V之间，电源最大焊接电流可达3000A。焊接通电时间为100ms～8000ms。

4.9.3 焊枪控制着"开-接通电源"，是进行焊接操作的重要部件。钢筋伸出量和提升量均在焊枪调节。在生产中。如果出现不稳定现象，应检查焊枪调节件是否牢固，运动件是否灵活。

4.9.4 对焊接参数说明如下：

1 焊接参数具体数值可根据焊机使用说明书提供的参数，经试焊后修正确定。

2 确保引弧成功是焊接操作中的关键，要注意做好各项准备工作。焊接参数中焊接电流和焊接通电时间由焊机精确控制，如出现不稳定情况，由焊机供应厂派人检修；或者由经培训的维修人员维修。

3 在表4.9.4的焊剂一栏中提到，除采用熔炼型的HJ431焊剂外，也可采用SJ101焊剂。SJ101焊剂是氟碱型烧结焊剂，是一种碱性焊剂。为灰色圆形颗粒，碱度值1.8，粒度为2.0mm～0.28mm（10目～60目）。可交直流两用。电弧燃烧稳定，脱渣容易，焊缝成型美观。焊缝金属具有较高的低温冲击吸收功。该焊剂具有较好的抗吸潮性。

5 质量检验与验收

5.1 基 本 规 定

5.1.1 主控项目和一般项目的验收规定是根据现行国家标准《建筑工程施工质量验收统一标准》GB 50300和《混凝土结构工程施工质量验收规范》GB 50204的有关规定而制定。本条文强调焊接接头和焊接制品应按检验批进行质量检验与验收，且划分为主控项目和一般项目两类；同时，规定质量检验的内容，包括外观质量检查和力学性能检验两部分。

5.1.2 本次修订，增加箍筋闪光对焊接头和预埋件钢筋T形接头的连接方式应目视全数检查，接头力学性能检验为主控项目。

5.1.4 本条文规定了纵向受力钢筋焊接接头和箍筋闪光对焊接头、预埋件钢筋T形接头的外观质量检查的抽检比例。

5.1.5 在钢筋焊接生产中，焊工对自己所焊接头的质量，心中是比较有数的，因此这里特别强调焊工的自检。焊工自检主要是在焊接过程中，通过眼睛观察和手的感觉来完成。允许焊工主动剔出不合格的接头，并切除重焊。质量检查员的检验，是在焊工认为合格的产品中进行检查，这样有利于提高焊工的责任心和自觉性。此外，规定了各小项合格率的要求。

5.1.6 在试验报告中，增加列入钢筋生产厂家和钢筋批号。

5.1.7 本条为钢筋焊接接头拉伸试验评定标准。与《钢筋焊接及验收规程》JGJ 18-2003同条比较，3个试件中脆断比例的规定更加严格；但试件脆断时的抗拉强度，从原来应大于或等于钢筋母材抗拉强度标准值的1.1倍调至1.0倍，更加符合实际；施工单位应精心施焊，确保结构安全。

钢筋电弧焊接头拉伸试验结果不应断于焊缝（图10）。

若有一个试件断于钢筋母材，且呈脆性断裂；或有一个试件断于钢筋母材，其抗拉强度又小于钢筋母

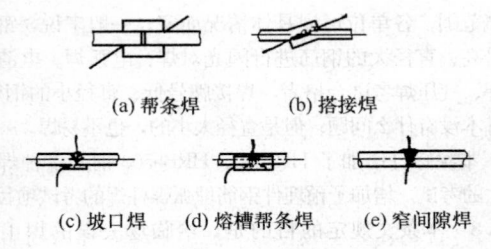

(a) 帮条焊　　(b) 搭接焊

(c) 坡口焊　　(d) 熔槽帮条焊　　(e) 窄间隙焊

图 10　钢筋电弧焊接头拉伸
试验断于焊缝示意

材抗拉强度标准值，应视该项试验为无效，并检验钢筋母材的化学成分和力学性能。

本条文为强制性条文，必须严格执行。

5.1.8 弯曲试验可在万能试验机、手动或电动液压弯曲试验器上进行；根据焊接接头实际情况，宜将试件受压面金属毛刺、镦粗部分消除。

本条文为强制性条文，必须严格执行。

5.2　钢筋焊接骨架和焊接网

5.2.1 本条文规定了不属于专门规定的焊接骨架和焊接网外观质量检查的批量和每批抽取试件数。

5.3　钢筋闪光对焊接头

5.3.1 闪光对焊是一种高生产率的焊接方法，每个班每一焊工所焊接的接头数量可超过 100 个，甚至超过 200 个，故每批的接头数量定为 300 个。如果同一台班的焊接接头数量较少，而又连续生产时，可以累计计算。一周内不足 300 个，亦按一批计算；超过 300 个时，按两批计算。

5.3.2 本条第 1 款规定，对焊接头外观质量检查结果，不得有肉眼可见的裂纹。这里包括环向裂缝和纵向裂纹；《钢筋焊接及验收规程》JGJ 18－2003 中规定为：不得有横向裂缝（即环向裂缝），两者比较，对其要求有所提高。施工单位、焊接班组、检查员均应十分重视，发现问题，分析原因，及时清除。以后相关条文规定均同。

本条第 3 款规定，接头处的弯折角度不得大于 2°。说明如下：接头处的弯折对接头性能带来不利影响。一个弯折的闪光对焊接头，在承受外力后，在焊缝处必然产生应力分布不均，在一侧，提前到达屈服，甚至产生裂纹，故规定为≤2°。《钢筋焊接及验收规程》JGJ 18－2003 中规定为≤3°，两者比较，要求提高一步，施焊时应精心操作。

本条第 4 款规定，接头处的轴线偏移不得大于钢筋直径的 1/10，且不得大于 1mm。《钢筋焊接及验收规程》JGJ 18－2003 中规定为：且不得大于 2mm，两者比较，对其要求有所提高，施焊时，应精心操作。

5.4　箍筋闪光对焊接头

5.4.1 箍筋闪光对焊接头的检验批说明如下：

根据箍筋的特点、受力以及数量较多情况，规定检验批的批量为 600 个接头，每批抽查 5％进行外观质量检查；力学性能检验时只做拉伸试验，按第 5.1.7 条规定实施。

5.4.2 箍筋闪光对焊接头所在边顺直度，以对焊箍筋两角点为起点和终点，拉直线或用钢板直尺检查，其任意方向的凹凸不得大于 5mm（图 11）。

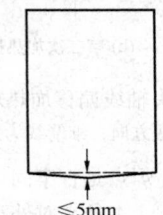

≤5mm

图 11　顺直度检测

5.5　钢筋电弧焊接头

5.5.1 如果在一个检验批中，有 3 种钢筋规格：$\phi25mm$、$\phi22mm$、$\phi20mm$，按照本条注的规定，只要从 $\phi25mm$ 和 $\phi20mm$ 钢筋接头中各切取 3 个接头做拉伸试验。

5.5.2 本条文规定了钢筋电弧焊接头外观质量检查的质量要求。裂纹是不允许的；咬边深度、气孔、夹渣的允许值在表 5.5.2 中规定，其中，焊缝宽度，只允许有正偏差，以确保接头强度。

《钢筋焊接及验收规程》JGJ 18－2003 规定焊缝余高为≤3mm，本次修订后焊缝余高规定为 2mm～4mm。钢筋焊工、质量检验员均应对此关注。

5.6　钢筋电渣压力焊接头

5.6.1 钢筋电渣压力焊接头应进行外观质量检查和力学性能检验，以 300 个同牌号钢筋焊接接头作为一批。不足 300 个时，仍作为一批。

5.6.2 本条文提出了钢筋电渣压力焊接头外观检查时的质量要求，应认真执行。规定四周焊包凸出钢筋表面的高度，当钢筋直径小于或等于 25mm 时，不得小于 4mm；当钢筋直径大于或等于 28mm 时，不得小于 6mm，这表明，上下钢筋四周已经熔合。

5.7　钢筋气压焊接头

5.7.1 本条明确规定以 300 个同牌号钢筋接头作为一批。

5.7.2 本条文规定对钢筋熔态气压焊接头的镦粗直径与固态气压焊接头相比，稍有不同。

接头轴线偏移在钢筋直径 3/10 以下时，可加热矫正（图 12）。

5.8　预埋件钢筋 T 形接头

5.8.1 预埋件不仅起着预制构件之间的联系作用，

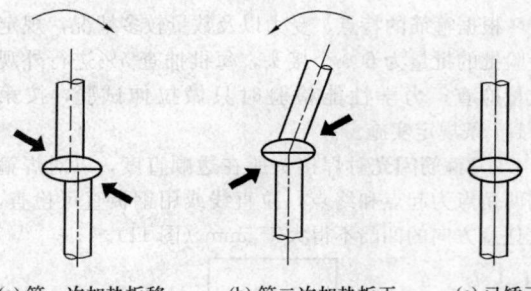

| (a) 第一次加热扳移 | (b) 第二次加热扳正 | (c) 已矫正 |

图 12　接头轴线偏移加热矫正示意

粗箭线为火焰加热方向；细箭线为用力扳移方向。

还借助它传递应力。焊点是否牢固可靠，对于结构物的安全度将产生影响。本条文对外观质量检查的抽查数量作了具体规定。

5.8.2 预埋件钢筋 T 形接头外观质量检查的要求系根据工程实践提出。

5.8.3 考虑到预埋件的实际情况，允许将外观不合格接头经补焊后，提交二次验收。

5.8.4 根据试验研究和工程应用，图 5.8.4 所示试件的钢板尺寸能够符合接头拉伸试验的需要；但是，当钢筋直径较粗，或者钢筋牌号较高时，应适当放大钢板尺寸。

在预埋件生产中，有的施工单位将钢筋扳弯 30° 后，观察接头区是否出现裂纹，作为企业对 T 形接头质量检查的一种自检方法，供参考。

6　焊　工　考　试

6.0.1 钢筋焊接质量直接关系到整个工程的质量，而焊接质量在很大程度上又决定于焊工的操作技能。因此，焊工考试十分重要。本条为强制性条文，必须严格执行。

6.0.2 焊工考试应根据工程需要，在焊工进行培训的基础上，或者对于具有独立工作能力的焊工，进行钢筋焊工考试。

6.0.3 明确规定焊工考试应由经设区市或设区市级以上建设行政主管部门审查批准的单位负责进行；目的是提高培训质量，完善考试和发证制度。

6.0.4 明确经理论知识考试合格的焊工才能参加操作技能考试。

6.0.5 本条文中规定了理论知识考试的范围，考试单位应根据焊工申报参加的焊接方法，对应出题。

6.0.6 本条文强调焊工考试用的材料必须是符合国家现行标准的合格材料，否则考试会失去意义。考试用的设备，应根据各单位的具体情况确定。所有材料，焊接设备，考试场地均由考试单位负责提供。

6.0.7 在焊工操作技能考试中，表 6.0.7 所列各种焊接方法中规定的钢筋牌号及其直径，仅提供了一个

大概范围，各单位可视具体情况而定。一般来说，钢筋牌号高、直径大的钢筋进行闪光对焊、电弧焊、电渣压力焊、气压焊考试合格者，焊接牌号低、直径小的钢筋，就基本没有什么问题；但是直径太小的，也不易焊。

本次修订增加了 HRB500、HRBF500 钢筋多种焊接方法的考试，增加了预埋件钢筋埋弧螺柱焊的考试项目。

6.0.8 本条文规定的目的是，给临场失误的焊工多一次考试机会。

6.0.9 持有合格证的焊工若在焊接生产中三个月内出现两批不合格品，表明该焊工操作技能有问题；为了确保工程质量，取消其合格资格，是必要的。

6.0.10 本条文规定需要进行复试的两种情况，其作用是，经常掌握焊工的操作技能和水平。

6.0.11 "钢筋焊工考试结果登记表"式样见表 13。

表 13　钢筋焊工考试结果登记表

姓名		性别		出生日期		技术等级		照片
单位				登记编号				
理论知识考试	考试项目			培训课时数				
	审核监考单位			考试负责人				
	试卷编号		成绩			日期		
操作技能考试	基本情况	焊接方法		试件形式		焊接位置		
		钢筋牌号规格(mm)		钢材牌号规格(mm)		燃气		
		焊材型号		焊材规格		焊剂/保护气体		
	工艺参数	焊接电流(A)		二次空载电压(V)		气体流量		
				电弧电压(V)				
				渣池电压(V)				
		焊接时间		层间温度(℃)				
		其他						
	试件检验	外观质量检查						
		力学性能试验	拉伸					
			弯曲					
	监考人员		考试成绩			考试负责人		
结论	按照《钢筋焊接及验收规程》JGJ 18-2012 考核，该焊工参加_____项目考试合格。该焊工允许焊接工作范围如下：							
	焊接方法		合格证编号			省　市钢筋焊工考试委员会（盖章）年　月　日		
	技术负责人（签字）							
	考试单位							

注：本表填毕后，列入焊工考试档案备查。

6.0.12 抽查验证的目的是克服有证无证一个样的弊端。

7 焊接安全

7.0.1 施工企业应建立健全钢筋焊接安全生产管理制度。安全管理人员应负责核查焊接作业人员所要求的资格；将焊接可能引起的安全事故，特别是火灾事故，告知操作人员。建立必要的安全措施、操作规则和预防措施。保证使用合格的设备，保证各类防护用品的合理使用；在现场配置防火、灭火设备，指派火灾警戒人员。

7.0.2 本条文规定焊接操作人员应穿戴劳动保护用品，是为了贯彻以人为本的政策，因而十分重要。

7.0.3 本条文规范焊接作业区设备等的安全防护，应认真实施。焊接作业场所会产生烟尘、气体、弧光、火花、电击、热辐射及噪声，故应设警告标志。

7.0.4 防止焊接引发火灾，至关重要；本条文为强制性条文，必须严格执行。易燃物品指：有机灰尘、木材、木屑、棉纱棉丝、干垫干草、各种石油产品、油漆、可燃保温材料和装饰材料等。

由上方坠落火星引发火灾事故，时有发生，应吸取教训。

7.0.5 焊机的熔断器和漏电保护开关的容量、焊机电源线规格、焊机保护接地线规格，必须按焊接设备使用说明书要求配置和安装。万一有人触电，要迅速切断电源，并及时抢救。

7.0.6 本条文强调：1 管线、电缆应完好；2 管线、电缆连接应牢固；3 管线、电缆不得挪作他用。

7.0.7 封闭空间指桩基、坑、箱体内等，这时通风条件恶劣，专人监护以防发生意外事故。

7.0.8 关于气瓶应用说明如下：

1 用于氧气的气瓶、设备、管线或仪器严禁用于其他气体；

2 有缺陷的气瓶或瓶阀应做标识，送专业部门修理，经检验合格后方可重新使用。

7.0.9 本条提出气瓶使用规定共 3 款是焊接生产中最常遇到的情况，应认真实施。

7.0.10 现行《气瓶安全监察规定》是 2003 年颁发的；现行《溶解乙炔气瓶安全监察规程》是 1993 年颁发的。

中华人民共和国行业标准

钢筋机械连接技术规程

Technical specification for mechanical
splicing of steel reinforcing bars

JGJ 107—2010

批准部门：中华人民共和国住房和城乡建设部
施行日期：２０１０年１０月１日

中华人民共和国住房和城乡建设部
公 告

第 503 号

关于发布行业标准
《钢筋机械连接技术规程》的公告

现批准《钢筋机械连接技术规程》为行业标准，编号为 JGJ 107－2010，自 2010 年 10 月 1 日起实施。其中，第 3.0.5、7.0.7 条为强制性条文，必须严格执行。原行业标准《钢筋机械连接通用技术规程》JGJ 107－2003、《带肋钢筋套筒挤压连接技术规程》JGJ 108－96 和《钢筋锥螺纹接头技术规程》JGJ 109－

96 同时废止。

本规程由我部标准定额研究所组织中国建筑工业出版社出版发行。

中华人民共和国住房和城乡建设部

2010 年 2 月 10 日

前 言

根据原建设部《关于印发〈2005 年工程建设标准规范制订、修订计划（第一批）〉的通知》（建标 [2005] 84 号）的要求，标准编制组经广泛调查研究，认真总结实践经验，参考有关国际标准和国外先进标准，并在广泛征求意见的基础上，修订了本规程。

本规程修订的主要技术内容是：1. 将原行业标准《带肋钢筋套筒挤压连接技术规程》JGJ 108－96、《钢筋锥螺纹接头技术规程》JGJ 109－96 中有关接头的加工与安装等专门要求纳入本规程，同时纳入了镦粗直螺纹钢筋接头和滚轧直螺纹钢筋接头的现场加工和安装要求；2. 修改了不同等级钢筋机械接头的性能要求及其应用范围；3. 用残余变形代替非弹性变形作为接头的变形性能指标；4. 补充了型式检验报告的时效规定和型式检验中对接头试件的制作要求；5. 现场工艺检验中增加了测定接头残余变形的要求，修改了抗拉强度检验的合格标准；6. 增加了型式检验与现场检验试验方法的要求；7. 修改了接头疲劳性能相关要求。

本规程中以黑体字标志的条文为强制性条文，必须严格执行。

本规程由住房和城乡建设部负责管理和对强制性条文的解释，由中国建筑科学研究院负责具体技术内

容的解释。执行过程中如有意见或建议，请寄送中国建筑科学研究院（地址：北京市北三环东路 30 号，邮政编码：100013）

本 规 程 主 编 单 位：中国建筑科学研究院

本 规 程 参 编 单 位：上海宝钢建筑工程设计研究院
中国水利水电第十二工程局有限公司
北京市建筑设计研究院
中冶集团建筑研究总院
中国建筑科学研究院建筑机械化研究分院
北京市建筑工程研究院
陕西省建筑科学研究院

本规程主要起草人员：徐瑞榕　刘永颐　郁　竑
李本端　张承起　薛慧立
钱冠龙　刘子金　李大宁
吴成材

本规程主要审查人员：吴学敏　李明顺　王洪斗
沙志国　黄祝林　李清江
郑念中　刘吉清　张其义
闫树兵　沈云秀　李扬海

目　次

Contents

1 总 则

1.0.1 为在混凝土结构工程中使用钢筋机械连接做到安全适用、技术先进、经济合理，确保质量，制定本规程。

1.0.2 本规程适用于房屋建筑与一般构筑物中各类钢筋机械连接接头（以下简称接头）的设计、应用与验收。

1.0.3 用于机械连接的钢筋应符合现行国家标准《钢筋混凝土用钢 第2部分：热轧带肋钢筋》GB 1499.2 的规定。

1.0.4 钢筋机械连接除应符合本规程外，尚应符合国家现行有关标准的规定。

2 术语和符号

2.1 术 语

2.1.1 钢筋机械连接 rebar mechanical splicing
通过钢筋与连接件的机械咬合作用或钢筋端面的承压作用，将一根钢筋中的力传递至另一根钢筋的连接方法。

2.1.2 接头抗拉强度 tensile strength of splice
接头试件在拉伸试验过程中所达到的最大拉应力值。

2.1.3 接头残余变形 residual deformation of splice
接头试件按规定的加载制度加载并卸载后，在规定标距内所测得的变形。

2.1.4 接头试件的最大力总伸长率 total elongation of splice sample at maximum tensile force
接头试件在最大力下在规定标距内测得的总伸长率。

2.1.5 机械连接接头长度 length of mechanical splice
接头连接件长度加连接件两端钢筋横截面变化区段的长度。

2.1.6 丝头 threaded sector
钢筋端部的螺纹区段。

2.2 符 号

A_{sgt} ——接头试件的最大力总伸长率；

d ——钢筋公称直径；

f_{yk} ——钢筋屈服强度标准值；

f_{stk} ——钢筋抗拉强度标准值；

f_{mst}^o ——接头试件实测抗拉强度；

u_0 ——接头试件加载至 $0.6f_{yk}$ 并卸载后在规定标距内的残余变形；

u_{20} ——接头试件按本规程附录A加载制度经高应力反复拉压20次后的残余变形；

u_4 ——接头试件按本规程附录A加载制度经大变形反复拉压4次后的残余变形；

u_8 ——接头试件按本规程附录A加载制度经大变形反复拉压8次后的残余变形；

ε_{yk} ——钢筋应力为屈服强度标准值时的应变。

3 接头的设计原则和性能等级

3.0.1 接头的设计应满足强度及变形性能的要求。

3.0.2 接头连接件的屈服承载力和受拉承载力的标准值不应小于被连接钢筋的屈服承载力和受拉承载力标准值的1.10倍。

3.0.3 接头应根据其性能等级和应用场合，对单向拉伸性能、高应力反复拉压、大变形反复拉压、抗疲劳等各项性能确定相应的检验项目。

3.0.4 接头应根据抗拉强度、残余变形以及高应力和大变形条件下反复拉压性能的差异，分为下列三个性能等级：

Ⅰ级 接头抗拉强度等于被连接钢筋的实际拉断强度或不小于1.10倍钢筋抗拉强度标准值，残余变形小并具有高延性及反复拉压性能。

Ⅱ级 接头抗拉强度不小于被连接钢筋抗拉强度标准值，残余变形较小并具有高延性及反复拉压性能。

Ⅲ级 接头抗拉强度不小于被连接钢筋屈服强度标准值的1.25倍，残余变形较小并具有一定的延性及反复拉压性能。

3.0.5 Ⅰ级、Ⅱ级、Ⅲ级接头的抗拉强度必须符合**表3.0.5**的规定。

表3.0.5 接头的抗拉强度

接头等级	Ⅰ级		Ⅱ级	Ⅲ级
抗拉强度	$f_{mst}^o \geq f_{stk}$ 或 $f_{mst}^o \geq 1.10f_{stk}$	断于钢筋 断于接头	$f_{mst}^o \geq f_{stk}$	$f_{mst}^o \geq 1.25f_{yk}$

3.0.6 Ⅰ级、Ⅱ级、Ⅲ级接头应能经受规定的高应力和大变形反复拉压循环，且在经历拉压循环后，其抗拉强度仍应符合本规程表3.0.5的规定。

3.0.7 Ⅰ级、Ⅱ级、Ⅲ级接头的变形性能应符合表3.0.7的规定。

表3.0.7 接头的变形性能

接头等级		Ⅰ级	Ⅱ级	Ⅲ级
单向拉伸	残余变形 (mm)	$u_0 \leq 0.10(d \leq 32)$ $u_0 \leq 0.14(d > 32)$	$u_0 \leq 0.14(d \leq 32)$ $u_0 \leq 0.16(d > 32)$	$u_0 \leq 0.14(d \leq 32)$ $u_0 \leq 0.16(d > 32)$
	最大力总伸长率 (%)	$A_{sgt} \geq 6.0$	$A_{sgt} \geq 6.0$	$A_{sgt} \geq 3.0$

接头等级		Ⅰ级	Ⅱ级	Ⅲ级
高应力反复拉压	残余变形 (mm)	$u_{20} \leqslant 0.3$	$u_{20} \leqslant 0.3$	$u_{20} \leqslant 0.3$
大变形反复拉压	残余变形 (mm)	$u_4 \leqslant 0.3$ 且 $u_8 \leqslant 0.6$	$u_4 \leqslant 0.3$ 且 $u_8 \leqslant 0.6$	$u_4 \leqslant 0.6$

注：当频遇荷载组合下，构件中钢筋应力明显高于 $0.6f_{yk}$ 时，设计部门可对单向拉伸残余变形 u_0 的加载峰值提出调整要求。

3.0.8 对直接承受动力荷载的结构构件，设计应根据钢筋应力变化幅度提出接头的抗疲劳性能要求。当设计无专门要求时，接头的疲劳应力幅限值不应小于国家标准《混凝土结构设计规范》GB 50010 - 2002 中表 4.2.5-1 普通钢筋疲劳应力幅限值的 80%。

4 接头的应用

4.0.1 结构设计图纸中应列出设计选用的钢筋接头等级和应用部位。接头等级的选定应符合下列规定：

1 混凝土结构中要求充分发挥钢筋强度或对延性要求高的部位应优先选用Ⅱ级接头。当在同一连接区段内必须实施 100%钢筋接头的连接时，应采用Ⅰ级接头。

2 混凝土结构中钢筋应力较高但对延性要求不高的部位可采用Ⅲ级接头。

4.0.2 钢筋连接件的混凝土保护层厚度宜符合现行国家标准《混凝土结构设计规范》GB 50010 中受力钢筋的混凝土保护层最小厚度的规定，且不得小于 15mm。连接件之间的横向净距不宜小于 25mm。

4.0.3 结构构件中纵向受力钢筋的接头宜相互错开。钢筋机械连接的连接区段长度应按 35d 计算。在同一连接区段内有接头的受力钢筋截面面积占受力钢筋总截面面积的百分率（以下简称接头百分率），应符合下列规定：

1 接头宜设置在结构构件受拉钢筋应力较小部位，当需要在高应力部位设置接头时，在同一连接区段内Ⅲ级接头的接头百分率不应大于 25%，Ⅱ级接头的接头百分率不应大于 50%。Ⅰ级接头的接头百分率除本规程第 4.0.3 条第 2 款所列情况外可不受限制。

2 接头宜避开有抗震设防要求的框架的梁端、柱端箍筋加密区；当无法避开时，应采用Ⅱ级接头或Ⅰ级接头，且接头百分率不应大于 50%。

3 受拉钢筋应力较小部位或纵向受压钢筋，接头百分率可不受限制。

4 对直接承受动力荷载的结构构件，接头百分率不应大于 50%。

4.0.4 当对具有钢筋接头的构件进行试验并取得可靠数据时，接头的应用范围可根据工程实际情况进行调整。

5 接头的型式检验

5.0.1 在下列情况应进行型式检验：

1 确定接头性能等级时；

2 材料、工艺、规格进行改动时；

3 型式检验报告超过 4 年时。

5.0.2 用于形式检验的钢筋应符合有关钢筋标准的规定。

5.0.3 对每种型式、级别、规格、材料、工艺的钢筋机械连接接头，型式检验试件不应少于 9 个：单向拉伸试件不应少于 3 个，高应力反复拉压试件不应少于 3 个，大变形反复拉压试件不应少于 3 个。同时应另取 3 根钢筋试件作抗拉强度试验。全部试件均应在同一根钢筋上截取。

5.0.4 用于型式检验的直螺纹或锥螺纹接头试件应散件送达检验单位，由型式检验单位或在其监督下由接头技术提供单位按本规程表 6.2.1 或表 6.2.2 规定的拧紧扭矩进行装配，拧紧扭矩值应记录在检验报告中，型式检验试件必须采用未经过预拉的试件。

5.0.5 型式检验的试验方法应按本规程附录 A 中的规定进行，当试验结果符合下列规定时评为合格：

1 强度检验：每个接头试件的强度实测值均应符合本规程表 3.0.5 中相应接头等级的强度要求；

2 变形检验：对残余变形和最大力总伸长率，3 个试件实测值的平均值应符合本规程表 3.0.7 的规定。

5.0.6 型式检验应由国家、省部级主管部门认可的检测机构进行，并应按本规程附录 B 的格式出具检验报告和评定结论。

6 施工现场接头的加工与安装

6.1 接头的加工

6.1.1 在施工现场加工钢筋接头时，应符合下列规定：

1 加工钢筋接头的操作工人应经专业技术人员培训合格后才能上岗，人员应相对稳定；

2 钢筋接头的加工应经工艺检验合格后方可进行。

6.1.2 直螺纹接头的现场加工应符合下列规定：

1 钢筋端部应切平或镦平后加工螺纹；

2 镦粗头不得有与钢筋轴线相垂直的横向裂纹；

3 钢筋丝头长度应满足企业标准中产品设计要

求，公差应为 $0 \sim 2.0p$（p 为螺距）；

4 钢筋丝头宜满足 $6f$ 级精度要求，应用专用直螺纹量规检验，通规能顺利旋入并达到要求的拧入长度，止规旋入不得超过 $3p$。抽检数量 10%，检验合格率不应小于 95%。

6.1.3 锥螺纹接头的现场加工应符合下列规定：

1 钢筋端部不得有影响螺纹加工的局部弯曲；

2 钢筋丝头长度应满足设计要求，使拧紧后的钢筋丝头不得相互接触，丝头加工长度公差应为 $-0.5p \sim -1.5p$；

3 钢筋丝头的锥度和螺距应使用专用锥螺纹量规检验；抽检数量 10%，检验合格率不应小于 95%。

6.2 接头的安装

6.2.1 直螺纹钢筋接头的安装质量应符合下列要求：

1 安装接头时可用管钳扳手拧紧，应使钢筋丝头在套筒中央位置相互顶紧。标准型接头安装后的外露螺纹不宜超过 $2p$。

2 安装后应用扭力扳手校核拧紧扭矩，拧紧扭矩值应符合本规程表 6.2.1 的规定。

表 6.2.1　直螺纹接头安装时的最小拧紧扭矩值

钢筋直径 （mm）	≤16	18～20	22～25	28～32	36～40
拧紧扭矩 （N·m）	100	200	260	320	360

3 校核用扭力扳手的准确度级别可选用 10 级。

6.2.2 锥螺纹钢筋接头的安装质量应符合下列要求：

1 接头安装时应严格保证钢筋与连接套的规格相一致；

2 接头安装时应用扭力扳手拧紧，拧紧扭矩值应符合本规程表 6.2.2 的要求；

表 6.2.2　锥螺纹接头安装时的拧紧扭矩值

钢筋直径 （mm）	≤16	18～20	22～25	28～32	36～40
拧紧扭矩 （N·m）	100	180	240	300	360

3 校核用扭力扳手与安装用扭力扳手应区分使用，校核用扭力扳手应每年校核 1 次，准确度级别应选用 5 级。

6.2.3 套筒挤压钢筋接头的安装质量应符合下列要求：

1 钢筋端部不得有局部弯曲，不得有严重锈蚀和附着物；

2 钢筋端部应有检查插入套筒深度的明显标记，钢筋端头离套筒长度中点不宜超过 10mm；

3 挤压应从套筒中央开始，依次向两端挤压，压痕直径的波动范围应控制在供应商认定的允许波动范围内，并提供专用量规进行检验；

4 挤压后的套筒不得有肉眼可见裂纹。

7　施工现场接头的检验与验收

7.0.1 工程中应用钢筋机械接头时，应由该技术提供单位提交有效的型式检验报告。

7.0.2 钢筋连接工程开始前，应对不同钢筋生产厂的进场钢筋进行接头工艺检验；施工过程中，更换钢筋生产厂时，应补充进行工艺检验。工艺检验应符合下列规定：

1 每种规格钢筋的接头试件不应少于 3 根；

2 每根试件的抗拉强度和 3 根接头试件的残余变形的平均值均应符合本规程表 3.0.5 和表 3.0.7 的规定；

3 接头试件在测量残余变形后可再进行抗拉强度试验，并宜按本规程附录 A 表 A.1.3 中的单向拉伸加载制度进行试验；

4 第一次工艺检验中 1 根试件抗拉强度或 3 根试件的残余变形平均值不合格时，允许再抽 3 根试件进行复检，复检仍不合格时判为工艺检验不合格。

7.0.3 接头安装前应检查连接件产品合格证及套筒表面生产批号标识；产品合格证应包括适用钢筋直径和接头性能等级、套筒类型、生产单位、生产日期以及可追溯产品原材料力学性能和加工质量的生产批号。

7.0.4 现场检验应按本规程进行接头的抗拉强度试验，加工和安装质量检验；对接头有特殊要求的结构，应在设计图纸中另行注明相应的检验项目。

7.0.5 接头的现场检验应按验收批进行。同一施工条件下采用同一批材料的同等级、同型式、同规格接头，应以 500 个为一个验收批进行检验与验收，不足 500 个也应作为一个验收批。

7.0.6 螺纹接头安装后应按本规程第 7.0.5 条的验收批，抽取其中 10% 的接头进行拧紧扭矩校核，拧紧扭矩值不合格数超过被校核接头数的 5% 时，应重新拧紧全部接头，直到合格为止。

7.0.7 对接头的每一验收批，必须在工程结构中随机截取 3 个接头试件作抗拉强度试验，按设计要求的接头等级进行评定。当 3 个接头试件的抗拉强度均符合本规程表 3.0.5 中相应等级的强度要求时，该验收批应评为合格。如有 1 个试件的抗拉强度不符合要求，应再取 6 个试件进行复检。复检中如仍有 1 个试件的抗拉强度不符合要求，则该验收批应评为不合格。

7.0.8 现场检验连续 10 个验收批抽样试件抗拉强度试验一次合格率为 100％时，验收批接头数量可扩大 1 倍。

7.0.9 现场截取抽样试件后，原接头位置的钢筋可采用同等规格的钢筋进行搭接连接，或采用焊接及机械连接方法补接。

7.0.10 对抽检不合格的接头验收批，应由建设方会同设计等有关方面研究后提出处理方案。

附录 A　接头试件的试验方法

A.1　型式检验试验方法

A.1.1 型式检验试件的仪表布置和变形测量标距应符合下列规定：

　　1 单向拉伸和反复拉压试验时的变形测量仪表应在钢筋两侧对称布置（图 A.1.1），取钢筋两侧仪表读数的平均值计算残余变形值。

　　2 变形测量标距　　$L_1 = L + 4d$

式中：L_1——变形测量标距；

　　　L——机械接头长度；

　　　d——钢筋公称直径。

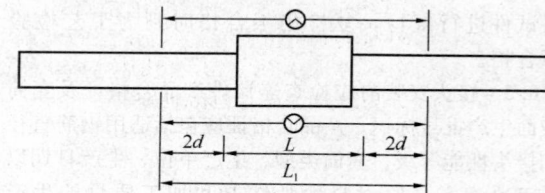

图 A.1.1　接头试件变形测量
标距和仪表布置

A.1.2 型式检验试件最大力总伸长率 A_{sgt} 的测量方法应符合下列要求：

　　1 试件加载前，应在其套筒两侧的钢筋表面（图 A.1.2）分别用细划线 A、B 和 C、D 标出测量标距为 L_{01} 的标记线，L_{01} 不应小于 100mm，标距长度应用最小刻度值不大于 0.1mm 的量具测量。

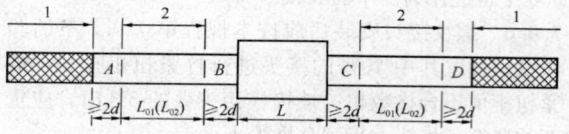

图 A.1.2　总伸长率 A_{sgt} 的测点布置
1—夹持区；2—测量区

　　2 试件应按表 A.1.3 单向拉伸加载制度加载并卸载，再次测量 A、B 和 C、D 间标距长度为 L_{02}。并应按下式计算试件最大力总伸长率 A_{sgt}：

$$A_{sgt} = \left[\frac{L_{02} - L_{01}}{L_{01}} + \frac{f^o_{mst}}{E} \right] \times 100 \quad (A.1.2)$$

式中：f^o_{mst}、E——分别是试件达到最大力时的钢筋应力和钢筋理论弹性模量；

　　　L_{01}——加载前 A、B 或 C、D 间的实测长度；

　　　L_{02}——卸载后 A、B 或 C、D 间的实测长度。

　　应用上式计算时，当试件颈缩发生在套筒一侧的钢筋母材时，L_{01} 和 L_{02} 应取另一侧标记间加载前和卸载后的长度。当破坏发生在接头长度范围内时，L_{01} 和 L_{02} 应取套筒两侧各自读数的平均值。

A.1.3 接头试件型式检验应按表 A.1.3 和图 A.1.3-1～图 A.1.3-3 所示的加载制度进行试验。

表 A.1.3　接头试件型式检验的加载制度

试验项目		加　载　制　度
单向拉伸		$0 \rightarrow 0.6 f_{yk} \rightarrow 0$（测量残余变形）→最大拉力（记录抗拉强度）→0（测定最大力总伸长率）
高应力反复拉压		$0 \rightarrow (0.9 f_{yk} \rightarrow -0.5 f_{yk}) \rightarrow$破坏 （反复 20 次）
大变形反复拉压	Ⅰ级 Ⅱ级	$0 \rightarrow (2\varepsilon_{yk} \rightarrow -0.5 f_{yk}) \rightarrow (5\varepsilon_{yk} \rightarrow -0.5 f_{yk}) \rightarrow$破坏 （反复 4 次）　　　　　（反复 4 次）
	Ⅲ级	$0 \rightarrow (2\varepsilon_{yk} \rightarrow -0.5 f_{yk}) \rightarrow$破坏 （反复 4 次）

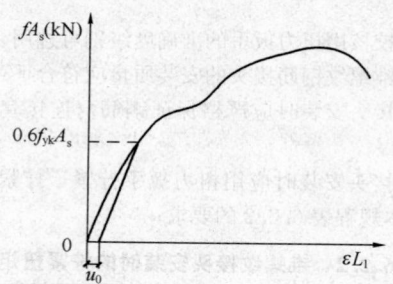

图 A.1.3-1　单向拉伸

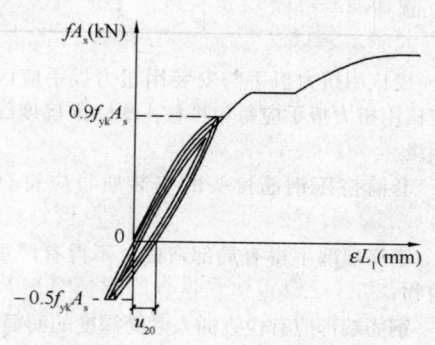

图 A.1.3-2　高应力反复拉压

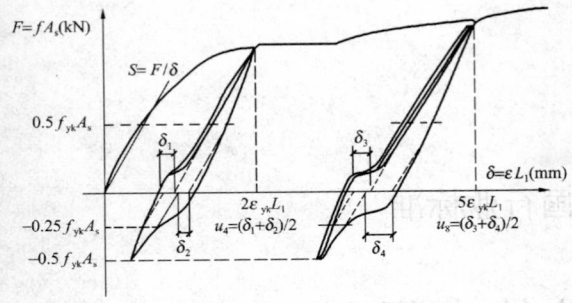

图 A.1.3-3　大变形反复拉压

注：1　S 线表示钢筋的拉、压刚度；F—钢筋所受的力，等于钢筋应力 f 与钢筋理论横截面面积 A_s 的乘积；δ—力作用下的钢筋变形，等于钢筋应变 ε 与变形测量标距 L_1 的乘积；A_s—钢筋理论横截面面积（mm^2）；L_1—变形测量标距（mm）。

2　δ_1 为 $2\varepsilon_{yk}L_1$ 反复加载四次后，在加载力为 $0.5\,f_{yk}A_s$ 及反向卸载力为 $-0.25\,f_{yk}A_s$ 处作 S 的平行线与横坐标交点之间的距离所代表的变形值。

3　δ_2 为 $2\varepsilon_{yk}L_1$ 反复加载四次后，在卸载力水平为 $0.5\,f_{yk}A_s$ 及反向加载力为 $-0.25\,f_{yk}A_s$ 处作 S 的平行线与横坐标交点之间的距离所代表的变形值。

4　δ_3、δ_4 为在 $5\varepsilon_{yk}L_1$ 反复加载四次后，按与 δ_1、δ_2 相同方法所得的变形值。

A.1.4　测量接头试件的残余变形时加载时的应力速率宜采用 $2N/mm^2 \cdot s^{-1}$，最高不超过 $10N/mm^2 \cdot s^{-1}$；测量接头试件的最大力总伸长率或抗拉强度时，试验机夹头的分离速率宜采用 $0.05L_c/min$，L_c 为试验机夹头间的距离。

A.2　接头试件现场抽检试验方法

A.2.1　现场工艺检验接头残余变形的仪表布置、测量标距和加载速度应符合本规程第 A.1.1 条和 A.1.4 条要求。现场工艺检验中，按本规程第 A.1.3 条加载制度进行接头残余变形检验时，可采用不大于 $0.012A_sf_{yk}$ 的拉力作为名义上的零荷载。

A.2.2　施工现场随机抽检接头试件的抗拉强度试验应采用零到破坏的一次加载制度。

附录 B　接头试件型式检验报告

B.0.1　接头试件型式检验报告应包括试件基本参数和试验结果两部分。宜按表 B.0.1 的格式记录。

表 B.0.1　接头试件型式检验报告

接头名称		送检数量		送检日期		
送检单位				设计接头等级　Ⅰ级　Ⅱ级　Ⅲ级		
接头基本参数	连接件示意图			钢筋牌号	HRB335 HRB400 HRB500	
				连接件材料		
				连接工艺参数		
钢筋试验结果	钢筋母材编号		NO.1	NO.2	NO.3	要求指标
	钢筋直径(mm)					
	屈服强度(N/mm²)					
	抗拉强度(N/mm²)					
接头试验结果	单向拉伸	单向拉伸试件编号	NO.1	NO.2	NO.3	
		抗拉强度(N/mm²)				
		残余变形(mm)				
		最大力总伸长率(%)				
	高应力反复拉压	高应力反复拉压试件编号	NO.4	NO.5	NO.6	
		抗拉强度(N/mm²)				
		残余变形(mm)				
	大变形反复拉压	大变形反复拉压试件编号	NO.7	NO.8	NO.9	
		抗拉强度(N/mm²)				
		残余变形(mm)				
评定结论						

负责人：　　　　　校核：　　　　　试验员：

试验日期：　　年　月　日　　　　试验单位：

注：1　接头试件基本参数应详细记载。套筒挤压接头应包括套筒长度、外径、内径、挤压道次、压痕总宽度、压痕平均直径、挤压后套筒长度；螺纹接头应包括连接套筒长度、外径、螺纹规格、牙形角、镦粗直螺纹过渡段长度、锥螺纹锥度、安装时拧紧扭矩等。

2　破坏形式可分3种：钢筋拉断、连接件破坏、钢筋与连接件拉脱。

本规程用词说明

1　为便于在执行本规程条文时区别对待，对要求严格程度不同的用词说明如下：

1）表示很严格，非这样做不可的：
正面词采用"必须"，反面词采用"严禁"；

2）表示严格，在正常情况下均应这样做的：
正面词采用"应"，反面词采用"不应"或"不得"；

3）对表示允许稍有选择，在条件许可时首先应这样做的：
正面词采用"宜"，反面词采用"不宜"；

4）表示有选择，在一定条件下可以这样做的，采用"可"。

2　条文中指明应按其他有关标准执行的写法为："应符合……的规定"或"应按…执行"。

引用标准名录

1　《混凝土结构设计规范》GB 50010

2　《钢筋混凝土用钢　第 2 部分：热轧带肋钢筋》GB 1499.2

中华人民共和国行业标准

钢筋机械连接技术规程

JGJ 107—2010

条 文 说 明

修　订　说　明

《钢筋机械连接技术规程》JGJ 107 - 2010，经住房和城乡建设部 2010 年 2 月 10 日以第 503 号公告批准发布。

本规程是在《钢筋机械连接通用技术规程》JGJ 107 - 2003 的基础上修订完成，上一版的主编单位是中国建筑科学研究院，参编单位是冶金建筑研究总院、上海钢铁工艺技术研究所、北京市建筑设计研究院、中国水利水电第十二工程局施工科学研究所。主要起草人员是刘永颐、徐有邻、郁竑、张承起、杨熊川、霍箭云、李本端。本次修订的主要技术内容是纳入了直螺纹钢筋接头、锥螺纹钢筋接头和挤压钢筋接头的现场加工和安装要求；修改了不同等级钢筋机械接头的性能要求及其应用范围；用残余变形代替非弹性变形作为接头的变形性能指标；修改了抗拉强度检验的合格标准和接头疲劳性能相关要求；增加了型式检验与现场检验试验方法的要求等内容。

本规程修订过程中，编制组对钢筋机械连接技术进行了大量调查研究，总结了大量工程实践经验，与国内相关标准进行了协调，为规程修订提供了重要依据。

为便于广大设计、施工、科研、学校等单位有关人员在使用本规程时能正确理解和执行条文规定，《钢筋机械连接技术规程》编制组按章、节、条顺序编制了本标准的条文说明，对条文规定的目的、依据以及执行中需注意的有关事项进行了说明，还着重对强制性条文的强制性理由作了解释。但是，本条文说明不具备与标准正文同等的法律效力，仅供使用者作为理解和把握标准规定的参考。

目　次

1 总 则

1.0.1，1.0.2 本规程的目的是要对房屋建筑和一般构筑物中钢筋的各种机械连接接头的设计原则、性能等级、质量要求、应用范围以及检验评定方法作出统一规定，与《混凝土结构设计规范》GB 50010 配套应用，以确保各类机械接头的质量和合理应用。本规程所指的一般构筑物包括电视塔、烟囱等高耸结构、容器及市政公用基础设施等。对于公路和铁路桥梁、大坝、核电站等其他工程结构，本规程可参考应用。

1996～2005 年间公布实施的《钢筋机械连接通用技术规程》JGJ 107、《带肋钢筋套筒挤压连接技术规程》JGJ 108、《钢筋锥螺纹接头技术规程》JGJ 109、《滚轧直螺纹钢筋接头》JG 163、《镦粗直螺纹钢筋接头》JG 171 对提高我国钢筋机械连接的质量和技术水平发挥了重要作用，但也存在着标准分类不一致（前三本标准为工程技术标准，后两本为产品标准）、标准过多、内容大量重复和不便使用的问题，以及型式检验与现场钢筋接头实际性能严重脱节等状况。为解决上述问题，本规程以原《钢筋机械连接通用技术规程》JGJ 107 为基础，增加了第 6 章"施工现场接头的加工与安装"，并将上述各种专用钢筋接头标准中有关加工与安装方面的重点内容归集在本章内；其他有关钢筋接头的分级、性能要求、型式检验和现场检验等，对于各类钢筋接头均为统一要求，避免了不必要的重复，便于用户使用。

本规程公布实施后，各类钢筋机械接头，如套筒挤压接头、锥螺纹接头、直螺纹接头等均应遵守本规程规定。

1.0.3 新国家标准《钢筋混凝土用钢 第 2 部分：热轧带肋钢筋》GB 1499.2 列入了 HRB500 级钢筋和晶粒细化钢筋，对上述钢筋采用钢筋机械连接尚无很多实践经验，但只要满足接头强度和变形性能要求即可应用，采用什么接头形式需要在工程实践和市场中优胜劣汰。

除国产钢筋外，不少进口钢筋因可焊性差，迫切要求应用机械接头。对这类进口钢筋和国产光圆钢筋，本规程可参考应用。

2 术语和符号

2.1.1 本条给出了钢筋机械连接的定义。

按本定义之方法形成的常用的钢筋机械接头类型如下：

套筒挤压接头：通过挤压力使连接件钢套筒塑性变形与带肋钢筋紧密咬合形成的接头；

锥螺纹接头：通过钢筋端头特制的锥形螺纹和连接件锥螺纹咬合形成的接头；

镦粗直螺纹接头：通过钢筋端头镦粗后制作的直螺纹和连接件螺纹咬合形成的接头；

滚轧直螺纹接头：通过钢筋端头直接滚轧或剥肋后滚轧制作的直螺纹和连接件螺纹咬合形成的接头；

熔融金属充填接头：由高热剂反应产生熔融金属充填在钢筋与连接件套筒间形成的接头；

水泥灌浆充填接头：用特制的水泥浆充填在钢筋与连接件套筒间硬化后形成的接头。

2.1.2～2.1.6 本条介绍了接头抗拉强度、残余变形、最大力总伸长率、接头长度和丝头的含义。

"最大力总伸长率"的含义与国家标准《钢筋混凝土用钢 第 2 部分：热轧带肋钢筋》GB 1499.2 中钢筋最大力总伸长率的含义相同，代表接头试件在最大力下在规定标距内测得的弹塑性应变总和。由于接头试件的最大力有时会小于钢筋的抗拉强度，故其要求指标与钢筋有所不同。

"接头长度"定义明确了各类钢筋机械连接接头的长度，对于接头试件断于钢筋母材或断于接头提供了判别依据。按照定义，对带肋钢筋套筒挤压接头，其接头长度即为套筒长度；对锥螺纹或滚轧直螺纹接头，接头长度则为套筒长度加两端外露丝扣长度；对镦粗直螺纹接头，接头长度则为套筒长度加两端镦粗过渡段长度。

2.2 符号 f_{stk} 为钢筋抗拉强度标准值，与国家标准 GB 1499.2 中的钢筋抗拉强度 R_m 值相当。

3 接头的设计原则和性能等级

3.0.1 接头应满足强度及变形性能方面的要求并以此划分性能等级。

3.0.2 设计接头的连接件时，应留有余量，其屈服承载力标准值（套筒横截面面积乘套筒材料的屈服强度标准值）及受拉承载力标准值（套筒横截面面积乘套筒材料的抗拉强度标准值）均应不小于被连接钢筋相应值的 1.10 倍，以确保接头可靠的传力性能。

3.0.3 接头单向拉伸时的强度和变形是接头的基本性能。高应力反复拉压性能反映接头在风荷载及小地震情况下承受高应力反复拉压的能力。大变形反复拉压性能则反映结构在强烈地震情况下钢筋进入塑性变形阶段接头的受力性能。

上述三项性能是进行接头型式检验时必须进行的检验项目。而抗疲劳性能则是根据接头应用场合有选择性的试验项目。

3.0.4 钢筋机械连接接头的型式较多，受力性能也有差异，根据接头的受力性能将其分级，有利于按结构的重要性、接头在结构中所处位置、接头百分率等不同的应用场合合理选用接头类型。例如，在混凝土结构高应力部位的同一连接区段内必须实施 100%钢筋接头的连接时，应采用Ⅰ级接头；实施 50%钢筋接头的连接时，宜优先采用Ⅱ级接头；混凝土结构中钢筋应力较高但对接头延性要求不高的部位，可采用Ⅲ级接头。分级后也有利于降低套筒材料消耗和接头成本，取得更好的技术经济效益；分级后还有利于施工现场接头抽检不合格时，可按不同等级接头的应用部位和接头百分率限制确定是否降级处理。

3.0.5 本条规定了各级接头的抗拉强度。抗拉强度是接头最基本也是最重要的性能，本条为必须严格遵守的强制性条文。

表3.0.5中Ⅰ级接头强度合格条件 $f_{mst}^o \geqslant f_{stk}$（断于钢筋）或 $f_{mst}^o \geqslant 1.10 f_{stk}$（断于接头）的含义是：当接头试件拉断于钢筋且试件抗拉强度不小于钢筋抗拉强度标准值时，试件合格；当接头试件拉断于接头（定义的"机械接头长度"范围内）时，试件的实测抗拉强度应满足 $f_{mst}^o \geqslant 1.10 f_{stk}$。

3.0.6 接头在经受高应力反复拉压和大变形反复拉压后仍应满足最基本的抗拉强度要求，这是结构延性得以发挥的重要保证。

3.0.7 钢筋机械连接接头在拉伸和反复拉压时会产生附加的塑性变形，卸载后形成不可恢复的残余变形（国外也称滑移，slip），对混凝土结构的裂缝宽度有不利影响，因此有必要控制接头的变形性能。原《钢筋机械连接通用技术规程》JGJ 107-2003中，单向拉伸时用非弹性变形，反复拉压时用残余变形作为变形控制指标，本规程修订时，统一改用残余变形作为控制指标。修改后更有利于施工现场工艺检验中对接头试件单向拉伸的变形性能进行检验。

表3.0.7中对Ⅰ、Ⅱ、Ⅲ级接头的单向拉伸残余变形指标 u_0 作了适当调整。本规程规定了施工现场工艺检验中增加接头单向拉伸残余变形的检验要求，从而较好地解决了型式检验与现场接头质量严重脱节的弊端，对提高接头质量有重要价值；但另一方面，如果残余变形指标过于严格，现场检验不合格率过高，会明显影响施工进度和工程验收，在综合考虑上述因素并参考编制组近年来完成的6根带钢筋接头梁和整筋梁的对比试验结果后，制定了表3.0.7中的单向拉伸残余变形指标，Ⅰ级接头允许在同一构件截面中100%连接、u_0 的限值最严，Ⅱ、Ⅲ级接头由于采用50%接头百分率，故限值可适当放松。

表3.0.7注2：当频遇荷载组合下，构件中钢筋应力明显高于 $0.6 f_{yk}$ 时，设计部门可对单向拉伸残余变形 u_0 的加载峰值提出调整要求。由于各类工程结构荷载变异较大，本条注为设计部门按照结构的特殊荷载情况提供了灵活处理的余地。

高应力与大变形条件下的反复拉压试验是对应于风荷载、小地震和强地震时钢筋接头的受力情况提出的检验要求。在风荷载或小地震下，钢筋尚未屈服时，应能承受20次以上高应力反复拉压，并满足强度和变形要求。在接近或超过设防烈度时，钢筋通常

都进入塑性阶段并产生较大塑性变形，从而能吸收和消耗地震能量。因此要求钢筋接头在承受2倍和5倍于钢筋屈服应变的大变形情况下，经受4~8次反复拉压，满足强度和变形要求。这里所指的钢筋屈服应变是指与钢筋屈服强度标准值相对应的应变值，对国产HRB335级钢筋，可取 $\varepsilon_{yk} = 0.00168$，对国产HRB400级和HRB500钢筋，可分别取 $\varepsilon_{yk} = 0.00200$ 和 $\varepsilon_{yk} = 0.00250$。

3.0.8 接头的疲劳性能是选择性试验项目，只有当接头用于直接承受动载结构构件（如铁路桥梁）时，才需要检验其疲劳性能。由于直接承受动力荷载结构的荷载特性有很大不同，钢筋应力变化范围较大，原规程规定的参数不能适应各类结构的工况，本规程中明确规定，对直接承受动力荷载结构，应根据钢筋应力变化幅度，由设计单位提出接头的抗疲劳性能要求。

当设计无专门要求时，接头的疲劳应力幅限值应不小于现行国家标准《混凝土结构设计规范》GB 50010-2002中表4.2.5-1普通钢筋疲劳应力幅限值的80%。部分直螺纹钢筋接头试件和套筒挤压钢筋接头试件的疲劳试验结果表明，制作良好的钢筋机械接头的抗疲劳性能优于闪光对焊钢筋接头的疲劳性能。

此外，本章中取消了原JGJ 107中第3.0.9条有关低温试验的条款，因为国内外有关这方面的试验资料很少，制定本条款的技术条件尚不够成熟，但不排除设计部门根据工程具体条件和接头类型提出低温试验要求。

4 接头的应用

4.0.1 接头的分级为结构设计人员根据结构的重要性及接头的应用场合选用不同等级接头提供了条件。本规程根据国内钢筋机械连接技术的新成果以及国外钢筋机械连接技术的发展趋向规定了一个最高质量等级的Ⅰ级接头。当有必要时，这类接头允许在结构中除有抗震设防要求的框架梁端、柱端箍筋加密区外的任何部位使用，且接头百分率可不受限制。这条规定为解决某些特殊场合需要在同一截面实施100%钢筋连接创造了条件，如地下连续墙与水平钢筋的连接；滑模或提模施工中垂直构件与水平钢筋的连接；装配式结构接头处的钢筋连接；钢筋笼的对接；分段施工或新旧结构连接处的钢筋连接等。

提高接头质量等级，放松接头使用部位和接头百分率的限制是近年来国际上钢筋连接技术发展的一种趋向。例如，美国统一建筑法规 UBC-97 对新增设的Ⅱ型接头（接近我国Ⅰ级接头强度），允许在结构中任何部位包括框架梁、柱塑性铰区使用，且接头百分率不受限制；德国和日本的有关规范也有类似规

定。本规程中的Ⅰ级和Ⅱ级接头均属于高质量接头，在结构中的使用部位均可不受限制，但允许的接头百分率有差异。通常情况下，应鼓励在工程设计中尽可能选用Ⅱ级接头并控制接头百分率不大于50%，这比选用Ⅰ级接头和100%接头百分率更加合理。

4.0.2 本条规定接头的混凝土保护层厚度比受力钢筋保护层厚度的要求有所放松，由"应"改为"宜"。这是因为机械连接中连接件的截面较大，一般比钢筋截面积大10%～30%或以上，局部锈蚀对连接件的影响不如对钢筋锈蚀敏感。此外由于连接件保护层厚度是局部问题，要求过严会影响全部受力主筋的间距和保护层厚度，在经济上、实用上都会造成一定困难，故适当放宽，必要时也可对连接件进行防锈处理。

4.0.3 本条给出了纵向受力钢筋机械连接接头宜相互错开和接头连接区段长度为35d的规定。接头百分率关系到结构的安全、经济和方便施工。规程综合考虑了上述三项因素，在国内钢筋机械接头质量普遍有较大提高的情况下，放宽了接头使用部位和接头百分率限制，从而在保证结构安全的前提下，既方便了施工又可取得一定的经济效益，尤其对某些特殊场合解决在同一截面100%钢筋连接创造了条件。根据本条规定，只要接头百分率不大于50%，Ⅱ级接头可以在抗震结构中的任何部位使用。因此，正如第4.0.1条条文说明所述，即使重要建筑，一般情况下选用Ⅱ级接头就可以了。接头等级的选用并非愈高愈好，盲目提高接头等级容易给施工和验收带来不必要的麻烦。

4.0.4 本条规定对于有经验的工程师，可以根据具有钢筋接头的构件试验结果，调整钢筋机械连接接头的应用范围。

5 接头的型式检验

5.0.1 本条指出了接头型式检验的应用场合。其主要作用是对各类接头按性能分级。经型式检验确定其等级后，工地现场只需进行现场检验；本规程在本条中增加了型式检验有效期的规定；取消"质量监督部门提出专门要求时"的规定，是为了减少质检部门不必要的随意增加型式检验的要求，但并不排斥当接头质量有严重问题，其原因不明，对定型检验结论有重大怀疑时，上级主管部门或质检部门可以提出重新进行型式检验要求。

5.0.2 考虑到国产钢筋的延性较好，在达到强度要求后，接头试件通常已有较大延性；为简化检验验收规则，取消了原规程中接头试件强度与钢筋实际强度进行对比的要求。

5.0.3 由于型式检验比较复杂和昂贵，对各类钢筋接头只要求对标准型接头进行型式检验；

此外，相同类型的直螺纹接头或锥螺纹接头用于连接不同强度级别（HRB500、HRB400、HRB335）的钢筋时，可以选择其中较高强度级别（如HRB500）的钢筋进行接头试件的型式检验；在连接套筒的尺寸、材料、内螺纹以及现场丝头加工工艺均不变的情况下，HRB500级钢筋接头的型式检验报告可以兼作HRB400、HRB335级钢筋的同类型、同等级接头的型式检验报告使用，反之则不允许。

钢筋母材强度试验用来判别接头试件用钢筋的母材性能和钢筋牌号。

5.0.4 为使型式检验结果更好地反映现场钢筋接头试件性能，规定接头试件必须由检验单位或在其监督下由接头技术提供单位按规定拧紧扭矩装配后进行检验，并确保试件未经过预拉，因为预拉可消除大部分残余变形。严格执行本规定可杜绝个别送样单位弄虚作假，例如将试件进行预拉后再送样检验。

5.0.5 本条规定型式检验应按附录A接头试件的试验方法中A.1型式检验试验方法进行。附录A.1增加了接头试件变形测量的仪表布置规定，修改了有关接头试件最大力总伸长率 A_{sgt} 的测量方法。

接头的强度要求是强制性条款，型式检验的强度合格条件是每个试件均应满足表3.0.5的规定；接头试件的总伸长率和残余变形测量值比较分散，用3个试件的平均值作为检验评定依据。

6 施工现场接头的加工与安装

本章是新增加的一章。本章规定了各类钢筋接头在施工现场加工与安装时应遵守的质量要求。钢筋接头作为产品有其特殊性，除连接套筒（接头的部件之一）在工厂生产外，钢筋丝头则大都是在施工现场加工，钢筋接头的质量控制在很大程度上有赖于施工现场接头的加工与安装。《钢筋机械连接通用技术规程》JGJ 107经过本次修订并增加本章后，可使各类钢筋机械接头施工现场的加工与安装有章可循。本章各条款是在总结多年来国内钢筋机械连接现场施工经验的基础上，提出的最重要的质量控制要求；制定本章各条款时尽可能简化了接头的外观检验要求，这是考虑到以下几点：

1 接头外观与接头性能无确定的可量化的内在联系，具体检验指标难以科学地制定；

2 各生产厂的产品外观不一致，难以规定统一要求；

3 现场接头数量成千上万，要求土建单位的质检部门进行机械产品的外观检验会带来很多不必要的争议与误判；

4 将外观检验内容列入各企业标准进行自控较为妥当；

5 修订版在现场工艺检验中增加残余变形检验

要求后，将大大促进产品供应单位对产品质量的重视和自律；

6　国际相关标准均没有接头的外观检验要求。

6.1　接头的加工

6.1.1　丝头加工工人经专业技术培训后上岗以及人员的相对稳定是钢筋接头质量控制的重要环节。接头的工艺检验是检验施工现场的进场钢筋与接头加工工艺适应性的重要步骤，应在工艺检验合格后再开始加工，防止盲目大量加工造成损失。

6.1.2　本条所述的直螺纹钢筋接头包括镦粗直螺纹钢筋接头、剥肋滚轧直螺纹钢筋接头、直接滚轧直螺纹钢筋接头。

直螺纹钢筋接头的加工：

1　直螺纹钢筋接头的加工应保持丝头端面的基本平整，使安装扭矩能有效形成丝头的相互对顶力，消除或减少钢筋受拉时因螺纹间隙造成的变形，强调直螺纹钢筋接头应切平或镦平后再加工螺纹，是为了避免因丝头端面不平造成接触端面间相互卡位而消耗大部分拧紧扭矩和减少螺纹有效扣数；

2　镦粗直螺纹钢筋接头有时会在钢筋镦粗段产生沿钢筋轴线方向的表面裂纹，国内外试验均表明，这类裂纹不影响接头性能，本规程允许出现这类裂纹，但横向裂纹则是不允许的；

3　钢筋丝头的加工长度应为正公差，保证丝头在套筒内可相互顶紧，以减少残余变形；

4　螺纹量规检验是施工现场控制丝头加工尺寸和螺纹质量的重要工序，产品供应商应提供合格螺纹量规，对加工丝头进行质量控制是负责丝头加工单位的责任。

6.1.3　锥螺纹钢筋接头的加工：

1　锥螺纹钢筋接头在套筒中央不允许钢筋丝头相互接触而应保持一定间隙，因此对钢筋端面的平整度要求并不高，仅对个别端部严重不平的钢筋需要切平后制作螺纹，因此仅提出不得弯曲的要求；

2　为确保锥螺纹钢筋丝头在套筒中央不致相互顶紧而影响接头的强度或变形，丝头长度应为负公差；

3　专用锥螺纹量规检验是控制锥螺纹锥度和螺纹长度的重要工序。

6.2　接头的安装

6.2.1　直螺纹钢筋接头的安装：

1　钢筋丝头在套筒中央位置应相互顶紧，这是减少接头残余变形的最有效的措施，是保证直螺纹钢筋接头安装质量的重要环节；规定外露螺纹不超过 $2p$ 是防止丝头没有完全拧入套筒的辅助性检查手段；

2　表 6.2.1 是规定的最小拧紧扭矩值，是为减少接头残余变形而提出的，拧紧扭矩对直螺纹钢筋接头的强度影响不大；

3　根据国家计量检定规程《扭矩扳子检定规程 JJG 707-2003 扭矩扳子准确度分为 10 级，5 级准确度的示值相对误差和示值重复性均为 5%，10 级准确度分别为 10%。

6.2.2　锥螺纹钢筋接头的安装：

1　锥螺纹钢筋接头安装时容易产生连接套筒与钢筋不相匹配的误接；

2　锥螺纹钢筋接头的安装拧紧扭矩对接头强度的影响较大，过大或过小的拧紧扭矩都是不可取的，锥螺纹钢筋接头对扭力扳手的准确度要求较高。

6.2.3　套筒挤压钢筋接头的安装：

1　套筒挤压接头依靠套筒与钢筋表面的机械咬合和摩擦力传递拉力或压力，钢筋表面的杂物或严重锈蚀均对接头强度有不利影响；

2　钢筋端部弯曲会影响接头成型后钢筋的平直度，遇有钢筋端部弯曲的应调直后再连接；

3　确保钢筋插入套筒的长度是挤压接头质量控制的重要环节，由于事后不便检查，故应事先作出标记；

4　挤压过程中套筒会伸长，从两端开始挤压会加大挤压后套筒中央的间隙；

5　挤压后的套筒无论出现纵向或横向裂纹均是不允许的。

7　施工现场接头的检验与验收

7.0.1　本条是加强施工管理重要的一环。

7.0.2　钢筋连接工程开始前，应对不同钢厂的进场钢筋进行接头工艺检验，主要是检验接头技术提供单位所确定的工艺参数是否与本工程中的进场钢筋相适应，并可提高实际工程中抽样试件的合格率，减少在工程应用后再发现问题造成的经济损失，施工过程中如更换钢筋生产厂，应补充进行工艺检验。此外工艺检验中增加了测定接头残余变形的要求，这是控制现场接头加工质量，克服钢筋接头型式检验结果与施工现场接头质量严重脱节的重要措施；某些钢筋机械接头尽管其强度满足了规程的要求，接头的残余变形不一定能满足要求，尤其是螺纹加工质量较差时；增加本条要求后可以大大促进接头加工单位的自律，或淘汰一部分技术和管理水平低的加工企业。工艺检验中，用残余变形作为接头变形的控制值，测量接头试件的单向拉伸残余变形比较简单，较为适合各施工现场的检验条件。

7.0.3　套筒均在工厂生产，影响套筒质量的因素较多，如原材料性能、套筒尺寸、螺纹规格、公差配合及螺纹加工精度等，要求施工现场土建专业质检人员进行批量机械加工产品的检验是不现实的，套筒的质量控制主要依靠生产单位的质量管理和出厂检验以及场接头试件的抗拉强度试验。施工现场对套筒的检验主要是检查生产单位的产品合格证是否内容齐全，套筒表面是否有可以追溯产品原材料力学性能和加工质量的生产批号，当出现产品不合格时可以追溯其原因以及区分不合格产品批次并进行有效处理。本条规定对套筒生产单位提出了较高的质量管理要求，有利于整体提高钢筋机械连接的质量水平。

.0.4 现场检验是由检验部门在施工现场进行的抽样检验。一般应进行接头试件单向拉伸强度试验以及加工和安装质量检验。

.0.5 按验收批进行现场检验。同批条件为：接头的材料、型式、等级、规格、施工条件相同。批的数量为 500 个接头，不足此数时也按一批考虑。

.0.6 仅螺纹接头需要进行拧紧扭矩检验。

.0.7 接头抗拉强度的现场抽检是保证工程结构质量与安全的重要环节，本条为强制性条款。本条规定现场接头抗拉强度试验的数量和合格条件，同时又规定了复式抽检的检验规则。

钢筋机械接头的破坏形态有三种：钢筋拉断、接头连接件破坏、钢筋从连接件中拔出。对Ⅱ级和Ⅲ级接头，无论试件属那种破坏形态，只要试件抗拉强度满足表 3.0.5 中Ⅱ级和Ⅲ级接头的强度要求即为合格；对Ⅰ级接头，当试件断于钢筋母材时，且满足条件 $f_{mst}^o \geqslant f_{stk}$ 时，试件合格；当试件断于接头长度区段时，则应满足 $f_{mst}^o \geqslant 1.10 f_{stk}$ 才能判为合格。

7.0.8 现场检验当连续 10 个验收批均一次抽样合格时，表明其施工质量处于优良且稳定的状态。故检验批接头数量可扩大一倍，即按不大于 1000 个接头为一批，以减少检验工作量。

7.0.9 指出现场截取试件后，原接头部位的钢筋的几种补接方法，利于工地严格按规程要求进行现场抽检。

7.0.10 由建设方会同设计等有关各方对抽检不合格的钢筋接头验收批提出处理方案。例如：可在采取补救措施后再按本规程第 7.0.5 条重新检验；或设计部门根据接头在结构中所处部位和接头百分率研究能否降级使用；或增补钢筋；或拆除后重新制作以及其他有效措施。

附录 A 接头试件的试验方法

A.1 型式检验试验方法

A.1.1 本条规定型式检验中的变形测量标距和仪表

布置。接头试件通常在连接部位存在局部弯曲，在拉伸过程中试件逐步拉直，使测量的变形值中不仅包含拉伸变形，同时还包含接头试件由弯变直过程中的附加变形。本条明确规定：必须在钢筋的相对两侧对称布置仪表并取其读数的平均值，以消除弯曲产生的附加变形的影响，提高测量数据的可靠性。

A.1.2 本条规定型式检验中接头试件最大力总伸长率 A_{sgt} 的测量方法。本条规定中，接头连接件不再包括在变形测量标距内，这是为了排除不同连接件长度对试验结果的影响，使接头试件最大力总伸长率 A_{sgt} 指标更客观地反映接头对钢筋延性的影响，因为结构的延性主要是依靠接头范围以外钢筋的延性而非接头本身的延性。修改后的 A_{sgt} 定义和测量方法与国际标准 ISO/DIS 15835 草案基本一致。

A.1.3 附录表 A.1.3 规定了接头试件型式检验时的加载制度。图 A.1.3-1～图 A.1.3-3 进一步用力-变形关系说明加载制度和表 3.0.5 和表 3.0.7 中各物理量的含义。图 A.1.3-3 对《钢筋机械连接通用技术规程》JGJ 107-2003 中相应的图作了修改，原图纵坐标与 E 线的表达不妥，修改后的纵坐标为力 F，图中 S 线代表钢筋的拉、压刚度，即单位伸长（或压缩）时所需的力，其量纲为"kN/mm"。

A.2 接头试件现场抽检试验方法

A.2.1 本条规定现场工艺检验中，接头试件单向拉伸残余变形测量方法。接头试件单向拉伸残余变形的检验可能会受当地试验条件限制，当夹持钢筋接头试件采用手动锲形夹具时，无法准确在零荷载时设置变形测量仪表的初始值，这时允许施加不超过 2% 的测量残余变形拉力即 $0.02 \times 0.6 A_s f_{syk}$ 作为名义上的零荷载，并在此荷载下记录试件两侧变形测量仪表的初始值，加载至预定拉力 $0.6 A_s f_{syk}$ 后并卸载至该名义零荷载时再次记录两侧变形测量仪表读数，两侧仪表各自差值的平均值即为接头试件单向拉伸残余变形值。上述方法尽管不是严格意义上的零荷载，但由于施加荷载较小，其误差是可以接受的。本方法仅在施工现场工艺检验中测量接头试件单向拉伸残余变形时采用，接头的型式检验仍应按本规程第 A.1.3 条的加载制度进行。

中华人民共和国行业标准

带肋钢筋套筒挤压连接技术规程

Specification for Pressed Sleeve Splicing of Ribbed Steel Bars

JGJ 108—96

主编单位：中国建筑科学研究院
批准部门：中华人民共和国建设部
施行日期：1997年4月1日

关于发布行业标准《带肋钢筋套筒挤压连接技术规程》的通知

建标〔1996〕615 号

根据建设部（89）建标字第 8 号文的要求，由中国建筑科学研究院主编的《带肋钢筋套筒挤压连接技术规程》业经审查，现批准为行业标准，编号 JGJ 108—96，自 1997 年 4 月 1 日起施行。

本标准由建设部建筑工程标准技术归口单位中国

建筑科学研究院归口管理并负责解释，由建设部标准定额研究所组织出版。

中华人民共和国建设部
1996 年 12 月 2 日

目 次

1 总　则

1.0.1　为在混凝土结构中使用带肋钢筋套筒挤压接头（以下简称挤压接头），做到技术先进、安全适用、经济合理、确保质量，制定本规程。

1.0.2　本规程适用于工业及民用建筑的混凝土结构钢筋直径为 16～40mm 的 Ⅱ、Ⅲ 级带肋钢筋的径向挤压连接。

1.0.3　用于挤压连接的钢筋应符合现行国家标准《钢筋混凝土用热轧带肋钢筋》GB 1499 及《钢筋混凝土用余热处理钢筋》GB 13014 的要求。本规程应与现行行业标准《钢筋机械连接通用技术规程》JGJ 107—96 配套使用。并应符合国家现行标准的有关规定。

2　挤压接头的性能等级与应用

2.0.1　挤压接头应按静力单向拉伸性能以及高应力和大变形条件下反复拉压性能划分为 A、B 两个性能等级：

2.0.2　A 级、B 级挤压接头的性能应符合现行行业标准《钢筋机械连接技术规程—通用规定》JGJ 107 中表 3.0.5 的规定。

2.0.3　A 级、B 级挤压接头的应用范围应符合现行行业标准《钢筋机械连接通用技术规程》JGJ 107 中第 4.0.1 条的规定。

2.0.4　挤压接头的混凝土保护层厚度宜满足现行国家标准《混凝土结构设计规范》中受力钢筋保护层最小厚度的要求，且不得小于 15mm。连接套筒之间的横向净距不宜小于 25mm。

2.0.5　设置在同一结构构件内的挤压接头宜相互错开。在任一接头中心至长度为钢筋直径 35 倍的区段内，有接头的受力钢筋截面面积占受力钢筋总截面面积的百分率应符合现行行业标准《钢筋机械连接通用技术规程》JGJ 107 中第 4.0.3.1 至第 4.0.3.4 款的规定。

2.0.6　不同直径的带肋钢筋可采用挤压接头连接。当套筒两端外径和壁厚相同时，被连接钢筋的直径相差不应大于 5mm。

2.0.7　对直接承受动力荷载的结构，其接头应满足设计要求的抗疲劳性能。

当无专门要求时，其疲劳性能应符合现行行业标准《钢筋机械连接通用技术规程》JGJ 107 中第 3.0.6 条的规定。

2.0.8　当混凝土结构中挤压接头部位的温度低于 —20℃ 时，宜进行专门的试验。

3　套　筒

3.0.1　对 Ⅱ、Ⅲ 级带肋钢筋挤压接头所用套筒材料应选用适于压延加工的钢材，其实测力学性能应符合表 3.0.1 的要求。

套筒材料的力学性能　表 3.0.1

项　目	力学性能指标
屈服强度（N/mm²）	225～350
抗拉强度（N/mm²）	375～500
延伸率 δ_5（%）	≥20
硬　度（HRB）	60～80
或（HB）	102～133

3.0.2　设计连接套筒时，套筒的承载力应符合下列要求：

$$f_{slyk}A_{sl} \geqslant 1.10 f_{yk}A_s \qquad (3.0.2-1)$$

$$f_{sltk}A_{sl} \geqslant 1.10 f_{tk}A_s \qquad (3.0.2-2)$$

式中　f_{slyk}——套筒屈服强度标准值；
　　　f_{sltk}——套筒抗拉强度标准值；
　　　f_{yk}——钢筋屈服强度标准值；
　　　f_{tk}——钢筋抗拉强度标准值；
　　　A_{sl}——套筒的横截面面积；
　　　A_s——钢筋的横截面面积。

3.0.3　套筒的尺寸偏差宜符合表 3.0.3 要求。

套筒尺寸的允许偏差（mm）　表 3.0.3

套筒外径 D	外径允许偏差	壁厚（t）允许偏差	长度允许偏差
≤50	±0.5	+0.12t −0.10t	±2
>50	±0.01D	+0.12t −0.10t	±2

3.0.4　套筒应有出厂合格证。套筒在运输和储存中，应按不同规格分别堆放整齐，不得露天堆放，防止锈蚀和沾污。

4　挤压接头的施工

4.1　挤　压　设　备

4.1.1　有下列情况之一时，应对挤压机的挤压力进行标定：

（1）新挤压设备使用前；

（2）旧挤压设备大修后；

（3）油压表受损或强烈振动后；

（4）套筒压痕异常且查不出其他原因时；

（5）挤压设备使用超过一年；

（6）挤压的接头数超过 5000 个。

4.1.2　压模、套筒与钢筋应相互配套使用，压模上应有相对应的连接钢筋规格标记。

4.1.3　高压泵应采用液压油。油液应过滤，保持清洁，油箱应密封，防止雨水灰尘混入油箱。

4.2　施　工　操　作

4.2.1　操作人员必须持证上岗。

4.2.2　挤压操作时采用的挤压力，压模宽度，压痕直径或挤压后套筒长度的波动范围以及挤压道数，均应符合经型式检验确定的技术参数要求。

4.2.3　挤压前应做下列准备工作

4.2.3.1　钢筋端头的锈皮、泥沙、油污等杂物应清理干净；

4.2.3.2　应对套筒作外观尺寸检查

4.2.3.3　应对钢筋与套筒进行试套，如钢筋有马蹄、弯折或纵肋尺寸过大者，应预先矫正或用砂轮打磨；对不同直径钢筋的套筒不得相互串用；

4.2.3.4　钢筋连接端应划出明显定位标记，确保在挤压时和挤压后可按定位标记检查钢筋伸入套筒内的长度；

4.2.3.5　检查挤压设备情况，并进行试压，符合要求后方可作业。

4.2.4　挤压操作应符合下列要求：

4.2.4.1　应按标记检查钢筋插入套筒内深度，钢筋端头离套筒长度中点不宜超过 10mm；

4.2.4.2　挤压时挤压机与钢筋轴线应保持垂直；

4.2.4.3　挤压宜从套筒中央开始，并依次向两端挤压；

4.2.4.4　宜先挤压一端套筒，在施工作业区插入待接钢筋后再挤压另一端套筒。

4.3　安　全　措　施

4.3.1　在高空进行挤压操作，必须遵守国家现行标准《建筑施工高处作业安全技术规范》JGJ 80 的规定。

4.3.2　高压胶管应防止负重拖拉、弯折和尖利物体的刻划。

4.3.3　油泵与挤压机的应用应严格按操作规程进行。

4.3.4　施工现场用电必须符合国家现行标准《施工现场临时用电安全技术规范》JGJ 46 的规定。

5　挤压接头的型式检验

5.0.1　挤压接头的型式检验应符合现行行业标准《钢筋机械连接通用技术规程》中第 5 章中的各项规定。

6　挤压接头的施工现场检验与验收

6.0.1　工程中应用带肋钢筋套筒挤压接头时，应由该技术提供单位提交有效的型式检验报告。

6.0.2　钢筋连接工程开始前及施工过程中，应对每批进场钢筋进行挤压连接工艺检验，工艺检验应符合下列要求：

6.0.2.1　每种规格钢筋的接头试件不应少于三根；

6.0.2.2　接头试件的钢筋母材应进行抗拉强度试验；

6.0.2.3　三根接头试件的抗拉强度均应符合现行行业标准《钢筋机械连接通用技术规程》JGJ 107 表 3.0.5 中的强度要求；对于 A 级接头，试件抗拉强度尚应大于等于 0.9 倍钢筋母材的实际抗拉强度 f_{st}^0。计算实际抗拉强度时，应采用钢筋的实际横截面面积。

6.0.3　现场检验应对挤压接头进行外观质量检查和单向拉伸试验。对挤压接头有特殊要求的结构，应在设计图纸中另行注明相应的检验项目。

6.0.4　挤压接头的现场检验按验收批进行。同一施工条件下采用同一批材料的同等级、同型式、同规格接头，以 500 个为一个验收批进行检验与验收，不足 500 个也作为一个验收批。

6.0.5　对每一验收批，均应按设计要求的接头性能等级，在工程中随机抽 3 个试件做单向拉伸试验。按附录 A 的格式记录，并作出评定。

当 3 个试件检验结果均符合现行行业标准《钢筋机械连接通用技术规程》JGJ 107 表 3.0.5 中的强度要求时，该验收批为合格。

如有一个试件的抗拉强度不符合要求，应再取 6 个试件进行复检。复检中如仍有一个试件检验结果不符合要求，则该验收批单向拉伸检验为不合格。

6.0.6　挤压接头的外观质量检验应符合下列要求：

6.0.6.1　外形尺寸：挤压后套筒长度应为原套筒长度的 1.10～1.15 倍；或压痕处套筒的外径波动范围为原套筒外径的 0.8～0.90 倍；

6.0.6.2　挤压接头的压痕道数应符合型式检验确定的道数；

6.0.6.3　接头处弯折不得大于 4 度；

6.0.6.4　挤压后的套筒不得有肉眼可见裂缝。

6.0.7　每一验收批中应随机抽取 10% 的挤压接头作外观质量检验，如外观质量不合格数少于抽检数的 10%，则该批挤压接头外观质量评为合格。当不合格数超过抽检数的 10% 时，应对该批挤压接头逐个进行复检，对外观不合格的挤压接头采取补救措施；不能补救的挤压接头应作标记，在外观不合格的接头中抽取六个试件作抗拉强度试验，若有一个试件的抗拉强度低于规定值，则该批外观不合格的挤压接头应会同设计单位商定处理，并记录存档。

6.0.8 在现场连续检验十个验收批，全部单向拉伸

试验一次抽样均合格时，验收批接头数量可扩大一倍。

附录 A　施工现场的单向拉伸试验

施工现场的单向拉伸检验记录宜采用表 A 格式。

挤压接头单向拉伸性能试验报告 　　　　　　表 A

工程名称						楼层号		构件类型	
设计要求接头性能等级			A 级　　B 级			检验批接头数量			
试件编号	钢筋公称直径 D（mm）	实测钢筋横截面积 A_s^0（mm²）	钢筋母材屈服强度标准值 f_{yk}（N/mm²）	钢筋母材抗拉强度标准值 f_{tk}（N/mm²）	钢筋母材抗拉强度实测值 f_{st}^0（N/mm²）	接头试件极限拉力 P（kN）	接头试件抗拉强度实测值 $f_{mst}^0 = P/A_s^0$（N/mm²）	接头破坏形态	评定结果
评定结论									
备　注	1. $f_{mst}^0 \geqslant f_{tk}$ 为 A 级接头；$f_{mst}^0 \geqslant 1.35 f_{tk}$ 为 B 级接头； 2. 实测钢筋横截面面积 A_s^0 用称重法确定。 3. 破坏形态仅作记录备查，不作为评定依据。								

试验单位＿＿＿＿＿＿＿＿＿（盖章）负责＿＿＿＿＿＿＿＿　校核＿＿＿＿＿＿＿＿＿

日期＿＿＿＿＿＿＿＿＿　　　抽样＿＿＿＿＿＿＿＿　试验＿＿＿＿＿＿＿＿

附录 B 施工现场挤压接头外观检查记录

施工现场挤压接头外观检查记录　　　　　　　　　表 B

工程名称				楼层号				构件类型			
验收批号				验收批数量				抽检数量			
连接钢筋直径（mm）				套筒外径（或长度）（mm）							
外观检查内容		压痕处套筒外径 （或挤压后套筒长度）		规定挤压道次		接头弯折 ≤4°		套筒无肉眼 可见裂缝			
		合　格	不合格	合　格	不合格	合　格	不合格	合　格	不合格		
外观检查不合格接头之编号	1										
	2										
	3										
	4										
	5										
	6										
	7										
	8										
	9										
	10										
评定结论											

备注：1. 接头外观检查抽检数量应不少于验收批接头数量的 10%。

2. 外观检查内容共四项，其中压痕处套筒外径（或挤压后套筒长度），挤压道次，二项的合格标准由产品供应单位根据型式检验结果提供。接头弯折≤4°为合格，套筒表面有无裂缝以无肉眼可见裂缝为合格。

3. 仅要求对外观检查不合格接头作记录，四项外观检查内容中，任一项不合格即为不合格，记录时可在合格与不合格栏中打√。

4. 外观检查不合格接头数超过抽检数的 10% 时，该验收批外观质量评为不合格。

检查人：＿＿＿＿＿＿＿　负责人：＿＿＿＿＿＿＿　日期：＿＿＿＿＿＿＿

附录 C 本规程用词说明

C.0.1 为便于在执行本规程条文时区别对待，对要求严格程度不同的用词说明如下：

（1）表示很严格，非这样作不可的：

正面词采用"必须"，反面词采用"严禁"。

（2）表示严格，在正常情况下均应这样作的：

正面词采用"应"，反面词采用"不应"或"不得"。

（3）对表示允许稍有选择，在条件许可时首先应这样作的：

正面词采用"宜"或"可"，反面词采用"不宜"。

C.0.2 条文中指定应按其他有关标准、规范执行时，写法为"应符合……的规定"。

附加说明

本标准主编单位、参加单位和主要起草人员名单

主 编 单 位： 中国建筑科学研究院

参 加 单 位： 冶金工业部建筑研究总院

上海钢铁工艺技术研究所

北京市建筑工程研究院

北京市建筑设计研究院

北京市第六建筑工程公司

主要起草人： 刘永颐　何成杰　郁 竑　王金平

张承起　梁锡斌　袁海军

中华人民共和国行业标准

带肋钢筋套筒挤压连接技术规程

JGJ 108—96

条 文 说 明

前　言

根据建标〔1989〕建标计字第 8 号文的通知要求，由中国建筑科学研究院会同有关单位编制的行业标准《带肋钢筋套筒挤压连接技术规程》JGJ108—6，经建设部于 1996 年 12 月 2 日以建标字 615 号文批准发布。

为便于广大设计、施工、科研、学校等有关单位人员在使用本规范时能正确理解和执行条文规定，《带肋钢筋套筒挤压连接技术规程》编制组根据国家计委关于编制标准、规范条文说明的统一要求，按《带肋钢筋套筒挤压连接技术规程》的章、节、条顺序，编制了《带肋钢筋套筒挤压连接技术规程》条文说明，供国内各有关部门和单位参考。在使用中如发现本条文说明有欠妥之处，请将意见直接函寄给本规范管理单位中国建筑科学研究院。

本《条文说明》仅供国内有关部门和单位执行本规范时使用，不得外传和翻印。

目　次

1 总　　则

1.0.1 带肋钢筋套筒挤压连接技术与传统的搭接和焊接相比具有接头性能可靠、质量稳定，不受气候及焊工技术水平的影响、连接速度快、安全、无明火，不需大功率电源，可焊与不可焊钢筋均能可靠连接等优点。1987 年以来在高层建筑、大跨桥梁、特种结构等数百项重大工程中应用，受到普遍好评，建设部国家科委已将该技术列为"八五"、"九五"期间新技术重点推广项目。为了正确、合理使用带肋钢筋套筒挤压连接技术，促进这一技术的健康发展，特制定本规程。

1.0.2 本条规定了规程的适用范围。本条指的工业与民用建筑包括电视塔、烟囱等高耸结构，压力容器等一般构筑物。对桥梁、水工结构等其他工程结构可参考应用。

带肋钢筋是个总称，具体指月牙形钢筋、螺纹钢筋、竹节钢筋等。原则上讲，挤压接头适用于各种规格和各种强度等级的带肋钢筋连接，但考虑到经济合理和我国的实际情况，挤压接头暂定为直径 $d=16\sim40mm$ 的 II、III 带肋钢筋和余热处理钢筋。对进口带肋钢筋可参考应用，但需进行补充试验，符合接头性能要求后方可采用。

挤压接头按其挤压方法不同可分为径向挤压和轴向挤压两种。本规程是针对径向挤压接头编制的，轴向挤压接头也可参照本规程的有关规定。

2 挤压接头的性能等级与应用

2.0.1 根据中华人民共和国行业标准《钢筋机械连接通用技术规程》JGJ107 的要求，挤压接头应根据静力单向拉伸性能，高应力和大变形条件下反复拉压性能的差异进行分级。根据挤压接头的基本受力性能将其分为 A、B 二级。

2.0.2 见行业标准《钢筋机械连接通用技术规程》JGJ107 第 3.0.3、3.0.4、3.0.5 条条文说明。

2.0.3 目前国内应用的套筒挤压接头均能达到 A 级接头标准。本标准中保留 B 级接头的分级标准是考虑到经济上的原因。对不需要 A 级接头性能的某些应用场合，可以通过减短套筒长度和挤压道次，取得直接经济效益。A 级、B 级接头的应用范围只给出了原则性要求。这是因为工程结构千差万别，规定得过份具体有一定困难，其次是希望给设计人员针对设计对象的具体情况，在确保原则要求的前提下保留一定的判断和处理上的宽容度。

A 级接头因具有与母材基本一致的力学性能，故其适用范围基本不受限制。尤其适用于承受动荷作用及各抗震等级的混凝土结构中的各个部位，例如高层建筑框架底层柱，剪力墙加强部位，大跨梁跨中及端部，屋架下弦及塑性铰区的受力主筋。当结构中的高应力区或地震时可能出现塑性铰，要求较高延性的部位必需设置接头时，应该选用 A 级接头。

B 级接头性能比母材稍差，应在结构中钢筋受力较小或对延性要求不高的部位应用，而不得在高应力区和要求高延性的部位应用。

2.0.6 挤压连接接头可以连接不同直径的钢筋，但当采用的套筒两端直径和壁厚均相同时，连接钢筋的直径不宜相差过大，否则套筒过度变形后塑性严重降低，影响连接接头的性能和质量稳定性。

2.0.8 挤压接头所处部位的温度不宜低于 -20C°，尽管某些单位已完成了 -30C° 的低温性能试验，由于数据代表面还不够广，为留有余地，暂定为 -20C°。低于该温度时应补充进行低温试验。

3 套　　筒

3.0.1 套筒原材料宜用强度适中、延性好的优质钢材，具体钢材品种应通过型式检验确定。

3.0.2 考虑到套筒的尺寸及强度偏差，套筒强度需有一定的安全度。

3.0.3 套筒的尺寸与挤压工艺有关，表 3.0.1 的尺寸允许偏差仅适用于径向挤压接头。

挤压接头所用套筒的几何尺寸及材料应与一定的挤压工艺相配套，必须经过型式检验认定。施工单位采用经过型式检验认定的套筒及挤压工艺进行施工，工地现场只需进行套筒的外观和尺寸检查，不要求对套筒原材料进行力学性能检验。

3.0.4 各类规格的钢筋都要与相应规格的套筒相匹配，避免随意混用，避免露天堆放产生锈蚀和沾污泥砂杂物。

4 挤压接头的施工

4.1 挤压设备

4.1.1 本条给出宜对挤压机的挤压力进行校验的场合，挤压力是挤压接头操作中的技术参数之一，通常由产品提供单位提供，按本条列举的情况进行挤压力校验，有助于保持挤压设备的正常运转和提高挤压接头的合格百分率。

4.1.2 压模与套筒规格应相互配套，才能确保挤压接头质量，规定压模上刻有被连接钢筋规格标记有助于施工单位的质量管理。

4.1.3 采用清洁过滤的液压油是保证液压设备正常运转的重要一环。

4.2 施 工 操 作

4.2.1 挤压操作应由经过培训的人员持证操作，不应经常更换操作人员。

4.2.2 本条规定挤压操作中所采用的技术参数，其中包括：挤压力、压模宽度、压痕直径波动范围以及挤压道次或套筒伸长率应符合产品供应单位通过型式检验确定的技术参数。由于现场钢筋尺寸及强度偏差较大，以及套筒尺寸及材质的波动，应容许产品提供单位根据具体情况作适当调节，但调节的幅度一般不宜超过 10%。

4.2.3 为保证钢筋与套筒之间的良好咬合，钢筋端头杂物应清理干净，下料时应优先用砂轮锯，如用切筋机切割应及时更换刀片，使钢筋端头不产生弯曲或马蹄形，钢筋端头预先用油漆划出定位标记，以保证挤压操作完成后，质检人员能检查插入套筒内的钢筋长度。

4.2.4 挤压操作时规定钢筋端头离套筒中心线长度不超过 10mm，一方面是保证钢筋插入深度的要求，另一方面是为了防止第一道压痕越过钢筋端部影响接头质量。挤压操作从套筒中央开始也有利于控制接头质量，在地面先压接一端，在施工作业区压接另一端是提高连接效率的需要。

4.3 安 全 措 施

4.3.2 高压胶管是挤压设备中的易损部件，由于油压高，油管损坏还易引起喷油伤人，故应妥善使用。

5 挤压接头的型式检验

5.0.1 见行业标准《钢筋机械连接通用技术规程》JGJ107 条文

说明第 5.0.1 条。套筒挤压接头的破坏形态有三种。钢筋母材拉断，套筒拉断，钢筋从套筒中滑出，只要试验结果满足行业标准《钢筋机械连接通用技术规程》JGJ107 中表 3.0.5 的要求，任何破坏形态均可判为合格。

6 挤压接头的施工现场检验与验收

6.0.1 本条是为了加强施工管理，减少施工单位采用假冒伪劣产品的一种防范措施。

6.0.2 钢筋连接工程开始前及施工过程中，应对每批钢筋进行接头工艺检验，目的是检验接头技术提供单位所确定的工艺参数，是否与本工程中的进场钢筋相适应。为了防止某些单位选用面积超公差和超强的钢筋制作接头试件，以便满足行业标准《钢筋机械连接通用技术规程》JGJ107 表 3.0.5 中的强度要求，造成接头试件的实测数据不能正确反映接头工艺的质量水准和接头对母材强度的削弱状况，故在本条中规定了：对 A 级接头，试件抗拉强度尚应满足大于等于 0.9 倍钢筋母材的实际抗拉强度 f_{st}^0。附加这项要求后，除提高了工艺检验的可靠性，减少错判概率外，还可提高实际工程中抽样试件的合格率，减少工程应用后再发现问题造成经济损失。

6.0.3 现场检验也叫施工检验，是由检验部门在施工现场进行的抽样检验。一般只进行外观质量检验和单向拉伸试验。有特殊要求的接头，由设计图纸另行提出相应检验要求。

6.0.4 按验收批进行现场检验。同批条件为：材料、等级、型式、规格、施工条件相同。批的数量为 500 个接头，不足此数时也按一批考虑。

6.0.5 本条规定现场检验时单向拉伸试件的抽检数量，并规定从工程中随机抽取。同时规定复式抽检的检验制度。

6.0.6 本条规定接头外观质量检验的内容和要求。对外形尺寸的检查，规程给出了二个指标，即挤压后的套筒长度和压痕处套筒外径。工地外观检验时任选其中一种方法即可。

6.0.7 本条规定外观检验的抽检数，并规定外观质量不合格时进行复检的制度。鉴于外观检查是接头质量（强度和变形性能）的一种附加的辅助性检验手段。因而不能把它作为直接判定接头性能合格与否的标准之一，而只能是影响抽检制度的一种指标，当外观检验合格时为正常抽检制度，外观不合格时，要在外观不合格的接头中补充抽检接头。这种方法较为经济合理，错判的概率比较小。

6.0.8 现场检验当连续十个验收批均一次抽样合格时，表明其施工质量优良且稳定。故检验批接头数量可扩大一倍，即按不大于 1000 个接头为一批，以减少检验工作量。

中华人民共和国行业标准

钢筋锥螺纹接头技术规程

JGJ 109—96

主编单位：北京市建筑工程研究院
批准部门：中华人民共和国建设部
施行日期：1 9 9 7 年 4 月 1 日

关于发布行业标准《钢筋锥螺纹接头技术规程》的通知

建标 [1996] 615 号

根据建设部建标 [1993] 699 号文的要求，由北就市建筑工程研究院负责主编的《钢筋锥螺纹接头技术规程》，业经审查，现批准为行标准，编号 JGJ109—96，自 1997 年 4 月 1 日起施行。

本标准由建设部建筑工程标准技术归口单位北京

市建筑工程研究院负责解释，由建设部标准定额研究所组织出版。

中华人民共和国建设部
1996 年 12 月 2 日

目　次

1 总 则

1.0.1 为了在混凝土结构中采用钢筋锥螺纹接头（简称接头）做到经济合理，确保质量，制定本规程。

1.0.2 本规程适用于工业与民用建筑的混凝土结构中，钢筋直径为16～40mm的Ⅱ、Ⅲ级钢筋连接。

1.0.3 用钢筋锥螺纹接头连接的钢筋，应符合现行国家标准《钢筋混凝土用热轧带肋钢筋》GB1499及《钢筋混凝土用余热处理钢筋》GB13014的要求。执行本规程时，尚应符合国家现行标准的有关规定。

2 术 语

2.0.1 钢筋锥螺纹接头（Taper threaded splices of rebar）：
把钢筋的连接端加工成锥形螺纹（简称丝头），通过锥螺纹连接套把两根带丝头的钢筋，按规定的力矩值连接成一体的钢筋接头。

2.0.2 力矩扳手（Forque wrench）：
连接和检查钢筋接头紧固程度的扭力扳手。

2.0.3 完整丝扣（One complete screwthread）：
连续一圈的标准牙形。

3 接头性能等级

3.0.1 锥螺纹连接套的材料宜用45号优质碳素结构钢或其他经试验确认符合要求的钢材。锥螺纹连接套的受拉承载力不应小于被连接钢筋的受拉承载力标准值的1.10倍。

3.0.2 接头应根据静力单向拉伸性能以及高应力和大变形条件下反复拉、压性能的差异划分为A、B两个性能等级。

3.0.3 A、B级接头的性能应符合现行行业标准《钢筋机械连接通用技术规程》JGJ107表3.0.5的规定。

3.0.4 对直接承受动力荷载的结构，其接头应满足设计要求的抗疲劳性能。当无专门要求时，其疲劳性能应符合现行行业标准《钢筋机械连接通用技术规程》JGJ107第3.0.6条的规定。

4 接头应用

4.0.1 钢筋锥螺纹接头性能等级的选用应符合下列规定：

4.0.1.1 混凝土结构中要求充分发挥钢筋强度或对接头延性要求较高的部位应采用A级接头。

4.0.1.2 混凝土结构中钢筋受力较小对接头延性要求不高的部位可采用B级接头。

4.0.2 设置在同一构件内同一截面受力钢筋的接头位置应相互错开。在任一接头中心至长度为钢筋直径的35倍的区段范围内，有接头的受力钢筋截面积占受力钢筋总截面面积的百分率应符合下列规定：

4.0.2.1 受拉区的受力钢筋接头百分率不宜超过50%。

4.0.2.2 在受拉区的钢筋受力小部位，A级接头百分率不受限制。

4.0.2.3 接头宜避开有抗震设防要求的框架梁端和柱端的箍筋加密区；当无法避开时，接头应采用A级接头，且接头百分率不应超过50%。

4.0.2.4 受压区和装配式构件中钢筋受力较小部位，A级和B级接头百分率可不受限制。

4.0.3 接头端头距钢筋弯曲点不得小于钢筋直径的10倍。

4.0.4 不同直径钢筋连接时，一次连接钢筋直径规格不宜超过二级。

4.0.5 钢筋连接套的混凝土保护层厚度宜满足现行国家标准《混凝土结构设计规范》中受力钢筋混凝土保护层最小厚度的要求，且不得小于15mm。连接套之间的横向净距不宜小于25mm。

5 施 工 规 定

5.1 施 工 准 备

5.1.1 凡参与接头施工的操作工人、技术管理和质量管理人员，均应参加技术规程培训；操作工人应经考核合格后持证上岗。

5.1.2 钢筋应先调直再下料。切口端面应与钢筋轴线垂直，不得有马蹄形或挠曲。不得用气割下料。

5.1.3 提供锥螺纹连接套应有产品合格证；两端锥孔应有密封盖；套筒表面应有规格标记。进场时，施工单位应进行复检。

5.2 钢筋锥螺纹加工

5.2.1 加工的钢筋锥螺纹丝头的锥度、牙形、螺距等必须与连接套的锥度、牙形、螺距一致，且经配套的量规检测合格。

5.2.2 加工钢筋锥螺纹时，应采用水溶性切削润滑液；当气温低于0℃时，应掺入15%～20%亚硝酸钠。不得用机油作润滑液或不加润滑液套丝。

5.2.3 操作工人应按附录A要求逐个检查钢筋丝头的外观质量。

5.2.4 经自检合格的钢筋丝头，应按附录A的要求对每种规格加工批随机抽检10%，且不少于10个，并按附录C表C.0.2填写钢筋锥螺纹加工检验记录。如有一个丝头不合格，即应对该加工批全数检查，不合格丝头应重新加工经再次检验合格方可使用。

5.2.5 已检验合格的丝头应加以保护。钢筋一端丝头应戴上保护帽，另一端可按表5.3.5规定的力矩值拧紧连接套，并按规格分类堆放整齐待用。

5.3 钢 筋 连 接

5.3.1 连接钢筋时，钢筋规格和连接套的规格应一致，并确保钢筋和连接套的丝扣干净完好无损。

5.3.2 采用预埋接头时，连接套的位置、规格和数量应符合设计要求。带连接套的钢筋应固定牢，连接套的外露端应有密封盖。

5.3.3　必须用力矩扳手拧紧接头。

5.3.4　力矩扳手的精度为±5%，要求每半年用扭力仪检定一次。

5.3.5　连接钢筋时，应对正轴线将钢筋拧入连接套，然后用力矩扳手拧紧。接头拧紧值应满足表5.3.5规定的力矩值，不得超拧。拧紧后的接头应上标记。

				接头拧紧力矩值		表5.3.5
钢筋直径（mm）	16	18	20	22	25～28	32	36～40
拧紧力矩（N·m）	118	145	177	216	275	314	343

5.3.6　质量检验与施工安装用的力矩扳手应分开使用，不得混用。

6　接头型式检验

6.0.1　钢筋锥螺纹接头的型式检验应符合现行行业标准《钢筋机械连接通用技术规程》JGJ107中第5章的各项规定。

7　接头施工现场检验与验收

7.0.1　工程中应用钢筋锥螺纹接头时，该技术提供单位应提供有效的型式检验报告。

7.0.2　连接钢筋时，应检查连接套出厂合格证、钢筋锥螺纹加工检验记录。

7.0.3　钢筋连接工程开始前及施工过程中，应对每批进场钢筋和接头进行工艺检验：

1.　每种规格钢筋母材进行抗拉强度试验；

2.　每种规格钢筋接头的试件数量不应少于三根；

3.　接头试件应达到现行行业标准《钢筋机械连接通用技术规程》JGJ107表3.0.5中相应等级的强度要求。计算钢筋实际抗拉强度时，应采用钢筋的实际横截面积计算。

7.0.4　随机抽取同规格接头数的10%进行外观检查。应满足钢筋与连接套的规格一致，接头丝扣无完整丝扣外露。

7.0.5　用质检的力矩扳手，按表5.3.5规定的接头拧紧值抽检接头的连接质量。抽验数量：梁、柱构件按接头数的15%，且每个构件的接头抽验数不得少于一个接头；基础、墙、板构件按各自接头数，每100个接头作为一个验收批，不足100个也作为一个验收批，每批抽检3个接头。抽检的接头应全部合格，如有一个接头不合格，则该验收批接头应逐个检查，对查出的不合格接头应进行补强，并按附录C表C.0.3填写接头质量检查记录。

7.0.6　接头的现场检验按验收批进行。同一施工条件下的同一批材料的同等级、同规格接头，以500个为一个验收批进行检验与验收，不足500个也作为一个验收批。

7.0.7　对接头的每一验收批，应在工程结构中随机截取3个试件作单向拉伸试验，按设计要求的接头性能等级进行检验与评定，并按附录C表C.0.1填写接头拉伸试验报告。

7.0.8　在现场连续检验10个验收批，全部单向拉伸试件一次抽样均合格时，验收批接头数量可扩大一倍。

附录A　加工质量检验方法

A.0.1　锥螺纹丝头牙形检验：牙形饱满，无断牙、秃牙缺陷，且与牙形规的牙形吻合，牙齿表面光洁的为合格品（见图A.0.1）。

A.0.2　锥螺纹丝头锥度与小端直径检验：丝头锥度与卡规或环规吻合，小端直径在卡规或环规的允许误差之内为合格（见图A.0.2，(a)、(b)）。

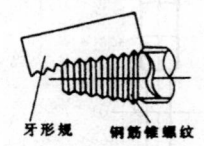

牙形规　　钢筋锥螺纹

图 A.0.1

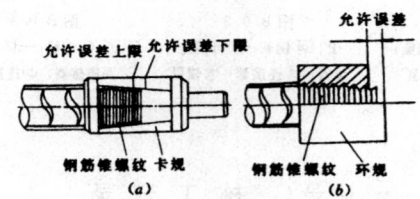

允许误差上限　允许误差下限　　　　允许误差

钢筋锥螺纹　卡规　　　钢筋锥螺纹　环规
(a)　　　　　　　　　(b)

图 A.0.2

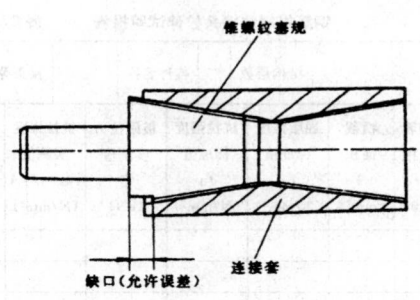

锥螺纹塞规

缺口（允许误差）　　连接套

图 A.0.3

注：牙形规、卡规或环规、塞规应由钢筋连接技术提供单位配套提供。

A.0.3　连接套质量检验：锥螺纹塞规拧入连接套后，连接套的大端边缘在锥螺纹塞规大端的缺口范围内为合格（见图A.0.3）。

附录B　常用接头连接方法

B.0.1　同径或异径普通接头：

分别用力矩扳手将①与②、②与③拧到规定的力矩值（见图B.0.1）。

B.0.2 单向可调接头：

分别用力矩扳手将①与②、③与④拧到规定的力矩值，再把⑤与②拧紧（见图 B.0.2）。

B.0.3 双向可调接头：

分别用力矩扳手将①与②、③与④拧到规定的力矩值，且保持②、③的外露丝扣数相等，然后分别夹住②与③，把⑤拧紧（见图 B.0.3）。

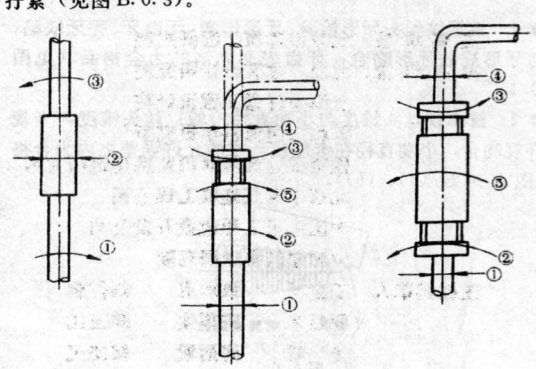

图 B.0.1　　　　图 B.0.2　　　　图 B.0.3
①、③钢筋；　　①、④钢筋；③可调连　　①、④钢筋；②、③可
②连接套　　　接器；②连接套；⑤锁母　调连接器；⑤连接套

附录C　施 工 记 录

C.0.1　钢筋锥螺纹接头拉伸试验

钢筋锥螺纹接头拉伸试验报告　　表 C.0.1

工程名称		结构层数		构件名称		接头等级	
试件编号	钢筋规格 d (mm)	横截面积 A (mm²)	屈服强度标准值 f_{yk} (N/mm²)	抗拉强度标准值 f_{tk} (N/mm²)	极限拉力实测值 P (kN)	抗拉强度实测值 $f_{tht}^{u}=P/A$ (N/mm²)	评定结果
评定结论							
备注	1. $f_{tht}^{u} \leqslant f_{tk}$ 且 $f_{tht}^{u} \geqslant 0.9 f_{b}^{0}$ 为 A 级接头； 2. $f_{tht}^{u} \geqslant 1.35 f_{yk}$ 为 B 级接头； 3. f_{b}^{0} 一钢筋母材抗拉强度实测值。						

试验单位：　（盖章）　负责人；　试验员；　试验日期；

C.0.2　钢筋锥螺纹加工检验

钢筋锥螺纹加工检验记录　　表 C.0.2

工程名称				结构所在层数	
接头数量		抽检数量		构件种类	
序号	钢筋规格	螺纹牙形检验	小端直径检验	检验结论	

注：1. 按每批加工钢筋锥螺纹丝头数的 10％检验；
　　2. 牙形合格、小端直径合格的打"√"；否则打"×"。

检查单位：　　　　　　　　检查人员；
日　期：　　　　　　　　负责人；

C.0.3　钢筋锥螺纹接头质量检查

钢筋锥螺纹接头质量检查记录　　表 C.0.3

工程名称			检验日期		
结构所在层数			构件种类		
钢筋规格	接头位置	无完整丝扣外露	规定力矩值 (N·m)	施工力矩值 (N·m)	检验力矩值 (N·m)	检验结论

注：1. 检验结论：合格"√"；不合格"×"。

检查单位：　　　　　　　　检查人员；
检验日期：　　　　　　　　负责人；

附加说明

附录 D 本规程用词说明

D.0.1 执行本规程条文时，对于要求严格程度的用词说明如下，以便在执行中区别对待：

（1）表示很严格，非这样作不可的：

正面词采用"必须"，反面词采用"严禁"。

（2）表示严格，在正常情况下应这样作的：

正面词采用"应"，反面词采用"不应"或"不得"。

（3）表示允许稍有选择，在条件许可时，首先应这样作的：

正面词采用"宜"或"可"，反面词采用"不宜"。

D.0.2 条文中指明应按其他有关标准、规范执行的写法为"应按……执行或应符合……要求（或规定）"。

本标准主编单位、参加单位和主要起草人名单

主 编 单 位：北京市建筑工程研究院

参 加 单 位：北京市建筑设计研究院

上海市隧道工程设计院

深圳市建筑科学研究所

铁道部建筑科学研究院建筑研究所

北京市第五建筑工程公司

中国电子工程建设开发公司

中国建筑科学研究院

主要起草人：王金平　　张承启　　刘仁鹏

罗君东　　庄军生　　郑玉山

姜　昭　　周炳章　　郭晓民

中华人民共和国行业标准

钢筋锥螺纹接头技术规程

JGJ 109—96

条 文 说 明

前　言

根据中华人民共和国建设部建标〔1993〕699号文件的要求，由北京市建筑工程研究院负责主编，会同有关单位编制的行业标准《钢筋锥螺纹接头技术规程》JGJ 109—96；经建设部1996年12月2日以建标（1996）615号文批准发布。

为了便于广大设计、施工、科研、学校等有关单位人员，在使用本规范时能正确理解和执行条文规定，《钢筋锥螺纹接头技术规程》编制组根据国家计委关于编制标准、规范条文说明的统一要求，按《钢筋锥螺纹接头技术规程》的章、节、条顺序，编写了《钢筋锥螺纹接头技术规程》条文说明，供国内各有关部门和单位参考。在使用中如发现本条文说明有欠妥之处，请将意见直接函寄给规范的管理单位：建设部建筑工程标准技术归口单位。

本条文说明仅供国内有关部门和单位执行本规范时使用，不得外传和翻印。

1996年12月

目　次

1 总 则

1.0.1 钢筋锥螺纹接头是一种能承受拉、压两种作用力的机械接头。工艺简单、连接速度快、不受钢筋含碳量和有无花纹限制、不污染环境、无明火作业、接头质量稳定安全可靠、可节约大量的钢材和能源,是 80 年代初国外开发研究的新技术,已广泛地用于抗震、防爆要求很高的建筑物。国内虽然起步较晚,但发展迅速,并成功地应用于高层建筑、地铁车站、电站等建筑的基础、墙、梁、柱、板等构件,取得了明显的技术、经济和社会效益。

1.0.2 钢筋锥螺纹接头可以连接Ⅰ～Ⅲ级钢筋。不受钢筋肋形及含碳量限制。由于我国建筑结构多用Ⅱ、Ⅲ级钢筋,为此本规程只规定了连接Ⅱ、Ⅲ级钢筋的连接套材质;如果连接Ⅰ级钢筋,仍可用此连接套。

1.0.3 除本条规定的钢筋外,进口钢筋可参考应用。

3 接头性能等级

3.0.1 规定型式检验用的连接套材质是避免用了不合格的材料影响接头的连接强度。

3.0.2～3.0.4 根据钢筋锥螺纹接头的基本受力性能将其分为A、B 两级。接头的静力拉伸性能是接头承受静力时的基本性能。A、B 级接头的单向拉伸性能包括强度、割线模量、接头极限应变和残余变形四项指标。高应力反复拉压性能反映接头在风荷载及中、小地震作用下,承受高应力反复拉压的能力;大变形反复拉压性能则反映结构在强地震作用下,钢筋进入塑性变形阶段接头的受力性能。上述三项性能是接头型式试验的必检项目。而疲劳和高、低温性能是根据接头的应用场合进行选检项目。

割线模量是反映接头在弹性范围内受力的变形性能;残余变形是反映连接套与钢筋之间在高应力下的相对滑移值。该值的大小会影响构件的受力裂缝宽度;高应力与大变形条件下的反复拉压试验是对应风荷载,中、小地震和强地震时接头的受力状态提出的要求。在常遇的远低于设防裂度的中、小地震下,钢筋仍处于弹性阶段时,应能承受 20 次以上高应力反复拉压,并满足强度和变形的要求;在接近或超过设防裂度时,钢筋通常进入塑性阶段,并产生较大塑性变形,从而吸收和消耗地震能量。因此,要求钢筋接头在承受 2 倍和 5 倍于钢筋流限应变的大变形情况下,经受 4～8 次反复拉压,并满足强度和变形要求。

A 级接头与 B 级接头检验项目相同,只是 B 级接头比 A 级接头检验指标偏低,这是因为 B 级接头的使用部位比 A 级严,A 级使用部位宽。

鉴于地震作用下,结构的延性是抗震的主要性能。结构在设防裂度下的抗震验算,根本上应该是弹塑性变形验算;地震作用下的弹塑性变形验算直接依赖于钢筋的实际屈服强度(承载力),规范的承载力是强度设计值。为保证接头有足够的强度,使构件达到屈服并避免脆性破坏,规定接头屈服强度实测值不小于钢筋的屈服强度标准值,同时接头抗拉强度实测值不应小于钢筋屈服强度标准值的 1.35 倍或不小于钢筋抗拉强度标准值。使接头既有足够的安全性,又有最大的经济性。

由于本接头为机械连接,所以不做接头的弯曲试验。

4 接头应用

4.0.1 在受拉区的钢筋受力较小部位 A 级、B 级接头均可使用,受力钢筋接头百分率不宜超过 50％。但 A 级接头百分率可以放宽。

4.0.2 考虑到本接头的构造特点,严禁在接头处弯曲;如需要弯曲成型,必须在接头端头以外 10d 处进行,避免破坏接头的连接强度。如施工需要弯曲钢筋,可以先弯钢筋再连接。接头可选用单向或双向可调接头。

4.0.4 本接头可连接异径钢筋,根据结构的受力要求,一次连接钢筋直径之差不宜超过二级。

5 施 工 规 定

5.1.1 鉴于钢筋套丝、现场质量检验、钢筋连接方法、力矩扳手的正确使用、接头的质量要求与检验等均有专门技术要求,所以在工程施工中必须坚持技术培训和持上岗证作业制度。

5.1.2 为了保证套丝质量,减少套丝机和梳刀的损坏,钢筋下料时,应做到切口端面垂直钢筋轴线。钢筋平直,切口无马蹄形,且不挠曲。

5.2.1 鉴于国内现有的钢筋锥螺纹接头的技术参数不相同,其套丝机、螺纹锥度、牙形、螺距等也不一样,为此施工单位采用时要特别注意,对技术参数不一样的接头决不能混用,避免出现质量问题。检查加工质量用的牙形规、卡规或环形规、锥螺纹塞规均应由提供钢筋连接技术的单位配套提供。

5.2.4 钢筋锥螺纹丝头质量好坏直接影响接头的连接质量,为此要求在工人自检的基础上,按每种规格钢筋的加工批量 10％抽验。决不允许使用牙形撕裂、掉牙、牙瘦、小端直径过小、钢筋纵肋上无齿牙等不合格丝头连接钢筋。查出一个不合格丝头,则应重检该批丝头,对不合格丝头可切去一部分,再重新加工出合格丝头,并及时填写检验记录,不得追记。

5.2.5 为防止堆放、吊装搬运过程弄脏或碰坏钢筋丝头,要求检验合格的丝头必须一端戴上保护帽,另一端拧紧连接套。

5.3.1 接头的质量和锥螺纹的加工质量有关。如果弄脏或碰伤钢筋丝头会影响接头的连接质量,为此必须保持钢筋丝头及连接套螺纹的干净和完好无损。

5.3.2 上海、南京、北京地铁车站顶板、底板与连续墙的水平钢筋连接,曾发生过由于带连接套的钢筋固定不牢,在连续墙钢筋笼下沟槽时,将水平钢筋碰弯或将带连接套的钢筋碰掉,给连接钢筋带来很大困难。为此必须把带连接套的钢筋固定牢固。

为了防止水泥浆等杂物进入连接套而影响接头的连接质量,一定要坚持取下一个密封盖连接一根钢筋的施工顺序。

5.3.3 力矩扳手是连接钢筋和检验接头连接质量的定量工具,可确保钢筋连接质量。为保证产品质量,力矩扳手应由具有生产计量器具许可证的工厂加制造。产品出厂时应有产品出厂合格证。

5.3.4 考虑到力矩扳手的使用次数不一样,可根据需要将使用频繁的力矩扳手提前检定。

不准力矩扳手当锤子或撬棍使用,要轻拿轻放,不许坐、踏。不用时,将力矩扳手调到 0 刻度,以保持力矩扳手精度。

5.3.5 连接钢筋时,应先将钢筋对正轴线后拧入锥螺纹连接套筒,再用力矩扳手拧到规定的力矩值。决不应在钢筋锥螺纹没拧入锥螺纹连接套筒,就用力矩扳手连接钢筋,以免损坏接头丝扣,造成接头质量不合格。不许接头拧的过紧的目的是防止损坏接头丝扣。为了防止接头漏拧,每个接头拧到规定的力矩值之后,一定要在接头上做标记,以便检查。

5.3.6 力矩扳手使用一段时间后,精度有可能发生变化。为确保质检用的力矩扳手精度,规定质检用的力矩扳手与施工用的扳手应分开使用,不得混用。

6 接头型式检验

6.0.1 接头试件的钢筋、尺寸、数量、加载制度等，只要满足《钢筋机械连接通用技术规程》JGJ 107的要求，任何破坏形式均可判为合格。

7 接头施工现场检验与验收

7.0.5 如发现接头有完整丝扣外露，说明有丝扣损坏或有脏物进入接头丝扣或丝头小端直径超差或用了小规格的连接套；连接套和钢筋之间如有一圈明显的间隙，说明用了大规格连接套连接了细钢筋。出现以上情况应及时查明原因排除故障，重新连接钢筋。如接头已不能重新连接，可采用 E50XX 型焊条补强，将钢筋与连接套焊在一起，焊缝高度不小于 5mm。当连接Ⅲ级钢筋时，应先做可焊性能试验，经试验合格后，方可焊接。

中华人民共和国行业标准

预应力筋用锚具、夹具和连接器 应用技术规程

Technical specification for application of anchorage,
grip and coupler for prestressing tendons

JGJ 85—2010

批准部门：中华人民共和国住房和城乡建设部
施行日期：2 0 1 0 年 1 0 月 1 日

中华人民共和国住房和城乡建设部
公　告

第 549 号

关于发布行业标准
《预应力筋用锚具、夹具和连接器应用技术规程》的公告

现批准《预应力筋用锚具、夹具和连接器应用技术规程》为行业标准，编号为 JGJ 85 - 2010，自 2010 年 10 月 1 日起实施。其中，第 3.0.2 条为强制性条文，必须严格执行。原行业标准《预应力筋用锚具、夹具和连接器应用技术规程》JGJ 85 - 2002 同时废止。

本规程由我部标准定额研究所组织中国建筑工业出版社出版发行。

中华人民共和国住房和城乡建设部

2010 年 4 月 17 日

前　　言

根据住房和城乡建设部《关于印发〈2008 年工程建设标准规范制订、修订计划（第一批）〉的通知》（建标［2008］102 号）的要求，规程修订组经广泛调查研究，认真总结实践经验，参考有关国际标准和国外先进标准，并在广泛征求意见的基础上，修订了本规程。

本规程的主要技术内容是：1　总则；2　术语和符号；3　性能要求；4　设计选用；5　进场验收；6　使用要求；以及相关附录。

本规程修订的主要技术内容是：

1　扩大了本规程的适用范围，由原规程仅适用于预应力混凝土结构，扩展为同时适用于预应力钢结构、地锚、岩锚等领域；

2　增加了锚垫板、锚固区、锚固节点等术语；

3　增加了夹具最少重复使用次数的规定；

4　增加了锚具低温锚固性能试验方法及合格标准；

5　增加了锚垫板的使用性能要求；

6　增加了锚固区传力性能试验方法和合格标准；

7　在锚具设计选用方面，增加了冷铸锚、热铸锚、压接锚具，取消了钢质锥形锚具；

8　增加了预应力钢结构锚固节点的设计原则和相关要求；

9　增加了夹片式锚具的锚口摩擦损失测试方法及相应限值要求；

10　增加了锚具内缩值、变角张拉附加摩擦损失测试方法；

11　修改了进场验收规定；

12　明确规定了锚具、锚垫板及螺旋筋等产品应配套使用，修改完善了使用要求。

本规程中以黑体字标志的条文为强制性条文，必须严格执行。

本规程由住房和城乡建设部负责管理和对强制性条文的解释，由中国建筑科学研究院负责具体技术内容的解释。执行过程中如有意见或建议，请寄送中国建筑科学研究院（地址：北京市北三环东路 30 号；邮政编码：100013）。

本 规 程 主 编 单 位：中国建筑科学研究院

歌山建设集团有限公司

本 规 程 参 编 单 位：中国铁道科学研究院

柳州欧维姆机械股份有限公司

同济大学

东南大学

杭州浙锚预应力技术有限公司

中交第一公路工程局有限公司

中国核工业华兴建设有限公司

本规程主要起草人员：李东彬　吕国玉　代伟明
赵　勇　白生翔　马　林
朱万旭　李金根　于　滨
曾　利　田克平　王德桂

本规程主要审查人员：庄军生　张伯奇　沙志国
李晨光　吴转琴　刘致彬
郑文忠　陈　矛　王绍义
林志成

目　次

Contents

1 总 则

1.0.1 为了在预应力结构工程中合理应用预应力筋用锚具、夹具和连接器，保证锚固区、锚固节点安全可靠，确保质量，制定本规程。

1.0.2 本规程适用于预应力混凝土结构、房屋建筑预应力钢结构、岩锚和地锚等工程中预应力筋用锚具、夹具和连接器的应用。

1.0.3 预应力结构工程中锚具、夹具和连接器的应用，除应符合本规程外，尚应符合国家现行有关标准的规定。

2 术语和符号

2.1 术 语

2.1.1 锚具 anchorage

在后张法结构构件中，用于保持预应力筋的拉力并将其传递到结构上所用的永久性锚固装置。

2.1.2 夹具 grip

在先张法预应力混凝土构件生产过程中，用于保持预应力筋的拉力并将其固定在生产台座（或设备）上的工具性锚固装置；在后张法结构或构件张拉预应力筋过程中，在张拉千斤顶或设备上夹持预应力筋的工具性锚固装置。

2.1.3 连接器 coupler

用于连接预应力筋的装置。

2.1.4 预应力筋 prestressing tendon

在预应力工程中用于建立预加应力的单根或成束的钢丝、钢绞线或预应力螺纹钢筋（指精轧螺纹钢筋）等的统称。

2.1.5 预应力筋-锚具（夹具）组装件 prestressing tendon-anchorage（grip）assembly

预应力筋与安装在端部的锚具（夹具）组合装配而成的受力单元，简称锚具（夹具）组件。

2.1.6 预应力筋-连接器组装件 prestressing tendon-coupler assembly

预应力筋与连接器组合装配而成的受力单元，简称连接器组件。

2.1.7 预应力筋-锚具（夹具、连接器）组装件的实测极限拉力 ultimate tensile force of tendon-anchorage（grip, coupler）assembly

预应力筋-锚具（夹具、连接器）组装件在静载锚固性能试验过程中达到的最大拉力。

2.1.8 预应力筋的效率系数 efficiency factor of prestressing tendon

受预应力筋根数、试验装置及初应力调整等因素的影响，考虑预应力筋拉应力不均匀的系数。

2.1.9 内缩 draw-in

预应力筋在锚固过程中，由于锚具各零件之间、锚具与预应力筋之间产生相对位移而导致预应力筋回缩的现象。内缩包括锚具变形、夹片位移和预应力筋回缩。

2.1.10 锚垫板 bearing plate

后张预应力混凝土结构构件中，用以承受锚具传来的预加力并传递给混凝土的部件。锚垫板可分为普通锚垫板和铸造锚垫板等。

2.1.11 锚固区 anchorage zone

在后张预应力混凝土结构构件中，承受锚具传来的预加力并使构件截面混凝土应力趋于均匀的构件区段，其中由直接围绕预应力锚固装置并进行配筋加强的区段称为局部锚固区。

2.1.12 锚固节点 anchorage joint

预应力钢结构中用于承受预应力筋（或索）预加力的局部结构受力部件。

2.1.13 传力性能试验 load transfer test

为验证局部锚固区荷载传递性能所进行的试验。

2.1.14 锚口摩擦损失 prestress loss due to friction at anchorage device

预应力筋在锚具及张拉端锚垫板喇叭口转角处由于摩擦引起的预应力损失。当夹片式锚具采用限位自锚工艺张拉时，夹片逆向刻划预应力筋引起的损失也属于锚口摩擦损失。

2.1.15 变角张拉摩擦损失 prestress loss due to friction at deviated device

预应力筋在变角装置内转角处由于摩擦引起的预应力损失。

2.2 符 号

A_{pl} ——单根预应力筋公称截面面积；

A_p ——预应力筋-锚具（或夹具）组装件中各根预应力筋公称截面面积之和；

E_p ——预应力筋弹性模量；

f'_{cu} ——锚固区传力性能试验时同条件养护的混凝土立方体试件抗压强度实测平均值；

$f_{cu,k}$ ——设计用混凝土立方体试件抗压强度标准值，也称为混凝土抗压强度等级值；

f_{ptk} ——预应力筋的抗拉强度标准值；

f_{pm} ——试验用预应力筋（其中截面以 A_{pl} 计）实测极限抗拉强度平均值；

F_{apu} ——预应力筋-锚具组装件的实测极限拉力；

F_{gpu} ——预应力筋-夹具组装件的实测极限拉力；

F_{pm} ——预应力筋的实际平均极限抗拉力，由预应力筋试件实测破断力平均值确定；

F_{ptk} ——预应力筋抗拉力标准值；

F_u ——锚固区传力性能试验时实测的极限荷载；

N_{con} ——预应力筋张拉控制力；

N_p ——作用在锚垫板上的预加力设计值；

Δa ——预应力筋与锚具（或连接器、夹具）之间的相对位移；

Δb ——锚具（或夹具、连接器）零件间的相对位移；

Δl ——在张拉控制力下，张拉端工作锚具和千斤顶工具锚之间预应力筋的理论伸长值；

ε_{apu} ——预应力筋-锚具组装件达到实测极限拉力时预应力筋的总应变；

η_a ——预应力筋-锚具组装件静载锚固性能试验测定的锚具效率系数；

η_g ——预应力筋-夹具组装件静载锚固性能试验测定的夹具效率系数；

η_p ——预应力筋的效率系数。

3 性 能 要 求

3.0.1 预应力筋用锚具、夹具和连接器的基本性能应符合现行国家标准《预应力筋用锚具、夹具和连接器》GB/T 14370 的规定。

3.0.2 锚具的静载锚固性能，应由预应力筋-锚具组装件静载试验测定的锚具效率系数（η_a）和达到实测极限拉力时组装件中预应力筋的总应变（ε_{apu}）确定。锚具效率系数（η_a）不应小于 **0.95**，预应力筋总应变（ε_{apu}）不应小于 **2.0%**。锚具效率系数应根据试验结果并按下式计算确定：

$$\eta_a = \frac{F_{apu}}{\eta_p \cdot F_{pm}} \qquad (3.0.2)$$

式中：η_a ——由预应力筋-锚具组装件静载试验测定的锚具效率系数；

F_{apu} ——预应力筋-锚具组装件的实测极限拉力（N）；

F_{pm} ——预应力筋的实际平均极限抗拉力（N），由预应力筋试件实测破断力平均值计算确定；

η_p ——预应力筋的效率系数，其值应按下列规定取用：预应力筋-锚具组装件中预应力筋为 1～5 根时，$\eta_p=1$；6～12 根时，$\eta_p=0.99$；13～19 根时，$\eta_p=0.98$；20 根及以上时，$\eta_p=0.97$。

预应力筋-锚具组装件的破坏形式应是预应力筋的破断，锚具零件不应碎裂。夹片式锚具的夹片在预应力筋拉应力未超过 $0.8f_{ptk}$ 时不应出现裂纹。

3.0.3 预应力筋-锚具（或连接器）组装件破坏时，夹片式锚具的夹片可出现微裂或一条纵向断裂裂缝。

3.0.4 夹片式锚具的锚板应具有足够的刚度和承载力，锚板性能由锚板的加载试验确定，加载至 $0.95F_{ptk}$ 后卸载，测得的锚板中心残余挠度不应大于相应锚垫板上口直径的 1/600；加载至 $1.2F_{ptk}$ 时，锚板不应出现裂纹或破坏。

3.0.5 需做疲劳验算的结构所采用的锚具，应满足疲劳性能要求。

3.0.6 有抗震要求的结构采用的锚具，应满足低周反复荷载性能要求。

3.0.7 当锚具使用环境温度低于－50℃时，锚具应满足低温锚固性能要求。

3.0.8 锚具应满足分级张拉、补张拉和放松拉力等张拉工艺的要求。锚固多根预应力筋的锚具，除应具有整束张拉的性能外，尚应具有单根张拉的性能。

3.0.9 承受低应力或动荷载的夹片式锚具应具有防松性能。

3.0.10 预应力筋-夹具组装件的静载锚固性能试验实测的夹具效率系数（η_g）不应小于 0.92。实测的夹具效率系数应按下式计算：

$$\eta_g = \frac{F_{gpu}}{F_{pm}} \qquad (3.0.10)$$

式中：η_g ——预应力筋-夹具组装件静载锚固性能试验测定的夹具效率系数；

F_{gpu} ——预应力筋-夹具组装件的实测极限拉力（N）。

预应力筋-夹具组装件的破坏形式应是预应力筋破断，夹具零件不应破坏。

3.0.11 夹具应具有良好的自锚、松锚和重复使用的性能，主要锚固零件应具有良好的防锈性能。夹具的可重复使用次数不宜少于 300 次。

3.0.12 在后张预应力混凝土结构构件中的永久性预应力筋连接器，应符合锚具的性能要求；用于先张法施工且在张拉后还需进行放张和拆卸的连接器，应符合夹具的性能要求。

3.0.13 锚垫板（图 3.0.13）应具有足够的刚度和

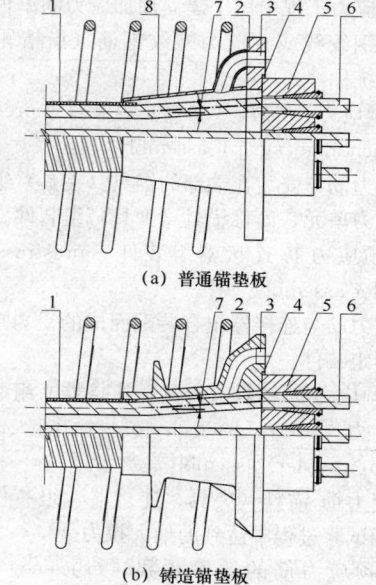

(a) 普通锚垫板

(b) 铸造锚垫板

图 3.0.13 锚垫板示意

1—波纹管；2—锚垫板；3—灌浆孔；4—对中止口；5—锚板；6—钢绞线；7—钢绞线折角；8—焊接喇叭管

承载力，并应符合下列规定：

1 预应力钢绞线在锚具底口处的折角不宜大于 4°；

2 需设置灌浆孔时，其内径不宜小于 20mm；

3 宜设有锚具对中止口。

3.0.14 锚口摩擦损失率不宜大于 6%。

3.0.15 与后张预应力筋用锚具或连接器配套的锚垫板、局部加强钢筋，在规定的试件尺寸及混凝土强度下，应满足锚固区传力性能要求。

4 设计选用

4.0.1 预应力结构构件的设计，应根据工程环境、结构特点、预应力筋品种和张拉施工方法，合理选择适用的锚具和连接器。常用预应力筋的锚具和连接器可按表 4.0.1 选用。

表 4.0.1 锚具和连接器选用

预应力筋品种	张拉端	固 定 端	
		安装在结构外部	安装在结构内部
钢绞线	夹片锚具 压接锚具	夹片锚具 挤压锚具 压接锚具	压花锚具 挤压锚具
单根钢丝	夹片锚具 镦头锚具	夹片锚具 镦头锚具	镦头锚具
钢丝束	镦头锚具 冷（热）铸锚	冷（热）铸锚	镦头锚具
预应力螺纹钢筋	螺母锚具	螺母锚具	螺母锚具

4.0.2 较高强度等级预应力筋用锚具（夹具或连接器）可用于较低强度等级的预应力筋；较低强度等级预应力筋用锚具（夹具或连接器）不得用于较高强度等级的预应力筋。

4.0.3 在后张预应力混凝土结构构件中，预应力束（或孔道）曲线末端的切线应与锚垫板垂直，不同张拉力的预应力束曲线起始点与张拉锚固点之间的直线段最小长度应符合表 4.0.3 的规定。

表 4.0.3 预应力束曲线起始点与张拉
锚固点之间直线段最小长度

预应力束张拉力（kN）	<1500	1500~6000	>6000
直线段最小长度（m）	0.4	0.5	0.6

4.0.4 后张预应力混凝土结构构件或预应力钢结构中锚具的布置，应满足预应力筋张拉时千斤顶操作空间的要求。

4.0.5 在后张预应力混凝土结构构件中，锚垫板和局部受压加强钢筋构造，除应满足锚固区混凝土局部受压承载力要求外，尚应符合下列规定：

1 当采用普通锚垫板时，可根据现行国家标准《混凝土结构设计规范》GB 50010 的有关规定进行局部受压承载力计算，并应配置相应的局部受压加强钢筋；计算局部受压面积时，锚垫板的刚性扩散角宜取 45°；

2 当采用铸造锚垫板时，应根据产品的技术参数要求选用与锚具配套的锚垫板和局部加强钢筋，并应确定锚垫板间距、锚垫板到构件边缘距离以及张拉时要求达到的混凝土强度；当产品技术参数不满足工程实际条件时，应由设计方专门设计，必要时可根据实际设计条件并按本规程附录 A 进行锚固区传力性能试验进行验证。

4.0.6 端部锚固区，除应配置局部受压加强钢筋外，尚应根据现行国家标准《混凝土结构设计规范》GB 50010 的有关规定在结构构件的端部锚固区范围内配置附加的纵向抗劈裂钢筋、端部抗剥裂钢筋以及偏心抗拉钢筋等加强钢筋。

4.0.7 后张预应力混凝土锚固区局部受压加强钢筋可采用螺旋筋或网片筋，并应符合下列规定：

1 宜采用带肋钢筋，其体积配筋率不应小于 0.5%；

2 螺旋筋的圈内径宜大于锚垫板对角线长度或直径，且螺旋筋的圈内径所围面积与锚垫板端面轮廓所围面积之比不应小于 1.25，螺旋筋应与锚具对中，螺旋筋的首圈钢筋距锚垫板的距离不宜大于 25mm；

3 网片筋的钢筋间距不宜大于 150mm，首片网片筋至锚垫板的距离不宜大于 25mm，网片筋之间的距离不宜大于 150mm。

4.0.8 锚具应采取可靠的防腐及耐火措施，并应符合下列规定：

1 当用无收缩砂浆或混凝土封闭时，封闭砂浆或混凝土应与结构粘结牢固，不应出现裂缝，封锚混凝土内宜配置 1~2 片网片筋。锚具、预应力筋及网片筋的保护层厚度应符合现行国家标准《混凝土结构设计规范》GB 50010 的规定；

2 在后张预应力混凝土结构构件中，封锚混凝土强度等级宜与结构构件混凝土强度等级相同；

3 当无耐火要求时，外露锚具可采用涂刷防锈漆等方式进行保护，但应保证能够重新涂刷；

4 当采用可更换的预应力筋或工程使用中需要调整拉力时，不宜采用难以拆除的防护构造；

5 无粘结预应力筋张拉锚固后，应采用封端罩封闭锚具端头和外露的预应力筋，封端罩内应注满防腐油脂；

6 临时性的预应力筋及锚具宜采取适当的保护措施。

4.0.9 预应力钢结构锚固节点，应满足其局部受压承载力和刚度的要求，必要时应采取设置加劲肋、加劲环或加劲构件等措施。锚固节点的设计应符合现行国家标准《钢结构设计规范》GB 50017 的有关规定；考虑地震作用时，应按现行国家标准《建筑抗震设计规范》GB 50011 等相关标准的规定进行抗震验算。

4.0.10 预应力钢结构锚固节点的设计，除应满足本规程第 4.0.9 条规定外，尚应符合下列规定：

　　1 根据结构的实际情况，预加力设计值宜取预应力筋（索）内力设计值的 1.2～1.5 倍；

　　2 对重要、复杂的节点宜进行足尺或缩尺模型的承载力试验，节点模型试验的荷载工况宜与节点的实际受力状态一致；

　　3 锚固节点区域应进行应力分析和连接计算，并应采取可靠的构造措施；节点区应避免出现焊缝重叠、开孔等情况；构造、受力复杂的节点可采用铸钢节点。

5 进 场 验 收

5.0.1 锚具产品进场验收时，除应按合同核对锚具的型号、规格、数量及适用的预应力筋品种、规格和强度等级外，尚应核对下列文件：

　　1 锚具产品质量保证书，其内容应包括：产品的外形尺寸，硬度范围，适用的预应力筋品种、规格等技术参数，生产日期、生产批次等；产品质量保证书应具有可追溯性；

　　2 按本规程附录 A 进行的锚固区传力性能检验报告。

5.0.2 锚具供应商应提供产品技术手册，其内容应包括：厂家需向用户说明的有关设计、施工的相关参数；锚具排布要求的锚具最小中心间距、锚具中心到构件边缘的最小距离；张拉时要求达到的混凝土强度；局部受压加强钢筋等技术参数。

5.0.3 锚具产品按合同验收后，应按下列规定的项目进行进场检验：

　　1 外观检查：应从每批产品中抽取 2％且不应少于 10 套样品，其外形尺寸应符合产品质量保证书所示的尺寸范围，且表面不得有裂纹及锈蚀；当有下列情况之一时，应对本批产品的外观逐套检查，合格者方可进入后续检验：

　　　　1）当有 1 个零件不符合产品质量保证书所示的外形尺寸，应另取双倍数量的零件重做检查，仍有 1 件不合格；

　　　　2）当有 1 个零件表面有裂纹或夹片、锚孔锥面有锈蚀。

　　对配套使用的锚垫板和螺旋筋可按上述方法进行外观检查，但允许表面有轻度锈蚀。

　　2 硬度检验：对有硬度要求的锚具零件，应从

每批产品中抽取 3％且不应少于 5 套样品（多孔夹片式锚具的夹片，每套应抽取 6 片）进行检验，硬度值应符合产品质量保证书的规定；当有 1 个零件不符合时，应另取双倍数量的零件重做检验；在重做检验中如仍有 1 个零件不符合，应对该批产品逐个检验，符合者方可进入后续检验。

　　3 静载锚固性能试验：应在外观检查和硬度检验均合格的锚具中抽取样品，与相应规格和强度等级的预应力筋组装成 3 个预应力筋-锚具组装件，可按本规程附录 B 的规定进行静载锚固性能试验。

5.0.4 对于锚具用量较少的一般工程，如由锚具供应商提供有效的锚具静载锚固性能试验合格的证明文件，可仅进行外观检查和硬度检验。

5.0.5 需做疲劳验算或有抗震要求的工程，当设计提出要求时，应按现行国家标准《预应力筋用锚具、夹具和连接器》GB/T 14370 的规定进行疲劳性能或低周反复荷载性能试验。

5.0.6 生产厂家在产品定型时，采用铸造垫板的锚具应进行锚固区传力性能试验，试验方法和检验结果应符合本规程附录 A 的规定。

5.0.7 生产厂家在产品定型时，应进行锚具的内缩值测试，并应在产品技术手册中提供相应的参数。必要时可对进场锚具进行内缩值测试，测试结果应符合现行国家标准《混凝土结构工程施工质量验收规范》GB 50204 的要求。锚具内缩值的测试方法可按本规程附录 C 的规定执行。

5.0.8 生产厂家在产品定型时，应进行夹片式锚具的锚口摩擦损失测试，并应在产品技术手册中提供相应的参数。必要时可对进场锚具进行锚口摩擦损失测试，测试结果应符合本规程第 3.0.14 条的要求。锚口摩擦损失测试方法可按本规程附录 D 的规定执行。

5.0.9 生产厂家在产品定型时，每种型号锚板均应进行锚板性能检验。必要时可对进场锚具抽样进行锚板性能试验。锚板性能试验方法和检验要求可按本规程附录 E 的规定执行。

5.0.10 锚具应用于环境温度低于－50℃的工程时，应进行低温锚固性能试验，试验方法和检验结果应符合本规程附录 F 的规定。

5.0.11 夹具进场验收时，应进行外观检查、硬度检验和静载锚固性能试验，静载锚固性能试验结果应符合本规程第 3.0.10 条的规定。硬度检验和静载锚固性能试验方法应与锚具相同。

5.0.12 夹具用量较少时，如由生产厂提供有效的静载锚固性能试验合格的证明文件，可仅进行外观检查、硬度检验。

5.0.13 后张法连接器的进场验收规定应与锚具相同；先张法连接器的进场验收规定应与夹具相同。

5.0.14 进场验收时，每个检验批的锚具不宜超过2000 套，每个检验批的连接器不宜超过 500 套，每

个检验批的夹具不宜超过 500 套。获得第三方独立认证的产品，其检验批的批量可扩大 1 倍。

6 使用要求

6.0.1 预应力筋用锚具产品应配套使用，同一构件中应使用同一厂家产品。工作锚不应作为工具锚使用。夹片式锚具的限位板和工具锚宜采用与工作锚同一生产厂的配套产品。

6.0.2 先张预应力混凝土构件所使用的夹具或连接器，应根据预应力筋的品种、规格、先张设备形式及工艺操作要求，由构件生产单位确定。

6.0.3 预应力筋用锚具、夹具和连接器，在贮存、运输及使用期间应采取措施避免锈蚀、沾污、遭受机械损伤、混淆和散失。

6.0.4 在后张预应力混凝土工程施工中，应防止水泥浆进入喇叭管；预应力筋穿入孔道后，应将外露预应力筋擦拭干净并做适当保护。

6.0.5 挤压锚具制作时，挤压模具与挤压锚具应配套使用。

6.0.6 钢绞线轧花锚成型时，梨形头尺寸和直线段长度不应小于设计值，表面不应有油脂或污物。

6.0.7 预应力筋应整束张拉锚固。对平行排放的预应力钢绞线束，在确保各根预应力钢绞线不会叠压时，可采用小型千斤顶逐根张拉，并应考虑分批张拉预应力损失对总预加力的影响。

6.0.8 当采用变角张拉工艺时，应考虑变角产生的附加摩擦损失，可适当提高张拉力予以补偿，但张拉控制应力不宜大于 $0.8f_{ptk}$。变角张拉产生的摩擦损失可通过试验确定，测试方法可按本规程附录 G 的规定执行。

6.0.9 锚具和连接器安装时应与孔道对中。锚垫板上设置对中止口时，应防止锚具偏出止口。夹片式锚具安装时，夹片的外露长度应一致。锚具安装后宜及时张拉。

6.0.10 采用连接器接长预应力筋时，应全面检查连接器的所有零件，并应按产品技术手册要求操作。

6.0.11 采用螺母锚固的支承式锚具，安装前应逐个检查螺纹的匹配性，确保张拉和锚固过程中顺利旋合拧紧。

6.0.12 千斤顶安装时，工具锚应与工作锚对正，工具锚和工作锚之间的各根预应力筋不得错位、扭绞。

6.0.13 预应力筋应按设计或施工方案规定的顺序与程序进行张拉。

6.0.14 预应力筋张拉或放张时，应采取有效安全防护措施。在张拉过程中，预应力筋两端的正面不得站人和穿越。

6.0.15 在预应力筋张拉和锚固过程或锚固完成后，均不得大力敲击或振动锚具。

6.0.16 预应力筋锚固后需要放张时，对于支承式锚具可用张拉设备缓慢地松开；对于夹片式锚具宜采用专门的放松装置松开。

6.0.17 预应力筋张拉锚固后，应对锚固状态和张拉记录进行检查，确认合格后，方可切割外露多余部分的预应力筋。切割宜使用砂轮锯，也可采用氧气-乙炔焰，不得使用电弧切割。当采用氧气-乙炔焰切割时，火焰不得接触锚具，切割过程中宜用水冷却锚具。切割后的预应力筋外露长度不应小于 30mm，且不应小于 1.5 倍预应力筋直径。

6.0.18 后张法预应力混凝土结构构件在预应力筋张拉并经检查合格后，宜及时进行孔道灌浆，并应及时对锚具进行封闭保护。先张法预应力混凝土构件在张拉预应力筋后，应及时浇筑混凝土。

6.0.19 单根张拉钢绞线时，宜采用带有止转装置的千斤顶。

附录 A 锚固区传力性能试验方法和检验要求

A.0.1 锚固区传力性能的检验可分为产品型式检验和工程检验，并应符合下列规定：

　1 型式检验时，对同一系列的产品，应按下列规定分组并选用有代表性的锚具进行试验：1～5 孔锚具选 4 孔锚具；6～8 孔锚具选 7 孔锚具；9～12 孔锚具选 12 孔锚具；13～19 孔锚具选 19 孔锚具；20～37 孔锚具选 37 孔锚具；锚具孔数大于 37 时，可根据实际情况选择；

　2 工程检验时，由设计单位选定有代表性的锚具进行检验；

　3 每组锚具应进行 3 个相同试件的锚固区传力性能检验。

A.0.2 在锚固区传力性能试验的试件（图 A.0.2）中，锚垫板、加强钢筋和预应力筋孔道应配套使用并对中配置。试件尺寸、配筋及混凝土强度应符合下列规定：

　1 试件为棱柱体，其横截面尺寸 a、b 应分别取为锚具应用技术参数或设计给定的每个方向的锚具中心最小间距加 50mm 和锚具中心到

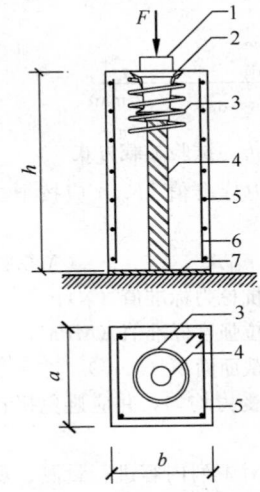

图 A.0.2 压力机加载的锚固区传力性能试验的试件示意

1—锚板；2—锚垫板；3—加强钢筋；4—预应力筋孔道；5—附加表层箍筋；6—辅助纵向钢筋；7—找平层

构件边缘最小距离 2 倍的较小值。采用压力机加载时，试件高度（h）应取横截面尺寸 a 和 b 较大值的 2 倍；采用千斤顶张拉加载时，试件高度（h）应取 a 和 b 较大值的 3 倍。

2 沿试件高度的周边均匀配置附加表层箍筋，型式检验时其体积配筋率不应大于 0.6%，工程检验时按实际设计配置。在加载端 0.5h 高度范围内，全部辅助纵向钢筋面积配筋率不宜大于 0.3%，且其总截面面积不宜大于 200mm²；在加载端 0.5h 高度范围外，应满足现行国家标准《混凝土结构设计规范》GB 50010 的正截面受压承载力要求。附加表层箍筋的混凝土保护层厚度不应小于 15mm 或按工程设计要求确定。

3 试验时混凝土的抗压强度与试件设计混凝土强度等级值之比不应小于 0.8，且不应大于 1.0，试验时的混凝土抗压强度应由同条件养护的立方体试件确定。

A.0.3 锚固区传力性能试验加载应符合下列规定：

1 测力系统不确定度不应大于 1%；

2 加载速度不宜超过 100MPa/min；

3 从 0 加载到 0.4F_{ptk} 时，持荷 10min，继续加载到 0.8F_{ptk} 时，持荷 10min，然后继续加载直至试件破坏（图 A.0.3）；

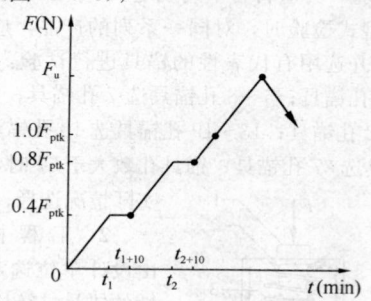

图 A.0.3 锚固区传力试验加载方式

预应力筋的极限抗拉力标准值（F_{ptk}）应按下式计算：

$$F_{ptk} = f_{ptk}A_p \qquad (A.0.3)$$

式中：F_{ptk}——预应力筋的抗拉力标准值（N）；

f_{ptk}——预应力筋抗拉强度标准值（MPa）；

A_p——预应力筋的截面面积（mm²）。

4 加载时应确保底部受力均匀，并应避免扭转和冲击。

A.0.4 在试验过程中，应对下列内容进行量测、观察并记录：

1 试件侧面裂缝的发生、宽度及扩展情况；

2 试验极限荷载值；

3 锚垫板的变形和开裂；

4 试件的破坏形式。

A.0.5 当每组 3 个试件均符合下列要求时，该组锚具的锚固区传力性能可判定合格：

1 加载达到 1.0F_{ptk} 时，锚垫板未出现裂缝；

2 最大裂缝宽度未超过表 A.0.5 规定的限值；

表 A.0.5 最大裂缝宽度限值（mm）

加载控制工况	最大裂缝宽度限值
加载到 0.4F_{ptk} 持荷 10min 后	0.05
加载到 0.8F_{ptk} 持荷 10min 后	0.25

3 试验极限荷载值应符合下列要求：

型式检验 $F_u \geqslant 1.2F_{ptk}\dfrac{f'_{cu}}{f_{cu,k}}$ (A.0.5-1)

工程检验 $F_u \geqslant 1.5N_{con}\dfrac{f'_{cu}}{f_{cu,k}}$ (A.0.5-2)

式中：F_u——试验极限荷载值（N）；

$f_{cu,k}$——试件设计混凝土立方体抗压强度标准值（MPa）；

f'_{cu}——试验时的同条件养护立方体试件的抗压强度实测平均值（MPa）；

N_{con}——预应力筋张拉控制力（N）。

当预应力构件为拉杆时，其极限承载力应符合型式检验要求。

A.0.6 锚固区传力性能在进行型式检验时，当一组试验中有一个检验项目不满足本规程第 A.0.5 条的要求时，应再增加 3 个试件进行试验，如新试件检验结果全部合格，该组产品仍可判定为合格；如新试件仍有一个检验项目不满足本规程第 A.0.5 条的要求时，该组产品应判定为不合格。

A.0.7 锚固区传力性能检验报告应包括下列内容：

1 试验基本情况，包括：试验时间、委托单位、试验单位、记录人、审核人和批准人等信息；

2 锚具产品的基本情况，包括：锚垫板型号、重量以及螺旋筋的圈径、螺距、圈数和钢筋种类和直径等；

3 试件基本情况，包括：试件尺寸；附加表层箍筋的钢筋种类、直径和间距；附加纵筋的钢筋种类、直径和布置情况；混凝土种类和试验时混凝土立方体抗压强度；

4 采用的试验方法和试验装置情况；

5 各工况量测的裂缝和荷载数据；

6 相关的图和照片；

7 检验的主要结论。

附录 B 静载锚固性能试验方法和检验要求

B.0.1 试验用的预应力筋-锚具（夹具或连接器）组装件应由全部锚具（夹具或连接器）零件和预应力筋组装而成，试验用的零件应是在进场验收时经过外观检查和硬度检验合格的产品。组装时锚固零件应与产品出厂状态一致。组装件应符合下列规定：

1 组装件中各根预应力筋应等长、平行、初应力均匀，初应力可取预应力筋抗拉强度标准值（f_{ptk}）的5%～10%，不包括组装件两端夹持部位的受力长度不宜小于3m。单根钢绞线的组装件试件，不包括两端夹持部位的受力长度不应小于0.8m；其他单根预应力筋的组装件最小长度可按照试验设备确定。

2 试验用预应力筋可由检测单位或受检单位提供，并应提供该批预应力筋的质量保证书。所选用的预应力筋，其直径公差应在受检锚具、夹具或连接器设计要求的容许范围之内。试验用预应力筋应先在有代表性的部位至少取6根试件进行母材力学性能试验，试验结果应符合国家现行标准的规定，且实测抗拉强度平均值（f_{pm}）应符合工程选定的强度等级，超过上一个等级时不应采用。

B.0.2 预应力筋-锚具组装件应按图B.0.2-1安装并进行静载锚固性能试验；预应力筋-连接器组装件应按图B.0.2-2安装并进行静载锚固性能试验。静载锚固性能试验应符合下列规定：

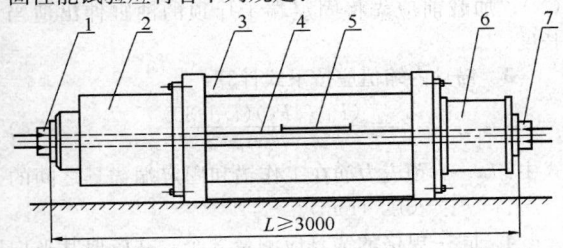

图 B.0.2-1　预应力筋-锚具组装件静载锚
固性能试验装置示意

1—张拉端试验锚具；2—加荷载用千斤顶；3—承力台座；4—预应力筋；5—测量总应变的装置；6—荷载传感器；7—固定端试验锚具

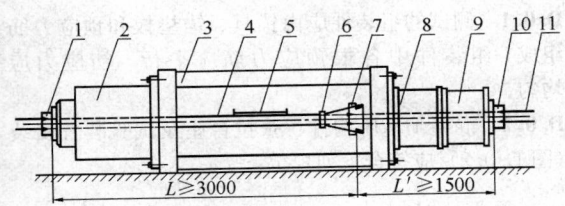

图 B.0.2-2　预应力筋-连接器组装件静载
锚固性能试验装置示意

1—张拉端锚具；2—加荷载用千斤顶；3—承力台座；4—续接段预应力筋；5—测量总应变的装置；6—转向约束钢环；7—试验连接器；8—附加承载圆筒或穿心式千斤顶；9—荷载传感器；10—固定端锚具；11—被接段预应力筋

1 测量总应变（ε_{apu}）的量具的标距不宜小于1m；

2 预应力筋-连接器组装件应在预应力筋转角处设置转向约束钢环，试验中转向约束钢环与预应力筋之间不应产生相对滑动；

3 试验用测力系统的不确定度不应大于1%；测量总应变的量具，其标距的不确定度不应大于标距的0.2%，指示应变的不确定度不应大于0.1%。

B.0.3 试验加载步骤应符合下列规定：

1 应按预应力筋抗拉力标准值（F_{ptk}）的20%、40%、60%、80%分4级等速加载，加载速度不应大于100MPa/min；预应力筋拉力达到$0.8F_{ptk}$后应持荷1h，然后逐渐加载至完全破坏；

2 用试验机进行单根预应力筋-锚具组装件静载锚固性能试验时，加载速度不应大于200MPa/min；预应力筋拉力达到$0.8F_{ptk}$后持荷不应少于10min，然后逐渐加载至完全破坏，加载速度不应大于100MPa/min；

3 在试验过程中，当试验测得的锚具效率系数（η_a）、预应力筋总应变（ε_{apu}）满足本规程第3.0.2条，夹具效率系数（η_g）满足本规程第3.0.10条时，可终止试验。

B.0.4 试验过程中，应对下列内容进行量测、观察并记录：

1 选取有代表性的若干根预应力筋，对施加荷载的前4级逐级量测预应力筋与锚具（或连接器、夹具）之间的相对位移（Δa）和锚板与夹片之间的相对位移（Δb）（图B.0.4）；

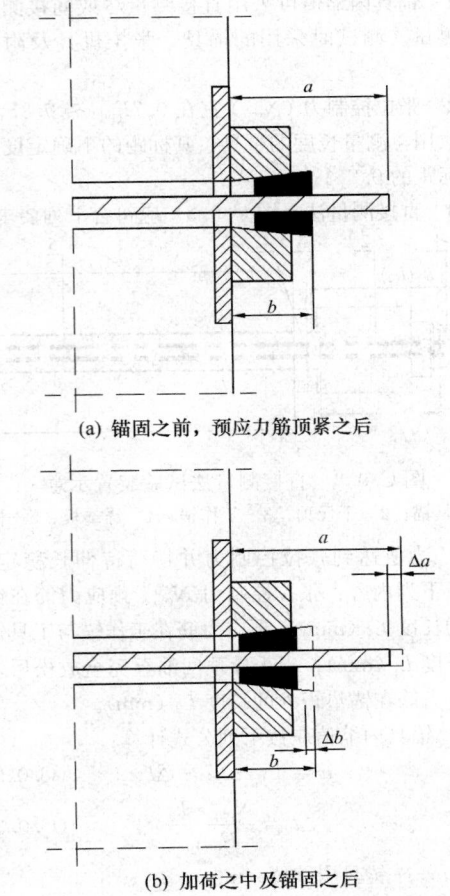

(a) 锚固之前，预应力筋顶紧之后

(b) 加荷之中及锚固之后

图 B.0.4　试验期间预应力筋及锚具零件的位移示意

2 实测极限拉力（F_{apu}）；

3 预应力筋的总应变（ε_{apu}）；

4 预应力筋拉力达到 $0.8F_{ptk}$ 后，在持荷 1h 期间内，按每 20min～30min 量测一次 Δa 和 Δb；

5 试件的破坏部位与形式。

B.0.5 每个检验批应进行 3 个组装件的静载锚固性能试验，每个组装件性能均应符合下列要求：

1 锚具效率系数（η_a）应满足本规程第 3.0.2 条的规定；夹具效率系数（η_g）应满足本规程第 3.0.10 条的规定；

2 锚具组装件的预应力筋总应变（ε_{apu}）应满足本规程第 3.0.2 条的规定；

3 Δa、Δb 应随荷载逐渐增加，且持荷期间应无明显变化。

当有一个试件不符合要求时，应取双倍数量的样品重做试验；在重做试验中仍有一个试件不符合要求时，该批锚具（或夹具）应判定为不合格。

附录 C 锚具内缩值测试方法

C.0.1 锚具内缩值可采用直接测量法或间接测量法进行测试。测试时采用的锚具、张拉机具及附件应配套。

C.0.2 张拉控制力（N_{con}）宜在 $0.7F_{ptk} \sim 0.8F_{ptk}$ 范围内取用，测量长度的量具，其标距的不确定度不应大于标距的 0.2%。

C.0.3 直接测量法（图 C.0.3）应符合下列要求：

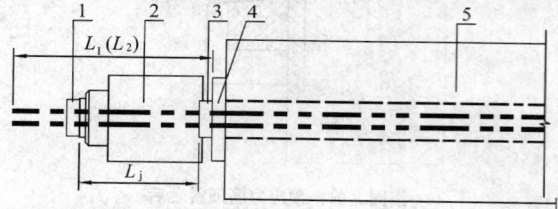

图 C.0.3 直接测量法试验装置示意

1—工具锚；2—千斤顶；3—工作锚；4—锚垫板；5—构件

1 力值达到张拉控制力并持荷待伸长稳定后，应记录下列内容：张拉控制力 N_{con}、预应力筋在锚垫板外的长度 L_1（mm）、预应力筋在工作锚与工具锚之间的长度 L_j（mm）；当千斤顶回油至完全放松后，记录预应力筋在锚垫板外的长度 L_2（mm）。

2 锚具内缩值应按下列公式计算：

$$a = L_1 - L_2 - \Delta l \qquad (C.0.3-1)$$

$$\Delta l = \frac{N_{con} \cdot L_j}{E_p A_p} \qquad (C.0.3-2)$$

式中：a——锚具内缩值（mm）；

Δl——在张拉控制力下，工作锚和千斤顶工具锚之间预应力筋的理论伸长值（mm）；

E_p——预应力筋弹性模量（N/mm^2）。

3 对多孔锚具，应至少测量 3 根预应力筋的内缩值，并应取其平均值；同一规格的锚具应测量 3 个，并应取其平均值作为该规格锚具的内缩值。

C.0.4 间接测量法（图 C.0.4）应符合下列规定：

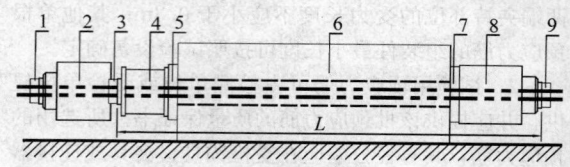

图 C.0.4 间接测量法试验装置示意

1—工具锚；2、8—千斤顶；3—工作锚；4—荷载传感器；
5、7—钢垫板；6—试验台座（构件）；9—固定端锚具

1 台座或构件的长度不应小于 3m，锚具、千斤顶、荷载传感器、预应力筋应同轴平行；

2 力值达到张拉控制力并持荷待伸长稳定后，记录张拉端荷载传感器读数 P_1（N）；当张拉端千斤顶完全回油卸载后，记录张拉端荷载传感器读数 P_2（N）；加载前应先将固定端千斤顶的油缸伸出适当长度。

3 锚具内缩值应按下式计算：

$$a = \frac{(P_1 - P_2)(L + 30)}{E_p A_p} \qquad (C.0.4)$$

式中：L——预应力筋在工作锚和固定端锚具之间的长度（mm）。

4 同一规格的锚具应测量 3 个，并应取其平均值为该规格锚具的内缩值。

附录 D 锚口摩擦损失测试方法

D.0.1 测试的组装件应由锚具、锚垫板和预应力筋组成，组装件中各根预应力筋应平行、初应力应均匀。

D.0.2 混凝土承压构件、张拉台座及试验装置安装（图 D.0.2）应符合下列规定：

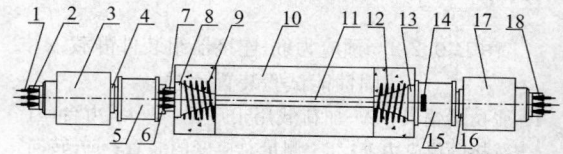

图 D.0.2 锚口摩擦损失测试装置示意

1—预应力筋；2、18—工具锚；3—主动端千斤顶；
4、16—对中垫圈；5—主动端荷载传感器；6—限位板；
7—工作锚（含夹片）；8、13—锚垫板；9、12—螺旋
筋；10—混凝土承压构件（台座）；11—试件中预埋管
道；14—钢质约束环；15—被动端荷载传感器；17—被
动端千斤顶

1 混凝土承压构件或张拉台座长度不应小于 3m；

2 混凝土承压构件锚固区配筋及构造钢筋应按结构设计要求配置，承压构件内管道应顺直；

3 在混凝土承压构件上进行测试时，应避免预应力筋在管道处产生摩擦，承压构件预留管道直径应比锚垫板小口内径稍大；

4 避免预应力筋在被动端锚垫板处产生摩擦，被动端的钢质约束环直径应比锚垫板小口内径稍小；

5 锚具、千斤顶、荷载传感器、预应力筋应同轴。

D.0.3 测力系统的不确定度不应大于 1％。试验加载步骤应符合下列规定：

1 加载速度不宜大于 200MPa/min；

2 试验时应分别按 $0.70F_{ptk}$、$0.75F_{ptk}$、$0.80F_{ptk}$ 三级加载，每级持荷时间不应少于 1min，并应记录两端荷载传感器的数值。

D.0.4 锚口摩擦损失率应按下式计算：

$$\delta_1 = \frac{P_1 - P_2}{P_1} \times 100\% \qquad (D.0.4)$$

式中：δ_1——锚口摩擦损失率；

P_1——主动端荷载传感器测得的拉力（N）；

P_2——被动端荷载传感器测得的拉力（N）。

D.0.5 应取 $0.75F_{ptk}$、$0.80F_{ptk}$ 两级加载测得的锚口摩擦损失率的平均值作为该锚具的锚口摩擦损失率；试验用的组装件不应少于 3 个，并应取其平均值作为该规格锚具的锚口摩擦损失率。

附录 E 锚板性能试验方法和检验要求

E.0.1 每种型号锚板试件数量不应少于 3 个。

E.0.2 支承垫板及台座应具有足够的刚度。支承垫板的开口直径 D 应与受检锚板配套使用的锚垫板上口直径一致（图 E.0.2）。高强度锥形塞可用夹片内

加高强栓杆替代，高强栓杆的直径应与夹片匹配，硬度不应小于 HRC55。

E.0.3 荷载达到 $0.95F_{ptk}$ 后卸载，应分别记录锚板中心和支承垫板开口边缘处的位移值，二者的差值为锚板残余挠度；测试时的加载速度不宜大于 200MPa/min；位移计精度不应低于 0.4 级，测力系统的不确定度不应大于 1％。

E.0.4 锚板的挠跨比应按下式计算：

$$f = \frac{\phi_2 - \phi_1}{D} \qquad (E.0.4)$$

式中：f——锚板的挠跨比；

ϕ_1——位移计 1 测得的支承垫板开口边缘处的位移；

ϕ_2——位移计 2 测得的锚板中心的位移；

D——支承垫板的开口直径，其值等于与受检锚板配套使用的锚垫板上口直径。

E.0.5 测量残余挠度后，应继续加载至 $1.2F_{ptk}$，观察并记录锚板是否出现裂纹或破坏。

E.0.6 三个锚板的性能均应符合本规程第 3.0.4 条的要求。当有一个试件不符合要求时，应取双倍数量的样品重做试验；在重做试验中仍有一个试件不符合要求时，该型号锚板应判定为不合格。

附录 F 锚具低温锚固性能试验方法和检验要求

F.0.1 锚具低温锚固性能检验宜选取工程中使用的最大规格锚具，锚具组装件应符合本规程第 B.0.1 条的规定。

F.0.2 预应力筋-锚具组装件应按图 F.0.2 的装置进行锚具低温锚固性能试验，试验应符合下列规定：

1 温度传感器测温范围应满足 -200℃～20℃ 的要求，精度不应低于 ±2.5℃；

2 试验用测力系统的不确定度不应大于 1％；测量总应变的量具，其标距的不确定度不应大于标距的 0.2％，指示应变的不确定度不应大于 0.1％。

F.0.3 试验加载步骤应符合下列规定：

1 采用施工用张拉设备对锚具组装件按预应力筋抗拉力标准值（F_{ptk}）的 20％、40％、60％ 和 80％ 分级加载，加载至 $0.8F_{ptk}$ 后锚固；

2 采用加载设备加载，加载至 $0.8F_{ptk}$ 时应持荷 1h，将锚具组装件下端的温度由室温 T_0 逐步降低至设计规定的温度 T，降温过程中应保持预应力筋的拉力 $0.8F_{ptk}$ 不变；

3 待锚垫板背面的温度传感器所测温度稳定后，应进行 10 次加载循环（图 F.0.3），加载循环时的拉力下限为 $0.8F_{ptk}$，拉力上限为 $0.9F_{ptk}$；

4 循环加载结束后，应采用加载设备继续加载，

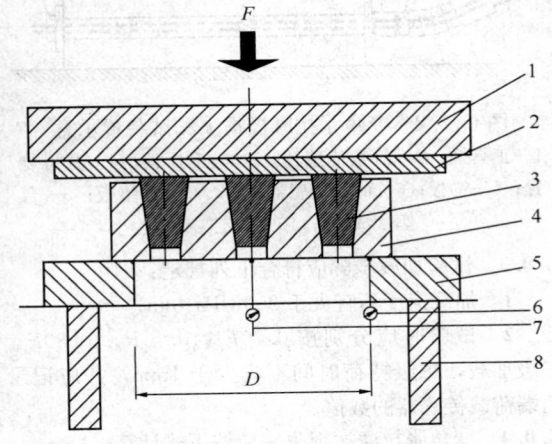

图 E.0.2 锚板中心残余挠度测试装置示意

1—加荷钢板；2—软钢板；3—高强锥形塞；4—锚板；
5—支承垫板；6—位移计 1；7—位移计 2；8—台座

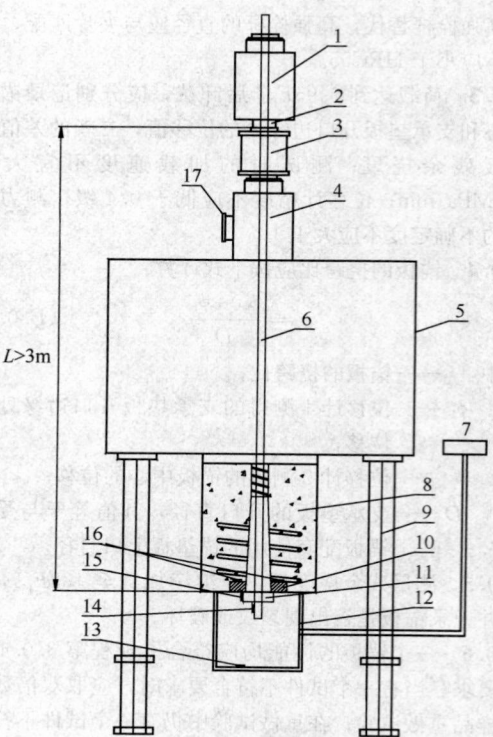

图 F.0.2 锚具低温锚固性能试验装置示意

1—施工用张拉设备；2—张拉端试验锚具；3—荷载传感器；4—加载设备；5—试验承力架；6—预应力筋；7—液氮输入口；8—混凝土承压端块；9—试验托架；10—锚垫板；11—固定端试验锚具；12—密封罩（液氮仓）；13—密封罩内的温度传感器；14—预应力筋上的温度传感器；15—锚板上的温度传感器；16—锚垫板背面的温度传感器；17—位移传感器

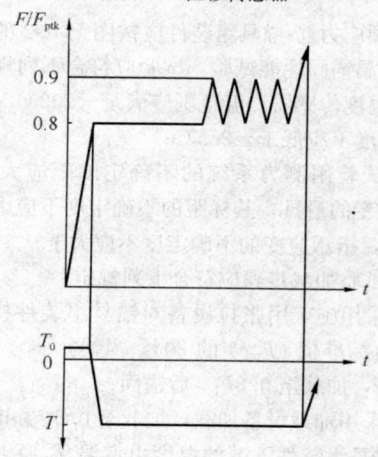

图 F.0.3 低温锚固性能试验的加载程序

直到试件破坏；

5 加载速度不宜大于 100MPa/min。

F.0.4 试验时应量测、观察并记录下列内容：

1 根据荷载传感器和位移传感器量测值，绘制锚具组装件荷载-伸长值曲线图；

2 温度降低之前，选取两根预应力筋量测其与锚具之间的相对位移（Δa）及两个夹片与锚板间的相对位移（Δb）；

3 实测极限拉力（F_{apu}）及相应的总应变（ε_{apu}）；

4 锚具组装件破坏位置及形式。

F.0.5 低温锚固性能试验应连续进行 3 个锚具组装件的试验，3 个锚具组装件的试验结果均应符合下列要求：

1 低温锚固性能试验的实测极限拉力（F_{apu}）不应低于常温下预应力筋实际平均极限抗拉力（F_{pm}）与预应力筋效率系数（η_p）乘积的 95%，η_p 按本规程第 3.0.2 条的规定取用；

2 破坏应是预应力筋断裂，试验后锚具部件的残余变形不应过大。

当有一个试件不符合要求时，应取双倍数量的样品重做试验；在重做试验中仍有一个试件不符合要求时，该批锚具应判定为不合格。

附录 G 变角张拉摩擦损失测试方法

G.0.1 检验用的组装件应由变角装置、预应力筋组成，组装件中各根预应力筋应等长、初应力应均匀。

G.0.2 混凝土承压构件或张拉台座及试验装置安装（图 G.0.2）应符合下列规定：

1 张拉台座或混凝土承压构件的长度不应小于 3m；

2 变角装置、千斤顶、荷载传感器、预应力筋应同轴；

3 测力系统的不确定度不应大于 1%。

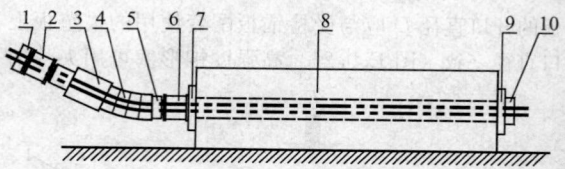

图 G.0.2 变角张拉摩擦损失测试装置示意

1—工具锚；2—荷载传感器 1；3—千斤顶；4—变角装置；5—锚板；6—荷载传感器 2；7、9—钢垫板；8—台座（试件）；10—固定端锚具

G.0.3 试验加载步骤应符合下列规定：

1 加载速度不宜大于 200MPa/min；

2 试验时应分别按 $0.70F_{ptk}$、$0.75F_{ptk}$、$0.80F_{ptk}$ 三级加载，每级持荷时间不应少于 1min，并应记录两端荷载传感器的数值。

G.0.4 变角张拉摩擦损失率应按下式计算：

$$\delta_2 = \frac{P_1 - P_2}{P_1} \times 100\% \qquad (G.0.4)$$

式中：δ_2——变角张拉摩擦损失率；

P_1 ——荷载传感器 1 测得的拉力（N）；

P_2 ——荷载传感器 2 测得的拉力（N）。

G. 0. 5　应取三级加载测得的摩擦损失率的平均值作为测试结果。

本规程用词说明

1　为便于在执行本规程条文时区别对待，对要求严格程度不同的用词说明如下：

　　1）表示很严格，非这样做不可的：

　　　　正面词采用"必须"，反面词采用"严禁"；

　　2）表示严格，在正常情况下均应这样做的：

　　　　正面词采用"应"，反面词采用"不应"或"不得"；

　　3）表示允许稍有选择，在条件许可时首先应这样做的：

　　　　正面词采用"宜"，反面词采用"不宜"；

　　4）表示允许有选择，在一定条件下可以这样做的，采用"可"。

2　条文中指明应按其他有关标准执行的写法为："应符合……的规定"或"应按……执行"。

引用标准名录

1　《混凝土结构设计规范》GB 50010

2　《建筑抗震设计规范》GB 50011

3　《钢结构设计规范》GB 50017

4　《混凝土结构工程施工质量验收规范》GB 50204

5　《预应力筋用锚具、夹具和连接器》GB/T 14370

中华人民共和国行业标准

预应力筋用锚具、夹具和连接器应用技术规程

JGJ 85—2010

条 文 说 明

修 订 说 明

《预应力筋用锚具、夹具和连接器应用技术规程》JGJ 85-2010，经住房和城乡建设部2010年4月17日以第549号公告批准、发布。

本规程修订过程中，修订组进行了锚具、夹具和连接器在建筑工程、公路工程、铁路工程和核电工程等领域应用现状的调查研究，总结了我国锚具、夹具和连接器工程应用的实践经验，同时参考了美国规范AASHTO、欧洲认证标准ETA013、国际预应力混凝土协会FIP1993《后张预应力体系验收建议》以及美国后张预应力协会PTI《后张预应力体系验收标准》等国外先进技术法规、技术标准。通过锚具内缩值测试、变角张拉摩擦损失测试、锚口摩擦损失测试、锚固区传力性能试验及锚具低温锚固性能试验等，取得了一系列重要技术参数。

为便于广大设计、施工、科研、学校等单位有关人员在使用本规程时能正确理解和执行条文规定，《预应力筋用锚具、夹具和连接器应用技术规程》修订组按章、节、条顺序编制了本规程的条文说明，对条文规定的目的、依据以及执行中需注意的有关事项进行了说明，还着重对强制性条文的强制性理由作了解释。但是，本条文说明不具备与规程正文同等的法律效力，仅供使用者作为理解和把握规程规定的参考。

目　次

1 总 则

1.0.1 本规程的主要目的是为了在预应力工程中合理应用预应力筋用锚具、夹具和连接器以及配套的锚垫板、螺旋筋等配件，确保工程质量，并按统一的技术要求组织进场验收和进行必要的检查与试验。

1.0.2 本规程适用于房屋建筑工程、铁路工程、道路工程、桥梁工程、隧道及地下工程、特种结构工程、港口工程、水利工程等领域的预应力混凝土结构工程以及工业与民用建筑领域的预应力钢结构工程。边坡支护、岩锚、地锚及施工控制用预应力技术中的预应力筋用锚具、夹具和连接器同样适用本规程。如有特殊要求，还应遵守有关的专门规定。

1.0.3 锚具、夹具和连接器的应用应遵守本规程，同时对设计施工中的一些特殊问题尚应遵守其他相关标准规定，如在进行锚固区或锚固节点的承载力验算时，应符合现行国家标准《混凝土结构设计规范》GB 50010、《钢结构设计规范》GB 50017 及相关行业设计规范、规程的规定。

3 性能要求

3.0.1 《预应力筋用锚具、夹具和连接器》GB/T 14370 是锚具产品的国家标准，是生产厂在生产中控制锚具产品质量的依据。工程应用中锚具的基本性能理应满足锚具产品标准的要求。

3.0.2 本条规定了预应力筋用锚具的最基本的锚固性能指标，对保证锚具的正常使用及预应力工程的质量、安全具有重要意义。锚固性能不合格的锚具，不仅对工程结构的质量产生不利影响，同时，在施工阶段容易造成预应力筋的断裂、滑移，严重影响施工安全。目前，我国锚具年产量已达 1 亿孔以上，其使用范围非常广泛，而施工现场环境往往比较恶劣，对锚具提出严格的性能要求，对工程质量、施工安全均具有重要意义。

本条中 η_p 的定义同《预应力筋用锚具、夹具和连接器》GB/T 14370 - 2007，主要考虑了每束预应力筋中预应力钢材的质量不均匀性和根数对应力不均匀性的影响。由于进行预应力束拉伸试验时，得到的结果是预应力筋与锚具两者的综合效应，目前尚无法将预应力筋的影响单独区分开来。

3.0.3 试件破断时，由于钢绞线的破断产生的冲击可能造成夹片纵向裂缝或断裂，不应判定锚具不合格。

3.0.4 对锚板中心的残余挠度进行限制主要是为了保证锚板的刚度，保证锚具能够正常工作。美国 PTI《后张预应力体系验收标准》中有类似的规定，本条即参照国外标准，并结合国内生产厂家锚具产品的实

际质量水平制定的。国内产品一般情况下都能满足刚度要求。

3.0.5 进行锚具疲劳性能检验时，需进行的应力循环次数应满足相关标准的规定，如《预应力筋用锚具、夹具和连接器》GB/T 14370 等。

3.0.7 环境温度低于－50℃时，采用常规材料生产的锚具受力性能会发生明显变化，造成锚固性能降低，甚至提前脆性破坏，因此对应用于低温环境的锚具应采用特殊钢材制作，并进行低温性能检验，保证可靠的锚固性能。

3.0.8 本条规定了锚具应具备多次张拉及卸载的工艺性能，保证锚具能满足预应力筋分级张拉锚固、卸载重张拉等工程实际需要。单根张拉的工艺性能，有利于满足特殊情况下采用逐根张拉的需要，并有利于滑丝情况下的卸锚和补张拉。当工程中反复张拉锚固次数较多时，应由用户向厂家提出具体重复次数要求，或直接采用工具锚。

3.0.9 承受低应力或动荷载的夹片式锚具可能出现锚具夹片脱落现象，造成锚固失效，因此要求承受低应力或动荷载的夹片式锚具应具有防松性能。通常在锚具上设置防松装置。

3.0.10 夹具效率系数（η_g）计算公式中，没有考虑预应力筋效率系数的影响。其效率系数要求比锚具低，主要是考虑夹具系施工阶段临时性锚固装置，且工作状态一般较好，其工作应力不可能超过预应力筋标准强度的 80%，故适当降低了效率系数要求。

3.0.11 需大力敲击才能松开的夹具，必须在放松预应力筋后，确认对构件或工作锚具没有影响、且对操作人员安全不造成危险时才允许使用。同时由于夹具生产成本较高，属于可重复使用的工具产品，对其最低使用次数作出明确规定。

3.0.13 锚垫板喇叭段的转角大时，预应力筋的转角也大，张拉过程中将发生较大的预应力摩擦损失，所以控制锚垫板喇叭口处钢绞线的转角限值 $\theta \leqslant 4°$，应注意该角度并不等于喇叭口的锥角的一半。

3.0.14 张拉端锚具处预应力筋由孔道伸入喇叭管一个转角，进一步安装锚具后再次出现一个转角，因而在张拉时出现摩擦损失，当采用限位自锚张拉工艺时，尚存在由于夹片逆向刻划预应力筋引起的张拉力的损失，统称为锚口摩擦损失。锚口摩擦损失集中在锚口，直接降低预应力混凝土构件的有效预加力，应设法降低该值，并应计入设计计算中。如果实际测试所得的锚口摩擦损失率大于 6%，应通知设计部门，并由设计人员对设计结果进行验算确认或调整张拉控制力。

3.0.15 锚固区传力性能试验是用来检验预加力从锚具通过锚垫板传递到混凝土结构时的局部受压区的性能。国家产品标准《预应力筋用锚具、夹具和连接器》GB/T 14370 的三个版本均没有规定锚具与垫板、

螺旋筋等配套，并与规定尺寸的混凝土局部受压端块组合下承受锚具传来的预加力时的性能要求，所以，该标准只起到了控制锚具质量的作用，没有有效的控制锚垫板、螺旋筋等配套产品质量及其在工程使用中的性能。按照国内工程责任的划分，结构设计和施工由不同单位完成，实际工程中经常出现局部受压相关的质量问题，包括锚垫板破坏、局部受压区混凝土劈裂、崩裂等。本条即是为了解决锚具使用中的实际工程问题而规定的内容。实际应用中需要处理两类问题，即作为锚具型式检验内容的锚固区传力性能试验问题和实际工程设计中的局部受压区传力性能问题。本规程要求锚具生产厂必须在锚具产品的型式检验中完成锚具、垫板、螺旋筋等配套产品在要求的混凝土强度和尺寸下的锚固区传力性能试验，并提出相关合格报告。

4 设 计 选 用

4.0.1 工程设计人员为某种结构选用锚具和连接器时，可根据工程环境、结构的要求、预应力筋的品种、产品的技术性能、张拉施工方法和经济性等因素进行综合分析比较后加以确定。表 4.0.1 是锚具和连接器选用表，这里仅推荐了不同预应力筋适用的锚具。连接器的选用原则同锚具，不再单独列出。

4.0.3 本条规定了后张预应力混凝土结构中不同张拉力的预应力筋与锚垫板垂直的锚下直线段最小长度，主要参考了国外预应力体系的有关要求，并考虑了我国工程应用实际情况。

4.0.4 张拉施工时，千斤顶的纵向操作空间宜保证比千斤顶自身的长度长 1/3。

4.0.5~4.0.7 对预应力混凝土结构或构件中锚固区的设计提出具体要求。以往工程实际中，没有对锚垫板提出明确的技术性能要求，其产品生产和质量控制处于无序状态，厂家为降低成本，过度的减小锚垫板尺寸及材料用量，配套的局部加强钢筋也有类似情况，造成工程中局部受压质量事故频出，影响了工程质量。条文以锚固区传力性能试验及合格标准的形式，间接地规定了锚垫板的产品质量要求，同时规定了局部加强钢筋设计的有关要求。局部受压加强钢筋指《混凝土结构设计规范》GB 50010 中的间接钢筋，包括螺旋筋和网片筋等。当锚具的产品技术参数不满足工程实际条件而进行专门设计时，主要是由设计人员对局部加强钢筋、混凝土强度等级进行调整处理，必要时也可对锚垫板进行专门的设计，并由设计人员提出是否进行试验。

4.0.8 对锚具封闭保护措施及构造要求作出明确规定，保证锚具和结构构件具有相同的耐久性。

无粘结预应力结构中预应力筋是靠锚具永久锚固的，如锚具因腐蚀而失效，后果是严重的。因此，规

定锚具端部应采用全密封的构造。

4.0.10 对预应力钢结构中锚固节点的设计提出具体要求。对加劲肋、加劲环或加劲构件，应根据其实际受力状况和支承条件，参照国家标准《钢结构设计规范》GB 50017 的相应规定进行设计，重点保证其局部受压强度、刚度和局部稳定的要求，当加劲肋、加劲环或加劲构件因受力或支承条件复杂而难以用简单公式进行计算时，可采用有限元方法分析，以全面了解锚固节点的实际受力状态。

对重要、复杂或新型节点，可以通过模型试验验证节点的受力性能。试验模型设计时，应减小尺寸效应的影响，并尽量采用符合节点实际受力状态的平衡力系加载。

通过板件焊接形成的节点，由于焊缝密集，容易产生焊接残余应力，影响连接强度。采用铸钢节点可有效保证节点的强度，避免节点破坏，在设计时应考虑制作加工和施工安装的便利。

5 进 场 验 收

5.0.1 锚具产品包括锚具（或夹具、连接器）、锚垫板、螺旋筋等。生产厂应将产品验收所需的技术参数在产品质量保证书上明确注明，作为进场复验的依据。锚固区传力性能试验在产品定型时由厂家委托具有资质的检测机构进行，并出具检验报告，该报告在锚具形式未作变化前有效。

5.0.3 需方（指用户）的进场验收实际上是供方（指生产厂）产品已进行出厂检验合格后的复验。通常是在按合同清点货物后做三项验收工作：外观检查、硬度检验和静载锚固性能试验。

外观检查中，对于非关键尺寸的偏差、非关键表面的光洁度、局部碰痕等情况，用户可根据是否影响使用来判断是否可以验收。但对表面裂纹则必须提高警惕。锚具受力后，有裂纹的零件可能出现险情。经验表明，抽检的样品如目测发现一件有裂纹或关键部位有锈蚀，则该批产品中出现类似情况的可能性极大，为此必须逐套检验。关键部位通常是指锚板（或环）锥孔或夹片表面等直接影响锚固性能的部位。其他部位如有大面积锈蚀或锈蚀较严重时，由使用方酌情处理。

锚夹具零件一般都有硬度要求，但有很多零件对硬度的要求目的在于适当提高钢材的机械性能，允许的硬度范围比较宽（例如夹片锚具的锚板），不是重点要求的内容。本规程要求"对硬度有要求的锚具零件，应进行硬度检验"，这类零件诸如夹片锚具的夹片、镦头锚具的锚杯和锚板等。由于只有生产厂才知道这些零件的设计硬度范围，测定位置及硬度范围应在产品质量保证书（或产品技术手册）上明确注明，作为复验的依据，如无明确规定时，夹片宜在背面或

大头端面，锚板宜在锥孔小头端面。每个零件测试3点，取后2点的平均值作为该零件的硬度值。对多孔夹片锚具的夹片，因是在同一生产工艺下调质的产品，一般情况下其硬度的变化幅度不会太大。当有工程应用经验，认为质量有保证的产品，每套锚具多于6片夹片时，抽取6片即可。

5.0.4 静载锚固性能试验工作，费工、费时、经费开支较大，也是进场验收最后把关的工作；取样应在购货合同规定的批量之内进行。购货量大的工程进行此项工作是必要的，业主的经济能力也是可能达到的。购货量小的工程可能会感到试验费用负担过重，因此，本规程提出一种从简办法："对于锚具用量较少的一般工程，如由锚具供应商提供有效的锚具静载锚固性能试验合格的证明文件，可仅进行外观检查和硬度检验。"锚具用量较少的工程，通常是指锚具用量远少于验收批的工程，如不足正常验收批的25%；一般工程是指设计无特殊要求的工程；有效的试验合格证明文件是指试验时间不超过1年，且由具有资质的单位提供的试验报告（或正本复印件）。

5.0.6~5.0.9 条文规定的试验系在产品型式检验中应进行的试验内容，应首先由厂家在作产品型式鉴定时进行试验并确定相应的性能指标。通常设计和加工方法等没有变化时，其性能指标是稳定的，故无需进行频繁的进场检验。

5.0.10 环境温度低于-50℃的工程通常是指贮存液态天然气体（如LNG等）的预应力混凝土贮罐等构筑物，因此对应用于低温环境的锚具应进行低温性能检验，保证可靠的锚固性能。

5.0.13 针对连接器应用于后张法预应力及先张法预应力的不同特性规定不同的验收方法。

5.0.14 产品出厂时，生产厂已按现行国家标准《预应力筋用锚具、夹具和连接器》GB/T 14370的规定进行组批并进行了出厂检验，进场的产品是在生产厂家出厂检验合格的基础上进行的验证性复验，鉴于目前国内锚具、夹具及连接器产品的质量水平已经比以往明显提高，并考虑在保证质量的前提下尽量简化进场检验的原则，将锚具的检验批统一规定为不超过2000套，不再区分单孔锚具和多孔锚具，而连接器一般用量较少，仍规定500套为一个组批。经第三方独立认证的产品，由于其质量保证体系比较健全，厂家的产品质量保证能力较强，本着鼓励优质产品，降低社会成本的原则，在保证工程产品质量的前提下，经第三方独立认证的产品允许将验收批扩大。

6 使 用 要 求

6.0.1 预应力筋用锚具、锚垫板、螺旋筋等产品是生产厂家通过锚固区传力性能试验得到的能够保证其正常工作性能和安全性的匹配性组合，因此规定锚具、锚垫板、螺旋筋等产品应配套使用。当采用不同厂家的产品组合应用时，所采用的替代产品设计参数如与原厂家产品设计参数一致时，可不进行锚固区传力性能试验。

在同一个构件中不允许采用不同厂家的产品，主要是为了保证工程质量，并在工程出现质量问题时，便于确认责任。

在工程实际中，出现过将工作锚具作为工具锚使用一次后再作为工作锚使用的情况，由于工作锚和工具锚的设计性能不同，工作锚的重复应用会造成其锚固效率降低，形成危险隐患。

不同厂家的产品设计参数有区别，特别是夹片式锚具，张拉时限位板的限位槽深度直接影响预应力的施加效果，因此必须配套使用，或保证其有关参数与原厂家相同。

6.0.4 锚垫板内锥孔有水泥浆等杂物进入时，如清理不干净，会影响锚具的锚口摩擦损失；由于预应力筋表面不清洁造成锚具夹片螺牙堵塞并进一步影响锚具的锚固性能甚至造成张拉事故的情况时有发生，所以，预应力筋表面一定要求保证清洁。

6.0.5 生产厂家出厂的挤压元件都是和其选定的挤压机配套的。在工地进行挤压时，惟一监视的指标是油压表的压力值，不低于某一规定值时为合格。某一厂家的挤压元件和另一厂家的挤压机，通常没有配套使用的技术条件，即便是油压符合说明书的要求，也未必能保证锚具的性能，所以不应混用。

6.0.6 钢绞线轧花锚具是靠梨形花头及直线段裸露的钢绞线与混凝土的粘结而锚固的，所以要求钢绞线表面保持干净，不能有污物，更不能有油脂。通常，这种锚具用于有粘结预应力混凝土结构；在无粘结预应力混凝土结构中，因难以将预应力筋上的油脂除净，所以不应使用。

6.0.7 在各种预应力体系中，通常按预应力筋（或束）的规格配以相应的锚具和张拉千斤顶，以实现整束张拉，有些情况（例如直线形预应力筋，各根钢材平行排放且不会互相叠压）下用小型千斤顶逐根张拉可能更方便。但逐根张拉时会出现"分批张拉预应力损失"，在确定张拉力时一定要将此项损失计算在内。

6.0.8 变角张拉工艺可以适应锚具外张拉空间狭小的情况。由于安放变角块，虽然能使预应力筋产生大角度弯曲，能够顺利张拉，但也同时产生附加摩擦损失，此项损失值往往数值较大，因此工作锚处的控制应力就可能比常规值明显偏小。因此，设计人员应根据实际结构及可能的张拉工艺条件，事先考虑变角张拉产生的摩擦损失，当因施工中出现意外障碍不得不采用变角张拉工艺时，应调整张拉力，必要时通知设计方，经计算确定张拉力调整值。

6.0.9 锚垫板上有对中止口，易于保证锚具与垫板对中，有利于张拉及锚具和预应力筋的受力。但如不慎使锚板偏出止口，反而形成了不利的支承状态。安装的锚具如不及时张拉，易受现场环境的污染，包括混凝土浇筑时的水泥浆等。

6.0.10 使用后张法连接器，不论单根或多根的型号，都应放置密封罩筒，以切实保证张拉预应力筋时不会出现事故（如滑丝等），这种事故可能导致对混凝土"开膛"。如使用先张法连接器，则多为单根型号，张拉事故可能危及人身安全。所以，对任何连接器都要求具有良好的质量，施工工人都应经过培训，安装操作必须认真，严格执行每一项操作规定。

6.0.11 利用螺母锚固的锚具，一般是张拉至规定拉力时在带负荷状态下拧紧螺母。所以要求在安装锚具之前逐个检查螺纹的配合情况，保证在张拉锚固时螺母能顺利拧紧。

6.0.13 预应力结构特别是预应力钢结构中，预应力的建立和结构形式、受荷大小、变形特征等有直接关系，因此必须严格按照设计规定的张拉顺序与程序张拉预应力筋，使结构中预应力的施加顺序与预加力满足设计要求。若设计没有明确规定，预应力分项工程施工单位应编制张拉方案并经设计人员确认，编制张拉方案时通常应遵循对称、均匀、分批张拉原则。

6.0.16 预应力筋锚固后，如需要放松，无论后张法或先张法，都必须使用专门的放松设备，在确保安全的情况下缓慢地放松。不宜在预应力筋存在应力的状态下将其直接切断。

6.0.17 多余预应力筋的切除建议采用砂轮锯，采用砂轮锯切割时应特别注意砂轮片的质量及其与砂轮锯的匹配性。采用氧气-乙炔焰切割虽然会造成预应力筋及锚具局部温度升高，但从切割点到锚具的温度降低较快，再加上用水对锚具进行适当冷却，不会造成锚具的锚固性能降低，国外的专业公司也多推荐采用氧气-乙炔焰切割多余的预应力筋。

6.0.18 后张法预应力混凝土结构或构件，在预应力筋张拉后，宜及时向预应力孔道中灌注水泥浆，为预应力筋提供防腐及粘结力。先张法预应力混凝土构件，在预应力筋张拉后，若发生较大的环境温度变化，预应力筋的应力会发生显著变化，影响预加力值，甚至造成预应力筋断裂，为避免温差的影响，要求张拉后及时浇筑混凝土。

6.0.19 较长的钢绞线张拉时，由于钢绞线捻制的原因，会发生较严重的张拉设备旋转现象，如果不加控制，钢绞线的捻制结构发生变化会影响其性能，所以规定宜采用带有止转装置的千斤顶。

附录 A 锚固区传力性能试验方法和检验要求

A.0.1 锚具产品型式检验是验证其可靠性及提供其应用技术参数所进行的试验，厂家应在产品定型时进行相关试验并提供验证报告，本规程参考国外相关标准对锚具进行分组并选取有代表性的产品进行试验。在实际工程中出现产品应用技术参数不能满足工程实际条件时，如果设计方认为有必要，可按本附录进行锚固区传力性能的工程验证。在编制本试验标准的过程中，综合参考了美国规范 AASHTO、欧洲认证标准 ETA013、国际预应力混凝土协会 FIP1993《后张预应力体系验收建议》以及美国后张预应力协会 PTI《后张预应力体系验收标准》等国外标准。

A.0.2 在试验中，一般采用倒置浇筑混凝土的方法制作试件，制作过程中应采取措施保证锚垫板、螺旋筋和预应力筋孔道对中。可以通过在试件底部预埋钢板或试验前在试件底部坐浆等方法保证试件底部受力均匀。

在我国工程应用中，锚垫板的端面一般为正方形或圆形，根据《混凝土结构设计规范》GB 50010 的规定，局部受压的计算底面积与局部受压面积同心、对称，因此进行锚固区传力试验的试件横截面一般为正方形截面。欧洲规范 EN 1992-1-1 规定，当多个压力作用于混凝土截面时，局部受压的计算底面积不应重叠，因此采用本条规定确定的试件尺寸能保证产品应用的可靠性。由于采用千斤顶张拉预应力筋加载需要在试件两端均安装锚垫板和锚具，因此其试件长度较长。如果试件两端均设置锚垫板承载，可视为两个试件。

对于局部受压试件，在构件表面沿预应力筋孔道会产生劈裂裂缝并可能出现劈裂破坏。螺旋筋可起到一定的抗劈裂作用，但由于试件中螺旋筋作用的大小与产品配套的螺旋筋参数有关，因此试件周边配置附加箍筋也会因产品而异。附加表层箍筋的体积配筋率不应大于 0.6% 的规定是参照欧洲验证标准 ETA013 提出的，而美国规范 AASHTO 指出，附加表层箍筋的体积配筋率不大于 1%。当实际结构的配筋率较大时，也可按实际情况或设计要求配置试件的表层箍筋。表层箍筋的直径、间距以及混凝土保护层厚度均会影响试件的劈裂裂缝的宽度。表层箍筋的混凝土保护层厚度根据实际结构的环境类别按设计要求进行调整。

试件试验时的混凝土立方体强度不应比试件设计混凝土强度等级值过大或过小，实际应用中，预应力筋张拉时的混凝土强度不应小于试件试验时的混凝土强度。

锚固区传力性能试验的试件不宜过小，应满足《混凝土结构设计规范》GB 50010 的正截面受压承载力要求，以保证不会出现试件底部短柱先于顶部局部受压破坏而使试验失败的情况。

A.0.3 锚固区传力性能试验有单调加载、循环加载和持荷加载三种加载方法，国外各标准采用的加载方法有所不同。从试验时间上看，持荷加载所需的时间超过 48h，最为接近实际结构中的锚固区传力情况，但不方便操作；从试验结果上看，循环加载和持荷加载的最后裂缝宽度和极限荷载试验值基本相同，而单调加载的极限荷载试验值略为偏大；从可操作性上看，单调加载最为方便，而且与锚具静载锚固性能试验的加载机制基本一致。考虑到试验方便和国内工程实际情况，本标准采用单调加载机制。

加载时，可采用压力机将力通过配套的锚板直接加到锚垫板上，也可采用千斤顶张拉预应力筋加载，两种加载方式的验收标准相同。对工程检验，可在现场采用千斤顶加载，而对于型式检验，一般采用压力机加载，但对大吨位锚具也可采用千斤顶加载。为保证试验的安全性，可通过增加预应力筋根数或采用大规格钢棒等方法实现足够的加载吨位，此时，锚垫板和锚板可能会不配套，需要配置专用转换块。

加载速度以预应力筋的应力增量方式进行控制，试验时应根据不同型号的试件所对应的预应力筋根数计算其拉力增量。

A.0.5 加载到 $1.0F_{ptk}$ 时，锚垫板如出现可见裂缝，说明锚垫板本身的强度和刚度不能满足使用要求，需加以严格控制。

控制 $0.4F_{ptk}$ 下裂缝宽度为 0.05mm，其目的实际是为了控制在该荷载水平下锚固区不开裂。要求裂缝宽度控制不大于 0.25mm，主要是在一般环境状况下这样的裂缝宽度不会导致钢筋的锈蚀，如果锚固端处于比较恶劣的环境，裂缝限制值应适当减小。

在型式检验中，应按局部受压承载力检验值必须大于预应力筋-锚具组装件承载力检验值 F_{apu} 的原则来确定检验值，经分析可知，$F_{apu} \approx 1.1F_{ptk}$，取 $F_u \geqslant 1.1 \times 1.1F_{ptk} = 1.2F_{ptk}$。在工程检验中，应按局部受压承载力检验值必须大于锚固端预应力筋拉力设计值 F_{ld} 的原则来确定检验值，其中 $F_{ld} = \gamma_u 1.2N_{pd}$，式中 1.2 为预加力作用分项系数，$N_{pd}$ 为锚固端预应力筋拉力最大值，γ_u 为混凝土局部受压破坏的附加检验系数，经分析可知，可取 $\gamma_u = 1.25$，从而有 $F_u \geqslant 1.5N_{pd}$。值得注意的是，当 $N_{pd} = 0.80F_{ptk}$ 时，工程检验与型式检验的要求是一致的。对于有粘结体系，N_{pd} 取为张拉控制力，而对于无粘结预应力体系，N_{pd} 取为预应力筋极限拉力与张拉控制力的较大值。此外，在确定检验值时，考虑了试件与实际结构构件混凝土强度的差别，给出相应的极限荷载修正计算公式。

附录 B 静载锚固性能试验
方法和检验要求

组装件静力试验时应将锚固零件上涂的防锈油和污物擦拭干净，残留微量油膜是可以的，没有必要用汽油或溶剂完全擦洗到"绝对干净"，因为"有油"和"无油"两个极端都不符合工程实际。

组装件试验是一种匹配性试验，但在国内，预应力钢材产品是否合格与锚具无关，而锚具是否合格却必须借助于预应力筋-锚具组装件试验才能确定，为防止试验过程中出现不匹配的尴尬状况，对试验用预应力筋作出明确的规定。

用于预应力筋母材试验的试验机必须具有良好的夹具，这种夹具能使径向压应力达到最合理的分布，保证试验获得最准确的力学性能测量值。试件整根最大破断力（F_m）和最大总伸长率（A_{gt}）是关乎后续组装件试验可信度的重要指标。不良夹具测得的最大破断力（F_m）可能偏低，会导致以后测得的锚具效率系数（η_a）有可能出现大于 1.0 的情况。

不论单根或多根预应力筋-锚具组装件，在预应力筋拉力超过 $0.8F_{ptk}$ 后都要缓慢加荷，加荷速度不应超过 100MPa/min，这样有助于 F_{apu} 取得最大值。

我国目前的预应力工程大都采用预应力钢绞线和夹片式锚具，本规程仅以夹片式锚具为例规定其试验方法，其他形式的锚具在试验方法上可能与本附录有所不同，但应满足其基本要求。

附录 C 锚具内缩值测试方法

本附录提供了两种测量锚具内缩值的方法，在实际工作中可以采用其中一种方法进行测量。一般情况下，设计中通常以现行国家标准《混凝土结构设计规范》GB 50010 给定的内缩值进行预应力损失的计算，锚具内缩值的加大对长预应力筋锚固后预加力的影响是有限的，对于较短的预应力筋，当锚具的实际内缩值比现行国家标准《混凝土结构设计规范》GB 50010 给定的内缩值偏大时，会造成预应力损失明显增大，预应力筋预加力的显著降低。本规程公式 C.0.4 中 30mm 为预应力筋在两端锚具尾部的可产生自由伸长的长度。

锚具内缩值与实际用锚具夹片的外露量、钢绞线外径和限位槽深度有关，三者应配套量测，配套使用。锚具内缩值的量测可在试验室或现场进行，如在现场量测时，可由监理工程师或建设单位代表在场见证下进行量测。

附录 D 锚口摩擦损失测试方法

对于夹片式锚具，锚口摩擦损失和张拉工艺有密切的关系，测试锚口摩擦损失时，主动端的张拉工艺条件（指自锚或是顶压锚固、限位槽深度等）均需采用和工程实际相同的张拉工艺条件进行加载。

试验时应保证锚具、千斤顶、荷载传感器、预应力筋同轴。在台座上试验时侧面不应设置有碍受拉或产生摩擦的接触点；在混凝土试件上试验时，试件内预埋管道内径应比锚垫板尾部内径大一个等级，避免预应力筋和预埋管道间产生摩擦。

试验时工作锚一定要安装夹片，保证测量的结果和实际一致。

附录 E　锚板性能试验方法和检验要求

本附录提供了锚板性能测试方法，主要参考美国PTI《后张预应力体系验收标准》的有关规定。在锚板锥孔内放置锥形塞并置于开口尺寸等于锚垫板上口尺寸的支承板上，主要是为了保证锚板受力状况与实际受力状况一致。国内的工程经验表明，国产锚具，其锚板中心残余挠度和极限承载力基本均能满足本规程第 3.0.4 条的要求。

附录 F　锚具低温锚固性能试验
方法和检验要求

F.0.2 混凝土承压端块应按实际工程设计情况制作，放置锚垫板、喇叭管和螺旋筋等锚具附件，并采用与实际工程相符的混凝土浇筑而成。为安全起见，混凝土承压端块尺寸可适当加大。

试验温度 T 应低于实际应用工程的可能最低温度，一般由设计确定。为了确保锚具和预应力筋的温度降低到 T，温度传感器应贴在锚板和预应力筋侧表面，并且各不少于 2 个；锚板和预应力筋上全部温度传感器所测温度低于 T 时，才可认定温度降低到预定温度 T。

贴在锚垫板背面的温度传感器应不少于 2 个；由于该处直接接触混凝土，温度升高较快，所以温度不一定能降低到 T，只需保持稳定即可，因为当其温度稳定时，表明锚具组装件在低温端已处于比较稳定的低温场。

F.0.3 低温下工作的预应力混凝土工程，如液态天然气 LNG 贮罐等，安全性要求非常高，如果出现问题会造成严重后果。因此，试验尽可能模拟实际预应力张拉施工情况。采用施工用的张拉设备（例如千斤顶、工具锚和限位板等）分级张拉到 80% 后锚固，主要是为了保证张拉施工过程没有异常情况。

F.0.4 位移传感器装在千斤顶上，测量其活塞的伸出量。绘制组装件荷载-预应力筋伸长曲线图目的是为了观察试验过程有否异常情况，以便提前采取安全措施。

F.0.5 低温工程对锚具的安全性要求较高，FIB 和欧洲认证标准 ETAG013 对锚具的低温下的性能要求中，不考虑预应力筋效率系数的折减。考虑到与现行国家标准的协调统一，本规程规定仍考虑预应力筋效率系数的影响。

附录 G　变角张拉摩擦损失测试方法

试验时应保证锚具、千斤顶、荷载传感器、预应力筋同轴。试验时工作锚内不安装夹片。安装夹片时的摩擦已计入锚口摩擦损失。当然，实际变角张拉时，夹片的逆向刻划阻力与正常直线张拉可能存在一定的差异，为便于实际操作，不再区分。

中华人民共和国行业标准

低张拉控制应力拉索技术规程

Technical specification for tension cable of low
control stress for tensioning

JGJ/T 226—2011

批准部门：中华人民共和国住房和城乡建设部
施行日期：2 0 1 2 年 3 月 1 日

中华人民共和国住房和城乡建设部
公 告

第 1013 号

关于发布行业标准《低张拉
控制应力拉索技术规程》的公告

现批准《低张拉控制应力拉索技术规程》为行业标准，编号为 JGJ/T 226 - 2011，自 2012 年 3 月 1 日起实施。

本规程由我部标准定额研究所组织中国建筑工业出版社出版发行。

中华人民共和国住房和城乡建设部
2011 年 5 月 10 日

前 言

根据住房和城乡建设部《关于印发〈2008 年工程建设标准规范制订、修订计划（第一批）〉的通知》（建标 [2008] 102 号）的要求，规程编制组经广泛调查研究，认真总结实践经验，参考有关国际标准和国外先进标准，并在广泛征求意见的基础上，编制本规程。

本规程的主要技术内容是：1 总则；2 术语和符号；3 拉索材料与锚固体系；4 设计基本规定；5 结构构件设计；6 施工及验收。

本规程由住房和城乡建设部负责管理，由浙江省二建建设集团有限公司负责具体技术内容的解释。执行过程中如有意见或建议，请寄送浙江省二建建设集团有限公司（地址：浙江省宁波市海曙区东渡路 55 号华联写字楼 18 楼，邮编：315000）。

本 规 程 主 编 单 位：浙江省二建建设集团有限公司
浙江省一建建设集团有限公司

本 规 程 参 编 单 位：浙江大学宁波理工学院
同济大学
中国建筑科学研究院上海分院
浙江省交通工程集团有限公司
杭州萧宏建设集团有限公司
广东坚朗五金制品有限公司
浙江展诚建设集团公司
宁波市建筑工程安全质量监督总站

本规程主要起草人员：张幸祥 邵凯平 陈春雷
叶家丽 吴佳雄 王银辉
王达磊 南建林 范厚彬
章铭荣 厉 敏 吴建挺
郑建华 吴利民

本规程主要审查人员：叶可明 金伟良 陈天民
裘 涛 陶学康 钱基宏
张承起 李海波 姚光恒
周志祥 郝玉柱 赵灿晖

目 次

Contents

1 总 则

1.0.1 为了在低张拉控制应力拉索的设计与施工中做到技术先进、安全适用、确保质量、经济合理，制定本规程。

1.0.2 本规程适用于风障拉索、楼梯（护栏）扶索、公路缆索护栏以及其他非承重的低张拉控制应力拉索体系的设计、施工及验收。

1.0.3 低张拉控制应力拉索体系的设计、施工及验收，除应符合本规程外，尚应符合国家现行有关标准的规定。

2 术语和符号

2.1 术 语

2.1.1 拉索体系 tension cable system
  由拉索、锚具（连接器）以及其他辅件组成的柔性体。

2.1.2 低张拉控制应力拉索 tension cable of low control stress for tensioning
  张拉控制应力不超过其索材料抗拉强度标准值的40%的非承重拉索，简称拉索。

2.1.3 防松装置 locking device for tension cable
  防止低张拉控制应力拉索锚固系统松动的装置。

2.1.4 锚具支承承力装置 supporting device for anchorage
  支承和传递拉索拉力至锚具的装置。

2.1.5 整束多点锚固 full-bundle with multi-joint anchor for tension cable
  拉索在张拉单元内为连续束，除两端锚固于结构外，中间尚有多处锚固节点的连接形式。

2.1.6 分束连接锚固 splitting-bundle with connecting anchor for tension cable
  拉索在张拉单元内为非连续的多段束，除两端锚固于结构外，每段束之间以连接器连接并锚固于锚固节点的连接形式。

2.1.7 整束两端锚固 full-bundle with two-ends anchor for tension cable
  拉索在张拉单元内为连续束，仅两端锚固于结构外，中间尚有多处非锚固节点的连接形式。

2.1.8 锚固节点 anchor joint
  拉索锚固于结构上的固定点。

2.1.9 拉索材料强度折减系数 strength reduction factor of tension cable material
  拉索产品标准提供的最小破断拉力和全部金属公称截面面积与对应材料抗拉强度标准值的乘积之比。

2.2 符 号

2.2.1 材料物理力学性能

E ——钢材的弹性模量；

f ——钢材的抗拉、抗压和抗弯强度设计值；

f_{ptk} ——拉索材料的抗拉强度标准值；

α ——材料的线膨胀系数；

σ_b ——钢材的公称抗拉强度。

2.2.2 作用和作用效应

a ——锚具和辅件变形量；

N_a ——拉索拉力设计值；

M_x、M_y ——分别绕截面主轴 x、y 的弯矩设计值；

q_{ih} ——水平作用荷载标准值；

σ_{con} ——拉索张拉控制应力；

τ ——梁计算截面的剪应力；

Δ ——拉索锚固节点结构位移量；

ΔT ——环境温度差值。

2.2.3 几何参数

l ——拉索张拉单元长度；

l_1 ——拉索锚固节点间距离；

I ——毛截面的惯性矩；

S ——毛截面的面积矩；

W_x、W_y ——分别为按梁截面受压纤维确定的对 x 和 y 轴的毛截面模量；

W_{nx}、W_{ny} ——分别为截面对其 x 和 y 轴的净截面模量。

2.2.4 系数

η_a ——拉索-锚具组装件效率系数；

η_p ——拉索材料效率系数；

φ_b ——钢结构梁按绕截面强轴弯曲所确定的整体稳定系数。

3 拉索材料与锚固体系

3.1 拉索材料

3.1.1 低张拉控制应力拉索可采用不锈钢单丝或钢丝束索体、钢丝绳索体、钢绞线索体或钢拉杆索体。

3.1.2 不锈钢单丝或钢丝束索体所用不锈钢丝的质量应符合现行国家标准《不锈钢丝》GB/T 4240 的有关规定。

3.1.3 钢丝绳索体所用钢丝绳的质量应符合现行国家标准《重要用途钢丝绳》GB/T 8918、《不锈钢丝绳》GB/T 9944 和《一般用途钢丝绳》GB/T 20118 的有关规定。

3.1.4 镀锌钢绞线和不锈钢绞线索体用钢绞线的质量应符合现行行业标准《镀锌钢绞线》YB/T 5004、《建筑用不锈钢绞线》JG/T 200 的有关规定。

3.1.5 钢拉杆索体用钢拉杆的质量应符合现行国家

标准《钢拉杆》GB/T 20934 的有关规定。

3.1.6 采用其他材料的拉索索体材料时，其质量、性能应符合现行国家标准《结构加固修复用碳纤维片材》GB/T 21490 等相关标准的规定。

3.1.7 拉索材料物理力学性能应满足下列规定：

　　1 拉索材料抗拉强度标准值应按本规程第 3.1.2～3.1.5 条标准规定取用。

　　2 拉索材料的弹性模量宜由试验确定。当无试验数据时，可按表 3.1.7-1 取用。

　　3 拉索材料的线膨胀系数宜由试验确定。当无试验数据时，可按表 3.1.7-2 取用。

表 3.1.7-1　拉索材料弹性模量

拉索材料种类		弹性模量（×10^5MPa）
不锈钢丝		2.06
钢丝绳		0.80～1.40
钢绞线	镀锌	1.95
	不锈钢	1.20～1.50
钢拉杆	钢	2.06
	不锈钢	2.06

表 3.1.7-2　拉索材料的线膨胀系数 α

拉索材料种类		线膨胀系数（×10^{-5}/℃）
不锈钢丝	不锈钢丝	1.75
	平行不锈钢丝索	1.84
钢丝绳		1.59
钢绞线		1.32
钢拉杆	钢	1.20
	不锈钢	1.75

3.2　锚具、连接器及辅件

3.2.1 拉索锚具可分为镦头锚具、螺母锚具、压接（挤压）锚具和冷铸或热铸锚具等。锚具应根据拉索品种、锚固和张拉工艺等要求合理选用。

3.2.2 拉索用锚具、连接器的质量应符合现行国家标准《预应力筋用锚具、夹具和连接器》GB/T 14370 的有关规定。

3.2.3 拉索用锚具（连接器）的静载锚固性能，应由拉索-锚具（连接器）组装件静载试验测定的锚具效率系数（η_a）和达到实测极限拉力时组装件中拉索的总应变（ε_{apu}）确定，并应符合下列规定：

　　1 当拉索采用压接（挤压）式锚具时，锚具效率系数 η_a 不应小于 0.90；当拉索采用镦头式锚具时，锚具效率系数 η_a 不应小于 0.92；当拉索采用其他锚具时，锚具效率系数 η_a 不应小于 0.95；

　　2 拉索总应变 ε_{apu} 不应小于 2.0%；

　　3 拉索-锚具（连接器）组装件的破坏形式应是拉索的破断，锚具（连接器）不应破损。

拉索-锚具（连接器）效率系数应根据试验结果并按下式计算确定：

$$\eta_a = \frac{F_{apu}}{\eta_p F_{pm}} \tag{3.2.3}$$

式中：η_a ——为拉索-锚具（连接器）组装件静载锚固性能效率系数；

　　F_{apu} ——拉索-锚具（连接器）的实测极限拉力（kN）；

　　F_{pm} ——由拉索试样实测破断荷载计算得到的平均极限抗拉力（kN）；

　　η_p ——拉索效率系数，取 $\eta_p = 1.0$。

3.2.4 低张拉控制应力拉索的螺母锚具宜配置相应的防松装置；对有整体调束要求的拉索或兼作为施加预应力用的锚固体系还宜设置相应的支承承力装置，并应符合本规程附录图 A.0.1-1、图 A.0.1-2 的规定。

3.2.5 辅件材料宜采用和拉索体系相同品种的材料，当采用与拉索不同种类材料时，除应符合强度和刚度要求外，尚应满足与拉索体系相一致的耐久性要求。

4　设计基本规定

4.1　一　般　规　定

4.1.1 低张拉控制应力拉索、锚固体系以及辅件应根据使用环境、性能匹配、强度协调和施工操作等要求合理设计与选用。

4.1.2 低张拉控制应力拉索和锚固体系以及辅件应具备符合其功能要求的承载能力和刚度。

4.1.3 低张拉控制应力拉索体系的拉索和锚固点（立柱）应根据其适用范围，分别按风障拉索、楼梯（护栏）扶索和公路缆索护栏设计。

4.1.4 低张拉控制应力拉索，除应保证索材在弹性状态下工作外，尚应在各种工况下使索力大于零。

4.1.5 低张拉控制应力拉索、锚固体系和辅件的设计应考虑水平作用荷载、风荷载、裹冰荷载、预张拉力、温度变化和支承结构变形等作用及组合。其荷载的标准值应按国家现行标准《建筑结构荷载规范》GB 50009 和《公路桥梁抗风设计规范》JTG/T D60-01 的规定选用。

4.1.6 拉索水平作用荷载标准值可按表 4.1.6 值选用。

表 4.1.6　拉索水平作用荷载标准值

拉索类别		水平作用荷载
风障拉索		按《公路桥梁抗风设计规范》JTG/T D60-01-2004 中第 4.2.1 条和第 4.3.1 条的规定取用
楼梯（护栏）扶索	住宅	0.5kN/m
	公共建筑	1.0kN/m
公路缆索护栏		53kN/m

注：水平作用荷载垂直于拉索轴线方向作用。

4.1.7 拉索允许最大动态变形量不应超过表4.1.7的规定。

表 4.1.7 拉索允许最大动态变形量（mm）

拉索类别	最大动态变形量
风障拉索	10
楼梯（护栏）扶索	$h/100$
公路缆索护栏	1100

注：1 拉索允许最大动态变形系指垂直于拉索轴方向变形矢量值。

2 表中 h 为楼梯立柱高度，单位为"mm"。

4.1.8 低张拉控制应力拉索的张拉控制应力 σ_{con} 不应大于 $0.40f_{ptk}$，不宜小于 $0.15f_{ptk}$。

4.1.9 低张拉控制应力拉索体系应按设计要求对钢立柱和其他钢部件按钢结构防腐要求进行维护和保养。对拉索、锚具和辅件定期检查其磨损、腐蚀情况，对损坏严重的应及时更换。

4.2 预应力损失值计算

4.2.1 低张拉控制应力拉索预应力损失值应包括拉索锚具及辅件变形引起预加应力的损失、锚固节点结构构件位移引起预加应力值的损失和拉索工作状态环境温度变化引起预加应力值的损失等。

4.2.2 拉索因锚具和辅件变形引起预加应力的损失值可按下式计算：

$$\sigma_{l1} = \frac{a}{10^3 \times l} E_s \qquad (4.2.2)$$

式中：σ_{l1}——锚具和辅件变形引起预加应力的损失值（N/mm²）；

a——拉索张拉端锚具和辅件变形值（mm），可按表4.2.2选用；

l——拉索张拉单元长度（m）；

E_s——拉索材料弹性模量（N/mm²），可按本规程表3.1.7-1选用。

表 4.2.2 锚具和辅件变形值 a（mm）

锚具种类	a
镦头、螺母	1
热铸、冷铸	5
压接（挤压）	1

注：a 值也可根据实测数据确定。

4.2.3 锚固节点结构构件沿拉索轴向位移引起的预加应力损失值，可按下式计算：

$$\sigma_{l2} = \frac{\Delta S}{10^3 \times l_1} E_s \qquad (4.2.3)$$

式中：σ_{l2}——锚固节点结构沿索轴向位移引起预加应力损失值（N/mm²）；

l_1——拉索张拉单元内两相邻锚固节点距离（m）；

ΔS——拉索相邻锚固节点结构最大位移量（mm），按表4.2.3选用。

表 4.2.3 锚固节点结构最大位移量（mm）

锚固节点位置	位移量 ΔS
端部锚固节点	6
中间锚固节点	4

注：该最大位移是指锚固节点结构最上排拉索处沿轴向变位。

4.2.4 拉索因环境温度变化引起的预加应力损失值，可按下式计算：

$$\sigma_{l3} = \alpha \Delta T E_s \qquad (4.2.4)$$

式中：σ_{l3}——环境温度变化引起的预加应力损失值（N/mm²）；

α——拉索材料线膨胀系数（$10^{-5}/℃$），宜由试验确定，当无试验数据时，可按本规程表3.1.7-2值取用；

ΔT——环境温度差值（℃），宜按当地气象资料根据拉索设计使用年限期的最大温差取用。

4.2.5 当拉索采用分批张拉时，应考虑后张拉索对先张拉索的轴向弹性变形影响。

5 结构构件设计

5.1 立 柱

5.1.1 风障拉索和楼梯（护栏）扶索的立柱可按悬臂受弯构件设计。

5.1.2 立柱和支座连接的承载能力极限状态设计时，应考虑荷载效应的基本组合；正常使用极限状态设计时，应考虑荷载效应的标准组合。

5.1.3 立柱宜根据拉索体系的功能要求、所承受荷载大小和工作环境等条件，选用钢结构或其他结构材料，其质量和性能应符合现行国家标准《钢结构设计规范》GB 50017 或其他结构材料标准的规定。

5.1.4 承受双向弯曲作用的钢结构立柱在主平面内受弯的抗弯强度应符合下式的要求：

$$\frac{10^6 \times M_x}{W_{nx}} + \frac{10^6 \times M_y}{W_{ny}} \leqslant f \qquad (5.1.4)$$

式中：M_x、M_y——分别为立柱绕其截面主轴 x 和 y 轴的弯矩设计值（kN·m）；

W_{nx}、W_{ny}——分别为立柱截面对其主轴 x 和 y 轴的净截面模量（mm³）；

f——立柱钢材料抗弯强度设计值（N/mm²），可按现行国家标准《钢结构设计规范》GB 50017 规定值取用。

5.1.5 承受双向弯矩作用的钢结构立柱，其整体稳定应符合下式的要求：

$$\frac{10^6 \times M_x}{\varphi_b W_x} + \frac{10^6 \times M_y}{W_y} \leqslant f \qquad (5.1.5)$$

式中：W_x、W_y ——分别为截面按受压纤维确定的对其主轴 x、y 的毛截面模量（mm^3）；

φ_b ——按绕截面强轴弯曲所确定的梁整体稳定系数，可按现行国家标准《钢结构设计规范》GB 50017 的规定取用。

5.1.6 在主平面内受弯的钢结构立柱，其截面抗剪强度应符合下式的要求：

$$\frac{10^3 \times V \cdot S}{I \cdot t_w} \leqslant f_v \qquad (5.1.6)$$

式中：V ——计算截面沿腹板平面作用的剪力（kN）；

S ——计算剪力处以上毛截面对其中和轴的面积矩（mm^3）；

I ——毛截面惯性矩（mm^4）；

t_w ——计算剪应力截面腹板厚度（mm）；

f_v ——立柱钢材的抗剪强度设计值（N/mm^2），可按现行国家标准《钢结构设计规范》GB 50017 规定取用。

5.1.7 钢结构立柱与支座连接设计应符合现行国家标准《钢结构设计规范》GB 50017 有关钢结构连接和构造规定。

5.1.8 当立柱采用混凝土结构材料时，其设计应符合现行国家标准《混凝土结构设计规范》GB 50010 的规定。

5.1.9 公路缆索护栏立柱设计和构造要求应按现行行业标准《公路交通安全设施设计规范》JTG D81 和《公路交通安全设施设计细则》JTG/T D81 的有关规定执行。

5.2 拉 索

5.2.1 拉索材料应根据索的功能要求确定。

5.2.2 拉索拉力最大值应满足下式要求：

$$N_a \leqslant N_t \qquad (5.2.2)$$

式中：N_a ——计算索拉力最大值（kN）；其值按本规程 5.2.3 计算；

N_t ——索材料拉力设计值（kN），按本规程附录 B 所选用索材最小整索破断拉力值除以材料分项系数 1.8 取用。

5.2.3 风障拉索和楼梯（护栏）扶索的索张力（拉力）值 N_a 应按下式计算：

$$N_a = \frac{10^6 \times q \cdot l_1^2}{8\Delta S} \qquad (5.2.3)$$

式中：N_a ——计算索最大张（拉）力值（kN）；

q ——作用在拉索上的水平作用荷载设计值

（kN/m），对风障拉索按本规程 5.2.4 条计算，楼梯（护栏）扶索按本规程表 4.1.6 取值；

l_1 ——拉索两相邻锚固节点间距离（m）；

ΔS ——拉索最大允许动变形量（mm），按本规程表 4.1.7 值取用。

5.2.4 风障拉索水平作用荷载设计值应按下式计算：

$$q = 4.9 \times 10^{-3} \rho V_g^2 C_d D \qquad (5.2.4-1)$$

$$V_g = C_v V_z \qquad (5.2.4-2)$$

式中：q ——作用在拉索单位长度上的静阵风荷载（kN/m）；

ρ ——空气密度（kg/m^3），一般取 1.25；

C_d ——拉索截面迎风阻力系数，可按行业标准《公路桥梁抗风设计规范》JTG/T D60-01-2004 表 4.3.4-1 值取用；

D ——拉索直径（mm）；

V_g ——静阵风风速（m/s）；

C_v ——静阵风系数，可按行业标准《公路桥梁抗风设计规范》JTG /T D60-01-2004 表 4.2.1 的规定值取用；

V_z ——基准高度处的风速（m/s），可按行业标准《公路桥梁抗风设计规范》JTG/T D60-01-2004 附表 A 取用。

5.2.5 公路缆索护栏拉索设计和构造要求应按现行行业标准《公路交通安全设施设计规范》JTG D81 和《公路交通安全设施设计细则》JTG/T D81 的有关规定执行。

5.3 辅 件

5.3.1 拉索体系所采用的防松装置、支承承力装置以及其他紧固辅件的设计除应符合拉索各种工况下的强度、硬度和刚度要求外，尚应做到构造简单、安装方便并与拉索体系协调。

5.3.2 辅件制作及性能应符合现行国家标准《普通螺纹基本尺寸》GB 196、《普通螺纹公差与配合》GB 197、《紧固件机械性能 螺栓、螺钉和螺柱》GB/T 3098.1、《紧固件机械性能 螺母 粗牙螺纹》GB/T 3098.2 和《紧固件机械性能 螺母 细牙螺纹》GB/T 3098.4 等有关规定。

6 施工及验收

6.1 一 般 规 定

6.1.1 低张拉控制应力拉索施工应编制施工方案，并应符合有关结构工程施工质量验收规范和施工图设计文件的要求。

6.1.2 张拉用机具设备和仪器应计量标定、校准合格后方可使用。施加索力应采用专用设备，其施力值宜在设备负荷标定值的 25%～80% 之间。

6.1.3 拉索的张拉应在立柱安装并验收合格后方可进行。

6.2 立柱制作安装

6.2.1 立柱拉索孔位应按设计要求加工,尺寸允许偏差为 ±2mm。

6.2.2 立柱与基础连接采用预埋件时,应在基础施工时按设计要求埋设,预埋件应牢固,位置准确,其偏差应符合设计规定。

6.2.3 风障拉索和楼梯(护栏)扶索立柱的安装应符合设计规定,其标高允许偏差为 ±10mm,且相邻两柱的标高允许偏差为 ±5mm;水平位置沿拉索轴向柱距安装允许偏差为 ±10mm;垂直于轴向水平位置安装允许偏差为 ±5mm。

6.2.4 公路缆索护栏立柱安装应符合设计规定和现行行业标准《公路交通安全设施施工技术规范》JTG F71 的有关规定。

6.3 拉索制备

6.3.1 拉索调直张拉应符合下列规定:

　　1 制索前钢丝绳应进行调直张拉。调直张拉应力宜采用拉索材料抗拉强度标准值的 40%～55%。初张拉不应少于 2 次,每次持荷时间不应小于 50min。

　　2 单丝不锈钢丝调直张拉应力宜采用其抗拉强度标准值的 30%,张拉调直不应少于 2 次。

　　3 钢绞线拉索调直张拉应力宜采用钢绞线材料抗拉强度标准值的 20%。

6.3.2 采用钢丝镦头锚具时,应先作钢丝可镦性试验,并应符合规定要求后方可进行镦头。钢丝镦头的头型直径应为 1.4～1.5 倍钢丝直径,高度应为 0.95～1.05 倍钢丝直径。钢丝束两端均采用镦头锚具时,钢丝束应等长下料。

6.3.3 当拉索采用压接(挤压)锚具时,其规格尺寸应符合现行行业标准《建筑幕墙用钢索压管接头》JG/T 201 的有关要求。

6.3.4 钢绞线挤压锚具挤压时,在挤压模内腔或挤压套外表面应涂润滑油等润滑剂,压力表读数应符合操作说明书的规定。

6.3.5 压接(挤压)锚具的压制应符合下列规定:

　　1 压制前设计确定压接接头尺寸并选用相应压制模量;

　　2 压制前应清洁模具的模膛并检查模具安装是否平齐;

　　3 压接接头应在压力机上缓慢压制成型;

　　4 压接后(锚具)表面应光滑、无毛刺,不应有裂纹。

6.3.6 采用成品拉索时,应符合现行国家标准《钢丝绳吊索——插编索扣》GB/T 16271 等相关标准的规定。

6.4 拉索、锚具及辅件安装

6.4.1 拉索、锚具及辅件的安装可分为整束多点锚固、整束两端锚固和分束连接锚固三种形式。

6.4.2 采用整束多点锚固时,拉索、锚具和辅件的安装应符合下列规定:

　　1 整束应根据设计的锚固节点位置、构造规定,分别按顺序安装需要穿越立柱孔洞的锚具和辅件并形成拉索基本组装件,并应符合本规程附录 A.0.1、A.0.2 的规定;

　　2 拉索基本组装件应从张拉单元端部锚固节点按顺序穿越各立柱至另一端锚固节点;

　　3 穿越张拉单元后拉索基本组装件两端应安装锚具或支承受力结构等辅件并应作临时拉紧固定;

　　4 在有需要的锚固节点安装其他开口形式的锚具或辅件。

6.4.3 采用整束两端锚固时,拉索、锚具和辅件的安装应满足下列要求:

　　1 整束应从一张拉端立柱按顺序穿越中间立柱孔洞至另一张拉端立柱,并应分别安装两张拉端的锚具和辅件并形成拉索基本组装件,并应符合本规程附录 A.0.1、A.0.2、A.0.3 的构造规定;

　　2 应对拉索基本组装件两端作临时拉紧。

6.4.4 采用分束连接锚固时,拉索、锚具、连接器和辅件安装应符合下列规定:

　　1 各分束应按设计的锚固节点位置、构造规定,按顺序安装需要穿越立柱孔洞的锚具或辅件并形成分束基本组装件;

　　2 各分束基本组装件应安装在设计规定位置,并应通过连接器临时连接形成张拉单元内整束。

6.4.5 拉索应从上向下按顺序进行安装。

6.5 张拉与锚固

6.5.1 拉索张拉控制应力应根据拉索张拉单元长度、锚固体系、张拉工艺等由设计计算确定。

6.5.2 低张拉控制应力拉索用张拉机具,应根据张拉力大小、锚固体系、拉索张拉单元长度等条件,匹配选择液压千斤顶、机械张力器、扭力扳手等张拉机具。各种张拉机具均应在规定的有效标定期内使用。

6.5.3 采用整束多点锚固时,宜采用两端同时张拉;当支承结构变形满足规定要求且锚固体系有效时,也可采用单端张拉。张拉顺序可从一端向另一端(图 6.5.3a),也可从中间向两端进行(图 6.5.3b),其中间节点的构造应符合本规程附录 A.0.4 的规定,同时逐一对各节点进行张拉锚固。

6.5.4 采用整束两端锚固时,应两端同时张拉至设计规定的控制应力并锚固(图 6.5.4)。

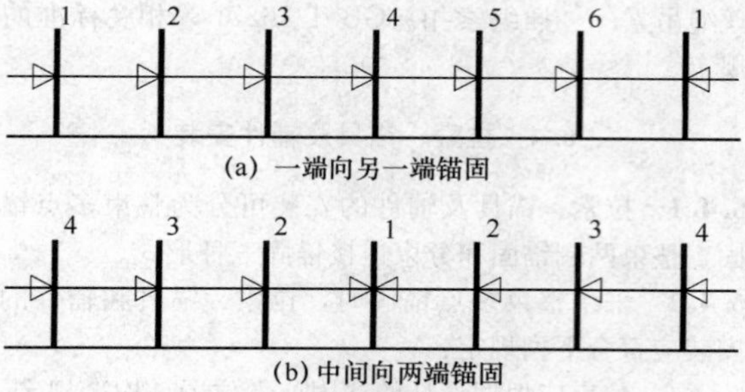

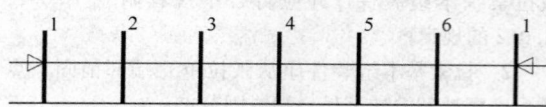

(a) 一端向另一端锚固

(b) 中间向两端锚固

图 6.5.3 整束多点锚固顺序

(图省略)

图 6.5.4 整束两端锚固

6.5.5 采用分束连接锚固时，一般可采用单端张拉。其锚固形式可分为：

1 连接器锚固时，张拉前一拉索时应卸除与连接器连接的后一束拉索，待张拉至规定控制应力并锚固后方可进行后一束拉索的张拉和锚固（图6.5.5a）；

2 错位独立锚固时，其张拉和锚固应按本规程第6.5.4条执行（图6.5.5b）。

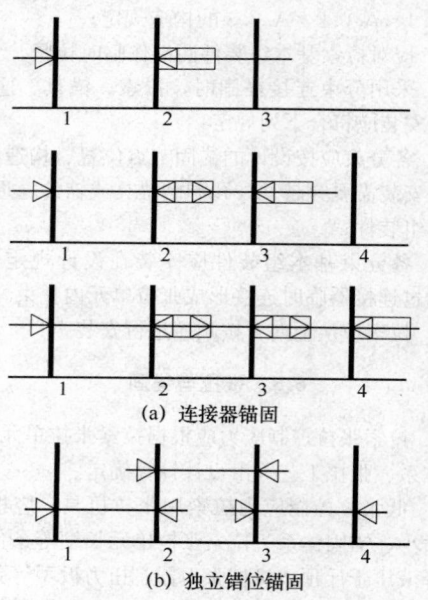

(a) 连接器锚固

(b) 独立错位锚固

图 6.5.5 分束连接锚固

6.5.6 拉索的张拉和锚固应从下向上按顺序进行。

6.5.7 每根拉索张拉后，实际索力值与设计规定值的偏差应为±5%。最后一根拉索张拉锚固后，应检查拉索体系的索力值和支承结构变形，不符合要求时应进行调束补张拉。

6.5.8 张拉锚固后拉索应顺直、表面光洁无锈蚀、无刻痕；锚具及辅件应位置准确，结合紧密。

6.6 验 收

6.6.1 低张拉控制应力拉索体系分项工程验收应包括下列内容：

1 设计文件、图纸会审记录和设计变更文件；

2 制作和张拉专项施工方案、技术交底记录；

3 材料质量证明文件和进场检验报告；

4 施工过程记录；

5 施工质量验收记录。

6.6.2 检验批、低张拉控制应力拉索体系分项工程的质量验收可按本规程附录C.0.1记录；各检验批质量验收可按本规程附录C.0.2～C.0.4记录；质量验收程序和组织应符合现行国家标准《建筑工程施工质量验收统一标准》GB 50300的规定。

附录A 典型锚固节点构造示意图

A.0.1 镦头锚节点根据锚固节点功能和构造要求不同可分为带防松装置的螺母锚具节点、带支承装置节点、一般节点以及可调节节点等。

1 螺母锚具防松装置由带固定孔的垫圈、锚固螺母、带螺纹压接管、拉索、沉头螺钉和锚固节点结构等组成（图A.0.1-1）。

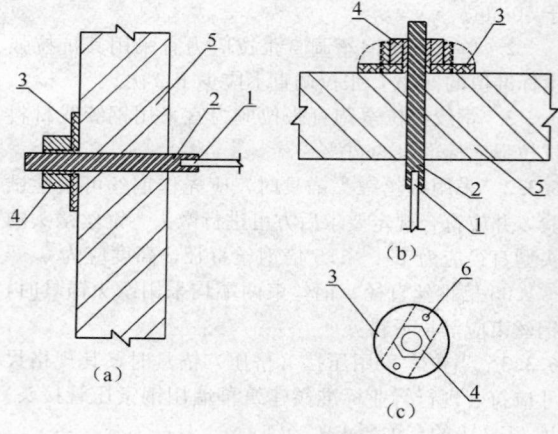

图 A.0.1-1 螺母锚具防松装置构造

1—钢丝绳；2—带螺纹压接管；3—带固定孔垫圈；
4—锚固螺母；5—锚固节点结构；6—沉头螺钉

2 带支承承力装置的可调节镦头锚节点，由支承承力装置、穿心螺杆、螺母和垫圈以及锚固节点结构组成（图A.0.1-2）。

3 用于固定端的一般镦头锚节点，由镦头钢丝、支承承力垫板以及锚固节点结构组成（图A.0.1-3）。

4 用于张拉端的可调节镦头锚节点，由穿心螺杆、螺母和垫圈以及锚固节点结构组成（图A.0.1-4）。

A.0.2 钢丝绳或钢绞线压接（挤压）锚节点按节

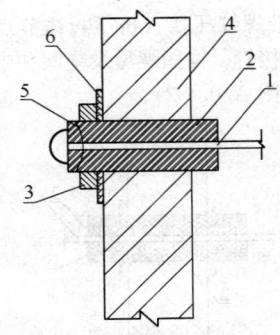

图 A.0.1-2　带支承承力装置
可调镦头锚节点构造

1—镦头后单丝；2—穿心螺杆；
3—施力和锚固螺母；4—锚固节点
结构；5—支承承力装置；6—垫圈

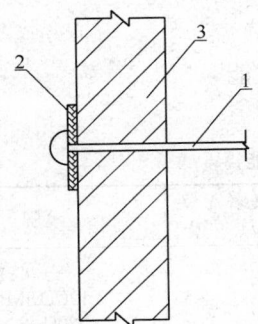

图 A.0.1-3　一般镦头
锚节点构造

1—镦头后单丝；2—支承承
力垫板；3—锚固节点结构

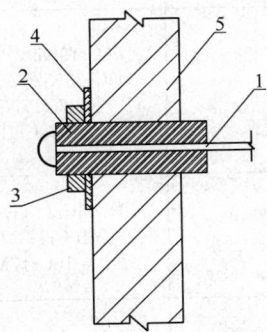

图 A.0.1-4　可调节镦头锚节点构造

1—镦头后单丝；2—穿心螺杆；
3—施力和锚固螺母；4—垫圈；
5—锚固节点结构

点功能不同可分为不可调和可调压接（挤压）锚
节点。

1　用于固定端不可调压接（挤压）锚节点，由
被压接的钢丝绳或钢绞线拉索、带承压头的压接管、
承压垫板和锚固节点结构等组成（图 A.0.2-1）。

2　用于张拉端可调压接（挤压）锚节点，由被
压接的钢丝绳或钢绞线拉索、带螺纹的压接管、承
压垫圈、锚固螺母和锚固节点结构等组成（图
A.0.2-2）。

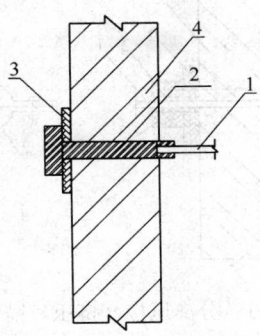

图 A.0.2-1　不可调压接（挤压）锚节点构造

1—钢丝绳（钢绞线）；2—带承压头压接管；
3—承压垫板；4—锚固节点结构

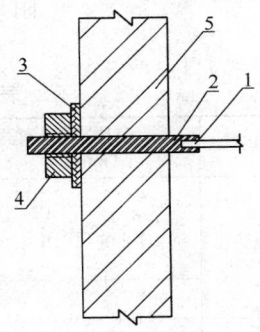

图 A.0.2-2　可调节压接（挤压）锚节点构造

1—钢丝绳（钢绞线）；2—带螺纹压接管；3—承压
垫圈；4—锚固螺母；5—锚固节点结构

A.0.3　冷（热）铸锚节点由钢丝绳或钢绞线、带螺
纹铸锚、锚固螺母、锚固节点结构以及冷（热）铸材
料等组成（图 A.0.3）。

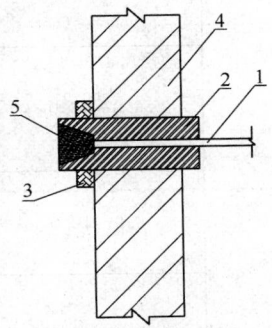

图 A.0.3　冷（热）铸锚节点构造

1—钢丝绳（钢绞线）；2—带螺纹铸锚；3—螺
母；4—锚固节点结构；5—冷（热）铸材料

A.0.4　中间锚固节点根据锚固形式不同可分为分离
压接（挤压）锚节点和两端带螺纹的压接（挤压）锚
节点。

1 分离压接（挤压）锚节点是由拉索、开口套管、弧形压接板、紧固螺栓、垫圈和中间锚固节点结构等组成（图 A.0.4-1）。

2 两端带螺纹压接（挤压）锚节点由拉索、两端带螺纹的压接管、锚固螺母及垫圈和中间锚固节点结构等组成（图 A.0.4-2）。

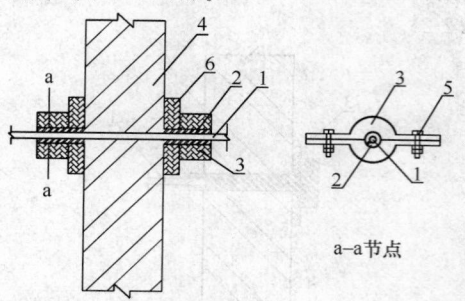

a–a节点

图 A.0.4-1 分离压接（挤压）锚节点构造
1—拉索；2—开口套管；3—弧形压接板；
4—中间锚固节点结构；5—紧固螺栓；6—垫圈

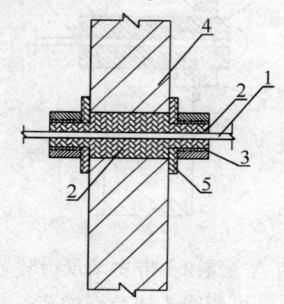

图 A.0.4-2 中间节点压管式锚节点构造
1—两端拉索；2—带螺纹压接管；3—锚固螺母；
4—中间锚固节点结构；5—垫圈

附录 B 拉索材料规格和力学性能

表 B.0.1 不锈钢丝规格和力学性能

交货状态	公称直径 (mm)	抗拉强度 R_m (MPa)	断后伸长率 A (%)	牌　号
软态	6.0～10.0 10.0～16.0	580～830 550～800	≥30 ≥30	Y12Cr18Ni9 12Cr18MN9Ni5N 20Cr25Ni20Si2
	6.0～10.0 10.0～16.0	520～770 500～750	≥30 ≥30	06Cr25Ni20, 06Cr23Ni13 022Cr17Ni4M02 06Cr17Ni12M02 Y12Cr18Ni9cu3
	6.0～16.0	600～850	≥15	30Cr13, y30Cr13 12Cr12Ni2, 20Cr17Ni2
轻拉	6.0～10.0 10.0～16.0	770～1050 750～1030	—	06Cr19Ni9, 06Cr23Ni13 06Cr23Ni20, y12Cr18Ni9 022Cr17Ni14M02, 022Cr19Ni10
	6.0～16.0	480～730	—	06Cr11Ti, 10Cr17 Y10Cr17, 06Cr11Ti 10Cr17M0N6
	6.0～16.0	550～800	—	12Cr13, y12Cr13 20Cr13
	6.0～16.0	600～850	—	30Cr13, 32Cr13M0 Y30Cr13, y16Cr17Ni2M0
冷拉	6.0～12.0	950～1250	—	12Cr17Mn6Ni5N 12Cr18Ni9, 06Cr19Ni9 06Cr17Ni12M02

注：表中值摘自国家标准《不锈钢丝》GB/T 4240-2009。

表 B.0.2　重要用途钢丝绳规格和力学性能

钢丝绳结构	钢丝绳公称直径		参考重量 (kg/100m)	钢丝绳公称抗拉强度(MPa)				
	D (mm)	允许偏差		1570	1670	1770	1870	1960
				钢丝绳最小破断拉力(kN)				
6×7+IWS 6×9W+IWR	8.0	+5 0	24.8	36.1	38.4	40.7	43.0	45.0
	9.0		31.3	45.7	48.6	51.5	54.4	57.0
	10.0		38.7	56.4	60.0	63.5	67.1	70.4
	11.0		46.8	68.2	72.5	76.9	81.2	85.1
	12.0		55.7	81.2	86.3	91.5	96.7	101.0
	13.0		65.4	95.3	101.0	107.0	113.0	119.0
	14.0		75.9	110.0	118.0	125.0	132.0	138.0
	16.0		99.1	144.0	153.0	163.0	172.0	180.0
	18.0		125.0	183.0	194.0	206.0	218.0	228.0
6×19S+IWR 6×19W+IWR	12.0	+5 0	58.4	80.5	85.6	90.7	95.9	100.0
	13.0		68.5	94.5	100.0	106.0	113.0	118.0
	14.0		79.5	110.0	117.0	124.0	130.0	137.0
	16.0		104.0	143.0	152.0	161.0	170.0	179.0
	18.0		131.0	181.0	193.0	204.0	216.0	226.0
6×25Fi+IWR 6×26WS+IWR 6×29Fi+IWR 6×31WS+IWR 6×36WS+IWR 6×37S+IWR 6×41WS+IWR 6×49SWS+IWR 6×55SWS+IWR	12.0	+5 0	60.2	80.5	85.6	90.7	95.9	100.0
	13.0		70.6	94.5	100.0	106.0	113.0	118.0
	14.0		81.9	110.0	117.0	124.0	130.0	137.0
	16.0		107.0	143.0	152.0	161.0	170.0	179.0
	18.0		135.0	181.0	193.0	204.0	216.0	226.0

注：表中值摘自国家标准《重要用途钢丝绳》GB/T 8918-2006。

表 B.0.3　不锈钢丝绳规格和力学性能

结构	公称直径 (mm)	允许偏差 (mm)	最小破断拉力 (kN)	参考重量 (kg/100m)
6×7+IWS	6.0	+0.60 0	18.6	15.1
	8.0		40.6	26.6
6×19+IWS	6.0	+0.40 0	23.5	14.9
	6.4		28.5	16.4
	7.2	+0.50 0	34.7	20.8
	8.0	0.56	40.1	25.8
	9.5	+0.66 0	53.4	36.2
6×19+IWR	11.0	+0.76 0	72.5	53.0
	12.7	+0.84 0	101.0	68.2
	14.3	+0.91 0	127.0	87.8
	16.0	0.99 0	156.0	106.0
	19.0	+1.14 0	221.0	157.0

结构	公称直径 (mm)	允许偏差 (mm)	最小破断拉力 (kN)	参考重量 (kg/100m)
6×19S 6×19W 6×25Fi 6×26WS 6×31WS	6.0 7.0	+0.42 0	23.9 32.6	15.4 20.7
	8.0 9.0 10.0	+0.56 0	42.6 54.0 63.0	27.0 34.2 42.2
	11.0 12.0	+0.66 0	76.2 85.6	53.1 60.8
	13.0 14.0 16.0	+0.82 0	106.0 123.0 161.0	71.4 82.8 108.0
	18.0	+1.10 0	192.0	137.0
8×19S 8×19W 8×25Fi 8×26WS 8×31WS	8.0 9.0 10.0	+0.56 0	42.6 54.0 61.2	28.3 35.8 44.2
	11.0 12.0	+0.66 0	74.0 83.3	53.5 63.7
	13.0 14.0 16.0	+0.82 0	103.0 120.0 156.0	74.8 86.7 113.0
	18.0	+1.10 0	187.0	143.0

注：表中值摘自国家标准《不锈钢丝绳》GB/T 9944-2002。

表 B.0.4 一般用途钢丝绳规格和力学性能

钢丝绳结构	钢丝绳公称直径(mm)	参考重量(kg/100m)	钢丝绳公称抗拉强度(MPa)					
			1570	1670	1770	1870	1960	2160
			钢丝绳最小破断拉力(kN)					
1×7	6.0	18.8	30.5	32.5	34.4	36.4	—	—
	6.6	22.7	36.9	39.3	41.6	44.0	—	—
	7.2	27.1	43.9	46.7	49.5	52.3	—	—
	7.8	31.8	51.6	54.9	58.2	61.4	—	—
	8.4	36.8	59.8	63.6	67.4	71.3	—	—
	9.0	42.3	68.7	73.0	77.4	81.8	—	—
	9.6	48.1	78.1	83.1	88.1	93.1	—	—
	10.5	57.6	93.5	99.4	105.0	111.0	—	—
	11.5	69.0	112.0	119.0	126.0	134.0	—	—
	12.0	75.2	122.0	130.0	138.0	145.0	—	—

续表 B.0.4

钢丝绳结构	钢丝绳公称直径（mm）	参考重量（kg/100m）	钢丝绳公称抗拉强度（MPa）					
			1570	1670	1770	1870	1960	2160
			钢丝绳最小破断拉力（kN）					
1×19	6.0	18.3	30.0	31.9	33.8	35.7	—	—
	6.5	21.4	35.2	37.4	39.6	41.9	—	—
	7.0	24.8	40.8	43.4	46.0	48.6	—	—
	7.5	28.5	46.8	49.8	52.8	55.7	—	—
	8.0	32.4	56.6	56.6	60.0	63.4	—	—
	8.5	36.6	60.1	63.9	67.8	71.6	—	—
	9.0	41.1	67.4	71.7	76.0	80.3	—	—
	10.0	50.7	83.2	88.6	93.8	99.1	—	—
	11.0	61.3	101.0	107.0	114.0	120.0	—	—
	12.0	73.0	120.0	127.0	135.0	143.0	—	—
	13.0	85.7	141.0	150.0	159.0	167.0	—	—
	14.0	99.4	163.0	173.0	184.0	194.0	—	—
	15.0	114.0	187.0	199.0	211.0	223.0	—	—
	16.0	130.0	213.0	227.0	240.0	254.0	—	—
1×37	5.6	15.7	24.1	25.7	27.2	28.7	—	—
	6.3	19.9	30.5	32.5	34.4	36.4	—	—
	7.0	24.5	37.7	40.1	42.5	44.9	—	—
	7.7	29.7	45.6	48.5	51.4	54.3	—	—
	8.4	35.4	54.3	57.7	61.2	64.7	—	—
	9.1	41.5	63.7	67.8	71.8	75.9	—	—
	9.8	48.1	73.9	78.6	83.3	88.0	—	—
	10.5	55.2	84.8	90.2	95.6	101.0	—	—
	11.0	60.6	93.1	99.0	105.0	111.0	—	—
	12.0	72.1	111.0	118.0	125.0	132.0	—	—
	12.5	78.3	120.0	128.0	136.0	143.0	—	—
	14.0	98.2	151.0	160.0	170.0	180.0	—	—
	15.5	120.0	185.0	197.0	208.0	220.0	—	—
	17.0	145.0	222.0	236.0	251.0	265.0	—	—
	18.0	162.0	249.0	265.0	281.0	297.0	—	—
6×7 类 6×7+IWS 6×9W+IWR	6.0	13.9	20.3	21.6	22.9	24.2	—	—
	7.0	19.0	27.6	29.4	31.1	32.9	—	—
	8.0	24.8	36.1	38.4	40.7	43.0	—	—
	9.0	31.3	45.7	48.6	51.5	54.4	—	—
	10.0	38.7	56.4	60.0	63.5	67.1	—	—
	11.0	46.8	68.2	72.5	76.9	81.2	—	—
	12.0	55.7	81.2	86.3	91.5	96.7	—	—
	13.0	65.4	95.3	101.0	107.0	113.0	—	—
	14.0	75.9	110.0	118.0	125.0	132.0	—	—
	16.0	99.1	144.0	153.0	163.0	172.0	—	—
	18.0	125.0	183.0	194.0	206.0	218.0	—	—

钢丝绳结构	钢丝绳公称直径（mm）	参考重量（kg/100m）	钢丝绳公称抗拉强度（MPa）					
			1570	1670	1770	1870	1960	2160
			钢丝绳最小破断拉力（kN）					
6×19(a)类 6×19S+IWR 6×19W+IWR	6.0	14.6	20.1	21.4	22.7	24.0	25.1	27.7
	7.0	19.9	27.4	29.1	30.9	32.6	34.2	37.7
	8.0	25.9	35.8	38.0	40.3	42.6	44.6	49.2
	9.0	32.8	45.3	48.2	51.0	53.9	56.5	62.3
	10.0	40.6	55.9	59.5	63.0	66.6	69.8	76.9
	11.0	49.1	67.6	71.9	76.2	80.6	84.4	93.0
	12.0	58.4	80.5	85.6	90.7	95.9	100.0	111.0
	13.0	68.5	94.5	100.0	106.0	113.0	118.0	130.0
	14.0	79.5	110.0	117.0	124.0	130.0	137.0	151.0
	16.0	104.0	143.0	152.0	161.0	170.0	179.0	197.0
	18.0	131.0	181.0	193.0	204.0	216.0	226.0	249.0
6×19(b)类 6×19+IWR 6×19+IWR	6.0	14.4	18.8	20.0	21.2	22.4	—	—
	7.0	19.6	25.5	27.2	28.8	30.4	—	—
	8.0	25.6	33.4	35.5	37.6	39.7	—	—
	9.0	32.4	42.2	44.9	47.6	50.3	—	—
	10.0	40.0	52.1	55.4	58.8	62.1	—	—
	11.0	48.4	63.1	67.1	71.1	75.1	—	—
	12.0	57.6	75.1	79.8	84.6	89.4	—	—
	13.0	67.6	88.1	93.7	99.3	105.0	—	—
	14.0	78.4	102.0	109.0	115.0	122.0	—	—
	16.0	102.0	133.0	142.0	150.0	159.0	—	—
	18.0	130.0	169.0	180.0	190.0	201.0	—	—
6×37(a)类 6×25Fi+IWR 6×26WS+IWR 6×29Fi+IWR 6×31WS+IWR 6×36WS+IWR 6×37S+IWR 6×41WS+IWR 6×49SWS+IWR 6×55SWS+IWR	8.0	26.8	35.8	38.0	40.3	42.6	44.7	49.2
	10.0	41.8	55.9	59.5	63.0	66.6	69.8	76.9
	12.0	60.2	80.5	85.6	90.7	95.9	100.0	111.0
	13.0	70.6	94.5	100.0	106.0	113.0	118.0	130.0
	14.0	81.9	110.0	117.0	124.0	130.0	137.0	151.0
	16.0	107.0	143.0	152.0	161.0	170.0	179.0	197.0
	18.0	135.0	181.0	193.0	204.0	216.0	226.0	249.0

续表 B.0.4

钢丝绳结构	钢丝绳公称直径（mm）	参考重量（kg/100m）	钢丝绳公称抗拉强度（MPa）					
			1570	1670	1770	1870	1960	2160
			钢丝绳最小破断拉力（kN）					
6×37(b)类 6×37+IWR	6.0	14.4	18.0	19.2	20.3	21.5	—	—
	7.0	19.6	24.5	26.1	27.7	29.2	—	—
	8.0	25.6	32.1	34.1	36.1	38.2	—	—
	9.0	32.4	40.6	43.2	45.7	48.3	—	—
	10.0	40.0	50.1	53.3	56.5	59.7	—	—
	11.0	48.4	60.6	64.5	68.3	72.2	—	—
	12.0	57.6	72.1	76.7	81.3	85.9	—	—
	13.0	67.6	84.6	90.0	95.4	101.0	—	—
	14.0	78.4	98.2	104.0	111.0	117.0	—	—
	16.0	102.0	128.0	136.0	145.0	153.0	—	—
	18.0	130.0	162.0	173.0	183.0	193.0	—	—
8×19类 8×19S+IWR 8×19W+IWR	10.0	42.2	54.3	57.8	61.2	64.7	67.8	74.7
	11.0	51.1	65.7	69.9	74.1	78.3	82.1	90.4
	12.0	60.8	78.2	83.2	88.2	93.2	97.7	108.0
	13.0	71.3	91.8	97.7	103.0	109.0	115.0	126.0
	14.0	82.7	106.0	113.0	120.0	127.0	133.0	146.0
	16.0	108.0	139.0	148.0	157.0	166.0	174.0	191.0
	18.0	137.0	176.0	187.0	198.0	210.0	220.0	242.0

注：1 钢丝绳结构为 1×7、1×19 的最小钢丝破断拉力总和＝钢丝绳最小破断拉力×1.111；
　　2 钢丝绳结构为 1×37 的最小钢丝破断拉力总和＝钢丝绳最小破断拉力×1.176；
　　3 钢丝绳结构为 6×7 类（6×7+IWS、6×9W+IWR）和 6×37(b)类（6×37+IWR）最小钢丝破断拉力总和＝钢丝绳最小破断拉力×1.214；
　　4 钢丝绳结构为 6×19(a)类（6×19S+IWR、6×19W+IWR）最小钢丝破断拉力总和＝钢丝绳最小破断拉力×1.308；
　　5 钢丝绳结构为 6×19(b)类（6×19+IWR、6×19+IWR）和 6×37(a)类（6×25Fi+IWR、6×26WS+IWR、6×29Fi+IWR、6×31WS+IWR、6×36WS+IWR、6×37S+IWR、6×41WS+IWR、6×49SWS+IWR、6×55SWS+IWR）最小钢丝破断拉力总和＝钢丝绳最小破断拉力×1.321；
　　6 钢丝绳结构为 8×19 类（8×19S+IWR、8×19W+IWR）最小钢丝破断拉力总和＝钢丝绳最小破断拉力×1.360；
　　7 表中值均摘自国家标准《一般用途钢丝绳》GB/T 20118-2006 钢芯钢丝绳。

表 B.0.5 镀锌钢绞线规格和力学性能

钢丝绳结构	公称直径（mm）		全部钢丝断面面积（mm²）	参考重量（kg/100m）	钢丝绳公称抗拉强度（MPa）			
	钢绞线	钢丝			1270	1370	1470	1570
					钢丝绳最小破断拉力（kN）			
1×3	6.2	2.9	19.82	16.49	23.10	24.90	26.80	28.60
	6.4	3.2	24.13	20.09	28.10	30.40	32.60	34.80
	7.5	3.5	28.86	24.03	33.70	36.30	39.00	41.60
	8.6	4.0	37.70	31.38	44.00	47.50	50.90	54.40
1×7	6.0	2.0	21.99	18.31	25.60	27.70	29.70	31.70
	6.6	2.2	26.61	22.15	31.00	33.50	35.90	38.40
	7.2	2.4	31.67	26.36	37.00	39.90	42.80	45.70
	7.8	2.6	37.16	30.93	43.40	46.80	50.20	53.60
	8.4	2.8	43.10	35.88	50.30	54.30	58.20	62.20
	9.0	3.0	49.48	41.19	57.80	62.30	66.90	71.40
	9.6	3.2	56.30	46.87	65.70	70.90	76.10	81.30
	10.5	3.5	67.35	56.07	78.60	84.80	91.10	97.20
	11.4	3.8	79.39	66.09	92.70	100.00	107.00	114.00
	12.0	4.0	87.96	73.22	102.00	110.00	118.00	127.00

钢丝绳结构	公称直径（mm）		全部钢丝断面面积（mm²）	参考重量（kg/100m）	钢丝绳公称抗拉强度（MPa）			
					1270	1370	1470	1570
	钢绞线	钢丝			钢丝绳最小破断拉力（kN）			
1×19	6.0	1.2	21.49	17.89	24.50	26.50	28.40	30.30
	6.5	1.3	25.22	20.99	28.80	31.00	33.30	35.60
	7.0	1.4	29.25	24.35	33.40	36.00	38.60	41.30
	8.0	1.6	38.20	31.80	43.60	47.10	50.50	53.90
	9.0	1.8	48.35	40.25	55.20	59.60	63.90	68.30
	10.0	2.0	59.69	49.69	68.20	73.60	78.90	84.30
	11.0	2.2	72.22	60.12	82.50	89.00	95.50	102.00
	12.0	2.4	85.95	71.55	98.20	105.00	113.00	121.00
	12.5	2.5	93.27	77.64	106.00	114.00	123.00	131.00
	13.0	2.6	100.88	83.98	115.00	124.00	133.00	142.00
	14.0	2.8	116.99	97.39	133.00	144.00	154.00	165.00
	15.0	3.0	134.30	118.80	153.00	165.00	177.00	189.00
	16.0	3.2	152.81	127.21	174.00	188.00	202.00	215.00
	17.5	3.5	182.80	152.17	208.00	225.00	241.00	258.00
	20.0	4.0	238.76	198.76	272.00	294.00	315.00	337.00
1×37	7.0	1.0	29.06	24.19	31.30	33.80	36.30	38.70
	7.7	1.1	35.16	29.27	37.90	40.90	43.90	46.70
	9.1	1.3	49.11	40.88	53.00	57.10	61.30	65.50
	9.8	1.4	56.96	47.42	61.40	66.30	71.10	76.00
	11.2	1.6	74.39	61.92	80.30	86.60	92.90	99.20
	12.6	1.8	94.15	78.38	101.00	109.00	117.00	125.00
	14.0	2.0	116.24	96.76	125.00	135.00	145.00	155.00
	15.5	2.2	140.65	117.08	151.00	163.00	175.00	187.00
	16.8	2.4	167.38	139.34	180.00	194.00	209.00	223.00
	17.5	2.5	181.62	151.19	196.00	211.00	226.00	242.00
	18.2	2.6	196.44	163.53	212.00	228.00	245.00	262.00

注：表中值摘自行业标准《镀锌钢绞线》YB/T 5004－2001。

表 B. 0. 6　建筑用不锈钢绞线规格和力学性能

绞线公称直径（mm）	结构	公称金属截面积（mm²）	钢丝公称直径（mm）	绞线计算最小破断拉力		每米理论质量（g/m）	交货长度（m）
				高强度级（kN）	中强度级（kN）		
6.0	1×7	22.0	2.00	28.6	22.0	173	≥600
7.0		30.4	2.35	39.5	30.4	239	
8.0		38.6	2.65	50.2	38.6	304	
10.0		61.7	3.35	80.2	61.7	486	
6.0	1×19	21.5	1.20	28.0	21.5	170	≥500
8.0		38.2	1.60	49.7	38.2	302	
10.0		59.7	2.00	77.6	59.7	472	
12.0		86.0	2.40	112.0	86.0	680	
14.0		117.0	2.80	152.0	117.0	925	
16.0		153.0	3.20	199.0	153.0	1209	

绞线公称直径（mm）	结构	公称金属截面积（mm²）	钢丝公称直径（mm）	绞线计算最小破断拉力		每米理论质量（g/m）	交货长度（m）
				高强度级（kN）	中强度级（kN）		
16.0		154.0	2.30	200.0	154.0	1223	
18.0	1×37	196.0	2.60	255.0	196.0	1563	≥400
20.0		236.0	2.85	307.0	236.0	1878	

注：表中值摘自行业标准《建筑用不锈钢绞线》JG/T 200－2007。

附录 C 质量验收记录

C.0.1 低张拉控制应力拉索体系分项工程质量验收可按表 C.0.1 记录。

表 C.0.1 拉索体系分项工程质量验收记录

工程名称			结 构 类 型		层数	
施工单位			项目技术负责人		质量员	
分包单位			分包项目负责人		分包质量员	
序号	检验批名称	检验批数	施工单位检查评定		监理(建设)单位验收意见	
1						
2						
3						
4						
5						
6						
	质量控制资料					
	安全和功能检验(检测)报告					
	观感质量验收					
验收结论 (由监理或建设单位填写)		施工单位：			年 月 日	
		分包单位：			年 月 日	
		设计单位：			年 月 日	
		监理单位： (建设单位项目专业负责人)			年 月 日	

注：对于公路缆索护栏工程可按照本质量验收记录使用。

C.0.2 拉索原材料检验批质量验收可按表 C.0.2 记录。

表 C.0.2 拉索原材料检验批质量验收记录

工程名称				分项工程名称		项目经理	
施工单位				验收部位			
施工执行标准 名称及编号						专业工长 (施工员)	
分包单位				分包项目经理		施工班组长	
质量验收规范的规定				施工单位自检记录		监理(建设) 单位验收记录	
主控项目	1	不锈钢单丝的质量符合有关规定(3.1.2条)					
	2	钢丝绳质量符合有关规定(3.1.3条)					
	3	钢绞线质量符合有关规定(3.1.4条)					
	4	钢拉杆质量符合有关规定(3.1.5条)					
	5	锚具、夹具和连接器的性能符合有关规定(3.2.3条)					
一般项目	1	拉索材料外观质量符合要求(3.1.2~3.1.5条)					
	2	锚具、夹具和连接器的外观应符合要求(3.2.2条)					
	3	拉索材料物理性能应符合规定(3.1.7条)					
	4						
施工操作依据							
质量检查记录							
施工单位检查 结果评定		项目专业 质量检查员:		项目专业 技术负责人: 年 月 日			
监理(建设) 单位验收结论		专业监理工程师: (建设单位项目专业技术负责人) 年 月 日					

C.0.3 立柱安装检验批质量验收可按表 C.0.3 记录。

表 C.0.3 立柱安装检验批质量验收记录

工程名称		分项工程名称		验收部位	
施工单位		专业工长（施工员）		项目经理	
分包单位		分包项目经理		施工班组长	
施工执行标准名称及编号					

		质量验收规范的规定		施工单位自检记录	监理（建设）单位验收记录
主控项目	1	立柱拉索孔位	≤2mm		
	2	立柱与基础连接	6.2.2条		
	3				
一般项目	1	立柱标高	矢量位移 ±10mm		
	2		相邻 ±5mm		
	3	立柱位置	纵向 ±10mm		
	4		横向 ±5mm		

施工操作依据	
质量检查记录（质量证明文件）	

施工单位检查结果评定	项目专业质量检查员：　　　　　　　　　　　　项目专业技术负责人： 　　　　　　　　　　　　　　　　　　　　　　年　月　日
监理（建设）单位验收结论	专业监理工程师： （建设单位项目专业技术负责人） 年　月　日

注：本表由施工项目专业质量检查员填写，专业监理工程师（建设单位项目技术负责人）确认签字。

C.0.4 拉索制备、安装、张拉及锚固检验批质量验收可按表C.0.4记录。

表C.0.4 拉索制备、安装、张拉及锚固检验批质量验收记录

工程名称		分项工程名称		项目经理	
施工单位		验收部位			
施工执行标准 名称及编号				专业工长 (施工员)	
分包单位		分包项目经理		施工班组长	

	质量验收规范的规定	施工单位自检记录	监理(建设) 单位验收记录
1	拉索制备符合有关规定(6.3.1~6.3.6条)		
2	拉索安装符合有关规定(6.4.1~6.4.5条)		
3	张拉、锚固符合有关规定(6.5.1~6.5.8条)		
	施工操作依据		
	质量检查记录		
施工单位检查 结果评定	项目 质量检查员:	项目专业 技术负责人: 年 月 日	
监理(建设) 单位验收结论	监理工程师: (建设单位项目技术负责人) 年 月 日		

本规程用词说明

1 为便于在执行本规程条文时区别对待,对要求严格程度不同的用词说明如下:

1) 表示很严格、非这样做不可的:
   正面词采用"必须",反面词采用"严禁";
2) 表示严格,在正常情况下均应这样做的:
   正面词采用"应",反面词采用"不应"或"不得";
3) 表示允许稍有选择,在条件许可时首先应这样做的:
   正面词采用"宜";反面词采用"不宜";
4) 表示有选择,在一定条件下可以这样做的,采用"可"。

2 条文中指明应按其他有关标准执行的写法为:"应符合……或规定"或"应按……执行"。

引用标准名录

1 《建筑结构荷载规范》GB 50009

2 《混凝土结构设计规范》GB 50010

3 《钢结构设计规范》GB 50017

4 《建筑工程施工质量验收统一标准》GB 50300

5 《普通螺纹基本尺寸》GB 196

6 《普通螺纹公差与配合》GB 197

7 《紧固件机械性能 螺栓、螺钉和螺柱》GB/T 3098.1

8 《紧固件机械性能 螺母 粗牙螺纹》GB/T 3098.2

9 《紧固件机械性能 螺母 细牙螺纹》GB/T 3098.4

10 《不锈钢丝》GB/T 4240

11 《重要用途钢丝绳》GB/T 8918

12 《不锈钢丝绳》GB/T 9944

13 《预应力筋用锚具、夹具和连接器》GB/T 14370

14 《钢丝绳吊索——插编索扣》GB/T 16271

15 《一般用途钢丝绳》GB/T 20118

16 《钢拉杆》GB/T 20934

17 《结构加固修复用碳纤维片材》GB/T 21490

18 《公路桥梁抗风设计规范》JTG/T D60-01

19 《公路交通安全设施施工技术规范》JTG F71

20 《公路交通安全设施设计规范》JTG D81

21 《公路交通安全设施设计细则》JTG/T D81

22 《建筑用不锈钢绞线》JG/T 200

23 《建筑幕墙用钢索压管接头》JG/T 201

24 《镀锌钢绞线》YB/T 5004

中华人民共和国行业标准

低张拉控制应力拉索技术规程

JGJ/T 226—2011

条 文 说 明

制 定 说 明

《低张拉控制应力拉索技术规程》JGJ/T 226-
2011，经住房和城乡建设部 2011 年 5 月 10 日以第
1013 号公告批准、发布。

本规程制定过程中，编制组进行了大量的调查研
究和验证试验，总结了我国低张拉控制应力拉索的设
计和施工的实践经验，同时参考了国外先进技术法
规、技术标准，通过试验［拉索—锚具（连接器）组
装件静载锚固性能试验］取得了锚固性能效率系数等
重要技术参数。

为便于广大设计、施工、科研、学校等单位有关
人员在使用本规程时能正确理解和执行条文规定，
《低张拉控制应力拉索技术规程》编制组按章、节、
条顺序编制了本规程的条文说明，对条文规定的目
的、依据以及执行中需注意的有关事项进行了说明。
但是，本条文说明不具备与规程正文同等的法律效
力，仅供使用者作为理解和把握规程规定的参考。

目　次

1 总 则

1.0.2 根据低张拉控制应力拉索的定义，明确了其适用范围，即风障拉索、楼梯（护栏）扶索和公路缆索护栏。风障拉索是公路和桥梁风障系统的组成部分，所谓风障系统由立柱、PVC 风障条和拉索组成，主要用于减弱和改变风速风向，以避免由于横风造成交通事故。风障拉索主要是使风障系统各立柱间通过拉索锚固而形成整体，同时还可在交通事故发生后对人身和物品起到一定的保护作用。楼梯（护栏）扶索通常指室内外楼梯或景观护栏的拉索，具有安全围护的功能。公路缆索护栏拉索是公路安全设施中一种柔性护栏，由钢管立柱和两端锚固在端立柱的拉索组成，能较好地吸收碰撞能量。除此之外，某些景观设计需要的拉索或吊索也属于低张拉控制应力范畴。

2 术语和符号

2.1 术 语

2.1.2 低张拉控制应力拉索除其张拉控制应力较低外，一般处于裸露环境下工作，在正常使用工作状态时，拉索不作为承重体系组成部分，但在偶然荷载作用时体系仍应具备相应的承载能力。同时，为了区分预应力筋，将低张拉控制应力的上限定为国家标准《混凝土结构设计规范》GB 50010 - 2002 第 6.1.3 条规定的预应力筋张拉控制应力下限，即 $0.40 f_{ptk}$，其下限根据工程实践不宜小于 $0.15 f_{ptk}$。

3 拉索材料与锚固体系

3.1 拉索材料

3.1.1～3.1.7 低张拉控制应力拉索一般在自然裸露状态下使用，对材料的防腐性能要求较高，应采用防腐性能较高或本身具有防腐性能的不锈钢材料，所涉材料质量、性能要求均以现行国家或行业标准为依据，主要涉及的国家现行标准有《重要用途钢丝绳》GB/T 8918、《不锈钢丝绳》GB/T 9944、《一般用途钢丝绳》GB/T 20118 和《镀锌钢绞线》YB/T 5004、《建筑用不锈钢绞线》JG/T 200 和《不锈钢丝》GB/T 4240 等。本规程从上述标准中选择适用于低张拉控制应力拉索使用的规格形成附录 B.0.1～B.0.6，供使用时选择。

鉴于拉索产品标准是以最小破断拉力值作为其特征值，即为其标准值，是由拉索金属材料截面面积和金属材料抗拉强度标准值乘积并考虑加工工艺强度降低影响而得到。但在工程应用设计中应取用其设计

值，该值是由标准值除以材料分项系数得到。根据标准化协会标准《预应力钢结构技术规程》CECS 212：2006 第 4.4.1 条和《膜结构技术规程》CECS 158：2004 第 4.2.3 条，分项系数均取为 1.8。

拉索的物理性能是指弹性模量和线膨胀系数，分别取自标准化协会标准《预应力钢结构技术规程》CECS 212：2006 的表 4.4.2、表 4.4.3 和《点支式玻璃幕墙工程技术规程》CECS 127：2001 的表 5.4.4、表 5.4.5。

3.2 锚具、连接器及辅件

3.2.3 明确了低张拉控制应力拉索用的锚具、连接器的基本性能要求，需满足国家标准《预应力筋用锚具、夹具和连接器》GB/T 14370 - 2007 中第 5.5.1 条和第 5.7 节关于锚具连接器组装件的静载锚固性能的要求，其试验也按现行国家标准《预应力筋用锚具、夹具和连接器》GB/T 14370 执行。

由于拉索均以单索为张拉单元，计算拉索-锚具（连接器）的锚固性能效率系数时预应力筋效率系数 η_p 均取 1.0。故拉索组装件锚固性能效率系数为 $\eta_a = F_{apu}/F_{pm}$，式中 F_{apu} 为拉索-锚具（连接器）组装件的实测极限拉力，F_{pm} 为同批拉索试样实测破断拉力的平均值。η_a 值根据拉索品种、材料及锚具形式确定：

1）压接（挤压）式锚具，根据行业标准《建筑幕墙用钢索压管接头》JG/T 201 - 2007 中 5.2.1.1 款"接头最小破断拉力应大于钢索最小破断拉力的 90%"确定为 $\eta_a \geqslant 0.90$。

2）镦头锚具相当于夹具，根据国家标准《预应力筋用锚具、夹具和连接器》GB/T 14370 - 2007 中第 5.6.1 条的规定确定为 $\eta_a \geqslant 0.92$。

3）除上述两类锚具外的其他锚具形式，包括连接器均按国家标准《预应力筋用锚具、夹具和连接器》GB/T 14370 - 2007 的规定确定为 $\eta_a \geqslant 0.95$。

4）破断时总应变也按国家标准《预应力筋用锚具、夹具和连接器》GB/T 14370 - 2007 的规定确定为 $\varepsilon_{apu} \geqslant 2.0\%$。

鉴于低张拉控制应力拉索的工作状态均以单根拉索为基准，所以在作组装件静载锚固性能试验时，拉索有效长度可按现行国家标准《预应力筋用锚具、夹具和连接器》GB/T 14370 的规定取 0.8m。

3.2.4 低张拉控制应力拉索一个主要特点是控制应力低，在 $(0.15～0.4)\sigma_{con}$ 间，其锚固体系和张拉工艺有别于常规张拉工艺和锚固体系。由于拉索直径通常较小，张拉控制力较低或者定期需要调整张拉力，不能采用常规的施加预应力机具，往往采用锚具和加力器合一的螺母锚具形式。为了保证螺母旋转施

力时不会产生拉索松动或扭转，需设置防松装置。

土结构设计规范》GB 50010 进行设计计算。

4 设计基本规定

4.1 一般规定

4.1.3 由于风障拉索、楼梯（护栏）扶索和公路缆索护栏在荷载大小、允许最大动态变形等方面要求差别颇大，且设计的基本方法上也不尽相同，因此按风障拉索、楼梯（护栏）扶索和公路缆索护栏分别设计。鉴于公路缆索护栏设计在现行行业标准《公路交通安全设施设计规范》JTG D81 和《公路交通安全设施设计细则》JTG/T D81 中已有详细规定，本规程不再重复。

4.1.4 虽然低张拉控制应力拉索在正常使用条件下并非承重结构构件，但是仍有连接和形成整体锚固，并在偶然荷载作用时具有一定承载能力的要求，拉索必须在任何工况下都处于受拉状态。

4.1.6 低张拉控制应力拉索体系设计时的荷载，主要是水平作用荷载。风障拉索的水平作用荷载以横阵风荷载为主，根据现行行业标准《公路桥梁抗风设计规范》JTG/T D60 有关规定计算。楼梯（护栏）扶索的水平作用荷载根据国家标准《建筑结构荷载规范》GB 50009 - 2001，按住宅和公共建筑分别取 0.5kN/m 和 1.0kN/m。公路缆索护栏拉索的水平作用荷载根据现行行业标准《公路交通安全设施设计规范》JTG D81 按柔性护栏条件确定。

4.1.7 拉索允许最大动态变形量的确定，风障拉索是根据拉索体系相关部位（如立柱）等允许变形和工程实践而定；楼梯（护栏）扶索则是根据行业标准《住宅楼梯 栏杆、扶手》JG 3002.3 - 92 规定；而公路缆索护栏的最大动态变形量是根据行业标准《公路交通安全设施设计细则》JTG/T D81-2006 第 4.4.1 条的条文说明"缆索最大位移应满足规定值（110cm）"的要求确定。

4.1.8 拉索一般是全裸露环境下工作，温差对索力的影响较大。资料表明，当昼夜最大温度差 35℃时，温度应力损失达 12% 以上，所以确定张拉控制应力下限不宜小于 $0.15\sigma_{con}$。

5 结构构件设计

5.1 立 柱

5.1.5～5.1.7 工程应用大多采用钢结构立柱，立柱按钢结构设计，应满足抗弯强度、抗剪强度和整体稳定性要求，其具体设计计算按现行国家标准《钢结构设计规范》GB 50017 受弯构件相关内容执行。若立柱采用混凝土结构材料时，就按现行国家标准《混凝

5.2 拉 索

5.2.3 风障拉索和楼梯（护栏）扶索按两点支承的抛物线形简支拉索结构计算，作用荷载为均布荷载 q，抛物线矢高为 ΔS，拉索跨径为 l_1，由拉索结构计算可得到拉索索力水平分力为 $H = \dfrac{q l_1^2}{8\Delta S}$，因矢高 ΔS 与跨径 l_1 之比小于 0.1，故简化为拉索索力 $N_a \approx H = \dfrac{q l_1^2}{8\Delta S}$。

5.2.4 风障拉索的主要荷载是静阵风荷载，因拉索为圆截面，其迎风面的投影高度即为其直径，所以根据行业标准《公路桥梁抗风设计规范》JTG/T D60-01-2004 中公式（4.3.1），作用在拉索单位长度上的静阵风荷载为 $q = \dfrac{1}{2}\rho V_g^2 C_d D$。式中 V_g 为拉索所在高度处静阵风风速（m/s），其值 $V_g = C_v V_z$，其中阵风系数 C_v 按该行业标准中表 4.2.1 取值，而基准高度 Z 处的静阵风风速 V_z（m/s）则可根据风障拉索设计使用年限按 10 年、50 年和 100 年重现期下基本风速值选用。

6 施工及验收

6.1 一般规定

6.1.3 强调了拉索张拉和锚固前应对前一道工序，即立柱安装进行验收。

6.3 拉索制备

6.3.1 拉索多以卷盘形式供货，制索时需进行调直或初张拉。对钢丝绳类拉索为了消除制索时弹性变形其初张拉应力取 $(0.40\sim0.55)\sigma_{con}$，该数据来源于标准化协会标准《预应力钢结构技术规程》CECS 212：2006 第 4.5.1 条，对单丝或束采用镦头锚具时盘卷钢丝也有调直要求。

6.3.2 采用钢丝镦头锚具时，钢丝可锻性试验的控制指标即本规程第 3.2.3 条规定的镦头锚具—钢丝组装件静载锚固性能满足 $\eta_a \geq 0.92$ 和 $\varepsilon_{apu} \geq 2.0\%$ 的要求。

6.4 拉索、锚具及辅件安装

6.4.1～6.4.4 拉索、锚具及辅件的安装时，除用于张拉和锚固的端柱外，拉索还需穿越中间立柱上的预留孔洞，并在部分中间立柱上锚固。拉索从一端立柱向另一端立柱安装时，由于闭合式锚具或辅件是无法穿越立柱孔洞，所以对应的锚具和辅件均需按一定的顺序随拉索穿越安装就位，形成拉索基本组件（见图1）。

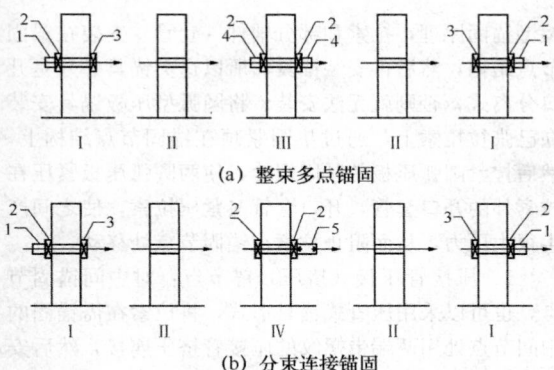

（a）整束多点锚固

（b）分束连接锚固

图 1　拉索、锚具及辅件安装顺序

Ⅰ—张拉端立柱；Ⅱ—中间非锚固立柱；Ⅲ—中间锚固立柱；Ⅳ—中间连接器锚固立柱；1—张拉端锚具；2—张拉端辅件；3—张拉端锚固立柱侧辅件；4—中间节点锚具；5—连接器兼锚具

示意图步骤说明：

立柱Ⅰ是张拉端，整束多点锚固时，拉索、锚具及辅件安装顺序如图 1（a）所示。拉索从其左侧穿越顺序是，锚具 1→辅件 2（包括防松装置等）→张拉端立柱Ⅰ孔洞→辅件 3→非锚固立柱Ⅱ（可以是若干个）→锚具 4→辅件 2→中间锚固立柱Ⅲ→……

分束连接锚固时，拉索、锚具及辅件安装顺序如图 1（b）所示。与整束多点锚固不同之处在于立柱Ⅳ既是锚固节点，又是分索的连接节点，因此该连接器要起到锚具连接两分束双重作用。风障拉索在设计单元内通常有多根拉索通过连接器连接并张拉成整体。

整束两端锚固相对简单，不存在中间锚固节点。楼梯（护栏）扶索以及公路缆索护栏常采用此类形式。

6.5　张拉与锚固

6.5.3~6.5.5　介绍了整束多点锚固、整束两端锚固和分束连接锚固三种锚固形式的张拉和锚固要求。

整束两端锚固的张拉和锚固与常见的预应力筋施工方法完全一致。整束多点锚固则在两端锚固的基础上，再对中间其他节点进行锚固。

分束连接锚固又可进一步分为连接器锚固和错位独立锚固两种方式。连接器锚固时，拉索需先与连接器连接形成拉索基本组装件，而张拉时又要分束张拉，故张拉前一束拉索时应卸除与连接器连接的后一束拉索。后一束张拉时应尽可能避免对前一束张拉力的影响，应采取措施防止连接器在后一束张拉时产生转动。错位独立锚固的张拉和锚固与整束两端锚固相同。

6.6　验　收

6.6.1~6.6.2　拉索体系验收属于分项工程验收。验收依据除了现行国家标准《建筑工程施工质量验收统一标准》GB 50300 和本规程规定外，公路缆索护栏验收还应符合现行行业标准《公路交通安全设施施工技术规范》JTG F71 的要求。

附录 A　典型锚固节点构造示意图

A.0.1　镦头锚节点根据功能要求不同，其构造可分为带防松装置的螺母锚具节点、带支承承力装置节点、一般节点以及可调节节点。

1　锚具（螺母式）在低张拉控制应力下防松是必须的，一种最简单的防松装置，由防松垫圈，固定垫圈用沉头螺钉等组成。工艺和原理是：拉索安装张拉锚固前先将带螺孔的防松垫圈安装在锚固节点结构上（由两个固定螺钉将其定位并固定在锚固节点结构上），然后张拉并锚固（采用螺母式锚具），再将防松垫圈一边或两边沿六角螺母六角边的任意边翻转 90°，使其紧压在螺母的六角边中某一边。所以当螺母要松动（转动）时，受到垫圈垂直压紧边的约束不能转动，而垫圈又由两螺钉固定在锚固节点结构上不能转动。最终螺母就不能转动，达到防松效果。

2　带支承承力装置的锚固节点：为了减少拉索张紧过程的各种阻力，在穿心螺杆与镦头接触面增加一个尺寸与穿心螺杆完全相同的短杆，其一面与镦头平压接，另一面加工成弧状与穿心螺杆接触面以弧面状配合。所以当螺母拧紧过程就可避免或减少由于穿心螺杆转动而带动拉索转动所造成的阻力和拉索扭转变形。

3　一般镦头锚节点：一般用于固定端，镦头锚固在墩头垫板。该垫板孔径略大于单丝直径，所以单丝的镦头扩大部位就支承在垫板上，垫板直接承压在锚固节点结构，因此镦头垫板实质上就是支承承力装置。

4　可调节镦头锚节点：可调节单丝镦头锚固节点是用于张拉端，镦头垫板改为穿心螺杆，单丝穿于中空螺杆作为镦头的支承承力装置，该螺杆通过其外螺纹与匹配的螺母以螺纹连接，螺母直接承压在锚固节点结构上。螺母和穿心螺杆组成了支承承力装置，而螺母通过扭紧过程，使单丝拉索张紧，所以螺母与穿心螺杆也是张拉装置。

A.0.2　压接（挤压）锚节点根据功能要求不同分为不可调节和可调节压接（挤压）锚节点。

1　不可调节压接（挤压）锚节点：这是一种压接（挤压）锚具锚固节点形式，拉索通过带承压头的压接管，将拉索挤压连接于管中（有一定压接长度），带承压头的压接管，通过承压垫圈压紧在锚固节点结构上，带承压头的压接管和承压垫圈组成了支承承力装置。一般用于拉索固定端。

2 可调节压接（挤压）锚节点：与图 A.0.2-1 不同的是压接管是一端带螺纹，另一端压接拉索，支承承力装置由带螺纹压接管和紧固螺母组成，当螺母拧紧时，拉索就张紧，通过压接管和螺母压紧在锚固节点的结构上。

A.0.3 这是一种铸锚形式，拉索通过铸锚锥体将拉索在锥体部位分叉，然后用冷或热铸合金，将其浇铸在锚具锥体内，形成锥塞式锚具，而且该锚具的外周带螺纹，与其匹配的专用螺母将其紧固在锚固节点结构上。

A.0.4 中间锚固节点根据拉索和锚具形式不同锚固节点构造不同。

1 分离压接（挤压）锚节点：这是一种通长拉索在中间锚固节点的锚固连接形式，锚具是分离式摩擦型锚固原理，拉索和部分辅件（套管）安装在锚固节点结构，然后再安装锚具，所以这类锚具必须是开口分离式，否则就无法安装。将圆弧型压板锚具安装在已张拉拉索上，通过垫圈紧顶在锚固节点结构上，然后拧紧圆弧压板的紧固螺栓，使两圆弧压板紧压在拉索外的开口套管，开口套管又紧压拉索，使之间产生很大压力，从而阻止拉索在锚固节点处移动。

2 压接管压接（挤压）锚节点：对中间锚固节点，也可以采用压管式锚具形式，将拉索在需锚固的中间节点处用两端带螺纹的压接管挤压连接，然后安装紧固螺母、垫圈。在锚固节点两侧同步拧紧螺母，该节点即可形式锚固节点。由于锚固节点结构两侧螺母紧固的限制，拉索不能左右移动。

中华人民共和国行业标准

钢筋锚固板应用技术规程

Technical specification for application of headed bars

JGJ 256—2011

批准部门：中华人民共和国住房和城乡建设部
施行日期：２０１２年４月１日

中华人民共和国住房和城乡建设部
公 告

第 1134 号

关于发布行业标准
《钢筋锚固板应用技术规程》的公告

现批准《钢筋锚固板应用技术规程》为行业标准，编号为 JGJ 256-2011，自 2012 年 4 月 1 日起实施。其中，第 3.2.3、6.0.7、6.0.8 条为强制性条文，必须严格执行。

本规程由我部标准定额研究所组织中国建筑工业出版社出版发行。

中华人民共和国住房和城乡建设部
2011 年 8 月 29 日

前 言

根据住房和城乡建设部《关于印发〈2010 年工程建设标准规范制订、修订计划〉的通知》（建标〔2010〕43 号）的要求，规程编制组经广泛调查研究，认真总结实践经验，参考有关国际标准和国外先进标准，并在广泛征求意见的基础上，制定本规程。

本规程的主要技术内容是：1. 总则；2. 术语和符号；3. 钢筋锚固板的分类和性能要求；4. 钢筋锚固板的设计规定；5. 钢筋丝头加工和锚固板安装；6. 钢筋锚固板的现场检验与验收。

本规程中以黑体字标志的条文为强制性条文，必须严格执行。

本规程由住房和城乡建设部负责管理和对强制性条文的解释，由中国建筑科学研究院负责具体技术内容的解释。执行过程中如有意见或建议，请寄送中国建筑科学研究院（地址：北京市北三环东路 30 号，邮编：100013）。

本 规 程 主 编 单 位：中国建筑科学研究院
北京韩建集团有限公司

本 规 程 参 编 单 位：建研科技股份有限公司
天津大学建筑工程学院
重庆大学土木工程学院
中国核电工程有限公司
中国核工业第二二建设有限公司

中国中轻国际工程有限公司
清华大学建筑设计研究院有限公司
上海核工程研究设计院
中交第三航务工程勘察设计院有限公司
江苏省建工设计研究院有限公司
北京建达道桥咨询有限公司
江阴市城乡规划设计院

本规程主要起草人员：
吴广彬	刘永颐	田 雄
李智斌	徐瑞榕	王依群
傅剑平	王洪斗	季钊徐
黄祝林	贺小岗	储艳春
金晓博	尚连飞	吴洪峰
张星云	宋桂峰	葛召深
常卫华	严益民	周林生

本规程主要审查人员：
程懋堃	白生翔	沙志国
张承起	康谷贻	李东彬
陈 矛	张超琦	杨振勋
赵景发	李扬海	钱冠龙

目　次

Contents

1 总　　则

1.0.1 为在混凝土结构中合理使用钢筋锚固板，做到安全适用、技术先进、经济合理、确保质量，制定本规程。

1.0.2 本规程适用于混凝土结构中钢筋采用锚固板锚固时锚固区的设计及钢筋锚固板的安装、检验与验收。

1.0.3 钢筋锚固板的应用除应符合本规程外，尚应符合国家现行有关标准的规定。

2　术语和符号

2.1　术　　语

2.1.1 锚固板　anchorage head for rebar
设置于钢筋端部用于锚固钢筋的承压板。

2.1.2 部分锚固板　partial anchorage head for rebar
依靠锚固长度范围内钢筋与混凝土的粘结作用和锚固板承压面的承压作用共同承担钢筋规定锚固力的锚固板。

2.1.3 全锚固板　full anchorage head for rebar
全部依靠锚固板承压面的承压作用承担钢筋规定锚固力的锚固板。

2.1.4 钢筋锚固板　headed bars
钢筋锚固板的组装件（图2.1.4）。

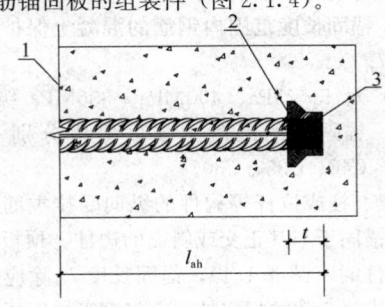

(a) 锚固板正放

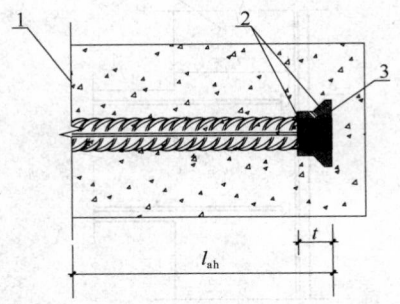

(b) 锚固板反放

图 2.1.4　钢筋锚固板示意图
1—锚固区钢筋应力最大处截面；2—锚固板承压面；
3—锚固板端面

2.1.5 钢筋锚固板的锚固长度　anchorage length of headed bars
受力钢筋依靠其表面与混凝土粘结作用和部分锚固板承压面的承压作用共同承担钢筋规定锚固力所需要的长度。

2.1.6 锚固板承压面　bearing surface of anchorage head
钢筋受拉时锚固板承受压力的面。

2.1.7 锚固板端面　end surface of anchorage head
锚固板的外端面。

2.1.8 锚固板厚度　thickness of anchorage head
锚固板端面到承压面的最大厚度。

2.1.9 锚固板承压面积　bearing area of anchorage head
锚固板承压面在钢筋轴线方向的投影面积。

2.1.10 钢筋锚固板锚固区　anchorage area of headed rebars
混凝土结构中，钢筋拉力通过钢筋锚固板传递并扩散到周围混凝土的区域。

2.1.11 钢筋丝头　thread sector at rebar end
钢筋端部加工的螺纹区段。

2.2　符　　号

A_s——钢筋公称截面面积；
d——钢筋公称直径；
f_{stk}——钢筋极限强度标准值；
f_{yk}——钢筋屈服强度标准值；
l_{ab}——受拉钢筋的基本锚固长度；
l_{abE}——受拉钢筋的抗震基本锚固长度；
l_{ah}——钢筋锚固板的锚固长度。

3　钢筋锚固板的分类和性能要求

3.1　锚固板的分类与尺寸

3.1.1 锚固板可按表3.1.1进行分类。

表3.1.1　锚固板分类

分类方法	类　　别
按材料分	球墨铸铁锚固板、钢板锚固板、锻钢锚固板、铸钢锚固板
按形状分	圆形、方形、长方形
按厚度分	等厚、不等厚
按连接方式分	螺纹连接锚固板、焊接连接锚固板
按受力性能分	部分锚固板、全锚固板

3.1.2 锚固板应符合下列规定：

　　1 全锚固板承压面积不应小于锚固钢筋公称面积的 9 倍；

　　2 部分锚固板承压面积不应小于锚固钢筋公称面积的 4.5 倍；

　　3 锚固板厚度不应小于锚固钢筋公称直径；

　　4 当采用不等厚或长方形锚固板时，除应满足上述面积和厚度要求外，尚应通过省部级的产品鉴定；

　　5 采用部分锚固板锚固的钢筋公称直径不宜大于 40mm；当公称直径大于 40mm 的钢筋采用部分锚固板锚固时，应通过试验验证确定其设计参数。

3.2 钢筋锚固板的性能要求

3.2.1 锚固板原材料宜选用表 3.2.1 中的牌号，且应满足表 3.2.1 的力学性能要求；当锚固板与钢筋采用焊接连接时，锚固板原材料尚应符合现行行业标准《钢筋焊接及验收规程》JGJ 18 对连接件材料的可焊性要求。

表 3.2.1 锚固板原材料力学性能要求

锚固板原材料	牌　号	抗拉强度 σ_s（N/mm²）	屈服强度 σ_b（N/mm²）	伸长率 δ（%）
球墨铸铁	QT450-10	≥450	≥310	≥10
钢板	45	≥600	≥355	≥16
	Q345	450～630	≥325	≥19
锻钢	45	≥600	≥355	≥16
	Q235	370～500	≥225	≥22
铸钢	ZG230-450	≥450	≥230	≥22
	ZG270-500	≥500	≥270	≥18

3.2.2 采用锚固板的钢筋应符合现行国家标准《钢筋混凝土用钢　第 2 部分：热轧带肋钢筋》GB 1499.2 及《钢筋混凝土用余热处理钢筋》GB 13014 的规定；采用部分锚固板的钢筋不应采用光圆钢筋。采用全锚固板的钢筋可选用光圆钢筋。光圆钢筋应符合现行国家标准《钢筋混凝土用钢　第 1 部分：热轧光圆钢筋》GB 1499.1 的规定。

3.2.3 钢筋锚固板试件的极限拉力不应小于钢筋达到极限强度标准值时的拉力 $f_{stk}A_s$。

3.2.4 钢筋锚固板在混凝土中的锚固极限拉力不应小于钢筋达到极限强度标准值时的拉力 $f_{stk}A_s$。

3.2.5 锚固板与钢筋的连接宜选用直螺纹连接，连接螺纹的公差带应符合《普通螺纹　公差》GB/T 197 中 6H、6f 级精度规定。采用焊接连接时，宜选用穿孔塞焊，其技术要求应符合现行行业标准《钢筋焊接及验收规程》JGJ 18 的规定。

4 钢筋锚固板的设计规定

4.1 部分锚固板

4.1.1 采用部分锚固板时，应符合下列规定：

　　1 一类环境中设计使用年限为 50 年的结构，锚固板侧面和端面的混凝土保护层厚度不应小于 15mm；更长使用年限结构或其他环境类别时，宜按照现行国家标准《混凝土结构设计规范》GB 50010 的相关规定增加保护层厚度，也可对锚固板进行防腐处理。

　　2 钢筋的混凝土保护层厚度应符合现行国家标准《混凝土结构设计规范》GB 50010 的规定，锚固长度范围内钢筋的混凝土保护层厚度不宜小于 1.5d；锚固长度范围内应配置不少于 3 根箍筋，其直径不应小于纵向钢筋直径的 0.25 倍，间距不应大于 5d，且不应大于 100mm，第 1 根箍筋与锚固板承压面的距离应小于 1d；锚固长度范围内钢筋的混凝土保护层厚度大于 5d 时，可不设横向箍筋。

　　3 钢筋净间距不宜小于 1.5d。

　　4 锚固长度 l_{ah} 不宜小于 0.4l_{ab}（或 0.4l_{abE}）；对于 500MPa、400MPa、335MPa 级钢筋，锚固区混凝土强度等级分别不宜低于 C35、C30、C25。

　　5 纵向钢筋不承受反复拉、压力，且满足下列条件时，锚固长度 l_{ah} 可减小至 0.3l_{ab}：

　　　　1）锚固长度范围内钢筋的混凝土保护层厚度不小于 2d；

　　　　2）对 500MPa、400MPa、335MPa 级钢筋，锚固区的混凝土强度等级分别不低于 C40、C35、C30。

　　6 梁、柱或拉杆等构件的纵向受拉主筋采用锚固板集中锚固于与其正交或斜交的边柱、顶板、底板等边缘构件时（图 4.1.1），锚固长度 l_{ah} 除应符合本条第 4 款或第 5 款的规定外，宜将钢筋锚固板延伸至

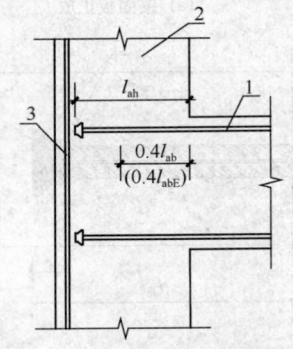

图 4.1.1　钢筋锚固板在边缘
构件中的锚固示意图
1—构件纵向受拉主筋；2—边缘构件；
3—边缘构件对侧纵向主筋

正交或斜交边缘构件对侧纵向主筋内边。

4.1.2 梁支座采用部分锚固板时，应符合下列规定：

1 钢筋混凝土简支梁和连续梁简支端的剪力大于 $0.7f_tbh_0$，且其下部纵向受力钢筋伸入支座范围内的锚固长度无法满足现行国家标准《混凝土结构设计规范》GB 50010 中不小于 $12d$ 的要求时，可选用钢筋锚固板；对 335MPa、400MPa 级钢筋，锚固长度 l_{ah} 不应小于 $6d$；对 500MPa 级钢筋，l_{ah} 不应小于 $7d$ (图 4.1.2-1)；

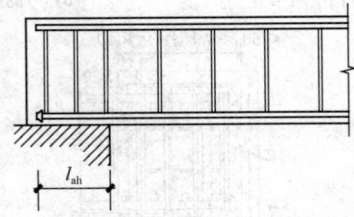

图 4.1.2-1 纵向受力钢筋伸入
梁简支支座的锚固

2 简支单跨深梁和连续深梁的简支端支座处，深梁的下部纵向受拉钢筋应全部伸入支座，下部纵向受拉钢筋可选用锚固板锚固，锚固板应伸过支座中心线，其锚固长度不应小于 $0.45l_{ab}$ [图 4.1.2-2 (a)]；连续深梁的下部纵向受拉钢筋应全部伸过中间支座的中心线，且自支座边缘算起的锚固长度不应小于 $0.4l_{ab}$ [图 4.1.2-2 (b)]。

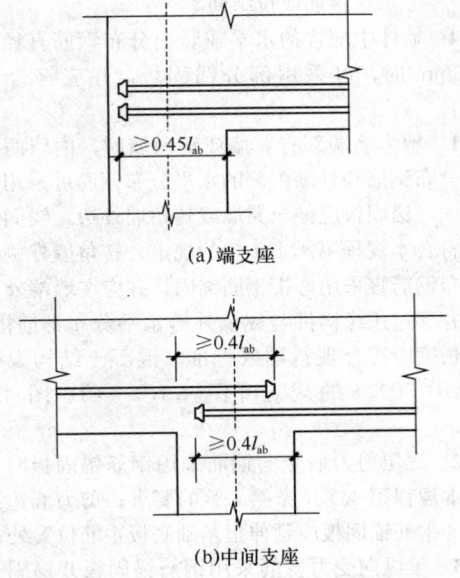

(a) 端支座

(b) 中间支座

图 4.1.2-2 简支单跨深梁和连续深梁
下部纵向受拉钢筋锚固

4.1.3 框架节点采用部分锚固板时，应符合下列规定：

1 中间层中间节点梁下部纵向钢筋采用锚固板时，锚固板宜伸至柱对侧纵向钢筋内边，锚固长度不

应小于 $0.4l_{ab}$ ($0.4l_{abE}$) [图 4.1.3-1 (a)]；

2 中间层端节点梁纵向钢筋采用锚固板时，锚固板宜伸至柱外侧纵筋内边，距纵向钢筋内边距离不应大于 50mm，锚固长度不应小于 $0.4l_{ab}$ ($0.4l_{abE}$) [图 4.1.3-1 (b)]；

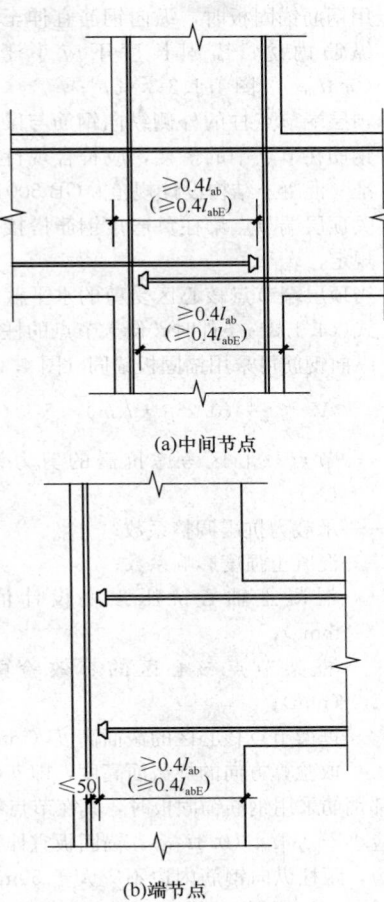

(a) 中间节点

(b) 端节点

图 4.1.3-1 梁纵向钢筋在中间
层节点的锚固

3 顶层中间节点柱的纵向钢筋在节点中采用钢筋锚固板时，锚固板宜伸至梁上部纵向钢筋内边，且锚固长度不应小于 $0.5l_{ab}$ ($0.5l_{abE}$) (图 4.1.3-2)；梁的下部纵向钢筋在节点中采用钢筋锚固板时，锚固板宜伸至柱对侧纵向钢筋内边，且锚固长度不应小于 $0.4l_{ab}$ ($0.4l_{abE}$)；

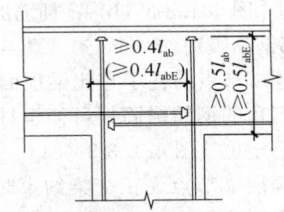

图 4.1.3-2 柱纵向钢筋和梁下部纵向钢筋
在顶层中间节点的锚固

4 顶层端节点采用钢筋锚固板时，应符合下列规定：

　　1）柱的内侧纵向钢筋在节点中采用钢筋锚固板时，锚固长度不宜小于 $0.4l_{ab}$（$0.4l_{abE}$）；顶层端节点处梁的下部纵向钢筋在节点中采用钢筋锚固板时，纵向钢筋宜伸至柱外侧纵筋内边，锚固长度不应小于 $0.4l_{ab}$（$0.4l_{abE}$）[图 4.1.3-3（c）]；

　　2）顶层端节点柱的外侧纵向钢筋与梁的上部钢筋在节点中的搭接，应符合现行国家标准《混凝土结构设计规范》GB 50010 中有关顶层端节点梁柱负弯矩钢筋搭接的相关规定；

　　3）当顶层端节点核心区受剪的水平截面满足式（4.1.3）条件时，伸入节点的柱和梁的纵向钢筋可采用锚固板锚固（图 4.1.3-3）；

$$V_j \leqslant \frac{1}{\gamma_{RE}}(0.25\beta_c f_c b_j h_j) \qquad (4.1.3)$$

式中：V_j——节点核心区考虑抗震的剪力设计值（N）；

　　　　γ_{RE}——承载力抗震调整系数；

　　　　β_c——混凝土强度影响系数；

　　　　f_c——混凝土轴心抗压强度设计值（N/mm²）；

　　　　b_j——框架节点核心区的有效验算宽度（mm）；

　　　　h_j——框架节点核心区的截面高度（mm），可取验算方向的柱截面高度，即 $h_j=h_c$。

　　梁上部钢筋采用钢筋锚固板时，其在节点中的锚固长度不应小于 $0.4l_{ab}$（$0.4l_{abE}$），锚固板宜伸至柱纵向钢筋内边，距柱纵向钢筋内边不应大于 50mm [图 4.1.3-3（c）]；柱外侧钢筋锚固板除角部钢筋外应在柱顶区全部弯折在节点内，其弯折段与梁上部伸入节点的钢筋锚固板的搭接长度不应小于 $14d$（d 为梁上部钢筋公称直径），当不满足上述要求时，可以将弯折钢筋的锚固板伸入梁内 [图 4.1.3-3（c）]；上述搭接区段应配置倒置的 U 形垂直插筋，插筋直径不应小于被搭接钢筋中纵筋直径的 0.5 倍，间距不大于梁筋直径的 5 倍和 150mm 中的小者；在离梁筋锚固板承压面 $2d$ 范围内，应配置双排上述的倒置 U 形垂直插筋，且每根梁上部钢筋均应有插筋通过，插筋应伸过梁下部钢筋 [图 4.1.3-3（b）]；插筋的钢筋级别不应低于梁上部钢筋级别；

　　4）顶层端节点的柱子宜比梁顶面高出 50mm，柱四角的钢筋锚固板可伸至柱顶并用封闭箍筋定位 [图 4.1.3-3（c）]；

　　5）当顶层端节点无正交梁约束时，节点顶部应在图 4.1.3-3 中 5 所示的正交梁上部钢筋位置处配置不少于 4 根直径为 16mm 的

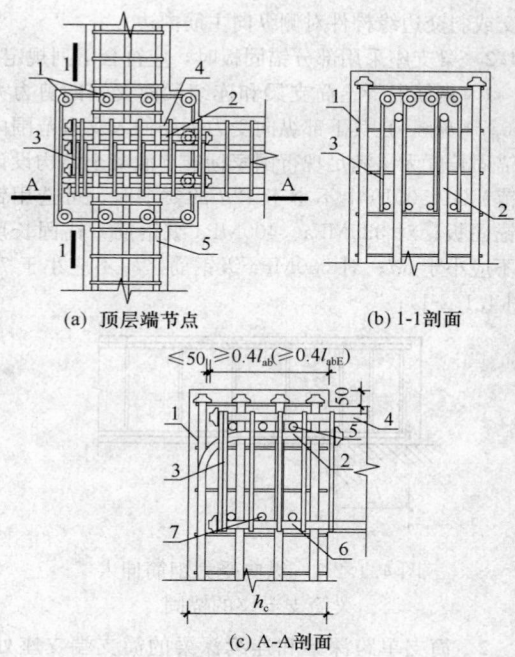

（a）顶层端节点　　　　（b）1-1 剖面

（c）A-A 剖面

图 4.1.3-3　顶层端节点钢筋锚固板
布置和节点构造

1—梁宽范围外柱纵筋；2—梁宽范围内柱纵筋；
3—U 形插筋；4—梁上部钢筋；5—正交梁上部钢筋；
6—梁下部钢筋；7—正交梁下部钢筋
注：图中尺寸单位为毫米（mm）

水平箍筋或拉结筋。

4.1.4 墙体中配置的水平或竖向分布钢筋直径不小于 16mm 时，可采用部分锚固板，并应符合下列规定：

　　1 剪力墙端部有翼墙或转角墙时，内墙两侧的水平分布钢筋和外墙内侧的水平分布钢筋可采用锚固板锚固，锚固板应伸至翼墙或转角墙外边，锚固长度 l_{ab} 应符合本规程第 4.1.1 条的规定；转角墙外侧的水平分布钢筋宜采用弯折钢筋锚固，并应在墙端外角处弯折并穿过边缘构件与翼墙外侧水平分布钢筋搭接，搭接长度应符合现行国家标准《混凝土结构设计规范》GB 50010 的规定 [图 4.1.4（a）、图 4.1.4（b）]；

　　2 底层剪力墙竖向钢筋采用钢筋锚固板时，应符合本规程第 4.1.1 条第 4 款的要求；剪力墙边缘构件中的钢筋锚固板应延伸至基础底板主筋位置处；

　　3 梁纵向受力主筋采用钢筋锚固板并锚固于剪力墙边缘构件时，除应符合本规程第 4.1.1 条第 4 款规定外，尚应符合国家现行标准《混凝土结构设计规范》GB 50010 和《高层建筑混凝土结构技术规程》JGJ 3 中有关剪力墙设置扶壁柱或暗柱的尺寸、配筋和构造要求，并宜将钢筋锚固板延伸至剪力墙边缘构件对侧主筋位置。

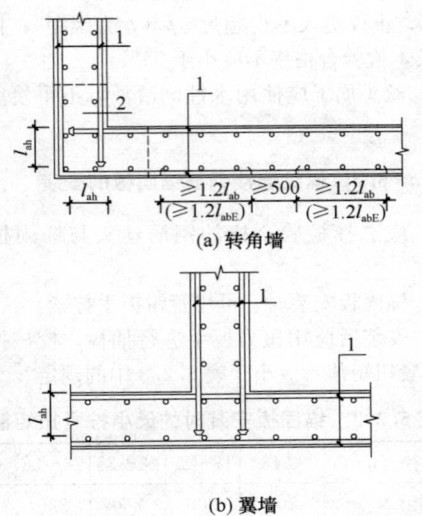

(a) 转角墙

(b) 翼墙

图 4.1.4 部分锚固板在剪力墙中的应用
1—墙体水平分布筋；2—转角墙边缘构件
注：图中尺寸单位为毫米（mm）

4.2 全锚固板

4.2.1 采用全锚固板时，应符合下列规定：

1 全锚固板的混凝土保护层厚度应按本规程第 4.1.1 条规定执行；

2 钢筋的混凝土保护层厚度不宜小于 $3d$；

3 钢筋净间距不宜小于 $5d$；

4 钢筋锚固板用做梁的受剪钢筋、附加横向钢筋或板的抗冲切钢筋时，应在钢筋两端设置锚固板，并应分别伸至梁或板主筋的上侧和下侧定位（图 4.2.1）；墙体拉结筋的锚固板宜置于墙体内层钢筋外侧；

5 500MPa、400MPa、300MPa 级钢筋采用全锚固板时，混凝土强度等级分别不宜低于 C35、C30 和 C25。

4.2.2 在梁中采用全锚固板时，应符合下列规定：

1 位于梁下部或梁截面高度范围内的集中荷载，应全部由附加横向钢筋承担；附加横向钢筋可选用锚固板锚固，并应布置在长度为 s 的范围内，此处 $s=2h_1+3b$（图 4.2.2-1），钢筋锚固板宜按图 4.2.1（a）布置；

2 当有集中荷载作用于深梁下部 3/4 高度范围内时，该集中荷载应全部由附加横向钢筋承受；附加横向钢筋可选用全锚固板锚固，其水平分布长度 s 应按下列公式确定（图 4.2.2-2）：

当 $h_1 \leqslant h_b/2$ 时　$s = b_b + h_b$ 　　(4.2.2-1)

当 $h_1 > h_b/2$ 时　$s = b_b + 2h_1$ 　　(4.2.2-2)

钢筋锚固板应沿梁两侧均匀布置，并应从梁底伸到梁顶，按图 4.2.1（a）布置；

3 当需提高梁的受剪承载力时，梁受剪钢筋可

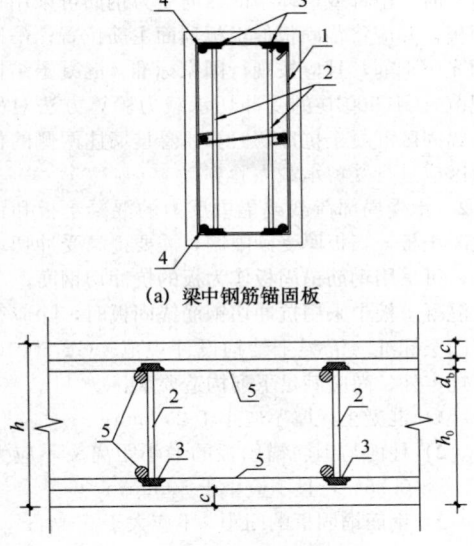

(a) 梁中钢筋锚固板

(b) 板中钢筋锚固板

图 4.2.1 梁、板中钢筋锚固板设置
1—箍筋；2—钢筋锚固板；3—锚固板；
4—梁主筋；5—板主筋

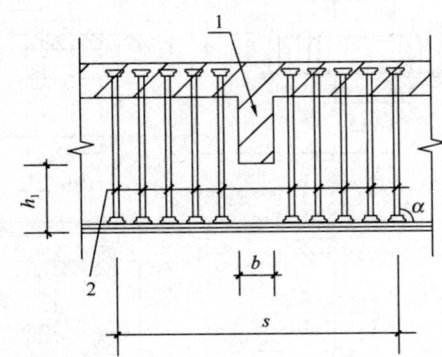

图 4.2.2-1 梁高度范围内有集中
荷载作用时附加横向钢筋的布置
1—传递集中荷载的位置；2—钢筋锚固板

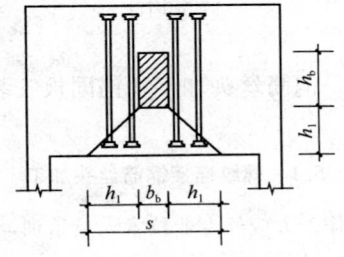

图 4.2.2-2 深梁承受集中
荷载作用时的附加横向钢筋

采用全锚固板锚固，并可与普通箍筋等同使用〔图 4.2.1（a）〕。

4.2.3 在板中采用全锚固板时，应符合下列规定：

1 钢筋混凝土平板承受集中悬挂荷载（吊杆或

墙体）时，吊杆或墙体中的纵向受力钢筋可采用钢筋锚固板，并应将锚固板伸至板顶面主筋位置；吊杆宜选用光圆钢筋，且应按现行国家标准《混凝土结构设计规范》GB 50010 的受冲切承载力验算方法对吊杆进行锚固区混凝土抗冲切验算；悬挂墙体两侧的板的受剪区应进行受剪承载力验算；

2 承受局部荷载或集中反力的混凝土板和预应力混凝土板，当板厚受到限制，需要提高受冲切承载力时，可采用钢筋锚固板作为板的抗冲切钢筋。

混凝土板中采用抗冲切钢筋锚固板时，除应符合现行国家标准《混凝土结构设计规范》GB 50010 的计算规定外，尚应满足下列构造要求：

  1）混凝土板厚不应小于 200mm；
  2）柱面与钢筋锚固板的最小距离 s_0 不应大于 $0.35h_0$，且不应小于 50mm；
  3）钢筋锚固板的间距 s 不应大于 $0.4h_0$；
  4）计算所需的钢筋锚固板应在 45°冲切破坏锥面范围内配置，且应等间距向外延伸，从柱截面边缘向外布置长度不应小于 $1.5h_0$（图 4.2.3）。

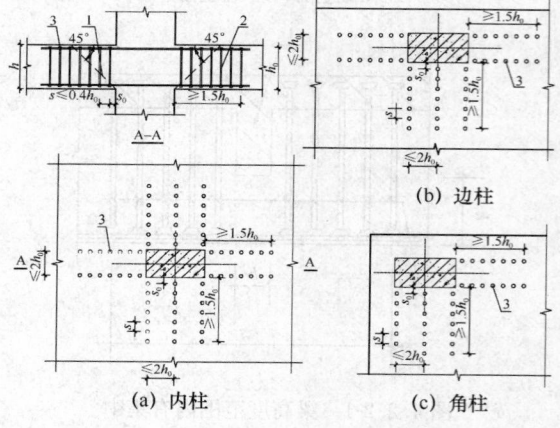

图 4.2.3 板中抗冲切钢筋锚固板排列布置
1—冲切破坏锥面；2—抗冲切钢筋锚固板；
3—锚固板

5 钢筋丝头加工和锚固板安装

5.1 螺纹连接钢筋丝头加工

5.1.1 操作工人应经专业技术人员培训，合格后持证上岗，人员应相对稳定。

5.1.2 钢筋丝头加工应符合下列规定：

  1 钢筋丝头的加工应在钢筋锚固板工艺检验合格后方可进行；

  2 钢筋端面应平整，端部不得弯曲；

  3 钢筋丝头公差宜满足 $6f$ 精度要求，应用专用螺纹量规检验，通规能顺利旋入并达到要求的拧

入长度，止规旋入不得超过 $3p$（p 为螺距）；抽检数量 10%，检验合格率不应小于 95%；

  4 丝头加工应使用水性润滑液，不得使用油性润滑液。

5.2 螺纹连接钢筋锚固板的安装

5.2.1 应选择检验合格的钢筋丝头与锚固板进行连接。

5.2.2 锚固板安装时，可用管钳扳手拧紧。

5.2.3 安装后应用扭力扳手进行抽检，校核拧紧扭矩。拧紧扭矩值不应小于表 5.2.3 中的规定。

表 5.2.3 锚固板安装时的最小拧紧扭矩值

钢筋直径（mm）	≤16	18～20	22～25	28～32	36～40
拧紧扭矩（N·m）	100	200	260	320	360

5.2.4 安装完成后的钢筋端面应伸出锚固板端面，钢筋丝头外露长度不宜小于 $1.0p$。

5.3 焊接钢筋锚固板的施工

5.3.1 焊接钢筋锚固板，应符合下列规定：

  1 从事焊接施工的焊工应持有焊工证，方可上岗操作；

  2 在正式施焊前，应进行现场条件下的焊接工艺试验，并经试验合格后，方可正式生产；

  3 用于穿孔塞焊的钢筋及焊条应符合现行行业标准《钢筋焊接及验收规程》JGJ 18 的相关规定；

  4 焊缝应饱满，钢筋咬边深度不得超过 0.5mm，钢筋相对锚固板的直角偏差不应大于 3°；

  5 在低温和雨、雪天气情况下施焊时，应符合现行行业标准《钢筋焊接及验收规程》JGJ 18 的相关规定。

5.3.2 锚固板塞焊孔尺寸应符合现行行业标准《钢筋焊接及验收规程》JGJ 18 的相关规定（图 5.3.2）。

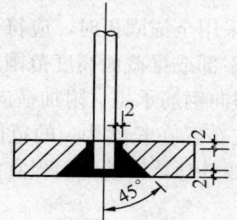

图 5.3.2 锚固板穿孔塞焊尺寸图
注：图中尺寸单位 mm

6 钢筋锚固板的现场检验与验收

6.0.1 锚固板产品提供单位应提交经技术监督局备案的企业产品标准。对于不等厚或长方形锚固板，尚应提交省部级的产品鉴定证书。

6.0.2 锚固板产品进场时，应检查其锚固板产品的

合格证。产品合格证应包括适用钢筋直径、锚固板尺寸、锚固板材料、锚固板类型、生产单位、生产日期以及可追溯原材料性能和加工质量的生产批号。产品尺寸及公差应符合企业产品标准的要求。用于焊接锚固板的钢板、钢筋、焊条应有质量证明书和产品合格证。

6.0.3 钢筋锚固板的现场检验应包括工艺检验、抗拉强度检验、螺纹连接锚固板的钢筋丝头加工质量检验和拧紧扭矩检验、焊接锚固板的焊缝检验。拧紧扭矩检验应在工程实体中进行，工艺检验、抗拉强度检验的试件应在钢筋丝头加工现场抽取。工艺检验、抗拉强度检验和拧紧扭矩检验规定为主控项目，外观质量检验规定为一般项目。钢筋锚固板试件的抗拉强度试验方法应符合本规程附录 A 的有关规定。

6.0.4 钢筋锚固板加工与安装工程开始前，应对不同钢筋生产厂的进场钢筋进行钢筋锚固板工艺检验；施工过程中，更换钢筋生产厂商、变更钢筋锚固板参数、形式及变更产品供应商时，应补充进行工艺检验。

工艺检验应符合下列规定：

1 每种规格的钢筋锚固板试件不应少于 3 根；

2 每根试件的抗拉强度均应符合本规程第 3.2.3 条的规定；

3 其中 1 根试件的抗拉强度不合格时，应重取 6 根试件进行复检，复检仍不合格时判为本次工艺检验不合格。

6.0.5 钢筋锚固板的现场检验应按验收批进行。同一施工条件下采用同一批材料的同类型、同规格的钢筋锚固板，螺纹连接锚固板应以 500 个为一个验收批进行检验与验收，不足 500 个也应作为一个验收批；焊接连接锚固板应以 300 个为一个验收批，不足 300 个也应作为一个验收批。

6.0.6 螺纹连接钢筋锚固板安装后应按本规程第 6.0.5 条的验收批，抽取其中 10% 的钢筋锚固板按本规程第 5.2.3 条要求进行拧紧扭矩校核，拧紧扭矩值不合格数超过被校核数的 5% 时，应重新拧紧全部钢筋锚固板，直到合格为止。焊接连接钢筋锚固板应按现行行业标准《钢筋焊接及验收规程》JGJ 18 有关穿孔塞焊要求，检查焊缝外观是否符合本规程第 5.3.1 条第 4 款的规定。

6.0.7 对螺纹连接钢筋锚固板的每一验收批，应在加工现场随机抽取 3 个试件作抗拉强度试验，并应按本规程第 3.2.3 条的抗拉强度要求进行评定。3 个试件的抗拉强度均应符合强度要求，该验收批评为合格。如有 1 个试件的抗拉强度不符合要求，应再取 6 个试件进行复检。复检中如仍有 1 个试件的抗拉强度不符合要求，则该验收批应评为不合格。

6.0.8 对焊接连接钢筋锚固板的每一验收批，应随机抽取 3 个试件，并按本规程第 3.2.3 条的抗拉强度要求进行评定。3 个试件的抗拉强度均应符合强度要求，该验收批评为合格。如有 1 个试件的抗拉强度不符合要求，应再取 6 个试件进行复检。复检中如仍有 1 个试件的抗拉强度不符合要求，则该验收批应评为不合格。

6.0.9 螺纹连接钢筋锚固板的现场检验，在连续 10 个验收批抽样试件抗拉强度一次检验通过的合格率为 100% 条件下，验收批试件数量可扩大 1 倍。当螺纹连接钢筋锚固板的验收批数量少于 200 个，焊接连接钢筋锚固板的验收批数量少于 120 个时，允许按上述同样方法，随机抽取 2 个钢筋锚固板试件作抗拉强度试验，当 2 个试件的抗拉强度均满足本规程第 3.2.3 条的抗拉强度要求时，该验收批应评为合格。如有 1 个试件的抗拉强度不满足要求，应再取 4 个试件进行复检。复检中如仍有 1 个试件的抗拉强度不满足要求，则该验收批应评为不合格。

附录 A 钢筋锚固板试件抗拉强度试验方法

A.0.1 螺纹连接和焊接连接钢筋锚固板试件抗拉强度的检验与评定均可采用钢筋锚固板试件抗拉强度试验方法。

A.0.2 钢筋锚固板试件的长度不应小于 250mm 和 10d。

A.0.3 钢筋锚固板试件的受拉试验装置应符合下列规定：

1 锚固板的支承板平面应平整，并宜与钢筋保持垂直；

2 锚固板支撑板孔洞直径与试件钢筋外径的差值不应大于 4mm；

3 宜选用专用钢筋锚固板试件抗拉强度试验装置（图 A.0.3）进行试验。

A.0.4 钢筋锚固板抗拉强度试验的加载速度应符合

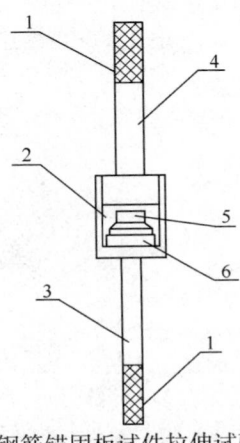

图 A.0.3 钢筋锚固板试件拉伸试验装置示意图
1—夹持区；2—钢套管基座；3—钢筋锚固板试件；
4—工具拉杆；5—锚固板；6—支承板

现行国家标准《金属材料　室温拉伸试验方法》GB/T 228 的规定。

本规程用词说明

1　为便于在执行本规程条文时区别对待，对要求严格程度不同的用词说明如下：

1）表示很严格，非这样做不可的：

正面词采用"必须"，反面词采用"严禁"；

2）表示严格，在正常情况下均应这样做的：

正面词采用"应"，反面词采用"不应"或"不得"；

3）表示允许稍有选择，在条件许可时首先应这样做的：

正面词采用"宜"，反面词采用"不宜"；

4）表示有选择，在一定条件下可以这样做的，采用"可"。

2　条文中指明应按其他有关标准执行的写法为："应符合……的规定"或"应按……执行"。

引用标准名录

1　《混凝土结构设计规范》GB 50010

2　《普通螺纹　公差》GB/T 197

3　《金属材料　室温拉伸试验方法》GB/T 228

4　《钢筋混凝土用钢　第1部分：热轧光圆钢筋》GB 1499.1

5　《钢筋混凝土用钢　第2部分：热轧带肋钢筋》GB 1499.2

6　《钢筋混凝土用余热处理钢筋》GB 13014

7　《高层建筑混凝土结构技术规程》JGJ 3

8　《钢筋焊接及验收规程》JGJ 18

中华人民共和国行业标准

钢筋锚固板应用技术规程

JGJ 256—2011

条 文 说 明

制 定 说 明

《钢筋锚固板应用技术规程》JGJ 256 - 2011，经住房和城乡建设部 2011 年 8 月 29 日以第 1134 号公告批准、发布。

本规程制定过程中，编制组进行了广泛的调查研究，总结了我国钢筋锚固板试验研究成果和工程应用的实践经验，同时参考了国外先进技术法规、技术标准，许多单位和学者进行了卓有成效的试验和研究，为本次制定提供了极有价值的技术参数。

为了便于广大设计、施工、科研、学校等单位有关人员在使用本规程时能正确理解和执行条文规定，《钢筋锚固板应用技术规程》编制组按章、节、条顺序编制了本规程的条文说明，对条文规定的目的、依据以及执行中需注意的有关事项进行了说明，还着重对强制性条文的强制性理由作了解释。但是，本条文说明不具备与标准正文同等的法律效力，仅供使用者作为理解和把握标准规定的参考。

目　次

1 总 则

钢筋的可靠锚固与结构的安全性密切相关。不同的钢筋锚固方式将明显影响混凝土结构的设计和施工方法。近年来发展起来一种垫板与螺帽合一的新型锚固板，将其与钢筋组装后形成的钢筋锚固板具有良好的锚固性能，螺纹连接可靠、方便，锚固板可工厂生产和商品化供应，用它代替传统的弯折钢筋锚固和直钢筋锚固可以节约钢材，方便施工，减少结构中钢筋拥挤，提高混凝土浇筑质量，深受用户欢迎。

钢筋锚固板应用范围广泛，土木建筑工程包括房屋建筑、桥梁、水利水电、核电站、地铁等工程均有大量钢筋需要钢筋锚固技术。钢筋锚固板锚固技术为这些工程提供了一种可靠、快速、经济的钢筋锚固手段，具有重大经济和社会价值。

近年来，国内一些研究单位和高等学校对钢筋锚固板的基本性能和在框架节点中的应用开展了不少有价值的研究工作，取得了丰富的科研成果。本规程是在总结国内、外大量钢筋锚固板试验研究成果和国内众多重大工程采用新型钢筋锚固板的基础上编制的。本规程旨在为钢筋锚固板的使用，做到安全适用、技术先进、经济合理、确保质量。

鉴于钢筋锚固板在我国的应用历史较短，基础性研究工作也还需要进一步完善，本规程公布实施后将继续积累工程应用经验和新研究成果，在以后修订过程中不断改进完善。

2 术语和符号

2.1 术 语

2.1.4 本术语指装配了锚固板的钢筋，与国际所用术语 headed deformed bars 或 headed bars 相对应。包括各类一端或二端带锚固板的钢筋。

2.1.6~2.1.8 强调是钢筋受拉时的承压面，以便与受压时的承压面相区别；对承压面不在同一平面的不等厚锚固板，可能有多个承压面，锚固板厚度指端面到最远承压面的最大厚度 t。

3 钢筋锚固板的分类和性能要求

3.1 锚固板的分类与尺寸

3.1.2 锚固板承压面积的规定是根据国内外各类钢筋锚固板试验结果作出的规定，大多数钢筋锚固板试验所用的锚固板承压面积，对全锚固板为9倍左右的钢筋公称面积，部分锚固板为4.5倍左右钢筋公称面积。锚固板的厚度要求是根据锚固板与钢筋连接强度

和锚固板刚度的需要确定的。对不等厚度锚固板或长方形锚固板，除应满足规程规定的面积和厚度要求外，尚应提供验证钢筋锚固板锚固能力的产品定型鉴定报告。这是为确保锚固板刚度以及钢筋锚固板的锚固能力提出的附加要求。产品鉴定报告应包括试验论证不同类型和规格的钢筋锚固板能够在满足本规程规定的锚固长度、最小混凝土保护层和最小构造配筋的条件下达到本规程第3.2.4条的要求；同时应满足本规程第3.2.3条的钢筋锚固板试件极限抗拉强度的要求。

3.2 钢筋锚固板的性能要求

3.2.1 锚固板与钢筋采用焊接连接时，锚固板材料的选用应考虑与钢筋的可焊性，应满足现行行业标准《钢筋焊接及验收规程》JGJ 18 中对预埋件焊接接头的材料要求。

3.2.3 钢筋锚固板试件的极限抗拉强度是保证钢筋锚固板锚固性能的重要环节，要求其极限拉力不应小于钢筋达到极限强度标准值时的拉力 $f_{stk}A_s$，本规程采用现行国家标准《混凝土结构设计规范》GB 50010 中的基本符号体系，钢筋极限强度标准值用 f_{stk} 表达。本条为强制性条文，必须严格执行。

3.2.4 本条规定了钢筋锚固板在混凝土中的锚固极限拉力不应小于钢筋达到极限强度标准值时的拉力 $f_{stk}A_s$。对锚固板产品提供检验依据，钢筋锚固板的实际锚固强度受钢筋锚固长度、锚固板承压面积和刚度、混凝土强度等级及钢筋保护层厚度的影响较大，产品鉴定时应验证最不利情况下满足本规程本条规定的强度要求。

3.2.5 规定锚固板与钢筋的连接宜采用螺纹连接是为了提高连接承载力的可靠性和稳定性。考虑我国幅员广大，地区条件及工程类型差别大，焊接连接可作为锚固板与钢筋的补充连接手段。

4 钢筋锚固板的设计规定

4.1 部分锚固板

4.1.1 采用部分锚固板时，应符合下列规定：

1 锚固板的混凝土保护层厚度多数情况下是由主筋混凝土保护层决定的。本规程规定，锚固板的最小混凝土保护层厚度为15mm。更高结构使用年限和二、三类环境条件下，应增大混凝土保护层厚度，可按照现行国家标准《混凝土结构设计规范》GB 50010 对不同使用年限和环境类别对钢筋保护层的调整值进行调整，也可对锚固板采取附加的防腐措施以满足耐久性要求。

2~4 钢筋的锚固长度、混凝土保护层厚度和箍筋配置对钢筋锚固板的锚固极限拉力有明显影响；本

规程规定的钢筋锚固板的基本锚固长度为 $0.4l_{ab}$，比现行国家标准《混凝土结构设计规范》GB 50010 规定的钢筋机械锚固时的锚固长度 $0.6l_{ab}$ 要小，这是根据本规程编制组成员单位近年来完成的大量研究成果作出的合理调整。本规程规定，部分锚固板承压面积不应小于锚固钢筋公称面积的 4.5 倍，锚固区混凝土保护层厚度不宜小于 $1.5d$，同时规定了构造箍筋和锚固区混凝土强度等级的最低要求，满足上述条件后，可以确保在最不利情况下钢筋锚固板的锚固强度。本规程中不再要求对混凝土保护层、钢筋直径等参数进行修正，以便与现行国家标准《混凝土结构设计规范》GB 50010 对框架节点中采用钢筋锚固板时锚固长度的规定保持一致。

锚固区混凝土强度不仅影响与钢筋粘结力，从而影响锚固长度，更对锚固板的承压力有直接影响，本规程增加了针对不同钢筋强度级别相对应的最低混凝土强度等级要求。部分试验结果表明，当埋入段钢筋的混凝土保护层厚度超过 $2d$ 时，箍筋的作用明显减少，在同样锚固长度的情况下，$2d$ 钢筋保护层的素混凝土锚固板试件，其锚固极限拉力与 $1d$ 保护层并配置构造箍筋试件的锚固极限拉力基本相当。具有 $3d$ 保护层的钢筋锚固板试件，即使不配置构造箍筋，已有很高的锚固力，但为了更安全起见，本规程仍引用现行国家标准《混凝土结构设计规范》GB 50010 中埋入段不配置箍筋的条件是大于等于 $5d$。

5 国内外钢筋锚固板试验结果均表明，与传统的弯折钢筋锚固相比，同样锚固长度的钢筋锚固板其锚固能力比弯折钢筋提高 30% 左右，美国混凝土房屋建筑设计规范 ACI 318-08 规定，钢筋锚固板的锚固长度可取传统弯折钢筋锚固长度的 75%。考虑到本规程对钢筋锚固板的间距要求较为宽松，结合国内试验数据本规程规定，一般情况下，钢筋锚固板的锚固长度取用与传统弯折钢筋相同的长度 $0.4l_{ab}$，仅在混凝土保护层大于等于 $2d$ 和不承受反复拉压的工况以及满足一定的混凝土强度要求的情况下，允许钢筋锚固板锚固长度采用 $0.3l_{ab}$。本条规定为某些迫切需要减少钢筋锚固长度的场合提供了解决途径。

6 梁、柱和拉杆等受拉主筋采用锚固板并集中锚固于与其相交的边缘构件时，巨大的集中力如果不是传递给边缘构件的全截面而是截面的一小部分时，容易引起锚固区的局部冲切破坏。1991 年欧洲海洋石油勘探平台 SleipnerA 的垮塌，就是因为集中配置的大量钢筋锚固板没有延伸至与其相交的边缘构件对侧主筋处而是锚固于构件腹部，致使在钢筋拉拔力作用下，锚固区混凝土局部冲切破坏（图1）。工程中如遇必须在边缘构件腹部锚固时，宜进行钢筋锚固区局部抗冲切强度验算或参照现行国家标准《混凝土结构设计规范》GB 50010 有关位于梁下部或高度范围内承受集中荷载时配置附加横向钢筋的相关规定

处理。

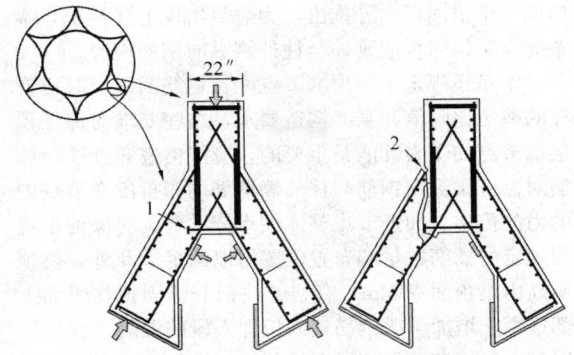

图 1 SleipnerA 垮塌试验研究
1—8 号钢筋锚固板；2—破坏部位

4.1.2 本规程编制组完成了配置钢筋锚固板的简支梁支座锚固试验，梁尺寸为 200mm × 600mm × 4000mm，配置 3 根 400MPa 级 25mm 钢筋，混凝土保护层厚度 $1d$，钢筋间净距 $1.5d$，埋入支座长度为 $6d$，采用单点集中荷载加载，剪跨比分别为 1.33 和 1.0。试验结果表明，支座处钢筋应力达到屈服强度时，梁的锚固性能仍然良好、支座处混凝土完整无损，锚固板端面的滑移量也很小（0.4mm）。试验证明，钢筋锚固板用于支座处减少钢筋锚固长度是有效的。对 500MPa 级钢筋，规程建议取 l_{ab} 不应小于 $7d$。通常情况下，支座处钢筋应力达到屈服强度的概率是很小的。本条文中出现的非本规程规定的符号，均引自现行国家标准《混凝土结构设计规范》GB 50010。

4.1.3 近（6～7）年来，中国建筑科学研究院、天津大学、重庆大学等单位先后对钢筋锚固板用于框架梁柱节点做了试验研究，完成了 20 余个框架梁柱中间层端节点和顶层端节点在反复荷载作用下的受力性能研究。上述试验结果与国外类似的试验结果均表明，钢筋锚固板用于框架中间层端节点梁筋的锚固具有比传统弯折钢筋更好的锚固性能。框架梁柱顶层端节点的情况则比较复杂，由于梁和柱的主筋都要在节点区锚固，钢筋密集，布置比较困难，钢筋锚固板具有明显缓解钢筋布置的困难，但钢筋锚固板在节点中的传力机制也比较复杂，对于某些高剪压比的顶层端节点，如果没有足够强的抗弯箍筋，其承受反复拉压的滞回性能并不理想。试验也表明，当钢筋锚固板满足某些条件时，顶层端节点也能表现出良好的性能，位移延性系数达 3.5 左右。本规程有关框架节点应用钢筋锚固板的规定是在上述试验基础上并参照国外相关规范规定制订的。

本条规定中间层端节点梁纵向钢筋在节点中采用钢筋锚固板时，应满足图 4.1.3-1（b）的要求。其主要原则是除了钢筋锚固长度应满足规定要求外，还宜将锚固板尽量伸向柱截面的外侧纵向钢筋内边，以确保节点的传力机理和节点核心区的抗剪强度；此外，

当锚固板离柱外表面过近时，容易在反复拉压受力的后期产生锚固板向外推出，为避免出现上述情况，本条规定了锚固板应延伸至柱外侧纵向钢筋内边。

本条还规定了顶层端节点配置钢筋锚固板时应遵守的剪压比限值和某些构造要求，这些要求对保证顶层端节点的受力性能是重要的，应严格遵守。U 形插筋对保证梁纵向钢筋与柱外侧钢筋的弯折段在节点中的力的传递、加强节点整体性十分重要，应保证本规程规定的插筋数量和布置位置得以满足。此外，柱顶面高出梁顶面 50mm，有利于柱钢筋锚固板在梁筋上部锚固，增加了梁钢筋锚固板埋入段的混凝土保护层厚度，对提高梁钢筋锚固板的锚固性能均比较有利。

4.1.4 端部有翼墙或转角墙的剪力墙，其水平分布筋不小于 16mm 时，可采用钢筋锚固板，且多数情况下可满足本规程 4.1.1 第 5 款的要求，从而可采用 $0.3l_{ab}$，比传统弯折钢筋更易满足墙体中钢筋锚固长度要求。

4.2 全 锚 固 板

4.2.1 采用全锚固板的钢筋比采用部分锚固板的钢筋要求更大的混凝土保护层和钢筋间距，这是因为全锚固板要承受全部钢筋拉力，要求锚固板具有更高的承压强度，有时需要更多地利用锚固板承压面周围的混凝土来提高混凝土局部承压强度。由于采用全锚固板的钢筋多数情况下用于板或梁的抗剪钢筋、吊筋等场合，满足本条要求的混凝土保护层和钢筋间距要求一般不会有什么困难。

采用全锚固板的钢筋用做梁的受剪钢筋、附加横向钢筋或板的抗冲切钢筋时，斜裂缝可能在邻近锚固板处通过，上、下两端设置的全锚固板可提供足够的锚固力。锚固板应尽量伸至梁或板主筋的上侧和下侧，一方面是提高构件全截面受剪承载力需要，另一方面是便于钢筋锚固板定位。

4.2.2 全锚固板用做梁的附加横向钢筋时，承担着将梁或板的下部荷载传递至梁顶面的功能。其配置数量和范围应符合现行国家标准《混凝土结构设计规范》GB 50010 中的有关规定。

梁承受很大剪力时，采用全锚固板的钢筋作为抗剪钢筋并与普通箍筋配合使用，可利用更大直径和更高强度的钢筋以减少箍筋数量，简化钢筋工程施工。工程经验表明，混凝土厚板中，采用全锚固板抗剪钢筋，施工十分方便。

4.2.3 采用全锚固板的钢筋作为板的吊杆时，宜采用光圆钢筋，使吊杆中的力更多依靠板顶面处锚固板承压面来承受，而不需要依靠钢筋与混凝土的粘结力，从而可改善吊杆混凝土锚固区的受力性能。全锚固板钢筋用做吊杆时，其埋入长度应经过验算，确保锚固区周围混凝土有足够的受冲切承载能力。

全锚固板用于板的抗冲切钢筋，本规程中这部分

条款主要参考现行国家标准《混凝土结构设计规范》GB 50010 有关混凝土板抗冲切规定和现行行业标准《无粘结预应力混凝土结构技术规程》JGJ 92 配置抗冲切锚栓的有关规定制定的，钢筋锚固板与抗冲切锚栓功能上是一致的。钢筋锚固板的优点是其螺纹连接比专用焊接锚栓更可靠。对全锚固板适用的混凝土板厚度的限值，本规程规定不应小于 200mm，对小于 200mm 的板，去掉上、下混凝土保护层和锚固板厚度以后，钢筋长度过短，抗剪效果会受到影响，因此本规程不推荐使用。

5 钢筋丝头加工和锚固板安装

5.1 螺纹连接钢筋丝头加工

5.1.2 连接锚固板的钢筋丝头的加工与普通直螺纹钢筋接头的丝头加工是一样的，本部分的有关规定与现行行业标准《钢筋机械连接技术规程》JGJ 107 保持一致。专用螺纹量规由技术提供单位提供。

5.2 螺纹连接钢筋锚固板的安装

5.2.3 钢筋锚固板安装扭矩值对连接强度的影响并不大，要求一定的扭矩是为防止锚固板松动后影响丝头连接长度。本条规定，钢筋锚固板的安装扭矩与直螺纹钢筋接头的扭值相同。本规定可方便施工，有利于施工单位对扭矩扳手的管理和检验。

5.2.4 控制钢筋丝头能伸出锚固板，确保连接强度，同时便于检查，钢筋丝头外露长度不宜小于 $1.0p$（p 为螺距）。

5.3 焊接钢筋锚固板的施工

5.3.1、5.3.2 本条中各款要求均引自现行行业标准《钢筋焊接及验收规程》JGJ 18 中有关规定和预埋件电弧焊钢筋穿孔塞焊的相关要求。钢筋锚固板穿孔塞焊，有时可能需要增大锚固板尺寸，当有实践经验时，也可调整穿孔塞焊孔的参数。

6 钢筋锚固板的现场检验与验收

6.0.1、6.0.2 施工现场对锚固板产品主要检查是否有产品合格证以及锚固板供应单位提供的经技术监督局备案的企业产品标准，必要时可进行追溯。

6.0.4 钢筋锚固板连接工程开始前，应对不同钢厂的进场钢筋进行锚固板连接工艺检验，主要是检验锚固板提供单位所确定的锚固板材料、螺纹规格、工艺参数是否与本工程中的进场钢筋相适应，并可提高实际工程中抽样试件的合格率，减少在工程应用后再发现问题造成的经济损失，施工过程中如更换钢筋生产厂，变更钢筋锚固板参数、形式及变更产品供应商

时，应补充进行工艺检验。

6.0.5 本条是对钢筋锚固板现场检验验收批的数量要求，是施工现场钢筋锚固板质量检验的抽检依据。焊接连接钢筋锚固板的连接强度受环境、材料和人为因素影响较大，质量稳定性低于螺纹连接，其验收批数量应少于螺纹连接钢筋锚固板。

6.0.6 本条规定了螺纹连接钢筋锚固板拧紧扭矩检验批数量和检验制度，并规定了焊接连接钢筋锚固板焊缝外观检验要求。

6.0.7 本条规定了螺纹连接钢筋锚固板的抽检制度及合格判定标准。螺纹连接钢筋锚固板的抽检制度及合格标准与现行行业标准《钢筋机械连接应用技术规程》JGJ 107 基本一致。考虑到在工程中截取钢筋锚固板试件后无法重装，检验时可在钢筋丝头加工现场在已装配好的钢筋锚固板中随机抽取试件，不必在工程实体中抽取钢筋锚固板试件进行抗拉强度试验。

6.0.8 规定了焊接连接钢筋锚固板的抽检制度及合格判定标准，相关规定与现行行业标准《钢筋焊接及验收规程》JGJ 18 中钢筋电弧焊接头的有关规定基本一致。

6.0.9 考虑到某些施工段锚固板数量通常比钢筋接头为少，尤其是不同规格钢筋锚固板分入不同验收批后常常数量不多，本规程规定当连续十个验收批一次抽样均合格后，当验收批数量小于某一数值后的钢筋锚固板检验制度，从而可减少检验工作量。

中华人民共和国行业标准

建筑结构体外预应力加固技术规程

Technical specification for strengthening building
structures with external prestressing tendons

JGJ/T 279—2012

批准部门：中华人民共和国住房和城乡建设部
施行日期：２０１２年５月１日

中华人民共和国住房和城乡建设部
公 告

第 1227 号

关于发布行业标准《建筑结构
体外预应力加固技术规程》的公告

现批准《建筑结构体外预应力加固技术规程》为行业标准，编号为 JGJ/T 279-2012，自 2012 年 5 月 1 日起实施。

本规程由我部标准定额研究所组织中国建筑工业出版社出版发行。

中华人民共和国住房和城乡建设部
2011 年 12 月 26 日

前 言

根据原建设部《关于印发〈二〇〇二～二〇〇三年度工程建设城建、建工行业标准制定、修订计划〉的通知》（建标〔2003〕104 号）的要求，规程编制组经广泛调查研究，认真总结工程实践经验；参考有关国际标准和国外先进标准，在广泛征求意见的基础上，编制本规程。

本规程的主要技术内容是：1. 总则；2. 术语和符号；3. 基本规定；4. 材料；5. 结构设计；6. 构造规定；7. 防护；8. 施工及验收。

本规程由住房和城乡建设部负责管理，由中国京冶工程技术有限公司负责具体技术内容的解释。执行过程中如有意见和建议，请寄送至中国京冶工程技术有限公司《建筑结构体外预应力加固技术规程》编制组（地址：北京市海淀区西土城路 33 号，邮编：100088）。

本规程主编单位：中国京冶工程技术有限公司
浙江舜杰建筑集团股份有限公司

本规程参编单位：同济大学
中国建筑科学研究院
中冶建筑研究总院有限公司
北京市建筑设计研究院
北京市建筑工程研究院有限责任公司
上海同吉建筑设计工程有限公司
南京工业大学

本规程主要起草人员：尚仁杰　吴转琴　陈坤校
熊学玉　李晨光　李东彬
束伟农　宫锡胜　顾　炜
李延和　仝为民　邵卫平

本规程主要审查人员：陶学康　霍文营　孟少平
郑文忠　李培彬　吴　徽
庄军生　张　瀑　朱尔玉
司毅民　朱　龙

目　次

Contents

1 总 则

1.0.1 为使采用体外预应力加固法进行加固的混凝土建筑结构设计与施工做到安全适用、技术先进、经济合理、确保质量，制定本规程。

1.0.2 本规程适用于房屋建筑和一般构筑物的混凝土结构采用体外预应力加固法进行加固的设计、施工及验收。

1.0.3 混凝土结构加固前，应根据建筑物类别按现行国家标准《工业建筑可靠性鉴定标准》GB 50144和《民用建筑可靠性鉴定标准》GB 50292进行可靠性鉴定。当房屋建筑处于抗震设防区时，应按现行国家标准《建筑抗震鉴定标准》GB 50023进行抗震可靠性鉴定。

1.0.4 混凝土结构采用体外预应力进行加固的设计、施工及验收，除应符合本规程外，尚应符合国家现行有关标准的规定。

2 术语和符号

2.1 术 语

2.1.1 结构加固 strengthening of existing structures

对可靠性不足或使用过程中要求提高可靠度的承重结构、构件及其相关部分，采取增强、局部更换或调整其内力等措施，使其具有满足国家现行标准及使用要求的安全性、耐久性和适用性。

2.1.2 体外预应力加固法 structure member strengthened with external prestressing tendon

通过布置体外预应力束并施加预应力，使既有结构构件的受力得到调整、承载力得到提高、使用性能得到改善的一种主动加固方法。

2.1.3 体外预应力束 external prestressing tendon

布置在混凝土构件截面之外的后张预应力筋及外护套等。

2.1.4 转向块 deviator

改变体外预应力束方向的、与混凝土构件相连接的中间支承块。

2.1.5 锚固块 anchorage block

承受预应力锚具作用并将其传递给混凝土结构的附加锚固装置。

2.1.6 体外预应力二次效应 second-order effect of external prestressing

体外预应力筋与构件横向变形不一致而引起的附加预应力效应。

2.2 符 号

2.2.1 材料性能

E_c——混凝土弹性模量；

E_s——钢筋弹性模量；

f_c——混凝土轴心抗压强度设计值；

f_{tk}、f_t——混凝土轴心抗拉强度标准值、设计值；

f_{ptk}——预应力筋极限强度标准值；

f_{pyk}——预应力螺纹钢筋的屈服强度标准值；

f_y、f_y'——非预应力筋的抗拉、抗压强度设计值；

f_{yv}——受剪计算非预应力筋抗拉强度设计值；

f_{py}——预应力筋的抗拉强度设计值。

2.2.2 作用、作用效应

M——弯矩设计值；

M_1——主弯矩值，即由预加力对截面重心偏心引起的弯矩值；

M_2——由预加力在超静定结构中产生的次弯矩；

M_k、M_q——按荷载效应的标准组合、准永久组合计算的弯矩值；

M_{cr}——受弯构件的正截面开裂弯矩值；

N_2——由预加力在超静定结构中产生的次轴力；

N_{p0}——混凝土法向预应力等于零时预应力筋及非预应力筋的合力；

V——剪力设计值；

w_{max}——按荷载效应的标准组合并考虑长期作用影响计算的最大裂缝宽度；

σ_{pc}——扣除全部预应力损失后，由预应力在抗裂验算边缘产生的混凝土法向预压应力；

σ_{con}——预应力筋的张拉控制应力；

σ_{p0}——预应力筋合力点处混凝土法向应力等于零时的预应力筋应力；

σ_{pe}——预应力筋的有效预应力；

σ_{pu}——体外预应力筋的应力设计值；

σ_l——预应力筋在相应阶段的预应力损失值。

2.2.3 几何参数

A——构件截面面积；

A_0——构件换算截面面积；

A_p——构件受拉区体外预应力筋截面面积；

A_s——构件受拉区非预应力筋截面面积；

b——矩形截面宽度，T形、I形截面的腹板宽度；

B——受弯构件的截面刚度；

B_s——受弯构件的短期截面刚度；

h——截面高度；

h_p——预应力筋合力点至受压区边缘的距离；

h_s——非预应力筋合力点至受压区边缘的距离；

I——截面惯性矩；

I_0——换算截面惯性矩；

W——截面受拉边缘的弹性抵抗矩；

W_0——换算截面受拉边缘的弹性抵抗矩。

2.2.4 计算系数及其他

α_E——钢筋弹性模量与混凝土弹性模量的比值；

β_1——矩形应力图受压区高度与中和轴高度（中和轴到受压区边缘的距离）的比值；

γ——混凝土构件的截面抵抗矩塑性影响系数；

λ——计算截面的剪跨比；

κ——考虑孔道每米长度局部偏差的摩擦系数；

μ——摩擦系数；

ρ——纵向受力钢筋的配筋率；

θ——考虑荷载长期作用对挠度增大的影响系数；

ψ——裂缝间纵向受拉钢筋应变不均匀系数。

3 基 本 规 定

3.1 一 般 规 定

3.1.1 体外预应力加固法可用于下列情况的混凝土构件加固：

　　1 提高结构与构件的承载能力；

　　2 减小结构构件正常使用中的变形或裂缝宽度；

　　3 既有结构处于高应力、应变状态，且难以直接卸除其结构上的荷载；

　　4 抗震加固及其他特殊要求的加固。

3.1.2 既有结构的混凝土强度等级不宜低于 C20。

3.1.3 既有混凝土结构需进行体外预应力加固时，应按鉴定结论和委托方提出的要求，由具有相应资质等级的设计单位进行加固设计。

3.1.4 加固后的混凝土结构安全等级应根据结构破坏后果的严重性、结构重要性、既有结构可靠性鉴定结果和加固设计使用年限，由委托方和设计单位按实际情况确定。结构加固设计使用年限应根据既有结构的使用年限、可靠性鉴定结果和使用要求确定。

3.1.5 混凝土结构的体外预应力加固设计应考虑施工工艺的可行性，合理选用预应力锚固体系，保证受力合理、施工方便。

3.1.6 对高温、高湿、低温、冻融、化学腐蚀、振动、温度应力、地基不均匀沉降等影响因素引起的既有结构损坏，应在加固设计文件中提出防治对策，并应按设计要求进行治理和加固。

3.1.7 对加固过程中可能出现倾斜、失稳、过大变形或坍塌的混凝土结构，应在加固设计文件中提出相应的施工安全和施工监测要求，施工单位应严格执行。

3.1.8 未经技术鉴定或设计许可，不得改变加固后结构的用途和使用环境。

3.2 设计计算原则

3.2.1 采用体外预应力加固混凝土结构时，应对结构的整体进行作用（荷载）效应分析，并应进行承载能力极限状态计算和正常使用极限状态验算。

3.2.2 加固设计中，应按下列规定进行承载能力极限状态和正常使用极限状态的设计及验算：

　　1 结构上的作用，应经调查或检测核实，并应根据现行国家标准《混凝土结构加固设计规范》GB 50367 的规定确定其标准值或代表值。结构上的作用已在可靠性鉴定中确定时，宜在加固设计中引用。

　　2 既有结构的加固计算模型，应符合其实际受力和构造状况；作用效应组合和组合值系数及作用的分项系数，应按现行国家标准《建筑结构荷载规范》GB 50009 确定。

　　3 结构的几何尺寸，对既有结构应采用实测值；对新增部分，可采用加固设计文件给出的名义值。

　　4 既有结构钢筋强度标准值和混凝土强度等级宜采用检测结果推定的标准值，当材料的性能符合原设计要求时，可采用原设计的标准值。

　　5 超静定结构应考虑体外预应力对相邻构件内力的影响以及预应力产生的次内力对结构内力的影响。

　　6 加固后构件刚度发生变化时，整体静力计算和抗震计算应考虑刚度变化对内力分配的影响。

3.2.3 既有结构为普通混凝土结构时，体外预应力束配筋截面积应符合下列规定：

　　1 混凝土板、简支梁、框架梁跨中：

$$A_p \leqslant 4\frac{f_y h_s}{\sigma_{pu} h_p} A_s \tag{3.2.3-1}$$

　　2 框架梁梁端：

一级抗震等级

$$A_p \leqslant 2\frac{f_y h_s}{\sigma_{pu} h_p} A_s \tag{3.2.3-2}$$

二、三级抗震等级

$$A_p \leqslant 3\frac{f_y h_s}{\sigma_{pu} h_p} A_s \tag{3.2.3-3}$$

式中：σ_{pu}——体外预应力筋的应力设计值（N/mm²）；

　　　　f_y——非预应力筋的抗拉强度设计值（N/mm²）；

　　　　h_s、h_p——非预应力筋合力点、预应力筋合力点至受压区边缘的距离（mm）；

　　　　A_s、A_p——构件受拉区非预应力筋截面面积、体外预应力筋截面面积（mm²）。

3.2.4 既有结构为预应力混凝土结构时，应综合考虑加固前和加固后的预应力度，保证结构的延性要求。

4 材 料

4.1 混 凝 土

4.1.1 体外预应力加固采用的混凝土强度不应低于 C30。

4.2 预应力钢材

4.2.1 体外预应力束的选用应根据结构受力特点、环境条件和施工方法等确定，体外预应力束的预应力筋可采用预应力钢绞线、预应力螺纹钢筋，并宜采用涂层预应力筋或二次加工预应力筋。

4.2.2 预应力钢绞线和预应力螺纹钢筋的屈服强度标准值（f_{pyk}）、极限强度标准值（f_{ptk}）及抗拉强度设计值（f_{py}）应按表 4.2.2 采用。

表 4.2.2 预应力钢绞线和预应力螺纹钢筋的强度标准值及抗拉强度设计值（N/mm²）

种 类	符 号	公称直径 d（mm）	屈服强度标准值 f_{pyk}	极限强度标准值 f_{ptk}	抗拉强度设计值 f_{py}
预应力螺纹钢筋	ϕ^T	18、25、32、40、50	785	980	650
			930	1080	770
			1080	1230	900
钢绞线	ϕ^S	1×3	8.6、10.8、12.9	—	1570	1110
			—	1860	1320
			—	1960	1390
		1×7	9.5、12.7、15.2、17.8	—	1720	1220
			—	1860	1320
			—	1960	1390
			21.6	—	1860	1320

4.2.3 预应力筋弹性模量（E_p）应按表 4.2.3 采用，对于重要的工程，钢绞线可采用实测的弹性模量。

表 4.2.3 预应力筋弹性模量（×10⁵ N/mm²）

种 类	E_p
预应力螺纹钢筋	2.00
钢绞线	1.95

4.2.4 涂层预应力筋可采用镀锌钢绞线和环氧涂层预应力钢绞线，当防腐材料为灌注水泥浆时，不应采用镀锌钢绞线。涂层预应力筋性能应符合下列规定：

1 镀锌钢绞线的规格和力学性能应符合国家现行标准《高强度低松弛预应力热镀锌钢绞线》YB/T 152 的规定；

2 环氧涂层预应力钢绞线的性能应符合国家现行标准《环氧涂层七丝预应力钢绞线》GB/T 21073 和《填充型环氧涂层钢绞线》JT/T 737 的规定。

4.2.5 二次加工钢绞线可采用无粘结预应力钢绞线，其规格和性能指标应符合现行行业标准《无粘结预应力钢绞线》JG 161 的规定。

4.3 锚 具

4.3.1 体外预应力加固用锚具和连接器的性能应符合国家现行标准《预应力筋用锚具、夹具和连接器》GB/T 14370 和《预应力筋用锚具、夹具和连接器应用技术规程》JGJ 85 的规定，并宜选用结构紧凑、锚固回缩值小的锚具。

4.3.2 锚具应满足分级张拉、补张拉和放松拉力等张拉工艺的要求。

4.4 转向块、锚固块及连接用材料

4.4.1 转向块、锚固块的材料性能应符合现行国家标准《碳素结构钢》GB/T 700、《低合金高强度结构钢》GB/T 1591、《一般工程用铸造碳钢件》GB/T 11352 的有关规定。

4.4.2 转向块、锚固块与既有结构的连接用材料性能应符合现行行业标准《混凝土结构后锚固技术规程》JGJ 145 的规定。

4.5 防护材料

4.5.1 体外束的外套管可采用钢管或高密度聚乙烯（HDPE）管等。对不可更换的体外束，可在管内灌注水泥浆；对可更换的体外束，管内应灌注专用防腐油脂。

4.5.2 灌浆用水泥应采用普通硅酸盐水泥，并应符合现行国家标准《通用硅酸盐水泥》GB 175 的规定。

4.5.3 外加剂的技术性能及应用方法应符合现行国家标准《混凝土外加剂》GB 8076、《混凝土外加剂应用技术规范》GB 50119 等的规定。

4.5.4 水泥浆水胶比及其性能应符合现行国家标准《混凝土结构工程施工规范》GB 50666 的有关规定。

4.5.5 专用防腐油脂的技术性能应符合现行行业标准《无粘结预应力筋专用防腐润滑脂》JG 3007 的规定。

4.5.6 防火涂料的技术性能应符合现行国家标准《钢结构防火涂料》GB 14907 的规定。

5 结 构 设 计

5.1 一 般 规 定

5.1.1 体外预应力加固超静定混凝土结构，在进行承载力极限状态计算和正常使用极限状态验算时，应考虑预应力次弯矩、次剪力、次轴力的影响。对于承载力极限状态，当预应力作用效应对结构有利时，预应力作用分项系数取 1.0，不利时应取 1.2；对正常使用极限状态，预应力作用分项系数取 1.0。体外预应力配筋截面积可按本规程附录 A 的方法估算。

5.1.2 体外预应力加固超静定混凝土结构，计算截面的次弯矩（M_2）和次轴力（N_2）宜按下列公式计算：

$$M_2 = M_r - M_1 \qquad (5.1.2-1)$$

$$N_2 = N_r - N_1 \qquad (5.1.2-2)$$

$$M_1 = N_1 e_{p1} \qquad (5.1.2-3)$$

式中：M_r、N_r——由预加力的等效荷载在结构构件截面上产生的综合弯矩值（N·mm）、综合轴力值（N）；

M_1——主弯矩值，即预加力对计算截面重心偏心引起的弯矩值（N·mm）；

N_1——主轴力值，即计算截面预加力在构件轴线上的分力（N），当预应力筋弯起角度很小时，可近似取 $\sigma_{pe} A_p$；

e_{p1}——截面重心至预加力合力点距离（mm）。

次剪力宜根据构件各截面次弯矩的分布按结构力学方法计算。

5.1.3 体外预应力筋的预应力损失值可按表 5.1.3 的规定计算。

表 5.1.3 体外预应力筋的预应力损失值（N/mm²）

引起损失的因素		符号	取 值
张拉端锚具变形和预应力筋内缩		σ_{l1}	按本规程第 5.1.4 条的规定计算
预应力筋摩擦	与孔道壁之间的摩擦	σ_{l2}	按本规程第 5.1.5 条的规定计算
	在转向块处的摩擦		按本规程第 5.1.5 条的规定计算
	张拉端锚口摩擦		按实测值或厂家提供数据确定
预应力筋应力松弛		σ_{l4}	按本规程第 5.1.6 条的规定计算
混凝土收缩和徐变		σ_{l5}	按本规程第 5.1.7 条的规定计算

注：孔道指张拉前已固定的孔道。

5.1.4 直线预应力筋因张拉端锚具变形和预应力筋内缩引起的预应力损失值（σ_{l1}）可按下式计算：

$$\sigma_{l1} = \frac{a}{l} E_p \qquad (5.1.4)$$

式中：a——张拉端锚具变形和预应力筋内缩值（mm），可按表 5.1.4 采用；

l——张拉端至锚固端之间的距离（mm）。

表 5.1.4 张拉端锚具变形和预应力筋内缩值 a（mm）

锚具类别		a
支承式锚具	螺帽缝隙	1
	每块后加垫板的缝隙	1
夹片式锚具	有顶压时	5
	无顶压时	6～8

5.1.5 预应力筋摩擦引起的预应力损失值（σ_{l2}）可按下列规定计算：

1 预应力螺纹钢筋

$$\sigma_{l2} = 0 \qquad (5.1.5-1)$$

2 预应力钢绞线

$$\sigma_{l2} = \sigma_{con} (1 - e^{-\kappa x - \mu \theta}) \qquad (5.1.5-2)$$

式中：σ_{con}——体外预应力筋张拉控制应力（N/mm²），按本规程第 8.5.2 条取值；

x——张拉端至计算截面固定孔道长度累计值（m），当 $x \leq 2$m 时，可忽略；

θ——张拉端至计算截面预应力筋转角累计值（rad）；

κ——考虑孔道每米长度局部偏差的摩擦系数（1/m），可按表 5.1.5 采用；

μ——预应力筋与孔道壁之间的摩擦系数，可按表 5.1.5 采用。

表 5.1.5 摩擦系数取值

孔道材料、成品束类型	κ	μ
钢管穿光面钢绞线	0.001	0.30
HDPE 管穿光面钢绞线	0.002	0.13
无粘结预应力钢绞线	0.004	0.09

注：表中系数也可根据实测数据确定；当孔道采用不同材料时，应分别考虑，分段计算。

5.1.6 预应力筋应力松弛引起的预应力损失值（σ_{l4}）可按下列规定计算：

1 预应力螺纹钢筋

$$\sigma_{l4} = 0.03 \sigma_{con} \qquad (5.1.6-1)$$

2 预应力钢绞线

1）当 $\sigma_{con} \leq 0.5 f_{ptk}$ 时，取 $\sigma_{l4} = 0$；

2）当 $0.5 f_{ptk} < \sigma_{con} \leq 0.7 f_{ptk}$ 时：

$$\sigma_{l4} = 0.125 \left(\frac{\sigma_{con}}{f_{ptk}} - 0.5 \right) \sigma_{con} \qquad (5.1.6-2)$$

5.1.7 混凝土收缩和徐变引起的预应力损失终极值（σ_{l5}）可按下列规定计算：

1 对一般建筑结构构件

$$\sigma_{l5} = \frac{55 + 300 \dfrac{\sigma_{pc}}{f'_{cu}}}{1 + 15\rho} \qquad (5.1.7-1)$$

$$\rho = (A_p + A_s)/A \qquad (5.1.7-2)$$

式中：σ_{pc}——受拉区体外预应力筋合力点高度处的混凝土法向压应力（N/mm²），当预应力筋位于截面受拉边缘外时，可假设预应力筋合力点高度处有混凝土并按平截面假定计算；

f'_{cu}——施加预应力时既有结构混凝土立方体抗压强度（N/mm²）；

ρ——受拉区预应力筋和非预应力筋的配筋率。

计算受拉区体外预应力筋合力点高度处的混凝土法向压应力（σ_{pc}）时，预应力损失值应仅考虑混凝土预压前（第一批）的损失；σ_{pc} 值不得大于 $0.5f'_{cu}$；同一段体外预应力筋取其平均值计算。

　　2　当结构处于年平均相对湿度低于 40% 的环境下，σ_{l5} 值应增加 30%。

　　3　既有结构混凝土浇筑完成后时间超过 5 年时，σ_{l5} 值可取 0。

　　4　对重要的建筑结构构件，当需要考虑与时间相关的混凝土收缩、徐变及预应力筋应力松弛预应力损失值时，可按现行国家标准《混凝土结构设计规范》GB 50010 进行计算。

5.1.8　体外预应力加固进行分批张拉时，应考虑后批张拉预应力筋所产生的混凝土弹性压缩对于先批预应力筋的影响，可将先批张拉的预应力筋张拉控制应力增加 $\alpha_E \sigma_{pci}$。

　　注：σ_{pci} 为后批张拉预应力筋在先批张拉预应力筋重心处所产生的混凝土法向压应力，同一体外段取其平均值计算，当预应力筋位于截面受拉边缘外时，可假设预应力筋高度处有混凝土并按平截面假定计算。

5.1.9　体外预应力筋的应力设计值（σ_{pu}）可按下式计算：

$$\sigma_{pu} = \sigma_{pe} + \Delta\sigma_p \qquad (5.1.9)$$

式中：σ_{pe}——有效预应力值（N/mm²）；

　　　　$\Delta\sigma_p$——预应力增量，正截面受弯承载力计算时：对于简支受弯构件 $\Delta\sigma_p$ 取为 100N/mm²，连续、悬臂受弯构件 $\Delta\sigma_p$ 取为 50N/mm²；斜截面受剪承载力计算时：$\Delta\sigma_p$ 取为 50N/mm²。

5.2　承载能力极限状态计算

5.2.1　矩形截面或翼缘位于受拉边的倒 T 形截面受弯构件（图 5.2.1），其正截面受弯承载力应符合下列规定：

$$M \leqslant \sigma_{pu}A_p\left(h_p - \frac{x}{2}\right) + f_yA_s\left(h - a_s - \frac{x}{2}\right)$$
$$+ f'_yA'_s\left(\frac{x}{2} - a'_s\right) \qquad (5.2.1\text{-}1)$$

混凝土受压区高度应按下式确定：

$$\alpha_1 f_c bx = f_yA_s - f'_yA'_s + \sigma_{pu}A_p \quad (5.2.1\text{-}2)$$

混凝土受压区高度（x）尚应符合下列条件：

$$x \leqslant \xi_b h_0 \qquad (5.2.1\text{-}3)$$
$$x \geqslant 2a'_s \qquad (5.2.1\text{-}4)$$

式中：M——弯矩设计值（N·mm）；

　　　　α_1——系数，当混凝土强度等级不超过 C50 时取为 1.0，当混凝土强度等级为 C80 时取为 0.94，其间按线性内插法确定；

　　　　A_s、A'_s——既有结构受拉区、受压区纵向非预应力筋的截面面积（mm²）；

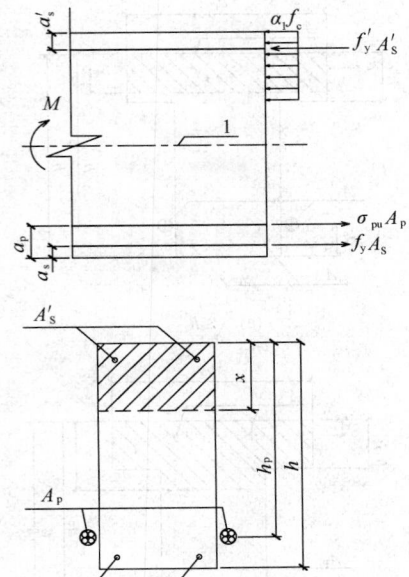

图 5.2.1　矩形截面受弯构件正截面
受弯承载力计算
1—截面重心轴

　　　　A_p——体外预应力筋的截面面积（mm²）；

　　　　x——等效矩形应力图形的混凝土受压区高度（mm）；

　　　　σ_{pu}——体外预应力筋预应力设计值（N/mm²），可按本规程第 5.1.9 条规定取值；

　　　　f_c——既有结构混凝土轴心抗压强度设计值（N/mm²）；

　　　　f_y、f'_y——非预应力筋的抗拉、抗压强度设计值（N/mm²）；

　　　　b——矩形截面的宽度或倒 T 形截面的腹板宽度（mm）；

　　　　a_s——受拉区纵向非预应力筋合力点至受拉边缘的距离（mm）；

　　　　a'_s——受压区纵向非预应力筋合力点至截面受压边缘的距离（mm）；

　　　　h_0——受拉区纵向非预应力筋和体外预应力筋合力点至受压边缘的距离（mm）；

　　　　ξ_b——相对界限受压区高度，可取 0.4；

　　　　h_p——体外预应力筋合力点至截面受压区边缘的距离（mm）。

　　当跨中预应力筋转向块固定点之间的距离小于 12 倍梁高时，可忽略二次效应的影响；当跨中预应力筋转向块固定点之间的距离不小于 12 倍梁高时，可根据构件变形确定二次效应的影响。

5.2.2　翼缘位于受压区的 T 形（图 5.2.2）、I 形截面受弯构件，其正截面受弯承载力应符合下列规定：

　　1　当满足式（5.2.2-1）时，截面应按宽度为 b'_f

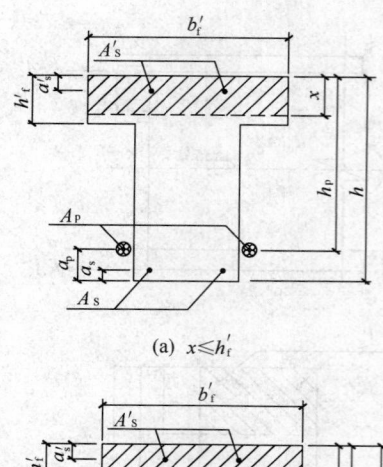

(a) $x \leqslant h'_f$

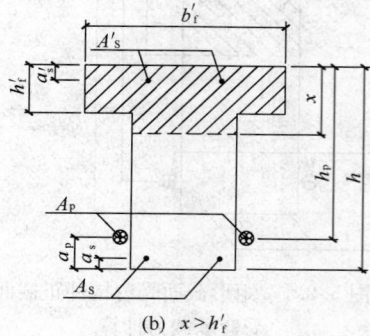

(b) $x > h'_f$

图 5.2.2　T 形截面受弯构件
受压区高度位置

的矩形截面按本规程第 5.2.1 条计算：

$$\alpha_1 f_c b'_f h'_f \geqslant f_y A_s + \sigma_{pu} A_p - f'_y A'_s$$

(5.2.2-1)

2　当不满足公式（5.2.2-1）时，正截面受弯承载力应按下式确定：

$$M \leqslant \sigma_{pu} A_p \left(h_p - \frac{x}{2}\right) + f_y A_s \left(h - a_s - \frac{x}{2}\right)$$
$$+ f'_y A'_s \left(\frac{x}{2} - a'_s\right)$$
$$+ \alpha_1 f_c (b'_f - b) h'_f \left(\frac{x}{2} - \frac{h'_f}{2}\right)$$

(5.2.2-2)

混凝土受压区高度（x）应按下式确定：

$$\alpha_1 f_c [bx + (b'_f - b) h'_f] = f_y A_s + \sigma_{pu} A_p - f'_y A'_s$$

(5.2.2-3)

式中：b——T 形、I 形截面的腹板宽度（mm）；

h'_f——T 形、I 形截面受压区翼缘高度（mm）；

b'_f——T 形、I 形截面受压区的翼缘计算宽度（mm）。

计算 T 形、I 形截面受弯构件时，混凝土受压区高度尚应符合本规程式（5.2.1-3）和式（5.2.1-4）的规定。

5.2.3　当混凝土受压区高度（x）大于 $\xi_b h_0$ 时，加固构件正截面承载力计算应按现行国家标准《混凝土结构设计规范》GB 50010 的规定，按小偏心受压构件计算。

5.2.4　体外预应力加固矩形、T 形和 I 形截面的混凝土受弯构件，其受剪截面应符合下列规定：

1　当 $h_w/b \leqslant 4$ 时：

$$V \leqslant 0.25 \beta_c f_c b h_0$$

(5.2.4-1)

2　当 $h_w/b \geqslant 6$ 时：

$$V \leqslant 0.20 \beta_c f_c b h_0$$

(5.2.4-2)

3　当 $4 < h_w/b < 6$ 时，应按线性内插法确定。

式中：V——考虑预应力次剪力组合的构件斜截面最大剪力设计值（N）；

β_c——混凝土强度影响系数：当混凝土强度等级不超过 C50 时，取 β_c 等于 1.0；当混凝土强度等级为 C80 时，取 β_c 等于 0.8；其间按线性内插法确定；

b——矩形截面的宽度，T 形截面或 I 形截面的腹板宽度（mm）；

h_0——原截面的有效高度（mm）；

h_w——截面的腹板高度（mm）：对矩形截面，取有效高度；对 T 形截面，取有效高度减去翼缘高度；对 I 形截面，取腹板净高。

5.2.5　当既有结构受剪截面不符合本规程第 5.2.4 的规定时，应先采取加大受剪截面、粘钢等加固方式加强截面，再进行体外预应力加固。

注：**1**　对 T 形或 I 形截面的简支受弯构件，当有实践经验时，本规程式（5.2.4-1）中的系数可改用 0.3；

2　对受拉边倾斜的构件，当有实践经验时，其受剪截面的控制条件可适当放宽。

5.2.6　在计算斜截面的受剪承载力时，其剪力设计值的计算截面应考虑体外预应力筋锚固处、转向块处、支座边缘处、受拉区弯起钢筋弯起点处、箍筋截面面积或间距改变处以及腹板宽度改变处的截面。对受拉边倾斜的受弯构件，尚应包括梁的高度开始变化处、集中荷载作用处和其他不利的截面。

5.2.7　体外预应力加固矩形、T 形和 I 形截面的受弯构件，其斜截面的受剪承载力应按下列公式计算：

$$V = V_{cs} + V_p + 0.8 f_{yv} A_{sb} \sin \alpha_s + 0.8 \sigma_{pu} A_{pb} \sin \alpha_p$$

(5.2.7-1)

$$V_{cs} = \alpha_{cv} f_t b h_0 + f_{yv} \frac{A_{sv}}{s} h_0$$

(5.2.7-2)

$$V_p = 0.05 (N_{p0} + N_2)$$

(5.2.7-3)

式中：V——考虑次剪力组合的斜截面上最大剪力设计值（N）；

V_{cs}——构件斜截面上混凝土和箍筋的受剪承载力设计值（N）；

V_p——由预加力所提高的构件受剪承载力设计值（N）；

A_{sv}——配置在同一截面内箍筋各肢的全部截面面积（mm²）：$A_{sv} = n A_{sv1}$，此处，n 为在同一截面内箍筋的肢数，A_{sv1} 为单肢箍筋的截面面积（mm²）；

s——沿构件长度方向的箍筋间距（mm）；

h_0——原截面的有效高度（mm）；

f_{yv}——受剪计算非预应力筋抗拉强度设计值（N/mm²）；

A_{sb}、A_{pb}——分别为同一平面内的弯起非预应力筋、弯起预应力筋的截面面积（mm²）；

α_s、α_p——分别为斜截面弯起非预应力筋、弯起预应力筋的切线与构件纵轴线的夹角；

α_{cv}——斜截面混凝土受剪承载力系数，对一般受弯构件取 0.7；对集中荷载作用下（包括作用有多种荷载，其中集中荷载对支座截面或节点边缘所产生的剪力值占总剪力值的 75% 以上的情况）的独立梁，α_{cv} 为 $\dfrac{1.75}{\lambda+1}$，λ 为计算截面的剪跨比，可取 λ 等于 a/h_0，当 $\lambda<1.5$ 时，取 λ 为 1.5，当 $\lambda>3$ 时，取 λ 为 3，a 为集中荷载作用点至支座或节点边缘的距离；

N_{p0}——计算截面上混凝土法向预应力等于零时的纵向预应力筋及非预应力筋合力（N）；当 $N_{p0}+N_2>0.3f_cA_0$ 时，取 $N_{p0}+N_2=0.3f_cA_0$，此处，A_0 为构件的换算截面面积。

注：对合力 N_{p0} 引起的截面弯矩与外弯矩方向相同的情况，以及体外预应力加固连续梁和加固后允许出现裂缝的混凝土简支梁，均应取 V_p 为 0。

5.3 正常使用极限状态验算

5.3.1 体外预应力加固结构构件的裂缝控制等级及最大裂缝宽度限值应根据使用环境类别和结构类别，按现行国家标准《混凝土结构设计规范》GB 50010 的规定确定。

5.3.2 体外预应力加固已开裂的混凝土梁，裂缝完全闭合时所需的体外预加力（N_{clo}）可按下式计算：

$$N_{clo}=\frac{\sigma_{clo}+\dfrac{M_i}{W}}{\dfrac{e_{p0}}{W}+\dfrac{1}{A}} \qquad (5.3.2)$$

式中：M_i——加固前构件所承受的荷载弯矩标准值（N·mm）；

e_{p0}——体外预应力筋合力中心相对截面形心的距离（mm）；

W——原截面受拉边缘的弹性抵抗矩，可取毛截面（mm³）；

A——原截面面积，可取毛截面（mm²）；

σ_{clo}——与构件加固前最大裂缝宽度相对应的混凝土名义压应力（N/mm²），可按表 5.3.2 采用。

表 5.3.2 混凝土名义压应力

加固前裂缝宽度（mm）	0.10	0.20	0.30
σ_{clo}（N/mm²）	0.50	0.75	1.25

注：中间值按线性插值确定。

5.3.3 体外预应力加固钢筋混凝土矩形、T 形、I 形截面的受弯构件，可按下列公式计算加固后的正截面开裂弯矩值（M_{cr}）：

1 加固前未开裂：

$$M_{cr}=(\sigma_{pc}+\gamma f_{tk})W \qquad (5.3.3\text{-}1)$$

2 加固前已开裂：

$$M_{cr}=\sigma_{pc}W \qquad (5.3.3\text{-}2)$$

式中：σ_{pc}——扣除全部预应力损失后，由预加力在抗裂验算边缘产生的混凝土法向预压应力（N/mm²）；

γ——加固混凝土构件截面抵抗矩塑性影响系数，应按现行国家标准《混凝土结构设计规范》GB 50010 规定确定；

f_{tk}——混凝土抗拉强度标准值（N/mm²）。

当体外预应力受弯构件考虑次内力组合的外荷载弯矩大于开裂弯矩值（M_{cr}）时，裂缝宽度应按本规程第 5.3.4 条规定计算。

5.3.4 体外预应力加固矩形、T 形、倒 T 形和 I 形截面的混凝土受弯构件中，按荷载效应的标准组合并考虑长期作用影响的最大裂缝宽度（mm）可按下列公式计算：

$$w_{max}=\alpha_{cr}\psi\frac{\sigma_{sk}}{E_s}\left(1.9c+0.08\frac{d_{eq}}{\rho_{te}}\right)$$
$$(5.3.4\text{-}1)$$

$$\psi=1.1-0.65\frac{f_{tk}}{\rho_{te}\sigma_{sk}} \qquad (5.3.4\text{-}2)$$

$$d_{eq}=\frac{\sum n_id_i^2}{\sum n_i\nu_id_i} \qquad (5.3.4\text{-}3)$$

$$\rho_{te}=\frac{A_s}{A_{te}} \qquad (5.3.4\text{-}4)$$

式中：α_{cr}——构件受力特征系数，对预应力混凝土构件，取 $\alpha_{cr}=1.5$；

ψ——裂缝间纵向受拉钢筋应变不均匀系数；当 $\psi<0.2$ 时，取 ψ 为 0.2；当 $\psi>1$ 时，取 ψ 为 1；对直接承受重复荷载的构件，取 ψ 为 1；

σ_{sk}——按荷载效应的标准组合计算的构件纵向受拉钢筋的等效应力（N/mm²），按本规程第 5.3.5 条规定计算；

E_s——既有结构钢筋弹性模量（N/mm²）；

c——最外层纵向受拉钢筋外边缘至受拉区底边的距离（mm）；当 $c<20$ 时，取 c 为 20；当 $c>65$ 时取 c 为 65；

ρ_{te}——按有效受拉混凝土截面面积计算的纵向受拉非预应力筋配筋率，当 $\rho_{te}<0.01$

时，取 ρ_{te} 为 0.01；

A_{te}——有效受拉混凝土截面面积（mm²），对受弯、偏心受压和偏心受拉构件，取 A_{te} 为 $0.5bh + (b_f - b)h_f$，此处 b_f、h_f 为受拉翼缘的宽度、高度；

d_{eq}——受拉区纵向非预应力筋的等效直径（mm）；

d_i——受拉区第 i 种纵向非预应力筋的公称直径（mm）；

n_i——受拉区第 i 种纵向非预应力筋的根数；

ν_i——受拉区第 i 种纵向非预应力筋的相对粘结特性系数，按现行国家标准《混凝土结构设计规范》GB 50010 取值。

5.3.5 在荷载效应的标准组合下，考虑次内力影响的体外预应力加固混凝土构件受拉区纵向钢筋的等效应力可按下列公式计算：

$$\sigma_{sk} = \frac{M_k - N_{p0}(z - e_p)}{(0.30A_p + A_s)z} \qquad (5.3.5-1)$$

$$z = \left[0.87 - 0.12(1 - \gamma_f') \left(\frac{h_0}{e} \right)^2 \right] h_0 \qquad (5.3.5-2)$$

$$e = e_p + \frac{M_k}{N_{p0}} \qquad (5.3.5-3)$$

$$\gamma_f' = \frac{(b_f' - b)h_f'}{bh_0} \qquad (5.3.5-4)$$

$$e_p = y_{ps} - e_{p0} \qquad (5.3.5-5)$$

式中：M_k——按荷载效应的标准组合计算的弯矩（N·mm），取计算区段内的最大弯矩值；

A_p——受拉区体外预应力筋截面面积（mm²）；

z——受拉区纵向非预应力筋和预应力筋合力点至截面受压区合力点的距离（mm）；

h_0——受拉区纵向非预应力筋和预应力筋合力点至截面受压区边缘的距离（mm）；

e_p——混凝土法向预应力等于零时预加力 N_{p0} 的作用点至受拉区纵向预应力筋和非预应力筋合力点的距离（mm）；

y_{ps}——受拉区纵向预应力筋和非预应力筋合力点的偏心距（mm）；

e_{p0}——混凝土法向预应力等于零时预加力 N_{p0} 作用点的偏心距（mm）；

γ_f'——受压翼缘截面面积与腹板有效截面面积的比值；

b_f'、h_f'——受压翼缘的宽度、高度（mm）；在公式 (5.3.5-4) 中，当 $h_f' > 0.2h_0$ 时，取 h_f' 为 $0.2h_0$。

5.3.6 矩形、T 形、倒 T 形和 I 形截面受弯构件考虑荷载长期作用影响的刚度（B），可按下式计算：

$$B = \frac{M_k}{M_q(\theta - 1) + M_k} B_s \qquad (5.3.6)$$

式中：M_q——按荷载效应的准永久组合计算的弯矩值（N·mm），取计算区段内的最大弯矩值；

B_s——荷载效应的标准组合作用下受弯构件的短期刚度（N·mm²），按本规程第 5.3.7 条计算；

θ——考虑荷载长期作用对挠度增大的影响系数，取 1.5。

5.3.7 在荷载效应的标准组合作用下，体外预应力加固混凝土受弯构件的短期刚度（B_s）可按下列公式计算：

1 要求不出现裂缝的构件以及加固后裂缝完全闭合未重新开裂构件：

$$B_s = 0.85E_c I_0 \qquad (5.3.7-1)$$

2 允许出现裂缝的构件以及加固后裂缝闭合又重新开裂构件：

$$B_s = \frac{0.85E_c I_0}{\kappa_{cr} + (1 - \kappa_{cr})\omega} \qquad (5.3.7-2)$$

$$\kappa_{cr} = \frac{M_{cr}}{M_k} \qquad (5.3.7-3)$$

$$\omega = \left(1.0 + \frac{0.21}{\alpha_E \rho} \right)(1 + 0.45\gamma_f) - 0.7 \qquad (5.3.7-4)$$

$$\gamma_f = \frac{(b_f - b)h_f}{bh_0} \qquad (5.3.7-5)$$

式中：α_E——钢筋弹性模量与混凝土弹性模量的比值；

ρ——纵向受拉非预应力筋和预应力筋换算配筋率，取 $(A_s + 0.30A_p)/bh_0$；

I_0——构件换算截面惯性矩（mm⁴）；

M_{cr}——构件正截面开裂弯矩（N·mm），按本规程第 5.3.3 条确定；

γ_f——受拉翼缘截面面积与腹板有效截面面积的比值；

b_f、h_f——受拉翼缘的宽度、高度（mm）；

κ_{cr}——预应力加固混凝土受弯构件正截面的开裂弯矩 M_{cr} 与弯矩 M_k 的比值，当 $\kappa_{cr} > 1.0$ 时，取 κ_{cr} 为 1.0。

注：对预压时预拉区出现裂缝的构件，B_s 应降低 10%。

5.3.8 体外预应力加固混凝土受弯构件在使用阶段的预应力反拱值，宜根据加固梁开裂截面完全闭合前、后的反向短期抗弯刚度分两阶段按结构力学方法计算，计算中预应力筋的应力应扣除全部预应力损失，反向短期刚度可按下列规定取值：

1 预加力（N_p）从 0 增加达到裂缝完全闭合预加力（N_{clo}）过程中，构件短期刚度可按下式分段取值计算：

$$B_s = \frac{N_{clo} - N_p}{N_{clo}} \cdot \frac{E_s A_s h_0^2}{1.15\psi + 0.2 + \frac{6\alpha_E \rho_s}{1 + 3.5\gamma_f'}}$$

$$+ \frac{N_p}{N_{clo}} \cdot 0.85 E_c I_0 \qquad (5.3.8)$$

式中：ρ_s ——纵向受拉非预应力筋换算配筋率，取 A_s/bh_0 。

2 裂缝完全闭合后，短期刚度可按本规程式 (5.3.7-1) 计算。

考虑预压应力长期作用的影响，可将计算求得的预应力反拱值乘以增大系数 1.5。

5.3.9 对重要或特殊构件的长期反拱值，可根据专门的试验分析确定或采用合理的收缩、徐变计算方法经分析确定；对恒载较小的构件，应考虑反拱过大对使用的不利影响。

5.4 转向块、锚固块设计

5.4.1 体外预应力加固采用钢制转向块、锚固块时，除应按现行国家标准《钢结构设计规范》GB 50017 对转向块、锚固块进行承载能力极限状态计算和正常使用极限状态验算外，尚应对转向块、锚固块与原混凝土结构的连接进行承载力极限状态计算。

5.4.2 按承载能力极限状态设计钢制转向块、锚固块及连接件时，预应力等效荷载标准值应按预应力筋极限强度标准值计算得出。

5.4.3 按正常使用极限状态设计钢制转向块、锚固块及连接件时，预应力等效荷载标准值应按预应力筋最大张拉控制应力计算得出。

5.4.4 与转向块、锚固块连接处的既有结构混凝土应按现行国家标准《混凝土结构设计规范》GB 50010 进行受冲切承载力和局部受压承载力计算。在预应力张拉阶段局部受压承载力计算中，局部压力设计值应取 1.2 倍张拉控制力进行计算；在正常使用阶段验算中，局部压力设计值应取预应力筋极限强度标准值进行计算。

6 构 造 规 定

6.1 预应力筋布置原则

6.1.1 体外预应力加固设计时，体外束可采用直线、双折线或多折线布置方式，且其布置应使结构对称受力，对矩形、T 形或 I 字形截面梁，体外束宜布置在梁腹板的两侧。

6.1.2 体外束转向块和锚固块的设置宜根据体外束的设计线形确定，对多折线体外束，转向块宜布置在距梁端 1/4～1/3 跨度的范围内，当转向块间距大于 12 倍梁高时，可增设中间定位用转向块；对多跨连续梁、板，当采用多折线体外束时，可在中间支座或

其他部位增设锚固块，当大于三跨时，宜采用分段锚固方法。

6.1.3 体外束的锚固块与转向块之间或两个转向块之间的自由段长度不宜大于 8m；超过 8m 时，宜设置固定节点或防振动装置。

6.1.4 体外束在每个转向块处的弯曲角不宜大于 15°，当弯曲角大于 15°时，应按现行国家标准《预应力混凝土用钢绞线》GB/T 5224－2003 确定其力学性能指标，或依据可靠的理论、试验数据对体外预应力筋的强度值进行折减。

6.1.5 体外束与转向块的接触长度应由弯曲角度和曲率半径计算确定。

6.2 节 点 构 造

6.2.1 体外预应力束的锚固体系节点构造应符合下列规定：

1 对于有整体调束要求的钢绞线夹片锚固体系，可采用外螺母支撑承力方式调束；

2 对处于低应力状态下的体外束，锚具夹片应设防松装置；

3 对可更换的体外束，应采用体外束专用锚固体系，且应在锚具外预留钢绞线的张拉工作长度。

6.2.2 转向块宜布置于被加固梁的底部、顶部或次梁与被加固梁交接处，并宜符合本规程附录 B 的规定。当采用其他形式的转向块时，应按本规程 5.4 节的要求进行设计计算，除应满足钢绞线的转向要求外，尚应做到传力可靠、构造合理。

6.2.3 锚固块宜布置在被加固梁的端部，并宜符合本规程附录 B 的规定。当采用其他形式的锚固块时，应按本规程 5.4 节要求进行锚固块设计，除应满足预应力筋的锚固外，尚应做到传力可靠、构造合理。

7 防 护

7.1 防 腐

7.1.1 体外束张拉锚固后，应对锚具及外露预应力筋进行防腐处理。当处于腐蚀环境时，应设置全密封防护罩，对不要求更换的体外束，可在防护罩内灌注环氧砂浆或其他防腐蚀材料；对可更换的体外束，应保留满足张拉要求的预应力筋长度，并在防护罩内灌注专用防腐油脂或其他可清洗的防腐材料。

7.1.2 体外束的外套管应符合下列规定：

1 外套管应能抵抗运输、安装和使用过程中的各种作用力，不得损坏；

2 采用水泥基灌浆料时，套管应能承受 1.0N/mm² 的内压，孔道的内径宜比预应力束外径大 6mm～15mm，且孔道的截面积宜为穿入预应力筋截面积的 3 倍～4 倍；

3 采用防腐化合物填充管道时，除应满足温度和内压的要求外，管道和防腐化合物之间，不得因温度变化效应对钢绞线产生腐蚀作用；

4 镀锌钢管的壁厚不宜小于管径的1/40，且不应小于2mm；高密度聚乙烯管的壁厚宜为2mm～5mm，且应具有抗紫外线功能和耐老化性能，并应在有需要时能够更换；

5 普通钢套管应具有可靠的防腐蚀措施，在使用一定时期后应重新涂刷防腐蚀涂层；

7.1.3 体外束的防腐蚀材料应符合下列规定：

1 水泥基灌浆料、专用防腐油脂应能填满外套管和连续包裹预应力筋的全长，并不得产生气泡；

2 体外束采用工厂预制时，其防腐蚀材料在加工、运输、安装及张拉过程中，应具有稳定性、柔性，不应产生裂缝，并应在所要求的温度范围内不流淌；

3 防腐蚀材料的耐久性能应与体外束所属的环境类别和设计使用年限的要求相一致。

7.1.4 钢制转向块和钢制锚固块应采取防锈措施，并应按防腐蚀年限进行定期维护。钢材的防锈和防腐蚀采用的涂料、钢材表面的除锈等级以及防腐蚀对钢材的构造要求等，应满足现行国家标准《工业建筑防腐蚀设计规范》GB 50046和《涂装前钢材表面锈蚀等级和除锈等级》GB/T 8923的规定。在设计文件中应注明所要求的钢材除锈等级和所要用的涂料（或镀层）及涂（镀）层厚度。

7.2 防　　火

7.2.1 体外预应力加固体系的耐火等级，应不低于既有结构构件的耐火等级。用于加固受弯构件的体外预应力体系耐火极限应按表7.2.1采用。

表 7.2.1　体外预应力体系耐火极限（h）

耐火等级	单、多层建筑				高层建筑	
	一级	二级	三级	四级	一级	二级
耐火极限	2.00	1.50	1.00	0.50	2.00	1.50

7.2.2 体外预应力加固体系的防火保护材料及措施应符合下列规定：

1 在要求的耐火极限内，应有效保护体外预应力筋、转向块、锚固块及锚具等；

2 防火材料应易与体外预应力体系结合，并不应产生对体外预应力体系的有害影响；

3 当钢构件受火产生允许变形时，防火保护材料不应发生结构性破坏，应仍能保持原有的保护作用直至规定的耐火时间；

4 当防火措施达不到耐火极限要求时，体外预应力筋应按可更换设计，并应验算体外预应力筋失效后结构不会塌落；

5 防火保护材料不应对人体有毒害；

6 应选用施工方便、易于保障施工质量的防火措施。

7.2.3 当体外预应力体系采用防火涂料防火时，耐火极限大于1.5h的，应选用非膨胀型钢结构防火涂料；耐火极限不大于1.5h的，可选用膨胀型钢结构防火涂料。防火涂料保护层厚度应按国家现行有关标准确定。

8　施工及验收

8.1　施工准备

8.1.1 采用体外预应力加固混凝土结构时，应根据加固设计方案中预应力体系的不同确定预应力施工工艺。

8.1.2 体外预应力加固施工前，应由专业施工单位根据设计图纸与现场施工条件，编制体外预应力加固施工方案，施工方案应经加固设计单位确认后再实施。

8.1.3 体外预应力加固工程中穿孔孔道宜采用静态开孔机成型，开孔前应探测既有结构钢筋位置，钻孔时应避开构件中的钢筋，当无法避开时，应通知设计单位，采取相应措施。

8.2　预应力筋加工制作

8.2.1 预应力筋的下料长度应通过计算确定。计算时应综合考虑其孔道长度、锚具长度、千斤顶长度、张拉伸长值和混凝土压缩变形量以及根据不同张拉方法和锚固形式预留的张拉长度等因素。

8.2.2 预应力筋制作或组装时，宜采用砂轮锯或切断机切断，不得采用加热、焊接或电弧切割，且施工过程中应避免电火花和电流损伤预应力筋。

8.2.3 当钢绞线采用挤压锚具时，挤压前应在挤压模内腔或挤压套外表面涂润滑油，压力表读数应符合操作说明书的规定。

8.3　转向块、锚固块安装

8.3.1 转向块、锚固块安装固定时，束形控制点的设计曲线竖向位置偏差应符合表8.3.1的规定；转向块曲率半径和转向导管半径偏差均不应大于相应半径的±5%。

表 8.3.1　束形控制点的设计曲线竖向位置允许偏差

截面高（厚）度（mm）	$h \leqslant 300$	$300 < h \leqslant 1500$	$h > 1500$
允许偏差（mm）	±5	±10	±15

8.3.2 转向块、锚固块与既有结构的连接可采用结构加固用A级胶粘剂、化学锚栓、膨胀螺栓等，施

工技术应符合现行行业标准《混凝土结构后锚固技术规程》JGJ 145 的规定。

8.4 预应力筋安装

8.4.1 体外预应力束在安装过程中应注意排序，无法进行整束穿筋的宜采用单根穿筋的方法。在张拉之前应对所有预应力筋进行预紧。在穿筋过程中应采取防护措施，不应拖曳体外束，不得造成对表面防护层的损害。

8.4.2 体外预应力束张拉前，应由定位支架或其他措施控制其位置。

8.5 预应力张拉

8.5.1 张拉设备的选用、标定和维护应符合下列规定：

1 张拉设备应满足体外预应力筋的张拉和锚具的锚固要求；

2 张拉设备及仪表，应定期维护和校验；

3 张拉设备应配套标定、配套使用；

4 张拉设备的标定期限不应超过半年，当在使用过程中张拉设备出现反常现象或千斤顶检修后，应重新标定。

5 张拉所用压力表的精度不宜低于 1.6 级，标定千斤顶用的试验机或测力计的精度不应低于 ±1%；标定时千斤顶活塞的运行方向，应与实际张拉工作状态一致。

8.5.2 预应力筋的张拉控制应力（σ_{con}）应符合下列规定：

1 钢绞线

$$0.40 f_{ptk} \leqslant \sigma_{con} \leqslant 0.60 f_{ptk} \quad (8.5.2-1)$$

2 预应力螺纹钢筋

$$0.50 f_{pyk} \leqslant \sigma_{con} \leqslant 0.70 f_{pyk} \quad (8.5.2-2)$$

式中：f_{ptk}——钢绞线极限强度标准值（N/mm²）；
f_{pyk}——预应力螺纹钢筋屈服强度标准值（N/mm²）。

当要求部分抵消由于应力松弛、摩擦、预应力筋分批张拉等因素产生的预应力损失时，张拉控制应力可增加 $0.05 f_{ptk}$；当有可靠依据时，可提高张拉控制应力。

8.5.3 预应力筋张拉在转向块、锚固块安装完成，且连接材料达到设计强度时进行。

8.5.4 预应力筋用应力控制法张拉时，应以伸长值进行校核。实际伸长值与计算伸长值之差应控制在 ±6% 以内，否则应暂停张拉，待查明原因并采取措施予以调整后再继续张拉。

8.5.5 千斤顶张拉体外预应力筋的计算伸长值（Δl）可按下式计算：

$$\Delta l = \frac{F_{pm} l_p}{A_p E_p} \quad (8.5.5)$$

式中：F_{pm}——预应力筋平均张拉力（N），取张拉端拉力与计算截面扣除摩擦损失后的拉力平均值；

l_p——预应力筋的实际长度（mm）。

8.5.6 后张预应力筋的实际伸长值宜在初应力为张拉控制应力的 10% 时开始量测，分级记录。实际伸长值（Δl_0）可按下式确定：

$$\Delta l_0 = \Delta l_1 + \Delta l_2 - \Delta l_3 \quad (8.5.6)$$

式中：Δl_1——从初应力至最大张拉力间的实测伸长值（mm）；

Δl_2——初应力以下的推算伸长值（mm），可根据张拉力与伸长值成正比关系确定；

Δl_3——张拉过程中构件变形引起的预应力筋缩短值（mm），对于变形较小的构件，可略去。

8.5.7 预应力筋张拉锚固后实际建立的预应力值与设计规定检验值的相对偏差不应超过 ±5%。

8.5.8 预应力筋的张拉顺序应符合下列规定：

1 当设计中无具体要求时，可根据结构受力特点、施工方便、操作安全等因素确定；

2 张拉宜对称进行，减小对既有结构的偏心，也可采用分级张拉；

3 当预应力筋采取逐根张拉或逐束张拉时，应保证各阶段不出现对结构不利的应力状态，同时宜考虑后批张拉的预应力筋产生的弹性压缩对先批张拉预应力筋的影响。

8.5.9 预应力张拉时，应根据设计要求采用一端张拉或两端张拉。当采用两端张拉时，宜两端同时张拉，也可一端先张拉，另一端补张拉。

8.5.10 对同一束预应力筋，宜采用相应吨位的千斤顶整束张拉。当整束张拉有困难时，也可采用单根张拉工艺，单根张拉时应考虑各根之间的相互影响。

8.5.11 张拉过程中应避免预应力筋断裂或滑脱。当有断裂时，应该进行更换；当有滑脱时，应对滑脱的预应力筋重新穿筋张拉。

8.5.12 预应力筋张拉时，应对张拉力、压力表读数、张拉伸长值、异常现象等作详细记录。

8.6 工程验收

8.6.1 建筑结构体外预应力加固分项工程施工质量验收应符合现行国家标准《混凝土结构工程施工质量验收规范》GB 50204 的有关规定。

8.6.2 体外预应力加固分项工程可根据材料类别划分为预应力筋、锚具、孔道灌注材料、转向块、锚固块、防火材料等检验批。原材料的批量划分、质量标准和检验方法应符合国家现行有关产品标准。

8.6.3 体外预应力加固分项工程可根据施工工艺流程划分为预应力筋制作与安装、张拉、灌注、封锚及防火等检验批。

主控项目

8.6.4 原材料进场的主控项目验收应符合下列规定：

1 预应力筋应按本规程第 4.2 节规定抽取试件做力学性能检验，其质量应符合国家现行有关标准的规定。预应力筋应每 60t 为一批，每批抽取一组试件，检查产品合格证、出厂检验报告和进场复验报告。

2 预应力筋用锚具应按设计要求采用，其性能应符合本规程第 4.3.1 条的规定。对用量较少的一般工程，当供货方提供有效的试验报告时，可不作静载锚固性能试验。

3 孔道灌浆用水泥的性能应符合本规程第 4.5.2 条的规定，孔道灌浆用外加剂的性能应符合本规程第 4.5.3 条的规定，孔道灌注防腐油脂的性能应符合本规程第 4.5.5 条的规定，并应检查产品合格证、出厂检验报告和进场复验报告。对于用量较少的一般工程，当有可靠依据时，可不作材料性能的进场复验。

4 防火涂料的性能应符合本规程第 4.5.6 条的规定，并应检查产品合格证、出厂检验报告和进场复验报告。对于用量较少的一般工程，当有可靠依据时，可不作材料性能的进场复验。

8.6.5 预应力筋制作与安装的主控项目验收应符合下列规定：

1 体外预应力筋安装时，其品种、级别、规格、数量应符合设计要求；

2 施工过程中应避免电火花损伤预应力筋，受损伤的预应力筋应予以更换。

8.6.6 张拉的主控项目验收应符合下列规定：

1 体外预应力筋的张拉力、张拉顺序及张拉工艺应符合设计及施工方案的要求。

2 当采用应力控制方法张拉时，应校核预应力筋的伸长值，实际伸长值与设计计算理论伸长值的相对允许值偏差为±6%。

3 体外预应力筋张拉锚固后实际建立的预应力值与设计规定值的相对允许偏差不应超过±5%。抽查数量为预应力筋总数的 3%，且不应少于 5 束。检查方法为见证张拉记录。

4 体外张拉过程中应避免预应力筋断裂或滑脱；当发生断裂或滑脱时，断裂或滑脱的数量不得超过同一截面预应力筋总根数的 3%，且每束钢丝不得超过一根；对多跨双向连续板，其同一截面应按每跨计算。

8.6.7 孔道灌注、封锚及防火的主控项目验收应符合下列规定：

1 体外预应力筋张拉后应及时在外套管孔道内进行灌注水泥浆或专用防腐油脂，灌注应饱满、密实；

2 体外预应力筋的封锚保护应符合设计要求，

防护罩应符合本规程第 7.1.1 条的规定；

3 防火涂料钢材基层应进行防锈处理，防火涂料的厚度应符合设计规定值，当设计没有明确规定时，应符合国家现行有关标准的规定。

一般项目

8.6.8 原材料进场的一般项目验收应符合下列规定：

1 预应力筋使用前应进行全数外观检查，预应力筋展开后应平顺，不得弯折，表面不应有裂纹、小刺、机械损伤、氧化铁皮和油污等；二次加工钢绞线采用的无粘结预应力筋护套应光滑、无裂缝、无明显褶皱，无粘结预应力筋护套轻微破损者应外包防水塑料胶带修补，严重破损者不得使用。

2 预应力筋用锚具使用前应进行全数外观检查，其表面应无锈蚀、机械损伤和裂纹。

3 体外预应力束的外套管在使用前应进行全数外观检查，其内外表面应清洁、无锈蚀，不应有油污、孔洞。

4 体外预应力加固用转向块、锚固块及连接用钢材的性能应符合本规程第 4.4.1 条的规定。应检查钢材产品合格证、出厂检验报告和进场复验报告。

8.6.9 制作与安装的一般项目验收应符合下列规定：

1 预应力筋下料应采用砂轮锯或切割机切断，不得采用电弧切割；

2 对于可更换和多次张拉的锚具，预应力筋端部应预留再次张拉的长度，并应做好防护处理；

3 体外预应力束的转向块、锚固块的规格、数量、位置和形状应符合设计要求；

4 转向块、锚固块与既有结构的连接应牢固，预应力束张拉时不应出现位移和变形；

5 体外束的外套管应密封良好，接头应严密且不得漏浆或漏油脂；

6 体外预应力筋束形控制点的竖向位置偏差应符合本规程表 8.3.1 的规定。抽查数量应为预应力筋总数的 5%，且不应少于 5 束，每束不应少于 5 处，用钢尺检查，束形控制点的竖向位置偏差合格点率应达到 90% 及以上，且不得有超过表中数值 1.5 倍的尺寸偏差。

8.6.10 对于张拉的一般项目验收，锚固阶段张拉端预应力筋的内缩值应符合设计要求，当设计无具体要求时，应符合本规程表 5.1.4 的规定。每工作班应抽查预应力筋总数的 3%，且不应少于 3 束，用钢尺检查。

8.6.11 体外预应力孔道灌注、封锚及防火的一般项目验收应符合下列规定：

1 体外预应力筋锚固后的外露部分宜采用机械方法切割，对不要求更换的体外束其外露长度不宜小于预应力筋直径的 1.5 倍，且不宜小于 30mm；对可更换的体外束，应预留再次张拉的长度。抽查数量应为预应力筋总数的 3%，且不应少于 5 束。检查方法为观察和钢尺检查。

2 灌浆用水泥浆的性能及水泥浆强度应符合本规程第 4.5.4 条的规定。检查水泥浆性能试验报告和水泥浆试件强度试验报告。

3 防火涂料涂刷不应有遗漏，涂层应闭合，无脱层、空鼓、粉化松散等外观缺陷。

8.6.12 体外预应力加固分项工程施工质量验收时，应提供下列文件和记录：

1 经审查批准的施工组织设计和施工技术方案；

2 设计变更文件；

3 预应力筋、锚具的出厂合格证和进场复验报告；

4 转向块、锚固块原材料的合格证和进场复验报告；

5 张拉设备配套标定报告；

6 体外束设计曲线坐标检查记录；

7 转向块、锚固块与混凝土结构的连接检查记录；

8 预应力筋张拉及灌浆记录；

9 外套管灌注及锚固端防护封闭记录、水泥浆试块强度报告；

10 体外预应力体系外露部分防火措施检查记录。

附录 A 体外预应力筋数量估算

A.0.1 体外预应力筋截面面积可按下式估算：

$$A_P = \frac{N_P}{\sigma_{pu}} \qquad (A.0.1)$$

式中：N_p——体外预应力筋的拉力设计值（N），按本附录第 A.0.2 条计算；

σ_{pu}——预应力筋应力设计值（N/mm²），按本规程第 5.1.9 条计算，预应力总损失可按 $0.2\sigma_{con}$ 估算。

A.0.2 矩形截面梁体外预应力筋拉力设计值（N_p）可根据矩形梁的截面宽度（b）、有效高度（H_{0p}）和承受弯矩设计值（ΔM），按下列公式计算（图 A.0.2）：

$$N_p = \alpha_1 f_c b x_p \qquad (A.0.2-1)$$

$$x_p = H_{0p}^2 - \sqrt{H_{0p}^2 - 2\Delta M/(\alpha_1 f_c b)} \qquad (A.0.2-2)$$

$$H_{0p} = h - x_0 - a_p \qquad (A.0.2-3)$$

$$\Delta M = \eta M - M_0 \qquad (A.0.2-4)$$

$$M_0 = f_y' A_s'(h - a_s' - a_s) + \alpha_1 f_c b x_0 (h - 0.5 x_0 - a) \qquad (A.0.2-5)$$

$$x_0 = \frac{f_y A_s - f_y' A_s'}{\alpha_1 f_c b} \qquad (A.0.2-6)$$

式中：ΔM——考虑弯矩增大系数影响后梁的弯矩加固量（N·mm）；

M——加固梁弯矩设计值（N·mm）；

M_0——加固前既有结构受弯承载力（N·

mm）；

η——设计弯矩增大系数，取 1.05；

x_0——加固前既有结构受压区高度（mm）；

b、h——截面宽度、高度（mm）；

a_p——体外预应力筋拉力至受拉区边缘的距离（mm），边缘外取负值。

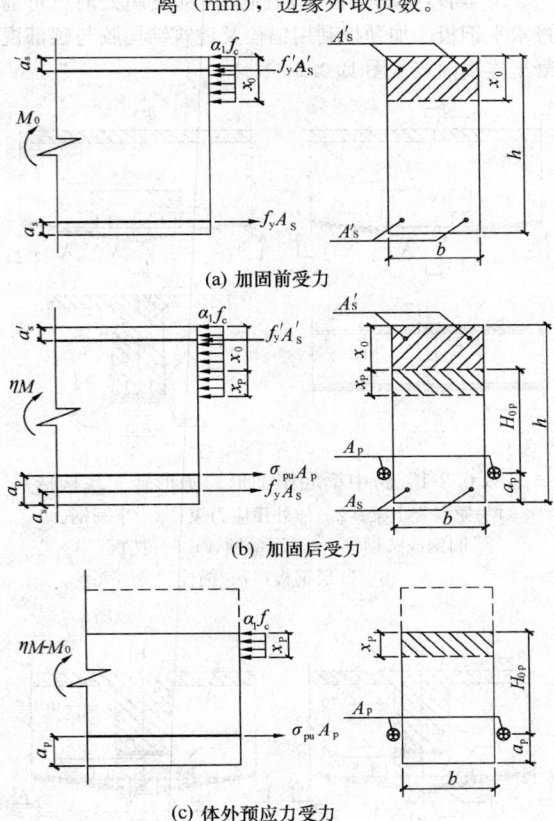

(a) 加固前受力

(b) 加固后受力

(c) 体外预应力受力

图 A.0.2 体外预应力加固截面受力

附录 B 转向块、锚固块布置及构造

B.0.1 体外预应力加固混凝土结构的转向块、锚固块形式和布置应根据既有建筑结构布置、体外预应力筋布置选用（图 B.0.1）。

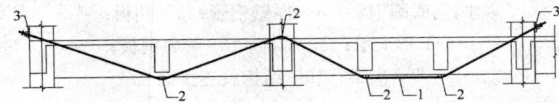

图 B.0.1 转向块、锚固块布置
1—体外预应力束；2—转向块；3—锚固块

B.0.2 当转向块转向采用半圆钢、圆钢或圆钢管时，预应力筋在转向块处宜采用厚壁钢套管，并宜通过挡板固定预应力束位置，转向块构造及与加固梁的连接可采用下列形式：

1 当转向块安装在加固梁底部时，可通过 U 形钢板利用锚栓及结构胶与加固梁底部和侧面连接固定（图 B.0.2-1）。

    2 当转向块安装在加固梁跨中的次梁下时，可通过加固梁底部钢板、次梁底部 T 形支撑板利用锚栓和结构胶固定（图 B.0.2-2）。

    3 当转向块安装在加固梁顶部支座处时，可通过水平钢板、加劲板利用锚栓及建筑结构胶与顶部混凝土连接固定（图 B.0.2-3）。

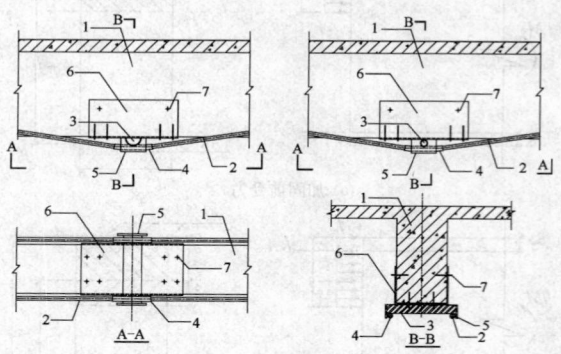

图 B.0.2-1　跨中梁底半圆形、圆形转向块构造

1—原混凝土梁；2—体外预应力束；3—半圆钢、
圆钢或圆钢管；4—厚壁钢管；5—挡板；
6—U 形钢板；7—锚栓

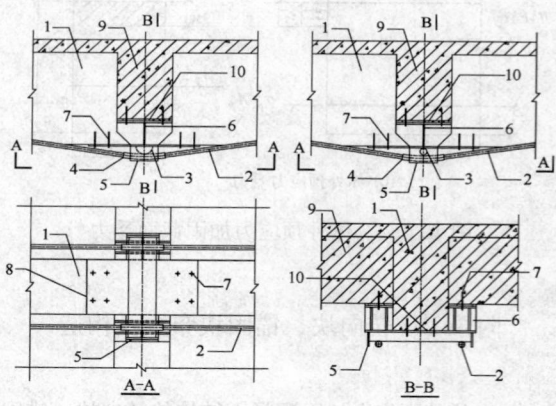

图 B.0.2-2　跨中次梁下半圆形、圆形转向块构造

1—原混凝土梁；2—体外预应力束；3—半圆钢、
圆钢或圆钢管；4—厚壁钢管；5—挡板；
6—T 形支承；7—锚栓；8—梁底钢板；
9—次梁；10—结构胶连接面

B.0.3 当转向块为鞍形时，预应力束套管可在鞍形转向块上平顺通过，并宜通过挡板固定预应力束位置，转向块构造及与加固梁的连接可采用下列形式：

    1 当转向块安装在加固梁底部时，可通过不同高度的横向加劲形成弧面鞍座，并通过水平钢板、加劲板利用锚栓及结构胶与加固梁底部、侧面或跨中次梁连接固定（图 B.0.3-1）。

    2 当转向块安装在加固梁顶部时，可通过不同

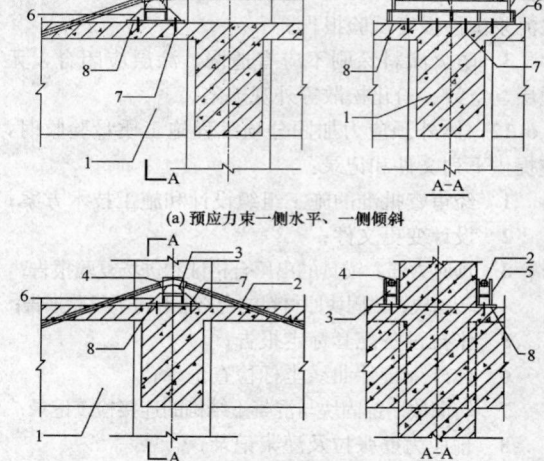

(a) 预应力束一侧水平、一侧倾斜

(b) 预应力束两侧倾斜

图 B.0.2-3　梁顶部半圆形、圆形转向块构造

1—原混凝土梁；2—体外预应力束；3—半圆钢、
圆钢或圆钢管；4—厚壁钢管；5—挡板；
6—钢支承；7—锚栓；8—结构胶连接面

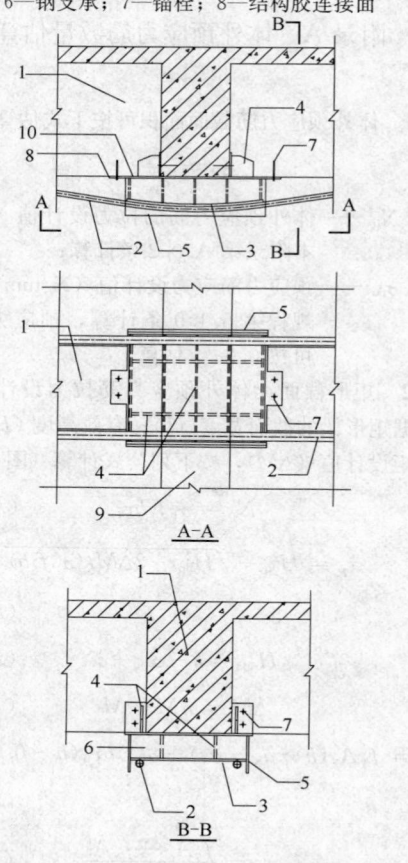

图 B.0.3-1　梁跨中鞍形转向块构造

1—原混凝土梁；2—体外预应力束；3—鞍形弧面；
4—加劲板；5—挡板；6—鞍座；7—锚栓；8—梁
底钢板；9—次梁；10—结构胶连接面

高度的横向加劲形成弧面鞍座，并通过水平钢板、加

劲板利用锚栓及结构胶与加固梁顶部连接固定（图 B.0.3-2）。

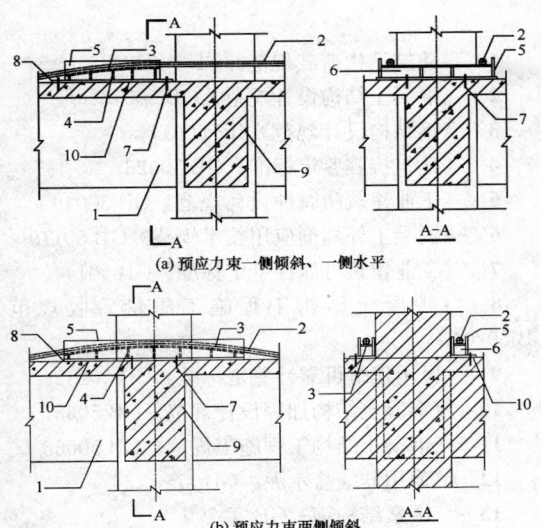

(a) 预应力束一侧倾斜、一侧水平

(b) 预应力束两侧倾斜

图 B.0.3-2　梁端部鞍形转向块构造
1—原混凝土梁；2—体外预应力束；3—鞍形弧面；
4—加劲板；5—挡板；6—鞍座；7—锚栓；
8—梁顶钢板；9—横向梁；10—结构胶连接面

B.0.4　当转向块采用钢管时，钢管厚度不宜小于 5mm，钢管与加固梁的连接可采用下列形式：

1　当转向块安装在加固梁跨中两侧时，宜采用 U 形钢板利用锚栓和结构胶与加固梁连接固定，钢管与 U 形钢板的侧面焊接固定，并通过竖向加劲加强钢管与 U 形钢板的连接 [图 B.0.4（a）]。

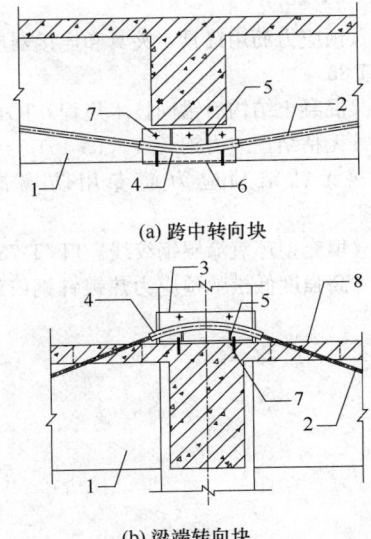

(a) 跨中转向块

(b) 梁端转向块

图 B.0.4　钢管转向块构造
1—原混凝土梁；2—体外预应力束；3—钢板与柱子连接；4—厚壁钢管；5—加劲板；6—U 形钢板；7—锚栓；8—楼板开洞

2　当转向块安装在加固梁顶柱子两侧时，宜采用钢板利用锚栓和结构胶与加固梁顶和柱子连接固定，钢管与柱子侧面钢板焊接固定，并通过竖向加劲加强钢管与竖向钢板的连接 [图 B.0.4（b）]，预应力束穿过楼板时应在楼板开洞，张拉后封堵。

B.0.5　锚固块宜做成钢结构横梁形式布置在加固梁端部，并将预加力传递给加固混凝土结构，锚固块的布置可采用下列形式：

1　当加固梁为独立梁时，锚固块宜布置在加固梁端中性轴稍偏上的位置（图 B.0.5-1）；

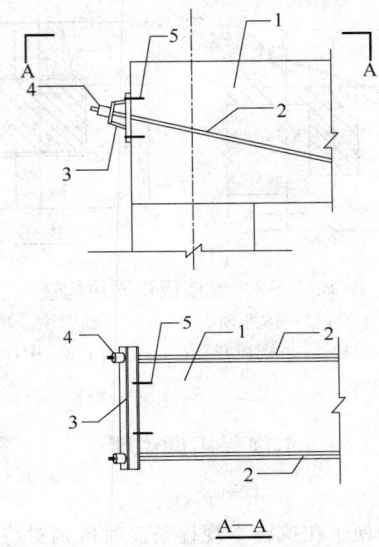

A—A

图 B.0.5-1　梁端部锚固块构造
1—原混凝土梁；2—体外预应力束；
3—锚固块；4—锚具；
5—锚栓

2　当加固梁端部有边梁时，可在边梁上钻孔，体外束穿过边梁锚固在加固梁中性轴稍偏上的位置（图 B.0.5-2）；

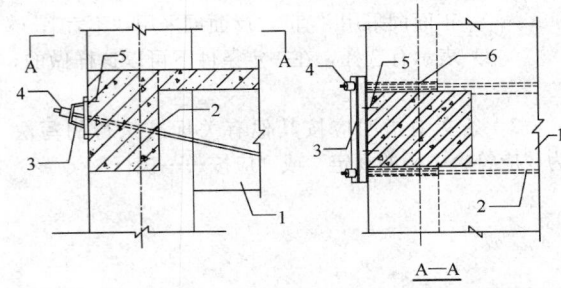

A—A

图 B.0.5-2　穿边梁锚固块构造
1—原混凝土梁；2—体外预应力束；3—锚固块；
4—锚具；5—锚栓；6—边梁开孔

3　当加固梁有边梁或在跨中锚固有横向梁时，也可在楼板开孔，体外束穿过楼板锚固，锚固块通过钢板箍固定在上层柱底部（图B.0.5-3），这种方式应注意预加力对柱底剪力的影响。

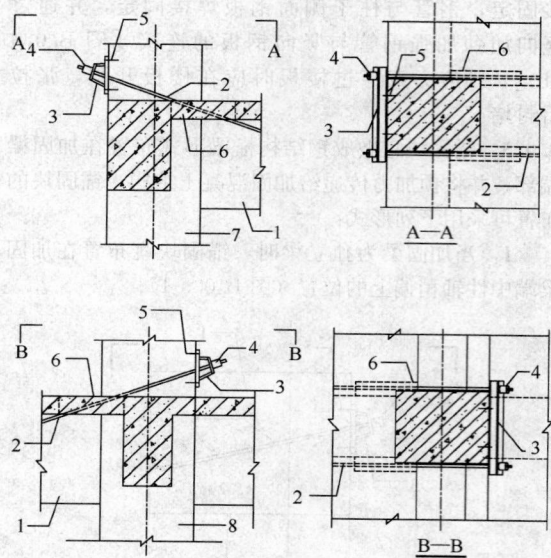

图 B. 0.5-3　穿楼板锚固块构造
1—原混凝土梁；2—体外预应力束；3—锚固块；4—锚具；
5—锚栓；6—楼板开孔；7—边柱；8—中柱

本规程用词说明

1　为便于在执行本规程条文时区别对待，对于要求严格程度不同的用词说明如下：
　　1）表示很严格，非这样做不可的：
　　　　正面词采用"必须"，反面词采用"严禁"；
　　2）表示严格，在正常情况下均应这样做的：
　　　　正面词采用"应"，反面词采用"不应"或"不得"；
　　3）表示允许稍有选择，在条件许可时首先应这样做的：
　　　　正面词采用"宜"，反面词采用"不宜"；
　　4）表示有选择，在一定条件下可以这样做的，采用"可"。
2　条文中指明应按其他有关标准执行的写法为"应符合……的规定"或"应按……执行"。

引用标准名录

1　《建筑结构荷载规范》GB 50009
2　《混凝土结构设计规范》GB 50010
3　《钢结构设计规范》GB 50017
4　《建筑抗震鉴定标准》GB 50023
5　《工业建筑防腐蚀设计规范》GB 50046
6　《混凝土外加剂应用技术规范》GB 50119
7　《工业建筑可靠性鉴定标准》GB 50144
8　《混凝土结构工程施工质量验收规范》GB 50204
9　《民用建筑可靠性鉴定标准》GB 50292
10　《混凝土结构加固设计规范》GB 50367
11　《混凝土结构工程施工规范》GB 50666
12　《通用硅酸盐水泥》GB 175
13　《碳素结构钢》GB/T 700
14　《低合金高强度结构钢》GB/T 1591
15　《预应力混凝土用钢绞线》GB/T 5224－2003
16　《混凝土外加剂》GB 8076
17　《涂装前钢材表面锈蚀等级和除锈等级》GB/T 8923
18　《一般工程用铸造碳钢件》GB/T 11352
19　《预应力筋用锚具、夹具和连接器》GB/T 14370
20　《钢结构防火涂料》GB 14907
21　《环氧涂层七丝预应力钢绞线》GB/T 21073
22　《预应力筋用锚具、夹具和连接器应用技术规程》JGJ 85
23　《混凝土结构后锚固技术规程》JGJ 145
24　《无粘结预应力钢绞线》JG 161
25　《无粘结预应力筋专用防腐润滑脂》JG 3007
26　《填充型环氧涂层钢绞线》JT/T 737
27　《高强度低松弛预应力热镀锌钢绞线》YB/T 152

中华人民共和国行业标准

建筑结构体外预应力加固技术规程

JGJ/T 279—2012

条 文 说 明

制 订 说 明

《建筑结构体外预应力加固技术规程》JGJ/T 279 - 2012，经住房和城乡建设部 2011 年 12 月 26 日以 1227 号公告批准、发布。

本规程编制过程中，编制组进行了广泛的调查研究，总结了建筑结构体外预应力加固技术的实践经验，同时参考了国外先进技术法规、技术标准，吸取了国内外最新研究成果。

为便于广大设计、施工、科研、学校等单位有关人员在使用本规程时能正确理解和执行条文规定，《建筑结构体外预应力加固技术规程》编制组按章、节、条顺序编制了本规程的条文说明，对条文规定的目的、依据以及执行中需注意的有关事项进行了说明。但是，本条文说明不具备与规程正文同等的法律效力，仅供使用者作为理解和把握规程规定的参考。

目　　次

1 总 则

1.0.1 体外预应力加固混凝土结构有别于其他加固方法，增大截面法；粘钢法、粘碳纤维等方法可以有效提高构件承载力，体外预应力加固混凝土结构除了提高承载力外，还可以有效提高截面抗裂性和通过等效荷载减小构件挠度，体外预应力是一种主动的加固方式。另外，体外预应力在耐久性方面也有其独特的优势：体外预应力筋设置在混凝土外，便于检测、重新张拉和更换，体外预应力筋的检测可以预防破坏事故的发生，体外预应力筋重新张拉及更换，可以保证预应力筋的应力水平及结构的可靠性，延长结构寿命。

体外预应力加固法是近年来快速发展和普遍采用的加固方法之一。由于体外预应力加固法采用专用设备，技术要求高和需要专业队伍施工，克服了其他方法"全民施工"带来的质量管理混乱的缺点，对确保加固工程质量有利。体外预应力加固法与其他加固法比较有如下优点：

1 加固与卸载合一，共同工作性能好。体外预应力加固结构在预应力加固的同时可以对既有结构进行卸载。加固完成后，既有结构与新加预应力筋共同承担荷载，属于一种主动加固法。

2 强度、刚度同时加固。体外预应力加固法在提高被加固构件承载力的同时，可使构件产生反拱变形和减小结构裂缝宽度。

3 适用于超筋截面构件的加固。体外预应力加固法是一种体外布索，可以通过抬高转向块高度加大预应力筋与既有结构受压边缘的距离，从而使构件不超筋。所以对超筋构件加固同样有效，这一点是前述的许多方法所不具备的。

4 对被加固构件的承载力提高幅度较大。试验研究表明，体外预应力加固法采用的高强度低松弛钢绞线，其数量可根据需要配置，可显著提高承载力。

5 体外预应力加固法适应性强。体外预应力加固法对单跨梁、连续梁、框架梁、井字梁、单双向板、偏心受压柱等均能起到加固作用；体外预应力加固法特别适用于低强度混凝土结构以及火灾、腐蚀、冻融等钢筋混凝土结构的加固。

体外预应力加固法已经广泛应用在建筑结构的混凝土梁、板加固中，并取得了良好的效果，体外预应力与体内预应力相比有两大不同：一是体外预应力二次效应，二是预应力二次加载的影响。但是，这些特点并没有在现行国家标准《混凝土结构设计规范》GB 50010 中明确指出，本规程就是利用混凝土结构设计原理明确体外预应力加固混凝土结构的设计方法和施工验收方法。

1.0.2 体外预应力加固技术除了在工业与民用建筑中采用外，也广泛应用在铁路和公路桥梁的加固中，由于铁路和公路桥梁与建筑结构采用的设计方法不同，因此，本规程没有涉及铁路和公路桥梁的体外预应力加固。另外，有些钢结构也采用了体外预应力技术进行加固，但是体外预应力加固钢结构与张弦结构受力类似，因此，本规程主要适用于房屋和一般构筑物钢筋混凝土结构采用体外预应力技术进行加固的设计、施工及验收，适用范围与现行国家标准《混凝土结构设计规范》GB 50010 相一致。如果既有结构是预应力混凝土结构，也可进行体外预应力加固，设计方法可参考本规程进行，由于公式较为复杂，工程中应用也极少，因此，本规程没有给出。

1.0.3、1.0.4 这 2 条规定了本规程在使用中应与其他标准配套使用。要加固的工程大都使用了一段时间，不论是因为功能改变还是因为出现了承载力不足、裂缝过大或挠度过大等问题，都应该按照相应的国家现行标准进行鉴定，然后进行加固设计。

2 术语和符号

2.1 术 语

2.1.1～2.1.6 本规程采用尽量少的新术语，凡是国家现行标准中已作规定的，尽量加以引用，不再作出新的规定。与体外预应力加固技术紧密相关的术语进行了强调，重新作了规定。术语的规定参考了国家现行标准和国外先进标准。

"体外预应力束"、"转向块"、"锚固块"和"体外预应力二次效应"是体外预应力技术特有的术语；"既有结构加固"、"体外预应力加固法"在现行国家标准《混凝土结构加固技术规范》GB 50367 中有规定。

2.2 符 号

本规程采用的符号及其含义尽可能与现行国家标准《混凝土结构设计规范》GB 50010、《混凝土结构加固设计规范》GB 50367一致，以便于在加固设计、计算中引用其相关公式。

3 基 本 规 定

3.1 一 般 规 定

3.1.1 本条规定了体外预应力加固适用的场合，主要是混凝土梁、板等受弯构件。虽然混凝土柱也可以用体外预应力加固，但是施加预应力后增大了混凝土柱的轴力，因此一般情况下不建议用预应力筋加固混凝土柱。有的文献用角钢加固柱子的四个角，并通过让角钢承受压力而减小混凝土柱压力，也就是角钢施加预压力对混凝土柱施加预拉力，这种情况不在本规程范围。体外预应力加固的目的一方面是为了满足承载力极限状态，另一方面是为了满足正常使用极限状态；还有一种特殊情况就是既有结构处于高应力、高应变状态，又难以卸除荷载进行其他方式加固，体外预应力加固可以不用卸载，这也是体外预应力加固技术与其他加固方法相比的一项优点。

3.1.2 新建预应力工程对混凝土材料抗压强度给出限值的主要原因是采用高强度混凝土可以充分发挥预应力筋的高强作用，做到两种材料的合理匹配，同时也解决后张法构件锚固区混凝土局部承压问题。体外预应力加固法的锚固区混凝土局部承压也是需重视的问题，应通过对锚固端的设计来解决，试验研究和大量的工程实践证明，通过合理设计锚固块来解决混凝土局部承压问题，体外预应力加固技术用于低强度混凝土结构加固是一个有效方法。

3.1.3 混凝土结构是否需要加固应经过可靠性鉴定确认，我国现行的国家标准《工业建筑可靠性鉴定标准》GB 50144 和《民用建筑可靠性鉴定标准》GB 50292 是我国工业建筑和民用建筑可靠性鉴定的依据，可以作为混凝土结构进行加固设计的基本依据。由于既有建筑结构的加固设计和施工远远复杂于新建建筑结构的设计和施工，因此，应由有相应资质等级的单位进行体外预应力加固设计。另外，超静定结构的加固设计，尤其是体外预应力加固会影响到相邻结构构件的内力，影响整体结构的内力；我国建筑结构的抗震设计标准也在不断提高，结构构件的加固往往与抗震加固结合进行，因此，加固影响到整体内力且与抗震加固相结合时，应按现行国家标准《建筑抗震鉴定标准》GB 50023 进行抗震能力鉴定。体外预应力加固可以改善抗裂性、减小挠度、提高承载力，但是预应力度过大会影响结构的抗震延性，因此，抗震加固时体外预应力加固可与加大截面法、粘钢、粘碳纤维等方法相结合进行。

当体外预应力加固设计与其他加固方法相结合进行时，加固设计的范围可以包括整幢建筑物或其中某独立区段，也可以是指定的结构或构件，但均应考虑该结构的整体性。

3.1.4 被加固的混凝土结构、构件，其加固前的服役时间各不相同，加固后的结构功能又有所改变，因此，不能用新建时的安全等级作为加固后的安全等级，应该根据业主对于加固后的目标适用期的要求，加固后结构使用用途和重要性，由委托方和设计方共同确定。

3.1.5 体外预应力加固混凝土结构施工中最重要的工序是预应力筋的张拉。张拉主要方式是通过千斤顶，因此设计的时候就要考虑到预应力筋的布置满足张拉端能够布置锚固块、布置千斤顶进行张拉，否则，即使设计满足了承载力和抗裂要求，施工也难以

实现，成为不能够实施的设计方案。

对于超静定结构，预应力张拉会改变结构的内力，尤其是与加固构件相邻而未进行体外预应力加固的部分，加固部分的预应力张拉产生的变形会引起结构的次内力，因此，应该考虑次内力产生的不利影响。

3.1.6 对于由高温、高湿、低温、冻融、化学腐蚀、振动、温度应力、地基不均匀沉降等影响因素引起的既有结构损坏，在进行结构体外预应力加固时或加固前，应该提出有效的防治对策和措施，对高温、高湿、低温、冻融、化学腐蚀、振动、温度应力、地基不均匀沉降等产生的源头进行治理和消除，只有消除了根源才可以防止结构破损的进一步发展。通常情况下是先治理然后加固，治理后加固才可以保证加固后结构的安全性和正常使用。

3.1.7 加固施工不同于新建建筑结构，加固施工经常是局部采用支撑，利用了既有结构的稳定性体系，但是对于可能出现倾斜、失稳、变形过大或塌陷的混凝土结构，既有结构已经不能作为支撑的一部分，因此，应提出相应的施工安全措施要求和施工监测要求，防止施工中可能出现的倾斜、失稳、变形过大或塌陷。

3.1.8 混凝土结构体外预应力加固设计都是以委托方提供的结构用途、使用条件和使用环境为依据进行的，因此，加固后也应该按委托方委托设计的要求使用，如果改变了使用功能或使用环境，应该重新进行鉴定或经过设计的许可，否则可能产生难以预料的后果。

3.2 设计计算原则

3.2.1 本条是按现行国家标准《混凝土结构设计规范》GB 50010 作出规定的。

3.2.2 本条对混凝土结构体外预应力加固设计计算需要的数据如何得到给出了详细而明确的规定，同时明确了需要考虑次内力对相邻构件的影响及加固后可能引起的刚度变化对内力的影响。

3.2.3 本条给出了普通钢筋混凝土构件进行体外预应力加固时体外预应力最大配筋量与既有结构普通钢筋的比例，采用了现行国家标准《混凝土结构设计规范》GB 50010 的表达方式。体外预应力筋中间段与混凝土没有直接的连接，试验表明，为了改善构件在正常使用中的变形性能，体外预应力筋配筋不宜过多。在全部受拉钢筋中，有粘结的非预应力筋产生的拉力达到总拉力的 25% 时，可有效改善无粘结预应力受弯构件的性能，如裂缝分布、间距和宽度以及变形能力，接近有粘结预应力梁的性能，本条考虑了这一影响，并考虑到体外预应力加固受弯构件与无粘结预应力混凝土构件相比，性能稍差，因此，控制比现行国家标准《混凝土结构设计规范》GB 50010 中无

粘结预应力筋更严。

3.2.4 既有结构为预应力混凝土结构时，体外预应力加固用预应力配筋量确定应考虑既有结构体内预应力配筋，综合考虑总配筋，主要目的是为了控制结构的延性。

4 材 料

4.1 混 凝 土

4.1.1 《混凝土结构设计规范》GB 50010-2010 第4.1.2 条规定预应力混凝土结构强度不宜低于 C40，且不应低于 C35。对于既有建筑混凝土结构的体外预应力加固，由于混凝土收缩、徐变大部分已经发生，收缩、徐变损失减小，且既有结构一般为普通混凝土结构，与预应力混凝土结构相比混凝土强度会稍偏低，所以将加固用的混凝土强度定为不应低于 C30。

4.2 预应力钢材

4.2.1 体外预应力加固用预应力筋主要采用了国家标准《混凝土结构设计规范》GB 50010-2010 中规定的预应力筋。由于体外预应力束没有被混凝土包裹，因此在腐蚀环境中采用体外预应力加固应采用涂层预应力筋。

4.2.2、4.2.3 预应力钢绞线和预应力螺纹钢筋的屈服强度标准值 f_{pyk}、抗拉强度标准值 f_{ptk}、强度设计值 f_{py} 及弹性模量均按国家标准《混凝土结构设计规范》GB 50010-2010 采用。

4.2.4 涂层预应力筋主要为了抵抗环境的腐蚀，这里选取了常用的几种涂层预应力筋：镀锌钢绞线、环氧涂层钢绞线，每种产品均有相应的产品标准。镀锌钢绞线会与水泥浆发生反应，因此，如果是外套管内灌注水泥浆，不能采用镀锌钢绞线。

4.2.5 二次加工预应力筋目前最常用的是无粘结预应力钢绞线，缓粘结预应力钢绞线是最近在预应力混凝土结构中采用的一种新的预应力产品，也可用在体外预应力加固中，可以参考相应的产品标准。

4.3 锚 具

4.3.1、4.3.2 体外预应力加固用锚具和连接器与一般预应力混凝土结构用锚具和连接器是相同的，锚具的类型主要是与预应力筋的类型相匹配，锚固效率系数等参数要求按现行国家标准《预应力筋用锚具、夹具和连接器》GB/T 14370 采用即可。由于一般预应力混凝土结构锚具在预应力筋张拉后进行混凝土封锚，封锚后不再打开，而体外预应力筋张拉后一般不用混凝土封锚，而是用封锚盖封闭，且存在将来进行张拉调节的可能，因此，锚具的封锚会不同，封锚既要防腐蚀性好，又要容易打开。夹片锚有可能在预应

力筋应力过低时松开，因此，应该有防松措施。目前已经有专用于体外预应力筋的锚具，可以优先采用这样的锚具。

4.4 转向块、锚固块及连接用材料

4.4.1、4.4.2 转向块、锚固块大都采用钢材，连接采用后锚固方式，一方面减小体外预应力加固施工的湿作业，另一方面钢材强度高，后锚施工方便，产品较多，因此，本条给出了钢材和连接材料需要满足的标准。

4.5 防 护 材 料

4.5.1 体外预应力筋没有埋在混凝土内，不能得到混凝土的保护，因此，体外预应力筋、转向块及锚固块的防护是非常重要的。

工业与民用建筑中，体外预应力筋一般采用钢套管进行保护，也有个别采用 HDPE 套管的，套管内都灌注水泥浆、防腐蚀油脂等进行防腐。

4.5.2、4.5.3 给出了灌注水泥浆用水泥和外加剂应符合的产品标准。

4.5.4 给出了外套管内灌注水泥浆的技术要求，现行国家标准《混凝土结构工程施工质量验收规范》GB 50204 和《混凝土结构工程施工规范》GB 50666 都给出了水泥浆的技术要求，稍有不同，本规程以现行国家标准《混凝土结构工程施工规范》GB 50666 为主。应注意灌注水泥浆后体外预应力筋将不可更换。

4.5.5 灌注的油脂应为体外预应力钢绞线所采用的专用油脂。

4.5.6 体外预应力束、转向块及锚固块都是钢材，钢材在高温下应力释放、强度降低，因此，防火是很重要的，应该根据现行国家标准《钢结构防火涂料》GB 14907 的规定进行防火处理。

5 结 构 设 计

5.1 一 般 规 定

5.1.1 根据现行国家标准《工程结构可靠性设计统一标准》GB 50153 和《混凝土结构设计规范》GB 50010 的有关规定，当进行预应力混凝土结构构件承载力极限状态及正常使用极限状态的荷载组合时，应计算预应力作用参与组合，对后张预应力混凝土超静定结构，预应力作用效应为综合内力 M_r、V_r 及 N_r，包括预应力产生的次弯矩、次剪力和次轴力。在承载力极限状态下，预应力分项系数不利时取 1.2、有利时取 1.0，正常使用极限状态下，预应力分项系数通常取 1.0。

要计算次内力，首先要有预应力配筋，附录 A

给出了预应力配筋的估算方法，估算了预应力配筋，就可以进行次内力计算和后面的承载力极限状态计算及正常使用极限状态验算。

5.1.2 本条给出了次内力计算方法，设计中一定要注意次内力的符号和方向，正确确定次内力对结构有利还是对结构不利，尤其是次剪力，次剪力最好是通过次弯矩来计算，次弯矩的产生和次剪力是同时的，次弯矩的变化率就是次剪力，对于独立梁，一般情况下一跨内次剪力是一样的，次剪力对梁的两端产生的效果是正好相反的，对左端不利，对右端就有利，对左端有利，对右端就不利，因此，一定要注意方向。当计算次内力时，可略去 $\sigma_{l5}A_s$ 的影响，取 $N_p = \sigma_{pe}A_p$。

5.1.3 本条列出了体外预应力筋中的预应力损失项。预应力总损失值小于 80N/mm² 时，应按 80N/mm² 取。按照现行国家标准《混凝土结构设计规范》50010 增加了张拉端锚口摩擦损失。

5.1.4 给出了预应力筋由于锚具变形和预应力筋内缩引起的预应力损失值，预应力筋锚固时锚具回缩值按锚具类型分别为支承式和夹片式给出了数值。计算中应该注意锚具回缩影响的范围，如果锚具回缩产生的反向摩擦不能传递到下一段预应力筋，锚具回缩损失只影响第一段预应力筋。

5.1.5 由于体外预应力筋与构件接触长度非常小，因此，大部分情况下局部偏摆产生的摩擦损失不足 1%，可以忽略，只考虑转角产生的摩擦损失。摩擦系数的取值参考国家标准《混凝土结构设计规范》GB 50010 - 2010 的数值。

5.1.6 预应力筋的应力松弛引起的预应力损失值与初应力和极限强度有关。本规程公式是按国家标准《混凝土结构设计规范》GB 50010 - 2010 给出的。

5.1.7 混凝土收缩和徐变引起的预应力损失按国家标准《混凝土结构设计规范》GB 50010 - 2010 给出。对既有结构混凝土浇筑完成后的时间超过 5 年，混凝土收缩、徐变已经基本完成，取 $\sigma_{l5}=0$。

5.1.8 先张拉的预应力筋由张拉后批体外预应力筋所引起的混凝土弹性压缩的预应力损失与体内预应力混凝土结构是一样的。

5.1.9 体外预应力筋的应力设计值与无粘结预应力筋的设计值确定方法基本相似，国内外都采用了有效预应力值再加预应力增量的计算方法，德国 DIN4227 规范无粘结预应力计算方法最为简单：单跨梁预应力增量取 110N/mm²，悬臂梁预应力增量取 50N/mm²，连续梁预应力增量取为零，我国现行行业标准《无粘结预应力混凝土结构技术规程》JGJ 92 中对体外预应力筋应力增量规定为 100N/mm²，本条是参考国内外规范及工程经验作出的规定的。

5.2 承载能力极限状态计算

5.2.1、5.2.2 给出了矩形、T 形和 I 形截面受弯承载力计算方法，公式按现行国家标准《混凝土结构设计规范》GB 50010 的有关规定列出，其弯矩设计值应考虑次内力组合。国内外研究成果表明，当转向块间距离小于 12 倍梁高时可以忽略二次效应的影响。为考虑二次效应的影响，国内也有一些试验和理论研究，但是，目前并没有大家公认的计算公式，《体外预应力筋极限应力和有效高度计算方法》（土木工程学报第 40 卷第 2 期）给出了一个在试验基础上总结的公式，当需要计算二次效应时可供参考。加固前构件在初始弯矩作用下，截面受拉边缘混凝土的初始应变在一般情况下数值较小，故所列公式中未计及该初始应变对承载力的影响。

体外预应力加固混凝土结构的相对界限受压区高度 ξ_b 不能简单按现行国家标准《混凝土结构设计规范》GB 50010 有关公式来确定。但是 GB 50010 - 2010 中第 10.1.14 条给出了无粘结预应力混凝土结构的综合配筋特性 ξ_p，ξ_b 与相对界限受压区高度含义基本相同，因此，可以按现行国家标准《混凝土结构设计规范》GB 50010 对无粘结预应力混凝土的限制，偏安全地取 0.4。当相对界限受压区高度超过 0.4 时，非预应力筋和预应力筋强度不能达到设计值，在第 5.2.3 条中规定了计算方法。

5.2.3 体外预应力加固设计中，正截面承载力尚可按偏心受压构件进行计算，并根据 ξ 不大于 ξ_b 或大于 ξ_b 分别按大偏心受压构件或小偏心受压构件计算。此外，也有按反向荷载平衡法进行正截面承载力计算的体外预应力加固实例。当 ξ 大于 ξ_b 时，技术措施还可以通过加大截面或采用其他方案。

5.2.4～5.2.7 按现行国家标准《混凝土结构设计规范》GB 50010 给出了体外预应力加固后斜截面承载力计算方法和公式，此时弯起体外预应力筋的应力设计值应按 $(\sigma_{pe} + 50)$ N/mm² 取值，h_0 是指原混凝土结构截面的有效高度。

5.3 正常使用极限状态验算

5.3.1 本条给出了体外预应力加固混凝土结构裂缝控制要求，由于体外预应力筋有专门的外护套保护并灌注防腐材料，故采用的裂缝控制与现行国家标准《混凝土结构设计规范》GB 50010 一致。

5.3.2 本条给出了已经开裂的混凝土受弯构件，裂缝完全闭合时需要施加的预应力值，该值也可以作为预应力配筋的预估值。该方法是根据《体外预应力加固配筋混凝土梁的变形控制》（工业建筑 2009 年第 12 卷第 12 期）的试验研究和理论分析成果得出的，预加力 N_{cl0} 应抵消 M_i^i 产生的拉应力并产生 σ_{cl0} 的压应力。

5.3.3 本条给出了体外预应力加固后构件开裂弯矩的计算方法。加固前已经开裂的构件，当截面压应力一旦达到 0，就开始重新开裂。

5.3.4、5.3.5 对体外预应力加固后的构件裂缝及其宽度计算公式，仍采用国家标准《混凝土结构设计规范》GB 50010－2010 中预应力混凝土受弯构件的计算方法。因为加固后的构件在重新加载开裂时，用现有的裂缝计算公式得出的裂缝宽度与试验裂缝基本相符，因此，本条采用了同样的计算公式。裂缝宽度计算对应的正常使用极限状态，变形相对较小，因此，可以不考虑二次效应的影响。

5.3.6 所给出的体外预应力加固受弯构件考虑荷载长期作用影响的刚度计算方法，与现行国家标准《混凝土结构设计规范》GB 50010－2010 中计算方法一致，要注意的是考虑荷载长期作用对挠度增大的影响系数，一般取 2.0，但是对于体外预应力加固混凝土结构有所不同，由于混凝土徐变影响已经减小，因此，折减取 1.5，第 5.3.8 条计算预应力反拱考虑长期作用的增大系数也取 1.5。

5.3.7 本条给出了未开裂构件或裂缝完全闭合后构件的刚度，以及加固后又重新开裂构件的刚度计算，注意在式（5.3.7-3）中开裂弯矩应根据是首次开裂还是闭合后重新开裂，按本规程第 5.3.3 条规定来选用不同的开裂弯矩。

5.3.8 本条给出了体外预应力在张拉过程中产生的反拱值计算方法，可以利用体外预应力产生的等效荷载进行计算。根据东南大学《体外预应力加固配筋混凝土梁的变形控制》（工业建筑 2009 年第 12 卷第 12 期）试验研究和理论分析，开裂后构件抗弯刚度明显低于未开裂构件，施加预应力将逐渐增大构件刚度，故将计算反拱的刚度分两个阶段计算，第一阶段是裂缝逐渐闭合的过程，刚度随预加力增加而增大，当预加力达到裂缝完全闭合的预加力 N_{cb} 时，刚度增大为 $0.85E_cI_0$；预加力为 0 时，构件反向刚度可近似按普通钢筋混凝土构件开裂刚度计算，即：

$$B_s = \frac{E_s A_s h_0^2}{1.15\varphi + 0.2 + \frac{6\alpha_E\rho_s}{1 + 3.5\gamma_f}} \quad (1)$$

中间按线性插值得到了本规程公式（5.3.8）。

5.4 转向块、锚固块设计

5.4.1 体外预应力加固用转向块、锚固块设计是体外预应力节点设计的关键，如果转向块、锚固块松动、移动或有大的变形，体外预应力筋内的应力会立刻降低，甚至会降为 0。因此，体外预应力转向块、锚固块的设计应安全可靠。采用钢结构做转向块时，转向块的设计应按现行国家标准《钢结构设计规范》GB 50017 进行承载力极限状态计算和正常使用极限状态验算。

5.4.2 在进行转向块、锚固块承载力设计时不能按有效预应力值，也不能按预应力筋抗拉强度设计值计算，而应该按预应力筋的极限强度标准值进行计算，

达到转向块、锚固块节点强度与预应力筋强度等强。

5.4.3 按正常使用验算转向块和锚固块时，预应力筋拉力应按最大张拉控制应力来考虑。

5.4.4 本条为了确保既有结构混凝土受冲切承载力和局部受压承载力与预应力筋强度等强。

6 构 造 规 定

6.1 预应力筋布置原则

6.1.1 本条规定了体外预应力束的布置原则。

6.1.2 本条规定了体外预应力束转向块的布置原则。多折线体外预应力束转向块布置在距梁端 1/4～1/3 跨度的范围内，中间跨大概有 1/3 跨长两端有转向块，转向块的设置一方面减小二次效应，减小由于梁的变形引起的预应力效应的降低，二是为了提高预应力筋的应力增量，根据国内外试验和理论研究，当转向块之间距离小于 12 倍梁高或板厚时，可以忽略二次效应的影响。

6.1.3 体外束的锚固块与转向块之间或两个转向块之间的自由段长度不大于 8m，主要为了防止体外预应力束在扰动下产生与构件频率相近的振动，长期的共振会引起体外预应力束的疲劳损伤。

6.1.4 由于体外束通过转向块进行弯折转向，在体外索与转向块的接触区域内，摩擦和横向挤压力的作用和体外索弯折后产生的内应力将会造成体外预应力筋的强度降低。CEB—FIP 模式规范给出了相应的限制：预应力筋（体外索）弯折点的转角应小于 15°，曲率半径应满足一定的要求，当不满足以转角和曲率半径要求时要求通过试验确定预应力筋（体外索）的强度。

在实际工程中，除了桥梁结构和大跨度建筑结构外，上述弯折转角小于 15°和最小曲率半径的限值条件是很难满足的。因此针对量大、面广的民用建筑的加固工程应按照国家标准《预应力混凝土用钢绞线》GB/T 5224－2003 规定采用"偏斜拉伸试验"来测试预应力筋的极限强度值。

在量少、不便通过"偏斜拉伸试验"来测试预应力筋的强度值的情况下，国内研究工作表明，可按钢绞线强度标准值为 $0.8f_{ptk}$ 进行计算。

6.1.5 规定了体外束与转向块接触长度的确定方法。

6.2 节 点 构 造

6.2.1～6.2.3 体外预应力加固在全国已经完成了大量的工程实践，节点构造方式也多种多样，没有统一的方式，本节介绍了一些节点构造方式，并在附录 B 中给出了一些常见的节点构造供设计和施工参考。

7 防 护

7.1 防 腐

7.1.1 体外预应力筋拉力通过锚具将预应力传递给原混凝土结构，因此锚具是保证预应力的关键，本条给出了锚具的防护套节点做法。

7.1.2 本条给出了体外预应束保护套管的具体要求。参数按现行国家标准《混凝土结构工程施工规范》GB 50666给出。

7.1.3 本条给出了体外预应力束防腐蚀材料应满足的技术要求。

7.1.4 钢制转向块和锚固块主要通过涂刷防锈漆来进行防锈，防锈漆的涂刷应按现行国家标准进行。防锈漆的使用都有一定的耐久性，一般大于 25 年就需要重新涂刷，因此，应根据防锈漆的厚度和使用年限进行检查和重新涂刷。

7.2 防 火

7.2.1 体外预应力体系防火等级是按现行国家标准《建筑设计防火规范》GB 50016 和《高层民用建筑设计防火规范》GB 50045 的要求确定，防火涂料的性能、涂层厚度及质量要求可参考现行国家标准《钢结构防火涂料》GB 14907 和协会标准《钢结构防火涂料应用技术规程》CECS24 的规定。

7.2.2 本条给出了防火保护材料的选用及施工的具体要求。

7.2.3 本条给出了根据耐火极限选取膨胀型和非膨胀型防火涂料的原则。

除了刷防火涂料外，也可采用混凝土或水泥砂浆包裹，可先用钢丝网包裹，然后涂抹混凝土或水泥砂浆，涂抹厚度不应小于 30mm，该方法施工简单、方便，工程中应用也很广泛。

8 施工及验收

8.1 施 工 准 备

8.1.1~8.1.3 体外预应力加固施工比体内预应力施工技术要求更高，因此，必须由专业施工单位来完成，施工前必须编制详细的施工方案，同时，预应力施工也属于住房和城乡建设部发布的危险性较大的项目，必要时应该通过专家论证。施工方案必须满足设计的要求，因此，要求施工方案要经过设计单位认可才可以实施。

8.2 预应力筋加工制作

8.2.1~8.2.3 给出了预应力筋下料长度确定方法、下料方法及挤压锚挤压时注意事项。预应力筋要采用砂轮锯或切断机切断，加热、焊接或电弧切割都会让预应力筋达到高温，高温后预应力筋强度会明显降低，因此，应避免高温切断，施工过程中也应该避免电火花和电流损伤预应力筋，特别是转向块和锚固块都是钢材的，现场可能会用到电气焊，因此，这些钢配件应尽量在工厂加工好，现场直接安装，减少现场的电气焊操作，如果必须电气焊，应采取对预应力筋的临时防护措施。

8.3 转向块、锚固块安装

8.3.1 体外预应力转向块竖向误差直接影响体外预应力筋的有效高度，直接影响承载力大小、裂缝宽度计算和刚度计算，因此，必须严格控制转向块竖向安装误差。本条给出的数据保证预应力筋有效高度相差一般不超过 2‰，以满足工程设计的要求，当既有结构梁高越大时，相对误差越小。

8.3.2 转向块与既有结构的连接处除了竖向压力外，还有预应力反向荷载产生的水平方向的分力，一般情况下钢材与混凝土表面的摩擦系数在 0.3，靠压力产生的摩擦力就可以抵抗水平分力产生的可能的滑动，当转向块处预应力筋转角很大时，水平分力也可能大于摩擦力而产生滑动，稍有滑动就会将预应力降低很多，因此，可采用结构加固用 A 级胶粘剂、化学锚栓、膨胀螺栓等保证转向块不滑动。

8.4 预应力筋安装

8.4.1、8.4.2 体外预应力束一般在原混凝土结构下安装，操作不方便，因此，应该提前注意排序，然后安装。安装好的部分要定位好，张拉之前对所有预应力束均进行预紧。对于涂层预应力筋或二次加工的预应力筋，应注意安装过程中保护外防护层。

8.5 预应力张拉

8.5.1 本条参照现行国家标准《混凝土结构工程施工质量验收规范》GB 50204 和《混凝土结构工程施工规范》GB 50666 有关条款制定。

8.5.2 体外预应力筋的张拉控制应力值要比体内布置的预应力筋张拉控制应力低些，参考行业标准《无粘结预应力混凝土结构技术规程》JGJ 92 - 2004，对于预应力钢绞线不宜超过 $0.6f_{ptk}$，且不应小于 $0.4f_{ptk}$；国家标准《混凝土结构设计规范》GB 50010 - 2010 对体内预应力筋：钢绞线不应超过 $0.75f_{ptk}$，预应力螺纹钢筋不应超过 $0.85f_{pyk}$，本条规定同时参照了国外的标准。

8.5.4~8.5.12 按现行国家标准《混凝土结构工程施工质量验收规范》GB 50204 和《混凝土结构工程施工规范》GB 50666 的有关条款制定。

体外预应力张拉与体内预应力张拉相比，更应该重视对称张拉。体外预应力筋通过转向块和锚固块将预应力传递给原混凝土结构，不对称张拉会引起转向块和锚固块偏心受力，有可能引起偏转，因此，必须按对称性张拉，必要时必须分级张拉。

梁端张拉能保证体外预应力筋梁端拉力尽可能对称。另外，也要根据设计要求，如果设计按两端张拉计算的摩擦损失和有效预应力，并要求两端张拉的，施工时必须两端张拉。

建筑结构中一束体外预应力筋根数不是很多，张拉位置能整束张拉时应整束张拉，整束张拉会引起偏心，施工中应注意。为了减少偏心，可以整束分级张拉。

8.6 工 程 验 收

8.6.1 本条给出了体外预应力工程施工质量验收的依据。

8.6.2 本条给出了体外预应力施工质量验收按材料类别划分的检验批。

8.6.3 本条给出了体外预应力施工质量验收按施工工艺划分的检验批。

8.6.4~8.6.7 给出了体外预应力施工的主控项目质量验收方法。

8.6.8~8.6.11 给出了体外预应力施工的一般项目质量验收方法。

附录 A 体外预应力筋数量估算

体外预应力筋截面面积计算需要求解本规程第5.2节方程组，特别是当考虑二次效应影响时，计算更为复杂，本附录给出了一种初步设计估算预应力筋面积的方法。

通过既有结构构件力的平衡确定出既有结构混凝土截面受压区高度和承载力大小，再根据需要达到的承载力定义结构加固量 ΔM，梁截面去掉原来的非预应力筋和对应的受压区高度后得到预应力筋有效高度 H_{0P}，这样就把设计变成了设计截面宽度为 b、有效高度为 H_{0P} 的矩形梁（图 A.0.2c），达到受弯承载力为 ΔM，只配预应力筋，也就是单筋矩形梁设计，得到了简单的计算公式。

对于 T 形截面梁，同样可以按原来截面大小和配筋得到截面受压区高度和承载力大小，原截面去掉原配筋对应的受压区高度后得到新的 T 形截面梁（受压区都在翼缘）或矩形截面梁（受压区进入腹板），然后按 T 形截面梁或矩形截面梁进行单筋设计就可以得到预应力配筋。本附录只给出了矩形截面梁估算方法，T 形截面梁同样可以按上述方法计算。

附录 B 转向块、锚固块布置及构造

本附录给出了常用体外预应力转向块和锚固块节点的构造形式简图，可供设计人员参考。工程中还有许多形式，可结合实际工程确定，目前尚无统一的、标准的方式，只要满足传力要求、施工方便即可。

中华人民共和国国家标准

滑动模板工程技术规范

Technical code of slipform engineering

GB 50113—2005

主编部门：中 国 冶 金 建 设 协 会
批准部门：中华人民共和国建设部
施行日期：2 0 0 5 年 8 月 1 日

中华人民共和国建设部
公　告

第 339 号

建设部关于发布国家标准
《滑动模板工程技术规范》的公告

现批准《滑动模板工程技术规范》为国家标准，编号为 GB 50113—2005，自 2005 年 8 月 1 日起实施。其中，第 5.1.3、6.3.1、6.4.1（1）、6.6.9、6.6.14、6.6.15、6.7.1、8.1.6（2）条（款）为强制性条文，必须严格执行。原《液压滑动模板施工技术规范》GBJ 113—87 同时废止。

本规范由建设部标准定额研究所组织中国计划出版社出版发行。

中华人民共和国建设部
二〇〇五年五月十六日

前　言

本规范是根据建设部"关于印发《一九九七年工程建设国家标准制定、修订计划》的通知"（建标〔1997〕108 号）的要求，由中冶集团建筑研究总院（原冶金工业部建筑研究总院）会同全国有关单位共同对原国标《液压滑动模板施工技术规范》GBJ 113—87 全面修订而成的。

在修订过程中，编制组进行了广泛的调查研究，总结了我国滑模工程设计、施工技术和质量管理的实践经验，在原规范 GBJ 113—87 的基础上全面修订，以提高滑模工程质量和施工安全为重点，吸收成熟的滑模施工新设备、新材料、新工艺，拓宽滑模施工的应用范围，与国家现行的其他工程技术规范配套，并以多种方式广泛征求了有关单位和专家的意见，对主要问题进行了专题研究和反复修改，最后经审查定稿。

本规范共 8 章 24 节和 4 个附录，其主要内容包括：总则、术语和符号、滑模施工工程的设计、滑模施工的准备、滑模装置的设计与制作、滑模施工、特种滑模施工、质量检查及工程验收、附录。

本规范中以黑体字标志的条文为强制性条文，必须严格执行。本规范由建设部负责管理和对强制性条

文的解释，中冶集团建筑研究总院《滑动模板工程技术规范》国家标准组负责具体技术内容的解释。在执行过程中，请各单位结合工程实践，认真总结经验，如发现需要修改或补充之处，请将意见和建议寄中冶集团建筑研究总院（地址：北京海淀区西土城路 33 号，邮政编码：100088），以供今后再次修订时参考。

本规范主编单位、参编单位和主要起草人：

主 编 单 位：中冶集团建筑研究总院

参 编 单 位：中国京冶建设工程承包公司
　　　　　　　中国有色工程设计研究总院
　　　　　　　北京住总集团有限责任公司一分部
　　　　　　　中建一局建设发展公司
　　　　　　　首都钢铁公司建筑研究所
　　　　　　　江苏江都建筑专用设备厂
　　　　　　　中煤能源集团公司第 68 工程处
　　　　　　　上海住乐建设总公司
　　　　　　　北京市建筑设计研究院

主要起草人：彭宣常　罗竟宁　张晓萌　胡洪奇
　　　　　　　毛凤林　张良杰　董效良　王兰明
　　　　　　　杜永深　张崇烨　程　骐　陈　冰

目 次

1 总　则

1.0.1 为使采用滑动模板(以下简称滑模)施工的混凝土结构工程符合技术先进、经济合理、安全适用、确保质量的要求,制定本规范。

1.0.2 本规范适用于采用滑模工艺建造的混凝土结构工程的设计与施工。包括:筒体结构、框架结构、墙板结构以及有关特种滑模工程。

1.0.3 采用滑模施工的工程施工与设计应密切配合,使工程设计既满足建筑结构的功能要求又能体现滑模施工的特点。

1.0.4 在冬期或酷暑施工的滑模工程,应根据滑模施工特点制定专门的技术措施。

1.0.5 滑模施工的安全、劳动保护等必须遵守国家现行有关标准的规定。

1.0.6 采用滑模施工的工程设计和施工除应按本规范的规定执行外,还应符合国家现行有关标准的规定。

2　术语和符号

2.1　术　语

2.1.1 滑动模板施工　slipforming construction

以滑模千斤顶、电动提升机或手动提升器为提升动力,带动模板(或滑框)沿着混凝土(或模板)表面滑动而成型的现浇混凝土结构的施工方法的总称,简称滑模施工。

2.1.2 滑框倒模施工　incremental slipforming with sliding frame

是传统滑模工艺的发展。用提升机具带动由提升架、围圈、滑轨组成的"滑框"沿着模板外表面滑动(模板与混凝土之间无相对滑动),当横向分块组合的模板从"滑框"下口脱出后,将该块模板取下再装入"滑框"上口,再浇灌混凝土,提动滑框,如此循环作业成型混凝土结构的施工方法的总称。

2.1.3 模板　slipform

模板固定于围圈上,用以保证构件截面尺寸及结构的几何形状。模板随着提升架上滑且直接与新浇混凝土接触,承受新浇混凝土的侧压力和模板滑动时的摩阻力。

2.1.4 围圈　form walers

是模板的支承构件,又称围梁,用以保持模板的几何形状。模板的自重、模板承受的摩阻力、侧压力以及操作平台直接传来的自重和施工荷载,均通过围圈传递至提升架的立柱。围圈一般设置上、下两道。为增大围圈的刚度,可在两道围圈间增加斜杆和竖杆,形成桁架式围圈。

2.1.5 提升架　lift yoke

是滑模装置主要受力构件,用以固定千斤顶、围圈和保持模板的几何形状,并直接承受模板、围圈和操作平台的全部垂直荷载和混凝土对模板的侧压力。

2.1.6 操作平台　working-deck

是滑模施工的主要工作面,用以完成钢筋绑扎、混凝土浇灌等项操作及堆放部分施工机具和材料。也是扒杆、井架等随升垂直运输机具及料台的支承结构。其构造型式应与所施工结构相适应,直接或通过围圈支承于提升架上。

2.1.7 支承杆　jack rode or climbing rode

是滑模千斤顶运动的轨道,又是滑模系统的承重支杆,施工中滑模装置的自重、混凝土对模板的摩阻力及操作平台上的全部施工荷载,均由千斤顶传至支承杆承担,其承载能力、直径、表面粗糙度和材质均应与千斤顶相适应。

2.1.8 液压控制台　hydraulic control unit

是液压系统的动力源,由电动机、油泵、油箱、控制阀及电控系统(各种指示仪表、信号等)组成。用以完成液压千斤顶的给油、排油、提升或下降控制等项操作。

2.1.9 围模合一大钢模　modular combination steel panel form

以 300mm 为模数,标准模板宽度为 900~2400mm,高度为 900~1200mm;模板和围圈合一,其水平槽钢肋起围圈的作用,模板水平肋与提升架直接相连的一种滑动模板组合形式。

2.1.10 空滑、部分空滑　partial virtual slipforming

正常情况下,模板内允许有一个混凝土浇灌层处于无混凝土的状态,但施工中有时需要将模板提升高度加大,使模板内只存在少量混凝土或无混凝土,这种情况称为部分空滑或空滑。

2.1.11 回降量　slid variable

滑模千斤顶在工作时,上、下卡头交替锁固于支承杆上,由于荷载作用,处于锁紧状态的卡头在支承杆上存在下滑过程,从而引起千斤顶的爬升行程损失,该行程损失量通常称为回降量。

2.1.12 横向结构构件　transverse structural member

指结构的楼板、挑檐、阳台、洞口四周的混凝土边框及腰线等横向凸出混凝土表面的结构构件或装饰线。

2.1.13 复合壁　combination concrete wall of two different mix

由内、外两种不同性能的现浇混凝土组成的竖向结构。

2.1.14 混凝土出模强度　concrete strength of the construction initial setting

结构混凝土从滑动模板下口露出时所具有的抗压强度。

2.1.15 滑模托带施工　lifting construction with slipforming

大面积或大重量横向结构(网架、整体桁架、井字梁等)的支承结构采用滑模施工时,可在地面组装好,利用滑模施工的提升能力将其随滑模施工托带到设计标高就位的一种施工方法。

2.1.16 滑架剪模施工　slipforming in variable section

利用滑模施工装置对脱模后的模板整体提升就位的一种施工方法。应用于双曲线冷却塔、圆锥形或变截面筒壁结构施工时,在提升架之间增加铰链式剪刀撑,调整剪刀撑的夹角,变动提升架之间的距离来收缩或放大筒体模板结构半径,实现竖向有较大曲率变化的筒壁结构的成型。

2.2　主要符号

A——模板与混凝土的接触面积;

F——模板与混凝土的粘结力;

H——模板高度;

K_a——动荷载系数;

K——安全系数;

L——支承杆长度;

N——总垂直荷载;

P_0——单个千斤顶或支承杆的允许承载能力;

P——单根支承杆承受的垂直荷载;

Q——料罐总重;

R——模板的牵引力;

T——在作业班的平均气温条件下,混凝土强度达到嵌固强度所需的时间;

V_a——刹车时的制动减速度;

V——模板滑升速度;

W——刹车时产生的荷载标准值;

a——混凝土浇灌后其表面到模板上口的距离;

g——重力加速度;

h_0——每个混凝土浇灌层厚度;

n——所需千斤顶和支承杆的最小数量;

t——混凝土从浇灌到位至达到出模强度所需的时间。

3 滑模施工工程的设计

3.1 一般规定

3.1.1 建筑结构的平面布置，可按设计需要确定。但在竖向布置方面，应使一次滑升的上下构件沿模板滑动方向的投影重合，有碍模板滑动的局部凸出结构应做设计处理。

3.1.2 平面面积较大的结构物，宜设计成分区段或部分分区段进行滑模施工。当区段分界与变形缝不一致时，应对分界处做设计处理。

3.1.3 平面面积较小而高度较高的结构物，宜按滑模施工工艺要求进行设计。

3.1.4 竖向结构型式存在较大差异的结构物，可择其适合滑模施工的区段按滑模施工要求进行设计。其他区段宜配合其他施工方法设计。

3.1.5 施工单位应与设计单位共同确定横向结构构件的施工程序，以及施工过程中保持结构稳定的技术措施。

3.1.6 结构截面尺寸应符合下列规定：

  1 钢筋混凝土墙体的厚度不应小于 140mm；

  2 圆形变截面筒体结构的筒壁厚度不应小于 160mm；

  3 轻骨料混凝土墙体厚度不应小于 180mm；

  4 钢筋混凝土梁的宽度不应小于 200mm；

  5 钢筋混凝土矩形柱短边不应小于 300mm，长边不应小于 400mm。

注：当采用滑框倒模等工艺时，可不受本条各款限制。

3.1.7 采用滑模施工的结构，其混凝土强度等级应符合下列规定：

  1 普通混凝土不应低于 C20；

  2 轻骨料混凝土不应低于 C15；

  3 同一滑升区段内的承重构件，在同一标高范围宜采用同一强度等级的混凝土。

3.1.8 受力钢筋的混凝土保护层厚度（从主筋的外缘算起）应符合下列规定：

  1 墙体不应小于 20mm；

  2 连续变截面筒壁不应小于 30mm；

  3 梁、柱不应小于 30mm。

3.1.9 沿模板滑动方向，结构的截面尺寸应减少变化，宜采取变换混凝土强度等级或配筋量来满足结构承载力的要求。

3.1.10 结构配筋应符合下列规定：

  1 各种长度、形状的钢筋，应能在提升架横梁以下的净空内绑扎；

  2 施工设计时，对交汇于节点处的各种钢筋应做详细排列；

  3 对兼作结构钢筋的支承杆，其设计强度宜降低 10%～25%，并根据支承杆的位置进行钢筋代换，其接头的连接质量应与钢筋等强。

  4 预留与横向结构连接的连接筋，应采用圆钢，直径不宜大于 8mm，连接筋的外露部分不应先设弯钩，埋入部分宜为 U 形。当连接筋直径大于 10mm 时，应采取专门措施。

3.1.11 滑模施工工程宜采用后锚固装置代替预埋件。当需要用预埋件时，其形状和尺寸应易于安装、固定，且与构件表面持平，不得凸出混凝土表面。

3.1.12 各层预埋件或预留洞的位置宜沿垂直或水平方向规律排列。

3.1.13 对二次施工的构件，其预留孔洞的尺寸应比构件的截面每边适当增大。

3.2 筒体结构

3.2.1 当贮仓群的面积较大时，可根据施工能力和经济合理性，设计成若干个独立的贮仓组。

3.2.2 贮仓筒壁截面宜上下一致。当壁厚需要改变时，宜在筒壁内侧采取阶梯式变化或变坡方式处理。

3.2.3 贮仓底板以下的支承结构，当采用与贮仓筒壁同一套滑模装置施工时，宜保持与上部筒壁的厚度一致。当厚度不一致时，宜在筒壁的内侧扩大尺寸。

3.2.4 贮仓底板、漏斗和漏斗环梁与筒壁设计成整体结构时，可采用空滑或部分空滑的方法浇筑成整体。设计应尽可能减低漏斗环梁的高度。

3.2.5 结构复杂的贮仓，底板以下的结构宜支模浇筑。在生产工艺许可时，可将底板、漏斗设计成与筒壁分离式，分离部分采用二次支模浇筑。

3.2.6 贮仓的顶板结构应根据施工条件，选择预制装配或整体浇筑。顶板梁可设计成劲性承重骨架梁。

3.2.7 井筒类结构的筒壁，宜设计成带肋壁板，沿竖向保持壁板厚度不变，必要时可变更壁柱截面的长边尺寸。壁柱与壁板或壁板与壁板连接处的阴角宜设置斜角。

3.2.8 井塔内楼层结构的二次施工设计宜采用以下几种方式：

  1 仅塔身筒壁结构一次滑模施工，楼层结构（包括主梁、次梁及楼板）均为二次浇筑。应沿竖向全高度内保持壁柱的完整，由设计做出主梁与壁柱连接大样。

  2 楼层的主梁与筒壁结构同为一次滑模施工，仅次梁和楼板为二次浇筑。主梁上预留次梁二次施工的槽口宜为锯齿状，槽口深度的选择，应满足主梁在次梁未浇筑前受弯压状态的强度；主梁端部上方负弯矩区，应配置双层负弯矩钢筋，其下层负弯矩钢筋应设置在楼板厚度线以下。

  3 塔体壁板与楼板二次浇筑的连接。在壁板内侧应预留与楼板连接的槽口，当采取预留"胡子筋"时，其埋入部分不得为直线单根钢筋。

3.2.9 电梯井道单独采用滑模施工时，宜使井道平面的内部净空尺寸比安装尺寸每边放大 30mm 以上。

3.2.10 烟囱等带有内衬的筒体结构，当筒壁与内衬同时滑模施工时，支承内衬的牛腿宜采用矩形，同时应处理好牛腿的隔热问题。

3.2.11 筒体结构的配筋宜采用热扎带肋钢筋，直径不应小于 10mm。两层钢筋网片之间应配置拉结筋，拉结筋的间距与形状应作设计规定。

3.2.12 筒体结构中的环向钢筋接头，宜采用机械方法可靠连接。

3.3 框架结构

3.3.1 框架结构布置应符合下列规定：

  1 各层梁的竖向投影应重合，宽度宜相等；

  2 同一滑升区段内宜避免错层横梁；

  3 柱宽宜比梁宽每边大 50mm 以上；

  4 柱的截面尺寸应减少变化，当需要变更时，边柱宜在同一侧变动，中柱宜按轴线对称变动。

3.3.2 大型构筑物的框架结构选型，可设计成异形截面柱，以增大层间高度，减少横梁数量。

3.3.3 当框架的楼层结构（包括次梁及楼板）采用在主梁上预留板厚及次梁窝做二次浇筑施工时，设计可按整体计算。

3.3.4 柱上无梁侧的牛腿宽度宜与柱同宽，有梁侧的牛腿与梁同宽。当需加宽牛腿支承面时，加宽部分可采取二次浇筑。

3.3.5 框架梁的配筋应符合下列规定：

1 当楼板为二次浇筑时，在梁支座负弯矩区段，应配置承受施工阶段负弯矩的钢筋。

2 梁内不宜设置弯起筋，宜根据计算加强箍筋。当有弯起筋时，弯起筋的高度应小于提升架横梁下缘至模板上口的净空尺寸。

3 箍筋的间距应根据计算确定，可采用不等距排列。

4 纵向筋端部伸入柱内的锚固长度不宜弯折，当需要时可朝上弯折。

5 当主梁上预留次梁梁窝时，应根据验算需要对梁窝截面采取加强措施。

3.3.6 当框架梁采用自承重的劲性骨架或柔性配筋的焊接骨架时，应符合下列规定：

1 骨架的承载能力应大于梁体混凝土自重的 1.2 倍以上；

2 骨架的挠度值不应大于跨度的 1/500；

3 骨架的端腹杆宜采用下斜式；

4 当骨架的高度大于提升架横梁下的净空高度时，骨架上弦杆的端部节间可采取二次拼接。

3.3.7 柱的配筋应符合下列规定：

1 纵向受力筋宜选配粗直径钢筋以减少根数，千斤顶底座及提升架横梁宽度所占据的竖向投影位置应避开纵向受力筋；

2 纵向受力筋宜采用热轧带肋钢筋，钢筋直径不宜小于 16mm；

3 当各层柱的配筋量有变化时，宜保持钢筋根数不变而调整钢筋直径；

4 箍筋形式应便于从侧面套入柱内。当采用组合式箍筋时，相邻两个箍筋的拼接点位置应交替错开。

3.3.8 二次浇筑的次梁与主梁的连接构造，应满足施工期及使用期的受力要求。

3.3.9 双肢柱及工字形柱采用滑模施工时，应符合下列规定：

1 双肢柱宜设计成平腹杆，腹杆宽度宜与肢杆等宽，腹杆的间距宜相等；

2 工字形柱的腹板加劲肋宜与翼缘等宽。

3.4 墙 板 结 构

3.4.1 墙板结构各层平面布置在竖向的投影应重合。

3.4.2 各层门窗洞口位置宜一致，同一楼层的梁底标高及门窗洞口的高度和标高宜统一。

3.4.3 同一滑升区段内楼层标高宜一致。

3.4.4 当外墙具有保温、隔热功能要求时，内外墙体可采用不同性能的混凝土。

3.4.5 当墙板结构含暗框架时，暗框架柱的配筋率宜取下限值，暗柱的配筋还应符合本规范第 3.3.7 条的要求。

3.4.6 当墙体开设大洞口时，大梁的配筋应符合本规范第 3.3.5 条的要求。

3.4.7 各种洞口周边的加强钢筋配置，不宜在洞口角部设 45°斜钢筋，宜加强其竖向和水平钢筋。当各楼层门窗洞口位置一致时，其侧边的竖向加强钢筋宜连续配置。

3.4.8 墙体竖向钢筋伸入楼板内的锚固段，其弯折长度不得超出墙体厚度。当不能满足钢筋的锚固长度时，可用焊接的方法接长。

3.4.9 支承在墙体上的梁，其钢筋伸入墙体内的锚固段宜向上弯。当梁为二次施工时，梁端钢筋的形式及尺寸应适应二次施工的要求。

3.4.10 墙板结构的配筋，应符合 3.2.11 条的要求。

4 滑模施工的准备

4.0.1 滑模施工的准备工作应遵循以下原则：技术保障措施周全；现场用料充足；施工设备可靠；人员职责明确；施工组织严密高效。

4.0.2 滑模施工应根据工程结构特点及滑模工艺的要求对设计进行全面细化，提出对工程设计的局部修改意见，确定不宜滑模施工部位的处理方法以及划分滑模作业的区段等。

4.0.3 滑模施工必须根据工程结构的特点及现场的施工条件编制滑模施工组织设计，并应包括下列主要内容：

1 施工总平面布置（包含操作平台平面布置）；

2 滑模施工技术设计；

3 施工程序和施工进度计划（包含针对季节性气象条件的安排）；

4 施工安全技术、质量保证措施；

5 现场施工管理机构、劳动组织及人员培训；

6 材料、半成品、预埋件、机具和设备等供应保障计划；

7 特殊部位滑模施工方案。

4.0.4 施工总平面布置应符合下列要求：

1 应满足施工工艺要求，减少施工用地和缩短地面水平运输距离。

2 在施工建筑物的周围应设立危险警戒区。警戒线至建筑物边缘的距离不应小于高度的 1/10，且不应小于 10m。对于烟囱类变截面结构，警戒线距离应增大至其高度的 1/5，且不小于 25m。不能满足要求时，应采取安全防护措施。

3 临时建筑物及材料堆放场地等均应设在警戒区以外，当需要在警戒区内堆放材料时，必须采取安全防护措施。通过警戒区的人行道或运输通道，均应搭设安全防护棚。

4 材料堆放场地应靠近垂直运输机械，堆放数量应满足施工速度的需要。

5 根据现场施工条件确定混凝土供应方式，当设置自备搅拌站时，宜靠近施工地点，其供应量必须满足混凝土连续浇灌的需要。

6 现场运输、布料设备的数量必须满足滑升速度的需要。

7 供水、供电必须满足滑模连续施工的要求。施工工期较长，且有断电可能时，应有双路供电或自备电源。操作平台的供水系统，当水压不够时，应设加压水泵。

8 确保测量施工工程垂直度和标高的观测站、点不遭损坏，不受振动干扰。

4.0.5 滑模施工技术设计应包括下列主要内容：

1 滑模装置的设计；

2 确定垂直与水平运输方式及能力，选配相适应的运输设备；

3 进行混凝土配合比设计，确定浇灌顺序、浇灌速度、入模时限，混凝土的供应能力应满足单位时间所需混凝土量的 1.3～1.5 倍；

4 确定施工精度的控制方案，选配观测仪器及设置可靠的观测点；

5 制定初滑程序、滑升制度、滑升速度和停滑措施；

6 制定滑模施工过程中结构物和施工操作平台稳定及纠偏、纠扭等技术措施；

7 制定滑模装置的组装与拆除方案及有关安全技术措施；

8 制定施工工程某些特殊部位的处理方法和安全措施，以及特殊气候（低温、雷雨、大风、高温等）条件下施工的技术措施；

9 绘制所有预留孔洞及预埋件在结构物上的位置和标高的展开图；

10 确定滑模平台与地面管理点、混凝土或材料供应点及垂直运输设备操纵室之间的通讯联络方式和设备，并应有多重系统保障；

11 制定滑模设备在正常使用条件下的更换、保养与检验制度；

12 烟囱、水塔、竖井等滑模施工，采用柔性滑道、罐笼及其他设备器材、人员上下时，应按现行相关标准做详细的安全及防坠落设计。

5 滑模装置的设计与制作

5.1 总 体 设 计

5.1.1 滑模装置应包括下列主要内容：

1 模板系统:包括模板、围圈、提升架、滑轨及倾斜度调节装置等;

2 操作平台系统:包括操作平台、料台、吊脚手架、随升垂直运输设施的支承结构等;

3 提升系统:包括液压控制台、油路、调平控制器、千斤顶、支承杆及电动提升机、手动提升器等;

4 施工精度控制系统:包括建筑物轴线、标高、结构垂直度等的观测与控制设施等;

5 水、电配套系统:包括动力、照明、信号、广播、通讯、电视监控以及水泵、管路设施、地下通风等。

5.1.2 滑模装置的设计应符合本规范和国家现行有关标准的规定,并包括下列主要内容:

1 绘制滑模初滑结构平面图及中间结构变化平面图;

2 确定模板、围圈、提升架及操作平台的布置,进行各类部件和节点设计,提出规格和数量;当采用滑框倒模时,应专门进行模板与滑轨的构造设计;

3 确定液压千斤顶、油路及液压控制台的布置或电动、手动等提升设备的布置,提出规格和数量;

4 制定施工精度控制措施,提出设备仪器的规格和数量;

5 进行特殊部位处理及特殊设施(包括与滑模装置相关的垂直和水平运输装置等)布置与设计;

6 绘制滑模装置的组装图,提出材料、设备、构件一览表。

5.1.3 滑模装置设计计算必须包括下列荷载:

1 模板系统、操作平台系统的自重(按实际重量计算);

2 操作平台上的施工荷载,包括操作平台上的机械设备及特殊设施等的自重(按实际重量计算),操作平台上施工人员、工具和堆放材料等;

3 操作平台上设置的垂直运输设备运转时的额定附加荷载,包括垂直运输设备的起重量及柔性滑道的张紧力等(按实际荷载计算);垂直运输设备刹车时的制动力;

4 卸料对操作平台的冲击力,以及向模板内倾倒混凝土时混凝土对模板的冲击力;

5 混凝土对模板的侧压力;

6 模板滑动时混凝土与模板之间的摩阻力,当采用滑框倒模施工时,为滑轨与模板之间的摩阻力;

7 风荷载。

5.1.4 设计滑模装置时,荷载标准值应按本规范附录 A 取值。

5.1.5 液压提升系统所需千斤顶和支承杆的最小数量可按式(5.1.5)确定:

$$n_{min} = \frac{N}{P_0} \qquad (5.1.5)$$

式中 N ——总垂直荷载(kN),应取本规范第 5.1.3 条中所有竖向荷载之和;

P_0 ——单个千斤顶或支承杆的允许承载力(kN),支承杆的允许承载力应按本规范附录 B 确定,千斤顶的允许承载力为千斤顶额定提升能力的 1/2,两者中取其较小者。

5.1.6 千斤顶的布置应使千斤顶受力均衡,布置方式应符合下列规定:

1 筒体结构宜沿筒壁均匀布置或成组等间距布置。

2 框架结构宜集中布置在柱子上。当成串布置千斤顶或在梁上布置千斤顶时,必须对其支承杆进行加固。当选用大吨位千斤顶时,支承杆也可布置在柱、梁的体外,但应对支承杆进行加固。

3 墙板结构宜沿墙体布置,并应避开门、窗洞口。洞口部位必须布置千斤顶,支承杆应进行加固。

4 平台上设有固定的较大荷载时,应按实际荷载增加千斤顶数量。

5.1.7 采用电动、手动的提升设备应进行专门的设计和布置。

5.1.8 提升架的布置应与千斤顶的位置相适应,其间距应根据结构部位的实际情况、千斤顶和支承杆允许承载能力以及模板和围圈的刚度确定。

5.1.9 操作平台结构必须保证足够强度、刚度和稳定性,其结构布置宜采用下列形式:

1 连续变截面筒体结构可采用辐射梁、内外环梁以及下拉环和拉杆(或随升井架和斜撑)等组成的操作平台;

2 等截面筒体结构可采用桁架(平行或井字形布置)、梁和支撑等组成操作平台,或采用挑三角架、中心环、拉杆及支撑等组成的环形操作平台,也可只用挑三角架组成的内外悬挑环形平台;

3 框架、墙板结构可采用桁架、梁和支撑组成的固定式操作平台,或采用桁架和带边框的活动平台板组成可拆装的围梁式活动操作平台;

4 柱子或排架结构,可将若干个柱子的围圈、柱间桁架组成整体式操作平台。

5.2 部件的设计与制作

5.2.1 滑动模板应具有通用性、耐磨性、拼缝紧密、装拆方便和足够的刚度,并应符合下列规定:

1 模板高度宜采用 900～1200mm,对筒体结构宜采用 1200～1500mm;滑框倒模的滑轨高度宜为 1200～1500mm,单块模板宽度宜为 300mm。

2 框架、墙板结构宜采用围模合一大钢模,标准模板宽度为 900～2400mm;对筒体结构宜采用小型组合钢模板,模板宽度宜为 100～500mm,也可以采用弧形带肋定型模板。

3 异形模板,如转角模板、收分模板、抽拔模板等,应根据结构截面的形状和施工要求设计。

4 围模合一大钢模的板面采用 4～5mm 厚的钢板,边框为 5～7mm 厚扁钢,竖肋为 4～6mm 厚、60mm 宽扁钢,水平加强肋宜为 [8 槽钢,直接与提升架相连,模板连接孔为 ϕ18mm、间距 300mm;模板焊接除节点外,均为间断焊;小型组合钢模板的面板厚度宜采用 2.5～3mm;角钢肋条不宜小于 ∟40×4,也可采用定型小钢模。

5 模板制作必须板面平整,无卷边、翘曲、孔洞及毛刺等;阴阳角模的单面倾斜度应符合设计要求。

6 滑框倒模施工所使用的模板宜选用组合钢模板。当混凝土外表面为直面时,组合钢模板应横向组装;若为弧面时,宜选用长 300～600mm 的模板竖向组装。

5.2.2 围圈承受的荷载包括下列内容:

1 垂直荷载应包括模板的重量和模板滑动时的摩阻力;当操作平台直接支承在围圈上时,并应包括操作平台的自重和操作平台上的施工荷载。

2 水平荷载应包括混凝土的侧压力;当操作平台直接支承在围圈上时,还应包括操作平台的重量和操作平台上的施工荷载所产生的水平分力。

5.2.3 围圈的构造应符合下列规定:

1 围圈截面尺寸应根据计算确定,上、下围圈的间距一般为 450～750mm,上围圈距模板上口的距离不宜大于 250mm;

2 当提升架间距大于 2.5m 或操作平台的承重骨架直接支承在围圈上时,围圈宜设计成桁架式;

3 围圈在转角处应设计成刚性节点;

4 固定式围圈接头应用等刚度型钢连接,连接螺栓每边不得少于 2 个;

5 在使用荷载作用下,两个提升架之间围圈的垂直与水平方向的变形不应大于跨度的 1/500;

6 连续变截面筒体结构的围圈宜采用分段伸缩式;

7 设计滑框倒模的围圈时,应在围圈内挂竖向滑轨,滑轨的断面尺寸及安放间距应与模板的刚度相适应;

8 高耸烟囱筒壁结构上、下直径变化较大时,应按优化原则配置多套不同曲率的围圈。

5.2.4 提升架宜设计成适用于多种结构施工的型式。对于结构的特殊部位,可设计专用的提升架;对多次重复使用或通用的提升架,宜设计成装配式。提升架的横梁、立柱和连接支腿应具有可调性。

5.2.5 提升架应具有足够的刚度,设计时应按实际的受力荷载验算,其构造应符合下列规定:

1 提升架宜用钢材制作,可采用单横梁"∏"形架、双横梁的"开"形架或单立柱的"Γ"形架。横梁与立柱必须刚性连接,两者的轴线应在同一平面内。在施工荷载作用下,立柱下端的侧向变形应不大于2mm;

2 模板上口至提升架横梁底部的净高度:采用$\phi25$圆钢支承杆时宜为400~500mm,采用$\phi48×3.5$钢管支承杆时宜为500~900mm;

3 提升架立柱上应设有调整内外模板间距和倾斜度的调节装置;

4 当采用工具式支承杆设在结构体内时,应在提升架横梁下设置内径比支承杆直径大2~5mm的套管,其长度应达到模板下缘;

5 当采用工具式支承杆设在结构体外时,提升架横梁相应加长,支承杆中心线距模板距离应大于50mm。

5.2.6 操作平台、料台和吊脚手架的结构形式应按所施工工程的结构类型和受力确定,其构造应符合下列规定:

1 操作平台由桁架或梁、三角架及铺板等主要构件组成,与提升架或围圈应连成整体。当桁架的跨度较大时,桁架间应设置水平和垂直支撑;当利用操作平台作为现浇混凝土顶盖、楼板的模板或模板支承结构时,应根据实际荷载对操作平台进行验算和加固,并应考虑与提升架脱离的措施;

2 当操作平台的桁架或梁支承于围圈上时,必须在支承处设置支托或支架;

3 外挑脚手架或操作平台的外挑宽度不宜大于800mm,并应在其外侧设安全防护栏杆及安全网;

4 吊脚手架铺板的宽度宜为500~800mm,钢吊杆的直径不应小于16mm,吊杆螺栓必须采用双螺帽。吊脚手架的双侧必须设安全防护栏杆及挡脚板,并应满挂安全网。

5.2.7 滑模装置各种构件的制作应符合现行国家标准《钢结构工程施工质量验收规范》GB 50205和《组合钢模板技术规范》GB 50214的规定,其允许偏差应符合表5.2.7的规定。其构件表面,除支承杆及接触混凝土的模板表面外,均应刷防锈涂料。

表5.2.7 构件制作的允许偏差

名 称	内 容	允许偏差(mm)
钢模板	高度	±1
	宽度	−0.7~0
	表面平整度	±1
	侧面平直度	±1
	连接孔位置	±0.5
围 圈	长度	−5
	弯曲长度≤3m	±2
	弯曲长度>3m	±4
	连接孔位置	±0.5
提升架	高度	±3
	宽度	±3
	围圈支托位置	±2
	连接孔位置	±0.5
支承杆	弯曲	小于(1/1000)L
	$\phi25$圆钢 直径	−0.5~+0.5
	$\phi48×3.5$钢管 直径	−0.2~+0.5
	椭圆度公差	−0.25~+0.25
	对接焊缝凸出母材	<+0.25

注:L为支承杆加工长度。

5.2.8 液压控制台的选用与检验必须符合下列规定:

1 液压控制台内,油泵的额定压力不应小于12MPa,其流量可根据所带动的千斤顶数量、每只千斤顶油缸内容积及一次给油时间确定。大面积滑模施工时可多个控制台并联使用。

2 液压控制台内,换向阀和溢流阀的流量及额定压力均应等于或大于油泵的流量和液压系统最大工作压力,阀的公称内径不应小于10mm,宜采用通流能力大、动作速度快、密封性能好、工作可靠的三通逻辑换向阀。

3 液压控制台的油箱应易散热、排污,并应有油液过滤的装置,油箱的有效容量应为油泵排油量的2倍以上。

4 液压控制台供电方式应采用三相五线制,电气控制系统应保证电动机、换向阀等按滑模千斤顶爬升的要求正常工作,并应加设多个备用插座。

5 液压控制台应设有油压表、漏电保护装置、电压及电流表、工作信号灯和控制加压、回油、停用报警、滑升次数时间继电器等。

5.2.9 油路的设计与检验应符合下列规定:

1 输油管应采用高压耐油胶管或金属管,其耐压力不得低于25MPa。主油管内径不得小于16mm,二级分油管内径宜为10~16mm,连接千斤顶的油管内径宜为6~10mm。

2 油管接头、针形阀的耐压力和通经应与输油管相适应。

3 液压油应定期进行过滤,并应有良好的润滑和稳定性,其各项指标应符合国家现行有关标准的规定。

5.2.10 滑模千斤顶应逐个编号经过检验,并应符合下列规定:

1 千斤顶在液压系统额定压力为8MPa时的额定提升能力,分别为30kN、60kN、90kN等;

2 千斤顶空载启动压力不得高于0.3MPa;

3 千斤顶最大工作油为额定压力的1.25倍时,卡头应锁固牢靠、放松灵活,升降过程应连续平稳;

4 千斤顶的试验压力为额定油压的1.5倍时,保压5min,各密封处必须无渗漏;

5 出厂前千斤顶在额定压力提升荷载时,下卡头锁固时的回降量对滚珠式千斤顶应不大于5mm,对楔块式或滚楔混合式千斤顶应不大于3mm;

6 同一批组装的千斤顶应调整其行程,使其行程差不大于1mm。

5.2.11 支承杆的选用与检验应符合下列规定:

1 支承杆的制作材料为HPB235级圆钢、HRB335级钢筋或外径及壁厚精度较高的低硬度焊接钢管,对热轧退火的钢管,其表面不得有冷硬加工层。

2 支承杆直径应与千斤顶的要求相适应,长度宜为3~6m。

3 采用工具式支承杆时应用螺纹连接。圆钢$\phi25$支承杆连接螺纹宜为M18,螺纹长度不宜小于20mm;钢管$\phi48$支承杆连接螺纹宜为M30,螺纹长度不宜小于40mm。任何连接螺纹接头中心位置处公差均为±0.15mm;支承杆借助连接螺纹对接后,支承杆轴线偏斜度允许偏差为(2/1000)L(L为单根支承杆长度)。

4 HPB235级圆钢和HRB335级钢筋支承杆采用冷拉调直时,其延伸率不得大于3%;支承杆表面不得有油漆和铁锈。

5 工具式支承杆的套管与提升架之间的连接构造,宜做成可使套管转动并能有50mm以上的上下移动量的方式。

6 对兼作结构钢筋的支承杆,应按国家现行有关标准的规定进行抽样检验。

5.2.12 精度控制仪器、设备的选配应符合下列规定:

1 千斤顶同步控制装置,可采用限位卡挡、激光水平扫描仪、水杯自动控制装置、计算机同步整体提升控制装置等;

2 垂直度观测设备可采用激光铅直仪、自动安平激光铅直仪、全站仪、经纬仪和线锤等,其精度不应低于1/10000;

3 测量靶标及观测站的设置必须稳定可靠,便于测量操作,并应根据结构特征和关键控制部位确定其位置。

5.2.13 水、电系统的选配应符合下列规定:

1 动力及照明用电、通讯与信号的设置均应符合国家现行有关标准的规定；

2 电源线的选用规格应根据平台上全部电器设备总功率计算确定，其长度应大于从地面起滑开始至滑模终止所需的高度再增加10m；

3 平台上的总配电箱、分区配电箱均应设置漏电保护器，配电箱中的插座规格、数量应能满足施工设备的需要；

4 平台上的照明应满足夜间施工所需的照度要求，吊脚手架上及便携式的照明灯具，其电压不应高于36V；

5 通讯联络设施应保证声光信号准确、统一、清楚，不扰民；

6 电视监控应能监视全面、局部和关键部位；

7 向操作平台上供水的水泵和管路，其扬程和供水量应能满足滑模施工高度、施工用水及施工消防的需要。

6 滑模施工

6.1 滑模装置的组装

6.1.1 滑模装置组装前，应做好各组装部件编号、操作平台水平标记，弹出组装线，做好墙与柱钢筋保护层标准垫块及有关的预埋铁件等工作。

6.1.2 滑模装置的组装宜按下列程序进行，并根据现场实际情况及时完善滑模装置系统。

1 安装提升架，应使所有提升架的标高满足操作平台水平度的要求，对带有辐射梁或辐射桁架的操作平台，应同时安装辐射梁或辐射桁架及其环梁；

2 安装内外围圈，调整其位置，使其满足模板倾斜度的要求；

3 绑扎竖向钢筋和提升架横梁以下钢筋，安设预埋件和预留孔洞的胎模，对体内工具式支承杆套管下端进行包扎；

4 当采用滑框倒模工艺时，安装框架式滑轨，并调整倾斜度；

5 安装模板，宜先安装角模后再安装其他模板；

6 安装操作平台的桁架、支撑和平台铺板；

7 安装外操作平台的支架、铺板和安全栏杆等；

8 安装液压提升系统，垂直运输系统及水、电、通讯、信号精度控制和观测装置，并分别进行编号、检查和试验；

9 在液压系统试验合格后，插入支承杆；

10 安装内外吊脚手架及挂安全网，当在地面或横向结构面上组装滑模装置时，应待模板滑至适当高度后，再安装内外吊脚手架，挂安全网。

6.1.3 模板的安装应符合下列规定：

1 安装好的模板应上口小、下口大，单面倾斜度宜为模板高度的0.1%～0.3%；对带坡度的筒体结构如烟囱等，其模板倾斜度应根据结构坡度情况适当调整；

2 模板上口以下2/3模板高度处的净间距应与结构设计截面等宽；

3 圆形连续变截面结构的收分模板必须沿圆周对称布置，每对模板的收分方向应相反，收分模板的搭接处不得漏浆。

6.1.4 滑模装置组装的允许偏差应满足表6.1.4的规定。

表6.1.4 滑模装置组装的允许偏差

内　容		允许偏差(mm)
模板结构轴线与相应结构轴线位置		3
围圈位置偏差	水平方向	3
	垂直方向	3
提升架的垂直偏差	平面内	3
	平面外	2

续表6.1.4

内　容		允许偏差(mm)
安放千斤顶的提升架横梁相对标高偏差		5
考虑倾斜度后模板尺寸的偏差	上口	−1
	下口	+2
千斤顶位置安装的偏差	提升架平面内	5
	提升架平面外	5
圆模直径、方模边长的偏差		−2～+3
相邻两块模板平面平整度偏差		1.5

6.1.5 液压系统组装完毕，应在插入支承杆前进行试验和检查，并符合下列规定：

1 对千斤顶逐一进行排气，并做到排气彻底；

2 液压系统在试验油压下持压5min，不得渗油和漏油；

3 空载、持压、往复次数、排气等整体试验指标应调整适宜，记录准确。

6.1.6 液压系统试验合格后方可插入支承杆，支承杆轴线应与千斤顶轴线保持一致，其偏斜度允许偏差为2‰。

6.2 钢　筋

6.2.1 钢筋的加工应符合下列规定：

1 横向钢筋的长度不宜大于7m；

2 竖向钢筋的直径小于或等于12mm时，其长度不宜大于5m；若滑模施工操作平台设计为双层并有钢筋固定架时，则竖向钢筋的长度不受上述限制。

6.2.2 钢筋绑扎时，应保证钢筋位置准确，并应符合下列规定：

1 每一浇灌层混凝土浇灌完毕后，在混凝土表面以上至少应有一道绑扎好的横向钢筋；

2 竖向钢筋绑扎后，其上端应用限位支架等临时固定；

3 双层配筋的墙或筒壁，其立筋成对排列，钢筋网片间应用V字型拉结筋或用焊接钢筋骨架定位；

4 门窗等洞口上下两侧横向钢筋端头应绑扎平直、整齐，有足够钢筋保护层，下口横筋宜与竖向钢筋焊接；

5 钢筋弯钩均应背向模板面；

6 必须有保证钢筋保护层厚度的措施；

7 当滑模施工的结构有预应力钢筋时，对预应力筋的留孔位置应有相应的成型固定措施；

8 顶部的钢筋如挂有砂浆等污染物，在滑升前应及时清除。

6.2.3 梁的配筋采用自承重骨架时，其起拱值应满足下列规定：

1 当梁跨度小于或等于6m时，应为跨度的2‰～3‰；

2 当梁跨度大于6m时，应由计算确定。

6.3 支 承 杆

6.3.1 支承杆的直径、规格应与所使用的千斤顶相适应，第一批插入千斤顶的支承杆其长度不得少于4种，两相邻接头高差不应小于1m，同一高度上支承杆接头数不应大于总量的1/4。

当采用钢管支承杆且设置在混凝土体外时，对支承杆的调直、接长、加固应作专项设计，确保支承体系的稳定。

6.3.2 支承杆上如有油污应及时清除干净，对兼作结构钢筋的支承杆其表面不得有油污。

6.3.3 对采用平头对接、榫接或螺纹接头的非工具式支承杆，当千斤顶通过接头部位后，应及时对接头进行焊接加固；当采用钢管支承杆并设置在混凝土体外时，应采用工具式扣件及时加固。

6.3.4 采用钢管做支承杆时应符合下列规定：

1 支承杆宜为φ48×3.5焊接钢管，管径及壁厚允许偏差均为−0.2～+0.5mm。

2 采用焊接方法接长钢管支承杆时，钢管上端平头，下端倒角2×45°；接头处进入千斤顶前，先点焊3点以上并磨平焊点，通过千斤顶后进行围焊；接头处加焊衬管或加焊与支承杆同直径钢筋，衬管长度应大于200mm。

3 作为工具式支承杆时，钢管两端分别焊接螺母和螺杆，螺纹宜为 M30，螺纹长度不宜小于 40mm，螺杆和螺母应与钢管同心。

4 工具式支承杆必须调直，其平直度偏差不应大于 1/1000，相连接的两根钢管应在同一轴线上，接头处不得出现弯折现象。

5 工具式支承杆长度宜为 3m。第一次安装时可配合采用 4.5m、1.5m 长的支承杆，使接头错开；当建筑物内层净高（即层高减楼板厚度）小于 3m 时，支承杆长度应小于净高尺寸。

6.3.5 选用 φ48×3.5 钢管支承杆时，支承杆可分别设置在混凝土结构体内或体外，也可体内、体外混合设置，并应符合下列要求：

1 当支承杆设置在结构体内时，一般采用埋入方式，不回收。当需要回收时，支承杆应增设套管，套管的长度应从提升架横梁下至模板下缘。

2 设置在结构体外的工具式支承杆，其加工数量应能满足 5~6 个楼层高度的需要；必须在支承杆穿过楼板的位置用扣件卡紧，使支承杆的荷载通过传力钢板、传力槽钢传递到各层楼板上。

3 设置在体外的工具式支承杆，可采用脚手架钢管和扣件进行加固。当支承杆为群杆时，相互间宜采用纵、横向钢管连接成整体；当支承杆为单根时，应采取其他措施可靠连接。

6.3.6 用于筒体结构施工的非工具式支承杆，当通过千斤顶后，应与横向钢筋点焊连接，焊点间距不宜大于 500mm，点焊时严禁损伤受力钢筋。

6.3.7 当发生支承杆局部失稳，被千斤顶带起或弯曲等情况时，应立即进行加固处理。对兼作受力钢筋使用的支承杆，加固时应满足受力钢筋的要求。当支承杆穿过较高洞口或模板滑空时，应对支承杆进行加固。

6.3.8 工具式支承杆可在滑模施工结束后一次拔出，也可在中途停歇时拔出。分批拔出时应按实际荷载确定每批拔出的数量，并不得超过总数的 1/4。对于 φ25 圆钢支承杆，其套管的外径不宜大于 φ36；对于壁厚小于 200mm 的结构，其支承杆不宜抽拔。

拔出的工具式支承杆应经检查合格后再使用。

6.4 混 凝 土

6.4.1 用于滑模施工的混凝土，应事先做好混凝土配比的试配工作，其性能除应满足设计所规定的强度、抗渗性、耐久性以及季节性施工等要求外，尚应满足下列规定：

1 混凝土早期强度的增长速度，必须满足模板滑升速度的要求；

2 混凝土宜用硅酸盐水泥或普通硅酸盐水泥配制；

3 混凝土入模时的坍落度，应符合表 6.4.1 的规定；

表 6.4.1 混凝土入模时的坍落度

结 构 种 类	坍 落 度(mm)	
	非泵送混凝土	泵送混凝土
墙板、梁、柱	50~70	100~160
配筋密集的结构(筒体结构及细长柱)	60~90	120~180
配筋特密结构	90~120	140~200

注：采用人工捣实时，非泵送混凝土的坍落度可适当增大。

4 在混凝土中掺入的外加剂或掺合料，其品种和掺量应通过试验确定。

6.4.2 正常滑升时，混凝土的浇灌应满足下列规定：

1 必须均匀对称交圈浇灌；每一浇灌层的混凝土表面应在一个水平面上，并应有计划、均匀地变换浇灌方向；

2 每次浇灌的厚度不宜大于 200mm；

3 上层混凝土覆盖下层混凝土的时间间隔不得大于混凝土的凝结时间（相当于混凝土贯入阻力值为 0.35kN/cm² 时的时间），当间隔时间超过规定时，接茬处应按施工缝的要求处理；

4 在气温高的季节，宜先浇灌内墙，后浇灌阳光直射的外墙；先浇灌墙角、墙垛及门窗洞口等的两侧，后浇灌直墙；先浇灌较厚的墙，后浇灌较薄的墙；

5 预留孔洞、门窗口、烟道口、变形缝及通风管道等两侧的混凝土应对称均衡浇灌。

注：当采用滑框倒模施工时，可不受本条第 2 款的限制。

6.4.3 当采用布料机布送混凝土时应进行专项设计，并符合下列规定：

1 布料机的活动半径宜能覆盖全部待浇混凝土的部位；

2 布料机的活动高度应能满足模板系统和钢筋的高度；

3 布料机不宜直接支承在滑模平台上，当必须支承在平台上时，支承系统必须专门设计，并有大于 2.0 的安全储备；

4 布料机和泵送系统之间应有可靠的通讯联系，混凝土宜先布料在操作平台上，再送入模板，并应严格控制每一区域的布料数量；

5 平台上的混凝土残渣应及时清出，严禁铲入模板内或掺入新混凝土中使用；

6 夜间作业时应有足够的照明。

6.4.4 混凝土的振捣应满足下列要求：

1 振捣混凝土时，振捣器不得直接触及支承杆、钢筋或模板；

2 振捣器应插入前一层混凝土内，但深度不应超过 50mm。

6.4.5 混凝土的养护应符合下列规定：

1 混凝土出模后应及时进行检查修整，且应及时进行养护；

2 养护期间，应保持混凝土表面湿润，除冬施外，养护时间不少于 7d；

3 养护方法宜选用连续均匀喷雾养护或喷涂养护液。

6.5 预留孔和预埋件

6.5.1 预埋件安装应位置准确，固定牢靠，不得突出模板表面。预埋件出模板后应及时清理使其外露，其位置偏差应满足现行国家标准《混凝土结构工程施工质量验收规范》GB 50204 的要求。

6.5.2 预留孔洞的胎模应有足够的刚度，其厚度应比模板上口尺寸小 5~10mm，并与结构钢筋固定牢靠。胎模出模后，应及时校对位置，适时拆除胎模，预留孔洞中心线的偏差不应大于 15mm。

当门、窗框采用预先安装时，门、窗和衬框（或衬模）的总宽度，应比模板上口尺寸小 5~10mm。安装应有可靠的固定措施，偏差应满足表 6.5.2 的规定。

表 6.5.2 门、窗框安装的允许偏差

项 目		允许偏差(mm)	
		钢门窗	铝合金(或塑钢)门窗
中心线位移		5	5
框正、侧面垂直度		3	2
框对角线长度	≤2000mm	5	2
	>2000mm	6	3
框的水平度		3	1.5

6.6 滑 升

6.6.1 滑升过程是滑模施工的主导工序，其他各工序作业均应安排在限定时间内完成，不宜以停滑或减缓滑升速度来迁就其他作业。

注：当采用滑框倒模施工时，可不受本条的限制。

6.6.2 在确定滑升程序或平均滑升速度时，除应考虑混凝土出模强度要求外，还应考虑下列相关因素：

1 气温条件；

2 混凝土原材料及强度等级；

3 结构特点，包括结构形状、构件截面尺寸及配筋情况；

4 模板条件，包括模板表面状况及清理维护情况等。

6.6.3 初滑时，宜将混凝土分层交圈浇筑至 500~700mm（或模板高度的 1/2~2/3）高度，待第一层混凝土强度达到 0.2~0.4 MPa 或混凝土贯入阻力值达到 0.30~1.05kN/cm² 时，应进行 1~2 个千斤顶行程的提升，并对滑模装置和混凝土凝结状态进行全面检查,确定正常后,方可转为正常滑升。

混凝土贯入阻力值测定方法见本规范附录C。

6.6.4 正常滑升过程中,相邻两次提升的时间间隔不宜超过0.5h。

注:当采用滑框倒模施工时,可不受本条的限制。

6.6.5 滑升过程中,应使所有的千斤顶充分进油、排油。当出现油压增至正常滑升工作压力值的1.2倍,尚不能使全部千斤顶升起时,应停止提升操作,立即检查原因,及时进行处理。

6.6.6 在正常滑升过程中,每滑升200~400mm,应对各千斤顶进行一次调平,特殊结构或特殊部位应采取专门措施保持操作平台基本水平。各千斤顶的相对标高差不得大于40mm,相邻两个提升架上千斤顶差不得大于20mm。

6.6.7 连续变截面结构,每滑升200mm高度,至少应进行一次模板收分。模板一次收分量不宜大于6mm。当结构的坡度大于3%时,应减小每次提升高度;当设计支承杆数量时,应适当降低其设计承载能力。

6.6.8 在滑升过程中,应检查和记录结构垂直度、水平度、扭转及结构截面尺寸等偏差数值。检查和纠偏、纠扭应符合下列规定:

1 每滑升一个浇灌层高度应自检一次,每次交接班时应全面检查、记录一次;

2 在纠正结构垂直度偏差时,应徐缓进行,避免出现硬弯;

3 当采用倾斜操作平台的方法纠正垂直偏差时,操作平台的倾斜度应控制在1%之内;

4 对筒体结构,任意3m高度上的相对扭转值不应大于30mm,且任意一点的全高最大扭转值不应大于200mm。

6.6.9 在滑升过程中,应检查操作平台结构、支承杆的工作状态及混凝土的凝结状态,发现异常时,应及时分析原因并采取有效的处理措施。

6.6.10 框架结构柱子模板的停歇位置,宜设在梁底以下100~200mm处。

6.6.11 在滑升过程中,应及时清理粘结在模板上的砂浆和转角模板、收分模板与活动模板之间的灰浆,不得将已硬结的灰浆混进新浇的混凝土中。

6.6.12 滑升过程中不得出现油污,凡被油污染的钢筋和混凝土,应及时处理干净。

6.6.13 因施工需要或其他原因不能连续滑升时,应有准备地采取下列停滑措施:

1 混凝土应浇灌至同一标高。

2 模板应每隔一定时间提升1~2个千斤顶行程,直至模板与混凝土不再粘结为止。对滑空部位的支承杆,应采取适当的加固措施。

3 采用工具式支承杆时,在模板滑升前应先转动并适当托起套管,使之与混凝土脱离,以免将混凝土拉裂。

4 继续施工时,应对模板与液压系统进行检查。

注:当采用滑框倒模施工时,可不受本条第2款的限制。

6.6.14 模板滑空时,应事先验算支承杆在操作平台自重、施工荷载、风荷载等共同作用下的稳定性,稳定性不满足要求时,应对支承杆采取可靠的加固措施。

6.6.15 混凝土出模强度应控制在0.2~0.4MPa或混凝土贯入阻力值在0.30~1.05kN/cm²;采用滑框倒模施工的混凝土出模强度不得小于0.2MPa。

6.6.16 模板的滑升速度,应按下列规定确定:

1 当支承杆无失稳可能时,应按混凝土的出模强度控制,按式(6.6.16-1)确定:

$$V = \frac{H - h_0 - a}{t} \qquad (6.6.16-1)$$

式中 V——模板滑升速度(m/h);

H——模板高度(m);

h_0——每个混凝土浇筑层厚度(m);

a——混凝土浇筑后其表面到模板上口的距离,取0.05~0.1m;

t——混凝土从浇灌到位至达到出模强度所需的时间(h)。

2 当支承杆受压时,应按支承杆的稳定条件控制模板的滑升速度。

1)对于$\phi25$圆钢支承杆,按式(6.6.16-2)确定:

$$V = \frac{10.5}{T_1 \cdot \sqrt{KP}} + \frac{0.6}{T_1} \qquad (6.6.16-2)$$

式中 P——单根支承杆承受的垂直荷载(kN);

T_1——在作业班的平均气温条件下,混凝土强度达到0.7~1.0MPa所需的时间(h),由试验确定;

K——安全系数,取$K=2.0$。

2)对于$\phi48\times3.5$钢管支承杆,按式(6.6.16-3)确定:

$$V = \frac{26.5}{T_2 \cdot \sqrt{KP}} + \frac{0.6}{T_2} \qquad (6.6.16-3)$$

式中 T_2——在作业班的平均气温条件下,混凝土强度达到2.5MPa所需的时间(h),由试验确定。

3 当以滑升过程中工程结构的整体稳定控制模板的滑升速度时,应根据工程结构的具体情况,计算确定。

6.6.17 当$\phi48\times3.5$钢管支承杆设置在结构体外且处于受压状态时,该支承杆的自由长度(千斤顶下卡头到模板下口第一个横向支撑扣件节点的距离)L_0(m)不应大于式(6.6.17)的规定:

$$L_0 = \frac{21.2}{\sqrt{KP}} \qquad (6.6.17)$$

6.7 横向结构的施工

6.7.1 按整体结构设计的横向结构,当采用后期施工时,应保证施工过程中的结构稳定并满足设计要求。

6.7.2 滑模工程横向结构的施工,宜采取在竖向结构完成到一定高度后,采取逐层空滑现浇楼板或架设预制楼板或用降模法或其他支模方法施工。

6.7.3 墙板结构采用逐层空滑现浇楼板工艺施工时应满足下列规定:

1 当墙体模板空滑时,其外周模板与墙体接触部分的高度不得小于200mm;

2 楼板混凝土强度达到1.2MPa方能进行下道工序,支设楼板的模板时,不应损害下层楼板混凝土;

3 楼板模板支柱的拆除时间,除应满足现行国家标准《混凝土结构工程施工质量验收规范》GB 50204的要求外,还应保证楼板的结构强度满足承受上部施工荷载的要求。

6.7.4 墙板结构的楼板采用逐层空滑安装预制楼板时,应符合下列规定:

1 非承重墙的模板不得空滑;

2 安装楼板时,板下墙体混凝土的强度不得低于4.0MPa,并严禁用撬棍在墙体上挪动楼板。

6.7.5 梁的施工应符合下列规定:

1 采用承重骨架进行滑模施工的梁,其支承点应根据结构配筋和模板构造绘制施工图;悬挂在骨架下的梁底模板,其宽度应比模板上口宽度小3~5mm;

2 采用预制安装方法施工的梁,其支承点应设置支托。

6.7.6 墙板结构、框架结构等的楼板及屋面板采用降模法施工时,应符合下列规定:

1 利用操作平台作楼板的模板或作模板的支承时,应对降模装置和设备进行验算;

2 楼板混凝土的拆模强度,应满足现行国家标准《混凝土结构工程施工质量验收规范》GB 50204的有关规定,并不得低于15MPa。

6.7.7 墙板结构的楼板采用在墙上预留孔洞或现浇牛腿支承预制楼板时，现浇区钢筋应与预制楼板中的钢筋连成整体。预制楼板应设临时支撑，待现浇区混凝土达到设计强度标准值70%后，方可拆除支撑。

6.7.8 后期施工的现浇楼板，可采用早拆模板体系或分层进行悬吊支承施工。

6.7.9 所有二次施工的构件，其预留槽口的接触面不得有油污染，在二次浇筑之前，必须彻底清除酥松的浮渣、污物，并严格按施工缝的程序做好各项作业，加强二次浇筑混凝土的振捣和养护。

7 特种滑模施工

7.1 大体积混凝土施工

7.1.1 水工建筑物中的混凝土坝、闸门井、闸墩及桥墩、挡土墙等无筋和配有少量钢筋的大体积混凝土工程，可采用滑模施工。

7.1.2 滑模装置的总体设计除满足本规范第5.1节的相关规定外，还应满足结构物曲率变化和精度控制要求，并能适应混凝土机械化和半机械化作业方式。

7.1.3 长度较大的结构物整体浇筑时，其滑模装置应分段自成体系，分段长度不宜大于20m，体系间接头处的模板应衔接平滑。

7.1.4 支承杆及千斤顶的布置，应力求受力均匀。宜沿结构物上、下游边缘及横剖面成组均匀布置。支承杆至混凝土边缘的距离不应小于20cm。

7.1.5 滑模装置的部件设计除满足本规范第5.2节的相关规定外，还应符合下列要求：

1 操作平台宜由主梁、连系梁及铺板构成；在变截面结构的滑模操作平台中，应制定外悬部分的拆除措施；

2 主梁宜用槽钢制作，其最大变形量不应大于计算跨度的1/500，并应根据结构物的体形特征平行或径向布置，其间距宜为2~3m；

3 围圈宜用型钢制作，其最大变形量不应大于计算跨度的1/1000；

4 梁端提升收分车走行的部位，必须平直光洁，上部应加保护盖。

7.1.6 滑模装置的组装应按本规范第6.1节的相关规定制定专门的程序。

7.1.7 混凝土浇筑铺料厚度宜控制在25~40cm；采取分段滑升时，相邻段铺料厚度差不得大于一个铺料层厚；采用吊罐直接入仓下料时，混凝土吊罐底部至操作平台顶部的安全距离不应小于60cm。

7.1.8 大体积混凝土工程滑模施工时的滑升速度宜控制在50~100mm/h，混凝土的出模强度宜控制在0.2~0.4MPa，相邻两次提升的间隔时间不宜超过1.0h；对反坡部位混凝土的出模强度，应通过试验确定。

7.1.9 大体积混凝土工程中的预埋件施工，应制定专门技术措施。

7.1.10 操作平台的偏移，应按以下规定进行检查与调整：

1 每提升一个浇灌层，应全面检查平台偏移情况，做出记录并及时调整；

2 操作平台的累积偏移量超过5cm尚不能调平时，应停止滑升并及时进行处理。

7.2 混凝土面板施工

7.2.1 溢流面、泄水槽和渠道护面、隧洞底拱衬砌及堆石坝的混凝土面板等工程，可采用滑模施工。

7.2.2 面板工程的滑模装置设计，应包括下列主要内容：

1 模板结构系统（包括模板、行走机构、抹面架）；

2 滑模牵引系统；

3 轨道及支架系统；

4 辅助结构及通讯、照明、安全设施等。

7.2.3 模板结构的设计荷载应包括下列各项：

1 模板结构的自重（包括配重），按实际重量计。

2 施工荷载。机具、设备按实际重量计；施工人员可按1.0kN/m² 计。

3 新浇混凝土对模板的上托力。模板倾角小于45°时，可取3~5kN/m²；模板倾角大于或等于45°时，可取5~15kN/m²；对曲线坡面，宜取较大值。

4 混凝土与模板的摩阻力，包括粘结力和摩擦力。新浇混凝土与钢模板的粘结力，可按0.5kN/m² 计；在确定混凝土与钢模板的摩擦力时，其两间的摩擦系数可按0.4~0.5计。

5 模板结构与滑轨的摩擦力。在确定该力时，对滚轮与轨道间的摩擦系数可取0.05，滑块与轨道间的摩擦系数可取0.15~0.5。

7.2.4 模板结构的主梁应有足够的刚度。在设计荷载作用下的最大挠度应符合下列规定：

1 溢流面模板主梁的最大挠度不应大于主梁计算跨度的1/800；

2 其他面板工程模板主梁的最大挠度不应大于主梁计算跨度的1/500。

7.2.5 模板牵引力 $R(kN)$ 应按式（7.2.5）计算：

$$R = [FA + G\sin\varphi + f_1|G\cos\varphi - P_c| + f_2 G\cos\varphi]K \quad (7.2.5)$$

式中 F——模板与混凝土的粘结力（kN/m²）；

A——模板与混凝土的接触面积（m²）；

G——模板系统自重（包括配重及施工荷载）（kN）；

φ——模板的倾角（°）；

f_1——模板与混凝土间的摩擦系数；

P_c——混凝土的上托力（kN）；

f_2——滚轮或滑块与轨道间的摩擦系数；

K——牵引力安全系数，可取1.5~2.0。

7.2.6 滑模牵引设备及其固定支座应符合下列规定：

1 牵引设备可选用液压千斤顶、爬轨器、慢速卷扬机等；对溢流面的牵引设备，宜选用爬轨器。

2 当采用卷扬机和钢丝绳牵拉时，支承架、锚固装置的设计能力，应为总牵引力的3~5倍。

3 当采用液压千斤顶牵引时，设计能力应为总牵引力的1.5~2.0倍。

4 牵引力在模板上的牵引点应设在模板两端，至混凝土面的距离应不大于300mm；牵引力的方向与滑轨切线的夹角不应大于10°，否则应设置导向滑轮。

5 模板结构两端应设同步控制机构。

7.2.7 轨道及支架系统的设计应符合下列规定：

1 轨道可选用型钢制作，其分节长度应有利于运输、安装；

2 在设计荷载作用下，支点间轨道的变形不应大于2mm；

3 轨道的接头必须布置在支承架的顶部上。

7.2.8 滑模装置的组装应符合下列规定：

1 组装顺序宜为轨道支承架、轨道、牵引设备、模板结构及辅助设施；

2 轨道安装的允许偏差应符合表7.2.8的规定；

表 7.2.8　安装轨道允许偏差

项　　目	允许偏差（mm）	
	溢流面	其　他
标高	-2	±5
轨距	±3	±3
轨道中心线	3	3

3 对牵引设备应按国家现行的有关规范进行检查并试运转，对液压设备应按本规范第 5.2.10 条进行检验。

7.2.9 混凝土的浇灌与模板的滑升应符合下列规定：

　1 混凝土应分层浇灌，每层厚度宜为 300mm；

　2 混凝土的浇灌顺序应从中间开始向两端对称进行，振捣时应防止模板上浮；

　3 混凝土出模后，应及时修整和养护；

　4 因故停滑时，应采取相应的停滑措施。

7.2.10 混凝土的出模强度宜通过试验确定，亦可按下列规定选用：

　1 当模板倾角小于 45°时，可取 0.05～0.1MPa；

　2 当模板倾角等于或大于 45°时，可取 0.1～0.3MPa。

7.2.11 对于陡坡上的滑模施工，应设有多重安全保险措施。牵引机具为卷扬机钢丝绳时，地锚要安全可靠；牵引机具为液压千斤顶时，还应对千斤顶的配套拉杆做整根试验检查。

7.2.12 面板成型后，其外形尺寸的允许偏差应符合下列规定：

　1 溢流面表面平整度（用 2m 直尺检查）不应超过±3mm；

　2 其他护面面板表面平整度（用 2m 直尺检查）不应超过±5mm。

7.3 竖井井壁施工

7.3.1 竖井井筒的混凝土或钢筋混凝土井壁，可采用滑模施工。采用滑模施工的竖井，除遵守本规范的规定外，还应遵守国家现行有关标准的规定。

7.3.2 滑模施工的竖井混凝土强度不宜低于 C25，井壁厚度不宜小于 150mm，井壁内径不宜小于 2m。当井壁结构设计为内、外两层或内、中、外三层时，采用滑模施工的每层井壁厚度不宜小于 150mm。

7.3.3 竖井为单侧滑模施工，滑模设施包括凿井绞车、提升井架、防护盘、工作盘（平台）、提升井架、提升罐笼、通风、排水、供水、供电管线以及常规滑模施工的机具。

7.3.4 井壁滑模应设内围圈和内模板。围圈宜用型钢加工成桁架形式；模板宜用 2.5～3.5mm 厚钢板加工成大块模板，按井径可分为 3～6 块，高度以 1200～1500mm 为宜；在接缝处配以收分或楔形抽拔模板，模板的组装单面倾斜度以 5‰～8‰为宜。提升架为单腿"Γ"形。

7.3.5 防护盘应根据井深和井筒作业情况设置 4～5 层。防护盘的承重骨架宜用型钢制作，上铺 60mm 以上厚度的木板，2～3mm 厚钢板，其上再铺一层 500mm 厚的松软缓冲材料。防护盘除用绞车悬吊外，还应用卡具（或千斤顶）与井壁固定牢固。其他配套设施应按国家现行有关标准的规定执行。

7.3.6 外层井壁宜采用边掘边砌的方法，由上而下分段进行滑模施工，分段高度以 3～6m 为宜。

当外层井壁采用掘进一定深度再施工该段井壁时，分段滑模的高度以 30～60m 为宜。在滑模施工前，应对井筒岩（土）帮进行临时支护。

7.3.7 竖井滑模使用的支承杆，可分为压杆式和拉杆式，并应符合下列规定：

　1 拉杆式支承杆宜布置在结构体外，支承杆接长采用丝扣连接；

　2 拉杆式支承杆的上端固定在专用环梁或上层防护盘的外环梁上；

　3 固定支承杆的环梁宜用槽钢制作，由计算确定其尺寸；

　4 环梁使用绞车悬吊在井筒内，并用 4 台以上千斤顶或紧固件与井壁固定；

　5 边掘边砌施工井壁时，宜采用拉杆式支承杆和升降式千斤顶；

　6 压杆式支承杆承受千斤顶传来的压力，同普通滑模的支承杆。

7.3.8 竖井井壁的滑模装置，应在地面进行预组装，检查调整达到质量标准，再进行编号，按顺序吊运到井下进行组装。

每段滑模施工完毕，应按国家现行的安全质量标准对滑模机具进行检查，符合要求后，再送到下一工作面使用。需要拆散重新组装的部件，应编号拆、运，按号组装。

7.3.9 滑模设备安装时，应对井筒中心与滑模工作盘中心、提升罐笼中心以及工作平台预留提升孔中心进行检查；应对拉杆式支承杆的中心与千斤顶中心、各层工作盘水平度进行检查。

7.3.10 外层井壁在基岩中分段滑模施工时，应将深孔爆破的最后一茬炮的碎石留下并整平，作为滑模机具组装的工作面。碎石的最大粒径不宜大于 200mm。

7.3.11 在组装滑模装置前，沿井壁四周安放的刃脚模板应先固定牢固，滑升时，不得将刃脚模板带起。

7.3.12 滑模中遇到与井壁相连的各种水平或倾斜巷道口、硐室时，应对滑模系统进行加固，并做好滑空处理。在滑模施工前，应对巷道口、硐室靠近井壁的 3～5m 的范围内进行永久性支护。

7.3.13 滑模施工中必须严格控制井筒中心的位移情况。边掘边砌的工程每一滑模段应检查一次；当分段滑模的高度超过 15m 时，每 10m 高应检查一次；其最大偏移不得大于 15mm。

7.3.14 滑模施工期间应绘制井筒实测纵横断面图，并应填写混凝土和预埋件检查验收记录。

7.3.15 井壁质量应符合下列要求：

　1 与井筒相连的各水平巷道或硐室的标高应符合设计要求，其最大允许偏差为±100mm；

　2 井筒的最终深度，不得小于设计值；

　3 井筒的内半径最大允许偏差：有提升设备时不得大于 50mm，无提升设备时不得超过±50mm；

　4 井壁厚度局部偏差不得大于设计厚度 50mm，每平方米的表面不平整度不得大于 10mm。

7.4 复合壁施工

7.4.1 复合壁滑模施工适用于保温复合壁贮仓、节能型高层建筑、双层墙壁的冷库、冻结法施工的矿井复合井壁及保温、隔音等工程。

7.4.2 复合壁施工的滑模装置应在内外模板之间（双层墙壁的分界处）增加一隔离板，防止两种不同的材料在施工时混合。

7.4.3 复合壁滑模施工用的隔离板应符合下列规定：

　1 隔离板用钢板制作；

　2 在面向有配筋的墙壁一侧，隔离板竖向焊有与其底部相齐的圆钢，圆钢的上端与提升架间的联系梁刚性连接，圆钢的直径为 φ25～28，间距为 1000～1500mm；

　3 隔离板安装后应保持垂直，其上口应高于模板上口 50～100mm，深入模板内的高度可根据现场施工情况确定，应比混凝土的浇灌层厚减少 25mm。

7.4.4 滑模用的支承杆应布置在强度较高一侧的混凝土内。

7.4.5 浇灌两种不同性质的混凝土时，应先浇灌强度高的混凝土，后浇灌强度较低的混凝土；振捣时，先振捣强度高的混凝土，后振捣强度较低的混凝土，直至密实。

同一层两种不同性质的混凝土浇灌层厚度应一致，浇灌振捣密实后其上表面应在同一平面上。

7.4.6 隔离板上粘结的砂浆应及时清除。两种不同的混凝土内应加入合适的外加剂调整其凝结时间、流动性和强度增长速度。轻质混凝土内宜加入早强剂、微沫剂和减水剂，使两种不同性能的混凝土均能满足在同一滑升速度下的需要。

7.4.7 在复合壁滑模施工中，不宜进行空滑施工，除非另有防止两种不同性质混凝土混淆的措施，停滑时应按本规范第 6.6.13 条的规定采取停滑措施，但模板总的提升高度不应大于一个混凝土浇灌层的厚度。

7.4.8 复合壁滑模施工结束，最上一层混凝土浇筑完毕后，应立即将隔离板提出混凝土表面,再适当振捣混凝土,使两种混凝土间出现的隔离缝弥合。

7.4.9 预留洞或门窗洞口四周的轻质混凝土宜用普通混凝土代替,代替厚度不宜小于60mm。

7.4.10 复合壁滑模施工的壁厚允许偏差应符合表7.4.10的规定。

表7.4.10 复合壁滑模施工的壁厚允许偏差

项目	壁厚允许偏差(mm)		
	混凝土强度较高的壁	混凝土强度较低的壁	总壁厚
允许偏差	−5~+10	−10~+5	−5~+8

7.5 抽孔滑模施工

7.5.1 滑模施工的墙、柱在设计中允许留设或要求连续留设竖向孔道的工程,可采用抽孔工艺施工,孔的形状应为圆形。

7.5.2 采用抽孔滑模施工的结构,柱的短边尺寸不宜小于300mm,壁板的厚度不宜小于250mm,抽孔率及孔位应由设计确定。抽孔率宜按下式计算:

1 筒壁和墙(单排孔):

$$抽孔率(\%) = \frac{单孔的净面积}{相邻两孔中心距离×壁(墙)厚度} × 100\%$$

2 柱子:

$$抽孔率(\%) = \frac{柱内孔的总面积}{柱子的全截面积} × 100\%$$

3 当模板与芯管设计为先提升模板后提升芯管时,壁板、柱的孔边净距可适当减少,壁板的厚度可降至不小于200mm。

7.5.3 抽孔芯管的直径不应大于结构短边尺寸的1/2,且孔距离结构外边缘不得小于100mm,相邻两孔孔边的距离应大于或等于孔的直径,且不得小于100mm。

7.5.4 抽孔滑模装置应符合下列规定:

1 按设计的抽孔位置,在提升架的横梁下或提升架之间的联系梁下增设抽孔芯管;

2 芯管上端与梁的连接构造宜做成能使芯管转动,并能有5cm以上的上下活动量;

3 芯管宜用钢管制作,模板上口处外径与孔的直径相同,深入模板内的部分宜有0~0.2%锥度,有锥度的芯管壁在最小外径处厚度不宜小于1.5mm,其表面应打磨光滑;

4 芯管安装后,其下口应与模板下口齐平;

5 抽孔滑模装置宜设计成模板与芯管能分别提升,也可同时提升的作业装置;

6 每次滑升前应先转动芯管。

7.5.5 抽孔芯管表面应涂刷隔离剂。芯管在脱出混凝土后或做空滑处理时,应随即清理粘结在上面的砂浆;再重新施工时,应再刷隔离剂。

7.5.6 抽孔滑模施工允许偏差应符合表7.5.6的规定。

表7.5.6 抽孔滑模施工允许偏差

项目	管或孔的直径偏差	芯管安装位置偏差	管中心垂直度偏差	芯管的长度偏差	芯管的锥度范围
允许偏差	±3mm	<10mm	<2‰	±10mm	0~0.2%

注:不得出现塌孔及混凝土表面裂缝等缺陷。

7.6 滑架提模施工

7.6.1 滑架提模施工适用于双曲线冷却塔或锥度较大的筒体结构的施工。

7.6.2 滑架提模装置应满足塔身的曲率和精度控制要求,其装置设计应符合下列规定:

1 提升架以直型门架式为宜,其千斤顶与提升架之间联结应设计为铰接,铰链式剪刀撑应有足够的刚度,既能变化灵活又支撑稳定;

2 塔身中心位移控制标记应明显、准确、可靠,便于测量操作,可设在塔身中央,也可在塔身周边多点设置;

3 滑动提升模板与围圈滑动联结固定,而此固定块与提升架为相对滑动固定,以便模板与混凝土脱离,但又能在混凝土浇灌凝固过程中有足够的稳定性。

7.6.3 采用滑架提升法施工时,其一次提升高度应依据所选用的支承杆承载能力而定。模板的空滑高度宜为1~1.5m。模板与下一层混凝土的搭接处应严密不露浆。

7.6.4 混凝土浇灌应均匀、对称,分层进行。松动模板时的混凝土强度不应低于1.5MPa;模板归位后,操作平台上开始负荷运送混凝土浇灌时,模板搭接处的混凝土强度应不低于3MPa。

7.6.5 混凝土入模前模板位置允许偏差应符合下列规定:

1 模板上口轮圆半径偏差±5mm;

2 模板上口标高偏差±10mm;

3 模板上口内外间距偏差±3mm。

7.6.6 采用滑架提模法施工的混凝土筒体,其质量标准还应满足现行国家标准《混凝土结构工程施工质量验收规范》GB 50204的要求。

7.7 滑模托带施工

7.7.1 整体空间结构等重大结构物,其支承结构采用滑模工艺施工时,可采用滑模托带方法进行整体就位安装。

7.7.2 滑模托带施工时,应先在地面将被托带结构组装完毕,并与滑模装置连接成整体;支承结构滑模施工时,托带结构随同上升直到其支座就位标高,并固定于相应的混凝土顶面。

7.7.3 滑模托带装置的设计,应能满足钢筋混凝土结构滑模和托带结构就位安装的双重要求。其施工技术设计应包括下列主要内容:

1 滑模托带施工程序设计;

2 墙、柱、梁、筒壁等支承结构的滑模装置设计;

3 被托带结构与滑模装置的连接措施与分离方法;

4 千斤顶的布置与支承杆的加固方法;

5 被托带结构到顶滑模机具拆除时的临时固定措施和下降就位措施;

6 拖带结构的变形观测与防止托带结构变形的技术措施。

7.7.4 对被托带结构应进行应力和变形验算,确定在托带结构自重和施工荷载作用下各支座的最大反力值和最大允许升差值,作为计算千斤顶最小数量和施工中升差控制的依据之一。

7.7.5 滑模托带装置的设计荷载除按一般滑模应考虑的荷载外,还应包括下列各项:

1 被托带结构施工过程中的支座反力,依据托带结构的自重、托带结构上的施工荷载、风荷载以及施工中支座最大升差引起的附加荷载计算出各支承点的最大作用荷载;

2 滑模托带施工总荷载。

7.7.6 滑模托带施工的千斤顶和支承杆的承载能力应有较大安全储备:对滚块式和滚楔混合式千斤顶,安全系数不应小于3.0;对滚珠式千斤顶,安全系数不应小于2.5。

7.7.7 施工中应保持被托带结构同步稳定提升,相邻两个支承点之间的允许升差值不得大于20mm,且不得大于相邻两支座距离的1/400,最高点和最低点允许升差值应小于托带结构的最大允许升差值,并不得大于40mm;网架托带到顶支座就位后的高度允许偏差,应符合现行国家标准《钢结构工程施工质量验收规范》GB 50205的规定。

7.7.8 当采用限位调平法控制升差时,支承杆上的限位卡应每150~200mm限位调平一次。

7.7.9 混凝土浇灌应严格做到均衡布料,分层浇筑,分层振捣;混凝土的出模强度宜控制在0.2~0.4MPa。

7.7.10 当滑模托带结构到达预定标高后,可用一般现浇施工方法浇灌固定支座的混凝土。

8 质量检查及工程验收

8.1 质量检查

8.1.1 滑模工程施工应按本规范和国家现行的有关强制性标准的规定进行质量检查和隐蔽工程验收。滑模施工常用记录表格见本规范附录D。

8.1.2 工程质量检查工作必须适应滑模施工的基本条件。

8.1.3 兼作结构钢筋的支承杆的连接接头、预埋插筋、预埋件等应做隐蔽工程验收。

8.1.4 施工中的检查应包括地面上和平台上两部分:

1 地面上进行的检查应超前完成,主要包括:

　　1)所有原材料的质量检查;

　　2)所有加工件与半成品的检查;

　　3)影响平台上作业的相关因素和条件检查;

　　4)各工种技术操作上岗资格的检查等。

2 滑模平台上的跟班作业检查,必须紧随各工种作业进行,确保隐蔽工程的质量符合要求。

8.1.5 滑模施工中操作平台上的质量检查工作除常规项目外,尚应包括下列主要内容:

1 检查操作平台上各观测点与相对应的标准控制点之间的位置偏差及平台的空间位置状态;

2 检查各支承杆的工作状态;

3 检查各千斤顶的升差情况,复核调平装置;

4 当平台处于纠偏或纠扭状态时,检查纠正措施及效果;

5 检查滑模装置质量,检查成型混凝土的壁厚、模板上口的宽度及整体几何形状等;

6 检查千斤顶和液压系统的工作状态;

7 检查操作平台的负荷情况,防止局部超载;

8 检查钢筋的保护层厚度、节点处交汇的钢筋及接头质量;

9 检查混凝土的性能及浇灌层厚度;

10 滑升作业前,检查障碍物及混凝土的出模强度;

11 检查结构混凝土表面质量状态;

12 检查混凝土的养护。

8.1.6 混凝土质量检验应符合下列规定:

1 标准养护混凝土试块的组数,应按现行国家标准《混凝土结构工程施工质量验收规范》GB 50204 的要求进行。

2 混凝土出模强度的检查,应在滑模平台现场进行测定,每一工作班应不少于一次;当在一个工作班上气温有骤变或混凝土配合比有变动时,必须相应增加检查次数。

3 在每次模板提升后,应立即检查出模混凝土的外观质量,发现问题应及时处理,重大问题应做好处理记录。

8.1.7 对于高耸结构垂直度的测量,应考虑结构自振、风荷载与日照的影响,并宜以当地时间 6:00～9:00 间的观测结果为准。

8.2 工程验收

8.2.1 滑模工程的验收应按现行国家标准《混凝土结构工程施工质量验收规范》GB 50204 的要求进行。

8.2.2 滑模施工工程混凝土结构的允许偏差应符合表 8.2.2 的规定。

钢筋混凝土烟囱的允许偏差,应符合现行国家标准《烟囱工程施工及验收规范》的规定。特种滑模施工的混凝土结构允许偏差,尚应符合国家现行有关专业标准的规定。

表 8.2.2 滑模施工工程混凝土结构的允许偏差

项　目			允许偏差(mm)
轴线间的相对位移			5
圆形筒体结构	半径	≤5m	5
		>5m	半径的 0.1%,不得大于 10
标　高	每层	高层	±5
		多层	±10
	全　高		±30
垂直度	每层	层高小于或等于5m	5
		层高大于5m	层高的 0.1%
	全高	高度小于10m	10
		高度大于或等于10m	高度的 0.1%,不得大于30
墙、柱、梁、壁截面尺寸偏差			+8,−5
表面平整(2m 靠尺检查)	抹灰		8
	不抹灰		5
门窗洞口及预留洞口位置偏差			15
预埋件位置偏差			20

附录 A 设计滑模装置时荷载标准值

A.0.1 操作平台上的施工荷载标准值。

施工人员、工具和备用材料:

设计平台铺板及檩条时,为2.5kN/m²;

设计平台桁架时,为 2.0kN/m²;

设计围圈及提升架时,为 1.5kN/m²;

计算支承杆数量时,为 1.5kN/m²。

平台上临时集中存放材料,放置手推车、吊罐、液压操作台,电、气焊设备,随升井架等特殊设备时,应按实际重量计算。

吊脚手架的施工荷载标准值(包括自重和有效荷载)按实际重量计算,且不得小于 2.0kN/m²。

A.0.2 振捣混凝土时的侧压力标准值。对于浇灌高度为80cm左右的侧压力分布见图 A.0.2,其侧压力合力取 5.0～6.0kN/m,合力的作用点约在 2/5H_p 处。

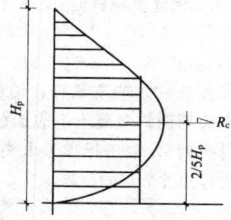

图 A.0.2 混凝土侧压力分布

注:H_p 为混凝土与模板接触的高度。

A.0.3 模板与混凝土的摩阻力标准值。钢模板为1.5～3.0kN/m²;当采用滑框倒模法施工时,模板与滑轨间的摩阻力标准值按模板面积计取 1.0～1.5kN/m²。

A.0.4 倾倒混凝土时模板承受的冲击力。用溜槽、串筒或0.2m³的运输工具向模板内倾倒混凝土时,作用于模板侧面的水平集中荷载标准值为 2.0kN。

A.0.5 当采用料斗向平台上直接卸混凝土时,混凝土对平台卸料点产生的集中荷载按实际情况确定,且不应低于按式(A.0.5)计算的标准值 W_k(kN):

$$W_k = \gamma[(h_m + h)A_1 + B] \quad (A.0.5)$$

式中　γ——混凝土的重力密度(kN/m³);

h_m——料斗内混凝土上表面至料斗口的最大高度(m);

h——卸料时料斗口至平台卸料点的最大高度(m);

A_1——卸料口的面积(m²);

B——卸料口下方可能堆存的最大混凝土量(m³)。

A.0.6 随升起重设备刹车制动力标准值可按式(A.0.6)计算：

$$W=[(V_a/g)+1]Q=K_dQ \qquad (A.0.6)$$

式中 W——刹车时产生的荷载标准值(N);

V_a——刹车时的制动减速度(m/s²);

g——重力加速度(9.8m/s²);

Q——料罐总重(N);

K_d——动荷载系数。

式中 V_a 值与安全卡的制动灵敏度有关,其数值应根据不同的传力零件和支承结构对象按经验确定,为简化计算因刹车制动而对滑模操作平台产生的附加荷载,K_d 值可取 1.1~2.0。

A.0.7 风荷载按现行国家标准《建筑结构荷载规范》GB 50009 的规定采用,模板及其支架的抗倾倒系数不应小于 1.15。

A.0.8 可变荷载的分项系数取 1.4。

附录B 支承杆允许承载能力确定方法

B.0.1 当采用 φ25 圆钢支承杆,模板处于正常滑升状态时,即从模板上口以下,最多只有一个浇灌层高度尚未浇灌混凝土的条件下,支承杆的允许承载力按式(B.0.1)计算：

$$P_0=\alpha \cdot 40EJ/[K(L_0+95)^2] \qquad (B.0.1)$$

式中 P_0——支承杆的允许承载力(kN);

α——工作条件系数,取 0.7~1.0,视施工操作水平、滑模平台结构情况确定。一般整体式刚性平台取 0.7,分割式平台取 0.8;

E——支承杆弹性模量(kN/cm²);

J——支承杆截面惯性距(cm⁴);

K——安全系数,取值不应小于 2.0;

L_0——支承杆脱空长度,从混凝土上表面至千斤顶下卡头距离(cm)。

B.0.2 当采用 φ48×3.5 钢管支承杆时,支承杆的允许承载力按式(B.0.2)计算：

$$P_0=(\alpha/K)\times(99.6-0.22L) \qquad (B.0.2)$$

式中 L——支承杆长度(cm)。当支承杆在结构体内时,L 取千斤顶下卡头到浇筑混凝土上表面的距离;当支承杆在结构体外时,L 取千斤顶下卡头到模板下口第一个横向支撑扣件节点的距离。

附录C 用贯入阻力测量混凝土凝固的试验方法

C.0.1 贯入阻力试验是在筛出混凝土拌合物中粗骨料的砂浆中进行。以一根测杆在 10±2s 的时间内垂直插入砂浆中 25±2mm 深度时,测杆端部单位面积上所需力——贯入阻力的大小来判定混凝土凝固的状态。

C.0.2 试验仪器与工具应符合下列要求：

1 贯入阻力仪:加荷装置的指示精度为 5N,最大荷载测量值不小于 1kN。测杆的承压面积有 100、50、20mm² 等三种。每根测杆在距贯入端 25mm 处刻一圈标记。

2 砂浆试模:试模高度为 150mm,圆柱体试模的直径或立方体试模的边长不应小于 150mm。试模需要用刚性不吸水的材料制作。

3 捣固棒:直径 16mm,长约 500mm,一端为半球形。

4 标准筛:筛取砂浆用,筛孔孔径为 5mm,应符合现行国家标准《试验筛》GB/T 6005 的有关规定。

5 吸液管:用以吸除砂浆试件表面的泌水。

C.0.3 砂浆试件的制备及养护应符合下列要求：

1 从要进行测试的混凝土拌合物中,取有代表性的试样,用筛子把砂浆筛落在不吸水的垫板上,砂浆数量满足需要后,再由人工搅拌均匀,然后装入试模中,捣实后的砂浆表面低于试模上沿约 10mm。

2 砂浆试件可用振动器,也可用人工捣实。用振动器振动时,以砂浆平面大致形成为止;人工捣实时,可在试件表面每隔 20~30mm,用棒插捣一次,然后用棒敲击试模周边,使插捣的印穴弥合。表面用抹子轻轻抹平。

3 把试件置于所要求的条件下进行养护,如标准养护、同条件养护,避免阳光直晒,为不使水份过快蒸发可加覆盖。

C.0.4 测试方法应符合下列要求：

1 在测试前 5min 吸除试件表面的泌水,在吸除时,试模可稍微倾斜,但要避免振动和强力摇动。

2 根据混凝土砂浆凝固情况,选用适当规格的贯入测杆,测试时首先将测杆端部与砂浆表面接触,然后约在 10s 的时间内,向测杆施以均匀向下的压力,直至测杆贯入砂浆表面下 25mm 深度,并记录贯入阻力仪指针读数、测试时间及混凝土龄期。更换测杆宜按附录表 C.0.4 选用。

表 C.0.4 更换测杆选用表

贯入阻力值(kN/cm²)	0.02~0.35	0.35~2.0	2.0~2.8
测杆面积(mm²)	100	50	20

3 对于一般混凝土,在常温下,贯入阻力的测试时间可以从搅拌后 2h 开始进行,每隔 1h 测试一次,每次测 3 点(最少不少于 2 点),直至贯入阻力达到 2.8 kN/cm² 时为止。各测点的间距应大于测杆直径的 2 倍且不小于 15mm,测点与试件边缘的距离应不小于 25mm。对于速凝或缓凝的混凝土及气温过高或过低时,可将测试时间适当调整。

4 计算贯入阻力,将测杆贯入时所需的压力除以测杆截面面积,即得贯入阻力。每次测试的 3 点取平均值,当 3 点数值的最大差异超过 20%,取相近 2 点的平均值。

C.0.5 试验报告应符合下列要求：

1 给出试验的原始资料。

1)混凝土配合比,水泥、粗细骨料品种,水灰比等;

2)附加剂类型及掺量;

3)混凝土坍落度;

4)筛出砂浆的温度及试验环境温度;

5)试验日期。

2 绘制混凝土贯入阻力曲线,以贯入阻力为纵坐标(kN/cm²),以混凝土龄期(h)为横坐标,绘制曲线的试验数据不得少于 6 个。

3 分析及应用。

1)按规范所规定的混凝土出模时应达到的贯入阻力范围,从混凝土贯入阻力曲线上可以得出混凝土的最早出模时间(龄期)及适宜的滑升速度的范围,并可以此检查实际施工时的滑升速度是否合适。

2)当滑升速度已确定时,可从事先绘制好的许多混凝土凝固的贯入阻力曲线中,选择与已定滑升速度相适应的混凝土配合比。

3)在现场施工中,及时测定所用混凝土的贯入阻力,校核混凝土出模强度是否满足要求,滑升时间是否合适。

附录 D 滑模施工常用记录表格

表 D-1 滑模施工预埋件检查记录表

编号：

工程名称					施工单位			
标高 1	位置 2	编号、名称 3	尺寸简图 4	数量 5	加工情况 6	埋设情况 7	埋设日期 8	备 注 9

负责人：　　　　　　　　　复检人：　　　　　　　　　记录人：

注：1~5 项在施工开始前填写；6~8 项在施工过程中填写。

表 D-2 贯入阻力试验记录表

编号：

工程名称				试验日期			试验部位		天气情况	
混凝土 设计强度	水灰比 （%）	坍落度 （cm）	水泥 品种	附加剂品种		混凝土配合比（kN/m³）				备 注
				掺合料	外加剂	水泥	砂	石子	水	掺合料	外加剂

测 试 记 录										
测试环境				筛出砂浆时温度（℃）				贯入阻力曲线		
测试时间										
测试温度										
测杆面积										
贯 入 力 （kN）	1									
	2									
	3									
	平均值									
贯入阻力值 （kN/cm²）										

负责人：　　　　　审核：　　　　　计算：　　　　　测试人：

注：1　按本规范附录 C 进行试验，绘制曲线的试验数据不得少于 6 个；

　　2　贯入阻力平均值达到 2.8kN/cm² 时可以停止；

　　3　贯入阻力 3 点数值的最大差异超过 20% 时，取相近 2 点的平均值。

表 D-3　提升系统工作情况记录表

编号：

工程名称			施工单位			
日　期		作业班次		操作平台标高	接班时	
					交班时	
混凝土浇捣开始时间			时　　分	混凝土浇捣完成时间	时　　分	
提升次数	时间	提升行程数	实测提升高度	平均高度(mm/次)		
1						
2						
3						
4						
5						
6						
7						
8						
9						
10						
11						
12						
13						
14						
15						
16						
17						
18						
19						
20						
本班提升总高				最高油压		
说明						

负责人：　　　　　　　审核人：　　　　　　　填表人：

表 D-4　滑模平台垂直度测量位移记录表

编号：

工程名称		施工单位	
施工部位		日　期	
测点序号	时间	标高	
	位移值(mm)	方　　向	
1			
2			
3			
4			
5			
6			
7			
8			
9			
10			
11			
12			
13			
14			
15			
简图			
建议			

负责人：　　　　　　　复核人：　　　　　　　测量人：

表 D-5　滑模平台水平度测量记录表

编号：

工程名称		施工单位	
施工部位		日　期	
测点序号	时间	基准标高	
	高程差 H_i(mm)	相对高程差 ΔH_i	
1			
2			
3			
4			
5			
6			
7			
8			
9			
10			
11			
12			
13			
14			
15			
简图			
建议			

负责人：　　　　　　　复核人：　　　　　　　测量人：

注："基准标高"指本次测量时所取参考水平面的标高值；
　　"高程差 H_i"指被测点与基准参考水平面的高差，高于参考平面为（＋），低于为（－）；
　　"相对高程差 ΔH_i"指被测点高程差(H_i)与各测点高程差平均值($\overline{H}_i$)之差，即：

$$\Delta H_i = H_i - \overline{H}_i$$
$$\overline{H}_i = \sum H_i / n$$

式中　$\sum H_i$——各测点高程差之和；
　　　n——同一参考平面的测点总数。

表 D-6　纠偏、纠扭施工记录表

编号：

工程名称		施工单位	
纠偏(扭)部位			
纠偏(扭)原因			
技术要点与方法要求			
执行时间			
执行结果			

审核人：　　　　　　　　　　　　　编制人：
负责人：　　　　　　　　　　　　　现场工程师：

本规范用词说明

1 为便于在执行本规范条文时区别对待,对要求严格程度不同的用词说明如下:

1）表示很严格,非这样做不可的用词:

正面词采用"必须",反面词采用"严禁"。

2）表示严格,在正常情况下均应这样做的用词:

正面词采用"应",反面词采用"不应"或"不得"。

3）表示允许稍有选择,在条件许可时首先应这样做的用词:

正面词采用"宜",反面词采用"不宜";

表示有选择,在一定条件下可以这样做的用词,采用"可"。

2 本规范中指明应按其他有关标准、规范执行的写法为"应符合……的规定"或"应按……执行"。

中华人民共和国国家标准

滑动模板工程技术规范

GB 50113—2005

条 文 说 明

目 次

1 总 则

1.0.1 滑模工艺是混凝土工程施工方法之一。与常规施工方法相比，它具有施工速度快，机械化程度高，结构整体性能好，所占用的场地小、粉尘污染少，有利于绿色环保及安全文明施工，滑模设施易于拆散和灵活组配，可以重复利用等优点。通过精心设计和施工，使滑模和其他施工工艺相结合（如与预制装配、砌筑或其他支模方法相结合），就能为进一步简化施工工艺创造条件。因此，滑模工艺在我国工程建设中已被广泛应用，并取得了较好的经济效益和社会效益。滑模工艺与普通的现浇支模方法比较有许多不同的特点，它主要表现在：

1 滑模结构混凝土的成型是靠沿其表面运动着的模板（滑框）来实现的，成型后很快脱模，结构即暴露在大气环境中，因而受气温条件及操作情况等方面因素的影响较多。

2 滑模施工中的全部荷载是依靠埋设在混凝土中或体外刚度较小的支承杆承受的，其上部混凝土强度很低，因而施工中的活动都必须保证与结构混凝土强度增长相协调。

3 滑模工程是在动态下成型，为保证工程质量和施工安全，必须及时采取有效措施严格控制各项偏差，确保施工操作平台的稳定可靠。

4 滑模工艺是一种连续成型的快速施工方法，工程所需的原材料准备，必须满足连续施工的要求，机具设备的性能要可靠，并保证长时间地连续运转。

5 滑模施工是多工种紧密配合的循环作业，要求施工组织严密，指挥统一，各岗位职责要明确。

近十多年来，随着我国高层建筑、新型结构以及特种工程的增多，滑模技术又有了许多创新和发展，例如："滑框倒模"技术的应用，"围模合一大钢模"的应用，大（中）吨位滑模千斤顶的应用，支承杆设在结构体外或结构体内、外混合使用技术的应用，滑模高强度等级（高性能）混凝土的应用，泵送混凝土与滑模平台布料机配套技术的应用，以及竖井井壁、滑模托带、复合壁、抽孔滑模、滑架提模等特种滑模施工，均在工程中得到了成功应用，证明技术上是成熟的，应予以肯定并规范化。

"滑框倒模工艺"是传统滑模施工技术的发展，该工艺对改善滑模工程表观质量有重要作用。其构造是在原滑模装置的围圈和模板之间加设"滑轨"，将提升架、围圈、滑轨组成滑框，模板用横向板组合，由"滑轨"支承，且能沿"滑轨"滑动。当混凝土充满模板提升滑框时，由于模板与滑轨之间的摩阻力小于模板与混凝土之间的摩阻力，滑轨随着提升架向上移动而模板维持原位。当最下一块横向模板露出滑轨下口时，即将其取下，并装入滑轨的上口，然后浇灌混凝土，再提升滑框，如此循环作业，成型竖向混凝土结构。由于施工中避免了模板与混凝土之间的相对运动、摩擦，而且可以随时取出的模板涂刷脱模剂，从而较好地解决了早期滑模工艺由于管理不到位易发生的表面粗糙、掉楞掉角、拉裂等缺陷。"围模合一大钢模"是将常用的与围圈用挂钩连接的小块钢模板，改变为以 300mm 为模数，标准宽度为 900～2400mm，高 900～1200mm，模板与围圈合一的大型钢模板，其水平槽钢肋起围圈的作用并与提升架直接相连；由于这种模板刚度大，拼缝少，装拆较简便，对保证施工精度起到了积极作用。其他如大（中）吨位千斤顶的使用，支承杆布置在结构体外或体内外混合使用，高强度（高性能）混凝土的应用，混凝土泵送工艺和平台布料机的应用等新工艺、新设备、新材料在滑模施工中的使用，对提高滑模施工技术水平有着重要的作用，因此，本规范肯定了这些新的技术成果，并有相应的条款作出技术规定。

本规范原名称是《液压滑动模板施工技术规范》GBJ 113—87，现改名称为《滑动模板工程技术规范》，这里取消了原名称"液压"二字，并将"施工技术规范"改为"工程技术规范"，理由如下：

1 "液压滑动模板"指的是采用"液压"为动力来提升滑模装置进行滑模施工，尽管目前采用"液压"的情况已很普遍，本规范也主要就液压提升系统作出了相应规定，但仍然有采用其他方式（如手动、电动、气动千斤顶或其他机械牵引）作为动力的滑模施工，由于它们用于滑模时的工艺原理基本相同，在操作平台结构布置、施工操作以及对工程质量的控制方法上也都基本一样，因此，完全可以参照本规范进行设计和施工。将规范名称取消"液压"二字更有利于扩大本规范的覆盖面。

2 滑模施工通常并不给工程带来特殊的设计计算问题，但是国内外滑模施工都证明，工程施工一开始就应与设计单位密切结合，设计人员应对滑模工艺有所了解，使设计的工程符合滑模工艺的特点，满足施工条件的要求，才能达到最佳的技术经济效果。例如：滑模施工适宜于竖向结构的成型，但又对竖向布置有所限制，因为模板通过之前，任何物件都不允许横穿模板的垂直轨迹，故所有横向结构的施工方法设计时都需要作特殊考虑；平面布置时应尽可能使各层构件沿模板滑动方向投影重合，梁、柱截面尺寸尽量减少变化，避免模板系统在施工中作大的调整；滑模工程的横向钢筋只能在提升架横梁至模板上口之间，仅在几十厘米高的区段内安装、绑扎，这要求设计的钢筋尺寸和形状能够在施工中放置就位，不妨碍模板的滑动；汇交于节点处的钢筋必须详细排列各占其位，互不矛盾；又如框架柱或筒壁的壁柱，通常受到布置千斤顶提升架的干扰，制约纵向钢筋的定位；较高的框架梁不宜设置弯起钢筋等等。以上所述远未包括所有情况，可见滑模施工很需要设计的关注。

因此本规范编写的着眼点不仅仅是要告诉人们施工时怎样做才能达到"快速、优质、安全"的要求，而且还要告诉人们在从事工程设计时怎样体现出滑模的工艺特点。为此本规范在总则中强调了设计与施工需要密切配合外，规范的第三章中还专门规定了对滑模工程在设计上的要求，它在本规范技术条款中约占有 20% 以上的篇幅，这也许是本规范与其他施工规范的一个重要区别之所在。鉴于上述情况，原来的规范名称不能概括规范所涉及的并占有较大篇幅的设计内容，因此将规范名称改为《滑动模板工程技术规范》更为简明确切。

从事滑模工程的技术人员必须切实掌握滑模工程的特点，否则可能会出现工程设计不适于滑模，造成施工困难而降低综合效益；或因施工不当使工程质量低劣，出现混凝土掉楞掉角，表面粗糙、拉裂，门窗等洞口不正，结构偏斜等问题，影响结构的安全使用，甚至在施工中发生操作平台坍塌，造成人身伤亡、国家财产遭受严重损失等恶性事故。制定本规范是为了使滑模工程的施工和验收有一个全国统一的标准，使工程能够做到技术先进、经济合理、安全适用、确保质量的要求，更好地推动滑模施工工艺的发展。

1.0.2 本规范主要用于指导采用滑模施工的混凝土（不含特种混凝土或有特殊要求的混凝土）结构工程的设计与施工，所考虑的工程对象，包括滑模施工的竖向或斜向的工程，如混凝土筒体结构（包括烟囱、井架、水塔、造粒塔、电视塔、筒仓、油罐、桥墩等），框架结构（包括排架、大型独立混凝土柱，多层和高层框架等）、墙板结构（包括多层、高层和超高层建筑物）。近年来，滑模施工的应用范围有了较大的扩展，这些工程对象大多出现在工业建设中，它们都是以滑模施工为主导工艺，但又附有一些其他特殊要求，需要在制定滑模方案的同时予以研究，增加或改变一些附加的技术和管理措施才能顺利完成。这类滑模工程的施工，我们统称为"特种滑模施工"。这里所指的"特"主要考虑两个方面，一是施工的结构对象比较特殊，二是所使用的滑模方法比较特殊。随着国民经济的发展，工业生产的扩大，这类工程结构不断增加，有必要将那些技术上比较成熟的特种滑模施工工艺列入规范中，例如滑架提模施工（薄壁曲线变坡滑模）、竖井井壁施工（沿岩邦单侧滑模）、复合壁滑模施工(同一截面内两种不同性质混凝土滑模)、滑模托带施工(结构的支承体系在滑模施工时托带重、大结构如桁架、网架等就位)、抽孔滑模施工(在滑模施工的混凝土截面内同时抽芯留孔)等等。与 GBJ 113—87 规范相比,本规范修订中特殊滑模施工一章的内容有了较大的扩充。

1.0.3 采用滑模施工并不需要改变原设计的结构方案,也不带来特殊的设计计算问题。关于滑模施工的特点以及施工与设计配合的重要性在第 1.0.1 条条文说明已有较详细叙述,此处不再重复。采用滑模施工的工程如果设计方面参与不够,既会增加施工方面的困难,也使设计方面失去了对滑模施工的影响力,且无法利用滑模施工的特点来发挥结构设计方面的优势。只有设计和施工两方面的积极性都发挥出来了,才能使工程在设计上既体现滑模施工的特点,在施工上又能满足设计对建筑功能和质量的要求,工程建设综合效益明显。为此,除本条强调设计与施工密切配合外,在本规范的第三章中还专门提出了对滑模施工的工程在设计上的有关要求。

1.0.4 在气温较低情况下,混凝土强度增长十分缓慢,为保证滑模工程施工安全和工程质量,滑升速度既要与混凝土强度增长速度相适应,又要使出模混凝土不受冻害,施工速度将会受到很大影响。而滑模施工一般多为高耸建筑,冬期施工中为改善混凝土硬化环境和人员操作等条件,需要采取的保温、加热、挡风等措施则更为复杂,施工控制更加困难,施工费用也更高。因此滑模工程一般不宜安排在冬期施工。如果在冬期进行滑模施工,施工单位必须特别重视滑模冬施的技术和管理工作,保证根据滑模施工特点制定的专门技术措施得到完全落实。

滑模冬期施工的技术措施,除了要满足一般冬施要求的条件,如组织措施(包括:方案编制、人员培训、掌握气候变化等)、现场准备(包括有关机具、混凝土外加剂和保温材料准备、搭设加热用的临时建筑设施、临时用水及材料的保温防冻以及混凝土、砂浆及外加剂的试配等)、安全与防火(包括防滑措施、积雪清扫、马道平台松动、下沉处理,防烫伤、防腐蚀皮肤,防食物及毒气中毒,防火灾、爆炸,防触电、漏电等)外,在施工技术上重点要研究两个问题,一是混凝土应该在什么技术条件状态下才能满足拟定的滑升速度要求?二是在拟定的滑升速度下已脱模的混凝土应在什么温度条件下经过多长时间才能达到该混凝土必需的抗冻强度?关于第一个问题本规范第 6.6.16 条已得到解决,关于第二个问题在《建筑工程冬期施工规程》JGJ 104 第 7.1.1 条已有明确规定。当掌握了所使用的结构混凝土在不同温度下的强度发展关系(通过试验),我们就可以计算出:

1 在要求的滑升速度下混凝土硬化所需环境温度的下限;
2 出模混凝土的抗冻强度;
3 在不同温度条件下混凝土达到抗冻强度所需的时间(h);
4 根据滑升速度要求、选用的保温材料性能等条件确定供热量值、上暖棚和下暖棚的长度和高度;
5 确定有关暖棚结构形式和有关设备、管线的配置等。

总之不论采用何种冬施方案都应通过热工计算,确保效果。可是,滑模冬期施工不但技术要求高,而且施工费用也会大幅度增加。因此多在不得已的情况下采用。由于我国幅员辽阔,冬施的自然条件差异很大,而冬施对策又各有千秋,一地的成功经验,不一定能适应其他地方,因此本规范对冬施的技术要求和措施未做出具体规定,仅指出在冬期施工时必须制定专门技术措施妥善处理施工中的各种问题。

在气温很高的情况下,混凝土强度增长又十分快速,表层混凝土失水很快,易发生裂缝,为保证滑模工程施工安全和工程质量,必须采取针对措施,使滑升速度与混凝土强度增长速度相适应,并重视滑模在酷暑条件下的各项管理工作,保证根据具体工程特点制定的专门技术措施得到完全落实。

1.0.5 滑模工艺是混凝土工程施工方法中的一种,对施工中的安全、劳动保护等要求必须遵守国家现行的有关规定(包括有关专业安全技术规程),原国家劳动人事部组织编制、国家建设部批准实施的《液压滑动模板施工安全技术规程》JGJ 65 是滑模施工安全工作的重要指导文件,它针对施工中的现场、操作平台、垂直运输、设备动力及照明用电、通讯与信号、防雷、防火、防毒、施工操作、装置拆除等的安全技术和管理,都作了全面、系统的规定。因此有关这方面的具体要求本规范未予规定。涉及有关其他专业的安全技术问题,还应遵守国家现行的其他有关专业规范和专业安全技术规程的规定。

1.0.6 滑模施工是混凝土工程的一种现浇连续成型工艺。本规范是针对滑模施工特点编写的,有关混凝土工程的设计和施工中的一般技术问题未予涉及,因此采用滑模施工的工程,在设计和施工中除应遵守本规范外,还应遵守国家现行其他有关规范中适用于滑模施工的规定,如《混凝土结构设计规范》、《混凝土结构工程施工质量验收规范》、《烟囱工程施工与验收规范》等,对于矿山井巷工程应遵守《矿山井巷工程施工及验收规范》,对于水工建筑应遵守《水工建筑物滑动模板施工技术规范》等等。

2 术语和符号

2.1 术 语

本规范给出了 16 个有关滑模工程设计、施工、设备制造等方面的专用术语,并从滑模工程的角度赋予了其特定的涵义,但涵义不一定是其严密的定义。本规范给出了相应的推荐性英文术语,该英文术语不一定是国际上的标准术语,仅供参考。

2.2 主要符号

本规范给出了 20 个符号,并对每一个符号给出了定义,这些符号都是本规范各章节中所引用的。

3 滑模施工工程的设计

编写本章的主导思想如下:

1 在施工技术为主要内容的规范内规定了有关工程设计的条款,这本身表明滑模施工和结构设计紧密关联。滑模施工为结构设计提供了新的条件,同时也需要设计吸取滑模施工的基本要素,为施工创造必备的条件。本章的主要作用和目的在于:

1)指导设计。对设计方面来说,以此章为依据,遵照滑模工艺的基本要求,充分应用滑模施工的特点,设计出适宜于采用滑模施工的结构物。

2)服务施工。对施工方面来说,也需要清楚滑模施工对设计的要求。在研究一项工程采用滑模施工方案时,以此章为依据对设计图进行审查,澄清设计条件是否适合于滑模工艺和确定滑模施工的区段,提前理顺滑模区段内全部细节,采取必要措施满足设计的特殊要求。

3)协调共识。滑模施工的程度如何?应做哪些必要的修改?需把握修改范围限定在必须改的和值得改的,以此章作为有关各方谋取共识的基础。

2 本章条款内容的选定及限定尺度,综合遵循技术上可行、安全可靠、质量有保障、经济效益好、总体工期短的原则。不局限于提供解决具体技术疑难的方法。对待施工限制设计的要求,要区别是否具有共性,注意向前发展,避免停滞不前。

3 滑模工程的设计与施工,两者应该相辅相成。在总体结构方案上,应该遵循施工服务于设计,但在具体结构细节上,设计应照顾施工的需要,设计方面应积极地关注施工的变化,在维护设计效果的前提下,多为滑模施工创造一些有利于施工作业的条件。

4 本次修订规范重点在提高工程质量,保证施工安全,防止那些低水平的滑模施工队伍出现在建筑市场,应积极发展能提高滑模施工质量的新工艺,实事求是地对待滑模施工,把这一工艺用在最适合采用滑模施工的工程上,确保每项滑模工程施工质量合格。

3.1 一般规定

3.1.1 滑模工程对建筑物的平面形态的适应性较强,这是滑模工艺的又一个特点,因此,对建筑物的平面设计不需作限定,可给设计以更大的灵活性。但是对建筑物的竖向布置有些限制,模板向上滑升通过之前,任何物件不能横截模板的垂直轨迹,因此力求平面布置时使各层构件沿模板滑动方向投影重合,尽量避免滑升过程中对模板系统做大的变更。本次规范修订中取消了"立面应简洁,避免有碍模板的局部突出结构"的提法,改为"应做设计处理",这是为了避免过多地制约设计。事实上,对于建筑功能上要求必须设置的局部凸出的横向结构,如民用住宅建筑挑出的阳台、公共建筑中的挑檐等,在滑模施工方案上做某些处置也是完全可以实现的。施工中遇到局部的突出结构要做特殊处理,采取何种处理方式规范未作具体规定,但处理的效果应符合设计要求。

3.1.2 如果一次滑升的面积过大,由于各道工序的工作量、设备量增大,施工人员增多,现场的统一指挥协调工作变得复杂或困难,以致使工程质量和施工安全难以得到有效保证,在这种条件下,我们可以将整个结构物分若干个区段进行滑模施工,也可以选择一段最适合滑模施工的区段进行滑模施工,另一部分结构采用其他工艺施工。本条重点在指出分区段问题不能完全由施工单位自行处理,需要从设计上创造条件,尽可能利用结构的变形缝(如沉降缝、伸缩缝、抗震缝等),变形缝的宽度一般不小于 250mm。如因施工限制,分界线与结构变形缝的位置不一致时,则可能要在结构的配置或构造上做某些局部变更,因此要求设计单位对分界处做出设计处理。

3.1.3 本条对设计提出的要求虽不具有定量的规定,但表明了最为体现滑模施工优势的是面积小而高度大的结构。滑模用的模板板面高度一般为 1~1.2m,用以成型建筑物的竖向结构,因此,结构愈高,每立方米混凝土滑模设施的摊销费用就愈低,一般结构物高度大于 15m(对于圆形混凝土结构,直径在 10m 左右,高度在 10m 以上)采用滑模施工是经济的。当建筑平面相同,滑模施工的高度为 60m,每平方米墙体模板费用仅为施工高度 10m 时的 1/3 左右。对于一次滑升面积的大小,并无严格限制,主要视施工能力、装备情况及工程结构特点而定,一般为 200~800m²,这不是说技术上的可能性,而是从改进工程质量、提高综合经济效益方面考虑的。一次滑升的面积小一点,一次投入使用的机具数量和模板组装量较小,其重复利用率高,经济效益更显著。且较小的面积便于现场统一指挥,施工作业相互影响的因素较少,各工序协调的难度降低,从而降低了施工管理的难度。这对保证工程质量和施工安全都是有益的。因此在这种条件下采用滑模施工,更能发挥这一工艺的优势。

3.1.4 采用滑模施工要因结构条件因地制宜,可以多种方法相结合,不强调单一扩大滑模施工面积和范围,避免过多地制约设计和增加施工的复杂性。例如:与塔楼相连接的裙房可采用其他现浇或预制方法施工,而塔楼采用滑模施工;多层或高层建筑的电梯井、剪力墙采用滑模施工,其他外围结构与墙板采用其他工艺施工等。

3.1.5 对某些高层建筑或高耸筒体结构,有时采取先滑模施工竖向结构(如外墙或柱、筒体外壁等)后,再施工横向结构(如楼板平台、内部横梁结构或筒体隔板等)的做法,这会使结构物在施工过程中改变原设计的结构工作状态,大大增加了竖向结构的自由高

度,这涉及一次滑升结构的整体稳定问题。横向结构的二次施工方案,包括二次施工结构的制作安装方案和与滑模结构间的连接方案,处理不好会影响结构的受力性状,降低结构可靠性或耐久性。本条的规定是提醒设计与施工双方都应重视横向结构的施工程序与方案导致的设计条件的变化,防止损害原结构设计的质量及可能带来的施工安全问题。条文中把"施工单位"写在前面,有意指出应由施工单位采取主动,因为有关横向结构施工的程序和方案问题最终怎么解决,设计常处于被动地位。条文中规定"共同商定",意在表明施工单位不应单方面自行其事,设计单位也不能回避滑模施工带给设计的特殊问题。

3.1.6 常规的滑模施工是指模板处于和结构混凝土直接接触状态,当模板提升时,在已浇灌的混凝土与模板接触面上存在着摩阻力,使混凝土被向上拉动,这需要由结构混凝土的自重去克服这一摩阻力,模板的移动就可能把混凝土带起,使结构混凝土产生裂缝。因此设计结构截面时,应考虑这个因素。影响摩阻力的因素很多,主要有:模板材质和粗糙程度、温度、模板和混凝土的持续接触时间等。本条规定的各种结构的最小尺寸,符合国内、国外的成功实践,但在实际工程应用中应注意具体工程的实际条件,采取相应的措施。

本条维持了 GBJ 113—87 规范的提法,但对第 5 款进行了修订,由于方形截面柱短边和长边相同,因此实际上也规定了方形的截面不应小于 400mm×400mm。

如采用滑框倒模施工,提升平台时,模板停留在原位不动,不存在模板对混凝土的摩阻作用,且"框"与模板间的摩擦力很小。因此结构截面尺寸可不加限制。

本条中对结构截面尺寸的要求是按采用钢模板的条件提出的。

3.1.7 关于滑模工程混凝土最低强度等级的要求,现行设计规范所规定的强度等级下限已可满足滑模施工的工艺需要。考虑到滑模施工的对象主要是体形较大的结构,在实际设计中混凝土等级已没有低于 C20 的,而且在高层建筑物中采用高强度等级混凝土(或高性能混凝土)乃是今后的发展趋势,因此本条对混凝土强度等级的上限未作规定。目前滑模施工中采用 C40 等级混凝土已常见,C60 等级混凝土已有一些成功的实例。对滑模工程来说,设计采用较高的强度等级,也有利于在施工期内结构强度增长的需要。但是采用通常的高强度等级混凝土,其初期凝结性能和强度发展规律有可能与通常的混凝土有所不同,因此应在滑模施工的准备阶段通过滑升试验,检验这类混凝土性能是否满足滑模工艺的要求,否则应对其"改性",使之既满足结构的需要也能满足滑模施工的需要。

要求同一标高上的承重构件宜采用同一强度等级的混凝土,是考虑到滑模施工速度快,每一浇灌层厚度较薄,滑升区段全范围成水平分层布料,而且先后浇灌的顺序又是不固定的,如果同一标高上使用几种不同强度等级的混凝土,势必要延缓浇灌时间,影响滑升速度,更严重的是直观上不易区分,极易在搅拌、运输、浇灌及几个环节中被混淆,而又很难被发现,这对结构安全的影响很大。

3.1.8 受力钢筋混凝土保护层厚度对保证结构的使用寿命具有重要意义,因为对有代表性的结构物损伤调查分析显示,影响结构寿命的就是混凝土的"中性化"碳化。即混凝土与空气中的二氧化碳或存在于水中的碳酸钠或酸的作用,使混凝土中的氢氧化钙变成为碳酸钙,硬化水泥的 pH 值由 12~13 的强碱性状态,降低到 pH 值为 11.5 以下。此时如果有水和氧的入侵条件,混凝土内的钢筋就会产生锈蚀。混凝土碳化由表及里,因此通常把混凝土碳化深度作为结构老化程度的一个重要指标。

本规范规定滑模施工的墙、梁、柱混凝土保护层最小厚度(在室内正常环境)比常规设计所要求的增加 5mm。这是考虑到模板提升时,由于混凝土与模板之间存在着摩阻力,如果控制不好,混凝土表面有可能因此出现微裂缝。虽然混凝土出模后要求经过原

浆压光,对这种缺陷会有很大程度上的弥补,但要百分之百避免却十分困难。此外,由于梁一般不设起弯钢筋,箍筋直径有时较粗,柱子的纵筋需要焊接或机械连接,都涉及到保护层厚度的实效。从维护结构的耐久性考虑,将保护层厚度增加 5mm 是必要的。

3.1.9 滑模施工中若要较大地改变竖向结构截面尺寸,需要移动模板、接长围圈、增补墙体模板面积和平台铺板等,这是一项十分费时费力且不安全的高空作业。在一定条件下,优先考虑变动混凝土的强度等级及配筋量去适应结构设计的需要,从工程的综合效益出发,尽量减少竖向结构截面变化次数,则十分有利于施工作业。本条的意图在于使设计注意到这一情况。条文规定是"减少变化",并非不允许变化,对于高耸建(构)筑物,如限定设计上完全不变更截面,会使得设计得很不合理,也非必要。

3.1.10 本条第 1、2 款提到的对结构钢筋的要求,是滑模施工特定的操作条件所带来的问题。尤其是第 2 款,对交汇于节点处的上、下、左、右的纵横钢筋,必须在施工前做详细的排列检查,使每根钢筋各占其位,不相矛盾。因为在滑模施工中各种钢筋是随着滑模施工逐渐进行绑扎的,当横向梁的钢筋出现时,柱纵向钢筋已经固定于混凝土中,不可能进行任何调位。发生这种情况必然迫使整个区段的滑模施工陷于停顿,处理的难度较大,故必须事先予以理顺。设计者应在施工图中有所处置,施工人员亦应在开始滑升前,对此进行仔细检查。

第 3 款关于结构钢筋兼作支承杆的规定,作了较大的修订,将 GBJ 113—87 规范中 2.1.9 条第 3 款的第一句话"宜利用结构受力钢筋作支承杆"取消了,不再强调利用结构钢筋作支承杆,这是从保障施工质量出发,也随着社会经济发展和滑模工艺技术发展,出现大吨位千斤顶,在结构体外设置支承杆,利用结构钢筋的必要性降低了。

对兼作钢筋使用的支承杆能否满足结构受力钢筋的性能要求,过去曾做过一些试验并得到以下结论:

1 由于卡头对支承杆有冷加工的作用,其屈服点有明显提高,极限强度也有所增大,但接头焊接时,增加的强度又会得而复失;

2 卡头对支承杆的压痕会减少其截面积,滚珠式卡头和楔块的卡头对 $\phi25Q235$ 支承杆造成的相应最大截面损失分别为 6%~7% 和 3.3%;

3 混凝土在初凝前支承杆负载颤动,有助于提高混凝土对支承杆的握裹力,混凝土进入终凝后(常温约 6h)颤动会降低握裹力,并认为"对一般要求的结构构件支承杆与混凝土的握裹力能够保证此两者的共同工作";

4 支承杆受到油污后使混凝土对钢筋的握裹力有明显影响,当油污面积达到 50% 时,握裹力可降低 40%;

5 施工中支承杆接头的位置较低,焊接操作条件较差较难保证接头质量。

另外,法国 SNBATI 编制的《滑动模板设计和应用建设》中指出:"支承杆在结构设计中不作钢筋受力,因其连续性和粘着性是不定的。"

基于上述理由,在编写 GBJ 113—87 规范时,作出了"其设计强度宜降低 10%~25%"使用的规定。例如,设计时 $\phi25$ 支承杆降低为 $\phi22$ 钢筋计算,以弥补因卡痕、油污、颤动等不利因素带来的影响,同时又能节约一些钢材。但是上述处理方式有些设计单位的同志提出了不同看法。主要有:

1 既然支承杆代替结构钢筋使用存在着一些对质量不确定的因素,因此,不宜在规范中鼓励这种代用。

2 GBJ 113—87 规范中规定"对兼作支承杆的受力钢筋,其设计强度宜降低 10%~25%",问题是其降低的幅度应如何掌握?由施工单位自己确定?还是设计监理单位确定?

3 钢筋对构件承载力的作用,不仅与其数量有关,与其所在位置也有密切关系,而支承杆的位置却由施工要求确定,这两者的

位置多数情况很难做到一致,如果不一致,就存在着支承杆能否代替钢筋或如何确定其代用量的问题?这里必须弄清楚在设计的内力下,用支承杆代替结构钢筋的截面与原设计截面之间在作用(应力)方面存在什么差别,才能确定这种代用是否有效或有效到什么程度。显然这已经不是单独由施工一方所能解决的问题,而需要有设计单位的协助和认可。

可见,用支承杆代替结构钢筋使用虽然是可行的,但代用的条件又是苛刻的,因此在 GBJ 113—87 规范第 2.1.9 条第 3 款基础上修改为:"对兼作结构钢筋的支承杆,其设计强度宜降低 10%~25%,并根据支承杆的位置进行钢筋代换,其接头的连接质量应与钢筋等强。"

本条第 4 款是针对二次施工的楼板连接的"胡子筋"说的。直径大于 8mm 的"胡子筋"不易调直,其外露部分有弯钩,施工中易钩挂模板,也不易事后从混凝土中拉出。锚入混凝土中的部位宜有弯折(U 型),是为了防止钢筋被外力作用时产生旋转,而完全丧失锚固性能,同时弯折部分应满足锚固长度的要求。

3.1.11 在滑模施工中由于条件的变化,预埋铁件不便于埋设操作,设置较多的埋件往往要占用较长的作业时间,影响滑升速度,而且也容易产生遗漏、标高不准确、埋件阻挡模板提升、被模板碰掉或埋入混凝土中不靠近构件表面等问题,这说明预埋铁件的方式是陈旧的。采用在构件上用膨胀螺栓、锚枪钉、化学螺栓、钻孔植筋等后锚方式,则要灵活得多,所以要设计上尽量减少预埋件,这样既有利于施工,也使设计主动。有效的后锚固技术有多种多样,在规范中不必具体指定。

必须设置预埋铁件时,其设计应便于滑模施工中安装、固定。预埋件的竖向尺寸不应大于模板上口至提升架下横梁的净空距离,一般不宜大于 400mm,柱上的预埋件宽度宜比柱宽度小 50mm 以上。

3.1.12 为了避免因设置预埋件或预留孔洞的胎模使滑升工作产生过多的停歇,也为了便于施工管理,建议设计上尽量将各种管线集中布置,使这些预埋件能沿垂直和水平方向排列,而且按一定规律排列的预埋件,在施工中也不易遗漏。

3.1.13 为防止因预留孔洞位置的偏差,使二次施工的构件不能顺利进行安装,这些预留孔洞(如梁窝、板窝等)的尺寸宜比设计尺寸每边增大 30mm。

3.2 筒体结构

3.2.1 大面积贮仓群采用整体滑模施工,在技术上是完全可以做到的。但是搞大面积的一次滑升存在经济效益低、质量不易保证的缺陷。因为一次滑升的面积过大,所需的机具设备多,一次投入的人力、物力过于集中,滑模装置周转利用率低,滑模施工的经济效益明显降低。从施工质量方面考虑,一次滑升面积过大,使用的机具和千斤顶的数量增多,千斤顶的同步控制更加困难,液压系统和施工机具出现问题(故障)的几率增大。每道工序的工作量、单位时间要求供应的物料量以及施工人员数量都要增大,现场的统一组织和指挥的难度都加大。其结果易使施工人员常处于对付各类设备的故障处理或待料停工状态之中,迫使全系统经常出现非计划停歇,措施不当易使混凝土出现表面拉裂、掉棱掉角、冷缝等质量缺陷,设计应该关注这种局面。

贮仓主要是环向结构,不宜采取在筒壁上留竖向通长施工缝的办法去分割滑模施工区。需要设计上予以创造分成小群体滑模施工的条件。

3.2.2~3.2.6 这些规定都是贮仓滑模施工中常遇到的问题,需要设计人员在进行结构方案设计时尽可能予以配合和创造条件,几点要求也是提供设计处置不同情况的几种方式选择。条文是把滑模施工作为有效施工方法之一,并非限制性条文,不强调设计按照一套滑模装置从基础顶滑升到顶。

3.2.7 井塔的筒壁在结构形态及受力条件等方面都不同于一般

的筒体构筑物。一般在其顶部安装有大型提升设备，塔体内有楼层，井塔的平面小，高度大（一般为 40～60m，少数达 70m），在冶金、煤炭等系统中的数量不少，采用滑模施工是优越的。根据井塔的结构特点，采用带肋壁板结构，以保持壁板厚度不变，必要时可调整壁柱截面的长边尺寸，既满足受力的设计要求，又有利于滑模施工。

壁柱与壁板、壁板与壁板连接处的阴角设置斜托，一方面可加强转角的刚度，另一方面也有利于保证滑模施工质量。

3.2.8 井塔内部楼层结构的二次施工，是滑模施工的特定现象，工作量很大，结构设计条件多变，多种结构构件的相互连接，既分为二次施工又要符合整体结构的受力性状，而且跨度、截面、荷载等条件是多变的。因此条文规定必须由设计确定二次施工的方式及节点大样，不得由施工单位自行处理。本文内容上作了较多补充，针对常见的几种不同的二次施工方案作了具体规定。这既提醒设计落实这些特定要求，也有益于施工单位核查设计条件。

关于第 1 款所说的仅塔身筒体结构一次滑升，连接楼层的主梁也为二次施工时，几十米高的塔体暂时成为无内部横向结构支撑的空心筒体，壁板为直线形平板，长度常为 12～15m，有时达 18m，塔体又是承受竖向压力为主的结构，必须慎重对待施工期的结构稳定性问题。带肋壁板中的肋对维护壁板稳定性起重要作用，必须保持肋沿高度范围内的完整，不得采用预留梁窝而使肋被分割。

壁柱与楼层主梁二次施工的连接构造比较复杂，在焦家金矿主井井塔工程中，主梁的跨度为 12m，截面尺寸为 350mm×2000mm，成功地实践了主梁的二次施工。本条规定由设计做出主梁与壁柱连接大样，意在促进设计认真地处理这种构造，也促进施工单位认真地对待主梁的二次施工。

3.2.9 本次修订将原规范第 2.1.3 条的内容作了删减。保留了电梯井道采用独立滑模施工时关于适当扩大净空尺寸的要求。但将扩大尺寸由每边放大 50mm 修改为 30mm。这是因为要预防万一发生施工偏差过大时，为设备安装留出调整余地。

3.2.10 带内衬的钢筋混凝土烟囱，设计上大多采用在筒壁上设置斜牛腿支撑内衬。不少单位为缩短工期，采用筒壁与内衬同时滑模施工（即双滑）。筒壁上的斜牛腿给施工带来一定困难，在实际工程中多改为矩形牛腿。牛腿的隔热处理是烟囱结构中的薄弱点，设计与施工双方都应重视。

3.2.11 筒体结构钢筋采用热轧带肋钢筋，是为了搭接时可不设弯钩，避免滑升时弯钩挂模板，有助于绑扎的钢筋不向下滑动，也有利于模板滑升时阻止混凝土随模板带起。直径小于 10mm 的竖向钢筋容易弯曲，施工固定比较困难，建议不予采用。关于双层钢筋网片之间的拉结筋的设置，需考虑结构受力特性，应在图纸上予以规定。在筒仓类结构中，以环向钢筋受拉为主，拉结筋在施工中起控制钢筋网片的定位作用。但在井塔类结构中，是以竖向钢筋受压为主，拉结筋的作用除了在施工中起定位作用外，还要保证受压钢筋不屈曲，应参照柱子箍筋的要求设置。

另外，以适当间距增设八字形拉结筋，可以有效地阻止钢筋网片的平移错位。

3.2.12 筒体结构中的环向钢筋为主要受力方向，其接头应优先采用性能可靠的机械连接方式。

3.3 框架结构

3.3.1 本条各款是为了尽量避免在高空重新改装模板系统或简化模板改装工艺所作的规定。

3.3.2 本条是新增补的。意在促进设计理解在框架结构滑模施工中，希望增强柱子的刚度，加大柱子的层间高度，减少横梁的数量。采用异形截面的柱子，可以实现其刚度比相同截面积的常规矩形或圆形柱子大几倍，设计出最适合于滑模施工的框架结构，充分发挥滑模的优势。已有工程实例如安庆铜矿主井塔架高 48.7m，

柱设计为四根角型柱，层高 10m 及 12m，横梁跨度为 3.6m。这种结构设计就很富有滑模施工的特性。

3.3.3 次梁二次施工，在主梁上预留梁窝槽口进行二次浇筑混凝土，对主梁承受弯曲及槽口处受剪切性能是否有影响，为此，在金川做了 12 根梁的对比破坏性试验（梁窝为锯齿状，次梁的高度占主梁高度的 1/3～4/5），没有发现二次浇筑与整体浇筑的区别，故指明仍可按整体结构计算。

3.3.4 本条规定柱上无梁侧的牛腿宽度宜与柱同宽，有梁侧的牛腿与梁同宽，是为了简化牛腿模板的制作安装，使施工时只需插入堵头模板即能组成柱和牛腿的模板。如果牛腿的支承面尺寸不能满足要求时，加宽部分可设计成二次施工，形成 T 型牛腿。

3.3.5 本条所列各项都是针对滑模施工特定条件提出的。

1 在楼板二次浇筑之前，梁的上部钢筋是外露的，不能承担施工期间的负弯矩，设计必须将梁端的负弯矩钢筋配置成二排，让下排负钢筋在施工期发挥作用，以承受施工期的负弯矩。

2 在滑模施工中，梁的主筋又粗又长，在高空作业穿插就位比较困难，若为弯起筋就更难穿插了。现行设计规范是允许梁中不设弯起钢筋的。

3 由于不设弯起筋，强化了的箍筋间距一般较密，有时直径也较粗。采用分区段按不同间距设置对施工没有困难，在梁端剪力较大区段，箍筋间距密一些，随着剪力的减小，在梁的跨中区段箍筋间距疏一些是合理的。

4 由于梁主筋较长，如钢筋端头有较大的弯折段，施工中不便向柱头内穿插，特别是梁的主筋端头有向下的弯折段时，由于柱内已浇灌有混凝土，后安设梁的主筋，其向下的弯折段常无法埋入混凝土中，因此设计上需将弯折段朝上设置。

5 主梁上的预留槽口处，截面受压的混凝土空缺过大，涉及梁在施工期间的弯曲强度问题，应防止二次施工时次梁和楼板发生事故。例如在槽口部位适当加粗主筋直径，增设粗的短钢筋，必要时可减少槽口深度，保留部分梁宽截面，都可以保持主梁在二次浇灌前的抗弯能力。

3.3.6 本条是采用劲性骨架或柔性钢筋骨架支承梁底模时，对骨架设计提出的要求。骨架挠度值不大于跨度的 1/500，是根据《混凝土结构工程施工及验收规范》GB 50204—92 规定关于梁、板模板起拱值（1/1000～3/1000）确定的。在设计骨架时，应考虑侧模板对混凝土的负摩阻力和梁体自重共同作用下，不使梁底下挠。骨架应设计成便于安装的形式，故宜采用端腹杆向下斜形式。骨架的上弦杆如作为梁配筋的一部分，在框架节点或连续梁的情况下，弦杆伸入支座内的长度应满足锚固要求。

3.3.7 本条为柱的配筋规定。

1 为了适应在柱内布置千斤顶，纵向钢筋的根数少一些，容易避开千斤顶底座及提升架横梁所占的位置。一般千斤顶底座宽度为 160mm，提升架横梁宽度为 B＝160～210mm，如支承杆设置在提升架横梁的中间位置，则横梁两侧的纵向钢筋至支承杆中心的距离应大于 B/2＋纵向钢筋直径。

2 纵向受力筋采用热轧带肋钢筋，有利于箍筋的定位；当兼作支承杆使用时，其握裹力受油污、振动的影响较小。这都是相对而言的，故条文中用了"宜采用"一词。在滑模施工中柱子纵筋在竖向就位后，不能立即绑扎箍筋，如直径小于 16mm 容易发生弯曲和定位困难。

3 保持纵向钢筋根数不变，而调整直径来适应配筋变化的要求，在设计上不会有什么困难，却能给施工提供方便。

4 由于有千斤顶、提升架横跨在柱头上，柱子的箍筋不能按常规施工那样由上向下套入纵钢筋，只能在提升架横梁以下的净空区段从侧面置放箍筋，这是滑模施工的特定条件。关于箍筋的组合形式，由于柱子的尺寸及配筋情况变化很大，不宜具体规定，只写明了原则要求。

3.3.8 主次梁的二次施工连接构造是滑模施工中特有的最常见

的问题。主次梁的各自截面尺寸、跨度、配置及荷载大小等等条件是多变的，而且差别很大。设计中应注意主梁槽口处在施工期间的弯曲强度、剪切强度，次梁端部钢筋的锚固性能，支座接触面的剪切强度，并注意二次浇灌的易操作性，确保混凝土密实，防止锚固钢筋锈蚀。以往滑模施工中，各地都有一些行之有效的做法，本规范中不便具体规定用哪一种。

3.3.9 要求设计上注意这两点是容易做到的。这样能够在施工中使用工具式胎模，简化施工工艺，并有利于保障施工质量。

3.4 墙板结构

3.4.1 关于墙板结构的布置，要求上、下各层平面的投影重合，是为了避免施工中在高空重新组装模板。

关于对地下室部分的设计要求，在本规范中已经删除，这是考虑到高层建筑的地下部分，其使用性质包括人防、停车、商场及配置各类机电设备等等，常使地下结构配置不同于地上结构的配置，而且在结构条件方面，地下部分结构的截面尺寸及钢筋保护层厚度、防水等要求亦不同于地上部分。过多地强调扩大滑模施工范围，向设计提出过多限制性要求是不适宜的，实际上多数工程也是做不到的。设计不能削弱使用功能效果去适应滑模施工的要求。因此删除了原规范关于对地下部分墙板的提法。

3.4.2 要求各层门窗洞口位置一致，是为了便于布置提升架，避免支承杆落入门窗洞口内。对梁底标高等方面的要求，是为了减少滑升中停歇的次数，有益于加快施工进度。

3.4.3 一个楼层的横向结构工作量是比较大的。滑模施工每遇一个楼层必停顿较长时间，要做一定的技术性处理。这对滑模施工的效率影响较大，也是滑模施工质量方面的薄弱环节，规定要求在同一滑升区段避免错层，以减少滑模停顿次数，提高作业效率。

3.4.4 在我国北方地区墙板结构的高层建筑中，为满足热工性能要求，多采用轻质混凝土外墙，普通混凝土内墙。在滑模施工中对两种不同性质的混凝土，能在外观上直观地加以区别，同时采取相应措施做到不搞错、不混淆，质量上能得到保证。本条意在提醒设计者可以如此设计。

3.4.5～3.4.10 这里所提到的墙体配筋只是涉及到与滑模施工有关的构造问题，其基本内容都是要求在设计钢筋的布置和形状时考虑施工中便于实际操作，使钢筋不妨碍模板的滑升，各种钢筋不相互矛盾。

4 滑模施工的准备

4.0.1 滑模施工是一种现浇混凝土的快速施工方法。其工艺特点决定了要保证工程质量必须满足施工作业的连续性，避免过多或无计划的停歇，因为无计划的停歇常常会造成粘模现象，使结构混凝土掉块掉角、表面粗糙，甚至开裂，或者在停歇位置形成环带状的酥松区，使结构混凝土的质量遭受很大损失。经验告诉我们，滑模施工中切忌"停停打打"、"拉拉扯扯"，不能按计划对模板进行提升。由于滑模施工各工序之间作业要求配合紧凑，各种材料、机具、人员、水电、管理准备到位的要求就愈为重要，过去某些工程为此付出了很大的代价。为了强调滑模施工准备工作的重要性，也为了使滑模施工负责人在检查施工准备工作时发现问题，以便进一步完善施工准备，本条列举了施工准备工作应达到的标准。这些标准写得比较原则，因为对不同的工程对象其施工准备的内容会有所不同，不宜写得过于具体。本条的目的：一是提请施工的组织者要十分重视准备工作；二是提出应从哪几个方面来进行准备工作的检查。显然，在进行准备工作检查前尚应根据工程具体情况拟定检查大纲，检查过程中应有记录，检查结束后应有结论，提出尚有哪些不足，以及确定改正时间和正式开始滑升日

期。

4.0.2 施工单位拿到了设计图纸后，首先是认真学习设计图纸，了解设计意图，掌握结构特点，对图纸进行全面复查。滑模工程的设计人员虽然对滑模工艺有所了解，但毕竟有局限性，因此施工单位总难免会有一些图纸上的问题需要与设计共同协商解决办法。如：适当对设计做局部修改，就能既满足结构上的功能要求，又能简化施工，便于保证工程质量；确定某些不宜滑模施工部位（如某些横向结构等）的处理方法、连接设计和构造要求；对因划分滑模作业区段带来的某些结构变化进行处理等等。这些问题的合理解决，对加快滑模施工速度、保证工程质量起到重要作用。因此，在施工准备中首先应关注此事，为充分发挥滑模技术优势、提高施工的经济效益创造条件，也为设计提供较充裕的时间对设计图纸进行修改。

4.0.3～4.0.5 滑模施工是在动态下连续成型的施工工艺，又是一种技术含量高，施工管理水平较高的施工方法。因此，根据滑模施工工艺的特点，对滑模工程的施工组织设计、施工总平面布置、施工技术设计等内容及要求做了一般性规定。本次修订，强调了滑模施工安全和质量的重要性，如将"施工安全技术、质量保证措施"明确作为施工组织设计的一项主要内容之一；增加了"对于烟囱类变截面结构，警戒线距离应增大至其高度的1/5，且不小于25m"；增加了"绘制所有预留孔洞及预埋件在结构物上的位置和标高的展开图"及"通讯联络方式"；增加了"制定滑模设备在正常使用条件下的更换、保养与检验制度"、"烟囱、水塔、竖井等滑模施工，采用柔性滑道、罐笼或其他设备器材、人员上下时，应按现行相关标准做详细的安全及防坠落设计"等内容。

5 滑模装置的设计与制作

5.1 总体设计

5.1.1 将整套滑模装置根据作用不同划分为若干个部分，一方面可以使施工的组织者对一个庞大的施工装置的各个部分的作用和相互之间的联系有一个清晰的认识，另一方面也便于防止各部件在具体设计时不至于"漏项"。本条在修订中增加了以下内容：

1 近年来高层建筑应用滑模工艺不断增加，高层建筑结构截面随高度上升而变化，同烟囱等构筑物一样，高层建筑滑模设计时也必须考虑截面变化方法，设置可调节装置。因此本条第1款"模板系统"中包括的"模板"不仅指模板板面，也包括适应模板截面变化要求的模板可调节装置。

2 滑模施工中模板倾斜度是影响滑升和保证墙面质量的重要因素。初始设定的倾斜度，由于荷载影响滑模装置变形，易造成模板"倒锥"或倾斜度过大、墙面"穿裙"等现象，因此，必须经常进行倾斜度的检查和校正，所以在第1款中明确规定了包括倾斜度调整装置。

3 随着滑模技术的发展，滑模装置除必备的动力照明外，信号、广播、通讯等已广泛应用，近年来一些大型滑模工程已采用了电视监控，并逐步向全天候全自动监控方向发展。由于平台始终趋于动态中，向操作平台提供施工用水，不仅要求送水高度大，又存在着混凝土早期脱模等特殊问题，使电气系统和供水系统都已成为滑模施工不可缺少的部分。针对这种情况，本条增加水、电配套系统一款。

5.1.2 本条提出滑模装置设计的基本内容和具体步骤，与GBJ 113—87规范第4.1.2条比较有以下三点改变：其一是强调了滑模装置设计除应符合本规范外，还应遵守国家现行有关专业标准的规定。其二，将原第1款中"绘制各层结构平面的投影叠合图"改为"绘制滑模初滑结构平面图及中间结构变化平面图"。因

"各层"仅适用于高层建筑,对构筑物而言不确切,另外投影叠合到一起的图也没有实际意义,而起滑、终止及中部结构变化,对滑模设计至关重要,如墙、柱、梁的截面变化,位置变化,形状变化等,都与滑模装置设计及滑模施工有关。其三,本条第5款,过去随升井架是附着在操作平台上的,但现在有了布料机以后,"特殊设施"与滑模的关系已超出了"操作平台"范围,故修订后的第5款局部改为:"包括与滑模装置相关的垂直和水平运输装置等",着重指出是"相关"而不一定是"附着"。

5.1.3、5.1.4 规定了设计滑模装置时必须计算的各种荷载和标准取值方法(见本规范附录 A)。现说明以下几点:

1 关于操作平台上的施工荷载标准值。施工荷载包括施工人员、工具和临时堆放用料的荷载,在结构设计中对板、次梁、主梁、柱等根据所承担的有效荷载,按最大负荷值存在的频率,不同类型的构件允许有不同的荷载组合系数,承受范围愈大组合系数愈小,荷载折减愈多。滑模施工操作平台布置比较紧凑,平台上出现异常荷载情况的机会也较多,根据现行国家标准《建筑结构荷载规范》GB 50009 的有关规定,将 GBJ 113—87 规范附录二中关于"施工人员、工具和存放材料"一项中设计平台桁架、围圈及提升架、支承杆数量的荷载修订为:

施工人员、工具和备用材料:

设计平台铺板及檩条时,为 2.5kN/m²;

设计平台桁架时,为 2.0kN/m²;

设计围圈及提升架时,为 1.5kN/m²;

计算支承杆数量时,为 1.5kN/m²。

吊脚手架的施工荷载,原 GBJ 113—87 规范未列出,考虑到滑模施工时,在正常情况下,吊脚手架上有混凝土表面抹灰、修饰、检查、附着混凝土养护用水管等作业,当出现质量问题时到脚手架上检查、观察和处理操作的人员较多,且很集中,因此规定了"吊脚手架的施工荷载标准值(包括自重和有效荷载)按实际重量计算,且不得小于 2.0kN/m²",2.0kN/m² 系参照装修用脚手架施工荷载标准值确定的。

2 关于混凝土对模板的侧压力。侧压力是设计模板、围圈、提升架等的重要依据。混凝土对模板的侧压力与很多因素有关,如一次浇筑高度、振捣方式、混凝土浇筑速度和模板的提升制度等等。所以要精确计算施工中模板所承受的混凝土侧压力是困难的,国内外在计算侧压力时,都在实测的基础上提出多种简化的近似计算方法,但彼此间的计算结果出入较大。

滑模施工中,模板在初滑和正常滑升时的侧压力是不同的,初滑时一般是在分层连续浇灌 70~80cm 高度,混凝土在模板内静停 3~4h 之后进行提升,因此在这个高度范围内均有侧压力存在。四川省建研院和省建五公司曾在气温为 +26℃ 条件下,用坍落度 3~5cm,强度等级为 C20 的混凝土,以 20cm/h 的速度分层浇灌 70cm 高度,用插入式振捣器振捣,实测模板侧压力分布见图 1。

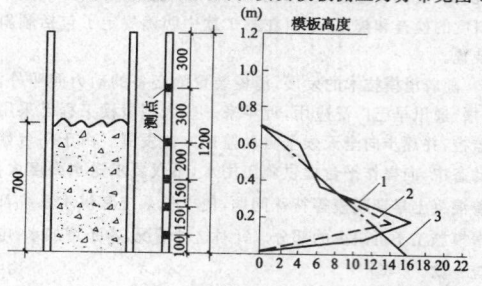

图 1 初滑时混凝土侧压力

1—机械振捣后侧压力曲线;2—未振捣时侧压力曲线;3—液体静压力线

由图 1 可见,混凝土上部 2/3 高度范围内的侧压力分布,基本上接近液体静压力线;下部的 1/3 高度压力线呈曲线状态,压力最大值约为 17kN/m²,作用在模板下口 1/3 高度处,总合力值为5.9kN/m²。

在模板正常滑升时,由于模板存在着倾斜度,且模板下部混凝土逾期已达 4~5h,模板的下部与混凝土实际上已脱离接触,侧压力趋近于零,只有模板上部高度范围内有侧压力存在。

根据原民主德国、罗马尼亚及我国一些单位的实测资料,可以认为,振动捣实混凝土时,侧压力按图 2 曲线分布。

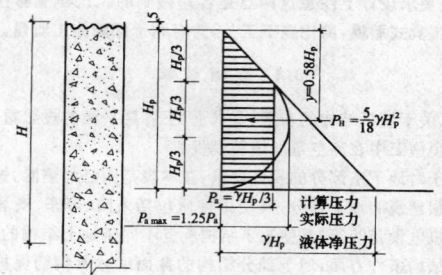

图 2 侧压力分布曲线

侧压力作用高度 H_p 为混凝土与模板的接触高度,在 H_p 上 1/3 范围的侧压力与液体静压力吻合,压力最大值是在下部1/3 处,侧压力的合力为 P_H。并认为可将此种压力分布简化为一等量的梯形分布替代:

混凝土容重为 γ;

上部 $1/3 H_p$ 处液体静压力 P_s,$P_s = \gamma H_p/3$;

最大侧压力 $P_{s\,max}$,$P_{s\,max} = 1.25 P_s$;

侧压力的合力 P_H,$P_H = 5/18 \times \gamma H_p^2$;

合力的作用点在混凝土表面以下的距离 y,$y = 26/45 H_p \approx 0.58 H_p$。

由于正常滑升时的侧压力小于初滑时的侧压力,所以应以初滑时的侧压力作为设计依据,取 $5.0 \sim 6.0$kN/m,合力的作用点约在 $2/5 H_p$ 处,H_p 为模板内混凝土浇筑高度。

3 关于模板滑升时的摩阻力。模板滑动时的摩阻力主要包括新浇混凝土的侧压力对模板产生的摩擦力和模板与混凝土之间的粘结力。影响摩阻力的因素很多,如混凝土的凝结时间、气温、提升的时间间隔、模板表面的光滑程度、混凝土的硬化特性、浇灌层厚度、振捣方法等等。实践证明,混凝土在模板中静停的时间愈长,即滑升速度愈慢,则出模混凝土的强度就高,混凝土与模板间的粘结力就大,摩阻力也就越大。

通常认为摩阻力由模板与混凝土之间的摩擦力和粘结力两部分组成。即:

$$Q = M + T = M + PF \qquad (1)$$

式中 Q——摩阻力;

M——切向粘结力;

T——摩擦力;

P——混凝土对模板的侧压力;

F——混凝土与模板间的摩擦系数。

根据 Z. Reichverger 的试验,不同温度和不同接触持续时间,钢模板与砂浆的切向粘结力 M 如图 3 所示。钢模板与砂浆之间的摩擦系数与接触时间长短的关系不大,而与试验时的正压力有关,见表 1。

表 1 钢模板与砂浆之间的摩擦系数表

接触持续时间(min)	5	60	120	240
试验压力值 (N/cm²)	0.025	0.52	0.57	0.50	0.50
	0.05	0.49	0.49	0.48	0.47
	0.1	0.38	0.37	0.36	0.35

试验条件:砂浆配比 $w/c = 0.55, c/s = 0.5, t = 20℃ \pm 1℃$。

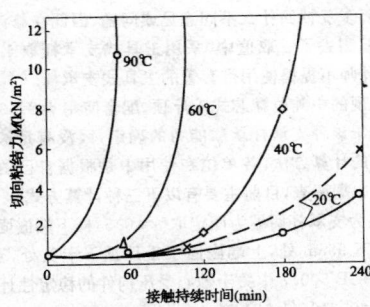

图 3 切向粘结力与温度、接触持续时间的关系
—— $w/c=0.55,c/s=0.5$；---- $w/c=0.45,c/s=0.5$

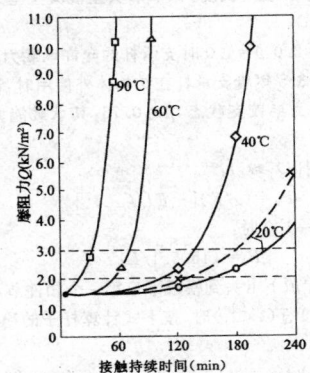

图 4 滑升时摩阻力与接触时间、温度的关系
—— $w/c=0.55,c/s=0.5$；---- $w/c=0.45,c/s=0.5$

引用上述资料，并设正常滑升时平均的模板侧压力为 $4.7kN/m^2$，摩擦系数为 0.35，则摩阻力 Q 在不同温度和接触持续时间下有如图 4 的关系。可以看出，当 $t=20℃$ 时，模板与混凝土的持续接触时间在 1.5h 时 Q 约为 $1.5kN/m^2$，2h 时 Q 约为 $1.8kN/m^2$，3h 时 Q 约为 $3.0kN/m^2$ 左右。

北京一建公司的试验结果见下表：

表 2 实测摩阻力表

混凝土在模板内滞留时间(h)	2.5	3~4	5	6~7
摩阻力(kN/m²)	1.5	2.28	4.04	6.57

四川省五建采用 1.2m 高的钢模板方柱体试件，混凝土初凝时间为 2.8h，终凝时间为 5.5h，模板滑升速度为 30cm/h。在模板正常滑升时，摩阻力沿模板高度呈曲线分布，如图 5 所示，钢模板的平均摩阻力为 $2.0～2.5kN/m^2$。

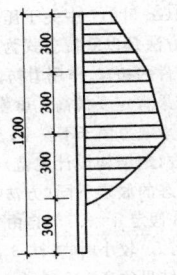

图 5 摩阻力分布曲线

一般说，混凝土在模板中停留时间最长的情况发生在模板初滑或是滑空后开始浇灌混凝土时。正常情况下，混凝土在模板内的静停时间为 3～4h。从上述试验结果可以看出，在这个范围内，摩阻力值在 $1.5～2.5kN/m^2$ 之间。考虑到施工过程中可能出现

由于滑升不同步、模板变形、倾斜等原因造成的不利影响，摩阻力取 $1.5～3.0kN/m^2$ 是适宜的。施工中因故停滑时，必须采取相应的停滑措施。

4 关于采用滑框倒模法时的摩阻力。采用滑框倒模时，混凝土与模板之间无相对移动，摩阻力不表现在混凝土与模板间的摩擦和粘结，而是表现在钢模板与钢滑轨间的摩擦和机械咬合，其摩阻力要比混凝土与钢模板之间的摩阻力小得多，据首钢建筑公司实践结果表明，模板与滑轨间的摩阻力标准值取 $1.0～1.5kN/m^2$ 是合适的。

5 倾倒混凝土时，模板承受的水平冲击力，系参照原《混凝土结构工程施工及验收规范》GB 50204—92，用溜槽、串筒或 $0.2m^3$ 的运输器具倾倒混凝土时，作用于模板侧面的水平集中荷载标准值为 2.0kN。

6 当采用料斗向操作平台卸料时，对平台会产生较大的集中压力，在原 GBJ 113—87 规范和其他有关规范中都没有指出这一集中力是否应在操作平台设计中予以考虑，也没指出该力的大小应如何确定。但实践证明，由于滑模施工平台一般柔性较大，在滑模平台结构设计时必须考虑这一集中力的影响，因此在规范中应对其作具体规定。关于该力的取值，目前尚未找到有关资料可供借鉴，本次规范修订中所采用的计算方法是基于以下理由确定的。

设混凝土是一种不可压缩的流体，卸料到操作平台上的混凝土压力由两部分组成。一部分为当漏斗中混凝土处于最高顶面时对平台造成的压力，另一部分是落至平台上且尚未被移走的混凝土造成的压力。则总的压力应为两者之和。

混凝土最高顶面至平台的距离设为 H，则：

$$H=h_0+h \qquad (2)$$

根据流体稳定运动的伯努利方程可得到流体提供的单位面积上的压力 ω_0 为：

$$\omega_0=1/2×\rho v^2=1/2×\gamma/g×v^2 \qquad (3)$$

式中 γ ——单位体积的重力(重力密度)，混凝土一般取 $2.4kN/m^3$；

v ——质点下落到平台上的速度(m/s)。

已知质点自由下落到平台时的速度 v 为：

$$v=(2H×g)^{1/2} \qquad (4)$$

公式(4)代入公式(3)得：

$$\omega_0=1/2×\gamma/g×2H×g=\gamma H$$

当卸料器的面积为 A_1 时，则混凝土下卸至平台的压力 ω_1 应为：

$$\omega_1=\gamma HA_1=\gamma(h_0+h)A_1 \qquad (5)$$

混凝土卸至平台上，尚未移开之前堆存的混凝土量，即每次开启卸料口至关闭卸料口之间下卸的混凝土量为 $B(m^3)$。因此造成的平台压力 ω_2 为：

$$\omega_2=\gamma B$$

施加在平台上总的压力 ω_k(标准值)为：

$$\begin{aligned}\omega_k&=\omega_1+\omega_2\\&=\gamma(h_0+h)A_1+\gamma B\\&=\gamma[(h_0+h)A_1+B]\end{aligned} \qquad (6)$$

式中 h_0 ——料斗存料的最大高度(m)；

h ——卸料口至平台间的距离(m)；

A_1 ——卸料口的截面积(m^2)；

B ——卸料堆存的最大混凝土量(m^3)。

由于该集中力为可变荷载，其设计值应乘以分项系数 $\gamma_c=1.4$，作用点在漏斗口的垂直下方的平台上。

5.1.5 本条中对总垂直荷载的计算方法与 GBJ 113—87 规范第 4.1.4 条的规定有较大区别。原规范第 4.1.4 条要求计算千斤顶和支承杆布置最小数量时，要根据两种状态来计算总的垂直荷载。一种情况是当操作平台处于静止状态时，只考虑滑模装置的自重、施工荷载和平台上附着的起重运转设备运转时的附加荷载；另一

种情况是当操作平台处于滑升状态时,只考虑装置的自重、施工荷载、模板提升时混凝土与模板之间的摩阻力,但不须考虑平台上起重设备运转时的附加荷载。总的垂直荷载取两者之中的最大者,这是因为当时强调了提升时平台上的起重运输设备是不允许运行的。现在的情况不同,为了保证滑模工程的外观质量,人们认识到应以滑升过程作为滑模施工的主导工序,实现微量提升,减短停歇,这样会使得提升过程中不仅不会使平台上的各种施工作业停顿,同时使用平台上的起重运输设备成为不可避免。因此,计算千斤顶和支承杆可能承受的最大垂直荷载应是全部垂直荷载的总和(包括混凝土与模板间的摩阻力和平台起重运输设备的附加荷载,即应按第 5.1.3 条中第 1~6 款之和)计算。

从千斤顶设备承载能力来说应不大于其额定承载能力的一半,是考虑因施工工艺控制方面造成的荷载的不均衡性以及设备制造中可能存在的缺陷。千斤顶在使用中至少应有不小于 2.0 的安全储备。

目前工程中使用的穿芯式滑模用千斤顶有两种,一种是额定承载能力为 30kN、35kN 千斤顶,与之配套的是 $\phi25$ 圆钢支承杆;另一种是额定承载能力为 60~100kN 千斤顶,与之配套的是 $\phi48\times3.5$ 钢管支承杆。根据研究分析,施工中支承杆失稳时,其弯曲部分首先发生在支承杆上部的外露段,随即扩展到混凝土的内部,这种情况多是由于支承杆脱空长度较大,平台有较大倾斜或扭转,相邻千斤顶升差较大等原因引起的,这种失稳施工中出现较多,如能及时发现处理,一般不会造成严重后果。下部失稳,弯曲首先发生在模板中部以下部位(混凝土内),产生的主要原因多是支承杆脱空长度较小,入模后的混凝土强度不能正常增长,滑升速度过快,出模混凝土强度过低,两者不相适应,混凝土对支承杆不能起到稳定嵌固作用,或支承杆严重倾斜或提升操作失误等。如因此引起群杆失稳,混凝土大片坍落,可造成整个平台倾翻,后果非常严重。但只要在施工中注意掌握混凝土强度的增长规律,适时调整滑升速度,严格对混凝土原材料质量进行检查,这种情况是完全可以避免的。

在滑模装置设计中确定支承杆的承载能力是以保证混凝土强度正常增长,控制支承杆脱空长度和混凝土出模强度为前提的。因此,应以上部失稳的极限状态作为确定支承杆承载能力的依据(见本规范附录 B)。

在编写 GBJ 113—87 规范时,曾收集到 6 个单位模拟滑模施工条件,对 $\phi25$ 支承杆承载力试验结果(模板下口处混凝土强度控制在 5~30N/cm²),经研究综合分析整理给出了 $\phi25$ 支承杆极限承载能力的计算式:

$$P_k = 40EI/(L_0+95)^2 \qquad (7)$$

式中 L_0——支承杆的脱空长度(cm);

E——支承杆钢材的弹性模量,为 2.1×10^4(kN/cm²);

I——支承杆的截面惯性矩。

应注意,上式虽然具有欧拉公式的形式,而实质是以试验结果为基础归纳所得,其适用范围是:

1 公式(7)适用于一端埋入混凝土中的 $\phi25$ 支承杆,不能用于其他形式和截面的支承杆;

2 脱空长度 L_0 取混凝土上表面至千斤顶下卡头之间的距离;

3 适用于 L_0 在 60~250cm 之间。

群杆的承载能力会低于单杆承载力的总和,因群杆不能做到均匀负载。此外,施工中由于平台的倾斜、中心飘移、扭转、千斤顶升差等原因,也会造成个别杆子超载,故在计算支承杆数量时,杆子的承载能力应乘以工作条件系数 α。根据经验,α 视操作水平和平台结构情况等条件而定,一般整体式刚性平台取 0.7,分割式平台取 0.8,此外尚应取不小于 2.0 的安全系数 K,由此得出 GBJ 113—87 规范附录三中关于 $\phi25$ 支承杆承载能力的计算式:

$$P_0 = \alpha 40EI/[K(L_0+95)^2] \qquad (kN) \qquad (8)$$

式(8)有较多的试验资料为依据,在 GBJ 113—87 规范颁布后

使用了十余年,未反馈回什么不同意见或问题,因此在修订中仍维持该式不变,但删去了 α 取值中"采用工具式支承杆取 1.0"的规定,因结构设计师不提倡使用带套管的工具式支承杆。

近年来出现的中吨位穿芯式千斤顶,配套使用 $\phi48\times3.5$ 钢管作支承杆。关于该种支承杆承载能力的确定,因没有足够多的试验资料和统一的计算方法,各单位在使用中是根据自己的经验来确定其承载力。据调查,目前主要有以下三种计算方式:

方法 1:认为支承杆两端为固定取 $\mu=0.5$,杆下端嵌固于混凝土的上表面以下 95cm 处,上端嵌固于千斤顶下卡头处,套用《钢结构设计规范》GB 50017 中关于轴心受压构件的稳定性计算方式确定长细比 $\lambda = 0.3165(L_0+95)$:

$$P_0 = 48.9\psi$$

式中 L_0——支承杆脱空长度,即下卡头至混凝土上表面的距离(cm);

P_0——$K=2.0$、$\alpha=1.0$ 时支承杆的允许承载力(kN)。

方法 2:$\phi48\times3.5$ 钢管支承杆在结构体外使用时,认为杆子一端为铰支,另一端为半铰支状态,$\mu=0.75$,其承载能力按欧拉公式确定:

1 对大柔度杆($\lambda\geqslant\lambda_1$):

$$P_0 = (\alpha/K)[\pi^2 EI/(\mu L)^2]$$

当 $K=2.0$,$\alpha=1.0$ 时:

$$P_0 = (1505.1/L)^2$$

式中 L 取千斤顶下卡头到模板下口第一个扣件节点距离。

2 如为中柔度杆($\lambda<\lambda_1$)时,按下式计算杆子的稳定性,确定杆子的允许承载力:

$$P_0 = (\alpha/K)A(a-b\lambda) = (\alpha/K)(148.656-0.26L)$$

当 $\alpha=1.0$,$K=2.0$ 时:

$$P_0 = 74.328-0.13L$$

注:$\lambda_1 = \pi^2 E/\sigma_p$

式中 σ_p——比例极限,Q235 钢为 20kN/cm²;

a——常数($a=3.040$kN/cm²);

b——常数($b=0.112$kN/cm²)。

$\phi48\times3.5$ 焊接钢管特性:

截面面积 $A=4.89$cm²,截面惯性矩 $I=12.296$cm⁴;

截面回转半径 $r=1.58$cm,A3 钢弹性模量 $E=2.1\times10^4$kN/cm²。

方法 3:假定支承杆一端为铰,另一端为半铰(即取 $\mu=0.75$),杆子的计算长度 L 取千斤顶下卡头至混凝土上表面间的距离,套用《钢结构设计规范》GB 50017 中关于轴心受压稳定公式确定支承杆允许承载能力(长细比 $\lambda=0.474L$,当 $\alpha=1.0$,$K=2.0$ 时),即:

$$P_0 = 48.9\psi$$

以上三种关于 $\phi48\times3.5$ 钢管支承杆的承载能力确定方法是目前比较具有代表性的,经同条件下这三种方法进行计算分析,并将结果绘于同一图中(图 6)进行比较,可以得出:

直接采用欧拉公式计算钢管支承杆允许承载力(方法 2)要比套用《钢结构设计规范》GB 50017 中关于压杆稳定计算结果偏高40% 左右,这是因为该方法是以欧拉公式为基础并考虑了材料的残余应力、几何缺陷、杆件的初弯、作用力初偏等多种不利因素,直接用欧拉公式计算的结果肯定要偏高。事实上,在实际工程中采用理想压杆的假定计算承力偏于不安全。

方法 1、方法 3 均按《钢结构设计规范》GB 50017 方法计算,但对钢管支承杆工作状态的假定不同(方法 1 假定 $\mu=0.5$,自由长度为(L_0+95);方法 3 假定 $\mu=0.75$,自由长度为 L_0),两者承载力计算结果比较接近(当 L_0 较小时,方法 3 比方法 1 的结果约低8% 左右;当 L_0 较大时,结果约高12% 左右)。

由于 $\phi48\times3.5$ 钢管支承杆的试验资料较少,这种情况下认为采用较为安全的方式确定支承杆的承载力是必要的。为了实用简便,经综合分析归纳并实例演算,可用直线形式来表示 P_0—L 之间的关系(见图 6,本规范采用方法),当 L 在 80~280cm 之间时,偏差不大于 $\pm4\%$。

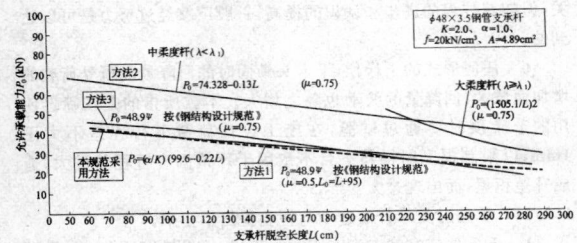

图 6 $\phi48\times3.5$ 钢管支承杆承载力试算结果比较

据此，本规范附录 B 第 B.0.2 条规定 $\phi48\times3.5$ 钢管支承杆的允许承载能力 P_0 为：

$$P_0 = \alpha / K \times (99.6 - 0.22L) \quad (\text{kN})$$

式中 α——群杆工作条件系数；

　　　K——安全系数；

　　　L——支承杆自由长度(cm)。

1 当支承杆在结构体内时，L 取千斤顶下卡头至混凝土上表面的距离；

2 当支承杆在结构体外时，L 取千斤顶下卡头至模板下口第一个横向支撑扣件节点的距离。

支承杆和千斤顶布置的总数量，除根据上述承载力计算所需最小数量外，尚应考虑结构平面布置形状和操作平台等实际状况，按构造要求调整所需的数量。

5.1.6、5.1.7 含义已很清楚。第 2 款中补充了：由于大吨位千斤顶和 $\phi48\times3.5$ 钢管支承杆的推广应用，在梁、柱滑模施工时可以将支承杆布置在结构体外，杆件用脚手架钢管进行加固，操作方便，节约钢材，但应根据工程结构的具体情况来做。第 3 款中考虑到某些结构的洞口较宽，当必须在其中布置千斤顶时，应是允许的，但支承杆应进行加固或增加布置支承杆。增加了第 4 款，在平台上设有较大的固定荷载时，应增设支承杆数量来满足这一荷载的需要。

提升能力必须与荷载相适应，当荷载增加就必须增加支承杆的数量。

电动、手动的提升设备应进行专门设计。

5.1.8 提升用的千斤顶放置在提升架的横梁上，因此两者的位置必须相适应。在结构的某些部位(例如在梁的部位)也放置一些不设千斤顶的提升架，用以抵抗模板侧压力。对于筒体结构或墙板结构，当采用 30～35kN 的千斤顶时，提升架的间距建议不大于 2.0m。对于框架结构、独立柱等常采用非均匀布置或集中布置提升架。提升架的设计应根据结构部位的实际情况进行，例如，设计成 Π 型、Γ 型、X 型、Y 型或开字型等，在框架结构中的柱头或主、次梁相交处，至少应布置 2 榀提升架，组成刚度较大的提升架群。在连续变截面结构中，为满足直径变化的需要，一般将提升架布置在成对的辐射梁之间，用收分装置使其变径，以改变提升架的位置。

由于大吨位千斤顶和围模合一大钢模的应用，使提升架的间距扩大了。其合理的间距必须满足：

1 根据结构部位的实际需要，当计算间距较大，但按构造要求需增加提升架时，应以构造要求的为准；

2 千斤顶的吨位选择和提升架的间距应与模板围圈的刚度相适应。

5.1.9 操作平台的结构布置，应根据建筑物的结构特点、操作平台上荷载的大小和分布情况、提升架和千斤顶的布局、平台上起重运输设备情况和是否兼作楼盖系统的模板或模板的支托等施工条件来确定。本条中介绍的各类结构操作平台布置方案是我国滑模常用的方案，这里只做推荐，并非限制性条文。

5.2 部件的设计与制作

5.2.1 模板主要承受侧压力、倾倒混凝土时的冲击力和滑升时的摩阻力，因此模板应具有足够的刚度，保证在施工中不发生过大变形且拼缝紧密。考虑经济效益，模板应具有通用性、互换性，装拆方便。本条增加了围模合一大钢模和滑框倒模工艺所使用的模板内容，有关模板设计具体要求是根据我国工程实践经验提出的。

5.2.2～5.2.5 设计围圈和提升架部件时应按荷载进行计算，对两种部件的结构性能和构造要求是根据我国工程实践经验提出的。

5.2.3 条第 7 款是指采用滑框倒模工艺时，滑轨与围圈要相对固定，并有足够刚度保证滑轨内的模板不变位、不变形。滑轨的材质可选用钢管或角钢。当结构截面为弧形时，滑轨应适当加密。

5.2.4 条强调了多次重复使用或通用的提升架，不仅宜设计成装配式，还应考虑到工程结构截面变化的范围，一般 50～200mm 的变化可通过提升架立柱与围圈间的支顶螺栓进行调节，大范围的变化通过横梁孔眼位置调节两立柱之间的净距离，施工中立柱的平移可通过立柱顶部的滑轮和平移丝杠进行调节。

5.2.5 条第 2 款关于模板上口至提升架横梁底部的净距离要求，修改为按 $\phi25$ 支承杆和 $\phi48\times3.5$ 钢管支承杆两种情况来区分，因这两者的刚度相差较大。同时考虑到施工时此距离设置太小会影响钢筋绑扎，太大则降低支承杆的稳定性和承载力，故本条明确了使用这两种支承杆时这一净距离的上下限。

第 3 款强调了对所有情况都应在提升架立柱上设有内外模板距离和倾斜度的调节装置，因为即使结构不是变截面结构，施工中模板倾斜度也可能发生变化，也都需要调节单面倾斜度，且设置的调节装置对于"粘模"问题也能做出应急处理。

增加的第 5 款是考虑当支承杆设在结构体外(即模板的外侧)时，要留出安装支承杆所需的位置，提升架横梁必须适当增长。

5.2.6 设计操作平台时，一定要注意使整个平台有足够的强度和适当的刚度。因为，有时要靠调节操作平台的倾斜度来纠偏，如果操作平台刚度不足，则调整建筑物的垂直度和中心线的效果将会降低，带来施工困难，而且由于千斤顶的升差容易积累，造成平台和围圈的杆件产生过大变形；如果刚度太大，则易引起支承杆超载。

此外，操作平台在水平面内也应具有足够的整体性，以保证建筑物几何尺寸的准确。如果平台上设有提升塔架或平台塔吊时，这部分的平台和千斤顶数量应进行专门的设计和验算，本条提出的构造要求是以我国工程实践经验为基础的。

GBJ 113—87 规范第 4.2.6 条内容基本不变。第 3 款中将外挑脚手架或操作平台的外挑宽度改为不宜大于 800mm，并应设安全网。实践表明，外挑宽度大于 800mm，易引起提升架立柱变形，改变模板锥度影响模板质量，而且结构外侧悬挑太宽，易产生"兜风"作用，不利于平台稳定和安全。由于平台外挑部分常设有人孔，除设置防护栏杆外，尚应设安全网。

5.2.7 本条规定的各类构件制作时的允许偏差，基本上沿用 GBJ 113—87 规范中提出的要求。根据以往施工经验，这些允许偏差要求能够保证滑模装置组装的总体质量，满足施工要求，各施工单位一般也是可以做得到的。

GBJ 113—87 规范对钢模板宽度的允许偏差定为 -2mm，如模板加工均按此偏差，则组装后会使结构尺寸偏差超过标准，故现行国家标准《组合钢模板技术规范》GB 50214 的质量标准确定。支承杆的直径分 $\phi25$ 和 $\phi48\times3.5$ 两种，其允许偏差同液压千斤顶卡头允许偏差相适应。

5.2.8 目前国内在滑模施工中所用的液压设备种类较多，不同厂家生产的同种设备在性能、质量上存在着差距。为此，本条对常用于滑模施工的液压控制台的选用和检验作出了规定：

1 滑模用液压控制台内，油泵的额定压力应与使用的液压千斤顶的额定工作油压相适应，故规定为不小于 12MPa。

目前滑模液压千斤顶系列内增加了不少品种，它们的油缸容积不同，流量与千斤顶油缸容积直接相关。随着单位工程滑模施工面积的增大,液压系统流量需求越来越大,为适应这种需要,一是扩大单个控制台的流量直至 100L/min,另一种办法是多种控制台连用。

2 阀的公称内径不小于 10mm,是考虑内径太小会增加提升千斤顶的进回油时间。三通逻辑换向阀使用故障率低,应用技术已趋成熟。

3 油箱有效容量,GBJ 113—87 规范中规定"应为千斤顶和油管总容量的 1.5～2 倍"。实际施工中往往在充满油管后再往油箱补油,正常换向操作时油管中始终有油液存留其间,所以油管容油量也作为油箱有效容量计算依据欠合理。油箱有效容量与油泵排油量有一定的经验数据可循。

4 我国供电系统已在若干大城市实行三相五线制,控制台采用三相五线制,即可适用于这些地域,也可适用尚在执行三相四线制的地区。在控制台上加设多个插座,是考虑一旦需要就可方便地接电使用。

5.2.9 输油管的通径稍大,对加快进、回油速度,减少油路故障,降低油温有利,事实上有许多施工单位使用的油管已突破了 GBJ 113—87 规范的要求,适当加大油管的通径是必要的。油路出现破裂引起液压油泄漏,极易污染混凝土和结构钢筋,处理很困难,滑模施工中操作平台经常活动,人员和设备较集中,油管遭受损伤的机会较多,经验表明应适当加大油管的耐压能力,以保证油路的正常使用。

液压油应符合国家现行标准 GB 1118.1 的有关规定。其粘度应根据压力要求及气温条件选用。

液压油污染度测定标准是:

1 《液压油箱液样抽取法》JG/T 69—1999;

2 《油液中固体颗粒污物的显微镜计数法》JG/T 70—1997。

5.2.10 本条是对滑模千斤顶提出的要求。

1 不同的液压系统压力将形成不同的千斤顶提升能力,因而有必要统一,并形成系列。实际上真正衡量千斤顶提升能力的是活塞承力面积和千斤顶的密封性能。按我国密封、耐压能力区分规定,8～16MPa 为中高压级,密封耐压能力最大为 16MPa,只要选用这一级别的元件都能满足上至 16MPa 的液压力。当前施工使用的液压千斤顶,绝大多数是以 8MPa 的工作压力乘上活塞面积的积作为其提升能力,所以系列千斤顶的提升能力计算依据宜为 8MPa。随着滑模施工的发展,还可能出现更多更大提升能力的千斤顶,目前大致划出一个系列,以便规划开发。

2 液压千斤顶空载启动除了克服活塞复位弹簧预压缩力(该力是活塞复位并完全排油所必须的,通常其产生的压力为 0.3～0.4MPa)之外,还要克服活塞与缸筒、缸盖处密封的摩擦阻力,空载启动压力实际上可以衡量千斤顶的制造质量及千斤顶密封寿命。

3 本款明确了检验荷载为额定荷载的 1.25 倍,有利于检验工作的实际操作,也明确了千斤顶操作压力不得超过 10MPa。

4 本款规定了液压千斤顶超压试验压力为 12MPa,该压力比千斤顶最大工作压力高出 20%,比千斤顶额定压力提高了 50%,因而严格限制了千斤顶的上限,它保护了千斤顶和相关设备。实际现场千斤顶压力超过 12MPa,强行使粘连的模板提升的现象屡有发生,这是不允许的。

5 液压千斤顶的实际行程是千斤顶设计行程(即活塞相对于缸筒运动的行差,又称理论行程)与上下卡头锁固的损失行程之差。由于上卡头锁固平稳,行程损失稳定,可以通过增大设计行程的办法来弥补,不同于下卡头锁固时受冲击作用,行程损失大,而且损失量不稳定造成千斤顶群杆的不同步,所以特别指出下卡头锁固时的回降量。

多年来的生产实践证明,GBJ 113—87 规范规定滚珠式千斤顶的回降量不应大于 5mm,这一点过去对部分厂家有一定难度,因回降量还与支承杆的材质情况、回降冲击、加工情况等因素有

关,但随着技术的进步和认识的提高,一般厂家经过努力是可以达到的。

6 任何形式的千斤顶,下卡头锁固时的回降量随所受荷载的增加而增大,回降量的波动也随之增大。本款所指的是在筛选使用的千斤顶时要通过试验,在施工设计荷载下行程差不大于 1mm,以限制提升时操作平台不致因千斤顶固有行程差过大,造成升差积累,而出现过大变形。

5.2.11 本条对支承杆的选用与检验提出了要求。

1 千斤顶依靠其卡头卡固在支承杆上,支承杆的表面如有硬加工或采用硬度高的材料制造,不利于卡头钢珠和卡块齿的嵌入,形成较大的支承力,严重时卡头机构在支承杆上打滑,也影响卡头寿命。

2 支承杆在使用中长度太小,会使杆的接头数量增多;长度过大,使用中易弯曲变形,这都会在施工时不利于保证质量。

第 3～5 款是根据施工经验提出的,第 6 款是根据结构钢筋原材料检验的要求提出的。

5.2.12 本条对滑模精度控制仪器、设备的选用提出基本要求。

5.2.13 水、电系统是滑模装置系统工程中不可缺少的部分,但过去一些单位往往重视不够,影响混凝土外观质量和施工进度,本条文明确规定了动力、照明、通讯、监控与滑模施工相关的主要部分,应符合国家现行标准《液压滑动模板施工安全技术规程》JGJ 65、《建筑工程施工现场供用电安全规范》GB 50194 的要求。

6 滑模施工

6.1 滑模装置的组装

6.1.1 本条是对滑模装置组装前的准备工作提出的基本要求。

6.1.2 本条是对滑模装置组装程序提出的一般要求。

1 滑模装置的组装宜按建议的程序进行,这里只提"宜",没有提"必须",是考虑到具体工程千变万化,组装时根据实际情况进行某些调整也是必要的。

2 安装内外围圈时,要调整好其位置,主要是指上、下两道围圈对垂线间的倾斜度,因为模板的倾斜度主要是靠围圈位置来保证的。

3 采用滑框倒模工艺时,框架式滑轨是指围圈和滑轨组成一个框架,框架限制模板不变位,但这个框架又能整体地沿模板外表面滑升,滑轨同样需要有正确的倾斜度来保证模板位置的正确。

4 第 8 款中提到的"垂直运输系统",主要指与滑模装置有联系的垂直运输系统,例如:高耸构筑物施工中采用的无井架运输系统,设在操作平台上的扒杆、布料机等,它们的重量和安装工作量都较大,其支承构件又常常与滑模装置结构相连,因此,在滑模装置组装时应考虑垂直运输系统的安装问题。

6.1.3 组装好的模板应具有使上口小、下口大的倾斜度,目的是要保证施工中如遇平台不水平或浇灌混凝土时上围圈变形等情况时,模板不出现反倾斜度,避免混凝土被拉裂。但安装的倾斜度过大,或因提升架刚度不足使施工中的倾斜度过大,提升后会在模板与混凝土之间形成较大的缝隙,新浇混凝土沿缝隙流淌,而使结构表面形成鱼鳞片(俗称穿裙子),影响混凝土结构外观。法国国家钢筋混凝土和工业技术联合会曾对模板倾斜度作出原则建议,即模板倾斜度视以下因素确定:

1)模板表面材料的特性;

2)混凝土硬化速度与提升速度的比值,随比值的增大,模板倾斜度增大,并考虑模板的长度;

3)工程的几何尺寸;

4)混凝土的组成情况。

我国不少施工单位以往常采用混凝土浇灌层厚度为 30cm 左

右的作业方式,混凝土浇灌和提升的时间均较长,混凝土在模板中停留时间长,滑模速度慢。采用0.2%～0.5%的模板倾斜度比较适应,可以基本上避免表面拉裂和"穿裙子"两种情况发生。近年来大家都认识到,采用薄层浇灌、均衡提升、减短停顿的作业方式,对保证结构施工外观质量有重要意义,相应地对模板的单侧倾斜度修订为宜在0.1%～0.3%较为合适。如前所述,合适的倾斜度尚受到其他因素的制约,因此,条文中指出"宜为",也允许根据施工的实际情况适当增大或减少倾斜度。

关于模板保持结构设计截面的位置,各施工单位的经验不完全相同,一般当使用的提升架和围圈刚度较大,混凝土的硬化速度较快(或滑升速度较慢)时,结构设计尺寸位置宜取在模板的较上部位,例如取在模板的上口以下1/3或1/2高度处;当提升架和围圈刚度较小,混凝土的硬化速度较缓慢(或滑升速度较快),结构设计尺寸位置宜取在模板的较下部位,例如取在模板上口以下2/3,甚至模板下口处。即除了要考虑新浇筑混凝土自重变形的影响,还应考虑滑灌混凝土时胀模的影响。已有调查说明滑模施工的结构截面尺寸出现正公差的情况较多,故本条规定在一般情况下,将模板上口以下2/3模板高度处的净距与结构设计截面等宽。

6.1.4 滑模装置组装的允许偏差要求,基本上是按照GBJ 113—87规范列出,经征求有关单位意见后,有以下两点改动。

1 圆模直径、方模边长的偏差,原规范定为±5mm,事实上,浇灌混凝土后都有所增大,故修改为-2～+3mm;

2 相邻两块模板平面平整偏差,原规范定为2mm,按目前社会评优对墙面平整度的严格要求,相邻两块模板平面平整偏差如达到2mm,则很难达到优质工程的标准,因此本次修订中,改为1.5mm。

6.1.5 本条规定了液压系统组装完后进行试验和检查时的一般要求。

1 安装的千斤顶如排气不彻底,在使用中将造成千斤顶之间不同步(增大千斤顶之间的升差),导致部分支承杆超载、平台构件产生扭曲变形,可影响结构的外观质量,因此排气是一项重要工序。

2 液压系统安装以后,支承杆插入之前,应经一次耐压试验,保证在使用时系统无漏油、渗油现象。

6.1.6 插入的支承杆轴线与千斤顶轴线偏斜超差时,支承杆侧向挤压千斤顶活塞,造成排油不畅,延长回油时间。严重时甚至使排油不彻底,使在进油时活塞行程小于设计行程,因而会加大千斤顶之间的升差。

6.2 钢 筋

6.2.1 对横向钢筋加工长度提出原则上应满足设计要求。本条提出的不宜大于7m,主要是考虑施工时加工容易,运输绑扎方便,太长会造成运输、穿插、绑扎困难。筒体结构的环筋,在施工时如有条件连续布置,显然不受此限制。竖向钢筋加工长度主要考虑要保证钢筋位置准确,利于钢筋竖起时的稳定。在GBJ 113—87规范中提出"直径小于或等于12的钢筋长度不宜大于8m"。实践表明,φ≤12、8m长的钢筋施工中是立不起来的。因此修订为"不宜大于5m",并指出在有措施的情况下,如具有双层操作平台并有固定架时,其长度不受限制。

6.2.2 钢筋位置不正确会影响工程质量,因此应有具体措施保证。

1 混凝土表面以上至少有一道绑扎好的横向钢筋,以便借此确定继续绑扎的横向钢筋位置。

2 提升架横梁以上的竖向钢筋,如没有限位措施会发生倾斜、歪倒或弯曲,其位置变动会带来工程质量上的问题,施工中应设置限位支架作临时固定。这种限位支架应不妨碍竖向钢筋在限位装置中竖向滑动。如采用临时固定措施,则应适时拆除,不要影响模板的正常滑升。

3 配有双层钢筋的墙或筒壁,钢筋绑扎后用拉结筋定位。从施工角度说,目的是要保证两层钢筋网之间的距离和保护层的厚度。拉结筋的间距一般不大于1m,拉结筋的形状,如仅采用直

线型(S型)一种,只能保证两层钢筋网片之间距离不增大,尚不足以保证两层钢筋网片之间的距离不会变小。为阻止浇灌混凝土时挤压内侧钢筋,使其不出现平行错位,需要设置一定数量的V字型拉结筋,或利用对应钢筋网片间增设W型拉结筋形成钢筋骨架定位。

4 钢筋弯钩背向模板面,是为了防止钩挂模板,造成事故。

5 钢筋保护层厚度对结构使用寿命有很大影响。滑模施工中,由于模板提升时受摩阻力的作用,混凝土表面易产生微裂缝,保证保护层的厚度要特别注意施工中应有相应的措施,例如,设置竖向钢筋架立的支架、钢筋网片之间设置V字型拉结筋,在模板上口设置带钩的圆钢筋来保证最外排钢筋与模板板面之间的距离。

6.2.3 采用承重骨架配筋的梁,其起拱值应保证施工后的梁不致产生向下挠曲现象,配合本规范第3.3.6条对骨架设计的挠度限制,梁跨度小于或等于6m时,取跨度的2‰～3‰,跨度大于6m时由计算确定。

6.3 支 承 杆

6.3.1 接头处是支承杆的薄弱部位,因此不允许有过多的接头出现在同一高度截面内。接头过多会大地影响操作平台支承系统的承载能力,因此,要求第一次插入的支承杆的长度应不少于4种,保证以后每次需要接长的支承杆数量不超过总数的1/4。支承杆的接头需要错开,错开的距离应符合现行国家标准《混凝土结构工程施工质量验收规范》GB 50204的要求,其最小距离应不小于1m。

采用设置在结构体外的钢管支承杆,其承载能力与支承杆的调直方法、接头方式以及加固情况等有关,因此在使用时应对其作专项设计,以保证支承系统的稳定、可靠。

6.3.2 滑模施工中千斤顶漏油是不能允许的,必须及时更换这种千斤顶。支承杆表面被油污染后,如不处理,将降低混凝土对支承杆的握裹力及混凝土强度。因此应认真对待油污问题。据四川省建筑科学研究所的试验表明,当支承杆(埋在混凝土中的)被油污染面积为15%时,比同样压痕条件下,但无油污者的握裹力(粘结力)降低11.2～156.5N/cm²,降低幅度为2.82%～36.26%;比既无油污又无压痕的母材降低46.8～201.9N/cm²,降低幅度达10.54%～45.45%。油污面积每增加5%,支承杆的握裹力约降低15～80N/cm²;油污面积达75%时,握裹力降低至一半。黑龙江低温建筑研究所等单位试验结果表明,涂油的支承杆与混凝土的粘结力降低2.2%～17%。因此被油污的支承杆应将油污清除干净。

本条规定"对兼作结构钢筋的支承杆其表面不得有油污"有两层含意,其一是遇这种情况应对使用的千斤顶油路(包括管路接头)有更高的质量要求和日常的维护检查,保证不会产生支承杆被油污染的情况;其二是如果万一被油污染,必须将油污彻底清除干净,例如在擦洗后再用喷灯加热烘烤,至油迹完全除净为止。

6.3.3 采用平头对接、榫接的支承杆不能承受弯矩。采用螺纹连接的支承杆,经原西安冶金建筑学院等单位试验在垂直荷载作用下,其破坏荷载可达无接头支承杆的90%,但据有关资料介绍,其承受弯矩的能力很差,当试件产生弯曲时,杆的一侧出现应力,压杆即迅速破坏。因此都要求接头部位通过千斤顶后及时进行焊接加固。当其连接质量符合国家现行的《钢筋锥螺纹接头技术规程》JGJ 109等要求时,可不受此条的限制。

当采用设置在结构体外的钢管支承杆,应根据该套支承系统的专项设计要求及时进行加固。

6.3.4 本条规定了用钢管做支承杆时的基本要求。

1 φ48×3.5焊接钢管是一种常用做脚手架使用的钢管,市场采购比较方便。φ25的实心圆钢和φ48×3.5的钢管比较,其截面积基本相同,而钢管比实心圆钢的惯性矩约大6倍,这对压杆的稳定是十分有利的,因此当采用额定承载能力为60～100kN的穿芯式千斤顶时,大都使用φ48×3.5钢管做支承杆与之配套。管径的公差要求是根据配套使用的千斤顶卡头性能确定的。

2 第2、3款是埋入式和工具式φ48×3.5钢管支承杆接长时常

用的方法(并非唯一的方法)。

3 支承杆对千斤顶的爬升运动起导向作用。因此对支承杆本身的平直度和两根支承杆接头处的弯折现象严格要求,这对减少操作平台中心线飘移和扭转有重要作用。

4 要求工具式支承杆长度小于建筑物楼层的净高是为了使支承杆在事后易于拆出。

6.3.5 本条是根据使用 $\phi 48 \times 3.5$ 钢管支承杆时取得的经验撰写的。

6.3.6、6.3.7 筒体结构一般壁较薄,非工具式支承杆与横向钢筋点焊连接,可以缩短杆子的自由长度,对提高支承杆的稳定性十分有利。当发现支承杆有失稳或其他异常情况时,例如被千斤顶带起、弯曲、过大倾斜等,都会大幅度降低支承杆的承载能力,应立即进行处理,以防连锁反应,导致群杆失稳,造成恶性事故。

6.3.8 分批拔出工具式支承杆时,每批拔出的数量不宜超过总数的 1/4,这是考虑到当一批拔出 1/4 的支承杆后,其余支承杆的荷载将平均增大 33%。

根据首钢的二烧结框架滑模施工支承杆受力情况实测结果,支承杆的平均荷载为实际可能发生的最大荷载的 59.3%,如支承杆的荷载为 12kN,若拔去总数的 1/4,则杆子的平均荷载将达到 16kN,支承杆的最大荷载可达 28kN,扣除提升时的摩阻力(当拔支承杆时模板不提升,摩阻力约占平台总荷载的 1/3),则支承杆的最大荷载为 24kN。按各单位对支承杆承载能力试验结果统计,当支承杆的脱空长度为 1.4m(模板上口至千斤顶下卡头的距离 1.1m 再加 0.3m),支承杆的极限承载能力约为 30kN,此时,当拔出 1/4 支承杆后,受荷载较大的支承杆的安全系数为 30/24=1.25。因此建议一批拔出的支承杆数量不应超过总数量的 1/4。

6.4 混 凝 土

6.4.1 根据滑模施工特点,混凝土早期强度的增长速度必须满足滑升速度的要求,才能保证工程质量和施工安全(见第 6.6.16 条说明)。因此,在进行滑模施工之前应按当时的气温条件和使用的原材料对混凝土配合比进行试配,除了要满足强度、密实度、耐久性要求外,还必须根据施工工期内可能遇到的气温条件,通过试验掌握几种所用混凝土早期强度(24h 龄期内)的增长规律,保证施工用混凝土早期强度增长速度满足滑升速度的要求。

在滑模施工中要特别注意防止支承杆在负荷下失稳(特别是支承杆下部失稳),使早期强度增长速度与滑升速度相适应。由于普通硅酸盐水泥早期硬化性能比较稳定,因此宜采用普通硅酸盐水泥。

为了便于混凝土的浇灌,防止因强烈振捣使模板系统产生过大变形,滑模施工的混凝土坍落度宜大一些。采用泵送混凝土时,其坍落度是按泵车的要求提出的。

化学外加剂和掺合料在我国已广泛使用,但过去施工中,因外加剂使用不当造成的工程事故确有发生。鉴于滑模施工多用于高耸结构物,故本条中强调外加剂或掺合料的品种、掺量的选择必须通过试验来确定。

6.4.2 本条规定了滑模施工混凝土浇灌时的一般要求。

1 滑模混凝土采取交圈均匀浇灌制度,是为了保证出模混凝土的强度大致相同,使提升时支承杆受力比较均衡。滑模操作平台空间变位的可能性较大,混凝土浇灌中,平台上混凝土运输时的后座力、浇灌时的冲击振动,以及浇灌混凝土时的侧压力等,将会引起滑模装置结构系统的变形或位移。有计划、匀称地变换浇灌方向,可以防止平台的空间飘移造成的结构倾斜和扭转。

2 关于混凝土的"浇灌层厚度"问题,GBJ 113—87 规范中规定,混凝土分层浇灌的厚度以 200~300mm 为宜,各层浇灌的间隔时间不应大于混凝土的凝结时间(相当于混凝土贯入阻力值为 0.35kN/cm²);当间隔时间超过时,对接茬处应按施工缝的要求处理。这是基于人们把浇灌混凝土——绑轧钢筋——提升模板作为三个独立的工序来组织循环作业的做法而规定的。即模板的提升应在一圈钢筋绑扎完毕和一个浇灌层厚度范围内的混凝土全部浇

灌完毕后,才能允许进行模板提升,然后再进行下一个作业循环。模板的提升高度也就是混凝土浇灌层的厚度。当时在确定"浇灌层厚度"时,考虑到了"浇灌层厚度"定得太大固然不好,定得太低会使操作人员在操作平台上的穿插过于频繁,不利于施工组织和劳动效率的发挥,参考国内外经验确定为 200~300mm。而事实上,随着现代化的施工机械设备的大量普及应用,在施工中"浇灌层厚度"大多采用 300mm 甚至更多达 500mm。现在大家都体会到,混凝土浇灌层盲目加厚确实给施工带来很多不利的影响(问题):

1)会较大地增加支承杆的脱空长度,降低支承杆的承载能力;

2)模板中的混凝土对操作平台的总体稳定是一个有利的因素,滑空高度大,会削弱这一有利因素;

3)浇灌层过大会增大一次绑扎钢筋、浇灌混凝土的数量以及提升模板所需的时间,实际上是增大了混凝土在模板内的静停时间。这会增大模板与混凝土之间的摩阻力,提升时易造成混凝土表面粗糙、出现裂缝或掉楞掉角等质量缺陷;

4)一次提升过高,易产生"穿裙子"现象;

5)对有收分要求的筒体结构,由于提升时模板对初浇灌的混凝土壁有一定的挤压作用,如果一次提升过高,较难保证筒壁混凝土的质量;

6)浇灌层厚度过厚,施工组织管理协调的难度加大。

已有的工程实践已经表明,浇灌层过大带来的一系列问题,其中最突出的是管理跟不上,混凝土表面粗糙、外观质量不好。因此,本规范将分层浇灌的厚度修订为"不宜大于 200mm"。

模板的"提升"操作是滑模施工的主导工序,其他作业均应在满足提升制度要求的前提下来安排,才能保证事先计划好的滑升速度和出模混凝土的质量。滑模施工讲究提高平台上作业人员的劳动效率,减少作业人员;讲究缩短作业时间实行不间断的正常滑升。国内外的经验表明,只要支承杆系统有足够负荷能力,完全可以不必为提升过程限制过多的条件(如停止其他工序的作业或材料的运输等等),即钢筋、混凝土和其他作业允许不停顿地进行,无需太多地顾虑工序之间的穿插搭接等。但是要做到这一点,要求滑模施工的支承杆系统应有足够的安全储备,以抵抗更大的意外荷载。现在将浇灌层厚度控制在 200mm 及以下,实行"薄层浇灌、微量提升、减少停歇"的提升制度,如还套用 GBJ 113—87 规范第 4.1.4 条计算千斤顶和支承杆的数量,由于提升过程的条件变化,荷载计算不全,其计算结果会偏于不安全,因此本规范第 5.1.4 条对荷载计算方法也做出了相应的修改。

支承杆系统工作的可靠性是保证滑模施工成功与否以及工程安全和质量的首要条件,因此应得到施工人员特别的重视。

3 为使浇灌时新浇灌的混凝土与下层混凝土之间良好结合,浇灌的间隔时间不应超过下层混凝土凝结所需的时间,即不出现冷接头。混凝土凝结时间系指该混凝土贯入阻力值达到 3.5MPa 所需的时间,当间隔时间超过凝结时间,结合面应做施工缝处理。因此,施工中应防止无计划地随意停歇。

4 高温季节时的混凝土浇灌顺序,也应考虑到使出模混凝土强度能基本一致。其他几点要求是根据工程实践经验提出的,先浇灌较厚部位(如墙角、墙垛厚墙等)的混凝土,对减少模板系统的飘移是有利的。

5 预留孔洞等部位,一般都设有胎模。强调在胎模两侧对称均匀地浇灌混凝土,是为了防止因胎模两侧浇灌混凝土时,其侧压力作用不对称使胎模产生过大的位移。

6.4.3 滑模施工中采用布料机布送混凝土,由于布料机要随着操作平台的提升而升高,在使用上有其独特的条件,因此应进行专项设计,以解决布料机的选型、覆盖面范围、机身高度、支撑系统、爬提方式、布料程序、操作方法、通讯、安全措施等一系列技术组织问题。

6.4.4 滑模操作平台自重及施工附加荷载全部由刚度较弱,且靠低强度混凝土稳定的支承杆承担。在振捣混凝土时,如果振捣器直接触及支承杆、钢筋和模板,可能使埋入混凝土中的支承杆和钢筋握裹力遭到损坏,模板产生较大变形,以致影响滑模支承系统的

稳定和工程质量。

振捣器插入深度，以保证两层混凝土良好结合为度，插入下层混凝土过深，可能扰动已凝固的混凝土，对保证已成型的混凝土质量和支承杆的稳定都不利。

6.4.5 由于滑模施工中脱模后的早期混凝土即裸露在大气环境中，这是滑模施工特有的情况，若养护不当，对混凝土强度增长是不利的，因此，应特别认真地对待养护工作。本条第 1 款是强调对所有混凝土表面进行养护，即不能因为某些局部喷水养护困难或喷水养护时影响下面工作面作业等就放弃对混凝土的养护，也不能在浇水养护时出现有水浇不到的地方。第 2 款的养护时间是根据现行国家标准《混凝土结构工程施工质量验收规范》GB 50204 要求规定的。第 3 款是提出适用于滑模施工混凝土的两种主要养护方法，浇水养护改为喷雾养护，因喷雾养护节水，对混凝土表面湿润均匀，而喷水（浇水）则大量水流失，且混凝土表面受水湿润不均匀；喷涂养护液是近年发展较快、性能较好的一类混凝土养生剂。

6.5 预留孔和预埋件

6.5.1 本条对预埋件的安装提出的基本要求是：固定牢固、位置准确、不妨碍模板滑升。允许偏差应满足现行国家标准《混凝土结构工程施工质量验收规范》GB 50204 的要求。

6.5.2 预留孔洞的胎模（或门窗框衬模）厚度，应略小于模板上口尺寸，保证胎模能在模板间顺利通过，避免提升时胎模被模板卡住，使胎模被带起或增大提升时的摩阻力。按经验，门、窗胎模厚度比模板上口尺寸宜小 5～10mm。门、窗框预先安装的允许偏差，参照《建筑工程质量检验评定标准》GBJ 301—88 给出。

6.6 滑 升

6.6.1 以往不少施工单位在滑模施工中仅对绑扎钢筋、浇灌混凝土、提升模板这三个主要工序重视，而对滑模施工的时间限定性常重视不够，即从事各工序操作的施工人员只考虑如何去完成本工序的工作，而对应该在什么限定时间内完成却注意较少，或者说要努力在最短时间（指定时间）内完成作业的意识并不十分强烈。常常因施工材料运输跟不上，施工设备维修不及时而无法运转，水、电系统故障，施工组织不合理等原因使滑模施工无计划地超常停歇时有发生，使计划的滑升制度得不到保证。应该提出，滑模施工的时限性要求是这一施工方法的显著特性之一。因此，"滑升"这个工序应是滑模施工的主导工序，其他操作应在满足提升制度要求的前提下安排。合理的"滑升制度"是综合了许多施工因素制定的，如气温条件、结构条件、原材料条件、施工装备和人员条件，特别是滑升速度和混凝土硬化速度相匹配条件等。破坏了"滑升制度"，就会直接影响滑模工程的质量和安全。例如：任一工序增加了作业时间，实际上就增长了在模板内混凝土的静停时间，也就增大了混凝土的出模强度，增大了混凝土与模板之间的摩阻力，增大了支承杆荷载，这样既增加了支承杆失稳的可能，也易使混凝土出现表面粗糙、掉楞掉角，甚至拉裂等质量缺陷。因此，在滑模施工中必须保证计划"滑升制度"的实现，其他作业都必须在限定时间内完成，不得用"停滑"或减缓滑升速度来迁就其他作业。

6.6.2 滑模施工的重要特点之一，就是滑模施工时的全部荷载是依靠埋设在混凝土中或体外刚度较小的支承杆承受的，其上部混凝土强度很低，因而施工中的一切活动都必须保证与结构混凝土强度增长相协调。即滑升程序或平均滑升速度的确定，至少应考虑以下两个主要条件：一是支承杆在承受可能发生的最大荷载作用下，杆子不会出现上部或下部失稳现象，以确保施工安全。二是出模的混凝土既不产生流淌或坍塌，也不至因过早脱模而影响混凝土的后期强度，以确保施工质量。因此，施工前应根据现场的实际情况对滑升程序或平均滑升速度进行选择。本条提出了四个方面：当气温高、混凝土早期强度发展较快时，可适当加快滑升速度，反

之则需要降低滑升速度；混凝土原材料（如水泥品种、外加剂等）及强度等级都直接影响混凝土本身的早期强度发展的情况；此外，结构形状简单、厚度大、配筋少、变化小，有可能适当加快滑升速度；模板条件好，如光滑平整，吸水性小，也有可能加快滑升速度。

6.6.3 "初滑"是指工程开始时进行的初次提升阶段（也包括在模板空置后的首次提升），初滑程序应在施工组织设计中予以规定，主要应注意两点：

1）初滑时既要使混凝土自重能克服模板与混凝土之间的摩阻力，又要使下端混凝土达到必要的出模强度，因此，应对混凝土的凝结状态进行全面检查；

2）初滑一般是模板结构在组装后初次经受提升荷载的考验，因此要经过一个试探性提升过程，同时检查模板装置工作是否正常，发现问题立即处理。

本条提出的初滑程序和要求，是根据以往施工经验编写的，并非限制性条文。初滑时混凝土的出模强度宜取规范规定的下限值。

混凝土贯入阻力值测定方法，是参照美国 ASTMC/403 和国家现行标准《普通混凝土拌合物性能试验方法标准》GB/T 50080 等有关标准修订的，其单位为"kN/cm²"而不采用"MPa"，主要是考虑与通常所称混凝土强度区别。

6.6.4 在滑模施工中能否严格做到正常滑升所规定的两次提升间隔时间（即混凝土在模板中的静停时间）的要求，是直接关系到防止混凝土出现被拉裂、出现"冷接头"，保证工程质量的关键。因此，本条对两次提升的时间间隔作出了一般规定，以防止超时间停歇。

规定两次提升的间隔时间不宜超过 0.5h，是考虑到在通常气温下，混凝土与模板的接触时间在 0.5h 以内，对摩阻力无大影响（见第 5.1.3 条说明）。当气温很高时，为防止混凝土硬化太快，提升时摩阻力过大，混凝土有被拉裂的危险，可在两提升间隔时间内增加 1、2 次中间提升，中间提升的高度为 1～2 个千斤顶行程，以阻止混凝土和模板之间的粘结，使两者之间的接触不超过 0.5h。

6.6.5 提升时要求千斤顶充分进油、排油，是为了防止提升中因进油回油不充分，各千斤顶之间产生累积升差。进油、排油时间应通过试验确定。

提升模板时，如果将油压值提高至正常滑升时油压值的 1.2 倍，尚不能使全部液压千斤顶升起，说明已发生了故障。一般可能是系统中有油路堵塞、控制阀失灵、千斤顶损坏；两次提升间隔时间太长，混凝土与模板之间摩阻力显著增大；模板出现了反倾斜度；模板被钢筋钩挂或被横置在模板间的杂物阻挡；提升时固定在平台上的绳索未松开；部分支承杆已经失稳弯曲等等。此时应立即停止提升操作进行检查，找出故障原因及时处理。盲目增大油压强行提升，可能造成千斤顶或液压系统超负荷工作而漏油、结构混凝土被拉裂，操作平台千斤顶升差过大，滑模装置严重变形。如果引起大量支承杆失稳，可能出现重大质量和安全事故。因此应禁止盲目增大强行提升。

6.6.6 滑升中保持操作平台基本水平，对防止结构中心线飘移和混凝土外观质量有重要意义，因此每滑升 200～400mm 都应对各千斤顶进行一次自动调平。目前操作平台水平控制方法主要有：限位卡调平，在各支承杆上安装限位挡板（或挡圈），并使其固定在同一标高位置处，当限位阀（或触环）随千斤顶上升至与限位挡板（或挡圈）接触，限位阀就切断油路（或顶开上卡头），千斤顶则停止爬升，直至全部千斤顶在限位挡板位置处找平，提升才告结束。然后再移动挡板至下一个找平的标高上。此法简便易行，但需要经常移动挡板和找平。联通管自动调平系统，在各提升架上设水杯，杯内设长短不同的电极，水杯底端用联通管与平台中心水箱相连，电极与水面之间的相对位置控制着相应千斤顶的油路电磁阀的状态，使之开启或切断。当某千斤顶爬升较快时，该水杯中的水位下降，短电极脱离水面，切断该千斤顶油路，而停止爬升。待水位恢复正常后，千斤顶再开始爬升，如此保持平台的水平。经

验表明,此法可使各千斤顶的高差控制在 20mm 左右(相当于一个提升行程)。此外,激光自动调平及手动调平等方法也可供选用。

6.6.7 根据一些施工单位的经验,连续变截面结构的滑升中一次收分量不宜大于 6mm。变坡度结构(如烟囱、电视塔等)施工习惯上是每提升一次进行一次收分操作。提升过程中内模板有托起内壁混凝土的趋势,收分过程中外模板又有压迫外壁混凝土的趋势,而一次提升高度和收分量愈大,对混凝土质量的影响也愈大。按上述数值,如每次提升高度 200mm,则结构的坡度应在 3.0%以内;如结构坡度大于 3.0%,则在 200mm 的提升高度内应增加收分次数,以满足一次收分量不大于 6mm。连续变截面结构的支承杆一般均向变径方向倾斜,而且在进行收分操作时,也有水平力作用于支承杆的上端。因此在确定支承杆数量时,应适当降低支承杆的设计承载能力。

6.6.8 滑模工艺是一种混凝土连续成型的快速施工方法,模板和操作平台结构由刚度较小的支承杆来支承,因此整个滑模装置空间变位的可能性较大,过去有些工程由于对成型结构的垂直度、扭转等的观测不够及时,导致结构物的施工精度达不到要求的情况时有发生。而偏差一旦形成,消除就十分困难。这不仅有损于结构外观,而偏差大的还会影响受力性能。因此,要求在滑升过程中检查和记录结构垂直度、扭转及结构截面尺寸等偏差数值,及时分析造成偏差的原因并作纠正。

施工实践表明,整体刚度小,高度较大的结构,施工中容易产生垂直偏差和扭转。因此,每滑升一个浇灌层高度,都应进行一次自检,每次交接班时,应全面检查记录一次。要求填写提升过程记录的目的,不仅是作为作业班质量进度的考核资料,更主要是根据记录,分析滑升中存在的问题,平台飘移的规律,以及各种处置方法是否恰当,以便及时总结经验,进一步提高工程质量。

针对偏差产生的原因,如能在出现偏差的萌芽阶段就采取纠正措施,一般是比较容易纠偏的(无需施加很大的纠偏力)。但应注意,当成型的结构已经产生较大的垂直度偏差时,纠偏应徐缓进行,避免出现硬弯。这主要是考虑急速纠偏,势必要对结构施加较大的纠偏力,有可能造成滑模装置出现较大变形,如模板产生反锥度、围圈扭曲、支承杆倾斜等不利情况,严重时还可能导致发生安全事故。另一方面,出现硬弯也有碍结构外观。因此,滑模施工精度控制应强调"勤观测、勤调整"的原则。

滑模施工中(特别是简体结构)垂直度出现偏差后,常常有意将操作平台调成倾斜以纠正偏差。这种纠偏方法,除了利用模板对混凝土的导向作用和千斤顶倾斜改变支承杆的方向的作用外,还利用滑模装置的自重及施工荷载对操作平台产生的水平推力来达到纠偏的目的。操作平台倾斜角度愈大,产生的水平推力也愈大,该水平力通过提升架,由支承杆和模板内混凝土产生的反力来平衡。当操作平台倾斜度小于 1.5%时,通过模板传至混凝土的那部分水平力,一般不会使混凝土破坏,问题是通过千斤顶作用在支承杆上端的水平力,将使支承杆的工作条件变差。根据计算,当操作平台倾斜 1%,支承杆在标准荷载(15kN)条件下承载力约降低 22%~23.5%。为避免因平台倾斜造成支承杆承载力损失过大,本条规定操作平台的倾斜度应控制在 1%以内。此外,操作平台倾斜度过大还会引起模板产生反锥度,以及滑模装置的某些构件出现过大变形。

简体结构在滑模施工中若管理不当很容易产生扭转,扭转的结果不仅有损于结构外观,更重要的是会导致支承杆倾斜,从而降低其承载能力。根据计算,支承杆在 1m 高度内扭转 10mm,其承载力约降低 10%,从确保施工安全出发,并考虑到施工的方便,故规定任意 3m 高度上的相对扭转值不大于 30mm,且全高程上的最大扭转值不应大于 200mm,即不允许发生同一方向上的持续扭转。

6.6.9 滑升过程中,整个操作平台装置都处于动态,支承杆也处于最大荷载作用状态下,模板下口部分的混凝土陆续脱离模板,因此要随时检查操作平台、支承杆以及混凝土的凝结状态。如发现支承杆弯曲、倾斜,模板或操作平台变形、模板产生反锥度、千斤顶卡固失灵、液压系统漏油、出模混凝土流淌、坍塌、裂缝以及其他异常情况时,应根据情况作出是否停止滑升的决定,立即分析原因,采取有效措施处理,以免导致大的安全质量事故的发生。

6.6.10 要求框架结构柱模板的停滑标高设在梁底以下 100~200mm 处,是考虑到停滑时为避免混凝土与模板粘结,每隔一定时间需要将模板提升 1~2 个行程,如果把框架结构柱的停滑标高设在梁底处,则继续提升起来的模板将妨碍钢筋的绑扎和安装。如把停滑位置设在梁底标高以下 100~200mm,就能为梁钢筋的绑扎或安装提供一定的时间,而不致妨碍其操作。

6.6.11 对施工过程中落在操作平台上、吊架上以及围圈支架上的混凝土和灰浆等杂物,每个作业班应进行及时清扫,以防止施工中杂物坠落,造成安全事故。对粘结在模板上的砂浆应及时清理,否则模板粗糙,提升摩阻力增大,出模混凝土表面会被拉坏,有损结构质量,尤其是转角模板处粘结的灰浆常是造成出模混凝土缺棱少角的原因。变截面结构的收分模板和活动模板靠接处,浇灌混凝土时砂浆极易挤入收分模板和活动模板之间,使成型结构混凝土表面拉出深沟,有损结构的外观质量,因此,施工中应特别注意清理。由于这些部位的模板清理比较困难,有时需要拆除模板才能彻底清除。已硬结的灰浆落入模板内或混入混凝土中,会造成上下层混凝土之间出现"烂渣夹层",如混入新浇混凝土中会严重影响混凝土的质量。

6.6.12 液压油污染了钢筋或混凝土会降低混凝土质量和混凝土对钢筋的握裹力(见第 6.3.2 条说明),施工中如果发生这种情况应及时处理。处理方法:对支承杆和钢筋一般用喷灯烘烤除油,对混凝土用棉纱吸除浮油,并清除掉被污染表面的混凝土。

6.6.13 本条基本上是按 GBJ 113—87 规范第 5.6.10 条编写的,将原规范第 2 款中"模板的最大滑空量,不得大于模板全高的 1/2",修改为"对滑空部位的支承杆,应采取适当的加固措施"。这是考虑到对滑空量的限制往往是很难统一,但过大的滑空量会较大程度降低支承杆的承载能力,甚至造成安全事故。因此,规范中规定滑空时应对支承杆采取加固措施。

使用工具式支承杆时,由于支承杆一般都设置在结构截面的内部,模板提升时,其套管与混凝土之间也存在着较大的摩阻力,即产生的总的摩阻力要比使用非工具式支承杆时更大,因此在这种情况下应在提升模板之前转动并适当托起套管,以减小由此引起的荷载(摩阻力),防止混凝土被拉裂。

6.6.14 正常施工中浇灌的混凝土被模板所夹持,对操作平台的总体稳定能够起到一定的保证作用。空滑时,模板与浇灌的混凝土已脱离,这种保证作用就会减弱或丧失,且支承杆的脱空长度有时会达到 2m 以上,抵抗垂直荷载和水平荷载的能力就很低,因此"空滑"是一个很危险的工作状态,必须事先验算在这种状态下滑模结构支承系统在自重、施工荷载、风载等不利情况下的稳定性。对支承杆和操作平台加固的方法很多,也可以适当增加支承杆的数量,相应减少支承杆荷载的方法来解决支承杆稳定性问题,本规范未一一列举各种加固方法,但事先都应有周密的设计。

6.6.15 关于出模混凝土强度的要求,人们常以保证出模的混凝土不坍塌、不流淌、也不被拉裂,并可在其表面进行某种修饰加工的要求提出来的,因此在早期的滑模施工的技术标准中都把这个值定得较低(如 0.05~0.25MPa)。根据近年来的研究和工程实践表明,出模混凝土强度的确定,至少还应考虑脱模后的混凝土在其上部混凝土自重作用下不致过分影响其后期强度这一重要因素。

国外有试验资料表明,即使具有 0.1MPa(1fkg/cm²)强度的混凝土,在受到 1~1.2m 高的混凝土自重压力作用下(2.5N/cm²)也会发生较大的塑性变形,且 28d 强度平均损失达 16%;当强度大于或等于0.2MPa（2fkg/cm²）时，在自重作用下不仅塑性变形小，对28d抗压强度基本上无影响，试验结果见表3。

表3　混凝土出模强度对28d强度的影响

组别	出模强度(MPa)								
	0.1			0.2			0.3		
	28d强度		相差率(%)	28d强度		相差率(%)	28d强度		相差率(%)
	对比试件	加荷试件		对比试件	加荷试件		对比试件	加荷试件	
1	12.7	10.8	−13.4	14.2	15.8	+6.2	16.2	16.1	−0.6
2	13.9	10.6	−23.7	16.0	15.2	−4.3	12.1	12.5	+3.5
3	15.0	12.4	−17.3	13.3	14.4	+8.3	14.1	14.4	+2.1
4	16.3	13.7	−15.9	13.8	13.8	0	15.5	16.8	+8.5
5	15.6	14.2	−9.0	14.8	15.3	+3.3	14.3	13.7	−4.6
6	13.8	11.4	−17.2	15.2	16.4	+7.3	15.8	15.5	−1.9

注：表中"加荷试件"系指 10×10×40(cm³) 试件，脱模后按每平方厘米加 2.5N 荷载，相当于混凝土 8h 出模所受的力（每班滑升 1m），加荷连续 24h，最后 8h 增加至 7.5N/cm² 的压力，测定变形值，再停放 24h，经养护后测得 28d 抗压强度。"对比试件"系指相同尺寸、相同养护条件，不加荷的试件。

原冶金部建筑研究总院曾对早龄期受荷载混凝土的强度损失和变形进行了试验研究。试验时模拟滑升速度分别为10cm/h、20cm/h和30cm/h对试件分级加荷，同时测其变形值，直至荷载达到 7.5N/cm²。荷载保持 24h 后卸荷，再与未加荷的试件同时送标准养护室养护。待混凝土龄期达到 28d，取出试验，确定试件的强度。结果见表4及图7。

表4　早期受荷混凝土对28d强度的影响

模拟滑升速度(cm/h)	试件受荷混凝土对28d强度的影响(MPa)								
	0.1			0.2			0.3		
	28d强度		差率(%)	28d强度		差率(%)	28d强度		差率(%)
	受荷	未受荷		受荷	未受荷		受荷	未受荷	
10	28.57	32.63	−12.44	33.13	33.80	−1.98	35.87	35.90	−0.09
20	29.23	34.03	−14.11	34.63	36.53	−5.2	33.43	34.17	−2.15
30	29.20	36.73	−20.51	34.00	34.07	−10.47	33.50	34.20	−2.1

注：每个数据系 9 个试件的平均值。

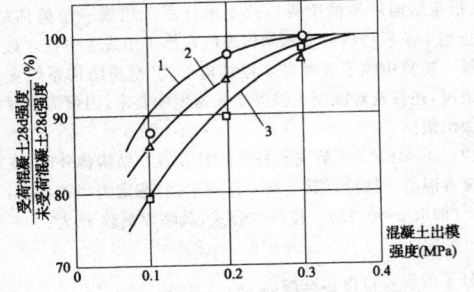

图7　不同滑升速度和出模强度对28d强度的影响
1—滑升速度为10cm/h；2—滑升速度为20cm/h；3—滑升速度为30cm/h

从试验结果可以看出，混凝土出模强度过低，会造成28d抗压强度降低，且滑升速度愈快降低的比例也愈大。当出模最低强度控制在 0.2MPa 以上，滑升速度在 10～20cm/h 时，混凝土的28d抗压强度仅降低 2%～5%，出模强度达到 0.3MPa，混凝土28d强度则基本不降低。

早龄期混凝土在荷载作用下的相对变形，随混凝土的初始强度的提高而减少，与荷载速度的关系不大，早期受荷混凝土变形结果见表5。

表5　混凝土早期受荷时的相对变形

模拟滑升速度(cm/h)	混凝土早期受荷初始强度(MPa)					
	0.1		0.2		0.3	
	28d强度		28d强度		28d强度	
	试件相对变形(×10⁻²)					
	受荷	未受荷	受荷	未受荷	受荷	未受荷
10	6.35	7.33	2.17	4.05	0.75	3.24
20	5.18	6.19	1.72	4.34	0.92	3.07
30	5.46	7.18	1.77	3.58	0.82	4.33

注：相对变形值为试验荷载加至 7.5N/cm² 时测定的平均值。

国外对出模强度的要求很不一致，从 0.05MPa 至 0.7MPa 者均有。为了不过分影响滑模混凝土后期强度或不致为弥补这种损失而提高混凝土配合比设计的强度等级，也不因强度太高过分增大提升时的摩阻力而导致混凝土表面拉裂，因此，混凝土出模强度定为 0.2～0.4MPa 或混凝土贯入阻力值为 0.3～1.05kN/cm²。

采用滑框倒模施工时，由于仅滑框沿着模板表面滑动，而模板只从滑框下口脱出，不与混凝土表面之间发生滑动摩擦，因此只规定混凝土出模强度的最小值为 0.2MPa。

6.6.16 在我国滑模施工史上曾发生过几起重大安全事故，总结教训，认为在施工中支承杆失稳是导致发生事故的最主要原因，或者说是滑升速度与混凝土凝固程度不相适应的结果，因此规范中对滑升速度的控制提出了具体要求。

1 当滑模施工中支承杆不会（不可能）发生失稳情况时，可按混凝土出模强度要求来确定最大滑升速度。例如，采用吊挂支承杆滑模或支承杆经过加固在任何时候都不可能因受压失稳时，则滑升速度的控制只需满足出模混凝土不流淌、不拉裂，混凝土后期强度不损失等条件，即保证达到出模混凝土要求的强度即可，滑升速度可按下式确定：

$$V=(H-h_0-a)/t$$

式中　V——模板允许滑升速度(m/h)；
　　　H——模板高度(m)；
　　　h_0——每浇灌层厚度(m)；
　　　a——混凝土浇灌完毕后其表面到模板上口的距离取 0.05～0.1(m)；
　　　t——混凝土达到出模强度 0.2～0.4MPa 所需的时间，应根据所用水泥及施工时气温条件经试验确定。

2 当支承杆受压且设置在结构混凝土内部时（一般滑模多属这种情况），滑升速度由支承杆的稳定性来确定。前已述及，支承杆的失稳有两种情况，一种是杆子上部在临界荷载下弯曲，失稳时弯曲部位发生在支承杆的脱空部分；另一种是支承杆的弯曲部分发生在混凝土内部，这种情况一般是在混凝土早期强度增长很缓慢、杆脱空长度较小时较易发生，一旦出现，模板下口附近的混凝土被弯曲的支承杆破坏，造成混凝土坍塌，甚至平台倾覆等恶性事故。因此，我们在确定支承杆承载力时，是以滑升速度与混凝土硬化状态相适应（即不发生下部失稳）为前提，求得支承杆在不同荷载、不同混凝土的硬化状态下与滑升速度的关系。

1)对于 φ25 圆钢支承杆，附录 B 第 B.0.1 条中建议按下式确定支承杆的允许承载能力：

$$P_0=40\alpha EJ/[K(L_0+95)^2]$$

式中　L_0——支承杆的脱空长度；
　　　α——工作条件系数，取 0.7～0.8；
　　　K——安全系数，一般取 $K=2.0$。

所以控制支承杆上部不失稳的条件是（见图8）：

$$L_0\leq\sqrt{40\alpha EJ/(KP_0)}-95$$

式中　L_0——为千斤顶下卡头至模板上口的距离 L_1 与一个混凝土浇灌层厚度 L_2 之和，即 $L_0=L_1+L_2$。

上式说明，控制支承杆上部失稳的条件取决于支承杆的荷载和脱空长度，这些数值应在滑模工艺设计中予以保证。

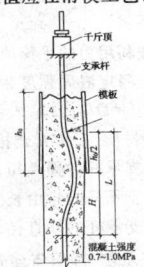

图8　支承杆下部失稳示意图

滑模施工中滑升速度之所以要进行控制是因为支承杆下部混凝土强度太低，不足以嵌固杆子阻止其在纵向弯曲时产生的变形。如果我们能够确定混凝土需要达到多大的强度才能嵌固住支承杆，以及被嵌固点的位置，我们就能够近似的确定允许的滑升速度。

为简化计算，我们可以假定：

①支承下部失稳是在上部不失稳的条件下发生的；

②混凝土对 $\phi25$ 圆钢支承杆的嵌固强度取 $0.7\sim1.0$MPa（这一结论已由原冶金部建筑研究总院、四川省建筑研究院试验研究以及常州、天津两座烟囱因支承杆下部失稳事故的调查结果所证实）；

③不考虑支承杆与横向钢筋联系等有利作用；

④杆子下部失稳时，上弯曲点的位置在模板的中部（由于模板有倾斜度，模板下部 1/2 的混凝土已与模板脱离接触）并处于半嵌固状态。其下端被 0.7MPa 强度的混凝土完全嵌固，见图 8。

通过上述假定就把一个很复杂的问题简化为一个上端为半铰，下部全嵌固的理想压杆来处理。

按欧拉公式：

$$L=[\pi^2EI/(\mu^2P)]^{1/2}$$

对 $\phi25$ 圆钢支承杆，$\mu=0.6$，则杆子的极限长度为：

$$L=10.5/P^{1/2}\quad(\mathrm{m})$$

上述说明，施工中只要保证从模板中点到混凝土强度达到 $0.7\sim1.0$MPa 处的高度 L 小于 $10.5/P^{1/2}$，就可以保证支承杆不会因下部失稳破坏，由此得出极限滑升速度如下：

$$V=(L+0.5\,h_0)/T=10.5/(TP^{1/2})+0.5\,h_0/T$$

如模板高度为 1.2m 并取支承杆安全系数 $K=2.0$，则允许滑升速度 V_0 可写为：

$$V_0\leqslant10.5/[T(KP)^{1/2}]+0.6/T$$
$$=7.425/(TP^{1/2})+0.6/T\quad(\mathrm{m/h})$$

式中 V_0——采用 $\phi25$ 圆钢支承杆时，允许滑升速度(m/h)；

T——在该作业班平均气温下，混凝土达到 $0.7\sim1.0$MPa 强度所需的时间(h)，由试验确定。

2)对 $\phi48\times3.5$ 钢管受压支承杆，在施工应用中有两种情况，一是支承杆设置在结构混凝土体内，一是支承杆设置在结构体外。前已述及这两种情况均可用同一方式表达 $P-L$ 之间的关系。

从附录 B 第 B.0.2 条可知 $\phi48\times3.5$ 支承杆的极限承载能力与杆子的脱空长度的关系如下：

$$P=99.6-0.22L$$

当支承杆设在结构混凝土体内时，L 为千斤顶下卡头至混凝土表面的距离。

当支承杆设在结构体外时，L 为千斤顶下卡头至模板下口以下第一个横向支撑扣件节点的距离。

因此控制支承杆上部失稳的条件是：

$$L\leqslant(99.6-P_k)/0.22=452.73-4.55P_k$$

当支承杆设置在结构混凝土体内，我们可仿照前述方法来确定极限滑升速度，但应重新确定 $\phi48\times3.5$ 钢管支承杆的稳定嵌固强度值 $\tau_{\phi48}$。遗憾的是目前这方面的试验资料没有见诸报道，原冶金部建筑研究总院利用 $\phi25$ 圆钢支承杆试验的稳定嵌固强度结果 $\tau_{\phi25}$ 对其进行了理论上的研究，推定结果为 2.5MPa。

其推导过程简介如下：

对 $\phi25$ 圆钢支承杆利用力的平衡原理和欧拉公式可以得出在临界力作用下其混凝土稳定嵌固强度为：

$$\tau_{\phi25}=DI_{\phi25}/L_{\phi25}^4d_{\phi25}$$

式中 D——当支承杆材质、工作方式相同时为常数；

$I_{\phi25}$——$\phi25$Q235 支承杆的惯性矩；

$L_{\phi25}$——$\phi25$Q235 支承杆的自由长度；

$d_{\phi25}$——$\phi25$Q235 支承杆的外直径；

而原冶金部建筑研究总院、四川省建筑研究院试验的结果为 $0.7\sim1.0$MPa，即：

$$\tau_{\phi25}=DI_{\phi25}/L_{\phi25}^4d_{\phi25}=0.7\mathrm{MPa}$$

对于 $\phi48\times3.5$ 支承杆，在临界力作用下其稳定嵌固强度应为：

$$\tau_{\phi48}=DI_{\phi48}/(L_{\phi48}^4d_{\phi48})$$
$$\tau_{\phi48}/\tau_{\phi25}=DI_{\phi48}/(L_{\phi48}^4d_{\phi48})L_{\phi25}^4d_{\phi25}/(DI_{\phi25})$$

则：$\tau_{\phi48}=\tau_{\phi25}I_{\phi48}d_{\phi25}/(I_{\phi25}d_{\phi48})(L_{\phi25}/L_{\phi48})^4$

已知：$\tau_{\phi25}=0.7$MPa，$I_{\phi48}/I_{\phi25}=6.36$，$d_{\phi25}/d_{\phi48}=0.521$，则：

$$\tau_{\phi48}=0.7\times6.36\times0.521\times(L_{\phi25}/L_{\phi48})^4$$
$$=2.319(L_{\phi25}/L_{\phi48})^4\quad(\mathrm{MPa})$$

当 $\phi48\times3.5$ 钢管支承杆的自由长度与 $\phi25$ 圆钢支承杆的自由长度相同时，则 $(L_{\phi25}/L_{\phi48})^4=1$，此时 $\phi48\times3.5$ 支承杆的稳定嵌固强度 $\tau_{\phi48}=2.319\approx2.5$MPa。

因为实际上 $L_{\phi48}$ 要大于 $L_{\phi25}$，当没有其他试验数据时，可用 $\phi48\times3.5$ 钢管支承杆的稳定嵌固条件为 2.5MPa。

与 $\phi25$ 圆钢支承杆相同，确定 $\phi48\times3.5$ 支承杆的允许滑升速度按其下部失稳条件进行控制，即杆子失稳时的上端弯曲点在模板的中部，处于半铰状态，下端被 2.0MPa 强度的混凝土完全嵌固。按欧拉公式：

$$L=[\pi^2EI/(\mu^2P)]^{1/2}$$

对 $\phi48\times3.5$ 钢管支承杆 $\mu=0.6$，则杆子的极限长度 L 为：

$$L=[\pi^2\times2.1\times10^4\times12.1898/(0.6^2\times P)]^{1/2}$$
$$=2649/P^{1/2}\quad(\mathrm{cm})$$

或 $\quad=26.5/P^{1/2}\quad(\mathrm{m})$

由此得出利用 $\phi48\times3.5$ 管支承杆时的极限滑升速度如下：

$$V_{\max}=(L+0.5h_0)/T_2=26.5/(T_2P^{1/2})+0.5h_0/T_2\quad(\mathrm{m/h})$$

则允许滑升速度为：

$$V=26.5/[T_2(KP)^{1/2}]+0.6/T_2$$

式中 T_2——在作业班的平均气温条件下，混凝土强度达到 2.5MPa 所需的时间，由试验确定(h)。

3 根据施工过程中滑模工程结构或支承系统的整体稳定来控制滑升速度，一般是在以下情况时需要：结构的自重荷载相对较大；施工中为保证结构稳定的横向结构后期施工（如高层建筑后做楼板、框架结构后做横梁等）；或支承杆系统组成一个整体结构。为防止整个工程结构或支承结构系统在施工中发生失稳才进行这种验算。验算中除了要考虑工程结构形式、滑模结构系统支承等具体情况，还涉及对混凝土强度增长速度的要求，因而需要对滑升速度做出限制。

6.6.17 当 $\phi48\times3.5$ 管支承杆受压且设置在结构体外时，支承杆四周没有混凝土扶持。其上端千斤顶卡固，假定为半铰状态，下端为铰支（即取 $\mu=0.75$）。按欧拉公式，其临界荷载 P 为：

$$P=\pi^2EI/(\mu L)^2$$

杆子的极限自由长度为：

$$L_{\max}=[\pi^2EI/(\mu^2P)]^{1/2}$$

对 $\phi48\times3.5$ 钢管

$$L_{\max}=[(\pi^2\times2.1\times10^4\times12.1898)/(0.75^2\times P)]^{1/2}$$
$$=2120/P^{1/2}\quad(\mathrm{cm})$$

当荷载安全系数为 2.0 时，则支承杆允许的自由长度（千斤顶下卡头至模板下口第一个横向支撑扣件节点的允许距离）$L_{允许}$ 为：

$$L_{允许}=21.2/(KP)^{1/2}=15/P^{1/2}$$

施工中必需从滑模工艺上保证支承杆的自由长度 L 在任何情况下都应小于 $L_{允许}$ 的要求。

按上式公式结合实例计算结果列于下表：

支承杆荷载(kN)	10	20	30	40	50	60	70
允许的自由长度(m)	4.74	3.35	2.74	2.37	2.12	1.94	1.79

我国曾发生过两起因支承杆下部失稳而引发的重大安全事故，因而规范中比较明确地规定滑升速度控制的要求十分必要。应该说目前提出的滑升速度的计算方法，其理论和试验都不够完

善。为了解决当前一些实际问题，上面所做的探索特别是通过试算出来的结果，还要在理论和实践中进一步完善。

6.7 横向结构的施工

6.7.1 按整体设计的横向结构（如高层建筑的楼板、框架结构的横梁等）对保证竖向构件（如柱、墙等）的稳定性和受力状态有重要意义。当这些横向结构后期施工时，会使施工期间的柱子或墙体的自由高度大大增加，因此应考虑施工过程中结构的稳定性。另外，由于横向构件后期施工会存在横向和纵向结构间的连接问题，这种连接必须满足按原整体结构设计的要求，如果需要改变结构的连接方式（如梁、柱由刚接设计改变为铰支连接），则应通过设计认可，并有修改以后的完整施工图，才能实施。

6.7.2 本条指出滑模施工的建筑物其楼板结构的几种可行的施工方案。可根据结构的具体情况和施工单位的习惯选用。

6.7.3 墙板结构采用逐层空滑现浇楼板工艺施工时，本规范提出三点要求：

1 要保证模板滑空时操作平台支承系统的稳定与安全。措施是对支承杆进行可靠加固，并加长建筑物外侧模板，使滑空时仍有不少于 200mm 高度的模板与外墙混凝土接触。

2 逐层现浇的楼板，楼板的底模一般是通过柱支承在下层已浇筑的楼面上，由于一层墙体滑升所需的时间比较短，下层楼面混凝土浇筑完毕，只能停顿 1～2d，即需要在其上面堆放材料，架设支柱，而此时混凝土强度较低，应有技术措施来保证不因此而损害楼板质量，例如在楼板混凝土中掺入适量早强剂，采用真空脱水处理浇筑的楼板混凝土等措施。

3 楼板模板的拆除应满足现行国家标准《混凝土结构工程施工质量验收规范》GB 50204 的要求，高层建筑的楼板模板采用逐层顶撑支设时，顶层荷载是依次通过中间各层楼板和支柱传递到底层楼板上的。因此，本规范要求拆除支柱时的上层楼板的结构强度应满足上部施工荷载的要求。

在上部施工荷载作用下，底层支柱究竟承受到多少荷载，综合冶建院、上海建院及美国、日本等对下层支柱传递下来的施工荷载进行研究的结果，得出如下结论：

1 最下层支柱所承受的最大施工荷载，以作用在最上层支柱的荷载为单位荷载来表示荷载比为 1.0～1.1；

2 作用在最下层支柱所承受的楼板或梁上的最大荷载（即传递给最下层楼板的最大荷载）如连其自重计算在内，一般荷载比为 2.0～2.1；

3 最大荷载比与使用多少层支柱、隔多少天浇筑混凝土无关，也基本上不受支柱刚性大小、楼板与其周边梁的刚度比例及其他因素的影响。

因此可求出楼板设计荷载与施工荷载的比值 γ：

$$\gamma=[2.1(\rho d+\omega_t)]/(\rho d+\omega_L)$$

式中 ρ——混凝土的重力密度（kN/m³）；

d——板厚（m）；

ω_t——楼板模板单位面积上的重量（kN/m²）；

ω_L——设计用活荷载（kN/m²）。

用逐层顶撑支模方法施工对于 γ 值超过 1.5 时，不仅要对钢筋补强，还要待混凝土达到设计强度要求后才能拆模。

6.7.4 墙板结构采用逐层空滑安装预制楼板时，主要应注意两个问题：

1 支撑楼板的墙体模板空滑时，为防止操作平台的支承系统失稳发生安全事故，要求在非承重墙处模板不要空滑（要继续浇筑混凝土）；如稳定性尚不足时，还需要对滑空处支承杆加固。

2 安装楼板时，支承楼板的墙体的混凝土强度不得低于 4.0MPa，是为了保证墙体承压的混凝土在楼板荷载作用下不致破坏，也不造成后期强度损失。本条对混凝土最低强度要求是参照国家现行标准《高层建筑混凝土结构技术规程》JGJ 3 提出的。在

混凝土强度低的墙体上撬动楼板易破坏混凝土，因此，施工中不允许这样做。

6.7.5 横梁采用承重骨架进行滑模施工时，对设计骨架的荷载、挠度、施工起拱值等要求，在本规范第 3.3.6 条、第 6.2.3 条均作了相应规定。本条强调要根据安装处结构配筋和滑模装置的情况绘制施工图，是因为横梁支座处纵向、横向构件来的钢筋密布，承重骨架的支承方式、位置、安装顺序、施工时穿插的可能性都应事先做周密考虑，并绘制施工图，才能保证现场安装工作顺利进行。悬吊在骨架下的梁底模板宽度应小于滑模上口宽度 3～5mm，是为了便于安装底模，并防止在提升模板时侧模卡住底模，造成质量事故。对于截面较小的梁，采用预制安装时，梁的支承点除应按设计图纸做好梁和竖向结构彼此钢筋的连接外，还应视情况在竖向结构的主筋上加焊支托或另设临时支撑，并在梁的支承端底部预埋支承短角钢或钢垫板，以加强其支承处的强度。

6.7.6 采用降模法施工楼板（或顶盖）时，利用操作平台作为楼板的模板或作为模板的支承，可以简化施工工艺。但在模板装置设计时，应周密考虑操作平台与提升架之间的脱离措施，以及脱离以后处于悬吊状态时，操作平台构件的自重和施工荷载作用下的强度和刚度。楼板混凝土的拆模强度应满足现行国家标准《混凝土结构工程施工质量验收规范》GB 50204 的有关规定，并不得低于 15MPa。

6.7.7 采用在墙体上预留洞，现浇牛腿支承预制板时，预制板的支承应待现浇牛腿混凝土强度达到设计强度的 70% 以上时才能拆模，是考虑到牛腿是受力的关键部位，拆除支承后牛腿即可受荷载，因此参照了现行国家标准《混凝土结构工程施工质量验收规范》GB 50204 的有关规定。

6.7.8 本条是提醒施工人员注意到后期施工的现浇楼板可采用早拆模板体系，即利用早拆模柱头以加快拆模时间和模板周转，减少模板的投入。也可利用已成型的结构，在墙、梁或柱子上设置支承点来悬吊支模，以简化支模工艺。

6.7.9 二次施工的构件与滑模施工的构件（已施工完毕的构件）之间的连接，为保证其受力需要，使结构形成整体，通常在节点处都做了必要的结构处理，如留设梁窝、槽口、增加插筋、预埋件、设置齿槽等等。这些部位比较隐蔽，设置时需要十分精心，使这些结构措施做到形状准确、位置及尺寸无误、混凝土密实完整。由于再施工是在后期进行，节点处理部位仍然存在被浮渣、油脂、杂物等污染的可能，因此二次施工之前必须彻底清理这些部位，并在二次施工时，按要求做好施工缝处理，加强二次浇筑混凝土的振捣和养护，确保二次施工的构件节点和构件本身的质量可靠。这里强调指出，二次施工点常为结构的重要部位，又多是设计变更的部位，二次施工点可能成为结构成败的关键，施工时应特别予以重视。

7 特种滑模施工

7.1 大体积混凝土施工

7.1.1 本条是根据我国现阶段的工程经验，规定了可采用滑模施工的大体积混凝土的工程范围。

我国在水工建筑物中的混凝土坝、挡土墙、闸墩及桥墩等大体积混凝土的滑模工程中已取得了成功经验。

7.1.2 大体积混凝土工程施工的特点是混凝土浇筑的工序多、仓面大、强度高。一般多采用皮带机、地泵等机械化作业方式入仓下料，滑模装置设计必须适应这一特点，且应注意结构物的外型特征和施工精度控制装置的有效性。

7.1.3 本条根据我国水工施工经验，对仓面长宽较大的情况，采用几套滑模装置分段独立滑升，实践证明是行之有效的。

7.1.4 本条规定了大体积混凝土中滑模施工支承杆和千斤顶布

置的原则和方式。对支承杆离边距 200mm 的限制，主要是为了防止因混凝土的嵌固作用不足使其发生失稳或混凝土表面坍塌或裂缝。

7.1.5、7.1.6 这两条规定是根据大体积混凝土滑模施工中，滑模装置设计、组装的实践经验及工程现场试验作出的一般规定。

7.1.7 大体积混凝土的浇筑厚度应根据仓面大小、混凝土的制备能力、机械运输及布料等因素确定；当相邻段的铺料厚度高差过大时，由于模板受力不均，平台间易发生错位或卡死现象。对于采用吊罐直接入仓下料，应设有专人负责安全，600mm 仅为警戒高度。

7.1.8、7.1.9 对出模强度的规定是根据普通滑模施工对混凝土出模强度的要求而定的，对滑升速度、预埋件等的规定是根据大体积混凝土滑模施工的实践经验作出的。

7.1.10 在大体积混凝土滑模施工中，对操作平台也应做到"勤观察、勤调整"，避免累积误差过大，纠偏调整必须按计划逐步地、缓慢地进行，当达到控制值还不能调平时，应立即停止施工另行处理。

7.2 混凝土面板施工

7.2.1 本条规定了混凝土面板工程施工的范围。

20 世纪 40 年代美国工程兵就在渠道护面工程中采用滑模施工，其他如堆石坝的面板、溢洪道、溢流面、水工隧洞等在我国也普遍采用滑模施工，工程质量良好。

7.2.2 由于面板滑模装置及支承方式和一般滑模不同，例如模板结构一般采用梁式框架结构，支承于轨道上，牵引方式有液压千斤顶、爬轨器或卷扬机等形式，因此特别对滑模装置设计作了规定。

7.2.3、7.2.4 模板结构设计中，要求考虑浇灌时混凝土对模板的上托力(侧压力在垂直于滑动面上的分力)的影响，并特别对影响工程外观的模板结构的刚度提出了明确要求，这是根据水电系统以往工程设计经验、现场试验综合确定的。

本规范采用的"混凝土的上托力"不同于其他资料中的"浮托力"，因滑模装置在斜面或曲面上滑动时，模板前沿堆积了混凝土，混凝土对模板不仅有浮托力，模板对混凝土还有挤压力。上托力按模板倾角大小分两种情况计取。

7.2.5~7.2.9 是根据水工建筑滑模施工中滑模装置设计、组装的实践经验及工程现场试验作出的一般规定。

7.2.10 本条规定的出模强度，对坡面很缓的护面(例如倾角小于 30°)，因试验数据较少暂不作规定，可不受此约束。

7.2.11 在陡坡上采用滑模施工，一旦失控急速下滑，后果十分严重，因此，应设置多种安全保险装置。

7.2.12 水工建筑中的溢流面不平整度，设计详图中一般有规定。但根据以往工程实践经验在本规范中明确允许偏差，是为了表明滑模施工可以达到的质量标准，有利于施工现场质量控制。通常滑模施工的溢流面表面平整光滑，尤其是在解决大面积有曲率变化的表面平整光滑方面突显优势。

对于没有溢流要求的面板工程则相对放宽控制尺度。

7.3 竖井井壁施工

7.3.1 混凝土成型的各种竖井(也称立井)井壁，包括煤炭、冶金、有色金属、非金属矿山、核工业、建材、水利、电力、城建等各个行业工程建设中的竖(立)井，均可采用滑模施工。

尤其是煤炭系统的立井采用滑模施工已有 20 余年的历史，已是一种比较成熟的井壁混凝土施工技术。

现行国家标准《混凝土结构工程施工质量验收规范》GB 50204 中有关混凝土、模板、钢筋工程和季节性施工的规定和《矿山井巷工程施工及验收规范》GBJ 213 中有关边掘边砌时的规定，在本规范中不再重复，井壁滑模施工时都应遵照执行。

7.3.2 滑模施工的竖(立)井混凝土强度不宜低于 C25，这是因为：井壁一般为圆形，按 GBJ 113—87 规范墙板厚度不宜小于

140mm，圆形筒壁厚度不小于 160mm。本条规定井壁厚度不宜小于 150mm，是比较恰当的。此外井壁内径若小于 2m，由于其摩阻力会增大，易给施工质量带来问题。

竖(立)井的井壁根据井深和地质条件一般分为单层或两层结构，特殊情况分为三层结构。外层井壁在掘进时起到加固井壁岩(土)帮和防水作用，常用凿井与井壁主体并行方法(即边掘边砌)施工；内层井壁(内套壁)主要承受地层压力和安装各种设备，也起防水作用。当井筒内地下水丰富、渗水严重或地层压力较大时，还应增加一层井壁。此时各层的井壁厚度均不应小于 150mm。

7.3.3 本条提出了竖(立)井滑模与常规滑模所需要的不同施工设施，以便施工前做好准备。

7.3.4 井壁滑模时只有内模板、施工经验表明，模板提升时，其单侧倾斜度会变小；施工时如按常规滑模倾斜度要求 0.1%~0.3% 组装，则滑升时易产生"抱模"现象，易将混凝土拉裂。因此，井壁滑模的模板倾斜度应大于一般滑模时的倾斜度。现行国家标准《矿山井巷工程施工及验收规范》GBJ 213 中规定的倾斜度为 0.6%~1.0%，实践表明，倾斜度过大井壁表面易形成"波浪"或"穿裙子"，而且"挂蜡"现象也较严重。因此本规范适当减小了模板倾斜度值的要求。

7.3.5 本条对防护盘的设置提出了较具体要求。其他配套设施是指绞车、钢丝缆、提升设备、绳卡、通风、排水、给水、供电等设施的选择和使用，应按国家现行有关规范执行。

7.3.6 外层井壁采用边掘边砌时，井壁滑模的分段高度宜为 3~6m，主要考虑并行作业比较安全方便，凿井时井壁可不用临时支护。另外分段高度还应考虑竖向钢筋的进料长度，尽量减少接头，避免浪费。

7.3.7 竖(立)井滑模施工，宜采用拉杆式支承杆，一般设置在结构体外，一方面可回收重复使用，另一方面避免使用电焊来处理支承杆接头和对支承杆加固。

用边掘边砌方法，滑模施工外层井壁时，如能采用升降式千斤顶，并在模板及围圈系统增加伸缩装置可将滑模装置整体下降到一工作段上使用，这样就能更好地减少滑模装置的装拆时间。

压杆式支承杆设在井壁混凝土体内，作用与普通滑模支承杆相同，技术要求也一样。

7.3.8 井筒内工作面狭小，又常禁止使用电气焊，必须防止加工好的滑模装置各种部件运至井下组装时出现调整、改动等情况，因此必须在地面进行组装，保证井下组装时能一次成功。

7.3.9 对安装设备的竖(立)井井筒的内径，施工完毕后不能小于设计尺寸，考虑到混凝土对模板侧压力的作用，有可能会使模板直径变小，因此在组装模板时，其控制直径宜比设计井筒直径大 20~50mm。

7.3.10、7.3.11 井筒外壁多是分段施工，最后一茬炮的碎石留下，经过整平，一方面作为滑模装置组装的工作面，另一方面留下的碎石，其孔隙可积存一部分地下水，方便滑模装置的组装。

滑模装置组装前，要沿井壁四周安放刃脚模板，通过刃脚模板，可将上、下两段井壁的接头处做成 45° 的斜面便于接茬，并防止渗漏。

刃脚模板一般用 8~10mm 钢板制作，断面为 45° 等腰三角形，上口开口的宽度同外层井壁厚度，一条直角边靠近井壁。刃脚模板与井壁基岩之间的间隙宜用矸石充填密实。模板斜边面向井筒中心，其上按竖向受力钢筋的位置及直径打孔，竖向钢筋可通过模板斜面上的孔插入碎石中，钢筋插入的长度应满足搭接的要求。在每一段井壁的底部，其竖向钢筋的接头位置允许在同一平面上。刃脚模板安装并临时固定牢固后，再在其上安装滑模装置。

滑升时不得将刃脚模板带起，刃脚模板拆下后可转到下一段使用。

7.3.12 本条是竖(立)井滑模施工中遇有横向或斜向出口时，应采取的加固措施，这些措施应在竖(立)井支护设计中予以体现。

7.3.13 竖（立）井壁采用滑模施工时，同样应按"勤观测、勤调整"的原则，控制井筒中心的位移，保证井筒中心与设计中心的偏差不大于15mm。

7.3.14、7.3.15 提出了竖（立）井壁施工时的检查记录、允许偏差。

7.4 复合壁施工

7.4.1 复合壁滑模施工是指两种不同材料性质的现浇混凝土结合在一起的混凝土壁，采用滑模一次施工的方法。采用复合壁的工程一般多是由于结构有保温、隔热、隔声、防潮、防水等功能要求的建筑物（结构物）。例如有保温要求的贮仓、节能型高层建筑外墙等。

7.4.2、7.4.3 复合壁采用滑模一次施工，最重要的是要使两种不同性质的混凝土截然分开，互不混淆，成型后两者又能自动结合成一体。在内外侧模板之间设置隔离板的目的是分隔两种不同性质的混凝土，以实现同步双滑，因此设计并安装好隔离板是复合壁滑模施工成功的关键。隔离板上的圆钢棍起到悬挂隔离板，固定其位置、增强隔离板的刚度、控制结构层混凝土钢筋保护层厚度、增加两种混凝土材料结合面积的作用。为方便水平钢筋的绑扎，悬吊隔离板高于模板上口50～100mm，是防止两种不同性质混凝土在入模时混淆。隔离板深入模板内的高度比混凝土浇筑层厚度减少25mm（即模板提升后，隔离板下口的位置应在混凝土表面以上25mm），浇灌时结构混凝土可以从此缝隙中稍有挤出，以增加两种混凝土之间的咬合。此外，应使圆钢棍的上端与提升井架立柱（或提升井架之间的横向连系梁）有刚性连接，以保证在隔离板的一侧浇筑混凝土时，隔离板的位置不会产生大的变化。

7.4.4 强度低的混凝土对支承杆的稳定嵌固能力低，因此支承杆应设置在强度较高的混凝土内。

7.4.5 先浇灌强度较高的结构混凝土，可使结构混凝土通过隔离板下口的缝隙，少量掺入轻质混凝土内，起到类似"挑牛腿"的作用，使两者良好咬合，同时对轻质混凝土也起到增强的作用。先振捣强度较高的混凝土，一方面是防止振捣混凝土时隔离板向强度较高侧的混凝土方向变形，减小结构混凝土层的厚度，影响结构安全和质量；另一方面，先振捣较高强度一侧的混凝土，可使模板提升后钢棍留下的孔道和隔离板留下的空间由强度较高的结构混凝土充填，有利于两种不同性质混凝土的结合。

每层混凝土浇灌完毕后，必须保持两种混凝土的上表面一致，否则隔离板提出混凝土后，较高位侧的混凝土有向较低位侧的混凝土流动的趋势，从而造成两种不同性质混凝土混淆。

7.4.6 隔离板的内外两侧均与混凝土相接触，其表面如粘结有砂浆等污物，会变得粗糙，这将大幅度增加隔离板与混凝土之间的摩阻力，从而在提升中将混凝土拉裂或带起，造成质量问题。因此应随时保持隔离基线的光洁和位置正确。

复合壁滑模施工是两种不同性质的混凝土"双滑"成型，两种混凝土的滑升速度相同，因此，这两种混凝土都应事先进行试验，通过掺入外加剂（如早强剂、微沫剂、减水剂、缓凝剂、塑化剂等）调整它们的凝结时间、流动性和强度增长速度，使之相互配合，不出现一侧混凝土因凝结过于缓慢或过于迅速，使该侧混凝土坍塌或拉裂等有损结构质量的现象发生。

混凝土的浇灌及二次提升的时间间隔应符合本规范第6.4.2条、第6.6.4条的规定；混凝土的出模强度应符合本规范第6.6.15条的规定。

7.4.7 复合壁模板提升时，其内、外侧模板及隔离板同时向上移动，而隔离板的下口仅深入至内、外侧模板上口以下175mm。当每次提升200mm时，隔离板下口脱离混凝土表面并与表面形成25mm间隙，如提升高度增大，间隙也增大，隔离板将失去对两种不同性质混凝土的隔离作用，高位一侧的混凝土将向低位一侧流动，使两种混凝土混淆。对这一点，施工中应特别注意：其一，每次

混凝土的浇灌高度和提升高度都应严格控制；其二，采用本工艺成型复合壁时不宜进行"空滑"施工，除非有防止空滑段两种不同性质混凝土混淆的措施。

当需要停滑时，应按本规范第6.6.13条规定采取停滑措施，即混凝土应浇灌至同一水平，模板每隔一定时间提升1～2个千斤顶行程，直至模板与混凝土不再粘结为止。复合壁滑模施工在停滑时，还必须满足模板的总的提升高度不应大于一个浇灌层厚度（200mm），因为提升高度大于一个浇灌层厚度，会使隔离板下口至混凝土表面间的间隙大于25mm，从而造成两种混凝土混淆。

7.4.8、7.4.9 施工结束要立即提起隔离板，使之脱离混凝土，然后适当振捣混凝土，使出现的隔离缝弥合，否则混凝土强度增长后已形成的隔离缝无法用振捣方法弥合，不能形成整体。

孔洞四周的轻质混凝土用普通混凝土代替，主要是为了对洞口起加强作用，另外也便于洞口四周预埋件的设置。

7.4.10 复合壁滑模工程的施工质量应符合本规范第8.2节的有关条款和现行国家标准《混凝土结构工程施工质量验收规范》GB 50204的有关规定，本条仅对复合壁滑模施工的壁厚规定了允许偏差。

7.5 抽孔滑模施工

7.5.1 筒仓的立壁、电梯间井壁、某些建筑物的柱及内、外墙，如果设计允许留设或要求连续留设竖向孔道的工程（即在能够满足结构抗力需要的前提下），可采用抽孔滑模施工，具有防寒、隔音、保温作用的围护墙更宜采用抽孔滑模工艺施工。

7.5.2 规定结构的最小边长和厚度，主要考虑使模板和成孔芯管在滑升时所产生的摩阻力，不致使结构混凝土产生拉裂等问题。滑模设计抽孔率时，应考虑混凝土的自重大于混凝土与模板和抽芯管之间的摩阻力。目前滑模工程常采用的抽孔率在15％～25％之间。

7.5.3 确定孔的大小、位置时，除了要考虑因在混凝土内部设置了芯棒，增大了提升时的摩阻力，易产生将混凝土拉裂、带起等影响质量的问题，还应考虑不影响结构钢筋的配置、钢筋绑扎、混凝土浇灌及振捣等，使施工能有效方便的条件。

7.5.4 抽孔滑模与通常滑模的不同处是在两侧面模板之间增加了芯管，提升时侧模板和芯管与混凝土之间都存在着摩阻力，而且芯管的存在还分割了两侧面模板间的混凝土，使相应的混凝土厚度变薄，从而易使结构混凝土拉裂或带起，造成质量问题。因此，施工中尽量减小芯管与混凝土之间形成的摩阻力，是保证质量的一个十分重要的措施。采用能够转动并能适量上下移动的芯管，就能在浇灌混凝土后适时活动芯管，避免芯管表面与混凝土的粘结，大大降低两者之间的摩阻力。

用于抽孔芯管的钢管，如需在车床上加工出锥度，则钢管的壁厚不应小于5mm；如锥度为零时，可用壁厚较薄的钢管做芯管。如采用锥度为零的芯管时，应设有能使芯管转动和适量上、下移动的装置，并控制好滑升的间隔时间，及时清理芯管，涂刷隔离剂，防止混凝土被带起的现象发生。

抽孔芯管在模板内的长度，取决于混凝土的强度增长速度、滑升间隔时间、混凝土的出模强度等，要保证成孔质量，防止坍孔和将混凝土带起。一般芯管的下口与模板的下口齐平，为装组方便，也可能芯管比模板下口高10～20mm，但在模板内的长度不宜短于900mm。

将两侧模板与芯管设计成能够分别提升，则可将两者的提升时间错开，而分别提升时的摩阻力远小于两者同时提升时的摩阻力，从而减小了结构混凝土被拉裂的危险。

7.5.5 抽孔滑模施工，由于混凝土内部有芯管存在，同时提升时，总的摩阻表面要比正常滑模时大得多，故抽孔滑模施工若管理不当，混凝土易被拉裂或带起，造成质量问题。因此应特别注意及时清洁粘在芯管上的砂浆并涂刷隔离剂，以减小芯管与结构混凝土

之间的摩阻力。

7.6 滑架提模施工

7.6.1 滑架提模施工法，是在绑扎完一段竖向钢筋后，利用滑模施工装置整体提升就位模板，然后浇灌混凝土，并绑扎其上段钢筋，待混凝土达到必要强度后脱模，再整体提升就位模板，如此分段循环成型混凝土结构的施工方法。此法应用于双曲线冷却塔或圆锥形变截面筒体结构施工时，应在提升架之间增加铰链式剪力撑，调整剪力撑夹角，改变提升架之间的距离来缩小或放大筒体模板结构半径，实现竖向有较大曲率变化的筒体结构的成型。

7.6.2 采用直型门架的优点是，不论所施工的筒壁曲率如何变化，门架均处于垂直状态，这样附着的操作平台也始终保持水平，使工人操作更为习惯。采用直门架时，其千斤顶与提升架横梁之间的连接必须设计成铰接，使通过千斤顶的支承杆能够适当改变其方向，以适应圆锥形变截面筒体结构或双曲线冷却塔在不同标高上曲率的变化。

设置在提升架之间的剪力撑是控制提升架之间距离，改变变截面筒体结构的周长，使整个模板系统的直径放大或缩小，实现竖向曲率连续变化的关键部件，因此它必须具有足够刚度，使用中杆件不变形。这个由铰接连接起来的杆件系统，在调整状态时应轻便灵活，在稳定状态时又有足够的支撑能力。其性能需由优良的设计与精确的加工来予以保证。

滑模施工的双曲线冷却塔，不仅应混凝土密实，而且应外形曲线变化流畅，断面变化均匀对称。因此在施工中，每一个浇灌高度段的圆周半径、筒体表面坡度、断面厚度等参数，均应在施工前精确计算，列表或输入计算机内，以便施工控制。

滑模施工中要求围圈带动模板在提升架之间能整体松动脱离混凝土表面，空滑提升至一定高度又能整体紧贴至混凝土断面设计位置。这要求模板应能收分、围圈应能伸缩、围圈与提升架的连接应能横向移动，采用调节丝杆来拉开或推动围圈和模板是一种较简易的方法，模板就位后，丝杆紧固的强度应能足够抵抗混凝土入模后的振捣力和侧压力，以保证模板位置准确不变形。

7.6.3 模板一次提升高度的确定是依据支承杆承载能力，经分析计算后确定（支承杆的承载能力与许多因素有关，如支承杆的截面形状与尺寸、材料类型、混凝土早期强度增长情况，包括施工中的气温和混凝土的品质、荷载偏心情况、杆件的最大脱空长度等）。支承杆的最大允许脱空长度也就确定了模板允许的一次提升高度。另外，决定模板一次提升高度的因素是所选用模板的高度，这一点与变截面筒体结构或双曲线冷却塔的表面曲率有关。因采用的直线型模板来实现坡度为双曲线筒体的成型，当使用于双曲线表面曲率较大的筒体时，模板长度应适当短一些，曲率较小时，模板长度可适当长一些。

7.6.4 采用滑架提模法施工变截面筒体结构或双曲线冷却塔，应视施工季节、大气温度和所要求的速度试配出适宜的混凝土配合比，严格掌握脱模时混凝土的强度和开始浇灌混凝土时的强度。本条规定的混凝土脱模强度与开始浇灌时的混凝土强度是根据施工经验确定的。

7.6.5 采用滑架提模法施工的混凝土筒体，其质量标准还应满足现行国家标准《混凝土结构工程施工质量验收规范》GB 50204 的要求。

7.7 滑模托带施工

7.7.1 钢网架、整体钢桁架、大型井字梁等重大结构物，如果其支承结构（如墙、柱、梁）采用滑模施工时，则可利用一套滑模装置将这种重大结构物随着滑模施工托带到其设计标高进行整体就位安装。该结构物是滑模施工的荷载，也可以作为滑模操作平台或操作平台的一部分在滑模施工中使用。滑模托带施工的显著优点是把一些位于建筑物顶部标高的特大、特重的结构物，在地面组装成整体，随滑模施工托带至设计标高就位，这样就使大量的结构组装工作变高空作业为地面作业，从而对提高工程质量、加快施工进度、保障施工安全有十分重要的意义。采用滑模施工托带方式来提升结构物，不仅省去了大型吊装设备，也省去了搭架安装等一系列作业。因此这是一种优质、安全、快速、经济的施工方法。

7.7.2、7.7.3 由于被托带的结构是附着在其支承结构（墙、柱或梁）的滑模施工装置上，因此滑模托带装置不仅要满足其支承结构混凝土滑模施工的需要，同时还应满足被托带结构随升和就位安装的需要。本条指出了托带施工技术设计应包括的主要内容，这里至少应包括整个工程的施工程序（包括滑模施工到被托带结构的就位固定）设计、支承结构的滑模装置设计、被托带物与滑模装置连接与分离方法和构造设计、整个提升系统的设计（包括千斤顶的布置和支承杆的加固措施等）、被托带结构到顶与滑模装置脱离后，对托带结构的临时固定方法以及在某些情况下，被托带结构需要少量下降就位的措施，施工过程中被托带结构的变形观测（包括各支承杆件的变形和各支座点的高差等），如施工设计中发现支座高差在施工允许范围内，而某些杆件出现了超常应力时，应该在施工之前对那些杆件进行加固。鉴于托带施工使滑模受力系统增加了很大荷载，而且在施工过程中对操作平台的调平控制和稳定提升要求更高，因此施工的前期准备和技术设计应做到更加完善和可靠。

7.7.4 被托带结构往往是在地面组装好的具有较大整体刚度的结构，如在地面已经装组成整体的空间钢网架、钢桁架、混凝土井字梁等等。被托带物由多个支承点与其支承结构的滑模装置连接。可见在滑模托带提升时，由被托带物施加到滑模装置上的荷载，也既是托带物支承点的反力。计算该支点反力时，其荷载除应包括托带结构的自重、附着在拖带结构上的施工荷载（施工设备和施工人员的荷载）、风荷载等外，还应包括提升中由于各千斤顶的不同步引起的升差，导致托带结构产生附加的支承反力，鉴于施工中各千斤顶的升差在所难免，控制不好有时还会较大。由此产生的附加支承反力的变化必须做到心中有数。千斤顶的升差（即被托带结构支承点不在同一标高上）一方面会导致被托带结构的杆件内力发生变化，升差过大时，可使某些杆件超负荷，甚至使结构破坏。另一方面是使某些支座的反力增大，使托带物施加到滑模装置上的荷载增大，甚至导致出现滑模支承杆失稳等情况。因此，在滑模托带工程的施工设计中，充分考虑到施工中可能发生的种种情况，对托带结构构件的内力进行验算，并对施工中提出相应的控制要求是十分必要的，例如提升支座点之间的允许升差限制、托带结构上荷载的限制、对某些杆件进行加固等等。

7.7.5 本条规定了滑模托带装置设计应计取的荷载。

7.7.6 滑模托带工程，由于在滑模装置上托带了重量较大、面积较大，且具有一定刚度的结构物，任何使托带结构状态（包括支座水平状态、荷载状态等）发生变化的情况都会影响到滑模支承杆的受力大小。因此，滑模托带施工时其支承杆受力大小的变化幅度，往往比普通滑模时变化的幅度更大，为适应这种情况，本条规定托带工程千斤顶和支承杆承载能力的安全储备，比普通滑模时要大。对楔块式或滚楔混合式千斤顶安全系数应取不小于 3.0，对滚珠式千斤顶取不小于 2.5。由于滚珠式千斤顶随荷载大小而变化的回降量比楔块式千斤顶要大，因此滚珠式千斤顶在使用时，对不均衡负荷的调整能力比楔块式千斤顶更强，故两者的安全储备提出了不同要求。

7.7.7、7.7.8 滑模托带施工的被托带结构一般是具有相当刚度和多个支承点的整体结构，其支承点的不均匀沉降（即支承点不在同一标高）对被托带结构的杆件内力变化有很大影响。因此施工中必须严格控制托带结构支承点的升差。第 7.7.7 条规定了支承点允许升差值的限制。要满足第 7.7.7 条规定的要求，施工中，必须做到"勤观察、勤调整"。经验表明，千斤顶的行程在使用前调整一致的前提下，采用限位调平法控制升差时，如限位卡每150～200mm限位调平一次，是可以满足第7.7.7条要求的。

此外，应指出第7.7.7条是指施工过程中，支承点的允许偏差要求。但当托带到顶，支座就位后的高度允许偏差，对于网架则应符合现行国家标准《钢结构工程施工质量验收规范》GB 50205的规定。

7.7.9、7.7.10 托带工程支承结构的滑模施工，其混凝土浇灌与普通滑模施工的技术要求基本相同。但由于施工过程中被托带结构的杆件内力，对支承点的升差十分敏感，更要求做到支承杆受力均衡，因而对混凝土的布料、分层、振捣等的控制更要严格，混凝土的出模强度宜取规范规定的上限值。

8 质量检查及工程验收

与一般的现浇结构或预制装配结构工程现场检验工作不同，滑模工程的现场检验工作，大部分只能在施工过程中的操作平台上，配合各工种的综合作业及时进行检验。作为成型的构件可供检查的区段不足1m高，通常没有专供检查人员进行复查的停顿时间，这给现场质量检查工作带来新的情况和困难。此外，滑模施工是一种混凝土连续成型工艺，各工序之间频繁穿插，各工序的作业时间要求严格，要保证工程获得优良质量，不仅施工操作正确与否重要，施工条件和施工准备工作是否周全到位更是应受重视的工作，即是说滑模工程的质量检查，不仅在于要查出质量漏洞，更在于查出可能出现质量问题的因素，重在预防。因此，滑模施工中的现场检验应根据施工速度快和连续作业的特点进行。

8.1 质量检查

8.1.1 指出了滑模工程质量检查及隐蔽工程验收的依据，本规范附录D列出了6种滑模施工常用的记录表格。

8.1.2 滑模施工的特殊条件是指其施工过程由绑扎钢筋——提升模板——浇灌混凝土三个主要工序组成的紧密的循环作业，各工序之间作业时间短，衔接紧，检查工作是在动态条件下进行，施工中不能提供固定的或专门的时间进行检查工作。这些特点要求检查工作必须是跟班连续作业。

滑模工艺要求施工能连续进行，不允许有无计划的停歇，因为无计划停歇的出现意味着施工组织出现了问题，不是施工质量失控，就是施工条件准备工作跟不上滑升速度的需要，而滑升速度跟不上时混凝土在模板内静停时间超长，又会导致结构被拉裂、缺楞少角等质量缺陷发生，这又会导致施工中出现非正常停歇，结果整个施工过程会在一种停停干干的状态下进行，工程质量必然会受到很大影响。因此应强化超前检查，即施工条件的检查是十分必要的。

此外，滑模施工是一种技术性较高的施工方法，检查人员不仅应能迅速发现施工存在的质量问题，而且应能分析问题发生的原因，并能提出中肯的改进意见供施工主管参考，以便问题得到及时处理。因此，要求滑模施工的检查不仅要有高度的责任感，而且应有高水平的技术素质。为此，施工前必须强调对检查人员的培训工作，即检查人员应熟知滑模施工工艺、工程的施工组织设计和本规范对工程质量的具体要求，并能针对工程的结构特点提出质量检查作业指导书。

8.1.3 兼作结构钢筋的支承杆，必须满足作为受力钢筋使用的性能要求，因此该支承杆的材质、接头焊接质量以及所在位置等都应进行检查，并做隐蔽工程验收。

8.1.4 本条指明在施工中的检查包括地面上和平台上两部分的检查工作。地面上的检查强调了要超前进行，平台上的检查强调了要跟班连续进行。

8.1.5 本条是针对滑模工艺特点提出的在操作平台上进行质量检查的一些主要内容。显然这些不是检查工作的全部内容，也未包括一些普通混凝土施工质检的常规项目。

1 检查操作平台上各观测点与相对应的标准控制点位置偏差的方位和数值，掌握平台的空间位置状态，如偏移、扭转或局部变形等；

2 检查各支承杆的工作状态与设计状态是否相符。如支承杆有无失稳弯曲、接头质量缺陷、异常倾斜现象（倾斜方向及倾斜值）、支承杆加固措施是否到位、支承杆的压痕状态是否正常、油污是否处理干净等；

3 检查各千斤顶的升差情况，复核调平装置是否正确有效；

4 当平台处于纠偏或纠扭状态时，检查纠正措施是否到位，纠正效果是否满足要求；

5 检查模板结构质量情况，如模板有无反倾斜、伸缩模板与抽拔模板之间有无夹灰、支设的梁底模板是否会漏浆、提升架有无倾斜、围圈下挠等情况；检查成型混凝土的壁厚，模板上口的宽度及整体几何形状等；

6 检查千斤顶和液压系统的工作状态，不符合技术要求的千斤顶或零部件是否已经修复或更换，如千斤顶漏油、行程偏差大于允许值、卡头损坏、回油弹簧疲劳、丢失行程、油管堵塞、接头损坏、油液泄漏等；

7 检查操作平台的负荷情况，保证荷载分布基本均衡，防止局部超载；

8 除应按常规要求对钢筋工程进行质量检查外，应特别注意节点处汇交的钢筋是否到位，竖向钢筋是否倾斜，钢筋接头质量是否满足技术要求；

9 混凝土浇灌过程中应注意检查下列情况：每层混凝土的浇灌厚度是否大于允许值，有无冷缝存在以及处理质量，是否均衡交圈浇灌混凝土，模板空располагаемая是否超过允许值，混凝土的流动性是否满足要求，钢筋保护层厚度是否有保证措施，混凝土是否做了贯入阻力试验曲线，总体浇灌时间是否满足计划要求等；

10 提升作业时，应注意检查平台上是否有钢筋或其他障碍物阻挡模板提升、平台与地面联系的管线绳索是否已经放松、混凝土的出模强度是否满足要求等，提升间隔时间是否小于规定的时间；

11 检查结构混凝土表面质量状态，是否存在有表面粗糙、混凝土坍塌、表面拉裂、掉楞掉角等质量缺陷，混凝土表面是否用原浆抹压（刷浆抹压）或抹灰罩面等；

12 检查混凝土养护是否满足技术要求。

对检查出的有关影响质量的问题应立即通知现场施工负责人，并督促及时解决。

8.1.6 滑模工程混凝土的质量检验，应按照本规范及现行国家标准《混凝土结构工程施工质量验收规范》GB 50204的有关要求进行。由于滑模施工中为适应气温变化或水泥、外加剂品种及数量的改变而经常需要调整混凝土配合比，因此要求用于施工的每种混凝土配合比都应留取试块，工程验收资料中应包括这些试块的试压结果。

对出模混凝土强度的检查是滑模施工特有的现场检测项目，应在操作平台上用小型压力试验机和贯入阻力仪试验，其目的在于掌握在施工气温条件下混凝土早期强度的发展情况，控制提升间隔时间，以调整滑升速度，保证滑模工程质量和施工安全。

滑升中偶然出现的混凝土表面拉裂、麻面、掉角等情况，如能及早处理则效果较好，并可利用滑模装置提供的操作平台进行修补处理工作，操作也较方便。对于偶尔出现的如混凝土坍塌、混凝土截面被拉裂等结构性质量事故，必须认真对待，应由工程技术人员会同监理和设计部门共同研究处理，并做好事故发生和处理记录。

8.1.7 在施工过程中，日照温差会引起高耸建筑物或建筑结构中心线的偏移，这将给结构垂直度的测量及施工精度控制带来误差。

为减小日照温差引起的垂直度的测量及施工精度控制的误差,规定以当地时间6:00～9:00间的测量结果为准。这一规定是根据四川省建筑科学研究所、原西安冶金建筑学院在钢筋混凝土烟囱滑模施工过程中,对日照温差的测试结果确定的。从测试结果可以看出,由于日照的影响,结构物的温差在昼夜24h里,始终处在变化的过程中。在6:00～9:00之间,日照温差变化较小且较缓慢,故规定以此时间范围测得的结果作为标准。其他时间的测量结果应根据温差大小进行修正。

8.2 工程验收

8.2.1 滑模工艺是钢筋混凝土结构工程的一种施工方法,按滑模工艺成型的工程,其验收应满足现行国家标准《混凝土结构工程施工质量验收规范》GB 50204的要求。

8.2.2 本条列出的滑模工程混凝土结构的允许偏差规定(表8.2.2)主要是根据现行国家标准《混凝土结构工程施工质量验收规范》GB 50204的要求提出的,但某些项目的要求要比GB 50204严格些,例如轴线位移偏差、每层的标高偏差、每层的垂直度偏差等。考虑到滑模施工特点,对建筑全高的垂直度GB 50204要求为$H/1000$且≤30mm;本规范规定为当高度小于10m时,为10mm;高度大于或等于10m时,规定为高度的0.1‰,不得大于30mm。这里的差别是:GB 50204要求,全高在10m以内时允许偏差为高度的1/1000,例如高度为5m时,则允许偏差应小于5mm,这对于滑模施工而言要达到此要求是有一定困难的。因此本规范规定高度在10m以下时,允许偏差按10mm要求比较合理;而大于10m时则与GB 50204规范的要求相同。

中华人民共和国国家标准

组合钢模板技术规范

Technical code of composite steel-form

GB 50214—2001

主编部门：原 国 家 冶 金 工 业 局
批准部门：中华人民共和国建设部
施行日期：２００１年１０月１日

关于发布国家标准
《组合钢模板技术规范》的通知
建标〔2001〕155 号

根据我部《关于印发一九九八年工程建设国家标准制订、修订计划（第二批）的通知》（建标〔1998〕244 号）的要求，由原国家冶金工业局会同有关部门共同修订的《组合钢模板技术规范》，经有关部门会审，批准为国家标准，编号为 GB 50214—2001，自 2001 年 10 月 1 日起施行，其中，2.2.2、3.3.4、3.3.5、3.3.8、4.2.2、4.4.1、4.4.6、5.2.6、5.3.2、5.3.4、5.3.5、5.3.6、5.3.7、5.3.12 为强制性条文，必须严格执行。自本规范施行之日起，原国家标准《组合钢模板技术规范》GBJ 214—89 同时废止。

本规范由冶金工业部建筑研究总院负责具体解释工作，建设部标准定额研究所组织中国计划出版社出版发行。

中华人民共和国建设部
二〇〇一年七月二十日

前　言

本规范是根据建设部建标〔1998〕244 号文，《关于印发一九九八年工程建设国家标准制订、修订计划（第二批）的通知》，由冶金部建筑研究总院负责，组织有关单位对国家标准《组合钢模板技术规范》GBJ 214—89 进行修订而成。

本规范在修订过程中，修订组对各部门和地区的钢模板和支承系统的施工技术、制作质量和使用管理经验，进行了比较广泛的调查研究、收集资料和征求意见，于 1999 年将《征求意见稿》发送全国有关单位征求意见，对其中主要的问题，还进行了专题研究和反复讨论，最后，于 2000 年 7 月由建设部主持召开专家审定会，审查定稿。

本规范共分六章、十个附录。包括总则、基本规定、组合钢模板的制作及检验、模板工程的施工设计、模板工程的施工及验收、组合钢模板的运输、维修与保管。修订的主要内容是：增加了钢模板及配件的规格品种；修改了钢模板及配件的制作质量标准；增补了施工及验收、安装及拆除、安全及检查、维修及管理等有关条文。

在本规范执行期间，由组合钢模板技术规范国家标准管理组负责规范具体解释、收集意见和修改补充等工作。请各单位结合工程实践，注意积累资料和总结经验，如有需要修改和补充之处，请将意见及有关资料寄冶金部建筑研究总院组合钢模板技术规范国家标准管理组（北京市海淀区西土城路 33 号，邮编100088），以便再次修订时参考。

本规范主编单位、参加单位和主要起草人名单：

主 编 单 位：冶金部建筑研究总院

参 编 单 位：武钢集团金属结构有限责任公司
新疆建工集团第一建筑公司
中国有色六冶金结钢模板厂
中煤建安机械厂
广西建工集团第五建筑工程有限责任公司
广州市第二建筑工程有限公司钢模板厂
石家庄市太行钢模板厂
宁波市建筑安装集团总公司设备租赁公司
淄博市钢模板租赁公司

主要起草人：糜嘉平　陶茂华　于可立　忻国强
黄国明　商自河　李晓平　谭碧霞
党风伟　陈建国　王　纲

目　　次

1 总 则

1.0.1 为在工程建设中加强对组合钢模板的技术管理,提高组合钢模板产品的制作和使用质量,提高模板的周转使用效果,提高综合经济效益,特制订本技术规范。

1.0.2 本规范适用于工业与民用建筑及一般构筑物的现浇混凝土工程和预制混凝土构件所用的组合钢模板的设计、制作、施工和技术管理。

1.0.3 本规范所指的组合钢模板,系按模数制设计,钢模板经专用设备压轧成型,具有完整的配套使用的通用配件,能组合拼装成不同尺寸的板面和整体模架,利于现场机械化施工的组合钢模板。

1.0.4 组合钢模板的模数应与现行国家标准《建筑模数协调统一标准》GBJ 2、《住宅建筑模数协调标准》GBJ 100 和《厂房建筑模数协调标准》GBJ 6 相一致。

1.0.5 凡本规范未明确规定的问题,均应符合国家现行的有关标准、规范的规定。

2 基 本 规 定

2.1 一般规定

2.1.1 组合钢模板的设计应采用以概率理论为基础的极限状态计算方法,并采用分项系数的设计表达式进行设计计算。

2.1.2 钢模板应具有足够的刚度和强度。平面模板在规定荷载作用下的刚度和强度应符合本规范表 3.3.4 的要求。其截面特征应符合本规范附录 C 的要求。

2.1.3 钢模板应拼缝严密,装拆灵活,搬运方便。

2.1.4 钢模板纵、横肋的孔距与模板的模数应一致,模板横竖都可以拼装。

2.1.5 根据工程特点的需要,可增加其他专用模板,但其模数应与本规范钢模板的模数相一致。

2.2 组成和要求

2.2.1 组合钢模板由钢模板和配件两大部分组成。

1 钢模板包括平面模板、阴角模板、阳角模板、连接角模等通用模板和倒棱模板、梁腋模板、柔性模板、搭接模板、可调模板及嵌补模板等专用模板,见本规范附录 A。

2 配件的连接件包括 U 形卡、L 形插销、钩头螺栓、紧固螺栓、对拉螺栓、扣件等;配件的支承件包括钢楞、柱箍、钢支柱、早拆柱头、斜撑、组合支架、扣件式钢管支架、门式支架、碗扣式支架、方塔式支架、梁卡具、圈梁卡和桁架等,见本规范附录 A。

2.2.2 钢模板采用模数制设计,通用模板的宽度模数以 50mm 进级,长度模数以 150mm 进级(长度超过 900mm 时,以 300mm 进级)。

2.2.3 钢模板的规格应符合表 2.2.3 和本规范附录 B、附录 K 的要求。

表 2.2.3 钢模板规格(mm)

名 称		宽 度	长 度	肋高
平面模板		600、550、500、450、400、350、300、250、200、150、100	1800、1500、1200、900、750、600、450	
阴角模板		150×150、100×150		
阳角模板		100×100、50×50		
连接角模		50×50		
倒棱模板	角棱模板	17、45		
	圆棱模板	R20、R35	1500、1200、900、750、600、450	55
梁腋模板		50×150、50×100		
柔性模板		100		
搭接模板		75		
双曲可调模板		300、200	1500、900、600	
变角可调模板		200、160		
嵌补模板	平面嵌板	200、150、100	300、200、150	
	阴角模板	150×150、100×150		
	阳角嵌板	100×100、50×50		
	连接角模	50×50		

2.2.4 连接件应符合配套使用、装拆方便、操作安全的要求,连接件的规格应符合表 2.2.4 的要求。

表 2.2.4 连接件规格(mm)

名 称		规 格
U 形卡		φ12
L 形插销		φ12、l=345
钩头螺栓		φ12、l=205、180
紧固螺栓		φ12、l=180
对拉螺栓		M12、M14、M16、T12、T14、T16、T18、T20
扣件	3 形扣件	26 型、12 型
	碟形扣件	26 型、18 型

2.2.5 支承件均应设计成工具式,其规格应符合表 2.2.5 的要求。

表 2.2.5 支 承 件 规 格(mm)

名 称		规 格
钢楞	圆钢管型	φ48×3.5
	矩形钢管型	□80×40×2.0,□100×50×3.0
	轻型槽钢型	[80×40×3.0,[100×50×3.0
	内卷边槽钢型	[80×40×15×3.0,[100×50×20×3.0
	轧制槽钢型	[80×43×5.0
柱箍	角钢型	L75×50×5
	槽型钢	[80×43×5,[100×48×5.3
	圆钢管型	φ48×3.5
钢支柱	C—18 型	l=1812~3112
	C—22 型	l=2212~3512
	C—27 型	l=2712~4012

名　称		规　格
四管支柱	早拆柱头	$l=600、500$
	GH—125 型	$l=1250$
	GH—150 型	$l=1500$
	GH—175 型	$l=1750$
	GH—200 型	$l=2000$
	GH—300 型	$l=3000$
平面可调桁架		330×1990
曲面可变桁架		247×2000
		247×3000
		247×4000
		247×5000
钢管支架		$\phi48\times3.5,l=2000\sim6000$
门式支架		宽度 $b=1200、900$
碗扣式支架		立柱 $l=3000、2400、1800、1200、900、600$
方塔式支架		宽度 $b=1200、1000、900$，高度 $h=1300、1000$
梁卡具	YJ 型	断面小于 600×500
	圆钢管型	断面小于 700×500

3　组合钢模板的制作及检验

3.1　材　　料

3.1.1　组合钢模板的各类材料，其材质应符合国家现行有关标准的规定。

3.1.2　组合钢模板钢材的品种和规格应符合表 3.1.2 的规定，制作前应依据国家现行有关标准对照复查其出厂材质证明，对有疑问或无出厂材质证明的钢材，应按国家有关现行检验标准进行复检，并填写检验记录。

表 3.1.2　组合钢模板的钢材品种和规格（mm）

名　称		钢材品种	规　格
钢模板		Q235 钢板	$\delta=2.5、2.75$
U 形卡		Q235 圆钢	$\phi12$
L 形插销 紧固螺栓 钩头螺栓		Q235 圆钢	$\phi12$
扣件		Q235 钢板	$\delta=2.5、3.0、4.0$
对拉螺栓		Q235 圆钢	M12、M14、M16、T12、T14、T16、T18、T20
钢楞	圆钢管	Q235 钢管	$\phi48\times3.5$
	矩形钢管	Q235 钢管	$\square80\times40\times3.0$
			$\square100\times50\times3.0$
	轻型槽钢	Q235 钢板	$[80\times40\times3.0$
			$[100\times50\times3.0$
	内卷边槽钢	Q235 钢板	$[80\times40\times15\times3.0$
			$[100\times50\times20\times3.0$
	轧制槽钢	Q235 槽钢	$[80\times43\times5.0$

续表 3.1.2

名　称		钢材品种	规　格
钢箍	角钢	Q235 角钢	$L75\times50\times5.0$
	轧制槽钢	Q235 槽钢	$[80\times43\times5.0$ $[100\times48\times5.3$
	圆钢管	Q235 钢管	$\phi48\times3.5$
钢支柱		Q235 钢管	$\phi48\times2.5,\phi60\times2.5$
四管支柱		Q235 钢管	$\phi48\times3.5$
			$\delta=8$
门式支架		Q235 钢管	$\phi48\times3.5、\phi48\times2.5$（低合金钢管）
碗扣式支架		Q235 钢管	$\phi48\times3.5、\phi48\times2.5$（低合金钢管）
方塔式支架		Q235 钢管	$\phi48\times3.5、\phi48\times2.5$（低合金钢管）

注：1　有条件时，应用 $\phi48\times2.5$ 低合金钢管替代 $\phi48\times3.5$ Q235 钢管。

　　2　对拉螺栓宜采用工具式对拉螺栓。

　　3　宽度 $b\geqslant400$mm 的钢模板宜采用 $\delta\geqslant2.75$mm 的钢板制作。

3.2　制　　作

3.2.1　钢模板及配件应按现行国家标准《组合钢模板》GBJ T1 设计制作。

3.2.2　钢模板的槽板制作应采用专用设备冷轧冲压整体成型的生产工艺，沿槽板纵向两侧的凸棱倾角，应严格按标准图尺寸控制。

3.2.3　钢模板槽板边肋上的 U 形卡孔和凸鼓，应采用机械一次或分段冲孔和压鼓成型的生产工艺。

3.2.4　钢模板的组装焊接，应采用组装胎具定位及按先后顺序焊接。

3.2.5　钢模板组装焊接后，对模板的变形处理，宜采用模板整形机校正，当采用手工校正时，不得损伤模板棱角，且板面不得留有锤痕。

3.2.6　钢模板及配件的焊接，宜采用二氧化碳气体保护焊，当采用手工电弧焊时，应按照现行国家标准《手工电弧焊焊接接头的基本型式与尺寸》GB 985 的规定，焊缝外形应光滑、均匀不得有漏焊、焊穿、裂纹等缺陷；并不宜产生咬肉、夹渣、气孔等缺陷。

3.2.7　选用焊条的材质、性能及直径的大小，应与被焊物的材质、性能及厚度相适应。

3.2.8　U 形卡应采用冷作工艺成型，其卡口弹性夹紧力不应小于 1500N。

3.2.9　U 形卡、L 形插销等配件的圆弧弯曲半径应符合设计图的要求，且不得出现非圆弧形的折角皱纹。

3.2.10　各种螺栓连接件的加工，应符合国家现行有关标准。

3.2.11　连接件宜采用镀锌表面处理，镀锌层厚度不应小于 0.05mm，镀层厚度和色彩应均匀，表面光亮细致，不得有漏镀缺陷。

3.3　检　　验

3.3.1　为确保组合钢模板的制作质量，成品必须经检验被评定为合格后，签发产品合格证方准出厂，并附说明书。

3.3.2　生产厂应加强产品质量管理，健全质量管理制度和质量检查机构，认真做好班组自检、车间抽查和厂级质检部门终检原始记录，根据抽样检验的数据，评定出合格品和优品品。

3.3.3　生产厂进行产品质量检验。检验设备和量具，必须符合国家三级及其以上计量标准要求。

3.3.4　钢模板在工厂成批投产前和投产后都应进行荷载试验，检验模板的强度、刚度和焊接质量等综合性能，当模板的材质或生产工艺等有较大变动时，都应抽样进行荷载试验。荷载试验标准应符合表 3.3.4 的要求，荷载试验方法应符合本规范附录 E 的要求，抽样方法应按本规范附录 J 执行。

表 3.3.4 钢模板荷载试验标准

试验项目	模板长度 L (mm)	支点间距 L (mm)	均布荷载 q (kN/m²)	集中荷载 P (N/mm)	允许挠度值 (mm)	强度试验要求
刚度试验	1800 1500 1200	900	30	10	≤1.5	—
	900 750 600	450		10	≤0.2	—
强度试验	1800 1500 1200	900	45	15	不破坏,残余挠度≤0.2mm	
	900 750 600	450		30	不破坏	

注:试验用的模板宽度应为 200、300、400、600mm 的模板。

3.3.5 钢模板成品的质量检验,包括单件检验和组装检验,其质量标准应符合表 3.3.5-1 和表 3.3.5-2 的规定。

表 3.3.5-1 钢模板制作质量标准

项 目		要求尺寸 (mm)	允许偏差 (mm)
外形尺寸	长度	l	0 −1.00
	宽度	b	0 −0.80
	肋高	55	±0.50
U形卡孔	沿板长度的孔中心距	n×150	±0.60
	沿板宽度的孔中心距	—	±0.60
	孔中心与板面间距	22	±0.30
	沿板长度孔中心与板端间距	75	±0.30
	沿板宽度孔中心与边肋凸棱面的间距	—	±0.30
	孔直径	φ13.8	±0.25
凸棱尺寸	高度	0.3	+0.30 −0.05
	宽度	4.0	+2.00 −1.00
	边肋圆角	90°	φ0.5 钢针通不过
	面板端与两凸棱面的垂直度	90°	d ≤0.50
	板面平面度		f₁≤1.00
	凸棱直线度		f₂≤0.50
横肋	横肋、中纵肋与边肋高度差	—	Δ ≤1.20
	两端横肋组装位移	0.3	Δ ≤0.60
焊缝	肋间焊缝长度	30.0	±5.00
	肋间焊脚高	2.5(2.0)	+1.00
	肋与面板焊缝长度	10.0(15.0)	+5.00
	肋与面板焊脚高度	2.5(2.0)	+1.00
	凸鼓的高度	1.0	+0.30 −0.05
	防锈漆外观	油漆涂刷均匀不得漏涂、皱皮、脱皮、流淌	
	角模的垂直度	90°	Δ≤1.00

注:采用二氧化碳气体保护焊的焊脚高度与焊缝长度为括号内数据。

表 3.3.5-2 钢模板产品组装质量标准(mm)

项 目	允许偏差
两块模板之间的拼接缝隙	≤1.0
相邻模板面的高低差	≤2.0
组装模板平面度	≤2.0
组装模板板面的长宽尺寸	±2.0
组装模板两对角线长度差值	≤3.0

注:组装模板面积为 2100×2000。

3.3.6 钢模板检验的合格品和优质品应按本规范附录 F 来判定。产品抽样方法和批合格判定应按本规范附录 J 执行。

3.3.7 配件的强度、刚度及焊接质量等综合性能,在成批投产前和投产后都应按设计要求进行荷载试验。当配件的材质或生产工艺有变动时,也应进行荷载试验。其中 U 形卡、钢支柱的质量检验方法应符合本规范附录 G、H 的要求。

3.3.8 配件合格品应符合表 3.3.8 所示的要求,产品抽样方法应按本规范附录 J 执行。

表 3.3.8 配件制作主项质量标准(mm)

项 目		要求尺寸	允许偏差
U形卡	卡口宽度	6.0	±0.5
	跨高	44	±1.0
	弹性孔直径	φ20	+2.0 0
	试验 50 次后的卡口残余变形	—	≤1.2
扣件	高度	—	±2.0
	螺栓孔直径	—	±1.0
	长度	—	±1.5
	宽度	—	±1.0
	卡口长度	—	+2.0 0
支柱	钢管的直线度	—	≤L/1000
	支柱最大长度时上端最大振幅	—	≤60.0
	顶板与底板的孔中心与管轴位移	—	1.0
	销孔对管径的对称度	—	1.0
	插管插入套管的最小长度	≥280	—
桁架	上平面直线度	—	≤2.0
	焊缝长度	—	±5.0
	销孔直径	—	+1.0 0
	两排孔之间平行度	—	±0.5
	长方向相邻两孔中心距	—	±0.5
梁卡具	销孔直径	—	+1.0 0
	销孔中心距	—	±1.0
	立管垂直度	—	≤1.5
门式支架	门架高度	—	±1.5
	门架宽度	—	±1.5
	立杆端面与杆轴线垂直度	—	0.3
	锁销与立杆轴线位置度	—	±1.5
	锁销间距离	—	±1.5
碗扣式支架	立杆长度	—	±1.0
	相邻下碗扣间距	600	±0.5
	立杆直线度	—	≤1/1000
	下碗扣与定位销下端距离	115	±0.5
	销孔直径	φ12	+1.0 0
	销孔中心与管端间距	30	±0.5

注:1 U形卡试件试验后,不得有裂纹、脱皮等疵病。
   2 扣件、支柱、桁架和支架等项目都应做荷载试验。

3.3.9 钢模板及配件的表面必须先除油、除锈,再按表 3.3.9 的要求作防锈处理。

表 3.3.9 钢模板及配件防锈处理

名 称	防锈处理
钢模板	板面涂防锈油,其他面涂防锈漆
U形卡 L形插销 钩头螺栓 紧固螺栓 扣件 早拆柱头	镀锌
柱箍	定位器、插销镀锌,其他涂防锈漆

名　称	防锈处理
钢楞	涂防锈漆
支柱、斜撑	插销镀锌,其他涂防锈底漆、面漆
桁架	涂防锈底漆、面漆
支架	涂防锈底漆、面漆

注:1 电泳涂漆和喷塑钢模板面可不涂防锈油。
　　2 U 形卡表面可做氧化处理。

3.3.10 对产品质量有争议时,应按上列有关项目的质量标准及检验方法进行复检。

3.4 标志与包装

3.4.1 钢模板的背面应标志厂名、商标、批号等。

3.4.2 根据运输及装卸条件,组合钢模板应采用捆扎或包装。

4 模板工程的施工设计

4.1 一般规定

4.1.1 模板工程施工前,应根据结构施工图,施工总平面图及施工设备和材料供应等现场条件,编制模板工程施工设计,列入工程项目的施工组织设计。

4.1.2 模板工程的施工设计应包括下列内容:

1 绘制配板设计图、连接件和支承系统布置图、细部结构和异型模板详图及特殊部位详图;

2 根据结构构造型式和施工条件确定模板荷载,对模板和支承系统做力学验算;

3 编制钢模板与配件的规格、品种与数量明细表;

4 制定技术及安全措施,包括:模板结构安装及拆卸的程序,特殊部位、预埋件及预留孔洞的处理方法,必要的加热、保温或隔热措施,安全措施等;

5 制定钢模板及配件的周转使用方式与计划;

6 编写模板工程施工说明书。

4.1.3 简单的模板工程可按预先编制的模板荷载等级和部件规格间距选用图表,绘制模板排列图及连接件与支承件布置图,并对关键的部位做力学验算。

4.1.4 为加快组合钢模板的周转使用,宜选取下列措施:

1 分层分段流水作业;

2 竖向结构与横向结构分开施工;

3 充分利用有一定强度的混凝土结构支承上部模板结构;

4 采用预先组装大片模板的方式整体装拆;

5 采用各种可以重复使用的整体模架。

4.2 刚度及强度验算

4.2.1 组合钢模板承受的荷载应根据现行国家标准《混凝土结构工程施工及验收规范》GB 50204 的有关规定进行计算。

4.2.2 组成模板结构的钢模板、钢楞和支柱应采用组合荷载验算其刚度,其容许挠度应符合表 4.2.2 的规定。

表 4.2.2 钢模板及配件的容许挠度(mm)

部件名称	容许挠度
钢模板的面积	1.5
单块钢模板	1.5
钢楞	$l/500$
柱箍	$b/500$
桁架	$l/1000$
支承系统累计	4.0

注:l 为计算跨度,b 为柱宽。

4.2.3 组合钢模板所用材料的强度设计值,应按照国家现行规范的有关规定取用。并应根据组合钢模板的新旧程度、荷载性质和结构不同部位,乘以系数 $1.0 \sim 1.18$。

4.2.4 钢楞所用矩形钢管与内卷边槽钢的强度设计值应根据现行国家标准《冷弯薄壁型钢结构技术规范》GBJ 18 的有关规定取用;强度设计值不应提高。

4.2.5 当验算模板及支承系统在自重与风荷载作用下抗倾覆的稳定性时,抗倾覆系数不应小于 1.15。风荷载应根据现行国家标准《建筑结构荷载规范》GBJ 9 的有关规定取用。

4.3 配板设计

4.3.1 配板时,宜选用大规格的钢模板为主板,其他规格的钢模板作补充。

4.3.2 绘制配板图时,应标出钢模板的位置、规格型号和数量。对于预组装的大模板,应标绘出其分界线。有特殊构造时,应加以标明。

4.3.3 预埋件和预留孔洞的位置,应在配板图上标明,并注明其固定方法。

4.3.4 钢模板的配板,应根据配模面的形状和几何尺寸,以及支撑形式而决定。

4.3.5 钢模板长向接缝宜采用错开布置,以增加模板的整体刚度。

4.3.6 为设置对拉螺栓或其他拉筋,需要在钢模板上钻孔时,应使钻孔的模板能多次周转使用。并应采取措施减少和避免在钢模板上钻孔。

4.3.7 柱、梁、墙、板的各种模板面的交接部分,应采用连接简便,结构牢固的专用模板。

4.3.8 相邻钢模板的边肋,都应用 U 形卡插卡牢固,U 形卡的间距不应大于 300mm,端头接缝上的卡孔,应插上 U 形卡或 L 形插销。

4.4 支承系统的设计

4.4.1 模板的支承系统应根据模板的荷载和部件的刚度进行布置。内钢楞的配置方向应与钢模板的长度方向相垂直,直接承受钢模板传递的荷载,其间距应按荷载数值和钢模板的力学性能计算确定。外钢楞承受内钢楞传递的荷载,用以加强钢模板结构的整体刚度和调整平直度。

4.4.2 内钢楞悬挑部分的端部挠度应与跨中挠度大致相等,悬挑长度不宜大于 400mm,支柱应着力在外钢楞上。

4.4.3 对于一般柱、梁板,宜采用柱箍和梁卡具作支承件;对于断面较大的柱、梁,宜用对拉螺栓和钢楞。

4.4.4 模板端缝齐平布置时,一般每块钢模板应有两个支承点,错开布置时,其间距可不受端缝位置的限制。

4.4.5 对于在同一工程中可多次使用的预组装模板,宜采用钢模板和支承系统连成整体的模架。整体模架可随结构部位及施工方式而采取不同的构造型式。

4.4.6 支承系统应经过设计计算,保证具有足够的强度和稳定性。当支柱或其节间的长细比大于 110 时,应按临界荷载进行核算,安全系数可取 3～3.5。

4.4.7 支承系统中,对连续形式和排架形式的支柱应适当配置水平撑与剪力撑,保证其稳定性。

5 模板工程的施工及验收

5.1 施 工 准 备

5.1.1 组合钢模板安装前应向施工班组进行技术交底。有关施工及操作人员应熟悉施工图及模板工程的施工设计。

5.1.2 施工现场应有可靠的能满足模板安装和检查需用的测量控制点。

5.1.3 现场使用的模板及配件应按规格的数量逐项清点和检查,未经修复的部件不得使用。

5.1.4 采用预组装模板施工时,模板的预组装应在组装平台或平整处理过的场地上进行。组装完毕后应予编号,并应表5.1.4的组装质量标准逐块检验后进行试吊,试吊完毕后应进行复查,并再检查配件的数量、位置和紧固情况。

表 5.1.4 钢模板施工组装质量标准(mm)

项 目	允许偏差
两块模板之间拼接缝隙	≤2.0
相邻模板面的高低差	≤2.0
组装模板面平面度	≤2.0(用 2m 长平尺检查)
组装模板面的长宽尺寸	≤长度或宽度的 1/1000,最大±4.0
组装模板两对角线长度差值	≤对角线长度的 1/1000,最大±7.0

5.1.5 经检查合格的组装模板,应按照安装程序进行堆放和装车。平行叠放时应稳当妥贴,避免碰撞,每层之间应加垫木,模板与垫木均应上下对齐,底层模板应垫离地面不小于 10cm。立放时,必须采取措施,防止倾倒并保证稳定,平装运输时,应整堆捆紧,防止摇晃摩擦。

5.1.6 钢模板安装前,应涂刷脱模剂,严禁在模板上涂刷废机油。

5.1.7 模板安装时,应做好下列准备工作:

1 梁和楼板模板的支柱支设在土壤地面时,应将地面事先整平夯实,根据土质情况考虑排水或防水措施,并准备柱底垫板;

2 竖向模板的安装底面应平整坚实,清理干净,并采取可靠的定位措施;

3 竖向模板应按施工设计要求预埋支承锚固件。

5.2 安装及拆除

5.2.1 现场安装组合钢模板时,应遵守下列规定:

1 按配板图与施工说明书循序拼装,保证模板系统的整体稳定。

2 配件必须装插牢固。支柱和斜撑下的支承面应平整垫实,并有足够的受压面积。支撑件应着力于外钢楞。

3 预埋件与预留孔洞必须位置准确,安设牢固。

4 基础模板必须支拉牢固,防止变形,侧模斜撑的底部应加设垫木。

5 墙和柱子模板的底面应找平,下端应与事先做好的定位基准靠紧垫平,在墙、柱上继续安装模板时,模板应有可靠的支承点,其平直度应进行校正。

6 楼板模板支模时,应先完成一个格构的水平支撑及斜撑安装,再逐渐向外扩展,以保持支撑系统的稳定性。

7 墙柱与梁板同时施工时,应先支设墙柱模板,调整固定后,再在其上架设梁板模板。

8 当墙柱混凝土已经浇灌完毕时,可以利用已灌注的混凝土结构来支承梁、板模板。

9 预组装墙模板吊装就位后,下端应垫平,紧靠定位基准;两侧模板均应利用斜撑调整和固定其垂直度。

10 支柱在高度方向所设的水平撑与剪力撑,应按构造与整体稳定性布置。

11 多层及高层建筑中,上下层对应的模板支柱应设置在同一竖向中心线上。

5.2.2 模板工程的安装应符合下列要求:

1 同一条拼缝上的 U 形卡不宜向同一方向卡紧。

2 墙两侧模板的对拉螺栓孔应平直相对,穿插螺栓时不得斜拉硬顶。钻孔应采用机具,严禁用电、气焊灼孔。

3 钢楞宜取用整根杆件,接头应错开设置,搭接长度不应少于 200mm。

5.2.3 对于模板安装的起拱,支模的方法、焊接钢筋骨架的安装、预埋件和预留孔洞的允许偏差、预组装模板安装的允许偏差,以及预制构件模板安装的允许偏差等事项均需按照现行国家标准《混凝土结构工程施工及验收规范》GB 50204 的相应规定办理。

5.2.4 曲面结构可用双曲可调模板,采用平面模板组装时,应使模板面与设计曲面的最大差值不得超过设计的允许值。

5.2.5 模板工程安装完毕,必须经检查验收后,方可进行下道工序。混凝土的浇筑必须按照现行国家标准《混凝土结构工程施工及验收规范》GB 50204 的有关规定办理。

5.2.6 拆除模板的时间必须按照现行国家标准《混凝土结构工程施工及验收规范》GB 50204 的有关规定办理。

5.2.7 现场拆除组合钢模板时,应遵守下列规定:

1 拆模前应制定拆模程序、拆模方法及安全措施;

2 先拆除侧面模板,再拆除承重模板;

3 组合大模板宜大块整体拆除;

4 支承件和连接件应逐件拆卸,模板应逐块拆卸传递,拆时不得损伤模板和混凝土。

5 拆下的模板和配件均应分类堆放整齐,附件应放在工具箱内。

5.3 安全要求

5.3.1 在组合钢模板上架设的电线和使用的电动工具,应采用36V的低压电源或采取其他有效的安全措施。

5.3.2 登高作业时,连接件必须放在箱盒或工具袋中,严禁放在模板或脚手板上,扳手等各类工具必须系挂在身上或置放于工具袋内,不得掉落。

5.3.3 钢模板用于高耸建筑施工时,应有防雷击措施。

5.3.4 高空作业人员严禁攀登组合钢模板或脚手架等上下,也不得在高空的墙顶、独立梁及其模板等上面行走。

5.3.5 组合钢模板装拆时,上下应有人接应,钢模板应随装拆随转运,不得堆放在脚手板上,严禁抛掷踩撞,若中途停歇,必须把活动部件固定牢靠。

5.3.6 装拆模板,必须有稳固的登高工具或脚手架,高度超过3.5m时,必须搭设脚手架。装拆过程中,除操作人员外,下面不得站人,高处作业时,操作人员应挂上安全带。

5.3.7 安装墙、柱模板时,应随时支撑固定,防止倾覆。

5.3.8 模板的预留孔洞、电梯井口等处,应加盖或设置防护栏,必要时在洞口处设置安全网。

5.3.9 安装预组装成片模板时,应边就位、边校正和安设连接件,并加设临时支撑稳固。

5.3.10 预组装模板装拆时,垂直吊运应采用两个以上的吊点,水平吊运应采取四个吊点,吊点应合理布置并作受力计算。

5.3.11 预组装模板拆除时,宜整体拆除,并应先挂好吊索,然后拆除支撑及拼接两片模板的配件,待模板离开结构表面后再起吊,吊钩不得脱钩。

5.3.12 拆除承重模板时,为避免突然整块坍落,必要时应先设立临时支撑,然后进行拆卸。

5.4 检查验收

5.4.1 组合钢模板工程安装过程中,应进行质量检查和验收,检查下列内容:

1 组合钢模板的布局和施工顺序;
2 连接件、支承件的规格、质量和紧固情况;
3 支承着力点和模板结构整体稳定性;
4 模板轴线位置和标志;
5 竖向模板的垂直度和横向模板的侧向弯曲度;
6 模板的拼缝宽度和高低差;
7 预埋件和预留孔洞的规格数量及固定情况。

5.4.2 整体式结构模板安装的质量检查,除根据现行国家标准《建筑工程质量检验评定标准》GBJ 301 的有关规定执行外,尚应检查下列内容:

1 扣件规格与对拉螺栓、钢楞的配套和紧固情况;
2 支柱、斜撑的数量和着力点;
3 对拉螺栓、钢楞与支柱的间距;
4 各种预埋件和预留孔洞的固定情况;
5 模板结构的整体稳定;
6 有关安全措施。

5.4.3 模板工程验收时,应提供下列文件:

1 模板工程的施工设计或有关模板排列图和支承系统布置图;
2 模板工程质量检查记录及验收记录;
3 模板工程支模的重大问题及处理记录。

6 组合钢模板的运输、维修与保管

6.1 运　输

6.1.1 钢模板运输时,不同规格的模板不宜混装,当超过车箱侧板高度时,必须采取有效措施防止模板滑动。

6.1.2 短途运输时,钢模板可采用散装运输;长途运输时,钢模板应用简易集装,支承板应捆扎,连接件应分类装箱。

6.1.3 预组装模板运输时,可根据预组装模板的结构、规格尺寸和运输条件等,采取分层平放运输或分格竖直运输,但都应分隔垫实,支撑牢固,防止松动变形。

6.1.4 装卸模板和配件可用起重设备成捆装卸或人工单块搬运,均应轻装轻卸,严禁抛掷,并应防止碰撞损坏。

6.2 维修与保管

6.2.1 钢模板和配件拆除后,应及时清除粘结的砂浆杂物,板面涂刷防锈油,对变形及损坏的钢模板及配件,应及时整形和修补,修复后的钢模板和配件应达到表 6.2.1 的要求,并宜采用机械整形和清理。

表 6.2.1　钢模板及配件修复后的主要质量标准(mm)

	项　目	允 许 偏 差
钢模板	板面平面度	≤2.0
	凸棱直线度	≤1.0
	边肋不直度	不得超过凸棱高度
配件	U 形卡卡口残余变形	≤1.2
	钢楞及支柱直线度	≤l/1000

注:l 为钢楞及支柱的长度。

6.2.2 对暂不使用的钢模板,板面应涂刷脱模剂或防锈油,背面油漆脱落处,应补涂防锈漆,焊缝开裂时应补焊,并按规格分类堆放。

6.2.3 维修质量达不到本规范表 6.2.1 要求的钢模板和配件不得发放使用。

6.2.4 钢模板宜放在室内或敞棚内,模板的底面应垫离地面100mm 以上;露天堆放时,地面应平整、坚实,有排水措施,模板底面应垫离地面 200mm 以上,两支点离模板两端的距离不大于模板长度的 1/6。

6.2.5 配件入库保存时,应分类存放,小件要点数装箱入袋,大件要整数成垛。

附录 A 组合钢模板的用途

A.0.1 钢模板。

1 平面模板:用于基础、墙体、梁、柱和板等各种结构的平面部位(如图 A.0.1-1)。

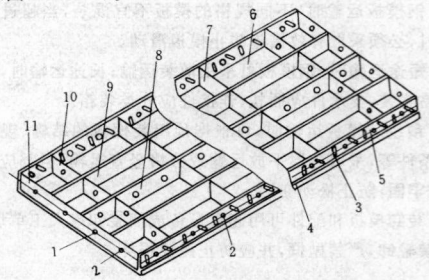

图 A.0.1-1 平面模板

1—插销孔;2—U 形卡孔;3—凸鼓;4—凸棱;5—边肋;6—主板;
7—无孔横肋;8—有孔纵肋;9—无孔纵肋;10—有孔横肋;11—端肋

2 阴角模板:用于墙体和各种构件的内角及凹角的转角部位(图 A.0.1-2)。

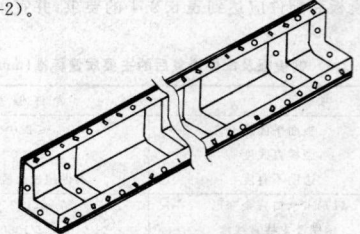

图 A.0.1-2 阴角模板

3 阳角模板:用于柱、梁及墙体等外角及凸角的转角部位(图 A.0.1-3)。

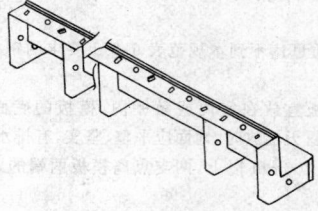

图 A.0.1-3 阳角模板

4 连接角模:用于柱、梁及墙体等外角及凸角的转角部位(图 A.0.1-4)。

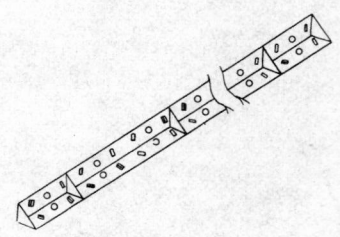

图 A.0.1-4 连接角模

5 倒棱模板:用于柱、梁及墙体等阳角的倒棱部位。倒棱模板有角棱模板和圆棱模板(图 A.0.1-5)。

6 梁腋模板:用于暗渠、明渠、沉箱及高架结构等梁腋部位(图 A.0.1-6)。

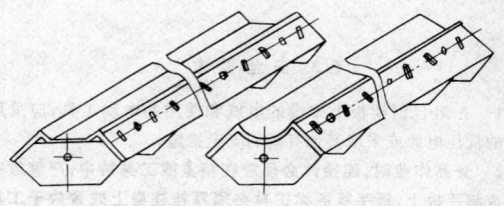

图 A.0.1-5 倒棱模板

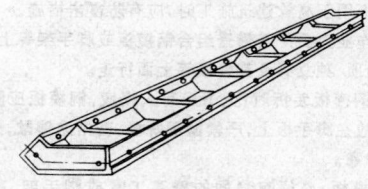

图 A.0.1-6 梁腋模板

8 搭接模板:用于调节 50mm 以内的拼装模板尺寸(图 A.0.1-7)。

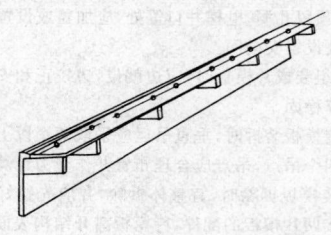

图 A.0.1-7 搭接模板

9 双曲可调模板:用于构筑物曲面部位(图 A.0.1-8)。

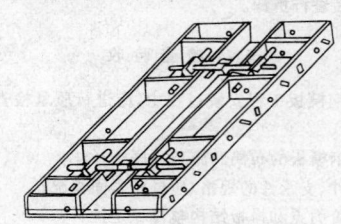

图 A.0.1-8 双曲可调模板

10 变角可调模板:用于展开面为扇形或梯形的构筑物的结构部位(图 A.0.1-9)。

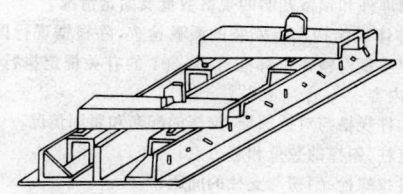

图 A.0.1-9 变角可调模板

11 嵌补模板:用于梁、板、墙、柱等结构的接头部位。

A.0.2 连接件。

1 U 形卡:用于钢模板纵横向自由拼接,将相邻钢模板夹紧固定的主要连接件(图 A.0.2-1)。

2 L 形插销:用作增强钢模板纵向拼接刚度,保证接缝处板面平整(图 A.0.2-2)。

3 钩头螺栓:用作钢模板与内外钢楞之间的连接固定(图 A.0.2-3)。

4 紧固螺栓:用作紧固内、外钢楞,增强拼接模板的整体固定(图 A.0.2-4)。

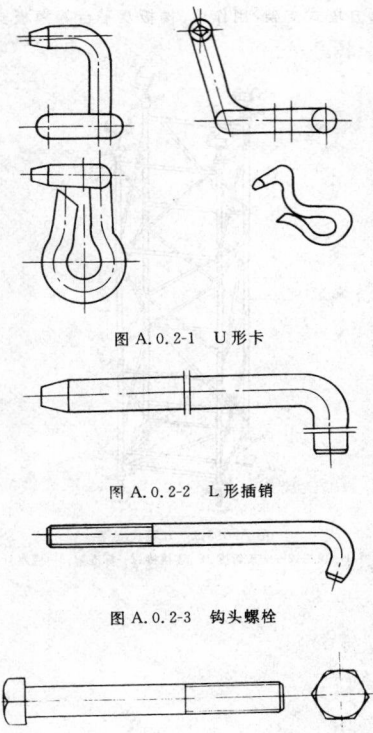

图 A.0.2-1 U形卡

图 A.0.2-2 L形插销

图 A.0.2-3 钩头螺栓

图 A.0.2-4 紧固螺栓

5 扣件:用作钢楞与钢模板或钢楞之间的紧固连接,与其他配件一起将钢模板拼装连接成整体,扣件应与相应的钢楞配套使用。按钢楞的不同形状,分别采用碟形扣件和3形扣件,扣件的刚度应与配套螺栓的强度相适应(图 A.0.2-5、图 A.0.2-6)。

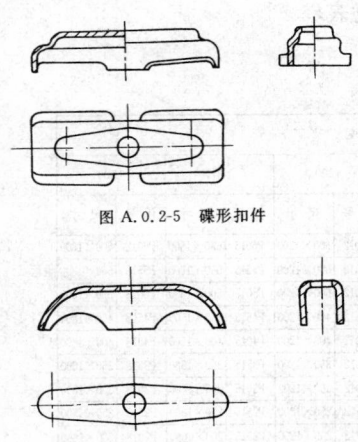

图 A.0.2-5 碟形扣件

图 A.0.2-6 3形扣件

6 对拉螺栓:用作拉结两竖向侧模板,保持两侧模板的间距,承受混凝土侧压力和其他荷重,确保模板有足够的刚度和强度(图 A.0.2-7)。

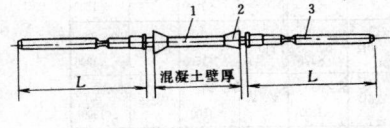

图 A.0.2-7 对拉螺栓
1—内拉杆;2—顶帽;3—外拉杆

A.0.3 支承件。

1 钢楞:用于支承钢模板和加强其整体刚度。钢楞材料有圆钢管、矩形钢管和内卷边槽钢等形式。钢楞的力学性能应符合本规范附录D的要求。

2 柱箍:用于支承和夹紧模板,其型式应根据柱模尺寸、侧压力大小等因素来选择(图 A.0.3-1)。

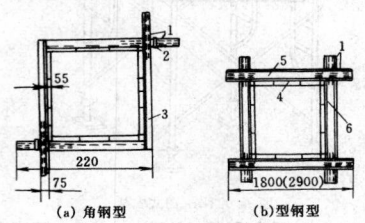

(a)角钢型   (b)型钢型

图 A.0.3-1 柱箍
1—插销;2—限位器;3—夹板;4—模板;5—型钢A;6—型钢B

3 钢支柱:用于承受水平模板传递的竖向模板,支柱有单管支柱、四管支柱等多种型式(图 A.0.3-2 和图 A.0.3-3)。

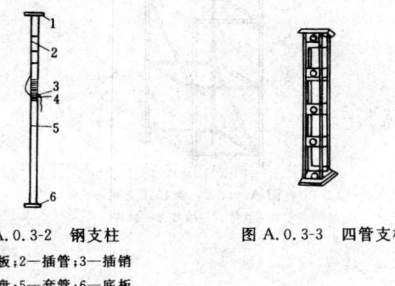

图 A.0.3-2 钢支柱   图 A.0.3-3 四管支柱
1—顶板;2—插管;3—插销
4—转盘;5—套管;6—底板

4 早拆柱头:用于梁和模板的支撑柱头,以及模板早拆(图 A.0.3-4)

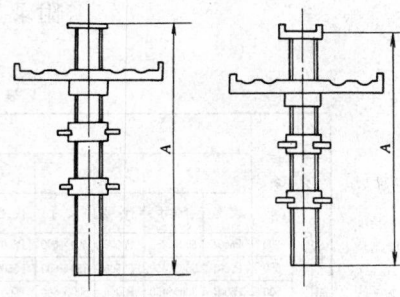

图 A.0.3-4 早拆柱头

5 斜撑:用于承受单侧模板的侧向荷载和调整竖向支模的垂直度。

6 桁架:有平面可调和曲面可变式两种,平面可调桁架用于支承楼板、梁平面构件的模板,曲面可变桁架支承曲面构件的模板(图 A.0.3-5 和图 A.0.3-6)。

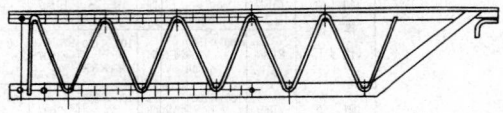

图 A.0.3-5 平面可调桁架

7 钢管支架:用作梁、楼板及平台等模板支架、外脚手架等。

8 门式支架:用作梁、楼板及平台等模板支架、内外脚手架和移动脚手架等(图 A.0.3-7)。

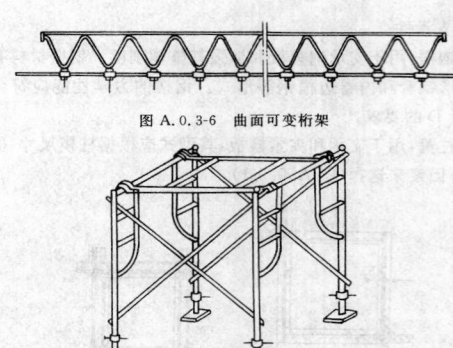

图 A.0.3-6 曲面可变桁架

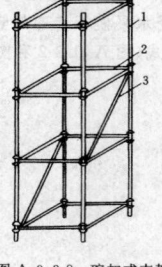

图 A.0.3-7 门式支架

9 碗扣式支架：用作梁、楼板及平台等模板支架、外脚手架和移动脚手架等(图 A.0.3-8)。

图 A.0.3-8 碗扣式支架
1—立杆；2—横杆；3—斜杆

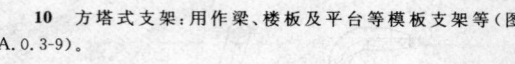

10 方塔式支架：用作梁、楼板及平台等模板支架等(图 A.0.3-9)。

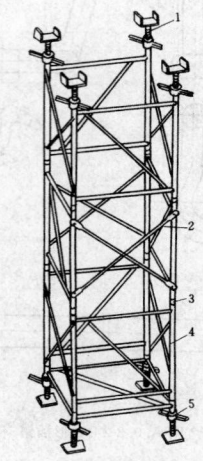

图 A.0.3-9 方塔式支架
1—顶托；2—交叉斜撑；3—连接棒；4—标准架；5—底座

附录 B 钢模板规格编码表

表 B 钢模板规格编码表(mm)

模板名称		模板长度													
		450		600		750		900		1200		1500		1800	
		代号	尺寸	代号	尺寸	代号	尺寸	代号	尺寸	代号	尺寸	代号	尺寸	代号	尺寸
平面模板代号P	宽度	600	P6004	600×450	P6006	600×600	P6007	600×750	P6009	600×900	P6012	600×1200	P6015	600×1500	P6018	600×1800
		550	P5504	550×450	P5506	550×600	P5507	550×750	P5509	550×900	P5512	550×1200	P5515	550×1500	P5518	550×1800
		500	P5004	500×450	P5006	500×600	P5007	500×750	P5009	500×900	P5012	500×1200	P5015	500×1500	P5018	500×1800
		450	P4504	450×450	P4506	450×600	P4507	450×750	P4509	450×900	P4512	450×1200	P4515	450×1500	P4518	450×1800
		400	P4004	400×450	P4006	400×600	P4007	400×750	P4009	400×900	P4012	400×1200	P4015	400×1500	P4018	400×1800
		350	P3504	350×450	P3506	350×600	P3507	350×750	P3509	350×900	P3512	350×1200	P3515	350×1500	P3518	350×1800
		300	P3004	300×450	P3006	300×600	P3007	300×750	P3009	300×900	P3012	300×1200	P3015	300×1500	P3018	300×1800
		250	P2504	250×450	P2506	250×600	P2507	250×750	P2509	250×900	P2512	250×1200	P2515	250×1500	P2518	250×1800
		200	P2004	200×450	P2006	200×600	P2007	200×750	P2009	200×900	P2012	200×1200	P2015	200×1500	P2018	200×1800
		150	P1504	150×450	P1506	150×600	P1507	150×750	P1509	150×900	P1512	150×1200	P1515	150×1500	P1518	150×1800
		100	P1004	100×450	P1006	100×600	P1007	100×750	P1009	100×900	P1012	100×1200	P1015	100×1500	P1018	100×1800
阴角模板(代号E)			E1504	150×150×450	E1506	150×150×600	E1507	150×150×750	E1509	150×150×900	E1512	150×150×1200	E1515	150×150×1500	E1518	150×150×1800
			E1004	100×150×450	E1006	100×150×600	E1007	100×150×750	E1009	100×150×900	E1012	100×150×1200	E1015	100×150×1500	E1018	100×150×1800
阳角模板(代号Y)			Y1004	100×100×450	Y1006	100×100×600	Y1007	100×100×750	Y1009	100×100×900	Y1012	100×100×1200	Y1015	100×100×1500	Y1018	100×100×1800
			Y0504	50×50×450	Y0506	50×50×600	Y0507	50×50×750	Y0509	50×50×900	Y0512	50×50×1200	Y0515	50×50×1500	Y0518	50×50×1800
连接角模(代号J)			J0004	50×50×450	J0006	50×50×600	J0007	50×50×750	J0009	50×50×900	J0012	50×50×1200	J0015	50×50×1500	J0018	50×50×1800

模板名称		450		600		750		900		1200		1500		1800	
		代号	尺寸	代号	尺寸	代号	尺寸	代号	尺寸	代号	尺寸	代号	尺寸	代号	尺寸
倒棱模板	角棱模板(代号JL)	JL1704	17×450	JL1706	17×600	JL1707	17×750	JL1709	17×900	JL1712	17×1200	JL1715	17×1500	JL1718	17×1800
		JL4504	45×450	JL4506	45×600	JL4507	45×750	JL4509	45×900	JL4512	45×1200	JL4515	45×1500	JL4518	45×1800
	圆棱模板(代号YL)	YL2004	20×450	YL2006	20×600	YL2007	20×750	YL2009	20×900	YL2012	20×1200	YL2015	20×1500	YL2018	20×1800
		YL3504	35×450	YL3506	35×600	YL3507	35×750	YL3509	35×900	YL3512	35×1200	YL3515	35×1500	YL3518	35×1800
梁腋模板(代号IY)		IY1004	100×50×450	IY1006	100×50×600	IY1007	100×50×750	IY1009	100×50×900	IY1012	100×50×1200	IY1015	100×50×1500	IY1018	100×50×1800
		IY1504	150×50×450	IY1506	150×50×600	IY1507	150×50×750	IY1509	150×50×900	IY1512	150×50×1200	IY1515	150×50×1500	IY1518	150×50×1800
柔性模板(代号Z)		Z1004	100×450	Z1006	100×600	Z1007	100×750	Z1009	100×900	Z1012	100×1200	Z1015	100×1500	Z1018	100×1800
搭接模板(代号D)		D7504	75×450	D7506	75×600	D7507	75×750	D7509	75×900	D7512	75×1200	D7515	75×1500	D7518	75×1800
双曲可调模板(代号T)		—	—	T3006	300×600	—	—	T3009	300×900	—	—	T3015	300×1500	T3018	300×1800
		—	—	T2006	200×600	—	—	T2009	200×900	—	—	T2015	200×1500	T2018	200×1800
变角可调模板(代号B)		—	—	B2006	200×600	—	—	B2009	200×900	—	—	B2015	200×1500	B2018	200×1800
		—	—	B1606	160×600	—	—	B1609	160×900	—	—	B1615	160×1500	B1618	160×1800

附录 C 平面模板截面特征

表 C 平面模板截面特征

模板宽度 b(mm)	600		550		500		450		400		350	
板面厚度 δ(mm)	3.00	2.75	3.00	2.75	3.00	2.75	3.00	2.75	3.00	2.75	3.00	2.75
肋板厚度 δ_1(mm)	3.00	2.75	2.75	3.00	3.00	2.75	3.00	2.75	3.00	2.75	3.00	2.75
净截面面积 A(cm²)	24.56	22.55	23.06	21.17	19.58	17.98	18.08	16.60	16.58	15.23	13.94	12.80
中性轴位置 Y_x(cm)	0.98	0.97	1.03	1.02	0.96	0.95	1.02	1.01	1.09	1.08	1.00	0.99
净截面惯性矩 J_x(cm⁴)	58.87	54.30	59.59	55.06	47.50	43.82	46.43	42.83	45.20	41.69	35.11	32.38
净截面抵抗矩 W_x(cm³)	13.02	11.98	13.33	12.29	10.46	9.63	10.36	9.54	10.25	9.43	7.80	7.18

模板宽度 b(mm)	300		250		200		150		100	
板面厚度 δ(mm)	2.75	2.50	2.75	2.50	2.75	2.50	2.75	2.50	2.75	2.50
肋板厚度 δ_1(mm)	2.75	2.50	2.75	2.50	—	—	—	—	—	—
净截面面积 A(cm²)	11.42	10.40	10.05	9.15	7.61	6.91	6.24	5.69	4.86	4.44
中性轴位置 Y_x(cm)	1.08	0.96	1.20	1.07	1.08	0.96	1.27	1.14	1.54	1.43
净截面惯性矩 J_x(cm⁴)	36.30	26.97	29.89	25.98	20.85	17.98	19.37	16.91	17.19	15.25
净截面抵抗矩 W_x(cm³)	8.21	5.94	6.95	5.86	4.72	3.96	4.58	3.88	4.34	3.75

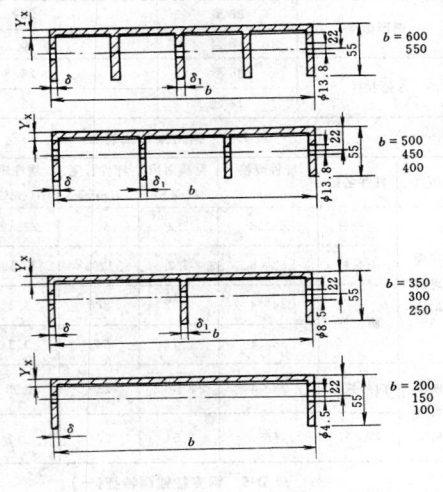

图 C 平面模板截面

附录D 钢模板配件规格及截面特征

表 D-7 四管支柱截面特性

管柱规格(mm)	四管中心距(mm)	截面积(cm²)	惯性矩(cm⁴)	截面抵抗矩(cm³)	回转半径(cm)
φ48×3.5	200	19.57	2005.35	121.24	10.12
φ48×3.0	200	16.96	1739.06	105.34	10.13

表 D-8 钢楞截面特性

规格 (mm)		截面积(cm²)	惯性矩(cm⁴)	截面抵抗矩(cm³)
圆钢管	φ48×3.0	4.24	10.78	4.49
	φ48×3.5	4.89	12.19	5.08
	φ51×3.5	5.22	14.81	5.81
矩形钢管	□60×40×2.5	4.57	21.88	7.29
	□80×40×2.0	4.52	37.13	9.28
	□100×50×3.0	8.54	112.12	22.42
轻型槽钢	[80×40×3.0	4.50	43.92	10.98
	[100×50×3.0	5.70	88.52	12.20
内卷边槽钢	[80×40×15×3.0	5.08	48.92	12.23
	[100×50×20×3.0	6.58	100.28	20.06
轧制槽钢	[80×43×5.0	10.24	101.30	25.30

表 D-1 柱箍截面特征

规格 (mm)		夹板长度(mm)	截面积(cm²)	惯性矩(cm⁴)	截面抵抗矩(cm³)	适用柱宽范围(mm)
扁钢	-60×6	790	3.60	10.80	3.60	250~500
角钢	L75×50×5	1068	6.12	34.86	6.83	250~750
槽钢	[80×43×5	1340	10.24	101.30	25.30	500~1000
	[100×48×5.3	1380	12.74	198.30	39.70	500~1200
圆钢管	φ48×3.5	1200	4.89	12.10	5.08	300~700
	φ51×3.5	1200	5.22	14.81	5.81	300~700

表 D-2 对拉螺栓承载能力

螺栓直径(mm)	螺纹内径(mm)	净面积(mm²)	容许拉力(kN)
M12	10.11	76	12.90
M14	11.84	105	17.80
M16	13.84	144	24.50
T12	9.50	71	12.05
T14	11.50	104	17.65
T16	13.50	143	24.27
T18	15.50	189	32.08
T20	17.50	241	40.91

表 D-3 扣件容许荷载(kN)

项 目	型 号	容许荷载
碟形扣件	26 型	26
	18 型	18
3 形扣件	26 型	26
	12 型	12

表 D-4 钢桁架截面特征

项目	杆件名称	杆件规格(mm)	毛截面积A(cm²)	杆件长度l(mm)	惯性矩I(cm⁴)	回转半径r(mm)
平面可调桁架	上弦杆	L63×6	7.2	600	27.19	1.94
	下弦杆	L63×6	7.2	1200	27.19	1.94
	腹杆	L36×4	2.72	876	3.3	1.1
		L36×4	2.72	639	3.3	1.1
曲面可变桁架	内外弦杆	25×4	2×1=2	250	4.93	1.57
	腹杆	φ18	2.54	277	0.52	0.45

表 D-5 钢支柱截面特征(一)

项目	直径(mm) 外径	内径	壁厚(mm)	截面积A(cm²)	惯性矩I(cm⁴)	回转半径r(cm)
插管	48	43	2.5	3.57	9.28	1.61
套管	60	55	2.5	4.52	18.7	2.03

表 D-6 钢支柱截面特征(二)

项目	直径(mm) 外径	内径	壁厚(mm)	截面积A(cm²)	惯性矩I(cm⁴)	回转半径r(cm)
插管	48	41	3.5	4.89	12.19	1.58
套管	60	53	3.5	6.21	24.88	2.00

附录E 钢模板荷载试验方法

钢模板荷载试验可采用均布荷载或集中荷载进行,当模板支点间距为900mm,均布荷载为30kN/m² 时(相当于集中荷载 $P=10N/mm$)最大挠度不应超过1.5mm;均布荷载为45kN/mm² 时(相当于集中荷载 $P=15N/mm$),应不发生局部破坏或折曲,卸荷后残余变形不超过0.2mm,保荷时间应大于2h,所有焊点无裂纹或撕裂。荷载试验标准应符合本规范表3.3.4的要求,荷载试验简图如图E所示。

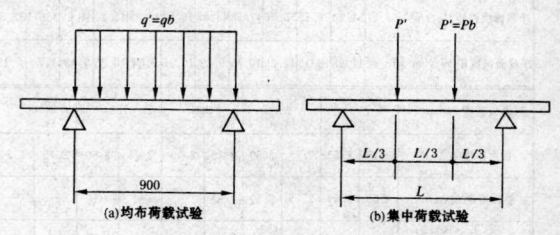

(a)均布荷载试验 (b)集中荷载试验

图E 荷载试验简图

q—均布荷载;P—集中荷载;b—模板宽度

附录 F　钢模板质量检验评定方法

F.0.1　钢模板质量检验评定方法按百分制评定质量,检查内容包括单件检查和组装检查。其中单件检查为 90 分,组装检查为 10 分,满分为 100 分。

F.0.2　钢模板的质量分为优质品和合格品二个等级,其标准应符合如下规定:

　　1　优质品:检查点合格率达到 90% 和累计分数平均达到 90 分;

　　2　合格品:检查点合格率达到 80% 和累计分数平均达到 80 分。

F.0.3　检查抽样应符合如下规定(本规定只作行业检查评比和厂方综合评定某一批产品等级用):

　　1　抽样数量:抽样规格品种不应少于 6 种。从每个规格中抽查 5 块,抽样总数不应少于 30 块,其中模板长度 $L \geqslant 900$mm 的抽 4 种,角模抽 1 种。

　　2　抽样方法:由检查人员从成品仓库中或从用户库存产品中随机抽样。

　　3　抽样基数:每种规格的数量不得少于 100 件。

F.0.4　评定方法:

　　1　检查项目共有 29 项,按项目的重要程度分为关键项、主项和一般项 3 种。

　　2　关键项按合格点数的比例记分。每块板测三点时,有一点不合格者,应扣除该项应得分数的 1/3(测两点时,应扣除 1/2),有两点不合格者,不应记分。

　　3　主项和一般项都按合格点数的比例记分。每块板测三点时,有一点不合格者,应扣除该项应得分数的 1/3,有两点不合格者,应扣除应得分数的 2/3。

　　4　钢模板关键项的同一项目有 40% 的检查点超出允许偏差值时,应另外加倍抽样检验。如加倍抽样检验的结果,仍有 20% 的检查点超出允许偏差值,则该品种为不合格品。

　　5　焊点必须全部检查。合格点数大于或等于 90% 者,应记满分(折合三点合格);小于 90% 的和大于或等于 80% 者,应记 2/3 的分数(折合二点合格);小于 80% 和大于或等于 70% 者,应记 1/3 的分数(折合一点合格);小于 70% 不应记。如有夹渣、咬肉或气孔等缺陷时,该点按不合格计,如有漏焊、焊穿等缺陷时,该板焊缝都不应记分。

　　6　油漆检查分漏涂、皱皮、脱皮和流淌四项,每块有一项不合格应扣除 1 分。

　　7　单件检查完后,应从样本中随机抽样作组装检查,由受检单位派 4 人在 2h 内拼装完毕,每超过 5min 应扣除 1 分。

F.0.5　组装检查的拼模边长不应小于 2m,组装模板的规格不应少于 6 种。

F.0.6　钢模板荷载试验应符合本规范附录 E 和本规范表 3.3.4 的规定。抽样方法和批合格判定应按本规范附录 J 的要求执行。荷载试验不合格的产品判定为不合格品。

F.0.7　检查方法和记分标准应按表 F.0.7 执行。

表 F.0.7　钢模板质量检查方法和评定标准

序号	检查项目		项目性质	评分标准	检查点数	检查方法
1	外形尺寸	长度	关键项	6	3	检查中间及两边倾角部位
		宽度	关键项	6	3	检查两端及中间部位
		肋高	一般项	3	3	检查两侧面的两端及中间部位
2	U形卡孔	孔直径	一般项	3	3	检查任意孔
		沿板长度的孔中心距	关键项	6	3	检查任意间距的两孔中心距
		沿板宽度的孔中心距	主项	2	2	检查两端任意间距的两孔中心距
		沿板宽度方向孔与边肋间的距离	主项	2	2	检查两端孔与两侧面的距离
		孔中心与板边的间距	主项	4	3	检查两端及中间部分
		沿板长度的孔中心与板端间距	主项	4	3	检查两端孔与板端间距
3	凸棱尺寸	高度	主项	4	3	检查任意部分
		宽度	一般项	3	3	检查任意部分
		边肋圆角	一般项	3	3	检查任意部分
4	面板端与两凸棱面的垂直度		关键项	6	3	直角尺一侧与板侧边贴紧检查另一边与板端的间隙
5	板面平面度		主项	4	3	检查沿板面长度方向和对角线部位测最大值
6	板侧面凸棱直线度		主项	4	2	检查沿板长度方向靠板凸棱面测量最大值,两个侧面各取一点
7	横肋	横肋、中纵肋与边肋的高度差	一般项	3	3	检查任意部位
		两端横肋组装位移	一般项	3	4	检查两端部位
8	焊缝	肋间焊缝长度	主项	3		检查所有焊缝
		肋间焊脚高度	主项	3		检查所有焊缝
		肋与面板间的焊缝长度	一般项	3		检查所有焊缝
		肋与面板间的焊脚高度	一般项	3		检查所有焊缝
9	凸鼓的高度		一般项	3	3	检查任意部位
10	防锈漆外观		一般项	4	4	外观目测漏、皱、脱、淌各占 1 分
11	角模 90°偏差		主项	3	3	检查两端及中间部分
12	组装检查	两块模板之间的拼缝间隙	一般项	2	1	检查任意部位
		相邻模板板面的高低差	一般项	2	1	检查任意部位
		组装模板板面的平整度	一般项	2	1	检查任意部位
		组装模板板面长宽尺寸	一般项	2	2	检查任意部位,长宽各占 1 分
		组装模板板面对角线的长度差值	一般项	2	1	检查任意部位
13	累　　　计			100	78	

附录 G U 形卡荷载试验及质量检验方法

G.0.1 荷载试验方法。

1 U 形卡卡口弹性试验：将 U 形卡插入厚度为 7.4mm 的实验板内，夹紧板肋，保荷 5min 卸下。反复进行 50 次后，其卡口最大残余变形不应大于 1.2mm，弹性孔内圆受拉面不得有横向裂纹。

2 U 形卡夹紧力试验：在试验机上，将 U 形卡的卡口张大到 7.4mm，保荷 5min，相应的拉力值即为 U 形卡的夹紧力。反复进行 50 次后，其卡口的夹紧力不应小于 1500N，弹性孔内圆受拉面不得有横向裂纹。

G.0.2 质量检验方法。U 形卡的质量检验及质量评定按国家现行标准《组合钢模板质量检验评定标准》YB/T 9251 的有关规定进行。

附录 H 钢支柱荷载试验及质量检验方法

H.0.1 荷载试验方法。钢支柱试验分刃形支承和平面支承两种方法。见图 H.0.1-1 和图 H.0.1-2。

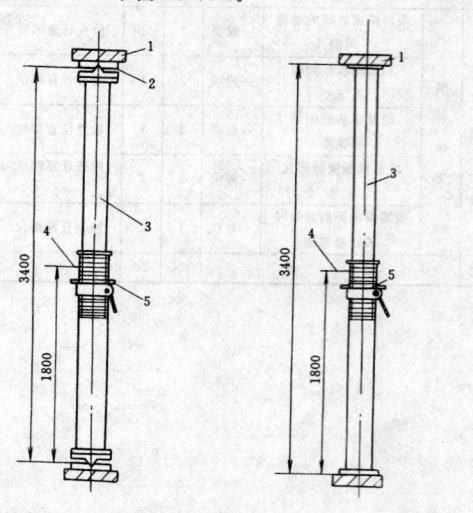

图 H.0.1-1 刃形支承试验   图 H.0.2-2 平面支承试验

1—加压板；2—刃形支座；3—钢支柱；4—标尺；5—插销

1 抗压强度试验。将试件长度调至 3400mm。刃形支承试验时，上下刃形支座相互平行，插销的方向与刃形支座的方向成直角，钢支柱保持垂直，承受荷载不应小于 17kN。平面支承试验时，加压板直接放在托板上，钢支柱保持垂直，承受荷载不应小于 38kN。

2 挠度试验。采用刃形支承，试件长度为 3400mm。在钢支柱中间设标尺，测横向挠度。试验荷载为 9kN 时，最大横向挠度不应超过 7mm。

H.0.2 质量检验方法。钢支柱的质量检验及质量评定按国家现行标准《组合钢模板质量检验评定标准》YB/T 9251 的有关规定执行。

附录 J 抽样方法

J.0.1 本规范规定钢模板和配件的检测抽样方法按现行国家标准《逐批检查计数抽样程序及抽样表》（适用于连续批的检查）GB 2828 的规定进行随机抽样、钢模板和配件样本的抽取、检查、合格品的判定应符合如下规定：

1 合格质量水平的规定。钢模板和配件的质量检验合格质量水平采用 6.5，荷载及破坏性检测的合格质量水平采用 4.0。

2 检查水平的规定。钢模板和配件的质量检查水平采用一般检查水平 Ⅰ，荷载及破坏性检测的检查水平采用特殊检查水平 S—3。

3 检查严格度的确定。钢模板与配件质量检验开始应使用正常检查抽样方案，荷载与破坏性检测可使用放宽检查抽样方案。严格度的转移规则应按现行国家标准《逐批检查计数抽样程序及抽样表》GB 2828 执行。

4 抽样方案类型的选择。抽样方案宜采用一次抽样方案，在生产稳定，质量保证体系健全的情况下，为了减少检测工作量可采用二次抽样方案。采用二次抽样方案时的检查水平、合格质量水平、抽样方案、严格度以及提交检查批的规定均应与一次抽样方案相同。

5 检查批的提出。钢模板和配件的提交检查批，应是由具有基本相同的设计和生产条件下制造的单位产品所组成，提交检查的每一个检查批的数量不得小于 151 件。

6 样本的抽取。样本应从提交的检查批中随机抽取，所抽样本的大小应按现行国家标准《逐批检查计数抽样程序及抽样表》GB 2828 的规定执行。抽取样本的时间可在批的形成过程中，也可在批形成以后。

　　7　样本的检查。样本单位的质量检验应按本规范表3.3.5-1、表3.3.5-2和表3.3.8规定的产品质量标准逐项对样本单位进行检查。

　　8　逐批检查合格或不合格的判断。样本的合格品判定应按本规范附录F的规定执行,样本单位合格品数之和及不合格品数之和即为该检查批的合格判定数与不合格判定数,根据规定数的大小可以判定该检查批的合格或不合格。

　　9　逐批检查后的处置。对于判为合格后的检查批的接受与不合格后的再次提交检查的处理,应按现行国家标准《逐批检查计数抽样程序及抽样表》GB 2828的有关规定执行。

附录 K　组合钢模板面积、质量换算表

表 K　组合钢模板面积、质量换算表

序号	代号	尺 寸 (mm)	每块面积 (m²)	每块质量 (kg)		每平方米质量 (kg)	
				δ=2.5	δ=2.75	δ=2.5	δ=2.75
1	P6018	600×1800×55	1.0800	—	38.69	—	35.82
2	P6015	600×1500×55	0.9000	—	32.47	—	36.08
3	P6012	600×1200×55	0.7200	—	26.19	—	36.38
4	P6009	600×900×55	0.5400	—	20.04	—	37.11
5	P6007	600×750×55	0.4500	—	16.56	—	36.80
6	P6006	600×600×55	0.3600	—	13.74	—	38.17
7	P6004	600×450×55	0.2700	—	10.30	—	38.15
8	P5518	550×1800×55	0.9900	—	36.35	—	36.72
9	P5515	550×1500×55	0.8250	—	30.45	—	36.91
10	P5512	550×1200×55	0.6600	—	24.62	—	37.30
11	P5509	550×900×55	0.4950	—	18.78	—	37.94
12	P5507	550×750×55	0.4125	—	16.14	—	39.13
13	P5506	550×600×55	0.3300	—	12.83	—	38.88
14	P5504	550×450×55	0.2475	—	9.64	—	38.95
15	P5018	500×1800×55	0.9000	—	31.59	—	35.10
16	P5015	500×1500×55	0.7500	—	26.72	—	35.63
17	P5012	500×1200×55	0.6000	—	21.76	—	36.27
18	P5009	500×900×55	0.4500	—	16.53	—	36.73
19	P5007	500×750×55	0.3750	—	14.25	—	38.00
20	P5006	500×600×55	0.3000	—	11.40	—	38.00

序号	代号	尺 寸 (mm)	每块面积 (m²)	每块质量 (kg)		每平方米质量 (kg)	
				δ=2.5	δ=2.75	δ=2.5	δ=2.75
21	P5004	500×450×55	0.2250	—	8.55	—	38.00
22	P4518	450×1800×55	0.8100	—	29.59	—	36.53
23	P4515	450×1500×55	0.6750	—	24.78	—	36.71
24	P4512	450×1200×55	0.5400	—	20.06	—	37.15
25	P4509	450×900×55	0.4050	—	15.31	—	37.80
26	P4507	450×750×55	0.3375	—	12.67	—	37.54
27	P4506	450×600×55	0.2700	—	10.52	—	38.96
28	P4504	450×450×55	0.2025	—	7.85	—	38.77
29	P4018	400×1800×55	0.7200	—	27.04	—	37.56
30	P4015	400×1500×55	0.6000	—	22.68	—	37.80
31	P4012	400×1200×55	0.4800	—	18.34	—	38.21
32	P4009	400×900×55	0.3600	—	13.96	—	38.78
33	P4007	400×750×55	0.3000	—	11.96	—	39.87
34	P4006	400×600×55	0.2400	—	9.60	—	40.00
35	P4004	400×450×55	0.1800	—	7.17	—	39.83
36	P3518	350×1800×55	0.6300	—	22.84	—	36.25
37	P3515	350×1500×55	0.5250	—	19.14	—	36.46
38	P3512	350×1200×55	0.4200	—	15.45	—	36.79
39	P3509	350×900×55	0.3150	—	11.77	—	37.37
40	P3507	350×750×55	0.2625	—	10.30	—	39.24
41	P3506	350×600×55	0.2100	—	8.07	—	38.42
42	P3504	350×450×55	0.1575	—	6.05	—	38.41
43	P3018	300×1800×55	0.5400	18.44	20.29	34.15	37.57
44	P3015	300×1500×55	0.4500	15.63	17.19	34.73	38.20
45	P3012	300×1200×55	0.3600	12.61	13.87	35.03	38.53
46	P3009	300×900×55	0.270	9.61	10.57	35.59	39.15
47	P3007	300×750×55	0.2250	7.95	8.75	35.33	38.89
48	P3006	300×600×55	0.1800	6.61	7.27	36.72	40.39
49	P3004	300×450×55	0.1350	4.96	5.46	36.74	40.44
50	P2518	250×1800×55	0.4500	16.21	17.83	36.02	39.62
51	P2515	250×1500×55	0.3750	13.79	15.17	36.77	40.45
52	P2512	250×1200×55	0.3000	11.13	12.24	37.10	40.80
53	P2509	250×900×55	0.2250	8.47	9.32	37.64	41.42
54	P2507	250×750×55	0.1875	7.01	7.71	37.39	41.12
55	P2506	250×600×55	0.1500	5.81	6.39	38.73	42.60
56	P2504	250×450×55	0.1125	4.36	4.80	38.76	42.67
57	P2018	200×1800×55	0.3600	12.33	13.57	34.25	37.70
58	P2015	200×1500×55	0.3000	10.42	11.46	34.73	38.20
59	P2012	200×1200×55	0.2400	8.41	9.25	35.04	38.54
60	P2009	200×900×55	0.1800	6.41	7.05	35.61	39.17
61	P2007	200×750×55	0.1500	5.31	5.84	35.40	38.93
62	P2006	200×600×55	0.1200	4.41	4.85	36.75	40.42
63	P2004	200×450×55	0.0900	3.31	3.64	36.78	40.44
64	P1518	150×1800×55	0.2700	10.18	11.21	37.70	41.52
65	P1515	150×1500×55	0.2250	8.58	9.44	38.13	41.96
66	P1512	150×1200×55	0.1800	6.92	7.61	38.45	42.28
67	P1509	150×900×55	0.1350	5.27	5.80	39.04	42.96
68	P1507	150×750×55	0.1125	4.37	4.81	38.84	42.76
69	P1506	150×600×55	0.0900	3.62	3.98	40.22	44.22
70	P1504	150×450×55	0.0675	2.71	2.98	40.15	44.15

续表 K

序号	代号	尺寸(mm)	每块面积(m²)	每块质量(kg) δ=2.5	δ=2.75	每平方米质量(kg) δ=2.5	δ=2.75
71	P1018	100×1800×55	0.1800	7.95	8.76	44.17	48.67
72	P1015	100×1500×55	0.1500	6.74	7.41	44.93	49.40
73	P1012	100×1200×55	0.1200	5.44	5.98	45.33	49.83
74	P1009	100×900×55	0.0900	4.13	4.54	45.89	50.44
75	P1007	100×750×55	0.0750	3.43	3.77	45.73	50.27
76	P1006	100×600×55	0.0600	2.82	3.10	47.00	51.67
77	P1004	100×450×55	0.0450	2.12	2.33	47.11	51.78
78	E1518	150×150×1800	0.5400	16.32	18.06	30.22	33.45
79	E1515	150×150×1500	0.4500	13.68	15.16	30.40	33.69
80	E1512	150×150×1200	0.3600	11.04	12.26	30.67	34.06
81	E1509	150×150×900	0.2700	8.40	9.34	31.11	34.59
82	E1507	150×150×750	0.2250	6.96	7.77	30.93	34.53
83	E1506	150×150×600	0.1800	5.76	6.46	32.00	35.89
84	E1504	150×150×450	0.1350	4.32	4.87	32.00	36.07
85	E1018	100×150×1800	0.4500	14.14	15.65	31.42	34.78
86	E1015	100×150×1500	0.3750	11.85	13.13	31.60	35.01
87	E1012	100×150×1200	0.3000	9.55	10.61	31.83	35.37
88	E1009	100×150×900	0.2250	7.26	8.07	32.27	35.87
89	E1007	100×150×750	0.1875	6.02	6.71	32.11	35.79
90	E1006	100×150×600	0.1500	4.97	5.44	33.13	36.27
91	E1004	100×150×450	0.1125	3.73	4.20	33.16	37.33
92	Y1018	100×100×1800	0.3600	12.85	14.56	35.69	40.45
93	Y1015	100×100×1500	0.3000	10.79	12.29	35.97	40.97
94	Y1012	100×100×1200	0.2400	8.73	9.72	36.38	40.50
95	Y1009	100×100×900	0.1800	6.67	7.46	37.06	41.45
96	Y1007	100×100×750	0.1500	5.63	6.19	37.53	41.27
97	Y1006	100×100×600	0.1200	4.61	5.19	38.42	43.25
98	Y1004	100×100×450	0.0900	3.46	3.92	38.44	43.56
99	Y0518	50×50×1800	0.1800	8.49	9.41	47.17	52.28

续表 K

序号	代号	尺寸(mm)	每块面积(m²)	每块质量(kg) δ=2.5	δ=2.75	每平方米质量(kg) δ=2.5	δ=2.75
100	Y0515	50×50×1500	0.1500	7.12	7.90	47.47	52.67
101	Y0512	50×50×1200	0.1200	5.76	6.40	48.00	53.33
102	Y0509	50×50×900	0.0900	4.39	4.90	48.78	54.44
103	Y0507	50×50×750	0.0750	3.64	4.07	48.53	54.27
104	Y0506	50×50×600	0.0600	3.02	3.40	50.33	56.67
105	Y0504	50×50×450	0.0450	2.27	2.56	50.44	56.89
106	J0018	50×50×1800	—	3.95	4.34	—	—
107	J0015	50×50×1500	—	3.33	3.66	—	—
108	J0012	50×50×1200	—	2.67	2.94	—	—
109	J0009	50×50×900	—	2.02	2.23	—	—
110	J0007	50×50×750	—	1.68	1.85	—	—
111	J0006	50×50×600	—	1.36	1.50	—	—
112	J0004	50×50×450	—	1.02	1.13	—	—

本规范用词说明

1 为便于在执行本标准条文时区别对待,对要求严格程度不同的用词说明如下:

1)表示很严格,非这样做不可的用词:

正面词采用"必须",反面词采用"严禁";

2)表示严格,在正常情况下均应这样做的用词:

正面词采用"应",反面词采用"不应"或"不得";

3)表示允许稍有选择,在条件许可时首先应这样做的用词:

正面词采用"宜",反面词采用"不宜";

表示有选择,在一定条件下可以这样做的用词,采用"可"。

2 条文中指明应按其他有关标准、规范执行的写法为"应符合……要求或规定"或"应按……执行"。

中华人民共和国国家标准

组合钢模板技术规范

GB 50214—2001

条 文 说 明

目　次

1 总　　则

1.0.1 推广应用组合钢模板不仅是以钢代木的重大措施，同时对改革施工工艺，加快工程进度，提高工程质量，降低工程费用等都有较大作用。目前，钢模板应用中存在的主要问题是管理工作跟不上。钢模板周转次数偏低，损坏率偏高，零配件丢失较多。所以，切实加强对钢模板的制作质量和技术管理，加速模板的周转使用，提高综合经济效益，制定本技术规范很有必要。

1.0.2 对组合钢模板的适用范围作了规定。多年来的工程实践，组合钢模板已在各种类型的工业与民用建筑的现浇混凝土工程中得到大量应用。在桥墩、筒仓、水坝等一般构筑物以及现场预制混凝土构件施工中，也已大量采用。对于特殊工程，应结合工程需要，另行设计异型模板和配件。

另外，近几年塑料模板、铝合金模板、钢框竹（木）胶板模板等组合模板，已在一些工程施工中得到应用，并取得较好效果，由于其构造形式和模数与组合钢模板相似，为便于对这些组合模板的技术管理，可参照本规范的有关条款执行。

本规范已包括组合钢模板的设计、制作、施工和技术管理等内容，也包含了产品标准的内容，因此，没有必要制订产品标准。当钢模板行业标准或企业标准与本规范内容相冲突时，应以本规范为准。

1.0.3 对组合钢模板下了定义，指出该模板具有以下特点：

　1　模板设计采用模数制，使用灵活，通用性强。

　2　模板制作采用专用设备压轧成型，加工精度高，混凝土成型质量好。

　3　采用工具式配件，装拆灵活，搬运方便。

　4　能组合拼装成大块板面和整体模架，利于现场机械化施工。

1.0.4 要求设计单位在结构设计时，应结合钢模板的模数进行设计，以利于钢模板的推广使用。目前有些设计单位已针对本规范的要求，制定了使用组合钢模板对钢筋混凝土结构设计模数的一些规定。这样使设计与施工结合起来，有利于施工单位使用钢模板。

2 基本规定

2.1 一般规定

2.1.1 《组合钢模板技术规范》GBJ 214—89（以下简称"原规范"）的组合钢模板设计采用标准荷载和容许应力的设计计算方法。由于我国从80年代末结构计算采用极限状态的计算方法，不再采用容许应力的计算方法。现行国家标准《钢结构设计规范》GBJ 17中采用极限状态的计算方法，因此，本规范也应改用极限状态计算方法。

2.1.2 钢模板的刚度和强度与钢材的材质、钢板的厚度有很大关系。原规范中规定钢板厚度为2.3mm或2.5mm，由于90年代以来用于钢模板的钢材材质越来越差，又有不少钢模板厂采用钢板厚度名誉上为2.3mm，实际只有2.0～2.1mm，因此，钢模板的刚度和强度无法保证。本规范规定厚度为2.5mm钢板。

对于$b \geqslant 400$mm的宽面钢模板的钢板厚度应采用2.75mm或3.0mm的钢板。

2.1.4 为满足组合钢模板横竖拼装的特点，钢模板纵、横肋的孔距与模板长度和宽度的模数应一致。由于模板长度的模数以

150mm进级，宽度模数以50mm进级，所以，模板纵肋上的孔距宜为150mm。端横肋上的孔距宜为50mm，这样，可以达到横竖任意拼装的要求。现行国家标准《组合钢模板标准设计》GBJT 1中，已将100mm宽模板改为二个孔，200mm和250mm宽的模板改为四个孔。在制作中也可以将150mm宽的模板改为三个孔，300mm宽的模板改为六个孔，更利于模板的横竖组合拼装。这与本规范不矛盾。如图1所示。

2.1.5 本规范所列钢模板规格为通用性较大的基本规格，如有的部门和地区对此基本规格感到不足，可以结合工程需要增加其他规格模板和异形模板，但这些增加的模板应与本规范的模数相一致，并经有关主管部门批准后方可生产。

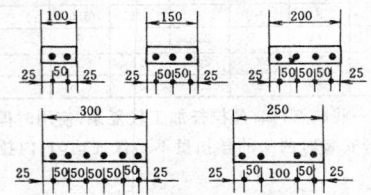

图 1　端横肋上的孔距

2.2 组成和要求

2.2.1 组合钢模板是由钢模板和配件两部分组成。这表明"组合钢模板"是指模板体系而言。钢模板与钢块是同一个概念，规范中为避免用词的混乱，一律用"钢模板"。为扩大钢模板的应用范围，通用模板中增加了宽面模板，还增加了倒棱模板、可调模板、嵌补模板等专用模板。配件包括连接件和支承件。引入"配件"的概念，是为了规范中用词简练。支承件中增加了早拆柱头、碗扣式支架、方塔式支架等。

2.2.2 需要说明以下几点：

　1　钢模板是采用模数制设计，宽度模数是以50mm进级，长度模数是以150mm进级，（长度超过900mm时，以300mm进级），由于模板能横竖拼装，所以模板尺寸的模数可为50mm进级。

　2　本规范中钢模板附图仅为示意图，生产厂制作应按现行国家标准《组合钢模板标准设计》GBJT 1（一）进行加工。

　3　阴角模板、阳角模板系对混凝土结构而言。

　4　阳角模板刚度较大，使用阳角模板的混凝土构件，外观平整，角度准确。如果没有阳角模板可以用连接角模代替。

　5　嵌补模板中各种嵌板的形状，分别与平面模板、阴角模板、阳角模板、连接角模等相同，所以在附图中不再另加。

2.2.4 需要说明几点：

　1　本规范中的连接件附图，仅作示意图，所以尺寸不全或没有尺寸，制作应按现行国家标准《组合钢模板标准设计》GBJT 1（二）进行加工。

　2　U形卡。由于Q235钢材料来源广，价格便宜，所以一般都采用Q235钢制作，通过工程实践使用，基本能满足要求，但还存在一些问题，有的U形卡使用几次后，卡口张大，夹紧力不足，弹性孔内圆面有裂纹，使用几次易产生断裂，所以宜提高U形卡材质。卡口处尺寸应根据板厚来调整，卡口宽度=$2\delta+1$mm（δ为钢板厚）。另外在加工工艺上要保证加工质量。目前采用改制钢材加工的U形卡也很多，这种U形卡价格很低，但不能满足使用要求，各有关部门应严格限制生产这种U形卡。

　3　扣件。有碟形和3形两种，碟形扣件是用于承载能力大的矩形钢管或卷边槽钢。3形扣件用于承载能力小的圆形钢管，原碟形扣件的外形设计不太合理，虽然耗用钢材多，但承载能力并不大，3形扣件的外形较合理，承载能力较大，从表1的试验结果可见，3形扣件的破坏荷重比碟形扣件大。在现行国家标准《组合钢模板标准设计》GBJT 1（二）中，已对碟形扣件的钢板加厚，外形设计也作了改进，使碟形扣件的承载能力提高到能与钢楞和拉

杆配套使用。

4 对拉螺栓，是模板拉杆的一种形式，由内、外拉杆和顶帽组成的三节工具式对拉螺栓，其优点是：

1) 能将内外面模板的位置固定，不用再加内顶杆。用它来承受混凝土侧压力，使模板的支撑简单；

2) 内拉杆不露出混凝土表面，适于防水混凝土结构；

3) 外拉杆和顶帽装拆简单，可多次周转使用。

表1 扣件承载试验

项目		试件	荷重（kN）				破坏荷重（kN）
			5	10	15	20	
变形（mm）	碟形扣件	1	—	3.5	4.5	—	1.75
		2	0.5	3	4.5	—	1.50
		3	—	3	4.5	6.5	2.08
	3形扣件	1	1.5	2.5	4	6	2.10
		2	—	2.5	3.5	6.5	2.10
		3	2	2.5	3.5	6.5	2.38

但也有一些缺点，如：外拉杆加工较复杂；使用时模板上要打孔洞；内拉杆安装时两头的丝扣量不易保证均匀；内拉杆不易取出。

对拉装置的种类和规格尺寸较多，可按设计要求和供应条件选用。目前有不少单位使用通长螺栓代替内外拉杆，加工简单，也有采取在内拉杆外用纸包缠或加水泥管、塑材管等办法，以取出内拉杆。还有板条式拉杆和螺纹拉杆等需进一步研究，通过工程实践后再总结。

2.2.5 需要说明以下几点：

1 支承件的附图均为示意图，其种类还不齐全，还需要通过实践使用加以补充完善。

2 钢楞，目前各地的称呼较多。如"连杆"，其含义是能将单块板连结拼成大块的杆件；"龙骨"，即骨架的意思；"背楞"即模板背面的楞；"加强梁"，即对模板起加强作用的梁；以及檩条、掤栅、连系梁、支撑等。经反复推敲，认为称"背楞"较适宜。由于目前背楞都是用的钢材，为强调以钢代木，最后正式定名为"钢楞"。钢楞的类型和规格尺寸较多，本规范不可能将各地使用的类型都包括进去，各地可根据设计要求和供应条件选用。

3 柱箍，又称定位夹箍、柱卡箍等。对目前使用的柱箍主要有两个意见，一是认为刚度不够，二是认为应增加通用性。L75mm×25mm×3mm角钢柱箍的刚度较差，在侧压力30kN/m²时，柱宽不大于600mm，现已改为L75mm×25mm×5mm。为增加通用性，可以设计成柱箍与梁托架通用，又可以利用现有钢楞（如圆钢管、内卷边槽钢等）作为柱箍，这在有些工程中已采用，效果较好。

4 钢支柱，又称钢管架、钢管支撑、钢顶撑等，是一种单管式支柱。其优点是：

1) 在使用长度内，可以自由连续调节高度；

2) 采用深槽牙螺纹，旋转流畅，制动灵活；

3) 结构简单，强度较大，使用安全可靠；

4) 操作简单，适应性强，可多次重复使用。

但是，这种钢支柱螺纹外露，在使用中存在砂浆等污物易沾结螺纹，螺纹在使用和搬运中易碰坏，以及帽盖、链条和插销丢失较严重等问题，由冶金部建筑研究总院设计研究成一种内螺纹钢支柱，除具有上述优点外，还可以避免以上的不足，由于还未大量应用，所以暂未列入本规范。

5 钢管支架。是利用现有扣件式和承插式脚手钢管来作模板支架，其优点是：

1) 装拆方便，组装灵活，可按需要组装成各种形状，适应建筑物立平面的变化；

2) 通用性强，坚固耐用，可用于各种不同现浇混凝土结构的模板工程；

3) 结构简单、搬运方便。

目前，钢管支架的应用已较普遍，使用效果也较好。

6 门式支架。是利用门式脚手架来作模板支架，其优点是：装拆简单，施工工效高；承载性能好，使用安全可靠；使用功能多、寿命长，经济效益好。目前已大量应用，效果也较好。

7 碗扣式支架。是利用碗扣式脚手架来作模板支架，其优点是：装拆灵活，操作方便，可提高工效；结构合理，使用安全，使用寿命长；使用功能多，应用范围广。是新型脚手架中推广应用量最多的脚手架。

8 方塔式支架。主要由标准架、交叉斜撑、连接棒等组成，其优点是结构合理、使用安全可靠、适用范围广、承载能力大、使用寿命长，经济效益好等。目前已大量应用，使用效果较好。

3 组合钢模板的制作及检验

3.1 材 料

3.1.1 组合钢模板加工制作的各种材料，主材有钢板、型钢；辅材有焊条、油漆等，各类材料的材质均应符合国家有关标准的规定。主材的钢材为Q235，其中质量等级可采用A、B或C，脱氧方法采用镇静钢Z的钢材，一般采用热轧钢板。

3.1.2 钢板的材质应在模板制作前，按国家有关现行标准加以复查或检验。目前生产的热轧钢板，其厚度、挠曲度和表面质量等标准，不能满足制作钢模板的质量要求，如有的2.5mm厚的钢板，实测厚度可达3mm左右，不仅多耗用钢材，还直接影响模板制作质量和使用效果。目前在不少工程中，已采用φ48×2.5mm低合金钢管替代φ48×3.5mmQ235钢管，但对φ48×2.5mm低合金钢管的材质和加工质量应满足使用要求。

3.2 制 作

3.2.1 现行国家标准《组合钢模板标准设计》GBJT 1已批准于1986年3月1日起试行。凡生产钢模板和配件的厂家，应按该标准执行。

3.2.2 强调"采用冷轧冲压整体成型的生产工艺"。钢模板制作有三种方法：

1 采用角钢作边肋，与钢板焊接；

2 边肋与面板都是钢板，采用通长焊接；

3 边肋与面板连成一体，采用专用设备压轧成型，如图2所示。

前二种方法加工质量不易保证，生产效率低，不应再采用，第三种方法利于组织机械化生产，劳动效率高，产品质量好。

凸棱倾角是钢模板的重要部位，也是制作的技术难关，应严格按制作图所示的尺寸加工。目前凸棱倾角有以下三种型式，如图3所示。其中以第一种使用最普遍，其他二种也可采用。

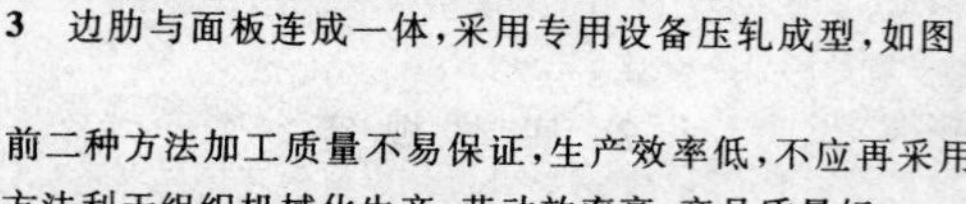

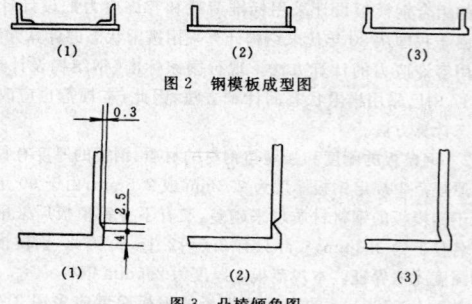

图2 钢模板成型图

图3 凸棱倾角图

3.2.3 钢模板边肋上孔眼的尺寸精度是模板拼装质量的关键。目前有不少制作厂采用一次冲2~5个孔的加工工艺，不易保证孔眼的尺寸精度，所以宜采用一次冲压和压鼓的生产工艺。

3.2.5 钢模板组装焊接后，模板会产生不同程度的变形。必须通过校正来保证质量。目前大多数制作厂都采用手工校正，劳动强度大，工作条件差，矫平质量不易保证，所以应强调采用模板整形机，不但可提高工效，而且能消除在人工矫平中产生的噪音和繁重的体力劳动。

3.2.6 当前钢模板生产中，一般采用手工电弧焊，焊接质量存在问题较多。所以，本条文中强调按现行国家标准《手工电弧焊焊接接头的基本型式与尺寸》GB 985 的规定执行，且不得有漏焊、焊穿、裂纹等缺陷，不宜产生咬肉、夹渣、气孔等缺陷。

3.2.8 U 形卡的夹紧力不小于 1500N，经 50 次夹松试验，卡口胀大不超过 1.2mm。这是根据第二十冶金建设公司试验室经过大量试验得到的数据。如表 2 和表 3 所示。

表 2 夹紧力试验（N）

反复次数	10 次	20 次	30 次	50 次	100 次
原卡口尺寸 5.6mm					
控制卡口至张大尺寸 7.4mm	2500	2500	2200	2200	2200
原卡口尺寸 6mm					
控制卡口至张大尺寸 7.4mm	1500	1500	1500	1500	1500

表 3 夹松弹性试验

第一组		第二组		第三组	
原卡口尺寸	5.32mm	原卡口尺寸	5.32mm	原卡口尺寸	5.65mm
控制卡口至张大尺寸	7.4mm	控制卡口至张大尺寸	7.4mm	控制卡口至张大尺寸	7.4mm
10 次	5.7	10 次	5.9	10 次	6.52
20 次	5.7	20 次	5.9	20 次	6.6
30 次	5.8	30 次	6.0	30 次	6.6
50 次	6.7	50 次	6.4	50 次	6.68
100 次	6.9	100 次	6.4	100 次	6.68

3.2.11 连接件宜采用镀锌表面处理。目前大部分生产厂的镀锌质量都较差，不仅镀锌层厚度小，而且表面无光泽，防锈效果较差。

3.3 检 验

3.3.1、3.3.2 为确保钢模板的制作质量，应加强产品质量管理。健全质量管理制度和检查机构，认真做好自检、抽检和终检三种检查。目前，还有不少厂家质量检查机构不健全，检查原始记录不齐全，甚至有的厂无终检检查记录。

本规范中列出了合格品和优品品的标准，各生产厂可根据本规范的质量标准，另行制订厂标，其标准应高于国家标准，以作为评定本厂产品等级的依据。

3.3.3 要求生产厂，必须达到国家三级及其以上计量标准，有条件的单位还应建立检测中心站。

3.3.4 荷载试验标准中，模板试验可采用均布荷载或集中荷载进行。当模板支点间距为 900mm，均布荷载 $q=30kN/m^2$，相当于集中荷载 $P=10N/mm$；均布荷载 $q=45kN/m^2$，相当于集中荷载 $P=15N/mm$。其推导过程如下：

均布荷载时的最大挠度：

$$f_{max} = \frac{5q'l^4}{384EI} \qquad (1)$$

二点集中荷载时的最大挠度：

$$f'_{max} = \frac{23P'l^3}{648EI} \qquad (2)$$

$\because q' = q \times b$（板宽）$\qquad P' = P \times b$（板宽）

当 $f_{max} = f'_{max}$ 时，则：$\frac{5qbl^4}{384EI} = \frac{23Pbl^3}{648EI}$

得：$P = 0.367ql$

当 $l = 900mm$ 时，

$P = 0.367 \times 900 \times q = 330.3q$

均布荷载 $q = 30kN/m^2 = 0.03N/mm^2$ 时，

集中荷载 $P = 330.3 \times 0.03 = 9.909 = 10(N/mm)$

均布荷载 $q = 45kN/m^2 = 0.045N/mm^2$ 时，

集中荷载 $P = 330.3 \times 0.045 = 14.8635 = 15(N/mm)$

3.3.5 钢模板制作质量标准对原规范作了如下修改：

1 模板长度允许偏差从 $^{0}_{-0.90}$ 改为 $^{0}_{-1.00}$；

2 模板宽度允许偏差从 $^{0}_{-0.70}$ 改为 $^{0}_{-0.08}$；

3 增加沿板宽度孔中心与边肋凸棱面的间距允许偏差为 ±0.30；

4 凸棱高度允许偏差从 $^{+0.20}_{-0.05}$ 改为 $^{+0.30}_{-0.05}$；

5 凸棱宽度允许偏差从 ±1.00 改为 $^{+2.00}_{-1.00}$；

6 横肋两端横肋组装位移从 △≤0.50 改为 △≤0.60。

3.3.6 钢模板成品质量的合格判定，按现行国家标准《逐批检查计数抽样程序及抽样表》GB 2828 抽样方案、抽样检验及判定。样本的合格品判定按"钢模板质量检验评定方法"来确定。

3.3.8 配件制作质量标准对原规范作了如下修改：

1 U 形卡弹性孔半径 R 允许偏差 ±1.0mm，改为弹性孔直径允许偏差为 $^{+2.0}_{0}$mm；

2 扣件宽度允许偏差 ±1.5mm，改为 ±1.0mm；

3 桁架销孔直径允许偏差 ±0.5mm，改为 $^{+1.0}_{0}$mm；

4 梁卡具销孔直径允许偏差 ±0.5mm，改为 $^{+1.0}_{0}$mm；

5 增加门式支架和碗扣式支架的质量标准。

3.3.9 模板表面应经除油、除锈处理后，再作防锈处理。目前不少生产厂对除油这道工序不够重视，涂漆附着力差，油漆容易脱落。模板易生锈，影响使用寿命。所以这里强调一下。

3.4 标志与包装

3.4.1 钢模板产品出厂，应打印厂名、商标、批号等标志，以便于用户对生产厂的产品质量监督。目前大部分厂家还未曾向有关部门注册商标，即使有商标的厂家，也不重视打印标志，为此，这里着重强调一下，以利于产品质量的监督。

3.4.2 钢模板运输要采用捆扎或包装，不强求必须装入集装箱。由于采用集装箱包装不仅增加包装费用，而且空集装箱占地面积大，给用户增加很大负担。目前不少生产厂自行设计研究了各种捆扎或包装方式，避免采用集装箱，但是，必须满足产品在运输中能保证完好。

4 模板工程的施工设计

4.1 一般规定

4.1.1 说明使用组合钢模板必须预先做好施工设计。在使用木模板时，只要能在施工组织设计中对支模方案作出原则性的规定，工人就能根据混凝土结构设计图纸，在现场临时拼制和组装。在使用钢模板时，因模板及配件都是定型工具，不允许在现场锯切改制，需要事先做好模板工程施工设计，确定钢模板的配置和支架布置方案，并提出需用部件的规格数量，以便做好备料工作。施工时工人可按图拼装。

4.1.2 确定了施工设计的主要内容。针对许多单位希望施工设计的内容项目不要太多，提出是否可以省略施工说明书。我们的解释是图表不能包括的事项，应在施工说明书中加以说明。如所有事项都已在图表中注明,就不需要单独的说明书。布置完毕的模板结构,要根据设计荷载按受力程序对钢模板及配件进行验算,把应力和变形控制在允许限度以内。

4.1.3 提倡各施工单位根据自己的施工经验和置备情况,预先编制有关模板工程的各种计算图表,以使施工人员利用这些图表可以直接配板和布置支承系统,以减少制图和计算的工作量,甚至看了混凝土结构的建筑图,就可以进行支模作业。

4.1.4 为提高社会经济效益,强调使用钢模板时,要特别重视加快模板周转使用的速度。因此,提出本规范所列的各种加快模板周转的措施。

为了降低施工工程费用,加强对钢模板和配件的管理,根据实践使用的经验,钢模板的周转次数一般都不少于 50 次,连接件的周转次数不少于 25 次,支承件的周转次数不少于 75 次。

4.2 刚度及强度验算

4.2.1 作用于水平模板上的垂直荷载,一般比较容易得出切合实际的荷载数值。作用于竖向模板上的混凝土侧压力,目前国内外规范所推荐的侧压力计算公式较多,由于侧压力计算很复杂。目前我们还提不出有可靠根据的计算公式。鉴于《混凝土结构工程施工及验收规范》GB 50204 为国内现行的国家规范,所以,本规范中组合钢模板承受的荷载,可按《混凝土结构工程施工及验收规范》GB 50204 的有关规定进行计算和组合。

4.2.2 模板结构本身的重量轻,其破坏主要由构件的变形和失稳引起。所以要用总荷载或最大侧压力验算钢模板、钢楞和支柱的刚度。

4.2.3 材料的强度设计值,按长期和短期荷载的不同,各取不同的数值。模板结构材料的强度设计值,根据组合钢模板的新旧程度、荷载性质和结构部位,可在长期与短期之间,取用适当的中间值。本条规定模板材料的强度设计值,按照现行规范规定的数值乘以 1.0~1.18 系数是安全的。

4.3 配板设计

4.3.1 配板时宜选用较大尺寸的钢模板为主板。这是因为模板越大,用钢量越省,装拆也省工。根据日本和我国工业建筑工地使用情况,以 300mm×1500mm 的钢模板为主板,使用量占模板总面积 75% 左右,因为这种模板的重量尚能由人工操作,钢楞的间距为 750mm 也较为合适。

对于 300mm×1200mm 的钢模板,人工操作虽然轻便,但钢楞间距减为 600mm,对于肋高为 55mm 的钢模板,其刚度更难发挥作用,也多费了支模工料。在日本也有 1800mm 长的钢模板,钢楞间距可以扩大到 900mm,是较为经济的布置。

4.3.3 在钢模板上固定预埋件尚无简便的方法,用螺栓固定,需要钻孔,破坏了钢模板;把预埋件固定在钢筋上,不与模板连固,有可能因模板变形,预埋件被砂浆埋盖,拆模后找不到预埋件。有人认为与木模板相比,钢模板刚度大,不容易变形,所以预埋件不与模板连固是可行的。但这还需要由更多的实践来证明,所以目前还不能订出统一具体的固定方法。

4.3.5 钢模板端头接缝错开布置可增加模板面积的整体刚度,就地支模时,可以不用外楞。对于 30kN/m² 以内的荷载,内楞间距可以扩大。接缝齐平布置时,接缝处刚度较差,每块钢模板必须有两个支承点才能稳定。

4.3.6 钢模板上钻孔,一般都是每次安装以后,按所需位置进行钻孔,每次钻孔和修补需要用专用工具,也损坏了模板。所以,应使用有标准孔的模板,以便多次周转使用。

4.3.7 柱、梁、墙、板的交接部分是模板施工的难点,应使用专用模板,可以保证节点施工混凝土的质量。

4.4 支承系统的设计

4.4.1 内钢楞的间距,对于使用量最多的 1500mm 长的钢模板

来说,宜采用 750mm。

钢模板的肋条主相当于木模板的小楞,对于由人工单块组装的模板,只要设置一道钢楞作为模板支承,使支柱或对拉螺栓可以着力,就能成为稳固的结构。但目前单块组装的钢模板,还是使用了纵横双重钢楞,多花费了支模工料。

所以在本条中特别指出,外楞的作用在于加强模板的整体刚度和调整正平直度,对于预组装大模板,为加强吊装刚度,设置纵横楞是有必要的。对于单块组装的模板,外楞是可以节省的。

4.4.3 柱箍和梁卡具是工具式部件,装拆方便,适用于断面不大的柱、梁结构。对于大断面的柱、梁结构,因侧向荷载较大,宜用对拉螺栓和钢楞。

4.4.6 在施工设计中,模板的支承系统一般是先根据支模惯例,参考图表和供料情况,选用构件的规格和间距,进行安排布置。如模板结构形式复杂,应取用代表性和构造特殊的部分进行验算。

5 模板工程的施工及验收

5.1 施工准备

5.1.1 组合钢模板工程在安装以前,应由工程施工的技术负责人向施工班组按施工组织设计的内容进行技术交底。

5.1.2 测量控制点应在模板工程施工以前进行评定,并将控制线和标高引入施工安装场地。

5.1.3 钢模板出厂的质量标准较高,这是由于加工工艺采用了压轧成型,有条件做到如此精确程度。模板使用后会变形,现场修复往往达不到原来的精度,本规范表 6.2.1 已放宽了允许偏差,本条对现场使用的钢模板及配件提出了质量要求,规定必须达到本规范表 6.2.1 的标准。

关于钢模板的报废条件,应按国家现行标准《组合钢模板质量检验评定标准》YB/T 9251 执行。根据各地经验,一般规定为板面严重弯曲或扭曲,肋板脱落或脱焊多处,钻孔较多或较大,模板损伤或裂缝严重,已无法修复者,均作报废处理。

5.1.4 对于大模板的组装质量应在试吊以后进行检查,以检验拼装后的刚度。大模板的组装质量标准比出厂的组装质量标准略低,理由是使用过的钢模板,其精度难于保持出厂时的标准。

5.1.6 对于预组装的大模板,在吊装之前涂刷脱模剂是完全可以的,对于单块组装的模板,事先涂刷脱模剂,有时可能对操作不方便。目前,施工单位还大量使用废机油作脱模剂,因此,严禁在模板上涂刷废机油。

5.1.7 模板的安装底面,事先应做好找平工作,对组合钢模板的顺利安装关系极大。钢模板的刚度大,如底面的定位措施不可靠,对模板的合缝和调整都会带来困难,曾考虑用细石混凝土做定位,因这样做太复杂。所以本规范只提出底面应平整坚实,并采取可靠的定位措施。

5.2 安装及拆除

5.2.1 对于大型基础及大体积混凝土的侧面模板,为抵抗混凝土的侧压力,往往在外周设置支撑,在内侧设置拉筋,这样很费不少工料。由于受力情况不明确,有时还会产生局部变形。所以本条只规定必须支拉牢固,防止变形。

墙模板的侧压力全部由对拉螺栓承受,斜撑只作为调整和固定模板的垂直度之用。

梁和楼板模的板支柱,至少有一道双向水平拉杆,并接近柱脚设置。每道拉杆在柱高方向的间距,应按计算确定。以脚手钢管作支柱时,水平撑与剪刀撑的位置,按构造要求确定。

5.2.2 第二款的目的在于保持对拉螺栓孔眼大小和形状的规整，与螺栓直径相适应，不使板面变形及孔缝漏浆。墙模板的许多事故，大多发生在对拉螺栓拧入的丝扣长度不足，以致在混凝土侧压力作用下，螺母被拉脱，因此此操作时必须注意。

5.2.4 曲面结构的模板面与设计曲面的最大差值，不得超过设计的允许值，系指正负差值都不得超过设计允许值。

5.2.7 模板单块拆除时，应将配件和钢模板逐件拆卸。组装大模板整体拆除时，应采取措施先使组装大模板与混凝土面分离。这样，拆除速度快，模板也不易损伤。

5.3 安 全 要 求

5.3.1 组合钢模板容易导电，曾多次发生事故，所以强调要用低压电源。否则必须采取其他安全措施。

5.3.2 本条所谓登高作业，按国际《高处作业分级》的规定，凡高度在 2m 及 2m 以上，就应注意连接件和工具的掉落伤人。

5.3.5 本条强调装拆时，应上下有人接应，随装随转运，不要在脚手板上堆置钢模板及配件。因平放叠置的钢模板及配件，受到推撞时容易滑落伤人。

5.3.12 拆除承重模板时，操作人员应站在安全地点，必须逐块拆除。严禁架空猛撬、硬拉，或大面积撬落和拉倒。如果先将支模架拆除时，应搭设临时支撑，再进行拆卸。

5.4 检 查 验 收

5.4.2 组合钢模板的制作精度高，整体刚度好，因此，除按现行国家标准《建筑工程质量检验评定标准》GBJ 301 的有关规定进行质量检查外，还应检查本条所列的各项内容，这有适应组合钢模板工程的特点而作的规定。

5.4.3 本条对模板工程验收时应具备的文件，只作了原则的规定，有关的表格形式由各单位自行规定。

6 组合钢模板的运输、维修与保管

6.1 运 输

6.1.1 钢模板装车时一般宜采用同规格模板水平重叠成垛码放，垛高一般不宜超过 20 块模板，也不能超过车箱侧板的高度。当码放超高时，必须采取有效措施，防止模板滑动。

6.1.2 短途运输时可以采用散装运输。长途运输时，钢模板应用包装带或集装箱，支承件应捆成捆，连接件应分类装箱。保证在吊车装卸过程中不散捆。

6.1.3 预组装模板短途运输时，可根据预组装模板的结构、尺寸和运输条件等，采取分层平放运输或分格竖直运输，但都应分格垫实，支撑牢靠，防止松动变形。

6.1.4 装卸模板和配件时应轻装轻卸，应用起重设备成捆吊下车，不得成捆抛下车，但可以拆包后单块卸车，卸车时防止碰撞损坏。

6.2 维修与保管

6.2.1 拆除后的模板和配件，应及时清除砂浆、杂物等，并在面板涂刷防锈油。对变形的模板应及时整形，脱焊或肋板脱落的模板，应及时补焊和修补。修复后的钢模板及配件的质量应达到本规范表 6.2.1 的要求。

6.2.4 钢模板和配件宜放在室内或敞棚内，不得直接码放在地面上。模板底面应垫离地面。钢模板宜采用横竖间隔码放，存放时间过长要检查模板锈蚀情况。露天堆放时，应码放在平整结实的地面上，垫高地面 200mm 以上，并设有遮盖雨水和排水的措施。

6.2.5 入库保存的配件，应是经过维修保养合格的，并分类存放，小件应点数装箱入袋，大件要整数成垛，以便清仓查库。堆放场地不平整时应垫平。

中华人民共和国行业标准

建筑工程大模板技术规程

Technical specification for large-area
formwork building construction

JGJ 74—2003

批准部门：中华人民共和国建设部
施行日期：2003年10月1日

中华人民共和国建设部
公　告

第 151 号

建设部关于发布行业标准
《建筑工程大模板技术规程》的公告

现批准《建筑工程大模板技术规程》为行业标准，编号为 JGJ 74—2003，自 2003 年 10 月 1 日起实施。其中，第 3.0.2、3.0.4、3.0.5、4.2.1（3）、6.1.6、6.1.7、6.5.1（6）、6.5.2 条（款）为强制性条文，必须严格执行。

本规程由建设部标准定额研究所组织中国建筑工业出版社出版发行。

中华人民共和国建设部
2003 年 6 月 3 日

前　言

根据建设部建标［1999］309 号文的要求，《建筑工程大模板技术规程》标准编制组经广泛调查研究，认真总结实践经验，参考有关国际标准和国外先进标准，并在广泛征求意见的基础上制定了本规程。

本规程的主要技术内容是：1. 总则；2. 术语、符号；3. 大模板组成基本规定；4. 大模板设计；5. 大模板制作与检验；6. 大模板施工与验收；7. 运输、维修与保管。

本规程由建设部负责管理和对强制性条文的解释，由主编单位负责具体技术内容的解释。

本规程主编单位：中国建筑科学研究院建筑机械化研究分院（地址：河北省廊坊市金光道 61 号；邮政编码：650000）。

本规程参编单位：北京利建模板公司、北京星河模板脚手架工程有限公司、中国建筑一局集团有限公司、北京石景山区建筑公司、北京住总集团住三模板公司。

本规程主要起草人员：杨亚男　胡　健
　　　　　　　　　　贺　军　史　良
　　　　　　　　　　金燕兰　高向荣
　　　　　　　　　　吴庆敏

目　次

1 总　则

1.0.1 为了适应建筑工程大模板技术的发展，使其设计、制作与施工达到技术先进、经济合理、安全适用、保证工程质量，制定本规程。

1.0.2 本规程适用于多层和高层建筑及一般构筑物竖向结构现浇混凝土工程大模板的设计、制作与施工。

1.0.3 大模板的设计、制作和施工除应执行本规程外，尚应符合国家现行有关强制性标准的规定。

2　术语、符号

2.1　术　语

2.1.1 大模板　large-area formwork
模板尺寸和面积较大且有足够承载能力，整装整拆的大型模板。

2.1.2 整体式大模板　entire large-area formwork
模板的规格尺寸以混凝土墙体尺寸为基础配置的整块大模板。

2.1.3 拼装式大模板　assembling large-area formwork
以符合建筑模数的标准模板块为主、非标准模板块为辅组拼配置的大型模板。

2.1.4 面板　surface panel
与新浇筑混凝土直接接触的承力板。

2.1.5 肋　rib
支撑面板的承力构件，分为主肋、次肋和边肋等。

2.1.6 背楞　waling
支撑肋的承力构件。

2.1.7 对拉螺栓　tie bolt
连接墙体两侧模板承受新浇混凝土侧压力的专用螺栓。

2.1.8 自稳角　angle of self-stabilization
大模板竖向停放时，靠自重作用平衡风荷载保持自身稳定所倾斜的角度。

2.2　符　号

F——新浇筑混凝土对模板的最大侧压力；

H_n——内墙模板配板设计高度；

H_w——外墙模板配板设计高度；

h_y——有效压头高度；

L_a、L_b、L_c、L_d——模板配板设计长度；

S_d——吊环净截面面积；

α——自稳角。

3　大模板组成基本规定

3.0.1 大模板应由面板系统、支撑系统、操作平台系统及连接件等组成，示意图见本规程附录 A。

3.0.2 组成大模板各系统之间的连接必须安全可靠。

3.0.3 大模板的面板应选用厚度不小于 5mm 的钢板制作，材质不应低于 Q235A 的性能要求，模板的肋和背楞宜采用型钢、冷弯薄壁型钢等制作，材质宜与钢面板材质同一牌号，以保证焊接性能和结构性能。

3.0.4 大模板的支撑系统应能保持大模板竖向放置的安全可靠和在风荷载作用下的自身稳定性。地脚调整螺栓长度应满足调节模板安装垂直度和调整自稳角的需要，地脚调整装置应便于调整，转动灵活。

3.0.5 大模板钢吊环应采用 Q235A 材料制作并应具有足够的安全储备，严禁使用冷加工钢筋。焊接式钢吊环应合理选择焊条型号，焊缝长度和焊缝高度应符合设计要求；装配式吊环与大模板采用螺栓连接时必须采用双螺母。

3.0.6 大模板对拉螺栓材质应采用不低于 Q235A 的钢材制作，应有足够的强度承受施工荷载。

3.0.7 整体式电梯井筒模应支拆方便、定位准确，并应设置专用操作平台，保证施工安全。

3.0.8 大模板应能满足现浇混凝土墙体成型和表面质量效果的要求。

3.0.9 大模板结构构造应简单、重量轻、坚固耐用、便于加工制作。

3.0.10 大模板应具有足够的承载力、刚度和稳定性，应能整装整拆，组拼便利，在正常维护下应能重复周转使用。

4　大模板设计

4.1　一般规定

4.1.1 大模板应根据工程类型、荷载大小、质量要求及施工设备等结合施工工艺进行设计。

4.1.2 大模板设计时板块规格尺寸宜标准化并符合建筑模数。

4.1.3 大模板各组成部分应根据功能要求采用概率极限状态设计方法进行设计计算。

4.1.4 大模板设计时应考虑运输、堆放和装拆过程中对模板变形的影响。

4.2　大模板配板设计

4.2.1 配板设计应遵循下列原则：

　　1　应根据工程结构具体情况按照合理、经济的原则划分施工流水段；

2 模板施工平面布置时，应最大限度地提高模板在各流水段的通用性；

3 大模板的重量必须满足现场起重设备能力的要求；

4 清水混凝土工程及装饰混凝土工程大模板体系的设计应满足工程效果要求。

4.2.2 配板设计应包括下列内容：

1 绘制配板平面布置图；

2 绘制施工节点设计、构造设计和特殊部位模板支、拆设计图；

3 绘制大模板拼板设计图、拼装节点图；

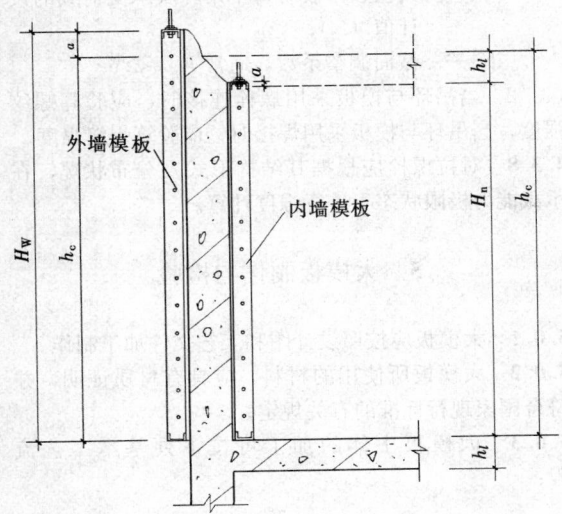

图 4.2.3-1　配板设计高度尺寸示意

4 编制大模板构、配件明细表，绘制构、配件设计图；

5 编写大模板施工说明书。

4.2.3 配板设计方法应符合下列规定：

1 配板设计应优先采用计算机辅助设计方法；

2 拼装式大模板配板设计时，应优先选用大规格模板为主板；

3 配板设计宜优先选用减少角模规格的设计方法；

4 采取齐缝接高排板设计方法时，应在拼缝处进行刚度补偿；

5 大模板吊环位置应保证大模板吊装时的平衡，宜设置在模板长度的 0.2～0.25L 处；

6 大模板配板设计尺寸可按下列公式确定：

1）大模板配板设计高度尺寸可按下列公式计算（图 4.2.3-1）：

$$H_n = h_c - h_l + a \qquad (4.2.3\text{-}1)$$
$$H_w = h_c + a \qquad (4.2.3\text{-}2)$$

式中　H_n——内墙模板配板设计高度（mm）；

　　　H_w——外墙模板配板设计高度（mm）；

　　　h_c——建筑结构层高（mm）；

　　　h_l——楼板厚度（mm）；

　　　a——搭接尺寸（mm）；内模设计：取 a ＝10～30mm；

　　　　外模设计：取 a ≥50mm。

2）大模板配板设计长度尺寸可按下列公式计

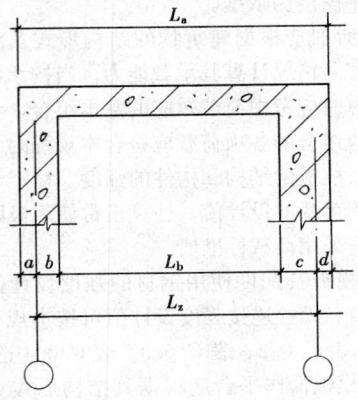

图 4.2.3-2　配板设计长度
尺寸示意（一）

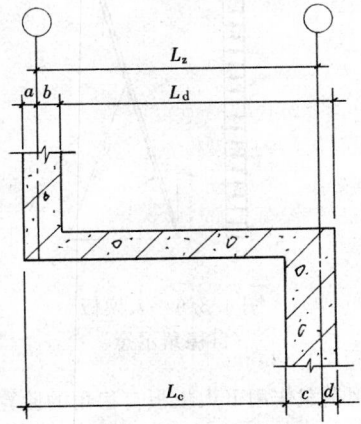

图 4.2.3-3　配板设计长度
尺寸示意（二）

算（图 4.2.3-2、3）：

$$L_a = L_z + (a + d) - B_i \qquad (4.2.3\text{-}3)$$
$$L_b = L_z - (b + c) - B_i - \Delta \qquad (4.2.3\text{-}4)$$
$$L_c = L_z - c + a - B_i - 0.5\Delta \qquad (4.2.3\text{-}5)$$
$$L_d = L_z - b + d - B_i - 0.5\Delta \qquad (4.2.3\text{-}6)$$

式中　L_a、L_b、L_c、L_d——模板配板设计长度（mm）；

　　　L_z——轴线尺寸（mm）；

　　　B_i——每一模位角模尺寸总和（mm）；

　　　Δ——每一模位阴角模预留支拆余量总和，取 Δ＝3～5（mm）；

　　　a、b、c、d——墙体轴线定位尺寸（mm）。

4.3 大模板结构设计计算

4.3.1 大模板结构的设计计算应根据其形式综合分析模板结构特点，选择合理的计算方法，并应在满足强度要求的前提下，计算其变形值。

4.3.2 当计算大模板的变形时，应以满足混凝土表面要求的平整度为依据。

4.3.3 设计时应根据建筑物的结构形式及混凝土施工工艺的实际情况计算其承载能力。当按承载能力极限状态计算时应考虑荷载效应的基本组合，参与大模板荷载效应组合的各项荷载应符合本规程附录 B 的规定。计算大模板的结构和构件的强度、稳定性及连接强度应采用荷载的设计值，计算正常使用极限状态下的变形时应采用荷载标准值。

4.3.4 大模板及配件使用钢材的强度设计值、焊缝强度设计值和螺栓连接强度设计值可按本规程附录 C 表 C.0.1、表 C.0.2、表 C.0.3、表 C.0.4 选用。

4.3.5 大模板操作平台应根据其结构形式对其连接件、焊缝等进行计算。大模板操作平台应按能承受 $1kN/m^2$ 的施工活荷载设计计算，平台宽度宜小于 900mm，护栏高度不应低于 1100mm。

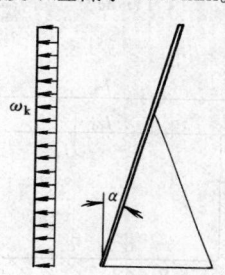

图 4.3.6　大模板
自稳角示意

4.3.6 风荷载作用下大模板自稳角的验算应符合下列规定：

　　1　大模板的自稳角以模板面板与铅垂直线的夹角"α"表示（图 4.3.6）：

$$\alpha \geqslant \arcsin[-P+(P^2+4K^2\omega_k^2)^{1/2}]/2K\omega_k$$

$$(4.3.6-1)$$

式中　α——大模板自稳角（°）；

　　　　P——大模板单位面积自重（kN/m^2）；

　　　　K——抗倾倒系数，通常 $K=1.2$；

　　　　ω_k——风荷载标准值（kN/m^2）；

$$\omega_k = \mu_S\mu_Z v_f^2 /1600$$

$$(4.3.6-2)$$

式中　μ_S——风荷载体型系数，取 $\mu_S=1.3$；

　　　　μ_Z——风压高度变化系数，大模板地面堆放时 $\mu_Z=1$；

　　　　v_f——风速（m/s），根据本地区风力级数确

定，换算关系参照附录 D。

　　2　当验算结果小于 10°时，取 $\alpha\geqslant 10°$；当验算结果大于 20°时，取 $\alpha\leqslant 20°$，同时采取辅助安全措施。

4.3.7 大模板钢吊环截面的计算应符合下列规定：

　　1　每个钢吊环按 2 个截面计算，吊环拉应力不应大于 $50N/mm^2$，大模板钢吊环净截面面积可按下列公式计算：

$$S_d \geqslant \frac{K_dF_x}{2\times 50}$$

$$(4.3.7)$$

式中　S_d——吊环净截面面积（mm^2）；

　　　　F_x——大模板吊装时每个吊环所承受荷载的设计值（N）；

　　　　K_d——截面调整系数，通常 $K_d=2.6$。

　　2　当吊环与模板采用螺栓连接时，应验算螺纹强度；当吊环与模板采用焊接时，应验算焊缝强度。

4.3.8 对拉螺栓应根据其结构形式及分布状况，在承载能力极限状态下进行强度计算。

5　大模板制作与检验

5.0.1 大模板应按照设计图和工艺文件加工制作。

5.0.2 大模板所使用的材料，应具有材质证明，并符合国家现行标准的有关规定。

5.0.3 大模板主体的加工可按下列基本工艺流程：

下料 → 零、构件加工 → 组拼、组焊 → 校正 → 过程检验

涂漆 → 标识 → 最终检验 → 入库

5.0.4 大模板零、构件下料的尺寸应准确，料口应平整；面板、肋、背楞等部件组拼组焊前应调平、调直。

5.0.5 大模板组拼组焊应在专用工装和平台上进行，并采用合理的焊接顺序和方法。

5.0.6 大模板组拼焊接后的变形应进行校正。校正的专用平台应有足够的强度、刚度，并应配有调平装置。

5.0.7 钢吊环、操作平台架挂钩等构件宜采用热加工并利用工装成型。

5.0.8 大模板的焊接部位必须牢固、焊缝应均匀，焊缝尺寸应符合设计要求，焊渣应清除干净，不得有夹渣、气孔、咬肉、裂纹等缺陷。

5.0.9 防锈漆应涂刷均匀，标识明确，构件活动部位应涂油润滑。

5.0.10 整体式大模板的制作允许偏差与检验方法应符合表 5.0.10 的要求。

5.0.11 拼装式大模板的组拼允许偏差与检验方法应符合表 5.0.11 的要求。

表 5.0.10　整体式大模板制作允许偏差与检验方法

项次	项　目	允许偏差 (mm)	检验方法
1	模板高度	±3	卷尺量检查
2	模板长度	—2	卷尺量检查
3	模板板面对角线差	≤3	卷尺量检查
4	板面平整度	2	2m 靠尺及塞尺量检查
5	相邻面板拼缝高低差	≤0.5	平尺及塞尺量检查
6	相邻面板拼缝间隙	≤0.8	塞尺量检查

表 5.0.11　拼装式大模板组拼允许偏差与检验方法

项次	项　目	允许偏差 (mm)	检验方法
1	模板高度	±3	卷尺量检查
2	模板长度	—2	卷尺量检查
3	模板板面对角线差	≤3	卷尺量检查
4	板面平整度	2	2m 靠尺及塞尺量检查
5	相邻模板高低差	≤1	平尺及塞尺量检查
6	相邻模板拼缝间隙	≤1	塞尺量检查

6　大模板施工与验收

6.1　一般规定

6.1.1　大模板施工前必须制定合理的施工方案。

6.1.2　大模板安装必须保证工程结构各部分形状、尺寸和预留、预埋位置的正确。

6.1.3　大模板施工应按照工期要求，并根据建筑物的工程量、平面尺寸、机械设备条件等组织均衡的流水作业。

6.1.4　浇筑混凝土前必须对大模板的安装进行专项检查，并做检验记录。

6.1.5　浇筑混凝土时应设专人监控大模板的使用情况，发现问题及时处理。

6.1.6　吊装大模板时应设专人指挥，模板起吊应平稳，不得偏斜和大幅度摆动。操作人员必须站在安全可靠处，严禁人员随同大模板一同起吊。

6.1.7　吊装大模板必须采用带卡环吊钩。当风力超过 5 级时应停止吊装作业。

6.2　施工工艺流程

6.2.1　大模板施工工艺可按下列流程进行：

施工准备 → 定位放线 → 安装模板的定位装置 → 安装门窗洞口模板 → 安装模板 → 调整模板，紧固对拉螺栓 → 验收 → 分层对称浇筑混凝土 → 拆模 → 模板清理

6.3　大模板安装

6.3.1　安装前准备工作应符合下列规定：

1　大模板安装前应进行施工技术交底；

2　模板进现场后，应依据配板设计要求清点数量，核对型号；

3　组拼式大模板现场组拼时，应用醒目字体按

模位对模板重新编号；

4　大模板应进行样板间的试安装，经验证模板几何尺寸、接缝处理、零部件等准确后方可正式安装；

5　大模板安装前应放出模板内侧线及外侧控制线作为安装基准；

6　合模前必须将模板内部杂物清理干净；

7　合模前必须通过隐蔽工程验收；

8　模板与混凝土接触面应清理干净、涂刷隔离剂，刷过隔离剂的模板遇雨淋或其他因素失效后必须补刷；使用的隔离剂不得影响结构工程及装修工程质量；

9　已浇筑的混凝土强度未达到 1.2N/mm² 以前不得踩踏和进行下道工序作业；

10　使用外挂架时，墙体混凝土强度必须达到 7.5N/mm² 以上方可安装，挂架之间的水平连接必须牢靠、稳定。

6.3.2　大模板的安装应符合下列规定：

1　大模板安装应符合模板配板设计要求；

2　模板安装时应按模板编号顺序遵循先内侧、后外侧，先横墙、后纵墙的原则安装就位；

3　大模板安装时根部和顶部要有固定措施；

4　门窗洞口模板的安装应按定位基准调整固定，保证混凝土浇筑时不移位；

5　大模板支撑必须牢固、稳定，支撑点应设在坚固可靠处，不得与脚手架拉结；

6　紧固对拉螺栓时应用力得当，不得使模板表面产生局部变形；

7　大模板安装就位后，对缝隙及连接部位可采取堵缝措施，防止漏浆、错台现象。

6.4　大模板安装质量验收标准

6.4.1　大模板安装质量应符合下列要求：

1　大模板安装后应保证整体的稳定性，确保施工中模板不变形、不错位、不胀模；

2　模板间的拼缝要平整、严密，不得漏浆；

3　模板板面应清理干净，隔离剂涂刷应均匀，不得漏刷。

6.4.2　大模板安装允许偏差及检验方法应符合表 6.4.2 的规定。

表 6.4.2　大模板安装允许偏差及检验方法

项　目		允许偏差 (mm)	检验方法
轴线位置		4	尺量检查
截面内部尺寸		±2	尺量检查
层高垂直度	全高≤5m	3	线坠及尺量检查
	全高>5m	5	线坠及尺量检查
相邻模板板面高低差		2	平尺及塞尺量检查
表面平整度		<4	20m 内上口拉直线尺量检查下口按模板定位线为基准检查

6.5 大模板拆除和堆放

6.5.1 大模板的拆除应符合下列规定：

1 大模板拆除时的混凝土结构强度应达到设计要求；当设计无具体要求时，应能保证混凝土表面及棱角不受损坏；

2 大模板的拆除顺序应遵循先支后拆、后支先拆的原则；

3 拆除有支撑架的大模板时，应先拆除模板与混凝土结构之间的对拉螺栓及其他连接件，松动地脚螺栓，使模板后倾与墙体脱离开；拆除无固定支撑架的大模板时，应对模板采取临时固定措施；

4 任何情况下，严禁操作人员站在模板上口采用晃动、撬动或用大锤砸模板的方法拆除模板；

5 拆除的对拉螺栓、连接件及拆模用工具必须妥善保管和放置，不得随意散放在操作平台上，以免吊装时坠落伤人；

6 起吊大模板前应先检查模板与混凝土结构之间所有对拉螺栓、连接件是否全部拆除，必须在确认模板和混凝土结构之间无任何连接后方可起吊大模板，移动模板时不得碰撞墙体；

7 大模板及配件拆除后，应及时清理干净，对变形和损坏的部位应及时进行维修。

6.5.2 大模板的堆放应符合下列要求：

1 大模板现场堆放区应在起重机的有效工作范围之内，堆放场地必须坚实平整，不得堆放在松土、冻土或凹凸不平的场地上。

2 大模板堆放时，有支撑架的大模板必须满足自稳角要求；当不能满足要求时，必须另外采取措施，确保模板放置的稳定。没有支撑架的大模板应存放在专用的插放支架上，不得倚靠在其他物体上，防止模板下脚滑移倾倒。

3 大模板在地面堆放时，应采取两块大模板板面对板面相对放置的方法，且应在模板中间留置不小于 600mm 的操作间距；当长时期堆放时，应将模板连接成整体。

7 运输、维修与保管

7.1 运　输

7.1.1 大模板运输应根据模板的长度、高度、重量选用适当的车辆。

7.1.2 大模板在运输车辆上的支点、伸出的长度及绑扎方法均应保证模板不发生变形，不损伤表面涂层。

7.1.3 大模板连接件应码放整齐，小型件应装箱、装袋或捆绑，避免发生碰撞，保证连接件的重要连接部位不受破坏。

7.2 维　修

7.2.1 现场使用后的大模板，应清理粘结在模板上的混凝土灰浆及多余的焊件、绑扎件，对变形和板面凹凸不平处应及时修复。

7.2.2 肋和背楞产生弯曲变形应严格按产品质量标准修复。

7.2.3 焊缝开焊处，应将焊缝内砂浆清理干净，重新补焊修复平整。

7.2.4 大模板配套件的维修应符合下列要求：

1 地脚调整螺栓转动应灵活，可调到位；

2 承重架焊缝应无开焊处，锈蚀严重的焊缝应除锈补焊；

3 对拉螺栓应无弯曲变形，表面无粘结砂浆，螺母旋转灵活；

4 附、配件的所有活动连接部位维修后应涂抹防锈油。

7.3 保　管

7.3.1 对暂不使用的大模板拆除支架维修后，板面应进行防锈处理，板面向下分类码放。

7.3.2 大模板堆放场地地面应平整、坚实、有排水措施。

7.3.3 零、配件入库保存时，应分类存放。

7.3.4 大模板叠层平放时，在模板的底部及层间应加垫木，垫木应上下对齐，垫点应保证模板不产生弯曲变形；叠放高度不宜超过 2m，当有加固措施时可适当增加高度。

附录 A 大模板组成示意图

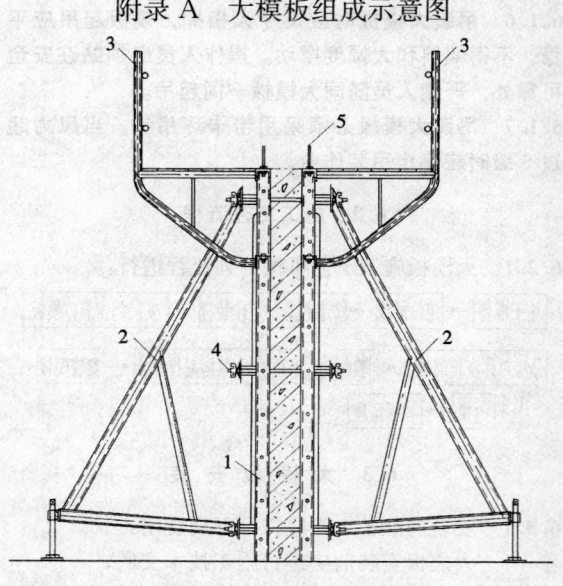

图 A 大模板组成示意

1—面板系统；2—支撑系统；
3—操作平台系统；4—对拉螺栓；5—钢吊环

附录 B　大模板荷载及荷载效应组合

B.0.1　参与大模板荷载效应组合的各项荷载可符合表 B.0.1 的规定。

表 B.0.1　参与大模板荷载效应组合的各项荷载

参与大模板荷载效应组合的荷载项	
计算承载能力	计算抗变形能力
倾倒混凝土时产生的荷载 + 振捣混凝土时产生的荷载 + 新浇筑混凝土对模板的侧压力	新浇筑混凝土对模板的侧压力

B.0.2　大模板荷载的标准值应按下列规定确定：

1　倾倒混凝土时产生的荷载标准值

倾倒混凝土时对竖向结构模板产生的水平荷载标准值可按表 B.0.2 取值。

表 B.0.2　倾倒混凝土时产生的水平荷载标准值（kN/m²）

向模板内供料方法	水平荷载
溜槽、串筒或导管	2
容积为 0.2～0.8m³ 的运输器具	4
泵送混凝土	4
容积大于 0.8m³ 的运输器具	6

注：作用范围在有效压头高度以内。

2　振捣混凝土时产生的荷载标准值

振捣混凝土时对竖向结构模板产生的荷载标准值按 4.0 kN/m² 计算（作用范围在新浇筑混凝土侧压力的有效压头高度之内）。

3　新浇筑混凝土对模板的侧压力标准值

当采用内部振捣器时，新浇筑混凝土作用于模板的最大侧压力，可按下列两式计算，并取较小值。

$$F = 0.22\gamma_c t_0 \beta_1 \beta_2 v^{1/2} \qquad (B.0.2-1)$$
$$F = \gamma_c H \qquad (B.0.2-2)$$

式中　F——新浇筑混凝土对模板的最大侧压力（kN/m²）；

γ_c——混凝土的重力密度（kN/m³）；

t_0——新浇筑混凝土的初凝时间（h），可按实测确定。当缺乏实验资料时，可采用 $t_0 = 200/(T+15)$ 计算（T 为混凝土的温度，℃）；

v——混凝土的浇筑速度（m/h）；

H——混凝土侧压力计算位置处至新浇筑混凝土顶面的总高度（m）；

β_1——外加剂影响修正系数，不掺外加剂时取 1.0；掺具有缓凝作用的外加剂时取 1.2；

β_2——混凝土坍落度影响修正系数，当坍落度小于 100mm 时，取 1.10；不小于 100mm 时，取 1.15。

混凝土侧压力的分布可见图 B.0.2：

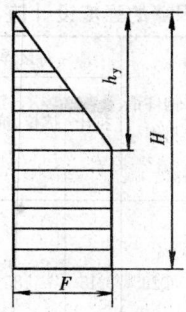

图 B.0.2　混凝土侧压力的分布示意

其中，

有效压头高度 h_y，可按下列公式计算：

$$h_y = F/\gamma_c \qquad (B.0.2-3)$$

B.0.3　大模板荷载的分项系数

计算大模板及其支架时的荷载设计值，应采用荷载标准值乘以相应的荷载分项系数求得，荷载分项系数可按表 B.0.3 取值。

表 B.0.3　大模板荷载分项系数

项次	荷载名称	荷载类型	γ_i
1	倾倒混凝土时产生的荷载	活荷载	1.4
2	振捣混凝土时产生的荷载		
3	新浇筑混凝土对模板侧面的压力	恒荷载	1.2

附录 C　大模板用钢材、焊缝连接及螺栓连接的强度设计值

C.0.1　Q235A（3 号钢）钢材分组尺寸可按表 C.0.1 选用。

表 C.0.1　Q235A（3 号钢）钢材分组尺寸（mm）

钢材		圆钢、方钢和扁钢的直径或厚度	角钢、工字钢和槽钢的厚度	钢板的厚度
钢号	组别			
Q235A （3 号钢）	第 1 组	≤40	≤15	≤20
	第 2 组	>40～100	>15～20	>20～40
	第 3 组		>20	>40～50

C.0.2　钢材强度设计值可按表 C.0.2 选用。

表 C.0.2　钢材的强度设计值（N/mm²）

钢材		厚度或直径（mm）	抗拉、抗压和抗弯 f	抗剪 f_v
钢号	组别			
Q235A （3 号钢）	第 1 组	—	215	125
	第 2 组	—	200	115
	第 3 组	—	190	110

C.0.3 焊缝的强度设计值可按表 C.0.3 选用。

表 C.0.3 焊缝的强度设计值（N/mm²）

序号	焊接方法和焊条型号	构件钢材钢号	对接焊缝			角焊缝
			抗压 f_c^w	抗拉、抗弯 f_t^w	抗剪 f_v^w	抗拉、抗压和抗弯 f_c^w
1	自动焊、半自动焊和 E43×× 型焊条的手工焊	Q235	215	185	125	160
2	冷弯薄壁型钢结构		205	175	120	140

C.0.4 螺栓连接的强度设计值可按表 C.0.4 选用。

表 C.0.4 螺栓连接的强度设计值（N/mm²）

螺栓的钢号（或性能等级）和构件的钢号	构件钢材		普通螺栓					
			C 级螺栓			A 级、B 级螺栓		
	组别	厚度（mm）	抗拉 f_t^b	抗剪 f_v^b	承压 f_c^b	抗拉 f_t^b	抗剪（Ⅰ类孔）f_v^b	承压（Ⅰ类孔）f_c^b
普通螺栓 Q235			170	130		170		170

附录 D　风力、风速、基本风压换算关系

表 D.0.1 风力、风速、基本风压换算表

风力（级）	5	6	7	8	9
风速（m/s）	8.0~10.7	10.8~13.8	13.9~17.1	17.2~20.7	20.8~24.4
基本风压（kN/m²）	0.04~0.07	0.07~0.12	0.12~0.18	0.18~0.27	0.27~0.37

本规程用词说明

1 为便于执行本规程条文时区别对待，对于要求严格程度不同的用词说明如下：

1）表示很严格，非这样做不可的：

正面词采用"必须"；反面词采用"严禁"；

2）表示严格，在正常情况下均应这样做的：

正面词采用"应"；反面词采用"不应"或"不得"；

3）表示允许稍有选择，在条件许可时，首先应该这样做的：

正面词采用"宜"；反面词采用"不宜"；

表示有选择，在一定条件下可以这样做的，采用"可"。

2 条文中指明应按照其他有关标准执行的写法为："应按……执行"或"应符合……的要求（或规定）"。

中华人民共和国行业标准

建筑工程大模板技术规程

JGJ 74—2003

条 文 说 明

前　言

《建筑工程大模板技术规程》（JGJ 74—2003）经建设部 2003 年 6 月 3 日以第 151 号公告批准，业已发布。

为便于广大设计、施工、科研、学校等单位的有关人员在使用本规程时能正确理解和执行条文规定，《建筑工程大模板技术规程》编制组按章、节、条顺序编制了本规程的条文说明，供使用者参考。在使用中如发现本条文说明有欠妥之处，请将意见函寄中国建筑科学研究院建筑机械化研究分院。

目　次

1 总　则

1.0.1 大模板工程是一项自成体系的成套技术，由于适应了建筑工业化、机械化、高效、快捷、文明施工和高质量混凝土结构的要求得以快速发展和应用，为促进大模板技术的发展和保证工程质量，在总结现有实践经验的基础上制定了本规程。

1.0.2 本条界定了本规程的适用范围，供大模板的设计、制作、施工单位应用。

1.0.3 本规程主要针对多层或高层建筑剪力墙或墙体大模板施工工艺特点编写的，对于其他工程使用的特殊类型大模板，除执行本规程要求以外，尚应结合工程实际，符合现行有关标准和规范的规定要求。

2 术语、符号

2.1 术　语

本规范给出的 8 个术语是为了使与大模板体系有关的俗称和不统一的称呼在本规程及今后的使用中形成单一的概念，并与其他类型模板的有关称呼趋于一致，利用已知或根据其概念特征赋予其涵义，但不一定是术语的准确定义。

2.2 符　号

本规程的符号按以下次序以字母的顺序列出：

——大写拉丁字母位于小写字母之前（A、a、B、b 等）；

——无脚标的字母位于有脚标字母之前（B、B_m、C、C_m 等）；

——希腊字母位于拉丁字母之后；

公式中的符号概念已在正文中表述的不再列出。

3 大模板组成基本规定

3.0.1 本条简要的说明了大模板组成的必要部分，面板系统包括面板、肋、背楞等；支撑系统包括支撑架、地脚调整螺栓等；操作平台系统包括三角支架、护栏、爬梯、脚手板等。为清楚起见以一面墙体工作状态的示意图描绘。大模板结构形式有整体式、拼装式等，本规程无意通过示意图规范和统一大模板的具体结构和构造。

3.0.2 大模板与各系统之间一般是通过螺栓或销轴连接。为保证大模板施工安全，组成大模板的各系统之间的连接应保证施工的安全可靠性。

3.0.3 根据目前大模板的面板、肋和背楞等主要采用以钢材为主要材料的现状，本规程对使用钢材材质提出了最低的限制要求。如果面板采用其他材料如：木胶合板、竹胶合板或用木方做肋，背楞在现场制

作、组拼的模板类型，不列入本规程要求的范围，应遵循国家现行有关标准的规定。

3.0.4 支撑系统的功能既要维持大模板竖向放置的稳定性，又要能在模板安装时调节板面的垂直度。大模板竖向放置的稳定性是靠模板及支撑系统等的自重通过调节自稳角来达到平衡，地脚调整螺栓作为调整自稳角的主要构件，其可调整长度应满足上述要求。

3.0.5 钢吊环是大模板必不可少的重要吊装部件，其材料的选择、加工或与大模板的连接等对保证大模板的安全施工至关重要，本条是对钢吊环提出的基本要求。

3.0.6 对拉螺栓的作用是连接墙体两侧模板、控制模板间距（墙体厚度），承受施工中荷载。因此，对拉螺栓应有足够的强度和安全储备以保证施工的安全性。

3.0.7 电梯井筒模是一种组合后的大模板群体，体型、重量大，结构形式和支、拆模方法多样，设置专用的操作平台以保证施工人员的安全。

4 大模板设计

4.1 一般规定

4.1.1 本条是合理确定大模板设计方案的必要条件，设计与施工双方应根据工程设计图纸、施工单位设备条件、具体要求等进行沟通和磋商，按拟定设计方案，进行具体的模板工程设计。

4.1.2 由于建筑物结构和用途的多元化，其开间、进深、层高尺寸也各不相同。本条规定要求大模板设计时既要做到模板的合理配置，又要考虑模板的通用性，以满足不同的平面组合，提高模板的利用率，降低成本。

4.1.3 以概率理论为基础的极限状态设计方法是当前结构设计最先进的方法，大模板各组成部分的结构和构造通过采用概率极限状态进行设计计算，能较好地反映可靠度的实质。

4.1.4 大模板在进行结构构造设计时，不但要考虑施工荷载效应组合，还要考虑外界因素，如运输、堆放、装拆过程中的碰撞等给大模板造成变形的影响，因为这些影响在模板结构设计中是不确定因素，难以通过计算确定，所以是实践经验的积累。

4.2 大模板配板设计

4.2.1 本条规定了大模板配板设计的各个步骤和工作程序要遵循的原则：

1 划分流水段是任何一项模板工程前期设计的重要步骤，划分流水段的合理与否与大模板投入量、周转使用次数、施工速度和工程总体经济效益有直接关系；

2 在配板设计时，最大限度地提高模板的通用

比例，以提高模板工程的经济性；

3　起重设备能力指起重量、最大回转半径等技术指标，以此作为确定大模板板块重量的依据；

4　清水混凝土工程和装饰混凝土工程与一般结构混凝土的不同点是前者对外观的要求比后者更加严格。混凝土成品的表面质量与模板的质量密切相关，在设计清水混凝土工程和装饰混凝土工程的大模板体系时，应采取相应的措施达到工程期望的满意效果。

4.2.3　配板设计方法应符合以下规定：

1　本规程规定配板设计优先采用计算机辅助设计方法，旨在推动计算机技术在模板工程设计的应用进程。模板工程的配板设计工作繁琐、统计工作量大，应用计算机技术以提高配板设计准确性和工作效率。

3　模板配置过程中出现的剩余尺寸，如果采取"以板定角模"即：剩余尺寸由角模尺寸补偿，会导致多种规格尺寸的角模；若采取"以角模定板"的方法，即：剩余尺寸由板补偿，可减少角模规格提高通用性，利于现场施工管理和降低成本。

5　吊环位置设计，按等强度条件计算给出了推荐位置。

吊环位置的计算如下（见图1）：

$$M_1 = \frac{1}{2}qa^2$$

$$M_2 = \frac{1}{8}ql^2(1-4\lambda^2) \quad 其中：\lambda = \frac{a}{L-2a}$$

令 $M_1 = M_2$

求解此方程后：

$$a = \frac{-L+\sqrt{2}L}{2} = 0.207L$$

取 $a = 0.2L \sim 0.25L$。

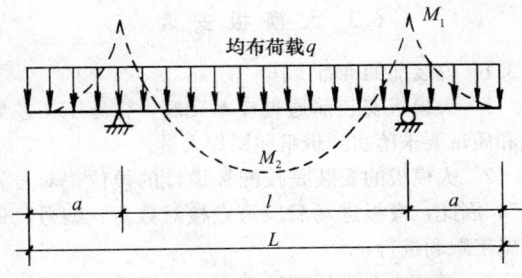

图1　吊点计算简图

6　大模板配板设计尺寸的确定：

（1）大模板配板设计高度公式：

1）在一般工程中，同一层平面内往往有几种楼板厚度，计算公式中的"h_l"取值应按不同工程的具体情况自行确定；

2）采取隐蔽施工缝的搭接作法时，式中的"a"取值大小可根据工程具体要求另定；

3）由于施工工艺的不同，内外模板配板设计高度也可以相同，即：$H_n = H_w$。

（2）大模板配板设计长度公式：

1）公式（4.2.3-3～6）适于图示情况，是模板设计中几何尺寸的基本公式，特殊情况几何尺寸的计算应根据每个工程的具体情况确定；

2）关于"Δ"的取值：

a　在内墙设计时，阴角处应预留支拆余量"Δ"；

b　在阳角设计时，阳角因无拆模问题，故：$\Delta = 0$；

c　公式中给出的"Δ"，是一个模位预留支拆余量的总和。在实际设计中，"Δ"可分摊在两个阴角处，取值大小根据具体情况，在 $\Delta = 3 \sim 5mm$ 之间取舍。

3）"B_i"指一个模位角模尺寸的总和：

a　当一个模位有两个不同规格角模时，$B_i = B_1 + B_2$；

b　当一个模位仅一个角模时，$B_i = B_1$；

c　当一个模位有两个相同的角模时，$B_i = 2B_1$。

4.3　大模板结构设计计算

4.3.1　大模板结构形式有的有背楞、有的无背楞，且肋和背楞的布置形式也不一样，结构形式不同，计算模型也不同；按照大模板的结构形式选择合理地计算方法计算模板的变形值，以便更切合实际。

4.3.2　表面平整度是评定混凝土表面质量的重要参数，大模板抗变形能力的强弱直接影响混凝土的表面平整度；在验算大模板的刚度时，其允许变形值的确定以满足混凝土表面要求的平整度为依据，以保证大模板的刚度符合施工的要求。

4.3.3　大模板在使用过程中有多种荷载参与效应组合，应取各自最不利的组合进行设计计算。在附录B中，计算承载能力时的效应组合增加了"倾倒混凝土时产生的荷载"一项，由于目前大模板施工多采用泵送混凝土浇筑，混凝土浇筑与振捣往往是同时进行的，浇筑与振捣位置相距很近，因此增加了此项荷载；同时还在"倾倒混凝土时产生的水平荷载标准值"中增加了"泵送混凝土"一项，泵送混凝土产生的水平荷载标准值是通过在施工现场采用泵送混凝土与不同容积的运输器具输送混凝土进行测试、分析及比较得出的。

4.3.5　大模板操作平台是操作人员的工作平台，国外有关资料描述此项荷载的设计值为 $0.75kN/m^2$，根据我国目前施工的具体情况参照有关模板脚手架资料，为提高安全性，操作平台按能承受 $1kN/m^2$ 的施工活荷载设计计算。

4.3.6　大模板停放稳定性主要取决于大模板的自稳角，应根据建筑施工周围环境、施工地区的风力、模板自重等因素按公式验算，不同地区可根据现场情况计算取值。风荷载作用下大模板自稳角的验算公式是以大模板自身重力与大模板受到的风力且以大模板底边为支点，采用力矩平衡原理推导得出。计算风荷载标准值 w_k 时，按照《建筑结构荷载规范》GB 50009—2001 的规定，基本风压 w_0 是按 $w_0 = v_0^2/1600$ 公式计算；当停放位置高度有较大变化时，应考虑风压高度变化系数 μ_z；根据大模板结构特性，风荷载体型系数 μ_s 取 1.3；本规程不考虑风振系数对大模板风荷载标准值的影响。大模板自稳角在 $10°\sim20°$ 之间取值，是通过计算及实践经验验证得出的，当大模板自稳角不能满足风荷载作用下停放的稳定性要求时，应采取必要的抗倾覆措施。

4.3.7 大模板钢吊环截面面积计算是根据《混凝土结构设计规范》GB 50010—2002 规定，每个钢吊环按 2 个截面计算，吊环拉应力不应大于 $50N/mm^2$；考虑到大模板钢吊环在实际工作状况中有受拉、受弯等力的组合作用，为提高大模板钢吊环使用的安全度，在钢吊环截面面积计算公式中增加了截面调整系数 $K_d = 2.6$。

4.3.8 对拉螺栓承受施工荷载，分布的疏密程度关系到模板整体的抗变形能力和对拉螺栓截面面积的大小。由于对拉螺栓结构形式的不同，一般应计算它的最小断面及螺纹强度，锥形对拉螺栓还应根据楔板或楔块的结构形式分别计算剪切强度和接触强度。

5 大模板制作与检验

5.0.3 大模板的工艺流程表述的是模板加工的主要工序，每个工序中还应根据不同的加工件制定各自的加工工艺；连接件、配件等的加工应按设计图纸的要求制定相应的工艺文件。质量检验工作应贯穿于产品生产的始终，过程检验应以操作者的"自检"、"互检"为主，最终检验应由专职检验人员检验。

5.0.4 大模板零、部件下料尺寸准确、料口平整，是保证大模板组焊、组拼后尺寸准确和成品质量的重要环节。

5.0.5 由于大模板面积大，焊接部位多，不同部位的焊接往往有不同的工艺要求，如：板面和边肋采取塞焊工艺、面板与肋间采取断续焊及有的部位需要满焊等，实践经验证明，合理的焊接顺序和方法，可以有效的相互抵消由焊接产生的内应力，减少模板的焊接变形。

5.0.6 大模板校正专用平台配备调平装置可用来校正模板变形，调整大模板平整度。

5.0.8 大模板焊接部位存在缺陷将直接影响大模板的整体质量、使用寿命和安全性。

5.0.9 模板标识可在模板的背面和板侧醒目处，以便于吊装、堆放时的识别和管理，标识通常有两项内容：

1 模板的规格尺寸；

2 配板设计方案中模板的模位编号。

6 大模板施工与验收

6.1 一般规定

6.1.1 本条要求施工现场的管理人员在组织大模板施工时，应按照大模板设计方案结合施工现场的规模、场地、起重设备、作业人员、模板流水段作业周转的施工期和滞留期等可能出现的问题做通盘考虑和安排，制定具体的施工方案，以利于大模板优越性的发挥和施工的均衡、有序、快捷。

6.1.3 大模板工程的均衡流水作业，可提高模板的周转率，加快施工进度。均衡流水作业是使每个流水段的工程量基本相等，投入的人工和占用的施工时间基本相当，工序间和各工种间配合协调，起重设备能优化配置和利用，保证施工流程顺畅。

6.1.5 浇筑混凝土时，由于泵送混凝土流量、振捣等动力影响和人为操作的不确定性因素，施工中设专人对大模板使用情况监控，以便发现胀模（变形）、跑模（位移）等异常情况能及时得到妥善的处理。

6.1.6 为使大模板的施工顺利进行和做到安全施工，结合现场实际，针对易忽视的安全隐患提出了必须做到的安全施工要求。

6.1.7 为保证吊运大模板的安全性，强调必须采用带卡环的吊钩吊运模板，避免因没挂好脱钩造成的安全事故。按照现行行业标准《建筑施工高处作业安全技术规范》JGJ80 的规定，考虑大模板的面积大，揽风面积也大，当风力较大且作业高度增加后，大模板在空中会像风筝一样飘来荡去，存在安全隐患，本规程规定风力超过 5 级时应停止大模板的吊装作业。

6.3 大模板安装

6.3.1 安装前的准备工作

1 大模板安装前通过技术交底，将施工工艺要点和质量要求落实到班组和操作人员；

2 大模板的安装是按配板设计的模位"对号入坐"，因此，模板进场后应清点核对数量、型号，保证施工顺利进行；

3 拼装式大模板有时需在现场组拼，在现场组拼后的大模板，还应按配板设计方案所在的模位重新进行编号；

5 测量放线是大模板安装位置准确度的依据，也是确保工程质量的关键工序；

8 隔离剂有时效性，涂刷时间过久或不均匀、放置时间过长落上灰尘或遇雨淋后失去效力都会直接影响脱模效果。隔离剂选择不当会造成对混凝土结构表面的污染，影响混凝土工程的表面质量和装修工程的质量；

9~10 按照现行国家标准《混凝土结构工程施

工质量验收规范》GB 50204—2002 和《高层建筑混凝土结构技术规程》JGJ 3—2002 的要求规定的。

6.3.2 大模板的安装应符合下列规定：

2 从便于大模板的安装操作和安全施工的角度，规定了先安装墙体内侧模板，再安装外侧模板的顺序原则；

3～4 大模板安装后的根部和顶部固定，支撑牢固可靠，保证模板不会因承受荷载而移位或变形，确保混凝土结构位置和外形尺寸的准确；

5 模板支撑不牢固失稳易造成模板倾覆等安全事故，与脚手架搭接存在不安全隐患；

7 大模板安装后，为防止漏浆，对结构节点或连接部位存在的缝隙，可以用其他材料堵缝，但不能破坏模板及安装位置。

6.5 大模板拆除和堆放

6.5.1 大模板的拆除应符合下列规定：

1 本条款对拆模时混凝土应达到的强度提出了要求，过早拆除模板，混凝土强度低，容易造成混凝土结构缺棱、掉角及表面粘连等质量缺陷。拆模时混凝土强度，可依据与结构同条件养护混凝土试件的强度。

2 拆模是支模的逆过程，从施工工艺上先支的模板后拆，后支的模板先拆便于施工；从施工安全性考虑，外侧的大模板就位于外挂架上，且在建筑物外侧，当对拉螺栓等连接件拆除后，非常不安全，为了防止碰撞模板发生坠落，应先拆除外侧模板。

3 有支撑架的大模板，当对拉螺栓、连接件等拆除后，调整地脚螺栓使大模板稳固停放，无支撑架的大模板，连接件拆除后，则应采取临时固定措施，不能将模板直接倚靠在墙体结构或不稳定的物体上，以防破坏墙体结构或模板滑倒伤人。

4 大模板整装整拆，面积越大，模板与混凝土之间的粘结力也就越大，如果模板表面清理得不好、脱模剂涂刷有缺陷，表面光滑程度等出现问题，会给拆模带来困难，当出现这种现象时，可采取在模板底部用撬棍撬动模板，使模板与墙体脱离开。在模板上口采取撬动、晃动模板或用大锤砸模板方法拆模，会

造成对混凝土结构的破坏和模板的损坏、质量水平下降，影响大模板的重复使用效果。

6 由于对拉螺栓等连接件的漏拆、强行起吊模板而酿成的安全事故，会造成起重设备损坏和人员伤亡的重大损失，必须引起高度重视。

7 为不影响大模板的正常周转使用，拆除后要及时的清理和维修。

6.5.2 大模板的堆放应符合下列要求：

1 大模板堆放区布置在起重机回转半径范围之内，可直接吊运，减少二次搬运，提高工效。在施工的过程中，大模板多采取竖向放置，由于大模板体型、自重大，如果堆放场地不坚实平整停放不稳，受外力作用易造成倾覆的安全事故。

2～3 从施工及施工安全的角度考虑，大模板堆放除应满足自稳角的要求外，板面对板面相对放置，可以防止一块模板受外力作用失稳倾覆对相邻模板引发的连锁反应；模板与模板中间留置操作间距，便于对模板的清理和涂刷隔离剂。

7 运输、维修与保管

7.1 运　输

7.1.1～7.1.3 模板运输车辆的选择及模板在车辆上的位置、绑扎方法等是运输过程中注意成品保护的重要环节，为保证模板从出厂到施工现场的质量不因运输过程中的装车、绑扎等方法不当而造成模板或附件降低质量水平和使用效果而提出的要求。

7.2 维　修

7.2.1～7.2.4 对使用后的大模板及附件的维修，重点从影响模板及附件重复使用质量的关键部位，提出了维修工艺和具体方法的要求。

7.3 保　管

7.3.1～7.3.3 对暂不使用的大模板在露天堆放的场地、放置方法和维护提出的要求，对入库保管的配件同样地提出了保管方法和维护的要求。

中华人民共和国行业标准

钢框胶合板模板技术规程

Technical specification for plywood
form with steel frame

JGJ 96—2011

批准部门：中华人民共和国住房和城乡建设部
施行日期：2 0 1 1 年 1 0 月 1 日

中华人民共和国住房和城乡建设部
公　告

第 872 号

关于发布行业标准
《钢框胶合板模板技术规程》的公告

现批准《钢框胶合板模板技术规程》为行业标准，编号为 JGJ 96 - 2011，自 2011 年 10 月 1 日起实施。其中，第 3.3.1、4.1.2、6.4.7 条为强制性条文，必须严格执行。原行业标准《钢框胶合板模板技术规程》JGJ 96 - 95 同时废止。

本规程由我部标准定额研究所组织中国建筑工业出版社出版发行。

2011 年 1 月 7 日

前　言

根据住房和城乡建设部《关于印发〈2008 年工程建设标准规范制订、修订计划（第一批）〉的通知》（建标［2008］102 号）的要求，规程编制组经广泛调查研究，认真总结实践经验，参考有关国际标准和国外先进标准，并在广泛征求意见的基础上，修订本规程。

本规程的主要技术内容是：1. 总则；2. 术语和符号；3. 材料；4. 模板设计；5. 模板制作；6. 模板安装与拆除；7. 运输、维修与保管。

本规程修订的主要技术内容是：1. 增加了术语和符号章节，提出了钢框胶合板模板、早拆模板技术、早拆模板支撑间距、次挠度等术语和符号；2. 钢框材料增加了 Q345 钢，面板材料增加了竹胶合板；3. 增加了模板荷载平整度计算、早拆模板支撑间距计算、模板抗倾覆计算、模板吊环截面计算，并给出风力与风速换算表等内容；4. 补充了钢框、面板、模板制作允许偏差及检验方法；5. 增加了施工安全的有关规定；6. 附录中增加了对拉螺栓的承载力和变形计算、二跨至五跨连续梁各跨跨中次挠度计算和常用的早拆模龄期的同条件养护混凝土试块立方体抗压强度等内容。

本规程中以黑体字标志的条文为强制性条文，必须严格执行。

本规程由住房和城乡建设部负责管理和对强制性条文的解释，由中国建筑科学研究院负责具体技术内容的解释。执行过程中如有意见或建议，请寄送中国建筑科学研究院（地址：北京北三环东路 30 号，邮编：100013）。

本 规 程 主 编 单 位：中国建筑科学研究院
温州中城建设集团有限公司

本 规 程 参 编 单 位：中建一局集团建设发展有限公司
北京奥宇模板有限公司
北京市泰利城建筑技术有限公司
北京三联亚建筑模板有限责任公司
中国建筑标准设计研究院
北京城建赫然建筑新技术有限责任公司
北京中建柏利工程技术发展有限公司
北京城建五建设工程有限公司
怀来县建筑工程质量监督站

本规程主要起草人员：吴广彬　施炳华　潘三豹
张良杰　胡　健　高淑娴
成志全　袁锐文　贾树旗
杨晓东　毛　杰　范小青
闫树兵　于修祥　李智斌

本规程主要审查人员：杨嗣信　龚　剑　糜嘉平
艾永祥　李清江　季钊徐
康谷贻　陈家珑　张广智

目　次

Contents

1 总 则

1.0.1 为在钢框胶合板模板的设计、制作和施工应用中，做到安全适用、技术先进、经济合理、确保质量，制定本规程。

1.0.2 本规程适用于现浇混凝土结构和预制构件所采用的钢框胶合板模板的设计、制作和施工应用。

1.0.3 钢框胶合板模板的设计、制作和施工应用，除应符合本规程规定外，尚应符合国家现行有关标准的规定。

2 术语和符号

2.1 术 语

2.1.1 钢框胶合板模板 plywood form with steel frame

由胶合板或竹胶合板与钢框构成的模板。钢框胶合板模板可分为实腹钢框胶合板模板（图 2.1.1-1）和空腹钢框胶合板模板（图 2.1.1-2）。

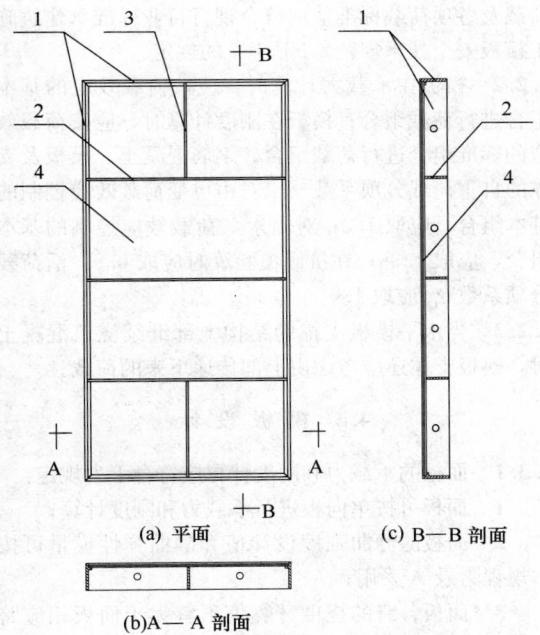

图 2.1.1-1 实腹钢框胶合板模板构造示意图
1—边肋；2—主肋；3—次肋；4—面板

2.1.2 面板 panel
与混凝土面接触的胶合板或竹胶合板。

2.1.3 钢框 steel frame
由边肋、主肋、次肋组成的承托面板用的钢结构骨架。

2.1.4 边肋 boundary rib

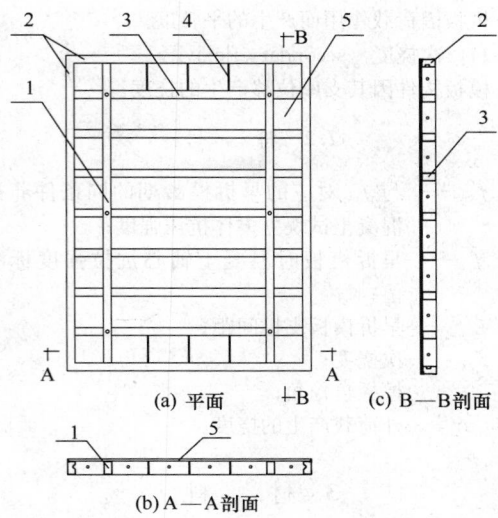

图 2.1.1-2 空腹钢框胶合板模板构造示意图
1—纵向主肋（背楞）；2—边肋；3—横向主肋；
4—次肋；5—面板

钢框周边的构件。

2.1.5 主肋 main rib
承受面板传来荷载的构件。

2.1.6 次肋 secondary rib
钢框中按构造要求设置的构件。

2.1.7 背楞 waling
支承主肋并可兼作空腹钢框胶合板模板纵向主肋的承力构件。

2.1.8 早拆模板技术 early striking technology
在楼板混凝土满足抗裂要求条件下，可提早拆除部分楼板模板及支撑的模板技术（图 2.1.8）。

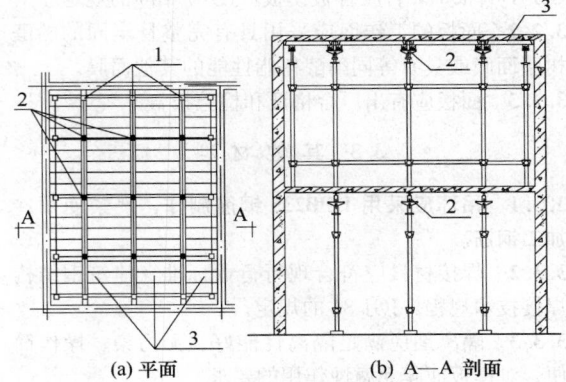

图 2.1.8 早拆模板示意图
1—后拆模板；2—早拆装置；3—钢框胶合板模板

2.1.9 早拆模板支撑间距 support distance for early striking
应用早拆模板技术时，楼板混凝土满足抗裂要求的支撑间距。

2.1.10 模板荷载平整度 load planeness of formwork

模板因荷载作用而产生的平整度。

2.1.11 次挠度 secondary flexivity
模板构件因其支座位移产生的挠度。

2.2 符　号

f'_{cu}——与 f_{et} 对应的早拆模龄期的同条件养护混凝土试块立方体抗压强度；

f_{et}——早拆模板时混凝土轴心抗拉强度标准值；

L_{et}——早拆模板支撑间距；

Y_{xx}——次挠度；

$α$——模板自稳角；

w——外荷载产生的挠度。

3 材　料

3.1 钢　框

3.1.1 钢框材料宜选用 Q235 钢或 Q345 钢，其材质应分别符合现行国家标准《碳素结构钢》GB/T 700、《低合金高强度结构钢》GB/T 1591 的规定。

3.1.2 钢框型材尺寸偏差应符合现行国家标准《通用冷弯开口型钢尺寸、外形、重量及允许偏差》GB/T 6723、《热轧型钢》GB/T 706 等相关标准和设计的规定。

3.1.3 钢材应有出厂合格证和材质证明。

3.2 面　板

3.2.1 面板宜采用 A 等品或优等品，其技术性能应分别符合国家现行标准《混凝土模板用胶合板》GB/T 17656、《竹胶合板模板》JG/T 156 的规定。

3.2.2 面板的工作面应采用具有完整且牢固的酚醛树脂面膜或具有等同酚醛树脂性能的其他面膜。

3.2.3 面板应有出厂合格证和检验报告。

3.3 其 他 材 料

3.3.1 吊环应采用 HPB235 钢筋制作，严禁使用冷加工钢筋。

3.3.2 焊接材料应符合现行行业标准《建筑钢结构焊接技术规程》JGJ 81 的规定。

3.3.3 隔离剂应满足隔离性能好、无污染、操作简便、对模板面膜无腐蚀作用的要求。

3.3.4 封边漆的质量应保证面板加工面的密封和防水要求。

4 模 板 设 计

4.1 一 般 规 定

4.1.1 模板应根据工程施工图及施工要求进行设计。

模板设计应包括配模图、组装图、节点大样图、模板和配件制作图以及设计说明书等，并应存档备查。

4.1.2 模板及支撑应具有足够的承载能力、刚度和稳定性。

4.1.3 模板应满足通用性强、装拆灵活、接缝严密、配件齐全和周转次数多的要求。

4.1.4 应用早拆模板技术时，应进行早拆模板支撑间距计算。

4.1.5 模板立放时应进行抗倾覆验算。大模板吊点的设置应安全可靠、位置合理。

4.1.6 当面板由多块板拼成时，拼接缝应设置在主、次肋上，板边固定。支承面板的主肋宜与面板的顺纹方向或板长垂直。主肋宜通长设置，次肋可分段焊接于主肋或边肋上。面板与钢框连接固定点的间距不应大于 300mm。

4.1.7 清水混凝土用模板宜进行模板荷载平整度计算。

4.1.8 钢框胶合板模板不宜用于蒸汽养护的混凝土构件。

4.2 荷　载

4.2.1 模板及支撑在承载力和刚度计算中所考虑的荷载及各项荷载标准值应符合现行行业标准《建筑施工模板安全技术规范》JGJ 162 的规定。

4.2.2 模板在承载力计算时，应按荷载效应的基本组合进行荷载组合；模板在刚度计算时，应按荷载效应的标准组合进行荷载组合。钢筋混凝土、模板及支撑的自重荷载分项系数 $γ_G$：对由可变荷载效应控制的基本组合，应取 1.2；对由永久荷载效应控制的基本组合，应取 1.35；在抗倾覆验算时应取 0.9。活荷载分项系数 $γ_Q$ 应取 1.4。

4.2.3 当水平模板支撑的结构上部继续浇筑混凝土时，模板支撑还应考虑由上部传递下来的荷载。

4.3 模 板 设 计

4.3.1 面板的承载力和刚度计算应符合下列规定：

　　1 面板可按单向板进行承载力和刚度计算；

　　2 面板的静曲强度设计值和静曲弹性模量可按本规程附录 A 采用；

　　3 面板各跨的挠度计算值不宜大于面板相应跨度的 1/300，且不宜大于 1.0mm；

　　4 不大于五跨的连续等跨的面板弯矩设计值和挠度可按本规程附录 B 计算，大于五跨时可按五跨计算。

4.3.2 主肋、边肋的承载力和刚度计算应符合下列规定：

　　1 主肋和边肋可按均布荷载作用下的梁进行承载力和刚度计算，材料强度设计值和弹性模量可按本规程附录 C 采用；

2 主肋的弯矩设计值和挠度可按本规程附录 B 计算；

3 主肋由荷载产生的挠度计算值不宜大于主肋跨度的 1/500，且不宜大于 1.5mm。

4.3.3 背楞的承载力和刚度计算应符合下列规定：

1 背楞可按集中荷载作用下的梁进行承载力和刚度计算，材料强度设计值及弹性模量可按本规程附录 C 采用；

2 背楞的弯矩设计值和挠度可按本规程附录 B 计算；

3 背楞的挠度计算值不宜大于相应跨度的 1/1000，且不宜大于 1.0mm。

4.3.4 模板支撑的稳定性可按本规程附录 D 验算，其承载力和刚度计算应按现行国家标准《钢结构设计规范》GB 50017 执行。

4.3.5 对拉螺栓的承载力和变形应按本规程附录 E 进行计算。

4.3.6 清水混凝土用模板的荷载平整度可按下列规定计算：

1 计算由对拉螺栓的变形引起的背楞次挠度；

2 计算由背楞的挠度与次挠度引起的主肋次挠度；

3 计算由主肋的挠度与次挠度引起的面板次挠度；

4 计算面板跨中及其支座处的总挠度，其值应取面板的挠度与次挠度之和；

5 计算模板的平整度，其值为 2m 范围内面板跨中及支座处各计算点总挠度差的相对值，不宜大于 2mm；

6 不大于五跨且等跨度、等刚度的背楞、主肋及面板的次挠度可按本规程附录 B 计算；大于五跨或不等跨变刚度的背楞、主肋及面板的次挠度宜用计算机软件进行分析计算。

4.3.7 应用早拆模板技术时，支撑的稳定性应按浇筑混凝土和模板早拆后两种状态分别验算。

4.3.8 应用早拆模板技术时，早拆模板支撑间距应符合下式规定：

$$L_{et} \leqslant 12.9h\sqrt{\frac{f_{et}}{k\zeta_e(\gamma_c h + Q_{ek})}} \quad (4.3.8)$$

式中：L_{et} ——早拆模板支撑间距（m）；

h ——楼板厚度（m）；

f_{et} ——早拆模板时混凝土轴心抗拉强度标准值（N/mm²），其对应的早拆模龄期的同条件养护混凝土试块立方体抗压强度 f'_{cu} 可按表 4.3.8 采用；

k ——弯矩系数：对于单向板，两端固定时取 1/12；一端固定一端简支时取 9/128；对于点支撑双向板取 0.196；

ζ_e ——施工管理状态的不定性系数，取 1.2；

γ_c ——混凝土重力密度（kN/m³），取 25.0kN/m³；

Q_{ek} ——施工活荷载标准值（kN/m²）。

常用的早拆模龄期的同条件养护混凝土试块立方体抗压强度可按本规程附录 F 采用。

表 4.3.8 早拆模板时混凝土轴心抗拉强度与早拆模龄期的同条件养护混凝土试块立方体抗压强度对照表

f'_{cu} (N/mm²)	8	9	10	11	12	13	14	15
f_{et} (N/mm²)	0.74	0.79	0.84	0.88	0.93	0.97	1.01	1.27

注：早拆模龄期的同条件养护混凝土试块立方体抗压强度 f'_{cu} 不应小于 8.0N/mm²。

4.3.9 模板立放时自稳角 α 应符合下列规定：

$$\alpha \geqslant \arcsin\left[\frac{-g + (g^2 + 4K^2 w_d^2)^{1/2}}{2Kw_d}\right]$$

$$(4.3.9-1)$$

$$w_k = \mu_s \mu_z v_0^2 / 1600 \quad (4.3.9-2)$$

式中：α ——模板面板与垂直面之间的夹角（°）；

g ——模板单位面积自重设计值（kN/m²），由模板单位面积自重标准值乘以荷载分项系数 0.9 计算所得；

K ——抗倾覆稳定系数，取 1.2；

w_d ——风荷载设计值（kN/m²），由风荷载标准值 w_k 乘以荷载分项系数 1.4 计算所得；

w_k ——风荷载标准值（kN/m²）；

μ_s ——风荷载体型系数，取 1.3；

μ_z ——风压高度变化系数，地面立放时取 1.0；

v_0 ——风速（m/s），按表 4.3.9 取值。

表 4.3.9 风力与风速换算

风力（级）	5	6	7	8	9	10	11	12
风速 v_0 (m/s)	8.0~10.7	10.8~13.8	13.9~17.1	17.2~20.7	20.8~24.4	24.5~28.4	28.5~32.6	32.7~36.9

当计算结果小于 10° 时，应取 $\alpha \geqslant 10°$；当计算结果大于 20° 时，应取 $\alpha \leqslant 20°$，且应采取辅助安全措施。

4.3.10 模板吊环截面计算应符合下列规定：

1 在模板自重标准值作用下，每个吊环按 2 个截面计算的吊环应力不应大于 50N/mm²，吊环净截面面积应符合下式规定：

$$A_r \geqslant \frac{K_r F_{gk}}{2 \times 50} \quad (4.3.10)$$

式中：A_r ——吊环净截面面积（mm²）；

F_{gk} ——吊装时每个吊环所承受模板自重标准值（N）；

K_r ——工作条件系数，取 2.6。

2 当吊环与模板采用螺栓连接时，应验算螺栓强度；当吊环与模板采用焊接时，应验算焊缝强度。

5 模板制作

5.1 钢框制作

5.1.1 钢框制作前应对型材的品种、规格进行质量验收。钢框制作应在专用工装中进行。

5.1.2 钢框焊接时应采取措施，减少焊接变形。焊缝应满足设计要求，焊缝表面应均匀，不得有漏焊、夹渣、咬肉、气孔、裂纹、错位等缺陷。

5.1.3 钢框焊接后应整形，整形时不得损伤模板边肋。

5.1.4 钢框应在平台上进行检验，其允许偏差与检验方法应符合表 5.1.4 的规定。

表 5.1.4 钢框制作允许偏差与检验方法

项次	检验项目	允许偏差（mm）	检验方法
1	长度	0，−1.5	钢尺检查
2	宽度	0，−1.0	钢尺检查
3	厚度	±0.5	游标卡尺检查
4	对角线差	≤1.5	钢尺检查
5	肋间距	±1.0	钢尺检查
6	连接孔中心距	±0.5	游标卡尺检查
7	孔径	±0.25	游标卡尺检查
8	焊缝高度	+1.0	焊缝检测尺
9	焊缝长度	+5.0	焊缝检测尺

5.1.5 检验合格后的钢框应及时进行表面防锈处理。

5.2 面板制作

5.2.1 面板制作前应对面板的品种、规格进行质量验收。面板制作宜在室内进行。

5.2.2 裁板应采用专用机具，保证面板尺寸，且不得损伤面膜。

5.2.3 面板开孔应有可靠的工艺措施，保证孔周边整齐和面膜无裂纹，不得损坏胶合板层间的粘结。

5.2.4 面板的加工面应采用封边漆密封，对拉螺栓孔宜采用孔塞保护。

5.2.5 面板安装前应按下列要求进行检验：

1 面板规格应和钢框成品相对应；

2 面板孔位与钢框上的孔位应一致；

3 采用对拉螺栓时，模板相应孔位、孔径应一致；

4 加工面和孔壁密封应完整可靠。

5.2.6 制作后的非标准尺寸面板，应按设计要求注明编号。

5.2.7 面板制作允许偏差与检验方法应符合表 5.2.7 的规定。

表 5.2.7 面板制作允许偏差与检验方法

项次	检验项目	允许偏差（mm）	检验方法
1	长度	0，−1.0	钢尺检查
2	宽度	0，−1.0	钢尺检查
3	对角线差	≤1.5	钢尺检查

5.3 模板制作

5.3.1 模板应在钢框和面板质量验收合格后制作。

5.3.2 面板安装质量应符合下列规定：

1 螺钉或铆接应牢固可靠；

2 沉头螺钉的平头应与板面平齐；

3 不得损伤面板面膜；

4 面板周边接缝严密不应漏浆。

5.3.3 模板应在平台上进行检验，其允许偏差与检验方法应符合表 5.3.3 的规定。

表 5.3.3 模板制作允许偏差与检验方法

项次	检验项目	允许偏差（mm）	检验方法
1	长度	0，−1.5	钢尺检查
2	宽度	0，−1.0	钢尺检查
3	对角线差	≤2	钢尺检查
4	平整度	≤2	2m靠尺及塞尺检查
5	边肋平直度	≤2	2m靠尺及塞尺检查
6	相邻面板拼缝高低差	≤0.8	平尺及塞尺检查
7	相邻面板拼缝间隙	<0.5	塞尺检查
8	板面与边肋高低差	−1.5，−0.5	游标卡尺检查
9	连接孔中心距	±0.5	游标卡尺检查
10	孔中心与板面间距	±0.5	游标卡尺检查
11	对拉螺栓孔间距	±1.0	钢尺检查

6 模板安装与拆除

6.1 施工准备

6.1.1 模板安装前应编制模板施工方案，并应向操作人员进行技术交底。

6.1.2 对进场模板、支撑及零配件的品种、规格与数量，应按本规程进行质量验收。

6.1.3 当改变施工工艺及安全措施时，应经有关技术部门审核批准。

6.1.4 堆放模板的场地应密实平整，模板支撑下端的基土应坚实，并应有排水措施。

6.1.5 对模板进行预拼装时，应按现行国家标准《混凝土结构工程施工质量验收规范》GB 50204 的有关规定进行组装质量验收。

6.1.6 对于清水混凝土工程，应按设计图纸规定的清水混凝土范围、类型和施工工艺要求编制施工方案。

6.1.7 对于早拆模板应绘制配模图及支撑系统图。应用早拆模板技术时，支模前应在楼地面上标出支撑位置。

6.2 安装与拆除

6.2.1 模板安装与拆除应按施工方案进行，并应保证模板在安装与拆除过程中的稳定和安全。

6.2.2 模板吊装前应进行试吊，确认无疑后方可正式吊装。吊装过程中模板板面不得与坚硬物体摩擦或碰撞。

6.2.3 模板安装前应均匀涂刷隔离剂，校对模板和配件的型号、数量，检查模板内侧附件连接情况，复核模板控制线和标高。

6.2.4 模板应按编号进行安装，模板拼接缝处应有防漏浆措施，对拉螺栓安装应保证位置正确、受力均匀。

6.2.5 模板的连接应可靠。当采用 U 形卡连接时，不宜沿同一方向设置。

6.2.6 当梁板跨度不小于 4m 时，模板应起拱。如设计无要求时，起拱高度宜为跨度的 1/1000 至 3/1000。

6.2.7 模板的支撑及固定措施应便于校正模板的垂直度和标高，应保证其位置准确、牢固。立柱布置应上下对齐、纵横一致，并应设置剪刀撑和水平撑。立柱和斜撑两端的着力点应可靠，并应有足够的受压面。支撑两端不得同时垫楔片。

6.2.8 模板安装后应检查验收，钢筋及混凝土施工时不得损坏面板。

6.2.9 模板拆除时不应撬砸面板。模板安装与拆除过程中应对模板面板和边角进行保护。

6.2.10 采用早拆模板技术时，模板拆除时的混凝土强度及拆模顺序应按施工方案规定执行。未采用早拆模板技术时，模板拆除时的混凝土强度应符合现行国家标准《混凝土结构工程施工质量验收规范》GB 50204 的有关规定。

6.3 质量检查与验收

6.3.1 模板安装过程中除应按现行国家标准《混凝土结构工程施工质量验收规范》GB 50204 的有关规定进行质量检查外，尚应满足模板施工方案要求。

6.3.2 清水混凝土用模板的安装尺寸允许偏差与检验方法应符合现行行业标准《清水混凝土应用技术规程》JGJ 169 的有关规定。

6.3.3 模板工程验收时，应提供下列技术文件：
1 工程施工图；
2 模板施工方案；
3 模板安装质量检查记录。

6.4 施工安全

6.4.1 模板的吊装、安装与拆除应符合安全操作规程和相关安全的管理规定。

6.4.2 模板安装前应进行专项安全技术交底。

6.4.3 模板吊装最大尺寸应由起重机械的起重能力及模板的刚度确定，不得同时起吊两块大型模板。

6.4.4 每次起吊前应逐一检查吊具连接件的可靠性。

6.4.5 零星部件应采用专用吊具运输。

6.4.6 吊运模板的钢丝绳水平夹角不应小于 45°。

6.4.7 在起吊模板前，应拆除模板与混凝土结构之间所有对拉螺栓、连接件。

6.4.8 模板安装和堆放时应采取防倾倒措施，堆放处应设警戒区，模板堆放高度不宜超过 2m，立放时应满足自稳角的要求。

6.4.9 应按模板施工方案的规定控制混凝土浇筑速度，确保混凝土侧压力不超过模板设计值。

6.4.10 模板拆除过程中，拆下的模板不得抛掷。

7 运输、维修与保管

7.1 运 输

7.1.1 同规格模板应成捆包装。平面模板包装时应将两块模板的面板相对，并将边肋牢固连接。

7.1.2 运输过程中应有防水保护措施，必要时可采用集装箱。

7.1.3 非平面模板的包装、运输，应采取防止面板损伤和钢框变形的措施。

7.1.4 装卸模板及零配件时应轻装轻卸，不得抛掷，并应采取措施防止碰撞损坏模板。

7.2 维修与保管

7.2.1 模板使用后应及时清理，不得用坚硬物敲击板面。

7.2.2 当板面有划痕、碰伤时应及时维修。对废弃的预留孔可使用配套的塑料孔塞封堵。

7.2.3 对钢框应适时除锈刷漆保养。

7.2.4 模板应有专用场地存放，存放区应有排水、防水、防潮、防火等措施。

7.2.5 平放时模板应分规格放置在间距适当的通长垫木上；立放时模板应放置在连接成整体的插放架内。

附录 A 胶合板和竹胶合板的 主要技术性能

A.0.1 胶合板的静曲强度设计值和静曲弹性模量应按表 A.0.1 采用。

表 A.0.1 胶合板静曲强度设计值和静曲弹性模量（N/mm²）

厚度 (mm)	静曲强度设计值		静曲弹性模量	
	顺纹	横纹	顺纹	横纹
12	19	17	4200	3150
15	17	17	4200	3150
18	15	17	3500	2800
21	13	14	3500	2800

A.0.2 竹胶合板的静曲强度设计值和静曲弹性模量应按表 A.0.2 采用。

表 A.0.2 竹胶合板静曲强度设计值和静曲弹性模量（N/mm²）

厚度 (mm)	静曲强度设计值		静曲弹性模量	
	板长向	板宽向	板长向	板宽向
12～21	46	30	6000	4400

附录 B 面板、钢框和背楞的弯矩 设计值和挠度计算

B.0.1 荷载产生的弯矩设计值和挠度应按表 B.0.1 计算。

表 B.0.1 荷载产生的弯矩设计值和挠度计算公式

跨度	荷载示意图	弯矩	挠度
一跨		$M_{max} = \dfrac{ql^2}{8}$	$w_{max} = \dfrac{5q_k l^4}{384EI}$
		$M_{max} = \dfrac{FL}{4}$	$w_{max} = \dfrac{F_k L^3}{48EI}$
		$M_{max} = \dfrac{FL}{3}$	$w_{max} = \dfrac{23F_k L^3}{648EI}$
二跨		$M_{max} = \dfrac{ql^2}{8}$	$w_m = \dfrac{q_k l^4}{192EI}$
		$M_{max} = \dfrac{3FL}{16}$	$w_m = \dfrac{7F_k L^3}{768EI}$
		$M_{max} = \dfrac{FL}{3}$	$w_m = \dfrac{7F_k L^3}{486EI}$

跨度	荷载示意图	弯　矩	挠　度
三跨		$M_{max} = \dfrac{ql^2}{10}$	$u_m = \dfrac{11q_k l^4}{1598EI}$
		$M_{max} = \dfrac{3FL}{20}$	$u_m = \dfrac{11F_k L^3}{960EI}$
		$M_{max} = \dfrac{4FL}{15}$	$u_m = \dfrac{61F_k L^3}{3240EI}$
四跨		$M_{max} = \dfrac{3ql^2}{28}$	$u_m = \dfrac{13q_k l^4}{2057EI}$
		$M_{max} = \dfrac{13FL}{77}$	$u_m = \dfrac{13F_k L^3}{1205EI}$
		$M_{max} = \dfrac{2FL}{7}$	$u_m = \dfrac{57F_k L^3}{3238EI}$
五跨		$M_{max} = \dfrac{21ql^2}{200}$	$u_m = \dfrac{41q_k l^4}{6365EI}$
		$M_{max} = \dfrac{11FL}{64}$	$u_m = \dfrac{4F_k L^3}{356EI}$
		$M_{max} = \dfrac{59FL}{194}$	$u_m = \dfrac{62F_k L^3}{3455EI}$

B.0.2 二跨至五跨连续梁（图 B.0.2）各跨跨中因其支座位移引起的次挠度应按表 B.0.2 计算。

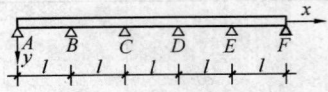

图 B.0.2　连续梁示意图

表 B.0.2　二跨至五跨连续梁各跨跨中因支座位移引起的次挠度计算公式

跨度	次挠度计算公式
二跨	$Y_{AB} = (13W_A + 22W_B - 3W_C) \div 32$ $Y_{BC} = (-3W_A + 22W_B + 13W_C) \div 32$
三跨	$Y_{AB} = (16W_A + 29W_B - 6W_C + W_D) \div 40$ $Y_{BC} = (-3W_A + 23W_B + 23W_C - 3W_D) \div 40$ $Y_{CD} = (W_A - 6W_B + 29W_C + 16W_D) \div 40$
四跨	$Y_{AB} = (179W_A + 326W_B - 72W_C + 18W_D - 3W_E) \div 448$ $Y_{BC} = (-33W_A + 254W_B + 272W_C - 54W_D + 9W_E) \div 448$ $Y_{CD} = (9W_A - 54W_B + 272W_C + 254W_D - 33W_E) \div 448$ $Y_{DE} = (-3W_A + 18W_B - 72W_C + 326W_D + 179W_E) \div 448$
五跨	$Y_{AB} = (668W_A + 1217W_B - 270W_C + 72W_D - 18W_E + 3W_F) \div 1672$ $Y_{BC} = (-123W_A + 947W_B + 1019W_C - 216W_D + 54W_E - 9W_F) \div 1672$ $Y_{CD} = (33W_A - 198W_B + 1001W_C + 1001W_D - 198W_E + 33W_F) \div 1672$ $Y_{DE} = (-9W_A + 54W_B - 216W_C + 1019W_D + 947W_E - 123W_F) \div 1672$ $Y_{EF} = (3W_A - 18W_B + 72W_C - 270W_D + 1217W_E + 668W_F) \div 1672$

注：1　W_A、W_B、W_C、W_D、W_E、W_F 分别为 A、B、C、D、E、F 支座位移，在计算面板时，是指主肋的次挠度；在计算主肋时，是指背楞的次挠度。

　　2　Y_{AB}、Y_{BC}、Y_{CD}、Y_{DE}、Y_{EF} 分别为对应跨中次挠度。

附录 C　钢框和背楞材料的力学性能

C.0.1　钢框和背楞材料的强度设计值应按表 C.0.1 采用。

表 C.0.1　钢框和背楞材料的强度设计值

钢　材		抗拉、抗压和抗弯 f （N/mm²）	抗剪 f_v （N/mm²）	端面承压 f_{ce} （N/mm²）
牌号	厚度或直径 （mm）			
Q235	≤16	215(205)	125(120)	325(310)
	>16～40	205	120	325
	>40～60	200	115	325
	>60～100	190	110	325
Q345	≤16	310(300)	180(175)	400(400)
	>16～35	295	170	400
	>35～50	265	155	400
	>50～100	250	145	400

注：括号中数值为薄壁型钢的强度设计值。

C.0.2　钢框和背楞材料的物理性能指标应按表 C.0.2 采用。

表 C.0.2　钢框和背楞材料的物理性能指标

弹性模量 E （N/mm²）	剪变模量 G （N/mm²）	线膨胀系数 α （以每℃计）	质量密度 ρ （kg/m³）
206×10^3	79×10^3	12×10^{-6}	7850

附录 D　模板支撑稳定性验算

D.0.1　各类模板支撑应符合下式规定：

$$F \leqslant F_{cr} \qquad (D.0.1)$$

式中：F——支撑轴向力设计值（kN）；

　　　F_{cr}——临界轴向力设计值（kN）。

D.0.2　钢管支撑应根据不同的情况（图 D.0.2-1～图 D.0.2-3）按下列公式分别计算确定其临界轴向力设计值：

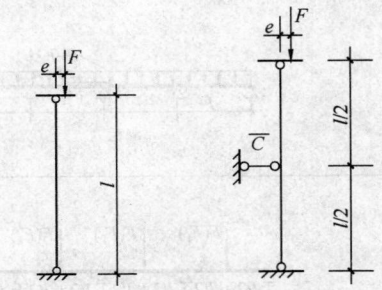

图 D.0.2-1　一跨　　图 D.0.2-2　二跨
　　钢管支撑　　　　　　钢管支撑

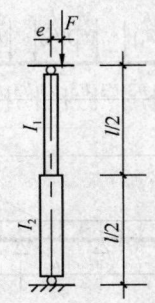

图 D.0.2-3　单阶变截面钢管支撑

按图 D.0.2-1 情况为：

$$F_{cr} = 48\left(\frac{1}{2} - \frac{e}{b}\right)^3 \frac{EI}{l^2} \qquad (D.0.2-1)$$

按图 D.0.2-2 情况为：

$$F_{cr} = 192\left(\frac{1}{2} - \frac{e}{b}\right)^3 \frac{EI}{l^2} \qquad (D.0.2-2)$$

按图 D.0.2-3 情况为：

$$F_{cr} = 48\left(\frac{1}{2} - \frac{e}{b}\right)^3 \frac{EI_1}{(\gamma l)^2} \qquad (D.0.2-3)$$

$$\gamma = 0.76 + 0.24\left(\frac{I_2}{I_1}\right)^2 \qquad \text{(D.0.2-4)}$$

式中：e——偏心距（mm）；

b——受力构件截面的短边尺寸（mm）；

E——受力构件的弹性模量（kN/mm²）；

I——受力构件截面以短边为高度计算的惯性矩（mm⁴）；

l——受力构件的计算长度（mm）；

γ——计算长度系数；

$\overline{C}$——水平支撑刚度，且 $\overline{C}$ 应大于 $160EI/l^3$。

D.0.3 格构柱支撑应根据不同的情况（图 D.0.3-1、图 D.0.3-2）按下列公式分别计算确定其临界轴向力设计值：

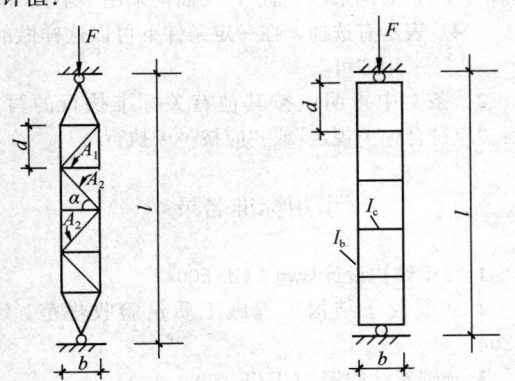

图 D.0.3-1　缀条　　　图 D.0.3-2　缀板
　　式格构柱　　　　　　式格构柱

按图 D.0.3-1 情况为：

$$F_{cr} = \frac{\pi^2 EI}{2l^2} \cdot \frac{1}{1 + \frac{\pi^2 I}{A_1 l^2}\left(\frac{A_1}{A_2 \sin\alpha \cos^2\alpha} + \frac{1}{\tan\alpha}\right)}$$
$$\text{(D.0.3-1)}$$

按图 D.0.3-2 情况为：

$$F_{cr} = \frac{\pi^2 EI}{2l^2} \cdot \frac{1}{1 + \frac{\pi^2 I}{12l^2}\left(\frac{db}{I_b} + \frac{d^2}{2I_c}\right)} \quad \text{(D.0.3-2)}$$

式中：E——格构柱弹性模量（N/mm²）；

I——格构柱惯性矩（mm⁴）；

A_1——格构柱水平腹杆截面（mm²）；

A_2——格构柱斜腹杆截面（mm²）；

I_b——格构柱竖杆惯性矩（mm⁴）；

I_c——格构柱水平缀板惯性矩（mm⁴）。

附录 E　对拉螺栓的承载力和变形计算

E.0.1 根据对拉螺栓在模板上的分布状况和承受最大荷载的工况，以及可能出现的三种破坏状况，应分别进行计算并均应满足承载力的要求。

　　1 锥形杆开孔处抗拉承载力应符合下列规定：

$$N \leqslant N_t \qquad \text{(E.0.1-1)}$$
$$N_t = f_t A_t \qquad \text{(E.0.1-2)}$$

式中：N_t——锥形杆开孔处抗拉承载力设计值（N）；

f_t——锥形杆抗拉强度设计值（N/mm²）；

A_t——锥形杆开孔处抗拉净截面面积（mm²）；

N——对拉螺栓所承受的荷载设计值（N）。

　　2 楔块抗剪承载力应符合下列规定：

$$N \leqslant N_v \qquad \text{(E.0.1-3)}$$
$$N_v = f_v A_v \qquad \text{(E.0.1-4)}$$

式中：N_v——楔块抗剪承载力设计值（N）；

f_v——楔块抗剪强度设计值（N/mm²）；

A_v——楔块抗剪截面面积（mm²）。

　　3 楔块在锥形杆孔端承压面的承载力应符合下列规定：

$$N \leqslant N_{ce} \qquad \text{(E.0.1-5)}$$
$$N_{ce} = f_{ce} A_{ce} \qquad \text{(E.0.1-6)}$$

式中：N_{ce}——楔块在锥形杆孔端承压面的承载力设计值（N）；

f_{ce}——楔块在锥形杆孔端承压面强度设计值（N/mm²）；

A_{ce}——楔块在锥形杆孔端承压面积（mm²）。

E.0.2 计算模板荷载平整度时，对拉螺栓的变形应按下式计算：

$$\Delta = N_k L / EA \qquad \text{(E.0.2)}$$

式中：Δ——对拉螺栓的变形（mm）；

N_k——对拉螺栓所承受的荷载标准值（N）；

L——对拉螺栓的长度（mm）；

E——对拉螺栓的弹性模量（N/mm²）；

A——对拉螺栓的截面积（mm²）。

附录 F　常用的早拆模龄期的同条件养护混凝土试块立方体抗压强度

F.0.1 对点支撑双向板，根据不同的施工活荷载控制条件，可按表 F.0.1-1、表 F.0.1-2 确定早拆模龄期的同条件养护混凝土试块立方体抗压强度 f'_{cu}。

表 F.0.1-1　施工活荷载标准值 $Q_{ck}=1.0\text{kN/m}^2$ 时，f'_{cu}
(N/mm²)

楼板厚度 (m)	支撑间距 (m)				
	0.9	1.2	1.35	1.6	1.8
0.10	8	8	11	15	23
0.12	8	8	8	14	21
0.14	8	8	8	10	15
0.16	8	8	8	8	11
0.18	8	8	8	8	9

续表 F.0.1-1

楼板厚度 (m)	支撑间距（m）				
	0.9	1.2	1.35	1.6	1.8
0.20	8	8	8	8	8
0.22	8	8	8	8	8
0.24	8	8	8	8	8
0.26	8	8	8	8	8
0.28	8	8	8	8	8
0.30	8	8	8	8	8

表 F.0.1-2　施工活荷载标准值 $Q_{ck}=1.5kN/m^2$ 时，f_{cu}'
（N/mm²）

楼板厚度 (m)	支撑间距（m）				
	0.9	1.2	1.35	1.6	1.8
0.10	8	9	14	18	26
0.12	8	8	9	14	18
0.14	8	8	8	12	15
0.16	8	8	8	9	13
0.18	8	8	8	8	10
0.20	8	8	8	8	8
0.22	8	8	8	8	8
0.24	8	8	8	8	8
0.26	8	8	8	8	8
0.28	8	8	8	8	8
0.30	8	8	8	8	8

本规程用词说明

1　为便于在执行本规程条文时区别对待，对要求严格程度不同的用词说明如下：

1）表示很严格，非这样做不可的：
正面词采用"必须"，反面词采用"严禁"；

2）表示严格，在正常情况均应这样做的：
正面词采用"应"，反面词采用"不应"或"不得"；

3）表示允许稍有选择，在条件许可时首先应这样做的：
正面词采用"宜"，反面词采用"不宜"；

4）表示有选择，在一定条件下可以这样做的，采用"可"。

2　条文中指明应按其他有关标准执行的写法为："应符合……规定"或"应按……执行"。

引用标准名录

1　《钢结构设计规范》GB 50017
2　《混凝土结构工程施工质量验收规范》GB 50204
3　《碳素结构钢》GB/T 700
4　《热轧型钢》GB/T 706
5　《低合金高强度结构钢》GB/T 1591
6　《通用冷弯开口型钢尺寸、外形、重量及允许偏差》GB/T 6723
7　《混凝土模板用胶合板》GB/T 17656
8　《建筑钢结构焊接技术规程》JGJ 81
9　《建筑施工模板安全技术规范》JGJ 162
10　《清水混凝土应用技术规程》JGJ 169
11　《竹胶合板模板》JG/T 156

中华人民共和国行业标准

钢框胶合板模板技术规程

JGJ 96—2011

条 文 说 明

修 订 说 明

《钢框胶合板模板技术规程》JGJ 96 - 2011，经住房和城乡建设部 2011 年 1 月 7 日以第 872 号公告批准、发布。

本规程是在《钢框胶合板模板技术规程》JGJ 96 - 95 的基础上修订而成，上一版的主编单位是中国建筑科学研究院，参编单位是青岛瑞达模板系列公司、上海市第四建筑工程公司、上海市第五建筑工程公司、北京市第六建筑工程公司、中国建筑标准设计研究所，主要起草人员是夏靖华、施炳华、陈莱盛、张其义、刘鸿琪、周伯伦、陈韵兴、张希铭、吴广彬。本次修订的主要技术内容是：1. 增加了术语和符号章节，提出了钢框胶合板模板、早拆模板技术、早拆模板支撑间距、次挠度等术语和符号；2. 钢框材料增加了 Q345 钢，面板材料增加了竹胶合板；3. 增加了模板荷载平整度计算、早拆模板支撑间距计算、模板抗倾覆计算、模板吊环截面计算，并给出风力与风速换算表等内容；4. 补充了钢框、面板、模板制作允许偏差

及检验方法；5. 增加了施工安全的有关规定；6. 附录中增加了对拉螺栓的承载力和变形计算、二跨至五跨连续梁各跨跨中次挠度计算和常用的早拆模龄期的同条件养护混凝土试块立方体抗压强度等内容。

本规程修订过程中，编制组进行了广泛的调查研究，总结了我国模板工程的实践经验，同时参考了国外先进技术法规、技术标准，许多单位和学者进行了卓有成效的研究，为本次修订提供了极有价值的参考资料。

为便于广大设计、施工、科研、学校等单位有关人员在使用本规程时能正确理解和执行条文规定，《钢框胶合板模板技术规程》编制组按章、节、条顺序编制了本规程的条文说明，对条文规定的目的、依据以及执行中需注意的有关事项进行了说明，还着重对强制性条文的强制性理由作了解释。但是，本条文说明不具备与标准正文同等的法律效力，仅供使用者作为理解和把握标准规定的参考。

目　次

1 总 则

1.0.1 钢框胶合板模板具有自重轻、周转次数多、浇筑的混凝土质量好等优点，在国内已大量应用。为在混凝土施工中进一步推广，确保其设计、制作及施工质量，更好地取得安全适用、技术先进、经济合理等效果，在总结已有的实践经验基础上，修订了本规程。

1.0.2 本规程适用于混凝土结构中采用的钢框胶合板模板，对其设计、制作和施工应用等方面都作了明确的规定，可供设计、制作与施工单位应用。

1.0.3 应用钢框胶合板模板技术应符合国家现行有关标准的规定。

2 术语和符号

2.1 术 语

2.1.1 钢框胶合板模板的面板有两种，即胶合板和竹胶合板。按边肋截面形式分为实腹和空腹两大类，当边肋采用冷弯薄壁空腹型材时，称为空腹钢框胶合板模板，否则称为实腹钢框胶合板模板。空腹钢框胶合板模板因刚度大，多用作墙、柱等竖向结构模板。实腹钢框胶合板模板多用作梁、板等水平结构模板。在工程实践中，钢框胶合板模板形式多样，本规程仅给出了典型的模板构造示意图。

2.1.2～2.1.7 对钢框胶合板模板的主要组成部件分别给出了定义。

2.1.8 早拆模板技术可大幅度减少模板配置数量、降低模板工程成本，因而在德国、法国、美国等发达国家应用普遍。该技术于 20 世纪 80 年代引进到我国，并获得了大量应用，是建设部推广的建筑业十项新技术内容之一。在工程实践中，该技术在取得较好技术经济效益的同时，也存在着早拆控制条件不清、概念模糊、因实施不当造成混凝土裂缝等问题。我国国家现行标准尚无相关内容，而工程实践又急需有关的科学理论指导，另外，应用早拆模板技术时，应对模板及支撑间距等进行专项设计，因此本规程引进了早拆模板技术。

2.1.9 实施早拆模板技术时，为使早拆模时楼板混凝土满足抗裂要求，应对楼板混凝土支撑间距进行计算。因此对早拆模板支撑间距给出了定义。

2.1.10 混凝土表面平整度是由模板平整度（制作时产生的）、安装平整度、荷载作用下引起的平整度（模板相对变形）等产生的。清水混凝土外观质量要求高，往往有荷载作用下引起的平整度计算要求，由此本规程给出模板荷载平整度定义及计算方法。模板荷载平整度对清水混凝土平整度质量控制有着重要意

义。

2.1.11 在计算模板荷载平整度时，应考虑面板、主肋、背楞等模板构件因支座位移而产生的挠度。这里支座指的是：面板的支座为主肋，主肋的支座为背楞，背楞的支座为对拉螺栓（对于墙体模板而言）。

2.2 符 号

本节给出了钢框胶合板模板计算中常用的符号。

3 材 料

3.1 钢 框

3.1.1 当前钢框胶合板模板的钢框和各种角模板的钢材材质主要有两种：一种是普通碳素结构钢中的 Q235 钢，该品种具有价格低廉、加工简单、可焊性好、无需特殊焊条和焊接加工工艺等优点。另一种是低合金高强度结构钢中的 Q345 钢，该品种优点是强度高、用钢少。根据我国目前钢材生产状况，钢框和钢配件宜采用 Q235 钢或 Q345 钢，其材质应符合相应现行国家标准的规定。在条件允许的情况下，宜优先选用轻质高强的 Q345 钢来制作钢框。

3.1.2 钢框型材尺寸直接关系到模板成品质量，因此应严格控制其尺寸偏差。常用的钢框型材有外卷边槽钢、热轧槽钢、热轧不等边角钢等，其尺寸偏差应分别符合现行国家标准《通用冷弯开口型钢尺寸、外形、重量及允许偏差》GB/T 6723、《热轧型钢》GB/T 706 的规定。此外，主肋还有冷弯矩形型钢等，其尺寸偏差应分别符合现行国家标准《结构用冷弯空心型钢尺寸、外形、重量及允许偏差》GB/T 6728 等标准的规定。对于钢框的边肋型材尚无现行国家标准，其边肋尺寸偏差应符合模板设计要求。

3.1.3 为确保模板质量并使所用钢材质量具有可追溯性，模板所用钢材应具有出厂合格证和材质证明。

3.2 面 板

3.2.1 钢框胶合板模板的面板可采用胶合板或竹胶合板，这两种面板均有国家现行标准。胶合板按材质缺陷和加工缺陷分成 A 等品和 B 等品两个等级，A 等品优于 B 等品；竹胶合板质量分成优等品、一等品和合格品三个等级。为做到优质优用，本规程推荐优先采用 A 等品或优等品。

3.2.2 本条明确了面板的工作面应具有完整、牢固的树脂面膜。施工实践证明，树脂面膜是否完整和牢固直接关系到模板耐候性、耐水性、周转次数和混凝土表面质量。面膜按工艺成型一般分为覆膜、涂膜两类。国内外涂膜面板产品不多，其周转次数也相对较少，故本规程建议优先采用覆膜工艺的面板。

覆膜的厚度标准以每平方米膜的重量（g）表示。

芬兰以 120g/m² 为标准产品，按不同耐磨要求还有 200g/m²、400g/m² 的覆膜产品。高耐磨性的面板适用于混凝土的特殊浇筑施工工艺。

3.2.3 为做到面板质量控制的可追溯性，面板应有出厂合格证和检验报告。

3.3 其他材料

3.3.1 对于大模板、筒模、飞模等工具化模板体系，因安装、拆除及移动过程中需频繁吊装，作为模板吊点的吊环十分重要。吊环重复使用次数多且直接关系到施工安全，其材料应选用延性好、表面光滑、便于加工的 HPB235 钢筋。因冷加工钢筋延性差，应杜绝使用。

3.3.2、3.3.3 为确保模板焊接质量和模板与混凝土隔离效果，应对焊接材料和隔离剂作出规定。

3.3.4 我国规定面板出厂时的绝对含水率不得超过 14%，国外规定有 9%、12%、13% 不等。含水率增大将导致面板的强度和弹性模量减小、厚度增加、平整度降低，所以面板的侧面、切割面及孔壁应采用封边漆密封。封边漆的质量和密封工艺应达到模板在使用过程中其含水率少增或不增的要求。

4 模板设计

4.1 一般规定

4.1.1 模板设计应根据工程施工图及施工要求（含现场施工条件）进行，设计内容应包括配模图（模板的规格尺寸）、组装图（连接方式）、节点大样图、模板加工图、配件制作图以及设计说明书等。模板设计时所规定的承载能力也应在图纸上注明，防止使用过程中超载，避免发生质量和安全事故。设计说明书中应明确支模、拆模程序和方法等内容。若有清水混凝土和早拆模板技术要求的，还应作清水混凝土模板和早拆模板专项设计。

由于模板需多次周转使用，有关资料应保留，以备其他工程采用时参考。

4.1.2 模板是混凝土浇筑成型的工具。对于梁、板等水平结构构件，模板承受的荷载主要是新浇筑混凝土的重量及施工荷载；对于柱、墙等竖向结构构件，模板承受的荷载主要是新浇筑混凝土的侧压力及施工荷载；模板立放时还要承受风荷载。上述荷载又由模板传递给龙骨、钢支柱、门架、碗扣架、对拉螺栓等支撑系统。这就要求模板及支撑应有足够的承载能力、刚度和稳定性，以避免胀模、跑模和坍塌的情况发生，确保混凝土构件尺寸、平整度等成型质量和施工安全。该规定是对模板及其支撑的基本要求，与现行国家标准《混凝土结构工程施工质量验收规范》GB 50204-2002 第 4.1.1 相协调，是强制性条文。

4.1.3 对于梁、板类构件，一般选用小规格的模板，对于柱、墙类构件，一般选用大规格的模板。不管小规格还是大规格的模板，都需要经常装拆、搬运。近年来的工程实践表明，钢框胶合板模板技术的应用受到了配件、周转次数等因素的制约。因而钢框胶合板模板应满足通用性强、装拆灵活、接缝严密、配件齐全、周转次数多的要求。

4.1.4 在实施早拆模板技术时，为保证部分模板及支撑拆除后楼板混凝土不开裂，应进行混凝土正常使用极限状态抗裂验算，楼板混凝土抗裂性能与混凝土支撑间距有关，因此应进行早拆模板支撑间距计算。

4.1.6 本条是钢框胶合板模板设计应用的实践总结。模板制作时，制作厂有时采用两块、三块胶合板或竹胶合板拼成整块面板，这时应在胶合板或竹胶合板拼缝处设置承托肋并予以固定，否则拼缝处的面板易出现悬臂工作状态，加速模板损坏及局部错位漏浆，影响混凝土的浇筑质量，故规定了面板拼接缝应设置在主、次肋上，板边固定。使用胶合板时，支承面板的主肋宜与面板的顺纹方向垂直；使用竹胶合板时，支承面板的主肋宜与面板的板长向垂直。

4.1.7 清水混凝土平整度要求高，其值与模板在荷载作用下产生的平整度有关，因此本次修订增加了清水混凝土用模板荷载平整度计算内容和方法，以供设计时应用。

4.1.8 因钢框胶合板模板的面板是用酚醛类胶粘剂热压而成的胶合板或竹胶合板，蒸汽养护对其使用寿命有不利影响，所以在蒸汽养护时不宜使用钢框胶合板模板。

4.2 荷 载

4.2.1 荷载大小直接关系到模板的经济性和混凝土工程的质量及安全。目前现行行业标准《建筑施工模板安全技术规范》JGJ 162 对模板荷载有明确规定，应予执行。

4.2.2 对模板在承载力和刚度计算时的荷载效应组合及荷载分项系数作了规定。本条与国家现行标准《建筑结构荷载规范》GB 50009 和《建筑施工模板安全技术规范》JGJ 162 的有关规定相协调。

4.3 模板设计

4.3.1 对面板的承载力和刚度计算作了具体规定：

　1 面板由肋承受，一般按单向板设置肋的位置，因此规定面板可按单向板计算其承载力和刚度。

　2 模板所用胶合板或竹胶合板，其静曲强度设计值和静曲弹性模量可按本规程附录 A 确定。

　3 面板各跨的挠度值限值是根据国内外已有实践经验规定的。

4.3.2 对主肋、边肋的承载力和刚度计算作了具体规定：

主肋承受由面板传来的线荷载，其数值等于面板上分布的荷载值乘以主肋间距。

模板是长期反复使用的工具，需要有一定的强度储备，本规程把模板作为结构，故主肋、边肋的材料强度设计值和弹性模量均可按现行国家标准《钢结构设计规范》GB 50017 取用。

4.3.3 对背楞的承载力和刚度计算作了具体规定：

背楞是肋的支承，它承受由肋传来的集中荷载。其材料强度设计值及弹性模量可按现行国家标准《钢结构设计规范》GB 50017 取用。

4.3.5 对拉螺栓是承受模板荷载的结构支承点，应根据对拉螺栓在模板上的分布和受力状况进行承载能力计算。同时，为计算背楞次挠度，应计算对拉螺栓的变形。

4.3.6 对清水混凝土用模板的荷载平整度分析计算作了具体规定，应用本规程附录 B 的公式有步骤地进行挠度和次挠度计算，最后计算模板的荷载平整度。

计算模板的荷载平整度时，应取 2m 范围内面板跨中及支座处各计算点总挠度差的相对值；对清水混凝土用模板荷载平整度不宜大于 2mm 的规定，是依据现行行业标准《清水混凝土应用技术规程》JGJ 169 的要求而制定的。

模板荷载平整度计算理论和方法可解决混凝土平整度量化控制问题。上述模板变形计算理论的正确性、可靠性经过了试验验证。

4.3.7 模板支撑的稳定性与其承受的荷载有关，而实施早拆模板技术时，浇筑混凝土和早拆后两种状态下支撑所承受的荷载有所不同，因此模板支撑的稳定性应按两种状态分别进行计算。

4.3.8 模板早拆时楼板混凝土应满足抗裂要求。本规程参照现行国家标准《混凝土结构设计规范》GB 50010中二级裂缝控制等级的要求，即在荷载效应的标准组合下混凝土受拉边缘应力不应大于混凝土轴心抗拉强度标准值，并在此前提下推导出早拆模板支撑间距的验算公式（4.3.8），建立了早拆模支撑间距与支承条件、混凝土自重荷载、施工活荷载、早拆模时混凝土轴心抗拉强度等因素的关系。同时为增加早拆模的安全性，另考虑了施工管理状态下的不定性因素，在公式中用系数 ζ_c 表达。

因施工阶段的混凝土抗拉强度检测难度很大，为方便施工应用，本规程给出了早拆模时混凝土轴心抗拉强度标准值与同期的混凝土试块立方体抗压强度的对应关系（表 4.3.8）。该对应关系基于现行国家标准《混凝土结构设计规范》GB 50010 中有关混凝土轴心抗拉强度标准值与立方体抗压强度的关系，即 $f_{tk} = 0.88 \times 0.395 f_{cu,k}^{0.55} (1 - 1.645\delta)^{0.45} \times \alpha_{c2}$，用本规程中的 f_{et}、f'_{cu} 分别置换公式中的 f_{tk}、$f_{cu,k}$。

依据上述式（4.3.8）和混凝土抗拉强度与抗压强度的对应关系，可建立早拆模支撑间距、支承条件、混凝土自重荷载、施工活荷载和早拆模龄期的混凝土立方体抗压强度之间的关系。为方便施工应用，本规程在附录 F 中以表格方式给出了在常用的楼板厚度、不同施工荷载和不同支撑间距条件下，满足混凝土抗裂要求的早拆模龄期的同条件养护混凝土试块立方体抗压强度，供施工时选用。

从安全角度考虑，本规程规定早拆模龄期的同条件养护混凝土试块立方体抗压强度 f'_{cu} 不应小于 8.0N/mm^2。

4.3.9 模板立放时，为防止风荷载作用下模板倾覆，应进行抗倾覆验算。当验算不满足要求时，应采取稳定措施。当模板在高空放置时，还应考虑风压高度变化系数的影响。

4.3.10 模板吊环净截面面积计算是根据现行国家标准《混凝土结构设计规范》GB 50010 的规定，并考虑吊环在实际工作状况中常有拉力、弯矩或剪力等作用力组合作用，为提高模板吊环使用的安全度，在吊环净截面面积计算公式中增加了工作条件系数 $K_r = 2.6$。

5 模板制作

5.1 钢框制作

5.1.1 钢框是由各种不同截面形式的型材组焊而成，是钢框胶合板模板的半成品。钢框制作前，应首先对制作钢框型材的材质、截面尺寸和形状进行检查，合格后方可进行钢框制作。必要时，应对钢框的边肋、主肋、次肋原材料矫直、加工，加工后再二次校正，以保证钢框制作的质量。钢框制作时要求应在专用工装上进行，是确保钢框成型质量的必要措施。

5.1.2 钢框型材有实腹和空腹两种，空腹型材是国内外钢框胶合板模板普遍采用的一种截面形式。空腹型材的截面形式多种多样，由于截面的复杂性，使加工质量很难控制。因此钢框焊接应采取措施（如反变形技术措施等），以减少焊接变形，并应避免漏焊、夹渣、咬肉、气孔、裂纹、错位等缺陷。

5.1.3 为满足质量要求，钢框焊接后应进行整形。整形时不得损伤模板边肋，以免浇筑混凝土时出现漏浆等现象。

5.1.4 对钢框制作允许偏差和检验方法作了规定。

5.1.5 为防止钢框锈蚀、保证钢框的使用寿命，检验合格后应及时进行表面防锈处理。

5.2 面板制作

5.2.1 面板也是钢框胶合板模板制作过程中的半成品，胶合板和竹胶合板的品种很多，选用的面板质量应满足设计图纸要求。

含水率是面板的一项重要技术指标。在面板制作中，任何制作环节都不应增加面板的含水率，本条是对面板制作环境提出的要求。规定面板制作宜在室内进行，目的是防止面板含水率在不良环境中增大现象的发生。含水率增大，将导致面板强度和刚度降低，同时也影响面板的长度和厚度。国外试验数据证明，1525mm×3050mm 的胶合板含水率每增加 5％时长宽尺寸将膨胀 2mm，含水率每增加 1％时厚度增加 0.25％。

5.2.2 专用裁板机裁制的面板，尺寸准确，板面方正，锯口光洁度好。因此，面板下料不得采用常用木工锯。

5.2.3 面板孔主要指对拉螺栓孔。一般情况下，在进行面板钻孔时，进钻面的板面不会有质量缺陷，在出钻面的板面往往会在孔周边出现面板表面劈裂现象，应采取可靠措施予以避免。面板钻孔作业应周边切割整齐，不得损坏面膜和胶合板层间的粘结。可用专用钻具，或在钻孔工序中先钻中心定位小孔，再由两面向板内对钻等工艺。

5.2.4 面板的加工面应采用封边漆密封，防止面板含水率增大。一般情况下，面板的加工部位有锯口、钻孔和螺钉孔等。对所有加工部位都应在加工结束后进行防水处理，防水处理的方法是在面板加工部位涂刷防水涂料和面板镶入钢框后采用密封胶封边。密封工艺应保证良好的密封效果。面板的切割面是由纤维截面组成的疏松面，如涂漆工艺不科学，则封边漆只形成不完整的薄膜而留有若干纤维白碴成为渗水的因素。为预防此类情况的发生，本条强调了密封效果。对拉螺栓穿入拔出易损坏孔边，宜采用孔塞保护。

5.2.6 为避免管理混乱，面板下料后应及时进行编号，以便面板铺装时"对号入座"。一般情况下，容易混乱的是非标准尺寸面板，因此，非标准尺寸面板下料后应及时进行编号。

5.2.7 对面板制作允许偏差和检验方法作了规定。

5.3 模板制作

5.3.1 对上下工序交接时的互检要求，在面板镶入钢框前，对钢框和面板两道工序的加工质量进行复检，以保证模板产品的制作质量。

5.3.2 面板镶入钢框时的铺装质量要求。

5.3.3 对模板制作允许偏差和检验方法作了规定，是多年来工程实践的总结。

6 模板安装与拆除

6.1 施工准备

6.1.1 模板安装前应根据施工要求编制模板施工方案，施工管理人员应向操作人员进行详细的技术交底。通过这些工作，发现一些问题，并预见一些问题，在施工准备阶段一一解决。

6.1.2 为确保模板工程顺利开展，施工前，应认真核对进场的模板、支撑及零配件品种、规格与数量，并应按本规程组织质量验收。

6.1.3 模板工程施工工艺和安全措施一般在施工方案设计时已确定。如确实需要改变，则应将新方案交有关技术主管部门审核批准，然后重新根据新方案进行模板施工前的准备工作。

6.1.5 钢框胶合板模板一般在工厂制作，施工现场拼装。在拼装前，一般已对其品种、规格、数量以及质量进行了验收。为保证模板安装的进度和质量，建议在施工现场进行预拼装，并应按现行国家标准《混凝土结构工程施工质量验收规范》GB 50204 进行组装质量检查和验收，把问题解决在预拼装阶段。

6.1.6 由于清水混凝土在结构施工时，混凝土往往是一次现浇成型，为了确保清水混凝土的饰面效果，更好地体现建筑师的设计理念，应按清水混凝土范围、类型和施工工艺编制施工方案。

6.1.7 应确定早拆支撑和模板位置，使保留的早拆模板支撑间距在设计允许的范围内。应用早拆模板技术时，应确保拆除对象和顺序的正确性，同时保证楼地面上、下支撑位置对准。

6.2 安装与拆除

6.2.1 安装模板应按规定程序进行，以保证模板安装过程中的质量和安全。如果在安装过程中不稳定，则可使用临时支撑保证其稳定安全，待安装可靠后拆除临时支撑。

6.2.2 钢框胶合板模板表面的光洁度是保证混凝土浇筑质量的重要因素。因为面板是木、竹质的，表面又加以防水处理，所以在安装和拆除过程中不得与坚硬物体摩擦或碰撞。

6.2.3～6.2.7 钢框胶合板模板技术工程应用的实践经验总结。

6.2.8 对安装后的钢框胶合板模板应进行质量验收。如在模板附近进行焊接作业等钢筋施工时，应采用石棉布或钢板遮盖板面，防止焊渣灼伤面板。

6.2.9 面板是保证混凝土浇筑质量的重要因素，并且要在工程中反复使用，在安装和拆除时应特别注意对面板进行保护。

6.2.10 一般情况下，模板拆除时间应符合现行国家标准《混凝土结构工程施工质量验收规范》GB 50204 的有关规定。采用早拆模板技术时，模板拆除的时间和程序必须通过模板专项设计确定，并应严格按照模板专项施工方案要求进行。

6.3 质量检查与验收

6.3.1～6.3.3 模板安装完毕后的质量检查与验收，包括模板、模板上的预埋件及支撑系统等。模板工程是影响混凝土表面质量的关键，故浇筑混凝土之前的质量检查与验收无疑是很重要的。钢框胶合板模板适用于浇筑不抹灰的清水混凝土，其模板质量应符合现行行业标准《清水混凝土应用技术规程》JGJ 169 的规定。

6.4 施工安全

6.4.3 考虑到钢框胶合板模板自重轻、面积大的特点，故规定不得同时吊装两块大型模板。

6.4.7 竖向混凝土结构构件施工采用大模板、筒模等工具化模板体系时，要利用塔吊等起重设备吊运模板。在拆除模板时，应将与混凝土结构相连的对拉螺栓、连接件等先拆除，再起吊模板。因对拉螺栓等连接件漏拆而强行起吊模板，会造成起重设备和人员伤亡的重大事故，必须引起高度重视，故本条为强制性条文。

6.4.8 在模板安装和堆放过程中应采取各种防倾倒和安全措施。

7 运输、维修与保管

7.1 运 输

7.1.1 平面钢框胶合板模板在包装、运输和贮存时，为防止面板相互摩擦和遭受碰撞，应采取面板相向组成一对和边肋牢固连接的保护措施。模板面板遭受摩擦或碰撞后都将损坏面膜，降低其防水性能。

7.1.2 胶合板或竹胶合板虽具备防水性能但并非完全不吸潮。试验证明，面膜可以降低面板的吸潮速率，但不能完全阻止吸潮。胶合板或竹胶合板的含水率上升时力学性能下降，所以在包装方式和运输贮存过程中均应采取防水保护措施。

7.1.3 非平面模板包括曲面模板、多棱模板等，不宜成对包装运输，应采取可靠措施防止碰撞。

7.2 维修与保管

7.2.1～7.2.5 损伤的钢框胶合板模板应及时进行维修。面板损伤不经维修而继续使用将加速损坏。对不同损坏程度的模板，应采取不同的维修方法。模板平放时垫木间距应适当，其目的是防止模板变形。

中华人民共和国国家标准

硬泡聚氨酯保温防水工程技术规范

Technical code for rigid polyurethane foam
insulation and waterproof engineering

GB 50404—2007

主编部门：山 东 省 建 设 厅
批准部门：中华人民共和国建设部
施行日期：2 0 0 7 年 9 月 1 日

中华人民共和国建设部
公 告

第 623 号

建设部关于发布国家标准
《硬泡聚氨酯保温防水工程技术规范》的公告

现批准《硬泡聚氨酯保温防水工程技术规范》为国家标准，编号为 GB 50404—2007，自 2007 年 9 月 1 日起实施。其中，第 3.0.10、3.0.13、4.1.3、4.3.3、4.6.2（4）、5.2.4、5.5.3（3）、5.6.2（4）条（款）为强制性条文，必须严格执行。

本规范由建设部标准定额研究所组织中国计划出版社出版发行。

中华人民共和国建设部
二○○七年四月六日

前 言

根据建设部《关于印发"一九九九年工程建设国家标准制订、修订计划"的通知》（建标〔1999〕308 号）的要求，本规范由山东省烟台同化防水保温工程有限公司会同有关单位共同制定而成。

在制定过程中，规范编制组广泛征求了全国有关单位的意见，总结了近 10 年来我国在发展硬泡聚氨酯应用于保温防水工程设计与施工的实践经验，与相关的标准规范进行了协调，最后经全国审查会议定稿。

本规范的主要内容有：总则、术语、基本规定、硬泡聚氨酯屋面保温防水工程、硬泡聚氨酯外墙外保温工程及 5 个附录。

本规范以黑体字标志的条文为强制性条文，必须严格执行。

本规范由建设部负责管理和对强制性条文的解释，由山东省建设厅负责日常管理，由山东省烟台同化防水保温工程有限公司负责具体技术内容的解释。请各单位在执行本规范的过程中，注意总结经验和积累资料，随时将意见和建议寄给山东省烟台同化防水保温工程有限公司（地址：山东省烟台市福山高新技术产业区永达街 591 号；邮政编码：265500），以供今后修订时参考。

本规范主编单位、参编单位和主要起草人：

主 编 单 位：烟台同化防水保温工程有限公司
参 编 单 位：中国建筑科学研究院
　　　　　　　中国建筑防水材料工业协会
　　　　　　　山东建筑学会建筑防水专业委员会
　　　　　　　北京市建筑工程研究院
　　　　　　　山东省建筑科学研究院
　　　　　　　中冶集团建筑研究总院
　　　　　　　浙江工业大学
　　　　　　　山东省墙材革新与建筑节能办公室
　　　　　　　烟台万华聚氨酯股份有限公司
　　　　　　　三利防水保温工程有限公司
　　　　　　　上海凯耳新型建材有限公司
　　　　　　　上海同凝防水保温工程有限公司
　　　　　　　青岛瑞易通建设工程有限公司

主要起草人：李承刚　夏良强　李自明　叶林标
　　　　　　　王薇薇　王　天　孙庆祥　项桦太
　　　　　　　葛关金　张　波　卢忠飞　陈欣然
　　　　　　　王建武　张大同　袭著昆　王炳凯
　　　　　　　邢伟英　张拥军　韩亚伟

目　次

1 总 则

1.0.1 为确保屋面和外墙外保温防水工程采用硬泡聚氨酯的功能和质量,制定本规范。

1.0.2 本规范适用于新建、改建、扩建的民用建筑、工业建筑及既有建筑改造的硬泡聚氨酯保温防水工程的设计、施工和质量验收。

1.0.3 硬泡聚氨酯保温及防水工程的设计、施工和质量验收,除应遵守本规范的规定外,尚应符合国家现行有关标准规范的规定。

2 术 语

2.0.1 硬泡聚氨酯 rigid polyurethane foam

采用异氰酸酯、多元醇及发泡剂等添加剂,经反应形成的硬质泡沫体。

2.0.2 喷涂硬泡聚氨酯 polyurethane spray foam

现场使用专用喷涂设备在屋面或外墙基层上连续多遍喷涂发泡聚氨酯后,形成无接缝的硬质泡沫体。

2.0.3 保温防水层 insulation and waterproof layer

喷涂(Ⅲ型)硬泡聚氨酯形成高闭孔率的具有保温防水一体化功能的层次。

2.0.4 复合保温防水层 composite insulation and waterproof layer

喷涂(Ⅱ型)硬泡聚氨酯除具有保温功能外,还有一定的防水功能,在其上刮抹抗裂聚合物水泥砂浆,构成保温防水复合层。

2.0.5 硬泡聚氨酯板 prefabricated rigid polyure-thane foam board

在工厂预制一定规格的硬泡聚氨酯制品。通常分为带抹面层(或饰面层)的硬泡聚氨酯板和直接经层压式复合机压制而成的硬泡聚氨酯复合板。

2.0.6 抗裂聚合物水泥砂浆 anti-crack polymer modified cement mortars

由丙烯酸酯等类乳液或可分散聚合物胶粉与水泥、细砂、辅料等混合,并掺入增强纤维,固化后具有抗裂性能的砂浆。

2.0.7 抹面层 rendering coating

抹在硬泡聚氨酯保温层上的抹面胶浆,中间夹铺耐碱玻纤网格布,具有保护保温层及防裂、防水和抗冲击作用的构造层。

2.0.8 防护层 shield coating

在现场喷涂(Ⅲ型)硬泡聚氨酯保温防水层的表面涂刷耐紫外线防护涂料的层次。

2.0.9 饰面层 decorative coating

附着于保温系统表面起装饰作用的构造层。

2.0.10 抹面胶浆 rendering coating mortar

在硬泡聚氨酯保温层上做薄抹面层的材料。

2.0.11 界面砂浆 interface treat wortars

用于增强保温层与抹面层之间粘结性的砂浆。

2.0.12 胶粘剂 adhesive

将硬泡聚氨酯保温板粘结到墙体基层上的材料。

2.0.13 锚栓 anchors

将硬泡聚氨酯保温板固定到外墙基层上的专用机械固定件。

3 基 本 规 定

3.0.1 硬泡聚氨酯按其材料(产品)的成型工艺分为:喷涂硬泡聚氨酯和硬泡聚氨酯板材。

3.0.2 喷涂硬泡聚氨酯按其材料物理性能分为 3 种类型,主要适用于以下部位:

Ⅰ型:用于屋面和外墙保温层;

Ⅱ型:用于屋面复合保温防水层;

Ⅲ型:用于屋面保温防水层。

硬泡聚氨酯板材用于屋面和外墙保温层。

3.0.3 硬泡聚氨酯保温防水工程应遵循"选材正确、优化组合、安全可靠、设计合理"的原则,并符合施工简便、经济合理的要求。

3.0.4 硬泡聚氨酯保温防水工程设计应根据工程特点、地区自然条件和使用功能等要求,按材料(产品)的不同成型工艺和性能对屋面及外墙工程的保温防水构造绘制细部构造详图。

3.0.5 不同地区采暖居住建筑和需要满足夏季隔热要求的建筑,其屋面和外墙的最小传热阻应按国家现行标准《民用建筑热工设计规范》GB 50176、《民用建筑节能设计标准(采暖居住建筑部分)》JGJ 26、《夏热冬暖地区居住建筑节能设计标准》JGJ 75、《既有居住建筑节能改造技术规程》JGJ 129、《夏热冬冷地区居住建筑节能设计标准》JGJ 134 等确定。

3.0.6 喷涂硬泡聚氨酯保温防水工程构造应符合表3.0.6的要求。

表 3.0.6 喷涂硬泡聚氨酯保温防水工程构造

工程部位	屋 面			外墙
材料类型	Ⅰ型	Ⅱ型	Ⅲ型	Ⅰ型
构造层次	保护层	复合保温防水层	防护层	饰面层
	防水层		保温防水层	抹面层
	找平层			
	保温层			保温层
	找坡(兼找平)层	找坡(兼找平)层	找坡(兼找平)层	找平层
	屋面基层	屋面基层	屋面基层	墙体基层

注:本表所示的屋面构造均为非上人屋面。当屋面防水等级需要多道设防时,应按现行国家标准《屋面工程技术规范》GB 50345 执行。

3.0.7 硬泡聚氨酯保温及防水工程施工前应通过图纸会审，掌握施工图中的细部构造及有关技术要求；施工单位应编制硬泡聚氨酯保温防水工程的施工方案，必要时需编制技术措施。

3.0.8 喷涂硬泡聚氨酯施工前，应根据使用材料和施工环境条件由技术主管人员提出施工参数和预调方案。

3.0.9 喷涂硬泡聚氨酯的施工环境温度不应低于10℃，空气相对湿度宜小于85%，风力不宜大于三级。严禁在雨天、雪天施工，当施工中途下雨、下雪时应采取遮盖措施。

3.0.10 喷涂硬泡聚氨酯施工时，应对作业面外易受飞散物料污染的部位采取遮挡措施。

3.0.11 硬泡聚氨酯保温防水工程施工中，应进行过程控制和质量检查，并有完整的检查记录。

3.0.12 硬泡聚氨酯保温防水工程应由经专业培训的队伍进行施工。作业人员应持有当地建设行政主管部门颁发的上岗证。

3.0.13 硬泡聚氨酯保温及防水工程所采用的材料应有产品合格证书和性能检测报告，材料的品种、规格、性能等应符合设计要求和本规范的规定。

材料进场后，应按规定抽样复验，提出试验报告，严禁在工程中使用不合格的材料。

注：硬泡聚氨酯及其主要配套辅助材料的检测除应符合有关标准规定外，尚应按本规范附录A～附录E的规定执行。

3.0.14 硬泡聚氨酯保温及防水工程施工的每道工序完成后，应经监理或建设单位检查验收，合格后方可进行下道工序的施工，并采取成品保护措施。

4 硬泡聚氨酯屋面保温防水工程

4.1 一般规定

4.1.1 本章适用于喷涂硬泡聚氨酯屋面保温防水工程。当屋面采用硬泡聚氨酯板材时，应符合现行国家标准《屋面工程技术规范》GB 50345 的有关规定。

4.1.2 伸出屋面的管道、设备、基座或预埋件等，应在硬泡聚氨酯施工前安装牢固，并做好密封防水处理。硬泡聚氨酯施工完成后，不得在其上凿孔、打洞或重物撞击。

4.1.3 硬泡聚氨酯保温层上不得直接进行防水材料热熔、热粘法施工。

4.1.4 硬泡聚氨酯同其他防水材料（指涂料、卷材）或防护涂料一起使用时，其材性应相容。

4.1.5 硬泡聚氨酯表面不得长期裸露，硬泡聚氨酯喷涂完工后，应及时做水泥砂浆找平层、抗裂聚合物水泥砂浆层或防护涂料层。

4.2 材料要求

4.2.1 屋面用喷涂硬泡聚氨酯的物理性能应符合表4.2.1的要求。

表4.2.1 屋面用喷涂硬泡聚氨酯物理性能

项　　目	性能要求			试验方法
	Ⅰ型	Ⅱ型	Ⅲ型	
密度（kg/m³）	≥35	≥45	≥55	GB/T 6343
导热系数〔W/（m·K）〕	≤0.024	≤0.024	≤0.024	GB 3399
压缩性能(形变10%)（kPa）	≥150	≥200	≥300	GB/T 8813
不透水性(无结皮)0.2MPa,30min	—	不透水	不透水	本规范附录A
尺寸稳定性（70℃,48h）(%)	≤1.5	≤1.5	≤1.0	GB/T 8811
闭孔率(%)	≥90	≥92	≥95	GB/T 10799
吸水率(%)	≤3	≤2	≤1	GB 8810

4.2.2 配制抗裂聚合物水泥砂浆所用的原材料应符合下列要求：

1 聚合物乳液的外观质量应均匀，无颗粒、异物和凝固物，固体含量应大于45%。

2 水泥宜采用强度等级不低于32.5的普通硅酸盐水泥。不得使用过期或受潮结块水泥。

3 砂宜采用细砂，含泥量不应大于1%。

4 水应采用不含有害物质的洁净水。

5 增强纤维宜采用短切聚酯或聚丙烯等纤维。

4.2.3 抗裂聚合物水泥砂浆的物理性能应符合表4.2.3的要求。

表4.2.3 抗裂聚合物水泥砂浆物理性能

项　　目	性能要求	试验方法
粘结强度（MPa）	≥1.0	JC/T 984
抗折强度（MPa）	≥7.0	JC/T 984
压折比	≤3.0	JC/T 984
吸水率（%）	≤6	JC 474
抗冻融性（−15℃～+20℃）25次循环	无开裂、无粉化	JC/T 984

4.2.4 硬泡聚氨酯的原材料应密封包装，在贮运过程中严禁烟火，注意通风、干燥，防止曝晒、雨淋，不得接近热源和接触强氧化、腐蚀性化学品。

4.2.5 硬泡聚氨酯的原材料及配套材料进场后，应加标志分类存放。

4.3 设计要点

4.3.1 屋面硬泡聚氨酯保温层的设计厚度，应根据国家和本地区现行的建筑节能设计标准规定的屋面传热系数限值，进行热工计算确定。

4.3.2 屋面硬泡聚氨酯保温防水构造由找坡（找平）层、硬泡聚氨酯保温（防水）层和保护层组成（图4.3.2-1、图4.3.2-2、图4.3.2-3）。

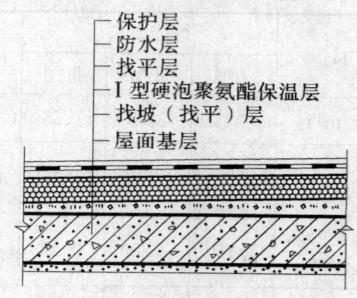

图4.3.2-1　Ⅰ型硬泡聚氨酯保温
防水屋面构造

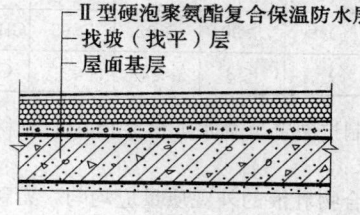

图4.3.2-2　Ⅱ型硬泡聚氨酯保温
防水屋面构造

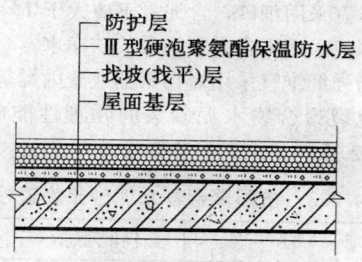

图4.3.2-3　Ⅲ型硬泡聚氨酯保温
防水屋面构造

4.3.3 平屋面排水坡度不应小于2%，天沟、檐沟的纵向坡度不应小于1%。

4.3.4 屋面单向坡长不大于9m时，可用轻质材料找坡；单向坡长大于9m时，宜做结构找坡。

4.3.5 硬泡聚氨酯屋面找平层应符合下列规定：

1 当现浇钢筋混凝土屋面板不平整时，应抹水泥砂浆找平层，厚度宜为15～20mm。

2 水泥砂浆的配合比宜为1：2.5～1：3。

3 （Ⅰ型）硬泡聚氨酯保温层上的水泥砂浆找平层，宜掺加增强纤维；找平层应设分隔缝，缝宽宜为5～20mm，纵横缝的间距不宜大于6m；分隔缝内宜嵌填密封材料。

4 突出屋面结构的交接处，以及基层的转角处均应做成圆弧形，圆弧半径不应小于50mm。

4.3.6 装配式钢筋混凝土屋面板的板缝，应用强度等级不小于C20的细石混凝土将板缝灌填密实；当缝宽大于40mm时，应在缝中放置构造钢筋；板端缝应进行密封处理。

4.3.7 喷涂硬泡聚氨酯非上人屋面采用复合保温防水层，必须在（Ⅱ型）硬泡聚氨酯的表面刮抹抗裂聚合物水泥砂浆。抗裂聚合物水泥砂浆的厚度宜为3～5mm。

喷涂硬泡聚氨酯非上人屋面采用保温防水层，应在（Ⅲ型）硬泡聚氨酯的表面涂刷耐紫外线的防护涂料。

4.3.8 上人屋面应采用细石混凝土、块体材料等做保护层，保护层与硬泡聚氨酯之间应铺设隔离材料。细石混凝土保护层应留设分隔缝，其纵、横向间距宜为6m。

4.3.9 硬泡聚氨酯用作坡屋面保温防水层时，应符合现行国家标准《屋面工程技术规范》GB 50345的有关规定；当采用机械固定防水层（瓦）时，应对固定钉做防水处理。

4.4　细　部　构　造

4.4.1 天沟、檐沟保温防水构造应符合下列规定：

1 天沟、檐沟部位应直接地连续喷涂硬泡聚氨酯；喷涂厚度不应小于20mm（图4.4.1）。

2 硬泡聚氨酯的收头应采用压条钉压固定，并用密封材料封严。

3 高低跨内排水天沟与立墙交接处，应采取能适应变形的密封处理。

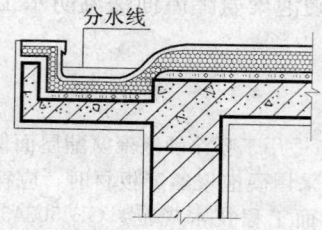

图4.4.1　屋面檐沟

4.4.2 屋面为无组织排水时，应直接地连续喷涂硬泡聚氨酯至檐口附近100mm处，喷涂厚度应逐步均匀减薄至20mm；檐口收头应采用压条钉压固定和密封材料封严。

4.4.3 山墙、女儿墙、泛水保温防水构造应符合下列规定：

1 泛水部位应直接地连续喷涂硬泡聚氨酯，喷涂高度不应小于250mm。

2 墙体为砖墙时，硬泡聚氨酯泛水可直接地连续喷涂至山墙凹槽部位（凹槽距屋面高度不应小于

250mm）或至女儿墙压顶下，泛水收头应采用压条钉压固定和密封材料封严。

　　3 墙体为混凝土时，硬泡聚氨酯泛水可直接地连续喷涂至墙体距屋面高度不小于 250mm 处；泛水收头应采用金属压条固定和密封材料封固，并在墙体上用螺钉固定能自由伸缩的金属盖板（图4.4.3）。

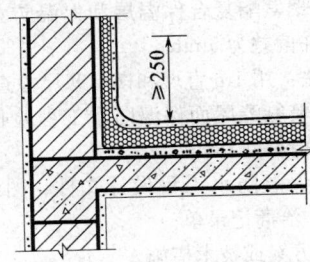

图 4.4.3　山墙、女儿墙泛水

4.4.4 变形缝保温防水构造应符合下列规定：

　　1 硬泡聚氨酯应直接地连续喷涂至变形缝顶部。

　　2 变形缝内宜填充泡沫塑料，上部填放衬垫材料，并用卷材封盖。

　　3 顶部应加扣混凝土盖板或金属盖板（图4.4.4）。

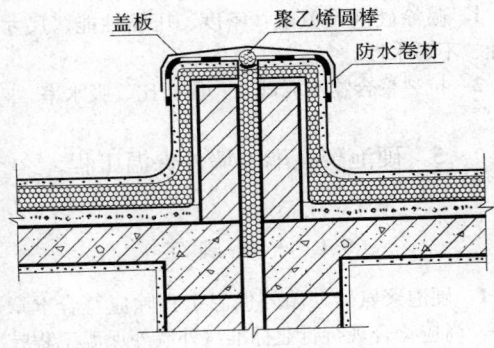

图 4.4.4　屋面变形缝

4.4.5 水落口保温防水构造应符合下列规定：

　　1 水落口埋设标高应考虑水落口设防时增加的硬泡聚氨酯厚度及排水坡度加大的尺寸。

　　2 水落口周围直径 500mm 范围内的坡度不应小于 5%；水落口与基层接触处应留宽 20mm、深 20mm 凹槽，嵌填密封材料。

　　3 喷涂硬泡聚氨酯距水落口 500mm 的范围内应逐渐均匀减薄，最薄处厚度不应小于 15mm，并伸入水落口 50mm（图4.4.5-1和图4.4.5-2）。

4.4.6 伸出屋面管道保温防水构造应符合下列规定：

　　1 伸出屋面管道周围的找坡层应做成圆锥台。

　　2 管道与找平层间应留凹槽，并嵌填密封材料。

　　3 硬泡聚氨酯应直接地连续喷涂至管道距屋面高度 250mm 处，收头处应采用金属箍将硬泡聚氨酯箍紧，并用密封材料封严（图4.4.6）。

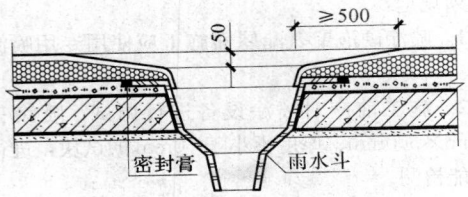

图 4.4.5-1　屋面直式水落口

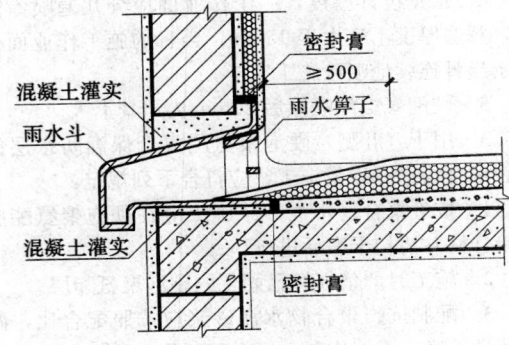

图 4.4.5-2　屋面横式水落口

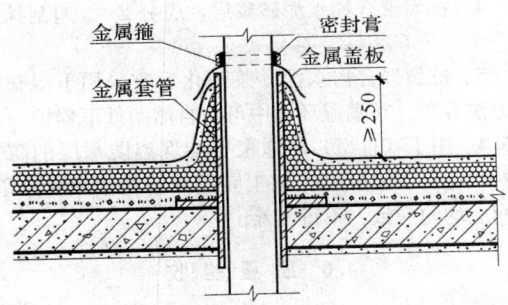

图 4.4.6　伸出屋面管道

4.4.7 屋面出入口保温防水构造应符合下列规定：

　　1 屋面垂直出入口硬泡聚氨酯应直接地连续喷涂至出入口顶部；收头应采用金属压条钉压固定和密封材料封严。

　　2 屋面水平出入口硬泡聚氨酯应直接地续喷涂至出入口混凝土踏步下，收头应采用金属压条钉压固定和密封材料封严，并在硬泡聚氨酯外侧设护墙。

4.5　工程施工

4.5.1 喷涂硬泡聚氨酯屋面的基层应符合下列要求：

　　1 基层应坚实、平整、干燥、干净。

　　2 对既有建筑屋面基层不能保证与硬泡聚氨酯粘结牢固的部分应清除干净，并修补缺陷和找平。

　　3 基层经检查验收合格后方可进行硬泡聚氨酯施工。

　　4 屋面与山墙、女儿墙、天沟、檐沟及凸出屋面结构的交接处应符合细部构造设计要求。

4.5.2 喷涂硬泡聚氨酯屋面保温防水工程施工应符

合下列规定：

1 喷涂硬泡聚氨酯屋面施工应使用专用喷涂设备。

2 施工前应对喷涂设备进行调试，喷涂三块500mm×500mm、厚度不小于50mm的试块，进行材料性能检测。

3 喷涂作业，喷嘴与施工基面的间距宜为800～1200mm。

4 根据设计厚度，一个作业面应分几遍喷涂完成，每遍厚度不宜大于15mm。当日的施工作业面必须于当日连续地喷涂施工完毕。

5 硬泡聚氨酯喷涂后20min内严禁上人。

4.5.3 用于（Ⅱ型）硬泡聚氨酯复合保温防水层的抗裂聚合物水泥砂浆施工，应符合下列规定：

1 抗裂聚合物水泥砂浆施工应在硬泡聚氨酯层检验合格并清扫干净后进行。

2 施工时严禁损坏已固化的硬泡聚氨酯层。

3 配制抗裂聚合物水泥砂浆应按照配合比，做到计量准确，搅拌均匀。一次配制量应控制在可操作时间内用完，且施工中不得任意加水。

4 抗裂聚合物水泥砂浆层，应分2～3遍刮抹完成。

5 抗裂聚合物水泥砂浆硬化后宜采用干湿交替的方法养护。在潮湿环境中可在自然条件下养护。

4.5.4 用于（Ⅲ型）硬泡聚氨酯保温防水层的防护涂料，应待硬泡聚氨酯施工完成并清扫干净后涂刷，涂刷应均匀一致，不得漏涂。

4.6 质 量 验 收

4.6.1 硬泡聚氨酯复合保温防水层和保温防水层分项工程应按屋面面积以每500～1000m² 划分为一个检验批，不足500m² 也应划分为一个检验批；每个检验批每100m² 应抽查一处，每处不得小于10m²。细部构造应全数检查。

4.6.2 主控项目的验收应符合下列规定：

1 硬泡聚氨酯及其配套辅助材料必须符合设计要求。

检验方法：检查出厂合格证、质量检验报告和现场复验报告。

2 复合保温防水层和保温防水层不得有渗漏水和积水现象。

检验方法：雨后或淋水、蓄水检验。

3 天沟、檐沟、檐口、水落口、泛水、变形缝和伸出屋面管道的防水构造，必须符合设计要求。

检验方法：观察检查、检查隐蔽工程验收记录。

4 硬泡聚氨酯保温层厚度必须符合设计要求。

检验方法：用钢针插入和测量检查。

4.6.3 一般项目的验收应符合下列规定：

1 硬泡聚氨酯应与基层粘结牢固，表面不得有破损、脱层、起鼓、孔洞及裂缝。

检验方法：观察检查及检查试验报告。

2 抗裂聚合物水泥砂浆应与硬泡聚氨酯粘结牢固，不得有空鼓、裂纹、起砂等现象；涂料防护层不应有起泡、起皮、皱褶及破损。

检验方法：观察检查。

3 硬泡聚氨酯复合保温层和保温防水层的表面平整度，允许偏差为5mm。

检验方法：用1m直尺和楔形塞尺检查。

4.6.4 硬泡聚氨酯屋面保温防水工程验收时，应提交下列技术资料并归档：

1 屋面保温防水工程设计文件、图纸会审书、设计变更书、洽商记录单。

2 施工方案或技术措施。

3 主要材料的产品合格证、质量检验报告、进场复验报告。

4 隐蔽工程验收记录。

5 分项工程检验批质量验收记录。

6 淋水或蓄水试验报告。

7 其他必需提供的资料。

4.6.5 喷涂硬泡聚氨酯屋面保温防水工程主要材料复验应包括下列项目：

1 喷涂硬泡聚氨酯：密度、压缩性能、尺寸稳定性、不透水性。

2 抗裂聚合物水泥砂浆：压折比、吸水率。

5 硬泡聚氨酯外墙外保温工程

5.1 一 般 规 定

5.1.1 硬泡聚氨酯外墙外保温工程除应符合本章规定外，尚应符合现行行业标准《外墙外保温工程技术规程》JGJ 144 和《膨胀聚苯板薄抹灰外墙外保温系统》JG 149 的有关规定。

5.1.2 硬泡聚氨酯外墙外保温工程应满足下列基本要求：

1 应能适应基层的正常变形而不产生裂缝或空鼓。

2 应能长期承受自重而不产生有害的变形。

3 应能承受风荷载的作用而不产生破坏。

4 应能承受室外气候的长期反复作用而不产生破坏。

5 在罕遇地震发生时不应从基层上脱落。

6 高层建筑外墙外保温工程应采取防火构造措施。

5.1.3 硬泡聚氨酯外墙外保温工程施工期间以及完工后24h 内，基层及环境温度不应低于5℃。喷涂硬泡聚氨酯的施工环境温度和作业条件应符合本规范第3.0.9条要求。硬泡聚氨酯板材在气温低于5℃时不宜施工，雨天、雪天和5级风及其以上时不得施工。

5.1.4 硬泡聚氨酯表面不得长期裸露，上墙后，应及时做界面砂浆层或抹面胶浆层。

5.1.5 在正确使用和正常维护的条件下，硬泡聚氨酯外墙外保温工程的使用年限不应少于25年。

5.2 材 料 要 求

5.2.1 外墙用（Ⅰ型）喷涂硬泡聚氨酯的物理性能应符合表5.2.1的要求。

表 5.2.1 外墙用（Ⅰ型）喷涂硬泡聚氨酯物理性能

项　　目	性能要求	试验方法
密度（kg/m³）	≥35	GB 6343
导热系数〔W/(m·K)〕	≤0.024	GB 3399
压缩性能（形变10%）(kPa)	≥150	GB/T 8813
尺寸稳定性（70℃，48h）（%）	≤1.5	GB/T 8811
拉伸粘结强度（与水泥砂浆，常温）(MPa)	≥0.10 并且破坏部位不得位于粘结界面	本规范附录B
吸水率（%）	≤3	GB 8810
氧指数（%）	≥26	GB/T 2406

5.2.2 外墙用硬泡聚氨酯板的物理性能应符合表5.2.2的要求。

表 5.2.2 外墙用硬泡聚氨酯板物理性能

项　　目	性能要求	试验方法
密度（kg/m³）	≥35	GB 6343
压缩性能（形变10%）(kPa)	≥150	GB/T 8813
垂直于板面方向的抗拉强度（MPa）	≥0.10 并且破坏部位不得位于粘结界面	本规范附录C
导热系数〔W/(m·K)〕	≤0.024	GB 3399
吸水率（%）	≤3	GB 8810
氧指数（%）	≥26	GB/T 2406

5.2.3 硬泡聚氨酯板的规格宜为1200mm×600mm，其允许尺寸偏差应符合表5.2.3的规定。

表 5.2.3 硬泡聚氨酯板允许尺寸偏差

项　　目	允许偏差（mm）
厚度	≥50，+2.0
	≤50，+1.5
长度	±2.0
宽度	±2.0
对角线差	3.0
板边平直	±2.0
板面平整度	1.0

5.2.4 胶粘剂的物理性能应符合表5.2.4的要求。

表 5.2.4 胶粘剂物理性能

项　　目		性能要求	试验方法
可操作时间（h）		1.5～4.0	JG 149
拉伸粘结强度（MPa）（与水泥砂浆）	原强度	≥0.60	本规范附录D
	耐水	≥0.40	
拉伸粘结强度（MPa）（与硬泡聚氨酯）	原强度	≥0.10 并且破坏部位不得位于粘结界面	
	耐水		

5.2.5 抹面胶浆的物理性能应符合表5.2.5的要求。

表 5.2.5 抹面胶浆物理性能

项　　目		性能要求	试验方法
可操作时间(h)		1.5～4.0	JG 149
拉伸粘结强度(MPa)（与硬泡聚氨酯）	原强度	≥0.10 并且破坏部位不得位于粘结界面	本规范附录D
	耐水		
	耐冻融		
柔韧性	压折比（水泥基）	≤3.0	JG 149
	开裂应变（非水泥基）（%）	≥1.5	

5.2.6 耐碱玻纤网格布性能应符合表5.2.6的要求。

表 5.2.6 耐碱玻纤网格布性能

项　　目	性能要求		试验方法
	标准网布	加强网布	
单位面积质量（g/m²）	≥160	≥280	GB/T 9914.3
耐碱拉伸断裂强力（经、纬向）(N/50mm)	≥750	≥1500	本规范附录E
耐碱拉伸断裂强力保留率（经、纬向）(%)	≥50	≥50	
断裂应变（经、纬向）（%）	≤5.0	≤5.0	GB 7689.5

5.2.7 锚栓技术性能应符合表5.2.7的要求。

表 5.2.7 锚栓技术性能

项　　目	性能要求	试验方法
单个锚栓抗拉承载力标准值（kN）	≥0.30	JG 149附录F
单个锚栓对系统传热增加值〔W/(m²·K)〕	≤0.004	

5.2.8 喷涂硬泡聚氨酯原材料的运输与贮存应符合本规范第4.2.4条和第4.2.5条的规定。

5.2.9 硬泡聚氨酯板材搬运时应轻放，保证板材外形完整，存放处严禁烟火，防止曝晒、雨淋。

5.3 设 计 要 点

5.3.1 外墙硬泡聚氨酯保温层的设计厚度，应根据国家和本地区现行的建筑节能设计标准规定的外墙传热系数限值，进行热工计算确定。

5.3.2 硬泡聚氨酯外墙外保温系统的性能要求应符合表5.3.2的规定。

表5.3.2 硬泡聚氨酯外墙外保温系统性能要求

项 目		性能要求	试验方法
耐候性		80次热/雨循环和5次热/冷循环后，表面无裂纹、粉化、剥落现象	JGJ 144
抗风压值（kPa）		不小于工程项目的风荷载设计值	JGJ 144
耐冻融性能		30次冻融循环后，保护层（抹面层、饰面层）无空鼓、脱落，无渗水裂缝；保护层（抹面层、饰面层）与保温层的拉伸粘结强度不小于0.1MPa，破坏部位应位于保温层	JGJ 144
抗冲击强度（J）	普通型	≥3.0，适用于建筑物二层以上墙面等不易受碰撞部位	JGJ 144
	加强型	≥10.0，适用于建筑物首层以及门窗洞口等易受碰撞部位	
吸水量		水中浸泡1小时，只带有抹面层和带有饰面层的系统，吸水量均不得大于或等于1000g/m²	JGJ 144
热阻		复合墙体热阻符合设计要求	JGJ 144
抹面层不透水性		抹面层2h不透水	JGJ 144
水蒸气湿流密度〔g/（m²·h）〕		≥0.85	JG 149

注：水中浸泡24h后，对只带有抹面层和带有抹面层及饰面层的系统，吸水量均小于500g/m²时，不检验耐冻融性能。

5.3.3 硬泡聚氨酯外墙外保温复合墙体的热工和节能设计应符合下列规定：

   1 保温层内表面温度应高于0℃。

   2 保温系统应覆盖门窗框外侧洞口、女儿墙、封闭阳台以及外挑构件等热桥部位。

5.3.4 喷涂硬泡聚氨酯外墙外保温系统构造可由找平层、喷涂硬泡聚氨酯、界面剂层、耐碱玻纤网格布增强抹面层、饰面层等组成（图5.3.4-1）；硬泡聚氨酯复合板外墙外保温系统不带饰面层的构造可由找平层、胶粘剂层、硬泡聚氨酯复合板层、耐碱玻纤网格布增强抹面层、饰面层等组成（图5.3.4-2），带饰面层的构造可由找平层、胶粘剂层、带面层的硬泡聚氨酯板、饰面层等组成（图5.3.4-3）。

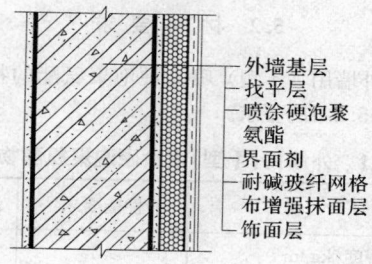

图5.3.4-1 喷涂硬泡聚氨酯外墙外保温系统构造

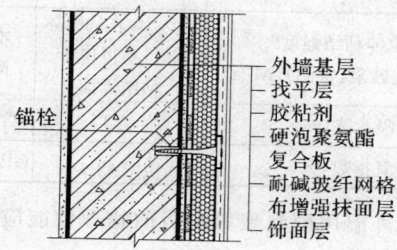

图5.3.4-2 硬泡聚氨酯复合板外墙外保温系统构造

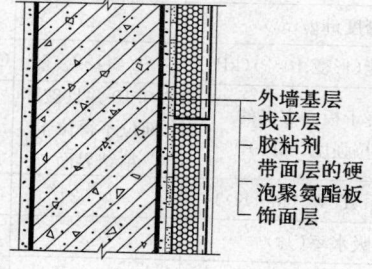

图5.3.4-3 带抹面层（或饰面层）的硬泡聚氨酯板外墙外保温系统构造

注：采用带抹面层的硬泡聚氨酯板时，锚栓宜设置在板缝处。

5.3.5 喷涂硬泡聚氨酯采用抹面胶浆时，抹面层厚度控制：普通型3～5mm；加强型5～7mm。饰面层的材料宜采用柔性泥子和弹性涂料，其性能应符合相关标准的要求。

注：普通型系指建筑物二层及其以上墙面等不易受撞击，抹面层满铺单层耐碱玻纤网格布；加强型系指建筑物首层墙面以及门窗口等易受碰撞部位，抹面层中应满铺双层耐碱玻纤网格布。

5.3.6 硬泡聚氨酯外墙外保温工程的密封和防水构造设计，重要部位应有详图，确保水不会渗入保温层及基层，水平或倾斜的挑出部位以及墙体延伸至地面以下的部位应做防水处理。外墙安装的设备或管道应固定在基层墙体上，并应做密封和防水处理。

5.3.7 硬泡聚氨酯板材宜采用带抹面层或饰面层的系统。建筑物高度在 20m 以上时，在受负风压作用较大的部位，应使用锚栓辅助固定。

5.3.8 硬泡聚氨酯板外墙外保温薄抹面系统设计应符合下列规定：

1 建筑物首层或 2m 以下墙体，应在先铺一层加强耐碱玻纤网格布的基础上，再满铺一层标准耐碱玻纤网格布。加强耐碱玻纤网格布在墙体转角及阴阳角处的接缝应搭接，其搭接宽度不得小于 200mm；在其他部位的接缝宜采用对接。

2 建筑物二层或 2m 以上墙体，应采用标准耐碱玻纤网格布满铺，耐碱玻纤网格布的接缝应搭接，其搭接宽度不宜小于 100mm。在门窗洞口、管道穿墙洞口、勒脚、阳台、变形缝、女儿墙等保温系统的收头部位，耐碱玻纤网格布应翻包，包边宽度不应小于 100mm。

5.4 细 部 构 造

5.4.1 门窗洞口部位的外保温构造应符合以下规定：

1 门窗外侧洞口四周墙体，硬泡聚氨酯厚度不应小于 20mm。

2 门窗洞口四角处的硬泡聚氨酯板应采用整块板切割成型，不得拼接。

3 板与板接缝距洞口四角距离不得小于 200mm。

4 洞口四边板材宜采用锚栓辅助固定。

5 铺设耐碱玻纤网格布时，应在四角处 45°斜向加贴 300mm×200mm 的标准耐碱玻纤网格布（图 5.4.1）。

5.4.2 勒脚部位的外保温构造应符合以下规定：

1 勒脚部位的外保温与室外地面散水间应预留不小于 20mm 缝隙。

2 缝隙内宜填充泡沫塑料，外口应设置背衬材料，并用建筑密封膏封堵。

3 勒角处端部应采用标准网布、加强网布做好包边处理，包边宽度不得小于 100mm（图 5.4.2）。

5.4.3 硬泡聚氨酯外墙外保温工程在檐口、女儿墙部位应采用保温层全包覆做法，以防止产生热桥。当有檐沟时，应保证檐沟混凝土顶面有不小于 20mm 厚度的硬泡聚氨酯保温层（图 5.4.3）。

5.4.4 变形缝的保温构造应符合下列规定：

1 变形缝处应填充泡沫塑料，填塞深度应大于缝宽的 3 倍，且不小于墙体厚度。

2 金属盖缝板宜采用铝板或不锈钢板。

3 变形缝处应做包边处理，包边宽度不得小于 100mm（图5.4.4）。

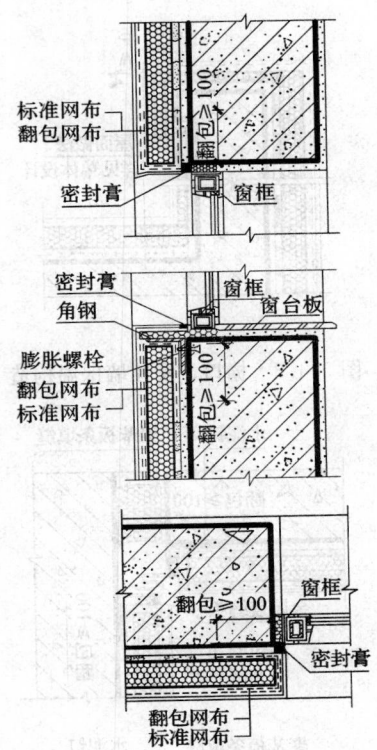

图 5.4.1 门窗洞口保温构造

注：当采用喷涂硬泡聚氨酯外保温时，洞口外侧保温层可采用硬泡聚氨酯板粘贴或采用 L 形聚氨酯定型模板粘贴，其厚度均不小于 20mm。

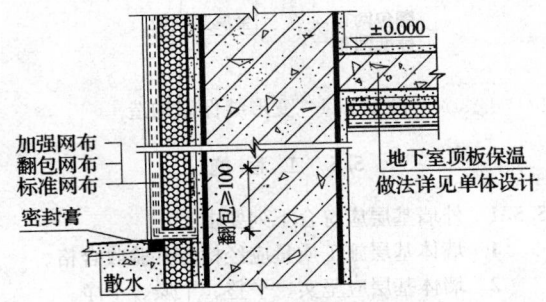

图 5.4.2-1 有地下室勒脚部位
外保温构造

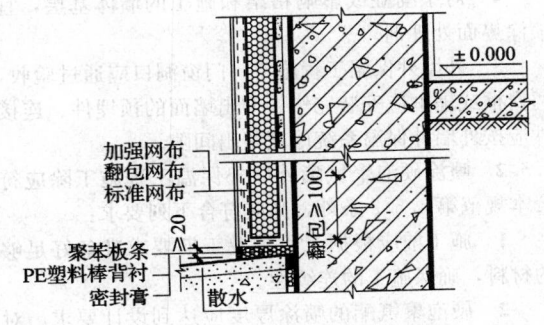

图 5.4.2-2 无地下室勒脚部位
外保温构造

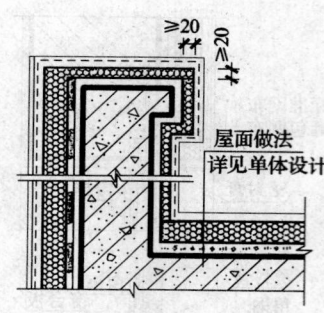

图 5.4.3 檐口、女儿墙保温构造

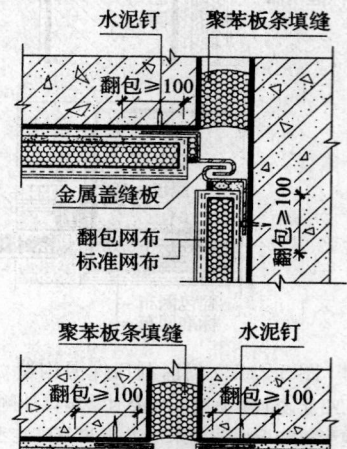

图 5.4.4 变形缝保温构造

5.5 工 程 施 工

5.5.1 外墙基层应符合下列要求：

1 墙体基层施工质量应经检查并验收合格。

2 墙体基层应坚实、平整、干燥、干净。

3 找平层应与墙体粘结牢固，不得有脱层、空鼓、裂缝。

4 对于潮湿或影响粘结和施工的墙体基层，宜喷涂界面处理剂。

5 外墙外保温工程施工，门窗洞口应通过验收，门窗框或辅框应安装完毕。伸出墙面的预埋件、连接件应按外墙外保温系统厚度留出间隙。

5.5.2 喷涂硬泡聚氨酯外墙外保温工程施工除应符合本规范第 4.5.2 条外，尚应符合下列要求：

1 施工前应根据工程量及工期要求准备好足够的材料，确保施工的连续性。

2 硬泡聚氨酯的喷涂厚度应达到设计要求，对喷涂后不平的部位应及时进行修补，并按墙面垂直度和平整度的要求进行修整。

3 硬泡聚氨酯表面固化后，应及时均匀喷（刷）涂界面砂浆。

4 薄抹面层施工应先刮涂一遍抹面胶浆，然后横向铺设耐碱玻纤网格布，网格布搭接宽度不应小于 100mm，压贴密实，不得有空鼓、皱褶、翘曲、外露等现象，最后再刮涂一遍抹面胶浆。

5.5.3 硬泡聚氨酯板外墙外保温工程施工应符合下列要求：

1 施工前应按设计要求绘制排板图，确定异型板块的规格及数量。

2 施工前应在墙体基层上用墨线弹出板块位置图。带面层、饰面层的硬泡聚氨酯板材应留出拼接缝宽度，宽度宜为 5~10mm。

3 粘贴硬泡聚氨酯板材时，应将胶粘剂涂在板材背面，粘结层厚度应为 3~6mm，粘结面积不得小于硬泡聚氨酯板材面积的 40%。

4 硬泡聚氨酯板材的粘贴应自下而上进行，水平方向应由墙角及门窗处向两侧粘贴，并轻敲板面，使之粘结牢固。必要时，应采用锚栓辅助固定。

5 带抹面层、饰面层的硬泡聚氨酯板粘贴 24h 后，用单组分聚氨酯发泡填缝剂进行填缝，发泡面宜低于板面 6~8mm。外口应用密封材料或抗裂聚合物水泥砂浆进行嵌缝。

6 当采用涂料做饰面层时，在抹面层上应满刮泥子后方可施工。

5.6 质 量 验 收

5.6.1 硬泡聚氨酯外墙外保温各分项工程应以每 500~1000m² 划分为一个检验批，不足 500m² 也应划分为一个检验批；每个检验批每 100m² 应至少抽查一处，每处不得小于 10m²。细部构造应全数检查。

5.6.2 主控项目的验收应符合下列规定：

1 外墙外保温系统及主要组成材料的性能必须符合设计要求和本规范规定。

检验方法：检查系统的形式检验报告和出厂合格证、材料检验报告、进场材料复验报告。

2 门窗洞口、阴阳角、勒脚、檐口、女儿墙、变形缝等保温构造，必须符合设计要求。

检验方法：观察检查和检查隐蔽工程验收记录。

3 系统的抗冲击性应符合本规范要求。

检验方法：按《外墙外保温工程技术规程》JGJ 144 附录 A.5 进行。

4 硬泡聚氨酯保温层厚度必须符合设计要求。

检验方法：

1）喷涂硬泡聚氨酯用钢针插入和测量检查。

2）硬泡聚氨酯保温板：检查产品合格证书、出厂检验报告、进场验收记录和复验报告。

5 硬泡聚氨酯板的粘结面积不得小于板材面积

的 40%。

检验方法：测量检查。

5.6.3 一般项目的验收应符合下列规定：

1 保温层的垂直度及尺寸允许偏差应符合现行国家标准《建筑装饰装修工程质量验收规范》GB 50210的规定。

2 抹面层和饰面层分项工程施工质量应符合现行国家标准《建筑装饰装修工程质量验收规范》GB 50210的规定。

5.6.4 外墙外保温工程竣工验收应提交下列文件：

1 外墙外保温系统的设计文件、图纸会审书、设计变更书和洽商记录单。

2 施工方案和施工工艺。

3 外墙外保温系统的形式检验报告及其主要组成材料的产品合格证、出厂检验报告、进场复检报告和现场验收记录。

4 施工技术交底材料。

5 施工工艺记录及施工质量检验记录。

6 隐蔽工程验收记录。

7 其他必须提供的资料。

5.6.5 硬泡聚氨酯外墙外保温工程主要材料复验项目应符合表 5.6.5 的规定。

表 5.6.5 硬泡聚氨酯外墙外保温工程主要材料复验项目

材料名称	复验项目
喷涂硬泡聚氨酯	密度、压缩性能、尺寸稳定性
硬泡聚氨酯板	密度、压缩性能、抗拉强度
界面砂浆、胶粘剂、抹面胶浆	原强度拉伸粘结强度、耐水拉伸粘结强度
耐碱玻纤网格布	耐碱拉伸断裂强力、耐碱拉伸断裂强力保留率
锚栓	单个锚栓抗拉承载力标准值

附录 A 硬泡聚氨酯不透水性试验方法

A.0.1 试验仪器

不透水仪主要由三个透水盘、液压系统、测试管路系统和夹紧装置等部分组成。透水盘底座内径为92mm，透水盘金属压盖上有 7 个均匀分布、直径为25mm 的透水孔。压力表测量范围为 0～0.6MPa，精确度等级 2.5 级。透水盘尺寸如图 A.0.1 所示：

A.0.2 试验条件

1 送至实验室的试样在试验前，应在温度 23℃±2℃、相对湿度 45%～55% 的环境中放置至少 48h，进行状态调节。

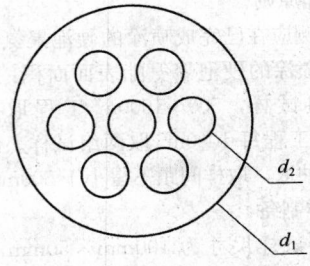

$d_1 = 150\text{mm}$ $d_2 = 25\text{mm}$

图 A.0.1 透水盘尺寸

2 试验所用的水应为蒸馏水或洁净的淡水（饮用水），试验水温：20℃±5℃。

A.0.3 试样制备

1 按直径 150mm、厚度 15mm±0.2mm 的尺寸加工试样，并要求试样平整无凹凸、无破损。每一样品准备 3 个试样。

2 在准备的试样上按图 A.0.3 中阴影部分，正反两面均匀涂刷高分子弹性防水涂料，在第一遍涂料实干后再涂第二遍涂料，涂层厚度达到 1mm 以上，待试样完全实干后备用。

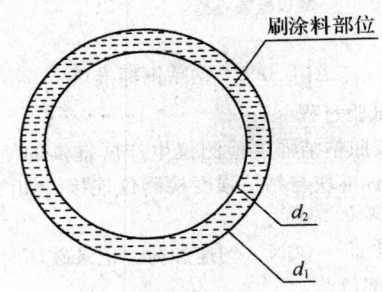

$d_1 = 150\text{mm}$ $d_2 = 92\text{mm}$

图 A.0.3 试样涂刷涂料位置

A.0.4 试验过程

把试样放置在不透水仪的圆盘上，拧紧上盖螺丝，使其达到既不破坏试样，又能密封不漏水，随后加水压至 0.2MPa，保持 30min 后，卸下试样观察，检查试样有无渗透现象。

A.0.5 试验结果

有一个试样渗水即判为不合格。

附录 B 喷涂硬泡聚氨酯拉伸粘结强度试验方法

B.0.1 试验仪器

粘结强度检测仪主要由传感器、穿心式千斤顶、读数表和活塞架组成，技术参数应符合国家现行标准《数显式粘接强度检测仪》JG 3056 的规定。

B.0.2 取样原则

现场检测应在已完成喷涂的硬泡聚氨酯表面上进行。按实际喷涂的硬泡聚氨酯表面面积：500m² 以下工程取一组试样，500～1000m² 工程取两组试样，1000m² 以上工程每 1000m² 取两组试样。试样应由检测人员随机抽取，取样间距不得小于 500mm。

B.0.3 试样制备

1 现场试样尺寸为 100mm×50mm，每组试样数量为 3 块。

2 表面处理：被测部位的硬泡聚氨酯表面应清除污渍并保持干燥。

3 切割试样：从硬泡聚氨酯表面向其内部切割 100mm×50mm 的矩形试样，切入深度为保温层厚度。

4 粘贴钢标准块：采用双组分粘结剂粘贴钢标准块。粘结剂的粘结强度应大于硬泡聚氨酯的拉伸粘结强度。钢标准块粘贴后应及时固定。如图 B.0.3 所示。

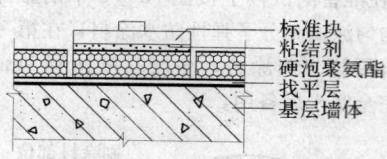

图 B.0.3　粘贴钢标准块

B.0.4 试验过程

1 按照粘结强度检测仪生产厂提供的使用说明书，将钢标准块与粘结强度检测仪连接。如图 B.0.4 所示。

2 以 25～30N/s 匀速加荷，记录破坏时的荷载值及破坏部位。

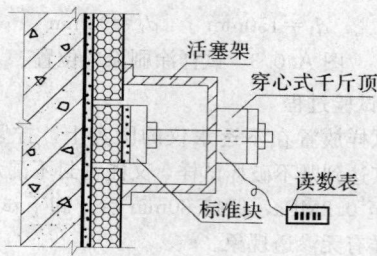

图 B.0.4　喷涂硬泡聚氨酯粘结强度现场检测

B.0.5 试验结果

1 拉伸粘结强度应按公式 B.0.5 计算，精确至 0.01MPa：

$$f = P/A \qquad (B.0.5)$$

式中　f——拉伸粘结强度（MPa）；

　　　P——破坏荷载（N）；

　　　A——试件面积（mm²）。

2 每组试样以算术平均值作为该组拉伸粘结强度的试验结果，并分别记录破坏部位。

附录 C　硬泡聚氨酯板垂直于板面方向的抗拉强度试验方法

C.0.1 试验仪器

1 试验机：选用示值为 1N、精度为 1% 的试验机，并以 250N/s±50N/s 速度对试样施加拉拔力，同时应使最大破坏荷载处于仪器量程的 20%～80% 范围内。

2 拉伸用刚性夹具：互相平行的一组附加装置，避免试验过程中拉力不均衡。

3 游标卡尺：精度为 0.1mm。

C.0.2 试样制备

1 试样尺寸为 100mm×100mm×板材厚度，每组试样数量为 5 块。

2 在硬泡聚氨酯保温板上切割试样，其基面应与受力方向垂直。切割时需离硬泡聚氨酯板边缘 15mm 以上，试样两个受检面的平行度和平整度，偏差不大于 0.5mm。

3 被测试样在试验环境下放置 6h 以上。

C.0.3 试验过程

1 用合适的胶粘剂将试样分别粘贴在拉伸用刚性夹具上。如图 C.0.3 所示。

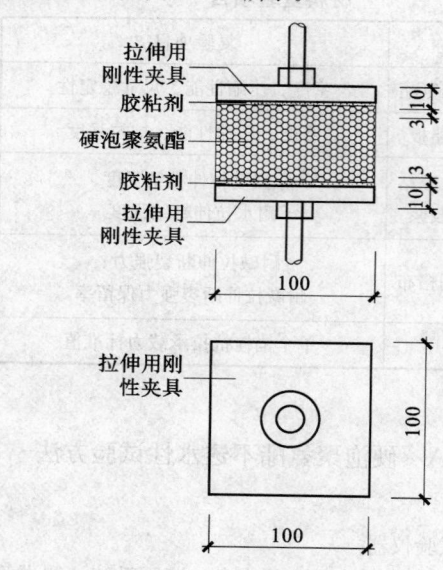

图 C.0.3　硬泡聚氨酯板垂直于板面方向的抗拉强度试验试样尺寸（mm）

胶粘剂应符合下列要求：

1）胶粘剂对硬泡聚氨酯表面既不增强也不损害；

2）避免使用损害硬泡聚氨酯的强力胶粘剂；

3）胶粘剂中如含有溶剂，必须与硬泡聚氨酯材性相容。

2 试样装入拉力试验机上，以 5mm/min±1mm/min 的恒定速度加荷，直至试样破坏。最大拉力以 N 表示。

C.0.4 试验结果

1 记录试样的破坏部位；

2 垂直于板面方向的抗拉强度 σ_{mt} 应按公式 C.0.4 计算，并以 5 个测试值的算术平均值表示，精确至 0.01MPa。

$$\sigma_{mt}=F_m/A \qquad (C.0.4)$$

式中 σ_{mt}——抗拉强度（MPa）；

　　　F_m——破坏荷载（N）；

　　　A——试样面积（mm²）。

3 破坏部位如位于粘结层中，则该试样测试数据无效。

附录 D　胶粘剂（抹面胶浆）拉伸粘结强度试验方法

D.0.1 试验仪器

1 试验机：选用示值为 1N，精度为 1％的试验机，并以 5mm/min±1mm/min 速度对试样施加拉拔力，同时应使最大破坏荷载处于仪器量程的 20％～80％范围内。

2 冷冻箱：装有试样后能使箱内温度保持在 −20～−15℃,控制精度±3℃。

3 融解水槽：装有试样后能使水温保持在 15～20℃，控制精度±3℃。

D.0.2 试验条件

1 试样养护和状态调节的环境条件温度应为 10～25℃，相对湿度不应低于 50％。

2 所有试验材料（胶粘剂、抹面胶浆等）试验前应在D.0.2条第 1 款环境条件下放置至少 24h。

D.0.3 试样制备

1 水泥砂浆试块由普通硅酸盐水泥与中砂按 1：2.5（重量比），水灰比 0.5 制作而成，养护 28d 后备用。每组试样数量为 6 块，按图 D.0.3-1 和 D.0.3-2 所示制备，并分别由 12 块水泥砂浆试块两两相对粘结而成。

2 胶粘剂与水泥砂浆粘结的试样制备方法如下：按产品说明书制备胶粘剂并将其涂抹在水泥砂浆试块上，按图 D.0.3-1 粘结试样，粘结层的厚度•为 3mm，面积为 40mm×40mm，粘结后的试样按 D.0.2条第 1 款的要求养护 14d。试样数量为 2 组，分别测试拉伸粘结强度的原强度和耐水后的强度。

3 胶粘剂与硬泡聚氨酯粘结的试样制备方法如下：按产品说明书制备胶粘剂并将其涂抹在硬泡聚氨酯板上，按图 D.0.3-2 粘结试样，硬泡聚氨酯保温板的厚度为工程设计厚度，面积为 40mm×40mm，

粘结层的厚度为 3mm。粘结时应在两块水泥砂浆试块上画对角线，并将保温板的四角与之对齐，以保证试样粘结准确受力均匀。粘结后的试样按 D.0.2条第 1 款的要求养护 14d。试样数量为 2 组，分别测试拉伸粘结强度的原强度和耐水后的强度。

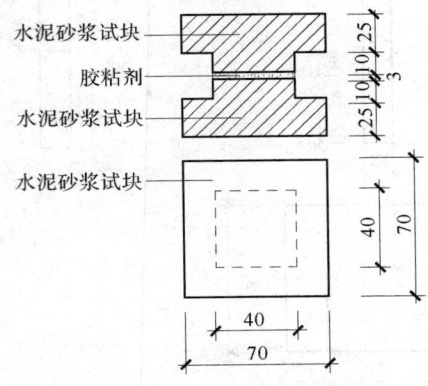

图 D.0.3-1　胶粘剂与水泥砂浆拉伸粘结
强度试验试样尺寸（mm）

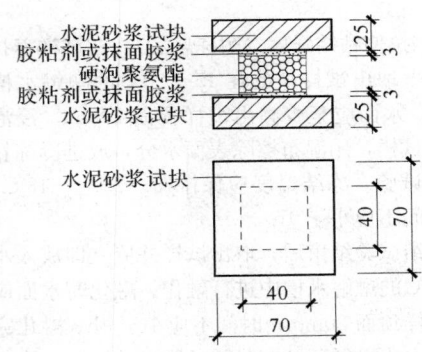

图 D.0.3-2　胶粘剂、抹面胶浆与硬泡聚氨酯
拉伸粘结强度试验试样尺寸（mm）

4 抹面胶浆与硬泡聚氨酯粘结的试样制备方法如下：按照 D.0.3条第 3 款制作试样并养护。试样数量为 3 组，分别测试拉伸粘结强度的原强度、耐水后的强度和耐冻融后的强度。

D.0.4 试验过程

1 拉伸粘结强度（原强度）。试样养护期满后，进行拉伸粘结强度（原强度）试验。试验时采用上下两套抗拉用钢制夹具，其尺寸如图 D.0.4所示。将试样放入抗拉用钢制夹具中，以 5mm/min±1mm/min 的速度拉伸至破坏。同时记录每个试样的测试值及破坏部位，并取 4 个中间值计算其算术平均值。

2 拉伸粘结强度（耐水后）。试样养护期满后，放在15～20℃水中浸泡 48h，水面应至少高出试样顶面 20mm。试样取出后在 D.0.2条第 1 款环境的条件下放置 2h，并按 D.0.4条第 1 款的方法进行试验。

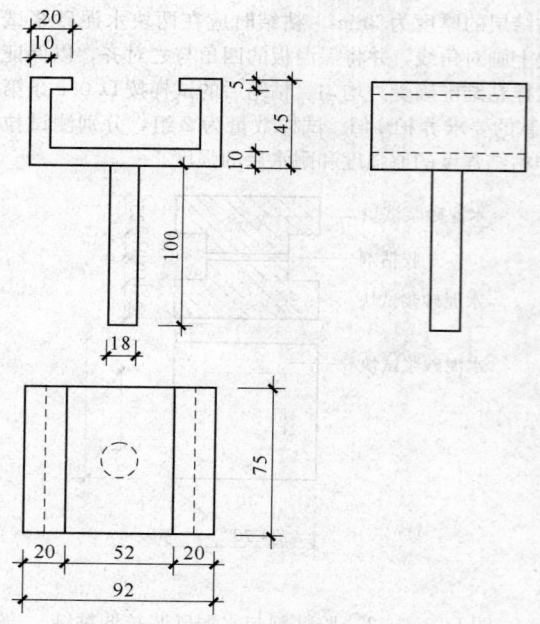

图 D.0.4　拉伸粘结强度试验用钢制夹具（mm）

3 拉伸粘结强度（耐冻融后）。在试样养护期满前的 48h 取出试样，放在 15～20℃ 的融解水槽中浸泡 48h，水面应至少高出试样顶面 20mm。浸泡完毕后取出试样，用湿布擦除表面水分，放进冷冻箱中开始冻融试验。冻结温度应保持在 −20～−15℃ 之间，冻结时间不应小于 4h。

冻结试验结束后，取出试样并应立即放入水温为 15～20℃ 的融解水槽中进行融化。融化时水面应至少高出试样顶面 20mm，时间不应小于 4h。融化完毕后即为该次冻融循环结束，随后取出试样送入冷冻箱进行下一次循环试验。

试样经 25 次循环后，耐冻融试验结束，然后将试样在 D.0.2 条第 1 款的环境条件下放置 2h，并按 D.0.4 条第 1 款的方法进行试验。

附录 E　耐碱玻纤网格布耐碱拉伸断裂强力试验方法

E.0.1　试验仪器

拉伸试验机：选用示值为 1N，精度为 1% 的试验机，并以 100mm/min±5mm/min 速度对试样施加拉力。

E.0.2　试样制备

1　试样尺寸为 300mm×50mm。

2　试样数量：经向、纬向各 20 片。

E.0.3　试验过程

1　标准试验方法

1）首先对 10 片经向试样和 10 片纬向试样测定初始拉伸断裂强力，其余试样放入 23℃ ±2℃、4L 浓度为 5% 的 NaOH 水溶液中浸泡。

2）浸泡 28d 后，取出试样，放入水中漂洗 5min，接着用流动水冲洗 5min，然后在 60℃±5℃ 烘箱中烘 1h 后取出，在 10～25℃ 环境条件下至少放置 24h 后，测定耐碱拉伸断裂强力，并计算耐碱拉伸断裂强力保留率。

试验时，拉伸试验机夹具应夹住试样整个宽度，卡头间距为 200mm。以 100mm/min± 5mm/min 的速度拉伸至断裂，并记录断裂时的拉力。试样在卡头中有移动或在卡头处断裂，其试验数据无效。

2　快速试验方法

1）混合碱溶液配比（pH 值为 12.5）。使用 0.88gNaOH，3.45g KOH，0.48gCa（OH）$_2$，1L 蒸馏水。

2）试样在 80℃ 的混合碱溶液中浸泡 6h，其他步骤同 E.0.3 条第 1 款。

E.0.4　试验结果

耐碱拉伸断裂强力保留率应按公式 E.0.4 进行计算：

$$B=(F_1/F_0)\times100\% \qquad (E.0.4)$$

式中　B——耐碱拉伸断裂强力保留率（%）；
　　　F_1——耐碱拉伸断裂强力（N/50mm）；
　　　F_0——初始拉伸断裂强力（N/50mm）。

试验结果分别以经向和纬向各 5 个试样测试值的算术平均值表示。

本规范用词说明

1　为便于在执行本规范条文时区别对待，对要求严格程度不同的用词说明如下：

1）表示很严格，非这样做不可的用词：
正面词采用"必须"，反面词采用"严禁"。

2）表示严格，在正常情况下均应这样做的用词：
正面词采用"应"，反面词采用"不应"或"不得"。

3）表示允许稍有选择，在条件许可时首先应这样做的用词：
正面词采用"宜"，反面词采用"不宜"；

表示有选择，在一定条件下可以这样做的用词，采用"可"。

2　本规范中指明应按其他有关标准、规范执行的写法为"应符合……的规定"或"应按……执行"。

中华人民共和国国家标准

硬泡聚氨酯保温防水工程技术规范

GB 50404—2007

条　文　说　明

目　　次

1 总 则

1.0.1 建筑节能是我国经济与社会发展和建筑业的一项重要政策，房屋建筑的保温与防水同是保障房屋使用功能的两大要素。硬泡聚氨酯的主体是保温材料，因其具有一定的防水功能，可以单独使用或与防水材料复合使用，发挥保温及防水一体化作用。为了将这种新材料、新技术在屋面和墙面工程中推广应用，确保其功能和质量，提高我国房屋建筑的节能技术水平，制定本规范是十分必要的，这也就是制定本规范的目的。

1.0.2 硬泡聚氨酯在新建和既有房屋修缮改造工程的屋面和墙面上应用已积累许多成功经验，其中采用喷涂工艺的硬泡聚氨酯保温防水效果显著。本规范在上述工程中的适用范围为：

1 喷涂硬泡聚氨酯，适用于各种基层形状及材质的屋面和外墙的保温及防水。

2 硬泡聚氨酯板材，适用于建筑屋面、外墙的保温。

本规范不包括屋面工程采用硬泡聚氨酯板材作保温层。当需采用时，应执行现行国家标准《屋面工程技术规范》GB 50345 第 9 章保温隔热屋面有关采用板状保温材料的规定。

3 基 本 规 定

3.0.1 硬泡聚氨酯按成型工艺分为以下两种材料或产品，其应用特点是：

1 喷涂硬泡聚氨酯：一项保温防水工程的施工工艺，使用专用无气高压喷涂设备，按材料配合比、设计要求的厚度，在施工作业面上、细部构造等部位，连续地分多遍喷涂发泡聚氨酯，在基面上形成一层无接缝的壳体，即聚氨酯硬泡体。

2 硬泡聚氨酯板：使用板材具有铺设便利、快捷、工效高等优点。用于墙面时，除应使用胶粘剂粘贴外，还需在设计规定的部位采用锚栓固定，并采取防止抹面层出现裂缝等措施。

3.0.2 喷涂硬泡聚氨酯按其材料的物理性能分为 3 种类型，可分别用于屋面和墙面。

Ⅰ型：这种材料具有优异的保温性能，可用于屋面和外墙作保温层。

Ⅱ型：这种材料除具有优异的保温性能外，还具有一定的防水功能，与抗裂聚合物水泥砂浆复合使用，构成复合保温防水层，用于屋面保温防水工程。

Ⅲ型：这种材料除具有优异保温性能外，还具有较好的防水性能，是一种保温防水功能一体化的材料，主要用于屋面，既作保温层，又可作防水层。

硬泡聚氨酯板材可用作屋面和外墙的保温层。因

硬泡聚氨酯板作屋面保温层在《屋面工程技术规范》GB 50345 中已列有相关内容，故本规范不再重复涉及。

3.0.3 屋面用喷涂硬泡聚氨酯按物理性能分为 3 种类型，性能不同，用途也不同。为做到选材正确，如只用作保温，应选 Ⅰ型硬泡聚氨酯；如还需用作屋面防水，则应选 Ⅱ型或Ⅲ型硬泡聚氨酯。安全可靠指墙体除硬泡聚氨酯之外，还有其他构造层次，硬泡聚氨酯与墙体的粘结非常重要，若不牢固，会发生质量或安全事故。

硬泡聚氨酯作保温防水和用其他保温材料、防水材料的构造做法差别较大，设计时应作经济比较。

3.0.4 屋面结构分为坡屋面和平屋面，坡屋面的望板（也称坡屋面板）有木板、混凝土板、金属板等；墙体结构有砖墙、砌块墙和挂板轻质墙等。由于结构不同，选择哪种硬泡聚氨酯的构造设计应经技术经济比较确定。

屋面和外墙采用硬泡聚氨酯保温防水应根据工程特点、地区自然条件等情况，首先进行构造层次设计。即按照屋面保温、防水要求，确定保温、防水、保护的层次关系，进行构造层次设计。

3.0.6 表 3.0.6 列出喷涂硬泡聚氨酯屋面和外墙工程的构造层次，仅是一个示意性框架，便于明确屋面和外墙使用不同类型保温材料在设计构造层次中的关系，绘制详细的剖面图和细部构造图。

屋面采用 Ⅰ型材料的构造层次，与通常采用的正置式屋面一致，其防水层上采用何种保护层，应按《屋面工程技术规范》GB 50345 执行。

屋面采用 Ⅱ型材料与抗裂聚合物水泥砂浆构成的复合保温防水层，因两者粘结性良好，以及表层具有防水、抗裂、耐穿刺、耐老化性能和不需设置分隔缝等优点，可同时发挥防水层和保护层的作用，因而不需在其上再做保护层。

屋面采用Ⅲ型材料喷涂形成的硬泡聚氨酯保温防水层，不得直接暴露，表面必须设置耐紫外线的防护层。因硬泡聚氨酯的弱点是不耐紫外线，在阳光长期照射下易老化，出现粉化现象，影响使用寿命。

3.0.7 根据建设部［1991］837 号文《关于提高防水工程质量的若干规定》要求，防水工程施工前应通过对图纸的会审，掌握施工图中的细部构造及质量要求。这样做一方面是对设计进行把关，另一方面能使施工单位切实掌握保温防水设计的要求，制定确保保温防水工程质量的施工方案或技术措施。

3.0.8 本条文强调在喷涂硬泡聚氨酯施工前应按作业程序做好各项准备工作，以保证施工质量。

3.0.9 喷涂硬泡聚氨酯的施工环境温度过低和空气相对湿度过大均会影响发泡反应，尤其是气温过低时不易发泡，且延长固化时间。喷涂时风速过大则不易操作，泡沫四处飞扬，难以形成均匀壳体，故对施工时

的风速也作出规定。风速大于3级时应采取挡风措施。

3.0.10 由于喷涂聚氨酯施工受气候条件影响较大，若操作不慎会引起材料飞散，污染环境。由于聚氨酯的粘结性很强，粘污物很难清除，故在屋面或外墙喷涂施工时应对作业面外易受飞散物污染的部位，如屋面边缘、屋面上的设备及外墙门窗洞口等采取遮挡措施。

3.0.11 保温及防水工程的施工都由多道工序组成，各道工序之间常因上道工序存在的问题未解决，而被下道工序所覆盖，给工程留下质量隐患。因此，在保温及防水工程施工中，必须按层次、工序进行过程控制和质量检查，明确操作人员和检查人员的责任，不允许在全部工程完工后才进行一次性的检查与验收。

3.0.12 为保证硬泡聚氨酯保温及防水工程的质量，保温防水工程施工的操作人员，应经专业培训并持有由当地建设行政主管部门颁发的上岗证才能进行施工。喷涂硬泡聚氨酯的操作手对保证喷涂工艺质量发挥关键性作用，但这一工作还未纳入劳动行政主管部门制定的工种系列之中，因此当前应由取得保温防腐类专业资质证书的企业对这类人员开展培训，合格后才准上岗。

3.0.13 屋面、外墙工程采用的保温、防水材料，除有产品出厂质量证明文件外，还应在材料进场后由施工单位按规定进行抽样复验，并提出试验报告。抽样数量、检验项目和检验方法，应符合国家产品标准和本规范的有关规定。

3.0.14 本条文是3.0.11条的延续。根据《建筑工程施工质量验收统一标准》GB 50300规定，屋面和墙体子分部工程施工应按分项工程的工序由监理或建设单位检查验收。

成品保护是一项十分重要的环节，成品如遭损坏，会造成保温层保温效果降低，防水层达不到防水要求以及出现渗漏水等现象。

4 硬泡聚氨酯屋面保温防水工程

4.1 一般规定

4.1.2 本条文强调在屋面保温防水层施工前，应将伸出屋面的管道、设备、基座或预埋件等安装牢固和做好防水密封处理的重要性。如完工后又在其上凿孔、打洞，势必会损坏已做好的保温防水层，从而导致屋面渗漏和降低保温功能等。

4.1.3 Ⅰ型硬泡聚氨酯保温层必须另做防水层。屋面防水等级为Ⅰ级或Ⅱ级的屋面采用多道防水设防时，其防水层应选用冷施工。严禁在硬泡聚氨酯表面直接用明火热熔、热粘防水卷材或刮涂温度高于100℃的热熔型防水涂料做防水层，以免烫坏硬泡聚氨酯。

4.1.4 在硬泡聚氨酯表面涂刷界面剂、刮抹抗裂聚合物水泥砂浆复合层、涂刷防护涂料或做其他防水层时，为使这些材料与硬泡聚氨酯粘结紧密，相邻材料之间应具有相容性。不得使用能溶解、腐蚀或与硬泡聚氨酯发生化学反应的材料。

4.1.5 硬泡聚氨酯耐紫外线差，见光易粉化，粉化后各项物理性能指标降低，也不利于粘结，因此规定硬泡聚氨酯不得长期裸露。

4.2 材料要求

4.2.1 喷涂的硬泡聚氨酯，按性能指标及使用部位分为3种类型。其检测项目和性能指标是参照国际标准、国家标准、行业标准以及国内多年工程实践经验与产品实测数据制定的。

4.2.2 为确保抗裂聚合物水泥砂浆的质量，对其原材料分别规定了质量要求。

4.2.3 抗裂聚合物水泥砂浆的物理性能指标是根据行业标准制定的。

4.2.4 硬泡聚氨酯的原材料是化工产品，在施工喷涂前必须密封包装，严禁烟火，并不得与水、强氧化剂等化学品或热源接触，否则会影响材料质量甚至会引发安全事故。

4.2.5 喷涂硬泡聚氨酯的原材料为双组分桶装，配套材料应根据工程设计要求调配，进场的各种原材料应加标志分类存放，严格规范管理，防止混杂使用，以免影响工程质量。

4.3 设计要点

4.3.1 随着国家建筑节能政策分阶段实施，民用建筑节能要求将从50%提高到65%，故保温层的厚度应根据所在地区按现行建筑节能设计标准计算确定。

4.3.3 本条文内容引用了《屋面工程技术规范》GB 50345的有关规定。

4.3.4 单向坡长是指分水线至檐沟或天沟的距离。距离越长则找坡层越厚，屋面板负荷越大。为了不使屋面板负荷太大，根据单向坡的长短，可选用不同的找坡材料和措施。如单向坡长为3m左右，可用水泥砂浆找坡；单向坡长为5m左右，可用细石混凝土找坡；单向坡长为9m，可用轻质材料找坡；单向坡长大于9m，则不论使用什么材料，找坡都不合适，不仅加大屋面荷载，而且耗用大量找坡材料，不经济。因此大于9m的单向坡，采用抬高室内柱头高度的措施，即结构找坡最为合理。

4.3.5 现浇钢筋混凝土屋面板基本平整，一般可不抹灰找平，但遇有严重不平的表面应抹砂浆找平。

采用Ⅰ型硬泡聚氨酯保温层，为防止砂浆找平层裂缝拉坏硬泡聚氨酯，除砂浆宜掺加增强纤维外，找平层应设分隔缝。

4.3.7 抗裂聚合物水泥砂浆主要起抗裂防护和抗冲击作用。砂浆层太薄不能满足防护和抗冲击要求，过厚则易开裂起不到防水作用。经过多年实践，非上人屋面的保护层采用抗裂聚合物水泥砂浆较为适宜，与硬泡聚氨酯的粘结性好，并具有抗裂、耐穿刺、抗冻融性好、不需设分隔缝等优点。当屋面做复合保温防水层时，硬泡聚氨酯上面所作的抗裂聚合物水泥砂浆层可同时发挥防水和保护的作用。

Ⅲ型硬泡聚氨酯用于非上人屋面保温防水层时，必须做防紫外线处理。

4.3.8 硬泡聚氨酯保护层，因采用 40mm 厚的细石混凝土收缩力较大，分隔缝间距宜为 6m。硬泡聚氨酯表面凹凸不平，由于细石混凝土与硬泡聚氨酯的膨胀、收缩应力不同，为此应在细石混凝土和硬泡聚氨酯之间铺设一层隔离材料。

4.4 细部构造

4.4.1～4.4.7 在屋面工程中，处理好檐沟、泛水、水落口、变形缝、伸出屋面管道等部位的保温防水，对保证屋面保温防水工程的质量至关重要。对这些部位的细部构造，本规范提出了具体要求。

4.5 工程施工

4.5.1 屋面基层要求

1 喷涂硬泡聚氨酯施工的基层表面要求平整，是为了保证喷涂硬泡聚氨酯保温防水层表面达到要求的平整度。由于硬泡聚氨酯从原材料到喷涂成型，体积变化约 20 倍，基面不平整很难做到硬泡聚氨酯保温防水层表面平整。

2 硬泡聚氨酯对沥青类和高分子类防水卷材与防水涂料都有良好的粘结力。旧防水层只需清除起鼓、疏松部分，与基层结合牢固的部位可直接在其表面喷涂硬泡聚氨酯。这对旧屋面的修缮十分方便，且可减少垃圾清运量。

3 此款是为保证施工基面的质量。

4 屋面与山墙、女儿墙、天沟、檐沟及凸出屋面结构的连接处容易产生开裂、渗漏等质量问题，因此必须严格按设计要求施工。

4.5.2 喷涂硬泡聚氨酯屋面施工要求

1 喷涂设备影响工程质量，因此必须使用专用喷涂设备。

3 喷涂时喷枪与施工基面保持一定距离，是为了控制硬泡聚氨酯厚度均匀又不至于使材料飞散。

4 喷涂硬泡聚氨酯施工应多遍喷涂完成，一是为了能及时控制、调整喷涂层的厚度，减少收缩影响；二是可以增加结皮层，提高防水效果。

5 一般情况聚氨酯发泡、稳定及固化时间约需 15min，故规定施工后 20min 内不能上人，防止损坏保温层。

4.5.3 抗裂聚合物水泥砂浆施工，如损坏已喷涂的硬泡聚氨酯结皮层，会影响防水效果。配制抗裂聚合物

水泥砂浆时，应按配合比要求，准确计量乳液（也可采用可分散聚合物粉末）、水泥、细骨料、助剂及增强纤维等组分，搅拌均匀，才能保证砂浆质量。施工工具宜使用橡皮刮板，多遍抹刮，一为控制厚度，二为提高防水效果；为防止砂浆出现裂纹必须进行养护。

5 硬泡聚氨酯外墙外保温工程

5.1 一般规定

5.1.1 近几年随着建筑节能技术要求的逐步提高，一般的保温材料复合在建筑物外墙只有通过增加厚度才能达到不断提高的设计标准要求，而硬泡聚氨酯材料凭借自身高效保温的特点，在较小厚度的情况下就能达到很好的保温隔热效果，目前已成为外墙外保温工程的首选材料之一。为提高硬泡聚氨酯材料用于外墙外保温工程的质量，除应符合本规范本章的规定外，尚应符合《外墙外保温工程技术规程》JGJ 144 和《膨胀聚苯板薄抹灰外墙外保温系统》JG 149 的有关规定。

5.1.2 硬泡聚氨酯外墙外保温工程基本要求

6 由于硬泡聚氨酯材料的特性决定了其阻燃性能不佳，因此在作保温材料使用时，高层建筑必须采取妥善的防火构造措施，确保工程的安全性。

5.1.3 在高湿度和低温天气情况下，新抹面层表面看似硬化和干燥，但完全干燥需要几天时间。特别是在上冻温度，雨天、雪天或其他有害气候条件下，需要采取保护措施，使其充分养护。

5℃以下的温度会影响抹面层的养护。由于气候寒冷造成的影响短期内不易显现，但时间一长抹面层就会出现开裂、脱落，影响抹面层质量。

5.1.5 为保证节能工程质量，提高工程使用寿命，参照欧洲有关技术资料，要求保温工程的使用年限不少于 25 年是必要的。

5.2 材料要求

5.2.1 喷涂硬泡聚氨酯密度不小于 $35kg/m^3$，能满足外墙外保温工程对保温材料密度的要求。

外墙外保温工程对材料的耐火性能和拉伸粘结强度要求较高，因此，与屋面相比，增加了"氧指数"和"拉伸粘结强度"两项物理性能指标。

通过多厂家、多次提供多种型号材料试验数据统计，硬泡聚氨酯的导热系数大多在 $0.019～0.023W/(m·K)$ 之间，因此本规范规定导热系数性能指标不大于 $0.024W/(m·K)$。

5.2.3 本规范仅推荐了一种硬泡聚氨酯板材的规格尺寸，根据实际工程的不同，可使用多种规格尺寸的板材。一般说来，板的尺寸大，对墙体基层的要求就高；而尺寸小，拼缝多，且影响施工效率。因此采用

涂料作饰面层时，板材尺寸宜大不宜小；而采用面砖作饰面层时，板材尺寸宜小不宜大。

5.3 设计要点

5.3.1 外墙外保温工程，保温效果的好差与硬泡聚氨酯的厚度有直接关系，因此本规范要求根据节能设计标准中规定的外墙传热系数限值进行热工计算，确定保温层厚度。对其他影响因素，例如建筑物的朝向、体形系数、窗墙面积比、耗热量指标、外窗空气渗透性能等，国家相关标准已有明确要求，因此本规范不另作规定。

5.3.3 要求墙体基层外表面温度高于0℃，目的是保证墙体基层和胶粘剂不受冻融破坏。

相关资料表明，门窗框外侧洞口不做保温与做保温相比，墙体的平均传热系数增加最多可达70%以上。空调器托板、女儿墙以及阳台等热桥部位的传热损失也是相当大的。因此本规范对热桥部位的保温提出了要求。

5.3.5 抹面层分薄抹面层和厚抹面层两种，本规范仅对薄抹面层系统作出有关规定。抹面层主要起防水和抗冲击作用，同时又应具有较小的水蒸气渗透阻。抹面层过薄不能满足防水和抗冲击要求，因此本规范给出了适当的厚度。就防护性能而言，抹面层应具有一定的厚度，可对保温层起到保护作用。

5.3.6 密封和防水构造设计包括变形缝的构造设计及穿墙管线洞口的密封处理等。

对于水平或倾斜的挑出部位，例如窗台、女儿墙、阳台、雨篷等，这些部位有可能出现积水、积雪情况，其表面应做好防水处理，底面应做滴水线。

5.3.7 锚栓主要用于在不可预见的情况下，对确保采用硬泡聚氨酯板的外墙外保温系统的安全性起辅助作用。胶粘剂应承受系统的全部荷载，不能因使用锚栓就放松对粘结固定性能的要求。

5.4 细部构造

5.4.1～5.4.4 在硬泡聚氨酯外墙外保温工程中，勒脚、檐口、女儿墙、门窗洞口等部位的保温处理尤为重要，将直接影响到节能工程的保温效果，因此本规范对这些部位的细部构造提出了具体要求，详细做法见设计细部构造图。

5.5 工程施工

5.5.3 硬泡聚氨酯板材外保温工程施工

1 各种硬泡聚氨酯板产品都有其标准尺寸，为避免墙面随意划分，减少板材过多裁割而造成浪费，所以必须先绘制排板图，以此设计出最合理的板块布置，尽量减少异形块及现场切割数量。这样既能加快施工速度，又能节约板材用量。

3 将胶粘剂涂抹在硬泡聚氨酯板背面并与墙体基层进行粘结。为保证其粘结牢固，考虑到受风荷载作用、安全要求以及现场施工的不确定性，因此要求胶粘剂的粘结面积不得小于硬泡聚氨酯板材面积的40%。

5.6 质量验收

5.6.2 主控项目的验收

4 喷涂硬泡聚氨酯保温层的厚度较难掌握，验收时要多处多点采用插针法检查，以此控制其厚度，保证符合设计要求。

5.6.3 由于抹面层和饰面层厚度很薄，只有当保温层尺寸偏差符合《建筑装饰装修工程质量验收规范》GB 50210 规定时，才能保障抹面层和饰面层尺寸偏差符合规定。而保温层的尺寸偏差又与墙体基层有关，本规范第 5.5.1 条第 1 款已规定，外保温工程施工应在墙体基层施工质量验收合格后进行。

5.6.5 因喷涂硬泡聚氨酯无出厂检验报告，而硬泡聚氨酯保温材料的质量与表中所列各复检项目密切相关，并相互制约，因此要求对表中所列各项材料进行检测，才能有效控制硬泡聚氨酯外墙外保温工程主要材料的质量。

中华人民共和国行业标准

喷涂聚脲防水工程技术规程

Technical specification for spray polyurea waterproofing

JGJ/T 200—2010

批准部门：中华人民共和国住房和城乡建设部
施行日期：2010年10月1日

中华人民共和国住房和城乡建设部
公　告

第 505 号

关于发布行业标准
《喷涂聚脲防水工程技术规程》的公告

现批准《喷涂聚脲防水工程技术规程》为行业标准，编号为 JGJ/T 200－2010，自 2010 年 10 月 1 日起实施。

本规程由我部标准定额研究所组织中国建筑工业出版社出版发行。

中华人民共和国住房和城乡建设部

2010 年 2 月 10 日

前　言

根据住房和城乡建设部《关于印发〈2008 年工程建设标准规范制订、修订计划（第一批）〉的通知》（建标〔2008〕102 号）的要求，规程编制组经广泛调查研究，认真总结实践经验，参考有关国际标准和国外先进标准，并在广泛征求意见的基础上，制定了本规程。

本规程的主要技术内容是：1　总则；2　术语；3　基本规定；4　材料；5　设计；6　施工；7　验收；8　安全和环境保护；9　喷涂聚脲涂层的正拉粘结强度、厚度等的现场检测方法。

本规程由住房和城乡建设部负责管理，由中国建筑科学研究院负责具体技术内容的解释。执行过程中如有意见或建议，请寄送中国建筑科学研究院（地址：北京市北三环东路 30 号，邮编：100013，E-mail：standards@cabr.com.cn）。

本 规 程 主 编 单 位：中国建筑科学研究院
　　　　　　　　　　　浙江昆仑建设集团股份有限公司

本 规 程 参 编 单 位：中国化学建筑材料公司苏州防水材料研究设计所
　　　　　　　　　　　中国铁道科学研究院
　　　　　　　　　　　中国水利水电科学研究院
　　　　　　　　　　　青岛理工大学
　　　　　　　　　　　中国建筑材料检验认证中心
　　　　　　　　　　　江苏省产品质量监督检验研究院
　　　　　　　　　　　苏州非金属矿工业设计研究院
　　　　　　　　　　　青岛佳联化工新材料有限公司
　　　　　　　　　　　北京东方雨虹防水技术股份有限公司
　　　　　　　　　　　北京建工华创科技发展股份有限公司
　　　　　　　　　　　北京市大禹王防水工程集团有限公司
　　　　　　　　　　　拜耳材料科技贸易（上海）有限公司
　　　　　　　　　　　北京森聚柯高分子材料有限公司
　　　　　　　　　　　大连细扬防水工程集团有限公司
　　　　　　　　　　　廊坊凯博建设机械科技有限公司

本 规 程 参 加 单 位：中冶集团建筑研究总院
　　　　　　　　　　　上海大聚建筑工程有限公司
　　　　　　　　　　　上海顺缔聚氨酯有限公司
　　　　　　　　　　　厦门市富晟防水保温技术开发有限公司
　　　　　　　　　　　无锡朗科科技有限公司

本规程主要起草人员：张　勇　叶哲华　张仁瑜
　　　　　　　　　　　朱志远　黄微波　陈酉昌

孙志恒　乔亚玲　徐文君
王宝柱　田凤兰　史立彤
周华林　沈春林　马　林
庞永东　余建平　樊细杨

张声军　张孟霞
本规程主要审查人员：李承刚　朱冬青　盛黎明
　　　　　　　　　　朱祖熹　吴　明　郭　青
　　　　　　　　　　岳跃真　曹征富　郭德友

目　　次

Contents

1 总 则

1.0.1 为规范喷涂聚脲防水工程的设计、施工和质量验收，做到技术先进、经济合理、安全适用，保证工程质量，制定本规程。

1.0.2 本规程适用于混凝土和砂浆表面喷涂聚脲防水工程的材料选择、设计、施工及验收。

1.0.3 本规程规定了喷涂聚脲防水工程的基本技术要求。当本规程与国家法律、行政法规的规定相抵触时，应按国家法律、行政法规的规定执行。

1.0.4 喷涂聚脲防水工程的材料选择、设计、施工及验收，除应符合本规程外，尚应符合国家现行有关标准的规定。

2 术 语

2.0.1 喷涂聚脲涂层 spray polyurea membrane

由异氰酸酯组分（A 料）与端氨基化合物组分（B 料）通过专用喷涂设备快速混合反应形成的弹性涂层。

2.0.2 基层 substrate

对喷涂聚脲涂层起支撑作用的混凝土或砂浆层。

2.0.3 底涂料 primer

在喷涂作业前预先涂覆在基层上，用于增强聚脲涂层与基层之间的粘结力和封闭基层缺陷、阻隔水汽的材料。

2.0.4 涂层修补材料 repairing material for membrane

用于手工修补聚脲涂层质量缺陷的材料。

2.0.5 层间处理剂 lapping adhesive

涂覆在已固化聚脲涂层表面，用于增加两道喷涂聚脲涂层之间粘结强度的材料。

2.0.6 隔离材料 masking tape

用于防止聚脲涂层与基层相粘连而预铺在基层表面的材料。

2.0.7 加强层 reinforcement layer

在大面积喷涂聚脲涂层之前施作在阴角、阳角、接缝等细部构造部位的涂层。

3 基 本 规 定

3.0.1 采用喷涂聚脲涂层作为一道防水构造时，工程的防水等级与设防要求应满足现行国家标准《地下工程防水技术规范》GB 50108、《屋面工程技术规范》GB 50345 的有关规定。

3.0.2 喷涂聚脲防水工程的基层应充分养护、硬化，并应做到表面坚固、密实、平整和干燥。基层表面正拉粘结强度不宜小于 2.0MPa。

3.0.3 喷涂聚脲防水工程应根据工程使用环境及喷涂聚脲涂层的耐候性，选择合适的保护措施。

3.0.4 喷涂聚脲防水工程采用的材料应有产品合格证和性能检测报告，材料的品种、规格、性能等应符合本规程的规定和设计要求。材料进场后，应进行抽样复验，合格后方可使用。严禁在工程中使用不合格的材料。

3.0.5 喷涂聚脲防水工程所采用的材料之间应具有相容性。

3.0.6 喷涂聚脲防水工程应由相应资质的专业队伍进行施工，操作人员应持证上岗。

3.0.7 喷涂聚脲防水工程施工前应通过图纸会审，施工单位应掌握工程主体及细部构造的防水技术要求，并应编制施工方案。

3.0.8 喷涂聚脲作业应在环境温度大于 5℃、相对湿度小于 85％，且基层表面温度比露点温度至少高 3℃的条件下进行。在四级风及以上的露天环境条件下，不宜实施喷涂作业。严禁在雨天、雪天实施露天喷涂作业。

3.0.9 伸出基层的管道、设备基座、设施或预埋件等，应在喷涂聚脲施工前安装完毕，并应作好细部处理。

3.0.10 喷涂作业前，应根据使用的材料和作业环境条件制定施工参数和预调方案；作业过程中，应进行过程控制和质量检验，并应有完整的施工工艺记录。

3.0.11 喷涂作业现场应按本规程附录 A 的规定作好操作人员的安全防护，并应采取必要的环境保护措施。

3.0.12 喷涂聚脲防水工程施工应在每道工序完成并经检查合格后，方可进行下道工序的施工，并应采取成品保护措施。

3.0.13 喷涂作业完工后，不得直接在涂层上凿孔、打洞或重物撞击。严禁直接在喷涂聚脲涂层表面进行明火烘烤、热熔沥青材料等施工。

4 材 料

4.0.1 喷涂聚脲防水涂料应符合现行国家标准《喷涂聚脲防水涂料》GB/T 23446 的规定。

4.0.2 喷涂聚脲防水涂料、底涂料、涂层修补材料和层间处理剂应进行进场检验，并应符合下列规定：

　　1 喷涂聚脲防水涂料进场检验项目、性能要求和试验方法应符合表 4.0.2-1 的规定；

　　2 底涂料进场检验项目、性能要求和试验方法应符合表 4.0.2-2 的规定；

表 4.0.2-1 喷涂聚脲防水涂料进场检验项目、性能要求和试验方法

检验项目	性能要求		试验方法
	Ⅰ型	Ⅱ型	
固含量（%）	≥96	≥98	现行国家标准《喷涂聚脲防水涂料》GB/T 23446
表干时间（s）	≤120		
拉伸强度（MPa）	≥10	≥16	
断裂伸长率（%）	≥300	≥450	
粘结强度（MPa）	≥2.5		
撕裂强度（N/mm）	≥40	≥50	
低温弯折性（℃）	≤−35，无破坏	≤−40，无破坏	
硬度（邵 A）	≥70	≥80	
不透水性（0.4MPa×2h）	不透水		

表 4.0.2-2 底涂料进场检验项目、性能要求和试验方法

检验项目	性能要求	试验方法
表干时间（h）	≤6	现行国家标准《喷涂聚脲防水涂料》GB/T 23446
粘结强度（MPa）	≥2.5	

注：粘结强度是指将底涂料涂刷在基层表面、干燥并喷涂聚脲防水涂料后，测得的涂层粘结强度。

3 涂层修补材料进场检验项目、性能要求和试验方法应符合表 4.0.2-3 的规定；

表 4.0.2-3 涂层修补材料进场检验项目、性能要求和试验方法

检验项目	性能要求	试验方法
表干时间（h）	≤2	现行国家标准《建筑防水涂料试验方法》GB/T 16777
拉伸强度（MPa）	≥10	
断裂伸长率（%）	≥300	
粘结强度（MPa）	≥2.0	

4 层间处理剂进场检验项目、性能要求和试验方法应符合表 4.0.2-4 的规定。

表 4.0.2-4 层间处理剂进场检验项目、性能要求和试验方法

项 目	性能要求	试验方法
表干时间（h）	≤2	现行国家标准《建筑防水涂料试验方法》GB/T 16777
粘结强度（MPa）	≥2.5 且涂层无分层	

注：粘结强度指将已喷涂聚脲涂层的样块在现行国家标准《喷涂聚脲防水涂料》GB/T 23446 规定的条件下养护 7d 后，再在涂层表面涂刷层间处理剂并干燥后，立即再次喷涂聚脲防水涂料，并按规定条件养护后测得的涂层粘结强度。

4.0.3 喷涂聚脲防水涂料、底涂料、涂层修补材料及层间处理剂的进场抽检和复验应符合下列规定：

1 同一类型的喷涂聚脲防水涂料应按每 15t 为一批，不足 15t 的应按一批计；同一规格、品种的底涂料、涂层修补材料及层间处理剂，应按每 1t 为一批，不足 1t 者应按一批计。

2 每一批产品的抽样应符合现行国家标准《色漆、清漆和色漆与清漆用原材料 取样》GB/T 3186 的规定。喷涂聚脲防水涂料应按配比总共抽取 40kg 样品，底涂料、涂层修补材料及层间处理剂等应按配比总共取 2kg 样品。抽取的样品应分为两组，并应装入不与材料发生反应的干燥密闭容器中，密封储存。

3 材料进场检验项目的检验结果应符合本规程第 4.0.2 条的规定。当某材料中有一项指标达不到要求时，可在受检样品中加倍取样进行复检。复检结果合格的，可判定该批产品为合格产品，否则，应判定该批产品为不合格产品。

4.0.4 喷涂聚脲防水涂料、底涂料、涂层修补材料及层间处理剂进场后，应标识明晰，按种类、批次分开储存，并应符合下列规定：

1 储存容器表面应标明材料名称、生产厂名、重量、生产日期和产品有效期；

2 应放置阴凉干燥处，并应远离火源，防止日晒、受冻、污染。

5 设 计

5.1 一 般 规 定

5.1.1 喷涂聚脲防水工程的设计宜包括下列内容：

1 工程的防水设防等级和设防要求；

2 喷涂聚脲防水涂料、底涂料、涂层修补材料及层间处理剂的性能及应用要求；

3 细部构造的防水措施；

4 涂层的保护措施。

5.1.2 喷涂聚脲涂层的厚度应根据工程的防水等级、设防要求、使用条件等确定，且不宜小于 1.5mm。

5.1.3 喷涂聚脲涂层宜设置在防水工程结构的迎水面。

5.1.4 喷涂聚脲防水工程的基本构造层次应包括基层、底涂层和喷涂聚脲涂层（图 5.1.4）。找平（坡）层及保护层的设置应满足实际需要并应符合设计要求。

5.1.5 地下工程喷涂聚脲防水工程宜采取外防外涂的做法。

5.1.6 结构找平（坡）层应使用聚合物砂浆，且与基层之间的粘结强度不宜小于 2.0MPa。聚合物砂浆的性能应符合国家现行有关标准的规定。

5.1.7 结构的阴角、阳角及接缝等细部构造部位应

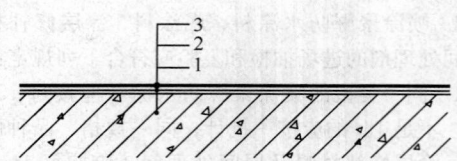

图 5.1.4　喷涂聚脲涂层的基本构造
1—基层；2—底涂层；3—喷涂聚脲涂层

设置加强层。加强层的材料可采用喷涂聚脲防水涂料或涂层修补材料，宽度不宜小于100mm，厚度不宜小于1.0mm。

5.1.8 喷涂聚脲防水工程细部构造的密封处理宜选用聚氨酯密封胶。

5.1.9 喷涂聚脲涂层的保护层可采用柔性耐老化有机涂层、水泥砂浆或细石混凝土。

5.1.10 水泥砂浆和细石混凝土保护层应符合下列规定：

　　1 水泥砂浆保护层的表面应抹平压光并宜留设分格缝，厚度不宜小于20mm；

　　2 细石混凝土保护层应密实、平整，厚度不宜小于50mm，并宜留设分格缝。

5.2　细　部　构　造

5.2.1 结构的阳角、阴角部位宜处理成圆弧状或135°折角，并应设置加强层（图5.2.1-1和图5.2.1-2）。

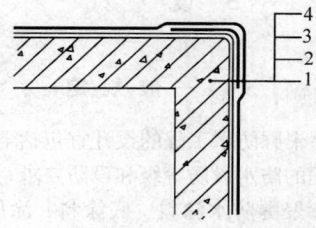

图 5.2.1-1　阳角处理
1—基层；2—底涂层；3—加强层；
4—喷涂聚脲涂层

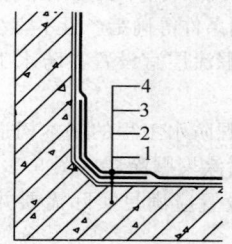

图 5.2.1-2　阴角处理
1—基层；2—底涂层；3—加强层；
4—喷涂聚脲涂层

5.2.2 喷涂聚脲涂层边缘应进行收头处理，并应符合下列规定：

　　1 对不承受流体冲刷、外力冲击的涂层，涂层边缘宜采取斜边逐步减薄处理，减薄长度不宜小于100mm（图5.2.2-1）；

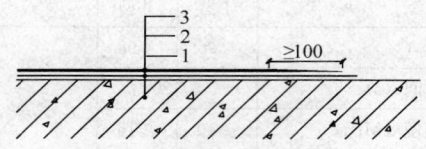

图 5.2.2-1　涂层边缘逐步减薄处理
1—基层；2—底涂层；3—喷涂聚脲涂层

　　2 对长期承受流体冲刷、外力冲击的涂层，涂层收边宜采取开槽或打磨成斜边并密封处理；

　　3 应采用切割方式开槽，开槽的深度宜为10mm～20mm，宽度宜为深度的1.0倍～1.2倍，槽中应至少分3遍喷涂聚脲防水涂料并嵌填密封材料（图5.2.2-2）；

　　4 应采用切割并打磨的方式形成斜坡，斜坡的最深处宜为3mm～5mm，其中应至少分2遍喷涂聚脲防水涂料直至与基层齐平（图5.2.2-3）。

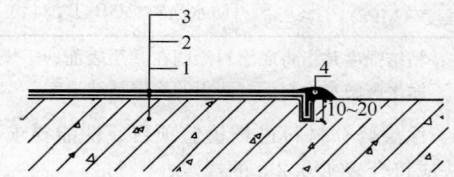

图 5.2.2-2　涂层边缘开槽密封处理
1—基层；2—底涂层；3—喷涂聚脲涂层；4—密封材料

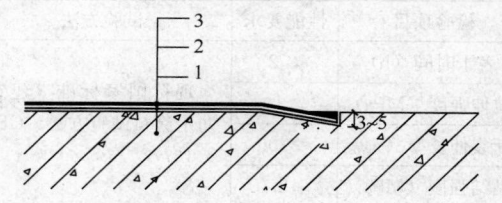

图 5.2.2-3　涂层边缘斜坡密封处理
1—基层；2—底涂层；3—喷涂聚脲涂层

5.2.3 天沟、檐沟和屋面的交接部位的喷涂聚脲涂层应设置加强层。

5.2.4 女儿墙的处理应符合下列规定：

　　1 当女儿墙为现浇混凝土结构时，宜在女儿墙内侧及顶面全部施作喷涂聚脲涂层，并应做好涂层收头处理（图5.2.4-1）；

　　2 当女儿墙为砌体结构时，砌体结构表面应先采用聚合物砂浆找平，再施作喷涂聚脲涂层，且宜将涂层喷涂至压顶下部，并应做好收头及女儿墙压顶的防水处理；压顶向屋顶一侧的排水坡度不应小于3%，且压顶下沿处应做成鹰嘴状（图5.2.4-2）。

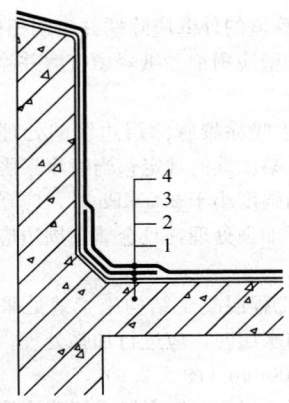

图 5.2.4-1 现浇混凝土结构女儿墙
1—基层；2—底涂层；3—加强层；
4—喷涂聚脲涂层

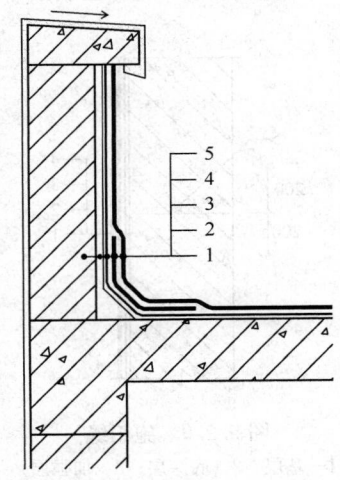

图 5.2.4-2 砌体结构女儿墙
1—基层；2—聚合物砂浆；3—底涂层；
4—加强层；5—喷涂聚脲涂层

5.2.5 屋面变形缝采用喷涂聚脲防水涂料作防水层时，应符合下列规定（图 5.2.5）：

1 喷涂聚脲防水涂料应自变形缝两侧施作至挡墙顶部；

2 变形缝内应填充填缝材料，并应用可外露使用的合成高分子防水卷材封盖，变形缝部位的两层卷材之间应填放弹性衬垫材料，高分子防水卷材和喷涂聚脲涂层之间应用自粘丁基胶带满粘牢固，搭接宽度不应小于 100mm；

3 变形缝的顶部应加扣混凝土或金属盖板。

5.2.6 当高跨墙变形缝采用喷涂聚脲防水涂料作防水层时，应符合下列规定（图 5.2.6）：

1 高跨墙变形缝内应填充填缝材料；

2 应将喷涂聚脲涂层施作至较低一侧挡墙的顶部；

3 应采用可外露使用的合成高分子防水卷材盖缝，卷材和喷涂聚脲涂层之间应用自粘丁基胶带满粘

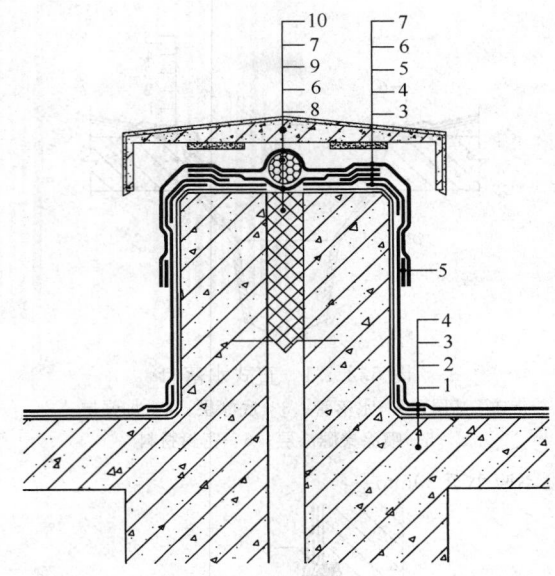

图 5.2.5 屋面变形缝
1—基层；2—底涂层；3—加强层；4—喷涂聚脲涂层；
5—丁基胶带；6、7—高分子防水卷材；8—填缝材料；
9—衬垫材料；10—盖板

牢固，搭接宽度不应小于 100mm，并应设置金属泛水板。

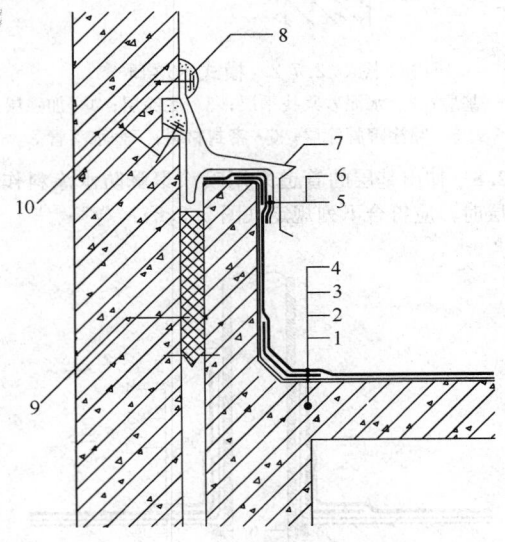

图 5.2.6 高跨墙变形缝
1—基层；2—底涂层；3—加强层；4—喷涂聚脲涂层；
5—丁基胶带；6—高分子防水卷材；7—金属泛水板；
8—密封材料；9—填缝材料；10—水泥钉

5.2.7 当屋面水落口采用喷涂聚脲防水涂料作防水层时，应符合下列规定（图 5.2.7-1 和图 5.2.7-2）：

1 水落口边缘应做好密封处理，并应在接缝处设置加强层；

2 喷涂聚脲涂层应覆盖至水落口内部，覆盖深

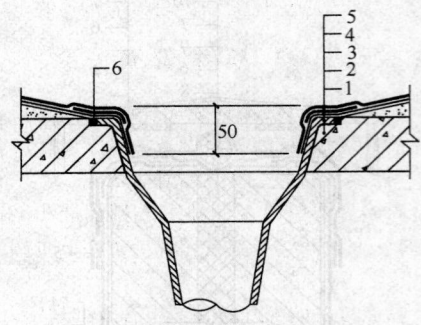

图 5.2.7-1　直式水落口
1—基层；2—水落管；3—底涂层；4—加强层；
5—喷涂聚脲涂层；6—密封材料

度不应小于 50mm。

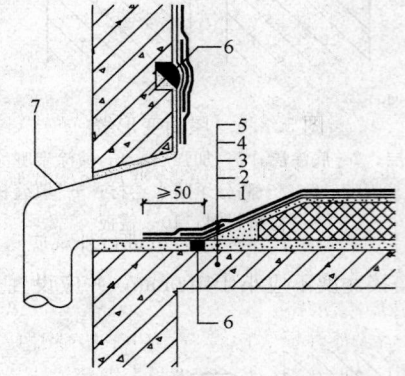

图 5.2.7-2　横式水落口
1—基层；2—水泥砂浆找平层；3—底涂层；4—加强层；
5—喷涂聚脲涂层；6—密封材料；7—水落管

5.2.8　伸出基层的管道采用喷涂聚脲防水涂料作防
水层时，应符合下列规定（图 5.2.8）：

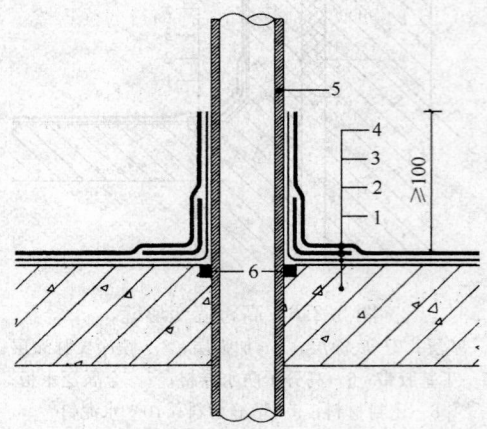

图 5.2.8　伸出基层管道
1—基层；2—底涂层；3—加强层；4—喷涂聚
脲涂层；5—管道；6—密封材料

1　管道根部应开槽嵌填密封材料，并应设置加强
层，喷涂聚脲涂层覆盖管道的长度不应小于 100mm；

2　金属管道的外壁应除锈并涂刷相应的底涂料，
塑料管道的外壁应用细砂纸轻微打磨并涂刷相应的底
涂料；

3　管道上喷涂聚脲涂层边缘的处理应符合本规
程第 5.2.2 条第 1 款的规定；当喷涂聚脲涂层与塑料
管道外壁粘结强度小于 2.0MPa 时，应在涂层边缘部
用金属箍进行加强处理，且金属箍周边应用密封材料
封严。

5.2.9　地下工程混凝土结构施工缝处采用喷涂聚脲
防水涂料作防水层时，应进行加强处理，加强层的宽
度不应小于 400mm（图 5.2.9）。

5.2.10　地下工程侧墙变形缝采用喷涂聚脲防水涂料
作防水层时，变形缝两侧应用隔离材料设置空铺层。
空铺层的宽度应至少大于缝宽 280mm，并应设置加
强层。加强层的宽度应至少大于空铺层 300mm（图
5.2.10）。

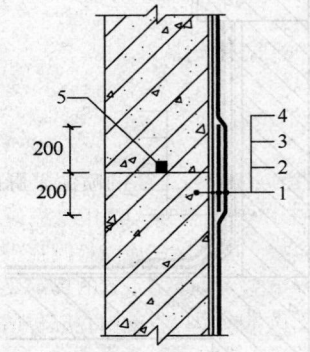

图 5.2.9　施工缝
1—基层；2—底涂层；3—加强层；
4—喷涂聚脲涂层；5—遇
水膨胀止水条（胶）

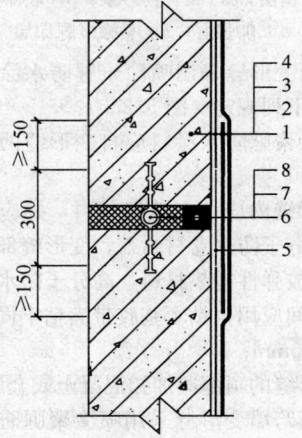

图 5.2.10　侧墙变形缝
1—基层；2—底涂层；3—加强层；
4—喷涂聚脲涂层；5—隔离材料
（空铺层）；6—中埋式止水带；
7—填缝材料；8—密封材料

5.2.11 地下工程混凝土结构后浇带接缝处的喷涂聚脲涂层应设置加强层，加强层两边均应超出接缝不少于200mm（图5.2.11）。

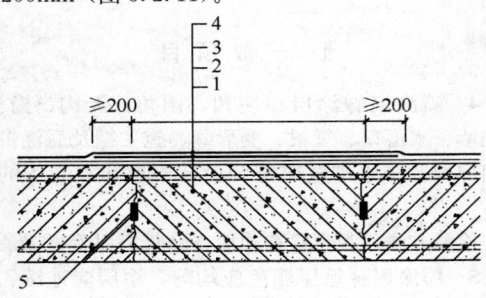

图 5.2.11 后浇带
1—基层；2—底涂层；3—加强层；4—喷涂聚脲涂层；5—遇水膨胀止水条（胶）

6 施 工

6.1 一 般 规 定

6.1.1 每批经进场检验合格的喷涂聚脲防水涂料在喷涂作业前15d，应由操作人员用喷涂设备现场制样并送检，并应提交现场施工质量检测报告。检验项目应符合本规程第4.0.2条第1款的规定。

现场施工质量检测报告的内容应包括操作人员及喷涂设备的情况，喷涂现场环境条件、喷涂作业的关键工艺参数和送样检测结果等。

6.1.2 施工前应对作业面外易受施工飞散物料污染的部位采取遮挡措施。

6.1.3 底涂层经验收合格后，宜在喷涂聚脲防水涂料生产厂家规定的间隔时间内进行喷涂作业。超出规定间隔时间的，应重新涂刷底涂料。

6.1.4 喷涂作业前，应确认基层、喷涂聚脲防水涂料、喷涂设备、现场环境条件、操作人员等均符合本规程的规定和设计要求后，方可进行喷涂作业。

6.1.5 涂层有漏涂、针孔、鼓泡、剥落及损伤等缺陷时，应进行修补。

6.2 基层表面处理

6.2.1 基层表面不得有浮浆、孔洞、裂缝、灰尘、油污等。当基层不满足要求时，应进行打磨、除尘和修补。基层表面的孔洞和裂缝等缺陷应采用聚合物砂浆进行修复。

细部构造部位应按设计要求进行基层表面处理。

6.2.2 涂刷底涂料前，应按现行国家标准《屋面工程质量验收规范》GB 50207的规定检测基层干燥程度，且应在基层干燥度检测合格后涂刷底涂料。

6.2.3 底涂料涂布完毕并干燥后，在正式喷涂作业

前，应采取措施防止灰尘、溶剂和杂质等的污染。

6.3 喷 涂 设 备

6.3.1 喷涂聚脲防水涂料喷涂作业宜选用具有双组分枪头混合喷射系统的喷涂设备。喷涂设备应具备物料输送、计量、混合、喷射和清洁功能。

6.3.2 喷涂设备应由专业技术人员管理和操作。喷涂作业时，宜根据施工方案和现场条件适时调整工艺参数。

6.3.3 喷涂设备的配套装置应符合下列规定：

1 对喷涂设备主机供料的温度不应低于15℃；

2 B料桶应配备搅拌器；

3 应配备向A料桶和喷枪提供干燥空气的空气干燥机。

6.4 喷 涂 作 业

6.4.1 喷涂作业前应充分搅拌B料。严禁现场向A料和B料中添加任何物质。严禁混淆A料和B料的进料系统。

6.4.2 每个工作日正式喷涂作业前，应在施工现场先喷涂一块500mm×500mm、厚度不小于1.5mm的样片，并应由施工技术主管人员进行外观质量评价并留样备查。当涂层外观质量达到要求后，可确定工艺参数并开始喷涂作业。

6.4.3 喷涂作业时，喷枪宜垂直于待喷基层，距离宜适中，并宜匀速移动。应按照先细部构造后整体的顺序连续作业，一次多遍、交叉喷涂至设计要求的厚度。

6.4.4 当出现异常情况时，应立即停止作业，检查并排除故障后再继续作业。

6.4.5 每个作业班次应做好现场施工工艺记录，内容应包括：

1 施工的时间、地点和工程项目名称；

2 环境温度、湿度、露点；

3 打开包装时A料、B料的状态；

4 喷涂作业时A料、B料的温度和压力；

5 材料及施工的异常状况；

6 施工完成的面积；

7 各项材料的用量。

6.4.6 喷涂作业完毕后，应按使用说明书的要求检查和清理机械设备，并应妥善处理剩余物料。

6.4.7 两次喷涂时间间隔超出喷涂聚脲防水涂料生产厂家规定的复涂时间时，再次喷涂作业前应在已有涂层的表面施作层间处理剂。

6.4.8 两次喷涂作业面之间的接槎宽度不应小于150mm。

6.4.9 喷涂施工完成并经检验合格后，应按设计要求施作涂层保护层。

6.5 涂 层 修 补

6.5.1 修补涂层时，应先清除损伤及粘结不牢的涂

层，并应将缺陷部位边缘 100mm 范围内的涂层及基层打毛并清理干净，分别涂刷层间处理剂及底涂料。

单个修补面积小于或等于 250cm² 时，可用涂层修补材料手工修补；单个修补面积大于 250cm² 时，宜喷涂与原涂层相同的喷涂聚脲防水涂料进行修补。

6.5.2 修补处的涂层厚度不应小于已有涂层的厚度，且表面质量应符合设计要求和本规程的规定。

6.5.3 涂层厚度达不到设计要求时，应进行二次喷涂。二次喷涂宜采用与原涂层相同的喷涂聚脲防水涂料，并应在材料生产厂商规定的复涂时间内完成。二次喷涂作业工艺应满足本规程第 6.4 节的要求。

7 验 收

7.1 基层表面处理验收

7.1.1 底涂料应涂刷均匀、固化正常、无漏涂、无堆积。

检验方法：观察检查。

7.1.2 底涂料处理后基层表面应无孔洞、无裂缝、无划伤、无灰尘沾污、无异物，细部构造处的基层表面处理应符合设计要求和本规程的规定。

检验方法：观察检查。

7.2 喷涂聚脲涂层验收

Ⅰ 主控项目

7.2.1 喷涂聚脲防水涂料和底涂料、涂层修补材料、层间处理剂等应符合设计要求和本规程的规定。

检验方法：检查材料出厂合格证、质量检验报告和进场抽样复检报告。

7.2.2 喷涂聚脲涂层的主控项目质量要求应符合表 7.2.2 的规定。

表 7.2.2 喷涂聚脲涂层主控项目质量要求

项目	质量要求	检测频率	检测方法
正拉粘结强度（MPa）	≥2.0且正常破坏	每 500m² 检测一次	本规程附录B
涂层厚度[1]（mm）	平均厚度应符合设计要求。检测的最小厚度值不应小于设计厚度的80%	每 500m² 检测一次	在进行涂层正拉粘结强度检测并破坏的部位用刀片垂直于基层割取 20mm×20mm 涂层试样。将试样表面清理干净，用卡尺测量涂层的厚度
		本规程附录C	本规程附录C
针孔[2]	无针孔	全部检查	用 20 倍放大镜目测检查或本规程附录D

注：1 当采用两种方法的检测结果不一致时，应以卡尺法检测为准；
　　2 当采用两种方法的检测结果不一致时，应以目测检测为准。

7.2.3 喷涂聚脲防水工程不得有渗漏现象。

检验方法：雨后观察或淋水 2h、蓄水 24h 试验检测。

Ⅱ 一般项目

7.2.4 喷涂聚脲涂层在阴角、阳角、天沟、檐沟、女儿墙、水落口、管根、变形缝、施工缝及后浇带等的细部构造防水措施应符合设计要求和本规程的规定。

检验方法：观察检查和检查隐蔽工程验收记录。

7.2.5 喷涂聚脲涂层颜色应均匀，涂层应连续、无漏涂和流坠，无气泡、无针孔、无剥落、无划伤、无折皱、无龟裂、无异物。

检验方法：观察检查。

7.2.6 保护层的质量应符合设计要求。

检验方法：检查施工质量验收记录。

7.2.7 喷涂聚脲防水工程验收时，应提交下列技术资料并归档：

1 喷涂聚脲防水工程的设计文件、图纸会审书、设计变更书、洽商记录单；

2 喷涂聚脲防水涂料、底涂料等主要材料的产品合格证、质量检验报告、进场抽检复验报告、现场施工质量检测报告；

3 施工方案及技术、安全交底；

4 施工工艺记录和施工质量检验记录；

5 隐蔽工程验收记录；

6 淋水或蓄水试验报告；

7 施工队伍的资质证书及操作人员的上岗证书；

8 事故处理、技术总结报告等其他必须提供的资料。

附录 A 安全和环境保护

A.0.1 基层表面处理和喷涂作业的空气中的粉尘含量及有害物质浓度应符合现行国家标准《涂装作业安全规程 涂漆工艺安全及其通风净化》GB 6514 的规定。在室内或封闭空间作业时，应保持空气流通。

A.0.2 喷涂作业工人应配备工作服、护目镜、防护面具、乳胶手套、安全鞋、急救箱等劳保用品。

A.0.3 现场应配备干粉或液体 CO_2 灭火器。

A.0.4 现场应将施工形成的固体废弃物、废溶剂回收处理。严禁现场随意丢弃、倾倒、排放固体废弃物和环境有害物质。

附录 B 喷涂聚脲涂层正拉粘结强度现场检测方法及评定标准

B.0.1 本方法适用于喷涂聚脲涂层正拉粘结强度的

现场检测及合格评定。

B. 0. 2 喷涂聚脲涂层正拉粘结强度现场检验应在涂层喷涂作业完成 7d 后进行。

B. 0. 3 喷涂聚脲涂层正拉粘结强度现场检测仪器应符合下列规定:

 1 粘结强度检测仪应坚固、耐用,且携带和安装方便,其技术性能应符合现行行业标准《数显式粘结强度检测仪》JG 3056 的规定;

 2 钢标准块的形状可根据实际情况选用方形或圆形;方形钢标准块的尺寸宜为 40mm×40mm,圆形钢标准块的直径宜为 50mm,钢标准块的厚度不应小于 25mm,且应采用 45 号钢制作,钢标准块应带有传力螺杆,其尺寸和夹持构造应根据所使用的检测仪确定。

B. 0. 4 现场制样应符合下列规定:

 1 每一检验批不应少于 3 个测点;

 2 检测现场涂层表面温度不宜大于 30℃;当环境温度低于 5℃时,应先将钢标准块进行预热,然后再进行粘贴,且不得用火焰直接加热钢标准块,预热温度不得大于 50℃;

 3 待测涂层表面应平整、清洁、干燥;

 4 应采用高强、快速固化的胶粘剂粘贴钢标准块,粘前涂层表面应用细砂纸轻微打磨,钢标准块粘贴后应立即用胶带固定;在胶粘剂完全固化前,不得受到任何扰动;固化养护时间根据选择的胶粘剂确定;

 5 钢标准块的间距不应小于 500mm。

B. 0. 5 现场检测步骤应符合下列规定(图 B. 0. 5):

 1 测试前应沿粘贴的钢标准块外沿四周用刀片垂直于基层将涂层完全割断;

 2 测试时应按粘结强度检测仪使用说明书正确安装仪器,并连接钢标准块;

 3 应以 1500N/min 匀速加载,记录破坏时的载荷值,并观察破坏形式。

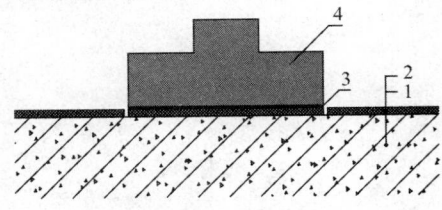

图 B. 0. 5 钢标准块的粘贴示意
1—混凝土基层;2—喷涂聚脲涂层;
3—胶粘剂;4—钢标准块

B. 0. 6 测点破坏形式及其正常性应按下列规定进行判定:

 1 测点的破坏形式可分为内聚破坏、粘附破坏和混合破坏三种形式;

 2 当破坏发生在基层内,或虽然出现两种或两种以上的破坏形式,但混凝土基层内的破坏面积占粘

合面积的 85% 以上时,可判定为正常破坏;

 3 当出现粘附破坏或出现混凝土基层内的破坏面积少于 85% 的混合破坏时,应判定为不正常破坏。

B. 0. 7 检测结果合格评定应符合下列规定:

 1 当每一测点的正拉粘结强度均达到本规程相应指标的要求,且其破坏形式正常时,应评定该批次检测合格;

 2 当仅有一个测点不满足要求时,可加倍制样并重新作一组检测,当重新检测结果均达到要求,可评定该批次检测合格;

 3 当重新检测中仍有测点不满足要求时,应评定该批次检测不合格。

B. 0. 8 应以所有测点的算术平均值作为该批次正拉粘结强度的检测值。每一检验批的检测结果应包括破坏形式、所有测点的正拉粘结强度值和该批次正拉粘结强度的平均值。

附录 C 超声波法检测涂层厚度

C. 0. 1 超声涂层测厚仪应符合下列规定:

 1 设备应包括带数显功能的主机、探头、校正材料、耦合剂,并应符合相关标准的规定;

 2 仪器的量程、精度和使用条件应满足混凝土基层的要求;

 3 耦合剂应符合仪器生产厂家要求;

 4 使用前应进行校正并合格。

C. 0. 2 现场取样应符合下列规定:

 1 应按每 100m² 作为一个检验批,不足 100m² 的应按一个检验批计;每一检验批测点不应少于 5 处,每处不应小于 10m²;

 2 待测涂层表面应平整、干净,不得有灰尘、油污。

C. 0. 3 现场检测步骤应符合下列规定:

 1 检测前应用已知厚度的喷涂聚脲涂层现场校准仪器并在待测部位涂超声波耦合剂;

 2 检测时应按照使用说明书的规定安装并操作仪器;

 3 应以合适、恒定的力将探头垂直压在待测部位表面,每个测点应重复读数 3 次。

C. 0. 4 每一处应以 3 次读数的算术平均值作为该处的测量值;每一检验批应以 5 次检测值的算术平均值作为涂层厚度的检测值。

附录 D 高压电火花法检测涂层针孔

D. 0. 1 本方法适用于喷涂聚脲涂层针孔等质量缺陷的现场检测,但不适用于涂层厚度控制手段。本方法不适用于已经过任何使用环境或经长期暴露的喷涂聚脲涂层,也不适用于使用不含导电介质的环氧树脂类底涂料的喷涂聚脲防水工程。

D. 0. 2 采用高压电火花法检测涂层针孔时，应确保现场环境中没有可能由于电火花引发燃烧、爆炸等后果的气体、挥发性溶剂等物质。

D. 0. 3 高压电火花法检测喷涂聚脲涂层质量缺陷宜在涂层喷涂作业完成 2h 后进行。

D. 0. 4 高压电火花检测仪应包括电源、探测电极、手柄、信号线及导线等部件，并应具备目视及声音报警装置。

D. 0. 5 高压电火花检测仪检测电压应按下式计算确定：

$$V = 7843 \sqrt{T_c} \qquad (D. 0. 5)$$

式中：V——检漏电压（V）；

T_c——涂层厚度（mm）。

注：该公式是以击穿与喷涂聚脲涂层厚度相同空气间隙所需电压为依据得到的，仅适用于检测针孔、缝隙和涂层过薄的位置。对涂层边缘减薄部位可能会出现误报。

D. 0. 6 检测前待测涂层表面应干净、干燥，无油污、灰尘等污染物。混凝土电导率符合仪器要求。

D. 0. 7 高压电火化检测仪的使用应符合下列规定：

1 使用前应按仪器使用说明书正确连接、安装仪器，经检查合格后开启检漏仪。高压电火花检测仪开启后，操作者不得同时接触地线和探测电极的金属部分。

2 应以 0.3m/s 的速度在待测表面匀速移动探测电极，并应始终保持探测电极和涂层表面紧密接触，不允许漏检；当检漏仪显示电压急剧变化并报警时，应反复移动探测电极，通过观察电火花的跳出点确定漏点位置。

3 应将检测到的涂层针孔用易于清除的记号笔标记出来。

本规程用词说明

1 为便于在执行本规程条文时区别对待，对要求严格程度不同的用词说明如下：

1） 表示很严格，非这样做不可的：

正面词采用"必须"，反面词采用"严禁"；

2） 表示严格，在正常情况下均应这样做的：

正面词采用"应"，反面词采用"不应"或"不得"；

3） 表示允许稍有选择，在条件许可时首先应这样做的：

正面词采用"宜"，反面词采用"不宜"；

4） 表示有选择，在一定条件下可以这样做的，采用"可"。

2 条文中指明应按其他有关标准执行的写法为："应符合……的规定"或"应按……执行"。

引用标准名录

1 《地下工程防水技术规范》GB 50108

2 《屋面工程质量验收规范》GB 50207

3 《屋面工程技术规范》GB 50345

4 《色漆、清漆和色漆与清漆用原材料 取样》GB/T 3186

5 《涂装作业安全规程 涂漆工艺安全及其通风净化》GB 6514

6 《建筑防水涂料试验方法》GB/T 16777

7 《喷涂聚脲防水涂料》GB/T 23446

8 《数显式粘结强度检测仪》JG 3056

中华人民共和国行业标准

喷涂聚脲防水工程技术规程

JGJ/T 200—2010

条 文 说 明

制 订 说 明

《喷涂聚脲防水工程技术规程》JGJ/T 200 - 2010，经住房和城乡建设部 2010 年 2 月 10 日以第 505 号公告批准、发布。

本规程制订过程中，编制组调研了喷涂聚脲技术在国内建设工程中的应用现状，总结了我国喷涂聚脲技术的研发、生产、设计、施工和质量验收等方面的实践经验，同时参考了国外先进技术法规、技术标准，通过验证试验取得了底涂料、涂层修补材料及层间处理剂等配套辅助材料的技术指标、重要技术参数。

为便于广大设计、施工、科研、学校等单位有关人员在使用本规程时能正确理解和执行条文的规定，《喷涂聚脲防水工程技术规程》编制组按章、节、条顺序编制了规程的条文说明，对条文规定的目的、依据以及执行中需注意的有关事项进行了说明。但是，本条文说明不具备与标准正文同等的法律效力，仅供使用者作为理解和把握标准规定的参考。

目 次

1 总　则

1.0.1 喷涂聚脲技术是在注射反应成型（RIM）技术的基础上，开发出的一种无溶剂、快速涂装技术。其优点是：高固含量，固化后几乎不含挥发性有机物；快速固化成型，可在任意形状表面喷涂；可以一次喷涂成型达到设计厚度，施工效率高；涂层物理性能优异，抗拉强度、断裂伸长率高，柔韧性；涂层色泽可调，涂层致密，美观实用。

喷涂聚脲技术最早于 20 世纪 80 年代中期起源于美国，我国自 20 世纪 90 年代中期开始引进、消化和吸收此项技术。近年来，喷涂聚脲技术在建筑工程、基础设施、市政工程等领域的应用不断扩展，逐渐成为防水市场的热点。京津城铁、北京南站、奥运场馆、国家大剧院、京沪高铁等重点工程都采用了喷涂聚脲涂层作为结构的防水层。

本规程是在总结喷涂聚脲技术国内近年工程应用中的经验和教训基础上，由从事喷涂聚脲技术的研究、生产、设计和施工的有关单位共同探讨并制订的，其目的是指导和规范该项技术的应用，确保工程质量。

1.0.2 混凝土是当前建筑工程中主要结构材料之一，混凝土结构和以水泥砂浆为找平层的砌体结构可用于喷涂聚脲防水工程，这是实践经验的总结。但应当指出，本条文中的混凝土和砂浆基层是指水泥混凝土、水泥砂浆或聚合物砂浆，不包括沥青混凝土和混合砂浆。

3　基本规定

3.0.1 一道防水设防是指具备防水功能的独立构造层次。喷涂聚脲涂层由于能够在基层表面形成连续整体的涂层，因此，可被视为一道独立的防水构造。喷涂聚脲技术应用于地下工程、屋面工程、城市桥梁桥面和高速铁路桥梁桥面防水时应满足相关规范的规定，以达到保证工程质量的目的。

3.0.2 实践证明，基层质量是决定喷涂聚脲防水工程质量的关键因素之一。基层的强度、含水率、密实度和平整度等将直接影响工程质量，实际工程中应予高度重视。考虑到喷涂聚脲涂层自身的力学性能优良，为发挥其特有的优势，规定基层表面正拉粘结强度不宜小于 2.0MPa。

3.0.3 当前，芳香族异氰酸酯和氨基扩链剂仍是生产喷涂聚脲防水涂料的主要原料。成膜后，如长期在日光下暴露使用，会产生黄变现象，进而发生表面粉化、开裂、脱落，影响涂膜的耐久性。为延长涂膜的使用寿命，应根据材料的耐久性和使用环境选择合适的保护措施。一般来说，芳香族聚脲不宜直接长期暴露使用。

3.0.4 喷涂聚脲防水工程所采用的喷涂聚脲防水涂料，除有产品合格证书和性能检测报告等出厂证明文件外，还应有当地建设行政主管部门指定检测单位对该产品本年度抽样检验认证的试验报告，其质量应符合现行国家标准和设计要求。

材料进入现场后，施工单位应按规定进行抽样复验，并提出试验报告。抽样数量、检验项目和检验方法，应符合现行国家标准和本规程的有关规定，抽样复验不合格的材料不得在工程上使用。

3.0.5 喷涂聚脲防水工程使用的喷涂聚脲涂料与基层、底涂料、修补材料、层间处理剂、密封材料、保护涂层等材料间应具有良好的相容性，即要求材料间界面粘结紧密，不出现溶胀、溶解、起皱、起鼓等不良现象。对于未知相容性的材料，应在喷涂作业前通过试验确定其相容性。

因生产厂家的涂料配方各异，为保证工程质量，工程中使用的配套材料宜由涂料生产厂家推荐。

3.0.6 喷涂聚脲操作人员的技术对保证喷涂工艺质量发挥关键性作用，因此当前宜由取得防水或防腐类专业资质证书的企业对这类人员开展培训，合格后方能上岗。

3.0.7 根据建设部〔1991〕837 号文《关于提高防水工程质量的若干规定》要求，防水工程施工前应通过图纸会审，掌握施工图中的细部构造及质量要求。这样做一方面是对设计进行把关，另一方面能使施工单位切实掌握防水设计的要求，制定确保工程质量的施工方案或技术措施。

3.0.8 施工环境温度过低和空气相对湿度过大，则空气中的水很容易凝结在基层表面，因喷涂到基层表面的物料本身温度较高，加上交联反应放热，容易将水分汽化，进而在快速成型的聚脲涂层中形成针孔和孔洞等缺陷。喷涂时风速过大则不易操作，物料四处飞扬，难以形成均匀的涂层，故对施工时的风速作出明确规定。

3.0.9 本条文强调在喷涂聚脲防水涂层施工前，应将管道、设备、基座或预埋件等安装牢固并作好密封处理。

3.0.10 喷涂聚脲防水工程是一项专业性强、现场作业、一次成型的工程。正式喷涂作业前，应由现场技术主管提出作业参数进行预喷涂，涂层质量达到要求后，方可固定作业参数，正式进行喷涂。在作业过程中遇到外界条件，如温度、湿度、风速等发生较大变化时，应适时调整作业参数，以确保涂层质量。做好现场施工工艺记录以备控制工程质量。

3.0.11 喷涂作业时设备会将物料加热并喷出雾化，操作人员如不做好安全防护措施，雾化物料很容易落在体表或被吸入呼吸道，从而引发严重的安全问题，因此，施工过程中必须穿好防护服、佩戴护目镜和防

露使用。

毒面具、塑胶手套、穿好安全鞋，做好各项安全防护措施。

3.0.12 喷涂聚脲防水工程的施工包括基层表面处理和喷涂作业两个基本工序，现场施工必须按工序、层次进行检查验收，不能等全部完工后才进行一次性的检查验收。现场应在操作人员自检的基础上，进行工序间的交接检查和专职质量人员的检查，检查结果应有完整的记录，如发现上道工序质量不合格，必须返工或修补，直至合格方可进行下道工序的施工。

3.0.13 喷涂完工后在涂层上凿孔、打洞或重物撞击势必造成聚脲涂层损坏，破坏涂层的防水效果。在喷涂完成的聚脲涂层表面直接进行明火烘烤、热熔沥青材料等施工会将其破坏。

4 材 料

4.0.2 材料进场检验是杜绝在工程中使用不合格材料的重要手段。喷涂聚脲防水工程用到的材料主要有喷涂聚脲防水涂料、底涂料、涂层修补材料和层间处理剂。

1 表 4.0.2-1 的数据来源于现行国家标准《喷涂聚脲防水涂料》GB/T 23446。

2 为提高聚脲涂层与基层间的粘结强度，同时起到封闭基层、阻隔潮气的目的，喷涂聚脲作业前应在基层表面涂布底涂料。由于底涂料目前尚无标准可依，从工程应用角度出发，本规程提出了表干时间和粘结强度两项技术要求。检测时应注意底涂料的粘结强度是指将底涂料涂刷在基层表面、干燥并喷涂聚脲防水涂料后，测得的涂层粘结强度。

3 涂层修补材料主要用于手工修补涂层质量缺陷或在细部构造处设置加强层。根据样品验证试验结果提出了表 4.0.2-3 所列的技术指标。

5 设 计

5.1 一般规定

5.1.2 用涂层厚度控制涂膜防水工程质量，是业界的共识。设计涂层厚度一方面要从建筑物、构筑物的重要性和功能出发，综合考虑所处环境、使用条件、设防等级及材料自身特性，另一方面还应考虑工程造价。考虑到当前国内工程实际，将一般工程中喷涂聚脲涂层的厚度定位 1.5mm 以上，以保证工程质量。至于选择Ⅰ型或Ⅱ型产品实现设计的厚度，本规程中没有明确规定，实际中可根据工程的各种情况自行选择。

5.1.3 喷涂聚脲涂层具有良好的柔韧性和耐腐蚀性，能与混凝土或砂浆基层紧密结合形成"皮肤式"防水构造，设置在迎水面能有效阻止水分透过混凝土裂

缝、孔洞及变形缝、施工缝、后浇带等薄弱部位进入结构内部发生渗漏，达到最佳的防水效果。

5.1.5 现行国家标准《地下工程防水技术规范》GB 50108 中规定地下工程涂膜防水层可采用"外防外涂"和"外防内涂"两种工艺。一般来说，顶板和侧墙主要采取"外防外涂"工艺，而底板往往采用"外防内涂"工艺或用其他防水材料做防水层并与侧墙上的涂膜防水层作好接槎处理。

5.1.8 聚氨酯密封胶与聚脲涂层主要组分的化学结构相似，相容性好。

5.2 细部构造

5.2.2 采用斜边减薄或开槽封边处理是喷涂聚脲涂层常用的收头处理方式，前者最为通用，开槽封边处理适用于涂层边缘长期承受高速流体冲击的场合，如输水道等。

特别说明的是细部构造是工程中容易出现质量问题的部位。规程中给出细部构造部位示意图的目的是使使用者对这些部位的构造和主要尺寸有直观的了解。示意图可作为编制相关工程标准图集和设计时的导向性原则，但不等同于标准图集上的图，特此说明，下同。

5.2.5 屋面变形缝的处理参考了现行国家标准《屋面工程技术规范》GB 50345 的规定，符合"多道设防，符合增强"的设计理念。可外露使用的高分子防水卷材主要是聚氯乙烯（PVC）防水卷材、改性三元乙丙防水卷材、热塑性聚烯烃（TPO）防水卷材等。

5.2.10 在变形缝部位设置空铺层的目的是为了提高变形缝处防水的可靠性。按照《地下工程防水技术规范》GB 50108 的规定，地下工程变形缝的宽度约为 20mm～30mm，此处加上变形缝的宽度，变形缝处空铺层的宽度约为 300mm 宽，加强层的宽度应超出空铺层边缘各 150mm，目的是确保粘结的效果。

6 施 工

6.1 一般规定

6.1.1 由于喷涂聚脲材料的现场一次性施工成型的特性，为防止在工程中使用不合格的材料、设备及由不熟练的操作人员操作，保证工程质量，在进行现场抽检复验的基础上，本规程规定在喷涂作业前 15d 再次按批次、用进场抽检合格的涂料进行现场制样、送检并提交现场施工质量检测报告。规定提前 15d，主要是考虑到现场制样、送样和检测的实际时间需求。

6.1.2 喷涂作业前的基面处理会产生灰尘，而喷涂作业时大量的雾化物料很容易四处飞散，造成环境污染。由于聚脲涂层的粘结强度很高，粘污物很难清除，故在喷涂作业前应对作业面外易受飞散物污染的

部位采取遮挡措施。

6.1.3 每种底涂料都具有各自特定的陈化时间，在陈化时间内，能与后续涂层通过化学键力实现良好的粘结；超出陈化时间，底涂层表面反应活性降低，故应重新涂布。

6.1.4 喷涂作业前的检查对减少和防止中途不正常停机，保证工程质量，降低施工成本、节约工期都具有非常重要的意义。喷涂作业前的检查通常应包括对基层及细部构造处理、材料、设备、环境、人员的检查，这对于保证施工质量至关重要。

6.2 基层表面处理

6.2.1 清洗和打磨基层表面的目的是彻底去除表面浮浆、起皮、疏松和杂质等结合薄弱的物质，并将孔洞裂缝等缺陷彻底暴露出来，并使基层获得合适的粗糙度，以增强喷涂聚脲涂层与基层的粘结强度。常见的表面处理工艺有机械打磨、抛丸、喷砂等。对表面处理后暴露出的凹陷、孔洞和裂缝等缺陷，常用嵌缝材料（通常为环氧树脂砂浆）填平，待嵌缝材料固化后，再打磨平整，直至合格。

由于当前基层粗糙度的现场检测方法应用范围有限（立面、曲面无法检测），实际工程可比照国际混凝土修补协会（International Concrete Repairing Institute, ICRI）推荐的标准板（CSP板）定性确定处理后基层的粗糙度（图1）。一般来说打磨后基层粗糙度在SP3～SP5间较为适宜。

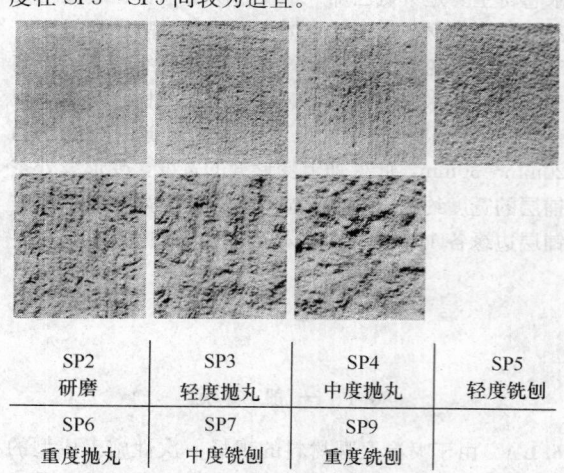

| SP2 研磨 | SP3 轻度抛丸 | SP4 中度抛丸 | SP5 轻度铣刨 |
| SP6 重度抛丸 | SP7 中度铣刨 | SP9 重度铣刨 | |

图 1 CSP 标准对照板

6.2.2 对喷涂聚脲防水涂料而言，基层含水率越低、干燥程度越高，越有利于减少涂层缺陷、提高涂层与基层的粘结强度。因混凝土含水率现场快速定量检测的技术手段尚有待改进，本规程参照现行国家标准《屋面工程质量验收规范》GB 50207-2002 第4.3.4条所示的简易定性方法检测基层的干燥度。即将面积1m²的塑料薄膜铺在待测基面上，四周用胶带密封，3h～4h后掀开薄膜，观察薄膜及待测基层表面，如

有水珠或基层颜色加深，则含水率较高，反之，含水率较低并视为合格。据称，该方法检测合格对应基层含水率一般小于9%。但即使按上述方法检测合格，是否符合材料的施工要求，现场应结合材料特性及环境状况确定。一般情况下，可结合便携式基层含水率检测仪的检测结果，综合进行判定。美国腐蚀工程师协会（NACE）发布的《混凝土表面处理规范》（NACE No. 6）中规定，按 ASTM E1907 所示的电导率检测方法检测混凝土的含水率，结果小于5%为合格。上述数据可供相关人员使用时参考。

实际工程中，技术主管应根据现场环境温度及基层干燥程度等条件，结合工程实际经验，选择涂布相应的底涂料，这对于提高涂层质量、增加粘结强度十分重要。

6.3 喷 涂 设 备

6.3.1 当前喷涂聚脲常用的喷涂作业设备主要为采用双组分、高温、高压、无气撞击内混合、机械自清洗的喷涂设备。

6.3.2 喷涂施工现场的温度、湿度、风速等条件会随时发生变化，现场操作人员应根据涂料特性及现场条件及时调整喷涂设备参数，确保涂层质量。

6.3.3 喷涂设备的配套装置如料桶加热器、搅拌器、空气干燥机等对保证喷涂作业顺利进行十分重要，这是因为：

1 供料温度低于15℃时，物料黏度较大，提料泵工作会受影响，可能导致计量不准确，影响涂层质量，在环境温度较低时，应配备料桶加热器；

2 B料除含有端氨基化合物其组分外，还含有填料等密度较大的物质，长期静置后容易出现物料分层，密度较大的物料容易沉淀至料桶底部，如不加以搅拌，很容易导致物料计量偏差；

3 水分容易和A料中异氰酸酯类物质发生化学反应，使物料黏度增大、反应活性降低；为减少或阻止这一副反应的发生，应采用空气干燥机为料桶和喷枪提供干燥的气源。

其他必备的装置如清洗罐、常用的耗材等可根据实际情况选用。

6.4 喷 涂 作 业

6.4.1 B料中一般含有颜料、填料等密度较大的组分，长期静置容易出现分层，因此喷涂作业前应用专用搅拌器搅拌20min以上。

施工现场随意向A、B物料中添加物质以改善物料黏度等物理参数的做法可能会造成材料配比不准，进而导致涂层质量劣化，因此严禁现场随意向物料中添加任何物质。而混淆A、B物料的进料系统将会造成喷涂设备管道阻塞且难以修复。一般设备都用两种不同的颜色进行明显标识，现场喷涂作业前要仔细查

看，严防混淆。

6.4.2 考虑到喷涂聚脲作业受现场条件和操作人员等因素影响很大，为保证工程质量，本规程要求每个工作日开始作业前应进行试喷并由现场技术主管对涂层质量进行目测评价，当试喷涂层质量符合要求后，方可开始正式的喷涂作业。

6.4.6 喷涂作业完毕后的对剩余物料处理和按使用说明书的要求对设备进行保养对延长设备寿命，减少废弃物排放，做到安全、文明施工是十分重要的。一般来说，后续工作包括如下内容：向未全部用完料桶中充入氮气或干燥空气并密封；按要求清洗和保养喷枪；按要求保养喷涂设备的主机和管道；排出空气干燥装置的凝结水等。

6.4.7 喷涂作业时间间隔如果大于喷涂聚脲防水涂料生产厂家推荐的复涂时间，为保证两次喷涂作业涂层接槎部位搭接牢固，后续喷涂作业前应在已有涂层边缘接槎部位涂布层间处理剂。

6.5 涂层修补

6.5.3 重新喷涂的时间间隔如超过厂家规定的复涂时间，为防止重新喷涂的涂层与原聚脲涂层粘结不牢在界面上产生分层现象，应在已有的喷涂聚脲涂层表面涂刷层间处理剂。

附录 B 喷涂聚脲涂层正拉粘结强度现场检测方法及评定标准

B.0.6 内聚破坏指破坏发生在基层混凝土喷涂聚脲涂层内；粘附破坏指破坏发生在喷涂聚脲涂层与基层之间的界面；混合破坏指粘合面出现以上两种或以上的破坏形式。

钢标准块与胶粘剂之间的界面破坏属于检测技术问题，与破坏形式判别无关，需要重新粘贴、试验。

中华人民共和国行业标准

建筑外墙防水工程技术规程

Technical specification for waterproofing of
exterior wall of building

JGJ/T 235—2011

批准部门：中华人民共和国住房和城乡建设部
施行日期：２０１１年１２月１日

中华人民共和国住房和城乡建设部
公　告

第 898 号

关于发布行业标准
《建筑外墙防水工程技术规程》的公告

现批准《建筑外墙防水工程技术规程》为行业标准，编号为 JGJ/T 235 - 2011，自 2011 年 12 月 1 日起实施。

本规程由我部标准定额研究所组织中国建筑工业出版社出版发行。

中华人民共和国住房和城乡建设部

2011 年 1 月 28 日

前　言

根据住房和城乡建设部《关于印发〈2008 年工程建设标准规范制订修订计划（第一批）〉的通知》（建标〔2008〕102 号）的要求，规程编制组经广泛调查研究，认真总结实践经验，参考有关国际标准和国外先进标准，并在广泛征求意见的基础上，编制本规程。

本规程的主要技术内容是：1 总则；2 术语；3 基本规定；4 材料；5 设计；6 施工；7 质量检查与验收。

本规程由住房和城乡建设部负责管理，由中国建筑科学研究院负责具体技术内容的解释。执行过程中如有意见或建议，请寄送中国建筑科学研究院（地址：北京市北三环东路 30 号，邮编：100013）。

本 规 程 主 编 单 位：中国建筑科学研究院
　　　　　　　　　　　方远建设集团股份有限公司

本 规 程 参 编 单 位：浙江工业大学
　　　　　　　　　　　中国建筑学会防水专业委员会
　　　　　　　　　　　中国建筑材料检验认证中心
　　　　　　　　　　　北京市建筑材料质量监督检验站
　　　　　　　　　　　山西建筑工程（集团）总公司
　　　　　　　　　　　广东省建筑设计研究院
　　　　　　　　　　　辽宁省建设科学研究院
　　　　　　　　　　　哈尔滨工业大学
　　　　　　　　　　　中国中轻国际工程有限公司
　　　　　　　　　　　杭州金汤建筑防水有限公司

苏州市新型建筑防水工程有限责任公司
深圳市建筑科学研究院
杜邦中国集团有限公司
达福喜建材贸易（上海）有限公司
北京龙阳伟业科技股份有限公司
大连细扬防水工程集团有限公司
浙江金华市欣生沸石开发有限公司
福建沙县华鸿化工有限公司
宁波山泉建材有限公司
湖南省白银新材料有限公司
北京百耐尔防水材料有限公司

本规程主要起草人员：高延继　应群勇　杨　杨
　　　　　　　　　　　张文华　曹征富　胡　骏
　　　　　　　　　　　许四法　霍瑞琴　张　勇
　　　　　　　　　　　檀春丽　程　功　寇九贵
　　　　　　　　　　　郭奕辉　吴丽华　王志民
　　　　　　　　　　　乔亚玲　王　莹　姜静波
　　　　　　　　　　　邵高峰　米　然　王　伟
　　　　　　　　　　　肖岛中　樊细杨　陈土兴
　　　　　　　　　　　陈虬生　叶泉友　王凝瑞
　　　　　　　　　　　王成明

本规程主要审查人员：叶林标　王　甦　杨西伟
　　　　　　　　　　　杨嗣信　张道真　杨永起
　　　　　　　　　　　王　天　郭　景　王国复

目　次

Contents

1 总　　则

1.0.1 为保证建筑外墙防水的工程质量，做到安全适用、技术先进、经济合理，制定本规程。

1.0.2 本规程适用于新建、改建和扩建的以砌体或混凝土作为围护结构的建筑外墙防水工程的设计、施工及验收。

1.0.3 建筑外墙防水工程的设计、施工及验收，除应符合本规程外，尚应符合国家现行有关标准的规定。

2 术　　语

2.0.1 建筑外墙防水　waterproof and protection of exterior wall of building

阻止水渗入建筑外墙，满足墙体使用功能的构造及措施。

2.0.2 防水透气膜　weather barrier

具有防水和透气功能的合成高分子膜状材料。

2.0.3 滴水线　drip water line

在凸出或凹进外墙面的部位外沿，设置的阻止水由水平方向内渗的构造。

3 基本规定

3.0.1 建筑外墙防水应具有阻止雨水、雪水侵入墙体的基本功能，并应具有抗冻融、耐高低温、承受风荷载等性能。

3.0.2 在正常使用和合理维护的条件下，有下列情况之一的建筑外墙，宜进行墙面整体防水：

　　1 年降水量大于等于 800mm 地区的高层建筑外墙；

　　2 年降水量大于等于 600mm 且基本风压大于等于 0.50kN/m² 地区的外墙；

　　3 年降水量大于等于 400mm 且基本风压大于等于 0.40kN/m² 地区有外保温的外墙；

　　4 年降水量大于等于 500mm 且基本风压大于等于 0.35kN/m² 地区有外保温的外墙；

　　5 年降水量大于等于 600mm 且基本风压大于等于 0.30kN/m² 地区有外保温的外墙。

3.0.3 除本规程第 3.0.2 条规定的建筑外，年降水量大于等于 400mm 地区的其他建筑外墙应采用节点构造防水措施。

3.0.4 全国主要城镇基本风压和年降水量表可按本规程附录 A 采用。

3.0.5 居住建筑外墙外保温系统的防水性能应符合现行行业标准《外墙外保温工程技术规程》JGJ 144 的规定。

3.0.6 建筑外墙防水采用的防水材料及配套材料除应符合外墙各构造层的要求外，尚应满足安全及环保的要求。

4 材　　料

4.1 一般规定

4.1.1 建筑外墙防水工程所用材料应与外墙相关构造层材料相容。

4.1.2 防水材料的性能指标应符合国家现行有关材料标准的规定。

4.2 防水材料

4.2.1 普通防水砂浆主要性能应符合表 4.2.1 的规定，检验方法应按现行国家标准《预拌砂浆》GB/T 25181 的有关规定执行。

表 4.2.1 普通防水砂浆主要性能

项　　目		指　　标
稠度（mm）		50，70，90
终凝时间（h）		≥8，≥12，≥24
抗渗压力（MPa）	28d	≥0.6
拉伸粘结强度（MPa）	14d	≥0.20
收缩率（%）	28d	≤0.15

4.2.2 聚合物水泥防水砂浆主要性能应符合表 4.2.2 的规定，检验方法应按现行行业标准《聚合物水泥防水砂浆》JC/T 984 执行。

表 4.2.2 聚合物水泥防水砂浆主要性能

项　　目		指　标	
		干粉类	乳液类
凝结时间	初凝（min）	≥45	≥45
	终凝（h）	≤12	≤24
抗渗压力（MPa）	7d	≥1.0	
粘结强度（MPa）	7d	≥1.0	
抗压强度（MPa）	28d	≥24.0	
抗折强度（MPa）	28d	≥8.0	
收缩率（%）	28d	≤0.15	
压折比		≤3	

4.2.3 聚合物水泥防水涂料主要性能应符合表 4.2.3 的规定，检验方法应按现行国家标准《聚合物水泥防水涂料》GB/T 23445 的有关规定执行。

表 4.2.3　聚合物水泥防水涂料主要性能

项　目	指　标
固体含量（%）	≥70
拉伸强度（无处理）（MPa）	≥1.2
断裂伸长率（无处理）（%）	≥200
低温柔性（φ10mm 棒）	−10℃，无裂纹
粘结强度（无处理）（MPa）	≥0.5
不透水性（0.3MPa，30min）	不透水

4.2.4　聚合物乳液防水涂料主要性能应符合表 4.2.4 的规定，检验方法应按现行行业标准《聚合物乳液建筑防水涂料》JC/T 864 的有关规定执行。

表 4.2.4　聚合物乳液防水涂料主要性能

试　验　项　目	指　标	
	Ⅰ类	Ⅱ类
拉伸强度（MPa）	≥1.0	≥1.5
断裂延伸率（%）	≥300	
低温柔性（绕 φ10mm 棒，棒弯 180°）	−10℃，无裂纹	−20℃，无裂纹
不透水性（0.3MPa，30min）	不透水	
固体含量（%）	≥65	
干燥时间（h） 表干时间	≤4	
实干时间	≤8	

4.2.5　聚氨酯防水涂料主要性能应符合表 4.2.5 的规定，检验方法应按现行国家标准《聚氨酯防水涂料》GB/T 19250 的有关规定执行。

表 4.2.5　聚氨酯防水涂料主要性能

项　目	指　标			
	单组分		多组分	
	Ⅰ类	Ⅱ类	Ⅰ类	Ⅱ类
拉伸强度（MPa）	≥1.90	≥2.45	≥1.90	≥2.45
断裂延伸率（%）	≥550	≥450	≥450	≥450
低温弯折性（℃）	≤−40		≤−35	
不透水性（0.3MPa，30min）	不透水		不透水	
固体含量（%）	≥80		≥92	
表干时间（h）	≤12		≤8	
实干时间（h）	≤24		≤24	

4.2.6　防水透气膜主要性能应符合表 4.2.6 的规定，检验方法应按现行国家标准《建筑防水卷材试验方

法》GB/T 328 和《塑料薄膜和片材透水蒸气性试验方法　杯式法》GB/T 1037 的有关规定执行。

表 4.2.6　防水透气膜主要性能

项　目	指　标		检验方法
	Ⅰ类	Ⅱ类	
水蒸气透过量[g/(m²·24h),23℃]	≥1000		应按现行国家标准《塑料薄膜和片材透水蒸气性试验方法　杯式法》GB/T 1037 中 B 法的规定执行
不透水性（mm，2h）	≥1000		应按《建筑防水卷材试验方法》GB/T 328.10 中 A 法的规定执行
最大拉力（N/50mm）	≥100	≥250	应按《建筑防水卷材试验方法》GB/T 328.9 中 A 法的规定执行
断裂伸长率（%）	≥35	≥10	应按《建筑防水卷材试验方法》GB/T 328.9 中 A 法的规定执行
撕裂性能（N，钉杆法）	≥40		应按《建筑防水卷材试验方法》GB/T 328.18 的规定执行
热老化（80℃，168h） 拉力保持率（%）	≥80		应按《建筑防水卷材试验方法》GB/T 328.9 中 A 法的规定执行
断裂伸长率保持率（%）			
水蒸气透过量保持率（%）			应按现行国家标准《塑料薄膜和片材透水蒸气性试验方法　杯式法》GB/T 1037 中 B 法的规定执行

4.3　密封材料

4.3.1　硅酮建筑密封胶主要性能应符合表 4.3.1 的规定，检验方法应按现行国家标准《硅酮建筑密封胶》GB/T 14683 的相关规定执行。

表 4.3.1　硅酮建筑密封胶主要性能

项　目	指　标			
	25HM	20HM	25LM	20LM
下垂度（mm） 垂直	≤3			
水平	无变形			
表干时间（h）	≤3			
挤出性（mL/min）	≥80			
弹性恢复率（%）	≥80			
拉伸模量（MPa）	>0.4(23℃时) 或>0.6(−10℃时)		≤0.4(23℃时) 且≤0.6(−20℃时)	
定伸粘结性	无破坏			

4.3.2　聚氨酯建筑密封胶主要性能应符合表 4.3.2 的规定，检验方法应按现行行业标准《聚氨酯建筑密封胶》JC/T 482 的相关规定执行。

表 4.3.2　聚氨酯建筑密封胶主要性能

项　目		指标		
		20HM	25LM	20LM
流动性	下垂度（N型）(mm)	≤3		
	流平性（L型）	光滑平整		
表干时间（h）		≤24		
挤出性（mL/min）		≥80		
适用期（h）		≥1		
弹性恢复率（%）		≥70		
拉伸模量（MPa）		＞0.4(23℃时) 或＞0.6(-20℃时)	≤0.4(23℃时) 且≤0.6(-20℃时)	
定伸粘结性		无破坏		

注：1　挤出性仅适用于单组分产品。
　　2　适用期仅适用于多组分产品。

4.3.3　聚硫建筑密封胶主要性能应符合表 4.3.3 的规定，检验方法应按现行行业标准《聚硫建筑密封胶》JC/T 483 的有关规定执行。

表 4.3.3　聚硫建筑密封胶主要性能

项　目		指标		
		20HM	25LM	20LM
流动性	下垂度（N型）(mm)	≤3		
	流平性（L型）	光滑平整		
表干时间（h）		≤24		
拉伸模量（MPa）		＞0.4(23℃时) 或＞0.6(-20℃时)	≤0.4(23℃时) 且≤0.6(-20℃时)	
适用期（h）		≥2		
弹性恢复率（%）		≥70		
定伸粘结性		无破坏		

4.3.4　丙烯酸酯建筑密封胶主要性能应符合表 4.3.4 的规定，检验方法应按现行行业标准《丙烯酸酯建筑密封胶》JC/T 484 的有关规定执行。

表 4.3.4　丙烯酸酯建筑密封胶主要性能

项　目	指标		
	12.5E	12.5P	7.5P
下垂度（mm）	≤3		
表干时间（h）	≤1		
挤出性（mL/min）	≥100		
弹性恢复率（%）	≥40	报告实测值	
定伸粘结性	无破坏	—	
低温柔性（℃）	-20	-5	

4.4　配套材料

4.4.1　耐碱玻璃纤维网布主要性能应符合表 4.4.1 的规定，检验方法应按现行行业标准《耐碱玻璃纤维网布》JC/T 841 的相关规定执行。

表 4.4.1　耐碱玻璃纤维网布主要性能

项　目	指　标
单位面积质量（g/m²）	≥130
耐碱断裂强力（经、纬向）（N/50mm）	≥900
耐碱断裂强力保留率（经、纬向）（%）	≥75
断裂伸长率（经、纬向）（%）	≤4.0

4.4.2　界面处理剂主要性能应符合表 4.4.2 的规定，检验方法应按现行行业标准《混凝土界面处理剂》JC/T 907 的有关规定执行。

表 4.4.2　界面处理剂主要性能

项　目			指　标	
			Ⅰ型	Ⅱ型
剪切粘结强度（MPa）	7d		≥1.0	≥0.7
	14d		≥1.5	≥1.0
拉伸粘结强度（MPa）	未处理	7d	≥0.4	≥0.3
		14d	≥0.6	≥0.5
	浸水处理		≥0.5	≥0.3
	热处理			
	冻融循环处理			
	碱处理			

4.4.3　热镀锌电焊网主要性能应符合表 4.4.3 的要求，检验方法应按现行行业标准《镀锌电焊网》QB/T 3897 的有关规定执行。

表 4.4.3　热镀锌电焊网主要性能

项　目	指　标
工艺	热镀锌电焊网
丝径（mm）	0.90±0.04
网孔大小（mm）	12.7×12.7
焊点抗拉力（N）	＞65
镀锌层质量（g/m²）	≥122

4.4.4　密封胶粘带主要性能应符合表 4.4.4 的要求，检验方法应按现行行业标准《丁基橡胶防水密封胶粘带》JC/T 942 的有关规定执行。

表 4.4.4 密封胶粘带主要性能

试 验 项 目		指 标
持粘性(min)		≥20
耐热性(80℃，2h)		无流淌、龟裂、变形
低温柔性(-40℃)		无裂纹
剪切状态下的粘合性(N/mm)		≥2.0
剥离强度(N/mm)		≥0.4
剥离强度保持率(%)	热处理(80℃，168h)	≥80
	碱处理(饱和氢氧化钙溶液，168h)	
	浸水处理(168h)	

注：剪切状态下的粘合性仅针对双面胶粘带。

5 设 计

5.1 一 般 规 定

5.1.1 建筑外墙整体防水设计应包括下列内容：

　　1 外墙防水工程的构造；

　　2 防水层材料的选择；

　　3 节点的密封防水构造。

5.1.2 建筑外墙节点构造防水设计应包括门窗洞口、雨篷、阳台、变形缝、伸出外墙管道、女儿墙压顶、外墙预埋件、预制构件等交接部位的防水设防。

5.1.3 建筑外墙的防水层应设置在迎水面。

5.1.4 不同结构材料的交接处应采用每边不少于150mm 的耐碱玻璃纤维网布或热镀锌电焊网作抗裂增强处理。

5.1.5 外墙相关构造层之间应粘结牢固，并宜进行界面处理。界面处理材料的种类和做法应根据构造层材料确定。

5.1.6 建筑外墙防水材料应根据工程所在地区的气候环境特点选用。

5.2 整体防水层设计

5.2.1 无外保温外墙的整体防水层设计应符合下列规定：

　　1 采用涂料饰面时，防水层应设在找平层和涂料饰面层之间（图 5.2.1-1），防水层宜采用聚合物水泥防水砂浆或普通防水砂浆；

　　2 采用块材饰面时，防水层应设在找平层和块材粘结层之间（图 5.2.1-2），防水层宜采用聚合物水泥防水砂浆或普通防水砂浆；

　　3 采用幕墙饰面时，防水层应设在找平层和幕墙饰面之间（图 5.2.1-3），防水层宜采用聚合物水泥防水砂浆、普通防水砂浆、聚合物水泥防水涂料、聚合物乳液防水涂料或聚氨酯防水涂料。

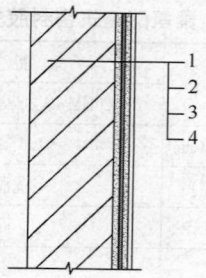

图 5.2.1-1 涂料饰面外墙整体
防水构造
1—结构墙体；2—找平层；
3—防水层；4—涂料面层

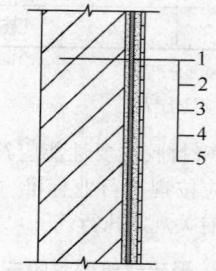

图 5.2.1-2 块材饰面外墙整体
防水构造
1—结构墙体；2—找平层；3—防水层；
4—粘结层；5—块材饰面层

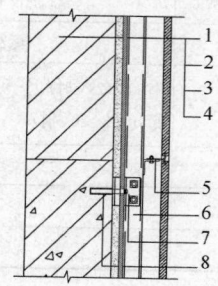

图 5.2.1-3 幕墙饰面外墙整体防水构造
1—结构墙体；2—找平层；3—防水层；4—面板；
5—挂件；6—竖向龙骨；7—连接件；8—锚栓

5.2.2 外保温外墙的整体防水层设计应符合下列规定：

　　1 采用涂料或块材饰面时，防水层宜设在保温层和墙体基层之间，防水层可采用聚合物水泥防水砂浆或普通防水砂浆（图 5.2.2-1）；

　　2 采用幕墙饰面时，设在找平层上的防水层宜采用聚合物水泥防水砂浆、普通防水砂浆、聚合物水泥防水涂料、聚合物乳液防水涂料或聚氨酯防水涂料；当外墙保温层选用矿物棉保温材料时，防水层宜采用防水透气膜（图 5.2.2-2）。

5.2.3 砂浆防水层中可增设耐碱玻璃纤维网布或热镀锌电焊网增强，并宜用锚栓固定于结构墙体中。

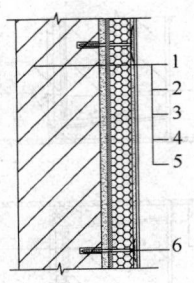

图 5.2.2-1　涂料或块材饰面
外保温外墙整体防水构造

1—结构墙体；2—找平层；3—防水层；4—保温层；
5—饰面层；6—锚栓

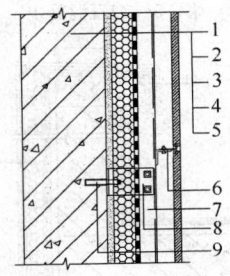

图 5.2.2-2　幕墙饰面外保温外
墙整体防水构造

1—结构墙体；2—找平层；3—保温层；
4—防水透气膜；5—面板；6—挂件；
7—竖向龙骨；8—连接件；9—锚栓

5.2.4 防水层最小厚度应符合表 5.2.4 的规定。

表 5.2.4　防水层最小厚度（mm）

墙体基层种类	饰面层种类	聚合物水泥防水砂浆		普通防水砂浆	防水涂料
		干粉类	乳液类		
现浇混凝土	涂料	3	5	8	1.0
	面砖				—
	幕墙				1.0
砌体	涂料	5		10	1.2
	面砖				—
	干挂幕墙				1.2

5.2.5 砂浆防水层宜留分格缝，分格缝宜设置在墙体结构不同材料交接处。水平分格缝宜与窗口上沿或下沿平齐；垂直分格缝间距不宜大于 6m，且宜与门、窗框两边线对齐。分格缝宽宜为 8mm～10mm，缝内应采用密封材料作密封处理。

5.2.6 外墙防水层应与地下墙体防水层搭接。

5.3　节点构造防水设计

5.3.1 门窗框与墙体间的缝隙宜采用聚合物水泥防水砂浆或发泡聚氨酯填充；外墙防水层应延伸至门窗框，防水层与门窗框间应预留凹槽，并应嵌填密封材料；门窗上楣的外口应做滴水线；外窗台应设置不小于 5% 的外排水坡度（图 5.3.1-1、图 5.3.1-2）。

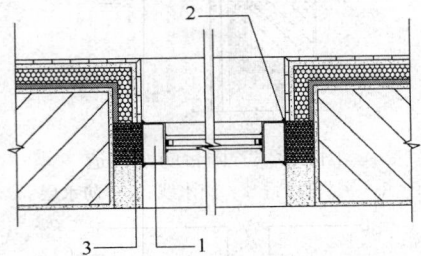

图 5.3.1-1　门窗框防水平剖面构造

1—窗框；2—密封材料；3—聚合物水泥
防水砂浆或发泡聚氨酯

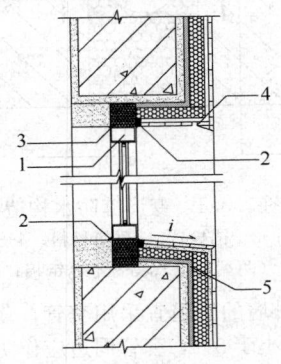

图 5.3.1-2　门窗框防水立剖面构造

1—窗框；2—密封材料；3—聚合物水泥防水砂浆
或发泡聚氨酯；4—滴水线；5—外墙防水层

5.3.2 雨篷应设置不应小于 1% 的外排水坡度，外口下沿应做滴水线；雨篷与外墙交接处的防水层应连续；雨篷防水层应沿外口下翻至滴水线（图 5.3.2）。

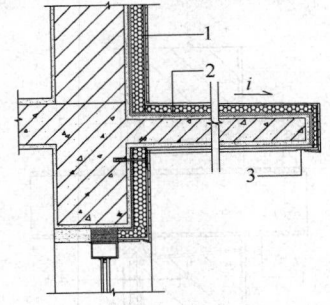

图 5.3.2　雨篷防水构造

1—外墙保温层；2—防水层；3—滴水线

5.3.3 阳台应向水落口设置不小于 1% 的排水坡度，水落口周边应留槽嵌填密封材料。阳台外口下沿应做滴水线（图 5.3.3）。

5.3.4 变形缝部位应增设合成高分子防水卷材附加层，卷材两端应满粘于墙体，满粘的宽度不应小于 150mm，并应钉压固定；卷材收头应用密封材料密封（图 5.3.4）。

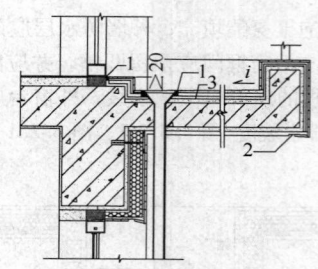

图 5.3.3 阳台防水构造
1—密封材料；2—滴水线；3—防水层

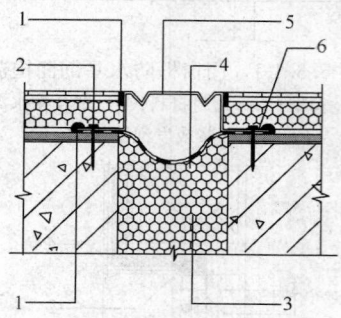

图 5.3.4 变形缝防水构造
1—密封材料；2—锚栓；3—衬垫材料；4—合成高分子
防水卷材（两端粘结）；5—不锈钢板；6—压条

5.3.5 穿过外墙的管道宜采用套管，套管应内高外低，坡度不应小于 5%，套管周边应作防水密封处理（图 5.3.5-1、图 5.3.5-2）。

5.3.6 女儿墙压顶宜采用现浇钢筋混凝土或金属压顶，压顶应向内找坡，坡度不应小于 2%。当采用混凝土压顶时，外墙防水层应延伸至压顶内侧的滴水线部位（图 5.3.6-1）；当采用金属压顶时，外墙防水层应做到压顶的顶部，金属压顶应采用专用金属配件固定（图 5.3.6-2）。

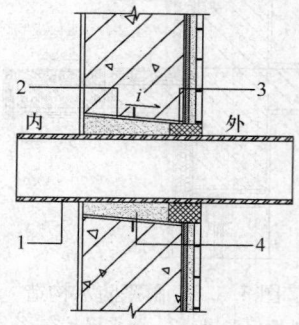

图 5.3.5-1 伸出外墙管道防水
构造（一）
1—伸出外墙管道；2—套管；
3—密封材料；4—聚合物
水泥防水砂浆

5.3.7 外墙预埋件四周应用密封材料封闭严密，密封材料与防水层应连续。

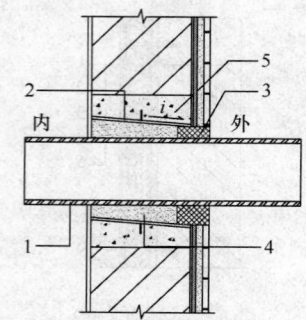

图 5.3.5-2 伸出外墙管道防水
构造（二）
1—伸出外墙管道；2—套管；3—
密封材料；4—聚合物水泥防水砂
浆；5—细石混凝土

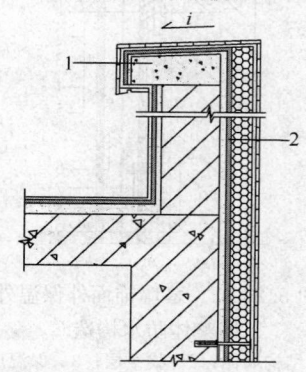

图 5.3.6-1 混凝土压顶女儿墙
防水构造
1—混凝土压顶；2—防水层

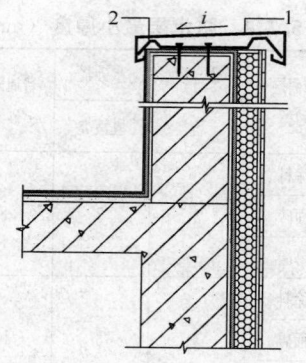

图 5.3.6-2 金属压顶女儿墙
防水构造
1—金属压顶；2—金属配件

6 施 工

6.1 一 般 规 定

6.1.1 外墙防水工程应按设计要求施工，施工前应编制专项施工方案并进行技术交底。

6.1.2 外墙防水应由有相应资质的专业队伍进行施工；作业人员应持证上岗。

6.1.3 防水材料进场时应抽样复验。

6.1.4 每道工序完成后，应经检查合格后再进行下道工序的施工。

6.1.5 外墙门框、窗框、伸出外墙管道、设备或预埋件等应在建筑外墙防水施工前安装完毕。

6.1.6 外墙防水层的基层找平层应平整、坚实、牢固、干净，不得酥松、起砂、起皮。

6.1.7 块材的勾缝应连续、平直、密实，无裂缝、空鼓。

6.1.8 外墙防水工程完工后，应采取保护措施，不得损坏防水层。

6.1.9 外墙防水工程严禁在雨天、雪天和五级风及其以上时施工；施工的环境气温宜为5℃～35℃。施工时应采取安全防护措施。

6.2 无外保温外墙防水工程施工

6.2.1 外墙结构表面的油污、浮浆应清除，孔洞、缝隙应堵塞抹平；不同结构材料交接处的增强处理材料应固定牢固。

6.2.2 外墙结构表面宜进行找平处理，找平层施工应符合下列规定：

  1 外墙基层表面应清理干净后再进行界面处理；

  2 界面处理材料的品种和配比应符合设计要求，拌合应均匀一致，无粉团、沉淀等缺陷，涂层应均匀、不露底，并应待表面收水后再进行找平层施工；

  3 找平层砂浆的厚度超过10mm时，应分层压实、抹平。

6.2.3 外墙防水层施工前，宜先做好节点处理，再进行大面积施工。

6.2.4 砂浆防水层施工应符合下列规定：

  1 基层表面应为平整的毛面，光滑表面应进行界面处理，并应按要求湿润。

  2 防水砂浆的配制应满足下列要求：

    1）配合比应按照设计要求，通过试验确定；

    2）配制乳液类聚合物水泥防水砂浆前，乳液应先搅拌均匀，再按规定比例加入拌合料中搅拌均匀；

    3）干粉类聚合物水泥防水砂浆应按规定比例加水搅拌均匀；

    4）粉状防水剂配制普通防水砂浆时，应先将规定比例的水泥、砂和粉状防水剂干拌均匀，再加水搅拌均匀；

    5）液态防水剂配制普通防水砂浆时，应先将规定比例的水泥和砂干拌均匀，再加入用水稀释的液态防水剂搅拌均匀。

  3 配制好的防水砂浆宜在1h内用完；施工中不得加水。

  4 界面处理材料涂刷厚度应均匀、覆盖完全，收水后应及时进行砂浆防水层施工。

  5 防水砂浆铺抹施工应符合下列规定：

    1）厚度大于10mm时，应分层施工，第二层应待前一层指触不粘时进行，各层应粘结牢固；

    2）每层宜连续施工，留茬时，应采用阶梯坡形茬，接茬部位离阴阳角不得小于200mm；上下层接茬应错开300mm以上，接茬应依层次顺序操作、层层搭接紧密；

    3）喷涂施工时，喷枪的喷嘴应垂直于基面，合理调整压力、喷嘴与基面距离；

    4）涂抹时应压实、抹平；遇气泡时应挑破，保证铺抹密实；

    5）抹平、压实应在初凝前完成。

  6 窗台、窗楣和凸出墙面的腰线等部位上表面的排水坡度应准确，外口下沿的滴水线应连续、顺直。

  7 砂浆防水层分格缝的留设位置和尺寸应符合设计要求，嵌填密封材料前，应将分格缝清理干净，密封材料应嵌填密实。

  8 砂浆防水层转角宜抹成圆弧形，圆弧半径不应小于5mm，转角抹压应顺直。

  9 门框、窗框、伸出外墙管道、预埋件等与防水层交接处应留8mm～10mm宽的凹槽，并应按本条第7款的规定进行密封处理。

  10 砂浆防水层未达到硬化状态时，不得浇水养护或直接受雨水冲刷，聚合物水泥防水砂浆硬化后应采用干湿交替的养护方法；普通防水砂浆防水层应在终凝后进行保湿养护。养护期间不得受冻。

6.2.5 涂膜防水层施工应符合下列规定：

  1 施工前应对节点部位进行密封或增强处理。

  2 涂料的配制和搅拌应满足下列要求：

    1）双组分涂料配制前，应将液体组分搅拌均匀，配料应按照规定要求进行，不得任意改变配合比；

    2）应采用机械搅拌，配制好的涂料应色泽均匀，无粉团、沉淀。

  3 基层的干燥程度应根据涂料的品种和性能确定；防水涂料涂布前，宜涂刷基层处理剂。

  4 涂膜宜多遍完成，后遍涂布应在前遍涂层干燥成膜后进行。挥发性涂料的每遍用量每平方米不宜大于0.6kg。

  5 每遍涂布应交替改变涂层的涂布方向，同一涂层涂布时，先后接茬宽度宜为30mm～50mm。

  6 涂膜防水层的甩茬部位不得污损，接茬宽度不应小于100mm。

  7 胎体增强材料应铺贴平整，不得有褶皱和胎体外露，胎体层充分浸透防水涂料；胎体的搭接宽度不应小于50mm。胎体的底层和面层涂膜厚度均不应小于0.5mm。

8 涂膜防水层完工并经检验合格后，应及时做好饰面层。

6.2.6 防水层中设置的耐碱玻璃纤维网布或热镀锌电焊网片不得外露。热镀锌电焊网片应与基层墙体固定牢固；耐碱玻璃纤维网布应铺贴平整、无皱褶，两幅间的搭接宽度不应小于50mm。

6.3 外保温外墙防水工程施工

6.3.1 防水层的基层表面应平整、干净；防水层与保温层应相容。

6.3.2 防水层施工应符合本规程第6.2.4条、第6.2.5条和第6.2.6条的规定。

6.3.3 防水透气膜施工应符合下列规定：

1 基层表面应干净、牢固，不得有尖锐凸起物；

2 铺设宜从外墙底部一侧开始，沿建筑立面自下而上横向铺设，并应顺流水方向搭接；

3 防水透气膜横向搭接宽度不得小于100mm，纵向搭接宽度不得小于150mm，相邻两幅膜的纵向搭接缝应相互错开，间距不应小于500mm，搭接缝应采用密封胶粘带覆盖密封；

4 防水透气膜应随铺随随固定，固定部位应预先粘贴小块密封胶粘带，用带塑料垫片的塑料锚栓将防水透气膜固定在基层上，固定点每平方米不得少于3处；

5 铺设在窗洞或其他洞口处的防水透气膜，应以"I"字形裁开，并应用密封胶粘带固定在洞口内侧；与门、窗框连接处应使用配套密封胶粘带满粘密封，四角用密封材料封严；

6 穿透防水透气膜的连接件周围应用密封胶粘带封严。

7 质量检查与验收

7.1 一般规定

7.1.1 建筑外墙防水工程的质量应符合下列规定：

1 防水层不得有渗漏现象；

2 采用的材料应符合设计要求；

3 找平层应平整、坚固，不得有空鼓、酥松、起砂、起皮现象；

4 门窗洞口、伸出外墙管道、预埋件及收头等部位的防水构造，应符合设计要求；

5 砂浆防水层应坚固、平整，不得有空鼓、开裂、酥松、起砂、起皮现象；

6 涂膜防水层厚度应符合设计要求，无裂纹、皱褶、流淌、鼓泡和露胎体现象；

7 防水透气膜应铺设平整、固定牢固，不得有皱褶、翘边等现象；搭接宽度应符合要求，搭接缝和

节点部位应密封严密。

7.1.2 外墙防水材料应有产品合格证和出厂检验报告，材料的品种、规格、性能等符合国家现行有关标准和设计要求；进场的防水材料应抽样复验；不合格的材料不得在工程中使用。

7.1.3 外墙防水层完工后应进行检验验收。防水层渗漏检查应在雨后或持续淋水30min后进行。

7.1.4 外墙防水应按照外墙面面积500m²～1000m²为一个检验批，不足500m²时也应划分为一个检验批；每个检验批每100m²应至少抽查一处，每处不得小于10m²，且不得少于3处；节点构造应全部进行检查。

7.1.5 外墙防水材料现场抽样数量和复验项目应按表7.1.5的要求执行。

表7.1.5 防水材料现场抽样数量和复验项目

序号	材料名称	现场抽样数量	复验项目	
			外观质量	主要性能
1	普通防水砂浆	每10m³为一批，不足10m³按一批抽样	均匀，无凝结团状	应满足本规程表4.2.1的要求
2	聚合物水泥防水砂浆	每10t为一批，不足10t按一批抽样	包装完好无损，标明产品名称、规格、生产厂家、产品有效期	应满足本规程表4.2.2的要求
3	防水涂料	每5t为一批，不足5t按一批抽样	包装完好无损，标明产品名称、规格、生产厂家、产品有效期	应满足本规程表4.2.3、表4.2.4和表4.2.5的要求
4	防水透气膜	每3000m²为一批，不足3000m²按一批抽样	包装完好无损，标明产品名称、规格、生产厂家、产品有效期	应满足本规程表4.2.6的要求
5	密封材料	每1t为一批，不足1t按一批抽样	均匀膏状物，无结皮、凝胶或不易分散的固体团状	应满足本规程表4.3.1、表4.3.2、表4.3.3和表4.3.4的要求
6	耐碱玻璃纤维网布	每3000m²为一批，不足3000m²按一批抽样	均匀，无团状，平整，无褶皱	应满足本规程表4.4.1的要求
7	热镀锌电焊网	每3000m²为一批，不足3000m²按一批抽样	网面平整，网孔均匀，色泽基本均匀	应满足本规程表4.4.3的要求

7.2 砂浆防水层

主控项目

7.2.1 砂浆防水层的原材料、配合比及性能指标，应符合设计要求。

检验方法：检查出厂合格证、质量检验报告、配合比试验报告和抽样复验报告。

7.2.2 砂浆防水层不得有渗漏现象。

检验方法：雨后或持续淋水 30min 后观察检查。

7.2.3 砂浆防水层与基层之间及防水层各层之间应结合牢固，不得有空鼓。

检验方法：观察和用小锤轻击检查。

7.2.4 砂浆防水层在门窗洞口、伸出外墙管道、预埋件、分格缝及收头等部位的节点做法，应符合设计要求。

检验方法：观察检查和检查隐蔽工程验收记录。

一 般 项 目

7.2.5 砂浆防水层表面应密实、平整，不得有裂纹、起砂、麻面等缺陷。

检验方法：观察检查。

7.2.6 砂浆防水层留茬位置应正确，接茬应按层次顺序操作，应做到层层搭接紧密。

检验方法：观察检查。

7.2.7 砂浆防水层的平均厚度应符合设计要求，最小厚度不得小于设计值的 80%。

检验方法：观察和尺量检查。

7.3 涂膜防水层

主 控 项 目

7.3.1 防水层所用防水涂料及配套材料应符合设计要求。

检验方法：检查出厂合格证、质量检验报告和抽样复验报告。

7.3.2 涂膜防水层不得有渗漏现象。

检验方法：雨后或持续淋水 30min 后观察检查。

7.3.3 涂膜防水层在门窗洞口、伸出外墙管道、预埋件及收头等部位的节点做法，应符合设计要求。

检验方法：观察检查和检查隐蔽工程验收记录。

一 般 项 目

7.3.4 涂膜防水层的平均厚度应符合设计要求，最小厚度不应小于设计值的 80%。

检验方法：针测法或割取 20mm×20mm 实样用卡尺测量。

7.3.5 涂膜防水层应与基层粘结牢固，表面平整，涂刷均匀，不得有流淌、皱褶、鼓泡、露胎体和翘边等缺陷。

检验方法：观察检查。

7.4 防水透气膜防水层

主 控 项 目

7.4.1 防水透气膜及其配套材料应符合设计要求。

检验方法：检查出厂合格证、质量检验报告和抽样复验报告。

7.4.2 防水透气膜防水层不得有渗漏现象。

检验方法：雨后或持续淋水 30min 后观察检查。

7.4.3 防水透气膜在门窗洞口、伸出外墙管道、预埋件及收头等部位的节点做法，应符合设计要求。

检验方法：观察检查和检查隐蔽工程验收记录。

一 般 项 目

7.4.4 防水透气膜的铺贴应顺直，与基层应固定牢固，膜表面不得有皱褶、伤痕、破裂等缺陷。

检验方法：观察检查。

7.4.5 防水透气膜的铺贴方向应正确，纵向搭接缝应错开，搭接宽度的负偏差不应大于 10mm。

检验方法：观察和尺量检查。

7.4.6 防水透气膜的搭接缝应粘结牢固，密封严密；收头应与基层粘结并固定牢固，缝口应封严，不得有翘边现象。

检验方法：观察检查。

7.5 工 程 验 收

7.5.1 外墙防水质量验收的程序和组织，应符合现行国家标准《建筑工程施工质量验收统一标准》GB 50300 的规定。

7.5.2 外墙防水工程验收时，应提交下列技术资料并归档：

　1　外墙防水工程的设计文件，图纸会审、设计变更、洽商记录单；

　2　主要材料的产品合格证、质量检验报告、进场抽样复验报告、现场施工质量检测报告；

　3　施工方案及安全技术措施文件；

　4　隐蔽工程验收记录；

　5　雨后或淋水检验记录；

　6　施工记录和施工质量检验记录；

　7　施工单位的资质证书及操作人员的上岗证书。

附录 A 全国主要城镇基本风压及年降水量表

表 A 全国主要城镇基本风压及年降水量

省市名	城市名	基本风压（kN/m²）	年降水量（mm）
北京	北京市	0.45	571.90
天津	天津市	0.50	544.30
上海	上海市	0.55	1184.40
重庆	重庆市	0.40	1118.50

省市名	城市名	基本风压 (kN/m²)	年降水量 (mm)
河北	石家庄市	0.35	517.0
	蔚县	0.30	407.10
	邢台市	0.30	493.40
	张家口市	0.55	403.60
	怀来	0.35	372.30
	承德市	0.40	512.0
	秦皇岛市	0.45	634.30
	唐山市	0.40	610.30
	乐亭	0.40	609.90
	保定市	0.40	512.50
	沧州市	0.40	604.90
	南宫市	0.35	477.30
山西	太原市	0.40	431.20
	大同市	0.55	371.40
	原平市	0.50	417.10
	离石	0.45	461.50
	阳泉市	0.40	515.80
	介休市	0.40	454.90
	临汾市	0.40	468.50
	长治市	0.50	534.00
	运城市	0.40	529.60
内蒙古	呼和浩特市	0.55	397.90
	牙克石市图里河	0.40	463.90
	满洲里市	0.65	303.20
	海拉尔市	0.65	367.20
	新巴尔虎左旗阿木古朗	0.55	287.40
	牙克石市博克图	0.55	442.60
	乌兰浩特市	0.55	442.60
	东乌珠穆沁旗	0.55	258.70
	额济纳旗	0.60	35.20
	额济纳旗拐子湖	0.55	35.50
	二连浩特市	0.65	142.30
	杭锦后旗陕坝	0.45	128.90
	包头市	0.55	297.60
	集宁市	0.60	363.80
	鄂托克旗	0.55	264.70
	东胜市	0.50	381.10
	锡林浩特市	0.55	286.60

省市名	城市名	基本风压 (kN/m²)	年降水量 (mm)
内蒙古	林西	0.60	385.00
	通辽市	0.55	373.60
	多伦	0.55	386.40
	赤峰市	0.55	371.00
辽宁	沈阳市	0.55	690.30
	彰武	0.45	509.00
	阜新市	0.60	502.70
	朝阳市	0.55	480.70
	锦州市	0.60	567.70
	鞍山市	0.50	710.20
	本溪市	0.45	776.00
	营口市	0.60	643.30
	丹东市	0.55	925.60
	大连市	0.65	601.90
吉林	长春市	0.65	570.40
	白城市	0.65	398.50
	前郭尔罗斯	0.45	422.30
	四平市	0.55	632.70
	吉林市	0.50	648.80
	桦甸	0.40	748.10
	延吉市	0.50	528.20
	通化市	0.50	871.70
	浑江市	0.30	791.70
黑龙江	哈尔滨市	0.55	524.30
	漠河	0.35	432.70
	加格达奇	0.35	481.90
	黑河市	0.50	521.80
	嫩江	0.55	491.90
	孙吴	0.60	537.80
	克山	0.45	509.80
	齐齐哈尔市	0.45	415.30
	海伦市	0.55	544.60
	伊春市	0.35	627.00
	鹤岗市	0.40	612.50
	大庆市	0.55	428.00

省市名	城市名	基本风压 （kN/m²）	年降水量 （mm）
黑龙江	铁力市	0.35	613.60
	佳木斯市	0.65	516.30
	通河	0.50	603.10
	尚志市	0.55	660.50
	鸡西市	0.55	541.80
	虎林市	0.45	565.70
	牡丹江市	0.50	537.00
	绥芬河市	0.60	553.90
山东	济南市	0.45	672.70
	德州市	0.45	565.50
	惠民	0.50	568.50
	烟台市	0.55	672.40
	威海市	0.65	776.90
	荣成市	0.70	664.40
	淄博市	0.40	615.00
	沂源	0.35	668.30
	潍坊市	0.40	588.30
	青岛市	0.60	662.10
	菏泽市	0.40	624.70
	兖州市	0.40	660.10
	日照市	0.40	784.50
江苏	南京市	0.40	1062.40
	徐州市	0.35	831.70
	赣榆	0.45	905.90
	淮阴市	0.40	912.90
	无锡市	0.24	1095.10
	泰州市	0.40	1053.10
	连云港市	0.77	883.60
	盐城市	0.45	1005.90
	东台市	0.40	1051.10
	南通市	0.45	1064.80
	常州市	0.40	1091.60
	苏州市	0.45	1162.10
浙江	杭州市	0.45	1454.60
	舟山市	0.85	1320.60
	金华市	0.35	1351.50
	宁波市	0.50	1442.80
	衢州市	0.35	1705.00
	丽水市	0.30	1391.80
	温州市	0.60	1742.40

省市名	城市名	基本风压 （kN/m²）	年降水量 （mm）
安徽	合肥市	0.35	995.30
	亳州市	0.45	790.10
	蚌埠市	0.35	919.70
	六安市	0.35	1107.70
	巢县	0.35	1098.80
	安庆市	0.40	1474.90
	黄山市	0.35	2403.00
	阜阳市	0.40	910.00
江西	南昌市	0.45	1624.20
	修水	0.30	1613.80
	吉安市	0.30	1518.80
	宁冈	0.30	1580.90
	赣州市	0.30	1461.20
	九江市	0.35	1444.10
	景德镇市	0.35	1826.60
	南城	0.30	1704.70
	广昌	0.30	1727.10
福建	福州市	0.70	1339.60
	邵武市	0.30	1832.40
	建阳	0.35	1631.10
	南平市	0.35	1652.40
	长汀	0.35	1742.80
	永安市	0.40	1563.80
	龙岩市	0.35	1718.30
	厦门市	0.80	1349.00
陕西	西安市	0.35	553.30
	榆林市	0.40	365.60
	延安市	0.35	510.70
	铜川市	0.35	686.70
	宝鸡市	0.35	656.30
	略阳	0.35	791.90
	汉中市	0.30	852.60
	安康市	0.45	814.20
甘肃	兰州市	0.30	311.70
	安西	0.55	53.60
	酒泉市	0.55	87.70
	张掖市	0.50	130.40
	武威市	0.55	165.90
	民勤	0.50	113.00
	乌鞘岭	0.40	404.60
	靖远	0.30	235.50

省市名	城市名	基本风压 (kN/m²)	年降水量 (mm)
甘肃	平凉市	0.30	482.10
	夏河县合作	0.30	531.60
	武都	0.35	471.90
	天水市	0.35	491.60
宁夏	银川市	0.65	186.30
	中宁	0.35	202.10
	盐池	0.40	273.50
	固原市	0.35	435.20
青海	西宁市	0.35	373.60
	茫崖	0.40	55.50
	冷湖	0.55	16.00
	德令哈市	0.35	177.40
	刚察	0.35	379.40
	格尔木市	0.40	42.10
	都兰	0.45	193.90
	同德	0.30	431.30
	格尔木市托托河	0.50	275.50
	杂多	0.35	538.70
	曲麻莱	0.35	406.30
	玉树	0.30	485.90
	玛多	0.40	321.60
	达日县吉迈	0.35	544.60
	班玛	0.30	671.90
新疆	乌鲁木齐市	0.60	286.30
	阿勒泰市	0.70	191.30
	克拉玛依市	0.90	105.70
	伊宁市	0.60	268.90
	乌鲁木齐县达坂城	0.80	275.60
	吐鲁番市	0.85	15.60
	阿克苏市	0.45	74.50
	库车	0.50	74.50
	库尔勒市	0.45	51.30
	喀什市	0.55	64.00
	和田市	0.40	36.40
	哈密市	0.60	39.10

省市名	城市名	基本风压 (kN/m²)	年降水量 (mm)
河南	郑州市	0.45	632.40
	安阳市	0.45	556.80
	新乡市	0.40	558.80
	三门峡市	0.40	559.30
	卢氏	0.30	622.30
	洛阳市	0.40	599.60
	开封市	0.45	637.10
	南阳市	0.35	777.90
	驻马店市	0.40	979.20
	信阳市	0.35	1105.70
	商丘市	0.35	681.10
	固始	0.35	1064.70
湖北	武汉市	0.35	1269.00
	老河口市	0.30	834.70
	恩施市	0.30	1470.20
	宜昌市	0.30	1138.00
	荆州市	0.30	1084.00
	黄石市	0.35	1467.50
湖南	长沙市	0.35	1331.30
	岳阳市	0.40	1331.60
	常德市	0.40	1323.30
	芷江	0.30	1230.10
	邵阳市	0.30	1344.50
	零陵	0.40	1425.70
	衡阳市	0.40	1351.50
	郴州市	0.30	1493.80
广东	广州市	0.50	1736.10
	韶关市	0.35	1583.50
	珠海市	0.20	2087.90
	河源	0.30	2006.00
	汕头市	0.80	1631.10
	深圳市	0.75	1966.10
	汕尾市	0.85	1947.40
	湛江市	0.80	1735.70
	阳江市	0.70	2442.70

省市名	城市名	基本风压（kN/m²）	年降水量（mm）
广西	南宁市	0.35	1309.70
	桂林市	0.30	1921.20
	柳州市	0.30	1415.20
	百色市	0.45	1070.50
	桂平市	0.30	1682.50
	梧州市	0.30	1450.90
	龙州	0.30	1304.00
	东兴	0.75	2784.70
	北海市	0.75	1677.20
海南	海口市	0.75	1651.90
	东方市	0.85	961.20
	儋县	0.70	1849.10
	琼中	0.45	2439.20
	琼海市	0.85	2059.90
	三亚市	0.85	1239.10
四川	成都市	0.30	870.10
	若尔盖	0.30	663.60
	甘孜	0.45	659.70
	绵阳市	0.30	865.60
	康定	0.35	832.00
	九龙	0.30	902.60
	宜宾市	0.30	1063.10
	西昌市	0.30	1013.50
	会理	0.30	1147.80
	达县市	0.35	1207.40
	南充市	0.30	987.20
	内江市	0.40	1015.60
	涪陵市	0.30	1071.80
	泸州市	0.30	1093.60
贵州	贵阳市	0.30	1117.70
	盘县	0.35	1400.00
	毕节市	0.30	899.40
	遵义市	0.30	1074.20
	凯里市	0.30	1245.90
	兴仁	0.30	1342.00

省市名	城市名	基本风压（kN/m²）	年降水量（mm）
云南	昆明市	0.30	1011.30
	德钦	0.35	621.50
	昭通市	0.35	704.90
	丽江市	0.30	968.00
	腾冲	0.30	1527.10
	大理市	0.65	1051.10
	楚雄市	0.35	862.70
	临沧市	0.30	1163.00
	澜沧	0.30	1576.80
	景洪市	0.40	1113.70
	思茅市	0.45	1497.10
	元江	0.30	796.40
	蒙自	0.30	858.90
西藏	拉萨市	0.30	426.40
	那曲	0.45	430.10
	日喀则市	0.30	430.50
	昌都	0.35	474.60
	林芝	0.40	654.10
台湾	台北	0.70	2363.70
	台南	0.85	1546.40
香港	香港	0.90	2224.70
澳门	澳门	0.85	1998.70

注：基本风压（kN/m²）按 50 年计算；表中未列入的城镇基本风压及年降水量按相关标准或根据当地气象资料确定。

本规程用词说明

1 为便于在执行本规程条文时区别对待，对要求严格程度不同的用词说明如下：

1）表示很严格，非这样做不可的：

正面词采用"必须"，反面词采用"严禁"；

2）表示严格，在正常情况下均应这样做的：

正面词采用"应"，反面词采用"不应"或"不得"；

3）表示允许稍有选择，在条件许可时首先应这样做的：

正面词采用"宜"，反面词采用"不宜"；

4）表示有选择，在一定条件下可以这样做的，采用"可"。

2 条文中指明应按其他有关标准执行的写法为："应符合……的规定"或"应按……执行"。

引用标准名录

1 《建筑工程施工质量验收统一标准》GB 50300

2 《建筑防水卷材试验方法 第9部分：高分子防水卷材拉伸性能》GB/T 328.9

3 《建筑防水卷材试验方法 第10部分：沥青和高分子防水卷材不透水性》GB/T 328.10

4 《建筑防水卷材试验方法 第18部分：改性沥青防水卷材撕裂性能 钉杆法》GB/T 328.18

5 《塑料薄膜和片材透水蒸气性试验方法 杯式法》GB/T 1037

6 《硅酮建筑密封胶》GB/T 14683

7 《聚氨酯防水涂料》GB/T 19250

8 《聚合物水泥防水涂料》GB/T 23445

9 《外墙外保温工程技术规程》JGJ 144

10 《聚氨酯建筑密封胶》JC/T 482

11 《聚硫建筑密封胶》JC/T 483

12 《丙烯酸酯建筑密封胶》JC/T 484

13 《耐碱玻璃纤维网布》JC/T 841

14 《聚合物乳液建筑防水涂料》JC/T 864

15 《混凝土界面处理剂》JC/T 907

16 《丁基橡胶防水密封胶粘带》JC/T 942

17 《聚合物水泥防水砂浆》JC/T 984

18 《预拌砂浆》GB/T 25181

19 《镀锌电焊网》QB/T 3897

中华人民共和国行业标准

建筑外墙防水工程技术规程

JGJ/T 235—2011

条 文 说 明

制 定 说 明

《建筑外墙防水工程技术规程》JGJ/T 235 - 2011，经住房和城乡建设部 2011 年 1 月 28 日第 898 号公告批准、发布。

本规程制定过程中，编制组调研了国内外建筑外墙防水的情况，归纳总结了国内建筑外墙防水工程设计、施工等方面的实践经验，同时，参考了国内外的有关技术标准，制定了本规程。

为便于设计、施工、科研、教学等单位有关人员在使用规程时能够正确理解和执行条文的规定，《建筑外墙防水技术规程》编制组按章、节、条的顺序编制了规程的条文说明，对条文规定的目的、依据以及执行中需注意的有关事项进行了说明。但是，本条文说明不具备与规程正文同等的法律效力，仅供使用者作为理解和把握规程规定的参考。

目　　次

1 总　　则

1.0.1 建筑外墙的防水对建筑的使用功能有非常重要的作用，尤其是在建筑节能的要求下，防水的作用越来越重要。由于建筑（外墙）多样性的发展，以及建筑高度的增加、风压加大，致使外墙渗漏率加大，降低了外墙作为围护结构的使用功能和保温隔热性能，也会导致外墙使用寿命的缩短。在工程实践中由于缺乏外墙防水的统一做法，缺乏指导工程实践的标准规范，致使外墙渗漏时有发生，墙体的耐久性及使用功能得不到保证，影响了人民群众的生产和生活。因此编制《建筑外墙防水工程技术规程》（以下简称规程）是完全必要的。同时，为了与已有的建筑屋面、地下、室内防水工程标准配套，以完善建筑物整体防水的工程标准，也有必要编制建筑外墙防水技术标准。本规程的制定，将对提高建筑物的使用功能、保证建筑物的耐久性、节约能源起到指导和规范的作用。

1.0.2 规定了本规程的应用范围。砌体围护结构是指采用多孔砖、空心砌块、加气混凝土砌块等作为围护结构材料的墙体；混凝土围护结构是指采用现浇混凝土和预制混凝土作为围护结构材料的墙体。

本规程尚不包括其他材料构成的建筑外墙，例如：玻璃、木材、塑料、金属材料等构成的外墙；此相关内容有待今后进一步补充完善。

1.0.3 明确本规程与国家现行有关标准的关系。

2 术　　语

2.0.1 建筑外墙防水构造与措施不但能使建筑外墙具有防水功能，而且还具有在使用过程中对墙体结构的耐久性、保温层的长期热工性能等外墙的原设计功能及其完整性的防护作用。

2.0.2 防水透气膜具有防水透气功能，起到对保温层及墙体结构的保护作用，在达到外墙防水功能的同时，使保温层在长期使用过程中仍能达到设计规定的保温热工性能。

2.0.3 滴水线具有阻止水流向外墙面的功能。在凸出外墙的窗台、窗楣、雨篷、阳台、女儿墙压顶和突出外墙的腰线等部位均要做滴水线，滴水线的形式有滴水槽和鹰嘴两种，通常采用水泥砂浆制作，也可采用金属（不锈钢、铝合金）预制件。

3 基本规定

3.0.1 对建筑外墙防水提出的基本功能要求，主要有以下三个方面因素：

1 雨雪水侵入墙体，会对墙体产生侵蚀作用，

进入室内，将会影响使用；当有保温层时，还会降低热工性能，达不到原设计保温隔热的节能指标，由此产生的损害应引起高度的认识和重视。防止雨水雪水侵入墙体是外墙防水的最重要功能。

2 建筑外墙的防水层自身及其与基层的结合应能抵抗风荷载的破坏作用。

3 冻融和夏季高温将影响建筑外墙防水的使用寿命，降低使用功能。

3.0.2 针对国内建筑外墙的渗漏情况，本规程编制组进行了多次的各地调研和全国范围的问卷调查，主要内容有年降雨量与基本风压情况，建筑外墙的渗漏情况，建筑外墙的形式、构造与材料，是否采取防水措施、使用何种材料，是否采用外墙外保温，采用外保温时保温层的材料以及其外部保护采用何种材料，外墙防水设防对工程造价的影响等方面。调研结果的综合分析表明：

建筑外墙渗漏状况：在全国范围内比较多见，尤其南方地区的华南、江南，北方地区的东北、华北等地。例如，江南某住宅小区，入住 700 户，发生墙体渗漏的有 160 多户，约占 23%，导致了业主与开发商较大的纠纷。南方地区的华南、江南，由于降雨量大，尤其沿海地区风力大，加之建筑形式的多样化致使墙体渗漏的情况加剧。北方地区由于采用外墙外保温时采取的防水措施不充分产生的问题也较多。

各地采取的建筑外墙防水措施：目前外墙防水工程实践中主要采用两类方式进行设防，一类是墙面整体防水，主要应用于南方地区、沿海地区以及降雨量大、风压强的地区；另一类是对节点构造部位采取防水措施，主要应用于降雨量较小、风压较弱的地区和多层建筑以及未采用外保温墙体的建筑。各地采用外墙外保温的建筑均采取了墙面整体防水设防。

墙面整体防水包括所有外墙面的防水和节点构造部位的防水。节点构造的防水是指门窗洞口、雨篷、阳台、变形缝、伸出外墙管道、女儿墙压顶、外墙预埋件、预制构件等交接部位的防水。

根据国内建筑外墙防水的现状和实际做法，以及现代建筑对建筑外墙的要求，本规程将建筑外墙防水分为墙面整体防水和节点构造防水两种类别。

墙面整体防水分为两类：

一类是指降水量大、风压强的无外保温外墙，包含"年降水量大于等于 800mm 地区的高层建筑外墙"和"年降水量大于等于 600mm、基本风压大于等于 0.5kN/m² 地区的外墙"两种情形。

二类是指降水量较大、风压较强的有外保温外墙，包含"年降水量大于等于 400mm 且基本风压大于等于 0.4kN/m² 地区有外保温的外墙"、"年降水量大于等于 500mm 且基本风压大于等于 0.35kN/m² 地区有外保温的外墙"和"年降水量大于等于 600mm 且基本风压大于等于 0.3kN/m² 地区有外保温的外

墙"三种情形。调查和问卷反馈的情况显示，由于外墙外保温的广泛实施，以及目前常用的保温材料和外保温构造做法，使外墙更易发生渗漏。并且即使水分不进入外墙本体和室内，只要进入保温层，就会严重降低保温效果和保温层的耐久性。据研究，保温层的导热系数会随着含水率的增加呈线性增大。所以本规程规定上述情形下的外墙需要采取墙面整体防水，以加强保温功能的实现。

外墙防水类别划分的主要考虑因素为：

1 年降水量、基本风压等气候参数与外墙渗漏的高度关联性

外墙渗漏究其根本原因是有水的来源，主要是降雨，雨水可以沿着墙体的裂缝、薄弱的节点缝隙进入墙体内部甚至室内，或是通过墙体非密实的孔隙渗入墙体内部；同时，水的冻融也对墙体产生破坏作用，因此降水量的大小必然是防水的主要依据。风压的增加会增大与墙体接触的雨水量和雨水对墙体的渗透压力，也会加大墙面雨水的爬升高度，致使外墙的渗漏水率增加，加剧渗漏水程度。

2 本规程防水设计规定与实际防水工程的对应性

调研资料和问卷调查的结果显示，广西、广东、福建、云南、贵州、江西（部分）、湖南、湖北（部分）等地区的建筑主要采用无保温或者自保温的外墙，主要采用防水砂浆进行墙面整体设防，饰面层主要采用面砖和涂料；上海、江苏、浙江、安徽、江西（部分）、湖北（部分）等地区的建筑主要采用外保温或内保温的外墙，也采用墙面整体设防；北方城市（淮河、秦岭以南地区）的建筑主要采用外保温的外墙，也采用墙面整体设防，饰面层采用饰面涂料为主。因此本规程对外墙的墙面整体防水要求作出了合理和切实可行的规定。

3.0.3 根据调研的情况，本规程第 3.0.2 条规定之外的地区，年降水量大于等于 400mm 地区的建筑外墙渗漏主要发生在门窗洞口、雨篷、阳台、变形缝、伸出外墙管道等节点部位，因此应采用节点构造防水措施。

根据调研资料，降水量小于 200mm 的干旱区、降水量在 400mm 以下的地区主要在甘肃、青海、宁夏、内蒙古和新疆大部，外墙渗漏的情况比较少见，本规程未对其防水作出规定，必要时可根据实际情况对节点部位进行防水密封处理。

3.0.4 参照国家标准《建筑气候区划标准》GB 50178、《建筑结构荷载规范》GB 50009，参考《中华人民共和国气候图集》（气象出版社 2002 年 7 月出版）以及国家气象信息中心提供的资料；并结合工程实际和外墙对墙面防水设防的要求，本规程设定的墙面整体防水所对应的主要气候地区如下：

1 年降水量大于等于 800mm 的地区（湿润区），

主要为沿淮河—秦岭（陕西的汉中市、安康市，河南的驻马店市、信阳市）—青藏高原东南边缘线以南的地区（此为我国 800mm 等降水量线，包括成都市）以及江南地区；其他北方地区的城市主要有辽宁的丹东市，吉林的通化市。

2 年降水量大于等于 600mm、基本风压大于等于 0.5kN/m² 的地区，主要为沿海地区。例如：

广东：汕头、汕尾、阳江、深圳；

海南：海口、三亚、琼海等大部分地区；

广西：北海、钦州、东兴；

浙江：温州、舟山；

福建：福州、厦门；

山东：青岛、潍坊、荣成；

辽宁：大连、营口。

3 年降水量大于等于 400mm 且基本风压大于等于 0.4kN/m² 地区、年降水量大于等于 500mm 且基本风压大于等于 0.35kN/m² 地区、年降水量大于等于 600mm 且基本风压大于等于 0.3kN/m² 地区以及年降水量大于等于 400mm 且基本风压小于 0.4kN/m² 地区，参见附录 A。

3.0.5 为使标准之间的协调，居住建筑外墙外保温的防水应符合行业标准《外墙外保温工程技术规程》JGJ 144 的规定。《外墙外保温工程技术规程》JGJ 144 对相关外墙外保温与防水的内容提出了相应的技术要求，对其适用范围内的居住建筑外墙外保温的防水做法应按其规定执行。

3.0.6 防水材料及其配套材料均应满足相应的技术指标要求；同时，应满足环境保护及安全要求，例如，不得产生有害物质，不得污染环境，不得采用易燃材料。建筑防水涂料应符合《建筑防水涂料中有害物质限量》JC 1066 的要求。

4 材　料

4.1 一般规定

4.1.1 相容性是指不同材料间不产生破坏作用或降低性能的物理化学反应的性质。通常讲，就是材料与材料之间（比如防水材料与界面材料、防水材料与饰面材料以及不同防水材料之间）不会产生起泡、鼓泡、粘结失效（或强度等性能下降）等现象。在建筑外墙防水工程中，选择材料时一定要考虑材料之间的相容性，否则会引起防水作用减小或失效。

4.1.2 墙体的构造不同、外保温的做法不同，所使用的防水材料不同，对防水材料的性能要求也不同；防水材料性能应满足设计要求，同时应符合相应材料标准规定的指标要求。

4.2 防水材料

4.2.1 防水砂浆分为聚合物水泥防水砂浆和普通防

水砂浆。普通防水砂浆分为湿拌防水砂浆和干混防水砂浆两种。湿拌防水砂浆是用水泥、细骨料、水以及根据防水性能确定的各种外加剂,按一定比例,在搅拌站经计量、拌制后,采用搅拌运输车运至使用地点,放入专用容器储存,并在规定时间内使用完毕的湿拌拌合物。干混防水砂浆也叫干拌防水砂浆,是经干燥筛分处理的骨料与水泥以及根据防水性能确定的各种组分,按一定比例在专业生产厂混合而成,在使用地点按规定比例加水或配套液体拌合使用的干混拌合物。各项性能指标的试验检测按照《预拌砂浆》GB/T 25181的相关规定执行。

4.2.2 聚合物水泥防水砂浆是以水泥、细骨料为主要原材料,以聚合物和添加剂等为改性材料并以适当配比混合而成的防水材料;具有一定的柔韧性、抗裂性和防水性,与各种基层墙体有很好的粘结力,可在潮湿基面施工。在施工现场,只需加水搅拌即可施工,操作简单,使用方便。各项性能按照《聚合物水泥防水砂浆》JC/T 984的相关规定执行。本规程规定其压折比小于等于3,收缩率小于等于0.15%,以保证有较好的柔韧性和抗裂性能。

4.2.3 聚合物水泥防水涂料,又称JS防水涂料,是以丙烯酸酯、乙烯酯等聚合物乳液和水泥为主要原料,掺加各种添加剂组成的双组分防水涂料。各项性能指标的试验检测按照《聚合物水泥防水涂料》GB/T 23445的相关规定执行。聚合物水泥防水涂料按物理力学性能分为Ⅰ型、Ⅱ型和Ⅲ型,Ⅰ型适用于变形较大的基层,Ⅱ型和Ⅲ型适用于变形较小的基层;建筑外墙受温度的影响,墙体基层产生的变形较大,因此,本规程选择Ⅰ型产品的性能指标。产品中有害物质限量应符合《建筑防水涂料中有害物质限量》JC 1066的要求。

4.2.4 聚合物乳液防水涂料是以各类聚合物乳液为主要原料,加入其他添加剂而制得的单组分水乳型防水涂料。各项性能指标的试验检测按照《聚合物乳液建筑防水涂料》JC/T 864的相关规定执行,产品中有害物质限量应符合《建筑防水涂料中有害物质限量》JC 1066的要求。

4.2.5 聚氨酯防水涂料分双组分、单组分两种;双组分聚氨酯防水涂料中的甲组分是以聚醚树脂和二异氰酸酯等原料,经过聚合反应制成的含有二异氰酸酯基(-NOC)的巨氨基甲酸酯预聚物,乙组分是由交联剂、促进剂、增韧剂、增黏剂、防霉剂、填充剂和稀释剂等混合加工而成。单组分聚氨酯防水涂料是利用混合聚醚进行脱水,加入二异氰酸酯与各种助剂进行环氧改性制成。各项性能指标的试验检测按照《聚氨酯防水涂料》GB/T 19250的相关规定执行,产品中有害物质限量应符合《建筑防水涂料中有害物质限量》JC 1066的要求。

4.2.6 防水透气膜是具有防水透气功能的膜状材料,

其主要性能指标是在对国内外有代表性的防水透气膜产品进行试验验证的基础上参考欧盟标准确定。水蒸气透过量按《塑料薄膜和片材透水蒸气性试验方法 杯式法》GB/T 1037中B法;不透水性按《建筑防水卷材试验方法第10部分 沥青和高分子防水卷材不透水性》GB/T 328 A法;最大拉力、断裂延伸率按《建筑防水卷材试验方法 第9部分 高分子防水卷材拉伸性能》GB/T 328;撕裂性能按《建筑防水卷材试验方法第18部分 改性沥青防水卷材撕裂性能 钉杆法》GB/T 328进行检测。

4.3 密 封 材 料

4.3.1 硅酮建筑密封胶是以聚硅氧烷为主要成分、室温固化的单组分密封胶。按拉伸模量分为高模量(HM)和低模量(LM)两种。硅酮建筑密封胶的各项性能指标的试验检测按照《硅酮建筑密封胶》GB/T 14683的相关规定执行。

4.3.2 聚氨酯建筑密封胶是以氨基甲酸酯聚合物为主要成分的单组分和多组分建筑密封胶。产品按流动性分为非下垂型(N)和自流平型(L)两个类型;按位移能力分为25、20两个级别;按拉伸模量分为高模量(HM)和低模量(LM)两个次级别。聚氨酯建筑密封胶各项性能指标的试验检测按照《聚氨酯建筑密封胶》JC/T 482的相关规定执行。

4.3.3 聚硫建筑密封胶是以液态聚硫橡胶为基料的室温硫化双组分建筑密封胶。产品按流动性分为非下垂型(N)和自流平型(L)两个类型;按位移能力分为25、20两个级别;按拉伸模量分为高模量(HM)和低模量(LM)两个次级别。聚硫建筑密封胶各项性能指标的试验检测按照《聚硫建筑密封胶》JC/T 483的相关规定执行。

4.3.4 丙烯酸酯建筑密封胶是以丙烯酸乳液为基料的单组分水乳型建筑密封胶。产品按位移能力分为12.5和7.5两个级别(12.5级为位移能力12.5%,其试验拉伸压缩幅度为±12.5%;7.5级为位移能力7.5%,其试验拉伸压缩幅度为±7.5%)。密封胶按其弹性恢复率又分为两个级别:弹性体(记号12.5E),弹性恢复率等于或大于40%;塑性体(记号12.5P和7.5P),弹性恢复率小于40%。丙烯酸酯建筑密封胶各项性能指标的试验检测按照《丙烯酸酯建筑密封胶》JC/T 484的相关规定执行。

4.4 配 套 材 料

4.4.1 耐碱玻璃纤维网布各项性能指标的试验检测按照《耐碱玻璃纤维网布》JC/T 841的相关规定执行。

4.4.2 界面处理剂各项性能指标的试验检测按照《混凝土界面处理剂》JC/T 907的相关规定执行,其他界面材料参照执行。

4.4.3 热镀锌电焊网各项性能指标的试验检测按照《镀锌电焊网》QB/T 3897 的相关规定执行。

4.4.4 密封胶粘带作为防水透气膜密封的主要配套材料，各项性能指标的试验检测按照《丁基橡胶防水密封胶粘带》JC/T 942 的相关规定执行。

5 设 计

5.1 一般规定

5.1.1 根据建筑外墙防水设计的规定，结合外墙工程的实际要求，确定合理的墙体构造、节点形式，选择合适的、满足功能要求的防水材料。

5.1.2 节点是外墙的易渗漏部位，应采取综合措施加强节点的防水设计。

5.1.3 与背水面防水相比，迎水面防水对建筑外墙围护结构及保温层的防护更为有利，所起的作用也更为可靠。

5.1.4 不同结构材料的交接处易产生变形裂缝，在找平层施工前应采用耐碱玻璃纤维网布或热镀锌电焊网作抗裂增强处理；热镀锌电焊网宜用于可能产生较大变形差异的交接部位。不同结构材料包括混凝土、砌块等。

5.1.5 界面处理的目的是为了增强构造层次之间的粘结强度。界面处理材料包括界面砂浆、界面处理剂，应根据不同的构造层材料选择相应的界面砂浆、界面处理剂以及施工工艺。施工工艺有喷涂、刮涂、滚涂、刷涂等方法，通常界面砂浆采用刮涂、喷涂的方法，界面处理剂采用滚涂、刷涂、喷涂的方法。

5.1.6 不同防水材料的性能特点各不相同，对气候环境的适应性也各不相同，设计时应根据当地的气候条件选择适宜的防水材料。

5.2 整体防水层设计

5.2.1 无外保温外墙防水做法包括外墙无保温、外墙自保温和外墙内保温三种构造做法。整体防水层设计指的是外墙体防水层的设计。

采用涂料或块材饰面时，由于构造层次间粘结强度和材料相容性的要求，防水层材料宜采用聚合物水泥防水砂浆或普通防水砂浆。

采用幕墙饰面时，幕墙直接固定在结构层上，防水层与幕墙饰面层无粘结要求，防水层宜采用防水砂浆、聚合物水泥防水涂料、丙烯酸防水涂料或聚氨酯防水涂料。

5.2.2 由于《外墙外保温工程技术规程》JGJ 144 规定的外墙外保温为独立的整体保温系统，因此防水层设置在找平层与保温系统之间，为保证采用涂料或块材饰面的保温系统与基层的粘结性能，防水层材料宜选用聚合物水泥防水砂浆或普通防水砂浆。

采用幕墙饰面时，保温层可固定在幕墙的水平龙骨之间，因此设置在保温层与找平层之间的防水层可采用聚合物水泥防水砂浆、普通防水砂浆、聚合物水泥防水涂料、聚合物乳液防水涂料或聚氨酯防水涂料等防水材料。当保温层选用矿物棉保温材料时，宜在保温层与幕墙面板间采用防水透气膜。

5.2.3 采用耐碱玻璃纤维网布和热镀锌电焊网，是为了防止砂浆防水层产生裂缝；当基层平整度不好时，砂浆防水层较厚时，宜采用热镀锌电焊网；砂浆防水层较薄时宜采用耐碱玻璃纤维网布。

5.2.4 防水层必要的厚度是防水功能和耐久性的保证。现浇混凝土墙体比砌体墙体的致密性及刚度更好，因此基层为现浇混凝土墙体时，防水层可以稍薄，而基层为砌体墙体时，防水层宜稍厚。

聚合物水泥防水砂浆的抗渗压力、粘结强度、压折比等性能均比普通水泥砂浆更好，也更有韧性，因此聚合物水泥砂浆防水层设置可以比普通水泥砂浆稍薄仍能达到一样的防水效果。

干粉类聚合物水泥防水砂浆为工厂化生产的材料，在产品质量上更易得到保证，同时对骨料的粒径也可以更好地控制，干粉类的砂浆防水层可以比乳液类砂浆防水层更薄一些。

5.2.5 对砂浆防水层作出了留设分格缝的规定要求；由于砂浆防水层收缩和温差的影响，砂浆防水层应留设分格缝，使裂缝集中于分格缝中，避免裂缝的产生。分格缝内采用柔性密封材料进行密封，以柔适变，达到防水目的。

5.2.6 强调了应做好建筑外墙地面与地下交接的防水处理，使外墙防水层与地下防水层形成整体设防。

5.3 节点构造防水设计

5.3.1 节点部位是外墙渗漏水的重点部位，大量的外墙渗漏主要出现在节点部位，其中门窗框周边是最易出现渗漏的部位，应着重进行设防。门窗框间嵌填的密封处理应与外墙防水层连续，才能阻止雨水从门窗框四周流向室内。门窗上楣的外口的滴水处理可以阻止顺墙下流的雨水爬入门窗上口。窗台必要的外排水坡度利于防水。

5.3.2 雨篷恰当的外排水坡度，可以使篷顶的雨水向外迅速排走，在做好雨篷与外墙交界的阴角部位防水的前提下，可以较好地保证雨篷与外墙交界部位的防水。雨篷排水方式包括有组织排水和无组织排水，有组织排水时，排水应坡向水落口，无组织排水时，排水坡向雨篷外檐。空调板防水、凸窗顶板和外飘窗的防水可参照雨篷处理。

5.3.3 本条规定了阳台坡向水落口的排水坡度要求，可防止阳台的积水，利于防水。水落口周边嵌填密封材料、阳台外口下沿设置滴水线是防水的基本要求。当阳台下沿采用水泥砂浆时，滴水线可作成滴水槽或者鹰嘴；当阳台下沿采用石（块）材面砖饰面时，可在阳台下檐底边铺贴出滴水线。也可采用铝合金、不锈钢板做滴水线；图5.3.3为水泥砂浆滴水线。

5.3.4 本条规定了变形缝的做法。合成高分子防水卷材的柔性及延伸性可以与基层很好地贴合，两端采用满粘法固定，并辅之以金属压条和锚栓，同时应做好卷材的收头密封，使外墙变形缝部位完全封闭，达到可靠的防水要求。变形缝可采用不锈钢板进行封盖，也可采用铝合金板、镀锌薄钢板等具有防腐蚀的金属板封盖，既有防护功能，同时具有装饰作用。

5.3.5 伸出外墙管道指空调管道、热水器管道、排油烟管道等，由于安装的需要，管道和管道孔壁间会有一定的空隙，雨水在风压作用下会飘入到空隙中，另外孔道上部顺墙流下的雨水也会爬入空隙中，进而渗入墙体中或室内。因此伸出外墙管道宜采用套管的形式，套管周边做好密封处理，并形成内高外低的坡度，使雨水能向外排出。如管道安装完成后固定不动的，可将管道和套管间的空隙用防水砂浆封堵。伸出外墙管道防水构造的图5.3.5-1为混凝土墙体，图5.3.5-2为砌筑墙体。

5.3.6 压顶是屋面和外墙的交界部位，是防水设计中容易疏忽的部位，由于压顶未做防水设计或者设计不合理出现的压顶渗水现象很多。压顶主要有金属制品压顶或钢筋混凝土压顶，无论采用哪种压顶形式，均应做好压顶的防水处理，并与屋面防水做好衔接。

5.3.7 强调了外墙预埋件密封要求。外墙落水管和外挂锚固件的防水可参照预埋件处理。由于预埋件大都具有承载作用，易产生变动，因此，后置埋件和预埋件均需作密封增强处理以保证防水的整体性。

6 施 工

6.1 一般规定

6.1.1 根据设计要求，找出需要解决的技术难点，制定施工方案。外墙防水工程施工方案的内容包括：技术措施（其中须包括施工程序、施工条件和成品保护的内容）、工程概况、质量工作目标、施工组织与管理、防水材料及其使用、施工操作技术、质量保证措施、安全注意事项等。

6.1.2 外墙防水应由专业队伍进行施工，是保证工程质量的基本条件要求。本条文所指的防水专业队伍，是由当地建设行政主管部门对防水施工企业的规模、技术水平、业绩等综合考核后颁发资质证书的专业队伍。作业人员应经过专业培训，达到符合要求的操作技术水平，由有关相关的主管部门发给上岗证。

6.1.3 防水材料产品进入施工现场，应经复验合格后方可使用，是为了确认进场所用材料的质量，应根据不同的防水材料进行相应的技术指标检验，提供产品的试验检测报告。

6.1.4 外墙由多个构造层次组成，上道工序会被下道工序所覆盖，任何一个层次出现质量隐患，都会影响外墙的保温和防水工程质量。因此，强调按工序、层次进行过程的质量控制和检查验收，即每个层次施工都应有质量控制的措施，每道工序完成后操作人员应进行自检，合格后进行工序间的交接检验和专职质量人员的检查，检查结果应有完整的记录，然后经监理单位（或建设单位）进行检查验收后，方可进行下一工序的施工，以达到消除质量隐患的目的。

6.1.5 本条文强调，应将外墙门、窗框、伸出外墙管道、设备或预埋件等部件安装完毕，再进行防水施工；如先进行防水施工，后再安装门、窗框、伸出外墙管道、设备或预埋件等部件，其部件周边极易造成渗漏水现象。

6.1.6 找平层质量是保证防水层质量的基本要素，如找平层表面有酥松、起砂、起皮和裂缝等现象，将直接影响防水层和基层的粘结质量，导致空鼓甚至出现脱落，找平层裂缝会导致防水层开裂。因此找平层施工时，应在收水后及时进行二次压光，使表面坚固密实、平整；水泥砂浆终凝后，应浇水充分养护，保证砂浆中的水泥充分水化，以确保找平层质量。

找平层基面的含水率应根据防水材料品种确定，采用水泥基类防水材料时，为保证水泥的充分水化以增强防水层的强度和密实度，基面应充分湿润。而柔性防水材料往往要求基层干燥以保证防水层与基层面的粘结能力。

6.1.7 勾缝密封，可以起到局部加强，使之具有一定的整体防水功能。

6.1.8 本条规定是对施工期间外墙防水成品保护的要求；外墙防水完工后应采取有效的保护措施，防止外墙防水层的损坏。其中包括已完成的外墙防水层上不得剔凿打洞；有机涂料防水层和防水透气膜防水层上不得进行电气焊等高温作业；其他工序交叉作业时不得损害外墙防水层。

6.1.9 外墙防水层是室外施工，气候条件对其影响很大。雨雪天施工会使防水层难以成型，并使保温层、找平层中的含水率增大，导致柔性胶结防水材料与基面的粘结能力降低或防水层起鼓破坏；气温过低时水泥基类防水材料中的水泥水化速度明显降低，影响防水层成型，如受冻则会产生强度降低、酥松、开裂等缺陷，而防水涂料在低温或负温时不易成膜。雨雪、五级风以上进行外墙防水层施工，也难以确保人身安全；因此外墙防水施工应有适宜的施工环境气候条件。

除了施工现场常见的触电、机具伤害、坠物伤人、洞口坠落等事故外，外墙防水施工属于高空作业，易发生高空坠落事故；因此，外墙防水施工应严格执行国家有关安全生产法律、法规和现场安全施工要求。

6.2 无外保温外墙防水工程施工

6.2.1 外墙结构表面的油污、浮浆会影响找平层的粘结性能及造成空鼓；外脚手架的连墙件拆除后留下的孔洞、砌筑砂浆不饱满形成的缝隙等，如不填塞抹平，会造成找平层空鼓、开裂。

不同结构材料的线膨胀系数不同，温度的变化造成的热胀冷缩不同，使相关层次在交接处容易产生规则性裂缝。因此在交接处铺设增强处理材料来限制拉伸应力，约束裂缝的产生。增强处理材料主要包括玻璃纤维网布以及金属网等材料。

6.2.2 无论是混凝土还是砌体结构墙体，当表面平整度无法达到保温层或防水层施工要求时，应进行找平处理。为使找平层粘结牢固，找平层施工前应进行界面处理。为保证找平层的密实度、平整度和不易产生裂缝，每遍抹灰的厚度不宜大于 10mm。为保证找平层与后道工序的构造层次粘结牢固，找平层表面应用木抹子搓成毛面。

6.2.3 节点部位是防水设计的重点部位，也是渗漏的多发区，如门窗洞口周边、伸出外墙管道、设备安装的预埋件、墙体分格缝等；大面防水层施工前，应先对这些节点部位根据做法要求进行密封处理。

6.2.4 防水砂浆是外墙防水的主要材料，应用还处于发展阶段，许多工程技术人员对防水砂浆的材料要求、施工技术和施工要点尚不熟悉，对此应给予足够的重视。

防水砂浆要有坚固的基层方可充分发挥作用，为保证与基层的粘结能力，基层表面应为干净的毛面，抹压防水砂浆前基层应充分湿润，以保证防水砂浆中有足够的水分使水泥产生水化反应。

一般防水砂浆在施工现场搅拌，配比的准确性、拌合器具、搅拌机具、投料顺序、搅拌时间等对防水砂浆的性能有较大的影响，施工时应严格控制。拌制好的砂浆应及时用完，宜随拌随用，以免拌制好的砂浆放置时间过长，造成初凝结块现象；已产生结块现象的材料不得用于工程。

为保证防水砂浆与基层的粘结能力，抹压防水砂浆前应进行界面处理。

厚度是保证防水砂浆抗渗能力的重要因素，砂浆一次涂抹厚度越大，厚薄不均匀的现象越严重。为保证防水砂浆厚薄的均匀性，厚度大于 10mm 时应分层施工。分层施工应注意层间的粘结，不得出现空鼓现象。一个分格区域内每层宜连续施工，以保证防水砂浆的连续性。如面积过大不能连续施工时，应留设阶梯坡形茬，以保证接茬部位的水密性，接茬部位和施工做法应符合相关要求。涂抹施工有抹压和喷涂两种。无论采用哪种方法，防水砂浆层应压实、抹平，以保证砂浆防水层的密实性。普通防水砂浆每层的施

工厚度宜为 5mm～10mm，聚合物防水砂浆每层的施工厚度宜为 1mm～3mm，防水层的厚度应根据材料特性确定。

窗台、窗楣和凸出外墙的腰线等，为使水及时排走，其上表应做成向外的流水坡，下端设鹰嘴或滴水线（槽）使水不会流到根部。

防水砂浆是刚性材料，抗裂性能较差，而建筑外墙在结构材料、构造发生变化的部位容易产生变形裂缝，所以在这些部位宜设置分格缝，嵌填密封材料，以柔性材料来适应基层的变形。由于材料的线膨胀系数不同，门框、窗框、管道、预埋件等与防水砂浆的交接处，易产生温差裂缝而成为渗水通道，因此对这些部位均应留设凹槽用密封胶嵌填。

为防止应力集中出现裂缝，砂浆防水层的转角部位应用专用抹灰工具抹成弧形。

聚合物防水砂浆在硬化过程中，既有水泥的水化反应，又有聚合物乳液的脱水固化过程，因此，在聚合物防水砂浆完工后初期，采用不洒水的自然养护，时间根据聚合物乳液的掺量、环境湿度确定，一般在 48h 左右，硬化后再采用干湿交替养护的方法；其他的防水砂浆在终凝后采用洒水保湿养护。

6.2.5 节点部位是防水设计的重点部位，也是渗漏的多发区，在施工准备阶段应认真按设计要求进行密封处理或增强处理。

双组分或多组分涂料，各组分的计量不准或搅拌不均匀会影响涂膜性能，故应按照产品说明书的要求配制。单组分材料在储存、运输过程中可能会出现分层、沉淀等现象，重新搅拌均匀后一般不影响材料的性能。采用机械搅拌配料比手工搅拌效率高，料浆均匀，但应注意搅拌时间不宜过长，搅拌约 5min 即可，否则也会影响涂料质量。

为提高涂膜与基层的粘结强度，涂布前应先涂基层处理剂，基层处理剂可以按生产厂的配方，在现场用防水涂料加水稀释配制，也可采用厂方提供的专用基层处理剂。

外墙防水涂料一般采用与水泥砂浆基层具有很好相容性的防水涂料，如聚合物水泥防水涂料等。这类涂料一般为水分蒸发成膜的材料，如涂层太厚，表面成膜后会阻止膜层中水分的蒸发，影响成膜质量，故通过用量来控制单遍涂布的厚度。并要掌握好涂刷各层之间的时间间隔，通常以前一遍涂层干燥不粘手为准，一般约需 2h～6h；若现场气温低、湿度大，通风不畅，则干燥时间会长些。每层涂布按规定的用量取料，涂布时应均匀，上下层之间不留气泡。在使用中涂料如有沉淀应注意随时搅拌均匀。

交替改变涂层的涂布方向，可以使涂膜的纵横向物理力学性能比较一致，同时可更好地消除前遍涂层的毛细孔道，防止漏涂。

甩茬是指同一遍涂层分两次施工时，先后施工涂

层的交接处。为保证该部位涂层的连续性和整体性，甩茬部位应清理干净，并有足够的接茬宽度。接茬是指每遍涂刷时的交接处，为避免交接处漏涂，涂布时应有一定的接茬宽度。

采用加铺增强层做法时，除应注意本条规定的技术措施外，还要注意增强层与上涂层应连续施工，一次成活。增强层应铺贴平整，密实，不空鼓。胎体间应有一定的搭接宽度，以保证胎体的连续性。采用二层胎体时，为减少胎体接缝的交叉重叠，上下层胎体不得垂直铺设，其搭接缝应错开。胎体在涂层中主要起增加抗拉强度和抗裂作用，因此施工时应控制胎体在涂层中的位置，使胎体充分发挥作用。

6.2.6 规定了在防水层中设置的耐碱玻璃纤维网布或热镀锌电焊网片不得外露、热镀锌电焊网片应与墙体结构固定牢固、耐碱玻璃纤维网布应铺贴平整无皱褶，同时，保证一定的搭接宽度，为的是保证防水层的抗裂效果及质量。

6.3 外保温外墙防水工程施工

6.3.1 本条文要求保温层表面平整，干净，主要是为了利于后道工序的施工，保证质量。提出相容的规定，是避免不相容相互产生物理化学反应，致使造成损坏。

6.3.2 外保温外墙防水层施工，除应符合本规程第6.2.4、6.2.5、6.2.6条的规定外，还应注意：防水基层应通过验收，面层应干净。

6.3.3 防水透气膜一般从外墙底部开始铺设，长边沿水平方向自下而上横向铺设，第二幅透气膜搭接压盖第一幅膜，保证搭接缝为顺水方向，每幅透气膜的纵、横向搭接缝均应有足够的搭接宽度，并采用配套胶带覆盖密封，以保证水不会从搭接缝中渗入。

防水透气膜采用带塑料垫片的塑料锚栓固定在基层上，固定锚栓的数量应符合设计要求，固定部位采用丁基胶带密封，以保证固定部位的密封性能。

门洞、窗洞等洞口处的防水透气膜应根据门、窗框与外墙面的距离裁剪，"I"形实为两个对接的"Y"字形。使透气膜能压入门、窗框与墙体之间的空隙，再用专用配套密封胶带满粘密封。

防水透气膜一般应用于干挂幕墙及墙体小龙骨构造体系的外墙工程，对于穿过透气膜的连接件四周应采用密封胶粘带封严。

7 质量检查与验收

7.1 一般规定

7.1.1 本条规定了找平层、防水层等施工质量的基本要求，主要用于分项工程验收时进行的观感质量验收。工程观感质量由验收人员通过现场检查，并应共

同确认。

7.1.2 防水材料除有产品合格证和性能检测报告等出厂质量证明文件外，还应有经建设行政主管部门认定，拥有相应资质的检测单位对该产品抽样检测认证的试验报告，其质量应符合国家产品标准和设计要求。为了控制防水材料的质量，对进入现场的材料应按本规程的规定进行抽样复验，以保证实际进入现场的防水材料质量。

7.1.3 对外墙完成的砂浆防水层、涂膜防水层、防水透气膜等防水层均应进行检验验收。外墙防水层的质量对整个外墙防水至关重要，防水层施工完毕后要进行渗漏检查。检查应在雨后或持续淋水30min后进行（在墙体外墙的上部设置淋水的排管进行淋水试验；排管的长度、管孔的数量、孔径的大小，达到墙面连续满流为准），并作记录。如有渗漏，应对渗漏原因进行分析，按照编制的专项修改方案，在监理人员监督下进行修改，修改后重新进行渗漏检查，无渗漏后方可进行下道工序。

7.1.4 外墙防水层工程施工质量的检测数量应按抽查面积与防水层总面积的1/10考虑，这一比例要求对检验防水层质量具有一定代表性，实践也证明是可行的；节点部位为重点，应全部检查。

7.1.5 规定了防水材料及主要相关材料现场抽样数量和复验项目的内容要求。

7.2 砂浆防水层

7.2.1 设计所采用材料的主要性能指标应符合本规程第4.2.1、4.2.2条的要求。

7.2.2 防水层是外墙防水的主要构造，若出现渗漏，则功能无法实现。渗漏检查可在防水层完工后雨后或持续淋水30min后观察。如出现渗漏，应查找原因及部位并修整，确保验收无渗漏现象。

7.2.3 砂浆防水层属刚性防水，适应变形能力较差，应与相关各层粘结牢固并连成一体，方能起到外墙防水作用。故规定砂浆防水层与基层之间及各防水层之间应结合牢固，无空鼓现象。

7.2.4 门窗口、伸出外墙管道、预埋件及收头部位是最容易发生渗漏的部位，其防水构造处理应按照本规程节点设计的要求进行。设计无规定时，应采用柔性密封，防排结合，材料防水和结构做法相结合，采用多道设防等加强措施。

7.2.5 砂浆防水层表面应坚固、密实、平整，防止防水层的表面产生裂缝、起砂、麻面等缺陷，也是确保防水层质量的必要条件，应进行控制。

7.2.6 施工缝是砂浆防水层的薄弱环节，由于施工缝接茬不严或位置留错不当等原因，导致防水层渗漏；因此要做好砂浆防水层的留茬及接茬。

7.2.7 砂浆防水层的厚度测量，应在砂浆终凝前用钢针插入进行尺量检查；平均厚度应符合设计要求，

最小厚度不得小于设计值的 80%。

7.3 涂膜防水层

7.3.1 设计所采用材料的主要性能指标应符合本规程第 4.2.3、4.2.4、4.2.5 条的要求。

7.3.4 涂膜防水层的合理使用年限，很大程度是由涂膜厚度决定的。本条文规定平均厚度应符合设计要求，最小厚度不应小于设计厚度的 80%，涂膜防水层厚度应包括胎体的厚度。除了最终的测量之外，施工过程中应做好厚度的控制工作，按照防水涂料固体含量和相对密度推算出规定厚度的单方用量，施工过程中加以控制，保证涂膜厚度。

7.3.5 涂膜防水层应表面平整，涂刷均匀，成膜后如出现流淌、鼓泡、露胎体和翘边等缺陷，会降低防水工程质量而影响使用寿命。

7.4 防水透气膜防水层

7.4.1 防水透气膜是经热复合或闪蒸法，以及采取相关工艺制成的合成高分子塑料薄膜。通常铺设在建筑围护结构保温层之外，起到防水、透气、防风等的作用。其性能指标应符合本规程第 4.2.6 条的规定。配套材料包括柔性密封胶粘带、龙骨（木龙骨、金属龙骨）、固定用的自攻螺钉、水泥钉等，应根据不同的工程要求进行选择。进场的防水透气膜应有质量检验报告和出厂合格证，并按照本标准的有关规定进行抽样复验，检测合格后方可用于外墙防水工程。

7.4.3 勒脚、阴阳角、洞口、女儿墙、变形缝等节点部位是防水透气膜设防和施工的薄弱部位，其构造做法应符合设计要求；节点部位为质量检查的重点，并根据检查情况及时填写隐蔽工程验收记录。

7.4.4 防水透气膜是空铺于保温层外表面，用带塑料垫片的塑料锚栓固定在基层墙体上。如铺贴不顺直，表面出现皱褶、伤痕、破裂等缺陷，将会影响其使用功能和耐久性。防水透气膜铺贴完成后应进行外观的观察检查，以保证铺贴质量。

7.4.5 防水透气膜的铺贴方向正确是保证顺水搭接的关键，施工过程中应加强检查监督。纵向搭接缝是短边搭接缝，为避免搭接缝过于集中，上下两幅的纵向搭接缝应相互错开，其间距不得小于 500mm。必要的搭接宽度是保证搭接缝防水可靠性的关键，因此对搭接宽度负偏差应进行控制。

7.4.6 防水透气膜的搭接缝是采用配套的丁基双面胶粘带进行粘结的，如接缝粘结不可靠、密封不严，会造成接缝的渗漏；收头部位也是防水密封的重点。因此，防水透气膜的验收应对搭接缝和收头部位给予重视。

7.5 工程验收

7.5.1 《建筑工程施工质量验收统一标准》GB 50300 规定分项工程可由若干检验批组成，本条文规定了外墙防水工程，应符合分项工程各检验批相应的质量标准要求。

7.5.2 本条规定了外墙防水工程验收文件和记录的内容，以与《建筑工程施工质量验收统一标准》GB 50300 相关内容协调。

需要强调隐蔽工程部位的检验，隐蔽工程为后续的工序或分项过程覆盖、包裹、遮挡的前一分项工程，例如防水层的基层、密封防水处理部位、门窗洞口、伸出外墙管道、预埋件及收头等节点做法，应经过检查符合质量要求后方可进行隐蔽，避免因质量问题造成渗漏或不易修复而直接影响防水效果。

外墙防水工程完成后，应会同各有关方验收，进行记录归档，以便查验。

中华人民共和国行业标准

外墙内保温工程技术规程

Technical specification for interior thermal
insulation on external walls

JGJ/T 261—2011

批准部门：中华人民共和国住房和城乡建设部
施行日期：２０１２年５月１日

中华人民共和国住房和城乡建设部
公　告

第 1193 号

关于发布行业标准
《外墙内保温工程技术规程》的公告

现批准《外墙内保温工程技术规程》为行业标准，编号为 JGJ/T 261－2011，自 2012 年 5 月 1 日起实施。

本规程由我部标准定额研究所组织中国建筑工业出版社出版发行。

中华人民共和国住房和城乡建设部

2011 年 12 月 6 日

前　言

根据住房和城乡建设部《关于印发〈2010 年工程建设标准规范制订、修订计划〉的通知》（建标〔2010〕43 号）的要求，《外墙内保温工程技术规程》编制组经大量调查研究，认真总结实践经验，参考有关国际标准和国外先进标准，并在广泛征求意见的基础上，编制本规程。

本规程的主要技术内容是：1. 总则；2. 术语；3. 基本规定；4. 性能要求；5. 设计与施工；6. 内保温系统构造和技术要求；7. 工程验收。

本规程由住房和城乡建设部负责管理，由中国建筑标准设计研究院负责具体技术内容的解释。执行过程中如有意见或建议，请寄送中国建筑标准设计研究院（地址：北京市海淀区首体南路 9 号主语国际 2 号楼；邮政编码：100048）。

本 规 程 主 编 单 位：中国建筑标准设计研究院
　　　　　　　　　　　武汉建工股份有限公司

本 规 程 参 编 单 位：中国建筑科学研究院
　　　　　　　　　　　国家防火建筑材料质量监督检验中心
　　　　　　　　　　　浙江大学
　　　　　　　　　　　北京中建建筑科学研究院有限公司
　　　　　　　　　　　中国建筑材料检验认证中心
　　　　　　　　　　　中国聚氨酯工业协会
　　　　　　　　　　　圣戈班石膏建材（上海）有限公司
　　　　　　　　　　　四川科文建材科技有限公司
　　　　　　　　　　　可耐福石膏板（天津）有限公司
　　　　　　　　　　　宜春市金特建材实业有限公司
　　　　　　　　　　　拜耳材料科技（中国）有限公司
　　　　　　　　　　　欧文斯科宁（中国）投资有限公司
　　　　　　　　　　　杭州泰富龙新型建筑材料有限公司
　　　　　　　　　　　浙江鑫得建筑节能科技有限公司
　　　　　　　　　　　上海贝恒化学建材有限公司
　　　　　　　　　　　绍兴市中基建筑节能科技有限公司
　　　　　　　　　　　太原思科达科技发展有限公司
　　　　　　　　　　　山东联创节能新材料股份有限公司
　　　　　　　　　　　江苏万科建筑节能工程有限公司
　　　　　　　　　　　天津住宅集团建设工程总承包有限公司
　　　　　　　　　　　南阳银通节能建材高新技术开发有限公司
　　　　　　　　　　　上海天宇装饰建材发展有限公司
　　　　　　　　　　　上海卡迪诺节能科技有限

公司

湖北邱氏节能建材高新技术有限公司

河南玛纳建筑模板有限公司

本规程主要起草人员：曹 彬　陆 兴　费慧慧
魏素巍　王新民　李晓明
冯 雅　赵成刚　张三明
胡宝明　王建强　宋晓辉
柳建峰　杜长青　沙拉斯

刘建勇　姜 涛　田 辉
朱国亮　孙 强　余 骏
马恒忠　刘元珍　孙振国
邵金雨　冯 云　杜 峰
徐 松　王宝玉　刘定安
杨金明　邱杰儒　鲍 威

本规程主要审查人员：金鸿祥　冯金秋　王庆生
杨星虎　钱选青　马道贞
吕大鹏　钱建军　焦冀曾

目 次

Contents

1 总 则

1.0.1 为规范外墙内保温工程技术要求，保证工程质量，做到技术先进、安全可靠、经济合理，制定本规程。

1.0.2 本规程适用于以混凝土或砌体为基层墙体的新建、扩建和改建居住建筑外墙内保温工程的设计、施工及验收。

1.0.3 外墙内保温工程的设计、施工及验收，除应符合本规程外，尚应符合国家现行有关标准的规定。

2 术 语

2.0.1 外墙内保温系统 interior thermal insulation system on external walls

主要由保温层和防护层组成，用于外墙内表面起保温作用的系统，简称内保温系统。

2.0.2 外墙内保温工程 interior thermal insulation on external walls

内保温系统通过设计、施工或安装，固定在外墙内表面上形成保温构造，简称内保温工程。

2.0.3 基层墙体 substrate

内保温系统所依附的外墙。

2.0.4 内保温复合墙体 wall composed with interior thermal insulation

由基层墙体和内保温系统组合而成。

2.0.5 保温层 thermal insulation layer

由保温材料组成，在内保温系统中起保温作用的构造层。

2.0.6 抹面层 rendering coat

抹在保温层（或保温层的找平层）上，中间夹有增强网，保护保温层并具有防裂、防水、抗冲击和防火作用的构造层。

2.0.7 饰面层 finish coat

内保温系统的表面装饰构造层。

2.0.8 防护层 protecting coat

抹面层（或面板）和饰面层的总称。

2.0.9 隔汽层 vapour barrier layer

阻隔水蒸气渗透的构造层。

2.0.10 内保温复合板 interior insulation composite panel

保温材料单侧复合无机面层，在工厂预制成型，具有保温、隔热和防护功能的板状制品，简称复合板。

2.0.11 无机保温板 inorganic thermal insulation board

以无机轻骨料或发泡水泥、泡沫玻璃为保温材料，在工厂预制成型的保温板。

2.0.12 保温砂浆 thermal insulation mortar

以无机轻骨料或聚苯颗粒为保温材料，无机、有机胶凝材料为胶结料，并掺加一定的功能性添加剂而制成的建筑砂浆。

2.0.13 界面砂浆 interface treating mortar

用以改善基层墙体与保温砂浆材料表面粘结性能的聚合物水泥砂浆。

2.0.14 胶粘剂 adhesive

用于保温板与基层墙体粘结的聚合物水泥砂浆。

2.0.15 粘结石膏 gypsum binders

用于保温板与基层墙体粘结的石膏类胶粘剂。

2.0.16 抹面胶浆 rendering coat mortar

由高分子聚合物、水泥、砂为主要材料制成，具有一定变形能力和良好粘结性能的聚合物水泥砂浆。

3 基 本 规 定

3.0.1 内保温工程应能适应基层墙体的正常变形而不产生裂缝、空鼓和脱落。

3.0.2 内保温工程各组成部分应具有物理—化学稳定性。所有组成材料应彼此相容，并应具有防腐性。在可能受到生物侵害时，内保温工程应具有防生物侵害性能；所有组成材料应符合现行国家标准《民用建筑工程室内环境污染控制规范》GB 50325 和《建筑材料放射性核素限量》GB 6566 的相关规定。

3.0.3 内保温工程应防止火灾危害。

3.0.4 内保温工程应与基层墙体有可靠连接。

3.0.5 内保温工程用于厨房、卫生间等潮湿环境时，应具有防水渗透性能。

3.0.6 内保温复合墙体的保温、隔热和防潮性能应符合现行国家标准《民用建筑热工设计规范》GB 50176 和国家现行有关建筑节能设计标准的规定。

3.0.7 内保温工程有关检测数据的判定，应采用现行国家标准《数值修约规则与极限数值的表示和判定》GB/T 8170 中规定的修约值比较法。

4 性 能 要 求

4.1 内保温系统

4.1.1 内保温系统性能应符合表 4.1.1 的规定。

表 4.1.1 内保温系统性能

检验项目	性能要求	试验方法
系统拉伸粘结强度（MPa）	≥0.035	JGJ 144
抗冲击性（次）	≥10	JG/T 159
吸水量（kg/m²）	系统在水中浸泡 1h 后的吸水量应小于 1.0	JGJ 144

续表 4.1.1

检验项目	性能要求	试验方法
热阻	符合设计要求	GB/T 13475
抹面层不透水性	2h 不透水	JGJ 144
防护层水蒸气渗透阻	符合设计要求	JGJ 144
燃烧性能	不低于 B 级	GB/T 8626 和 GB/T 20284；GB/T 5464 和（或）GB/T 14402
燃烧性能附加分级 产烟量	不低于 s2 级	GB/T 20284
燃烧性能附加分级 燃烧滴落物/微粒	不低于 d1 级	GB/T 8626 和 GB/T 20284
燃烧性能附加分级 产烟毒性	不低于 t1 级	GB/T 20285

注：1 对于玻璃棉、岩棉、喷涂硬泡聚氨酯龙骨固定内保温系统，当玻璃棉板（毡）和岩棉板（毡）主要依靠塑料钉固定在基层墙体上时，可不做系统拉伸粘结强度试验。

2 仅用于厨房、卫生间等潮湿环境时，吸水量、抹面层不透水性和防护层水蒸气渗透阻应满足表 4.1.1 的规定。

3 燃烧性能分级采用 GB 8624-2006。

4.2 组 成 材 料

4.2.1 复合板性能应符合表 4.2.1 的规定。

表 4.2.1 复合板性能

检验项目	性能要求 纸面石膏板面层时	性能要求 无石棉硅酸钙板面层时	性能要求 无石棉纤维水泥平板面层时	试验方法
抗弯荷载（N）	宽度方向≥160 长度方向≥400	≥G（板材重量）	≥G（板材重量）	GB/T 9775 或 JG/T 159
拉伸粘结强度（MPa）	≥0.035 且纸面与保温板界面破坏	≥0.10 且保温板破坏	≥0.10 且保温板破坏	JG 149
抗冲击性（次）	≥10			JG/T 159
面板收缩率（%）	—	≤0.06	≤0.06	JG/T 159
燃烧性能	不低于 B 级			GB/T 8626 和 GB/T 20284；GB/T 5464 和（或）GB/T 14402

续表 4.2.1

检验项目	性能要求 纸面石膏板面层时	性能要求 无石棉硅酸钙板面层时	性能要求 无石棉纤维水泥平板面层时	试验方法
燃烧性能附加分级 产烟量	不低于 s2 级			GB/T 20284
燃烧性能附加分级 燃烧滴落物/微粒	不低于 d1 级			GB/T 8626 和 GB/T 20284
燃烧性能附加分级 产烟毒性	不低于 t1 级			GB/T 20285

注：1 当纸面石膏板的断裂荷载、无石棉硅酸钙板及无石棉纤维水泥平板的抗折强度满足国家现行有关产品标准的要求时，可不做复合板的抗弯荷载试验。

2 燃烧性能分级采用 GB 8624-2006。

4.2.2 有机保温板性能应符合表 4.2.2 的规定。

表 4.2.2 有机保温板性能

检验项目	性能要求 模塑聚乙烯泡沫塑料板（EPS板）	性能要求 挤塑聚苯乙烯泡沫塑料板（XPS板）	性能要求 硬泡聚氨酯板（PU板）	试验方法
密度(kg/m³)	18~22	22~35	35~45	GB/T 6343
导热系数[W/(m·K)]	≤0.039	≤0.032	≤0.024	GB/T 10294 或 GB/T 10295
垂直于板面方向抗拉强度(MPa)	≥0.10			JGJ 144
尺寸稳定性(%)	≤1.0	≤1.5	≤1.5	GB 8811
燃烧性能	不低于 D 级			GB/T 8626 和 GB/T 20284
氧指数(%)	≥30	≥26	≥26	GB/T 2406.2

注：1 导热系数仲裁试验应按 GB/T 10294 进行。

2 燃烧性能分级采用 GB 8624-2006。

4.2.3 纸蜂窝填充憎水型膨胀珍珠岩保温板性能应符合表 4.2.3 的规定。

表 4.2.3 纸蜂窝填充憎水型膨胀珍珠岩保温板性能

检验项目	性能要求	试验方法
密度(kg/m³)	≤100	JC 209
当量导热系数[W/(m·K)]	≤0.049	GB/T 10294 或 GB/T 10295
燃烧性能	不低于 B 级	GB/T 8626 和 GB/T 20284；GB/T 5464 和(或)GB/T 14402
抗拉强度(MPa)	≥0.035	JG 149

注：1 当量导热系数仲裁试验应按 GB/T 10294 进行。

2 燃烧性能分级采用 GB 8624-2006。

4.2.4 无机保温板性能应符合表 4.2.4 的规定。

表 4.2.4 无机保温板性能

检验项目		性能要求	试验方法
干密度(kg/m³)		≤350	GB/T 5486
导热系数[W/(m·K)]		≤0.070	GB/T 10294 或 GB/T 10295
蓄热系数[W/(m²·K)]		≥1.2	JG/T 283
抗压强度(MPa)		≥0.40	GB/T 5486.2
垂直于板面方向抗拉强度(MPa)		≥0.10	JGJ 144
吸水率(V/V)(%)		≤12	JC/T 647
软化系数		≥0.60	JG/T 283
干燥收缩值(mm/m)		<0.80	GB/T 11969
燃烧性能		不低于 A2 级	GB/T 5464 和(或)GB/T 14402
放射性核素限量	内照射指数 I_{Ra}	≤1.0	GB 6566
	外照射指数 I_{γ}	≤1.0	

注：1 导热系数仲裁试验应按 GB/T 10294 进行。

  2 燃烧性能分级采用 GB 8624-2006。

4.2.5 保温砂浆性能应符合表 4.2.5 的规定。

表 4.2.5 保温砂浆性能

检验项目		性能要求		试验方法
		无机轻集料保温砂浆	聚苯颗粒保温砂浆	
干密度(kg/m³)		≤350		JG/T 283
抗压强度(MPa)		≥0.20		JG/T 283
抗拉强度(MPa)		≥0.10		JG/T 283
压剪粘结强度(MPa)(与水泥砂浆块)	原强度	≥0.050		JG/T 283
	耐水强度			
导热系数[W/(m·K)]		≤0.070		GB/T 10294 或 GB/T 10295
蓄热系数[W/(m²·K)]		≥1.20	≥0.95	JG/T 283
稠度保留率(1h)(%)		≥60	—	JGJ/T 70
线性收缩率(28d)(%)		≤0.30		JG/T 283
软化系数		≥0.60	≥0.55	JG/T 283
石棉含量		不含石棉纤维		HBC19
放射性核素限量	内照射指数 I_{Ra}	≤1.0		GB 6566
	外照射指数 I_{γ}	≤1.0		
燃烧性能		不低于 A2 级	不低于 C 级	GB/T 8626 和 GB/T 20284；GB/T 5464 和(或)GB/T 14402

注：1 导热系数仲裁试验应按 GB/T 10294 进行。

  2 燃烧性能分级采用 GB 8624-2006。

4.2.6 喷涂硬泡聚氨酯性能应符合表 4.2.6 的规定。

表 4.2.6 喷涂硬泡聚氨酯性能

检验项目	性能要求	试验方法
密度(kg/m³)	≥35	GB/T 6343
导热系数[W/(m·K)]	≤0.024	GB/T 10294 或 GB/T 10295
压缩性能(形变 10%)(kPa)	≥0.10	GB/T 8813
尺寸稳定性(%)	≤1.5	GB 8811
拉伸粘结强度(与水泥砂浆，常温)(MPa)	≥0.10,且破坏部位不得位于粘结界面	GB 50404
吸水率(%)	≤3	GB/T 8810
燃烧性能	不低于 D 级	GB/T 8626 和 GB/T 20284
氧指数(%)	≥26	GB/T 2406.2

注：1 导热系数仲裁试验应按 GB/T 10294 进行。

  2 燃烧性能分级采用 GB 8624-2006。

4.2.7 玻璃棉、岩棉、喷涂硬泡聚氨酯龙骨固定内保温系统用玻璃棉板(毡)性能应符合表 4.2.7 的规定。

表 4.2.7 玻璃棉、岩棉、喷涂硬泡聚氨酯龙骨固定内保温系统用玻璃棉板(毡)性能

检验项目	性能要求				试验方法
标称密度(kg/m³)	24	32	40	48	GB/T 5486
粒径>0.25mm 渣球含量(%)	≤0.3				GB/T 5480
纤维平均直径(μm)	≤7.0				GB/T 5480
质量吸湿率(%)	≤5.0				GB/T 5480
憎水率(%)	≥98.0				GB/T 10299
导热系数[W/(m·K)]	≤0.043	≤0.040	≤0.037	≤0.034	GB/T 10295
有机物含量(%)	≤8.0				GB/T 11835
甲醛释放量(mg/L)	≤1.5				GB/T 18580
基棉燃烧性能	不低于 A2 级				GB/T 5464 和(或)GB/T 14402

注：1 玻璃棉板标称密度 32kg/m³～48kg/m³，玻璃棉毡标称密度 24kg/m³～48kg/m³。

  2 燃烧性能分级采用 GB 8624-2006。

4.2.8 玻璃棉、岩棉、喷涂硬泡聚氨酯龙骨固定内保温系统用岩棉板(毡)性能应符合表 4.2.8 的规定。

表 4.2.8 玻璃棉、岩棉、喷涂硬泡聚氨酯龙骨固定内保温系统用岩棉板(毡)性能

检验项目	性能要求	试验方法
标称密度(kg/m³)	板 120~150；毡 80~100	GB/T 5480
粒径>0.25mm 渣球含量(%)	≤4.0	GB/T 5480
纤维平均直径(μm)	≤5.0	GB/T 5480
酸度系数	≥1.6	GB/T 5480
导热系数[W/(m·K)]	≤0.045	GB/T 10295
质量吸湿率(%)	≤1.0	GB/T 5480
有机物含量(%)	≤4.0	GB/T 11835
甲醛释放量(mg/L)	≤1.5(可通过包覆达到)	GB/T 18580
憎水率(%)	≥98.0	GB/T 10299
基棉燃烧性能	不低于 A2 级	GB/T 5464 和(或)GB/T 14402

注：燃烧性能分级采用 GB 8624-2006。

4.2.9 界面砂浆按适用的基层可分为Ⅰ型和Ⅱ型，其性能应符合表 4.2.9 的规定。

表 4.2.9 界面砂浆性能

检验项目			性能要求		试验方法
			Ⅰ型	Ⅱ型	
拉伸粘结强度(与保温砂浆)(MPa)	未处理	14d	≥0.1 且保温层破坏		JC/T 907
	浸水处理				
拉伸粘结强度(与水泥砂浆)(MPa)	未处理	7d	≥0.4	≥0.3	
		14d	≥0.6	≥0.5	
	浸水处理		≥0.5	≥0.3	
	热处理				
	冻融循环处理				
	碱处理				
晾置时间(min)			—	≥10	

注：Ⅰ型产品的晾置时间，应根据工程需要由供需双方确定。

4.2.10 胶粘剂性能应符合表 4.2.10 的规定。

表 4.2.10 胶粘剂性能

检验项目		性能要求		试验方法
		与水泥砂浆	与保温板和复合板	
拉伸粘结强度(MPa)	原强度	≥0.60	≥0.10 和保温板破坏	JGJ 144
	耐水强度 浸水 48h，干燥 2h	≥0.30	≥0.06	
	耐水强度 浸水 48h，干燥 7d	≥0.60	≥0.10	
可操作时间（h）		1.5~4.0		JG 149

4.2.11 粘结石膏性能应符合表 4.2.11 的规定。

表 4.2.11 粘结石膏性能

检验项目		性能要求	试验方法
细度	1.18mm 筛网筛余（%）	0	JC/T 1025
	150μm 筛网筛余（%）	≤25	
凝结时间	初凝（min）	≥25	JC/T 517
	终凝（min）	≤120	
抗折强度（MPa）		≥5.0	JC/T 1025
抗压强度（MPa）		≥10.0	
拉伸粘结强度（MPa）	与有机保温板	≥0.10	JG 149
	与水泥砂浆	≥0.50	

4.2.12 抹面胶浆性能应符合表 4.2.12 的规定。

表 4.2.12 抹面胶浆性能

检验项目		性能要求			试验方法
		与有机保温材料	与无机保温板或无机轻集料保温砂浆	聚苯颗粒保温砂浆	
拉伸粘结强度(与保温材料)(MPa)	原强度	≥0.10，破坏发生在保温层中			JG 149
	耐水强度 浸水 48h，干燥 2h	≥0.06	≥0.08	≥0.08	
	耐水强度 浸水 48h，干燥 7d	≥0.10			
拉伸粘结强度(与水泥砂浆)(MPa)	原强度	≥0.5			
	耐水强度 浸水 48h，干燥 2h	≥0.3			
	耐水强度 浸水 48h，干燥 7d	≥0.5			

检验项目	性能要求			试验方法
	与有机保温材料	与无机保温板或无机轻集料保温砂浆	聚苯颗粒保温砂浆	
吸水量（g/m²）	≤1000			JG 149
不透水性（2h）	试样抹面层内侧无水渗透			JG 149
柔韧性	压折比（水泥基）	≤3.0		JG 149
	开裂应变（非水泥基）（%）	≥1.5		
可操作时间（水泥基）（h）	1.5~4.0			JG 149
放射性限量	内照射指数 I_{Ra}	≤1.0		GB 6566
	外照射指数 I_γ	≤1.0		

注：1 仅用于面砖饰面时，抹面胶浆与水泥砂浆之间的拉伸粘结强度应满足表 4.2.12 的规定。

　　2 仅用于厨房、卫生间等潮湿环境时，吸水量和不透水性应满足表 4.2.12 的规定。

4.2.13 粉刷石膏性能应符合表 4.2.13 的规定。

表 4.2.13　粉刷石膏性能

检验项目		性能要求	试验方法
凝结时间（min）	初凝时间（h）	≥1	JC/T 517
	终凝时间（h）	≤8	
保水率（%）		≥75	
抗折强度（MPa）		≥2.0	
抗压强度（MPa）		≥4.0	
粘结强度（MPa）		≥0.4	
拉伸粘结强度（与有机保温板）（MPa）		≥0.10	JG 149
放射性	内照射指数 I_{Ra}	≤1.0	GB 6566
	外照射指数 I_γ	≤1.0	

4.2.14 中碱玻璃纤维网布、涂塑中碱玻璃纤维网布、耐碱玻璃纤维网布的性能应分别符合表 4.2.14-1、表 4.2.14-2、表 4.2.14-3 的规定。

表 4.2.14-1　中碱玻璃纤维网布性能

检验项目	性能要求		试验方法
	A 型	B 型	
经、纬密度（根/25mm）	4~5	8~10	GB/T 7689.2
单位面积质量（g/m²）	≥80	45~60	JC 561.1

检验项目	性能要求		试验方法
	A 型	B 型	
拉伸断裂强力（经、纬向）（N/50mm）	≥840	≥780	GB/T 7689.5
断裂伸长率（经、纬向）（%）	≤5.0		GB/T 7689.5

表 4.2.14-2　涂塑中碱玻璃纤维网布性能

检验项目	性能要求	试验方法
经、纬密度（根/25mm）	4~5	GB/T 7689.2
单位面积质量（g/m²）	≥130	JC 561.1
拉伸断裂强力（经、纬向）（N/50mm）	≥1200	GB/T 7689.5
耐碱拉伸断裂强力保留率（%）	≥50	JC 561.2
断裂伸长率（经、纬向）（%）	≤5.0	GB/T 7689.5
可燃物含量（%）	≥20	GB/T 9914.2
碱金属氧化物含量（%）	11.6~12.4	GB/T 1549

表 4.2.14-3　耐碱玻璃纤维网布性能

检验项目	性能要求	试验方法
经、纬密度（根/25mm）	4~5	GB/T 7689.2
单位面积质量（g/m²）	≥130	GB/T 9914.3
拉伸断裂强力（经、纬向）（N/50mm）	≥1000	GB/T 7689.5
断裂伸长率（经、纬向）（%）	≤4.0	
耐碱拉伸断裂强力保留率（经、纬向）（%）	≥75	GB/T 20102
可燃物含量（%）	≥12	GB/T 9914.2
氧化锆、氧化钛含量（%）	ZrO₂ 含量（14.5±0.8）且 TiO₂ 含量（6±0.5）或 ZrO₂ 和 TiO₂ 含量≥19.2 且 ZrO₂ 含量≥13.7 或 ZrO₂ 含量≥16	JC 935

4.2.15 锚栓性能应符合表 4.2.15 的规定。

表 4.2.15　锚　栓　性　能

检验项目	性能要求	试验方法
单个锚栓抗拉承载力标准值（kN）	≥0.30	JG 149

4.2.16 内保温系统用腻子性能应符合表 4.2.16 的规定。

表 4.2.16　内保温系统用腻子性能

检验项目		性能要求						试验方法
		普通型(P)	普通耐水型(PN)	柔性(R)	柔性耐水型(RN)	弹性(T)	弹性耐水型(TN)	
容器中状态		无结块、均匀						JG/T 298
施工性		刮涂无障碍						
干燥时间（表干）	单道施工厚度<2mm 的产品	≤2h						按 GB/T 1728-1979 (1989) 中乙法的规定进行
	单道施工厚度≥2mm 的产品	≤5h						
初期干燥抗裂性	单道施工厚度<2mm 的产品	3h 无裂纹						JG/T 24
	单道施工厚度≥2mm 的产品							
打磨性		手工可打磨						JG/T 298
耐水性		4h 无起泡、开裂及明显掉粉	48h 无起泡、开裂及明显掉粉	4h 无起泡、开裂及明显掉粉	48h 无起泡、开裂及明显掉粉	4h 无起泡、开裂及明显掉粉	48h 无起泡、开裂及明显掉粉	GB/T 1733 GB 6682
粘结强度（MPa）	标准状态	≥0.40	≥0.50	≥0.40	≥0.50	≥0.40	≥0.50	JG/T 24
	浸水后	—	≥0.30	—	≥0.30	—	≥0.30	
腻子膜柔韧性		直径 100mm，无裂纹		直径 50mm，无裂纹				JG/T 157
动态抗开裂性（mm）		≥0.04，<0.08		≥0.08，<0.3		≥0.3		
低温贮存稳定性		三次循环不变质						按 GB/T 9268-2008 中 A 法进行
有害物质限量		符合现行国家标准《室内装饰装修材料　内墙涂料中有害物质限量》GB 18582-2008 水性墙面腻子的规定						GB 18582-2008

注： 1　普通型腻子及普通型耐水腻子、柔性腻子及柔性耐水型腻子，腻子膜柔韧性或动态抗开裂性通过其中一项即可。
　　　2　液态组合或膏状组合需测试低温贮存稳定性指标。

4.2.17　纸面石膏板应符合下列规定：

1　纸面石膏板应符合现行国家标准《纸面石膏板》GB/T 9775 的规定；

2　纸面石膏板的放射性核素限量，应符合现行国家标准《建筑材料放射性核素限量》GB 6566 中对建筑主体材料天然放射性的规定。

4.2.18　无石棉纤维水泥平板应符合下列规定：

1　无石棉纤维水泥平板应符合国家现行标准《纤维水泥平板　第 1 部分：无石棉纤维水泥平板》JC/T 412.1 的规定；

2　无石棉纤维水泥平板的放射性核素限量，应符合现行国家标准《建筑材料放射性核素限量》GB 6566 中对建筑主体材料天然放射性的规定。

4.2.19　无石棉硅酸钙板应符合下列规定：

1　无石棉硅酸钙板应符合国家现行标准《纤维增强硅酸钙板　第 1 部分：无石棉硅酸钙板》JC/T 564.1 的规定；

2　无石棉硅酸钙板的放射性核素限量，应符合现行国家标准《建筑材料放射性核素限量》GB 6566 中对建筑主体材料天然放射性的要求。

4.2.20　建筑用轻钢龙骨应符合现行国家标准《建筑用轻钢龙骨》GB/T 11981 的规定。

4.2.21　接缝带和嵌缝材料的性能应符合国家现行有关标准的规定。

4.2.22　隔汽层的透湿率不应大于 4.0×10^{-8} g/(Pa·s·m²)。

5　设计与施工

5.1　设　计

5.1.1　内保温工程应合理选用内保温系统，并应确保系统各项性能满足具体工程的要求。

5.1.2　内保温工程的热工和节能设计应符合下列规定：

1　外墙平均传热系数应符合国家现行建筑节能

标准对外墙的要求。

2 外墙热桥部位内表面温度不应低于室内空气在设计温度、湿度条件下的露点温度，必要时应进行保温处理。

3 内保温复合墙体内部有可能出现冷凝时，应进行冷凝受潮验算，必要时应设置隔汽层。

5.1.3 内保温工程砌体外墙或框架填充外墙，在混凝土构件外露时，应在其外侧面加强保温处理。

5.1.4 内保温工程宜在墙体易裂部位及与屋面板、楼板交接部位采取抗裂构造措施。

5.1.5 内保温系统各构造层组成材料的选择，应符合下列规定：

1 保温板及复合板与基层墙体的粘结，可采用胶粘剂或粘结石膏。当用于厨房、卫生间等潮湿环境或饰面层为面砖时，应采用胶粘剂。

2 厨房、卫生间等潮湿环境或饰面层为面砖时不得使用粉刷石膏抹面。

3 无机保温板或保温砂浆的抹面层的增强材料宜采用耐碱玻璃纤维网布。有机保温材料的抹面层为抹面胶浆时，其增强材料可选用涂塑中碱玻璃纤维网布；当抹面层为粉刷石膏时，其增强材料可选用中碱玻璃纤维网布。

4 当内保温工程用于厨房、卫生间等潮湿环境采用腻子时，应选用耐水型腻子；在低收缩性面板上刮涂腻子时，可选普通型腻子；保温层尺寸稳定性差或面层材料收缩值大时，宜选用弹性腻子，不得选用普通型腻子。

5.1.6 设计保温层厚度时，保温材料的导热系数应进行修正。

5.1.7 有机保温材料应采用不燃材料或难燃材料做防护层，且防护层厚度不应小于 6mm。

5.1.8 门窗四角和外墙阴阳角等处的内保温工程抹面层中，应设置附加增强网布。门窗洞口内侧面应做保温。

5.1.9 在内保温复合墙体上安装设备、管道或悬挂重物时，其支承的埋件应固定于基层墙体上，并应做密封设计。

5.1.10 内保温基层墙体应具有防水能力。

5.2 施 工

5.2.1 内保温工程应按照经审查合格的设计文件和经审查批准的施工方案施工，并应编制专项施工方案。施工前应对施工人员进行技术交底和必要的实际操作培训。

5.2.2 内保温工程施工前，外门窗应安装完毕。水暖及装饰工程需要的管卡、挂件等预埋件，应留出位置或预埋完毕。电气工程的暗管线、接线盒等应埋设完毕，并应完成暗管线的穿带线工作。

5.2.3 内保温工程施工现场应采取可靠的防火安全

措施，并应符合下列规定：

1 内保温工程施工作业区域，严禁明火作业；

2 施工现场灭火器的配置和消防给水系统，应符合现行国家标准《建设工程施工现场消防安全技术规范》GB 50720 的规定；

3 对可燃保温材料的存放和保护，应采取符合消防要求的措施；

4 可燃保温材料上墙后，应及时做防护层，或采取相应保护措施；

5 施工用照明等高温设备靠近可燃保温材料时，应采取可靠的防火措施；

6 当施工电气线路采取暗敷设时，应敷设在不燃烧体结构内，且其保护层厚度不应小于 30mm；当采用明敷设时，应穿金属管、阻燃套管或封闭式阻燃线槽；

7 喷涂硬泡聚氨酯现场作业时，施工工艺、工具及服装等应采取防静电措施。

5.2.4 内保温工程施工期间以及完工后 24h 内，基层墙体及环境空气温度不应低于 0℃，平均气温不应低于 5℃。

5.2.5 内保温工程施工，应在基层墙体施工质量验收合格后进行。基层应坚实、平整、干燥、洁净。施工前，应按设计和施工方案的要求对基层墙体进行检查和处理，当需要找平时，应符合下列规定：

1 应采用水泥砂浆找平，找平层厚度不宜小于 12mm；找平层与基层墙体应粘结牢固，粘结强度不应小于 0.3MPa，找平层垂直度和平整度应符合现行国家标准《建筑装饰装修工程质量验收规范》GB 50210 的规定；

2 基层墙体与找平层之间，应涂刷界面砂浆。当基层墙体为混凝土墙及砖砌体时，应涂刷Ⅰ型界面砂浆界面层；基层墙体为加气混凝土时，应采用Ⅱ型界面砂浆界面层。

5.2.6 内保温工程应采取下列抗裂措施：

1 楼板与外墙、外墙与内墙交接的阴阳角处应粘贴一层 300mm 宽玻璃纤维网布，且阴阳角的两侧应各为 150mm；

2 门窗洞口等处的玻璃纤维网布应翻折满包内口；

3 在门窗洞口、电器盒四周对角线方向，应斜向加铺不小于 400mm×200mm 玻璃纤维网布。

5.2.7 内保温工程完工后，应做好成品保护。

6 内保温系统构造和技术要求

6.1 复合板内保温系统

6.1.1 复合板内保温系统的基本构造应符合表6.1.1 的规定。

表 6.1.1　复合板内保温系统基本构造

基层墙体①	系统基本构造				构造示意
	粘结层②	复合板③		饰面层④	
		保温层	面板		
混凝土墙体，砌体墙体	胶粘剂或粘结膏+锚栓	EPS板、XPS板、PU板、纸蜂窝填充憎水型膨胀珍珠岩保温板	纸面石膏板、无石棉纤维增强硅酸钙平板、无石棉硅酸钙板	腻子层+涂料或墙纸（布）或面砖	

注：1　当面板带饰面时，不再做饰面层。
　　2　面砖饰面不做腻子层。

6.1.2　复合板的规格尺寸应符合下列规定：

1　复合板公称宽度宜为 600mm、900mm、1200mm、1220mm、1250mm。

2　石膏板面板公称厚度不得小于 9.5mm，无石棉纤维增强硅酸钙板面板和无石棉纤维水泥平板面板公称厚度不得小于 6.0mm。

6.1.3　施工时，宜先在基层墙体上做水泥砂浆找平层，采用以粘为主、粘锚结合方式将复合板固定于垂直墙面，并应采用嵌缝材料封填板缝。

6.1.4　当复合板的保温层为 XPS 板或 PU 板时，在粘贴前应在保温板表面做界面处理。XPS 板面应涂刷表面处理剂，表面处理剂的 pH 值应为 6～9，聚合物含量不应小于 35%；PU 板应采用水泥基材料作界面处理，界面层厚度不宜大于 1mm。

6.1.5　复合板与基层墙体之间的粘贴，应符合下列规定：

1　涂料饰面时，粘贴面积不应小于复合板面积的 30%；面砖饰面时，粘贴面积不应小于复合板面积的 40%；

2　在门窗洞口四周、外墙转角和复合板上下两端距顶面和地面 100mm 处，均应采用通长粘结，且宽度不应小于 50mm。

6.1.6　复合板内保温系统采用的锚栓应符合下列规定：

1　应采用材质为不锈钢或经过表面防腐处理的碳素钢制成的金属钉锚栓；

2　锚栓进入基层墙体的有效锚固深度不应小于 25mm，基层墙体为加气混凝土时，锚栓的有效锚固深度不应小于 50mm。有空腔结构的基层墙体，应采用旋入式锚栓。

3　当保温层为 EPS、XPS、PU 板时，其单位面积质量不宜超过 15kg/m²，且每块复合板顶部离边缘 80mm 处，应采用不少于 2 个金属钉锚栓固定在基层墙体上，锚栓的钉头不得凸出板面。

4　当保温层为纸蜂窝填充憎水型膨胀珍珠岩时，

锚栓间距不应大于 400mm，且距板边距离不应小于 20mm。

6.1.7　基层墙体阴角和阳角处的复合板，应做切边处理。

6.1.8　复合板内保温系统接缝处理应符合下列规定：

1　板间接缝和阴角宜采用接缝带，可采用嵌缝石膏（或柔性勾缝腻子）粘贴牢固；

2　阳角宜采用护角，可采用嵌缝石膏（或柔性勾缝腻子）粘贴牢固；

3　复合板之间的接缝不得位于门窗洞口四角处，且距洞口四角不得小于 300mm。

6.2　有机保温板内保温系统

6.2.1　有机保温板内保温系统的基本构造应符合表 6.2.1 的规定。

表 6.2.1　有机保温板内保温系统的基本构造

基层墙体①	系统基本构造				构造示意
	粘结层②	保温层③	防护层		
			抹面层④	饰面层⑤	
混凝土墙体、砌体墙体	胶粘剂或粘结石膏	EPS、XPS板、PU板	做法一：6mm 抹面胶浆复合涂塑中碱玻璃纤维网布 做法二：用粉刷石膏 8mm～10mm 厚横压 A 型中碱玻璃纤维布；涂刷 2mm 厚专用胶粘剂压入 B 型中碱玻璃纤维网布	腻子层+涂料或墙纸（布）或面砖	

注：1　做法二不适用面砖饰面和厨房、卫生间等潮湿环境。
　　2　面砖饰面不做腻子层。

6.2.2　有机保温板宽度不宜大于 1200mm，高度不宜大于 600mm。

6.2.3　施工时，宜先在基层墙体上做水泥砂浆找平层，采用粘结方式将有机保温板固定于垂直墙面。

6.2.4　当保温层为 XPS 板和 PU 板时，在粘贴及抹面层施工前应做界面处理。XPS 板面应涂刷表面处理剂，表面处理剂的 pH 值应为 6～9，聚合物含量不应小于 35%；PU 板应采用水泥基材料做界面处理，界面层厚度不宜大于 1mm。

6.2.5　有机保温板与基层墙体的粘贴应符合下列规定：

1　涂料饰面时，粘贴面积不得小于有机保温板面积的 30%；面砖饰面时，不得小于有机保温板面积的 40%；

2 保温板在门窗洞口四周、阴阳角处和保温板上下两端距顶面和地面 100mm 处，均应采用通长粘结，且宽度不应小于 50mm。

6.2.6 在墙面粘贴有机保温板时，应错缝排列，门窗洞口四角处不得有接缝，且任何接缝距洞口四角不得小于 300mm。阴角和阳角处的有机保温板，应做切边处理。

6.2.7 有机保温板的终端部，应用玻璃纤维网布翻包。

6.2.8 抹面层施工应在保温板粘贴完毕 24h 后方可进行。

6.3 无机保温板内保温系统

6.3.1 无机保温板内保温系统的基本构造应符合表 6.3.1 的规定。

表 6.3.1 无机保温板内保温系统的基本构造

基层墙体①	系统基本构造				构造示意
	粘结层②	保温层③	防护层		
			抹面层④	饰面层⑤	
混凝土墙体，砌体墙体	胶粘剂	无机保温板	抹面胶浆＋耐碱玻璃纤维网布	腻子层＋涂料或墙纸（布）或面砖	

注：面砖饰面不做腻子层。

6.3.2 无机保温板的规格尺寸宜为 300mm×300mm、300mm×450mm、300mm×600mm、450mm×450mm、450mm×600mm，厚度不宜大于 50mm。

6.3.3 无机保温板粘贴前，应清除板表面的碎屑浮尘。

6.3.4 无机保温板的粘贴应符合下列规定：

1 在外墙阳角、阴角以及门窗洞口周边应采用满粘法，其余部位可采用条粘法或点粘法，总的粘贴面积不应小于保温板面积的 40%；

2 上下排之间保温板的粘贴，应错缝 1/2 板长，板的侧边不应涂抹胶粘剂；

3 阳角上下排保温板应交错互锁；

4 门窗洞口四角保温板应采用整板截割，且板的接缝距洞口四角不得小于 150mm；

5 保温板四周应靠紧且板缝不得大于 2mm；

6 保温板的终端部应采用玻璃纤维网布翻包。

6.3.5 无机保温板内保温系统的抹面胶浆施工应符

合下列规定：

1 无机保温板粘贴完毕后，应在室内环境温度条件静待1d～2d后，再进行抹面胶浆施工。

2 施工前应采用 2m 靠尺检查无机保温板板面的平整度，对凸出部位应刮平，并应清理碎屑后再进行抹面施工。

6.4 保温砂浆内保温系统

6.4.1 保温砂浆内保温系统基本构造应符合表 6.4.1 的规定。

表 6.4.1 保温砂浆内保温系统基本构造

基层墙体①	系统基本构造				构造示意
	界面层②	保温层③	防护层		
			抹面层④	饰面层⑤	
混凝土墙体，砌体墙体	界面砂浆	保温砂浆	抹面胶浆＋耐碱纤维网布	腻子层＋涂料或墙纸（布）或面砖	

注：面砖饰面不做腻子层。

6.4.2 界面砂浆应均匀涂刷于基层墙体。

6.4.3 保温砂浆施工应符合下列规定：

1 应采用专用机械搅拌，搅拌时间不宜少于 3min，且不宜大于 6min。搅拌后的砂浆应在 2h 内用完。

2 应分层施工，每层厚度不应大于 20mm。后一层保温砂浆施工，应在前一层保温砂浆终凝后进行（一般为 24h）。

3 应先用保温砂浆做标准饼，然后冲筋，其厚度应以墙面最高处抹灰厚度不小于设计厚度为准，并应进行垂直度检查，门窗口处及墙体阳角部分宜做护角。

6.4.4 抹面胶浆施工应符合下列规定：

1 应预先将抹面胶浆均匀涂抹在保温层上，再将耐碱玻璃纤维网布埋入抹面胶浆层中，不得先将耐碱玻璃纤维网布直接铺在保温层面上，再用砂浆涂布粘结；

2 耐碱玻璃纤维网布搭接宽度不应小于 100mm，两层搭接耐碱玻璃纤维网布之间必须满布抹面胶浆，严禁干茬搭接；

3 抹面胶浆层厚度：保温层为无机轻集料保温砂浆时，涂料饰面不应小于 3mm，面砖饰面不应小于 5mm；保温层为聚苯颗粒保温砂浆时，不应小于 6mm；

4 对需要加强的部位，应在抹面胶浆中铺贴双层耐碱玻璃纤维网布，第一层应采用对接法搭接，第二层应采用压茬法搭接。

6.4.5 保温砂浆内保温系统的各构造层之间的粘结应牢固，不应脱层、空鼓和开裂。

6.4.6 保温砂浆内保温系统采用涂料饰面时，宜采用弹性腻子和弹性涂料。

6.5 喷涂硬泡聚氨酯内保温系统

6.5.1 喷涂硬泡聚氨酯内保温系统的基本构造应符合表 6.5.1 的规定。

表 6.5.1 喷涂硬泡聚氨酯内保温系统基本构造

基层墙体 ①	系统基本构造						构造示意
	界面层 ②	保温层 ③	界面层 ④	找平层 ⑤	防护层		
					抹面层 ⑥	饰面层 ⑦	
混凝土墙体、砌体墙体	水泥砂浆聚氨酯防潮底漆	喷涂硬泡聚氨酯	专用界面砂浆或专用界面剂	保温砂浆或聚合物水泥砂浆	抹面胶浆复合涂塑中碱玻璃纤维网布	腻子层＋涂料或墙纸(布)或面砖	

注：面砖饰面不做腻子层。

6.5.2 喷涂硬泡聚氨酯的施工应符合下列规定：

1 环境温度不应低于 10℃，空气相对湿度宜小于 85%。

2 硬泡聚氨酯应分层喷涂，每遍厚度不宜大于 15mm。当日的施工作业面应在当日连续喷涂完毕。

3 喷涂过程中应保证硬泡聚氨酯保温层表面平整度，喷涂完毕后保温层平整度偏差不宜大于 6mm。

4 阴阳角及不同材料的基层墙体交接处，保温层应连续不留缝。

6.5.3 喷涂硬泡聚氨酯保温层的密度、厚度，应抽样检验。

6.5.4 硬泡聚氨酯喷涂完工 24h 后，再进行下道工序施工。用于喷涂硬泡聚氨酯保温层找平的保温砂浆的性能应符合本规程表 4.2.5 的规定。

6.6 玻璃棉、岩棉、喷涂硬泡聚氨酯龙骨固定内保温系统

6.6.1 玻璃棉、岩棉、喷涂硬泡聚氨酯龙骨固定内保温系统的基本构造应符合表 6.6.1 的规定。

表 6.6.1 玻璃棉、岩棉、喷涂硬泡聚氨酯龙骨固定内保温系统基本构造

基层墙体 ①	系统基本构造						构造示意图
	保温层 ②	隔汽层 ③	龙骨 ④	龙骨固定件 ⑤	防护层		
					面板 ⑥	饰面层 ⑦	
混凝土墙体、砌体墙体	离心法玻璃棉板(或毡)或摆锤法岩棉板(或毡)或喷涂硬泡聚氨酯	PVC、聚丙烯薄膜、铝箔	建筑用轻钢龙骨或复合龙骨	敲击式或旋入式塑料螺栓	纸面石膏板或无石棉硅酸钙板或无石棉纤维水泥平板＋自攻螺钉	腻子层＋涂料或墙纸(布)或面砖	做法一： 做法二：

注：1 玻璃棉、岩棉应设隔汽层，喷涂硬泡聚氨酯可不设隔汽层；

2 面砖饰面不做腻子层。

6.6.2 龙骨应采用专用固定件与基层墙体连接，面板与龙骨应采用螺钉连接。当保温材料为玻璃棉板(毡)、岩棉板(毡)时，应采用塑料钉将保温材料固定在基层墙体上。

6.6.3 复合龙骨应由压缩强度为 250kPa～500kPa、燃烧性能不低于 D 级的挤塑聚苯乙烯泡沫塑料板条和双面镀锌量不应小于 100g/m² 的建筑用轻钢龙骨复合而成。复合龙骨的尺寸允许偏差应符合表 6.6.3 的规定。

表 6.6.3 复合龙骨的尺寸允许偏差（mm）

项 目		指 标	构 造
断面尺寸	A	±2.0	
	B	±1.0	
	C	±0.3	
轻钢龙骨厚度		公差应符合相应材料的国家标准要求	

注：1 建筑用轻钢龙骨基本规格可为 2700mm×50 (A) mm×10 (C) mm。

2 挤塑板条规格可为 2700mm×50 (A) mm×30 (B) mm。

6.6.4 对于固定龙骨的锚栓，实心基层墙体可采用敲击式固定锚栓或旋入式固定锚栓；空心砌块的基层墙体应采用旋入式固定锚栓。锚栓进入基层墙体的有

效锚固深度应符合本规程第 6.1.6 条的规定。

6.6.5 当保温材料为玻璃棉板（毡）、岩棉板（毡）时，应在靠近室内的一侧，连续铺设隔汽层，且隔汽层应完整、严密，锚栓穿透隔汽层处应采取密封措施。

6.6.6 纸面石膏板最小公称厚度不得小于 12mm；无石棉硅酸钙板及无石棉纤维水泥平板最小公称厚度，对高密度板不得小于 6.0mm，对中密度板不得小于 7.5mm，低密度板不得小于 8.0mm。对易受撞击场所面板厚度应适当增加。竖向龙骨间距不宜大于 610mm。

7 工 程 验 收

7.1 一 般 规 定

7.1.1 内保温工程应按现行国家标准《建筑工程施工质量验收统一标准》GB 50300 和《建筑节能工程施工质量验收规范》GB 50411 的有关规定进行施工质量验收。

7.1.2 内保温工程主要组成材料进场时，应提供产品品种、规格、性能等有效的型式检验报告，并应按表 7.1.2 规定进行现场抽样复验，抽样数量应符合现行国家标准《建筑节能工程施工质量验收规范》GB 50411 的规定。

表 7.1.2 内保温系统主要组成材料复验项目

组 成 材 料	复 验 项 目
复合板	拉伸粘结强度，抗冲击性
有机保温板	密度，导热系数，垂直于板面方向的抗拉强度
喷涂硬泡聚氨酯	密度，导热系数，拉伸粘结强度
纸蜂窝填充憎水型膨胀珍珠岩保温板	导热系数，抗拉强度
岩棉板（毡）	标称密度，导热系数
玻璃棉板（毡）	标称密度，导热系数
无机保温板	干密度，导热系数，垂直于板面方向的抗拉强度
保温砂浆	干密度，导热系数，抗拉强度
界面砂浆	拉伸粘结强度
胶粘剂	与保温板或复合板拉伸粘结强度的原强度
粘结石膏	凝结时间，与有机保温板拉伸粘结强度
粉刷石膏	凝结时间，拉伸粘结强度
抹面胶浆	拉伸粘结强度
玻璃纤维网布	单位面积质量，拉伸断裂强力

续表 7.1.2

组 成 材 料	复 验 项 目
锚栓	单个锚栓抗拉承载力标准值
腻子	施工性，初期干燥抗裂性

注：界面砂浆、胶粘剂、抹面胶浆、制样后养护 7d 进行拉伸粘结强度检验。发生争议时，以养护 28d 为准。

7.1.3 内保温分项工程需进行验收的主要施工工序应符合表 7.1.3 的规定。

表 7.1.3 内保温分项工程需进行验收的主要施工工序

分 项 工 程	施 工 工 序
复合板内保温系统	基层处理，保温板安装，板缝处理，饰面层施工
有机保温板内保温系统	基层处理，保温板粘贴，抹面层施工，饰面层施工
无机保温板内保温系统	基层处理，保温板粘贴，抹面层施工，饰面层施工
保温砂浆内保温系统	基层处理，涂抹保温砂浆，抹面层施工，饰面层施工
喷涂硬泡聚氨酯内保温系统	基层处理，喷涂保温层，保温层找平，抹面层施工，饰面层施工
玻璃棉、岩棉、喷涂硬泡聚氨酯龙骨内保温系统	基层处理，保温板安装，面板安装，饰面层施工

7.1.4 内保温工程应按现行国家标准《建筑节能工程施工质量验收规范》GB 50411 规定进行隐蔽工程验收。对隐蔽工程应随施工进度及时验收，并应做好下列内容的文字记录和图像资料：

　　1 保温层附着的基层及其表面处理；

　　2 保温板粘结或固定，空气层的厚度；

　　3 锚栓安装；

　　4 增强网铺设；

　　5 墙体热桥部位处理；

　　6 复合板的板缝处理；

　　7 喷涂硬泡聚氨酯、保温砂浆或被封闭的保温材料厚度；

　　8 隔汽层铺设；

　　9 龙骨固定。

7.1.5 内保温分项工程宜以每 500m² ～1000m² 划分为一个检验批，不足 500m² 也宜划分为一个检验批；每个检验批每 100m² 应至少抽查一处，每处不得小于 10m²。

7.1.6 内保温工程竣工验收应提交下列文件：

　　1 内保温系统的设计文件、图纸会审、设计变更和洽商记录；

2 施工方案和施工工艺；

3 内保温系统的型式检验报告及其主要组成材料的产品合格证、出厂检验报告、进场复检报告和现场检验记录；

4 施工技术交底；

5 施工工艺记录及施工质量检验记录。

7.2 主控项目

7.2.1 内保温工程及主要组成材料性能应符合本规程的规定。

　　检查方法：检查产品合格证、出厂检验报告和进场复验报告。

7.2.2 保温层厚度应符合设计要求。

　　检查方法：插针法检查。

7.2.3 复合板内保温系统、有机保温板内保温系统和无机保温板内保温系统保温板粘贴面积应符合本规程规定。

　　检查方法：现场测量。

7.2.4 复合板内保温系统、有机保温板内保温系统和无机保温板内保温系统，保温板与基层墙体拉伸粘结强度不得小于 0.10MPa，并且应为保温板破坏。

　　检查方法：按现行行业标准《建筑工程饰面砖粘结强度检验标准》JGJ 110 的规定现场检验，试样尺寸应为 100mm×100mm。

7.2.5 保温砂浆内保温系统，保温砂浆与基层墙体拉伸粘结强度不得小于 0.1MPa，且应为保温层破坏。

　　检查方法：按现行行业标准《建筑工程饰面砖粘结强度检验标准》JGJ 110 的规定现场检验，试样尺寸应为 100mm×100mm。

7.2.6 保温砂浆内保温系统，应在施工中制作同条件养护试件，检测其导热系数、干密度和抗压强度。保温砂浆的同条件养护试件应见证取样送检。

　　检验方法：核查试验报告。

　　保温砂浆干密度应符合设计要求，且不应大于 350kg/m³。

　　检查方法：现场制样，并按现行国家标准《建筑保温砂浆》GB/T 20473 的规定检验。

7.2.7 喷涂硬泡聚氨酯内保温系统，保温层与基层墙体的拉伸粘结强度不得小于 0.10MPa，抹面层与保温层的拉伸粘结强度不得小于 0.10MPa，且破坏部位不得位于各层界面。

　　检查方法：按现行国家标准《硬泡聚氨酯保温防水工程技术规范》GB 50404 的规定现场检验。

7.2.8 当设计要求在墙体内设置隔汽层时，隔汽层的位置、使用的材料及构造做法应符合设计要求和有关标准的规定。隔汽层应完整、严密，穿透隔汽层处应采取密封措施。

　　检验方法：对照设计观察检查；核查质量证明文件和隐蔽工程验收记录。

7.2.9 热桥部位的处理应符合设计和本规程的要求。

　　检验方法：对照设计和施工方案观察检查；检查隐蔽工程验收记录。

7.3 一般项目

7.3.1 内保温工程的饰面层施工质量应符合现行国家标准《建筑装饰装修工程质量验收规范》GB 50210 的有关规定。

7.3.2 抹面层厚度应符合本规程要求。

　　检查方法：插针法检查。

7.3.3 内保温系统抗冲击性应符合本规程规定。

　　检查方法：按现行行业标准《外墙内保温板》JG/T 159 的规定检验。

7.3.4 当采用增强网作为防止开裂的措施时，增强网的铺贴和搭接应符合设计和施工方案的要求。抹面胶浆抹压应密实，不得空鼓，增强网不得皱褶、外露。

　　检验方法：观察检查；核查隐蔽工程验收记录。

7.3.5 复合板之间及龙骨固定系统面板之间的接缝方法应符合施工方案要求，复合板接缝应平整严密。

　　检验方法：观察检查。

7.3.6 墙体上易碰撞的阳角、门窗洞口及不同材料基体的交接处等特殊部位，抹面层的加强措施和增强网做法，应符合设计和施工方案的要求。

　　检验方法：观察检查；核查隐蔽工程验收记录。

本规程用词说明

1 为便于在执行本规程条文时区别对待，对要求严格程度不同的用词说明如下：

　　1）表示很严格，非这样做不可的：
　　　　正面词采用"必须"，反面词采用"严禁"。

　　2）表示严格，在正常情况下均应这样做的：
　　　　正面词采用"应"，反面词采用"不应"和"不得"。

　　3）表示允许稍有选择，在条件许可时首先应这样做的：
　　　　正面词采用"宜"，反面词采用"不宜"。

　　4）表示允许有选择，在一定条件下可以这样做的，采用"可"。

2 条文中指明应按其他有关标准的规定执行的写法为："应符合……规定"或"应按……执行"。

引用标准名录

1 《民用建筑热工设计规范》GB 50176

2 《建筑装饰装修工程质量验收规范》GB 50210

3 《建筑工程施工质量验收统一标准》GB 50300

4 《民用建筑工程室内环境污染控制规范》GB 50325

5 《硬泡聚氨酯保温防水工程技术规范》GB 50404

6 《建筑节能工程施工质量验收规范》GB 50411

7 《建设工程施工现场消防安全技术规范》GB 50720

8 《纤维玻璃化学分析方法》GB/T 1549

9 《漆膜、腻子膜干燥时间测定法》GB/T 1728-1979(1989)

10 《漆膜耐水性测定法》GB/T 1733

11 《塑料 用氧指数法测定燃烧行为 第 2 部分：室温试验》GB/T 2406.2

12 《建筑材料不燃性试验方法》GB/T 5464

13 《矿物棉及其制品试验方法》GB/T 5480

14 《无机硬质绝热制品试验方法》GB/T 5486

15 《无机硬质绝热制品试验方法 力学性能》GB/T 5486.2

16 《泡沫塑料及橡胶 表观密度的测定》GB/T 6343

17 《建筑材料放射性核素限量》GB 6566

18 《分析实验室用水规格和试验方法》GB 6682

19 《增强材料 机织物试验方法 第 2 部分：经、纬密度的测定》GB/T 7689.2

20 《增强材料 机织物试验方法 第 5 部分：玻璃纤维拉伸断裂强力和断裂伸长的测定》GB/T 7689.5

21 《数值修约规则与极限数值的表示和判定》GB/T 8170

22 《建筑材料及制品燃烧性能分级》GB 8624-2006

23 《建筑材料可燃性试验方法》GB/T 8626

24 《硬质泡沫塑料吸水率测定》GB/T 8810

25 《硬质泡沫塑料 尺寸稳定性试验方法》GB 8811

26 《硬质泡沫塑料压缩性能的测定》GB/T 8813

27 《乳胶漆耐冻融性的测定》GB/T 9268-2008

28 《纸面石膏板》GB/T 9775

29 《建筑石膏》GB 9776

30 《增强制品试验方法 第 2 部分：玻璃纤维可燃物含量的测定》GB 9914.2

31 《增强制品试验方法 第 3 部分：单位面积质量的测定》GB/T 9914.3

32 《绝热材料稳态热阻及有关特性的测定 防护热板法》GB/T 10294

33 《绝热材料稳态热阻及有关特性的测定 热流计法》GB/T 10295

34 《保温材料憎水性试验方法》GB/T 10299

35 《绝热用岩棉、矿渣棉及其制品》GB/T 11835

36 《蒸压加气混凝土试验方法》GB/T 11969

37 《建筑用轻钢龙骨》GB/T 11981

38 《绝热 稳态传热性质的测定 标定和防护热箱法》GB/T 13475

39 《建筑材料燃烧值试验方法》GB/T 14402

40 《室内装饰装修材料 人造板及其制品中甲醛释放限量》GB/T 18580

41 《室内装饰装修材料 内墙涂料中有害物质限量》GB 18582-2008

42 《玻璃纤维网布耐碱性试验方法 氢氧化钠溶液浸泡法》GB/T 20102

43 《建筑材料或制品的单体燃烧试验》GB/T 20284

44 《材料产烟毒性危险分级》GB/T 20285

45 《建筑保温砂浆》GB/T 20473

46 《建筑砂浆基本性能试验方法标准》JGJ/T 70

47 《建筑工程饰面砖粘结强度检验标准》JGJ 110

48 《外墙外保温工程技术规程》JGJ 144

49 《合成树脂乳液砂壁状建筑涂料》JG/T 24

50 《膨胀聚苯板薄抹灰外墙外保温系统》JG 149

51 《建筑外墙用腻子》JG/T 157

52 《外墙内保温板》JG/T 159

53 《膨胀玻化微珠轻质砂浆》JG/T 283

54 《建筑室内用腻子》JG/T 298

55 《膨胀珍珠岩》JC 209

56 《纤维水泥平板 第 1 部分：无石棉纤维水泥平板》JC/T 412.1

57 《粉刷石膏》JC/T 517

58 《增强用玻璃纤维网布 第 1 部分：树脂砂轮用玻璃纤维网布》JC 561.1

59 《增强用玻璃纤维网布 第 2 部分：聚合物基外墙外保温用玻璃纤维网布》JC561.2

60 《纤维增强硅酸钙板 第 1 部分：无石棉硅酸钙板》JC/T 564.1

61 《泡沫玻璃绝热制品》JC/T 647

62 《混凝土界面处理剂》JC/T 907

63 《玻璃纤维工业用玻璃球》JC 935

64 《粘结石膏》JC/T 1025

65 《环境标志产品认证技术要求 轻质墙体板材》HBC19

中华人民共和国行业标准

外墙内保温工程技术规程

JGJ/T 261—2011

条 文 说 明

制 定 说 明

《外墙内保温工程技术规程》JGJ/T 261－2011，经住房和城乡建设部 2011 年 12 月 6 日以第 1193 号公告批准、发布。

本规程制定过程中，编制组进行了大量的调查研究，总结了我国工程建设中外墙内保温工程的实践经验，同时参考了国外先进技术法规、技术标准，通过试验取得了外墙内保温系统和材料的重要技术参数。

为便于广大设计、施工、科研、学校等单位有关人员，在使用本规程时能正确理解和执行条文规定，《外墙内保温工程技术规程》编制组按章、节、条顺序编制了本规程的条文说明，对条文规定的目的、依据以及执行中应注意的有关事项进行了说明。但是，本条文说明不具备与规程正文同等的法律效力，仅供使用者作为理解和把握规程规定的参考。

目 次

1 总　则

1.0.1　建筑外围护结构的保温形式，主要有外墙内保温、外墙外保温、外墙内外复合保温及自保温等形式。采用何种保温形式，应根据建筑的类别、建筑结构形式、所处的气候分区、供暖的形式、全寿命周期的经济分析及安全评估等因素综合确定。

外墙内保温是一种较为广泛采用的外墙保温方式，与外墙外保温相比，内保温的优势在于安全性高、维护成本低、使用寿命长、便于外立面装饰装修、室内变温快等。由于内保温保温层设在内部，墙体无需蓄热，开启空调后可迅速变温达到设定温度，对于间歇采暖的建筑比外墙外保温更节能。

制定本规程的目的在于规范外墙内保温的设计和施工，保证外墙内保温工程质量，促进外墙内保温行业健康发展。

本规程给出了内保温系统及组成材料的性能及检验方法，并对设计、施工和工程验收做出相应规定。

本规程收入了应用广泛，技术较为成熟或有发展前景的 6 种外墙内保温系统，其他系统待工程应用成熟后再行增补。

1.0.2　规程适用于以混凝土或砌体为基层墙体的新建、扩建和改建居住建筑的内保温系统，也适用于内外复合保温系统。

新建公共建筑外墙内保温和既有建筑节能改造情况比较复杂，技术上主要涉及构造设计、热桥处理、基层处理等方面。某些公共建筑物会有穿堂风（如开敞式走廊），还存在风荷载作用下外墙内保温系统的粘结强度和锚栓设置等一系列问题。

外墙内保温系统在夏热冬暖地区、夏热冬冷地区更为适用，在严寒地区和寒冷地区仅采用内保温的话，可能不能满足节能要求，需要同时采用内外复合保温系统（即同时采用外保温和内保温）。

1.0.3　本条的规定是为了明确本规程与相关标准之间的关系。在进行外墙内保温工程的设计、施工和验收时，除要执行本规程外，还需要执行其他的相关标准。这里的"国家现行有关标准"是指现行的工程建设国家标准和行业标准，不包括地方标准。

2 术　语

2.0.1　本规程包含的内保温系统按构造设计分为以下 6 种系统。

1　复合板内保温系统：系统采用粘锚结合方式固定于基层墙体。锚栓固定板面，又不得凸出板面。锚栓的主要作用是避免室内失火时保温层熔化，面板脱落造成人员伤亡。

2　有机保温板内保温系统：系统采用粘结方式固定于基层墙体。

3　无机保温板内保温系统：系统采用条粘法或点粘法与基层墙体连接。

4　保温砂浆内保温系统：基层墙体经界面砂浆处理后，保温砂浆直接粘结在基层墙体上。

5　喷涂硬泡聚氨酯内保温系统：硬泡聚氨酯通过机械喷涂方式固定于经过聚氨酯防潮底漆处理的基层墙体上。为避免防护层开裂，保温层上必须设界面层和找平层。

6　玻璃棉、岩棉、喷涂硬泡聚氨酯龙骨固定内保温系统：玻璃棉或岩棉靠塑料钉固定在基层墙体，硬泡聚氨酯靠喷涂固定在基层墙体。建筑轻钢龙骨用敲击式或旋入式塑料锚栓固定在基层墙体上，建筑轻钢龙骨与基层墙体间应经断热处理。玻璃棉或岩棉温度较高的一侧，应连续铺设隔汽层。

2.0.3　适合于内保温系统的外墙，一般由混凝土墙体（预制或现浇）或各种砌体（砖、砌块）构成。

2.0.6～2.0.8　一般来说，防护层由抹面层（或面板）和饰面层构成。

1　抹面层：直接抹在保温材料（或其上找平层）上的涂层，中间夹有涂塑中碱玻璃纤维网布或耐碱玻璃纤维网布增强。防护层的大部分功能均由其保证。

2　饰面层：保温系统的最外层。其作用是保护内保温系统免受外界因素破坏，并起装饰作用。

2.0.9　隔汽层是水蒸气渗透阻较大的材料层，作为阻碍水蒸气通过绝热层之用。常用的材料有 PVC、聚丙烯、铝箔等，其透湿率不应大于 4.0×10^{-8} g/(Pa·s·m²)。一般来说，采暖建筑应在保温层内侧做隔汽层，空调建筑应在隔热层外侧做隔汽层。若全年出现水蒸气渗透现象，则应根据具体情况决定是否在保温层内、外侧双向布置隔汽层。采用双向布置隔汽层时，施工时应确保保温材料不会受潮，否则会在使用时内部产生冷凝，不易挥发。一般情况下，不宜用双面布置隔汽层的做法。

3　基 本 规 定

3.0.1　墙体的正常变形是指温度、含水率、风荷载、撞击力造成的变形，这种变形不应造成内保温复合墙体的裂缝，或形成空鼓脱落。系统的各构造层次间具有变形协调能力，可减少甚至避免保温系统产生裂缝，若基层墙体、保温层、保护层材料的弹性模量、线膨胀系数相差过大，由温度、湿度变化造成的变形率和变形速度不一致，易造成保温层裂缝。

3.0.2　本条文包含两项内容：一是组成材料的耐久性，二是组成材料的环保性。

1　组成材料的耐久性

在正常使用条件和正常维护下，所有组成材料在系统使用寿命期内均应保持其特性。这就要求符合以下几点：

    1）所有组成材料都应表现出物理—化学稳定性。在相互接触的材料之间出现反应的情况下，这些反应应该是缓慢进行的。

    2）所有材料应是天然耐腐蚀或经耐腐蚀处理。这涉及玻璃纤维网布耐碱性、金属固定件镀锌或涂防锈漆等防锈处理。

    3）所有材料应是彼此相容的。

彼此相容是要求内保温系统中任何一种组成材料应与其他所有组成材料相容。这也就是说，胶粘剂、抹面材料、饰面材料、密封材料和附件等应与有机保温材料或无机保温材料相容，并且各种材料之间都应相容。鼠类、白蚁都会咬食 EPS 板等。在有白蚁等虫害的地区，应做好防虫害构造设计。

2 组成材料的环保性能

为了预防和控制室内环境污染，保障人民身体健康，所有组成材料的有害物质，包括放射性物质、总挥发性有机化合物（TVOC）、甲醛、氨、苯、甲苯、二甲苯、重金属等，均应符合国家现行有关标准的规定。

3.0.3 为防止和减少火灾危害，保护人身和财产安全，设计人员根据建筑防火设计的要求，合理选择内保温系统的燃烧性能及其附加分级。

3.0.4 内保温工程应与基层墙体有可靠连接，避免在地震时脱落。

3.0.5 内保温工程用于厨房、卫生间等潮湿环境时，应具有防水渗透性能，避免对保温层造成损害。其防水渗透性能，主要靠系统的各构造层次组成材料。需要慎重选择粘结层材料、保温层材料、防护层材料。

4 性能要求

4.1 内保温系统

4.1.1 本条文对内保温系统性能提出了要求：

    1 为保证室内失火时生命和财产的安全性，规定了内保温系统的燃烧性能不低于 B 级。

    2 考虑到室内失火时，人员伤亡大多因烟气中毒或窒息死亡，故本条文增加了对内保温系统燃烧性能附加分级的要求，控制产烟量不低于 s2 级、产烟毒性不低于 t1 级、燃烧滴落物/微粒不低于 d1 级。若对燃烧性能附加分级有更高要求时，可控制为 s1、d0、t0，当然工程造价要相应增加很多。

    3 内保温系统用于潮湿环境时，应计算防护层水蒸气渗透阻，越大越好（不同于外保温系统要求防护层水蒸气渗透阻越小越好），特别是基层墙体为重质材料时。必要时设隔汽层。

4.2 组成材料

4.2.1 本条文对复合板性能提出了要求。

    1 参考《保温隔声复合石膏板—定义、要求和试验方法》EN 13950：2005，当纸面石膏板的断裂荷载和无石棉纤维增强硅酸钙板、无石棉纤维水泥平板的抗折强度符合相应产品标准的要求时，可不做复合板的抗弯荷载试验。

    2 增加了对复合板的燃烧性能分级和燃烧性能附加分级指标，以防止和减少火灾危害，保护人身和财产安全。

4.2.2 本条文对内保温系统用有机保温板性能提出了要求。

    1 本规程中有机保温板是指模塑聚苯板（EPS）、挤塑聚苯板（XPS）和硬泡聚氨酯板（PU）。

    2 对 EPS 板、XPS 板和 PU 板不但提出了燃烧性能要求，而且还提出了氧指数要求，以增加防火安全性。

    3 根据国外经验，PU 板密度小于 35kg/m³ 时，孔壁过薄、易碎、气孔内气体逸出，保温性能下降。

4.2.3 本条文根据内保温系统的性能要求及产品现状并结合工程实践对纸蜂窝填充憎水型膨胀珍珠岩保温板性能提出了要求。

填充的膨胀珍珠岩应符合《膨胀珍珠岩》JC 209－92（96）的要求，并应经憎水处理，憎水率不应小于 98%。

4.2.4 本条文的性能要求是根据内保温系统的性能要求及产品现状并结合工程实践而制定。

    1 规定了干密度的上限值。干密度大、导热系数大，不适用于外墙内保温系统。

    2 因保温材料厚度大，故放射性核素限量应按《建筑材料放射性核素限量》GB 6566 中建筑主体材料要求，不应按装修材料要求。

4.2.5 本条文的性能要求依据内保温系统的性能要求，选取了《胶粉聚苯颗粒外墙外保温系统》JG/T 158 和《膨胀玻化微珠轻质砂浆》JG/T 283 中保温砂浆的部分指标。

    1 保温砂浆干密度大、抗压强度和抗拉强度大、导热系数也大。做内保温用，干密度 ≤350kg/m³，导热系数较小，抗压强度和抗拉强度也可满足内保温要求，是一个较合适的选择。当选用干密度较小的聚苯颗粒保温砂浆时，特别要注意其抗拉强度、软化系数和燃烧性能是否能满足设计要求和表 4.2.5 的规定。

    2 放射性要求应按建筑主体材料考虑。

4.2.6 本条文对喷涂硬泡聚氨酯性能提出了要求

    1 明确规定喷涂硬泡聚氨酯密度不得小于 35kg/m³，以避免喷涂硬泡聚氨酯壁薄、易破损，导热系数加大。

    2 通过调研得出，多数厂家硬泡聚氨酯导热系数在 0.019W/(m·K)～0.023W/(m·K) 之间，故本规程规定其导热系数不得大于 0.024W/(m·K)。

4.2.7 本条文对玻璃棉、岩棉、喷涂硬泡聚氨酯龙骨固定内保温系统用玻璃棉板（毡）性能提出了要求。

1 龙骨固定内保温系统用玻璃棉板（毡）采用离心法工艺生产。

2 在《墙体材料应用统一技术规范》GB 50574－2010 中，玻璃棉板标称密度为 $32kg/m^3 \sim 48kg/m^3$。考虑到工程中玻璃棉毡也在大量采用，本条文增加了玻璃棉毡品种，标称密度定为 $24kg/m^3 \sim 48kg/m^3$。

3 由于玻璃棉板（毡）采用塑料钉固定在基层墙体上，所以不考虑岩棉板垂直于板面的抗拉强度。

4 本条文其他性能指标，同时参考了《绝热用玻璃棉及其制品》GB/T 13350、《建筑绝热用玻璃棉制品》GB/T 17795，《工业设备及管道绝热工程设计规范》GB 50264、《火力发电厂保温材料技术条件及检验方法》DLT 776 等相关标准。

4.2.8 本条文对玻璃棉、岩棉、喷涂硬泡聚氨酯龙骨固定内保温系统用岩棉板（毡）性能提出了要求。

1 龙骨固定内保温系统用岩棉板（毡）选用摆锤法工艺生产的产品。

2 增加了酸度系数（岩棉产品化学组成中二氧化硅、三氧化二铝质量分数之和与氧化硅，氧化镁质量分数之和的比值）大于等于 1.6 的要求。酸度系数越大，产品的耐久性越好，优良产品的酸度系数应大于等于 1.8。

3 在《墙体材料应用统一技术规范》GB 50574－2010 中，岩棉板的干密度为 $80kg/m^3 \sim 150kg/m^3$，岩棉毡的干密度为 $60kg/m^3 \sim 100kg/m^3$，本规程从应用角度和施工角度，适度提高了岩棉板（毡）干密度的下限值。

4 从室内环境质量考虑，甲醛释放量要求不应大于 1.5mg/L。若甲醛释放量大于 1.5mg/L，建议用抗水蒸气渗透的外覆层材料六面包覆，确保甲醛释放量不大于 1.5mg/L，同时避免岩棉受潮。

5 由于岩棉板（毡）采用塑料钉固定在基层墙体上，所以不考虑岩棉板垂直于板面的抗拉强度。

6 本条文其他性能指标，同时参考了《建筑用岩棉、矿渣棉绝热制品》GB 19686、《建筑外墙外保温用岩棉制品》GB/T 25975、《工业设备及管道绝热工程设计规范》GB 50264 等相关标准。

4.2.9 本条文对界面砂浆性能提出了要求。界面砂浆是为了改善保温砂浆与基层的拉伸粘结强度，在《混凝土界面处理剂》JC/T 907 只规定了界面砂浆与水泥砂浆（基层）的拉伸粘结强度，故本规程增加了界面砂浆与保温砂浆的拉伸粘结强度。

按适用的水泥混凝土基层或加气混凝土基层，将界面砂浆分为Ⅰ型和Ⅱ型，分别提出不同的性能要求。

4.2.10 本条文对胶粘剂性能提出了要求。

浸水试样处理条件按 ETAG 004 修改为浸水 2d，水中取出后干燥 2h 和浸水 2d，水中取出后干燥 7d。

4.2.11 本条文对粘结石膏性能提出了要求。

1 不得用于厨房、卫生间等潮湿环境，也不得用于面砖饰面。

2 推荐用普通型粘结石膏，不用快干型粘结石膏。

4.2.12 本条文对抹面胶浆性能提出了要求。为了确保材料的使用性能，增加了面砖饰面时抹面胶浆与水泥砂浆之间的拉伸粘结强度的要求。

当抹面胶浆用于涂料或墙纸（布）饰面时，只要求与保温材料的拉伸粘结强度；当抹面胶浆用于面砖饰面时，抹面砂浆拉伸粘结强度应同时满足与保温材料的拉伸粘结强度及与水泥砂浆的拉伸粘结强度。

4.2.13 本条文对粉刷石膏性能提出了要求。本条文的性能要求依据内保温系统的工程需要，选取了《粘结石膏》JC/T 1025 中底层粉刷石膏，并在条文说明 6.2.1 中给出了具体做法。

1 不得用于厨房、卫生间等潮湿环境，也不得用于面砖饰面。

2 明确粉刷石膏的放射性要求按建筑主体材料考虑。

4.2.14 本条文对玻璃纤维网布性能提出了要求。

本条文包括了中碱玻璃纤维网布、涂塑中碱玻璃纤维网布和耐碱玻璃纤维网布三种玻璃纤维网布。

1 中碱玻璃纤维网布分为 A 型和 B 型两种，只适用于底层粉刷石膏抹面。

2 涂塑中碱玻璃纤维网布的性能指标参考《增强用玻璃纤维网布 第 2 部分：聚合物基外墙外保温用玻璃纤维网布》JC 561.2－2006 制定。该标准还规定了对材料可燃物含量和碱金属氧化物含量的要求。采用的是玻璃纤维网布经向和纬向拉伸断裂强力及耐碱拉伸断裂强力保留率。

3 耐碱玻璃纤维网布主要用于无机保温板和保温砂浆的抹面胶浆中，也适用于面砖饰面的抹面胶浆。

耐碱玻璃纤维网布的性能指标参考《耐碱玻璃纤维网布》JC/T 841－2007 制定。采用的是玻璃纤维网布经向和纬向拉伸断裂强力和耐碱拉伸断裂强力保留率。该标准还规定了对材料氧化锆、氧化钛含量和可燃物含量的要求。

4.2.15 本条文对锚栓性能提出了要求。内保温系统锚栓的作用与外保温的要求不同，内保温系统用锚栓只是为保证火灾发生时，复合板的面板能可靠挂在基层墙体上，所以只要求了单个锚栓抗拉承载力标准值。

4.2.16 本条文对外墙内保温用腻子性能提出了要求。由于《建筑室内用腻子》JG/T 298 不适用于保温材料的基层上，因此增加了腻子膜柔韧性和动态抗开裂性的要求。给出了 6 种外墙内保温用腻子，建筑师应根据室内环境、面层的收缩性和保温层的尺寸稳定性，选择适宜的品种。

4.2.22 本条文对隔汽层性能提出了要求。

隔汽层的透湿率应符合《矿物棉绝热制品用复合贴面材料》JC/T 2028－2010 的规定，不应大于 4.0×10^{-8}g/(Pa·s·m²)。

5 设计与施工

5.1 设 计

5.1.1 本规程规定了 6 种内保温构造系统，同一系统的粘结层、保温层、防护层也不尽相同，各具特色。选用时应根据建筑所在的气候分区、使用环境及对保温、隔热、防火等各项性能的要求，选择适宜的系统构造，满足工程要求。

5.1.2 内保温工程的热工和节能设计除应符合本规程第 3.0.6 条的规定外，尚应符合下列规定：

2 结露会恶化室内环境、有害人体健康。一般情况下内保温系统外围护墙内表面出现大面积结露的可能性不大，只需核算热桥部位内表面温度是否高于露点温度即可。由于热桥是出现高密度热流的部位，应采取辅助保温措施，加强热桥部位的保温，以减小采暖负荷。对室内、外温差较小的夏热冬暖和部分夏热冬冷地区，在有内保温情况下，结构性热桥部位出现结露的几率很小，设计验算结果满足热工规范要求时，结构热桥部位可不做辅助性保温措施。

3 内保温复合墙体内部有可能出现冷凝时，应进行冷凝受潮验算，必要时应设置隔汽层，防止结露。

5.1.3、5.1.4 条文是为避免内保温系统的外围护墙，因温度变形而引起墙体开裂的行之有效的措施。

1 对现浇混凝土等不能设置分隔缝的构件，应放置在墙体之内用砌体覆盖或设置高效保温材料的保温层，预防温度变形过大，导致墙体开裂。

2 外露的屋面挑檐、梁板内外廊和女儿墙压顶等现浇混凝土构件，未设置保温层时，应采取每隔 12m～20m 设置分隔缝的做法，减少温度作用效应，预防墙体开裂。

5.1.5 本条文对内保温系统各构造层次组成材料提出要求。

1、2 明确石膏基材料，不得用于潮湿环境和面砖饰面。

3 明确耐碱玻璃纤维网布、涂塑中碱玻璃纤维网布和中碱玻璃纤维网布的选用原则。

4 明确外墙内保温用腻子的选用原则。

5.1.6 设计保温层厚度时，保温材料导热系数的修正系数可参考《民用建筑热工设计规范》GB 50176 及

相关标准文件采用。

5.1.7 为确保外墙内保温系统的防火性能，明确有机保温材料应采用不燃材料或难燃材料做防护层，且厚度不应小于 6mm。

5.1.8 门窗洞口四角和外墙阴阳角等处设置局部增强网，防止墙体开裂；外门窗洞口为热桥部位，其内侧面应设置保温层。保温层厚度视门窗构造与安装情况而定，但不宜小于 20mm。

5.1.10 对无外保温的内保温基层墙体，宜按年降水量和基本风压，依据《建筑外墙防水工程技术规程》JG/T 235－2011 采取墙面整体防水和(或)节点构造防水措施。对于年降水量大于等于 600mm 的地区未采取墙面整体防水时，应采用节点构造防水措施和基层墙体内表面设找平层的做法。

5.2 施 工

5.2.1 本条文是对内保温工程施工的基本要求。施工图设计文件应经设计图纸审查机构审查，施工方案应经建设和监理单位审查。文件一经确定，施工中不得变更。如要变更，应按原程序重新审查、确认后，方可施工。

5.2.2 这些部位均属热桥部位，内保温施工前必须处理好，以便于内保温施工时热桥部位的保温处理。

5.2.3 保温工程施工现场防火管理不严，导致火灾时有发生。为确保防火安全，特制定本施工现场防火措施。

5.2.4 室内温度低于 5℃ 施工，保温砂浆、找平层材料、界面砂浆、粘结材料、抹面材料等的长期性能下降，造成工程隐患。

5.2.5 基层是否平整、坚实，对保温层的粘结可靠性、抹面层和饰面层的尺寸允许偏差影响极大，因此必须待基层施工质量验收合格后，方可进行内保温工程施工。

为确保基层平整、坚实，保温层粘结施工前，应用水泥砂浆找平处理。不但改善基层平整度，还可提高基层墙体防水功能。为保证水泥砂浆找平层与基层墙体可靠粘结，应根据基层墙体的性质，在基层与水泥砂浆找平层之间，选用不同的界面砂浆，改善水泥砂浆找平层与基层墙体的粘结性能，并防止空鼓、开裂、脱层。

5.2.6 本条文为内保温工程施工的基本抗裂措施，施工中必须严格执行。其他抗裂措施，详见本规范第 6 章的相关条文。

6 内保温系统构造和技术要求

6.1 复合板内保温系统

6.1.1 本条文给出了粘结层、保温层、面板、饰面

层的多种组合方式和系统的基本构造，供设计选择。

复合板为工厂预制。潮湿环境下，宜选用 XPS 或 PU 保温材料，纸面石膏板应选用耐水纸面石膏板，腻子层应选用耐水型腻子。粘结石膏不得用于潮湿环境和面砖饰面。

6.1.2 本条文规定了复合板规格尺寸，面板由于有保温层做背衬，厚度可适度减薄，但石膏面板最小公称厚度为 9.5mm，无石棉硅酸钙板及无石棉纤维水泥平板面板最小公称厚度为 6.0mm。

6.1.3 为提高墙面基层平整度并防止墙体渗水，宜做水泥砂浆找平层。界面层应按本规程第 5.2.5 条选用。复合板采用以粘为主、粘锚结合方式固定。

6.1.6 本条文规定了复合板内保温系统锚栓的相关要求。1、2 款分别规定了锚栓的材质和锚固深度和锚栓类型。3、4 款规定了锚栓的数量和锚固注意事项。为防止以 EPS、XPS、PU 为保温层的复合板，在火灾发生时 EPS、XPS、PU 熔化而造成面板脱落伤人，规定应用两个金属钉锚栓固定复合板。

6.1.7 阴角和阳角处的保温板，应做切边处理，以便保温层闭合。

6.1.8 阴、阳角，门窗洞口四角为应力集中部位，且易受磕碰，故应按本条做增强处理。

6.2　有机保温板内保温系统

6.2.1 本条文给出了粘结层、保温层、抹面层和饰面层的多种组合方式和系统的基本构造，供设计选择。

潮湿环境下，宜选用 XPS 或 PU 保温材料，腻子层应选用耐水型腻子，粘结石膏不得用于潮湿环境和面砖饰面。

采用抹面胶浆作抹面层时，施工应按下列步骤进行：

1　先在保温层表面抹底层抹面胶浆，厚度 4mm～5mm；

2　将涂塑中碱玻璃纤维网布满铺并压入抹面胶浆表面；

3　在底层抹面胶浆凝结前抹面层抹面胶浆，厚度 1mm～2mm。抹面层总厚度不小于 6mm。

采用粉刷石膏作抹面层时，施工应按下列步骤进行：

1　先用粉刷石膏砂浆（可用粉刷石膏与建筑中砂按体积比2：1混合配制，也可直接使用预混好中砂的粉刷石膏）在有机保温板面上做出标准灰饼，灰饼厚度应为 8mm～10mm，待灰饼硬化后抹灰。对于 XPS 板，应提前 4h 在 XPS 板上涂刷界面剂。

2　根据灰饼厚度用杠尺将粉刷石膏砂浆刮平，用抹子搓毛后，在抹灰初凝前横向绷紧 A 型中碱玻璃纤维网布，用抹子压入到抹灰层内，搓平、压光。玻璃纤维网布应靠近抹灰层的外表面。

3　待粉刷石膏砂浆抹灰层基本干燥后，在抹灰层表面刷专用胶粘剂并压入、绷紧 B 型中碱玻璃纤维网布。玻璃纤维网布接搓处搭接长度和玻璃纤维网布拐过相邻墙体的长度，均不应小于 150mm。一般来说，北方地区气候干燥，不做 B 型中碱玻璃纤维网布抗裂增强，抹面层无法保证不开裂；若南方地区有工程实践经验，不做 B 型中碱玻璃纤维网布，可以保证抹面层不开裂，也可以省去。

6.2.2 有机保温板尺寸过大时，可能因基层和保温板的不平整而导致虚粘及表面平整度不易调整等施工问题。

6.2.6、6.2.7　为防止墙面开裂采取的措施。

6.3　无机保温板内保温系统

6.3.1 本条文给出了粘结层、保温层、抹面层和不同饰面层的多种组合方式和系统的基本构造，供设计选用。

6.3.2 无机保温板面积过大，施工和运输过程中易损，且施工不便。

6.3.3 无机保温板在生产、运输和保管中会产生碎屑、浮尘，粘结前必须清除干净，以确保工程质量。

6.3.4 本条文为对无机保温板的粘结要求和防止墙面开裂的措施。

6.4　保温砂浆内保温系统

6.4.1 本条文规定了保温砂浆内保温系统的基本构造。

为保证保温砂浆与基层墙体粘结的可靠性，基层墙体内侧应均匀涂刷界面砂浆。混凝土墙及灰砂砖、硅酸盐砖砌体应选用本规程表 4.2.9 中的 I 型界面砂浆，加气混凝土墙体应选用表 4.2.9 中的 II 型界面砂浆。

6.4.2 界面砂浆用以改善保温砂浆与基层墙体的粘结性能，否则粘结强度难以保证。

6.4.3 本条文规定了保温砂浆施工时的注意事项。

保温砂浆应分层施工、逐层压实，每层厚度不宜大于 20mm。一次性抹灰过厚，干缩大，易出现空鼓、脱层和开裂。

6.4.4 本条文为保温砂浆内保温系统的重要抗裂措施。

6.4.6 由于保温砂浆线性收缩率较大，容易引起涂层龟裂，故宜选用弹性腻子，可选用柔性腻子，不得选用普通型腻子。

6.5　喷涂硬泡聚氨酯内保温系统

6.5.1 本条文规定了喷涂硬泡聚氨酯内保温系统的基本构造，供设计选用。

基层墙体的界面层不是必要的，只在基层含水率较高时，使用聚氨酯防潮底漆等界面材料，提高喷涂硬泡聚氨酯与基层墙面的粘结力；基层墙体清洁、干燥，可不做界面处理。

喷涂硬泡聚氨酯表面上的界面层是必需的，以确保找平层与保温层的粘结强度，避免起鼓、脱皮、开裂等现象。界面材料可选用专用的界面砂浆或界面剂。

喷涂硬泡聚氨酯保温层的平整度难以达工程质量要求，应用保温砂浆或聚合物水泥砂浆找平，避免起鼓、脱层、开裂等现象发生，同时提高了系统的防火性能。

6.5.2 本条文规定了喷涂硬泡聚氨酯施工时的注意事项。

1 施工环境温度过低或空气相对湿度过高，均会影响喷涂硬泡聚氨酯的发泡反应，尤其是室温过低不易发泡、固化时间长。

2 每遍喷涂厚度控制在 15mm 以内，以确保发泡质量，也有利于表面平整度的控制。当日喷涂完毕，是指施工作业面必须当日连续喷涂至设计规定厚度，确保每一遍喷涂的间隔时间不能过长，以免影响喷涂硬泡聚氨酯层间的粘结性能。这就要求施工前应根据工程量备足材料，确保施工连续性。

3 喷涂硬泡聚氨酯保温层平整度对后续施工影响极大，保温层平整度小于 6mm 时，可采用保温砂浆或聚合物水泥砂浆找平。若保温层平整度偏差过大，在保证保温层厚度能满足设计要求的前提下，可采取切削、刨平等修整措施，再用压缩空气等方式除去浮尘，满足下道工序施工要求。

4 对各类不易喷涂的部位，可采用粘贴聚氨酯板的方式修补，但必须保证粘贴聚氨酯板后，其外表面的平整度与喷涂施工保持一致。

6.5.3 硬泡聚氨酯的密度与导热系数密切相关。只要控制了硬泡聚氨酯的密度和厚度，保温层的保温性能就有了保证，所以现场抽样检验十分重要。

6.6 玻璃棉、岩棉、喷涂硬泡聚氨酯龙骨固定内保温系统

6.6.1 本条文规定了玻璃棉、岩棉、喷涂硬泡聚氨酯龙骨固定内保温系统的基本构造，供设计选用。

本规程推荐采用的是离心法工艺生产的玻璃棉和摆锤法工艺生产的岩棉，不建议采用火焰法工艺生产的玻璃棉和沉降法工艺生产的岩棉。

6.6.3 为避免产生热桥，龙骨应进行断热处理。

轻钢龙骨双面镀锌量体现表面防腐蚀能力，直接影响其使用寿命。正常室内环境下轻钢龙骨双面镀锌量不应小于 $100g/m^2$；室内潮湿环境下，轻钢龙骨双面镀锌量不宜小于 $120g/m^2$。

6.6.5 当岩棉板（毡）为防止甲醛超标，已采用抗水蒸气渗透的外覆层（如 PVC、聚丙烯薄膜、铝箔等）六面包覆，且透湿率不应大于 $4.0 \times 10^{-8} g/(Pa \cdot s \cdot m^2)$ 时，可不再连续铺设抗水蒸气的隔汽层。

6.6.6 本系统面板的厚度，参考对内隔墙板厚度的要求确定。复合板的面板由于有保温层做衬板，所以板的厚度相对较薄。

7 工 程 验 收

7.1 一 般 规 定

7.1.2 保温材料的密度、导热系数和抗拉强度是控制保温材料性能的关键参数，反映了材料化学组成、均匀性、熔合或成型质量等生产环节的控制，通常情况下，基本上就可控制其热工性能和力学性能。

7.1.3 由于施工过程中存在大量隐蔽工程施工，后道工序施工后较难判定前道工序的施工质量，因此，应在前道工序验收合格后，方可进行后续工序施工。

7.1.4 本条文对隐蔽工程的验收项目和保存的档案资料作出明确规定。

7.2 主 控 项 目

7.2.2 在保温材料种类已确定的条件下，保温层厚度可直接影响到是否达到节能设计要求。

7.2.6 由于保温砂浆为现场搅拌施工，其干密度与施工过程有较大关系，干密度可直接决定其导热系数大小，从而影响是否达到节能设计要求。

7.3 一 般 项 目

7.3.1 有机保温板内保温系统和无机保温板内保温系统抹面层和饰面层尺寸偏差取决于基层和保温板粘贴的尺寸偏差。由于抹面层和饰面层厚度较薄，只有当保温板尺寸偏差符合《建筑装饰装修工程质量验收规范》GB 50210 规定时，才能做到抹面层和饰面层尺寸偏差符合规定。保温板的尺寸偏差又与基层有关，内保温工程的施工应在基层施工质量验收合格后进行。

中华人民共和国行业标准

住宅室内防水工程技术规范

Technical code for interior waterproof of residential buildings

JGJ 298—2013

批准部门：中华人民共和国住房和城乡建设部
施行日期：2 0 1 3 年 1 2 月 1 日

中华人民共和国住房和城乡建设部
公　告

第 30 号

住房城乡建设部关于发布行业标准
《住宅室内防水工程技术规范》的公告

现批准《住宅室内防水工程技术规范》为行业标准，编号为 JGJ 298-2013，自 2013 年 12 月 1 日起实施。其中，第 4.1.2、5.2.1、5.2.4、7.3.6 条为强制性条文，必须严格执行。

本规范由我部标准定额研究所组织中国建筑工业出版社出版发行。

中华人民共和国住房和城乡建设部

2013 年 5 月 13 日

前　言

根据住房和城乡建设部《关于印发〈2010 年工程建设标准规范制订、修订计划〉的通知》（建标〔2010〕43 号）的要求，规范编制组经广泛调查研究，认真总结实践经验，参考有关国际标准和国外先进标准，并在广泛征求意见的基础上，制定本规范。

本规范的主要技术内容包括：1. 总则；2. 术语；3. 基本规定；4. 防水材料；5. 防水设计；6. 防水施工；7. 质量验收。

本规范中以黑体字标志的条文为强制性条文，必须严格执行。

本规范由住房和城乡建设部负责管理和对强制性条文的解释，由中国建筑标准设计研究院负责具体技术内容的解释。执行过程中如有意见或建议，请寄送中国建筑标准设计研究院（地址：北京市海淀区首体南路 9 号主语国际 5 号楼 7 层，邮编：100048）。

本 规 范 主 编 单 位：中国建筑标准设计研究院
北京韩建集团有限公司

本 规 范 参 编 单 位：中国建筑西北设计研究院有限公司
北京市建筑材料质量监督检验中心
北京东方雨虹防水技术股份有限公司
马贝建筑材料（广州）有限公司
上海雷帝建筑材料有限公司
广东科顺化工实业有限公司
能高共建集团
德高（广州）建材有限公司
北京圣洁防水材料有限公司
大连傅禹集团有限公司
美巢集团股份公司
西卡（中国）有限公司
天津住宅集团建设工程总承包有限公司

本规范主要起草人员：张　萍　于新国　田　雄
田　兴　谭春丽　许　宁
周伟玲　苏新禄　易　斐
袁泽辉　万德刚　杜　昕
付　梅　张经甫　唐国宝
冯　云　叶　军　郝　伟
张佳岩　邵占华

本规范主要审查人员：叶林标　杨嗣信　顾伯岳
陶基力　高　杰　田凤兰
曹征富　高玉亭　张增寿
蒋　荃　曲　慧　郭保文

目 次

Contents

1 总 则

1.0.1 为提高住宅室内防水工程的技术水平，确保住宅室内防水的功能与质量，制定本规范。

1.0.2 本规范适用于新建住宅的卫生间、厨房、浴室、设有配水点的封闭阳台、独立水容器等室内防水工程的设计、施工和质量验收。

1.0.3 住宅室内防水工程的设计和施工应遵守国家有关结构安全、环境保护和防火安全的规定。

1.0.4 住宅室内防水工程的设计、施工和质量验收除应符合本规范外，尚应符合国家现行有关标准的规定。

2 术 语

2.0.1 独立水容器 independent water container

现场浇筑或工厂预制成型的、不以住宅主体结构或填充体作为部分或全部壁体的水容器。

2.0.2 功能房间 function room

有防水、防潮功能要求的房间。

2.0.3 配水点 points of water distribution

给水系统中的用水点。

2.0.4 溶剂型防水涂料 solvent-based waterproofing coating

以有机溶剂为分散介质，靠溶剂挥发成膜的防水涂料。

3 基 本 规 定

3.0.1 住宅室内防水工程应遵循防排结合、刚柔相济、因地制宜、经济合理、安全环保、综合治理的原则。

3.0.2 住宅室内防水工程宜根据不同的设防部位，按柔性防水涂料、防水卷材、刚性防水材料的顺序，选用适宜的防水材料，且相邻材料之间应具有相容性。

3.0.3 密封材料宜采用与主体防水层相匹配的材料。

3.0.4 住宅室内防水工程完成后，楼、地面和独立水容器的防水性能应通过蓄水试验进行检验。

3.0.5 住宅室内外排水系统应保持畅通。

3.0.6 住宅室内防水工程应积极采用通过技术评估或鉴定，并经工程实践证明质量可靠的新材料、新技术、新工艺。

4 防 水 材 料

4.1 防 水 涂 料

4.1.1 住宅室内防水工程宜使用聚氨酯防水涂料、聚合物乳液防水涂料、聚合物水泥防水涂料和水乳型沥青防水涂料等水性或反应型防水涂料。

4.1.2 住宅室内防水工程不得使用溶剂型防水涂料。

4.1.3 对于住宅室内长期浸水的部位，不宜使用遇水产生溶胀的防水涂料。

4.1.4 聚氨酯防水涂料的性能指标应符合表 4.1.4 的规定。

表 4.1.4 聚氨酯防水涂料的性能指标

项　目		性能指标	
		单组分	双组分
拉伸强度（MPa）		≥1.9	
断裂伸长率（%）		≥450	
撕裂强度（N/mm）		≥12	
不透水性（0.3MPa，30min）		不透水	
固体含量（%）		≥80	≥92
加热伸缩率（%）	伸长	≤1.0	
	缩短	≤4.0	
热处理	拉伸强度保持率（%）	80～150	
	断裂伸长率（%）	≥400	
碱处理	拉伸强度保持率（%）	60～150	
	断裂伸长率（%）	≥400	
酸处理	拉伸强度保持率（%）	80～150	
	断裂伸长率（%）	≥400	

注：对于加热伸缩率及热处理后的拉伸强度保持率和断裂伸长率，仅当聚氨酯防水涂料用于地面辐射采暖工程时才作要求。

4.1.5 聚合物乳液防水涂料的性能指标应符合表 4.1.5 的规定。

表 4.1.5 聚合物乳液防水涂料的性能指标

项　目		性能指标
拉伸强度（MPa）		≥1.0
断裂延伸率（%）		≥300
不透水性（0.3MPa，30min）		不透水
固体含量（%）		≥65
干燥时间（h）	表干时间	≤4
	实干时间	≤8
处理后的拉伸强度保持率（%）	加热处理	≥80
	碱处理	≥60
	酸处理	≥40
处理后的断裂延伸率（%）	加热处理	≥200
	碱处理	≥200
	酸处理	≥200
加热伸缩率（%）	伸长	≤1.0
	缩短	≤1.0

注：对于加热伸缩率及热处理后的拉伸强度保持率和断裂伸长率，仅当聚合物乳液防水涂料用于地面辐射采暖工程时才作要求。

4.1.6 聚合物水泥防水涂料的性能指标应符合表4.1.6的规定。Ⅰ型产品不宜用于长期浸水环境的防水工程；Ⅱ型产品可用于长期浸水环境和干湿交替环境的防水工程；Ⅲ型产品宜用于住宅室内墙面或顶棚的防潮。

表4.1.6 聚合物水泥防水涂料的性能指标

项　　目		性能指标		
		Ⅰ型	Ⅱ型	Ⅲ型
	固体含量(%)	≥70	≥70	≥70
拉伸强度	无处理(MPa)	≥1.2	≥1.8	≥1.8
	加热处理后保持率(%)	≥80	≥80	≥80
	碱处理后保持率(%)	≥60	≥70	≥70
断裂伸长率	无处理(%)	≥200	≥80	≥30
	加热处理(%)	≥150	≥65	≥20
	碱处理(%)	≥150	≥65	≥20
粘结强度	无处理(MPa)	≥0.5	≥0.7	≥1.0
	潮湿基层(MPa)	≥0.5	≥0.7	≥1.0
	碱处理(MPa)	≥0.5	≥0.7	≥1.0
	浸水处理(MPa)	≥0.5	≥0.7	≥1.0
	不透水性(0.3MPa,30min)	不透水	不透水	不透水
	抗渗性(砂浆背水面)(MPa)	—	≥0.6	≥0.8

注：对于加热处理后的拉伸强度和断裂伸长率，仅当聚合物水泥防水涂料用于地面辐射采暖工程时才作要求。

4.1.7 水乳型沥青防水涂料的性能指标应符合表4.1.7的规定。

表4.1.7 水乳型沥青防水涂料的性能指标

项　　目		性　能　指　标
固体含量（%）		≥45
耐热度（℃）		80±2,无流淌、滑移、滴落
不透水性（0.1MPa，30min）		不透水
粘结强度（MPa）		≥0.30
断裂伸长率（%）	标准条件	≥600
	碱处理	≥600
	热处理	≥600

注：对于耐热度及热处理后的断裂伸长率，仅当水乳型沥青防水涂料用于地面辐射采暖工程时才作要求。

4.1.8 防水涂料的有害物质限量应分别符合表4.1.8-1和表4.1.8-2的规定。

表4.1.8-1 水性防水涂料中有害物质含量指标

项　　目		水性防水涂料
挥发性有机化合物（VOC）(g/L)		≤120
游离甲醛（mg/kg）		≤200
苯、甲苯、乙苯和二甲苯总和（mg/kg）		≤300
氨（mg/kg）		≤1000
可溶性重金属（mg/kg）	铅	≤90
	镉	≤75
	铬	≤60
	汞	≤60

注：对于无色、白色、黑色防水涂料，不需测定可溶性重金属。

表4.1.8-2 反应型防水涂料中有害物质含量指标

项　　目		反应型防水涂料
挥发性有机化合物（VOC）(g/L)		≤200
甲苯＋乙苯＋二甲苯（g/kg）		≤1.0
苯（mg/kg）		≤200
苯酚（mg/kg）		≤500
蒽（mg/kg）		≤100
萘（mg/kg）		≤500
游离TDI（g/kg）		≤7
可溶性重金属（mg/kg）	铅	≤90
	镉	≤75
	铬	≤60
	汞	≤60

注：1 游离TDI仅适用于聚氨酯类防水涂料；
　　2 对于无色、白色、黑色防水涂料，不需测定可溶性重金属。

4.1.9 用于附加层的胎体材料宜选用（30～50）g/m² 的聚酯纤维无纺布、聚丙烯纤维无纺布或耐碱玻璃纤维网格布。

4.1.10 住宅室内防水工程采用防水涂料时，涂膜防水层厚度应符合表4.1.10的规定。

表4.1.10 涂膜防水层厚度

防　水　涂　料	涂膜防水层厚度（mm）	
	水平面	垂直面
聚合物水泥防水涂料	≥1.5	≥1.2
聚合物乳液防水涂料	≥1.5	≥1.2
聚氨酯防水涂料	≥1.5	≥1.2
水乳型沥青防水涂料	≥2.0	≥1.5

4.2 防 水 卷 材

4.2.1 住宅室内防水工程可选用自粘聚合物改性沥青防水卷材和聚乙烯丙纶复合防水卷材。

4.2.2 自粘聚合物改性沥青防水卷材的性能指标应符合表4.2.2-1和表4.2.2-2的规定。

**表4.2.2-1 无胎基（N类）自粘聚合物改性
沥青防水卷材的性能指标**

项　　目		性能指标	
		PE类	PET类
拉伸性能	拉力(N/50mm)	≥150	≥150
	最大拉力时延伸率(%)	≥200	≥30
耐热性		70℃滑动不超过2mm	
不透水性		0.2MPa,120min不透水	
剥离强度（N/mm）	卷材与卷材	≥1.0	
	卷材与铝板	≥1.5	
热老化	拉力保持率（%）	≥80	
	最大拉力时延伸率（%）	≥200	≥30
	剥离强度（N/mm）	≥1.5	
热稳定性	外观	无起鼓、皱折、滑动、流淌	
	尺寸变化（%）	≤2	

注：对于耐热性、热老化和热稳定性，仅当N类自粘聚合物改性沥青防水卷材用于地面辐射采暖工程时才作要求。

表 4.2.2-2 聚酯胎基（PY类）自粘聚合物改性沥青防水卷材的性能指标

项 目		性能指标
可溶物含量（g/m²）	2.0mm	≥1300
	3.0mm	≥2100
	4.0mm	≥2900
拉伸性能	拉力（N/50mm） 2.0mm	≥350
	3.0mm	≥450
	4.0mm	≥450
	最大拉力时延伸率（%）	≥30
耐热性		70℃滑动不超过2mm
不透水性		0.3MPa，120min不透水
剥离强度（N/mm）	卷材与卷材	≥1.0
	卷材与铝板	≥1.5
热老化	最大拉力时延伸率（%）	≥30
	剥离强度（N/mm）	≥1.5

注：对于耐热性和热老化，仅当 PY 类自粘聚合物改性沥青防水卷材用于地面辐射采暖工程时才作要求。

4.2.3 聚乙烯丙纶复合防水卷材应采用与之相配套的聚合物水泥防水粘结料，共同组成复合防水层，且聚乙烯丙纶复合防水卷材和聚合物水泥防水粘结料的性能指标应分别符合表4.2.3-1和表4.2.3-2的规定。

表 4.2.3-1 聚乙烯丙纶复合防水卷材的性能指标

项 目		性能指标
断裂拉伸强度（常温）（N/cm）		≥60×80%
扯断伸长率（常温）（%）		≥400×50%
热空气老化（80℃×168h）	断裂拉伸强度保持率（%）	≥80
	扯断伸长率保持率（%）	≥70
不透水性（0.3MPa，30min）		不透水
撕裂强度（N）		≥20

注：对于热空气老化，仅当聚乙烯丙纶复合防水卷材用于地面辐射采暖工程时才作要求。

表 4.2.3-2 聚合物水泥防水粘结料的性能指标

项 目		性能指标
与水泥基面的粘结拉伸强度（MPa）	常温7d	≥0.6
	耐水性	≥0.4
剪切状态下的粘合性（卷材与卷材，标准试验条件）(N/mm)		≥2.0或卷材断裂
剪切状态下的粘合性（卷材与水泥基面，标准试验条件）(N/mm)		≥1.8或卷材断裂
抗渗性（MPa，7d）		≥1.0

4.2.4 防水卷材宜采用冷粘法施工，胶粘剂应与卷材相容，并应与基层粘结可靠。

4.2.5 防水卷材胶粘剂应具有良好的耐水性、耐腐蚀性和耐霉变性，且有害物质限量值应符合表4.2.5的规定。

表 4.2.5 防水卷材胶粘剂有害物质限量值

项 目	指 标
总挥发性有机物（g/L）	≤350
甲苯＋二甲苯（g/kg）	≤10
苯（g/kg）	≤0.2
游离甲醛（g/kg）	≤1.0

4.2.6 卷材防水层厚度应符合表4.2.6的规定。

表 4.2.6 卷材防水层厚度

防水卷材	卷材防水层厚度（mm）	
自粘聚合物改性沥青防水卷材	无胎基≥1.5	聚酯胎基≥2.0
聚乙烯丙纶复合防水卷材	卷材≥0.7（芯材≥0.5），胶结料≥1.3	

4.3 防水砂浆

4.3.1 防水砂浆应使用由专业生产厂家生产的商品砂浆，并应符合现行行业标准《商品砂浆》JG/T 230的规定。

4.3.2 掺防水剂的防水砂浆的性能指标应符合表4.3.2的规定。

表 4.3.2 掺防水剂的防水砂浆的性能指标

项 目		性能指标
净浆安定性		合格
凝结时间	初凝（min）	≥45
	终凝（h）	≤10
抗压强度比	7d（%）	≥95
	28d（%）	≥85
渗水压力比（%）		≥200
48h 吸水量比（%）		≤75

4.3.3 聚合物水泥防水砂浆的性能指标应符合表4.3.3的规定。

表 4.3.3 聚合物水泥防水砂浆性能的性能指标

项 目		性能指标	
		干粉类（Ⅰ类）	乳液类（Ⅱ类）
凝结时间	初凝（min）	≥45	≥45
	终凝（h）	≤12	≤24

续表 4.3.3

项　　目		性能指标	
		干粉类（Ⅰ类）	乳液类（Ⅱ类）
抗渗压力（MPa）	7d	≥1.0	
	28d	≥1.5	
抗压强度（MPa）	28d	≥24.0	
抗折强度（MPa）	28d	≥8.0	
压折比		≤3.0	
粘结强度（MPa）	7d	≥1.0	
	28d	≥1.2	
耐碱性（饱和 $Ca(OH)_2$ 溶液，168h）		无开裂，无剥落	
耐热性（100℃水，5h）		无开裂，无剥落	

注：1　凝结时间可根据用户需要及季节变化进行调整；
　　2　对于耐热性，仅当聚合物水泥防水砂浆用于地面辐射采暖工程时才作要求。

4.3.4　防水砂浆的厚度应符合表 4.3.4 的规定。

表 4.3.4　防水砂浆的厚度

防　水　砂　浆		砂浆层厚度（mm）
掺防水剂的防水砂浆		≥20
聚合物水泥防水砂浆	涂刮型	≥3.0
	抹压型	≥15

4.4　防水混凝土

4.4.1　用于配制防水混凝土的水泥应符合下列规定：

1　水泥宜采用硅酸盐水泥、普通硅酸盐水泥，并应符合现行国家标准《通用硅酸盐水泥》GB 175 的规定；

2　不得使用过期或受潮结块的水泥，不得将不同品种或强度等级的水泥混合使用。

4.4.2　用于配制防水混凝土的化学外加剂、矿物掺合料、砂、石及拌合用水等应符合国家现行有关标准的规定。

4.5　密封材料

4.5.1　住宅室内防水工程的密封材料宜采用丙烯酸建筑密封胶、聚氨酯建筑密封胶或硅酮建筑密封胶。

4.5.2　对于地漏、大便器、排水立管等穿越楼板的管道根部，宜使用丙烯酸酯建筑密封胶或聚氨酯建筑密封胶嵌填，且性能指标应分别符合表 4.5.2-1 和表 4.5.2-2 的规定。

表 4.5.2-1　丙烯酸酯建筑密封胶的性能指标

项　　目	性　能　指　标
表干时间（h）	≤1
挤出性（mL/min）	≥100
弹性恢复率（%）	≥40
定伸粘结性	无破坏
浸水后定伸粘结性	无破坏

表 4.5.2-2　聚氨酯建筑密封胶的性能指标

项　　目	性　能　指　标
表干时间（h）	≤24
挤出性（mL/min）①	≥80
弹性恢复率（%）	≥70
定伸粘结性	无破坏
浸水后定伸粘结性	无破坏

注：①对于挤出性，仅适用于单组分产品。

4.5.3　对于热水管管根部、套管与穿墙管间隙及长期浸水的部位，宜使用硅酮建筑密封胶（F 类）嵌填，其性能指标应符合表 4.5.3 的规定。

表 4.5.3　硅酮建筑密封胶（F 类）的性能指标

项　　目	性　能　指　标
表干时间（h）	≤3
挤出性（mL/min）	≥80
弹性恢复率（%）	≥70
定伸粘结性	无破坏
浸水后定伸粘结性	无破坏

4.6　防潮材料

4.6.1　墙面、顶棚宜采用防水砂浆、聚合物水泥防水涂料做防潮层；无地下室的地面可采用聚氨酯防水涂料、聚合物乳液防水涂料、水乳型沥青防水涂料和防水卷材做防潮层。

4.6.2　采用不同材料做防潮层时，防潮层厚度可按表 4.6.2 确定。

表 4.6.2　防潮层厚度

材　料　种　类		防潮层厚度（mm）
防水砂浆	掺防水剂的防水砂浆	15～20
	涂刷型聚合物水泥防水砂浆	2～3
	抹压型聚合物水泥防水砂浆	10～15
防水涂料	聚合物水泥防水涂料	1.0～1.2
	聚合物乳液防水涂料	1.0～1.2
	聚氨酯防水涂料	1.0～1.2
	水乳型沥青防水涂料	1.0～1.5
防水卷材	自粘聚合物改性沥青防水卷材　无胎基	1.2
	聚酯毡基	2.0
	聚乙烯丙纶复合防水卷材	卷材≥0.7（芯材≥0.5），胶结料≥1.3

5 防水设计

5.1 一般规定

5.1.1 住宅卫生间、厨房、浴室、设有配水点的封闭阳台、独立水容器等均应进行防水设计。

5.1.2 住宅室内防水设计应包括下列内容：

   1 防水构造设计；

   2 防水、密封材料的名称、规格型号、主要性能指标；

   3 排水系统设计；

   4 细部构造防水、密封措施。

5.2 功能房间防水设计

5.2.1 卫生间、浴室的楼、地面应设置防水层，墙面、顶棚应设置防潮层，门口应有阻止积水外溢的措施。

5.2.2 厨房的楼、地面应设置防水层，墙面宜设置防潮层；厨房布置在无用水点房间的下层时，顶棚应设置防潮层。

5.2.3 当厨房设有采暖系统的分集水器、生活热水控制总阀门时，楼、地面宜就近设置地漏。

5.2.4 排水立管不应穿越下层住户的居室；当厨房设有地漏时，地漏的排水支管不应穿过楼板进入下层住户的居室。

5.2.5 厨房的排水立管支架和洗涤池不应直接安装在与卧室相邻的墙体上。

5.2.6 设有配水点的封闭阳台，墙面应设防水层，顶棚宜防潮，楼、地面应有排水措施，并应设置防水层。

5.2.7 独立水容器应有整体的防水构造。现场浇筑的独立水容器应采用刚柔结合的防水设计。

5.2.8 采用地面辐射采暖的无地下室住宅，底层无配水点的房间地面应在绝热层下部设置防潮层。

5.3 技术措施

5.3.1 住宅室内防水应包括楼、地面防水、排水、室内墙体防水和独立水容器防水、防渗。

5.3.2 楼、地面防水设计应符合下列规定：

   1 对于有排水要求的房间，应绘制放大布置平面图，并应以门口及沿墙周边为标志标高，标注主要排水坡度和地漏表面标高。

   2 对于无地下室的住宅，地面宜采用强度等级为C15的混凝土作为刚性垫层，且厚度不宜小于60mm。楼面基层宜为现浇钢筋混凝土楼板，当为预制钢筋混凝土条板时，板缝间应采用防水砂浆堵严抹平，并应沿通缝涂刷宽度不小于300mm的防水涂料形成防水涂膜带。

   3 混凝土找坡层最薄处的厚度不应小于30mm；砂浆找坡层最薄处的厚度不应小于20mm。找平层兼找坡层时，应采用强度等级为C20的细石混凝土；需设填充层铺设管道时，宜与找坡层合并，填充材料宜选用轻骨料混凝土。

   4 装饰层宜采用不透水材料和构造，主要排水坡度应为0.5%～1.0%，粗糙面层排水坡度不应小于1.0%。

   5 防水层应符合下列规定：

     1）对于有排水的楼、地面，应低于相邻房间楼、地面20mm或做挡水门槛；当需进行无障碍设计时，应低于相邻房间面层15mm，并应以斜坡过渡。

     2）当防水层需要采取保护措施时，可采用20mm厚1：3水泥砂浆做保护层。

5.3.3 墙面防水设计应符合下列规定：

   1 卫生间、浴室和设有配水点的封闭阳台等墙面应设置防水层；防水层高度宜距楼、地面面层1.2m。

   2 当卫生间有非封闭式洗浴设施时，花洒所在及其邻近墙面防水层高度不应小于1.8m。

5.3.4 有防水设防的功能房间，除应设置防水层的墙面外，其余部分墙面和顶棚均应设置防潮层。

5.3.5 钢筋混凝土结构独立水容器的防水、防渗应符合下列规定：

   1 应采用强度等级为C30、抗渗等级为P6的防水钢筋混凝土结构，且受力壁体厚度不宜小于200mm；

   2 水容器内侧应设置柔性防水层；

   3 设备与水容器壁体连接处应做防水密封处理。

5.4 细部构造

5.4.1 楼、地面的防水层在门口处应水平延展，且向外延展的长度不应小于500mm，向两侧延展的宽度不应小于200mm（图5.4.1）。

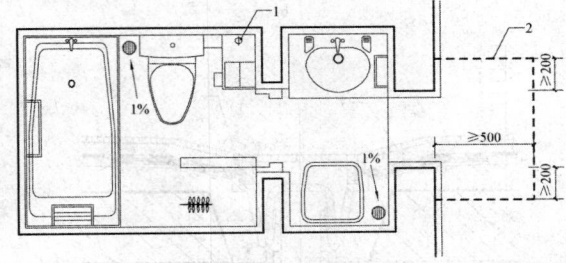

图 5.4.1 楼、地面门口处防水层延展示意
1—穿越楼板的管道及其防水套管；
2—门口处防水层延展范围

5.4.2 穿越楼板的管道应设置防水套管，高度应高出装饰层完成面20mm以上；套管与管道间应采用防

水密封材料嵌填压实（图 5.4.2）。

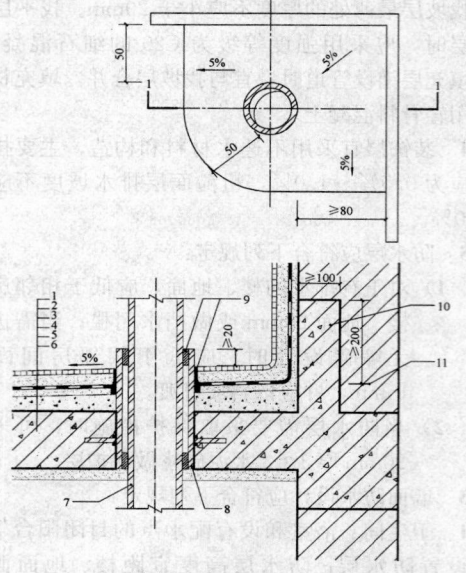

图 5.4.2　管道穿越楼板的防水构造
1—楼、地面面层；2—粘结层；3—防水层；
4—找平层；5—垫层或找坡层；6—钢筋混
凝土楼板；7—排水立管；8—防水套管；
9—密封膏；10—C20 细石混凝土翻边；
11—装饰层完成面高度

5.4.3　地漏、大便器、排水立管等穿越楼板的管道根部应用密封材料嵌填压实（图 5.4.3）。

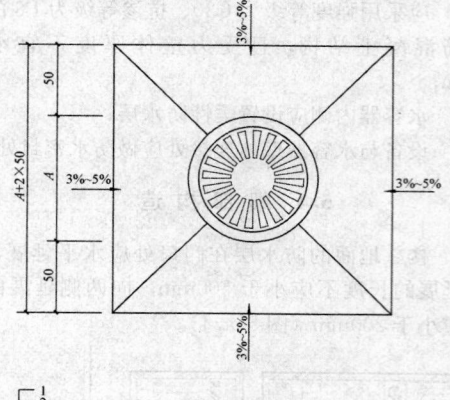

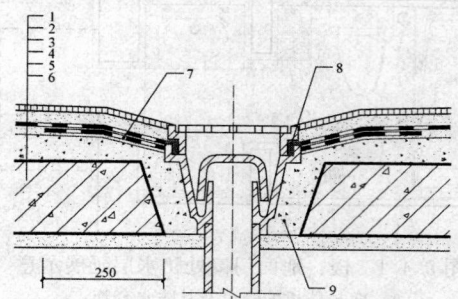

图 5.4.3　地漏防水构造
1—楼、地面面层；2—粘结层；3—防水层；
4—找平层；5—垫层或找坡层；6—钢筋混
凝土楼板；7—防水层的附加层；8—密
封膏；9—C20 细石混凝土掺聚合物填实

5.4.4　水平管道在下降楼板上采用同层排水措施时，楼板、楼面应做双层防水设防。对降板后可能出现的管道渗水，应有密闭措施（图 5.4.4），且宜在贴临下降楼板上表面处设泄水管，并宜采取增设独立的泄水立管的措施。

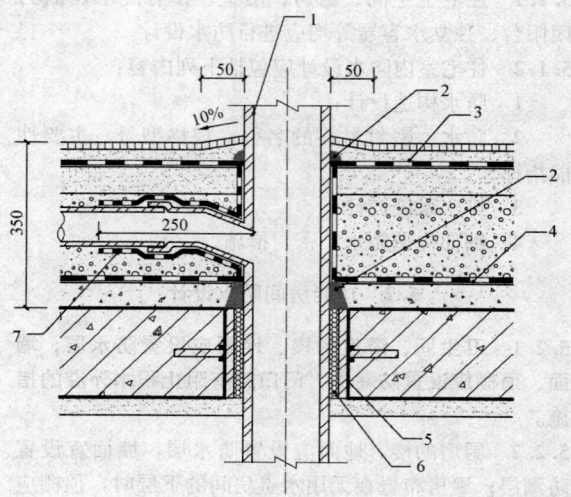

图 5.4.4　同层排水时管道穿越楼板的防水构造
1—排水立管；2—密封膏；3—设防房间装修面层下设防的防水层；4—钢筋混凝土楼板基层上设防的防水层；
5—防水套管；6—管壁间用填充材料塞实；7—附加层

5.4.5　对于同层排水的地漏，其旁通水平支管宜与下降楼板上表面处的泄水管联通，并接至增设的独立泄水立管上（图 5.4.5）。

5.4.6　当墙面设置防潮层时，楼、地面防水层应沿墙面上翻，且至少应高出饰面层 200mm。当卫生间、厨房采用轻质隔墙时，应做全防水墙面，其四周根部除门洞外，应做 C20 细石混凝土坎台，并应至少高出相连房间的楼、地面饰面层 200mm（图 5.4.6）。

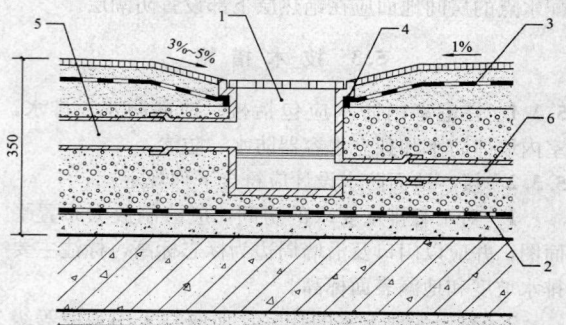

图 5.4.5　同层排水时的地漏防水构造
1—产品多通道地漏；2—下降的钢筋混凝土楼板基层上设防的防水层；3—设防房间装修面层下设防的防水层；4—密封膏；5—排水支管接至排水立管；6—旁通水平支管接至增设的独立泄水立管

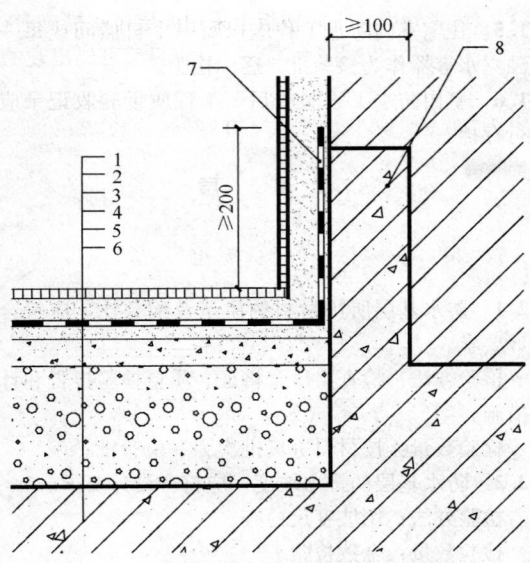

图 5.4.6　防潮墙面的底部构造

1—楼、地面面层；2—粘结层；3—防水层；4—找平层；5—垫层或找坡层；6—钢筋混凝土楼板；7—防水层翻起高度；8—C20细石混凝土翻边

6　防水施工

6.1　一般规定

6.1.1　住宅室内防水工程施工单位应有专业施工资质，作业人员应持证上岗。

6.1.2　住宅室内防水工程应按设计施工。

6.1.3　施工前，应通过图纸会审和现场勘查，明确细部构造和技术要求，并应编制施工方案。

6.1.4　进场的防水材料，应抽样复验，并应提供检验报告。严禁使用不合格材料。

6.1.5　防水材料及防水施工过程不得对环境造成污染。

6.1.6　穿越楼板、防水墙面的管道和预埋件等，应在防水施工前完成安装。

6.1.7　住宅室内防水工程的施工环境温度宜为5℃～35℃。

6.1.8　住宅室内防水工程施工，应遵守过程控制和质量检验程序，并应有完整检查记录。

6.1.9　防水层完成后，应在进行下一道工序前采取保护措施。

6.2　基层处理

6.2.1　基层应符合设计的要求，并应通过验收。基层表面应坚实平整，无浮浆，无起砂、裂缝现象。

6.2.2　与基层相连接的各类管道、地漏、预埋件、设备支座等应安装牢固。

6.2.3　管根、地漏与基层的交接部位，应预留宽

10mm、深10mm的环形凹槽，槽内应嵌填密封材料。

6.2.4　基层的阴、阳角部位宜做成圆弧形。

6.2.5　基层表面不得有积水，基层的含水率应满足施工要求。

6.3　防水涂料施工

6.3.1　防水涂料施工时，应采用与涂料配套的基层处理剂。基层处理剂涂刷应均匀、不流淌、不堆积。

6.3.2　防水涂料在大面积施工前，应先在阴阳角、管根、地漏、排水口、设备基础根等部位施做附加层，并应夹铺胎体增强材料，附加层的宽度和厚度应符合设计要求。

6.3.3　防水涂料施工操作应符合下列规定：

　　1　双组分涂料应按配比要求在现场配制，并应使用机械搅拌均匀，不得有颗粒悬浮物；

　　2　防水涂料应薄涂、多遍施工，前后两遍的涂刷方向应相互垂直，涂层厚度应均匀，不得有漏刷或堆积现象；

　　3　应在前一遍涂层实干后，再涂刷下一遍涂料；

　　4　施工时宜先涂刷立面，后涂刷平面；

　　5　夹铺胎体增强材料时，应使防水涂料充分浸透胎体层，不得有折皱、翘边现象。

6.3.4　防水涂膜最后一遍施工时，可在涂层表面撒砂。

6.4　防水卷材施工

6.4.1　防水卷材与基层应满粘施工，防水卷材搭接缝应采用与基材相容的密封材料封严。

6.4.2　涂刷基层处理剂应符合下列规定：

　　1　基层潮湿时，应涂刷湿固化胶粘剂或潮湿面隔离剂；

　　2　基层处理剂不得在施工现场配制或添加溶剂稀释；

　　3　基层处理剂应涂刷均匀，无露底、堆积；

　　4　基层处理剂干燥后应立即进行下道工序的施工。

6.4.3　防水卷材的施工应符合下列规定：

　　1　防水卷材应在阴阳角、管根、地漏等部位先铺设附加层，附加层材料可采用与防水层同品种的卷材或与卷材相容的涂料；

　　2　卷材与基层应满粘施工，表面应平整、顺直，不得有空鼓、起泡、皱折；

　　3　防水卷材应与基层粘结牢固，搭接缝处应粘结牢固。

6.4.4　聚乙烯丙纶复合防水卷材施工时，基层应湿润，但不得有明水。

6.4.5　自粘聚合物改性沥青防水卷材在低温施工时，搭接部位宜采用热风加热。

6.5 防水砂浆施工

6.5.1 施工前应洒水润湿基层，但不得有明水，并宜做界面处理。

6.5.2 防水砂浆应用机械搅拌均匀，并应随拌随用。

6.5.3 防水砂浆宜连续施工。当需留施工缝时，应采用坡形接槎，相邻两层接槎应错开 100mm 以上，距转角不得小于 200mm。

6.5.4 水泥砂浆防水层终凝后，应及时进行保湿养护，养护温度不宜低于 5℃。

6.5.5 聚合物防水砂浆，应按产品的使用要求进行养护。

6.6 密封施工

6.6.1 基层应干净、干燥，可根据需要涂刷基层处理剂。

6.6.2 密封施工宜在卷材、涂料防水层施工之前、刚性防水层施工之后完成。

6.6.3 双组分密封材料应配比准确，混合均匀。

6.6.4 密封材料施工宜采用胶枪挤注施工，也可用腻子刀等嵌填压实。

6.6.5 密封材料应根据预留凹槽的尺寸、形状和材料的性能采用一次或多次嵌填。

6.6.6 密封材料嵌填完成后，在硬化前应避免灰尘、破损及污染等。

7 质量验收

7.1 一般规定

7.1.1 室内防水工程质量验收的程序和组织，应符合现行国家标准《建筑工程施工质量验收统一标准》GB 50300 的规定。

7.1.2 住宅室内防水施工的各种材料应有产品合格证书和性能检测报告。材料的品种、规格、性能等应符合国家现行有关标准和防水设计的要求。

7.1.3 防水涂料、防水卷材、防水砂浆和密封胶等防水、密封材料应进行见证取样复验，复验项目及现场抽样要求应按本规范附录 A 执行。

7.1.4 住宅室内防水工程分项工程的划分应符合表 7.1.4 的规定。

表 7.1.4 室内防水工程分项工程的划分

部　位	分项工程
基层	找平层、找坡层
防水与密封	防水层、密封、细部构造
面层	保护层

7.1.5 住宅室内防水工程应以每一个自然间或每一个独立水容器作为检验批，逐一检验。

7.1.6 室内防水工程验收后，工程质量验收记录应进行存档。

7.2 基　层

Ⅰ 主 控 项 目

7.2.1 防水基层所用材料的质量及配合比，应符合设计要求。

检验方法：检查出厂合格证、质量检验报告和计量措施。

检验数量：按材料进场批次为一检验批。

7.2.2 防水基层的排水坡度，应符合设计要求。

检验方法：用坡度尺检查。

检验数量：全数检验。

Ⅱ 一 般 项 目

7.2.3 防水基层应抹平、压光，不得有疏松、起砂、裂缝。

检验方法：观察检查。

检验数量：全数检验。

7.2.4 阴、阳角处宜按设计要求做成圆弧形，且应整齐平顺。

检验方法：观察和尺量检查。

检验数量：全数检验。

7.2.5 防水基层表面平整度的允许偏差不宜大于 4mm。

检验方法：用 2m 靠尺和楔形塞尺检查。

检验数量：全数检验。

7.3 防水与密封

Ⅰ 主 控 项 目

7.3.1 防水材料、密封材料、配套材料的质量应符合设计要求，计量、配合比应准确。

检验方法：检查出厂合格证、计量措施、质量检验报告和现场抽样复验报告。

检验数量：进场检验按材料进场批次为一检验批；现场抽样复验，按本规范附录 A 执行。

7.3.2 在转角、地漏、伸出基层的管道等部位，防水层的细部构造应符合设计要求。

检验方法：观察检查和检查隐蔽工程验收记录。

检验数量：全数检验。

7.3.3 防水层的平均厚度应符合设计要求，最小厚度不应小于设计厚度的 90%。

检验方法：用涂层测厚仪量测或现场取 20mm×20mm 的样品，用卡尺测量。

检验数量：在每一个自然间的楼、地面及墙面各取一处；在每一个独立水容器的水平面及立面各取一处。

7.3.4 密封材料的嵌填宽度和深度应符合设计要求。

检验方法：观察和尺量检查。

检验数量：全数检验。

7.3.5 密封材料嵌填应密实、连续、饱满，粘结牢固，无气泡、开裂、脱落等缺陷。

检验方法：观察检查。

检验数量：全数检验。

7.3.6 防水层不得渗漏。

检验方法：在防水层完成后进行蓄水试验，楼、地面蓄水高度不应小于 20mm，蓄水时间不应少于 24h；独立水容器应满池蓄水，蓄水时间不应少于 24h。

检验数量：每一自然间或每一独立水容器逐一检验。

Ⅱ 一 般 项 目

7.3.7 涂膜防水层与基层应粘结牢固，表面平整，涂刷均匀，不得有流淌、皱折、鼓泡、露胎体和翘边等缺陷。

检验方法：观察检查。

检验数量：全数检验。

7.3.8 涂膜防水层的胎体增强材料应铺贴平整，每层的短边搭接缝应错开。

检验方法：观察检查。

检验数量：全数检验。

7.3.9 防水卷材的搭接缝应牢固，不得有皱折、开裂、翘边和鼓泡等缺陷；卷材在立面上的收头应与基层粘贴牢固。

检验方法：观察检查。

检验数量：全数检验。

7.3.10 防水砂浆各层之间应结合牢固，无空鼓；表面应密实、平整、不得有开裂、起砂、麻面等缺陷；阴阳角部位应做圆弧状。

检验方法：观察和用小锤轻击检查。

检验数量：全数检验。

7.3.11 密封材料表面应平滑，缝边应顺直，周边无污染。

检验方法：观察检查。

检验数量：全数检验。

7.3.12 密封接缝宽度的允许偏差应为设计宽度的

±10%。

检验方法：尺量检查。

检验数量：全数检验。

7.4 保 护 层

Ⅰ 主 控 项 目

7.4.1 防水保护层所用材料的质量及配合比应符合设计要求。

检验方法：检查出厂合格证、质量检验报告和计量措施。

检验数量：按材料进场批次为一检验批。

7.4.2 水泥砂浆、混凝土的强度应符合设计要求。

检验数量：按材料进场批次为一检验批。

检验方法：检查砂浆、混凝土的抗压强度试验报告。

7.4.3 防水保护层表面的坡度应符合设计要求，不得有倒坡或积水。

检验方法：用坡度尺检查和淋水检验。

检验数量：全数检验。

7.4.4 防水层不得渗漏。

检验方法：在保护层完成后应再次作蓄水试验，楼、地面蓄水高度不应小于 20mm，蓄水时间不应少于 24h；独立水容器应满池蓄水，蓄水时间不应少于 24h。

检验数量：每一自然间或每一独立水容器逐一检验。

Ⅱ 一 般 项 目

7.4.5 保护层应与防水层粘结牢固，结合紧密，无空鼓。

检验方法：观察检查，用小锤轻击检查。

检验数量：全数检验。

7.4.6 保护层应表面平整，不得有裂缝、起壳、起砂等缺陷；保护层表面平整度不应大于 5mm。

检验方法：观察检查，用 2m 靠尺和楔形塞尺检查。

检验数量：全数检验。

7.4.7 保护层厚度的允许偏差应为设计厚度的 ±10%，且不应大于 5mm。

检验方法：用钢针插入和尺量检查。

检验数量：在每一自然间的楼、地面及墙面各取一处；在每一个独立水容器的水平面及立面各取一处。

附录 A 防水材料复验项目及现场抽样要求

表 A 防水材料复验项目及现场抽样要求

序号	材料名称	现场抽样数量	外观质量检验	物理性能检验
1	聚氨酯防水涂料	（1）同一生产厂，以甲组分每 5t 为一验收批，不足 5t 也按一批计算。乙组分按产品重量配比相应增加。 （2）每一验收批按产品的配比分别取样，甲、乙组分样品总重为 2kg。 （3）单组产品随机抽取，抽样数应不低于 $\sqrt{\frac{n}{2}}$（n 是产品的桶数）	产品为均匀黏稠体，无凝胶、结块	固体含量、拉伸强度、断裂伸长率、不透水性、挥发性有机化合物、苯＋甲苯＋乙苯＋二甲苯、游离 TDI
2	聚合物乳液防水涂料	（1）同一生产厂、同一品种、同一规格每 5t 产品为一验收批，不足 5t 也按一批计。 （2）随机抽取，抽样数应不低于 $\sqrt{\frac{n}{2}}$（n 是产品的桶数）	产品经搅拌后无结块，呈均匀状态	固体含量、拉伸强度、断裂延伸率、不透水性、挥发性有机化合物、苯＋甲苯＋乙苯＋二甲苯、游离甲醛
3	聚合物水泥防水涂料	（1）同一生产厂每 10t 产品为一验收批，不足 10t 也按一批计。 （2）产品的液体组分抽样数不低于 $\sqrt{\frac{n}{2}}$（n 是产品的桶数）。 （3）配套固体组分的抽样按《水泥取样方法》GB/T 12573 中的袋装水泥的规定进行，两组分共取 5kg 样品	产品的两组分经分别搅拌后，其液体组分应为无杂质、无凝胶的均匀乳液；固体组分应为无杂质、无结块的粉末	固体含量、拉伸强度、断裂延伸率、粘结强度、不透水性、挥发性有机化合物、苯＋甲苯＋乙苯＋二甲苯、游离甲醛
4	水乳型沥青防水涂料	（1）同一生产厂、同一品种、同一规格每 5t 产品为一验收批，不足 5t 也按一批计。 （2）随机抽取，抽样数不低于 $\sqrt{\frac{n}{2}}$（n 是产品的桶数）	产品搅拌后为黑色或黑灰色均匀膏体或黏稠体	固体含量、断裂延伸率、粘结强度、不透水性、挥发性有机化合物、苯＋甲苯＋乙苯＋二甲苯、游离甲醛
5	自粘聚合物改性沥青防水卷材	同一生产厂的同一品种、同一等级的产品，大于 1000 卷抽 5 卷，500～1000 卷抽 4 卷，100～499 卷抽 3 卷，100 卷以下抽 2 卷	卷材表面应平整，不允许有孔洞、结块、气泡、缺边和裂口；PY 类卷材胎基应浸透，不应有未被浸渍的浅色条纹	拉力、最大拉力时延伸率、不透水性、卷材与铝板剥离强度
6	聚乙烯丙纶卷材	（1）同一生产厂的同一品种、同一等级的产品，大于 1000 卷抽 5 卷，500～1000 卷抽 4 卷，100～499 卷抽 3 卷，100 卷以下抽 2 卷。 （2）聚合物水泥防水粘结料的抽样数量同聚合物水泥防水涂料	卷材表面应平整，不能有影响使用性能的杂质、机械损伤、折痕及异常粘着等缺陷；聚合物水泥胶粘料的两组分经分别搅拌后，其液体组分应为无杂质、无凝胶的均匀乳液；固体组分应为无杂质、无结块的粉末	断裂拉伸强度、扯断伸长率、撕裂强度、不透水性、剪切状态下的粘合性（卷材—卷材、卷材—水泥基面）

续表 A

序号	材料名称	现场抽样数量	外观质量检验	物理性能检验
7	聚合物水泥防水砂浆	（1）同一生产厂的同一品种、同一等级的产品，每 400t 为一验收批，不足 400t 也按一批计。 （2）每批从 20 个以上的不同部位取等量样品，总质量不少于 15kg。 （3）乳液类产品的抽样数量同聚合物水泥防水涂料	干粉类：均匀、无结块； 乳液类：液体经搅拌后均匀、无沉淀，粉料均匀、无结块	凝结时间、7d 抗渗压力、7d 粘结强度、压折比
8	砂浆防水剂	（1）同一生产厂的同一品种、同一等级的产品，30t 为一验收批，不足 30t 也按一批计。 （2）从不少于三个点取等量样品混匀。 （3）取样数量，不少于 0.2t 水泥所需量	—	净浆安定性、凝结时间、抗压强度比、渗水压力比、48h 吸水量比
9	丙烯酸酯建筑密封胶	（1）以同一生产厂、同等级、同类型产品每 2t 为一验收批，不足 2t 也按一批计。每批随机抽取试样 1 组，试样量不少于 1kg。 （2）随机抽取试样，抽样数应不低于 $\sqrt{\dfrac{n}{2}}$，（n 是产品的桶数或支数）	产品应为无结块、无离析的均匀细腻膏状体	表干时间、挤出性、弹性恢复率、定伸粘结性、浸水后定伸粘结性
10	聚氨酯建筑密封胶		产品应为细腻、均匀膏状物或黏稠液，不应有气泡	表干时间、挤出性、弹性恢复率、定伸粘结性、浸水后定伸粘结性
11	硅酮建筑密封胶		产品应为细腻、均匀膏状物，不应有气泡、结皮和凝胶	表干时间、挤出性、弹性恢复率、定伸粘结性、浸水后定伸粘结性

本规范用词说明

1 为便于在执行本规范条文时区别对待，对要求严格程度不同的用词说明如下：

1）表示很严格，非这样做不可的用词：

正面词采用"必须"，反面词采用"严禁"；

2）表示严格，在正常情况下均应这样做的用词：

正面词采用"应"，反面词采用"不应"或"不得"；

3）表示允许稍有选择，在条件许可时首先应这样做的用词：

正面词采用"宜"，反面词采用"不宜"；

4）表示有选择，在一定条件下可以这样做的用词，采用"可"。

2 条文中指明应按其他有关标准执行的写法为："应符合……的规定"或"应按……执行"。

引用标准名录

1 《建筑工程施工质量验收统一标准》GB 50300

2 《通用硅酸盐水泥》GB 175

3 《水泥取样方法》GB/T 12573

4 《商品砂浆》JG/T 230

中华人民共和国行业标准

住宅室内防水工程技术规范

JGJ 298—2013

条 文 说 明

制 订 说 明

《住宅室内防水工程技术规范》JGJ 298－2013，经住房和城乡建设部 2013 年 5 月 13 日以第 30 号公告批准、发布。

本规范制订过程中，编制组在调查了我国住宅室内防水设计、选材、施工的现状的基础上，分析总结出住宅中发生渗漏的主要原因，明确了住宅室内防水的设防区域、选材的顺序、防水层厚度要求、技术措施、细部构造和验收方法。

为便于广大设计、施工、科研、学校等单位有关人员，在使用本规范时能正确理解和执行条文规定，《住宅室内防水工程技术规范》编制组按章、节、条顺序编制了本规范的条文说明，对条文规定目的、依据以及执行中应注意的有关事项进行了说明。但是，本条文说明不具备与规范正文同等的法律效力，仅供使用者作为理解和把握规范规定的参考。

目　次

1 总　　则

1.0.1 住宅室内防水技术，涉及住宅建筑的功能质量及人居环境质量。本规范是对我国防水工程标准体系的一个补充。旨在规范住宅室内防水工程的设计、选材、施工和验收，力争做到方案可靠、选材合理、施工安全、经济适用。

1.0.2 为避免与行业标准《房屋渗漏修缮技术规程》JGJ/T 53－2011 的相关内容发生冲突。本规范将适用范围界定在"新建住宅"。此外，通过对渗漏部位及渗漏原因的分析，重点针对具有普遍性、带有共性的住宅，将住宅室内防水设防区域定为卫生间、浴室、厨房、设有生活配水点的封闭阳台及小型泳池（规范中称独立水容器）等。以保障人们正常使用时，这些区域应具备的防水功能。

1.0.3 环境保护是我国的基本国策，也是人身健康的保障，室内环境尤为重要。近些年来，由于建筑材料中有害物质超标给居住者带来身心健康损伤的案例不计其数，尽管室内防水工程是一个隐蔽工程，但施工中由于使用了劣质材料或违反施工规范，造成人身伤害也屡见不鲜。此外，建筑施工中的防火问题也是一个不可回避的焦点。所以，在住宅室内防水工程的设计和施工中，遵守国家有关结构安全、环境保护和防火安全的规定，可以将对人身安全，污染环境的影响减至最小。

1.0.4 本规范编制过程中，尽管查阅了很多与其相关的标准，但我国现行工程建设标准数量较多，特别是不同专业领域出于自己专业角度的考量也编制了不少标准。因此在执行本标准的同时，还需要执行其他的相关标准。

3 基 本 规 定

3.0.1 为保障排水顺畅，规范中除规定了有防水设防区域的主要排水坡度外，还考虑到由于短时排水量过大（如洗衣机排水）或地漏堵塞等可能造成污水外溢的情况，所以规范对门口应有阻止积水外溢做了明确要求，即采取防水层在门口处应适当向外延伸的措施，以避免污水通过未设防水层的居室向下层居室的渗漏；规范要求独立水容器应采用刚柔相济的防水设计，是考虑到混凝土池壁在干湿交替情况下有可能产生开裂或其自身存在的质量缺陷，可能在使用过程中发生渗漏，而通过增设柔性防水层可以有效避免这种情况的发生；我国各地经济发达程度存在差异，所以本规范在防水材料的选用时综合考虑了高、中、低档产品，这些材料通过合理设计、精心施工和严格管理，可有效保证住宅室内防水工程的质量；随着全社会环保意识的增强，规范要求住宅室内使用的防水涂

料、防水卷材粘结剂的有害物质限量均符合相应标准的要求。

3.0.2 住宅室内防水工程中，楼、地面的渗漏多发于地漏、穿墙管、墙体阴角等节点部位，且施工面积不大，防水涂料因其具有连续成膜、操作灵活的优势，适用性更强。若使用两道以上的防水材料或管跟部的嵌缝材料，应考虑相邻材料是否相容。

3.0.4 住宅室内防水工程完成后，通过蓄水试验（也称闭水试验）检验是否漏水，被工程实践证明是检验防水工程是否合格的直观、有效并具有可操作性的方法。蓄水试验的具体要求在本规范的第 7.3.6 条做了明确规定。

3.0.6 防水材料的选用是确保住宅室内防水工程的关键所在，因此，在推广应用新材料、新技术、新工艺时，应优先采用经国家权威检测部门检验合格，且被工程实践证明应用效果良好的产品。

4 防 水 材 料

4.1 防 水 涂 料

4.1.2 在本规范中，将溶剂型防水涂料定义为以有机溶剂为分散介质，靠溶剂挥发成膜的防水涂料。根据目前市场上防水涂料的品种，仅溶剂型橡胶沥青防水涂料属于这个范畴，这种涂料的含固量只有 50% 左右（行业标准《溶剂型橡胶沥青防水涂料》JC/T 852－1999 要求含固量≥48%）。考虑到住宅室内空间不大，不利于溶剂的挥发，且溶剂型橡胶沥青防水涂料的固含量很低（行业标准《溶剂型橡胶沥青防水涂料》JC/T 852 要求固含量≥48%），需要多遍涂刷才可达到设计要求的厚度。此外，环境中高浓度的溶剂挥发物也对施工人员的身体健康造成伤害，同时也存在火灾隐患。

从广义上说，尽管聚氨酯防水涂料也属于溶剂型防水涂料（以溶剂为分散剂，但不是靠溶剂挥发成膜），但这种材料的成膜机理是反应固化，且溶剂的含量不大（国家标准《聚氨酯防水涂料》GB/T 19250－2003 中要求单组分涂料的固体含量≥80%，双组分涂料的固体含量≥92%）。同时，聚氨酯防水涂料是业界公认的综合性能最好的防水涂料。

4.1.3 在长期浸水条件下，有可能发生溶胀的防水涂料是指聚合物水泥防水涂料中的 I 型产品。这类产品中由于聚合物乳液的比例较高，所以固化后的涂膜在长期浸水的条件下，聚合物会发生溶胀，从而降低涂膜的不透水性。

4.1.4、4.1.5、4.1.7、4.1.8 在产品标准中，往往根据产品的理化性能将产品分为不同的型号（如：聚氨酯防水涂料按理化性能分为 I 型和 II 型产品），而在表 4.1.4、表 4.1.5、表 4.1.7、表 4.1.8 中只分别列出了一组数值，并非改变了对各种防水涂料的理化

性能要求，而是将Ⅰ型和Ⅱ型产品理化性能的交集部分列在了表中。产品的检测报告及材料进场后复验的检测报告仍应明确报告产品的型号，并符合相应的性能要求。

4.1.10 防水涂膜的厚度是保证防水工程质量的重要条件，所以涂膜的厚度不可以随意调整，新型材料调整厚度应经过技术评估或鉴定，并经工程实践证明防水质量可靠。

4.2 防水卷材

4.2.1 适用于室内防水工程的防水卷材不限于此两类材料，只是在调研过程中发现以这两类防水卷材居多，其他种类的防水卷材用于室内防水工程应符合相关产品的性能要求，用于长期浸水环境的卷材粘结剂应具有良好的耐水性。

4.2.2 与防水涂料一样，自粘聚合物改性沥青防水卷材按产品的理化性能分为Ⅰ型和Ⅱ型，表4.2.2-1和表4.2.2-2中只分别列出交集部分的一组数值。但产品的检测报告及材料进场后复验的检测报告仍应明确报告产品的型号，符合相应的性能要求。

4.2.3 国家标准《高分子防水材料 第1部分：片材》GB 18173.1-2006规定"对于整体厚度小于1.0mm的卷材，扯断伸长率不得小于50%，断裂拉伸强度达到规定值的80%"。

4.2.4 住宅室内空间狭小，不宜采用热熔法施工。

4.2.5 表4.2.5中指标是根据国家标准《室内装饰装修材料 胶粘剂中有害物质限量》GB 18583-2008对水基型胶粘剂的要求而确定的。

4.3 防水砂浆

4.3.1 防水砂浆是以水泥、砂为主，通过掺入一定量的砂浆防水剂、聚合物乳液或胶粉制成的具有防水功能的材料。为保障防水砂浆的配合比准确和材料的均匀程度，确保防水工程质量，应使用由专业生产厂家生产的商品砂浆。

4.3.4 涂刮型防水砂浆是指在水泥砂浆中掺入聚合物乳液或胶粉进行改性的砂浆，但其仍属于脆性材料。如2012年7月1日开始实施的行业标准《聚合物水泥防水浆料》JC/T 2090-2011，按物理力学性能分为Ⅰ型（通用性）和Ⅱ型（柔韧型）两类，其中Ⅱ型（柔韧型）可用于厨房、卫生间地面防水，但与聚合物水泥防水涂料相比，应适当增加防水层的厚度，而Ⅰ型（通用性）则宜用于墙面防潮。

4.5 密封材料

4.5.1 住宅室内防水工程中，对密封材料的抗位移性能不作要求。

4.5.2 行业标准《丙烯酸酯建筑密封胶》JC/T 484-2006中，按弹性恢复率将丙烯酸酯建筑密封胶分为弹性体（E）和塑性体（P）。明确规定弹性体密封胶用于接缝密封，塑性体密封胶仅用于一般装修工程的填缝。

4.5.3 硅酮建筑密封胶的耐热性能和耐水性能均优于丙烯酸酯建筑密封胶和聚氨酯建筑密封胶，所以热水管周围的嵌填和长期浸水环境中，宜选用硅酮建筑密封胶。国家标准《硅酮建筑密封胶》GB/T 14683-2003中，按用途将硅酮建筑密封胶分为G类和F类，明确规定G类密封胶用于镶装玻璃，F类密封胶用于接缝密封。

4.6 防潮材料

4.6.1 本规范中的所有防水材料原则上均可用于防潮层，但是考虑到墙面或顶棚要做瓷砖粘贴或涂刷涂料等装修，因此墙面、顶棚的防潮宜优先选用防水砂浆或聚合物水泥防水涂料。

4.6.2 用于防潮层的厚度可略低于防水层的要求，但由于涂膜的厚度不可能很均匀（本规范要求最小厚度达到设计厚度的90%），而防水卷材的规格又是产品标准规定的，所以本规范表4.6.2给出了可供选用的厚度。

5 防水设计

5.2 功能房间防水设计

5.2.1 为避免水蒸气透过墙体或顶棚，使隔壁房间或住户受潮气影响，导致诸如墙体发霉、破坏装修效果（壁纸脱落、发霉，涂料层起鼓、粉化，地板变形等）等情况发生，本规范要求所有卫生间、浴室墙面、顶棚均做防潮处理。防潮层设计时，材料按本规范第4.6.1条选择，厚度按本规范表4.6.2确定。

5.2.3 本条规定主要针对独立采暖的住宅，可能因为设备的损坏，形成集中、大量地泄流，渗漏到下层住户。

5.2.4 本条规定是为避免一旦发生渗漏，污水、洗涤废水通过楼板进入下层住户的居室及维修时给他人的生活造成影响。

5.2.5 本条规定与现行行业标准《辐射供暖供冷技术规程》JGJ 142保持一致。

5.4 细部构造

本规范中的细部构造图不代替标准图使用，仅为构造做法示意。

6 防水施工

6.1 一般规定

6.1.7 有些产品的最低成膜温度略高于5℃，施工环境温度视产品的性能而定。

6.2 基层处理

6.2.1 防水施工之前使用专用的施工工具将基层上的尘土、砂浆块、杂物、油污等清除干净;基层有凹凸不平的应采用高标号的水泥砂浆对低凹部位进行找平,基层有裂缝的先将裂缝剔成斜坡槽,再采用柔性密封材料、腻子型的浆料、聚合物水泥砂浆进行修补;基层有蜂窝孔洞的,应先将松散的石子剔除,用聚合物水泥砂浆修补平整。

6.2.2 各类构件根部的混凝土有疏松的,应采用剔除后重新浇筑高标号的混凝土等方法加固。

6.2.3 缝隙过小不易进行密封材料嵌填。

6.2.4 基层阴阳角部位涂布涂料较难,卷材铺设成直角也比较困难,根据工程实践,将阴阳角做成圆弧形,可有效保证这些部位的防水质量。

6.2.5 聚合物水泥防水涂料、聚合物水泥防水浆料和防水砂浆等水泥基材料可以在潮湿基层上施工,但不得有明水;聚氨酯防水涂料、自粘聚合物改性沥青防水卷材等对基层含水率有一定的要求,为确保施工质量,基层含水率应符合相应防水材料的要求。

6.3 防水涂料施工

6.3.2 为保证防水层的有效厚度,采用同质涂料作为基层处理剂,可尽量避免将基层处理剂的厚度与涂膜的厚度之和作为防水层的厚度以达到降低成本的目的。

在南方或特殊季节,空气湿度较大,不利于基层水分的蒸发。因此在施工时,应尽可能涂刷水泥基的界面隔离材料,目的是降低基层表面的含水率,使涂膜与基层粘结良好。但隔离剂的厚度不得计入防水层厚度。

6.3.4 为使防水层(主要是聚氨酯防水涂料)与铺贴饰面层用的胶粘剂之间保持良好的粘结,通常在最后一遍涂料施工时,在涂层表面撒一些细砂,以增加涂膜表面的粗糙度。

6.4 防水卷材施工

6.4.2 室内空间不大,通风条件有限,且多数情况下使用的溶剂为苯类物质,溶剂挥发将给室内环境及人身健康带来不良影响。因此,应尽量避免在施工现场自行配制或添加溶剂。

6.4.4 聚乙烯丙纶复合防水卷材的粘结剂是水泥基材料,润湿基层可确保聚合物水泥胶结料中的水分不被基层吸收而影响水泥的正常水化、硬化。

6.4.5 自粘聚合物改性沥青防水卷材是冷粘法施工,符合环保节能要求。在低温施工时,卷材搭接部位适当采用热风加热,可有效提高粘结密封的可靠性。

6.5 防水砂浆施工

6.5.5 有些聚合物防水砂浆如果始终在湿润或浸水状态下养护,可能会产生聚合物的溶胀,因此这类材料的养护应按生产企业的要求进行养护。

6.6 密封施工

6.6.2 施工前应检查接缝的形状与尺寸是否符合设计要求,若接缝发生质量缺陷应进行修补。

6.6.4 挤注施工时,枪嘴对准基面、与基面成45°角,移动枪嘴应均匀,挤出的密封胶始终处于由枪嘴推动状态,保证挤出的密封胶对缝内有挤压力,密实填充接缝;腻子刀施工时,腻子刀应多次将密封胶压入凹槽中。

7 质量验收

7.1 一般规定

7.1.2 采用新材料时,复验项目及性能要求可以按产品的企业标准确定,并提供相关的技术评估或鉴定文件。

7.3 防水与密封

7.3.6 住宅室内设置的防水层质量的好坏(是否渗漏水)将直接影响到住宅的功能和居住环境。因此本条规定住宅室内防水工程验收时,防水层不能出现渗漏现象。关于防水层是否渗漏水的检验方法,卫生间、厨房、浴室、封闭阳台等的楼、地面防水层和独立水容器的防水层通过蓄水试验就能够进行有效的检验;对于墙面的防水层,目前没有特别经济适用的检验方法,而且墙面防水层通常没有水压力的作用,出现渗漏的概率较低,因此本条对于墙面防水层检验未作统一规定。实际工程验收时,重点对楼、地面防水层和独立水容器的防水层进行蓄水试验即可。

中华人民共和国行业标准

建筑工程冬期施工规程

Specification for winter construction of building engineering

JGJ/T 104—2011

批准部门：中华人民共和国住房和城乡建设部
施行日期：２０１１年１２月１日

中华人民共和国住房和城乡建设部
公　告

第 989 号

关于发布行业标准《建筑工程冬期施工规程》的公告

现批准《建筑工程冬期施工规程》为行业标准，编号为 JGJ/T 104-2011，自 2011 年 12 月 1 日起实施。原行业标准《建筑工程冬期施工规程》JGJ/T 104-97 同时废止。

本规程由我部标准定额研究所组织中国建筑工业出版社出版发行。

中华人民共和国住房和城乡建设部

2011 年 4 月 22 日

前　　言

根据住房和城乡建设部《关于印发〈2008 年工程建设标准规范制订、修订计划〉（第一批）的通知》（建标 [2008] 102 号）的要求，规程编制组经广泛调查研究，认真总结实践经验，参考有关国际标准和国外先进标准，并在广泛征求意见的基础上，修订本规程。

本规程的主要技术内容是：1. 总则；2. 术语；3. 建筑地基基础工程；4. 砌体工程；5. 钢筋工程；6. 混凝土工程；7. 保温及屋面防水工程；8. 建筑装饰装修工程；9. 钢结构工程；10. 混凝土构件安装工程；11. 越冬工程维护。

本规程修订的主要技术内容是：

1. 将"土方工程"与"地基与基础工程"两章合并，改名为"建筑地基基础工程"；

2. 增加基坑支护的冬期施工技术内容；

3. "砌筑工程"一章改名为"砌体工程"；

4. 取消原"砌筑工程"中的冻结法施工；

5. 取消钢筋的负温冷拉，增加钢筋电渣压力焊冬期施工规定；

6. 修订混凝土负温受冻临界强度的规定；

7. 取消混凝土综合蓄热法养护判别式；

8. "屋面保温及防水工程"一章改名为"保温及屋面防水工程"，增加外墙外保温工程冬期施工的内容；

9. "装饰工程"改名为"建筑装饰装修工程"，并取消饰面工程的冬期施工内容；

10. 修订原附录 A "土壤保温防冻计算"；

11. 修订原附录 B "混凝土的热工计算"公式；

12. 取消原附录 C "掺防冻剂混凝土在负温下各龄期混凝土强度增长规律"；

13. 修订原附录 D "用成熟度法计算混凝土早期强度"。

本规程由住房和城乡建设部负责管理，由黑龙江省寒地建筑科学研究院负责具体技术内容的解释。执行过程中如有意见或建议，请寄送黑龙江省寒地建筑科学研究院（地址：黑龙江省哈尔滨市南岗区清滨路 60 号，邮政编码：150080）。

本 规 程 主 编 单 位：黑龙江省寒地建筑科学研究院

天元建设集团有限公司

本 规 程 参 编 单 位：中国建筑科学研究院

山西建筑工程（集团）总公司

北京建工集团有限责任公司

清华大学

齐翔建工集团有限责任公司

新疆建筑科学研究院

黑龙江省住房和城乡建设厅

辽宁省建设科学研究院

唐山北极熊建材有限公司

北京双圆工程咨询监理有限公司

山西省第二建筑工程公司

哈尔滨工业大学　　　　　　　　张巨松　耿国生　赵霄龙

沈阳建筑大学　　　　　　　　　李东文　王　力　王春波

鞍钢建设集团有限公司　　　　　尹长生　杨顺河　李华勇

中南林业科技大学　　　　　　　邓寿昌　程　峰　吕　岩

上海曹杨建筑粘合剂厂　　　　　马新伟　伊永成　杨宇峰

黑龙江省桩基础工程公司　　　　魏成明　赵彩明　尹冬梅

本规程主要起草人员：朱卫中　朱广祥　张桂玉　　本规程主要审查人员：项玉璞　钮长仁　薛　刚

　　　　　　　　　孙无二　王利华　赵秋晨　　　　　　　　　王玉瑛　王国君　李东彬

　　　　　　　　　王元清　郝玉柱　黄　宇　　　　　　　　　何忠茂　王海云　丁延生

　　　　　　　　　陈建军　陈智丰　刘宏伟　　　　　　　　　周云麟　宋国刚

　　　　　　　　　李家和　谢　婧　邢根保

目　次

Contents

1 总　则

1.0.1 为了在建筑工程冬期施工中贯彻执行国家的技术经济政策，做到技术先进、安全适用、经济合理、确保质量、节能环保，制定本规程。

1.0.2 本规程适用于工业与民用房屋和一般构筑物的冬期施工。

1.0.3 本规程冬期施工期限划分原则是：根据当地多年气象资料统计，当室外日平均气温连续 5d 稳定低于 5℃即进入冬期施工，当室外日平均气温连续 5d 高于 5℃即解除冬期施工。

1.0.4 凡进行冬期施工的工程项目，应编制冬期施工专项方案；对有不能适应冬期施工要求的问题应及时与设计单位研究解决。

1.0.5 建筑工程冬期施工除应符合本规程外，尚应符合国家现行有关标准的规定。

2 术　语

2.0.1 负温焊接　welding at subzero temperature

在室外或工棚内的负温下进行钢筋的焊接连接。

2.0.2 受冻临界强度　critical strength in frost resistance

冬期浇筑的混凝土在受冻以前必须达到的最低强度。

2.0.3 蓄热法　thermos method

混凝土浇筑后，利用原材料加热以及水泥水化放热，并采取适当保温措施延缓混凝土冷却，在混凝土温度降到 0℃以前达到受冻临界强度的施工方法。

2.0.4 综合蓄热法　comprehensive thermos method

掺早强剂或早强型复合外加剂的混凝土浇筑后，利用原材料加热以及水泥水化放热，并采取适当保温措施延缓混凝土冷却，在混凝土温度降到 0℃以前达到受冻临界强度的施工方法。

2.0.5 电加热法　electric heat method

冬期浇筑的混凝土利用电能进行加热养护的施工方法。

2.0.6 电极加热法　electrode heating method

用钢筋作电极，利用电流通过混凝土所产生的热量对混凝土进行养护的施工方法。

2.0.7 电热毯法　electric heat blanket method

混凝土浇筑后，在混凝土表面或模板外覆盖柔性电热毯，通电加热养护混凝土的施工方法。

2.0.8 工频涡流法　eddy current method

利用安装在钢模板外侧的钢管，内穿导线，通以交流电后产生涡流电，加热钢模板对混凝土进行加热养护的施工方法。

2.0.9 线圈感应加热法　induction coil heating method

利用缠绕在构件钢模板外侧的绝缘导线线圈，通以交流电后在钢模板和混凝土内的钢筋中产生电磁感应发热，对混凝土进行加热养护的施工方法。

2.0.10 暖棚法　tent heating method

将混凝土构件或结构置于搭设的棚中，内部设置散热器、排管、电热器或火炉等加热棚内空气，使混凝土处于正温环境下养护的施工方法。

2.0.11 负温养护法　curing method at subzero temperature

在混凝土中掺入防冻剂，使其在负温条件下能够不断硬化，在混凝土温度降到防冻剂规定温度前达到受冻临界强度的施工方法。

2.0.12 硫铝酸盐水泥混凝土负温施工法　sulphoaluminate cement concrete

冬期条件下，采用快硬硫铝酸盐水泥且掺入亚硝酸钠等外加剂配制混凝土，并采取适当保温措施的负温施工法。

2.0.13 起始养护温度　original curing temperature

混凝土浇筑结束，表面覆盖保温材料完成后的起始温度。

2.0.14 热熔法　hot melt method

防水层施工时，采用火焰加热器加热熔化热熔型防水卷材底层的热熔胶进行粘贴的施工方法。

2.0.15 冷粘法　cold application method

采用胶粘剂将卷材与基层、卷材与卷材进行粘结，而不需加热的施工方法。

2.0.16 涂膜屋面防水　surface-coating method for waterproofing

以沥青基防水涂料、高聚物改性沥青防水涂料或合成高分子防水涂料等材料，均匀涂刷一道或多道在基层表面上，经固化后形成整体防水涂膜层。

2.0.17 成熟度　maturity

混凝土在养护期间养护温度和养护时间的乘积。

2.0.18 等效龄期　equivalent age

混凝土在养护期间温度不断变化，在这一段时间内，其养护的效果与在标准条件下养护达到的效果相同时所需的时间。

3 建筑地基基础工程

3.1 一般规定

3.1.1 冬期施工的地基基础工程，除应有建筑场地的工程地质勘察资料外，尚应根据需要提出地基土的主要冻土性能指标。

3.1.2 建筑场地宜在冻结前清除地上和地下障碍物、地表积水，并应平整场地与道路。冬期应及时清除积雪，春融期应作好排水。

3.1.3 对建筑物、构筑物的施工控制坐标点、水准点及轴线定位点的埋设，应采取防止土壤冻胀、融沉变位和施工振动影响的措施，并应定期复测校正。

3.1.4 在冻土上进行桩基础和强夯施工时所产生的振动，对周围建筑物及各种设施有影响时，应采取隔振措施。

3.1.5 靠近建筑物、构筑物基础的地下基坑施工时，应采取防止相邻地基土遭冻的措施。

3.1.6 同一建筑物基槽（坑）开挖时应同时进行，基底不得留冻土层。基础施工中，应防止地基土被融化的雪水或冰水浸泡。

3.2 土 方 工 程

3.2.1 冻土挖掘应根据冻土层的厚度和施工条件，采用机械、人工或爆破等方法进行，并应符合下列规定：

  1 人工挖掘冻土可采用锤击铁楔子劈冻土的方法分层进行；铁楔子长度应根据冻土层厚度确定，且宜在 300mm～600mm 之间取值；

  2 机械挖掘冻土可根据冻土层厚度按表 3.2.1 选用设备；

表 3.2.1 机械挖掘冻土设备选择表

冻土厚度（mm）	挖掘设备
＜500	铲运机、挖掘机
500～1000	松土机、挖掘机
1000～1500	重锤或重球

  3 爆破法挖掘冻土应选择具有专业爆破资质的队伍，爆破施工应按国家有关规定进行。

3.2.2 在挖方上边弃置冻土时，其弃土堆坡脚至挖方边缘的距离应为常温下规定的距离加上弃土堆的高度。

3.2.3 挖掘完毕的基槽（坑）应采取防止基底部受冻的措施，因故未能及时进行下道工序施工时，应在基槽（坑）底标高以上预留土层，并应覆盖保温材料。

3.2.4 土方回填时，每层铺土厚度应比常温施工时减少 20％～25％，预留沉陷量应比常温施工时增加。

对于大面积回填土和有路面的路基及其人行道范围内的平整场地填方，可采用含有冻土块的土回填，但冻土块的粒径不得大于 150mm，其含量不得超过 30％。铺填时冻土块应分散开，并应逐层夯实。

3.2.5 冬期施工应在填方前清除基底上的冰雪和保温材料，填方上层部位应采用未冻的或透水性好的土方回填，其厚度应符合设计要求。填方边坡的表层 1m 以内，不得采用含有冻土块的土填筑。

3.2.6 室外的基槽（坑）或管沟可采用含有冻土块的土回填，冻土块粒径不得大于 150mm，含量不得超过 15％，且应均匀分布。管沟底以上 500mm 范围

内不得用含有冻土块的土回填。

3.2.7 室内的基槽（坑）或管沟不得采用含有冻土块的土回填，施工应连续进行并应夯实。当采用人工夯实时，每层铺土厚度不得超过 200mm，夯实厚度宜为 100mm～150mm。

3.2.8 冻结期间暂不使用的管道及其场地回填时，冻土块的含量和粒径可不受限制，但融化后应作适当处理。

3.2.9 室内地面垫层下回填的土方，填料中不得含有冻土块，并应及时夯实。填方完成后至地面施工前，应采取防冻措施。

3.2.10 永久性的挖、填方和排水沟的边坡加固修整，宜在解冻后进行。

3.3 地 基 处 理

3.3.1 强夯施工技术参数应根据加固要求与地质条件在场地内经试夯确定，试夯应按现行行业标准《建筑地基处理技术规范》JGJ 79 的规定进行。

3.3.2 强夯施工时，不应将冻结基土或回填的冻土块夯入地基的持力层，回填土的质量应符合本规程第 3.2 节的有关规定。

3.3.3 黏性土或粉土地基的强夯，宜在被夯土层表面铺设粗颗粒材料，并应及时清除粘结于锤底的土料。

3.3.4 强夯加固后的地基越冬维护，应按本规程第 11 章的有关规定进行。

3.4 桩 基 础

3.4.1 冻土地基可采用干作业钻孔桩、挖孔灌注桩等或沉管灌注桩、预制桩等施工。

3.4.2 桩基施工时，当冻土层厚度超过 500mm，冻土层宜采用钻孔机引孔，引孔直径不宜大于桩径 20mm。

3.4.3 钻孔机的钻头宜选用锥形钻头并镶焊合金刀片。钻进冻土时应加大钻杆对土层的压力，并应防止摆动和偏位。钻成的桩孔应及时覆盖保护。

3.4.4 振动沉管成孔时，应制定保证相邻桩身混凝土质量的施工顺序。拔管时，应及时清除管壁上的水泥浆和泥土。当成孔施工有间歇时，宜将桩管埋入桩孔中进行保温。

3.4.5 灌注桩的混凝土施工应符合下列规定：

  1 混凝土材料的加热、搅拌、运输、浇筑应按本规程第 6 章的有关规定进行；混凝土浇筑温度应根据热工计算确定，且不得低于 5℃；

  2 地基土冻深范围内的和露出地面的桩身混凝土养护，应按本规程第 6 章有关规定进行；

  3 在冻胀性地基土上施工时，应采取防止或减小桩身与冻土之间产生切向冻胀力的防护措施。

3.4.6 预制桩施工应符合下列规定：

1 施工前，桩表面应保持干燥与清洁；

2 起吊前，钢丝绳索与桩机的夹具应采取防滑措施；

3 沉桩施工应连续进行，施工完成后应采用保温材料覆盖于桩头上进行保温；

4 接桩可采用焊接或机械连接，焊接和防腐要求应符合本规程第9章的有关规定；

5 起吊、运输与堆放应符合本规程第10章的有关规定。

3.4.7 桩基静荷载试验前，应将试桩周围的冻土融化或挖除。试验期间，应对试桩周围地表土和锚桩横梁支座进行保温。

3.5 基坑支护

3.5.1 基坑支护冬期施工宜选用排桩和土钉墙的方法。

3.5.2 采用液压高频锤法施工的型钢或钢管排桩基坑支护工程，除应考虑对周边建筑物、构筑物和地下管道的振动影响外，尚应符合下列规定：

1 当在冻土上施工时，应采用钻机在冻土层内引孔，引孔的直径应大于型钢或钢管的最大边缘尺寸；

2 型钢或钢管的焊接应按本规程第9章的有关规定进行。

3.5.3 钢筋混凝土灌注桩的排桩施工应符合本规程第3.4.2条和第3.4.5条的规定，并应符合下列规定：

1 基坑土方开挖应待桩身混凝土达到设计强度时方可进行；

2 基坑土方开挖时，排桩上部自由端外侧的基土应进行保温；

3 排桩上部的冠梁钢筋混凝土施工应按本规程第6章的有关规定进行；

4 桩身混凝土施工可选用掺防冻剂混凝土进行。

3.5.4 锚杆施工应符合下列规定：

1 锚杆注浆的水泥浆配制宜掺入适量的防冻剂；

2 锚杆体钢筋端头与锚板的焊接应符合本规程第9章的相关规定；

3 预应力锚杆张拉应待锚杆水泥浆体达到设计强度后方可进行。

3.5.5 土钉施工应符合本规程第3.5.4条的规定。严寒地区土钉墙混凝土面板施工应符合下列规定：

1 面板下宜铺设60mm～100mm厚聚苯乙烯泡沫板；

2 浇筑后的混凝土应按本规程第6章的相关规定立即进行保温养护。

4 砌 体 工 程

4.1 一 般 规 定

4.1.1 冬期施工所用材料应符合下列规定：

1 砖、砌块在砌筑前，应清除表面污物、冰雪等，不得使用遭水浸和受冻后表面结冰、污染的砖或砌块；

2 砌筑砂浆宜采用普通硅酸盐水泥配制，不得使用无水泥拌制的砂浆；

3 现场拌制砂浆所用砂中不得含有直径大于10mm的冻结块或冰块；

4 石灰膏、电石渣膏等材料应有保温措施，遭冻结时应经融化后方可使用；

5 砂浆拌合水温不宜超过80℃，砂加热温度不宜超过40℃，且水泥不得与80℃以上热水直接接触；砂浆稠度宜较常温适当增大，且不得二次加水调整砂浆和易性。

4.1.2 砌筑间歇期间，宜及时在砌体表面进行保护性覆盖，砌体面层不得留有砂浆。继续砌筑前，应将砌体表面清理干净。

4.1.3 砌体工程宜选用外加剂法进行施工，对绝缘、装饰等有特殊要求的工程，应采用其他方法。

4.1.4 施工日记中应记录大气温度、暖棚内温度、砌筑时砂浆温度、外加剂掺量等有关资料。

4.1.5 砂浆试块的留置，除应按常温规定要求外，尚应增设一组与砌体同条件养护的试块，用于检验转入常温28d的强度。如有特殊需要，可另外增加相应龄期的同条件试块。

4.2 外 加 剂 法

4.2.1 采用外加剂法配制砂浆时，可采用氯盐或亚硝酸盐等外加剂。氯盐应以氯化钠为主，当气温低于−15℃时，可与氯化钙复合使用。氯盐掺量可按表4.2.1选用。

表4.2.1 氯盐外加剂掺量

氯盐及砌体材料种类		日最低气温(℃)			
		≥−10	−11～−15	−16～−20	−21～−25
单掺氯化钠(%)	砖、砌块	3	5	7	—
	石材	4	7	10	—
复掺(%)	氯化钠	砖、砌块			7
	氯化钙			2	3

注：氯盐以无水盐计，掺量为占拌合水质量百分比。

4.2.2 砌筑施工时，砂浆温度不应低于5℃。

4.2.3 当设计无要求，且最低气温等于或低于−15℃时，砌体砂浆强度等级应较常温施工提高一级。

4.2.4 氯盐砂浆中复掺引气型外加剂时，应在氯盐砂浆搅拌的后期掺入。

4.2.5 采用氯盐砂浆时，应对砌体中配置的钢筋及钢预埋件进行防腐处理。

4.2.6 砌体采用氯盐砂浆施工，每日砌筑高度不宜超过 1.2m，墙体留置的洞口，距交接墙处不应小于 500mm。

4.2.7 下列情况不得采用掺氯盐的砂浆砌筑砌体：

    1 对装饰工程有特殊要求的建筑物；

    2 使用环境湿度大于 80% 的建筑物；

    3 配筋、钢埋件无可靠防腐处理措施的砌体；

    4 接近高压电线的建筑物（如变电所、发电站等）；

    5 经常处于地下水位变化范围内，以及在地下未设防水层的结构。

4.3 暖 棚 法

4.3.1 暖棚法适用于地下工程、基础工程以及工期紧迫的砌体结构。

4.3.2 暖棚法施工时，暖棚内的最低温度不应低于 5℃。

4.3.3 砌体在暖棚内的养护时间应根据暖棚内的温度确定，并应符合表 4.3.3 的规定。

表 4.3.3 暖棚法施工时的砌体养护时间

暖棚内温度（℃）	5	10	15	20
养护时间（d）	≥6	≥5	≥4	≥3

5 钢 筋 工 程

5.1 一 般 规 定

5.1.1 钢筋调直冷拉温度不宜低于−20℃。预应力钢筋张拉温度不宜低于−15℃。

5.1.2 钢筋负温焊接，可采用闪光对焊、电弧焊、电渣压力焊等方法。当采用细晶粒热轧钢筋时，其焊接工艺应经试验确定。当环境温度低于−20℃时，不宜进行施焊。

5.1.3 负温条件下使用的钢筋，施工过程中应加强管理和检验，钢筋在运输和加工过程中应防止撞击和刻痕。

5.1.4 钢筋张拉与冷拉设备、仪表和液压工作系统油液应根据环境温度选用，并应在使用温度条件下进行配套校验。

5.1.5 当环境温度低于−20℃时，不得对 HRB335、HRB400 钢筋进行冷弯加工。

5.2 钢筋负温焊接

5.2.1 雪天或施焊现场风速超过三级风焊接时，应采取遮蔽措施，焊接后未冷却的接头应避免碰到冰雪。

5.2.2 热轧钢筋负温闪光对焊，宜采用预热——闪光焊或闪光——预热——闪光焊工艺。钢筋端面比较平整时，宜采用预热——闪光焊；端面不平整时，宜采用闪光——预热——闪光焊。

5.2.3 钢筋负温闪光对焊工艺应控制热影响区长度。焊接参数应根据当地气温按常温参数调整。

    采用较低变压器级数，宜增加调整长度、预热留量、预热次数、预热间歇时间和预热接触压力，并宜减慢烧化过程的中期速度。

5.2.4 钢筋负温电弧焊宜采取分层控温施焊。热轧钢筋焊接的层间温度宜控制在 150℃～350℃之间。

5.2.5 钢筋负温电弧焊可根据钢筋牌号、直径、接头形式和焊接位置选择焊条和焊接电流。焊接时应采取防止产生过热、烧伤、咬肉和裂缝等措施。

5.2.6 钢筋负温帮条焊或搭接焊的焊接工艺应符合下列规定：

    1 帮条与主筋之间应采用四点定位焊固定，搭接焊时应采用两点固定；定位焊缝与帮条或搭接端部的距离不应小于 20mm；

    2 帮条焊的引弧应在帮条钢筋的一端开始，收弧应在帮条钢筋端头上，弧坑应填满；

    3 焊接时，第一层焊缝应具有足够的熔深，主焊缝或定位焊缝应熔合良好；平焊时，第一层焊缝应先从中间引弧，再向两端运弧；立焊时，应先从中间向上方运弧，再从下端向中间运弧；在以后各层焊缝焊接时，应采用分层控温施焊；

    4 帮条接头或搭接接头的焊缝厚度不应小于钢筋直径的 30%，焊缝宽度不应小于钢筋直径的 70%。

5.2.7 钢筋负温坡口焊的工艺应符合下列规定：

    1 焊缝根部、坡口端面以及钢筋与钢垫板之间均应熔合，焊接过程中应经常除渣；

    2 焊接时，宜采用几个接头轮流施焊；

    3 加强焊缝的宽度应超出 V 形坡口边缘 3mm，高度应超出 V 形坡口上下边缘 3mm，并应平缓过渡至钢筋表面；

    4 加强焊缝的焊接，应分两层控温施焊。

5.2.8 HRB335 和 HRB400 钢筋多层施焊时，焊后可采用回火焊道施焊，其回火焊道的长度应比前一层焊道的两端缩短4mm～6mm。

5.2.9 钢筋负温电渣压力焊应符合下列规定：

    1 电渣压力焊宜用于 HRB335、HRB400 热轧带肋钢筋；

    2 电渣压力焊机容量应根据所焊钢筋直径选定；

    3 焊剂应存放于干燥库房内，在使用前经250℃～300℃烘焙 2h 以上；

    4 焊接前，应进行现场负温条件下的焊接工艺试验，经检验满足要求后方可正式作业；

    5 电渣压力焊焊接参数可按表 5.2.9 进行选用；

表 5.2.9　钢筋负温电渣压力焊焊接参数

钢筋直径 (mm)	焊接温度 (℃)	焊接电流 (A)	焊接电压 (V) 电弧过程	焊接电压 (V) 电渣过程	焊接通电时间(s) 电弧过程	焊接通电时间(s) 电渣过程
14～18	−10	300～350			20～25	6～8
	−20	350～400				
20	−10	350～400				
	−20	400～450	35～45	18～22		
22	−10	400～450			25～30	8～10
	−20	500～550				
25	−10	450～500				
	−20	550～600				

注：本表系采用常用 HJ431 焊剂和半自动焊机参数。

6　焊接完毕，应停歇 20s 以上方可卸下夹具回收焊剂，回收的焊剂内不得混入冰雪，接头渣壳应待冷却后清理。

6　混凝土工程

6.1　一　般　规　定

6.1.1　冬期浇筑的混凝土，其受冻临界强度应符合下列规定：

1　采用蓄热法、暖棚法、加热法等施工的普通混凝土，采用硅酸盐水泥、普通硅酸盐水泥配制时，其受冻临界强度不应小于设计混凝土强度等级值的 30%；采用矿渣硅酸盐水泥、粉煤灰硅酸盐水泥、火山灰质硅酸盐水泥、复合硅酸盐水泥时，不应小于设计混凝土强度等级值的 40%；

2　当室外最低气温不低于 −15℃ 时，采用综合蓄热法、负温养护法施工的混凝土受冻临界强度不应小于 4.0MPa；当室外最低气温不低于 −30℃ 时，采用负温养护法施工的混凝土受冻临界强度不应小于 5.0MPa；

3　对强度等级等于或高于 C50 的混凝土，不宜小于设计混凝土强度等级值的 30%；

4　对有抗渗要求的混凝土，不宜小于设计混凝土强度等级值的 50%；

5　对有抗冻耐久性要求的混凝土，不宜小于设计混凝土强度等级值的 70%；

6　当采用暖棚法施工的混凝土中掺入早强剂时，可按综合蓄热法受冻临界强度取值；

7　当施工需要提高混凝土强度等级时，应按提高后的强度等级确定受冻临界强度。

6.1.2　混凝土工程冬期施工应按本规程附录 A 进行混凝土热工计算。

6.1.3　混凝土的配制宜选用硅酸盐水泥或普通硅酸盐水泥，并应符合下列规定：

1　当采用蒸汽养护时，宜选用矿渣硅酸盐水泥；

2　混凝土最小水泥用量不宜低于 280kg/m³，水胶比不应大于 0.55；

3　大体积混凝土的最小水泥用量，可根据实际情况决定；

4　强度等级不大于 C15 的混凝土，其水胶比和最小水泥用量可不受以上限制。

6.1.4　拌制混凝土所用骨料应清洁，不得含有冰、雪、冻块及其他易冻裂物质。掺用含有钾、钠离子的防冻剂混凝土，不得采用活性骨料或在骨料中混有此类物质的材料。

6.1.5　冬期施工混凝土选用外加剂应符合现行国家标准《混凝土外加剂应用技术规范》GB 50119 的相关规定。非加热养护法混凝土施工，所选用的外加剂应含有引气组分或掺入引气剂，含气量宜控制在 3.0%～5.0%。

6.1.6　钢筋混凝土掺用氯盐类防冻剂时，氯盐掺量不得大于水泥质量的 1.0%。掺用氯盐的混凝土应振捣密实，且不宜采用蒸汽养护。

6.1.7　在下列情况下，不得在钢筋混凝土结构中掺用氯盐：

1　排出大量蒸汽的车间、浴池、游泳馆、洗衣房和经常处于空气相对湿度大于 80% 的房间以及有顶盖的钢筋混凝土蓄水池等在高湿度空气环境中使用的结构；

2　处于水位升降部位的结构；

3　露天结构或经常受雨、水淋的结构；

4　有镀锌钢材或铝铁相接触部位的结构，和有外露钢筋、预埋件而无防护措施的结构；

5　与含有酸、碱或硫酸盐等侵蚀介质相接触的结构；

6　使用过程中经常处于环境温度为 60℃ 以上的结构；

7　使用冷拉钢筋或冷拔低碳钢丝的结构；

8　薄壁结构，中级和重级工作制吊车梁、屋架、落锤或锻锤基础结构；

9　电解车间和直接靠近直流电源的结构；

10　直接靠近高压电源（发电站、变电所）的结构；

11　预应力混凝土结构。

6.1.8　模板外和混凝土表面覆盖的保温层，不应采用潮湿状态的材料，也不应将保温材料直接铺盖在潮湿的混凝土表面，新浇混凝土表面应铺一层塑料薄膜。

6.1.9　采用加热养护的整体结构，浇筑程序和施工缝位置的设置，应采取能防止产生较大温度应力的措施。当加热温度超过 45℃ 时，应进行温度应力核算。

6.1.10　型钢混凝土组合结构，浇筑混凝土前应对型钢进行预热，预热温度宜大于混凝土入模温度，预热方法可按本规程第 6.5 节相关规定进行。

6.2 混凝土原材料加热、搅拌、运输和浇筑

6.2.1 混凝土原材料加热宜采用加热水的方法。当加热水仍不能满足要求时，可对骨料进行加热。水、骨料加热的最高温度应符合表 6.2.1 的规定。

当水和骨料的温度仍不能满足热工计算要求时，可提高水温到 100℃，但水泥不得与 80℃以上的水直接接触。

表 6.2.1　拌合水及骨料加热最高温度

水泥强度等级	拌合水（℃）	骨料（℃）
小于 42.5	80	60
42.5、42.5R 及以上	60	40

6.2.2 水加热宜采用蒸汽加热、电加热、汽水热交换罐或其他加热方法。水箱或水池容积及水温应能满足连续施工的要求。

6.2.3 砂加热应在开盘前进行，加热应均匀。当采用保温加热料斗时，宜配备两个，交替加热使用。每个料斗容积可根据机械可装高度和侧壁厚度等要求进行设计，每一个斗的容量不宜小于 3.5m³。

预拌混凝土用砂，应提前备足料，运至有加热设施的保温封闭储料棚（室）或仓内备用。

6.2.4 水泥不得直接加热，袋装水泥使用前宜运入暖棚内存放。

6.2.5 混凝土搅拌的最短时间应符合表 6.2.5 的规定。

表 6.2.5　混凝土搅拌的最短时间

混凝土坍落度（mm）	搅拌机容积（L）	混凝土搅拌最短时间（s）
≤80	<250	90
	250～500	135
	>500	180
>80	<250	90
	250～500	90
	>500	135

注：采用自落式搅拌机时，应较上表搅拌时间延长 30s～60s；采用预拌混凝土时，应较常温下预拌混凝土搅拌时间延长 15s～30s。

6.2.6 混凝土在运输、浇筑过程中的温度和覆盖的保温材料，应按本规程附录 A 进行热工计算后确定，且入模温度不应低于 5℃。当不符合要求时，应采取措施进行调整。

6.2.7 混凝土运输与输送机具应进行保温或具有加

热装置。泵送混凝土在浇筑前应对泵管进行保温，并应采用与施工混凝土同配比砂浆进行预热。

6.2.8 混凝土浇筑前，应清除模板和钢筋上的冰雪和污垢。

6.2.9 冬期不得在强冻胀性地基土上浇筑混凝土；在弱冻胀性地基土上浇筑混凝土时，基土不得受冻。在非冻胀性地基土上浇筑混凝土时，混凝土受冻临界强度应符合本规程第 6.1.1 条规定。

6.2.10 大体积混凝土分层浇筑时，已浇筑层的混凝土在未被上一层混凝土覆盖前，温度不应低于 2℃。采用加热法养护混凝土时，养护前的混凝土温度也不得低于 2℃。

6.3 混凝土蓄热法和综合蓄热法养护

6.3.1 当室外最低温度不低于 -15℃时，地面以下的工程，或表面系数不大于 $5m^{-1}$ 的结构，宜采用蓄热法养护。对结构易受冻的部位，应加强保温措施。

6.3.2 当室外最低气温不低于 -15℃时，对于表面系数为 $5m^{-1}$～$15m^{-1}$ 的结构，宜采用综合蓄热法养护，围护层散热系数宜控制在 $50kJ/(m^3 \cdot h \cdot K)$～$200kJ/(m^3 \cdot h \cdot K)$ 之间。

6.3.3 综合蓄热法施工的混凝土中应掺入早强剂或早强型复合外加剂，并应具有减水、引气作用。

6.3.4 混凝土浇筑后应采用塑料布等防水材料对裸露表面覆盖并保温。对边、棱角部位的保温层厚度应增大到面部位的 2 倍～3 倍。混凝土在养护期间应防风、防失水。

6.4 混凝土蒸汽养护法

6.4.1 混凝土蒸汽养护法可采用棚罩法、蒸汽套法、热模法、内部通汽法等方式进行，其适用范围应符合下列规定：

1 棚罩法适用于预制梁、板、地下基础、沟道等；

2 蒸汽套法适用于现浇梁、板、框架结构、墙、柱等；

3 热模法适用于墙、柱及框架架构；

4 内部通汽法适用于预制梁、柱、桁架，现浇梁、柱、框架单梁。

6.4.2 蒸汽养护法应采用低压饱和蒸汽，当工地有高压蒸汽时，应通过减压阀或过水装置后方可使用。

6.4.3 蒸汽养护的混凝土，采用普通硅酸盐水泥时最高养护温度不得超过 80℃，采用矿渣硅酸盐水泥时可提高到 85℃。但采用内部通汽法时，最高加热温度不应超过 60℃。

6.4.4 整体浇筑的结构，采用蒸汽加热养护时，升温和降温速度不得超过表 6.4.4 规定。

表6.4.4　蒸汽加热养护混凝土升温和降温速度

结构表面系数 （m⁻¹）	升温速度 （℃/h）	降温速度 （℃/h）
≥6	15	10
<6	10	5

6.4.5 蒸汽养护应包括升温——恒温——降温三个阶段，各阶段加热延续时间可根据养护结束时要求的强度确定。

6.4.6 采用蒸汽养护的混凝土，可掺入早强剂或非引气型减水剂。

6.4.7 蒸汽加热养护混凝土时，应排除冷凝水，并应防止渗入地基土中。当有蒸汽喷出口时，喷嘴与混凝土外露面的距离不得小于300mm。

6.5　电加热法养护混凝土

6.5.1 电加热法养护混凝土的温度应符合表6.5.1的规定。

表6.5.1　电加热法养护混凝土的温度（℃）

水泥强度等级	结构表面系数（m⁻¹）		
	<10	10～15	>15
32.5	70	50	45
42.5	40	40	35

注：采用红外线辐射加热时，其辐射表面温度可采用70℃～90℃。

6.5.2 电极加热法养护混凝土的适用范围宜符合表6.5.2的规定。

表6.5.2　电极加热法养护混凝土的适用范围

分类		常用电极规格	设置方法	适用范围
内部电极	棒形电极	φ6～φ12 的钢筋短棒	混凝土浇筑后，将电极穿过模板或在混凝土表面插入混凝土体内	梁、柱、厚度大于150mm的板、墙及设备基础
	弦形电极	φ6～φ12 的钢筋，长为 2.0m～2.5m	在浇筑混凝土前将电极装入，与结构纵向平行。电极两端弯成平角，由模板孔引出	含筋较少的墙、柱、梁、大型柱基础以及厚度大于200mm单侧配筋的板
表面电极		φ6 钢筋或厚1mm～2mm、宽30mm～60mm的扁钢	电极固定在模板内侧，或装在混凝土的外表面	条形基础、墙及保护层大于50mm的大体积结构和地面等

6.5.3 混凝土采用电极加热法养护应符合下列规定：

　1 电路接好应经检查合格后方可合闸送电。当结构工程量较大，需边浇筑边通电时，应将钢筋接地线。电加热现场应设安全围栏。

　2 棒形和弦形电极应固定牢固，并不得与钢筋直接接触。电极与钢筋之间的距离应符合表6.5.3的规定；当因钢筋密度大而不能保证钢筋与电极之间的距离满足表6.5.3的规定时，应采取绝缘措施。

表6.5.3　电极与钢筋之间的距离

工作电压（V）	最小距离（mm）
65.0	50～70
87.0	80～100
106.0	120～150

　3 电极加热法应采用交流电。电极的形式、尺寸、数量及配置应能保证混凝土各部位加热均匀，且应加热到设计的混凝土强度标准值的50%。在电极附近的辐射半径方向每隔10mm距离的温度差不得超过1℃。

　4 电极加热应在混凝土浇筑后立即送电，送电前混凝土表面应保温覆盖。混凝土在加热养护过程中，洒水应在断电后进行。

6.5.4 混凝土采用电热毯法养护应符合下列规定：

　1 电热毯宜由四层玻璃纤维布中间夹以电阻丝制成。其几何尺寸应根据混凝土表面或模板外侧与龙骨组成的区格大小确定。电热毯的电压宜为60V～80V，功率宜为75W～100W。

　2 布置电热毯时，在模板周边的各区格应连续布毯，中间区格可间隔布毯，并应与对面模板错开。电热毯外侧应设置岩棉板等性质的耐热保温材料。

　3 电热毯养护的通电持续时间应根据气温及养护温度确定，可采取分段、间断或连续通电养护工序。

6.5.5 混凝土采用工频涡流法养护应符合下列规定：

　1 工频涡流法养护的涡流管应采用钢管，其直径宜为12.5mm，壁厚宜为3mm。钢管内穿铝芯绝缘导线，其截面宜为25mm²～35mm²，技术参数宜符合表6.5.5的规定。

表6.5.5　工频涡流管技术参数

项　　　目	取　　　值
饱和电压降值（V/m）	1.05
饱和电流值（A）	200
钢管极限功率（W/m）	195
涡流管间距（mm）	150～250

　2 各种构件涡流模板的配置应通过热工计算确定，也可按下列规定配置：

　　1）柱：四面配置；

　　2）梁：当高宽比大于2.5时，侧模宜采用涡流模板，底模宜采用普通模板；当高宽比小于等于2.5时，侧模和底模皆宜采用涡流模板；

3）墙板：距墙板底部 600mm 范围内，应在两侧对称拼装涡流板；600mm 以上部位，应在两侧采用涡流和普通钢模交错拼装，并应使涡流模板对应面为普通模板；

4）梁、柱节点：可将涡流钢管插入节点内，钢管总长度应根据混凝土量按 6.0kW/m³ 功率计算；节点外围应保温养护。

3 当采用工频涡流法养护时，各阶段送电功率应使预养与恒温阶段功率相同，升温阶段功率应大于预养阶段功率的 2.2 倍。预养、恒温阶段的变压器一次接线为 Y 形，升温阶段接线应为 △ 形。

6.5.6 线圈感应加热法养护宜用于梁、柱结构，以及各种装配式钢筋混凝土结构的接头混凝土的加热养护；亦可用于型钢混凝土组合结构的钢体、密筋结构的钢筋和模板预热，以及受冻混凝土结构构件的解冻。

6.5.7 混凝土采用线圈感应加热养护应符合下列规定：

1 变压器宜选择 50kVA 或 100kVA 低压加热变压器，电压宜在 36V～110V 间调整。当混凝土量较少时，也可采用交流电焊机。变压器的容量宜比计算结果增加 20%～30%。

2 感应线圈宜选用截面面积为 35mm² 铝质或铜质电缆，加热主电缆的截面面积宜为 150mm²。电流不宜超过 400A。

3 当缠绕感应线圈时，宜靠近钢模板。构件两端线圈导线的间距应比中间加密一倍，加密范围宜由端部开始向内至一个线圈直径的长度为止。端头应密缠 5 圈。

4 最高电压值宜为 80V，新电缆电压值可采用 100V，但应确保接头绝缘。养护期间电流不得中断，并应防止混凝土受冻。

5 通电后应采用钳形电流表和万能表随时检查测定电流，并应根据具体情况随时调整参数。

6.5.8 采用电热红外线加热器对混凝土进行辐射加热养护，宜用于薄壁钢筋混凝土结构和装配式钢筋混凝土结构接头处混凝土加热，加热温度应符合本规程第 6.5.1 条的规定。

6.6 暖棚法施工

6.6.1 暖棚法施工适用于地下结构工程和混凝土构件比较集中的工程。

6.6.2 暖棚法施工应符合下列规定：

1 应设专人监测混凝土及暖棚内温度，暖棚内各测点温度不得低于 5℃。测温点应选择具有代表性位置进行布置，在离地面 500mm 高度处应设点，每昼夜测温不应少于 4 次。

2 养护期间应监测暖棚内的相对湿度，混凝土不得有失水现象，否则应及时采取增湿措施或在混凝土表面洒水养护。

3 暖棚的出入口应设专人管理，并应采取防止棚内温度下降或引起风口处混凝土受冻的措施。

4 在混凝土养护期间应将烟或燃烧气体排至棚外，并应采取防止烟气中毒和防火的措施。

6.7 负温养护法

6.7.1 混凝土负温养护法适用于不易加热保温，且对强度增长要求不高的一般混凝土结构工程。

6.7.2 负温养护法施工的混凝土，应以浇筑后 5d 内的预计日最低气温来选用防冻剂，起始养护温度不应低于 5℃。

6.7.3 混凝土浇筑后，裸露表面应采取保湿措施；同时，应根据需要采取必要的保温覆盖措施。

6.7.4 负温养护法施工应按本规程第 6.9.3 条规定加强测温；混凝土内部温度降到防冻剂规定温度之前，混凝土的抗压强度应符合本规程第 6.1.1 条的规定。

6.8 硫铝酸盐水泥混凝土负温施工

6.8.1 硫铝酸盐水泥混凝土可在不低于 -25℃ 环境下施工，适用于下列工程：

1 工业与民用建筑工程的钢筋混凝土梁、柱、板、墙的现浇结构；

2 多层装配式结构的接头以及小截面和薄壁结构混凝土工程；

3 抢修、抢建工程及有硫酸盐腐蚀环境的混凝土工程。

6.8.2 使用条件经常处于温度高于 80℃ 的结构部位或有耐火要求的结构工程，不宜采用硫铝酸盐水泥混凝土施工。

6.8.3 硫铝酸盐水泥混凝土冬期施工可选用 $NaNO_2$ 防冻剂或 $NaNO_2$ 与 Li_2CO_3 复合防冻剂，其掺量可按表 6.8.3 选用。

表 6.8.3 硫铝酸盐水泥用防冻剂掺量表

环境最低气温（℃）		≥-5	-5～-15	-15～-25
单掺 $NaNO_2$（%）		0.50～1.00	1.00～3.00	3.00～4.00
复掺 $NaNO_2$ 与 Li_2CO_3（%）	$NaNO_2$	0.00～1.00	1.00～2.00	2.00～4.00
	Li_2CO_3	0.00～0.02	0.02～0.05	0.05～0.10

注：防冻剂掺量按水泥质量百分比计。

6.8.4 拼装接头或小截面构件、薄壁结构施工时，应适当提高拌合物温度，并应加强保温措施。

6.8.5 硫铝酸盐水泥可与硅酸盐类水泥混合使用，硅酸盐类水泥的掺用比例应小于 10%。

6.8.6 硫铝酸盐水泥混凝土可采用热水拌合，水温不宜超过 50℃，拌合物温度宜为 5℃～15℃，坍落度应比普通混凝土增加 10mm～20mm。水泥不得直接加热或直接与30℃以上热水接触。

6.8.7 采用机械搅拌和运输车运输，卸料时应将搅拌筒及运输车内混凝土排空，并应根据混凝土凝结时间情况，及时清洗搅拌机和运输车。

6.8.8 混凝土应随拌随用，并应在拌制结束 30min 内浇筑完毕，不得二次加水拌合使用。混凝土入模温度不得低于 2℃。

6.8.9 混凝土浇筑后，应立即在混凝土表面覆盖一层塑料薄膜防止失水，并应根据气温情况及时覆盖保温材料。

6.8.10 混凝土养护不宜采用电热法或蒸汽法。当混凝土结构体积较小时，可采用暖棚法养护，但养护温度不宜高于30℃；当混凝土结构体积较大时，可采用蓄热法养护。

6.8.11 模板和保温层的拆除应符合本规程第 6.9.6 条规定。

6.9 混凝土质量控制及检查

6.9.1 混凝土冬期施工质量检查除应符合现行国家标准《混凝土结构工程施工质量验收规范》GB 50204 以及国家现行有关标准规定外，尚应符合下列规定：

　1　应检查外加剂质量及掺量；外加剂进入施工现场后应进行抽样检验，合格后方准使用；

　2　应根据施工方案确定的参数检查水、骨料、外加剂溶液和混凝土出机、浇筑、起始养护时的温度；

　3　应检查混凝土从入模到拆除保温层或保温模板期间的温度；

　4　采用预拌混凝土时，原材料、搅拌、运输过程中的温度检查及混凝土质量检查应由预拌混凝土生产企业进行，并应将记录资料提供给施工单位。

6.9.2 施工期间的测温项目与频次应符合表 6.9.2 规定。

表 6.9.2 施工期间的测温项目与频次

测温项目	频次
室外气温	测量最高、最低气温
环境温度	每昼夜不少于 4 次
搅拌机棚温度	每一工作班不少于 4 次
水、水泥、矿物掺合料、砂、石及外加剂溶液温度	每一工作班不少于 4 次
混凝土出机、浇筑、入模温度	每一工作班不少于 4 次

6.9.3 混凝土养护期间的温度测量应符合下列规定：

　1　采用蓄热法或综合蓄热法时，在达到受冻临界强度之前应每隔 4h～6h 测量一次；

　2　采用负温养护法时，在达到受冻临界强度之前应每隔 2h 测量一次；

　3　采用加热法时，升温和降温阶段应每隔 1h 测量一次，恒温阶段每隔 2h 测量一次；

　4　混凝土在达到受冻临界强度后，可停止测温；

　5　大体积混凝土养护期间的温度测量尚应符合现行国家标准《大体积混凝土施工规范》GB 50496 的相关规定。

6.9.4 养护温度的测量方法应符合下列规定：

　1　测温孔应编号，并应绘制测温孔布置图，现场应设置明显标识；

　2　测温时，测温元件应采取措施与外界气温隔离；测温元件测量位置应处于结构表面下 20mm 处，留置在测温孔内的时间不应少于 3min；

　3　采用非加热法养护时，测温孔应设置在易于散热的部位；采用加热法养护时，应分别设置在离热源不同的位置。

6.9.5 混凝土质量检查应符合下列规定：

　1　应检查混凝土表面是否受冻、粘连、收缩裂缝，边角是否脱落，施工缝处有无受冻痕迹；

　2　应检查同条件养护试块的养护条件是否与结构实体相一致；

　3　按本规程附录 B 成熟度法推定混凝土强度时，应检查测温记录与计算公式要求是否相符；

　4　采用电加热养护时，应检查供电变压器二次电压和二次电流强度，每一工作班不应少于两次。

6.9.6 模板和保温层在混凝土达到要求强度并冷却到 5℃后方可拆除。拆模时混凝土表面与环境温差大于 20℃时，混凝土表面应及时覆盖，缓慢冷却。

6.9.7 混凝土抗压强度试件的留置除应按现行国家标准《混凝土结构工程施工质量验收规范》GB 50204 规定进行外，尚应增设不少于 2 组同条件养护试件。

7 保温及屋面防水工程

7.1 一般规定

7.1.1 保温工程、屋面防水工程冬期施工应选择晴朗天气进行，不得在雨、雪天和五级风及其以上或基层潮湿、结冰、霜冻条件下进行。

7.1.2 保温及屋面工程应依据材料性能确定施工气温界限，最低施工环境气温宜符合表 7.1.2 的规定。

表 7.1.2 保温及屋面工程施工环境气温要求

防水与保温材料	施工环境气温
粘结保温板	有机胶粘剂不低于－10℃ 无机胶粘不低于 5℃
现喷硬泡聚氨酯	15℃～30℃
高聚物改性沥青防水卷材	热熔法不低于－10℃
合成高分子防水卷材	冷粘法不低于 5℃ 焊接法不低于－10℃

防水与保温材料	施工环境气温
高聚物改性沥青防水涂料	溶剂型不低于 5℃；热熔型不低于 -10℃
合成高分子防水涂料	溶剂型不低于 -5℃
防水混凝土、防水砂浆	符合本规程混凝土、砂浆相关规定
改性石油沥青密封材料	不低于 0℃
合成高分子密封材料	溶剂型不低于 0℃

7.1.3 保温与防水材料进场后，应存放于通风、干燥的暖棚内，并严禁接近火源和热源。棚内温度不宜低于 0℃，且不得低于本规程表 7.1.2 规定的温度。

7.1.4 屋面防水施工时，应先做好排水比较集中的部位，凡节点部位均应加铺一层附加层。

7.1.5 施工时，应合理安排隔气层、保温层、找平层、防水层的各项工序，连续操作，已完成部位应及时覆盖，防止受潮与受冻。穿过屋面防水层的管道、设备或预埋件，应在防水施工前安装完毕并做好防水处理。

7.2 外墙外保温工程施工

7.2.1 外墙外保温工程冬期施工宜采用 EPS 板薄抹灰外墙外保温系统、EPS 板现浇混凝土外墙外保温系统或 EPS 钢丝网架板现浇混凝土外墙外保温系统。

7.2.2 建筑外墙外保温工程冬期施工最低温度不应低于 -5℃。

7.2.3 外墙外保温工程施工期间以及完工后 24h 内，基层及环境空气温度不应低于 5℃。

7.2.4 进场的 EPS 板胶粘剂、聚合物抹面胶浆应存放于暖棚内。液态材料不得受冻，粉状材料不得受潮，其他材料应符合本章有关规定。

7.2.5 EPS 板薄抹灰外墙外保温系统应符合下列规定：

1 应采用低温型 EPS 板胶粘剂和低温型聚合物抹面胶浆，并应按产品说明书要求进行使用；

2 低温型 EPS 板胶粘剂和低温型 EPS 板聚合物抹面胶浆的性能应符合表 7.2.5-1 和表 7.2.5-2 的规定；

表 7.2.5-1 低温型 EPS 板胶粘剂技术指标

试验项目		性能指标
拉伸粘结强度(MPa) (与水泥砂浆)	原强度	≥0.60
	耐 水	≥0.40
拉伸粘结强度(MPa) (与EPS板)	原强度	≥0.10，破坏界面在EPS板上
	耐 水	≥0.10，破坏界面在EPS板上

表 7.2.5-2 低温型 EPS 板聚合物抹面胶浆技术指标

试验项目		性能指标
拉伸粘结强度(MPa) (与EPS板)	原强度	≥0.10，破坏界面在EPS板上
	耐 水	≥0.10，破坏界面在EPS板上
	耐冻融	≥0.10，破坏界面在EPS板上
柔韧性	抗压强度/抗折强度	≤3.00

注：低温型胶粘剂与聚合物抹面胶浆检验方法与常温一致，试件养护温度取施工环境温度。

3 胶粘剂和聚合物抹面胶浆拌合温度皆应高于 5℃，聚合物抹面胶浆拌合水温度不宜大于 80℃，且不宜低于 40℃；

4 拌合完毕的 EPS 板胶粘剂和聚合物抹面胶浆每隔 15min 搅拌一次，1h 内使用完毕；

5 施工前应按常温规定检查基层施工质量，并确保干燥、无结冰、霜冻；

6 EPS 板粘贴应保证有效粘贴面积大于 50%；

7 EPS 板粘贴完毕后，应养护至表 7.2.5-1、表 7.2.5-2 规定强度后方可进行面层薄抹灰施工。

7.2.6 EPS 板现浇混凝土外墙外保温系统和 EPS 钢丝网架板现浇混凝土外墙外保温系统冬期施工应符合下列规定：

1 施工前应经过试验确定负温混凝土配合比，选择合适的混凝土防冻剂；

2 EPS 板内外表面应预先在暖棚内喷刷界面砂浆；

3 EPS 板现浇混凝土外墙外保温系统和 EPS 钢丝网架板现浇混凝土外墙外保温系统的外抹面层施工应符合本规程第 8 章的有关规定，抹面抗裂砂浆中可掺入非氯盐类砂浆防冻剂；

4 抹面层厚度应均匀，钢丝网应完全包覆于抹面层中；分层抹灰时，底层灰不得受冻，抹灰砂浆在硬化初期应采取保温措施。

7.2.7 其他施工技术要求应符合现行行业标准《外墙外保温工程技术规程》JGJ 144 的相关规定。

7.3 屋面保温工程施工

7.3.1 屋面保温材料应符合设计要求，且不得含有冰雪、冻块和杂质。

7.3.2 干铺的保温层可在负温下施工；采用沥青胶结的保温层应在气温不低于 -10℃ 时施工；采用水泥、石灰或其他胶结料胶结的保温层应在气温不低于 5℃ 时施工。当气温低于上述要求时，应采取保温、防冻措施。

7.3.3 采用水泥砂浆粘贴板状保温材料以及处理板间缝隙，可采用掺有防冻剂的保温砂浆。防冻剂掺量应通过试验确定。

7.3.4 干铺的板状保温材料在负温施工时，板材应在基层表面铺平垫稳，分层铺设。板块上下层缝应相互错开，缝间隙应采用同类材料的碎屑填嵌密实。

7.3.5 倒置式屋面所选用材料应符合设计及本规程相关规定，施工前应检查防水层平整度及有无结冰、霜冻或积水现象，满足要求后方可施工。

7.4 屋面防水工程施工

7.4.1 屋面找平层施工应符合下列规定：

1 找平层应牢固坚实、表面无凹凸、起砂、起鼓现象。如有积雪、残留冰霜、杂物等应清扫干净，并应保持干燥。

2 找平层与女儿墙、立墙、天窗壁、变形缝、烟囱等突出屋面结构的连接处，以及找平层的转角处、水落口、檐口、天沟、檐沟、屋脊等均应做成圆弧。采用沥青防水卷材的圆弧，半径宜为100mm～150mm；采用高聚物改性沥青防水卷材，圆弧半径宜为50mm；采用合成高分子防水卷材，圆弧半径宜为20mm。

7.4.2 采用水泥砂浆或细石混凝土找平层时，应符合下列规定：

1 应依据气温和养护温度要求掺入防冻剂，且掺量应通过试验确定。

2 采用氯化钠作为防冻剂时，宜选用普通硅酸盐水泥或矿渣硅酸盐水泥，不得使用高铝水泥。施工温度不应低于—7℃。氯化钠掺量可按表7.4.2采用。

表7.4.2 氯化钠掺量

施工时室外气温（℃）		0～—2	—3～—5	—6～—7
氯化钠掺量（占水泥质量百分比,%）	用于平面部位	2	4	6
	用于檐口、天沟等部位	3	5	7

7.4.3 找平层宜留设分格缝，缝宽宜为20mm，并应填充密封材料。当分格缝兼作排汽屋面的排汽道时，可适当加宽，并应与保温层连通。找平层表面宜平整，平整度不应超过5mm，且不得有酥松、起砂、起皮现象。

7.4.4 高聚物改性沥青防水卷材、合成高分子防水卷材、高聚物改性沥青防水涂料、合成高分子防水涂料等防水材料的物理性能应符合现行国家标准《屋面工程质量验收规范》GB 50207的相关规定。

7.4.5 热熔法施工宜使用高聚物改性沥青防水卷材，并应符合下列规定：

1 基层处理剂宜使用挥发快的溶剂，涂刷后应干燥10h以上，并应及时铺贴。

2 水落口、管根、烟囱等容易发生渗漏部位的周围200mm范围内，应涂刷一遍聚氨酯等溶剂型涂料。

3 热熔铺贴防水层应采用满粘法。当坡度小于3%时，卷材与屋脊应平行铺贴；坡度大于15%时卷材与屋脊应垂直铺贴；坡度为3%～15%时，可平行

或垂直屋脊铺贴。铺贴时应采用喷灯或热喷枪均匀加热基层和卷材，喷灯或热喷枪距卷材的距离宜为0.5m，不得过热或烧穿，应待卷材表面熔化后，缓缓地滚铺铺贴。

4 卷材搭接应符合设计规定。当设计无规定时，横向搭接宽度宜为120mm，纵向搭接宽度宜为100mm。搭接时应采用喷灯或热喷枪加热搭接部位，趁卷材熔化尚未冷却时，用铁抹子把接缝边抹好，再用喷灯或热喷枪均匀细致地密封。平面与立面相连接的卷材，应由上向下压缝铺贴，并应使卷材紧贴阴角，不得有空鼓现象。

5 卷材搭接缝的边缘以及末端收头部位应以密封材料嵌缝处理，必要时也可在经过密封处理的末端接头处再用掺防冻剂的水泥砂浆压缝处理。

7.4.6 热熔法铺贴卷材施工安全应符合下列规定：

1 易燃性材料及辅助材料库和现场严禁烟火，并应配备适当灭火器材。

2 溶剂型基层处理剂未充分挥发前不得使用喷灯或热喷枪操作；操作时应保持火焰与卷材的喷距，严防火灾发生；

3 在大坡度屋面或挑檐等危险部位施工时，施工人员应系好安全带，四周应设防护措施。

7.4.7 冷粘法施工宜采用合成高分子防水卷材。胶粘剂应采用密封桶包装，储存在通风良好的室内，不得接近火源和热源。

7.4.8 冷粘法施工应符合下列规定：

1 基层处理时应将聚氨酯涂膜防水材料的甲料：乙料：二甲苯按1：1.5：3的比例配合，搅拌均匀，然后均匀涂布在基层表面上，干燥时间不应少于10h。

2 采用聚氨酯涂料做附加层处理时，应将聚氨酯甲料和乙料按1：1.5的比例配合搅拌均匀，再均匀涂刷在阴角、水落口和通气口根部的周围，涂刷边缘与中心的距离不应小于200mm，厚度不应小于1.5mm，并应在固化36h以后，方能进行下一工序施工。

3 铺贴立面或大坡面合成高分子防水卷材宜用满粘法。胶粘剂应均匀涂刷在基层或卷材底面，并应根据其性能，控制涂刷与卷材铺贴的间隔时间。

4 铺贴的卷材应平整顺直粘结牢固，不得有皱折。搭接尺寸应准确，并应辊压排除卷材下面的空气。

5 卷材铺好压粘后，应及时处理搭接部位。并应采用与卷材配套的接缝专用胶粘剂，在搭接缝粘合面上涂刷均匀。根据专用胶粘剂的性能，应控制涂刷与粘合间隔时间，排除空气、辊压粘结牢固。

6 接缝口应采用密封材料封严，其宽度不应小于10mm。

7.4.9 涂膜屋面防水施工应选用溶剂型合成高分子

防水涂料。涂料进场后，应储存于干燥、通风的室内，环境温度不宜低于0℃，并应远离火源。

7.4.10 涂膜屋面防水施工应符合下列规定：

1 基层处理剂可选用有机溶剂稀释而成。使用时应充分搅拌，涂刷均匀，覆盖完全，干燥后方可进行涂膜施工。

2 涂膜防水应由两层以上涂层组成，总厚度应达到设计要求，其成膜厚度不应小于2mm。

3 可采用涂刮或喷涂施工。当采用涂刮施工时，每遍涂刮的推进方向宜与前一遍互相垂直，并应在前一遍涂料干燥后，方可进行后一遍涂料的施工。

4 使用双组分涂料时应按配合比正确计量，搅拌均匀，已配成的涂料及时使用。配料时可加入适量的稀释剂，但不得混入固化涂料。

5 在涂层中夹铺胎体增强材料时，位于胎体下面的涂层厚度不应小于1mm，最上层的涂料层不应少于两遍。胎体长边搭接宽度不得小于50mm，短边搭接宽度不得小于70mm。采用双层胎体增强材料时，上下层不得互相垂直铺设，搭接缝应错开，间距不应小于一个幅面宽度的1/3。

6 天沟、檐沟、檐口、泛水等部位，均应加铺有胎体增强材料的附加层。水落口周围与屋面交接处，应作密封处理，并应加铺两层有胎体增强材料的附加层，涂膜伸入水落口的深度不得小于50mm，涂膜防水层的收头应用密封材料封严。

7 涂膜屋面防水工程在涂膜层固化后应做保护层。保护层可采用分格水泥砂浆或细石混凝土或块材等。

7.4.11 隔气层可采用气密性好的单层卷材或防水涂料。冬期施工采用卷材时，可采用花铺法施工，卷材搭接宽度不应小于80mm；采用防水涂料时，宜选用溶剂型涂料。隔气层施工的温度不应低于－5℃。

8 建筑装饰装修工程

8.1 一般规定

8.1.1 室外建筑装饰装修工程施工不得在五级及以上大风或雨、雪天气下进行。施工前，应采取挡风措施。

8.1.2 外墙饰面板、饰面砖以及马赛克饰面工程采用湿贴法作业时，不宜进行冬期施工。

8.1.3 外墙抹灰后需进行涂料施工时，抹灰砂浆内所掺的防冻剂品种应与所选用的涂料材质相匹配，具有良好的相溶性，防冻剂掺量和使用效果应通过试验确定。

8.1.4 装饰装修施工前，应将墙体基层表面的冰、雪、霜等清理干净。

8.1.5 室内抹灰前，应提前做好屋面防水层、保温层及室内封闭保温层。

8.1.6 室内装饰施工可采用建筑物正式热源、临时性管道或火炉、电气取暖。若采用火炉取暖时，应采取预防煤气中毒的措施。

8.1.7 室内抹灰、块料装饰工程施工与养护期间的温度不应低于5℃。

8.1.8 冬期抹灰及粘贴面砖所用砂浆应采取保温、防冻措施。室外用砂浆内可掺入防冻剂，其掺量应根据施工及养护期间环境温度经试验确定。

8.1.9 室内粘贴壁纸时，其环境温度不宜低于5℃。

8.2 抹灰工程

8.2.1 室内抹灰的环境温度不应低于5℃。抹灰前，应将门口和窗口、外墙脚手眼或孔洞等封堵好，施工洞口、运料口及楼梯间等处应封闭保温。

8.2.2 砂浆应在搅拌棚内集中搅拌，并应随用随拌，运输过程中应进行保温。

8.2.3 室内抹灰工程结束后，在7d以内应保持室内温度不低于5℃。当采用热空气加温时，应注意通风，排除湿气。当抹灰砂浆中掺入防冻剂时，温度可相应降低。

8.2.4 室外抹灰采用冷作法施工时，可使用掺防冻剂水泥砂浆或水泥混合砂浆。

8.2.5 含氯盐的防冻剂不宜用于有高压电源部位和有油漆墙面的水泥砂浆基层内。

8.2.6 砂浆防冻剂的掺量应按使用温度与产品说明书的规定经试验确定。当采用氯化钠作为砂浆防冻剂时，其掺量可按表8.2.6-1选用。当采用亚硝酸钠作为砂浆防冻剂时，其掺量可按表8.2.6-2选用。

表8.2.6-1 砂浆内氯化钠掺量

室外气温（℃）		0～－5	－5～－10
氯化钠掺量（占拌合水质量百分比，%）	挑檐、阳台、雨罩、墙面等抹水泥砂浆	4	4～8
	墙面为水刷石、干粘石水泥砂浆	5	5～10

表8.2.6-2 砂浆内亚硝酸钠掺量

室外温度（℃）	0～－3	－4～－9	－10～－15	－16～－20
亚硝酸钠掺量（占水泥质量百分比，%）	1	3	5	8

8.2.7 当抹灰基层表面有冰、霜、雪时，可采用与抹灰砂浆同浓度的防冻剂溶液冲刷，并应清除表面的尘土。

8.2.8 当施工要求分层抹灰时，底层灰不得受冻。抹灰砂浆在硬化初期应采取防止受冻的保温措施。

8.3 油漆、刷浆、裱糊、玻璃工程

8.3.1 油漆、刷浆、裱糊、玻璃工程应在采暖条件

下进行施工。当需要在室外施工时，其最低环境温度不应低于 5℃。

8.3.2 刷调合漆时，应在其内加入调合漆质量 2.5% 的催干剂和 5.0% 的松香水，施工时应排除烟气和潮气，防止失光和发黏不干。

8.3.3 室外喷、涂、刷油漆、高级涂料时应保持施工均衡。粉浆类料浆宜采用热水配制，随用随配并应将料浆保温，料浆使用温度宜保持 15℃ 左右。

8.3.4 裱糊工程施工时，混凝土或抹灰基层含水率不应大于 8%。施工中当室内温度高于 20℃，且相对湿度大于 80% 时，应开窗换气，防止壁纸皱折起泡。

8.3.5 玻璃工程施工时，应将玻璃、镶嵌用合成橡胶等材料运到有采暖设备的室内，施工环境温度不宜低于 5℃。

8.3.6 外墙铝合金、塑料框、大扇玻璃不宜在冬期安装。

9 钢结构工程

9.1 一般规定

9.1.1 在负温下进行钢结构的制作和安装时，应按照负温施工的要求，编制钢结构制作工艺规程和安装施工组织设计文件。

9.1.2 钢结构制作和安装采用的钢尺和量具，应和土建单位使用的钢尺和量具相同，并应采用同一精度级别进行鉴定。土建结构和钢结构应采取不同的温度膨胀系数差值调整措施。

9.1.3 钢构件在正温下制作，负温下安装时，施工中应采取相应调整偏差的技术措施。

9.1.4 参加负温钢结构施工的电焊工应经过负温焊接工艺培训，并应取得合格证，方能参加钢结构的负温焊接工作。定位点焊工作应由取得定位点焊合格证的电焊工来担任。

9.2 材 料

9.2.1 冬期施工宜采用 Q345 钢、Q390 钢、Q420 钢，其质量应分别符合国家现行标准的规定。

9.2.2 负温下施工用钢材，应进行负温冲击韧性试验，合格后方可使用。

9.2.3 负温下钢结构的焊接梁、柱接头板厚大于 40mm，且在板厚方向承受拉力作用时，钢材板厚方向的伸长率应符合现行国家标准《厚度方向性能钢板》GB/T 5313 的规定。

9.2.4 负温下施工的钢铸件应按现行国家标准《一般工程用铸造碳钢件》GB/T 11352 中规定的 ZG200-400、ZG230-450、ZG270-500、ZG310-570 号选用。

9.2.5 钢材及有关连接材料应附有质量证明书，性能应符合设计和产品标准的要求。根据负温下结构的

重要性、荷载特征和连接方法，应按国家标准的规定进行复验。

9.2.6 负温下钢结构焊接用的焊条、焊丝应在满足设计强度要求的前提下，选择屈服强度较低、冲击韧性较好的低氢型焊条，重要结构可采用高韧性超低氢型焊条。

9.2.7 负温下钢结构用低氢型焊条烘焙温度宜为 350℃～380℃，保温时间宜为 1.5h～2h，烘焙后应缓冷存放在 110℃～120℃ 烘箱内，使用时应取出放在保温筒内，随用随取。当负温下使用的焊条外露超过 4h 时，应重新烘焙。焊条的烘焙次数不宜超过 2 次，受潮的焊条不应使用。

9.2.8 焊剂在使用前应按照质量证明书的规定进行烘焙，其含水量不得大于 0.1%。在负温下露天进行焊接工作时，焊剂重复使用的时间间隔不得超过 2h，当超时应重新进行烘焙。

9.2.9 气体保护焊采用的二氧化碳，气体纯度按体积比计不宜低于 99.5%，含水量按质量比计不得超过 0.005%。

使用瓶装气体时，瓶内气体压力低于 1MPa 时应停止使用。在负温下使用时，要检查瓶嘴有无冰冻堵塞现象。

9.2.10 在负温下钢结构使用的高强螺栓、普通螺栓应有产品合格证，高强螺栓应在负温下进行扭矩系数、轴力的复验工作，符合要求后方能使用。

9.2.11 钢结构使用的涂料应符合负温下涂刷的性能要求，不得使用水基涂料。

9.2.12 负温下钢结构基础锚栓施工时，应保护好锚栓螺纹端，不宜进行现场对焊。

9.3 钢结构制作

9.3.1 钢结构在负温下放样时，切割、铣刨的尺寸，应考虑负温对钢材收缩的影响。

9.3.2 端头为焊接接头的构件下料时，应根据工艺要求预留焊缝收缩量，多层框架和高层钢结构的多节柱应预留荷载使柱子产生的压缩变形量。焊缝收缩量和压缩变形量应与钢材在负温下产生的收缩变形量相协调。

9.3.3 形状复杂和要求在负温下弯曲加工的构件，应按制作工艺规定的方向取料。弯曲构件的外侧不应有大于 1mm 的缺口和伤痕。

9.3.4 普通碳素结构钢工作地点温度低于 -20℃、低合金钢工作地点温度低于 -15℃ 时不得剪切、冲孔，普通碳素结构钢工作地点温度低于 -16℃、低合金结构钢工作地点温度低于 -12℃ 时不得进行冷矫正和冷弯曲。当工作地点温度低于 -30℃ 时，不宜进行现场火焰切割作业。

9.3.5 负温下对边缘加工的零件应采用精密切割机加工，焊缝坡口宜采用自动切割。采用坡口机、刨条

机进行坡口加工时，不得出现鳞状表面。重要结构的焊缝坡口，应采用机械加工或自动切割加工，不宜采用手工气焊切割加工。

9.3.6 构件的组装应按工艺规定的顺序进行，由里往外扩展组拼。在负温下组装焊接结构时，预留焊缝收缩值宜由试验确定，点焊缝的数量和长度应经计算确定。

9.3.7 零件组装应把接缝两侧各 50mm 内铁锈、毛刺、泥土、油污、冰雪等清理干净，并应保持接缝干燥，不得残留水分。

9.3.8 焊接预热温度应符合下列规定：

1 焊接作业区环境温度低于 0℃时，应将构件焊接区各方向大于或等于 2 倍钢板厚度且不小于 100mm 范围内的母材，加热到 20℃以上时方可施焊，且在焊接过程中均不得低于 20℃；

2 负温下焊接中厚钢板、厚钢板、厚钢管的预热温度可由试验确定，当无试验资料时可按表 9.3.8 选用。

表 9.3.8 负温下焊接中厚钢板、厚钢板、厚钢管的预热温度

钢材种类	钢材厚度（mm）	工作地点温度（℃）	预热温度（℃）
普通碳素钢构件	<30	<−30	36
	30~50	−30~−10	36
	50~70	−10~0	36
	>70	<0	100
普通碳素钢管件	<16	<−30	36
	16~30	−30~−20	36
	30~40	−20~−10	36
	40~50	−10~0	36
	>50	<0	100
低合金钢构件	<10	<−26	36
	10~16	−26~−10	36
	16~24	−10~−5	36
	24~40	−5~0	36
	>40	<0	100~150

9.3.9 在负温下构件组装定型后进行焊接应符合焊接工艺规定。单条焊缝的两端应设置引弧板和熄弧板，引弧板和熄弧板的材料应和母材相一致。严禁在焊接的母材上引弧。

9.3.10 负温下厚度大于 9mm 的钢板应分多层焊接，焊缝应由下往上逐层堆焊。每条焊缝应一次焊完，不得中断。当发生焊接中断，在再次施焊时，应先清除焊接缺陷，合格后方可按焊接工艺规定再继续施焊，且再次预热温度应高于初期预热温度。

9.3.11 在负温下露天焊接钢结构时，应考虑雨、雪

和风的影响。当焊接场地环境温度低于−10℃时，应在焊接区域采取相应保温措施；当焊接场地环境温度低于−30℃时，宜搭设临时防护棚。严禁雨水、雪花飘落在尚未冷却的焊缝上。

9.3.12 当焊接场地环境温度低于−15℃时，应适当提高焊机的电流强度，每降低 3℃，焊接电流应提高 2%。

9.3.13 采用低氢型焊条进行焊接时，焊后焊缝宜进行焊后消氢处理，消氢处理的加热温度应为 200℃～250℃，保温时间应根据工件的板厚确定，且每 25mm 板厚不小于 0.5h，总保温时间不得小于 1h，达到保温时间后应缓慢冷却至常温。

9.3.14 在负温下厚钢板焊接完成后，在焊缝两侧板厚的 2 倍～3 倍范围内，应立即进行焊后热处理，加热温度宜为 150℃～300℃，并宜保持 1h～2h。焊缝焊完或焊后热处理完毕后，应采取保温措施，使焊缝缓慢冷却，冷却速度不应大于 10℃/min。

9.3.15 当构件在负温下进行热矫正时，钢材加热矫正温度应控制在 750℃～900℃之间，加热矫正后应保温覆盖使其缓慢冷却。

9.3.16 负温下钢构件需成孔时，成孔工艺应选用钻成孔或先冲后扩钻孔。

9.3.17 在负温下制作的钢构件在进行外形尺寸检查验收时，应考虑检查当时的温度影响。焊缝外观检查应全部合格，等强接头和要求焊透的焊缝应 100% 超声波检查，其余焊缝可按 30%～50% 超声波抽样检查。如设计有要求时，应按设计要求的数量进行检查。负温下超声波探伤仪用的探头与钢材接触面间应采用不冻结的油基耦合剂。

9.3.18 不合格的焊缝应铲除重焊，并仍应按在负温下钢结构焊接工艺的规定进行施焊，焊后应采用同样的检验标准进行检验。

9.3.19 低于 0℃的钢构件上涂刷防腐或防火涂层前，应进行涂刷工艺试验。涂刷时应将构件表面的铁锈、油污、边沿孔洞的飞边毛刺等清除干净，并应保持构件表面干燥。可用热风或红外线照射干燥，干燥温度和时间应由试验确定。雨雪天气或构件上有薄冰时不得进行涂刷工作。

9.3.20 钢结构焊接加固时，应由对应类别合格的焊工施焊；施焊镇静钢板的厚度不大于 30mm 时，环境空气温度不应低于−15℃，当厚度超过 30mm 时，温度不应低于 0℃；当施焊沸腾钢板时，环境空气温度应高于 5℃。

9.3.21 栓钉施焊环境温度低于 0℃时，打弯试验的数量应增加 1%；当栓钉采用手工电弧焊或其他保护性电弧焊焊接时，其预热温度应符合相应工艺的要求。

9.4 钢结构安装

9.4.1 冬期运输、堆存钢结构时，应采取防滑措施。

构件堆放场地应平整坚实并无水坑，地面无结冰。同一型号构件叠放时，构件应保持水平，垫块应在同一垂直线上，并应防止构件溜滑。

9.4.2 钢结构安装前除应按常温规定要求内容进行检查外，尚应根据负温条件下的要求对构件质量进行详细复验。凡是在制作中漏检和运输、堆放中造成的构件变形等，偏差大于规定影响安装质量时，应在地面进行修理、矫正，符合设计和规范要求后方能起吊安装。

9.4.3 在负温下绑扎、起吊钢构件用的钢索与构件直接接触时，应加防滑隔垫。凡是与构件同时起吊的节点板、安装人员用的挂梯、校正用的卡具，应采用绳索绑扎牢固。直接使用吊环、吊耳起吊构件时应检查吊环、吊耳连接焊缝有无损伤。

9.4.4 在负温下安装构件时，应根据气温条件编制钢构件安装顺序图表，施工中应按照规定的顺序进行安装。平面上应从建筑物的中心逐步向四周扩展安装，立面上宜从下部逐件往上安装。

9.4.5 钢结构安装的焊接工作应编制焊接工艺。在各节柱的一层构件安装、校正、栓接并预留焊缝收缩量后，平面上应从结构中心开始向四周对称扩展焊接，不得从结构外圈向中心焊接，一个构件的两端不得同时进行焊接。

9.4.6 构件上有积雪、结冰、结露时，安装前应清除干净，但不得损伤涂层。

9.4.7 在负温下安装钢结构用的专用机具应按负温要求进行检验。

9.4.8 在负温下安装柱子、主梁、支撑等大构件时应立即进行校正，位置校正正确后应立即进行永久固定。当天安装的构件，应形成空间稳定体系。

9.4.9 高强螺栓接头安装时，构件的摩擦面应干净，不得有积雪、结冰，且不得雨淋、接触泥土、油污等脏物。

9.4.10 多层钢结构安装时，应限制楼面上堆放的荷载。施工活荷载、积雪、结冰的质量不得超过钢梁和楼板（压型钢板）的承载能力。

9.4.11 栓钉焊接前，应根据负温值的大小，对焊接电流、焊接时间等参数进行测定。

9.4.12 在负温下钢结构安装的质量除应符合现行国家标准《钢结构工程施工质量验收规范》GB 50205规定外，尚应按设计的要求进行检查验收。

9.4.13 钢结构在低温安装过程中，需要进行临时固定或连接时，宜采用螺栓连接形式；当需要现场临时焊接时，应在安装完毕后及时清理临时焊缝。

10 混凝土构件安装工程

10.1 构件的堆放及运输

10.1.1 混凝土构件运输及堆放前，应将车辆、构件、垫木及堆放场地的积雪、结冰清除干净，场地应平整、坚实。

10.1.2 混凝土构件在冻胀性土壤的自然地面上或冻结前回填土地面上堆放时，应符合下列规定：

　　1 每个构件在满足刚度、承载力条件下，应尽量减少支承点数量；

　　2 对于大型板、槽板及空心板等板类构件，两端的支点应选用长度大于板宽的垫木；

　　3 构件堆放时，如支点为两个及以上时，应采取可靠措施防止土壤的冻胀和融化下沉；

　　4 构件用垫木垫起时，地面与构件之间的间隙应大于150mm。

10.1.3 在回填冻土并经一般压实的场地上堆放构件时，当构件重叠堆放时间长，应根据构件质量，尽量减少重叠层数，底层构件支垫与地面接触面积应适当加大。在冻土融化之前，应采取防止因冻土融化下沉造成构件变形和破坏的措施。

10.1.4 构件运输时，混凝土强度不得小于设计混凝土强度等级值75％。在运输车上的支点设置应按设计要求确定。对于重叠运输的构件，应与运输车固定并防止滑移。

10.2 构件的吊装

10.2.1 吊车行走的场地应平整，并应采取防滑措施。起吊的支撑点地基应坚实。

10.2.2 地锚应具有稳定性，回填冻土的质量应符合设计要求。活动地锚应设防滑措施。

10.2.3 构件在正式起吊前，应先松动、后起吊。

10.2.4 凡使用滑行法起吊的构件，应采取控制定向滑行，防止偏离滑行方向的措施。

10.2.5 多层框架结构的吊装，接头混凝土强度未达到设计要求前，应加设缆风绳等防止整体倾斜的措施。

10.3 构件的连接与校正

10.3.1 装配整浇式构件接头的冬期施工应根据混凝土体积小、表面系数大、配筋密等特点，采取相应的保证质量措施。

10.3.2 构件接头采用现浇混凝土连接时，应符合下列规定：

　　1 接头部位的积雪、冰霜等应清除干净；

　　2 承受内力接头的混凝土，当设计无要求时，其受冻临界强度不应低于设计强度等级值的70％；

　　3 接头处混凝土的养护应符合本规程第6章有关规定；

　　4 接头处钢筋的焊接应符合本规程第5章有关规定。

10.3.3 混凝土构件预埋连接板的焊接除应符合本规程第9章相关规定外，尚应分段连接，并应防止累积变形过大影响安装质量。

10.3.4 混凝土柱、屋架及框架冬期安装，在阳光照射下校正时，应计入温差的影响。各固定支撑校正后，应立即固定。

11 越冬工程维护

11.1 一般规定

11.1.1 对于有采暖要求，但却不能保证正常采暖的新建工程、跨年施工的在建工程以及停建、缓建工程等，在入冬前均应编制越冬维护方案。

11.1.2 越冬工程保温维护，应就地取材，保温层的厚度应由热工计算确定。

11.1.3 在制定越冬维护措施之前，应认真检查核对有关工程地质、水文、当地气温以及地基土的冻胀特征和最大冻深深度等资料。

11.1.4 施工场地和建筑物周围应做好排水，地基和基础不得被水浸泡。

11.1.5 在山区坡地建造的工程，入冬前应根据地表水流动的方向设置截水沟、泄水沟，但不得在建筑物底部设暗沟和盲沟疏水。

11.1.6 凡按采暖要求设计的房屋竣工后，应及时采暖，室内温度不得低于 5℃。当不能满足上述要求时，应采取越冬防护措施。

11.2 在建工程

11.2.1 在冻胀土地区建造房屋基础时，应按设计要求做防冻害处理。当设计无要求时，应按下列规定进行：

  1 当采用独立式基础或桩基时，基础梁下部应进行掏空处理。强冻胀性土可预留 200mm，弱冻胀性土可预留 100mm～150mm，空隙两侧应用立砖挡土回填。

  2 当采用条形基础时，可在基础侧壁回填厚度为 150mm～200mm 的混砂、炉渣或贴一层油纸，其深度宜为 800mm～1200mm。

11.2.2 设备基础、构架基础、支墩、地下沟道以及地墙等越冬工程，均不得在已冻结的土层上施工，且应进行维护。

11.2.3 支撑在基土上的雨篷、阳台等悬臂构件的临时支柱，入冬后当不能拆除时，其支点应采取保温防冻胀措施。

11.2.4 水塔、烟囱、烟道等构筑物基础在入冬前应回填至设计标高。

11.2.5 室外地沟、阀门井、检查井等除应回填至设计标高外，尚应覆盖盖板进行越冬维护。

11.2.6 供水、供热系统试水、试压后，不能立即投入使用时，在入冬前应将系统内的存、积水排净。

11.2.7 地下室、地下水池在入冬前应按设计要求进行越冬维护。当设计无要求时，应采取下列措施：

  1 基础及外壁侧面回填土应填至设计标高，当不具备回填条件时，应填充松土或炉渣进行保温；

  2 内部的存积水应排净；底板应采用保温材料覆盖，覆盖厚度应由热工计算确定。

11.3 停、缓建工程

11.3.1 冬期停、缓建工程越冬停工时的停留位置应符合下列规定：

  1 混合结构可停留在基础上部地梁位置，楼层间的圈梁或楼板上皮标高位置；

  2 现浇混凝土框架应停留在施工缝位置；

  3 烟囱、冷却塔或筒仓宜停留在基础上皮标高或筒身任何水平位置；

  4 混凝土水池底部应按施工缝要求确定，并应设有止水设施。

11.3.2 已开挖的基坑或基槽不宜挖至设计标高，应预留 200mm～300mm 土层；越冬时，应对基坑或基槽保温维护，保温层厚度可按本规程附录 C 计算确定。

11.3.3 混凝土结构工程停、缓建时，入冬前混凝土的强度应符合下列规定：

  1 越冬期间不承受外力的结构构件，除应符合设计要求外，尚应符合本规程第 6.1.1 条规定；

  2 装配式结构构件的整浇接头，不得低于设计强度等级值的 70%；

  3 预应力混凝土结构不应低于混凝土设计强度等级值的 75%；

  4 升板结构应将柱帽浇筑完毕，混凝土应达到设计要求的强度等级。

11.3.4 对于各类停、缓建的基础工程，顶面均应弹出轴线，标注标高后，用炉渣或松土回填保护。

11.3.5 装配式厂房柱子吊装就位后，应按设计要求嵌固好；已安装就位的屋架或屋面梁，应安装上支撑系统，并应按设计要求固定。

11.3.6 不能起吊的预制构件，除应符合本规程第 10.1.2 条规定外，尚应弹上轴线，作记录。外露铁件应涂刷防锈油漆，螺栓应涂刷防腐油进行保护。

11.3.7 对于有沉降观测要求的建（构）筑物，应会同有关部门作沉降观测记录。

11.3.8 现浇混凝土框架越冬，当裸露时间较长时，除应按设计要求留设伸缩缝外，尚应根据建筑物长度和温差留设后浇缝。后浇缝的位置，应与设计单位研究确定。后浇缝伸出的钢筋应进行保护，待复工后应经检查合格方可浇筑混凝土。

11.3.9 屋面工程越冬可采取下列简易维护措施：

  1 在已完成的基层上，做一层卷材防水，待气温转暖复工时，经检查认定该层卷材没有起泡、破裂、皱折等质量缺陷时，方可在其上继续铺贴上层卷材；

2 在已完成的基层上，当基层为水泥砂浆无法做卷材防水时，可在其上刷一层冷底子油，涂一层热沥青玛𤃩脂做临时防水，但雪后应及时清除积雪。当气温转暖后，经检查确定该层玛𤃩脂没有起层、空鼓、龟裂等质量缺陷时，可在其上涂刷热沥青玛𤃩脂铺贴卷材防水层。

11.3.10 所有停、缓建工程均应由施工单位、建设单位和工程监理部门，对已完工程在入冬前进行检查和评定，并应作记录，存入工程档案。

11.3.11 停、缓建工程复工时，应先按图纸对标高、轴线进行复测，并应与原始记录对应检查，当偏差超出允许限值时，应分析原因，提出处理方案，经与设计、建设、监理等单位商定后，方可复工。

附录 A 混凝土的热工计算

A.1 混凝土搅拌、运输、浇筑温度计算

A.1.1 混凝土拌合物温度可按下式计算：

$$T_0 = 0.92(m_{ce}T_{ce} + m_s T_s + m_{sa}T_{sa} + m_g T_g) + 4.2T_w$$
$$(m_w - w_{sa}m_{sa} - w_g m_g) + c_w(w_{sa}m_{sa}T_{sa} + w_g m_g T_g)$$
$$- c_i(w_{sa}m_{sa} + w_g m_g)$$
$$/4.2m_w + 0.92(m_{ce} + m_s + m_{sa} + m_g) \quad \text{(A.1.1)}$$

式中：T_0——混凝土拌合物温度（℃）；

T_s——掺合料的温度（℃）；

T_{ce}——水泥的温度（℃）；

T_{sa}——砂子的温度（℃）；

T_g——石子的温度（℃）；

T_w——水的温度（℃）；

m_w——拌合水用量（kg）；

m_{ce}——水泥用量（kg）；

m_s——掺合料用量（kg）；

m_{sa}——砂子用量（kg）；

m_g——石子用量（kg）；

w_{sa}——砂子的含水率（%）；

w_g——石子的含水率（%）；

c_w——水的比热容[kJ/(kg·K)]；

c_i——冰的溶解热（kJ/kg）；当骨料温度大于 0℃时；$c_w = 4.2$，$c_i = 0$；当骨料温度小于或等于 0℃时；$c_w = 2.1$，$c_i = 335$。

A.1.2 混凝土拌合物出机温度可按下式计算：

$$T_1 = T_0 - 0.16(T_0 - T_p) \quad \text{(A.1.2)}$$

式中：T_1——混凝土拌合物出机温度（℃）；

T_p——搅拌机棚内温度（℃）。

A.1.3 混凝土拌合物运输与输送至浇筑地点时的温度可按下列公式计算：

1 现场拌制混凝土采用装卸式运输工具时：

$$T_2 = T_1 - \Delta T_y \quad \text{(A.1.3-1)}$$

2 现场拌制混凝土采用泵送施工时：

$$T_2 = T_1 - \Delta T_b \quad \text{(A.1.3-2)}$$

3 采用商品混凝土泵送施工时：

$$T_2 = T_1 - \Delta T_y - \Delta T_b \quad \text{(A.1.3-3)}$$

其中，ΔT_y、ΔT_b 分别为采用装卸式运输工具运输混凝土时的温度降低和采用泵管输送混凝土时的温度降低，可按下列公式计算：

$$\Delta T_y = (\alpha t_1 + 0.032n) \times (T_1 - T_a) \quad \text{(A.1.3-4)}$$

$$\Delta T_b = 4\omega \times \frac{3.6}{0.04 + \dfrac{d_b}{\lambda_b}} \times \Delta T_1 \times t_2 \times \frac{D_w}{c_c \cdot \rho_c \cdot D_l^2}$$
$$\text{(A.1.3-5)}$$

式中：T_2——混凝土拌合物运输与输送到浇筑地点时温度（℃）；

ΔT_y——采用装卸式运输工具运输混凝土时的温度降低（℃）；

ΔT_b——采用泵管输送混凝土时的温度降低（℃）；

ΔT_1——泵管内混凝土的温度与环境气温差（℃），当现场拌制混凝土采用泵送工艺输送时：$\Delta T_1 = T_1 - T_a$；当商品混凝土采用泵送工艺输送时：$\Delta T_1 = T_1 - T_y - T_a$；

T_a——室外环境气温（℃）；

t_1——混凝土拌合物运输的时间（h）；

t_2——混凝土在泵管内输送时间（h）；

n——混凝土拌合物运转次数；

c_c——混凝土的比热容[kJ/(kg·K)]；

ρ_c——混凝土的质量密度（kg/m³）；

λ_b——泵管外保温材料导热系数[W/(m·K)]；

d_b——泵管外保温层厚度（m）；

D_l——混凝土泵管内径（m）；

D_w——混凝土泵管外围直径（包括外围保温材料）（m）；

ω——透风系数，可按本规程表 A.2.2-2 取值；

α——温度损失系数（h^{-1}）；采用混凝土搅拌车时：$\alpha = 0.25$；采用开敞式大型自卸汽车时：$\alpha = 0.20$；采用开敞式小型自卸汽车时：$\alpha = 0.30$；采用封闭式自卸汽车时：$\alpha = 0.1$；采用手推车或吊斗时：$\alpha = 0.50$。

A.1.4 考虑模板和钢筋的吸热影响，混凝土浇筑完成时的温度可按下式计算：

$$T_3 = \frac{c_c m_c T_2 + c_f m_f T_f + c_s m_s T_s}{c_c m_c + c_f m_f + c_s m_s} \quad \text{(A.1.4)}$$

式中：T_3——混凝土浇筑完成时的温度（℃）；

c_f——模板的比热容 [kJ/（kg·K）]；

c_s——钢筋的比热容 [kJ/（kg·K）]；

m_c——每立方米混凝土的重量（kg）；

m_f——每立方米混凝土相接触的模板重量（kg）；

m_s——每立方米混凝土相接触的钢筋重量（kg）；

T_f——模板的温度（℃），未预热时可采用当时的环境温度；

T_s——钢筋的温度（℃），未预热时可采用当时的环境温度。

A.2 混凝土蓄热养护过程中的温度计算

A.2.1 混凝土蓄热养护开始到某一时刻的温度、平均温度可按下列公式计算：

$$T_4 = \eta e^{-\theta V_{ce} \cdot t_3} - \varphi e^{V_{ce} \cdot t_3} + T_{m,a} \quad \text{(A.2.1-1)}$$

$$T_m = \frac{1}{V_{ce} t_3} \left(\varphi e^{-V_{ce} \cdot t_3} - \frac{\eta}{\theta} e^{-\theta \cdot V_{ce} \cdot t_3} + \frac{\eta}{\theta} - \varphi \right) + T_{m,a}$$

$$\text{(A.2.1-2)}$$

其中 θ, φ, η 为综合参数，可按下列公式计算：

$$\theta = \frac{\omega \cdot K \cdot M_s}{V_{ce} \cdot c_c \cdot \rho_c} \quad \text{(A.2.1-3)}$$

$$\varphi = \frac{V_{ce} \cdot Q_{ce} \cdot m_{ce,1}}{V_{ce} \cdot c_c \cdot \rho_c - \omega \cdot K \cdot M_s} \quad \text{(A.2.1-4)}$$

$$\eta = T_3 - T_{m,a} + \varphi \quad \text{(A.2.1-5)}$$

$$K = \frac{3.6}{0.04 + \sum_{i=1}^{n} \dfrac{d_i}{\lambda_i}} \quad \text{(A.2.1-6)}$$

式中：T_4——混凝土蓄热养护开始到某一时刻的温度（℃）；

T_m——混凝土蓄热养护开始到某一时刻的平均温度（℃）；

t_3——混凝土蓄热养护开始到某一时刻的时间（h）；

$T_{m,a}$——混凝土蓄热养护开始到某一时刻的平均气温（℃），可采用蓄热养护开始至 t_3 时气象预报的平均气温，亦可按每时或每日平均气温计算；

M_s——结构表面系数（m^{-1}）；

K——结构围护层的总传热系数 [kJ/（m^2·h·K）]；

Q_{ce}——水泥水化累积最终放热量（kJ/kg）；

V_{ce}——水泥水化速度系数（h^{-1}）；

$m_{ce,1}$——每立方米混凝土水泥用量（kg/m^3）；

d_i——第 i 层围护层厚度（m）；

λ_i——第 i 层围护层的导热系数 [W/（m·K）]。

A.2.2 水泥水化累积最终放热量 Q_{ce}、水泥水化速度系数 V_{ce} 及透风系数 ω 取值可按表 A.2.2-1、表 A.2.2-2 选用。

表 A.2.2-1 水泥水化累积最终放热量 Q_{ce} 和水泥水化速度系数 V_{ce}

水泥品种及强度等级	Q_{ce}（kJ/kg）	V_{ce}（h^{-1}）
硅酸盐、普通硅酸盐水泥 52.5	400	0.018
硅酸盐、普通硅酸盐水泥 42.5	350	0.015
矿渣、火山灰质、粉煤灰、复合硅酸盐水泥 42.5	310	0.013
矿渣、火山灰质、粉煤灰、复合硅酸盐水泥 32.5	260	0.011

表 A.2.2-2 透风系数 ω

围护层种类	透风系数 ω		
	$V_w < 3m/s$	$3m/s \leqslant V_w \leqslant 5m/s$	$V_w > 5m/s$
围护层有易透风材料组成	2.0	2.5	3.0
易透风保温材料外包不易透风材料	1.5	1.8	2.0
围护层由不易透风材料组成	1.3	1.45	1.6

注：V_w——风速。

A.2.3 当需要计算混凝土蓄热冷却至 0℃ 的时间时，可根据本规程公式（A.2.1-1）采用逐次逼近的方法进行计算。当蓄热养护条件满足 $\dfrac{\varphi}{T_{m,a}} \geqslant 1.5$，且 $KM_s \geqslant 50$ 时，也可按下式直接计算：

$$t_0 = \frac{1}{V_{ce}} \ln \frac{\varphi}{T_{m,a}} \quad \text{(A.2.3)}$$

式中：t_0——混凝土蓄热养护冷却至 0℃ 的时间（h）。

混凝土冷却至 0℃ 的时间内，其平均温度可根据本规程公式（A.2.1-2）取 $t_3 = t_0$ 进行计算。

附录 B 用成熟度法计算混凝土早期强度

B.0.1 成熟度法的适用范围及条件应符合下列规定：

1 本法适用于不掺外加剂在 50℃ 以下正温养护和掺外加剂在 30℃ 以下养护的混凝土，也可用于掺防冻剂负温养护法施工的混凝土；

2 本法适用于预估混凝土强度标准值 60% 以内的强度值；

3 应采用工程实际使用的混凝土原材料和配合比，制作不少于 5 组混凝土立方体标准试件在标准条件下养护，测试 1d、2d、3d、7d、28d 的强度值；

4 采用本法应取得现场养护混凝土的连续温度实测资料。

B.0.2 用计算法确定混凝土强度应按下列步骤进行：

1 用标准养护试件的各龄期强度数据，应经回归分析拟合成下式曲线方程：

$$f = ae^{\frac{b}{D}} \qquad \text{(B.0.2-1)}$$

式中：f——混凝土立方体抗压强度（MPa）；

D——混凝土养护龄期（d）；

a、b——参数。

2 应根据现场的实测混凝土养护温度资料，按下式计算混凝土已达到的等效龄期：

$$D_e = \sum (\alpha_T \times \Delta t) \qquad \text{(B.0.2-2)}$$

式中：D_e——等效龄期（h）；

α_T——等效系数，按表 B.0.2 采用；

Δt——某温度下的持续时间（h）。

3 以等效龄期 D_e 作为 D 代入公式（B.0.2-1），计算混凝土强度。

表 B.0.2 等效系数 α_T

温度（℃）	等效系数α_T	温度（℃）	等效系数α_T	温度（℃）	等效系数α_T
50	2.95	28	1.41	6	0.45
49	2.87	27	1.36	5	0.42
48	2.78	26	1.30	4	0.39
47	2.71	25	1.25	3	0.35
46	2.63	24	1.20	2	0.33
45	2.55	23	1.15	1	0.31
44	2.48	22	1.10	0	0.28
43	2.40	21	1.05	−1	0.26
42	2.32	20	1.00	−2	0.24
41	2.25	19	0.95	−3	0.22
40	2.19	18	0.90	−4	0.20
39	2.12	17	0.86	−5	0.18
38	2.04	16	0.81	−6	0.17
37	1.98	15	0.77	−7	0.15
36	1.92	14	0.74	−8	0.13
35	1.84	13	0.70	−9	0.12
34	1.77	12	0.66	−10	0.11
33	1.72	11	0.62	−11	0.10
32	1.66	10	0.58	−12	0.08
31	1.59	9	0.55	−13	0.08
30	1.53	8	0.51	−14	0.07
29	1.47	7	0.48	−15	0.06

B.0.3 用图解法确定混凝土强度宜按下列步骤进行：

1 根据标准养护试件各龄期强度数据，在坐标纸上画出龄期-强度曲线；

2 根据现场实测的混凝土养护温度资料，计算混凝土达到的等效龄期；

3 根据等效龄期数值，在龄期-强度曲线上查出相应强度值，即为所求值。

B.0.4 当采用蓄热法或综合蓄热法养护时，也可按如下步骤确定混凝土强度：

1 用标准养护试件各龄期的成熟度与强度数据，经回归分析拟合成下式的成熟度-强度曲线方程：

$$f = a \times e^{\frac{b}{M}} \qquad \text{(B.0.4-1)}$$

式中：M——混凝土养护的成熟度（℃·h）。

2 根据现场混凝土测温结果，按下式计算混凝土成熟度：

$$M = \sum (T + 15) \times \Delta t \qquad \text{(B.0.4-2)}$$

式中：T——在时间段 Δt 内混凝土平均温度（℃）。

3 将成熟度 M 代入式（B.0.4-1），可计算出现场混凝土强度 f。

4 将混凝土强度 f 乘以综合蓄热法调整系数 0.8，即为混凝土实际强度。

附录 C 土壤保温防冻计算

C.0.1 采用保温材料覆盖土壤保温防冻时，所需的保温层厚度可按下式进行计算：

$$h = \frac{H}{\beta} \qquad \text{(C.0.1)}$$

式中：h——土壤的保温防冻所需的保温层厚度（mm）；

H——不保温时的土壤冻结深度（mm）；

β——各种材料对土壤冻结影响系数，可按表 C.0.1 取用。

表 C.0.1 各种材料对土壤冻结影响系数 β

保温材料 土壤种类	树叶	刨花	锯末	干炉渣	茅草	膨胀珍珠岩	炉渣	芦苇	草帘	泥炭土	松散土	密实土
砂土	3.3	3.2	2.8	2.0	2.5	3.8	1.6	2.1	2.5	2.8	1.4	1.12
粉土	3.1	3.1	2.7	1.9	2.4	3.6	1.6	2.04	2.4	2.9	1.3	1.08
粉质黏土	2.7	2.6	2.3	1.6	2.0	3.5	1.5	1.7	2.2	2.31	1.2	1.06
黏土	2.1	2.1	1.9	1.4	1.8	3.5	1.4	1.4	1.9	1.9	1.2	1.00

注：1 表中数值适用于地下水位低于 1m 以下；

2 当为地下水位较高的饱和土时，其值可取 1。

本规程用词说明

1 为便于在执行本规程条文时区别对待，对于要求严格程度不同的用词说明如下：

    1） 表示很严格，非这样做不可的：

        正面词采用"必须"；反面词采用"严禁"；

    2） 表示严格，在正常情况下均应这样做的：

        正面词采用"应"；反面词采用"不应"或"不得"；

    3） 表示允许稍有选择，在条件许可时，首先应这样做的：

        正面词采用"宜"；反面词采用"不宜"；

    4） 表示有选择，在一定条件下可以这样做的，采用"可"。

    2 条文中指明应按其他有关标准执行的写法为："应符合……的规定"或"应按……执行"。

引用标准名录

  1 《混凝土外加剂应用技术规范》GB 50119

  2 《混凝土结构工程施工质量验收规范》GB 50204

  3 《钢结构工程施工质量验收规范》GB 50205

  4 《屋面工程质量验收规范》GB 50207

  5 《大体积混凝土施工规程》GB 50496

  6 《厚度方向性能钢板》GB/T 5313

  7 《一般工程用铸造碳钢件》GB/T 11352

  8 《建筑地基处理技术规范》JGJ 79

  9 《外墙外保温工程技术规程》JGJ 144

中华人民共和国行业标准

建筑工程冬期施工规程

JGJ/T 104—2011

条 文 说 明

修 订 说 明

《建筑工程冬期施工规程》JGJ/T 104-2011，经住房和城乡建设部2011年4月22日以第989号公告批准、发布。

本规程是在《建筑工程冬期施工规程》JGJ 104-97的基础上修订而成，上一版的主编单位是黑龙江省寒地建筑科学研究院，参编单位是北京市建工集团总公司、中国建筑科学研究院、冶金部冶金建筑研究总院、铁道部科学研究院、新疆建筑科学研究院、中国建筑一局科学研究所、辽宁省建设科学研究院、哈尔滨市建筑工程研究设计院、黑龙江省建设委员会、哈尔滨市建筑工程管理局、黑龙江省机械化施工公司、大庆市第一建筑工程公司，主要起草人员是项玉璞、李承孝、赵柏台、韩华光、袁景玉、董天淳、李平壤、孙无二、项蠹行、李启隶、邵德生、颉朝华、钱家琦、王康强、张丽华、张连升、周有遗、陈嫣兮、顾德珍、苏晶。本次修订的主要技术内容是：取消了钢筋负温冷拉的内容，增加了钢筋电渣压力焊冬期施工规定；修订了混凝土负温受冻临界强度的规定；取消混凝土综合蓄热法养护判别式；增加了外墙外保温工程冬期施工的内容；取消了饰面工程的冬期施工内容。

本规程修订过程中，编制组进行了建筑工程冬期施工技术现状与发展、工程应用实例的调查研究，总结了我国工程建设冬期施工领域的实践经验，同时参考了美国混凝土学会《Cold Weather Concreting》[ACI306R-88 (Reapproved 2002)] 和 RILEM《冬期施工国际建议》，通过部分验证试验取得了重要技术参数。

为便于广大设计、施工、科研、学校等单位有关人员在使用本规程时能正确理解和执行条文规定，《建筑工程冬期施工规程》编制组按章、节、条顺序编制了本规程条文说明，对条文规定的目的、依据以及执行中需注意的有关事项进行了说明。但是，本条文说明不具备与规程正文同等的法律效力，仅供使用者作为理解和把握规程规定的参考。

目 次

1 总　则

1.0.1 保留原条文 1.0.1，仅作适当文字修改。

我国"三北"（东北、西北、华北）地区，冬期施工期一般 3 个月～6 个月，工程所占比重最高者可达 30%。在工业及民用建筑工程建设项目中，要求加快建设速度，使工程早日投入使用，充分发挥其经济效益和社会效益的项目不断增多。如果在长达近半年的冬期中，停止或放弃工程建设，将会严重制约项目建设速度和资金、设备等的周转效率，因此，研究与发展、推广应用建筑工程冬期施工技术势在必行。由于冬期施工有其特殊性及复杂性，加之我国建筑施工队伍技术水平高低不一，据多年经验，在这个季节进行施工，也是工程质量问题出现的多发季节。所以，选好施工方法，制定较佳的质量保证措施，是确保工程质量，加快工程建设进度，并减少能耗及材料消耗的关键。

为保证冬期施工顺利进行，在总结我国以往经验的基础上，在国家有关技术、经济政策的指导下，制定出相应的规定以利指导施工，是非常必要的。

另外，考虑到当前国家对节能环保等在法规、政策上的诸多规定，在本次规程修订中，对原规程中耗能较大的施工工艺进行了适当删减，并在总则中予以明确。

1.0.2 保留原条文 1.0.2。

本规程属于专业性施工规程，其适用范围仅限于工业及民用房屋和一般构筑物的冬期施工。对于一些有特殊要求的建（构）筑物结构，如耐酸、耐腐蚀、防放射性、耐高温等特殊要求的工程，由于这方面的冬期施工实践较少，经验尚不成熟，所以本规程不包括此方面的内容。

1.0.3 保留原条文 1.0.3。

经十多年冬期施工实践活动表明，原规程对冬期施工期限界定的划分适用于我国建筑工程冬期施工气温条件的特点，工程建设、监理、施工单位和学术团体也大多认同此划分原则；同时，经对国内外相关标准的对比，也基本保持一致。因此，新规程仍保留原规程的冬施起始界定期限划分规定。

但是，当未进入冬期施工期前，突遇寒流侵袭气温骤降到 0℃ 以下时，为防止负温产生受冻，亦应按冬期施工的相关要求对工程采取应急防护措施。

1.0.4 保留原条文 1.0.4，增加了编制冬期施工专项施工方案的规定。

凡进行冬期施工的工程项目，应编制冬期施工专项方案，用于指导冬期工程项目的建设，保证工程质量。

1.0.5 保留原条文 1.0.5。

本规程属于专业性的行业标准，它和国家现行的有关标准具有一定的联系和交叉。因现行国家标准作为通用标准，有关冬期施工内容不能写得太多、过细，本规程补充了国家标准的不足，但有关常温的施工规定、质量验收标准仍应遵守国家现行标准、规范的规定。

2 术　语

鉴于条文中取消了浅埋基础、冻结法冬期施工、钢筋负温冷拉的相关内容，故在本章中取消"浅埋基础"、"冻结法"和"负温冷拉"术语。增加混凝土"初始养护温度"术语。

2.0.4 明确综合蓄热法养护的混凝土中掺加的外加剂为早强剂或早强型复合外加剂，以区别于负温养护法（防冻剂法）。

2.0.11 负温养护法的混凝土中需掺加防冻剂，原则上可不作蓄热保温养护。但由于负温养护法的混凝土强度增长较慢，工程建设进度不易得到保证；同时，浇筑后的混凝土在未达到受冻临界强度之前，若受寒流侵袭，会因防冻剂掺量不足而造成受冻，因此，本次在负温养护法的术语解释中，取消"浇筑后混凝土不加热也不作蓄热保温养护"的规定，而将"当混凝土温度降到防冻剂规定温度前达到受冻临界强度"作为负温养护法的基本条件，在此基础上，可根据工程实际情况，而决定是否进行适当的蓄热保温养护。

3 建筑地基基础工程

根据现行国家标准《建筑地基基础工程施工质量验收规范》GB 50202 的规定，将原规程中的"土方工程"与"地基与基础工程"合并为一章，与国家标准相统一。

浅埋基础是根据现行国家标准《建筑地基基础设计规范》GB 50007 的内容所定，目前国内已基本不用，故新规程中予以取消。

3.1 一般规定

3.1.1 保留原条文 4.1.1，仅作部分文字修改。

一般勘察资料中不给出标准冻深和定性的划分地基土的冻胀类别。本条特规定应根据工程需要，经勘察提出地基土的主要冻土指标，如冻土层实际厚度与分布、各层冻土的含水量、冻胀性或融沉系数等，便于基础设计与冬期施工。

3.1.2、3.1.3 保留原条文 4.1.2～4.1.3。规定了冬期施工前的准备与水准点、坐标点的设置及保护工作。

3.1.4 保留原条文 4.1.4，仅作部分文字修改。

经大量工程实践和典型测试，在冻土地基上打桩、强夯所产生的振动，远大于相同条件下常温暖土地基的振动影响范围和振动力，但影响因素较多，很难对其影响范围给出定量规定。本条强调应采取相应隔振措施。

3.1.5 地下基坑冬期开挖后，易造成相邻建（构）筑物地基土遭冻，导致冻胀，故应采取相应保温隔热措施进行保护。

3.1.6 同一建筑物的基础同时开挖，是为了防止造成先期完成的基底土二次遭受冻结。

3.2 土方工程

冬期大面积土壤保温工程较为少见，常用采取的松土耙平法和雪覆盖保温等方法浪费人工、能源和材料，现阶段基本上不采用了；小面积的土壤保温可采用保温材料覆盖法，通常的保温材料，如炉渣、稻草、膨胀珍珠岩等均可，方法简单易行，无需在规程中单列条文进行规定，故取消"3.2 土壤的防冻与保温"一节相关内容。

采用蒸汽法、电热法等进行冻土的融化，耗费大量的能源和资源，与当前国家有关节能政策不相符，而且在工程实践中也基本不采用，对工程实践的指导意义不大，故取消"3.3 冻土的融化"一节相关内容。

3.2.1 保留原条文3.4.1部分内容，取消了机械和爆破法挖掘冻土的具体施工方法，由施工单位或专业资质的爆破单位根据现场实际情况确定施工工艺和施工方案。

3.2.2 保留原条文3.4.3。提高弃土堆坡脚至挖方边缘的距离是确保施工安全。

3.2.3 保留原条文3.4.4，仅作文字修改。

3.2.4 保留原条文3.5.1，仅作文字修改。

本条规定了土方回填时的铺填厚度与预留沉陷量与常温时的差别，是为了提高冬期回填土密实度。而对于大面积回填土和有路面的路基及其人行道范围内的平整场地填方，可以采用部分冻土回填，但限制其尺寸和含量，以保证冻土融化后均匀融沉。

3.2.5 保留原条文3.5.2部分内容，取消表3.5.2。冬期填方的高度可与设计单位联系，经计算确认高度。

3.2.6～3.2.8 保留原条文3.5.3，仅作计量单位修改。

3.2.9 保留原条文3.5.4。

3.2.10 保留原条文3.5.5。

3.3 地基处理

本节中取消了重锤夯实地基的处理规定。现行行业标准《建筑地基处理技术规范》JGJ 79-2002中无重锤夯实地基的地基处理方式，且重锤夯实地基冬期施工应是在地基土处于非冻结状态下进行，实践中很

少采用，故取消原规程4.2.1条文的重锤夯实地基内容。

3.3.1 保留原条文4.2.2第1款，仅作文字修改。《地基与基础施工及验收规范》GBJ 202-83已废止，本条文不再引用。

3.3.2 保留原条文4.2.2第2款，仅作文字修改。

冬期施工中，冻结土块，尤其温度越低的冻土，可夯实性很差，夯击后可能呈多孔堆积状态；其次，冻胀性土料进入持力层待融化后，会造成不均匀融沉变形，影响加固地基质量。因此，本条规定不允许将冻土夯入持力层。

3.3.3 保留原条文4.2.2第3款，仅作文字修改。本条规定是保证锤底干净平整。

3.3.4 保留原条文4.2.2第5款，仅作文字修改。

3.4 桩 基 础

3.4.1 本条是按照现行行业标准《建筑桩基技术规范》JGJ 94-2008中成桩方法分类划分的。湿作业法冬期施工中，泥浆易受冻，工艺操作麻烦，故冬期施工宜采用干作业法成孔。

3.4.2 保留原条文4.4.1部分内容。

考虑到在冻土层上采用钻孔机引孔，引孔直径小于桩径50mm时，对于灌注桩沉管施工或预制桩打入时产生困难；根据俄罗斯冻土地区桩基础施工多年实践经验，一般引孔直径为20mm左右，故本规程将钻孔机引孔直径修订为"不宜大于桩径20mm"。

3.4.3 保留原条文4.4.3第1款，仅作文字修改。

3.4.4 保留原条文4.4.3第4款，仅作文字修改。振动沉管灌注桩冬期施工，因桩成孔时的冻土传递振动力较大，易造成相邻桩产生缩径或断桩等质量事故，故应制定合理的桩施工次序和防护措施。

3.4.5 保留原条文4.4.4，仅作文字修改。

本条规定了灌注桩混凝土的冬期施工原材料的加热、搅拌、运输、浇筑及养护的相关技术要求。

冻土地基若属冻胀和强冻胀类土，在冻结过程中由于冻胀作用对埋置冻土中的结构产生冻拔力，故规定冬季在这类地基上施工灌注桩后，应及时采取防护措施，防止冻切力把桩身拔断。

3.4.6 保留原条文4.4.2内容。并增加了预制桩施工时应连续进行，并在施工完成后及时对桩孔进行保温覆盖的要求，防止桩孔进入冷空气，导致地基土冻胀。

3.4.7 保留原条文4.4.5，仅作文字修改。

3.5 基 坑 支 护

随着高层建筑的发展，地下工程项目越来越多，故增加本节基坑支护冬期施工内容。

3.5.1 目前，我国冬期基坑支护采用的主要方法为排桩和土钉墙，较有成效，并积累了一定的经验，故

推荐采用以上两种方法。

3.5.2 当在冻土地基上采用液压高频锤法施工型钢或钢管排桩时，考虑到在冻土层上施工存在困难，故应采用钻孔机在冻土层上引孔，确保型钢或钢管能顺利打入，并避免对相邻建（构）筑物产生影响。

3.5.3 选用钢筋混凝土灌注桩作为排桩时，在排桩的后侧有冻胀及强冻胀性土时，要做好保温防护，以确保桩不受冻胀力的影响，必要时排桩外侧用袋装保温材料立起一道保温墙用脚手架作支护架。

桩身混凝土可掺入防冻剂，采用负温养护法进行施工。考虑到排桩为临时性支护结构，防冻剂可选用包含氯盐防冻剂在内的任何防冻剂。

3.5.5 冬期施工土钉墙混凝土面板时，为了防止地基土表面受冻，故铺设聚苯板进行保温，防止冻胀。

4 砌体工程

冻结法施工不易保证工程质量，施工工艺麻烦，国内已多年不用，故予以取消。

4.1 一般规定

4.1.1 保留原条文 5.1.1，仅作文字修改。并增加规定，在冬期施工中，砂浆稠度宜较常温条件下适当增大，但不允许在运输、砌筑过程中二次加水来调整砂浆的和易性，防止强度降低。

在砌体工程施工中，为了保证砌体材料和砂浆的粘结强度，通常可以对砌体材料浇水湿润。但在冬期条件下，不得浇水湿润，否则水在材料表面有可能立即结成冰薄膜，反而会降低和砂浆的粘结力。本规程提出增大砂浆稠度的办法来解决粘结强度问题，数值多少，因各地情况不一，不作统一规定。

为了保证砂浆能在负温度下持续硬化，发展强度，特规定不得采用无水泥配制的砂浆。

4.1.2 保留原条文 5.1.3，仅作文字修改。

4.1.3 保留原条文 5.1.4，仅作文字修改。并强调对于绝缘、装饰等有特殊要求的工程，应采用除外加剂法之外的方法进行施工，防止砌体产生导电或出现盐析等现象，影响结构使用功能。

4.1.4 保留原条文 5.1.6，仅作文字修改。

4.1.5 本条规定留置同条件养护砂浆试件一组，主要是为施工单位控制冬期砌筑的砌体质量之用，检查强度增长情况，作为施工过程中质量监控的一种手段，不作为验评条件。原规程中提出留置不少于两组试件，用于检查砌筑砂浆过程中各龄期的强度，施工单位经常反映，同条件养护试件留置数量过多，增加了管理和操作的难度，故在本次修订中，将同条件过程控制试件留置数量改为一组，而当有特殊要求时，可根据需要再增加适当组数的同条件养护试件。

4.2 外加剂法

4.2.1 保留原条文 5.2.1，仅作文字修改。氯盐砂浆冬期施工较为常用，仍沿用原规程规定掺量进行。

4.2.2、4.2.3 保留原条文 5.2.2。将"砌筑承重砌体砂浆强度等级应按常温施工提高一级"修改为"砌体砂浆强度等级应较常温施工提高一级"。

根据研究表明，当气温低于 -15℃ 时，砂浆受冻后强度损失约为 10%～30%，为保证工程质量，特规定不论是承重砌体结构还是非承重砌体结构，当采用外加剂法在低于 -15℃ 时施工时，砌体砂浆强度应提高一级，提高砌筑砂浆设计强度保证率。

4.2.4 氯盐与引气剂同时掺入砂浆中，会严重影响引气剂的引气效果，故特作此规定。

4.2.5 保留原条文 5.2.5，仅作文字修改。

水泥砂浆在硬化过程中，由于水化反应的不断进行，生成 $Ca(OH)_2$ 而呈碱性，$pH=12.5～14$。埋在呈高碱性的砂浆中钢筋表面能形成薄而稳定的钝化膜 Fe_2O_3，从而防止腐蚀。采用氯盐砂浆后，氯离子将破坏钢筋表面钝化膜，形成不均匀的表面和介质环境，因此不同区域就有不同的电位，从而易产生电化学锈蚀过程。为了阻止砌体中的钢筋和铁件的锈蚀，提出了应采用防腐剂措施处理。

4.2.6 保留原条文 5.2.6，仅作文字修改。

4.2.7 保留原条文 5.2.7，仅作文字修改。

提出氯盐使用的限制条件是为了预防盐析、导电、钢筋腐蚀等。

4.3 暖棚法

4.3.1 保留原条文 5.4.1，仅作文字修改。

20 世纪砌体工程冬期施工中，外加剂法和冻结法在我国使用较多，也积累了丰富经验。但这两种方法也有其局限性，如外加剂法若使用不当，会产生盐析现象，影响装饰效果，对钢筋及预埋件有锈蚀作用等；冻结法施工，砌体强度增长缓慢，且质量不易保证，当前已较少使用，本次修订中予以取消。而暖棚法施工可以为砌体结构营造一个正温环境，对砌体砂浆的强度增长及砌体工程质量均大有提高，但鉴于暖棚法成本较高，以及其搭设条件的限制，故其适用于"地下工程、基础工程以及工期紧迫的砌体结构"。

4.3.2 暖棚法施工时，棚内温度处于大于或等于 5℃ 的正温条件下，砌体材料和砌筑砂浆的温度也处于正温，不会产生受冻，故取消原规程 5.4.2 条文中关于对砖石和砌筑时砂浆的温度规定。

4.3.3 保留原条文 5.4.3，仅作文字修改。

砌体的暖棚法施工，相当于常温下施工与养护。表 4.3.3 给出的养护时间是砂浆达到设计强度等级值 30% 时的时间，此时砂浆强度可以达到受冻临界强度。之后再拆除暖棚或停止加热时，砂浆也不会产生冻结损伤。

5 钢筋工程

在一般规定中,取消了原规程中 6.1.1、6.1.2 条关于冬期施工中钢筋的选用规定,此内容属设计规定,不属于施工规定。

钢筋的冷拉在过去作为节约钢材、提高钢筋强度的一种手段,现已不再使用,故取消钢筋负温冷拉一节。钢筋的冷拉仅作为钢筋调直用。

5.1 一般规定

5.1.1 保留原条文 6.2.1。并明确钢筋冷拉仅作为调直使用。

5.1.2 保留原条文 6.3.1,并增加电渣压力焊施工方法。由于条文中没有气压焊的相关规定,故取消气压焊方法。新钢筋标准中增加了细晶粒热轧钢筋,细晶粒热轧带肋钢筋与普通热轧带肋钢筋,其化学成分、力学性能、工艺性能相同,但轧制工艺不同,鉴于目前缺乏此方面的研究数据,故其负温焊接工艺应经试验确定。

根据我国近十几年来对钢筋负温焊接的研究成果和工程实践经验,只要选择合理的焊接方法和工艺参数,钢筋在一定负温条件下也是可焊的。闪光对焊在 -30℃、电弧焊在 -40℃ 进行焊接也能获得满意的效果,但考虑到温度太低焊工操作不便,易影响质量,为确保钢筋负温焊接质量,因而将焊接温度限定在 -20℃。

5.1.3 保留原条文 6.1.4。试验研究表明,钢筋在低温条件下对缺陷敏感,易发生脆断,故在运输与加工过程中应注意不要任意扔摔。

5.1.4 保留原条文 6.2.6,并增加钢筋张拉设备、仪表和液压工作系统的规定。

5.1.5 保留原条文 6.2.7,并按新标准对钢筋级别进行替换。

当环境温度低于 -20℃ 时,对 HRB335、HRB400 钢筋进行冷弯加工易产生裂纹。

5.2 钢筋负温焊接

钢筋焊接在近几年的发展过程中,电渣压力焊作为一种新工艺,也在寒冷地区逐渐被推广使用。为保证钢筋冬期施工中的焊接质量,本次规程修订中,进行了工程调研和验证试验,并在此基础上,形成电焊压力焊的原则性规定,供施工单位遵循使用。

5.2.1 保留原条文 6.3.2,仅作文字修改。

5.2.2 保留原条文 6.3.4。

5.2.3 保留原条文 6.3.5。

闪光对焊焊接参数热影响长度可反映冷却速度,热影响区长度越长,冷却速度越慢。实测结果表明,热影响区长度与钢筋直径、化学成分及焊接工艺参数有关。负温焊接要通过对焊接工艺参数调整来控制热影响区长度,适当降低冷却速度,防止热影响区产生淬硬组织和接头产生冷裂纹。

5.2.4 保留原条文 6.3.6。

负温电弧焊采取分层控温施焊,目的在于降低冷却速度,层间温度过低或过高都影响接头的性能,经试验研究确定采用 150℃~350℃ 较为适宜。

现行国家钢筋标准 GB 1499.2-2007 中无余热处理钢筋,故取消相应要求。

5.2.5 保留原条文 6.3.7。取消"在构造上应防止在接头处产生偏心受力状态",与常温要求相同。

5.2.6 保留原条文 6.3.8,仅作文字修改。

负温帮条焊与搭接焊,在平焊或立焊时,规定从中间向端部引弧,主要是为了使接头端部的钢筋达到一定的预热效果。

5.2.7 保留原条文 6.3.9,仅作文字修改。

5.2.8 保留原条文 6.3.10,按新标准替换钢筋级别。图 6.3.10 与条文文字表述意义一致,取消。

为了消除或减少前层焊道及邻近区域的淬硬组织,改善接头性能,所以规定 HRB335 和 HRB400 钢筋电弧焊接头进行多层施焊时采用"回火焊道施焊法"。

5.2.9 本条增加了电渣压力焊冬期施工的相关规定。鉴于电渣压力焊在寒冷地区冬期施工中经常使用,故编制组在修订过程中进行了调研,并采用半自动焊机和工程中常用的 HJ431 焊剂,通过不同负温条件、不同工艺参数的验证试验,经整理大量试验数据,提出了钢筋负温电渣压力焊焊接参数,同时对负温焊接工艺也提出了相关规定。

1 钢筋直径不同,对焊接电流有相应要求,可参考表 5.2.9 进行。

2 焊剂不烘干使用,会产生气泡、夹渣等质量缺陷。

3 负温下焊接与常温焊接时的参数不同,故要求必须进行负温下焊接工艺试验。

4 验证试验表明,夹具盒拆包时间早于 20s,会使溶化的焊剂流淌,接头急速冷却,影响焊接质量。

6 混凝土工程

6.1 一般规定

6.1.1 混凝土受冻临界强度为负温混凝土冬期施工的重要质量控制指标之一。本次修订中对混凝土受冻临界强度按养护方法、混凝土性质的不同重新进行了分类规定。

1 采用蓄热法、暖棚法、加热法等方法施工的混凝土,一般不掺入早强剂或防冻剂,即所谓的普通混凝土,其受冻临界强度按原规程中规定的 30％采用,经多年实践证明,是安全可靠的。暖棚法、加热法养护的混凝土也存在受冻临界强度,当其没有达到受冻临界强度之前,保温层或暖棚的拆除,电热或蒸汽的停止加热,都有可能造成混凝土受冻。因此,此次将采用这三种方法施工的混凝土归为一类进行受冻临界强度的规定,是考虑到混凝土性质类似,混凝土在达到受冻临界强度后方可拆除保温层,或拆除暖棚,或停止通蒸汽加热,或停止通电加热。

本次明确将蓄热法、暖棚法、加热法等方法施工的混凝土受冻临界强度规定为设计混凝土强度等级值的 30％和 40％,也是本着节能、节材的宗旨,即采用蓄热法、暖棚法、加热法养护的混凝土,在达到受冻临界强度后即可停止保温,或停止加热,从而降低工程造价,减少不必要的能源浪费。

2　采用综合蓄热法、负温养护法施工的混凝土,在混凝土配制中掺入了早强剂或防冻剂,混凝土液相拌合水结冰时的冰晶形态皆发生畸变,对混凝土产生的冻胀破坏力减弱。根据 20 世纪 80 年代北京建工总局的研究以及多年的工程实践结果表明,采用综合蓄热法和负温养护法(防冻剂法)施工的混凝土,其受冻临界强度值定为 4.0MPa、5.0MPa 是安全合理的。因此,本次修订中仍采用原规程数值。

3　原规程中所规定的受冻临界强度数值多来源于原 400 号及以下混凝土的研究。根据黑龙江省寒地建筑科学研究院的研究以及国内一些大专院校的研究表明,高强混凝土的受冻临界强度一般在混凝土设计强度等级值的 21％～34％之间,鉴于负温高强混凝土的研究数据还不充分,因此,在本次规程修订中,根据现有的研究结果,将 C50 及 C50 级以上的高强混凝土受冻临界强度最低值确定为 30％,施工单位也可根据工程实际情况,经试验确定。

4　负温混凝土可以通过增加水泥用量,降低用水量,掺加外加剂等措施来提高强度,虽然受冻后可保证强度达到设计要求,但由于其内部因冻结会产生大量缺陷,如微裂缝、孔隙等,造成混凝土抗渗性能大幅降低。原黑龙江省低温建筑科学研究所科研数据表明,掺早强型防冻剂 C20、C30 混凝土分别达到10MPa、15MPa 后受冻,其抗渗等级可达到 P6;掺防冻型防冻剂时,抗渗等级可达到 P8。经折算,混凝土受冻前的抗压强度达到设计强度等级值的 50％。一般工业与民用建筑的设计抗渗等级多为 P6～P8,因此,规定有抗渗要求的混凝土受冻临界强度不宜小于设计混凝土强度等级值的 50％,是保证有抗渗要求混凝土工程冬期施工质量和结构耐久性的重要技术要求。

5　对于有抗冻融要求的混凝土结构,例如建筑中的水池、水塔等,在使用中将与水直接接触,混凝土中的含水率很易达到饱和临界值,受冻环境较严

峻,很容易破坏,在设计中提出的抗冻指标,施工过程中应予以保证。目前国内设计中有抗冻融耐久性要求的负温混凝土冬期施工研究试验资料很少,参考国外规范的规定,如国际 RILEM(39－BH)委员会在《混凝土冬季施工国际建议》中规定:"对于有抗冻要求的混凝土,考虑耐久性时不得小于设计强度的 30％～50％";美国混凝土学会 306 委员会(ACI 306)在《混凝土冬季施工建议》中规定:"对有抗冻要求的掺引气剂混凝土为设计强度的 60％～80％";俄罗斯国家建筑标准与规范(CНиП3.03.01－87)规定:"在使用期间遭受冻融的构件,不小于设计强度的 70％;预应力混凝土不小于设计强度的 80％";我国《水工建筑抗冰冻设计规范》DL/T 5082—1998 规定:"在受冻期间可能有外来水分时,大体积混凝土和钢筋混凝土均不应低于设计强度等级的 85％"。综合分析这类结构的工作条件和特点,参考国内外规范,在本次修订中增加了有抗冻要求的混凝土,其受冻临界强度值应大于或等于设计强度的 70％,以指导此类工程的冬期施工。

6.1.2　保留原条文 7.1.2,仅作文字修改。

热工计算是确保混凝土工程冬期施工质量的重要手段之一,在冬期施工中至关重要,本条特此规定。

6.1.3　现行国家标准《通用硅酸盐水泥》GB 175－2007 中将普通硅酸盐水泥和硅酸盐水泥最低强度等级确定为 42.5,取消普通硅酸盐水泥 32.5 等级,故本次修订中,参考现行国家标准《通用硅酸盐水泥》GB 175 的修订情况和现行行业标准《普通混凝土配合比设计规程》JGJ 55 中的有关最小水泥用量的规定,将冬期施工混凝土最小水泥用量在 JGJ 55 的基础上增加20kg/m³,主要是考虑在低温或负温条件下保证早期强度增长率。

同时,考虑现代混凝土配制和生产技术的发展,在有能力确保混凝土早期强度增长速率不下降,混凝土能尽快达到受冻临界强度的条件下,混凝土最小水泥用量也可小于 280kg/m³,体现节能、节材的绿色施工宗旨,故本条最小水泥用量由"应"改为"宜"。

6.1.4　保留原条文 7.1.4,仅作文字修改。

混凝土的碱-骨料反应问题,近些年已引起国内外的极大关注。我国目前生产的水泥碱含量较高,加之冬期施工防冻剂中都是高掺盐量,因而更易发生碱-骨料反应。为保证建筑物的耐久性,因而增加对碱骨料的限制。

6.1.5　保留原条文 7.1.5,并参考现行行业标准《普通混凝土配合比设计规程》JGJ 55 及相关标准,将混凝土的含气量由2％～4％提高到 3％～5％。

6.1.6、6.1.7　保留原条文 7.1.6～7.1.7,仅作文字修改。

控制氯盐的使用条件是为了防止氯离子对钢筋产生锈蚀。

6.1.8 保留原条文 7.1.8。

保温材料受潮后，其导热系数显著增大，其原因是由于孔隙中有了水分后，附加了水蒸气的扩散热量和毛细孔中液态水所传导的热量。在一般情况下，水的导热系数是 0.58W/(m·K)，冰的导热系数是 2.33W/(m·K)，都远大于空气的导热系数 0.29W/(m·K)。因此，保温材料不应采用潮湿状态的材料。

6.1.9 保留原条文 7.1.9，仅作文字修改。

在冬期负温条件下，现浇结构加热养护温度超过 40℃时，在升温阶段产生一定的温度应力，因此在浇筑混凝土和留设施工缝时，应与设计单位商定。

6.1.10 由于型钢混凝土组合结构中型钢质量占的比重较大，为保证其与混凝土有可靠的粘结性，故规定浇筑混凝土前应对型钢进行预热，预热温度宜大于混凝土入模温度，预热方法可按 6.5 节相关规定进行。一般采用线圈感应加热养护法比较方便、适宜。

6.2 混凝土原材料加热、搅拌、运输和浇筑

防冻剂应用技术经过二十余年的发展，现已基本成熟，施工单位也基本可以正确使用，故在本节中取消了 7.2.4 条、7.2.5 条关于防冻剂配制和使用的具体规定。

6.2.1 保留原条文 7.2.1，将水泥标号按强度等级进行替换。

6.2.2～6.2.4 保留原条文 7.2.2、7.2.3、7.2.6，仅作文字修改，增加了对预拌混凝土用砂的加热与保温的规定。规定了水、砂的加热方法与水泥的储存要求。

6.2.5 保留原条文 7.2.7，增加了预拌混凝土冬期施工搅拌时间的规定。

6.2.6 保留原条文 7.2.9，增加混凝土入模温度的规定。入模温度是冬期浇筑混凝土时的重要技术参数，通过控制混凝土的入模温度，可控制混凝土养护阶段初期的蓄热量，防止受冻。混凝土入模温度可通过热工计算确定，其最小值不得低于 5℃。

6.2.7 规定了运输与输送中的保温要求。

6.2.8 保留原条文 7.2.8 部分内容。运输与浇筑过程中的保温要求在 6.2.7 中已作规定。

6.2.9 保留原条文 7.2.10，仅作文字修改。考虑在强冻胀性和弱冻胀性地基土上浇筑混凝土，地基土融化会产生下沉，故规定不得在强冻胀性地基土上浇筑混凝土，在弱冻胀性地基土上浇筑混凝土时，基土不得受冻。

6.2 10 保留原条文 7.2.11 部分内容，仅作文字修改。大体积混凝土很少采用加热法养护，故取消采用加热法养护时的温度规定。

6.3 混凝土蓄热法和综合蓄热法养护

6.3.1 保留原条文 7.3.1。

6.3.2 原规程中的判别式主要是反映采用综合蓄热法养护混凝土的几项主要关键技术：

1 气温条件；

2 结构体型条件；

3 保温条件。

但原规程式（7.3.1）$T_{\mathrm{m}} > \dfrac{1}{b}\ln\left(\dfrac{KM_{\mathrm{s}}}{a}\right)$ 中仅体现了水泥品种、用量以及结构围护层的散热系数，没有反映出外加剂对混凝土蓄热冷却的影响，特别是早强剂对混凝土早期水化速率和水化放热量的影响，无法真正体现出综合蓄热法的特点，以及综合蓄热法与蓄热法、防冻剂法（负温养护法）的差别；另外，a、b 系数是反映水泥用量与品种的参数，而配合比设计中此两个参数根据混凝土设计要求、强度等级等已基本确定，不能作为判别式中的可调整参数，判别式中的结构表面系数 M_{s} 也依结构体型特征而为确定值，唯一可调整参数仅为围护层总传热系数，即采用综合蓄热法是否可行的条件取决于 K 值的选择。综合考虑经济与技术条件，以及多年的工程实践经验，$K \cdot M_{\mathrm{s}}$ 值（散热系数）宜在 50kJ/(m³·h·K)～200 kJ/(m³·h·K) 之间进行选择，可满足要求。K 值可通过本规程附录 A 进行计算。

为提高规程的可操作性，便于施工单位对规程的执行，特根据以上三个条件，将综合蓄热法的适用条件进行简化：

1 气温条件：将原规程公式中的"冷却期间平均气温−12℃"修订为"最低气温−15℃"，作为控制条件；

2 结构体型条件：保持原规程对体型条件的规定，表面系数为 5m⁻¹～15m⁻¹；

3 保温条件：保持原规程的散热系数规定，即围护层的总传热系数与结构表面系数的乘积（散热系数 L）为 50kJ/(m³·h·K)～200 kJ/(m³·h·K)。

其中散热系数（L）计算方法如下式：

$$L = K \cdot M_{\mathrm{s}}$$

式中：L——散热系数［kJ/(m³·h·K)］。

6.3.3 保留原条文 7.3.3 条主要内容，并明确采用综合蓄热法施工的混凝土中掺入的为早强剂或早强型复合外加剂。而掺入减水剂，是为了降低水灰比，减少可冻水量，提高早期和后期强度；掺入引气剂，是为了改善混凝土孔隙结构，缓冲冰胀压力，提高抗冻性能。

6.3.4 保留原条文 7.3.4，仅作文字修改。

大量工程实践表明，北方冬季气候干燥，混凝土极易失水，影响强度，因此混凝土成型后应立即对裸露部位采用塑料布进行防风保水，同时进行保温。而对边、棱角部位，由于表面系数较大，散热较快，极易受冻，故应加强保温措施。

6.4 混凝土蒸汽养护法

保留原规程7.4节主要内容。将原规程表7.4.1中的混凝土蒸汽养护法的简述和特点放入本条文说明中。

取消原条文7.4.6，该条中水泥用量、水灰比及坍落度要求已不适用当前混凝土施工工艺的要求。

6.4.1 由于蒸汽养护法设备复杂笨重，排除冷凝水困难又费工，技术控制也费事，对混凝土的某些性能又可能带来不利影响，因此推荐了几种简单易行方法，并对不同方法的适用范围作出规定。

混凝土蒸汽养护法的简述和特点见表1。

表1 混凝土蒸汽养护法的简述和特点

分类	简述	特点
棚罩法	用帆布或其他罩子扣罩，内部通蒸汽养护混凝土	设施灵活，施工简便，费用较小，但耗汽量大，温度不宜均匀
蒸汽套法	制作密封保温外套，分段送汽养护混凝土	温度能适当控制，加热效果取决于保温构造，设施复杂
热模法	模板外侧配置蒸汽管，加热模板养护	加热均匀，温度易控制，养护时间短，设备费用大
内部通汽法	结构内部留孔道，通蒸汽加热养护	节省蒸汽，费用较低，入汽端易过热，需处理冷凝水

6.4.2 保留原条文7.4.2。

6.4.3 保留原条文7.4.3。

6.4.4 保留原条文7.4.4。

6.4.5 保留原条文7.4.5。

为了保证采用蒸汽加热法的混凝土质量，根据本规程第6.4.2、6.4.3条规定要求，对三个阶段的加热时间，应通过加热延续时间内所达到的混凝土强度进行确定。

6.4.6 保留原条文7.4.6部分内容。

通过试验研究表明，在20℃～80℃之间，湿空气体积膨胀系数（1/℃）为$(3700 \sim 9000) \times 10^{-6}$，水为$(255 \sim 744) \times 10^{-6}$，水泥石为$(40 \sim 60) \times 10^{-6}$，集料为$(30 \sim 40) \times 10^{-6}$，气相的膨胀作用大于固体物料100倍。由此可见，采用蒸汽养护时，应尽量减少混凝土的引气量，不得掺入引气剂或引气型减水剂。

6.4.7 保留原条文7.4.8。

6.5 电加热法养护混凝土

保留原规程7.5节内容，仅作局部文字修改。

6.5.1 保留原条文7.5.1。

6.5.2 保留原条文7.5.2。说明电极加热特点、分类和适用范围。

6.5.3 保留原条文7.5.3。说明由电极法施工的主要措施。

电极法不允许使用直流电，因直流电会引起电解、锈蚀及电极表面放出气体而造成屏蔽。

6.5.4 保留原条文7.5.4。

电热毯养护工艺是将民用电热毯原理移植于混凝土冬期施工的一种加热养护工艺。在北京等地已应用多年，对于表面系数较大，气温较低，工艺周期要求较短的工程，具有使用价值。采用电热毯养护工艺，由于电热毯功率低，温度分布均匀，故其养护温度（指混凝土温度）接近于常温，因此与高温电热法相比，具有控制技术简单，安全和耗能低的特点。

本条强调了两点：1）要按构件尺寸做好保温以便提高保温效果和节能，遇停电时可利用蓄热养护，以免混凝土冻坏；2）保温材料要具备耐热性，由于有时电热毯接线可能出现短路，局部过热，用易燃材料将会引起火灾。

由于模板边部（即上下左右）被吸收的热量散热较多，因此在北京、天津、太原、兰州、石家庄等轻寒地区可按本条布毯。若在沈阳、西宁、银川等小寒地区采用电热毯施工墙板，亦可按上述原则布毯，只是对通电和间断时间稍作调整即可，对大寒和严寒地区应提高布毯密度或通过试验增加电热毯功率解决。

6.5.5 保留原条文7.5.5。

所谓工频涡流电指50Hz交流电作用下产生的涡电流。

根据电磁感应原理，交变电流在单根导体中流动时，以导线为圆心产生交变磁场的圆柱体，若此导线外面套有铁管，则交变磁场将大部分集中在铁管壁内，由于铁管有一定厚度，就产生感应电动势和电流，这种在管壁中无规则流动的电流称为涡电流。又由于铁管存在电阻，涡电流则在管壁内产生热量，这就实现了电能向热能的转换，可用这种热量来加热混凝土。

6.5.6、6.5.7 保留原条文7.5.6、7.5.7。

线圈感应加热法或者简称感应加热，用于混凝土冬期施工，在原苏联20世纪60～70年代开始应用。

众所周知，线圈内通入交变电流，则线圈周围会产生交变磁场，如果线圈内放入铁芯，铁芯内的磁感应强度大十几倍乃至几百倍。如此强的交变电磁场，会在铁芯中产生电流，涡电流的能量会变为热量。运用这个原理，可以用来加热内有钢筋、外有钢模板的混凝土结构。如果在柱、梁的模板外表面绕上感应线圈，线圈内通入交流电则在钢模板和钢筋内就会产生交变磁场，产生涡电流，因而产生热量，这些热量传给混凝土，就可使混凝土得到加热。

混凝土感应加热的主要优点是：

1）由于与加热构件不直接接触，操作安全；

2）加热条件与混凝土的电物理性能及其在加热期间的变化无关；

3）操作和维护简单；

4）能够预热钢筋、金属模板和被浇筑空间；

5）使用一般金属模板，不需改装；

6）不需金属的附加消耗，感应电线可重复使用。

由于以上特点，感应加热可应用于条形结构和在横截面和长度方向上配筋均匀的混凝土构件的施工，如柱、梁、檐条、接点、框架结构的构件、管及类似构件等，还可以应用于预制构件接头浇筑。

感应加热也可以用于非金属模板的构件施工，只是升温速度应更严格地进行控制，见表2。

表2 感应加热混凝土的最大容许升温速度

升温速度（℃/h） 配筋类型	构件表面系数（m⁻¹）		
	5～6	7～9	10～11
钢筋	3/5	5/8	8/10
劲性框架	5/8	8/10	10/15
钢筋与劲性框架复合	8/8	10/10	15/15

注：分子值用于非金属模板施工。

6.5.8 保留原条文 7.5.8 部分内容。

红外线也是一种电磁波，具有辐射、定向、穿透、吸收和反射等基本功能。其波长称作近红外线，4μm 以上的波长较长被称为远红外线。红外线射到物体表面时，一部分在物体表面被反射，其余部分射入物体内部，后者中又有一部分透过物体，另一部分被物体吸收，使混凝土不断获得热量。

6.6 暖棚法施工

保留 7.6 节内容，仅作文字修改。

6.6.1 暖棚法指混凝土在暖棚内施工和养护的方法。暖棚可以是小而可移动的，在同一时间只加热几个构件；也可以很大，足以覆盖整个工程或者大部分。暖棚由于造价高，消耗材料多，因此应尽量利用在施工结构。采取塑料薄膜搭暖棚，材料和用工均较低，且有利于工作场所的日采光和利用太阳能取暖。

6.6.2 当采用燃料加热器（油、煤等炉子）且置于暖棚内时，将产生较多的 CO_2，新浇的混凝土吸收 CO_2 后极易与水泥中的 $Ca(OH)_2$ 反应，在混凝土表面形成碳化表面，不管如何刷洗无法清除，只有用砂轮才能彻底清除这一层。因此暖棚内应采取防止碳化的措施，如炉子的烟气应排至棚外，适当排气以控制含量；向棚内补充新鲜空气以供炉子助燃，特别是在养护的第一天内应尽可能地降低 CO_2 浓度。

6.7 负温养护法

6.7.1 混凝土负温养护法在负温条件下需保持液相存在，液相中防冻剂浓度较高，即防冻剂掺量较高，对其结构耐久性产生负面影响，对耐久性要求较高的

重要结构应慎用负温养护法，因此修改适用条件为"一般混凝土结构工程"。

当气温较低，且结构表面系数较大，在冬施中结构不易保温蓄热。如果结构对强度增长无特殊要求时，可以采用负温混凝土法施工。负温混凝土法特点是：对砂、石、水加热仍按常规进行，但混凝土浇筑后可不进行保温蓄热，只进行简单维护即可。其主要作用是，由于混凝土中掺入了一定量的防冻剂，可以使混凝土中一直保持有液相存在，水泥在负温下能不断进行水化反应增长强度。我国不少科研部门的试验表明，按设计要求掺入一定量的防冻剂，在规定温度下养护，其 28d 强度可增长到设计强度的 40%～60%，可以满足一般施工要求。

6.7.2 保留原条文 7.7.2 部分内容。水泥的选用已在一般规定中进行了说明，故在本条中删除对水泥选用的规定。

6.7.3 对负温养护法施工的混凝土是有阶段温度要求的，例如："混凝土浇筑后的起始养护温度不应低于 5℃"、"当混凝土内部温度降到防冻外加剂规定温度之前，混凝土的抗压强度应符合本规程第 6.1.1 的规定"，为满足以上要求，当仅采取"塑料薄膜覆盖保护"达不到要求时，也应适当保温，故增加"并根据需要采取相应的保温覆盖措施"的规定。

6.7.4 本条明确规定采用负温养护法施工的混凝土应加强测温，主要是用以监测混凝土内部温度变化情况和计算混凝土成熟度，从而为施工单位控制混凝土质量提供依据。

6.8 硫铝酸盐水泥混凝土负温施工

6.8.1、6.8.2 保留原条文 7.8.1、7.8.2 部分条款。

采用硫铝酸盐水泥进行混凝土冬期施工是一种简单而可行的办法，在国内外都已有成功的应用经验。硫铝酸盐水泥具有快硬早强的特点，掺加适量 $NaNO_2$ 作为防冻早强剂，可进一步改善早期抗冻性能，提高负温强度增长率，特别适用于混凝土的负温快速施工。自 1976 年以来，铁道部科学研究院、北京、河北、新疆、辽宁、黑龙江等地得到推广应用。

掺有防冻早强剂的硫铝酸盐水泥混凝土，在负温下强度仍能较快增长，但随温度下降，强度增长速度也减慢。根据铁道部科学研究院的试验资料和实际工程应用结果，可以在最低气温为 -25℃ 的负温环境下施工。

硫铝酸盐水泥混凝土在 80℃ 以上时，由于水化产物钙矾石脱水，对强度将产生不利影响，所以，如冶金厂房等高温作业的建筑物或有耐火要求的结构，不能采用硫铝酸盐水泥混凝土。

根据中国建筑材料科学研究院的研究，硫铝酸盐水泥具有快硬、早强的特性，硫铝酸盐水泥混凝土的抗硫酸盐腐蚀性能优于高抗硫硅酸盐水泥，故在本条

中增加了硫铝酸盐水泥适用于"抢修、抢建工程及有硫酸盐腐蚀环境的混凝土工程"。

6.8.3 保留原条文 7.8.4，并增加 $NaNO_2$ 与 Li_2CO_3 复合作为防冻剂。

根据中国建筑材料科学研究院及唐山北极熊建材有限公司近十几年的研究和工程实践，$NaNO_2$ 与 Li_2CO_3 复合使用效果更佳。硫铝酸盐水泥混凝土在复合防冻剂、缓凝减水剂的作用下，既可以保证有充分的运输、输送、浇筑等时间，又可以在凝结后迅速硬化。特制的抢修混凝土在 5℃～−5℃ 下，既可以有不小于 40min 的可工作时间，又可以在 4h 达到 20MPa 以上的强度。

此外，掺复合防冻剂的硫铝酸盐水泥混凝土还具有一个重要特点，即混凝土受冻可以不受临界温度值限制，当混凝土成型后立即受冻，对后期强度没有不利影响。

6.8.4 保留原条文 7.8.5，仅作文字修改。

硫铝酸钠盐水泥混凝土凝结较快、坍落度损失较大。根据经验，在配合比设计时要适当增加坍落度值。用热水拌合时，可先将热水与砂石混合搅拌，然后投入水泥。

用于拼装接头或小截面构件、薄壁结构的硫铝酸盐水泥混凝土施工时，要适当提高拌合物温度，并应保温。

6.8.5 根据唐山北极熊建材有限公司对硫铝酸盐和硅酸盐水泥复合体系的系统研究，当硅酸盐水泥在硫铝酸盐水泥中的掺入比例不超过 1/9 时，水泥的凝结时间缩短 50%，3h 强度提高 100% 以上，而后期强度没有显著变化。几年来唐山北极熊建材有限公司将此技术用于低温下的机场和道路的抢修抢建工程，都取得了很好的效果。故将原条文 7.8.6 中硫铝酸盐水泥不得与硅酸盐类水泥混合使用的规定修改为硫铝酸盐水泥可与硅酸盐类水泥混合使用，但掺用比例应小于 10%。

6.8.6 保留原条文 7.8.7。硫铝酸盐水泥混凝土施工的拌合物，可采用热水拌合，水的温度不宜超过 50℃，混凝土拌合物温度宜为 5℃～15℃。水泥不得直接加热或直接与 30℃ 以上的热水接触。拌合物的坍落度应比普通混凝土坍落度增加 10mm～20mm。

6.8.7 保留原条文 7.8.8。硫铝酸盐水泥的细度较高、黏性好，机械搅拌时极易粘罐，且不易倒尽，所以，搅拌时司机要经常刷罐铲除粘结料，否则，这些粘结料迅速硬结后清理极困难。

6.8.8 保留原条文 7.8.9。拌制好的混凝土，应在 30min 内浇筑完毕。混凝土入模温度不得低于 2℃。当混凝土流动性降低后，不得二次加水拌合使用，防止混凝土因用水量增加而造成强度下降。

6.8.9 保留原条文 7.8.10。硫铝酸盐水泥混凝土浇筑后，外露面如不认真处理，极易造成失水粉

化起砂或出现细裂缝等缺陷。

6.8.10 保留原条文 7.8.11 部分内容。硫铝酸盐水泥混凝土不适宜高温养护，否则会产生强度损失。将采用硫铝酸盐水泥混凝土按体积大小的不同划分不同的养护方法：混凝土结构体积较大时，可采用蓄热法养护；对于体积较小的结构，不得采用电热法或蒸汽法养护，可采用暖棚法养护。暖棚法冬期养护混凝土，暖棚内的温度通常为 0℃～10℃，原条文中规定的养护温度不得大于 30℃ 无实际意义，故予以取消。

6.8.11 保留原条文 7.8.12 部分内容。拆模前应注意混凝土的温度，避免拆模时间不当而产生温度裂缝。模板和保温层的拆除应符合本规程第 6.9.6 条规定。

6.9 混凝土质量控制及检查

6.9.1 保留原条文 7.9.1。规定了混凝土冬期施工质量控制的关键项目。除了国家有关标准规定的常规项目外，强调了外加剂的质量及掺量、温度，这两项内容是冬施的成败关键，所以本条把检查项目内容提了出来。同时，增加了采用预拌混凝土时的质量检查要求，以及混凝土起始养护时的温度检查，有利于提高混凝土质量的控制。

6.9.2 保留原条文 7.9.2，并增加矿物掺合料的温度检查。

6.9.3、6.9.4 保留原条文 7.9.3 内容。并对混凝土的测温停止时间进行了规定，即当混凝土在达到受冻临界强度后，方可停止测温。

6.9.5 保留原条文 7.9.4，仅作文字修改。混凝土质量检查除了按国家现行标准进行外，尚须对外观、测温记录，以及各种施工工艺参数等进行检查，这些规定都是为保证工程质量所必须的。

6.9.6 保留原条文 7.9.5，仅作文字修改。

拆除模板和保温层后，混凝土立即暴露在大气环境中，降温速率过快或者与环境温差较大，会使混凝土产生温度裂缝。本条采用了双控措施：一是混凝土温度降低到 5℃ 以后，二是控制混凝土温度与外界温度差不能大于 20℃。对于达到拆模强度而未达到受冻临界强度的混凝土结构，应采取保温材料继续进行养护。

6.9.7 冬期施工中，为了施工单位更加有效地控制负温混凝土质量，特提出在现行国家标准《混凝土结构工程施工质量验收规范》GB 50204－2002 规定的同条件养护试件数量基础上，增设不少于两组同条件养护试件，一组用于检查混凝土受冻临界强度，而另外一组或一组以上试件用于检查混凝土拆模强度或拆除支撑强度或负温转常温后强度检查等。

7 保温及屋面防水工程

外墙外保温体系作为节能建筑的重要体系之一，

越来越多地应用到北方地区的建筑节能体系中。2003年以来，国家相继制定了《膨胀聚苯板薄抹灰外墙外保温系统》JG 149、《外墙外保温工程技术规程》JGJ 144 等相关标准规范，为了更好地在我国寒冷地区冬期施工中推广应用外墙外保温体系，方便建设单位有效地控制外墙外保温工程的施工质量，在本次规程修订中，特增加此部分内容，将原规程第八章"屋面保温及防水工程"修改为"保温及屋面防水工程"，其中保温工程分为两部分，即屋面保温工程与外墙外保温工程。

7.1 一般规定

7.1.1、7.1.2 屋面防水工程一般安排在常温期间完成施工。为了适应我国寒冷地区屋面防水工程建设的特殊需要，使新建、改建的屋面防水工程能尽快正常使用，必要时可以进行冬期施工，但需要具备以下条件：

1 建筑屋面防水施工时的环境温度（即施工气温）至少能保证使用材料的可操作性。对选用不同防水材料应分别控制不同施工气温来安排施工。

2 在屋面上施工，应具备操作人员能适应的环境温度。要利用日照充分、无风、并设置挡风围护等条件以保证人员发挥良好的操作技能和完好的工程质量。因此，作出相应规定极为必要。

目前国内新型防水材料品种很多，从 20 世纪 80 年代以来的应用情况表明，合成高分子防水卷材以冷粘法施工，不宜低于 5℃，焊接法施工不宜低于 -10℃；高聚物改性沥青防水卷材以热熔法施工更为简便，不宜低于 -10℃；冬期一般不宜用涂料作防水层，溶剂型涂料在负温下虽不会冻结，但黏度增大会增加施工操作难度，因此，溶剂型涂料的施工环境气温不宜低于 -5℃；施工时气温低于 0℃，密封材料变稠，工人难以施工，同时大大减弱了密封材料与基层的粘结力，影响防水工程质量，因此，密封材料的施工环境气温不宜低于 0℃。

7.1.3 规定了保温与防水材料进场和储存的要求。

7.1.4 保留原条文 8.1.3。

水落口、檐沟、天沟等部位是排出屋面雨水必经之路，方向变化，流水集中，易于积水，施工必须谨慎，这些部位增铺附加层可以提高防水抗渗功能，从操作工序上的合理性以及创造精心施工先决条件考虑，必须先将水落口、檐沟、天沟等部位的附加层卷材铺贴完毕，然后再铺贴整体防水层。

7.1.5 保留原条文 8.1.4，仅作文字修改。

一般屋面渗漏的部位多出现在屋面穿孔管道周围、设备或预埋件连接处、屋面突出部位等节点。杜绝以上部位的渗漏所采取的积极措施是合理安排施工工序，包括穿孔、凿眼、底座连接等应予提前施工，并合理安排做好隔气层、保温层、找平层，然后再进

行防水层施工。一旦完成防水作业经验收后，必须加强成品保护，不允许在防水层上打眼、凿洞等破坏防水层的逆作业发生。

7.2 外墙外保温工程施工

7.2.1 现行行业标准《外墙外保温工程技术规程》JGJ 144 - 2004 中规定：外墙外保温工程主要包括 EPS 板薄抹灰外墙外保温系统、胶粉 EPS 颗粒保温浆料外墙外保温系统、EPS 板现浇混凝土外墙外保温系统、EPS 钢丝网架板现浇混凝土外墙外保温系统、机械固定 EPS 钢丝网架板外墙外保温系统。

鉴于胶粉 EPS 颗粒保温浆料外墙外保温系统冬期施工时，胶粉浆料的吸水性高，两道抹灰施工中间要等水分排干，施工工期长，冬期施工极易受冻，故不适宜进行冬期施工。

7.2.2 根据国内部分单位的研究表明，有些 EPS 板胶粘剂和聚合物抹面胶浆在 -10℃～-15℃条件下可以进行硬化，并在预定时间内达到规定强度，因此可以在 -10℃以下气温中进行冬期施工。但考虑安全起见，以及抹面砂浆在 -10℃ 以下气温中强度发展缓慢，易受冻，粘结强度下降的原因，故将外墙外保温工程冬期施工最低温度规定为 -5℃。

7.2.3 在负温条件下，EPS 板胶粘层和抹面层的硬化和干燥过程较长，不利于控制施工质量。为加速硬化和干燥速率，增强与基层的粘结效果，防止后期发生开裂、脱落现象，故规定施工期间及完工后 24h 内，基层及环境空气温度不应低于 5℃。

7.2.5 EPS 板常温下有效粘贴面积为大于 40%，为保证冬期施工的安全可靠，在此基础上提高至 50%，黑龙江省地方建筑节能标准目前也是按照 50% 进行控制。

7.2.6 EPS 板现浇混凝土外墙外保温系统和 EPS 钢丝网架板现浇混凝土外墙外保温系统冬期施工，混凝土和抹面砂浆中均可掺入防冻剂，但对于 EPS 钢丝网架板现浇混凝土外墙外保温系统，抹面砂浆中不得掺入含氯盐的防冻剂，防止钢丝网架产生锈蚀。

7.3 屋面保温工程施工

7.3.1 保留原条文 8.2.1。

为防止保温材料受潮、受冻，冬期施工前可将材料提前入场或组织库存、覆盖等保管措施，不允许保温材料混入杂质、冰雪、冰块等，以确保材料质量和保温效果。

7.3.2 保留原条文 8.2.2。

一般不应超出以上气温界线的规定，否则难以保证质量。

7.3.3 保留原条文 8.2.3。

砂浆中掺入防冻剂是为了提高抗冻能力，适应冬期施工。目前建筑市场上防冻剂品种较多，为防止假

冒伪劣产品，冬期施工防水工程使用的防冻剂进入现场必须复试，由试验确定掺量。

7.3.4 保留原条文 8.2.4。与常温规定相同。

7.3.5 保留原条文 8.2.6 部分内容，文字作相应修改。倒置式屋面现阶段应用较少，具体采用材料和施工方法应按设计要求进行，取消原条文中的部分细节规定。

7.4　屋面防水工程施工

本节将原规程中的 8.3 节"找平层施工"和 8.4 节"防水层、隔气层施工"进行合并，作为屋面防水工程施工的主要内容，取消部分与常温施工规定相同的内容。

水泥砂浆预制板和沥青砂浆找平层很少使用，予以取消。

7.4.1 保留原规程条文 8.1.2 第 1、3 款。

找平层的质量直接影响防水层的铺设和防水效果。

1 对找平层规定了应压实平整的质量要求。找平层表面若凹凸不平、起鼓、松动、坡度不准、积水严重会导致防水层产生渗漏。为此，在冬期施工的找平层必须保证压实平整。此外，更不允许有积雪、冰霜、冰块存在，表面有灰砂、杂物应该清理干净之后再铺设防水层，奠定牢靠的基层。在使用水泥砂浆找平层时可采取收水后二次压光，水泥凝固后及时喷涂养护剂覆盖养护，防止起砂、酥松现象发生。

2 基层必须干净、干燥。由于我国地域广阔，气候差异大，对基层含水率不可能规定统一的数据。但从冬期施工质量角度出发，其基层含水率应取较低值，以达到干燥为宜，这是多年施工与应用新型防水材料经验的总结。如使用合成高分子防水卷材在过于潮湿基层上粘贴，往往发生起鼓，粘贴不牢等现象。

找平层干燥程度的简易检测方法：将 1m² 卷材平铺在找平层上，静置 3h～4h 后掀开检查，找平层覆盖部位与卷材上未见水印即可铺设隔气层或防水层。

3 冬期施工选用高聚物改性沥青防水卷材或合成高分子防水卷材作防水层施工较为方便。采用不同防水卷材铺贴时，遇到突出屋面结构的连接处和基层转角处均应抹成光滑的圆弧形，圆弧半径根据材料柔性和厚度不同而不同，具体可按本条规定进行。

7.4.2 保留原条文 8.3.1，增加细石混凝土找平层。

由于冬期施工气温的变化，使用水泥砂浆或细石混凝土作找平层时必须掺用防冻剂防止受冻，保证砂浆正常现场操作。鉴于各地区气温不同，防冻剂不同，其掺量也不尽相同，应当地情况和具体条件由试验确定，不作统一规定。当采用氯化钠作为防冻剂时，可按表 7.4.2 推荐掺量使用。

7.4.3 保留原条文 8.3.4 部分内容。

水泥砂浆或细石混凝土找平层应设置分格缝，以减少砂浆或混凝土找平层产生裂缝，避免拉裂防水层。

7.4.4 规定防水材料的主要物理性能应符合现行国家标准《屋面工程质量验收规范》GB 50207 的要求。原规程表 8.4.2 内容与常温一致，予以取消。

7.4.5 保留原条文 8.4.3，仅作文字修改。

热熔法防水卷材冬期施工与常温施工不同之处主要有以下几点：

1 基层处理剂要挥发完全、充分。冬期施工常用溶剂型处理剂，一是免遭受冻，二是易于操作。冬季气温低，溶剂挥发缓慢，因此应严格控制溶剂干燥时间，冬期在 10h 以上基本挥发充分、完毕，然后安排热熔卷材工序，以防止火灾。

2 掌握住热熔铺贴要点，热熔卷材施工时要求加热宽度应均匀一致，加热喷嘴距卷材面要适当，0.5m 左右。冬期施工气温低，熔化不易，若超出光亮程度过热熔化时，高聚物改性沥青易老化变焦，不利粘结，更不能熔透烧穿，把握住热熔火候才能粘结牢固。铺贴卷材辊压时缝边必须溢出胶粘剂以验证粘贴是否严密，溢出的胶粘剂随之刮封接口，也是加强接缝牢固的必要措施。卷材大面热熔铺贴同样要注意将卷材内的空气排出。

3 做好接缝口及末端收头处理。为提高冬期施工的可靠性，防止防水层热熔铺贴后有缝口翘边开缝的可能，要求接缝口及收口末端都用密封材料封口，提高防水抗渗能力。

7.4.6 保留原条文 8.4.4，仅作文字修改。

7.4.7 保留原条文 8.4.5。

冷粘贴施工法在我国已逐渐推广使用，材料多数使用合成高分子防水卷材，这种卷材国内现已具备一定规模的生产能力，其技术性能在拉伸强度、伸长率、低温柔性以及不透水性、热老化性能等均较为优异。原规程表 8.4.5-1、表 8.4.5-2 内容与常温一致，予以取消。

7.4.8 保留原条文 8.4.6 部分内容。

1 涂布基层处理剂：可使用稀释聚氨酯涂料进行涂刷。由于冬期施工气温低，涂料中的溶剂挥发过慢，因此需要间隔一定的时间，至少在 10h 以上，使基层处理剂挥发充分，待完全干燥之后进行卷材铺贴。

2 复杂部位应作防水增强处理，处理方法有两种：一种是采用合成高分子涂料（聚氨酯涂料）均布涂刷，但必须控制厚度在 1.5mm 以上，而且待涂料达到固化程度，即延迟 36h 以上方可进行下一工序施工，以便保证防水工程质量。另一种是采用自流化丁基橡胶胶粘带在复杂部位粘贴，按照水落口、阴阳角、管根部位等各异形尺寸裁剪自粘粘贴，操作简便，适应性强，防水增强效果好。

3 涂刷胶粘剂和铺贴卷材：当冷粘法施工使用

合成高分子防水卷材（三元乙丙橡胶卷材、橡塑共混卷材等）时，需要在基层上和卷材底面同时涂刷胶粘剂，并且晾干 20min 以上才能粘贴牢固。要求一定的间隔时间是为了保证粘结力和获得粘结的可靠性。冷粘贴合成高分子防水卷材时要展平并与基层粘贴，不可用力拉伸来展平卷材，避免卷材承受较大的拉应力。边铺贴卷材边排除卷材下面的空气，辊压粘贴牢固。

4 接缝口及卷材末端收头处理：高分子防水卷材铺贴后，由于施工因素、胶粘剂质量等原因，缝口、末端卷材有翘边的可能，所以接缝口和卷材末端都必须用宽 10mm 的密封材料封口，以提高整体防水效果。

采用常温自硫化丁基橡胶带做附加层处理时的技术规定与常温要求一致，故予以取消此内容和原规程图 8.4.6。

7.4.9 保留原条文 8.4.7。

冬期施工采用质量较好且稳定的合成高分子防水涂料为宜，如溶剂型聚氨酯防水涂料等。冬期应储存在室内 0℃以上的环境中，远离火源，避免溶剂着火而发生火灾事故。

表 8.4.7-1、表 8.4.7-2 内容与常温一致，予以取消。

7.4.10 保留原条文 8.4.8，仅作文字修改。

1 严格控制涂料的涂刷厚度。涂膜防水屋面是靠涂刷后的防水涂料形成一定厚度的涂膜来起到防水作用，厚度不够将直接影响耐用年限和防水功能，为此，规定了最小成膜厚度不低于 2mm。

厚的防水涂料不得一次涂成，因一次涂膜太厚，易开裂，而且难以一次就达到均匀厚度，故规定涂层应为两层以上。在分遍涂刷时，应待先刷的涂层干燥成膜后方可涂后一遍涂料，直至达到所要求的涂膜厚度。

2 对铺胎体的要求。做涂膜防水需铺胎体材料时，一般是与屋脊平行铺设，铺贴时必须由最低标高处向上操作，使胎体材料的搭接顺着流水方向，避免呛水。为了保证有足够防水功能，规定了胎体下面的涂层厚度不得少于 1mm，最上层的涂层不得少于两遍。

7.4.11 保留原条文 8.4.9，仅作文字修改。

隔气层的设置和施工宜选用与屋面防水层同类材料，便于统一掌握施工。冬期施工的隔气层使用卷材宜采用花铺法施工，以适应基层变形，不致拉裂防水层，但搭接必须粘牢，不能开裂，宽度可在 80mm 以上。

8 建筑装饰装修工程

依据现行国家标准《建筑装饰装修工程质量验收

规范》GB 50210，将原规程第 9 章"装饰工程"改为"建筑装饰装修工程"，保持与国家标准相一致。

在我国北方地区，常有冬期室外粘贴面砖、石材等，转常温后因粘结性能不良而造成伤人事故发生。目前，国内室外饰面工程冬季也很少进行，而且也不易保证质量，因此，室外饰面工程不适合进行冬期施工，费时费力，浪费能源，质量不可靠；而室内饰面工程在保持 5℃以上的气温环境时，与常温施工技术要求相一致，故取消"饰面工程"一节内容。

8.1 一般规定

8.1.1 本条的规定为确保施工的安全和质量。

8.1.2 经过上海、北京、哈尔滨等多个城市调研，外墙采用粘结法施工饰面砖、饰面板及马赛克，在一年以后发生脱落的质量问题十分普遍，事故率占受调查建筑项目的 50%，冬期施工采取措施不当是造成面砖脱落的重要原因之一。因此，从质量和安全角度考虑，规定外墙饰面砖、饰面板及马赛克类等以粘结方式固定的装饰块材不宜进行冬期施工。

8.1.3 保留原条文 9.1.6。

多年的实践经验表明，冬期施工外墙面采用冷作法进行抹灰并采用涂料做为饰面层涂刷时，应注意抹灰所使用的防冻剂材质与涂料材质相匹配，否则易发生反碱、起皮、变色等质量通病。防冻剂的掺量应由试验确定。

8.1.4 墙体基层表面如有冰、雪、霜等，会在基层和粘结砂浆层之间形成隔离层，影响粘结效果。

8.1.5 保留原条文 9.1.2，仅作文字修改。安排室内抹灰工程应遵循的原则。

8.1.6 保留原条文 9.1.3，仅作文字修改。冬期室内装饰为保证环境温度的具体作法及要求。

8.1.7 保留原条文 9.1.4，并增加块料装饰的施工与养护温度要求。水泥砂浆的养护与常温要求相一致，故取消潮湿养护和通风换气的规定。

8.1.8 保留原条文 9.1.5，并增加了粘贴面砖用砂浆的技术规定。

冬期抹灰及粘贴面砖时除应对砂浆进行保温外，室外操作尚应在砂浆中掺入防冻剂，但由于各地气温不同，使用防冻剂品种也不一样，故规定防冻剂掺量应由试验确定。

8.1.9 保留原条文 9.1.9，将"应"改为"宜"，建议冬期室内粘贴壁纸时的环境温度不宜低于 5℃。

冬期壁纸施工温度一般应在 +5℃以上，以保证胶粘剂的固化及粘结质量。低于此温度，常用胶粘剂很难保证粘结质量。鉴于当前某些胶粘剂新产品可以在 5℃以下温度中使用，为发展新技术，应用新产品，也可按胶粘剂产品规定温度进行施工。

8.2 抹灰工程

8.2.1 保留原条文 9.2.1，仅作文字修改。

冬期室内抹灰前应对门窗、阳台、楼梯口、进料口等处进行封闭保温，以控制室内温度达+5℃以上，保证适当的硬化速度和工期要求。

8.2.2 保留原条文 9.2.2，仅作文字修改。

为合理利用热源，降低煤炭消耗，砂浆应采取集中搅拌的办法，并注意运输时的保温，提高砂浆抹灰时温度。

8.2.3 保留原条文 9.2.3，仅作文字修改。

本条规定抹灰后应在前 7d 内进行正温养护，以保证砂浆强度的增长，防止灰层受冻而影响粘结质量及灰层强度。

8.2.4 保留原条文 9.2.4，仅作文字修改。

采用冷作法进行外墙抹灰时，可采用水泥砂浆或水泥混合砂浆。同时应根据施工条件不同，合理地选择防冻剂。

8.2.5 保留原条文 9.2.5。

含氯盐防冻剂配制的砂浆不可用于高压电源部位，以防止氯离子导电而导致安全事故；也不得用于油漆墙面的抹灰层，因油漆涂刷在掺氯盐的墙面上会产生变色。

8.2.6 保留原条文 9.2.6。经多年实践表明，不管是氯盐防冻剂还是亚硝酸盐防冻剂，都可以在硅酸盐水泥、普通硅酸盐水泥、矿渣硅酸盐水泥中进行使用，故取消氯盐防冻剂在水泥中的使用规定。提出防冻剂在砂浆中使用时，应根据气温情况与防冻剂产品技术规定，经试验确定防冻剂掺量。

8.2.7 保留原条文 9.2.7。

冬期抹灰前，应对基层表面的尘土进行清扫，并可用与抹灰砂浆使用的相同浓度的防冻剂刷洗表面的冰霜，然后再施抹，可保证抹灰与基层的粘结质量。

8.2.8 保留原条文 9.2.8。

8.3 油漆、刷浆、裱糊、玻璃工程

保留原规程 9.4 节内容，仅作文字修改。

9 钢结构工程

9.1 一般规定

9.1.1 保留原条文 10.1.1，仅作文字修改。

编制钢结构冬期施工制作工艺及安装施工组织设计，是组织钢结构施工的重要工作，可根据工程量大小、技术复杂程度、现场施工条件等具体情况进行编制，施工中应认真贯彻执行。

9.1.2 保留原条文 10.1.2。

钢结构工程和土建工程的质量标准是不同的，因此，钢结构制作、安装用的钢尺、量具应和土建单位使用的钢尺、量具用同一标准进行鉴定。并注意钢结构和土建结构不同的温度膨胀系数，对两种不同膨胀系数形成的差值应有调整措施，才能保证钢结构的安装质量。一般应由土建的总包单位提供同一标准的钢尺。

9.1.3 保留原条文 10.1.3，仅作文字修改。

钢结构制作时的温度和钢结构安装时的温度不同时，如钢构件在夏季、工厂内制作，在冬季、露天安装时，钢构件的尺寸会有较大的变化，施工中应制定调整这种变化的措施。

9.1.4 保留原条文 10.1.4，仅作文字修改。

参加负温下钢结构焊接工作的电焊工，必须先取得常温焊接资格，再参加负温焊接工艺的培训。平、立、横、仰各项应逐项培训合格后，方能参加相应项目的焊接工作。

钢结构拼装时的定位点焊工作，往往得不到重视，拼装工用普通焊条任意点焊，造成焊缝质量的隐患，在一般钢结构工程中也是不允许的，重要钢结构工程更不允许。因此，定位点焊的焊工也要经培训合格。

9.2 材 料

9.2.1 在负温下施工用的钢件，按照现行国家标准《钢结构设计规范》GB 50017 规定使用的钢种，即 Q235、Q345、Q390、Q420 钢。采用其他钢种和钢号时，要有可靠的试验数据。

9.2.2 在负温下施工时，钢材的各项性能指标以及化学元素碳、磷、硫的含量均应符合规范规定的标准，除应有常温冲击韧性合格的保证外，还应具有冲击韧性的保证，Q235 钢 Q345 钢试验温度应为 0℃ 和 −20℃，Q390 钢和 Q420 钢试验温度应为 −20℃ 和 −40℃，达不到标准时不得使用。

9.2.3 保留原条文 10.2.3，并明确钢材板厚方向的伸长率应符合现行国家标准《厚度方向性能钢板》GB/T 5313 的规定。

9.2.4 保留原条文 10.2.4，仅作文字修改。

9.2.5 保留原条文 10.2.5，仅作文字修改。

负温下采用的钢材应有钢厂提供的材质证明书。重要结构的钢材除有材质证明书外还必须按照国家技术标准规定的方法进行抽验，抽验的数量应符合设计要求或与质量检验部门协议商定。

9.2.6 保留原条文 10.2.6，仅作文字修改。

负温下焊接用的焊条，首先应满足设计强度的要求，尽可能选用屈服强度较低、冲击韧性好的低氢型焊条，重要结构可采用超低氢型焊条，这样可以保证焊缝不产生冷脆。

9.2.7 负温下大量使用低氢型焊条，为保证焊接质量，低氢型焊条烘焙温度为 350℃～380℃，保温时间为 1.5h～2h，烘焙后应缓冷存放在 110℃～120℃烘箱内，使用时应取出放在保温筒内，随用随取。当负温度下使用的焊条外露超过 4h 时，应重新烘焙。

焊条的烘焙次数不宜超过 2 次,受潮的焊条不应使用。

9.2.8 保留原条文 10.2.8,仅作文字修改。

焊剂在使用前也应按照质量证明书的规定进行烘焙,如果焊剂湿度过大会影响焊缝质量,负温地区空气中的水气很易被焊剂吸收,因此,外露时间不宜过久,若时间间隔超过 2h,应重新进行烘焙。

9.2.9 保留原条文 10.2.9,仅作文字修改。

气体保护焊用的 CO_2 纯度应予以保证。若气体纯度达不到 99.5%,含水量又大于 0.005%,将不能保证焊缝质量。当在负温下使用瓶装气体时,瓶嘴在水汽作用下容易冻结堵塞,工作中应及时进行检查。瓶装气体压力低于 1MPa,保护作用降低,应停止使用。

9.2.10 保留原条文 10.2.10,仅作文字修改。

高强螺栓在负温度下使用时,其扭矩系数会产生变化,因此,在使用前要进行负温下性能试验,根据试验结果,制定施工工艺。

9.2.11 保留原条文 10.2.11,仅作文字修改。

在温度低于 0℃ 时,涂料的附着力、干燥时间、涂层强度、冲击强度都会受到影响,因此,涂刷前应进行工艺试验,各项指标符合正温下施工的质量标准才能进行施工。

负温下,水基涂料易冻结,禁止使用。

9.2.12 负温下钢结构基础锚栓焊接容易引起脆断,所以要求施工中应保护好螺纹端,不宜进行现场对焊。

9.3 钢结构制作

9.3.1 保留原条文 10.3.1,仅作文字修改。

负温下,钢材长度尺寸比常温时有较大的收缩,可用计算也可用试验的方法取得尺寸变化值,放样时应考虑这种收缩对结构尺寸的影响。

9.3.2 保留原条文 10.3.2,仅作文字修改。

构件端头用焊接连接时,焊接过程中要产生收缩变形,钢板越厚,收缩变形越大。多层框架和高层钢结构的多节柱还会产生压缩变形,这两个变形量严重影响钢结构的外形尺寸及安装质量。因此,在构件制作长度尺寸中应增加这个数值,当环境为负温时,应使构件的制作长度和收缩变形量相协调。

9.3.3 保留原条文 10.3.3,仅作文字修改。

形状复杂的或在负温下弯曲加工的构件,制作工艺中要规定取料方向,也就是钢材轧制的长度方向和宽度方向,能使弯曲加工时取得较好的质量效果。规定弯曲加工构件的外侧不应有大于 1mm 的缺口和伤痕,以防止产生集中应力。

9.3.4 保留原条文 10.3.4。

普通碳素结构钢工作地点温度低于 −20℃、低合金钢工作地点温度低于 −15℃ 时脆性加大,剪切、冲孔、冷矫正和冷弯曲加工时会损伤母材,应该禁止。在 −30℃ 以下温度时不宜进行火焰切割作业,以保证构件切割边的质量。

9.3.5 保留原条文 10.3.5,仅作文字修改。

负温下要求用精密切割代替机加工,并尽可能用自动切割,是为了防止在刨削加工时产生细小微裂纹,严重影响焊接质量。重要结构焊缝坡口加工时,不宜用手工切割,是为了保证焊缝坡口加工面的质量。

9.3.6 保留原条文 10.3.6,仅作文字修改。

构件由零件组拼成整体时,应编制组拼工艺,焊接接头的构件组拼时,应按负温的要求预留焊缝收缩值。点焊缝的数量和长度应根据板材厚度及焊接应力等因素进行计算,确保点焊不影响正式焊缝质量。

9.3.7 保留原条文 10.3.7。

构件组装前,应先将接缝两侧清理干净,在负温下应采用烤枪或红外线将表面冰雪、水汽干燥处理。

9.3.8 焊接作业区环境温度低于 0℃ 时,应将构件焊接区进行加热,实际加热范围和温度应根据构件构造特点、钢材类别及质量等级和焊接性、焊接材料熔敷金属扩散氢含量、焊接方法和焊接热输入等因素确定,其加热温度应高于常温下的焊接预热温度。当无试验资料时,也可按表 9.3.8 的规定温度进行预热处理。

9.3.9 保留原条文 10.3.9,仅作文字修改。

负温下构件组装后进行正式焊接工作时,应从构件中心开始向四周扩展焊接。要先焊收缩量大的焊缝,再焊收缩量小的焊缝,并对称施焊,这样可以减少焊接应力,使产生的焊接变形最小,达到优良的焊接质量和优良的构件外形尺寸。焊缝两端的起始点和收尾点易产生未焊透和积累各种缺陷,因此,应在焊缝的两端设置引弧板和熄弧板,引弧板和熄弧板的材料和尺寸应和母材相匹配。禁止直接在母材上打火引弧,以免损伤母材。

9.3.10 保留原条文 10.3.10。

停焊后再次施焊前,应按规定再次进行预热,且要求再次预热温度应高于初期预热温度。负温下厚钢板多层焊接应按焊接工艺规定进行施焊。保持在预热温度以上连续施焊,不得任意中断。如因意外因素中断焊接时(如遇停电、下雨等人力不可抗拒的中断),停焊后应再次进行预热后,方可继续施焊。

9.3.11 露天焊接钢结构的大型接头时,应进行防护措施,必要时应当搭设临时防护棚,不使雨水、雪花直接飘落在炽热的焊缝上,保证焊缝焊接过程中的质量。当焊接场地环境温度低于 −10℃ 时,应考虑焊接区域的保温措施,当焊接场地环境温度低于 −30℃ 时,宜搭设临时防护棚。

9.3.12 当环境温度比较低时,焊接电流的大小直接影响接头质量,应考虑适当增大焊接电流。

9.3.13 采用低氢型焊条进行焊接时，焊接后焊缝中含有大量氢，将影响焊缝的韧性，宜进行焊后消氢处理。

9.3.14 保留原条文 10.3.12，仅作文字修改。

厚钢板焊接完后立即进行焊后热处理是一项很重要的工作，焊后热处理可逸出焊缝组织中的氢、细化晶粒，消除焊接应力。一般在板厚的 2~3 倍范围内，保持在 150℃~300℃温度并持续 1h~2h。焊后热处理结束，要根据环境温度、现场条件进行保温，降温速度不大于 10℃/min。

9.3.15 保留原条文 10.3.13，仅作文字修改。

钢构件可以在负温下采用热矫正，但加热的温度应严格控制不得超过 900℃。一般在 750℃~900℃时加热矫正效果最佳，加热矫正后，为防止降温过快，应采取保温措施使其缓慢冷却。

9.3.16 负温环境下，冲孔会造成钢材孔壁出现冷硬层，因此，需采用钻头扩孔，消除冷硬层。

9.3.17 保留原条文 10.3.14，仅作文字修改。

负温下检查钢构件的外形尺寸时，应检查当时的环境温度对构件的影响，特别是钢结构和钢筋混凝土基础及其他非钢结构建筑连接尺寸的关系，如发现不一致时要采取调整措施。

9.3.18 保留原条文 10.3.15，仅作文字修改。

在处理不合格的焊缝时，应按负温下钢结构的焊接工艺认真处理。特别是厚钢板接头，应严格控制母材的预热温度、焊接时的层间温度、焊后的后热与保温、焊缝质量检验等，保证重新焊接的质量。

9.3.19 保留原条文 10.3.16。

冬期环境下，应采用负温下使用的涂料，并先进行涂刷工艺试验，编制涂刷工艺方案。涂刷前构件表面应保持干净、干燥。鉴于负温下涂料干燥、固结速度较慢，可采用热风、红外线等加热，但应防止加热时间过长或加热温度过高损伤涂层。同时，应防止钢构件表面与脏物接触。

9.3.20 考虑到钢结构焊接加固的特殊性和重要性，必须对低温下施焊焊工及施焊温度进行严格要求，并应由对应类别合格的焊工进行施焊。

9.3.21 低温对栓钉的质量有较大影响，所以栓钉施焊环境温度低于 0℃时，打弯试验的数量应增加 1%，以提高安全性。

9.4 钢结构安装

9.4.1 保留原条文 10.4.1。

本条规定了钢构件冬期运输与堆放的要求。

9.4.2 保留原条文 10.4.2，仅作文字修改。

钢构件在安装前的质量检查非常重要，但往往被忽视，经常发生把构件吊到高空安装位置才发现问题，再吊到地面进行修理。所以，安装前的构件质量检查应高度重视，凡是制作、运输、装卸、堆放过程中产生构件缺陷、变形、损伤，应在地面进行修理、矫正，符合设计和规范规定后方可起吊安装。

9.4.3 保留原条文 10.4.3，仅作文字修改。

在负温下用捆绑法起吊钢附件时，应采用防滑隔垫，防止吊索打滑。和构件共同吊的附件，如节点板、安装人员用挂梯、校正用的卡具、绳索等应绑扎牢固，防止松动掉落发生事故。安装用的吊环应采用韧性好的钢材制作，防止低温脆断。

9.4.4 保留原条文 10.4.4，仅作文字修改。

合理的钢结构安装顺序既能提高安装速度，又能保证安装质量，因此，钢结构安装施工组织设计、安装工艺应对安装顺序作出明确规定，编制构件安装顺序图表，施工中应严格执行。

9.4.5 保留原条文 10.4.5。

钢结构特别是高层钢结构的焊接顺序，平面上要从建筑物中心各构件的焊接往四周扩展焊接，对于一根梁两端焊缝，要先焊完一端，等焊缝冷却到环境温度后再焊另一端，这样可确保整个建筑物的外形尺寸得到良好的控制。否则将会使结构产生过大的变形和较大的焊接应力，严重时会将焊缝或构件拉裂，造成重大的质量事故。

9.4.6 保留原条文 10.4.6。

负温下构件上有积雪、冰层、结露时，无法进行安装工作，必须进行清理。可以用扫除、抹拭等方法清理，也可用火焰、热风清除积雪冰层，但不得损伤涂层。

9.4.7 保留原条文 10.4.7，仅作文字修改。

负温下安装钢结构用的机具，应在使用前进行调试，定期进行检验、标定，使之在负温度下能正常工作。

9.4.8 保留原条文 10.4.8，仅作文字修改。

在负温下安装钢结构的主要构件时，如柱、主梁、支撑等主要构件应立即进行校正，位置校正正确后应立即进行永久固定。如果在安装钢结构时不同步校正，临时固定后继续安装，后期再组织校正单个构件时，由于构件都连在一起，校正单个构件会很困难，造成精度下降；同时，也不能当天形成稳定的空间体系，影响钢结构的安装质量和施工安全。

9.4.9 保留原条文 10.4.9。本规定是为了确保设计要求的抗滑系数。

9.4.10 保留原条文 10.4.10，仅作文字修改。

本条规定多层钢结构安装时应注意各类荷载不得超限，防止发生安全事故。

9.4.11 保留原条文 10.4.11，仅作文字修改。

栓钉的焊接电流、焊接时间等参数，常温和负温度是不同的。因此，在焊接工作开始前，应进行焊接参数的试验工作，编制负温栓钉焊接工艺。

9.4.12 保留原条文 10.4.12，仅作文字修改。

规定钢结构冬期安装质量检查要求。

9.4.13 本条强调安装时的临时固定和连接措施，推荐采用螺栓连接形式。如需临时焊接时，焊后应当及时清理干净焊缝，防止形成较大应力集中和残余变形。

10 混凝土构件安装工程

本章保留原规程第11章，仅作局部文字修订。

10.1 构件的堆放及运输

10.1.2 由于支点多，产生冻胀及融化下沉的机率就高，所以在构件满足刚度、强度条件下，应尽量减少支点。

对于大型板、槽形板类构件两端要求用通长的垫木，主要是考虑防止支点多，产生不均匀冻胀和融化下沉后，使板产生扭曲变形。

冬期堆放构件要求距地面间隙不少于150mm，主要是防止地面冻胀对构件产生影响。

10.2 构件的吊装

10.2.1 冬期吊装工程要求场地必须平整，因为土壤冻结后坚硬不易清理，当凸凹不平时极易打滑造成安全事故。

10.2.2 规定冬期应防止打滑。

10.2.5 多层框架的吊装通常分段、分层进行。鉴于冬期混凝土强度增长较慢，容易出现质量事故，因此，每层构件吊装完毕后，应待浇筑接头混凝土达到强度要求后方可吊装上一层，否则必须加设缆风绳。

10.3 构件的连接与校正

10.3.2 湿法连接接头混凝土的施工及强度要求应符合本规程第6章的有关规定。

10.3.4 冬期安排混凝土预制构件时，阳面和阴面温差影响较大，所以在施工措施中要考虑阳光照射后温差的影响，以及白天和夜间的温差影响，注意及时调整。

11 越冬工程维护

本章保留原规程第12章，仅作局部文字修订。

在北方地区工程建设中，经常遇到跨年施工的在建工程，以及停、缓建工程存在越冬建设情况。对越冬工程若不进行有效维护，经常会出现由于"温差"作用，以及地基土的"冻胀与融沉"而使建筑物在越冬期间遭到破坏。待次年复工后不得不进行加固或返工重建，不仅造成巨大的经济损失，而且也影响建筑物的使用功能和寿命。因此，本章特对越冬工程的维护进行规定。

11.1 一般规定

11.1.1 规定越冬维护的对象。其中新建工程指土建虽已竣工，但没有采暖，工程尚未达到验收条件；在建工程是指工程规模较大，如高层或大型工业与民用建筑，当年不能竣工需跨年度施工的工程；停、缓建工程是指由于某种原因（如资金、材料、技术等）满足不了连续施工的要求而中途停工，或由于一些特殊原因造成缓建的工程。

11.1.2 通常保温维护以就地取材为主，如炉渣、稻草、锯末屑、草袋、膨胀珍珠岩等，而以膨胀珍珠岩最好，质地轻，保温效果好，且防火。

11.1.3 重点了解当地最低气温和负温延续时间，以及土的冻胀类别，以便有针对性地制定和实施越冬防护措施。

11.1.5 本条规定是为了防止地基土冻胀。土的冻胀性和含水率有关，含水率越大，冻胀性越大，冻害越严重，所以切断水源、泄水、排水工作十分重要。

11.2 在建工程

11.2.1 基础越冬的防冻害十分重要，过去常常认为不重要而被忽视，因此经常发生质量事故。本条给出了各种类型基础，为防止或减少法向、切向冻胀力影响而采用的具体技术措施。这些措施皆已经多年使用，简单且行之有效。

取消浅埋基础的有关规定。

11.2.2 本条规定的几种结构在越冬时应进行维护。否则会因地基土的冻胀与融沉而导致变形或移位，影响工程质量。

11.2.3 悬挑结构构件施工时常设有临时支柱，在入冬时不及时拆除，当地基土冻胀时，将立柱托起，随之将构件顶坏。

11.2.4、11.2.5 防止地基土受冻而使结构产生破坏。

11.2.6 冬季若不取暖，供水、供热系统内存水会将锅炉、管道等冻裂。

11.2.7 防止地基土受冻而使结构产生破坏。

11.3 停、缓建工程

11.3.1 为了减少停、缓建可能给工程带来的危害，消除隐患，增强建筑物的整体性，并给后续施工创造条件，特规定停、缓建工程的停留位置。本条规定的停留位置主要是基于施工处理方便，受剪力相对较小的部位。

11.3.2 基础基槽挖开后，如果当年不能连续施工完毕，为防止基底持力层受冻而破坏原状土，规定应留置一定覆土保护层，并予以保温。

11.3.3 本条规定了停、缓建工程的混凝土强度要求。通常，对越冬工程的混凝土在进入冬期前均应满足本规程第 6 章规定的混凝土受冻前临界强度要求。对于在越冬期间有受力要求的结构构件、装配式构件的整浇接头和预应力混凝土结构，尚应按设计要求和相关标准规定达到所需强度。

11.3.4 防止温差过大，混凝土表面产生裂纹。

11.3.5～11.3.8 主要是考虑工程复工时，复查、核对建筑物的尺寸、位置等，确认无误后，方可允许复工。

11.3.9 本条规定了屋面防水工程越冬的简易维护方法及复工检查时的技术要求。

附录 A 混凝土的热工计算

A.1 混凝土搅拌、运输、浇筑温度计算

A.1.1 拌合物温度计算公式中增加矿物掺合料，适应现代混凝土配制中大部分都采用矿物掺合料的现状。

A.1.3 鉴于当前混凝土工程多采用预拌混凝土进行泵送施工，本次在混凝土热工计算中增加了采用泵送工艺输送混凝土时的热量损失计算公式。并将混凝土运输与输送过程中的热工计算分为三类：

1 现场拌制混凝土，采用装卸式运输工具输送；

2 现场拌制混凝土，采用泵送工艺输送；

3 商品混凝土，采用泵送工艺输送。

施工单位根据现场实际运输与输送情况，选择相应的热工计算公式进行计算。

混凝土在泵管内输送时的温度降低计算公式是基于混凝土在泵管内热量损失与向泵管外热量散失的热平衡原理计算而来。

A.2 混凝土蓄热养护过程中的温度计算

混凝土蓄热养护过程中的温度计算部分修订的内容主要有：

1 水泥水化累积放热量

水泥标准自 1997 年以来已进行了两次修订，水泥的部分性能指标，特别是水泥水化热指标值发生了变化，本次规程修订的验证试验过程中，北京地区的参编单位对部分水泥厂的水泥水化热指标进行了调研，主要有琉璃河水泥厂、北京水泥厂、冀东水泥厂、拉法基水泥厂等，并经整理和归纳后，对原规程表 B.2.3-1 中的水泥水化累积放热量进行了修订。

2 水泥水化速度系数 V_{ce}

水泥水化速度系数 V_{ce} 与水泥类别有关系，不同品种的水泥、不同强度等级的水泥，水泥水化速度系数也不相同。将 V_{ce} 值定为常数，会对热工计算的结果产生一定影响。因此，本次修订中，按水泥品种和强度等级不同进行了相应的修订。

附录 B 用成熟度法计算混凝土早期强度

保留原规程附录 D "用成熟度法计算混凝土早期强度"。原规程中混凝土的等效系数是基于原水泥标准（GB 175 - 1992）基础上建立起来的，鉴于水泥国家标准由 1997 年以来，修订了两次（GB 175 - 1999、GB 175 - 2007），其内容与 92 版标准有一定的变化，经重新试验验证后，修订了混凝土等效系数 α_T。

同时，将原规程中的采用成熟度方法计算混凝土强度的算例放入条文说明中。

【算例 1】 某混凝土经试验，测得 20℃标准养护条件下各龄期强度列于表 3，混凝土浇筑后，初期养护阶段测温记录列于表 4，求混凝土浇筑后 38h 的强度。

表 3 混凝土标准养护条件下各龄期强度

龄期（d）	1	3	5	7
强度（MPa）	4.0	11.0	15.4	21.8

表 4 混凝土浇筑后测温记录及等效龄期计算

1	2	3	4	5	6
从浇筑起算的时间 (h)	温度 (℃)	持续时间 Δt (h)	平均温度 T (℃)	α_T	$\alpha_T \cdot \Delta t$
0	14	—	—	—	—
2	20	2	17	0.86	1.72
4	26	2	23	1.15	2.30
6	30	2	28	1.41	2.82
8	32	2	31	1.59	3.18
10	36	2	34	1.77	3.54
12	40	2	38	2.04	4.08
38	40	26	40	2.19	56.94
$D_e = \Sigma \alpha_T \cdot \Delta t$					74.58

解：

1）计算法：

① 根据表 3 数据进行回归分析，求得曲线方程式如下：

$$f = 29.459 e^{\frac{1.989}{D}} \qquad (1)$$

② 根据表 4 测温记录，经计算求得等效龄期 D_e = 74.58h (3.11d)。

③ 取 D_e 作为龄期 D 代入公式（1）中，求得混凝土强度值：

$$f = 15.5 \text{（MPa）}$$

2）图解法：

① 根据表 3 数据画出强度-龄期曲线如图 1 所示；

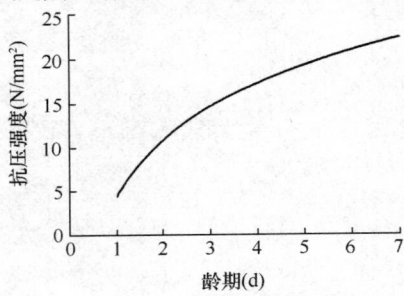

图 1　混凝土强度-龄期曲线

② 根据表 4 数据计算等效龄期 D_e；

③ 以等效龄期 D_e 作为龄期，在龄期-强度曲线上，查得相应强度值为 15.6MPa，即为所求值。

【算例 2】 某混凝土采用综合蓄热法养护，在标准条件下养护各龄期强度见表 3，浇筑后混凝土测温记录如表 4，求混凝土养护到 80h 时的强度。

解：

1）根据标准养护试件的龄期和强度资料算出成熟度，列于表 5。

2）用表 5 的成熟度-强度数据，经回归分析拟合成如下曲线方程：

$$f = 20.627e^{-\frac{2310.668}{M}} \qquad (2)$$

3）根据养护测温资料，按公式（B.0.4-2）计算成熟度 M，列于表 6。

4）取成熟度 M 值代入式（2）即求出 f 值：

$$f = 3.8\text{MPa}$$

5）将所得的 f 值乘以系数 0.8，即为经 80h 养护混凝土达到的强度：

$$f = 3.8 \times 0.8 = 3.04\text{MPa}。$$

表 5　标准养护各龄期混凝土强度和成熟度

龄　期（d）	1	2	3	7
强　度（MPa）	1.3	5.4	8.2	13.7
成熟度（℃·h）	840	1680	2520	5880

表 6　混凝土浇筑后测温记录及成熟度计算

1	2	3	4	5
从浇筑起算养护时间（h）	实测养护温度（℃）	间隔的时间 Δt（h）	平均温度 T（℃）	$(T+15)\,\Delta t$
0	15	—	—	—
4	12	4	13.5	114
8	10	4	11.0	104
12	9	4	9.5	98
16	8	4	8.5	94
20	6	4	7.0	88
24	4	4	5.0	80
32	2	8	3.0	144
40	0	8	1.0	128
60	-2	20	-1.0	280
80	-4	20	-3.0	240
$\Sigma\,(T+15)\,\Delta t$				1370

附录 C　土壤保温防冻计算

原规程中土壤翻松耙平法已取消，故取消原附录 A.0.1 条的冻结深度估算公式。保留土壤的保温层厚度估算公式。

中华人民共和国行业标准

房屋渗漏修缮技术规程

Technical specification for repairing water seepage of building

JGJ/T 53—2011

批准部门：中华人民共和国住房和城乡建设部
施行日期：２０１１年１２月１日

中华人民共和国住房和城乡建设部
公 告

第 901 号

关于发布行业标准
《房屋渗漏修缮技术规程》的公告

现批准《房屋渗漏修缮技术规程》为行业标准，编号为 JGJ/T 53 - 2011，自 2011 年 12 月 1 日起实施。原行业标准《房屋渗漏修缮技术规程》CJJ 62 - 95 同时废止。

本规程由我部标准定额研究所组织中国建筑工业

出版社出版发行。

中华人民共和国住房和城乡建设部
2011 年 1 月 28 日

前 言

根据住房和城乡建设部《关于印发〈2009 年工程建设标准规范制订、修订计划〉的通知》（建标〔2009〕88 号）的要求，规程编制组经过广泛调查研究，认真总结实践经验，参考有关国际标准和国外先进标准，并在广泛征求意见的基础上，修订了本规程。

本规程的主要技术内容是：1. 总则；2. 术语；3. 基本规定；4. 屋面渗漏修缮工程；5. 外墙渗漏修缮工程；6. 厕浴间和厨房渗漏修缮工程；7. 地下室渗漏修缮工程；8. 质量验收；9. 安全措施。

修订的主要技术内容是：1. 修订了总则、屋面渗漏修缮工程、外墙渗漏修缮工程、厕浴间和厨房渗漏修缮工程、地下室渗漏修缮工程等的有关条款；2. 修订了质量验收的要求；3. 增加了术语，基本规定，安全措施等内容。

本规程由住房和城乡建设部负责管理，由河南国基建设集团有限公司负责具体技术内容的解释。在执行过程中如有意见和建议，请寄送河南国基建设集团有限公司（地址：河南省郑州市郑花路 65 号恒华大厦 11 楼，邮政编码：450047）。

本 规 程 主 编 单 位：河南国基建设集团有限公司
新蒲建设集团有限公司

本 规 程 参 编 单 位：北京市建筑工程研究院
河南省第一建筑工程集团有限责任公司

南京天堰防水工程有限公司

总参工程兵科研三所

中国工程建设标准化协会建筑防水专业委员会

河南建筑材料研究设计院有限责任公司

中国建筑学会防水技术专业委员会

杭州金汤建筑防水有限公司

东莞市普赛达密封粘胶有限公司

宁波镭纳涂层技术有限公司

本规程主要起草人员：周忠义　王麦对　朱国防
刘　轶　彭建新　孙惠民
王君若　叶林标　任绍志
孙家齐　陈宝贵　吴　明
胡保刚　胡　骏　施嘉霖
高延继　徐昊辉　曹征富
职晓云　冀文政

本规程主要审查人员：吴松勤　李承刚　张玉玲
薛绍祖　杨嗣信　徐宏峰
张道真　曲　慧　韩世敏
哈承德　王　天　姜静波

目　　次

Contents

1 总 则

1.0.1 为提高房屋渗漏修缮的技术水平，保证修缮质量，制定本规程。

1.0.2 本规程适用于既有房屋的屋面、外墙、厕浴间和厨房、地下室等渗漏修缮。

1.0.3 房屋渗漏修缮应遵循因地制宜、防排结合、合理选材、综合治理的原则，并做到安全可靠、技术先进、经济合理、节能环保。

1.0.4 房屋渗漏修缮除应符合本规程外，尚应符合国家现行有关标准的规定。

2 术 语

2.0.1 渗漏修缮 seepage repairs

对已发生渗漏部位进行维修和翻修等防渗封堵的工作。

2.0.2 查勘 survey

采用实地调查、观察或仪器检测的形式，寻找渗漏原因和渗漏范围的工作。

2.0.3 维修 maintenance

对房屋局部不能满足正常使用要求的防水层采取定期检查更换、整修等措施进行修复的工作。

2.0.4 翻修 renovation

对房屋不能满足正常使用要求的防水层及相关构造层，采取重新设计、施工等恢复防水功能的工作。

3 基 本 规 定

3.0.1 房屋渗漏修缮施工前，应进行现场查勘，并应编制现场查勘书面报告。现场勘查后，应根据查勘结果编制渗漏修缮方案。

3.0.2 现场查勘宜包括下列内容：

1 工程所在位置周围的环境，使用条件、气候变化对工程的影响；

2 渗漏水发生的部位、现状；

3 渗漏水变化规律；

4 渗漏部位防水层质量现状及破坏程度，细部防水构造现状；

5 渗漏原因、影响范围，结构安全和其他功能的损害程度。

3.0.3 现场查勘宜采用走访、观察、仪器检测等方法，并宜符合下列规定：

1 对屋顶、外墙的渗漏部位，宜在雨天进行反复观察，划出标记，做好记录；

2 对卷材、涂膜防水层，宜直接观察其裂缝、翘边、龟裂、剥落、腐烂、积水及细部节点部位损坏等现状，并宜在雨后观察或蓄水检查防水层大面及细部节点部位渗漏现象；

3 对刚性防水层，宜直接观察其开裂、起砂、酥松、起壳；密封材料剥离、老化；排气管、女儿墙等部位防水层破损等现状，并宜在雨后观察或蓄水检查防水层大面及细部节点渗漏现象；

4 对瓦件，宜直接观察其裂纹、风化、接缝及细部节点部位现状，并宜在雨后观察瓦件及细部节点部位渗漏现象；

5 对清水、抹灰、面砖与板材等墙面，宜直接观察其裂缝、接缝、空鼓、剥落、酥松及细部节点部位损坏等现状，并宜在雨后观察和淋水检查墙面及细部节点部位渗漏现象；

6 对厕浴间和楼地面，宜直接观察其裂缝、积水、空鼓及细部节点部位损坏等现状，并宜在蓄水后检查楼地面、厕浴间墙面及细部节点部位渗漏现象；

7 对地下室墙地面、顶板，宜观察其裂缝、蜂窝、麻面及细部节点部位损坏等现状，宜直接观察渗漏水量较大或比较明显的部位；对于慢渗或渗漏水点不明显的部位，宜辅以撒水泥粉确定。

3.0.4 编制渗漏修缮方案前，应收集下列资料：

1 原防水设计文件；

2 原防水系统使用的构配件、防水材料及其性能指标；

3 原施工组织设计、施工方案及验收资料；

4 历次修缮技术资料。

3.0.5 编制渗漏修缮方案时，应首先根据房屋使用要求、防水等级，结合现场查勘书面报告，确定采用局部维修或整体翻修措施。渗漏修缮方案宜包括下列内容：

1 细部修缮措施；

2 排水系统设计及选材；

3 防水材料的主要物理力学性能；

4 基层处理措施；

5 施工工艺及注意事项；

6 防水层相关构造与功能恢复；

7 保温层相关构造与功能恢复；

8 完好防水层、保温层、饰面层等保护措施。

3.0.6 渗漏修缮方案设计应符合下列规定：

1 因结构损害造成的渗漏水，应先进行结构修复；

2 不得采用损害结构安全的施工工艺及材料；

3 渗漏修缮中宜改善提高渗漏部位的导水功能；

4 渗漏修缮应统筹考虑保温和防水的要求；

5 施工应符合国家有关安全、劳动保护和环境保护的规定。

3.0.7 修缮用的材料应按工程环境条件和施工工艺的可操作性选择，并应符合下列规定：

1 应满足施工环境条件的要求，且应配置合理、安全可靠、节能环保；

2 应与原防水层相容、耐用年限相匹配；

3 对于外露使用的防水材料，其耐老化、耐穿刺等性能应满足使用要求；

4 应满足由温差等引起的变形要求。

3.0.8 房屋渗漏修缮用的防水材料和密封材料应符合下列规定：

1 防水卷材宜选用高聚物改性沥青防水卷材、合成高分子防水卷材等，并宜热熔或胶粘铺设；

2 柔性防水涂料宜选用聚氨酯防水涂料、喷涂聚脲防水涂料、聚合物水泥防水涂料、高聚物改性沥青防水涂料、丙烯酸乳液防水涂料等，并宜涂布（喷涂）施工；

3 刚性防水涂料宜选用高渗透性渗透型改性环氧树脂防水涂料、无机防水涂料等，并宜涂布施工；

4 密封材料宜选用合成高分子密封材料、自粘聚合物沥青泛水带、丁基橡胶防水密封胶带、改性沥青嵌缝油膏等，并宜嵌填施工；

5 抹面材料宜选用聚合物水泥防水砂浆或掺防水剂的水泥砂浆等，并宜抹压施工；

6 刚性、柔性防水材料宜复合使用。

3.0.9 渗漏修缮选用材料的质量、性能指标、试验方法等应符合国家现行有关标准的规定。进场材料应合格。

3.0.10 渗漏修缮施工应具有资质的专业施工队伍承担，作业人员应持证上岗。

3.0.11 渗漏修缮施工应符合下列规定：

1 施工前应根据修缮方案进行技术、安全交底；

2 潮湿基层应进行处理，并应符合修缮方案要求；

3 铲除原防水层时，应预留新旧防水层搭接宽度；

4 应做好新旧防水层搭接密封处理，使两者成为一体；

5 不得破坏原有完好防水层和保温层；

6 施工过程中应随时检查修缮效果，并应做好隐蔽工程施工记录；

7 对已完成渗漏修缮的部位应采取保护措施；

8 渗漏修缮完工后，应恢复该部位原有的使用功能。

3.0.12 整体翻修或大面积维修时，应对防水材料进行现场见证抽样复验。局部维修时，应根据用量及工程重要程度，由委托方和施工方协商防水材料的复验。

3.0.13 修缮施工过程中的隐蔽工程，应在隐蔽前进行验收。

4 屋面渗漏修缮工程

4.1 一般规定

4.1.1 本章适用于卷材防水屋面、涂膜防水屋面、瓦屋面和刚性防水屋面渗漏修缮工程。

4.1.2 屋面渗漏宜从迎水面进行修缮。

4.1.3 屋面渗漏修缮工程基层处理宜符合下列规定：

1 基层酥松、起砂、起皮等应清除，表面应坚实、平整、干净、干燥，排水坡度应符合设计要求；

2 基层与突出屋面的交接处，以及基层的转角处，宜作成圆弧；

3 内部排水的水落口周围应作成略低的凹坑；

4 刚性防水屋面的分格缝应修整、清理干净。

4.1.4 屋面渗漏局部维修时，应采取分隔措施，并宜在背水面设置导排水设施。

4.1.5 屋面渗漏修缮过程中，不得随意增加屋面荷载或改变原屋面的使用功能。

4.1.6 屋面渗漏修缮施工应符合下列规定：

1 应按修缮方案和施工工艺进行施工；

2 防水层施工时，应先做好节点附加层的处理；

3 防水层的收头应采取密封加强措施；

4 每道工序完工后，应经验收合格后再进行下道工序施工；

5 施工过程中应做好完好防水层等保护工作。

4.1.7 雨期修缮施工应做好防雨遮盖和排水措施，冬期施工应采取防冻保温措施。

4.2 查 勘

4.2.1 屋面渗漏修缮查勘应全面检查屋面防水层大面及细部构造出现的弊病及渗漏现象，并应对排水系统及细部构造重点检查。

4.2.2 卷材、涂膜防水屋面渗漏修缮查勘应包括下列内容：

1 防水层的裂缝、翘边、空鼓、龟裂、流淌、剥落、腐烂、积水等状况；

2 天沟、檐沟、檐口、泛水、女儿墙、立墙、伸出屋面管道、阴阳角、水落口、变形缝等部位的状况。

4.2.3 瓦屋面渗漏修缮查勘应包括下列内容：

1 瓦件裂纹、缺角、破碎、风化、老化、锈蚀、变形等状况；

2 瓦件的搭接宽度、搭接顺序、接缝密封性、平整度、牢固程度等；

3 屋脊、泛水、上人孔、老虎窗、天窗等部位的状况；

4 防水基层开裂、损坏等状况。

4.2.4 刚性屋面渗漏修缮查勘应包括下列内容：

1 刚性防水层开裂、起砂、酥松、起壳等状况；

2 分格缝内密封材料剥离、老化等状况；

3 排气管、女儿墙等部位防水层及密封材料的破损程度。

4.3 修　缮　方　案

Ⅰ　选材及修缮要求

4.3.1　屋面渗漏修缮工程应根据房屋重要程度、防水设计等级、使用要求，结合查勘结果，找准渗漏部位，综合分析渗漏原因，编制修缮方案。

4.3.2　屋面渗漏修缮选用的防水材料应依据屋面防水设防要求、建筑结构特点、渗漏部位及施工条件选定，并应符合下列规定：

　　1　防水层外露的屋面应选用耐紫外线、耐老化、耐腐蚀、耐酸雨性能优良的防水材料；外露屋面沥青卷材防水层宜选用上表面覆有矿物粒料保护的防水卷材。

　　2　上人屋面应选用耐水、耐霉菌性能优良的材料；种植屋面宜选用耐根穿刺的防水卷材。

　　3　薄壳、装配式结构、钢结构等大跨度变形较大的建筑屋面应选用延伸性好、适应变形能力优良的防水材料。

　　4　屋面接缝密封防水，应选用粘结力强、延伸率大、耐久性好的密封材料。

4.3.3　屋面工程渗漏修缮中多种材料复合使用时，应符合下列规定：

　　1　耐老化、耐穿刺的防水层宜设置在最上面，不同材料之间应具有相容性；

　　2　合成高分子类卷材或涂膜的上部不得采用热熔型卷材。

4.3.4　瓦屋面选材应符合下列规定：

　　1　瓦件及配套材料的产品规格宜统一。

　　2　平瓦及其脊瓦应边缘整齐，表面光洁，不得有剥离、裂纹等缺陷，平瓦的瓦爪与瓦槽的尺寸应准确。

　　3　沥青瓦应边缘整齐，切槽清晰，厚薄均匀，表面无孔洞、棱伤、裂纹、折皱和起泡等缺陷。

4.3.5　柔性防水层破损及裂缝的修缮宜采用与其类型、品种相同或相容性好的卷材、涂料及密封材料。

4.3.6　涂膜防水层开裂的部位，宜涂带有胎体增强材料的防水涂料。

4.3.7　刚性防水层的修缮可采用沥青类卷材、涂料、防水砂浆等材料，其分格缝应采用密封材料。

4.3.8　瓦屋面修缮时，更换的瓦件应采取固定加强措施，多雨地区的坡屋面檐口修缮宜更换制品型檐沟及水落管。

4.3.9　混凝土微细结构裂缝的修缮宜根据其宽度、深度、漏水状况，采用低压化学灌浆。

4.3.10　重新铺设的卷材防水层应符合国家现行有关标准的规定，新旧防水层搭接宽度不应小于100mm。翻修时，铺设卷材的搭接宽度应按现行国家标准《屋面工程技术规范》GB 50345的规定执行。

4.3.11　粘贴防水卷材应使用与卷材相容的胶粘材料，其粘结性能应符合表4.3.11的规定。

表 4.3.11　防水卷材粘结性能

项　目		自粘聚合物沥青防水卷材粘合面		三元乙丙橡胶和聚氯乙烯防水卷材胶粘剂	丁基橡胶自粘胶带
		PY类	N类		
剪切状态下的粘合性（卷材-卷材）	标准试验条件（N/mm）	≥4或卷材断裂	≥2或卷材断裂	≥2或卷材断裂	≥2或卷材断裂
粘结剥离强度（卷材-卷材）	标准试验条件（N/mm）	≥1.5或卷材断裂		≥1.5或卷材断裂	≥0.4或卷材断裂
	浸水168h后保持率（%）	≥70		≥70	≥80
与混凝土粘结强度（卷材-混凝土）	标准试验条件（N/mm）	≥1.5或卷材断裂		≥1.5或卷材断裂	≥0.6或卷材断裂

4.3.12　采用涂膜防水修缮时，涂膜防水层应符合国家现行有关标准的规定，新旧涂膜防水层搭接宽度不应小于100mm。

4.3.13　保温隔热层浸水渗漏修缮，应根据其面积的大小，进行局部或全部翻修。保温层浸水不易排除时，宜增设排水措施；保温层潮湿时，宜增设排汽措施，再做防水层。

4.3.14　屋面发生大面积渗漏，防水层丧失防水功能时，应进行翻修，并按现行国家标准《屋面工程技术规范》GB 50345的规定重新设计。

Ⅱ　卷材防水屋面

4.3.15　天沟、檐沟卷材开裂渗漏修缮应符合下列规定：

　　1　当渗漏点较少或分布零散时，应拆除开裂破损处已失效的防水材料，重新进行防水处理，修缮后应与原防水层衔接形成整体，且不得积水（图4.3.15）。

　　2　渗漏严重的部位翻修时，宜先将已起鼓、破损的原防水层铲除、清理干净，并修补基层，再铺设卷材或涂布防水涂料附加层，然后重新铺设防水层，

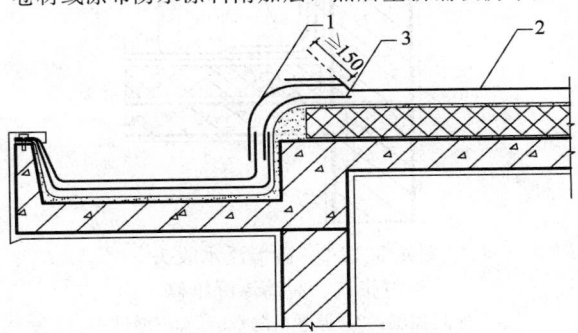

图 4.3.15　天沟、檐沟与屋面交接处渗漏维修
1—新铺卷材或涂膜防水层；2—原防水层；3—新铺附加层

卷材收头部位应固定、密封。

4.3.16 泛水处卷材开裂、张口、脱落的维修应符合下列规定：

1 女儿墙、立墙等高出屋面结构与屋面基层的连接处卷材开裂时，应先将裂缝清理干净，再重新铺设卷材或涂布防水涂料，新旧防水层应形成整体（图4.3.16-1）。卷材收头可压入凹槽内固定密封，凹槽距屋面找平层高度不应小于250mm，上部墙体应做防水处理。

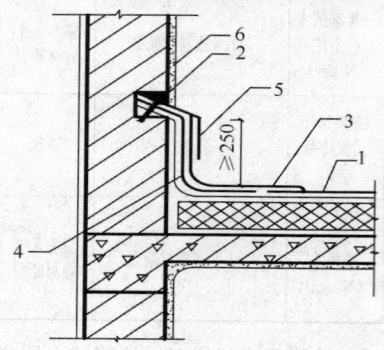

图 4.3.16-1 女儿墙、立墙与
屋面基层连接处开裂维修

1—原防水层；2—密封材料；3—新铺卷材或
涂膜防水层；4—新铺附加层；5—压盖原防水
层卷材；6—防水处理

2 女儿墙泛水处收头卷材张口、脱落不严重时，应先清除原有胶粘材料及密封材料，再重新满粘卷材。上部应覆盖一层卷材，并应将卷材收头铺至女儿墙压顶下，同时应用压条钉压固定并用密封材料封闭严密，压顶应做防水处理（图4.3.16-2）。张口、脱落严重时应割除并重新铺设卷材。

3 混凝土墙体泛水处收头卷材张口、脱落时，应先清除原有胶粘材料、密封材料、水泥砂浆层至结构层，再涂刷基层处理剂，然后重新满粘卷材。卷材

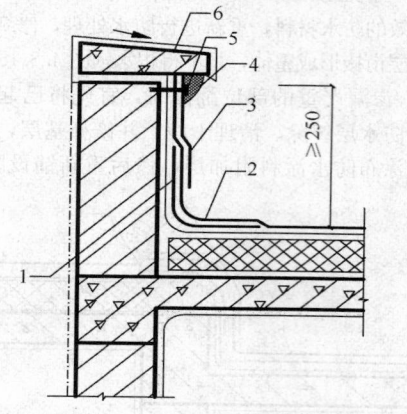

图 4.3.16-2 砖墙泛水收头
卷材张口、脱落渗漏维修

1—原附加层；2—原卷材防水层；3—增铺一
层卷材防水层；4—密封材料；5—金属压条
钉压固定；6—防水处理

收头端部应裁齐，并应用金属压条钉压固定，最大钉距不应大于300mm，并应用密封材料封严。上部应采用金属板材覆盖，并应钉压固定、用密封材料封严（图4.3.16-3）。

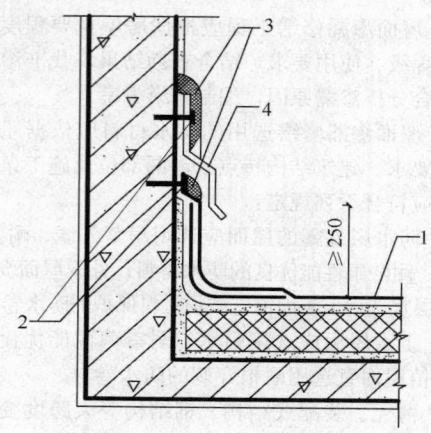

图 4.3.16-3 混凝土墙体泛水处
收头卷材张口、脱落渗漏维修

1—原卷材防水层；2—金属压条钉压固定；3—密
封材料；4—增铺金属板材或高分子卷材

4.3.17 女儿墙、立墙和女儿墙压顶开裂、剥落的维修应符合下列规定：

1 压顶砂浆局部开裂、剥落时，应先剔除局部砂浆后，再铺抹聚合物水泥防水砂浆或浇筑C20细石混凝土。

2 压顶开裂、剥落严重时，应先凿除酥松砂浆，再修补基层，然后在顶部加扣金属盖板，金属盖板应做防锈蚀处理。

4.3.18 变形缝渗漏的维修应符合下列规定：

1 屋面水平变形缝渗漏维修时，应先清除缝内原卷材防水层、胶结材料及密封材料，且基层应保持干净、干燥，再涂刷基层处理剂、缝内填充衬垫材料，并用卷材封盖严密，然后在顶部加扣混凝土盖板或金属盖板，金属盖板应做防腐蚀处理（图4.3.18-1）。

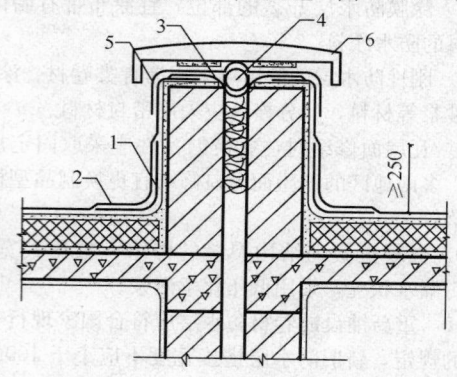

图 4.3.18-1 水平变形缝渗漏维修

1—原附加层；2—原卷材防水层；3—新铺
卷材；4—新嵌衬垫材料；5—新铺卷材封
盖；6—新铺金属盖板

2 高低跨变形缝渗漏时，应先按本条第 1 款进行清理及卷材铺设，卷材应在立墙收头处用金属压条钉压固定和密封处理，上部再用金属板或合成高分子卷材覆盖，其收头部位应固定密封（图 4.3.18-2）。

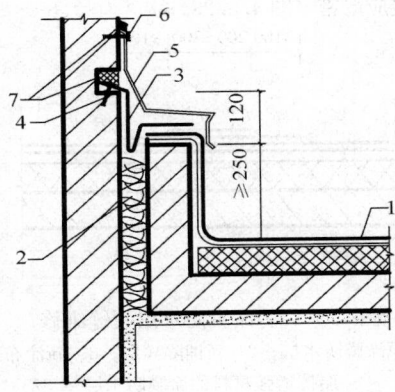

图 4.3.18-2　高低跨变形缝渗漏维修
1—原卷材防水层；2—新铺泡沫塑料；3—新铺卷材封盖；4—水泥钉；5—新铺金属板材或合成高分子卷材；6—金属压条钉压固定；7—新嵌密封材料

3 变形缝挡墙根部渗漏应按本规程第 4.3.16 条第 1 款的规定进行处理。

4.3.19 水落口防水构造渗漏维修应符合下列规定：

1 横式水落口卷材收头处张口、脱落导致渗漏时，应拆除原防水层，清理干净，嵌填密封材料，新铺卷材或涂膜附加层，再铺设防水层（图 4.3.19-1）。

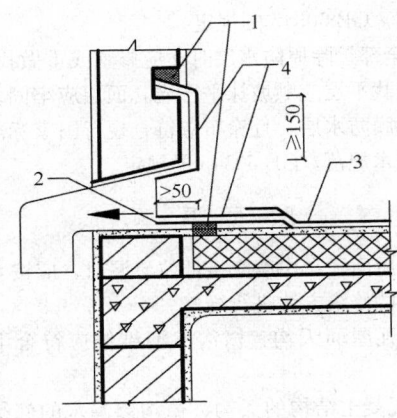

图 4.3.19-1　横式水落口与
基层接触处渗漏维修
1—新嵌密封材料；2—新铺附加层；3—原防水层；4—新铺卷材或涂膜防水层

2 直式水落口与基层接触处出现渗漏时，应清除周边已破损的防水层和凹槽内原密封材料，基层处理后重新嵌填密封材料，面层涂布防水涂料，厚度不应小于 2mm（图 4.3.19-2）。

4.3.20 伸出屋面的管道根部渗漏时，应先将管道周围的卷材、胶粘材料及密封材料清除干净至结构层，

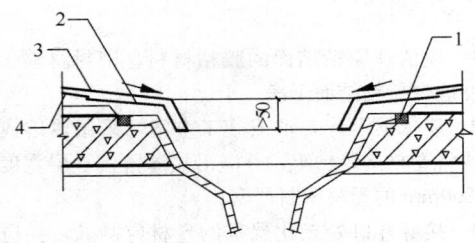

图 4.3.19-2　直式水落口与
基层接触处渗漏维修
1—新嵌密封材料；2—新铺附加层；
3—新涂膜防水层；4—原防水层

再在管道根部重做水泥砂浆圆台，上部增设防水附加层，面层用卷材覆盖，其搭接宽度不应小于 200mm，并应粘结牢固，封闭严密。卷材防水层收头高度不应小于 250mm，并应先用金属箍箍紧，再用密封材料封严（图 4.3.20）。

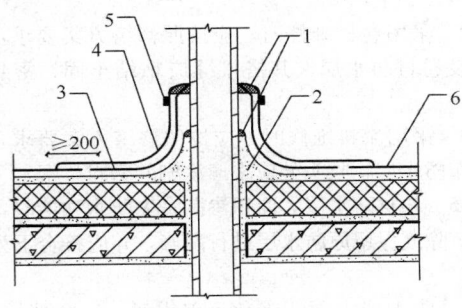

图 4.3.20　伸出屋面管道根部渗漏维修
1—新嵌密封材料；2—新做防水砂浆圆台；3—新铺附加层；4—新铺面层卷材；5—金属箍；6—原防水层

4.3.21 卷材防水层裂缝维修应符合下列规定：

1 采用卷材维修有规则裂缝时，应先将基层清理干净，再沿裂缝单边点粘宽度不小于 100mm 卷材隔离层，然后在原防水层上铺设宽度不小于 300mm 卷材覆盖层，覆盖层与原防水层的粘结宽度不应小于 100mm。

2 采用防水涂料维修有规则裂缝时，应先沿裂缝清理面层浮灰、杂物，再沿裂缝铺设隔离层，其宽度不应小于 100mm，然后在面层涂布带有胎体增强材料的防水涂料，收头处密封严密。

3 对于无规则裂缝，宜沿裂缝铺设宽度不小于 300mm 卷材或涂布带有胎体增强材料的防水涂料。维修前，应沿裂缝清理面层浮灰、杂物。防水层应满粘满涂，新旧防水层应搭接严密。

4 对于分格缝或变形缝部位的卷材裂缝，应清除缝内失效的密封材料，重新铺设衬垫材料和嵌填密封材料。密封材料应饱满、密实，施工中不得裹入空气。

4.3.22 卷材接缝开口、翘边的维修应符合下列规

定:

    1 应清理原粘结面的胶粘材料、密封材料、尘土，并应保持粘结面干净、干燥；

    2 应依据设计要求或施工方案，采用热熔或胶粘方法将卷材接缝粘牢，并应沿接缝覆盖一层宽度不小于200mm的卷材密封严密；

    3 接缝开口处老化严重的卷材应割除，并应重新铺设卷材防水层，接缝处应用密封材料密封严密、粘结牢固。

4.3.23 卷材防水层起鼓维修时，应先将卷材防水层鼓泡用刀割除，并清除原胶粘材料，基层应干净、干燥，再重新铺设防水卷材，防水卷材的接缝处应粘结牢固、密封严密。

4.3.24 卷材防水层局部龟裂、发脆、腐烂等的维修应符合下列规定：

    1 宜铲除已破损的防水层，并应将基层清理干净、修补平整；

    2 采用卷材维修时，应按照修缮方案要求，重新铺设卷材防水层，其搭接缝应粘结牢固、密封严密；

    3 采用涂料维修时，应按照修缮方案要求，重新涂布防水层，收头处应多遍涂刷并密封严密。

4.3.25 卷材防水层大面积渗漏丧失防水功能时，可全部铲除或保留原防水层进行翻修，并应符合下列规定：

    1 防水层大面积老化、破损时，应全部铲除，并应修整找平层及保温层。铺设卷材防水层时，应先做附加层增强处理，并应符合现行国家标准《屋面工程技术规范》GB 50345 的规定，再重新施工防水层及其保护层。

    2 防水层大面积老化、局部破损时，在屋面荷载允许的条件下，宜在保留原防水层的基础上，增做面层防水层。防水卷材破损部分应铲除，面层应清理干净，必要时应用水冲刷干净。局部修补、增强处理后，应铺设面层防水层，卷材铺设应符合现行国家标准《屋面工程技术规范》GB 50345 的规定。

Ⅲ 涂膜防水屋面

4.3.26 涂膜防水屋面泛水部位渗漏维修应符合下列规定：

    1 应清理泛水部位的涂膜防水层，且面层应干燥、干净。

    2 泛水部位应先增设涂膜防水附加层，再涂布防水涂料，涂膜防水层有效泛水高度不应小于250mm。

4.3.27 天沟水落口维修时，应清理防水层及基层，天沟应无积水且干燥，水落口杯应与基层锚固。施工时，应先做水落口的密封防水处理及增强附加层，其直径应比水落口大200mm，再在面层涂布防水涂料。

4.3.28 涂膜防水层裂缝的维修应符合下列规定：

    1 对于有规则裂缝维修，应先清除裂缝部位的防水涂膜，并将基层清理干净，再沿缝干铺或单边点粘空铺隔离层，然后在面层涂布涂膜防水层，新旧防水层搭接应严密（图4.3.28）；

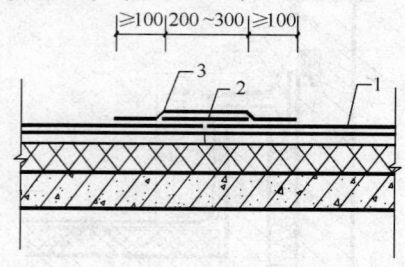

图 4.3.28 涂膜防水层裂缝维修
1—原涂膜防水层；2—新铺隔离层；3—新涂布有
胎体增强材料的涂膜防水层

    2 对于无规则裂缝维修，应先铲除损坏的涂膜防水层，并清除裂缝周围浮灰及杂物，再沿裂缝涂布涂膜防水层，新旧防水层搭接应严密。

4.3.29 涂膜防水层起鼓、老化、腐烂等维修时，应先铲除已破损的防水层并修整或重做找平层，找平层应抹平压光，再涂刷基层处理剂，然后涂布涂膜防水层，且其边缘应多遍涂刷涂膜。

4.3.30 涂膜防水层翻修应符合下列规定：

    1 保留原防水层时，应将起鼓、腐烂、开裂及老化部位涂膜防水层清除。局部维修后，面层应涂布涂膜防水层，且涂布应符合现行国家标准《屋面工程技术规范》GB 50345 的规定。

    2 全部铲除原防水层时，应修整或重做找平层，水泥砂浆找平层应顺坡抹平压光，面层应牢固。面层应涂布涂膜防水层，且涂布应符合现行国家标准《屋面工程技术规范》GB 50345 的规定。

Ⅳ 瓦 屋 面

4.3.31 屋面瓦与山墙交接部位渗漏时，应按女儿墙泛水渗漏的修缮方法进行维修。

4.3.32 瓦屋面天沟、檐沟渗漏维修应符合下列规定：

    1 混凝土结构的天沟、檐沟渗漏水的修缮应符合本规程第4.3.15条的规定；

    2 预制的天沟、檐沟应根据损坏程度决定局部维修或整体更换。

4.3.33 水泥瓦、黏土瓦和陶瓦屋面渗漏维修应符合下列规定：

    1 少量瓦件产生裂纹、缺角、破碎、风化时，应拆除破损的瓦件，并选用同一规格的瓦件予以更换；

    2 瓦件松动时，应拆除松动瓦件，重新铺挂瓦件；

3 块瓦大面积破损时，应清除全部瓦件，整体翻修。

4.3.34 沥青瓦屋面渗漏维修应符合下列规定：

1 沥青瓦局部老化、破裂、缺损时，应更换同一规格的沥青瓦；

2 沥青瓦大面积老化时，应全部拆除沥青瓦，并按现行国家标准《屋面工程技术规范》GB 50345 的规定重新铺设防水垫层及沥青瓦。

V 刚性防水屋面

4.3.35 刚性防水层泛水部位渗漏的维修应符合下列规定：

1 泛水渗漏的维修应在泛水处用密封材料嵌缝，并应铺设卷材或涂布涂膜附加层；

2 当泛水处采用卷材防水层时，卷材收头应用金属压条钉压固定，并用密封材料封闭严密（图4.3.35）。

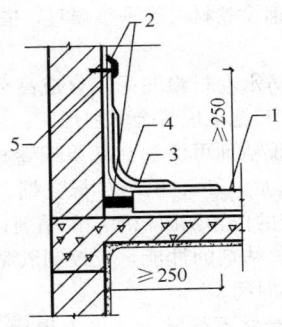

图 4.3.35 泛水部位的
渗漏维修

1—原刚性防水层；2—新嵌密
封材料；3—新铺附加层；4—
新铺防水层；5—金属条钉压

4.3.36 分格缝渗漏维修应符合下列规定：

1 采用密封材料嵌缝时，缝槽底部应先设置背衬材料，密封材料覆盖宽度应超出分格缝每边50mm以上（图4.3.36-1）。

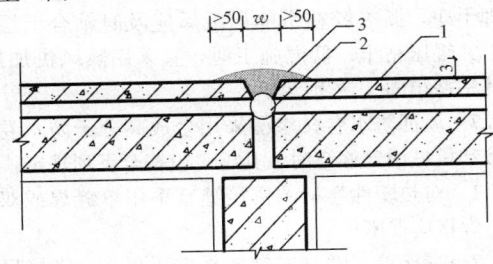

图 4.3.36-1 分格缝采用密封材料嵌缝维修
1—原刚性防水层；2—新铺背衬材料；3—新嵌密
封材料；w—分格缝上口宽度

2 采用铺设卷材或涂布有胎体增强材料的涂膜防水层维修时，应清除高出分格缝的密封材料。面层

铺设卷材或涂布有胎体增强材料的涂膜防水层应与板面贴牢封严。铺设防水卷材时，分格缝部位的防水卷材宜空铺，卷材两边应满粘，且与基层的有效搭接宽度不应小于100mm（图4.3.36-2）。

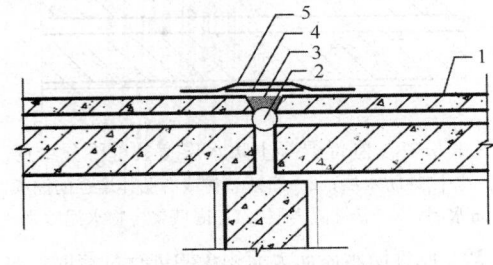

图 4.3.36-2 分格缝采用卷材或涂膜防水层维修
1—原刚性防水层；2—新铺背衬材料；3—新嵌密封
材料；4—隔离层；5—新铺卷材或涂膜防水层

4.3.37 刚性防水层表面因混凝土风化、起砂、酥松、起壳、裂缝等原因而导致局部渗漏时，应先将损坏部位清除干净，再浇水湿润后，然后用聚合物水泥防水砂浆分层抹压密实、平整。

4.3.38 刚性混凝土防水层裂缝维修时，宜针对不同部位的裂缝变异状况，采取相应的维修措施，并应符合下列规定：

1 有规则裂缝采用防水涂料维修时，宜选用高聚物改性沥青防水涂料或合成高分子防水涂料，并应符合下列规定：

1）应在基层补强处理后，沿缝设置宽度不小于100mm的隔离层，再在面层涂布带有胎体增强材料的防水涂料，且宽度不应小于300mm；

2）采用高聚物改性沥青防水涂料时，防水层厚度不应小于3mm，采用合成高分子防水涂料时，防水层厚度不应小于2mm；

3）涂膜防水层与裂缝两侧混凝土粘结宽度不应小于100mm。

2 有规则裂缝采用防水卷材维修时，应在基层补强处理后，先沿裂缝空铺隔离层，其宽度不应小于100mm，再铺设卷材防水层，宽度不应小于300mm，卷材防水层与裂缝两侧混凝土防水层的粘结宽度不应小于100mm，卷材与混凝土之间应粘贴牢固、收头密封严密。

3 有规则裂缝采用密封材料嵌缝维修时，应沿裂缝剔凿出15mm×15mm的凹槽，基层清理后，槽壁涂刷与密封材料配套的基层处理剂，槽底填放背衬材料，并在凹槽内嵌填密封材料，密封材料应嵌填密实、饱满，防止裹入空气，缝壁粘牢封严。

4 宽裂缝维修时，应先沿缝嵌填聚合物水泥防水砂浆或掺防水剂的水泥砂浆，再按本规程第4.3.21条第1款或第2款的规定进行维修（图4.3.38）。

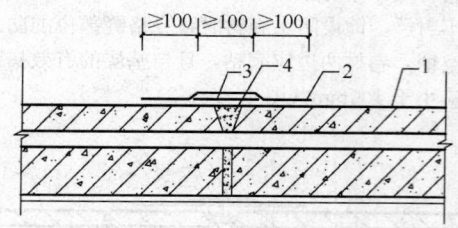

图 4.3.38 刚性混凝土防水层宽裂缝渗漏维修
1—原刚性防水层；2—新铺卷材或有胎体增强的涂膜防水层；3—新铺隔离层；4—嵌填聚合物水泥砂浆

4.3.39 刚性防水屋面大面积渗漏进行翻修时，宜优先采用柔性防水层，且防水层施工应符合现行国家标准《屋面工程技术规范》GB 50345 的规定。翻修前，应先清除原防水层表面损坏部分，再对渗漏的节点及其他部位进行维修。

4.4 施 工

4.4.1 屋面渗漏修缮基层处理应满足材料及施工工艺的要求，并应符合本规程第 4.1.3 条的规定。

4.4.2 采用基层处理剂时，其配制与施工应符合下列规定：

   1 基层处理剂可采取喷涂法或涂刷法施工；

   2 喷、涂基层处理剂前，应用毛刷对屋面节点、周边、转角等部分进行涂刷；

   3 基层处理剂配比应准确，搅拌充分，喷、涂应均匀一致，覆盖完全，待其干燥后应及时施工防水层。

4.4.3 屋面防水卷材渗漏采用卷材修缮时，其施工应符合下列规定：

   1 铺设卷材的基层处理应符合修缮方案的要求，其干燥程度应根据卷材的品种与施工要求确定；

   2 在防水层破损或细部构造及阴阳角、转角部位，应铺设卷材加强层；

   3 卷材铺设宜采用满粘法施工；

   4 卷材搭接缝部位应粘结牢固、封闭严密；铺设完成的卷材防水层应平整，搭接尺寸应符合设计要求；

   5 卷材防水层应先沿裂缝单边点粘或空铺一层宽度不小于 100mm 的卷材，或采取其他能增大防水层适应变形的措施，然后再大面积铺设卷材。

4.4.4 屋面水落口、天沟、檐沟、檐口及立面卷材收头等渗漏修缮施工应符合下列规定：

   1 重新安装的水落口应牢固固定在承重结构上；当采用金属制品时应做防锈处理；

   2 天沟、檐沟重新铺设的卷材应从沟底开始，当沟底过宽、卷材需纵向搭接时，搭接缝应用密封材料封口；

   3 混凝土立面的卷材收头应裁齐后压入凹槽，

并用压条或带垫片钉子固定，最大钉距不应大于 300mm，凹槽内用密封材料嵌填封严；

   4 立面铺设高聚物改性沥青防水卷材时，应采用满粘法，并宜减少短边搭接。

4.4.5 屋面防水卷材渗漏采用高聚物改性沥青防水卷材热熔修缮时，施工应符合下列规定：

   1 火焰加热器的喷嘴距卷材面的距离应适中，幅宽内加热应均匀，以卷材表面熔融至光亮黑色为度，不得过分加热卷材；

   2 厚度小于 3mm 的高聚物改性沥青防水卷材，严禁采用热熔法施工；

   3 卷材表面热熔后应立即铺设卷材，铺设时应排除卷材下面的空气，使之平展并粘贴牢固；

   4 搭接缝部位宜以溢出热熔的改性沥青为度，溢出的改性沥青宽度以 2mm 左右并均匀顺直为宜；当接缝处的卷材有铝箔或矿物粒（片）料时，应清除干净后再进行热熔和接缝处理；

   5 重新铺设卷材时应平整顺直，搭接尺寸准确，不得扭曲。

4.4.6 屋面防水卷材渗漏采用合成高分子防水卷材冷粘修缮时，其施工应符合下列规定：

   1 基层胶粘剂可涂刷在基层或卷材底面，涂刷应均匀，不露底，不堆积；卷材空铺、点粘、条粘时，应按规定的位置及面积涂刷胶粘剂；

   2 根据胶粘剂的性能，应控制胶粘剂涂刷与卷材铺设的间隔时间；

   3 铺设卷材不得皱折，也不得用力拉伸卷材，并应排除卷材下面的空气，辊压粘贴牢固；

   4 铺设的卷材应平整顺直，搭接尺寸准确，不得扭曲；

   5 卷材铺好压粘后，应将搭接部位的粘合面清理干净，并采用与卷材配套的接缝专用胶粘剂粘贴牢固；

   6 搭接缝口应采用与防水卷材相容的密封材料封严；

   7 卷材搭接部位采用胶粘带粘结时，粘合面应清理干净，撕去胶粘带隔离纸后应及时粘合上层卷材，并辊压粘牢；低温施工时，宜采用热风机加热，使其粘贴牢固、封闭严密。

4.4.7 屋面防水卷材渗漏采用合成高分子防水卷材焊接和机械固定修缮时，其施工应符合下列规定：

   1 对热塑性卷材的搭接缝宜采用单缝焊或双缝焊，焊接应严密；

   2 焊接前，卷材应铺放平整、顺直，搭接尺寸准确，焊接缝的结合面应清扫干净；

   3 应先焊长边搭接缝，后焊短边搭接缝；

   4 卷材采用机械固定时，固定件应与结构层固定牢固，固定件间距应根据当地的使用环境与条件确定，并不宜大于 600mm；距周边 800mm 范围内的卷材应满粘。

4.4.8 屋面防水卷材渗漏采用防水涂膜修缮时应符合本规程第 4.4.9 条～第 4.4.12 条的规定。

4.4.9 涂膜防水层渗漏修缮施工应符合下列规定：

1 基层处理应符合修缮方案的要求，基层的干燥程度，应视所选用的涂料特性而定；

2 涂膜防水层的厚度应符合国家现行有关标准的规定；

3 涂膜防水层修缮时，应先做带有铺胎体增强材料涂膜附加层，新旧防水层搭接宽度不应小于 100mm；

4 涂膜防水层应采用涂布或喷涂法施工；

5 涂膜防水层维修或翻修时，天沟、檐沟的坡度应符合设计要求；

6 防水涂膜应分遍涂布，待先涂布的涂料干燥成膜后，方可涂布后一遍涂料，且前后两遍涂料的涂布方向应相互垂直；

7 涂膜防水层的收头，应采用防水涂料多遍涂刷或用密封材料封严；

8 对已开裂、渗水的部位，应凿出凹槽后再嵌填密封材料，并增设一层或多层带有胎体增强材料的附加层；

9 涂膜防水层应沿裂缝增设带有胎体增强材料的空铺附加层，其空铺宽度宜为 100mm。

4.4.10 涂膜防水层渗漏采用高聚物改性沥青防水涂膜修缮时，其施工应符合下列规定：

1 防水涂膜应多遍涂布，其总厚度应达到设计要求；

2 涂层的厚度应均匀，且表面平整；

3 涂层间铺设带有胎体增强材料时，宜边涂布边铺胎体；胎体应铺设平整，排除气泡，并与涂料粘结牢固；在胎体上涂布涂料时，应使涂料浸透胎体，覆盖完全，不得有胎体外露现象；最上面的涂层厚度不应小于 1.0mm；

4 涂膜施工应先做好节点处理，铺设带有胎体增强材料的附加层，然后再进行大面积涂布；

5 屋面转角及立面的涂膜应薄涂多遍，不得有流淌和堆积现象。

4.4.11 涂膜防水层渗漏采用合成高分子防水涂膜修缮时，其施工应符合下列要求：

1 可采用涂布或喷涂施工；当采用涂布施工时，每遍涂布的推进方向宜与前一遍相互垂直；

2 多组分涂料应按配合比准确计量，搅拌均匀，已配制的多组分涂料应及时使用；配料时，可加入适量的缓凝剂或促凝剂来调节固化时间，但不得混入已固化的涂料；

3 在涂层间铺设带有胎体增强材料时，位于胎体下面的涂层厚度不宜小于 1mm，最上层的涂层不应少于两遍，其厚度不应小于 0.5mm。

4.4.12 涂膜防水层渗漏采用聚合物水泥防水涂膜修缮施工时，应有专人配料、计量、搅拌均匀，不得混入已固化或结块的涂料。

4.4.13 屋面防水层渗漏采用合成高分子密封材料修缮时，其施工应符合下列规定：

1 单组分密封材料可直接使用；多组分密封材料应根据规定的比例准确计量，拌合均匀；每次拌合量、拌合时间和拌合温度，应按所用密封材料的要求严格控制；

2 密封材料可使用挤出枪或腻子刀嵌填，嵌填应饱满，不得有气泡和孔洞；

3 采用挤出枪嵌填时，应根据接缝的宽度选用口径合适的挤出嘴，均匀挤出密封材料嵌填，并由底部逐渐充满整个接缝；

4 一次嵌填或分次嵌填应根据密封材料的性能确定；

5 采用腻子刀嵌填时，应先将少量密封材料批刮在缝槽两侧，分次将密封材料嵌填在缝内，并防止裹入空气，接头应采用斜槎；

6 密封材料嵌填后，应在表干前用腻子刀进行修整；

7 多组分密封材料拌合后，应在规定时间内用完，未混合的多组分密封材料和未用完的单组分密封材料应密封存放；

8 嵌填的密封材料表干后，方可进行保护层施工；

9 对嵌填完毕的密封材料，应避免碰损及污染；固化前不得踩踏。

4.4.14 瓦屋面渗漏修缮施工应符合下列规定：

1 更换的平瓦应铺设整齐，彼此紧密搭接，并应瓦榫落槽，瓦脚挂牢，瓦头排齐；

2 更换的油毡瓦应自檐口向上铺设，相邻两层油毡瓦，其拼缝及瓦槽应均匀错开；

3 每片油毡瓦不应少于 4 个油毡钉，油毡钉应垂直钉入，钉帽不得外露油毡瓦表面；当屋面坡度大于 150% 时，应增加油毡钉或采用沥青胶粘贴；

4.4.15 刚性防水层渗漏采用聚合物水泥防水砂浆或掺外加剂的防水砂浆修缮时，其施工应符合下列规定：

1 基层表面应坚实、洁净，并应充分湿润、无明水；

2 防水砂浆配合比应符合设计要求，施工中不得随意加水；

3 防水层应分层抹压，最后一层表面应提浆压光；

4 聚合物水泥防水砂浆拌合后应在规定时间内用完，凡结硬砂浆不得继续使用；

5 砂浆层硬化后方可浇水养护，并应保持砂浆表面湿润，养护时间不应少于 14d，温度不宜低于

5℃。

4.4.16 刚性防水层渗漏采用柔性防水层修缮时，其施工应符合本规程第4.4.3条～第4.4.13条的规定。

4.4.17 屋面大面积渗漏进行翻修时，其施工应符合下列规定：

   1 基层处理应符合修缮方案要求；

   2 采用防水卷材修缮施工应符合本规程第4.4.3条～第4.4.8条的规定，并应符合现行国家标准《屋面工程技术规范》GB 50345的规定；

   3 采用防水涂膜修缮施工应符合本规程第4.4.9条～第4.4.12条的规定，并应符合现行国家标准《屋面工程技术规范》GB 50345的规定；

   4 防水层修缮合格后，应恢复屋面使用功能。

4.4.18 屋面渗漏修缮施工严禁在雨天、雪天进行；五级风及其以上时不得施工。施工环境气温应符合现行国家标准的规定。

4.4.19 当工程现场与修缮方案有出入时，应暂停施工。需变更修缮方案时应做好洽商记录。

5 外墙渗漏修缮工程

5.1 一般规定

5.1.1 本章适用于建筑外墙渗漏修缮工程。

5.1.2 建筑外墙渗漏宜以迎水面修缮为主。

5.1.3 对于因房屋结构损坏造成的外墙渗漏，应先加固修补结构，再进行渗漏修缮。

5.2 查 勘

5.2.1 外墙渗漏现场查勘应重点检查节点部位的渗漏现象。

5.2.2 外墙渗漏修缮查勘应包括下列内容：

   1 清水墙灰缝、裂缝、孔洞等；

   2 抹灰墙面裂缝、空鼓、风化、剥落、酥松等；

   3 面砖与板材墙面接缝、开裂、空鼓等；

   4 预制混凝土板接缝、开裂、风化、剥落、酥松等；

   5 外墙变形缝、外装饰分格缝、穿墙管道根部、阳台、空调板及雨篷根部、门窗框周边、女儿墙根部、预埋件或挂件根部、混凝土结构与填充墙结合处等节点部位。

5.3 修 缮 方 案

Ⅰ 选材及修缮要求

5.3.1 外墙渗漏修缮的选材应符合下列规定：

   1 外墙渗漏局部修缮选用材料的材质、色泽、外观宜与原建筑外墙装饰材料一致，翻修时，所采用的材料、颜色应由设计确定；

   2 嵌缝材料宜选用粘结强度高、耐久性好、冷施工和环保型的密封材料；

   3 抹面材料宜选用聚合物水泥防水砂浆或掺加防水剂的水泥砂浆；

   4 防水涂料宜选用粘结性好、耐久性好、对基层开裂变形适应性强并符合环保要求的合成高分子防水涂料。

5.3.2 外墙渗漏修缮宜遵循"外排内治"、"外排内防"、"外病内治"的原则。

5.3.3 对于因面砖、板材等材料本身破损而导致的渗漏，当需更换面砖、板材时，宜采用聚合物水泥防水砂浆或胶粘剂粘贴并做好接缝密封处理。

5.3.4 对于面砖、板材接缝的渗漏，宜采用聚合物水泥防水砂浆或密封材料重新嵌缝。

5.3.5 对于外墙水泥砂浆层裂缝而导致的渗漏，宜先在裂缝处刮抹聚合物水泥腻子后，再涂刷具有装饰功能的防水涂料。裂缝较大时，宜先凿缝嵌填密封材料，再涂刷高弹性防水涂料。

5.3.6 对于孔洞的渗漏，应根据孔洞的用途，采取永久封堵、临时封堵或排水等维修方法。

5.3.7 对于预埋件或挂件根部的渗漏，宜采用嵌填密封材料、外涂防水涂料维修。

5.3.8 对于门窗框周边的渗漏，宜在室内外两侧采用密封材料封堵。

5.3.9 混凝土结构与填充墙结合处裂缝的渗漏，宜采用钢丝网或耐碱玻纤网格布挂网，抹压防水砂浆的方法维修。

Ⅱ 清水墙面

5.3.10 清水墙渗漏维修应符合下列规定：

   1 墙体坚实完好、墙面灰缝损坏时，可先将渗漏部位的灰缝剔凿出深度为(15～20)mm的凹槽，经浇水湿润后，再采用聚合物水泥防水砂浆勾缝；

   2 墙面局部风化、碱蚀、剥皮，应先将已损坏的砖面剔除，并清理干净，再浇水湿润，然后抹压聚合物水泥防水砂浆，并进行调色处理使其与原墙面基本一致；

   3 严重渗漏时，应先抹压聚合物水泥防水砂浆对基层进行防水补强后，再采用涂刷具有装饰功能的防水涂料或聚合物水泥防水砂浆粘贴面砖等进行处理。

Ⅲ 抹灰墙面

5.3.11 抹灰墙面局部损坏渗漏时，应先剔凿损坏部分至结构层，并清理干净、浇水湿润，然后涂刷界面剂，并分层抹压聚合物水泥防水砂浆，每层厚度宜控制在10mm以内并处理好接槎。抹灰层完成后，应恢复饰面层。

5.3.12 抹灰墙面裂缝渗漏的维修应符合下列规定：

1 对于抹灰墙面的龟裂，应先将表面清理干净，再涂刷颜色与原饰面层一致的弹性防水涂料；

2 对于宽度较大的裂缝，应先沿裂缝切割并剔凿出 15mm×15mm 的凹槽，且对于松动、空鼓的砂浆层，应全部清除干净，再在浇水湿润后，用聚合物水泥防水砂浆修补平整，然后涂刷与原饰面层颜色一致且具有装饰功能的防水涂料。

5.3.13 外墙外保温墙面渗漏维修时，宜针对保温及饰面层体系构造、损坏程度、渗漏现状等状况，采取相应的维修措施，并应符合下列规定：

1 对于保温层裂缝渗漏，可不拆除保温层，并应根据保温层及饰面层体系形式，按本规程第 5.3.1 条～第 5.3.9 条的规定进行维修；

2 保温层局部严重渗漏且丧失保温功能时，应先将其局部拆除，并对结构墙体补强处理后，再涂布防水涂料，然后恢复保温层及饰面层。

5.3.14 抹灰墙面大面积渗漏时，应进行翻修，并应在基层补强处理后，采用涂布外墙防水饰面涂料或防水砂浆粘贴面砖等方法进行饰面处理。

Ⅳ 面砖与板材墙面

5.3.15 面砖、板材饰面层渗漏的维修应符合下列规定：

1 对于面砖饰面层接缝处渗漏，应先清理渗漏部位的灰缝，并用水冲洗干净，再采用聚合物水泥防水砂浆勾缝；

2 对于面砖局部损坏，应先剔除损坏的面砖，并清理干净，再浇水湿润，然后在修补基层后，再用聚合物水泥防水砂浆粘贴与原有饰面砖一致的面砖，并勾缝严密；

3 对于板材局部破损，应先剔除破损的板材，并清理干净，再在经防水处理后，恢复板材饰面层；

4 严重渗漏时应翻修，并可在对损坏部分修补后，选用下列方法进行防水处理：

　　1）涂布高弹性且具有防水装饰功能的外墙涂料；

　　2）分段抹压聚合物水泥防水砂浆后，再恢复外墙面砖、板材饰面层。

Ⅴ 预制混凝土墙板

5.3.16 预制混凝土墙板渗漏维修应符合下列规定：

1 墙板接缝处的排水槽、滴水线、挡水台、披水坡等部位渗漏，应先将损坏及周围酥松部分剔除，并清理干净，再浇水湿润，然后嵌填聚合物水泥防水砂浆，并沿缝涂布防水涂料。

2 墙板的垂直缝、水平缝、十字缝需恢复空腔构造防水时，应先将勾缝砂浆清理干净，并更换缝内损坏或老化的塑料条或油毡条，再用护面砂浆勾缝。勾缝应严密，十字缝的四方应保持通畅，缝的下方应留出与空腔连通的排水孔。

3 墙板的垂直缝、水平缝、十字缝空腔构造防水改为密封材料防水时，应先剔除原勾缝砂浆，并清除空腔内杂物，再嵌填聚合物水泥防水砂浆进行勾缝，并在空腔内灌注水泥砂浆，然后在填背衬材料后，嵌填密封材料。

封贴保护层应按外墙装饰要求镶嵌面砖或用砂浆着色勾缝。

4 墙板的垂直缝、水平缝、十字缝防水材料损坏时，应先凿除接缝处松动、脱落、老化的嵌缝材料，并清理干净，待基层干燥后，再用密封材料补填嵌缝，粘贴牢固。

5 当墙板板面渗漏时，板面风化、酥松、蜂窝、孔洞周围松动等的混凝土应先剔除，并冲水清理干净，再用聚合物水泥防水砂浆分层抹压，面层涂布防水涂料。蜂窝、孔洞部位应先灌注 C20 细石混凝土，并用钢钎振捣密实后再抹压防水砂浆。

高层建筑外墙混凝土墙板渗漏，宜采用外墙内侧堵水维修，并应浇水湿润后，再嵌填或抹压聚合物水泥防水砂浆，涂布防水涂膜层。

6 对于上、下墙板连接处，楼板与墙板连接处坐浆灰不密实，风化、酥松等引起的渗漏，宜采用内堵水维修，并应先剔除松散坐浆灰，清理干净，再沿缝嵌填密封材料，密封应严密，粘结应牢固。

Ⅵ 细部修缮

5.3.17 墙体变形缝渗漏维修应符合下列规定：

1 原采用弹性材料嵌缝的变形缝渗漏维修时，应先清除缝内已失效的嵌缝材料及浮灰、杂物，待缝内干燥后再设置背衬材料，然后分层嵌填密封材料，并应密封严密、粘结牢固。

2 原采用金属折板盖缝的外墙变形缝渗漏维修时，应先拆除已损坏的金属折板、防水层和衬垫材料，再重新粘铺衬垫材料，钉粘合成高分子防水卷材，收头处钉压固定并用密封材料封闭严密，然后在表面安装金属折板，折板应顺水流方向搭接，搭接长度不应小于 40mm。金属折板应做好防腐蚀处理后锚固在墙体上，螺钉眼宜选用与金属折板颜色相近的密封材料嵌填、密封（图 5.3.17）。

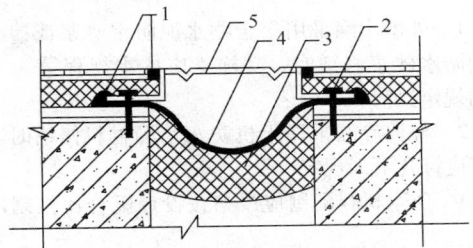

图 5.3.17 墙体变形缝渗漏维修

1—新嵌密封材料；2—钉压固定；3—新铺衬垫材料；
4—新铺防水卷材；5—不锈钢板或镀锌薄钢板

5.3.18 外装饰面分格缝渗漏维修，应嵌填密封材料和涂布高分子防水涂料。

5.3.19 穿墙管道根部渗漏维修，应用掺聚合物的细石混凝土或水泥砂浆固定穿墙管，在穿墙管外墙外侧的周边应预留出 20mm×20mm 的凹槽，凹槽内应嵌填密封材料（图 5.3.19）。

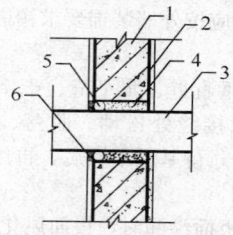

图 5.3.19　穿墙管根部渗漏维修
1—墙体；2—外墙面；3—穿墙管；4—细石混凝土或水泥砂浆；5—新嵌背衬材料；6—新嵌密封材料

5.3.20 混凝土结构阳台、雨篷根部墙体渗漏的维修应符合下列规定：

　　1 阳台、雨篷、遮阳板等产生倒泛水或积水时，可凿除原有找平层，再用聚合物水泥防水砂浆重做找平层，排水坡度不应小于 1%。当阳台、雨篷等水平构件部位埋设的排水管出现淋湿墙面状况时，应加大排水管的伸出长度或增设水落管。

　　2 阳台、雨篷与墙面交接处裂缝渗漏维修，应先在连接处沿裂缝墙上剔凿沟槽，并清理干净，再嵌填密封材料。剔凿时，不得重锤敲击，不得损坏钢筋。

　　3 阳台、雨篷的滴水线（滴水槽）损坏时，应重新修复。

5.3.21 女儿墙根部外侧水平裂缝渗漏维修，应先沿裂缝切割宽度为 20mm、深度至构造层的凹槽，再在槽内嵌填密封材料，并封闭严密。

5.3.22 现浇混凝土墙体穿墙套管渗漏，应将外墙外侧或内侧的管道周边嵌填密封材料，并封堵严密。

5.3.23 现浇混凝土墙体施工缝渗漏，可采用在外墙面喷涂无色透明或与墙面相似色防水剂或防水涂料，厚度不应小于 1mm。

5.4　施　工

5.4.1 外墙渗漏采用聚合物水泥防水砂浆或掺外加剂的防水砂浆修缮时，其施工应按本规程第 4.4.15 条的规定执行。

5.4.2 外墙渗漏采用无机防水堵漏材料修缮时，其施工应符合下列规定：

　　1 防水材料配制应严格按设计配合比控制用水量；

　　2 防水材料应随配随用，已固化的不得再次使用；

　　3 初凝前应全部完成抹压，并将现场及基层清理干净；

　　4 宜按照从上到下的顺序进行施工。

5.4.3 面砖与板材墙面面砖与板材接缝渗漏修缮的施工应符合下列规定：

　　1 接缝嵌填材料和深度应符合设计要求，接缝嵌填应连续、平直、光滑、无裂纹、无空鼓；

　　2 接缝嵌填宜先水平后垂直的顺序进行。

5.4.4 外墙墙体结构缺陷渗漏修缮应符合下列规定：

　　1 对于孔洞、酥松、外表等缺陷，应凿除胶结不牢固部分墙体，用钢丝刷清理，浇水湿润后用水泥砂浆抹平；

　　2 裂缝采用无机防水堵漏材料封闭；

　　3 清水墙修补后宜在水泥砂浆或细石混凝土修补后用磨光机械磨平。

5.4.5 外墙变形缝渗漏采用金属折板盖缝修缮时，其施工应符合下列规定：

　　1 止水带安装应在无渗漏水时进行；

　　2 基层转角处先用无机防水堵漏材料抹成钝角，并设置衬垫材料；

　　3 水泥钉的长度和直径应符合设计要求，宜采取防锈处理；安装时，不得破坏变形缝两侧的基层；

　　4 合成高分子卷材铺设时应留有变形余量，外侧装设外墙专用金属压板配件。

5.4.6 孔洞渗漏采用防水涂料及无机防水堵漏材料修缮的施工应符合本规程第 4.4.9 条～第 4.4.12 条和第 5.4.2 条的规定。

5.4.7 外墙裂缝渗漏修缮采用无机防水堵漏材料封堵裂缝渗漏的施工宜符合本规程第 5.4.2 条的规定；采用防水砂浆的施工应符合本规程第 4.4.15 条的规定。

5.4.8 外墙大面积渗漏修缮施工应符合下列规定：

　　1 抹压无机防水堵漏材料时，应先清理基层，除去表面的酥松、起皮和杂质，然后分多遍抹压无机防水涂料并形成连续的防水层；

　　2 涂布防水涂料时，应按照从高处向低处、先细部后整体、先远处后近处的顺序进行施工，其施工应符合本规程第 4.4.9 条～第 4.4.12 条的规定；

　　3 抹压防水砂浆修缮施工应符合本规程第 4.4.15 条的规定；

　　4 防水层修缮合格后，再恢复饰面层。

6　厕浴间和厨房渗漏修缮工程

6.1　一般规定

6.1.1 本章适用于厕浴间和厨房等渗漏修缮工程。

6.1.2 厕浴间和厨房渗漏修缮宜在迎水面进行。

6.2　查　勘

6.2.1 厕浴间和厨房的查勘应包括下列内容：

1 地面与墙面及其交接部位裂缝、积水、空鼓等；

2 地漏、管道与地面或墙面的交接部位；

3 排水沟及其与下水管道交接部位等。

6.2.2 厕浴间和厨房的查勘时，应查阅相关资料，并应查明隐蔽性管道的铺设路径、接头的数量与位置。

6.3 修缮方案

6.3.1 厕浴间和厨房的墙面和地面面砖破损、空鼓和接缝的渗漏修缮，应拆除该部位的面砖、清理干净并洒水湿润后，再用聚合物水泥防水砂浆粘贴与原有面砖一致的面砖，并应进行勾缝处理。

6.3.2 厕浴间和厨房墙面防水层破损渗漏维修，应采用涂布防水涂料或抹压聚合物水泥防水砂浆进行防水处理。

6.3.3 地面防水层破损渗漏的修缮，应涂布防水涂料，且管根、地漏等部位应进行密封防水处理。修缮后，排水应顺畅。

6.3.4 地面与墙面交接处防水层破损渗漏维修，宜在缝隙处嵌填密封材料，并涂布防水涂料。

6.3.5 设施与墙面接缝的渗漏维修，宜采用嵌填密封材料的方法进行处理。

6.3.6 穿墙（地）管根渗漏维修，宜嵌填密封材料，并涂布防水涂料。

6.3.7 地漏部位渗漏修缮，应先在地漏周边剔出15mm×15mm的凹槽，清理干净后，再嵌填密封材料封闭严密。

6.3.8 墙面防水层高度不足引起的渗漏维修应符合下列规定：

1 维修后，厕浴间防水层高度不宜小于2000mm，厨房间防水层高度不宜小于1800mm；

2 在增加防水层高度时，应先处理加高部位的基层，新旧防水层之间搭接宽度不应小于150mm。

6.3.9 厨房排水沟渗漏维修，可选用涂布防水涂料、抹压聚合物水泥防水砂浆，修缮后应满足排水要求。

6.3.10 卫生洁具与给排水管连接处渗漏时，宜凿开地面，清理干净，洒水湿润后，抹压聚合物水泥砂浆或涂布防水涂料做好便池底部的防水层，再安装恢复卫生洁具。

6.3.11 地面因倒泛水、积水而造成的渗漏维修，应先将饰面层凿除，重新找坡，再涂刷基层处理剂，涂布涂膜防水层，然后铺设饰面层，重新安装地漏。地漏接口和翻口外沿应嵌填密封材料，并应保持排水畅通。

6.3.12 地面砖破损、空鼓和接缝处渗漏的维修，应先将损坏的面砖拆除，对基层进行防水处理后，再采用聚合物水泥防水砂浆将面砖满浆粘贴牢固并勾缝严密。

6.3.13 楼地面裂缝渗漏应区分裂缝大小，分别采用涂布有胎体增强材料涂膜防水层及抹压防水砂浆或直接涂布防水涂料的方式进行维修。

6.3.14 穿过楼地面管道的根部积水或裂缝渗漏的维修，应先清除管道周围构造层至结构层，再重新抹聚合物水泥防水砂浆找坡并在管根周边预留出凹槽，然后嵌填密封材料，涂布防水涂料，恢复饰面层。

6.3.15 墙面渗漏维修，宜先清除饰面层至结构层，再抹压聚合物水泥砂浆或涂布防水涂料。

6.3.16 卫生洁具与给排水管连接处渗漏维修应符合下列规定：

1 便器与排水管连接处漏水引起楼地面渗漏时，宜凿开地面，拆下便器，并用防水砂浆或防水涂料做好便池底部的防水层；

2 便器进水口漏水，宜凿开便器进水口处地面进行检查，皮碗损坏应更换；

3 卫生洁具更换、安装、修理完成后，应经检查无渗漏水后再进行其他修复工序。

6.3.17 楼地面防水层丧失防水功能严重渗漏进行翻修时，应符合下列规定：

1 采用聚合物水泥防水砂浆时，应将面层、原防水层凿除至结构层，并清理干净后。裂缝及节点应按本规程第6.3.2条～第6.3.5条的规定进行基层补强处理后，再分层抹压聚合物水泥防水砂浆防水层，然后恢复饰面层。

2 采用防水涂料时，应先进行基层补强处理，并应做到坚实、牢固、平整、干燥。卫生洁具、设备、管道（件）应安装牢固并处理好固定预埋件的防腐、防锈、防水和接口及节点的密封。应先做附加层，再涂布涂膜防水层，最后恢复饰面层。

6.4 施 工

6.4.1 厕浴间渗漏采用防水砂浆修缮的施工应按本规程第4.4.15条的规定执行。

6.4.2 厕浴间渗漏采用防水涂膜修缮的施工应按本规程第4.4.9条～第4.4.12条的规定执行。

6.4.3 穿过楼地面管道的根部积水或裂缝渗漏的维修施工应符合下列规定：

1 采用无机防水堵漏材料修缮施工应按本规程第5.4.2条的规定执行；

2 采用防水涂料修缮时应先清除管道周围构造层至结构层，重新抹压聚合物水泥防水砂浆找坡并在管根预留凹槽嵌填密封材料，涂布防水涂料应按本规程第4.4.9条～第4.4.12条的规定执行。

6.4.4 楼地面裂缝渗漏的维修施工应符合下列规定：

1 裂缝较大时，应先凿除面层至结构层，清理干净后，再沿缝嵌填密封材料，涂布有胎体增强材料涂膜防水层，并采用聚合物水泥防水砂浆找平，恢复饰面层；

2 裂缝较小时，可沿裂缝剔缝，清理干净，涂布涂膜防水层，或直接清理裂缝表面，沿裂缝涂布两遍无色或浅色合成高分子涂膜防水层，宽度不应小于100mm。

6.4.5 楼地面与墙面交接处渗漏维修，应先清除面层至防水层，并在基层处理后，再涂布防水涂料。立面涂布的防水层高度不应小于250mm，水平面与原防水层的搭接宽度不应小于150mm，防水层完成后应恢复饰面层。

6.4.6 面砖接缝渗漏修缮应按本规程第5.4.3条的规定执行。

6.4.7 楼地面防水层丧失防水功能严重渗漏应进行翻修，施工应符合下列规定：

1 采用聚合物水泥防水砂浆修缮时，应按本规程第4.4.15条的规定执行；

2 采用防水涂料修缮时应按本规程第4.4.9条～第4.4.12条的规定执行；

3 防水层修缮合格后，再恢复饰面层。

6.4.8 各种卫生器具与台面、墙面、地面等接触部位修缮后密封严密。

7 地下室渗漏修缮工程

7.1 一般规定

7.1.1 本章适用于混凝土及砌体结构地下室渗漏水的修缮工程。

7.1.2 地下室有积水时，宜先将积水抽干后，再进行查勘。

7.1.3 结构变形引起的裂缝，宜待结构稳定后再进行处理。

7.2 查勘

7.2.1 混凝土及砌体结构地下室现场查勘宜包括下列内容：

1 墙地面、顶板结构裂缝、蜂窝、麻面等；

2 变形缝、施工缝、预埋件周边、管道穿墙（地）部位、孔洞等。

7.2.2 渗漏水部位的查找可采用下列方法：

1 渗漏水量较大或比较明显的部位，可直接观察确定；

2 慢渗或渗漏水点不明显的部位，将表面擦干后均匀撒一层干水泥粉，出现湿渍处，可确定为渗漏水部位。

7.3 修缮方案

7.3.1 根据查勘结果及渗水点的位置、渗水状况及损坏程度编制修缮方案。

7.3.2 地下室渗漏修缮宜按照大漏变小漏、缝漏变点漏、片漏变孔漏的原则，逐步缩小渗漏水范围。

7.3.3 地下室渗漏修缮用的材料应符合下列规定：

1 防水混凝土的配合比应通过试验确定，其抗渗等级不应低于原防水混凝土设计要求；掺用的外加剂宜采用防水剂、减水剂、膨胀剂及水泥基渗透结晶型防水材料等；

2 防水抹面材料宜采用掺水泥基渗透结晶型防水材料、聚合物乳液等非憎水性外加剂、防水剂的防水砂浆；

3 防水涂料的选用应符合国家现行标准《地下工程渗漏治理技术规程》JGJ/T 212的规定；

4 防水密封材料应具有良好的粘结性、耐腐蚀性及施工性能；

5 注浆材料的选用应符合国家现行标准《地下工程渗漏治理技术规程》JGJ/T 212的规定；

6 导水及排水系统宜选用铝合金或不锈钢、塑料类排水装置。

7.3.4 大面积轻微渗漏水和漏水点，宜先采用漏点引水，再做抹压聚合物水泥防水砂浆或涂布涂膜防水层等进行加强处理，最后采用速凝材料进行漏点封堵。

7.3.5 渗漏水较大的裂缝，宜采用钻斜孔注浆法处理，并应符合国家现行标准《地下工程渗漏治理技术规程》JGJ/T 212的规定。

7.3.6 变形缝渗漏修缮应符合国家现行标准《地下工程渗漏治理技术规程》JGJ/T 212的规定。

7.3.7 穿墙管和预埋件可先采用快速堵漏材料止水，再采用嵌填密封材料、涂布防水涂料、抹压聚合物水泥防水砂浆等措施处理。

7.3.8 施工缝可根据渗水情况采用注浆、嵌填密封材料等方法处理，表面应增设聚合物水泥防水砂浆、涂膜防水层等加强措施。

7.4 施工

7.4.1 地下室渗漏水修缮施工应符合下列规定：

1 地下室封堵施工顺序应先高处、后低处，先墙身、后底板。

2 渗漏墙面、地面维修部位的基层应牢固，表面浮浆应清刷干净。

3 施工时应采取排水措施。

7.4.2 混凝土裂缝渗漏水的维修应符合下列规定：

1 水压较小的裂缝可采用速凝材料直接封堵。维修时，应沿裂缝剔出深度不小于30mm、宽度不小于15mm的U形槽。用水冲刷干净，再用速凝堵漏材料嵌填密实，使速凝材料与槽壁粘结紧密，封堵材料表面低于板面不应小于15mm。经检查无渗漏后，用聚合物水泥防水砂浆沿U形槽壁抹平、扫毛，再分层抹压聚合物水泥防水砂浆防水层。

2 水压较大的裂缝，可在剔出的沟槽底部沿裂缝放置线绳（或塑料管），沟槽采用速凝材料嵌填密实。抽出线绳，使漏水顺线绳导出后进行维修。裂缝较长时，可分段封堵，段间留20mm空隙，每段均用速凝材料嵌填密实，空隙用包有胶浆钉子塞住，待胶浆快凝固时，将钉子转动拔出，钉孔采用孔洞漏水直接封堵的方法处理。封堵完毕，采用聚合物水泥防水砂浆分层抹压防水层。

3 水压较大的裂缝急流漏水，可在剔出的沟槽底部每隔500mm～1000mm扣一个带有圆孔的半圆铁片（PVC管），把胶管插入圆孔内，按裂缝渗漏水分段直接封堵。漏水顺胶管流出后，应用速凝材料嵌填沟槽，拔管堵眼，再分层抹压聚合物水泥防水砂浆防水层（图7.4.2）。

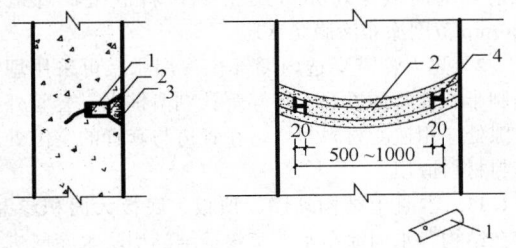

图 7.4.2 裂缝漏水下半圆铁片封堵
1—半圆铁片；2—速凝材料；3—防水砂浆；4—引流孔

4 局部较深的裂缝且水压较大的急流漏水，可采用注浆封堵，并应符合下列规定：

1）裂缝处理：沿裂缝剔成V形槽，用水冲刷干净。

2）布置注浆孔：注浆孔位置宜选择在漏水密集处及裂缝交叉处，其间距视漏水压力、漏水量、缝隙大小及所选用的注浆材料而定，间距宜为500mm～1000mm。注浆孔应交错布置，注浆嘴用速凝材料嵌固于孔洞内。

3）封闭漏水部位：混凝土裂缝表面及注浆嘴周边应用速凝材料封闭，各孔应畅通，经注水检查封闭情况。

4）灌注浆液：确定注浆压力后（注浆压力应大于地下水压力2～3倍），注浆应按水平缝自一端向另一端，垂直缝先下后上的顺序进行。当浆液注到不再进浆，且邻近灌浆嘴冒浆时，应立即封闭，停止压浆，按顺序依次灌注直至全部注完。

5）封孔：注浆完毕，经检查无渗漏现象后，剔除注浆嘴，封堵注浆孔，再分层抹压聚合物水泥防水砂浆防水面层。

7.4.3 混凝土结构竖向或斜向贯穿裂缝渗漏水维修采用钻斜孔注浆时，应符合下列规定：

1 采用钻机钻孔时，孔径不宜大于20mm，注浆孔可布置在裂缝一侧，或呈梅花形布置在裂缝两侧。钻斜孔角度45°～60°，钻入缝垂直深度不应小于150mm，孔间距300mm～500mm（图7.4.3）。

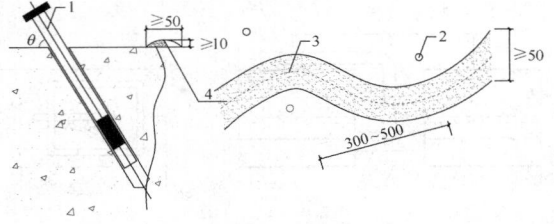

图 7.4.3 钻孔注浆示意图
1—注浆嘴；2—钻孔；3—裂缝；4—封缝材料

2 注浆嘴应根据钻孔深度及孔径大小要求优先采用单向止逆压环式注浆嘴注浆，注浆液应采用亲水性低黏度环氧浆液或聚氨酯浆液。

3 竖向结构裂缝灌浆顺序应沿裂缝走向自下而上依次进行。

4 注浆宜用低压注浆，压力0.8MPa～1.0MPa，注浆孔压力不得超过最大注浆压力，达到设计注浆终压或出现漏浆且无法封堵时应停止注浆。注浆范围内无渗水后，按照设计要求加固注浆孔。

5 斜孔注浆裂缝较宽、钻孔偏浅时应封闭。采用速凝堵漏材料封闭时，宽度不宜小于50mm，厚度不宜小于10mm。

7.4.4 混凝土表面渗漏水采用聚合物水泥砂浆维修时，应先将酥松、起壳部分剔除，堵住漏水，排除地面积水，清除污物，其维修方法宜符合下列要求：

1 混凝土表面凹凸不平处深度大于10mm，剔成慢坡形，表面凿毛，用水冲刷干净。面层涂刷混凝土界面剂后，应用聚合物水泥防水砂浆分层抹压至板面齐平，抹平压光。

2 混凝土蜂窝孔洞维修时，应剔除松散石子，将蜂窝孔洞周边剔成斜坡并凿毛，用水冲刷干净。表面涂刷混凝土界面剂后，用比原强度等级高一级的细石混凝土或补偿收缩混凝土嵌填捣实，养护后，应用聚合物水泥防水砂浆分层抹压至板面齐平，抹平压光。

3 混凝土表面蜂窝麻面，应用水冲刷干净。表面涂刷混凝土界面剂后，应用聚合物水泥防水砂浆分层抹压至板面齐平。

7.4.5 混凝土孔洞漏水的维修应符合下列规定：

1 水位小于等于2m、孔洞不大，采用速凝材料封堵时。漏水孔洞应剔成圆槽，用水冲刷干净，槽壁涂刷混凝土界面剂后，应用速凝材料按本规程第7.4.2条第1款的要求封堵。经检查无渗漏后，应用聚合物水泥防水砂浆分层抹压至板面齐平。

2 水位在2m～4m、孔洞较大，采用下管引水封堵时。将引水管穿透卷材层至碎石内引走孔洞漏水，用速凝材料灌满孔洞，挤压密实，表面应低于结构面不小于15mm（图7.4.5）。嵌填完毕，经检查无渗漏水后，拔管堵眼，再用聚合物水泥防水砂浆分层抹压至板面齐平。

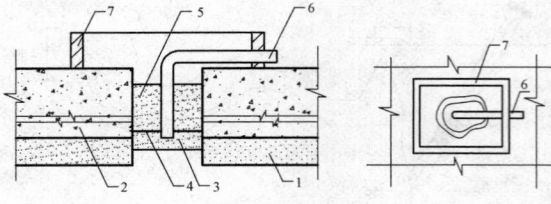

图 7.4.5 孔洞漏水下管引水堵漏
1—垫层；2—基层；3—碎石层；4—卷材；
5—速凝材料；6—引水管；7—挡水墙

3 水位大于等于 4m、孔洞漏水水压很大时，宜采用木楔等堵塞孔眼，先将水止住，再用速凝材料封堵。经检查无渗漏后，再用聚合物水泥防水砂浆分层抹压密实。

7.4.6 砌体结构水泥砂浆防水层维修应符合下列规定：

1 防水层局部渗漏水，应剔除渗水部位并查出漏水点，封堵应符合本规程第 7.4.2 条~第 7.4.4 条的规定。经检查无渗漏水后，重新抹压聚合物水泥防水砂浆防水层至表面齐平。

2 防水层空鼓、裂缝渗漏水，应剔除空鼓处水泥砂浆，沿裂缝剔成凹槽。混凝土裂缝应按本规程第 7.4.2 条规定封堵。砖砌体结构应剔除酥松部分并清除干净，采用下管引水的方法封堵。经检查无渗漏后，重新抹压聚合物水泥防水砂浆防水层至表面齐平。

3 防水层阴阳角处渗漏水，维修可按本规程第 7.4.2 条第 1 款或第 2 款的规定执行，阴阳角的防水层应抹成圆弧形，抹压应密实。

7.4.7 变形缝渗漏水修缮施工应按国家现行标准《地下工程渗漏治理技术规程》JGJ/T 212 的规定执行。

7.4.8 施工缝渗漏水修缮施工应按国家现行标准《地下工程渗漏治理技术规程》JGJ/T 212 的规定执行。

7.4.9 预埋件周边渗漏水，应将其周边剔成环形沟槽，清除预埋件锈蚀，并用水冲刷干净，再采用嵌填速凝材料或灌注浆液等方法进行封堵处理。

对于受振动而造成预埋件周边出现的渗漏水，宜凿除预埋件，将预埋位置剔成凹槽，将替换的混凝土预制块表面抹防水层后，固定于凹槽内，周边应用速凝材料嵌填密实，分层抹压聚合物水泥防水砂浆防水层至表面齐平（图 7.4.9）。

7.4.10 管道穿墙（地）部位渗漏水的维修应符合下列规定：

1 常温管道穿墙（地）部位渗漏水，应沿管道周边剔成环形沟槽，用水冲刷干净，宜用速凝材料嵌

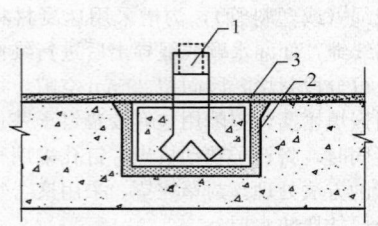

图 7.4.9 受振动的预埋件
部位渗漏水维修
1—预埋件及预制块；2—速凝材料；
3—防水砂浆

填密实，经检查无渗漏后，分层抹压聚合物水泥防水砂浆与基面嵌平；亦可用密封材料嵌缝，管道外 250mm 范围涂布涂膜防水层。

2 热力管道穿墙内墙部位渗漏水，可采用埋设预制半圆套管的方法，将穿管孔剔凿扩大，套管外的空隙处应用速凝材料封堵，在管道与套管的空隙处用密封材料嵌填。

7.4.11 混凝土结构外墙、顶板、底板大面积渗漏，宜在结构背水面涂布水泥基渗透结晶型防水涂料进行维修，并应符合下列规定：

1 将饰面层凿除至结构层，将混凝土表面凿毛，基层应坚实、粗糙、干净、平整、无浮浆和明显积水。

2 对结构裂缝、施工缝、穿墙管等缺陷应先凿 U 形槽，槽宽 20mm，槽深 25mm，用水冲刷干净，表面无明水，槽内分层嵌填防水涂料胶浆料后，面层涂布防水涂料（图 7.4.11-1、图 7.4.11-2）。或按照本规程第 7.4.2 条或第 7.4.3 条的规定执行。

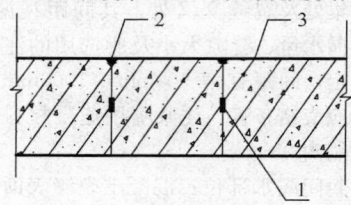

图 7.4.11-1 后浇带渗漏维修
1—遇水膨胀条；2—U 形槽嵌填水泥基渗透结晶型防水涂料胶浆；3—外墙结构（背水面）水泥基渗透结晶型防水涂料防水层

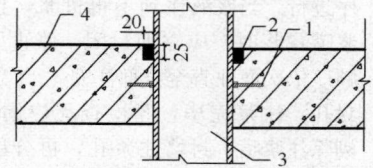

图 7.4.11-2 穿墙管根部渗漏维修
1—止水环；2—U 形槽嵌填水泥基渗透结晶型防水涂料胶浆；3—主管；4—外墙结构（背水面）水泥基渗透结晶型防水涂料防水层

3 蜂窝、孔洞、麻面等酥松结构，基层处理应按照本规程第7.4.4条第2款、第3款的规定执行。

4 大面积施工前先喷水湿润，但不得有明水现象，再分层涂布防水涂料，涂布应均匀，不允许漏涂和露底，接槎宽度不应小于100mm；涂料用量不应小于1.5kg/m²，且厚度不应小于1.0mm。

5 涂布完工终凝后3h～4h或根据现场湿度，采用喷雾洒水养护，每天喷水养护（3～5）遍，连续3d，养护期间不得碰撞防水层。

7.4.12 地下室其他部位渗漏时，其施工应按国家现行标准《地下工程渗漏治理技术规程》JGJ/T 212的规定执行。

8 质量验收

8.0.1 房屋渗漏修缮施工完成后，应对修缮工程质量进行验收。

8.0.2 房屋渗漏修缮工程质量检验应符合下列规定：

1 整体翻修时应按修缮面积每100m²抽查一处，每处10m²，且不得少于3处。零星维修时可抽查维修工程量的20%～30%。

2 细部构造部位应全部进行检查。

8.0.3 对于屋面和楼地面的修缮检验，应在雨后或持续淋水2h后进行。有条件进行蓄水检验的部位，应蓄水24h后检查，且蓄水最浅处不得少于20mm。

8.0.4 房屋渗漏修缮工程质量验收文件和记录应符合表8.0.4的要求。

表8.0.4 房屋渗漏修缮工程质量验收文件和记录

序号	资料项目	资料内容
1	修缮方案	渗漏查勘与诊断报告，渗漏修缮方案、防水材料性能、防水层相关构造的恢复设计、设计方案及工程洽商资料
2	材料质量	质量证明文件：出厂合格证、质量检验报告、复验报告
3	中间检查记录	隐蔽工程验收记录、施工检验记录、淋水或蓄水检验记录
4	工程检验记录	质量检验及观察检查记录

主 控 项 目

8.0.5 选用材料的质量应符合设计要求，且与原防水层相容。

检验方法：检查出厂合格证和质量检验报告等。

8.0.6 防水层修缮完成后不得有积水和渗漏现象，有排水要求的，修缮完成后排水应顺畅。

检验方法：雨后或蓄（淋）水检查。

8.0.7 天沟、檐沟、泛水、水落口和变形缝等防水层构造、保温层构造应符合设计要求。

检验方法：观察检查和检查隐蔽工程验收记录。

一 般 项 目

8.0.8 卷材铺贴方向和搭接宽度应符合设计要求，卷材搭接缝应粘（焊）结牢固，封闭严密，不得有皱折、翘边和空鼓现象。卷材收头应采取固定措施并封严。

检验方法：观察检查。

8.0.9 涂膜防水层的平均厚度应符合设计要求，最小厚度不应小于设计厚度的80%。

检验方法：针刺法或取样量测。

8.0.10 嵌缝密封材料应与基层粘结牢固，表面应光滑，不得有气泡、开裂和脱落、鼓泡现象。

检验方法：观察检查。

8.0.11 瓦件的规格、品种、质量应符合原设计要求，应与原有瓦件规格、色泽接近，外形应整齐，无裂缝、缺棱掉角等残次缺陷。铺瓦应与原有部分相接吻合。

检验方法：观察检查。

8.0.12 抹压防水砂浆应密实，各层间结合应牢固、无空鼓。表面应平整，不得有酥松、起砂、起皮现象。

检验方法：观察检查。

8.0.13 上人屋面或其他使用功能的面层，修缮后应按照修缮方案要求恢复使用功能。

检验方法：观察检查。

9 安 全 措 施

9.0.1 编制修缮方案时，应结合工程特点、施工方法、现场环境和气候条件等提出改善劳动条件和预防伤亡中毒等事故的安全技术措施。

9.0.2 开工前，应按安全技术措施向作业人员做书面技术交底，并签字。

9.0.3 在2m及以上高处作业无可靠防护设施时，应使用安全带。

9.0.4 屋面周边和既有孔洞部位应设置安全护栏，高处作业人员不得穿硬底鞋。

9.0.5 坡屋顶作业时，屋檐处应搭设防护栏杆并应铺设防滑设备。

9.0.6 渗漏修缮场所应保持通风良好。

9.0.7 修缮施工过程中遇有易燃、可燃物及保温材料时，严禁明火作业。

9.0.8 在不便人员出入的房屋渗漏修缮施工现场，应设置安全出入口和警示标志。

9.0.9 遇有雨、雪天及五级以上大风时，应停止露天和高处作业。

9.0.10 雨季施工的排水宜利用原有排水设施，必要时可修建临时排水设施。

9.0.11 脚手架应根据渗漏修缮工程实际情况进行设计和搭设，并应与建筑物建立牢固拉接。

9.0.12 施工现场临时用电应符合现行行业标准《施工现场临时用电安全技术规范》JGJ 46 的规定。

9.0.13 高处作业应符合现行行业标准《建筑施工高处作业安全技术规范》JGJ 80 的规定。

9.0.14 拆除作业应符合现行行业标准《建筑拆除工程安全技术规范》JGJ 147 的规定。

9.0.15 手持式电动工具应符合现行国家标准《手持式电动工具的管理、使用、检查和维修安全技术规程》GB/T 3787 的规定。

本规程用词说明

    1 为便于在执行本规程条文时区别对待，对要求严格程度不同的用词说明如下：

    1）表示很严格，非这样不可的用词：

        正面词采用"必须"，反面词采用"严禁"；

    2）表示严格，在正常情况下均应这样做的用词：

        正面词采用"应"，反面词采用"不应"或"不得"；

    3）表示允许稍有选择，在条件许可时首先应这样做的用词：

        正面词采用"宜"，反面词采用"不宜"；

    4）表示有选择，在一定条件下可以这样做的，采用"可"。

    2 条文中指明应按其他有关标准执行的写法为："应符合……的规定"或"应按……执行"。

引用标准名录

    1《屋面工程技术规范》GB 50345

    2《手持式电动工具的管理、使用、检查和维修安全技术规程》GB/T 3787

    3《施工现场临时用电安全技术规范》JGJ 46

    4《建筑施工高处作业安全技术规范》JGJ 80

    5《建筑拆除工程安全技术规范》JGJ 147

    6《地下工程渗漏治理技术规程》JGJ/T 212

中华人民共和国行业标准

房屋渗漏修缮技术规程

JGJ/T 53—2011

条 文 说 明

修 订 说 明

《房屋渗漏修缮技术规程》JGJ/T 53-2011，经住房和城乡建设部 2011 年 1 月 28 日以第 901 号公告批准、发布。

本规程是在《房屋渗漏修缮技术规程》CJJ 62-95 的基础上修订而成，上一版的主编单位是南京市房产管理局，参编单位是天津市房地产管理局、北京市房地产管理局、上海市房产管理局、武汉市房地产管理局、西安市房地产管理局，主要起草人是：孙家齐、蔡东明、吴洵都、童闯、韩世敏、徐益超、俞汉媛、负志德。本次修订的主要技术内容是：总则，术语，基本规定，屋面渗漏修缮工程，外墙渗漏修缮工程，厕浴间和厨房渗漏修缮工程，地下室渗漏修缮工程，质量验收，安全措施。

本规程修订过程中，规程编制组进行了国内房屋渗漏修缮技术现状的调查研究，总结了我国工程建设房屋渗漏修缮的一般规定、查勘、修缮方案、施工和质量验收等方面的实践经验，同时参考了国外先进技术法规、技术标准，修订了本规程。

为便于广大设计、施工、科研、学校等单位有关人员在使用本规程时能正确理解和执行条文的规定，《房屋渗漏修缮技术规程》编制组按章、节、条顺序编制了本规程的条文说明，对条文规定的目的、依据以及执行中需注意的有关事项进行了说明。虽然，本条文说明不具备与规程正文同等的法律效力，但建议使用者认真阅读，作为正确理解和把握规程规定的参考。

目 次

1 总　　则

1.0.1 当前，我国的房屋建筑，不论是屋面，还是外墙、厕浴间和厨房、地下室等均存在不同程度的渗漏水现象，造成房屋渗漏的原因很多，综合起来分析，主要有设计、施工、材料和使用管理等四个方面。我国作为当前世界上最大的建筑市场，既有建筑保有量和年新建建筑量均十分庞大，既有建筑渗漏修缮已成为一项日常的工作。

由于渗漏修缮的对象主要是既有建筑物或构筑物，其查勘、修缮方案、施工和质量验收均与新建工程不同，既要遵循"材料是基础，设计是前提，施工是关键，管理维护要加强"的防水工程基本原则，更应做到"查勘仔细全面，分析严谨准确，方案合理可行，施工认真细致"。

房屋渗漏影响房屋的使用功能和住用安全，给国家造成巨大的经济损失。渗漏修缮工程由于措施不当，效果不好，以致出现年年漏、年年修，年年修、年年漏的现象。为规范房屋渗漏修缮，促进建筑防水、节能环保新技术的发展，确保房屋修缮质量，恢复房屋使用功能，在总结近年来国内工程实践经验的基础上，修订本规程。

1.0.2 本规程适用于既有房屋的屋面、外墙、厕浴间和厨房、地下室渗漏修缮工程，对渗漏修缮的查勘、修缮方案、材料选择、施工及质量验收都提出了明确的规定与要求。

根据现行国家标准《地下工程防水技术规范》GB 50108 对地下工程防水范围的界定，本规程将住宅、公共建筑的地下室渗漏修缮的技术措施在原规程基础上进行修订。其他地下工程的渗漏治理应按照现行行业标准《地下工程渗漏治理技术规程》JGJ/T 212 的有关规定执行。

鉴于当前我国屋面渗漏问题依然严重，本规程对卷材屋面、涂膜屋面、刚性屋面提出渗漏修缮的技术规定。同时增加瓦屋面渗漏修缮的技术规定。

环境保护和建筑节能，已经成为当前全社会不容忽视的问题，房屋渗漏修缮施工应符合国家和地方有关环境保护和建筑节能的规定。

1.0.3 本规程是在总结我国目前房屋渗漏修缮工程技术和行之有效的科研成果的基础上编制而成，本规程提出的查勘方法、方案设计、材料选择、技术措施、质量标准应符合国家现行技术政策，突出房屋渗漏修缮特点，结合实际，操作性强，为房屋渗漏修缮提供了技术依据。

房屋渗漏修缮工程应遵循"查勘是首要步骤，材料是基础、设计是前提、施工是关键、管理是保证"的综合治理原则。为使房屋建筑渗漏问题得到尽快解决，本规范将房屋渗漏修缮工程的修缮方案单列一节，并对有关章节的查勘内容、材料要求、修缮方案、施工、验收等内容均提出了要求，明确了房屋渗漏修缮工程设计、选材、施工和验收的技术规定。

渗漏修缮工艺因时、因地、因现场条件不同而异。本规程针对具体部位规定了一些具体的治理措施，编制修缮方案时根据实际情况应因地制宜、灵活掌握。防水工程是一项系统工程，与新建工程相比，渗漏修缮对设计、选材、施工的要求更高，必须合理、综合运用各种防、排水手段才可能杜绝渗漏的发生，确保工程质量。

1.0.4 本规程系国家行业标准，突出了房屋渗漏修缮技术特色，是各类房屋渗漏修缮工程规范化、科学化的依据，为确保工程质量，必须严格贯彻执行。

在执行本规程时，尚应符合国家现行标准的有关规定，详见引用标准名录。

对于建筑美学及舒适、节能的不断追求使得建筑防水工程的内涵不断拓宽，难度逐渐加大，防水工程与建筑结构、保温、加固、装饰装修等专业的关系日益密切。执行本规程时，尚应符合现行国家标准《屋面工程技术规范》GB 50345、《屋面工程质量验收规范》GB 50207、《地下工程防水技术规范》GB 50108、《地下防水工程质量验收规范》GB 50208、《混凝土结构加固设计规范》GB 50367 等的规定。

2 术　　语

根据住房和城乡建设部《关于印发〈工程建设标准编写规定〉的通知》（建标〔2008〕182 号）第二十三条的规定，标准中采用的术语和符号，当现行标准中尚无统一规定，且需要给出定义或涵义时，可独立成章，集中列出。按照该规定规程本次修订时增加该章内容。本规程的术语是从房屋渗漏修缮查勘、修缮方案、施工、验收的角度赋予其涵义的，将本规程中尚未在其他国家标准、行业标准中规定的术语单独列出，如渗漏修缮、查勘、维修、翻修等，为房屋渗漏修缮工程的特色用语。

3 基 本 规 定

3.0.1 现场查勘是全面掌握房屋渗漏情况的首要步骤，由使用方或监理单位、物业单位、施工单位等参加。现场查勘结束后应根据现场查勘结果、技术资料、修缮合同等撰写现场查勘书面报告，并包括渗漏原因、判断依据、漏水部位等内容。现场查勘书面报告是编制修缮方案的主要依据。

3.0.2 房屋渗漏修缮的成功与否，现场查勘起了决定性作用，本条规定了现场查勘应包括的内容，从使用环境、渗漏水、细部构造及影响结构安全和使用功能等方面均作了明确规定。但由于渗漏修缮工程的工程量相差悬殊，查勘内容可根据工程实际情况进行选择取舍。

3.0.3 现场查勘方法主要采用走访、观察等，仪器检测可作为辅助手段，必要时可采用取样的方法。取样通常是在特殊情况下才能采用的，但为了避免因破坏防水层而引起更严重的渗漏，一般不采用取样的方法。同时本条对渗漏查勘的基本内容及要求均作出了规定，查勘时可根据具体工程实际情况选用。

3.0.4 收集原防水设计、防水材料、施工方案等工程技术资料是编制修缮方案重要的前期工作，这些资料对正确分析造成房屋渗漏的原因具有非常重要的作用，现场查勘时一定要注意收集。

3.0.5 修缮方案是确定房屋渗漏修缮工程报价、工期、质量的基础性文件，其技术性、经济性应合理、可行。修缮方案应明确采用维修措施还是翻修措施，并明确修缮目标，即修缮后工程总体防水等级及相应的设防要求，具体可参照现行国家标准《屋面工程技术规范》GB 50345 的相关要求，修缮方案中明确修缮设防等级的，施工应符合该设计要求。

　　1 细部节点是防水工程的重要部位，渗漏往往与细部节点的防水失败有关。因此，规定细部修缮措施是一项重要工作。

　　2 需增强原有排水功能时，应在修缮方案中注明排水系统的设计和选材要求。

　　3 为杜绝使用不合格防水材料，修缮方案中应列出选用防水材料的主要物理性能，以方便监督管理。

　　6～7 根据现场实际情况，防水层、保温层等修缮完工后应根据修缮合同或协议要求恢复使用功能。

3.0.6 房屋渗漏修缮是因为结构损坏造成时，应首先保证房屋结构安全，根据另行设计的修缮方案先进行结构修复合格后，再进行渗漏修缮。

　　渗漏修缮禁止采用对房屋结构安全有影响的工艺和材料，同时禁止随意增加屋面及阳台荷载等行为。否则便失去房屋渗漏修缮的意义。渗漏修缮施工时应充分利用既有完好的排水设施，必要时才可另行设计排水措施。

　　渗漏修缮工程应优先选用符合国家"节能减排"政策要求的建筑材料，修缮施工安全文明，减少或避免有毒废弃物排放。

3.0.7 材料选用是房屋渗漏修缮工程的基础，选用的材料要根据工程环境条件和工艺的可操作性选择，因地制宜、经济合理，推广应用新技术并限制、禁止使用落后的技术。

3.0.8 本条列举了目前国内现阶段经常采用的修缮材料和修缮施工方法：包括铺贴防水卷材、涂布防水涂料、嵌填密封材料、抹压刚性防水材料等，同时推荐防水材料复合使用，刚柔相济，提高防水性能。

3.0.9 根据渗漏修缮工程的特点及常用材料种类，对修缮材料的质量、性能指标、试验方法等选用时可对照相应标准执行。

3.0.10 渗漏修缮施工是对防水材料进行再加工的专业性施工活动之一，专业施工队伍和作业人员必须具备相应的资格后才能承担该项工作。

3.0.11 修缮方案是保证渗漏修缮质量的基本依据，施工前进行书面技术、安全交底是指导操作人员全面正确理解修缮方案，严格执行修缮工艺，确保修缮质量安全的重要措施。

　　防水层维修后每道防水构造层次必须封闭（交圈），并应做好新旧防水层搭接密封处理工作，使两者成为一体，确保防水系统的完整性。现存的原有完好防水层已基本适应使用环境要求，维修施工时应禁止破坏，同时也减少了建筑垃圾排放量。

　　渗漏修缮的隐蔽工程如基面处理、新旧防水层搭接宽度等，施工时应随时检查，发现问题及时纠正，验收不合格不得进行下道工序施工。

　　渗漏修缮有使用功能要求时，如屋面、厕浴间和厨房等修缮完工后应基本恢复原使用功能。

3.0.12 渗漏修缮工程严禁使用不合格的材料。因渗漏修缮工程中实际材料用量差异较大，本条规定翻修或大面积维修工程材料必须进行现场抽检并提交检测报告。重要房屋和防水要求高的渗漏修缮工程，由委托方和施工方协商是否进行现场复验。

3.0.13 修缮施工过程中的隐蔽工程验收，有利于及时发现质量隐患并得以纠正。

4 屋面渗漏修缮工程

4.1 一般规定

4.1.1 根据现行国家标准《屋面工程技术规范》GB 50345 常用屋面分类，本条分别规定了卷材防水屋面、涂膜防水屋面、瓦屋面、刚性防水屋面的渗漏维修和翻修措施。本次修订弱化了刚性防水屋面的技术内容，增加了瓦屋面和保温隔热屋面的渗漏修缮措施。

4.1.2 屋面防水层位于结构迎水面，具备从迎水面进行修缮的基本条件。随着屋面结构和使用功能的日趋复杂，在迎水面修缮较容易发现防水层和细部节点的质量弊病，有利于纠正原质量隐患。

4.1.3 屋面渗漏修缮施工首先要处理好基层，本条对基层处理提出严格要求、施工时应遵照执行。检查基层是否干燥的简易方法：将 $1m^2$ 卷材平铺在基层上，待（3～4）h 后掀开检查，基层被覆盖部位及卷材上均无水印为合格。

4.1.4 屋面局部维修要采取分隔措施，当具备条件时，屋面渗漏修缮应在背水面相应增设导排水设施，贯彻"防排结合、以排为主"的防水理念，保证防水效果。

4.1.5 屋面渗漏修缮的目的是恢复或改进屋面原有使用功能，修缮时增加荷载将直接影响房屋结构安全，增加安全隐患。实际工程中需增加荷载或改变原屋面使用功能时必须事先征得业主同意并经设计验算后进行。

4.1.6 修缮方案是修缮施工的基本依据，必须严格执行。修缮施工中，应做好节点附加层及嵌缝处理，卷材防水层的收头应固定牢固，并用密封材料密封严密，涂膜防水层的收头应多遍涂刷，搭接严密。

4.1.7 下雨或天气寒冷时将直接影响渗漏修缮质量，雨期施工时要做好的防雨遮盖和排水工作，冬期施工要采取防冻保温措施。

4.2 查　勘

4.2.1 调查表明，70%的屋面渗漏是由细部构造的防水处理措施不当或失败而造成的。天沟、檐沟等细部构造部位是容易出现渗漏的部位。屋面排水系统设计不合理、施工质量隐患或排水不顺畅等造成积水渗漏的应全部检查。

4.2.2 卷材和涂膜防水屋面渗漏查勘内容包括重点检查的部位、弊病及检查中应注意的问题。同时还应重点检查排水比较集中的部位，如天沟、檐口、檐沟、屋面转角处以及伸出屋面管道周围等。

4.2.3 瓦屋面渗漏查勘应重点检查瓦件自身质量缺陷、节点部位、施工质量弊病等，可采用雨天室内观察的方法查找渗漏部位。瓦屋面渗漏一般多发生在屋脊、泛水、上人孔等部位。

4.2.4 刚性屋面渗漏查勘应从顶层室内观察顶棚、墙体部分，记录漏水位置以及渗漏现象。对分格缝特别是女儿墙、檐沟、排水系统等部位进行检查，一般可采用浇水法。屋面渗漏部位大多数情况下内外不对应，应综合分析，确定渗漏部位。

刚性屋面渗漏一般发生在天沟、纵横分格缝交叉处、屋面与墙（管道）交接处等部位。

4.3 修 缮 方 案

Ⅰ　选材及修缮要求

4.3.1 在修缮前必须综合分析、查清渗漏原因，主要从选用材料、节点构造及防水做法上入手查清渗漏部位，对症下药，采用科学、有效的渗漏修缮技术措施，解决屋面渗漏。

综合考虑经济和社会效益等因素，房屋重要程度实质上已经决定了渗漏修缮的标准——是维修还是翻修，故本次修订增加了该项指标。

4.3.2 本条给出了屋面工程渗漏修缮选用材料的原则，相关内容参考了现行国家标准《屋面工程质量验收规范》GB 50207 的规定。选用防水材料时，根据原屋面防水层做法、渗漏现状、特征以及施工条件、经济条件、工程造价等因素选择适宜的材料。最终选用的防水材料应是最适宜渗漏修缮且对原防水层破坏最小，同时产生建筑垃圾最少的。

4.3.3 本条规定是为了充分发挥材料各自的优势，实现最优防水性能。屋面渗漏修缮推荐多种材料复合使用，刚柔相济，综合治理，实现渗漏修缮目的。当不同材料复合使用时，相互间不能出现材料性能劣化、丧失功能的不良反应，如溶胀、降解、硌破等现象。

4.3.4 瓦件一般与配套材料配套使用，本条规定修缮时要尽量选用统一规格的瓦件及配套材料，且优先选用原厂同规格瓦件。

4.3.5 柔性防水层包括卷材或涂膜防水层，修缮防水层破损及裂缝时要选用与原防水层相容、耐用年限相匹配的防水材料或选用两种及以上材料复合使用。

4.3.6 维修涂膜防水层裂缝时，涂布带有胎体增强材料的目的是提高防水层适应基层变形的能力。

4.3.7 柔性材料主要指卷材、涂料、密封材料。刚性材料主要有掺无机类和有机类材料两大类：掺无机类材料如防水宝、膨胀剂、UEA 等，掺有机类材料有 EVA、丙烯酸、聚氨酯、环氧树脂等其他聚合物材料。

聚合物水泥防水砂浆的配制：

1 聚合物水泥防水砂浆是由水泥、砂和一定量的橡胶胶乳或树脂乳液以及稳定剂、消泡剂等助剂经搅拌混合配制而成。

2 聚合物水泥防水砂浆的各项性能在很大程度上取决于聚合物本身的特性及其在砂浆中的掺入量。聚合物水泥防水砂浆的质量应符合《聚合物水泥防水砂浆》JC/T 984 的规定。

3 聚合物水泥防水砂浆的配制：

聚合物水泥防水砂浆主要由水泥、砂、乳胶等组成，其参考配合比可参见表1。

表1　聚合物水泥防水砂浆参考配合比

用　　途	参考配合比（重量比）			涂层厚度（mm）
	水泥	砂	聚合物	
防水层材料	1	2～3	0.3～0.5	5～20
新旧混凝土或砂浆接缝材料	1	0～1	>0.2	—
修补裂缝材料	1	0～3	>0.2	—

柔性防水材料宜用于防水层裂缝、分格缝、构造节点及复杂部位的处理。刚性防水材料宜用于防水面层风化修补或翻修防水层，不宜做防水层裂缝或分格缝的维修。

4.3.8 瓦件被大风掀起、脱落会造成质量安全事故，更换新瓦件时应按照现行国家标准《屋面工程技术规范》GB 50345 的规定采取固定加固措施。

4.3.9 刚性防水层上宽度小于 0.2mm 的裂缝可以通过低压注入高渗透性改性环氧树脂灌浆材料等方法修缮，其灌浆压力不应大于 0.2MPa。

4.3.10 防水卷材是应用最为广泛的防水材料，也是渗漏修缮的主要材料。卷材厚度和新旧卷材、卷材与涂膜防水层的搭接宽度决定了修缮后防水质量。新铺卷材必须具有足够的厚度，才能保证修缮的可靠性和耐久性。搭接宽度、搭接缝密封是实现整体性防水系统的重要环节，为保证搭接宽度，确保修缮质量，维修防水层搭接宽度统一按照最小 100mm 的规定取值，使用时应严格掌握。翻修的防水层搭接宽度同新建工程。国家有关建筑防水材料标准的现行版本见表 2。

表 2　国家有关建筑防水材料标准的现行版本

类别	标准名称	标准号
沥青防水卷材	(1) 弹性体改性沥青防水卷材	GB 18242 - 2008
	(2) 塑性体改性沥青防水卷材	GB 18243 - 2008
	(3) 改性沥青聚乙烯胎防水卷材	GB 18967 - 2009
	(4) 自粘聚合物改性沥青防水卷材	GB 23441 - 2009
	(5) 带自粘层的防水卷材	GB/T 23260 - 2009
	(6) 预铺/湿铺防水卷材	GB 23457 - 2009
	(7) 沥青基防水卷材用基层处理剂	JC/T 1069 - 2008
高分子防水卷材	(1) 聚氯乙烯防水卷材	GB 12952 - 2003
	(2) 高分子防水材料 第1部分：片材	GB 18173.1 - 2006
	(3) 高分子防水卷材胶粘剂	JC 863 - 2000
防水涂料	(1) 聚氨酯防水涂料	GB/T 19250 - 2003
	(2) 水乳型沥青防水涂料	JC/T 408 - 2005
	(3) 聚合物乳液建筑防水涂料	JC/T 864 - 2008
	(4) 聚合物水泥防水涂料	GB/T 23445 - 2009
	(5) 喷涂聚脲防水涂料	GB/T 23446 - 2009
	(6) 建筑表面用有机硅防水剂	JC/T 902 - 2002
	(7) 混凝土界面处理剂	JC/T 907 - 2002
密封材料	(1) 硅酮建筑密封胶	GB/T 14683 - 2003
	(2) 聚氨酯建筑密封胶	JC/T 482 - 2003
	(3) 聚硫建筑密封胶	JC/T 483 - 2006
	(4) 丙烯酸酯建筑密封胶	JC/T 484 - 2006
	(5) 丁基橡胶防水密封胶粘带	JC/T 942 - 2004
刚性防水材料	(1) 水泥基渗透结晶型防水材料	GB 18445 - 2001
	(2) 无机防水堵漏材料	GB 23440 - 2009
	(3) 砂浆、混凝土防水剂	JC 474 - 2008
	(4) 聚合物水泥防水砂浆	JC/T 984 - 2005
瓦	(1) 玻纤胎沥青瓦	GB/T 20474 - 2006
	(2) 混凝土瓦	JC/T 746 - 2007
	(3) 烧结瓦	GB/T 21149 - 2007
灌浆材料	(1) 混凝土裂缝用环氧树脂灌浆材料	JC/T 1041 - 2007
	(2) 聚氨酯灌浆材料	JC/T 2041 - 2010
发泡填充材料	(1) 单组分聚氨酯泡沫填缝剂	JC 936 - 2004

续表 2

类别	标准名称	标准号
防水材料试验方法	(1) 建筑防水卷材试验方法	GB/T 328.1 - 2007～ GB/T 328.27 - 2007
	(2) 建筑胶粘剂通用试验方法	GB/T 12954 - 1991
	(3) 建筑密封材料试验方法	GB/T 13477.1 - 2002～ GB/T 13477.20 - 2002
	(4) 建筑防水涂料试验方法	GB/T 16777 - 2008
	(5) 建筑防水材料老化试验方法	GB 18244 - 2000

4.3.11 渗漏修缮施工对防水材料的粘结性能要求较高，粘结性能必须符合本条列表的规定。相关内容参考了现行国家标准《屋面工程质量验收规范》GB 50207 的规定。

4.3.12 厚度和搭接宽度是涂膜防水层质量的主要技术指标，为有效控制涂膜防水层修缮质量，本条列出了涂膜防水层的厚度和新旧防水层搭接的要求，设计施工时应严格执行。翻修时防水层搭接宽度同新建工程。

涂膜厚度是影响防水质量的关键因素，大面积施工前应经过试验，规定出每平方米最低材料用量。

4.3.13 屋面保温层局部维修时，将已浸水的保温层清除干净，更换聚苯板保温层。不具备拆除条件时，为防止温度变化导致防水层产生鼓胀而发生局部破坏，引起重复渗漏，有条件的工程可增设排水、排汽措施，具体做法可参照现行国家标准《屋面工程技术规范》GB 50345 的有关规定。

4.3.14 防水层翻修前，首先应根据原屋面现状及破损程度来确定防水层、找平层的处理方法。翻修时可考虑采用保留和铲除原防水层两种措施，修缮施工应优先考虑符合"节能减排"要求的技术措施，即采用保留原防水层的翻修措施。屋面防水层翻修同新建工程，防水层可采用卷材、涂料或复合使用。

Ⅱ　卷材防水屋面

4.3.15 渗漏点较少或分布较零散的天沟、檐沟卷材开裂时应局部维修，渗漏点较多或分布较集中严重渗漏时应翻修。修缮采用铺设卷材或涂布涂膜防水层。一般情况下，将原防水层覆盖搭接在新铺设卷材上面很难做到，实际多采用新铺防水层直接覆盖原防水层。

4.3.16 屋面泛水的防水功能与原屋面防水材料、防水构造及女儿墙结构密切相关。女儿墙、立墙等与屋面基层连接处易出现开裂渗漏，采用铺设卷材或涂布涂料维修，新旧防水层形成整体。墙体泛水处张口等渗漏维修时应现行国家标准《屋面工程技术规范》GB 50345 的规定将防水层收头重新固定并密封。

4.3.17 现浇或预制女儿墙压顶渗漏，应结合渗漏实际情况，分别采用抹压防水砂浆或加扣金属盖板进行防水处理。

4.3.18 变形缝是为了防止因温差、沉降等因素使建筑物产生变形、开裂破坏而设置的构造缝。根据变形缝两片挡墙上部高度是否相同，分屋面和高低跨变形缝，其渗漏原因和维修方法基本相同。两侧卷材防水层根部损坏，雨水顺变形缝两侧墙体向室内渗透导致渗漏，维修时应选用具有良好强度、断裂延伸率和耐候性好的高分子防水卷材恢复防水构造，变形缝顶部加扣混凝土盖板或金属盖板，做好排水措施。

4.3.19 由于水落口与混凝土的膨胀系数不同，环境温度变化热胀冷缩导致水落口周围产生裂缝发生渗漏。渗漏原因因水落口的安装形式而异，修缮方法也不同。本条对横式和直式水落口的维修方法分别列出，供维修时选用。

4.3.20 伸出屋面管道与混凝土易在结合部位产生缝隙，导致防水层开裂产生渗漏。维修方法是在迎水面管道根部将原防水层等清除至结构层，管道四周剔成凹槽并修整找平层，锥台损坏的先修补完好，槽内嵌填密封材料。本条规定新旧防水层的最小搭接宽度为200mm，使用时应严格掌握。

4.3.21 卷材防水层引起裂缝的主要原因是屋面结构应力及温度变化造成屋面板应力变化，一般裂缝维修时沿缝覆盖铺设卷材或涂布带有胎体增强材料涂膜防水层。对有规则性裂缝的维修处理，应力集中、变形大的裂缝部位干铺一层卷材做缓冲层处理，涂膜防水隔离层采用空铺或单边点粘的方法处理，其目的就是满足和适应裂缝的伸缩变化。

4.3.22 原卷材接缝处存在施工质量隐患已张口、开裂而导致渗漏，卷材未严重老化时应保留，不得随意割除，重新热熔粘结固定即可，严重损坏时需割除，面层采用满粘法覆盖一层卷材，搭接缝密封应严密。

4.3.23 卷材与基层粘贴不实、窝有水分或气体时，受热后体积膨胀导致防水层起鼓。维修时将鼓泡割除，基层晾干后覆盖铺设一层卷材，搭接平整严密即可。

4.3.24 卷材防水层局部过早老化损坏且丧失防水功能时，应选用高聚物改性沥青卷材或防水涂料维修。先将开裂、剥落、收缩、腐烂部位的卷材清除，基层牢固、无浮灰，提高防水层与基层之间的粘结力。搭接缝采用耐热性能好的胶粘剂密封，新旧卷材搭接宽度不得小于100mm。

4.3.25 经过多次大修或较长使用年限，屋面防水层大面积老化、严重渗漏、丧失防水功能时，应将原防水层全部铲除。在屋面荷载允许的情况下，可保留原防水层，先对裂缝、节点及破损部位进行修补处理后，在原防水层上空铺或机械固定覆盖铺设新防水层。

Ⅲ 涂膜防水屋面

4.3.26 泛水处渗漏包括根部和防水层收口处开裂渗漏两种情况。维修时可参照卷材屋面泛水渗漏维修方法执行，但涂膜防水层应增设带有胎体增强材料的附加层。多种原因导致屋面泛水一般达不到设计高度，修缮施工时应予以纠正，修缮完工后泛水高度应大于或等于250mm。

4.3.27 天沟、水落口是雨水汇集部位，同时也是防水的重要部位且易发生渗漏，维修时密封防水及附加层处理措施必须满足修缮方案的要求。

4.3.28 涂膜防水层裂缝一般有两种：有规则和无规则裂缝。有规则通长直裂缝可直接导致屋面雨水浸入，对于此类裂缝维修时应注意以下两点：

　　1 处理找平层时，对裂缝较宽部位，应嵌填密封材料。

　　2 铺防水层前，应沿裂缝通常干铺或点粘隔离层。该做法可适应基层的伸缩变形，能较好地起到缓冲作用，是解决有规则裂缝渗漏的有效措施。

4.3.29 防水层起鼓一般为圆形或椭圆形，也有树枝形，且大小不一。多数鼓泡出现在向阳的屋面平面部位，泛水部位也有发生。鼓泡的一般维修方法是割除，老化、腐烂时应视损坏程度决定采用保留或铲除起鼓部位原防水层修缮措施。

4.3.30 防水层翻修前，应视防水层损坏程度决定采用保留原防水层或是全部铲除的修缮措施。

Ⅳ 瓦屋面

4.3.31 目前屋面瓦与山墙交接部位的防水处理主要采用的是柔性防水层，其渗漏维修可参照女儿墙泛水执行。

4.3.32 本条分别规定了现浇和预制两种结构形式的天沟、檐沟渗漏水的维修措施。预制的天沟、檐沟主要包括镀锌薄钢板或不锈钢等材料压制成型的成品，维修时将损坏严重的原天沟、檐沟整体拆除予以更换即可。

4.3.33 瓦屋面出现渗漏的原因一般是瓦件本身质量缺陷、施工质量弊病、瓦缝密封不严等，修缮时应针对具体问题，采取相应措施。

　　1 瓦件本身质量问题如裂纹、缺角、破损、风化时，应拆除旧瓦件更换新瓦件。

　　2 瓦件松动时必须重新铺挂瓦件，清除原施工弊病，固定牢固。瓦件大面积严重渗漏时应整体翻修。

4.3.34 沥青瓦局部老化、破裂、缺损时，应更换新瓦。沥青瓦大面积老化丧失防水功能时应进行翻修。

Ⅴ 刚性防水屋面

4.3.35 刚性屋面泛水部位渗漏采用柔性防水材料维修，接缝及裂缝处应先嵌填密封材料增强防水能力，同时铺设附加层及密封处理应符合修缮方案要求。

4.3.36 刚性防水层分格缝渗漏可采取沿缝嵌填密封

材料，铺设卷材或涂布有胎体增强材料涂膜防水层三种修缮措施。分格缝渗漏维修时应注意：

1 分格缝中的原有密封材料如嵌填不实或已变质失效，应剔除干净，必要时可用喷灯烧除并清理干净。变形中的分格缝，维修时缝上防水层应空铺或点粘法施工。

2 原施工分格缝漏设的，修缮时应纠正，割缝至找平层，防水层应完全断开（有钢筋时要剪断）。宽度宜为（20～40）mm，横截面宜成倒梯形，缝壁混凝土应无损坏现象。

4.3.37 本条对刚性防水层混凝土表面局部损坏部位提出了表面凿毛、浇水湿润的要求，目的是增强抹压聚合物水泥防水砂浆与基层的粘结力。

4.3.38 刚性防水层维修裂缝的方法与其性质、特点及所处的位置有关，本条对维修裂缝的常用方法作了规定。

结构裂缝一般发生在屋面板拼接处，并穿过防水层而上下贯通，即有规则的通长的裂缝。对于其他裂缝如因水泥收缩产生的龟裂，受撞击或震动导致的裂缝，一般是不规则的、断续的裂缝。

裂缝一般采用柔性材料进行修缮。采用卷材或涂膜防水层维修时，应沿缝增铺隔离层，以适应裂缝变形的应力变化。

4.3.39 刚性防水层大面积严重渗漏、防水层丧失防水功能时应进行翻修，可采用柔性防水材料或刚柔防水材料复合使用的修缮措施。先将原防水层裂缝、节点、渗漏部位及板缝处进行修整合格后再进行翻修。

4.4 施 工

4.4.1 基层处理是做好防水工作的基本要求，应按照所选用的修缮材料及施工工艺的不同而不同。

4.4.2 本条规定了基层处理剂配制及施工的要求，修缮时可参照执行。

4.4.3～4.4.8 分别规定了屋面防水卷材渗漏时，采用高聚物改性沥青防水卷材热熔法、合成高分子防水卷材冷粘法、焊接和机械固定法等防水卷材和采用防水涂膜修缮施工的要点。施工时可参照执行。

铺设防水层前在阴阳角、转角等部位做附加层。卷材防水层维修采用满粘法施工时，卷材与基层、卷材、搭接缝的粘结及密封质量决定了防水层施工质量。

4.4.9 涂膜厚度是影响防水质量的关键因素，涂膜厚度必须符合国家现行有关标准的规定。涂膜施工前应经过试验，确定达到设计厚度要求的每平方米最低材料用量。

目前社会上薄质涂料较多，薄质涂料涂刷时，必须待上遍涂膜实干后才能进行下一遍涂膜施工。涂膜施工一般不宜在气温较低的条件下施工，由于涂膜厚度大，涂层内部不易固化。强风下施工，基层不易清

扫干净，涂刷时，涂料易被风吹散。

天沟、檐沟渗漏修缮时，原排水坡度不符合设计要求时应纠正，"防排结合"，应重视排水措施。

4.4.10～4.4.12 分别规定了涂膜防水层渗漏采用高聚物改性沥青防水涂膜修缮、合成高分子防水涂膜修缮、聚合物水泥防水涂膜修缮施工的要点，施工时应遵照执行。

4.4.13 本条规定了屋面防水层渗漏采用合成高分子密封材料修缮施工的要点，施工时应遵照执行。

4.4.14 本条规定了瓦屋面渗漏修缮施工的要点，施工时应遵照执行。

4.4.15、4.4.16 分别规定了刚性防水层渗漏采用聚合物水泥防水砂浆或掺外加剂防水砂浆和采用柔性防水层修缮施工的要点，施工时应遵照执行。

4.4.17 本条规定了屋面大面积渗漏进行翻修的施工规定，施工时应遵照执行。

4.4.18 本条对屋面渗漏修缮施工的气候、环境温度都作了规定，施工时应遵照执行。

4.4.19 施工现场的情况与修缮方案有出入时，应办理变更手续后方可施工。

5 外墙渗漏修缮工程

5.1 一般规定

5.1.1 房屋外墙墙体的种类繁多，使用的材料和构造不尽相同，有砖、石、砌块等砌体墙，预制或现浇混凝土墙以及木结构、金属板结构、玻璃板结构、塑料板结构、膜结构等墙体结构形式。目前国内，砖砌体和混凝土墙体占有比例最大，本章针对砌体和混凝土围护结构外墙墙体的渗漏修缮特点规定了相应的技术措施。

5.1.2 建筑外墙防水、保温、装饰等细部节点做法日益复杂，外墙渗漏日益增多。

外墙采用面砖、石板材等饰面层产生渗漏的原因是采用防水砂浆粘贴面砖时易产生空腔，且勾缝不严密并易开裂。下雨时，雨水在风力作用下在勾缝处侵入空腔内汇集起来，并慢慢向墙体内渗、洇水，造成在降水后的一定时期内持续发生。这就是根据墙内渗漏情况判断墙外渗漏部位不准确的最主要原因。

迎水面防水对墙体保温层及墙体起到防水防护的作用。因此，一般情况下采用迎水面进行渗漏修缮。

5.1.3 外墙渗漏修缮应首先检查渗漏对外墙结构产生的不利影响，不安全结构构件应先行按加固方案修缮合格后再进行渗漏修缮。目的是为了保证房屋的基本安全、确保渗漏修缮的质量。

5.2 查 勘

5.2.1 外墙渗漏现场查勘应结合外墙结构、材料性

能和使用情况综合分析，查清渗漏原因，对变形缝等节点部位应重点查勘。

5.2.2 本条分别规定了清水墙、抹灰墙面、面砖与板材墙面、预制混凝土墙板、节点部位等外墙渗漏修缮的查勘内容，供查勘时参考。具体工程应根据实际情况，灵活掌握。

5.3 修 缮 方 案

Ⅰ 选材及修缮要求

5.3.1 本条对外墙渗漏修缮选用材料的材质及色泽、外观作出了规定，同时对嵌缝、抹面材料和防水涂料的选用也作了明确规定，修缮时应遵照执行。受施工条件限制，嵌缝材料宜选用低模量的聚氨酯密封膏，抹面材料宜选用与基面粘结好，抗裂性能优的聚合物水泥防水砂浆，涂料类选用丙烯酸酯类或有机硅类防水涂料（防水剂）等合成高分子防水涂料。

5.3.2 本条规定了外墙和窗台渗漏修缮时需遵循"防排结合、以排为主、预防渗漏"的原则，修缮设计施工时应严格执行。

5.3.3 面砖、板材破损时应更换，并采用聚合物水泥防水砂浆或胶粘剂粘贴，接缝密封应严密。

5.3.4 在粘贴面砖或石板材时易在接缝处产生集水空腔。因此，接缝处理很重要，目前勾缝通常采用聚合物水泥砂浆，高档的石板材接缝采用密封胶。修缮范围建议以渗漏点为中心向上不宜小于 6m，向下不应小于 1m，左右不宜小于 3m，或到阴角、阳角止。

5.3.5 外墙水泥砂浆层裂缝渗漏，先用密封材料嵌缝，再涂布具有防水功能和装饰功能的外墙涂料。

5.3.6 施工安装时留下的脚手架孔洞，应永久封堵。预留用于设备安装的空调、电缆洞口等，宜采取临时封堵措施。专门预留用于采光、通风等，应采取必要的防、排水措施。

5.3.7 随着建筑外墙安装设备的增多直接导致预埋件或挂件越来越多，但其根部易产生渗漏，维修时先用密封材料嵌填处理后，面层再涂刷防水涂料。

5.3.8 外墙门窗框周边的渗漏主要是门窗框与墙体间接缝填充的密封材料开裂或失效，修缮时先清除原失效的密封材料，再重新嵌填密封材料恢复防水功能。

5.3.9 混凝土结构与填充墙结合处裂缝一般为一道水平缝，修缮时先清除至结构层，再铺设宽度200mm～300mm 的钢丝网，面层抹压聚合物水泥防水砂浆或掺外加剂的防水砂浆。

Ⅱ 清水墙面

5.3.10 清水墙渗漏一般发生在墙面灰缝、墙面局部破损部位，本条列出了相应的维修措施。一般渗漏维修采用聚合物水泥防水砂浆勾缝和抹压处理，严重渗漏时应进行翻修。在原墙面上分段抹压聚合物水泥防水砂浆或掺外加剂的防水砂浆进行基层防水处理后，外墙再重新涂布外墙涂料或粘贴面砖饰面层。

Ⅲ 抹灰墙面

5.3.11 抹灰墙面局部损坏时应凿除至结构层，并禁止扰动完好抹灰层，然后在缝内分层嵌填聚合物水泥防水砂浆，嵌填应密实、平整。

5.3.12 外墙裂缝渗漏修缮应视其宽度，采用相应的材料和维修措施。外墙墙面经修补后应坚实、平整、无浮渣。墙面龟裂用防水剂或合成高分子防水涂料等进行修缮关键是控制好喷涂范围及涂膜厚度，使涂料充分覆盖裂缝。宽度较大的裂缝重点处理好裂缝、周围基层及嵌缝的处理。

5.3.13 目前，国内已形成外墙外保温多体系、多形式的局面，使得外墙外保温的渗漏原因多种多样，本工程将继续针对保温体系渗漏机理、原因、修缮方法进行研究和收集资料，积累修缮经验，完善技术措施。

5.3.14 抹灰墙面翻修优先采用涂布同时具有装饰和防水等功能的外墙涂料。或在原饰面层上整体抹压聚合物水泥防水砂浆找平层兼防水层处理后，再进行饰面层的处理。

Ⅳ 面砖与板材墙面

5.3.15 面砖、板材饰面层是目前采用的主要外墙装饰形式，其渗漏一般多发生在接缝、裂缝等部位。

　　1 面砖饰面层接缝开裂引起的渗漏，先用专用工具将原勾缝砂浆清除干净，浇水润湿，用聚合物水泥防水砂浆重新勾缝。

　　2 当面砖、板材局部风化、损坏时，应更换面砖。

　　3 饰面层渗漏严重时应翻修，翻修时应根据原饰面层损坏程度决定采用何种翻修措施，但应优先考虑不铲除原饰面层的翻修方案。该方案对局部损坏部位先进行补强处理，在原饰面层上涂布同时具有装饰和防水功能外墙涂料或分段抹压聚合物水泥防水砂浆找平层兼防水层，再进行饰面层的处理。

Ⅴ 预制混凝土墙板

5.3.16 本条对板面风化、起酥部分的清除作了明确的规定，经清理后其基面必须牢固、平整。对于板面出现的蜂窝、空洞，灌注细石混凝土必须要捣实，要做好养护，提高混凝土的密实性，增强抗渗能力。

Ⅵ 细部修缮

5.3.17 原金属折板盖缝外墙变形缝渗漏修缮时应根据构造特点，采取更换高分子防水卷材和金属折板盖板并嵌填密封材料的方法维修。

5.3.18 外墙分格缝渗漏的现象比较普遍，造成这种情况的主要原因是：

1 分格缝不交圈、不平直或缝内砂浆等残留物，雨水易积聚；

2 木条嵌入过深，底部抹灰层厚度不足，雨水易侵入；

3 缝内嵌填材料老化，已丧失防水密封功能。

维修时，先剔凿缝槽并清理干净，重新嵌填密封材料。

5.3.19 穿墙管道根部应根据裂缝开裂程度，先采用掺聚合物的细石混凝土或水泥砂浆固定并预留凹槽，再在槽内嵌填密封材料。

5.3.20 阳台渗漏维修要区分板式和梁式。在荷载允许的条件下，阳台、雨篷倒泛水，重做找平层纠正泛水坡度。板式阳台、雨篷与墙面交接处开裂处剔凿时禁止损坏受力钢筋，不允许重锤敲击。

5.3.21 渗漏水侵入砌体结构女儿墙根部防水层裂缝，经冻融循环在其四周出现一道水平裂缝，维修时先切割凹槽，再在槽内嵌填密封材料。

5.3.22 穿墙套管维修时，先清除原凹槽密封材料后再重新嵌填，一般常用聚氨酯密封膏。

5.3.23 施工缝渗漏，表面喷涂防水剂或防水涂料进行修缮，防水层厚度满足设计要求。

5.4 施 工

5.4.1~5.4.8 分别规定了外墙渗漏采用聚合物水泥防水砂浆修缮、采用无机防水堵漏材料修缮，面砖与板材接缝渗漏修缮，墙体结构缺陷渗漏修缮，外墙变形缝渗漏采用金属折板盖缝修缮及外墙饰面层大面积严重渗漏进行翻修施工要点，供施工时参照。

6 厕浴间和厨房渗漏修缮工程

6.1 一般规定

6.1.1 本章适用于厕浴间和厨房楼地面、墙面及其接合处、与设备交接部位的渗漏水维修，但不包括设备损坏、节点漏水的处理。

6.1.2 厕浴间和厨房面积一般较小，管道、设施等细部防水构造多，从迎水面进行修缮容易保证质量。

6.2 查 勘

6.2.1 蓄水检查厕浴间和厨房渗漏现象，楼板底部下方直接观察渗漏痕迹，综合分析渗漏原因。

6.2.2 相关资料是指装修图纸等，目前厕浴间和厨房装修多数情况下更改水路采用将明改暗的方式，因此查明隐蔽性管道的走向、接头有利于准确判断渗漏原因等。

6.3 修缮方案

6.3.1 墙、地面面砖破损、空鼓、接缝引起的渗漏，更换面砖时采用聚合物水泥防水砂浆粘贴并勾缝严密。接缝处理范围：渗漏点向四周不宜小于1m，或到阴角、阳角止。

6.3.2 墙面防水层破损时优先选用涂布防水涂料或抹压防水砂浆进行防水处理，涂布防水涂料或抹压防水砂浆做到无缝施工，可以保证防水质量，一般情况下不采用卷材。

6.3.3 防水涂料宜选用聚合物水泥防水涂料、水泥基渗透结晶型防水涂料、无机防水涂料或非焦油聚氨酯防水涂料。

6.3.4 一般情况下地面与墙面交接处防水层破损是开裂引起的，修缮时先在裂缝内嵌填密封材料后，再涂布防水涂料。

6.3.5 浴盆、洗脸盆与墙面结合处渗漏水应先处理墙面，最后在结合处嵌填密封材料。

6.3.6 穿墙管道根部渗漏多见上水管滴漏，水沿管外侧倒流，渗入接触管墙面或顺墙流到地面，这种水压力不大，但流量不一定小，故应先排除水咀、管子等渗漏，先堵水源，再治管根渗漏。

6.3.7 地漏渗漏一般是泛水坡度不符合设计要求、局部安装过高、管道密封失效引起的。轻微泛水坡度不足时，以地漏口作为最低点重新找坡。地漏局部安装过高时剔除高出部分并重新安装。

6.3.8 厕浴间因防水高度不足引起的墙面侵蚀渗漏，维修时应增加防水层高度。根据设计尺寸和实践经验，本条规定了渗漏修缮防水层完工后的最低高度。

6.3.9 排水沟按材质分为砌筑、不锈钢或塑料等类型。一般情况下，只有大厨房有排水沟，砌筑排水沟发生渗漏应涂布JS防水涂料、抹压防水砂浆维修，不得采用聚氨酯（911）、沥青类材料。

6.3.10 排水管连接处渗漏应先凿开地面，先维修连接处不渗漏后，在便池等设施底部再抹压防水砂浆或涂布防水涂料进行防水处理。

6.3.11 地面因倒泛水、积水造成渗漏的维修，应重新做防水处理，并恢复饰面层。

6.3.12 地面砖局部损坏时，更换新面砖采用聚合物水泥防水砂浆粘贴并勾缝严密。

6.3.13 裂缝较大时，一般沿裂缝中心线剔除整块面层材料至结构层，基层补强处理后，在基层上重新涂布涂膜防水层。

较小裂缝多产生于管根处或地面墙面交界处，一般渗漏较轻，有时走向无规则，实践经验表明维修时可直接在原面层沿裂缝涂布高分子涂膜防水层。为美观和使防水涂膜对裂缝有较好的渗透性和粘合力，宜选用透明或较浅（淡）颜色的合成高分子材料（如聚氨酯）。在具体操作时应注意两点：

1 面层必须干净、干燥；

2 涂刷的材料要稀，把涂料稀释一倍以上，作多次（两次以上）涂刷成膜，目的使涂料充分渗入裂缝之内，达到既不破坏面层，又解决渗漏和不影响美观的目的。

6.3.14 穿过楼地面管道管道包括上下水、暖气、热力管道及套管等。裂缝较小时，直接沿缝嵌填密封材料，再涂刷渗透性较大的经稀释的防水涂料即可。根部积水或较大裂缝渗漏维修，先将面层等其他材料清除至结构层。防水砂浆补强处理根除施工弊病后，再做防水处理。

6.3.15 本条维修范围包括楼地面、墙面基层和楼地面及墙面交接部位的维修。

6.3.16 本条对卫生洁具与给排水管连接处渗漏维修作了相应规定，维修时应遵照执行。

6.3.17 楼地面翻修有两种情况：一是原楼地面没有防水层，二是原防水层已老化或大面积损坏失去防水功能。本条对采用刚性和柔性防水材料的翻修做法分别作出了规定。重新施工防水层前，先将裂缝及节点等部分处理合格。

6.4 施 工

6.4.1~6.4.6 分别规定了厕浴间渗漏采用防水砂浆修缮，采用涂布防水涂膜修缮，楼地面管道的根部积水或裂缝渗漏的维修，厕浴间楼地面裂缝渗漏的维修施工，楼地面与墙面交接处渗漏维修施工，面砖接缝渗漏修缮施工要点，供施工时参考。

6.4.7 本条对厕浴间楼地面防水层丧失防水功能严重渗漏进行翻修的技术措施，分别采用聚合物水泥砂浆、防水涂料进行修缮，饰面层施工前，防水层施工应合格。

6.4.8 本条规定了各种卫生器具与台面、墙面、地面等接触部位修缮完成后应用硅酮胶或防水密封条密封。

7 地下室渗漏修缮工程

7.1 一般规定

7.1.1 本章适用于地下室室内顶板及墙体的渗漏维修工程。地下室一般无法在迎水面维修，通常是在背水面。维修内容包括裂缝、孔洞、大面积渗漏及变形缝、施工缝等特殊部位的渗漏修缮。

7.1.2 地下室渗漏修缮时大多情况下存在积水，为方便查勘，应将积水排干。

7.1.3 结构仍在变形中的裂缝，修缮质量不易保证，结构裂缝应处于稳定状态下方可进行维修施工。

7.2 查 勘

7.2.1 地下室渗漏修缮的关键是查清渗漏原因，找

准漏水的位置，对症下药，采取有效的维修措施。

7.2.2 本条针对地下室渗漏水的表现特征，提出了通常查找渗漏水部位的检查方法。

7.3 修 缮 方 案

7.3.1 为了保证维修质量，修缮方案应根据查勘结果、渗水位置、结构损坏的程度进行编制。维修措施需兼顾结构渗漏修缮和抵抗高压渗透水的能力，确保完工后不渗漏。

7.3.2 有水状态渗漏修缮时，应采取逐步缩小渗漏范围的修缮措施，使漏水集中于"点"，再封堵止水。

7.3.3 选用的防水材料必须满足本条对材质性能的技术要求。刚性防水材料是地下室渗漏维修的主要材料，条文对掺外加剂的混凝土及水泥砂浆在其配合比、抗渗等级、外加剂品种和应用提出了要求，应根据工程具体情况和有关技术规定执行。为满足实际需要，本次修订增加柔性防水材料的材质性能指标，供设计施工参考。

7.3.4 本条针对大面积轻微渗漏水和漏水点规定了维修方法，先采用速凝材料封堵止水维修，再抹压聚合物水泥防水砂浆防水层或涂布涂膜防水层。

7.3.5 渗漏水较大的裂缝，钻孔宜采用钻斜孔法处理。其注浆压力根据裂缝宽度、深度进行设计，并符合国家现行标准《地下工程渗漏治理技术规程》JGJ/T 212 的规定。

7.3.6 变形缝渗漏治理在国家现行标准《地下工程渗漏治理技术规程》JGJ/T 212 中已有详细规定，在本规程中直接引用。

7.3.7 穿墙管和预埋件处渗漏按照先止水，再嵌填密封材料、最后做防水处理的方法进行维修。

7.3.8 根据渗漏水情况，施工缝采用注浆、嵌填密封材料等方式进行维修合格后，表面再做防水处理增强措施。

7.4 施 工

7.4.1 本条规定了地下室渗漏修缮封堵施工的顺序。由于受渗漏水影响，维修部位往往有酥松损坏和污物等现象，修缮前应将基面先修补牢固、平整，以达到维修的质量要求，有利于新旧防水层结合牢固，保证修缮质量。

7.4.2 混凝土裂缝渗漏水的维修一般根据水压和漏水量采取相应的方法。布管间距宜根据裂缝宽度进行调整，当裂缝宽、水流量大，则间距小；裂缝小，则间距大。

采用速凝材料直接封堵的方法，适用于水压较小的裂缝渗漏水，裂缝应剔成深度不小于 30mm、宽度不小于 15mm 的凹槽。当速凝材料开始凝固时方可嵌填，并用力向槽壁挤压密实，水泥砂浆应分层抹压并与表面嵌平。

掺外加剂水泥砂浆系指掺无机盐防水剂的水泥砂浆或聚合物水泥防水砂浆。渗漏部位修补优先采用聚合物水泥防水砂浆。

7.4.3 采用钻斜孔注浆修缮混凝土结构竖向或斜向贯穿缝是近年来经工程实践检验成熟有效的维修新技术。本条针对斜孔注浆施工的注浆液、钻孔孔径、深度、间距、角度及竖向裂缝注浆工序及压力等作了明确规定。

7.4.4 当混凝土出现蜂窝、麻面时，应按以下工艺顺序进行处理：

剔除——凿毛——冲刷——涂刷混凝土界面剂——抹压掺外加剂水泥砂浆。

7.4.5 孔洞渗漏水按水压和孔洞大小分别采取不同的处理方法，达到维修封堵止水的目的。

1 根据渗漏水量大小，以漏点为圆心剔成圆槽（直径×深度＝10mm×20mm、20mm×30mm、30mm×50mm），将速凝材料捻成与圆槽直径相似的圆锥体，待速凝材料开始凝固时用力堵塞于槽内。应控制好速凝材料的初凝过程，确保维修渗漏有效。

2 当水压较高、孔洞较大时，采用下管引水封堵的方法，最后用速凝材料堵塞修补。

3 当水压较大、孔洞较小时，宜采用木楔封堵等技术措施，将水堵住，再采取相应的修补措施。

7.4.6 20世纪五六十年代，地下室大多采用砖结构及水泥砂浆防水层，做在外墙外侧面，因此这类工程宜进行迎水面修缮。水泥砂浆防水层维修应区别不同渗漏现象，采用不同的修缮措施。

1 局部渗漏水的防水层应剔除干净，并查明漏水点，再采取相应的维修措施。

2 条文对混凝土和砖砌体结构裂缝分别规定了不同的处理方法。砖砌体结构在采取下管引水封堵之前应将酥松部分和污物清除干净，使重新抹压防水层与基层紧密结合。

7.4.7 变形缝渗漏治理在国家现行标准《地下工程渗漏治理技术规程》JGJ/T 212中有详细的规定，在本规程中直接引用。

7.4.8 施工缝渗漏治理在国家现行标准《地下工程渗漏治理技术规程》JGJ/T 212中有详细的规定，在本规程中直接引用。

7.4.9 一般预埋件周边渗漏时，剔环形槽，槽内嵌填密封材料密封严密即可。预埋件如已受扰动的，修缮时将预埋件剔除，重新嵌填更换的新埋件。

7.4.10 条文规定了热力管道穿透内墙部位的渗漏水所采取的扩大穿孔、埋设预制半圆混凝土套管的方法，旨在防止因温差变化而导致管道周边防水的失效。

7.4.11 水泥基渗透结晶型防水涂料是混凝土结构背水面防水处理的理想材料。施工时应重点控制基层处

理、涂布、养护等工作，养护期间不得磕碰防水层。

首先清除混凝土表面的化学养护膜、模板隔离剂、浮灰等，使混凝土毛细管畅通，对混凝土模板对拉孔，有缺陷的施工缝、裂缝、蜂窝麻面等表面要补强处理。对混凝土出现裂缝的部位用钢丝刷进行打毛，裂缝大于0.4mm的要开U形槽处理，再沿缝嵌填防水涂料胶浆料，再涂布防水涂料。

混凝土表面光滑时，应进行酸洗或磨砂，使之粗糙。施工基层应保持充分湿润、润透但不得有明水。防水涂料完工后，应保持雾状喷水养护，时间不少于3天。

7.4.12 地下室其他部位渗漏时，其治理技术措施应直接引用国家现行标准《地下工程渗漏治理技术规程》JGJ/T 212的相关规定。

8 质量验收

8.0.1 质量验收是检验修缮质量的最后关键环节。修缮完工后，应依据修缮合同或协议进行验收，验收不合格应返工。

8.0.2 渗漏修缮涉及工序多，工程量大小不一，差别较大，多数达不到现行国家标准《建筑工程施工质量验收统一标准》GB 50300中规定的分项工程检验批的要求。为保证房屋渗漏修缮工程质量，本条规定屋面、墙面、楼地面、地下室整体翻修的质量验收按修缮面积划分检验批，零星工程抽查验收，鉴于细部构造是防水工程的薄弱环节故细部构造应全数检查。

8.0.3 渗漏修缮的目的是解决渗漏或积水弊病，本条对渗漏的检查方法做了规定，检查修缮部位有无渗漏和积水、排水系统是否畅通，在雨后、淋水或蓄水后检查。

8.0.4 本条规定了房屋渗漏修缮工程质量验收的文件和记录，工程资料应与施工同步进行，施工时应注意保留完整的修缮资料并及时归档。完工后，按照合同要求提供验收资料。

8.0.5～8.0.13 房屋渗漏修缮目的是无渗漏且恢复或改进使用功能。第8.0.5条～第8.0.7条作为主控项目，分别对修缮选用材料的质量和防水层修缮质量、细部构造及保温层构造的恢复和改进作出了明确的规定，施工验收时必须遵照执行。渗漏修缮施工过程的检查是施工质量控制的重要环节，第8.0.8条～第8.0.13条作为一般项目，分别对卷材防水层、涂膜防水层、密封材料以及瓦件等施工要求作出了明确的规定，验收时应遵照执行。

9 安全措施

9.0.1～9.0.15 为加强房屋渗漏修缮工程安全技术

管理，保障房屋渗漏修缮施工安全，在总结房屋渗漏修缮工程特点及实践经验的基础上，本次修订增加安全措施并单列一章。

安全措施包括现场通风、消防、警示标志、临时用电、临时防护、特殊天气施工、脚手架、高处作业、拆除作业等。作业人员应当遵守安全施工强制性标准、规章制度和操作规程，正确使用安全防护用具、机械设备等。

安全措施除执行本规程外，还应当严格执行国家及地方现行的安全生产法律法规、标准等。

中华人民共和国行业标准

地下建筑工程逆作法技术规程

Technical specification for top-down construction
method of underground buildings

JGJ 165—2010

批准部门：中华人民共和国住房和城乡建设部
施行日期：２０１１年８月１日

中华人民共和国住房和城乡建设部
公 告

第 858 号

关于发布行业标准
《地下建筑工程逆作法技术规程》的公告

现批准《地下建筑工程逆作法技术规程》为行业标准，编号为 JGJ 165－2010，自 2011 年 8 月 1 日起实施。其中，第 3.0.4、3.0.5、5.1.3、6.5.5、6.6.3 条为强制性条文，必须严格执行。

本规程由我部标准定额研究所组织中国建筑工业

出版社出版发行。

中华人民共和国住房和城乡建设部
2010 年 12 月 20 日

前 言

根据原建设部《关于印发〈2005 年工程建设标准规范制定、修订计划（第一批）〉的通知》（建标〔2005〕84 号）的要求，编制组经广泛调查研究，认真总结实践经验，参考有关国际标准和国外先进标准，并在广泛征求意见的基础上，制定本规程。

本规程的主要内容有：总则、术语和符号、基本规定、岩土工程勘察、设计、施工、现场监测和工程质量验收。

本规程由住房和城乡建设部负责管理和对强制性条文的解释。由黑龙江省建工集团有限责任公司负责具体技术内容的解释。执行过程中如有意见或建议，请寄送黑龙江省建工集团有限责任公司（地址：哈尔滨市香坊区三大动力路 532 号，邮政编码：150046）。

本 规 程 主 编 单 位：黑龙江省建工集团有限责任公司
哈尔滨市城乡建设委员会

本 规 程 参 编 单 位：福建省建筑设计研究院
陕西省建筑设计研究院
四川建筑设计院

哈尔滨长城建筑股份有限公司
中国建筑设计研究院
建设综合勘察研究设计院有限公司
哈尔滨市建设工程质量监督总站
上海第七建筑工程公司
哈尔滨市人民政府轨道交通建设办公室

本规程主要起草人员： 王海云 吴向阳 王树波
曾志攀 丁延生 贺志坚
章一萍 王玉林 张淮勇
宋清海 冯军劳 时宝辉
朱和鸣 周之峰 孙鸿剑
马红蕾 李 悦 姜庆滨

本规程主要审查人员： 滕延京 徐学燕 李丛笑
张显来 罗进元 吴春林
刘焕存 林雪梅 张学森

目　次

Contents

1 总　　则

1.0.1 为保证地下建筑工程逆作法设计与施工质量，做到安全适用、技术先进、经济合理，制定本规程。

1.0.2 本规程适用于采用逆作法的新建、扩建地下建筑工程的设计与施工。

1.0.3 地下建筑工程逆作法设计和施工除应符合本规程外，尚应符合国家现行有关标准的规定。

2　术语和符号

2.1　术　　语

2.1.1 逆作面　top-down construction boundary

在采用逆作法施工时，正作、逆作施工的分界面。

2.1.2 逆作法　top-down construction method

在逆作面处先形成竖向结构，以下各层地下水平结构自上而下施工，并利用地下水平结构平衡抵消围护结构侧向土压力的施工方法。

2.1.3 围护结构　exterior-protected structure

在逆作法施工中对周边土体起支挡作用的构件体系。

2.1.4 支承体系　supporting system

逆作法设计中用于承担结构自重、施工荷载和侧向土压力的结构体系。包括竖向构件和水平构件。

2.1.5 内衬墙　inner chemise wall

逆作法设计中在地下连续墙或排桩内侧构筑的墙体，并与连续墙或排桩共同构成复合结构作为永久承重外墙的墙体。

2.2　符　　号

2.2.1　抗力与材料性能

c_{ik} ——三轴试验确定的第 i 层土固结不排水（快）剪黏聚力标准值；

γ_w ——水的重度；

γ_{mj} ——深度 z_j 以上土的加权平均天然重度；

γ_{mh} ——开挖面以上土的加权平均天然重度；

φ_{ik} ——三轴试验确定的第 i 层土固结不排水（快）剪内摩擦角标准值；

φ' ——土的有效内摩擦角。

2.2.2　作用及作用效应

K_{api} ——第 i 层土的主动土压力系数；

K_{api} ——第 i 层土的被动土压力系数；

σ_{ajk} ——作用于深度 z_j 处的竖向应力标准值；

σ_{pjk} ——作用于基坑底面以下深度 z_j 处的竖向应力标准值。

2.2.3　几何参数

h_{wa} ——基坑外侧水位深度；

n_c ——出土口数量；

z_j ——计算点深度。

3　基 本 规 定

3.0.1 地下建筑工程逆作法设计与施工前应对场地进行岩土工程勘察，对其周边相邻建筑物（构筑物）、地下管线等进行调查，应取得相关技术资料。

3.0.2 地下建筑工程逆作法的范围和方法，应根据工程地质条件、水文地质条件、地下建筑结构类型、周边环境、开挖深度、施工条件等因素，合理选择。

3.0.3 地下建筑工程逆作法的结构设计，应考虑施工顺序、取土方式及施工进度等因素。

3.0.4 地下建筑工程逆作法施工必须设围护结构，其主体结构的水平构件应作为围护结构的水平支撑；当围护结构为永久性承重外墙时，应选择与主体结构沉降相适应的岩土层作为排桩或地下连续墙的持力层。

3.0.5 逆作法施工应全过程监测。

4　岩土工程勘察

4.0.1 地下建筑工程逆作法工程岩土工程勘察应具备下列资料：

1　建设用地建筑红线范围、拟建工程平面布置、建筑坐标；

2　拟建工程结构特征、基础类型及埋置深度；

3　相邻建筑的建成时间、基础类型和埋深、上部结构现状及道路、地下管线情况。

4.0.2 地下建筑工程逆作法工程岩土工程勘察除应符合现行国家标准《岩土工程勘察规范》GB 50021、《建筑地基基础设计规范》GB 50007、《建筑抗震设计规范》GB 50011、《建筑边坡工程技术规范》GB 50330 及《土工试验方法标准》GB/T 50123 的有关规定外，尚应符合下列规定：

1　岩土工程勘察应根据地下建筑逆作特殊性要求，应重点查明中间支承结构、地下连续墙及围护结构影响范围内工程地质及水文地质条件。

2　岩土工程勘察报告应结合逆作法工程的特点，除应满足一般岩土工程勘察报告内容要求外，尚应对工程逆作法的可行性、合理性进行综合评价；应预测工程逆作中可能产生的岩土工程问题，并有针对性地提出治理措施或建议。

4.0.3 地下建筑工程逆作法工程岩土工程勘察阶段工作范围和内容应符合下列规定：

1　初步勘察阶段应初步查明建筑场地环境状况

及工程地质条件，应对工程逆作法实施的可行性、合理性进行分析及评估；应预测逆作工程实施中可能产生的主要岩土工程问题，并初步提出方案或建议。

2 详细勘察阶段应查明建筑场地范围内岩土层分布类型、规模、工程特性和不良性状；应对地基的均匀性、承载能力进行评价；对工程逆作的可能性、合理性进行综合分析、评估；应判断逆作工程实施中地基的稳定性，并提供逆作法工程设计、施工所需的岩土工程参数及相关建议意见。

3 水文地质勘察应查明建筑场地周围地表水的径流状况、地下建筑影响范围内地下水的类型、埋藏补给条件、水位变化特征及水质。

4.0.4 岩土工程勘察范围与测试宜符合下列规定：

1 勘察范围宜包括建筑基础平面并外延至基坑开挖深度的（1～2）倍；当工程地质条件复杂或存在深厚的软弱土区域，勘察范围宜适当加大，勘探点也宜适当加密。

2 勘察点的深度宜根据建筑设计、场地岩土工程条件确定，勘察深度一般为基础埋置深度的（2～3）倍；当场地工程地质条件复杂或存在深厚的软弱土区域，勘察深度宜适当加大。

3 水文地质测试参数宜包含下列内容：

1）各层地下水的类型、水位、水压、水量补给和变化；

2）各含水层的渗透系数和渗透影响半径；

3）分析水位变化对逆作法施工工艺的影响及应采取的措施。

4 工程地质测试参数宜包含下列内容：

1）岩土常规物理试验指标；

2）岩土抗剪强度及变形指标；

3）特殊性岩土指标应作专项性测试。

5 设 计

5.1 设 计 原 则

5.1.1 地下建筑工程逆作法结构设计宜采用极限状态法，以分项系数的设计表达式进行设计。

5.1.2 结构设计极限状态应分为下列两类：

1 承载能力极限状态：结构构件达到最大承载能力；土体变形导致结构破坏或周边环境破坏；

2 正常使用极限状态：结构的变形影响结构的正常使用、地下结构施工或周边环境的正常使用功能。

5.1.3 地下建筑工程逆作法结构设计应根据结构破坏可能产生的后果，采用不同的安全等级及结构的重要性系数，并应符合下列规定：

1 施工期间临时结构的安全等级和重要性系数应符合表 5.1.3 规定。

表 5.1.3 临时结构的安全等级和重要性系数

安全等级	破坏后果	γ_0
一级	支护结构破坏、土体变形对基坑周边环境及地下结构施工影响严重	1.1
二级	支护结构破坏、土体变形对基坑周边环境及地下结构施工影响一般	1.0
三级	支护结构破坏、土体变形对基坑周边环境及地下结构施工影响不严重	0.9

2 当支承结构作为永久结构时，其结构安全等级和重要性系数不得小于地下结构安全等级和重要性系数。

3 支承结构安全等级和重要性系数应按施工与使用两个阶段选用较高的结构安全等级和重要性系数。

4 当地下逆作结构的部分构件只作为临时结构构件的一部分时，应按临时结构的安全等级及结构的重要性系数取用。当形成最终永久结构的构件时，应按永久结构的安全等级及结构的重要性系数取用。

5.1.4 地下建筑工程逆作法结构设计时的荷载组合应符合下列规定：

1 当计算围护结构的倾覆及抗滑移时，应按承载力极限状态下荷载效应的基本组合进行组合，其分项系数应为 1.0。

2 当计算围护结构、水平和竖向结构承载力时，上部结构传来的荷载效应、相应的地基反力及这部分结构所直接承受的施工荷载效应应按承载力极限状态下荷载效应的基本组合进行组合，并应采用相应的分项系数。

3 基本组合的荷载分项系数应符合下列规定：

1）永久荷载的分项系数当其效应对结构不利时，对由可变荷载效应控制的组合，应取1.2；对由永久荷载效应控制的组合，应取1.35；土压力、水压力、基坑外堆载侧压力可取1.2；当其效应对结构有利时，应取1.0；对结构的倾覆、漂浮或滑移验算，应取0.9。

2）可变荷载的分项系数应取1.4；施工荷载、基坑施工运输车辆的荷载引起的侧压力可取1.4；对于某些特殊情况，可按建筑结构相关标准的规定确定。

4 当需要验算围护结构的裂缝宽度和变形时，应按正常使用极限状态下荷载效应的标准组合进行组合。

5 当计算临时的围护结构竖向沉降时，传至基础底面的荷载效应应按正常使用极限状态下荷载效应的标准组合进行组合。当围护结构作为永久结构使用时，在使用阶段传至基础底面的荷载效应应按正常使用极限状态下荷载效应的准永久组合进行组合，不应计入风荷载和地震作用。

6 当计算支撑结构的竖向沉降时，施工阶段传至基础底面的荷载效应应按正常使用极限状态下荷载效应的标准组合进行组合；使用阶段传至基础底面的荷载效应应按正常使用极限状态下荷载效应的准永久组合进行组合，施工和使用阶段不应计入风荷载和地震作用。

7 承载力极限状态下荷载效应组合，应符合现行国家标准《建筑结构荷载规范》GB 50009 的有关规定。

5.1.5 地下建筑工程逆作法结构设计的荷载应符合下列规定：

1 水平荷载：应包括逆作法施工阶段外围护结构所传递的水压力、主动土压力或静止土压力、坑外地面荷载的侧压力。作为永久结构的构件在使用阶段，应包括外墙结构所传递的水压力、静止土压力、坑外地面荷载的侧压力。

2 竖向荷载：应包括逆作法施工各阶段逆作法结构构件自重及施工荷载，应包括取土、运土时可能作用于逆作法结构上的荷载。作为永久结构在使用阶段的竖向荷载，应包括结构自重、活载、风荷载和地震作用引起的竖向力，作用于底板的水浮力。

5.1.6 地下建筑工程逆作法结构设计应进行下列计算和验算：

1 承载能力极限状态的计算和验算：

1）围护结构的稳定性计算，包括整体滑动、抗滑移、抗倾覆稳定性；

2）降水设计计算，抗浮、抗隆起验算；

3）围护结构在施工和使用阶段受弯、受剪、受压承载力计算；

4）主体结构兼作围护结构、支撑结构时，结构承载力计算和稳定性验算。

2 正常使用极限状态的计算和验算：

1）围护结构的变形验算；

2）主体结构兼作围护结构的沉降验算；

3）竖向支撑结构的沉降计算。

3 支撑体系和围护结构的内力和变形宜采用空间作用的整体分析方法。当施工与使用阶段构件的使用条件变化时，应按最不利情况验算。

5.2 围护结构设计

5.2.1 围护结构可根据受力条件分段按平面问题进行计算，并应符合下列规定：

1 逆作法中地下室楼板可作为围护结构的水平支撑，楼板可视为围护结构不动铰支点；

2 当围护结构兼作地下室外墙时，围护结构与楼板处的支点可视为不动铰支点，墙外侧的土压力宜取静止土压力。

静止土压力系数 K_0 宜由试验确定，当无试验条件时也可按下式估算：

$$K_0 = 1 - \sin\varphi' \qquad (5.2.1)$$

式中：φ'——土的有效内摩擦角（°）。

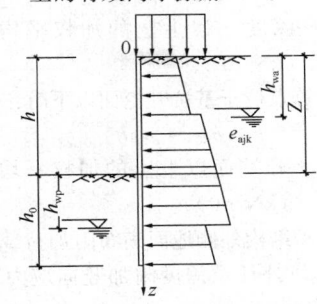

图 5.2.2　水平荷载标准值计算简图

5.2.2 围护结构在施工期间水平荷载标准值 e_{ajk} 应按当地可靠经验确定，无经验时可按下列规定计算（图 5.2.2）：

1 对于碎石土和砂土可按下列公式计算：

1）当计算点位于地下水位以上时：

$$e_{ajk} = \sigma_{ajk}K_{ai} - 2c_{ik}\sqrt{K_{ai}} \qquad (5.2.2-1)$$

2）当计算点位于地下水位以下时：

$$
\begin{aligned}
e_{ajk} = \sigma_{ajk}K_{ai} - 2c_{ik}\sqrt{K_{ai}} + [(z_j - h_{wa}) \\
- (m_j - h_{wa})\eta_{wa}K_{ai}]\gamma_w
\end{aligned}
\qquad (5.2.2-2)
$$

式中：K_{ai}——第 i 层的主动土压力系数，可按本规程第 5.2.4 条规定计算；

σ_{ajk}——作用于深度 z_j 处的竖向应力标准值，可按本规程第 5.2.3 条规定计算；

c_{ik}——三轴试验（当有可靠经验时可采用直接剪切试验）确定的第 i 层土固结不排水（快）剪黏聚力标准值（kN/m²）；

z_j——计算点深度（m）；

m_j——计算参数（m），$z_j < h$ 时，取 z_j，$z_j \geq h$ 时，取 h；

h_{wa}——基坑外侧水位深度；

η_{wa}——计算系数，当 $h_{wa} \leq h$ 时，取 1，当 $h_{wa} > h$ 时，取零；

γ_w——水的重度（kN/m³）。

2 对于粉土及黏性土可按下式计算：

$$e_{ajk} = \sigma_{ajk}K_{ai} - 2c_{ik}\sqrt{K_{ai}} \qquad (5.2.2-3)$$

3 当按以上规定计算的基坑分段开挖面以上的水平荷载标准值小于零时，应取零。

4 当墙外侧土压力取静止土压力时，静止土压力可同样按式（5.2.2-1）、式（5.2.2-2）、式（5.2.2-3）计算，公式中的主动土压力系数 K_{ai} 改用静止土压力系数 K_{0i}，按式（5.2.1）进行计算。

5.2.3 基坑外侧竖向应力标准值 σ_{ajk} 可按下列规定计算：

$$\sigma_{ajk} = \sigma_{rk} + \sigma_{0k} + \sigma_{1k} \qquad (5.2.3-1)$$

1 计算点深度 z_j 处的自重竖向应力 σ_{rk} 可按下列公式计算：

1） 计算点位于基坑开挖面以上时：

$$\sigma_{rk} = \gamma_{mj} z_j \qquad (5.2.3\text{-}2)$$

式中：γ_{mj}——深度 z_j 以上土的加权平均天然重度（kN/m^3）。

2） 计算点位于基坑开挖面以下时：

$$\sigma_{rk} = \gamma_{mh} h \qquad (5.2.3\text{-}3)$$

式中：γ_{mh}——开挖面以上土的加权平均天然重度（kN/m^3）。

2 当围护结构外侧地面满布附加荷载 q_0 时（图 5.2.3-1），基坑外任意深度附加竖向应力标准值 σ_{0k} 可按下式确定：

$$\sigma_{0k} = q_0 \qquad (5.2.3\text{-}4)$$

3 当距围护结构 b_1 处外侧，地表作用有宽度为 b_0 的条形附加荷载 q_1 时（图 5.2.3-2），基坑外侧深度 CD 范围内的附加竖向应力标准值 σ_{1k} 可按下式确定：

$$\sigma_{1k} = q_1 \frac{b_0}{b_0 + 2b_1} \qquad (5.2.3\text{-}5)$$

4 上述基坑外侧附加荷载作用于地表以下一定深度时，将计算点深度相应下移，其竖向应力也可按上述规定确定。

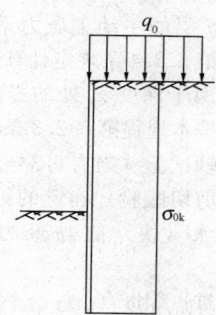

图 5.2.3-1　地面均布荷载时基坑外侧
附加竖向应力计算简图

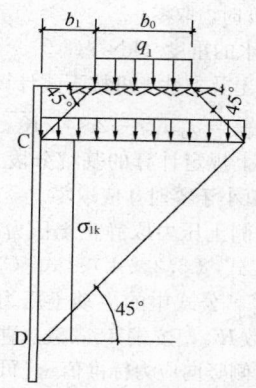

图 5.2.3-2　局部荷载时基坑
外侧附加竖向应力计算简图

5.2.4 第 i 层土的主动土压力系数 K_{ai} 应按下式计算：

$$K_{ai} = \tan^2\left(45° - \frac{\varphi_{ik}}{2}\right) \qquad (5.2.4)$$

式中：φ_{ik}——三轴试验（当有可靠经验时可采用直接剪切试验）确定的第 i 层土固结不排水（快）剪内摩擦角标准值（°）。

5.2.5 基坑内侧水平抗力标准值 e_{pjk}（图 5.2.5）宜按下列规定计算：

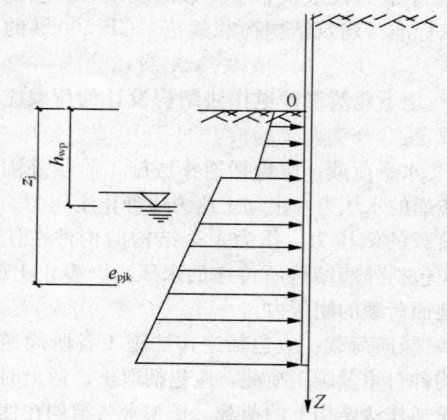

图 5.2.5　水平抗力标准值计算图

1 对于砂土和碎石土，基坑内侧水平抗力标准值宜按下式计算：

$$e_{pjk} = \sigma_{pjk} K_{pi} + 2c_{ik}\sqrt{K_{pi}} + (z_j - h_{wp})(1 - K_{pi})\gamma_w$$
$$(5.2.5\text{-}1)$$

式中：σ_{pjk}——作用于基坑底面以下深度 z_j 处的竖向应力标准值，按本规程第 5.2.6 条规定计算；

K_{pi}——第 i 层土的被动土压力系数，按本规程第 5.2.7 条规定计算。

2 对于粉土及黏性土，基坑内侧的水平抗力标准值宜按下式计算：

$$e_{pjk} = \sigma_{pjk} K_{pi} + 2c_{ik}\sqrt{K_{pi}} \qquad (5.2.5\text{-}2)$$

5.2.6 作用于基坑底面以下深度 z_j 处的竖向应力标准值 σ_{pjk} 可按下式计算：

$$\sigma_{pjk} = \gamma_{mj} z_j \qquad (5.2.6)$$

式中：γ_{mj}——深度 z_j 以上土的加权平均天然重度（kN/m^3）。

5.2.7 第 i 层土的被动土压力系数 K_{pi} 应按下式计算：

$$K_{pi} = \tan^2\left(45° + \frac{\varphi_{ik}}{2}\right) \qquad (5.2.7)$$

5.2.8 逆作法围护结构应采用排桩或地下连续墙作为围护结构，桩墙围护结构的设计应符合下列规定：

1 当排桩作为围护结构时，应按施工开挖过程与支撑情况分工况计算。当地下连续墙作为围护结构时，应按开挖及楼板浇筑的顺序分工况进行计算。

2 当地下连续墙兼作主体结构的侧墙或排桩与

内衬墙组成复合外墙时，其施工阶段及使用阶段的计算应符合下列规定：

　　1）当地下连续墙作为逆作法施工期间围护结构并在使用阶段作为地下室的外墙，且不带内衬墙时，其施工与使用阶段应作为独立构件计算；

　　2）地下连续墙在施工阶段作为独立构件计算；当在使用阶段有内衬墙时，内衬墙与地下连续墙之间应结合紧密，形成一个整体，计算时可按叠合构件计算；

　　3）排桩与内衬墙复合外墙，施工阶段其排桩宜作为围护结构进行计算，使用阶段桩墙应作为两个构件共同受力，桩墙应按各自独立刚度分配所承受的力，分别验算；

　　3　地下室顶、中、底板处衬墙与桩之间应设置腰梁；

　　4　有人防要求的地下室，围护结构及内衬墙组成的复合地下室外墙应按人防设计要求满足抗核爆强度与早期防辐射的要求。

5.2.9　当进行构件的承载力及稳定性计算时，围护结构体系的内力及支点力的设计值应按其施工阶段和使用阶段中的各个工况中可能出现的最不利内力组合值进行计算。

5.2.10　在地下建筑工程逆作法围护结构的施工阶段，作为临时结构的各构件承载力计算，应符合国家现行有关标准的规定。

5.2.11　地下建筑工程逆作法围护结构，在使用阶段兼作永久结构的各构件承载力计算，应符合国家现行有关标准的规定。

5.2.12　地下连续墙在使用阶段作为地下室的外墙，当不带内衬墙时，应按地下室防水等级要求做好地下连续墙防水；当有内衬墙时，应按防水要求做好内衬墙防水及墙间的疏水排水设计；当排桩与内衬墙作为地下室的外墙时，应按地下室防水等级做好内衬墙防水。

5.3　竖向结构设计

5.3.1　当设计地下结构竖向构件时，在施工与使用的不同阶段应采用与其受力状态相符的计算模型及相应的荷载值进行内力分析和截面验算。当存在叠合构件时，尚应考虑二次叠合施工方法对构件承载力和构件变形的影响。

5.3.2　地下结构的竖向结构构件，宜选用钢管混凝土柱、型钢混凝土组合柱或钢筋混凝土柱。

5.3.3　采用逆作法施工的地下结构的竖向构件，在施工阶段应按偏压构件计算，柱的长细比不应大于25，柱顶端承受的水平力应按水平支撑轴向力的2%计算，并应根据其安装就位的垂直度允许偏差考虑竖向荷载偏心影响。

5.3.4　当地下结构钢筋混凝土柱采用二次叠合成型设计时应符合下列规定：

　　1　抗震设防区，钢筋混凝土柱子考虑叠合成型效应后，应按芯柱部分轴压比确定柱截面尺寸及最小配箍特征值。

　　2　非抗震设防区，柱的平均轴压比不应超过0.8，叠合成型效应后芯柱部分的轴压比不应超过1.0。

　　3　箍筋的最小直径、加密区箍筋最大间距、最小配箍率、叠合面的粗糙度等应符合国家现行标准《建筑抗震设计规范》GB 50011、《混凝土结构设计规范》GB 50010、《型钢混凝土组合结构技术规程》JGJ 138 的规定，且箍筋的最小直径不应小于8mm。

5.3.5　地下结构钢筋混凝土柱或型钢混凝土柱箍筋当处在水平施工缝位置上下各一个柱长边尺寸且不小于500mm的范围内，应符合下列规定：

　　1　当轴压比小于0.8时，箍筋最小直径不应小于8mm；当柱轴压比大于0.8时，箍筋的最小直径不应小于10mm；当柱的轴压比大于0.9时，箍筋的最小直径不应小于12mm。

　　2　位于抗震设防区的柱箍筋最小直径应符合国家现行标准《建筑抗震设计规范》GB 50011、《型钢混凝土组合结构技术规程》JGJ 138 的规定，且按照规定增大 2mm。

　　3　箍筋间距不应大于100mm，肢距不应大于150mm。

5.3.6　逆作法设计的钢筋混凝土剪力墙，在施工阶段其竖向临时支承体系应进行相关验算。

5.4　水平结构设计

5.4.1　逆作法地下水平结构的设计，一般利用地下的楼盖结构作为水平内支撑；应采取与施工及使用状态相符的计算模型进行内力分析和截面验算，水平结构应与围护结构可靠连接，满足施工阶段和正常使用阶段的各种功能要求。

5.4.2　地下结构楼板宜采用梁板式或格梁式，当有可靠措施时也可采用整体装配式。

5.4.3　逆作法设计时楼盖应符合下列规定：

　　1　现浇钢筋混凝土结构楼板厚度不应小于120mm；

　　2　楼板不宜有大面积的错台，当结构设计不能避免时应采取适当的措施保证水平力的传递。

5.4.4　设有结构缝的结构梁板，应设置传递水平力的构件。

5.4.5　当地下结构楼板采用整体装配式时，应符合下列规定：

　　1　楼板每层宜设置钢筋混凝土整浇层，厚度不应小于60mm，混凝土强度等级不应低于C25，并应双向配置直径不应小于8mm、间距不应大于200mm的钢筋网，钢筋应锚固在梁、柱及墙内。

2 楼板的预制板缝宽度不应小于 40mm，板缝内应配置钢筋且贯通整个结构单元，预制板缝的混凝土强度等级应高于预制板的混凝土强度等级，且不应低于 C25。

3 预制板的选择及建筑构造做法应满足有关标准对建筑防火、耐久性等其他要求。

5.4.6 采用半逆作法施工时，设计应采用考虑梁轴向变形的计算模型进行相关的内力分析。当有叠合构件时应按叠合构件的计算原则进行相关计算。

5.4.7 剪力墙在楼板处应设置通长的暗梁，暗梁的截面及配筋应能满足施工阶段构件变形及强度要求，并与洞口处的连梁钢筋贯通且不应小于连梁的配筋面积。

5.5 地基基础设计

5.5.1 地下建筑逆作法宜选用柱下一柱一桩基础。

5.5.2 当确定桩承载力时，桩的有效摩擦段应扣除土体的开挖段，并宜考虑土层回弹对桩摩阻力的影响。

5.5.3 在施工、使用阶段，地基承载力计算应符合现行国家标准《建筑地基基础设计规范》GB 50007 的规定。

5.5.4 当结构基础采用一次成型时，可按正常施工状态进行地基基础设计。当采用两次成型时，柱与基础的交接面的构造应满足传递柱轴力和柱底弯矩的要求。

5.5.5 当结构地基采用天然地基时，施工阶段采用的柱下支承桩在使用阶段可不考虑其作用。

5.5.6 当结构基础采用多桩基础，并在计算各桩顶反力、筏板或承台内力时，不宜考虑逆作施工期间柱下桩的支承作用。当有可靠依据考虑柱下桩的支承作用时，柱下桩宜选择与其他各桩相同的桩长。

5.5.7 承台的抗剪、抗弯计算、桩对承台的冲切及桩身强度的设计应符合现行国家标准《建筑地基基础设计规范》GB 50007 的有关规定。

5.5.8 当基础底标高不在同一标高时，应加强基础底板的水平刚度。

5.6 节点设计及构造

5.6.1 节点设计应符合下列规定：

1 围护结构与地下结构的水平构件连接接头可采用刚性接头、铰接接头和不完全刚性接头等形式。

2 当有防水要求时，节点的设计应满足防水要求。

  1）外围护结构和地下连续墙墙身的防水以及施工段接缝防水设计；密排桩桩间的防水设计。

  2）外围护结构与基础底板接缝处的防水。

  3）竖向结构在底板位置的防水。

  4）水平结构在外围护结构上连接节点的防水。

3 当地下连续墙仅作为围护结构时，槽段接头可采用柔性接头；当地下连续墙作为主体结构的一部分时，槽段接头应采用刚性接头。

4 当采用钢管、型钢或钢管混凝土支承柱时，支承柱与地下结构的水平构件连接接头除应符合本节规定外，尚应符合国家现行标准《钢结构设计规范》GB 50017 和《型钢混凝土组合结构技术规程》JGJ 138 的相关规定。

5.6.2 节点构造应符合下列规定：

1 地下结构的水平构件与地下连续墙的接头应符合下列规定：

  1）当板与地下连续墙的连接采用刚性接头时，可采用在连续墙中预埋钢筋或采用钢筋机械连接的方式。当板与地下连续墙的连接采用铰接接头时，可采用在连续墙中预埋钢筋或预埋剪力键的连接方式，或通过边梁与地下连续墙连接，楼板钢筋锚入边梁，边梁与地下连续墙内的预埋钢筋连接，边梁伸入墙内的长度不宜小于 70mm。

  2）当梁与地下连续墙的连接采用刚性接头时，可采用在连续墙中预埋钢筋或采用钢筋机械连接的方式。当梁与地下连续墙的连接采用铰接接头时，可采用在连续墙中预埋钢筋或预埋剪力键的连接方式。

  3）当底板与地下连续墙的连接采用刚性接头时，可采用钢筋机械连接，宜沿连续墙的周边将地下室的底板加强，在连接处应设置剪力键，在底板与地下连续墙连接处应设置止水条。

2 地下结构的内墙与地下连续墙相交时的接头，可采用在连续墙中预埋钢筋或后植筋的连接方式。

3 当采用排桩作为围护结构时，排桩顶部应设置冠梁，冠梁的宽度不应小于排桩直径，冠梁的高度不宜小于 400mm，冠梁的混凝土强度等级不应低于 C20。

4 排桩与地下结构的水平构件连接接头，可采用在桩内预埋钢筋、钢锚板或后植筋连接的方式。

5 地下结构的梁与柱的接头宜符合下列规定：

  1）当支承柱为型钢时，宜采用钻孔钢筋连接法和传力钢板连接法。

  2）当支承柱为钢管和钢管混凝土柱时，宜采用竖向传力钢板法或环板法。传力钢板或环板的厚度不宜小于 20mm。

  3）当支承柱采用灌注桩时，宜采用在地下室各梁标高处预埋钢板环套的方法，钢板环套的厚度不宜小于 20mm。

6 地下室的中间支承柱、桩和底板的连接接头可采用图 5.6.2-1 和图 5.6.2-2 的形式。

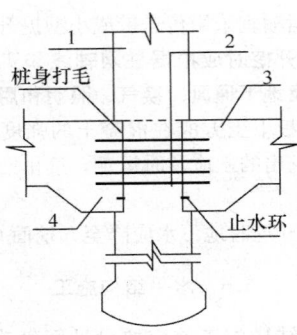

图 5.6.2-1　挖孔桩和基础底板的连接
1—挖孔桩；2—桩中预埋拉结筋；3—基础底板；
4—底板局部加厚；5—钢管立柱；6—传力环；
7—外包混凝土；8—灌注桩

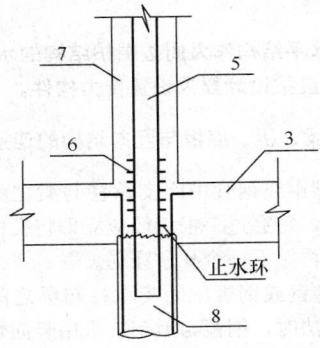

图 5.6.2-2　钢管混凝土立柱和底板
及灌注桩的连接
1—挖孔桩；2—桩中预埋拉结筋；3—基础底板；
4—底板局部加厚；5—钢管立柱；6—传力环；
7—外包混凝土；8—灌注桩

6　施　工

6.1　一　般　规　定

6.1.1　在地下建筑工程逆作法施工前，应编制详细的施工组织设计和安全措施。

6.1.2　施工组织设计应满足逆作法设计要求。

6.1.3　在地下建筑工程逆作法施工前应向施工班组进行施工方案、安全措施交底。

6.2　地　下　水　控　制

6.2.1　地下水控制的设计和施工应满足逆作法设计和施工要求，应根据场地及周边工程地质条件、水文地质条件和环境条件并结合施工方案综合分析、确定。

6.2.2　当因降水而危及工程及周边环境安全时，宜采用截水或回灌方法。

6.2.3　降水、截水、回灌措施应符合现行行业标准

《建筑基坑支护技术规程》JGJ 120 相关规定。

6.3　围护结构施工

6.3.1　地下连续墙单元槽段长度应根据槽壁稳定性及钢筋笼起吊能力划分，宜控制在 4m～8m。

6.3.2　地下连续墙施工前宜进行成槽试验，确定施工工艺流程和槽段长度、泥浆比重、混凝土配合比、导管内初存混凝土量、导管内混凝土控制高度等各项技术参数。

6.3.3　排桩可采用人工、机械等多种工艺成孔，宜采取间隔法施工。

6.3.4　排桩的钢筋笼在绑扎、吊装和安放时，应保证钢筋笼的安放方向与设计方向一致。

6.3.5　在冠梁施工前，应将地下连续墙或排桩上部的混凝土浮浆凿除。

6.4　竖向结构施工

6.4.1　竖向结构构件施工允许偏差应符合表 6.4.1 规定：

表 6.4.1　竖向结构构件施工允许偏差（mm）

竖向结构构件			垂直度允许偏差	构件尺寸允许偏差	
柱	混凝土桩施工工艺		H/100	桩径D	−20
	钢管混凝土施工工艺	单层柱 H≤10m	H/1000	直径D	±D/500 ±5.0
		单层柱 H>10m	H/1000 且不大于25.0		
		多节柱 单节柱	H/1000 且不大于10.0	构件长度L	±3.0
		多节柱 柱全高	35.0		
	型钢柱施工工艺	单层柱 H≤10m	H/1000	截面高度H	H<500 ±2.0
		单层柱 H>10m	H/1000 且不大于25.0		500<H<1000 ±3.0
		多节柱 单节柱	H/1000 且不大于10.0		H>1000 ±4.0
		多节柱 柱全高	35.0	截面宽度B	±3.0
墙	地下连续墙施工工艺		H/350	宽度W	W+35
				墙面平整度	<5.0
	下返墙施工工艺		H/300	宽度W	W+40
				墙面平整度	<5.0

6.4.2　竖向结构支承柱，当采用桩基础工艺施工时，应符合下列规定：

　1　钢筋混凝土柱逆作施工，可采用人工或机械等成孔工艺，按现行行业标准《建筑桩基技术规范》JGJ 94 的相关要求成桩，土方开挖后应按设计要求形

成结构柱。

2 型钢柱或钢管混凝土柱应与下部混凝土桩组合成中间支承柱，柱与孔壁之间的空隙应用砂密实充填。

3 支承柱与水平结构连接的节点应按设计进行施工，预埋件、后植筋或其他连接构件应保证定位精度。

6.4.3 竖向结构混凝土墙施工应符合下列规定：

1 当施工每一层水平结构时，相应的上、下层混凝土墙应预留竖向钢筋，预留长度应符合现行国家标准《混凝土结构工程施工质量验收规范》GB 50204规定。

2 混凝土墙宜下返800mm～1200mm，有防水要求的边跨混凝土墙应上返300mm～500mm。

3 正作混凝土墙体与下返墙体混凝土连接宜按图6.4.3施工：

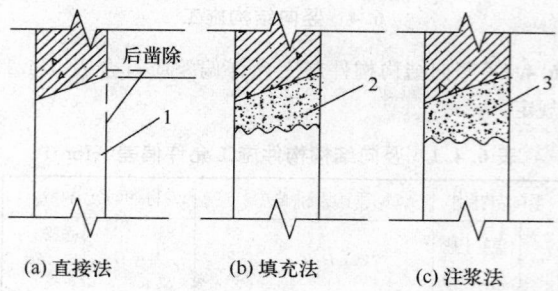

(a) 直接法   (b) 填充法   (c) 注浆法

图 6.4.3   墙体上下混凝土连接
1—浇筑混凝土；2—填充无浮浆混凝土；
3—压入水泥浆
注：填充的无浮浆混凝土应为高一强度等级的微膨胀混凝土。

6.5   土方开挖及运输

6.5.1 土方开挖前应详细了解地质情况，并根据土层特点与设计要求编制土方开挖的施工方案。

6.5.2 逆作法出土口的数量应根据土方开挖量、挖土工期和出土机械的台班产量按下式计算确定：

$$n_c = KV/TCW \qquad (6.5.2)$$

式中：C——每天作业台班数；

K——其他材料、机械设备的通过出土口运输的备用系数，取1.2～1.4；

n_c——出土口数量；

T——挖土工期（d）；

V——土方开挖量（m³）；

W——出土机械台班产量（m³/台班）。

6.5.3 材料、设备垂直运输竖井的数量应根据工程量计算确定，且不宜少于2个。

6.5.4 土方开挖宜采用小型挖土机与人工挖土相结合，地下连续墙与中间支承柱周边的土方应采用人工挖土；土方运输宜采用传送带或小型提升设备。

6.5.5 土方开挖时应根据柱网轴线和实际情况设置足够通风口及地下通风、换气、照明和用电设备。

6.5.6 梁、板下土方应在混凝土的强度达到设计要求后开挖，挖出的土应及时运走，禁止堆放在楼板上及基坑周边。

6.5.7 土方开挖时地下水应降至开挖面0.5m以下。

6.6   水平结构施工

6.6.1 水平结构施工前应按设计图纸确定出土口、各种施工预留口和降水井口的具体位置、尺寸。

6.6.2 水平结构施工时应优先利用土胎模，当土质不能满足要求时，应采用其他支模方式浇筑梁板水平结构，并应复核围护结构在此工况下的稳定性和安全性。

6.6.3 当水平结构作为周边围护结构的水平支承时，其后浇带处应按设计要求设置传力构件。

6.7   梁、板、底板与竖向结构的连接施工

6.7.1 当型钢或钢管中间支承柱与梁之间的连接采用钻孔法时，每穿过一根钢筋应立即将孔的双面满焊封严，然后再钻下一个孔、穿筋。

6.7.2 当型钢或钢管中间支承柱与梁之间的连接采用钢板传力法时，钢板与型钢宜采用竖向焊接，焊缝应满足设计要求，梁的钢筋与传力钢板之间的焊接件应进行抗拉强度试验。

6.7.3 传力钢板的位置应经测量放线确定，钢板的位置应准确，焊接钢板前应将型钢（或钢管）表面清理干净，不得有锈蚀。

6.7.4 叠合柱的钢筋接头不得采用绑扎。

6.7.5 当地下连续墙与梁节点的连接采用预埋钢筋法、预埋钢板法时，位置应准确，连接应可靠。采用后植筋法时应符合现行行业标准《混凝土结构后锚固技术规程》JGJ 145的有关规定。

6.7.6 当地下连续墙与地下室底板连接处设止水条、中间支承柱与底板连接时，柱的四周应设置止水环。

7   现场监测

7.0.1 地下建筑工程逆作法施工应对施工过程中岩土体性状、周边环境、相邻建（构）筑物、地下水状态及地下管线设施的变化进行现场监测。

7.0.2 地下建筑工程逆作法施工现场监测应进行现场踏勘，熟悉工程设计、施工情况，调查了解当地地下建筑工程施工经验、周围的建（构）筑物、重要地下设施及道路的布置情况和现状，编制监测方案。

7.0.3 现场应监测下列主要对象：

1 基坑（槽）底部、侧壁及周边岩土体；

2 工程结构主体、中间支承结构及围护结构；

3 地下水；

4 周边建（构）筑物；

5 周边地下管线及设施；

6 周边相邻的城市道路；

7 自然环境状况。

7.0.4 现场应监测下列主要内容：

1 围护结构及中间支承结构的变形；

2 围护结构内外岩土体变形；

3 围护结构周边邻近地下管线的变形和渗漏；

4 围护结构周边邻近建（构）筑物的变形；

5 围护结构、中间支承结构开挖影响范围内的地下水水位及孔隙水压力的变化；

6 围护结构、中间支承结构、基坑底部岩土体卸荷回弹变形及建筑沉降观测；

7 施工现场环境条件（主要针对与人体有害气体的类型、含量、浓度及临近地表水体渗漏）。

7.0.5 现场监测的项目、监测点的布置应根据监测对象合理布设，并应满足监测控制要求，现场监测项目可按表 7.0.5 执行。

表 7.0.5 地下建筑逆作法施工工程现场监测项目表

监测项目 \ 基坑侧壁安全等级	一级	二级	三级
围护、支承结构水平位移	应测	应测	应测
围护、支承结构竖向位移	应测	应测	应测
围护结构内外岩土体变形	应测	应测	宜测
围护、支承结构邻近建(构)筑物变形	应测	应测	宜测
围护结构邻近地下管线变形	应测	应测	宜测
地下水水位及孔隙水压力	应测	应测	可测
地下管线渗漏	应测	应测	可测
围护、支承结构、基坑底部岩土体卸荷回弹变形	应测	宜测	可测
建筑沉降变形观测	应测	宜测	可测
施工现场有害气体状况	应测	应测	宜测
临近现场地表水体渗漏情况	宜测	可测	可测
降水量大小、气温、台风、洪水、冰冻情况	宜测	可测	可测

7.0.6 现场监测位移及变形监测的工作基点数量不宜少于 2 点，安全等级为一级的不应少于 3 点，工作基点应设置于建筑影响范围以外，便于施测并安全保护。

7.0.7 位移及变形监测工作初始值的观测，应在地下建筑逆作工程施工基坑开挖之前进行，观测次数不宜少于 2 次，安全等级为一级的不应少于 3 次；现场监制工作预警值、报警值应根据监测对象的相关标准及结构设计要求确定；监测项目的观测频度、间隔宜

结合项目进程情况适当确定，当观测结果出现异常时，应调整观测频度加密观测次数，必要时应连续监测。

7.0.8 逆作法工程施工现场监测工作应符合国家现行标准《工程测量规范》GB 50026、《岩土工程勘察规范》GB 50021、《建筑地基基础设计规范》GB 50007、《建筑边坡工程技术规范》GB 50330、《建筑变形测量规范》JGJ 8、《城市地下管线探测技术规程》CJJ 61 及《建筑基坑支护技术规程》JGJ 120 等有关标准的规定，并应满足逆作法工程设计、施工及监测控制安全、精度的要求。

8 工程质量验收

8.0.1 质量验收应提交下列文件和记录：

1 岩土工程勘察报告、图纸会审记录、设计变更文件；

2 经审定的施工组织设计、施工方案；

3 桩位测量放线图及工程桩位线复核签证单；

4 桩身完整性检测报告及单桩承载力检测报告；

5 原材料出厂合格证和进场复试报告；

6 混凝土强度试验报告；

7 钢筋接头试验报告；

8 预应力筋用锚具、连接器的合格证和进场复试报告；

9 混凝土工程施工记录；

10 隐蔽工程验收记录；

11 分项工程验收记录；

12 预应力筋安装、张拉及灌浆记录；

13 工程重大质量问题的处理方案和验收记录；

14 其他必要的文件和记录。

8.0.2 竖向构件垂直度验收应提交下列记录：

1 有效断面设计交底记录；

2 垂直度验收记录。

8.0.3 工程观感质量验收应符合现行国家标准《混凝土结构工程施工质量验收规范》GB 50204 有关规定，现浇结构外观质量缺陷判定不应有严重缺陷。

8.0.4 质量验收应符合国家现行标准《混凝土结构工程施工质量验收规范》GB 50204、《建筑地基基础工程施工质量验收规范》GB 50202、《钢结构工程施工质量验收规范》GB 50205 和《型钢混凝土组合结构技术规程》JGJ 138 等的有关规定。

本规程用词说明

1 为便于在执行本规程条文时区别对待，对要求严格程度不同的用词说明如下：

1）表示很严格，非这样做不可的：

正面词采用"必须"，反面词采用"严禁"；

2）表示严格，在正常情况下均应这样做的：

正面词采用"应"，反面词采用"不应"或"不得"；

3）表示允许稍有选择，在条件许可时首先应这样做的：

正面词采用"宜"，反面词采用"不宜"；

4）表示有选择，在一定条件下可以这样做的，采用"可"。

2　条文中指明应按其他有关标准执行的写法为："应符合……的规定"或"应按……执行"。

引用标准名录

1　《建筑地基基础设计规范》GB 50007

2　《建筑结构荷载规范》GB 50009

3　《混凝土结构设计规范》GB 50010

4　《建筑抗震设计规范》GB 50011

5　《钢结构设计规范》GB 50017

6　《岩土工程勘察规范》GB 50021

7　《工程测量规范》GB 50026

8　《土工试验方法标准》GB/T 50123

9　《建筑地基基础工程施工质量验收规范》GB 50202

10　《混凝土结构工程施工质量验收规范》GB 50204

11　《钢结构工程施工质量验收规范》GB 50205

12　《建筑边坡工程技术规范》GB 50330

13　《建筑变形测量规范》JGJ 8

14　《建筑桩基技术规范》JGJ 94

15　《建筑基坑支护技术规程》JGJ 120

16　《型钢混凝土组合结构技术规程》JGJ 138

17　《混凝土结构后锚固技术规程》JGJ 145

18　《城市地下管线探测技术规程》CJJ 61

中华人民共和国行业标准

地下建筑工程逆作法技术规程

JGJ 165—2010

条 文 说 明

制 定 说 明

《地下建筑工程逆作法技术规程》JGJ 165 - 2010，经住房和城乡建设部 2010 年 12 月 20 日以第 858 号公告批准、发布。

本规程编制过程中，编制组进行了深入的调查研究，总结了我国地下建筑工程逆作法领域的实路经验，同时参考了国外先进技术法规和技术标准，编制了本规程。

为了便于广大勘察、设计、施工、科研和学校等单位有关人员在使用本规程时能正确理解和执行条文规定，《地下建筑工程逆作法技术规程》编制组按章、节、条顺序编制了本规程的条文说明，对条文规定的目的、依据以及执行中需注意的有关事项进行了说明。但是，本条文说明不具备与规程正文同等的法律效力，仅供使用者作为理解和把握规程规定的参考。

目　次

1 总　则

1.0.1 随着我国国民经济的发展，城市建设也在向高空和地下发展，交通设施也向多层次立体化发展，建筑物基础也越建越深，对基坑的开挖支护技术也提出了新的要求，逆作法就是一项随之兴起的新施工技术。地下建筑工程逆作法施工需要制订一本统一的技术规程来规范地下建筑逆作法的设计与施工，保证设计与施工安全可靠、技术先进、经济合理。

1.0.2 本规程所依据的工程经验为一般地质条件，当为特殊地质条件时，应按当地经验采用。

3　基　本　规　定

3.0.2 逆作法施工可分为半逆作法、全逆作法和部分逆作法。逆作法设计与施工与本条所述的各种因素密切相关，这些因素决定所采取的设计与施工方案，对这些影响因素应综合考虑。

3.0.4 采用逆作法的工程基坑侧壁必须有围护结构，这是本规程的强制性规定，是保证工程及周边建筑安全的必要措施。围护结构的设计应在工程设计时综合考虑，与工程施工图一并设计。

3.0.5 逆作法施工中对本条提到的监测是对基坑安全、工程结构安全及相邻建筑安全的保障措施，所提供的数据也是对逆作法设计、施工方案进行必要调整的直接依据，此项工作必须按相关规定认真落实。

4　岩土工程勘察

4.0.1 逆作法工程的岩土工程勘察，应按照国家现行标准《岩土工程勘察规范》GB 50021 的有关规定，进行工程等级划分，分阶段进行。

4.0.2 逆作法工程岩土工程勘察时，除应执行本条中所述国家标准的有关规定外，尚应符合国家现行有关标准、规范及规程的规定，满足逆作法工程设计与施工的要求。

逆作法工程经勘察后，当建筑场地岩土工程条件特别复杂时，宜由有相应的岩土工程咨询设计资质的单位完成逆作法工程地基基础方案选型、地基计算和处理、围护结构及中间支承结构设计方案、地下水降水和截水设计、地下建筑抗浮设计以及有关设计参数检测的试验设计等岩土工程问题，进行专门的逆作法工程岩土工程咨询设计。

4.0.3 逆作法工程岩土工程勘察主要应针对逆作法工程的特点进行调查、分析、评价，勘察方案编制时应注重采用多种勘察及测试手段查明建筑场地工程地质条件、水文地质条件及不良地质作用；宜采用综合评价方法，对场地和地基稳定性作出结论；应对建筑

场地不良地质作用和特殊岩土的治理、地基基础形式、埋深、基坑开挖、围护结构及中间支承结构工程等方案的选型提出建议；结合建筑场地岩土工程条件，针对建筑本身设计特点，对地下建筑工程逆作法的可行性、合理性及适宜性作出评价；提出设计、施工所需的岩土工程资料、参数及设计施工中应注意的问题，工程必要时尚应提供建筑地基处理方案建议。

逆作法工程对建筑场地水文地质条件具有特殊性要求，应重点针对场地水文条件进行勘察，应采用调查与现场勘察相结合的方法，查明建筑场地周围地表水的汇流、排泄状况，地下建筑影响范围内地下水的类型、埋藏条件、补给条件、水力联系、地下水水位动态变化特征及水质对地下建筑腐蚀性的影响，提供水文地质参数；针对逆作法工程地基基础设计形式、围护结构模式、施工方法、施工环境等情况分析评价地下水对地基基础设计、施工和环境的影响，预估可能产生的不利因素、危害，提出预防和治理方案建议；地下水对逆作法工程的作用与影响的评价，宜按以下要求进行：

1）在最不利组合情况下，地下水对地下建筑结构的上浮作用；

2）地下水对地下建筑边坡稳定性的影响；

3）当工程采取降水或截水措施时，地下水水位变化影响范围内，对地面、周边环境及工程产生的不利影响或危害；

4）地下水可能产生流砂、流土、管涌、潜蚀等渗透性破坏时，应有针对性地进行勘察，分析评价其产生的可能性及对工程的影响。当围护结构开挖过程中有渗流作用宜通过渗流计算确定；

5）当围护结构底部存在有高水头的承压含水层时，应分析评价坑底土层的隆起或产生突涌的可能性；

6）地下建筑可能位于地下水水位以下时，应对地下水水质对混凝土结构或金属材料的腐蚀性进行评价。

4.0.4 逆作法工程岩土工程勘察技术要求应按照国家现行标准《岩土工程勘察规范》GB 50021、《建筑地基基础设计规范》GB 50007、《建筑抗震设计规范》GB 50011、《建筑边坡工程技术规范》GB 50330、《土工试验方法标准》GB/T 50123、《建筑基坑支护技术规程》JGJ 120 的规定执行，尚应符合国家现行有关标准、规范和规程的规定，满足工程逆作设计、施工的要求。勘探点的布设，应根据地下建筑平面形状、荷载的分布情况及建筑场地条件进行，针对工程逆作的特殊要求，应符合以下岩土工程勘察与测试基本要求：

岩土工程勘察测试手段、测试样本的采取、测试标准除应执行现行国家标准《岩土工程勘察规范》

GB 50021 及《土工试验方法标准》GB/T 50123 的有关规定，尚应符合国家现行有关标准、规范和规程的规定；室内试验项目除测试土的常规物理试验指标外，尚应测试支护所需岩土的抗剪强度试验指标，土的抗剪强度试验方法应与支护工程设计要求一致，符合设计采用的标准，必要时宜进行残余抗剪强度试验及侧压力系数试验。特殊岩土指标（膨胀土、湿陷性土、冻土）应进行专门性试验。

5 设　　计

5.1 设 计 原 则

5.1.3 基坑侧壁的安全等级应根据结构破坏可能产生的后果来确定，例如：危及人的生命、造成经济损失大小、产生社会影响的严重性等，以及对临近建筑物、构筑物、地下市政设施、地铁等影响的大小。

逆作法的支承结构在施工阶段与使用阶段的构件有可能不同时，比如施工阶段采用梁柱支撑体系，水平支撑只有梁，再浇叠合梁、板，作为使用阶段的结构，逆作施工阶段竖向支撑只有钢管或芯柱，使用阶段是钢管混凝土结构或叠合柱，这时可按叠合构件进行设计，构件叠合前后安全等级和重要性系数可分阶段取值。构件在施工阶段与使用阶段相同时，应按施工与使用两个阶段选用较高的结构安全等级和重要性系数来进行设计。

5.1.4 地下结构逆作法施工结束后，考虑围护与支撑结构的形式及其变化和上部结构继续施工和正常使用时的受力特点，对其结构进行承载力计算和稳定性验算。比如部分围护墙是上部结构的剪力墙、内支撑柱在未完全形成复合柱时承受上部的荷载等情况。

逆作法结构设计正常使用极限状态的变形验算包括基坑外围护结构应分阶段对施工期间和今后作为主体结构的地下室外墙或外墙的一部分，按不同的安全等级要求和受力特点对其进行抗裂（裂缝宽度）计算。

逆作法设计应考虑支护结构的水平变形、地下水的变化对周边环境的水平与竖向变形的影响，还应该考虑内支撑结构及外围护结构今后作为主体结构使用对水平和竖向变形的要求。对基坑安全等级一级以及对周边环境变形有限定的二级建筑基坑侧壁，应预先确定对支护结构水平变形的限值。

基坑周边环境的安全往往与基坑围护结构的水平变形和基坑外侧土体的竖向变化有关，基坑外建筑物构筑物及市政设施本身的结构、构造、尺寸、高度、基础形式不同，抵抗土层变形能力也不同，对周边环境的安全要通过限制基坑变形来保证。

5.1.5 逆作法应确定结构各部分的施工顺序、步骤及施工进度，以确定结构设计的各个工况和对应的结

构形式、荷载；施工进度要特别规定防止机械挖土出现超挖，土压力超过围护支撑结构抗力等危及结构安全的情况。另外，运土的重量也是结构设计必须考虑的荷载。

支撑体系竖向荷载应包括逆作法施工阶段时构件自重及施工荷载，水平荷载则是逆作法施工阶段外围护结构所传递的水压力、主动土压力或静止土压力、坑外地面荷载的侧压力以及作为永久结构使用阶段的所有荷载（包括结构自重、静止土压力、建筑使用荷载以及风荷载和地震作用）。

根据逆作法施工方案、采用的机械设备、取土及运输车辆，并考虑地下室顶板和基坑四周的施工荷载和堆载进行设计荷载组合，尚应考虑在施工荷载超载时，结构容许采用临时支撑保证基坑安全与稳定。

5.2 围护结构设计

逆作法的围护结构施工设计应满足工艺及环境保护要求，并根据基坑周边环境、开挖深度、工程地质与水文地质、施工作业设备、上部结构的情况、逆作法施工条件、挖土顺序、取土条件和施工季节等选用逆作法及其围护结构，逆作法的围护结构一般有密排桩、地下连续墙和土钉墙几种形式，其中密排桩根据桩的功能可分为桩墙合一和桩作为临时围护结构两种形式，地下连续墙分为带衬墙和不带衬墙两种，带衬墙地下连续墙又可分为内衬墙与地下连续墙共同作用和内衬墙作为内围护仅起防水作用两种。

5.2.1 计算围护结构的内力及变形时，选用分段平面模型并应根据逆作法施工的不同阶段的不同工况来计算，各工况内支撑支点力计算值应用于水平结构通常是地下室楼板及底板的分析与设计。

分段平面模型宜按行业标准《建筑基坑支护技术规程》JGJ 120 - 99 附录 B 的弹性支点法计算，支点刚度系数 k_T 及地基土水平抗力系数的比例系数 m 应按地区经验取值，当缺乏地区经验时可按行业标准《建筑基坑支护技术规程》JGJ 120 - 99 附录 C 确定。

5.2.2 式（5.2.2-3）是水土合算的表达式，式（5.2.2-1）与式（5.2.2-2）是水土分算的表达式。这里的水土分算公式只适用于静水压力的情况，有渗流水压力不适用此公式。

5.2.3 基坑外荷载实际还会存在有三角形分布及相邻基础的集中荷载所引起的附加竖向土压力，规程未给出计算公式，可参考地方基坑支护规程的计算表达式。

基坑外侧地面有放坡时，其围护墙的土压力计算，规程也未给出计算公式。

5.2.8 地下连续墙兼作主体结构的侧墙时可不设或仅设较薄的内衬墙；而排桩一般有较厚的内衬墙，它们各自在逆作法施工的各个阶段及使用阶段的计算可按如下要求分析：

地下连续墙作为逆作法施工期间的围护结构，并在使用阶段作为地下室的外墙，在内侧后浇内衬墙有三种情况：第一种情况，内衬墙作为内围护仅起防水作用，地下连续墙在施工与使用阶段均应作为独立构件进行验算。第二种情况，内衬墙与地下连续墙之间结合紧密，有效传递剪力，两墙共同作用，形成一个整墙，逆作法施工阶段，地下连续墙单独进行计算，使用阶段内衬墙与地下连续墙作为一个整体构件截面计算刚度、验算截面，计算时可按叠合构件计算。第三种情况，在地下连续墙内侧浇筑较厚的内衬墙，没有经过清理、凿毛和预留插筋等措施，无法有效传递剪力，两墙不能形成共同作用的整墙，逆作法施工阶段，地下连续墙单独进行计算，使用阶段内衬墙与地下连续墙作为两个构件同时承担侧向水平力，截面计算按各自的抗弯刚度分配内力、验算截面，计算时内力分配后按两个独立的构件计算。

地下连续墙作为逆作法施工期间围护结构并在使用阶段作为地下室的外墙，不带内衬墙时，其施工与使用阶段均是地下连续墙作为独立构件的验算。

排桩与内衬墙合一时，施工阶段密排桩作为围护结构进行计算，使用阶段围护结构截面应按排桩合一进行计算，主体结构地下室的中板和底板可插入桩体或与桩可靠连接。桩墙之间结合紧密，有效传递剪力，桩墙作为一个构件计算刚度、验算截面。后浇的内衬墙与密排桩之间没有经过特别处理无法有效传递剪力，桩墙作为联合构件按各自独立刚度分配所承受的力，在使用阶段分别验算截面。

密排桩仅作为临时围护结构时，浇筑内衬墙作为地下室的外围护墙，在地下室的中板和底板处衬墙与桩之间必须浇筑刚性板带，板厚不小于衬墙内的楼板厚，在底板处可以取 200mm 厚。保证侧向水平力的有效传递。桩与墙作为各自独立的构件，在使用阶段分别验算截面。

5.2.11 地下连续墙或排桩的竖向承载力计算可采用桩基规范法和基床系数法。

5.3 竖向结构设计

5.3.1、5.3.2 采用逆作法技术施工的竖向结构是指支撑楼盖的柱、墙。由于不同的施工过程中柱的截面特性不同进而影响到结构构件的受力。因此，在设计竖向结构时必须考虑其影响。内力分析可用不同施工阶段的荷载增加值和截面特性按线性叠加的方法进行内力分析，设计应注意逆作施工期间的部分受拉钢筋或钢柱受拉部分由于先期压应力的存在可能达不到设计强度。

地下室柱子的混凝土当在截面方向采用二次成型的方法施工时，由于混凝土芯柱与外叠合部分按照不同施工速度有着不同的应力比，当芯柱的应力与外叠合部分的应力比过高时，由于芯柱部分的混凝土提前进入塑性阶段，对外叠合层部分产生水平环向拉应力，从而导致整体承载力的降低。另外，当进行多层地下室的逆作法施工时，由于受施工进度的影响，后叠合部分截面的混凝土尚未形成刚度或刚度形成较慢，将导致芯柱的应力进一步集中及柱子的竖向压缩变形加大。因此，在逆作法施工设计中，应尽量避免采用钢筋混凝土截面二次成型的做法，当不能避免时，对于此部分混凝土构件的设计可参考现行国家标准《混凝土结构加固设计规范》GB 50367 中的有关规定。

5.3.3 由于逆作法施工阶段的柱子往往在土里施工，位置偏差和垂直度偏差较难控制，设计对此应充分考虑。同时，应注意柱的计算长度应考虑土对柱的约束较弱这一因素。

5.3.4 由于地下一层墙、柱的构造要求与地上一层相同，因此位于抗震设防高烈度区及高风荷载值地区的结构，应尽量避免竖向构件采用钢筋混凝土叠合构件。当由于条件限制必须采用时，要防止芯柱截面过小，并通过提高配箍特征值提高构件的延性，当轴压比过大时，应限制钢筋混凝土柱叠合构件的使用。

5.3.5 一般的逆作法施工过程，当下部柱的混凝土后于其上部结构浇筑时，在新旧混凝土的交界面下部后浇混凝土存在着沉缩及泌水现象，这将导致钢筋或钢构件的压应力增加，加强此处的配箍有助于改善构件的延性，提高传递力的可靠度。

为可靠处理施工缝，除混凝土使用外加剂外，必要时还可增加局部竖向钢筋的配筋量。

5.3.6 本条主要是控制剪力墙下的支柱数量，减少剪力墙局部的水平拉应力，设计应保证在正常使用状态下剪力墙不开裂并宜适当增加墙体的水平及竖向配筋，墙体的水平和竖向最小配筋率宜不小于 0.25%。

5.4 水平结构设计

5.4.1 逆作法施工的水平结构是指与围护结构相连的地下室楼板。由于水平构件传递地下室侧边的土压力，因此要求其具有足够的强度、刚度，并应满足建筑各阶段的功能要求。

5.4.2、5.4.3 由于地下室的剪力墙（或挡土墙）布置较多，其布置位置也与上部结构不尽相同。当地下室顶板作为上部结构的嵌固端时，通过楼板传递及分配的水平力远远大于一般楼层的楼板，同时，现浇钢筋混凝土梁板式楼盖具有较大的刚度，可有效地对柱、墙提供约束。因此，地下室顶板一般不应采用整体装配式，嵌固端的下一层通过楼板传递和分配的水平力较地下室顶板有所减少，但也是比较大的，一般也不宜选择整体装配式楼盖。

当地下室楼盖有较大的错台时，应采取有效的构造措施保证楼盖传递水平力。

5.4.4 全逆作法或半逆作法施工时，由于建筑物两侧的土压力主要靠楼板传递，结构缝的设置影响楼板传递水平力，当必须设置时应设置水平传力构件，如间隔设置临时允许破坏的混凝土薄板等。

5.4.5 本规范中要求整体装配式地下结构楼板符合《高层建筑混凝土结构技术规程》JGJ 3 中的有关规定，且控制条件有所加严。当采用整体装配式楼板做法时，一般情况下可作为围护结构的水平不动支撑，设计应注意只有当整浇层达到设计强度起到水平不动支撑的作用后方可进行下道工序。设计时应同时注意板的选型及板底粉刷层的设置应满足耐火极限和耐久性的要求，并应注意具有人民防空要求的地下室板底不得做水泥砂浆粉刷层的要求。

位于地震区和高风荷载值地区的建筑不宜采用整体装配式楼板。

5.4.6 半逆作法水平楼盖留有大洞口，削弱了楼盖梁板水平支撑的完整性，楼盖水平结构要承受围护结构传来的水平力，还要承受竖向的自重及施工荷载，处于双向受力状态，对结构分析要求更高，计算可采用三维有限元建模，在水平和竖直双向荷载作用下进行整体分析计算。

叠合构件设计应按现行国家标准《混凝土结构设计规范》GB 50010 的要求设计，施工应注意叠合面的处理。

5.4.7 钢筋混凝土剪力墙在施工阶段根据施工工艺的不同，受力性质表现为受弯构件，施工局部可能存在较高的拉应力，钢筋通长设置可避免由于钢筋接头太多及受拉钢筋搭接段混凝土的局部拉应力过高。

5.5 地基基础设计

5.5.1 一般情况下，由于桩基础的承载力高，沉降变形小，边柱、边墙的基础容易施工，同时易于控制整个建筑物的沉降和相邻柱间或柱与墙间沉降差率，而作为采用逆作法施工时建筑物基础形式的首选方案。

一柱一桩基础传力直接，通过基础传递到筏板上的力较小，基础与底板的连接构造容易处理。因此，有条件时宜优先选用一柱一桩基础。

5.5.2 当建筑物的基础埋置较深时，在施工过程中基础下地基土的回弹变形较大，对较短的端承桩可能造成桩的上浮。另外，桩侧土的回弹由于受到桩的约束，在桩身产生附加正摩阻力，加大了桩侧土的剪切变形，相当于降低了土层有效的极限摩阻力。目前，对这方面的试验研究较少，缺少可靠的资料，从以往正作施工来看，由于一般空桩段较短，后开挖土体对桩的极限承载力影响不大。

柱下桩在开挖前应进行高位静载荷试桩，桩的有效摩擦段应扣除基坑开挖部分。

5.5.3 本条为现行国家标准《建筑地基基础设计规范》GB 50007 的基本要求。

5.5.4 当基础一次成型时，逆作期间的柱下桩与正常使用状态下的桩实际是一个桩。此时，后作的基础底板实际承担的力较小（水浮力及基础沉降产生的反力），柱、桩与底板交接面比较容易处理。当基础采用两次成型时，通过柱、桩与基础交接面传递的力较大，构造处理对钢筋混凝土柱可采用凿毛、设置预埋拉结筋、地下室加大柱截面等方法；对钢管混凝土及型钢混凝土柱可采用外包混凝土（钢管或型钢段设置栓钉应满足有关规范的要求）、焊接传力环板等方法处理，当传力环或传力环板的面积较大时，应在适当的位置设置肋板、通气孔和浇筑孔。箍筋间距应适当加密。

5.5.5 当上部结构的荷载较小且地基的持力层及下卧层较好，地基的压缩变形小时，地基地基础也采用天然地基筏形或箱形基础，此时应处理好边柱基础和边墙或围护结构间的关系，在计算地基承载力特征值深度修正部分时，根据逆作进度，其起算高度自开挖的最低面算起（底板刚度、强度形成以前）或施工期间的室外地面算起（底板刚度、强度形成以后）。一般情况下，当建筑物基础为筏基或箱基而逆作期间采用一柱一桩时，在柱与基础交接面满足传力要求的情况下，忽略柱下桩基础的作用按正常施工状态下进行基础设计偏于安全，但设计应注意控制建筑物的沉降差满足现行国家标准《建筑地基基础设计规范》GB 50007 的要求及桩、柱与后作基础交接面的构造。当确有依据时，可考虑桩已承担的荷载以减少基础的基面和配筋。

5.5.6、5.5.7 一般柱下独立承台满足施工要求的布桩形式为一字形三桩台、五桩台、七桩台，逆作期间柱下桩与承台形心重合以减少偏心影响，有时受条件限制采用桩箱或桩筏基础。当柱的荷载较大时，柱下桩的桩顶内力在考虑叠合效应后往往很难满足现行国家标准《建筑地基基础设计规范》GB 50007 的要求，在计算桩顶内力设计桩长、承台时偏于安全可不考虑柱下桩的作用，当有可靠依据时可考虑柱下桩的有利影响。

5.6 节点设计及构造

5.6.1 地下连续墙仅作为基坑围护结构时，柔性接头已可以满足挡土墙及抗渗要求。但当地下连续墙作为主体结构的一部分时，除满足挡土要求外，还应满足主体结构墙体设计的要求，此时应采用刚性接头。

地下连续墙的柔性接头主要有圆形锁口管接头、波形管接头、预制接头和橡胶止水带接头。地下连续墙的刚性接头主要有穿孔钢板接头和钢筋搭接接头。

5.6.2 逆作法的施工使得地下连续墙与梁板的连接、地下连续墙与底板的连接、中间支承柱与梁的连接设计和施工复杂化，这些连接节点是结构的关键部位，由于各地施工条件和施工技术的发展不同，很难给出一个统一的节点大样。

当采用 HPB235 钢筋或钢筋直径较小时，地下结构的水平构件与地下连续墙的连接一般可采用在地下连续墙内预埋钢筋的连接方式，当采用 HRB335、HRB400 或钢筋直径较大时，常常采用在连续墙内预埋钢筋连接器的方式。

为加强地下连续墙与地下结构的底板连接处的整体性，保证与设计假定的刚性节点一致，常采用钢筋机械连接的方式，底板的钢筋通过钢筋连接器与预埋在连续墙内的钢筋连接，并在底板与地下连续墙相交处，适当的增加底板的厚度。

当地下连续墙作为主体结构的一部分时，地下结构的内墙与地下连续墙相交时的连接，如采用 HPB235 钢筋且直径小于 16mm 时，一般可选预埋钢筋法。

型钢柱内型钢的截面形式和配筋，应便于梁纵向钢筋的贯穿，不宜穿过型钢翼缘，也不宜与柱的型钢直接焊接。当必须在翼缘预留贯穿孔洞时，应按柱的最不利组合的内力进行截面验算。

6 施 工

6.4 竖向结构施工

6.4.1 逆作法施工中间支承柱按施工工艺可分为混凝土桩施工工艺、钢管混凝土施工工艺和型钢柱施工工艺。当采用混凝土桩施工工艺时，施工偏差应符合现行国家标准《建筑地基基础工程施工质量验收规范》GB 50202 的规定；当采用钢管混凝土施工工艺和型钢柱施工工艺时，施工偏差应符合现行国家标准《钢结构工程施工质量验收规范》GB 50205 的规定。钢筋混凝土墙当采用地下连续墙施工工艺时，施工偏差应符合《地下连续墙施工工艺标准》J 115 的规定；当采用下返墙施工工艺时，施工偏差应符合现行国家标准《建筑地基基础工程施工质量验收规范》GB 50202 的规定。

6.4.2 型钢柱或钢管混凝土柱与桩孔之间用砂土密实填充是为了保证砂土对其的水平约束。

6.4.3 混凝土墙下返 800mm～1200mm 是为了保证下层混凝土墙与其连接时必要的操作空间；有防水要求的混凝土墙上返 300mm～500mm 是为了保证防水节点薄弱部位施工的质量；正作混凝土墙体与下返混凝土墙体的连接处混凝土施工宜采用直接法、填充法、注浆法三种连接方式，并应进行上、下墙体混凝土连接面的凿毛处理，保证连接处混凝土的施工质量。

6.5 土方开挖及运输

6.5.1 在土方施工前必须详细察看地质勘察报告，了解地质情况，并应掌握地下各种管线的埋设情况及

设计要求，编制出切实可行的施工方案，用以指导施工。

6.5.2 逆作法出土口的数量，主要取决于土方开挖量、挖土工期和出土机械的台班产量。其计算公式 $n_c = KV/TCW$ 中 C 为每天作业台班数，可根据每个工作日投入机械设备的数量或一台机械每天工作几个台班来选取；K 为其他材料、机械设备的通过出土口运输的备用系数，取 1.2～1.4；当材料及机械设备等通过出土口运输的数量较多时 K 取 1.4；当材料及机械设备等通过出土口运输的数量较少时 K 取 1.2。

6.5.3 材料、设备垂直运输竖井的数量应根据工程量计算确定，可以利用出土口的竖井来进行运输，一般不少于 2 个。

6.5.4 采用小型挖掘机与人工挖土相结合时应按方案确定的挖土范围施工，以免挖掘机破坏围护结构。

6.5.5 逆作法施工在土方开挖时应根据工程规模设置足够的地下通风换气和用电设备，换气和用电设备应运转良好，施工现场应随时检查通风换气和用电设备，并做好记录。

6.5.7 土方开挖遇到有地下水时，地下水应降至开挖基底标高 0.5m 以下。

6.6 水平结构施工

6.6.1 水平结构上的预留口关系到整个逆作设计、施工的安全，预留口的留设根据施工需要，应征得设计单位同意，并采取必要的加强措施。

6.6.2 这是两种不同水平结构支模形式，可根据实际施工需要选用，当选用其他支模方式浇筑梁板水平结构时，必须与设计单位进行协商，确定挖土深度及对基坑侧壁围护体系的影响。

6.6.3 当水平结构作为周边围护结构的水平支承时，其后浇带处应按设计要求设置传力构件，保证水平结构的整体强度和刚度。

6.7 梁、板、底板与竖向结构的连接施工

6.7.1 中间支承柱为 H 形钢（或钢管）与梁连接节点采用钻孔法时，所钻的孔不宜过大，能满足钢筋穿过即可，确保 H 形钢（或钢管）的截面承载力不受影响。

6.7.2、6.7.3 中间支承柱为 H 形钢（或钢管）与梁的连接节点，宜采用钢板传力法，钢板与型钢焊接的施工质量应满足现行国家标准《钢结构工程施工质量验收规范》GB 50205 的规定。

6.7.6 当有防水要求时，底板与地下连续墙及中间支承柱接触面应采取止水措施，并根据实际情况选用止水方式及材料。

7 现 场 监 测

7.0.1 现场监测将监测结果及时反馈有关各方，以

及时指导设计与施工；现场监测应根据委托方的要求、工程的性质、施工场地条件和周边环境受影响程度有针对性地进行。

7.0.2 现场监测实施方案，主要包括监测的目的、内容、质量、标准、精度、频度及监测方法、监测的项目、监测点的布置、监测控制报警值、监测结果处理要求和监测结果信息反馈制度等。

现场监测应采用仪器观测、目测、测试、调查及仪器观测和目测调查相结合的方法进行。

7.0.7 现场监控工作预警值、报警值应根据监测对象的相关标准、规范及结构设计要求确定，监测时可参照国家现行标准《建筑地基基础设计规范》GB 50007、《建筑变形测量规范》JGJ 8 的相关条款及有关标准制定。

7.0.8 监测工作应根据工程项目进程情况，结合设计要求分阶段提交监测成果中间资料，工程结束时应提交完整的监测成果报告。

8 工程质量验收

8.0.1 质量控制资料反映了检验批从原材料到最终验收的各施工工序的操作依据、检查情况以及保证质量所必需的管理制度。根据现行国家标准《建筑工程施工质量验收统一标准》GB 50300 的规定，列出了质量验收应提交的主要文件和记录，反映了从基本的检验批开始，贯彻于整个施工过程的质量控制结果，落实了过程控制的基本原则，是确保工程质量的重要证据。

8.0.2 因竖向构件在施工时按桩的施工工艺施工，其垂直度只能按桩基验收标准来验收。当土方开挖后，其桩又完全成为框架结构的竖向受力构件。而桩的垂直度允许偏差值远大于框架结构竖向构件垂直度的允许偏差值。为了使框架结构竖向构件符合混凝土验收规范的要求，要求设计者在结构设计时考虑桩的有效设计断面，即根据其安装就位的垂直度允许偏差值考虑竖向荷载偏心影响。基于逆作法施工的特殊性，将有效断面设计交底记录作为竖向构件验收资料。同时要求施工单位提供竖向构件垂直度验收记录。

8.0.3 工程观感质量应按现行国家标准《混凝土结构工程施工质量验收规范》GB 50204 现浇结构外观质量缺陷条件进行判定。对已出现的严重缺陷，应由施工单位根据缺陷的具体情况提出技术处理方案，经监理（建设）单位认可后进行处理，并重新组织验收。

8.0.4 本规程是涉及多种结构形式的组合体，所以在工程验收时既要满足本规程的规定，还要满足相应规范、规程、标准的规定。只有严格执行相应规范、规程、标准的规定，才能保证结构整体安全，验收才能得以通过。

中华人民共和国行业标准

地下工程渗漏治理技术规程

Technical specification for remedial waterproofing
of the underground works

JGJ/T 212—2010

批准部门：中华人民共和国住房和城乡建设部
施行日期：２０１１年１月１日

中华人民共和国住房和城乡建设部
公　告

第 728 号

关于发布行业标准
《地下工程渗漏治理技术规程》的公告

现批准《地下工程渗漏治理技术规程》为行业标准，编号为 JGJ/T 212 - 2010，自 2011 年 1 月 1 日起实施。

本规程由我部标准定额研究所组织中国建筑工业出版社出版发行。

中华人民共和国住房和城乡建设部
2010 年 8 月 3 日

前　言

根据住房和城乡建设部《关于印发〈2008 年工程建设标准规范制订修订计划(第一批)〉的通知》(建标[2008]102 号)的要求，规程编制组经广泛调查研究，参考有关国际标准和国外先进标准，并在广泛征求意见的基础上，制定了本规程。

本规程的主要技术内容是：1　总则；2　术语；3　基本规定；4　现浇混凝土结构渗漏治理；5　预制衬砌隧道渗漏治理；6　实心砌体结构渗漏治理；7　质量验收。

本规程由住房和城乡建设部负责管理，由中国建筑科学研究院负责具体技术内容的解释。执行过程中如有意见或建议，请寄送中国建筑科学研究院(地址：北京市北三环东路 30 号，邮编：100013)。

本 规 程 主 编 单 位：中国建筑科学研究院
浙江国泰建设集团有限公司

本 规 程 参 编 单 位：北京市建筑工程研究院
上海市隧道工程轨道交通设计研究院
上海地铁咨询监理科技有限公司
中国化学建筑材料公司苏州防水材料研究设计所
中国建筑学会防水技术专业委员会
杭州金汤建筑防水有限公司
中国建筑业协会建筑防水分会
中国水利水电科学研究院
苏州中材非金属矿工业设计研究院有限公司
中国工程建设标准化协会建筑防水专业委员会
中科院广州化灌工程有限公司
北京东方雨虹防水技术股份有限公司
上海市建筑科学研究院(集团)有限公司
河南建筑材料研究设计院有限责任公司
大连细扬防水工程集团有限公司
廊坊凯博建设机械科技有限公司
北京圣洁防水材料有限公司
北京立达欣科技发展有限公司

本规程主要起草人员：张　勇　洪昌华　张仁瑜
　　　　　　　　　　叶林标　陆　明　薛绍祖
　　　　　　　　　　杨　胜　曹征富　胡　骏
　　　　　　　　　　曲　慧　项桦太　邝健政
　　　　　　　　　　沈春林　高延继　吴　明
　　　　　　　　　　郑亚平　许　宁　蔡建中
　　　　　　　　　　陈宝贵　樊细杨　张声军

　　　　　　　　　　王明远　华姜旭　杜　昕
　　　　　　　　　　刘　靖
本规程主要审查人员：朱祖熹　吕联亚　李承刚
　　　　　　　　　　张玉玲　张文华　朱志远
　　　　　　　　　　干兆和　郭德友　洪晓苗
　　　　　　　　　　姜静波

目　次

本规程主要起草人员：张　勇　洪昌华　张仁瑜　　　　　　　　　　　　　王明远　华姜旭　杜　昕
　　　　　　　　　　　叶林标　陆　明　薛绍祖　　　　　　　　　　　　　刘　靖
　　　　　　　　　　　杨　胜　曹征富　胡　骏　　本规程主要审查人员：朱祖熹　吕联亚　李承刚
　　　　　　　　　　　曲　慧　项桦太　邝健政　　　　　　　　　　　　　张玉玲　张文华　朱志远
　　　　　　　　　　　沈春林　高延继　吴　明　　　　　　　　　　　　　干兆和　郭德友　洪晓苗
　　　　　　　　　　　郑亚平　许　宁　蔡建中　　　　　　　　　　　　　姜静波
　　　　　　　　　　　陈宝贵　樊细杨　张声军

目　次

Contents

Contents

1 总　则

1.0.1 为规范地下工程渗漏治理的现场调查、方案设计、施工和质量验收，保证工程质量，做到经济合理、安全适用，制定本规程。

1.0.2 本规程适用于地下工程渗漏的治理。

1.0.3 地下工程渗漏治理的设计和施工应遵循"以堵为主，堵排结合，因地制宜，多道设防，综合治理"的原则。

1.0.4 地下工程渗漏治理除应符合本规程外，尚应符合国家现行有关标准的规定。

2 术　语

2.0.1 渗漏 leakage

透过结构或防水层的水量大于该部位的蒸发量，并在背水面形成湿渍或渗流的一种现象。

2.0.2 渗漏治理 remedial waterproofing

通过修复或重建防（排）水功能，减轻或消除渗漏水不利影响的过程。

2.0.3 注浆止水 grouting method for leak-stoppage

在压力作用下注入灌浆材料，切断渗漏水流通道的方法。

2.0.4 钻孔注浆 drilling grouting

钻孔穿过基层渗漏部位，在压力作用下注入灌浆材料并切断渗漏水通道的方法。

2.0.5 压环式注浆嘴 mechanical packer with one-way valve

利用压缩橡胶套管（或橡胶塞）产生的胀力在注浆孔中固定自身，并具有防止浆液逆向回流功能的注浆嘴。

2.0.6 埋管（嘴）注浆 port-embedded grouting

使用速凝堵漏材料埋置的注浆管（嘴），在压力作用下注入灌浆材料并切断渗漏水通道的方法。

2.0.7 贴嘴注浆 port-adhesive grouting

对准混凝土裂缝表面粘贴注浆嘴，在压力作用下注入浆液的方法。

2.0.8 浆液阻断点 grouts diffusion passage breakpoint

注浆作业时，预先设置在扩散通道上用于阻断浆液流动或改变浆液流向的装置。

2.0.9 内置式密封止水带 rubbery sealing strip mounted on the downstream face of expansion joint

安装在地下工程变形缝背水面，用于密封止水的塑料或橡胶止水带。

2.0.10 止水帷幕 water-stoppage curtain

利用注浆工艺在地层中形成的具有阻止或减小水流透过的连续固结体。

2.0.11 壁后注浆 back-filling grouting

向隧道衬砌与围岩之间或土体的空隙内注入灌浆材料，达到防止地层及衬砌形变、阻止渗漏等目的的施工过程。

3 基本规定

3.1 现场调查

3.1.1 渗漏治理前应进行现场调查。现场调查宜包括下列内容：

　　1 工程所在周围的环境；

　　2 渗漏水水源及变化规律；

　　3 渗漏水发生的部位、现状及影响范围；

　　4 结构稳定情况及损害程度；

　　5 使用条件、气候变化和自然灾害对工程的影响；

　　6 现场作业条件。

3.1.2 地下工程渗漏水的现场量测宜符合现行国家标准《地下防水工程质量验收规范》GB 50208 的规定。

3.1.3 渗漏治理前应收集工程的技术资料，并宜包括下列内容：

　　1 工程设计相关资料；

　　2 原防水设防构造使用的防水材料及其性能指标；

　　3 渗漏部位相关的施工组织设计或施工方案；

　　4 隐蔽工程验收记录及相关的验收资料；

　　5 历次渗漏水治理的技术资料。

3.1.4 渗漏治理前应结合现场调查结果和收集到的技术资料，从设计、材料、施工和使用等方面综合分析渗漏的原因，并应提出书面报告。

3.2 方案设计

3.2.1 渗漏治理前应结合现场调查的书面报告进行治理方案设计。治理方案宜包括下列内容：

　　1 工程概况；

　　2 渗漏原因分析及治理措施；

　　3 所选材料及其技术指标；

　　4 排水系统。

3.2.2 有降水或排水条件的工程，治理前宜先采取降水或排水措施。

3.2.3 工程结构存在变形和未稳定的裂缝时，宜待变形和裂缝稳定后再进行治理。接缝渗漏的治理宜在开度较大时进行。

3.2.4 严禁采用有损结构安全的渗漏治理措施及材料。

3.2.5 当渗漏部位有结构安全隐患时，应按国家现行有关标准的规定进行结构修复后再进行渗漏治理。渗漏治理应在结构安全的前提下进行。

3.2.6 渗漏治理宜先止水或引水再采取其他治理措

施。

3.3 材　料

3.3.1 渗漏治理所选用的材料应符合下列规定：

1 材料的施工应适应现场环境条件；

2 材料应与原防水材料相容，并应避免对环境造成污染；

3 材料应满足工程的特定使用功能要求。

3.3.2 灌浆材料的选择宜符合下列规定：

1 注浆止水时，宜根据渗漏量、可灌性及现场环境等条件选择聚氨酯、丙烯酸盐、水泥-水玻璃或水泥基灌浆材料，并宜通过现场配合比试验确定合适的浆液固化时间；

2 有结构补强需要的渗漏部位，宜选用环氧树脂、水泥基或油溶性聚氨酯等固结体强度高的灌浆材料；

3 聚氨酯灌浆材料在存放和配制过程中不得与水接触，包装开启后宜一次用完；

4 环氧树脂灌浆材料不宜在水流速度较大的条件下使用，且不宜用作注浆止水材料；

5 丙烯酸盐灌浆材料不得用于有补强要求的工程。

3.3.3 密封材料的使用应符合下列规定：

1 遇水膨胀止水条（胶）应在约束膨胀的条件下使用；

2 结构背水面宜使用高模量的合成高分子密封材料，施工前宜先涂布配套的基层处理剂，接缝底部应设置背衬材料。

3.3.4 刚性防水材料的使用应符合下列规定：

1 环氧树脂类防水涂料宜选用渗透型产品，用量不宜小于 0.5kg/m²，涂刷次数不应小于 2 遍；

2 水泥渗透结晶型防水涂料的用量不应小于 1.5kg/m²，且涂膜厚度不应小于 1.0mm；

3 聚合物水泥防水砂浆层的厚度单层施工时宜为 6mm～8mm，双层施工时宜为 10mm～12mm；

4 新浇补偿收缩混凝土的抗渗等级及强度不应小于原有混凝土的设计要求。

3.3.5 聚合物水泥防水涂层的厚度不宜小于 2.0mm，并应设置水泥砂浆保护层。

3.4 施　工

3.4.1 渗漏治理施工前，施工方应根据渗漏治理方案设计编制施工方案，并应进行技术和安全交底。

3.4.2 渗漏治理所用材料应符合相关标准及设计要求，并应由相关各方协商决定是否进行现场抽样复验。渗漏治理不得使用不合格的材料。

3.4.3 渗漏治理应由具有防水工程施工资质的专业施工队伍施工，主要操作人员应持证上岗。

3.4.4 渗漏部位的基层处理应满足材料及施工工艺的要求。

3.4.5 渗漏治理施工应建立各道工序的自检、交接检和专职人员检查的制度。上道工序未经检验确认合格前，不得进行下道工序的施工。

3.4.6 施工过程中应随时检查治理效果，并应做好隐蔽工程验收记录。

3.4.7 当工程现场条件与设计方案有差异时，应暂停施工。当需要变更设计方案时，应做好工程洽商及记录。

3.4.8 对已完成渗漏治理的部位应采取保护措施。

3.4.9 施工时的气候及环境条件应符合材料施工工艺的要求。

3.4.10 注浆止水施工应符合下列规定：

1 注浆止水施工所配置的风、水、电应可靠，必要时可设置专用管路和线路；

2 从事注浆止水的施工人员应接受专业技术、安全、环境保护和应急救援等方面的培训；

3 单液注浆浆液的配制宜遵循"少量多次"和"控制浆温"的原则，双液注浆时浆液配比应准确；

4 基层温度不宜低于 5℃，浆液温度不宜低于 15℃；

5 注浆设备应在保证正常作业的前提下，采用较小的注浆孔孔径和小内径的注浆管路，且注浆泵宜靠近孔口（注浆嘴），注浆管路长度宜短；

6 注浆止水施工可按清理渗漏部位、设置注浆嘴、清孔（缝）、封缝、配制浆液、注浆、封孔和基层清理的工序进行；

7 注浆止水施工安全及环境保护应符合本规程附录 A 的规定；

8 注浆过程中发生漏浆时，宜根据具体情况采用降低注浆压力、减小流量和调整配比等措施进行处理，必要时可停止注浆；

9 注浆宜连续进行，因故中断时应尽快恢复注浆。

3.4.11 钻孔注浆止水施工除应符合本规程第 3.4.10 条的规定外，尚应符合下列规定：

1 钻孔注浆前，应使用钢筋检测仪确定设计钻孔位置的钢筋分布情况；钻孔时，应避开钢筋；

2 注浆孔应采用适宜的钻机钻进，钻进全过程中应采取措施，确保钻孔按设计角度成孔，并宜采取高压空气吹孔，防止或减少粉末、碎屑堵塞裂缝；

3 封缝前应打磨及清理混凝土基层，并宜使用速凝型无机堵漏材料封缝；当采用聚氨酯灌浆材料注浆时，可不预先封缝；

4 宜采用压环式注浆嘴，并应根据基层强度、钻孔深度及孔径选择注浆嘴的长度和外径，注浆嘴应埋置牢固；

5 注浆过程中，当观察到浆液完全替代裂缝中的渗漏水并外溢时，可停止从该注浆嘴注浆；

　　6 注浆全部结束且灌浆材料固化后，应按工程要求处理注浆嘴、封孔，并清除外溢的灌浆材料。

3.4.12 速凝型无机防水堵漏材料的施工应符合下列规定：

　　1 应按产品说明书的要求严格控制加水量；

　　2 材料应随配随用，并宜按照"少量多次"的原则配料。

3.4.13 水泥基渗透结晶型防水涂料的施工应符合下列规定：

　　1 混凝土基层表面应干净并充分润湿，但不得有明水；光滑的混凝土表面应打毛处理；

　　2 应按产品说明书或设计规定的配合比严格控制用水量，配料时宜采用机械搅拌；

　　3 配制好的涂料从加水开始应在 20min 内用完。在施工过程中，应不断搅拌混合料；不得向配好的涂料中加水加料；

　　4 多遍涂刷时，应交替改变涂刷方向；

　　5 涂层终凝后应及时进行喷雾干湿交替养护，养护时间不得小于 72h，不得采取浇水或蓄水养护。

3.4.14 渗透型环氧树脂防水涂料的施工应符合下列规定：

　　1 基层表面应干净、坚固、无明水；

　　2 大面积施工时应按本规程附录 A 的规定做好安全及环境保护；

　　3 施工环境温度不应低于 5℃，并宜按"少量多次"及"控制温度"的原则进行配料；

　　4 涂刷时宜按照由高到低、由内向外的顺序进行施工；

　　5 涂刷第一遍的材料用量不宜小于总用量的 1/2，对基层混凝土强度较低的部位，宜加大材料用量。两遍涂刷的时间间隔宜为 0.5h~1h；

　　6 抹压砂浆等后续施工宜在涂料完全固化前进行。

3.4.15 聚合物水泥砂浆的施工应符合下列规定：

　　1 基层表面应坚实、清洁，并应充分湿润、无明水；

　　2 防水层应分层铺抹，铺抹时应压实、抹平，最后一层表面应提浆压光；

　　3 聚合物水泥防水砂浆拌和后应在规定时间内用完，施工中不得随意加水；

　　4 砂浆层未达到硬化状态时，不得浇水养护，硬化后应采用干湿交替的方法进行养护，养护温度不宜低于 5℃，并应保持砂浆表面湿润，养护时间不应少于 14d。潮湿环境中，可在自然条件下养护。

4 现浇混凝土结构渗漏治理

4.1 一般规定

4.1.1 现浇混凝土结构地下工程渗漏的治理宜根据渗漏部位、渗漏现象选用表 4.1.1 中所列的技术措施。

表 4.1.1 现浇混凝土结构地下工程渗漏治理的技术措施

技术措施		裂缝或施工缝	变形缝	大面积渗漏	孔洞	管道根部	材料
注浆止水	钻孔注浆	●	●	○	×	●	聚氨酯灌浆材料、丙烯酸盐灌浆材料、水泥-水玻璃灌浆材料、环氧树脂灌浆材料、水泥基灌浆材料等
	埋管(嘴)注浆	×	○	×	○	○	
	贴嘴注浆	○	×	○	×	×	
快速封堵		○	×	●	●	●	速凝型无机防水堵漏材料等
安装止水带		×	●	×	×	×	内置式密封止水带、内装可卸式橡胶止水带
嵌填密封		×	○	×	○	○	遇水膨胀止水条(胶)、合成高分子密封材料
设置刚性防水层		●	×	●	●	○	水泥基渗透结晶型防水涂料、缓凝型无机防水堵漏材料、环氧树脂类防水涂料、聚合物水泥防水砂浆
设置柔性防水层		×	×	×	×	○	Ⅱ型或Ⅲ型聚合物水泥防水涂料

注：●——宜选，○——可选，×——不宜选。

4.1.2 当裂缝或施工缝采取注浆止水时，灌浆材料除应符合注浆止水要求外，尚宜满足结构补强需要。变形缝内注浆止水材料应选用固结体适应形变能力强的灌浆材料。

4.1.3 当工程部位长期承受振动或周期性荷载、结构尚未稳定或形变较大时，应在止水后于变形缝背水面安装止水带。

4.1.4 地下工程渗漏治理宜采取强制通风措施，并应避免结露。

4.2 方案设计

4.2.1 裂缝渗漏宜先止水，再在基层表面设置刚性防水层，并应符合下列规定：

　　1 水压或渗漏量大的裂缝宜采取钻孔注浆止水，

并应符合下列规定：

　　1）对无补强要求的裂缝，注浆孔宜交叉布置在裂缝两侧，钻孔应斜穿裂缝，垂直深度宜为混凝土结构厚度 h 的 1/3～1/2，钻孔与裂缝水平距离宜为 100mm～250mm，孔间距宜为 300mm～500mm，孔径不宜大于 20mm，斜孔倾角 θ 宜为 45°～60°。当需要预先封缝时，封缝的宽度宜为 50mm（图 4.2.1-1）；

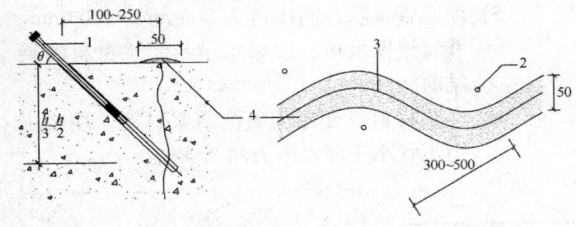

图 4.2.1-1　钻孔注浆布孔
1—注浆嘴；2—钻孔；3—裂缝；4—封缝材料

　　2）对有补强要求的裂缝，宜先钻斜孔并注入聚氨酯灌浆材料止水，钻孔垂直深度不宜小于结构厚度 h 的 1/3；再宜二次钻斜孔，注入可在潮湿环境下固化的环氧树脂灌浆材料或水泥基灌浆材料，钻孔垂直深度不宜小于结构厚度 h 的 1/2（图 4.2.1-2）；

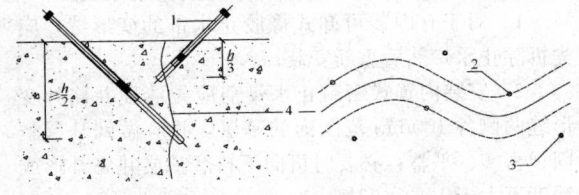

图 4.2.1-2　钻孔注浆止水及补强的布孔
1—注浆嘴；2—注浆止水钻孔；
3—注浆补强钻孔；4—裂缝

　　3）注浆嘴深入钻孔的深度不宜大于钻孔长度的 1/2；
　　4）对于厚度不足 200mm 的混凝土结构，宜垂直裂缝钻孔，钻孔深度宜为结构厚度 1/2；

　　2　对水压与渗漏量小的裂缝，可按本条第 1 款的规定注浆止水，也可用速凝型无机防水堵漏材料快速封堵止水。当采取快速封堵时，宜沿裂缝走向在基层表面切割出深度宜为 40mm～50mm、宽度宜为 40mm 的"U"形凹槽，然后在凹槽中嵌填速凝型无机防水堵漏材料止水，并宜预留深度不小于 20mm 的凹槽，再用含水泥基渗透结晶型防水材料的聚合物水泥防水砂浆找平（图 4.2.1-3）。

　　3　对于潮湿而无明水的裂缝，宜采用贴嘴注浆注入可在潮湿环境下固化的环氧树脂灌浆材料，并宜符合下列规定：
　　1）注浆嘴底座宜带有贯通的小孔；

　　2）注浆嘴宜布置在裂缝较宽的位置及其交叉部位，间距宜为 200mm～300mm，裂缝封闭宽度宜为 50mm（图 4.2.1-4）；

　　4　设置刚性防水层时，宜沿裂缝走向在两侧各 200mm 范围内的基层表面先涂布水泥基渗透结晶型防水涂料，再宜单层抹压聚合物水泥防水砂浆。对于裂缝分布较密的基层，宜大面积抹压聚合物水泥防水砂浆。

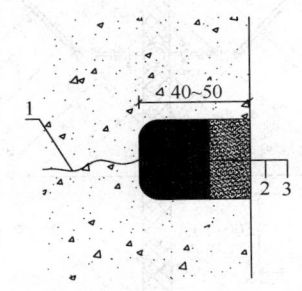

图 4.2.1-3　裂缝快速封堵止水
1—裂缝；2—速凝型无机防水堵漏材料；
3—聚合物水泥防水砂浆

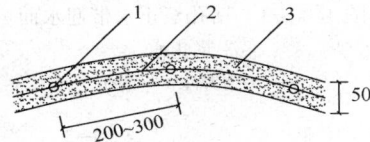

图 4.2.1-4　贴嘴注浆布孔
1—注浆嘴；2—裂缝；3—封缝材料

4.2.2　施工缝渗漏宜先止水，再设置刚性防水层，并宜符合下列规定：
　　1　预埋注浆系统完好的施工缝，宜先使用预埋注浆系统注入超细水泥或水溶性灌浆材料止水；
　　2　钻孔注浆止水或嵌填速凝型无机防水堵漏材料快速封堵止水措施宜符本规程第 4.2.1 条的规定；
　　3　逆筑结构墙体施工缝的渗漏宜采取钻孔注浆止水并补强。注浆止水材料宜使用聚氨酯或水泥基灌浆材料，注浆孔的布置宜符合本规程第 4.2.1 条的规定。在倾斜的施工缝面上布孔时，宜垂直基层钻孔并穿过施工缝；
　　4　设置刚性防水层时，宜沿施工缝走向在两侧各 200mm 范围内的基层表面先涂布水泥基渗透结晶型防水涂料，再宜单层抹压聚合物水泥防水砂浆。

4.2.3　变形缝渗漏的治理宜先注浆止水，并宜安装止水带，必要时可设置排水装置。
4.2.4　变形缝渗漏的止水宜符合下列规定：
　　1　对于中埋式止水带宽度已知且渗漏量大的变形缝，宜采取钻斜孔穿过结构至止水带迎水面、并注入油溶性聚氨酯灌浆材料止水，钻孔间距宜为

500mm～1000mm（图 4.2.4-1）；对于查清漏水点位置的，注浆范围宜为漏水部位左右两侧各 2m，对于未查清漏水点位置的，宜沿整条变形缝注浆止水；

2 对于顶板上查明渗漏点且渗漏量较小的变形缝，可在漏点附近的变形缝两侧混凝土中垂直钻孔至中埋式橡胶钢边止水带翼部并注入聚氨酯灌浆材料止水，钻孔间距宜为 500mm（图 4.2.4-2）。

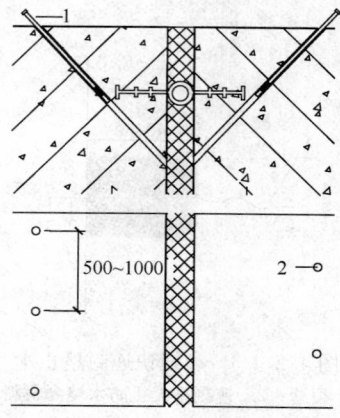

图 4.2.4-1 钻孔至止水带迎水面
注浆止水
1—注浆嘴；2—钻孔

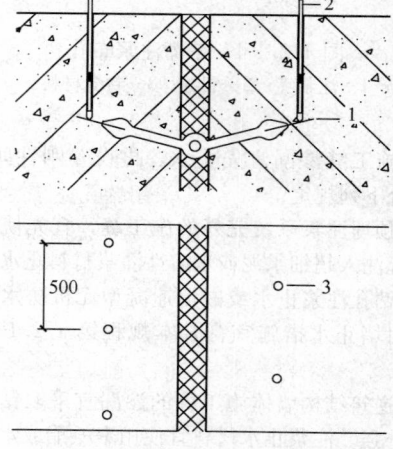

图 4.2.4-2 钻孔至止水带两翼
钢边并注浆止水
1—中埋式橡胶钢边止水带；
2—注浆嘴；3—注浆孔

3 因结构底板中埋式止水带局部损坏而发生渗漏的变形缝，可采用埋管（嘴）注浆止水，并宜符合下列规定：

1）对于查清渗漏位置的变形缝，宜先在渗漏部位左右各不大于 3m 的变形缝中布置浆液阻断点；对于未查清渗漏位置的变形缝，浆液阻断点宜布置在底板与侧墙相交处的变形缝中；

2）埋设管（嘴）前宜清理浆液阻断点之间变形缝内的填充物，形成深度不小于 50mm 的凹槽；

3）注浆管（嘴）宜使用硬质金属或塑料管，并宜配置阀门；

4）注浆管（嘴）宜位于变形缝中部并垂直于止水带中心孔，并宜采用速凝型无机防水堵漏材料埋设注浆管（嘴）并封闭凹槽（图 4.2.4-3）；

5）注浆管（嘴）间距可为 500mm～1000mm，并宜根据水压、渗漏水量及灌浆材料的凝结时间确定；

6）注浆材料宜使用聚氨酯灌浆材料，注浆压力不宜小于静水压力的 2.0 倍。

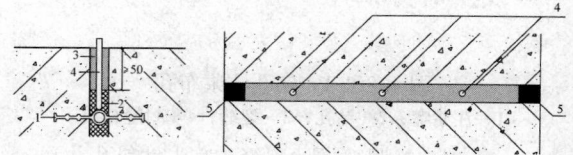

图 4.2.4-3 变形缝埋管（嘴）注浆止水
1—中埋式橡胶止水带；2—填缝材料；
3—速凝型无机防水堵漏材料；4—注浆
管（嘴）；5—浆液阻断点

4.2.5 变形缝背水面安装止水带应符合下列规定：

1 对于有内装可卸式橡胶止水带的变形缝，应先拆除止水带然后重新安装；

2 安装内置式密封止水带前应先清理并修补变形缝两侧各 100mm 范围内的基层，并应做到基层坚固、密实、平整；必要时可向下打磨基层并修补形成深度不大于 10mm 凹槽；

3 内置式密封止水带应采用热焊搭接，搭接长度不应小于 50mm，中部应形成 Ω 形，Ω 弧长宜为变形缝宽度的 1.2～1.5 倍；

4 当采用胶粘剂粘贴内置式密封止水带时，应先涂布底涂料，并宜在厂家规定的时间内用配套的胶粘剂粘贴止水带，止水带在变形缝两侧基层上的粘结宽度均不应小于 50mm（图 4.2.5-1）；

5 当采用螺栓固定内置式密封止水带时，宜先

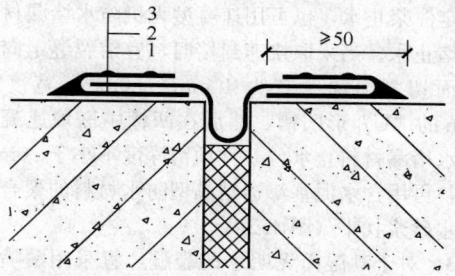

图 4.2.5-1 粘贴内置式密封止水带
1—胶粘剂层；2—内置式密封止水带；
3—胶粘剂固化形成的锚固点

在变形缝两侧基层中埋设膨胀螺栓或用化学植筋方法设置螺栓，螺栓间距不宜大于300mm，转角附近

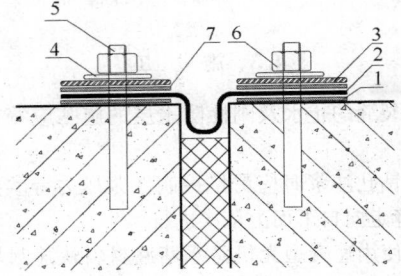

图4.2.5-2 螺栓固定内置式密封止水带
1—丁基橡胶防水密封胶粘带；2—内置式密封止水带；3—金属压板；4—垫片；5—预埋螺栓；6—螺母；7—丁基橡胶防水密封胶粘带

的螺栓可适当加密，止水带在变形缝两侧基层上的粘结宽度各不应小于100mm。基层及金属压板间应采用2mm～3mm厚的丁基橡胶防水密封胶粘带压密封实，螺栓根部应做好密封处理（图4.2.5-2）；

　　6　当工程埋深较大且静水压力较高时，宜采用螺栓固定内置式密封止水带，并宜采用纤维内增强型密封止水带；在易遭受外力破坏的环境中使用，应采取可适应形变的止水带保护措施。

4.2.6　注浆止水后遗留的局部、微量渗漏水或受现场施工条件限制无法彻底止水的变形缝，可沿变形缝走向在结构顶部及两侧设置排水槽。排水槽宜为不锈钢或塑料材质，并宜与排水系统相连，排水应畅通，排水流量应大于最大渗漏量。

　　采用排水系统时，宜加强对渗漏水水质、渗漏量及结构安全的监测。

4.2.7　大面积渗漏且有明水时，宜先采取钻孔注浆或快速封堵止水，再在基层表面设置刚性防水层，并应符合下列规定：

　　1　当采取钻孔注浆止水时，应符合下列规定：

　　1）宜在基层表面均匀布孔，钻孔间距不宜大于500mm，钻孔深度不宜小于结构厚度的1/2，孔径不宜大于20mm，并宜采用聚氨酯或丙烯酸盐灌浆材料；

　　2）当工程周围土体疏松且地下水位较高时，可钻孔穿透结构至迎水面并注浆，钻孔间距及注浆压力宜根据浆液及周围土体的性质确定，注浆材料宜采用水泥基、水泥-水玻璃或丙烯酸盐等灌浆材料。注浆时应采取有效措施防止浆液对周围建筑物及设施造成破坏。

　　2　当采取快速封堵止水时，宜大面积均匀抹压速凝型无机防水堵漏材料，厚度不宜小于5mm。对于抹压速凝型无机防水堵漏材料后出现的渗漏点，宜在渗漏点处进行钻孔注浆止水。

　　3　设置刚性防水层时，宜先涂布水泥基渗透结晶型防水涂料或渗透型环氧树脂类防水涂料，再抹压聚合物水泥防水砂浆，必要时可在砂浆层中铺设耐碱纤维网格布。

4.2.8　大面积渗漏而无明水时，宜先多遍涂刷水泥基渗透结晶型防水涂料或渗透型环氧树脂类防水涂料，再抹压聚合物水泥防水砂浆。

4.2.9　孔洞的渗漏宜先采取注浆或快速封堵止水，再设置刚性防水层，并应符合下列规定：

　　1　当水压大或孔洞直径大于等于50mm时，宜采用埋管（嘴）注浆止水。注浆管（嘴）宜使用硬质金属管或塑料管，并宜配置阀门，管径应符合引水卸压及注浆设备的要求。注浆材料宜使用速凝型水泥-水玻璃灌浆材料或聚氨酯灌浆材料。注浆压力应根据灌浆材料及工艺进行选择。

　　2　当水压小或孔洞直径小于50mm时，可按本条第1款的规定采用埋管（嘴）注浆止水，也可采用快速封堵止水。当采用快速封堵止水时，宜先清除孔洞周围疏松的混凝土，并宜将孔洞周围剔凿成V形凹坑，凹坑最宽处的直径宜大于孔洞直径50mm以上，深度不宜小于40mm，再在凹坑中嵌填速凝型无机防水堵漏材料止水。

　　3　止水后宜在孔洞周围200mm范围内的基层表面涂布水泥基渗透结晶型防水涂料或渗透型环氧树脂类防水涂料，并宜抹压聚合物水泥防水砂浆。

4.2.10　凸出基层管道根部的渗漏宜先止水、再设置刚性防水层，必要时可设置柔性防水层，并应符合下列规定：

　　1　管道根部渗漏的止水应符合下列规定：

　　1）当渗漏量大时，宜采用钻孔注浆止水，钻孔宜斜穿基层并达到管道表面，钻孔与管道外侧最近直线距离不宜小于100mm，注浆嘴不应少于2个，并宜对称布置。也可采用埋管（嘴）注浆止水。埋设硬质金属或塑料注浆管（嘴）前，宜先在管道根部剔凿直径不小于50mm、深度不大于30mm的凹槽，用速凝型无机防水堵漏材料以与基层呈30°～60°的夹角埋设注浆管（嘴），并封闭管道与基层间的接缝。注浆压力不宜小于静水压力的2.0倍，并宜采用聚氨酯灌浆材料。

　　2）当渗漏量小时，可按本款第1项的规定采用注浆止水，也可采用快速封堵止水。当采用快速封堵止水时，宜先沿管道根部剔凿环行凹槽，凹槽的宽度不宜大于40mm、深度不宜大于50mm，再嵌填速凝型无机防水堵漏材料止水后，预留凹槽的深度不宜小于10mm，并宜用聚合物水泥防水砂浆找平。

2 止水后，宜在管道周围 200mm 宽范围内的基层表面涂布水泥基渗透结晶型防水涂料。当管道热胀冷缩形变量较大时，宜在其四周涂布柔性防水涂料，涂层在管壁上的高度不宜小于 100mm，收头部位宜用金属箍压紧，并宜设置水泥砂浆保护层。必要时，可在涂层中铺设纤维增强材料。

3 金属管道应采取除锈及防锈措施。

4.2.11 支模对拉螺栓渗漏的治理，应先剔凿螺栓根部的基层，形成深度不小于 40mm 的凹槽，再切割螺栓并嵌填速凝型无机防水堵漏材料止水，并用聚合物水泥防水砂浆找平。

4.2.12 地下连续墙幅间接缝渗漏的治理应符合下列规定：

1 当渗漏量小时，宜先沿接缝走向按本规程第 4.2.1 条的规定采用钻孔注浆或快速封堵止水，再在接缝部位两侧各 500mm 范围内的基层表面涂布水泥基渗透结晶型防水涂料，并宜用聚合物水泥防水砂浆找平或重新浇筑补偿收缩混凝土。接缝的止水宜符合下列规定：

　1）当采用注浆止水时，宜钻孔穿过接缝并注入聚氨酯灌浆材料止水，注浆压力不宜小于静水压力的 2.0 倍；

　2）当采用快速封堵止水时，宜沿接缝走向切割形成 U 形凹槽，凹槽的宽度不应小于 100mm，深度不应小于 50mm，嵌填速凝型无机防水堵漏材料止水后预留凹槽的深度不应小于 20mm。

2 当渗漏水量大、水压高且可能发生涌水、涌砂、涌泥等险情或危及结构安全时，应先在基坑内侧渗漏部位回填土方或砂包，再在基坑接缝外侧用高压旋喷设备注入速凝型水泥-水玻璃灌浆材料形成止水帷幕，止水帷幕应深入结构底板 2.0m 以下。待漏水量减小后，再宜逐步挖除土方或移除砂包并按本条第 1 款的规定从内侧止水并设置刚性防水层。

3 设置止水帷幕时应采取措施防止对周围建筑物或构筑物造成破坏。

4.2.13 混凝土蜂窝、麻面的渗漏，宜先止水再设置刚性防水层，必要时宜重新浇筑补偿收缩混凝土修补，并应符合下列规定：

1 止水前应先凿除混凝土中的酥松及杂质，再根据渗漏现象分别按本规程第 4.2.1 条和第 4.2.9 条的规定采用钻孔注浆或嵌填速凝型无机防水堵漏材料止水；

2 止水后，应在渗漏部位及其周边 200mm 范围内涂布水泥基渗透结晶型防水涂料，并宜抹压聚合物水泥防水砂浆找平。

当渗漏部位混凝土质量差时，应在止水后先清理渗漏部位及其周边外延 1.0m 范围内的基层，露出坚实的混凝土，再涂布水泥基渗透结晶型防水涂料，并

浇筑补偿收缩混凝土。当清理深度大于钢筋保护层厚度时，宜在新浇混凝土中设置直径不小于 6mm 的钢筋网片。

4.3 施　工

4.3.1 裂缝的止水及刚性防水层的施工应符合下列规定：

1 钻孔注浆时应严格控制注浆压力等参数，并宜沿裂缝走向自下而上依次进行。

2 使用速凝型无机防水堵漏材料快速封堵止水应符合下列规定：

　1）应在材料初凝前用力将拌合料紧压在待封堵区域直至材料完全硬化；

　2）宜按照从上到下的顺序进行施工；

　3）快速封堵止水时，宜沿凹槽走向分段嵌填速凝型无机防水堵漏材料止水并间隔留置引水孔，引水孔间距宜为 500mm ～ 1000mm，最后再用速凝型无机防水堵漏材料封闭引水孔。

3 潮湿而无明水裂缝的贴嘴注浆宜符合下列规定：

　1）粘贴注浆嘴和封缝前，宜先将裂缝两侧待封闭区域内的基层打磨平整并清理干净，再宜用配套的材料粘贴注浆嘴并封缝；

　2）粘贴注浆嘴时，宜先用定位针穿过注浆嘴、对准裂缝插入，将注浆嘴骑缝粘贴在基层表面，宜以拔出定位针时不粘附胶粘剂为合格。不合格时，应清理缝口，重新贴嘴，直至合格。粘贴注浆嘴后可不拔出定位针；

　3）立面上应沿裂缝走向自下而上依次进行注浆。当观察到临近注浆嘴出浆时，可停止从该注浆嘴注浆，并从下一注浆嘴重新开始注浆；

　4）注浆全部结束且孔内灌浆材料固化，并经检查无湿渍、无明水后，应按工程要求拆除注浆嘴、封孔、清理基层。

4 刚性防水层的施工应符合材料要求及本规程的规定。

4.3.2 施工缝渗漏的止水及刚性防水层的施工应符合下列规定：

1 利用预埋注浆系统注浆止水时，应符合下列规定：

　1）宜采取较低的注浆压力从一端向另一端、由低到高进行注浆；

　2）当浆液不再流入并且压力损失很小时，应维持该压力并保持 2min 以上，然后终止注浆；

　3）需要重复注浆时，应在浆液固化前清洗注

浆通道。

2 钻孔注浆止水、快速封堵止水及刚性防水层的施工应符合本规程 4.3.1 条的规定。

4.3.3 变形缝渗漏的注浆止水施工应符合下列规定：

1 钻孔注浆止水施工应符合本规程第 4.3.1 条的规定；

2 浆液阻断点应埋设牢固且能承受注浆压力而不破坏；

3 埋管（嘴）注浆止水施工应符合下列规定：

1）注浆管（嘴）应埋置牢固并应做好引水处理；

2）注浆过程中，当观察到临近注浆嘴出浆时，可停止注浆，并应封闭该注浆嘴，然后从下一注浆嘴开始注浆；

3）停止注浆且待浆液固化，并经检查无湿渍、无明水后，应按要求处理注浆嘴、封孔并清理基层。

4.3.4 变形缝背水面止水带的安装应符合下列规定：

1 止水带的安装应在无渗漏水的条件下进行；

2 与止水带接触的混凝土基层表面条件应符合设计及施工要求；

3 内装可卸式橡胶止水带的安装应符合现行国家标准《地下工程防水技术规范》GB 50108 的规定；

4 粘贴内置式密封止水带应符合下列规定：

1）转角处应使用专用修补材料做成圆角或钝角；

2）底涂料及专用胶粘剂应涂布均匀，用量应符合材料要求；

3）粘贴止水带时，宜使用压辊在止水带与混凝土基层搭接部位来回多遍辊压排气；

4）胶粘剂未完全固化前，止水带应避免受压或发生位移，并应采取保护措施。

5 采用螺栓固定内置式密封止水带应符合下列规定：

1）转角处应使用专用修补材料做成钝角，并宜配备专用的金属压板配件；

2）膨胀螺栓的长度和直径应符合设计要求，金属膨胀螺栓宜采取防锈处理工艺。安装时，应采取措施避免造成变形缝两侧基层的破坏。

6 进行止水带外设保护装置施工时应采取措施避免造成止水带破坏。

4.3.5 安装变形缝外置排水槽时，排水槽应固定牢固，排水坡度应符合设计要求，转角部位应使用专用的配件。

4.3.6 大面积渗漏治理施工应符合下列规定：

1 当向地下工程结构的迎水面注浆止水时，钻孔及注浆设备应符合设计要求；

2 当采取快速封堵止水时，应先清理基层，除去表面的酥松、起皮和杂质，然后分多遍抹压速凝型无机防水堵漏材料并形成连续的防水层；

3 涂刷水泥基渗透结晶型防水涂料或渗透型环氧树脂类防水涂料时，应按照从高处向低处、先细部后整体、先远处后近处的顺序进行施工；

4 刚性防水层的施工应符合材料要求及本规程的规定。

4.3.7 孔洞渗漏施工应符合下列规定：

1 埋管（嘴）注浆止水施工宜符合下列规定：

1）注浆管（嘴）应埋置牢固并做好引水泄压处理；

2）待浆液固化并经检查无明水后，应按设计要求处理注浆嘴、封孔并清理基层。

2 当采用快速封堵止水及设置刚性防水层时，其施工应符合本规程第 4.3.1 条的规定。

4.3.8 凸出基层管道根部渗漏治理施工应符合下列规定：

1 当采用钻斜孔注浆止水时，除宜符合本规程第 4.3.1 条的规定外，尚宜采取措施避免由于钻孔造成管道的破损，注浆时宜自下而上进行；

2 埋管（嘴）注浆止水的施工工艺应符合本规程第 4.3.7 条第 1 款的规定；

3 快速封堵止水应符合本规程第 4.3.1 条第 2 款的规定；

4 柔性防水涂料的施工应符合下列规定：

1）基层表面应无明水，阴角宜处理成圆弧形；

2）涂料宜分层刷涂，不得漏涂；

3）铺贴纤维增强材料时，纤维增强材料应铺设平整并充分浸透防水涂料。

4.3.9 地下连续墙幅间接缝渗漏治理的施工应符合下列规定：

1 注浆止水或快速封堵止水及刚性防水层的施工宜符合本规程第 4.3.1 条的规定；

2 浇筑补偿收缩混凝土前应先在混凝土基层表面涂布水泥基渗透结晶型防水涂料，补偿收缩混凝土的配制、浇筑及养护应符合现行国家标准《地下工程防水技术规范》GB 50108 的规定；

3 高压旋喷成型止水帷幕应由具有地基处理专业施工资质的队伍施工。

4.3.10 混凝土蜂窝、麻面渗漏治理的施工宜分别按照裂缝、孔洞或大面积渗漏等不同现象分别按本规程第 4.3.1 条、第 4.3.6 条及 4.3.8 条的规定进行施工。

5 预制衬砌隧道渗漏治理

5.1 一般规定

5.1.1 盾构法隧道渗漏的调查可按本规程附录 B 的

规定进行。

5.1.2 混凝土结构盾构法隧道的连接通道及内衬、沉管法隧道管段和顶管法隧道管节的渗漏宜根据现场情况，按本规程第4章的规定进行治理。

5.1.3 盾构法隧道接缝渗漏的治理宜根据渗漏部位选用表5.1.3所列的技术措施。

表5.1.3 盾构法隧道接缝渗漏治理的技术措施

技术措施	渗漏部位				材　料
	管片环、纵接缝及螺孔	隧道进出洞口段	隧道与连接通道相交部位	道床以下管片接头	
注浆止水	●	●	●	●	聚氨酯灌浆材料、环氧树脂灌浆材料等
壁后注浆	○	○	○	●	超细水泥灌浆材料、水泥-水玻璃灌浆材料、聚氨酯灌浆材料、丙烯酸盐灌浆材料等
快速封堵	○	×	×	×	速凝型聚合物砂浆或速凝型无机防水堵漏材料
嵌填密封	○	○	○	×	聚硫密封胶、聚氨酯密封胶等合成高分子密封材料

注：●—宜选，○—可选，×—不宜选。

5.2 方案设计

5.2.1 管片环、纵缝渗漏的治理宜根据渗漏水状况及现场施工条件采取注浆止水或嵌填密封，必要时可进行壁后注浆，并应符合下列规定：

　　1 对于有渗漏明水的环、纵缝宜采取注浆止水。注浆止水前，宜先在渗漏部位周围无明水渗出的纵、环缝部位骑缝垂直钻孔至遇水膨胀止水条处或弹性密封垫处，并在孔内形成由聚氨酯灌浆材料或其他密封材料形成浆液阻断点。随后宜在浆液阻断点围成的区域内部，用速凝型聚合物砂浆等骑缝埋设注浆嘴并封堵接缝，并注入可在潮湿环境下固化、固结体有弹性的改性环氧树脂灌浆材料；注浆嘴间距不宜大于1000mm，注浆压力不宜大于0.6MPa，治理范围宜以渗漏接缝为中心，前后各1环。

　　2 对于有明水渗出但施工现场不具备预先设置浆液阻断点的接缝的渗漏，宜先用速凝型聚合物砂浆骑缝埋置注浆嘴，并宜封堵渗漏接缝两侧各3~5环内管片的环、纵缝。注浆嘴间距不宜小于1000mm，注浆材料宜采用可在潮湿环境下固化，固结体有一定弹性的环氧树脂灌浆材料，注浆压力不宜大于0.2MPa。

　　3 对于潮湿而无明水的接缝，宜采取嵌填密封处理，并应符合下列规定：

　　1）对于影响混凝土管片密封防水性能的边、角破损部位，宜先进行修补，修补材料的强度不应小于管片混凝土的强度；

　　2）拱顶及侧壁宜采取在嵌缝沟槽中依次涂刷基层处理剂、设置背衬材料、嵌填柔性密封材料的治理工艺（图5.2.2）；

　　3）背衬材料性能应符合密封材料固化要求，直径应大于嵌缝沟槽宽度20%~50%，且不应与密封材料相粘结；

　　4）轨道交通盾构法隧道拱顶环向嵌缝范围宜为隧道竖向轴线顶部两侧各22.5°，拱底嵌缝范围宜为隧道竖向轴线底部两侧各43°；变形缝处宜整环嵌缝。特殊功能的隧道可采取整环嵌缝或按设计要求进行；

　　5）嵌缝范围宜以渗漏接缝为中心，沿隧道推进方向前后各不宜小于2环。

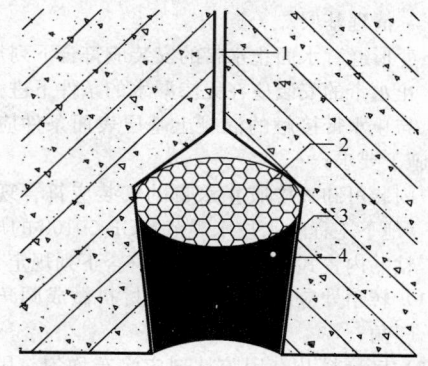

图5.2.2 拱顶管片环（纵）缝嵌缝
1—环（纵）缝；2—背衬材料；3—柔性密封材料；
4—界面处理剂

　　4 当隧道下沉或偏移量超过设计允许值并发生渗漏时，宜以渗漏部位为中心在其前后各2环的范围内进行壁后注浆。壁后注浆完成后，若仍有渗漏可按本条第1款或第2款的规定在接缝间注浆止水，对潮湿而无明水的接缝宜按第3款的规定进行嵌填密封处理。壁后注浆宜符合下列规定：

　　1）注浆前应查明待注区域衬砌外回填的现状；

　　2）注浆时应按设计要求布孔，并宜优先使用管片的预留注浆孔进行壁后注浆。注浆孔应设置在邻接块和标准块上；隧道下沉量大时，尚应在底部拱底块上增设注浆孔；

　　3）应根据隧道外部土体的性质选择注浆材料，黏土地层宜采用水泥-水玻璃双液灌浆材料，砂性地层宜采用聚氨酯灌浆材料或丙烯酸盐灌浆材料；

　　4）宜根据浆液性质及回填现状选择合适的注浆压力及单孔注浆量；

　　5）注浆过程中，应采取措施实时监测隧道形变量。

5 速凝型聚合物砂浆宜具有一定的柔韧性、良好的潮湿基层粘结强度，各项性能应符合设计要求。

5.2.2 隧道进出洞口段渗漏的治理宜采取注浆止水及嵌填密封等技术措施，并宜符合下列规定：

1 隧道与端头井后浇混凝土环梁接缝的渗漏宜按本规程第4.2.2条的规定钻斜孔注入聚氨酯灌浆材料止水；

2 隧道进出洞口段25环内管片接缝渗漏的治理及壁后注浆宜符合本规程第5.2.1条的规定。

5.2.3 隧道与连接通道相交部位的渗漏宜根据渗漏部位采取注浆止水或嵌填密封等技术措施，必要时可进行壁后注浆，并宜符合下列规定：

1 接缝的渗漏宜按本规程第4.2.2条的规定钻斜孔注入聚氨酯灌浆材料止水；

2 连接通道两侧各5环范围内管片接缝渗漏的治理及壁后注浆宜符合本规程第5.2.1条的规定。

5.2.4 轨道交通盾构法隧道道床以下管片接头渗漏宜按本规程第5.2.1条的规定采取壁后注浆及注浆止水等技术措施进行治理，注浆范围宜为渗漏部位两侧各5环以内的隧道邻接块、标准块及拱底块。拱底块预留注浆孔已被覆盖的，应在道床两侧重新设置注浆孔再进行壁后注浆。

5.2.5 盾构法隧道管片螺孔渗漏的治理应符合下列规定：

1 未安装密封圈或密封圈已失效的螺孔，应重新安装或更换符合设计要求的螺孔密封圈，并应紧固螺栓。螺孔密封圈的性能应符合现行国家标准《地下工程防水技术规范》GB 50108的规定；

2 螺孔内渗水时，宜钻斜孔至螺孔注入聚氨酯灌浆材料止水，并宜按本条第1款的规定密封并紧固螺栓。

5.2.6 沉管法隧道管段的Ω形止水带边缘出现渗漏时，宜重新紧固止水带边缘的螺栓。

5.2.7 沉管法隧道管段的端钢壳与混凝土管段接缝渗漏的治理，宜按本规程第4.2.1条的规定沿接缝走向从混凝土中钻斜孔至端钢壳，并宜根据渗漏量大小选择注入聚氨酯灌浆材料或可在潮湿环境下固化的环氧树脂灌浆材料。

5.2.8 顶管法隧道管节接缝渗漏的治理，宜沿接缝走向按本规程第4.2.2条的规定，采用钻孔灌注聚氨酯灌浆材料或水泥基灌浆材料止水，并宜全断面嵌填高模量合成高分子密封材料。施工条件允许时，宜按本规程4.2.5条的规定安装内置式密封止水带。

5.3 施　　工

5.3.1 管片环、纵接缝渗漏的注浆止水、嵌填密封及壁后注浆的施工应符合下列规定：

1 钻孔注浆止水的施工应符合下列规定：

1）钻孔注浆设置浆液阻断点时，应使用带定位装置的钻孔设备，钻孔直径宜小，并宜钻双孔注浆形成宽度不宜小于100mm的阻断点；

2）注浆嘴应垂直于接缝中心并埋设牢固，在用速凝型聚合物砂浆封闭接缝前，应清除接缝中已失效的嵌缝材料及杂物等；

3）注浆宜按照从拱底到拱顶、从渗漏水接缝向两侧的顺序进行，当观察到邻近注浆嘴出浆时，可终止从该注浆嘴注浆并封闭注浆嘴，并宜从下一注浆嘴开始注浆；

4）注浆结束后，应按要求拆除注浆嘴并封孔。

2 嵌填密封施工应符合下列规定：

1）嵌缝作业应在无明水条件下进行；

2）嵌缝作业前应清理待嵌缝沟槽，做到缝内两侧基层坚实、平整、干净，并应涂刷与密封材料相容的基层处理剂；

3）背衬材料应铺设到位，预留深度符合设计要求，不得有遗漏；

4）密封材料宜采用机械工具嵌填，并应做到连续、均匀、密实、饱满，与基层粘结牢固；

5）速凝型聚合物砂浆应按要求进行养护。

3 壁后注浆施工应符合下列规定：

1）注浆宜按确定孔位、通（开）孔、安装注浆嘴、配浆、注浆、拔管、封孔的顺序进行；

2）注浆嘴应配备防喷装置；

3）宜按照从上部邻接块向下部标准块的方向进行注浆；

4）注浆过程中应按设计要求控制注浆压力和单孔注浆量；

5）注浆结束后，应按设计要求做好注浆孔的封闭。

5.3.2 隧道进出洞口段、隧道与连接通道相交部位及轨道交通盾构法隧道道床以下管片接头渗漏治理的施工宜符合设计要求及本规程第5.3.1条的规定。

5.3.3 管片螺孔渗漏的嵌填密封及注浆止水施工应符合下列规定：

1 重新安装螺孔密封圈时，密封圈应定位准确，并应能够被正确挤入密封沟槽内；

2 从手孔钻孔至螺孔时，定位应准确，并应采用直径较小的钻杆成孔。

5.3.4 重新紧固沉管法隧道管段的Ω形止水带时应定位准确，并应按设计要求紧固螺栓、做好金属部件的防锈处理。

5.3.5 沉管法隧道管段的端钢壳与混凝土管段接缝渗漏的施工应符合本规程第4.3.1条的规定。

5.3.6 顶管法隧道管节接缝渗漏的注浆止水工艺应符合本规程第4.3.2条的规定。全断面嵌填高模量密封材料时，应先涂布基层处理剂，并设置背衬材料，然后嵌填密封材料。内置式密封止水带的安装应符合本规程第4.3.4条的规定。

6 实心砌体结构渗漏治理

6.1 一般规定

6.1.1 实心砌体结构地下工程渗漏治理宜根据渗漏部位、渗漏现象选用表6.1.1中所列的技术措施。

表 6.1.1 实心砌体结构地下工程
渗漏治理的技术措施

技术措施	渗漏部位、渗漏现象			材料
	裂缝、砌块灰缝	大面积渗漏	管道根部	
注浆止水	○	×	●	丙烯酸盐灌浆材料、水泥基灌浆材料、聚氨酯灌浆材料、环氧树脂灌浆材料等
快速封堵	●	●	●	速凝型无机防水堵漏材料
设置刚性防水层	●	●	○	聚合物水泥防水砂浆、渗透型环氧树脂类防水涂料等
设置柔性防水层	×	×	○	Ⅱ型或Ⅲ型聚合物水泥防水涂料

注：●——宜选，○——可选，×——不宜选。

6.1.2 实心砌体结构地下工程渗漏治理后宜在背水面形成完整的防水层。

6.2 方案设计

6.2.1 裂缝或砌块灰缝的渗漏宜采取注浆止水或快速封堵、设置刚性防水层等治理措施，并宜符合下列规定：

1 当渗漏量大时，宜采取埋管（嘴）注浆止水，并宜符合下列规定：

1）注浆管（嘴）宜选用金属管或硬质塑料管，并宜配置阀门；

2）注浆管（嘴）宜沿裂缝或砌块灰缝走向布置，间距不宜小于500mm；埋设注浆管（嘴）前宜在选定位置开凿深度为30mm～40mm、宽度不大于30mm的"U"形凹槽，注浆嘴应垂直对准凹槽中心部位裂缝并用速凝型无机防水堵漏材料埋置牢固，注浆前阀门宜保持开启状态；

3）裂缝表面宜采用速凝型无机防水堵漏材料封闭，封缝的宽度不宜小于50mm；

4）宜选用丙烯酸盐、水溶性聚氨酯等黏度较小的灌浆材料，注浆压力不宜大于0.3MPa。

2 当渗漏量小时，可按本条第1款的规定注浆止水，也可采用快速封堵止水。当采取快速封堵时，宜沿裂缝或接缝走向切割出深度20mm～30mm、宽度不大于30mm的"U"形凹槽，然后分段在凹槽中埋设引水管并嵌填速凝型无机防水堵漏材料止水，最后封闭引水孔，并宜用聚合物水泥防水砂浆找平。

3 设置刚性防水层时，宜沿裂缝或接缝走向在两侧各200mm范围内的基层表面多遍涂布渗透型环氧树脂类防水涂料或抹压聚合物水泥防水砂浆。对于裂缝分布较密的基层，应大面积设置刚性防水层。

6.2.2 实心砌体结构地下工程墙体大面积渗漏的治理，宜先在有明水渗出的部位埋管引水卸压，再在砌体结构表面大面积抹压厚度不小于5mm的速凝型无机防水堵漏材料止水。经检查无渗漏后，宜涂刷渗透型环氧树脂类防水涂料或抹压聚合物水泥防水砂浆，最后再宜用速凝型无机防水堵漏材料封闭引水孔。当基层表面无渗漏明水时，宜直接大面积多遍涂刷渗透型环氧树脂类防水涂料，并宜单层抹压聚合物水泥防水砂浆。

6.2.3 砌体结构地下工程管道根部渗漏的治理宜先止水、再设置刚性防水层，必要时设置柔性防水层，并宜符合本规程第4.2.10条的规定。

6.2.4 当砌体结构地下工程发生因毛细作用导致的墙体返潮、析盐等病害时，宜在墙体下部用聚合物水泥防水砂浆设置防潮层，防潮层的厚度不宜小于10mm。

6.3 施 工

6.3.1 砌体结构裂缝或砌块接缝渗漏的止水及刚性防水层的设置应符合下列规定：

1 埋管（嘴）注浆止水除宜符合本规程第4.3.1条的规定外，尚应符合下列规定：

1）宜按照从下往上、由里向外的顺序进行注浆；

2）当观察到浆液从相邻注浆嘴中流出时，应停止从该注浆孔注浆并关闭阀门，并从相邻注浆嘴开始注浆；

3）注浆全部结束、待孔内灌浆材料固化，经检查无明水后，应按要求处理注浆嘴、封孔并清理基层。

2 使用速凝型无机防水堵漏材料快速封堵裂缝或砌体灰缝渗漏的施工宜符合本规程第4.3.1条的规定；

3 刚性防水层的施工应符合材料要求及本规程的规定。

6.3.2 实心砌体结构地下工程墙体大面积渗漏治理施工应符合下列规定：

1 在砌体结构表面抹压速凝型无机防水堵漏材料止水前，应清理基层，做到坚实、干净，再抹压速凝型无机防水堵漏材料止水；

2 渗透型环氧树脂类防水涂料及聚合物水泥防水砂浆的施工应符合本规程第4.3.6条的规定。

6.3.3 管道根部渗漏治理的施工应符合本规程第4.3.8条的规定。

6.3.4 用聚合物水泥防水砂浆设置防潮层时，防潮层应抹压平整。

7 质量验收

7.1 一般规定

7.1.1 对于需要进场检验的材料，应按本规程附录C的规定进行现场抽样复验，材料的性能应符合本规程附录D的规定，并应提交检验合格报告。

7.1.2 隐蔽工程在隐蔽前应由施工方会同有关各方进行验收。

7.1.3 工程施工质量的验收，应在施工单位自行检查评定合格的基础上进行。

7.1.4 渗漏治理部位应全数检查。

7.1.5 工程质量验收应提供下列资料：

1 调查报告、设计方案、图纸会审记录、设计变更、洽商记录单；

2 施工方案及技术、安全交底；

3 材料的产品合格证、质量检验报告；

4 隐蔽工程验收记录；

5 工程检验批质量验收记录；

6 施工队伍的资质证书及主要操作人员的上岗证书；

7 事故处理、技术总结报告等其他必需提供的资料。

7.2 质量验收

主控项目

7.2.1 材料性能应符合设计要求。

检验方法：检查出厂合格证、质量检测报告等。进场抽检复验的材料还应提交进场抽样复检合格报告。

7.2.2 浆液配合比应符合设计要求。

检验方法：检查计量措施或试验报告及隐蔽工程验收记录。

7.2.3 注浆效果应符合设计要求。

检验方法：观察检查或采用钻孔取芯等方法检查。

7.2.4 止水带与紧固件压板以及止水带与基层之间应结合紧密。

检验方法：观察检查。

7.2.5 涂料的用量或防水层平均厚度应符合设计要求，最小厚度不得小于设计厚度的90%。

检验方法：检查隐蔽工程验收记录或用涂层测厚仪量测。

7.2.6 柔性涂膜防水层在管道根部等细部做法应符合设计要求。

检验方法：观察检查和检查隐蔽工程验收记录。

7.2.7 聚合物水泥砂浆防水层与基层及各层之间应粘结牢固，无脱层、空鼓和裂缝。

检验方法：观察和用小锤轻击检查。

7.2.8 渗漏治理效果应符合设计要求。

检验方法：观察检查。

7.2.9 治理部位不得有渗漏或积水现象，排水系统应畅通。

检验方法：观察检查。

一般项目

7.2.10 注浆孔的数量、钻孔间距、钻孔深度及角度应符合设计要求。

检验方法：检查隐蔽工程验收记录。

7.2.11 注浆过程的压力控制和进浆量应符合设计要求。

检验方法：检查施工记录及隐蔽工程验收记录。

7.2.12 涂料防水层应与基层粘结牢固，涂刷均匀，不得有皱折、鼓泡、气孔、露胎体和翘边等缺陷。

检验方法：观察检查。

7.2.13 水泥砂浆防水层的平均厚度应符合设计要求，最小厚度不得小于设计值的85%。

检验方法：观察和尺量检查。

7.2.14 盾构隧道衬砌的嵌缝材料表面应平滑，缝边应顺直，无凹凸不平现象。

检验方法：观察检查。

附录A 安全及环境保护

A.0.1 注浆施工时，操作人员应穿防护服，戴口罩、手套和防护眼镜。

A.0.2 挥发性材料应密封贮存，妥善保管和处理，不得随意倾倒。

A.0.3 使用易燃材料时，施工现场禁止出现明火。

A.0.4 施工现场应通风良好。

附录B 盾构法隧道渗漏调查

B.0.1 输水隧道在竣工时的检查重点应是漏入量，在运营时的检查重点应是漏失量。轨道交通隧道、水下道路隧道及重要的电缆隧道等的检查重点应是拱底位置的渗水和拱顶的滴漏。

B.0.2 渗漏水及损害程度资料的调查应包括下列内容：

1 设计资料;
2 施工记录;
3 维修资料;
4 隧道环境变化。

B.0.3 盾构法隧道渗漏水及损害的现场调查内容及方法宜符合表 B.0.3 的规定。

表 B.0.3 盾构法隧道渗漏水及损害的现场调查内容及方法

序号	调查内容		调查方法
1	渗漏水现状	漏泥、钢筋锈蚀	目测及钢筋检测仪
		管片裂缝与破损的形式、尺寸、是否贯通、缝内有无异物、干湿状况	用刻度尺、放大镜等工具目测
		发生渗漏的接缝、裂缝、孔洞及蜂窝麻面的位置、尺寸、渗漏水量	用刻度尺、放大镜等工具目测并按现行国家标准《地下防水工程质量验收规范》GB 50208 的规定量测渗漏水量
		水质	水质采样分析
2	沉降形变	隧道的沉降量、变形量壁后注浆回填状况	用水平仪、经纬仪检测沉降及位移;
			用地震波仪、声波仪检测回填注浆状况
3	密封材料现状	材料的种类及老化状况	目测或现场取样分析
4	混凝土质量现状	混凝土病害状况	超声回弹检测混凝土强度;采样检测混凝土中氯离子浓度及碳化深度

B.0.4 盾构法隧道内渗漏水及损害的状态和位置宜采用表 B.0.4 的图例在盾构法隧道管片渗漏水平面展开图上进行标识。

表 B.0.4 盾构法隧道管片渗漏水平面展开图图例

渗漏形式		图例	渗漏形式		图例
接缝渗漏	渗水	○○○○○	预留注浆孔渗漏	渗水	
	滴漏	〰〰〰		滴漏	
	线漏	↓↓↓↓		线漏	
	漏泥	※※※※	螺孔渗漏	渗水	
管片缺损及预埋件锈蚀	混凝土缺损			滴漏	
	预埋件锈蚀			线漏	

B.0.5 绘制盾构法隧道管片渗漏水平面展开图时,应将衬砌以 5 环~10 环为一组逐环展开,再将不同位置、不同渗漏及损害的图例在图上标出。

附录 C 材料现场抽样复验项目

C.0.1 材料现场抽样复验应符合表 C.0.1 的规定。

表 C.0.1 材料现场抽样复验项目

序号	材料名称	现场抽样数量	外观质量检验	物理性能检验
1	聚氨酯灌浆材料	每 2t 为一批,不足 2t 按一批抽样	包装完好无损,且标明灌浆材料名称、生产日期、生产厂名、产品有效期	黏度,固体含量,凝胶时间,发泡倍率
2	环氧树脂灌浆材料	每 2t 为一批,不足 2t 按一批抽样	包装完好无损,且标明灌浆材料名称、生产日期、生产厂名、产品有效期	黏度,可操作时间,抗压强度
3	丙烯酸盐灌浆材料	每 2t 为一批,不足 2t 按一批抽样	包装完好无损,且标明灌浆材料名称、生产日期、生产厂名、产品有效期	密度,黏度,凝胶时间,固砂体抗压强度
4	水泥基灌浆材料	每 5t 为一批,不足 5t 按一批抽样	包装完好无损,且标明灌浆材料名称、生产日期、生产厂名、产品有效期	粒径,流动度,泌水率,抗压强度
5	合成高分子密封材料	每 500 支为一批,不足 500 支按一批抽样	均匀膏状,无结皮、凝胶或不易分散的固体团块	拉伸模量,拉伸粘结性,柔性
6	遇水膨胀止水条	每一批至少抽一次	色泽均匀,柔软有弹性,无明显凹陷	拉伸强度,断裂伸长率,体积膨胀倍率
7	遇水膨胀止水胶	每 500 支为一批,不足 500 支按一批抽样	包装完好无损,且标明材料名称,生产日期,生产厂家,产品有效期	表干时间,延伸率、抗拉强度、体积膨胀倍率
8	内装可卸式橡胶止水带	每一批至少抽一次	尺寸公差,开裂,缺陷,海绵状,中心孔偏心,气泡,杂质,明疤	拉伸强度,扯断伸长率,撕裂强度
9	内置式密封止水带及配套胶粘剂	每一批至少抽一次	止水带的尺寸公差、表面有无开裂;胶粘剂名称,生产日期,生产厂家,产品有效期,使用温度	拉伸强度,扯断伸长率,撕裂强度;可操作时间,粘结强度、剥离强度
10	改性渗透型环氧树脂类防水涂料	每 1t 为一批,不足 1t 按一批抽样	包装完好无损,且标明材料名称,生产日期,生产厂名,产品有效期	黏度,初凝时间,粘结强度,表面张力

序号	材料名称	现场抽样数量	外观质量检验	物理性能检验
11	水泥基渗透结晶型防水涂料	每 5t 为一批，不足 5t 按一批抽样	包装完好无损，且标明材料名称，生产日期，生产厂名，产品有效期	凝结时间，抗折强度（28d），潮湿基层粘结强度，抗渗压力（28d）
12	无机防水堵漏材料	缓凝型每 10t 为一批，不足 10t 按一批抽样 速凝型每 5t 为一批，不足 5t 按一批抽样	均匀、无杂质、无结块	缓凝型：抗折强度，粘结强度，抗渗性 速凝型：初凝时间，终凝时间，粘结强度，抗渗性
13	聚合物水泥防水砂浆	每 20t 为一批，不足 20t 按一批抽样	粉体型均匀，无结块；乳液型液料经搅拌后均匀无沉淀，粉料均匀，无结块	抗渗压力，粘结强度
14	聚合物水泥防水涂料	每 10t 为一批，不足 10t 按一批抽样	包装完好无损，且标明材料名称，生产日期、生产厂名，产品有效期；液料经搅拌后均匀无沉淀，粉料均匀，无结块	固体含量，拉伸强度，断裂延伸率，低温柔性，不透水性，粘结强度

附录 D 材料性能

D.0.1 灌浆材料的物理性能应符合下列规定：

1 聚氨酯灌浆材料的物理性能应符合表 D.0.1-1 的规定，并应按现行行业标准《聚氨酯灌浆材料》JC/T 2041 规定的方法进行检测。

表 D.0.1-1 聚氨酯灌浆材料的物理性能

序号	试验项目	性能	
		水溶性	油溶性
1	黏度（mPa·s）	≤1000	
2	不挥发物含量（%）	≥75	≥78
3	凝胶时间（s）	≤150	—
4	凝固时间（s）	—	≤800
5	包水性（10 倍水，s）	≤200	
6	发泡率（%）	≥350	≥1000
7	固结体抗压强度（MPa）		≥6.0

注：第 7 项仅在有加固要求时检测。

2 环氧树脂灌浆材料的物理性能应符合表 D.0.1-2 和表 D.0.1-3 的规定，并应按现行行业标准《混凝土裂缝用环氧树脂灌浆材料》JC/T 1041 规定的方法进行检测。

表 D.0.1-2 环氧树脂灌浆材料的物理性能

序号	项目	性能	
		低黏度型	普通型
1	外观	A、B 组分均匀，无分层	
2	初始黏度（mPa·s）	≤30	≤200
3	可操作时间（min）	>30	

表 D.0.1-3 环氧树脂灌浆材料固化物的物理性能

序号	项目	性能
1	抗压强度（MPa）	≥40
2	抗拉强度（MPa）	≥10
3	粘结强度（MPa） 干燥基层	≥3.0
	潮湿基层	≥2.0
4	抗渗压力（MPa）	≥1.0

3 丙烯酸盐灌浆材料的物理性能与试验方法应符合表 D.0.1-4 和表 D.0.1-5 的规定，并应按现行行业标准《丙烯酸盐灌浆材料》JC/T 2037 规定的方法进行检测。

表 D.0.1-4 丙烯酸盐灌浆材料的物理性能

序号	项目	性能
1	外观	不含颗粒的均质液体
2	密度（g/cm³）	1.1±0.1
3	黏度（mPa·s）	≤10
4	凝胶时间（min）	≤30
5	pH	≥7.0

表 D.0.1-5 丙烯酸盐灌浆材料固结体的物理性能

序号	项目	性能
1	渗透系数（cm/s）	<10⁻⁶
2	挤出破坏比降	≥200
3	固砂体抗压强度（MPa）	≥0.2
4	遇水膨胀率（%）	≥30

4 水泥基灌浆材料的物理性能与试验方法应符合表 D.0.1-6 的规定。

表 D. 0. 1-6　水泥基灌浆材料的物理性能与试验方法

序号	项目		性能	试验方法
1	粒径(4.75mm方孔筛筛余,%)		≤2.0	
2	泌水率(%)		0	
3	流动度(mm)	初始流动度	≥290	
		30min流动度保留值	≥260	现行行业标准《水泥基灌浆材料》JC/T 986
4	抗压强度(MPa)	1d	≥20	
		3d	≥40	
		28d	≥60	
5	竖向膨胀率(%)	3h	0.1~3.5	
		24h与3h膨胀率之差	0.02~0.5	
6	对钢筋有无腐蚀作用		无	
7	比表面积(m²/kg)	干磨法	≥600	现行国家标准《水泥比表面积测定方法》GB/T 8074
		湿磨法	≥800	

注:第7项仅适用于超细水泥灌浆材料。

5 水泥-水玻璃双液注浆材料应符合下列规定:

1) 宜采用普通硅酸盐水泥配制浆液,普通硅酸盐水泥的性能应符合现行国家标准《通用硅酸盐水泥》GB 175 的规定,水泥浆的水胶比(w/c)宜为 0.6~1.0。

2) 水玻璃性能应符合现行国家标准《工业硅酸钠》GB/T 4209 的规定,模数宜为 2.4~3.2,浓度不宜低于30°Bé′。

3) 拌合用水应符合国家现行行业标准《混凝土用水标准》JGJ 63 的规定。

4) 浆液的凝胶时间应事先通过试验确定,水泥浆与水玻璃溶液的体积比可在 1:0.1~1:1 之间。

D. 0. 2 密封材料的性能应符合下列规定:

1 建筑接缝用密封胶的物理性能应符合表 D. 0. 2-1 的规定,并应按现行行业标准《混凝土接缝用密封胶》JC/T 881 规定的方法进行检测。

表 D. 0. 2-1　建筑接缝用密封胶物理性能

序号	项目		性能			
			25LM	25HM	20LM	20HM
1	流动性	下垂度(N型) 垂直(mm)	≤3			
		水平(mm)	≤3			
		流平性(S型)	光滑平整			
2	挤出性(mL/min)		≥80			
3	弹性恢复率(%)		≥80		≥60	
4	拉伸模量(MPa)	23℃ -20℃	≤0.4 和 ≤0.6	>0.4 或 >0.6	≤0.4 和 ≤0.6	>0.4 或 >0.6
5	定伸粘结性		无破坏			

续表 D. 0. 2-1

序号	项目	性能			
		25LM	25HM	20LM	20HM
6	浸水后定伸粘结性	无破坏			
7	热压冷拉后粘结性	无破坏			
8	质量损失(%)	≤10			

注:N型——非下垂型;S型——自流平型。

2 遇水膨胀止水胶的物理性能与试验方法应符合表 D. 0. 2-2 的规定。

表 D. 0. 2-2　遇水膨胀止水胶的物理性能与试验方法

序号	项目		指标	试验方法
1	表干时间(h)		≤12	现行国家标准《建筑密封材料试验方法 第5部分 表干时间的测定》GB/T 13477.5
2	拉伸性能	拉伸强度(MPa)	≥0.5	现行国家标准《建筑防水涂料试验方法》GB/T 16777
		断裂伸长率(%)	≥400	
3	吸水体积膨胀倍率(%)		≥220	现行国家标准《高分子防水材料 第3部分 遇水膨胀橡胶》GB 18173.3
4	溶剂浸泡后体积膨胀倍率保持率(3d,%)	5% Ca(OH)₂	≥90	
		5% NaCl	≥90	

3 遇水膨胀橡胶止水条的物理性能应符合表 D. 0. 2-3 的规定,并应按现行国家标准《高分子防水材料 第3部分 遇水膨胀橡胶》GB 18173.3 规定的方法进行检测。

表 D. 0. 2-3　遇水膨胀橡胶止水条的物理性能

序号	项目		性能	
			PZ-150	PZ-250
1	硬度(邵尔A,度)		42±7	
2	拉伸强度(MPa)		≥3.5	
3	断裂伸长率(%)		≥450	
4	体积膨胀倍率(%)		≥150	≥250
5	反复浸水试验	拉伸强度(MPa)	≥3	
		扯断伸长率(%)	≥350	
		体积膨胀倍率(%)	≥150	≥250
6	低温弯折(-20℃,2h)		无裂纹	
7	防霉等级		达到或优于2级	

4 内装可卸式橡胶止水带的物理性能应符合表 D. 0. 2-4 的规定,并应按现行国家标准《高分子防水材料 第2部分 止水带》GB 18173.2 的规定进行检测。

表 D.0.2-4　内装可卸式橡胶止水带的物理性能

序号	项　目		性　能
1	硬度（邵尔 A，度）		60±5
2	拉伸强度（MPa）		≥15
3	断裂伸长率（%）		≥380
4	压缩永久变形（%）	70℃，24h	≤35
		23℃，168h	≤20
5	撕裂强度（kN/m）		≥30
6	脆性温度（℃，无破坏）		≤−45
7	热空气老化（70℃，168h）	硬度变化（邵尔 A，度）	+8
		拉伸强度（MPa）	≥12
		断裂伸长率（%）	≥300

5　内置式密封止水带及配套胶粘剂的物理性能与试验方法应符合表 D.0.2-5 和表 D.0.2-6 的规定。

表 D.0.2-5　内置式密封止水带的物理性能与试验方法

序号	项　目	性　能	试验方法
1	厚度（mm）	≥1.2	现行国家标准《高分子防水材料　第 1 部分　高分子片材》GB 18173.1
2	抗拉强度（MPa）	≥10.0	
3	断裂伸长率（%）	≥200	
4	接缝剥离强度（N/mm）	≥4.0	
5	低温柔性（−25℃）	无裂纹	

表 D.0.2-6　配套胶粘剂的物理性能

序号	项　目	性　能	试验方法
1	可操作时间（h）	≥0.5	现行行业标准《混凝土裂缝用环氧树脂灌浆材料》JC/T 1041
2	抗压强度（MPa）	≥60	
3	与混凝土基层粘结强度（MPa）	≥2.5	现行国家标准《建筑防水涂料试验方法》GB/T 16777

6　丁基橡胶防水密封胶粘带的物理性能应符合表 D.0.2-7 的规定，并应按现行行业标准《丁基橡胶防水密封胶粘带》JC/T 942 的规定进行检测。

表 D.0.2-7　丁基橡胶防水密封胶粘带的物理性能

序号	项　目		性　能
1	持粘性（min）		≥20
2	耐热性（80℃，2h）		无流淌、龟裂、变形
3	低温柔性（−40℃）		无裂纹
4	*剪切状态下的粘合性（N/mm）	防水卷材	≥2
5	剥离强度（N/mm）	防水卷材	≥0.4
		水泥砂浆板	≥0.6
		彩钢板	

续表 D.0.2-7

序号	项　目			性　能
6	剥离强度保持率（%）	热处理（80℃，168h）	防水卷材	≥80
			水泥砂浆板	
			彩钢板	
		碱处理［饱和 Ca(OH)₂，168h］	防水卷材	≥80
			水泥砂浆板	
			彩钢板	
		浸水处理（168h）	防水卷材	≥80
			水泥砂浆板	
			彩钢板	

注：＊仅双面胶粘带测试。

D.0.3　刚性防水材料应满足下列规定：

1　渗透型环氧树脂类防水涂料的物理性能与试验方法应符合表 D.0.3-1 的规定。

表 D.0.3-1　渗透型环氧树脂类防水涂料的物理性能与试验方法

序号	项　目		性　能	试验方法
1	黏度（mPa·s）		≤50	
2	初凝时间（h）		≥8	现行行业标准《混凝土裂缝用环氧树脂灌浆材料》JC/T 1041
3	终凝时间（h）		≤72	
4	固结体抗压强度（MPa）		≥50	
5	粘结强度（MPa）	干燥基层	≥3.0	
		潮湿基层	≥2.5	
6	表面张力（10⁻⁵N/cm）		≤50	现行国家标准《表面活性剂　用拉起液膜法测定表面张力》GB/T 5549

2　水泥基渗透结晶型防水涂料的性能指标应符合表 D.0.3-2 的规定，并应按现行国家标准《水泥基渗透结晶型防水材料》GB 18445 的规定进行检测。

表 D.0.3-2　水泥基渗透结晶型防水涂料的物理性能

序号	项　目		性　能
1	凝结时间	初凝时间（min）	≥20
		终凝时间（h）	≤24
2	抗折强度（MPa）	7d	≥2.8
		28d	≥4.0
3	抗压强度（MPa）	7d	≥12
		28d	≥18
4	潮湿基层粘结强度（28d，MPa）		≥1.0

序号	项 目		性 能
5	抗渗压力 （MPa）	一次抗渗压力 （28d）	≥1.0
		二次抗渗压力 （56d）	≥0.8
6	冻融循环（50 次）		无开裂、起皮、脱落

3 无机防水堵漏材料物理性能应符合表 D.0.3-3 的规定，并应按现行国家标准《无机防水堵漏材料》GB 23440 的规定进行检测。

表 D.0.3-3 无机防水堵漏材料的物理性能

序号	项 目		性 能	
			缓凝型	速凝型
1	凝结时间（min）	初凝	≥10	≤5
		终凝	≤360	≤10
2	抗压强度（MPa）	1d	—	≥4.5
		3d	≥13	≥15
3	抗折强度（MPa）	1d	—	≥1.5
		3d	≥3	≥4
4	抗渗压力（7d，MPa）	涂层	≥0.5	—
		试块	≥1.5	
5	粘结强度（7d，MPa）		≥0.6	
6	冻融循环（50 次）		无开裂、起皮、脱落	

4 聚合物水泥防水砂浆物理性能应符合表 D.0.3-4 的规定，并应按现行行业标准《聚合物水泥防水砂浆》JC/T 984 规定的方法进行检测。

表 D.0.3-4 聚合物水泥防水砂浆的物理性能

序号	项 目		性 能	
			干粉类	乳液类
1	凝结时间	初凝（min）	≥45	
		终凝（h）	≤12	≤24
2	抗渗压力（MPa）	7d	≥1.0	
		28d	≥1.5	
3	抗压强度（28d，MPa）		≥24	
4	抗折强度（28d，MPa）		≥8.0	
5	粘结强度（MPa）	7d	≥1.0	
		28d	≥1.2	
6	冻融循环（次）		≥50	
7	收缩率（28d，%）		≤0.15	
8	耐碱性（10%NaOH 溶液浸泡 14d）		无变化	
9	耐水性（%）		≥80	

注：耐水性指标是指砂浆浸水 168h 后材料的粘结强度及抗渗性的保持率。

D.0.4 聚合物水泥防水涂料的物理性能应符合表 D.0.4 的规定，并应按现行国家标准《聚合物水泥防水涂料》GB/T 23445 的规定进行检测。

表 D.0.4 聚合物水泥防水涂料的物理性能

序号	项 目		性 能	
			Ⅱ型	Ⅲ型
1	固体含量（%）		≥70	
2	表干时间（h）		≤4	
3	实干时间（h）		≤12	
4	拉伸强度 （MPa）	无处理（MPa）	≥1.8	
		加热处理后保持率（%）	80	
		碱处理后保持率（%）	80	
5	断裂 伸长率	无处理（MPa）	≥80	≥30
		加热处理后保持率（%）	65	
		碱处理后保持率（%）	65	
6	不透水性（0.3MPa，0.5h）		不透水	
7	潮湿基层粘结强度（MPa）		≥1.0	
8	抗渗性（背水面，MPa）		≥0.6	

本规程用词说明

1 为便于在执行本规程条文时区别对待，对要求严格程度不同的用词说明下列：

　　1）表示很严格，非这样做不可的：
　　　　正面词采用"必须"，反面词采用"严禁"；
　　2）表示严格，在正常情况下均应这样做的：
　　　　正面词采用"应"，反面词采用"不应"或"不得"；
　　3）表示允许稍有选择，在条件许可时首先应这样做的：
　　　　正面词采用"宜"，反面词采用"不宜"；
　　4）表示有选择，在一定条件下可以这样做的，采用"可"。

2 条文中指明应按其他有关标准执行的写法为："应符合……的规定"或"应按……执行"。

引用标准名录

1 《地下工程防水技术规范》GB 50108

2 《地下防水工程质量验收规范》GB 50208

3 《混凝土用水标准》JGJ 63

4 《通用硅酸盐水泥》GB 175

5 《工业硅酸钠》GB/T 4209

6 《表面活性剂 用拉起液膜法测定表面张力》

GB/T 5549

7 《水泥比表面积测定方法》GB/T 8074

8 《建筑密封材料试验方法 第 5 部分 表干时间的测定》GB/T 13477.5

9 《建筑防水涂料试验方法》GB/T 16777

10 《高分子防水材料 第 1 部分 高分子片材》GB 18173.1

11 《高分子防水材料 第 2 部分 止水带》GB 18173.2

12 《高分子防水材料 第 3 部分 遇水膨胀橡胶》GB 18173.3

13 《水泥基渗透结晶型防水材料》GB 18445

14 《无机防水堵漏材料》GB 23440

15 《聚合物水泥防水涂料》GB/T 23445

16 《混凝土接缝用密封胶》JC/T 881

17 《丁基橡胶防水密封胶粘带》JC/T 942

18 《聚合物水泥防水砂浆》JC/T 984

19 《水泥基灌浆材料》JC/T 986

20 《混凝土裂缝用环氧树脂灌浆材料》JC/T 1041

21 《丙烯酸盐灌浆材料》JC/T 2037

22 《聚氨酯灌浆材料》JC/T 2041

中华人民共和国行业标准

地下工程渗漏治理技术规程

JGJ/T 212—2010

条 文 说 明

制 定 说 明

《地下工程渗漏治理技术规程》JGJ/T 212-2010，经住房和城乡建设部 2010 年 8 月 3 日以第 728 号公告批准发布。

本规程制订过程中，编制组调研了国内地下工程渗漏治理技术的现状，总结了我国地下工程渗漏治理的现场调查、方案设计、施工和质量验收等方面的实践经验，同时参考了国外先进技术法规、标准，制定了本规程。

为便于广大设计、施工、科研、学校等单位有关人员在使用规程时能正确理解和执行条文的规定，《地下工程渗漏治理技术规程》编制组按章、节、条顺序编写了规程的条文说明，对条文规定的目的、依据以及执行中需注意的有关事项进行了说明。但是，本条文说明不具备与标准正文同等的法律效力，仅供使用者作为理解和把握标准规定的参考。

目　次

1 总 则

1.0.1 渗漏是地下工程的常见病害之一。造成渗漏的原因很多，有客观原因也有人为因素，两者往往互相牵连。综合起来分析，主要有设计不当（设防措施不当）、施工质量欠佳（特别是细部处理粗糙）、材料问题（如选材不当或使用不合格材料）和使用管理不当四个方面。

实践表明，渗漏治理是一项对从业人员技术水平、材料、施工工艺等方面要求均很高的工程，其实施难度往往超过新建工程。在长期的建筑工程渗漏治理实践中，工程技术人员总结出了灌（灌注化学灌浆材料）、嵌（嵌填刚性速凝材料）、抹（抹压防水砂浆）、涂（涂布防水涂料）等典型的施工工艺。为规范地下工程的渗漏治理，保证工程质量，在总结近年来国内相关工程经验的基础上，由来自国内建筑、交通、市政、水工等行业从事防水工程设计、施工及检测等的专家共同起草和制定了本规程。

1.0.2 以从背水面进行施工为主是地下工程渗漏治理的特点之一。为使本规程技术架构清晰、便于使用，编制组依照现行国家标准《地下工程防水技术规范》GB 50108 中对地下工程范围的界定，从发生渗漏的结构形式对地下工程重新进行了梳理和总结，并将其划分现浇混凝土结构、预制衬砌隧道和实心砌体结构三大类型，如表1所示。喷锚支护结构及有现浇混凝土内衬的隧道渗漏的治理可参照现浇混凝土结构进行。

1.0.3 渗漏发生的要素包括：水源、驱动力及渗漏通道，三者缺一不可。渗漏治理就是针对具体部位，运用合理可行的方式切断水源、消除渗漏驱动力或堵塞渗漏通道，其目的在于恢复或增强原防水构造的功能。

表 1 按结构形式划分地下工程

结构形式	地下工程类型
现浇混凝土结构	明挖法现浇混凝土结构
	逆筑结构
	矿山法隧道
	地下连续墙
预制衬砌隧道	盾构法隧道
	TBM法隧道
	沉管法隧道
	顶管法隧道
实心砌体结构	砌体结构地下室

新建工程的防水重视"防、排、截、堵"等措施

相结合，本规程中强调渗漏治理以堵为主，主要是考虑到一旦发生渗漏水，则必然会对建筑物或构筑物的使用功能造成负面的影响。将渗漏水拒于主体结构之外既符合防水工程的设计初衷，更是保证主体结构寿命的必要措施。应当指出，工程实际中仅通过"堵"往往不能彻底解决渗漏问题，在具备排水条件时，利用排水系统减少渗漏量也是一种有效的辅助手段。针对具体的渗漏问题，其治理工艺因时、因地变化而可能有所不同，故强调"因地制宜"。而"多道设防"是我国防水工程界长期实践经验的总结，是保证防水工程可靠性的必要措施。"综合治理"就是在渗漏治理过程中不仅仅满足达到治理部位不渗不漏，而是将工程看作一个整体，综合运用各种技术手段，达到渗漏治理的目的，避免陷入"年年修，年年漏"的恶性循环。本规程针对常见的渗漏问题给出了一些典型的治理措施，不可能面面俱到，使用本规程时可灵活掌握。

3 基本规定

3.1 现 场 调 查

3.1.1 现场调查是充分掌握工程现场各种情况的必要步骤，对于具体问题提出合理可行的治理方案至关重要，同时也是日后做好施工准备的第一手资料。由于工程所处环境及条件等属性千差万别，具体某项工程的现场调查不一定包含条文规定的全部内容。

3.1.2 现行国家标准《地下防水工程质量验收规范》GB 50208 中对地下工程渗漏水的形式及量测方法作出了明确规定，对渗漏现场调查和确定治理方案有借鉴意义，可参照执行。

3.1.3 收集技术资料是分析渗漏原因、提出治理方案的前提条件之一。条文中提到的工程技术资料不一定每项工程都完全具备，但应尽量收集齐全。其中，工程设计相关资料主要包括设计说明、防水等级及设防措施、原排水系统的设计等。

3.1.4 现场调查报告主要内容为导致渗漏发生的可能原因，是后续设计及施工的基本依据。

3.2 方 案 设 计

3.2.2 渗漏水治理应重视降水和排水工作。降水或排水的目的是减小渗漏水的水压，为治理创造施工条件。同时，如在工程中采取排水治理措施，应防止排水可能造成的危害，如地基不均匀下沉等。

3.2.3 工程结构存在变形和未稳定的裂缝则渗漏治理后很容易复漏。接缝开度较大，则填充在其中的灌浆材料或密封材料的量较多，由于材料固化后体积往往会有一定的收缩，在正常使用条件下，如果开度减小，则其中的材料处于被挤压状态，能更好地实现密

封止水的效果。应当指出，该条件不是渗漏治理的必备因素，工程中应结合现场条件综合考虑。

3.2.4 渗漏治理应以保证结构安全为前提，应避免使用可能破坏基础稳定、增加结构荷载、人为损害结构安全的工艺及材料。

3.2.6 先行止水或引水的目的是为后续综合治理创造施工条件，因为绝大多数防水材料在有明水存在时很难与基层有效结合。

3.3 材　料

3.3.1 材料是防水工程的基础。条文中对渗漏治理工程选材提出要求主要是由于：

　　1 现场环境温度、湿度及基层表面性质如强度、粗糙度、含水率等直接影响施工质量，而水、电、气及交通等条件也是影响设计选材的重要因素；

　　2 要求材料具有相容性是保证防水工程质量、提高耐久性的重要一环；如果相容性不好则可能出现起鼓、剥离等质量问题，设计过程中可采取必要的过渡措施以避免出现不利结果；

　　3 某些特殊的应用场合还要求材料具有耐腐蚀、耐热、能承受振动、耐磨等特殊要求，选材时应注意考虑这些要求。

3.3.2 现行国家标准《地下工程防水技术规范》GB 50108-2008 第 7 章对灌浆材料的性能提出了明确要求，本条则是在其基础上结合渗漏治理的工程实际需要，对灌浆材料作出了规定：

　　1 条文中列举的灌浆材料是近年来市场上最为常见的产品，其共同点就是能通过快速的化学反应发泡、凝胶或硬化，达到迅速切断渗漏水通道的目的；另外，还可根据现场需要进一步调节化学反应速率，此处特别强调了应通过现场试验来确定浆液固化时间；

　　3 聚氨酯灌浆材料遇水会反应并发泡，这是其主要的工作原理。如果在贮存过程中遇水接触，则会由于提前反应而丧失使用性能，剩余的物料最好充氮密封保存；

　　4 环氧树脂灌浆材料固化速率较慢，水流速度过大则容易被水带走，因此不能被用作注浆止水材料；

　　5 丙烯酸盐灌浆材料固结体凝胶的抗压强度较低，且会失水收缩，因此不能用做结构补强。

3.3.3 建筑密封材料通常分为制品型和腻子型。除了止水带（制品型）以外，其他与渗漏治理相关的产品要求规定如下：

　　1 遇水膨胀止水条（胶）膨胀后的体积应大于受限空间的体积，否则难以达到预期的止水效果；

　　2 在背水面使用高模量的密封材料主要是考虑到其更能适应在水压下形变的需要。背衬材料的作用主要有如下三点：其一、控制密封材料厚度；其二、

避免出现三面粘结现象；其三、有助于形成预期密封截面形状（沙漏状）。为保证密封质量，应设置背衬材料。

3.3.4 本规程根据行业习惯分类方法将用到的一些高弹性模量、低延伸率的防水材料纳入刚性防水材料的范畴。

　　1 环氧树脂与混凝土、砂浆等基层具有良好的相容性，在建筑防护、防腐领域具有广泛的用途。渗透型环氧树脂防水涂料近年来在防水领域的应用日益广泛，其特点是黏度低、对混凝土基层具有很好的浸润作用并且可在潮湿环境下固化，并可赋予被涂刷基层更好的防渗、防腐性能。工程实践表明，对强度较高的基层其用量约为 0.5kg/m^2，但如果基层的表面粗糙度较大或强度较低时，用量可能进一步增加，为保证这类防水涂料的使用效果，宜多遍涂刷；

　　2 对水泥基渗透结晶型防水涂料的用量和厚度进行双控是保证防水层质量的需要，这也与现行国家标准《地下工程防水技术规范》GB 50108 的规定一致；

　　4 在地下连续墙幅间接缝渗漏治理时，有时会用补偿收缩混凝土修补墙体。补偿收缩混凝土配制及施工可参照现行国家标准《地下工程防水技术规范》GB 50108-2008 第 5.2 节的规定。

3.3.5 聚合物水泥防水涂料满足在结构背水面施做有机防水涂料的有关规定（现行国家标准《地下工程防水技术规范》GB 50108-2008 第 4.4 节），为避免涂层在水压作用下起鼓，本条文规定在涂层表面再设置一层水泥砂浆保护层。

3.4 施　工

3.4.1 根据渗漏治理方案编制详尽的施工方案对确保工程质量至关重要；对主要操作人员进行技术交底，则是使之掌握施工关键步骤实现治理目的的必备步骤。

3.4.2 本条文明确规定渗漏治理所使用的材料必须是符合国家现行相关标准规定的合格材料，并应满足设计要求。由于渗漏治理工程大小差别很大，导致材料的用量差异也很大，做到每一种材料都按要求抽样复检在现实中有一定的操作困难，对工程量较小项目更是难以实施。基于此，规定由施工方、设计、业主及监理等有关各方共同协商决定是否对进场的材料进行现场抽检复验，这也是渗漏治理工程的一个特点。

3.4.3 由于渗漏多发生于细部构造等薄弱防水部位，治理施工必须做到认真、细致，因此对主要操作人员的技能和责任心提出了很高的要求，按照现行法规和标准的规定应由具有防水工程资质证书的专业施工队伍承担，主要操作人员应经过培训并考核合格、持证上岗。

3.4.4 由于渗漏水的长期作用，渗漏部位可能会滋生生物，结构层自身可能会出现腐蚀、酥松、剥落，结构层上部各构造层次亦可能被损坏，在治理前应彻底清除基层上的杂质和酥松，露出干净、新鲜的表面，为后续施工创造合适的条件。

3.4.5 施工过程中建立工序质量的自查、核查和交接检查制度，是实行施工质量过程控制的根本保证。因上道工序存在的问题未解决，而被下道工序所覆盖，会留下质量隐患。因此，必须加强按工序、层次进行检查验收，即在操作人员自检合格的基础上，进行工序间的交接检和专职质量人员的检查，检查结果应有完整的记录。经验收合格后，方可进行下一工序的施工，以达到消除质量隐患的目的。

3.4.6 渗漏治理的各道工序往往涉及很多隐蔽工程，如注浆止水、基层处理等，随时进行检查有利于及时发现质量问题并处理，同时做好隐蔽工程验收记录，以备后续质量验收及倒查。

3.4.7 在一些结构复杂或老旧工程的渗漏治理过程中，当施工现场条件如结构或渗漏水情况与设计方案差别较大时，如果仍按照原方案进行施工则无法保证工程质量。这种情况下，施工单位应向监理、业主、设计等有关各方报告现场具体情况，并会同各方重新根据实际情况修改或制定新的方案、采取相应的措施。

3.4.8 在防水层上开槽、打洞或重物冲击会破坏防水层的完整性，并使之丧失防水功能。如必须开槽、打洞、安装设备，则应在防水层施工前完成这些工作，并做好细部构造防水处理。

3.4.9 室外环境下，雨天、雪天时，基层的温度、湿度往往达不到材料的施工要求，而风速五级以上时容易造成材料的飞散并可能危及施工安全，因此均不宜在这些条件下施工。但随着材料技术的进步，一些材料可以在有水或低温条件下施工，当遇到这些情况时，可根据现场条件及工期要求决定是否进行施工，但施工环境条件必须符合材料施工工艺的要求。

3.4.10 所谓注浆是将配制好的浆液，经专用压送设备将其注入裂缝或地层中，在压力作用下对裂缝或地层进行充填、渗透、挤密或劈裂，通过浆液固化达到加固和防渗堵漏等目的的一种施工工艺。注浆止水是当前地下工程堵漏止水的主要工艺之一。本条在参照电力行业标准《水工建筑物化学灌浆施工规范》报批稿的基础上，结合地下工程实际提出，目的在于规范注浆止水的基本条件及工艺。

    1 考虑到化学注浆是一项技术要求较高的工作，施工现场会遇到水、电、气源及压力设备，加之材料往往具有一定的毒性，容易造成人身伤害，因此有必要加强操作人员培训，并做好环境保护措施，故规定了本款及第2、7款；

    2 由于浆液的适用期有限，为做到节约、高效、

配制浆液时应遵循"少量多次"的原则。化学灌浆材料的固化通常属于放热反应，如果配制过程中散热不及时可能引起爆聚，损坏注浆设备，造成不可挽回的损失。在配制环氧树脂灌浆材料时尤其应当注意这一点；

    4 基层温度过低则不利于浆液的扩散和固化，而浆液的温度太低则可灌性降低，难以达到预期目的；该数据是在综合国内外有关技术资料并结合工程实践的基础上提出的；

    5 为了避免由于管路过长导致压降及减少浆液损耗。

3.4.13 当前，水泥基渗透结晶型防水涂料的应用已较为普及，但在其施工过程中也出现了基层不符合要求、不按规定进行养护等问题，在此一并进行了规定。

3.4.14 渗透型环氧树脂类防水涂料的施工对基层、环境温度及施工工艺等具有有别于其他防水涂料的特点，有必要作出明确的规定：

    1 如前所述，这类涂料的特点是能渗透进入混凝土基层的细微孔洞、裂缝中，达到封闭裂缝或孔洞并阻止水分渗透，基层干净、坚固并避免出现明水是发挥其作用的前提；

    2 这类涂料是从环氧树脂灌浆材料发展而来的，其配方中的固化剂、稀释剂等助剂通常有毒，大面积施工时应符合化学灌浆材料施工安全要求；

    3 温度过低，则涂料黏度增加，可灌性降低；为防止爆聚，应注意控制浆液的温度；

    5 多遍涂刷是保证浆液渗透进入基层的必要步骤，为避免由于间隔时间过长已涂刷的材料固化进而妨碍后续渗透，要求两边涂刷的时间间隔不宜太长；

    6 在环氧树脂未完全固化前进行抹压砂浆的目的在于增加砂浆层与基层的粘结强度。

4 现浇混凝土结构渗漏治理

4.1 一般规定

4.1.1 地下工程长期与水接触，水流很容易透过防水层薄弱环节如变形缝、施工缝等发生渗漏。为便于按照渗漏部位、现象选择合适的治理工艺和材料，在归纳总结现浇结构常见渗漏问题及其治理工艺的基础上设计了表4.1.1。

    注浆工艺可分为钻孔注浆、埋管（嘴）注浆和贴嘴注浆三类，其中钻孔注浆是近年来在渗漏治理中应用非常广泛的一种注浆止水工艺，其优点是对结构破坏小并能使浆液注入结构内部、止水效果好；埋管注浆通常包括需要开槽，这不但会造成基层破坏且注浆压力偏低，在裂缝渗漏止水上已逐步为钻孔注浆取代，但在孔洞、底板变形缝渗漏的治理中仍有应用；

贴嘴注浆在建筑加固领域应用非常广泛，尚不能用于快速止水，但考虑到工程中有时也需要处理一些无明水的潮湿裂缝，故也将其列入可选择的工艺中。在所列的灌浆材料中，聚氨酯、丙烯酸盐、水泥-水玻璃及水泥基灌浆材料等可用于注浆止水。丙烯酰胺灌浆材料（即丙凝）由于单体具有致癌作用，国内外相关标准已将其列为禁止使用的灌浆材料，本规程中亦未列入。

快速封堵是指用速凝型无机防水堵漏材料封堵渗漏水的一种工艺，其优点是方便快捷，缺点是不能将水拒之于结构外部且材料耐久性还有待提高，因此常作为一种临时快速止水措施与其他工艺一起配合使用。

多年的实践经验证明，对于变形缝渗漏临时止水后，由于材料与基层的粘结强度不高加之结构位移，经常会出现复漏。在止水后的变形缝背水面安装止水带是解决这一问题的有效途径，并日益受到重视。

遇水膨胀止水条是地下工程变形缝渗漏治理常用的材料，只有确保其遇水膨胀是在受限空间（空间自由体积小于膨胀量）中方能有效。国内有文献曾报道用速凝型无机防水堵漏材料及防水砂浆将其封闭在变形缝中，以达到止水的目的。但这种做法本身有违变形缝的设计初衷，复漏的几率很大；加之止水条的搭接（遇水膨胀止水胶没有这个问题）也比较困难，因此不宜作为一种长效的变形缝渗漏治理措施。但对于那些结构规整、长期浸水且结构热胀冷缩及地基不均匀沉降很小的变形缝，仍有应用，故将其列为变形缝渗漏治理的可选措施。

刚性防水材料可分为涂料（包括缓凝型无机防水堵漏材料、水泥基渗透结晶型防水涂料及环氧树脂类防水涂料）和砂浆（聚合物水泥防水砂浆）两大类。涂料和砂浆这两类刚性防水材料往往需要复合使用形成一道完整的防水层。此外，补偿收缩混凝土可被看做结构材料，虽然会用到，但并未被列入可选材料中。

在结构背水面涂布有机防水涂料时要求涂料应具有较高的基层粘结强度且应设置刚性保护层，这是业界的共识，聚合物水泥防水涂料符合这一规定。在渗漏治理工程中，由于担心涂层抗水压力不足，容易在压力下出现鼓泡、剥落，本规程暂未将其列为大面积渗漏治理的可选措施。管道根部面积有限、且采用其他措施时过渡处理困难，涂布聚合物水泥防水涂料应该是一个合理的补充措施。

表4.1.1的设计初衷在于根据渗漏部位快速查找和匹配治理措施，并避免出现常见的错误，使用过程中应灵活掌握、搭配各种技术措施。

4.1.2 裂缝和施工缝发生渗漏说明存在贯穿结构的渗透通道，这对结构的荷载能力及耐久性都有负面影响。如前所述，钻孔注浆能将浆液注入结构内部，可

达到止水及加固的双重目的，故选择灌浆材料时应重视其补强效果。

4.1.4 如果地下工程内外温差较大且空气湿度较大，则水蒸气很容易凝结在结构背水面形成水滴导致基层潮湿甚至霉变，这时就应采取强制通风等措施降低结构内部相对湿度防止结露。

4.2 方案设计

4.2.1 本条文规定了钻孔注浆的基本要求。

1 斜向钻孔有利于横穿裂缝，使浆液沿裂缝面流动并反应固化，快速切断渗漏通道。由于建筑工程混凝土地下结构的厚度相对比较薄，规定钻孔垂直深度超过混凝土结构厚度的1/2，一方面是为了防止注浆压力对结构可能的破坏，另一方面确保将浆液注入结构中；

2 沿裂缝走向开槽并用速凝型无机防水堵漏材料直接封堵渗漏水是一项传统的堵漏工艺。近年来，随着水泥基渗透结晶型防水材料应用普及对这一方法也产生了深刻的影响。借鉴国外的先进做法，止水后在凹槽中嵌填、涂刷或抹压含水泥基渗透结晶型防水材料的腻子、涂料或砂浆。图 4.2.1-3 为其中典型做法，实际工程中还可有些变通；

3 推荐使用底部带贯通小孔的注浆嘴，主要是便于粘贴注浆嘴的胶液能透过小孔，固化后形成锚固点，增加注浆嘴与基层的粘结强度。另外，条件具备时还可使用具有防止浆液回流的止逆式注浆嘴。

4.2.2 施工缝渗漏的治理大部分与裂缝渗漏治理相似，但又有特殊情况：

1 预注浆系统是新修订国家标准《地下工程防水技术规范》GB 50108 中新增的内容，在此列出以保持一致；

3 逆筑结构有两条施工缝，其渗漏均可参照裂缝渗漏进行治理，但由于上部施工缝是一条斜缝，在钻孔时应注意要垂直基层钻进，这样才能使钻孔穿过施工缝。

4.2.3 地下工程渗漏往往发生在细部构造部位，其中尤以变形缝渗漏最为常见。造成变形缝渗漏的原因主要是止水带固定不牢导致浇筑混凝土时偏离设计位置、止水带两侧混凝土振捣不密实及止水带破损等。变形缝渗漏治理的难点在于止水并避免复漏，在背水面安装止水带是解决这一难题的有效途径，但对于不明原因或受现场施工条件限制而无法止水的变形缝，可通过设置排水装置的方法避免渗漏水对结构内部造成更大的不利影响。

4.2.4 变形缝的止水方式很多，但既符合设置变形缝初衷（即满足结构热胀冷缩、不均匀沉降）又有效止水的办法尚有限。本规程中给出的方法均基于注浆止水，不应使用直接嵌填速凝无机防水堵漏材料的止水方法。

1 钻孔至止水带迎水面注入聚氨酯等灌浆材料，可迅速置换出变形缝中水，这是一种十分有效的止水方法，但前提是止水带宽度已知且具有足够的施工空间。这种止水方法具有一定的普适性；

2 对于结构顶板上采用中埋式钢边橡胶止水带的变形缝，其渗漏点比较容易判断，渗漏原因通常是由于止水带与混凝土结合不紧密形成了渗漏通道，解决的办法是钻孔到止水带两翼的钢边并注入聚氨酯灌浆材料止水。如果只是微量的渗漏，也可直接注入可在潮湿环境下固化的环氧树脂灌浆材料；

3 对于结构底板变形缝渗漏也可采用埋管注浆工艺止水，与钻孔注浆工艺不同之处在于，由于是在止水带的背水面注浆，且注浆压力较低，很容易发生漏浆，因此需要预先设置浆液阻断点，将浆液限制在渗漏部位附近。实际工程中，浆液阻断点既可以是固化的浆液，也可能是一段木楔，所起的作用就是阻止浆液沿变形缝走向向外扩散。

4.2.5 可用于变形缝背水面的止水带可分为内装可卸式橡胶止水带及内置式密封止水带，后者按施工工艺又分为内贴式和螺栓固定密封止水带，三者的施工工艺各不相同。

2 内置式密封止水带只有与基层紧密相连才能起到阻水的作用，因此变形缝两侧的基层必须符合条文的规定。修补基层的缺陷时，大的裂缝或孔洞应采用灌缝胶、聚合物修补砂浆等专门的修补材料进行修补，细微的裂缝可在表面涂刷渗透型环氧树脂防水涂料并待其干燥后再行后续施工；

3 Ω形有利于适应接缝的位移形变；

4 内贴式密封止水带是在参考国内外变形缝密封防水系统的基础上提出的；

6 常见的保护措施主要有保护罩或一端固定、可平移的钢板等。

4.2.6 长期排水可能造成结构周边土体失稳，出现不均匀沉降并由此带来诸多安全风险，加强监测并及时处置是解决问题的有效方法。

4.2.7 大面积渗漏往往是由于混凝土施工质量较差，结构内部裂缝及孔洞发育所致。这种类型的渗漏可按有无明水分别采取不同的工艺进行治理。对于有明水的渗漏，既可以采用注浆止水，也可采用速凝材料快速封堵。

1 注浆止水又可分为钻孔向结构中注浆和穿过结构向周围土体中注浆两种方式，前者宜选用黏度较低、可灌性好的材料，后者在于通过在结构迎水面重建防水层发挥作用，可选用水泥基、水泥-水玻璃或丙烯酸盐灌浆材料；

2 抹压速凝型无机防水堵漏材料作为一种传统的治理方法，具有简便快捷的优点，缺点是渗漏水会一直存在于结构中，长期来看可能会加速钢筋锈蚀、加剧混凝土病害程度。本规程中将这两种治理工艺一

并列出来，使用时应根据现场条件灵活运用；

3 止水后通过涂布水泥基渗透结晶型防水涂料或渗透型环氧树脂类防水涂料可以填充基层表面的细微孔洞，起到加强防水效果的目的。

4.2.8 大面积渗漏而无明水符合水泥基渗透结晶型防水涂料或渗透型环氧树脂类防水涂料对基层的要求，采用涂布这两种涂料可达到渗漏治理的目的。

4.2.12 浇筑混凝土形成地下连续墙往往需要带水作业，墙段结合处为最薄弱环节，较易出现渗漏水问题。导致接缝渗漏的主要原因包括：首先，在混凝土振捣时，槽壁塌落泥土被混凝土带到槽段结合处，使浇捣好的混凝土槽段中夹有较大泥块；其次，施工中对先浇墙段接触面洗刷不干净，使两墙段的接缝处夹有泥沙。针对渗漏量大小不等的对地下连续墙幅间接缝，可采取相应的渗漏治理措施。

1 对于渗漏量较小的接缝，可参照裂缝（施工缝）渗漏治理；

2 渗漏量较大且危及基坑或结构安全时，宜先在外侧采取帷幕注浆止水，再按第 1 款规定的方法进行治理。本款具有现场抢险的性质，注浆帷幕通常采用高压旋喷成型，是一项技术性很强的工作。为确保安全及施工质量，一般会交由具有专业技术资质的基础处理机构完成。

4.2.13 蜂窝、麻面的渗漏往往与这些部位的混凝土配比或施工不当有很大关系。治理前先剔除表面酥松、起壳的部分，针对暴露出来的裂缝或孔洞可参照之前条文中的规定，采用注浆止水或嵌填速凝型无机防水堵漏材料直接堵漏，不同的是，堵漏后应根据破坏程度采取抹压聚合物水泥防水砂浆或铺设细石混凝土等补强治理工艺。值得一提的是，在浇筑补偿收缩混凝土前，应在新旧混凝土界面涂布水泥基渗透结晶型防水涂料，目的是增加界面粘结强度。

4.3 施 工

4.3.1 裂缝渗漏治理施工中涉及的钻孔注浆、快速封堵等工艺要点具有一定的通用性，在一般规定中已有明确的规定，本条文给出了施工过程中应当注意的一些要点。

1 注浆压力是注浆工程质量的关键技术参数之一。注浆压力过小，则浆液不足以置换裂缝中的水流；压力过大，则浆液将沿压力下降最快的方向扩散，一些细小裂缝则很难有浆液进入，甚至可能人为造成基层损坏；因此，注浆的压力不是越高越好，而是应根据工程实际情况及浆液的可灌注性，选择合适的注浆压力；

3 贴嘴时将定位针穿过进浆管对准缝口插入的目的是使注浆嘴、进浆管骑缝，否则贴嘴容易贴偏，被胶粘材料堵死缝口，无法灌浆。为了利用定位针的导流作用，便于浆液的注入，有时也可不拔出定位

针;

　　4　水泥基渗透结晶型防水涂料、渗透型环氧树脂类防水涂料及聚合物水泥防水砂浆等刚性防水层的施工要点已在本规程第3.4节作了规定。

5　预制衬砌隧道渗漏治理

5.1　一般规定

5.1.1　引起隧道渗漏的原因较为复杂，主要有施工因素、结构因素、环境因素以及材料因素等，如运营中车辆运行引起的振动、土体后期固结导致隧道周围土层产生沉降等。由于隧道中接缝众多，设备、管线复杂，因此治理前应做好前期调查。附录B的内容参考了上海市地方标准《盾构法隧道防水技术规程》DBJ 08-50-96的相关内容。

5.1.2　预制衬砌隧道包括盾构法隧道、沉管法隧道及顶管法隧道。盾构法隧道的防水措施包括自防水混凝土管片、管片外防水涂层、弹性密封垫、螺孔防水等。其中，接缝防水是盾构法隧道防水的重点。沉管管段的接头防水是沉管法隧道防水的重点，一般采取接头部位置 GINA 型止水带与背水面安装 Ω 形橡胶止水带相结合的防水措施。管节接头防水是顶管法隧道防水的重点，本规程只涉及混凝土管节。

　　盾构法隧道连接通道及沉管管段和顶管管节自身渗漏的治理可按本规程第4章的相关规定按裂缝或面渗等形式进行治理。

5.1.3　盾构法隧道中管片接缝众多，是渗漏高发部位，也是渗漏治理的重点。汇总并归纳盾构法隧道典型渗漏部位的治理工艺及材料形成了表5.1.3。实际工程中，可按工程实际情况合理搭配灵活运用。

5.2　方案设计

5.2.1　管片环、纵接缝发生渗漏的原因主要有：在盾构推进过程中管片受挤压、碰撞，使弹性密封垫或止水条偏位造成环缝处防水失效；相邻管片间连接姿态不好等原因造成纵缝处止水措施失效；止水条过早浸水预膨胀造成止水效果降低，拼装过程中挤压（破）止水条或止水条间夹杂异物；管片拼装质量差，螺栓未拧紧或接缝夹杂异物，接缝张开过大造成止水条压密不严；隧道推进时引起管片错位或相邻块连接不良，止水条密封效果降低等。

　　1　在背水面注浆止水时，为防止浆液沿管片接缝扩散，须事先在渗漏部位附近设置浆液阻断点。常用的方法是从背水面在环缝渗漏部位相邻的纵缝上，钻双孔至弹性密封垫或遇水膨胀止水条附近，注入密封材料或聚氨酯灌浆材料形成浆液阻断点，如图1所示。应当说明的是，这是较为理想的治理方法，其理论和实践还在不断发展及丰富过程中。当前实践也表

明，如果管片间榫接，则往往很难用这种方法形成有效的浆液阻断点。

图1　纵缝设置浆液阻断点并
环缝注浆止水布孔示意图
1—浆液阻断点注浆嘴；2—浆液阻断点；
3—纵缝；4—注浆嘴；5—环缝嵌缝；
D—拱底块；B—标准块；L—邻接块；
F—封顶块

　　2　在新建尚未投入使用或设备管线较少的运营隧道，工作面较宽敞，可以按第1款的规定先设浆液阻断点再注浆止水。当隧道中设备管线较多时，往往不具备预设浆液阻断点的条件，此时就只能按第2款的规定进行渗漏治理。其基本原理是通过在背水面嵌缝（封堵）并埋嘴注浆，迫使渗漏水沿彼此连通的环、纵缝发散到更大的面积上，加大蒸发面积使蒸发量大于渗入量，达到减小或消除渗漏的目的。考虑到浆液固结体适应形变或荷载的要求（特别是用于轨道交通的盾构隧道），最好使用固结体有一定弹性的灌浆材料。

　　3　嵌缝的目的是将拱顶的少量渗漏水利用连通的环、纵缝引开，条文对其关键点进行了规定：

　　　3）国外通常将背衬材料分为闭孔型、开孔型、双室型背衬棒及背衬隔离带四大类，根据密封材料固化机理不同，可选择相应结构的背衬材料。例如，单组分湿固化聚氨酯密封胶就宜使用开孔型或双室型背衬棒；

　　　4）规定拱顶的嵌缝角度为是为了避免渗漏水滴落到轨道交通设施表面，进而引起金属件锈蚀或设备短路等安全事故。

　　4　壁后注浆又称为回填注浆，按施工顺序分为同步注浆、二次注浆（含渗漏治理时的壁后注浆），是盾构推进施工过程中必要的止水、护壁措施，然而在施工过程中往往会出现注浆不充分或漏注等现象。在盾构隧道渗漏综合治理中，对隧道管片壁外进行补充注浆是有效的迎水面渗漏治理的辅助措施。既能在隧道外部起到防水帷幕作用，同时又能起到加固土体作用以减少隧道由于土体后期因素产生沉降带来的后续再漏的几率。壁后注浆是隧道纠偏及治理盾构法隧

道渗漏的有效途径。其技术难度较大、步骤较为复杂，宜慎用。

壁后注浆时，现场监测项目及控制值一般设定为：隧道结构纵向沉降与隆起不大于±5mm，隧道结构纵向水平位移不大于±5mm，隧道收敛值小于20mm；隧道纵向变形最小曲线半径不应小于15000m；轨向偏差和高低差最大尺度小于4mm/10m。具体可参见现行国家标准《盾构法隧道施工和质量验收规范》GB 50446。

5.2.2 造成隧道进出洞段连接处渗漏的原因主要有：盾构进出洞时，洞口外侧土体部分流失，破坏了加固体及原状土强度和结构；同步注浆和二次注浆不足或不密实；井接头与前一环与洞口地下连续墙及内衬呈刚性接触，其他管片与加固体及原状土呈柔性接触，导致该处管片不均匀沉降和渗漏水；洞口加固土体在强度发展过程中会与基坑围护结构之间产生间隙，在长期土体中的渗水将填充于加固土体与围护结构之间的间隙，并随着时间的推移，形成一定的水压；井接头顶部混凝土浇筑不密实；进洞环管片在脱离盾尾时，土体流失、坍方事故等发生会造成盾构姿态突变，造成管片密封局部损坏；出洞段由于施工单位的基准环（支撑环）强度或状态不好，造成出洞段盾构姿态不好等。条文中按环、纵缝及施工缝分别给出了治理工艺。

5.2.3 连接通道段渗漏产生原因主要有：连接通道所连接的盾构隧道为复杂应力部位，细微变形和沉降在所难免，例如连接通道施工过程中钻孔、冻胀、开挖、结构施工等使连接通道附近的管片产生不均匀沉降；冻土融化层注浆不及时、注浆量不足或加固强度不够，造成隧道后期沉降，不均匀沉降引起隧道管片的嵌合不密或结构破坏，进而引起渗水；连接通道通常处于区间隧道的最低处，且多为含饱和水的砂性土层，承压水的静水压较大；连接通道现浇混凝土不密实造成的渗漏水等。隧道管片与连接通道接缝可视为施工缝，宜采取钻斜孔注浆止水。

5.2.4 轨道交通道床以下与管片接头部位渗漏的原因主要是地层不稳定（流沙）、管片拼装质量不好、同步和二次注浆量不足导致隧道沉降；或由于后期道床施工、管线排放的措施不当，引起了管片的局部破坏。在进行壁后注浆时，按照邻接块、标准块和拱底块的顺序注浆的目的在于先注入的浆液固化后，能防止后续注入浆液向两侧上返，有利于加快施工速度、节省材料用量。

5.2.6 沉管法隧道管段接头的主要防水措施是安装GINA及Ω形止水带，通常不会出现渗漏，一旦发生渗漏所采取的措施是松动渗漏部位周边固定Ω形止水带的螺母，重新调整位置，再拧紧。

5.2.8 顶管法隧道管节接缝是容易发生渗漏的部位，渗漏治理的措施是从背水面注浆封堵，并可参照现浇混凝土结构变形缝渗漏的治理工艺进行综合治理。

5.3 施 工

5.3.1 本条文给出了管片环、纵缝接缝注浆止水的施工要点。

1 在钻孔注浆形成浆液阻断点的过程中，考虑到混凝土管片是精度要求很高的预制构件，采用带定位装置的钻机目的是达到精确控制钻孔深度，防止破坏弹性密封垫；选用直径小的钻杆，也是为了尽量减少钻孔过程对管片的破坏。

3 如果隧道衬砌与围岩之间回填不密实造成沉降、变形，发生渗漏的部位静水压力都较大，为避免壁后注浆过程中衬砌外部的水、泥、沙等在压力作用下突入隧道内部，需要在埋设注浆嘴时设置防喷装置。

6 实心砌体结构渗漏治理

6.1 一 般 规 定

6.1.1 砌体结构地下工程的特点是砌体的密实性较差、砌体接缝多、工程埋深浅、承受的地下水压力较小。一般来说，通过抹压（嵌填）速凝无机防水堵漏材料即可达到止水的目的，为保证工程质量，按照"多道设防"的要求，还应设置刚性防水层，管根及预埋件根部等接缝处宜进行嵌缝处理。

6.1.2 由于砌体结构地下工程固有的特点，很多场合下，这类地下工程在建造过程中并未设计防水层。如果不在渗漏治理后形成完整的防水层，则很有可能出现之前未出现渗漏的地方在渗漏治理后发生渗漏。为避免出现这种情况，宜在治理后在背水面形成完整的防水层。

6.2 方 案 设 计

6.2.1 本条文给出了实心砌体结构地下工程裂缝或砌块灰缝渗漏的治理工艺，对于其中的要点解释如下：

1 采用注浆止水时，考虑到砌体结构的细微孔洞、裂缝较多，密实性较差，故采用了对这类基材有良好浸润性和可灌性的灌浆材料；

3 如前所述，渗透型环氧树脂类防水涂料对基层有很好的亲和性，能填充基层表面的细微孔洞及裂缝，并增加砌块强度，因此推荐使用。

附录D 材 料 性 能

D.0.1 部分灌浆材料的技术指标来源如下：

4 超细水泥灌浆材料的比表面积参考了当前市场上此类材料技术指标；

5 水泥-水玻璃灌浆材料的技术指标参考了现行行业标准《建筑工程水泥-水玻璃双液注浆技术规程》JGJ/T 211－2010。

D. 0. 2 部分密封材料的技术指标来源如下：

3 内置式密封止水带及配套胶粘剂是在参考国内外相关产品的技术资料及工程实践提出的，止水带材质主要有聚氯乙烯（PVC）、氯磺化聚乙烯（Hypalon®）、热塑性聚烯烃防水卷材（TPO）及改性三元乙丙防水卷材（TPV）等，其特点是具有良好的力学性能且能热焊接搭接。

中华人民共和国国家标准

预制组合立管技术规范

Technical code for pre-fabricated united pipe risers

GB 50682—2011

主编部门：中华人民共和国住房和城乡建设部
批准部门：中华人民共和国住房和城乡建设部
施行日期：2 0 1 2 年 1 月 1 日

中华人民共和国住房和城乡建设部
公 告

第 948 号

关于发布国家标准《预制组合立管
技术规范》的公告

现批准《预制组合立管技术规范》为国家标准，编号为GB 50682－2011，自2012年1月1日起实施。其中，第5.4.6、6.2.3条为强制性条文，必须严格执行。

本规范由我部标准定额研究所组织中国建筑工业

出版社出版发行。

中华人民共和国住房和城乡建设部

2011 年 2 月 18 日

前　言

根据住房和城乡建设部《关于印发〈2009 年工程建设标准规范制订、修订计划〉的通知》（建标〔2009〕88 号）的要求，编制组经广泛调查研究，认真总结实践经验，参考有关国际标准和国内外先进经验，并在广泛征求意见的基础上，编制了本规范。

本规范共分 7 章和 3 个附录。主要技术内容是：总则，术语和符号，基本规定，设计，制作，安装，试验与验收等。

本规范中以黑体字标志的条文为强制性条文，必须严格执行。

本规范由住房和城乡建设部负责管理和对强制性条文的解释，由中建三局第一建设工程有限责任公司负责具体技术内容的解释。本规范在执行过程中，如发现需要修改或补充之处，请将意见和建议寄往中建三局第一建设工程有限责任公司（地址：武汉市东西湖区东吴大道特 1 号，邮政编码：430040，邮箱：sjygs@cscec.com），以供今后修订时参考。

本规范主编单位、参编单位和主要起草人、主要

审查人：

主 编 单 位：中建三局第一建设工程有限责任公司
　　　　　　　同济大学
参 编 单 位：中建三局建设工程股份有限公司
　　　　　　　华东建筑设计研究院有限公司
　　　　　　　中国机械工业建设总公司
主要起草人员：黄　刚　戴　岭　王　亮
　　　　　　　明　岗　张永红　尹　奎
　　　　　　　刘献伟　宋明刚　褚庆翔
　　　　　　　戴运华　刘新海　叶　渝
　　　　　　　徐建中　钟宝华　张　杰
　　　　　　　曹灵玲　肖开喜　刘　毅
　　　　　　　叶大法　刘瑞敏　田洪润
主要审查人员：杨嗣信　杜昌熹　徐乃一
　　　　　　　肖绪文　李德英　要明明
　　　　　　　李传志　吴国庆　张广志
　　　　　　　黄晓家　李　忠

目　　次

Contents

1 总　则

1.0.1 为使预制组合立管的设计、施工及验收做到技术先进、经济适用、安全可靠，确保工程质量，制定本规范。

1.0.2 本规范适用于高层、超高层建筑中预制组合立管的设计、施工及验收。

1.0.3 预制组合立管的设计、施工与验收除应符合本规范外，尚应符合国家现行有关标准的规定。

2　术语和符号

2.1　术　语

2.1.1 预制组合立管　pre-fabricated united pipe risers

将一个管井内的拟组合安装的管道作为一个单元，以一个或几个楼层分为一个单元节，单元节内所有管道及管道支架预先制作并装配，运输至施工现场进行整体安装的一组管道。

2.1.2 套管撑板　supporting plate of sleeve

焊接于管道套管上的钢板，是套管与管道框架间的支撑件。

2.1.3 管道框架　supporting frame

由多根支架梁组成，通过可转动支架固定于主体结构上的一组管道组合支撑框架。

2.1.4 可转动支架　rotatable bracket

管道框架与主体结构连接的部件，通过螺栓与管道框架连接，可转动支架端头焊接连接板，与主体结构连接固定。

2.1.5 可转动支架连接板　process connection of rotatable bracket

可转动支架与主体结构的连接件。

2.1.6 管道框架封板　blocking plate of supporting frame

管道框架水平封堵钢板。

2.1.7 转立试验　hoist and standing test

预制组合立管在工厂进行的用于验证组合单元结构承载力、变形等的翻转、竖立试吊作业。

2.2　符　号

2.2.1　作用和作用效应设计值

F_t ——补偿器位移产生的轴向弹性力；

F_{m1} ——管道补偿对最下端固定支架的作用力；

F_{t1} ——最下端管道补偿器的轴向弹性力；

F_{h1} ——最下端管道补偿器的内压作用力；

F_{m2} ——管道补偿器对最上端固定支架的作用力；

F_{h2} ——最上端管道补偿器的内压作用力；

F_{t2} ——最上端管道补偿器的轴向弹性力；

F_n ——固定支架承受的荷载设计值；

F_1 ——最下端固定支架上承受的荷载设计值；

F_{p1} ——作用于最下端固定支架上的管道内压作用力；

F_2 ——最上部固定支架上承受的荷载设计值；

F_{p2} ——作用于最上端固定支架上的管道内压作用力；

F_{pn} ——作用于固定支架上的管道内压作用力；

F_b ——固定支架连接板承受的荷载设计值；

F_s ——套管撑板承受的荷载设计值；

F_f ——管道框架承受的荷载设计值；

F_c ——管架所承受的封堵材料的重量；

F_r ——可转动支架承受的荷载设计值；

F_u ——可转动支架连接板承受的荷载设计值；

M_x ——同一截面处绕 x 轴的弯矩。

2.2.2　计算指标

f_v^b ——抗剪强度设计值；

f_c^b ——螺栓的承压强度设计值；

f_f^w ——角焊缝的强度设计值；

K ——补偿器轴向刚度；

P_t ——管道试压压强；

σ_f ——垂直于焊缝长度方向的应力。

2.2.3　几何参数

A ——压力不平衡式补偿器的有效截面积；

A_0 ——螺栓的净截面积；

d ——螺栓杆直径；

I ——毛截面惯性矩；

h_e ——角焊缝的计算厚度；

ΔL ——管道轴向伸缩量；

L ——固定支架之间的管段长度；

l ——框架梁的跨度；

l_r ——可转动支架的跨度；

l_w ——角焊缝计算长度；

S ——计算剪应力处以上毛截面对中和轴的面积矩；

t ——承压构件总厚度；

t_w ——腹板厚度；

W_{nx} ——对 x 轴的净截面模量。

2.2.4　计算系数及其他

n_v ——受剪面数目；

Δt ——闭合温差；

α ——管道的线膨胀系数；

β_f ——正面角焊缝的强度设计值增大系数；

γ_x ——截面塑性发展系数。

3　基　本　规　定

3.0.1 预制组合立管宜在工程设计阶段完成方案设计，施工阶段进行深化设计。

3.0.2 预制组合立管的深化设计应依据设计文件选

用管材和管道连接方式，管材及连接材料等的选择必须符合国家现行的有关产品标准的规定。

4 设 计

4.1 设 计 原 则

4.1.1 预制组合立管设计应包括管道系统的工作压力、工作温度、流体特性、环境和各种荷载等。

4.1.2 预制组合立管设计应包括管道的热膨胀计算，通过计算选择合适的补偿器和固定支架形式，立管预留口标高应按热位移计算结果进行确定。

4.1.3 预制组合立管设计应包含构造设计与构件计算，并绘制立管系统图、单元节制作图、单元节装配图，编制制作及安装说明书。

4.1.4 预制组合立管的构造设计应符合下列规定：

    1 应满足管井防火封堵设计和相关施工规范及设计文件的要求；

    2 应满足后续施工作业及检修的要求，运输道路及现场水平、垂直运输条件和施工机械的性能；

    3 其分节应与结构工程施工保持协调，满足各工序的流水作业。

4.2 一 般 规 定

4.2.1 预制组合立管的管道支架强度及变形计算时应对同时作用在管道支架上的所有荷载加以组合，按施工状态和运行状态的各种工况分别进行荷载计算，取其中最不利的组合进行计算。

4.2.2 预制组合立管的管道热补偿设计，应符合下列规定：

    1 管道的轴向补偿及补偿量；

    2 固定支架和结构承受的作用力；

    3 补偿器的合理选型。

4.2.3 预制组合立管的管道支架进行计算时应包括下列内容：

    1 固定支架连接板的强度计算；

    2 套管撑板的强度计算；

    3 管道框架的强度和变形计算；

    4 可转动支架的强度和变形计算，紧固螺栓的强度计算；

    5 可转动支架连接板的强度计算；

    6 焊缝计算。

4.2.4 预制组合立管设计应满足管道压缩量与建筑主体结构压缩量相互协调。

4.2.5 组合立管单元节应进行吊装强度和变形验算，并应通过转立试验验证。

4.3 管道补偿产生的荷载计算

4.3.1 介质温度变化引起的管道轴向伸缩量，可按下式计算：

$$\Delta L = \alpha L \Delta t \qquad (4.3.1)$$

式中：ΔL ——管道轴向伸缩量（mm）；

    α ——管道的线膨胀系数 [mm/（m·℃）]；

    L ——固定支架之间的管段长度（m）；

    Δt ——闭合温差（℃）。

4.3.2 管道补偿产生的作用力应包括补偿器位移产生的轴向弹性力和内压作用力，其计算应符合下列规定：

    1 补偿器位移产生的轴向弹性力可按下式计算：

$$F_t = K \Delta L \qquad (4.3.2\text{-}1)$$

式中：F_t ——补偿器位移产生的轴向弹性力（N）；

    K ——补偿器轴向刚度（N/mm）。

    2 补偿器内压作用力可按下式计算：

$$F_h = P_t A \qquad (4.3.2\text{-}2)$$

式中：F_h ——补偿器内压作用力（N）；

    P_t ——管道试压压强（MPa）；

    A ——压力不平衡式补偿器的有效截面积（m^2）。

    3 管道补偿对固定支架的作用力计算（图4.3.2），应符合下列规定：

    1）两端固定支架的受力，可按下式计算：

$$F_{m1} = F_{t1} + F_{h1} \qquad (4.3.2\text{-}3)$$

$$F_{m2} = F_{t2} + F_{h2} \qquad (4.3.2\text{-}4)$$

式中：F_{m1} ——管道补偿对最下端固定支架的作用力（N）；

    F_{t1} ——最下端管道补偿器的轴向弹性力（N）；

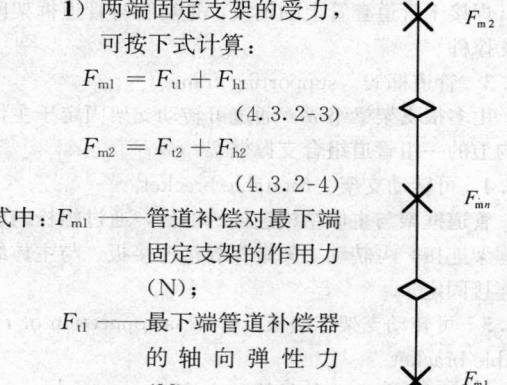

图 4.3.2 固定支架受力示意

    F_{h1} ——最下端管道补偿器的内压作用力（N）；

    F_{m2} ——管道补偿器对最上端固定支架的作用力（N）；

    F_{t2} ——最上端管道补偿器的轴向弹性力（N）；

    F_{h2} ——最上端管道补偿器的内压作用力（N）。

    2）中间固定支架的受力，可按下式计算：

$$F_{mn} = F_{t(n-1)} + F_{h(n-1)} + F_{t(n+1)} + F_{h(n+1)} \qquad (4.3.2\text{-}5)$$

4.4 荷载组合计算

4.4.1 预制组合立管施工阶段各层管架所承受的荷载计算，应符合下列要求：

1 各单元节最上层支架承受本单元节立管的全部荷载；

2 其他层支架承受其与下部相邻支架间的配管重量。

4.4.2 预制组合立管与其上部相邻固定支架间运行状态的配管荷载（图4.4.2），在计算荷载时，应根据固定支架及补偿器的设置情况进行计算，并应符合下列规定：

1 不需要设补偿器时，应符合下列规定：

1） 设多个固定支架时，每个固定支架分担本段管道重力荷载，其承受的荷载设计值应按下式计算：

$$F_n = 1.2G_n + 1.4F_{pn} \qquad (4.4.2\text{-}1)$$

式中：F_n ——固定支架承受的荷载设计值（N）；

G_n ——该固定支架至上方相邻固定支架间的配管重量（N）；

F_{pn} ——作用于该固定支架上的管道内压作用力（N）。

2） 只在下部设固定支架时，固定支架承受全部荷载，最下端固定支架上承受的荷载设计值应按下式计算：

$$F_1 = 1.2G + 1.4F_{p1} \qquad (4.4.2\text{-}2)$$

式中：F_1 ——最下端固定支架上承受的荷载设计值（N）；

G ——整段管道的配管重量（N）；

F_{p1} ——作用于最下端固定支架上的管道内压作用力（N）。

2 设补偿器时，应符合下列规定：

1） 最下部固定支架上承受的荷载，最下端固定支架上承受的荷载设计值应按下式计算：

$$F_1 = 1.2G_1 + 1.4(F_{p1} + F_{m1})$$
$$(4.4.2\text{-}3)$$

式中：G_1 ——最下端固定支架上方补偿器以下的管道的配管重量（N）。

2） 最上部固定支架上承受的荷载，应按下式计算：

$$F_2 = 1.2G_2 + 1.4(F_{p2} + F_{m2})$$
$$(4.4.2\text{-}4)$$

式中：F_2 ——最上部固定支架上承受的荷载设计值（N）；

G_2 ——最上端固定支架下方补偿器以上的配管重量（N）；

F_{p2} ——作用于最上端固定支架上的管道内压作用力（N）。

3） 多个补偿器时的中间固定支架承受的荷载，

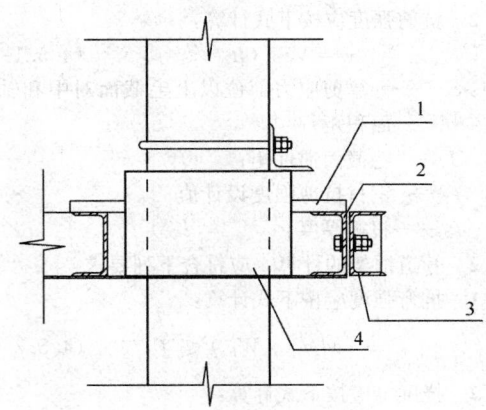

图4.4.2 配管荷载示意

应按下式计算：

$$F_n = 1.2G_n + 1.4(F_{pn} + F_{mn}) \qquad (4.4.2\text{-}5)$$

式中：G_n ——该固定支架下方补偿器到上方补偿器之间的配管重量（N）。

4.4.3 固定支架连接板承受的荷载（图4.4.3），应按下式计算：

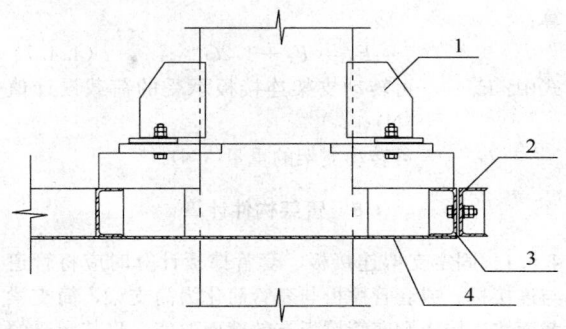

图4.4.3 固定支架示意

1—连接板；2—可转动支架；3—管道框架；4—封堵板

$$F_b = (F_1, F_2 \cdots F_n)_{max} \qquad (4.4.3)$$

式中：F_b ——固定支架连接板承受的荷载设计值（N）。

4.4.4 套管撑板承受的荷载（图4.4.4），计算应符合下列规定：

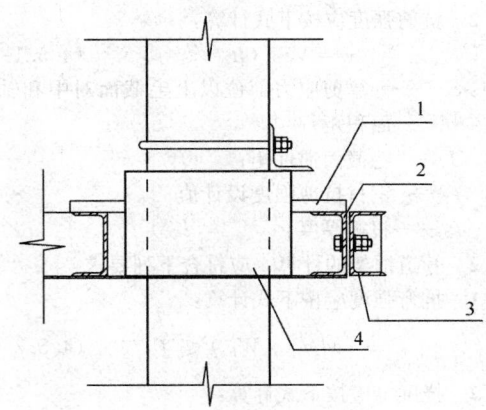

图4.4.4 套管撑板示意

1—撑板；2—框架；3—可转动支架；4—套管

1 固定支架，应按下式进行计算：

$$F_s = F_b \qquad (4.4.4\text{-}1)$$

式中：F_s ——套管撑板承受的荷载设计值（N）。

2 导向或滑动支架，仅承受施工过程中的单元节内管道重量（G_s），应按下式进行计算：

$$F_s = 1.2G_s \qquad (4.4.4\text{-}2)$$

4.4.5 管道框架承受荷载，应按下式计算：

$$F_f = \sum (F_{s1}, F_{s2} \cdots F_{sn}) + 1.2F_c \qquad (4.4.5)$$

式中：F_f ——管道框架承受的荷载设计值（N）；

F_c——管架所承受的封堵材料的重量（N）。

4.4.6 可转动支架承受的荷载，应按下式计算：

$$F_r = F_f + 1.2G_f \quad (4.4.6)$$

式中：F_r——可转动支架承受的荷载设计值（N）；

G_f——管道框架的重量（N）。

4.4.7 可转动支架连接板承受的荷载，应按下式计算：

$$F_u = F_r + 1.2G_r \quad (4.4.7)$$

式中：F_u——可转动支架连接板承受的荷载设计值（N）；

G_r——可转动支架的重量（N）。

4.5 管架构件计算

4.5.1 固定支架连接板、套管撑板计算时应将管道与连接板、或套管撑板与套管简化为简支梁，简支梁截面按连接板和套管撑板有效截面取值，将其承受的荷载简化为简支梁中点的集中荷载，计算应符合下列规定：

1 抗弯强度应按下式计算：

$$M_x / (\gamma_x W_{nx}) \leqslant f \quad (4.5.1-1)$$

式中：M_x——同一截面处绕 x 轴的弯矩；

W_{nx}——对 x 轴的净截面模量；

γ_x——截面塑性发展系数；

f——钢材抗弯强度设计值。

2 抗剪强度应按下式计算：

$$\tau = VS / (It_w) \leqslant f_v \quad (4.5.1-2)$$

式中：S——计算剪应力部位以上毛截面对中和轴的面积矩；

I——毛截面惯性矩；

f_v——钢材抗剪强度设计值；

t_w——腹板厚度。

4.5.2 管道框架的计算，应符合下列要求：

1 抗弯强度应按下式计算：

$$M_x / (\gamma_x W_{nx}) \leqslant f \quad (4.5.2-1)$$

2 挠度 v 应按下式计算：

$$v / l \leqslant 1 / 400 \quad (4.5.2-2)$$

式中：l——框架梁的跨度。

4.5.3 可转动支架的计算，应符合下列要求：

1 抗弯强度应按下式计算：

$$M_x / (\gamma_x W_{nx}) \leqslant f \quad (4.5.3-1)$$

2 挠度 v 应按下式计算：

$$v / l_r \leqslant 1 / 400 \quad (4.5.3-2)$$

式中：l_r——可转动支架的跨度。

3 螺栓的计算，应符合下列要求：

1）受剪承载力设计值，可按下式计算：

$$N_v^b = n_v A_0 f_v^b \quad (4.5.3-3)$$

2）承压承载力设计值，可按下式计算：

$$N_c^b = d \sum t f_c^b \quad (4.5.3-4)$$

式中：n_v——受剪面数目；

A_0——螺栓的净截面积；

d——螺栓杆直径；

f_v^b——螺栓的抗剪强度设计值；

f_c^b——螺栓的承压强度设计值；

t——承压构件总厚度。

4.5.4 可转动支架连接板（图 4.5.4）的计算，应符合下列要求：

1 抗弯强度应按下式计算：

$$M_x / (\gamma_x W_{nx}) \leqslant f \quad (4.5.4-1)$$

2 连接板的焊缝应按下式计算：

$$\sigma_f = F_u / (n h_e l_w) \leqslant \beta_f f_f^w \quad (4.5.4-2)$$

式中：σ_f——垂直于焊缝长度方向的应力；

n——有效连接板数（连接板数大于等于 3 时，$n=3$；连接板数为 2 时，$n=2$）；

h_e——角焊缝的计算厚度（直角角焊缝 $h_e = 0.7h_f$，h_f 为焊脚尺寸）；

l_w——角焊缝计算长度；

β_f——正面角焊缝的强度设计值增大系数；

f_f^w——角焊缝的强度设计值。

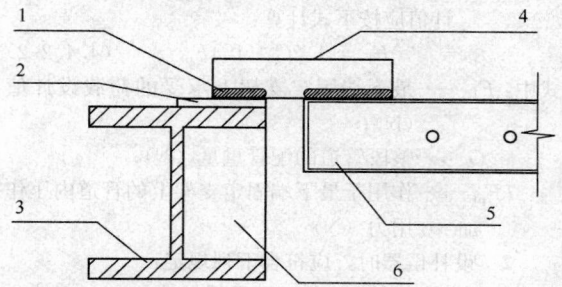

图 4.5.4 可转动支架连接板安装示意
1—焊缝；2—垫板；3—结构钢梁；4—可转动支架连接板；5—可转动支架；6—加强肋板

4.6 立管系统图及组合平、剖面图

4.6.1 系统图应根据原设计各专业管线系统图绘制；系统图应注明各管道名称、材质、管径、结构标高、分支管预留口标高及管道组件、附件型号和规格。

4.6.2 系统图应反映立管所在各楼层的支架形式、套管类型；平、剖面图应与系统图及各专业的楼层平面图相对应。

4.6.3 平、剖面图根据系统图和布置方案，应按管组及楼层分别进行绘制。

4.6.4 平、剖面图应包括下列内容：

1 各管道的系统名称、规格及定位尺寸；

2 预留口的开口方向、开口尺寸、定位尺寸；

3 支架类型及定位尺寸。

4.7 制作及装配图

4.7.1 制作及装配图应根据系统图及平面图分节绘

制；宜分别绘制剖面图、相关层平面图和管架图，并应符合下列规定：

　　1 剖面图主要体现整节的形式，立管的尺寸、开口位置、制作和组对的尺寸等；

　　2 平面图主要体现各立管在本层的布置位置与形式；

　　3 管架图主要体现管架及其部件的加工要求。

4.7.2 制作及装配图应注明各管道及其附件的名称、材质、规格、尺寸，以及各管道与管架的定位尺寸。

4.7.3 各预留口的标高及开口方向应根据施工平面图在装配图上详细注明。

4.7.4 制作及装配图宜注明管道连接焊缝或法兰等的设置及管道下料要求。

4.7.5 管架图应详细注明所选用的型钢规格及尺寸。

4.7.6 管架图应包括各零部件、用于吊装及组对的临时部件等的加工制造详图。

4.7.7 制作前，应复核现场结构情况，必要时可适当调整加工制作详图。

4.7.8 制作说明书应包括下列内容：

　　1 编制依据；

　　2 制作流程；

　　3 预制组合立管分节表；

　　4 材料一览表；

　　5 节间、节内连接方式；

　　6 加工顺序；

　　7 管道预处理要求及方法；

　　8 加工要点；

　　9 标识要求；

　　10 检查要点；

　　11 成品保护；

　　12 场内转运储存要点。

5 制　作

5.1 一般规定

5.1.1 预制组合立管制作前，应符合下列规定：

　　1 管道预制加工工厂、车间或者有加工、组装条件的场地；

　　2 完备的施工图纸、制作装配图、制作说明书及有关技术文件；

　　3 管道清洗、脱脂、内防腐等预处理完成。

5.1.2 所有材料和产品的标识应清晰，质量、技术文件齐全，并按有关要求进行抽样检测。

5.1.3 预制组合立管装配完成后应组织有关部门验收。

5.2 管道加工

5.2.1 管道切割加工尺寸允许偏差应符合表 5.2.1 的规定。

表 5.2.1　管道切割加工尺寸允许偏差（mm）

项　目		允许偏差
长　度		±2
切口垂直度	DN<100	1
	100≤DN≤200	1.5
	DN>200	3

（切口垂直度行中「管径」为跨行项）

5.2.2 管道下料，应将焊缝、法兰及其他连接件设置于便于检修的位置，不宜紧贴墙壁、楼板或管架，开孔位置不得在管道焊缝及其边缘。

5.2.3 切割后的管道，应做好标识。

5.2.4 管道焊接预制加工尺寸允许偏差应符合表 5.2.4 的规定。

表 5.2.4　管道焊接预制加工尺寸允许偏差（mm）

项　目		允许偏差
管道焊接组对内壁错边量		不超过壁厚的10%，且不大于2mm
管道对口平直度	对口处偏差距接口中心200mm处测量	1
	管道全长	5
法兰面与管道中心垂直度	DN<150	0.5
	DN≥150	1.0
法兰螺栓孔对称水平度		±1.0

5.2.5 管道内应无杂物，管道预制完成后应进行涂装、封堵，其涂装应符合下列规定：

　　1 涂层应符合设计文件的规定；

　　2 焊缝处、坡口处不应涂漆，当放置时间较长时，应进行防锈处理；

　　3 焊接预制加工完成后，需做镀锌处理的，应逐根试压并填写试验记录。

5.3 管道支架制作

5.3.1 管道支架各组件在拼装前，应做好拼装标识。

5.3.2 管道支架制作尺寸允许偏差应符合表 5.3.2 的规定。

表 5.3.2　管道支架制作尺寸的允许偏差（mm）

项　目		允许偏差
管道框架	边　长	±2
	对角线之差	3
	平面度	2

续表 5.3.2

项　目		允许偏差
套　管	套管位置　套管中心线定位尺寸	3
	套管高度　相对于管道框架高度	±3
可转动支架	长　度	±5
	螺栓孔间距	±1
	对孔螺栓孔间偏差	1
部件安装位置	固定部件、吊装配件的位置	3
封　板	边长、对角线之差	3
	封板开孔与套管间隙	2

5.3.3 可转动支架应与管道框架配钻，且应进行螺栓的连接确认。

5.3.4 安装后需现浇混凝土覆盖的管道支架接触面不应涂漆。

5.4 装　配

5.4.1 预制组合立管单元节装配允许偏差应符合表5.4.1的规定。

表 5.4.1　单元节装配尺寸的允许偏差（mm）

项　目	允许偏差
相邻管架间距	±5
管架与管道垂直度	5/1000
管道中心线定位尺寸	3
管道端头与管道框架间的距离	±5
管道间距	±5
管段全长平直度（铅垂度）	5

5.4.2 防滑块的安装位置应符合下列规定：

1 在每节配管最上层的管卡上下方各设置2个防滑块；

2 在每节配管中间层及最下层的管卡下方各设置2个防滑块；

3 防滑块与管卡距离应大于管道的热膨胀量。

5.4.3 预留口的朝向、定位应符合制作装配图的要求。

5.4.4 预制组合立管单元节装配完成后应按装配图做标识，且应包括下列内容：

1 单元节编号；

2 安装楼层和方向标识；

3 管井号和顺序编号；

4 系统编号、介质、流向、压力等级等相关标识。

5.4.5 吊点的设置应进行受力计算，并应保证受力平衡。

5.4.6 预制组合立管单元节装配完成后必须进行转

立试验，并应符合下列规定：

1 应进行全数试验和检查。

2 试验单元节应由平置状态起吊至垂立悬吊状态，静置5min，过程无异响；平置后检查单元节，焊缝应无裂纹，紧固件无松动或位移，部件无形变为合格。

5.5 工厂验收

5.5.1 预制组合立管单元节出厂前应按照本规范、制作装配图及制作说明书要求进行出厂验收。

5.5.2 预制组合立管单元节验收合格后，应按照本规范附录A的规定填写验收记录。

5.5.3 验收合格后，应在单元节上做好标识，且应包括下列内容：

1 验收合格标识；

2 验收负责人编码；

3 验收日期。

5.6 半成品保护

5.6.1 预制组合立管单元节的保护应符合下列规定：

1 构件堆放场地应平整压实，周围必须设排水沟；

2 单元节宜架空存放，管口应做临时封堵；

3 管道及构件表面涂层损伤处应及时修补；

4 管道宜采用塑料薄膜缠绕进行保护。

5.6.2 预制组合立管单元节厂内转运和堆码应采取防止构件变形和单元节倾覆、碰撞的措施。

6 安　装

6.1 施工准备

6.1.1 总体工程施工计划应符合预制组合立管施工特点。

6.1.2 单元节装车前及运输到现场后均应按照本规范附录B的规定进行交接检查。

6.1.3 单元节运输过程中应采取防止构件变形和单元节倾覆等措施。

6.1.4 预制组合立管单元节在吊装前，应对管井结构实际尺寸、标高进行技术复核，并应对其施工质量进行交接验收；交接验收后，应按预制组合立管施工图画定安装基准线。

6.1.5 预制组合立管吊装组对前应符合下列规定：

1 施工图纸及技术文件应齐全，并经相关专业人员审核确认；

2 吊装作业的施工方案及相关应急预案应编制完成并经审核确认；

3 全面核查现场施工环境，应具备作业条件；

4 吊装前，应按照本规范附录C的规定，办理

《预制组合立管单元节吊装安全作业证》。

6.1.6 起重设备、吊具、辅具、绳索、滑轮等的选择应符合现行行业标准《施工现场机械设备检查技术规程》JGJ 160 的有关规定。

6.2 转运与吊装

6.2.1 预制组合立管单元节应严格按运输、吊装方案确定的顺序进行转运与吊装，在装卸、转立及吊装就位时，应采取避免旋转、摆动和磕碰等措施。

6.2.2 预制组合立管单元节应按标定的定位记号准确就位，就位后不应再进行横向移位。

6.2.3 单元节松钩前应就位稳定，且可转动支架与管道框架连接螺栓应全部紧固完成。

6.2.4 预制组合立管吊装过程中应保持通信畅通。

6.2.5 预制组合立管吊装及组对应符合安全施工相关标准的规定。

6.3 组　对

6.3.1 立管吊装完成后，应对管道及管架进行垂直水平精确定位，当无设计要求时，其安装允许偏差应符合表 6.3.1 的规定。

表 6.3.1　预制组合立管安装允许偏差（mm）

项　目	允许偏差
管道定位轴线	5
成排立管间距	±5
管架位移	5
立管铅垂度	3/1000 且最大 10

6.3.2 预制组合立管管口对接应符合下列要求：

1 立管管口对接时在接口中心 200mm 处测量平直度 a（图 6.3.2）。

2 立管管口对接平直度允许偏差应符合表 6.3.2 的规定：

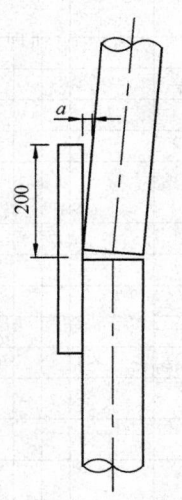

图 6.3.2　立管接口平直度测量

表 6.3.2　立管管口对接平直度允许偏差（mm）

公称直径	允许偏差	
	对口处	全　长
<100	≤1	≤10
≥100	≤2	≤10

6.3.3 管道对接和坡口修正应符合现行国家标准《工业金属管道工程施工规范》GB 50235 的有关规定。

6.3.4 预制组合立管支管开口方向和标高应与设计一致，预留口应及时封堵。

6.3.5 补偿装置安装应符合现行国家标准《工业金属管道工程施工规范》GB 50235 的有关规定。

6.3.6 预制组合立管就位后，应按设计要求安装减振装置和增设管道承重支架。

6.3.7 有热位移的管道，应在固定支架安装并固定牢固后，调整导向、滑动、活动支架的设置形式。

6.3.8 单元节组对完成后，应实测管口标高、尺寸。

7　试验与验收

7.1　一　般　规　定

7.1.1 预制组合立管安装完成后，应按设计要求逐个核对管架形式和位置。

7.1.2 预制组合立管安装完成后，应对其进行外观检查，并应符合下列规定：

1 各管道应垂直，无倾斜和变形现象，成排管道间距应合理；

2 管道支架、各螺栓紧固件受力应均匀，连接应牢靠，各构件无变形；

3 管道对接处进行焊接后，应对其焊缝进行外观检验，焊缝外观检验质量应符合现行国家标准《现场设备、工业管道焊接工程施工及验收规范》GB 50236 的有关规定；

4 预制组合立管的外表涂层应完好、美观。

7.2　焊缝检验及压力试验

7.2.1 设计要求必须进行无损检测的管道，应按照现行国家标准《工业金属管道工程施工规范》GB 50235 及行业标准《承压设备无损检测》JB/T 4730 的有关规定进行检测。

7.2.2 预制组合立管安装完毕，无损检验合格后，应按各系统的设计及规范要求进行压力试验。试验前，应编制试压方案。

7.2.3 压力试验合格后，应填写试压记录。

7.3　验　收

7.3.1 竣工质量应符合设计要求和本规范的有关规

定，同时还应符合现行各管道系统相关规范的有关规定。

7.3.2 验收时还应包括下列内容：

1 导向支架或滑动支架的滑动面应洁净平整，不得有歪斜和卡涩现象。其安装位置应从支承面中心向位移反方向偏移，偏移量应为位移值的1/2或符合设计文件规定，绝热层不得妨碍其位移。

2 临时固定、保护组件应清除或处置完毕，不得影响管道的滑动、绝热和减振，采用机械切割的，切割面应做防腐处理。

附录 A 预制组合立管单元
节质量验收记录

表 A 预制组合立管单元节质量验收记录表

编号：

单位（子单位）工程名称				
分部（子分部）工程名称			单元节编号	
管井编号			所在楼层	
施工单位			项目经理	
加工单位			加工负责人	
施工执行标准名称及编号				

项别		检查内容	施工单位检查评定记录	监理（建设）单位验收记录
质量保证资料	1	材料的合格证、质量证明书及复（校）验报告		
	2	阀门试验、阀门解体及安全阀调试记录		
	3	加工合格证或加工记录		
	4	设计变更及材料代用记录		
	5	焊工合格证、焊接工艺评定、焊接工作记录及焊条、焊剂烘干记录		
	6	管段、管件及阀门的清洗、脱脂记录		
	7	预拉伸（压缩）记录		
	8	管道系统试验记录		
	9	管道系统吹洗、脱脂、酸洗、钝化记录		
	10	管道试压和探伤检验记录资料齐全、填写正确，试验、检验结果符合设计要求		
	11	转立试验记录齐全，试验结果符合要求		

项别		检查内容	施工单位检查评定记录	监理（建设）单位验收记录
检查项目	1	管道法兰、焊缝、其他连接件	管道法兰、焊缝及其他连接件的安装位置应与制作装配图相符		
	2	管道安装	管道安装顺序、位置与装配图相符；固定牢固		
			柔性卡箍连接处和膨胀器均有固定保护装置		
	3	管架制作	管架制作与装配图相符，位置正确、平正、牢固，与管子接触紧密、安装牢固，涂层符合要求		
			可转动支架转动灵活，与管道框架贴合紧密，螺栓能自由穿入，临时固定方法正确，固定牢固		
	4	转立试验记录	转立试验记录齐全，试验结果符合要求		
	5	标识	单元节编号		
			楼层和方向标识		
			管井号和顺序编号		
	6	管道、预留口保护	管道、预留口保护措施齐全、可靠		
	7	螺栓等安装配件	安装配件附带齐全		
	8	其他检验项目			

		项目	允许偏差（mm）		
允许偏差项目	1	管道框架	边长	±2		
	2		对角线之差	3		
	3		平面度	2		
	4		相邻管架间距	±5		
	5		管架与管道垂直度	±1°		
	6	套管	套管位置	3		
	7		套管高度	±3		
	8	可转动支架	长度	±5		
	9		螺栓孔间距	±1		
	10		对孔螺栓孔偏差	1		
	11		部件安装位置	3		
	12	封板	边长	3		
	13		对角线之差	3		
	14		封板与套管间隙	2		

续表 A

项别		检查内容		施工单位检查评定记录	监理（建设）单位验收记录
允许偏差项目	15	管道安装	管道中心线定位尺寸	3	
	16		管道端头与管道框架间的距离	±5	
	17		管道间距	±5	
	18		平直度（铅垂度）	管段全长	5	
	19			管道对口处	1	
	20		法兰面与管子中心垂直度	$DN<150$	0.5	
	21			$DN\geq150$	1.0	

施工单位检查结果评定	项目专业质量检查员：　　　　　　　　　　年　月　日
监理（建设）单位验收结论	监理工程师： （建设单位项目专业技术负责人）：　　年　月　日

附录 B　预制组合立管单元节转运交接记录

表 B　预制组合立管单元节转运交接记录表

编号：

单位（子单位）工程名称			
单元节编号			
日期			
加工单位		加工负责人	
运输单位		运输负责人	
吊装单位		吊装负责人	
交接检查记录			

序号	项目	检查要求	运输交接检查结果	吊装交接检查结果
1	构件	无松动、形变		
2	表面涂层	涂层完整，无剥落、气泡、锈蚀等		
3	标识	清晰、完整		
4	构件保护附件	完好、无松动		
5	现场安装附件	数量正确、绑扎牢固		
6	质量证明文件	齐全、有效		

运输安排情况		
序号	项目	安排与措施
1	构件吊装设备	
2	构件运输车辆	
3	构件装载顺序	
4	构件固定方法	
5	运输保护措施	

交接确认记录	交接意见：		
	加工移交人：	（签字）	年　月　日
	运输接受人：	（签字）	年　月　日
	吊装接受人：	（签字）	年　月　日

附录 C　预制组合立管单元节吊装安全作业证

表 C　预制组合立管单元节吊装安全作业证

编号：

单位（子单位）工程名称			
吊装工具名称		就位楼层	
作业时间		吊装指挥（负责人）	
吊装人员			
单元节编号			
起吊件重量（吨）			

序号	项目		检查情况	结论
1	就位点检查	管井洞口尺寸校核、垫板（过渡板）及定位线校核、已安装管道标高		
2	作业环境检查	操作台、安全围护搭设，安全网或封堵板搭设，障碍物清除，等待场所、行驶路线、吊装位置确认，风力、照明等作业环境		
3	吊装设施准备	吊装设备、辅具、绳索、滑轮等吊装工、用具、缓冲、保护设施		
4	吊件检查	构件稳定性检查，有无松动或形变，缓冲、保护附件检查		
5	施工方案核定			
6	操作人员安全及技术交底、教育			
7	指挥、通信检查			

安全措施：

项目单位安全部门负责人：（签字）　年　月　日
项目单位负责人：（签字）　年　月　日
施工单位安全部门负责人：（签字）　年　月　日
施工单位负责人：（签字）　年　月　日

安监部门审批意见：

安监部门负责人：（签字）　年　月　日

本规范用词说明

1　为便于在执行本规范条文时区别对待，对要求严格程度不同的用词说明如下：

1）表示很严格，非这样做不可的：

正面词采用"必须"，反面词采用"严禁"；

2）表示严格，在正常情况下均应这样做的：

正面词采用"应"，反面词采用"不应"或

"不得";

　　3）表示允许稍有选择，在条件许可时，首先
　　　应这样做的：
　　　　正面词采用"宜"，反面词采用"不宜"；

　　4）表示有选择，在一定条件下可以这样做的，
　　　采用"可"。

　　2　条文中指明应按其他有关标准、规范的规定
执行的写法为："应符合……规定"或"应按……执
行"。

引用标准名录

　　1　《工业金属管道工程施工规范》GB 50235

　　2　《现场设备、工业管道焊接工程施工及验收规
范》GB 50236

　　3　《施工现场机械设备检查技术规程》JGJ 160

　　4　《承压设备无损检测》JB/T 4730

中华人民共和国国家标准

预制组合立管技术规范

GB 50682—2011

条 文 说 明

制 定 说 明

《预制组合立管技术规范》GB 50682—2011，经住房和城乡建设部 2011 年 2 月 18 日以第 948 号公告批准、发布。

预制组合立管是根据国际同类技术研制开发形成的管井内立管组成套设计与施工技术，该技术由中建三局第一建设工程有限责任公司首先成功应用于上海环球金融中心工程。

预制组合立管体系包括设计、计算、制作、装配、吊装、组对等主要技术，实现了设计施工一体化、加工制作工厂化、分散作业集中化，降低材料损耗，提高机械化作业率，加快了施工进度，符合国家建筑产业化政策，环保节能效果显著，在高层、超高层建筑施工中有着广泛的应用前景。本次编制组根据工程实践中的经验积累，总结各相关单位的意见以及专家的建议，并在参考现行国家标准和相关资料，国际标准和国际先进经验的基础上，编制了本规范。

为了广大设计、施工、科研、学校等单位有关人员在使用本规范时能正确理解和执行条文，《预制组合立管技术规范》编制组特按章、节、条的顺序编制了本规范的条文说明，对条文规定的目的、依据以及执行中需注意的有关事项进行了说明。

目　次

1 总　则

1.0.3　预制组合立管设计与施工除应满足本规范要求外，同时应满足《通风与空调工程施工质量验收规范》GB 50243、《建筑给水排水及采暖工程施工质量验收规范》GB 50242、《自动喷水灭火系统工程施工及验收规范》GB 50261、《高层民用建筑设计防火规范》GB 50045、《建筑给水排水设计规范》GB 50015、《采暖通风与空气调节设计规范》GB 50019 及其他专业工程标准。

预制组合立管的防火封堵设计应满足《高层民用建筑设计防火规范》GB 50045 的规定。

金属管道、管道支吊架、管道附件的设计施工应满足《工业金属管道设计规范》GB 50316、《工业金属管道工程施工规范》GB 50235、《现场设备、工业管道焊接工程施工及验收规范》GB 50236、《钢结构设计规范》GB 50017、《钢结构工程施工质量验收规范》GB 50205 的规定。

2 术语和符号

2.1 术　语

2.1.1　预制组合立管如图 1 所示。

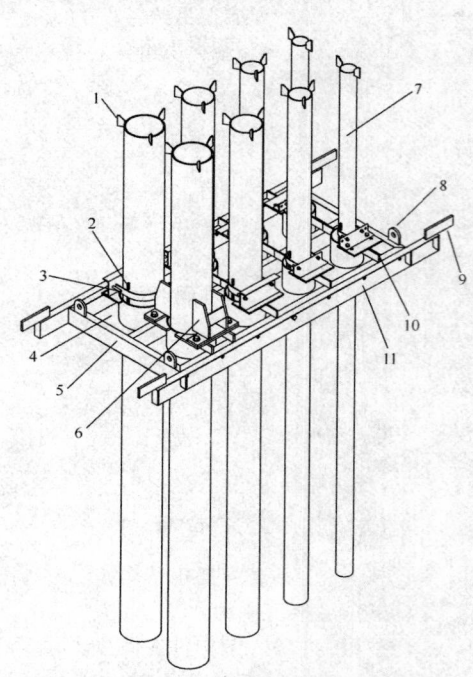

图 1　预制组合立管单元节示意
1—组对导板；2—防滑块；3—管卡；4—管架封板；
5—管道框架；6—连接板（固定支架用）；7—管道；
8—吊耳；9—可转动支架连接板；10—套管撑板；
11—可转动支架（吊装时置于垂直状态并临时固定）

2.1.2　套管撑板用于固定套管并承担单根立管荷载，即管道的重量通过套管、套管撑板传递到管道框架。

2.1.4　可转动支架在运输及吊装过程中与管道框架呈垂直状态并临时固定，就位时旋转至水平状态，并紧固所有连接螺栓。

2.1.5　可转动支架连接板主要用于固定管道框架并承担立管荷载，连接板采用钢制构件焊接在可转动支架的端部。

2.1.6　管道框架封板在井道封堵时起模板支托作用。

2.1.7　为了验证吊装时预制组合立管单元节结构的整体安全性，需在工厂对每个单元节进行转立试验。

3 基本规定

3.0.1　工程设计阶段预制组合立管初步设计包括以下内容：

1　各专业系统管道的排列；
2　组合支架的形式；
3　补偿器的选择和设置等；
4　固定（承重）支架的设置；
5　支架与结构连接节点。

3.0.2　预制组合立管所选用的管材和连接材料应符合《直缝电焊钢管》GB/T 13793、《输送流体用无缝钢管》GB/T 8163、《排水用柔性接口铸铁管、管件及附件》GB/T 12772 等国家现行的有关产品标准的规定。

4 设　计

4.1 设计原则

4.1.2　立管设有固定和限位支架，可以不考虑横向位移的影响。热变形管道的预留口设置需考虑水平分支管道的坡向、坡度、位移限制等影响因素。

4.1.4　预制组合立管的构造设计，要预留管井封堵施工时植筋和混凝土浇筑的空间；采用防火封堵材料封堵的，可在管道支架设计、制作时，一并完成封堵材料支撑构件的设计和制作。

预制组合立管设计，施工中需充分考虑施工荷载、结构误差以及施工进度的影响，在设计与施工中协调解决。

钢结构一般是分节施工，预制组合立管的分节应尽量和钢柱的分节保持一致，以便钢柱、钢梁、预制组合立管、楼板等工序能进行流水施工。

4.2 一般规定

4.2.1　预制组合立管配管及管道框架承受的荷载按施工状态和运行状态分别考虑，取最不利荷载。

安装施工状态荷载包括管道、管道支架及组件、隔热材料等自重荷载以及施工临时荷载。

运行状态（含试运行、管道系统压力试验）荷载包括管道系统静荷载和运行动荷载。静荷载包括管道及管道附件、管道支架及组件、隔热材料等自重荷载；动荷载包括管道热胀冷缩和其他位移产生的作用力和力矩，压力不平衡式的波纹补偿器或填函式补偿器等的内压作用力及弹性反力，管道系统内压作用力，系统运行冲击力、水锤等。

4.4 荷载组合计算

4.4.1 施工过程中，单元节对接前，该节最上层支架为吊装及就位后承重支架，各节对接后，在各楼层重新固定，荷载承受在每层的支架上，对已经施工好的预制组合立管没有影响，因此计算时仅考虑本节的荷载。

4.4.2 管架承受的荷载主要为其与上部相邻固定支架间的配管自重 G、管道补偿对固定支架的作用力 F_{pm} 及管道内压作用力 F_p，运行阶段固定支架承受全部荷载。

支架承受荷载分为静荷载和动荷载，静荷载的组合值系数取 1.2。静荷载包括管道及组成件、隔热材料、支架零部件、输送流体或试验流体等的重力以及由管道或管道支架支承的其他永久性荷载。

动荷载的组合值系数取 1.4。动力荷载包括管道系统内输送流体或试验用流体对管道的不平衡内压作用力及其他持续动力荷载和偶然荷载。

4.5 管架构件计算

4.5.1 在工程实践中可按套管撑板厚度的 60% 确定套管的壁厚，套管撑板与套管可以简化为按套管撑板截面考虑的简支梁。受力计算简图与弯矩图如下图：

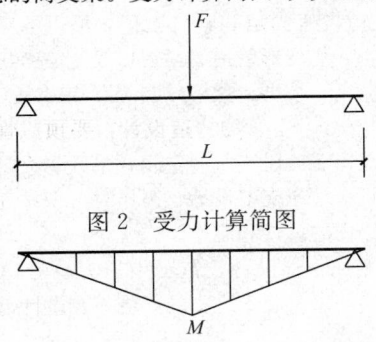

图 2 受力计算简图

图 3 弯矩图

4.5.2 参照《钢结构设计规范》GB 50017－2003，按主框架梁挠度允许值 1/400，国外的预制组合立管加工企业有采用挠度允许值 1/300。

4.5.3 对螺栓的受力计算，在工程上考虑剪切强度计算和承压计算。

4.5.4 可动支架与结构间的连接应根据结构选择合理的连接形式，本处考虑为正面角焊缝的计算。

4.6 立管系统图及组合平、剖面图

4.6.3 管井中不同楼层的立管数量、规格并不完全相同，因此作本条规定。

4.7 制作及装配图

4.7.7 现场施工条件复杂，结构及管道施工误差等因素会影响预制组合立管的安装，因此，在每节制造前必须对现场情况进行复核，再根据复核情况对图纸进行修正。

5 制 作

5.2 管道加工

5.2.2 管道切割下料，还需要考虑后续施工的要求，如增设管道支架、附件、开孔等，包括对管道焊缝、法兰的设置要求。

5.2.5 清扫是为了防止管道内存留杂物，在吊装过程中发生坠落等危险。

5.4 装 配

5.4.4 预制组合立管单元节明确标识是为了防止吊装过程中发生单元节就位时方向、顺序、管井或楼层错误等。

5.4.6 预制组合立管单元节在吊装过程中，由于受力状态改变，可能发生空中解体、组件脱落等状况，因此要求进行转立试验验证。

5.6 半成品保护

5.6.1 在预制立管安装完成后，钢结构防火涂料及混凝土施工易对预制组合立管产生污染，故须做好成品保护。

5.6.2 预制组合立管单元节堆码时用垫木和钢丝绳固定，以防止构件变形；对不稳定预制组合立管（如柔性沟槽连接件连接的管道）采取临时加固措施。

6 安 装

6.1 施工准备

6.1.1 预制组合立管吊装穿插于结构施工，其进度与总体工程施工进度相互制约。

6.1.2 检查主要针对单元节构件在储存、运输过程中发生的形变、螺栓、管卡等连接件松动，保证吊装时单元节结构稳定性。

6.1.3 预制组合立管单元节运输过程中应采用垫木和钢丝绳固定，做好保护工作，防止构件变形和刻断钢丝绳；对不稳定预制组合立管（如采用柔性沟槽连

接件连接的管道）应采用临时加固措施。

6.1.4 预制组合立管单元节在吊装前，复核安装管井实际尺寸、安装位置、标高，检验结构是否按设计图纸进行施工，有无偏差，是否会影响预制组合立管单元节吊装及组对施工。为方便预制组合立管单元节在吊装就位时能快速初步定位，吊装前应安排人员在相关工作面上做好管架的定位标识。

6.1.5 预制组合立管单元节吊装所采用的起重设备、吊具、辅具、绳索、滑轮应参照相应计算进行选型，并考虑必要的安全系数，确保吊装的可靠性和安全性。

6.2 转运与吊装

6.2.1 预制组合立管单元节储存和运输时为水平放置，吊装时变为垂直状态，为防止预制组合立管单元节在从水平状态转为竖立状态时发生碰撞变形，宜采用双机抬吊完成卸货和竖立过程，并保证单元节竖立方向正确。

单元节竖立后，在单元节下部绑扎缆风绳，调整、控制单元节方向，并引导单元节按预定路线穿越管井。单元节穿越管井时，在其所经过的楼层安排人员监护，防止管组、吊索与管井结构发生碰撞。

6.2.3 单元节安装为高空吊装作业，在单元节良好就位、与相关建筑结构连接的螺栓全部安装和紧固完成之前，必须保证吊装设备吊钩处于受力状态，以确保吊装作业过程安全。

6.3 组　对

6.3.1 因超高层建筑有自身摆动，管道附着在结构上，其全长偏差很难测定，只能参照结构坐标进行控制。

6.3.6 预制组合立管的支架一般设置于管井内每层楼板处，安装于管道上的阀门、膨胀器等管道附件及管道连接件处需按相关规范增设支架，支架设置间距不符合相应规范要求的，也要增设支架。

6.3.7 预制组合立管单元节在装配、运输、吊装、组对时，管道均固定在管架上，支架形式的调整应在其上部的固定支架安装固定后进行。

6.3.8 单元节组对完成后及时实测管口标高、尺寸，可为下一单元节的制作、安装提供调整参考数据。

中华人民共和国行业标准

矿物绝缘电缆敷设技术规程

Technical specification for mineral insulated cable laying

JGJ 232—2011

批准部门：中华人民共和国住房和城乡建设部
施行日期：２０１１年１０月１日

中华人民共和国住房和城乡建设部
公　告

第 870 号

关于发布行业标准《矿物绝缘电缆
敷设技术规程》的公告

现批准《矿物绝缘电缆敷设技术规程》为行业标准，编号为 JGJ 232－2011，自 2011 年 10 月 1 日起实施。其中，第 3.1.7、4.1.7、4.1.9、4.1.10、4.10.1 条为强制性条文，必须严格执行。

本规程由我部标准定额研究所组织中国建筑工业出版社出版发行。

中华人民共和国住房和城乡建设部
2011 年 1 月 7 日

前　言

根据住房和城乡建设部《关于印发〈2008 年工程建设标准规范制订、修订计划（第一批）〉的通知》（建标〔2008〕102 号）的要求，规程编制组经广泛调查研究，认真总结实践经验，参考有关国际标准和国外先进标准，并在广泛征求意见的基础上，制定了本规程。

本规程的主要技术内容是：1. 总则；2. 术语；3. 设计；4. 施工；5. 验收。

本规程由住房和城乡建设部负责管理和对强制性条文的解释，由中国新兴建设开发总公司负责具体技术内容的解释。执行过程中如有意见或建议，请寄送中国新兴建设开发总公司（地址：北京市海淀区太平路 44 号，邮编：100039）。

本 规 程 主 编 单 位：中国新兴建设开发总公司
本 规 程 参 编 单 位：中国人民解放军总后勤部
　　　　　　　　　　　建筑设计研究院
　　　　　　　　　　　中天建设集团有限公司
　　　　　　　　　　　湖州久盛电气有限公司
本规程主要起草人员：吴长印　邴树奎　潘春呈
　　　　　　　　　　　申景阳　刘　寅　赵　刚
　　　　　　　　　　　刘　伟　叶劲松　王建明
　　　　　　　　　　　张明伟
本规程主要审查人员：陈　昆　王振生　陈　茂
　　　　　　　　　　　钱观荣　吴恩远　吴月华
　　　　　　　　　　　刘文山　周文辉　韩梦云

目　次

Contents

1 总 则

1.0.1 为适应工程建设需要，使矿物绝缘电缆敷设的设计、施工做到安全可靠、技术先进、经济适用，便于矿物绝缘电缆的检修维护，制定本规程。

1.0.2 本规程适用于额定电压为750V及以下工业与民用建筑中矿物绝缘电力电缆、矿物绝缘控制电缆敷设的设计、施工及验收。

1.0.3 矿物绝缘电缆敷设的设计、施工及验收，除应符合本规程外，尚应符合国家现行有关标准的规定。

2 术 语

2.0.1 矿物绝缘电缆 mineral insulated cable

用普通退火铜作为导体，氧化镁作为绝缘材料，普通退火铜或铜合金材料作为护套的电缆。

2.0.2 终端附件 terminal

安装在矿物绝缘电缆端部，采取封端做防潮处理并将电缆芯线与电器端子及电缆铜护套与接地端子连接的装置。

2.0.3 中间连接附件 joint

将两根同型号、同规格的电缆连接成为一根电缆的装置。

2.0.4 封端 seal

保证导体之间及导体和铜护套之间的绝缘，防止潮气进入的密封装置。

2.0.5 辅助等电位联结 supplementary equipotential bonding（SEB）

在伸臂范围内的电缆铜护套与其他可导电部分之间，用导线直接连通，使其电位相等或接近。

3 设 计

3.1 型号规格选择

3.1.1 矿物绝缘电缆的选用应根据敷设环境确定电缆工作温度，按照现行国家标准《建筑物电气装置 第5部分：电气设备的选择和安装 第523节：布线系统载流量》GB/T 16895.15选择载流量，确定电缆型号、规格。

3.1.2 当符合下列条件之一时，电缆载流量应按工作温度为70℃选择：

　　1 沿墙、支架、顶板等明敷；

　　2 与其他种类电缆共同敷设在同一桥架、竖井、电缆沟、电缆隧道内；

　　3 敷设在其他由于电缆护套温度过高易引起人员伤害或设备损坏的场所。

3.1.3 单独敷设于桥架、电缆沟、穿管等无人触及的场所，电缆载流量宜按工作温度105℃选择。

3.1.4 矿物绝缘电缆的规格应根据线路的实际长度及各种规格电缆的最大生产长度进行选择，宜将中间接头减至最少。

3.1.5 当室外直埋、穿混凝土管或石棉混凝土管及敷设环境对电缆铜护套有腐蚀作用时，电缆应选用有挤塑外护层的电缆。

3.1.6 在有爆炸或火灾等危险环境下敷设矿物绝缘电缆选用的材料及附件应符合现行国家标准《爆炸和火灾危险环境电力装置设计规范》GB 50058的有关规定。

3.1.7 有耐火要求的线路，矿物绝缘电缆中间连接附件的耐火等级不应低于电缆本体的耐火等级。

3.2 电缆敷设

3.2.1 在矿物绝缘电缆线路敷设设计时，电缆的敷设应避开可能受到机械外力损伤、振动、腐蚀及人员易触及的场所；当不能避开时，应采取保护措施。

3.2.2 当火灾自动报警系统采用矿物绝缘电缆时，电缆的敷设应采用明敷设或在吊顶内敷设。

3.3 接 地

3.3.1 电缆铜护套、敷设电缆的支（吊）架、金属桥架及金属保护管应可靠接地。

3.3.2 当采用无挤塑外护层电缆敷设于人体易触及的部位时，电缆与伸臂范围内的金属物体应做辅助等电位联结。

4 施 工

4.1 一般规定

4.1.1 电缆敷设前应按下列规定进行检查：

　　1 电缆型号、规格、耐压等级应符合设计要求；

　　2 电缆外观应无损伤；

　　3 电缆绝缘电阻值不应小于100MΩ。

4.1.2 在电缆敷设时，电缆端部应及时做好防潮处理，并应做好标识。

4.1.3 电缆弯曲后表面应光滑、平整，没有明显皱褶。电缆内侧最小弯曲半径应符合表4.1.3的规定。

表4.1.3 电缆内侧最小弯曲半径

电缆外径 D（mm）	D<7	7≤D<12	12≤D<15	D≥15
电缆内侧最小弯曲半径 R（mm）	2D	3D	4D	6D

4.1.4 当穿越建筑物变形缝、温度变化较大场所或

作为有振动源的设备布线时，电缆应采取补偿措施。

4.1.5 敷设在有周期性振动场所的电缆应采取补偿措施，在支撑电缆部位应设置由橡胶等弹性材料制成的衬垫。

4.1.6 单芯电缆的敷设应按表 4.1.6 所列的电缆相序排列方法进行，且每个回路电缆间距不应小于电缆外径的 2 倍。电缆敷设应分回路绑扎成束，绑扎间距不得大于 2m。

表 4.1.6　单芯电缆敷设相序排列方式

敷设形式	三相三线	三相四线
单路电缆	L1 L2 L3（三角形）　L1 L2 L3（一字形）	L1 N L2 L3（方形）　L1 L2 L3 N（一字形）
两路平行电缆	d—2d—d　L1/L2L3　L1/L2L3　（三角形） d—2d—d　L1/L2L3　L3/L2L1（一字形）	d—2d—d　L1N/L2L3　L1N/L2L3 d—2d—d　L1L2L3N　NL3L2L1
两路以上平行电缆	d—2d—d—2d—d　L1/L2L3　L1/L2L3　L1/L2L3 d—2d—d—2d—d　L1L2L3　L1L2L3　L1L2L3	d—2d—d—2d—d　L1N/L2L3　L1N/L2L3　L1N/L2L3 d—2d—d—2d—d　L1L2L3N　L1L2L3N　L1L2L3N

4.1.7 交流系统单芯电缆敷设应采取下列防涡流措施：

　　1 电缆应分回路进出钢制配电箱（柜）、桥架；

　　2 电缆应采用金属件固定或金属线绑扎，且不得形成闭合铁磁回路；

　　3 当电缆穿过钢管（钢套管）或钢筋混凝土楼板、墙体的预留洞时，电缆应分回路敷设。

4.1.8 电缆敷设完毕后应对绝缘电阻进行测试，其绝缘电阻值不应小于 20MΩ。

4.1.9 电缆首末端、分支处及中间接头处应设标志牌。

4.1.10 当电缆穿越不同防火区时，其洞口应采用不燃材料进行封堵。

4.1.11 电缆应顺直、排列整齐，并应减少交叉，固定点间最大间距应符合表 4.1.11 的规定。

表 4.1.11　电缆固定点间最大间距

电缆外径 D (mm)		D<9	9≤D<15	15≤D<20	D≥20
固定点间最大间距（mm）	水平	600	900	1500	2000
	垂直	800	1200	2000	2500

4.1.12 电缆在接续端子前应可靠固定，电气元器件或设备端子不得承受电缆荷载。

4.1.13 当采用无挤塑外护层电缆敷设在潮湿环境时，支（吊）架与电缆铜护套直接接触的部位应采取

防电化腐蚀措施；在人能同时接触到的外露可导电部分和装置外可导电部分之间应做辅助等电位联结。

4.2　材料及附件

4.2.1 所选用的电缆及附件应有合格证、质量证明文件及产品标识。

4.2.2 电缆及附件应表面光滑，并应无锈蚀、无裂纹、无变形、无凹凸等明显缺陷。

4.2.3 引出电缆终端的导体所使用的绝缘材料的工作温度不应低于线路工作温度。

4.2.4 电缆应进行进场检验，电缆的护套厚度、护套尺寸、绝缘厚度应符合本规程附录 A 中的相应规定；导体电阻及护套电阻的校正值应按式（4.2.4）计算，其校正值应符合本规程附录 A 中的相应规定。

$$R_{20} = R_t \cdot K_t \cdot \frac{1000}{L} \qquad (4.2.4)$$

式中　R_{20}——20℃时电阻（Ω/km）；

　　　R_t——温度为 t 时 L 长电缆的实测电阻（Ω）；

　　　K_t——温度为 t 时的电阻温度校正系数，并应按本规程附录 B 采用；

　　　L——电缆的长度（m）；

　　　t——测量时的导体温度（℃）；

4.3　隧道或电缆沟内敷设

4.3.1 当隧道或电缆沟内有多种电缆敷设时，矿物

绝缘电缆宜敷设于其他电缆上方。

4.3.2 隧道或电缆沟内支（吊）架设置及排列间距应符合现行国家标准《电气装置安装工程电缆线路施工及验收规范》GB 50168 的规定及设计要求。

4.3.3 沿隧道或电缆沟敷设无挤塑外护层电缆时，电缆铜护套与其直接接触的金属物体间应采取防电化腐蚀措施。

4.3.4 当无挤塑外护套电缆沿支架敷设时，电缆与支架应做辅助等电位联结，其间距不应大于 25m。

4.4 沿桥架敷设

4.4.1 当电缆沿桥架敷设时，电缆在桥架横断面的填充率应符合下列规定：

　　1 电力电缆不应大于 40%；

　　2 控制电缆不应大于 50%。

4.4.2 当电缆沿桥架敷设时，分支处应单独设置分支箱且安装位置应便于检修。

4.5 穿管及地面下直埋敷设

4.5.1 电缆穿管敷设宜穿直通管，长度超过 30m 的直通管应增设检修井或接线箱。

4.5.2 电缆穿管敷设应有防铜护套损伤的措施，管内径应大于电缆外径（包括单芯成束的每路电缆外径之和）的 1.5 倍，单芯电缆成束后应按回路穿管敷设。

4.5.3 当电缆保护管为混凝土管或石棉混凝土管时，其敷设地基应坚实、平整，不应有沉陷；当电缆保护管为低碱玻璃钢管等脆性材料时，应在其下部添加混凝土垫层后敷设。

4.5.4 电缆保护管直埋敷设应符合下列规定：

　　1 电缆保护管的埋设深度应符合设计要求；当设计无要求时，埋设深度不应小于 0.7m；

　　2 电缆保护管应有不小于 0.1% 的排水坡度。

4.5.5 当电缆穿管敷设需接头时，接头部位应设置检修井或接线箱。

4.5.6 电缆直埋敷设应符合下列规定：

　　1 电缆应敷设于壕沟内，埋设深度应符合设计要求；当设计无要求时，埋设深度不应小于 0.7m，并应沿电缆全长的上、下紧邻侧铺以厚度不小于 100mm 的软土或砂层；

　　2 沿电缆全长应覆盖宽度不小于电缆两侧各 50mm 的保护板，保护板宜采用混凝土板；

　　3 室外直埋电缆的接头部位应设置检修井。

4.5.7 直埋及室外穿管敷设的电缆在拐弯、接头、终端和进出建筑物等部位，应设置明显的方位标志。直线段上应每 25m 设置标桩，标桩露出地面宜为 150mm。

4.6 沿钢索架空敷设

4.6.1 钢索架空敷设电缆的钢索及其配件均应采取热镀锌处理。电缆沿钢索架空敷设固定间距不得大于 1m，在遇转弯时，除弯曲半径应符合本规程表 4.1.3 的规定外，在其弯曲部位两侧的 100mm 内尚应做可靠固定。

4.6.2 当沿钢索架空敷设的电缆需穿墙时，在穿墙处应预埋直径大于电缆外径 1.5 倍的穿墙套管，并应做好管口封堵。

4.6.3 当电缆沿钢索架空敷设时，电缆在钢索的两端固定处应做减振膨胀环。

4.6.4 电缆沿钢索架空敷设应按回路敷设，并应采用金属电缆挂钩固定。

4.6.5 沿钢索架空敷设的电缆铜护套及钢索两端应可靠接地。

4.7 沿墙或顶板敷设

4.7.1 当电缆沿墙或顶板明敷设时，并排敷设的电缆应排列整齐、间距一致。

4.7.2 沿墙或顶板敷设的单芯电缆宜分回路固定，排列方式应符合本规程表 4.1.6 的规定。

4.7.3 当单芯电缆沿墙采用挂钩敷设时，挂钩可使用金属制品，其上开口应大于电缆外径。

4.8 沿支（吊）架敷设

4.8.1 沿支（吊）架敷设的电缆应可靠固定。

4.8.2 电缆支（吊）架应符合下列规定：

　　1 电缆支（吊）架表面应光滑无毛刺；

　　2 电缆支（吊）架的固定应稳固、耐久；

　　3 电缆支（吊）架应具有所需的承载能力；

　　4 电缆支（吊）架应符合设计的防火要求。

4.8.3 电缆支（吊）架最大间距应符合表 4.8.3 的规定。

表 4.8.3　电缆支（吊）架最大间距

电缆外径 D（mm）		$D<9$	$9{\leqslant}D<15$	$15{\leqslant}D<20$	$D{\geqslant}20$
电缆支（吊）架最大间距（mm）	水平	600	900	1500	2000
	垂直	800	1200	2000	2500

4.8.4 电缆支（吊）架的安装位置应预留电缆敷设、固定、安置接头及检修的空间。

4.9 附件安装

4.9.1 电缆终端与中间接头的安装应由培训合格的人员进行操作。

4.9.2 电缆中间连接应采用压装型、压接型、螺丝连接型中间连接端子连接；截面 35mm² 以上电缆终端必须采用压装型终端接线端子。

4.9.3 中间连接端子应与电缆连接牢固可靠，在全负荷运行时，接头部位的外护套温度不应高于电缆本体温度。

4.9.4 电缆的中间连接附件安装位置应便于检修，并排敷设电缆的中间接头位置应相互错开且不得被其他物体遮盖。

4.9.5 除在水平桥架内敷设外，电缆中间连接附件及其两侧 300mm 内的电缆均应进行可靠固定，并应做好色标。水平敷设在桥架内的电缆应顺直，中间连接附件不得承受外力。

4.9.6 中间连接附件安装完毕后应设置明显的连接附件位置标识，并应在竣工图中标明具体位置。

4.9.7 进出分支箱、盒的电缆铜护套均应可靠连接。

4.9.8 电缆封端应随电缆敷设及时安装。安装封端前应对电缆进行绝缘电阻测试，其绝缘电阻值不应小于 100MΩ。

4.9.9 电缆终端接线端子应采用专用配件，并应与电缆芯线可靠连接。

4.9.10 电缆封端宜采用专用附件，当采用热缩管作为封端时应添加专用密封胶。

4.10 接 地

4.10.1 当电缆铜护套作为保护导体使用时，终端接地铜片的最小截面积不应小于电缆铜护套截面积，电缆接地连接线允许最小截面积应符合表 4.10.1 的规定。

表 4.10.1 接地连接线允许最小截面积

电缆芯线截面积 S（mm²）	接地连接线允许最小截面积（mm²）
S≤16	S
16＜S≤35	16
35＜S≤400	S/2

4.10.2 当电缆铜护套不作为保护导体使用时，铜护套应可靠接地。接地连接线应采用铜绞线或镀锡铜编织线，其截面积不应小于表 4.10.2 的规定。

表 4.10.2 接地连接线截面积

电缆芯线截面积 S（mm²）	接地连接线允许最小截面积（mm²）
S≤16	S
16＜S≤120	16
S≥150	25

4.10.3 电缆支（吊）架及电缆桥架应可靠接地。

5 验 收

5.1 一 般 规 定

5.1.1 隐蔽工程应在施工过程中进行验收，并做好

记录。

5.1.2 在验收时，施工单位应提交下列资料和技术文件：

　　1 设计变更的证明文件和竣工图；

　　2 合格证、质量证明文件、产品标识等技术文件；

　　3 隐蔽工程验收记录；

　　4 分项工程质量验收记录；

　　5 电缆绝缘电阻测试记录；

　　6 全负荷试验中间接头测温记录。

5.2 质 量 验 收

5.2.1 矿物绝缘电缆及附件的型号、规格应符合设计要求，进场检验应符合本规程第 4.2.4 条的规定。

　　检查数量：全数检查。

　　检查方法：查阅性能检测报告和物资进场检验记录等质量证明文件。

5.2.2 电缆排列整齐，无机械损伤，固定可靠；标志牌应装设齐全、正确、清晰。

　　检查数量：全数检查。

　　检查方法：查阅施工记录，观察检查。

5.2.3 电缆的弯曲半径、回路敷设间距和单芯电缆的相序排列方式应符合本规程的规定。

　　检查数量：全数检查。

　　检查方法：查阅施工记录，观察检查。

5.2.4 电缆终端附件及中间连接附件应安装牢固，电缆铜护套应接地可靠。

　　检查数量：全数检查。

　　检查方法：查阅全负荷试验中间接头测温记录，观察检查。

5.2.5 电缆支（吊）架、电缆桥架等的金属部件防腐层应完好，接地应可靠。

　　检查数量：全数检查。

　　检查方法：观察检查。

5.2.6 防火措施应符合设计文件要求，且施工质量应合格。

　　检查数量：全数检查。

　　检查方法：查阅施工记录，观察检查。

5.2.7 单芯电缆敷设应符合本规程第 4.1.7 条的规定。

　　检查数量：全数检查。

　　检查方法：查阅施工记录，观察检查。

5.2.8 潮湿场所电缆敷设应符合本规程第 4.1.13 条及第 4.3.3 条的规定。

　　检查数量：全数检查。

　　检查方法：观察检查。

5.2.9 电缆辅助等电位联结应符合本规程第 3.3.2 条、第 4.1.13 条及第 4.3.4 条的规定。

　　检查数量：全数检查。

检查方法：观察检查。

5.2.10 电缆绝缘电阻值应符合本规程第 4.1.8 条的规定。

检查数量：全数检查。

检查方法：查阅电缆绝缘电阻测试记录。

附录 A 电缆各项参数

A.0.1 500V 电缆铜护套厚度应符合表 A.0.1 的规定。

表 A.0.1　500V 电缆铜护套厚度

导体标称截面（mm²）	铜护套平均厚度（mm）				
	1 芯	2 芯	3 芯	4 芯	7 芯
1	0.31	0.41	0.45	0.48	0.52
1.5	0.32	0.43	0.48	0.50	0.54
2.5	0.34	0.49	0.50	0.54	0.61
4	0.38	0.54	—	—	—

注：护套上最薄点的厚度不应小于标称值的 90%。

A.0.2 750V 电缆铜护套厚度应符合表 A.0.2 的规定。

表 A.0.2　750V 电缆铜护套厚度

导体标称截面（mm²）	铜护套平均厚度（mm）						
	1 芯	2 芯	3 芯	4 芯	7 芯	12 芯	19 芯
1	0.39	0.51	0.53	0.56	0.62	0.73	0.79
1.5	0.41	0.54	0.56	0.59	0.65	0.76	0.84
2.5	0.42	0.57	0.59	0.62	0.69	0.81	—
4	0.45	0.61	0.63	0.68	0.75	—	—
6	0.48	0.65	0.68	0.71	—	—	—
10	0.50	0.71	0.75	0.78	—	—	—
16	0.54	0.78	0.82	0.86	—	—	—
25	0.60	0.85	0.87	0.93	—	—	—
35	0.64	—	—	—	—	—	—
50	0.69	—	—	—	—	—	—
70	0.76	—	—	—	—	—	—
95	0.80	—	—	—	—	—	—
120	0.85	—	—	—	—	—	—
150	0.90	—	—	—	—	—	—
185	0.94	—	—	—	—	—	—
240	0.99	—	—	—	—	—	—
300	1.08	—	—	—	—	—	—
400	1.17	—	—	—	—	—	—

注：护套上最薄点的厚度不应小于标称值的 90%。

A.0.3 500V 电缆铜护套尺寸应符合表 A.0.3 的规定。

表 A.0.3　500V 电缆铜护套尺寸

导体标称截面（mm²）	绝缘标称厚度（mm）		铜护套外径（mm）				
	1,2 芯	3,4,7 芯	1 芯	2 芯	3 芯	4 芯	7 芯
1	0.65	0.75	3.1	5.1	5.8	6.3	7.6
1.5	0.65	0.75	3.4	5.7	6.4	7.0	8.4
2.5	0.65	0.75	3.8	6.6	7.3	8.1	9.7
4	0.65	—	4.4	7.7	—	—	—

注：电缆绝缘最小厚度不应小于（规定标称值的 80%－0.1）mm。

A.0.4 750V 电缆铜护套尺寸应符合表 A.0.4 的规定。

表 A.0.4　750V 电缆铜护套尺寸

导体标称截面（mm²）	绝缘标称厚度（mm）	铜护套外径（mm）						
		1 芯	2 芯	3 芯	4 芯	7 芯	12 芯	19 芯
1	1.30	4.6	7.3	7.7	8.4	9.9	13.0	15.2
1.5	1.30	4.9	7.9	8.3	9.1	10.8	14.1	16.6
2.5	1.30	5.3	8.7	9.3	10.1	12.1	15.6	—
4	1.30	5.9	9.8	10.4	11.4	13.6	—	—
6	1.30	6.4	10.9	11.5	12.7	—	—	—
10	1.30	7.3	12.7	13.6	14.8	—	—	—
16	1.30	8.3	14.7	15.6	17.3	—	—	—
25	1.30	9.6	17.1	18.2	20.1	—	—	—
35	1.30	10.7	—	—	—	—	—	—
50	1.30	12.1	—	—	—	—	—	—
70	1.30	13.7	—	—	—	—	—	—
95	1.30	15.4	—	—	—	—	—	—
120	1.30	16.8	—	—	—	—	—	—
150	1.30	18.4	—	—	—	—	—	—
185	1.40	20.4	—	—	—	—	—	—
240	1.60	23.3	—	—	—	—	—	—
300	1.80	26.0	—	—	—	—	—	—
400	2.10	30.0	—	—	—	—	—	—

注：电缆绝缘最小厚度不应小于（规定标称值的 80%－0.1）mm。

A.0.5 500V 电缆铜护套电阻校正值应符合表 A.0.5 的规定。

表 A.0.5　500V 电缆铜护套电阻校正值

导体标称截面 (mm²)	20℃时导体最大电阻(Ω/km)				
	1 芯	2 芯	3 芯	4 芯	7 芯
1	8.85	3.95	3.15	2.71	2.06
1.5	7.75	3.35	2.67	2.33	1.78
2.5	6.48	2.53	2.23	1.85	1.36
4	4.98	1.96	—	—	—

A.0.6 750V 电缆铜护套电阻校正值应符合表 A.0.6 的规定。

表 A.0.6　750V 电缆铜护套电阻校正值

导体标称截面 (mm²)	20℃时铜护套最大电阻(Ω/km)						
	1 芯	2 芯	3 芯	4 芯	7 芯	12 芯	19 芯
1	4.63	2.19	1.99	1.72	1.31	0.843	0.663
1.5	4.13	1.90	1.75	1.51	1.15	0.744	0.570
2.5	3.71	1.63	1.47	1.29	0.959	0.630	—
4	3.09	1.35	1.23	1.04	0.783	—	—
6	2.67	1.13	1.03	0.887	—	—	—
10	2.23	0.887	0.783	0.690	—	—	—
16	1.81	0.695	0.622	0.533	—	—	—
25	1.40	0.546	0.500	0.423	—	—	—
35	1.17	—	—	—	—	—	—
50	0.959	—	—	—	—	—	—
70	0.767	—	—	—	—	—	—
95	0.646	—	—	—	—	—	—
120	0.556	—	—	—	—	—	—
150	0.479	—	—	—	—	—	—
185	0.412	—	—	—	—	—	—
240	0.341	—	—	—	—	—	—
300	0.280	—	—	—	—	—	—
400	0.223	—	—	—	—	—	—

A.0.7 500V 电缆导体电阻校正值应符合表 A.0.7 的规定。

表 A.0.7　500V 电缆导体电阻校正值

导体标称直径(mm)	20℃时导体最大电阻(Ω/km)
1	18.1
1.5	12.1
2.5	7.41
4	4.61

A.0.8 750V 电缆导体电阻校正值应符合表 A.0.8 的规定。

表 A.0.8　750V 电缆导体电阻校正值

导体标称直径(mm)	20℃时导体最大电阻(Ω/km)
1	18.1
1.5	12.1
2.5	7.41
4	4.61
6	3.08
10	1.83
16	1.15
25	0.727
35	0.524
50	0.387
70	0.263
95	0.193
120	0.153
150	0.124
185	0.0991
240	0.0754
300	0.0601
400	0.0470

附录 B　校正系数 K_t

表 B　在 t℃时测量电缆导体电阻、电缆铜护套电阻校正到 20℃时的温度校正系数 K_t

测量时电缆导体温度 t (℃)	校正系数 K_t	测量时电缆导体温度 t (℃)	校正系数 K_t	测量时电缆导体温度 t (℃)	校正系数 K_t
5	1.064	16	1.016	27	0.973
6	1.059	17	1.012	28	0.969
7	1.055	18	1.008	29	0.965
8	0.050	19	1.004	30	0.962
9	1.046	20	1.000	31	0.958
10	1.042	21	0.996	32	0.954
11	1.037	22	0.992	33	0.951
12	1.033	23	0.988	34	0.947
13	1.029	24	0.984	35	0.943
14	1.025	25	0.980		
15	1.020	26	0.977		

本规程用词说明

1 为便于在执行本规程条文时区别对待，对要求严格程度不同的用词说明如下：

  1）表示很严格，非这样做不可的：

    正面词采用"必须"，反面词采用"严禁"；

  2）表示严格，在正常情况下均应这样做的：

    正面词采用"应"，反面词采用"不应"或"不得"；

  3）表示允许稍有选择，在条件许可时首先应这样做的：

    正面词采用"宜"，反面词采用"不宜"；

  4）表示有选择，在一定条件下可以这样做的，采用"可"。

2 条文中指明应按其他有关标准执行的写法为："应符合……的规定"或"应按……执行"。

引用标准名录

1 《爆炸和火灾危险环境电力装置设计规范》GB 50058

2 《电气装置安装工程电缆线路施工及验收规范》GB 50168

3 《建筑物电气装置 第 5 部分：电气设备的选择和安装 第 523 节：布线系统载流量》GB/T 16895.15

中华人民共和国行业标准

矿物绝缘电缆敷设技术规程

JGJ 232—2011

条 文 说 明

制 定 说 明

《矿物绝缘电缆敷设技术规程》JGJ 232－2011，经住房和城乡建设部 2011 年 1 月 7 日以第 870 号公告批准、发布。

本规程编制过程中，编制组进行了广泛的调查研究，总结了近几年我国矿物绝缘电缆敷设技术的实践经验，同时参考了国外先进技术法规、技术标准，并做了大量的有关材料性能试验。

为便于广大设计、施工、科研、学校等单位有关人员在使用本规程时能正确理解和执行条文规定，《矿物绝缘电缆敷设技术规程》编制组按章、节、条顺序编制了本规程的条文说明，对条文规定的目的、依据以及执行中需注意的有关事项进行了说明，还着重对强制性条文的强制性理由作了解释。但是，本条文说明不具备与规程正文同等的法律效力，仅供使用者作为理解和把握规程规定的参考。

目 次

1 总 则

1.0.1 本条明确了制定本规程的目的。矿物绝缘电缆作为最安全的耐火电缆,在工业和民用建筑中得到了广泛的应用。现行的《额定电压750V及以下矿物绝缘电缆及终端》GB/T 13033-2007 为产品标准,《电气装置安装工程电缆线路施工及验收规范》GB 50168-2006 也未涉及矿物绝缘电缆的敷设安装。与传统电缆相比,矿物绝缘电缆的敷设具有较大的特殊性,目前工程安装质量参差不齐,迫切需要相应的技术规程加以规范。

2 术 语

2.0.2 终端附件包括:1个终端封套、1片接地铜片、1个终端封端和1个接线端子。小截面矿物绝缘电缆终端附件可以不带接线端子。

2.0.3 中间连接附件包括:1套中间连接附件、2套终端密封罐、对应电缆芯数的中间连接端子。

2.0.4 封端:由封套螺母、压缩环、封套本体和束紧螺母四部分构成。

3 设 计

3.1 型号规格选择

3.1.1 矿物绝缘电缆的选择与普通电缆有一定区别,根据矿物绝缘电缆可在高温下正常运行的特点,在保证人员及周围环境安全的前提下可选用较高工作温度,确定相应载流量,因此规定应先根据敷设环境确定电缆工作温度,再合理选用相应载流量确定电缆型号、规格。

3.1.2 在本条所述的敷设环境下,电缆易被人员或其他物品接触,如工作温度过高易造成损害。

3.1.4 由于矿物绝缘电缆生产工艺及生产原材料受限,生产长度往往满足不了工程需要,所以设计应根据厂家生产长度及线路实际情况合理选择电缆规格,可选用2根相等长度、相等截面电缆代替大截面电缆,以避免或减少中间接头。

3.1.5 矿物绝缘电缆的挤塑外护层主要起到保护铜护套作用,如:在混凝土管、石棉混凝土管敷设时,由于拖拽电缆可能对铜护套造成损伤,室外直埋可能由于大地泄漏电流对铜护套造成损伤,所以要求在上述环境下使用有挤塑外护层的矿物绝缘电缆。

3.1.7 为避免因火灾造成中间连接附件的损毁,导致线路停电,特此对中间连接附件的耐火等级做出要求。

3.2 电缆敷设

3.2.1 矿物绝缘电缆外护套为铜材质,但因其绝缘

材料氧化镁极易吸潮的特性,铜护套一旦被破坏将造成氧化镁吸潮,使整根电缆绝缘下降直至不能正常使用,为保证线路安全,所以规定电缆线路敷设时宜避开上述场所。

3.2.2 火灾自动报警系统敷设矿物绝缘电缆应符合《民用建筑电气设计规范》JGJ 16 的要求。

4 施 工

4.1 一般规定

4.1.2 由于电缆铜护套上无任何标识,电缆敷设完毕后应及时做好回路标识,单芯电缆还应在首、末端做好相位标识。绝缘填充材料氧化镁具有极易吸潮的特性,电缆切断后要及时封堵防潮以防绝缘电阻值下降。

4.1.4 由于环境条件使电缆振动或伸缩时,为避免电缆承受因其带来的外力而造成的物理损伤,可将电缆敷设成"S"或"Ω"形弯。

4.1.6、4.1.7 大截面矿物绝缘电缆多为单芯电缆,在敷设时应有科学的排布方式以减少因涡流造成的能量损失。所以规定电缆进出钢制配电箱(柜)、桥架等开孔及穿金属管道应避免产生涡流。

电缆明敷直接固定在混凝土墙体(顶板)上,由于金属胀栓接触墙(顶板)内钢筋形成闭合磁路。

混凝土楼板或墙体内有密布钢筋可形成闭合磁路,所以电缆穿越混凝土楼板或墙体的预留洞可能产生涡流造成电能损耗。

4.1.8 单芯电缆应测试芯线与护套间绝缘电阻,多芯电缆还应测试各相间、相线对中性线、相线对地线及中性线对地线绝缘电阻。

4.1.9 由于通常情况下并行敷设的电缆数量较多,为便于区分及检修方便,需加设标志牌。

4.1.10 为防止在火灾情况下火源穿越不同防火分区,矿物绝缘电缆穿越的洞口应采用耐火级别最高等级的材料进行严密封堵。

4.1.12 本条主要规定电缆在与设备或电气元器件连接时应可靠固定,保证电气元器件或设备端子不受电缆外力影响,考虑电缆弯曲敷设后本身带有一定的应力及电缆重量,与电气元器件或设备连接后,会因电缆应力释放等原因对开关或设备造成损伤,所以规定电缆在接线端子前必须可靠固定。

4.1.13 相对湿度长期在75%以上定义为潮湿环境。因潮湿环境下易产生原电池效应,造成铜或金属支架腐蚀,所以规定潮湿环境下与铜护套直接接触的金属支架之间必须做防电化腐蚀措施。铜护套与支架做绝缘处理后考虑人身安全,要求做辅助等电位联结。

4.2 材料及附件

4.2.1 选用的矿物绝缘电缆应符合现行国家标准

《额定电压 750V 及以下矿物绝缘电缆及终端 第 1 部分：电缆》GB/T 13033.1 的规定；终端应符合现行国家标准《额定电压 750V 及以下矿物绝缘电缆及终端 第 2 部分：终端》GB/T 13033.2 的规定。进场检验时应参照以上标准相关内容进行检查。

4.2.2 电缆到达施工现场时应对电缆型号规格及外观进行初步检查，以保证工程质量。

4.2.3 引出终端后，矿物绝缘电缆外护套及氧化镁绝缘层均已剥离，导体处于裸露状态，考虑线路安全，绝缘材料耐温不应低于线路工作温度，不因电缆温度升高而影响其绝缘性能。

4.3 隧道或电缆沟内敷设

4.3.4 无挤塑外护套电缆即为铜护套矿物绝缘电缆，电缆外皮是导体，支架也是导体。为使电缆和支架间的电位相等或更接近，在伸臂范围内用导线附加连接。

4.5 穿管及地面下直埋敷设

4.5.5 电缆如有接头则接头部位成为整个线路质量控制的重点，所以穿管或直埋敷设的电缆如设接头，则必须设置检修井（接线箱）以便于接头质量验证及维修。

4.6 沿钢索架空敷设

4.6.3 矿物绝缘电缆本身有一定的机械强度，采取本条做法可减少环境对电缆质量的影响。

4.6.4 沿钢索敷设单芯电缆必须按回路敷设，不得单根悬挂一根钢索。单芯电缆按回路敷设使用同一金属挂钩可有效减少电能损耗。

4.7 沿墙或顶板敷设

4.7.3 电缆沿墙敷设时可使用任意材质足够强度挂钩，但使用金属材质特别是导磁金属材质挂钩应特别注意防止涡流产生。

4.9 附件安装

4.9.3 中间接头为整根线路的质量控制重点，当中间接头连接质量不好，线路全负荷运行时中间接头会发热，测量中间接头温度能及时发现中间接头是否连接可靠，对整根线路质量起到预控的作用。

4.9.4 当电缆设置中间接头后，整根线路的质量主要取决于中间接头的质量。所以中间接头设置的位置要便于检修不得覆盖。

4.9.5 电缆中间连接附件有一定自重，由于环境因素造成电缆晃动（振动）对接头质量产生影响，所以要求电缆中间连接附件及两端电缆都要可靠固定。

4.9.6 中间接头为整根线路的质量控制重点，当线路正常运行后中间接头仍最可能出现问题，所以线路敷设完毕后应做明显标记便于以后检修。

4.9.7 为了保证电缆铜护套的电气连续性，所以要求所有进出分支箱、盒的电缆铜护套应可靠连接。

4.9.8 中间接头安装前，为检测氧化镁材料在施工过程中是否受潮而影响到电缆绝缘电阻以及对接头封端质量的检验，需进行绝缘电阻测试。

4.9.10 采用的密封材料除电气性能应符合要求外，尚应与电缆本体具有相容性。两种材料的硬度、膨胀系数、抗张强度和断裂伸长率等物理性能指标应接近，保证密封可靠。

矿物绝缘电缆本身由不燃材料制成，受环境影响热缩管性能将发生变化，造成电缆吸潮，导致绝缘电阻下降，影响线路使用寿命，所以要求热缩管保护前对电缆的绝缘层使用专用密封胶密封严密。

4.10 接 地

4.10.1 电缆铜护套作为接地线，通过电缆终端接头铜片及接地连接线与设备或配电设施的保护导体排相连接，形成一根整体的保护导体，所以要求接地铜片不小于电缆护套截面积；同一回路电缆接地连接线可以共用，每根电缆也可单独敷设一根相同材质相同截面的接地连接线，要求接地连接线应符合表 4.10.1 的要求，以保证整条线路保护导体截面积不降低。

5 验 收

5.2 质量验收

5.2.1～5.2.10 为保证人身及财产安全，验收时应提交的试验记录为全数检查记录。

中华人民共和国行业标准

建（构）筑物移位工程技术规程

Technical specification for moving engineering of buildings

JGJ/T 239—2011

批准部门：中华人民共和国住房和城乡建设部
施行日期：２０１１年１２月１日

中华人民共和国住房和城乡建设部
公 告

第 990 号

关于发布行业标准《建(构)筑物
移位工程技术规程》的公告

现批准《建(构)筑物移位工程技术规程》为行业标准,编号为 JGJ/T 239 - 2011,自 2011 年 12 月 1 日起实施。

本规程由我部标准定额研究所组织中国建筑工业

出版社出版发行。

中华人民共和国住房和城乡建设部

2011 年 4 月 22 日

前 言

根据住房和城乡建设部《关于印发〈2009 年工程建设标准规范制订、修订计划〉的通知》(建标〔2009〕88 号)的要求,规程编制组经广泛调查研究,认真总结实践经验,参考有关国际标准和国外先进标准,并在广泛征求意见的基础上,编制了本规程。

本规程共 7 章,主要技术内容有:1. 总则;2. 术语和符号;3. 基本规定;4. 检测与鉴定;5. 设计;6. 施工;7. 验收。

本规程由住房和城乡建设部负责管理,由山东建筑大学负责具体技术内容的解释。执行过程中如有意见或建议,请寄送山东建筑大学土木工程学院(地址:济南市临港开发区凤鸣路,邮编:250101)。

本 规 程 主 编 单 位:山东建筑大学
烟建集团有限公司

本 规 程 参 编 单 位:同济大学
山东省建筑设计研究院
山东省建设建工(集团)
有限责任公司
中国建筑第六工程局有限

公司
广州市鲁班建筑防水补强有限公司
烟台市建筑设计研究股份有限公司
山东建固特种专业工程有限公司
烟建集团特种工程有限公司

本规程主要起草人员:张 鑫　唐 波　吕西林
贾留东　夏风敏　孙国春
卢文胜　文爱武　汪俊波
张维汇　黄启政　王存贵
李国雄　于明武　孙立举
于文波　徐 岩　邢智军

本规程主要审查人员:叶列平　韩继云　董毓利
惠云玲　王有志　张 爽
崔士起　胡海涛　秦家顺
蒋世林　曹怀武

目 次

Contents

1 总 则

1.0.1 为在建（构）筑物的移位工程设计与施工中，贯彻执行国家技术经济政策，做到安全可靠、技术先进、确保质量、经济合理、保护环境，制定本规程。

1.0.2 本规程适用于建（构）筑物移位工程的设计、施工及验收。

1.0.3 建（构）筑物移位工程应因地制宜、就地取材、节约资源、精心设计、精心施工。

1.0.4 建（构）筑物移位工程的设计、施工及验收，除应执行本规程外，尚应符合国家现行有关标准的规定。

2 术语和符号

2.1 术 语

2.1.1 移位工程 moving engineering

将建（构）筑物从某个位置移动到新位置的工程。

2.1.2 水平移位 horizontal moving

将建（构）筑物沿水平方向直线、曲线或旋转的移位。

2.1.3 竖向移位 vertical moving

将建（构）筑物沿竖直方向同步抬升或降低的移位。

2.1.4 托换结构体系 underpinning structural system

移位工程中，在建（构）筑物底部水平截断面上部由托换梁与支撑等组成的承担上部荷载，并在移位过程中可靠传递移位动力的结构体系。

2.1.5 下轨道结构体系 lower-track structural system

移位工程中，在建（构）筑物底部水平截断面下部由梁与基础等组成，承担托换结构传递的荷载，满足移位与地基承载力要求的结构体系。

2.1.6 沉降控制 settlement control

为防止移位建（构）筑物的过量沉降而采取的控制措施。

2.1.7 移位动力 moving power

为改变建（构）筑物水平或竖向位置所施加的动力。

2.1.8 移位控制系统 moving control system

在建（构）筑物移位过程中，用于监测、调整移位动力、位移及速度的监控系统。

2.1.9 移动装置 moving device

建（构）筑物水平移位所用的滚动或滑动装置。

2.1.10 升降设备 jacking and descending facilities

建（构）筑物升降移位时所用的动力设备，一般为螺旋千斤顶或带有自锁装置的液压千斤顶。

2.1.11 水平截断面 horizontal cut interface

在托换结构与下轨道之间，沿一水平切面将上部结构与原基础截断。

2.2 符 号

2.2.1 几何参数

A——构件截面面积；

A_s——钢筋截面面积；

A_h——滑块受压面积；

b——托换梁截面宽度；

C——构件截面周长；

d——钢筋或滚轴的直径；

h——托换梁截面高度；

h_0——托换梁截面有效高度；

l——滚轴长度；

s——箍筋间距。

2.2.2 作用和抗力

F——移位阻力；

N——轴向压力设计值；

N_k——轴向压力标准值；

P——施力设备实际总动力；

P_g——每根实心钢滚轴的承压力设计值；

P_h——滑块承受的竖向作用力设计值；

V——剪力设计值。

2.2.3 材料性能

f_c——混凝土轴心抗压强度设计值；

f_g——滚轴抗压强度设计值；

f_h——滑块抗压强度设计值；

f_t——混凝土轴心抗拉强度设计值；

f_y——钢筋抗拉强度设计值。

2.2.4 计算参数及其他

ρ——纵向受力钢筋配筋率；

μ——建（构）筑物移位的摩阻系数。

3 基 本 规 定

3.0.1 确定移位工程设计和施工方案前，应收集相关资料，进行现场调查。

3.0.2 移位工程设计与施工前，应根据现行国家标准《民用建筑可靠性鉴定标准》GB 50292、《工业建筑可靠性鉴定标准》GB 50144、《建筑抗震鉴定标准》GB 50023，对拟移位工程进行结构检测和可靠性鉴定，必要时应进行地质补充勘察。

3.0.3 移位工程设计和施工方案应进行充分论证，确保安全可靠。

3.0.4 移位工程在满足建（构）筑物使用要求的条件下，应综合考虑日照、消防、环保、抗震及对周围地上、地下环境的影响。

3.0.5 应根据具体情况对移位工程施工全过程及周围建（构）筑物进行监测。竣工后应进行沉降等监测，监测至沉降稳定。

3.0.6 承担移位工程的单位，应具有相应资质。

3.0.7 移位工程施工过程中及完工后，应按本规程和现行国家标准《建筑工程施工质量验收统一标准》GB 50300、《建筑地基基础工程施工质量验收规范》GB 50202、《混凝土结构工程施工质量验收规范》GB 50204、《建筑结构加固工程施工质量验收规范》GB 50550 的规定进行验收。

4 检测与鉴定

4.1 一般规定

4.1.1 检测、鉴定前应先对现场进行调查，收集地质勘察资料、设计图、竣工图、使用情况与环境条件等相关资料。

4.1.2 根据建（构）筑物移位要求制定检测与鉴定方案。

4.2 检测与鉴定

4.2.1 应对结构构件按材料强度、构造与连接、变形和裂缝等方面进行调查和检测。

4.2.2 根据检测结果，应按现行国家标准《民用建筑可靠性鉴定标准》GB 50292、《工业建筑可靠性鉴定标准》GB 50144、《建筑抗震鉴定标准》GB 50023 评定结构的可靠性。

4.2.3 结构承载力验算应符合下列规定：

　　1 计算模型应符合结构受力与构造实际情况；

　　2 结构上的荷载应调查核实，相应的荷载效应组合与分项系数应符合现行国家标准《建筑结构荷载规范》GB 50009 的规定；

　　3 结构或构件的材料强度、几何参数应按实际检测结果取值。

4.2.4 根据原地质勘察资料，并结合工程现状和实测资料确定当前的地基承载力。对建（构）筑物移位轨道及新址处，应做补充地质勘察。

5 设 计

5.1 一般规定

5.1.1 移位后建（构）筑物的使用年限，由业主和设计单位共同协商确定，不宜低于原建（构）筑物的剩余设计使用年限。

5.1.2 建（构）筑物移位前应采取必要的临时或永久加固措施，保证移位过程中结构安全可靠。

5.1.3 移位后结构可靠性应符合现行国家标准《民用建筑可靠性鉴定标准》GB 50292、《工业建筑可靠性鉴定标准》GB 50144、《建筑抗震鉴定标准》GB 50023 的规定。保护性建筑应符合当地有关部门的规定。

5.1.4 移位工程设计应包括下轨道及基础设计、托换结构设计、移位动力及控制系统设计、连接设计以及必要的临时或永久加固设计等。

5.1.5 移位工程设计时应考虑移位过程中的不均匀沉降、新旧基础的差异沉降以及新址地基的沉降或差异沉降的影响。

5.1.6 移位工程设计时应进行建（构）筑物的倾覆验算。

5.2 荷载计算

5.2.1 建（构）筑物移位的设计荷载应包括永久荷载、可变荷载、地震作用及建（构）筑物移位过程中的荷载。

5.2.2 移位过程中，永久荷载、可变荷载取值应按现行国家标准《建筑结构荷载规范》GB 50009 采用或按实际荷载取值；风荷载可按 10 年一遇取值；可不考虑地震作用；牵引力按本规程第 5.5.2 条确定。

5.2.3 就位后，荷载应按现行国家标准《建筑结构荷载规范》GB 50009 采用。

5.2.4 移位过程中的临时构件设计可按实际荷载取值。

5.3 下轨道及基础设计

5.3.1 下轨道结构的受力分析应根据建（构）筑物移位时荷载的最不利组合进行。下轨道结构应进行承载力、刚度和沉降计算。

5.3.2 设计时应考虑地基不均匀沉降对上部结构的影响。

5.3.3 新旧基础连接应保证基础的整体性，严格控制新旧基础间的沉降差。

5.3.4 下轨道梁宽宜大于托换梁宽，顶面应铺设强度不低于下轨道梁混凝土强度等级的细石混凝土找平层，厚度宜为 30mm～50mm，找平层内宜铺设钢筋网。

5.4 托换结构设计

5.4.1 应根据检测确定的实际构造和尺寸进行结构设计。

5.4.2 托换结构体系应满足上部结构移位时水平或竖向荷载的分布和传递，应进行承载力、刚度和稳定性的综合设计，应考虑移位的特殊构造要求。

5.4.3 承重柱的托换设计应符合下列要求：

　　1 柱宜采用四面包裹式托换方式（图 5.4.3 (a)）；

2 柱表面应凿毛，并用插筋连接托换梁与柱；

3 当采用单梁托换时，梁宽宜大于柱宽，梁内纵筋不应截断（图5.4.3（b））；

4 四面包裹式托换，托换梁与柱结合面的高度h_j可按式（5.4.3-1）确定，且不应小于柱内纵向钢筋的锚固长度和柱短边尺寸；

$$h_j = \frac{N}{0.6 f_t C_j} \qquad (5.4.3\text{-}1)$$

式中：C_j——托换柱截面的周长，mm；

f_t——混凝土轴心抗拉强度设计值，取结合面处新旧混凝土轴心抗拉强度设计值的较小值，N/mm²；

h_j——托换梁与柱结合面的高度，mm；

N——托换柱的轴力设计值，N。

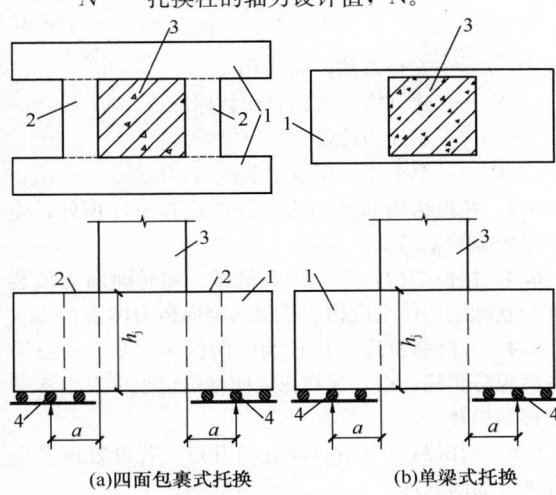

(a)四面包裹式托换　　(b)单梁托换

图5.4.3　柱托换节点示意

1—托换梁；2—托换连梁；3—被托换柱；4—移动装置

5 四面包裹式柱托换节点，其承载力应满足下式规定：

$$kN \leqslant \sum_{i=1}^{n} V_{ui} \qquad (5.4.3\text{-}2)$$

式中：k——系数，取1.5～2.0；

N——托换柱的轴力设计值，N；

n——托换柱周围托换梁受力截面的数量；

V_{ui}——第i个托换梁的受剪承载力，N。

6 托换梁的受剪承载力，当a/h_0在0.5～1.0范围内可采用下式计算：

$$V_{ui} = 0.42 f_t b h_0 + \beta_s \rho f_{yv} \frac{A_{sv}}{s} h_0 \qquad (5.4.3\text{-}3)$$

式中：β_s——系数，纵筋采用HRB335、HRB400时，取66；

ρ——托换梁纵向受拉钢筋配筋率，大于1.5%时，取1.5%；

A_{sv}——配置在同一截面内箍筋各肢的全部截面面积，mm²；

a——支撑反力合力作用点至柱边的距离，

mm，图5.4.3；

b——托换梁截面宽度，mm；

f_t——混凝土轴心抗拉强度设计值，N/mm²；

f_{yv}——箍筋抗拉强度设计值，N/mm²；

h_0——托换梁截面的有效高度，mm；

s——沿构件长度方向箍筋间距，mm。

7 根据现行国家标准《混凝土结构设计规范》GB 50010，托换梁受剪截面应符合下列规定：

当$h/b \leqslant 4$时

$$V_{ui} \leqslant 0.25 \beta_c f_c b h_0 \qquad (5.4.3\text{-}4)$$

当$h/b \geqslant 6$时

$$V_{ui} \leqslant 0.2 \beta_c f_c b h_0 \qquad (5.4.3\text{-}5)$$

当$4 < h/b < 6$时，按线性内插法确定。

式中：β_c——混凝土强度影响系数：当混凝土强度等级不超过C50时，取$\beta_c = 1.0$；当混凝土强度等级为C80时，取$\beta_c = 0.8$；其间按线性内插法确定；

f_c——混凝土轴心抗压强度设计值，N/mm²；

h——托换梁截面高度，mm。

5.4.4 承重墙的托换设计应符合下列要求：

1 承重墙可采用沿托换梁下均匀布置支点和局部布置支点两种方式（图5.4.4），宜优先采用局部布置支点的方式；

2 托换梁下局部布置支点时，局部布置长度不宜小于0.5m，间隔净距不宜大于1.5m，应避开门、窗、洞口和承重构件的薄弱位置。

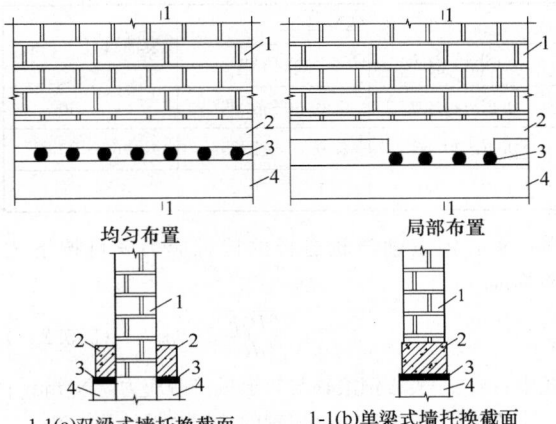

均匀布置　　　　局部布置

1-1(a)双梁式墙托换截面　　1-1(b)单梁式墙托换截面

图5.4.4　墙体托换反力点布置示意

1—墙体；2—托换梁；3—移动装置；4—下轨道梁

5.4.5 托换结构应形成稳定的水平平面桁架体系。

5.4.6 支点部位托换梁的局部抗压应按现行国家标准《混凝土结构设计规范》GB 50010进行计算。

5.5　水平移位设计

5.5.1 水平移位时，托换结构体系除应考虑上部结构荷载外，还应考虑水平移动动力和阻力的影响；转动时，托换结构体系应考虑转动扭矩的影响。

5.5.2 施力系统的设计应符合下列要求：

1 移位可采用牵引、顶推和牵引顶推组合等三种施力方式。

2 施力设备实际总动力 P 应大于每道托换梁的水平移位阻力 F_i 之和：

$$P \geqslant \sum_{i=1}^{n} F_i \qquad (5.5.2\text{-}1)$$

式中：F_i——作用于第 i 道托换梁的水平移位阻力，N；

n——托换梁数量；

P——施力设备实际总动力，N。

3 设计时，应按式（5.5.2-2）计算移位阻力：

$$F_i = k \mu G_i \qquad (5.5.2\text{-}2)$$

式中：μ——摩阻系数，钢材滚动阻力系数取 0.05～0.1，聚四氟乙烯与不锈钢板的滑动阻力系数取 0.1；

G_i——作用于第 i 道托换梁的竖向作用力标准值，N；

k——经验系数，取值 1.5～2.0。

4 施力点在托换结构平面内宜均匀布置，宜靠近托换梁底部，并应根据受力状态由计算确定施力点处配筋，并应满足局部受压要求；

5 采用滚轴实施水平移位时，滚轴宜采用实心钢滚轴，滚轴直径宜按表 5.5.2 取用：

表 5.5.2 钢滚轴直径表

滚轴荷载（kN/mm）		滚轴直径（mm）
Q235 钢	Q345 钢	
0.25～0.40	0.60～0.85	40～60
0.40～0.53	0.85～1.15	60～80
0.53～0.66	1.15～1.45	80～100

实心钢滚轴与轨道板的接触应力 σ 可按下式验算：

$$\sigma = 0.418 \sqrt{\frac{2 P_g E}{d l}} \leqslant 3\sigma_s \qquad (5.5.2\text{-}3)$$

式中：σ——实心钢滚轴与轨道板接触应力，N/mm²；

P_g——每根实心钢滚轴的承压力设计值，N；

E——材料的弹性模量，若两种弹性模量不同的材料接触时应采用合成弹性模量 $E' = \dfrac{2 E_1 E_2}{E_1 + E_2}$，N/mm²；

d——滚轴直径，mm；

l——滚轴长度，mm；

σ_s——两种接触材料中较小的屈服强度，N/mm²。

6 采用滑块实施水平移位时，滑块的受压面积 A_h 应根据滑块采用的低摩阻材料的抗压性能计算：

$$A_h = \frac{P_h}{f_h} \qquad (5.5.2\text{-}4)$$

式中：A_h——滑块受压面积，mm²；

f_h——滑块材料抗压强度设计值，N/mm²；

P_h——滑块承受的竖向作用力设计值，N。

5.5.3 建（构）筑物就位后的轴线水平位置偏差不应大于 40mm；标高偏差不应超过相邻轴线距离的 2/1000，且不应大于 30mm。

5.6 竖向移位设计

5.6.1 竖向移位动力设计时，应合理布置施力点，动力合力与建筑物重心应重合，施力点的数量应根据下式计算：

$$n = k \frac{N_k}{P_a} \qquad (5.6.1)$$

式中：k——安全系数，取 2.0；

N_k——建（构）筑物总荷载标准值，N；

n——千斤顶数量；

P_a——单个千斤顶额定荷载值，N。

5.6.2 托换结构和基础之间除应设置千斤顶外，尚应设置临时辅助支顶装置。

5.6.3 托换结构体系、顶升机械、临时辅助支顶装置和基础结构体系应构成稳定的竖向传力体系。

5.6.4 升降移位应严格控制竖向位移同步，并应采取措施防止建（构）筑物在竖向移位过程中发生水平位移和偏转。

5.6.5 门窗洞口下不宜设置顶升点，若设置顶升点应进行加固处理。

5.6.6 顶升点处托换结构的局部抗压应按现行国家标准《混凝土结构设计规范》GB 50010 进行计算。

5.7 拖车移位设计

5.7.1 运输设备应具有自行式液压升降平台，确保建（构）筑物在运输过程中各支点不发生不均匀沉降。

5.7.2 应采取措施使建（构）筑物各支点的压力和反力保持平衡，保证建（构）筑物受力均匀。

5.7.3 托换结构必须具有足够的刚度，具有一定的调整不均匀沉降和不平衡反力的能力。

5.7.4 托换结构应按顶升和运输两种工况进行设计。

5.8 就位连接设计

5.8.1 移位建（构）筑物就位后，连接应满足承载力、稳定性和抗震的要求。

5.8.2 框架结构、层数超过 6 层或高宽比大于 2 的砌体结构，连接形式和构造应经计算确定。高宽比不大于 2，层数不大于 6 层的砌体结构，墙下托换梁和基础间的缝隙，应采用不低于 C20 细石混凝土或水泥基灌浆料充填密实。

5.8.3 移位工程就位后，当托换结构体系需拆除时，砌体结构构造柱和框架柱中的纵向钢筋应与基础或下轨道结构体系中的预设锚固筋可靠连接。

5.8.4 抗震设防地区，宜在托换结构体系和新址基础之间采取隔震措施，隔震设计应满足现行国家标准《建筑抗震设计规范》GB 50011 的要求。

6 施 工

6.1 一 般 规 定

6.1.1 移位工程施工前，应进行下列准备工作：

1 应结合检测鉴定报告和设计方案现场查勘移位工程的现状，并进行记录；

2 应结合设计方案、现场检测鉴定和查勘结果，编制施工组织设计或施工技术方案；

3 应根据移位工程的具体情况确定相应的安全措施和应急预案。

6.1.2 移位工程所用的建筑材料，经试验合格后方可使用。

6.1.3 水平移位工程中，滚动装置的滚轴直径和滑动装置的滑块高度应现场检查，滚轴直径或滑块高度与设计要求相差不应超过 0.5mm。

6.1.4 托换结构及下轨道结构施工时，应采取可靠措施保证新旧结构连接的施工质量。

6.1.5 施工过程中，遇到与设计不符等异常问题时，应及时与设计人员协商，并在提出可靠处理方案后方可继续施工。

6.1.6 移位工程所使用的动力设备，应安全可靠，并应有动力监控装置。

6.1.7 应有可靠的位移监控措施和控制装置。

6.1.8 应对上部结构的裂缝、倾斜、振动及建筑物的沉降进行监测。

6.1.9 移位前应建立完善的现场指挥控制系统，明确人员岗位，确保分工明确、指挥畅通。

6.2 下轨道及基础施工

6.2.1 下轨道结构体系施工应包括建（构）筑物原址、移动路线和新址三部分。

6.2.2 下轨道结构体系施工时，应保证下轨道顶面的平整度，用 2m 直尺检查时的允许偏差不宜超过 2.0mm，且整体高差不宜超过 5.0mm。

6.2.3 建（构）筑物原址内下轨道结构的施工，应符合下列要求：

1 施工前应在建（构）筑物墙、柱的一定高度处设置等高标志线；

2 开挖地基与施工下轨道基础时，应考虑开挖、托换等对移位工程原地基基础及上部结构的影响；

3 下轨道及基础分段施工时，应按施工方案的要求分段、分批施工，结合面应按施工缝处理，且施工缝应避开剪力、弯矩较大处；

4 下轨道结构内的纵向钢筋宜贯通，确有困难不能贯通时，应采用机械连接或焊接，并应满足现行国家标准《混凝土结构工程施工质量验收规范》GB 50204 要求。

6.2.4 建（构）筑物新址处下轨道结构的施工，应符合下列要求：

1 应满足现行国家标准《混凝土结构工程施工质量验收规范》GB 50204 和《建筑地基基础设计规范》GB 50007 的要求；

2 按设计要求设置的预埋连接锚筋或连接预埋件，应定位准确、固定牢固。

6.3 托换结构施工

6.3.1 下轨道施工完成后，应先放置移动装置，再进行托换结构施工。

6.3.2 托换结构施工时，下轨道找平层材料的强度必须满足承载力要求。

6.3.3 混凝土托换结构应采用早强性能好的混凝土，必要时应添加适量膨胀剂。

6.3.4 托换结构施工过程中，应保持托换结构下部移动装置的正确位置和方向，并采取临时固定措施。

6.3.5 托换结构施工宜对称进行。

6.3.6 托换结构底部水平移位支点行走面应与下轨道顶面平行。

6.3.7 柱下托换结构应一次施工完成；承重墙下托换梁宜分段施工，分段长度应根据墙体的整体质量、地基基础承载力、基础整体刚度和上部结构的荷载大小综合确定，分段接茬处应按施工缝处理。

6.3.8 托换结构内纵筋应优先采用机械连接或焊接，并满足现行国家标准《混凝土结构工程施工质量验收规范》GB 50204 要求。

6.3.9 施工混凝土托换结构时，应将原柱、墙面表面凿毛，清理干净并用水充分湿润，涂刷界面处理剂。当设计有连接插筋时，应保证插筋与原结构连接牢固，并应在柱、墙表面凿毛后施工插筋。

6.3.10 混凝土托换结构内的钢筋不应在水平移位支点或顶升点处断开。

6.3.11 当设有卸荷支撑时，卸荷支撑应安全可靠并宜设置测力装置。

6.3.12 当施工托换结构需对墙体开洞时，不应对墙体产生过大的振动或扰动，墙体开洞后，应尽快完成托换结构施工。

6.4 截 断 施 工

6.4.1 截断施工应在下轨道结构体系、托换结构体系的材料强度达到设计要求后进行。

6.4.2 截断施工前，应确认移动装置或升降设备的位置和方向正确无误，截断施工过程中不能改变移动装置的位置和方向。

6.4.3 截断施工应严格按施工方案确定的顺序对称进行。

6.4.4 截断施工时，应监测墙、柱及托换结构体系的状态变化，包括墙、柱竖向变形、托换结构的异常变形或开裂等，受力较大的关键部位应进行应力监测。

6.4.5 墙、柱截断时不应产生过大的振动或扰动，并宜保证截断面平整，应避免截断面二次剔凿。

6.4.6 若截断施工过程中需用冷却水，应设置排水或废水收集装置，不应将废水直接排至基础周围的地基土。

6.5 水平移位施工

6.5.1 下轨道结构体系、托换结构体系及反力装置应经验收且达到设计要求后，方可进行移位施工。

6.5.2 水平移位时动力及控制系统应能保证移位同步精度，所用的测力装置及位移监控装置应准确可靠。

6.5.3 应认真检查移动装置、动力系统、监控系统、应急措施等，确认位置正确、状态完好、措施全面。

6.5.4 正式移位前宜进行试平移，检测移动装置、动力系统、监控系统、指挥系统的工作状态和可靠性，并测定移动动力、移动速度等相关参数。

6.5.5 正式移位时，应按照试平移确定的相关参数，均匀、平稳施加动力，保持动力与位移的同步，采用千斤顶作为移动动力时，移动速度不宜大于 60mm/min。移位过程中应采用以位移控制为主、位移与动力同时控制的控制方案。

6.5.6 应采取可靠措施及时纠正移动中产生的偏斜。

6.5.7 应及时清理移动轨道面上的杂物，确保移动面平整、光洁。

6.5.8 移动轨道面或移动装置宜涂抹适当的润滑剂。

6.5.9 建(构)筑物移位接近指定位置时，宜适当减慢移动速度，以控制到位精度。

6.5.10 移位到指定位置后，委托方应及时组织有关部门实施建(构)筑物的到位验收。

6.6 竖向移位施工

6.6.1 竖向移位所用的升降设备应安全可靠，并有足够的安全储备；升降设备应能安全升降，且应有自锁装置，并设置可靠的辅助支顶装置。

6.6.2 竖向移位设备应保证升降的同步精度，升降移位应采用以位移为主、位移与升降力同时控制的升降控制方案。升降点应设置位移监控设备，并将位移监控结果及时反馈。

6.6.3 竖向移位设备应安装稳固，并保证其垂直度。竖向移位设备与升降支点的接触面应受力均匀，在升

降设备出现偏斜的情况下应停止施工。

6.6.4 竖向移位过程中，应根据建(构)筑物的结构形式、整体刚度及高宽比严格控制各升降点之间的升降差。相邻升降点之间的升降差不应大于升降点间距的 2/1000，总体升降差不应大于建(构)筑物该方向宽度的 2/1000 且不应大于 20mm。

6.7 拖车移位施工

6.7.1 拖车应有自升降功能，托盘的平整度、水平度宜有自动调整和保持功能，宜采用具有液压自动升降、多模块组合功能的拖车。拖车应有较好的低速性能，且启动、刹车应缓慢、平稳。

6.7.2 应根据移位建(构)筑物的重量对移位路线进行压实或硬化。当需进入城市道路或公路时，应取得当地交通等主管部门的同意与配合。并应综合勘查道路、桥梁的通行能力及地面、空中障碍。当移位建(构)筑物重量较大时，应调阅道路、桥梁的设计文件并确保安全方可通行。

6.7.3 托换结构在拖车上的支点应按设计要求布置，且支点与拖车托盘之间应加设橡胶垫。

6.7.4 拖车托起建(构)筑物时，应先进行称重，并确定建(构)筑物的重心，托起过程应缓慢、平稳、建(构)筑物受力均匀、托盘处于水平状态。

6.7.5 在建(构)筑物托起或移位的过程中，应进行纵、横两个方向倾斜或水平监测，重要构件或部位应进行变形监测或内力监测。

6.7.6 移位过程中应根据拖车的调整能力确定拖车移位时的最大爬升坡度，不应在托盘倾斜的情况下爬坡。

6.7.7 建(构)筑物移位至指定位置后，将建(构)筑物安放至新基础的过程中应缓慢、平稳，建(构)筑物受力均匀，托盘处于水平状态。

6.8 就位连接与恢复施工

6.8.1 建(构)筑物移位至指定位置，验收合格后应尽快实施就位连接。

6.8.2 连接应按设计要求施工，应检查预设连接锚筋、连接预埋件的位置，避免错漏。焊接连接时应交叉施焊并宜采取降温措施。焊接质量应满足现行国家标准《混凝土结构工程施工质量验收规范》GB 50204 的规定。

6.8.3 空隙的填充应密实，宜采用微膨胀混凝土、砂浆或无收缩灌浆料。

6.8.4 应根据水、电、暖等设备管线的设置，预留安装孔洞。

6.8.5 当采用隔震连接时，应按照隔震连接设计施工，应保证托换结构以上的荷载全部通过隔震支座传至基础，应采取可靠的施工措施保证隔震支座受力均匀。隔震支座安装后的水平度、位置应满足以下

要求：

    1 隔震支座安装后，隔震支座顶面的水平度误差不宜大于 0.8%；

    2 隔震支座中心的平面位置与设计位置的偏差不应大于 5.0mm；

    3 隔震支座中心的标高与设计标高的偏差不应大于 5.0mm；

    4 同一轨道上多个隔震支座之间的顶面高差不宜大于 5.0mm。

    上部结构、隔震层部件与周围固定物的水平间隙不应小于设计规定。托换结构与基础等之间预留的空隙若需填充时，应尽量减小填充材料对上部结构的水平约束，不应采用刚性材料填塞。

6.8.6 因恢复需要切除托换结构构件时，应在连接施工完成且达到承载力要求后进行。切除宜采用机械切割，避免产生过大的振动。切割面应采取防护措施，以防止切割面钢筋锈蚀。

6.8.7 因移位产生影响主体结构使用的裂缝，应进行加固或修复。

6.9 施 工 监 测

6.9.1 对于一般建（构）筑物，施工中应对其沉降、整体倾斜及裂缝进行监测，监测记录表格宜符合本规程附录 A 的规定；对于特别重要的建（构）筑物，宜增加结构的振动和构件内力监测。应对周围受影响的建（构）筑物进行监测。

6.9.2 测点应布置在对移位变化较为敏感或结构薄弱的部位，监测点的数量及监测频率应根据需要确定。

6.9.3 应监测建（构）筑物各轴移动的均匀性、方向性，并应及时调整。

6.9.4 应监测托换结构及下轨道结构体系和建（构）筑物的变形、裂缝及不均匀沉降，并应及时处理。

6.9.5 监测数据应根据具体情况确定报警值，并将监测结果及时反馈。

7 验 收

7.1 一 般 规 定

7.1.1 建（构）筑物移位工程竣工验收程序和组织应符合下列规定：

    1 分项工程应由监理工程师组织施工单位专业技术负责人及专业质量负责人进行验收；

    2 子分部工程应由总监理工程师组织施工单位项目负责人和技术、安全、质量负责人及设计单位工程项目负责人进行验收；

    3 各子分部工程竣工验收完成后，施工单位应向建设单位提交分部工程验收报告，建设单位移位工程负责人应组织监理、施工、设计等单位负责人进行分部工程竣工验收；

    4 分部工程竣工验收合格后，建设单位应负责办理有关建档和备案等事宜；

    5 若参加竣工验收各方对移位工程质量验收意见不一致时，应请当地工程质量监督机构协调处理。

7.1.2 建（构）物移位工程质量验收分部、分项工程的划分应符合本规程附录 B 的规定。

7.1.3 分部、分项工程验收应提交下列资料：

    1 原材料、构配件的出厂质量合格证书、检测报告、进场复验报告；

    2 砂浆、混凝土等试块的强度检测报告，钢筋、型钢、钢管连接接头的观感检查记录和试验报告；

    3 分部工程观感验收记录；

    4 分部工程实体检验记录；

    5 隐蔽工程的施工记录和验收记录；

    6 施工阶段性监测报告；

    7 工程重大问题处理记录。

7.1.4 工程竣工验收，除应提交本规程第 7.1.3 条规定的文件外，尚应提交下列文件：

    1 工程竣工图、会审记录和设计变更文件；

    2 工程施工组织设计或施工方案；

    3 工程监测报告；

    4 竣工验收报告；

    5 执行国家或地方工程建设有关标准、规定的情况报告。

7.2 质 量 控 制

    各分部、分项工程和检验批检测的主控项目，均应符合现行国家标准《建筑地基基础工程施工质量验收规范》GB 50202、《混凝土结构工程施工质量验收规范》GB 50204、《建筑结构加固工程施工质量验收规范》GB 50550 的规定和本规程的要求，并应增加下列质量检测主控项目：

    1 移位工程的托换梁底面平整度；

    2 移位工程的下轨道平整度；

    3 建（构）筑物就位偏差。

7.3 质 量 验 收

7.3.1 检验批质量合格应符合下列条件：

    1 主控项目应合格；

    2 一般项目抽样检验应全部符合要求；

    3 应有完整的操作依据和质量检验记录。

7.3.2 分项工程质量合格应符合下列条件：

    1 分项工程所含检验批质量检测均合格；

    2 分项工程所含检验批质量检测记录均完整。

7.3.3 分部工程质量合格应符合下列条件：

    1 分部工程所含分项工程质量检测均合格；

    2 实体抽样检验合格；

3 应有完整的质量控制资料；

4 观感质量验收应符合要求。

7.3.4 质量不合格时，应按下列情况分别处理：

1 主控项目不满足要求时，必须逐项处理直至满足要求；

2 一般项目不满足要求时，应进行处理，并重新检验；

3 经处理仍不满足要求时，不能验收。

7.3.5 建(构)筑物移位工程竣工验收记录表格宜符合本规程附录C的规定。

附录A 建(构)筑物移位工程施工监测记录

表 A.1 沉降监测记录 　　　　　　　第 页 共 页

工程名称：＿＿＿＿＿ 建设单位：＿＿＿＿＿ 施工单位：＿＿＿＿＿ 测量单位：＿＿＿＿＿

结构形式：＿＿＿＿ 建筑层数：＿＿＿＿ 仪器型号：＿＿＿＿ 起算点号：＿＿＿＿ 起算高程：＿＿＿＿

观测日期	初次 年 月 日	第 次 年 月 日			第 次 年 月 日				第 次 年 月 日				第 次 年 月 日				第 次 年 月 日			
测点编号	高程(m)	本次高程(m)	本次下沉量(mm)	下沉速度(mm/d)	本次高程(m)	本次下沉量(mm)	累计下沉量(mm)	下沉速度(mm/d)	本次高程(m)	本次下沉量(mm)	累计下沉量(mm)	下沉速度(mm/d)	本次高程(m)	本次下沉量(mm)	累计下沉量(mm)	下沉速度(mm/d)	本次高程(m)	本次下沉量(mm)	累计下沉量(mm)	下沉速度(mm/d)
平均值																				
观测间隔时间																				
观测人																				
记录人																				
备注	侧点平面示意图																			

表 A.2 倾斜监测记录 　　　　　　　第 页 共 页

工程名称：＿＿＿＿＿ 建设单位：＿＿＿＿＿ 施工单位：＿＿＿＿＿ 测量单位：＿＿＿＿＿

结构形式：＿＿＿＿ 建筑层数：＿＿＿＿ 建筑高度：＿＿＿＿ 起算点号：＿＿＿＿ 仪器型号：＿＿＿＿

观测日期	初次 年 月 日	第 次 年 月 日		第 次 年 月 日		第 次 年 月 日		第 次 年 月 日
测点编号	顶点倾斜值(mm)	顶点倾斜值(mm)	倾斜率	顶点倾斜值(mm)	倾斜率	顶点倾斜值(mm)	倾斜率	顶点倾斜值(mm)
平均值								
观 测 间 隔 时 间								
监测人								
记录人								
备注	侧点平面示意图							

附录 B 建(构)筑物移位工程分部工程、分项工程划分

表 B 建(构)筑物移位工程分部工程、分项工程划分表

序号	分部工程	子分部工程	分 项 工 程
1	下轨道及基础	无支护土方	土方开挖、土方回填
		有支护土方	排桩、降水、排水、地下连续墙、锚杆、土钉墙、水泥土桩、沉井与沉箱,钢及混凝土支撑
		地基处理	灰土地基、碎砖三合土地基、土工合成材料地基,粉煤灰地基,重锤夯实地基,强夯地基,振冲地基,砂桩地基,预压地基,高压喷射注浆地基,土和灰土挤密桩地基,注浆地基,水泥粉煤灰碎石桩地基,夯实水泥土桩地基
		桩基	锚杆静压桩及静力压桩,预应力离心管桩,钢筋混凝土预制桩,钢桩,混凝土灌注桩(成孔、钢筋笼、清孔、水下混凝土灌注)
		地下防水	防水混凝土,水泥砂浆防水层,卷材防水层,涂料防水层,金属板防水层,塑料板防水层,细部构造,喷锚支护,复合式衬砌,地下连续墙,盾构法隧道;渗排水、盲沟排水,隧道、坑道排水;预注浆、后注浆,衬砌裂缝注浆
		混凝土基础	模板、钢筋、混凝土,后浇带混凝土,混凝土结构缝处理
		砌体基础	砖砌体,配筋砌体,石砌体
		下轨道	模板、钢筋、混凝土、水泥基灌浆料,找平层,新旧结构结合面处理
2	托换结构体系	墙托换结构	原墙体剔除、模板、钢筋、混凝土、水泥基灌浆料,上轨道梁、上托梁,斜撑,移动装置布置,墙体切割
		柱托换结构	新旧混凝土结合面凿毛,植筋,模板、钢筋、混凝土、水泥基灌浆料,行走梁,连梁,斜撑,移动装置布置,柱切割
3	就位与连接	就位	轴线位置,标高
		连接	混凝土、水泥基灌浆料,结合面处理,植筋,钢筋连接,其他连接方式

附录 C 建(构)筑物移位工程竣工验收记录

表 C 移位工程竣工验收记录

工程名称			结构类型		层数/建筑面积		
施工单位			技术负责人		开工日期		
项目经理			项目技术负责人		竣工日期		
序号	项 目		验收记录		验收结论		
1	就位位置偏差		纵向: 横向:				
2	标高偏差						
3	安全和主要使用功能核查及抽查结果		共核查　项,符合要求　项, 共抽查　项,符合要求　项				
4	工程资料核查		共　项,经审查符合要求项,经核定符合规范要求　项				
5	综合验收结论						
参加验收单位	建设单位		监理单位		设计单位		施工单位
	(公章) 负责人 年 月 日		(公章) 总监理工程师 年 月 日		(公章) 负责人 年 月 日		(公章) 负责人 年 月 日

本规程用词说明

1 为便于在执行本规程条文时区别对待，对要求严格程度不同的用词说明如下：

1）表示很严格，非这样做不可的用词：
正面词采用"必须"，反面词采用"严禁"；

2）表示严格，在正常情况下均应这样做的用词：
正面词采用"应"，反面词采用"不应"或"不得"；

3）表示允许稍有选择，在条件许可时首先应这样做的用词：
正面词采用"宜"，反面词采用"不宜"；

4）表示有选择，在一定条件下可以这样做的，采用"可"。

2 条文中指明应按其他有关标准执行的写法为："应符合……的规定"或"应按……执行"。

引用标准名录

1 《建筑地基基础设计规范》GB 50007

2 《建筑结构荷载规范》GB 50009

3 《混凝土结构设计规范》GB 50010

4 《建筑抗震设计规范》GB 50011

5 《建筑抗震鉴定标准》GB 50023

6 《工业建筑可靠性鉴定标准》GB 50144

7 《建筑地基基础工程施工质量验收规范》GB 50202

8 《混凝土结构工程施工质量验收规范》GB 50204

9 《民用建筑可靠性鉴定标准》GB 50292

10 《建筑工程施工质量验收统一标准》GB 50300

11 《建筑结构加固工程施工质量验收规范》GB 50550

中华人民共和国行业标准

建(构)筑物移位工程技术规程

JGJ/T 239—2011

条 文 说 明

制 定 说 明

《建(构)筑物移位工程技术规程》JGJ/T 239 - 2011 经住房和城乡建设部 2011 年 4 月 22 日以第 990 号公告批准、发布。

本规程制订过程中，编制组进行了大量的调查研究，总结了我国建(构)筑物移位工程领域的实践经验，同时参考了国外先进技术标准，通过试验，取得了建(构)筑物移位工程设计、施工、验收的重要技术参数。

为便于广大设计、施工、科研、学校等单位有关人员在使用本规程时能正确理解和执行条文规定，《建(构)筑物移位工程技术规程》编制组按章、节、条顺序编制了本规程的条文说明，对条文规定的目的、依据以及执行中需要注意的有关事项进行了说明。但是，本条文说明不具备与规程正文同等的法律效力，仅供使用者作为理解和把握规程规定的参考。

目　次

1 总　则

1.0.1 建（构）筑物移位技术的广泛应用，既节约资源、减少投资、降低能源消耗又能保护环境，是城市规划的调整中值得推广的一种新技术。随着城市规划改造和对既有建（构）筑物保护需要的增长，建（构）筑物移位工程日渐增多。编制本规程可以促进我国移位工程技术健康有序的发展与应用。

1.0.2 本条规定了本规程的适用范围。包括移位建（构）筑物的检测鉴定，水平移位、升降移位、拖车移位等移位工程的设计、施工、验收等。

1.0.3 本条规定了建（构）筑物实施移位时应遵循的原则。

1.0.4 本条规定了建（构）筑物的移位工程，除执行本规程外，还应遵循国家现行有关标准的规定。如《建筑地基基础设计规范》GB 50007、《建筑结构荷载规范》GB 50009、《混凝土结构设计规范》GB 50010、《建筑抗震设计规范》GB 50011、《岩土工程勘察规范》GB 50021、《建筑抗震鉴定标准》GB 50023、《工业建筑可靠性鉴定标准》GB 50144、《建筑地基基础工程施工质量验收规范》GB 50202、《混凝土结构工程施工质量验收规范》GB 50204、《民用建筑可靠性鉴定标准》GB 50292、《建筑工程施工质量验收统一标准》GB 50300、《混凝土结构加固设计规范》GB 50367、《建筑结构加固工程施工质量验收规范》GB 50550 等。

2　术语和符号

2.1.1～2.1.3 建（构）筑物移位是指通过一定的工程技术手段，在保持建（构）筑物整体性的条件下，改变建（构）筑物的空间位置，包括平移、旋转、抬升、降低等单项移位或组合移位。

目前水平移位主要采用三种方式：

1 滚动式：适用于一般建（构）筑物的移位；

2 滑动式：适用于重量不太大的建（构）筑物；

3 轮动式：适用于长距离、重量较小的建（构）筑物。

水平移位的施力方法主要有牵引式、顶推式、牵引和顶推组合式三种。

3　基本规定

3.0.1 收集相关资料是指收集建（构）筑物的原设计施工图（包括设计变更）、地质勘察报告、施工验收资料、维修改造资料等。现场调查主要是宏观了解建（构）筑物现状，是确定设计施工方案的重要前提。

3.0.2 通过检测鉴定可以了解结构材料的现状[包括

材料强度、缺陷、混凝土碳化、钢材（筋）锈蚀]，可以验证施工与设计的符合程度，可以取得裂缝、不均匀沉降、整体倾斜等具体数据，是确定设计方案的主要依据。

3.0.3 移位工程的特殊性决定了其设计、施工不同于一般新建工程，任何不当的设计、施工问题都有可能导致严重后果，因此应由有经验的专家进行充分论证与评审。

3.0.5 当建（构）筑物的移位路线或新址距周围建（构）筑物较近时，移位工程施工过程中应监测周围建（构）筑物的不均匀沉降和整体倾斜，若周围建（构）筑物的墙、柱等主要构件存在裂缝，尚应监测已有裂缝的发展。竣工后的沉降等监测时间应根据地基土的类别、基础的形式、移位建（构）筑物的结构形式等综合考虑，监测时间不宜小于 60d。

3.0.6 移位工程不同于一般新建工程或已有工程的维修改造，有其特殊的要求和设计施工方法，因此要求承担移位工程的单位应具有相应资质。

4　检测与鉴定

4.1　一般规定

4.1.1、4.1.2 移位建（构）筑物一般已使用一定年限甚至已经超过设计使用年限，往往存在材料老化、钢筋锈蚀、构件开裂、基础不均匀沉降等问题。因此，移位工程实施前原则上都应该对移位建（构）筑物的主体结构进行可靠性检测和鉴定，检测鉴定结果应作为评定是否能够移位和进行移位设计的参考依据。经鉴定安全性不满足国家现行有关标准要求，但加固后其安全性能够满足要求的，应先加固后移位。

检测鉴定前应根据现场调查结果、移位建（构）筑物的现有资料及移位要求（移位距离、平移或转动、抬升或降低）制定有针对性的检测鉴定方案、检测项目和检测内容。

4.2　检测与鉴定

4.2.1 检测应根据检测方案确定的检测项目和检测内容，按照现行国家标准《砌体工程现场检测技术标准》GB/T 50315、《回弹法检测混凝土抗压强度技术规程》JGJ/T 23、《混凝土中钢筋检测技术规程》JGJ/T 152 等实施，检测结果应具有代表性，能够真实反映移位建（构）筑物的现状。

4.2.2～4.2.4 应依据国家现行检测鉴定标准，根据实际检测结果、使用状况及计算分析，对移位建（构）筑物作出评价，并针对整体结构及不同项目提出鉴定结论，结论应提出是否需要补强加固的建议，作为移位工程方案论证及设计的依据。结构的可靠性鉴定应根据现行国家标准《民用建筑可靠性鉴定标准》GB 50292、《工业建筑可靠性鉴定标准》GB 50144、《建筑抗震鉴定标准》GB 50023 进行。如无建(构)筑物原址处地质勘察资料，应做补充勘察。

5 设 计

5.1 一般规定

5.1.2 本条中的加固措施主要是指被托换构件的加固。移位后需作为结构的一部分保留的，应按永久性构件处理；移位后要拆除的，可按施工中的临时构件处理。

5.1.3 移位后结构的可靠性鉴定应根据现行国家标准《民用建筑可靠性鉴定标准》GB 50292、《工业建筑可靠性鉴定标准》GB 50144、《建筑抗震鉴定标准》GB 50023 进行。

5.1.5 移位工程设计时，应充分考虑基础的不均匀沉降，如新址基础与原基础之间的不均匀沉降；移位过程中基础的不均匀沉降；新建建(构)筑物逐渐加载与移位过程中的短时加载之间的差异沉降。

5.2 荷载计算

5.2.1 建(构)筑物移位过程中的荷载等效为静力荷载计算。

5.2.2 在建(构)筑物移位过程中，对于风荷载，考虑《建筑结构荷载规范》GB 50009 给出的最小重现期为 10 年，所以本规程也按 10 年一遇取值。在有当地实测资料的情况下，可适当降低。对于高度不超过21m 的砌体结构、混凝土结构可不考虑风荷载。若移位过程中出现超过 10 年一遇的风荷载，应暂停施工，并对上部结构采取临时固定措施。在建(构)筑物移位过程中，楼面(屋面)活荷载的取值，可根据施工过程中的实际情况适当降低。在建(构)筑物移位过程中，一般不考虑地震作用。

5.2.4 移位过程中的临时构件是指移位过程中设置的起支撑、固定作用但移位至新址后需拆除的构件。

5.3 下轨道及基础设计

5.3.2、5.3.3 若建(构)筑物到达新址后，部分结构仍落在原基础上，应充分估计可能出现的地基不均匀沉降。设计时应严格控制和调整地基不均匀沉降，原地基与桩基的承载力宜乘以 1.2～1.4 的提高系数。应采取基于沉降变形控制的基础设计方法，沉降差可按 1/1000 取值，采取防沉桩等措施减小新旧基础间的沉降差。

5.3.4 铺设找平层的主要目的是保证轨道的平整度，找平层还直接承受移动装置的压力，应确保其局部受压承载力。找平层内铺设钢筋网的钢筋直径不应小于4mm，间距不应大于 100mm。

5.4 托换结构设计

5.4.2 托换结构体系除满足原上部结构的墙、柱荷载通过移动装置传给下轨道及基础结构体系外，还应考虑移位过程中不均匀受力产生附加应力的影响。移位结构的特殊构造要求主要是施力点、锚固点的构造等。

5.4.3 原混凝土构件新旧混凝土结合面的凿毛程度，应满足叠合构件的要求。

托换梁与柱结合面的高度 h_j 的计算公式，是根据30 余个柱托换节点结合面的试验结果得出的，试验中原混凝土构件新旧混凝土结合部分凿毛，假设柱的全部轴力由所有结合面均匀承担。根据试验结果的回归公式为：

$$h_j = \frac{N}{0.7 f_t C_j} \qquad (1)$$

试验值与回归公式计算值之比为：0.89～1.58。

经过十余栋移位建(构)筑物的检验，考虑施工现场条件与试验室条件的差异，新旧混凝土结合面的凿毛程度，构件受力的均匀性等，将（1）式调整为公式（5.4.3-1）。

为确保柱内钢筋的锚固还规定了 h_j 不宜小于柱内纵向钢筋的锚固长度和柱短边尺寸。

本条中公式（5.4.3-2）的系数 k 的取值主要考虑施工过程中，各施力点受力的不均匀性。当地基土压缩变形较小、轨道平整度控制较好时，k 值可取1.5，否则应取较大值。

柱四面包裹式托换节点（图 1）的受剪承载力公式是根据大量柱托换节点的试验结果并结合十余栋建筑平移的现场实测数据确定的。

试验结果表明：

（1）托换节点中，在配筋相同的情况下，托换梁

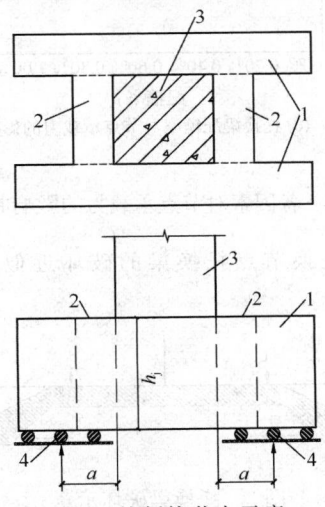

图 1 柱托换节点示意

1—托换梁；2—托换连梁；
3—被托换柱；4—移动装置

先于托换连梁破坏；且托换梁的 a/h_0 越大，托换梁相对于托换连梁的破坏越提前。

（2）在托换梁的 a/h_0 不超过 1.2 时，托换节点的破坏主要是托换梁的弯剪破坏。随着 a/h_0 的增加，托换节点的破坏逐渐变为托换梁的受弯破坏。

（3）托换节点的受剪承载力主要受混凝土强度、托换梁 a/h_0、纵筋强度和配筋率及箍筋强度与配箍率的影响，其中托换节点的抗剪承载力受托换梁 a/h_0 和纵筋配筋率影响较为明显。托换节点的承载力与托换梁 a/h_0、纵筋配筋率和箍筋配箍率近似满足线性关系（图 2）。

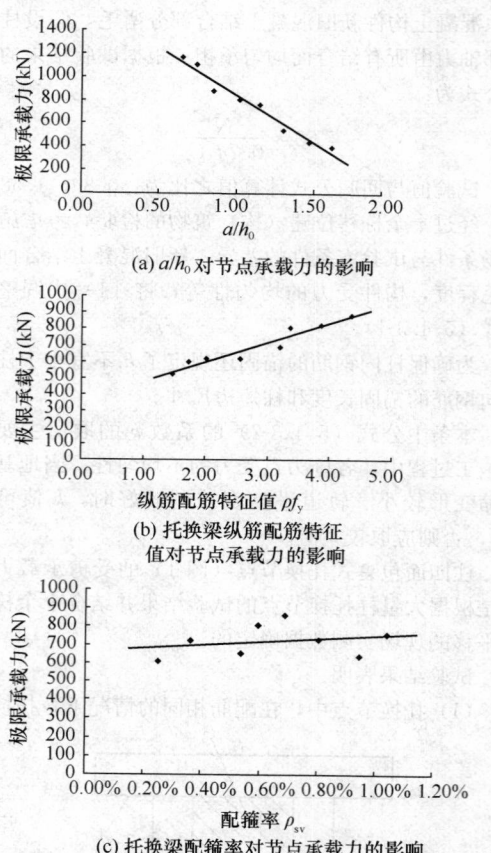

(a) a/h_0 对节点承载力的影响

(b) 托换梁纵筋配筋特征值对节点承载力的影响

(c) 托换梁配箍率对节点承载力的影响

图 2　各因素对节点承载力的影响曲线

（4）托换节点托换梁的破坏近似于拉杆拱（图 3）。

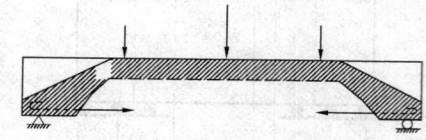

图 3　托换梁破坏示意

公式（5.4.3-3）是参考 $a/h_0 < 1.5$ 情况下普通混凝土梁的受剪承载力计算公式：

$$V_u = 0.7f_t bh_0 + f_{yv}\rho_{sv}h_0 b \qquad (2)$$

考虑到柱与托换梁的结合面处混凝土的抗拉强度偏低，而试验中大多数构件的破坏均起源于结合面的开裂，根据结合面的试验数据，结合面处混凝土的抗拉强度约为较低构件混凝土抗拉强度的 0.7 倍左右，保守的将公式中前一项的系数调为 0.42；由于纵筋对托换梁斜截面承载力的影响较大，公式在第二项中考虑了纵筋的影响，其系数根据试验结果采用待定系数法确定。

根据试验回归分析，托换梁的受剪承载力计算公式为：

$$V_{ui} = 0.42f_t bh_0 + \beta_s \rho f_{yv}\frac{A_{sv}}{s}h_0$$

纵筋配筋可参考倒置牛腿或悬臂梁的计算结果。

试验值与回归公式计算值之比为：1.32～2.24。计算结果与试验结果的对比（图 4）。

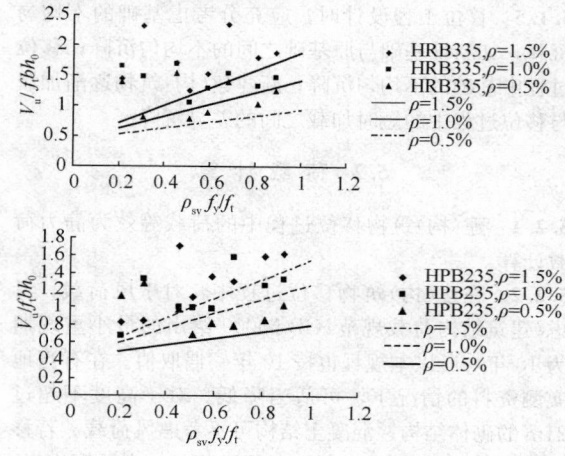

图 4　柱托换节点公式计算结果与试验结果对比

试验结果表明，大多数柱托换节点试件发生了托换梁的弯剪破坏，因而根据现行国家标准《混凝土结构设计规范》GB 50010，提出托换梁截面的限制条件，防止托换轨道梁发生斜压破坏。

试验结果表明，在配筋相同的情况下，托换梁先于托换连梁破坏，因而在设计托换连梁时，建议托换连梁的配筋不小于托换梁。

5.4.4　承重墙托换梁的设计可参照普通连续梁的设计方法。

5.5　水平移位设计

5.5.2　建筑物的水平移位方式分牵引式和顶推式。牵引式适用于荷载较小建（构）筑物的水平移位，顶推式广泛用于各种建（构）筑物的水平移位，必要时两者并用。为减少摩阻，托换结构与下轨道间一般为钢板与钢滚轴、钢轨与钢滚轴、聚四氟乙烯等高分子材料与不锈钢板或钢板与钢板等。

钢材滚动平移、聚四氟乙烯与不锈钢板的滑动平移的摩阻系数是依据模型试验结果及对二十余栋建筑平移的现场实测数据确定的。试验得出钢材滚动平移建（构）筑物的平移阻力与建（构）筑物重量及滚轴直径有关，建（构）筑物重量越大，滚轴直径越小，建（构）筑物平移的阻力就越大。试验得出建（构）筑物钢材滚动平移的摩阻系数为 0.029～0.016，聚四氟乙烯与不锈钢板的滑动平移的摩阻系数为 0.030～0.027。现场监测二十余项平移工程，各典型工程的启动牵引力与摩阻系数见表 1，得出建（构）筑物平移的滚动摩阻系数为 0.071～0.04。聚四氟乙烯滑块的滑动摩阻系数约为 0.1。

表 1 实际工程的启动牵引力与摩阻系数

工程名称 参数	临沂国家安全局办公楼（八层框架）	沾化农发行住宅楼（四层砖混）	济南种子公司办公楼（四层砖混）	济南王舍人供电所（三层砖混）	莒南岭泉信用社（三层砖混）	东营桩西采油厂礼堂（单层排架）	莱芜高新区管委会办公楼（十六层框剪）	济南宏济堂西号（二层砖木，滑动）（南楼；北楼）
建筑物重量（kN）	59600	33800	28300	19300	17400	11600	349900	11350；8250
单个滚轴的平均受力（kN）	170.3	82.8	79.2	67.5	64.3	49.2	218.3	218；229
启动牵引力（kN）	4227	1830	1459	923	811	452	12400	1405；740
启动摩阻系数	1/14.1	1/18.46	1/19.1	1/20.9	1/21.4	1/24.7	1/28.2	1/8；1/11.1

注：上表滚动式移位工程中，莱芜高新区管委会办公楼采用直径 100mm 实心钢滚轴，其他工程均采用直径 60mm 实心钢滚轴。

实际工程中测出的摩阻系数偏大，主要是因为实际的建（构）筑物重量比实验室模型大得多，使移动装置压力较大，致使移动装置及与移动装置相接触的轨道变形较大；轨道平整度与移动装置受力的均匀性比试验环境要差。

式（5.5.2-2）中的 k 值与施工中对移动装置的制作与维护程度有关，当缺少施工经验时宜取较大值。通过现场实测，涂抹润滑油时，该系数可降低 25%。

5.5.3 建（构）筑物就位后的轴线偏差过大，将导致上部结构相对于基础的偏心过大，基础和上部结构的受力改变，造成其安全性不足。对于本规程规定的就位允许偏差，应采取增加截面等措施进行修复。

5.6 竖向移位设计

5.6.1 本条中安全系数 k 的取值主要考虑施工过程中，各施力点受力的不均匀性。

5.6.2 升降移位时，建（构）筑物的重量全部由升降设备承担，升降设备若不能保持荷载或突然卸载，会导致托换结构受力严重不均甚至破坏，进而危及建（构）筑物的安全，因此要求必须设置临时辅助支顶装置。

5.6.3 本条规定了升降移位设计应包括的内容，升降移位的托换体系在平面上应连续闭合，且上下组成一组受力结构体系（图 5）。

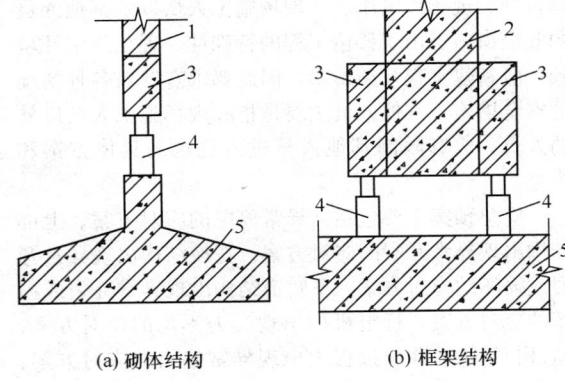

(a) 砌体结构　　　　　(b) 框架结构

图 5 顶升示意
1—墙体；2—框架柱；3—托换梁；
4—千斤顶；5—基础

5.7 拖车移位设计

5.7.1～5.7.3 拖车移位一般应用于建（构）筑物较大距离的移位工程，其移动路线一般是压实或普通硬化路面，必然存在局部不平整或坡道，为保证移位过程中建（构）筑物托换结构受力均衡与稳定，要求拖车应具有自升降和自我调平功能，以及托换结构具有足够的刚度。

5.7.4 由于拖车移位顶升和运输时的支点位置不同，托换结构应满足两种工况的受力要求。

5.8 就位连接设计

5.8.1 建（构）筑物就位后的连接是移位工程的一个重要环节，应引起重视。

5.8.2、5.8.3 对于框架结构及层数超过 6 层或高宽比大于 2 的砌体结构，应进行水平力计算。除用混凝土填实缝隙外，尚应按计算配置连接钢筋。

5.8.4 当移位建筑原抗震设防低于现行国家标准《建筑抗震鉴定标准》GB 50023 的要求时，移位后可以在托换结构体系与新基础之间结合滚轴或滑块加设橡胶滑块或橡胶隔震垫等隔震装置，以减小输入上部结构的地震能量，使上部结构在不加固或少加固的情况下能够满足现行国家标准《建筑抗震鉴定标准》GB 50023 的抗震设防要求。这种连接方式尤其适合于需保持建筑外貌的保护性建筑。

6 施 工

6.1 一般规定

6.1.1 本条的目的是确定是否存在影响施工的安全隐患，若存在安全隐患，需先排除隐患；需要加固的，应先加固后移位。

安全措施主要包括：针对移位工程主体结构、附属设施、现场用电用水、现场施工人员以及其他人员的安全措施。由于移位工程的特殊性，现场施工环境较一般新建工程复杂得多，因此要求有针对各种情况的安全措施。其他人员主要是指除现场施工人员以外的人员，应有限制其他人员进入现场的具体方案和措施。

应急预案主要包括：异常停电的应对方案、上部结构出现异常开裂的应对方案、托换结构出现异常开裂或损坏的应对方案、下轨道结构出现异常开裂或损坏的应对方案、行走机构出现受力不均的应对方案、建（构）筑物在移位过程中出现异常偏斜的应对方案、移位动力设备出现异常故障的应对方案、人员意外受伤的应对方案等。避免因问题不能及时解决而影响移位的正常实施，甚至更严重的后果。

6.1.3 限制滚轴直径或滑块高度偏差，主要是保证滚轴、滑块和托换结构均匀受力。

6.1.4 新旧结合面是连接的薄弱环节，也是较难处理的部位，处理不好会直接影响移位工程的安全。新旧连接不应低于现行国家标准《建筑结构加固工程施工质量验收规范》GB 50550 的要求，否则应采取可靠的附加措施，以保证新旧连接安全可靠。附加措施一般指连接销键、插筋等增强措施。

6.1.5 移位工程的隐蔽部位有可能存在与设计不符的问题或缺陷，因此，要求现场施工人员必须能与设计人员及时沟通，不能在设计人员不知情的情况下随意变更施工或存留安全隐患。

6.1.6 动力设备及动力监控装置使用前应进行自检，确保示值准确、运行可靠。如动力示值不准，可能影响移位过程中的同步调整，甚至判断指挥错误。

6.1.7 位移监控是保证移位同步的主要手段，监控包括移位方向的位移和垂直于移位方向的侧向偏移。

6.1.8 通过裂缝、倾斜、振动及建筑物沉降的监控，可以及时了解移位工程结构构件的工作状态，如出现异常情况，及时采取应对措施，避免影响移位工程的安全。

6.1.9 移位工程中，完善、通畅的现场指挥控制系统是保证移位工程安全、顺利进行的必要保证措施。

6.2 下轨道及基础施工

6.2.1 当建（构）筑物移动距离小于建（构）筑物移动方向的长度（或宽度）时，下轨道结构体系则仅有建（构）筑物原址和新址两部分。

6.2.2 下轨道结构施工完成后，应仔细检查下轨道顶面的平整度，不满足要求时，应打磨或修补至规定的平整度。严禁在轨道平整度不满足要求或下轨道材料强度不满足后续施工要求的情况下安设移动装置。

6.2.3 建（构）筑物原址内下轨道结构的施工受原有构件及施工空间的影响，应特别注意施工缝、钢筋连接及下轨道顶平整度的控制。

6.3 托换结构施工

6.3.1 国内移位工程施工顺序一般为：下轨道及基础施工→放置垫板及滚轴或滑块→托换结构施工→移动。

6.3.2 托换结构体系施工时，下轨道找平层材料的强度须满足承担托换结构自重及施工荷载的要求。

6.3.3 移位工程工期一般较短，往往要求混凝土托换结构应尽快达到设计强度，因此宜采用早强混凝土；采用微膨胀混凝土可以减小新浇筑混凝土的收缩，更好地保证新旧混凝土结合的质量。

6.3.4 移动装置的位置直接关系到托换结构的受力；滚动装置如摆放不正，会导致移位时出现偏斜，并会在托换结构中产生侧向附加内力。

6.3.5 托换结构施工特别是施工砖混结构的托换结构时，会造成底层墙体和基础竖向受力的局部变化，非对称的施工顺序可能导致上部结构产生附加内力并可能导致基础出现不均匀沉降。因此托换结构施工宜对称进行。

6.3.6 托换结构底部平移支点行走面的水平度不仅关系到移动装置（特别是滚动装置）的受力是否均

匀，还直接影响托换结构的受力。因此，应严格控制，每个支点行走面与下轨道顶面之间的距离差不宜大于1mm。

6.3.7 柱下托换结构一次施工完成，可以有效保证柱下托换结构的整体性及托换的可靠性，故应避免施工缝；对于承重墙下托换梁，由于施工时需将墙体分批、分段掏空，因此，托换梁也需分批、分段施工，分段接茬处的混凝土施工缝及纵筋的连接应确保质量。控制分段长度主要考虑分段长度过大可能导致托换结构施工时墙体及墙下基础受力过度不均；分段长度过小则会因托换结构施工过多而增加施工难度和施工缝处理的工作量。在墙体和基础承载力允许的情况下宜适当减少分批次数，但分批数不应少于三批，掏空段长度不应大于1.2m，且两个掏空段之间的间隔应不小于2.0m。

6.3.9 托换结构与原柱、墙的结合面的牢固结合是保证托换安全可靠的重要措施，增加原柱、墙与托换结构结合面的粗糙度可以增加结合面的机械咬合作用，涂刷混凝土界面处理剂可以增加混凝土托换结构与原柱、墙的有效粘结。连接插筋宜在柱、墙表面凿毛后施工，主要是防止凿毛时可能对插筋造成的冲击或扰动。

6.3.10 混凝土托换结构在平移支点或顶升点处均是受力集中部位，该部位一般剪力及弯矩均较大，因此纵向钢筋一般不应在支点处断开。当现场因施工条件所限不能贯通时，为保证钢筋的连接质量应采用焊接连接。

6.3.12 对墙体开洞应采用振动小的静力切割方式。

6.4 截断施工

6.4.1 墙、柱截断后，上部荷载将通过托换结构体系、移动装置传至下轨道结构体系及基础，故墙、柱截断时，下轨道结构体系、托换结构体系的材料强度需达到设计要求。

6.4.2 移动装置位置特别是滚动装置位置的改变，会导致托换结构体系受力的改变，而其方向的改变则会导致移位过程中侧向偏斜。墙、柱截断前，移动装置尚未承担上部结构的荷载，其位置和方向调整非常容易；墙、柱截断后，移动装置则要承担上部结构的全部荷载，其位置和方向的调整必须借助于千斤顶等支顶装置，实施难度较大。

6.4.3 墙、柱截断宜对称进行，尽可能减小截断对上部结构和基础的不利影响。

6.4.4 墙、柱截断时，墙、柱及与其连接的基础等构件的内力会发生一定的变化，因此，截断施工时，应监测墙、柱、托换结构体系及基础的状态变化，包括墙、柱竖向变形、托换结构的异常变形或开裂、基础的不均匀沉降等。

6.4.5 截断面的二次剔凿受空间限制，难以保证截断面平整，因此应尽量避免。

6.4.6 截断施工中可能会产生较多的冷却水，冷却水渗入地基土，会导致地基土承载力降低、沉降变形加大。因此截断施工时要避免将冷却水直接排放至基础周围。

6.5 水平移位施工

6.5.1 严禁在下轨道结构体系、托换结构体系及反力装置未经验收或未达到设计要求的情况下实施移位。

6.5.2 动力系统优先采用基于PLC（Programmable Logic Controller可编程逻辑控制器）控制的同步液压控制系统；测力装置应校准，确保测试精度；位移监控装置应灵敏准确且应有一定的量程，避免移位过程中因频繁移动影响位移监测的准确度。

6.5.3 移位前应确保移动装置受力均匀、方向正确；动力系统应安装稳固、调控灵活有效；监控系统应反应灵敏、准确无误；应急措施应全面细致、切实可行。

6.5.4 通过试平移，一方面可以检验移动装置、动力系统、监控系统状态是否完好，工作是否正常；另一方面可以测定启动动力和正常移动时的动力，同时确定以正常速度移动时的动力。

6.5.5~6.5.7 正式平移时，一般情况下不要改变试平移所确定的动力参数；移动过程中若出现位移不同步的现象，说明不同轴线上的移动阻力出现了相对变化，此时应首先检查轨道面是否有杂物、轨道板是否有翘曲、托换结构与下轨道或基础是否有刮擦、滚轴是否有挤碰或偏斜、滑动装置是否有损坏等；排除上述可能增加移动阻力的因素后，若位移仍然不同步，可以小幅调整平移动力参数，直至各轴线位移同步为止。

若移动过程中出现垂直于移动方向的偏斜，可通过设置侧向支顶或约束装置加以纠正或限制，尽量避免通过调整移动动力进行调整。

6.5.8 移动轨道面或移动装置涂抹适当的润滑剂，如润滑油、硅脂、石墨、石蜡等，可以减小移动阻力，增加移动的平稳性，但应防止润滑剂粘附颗粒等杂物。

6.6 竖向移位施工

6.6.1 竖向移位时，建（构）筑物的重量全部由升降设备承担，竖向移位设备若不能保持荷载或突然卸载，将会导致托换结构受力严重不均甚至破坏进而危及建（构）筑物的安全，因此，要求升降设备必须安全可靠，并应有足够的安全储备，同时要求应有自锁装置，且必须设置可靠的辅助支顶装置。

6.6.2 建（构）筑物竖向移位时必须保证各升降点位移的精确同步，否则不仅会造成升降点的升降设备受力不均还会导致上部结构和基础受力不均，因此，要求所有升降点必须设置位移监控设备，并采用以位移控制为主、位移与升降力同时控制的升降控制方案。

6.6.3 竖向移位设备在使用过程中若出现偏斜、受力不均，其后果一是升降设备极易损坏，二是升降点容易出现局压破坏，三是会在托换结构中产生附加内力，都会危及移位建（构）筑物的安全。因此，要求升降设备必须安装稳固，并保证其垂直度，升降设备与升降支点的接触面必须受力均匀。

6.6.4 建（构）筑物竖向移位过程中的升降差对上部结构的影响，相当于地基不均匀沉降对上部结构的影响，升降差过大必然会导致托换结构和上部结构出现过大的附加内力甚至开裂，因此应严加控制。升降差限值参考《建筑地基基础设计规范》GB 50007 和《民用建筑可靠性鉴定标准》GB 50292 地基基础 B_s 级的评定标准确定，但总体升降差要严于《建筑地基基础设计规范》GB 50007 有关建筑整体倾斜的限值。

6.7 拖车移位施工

6.7.1 拖车移位一般应用于建（构）筑物较大距离的移位工程，其移动路线一般是压实或普通硬化路面，必然存在局部不平整或坡道，为控制移位过程中建（构）筑物的局部倾斜和整体倾斜，必须要求拖车具有自升降和自我调平功能，以保证托盘的平整度、水平度在建（构）筑物允许的范围内。途经城市道路或公路时可能要经常停车和启动，为避免停车、启动时产生过大的加速度，要求应低速行进且启动、刹车应缓慢、平稳。

6.7.2 城市道路或公路特别是桥梁有其相应的设计负荷，而一般移位建（构）筑物的重量较普通车辆的高度、宽度、重量都要大很多，因此，必须考虑道路、桥梁的通行能力及地面、空中障碍；另外移位时一般占用路面较宽、行走速度较慢，必然会影响其他车辆的通行，故应经交通等主管部门同意并确保道路、桥梁等其他设施安全时方可通行。

6.7.3、6.7.4 顶升施工应按照竖向移位的施工要求进行，拖车抬升将移位建（构）筑物托起时，应缓慢、平稳，顶升装置卸荷过程中应仔细检查拖车受力是否均衡，托盘是否水平。如拖车受力不均衡，应通过增加配重或改变拖车升降油缸供油压力进行调整，不应在拖车受力不均衡或托盘不平的状态下将移位建（构）筑物托起或移位。

6.7.5、6.7.6 设置倾斜或水平监测装置，可以在建（构）筑物托起或移位过程中即时监测移位建（构）筑物水平状态。途经坡道时应特别注意，对于超过拖车调平能力的坡道应根据移位建（构）筑物的最大允许倾斜值和移位建（构）筑物与拖车的连接措施综合确定，严禁在托盘倾斜的情况下强行爬坡。

6.8 就位连接与恢复施工

6.8.2 预留有连接钢筋或预埋件时，连接前应仔细检查核对连接件的位置，不得错漏。由于连接部位较为集中，因此，焊接连接时要特别注意连接部位的降温处理和焊接质量，当钢筋的焊接接头不能错开时应加大焊接长度，焊接长度增加 50%。

6.8.3 托换结构与新基础之间的空隙最好采用微膨胀混凝土、砂浆或无收缩灌浆料浇灌填充，以确保填充密实。

6.8.5 移位后建（构）筑物与基础的隔震连接不同于新建建（构）筑物的隔震连接，新建时是在基础上安装好隔震支座后再施工隔震层以上的部分，因此作用于隔震支座的荷载是逐步施加的。移位建（构）筑物隔震支座的安装是在隔震层上下的结构均已完成的情况下进行的，因此应特别注意隔震支座安装的水平度和受力的均匀性。

上部结构、隔震层部件与周围固定物的竖向隔离缝（防震缝）及托换结构与基础之间预留的水平隔离缝，是允许隔震层在罕遇地震下发生大变形的重要措施，必须严格按设计施工，施工过程中使用的临时支承、材料必须清理干净。

6.8.6 托换结构切除时不得伤及结构的保留部分，切割面的防护应考虑所处的环境条件。

6.8.7 移位建（构）筑物的墙体或其他主体结构出现裂缝，应综合分析墙体或主体结构裂缝产生的原因和危害，在保证不低于移位前安全性的前提下，有针对性地采取加固补强或修复措施。

6.9 施工监测

6.9.1～6.9.5 建（构）筑物移位过程中通过监测移位的同步性、基础的沉降、建（构）筑物的整体倾斜及振动、重要构件的内力，可以及时了解移位建（构）筑物的状态变化，是保证移位工程安全、顺利实施的重要手段。要求监测点应具有代表性，检测仪器应灵敏，监测数据应准确可靠，数据反馈应全面及时，监测数据异常时应及时报警，对异常现象的处理应及时有效。

7 验 收

7.1 一 般 规 定

7.1.1～7.1.4 建（构）筑物移位工程是特种工程，也是比较复杂的工程，其验收有其特殊性。本节强调除满足本规程各章的要求外，尚应满足现行国家标准《建筑工程施工质量验收统一标准》GB 50300、《建筑地基基础工程施工质量验收规范》GB 50202、《混凝土结构工程施工质量验收规范》GB 50204、

《建筑结构加固工程施工质量验收规范》GB 50550 等的规定。

7.2 质 量 控 制

本节根据移位工程的具体情况，列出了移位工程的主控项目。

7.3 质 量 验 收

本节根据移位工程的具体情况，提出了检验批、分项、分部工程的验收要求。

中华人民共和国行业标准

建筑物倾斜纠偏技术规程

Technical specification for incline-rectifying of buildings

JGJ 270—2012

批准部门：中华人民共和国住房和城乡建设部
施行日期：２０１２年１２月１日

中华人民共和国住房和城乡建设部
公　告

第 1451 号

住房城乡建设部关于发布行业标准
《建筑物倾斜纠偏技术规程》的公告

现批准《建筑物倾斜纠偏技术规程》为行业标准，编号为 JGJ 270 - 2012，自 2012 年 12 月 1 日起实施。其中，第 3.0.7 和第 5.3.3 条为强制性条文，必须严格执行。

本规范由我部标准定额研究所组织中国建筑工业出版社出版发行。

中华人民共和国住房和城乡建设部
2012 年 8 月 23 日

前　言

根据住房和城乡建设部《关于印发〈2008 年工程建设标准规范制订、修订计划（第一批）〉的通知》（建标［2008］第 102 号）的要求，规程编制组经广泛调查研究，认真总结实践经验，参考有关国内标准和国际标准，并在广泛征求意见的基础上，编制本规程。

本规程的主要技术内容是：1. 总则；2. 术语和符号；3. 基本规定；4. 检测鉴定；5. 纠偏设计；6. 纠偏施工；7. 监测；8. 工程验收。

本规程中以黑体字标志的条文为强制性条文，必须严格执行。

本规程由住房和城乡建设部负责管理和对强制性条文的解释，由中国建筑第六工程局有限公司负责具体技术内容的解释。执行过程中如有意见或建议，请寄送中国建筑第六工程局有限公司（地址：天津市滨海新区塘沽杭州道 72 号，邮编：300451）。

本 规 程 主 编 单 位：中国建筑第六工程局有限
　　　　　　　　　　　公司
　　　　　　　　　　　中国建筑第四工程局有限
　　　　　　　　　　　公司

本 规 程 参 编 单 位：山东建筑大学
　　　　　　　　　　　广东省建筑科学研究院
　　　　　　　　　　　天津大学
　　　　　　　　　　　中国建筑股份有限公司
　　　　　　　　　　　中国建筑西南勘察设计研
　　　　　　　　　　　究院有限公司

中铁西北科学研究院有限公司
天津中建建筑技术发展有限公司
北京交通大学
江苏东南特种技术工程有限公司
武汉大学设计研究总院
贵州中建建筑科研设计院有限公司
陕西省建筑科学研究院
哈尔滨工业大学
黑龙江省四维岩土工程有限公司

本规程主要起草人员：王存贵　虢明跃　唐业清
　　　　　　　　　　刘祖德　王　桢　王成华
　　　　　　　　　　王林枫　刘洪波　刘　波
　　　　　　　　　　李　林　李今保　李重文
　　　　　　　　　　肖绪文　何新东　余　流
　　　　　　　　　　杨建江　陆海英　张　鑫
　　　　　　　　　　张晶波　张云富　张新民
　　　　　　　　　　张立敏　徐学燕　康景文
本规程主要审查人员：周福霖　马克俭　王惠昌
　　　　　　　　　　叶观宝　郑　刚　穆保岗
　　　　　　　　　　吴永红　朱武卫　马荣全

目　次

Contents

1 总 则

1.0.1 为了在建筑物纠偏工程中贯彻执行国家的技术经济政策，做到安全可靠、技术先进、经济合理、确保质量，制定本规程。

1.0.2 本规程适用于建筑物（含构筑物）纠偏工程的检测鉴定、设计、施工、监测和验收。

1.0.3 建筑物纠偏工程应综合考虑工程地质与水文地质条件、基础和上部结构类型、使用状态、环境条件、气象条件等因素。

1.0.4 建筑物纠偏工程的检测鉴定、设计、施工、监测和验收除应符合本规程外，尚应符合国家现行有关标准的规定。

2 术语和符号

2.1 术 语

2.1.1 纠偏工程 incline-rectifying engineering
采用有效技术措施对已倾斜的建筑物予以纠偏扶正，并达到规定标准的活动。

2.1.2 倾斜角 incline angle
建筑物倾斜后的结构竖直面与原设计的结构竖直面的夹角或基础变位后的底平面与原设计的基底水平面的夹角。

2.1.3 倾斜率 incline rate
倾斜角的正切值。

2.1.4 回倾速率 incline-reverting speed
建筑物纠偏时，顶部固定观测点回倾方向的每日水平变位值。

2.1.5 防复倾加固 strengthening preventing repeated incline
为防止建筑物纠偏后再次倾斜，对其地基、基础或结构进行相应的加固处理。

2.1.6 迫降法 forced falling incline-rectifying method
在倾斜建筑物沉降较小一侧，采取技术措施促使其沉降加大，达到纠偏目的的方法。

2.1.7 抬升法 uplifting incline-rectifying method
在倾斜建筑物沉降较大一侧，采取技术措施抬高基础或结构，达到纠偏目的的方法。

2.1.8 综合法 composite incline-rectifying method
对倾斜建筑物同时采用两种或两种以上方法纠偏，达到纠偏目的的方法。

2.1.9 信息化施工 information construction
通过分析纠偏施工监测数据，及时调整和完善纠偏设计与施工方案，保证施工有效和回倾可控、协调。

2.2 符 号

2.2.1 几何参数

A ——基础底面面积；

a ——残余沉降差值；

b ——基础底面宽度（最小边长），或纠偏方向建筑物宽度；

d ——基础埋置深度；

e' ——倾斜建筑物重心到基础形心的水平距离；

Δh_i ——计算点抬升量；

H_g ——自室外地坪算起的建筑物高度；

L ——转动点（轴）至沉降最大点的水平距离；

l_i ——转动点（轴）至计算抬升点的水平距离；

S_H ——建筑物纠偏顶部水平变位设计控制值；

S_{Hl} ——建筑物纠偏前顶部水平变位值；

S_V ——建筑物纠偏设计迫降量或抬升量；

S'_V ——建筑物纠偏前的沉降差值；

W ——基础底面抵抗矩；

x_i、y_i ——第 i 根桩至基础底面形心的 y、x 轴线的距离。

2.2.2 物理力学指标

F_k ——相应于作用的标准组合时，上部结构传至基础顶面的竖向力值；

F_T ——纠偏中的施工竖向荷载；

f_a ——修正后的地基承载力特征值；

f_{ak} ——地基承载力特征值；

G_k ——基础自重和基础上的土重标准值；

M_h ——相应于作用的标准组合时，水平荷载作用于基础底面的力矩值；

M_p ——作用于倾斜建筑物基础底面的力矩值；

M_{xk}、M_{yk} ——相应于作用的标准组合时，作用于倾斜建筑物基础底面形心的 x、y 轴的力矩值；

N_a ——抬升点的抬升荷载值；

N_i ——第 i 根桩所承受的拔力；

N_{max} ——单根桩承受的最大拔力；

p_k ——相应于作用的标准组合时，基础底面的平均压力值；

p_{kmax} ——相应于作用的标准组合时，基础底面边缘的最大压力值；

p_{kmin} ——相应于作用的标准组合时，基础底面边缘的最小压力值；

Q_k ——建筑物需抬升的竖向荷载标准值；

R_t ——单根桩抗拔承载力特征值；

γ ——基础底面以下土的重度；

γ_m ——基础底面以上土的加权平均重度。

2.2.3 其他参数

n ——抬升点数量；

η_b、η_d ——基础宽度和埋深的地基承载力修正系数。

3 基本规定

3.0.1 经过检测鉴定和论证，确认有继续使用或保护价值的倾斜建筑物，可进行纠偏处理。

3.0.2 纠偏指标应符合下列规定：

1 建筑物的纠偏设计和施工验收合格标准应符合表 3.0.2 的要求；

2 对纠偏合格标准有特殊要求的工程，尚应符合特殊要求。

表 3.0.2 建筑物的纠偏设计和施工验收合格标准

建筑类型	建筑高度（m）	纠偏合格标准
建筑物	$H_g \leqslant 24$	$S_H \leqslant 0.004 H_g$
	$24 < H_g \leqslant 60$	$S_H \leqslant 0.003 H_g$
	$60 < H_g \leqslant 100$	$S_H \leqslant 0.0025 H_g$
	$100 < H_g \leqslant 150$	$S_H \leqslant 0.002 H_g$
构筑物	$H_g \leqslant 20$	$S_H \leqslant 0.008 H_g$
	$20 < H_g \leqslant 50$	$S_H \leqslant 0.005 H_g$
	$50 < H_g \leqslant 100$	$S_H \leqslant 0.004 H_g$
	$100 < H_g \leqslant 150$	$S_H \leqslant 0.003 H_g$

注：1 S_H 为建筑物纠偏顶部水平变位设计控制值；
　　2 H_g 为自室外地坪算起的建筑物高度。

3.0.3 纠偏工程应由具有相应资质的专业单位承担，技术方案应经专家论证。

3.0.4 建筑物纠偏前，应进行现场调查、收集相关资料；设计前应进行检测鉴定；施工前应具备纠偏设计、施工组织设计、监测及应急预案等技术文件。

3.0.5 纠偏工程应遵循安全、协调、平稳、可控、环保的原则。

3.0.6 纠偏设计应根据检测鉴定结果及纠偏方法，对上部结构、基础的强度和刚度进行验算；对不满足要求的结构构件，应在纠偏前进行加固补强。

3.0.7 纠偏施工应设置现场监测系统，实施信息化施工。

3.0.8 纠偏工程在纠偏施工过程中和竣工后应进行沉降和倾斜监测。

3.0.9 古建筑物纠偏不应破坏古建筑物原始风貌，复原应做到修旧如旧。

3.0.10 纠偏工程的设计与施工不应降低原结构的抗震性能和等级。

4 检测鉴定

4.1 一般规定

4.1.1 建筑物检测鉴定应包括收集相关资料、现场调查、制定检测鉴定方案、检测鉴定和提供检测鉴定报告等步骤。

4.1.2 检测鉴定方案应明确检测鉴定工作的目的、内容、方法和范围。

4.1.3 纠偏工程的检测鉴定成果应满足纠偏设计、施工和防复倾加固等相关工作需要。

4.2 检 测

4.2.1 建筑物检测不应影响结构整体稳定性和安全性，不应加速建筑物的倾斜。

4.2.2 应对建筑物沉降、倾斜进行检测；可对建筑物地基和结构进行检测，检测内容根据需要按表 4.2.2 进行选择。

表 4.2.2 建筑物检测内容

项目名称		检测内容
沉降和倾斜检测		各点沉降量、最大沉降量、沉降速率，倾斜值和倾斜率
地基和结构检测	地基	地基土的分层分类、含水量、密度、相对密度、液化、孔隙比、压缩性、可塑性、湿陷性、膨胀性、灵敏度和触变性、承载力特征值、地下水位、地基处理情况等
	基础	基础的类型、尺寸、材料强度、配筋情况及裂损情况等
	上部承重结构	结构类型、布置、传力方式、构件尺寸、材料强度、变形与位移、裂缝、配筋情况、钢材锈蚀、构造及连接等
	围护结构	裂缝、变形和位移、构造及连接等

4.2.3 沉降检测与倾斜检测应符合下列要求：

1 沉降观测点布置应符合现行行业标准《建筑变形测量规范》JGJ 8 的有关规定；

2 倾斜观测点布置应能全面反映建筑物主体结构的倾斜特征，宜在建筑物角部、长边中部和倾斜量较大部位的顶部与底部布置；

3 建筑的整体倾斜检测结果应与基础差异沉降间接确定的倾斜检测结果进行对比。

4.2.4 地基检测应符合下列要求：

1 地基检测应采用触探测试查明地层的均匀性和对地层进行力学分层，在黏性土、粉土、砂土层内应采用静力触探，在碎石土层内采用圆锥动力触探；

2 应在分析触探资料的条件上，选择有代表性的孔位和层位取样进行物理力学试验、标准贯入试验、十字板剪切试验；

3 勘察孔距离基础边缘不宜大于 0.5m，勘察孔的间距不宜大于 8m。

4.2.5 结构检测应符合现行国家标准《建筑结构检

测技术标准》GB/T 50344 的有关规定。

4.3 鉴　定

4.3.1 建筑物应根据倾斜值、沉降值和结构现状等检测结果，按国家现行标准《工业建筑可靠性鉴定标准》GB 50144、《民用建筑可靠性鉴定标准》GB 50292、《危险房屋鉴定标准》JGJ 125 进行鉴定。

4.3.2 既有结构承载力验算应符合下列规定：

1　计算模型应符合既有结构受力和构造的实际情况；

2　对正常设计和施工且结构性能完好的建筑物，结构或构件的材料强度可取原设计值，其他情况应按实际检测结果取值；

3　结构或构件的几何参数应采用实测值。

4.3.3 建筑物鉴定应按现行国家标准《建筑地基基础设计规范》GB 50007 验算地基承载力和变形性状。

4.3.4 鉴定报告应明确建筑物产生倾斜的原因。

5　纠　偏　设　计

5.1 一　般　规　定

5.1.1 纠偏工程设计前，应进行现场踏勘、了解建筑物使用情况、收集相关资料等前期准备工作，掌握下列相关资料和信息：

1　原设计和施工文件，原岩土工程勘察资料和补充勘察报告，气象资料，地震危险性评价资料；

2　检测鉴定报告；

3　使用及改扩建情况；

4　相邻建筑物的基础类型、结构形式、质量状况和周边地下设施的分布状况、周围环境资料；

5　与纠偏工程有关的技术标准。

5.1.2 纠偏工程设计应包括下列内容：

倾斜建筑物概况、检测与鉴定结论、工程地质与水文地质条件、倾斜原因分析、纠偏目标控制值、纠偏方案比选、纠偏设计、结构加固设计、防复倾加固设计、施工要求、监测点的布置及监测要求等。

5.1.3 纠偏设计应遵循下列原则：

1　防止结构破坏、过量附加沉降和整体失稳；

2　确定沉降量（抬升量）和回倾速率的预警值；

3　考虑纠偏施工对相邻建筑物、地下设施的影响；

4　根据监测数据，及时调整相关的设计参数。

5.1.4 纠偏设计应按倾斜原因分析、纠偏方案比选、纠偏方法选定、结构加固设计、纠偏施工图设计、纠偏方案动态优化等步骤进行。

5.1.5 建筑物纠偏通常采用迫降法、抬升法和综合法等，各种纠偏方法可按本规程附录 A 选用。

5.1.6 防复倾加固应综合考虑建筑物倾斜原因并结合所采用的纠偏方法进行设计。

5.2 纠偏设计计算

5.2.1 纠偏设计计算应包括下列内容：

1　确定纠偏设计迫降量或抬升量；

2　计算倾斜建筑物重心高度、基础底面形心位置和作用于基础底面的荷载值；

3　验算地基承载力及软弱下卧层承载力；

4　验算地基变形；

5　确定纠偏实施部位及相关参数；

6　进行防复倾加固设计计算。

5.2.2 建筑物纠偏需要调整的迫降量或抬升量和残余沉降差值（图 5.2.2），可按下列公式计算：

$$S_V = \frac{(S_{Hl} - S_H)b}{H_g} \quad (5.2.2\text{-}1)$$

$$a = S'_V - S_V \quad (5.2.2\text{-}2)$$

式中：S_V——建筑物纠偏设计迫降量或抬升量（mm）；

S'_V——建筑物纠偏前的沉降差值（mm）；

S_{Hl}——建筑物纠偏前顶部水平变位值（mm）；

S_H——建筑物纠偏顶部水平变位设计控制值（mm）；

b——纠偏方向建筑物宽度（mm）；

a——残余沉降差值（mm）；

H_g——自室外地坪算起的建筑物高度（mm）。

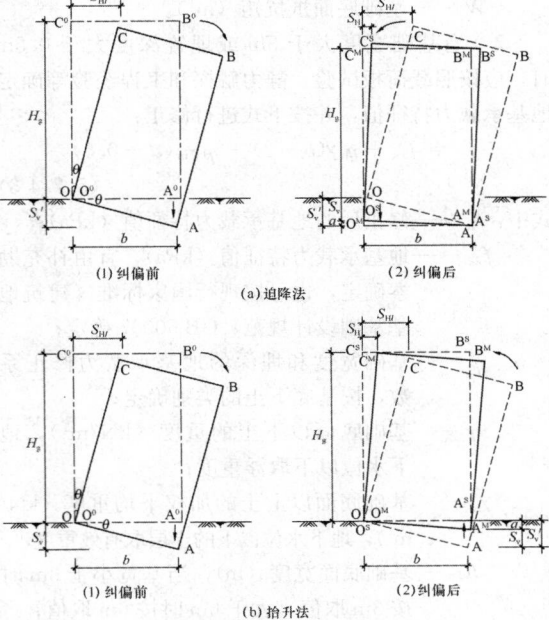

(a) 迫降法

(1) 纠偏前　　(2) 纠偏后

(b) 抬升法

(1) 纠偏前　　(2) 纠偏后

图 5.2.2　纠偏迫降或抬升计算示意

5.2.3 作用于基础底面的力矩值可按下式计算：

$$M_p = (F_k + G_k) \times e' + M_h \quad (5.2.3)$$

式中：M_p——作用于倾斜建筑物基础底面的力矩值

（kN·m）；

F_k ——相应于作用的标准组合时，上部结构传至基础顶面的竖向力值（kN）；

G_k ——基础自重和基础上的土重标准值（kN）；

e' ——倾斜建筑物基础合力作用点到基础形心的水平距离（m）；

M_h ——相应于荷载效应标准组合时，水平荷载作用于基础底面的力矩值（kN·m）。

5.2.4 纠偏工程地基承载力验算应按下列公式计算：

1 基础在偏心荷载作用下，基底最小压力 p_{kmin} ＞0 时，则基础底面压应力可按下列公式计算：

$$p_k = \frac{F_k + G_k + F_T}{A} \quad (5.2.4-1)$$

$$\frac{p_{kmax}}{p_{kmin}} = \frac{F_k + G_k + F_T}{A} \pm \frac{M_p}{W} \quad (5.2.4-2)$$

式中：p_k ——相应于作用的标准组合时，基础底面的平均压力值（kPa）；

p_{kmax} ——相应于作用的标准组合时，基础底面边缘的最大压力值（kPa）；

p_{kmin} ——相应于作用的标准组合时，基础底面边缘的最小压力值（kPa）；

F_T ——纠偏中的施工竖向荷载（kN）；

A ——基础底面面积（m²）；

W ——基础底面抵抗矩（m³）。

2 当基础宽度大于 3m 或埋置深度大于 0.5m 时，应按照载荷板试验、静力触探和工程经验等确定地基承载力特征值，并按下式进行修正：

$$f_a = f_{ak} + \eta_b \gamma (b - 3) + \eta_d \gamma_m (d - 0.5)$$
$$(5.2.4-3)$$

式中：f_a ——修正后的地基承载力特征值（kPa）；

f_{ak} ——地基承载力特征值（kPa），宜由补充勘察确定，也可按现行国家标准《建筑地基基础设计规范》GB 50007 确定；

η_b、η_d ——基础宽度和埋深的地基承载力修正系数，按基底下土的类别确定；

γ ——基础底面以下土的重度（kN/m³），地下水位以下取浮重度；

γ_m ——基础底面以上土的加权平均重度（kN/m³），地下水位以下的土层取有效重度；

b ——基础底面宽度（m），当基宽小于 3m 时按 3m 取值，大于 6m 时按 6m 取值；

d ——基础埋置深度（m）。

3 基底压力应满足下列公式要求：

轴心受压情况：$p_k \leqslant f_a$ (5.2.4-4)

偏心受压情况：$p_{kmax} \leqslant 1.2 f_a$ (5.2.4-5)

5.2.5 纠偏工程桩基承载力应按国家现行标准《建筑地基基础设计规范》GB 50007、《建筑桩基技术规范》JGJ 94、《既有建筑地基基础加固技术规范》JGJ 123 进行验算。

5.3 迫降法设计

5.3.1 迫降法主要包括掏土法、地基应力解除法、辐射井射水法、浸水法、降水法、堆载加压法、桩基卸载法等。

5.3.2 迫降法纠偏设计应符合下列规定：

1 应确定迫降顺序、位置和范围，确保建筑物整体回倾变位协调；

2 计算迫降后基础沉降量，确定预留沉降值；

3 根据建筑物的结构类型、建筑高度、整体刚度、工程地质条件和水文地质条件等确定回倾速率，顶部控制回倾速率宜在 5mm/d～20mm/d 范围内。

5.3.3 位于边坡地段建筑物的纠偏，不得采用浸水法和辐射井射水法。

5.3.4 距相邻建筑物或地下设施较近建筑物的纠偏，不应采取浸水法和降水法。

5.3.5 掏土法设计应符合下列规定：

1 掏土法适用于地基土为黏性土、粉土、素填土、淤泥质土和砂性土等的浅埋基础的建筑物的纠偏工程；

2 确定取土范围、孔槽位置、孔槽尺寸、取土量、取土顺序、批次、级次等设计参数及防止沉降突变的措施；

3 人工掏土法工作槽槽底标高应不超过基础底板下表面以下 0.8m；当沿基础边连续掏土时，基础下水平掏土槽的高度不大于 0.4m，水平掏土深度距建筑物外墙外侧不小于 0.4m；当沿基础边分条掏土时，分条掏土宽度不宜大于 0.6m，高度不宜大于 0.3m，掏土条净间距不宜小于 1.5m，掏土水平总深度不宜超过基础形心线；基础下水平掏土每次掘进深度不宜大于 0.3m；

4 钻孔掏土法的孔间距宜取 0.5m～1.0m，孔的直径宜取 0.1m～0.2m，每级钻孔深度宜为 0.5m～1.5m，孔深不宜超过基础形心线；当同一孔位布置多孔时，两孔之间夹角不应小于 15°；当分层布孔时，孔位应呈梅花状布置；

5 确定取土孔槽的回填材料及回填要求。

5.3.6 地基应力解除法设计应符合下列规定：

1 地基应力解除法适用于厚度较大软土地基上的浅基础建筑物的纠偏工程；

2 根据建筑物场地的工程地质条件、基础形式、附加应力分布范围、回倾量的要求以及施工机具等，确定钻孔的位置、直径、间距、深度等参数及成孔的顺序、批次，确定取土的顺序、批次、级次；

3 钻孔应设置护筒，护筒埋置深度应超过基底平面以下不小于 2.0m；

4 钻孔孔径宜为 0.3m～0.4m，钻孔净间距不宜小于 1.5m，钻孔距基础边缘不宜小于 0.4m，不宜大于 2.0m，成孔深度不宜小于基底以下 3.0m。

5.3.7 辐射井射水法设计应符合下列规定：

1 辐射井射水法适用于地基土为黏性土、淤泥质土、粉土、砂性土、填土等的建筑物的纠偏工程；

2 根据建筑物的整体刚度、基础类型、工程地质和水文地质、场地条件、回倾量的要求等因素确定射水井的位置、尺寸、间距、深度以及射水孔的位置、数量和射水方向等参数，并确定射水的顺序、批次、级次；

3 辐射井应设置在建筑物沉降较小一侧，井外壁距基础边缘不宜小于 0.5m；

4 辐射井应进行稳定验算，井的内径不宜小于 1.2m，混凝土井身的强度等级不应低于 C20，砖强度等级不应低于 MU10，水泥砂浆强度等级不应低于 M5；辐射井应封底，井底至射水孔的距离不宜小于 1.8m，井底至射水作业平台的距离不宜小于 0.5m；

5 射水孔直径宜为 63mm～110mm，射水管直径宜为 43mm～63mm，射水孔竖向位置布置，距基底不宜小于 0.5m；地基有换填层时，射水孔距换填层不宜小于 0.3m；

6 射水孔长度不宜超过基础形心线，最长不宜大于 20m，在平面上呈网格状交叉分布，网格面积不宜小于 2m²；

7 射水压力宜为 0.5MPa～2MPa，流量宜为 30L/min～50L/min，并应根据现场试验性施工调整射水压力及流量。

5.3.8 浸水法设计应符合下列规定：

1 浸水法适用于地基土为含水量低于塑限含水量、湿陷系数 δ_s 大于 0.05 的湿陷性黄土或填土且基础整体刚度较好建筑物的纠偏工程；

2 浸水法应先进行现场注水试验，通过试验确定注水流量、流速、压力和湿陷性土层的渗透半径、渗水量等有关设计参数；注水试验孔距倾斜建筑物不宜小于 5m，试验孔底部应低于基础底面以下 0.5m；一栋建筑物的试验注水孔不宜少于 3 处；

3 根据试验确定的设计参数，计算沉降量与回倾速率，明确注水量、流速、压力和浸水深度，确定注水孔的位置、尺寸、间距、深度；

4 浸水湿陷量可根据土层厚度及土的湿陷性按下式计算：

$$S = \sum_{i=1}^{n} \beta \delta_{si} h_i \qquad (5.3.8)$$

式中：S——浸水湿陷量（mm）；

δ_{si}——第 i 层地基土的湿陷系数；

h_i——第 i 层受水浸湿的地基土的厚度（mm）；

β——基底地基土侧向挤出修正系数，对基底下 0m～5m 深度内取 1.5，对基底下 5m

～10m 深度内取 1.0。

5 注水孔深度应达到湿陷性土层，并应低于基础底面以下 0.5m；当地基土中含有透水性较强的碎石类土层或砂性土层时，注水孔的水位应低于渗水碎石类土层或砂性土层底面标高；

6 预留停止注水后的滞后沉降量，对于中等湿陷性地基上的条形基础、筏板基础，滞后沉降量宜为纠偏沉降量的 1/10～1/12；

7 确定注水孔的回填材料及回填要求。

5.3.9 降水法设计应符合下列规定：

1 降水法适用于地下水位较高，可失水固结下沉的粉土、砂性土、黏性土等地基上的浅埋基础或摩擦桩基础且结构刚度较好的建筑物的纠偏工程；

2 应防止对相邻建筑物产生不利影响，当降水井深度范围内有承压水并可能引起相邻建筑物或地下设施沉降时，不得采用降水法；

3 应进行现场抽水试验，确定水力坡度线、水头降低值、抽水量和影响半径等；

4 确定抽水井和观察井的位置、数量和深度，明确抽水顺序、抽水深度；

5 降水后水力坡度线不宜超过基础形心线位置；

6 预留停止抽水后发生的滞后沉降量，滞后沉降量宜为纠偏沉降量的 1/10～1/12；

7 确定抽水井和观察井的回填材料及回填要求。

5.3.10 堆载加压法设计应符合下列规定：

1 堆载加压法适用于地基土为淤泥、淤泥质土、黏性土、湿陷性土和松散填土等建筑物的纠偏工程；

2 确定堆载加压的重量、范围、形状、级次及每级堆载的重量和卸载的时间、重量、级次等；

3 堆载加压宜按外高内低梯形状设计；堆载范围宜从基础外边线起，不宜超过基础形心线；

4 应验算承受堆载的结构构件的承载力和变形，当承载力和变形不能满足要求时，应对结构进行加固设计。

5.3.11 桩基卸载法设计应符合下列规定：

1 验算原桩基的单桩桩顶竖向力标准值和单桩竖向承载力特征值。

2 确定卸载部位、卸载方法和卸载桩数，并确定桩基卸载顺序、批次、级次。

3 应避免桩基失稳和防止建筑物突降。

4 桩顶卸载法适用于原建筑物采用灌注桩的纠偏工程；桩顶卸载法设计应符合下列规定：

1) 应计算需要截断的承台下基桩数量和桩基顶部截断的长度，基桩顶部截断长度应大于纠偏设计迫降量；

2) 应根据断桩顺序、批次，验算截断桩后的承台承载力，当不满足要求时，应进行加固；

3) 采用托换体系截断承台下的桩基时，应对牛腿、千斤顶和拟截断部位以下的桩等形成的托换体系进行设计（图5.3.11）；应验算托换结构体系的正截面受弯承载力、局部受压承载力和斜截面受剪承载力；千斤顶的选型应根据需支承点的竖向荷载值确定，千斤顶工作荷载取其额定工作荷载的80%，再取安全系数2.0；

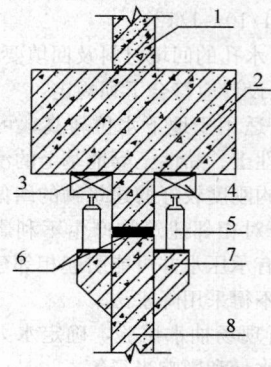

图 5.3.11　断桩托换体系示意
1—原柱；2—原承台；3—埋件；4—垫块；5—千斤顶；6—钢垫板；7—新加牛腿；8—原基桩

 4）应进行截断桩的连接节点设计，填充材料宜采用微膨胀混凝土、无收缩灌浆料。

 5 桩身卸载法适用于原建筑物采用摩擦桩或端承摩擦桩纠偏工程；桩身卸载法设计应符合下列规定：

 1）确定需卸载每根桩的沉降量；

 2）确定卸载桩周土的范围与深度；

 3）可采用射水、取土、浸水等办法降低桩侧摩阻力；

 4）桩身卸载后宜采用灌注水泥浆或水泥砂浆等回填方式填充桩侧土体，恢复桩身摩擦力。

5.4　抬升法设计

5.4.1　抬升法适用于重量相对较轻的建筑物纠偏工程。

5.4.2　抬升法可分为上部结构托梁抬升法、锚杆静压桩抬升法和坑式静压桩抬升法。

5.4.3　建筑物抬升法纠偏设计应符合下列规定：

 1 原基础及其上部结构不满足抬升要求时，应先进行加固设计；

 2 砖混结构建筑物抬升不宜超过6层，框架结构建筑物抬升不宜超过8层；

 3 抬升托换结构体系的承载力、刚度应符合现行国家标准《混凝土结构设计规范》GB 50010、《钢结构设计规范》GB 50017 的规定，并应在平面内连续闭合；

 4 应确定千斤顶的数量、位置和抬升荷载、抬升量等参数；

 5 锚杆静压桩抬升法和坑式静压桩抬升法等带基础抬升后的间隙应采用水泥砂浆或微膨胀混凝土填充，水泥砂浆强度不应低于 M5，混凝土强度不应低于 C15。

5.4.4　抬升法设计计算应符合下列规定：

 1 抬升力应根据纠偏建筑物上部荷载值确定。

 2 抬升点应根据建筑物的结构形式、荷载分布以及千斤顶额定工作荷载确定，对于砌体结构抬升点间距不宜大于 2.0m，抬升点数量可按下式估算：

$$n \geqslant k\frac{Q_k}{N_a} \qquad (5.4.4\text{-}1)$$

式中：n ——抬升点数量（个）；

 Q_k ——建筑物需抬升的竖向荷载标准值（kN）；

 N_a ——抬升点的抬升荷载值（kN），取千斤顶额定工作荷载的80%；

 k ——安全系数，取 2.0。

 3 各点抬升量应按下式计算：

$$\Delta h_i = \frac{l_i}{L}S_V \qquad (5.4.4\text{-}2)$$

式中：Δh_i ——计算点抬升量（mm）；

 l_i ——转动点（轴）至计算抬升点的水平距离（m）；

 L ——转动点（轴）至沉降最大点的水平距离（m）；

 S_V ——建筑物纠偏设计抬升量（沉降最大点的抬升量）（mm）。

5.4.5　上部结构托梁抬升法设计应符合下列规定：

 1 砌体结构托梁抬升应在砌体墙下设置托梁或在墙两侧设置夹墙梁形成墙梁体系［图5.4.5（a）］；

 2 砌体结构托梁可按倒置弹性地基墙梁进行设计，其计算跨度为相邻三个支承点的两边缘支点的距离；

 3 砌体结构托梁和框架结构连系梁应在平面内连续闭合，并与原结构可靠连接；

 4 框架结构托梁抬升应在框架结构首层柱设置托换结构体系［图5.4.5（b）］；

 5 框架结构的托换结构体系应验算正截面受弯承载力、局部受压承载力和斜截面受剪承载力；

 6 应确定砌体开洞和抬升间隙的填充材料和要求；

 7 结构截断处的恢复连接应满足承载力和稳定性要求。

5.4.6　锚杆静压桩抬升法设计应符合下列规定：

 1 锚杆静压桩抬升法适用于粉土、粉砂、细砂、黏性土、填土等地基，采用钢筋混凝土基础且上部结构自重较轻的建筑物纠偏工程；

 2 应对建筑物基础的强度和刚度进行验算，当不满足压桩和抬升要求时，应对基础进行加固补强；

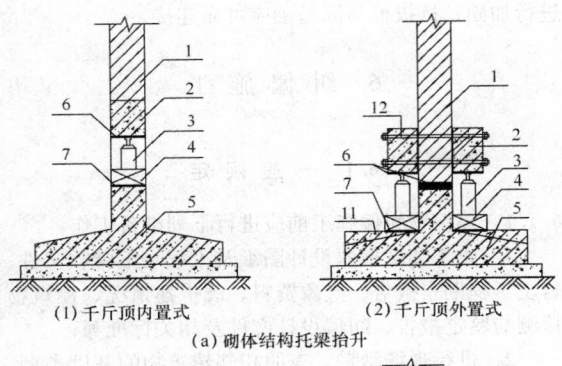

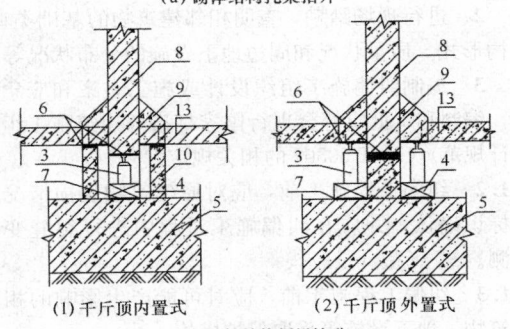

（1）千斤顶内置式　　　　（2）千斤顶外置式

（b）框架结构托梁抬升

图 5.4.5　上部结构托梁抬升法示意

1—墙体；2—钢筋混凝土托梁；3—千斤顶；4—垫块；5—基础；6—钢垫板；7—钢埋件；8—框架柱；9—新加牛腿；10—支墩；11—基础新增部分；12—对拉螺栓；13—钢筋混凝土连梁

3　应确定桩端持力层的位置，计算单桩竖向承载力和压桩力，最终压桩力取单桩竖向承载力特征值的 2.0 倍；

4　应确定桩节尺寸、桩身材料和强度、桩节构造和桩节间连接方式；

5　应设计锚杆直径和锚固长度、反力架和千斤顶等，锚杆锚固长度应为（10～12）倍锚杆直径，并不应小于 300mm；

6　应确定压桩孔位置和尺寸，压桩孔孔口每边应比桩截面边长大 50mm～100mm，桩顶嵌入建筑物基础承台内长度应不小于 50mm；

7　封桩应采取持荷封桩的方式，设计封装持荷转换装置，明确封桩要求，锚杆桩与基础钢筋应焊接或加钢板锚固连接，封桩混凝土应采用微膨胀混凝土，强度比原混凝土提高一个等级，且不应低于 C30；

5.4.7　坑式静压桩抬升法设计应符合下列规定：

1　坑式静压桩抬升法适用于黏性土、粉质黏土、湿陷性黄土和人工土填土等地基，且地下水位较低，采用钢筋混凝土基础、上部结构自重较轻的建筑物纠偏工程；

2　应对建筑物基础的强度和刚度进行验算，当不满足压桩和抬升要求时，应对基础进行加固补强；

3　应确定桩端持力层的位置，计算单桩竖向承

载力和压桩力，最终压桩力取单桩竖向承载力特征值的 2.0 倍；

4　应确定桩截面尺寸和桩长、桩节构造和桩节间连接方式、千斤顶规格型号；预制方桩边长不宜大于 200mm，混凝土强度等级不宜低于 C30；钢管桩直径不宜小于 159mm，壁厚不应小于 8mm；

5　桩位宜布置在纵横墙基础交接处、承重墙基础的中间、独立基础的中心或四角等部位，不宜布置在门窗洞口等薄弱部位；

6　根据桩的位置确定工作坑的平面尺寸、深度和坡度，明确开挖顺序并应计算工作坑边坡稳定；

7　千斤顶拆除应采取桩持荷的方式，设计持荷转换装置，明确荷载转换和千斤顶拆除要求；

8　确定基础抬升间隙的填充材料、工作坑的回填材料及回填要求。

5.5　综合法设计

5.5.1　综合法适用于建筑物体形较大、基础和工程地质条件较复杂或纠偏难度较大的纠偏工程。

5.5.2　综合法应根据建筑物倾斜状况、倾斜原因、结构类型、基础形式、工程地质和水文地质条件、纠偏方法特点及适用性等进行多种纠偏方法比选，选择一种最佳组合，并明确一种或两种主导方法。

5.5.3　选择综合法应考虑所采用的两种及两种以上纠偏方法在实施过程中的相互不利影响。

5.6　古建筑物纠偏设计

5.6.1　古建筑物纠偏设计应根据主要倾斜原因、倾斜及裂损状况、地质条件、环境条件等，综合选择纠偏加固方案，顶部控制回倾速率宜在 3mm/d～8mm/d 范围内。

5.6.2　古建筑物纠偏设计文件除应包括一般纠偏工程设计内容外，尚应包含文物保护、复旧工程等设计内容。

5.6.3　古建筑物纠偏增设或更换构件应具有可逆原性。

5.6.4　纠偏方法宜采用迫降法及综合法；当采用抬升法纠偏时，对基础应进行托换加固设计，对结构应进行临时加固设计。

5.6.5　非地基基础引起的古建筑物倾斜，纠偏设计应避免对原地基的扰动。

5.6.6　因地基基础引起的古建筑物倾斜，纠偏作业部位宜选择在地基、基础或结构下部便于隐蔽的部位；对有地宫的古塔，纠偏部位应选择在地宫下的地基中。

5.6.7　裂损的古建筑物或倾斜量大的古塔，宜先加固后纠偏。

5.6.8　木结构古建筑物，因局部构件腐朽产生的倾斜，腐朽构件更换与纠偏宜同时进行。

5.6.9 位于不稳定斜坡上的古建筑物纠偏，纠偏设计应考虑边坡病害治理和纠偏的相互影响。

5.6.10 位于风景名胜区或居民区的古建筑物，纠偏设计应考虑施工机械噪声、粉尘、施工污水等对文物及环境的影响。

5.6.11 位于地震区的古建筑物和高耸处的古塔纠偏，纠偏设计应考虑抗震、防雷击措施。

5.6.12 安全防护系统的设计必须有两种以上措施保护结构安全，并与应急预案相配套形成多重防护体系。

5.7 防复倾加固设计

5.7.1 防复倾加固主要包括地基加固法、基础加固法、基础托换法、结构调整法和组合加固法等。

5.7.2 建筑物防复倾加固设计应在分析倾斜原因的基础上，按建筑物地基基础设计等级和场地复杂程度、上部结构现状、纠偏目标值、纠偏方法、施工难易程度、技术经济分析等，确定最佳的设计方案。

5.7.3 防复倾加固设计应符合下列规定：

    1 应根据工程地质与水文地质条件、上部结构刚度和基础形式，选择合理的抗复倾结构体系，抗复倾力矩与倾覆力矩的比值宜为 1.1～1.3；

    2 基底合力的作用点宜与基础底面形心重合；

    3 应验算地基基础的承载力与沉降变形，当不满足要求时，应对地基基础进行加固。

5.7.4 高层建筑物或高耸构筑物需设置抗拔桩时，应符合下列规定：

    1 单根抗拔桩所承受的拔力应按下式验算：

$$N_i = \frac{F_k + G_k}{n} - \frac{M_{xk} \cdot y_i}{\sum y_i^2} - \frac{M_{yk} \cdot x_i}{\sum x_i^2}$$

(5.7.4-1)

式中：F_k ——相应于作用的标准组合时，上部结构传至基础顶面的竖向力值（kN）；

    G_k ——基础自重和基础上的土重标准值（kN）；

M_{xk}、M_{yk} ——相应于荷载效应标准组合时，作用于倾斜建筑物基础底面形心的 x、y 轴的力矩值；

    x_i、y_i ——第 i 根桩至基础底面形心的 y、x 轴线的距离；

    N_i ——第 i 根桩所承受的拔力。

    2 抗拔锚桩的布置和桩基抗拔承载力特征值应按现行行业标准《建筑桩基技术规范》JGJ 94 的相关规定确定，并应按下式验算：

$$N_{max} \leqslant kR_t$$

(5.7.4-2)

式中：N_{max} ——单根桩承受的最大拔力；

    R_t ——单根桩抗拔承载力特征值；

    k ——系数，对于荷载标准组合，$k = 1.1$；对于地震作用和荷载标准组合，$k = 1.3$。

    3 当基础不满足抗拔桩抗拉要求时，应对基础

进行加固；抗拔桩与原基础应可靠连接。

6 纠偏施工

6.1 一般规定

6.1.1 建筑物纠偏施工前应进行下列准备工作：

    1 收集和掌握原设计图纸及工程竣工验收文件、岩土工程勘察报告、气象资料、改扩建情况、建筑物检测与鉴定报告、纠偏设计文件及相关标准等；

    2 进行现场踏勘，查明相邻建筑物的基础类型、结构形式、质量状况和周边地下设施的分布状况等；

    3 编制纠偏施工组织设计或施工方案和应急预案，编制和审批应符合现行国家标准《建筑施工组织设计规范》GB/T 50502 的相关规定。

6.1.2 纠偏工程施工前，应对原建筑物裂损情况进行标识确认，并应在纠偏施工过程中进行裂缝变化监测。

6.1.3 纠偏工程施工前，应对可能产生影响的相邻建筑物、地下设施等采取保护措施。

6.1.4 纠偏施工过程中，应分析比较建筑物的纠偏沉降量（抬升量）与回倾量的协调性。

6.1.5 纠偏施工过程中，应同步实施防止建筑物产生突沉的措施。

6.1.6 纠偏工程应实行信息化施工，根据监测数据、修改后的相关设计参数及要求，调整施工顺序和施工方法。

6.1.7 纠偏施工应根据设计的回倾速率设置预警值，达到预警值时，应立即停止施工，并采取控制措施。

6.1.8 建筑物纠偏达到设计要求后，应对工作槽、孔和施工破损面等进行回填、封堵和修复。

6.2 迫降法施工

6.2.1 迫降纠偏应在监测点布设完成并进行初次监测后，方可实施。

6.2.2 迫降法纠偏每批每级施工完成后应有一定时间间隔，时间间隔长短根据回倾速率确定；纠偏施工后期，应减缓回倾速率，控制回倾量。

6.2.3 掏土法纠偏施工应符合下列规定：

    1 根据设计文件和施工操作要求，确定辅助工作槽的深度、宽度和坡度及槽边堆土的位置和高度；深度超过 3m 的工作槽应进行边坡稳定计算；槽底应设排水沟和集水井，槽边应设置截水沟；

    2 掏土孔（槽）的位置、尺寸和角度应满足设计要求，并应进行编号；分条掏土槽位偏差不应大于10cm，尺寸偏差不应大于5cm，钻孔孔位偏差不应大于5cm，角度偏差不应大于3°；

    3 应先从建筑物沉降量最小的区域开始掏土，隔孔（槽）、分批、分级有序进行，逐步过渡；

4 应测量每级掏土深度，人工掏土每级掏土深度偏差不应大于 5cm，钻孔掏土每级掏土深度偏差不应大于 10cm；

5 应计量当天每孔（槽）的掏土量，并根据掏土量和纠偏监测数据确定下一步的掏土位置、数量和深度。

6.2.4 地基应力解除法纠偏施工应符合下列规定：

1 施工设备宜采用功率较大的钻孔排泥设备；

2 钻孔的位置、深度和孔径应满足设计要求，钻孔孔位偏差不应大于 10cm；

3 钻孔前应埋置护筒，避开地下管线、设施等，护筒高出地面应不小于 20cm，并设置防护罩和防下沉措施；

4 钻孔应先从建筑物沉降量最小的区域开始，隔孔分批成孔，首次钻进深度不应超过护筒以下 3m；

5 应确定每批取土排泥的孔位，每级取土排泥深度宜为 0.3m～0.8m；

6 纠偏施工结束，应封孔后再拔出护筒。

6.2.5 辐射井法纠偏施工应符合下列规定：

1 辐射井井位、射水孔位置和射水孔角度应符合设计要求，辐射井井位偏差不应大于 20cm，射水孔应进行编号，射水孔孔位偏差不应大于 3cm，角度偏差不应大于 3°；射水孔距射水平台不宜小于 1.2m；

2 辐射井成井施工应采用支护措施；井口应高出地面不小于 0.2m，并设置防护设施；

3 射水孔应设置保护套管，保护套管在基础下的长度不宜小于 20cm；

4 射水顺序宜采用隔井射水、隔孔射水；

5 射水水压和流量应满足设计要求，可根据现场试验性施工调整射水压力和流量；

6 射水过程中射水管管嘴应伸到孔底；每级射水深度宜为 0.5m～1.0m；

7 应计量排出的泥浆量，估算排土量，并确定下一批次的射水孔号和射水深度；

8 泥浆应集中收集，环保排放。

6.2.6 浸水法纠偏施工应符合下列规定：

1 注水孔位置和深度应符合设计要求，位置偏差不应大于 20cm，深度偏差不应大于 10cm，注水孔应进行编号；

2 注水孔底和注水管四周应设置保护碎石或粗砂，厚度不宜小于 20cm；

3 注水量、流速、压力应符合设计要求，可根据现场施工监测结果调整注水量；

4 应确定各注水孔的注水顺序，注水应隔孔分级注水，每天注水量不应超过该孔注水总量的 10%；

5 应避免外来水流入注水孔内。

6.2.7 降水法纠偏施工应符合下列规定：

1 降水井井位、深度应准确，井位偏差不宜大于 20cm，并应对井进行编号；

2 打井施工应保证井壁稳定，泥浆应集中收集，

环保排放；井口高出地面应不小于 0.2m，并应设置防护设施；

3 抽水顺序应采用隔井抽水，降水水位应符合设计要求，根据现场监测结果进行调整；

4 水位观测应准确并做好记录，观测井内不得抽水。

6.2.8 堆载加压法施工应符合下列规定：

1 堆载材料选择应遵循就地取材的原则，选择重量较大、易于搬运码放的材料；

2 堆载前应按设计要求进行结构加固或增设临时支撑，加固材料强度达到设计要求后方可堆载；

3 堆载应分级进行，每级堆载应从建筑物沉降量最小的区域开始，堆载重量不应超过设计规定的重量，当回倾速率满足设计要求后方可进行下一级堆载；

4 卸载时间和卸载量应根据监测的回倾情况、沉降量和地基土回弹等因素确定。

6.2.9 桩基卸载法施工应符合下列规定：

1 桩顶卸载法施工应符合下列要求：

1）根据卸载部位和操作要求，设计工作坑的位置、尺寸和坡度；

2）应保证托换结构插筋与原结构连接牢固，避免破坏原结构桩内的钢筋；

3）在托换体系的材料强度达到设计要求并检查确认托换体系可靠连接后方可进行截桩；截桩时不应产生过大的振动或扰动，并保证截断面平整；

4）每批截桩应从建筑物沉降量最小的区域开始，每批截桩数严禁超过设计规定；

5）应在截断的桩头上加垫钢板；

6）桩顶卸载应分级进行，单级最大沉降量不应大于 10mm，顶部控制回倾速率不应大于 20mm/d，每级卸载后应间隔一定时间，当顶部回倾量与本级迫降量协调后方可进行下一级卸载；

7）连接节点的钢筋焊接质量应满足国家现行标准《混凝土结构工程施工质量验收规范》GB 50204、《钢筋焊接及验收规程》JGJ 18 和《钢筋焊接接头试验方法标准》JGJ/T 27 的规定；连接节点的空隙填充应密实。

2 桩身卸载法施工应符合下列要求：

1）桩周土卸载应两侧对称进行，保留一定范围桩周土；

2）射水初始阶段对部分桩周土射水，应采用较低的射水压力、较小的射水量和持续较短的射水时间；

3）桩身卸载纠偏应分级同步协调进行，每级纠偏时建筑物顶部控制回倾速率不应大于 10mm/d，每级卸载后应有一定时间间隔；

4）根据上次纠偏监测数据确定后续的射水位置、范围、深度和时间；

5）纠偏结束后应及时恢复桩身摩擦力，材料回填密实。

6.3 抬升法施工

6.3.1 抬升纠偏前，应进行沉降观测，地基沉降稳定后方可实施纠偏；应复核每个抬升点的总抬升量和各级抬升量，并作出标记。

6.3.2 千斤顶额定工作荷载应根据设计确定，且使用前应进行标定。

6.3.3 托换结构体系应达到设计承载力要求且验收合格后方可进行抬升施工。

6.3.4 抬升过程中，各千斤顶每级的抬升量应严格控制。

6.3.5 抬升纠偏施工期间应避开恶劣天气和周围振动环境的影响。

6.3.6 上部结构托梁抬升法施工应符合下列规定：

1 托换结构内纵筋应采用机械连接或焊接，接头位置避开抬升点；

2 砌体结构托梁施工应分段进行，墙体开洞长度由计算确定；在混凝土强度达到设计强度的75%以后进行相邻段托梁施工；夹墙梁应连续施工，在混凝土强度达到设计强度的100%以后方可进行对拉螺栓安装；

3 框架结构断柱时相邻柱不应同时断开，必要时应采取临时加固措施；

4 对于千斤顶外置抬升，竖向荷载转换到千斤顶后方可进行竖向承重结构的截断施工；对于框架结构千斤顶内置抬升，竖向荷载转换到托换结构后方可进行竖向承重结构的截断施工；

5 应避免结构局部拆除或截断时对保留结构产生较大的扰动和损伤；

6 抬升监测点的布设每柱或每抬升处不应少于一点，并在结构截断前完成；截断施工时，应监测墙、柱的竖向变形和托换结构的异常变形；

7 正式抬升前必须进行一次试抬升；

8 抬升过程中钢垫板应做到随抬随垫，各层垫块位置应准确，相邻垫块应进行焊接；

9 抬升应分级进行，单级最大抬升量不应大于10mm，每级抬升后应有一定间隔时间，当顶部回倾量与本级抬升量协调后方可进行下一级抬升；

10 恢复结构连接完成并达到设计强度后方可拆除千斤顶；当框架结构采用千斤顶内置式抬升时，应先对支墩和新加牛腿可靠连接后再拆除千斤顶。

6.3.7 锚杆静压桩抬升法施工应符合下列规定：

1 反力架应与原结构可靠连接，锚杆应做抗拔力试验；

2 基础中压桩孔开孔宜采用振动较小的方法，并保证开孔位置、尺寸准确；

3 桩位平面偏差不应大于20mm，单节桩垂直度偏差不应大于1%；桩节与节之间应可靠连接；

4 处于边坡上的建筑物，应避免因压桩挤土效应引起建筑物产生水平位移；

5 压桩应分批进行，相邻桩不应同时施工；当桩压至设计持力层和设计压桩力并持荷不少于5min后方可停止压桩；

6 在抬升范围的各桩均达到控制压桩力且试抬升合格后方可进行抬升施工；

7 抬升应分级同步协调进行，单级最大抬升量不应大于10mm，每级抬升后应有一定间隔时间，当顶部回倾量与本级抬升量协调后方可进行下一级抬升；

8 抬升量的监测应每柱或每抬升处不少于一点；

9 基础与地基土的间隙应填充密实，强度应达到设计要求；

10 持荷封桩应采用荷载转换装置，荷载完全转换后方可拆除抬升装置；封桩混凝土达到设计强度后方可拆除转换装置；

11 锚杆静压桩施工除符合本规程的规定外，尚应按现行行业标准《既有建筑地基基础加固技术规范》JGJ 123执行。

6.3.8 坑式静压桩抬升法施工应符合下列规定：

1 工作坑应跳坑开挖，严禁超挖，开挖后应及时压桩支顶；

2 压桩桩位偏差不应大于20mm，各桩段间应焊接连接；

3 压桩施工应保证桩的垂直度，单节桩垂直度偏差不应大于1%；当桩压至设计持力层和设计压桩力并持荷不少于5min后方可停止压桩；

4 在抬升范围内的各桩均达到最终压桩力后进行一次试抬升，试抬升合格后方可进行抬升施工；

5 抬升应分级同步协调进行，单级最大抬升量不应大于10mm，每级抬升后应有一定间隔时间，当顶部回倾量与本级抬升量协调后方可进行下一级抬升；

6 撤除抬升千斤顶应控制基础下沉量和桩顶回弹，千斤顶承受的荷载通过转换装置完全转换后方可拆除千斤顶；

7 基础与地基之间的抬升缝隙应填充密实。

6.4 综合法施工

6.4.1 两种及两种以上纠偏方法组合纠偏施工应确定各种方法的施工顺序和实施时间。

6.4.2 迫降法与抬升法组合不宜同时施工，抬升法实施应在基础沉降稳定后进行。

6.5 古建筑物纠偏施工

6.5.1 纠偏施工前应先落实和完善文物保护措施；

应在文物专家的指导下，对文物、梁、柱及壁画等进行围挡、包裹、遮盖和妥善保护，并应设专人监护。

6.5.2 对需要临时拆除的结构构件，应先从多角度拍照、录像，拆除时应进行编号、登记、按顺序妥善保存。

6.5.3 纠偏施工前应对工人进行文物保护法制教育，施工中若新发现文物古迹，应立即上报文物主管部门，并应停止施工保护好施工现场。

6.5.4 纠偏施工前，应完成结构安全保护和施工安全防护，并保证安全防护系统可靠。

6.5.5 纠偏施工前，应对主要的施工工序、施工工艺和文物保护措施进行试验性实施演练。

6.5.6 当古建筑物倾斜与滑坡、崩塌等地质灾害有关时，应先实施灾害源的治理施工，后进行纠偏施工。

6.5.7 监测点的布置和拆除应减少对古建筑物的损伤，拆除后应按原样做好外观复原工作。

6.5.8 对有地宫的古塔实施纠偏时，应采取防止地下水或施工用水进入地宫的措施。

6.5.9 采用抬升法纠偏时，应先对基础进行加固托换，对结构进行临时加固；抬升前应进行试抬升。

6.5.10 纠偏施工应严格控制回倾速率，做到回倾缓慢、平稳、协调。

6.5.11 纠偏完成后修复防震、防雷系统，并应按原样做好外观复旧工作。

6.6 防复倾加固施工

6.6.1 当建筑物沉降未稳定时，对沉降较大一侧，应先进行防复倾加固施工；对沉降较小一侧，应在纠偏完成后进行防复倾加固施工。

6.6.2 防复倾加固施工应减小对建筑物不均匀沉降的不利影响，严格控制地基附加沉降。

6.6.3 当采用注浆法加固地基时，各种注浆参数应由试验确定，注浆施工应重点控制注浆压力和流量，宜按跳孔间隔、由疏到密，先外围后内部的方式进行。

6.6.4 当采用锚杆静压桩进行防复倾加固施工时，压入锚杆桩应隔桩施工，由疏到密进行；建筑物沉降大的一侧采用持荷封桩法，沉降小的一侧直接封桩。

6.6.5 对于饱和粉砂、粉土、淤泥土或地下水位较高的地基，防复倾加固成孔时不应采用产生较大振动的机械。

6.6.6 防复倾地基加固施工除符合本规程的规定外，尚应按现行行业标准《既有建筑地基基础加固技术规范》JGJ 123执行。

7 监 测

7.1 一般规定

7.1.1 纠偏工程施工前，应制定现场监测方案并布设完成监测点。

7.1.2 纠偏工程应对建筑物的倾斜、沉降、裂缝进行监测；水平位移、主要受力构件的应力应变、地下水位、设施与管线变形、地面沉降和相邻建筑物的沉降等监测可选择进行。

7.1.3 沉降监测点、倾斜监测点、水平位移监测点布置应能全面反映建筑物及地基在纠偏过程中的变形特征，并应对监测点采取保护措施。

7.1.4 同一监测项目宜采用两种监测方法，对照检查监测数据；监测宜采用自动化监测技术。

7.1.5 纠偏工程监测频率和监测周期应符合下列规定：

1 施工过程中的监测应根据施工进度进行，施工前应确定监测初始值；

2 施工过程中每天监测不应少于两次，每级次纠偏施工监测不应少于一次；

3 当监测数据达到预警值或监测数据异常时，应立即报告；并应加大监测频率或采用自动化监测技术进行实时监测；

4 纠偏竣工后，建筑物沉降观测时间不应少于6个月，重要建筑、软弱地基上的建筑物观测时间不应少于1年；第一个月的监测频率，每10天不应少于一次；第二、三个月，每15天不应少于一次，以后每月不应少于一次。

7.1.6 监测应由专人负责，并固定仪器设备；监测仪器设备应能满足观测精度和量程的要求，且应检定合格。

7.1.7 每次监测工作结束后，应提供监测记录，监测记录应符合本规程附录B的规定；竣工后应提供施工期间的监测报告；监测结束后应提供最终监测报告。

7.1.8 纠偏监测除应符合本规程外，尚应符合国家现行标准《工程测量规范》GB 50026和《建筑变形测量规范》JGJ 8的有关规定。

7.2 沉降监测

7.2.1 纠偏工程施工沉降监测应测定建筑物的沉降值，并计算沉降差、沉降速率、倾斜率、回倾速率。

7.2.2 纠偏沉降监测等级不应低于二级沉降观测。

7.2.3 沉降监测应设置高程基准点，基准点设置不应少于3个；基准点的布设应设置在建筑物和纠偏施工所产生的沉降影响范围以外、位置稳定、易于长期保存的地方，并应进行复测。

7.2.4 沉降监测点布设应能全面反映建筑物及地基变形特征，除满足现行行业标准《建筑变形测量规范》JGJ 8的有关规定外，尚应沿外墙不大于3m间距布设。

7.2.5 沉降监测报告内容应包括基准点布置图、沉降监测点布置图、沉降监测成果表、沉降曲线图、沉降监测成果分析与评价。

7.3 倾斜监测

7.3.1 建筑物的倾斜监测应测定建筑物顶部监测点相对于底部监测点或上部相对于下部监测点的水平变位值和倾斜方向，并计算建筑物的倾斜率。

7.3.2 倾斜监测方法应根据建筑物特点、倾斜情况和监测环境条件等选择确定。

7.3.3 倾斜监测点宜布置在建筑物的角点和倾斜量较大的部位，并应埋设明显的标志。

7.3.4 倾斜监测报告内容应包括倾斜监测点位布置图、倾斜监测成果表、主体倾斜曲线图，倾斜监测成果分析与评价。

7.4 裂缝监测

7.4.1 裂缝监测内容包括裂缝位置、分布、走向、长度、宽度及变化情况。

7.4.2 裂缝监测应采用裂缝宽度对比卡、塞尺、裂纹观测仪等监测裂缝宽度，用钢尺度量裂缝长度，用贴石膏的方法监测裂缝的发展变化。

7.4.3 纠偏工程施工前，应对建筑物原有裂缝进行观测，统一编号并做好记录。

7.4.4 纠偏工程施工过程中，当监测发现原有裂缝发生变化或出现新裂缝时，应停止纠偏施工，分析裂缝产生的原因，评估对结构安全性的影响程度。

7.4.5 裂缝监测报告内容应包括裂缝位置分布图、裂缝观测成果表、裂缝变化曲线图。

7.5 水平位移监测

7.5.1 靠近边坡地段的倾斜建筑物，应对水平位移和场地滑坡进行监测。

7.5.2 水平位移观测点布置应选择在墙角、柱基及裂缝两边。

7.5.3 水平位移监测方法可选用视准线法、激光准直法、测边角法等方法。

7.5.4 纠偏工程施工过程中，当发现发生水平位移时，必须停止纠偏施工。

7.5.5 水平位移监测报告内容应包括水平位移观测点位布置图、水平位移观测成果表、建筑物水平位移曲线图。

8 工程验收

8.0.1 建筑物的倾斜率达到纠偏设计要求后，方可进行工程竣工验收。

8.0.2 纠偏工程验收的程序和组织应符合现行国家标准《建筑工程施工质量验收统一标准》GB 50300的规定。

8.0.3 纠偏工程合格验收应符合下列规定：

    1 纠偏工程的质量应验收合格；

    2 质量控制资料应完整；

    3 安全及功能检验和抽样检测结果应符合有关规定；

    4 观感质量验收应符合要求。

8.0.4 纠偏工程验收应提交下列文件和记录：

    1 检测鉴定报告；

    2 补充勘察报告；

    3 纠偏工程设计文件、图纸会审记录和设计变更文件、竣工图；

    4 纠偏施工组织设计或施工方案；

    5 竣工验收申请和竣工验收报告；

    6 监测报告；

    7 质量控制资料记录；

    8 其他文件和记录。

8.0.5 建筑物纠偏工程竣工验收记录表应符合本规程附录C的规定。

附录 A 建筑物常用纠偏方法选择

A.0.1 浅基础建筑物常用纠偏方法宜按表A.0.1选择。

表 A.0.1 浅基础建筑物常用纠偏方法选择

纠偏方法	无筋扩展基础				扩展基础、柱下条形基础、筏形基础			
	黏性土粉土	砂土	淤泥	湿陷性土	黏性土粉土	砂土	淤泥	湿陷性土
掏土法	√	√	√	√	√	√	√	√
辐射井射水法	√	√	△	△	√	√	△	△
地基应力解除法	×	×	×	×	×	×	×	×
浸水法	×	×	×	√	×	×	×	√
降水法	△	√	△	×	△	√	△	×
堆载加压法	△	△	△	△	△	△	△	△
锚杆静压桩抬升法	△	△	△	△	△	△	△	△
坑式静压桩抬升法	△	△	△	△	△	△	△	△
上部结构托梁抬升法	√	√	√	√	√	√	√	√

注：表中符号√表示比较适合；△表示有可能采用；×表示不适于采用。

A.0.2 桩基础建筑物常用纠偏方法宜按表A.0.2选择。

表 A.0.2 桩基础建筑物常用纠偏方法选择

纠偏方法	桩基础			
	黏性土、粉土	砂土	淤泥	湿陷性土
辐射井射水法	√	√	√	√
浸水法	×	×	×	√
降水法	△	√	△	×
堆载加压法	△	△	△	△
桩顶卸载法	√	√	√	√
桩身卸载法	√	√	√	√
上部结构托梁抬升法	√	√	√	√

注：表中符号√表示比较适合；△表示有可能采用；×表示不适于采用。

附录 B 建筑物纠偏工程监测记录

B. 0. 1 建筑物纠偏工程沉降监测应按表 B. 0. 1 记录。

表 B. 0. 1 建筑物纠偏工程沉降监测记录

工程名称：＿＿＿＿　建设单位：＿＿＿＿　施工单位：＿＿＿＿　测量单位：＿＿＿＿
结构形式：＿＿＿＿　基础形式：＿＿＿＿　建筑层数：＿＿＿＿　仪器型号：＿＿＿＿　起算点号：＿＿＿＿　起算点高程：＿＿＿＿

测点编号	初次 年月日时 高程(m)	第 次 年月日时 本次高程(m)	本次沉降量(mm)	沉降速率(mm/d)	第 次 年月日时 本次高程(m)	本次沉降量(mm)	累计沉降量(mm)	沉降速率(mm/d)	第 次 本次高程(m)	本次沉降量(mm)	累计沉降量(mm)	沉降速率(mm/d)	第 次 本次高程(m)	本次沉降量(mm)	累计沉降量(mm)	沉降速率(mm/d)	第 次 本次高程(m)	本次沉降量(mm)	累计沉降量(mm)	沉降速率(mm/d)
监测间隔时间																				
监测人																				
记录人																				
备注	简要分析及判断性结论																			

B. 0. 2 建筑物纠偏工程倾斜监测应按表 B. 0. 2 记录。

表 B. 0. 2 建筑物纠偏工程倾斜监测记录

工程名称：＿＿＿＿　建设单位：＿＿＿＿　施工单位：＿＿＿＿　测量单位：＿＿＿＿
结构形式：＿＿＿＿　建筑层数：＿＿＿＿　建筑高度：＿＿＿＿　仪器型号：＿＿＿＿

测点编号	初次 年月日时 顶点倾斜值(mm)	倾斜率(‰)	第 次 年月日时 顶点倾斜值(mm)	顶点回倾量(mm)	回倾速率(mm/d)	倾斜率(‰)	第 次 年月日时 顶点倾斜值(mm)	顶点回倾量(mm)	回倾速率(mm/d)	倾斜率(‰)	第 次 顶点倾斜值(mm)	顶点回倾量(mm)	回倾速率(mm/d)	倾斜率(‰)	第 次 顶点倾斜值(mm)	顶点回倾量(mm)	回倾速率(mm/d)	倾斜率(‰)
平均值																		
监测间隔时间																		
监测人																		
记录人																		
备注	简要分析及判断性结论																	

附录 C　建筑物纠偏工程竣工验收记录

C.0.1　建筑物纠偏工程竣工验收记录应按表 C.0.1 记录。

表 C.0.1　建筑物纠偏工程竣工验收记录

工程名称		结构类型		层数/建筑面积	
施工单位		技术负责人		开工日期	
项目经理		项目技术负责人		竣工日期	
序号	项　目		验收记录	验收结论	
1	残留倾斜值				
2	安全和主要使用功能核查及抽查结果		共核查　项，符合要求　项，共抽查　项，符合要求　项		
3	工程资料核查		共　项，经审查符合要求　项，经核定符合规范要求　项		
4	观感质量验收		共抽查　项，符合要求　项，不符合要求　项		
5	综合验收结论				
参加验收单位	建设单位	监理单位		设计单位	施工单位
	(公章) 单位(项目)负责人 年　月　日	(公章) 总监理工程师 年　月　日		(公章) 单位(项目)负责人 年　月　日	(公章) 单位(项目)负责人 年　月　日

本规程用词说明

1　为便于在执行本规程条文时区别对待，对要求严格程度不同的用词说明如下：

　　1）表示很严格，非这样做不可的用词：

　　　　正面词采用"必须"，反面词采用"严禁"；

　　2）表示严格，在正常情况下均应这样做的用词：

　　　　正面词采用"应"，反面词采用"不应"或"不得"；

　　3）表示允许稍有选择，在条件许可时首先应这样做的用词：

　　　　正面词采用"宜"，反面词采用"不宜"；

　　4）表示有选择，在一定条件下可以这样做的，采用"可"。

2　条文中指明应按其他有关标准执行的写法为："应符合……的规定"或"应按……执行"。

引用标准名录

1　《建筑地基基础设计规范》GB 50007

2　《混凝土结构设计规范》GB 50010

3　《钢结构设计规范》GB 50017

4　《工程测量规范》GB 50026

5　《工业建筑可靠性鉴定标准》GB 50144

6　《混凝土结构工程施工质量验收规范》GB 50204

7　《民用建筑可靠性鉴定标准》GB 50292

8　《建筑工程施工质量验收统一标准》GB 50300

9　《建筑结构检测技术标准》GB/T 50344

10　《建筑施工组织设计规范》GB/T 50502

11　《建筑变形测量规范》JGJ 8

12　《钢筋焊接及验收规程》JGJ 18

13　《钢筋焊接接头试验方法标准》JGJ/T 27

14　《建筑桩基技术规范》JGJ 94

15　《既有建筑地基基础加固技术规范》JGJ 123

16　《危险房屋鉴定标准》JGJ 125

中华人民共和国行业标准

建筑物倾斜纠编技术规程

JGJ 270—2012

条 文 说 明

制 订 说 明

《建筑物倾斜纠偏技术规程》JGJ 270－2012，经住房和城乡建设部 2012 年 8 月 23 日以第 1451 号公告批准、发布。

本规程制订过程中，编制组进行了大量的调查研究，总结了我国建筑物纠偏工程领域的实践经验，同时参考了国外先进技术标准，通过试验，取得了建筑物纠偏工程设计、施工、监测和验收的重要技术参数。

为便于广大设计、施工、科研、学校等单位的有关人员在使用本规程时能正确理解和执行条文规定，《建筑物倾斜纠偏技术规程》编制组按章、节、条顺序编制了本规程的条文说明，对条文规定的目的、依据以及执行中需注意的有关事项进行了说明，还着重对强制性条文的强制性理由作了解释。但是，本条文说明不具备与标准正文同等的法律效力，仅供使用者作为理解和把握标准规定的参考。

目　次

1 总 则

1.0.1 本条阐述了编制此规程的目的。随着国家经济的发展，工程建设总量和规模越来越大，因勘察、设计、施工、使用不当或因改扩建荷载变化、受邻近新建工程和自然灾害影响等导致建筑物倾斜时有发生，纠偏相对于拆除后重建具有良好的经济性，符合节约型社会的要求；同时，纠偏工程的设计与施工具有特殊性，应规范建筑物纠偏行为，有效控制纠偏风险，做到安全可靠、技术先进、经济合理、确保质量。

1.0.2 本条规定了本规程的适用范围，适用于倾斜建筑物纠偏工程的检测鉴定、设计、施工、监测和验收全过程。

1.0.4 本条规定了建筑物纠偏工程除符合本规程外，还应遵循国家现行有关标准的规定。如《建筑结构荷载规范》GB 50009、《混凝土结构设计规范》GB 50010、《砌体结构设计规范》GB 50003、《建筑地基基础设计规范》GB 50007、《既有建筑地基基础加固技术规范》JGJ 123 和《建筑地基处理技术规范》JGJ 79 等。

3 基 本 规 定

3.0.1 建筑物发生倾斜后，通常由工程建设单位或相关管理单位（古建筑物或文物建筑）委托具有资质的单位进行检测鉴定，并组织有关专家，依据检测鉴定结论，对建筑物现状进行评估或论证，综合考虑纠偏的技术可行性和经济合理性等因素，确定是否需进行纠偏。

3.0.2 高耸构筑物基础面积小，重心高，倾斜后引起的附加弯矩大，为了减小附加应力对构筑物结构的不利影响，因此本规程规定的构筑物纠偏设计和施工验收标准相对较严。

3.0.3 纠偏工程技术难度高、风险大，技术方案应经过专家论证后执行，专家组成员应当由 5 名及以上符合相关专业要求的专家组成。

3.0.5 纠偏施工过程中保证结构安全至关重要，因此必须做到变形协调，避免结构产生过大附加应力；必须做到回倾和迫降（抬升）平稳可控，防止建筑物发生突沉突变，避免结构损伤、破坏，甚至倒塌。

纠偏建筑物多数处在城区或景区内，对环境保护要求高，因此应对涉及的泥浆排放、施工噪声、扬尘等污染环境的因素采取有效措施，加以控制，实现绿色施工。

3.0.7 由于纠偏工程复杂、涉及的因素多，施工过程中的效果与设计的预期难以一致，必须适时

监测，及时分析监测数据，调整设计与施工参数，做到信息化施工，以控制纠偏风险，保证纠偏效果。

3.0.9 古建筑物是国家乃至世界文化遗产的重要组成部分和展示载体，文物破坏了不能再生，因此，纠偏不应破坏古建筑物原始风貌；古建筑纠偏复原应符合文物修缮保护相关规定，达到修旧如旧的要求。

4 检 测 鉴 定

4.1 一 般 规 定

4.1.1、4.1.2 既有建筑物的检测鉴定是实施纠偏工程的依据。现场调查是检测鉴定工作的重要环节，大量检测鉴定工程实践表明，程序化地进行现场调查和收集相关资料工作，综合分析并统筹确定检测鉴定工作的范围、内容、方法和深度，可以最大限度地避免出现下列情况：需检测的重要指标遗漏、对某种指标的检测方法不当造成检测结果不可信、鉴定时未进行必要的结构分析或结构分析深度不够、检测鉴定工作的方向和结论出现严重偏差等情况。

4.1.3 本条规定了检测鉴定工作的深度。要求检测鉴定的结果，应能满足倾斜原因分析、纠偏设计与施工和防复倾加固等相关参数或数据要求。

4.2 检 测

4.2.2 地基和结构检测可选用下列方法：

1 基础检测可采取下列方法：
   1) 进行局部开挖，检查复核基础的类型、尺寸及埋置深度，检查基础开裂、腐蚀或损坏程度；
   2) 采用钢筋探测仪或剔凿保护层检测钢筋直径、数量、位置和锈蚀情况；
   3) 采用非破损法或钻孔取芯法测定基础材料的强度；
   4) 采用局部开挖检查复核桩型和桩径；采用可行方法确定桩身完整性和桩的承载力。

2 上部结构检测可采取下列方法：
   1) 采用量测法复核结构布置和构件截面尺寸或绘制结构现状图；
   2) 采用观察和测量仪器，检查主要结构构件的变形、腐蚀、施工缺陷等；采用裂缝观测仪和声波透射法，检测裂缝宽度和深度；
   3) 采用钢筋探测仪或剔凿保护层，检测钢筋直径、数量、位置、保护层厚度等；采用取样法、腐蚀测量仪法，检测钢筋材质和

钢材腐蚀状况；采用酚酞溶液法测定混凝土的碳化深度；

4) 采用钻芯法、回弹法、超声回弹综合法等测定混凝土的强度；采用贯入法、回弹法、实物取样法或其他方法检测砖、砂浆的强度；

5) 采用现场取样法、超声波探伤法、超声波厚度检测仪法、X光探仪及其他可行方法检测钢结构的材质和焊缝。

4.3 鉴 定

4.3.3 既有建筑经过多年使用后，其地基承载力会有所变化，一般情况可根据建筑物使用年限、岩土类别、基础底面实际压应力等，考虑地基承载力长期压密提高系数，验算地基承载力和变形特性。如进行地基现状勘察，应按现状勘察资料给出的参数，验算地基承载力和变形特性。

5 纠 偏 设 计

5.1 一 般 规 定

5.1.1 纠偏工程设计前，应收集、掌握大量的相关资料和信息，满足建筑物纠偏设计工作的要求。当原始设计、施工文件缺失时，应在检测与鉴定时补充有关内容；当原岩土工程勘察资料缺失时，应补充岩土勘察；现场踏勘是纠偏工程设计前的重要环节，大量纠偏工程实践表明，程序化地进行现场调查和收集相关资料和信息，结合建筑物的现状实况，综合分析并统筹确定纠偏设计方案至关重要。

5.1.3 纠偏设计应在充分分析计算的基础上，依据工程的具体特点和采取的纠偏方法，提出避免建筑物结构破坏和整体失稳的有针对性控制要点和切实可行的控制措施，为施工提供依据。

对于迫降法，纠偏设计应明确有效措施，控制沉降速率，避免因过大的附加沉降引起结构破坏和整体失稳；对于抬升法，应控制抬升速率和抬升同步性，避免因抬升速率过快、抬升不同步和抬升装置失稳导致结构构件破坏和结构整体失稳。

5.1.5 建筑物纠偏方法通常包括迫降法、抬升法和综合法等。本规程对成熟的、先进的、可靠的纠偏方法进行了规定，具体方法见本规程附录A。除了本规程附录A所列方法外，还有表1和表2所列方法可供选用。表中所列的纠偏方法，应在充分分析倾斜原因的基础上，结合建筑物的结构特点、工程地质、水文地质、周边环境等因素及当地纠偏实践经验合理选择；同时，纠偏工程的检测鉴定、设计、施工、监测及验收尚应符合本规程的有关规定，确保纠偏过程中的结构安全。

表 1 浅基础建筑物纠偏方法选择参考

纠偏方法	无筋扩展基础				扩展基础、柱下条形基础、筏形基础			
	黏性土粉土	砂土	淤泥	湿陷性土	黏性土粉土	砂土	淤泥	湿陷性土
卸载反向加压法	√	√	√	√	√	√	√	√
增层加压法	√	√	√	×	√	√	√	×
振捣液化法	△	√	√	×	△	√	√	×
振捣密实法	√	√	√	×	√	√	√	×
振捣触变法	√	√	√	×	√	√	√	×
抬墙梁法	√	√	√	√	√	√	√	√
静力压桩法	√	√	√	√	√	√	√	√
锚杆静压桩法	√	√	√	√	√	√	△	√
地圈梁抬升法	√	√	√	√	√	√	√	√
注入膨胀剂抬升法	√	√	√	√	√	√	√	√
预留法	√	√	√	√	√	√	√	√
横向加载法	√	√	√	√	√	√	√	√

注：表中符号√表示比较适合；△表示有可能采用；×表示不适于采用。

表 2 桩基础建筑物纠偏方法选择参考

纠偏方法	桩 基 础			
	黏性土、粉土	砂土	淤泥	湿陷性土
卸载反向加压法	△	△	△	△
增层加压法	√	√	√	√
振捣法	√	√	√	×
承台卸载法	△	△	△	△
负摩擦力法	√	√	△	√

注：表中符号√表示比较适合；△表示有可能采用；×表示不适于采用。

5.1.6 防复倾加固设计应针对建筑物倾斜原因和采取的纠偏方法，考虑下列三个阶段的内容及要求：纠偏前，对于沉降未稳定的建筑物，在沉降较大一侧的限沉加固；纠偏过程中，防止建筑物发生沉降突变的加固；纠偏后，防止建筑物可能再次发生倾斜的加固。

5.2 纠偏设计计算

5.2.3 公式（5.2.3）计算作用于基础底面的力矩值时，荷载参数应取原设计值；当使用功能发生变化，导致使用荷载与原设计发生较大变化时，该部位按实际使用功能的荷载取值计算。

5.2.4 公式（5.2.4-2）适用于 $e' \leqslant b/6$ 时的情况；

当 $e' > b/6$ 时，应按下式计算：

$$p_{kmax} = \frac{2(F_K + G_K + F_T)}{3la} \qquad (1)$$

式中：l——垂直于力矩作用方向的基础底面边长；

a——合力作用点至基础底面最大压力边缘的距离。

验算纠偏前基础底面压应力和地基承载力时，纠偏中的施工竖向荷载 F_T 取值为零；纠偏施工过程增加荷载，验算在未扰动地基前的基础底面压应力和地基承载力时，应考虑纠偏中的增加施工竖向荷载 F_T。

5.3 迫降法设计

5.3.2 迫降法纠偏时，控制回倾速率一般控制在 5mm/d～20mm/d 范围内，基础和结构刚度较大、结构整体性较好时，可取大值；回倾速率在纠偏开始与结束阶段宜取小值。

5.3.3 位于边坡地段的建筑物，采用浸水法和辐射井射水法纠偏，因水的浸泡，会导致地基承载力降低、抗滑力下降、有害变形加大，引起地基失稳，建筑物产生水平位移，发生结构破坏甚至倒塌。

5.3.4 距相邻建筑物或地下设施较近的纠偏工程，采用浸水法或降水法，可能会导致其产生较大的不均匀沉降，引起相邻建筑物或地下设施发生倾斜或破坏。此外，距被纠工程较近的天然气、煤气、暖气等允许沉降较小的主干管线，慎用浸水法或降水法。

5.3.5 地基土掏土面积可根据掏土后基底压力推算，掏土后基底压力应满足下式要求：

$$1.2f_a > p'_k > f_a \qquad (2)$$

式中：f_a——修正后的地基承载力特征值（kPa）；

p'_k——掏土后基底压力（kPa）。

掏土孔水平深度应根据建筑物倾斜情况和基础型式进行确定，水平深度不宜超过基础型心线，以防止掏土过程中建筑物沉降较大一侧产生新的附加沉降。

5.3.6 地基应力解除法是在倾斜建筑物沉降小的一侧，利用机具在基础边缘外侧取土成孔，解除地基土侧向应力，使基底土体侧向挤出变形，达到纠偏目的。

地基应力解除法最早起源于我国沿海、沿江、滨湖软土地区，主要适用于建造在厚度较大的淤泥或软塑黏性土地基上建筑物的纠偏工程。

5.3.7 辐射井法是常用的一种迫降纠偏方法，是在倾斜建筑物沉降小的一侧设置辐射井，在面向建筑物一侧辐射井井壁上留若干个射水孔，由孔内向地基土中压力射水并把土带出孔外，使地基土部分液化或强度降低，加大持力层局部土体附加应力，促使基底土压缩变形，达到纠偏的目的。

辐射井一般设置在建筑物的外侧。对于基础很宽的筏形基础，箱形基础或外侧没有辐射井作业空间的，可以考虑设置在建筑物里面。

常用的射水管直径为 43mm～63mm，射水孔不宜过大，防止流沙影响基础。

实践证明，合理的射水孔长度为 8m～12m，当射水孔超过 20m 后，难以控制射水孔的方向和深度。在进行射水孔交叉射水时，其交叉面积不宜小于 2㎡，否则射水孔塌孔较快，回倾速率过快，容易造成结构损伤和破坏。

射水井内径大小，要考虑射水作业人员的工作空间，合理的井径为 1.5m～1.8m，井的直径小于 1.2m 时，作业困难。井底距射水作业平台要有 0.5m 的空间，便于水泵抽泥浆。

5.3.8 浸水法是根据土的湿陷特性，采用人工注水方式使地基产生沉降变形，从而达到纠偏目的。

浸水法的设计参数来自于现场试验，因此，现场试验尤为重要，试验参数要准确计量。

5.3.9 降水法是通过降低建筑物沉降较小一侧的地下水位，引起地基土孔隙水压力降低，使地基产生附加沉降，达到建筑物纠偏的目的。

根据建筑物的倾斜状况、工程地质和水文地质条件，降水法可选用轻型井点降水、大口井降水和沉井降水等方法。

纠偏时，应根据建筑物需要调整的迫降量来确定抽水量大小及水位下降深度，设置若干水位观测井，及时记录水力坡度线下降情况，与实测沉降值比较，以便调整水位。

建筑物附近存在补给水源或降雨丰富时，应采取必要措施，防止地表水、补给水渗入，影响降水效果。

为了防止邻近建筑物发生不均匀沉降，可在邻近建筑物附近设置水位观测井，必要时应设置地下隔水墙等。

5.3.10 堆载加压法是通过在倾斜建筑物沉降较小的一侧增加荷载对地基加压，形成一个与建筑物倾斜相反的力矩，加快该侧的沉降速率，从而达到纠偏的目的。

根据纠偏量的大小计算所需沉降量，结合地基土的性质，计算完成纠偏沉降量所需要施加的附加应力增量，确定应施加的堆载量，堆载重量可根据堆载后基底压力推算，基底压力应不大于 1.2 倍地基承载力特征值。

为了有效控制建筑物的回倾速率，防止突降引起结构损伤，荷载应分级施加。

堆载设计时应验算建筑物基础和堆载区域相关结构构件的承载力和刚度，当承载力和刚度不足时，进行加固后方可堆载。

采用加压法时，应根据地基土的性质和上部荷载重量，合理考虑卸载后地基反弹的影响。

5.3.11 桩基卸载法是通过消除或减少部分桩的承载力，使建筑物荷载重新分配到其他桩上，迫使桩基产生沉降，达到纠偏目的。

对于采用预制桩的建筑物，托换体系能够可靠传力后方可采用桩顶卸载法。

设计时应考虑工作坑开挖后，原桩摩擦力损失、承台下地基承载力损失及地下水位改变等因素对基础承载力的影响。

5.4 抬升法设计

5.4.1 由于抬升法一般采用千斤顶进行抬升，尽管从理论上来讲可以对任何建筑物进行抬升纠偏，但由于抬升的施工过程改变了原有建筑物某些构件的受力状态，因此基于安全经济合理的考虑，抬升法纠偏的建筑物上部荷载不宜过大。

5.4.2 抬升法纠偏时应结合地质条件、上部结构特点、基础形式以及环境条件等选择合适的抬升方法，选择采用上部结构托梁抬升法、锚杆静压桩抬升法和坑式静压桩抬升法。

5.4.3 对抬升点部位的结构构件，应进行抗压、抗弯及抗冲切强度的验算，不足时应进行补强加固。由于抬升纠偏过程中不可避免的产生一些次应力或改变某些结构构件的受力状态，超出了这些构件原设计中对于构件承载力或变形的要求，加固设计应根据抬升纠偏过程中的最不利状态进行。

抬升法纠偏难度较大，应控制纠偏建筑物的高度；当高度超过限制时，应增加必要的支撑增大结构的整体刚度，同时适当增加托换结构的安全储备，并增设防止建筑物结构整体失稳的保护措施。

抬升点宜选择在上部结构刚度较大位置，如框架柱位置、纵横墙交叉位置或构造柱位置等，同时在荷载分布较大的位置应多布置千斤顶。对于门窗洞口等受力薄弱部位，可采取增大该部位反力梁的刚度等措施。

5.4.4 抬升力根据上部结构荷载的标准组合确定，其中活荷载考虑纠偏过程中上部结构中实际的活荷载。对用托换梁进行抬升时的抬升力为托换梁以上的作用荷载与托换梁自重荷载之和。建筑物由于局部沉降发生的倾斜，或者沉降较小一侧不需抬升时，此时抬升力可以仅考虑局部荷载。

纠偏需要调整的最大抬升量应包括三个内容：建筑物不均匀沉降的调整值、使用功能需要的整体抬升值、地基剩余不均匀变形预估调整值，三者相加确定抬升量。

5.4.5 倒置弹性地基墙梁计算方法依据现行国家标准《砌体结构设计规范》GB 50003 中墙梁的计算方法，将托梁视作墙梁，托梁和上部砌体作为一个组合结构进行计算。

断柱前框架结构上部结构本身属于整体超静定结构，其柱脚为固端，而抬升时框架柱脚为自由端，因此，计算结果与原结构内力结果有一定的改变，为了消除内力改变对结构的影响，托换前增设连系梁相互拉接，可消除柱脚的变位问题。

托换结构体系应计算新加牛腿、托梁、连系梁、支墩、对拉螺栓、预埋钢垫板等构件。

5.4.6 锚杆静压桩抬升法是通过在基础上埋设锚杆固定压桩架，由建筑物的自重作为压桩反力，用千斤顶将桩段从基础中预留或开凿的压桩孔内逐段压入土中，逐根压入后一起抬升建筑物，再将桩与基础连结在一起，从而达到纠偏的目的。

当既有建筑基础的强度和刚度不满足压桩和抬升要求时，除了对基础进行加固补强方法外，也可采用新增钢筋混凝土构件作为压桩和抬升的反力承台。

桩位布置应靠近墙体或柱，对砖混结构桩位应在墙体两侧对称布设，并避开门窗洞口；对框架结构，应在柱的四周对称布设。桩数应由上部荷载及单桩竖向承载力计算确定。

5.4.7 坑式静压桩抬升法是在建筑物沉降大的部位基础下开挖工作坑，以建筑物自重为压载，用千斤顶将预制桩（混凝土桩或钢管桩）分节压入地基土中，再以静压桩为反力支点，通过多个千斤顶同时协调向上抬升建筑物从而达到纠偏的目的。

应明确开挖工作坑的顺序和要求，工作坑坑底距基础底面不宜小于 2.0m。

桩位不宜布置在门窗洞口等薄弱部位，当无法避开时，应对基础进行补强加固或用门窗洞口用原墙体相同材料填充密实。

基础抬升间隙的填充材料宜选用水泥砂浆或混凝土；工作坑可用 3：7 灰土分层夯填密实，回填至静压桩顶面以下 200mm 处，其余空隙可用 C25 以上混凝土浇筑密实。

5.5 综合法设计

5.5.2、5.5.3 通过大量的纠偏实践验证，在对各纠偏方法进行组合使用时应注意以下几点：

1 在采用迫降法对沉降未稳定，且沉降量、沉降速率较大倾斜建筑物进行纠偏时，应先对建筑物沉降较大的一侧进行限沉，沉降较小一侧的限沉应结合纠偏和防复倾加固同时进行；

2 对于地基承载能力不足造成建筑物发生倾斜的情况，纠偏宜选用能同时提高地基承载能力的纠偏方法，还应考虑多种加固方法对基础的变形协调的影响。

5.6 古建筑物纠偏设计

5.6.1 古建筑物的倾斜原因，一般可归纳为以下几种类型：斜坡不稳定型、地基不均匀沉降型、基础不均匀压缩型、建筑物自身不均匀破坏型和组合型等。在这些原因之中，还应该深入分析导致倾斜的关键。如斜坡不稳定是由于滑坡还是侧向侵蚀造成应力松弛；地基不均匀沉降是岩性不同还是由于含水情况不同以及其他原因；建筑物自身不均匀破坏是差异风化造成或是其他外力作用的结果，如地震、水灾、风力、战争或人为破坏等。

由于古建筑年代久远，结构强度比原来减少较多，加之古建筑的重要性，因此应更加严格控制纠偏的回倾速率。

5.6.3 增设构件是为了保证纠偏施工过程中结构安全所增加的临时构件；对更换原有构件，应持慎重态度，能修补加固的，应设法最大限度地保留原件；必须更换的构件，应在隐蔽处注明更换的时间，更换换下的原物、原件不得擅自处理，应统一由文物主管部门处置。

5.6.4 古建筑物（包括古塔）属于国家宝贵文物，文物不能再生，纠偏必须做到万无一失。为了确保安全稳妥、可控、变位协调，纠偏方法宜采用迫降法及综合法。由于古建筑物年代久远，结构大多为砖、木、石、土等材料构成，砌体胶结强度低，整体性差、结构松散、裂损严重。为避免纠偏过程中倒塌，应先对结构进行加固补强，并采取临时加固措施，再实施纠偏。当采用抬升法纠偏时，应预先对基础进行托换加固，形成整体基础，抬升时直接对托换结构施力，避免对古建筑物造成损坏。

5.6.5 地基经过上部荷载长期作用，压缩变形已经完成，地基已稳定，而且倾斜是由于上部结构荷载偏心或局部构件破坏引起的古建筑物纠偏，设计应避免对原地基的扰动。

5.6.8 由于局部构件腐朽引起的木结构古建筑物倾斜，纠偏设计应分析设计更换构件合理尺寸，通过更换腐朽构件实现纠偏目标。

5.6.9 不稳定斜坡的常用加固措施有：抗滑桩、锚索抗滑桩、挡土墙、扶壁式挡墙、锚索地梁、锚索框架、疏排水设施等。

5.6.11 纠偏工程对古建筑物原来的防震、防雷系统有一定的影响，在纠偏设计中应考虑加强这方面的设防体系，不能因纠偏受到削弱。

5.6.12 因古建筑的特殊性，安全保护必须采用两种以上措施多重设防，如古塔纠偏可采用千斤顶防护、定位墩防护及缆拉防护等，一旦某种措施失效，还有其他措施能确保结构安全，做到有备无患。

5.7 防复倾加固设计

5.7.3 防复倾设计的基本原则是形成反向弯矩，使建筑物的合力矩 $\Sigma M = 0$，从根本上消除引起倾斜的力学原因。抗复倾力矩数值与倾覆力矩数值的比值取为 1.1～1.3，当安全等级高时取大值，反之取小值。

5.7.4 高层建筑和高耸构筑物由于重心高，水平荷载大，偏心距较大，因此防复倾设计时宜设置锚桩体系防止倾斜再次发生。鉴于被纠建筑物已发生过倾斜，再次发生倾斜的概率相对较大，故系数 k 取 1.1 或 1.3。

6 纠 偏 施 工

6.1 一 般 规 定

6.1.1 纠偏工程施工组织设计或施工方案，应根据纠偏设计文件对纠偏施工的特点、难点及纠偏施工风险进行分析，并制定有针对性的控制要点、结构安全防护措施和质量保证措施。

6.1.4 纠偏沉降量（抬升量）与回倾量的协调性对于纠偏工程非常重要，应根据现场实测数据及时验算，如果变形不协调，结构内将产生附加应力，可能导致结构损伤和破坏。

6.1.6 信息化施工是保证结构安全和纠偏效果的重要前提，应及时分析对比监测数据与设计参数的差异，当两者差异较大时，应修改设计参数和设计要求，并调整施工顺序和施工方法，否则有可能达不到纠偏效果，更可能因变形不协调或回倾速率过快，导致结构损伤甚至破坏。

6.1.7 回倾速率预警值一般取设计控制值的 60%～80%，当达到预警值时，应立即停止施工，分析监测数据、施工情况和回倾速率的发展趋势，确定是否采取控制措施，以防止回倾速率过大导致结构损伤或破坏。

6.2 迫降法施工

6.2.2 每级纠偏施工完成后，地基基础和上部结构应力重分布需要一定时间，间隔一段时间是为了避免建筑物发生沉降突变和结构破坏；施工后期减缓回倾速率控制回倾量是为了防止纠偏结束后继续发生过大的沉降，引起过倾。

6.2.3 掏土工作槽的位置、宽度和深度应根据建筑物的基础形式和埋深、地质情况、迫降量以及施工机具设备可操作性等进行确定。

采用钻孔掏土法钻孔深度达到设计深度后，未达到纠偏目标值，继续纠偏宜优先进行复钻。

6.2.4 当因地下管线、设施影响孔位偏差大于 20cm 时，应修改钻孔的位置、深度和孔径等设计参数。

首次钻进深度不宜过大，以防止因成孔引起建筑物突沉。

每批取土排泥的孔位和深度应根据上一级取土排泥量和监测数据分析确定。

6.2.5 由于地质条件复杂性，在正式射水施工前进行试验射水是必要的。要根据试验的射水孔深度、射水时间、压力、出土量等来验证设计参数。当参数调整好后再进行射水作业。

辐射井井位、射水孔孔位的定位十分重要，若偏差过大，射水不能达到指定部位，影响纠偏预期效果。当因障碍井位和孔位超过允许偏差时，应及时对井位和射水孔位置进行调整。

射水孔与基础底板之间设置保护管，防止土体塌方影响射水。射水的顺序应隔井隔孔进行，目的是控制建筑物沉降协调，控制回倾速率，并结合监测进行调整。每1至2轮射水后，测量取土量，并与估算取土量进行对比。每级射水深度宜为0.5m～1.0m，在软土地区每级射水深度宜取小值。

6.2.6 为了控制渗水范围，浸水法纠偏施工开始时，宜先少量注水，根据回倾速率逐步增大注水量。如实际纠偏效果与设计预期不一致，应及时通知设计者，对浸水法参数进行调整，施工中可通过增减个别注水孔水量来调节，使基础沉降协调。

注水孔底和注水管四周设置保护碎石或粗砂，目的是保护注水孔不被堵塞。

避免外来水流入注水孔内，对浸水法纠偏施工至关重要，可采用黏性土对孔周进行封堵，当遇下雨天时，应及时采用防雨布遮盖。

6.2.7 保证降水井成井、回填滤料和洗井的质量，是降水法纠偏成功的关键环节，应严格控制。

降水纠偏过程中，应及时根据降水井和观测井的监测数据对降水效果进行分析。

隔井抽水时，不抽水的井可以作为临时观察井。

6.2.8 堆载对结构安全影响较大，堆载施工前，应按照设计要求完成结构安全保护措施，并保证其使用安全；堆载施工中，必须严格控制每级的堆载重量和形状，防止因堆载过大建筑物产生沉降突变。

为了防止卸载过程中结构应力集中和可能的地基土回弹，卸载应分批分级进行，每级卸载后应有一定间隔时间。

堆载材料可选择袋装的砂、石、土、砖，混凝土砌块等。

6.2.9 截桩时不应产生过大的振动或扰动，主要是为了防止保留桩体局部开裂和保护托换体系安全；截断面平整有利于加垫的钢板均匀受力。断桩垫钢板是防止千斤顶失稳或出现故障时建筑物突沉的措施，故垫钢板要及时。

卸载过程中分级控制迫降量，以避免结构因应力集中而破坏。

施工初期采用较低的射水压力、较小的射水量和较短的射水时间，以防止建筑物因桩基失稳产生突沉。

6.3 抬升法施工

6.3.1 抬升法应在建筑物沉降稳定的前提下实施，当沉降速率较大时，应首先进行限沉。限沉不仅在沉降较大侧实施，必要时沉降较小侧也要限沉。

对每个抬升点的总抬升量和各级抬升量进行复核

计算是抬升纠偏施工前应做的一项重要工作，既可对设计进行验证，又可避免因设计不慎导致的错误。

6.3.4 严格控制各千斤顶每级的抬升量，目的是使结构内力有相对充分时间重新分布调整，避免因应力突变导致结构构件损伤。

6.3.6 为使竖向荷载有效转换到千斤顶上，结构截断施工前应顶紧千斤顶。截断施工应采取静力拆除法，以避免截断施工对保留结构产生较大的扰动和损伤。

如果相邻柱同时断开，结构内力重新分布，易导致周边构件应力集中，引起结构构件损伤和破坏。采取临时加固措施是为了保证截断后结构的刚度和整体稳定性，避免结构失稳。

正式抬升前要进行一次试抬升，最大抬升量不宜超过5mm，全面检验各项准备工作是否完备和设备、托换体系、结构本身等是否安全可靠。

每级抬升后的时间间隔确定原则：建筑物顶部实测回倾量与计算的本级抬升顶部回倾量基本一致。

达到纠偏目标后，对砌体结构，应采用混凝土或灌浆料将空隙填实，连成整体，达到设计强度后方可拆除千斤顶。对框架结构，当采用千斤顶内置式抬升时，应使托换体系的支墩与新加牛腿可靠连接后再拆除千斤顶，然后进行结构柱连接施工；当采用千斤顶外置式抬升时，先恢复结构柱连接施工，达到设计强度后再拆除千斤顶。

6.3.7 反力装置应保持竖直，锚杆螺栓的螺帽应紧固，压桩过程中应随时拧紧松动的螺帽。

为了保证桩的垂直度，就位的桩节应保持竖直，使千斤顶、桩节及压桩孔轴线尽可能一致，压桩时应垫钢板或套上钢桩帽后再进行压桩；预制桩节可采用焊接或硫黄胶泥连接；

锚杆静压桩具有对土的挤密效应，一般情况下对地基是有利的，但对处于边坡上的建筑物，其挤土效应有时可能会造成建筑物的水平位移，应引起高度重视。

为保证压桩力不大于承受的上部荷载，压桩应分批进行，相邻桩不应同时施工。

在抬升过程中，千斤顶同步协调很重要；如果不同步，一方面达不到纠偏效果，另一方面可能会因个别抬升点受力过大，造成抬升装置损坏和锚杆静压桩破坏。

基础与地基土的间隙填充应考虑注料孔布设，孔间距不宜大于2m。

荷载转换装置可采用型钢制作，安装应牢固可靠，保证荷载能够完全转换。

6.3.8 控制开挖工作坑的顺序及及时进行压桩施工并给基础适当的顶力，是为了避免工作坑施工期间因地基接触面积减少导致剩余地基产生过大的附加压应力，防止地基产生新的变形和上部结构产生局部损伤或破坏。

荷载转换装置可参考以下做法：抬升完毕后，将抬升主千斤顶两侧的转换千斤顶同步加压，主千斤顶压力表回零时撤出，再用直径不小于159mm钢管嵌入预制桩顶和基础底面之间，钢管两端应有端板，用钢楔楔紧，将桩顶与钢管下端板焊接牢固，拆除转换千斤顶。

6.4 综合法施工

6.4.1 综合法中各种纠偏方法的施工顺序和实施时间很重要，目的在于充分利用主导方法的优点，避免两种及两种以上方法纠偏在实施过程中的相互不利影响。

6.5 古建筑物纠偏施工

6.5.1 施工单位进场后，应在文物主管部门专家的指导下，先对文物进行保护：将小件文物及易损文物移位保护，对不便移动的文物用草袋、软木、竹夹板等进行防护，安排专人进行看护。

6.5.2 临时拆除结构构件前，除了拍照、录像外，必要时应测量构件尺寸、空间位置尺寸，绘制构件和连接节点图。

6.5.3 纠偏施工触及古建筑物地基和基础时，有时可能会有新的考古发现，如地宫、石牌、老建筑物基础等；若有新的考古发现，应及时上报文物主管部门，并停止施工保护好现场。

6.5.5 实施试验性演练，是为了检验施工方案所确定施工工序、施工工艺和文物保护措施是否正确可行，提前发现问题，让操作人员有一个熟悉的过程，掌握操作要点和方法，避免直接大面积施工对古建筑造成不可挽回的损失。

6.5.6 本条规定了古建筑物先防灾治灾，后纠偏加固的施工原则；对因滑坡、崩塌等地质灾害引起古建筑倾斜严重的情况，在治理地质灾害的同时还应采取措施对古建筑实施保护，控制倾斜的进一步发展。

6.5.8 古塔一般都有地宫，如水进入地宫，会浸泡地基降低承载力，造成附加沉降，甚至会危及上部结构安全；同时，会对地宫里的文物造成侵蚀和损坏。因此，采取有效措施防止地下水和施工用水进入地宫对古塔纠偏至关重要。

6.6 防复倾加固施工

6.6.3 注浆压力和流量是注浆施工中最重要的参数，施工应做好记录，以分析地层空隙、确定注浆的结束条件、预测注浆的效果。

6.6.4 持荷封桩是锚杆静压桩施工的关键工序之一。封桩时应在千斤顶不卸载条件下，采用型钢托换支架，将锚桩与基础底板连接牢固后，拆除反力架。在封装混凝土达到设计强度后，再拆除型钢托换支架。

7 监　测

7.1 一般规定

7.1.1 监测方案是指导施工监测的重要技术文件。由于纠偏工程具有较大的风险性，在纠偏的全过程作好监测，以监测结果指导施工极其重要。监测方案主要内容包括监测目的、监测内容、监测点布置、测量仪器及方法、监测周期、监测项目报警值、监测结果处理要求和反馈制度等。

7.1.3 纠偏工程监测点布置不同于新建建筑物监测点的布置，应根据建筑物的倾斜状况、结构和基础特点、采用的纠偏方法等因素适当加密。

7.1.4 同一监测项目采用两种监测方法，不同监测方法能相互佐证，目的是保证监测数据的准确有效，不会因个别数据失效造成全部监测数据失效。

重大工程的纠偏监测宜采用自动化监测系统与技术，以实现对纠偏过程全天候、实时、自动监测。

7.1.5 纠偏结束后建筑物沉降观测时间不少于6个月，重要建筑物、软弱地基建筑物的沉降观测时间不少于1年。如果在此期间建筑物的沉降稳定，则再观测1次；如果建筑物的沉降速率仍然较大，则应适当延长观测时间。

7.1.7 每次监测数据的及时整理与分析对纠偏工程非常重要，因为监测成果不仅是对上一阶段纠偏效果的验证，更重要的是为调整设计参数及时提供依据，为后续施工提供支持。监测报告应包括沉降监测、倾斜监测、裂缝监测、水平位移监测等内容。

7.2 沉降监测

7.2.2 变形测量精度级别的确定应结合建筑物地基变形允许值确定。根据现行行业标准《建筑变形测量规范》JGJ 8，对于沉降观测点测站高差中误差的测定，其沉降差、基础倾斜、局部倾斜等相对沉降的测定中误差，不应超过变形允许值的1/20；根据本规程确定的每天5mm～20mm的回倾速率，对常见的多层建筑纠偏，沉降观测点测站高差中误差一般在0.18mm～0.72mm之间，二级的沉降观测点测站高差中误差为±0.5mm，因此本规程纠偏沉降监测等级选择不低于二级。

7.2.3 纠偏工程的沉降监测高程系统通常采用独立系统，必要时采用国家高程系统或所在地方的高程系统。纠偏施工期间，高程基准点应至少复测一次；当沉降监测结果出现异常或当测区受到暴雨、振动等外界因素影响时，也需及时进行复测。

7.2.4 纠偏过程中建筑物基础变形协调、上部结构和基础之间变形协调至关重要，它关系到纠偏工程的成败。沉降监测点的加密布置是为了准确反映纠偏过程中建筑物的变形特征，指导和控制纠偏施工行为，以实现建筑物的协调变形。

7.2.5 沉降监测报告，应对建筑物沉降全过程的发展变化进行分析，对纠偏工程竣工后建筑物沉降和倾斜现状进行评价，并对其发展趋势进行评估。

7.3 倾 斜 监 测

7.3.1 计算建筑物的倾斜率，上下测点的高度差应采用实测值。

7.3.2 建筑物倾斜监测，可选用投点法、测水平角法、前方交会法、激光铅直仪法、吊垂球法等监测方法。

7.4 裂 缝 监 测

7.4.3 纠偏施工前，对建筑物裂缝进行观测是一项非常必要的工作，裂缝观测记录各方应签字。

7.5 水平位移监测

7.5.1 靠近边坡地段或滑坡地段倾斜建筑物的水平位移监测至关重要。如果建筑物纠偏过程中发生了水平位移，将会威胁到建筑物的结构安全和人民生命财产安全，因此必须及时进行水平位移监测，以便尽早发现问题，立即采取措施，控制变形发展，避免造成损失。

8 工 程 验 收

8.0.1 当设计要求高于本规程第 3.0.2 条规定的纠偏合格标准时，纠偏施工应达到设计规定的标准后方可验收。

8.0.3 纠偏工程质量验收的主要内容包括倾斜率、新增部分和恢复部分的建筑、结构、管线等质量验收。

总　目　录

第1册　地基与基础、施工技术

1　地基与基础

2　施工技术

第 2 册　主体结构

3　主体结构

第3册　装饰装修、专业工程、施工管理

4　装饰装修

5　专业工程

6　施工组织与管理

第 4 册 材料及应用、检测技术

7 材料及应用

8　检测技术

第5册　质量验收、安全卫生

9　质量验收

10 安全卫生